Biologia Molecular da
CÉLULA

Tradução:

Ardala Elisa Breda Andrade (Caps. 3, 21)
Research scientist, Texas A&M University. Mestre e Doutora em Biologia Celular e Molecular pela Pontifícia Universidade Católica do Rio Grande Sul (PUCRS).

Carlos Alexandre Sanchez Ferreira (Cap. 7)
Professor adjunto da Faculdade de Biociências da PUCRS. Mestre em Genética e Biologia Molecular pela Universidade Federal do Rio Grande do Sul (UFRGS). Doutor em Ciências Biológicas: Bioquímica pela UFRGS.

Carlos Termignoni (Cap. 2)
Professor titular do Departamento de Bioquímica e pesquisador do Centro de Biotecnologia da UFRGS. Doutor em Biologia Molecular pela Universidade Federal de São Paulo (UNIFESP).

Cláudia Paiva Nunes (Caps. 12, 17, 18, Índice)
Pesquisadora do Laboratório de Genética Humana e Molecular da PUCRS. Mestre e Doutora em Ciências Biológicas: Bioquímica pela UFRGS.

Cristiano Valim Bizarro (Caps. 7, 14)
Professor adjunto da PUCRS. Mestre e Doutor em Biologia Celular e Molecular pela UFRGS.

Daiana Renck (Cap. 20)
Pesquisadora do Instituto de Pesquisas Biomédicas (IPB) da PUCRS. Mestre e Doutora em Biologia Celular e Molecular pela PUCRS.

Denise Cantarelli Machado (Caps. 10, 19, 24)
Professora titular da Escola de Medicina da PUCRS. Pesquisadora do Instituto de Pesquisas Biomédicas da PUCRS. Especialista em Biotecnologia pela UFRGS. Mestre em Genética pela UFRGS. Doutora em Imunologia Molecular pela University of Sheffield, UK. Pós-Doutora em Imunologia Molecular pelo National Institutes of Health (NIH), USA.

Diógenes Santiago Santos (Caps. 20 e 23)
Professor titular e coordenador do INCT em Tuberculose e do CPBMF/IPB da PUCRS. Doutor em Microbiologia e Imunologia pela UNIFESP.

Gaby Renard (Iniciais, Caps. 8, 9, Glossário)
Pesquisadora sênior do Centro de Pesquisas em Biologia Molecular e Funcional da PUCRS. Mestre e Doutora em Ciências Biológicas: Bioquímica pela UFRGS.

Heique Marlis Bogdawa (Cap. 1)
Mestre em Genética e Biologia Molecular pela UFRGS. Doutora em Ciências Biológicas: Bioquímica pela UFRGS.

Jacqueline Moraes Cardone (Cap. 13)
Mestre e Doutora em Genética e Biologia Molecular pela UFRGS. Pós-Doutora pelo Centro de Biotecnologia da UFRGS.

José Artur B. Chies (Caps. 6, 11, 16)
Professor titular do Departamento de Genética da UFRGS. Mestre em Genética e Biologia Molecular pela UFRGS. Doutor em Sciences de La Vie Specialité en Immunologie pela Université de Paris VI (Pierre et Marie Curie).

Paula Eichler (Caps. 1, 13, Índice)
Mestre em Ciências Biológicas: Fisiologia pela UFRGS. Doutora em Ciências Biológicas: Fisiologia Humana pela Universidade de São Paulo (USP). Pós-Doutora em Bioquímica pela UFRGS. Pós-Doutora em Biologia Celular e Molecular pela PUCRS.

Rosane Machado Scheibe (Caps. 4, 5)
Doutora em Biologia Molecular pela University of Sheffield, Inglaterra.

Rui Fernando Felix Lopes (Cap. 22)
Professor titular do Departamento de Ciências Morfológicas no Instituto de Ciências Básicas da Saúde da UFRGS. Mestre em Medicina Veterinária pela UFRGS. Doutor em Zootecnia pela UFRGS.

Sandra Estrazulas Farias (Cap. 15)
Professora associada do Departamento de Fisiologia e pesquisadora do Centro de Biotecnologia da UFRGS. Doutora em Bioquímica e Biologia Molecular pela UNIFESP.

Valnês da Silva Rodrigues Junior (Cap. 23)
Pesquisador do Centro de Pesquisas em Biologia Molecular e Funcional da PUCRS. Mestre em Biologia Celular e Molecular pela UFRGS. Doutor em Farmacologia Bioquímica e Molecular pela PUCRS.

B615 Biologia molecular da célula / Bruce Alberts ... [et al.] ; tradução: [Ardala Elisa Breda Andrade ... et al.] ; revisão técnica: Ardala Elisa Breda Andrade, Cristiano Valim Bizarro, Gaby Renard. – 6. ed. – Porto Alegre : Artmed, 2017.
xxxvi, 1.427 p. ; il. : color. ; 28 cm.

ISBN 978-85-8271-422-5

1. Biologia molecular – Célula. I. Alberts, Bruce.

CDU 577.2:576.3

Catalogação na publicação: Poliana Sanchez de Araujo CRB-10/2094

ALBERTS JOHNSON LEWIS MORGAN RAFF ROBERTS WALTER

Biologia Molecular da CÉLULA

6ª Edição

Revisão técnica:

Ardala Elisa Breda Andrade
Research scientist, Texas A&M University. Mestre e Doutora em Biologia Celular e Molecular pela
Pontifícia Universidade Católica do Rio Grande Sul (PUCRS).

Cristiano Valim Bizarro
Professor adjunto da PUCRS. Mestre e Doutor em Biologia Celular e Molecular pela
Universidade Federal do Rio Grande do Sul (UFRGS).

Gaby Renard
Pesquisadora sênior do Centro de Pesquisas em Biologia Molecular e Funcional da PUCRS.
Mestre e Doutora em Ciências Biológicas: Bioquímica pela UFRGS.

Reimpressão 2019

2017

Obra originalmente publicada sob o título *Molecular biology of the cell*, 6th edition.
ISBN 9780815344322

All Rights Reserved.
Copyright ©2017. Authorized translation from English language edition published by Garland Science, part of Taylor & Francis Group LLC.

Gerente editorial – Biociências: *Letícia Bispo de Lima*

Colaboraram nesta edição:

Coordenador editorial: *Alberto Schwanke*

Preparação de originais: *Débora Benke de Bittencourt* e *Heloísa Stefan*

Leitura final: *Sandra da Câmara Godoy*

Arte sobre capa original: *Kaéle Finalizando Ideias*

Editoração: *Techbooks*

Capa: *A biologia celular não trata apenas da estrutura e função das múltiplas moléculas que compõem a célula, mas também sobre como esta química complexa é controlada. A compreensão dessas complexas redes de retroalimentação reguladoras necessita de abordagens quantitativas – é esta nova realidade que a capa reproduz.*

Nota

As ciências biológicas estão em constante evolução. À medida que novas pesquisas e a própria experiência ampliam o nosso conhecimento, novas descobertas são realizadas. Os autores desta obra consultaram as fontes consideradas confiáveis, num esforço para oferecer informações completas e, geralmente, de acordo com os padrões aceitos à época da sua publicação.

Reservados todos os direitos de publicação, em língua portuguesa, à
ARTMED EDITORA LTDA., uma empresa do GRUPO A EDUCAÇÃO S.A.
Av. Jerônimo de Ornelas, 670 – Santana
90040-340 Porto Alegre RS
Fone: (51) 3027-7000   Fax: (51) 3027-7070

Unidade São Paulo
Rua Doutor Cesário Mota Jr., 63 – Vila Buarque
01221-020 São Paulo SP
Fone: (11) 3221-9033

SAC 0800 703-3444 – www.grupoa.com.br

É proibida a duplicação ou reprodução deste volume, no todo ou em parte, sob quaisquer formas ou por quaisquer meios (eletrônico, mecânico, gravação, fotocópia, distribuição na Web e outros), sem permissão expressa da Editora.

IMPRESSO NO BRASIL
PRINTED IN BRAZIL

Autores

Bruce Alberts é Ph.D. pela Harvard University e ocupa a posição de Chancellor's Leadership Chair em bioquímica e biofísica para ciências e educação na University of California, San Francisco. Foi editor-chefe da revista Science entre 2008-2013 e, por 12 anos, atuou como Presidente da U.S. National Academy of Sciences (1993-2005). **Alexander Johnson** é Ph.D. pela Harvard University e Professor de microbiologia e imunologia na University of California, San Francisco. **Julian Lewis** (1946–2014) foi D.Phil. pela University of Oxford e Cientista Emérito no London Research Institute of Cancer Research, UK. **David Morgan** é Ph.D. pela University of California, San Francisco, onde também é Professor no Department of Physiology e atua como Diretor do Programa de Graduação em Bioquímica, Biologia Celular, Genética e Biologia do Desenvolvimento. **Martin Raff** é M.D. pela McGill University e Professor Emérito de biologia na Medical Research Council Laboratory for Molecular Cell Biology and Cell Biology Unit do University College, London. **Keith Roberts** é Ph.D. pela University of Cambridge e ocupou a posição de Deputy Director no John Innes Centre, Norwich. Atualmente, é Professor Emérito na University of East Anglia. **Peter Walter** é Ph.D. pela Rockefeller University em New York, Professor no Department of Biochemistry and Biophysics na University of California, San Francisco, e pesquisador do Howard Hughes Medical Institute. **John Wilson** é Ph.D. pelo California Institute of Technology e continuou seu trabalho de pós-doutorado na Stanford University. Ocupa a posição de Distinguished Service Professor of Biochemistry and Molecular Biology no Baylor College of Medicine em Houston. **Tim Hunt** é Ph.D. pela University of Cambridge, onde ensinou bioquímica e biologia celular por mais de 20 anos. Trabalhou no Cancer Research UK até se aposentar, em 2010. Compartilhou o Prêmio Nobel em Fisiologia ou Medicina com Lee Hartwell e Paul Nurse.

Questões elaboradas por John Wilson e Tim Hunt.

Julian Hart Lewis
12 de agosto de 1946 – 30 de abril de 2014

Agradecimentos

Ao escrever este livro, fomos beneficiados por conselhos de vários biólogos e bioquímicos. Gostaríamos de agradecer às seguintes pessoas por suas sugestões na preparação desta edição, assim como àqueles que nos ajudaram a preparar a 1ª, 2ª, 3ª, 4ª e 5ª edições. (Os que ajudaram nesta edição estão listados primeiro; a seguir, estão aqueles que ajudaram nas edições anteriores.)

Geral:
Steven Cook (Imperial College London), Jose A. Costoya (Universidade de Santiago de Compostela), Arshad Desai (University of California, San Diego), Susan K. Dutcher (Washington University, St. Louis), Michael Elowitz (California Institute of Technology), Benjamin S. Glick (University of Chicago), Gregory Hannon (Cold Spring Harbor Laboratories), Rebecca Heald (University of California, Berkeley), Stefan Kanzok (Loyola University Chicago), Doug Kellogg (University of California, Santa Cruz), David Kimelman (University of Washington, Seattle), Maria Krasilnikova (Pennsylvania State University), Werner Kühlbrandt (Max Planck Institute of Biophysics), Lewis Lanier (University of California, San Francisco), Annette Müller-Taubenberger (Ludwig Maximilians University), Sandra Schmid (University of Texas Southwestern), Ronald D. Vale (University of California, San Francisco), D. Eric Walters (Chicago Medical School), Karsten Weis (Swiss Federal Institute of Technology)
Capítulo 2: H. Lill (VU University)
Capítulo 3: David S. Eisenberg (University of California, Los Angeles), F. Ulrich Hartl (Max Planck Institute of Biochemistry), Louise Johnson (University of Oxford), H. Lill (VU University), Jonathan Weissman (University of California, San Francisco)
Capítulo 4: Bradley E. Bernstein (Harvard Medical School), Wendy Bickmore (MRC Human Genetics Unit, Edinburgh), Jason Brickner (Northwestern University), Gary Felsenfeld (NIH), Susan M. Gasser (University of Basel), Shiv Grewal (National Cancer Institute), Gary Karpen (University of California, Berkeley), Eugene V. Koonin, (NCBI, NLM, NIH), Hiten Madhani (University of California, San Francisco), Tom Misteli (National Cancer Institute), Geeta Narlikar (University of California, San Francisco), Maynard Olson (University of Washington, Seattle), Stephen Scherer (University of Toronto), Rolf Sternglanz (Stony Brook University), Chris L. Woodcock (University of Massachusetts, Amherst), Johanna Wysocka e membros do laboratório (Stanford School of Medicine)
Capítulo 5: Oscar Aparicio (University of Southern California), Julie P. Cooper (National Cancer Institute), Neil Hunter (Howard Hughes Medical Institute), Karim Labib (University of Manchester), Joachim Li (University of California, San Francisco), Stephen West (Cancer Research UK), Richard D. Wood (University of Pittsburgh Cancer Institute)
Capítulo 6: Briana Burton (Harvard University), Richard H. Ebright (Rutgers University), Daniel Finley (Harvard Medical School), Michael R. Green (University of Massachusetts Medical School), Christine Guthrie (University of California, San Francisco), Art Horwich (Yale School of Medicine), Harry Noller (University of California, Santa Cruz), David Tollervey (University of Edinburgh), Alexander J. Varshavsky (California Institute of Technology)
Capítulo 7: Adrian Bird (The Wellcome Trust Centre, UK), Neil Brockdorff (University of Oxford), Christine Guthrie (University of California, San Francisco), Jeannie Lee (Harvard Medical School), Michael Levine (University of California, Berkeley), Hiten Madhani (University of California, San Francisco), Duncan Odom (Cancer Research UK), Kevin Struhl (Harvard Medical School), Jesper Svejstrup (Cancer Research UK)
Capítulo 8: Hana El-Samad [contribuição principal] (University of California, San Francisco), Karen Hopkin [contribuição principal], Donita Brady (Duke University), David Kashatus (University of Virginia), Melanie McGill (University of Toronto), Alex Mogilner (University of California, Davis), Richard Morris (John Innes Centre, UK), Prasanth Potluri (The Children's Hospital of Philadelphia Research Institute), Danielle Vidaurre (University of Toronto), Carmen Warren (University of California, Los Angeles), Ian Woods (Ithaca College)
Capítulo 9: Douglas J. Briant (University of Victoria), Werner Kühlbrandt (Max Planck Institute of Biophysics), Jeffrey Lichtman (Harvard University), Jennifer Lippincott-Schwartz (NIH), Albert Pan (Georgia Regents University), Peter Shaw (John Innes Centre, UK), Robert H. Singer (Albert Einstein School of Medicine), Kurt Thorn (University of California, San Francisco)
Capítulo 10: Ari Helenius (Swiss Federal Institute of Technology), Werner Kühlbrandt (Max Planck Institute of Biophysics), H. Lill (VU University), Satyajit Mayor (National Centre for Biological Sciences, India), Kai Simons (Max Planck Institute of Molecular Cell Biology and Genetics), Gunnar von Heijne (Stockholm University), Tobias Walther (Harvard University)
Capítulo 11: Graeme Davis (University of California, San Francisco), Robert Edwards (University of California, San Francisco), Bertil Hille (University of Washington, Seattle), Lindsay Hinck (University of California, Santa Cruz), Werner Kühlbrandt (Max Planck Institute of Biophysics), H. Lill (VU University), Roger Nicoll (University of California, San Francisco), Poul Nissen (Aarhus University), Robert Stroud (University of California, San Francisco), Karel Svoboda (Howard Hughes Medical Institute), Robert Tampé (Goethe-University Frankfurt)

Capítulo 12: John Aitchison (Institute for System Biology, Seattle), Amber English (University of Colorado at Boulder), Ralf Erdmann (Ruhr University of Bochum), Larry Gerace (The Scripps Research Institute, La Jolla), Ramanujan Hegde (MRC Laboratory of Molecular Biology, Cambridge, UK), Martin W. Hetzer (The Salk Institute), Lindsay Hinck (University of California, Santa Cruz), James A. McNew (Rice University), Nikolaus Pfanner (University of Freiburg), Peter Rehling (University of Göttingen), Michael Rout (The Rockefeller University), Danny J. Schnell (University of Massachusetts, Amherst), Sebastian Schuck (University of Heidelberg), Suresh Subramani (University of California, San Diego), Gia Voeltz (University of Colorado, Boulder), Susan R. Wente (Vanderbilt University School of Medicine)

Capítulo 13: Douglas J. Briant (University of Victoria, Canada), Scott D. Emr (Cornell University), Susan Ferro-Novick (University of California, San Diego), Benjamin S. Glick (University of Chicago), Ari Helenius (Swiss Federal Institute of Technology), Lindsay Hinck (University of California, Santa Cruz), Reinhard Jahn (Max Planck Institute for Biophysical Chemistry), Ira Mellman (Genentech), Peter Novick (University of California, San Diego), Hugh Pelham (MRC Laboratory of Molecular Biology, Cambridge, UK), Graham Warren (Max F. Perutz Laboratories, Vienna), Marino Zerial (Max Planck Institute of Molecular Cell Biology and Genetics)

Capítulo 14: Werner Kühlbrandt [contribuição principal] (Max Planck Institute of Biophysics), Thomas D. Fox (Cornell University), Cynthia Kenyon (University of California, San Francisco), Nils-Göran Larsson (Max Planck Institute for Biology of Aging), Jodi Nunnari (University of California, Davis), Patrick O'Farrell (University of California, San Francisco), Alastair Stewart (The Victor Chang Cardiac Research Institute, Australia), Daniela Stock (The Victor Chang Cardiac Research Institute, Australia), Michael P. Yaffe (California Institute for Regenerative Medicine)

Capítulo 15: Henry R. Bourne (University of California, San Francisco), Dennis Bray (University of Cambridge), Douglas J. Briant (University of Victoria, Canada), James Briscoe (MRC National Institute for Medical Research, UK), James Ferrell (Stanford University), Matthew Freeman (MRC Laboratory of Molecular Biology, Cambridge, UK), Alan Hall (Memorial Sloan Kettering Cancer Center), Carl-Henrik Heldin (Uppsala University), James A. McNew (Rice University), Roel Nusse (Stanford University), Julie Pitcher (University College London)

Capítulo 16: Rebecca Heald [contribuição principal] (University of California, Berkeley), Anna Akhmanova (Utrecht University), Arshad Desai (University of California, San Diego), Velia Fowler (The Scripps Research Institute, La Jolla), Vladimir Gelfand (Northwestern University), Robert Goldman (Northwestern University), Alan Rick Horwitz (University of Virginia), Wallace Marshall (University of California, San Francisco), J. Richard McIntosh (University of Colorado, Boulder), Maxence Nachury (Stanford School of Medicine), Eva Nogales (University of California, Berkeley), Samara Reck-Peterson (Harvard Medical School), Ronald D. Vale (University of California, San Francisco), Richard B. Vallee (Columbia University), Michael Way (Cancer Research UK), Orion Weiner (University of California, San Francisco), Matthew Welch (University of California, Berkeley)

Capítulo 17: Douglas J. Briant (University of Victoria, Canada), Lindsay Hinck (University of California, Santa Cruz), James A. McNew (Rice University)

Capítulo 18: Emily D. Crawford (University of California, San Francisco), James A. McNew (Rice University), Shigekazu Nagata (Kyoto University), Jim Wells (University of California, San Francisco)

Capítulo 19: Jeffrey Axelrod (Stanford University School of Medicine), John Couchman (University of Copenhagen), Johan de Rooij (The Hubrecht Institute, Utrecht), Benjamin Geiger (Weizmann Institute of Science, Israel), Andrew P. Gilmore (University of Manchester), Tony Harris (University of Toronto), Martin Humphries (University of Manchester), Andreas Prokop (University of Manchester), Charles Streuli (University of Manchester), Masatoshi Takeichi (RIKEN Center for Developmental Biology, Japan), Barry Thompson (Cancer Research UK), Kenneth M. Yamada (NIH), Alpha Yap (The University of Queensland, Australia)

Capítulo 20: Anton Berns (Netherlands Cancer Institute), J. Michael Bishop (University of California, San Francisco), Trever Bivona (University of California, San Francisco), Fred Bunz (Johns Hopkins University), Paul Edwards (University of Cambridge), Ira Mellman (Genentech), Caetano Reis e Sousa (Cancer Research UK), Marc Shuman (University of California, San Francisco), Mike Stratton (Wellcome Trust Sanger Institute, UK), Ian Tomlinson (Cancer Research UK)

Capítulo 21: Alex Schier [contribuição principal] (Harvard University), Markus Affolter (University of Basel), Victor Ambros (University of Massachusetts, Worcester), James Briscoe (MRC National Institute for Medical Research, UK), Donald Brown (Carnegie Institution for Science, Baltimore), Steven Burden (New York University School of Medicine), Moses Chao (New York University School of Medicine), Caroline Dean (John Innes Centre, UK), Chris Doe (University of Oregon, Eugene), Uwe Drescher (King's College London), Gordon Fishell (New York University School of Medicine), Brigid Hogan (Duke University), Phil Ingham (Institute of Molecular and Cell Biology, Singapore), Laura Johnston (Columbia University), David Kingsley (Stanford University), Tom Kornberg (University of California, San Francisco), Richard Mann (Columbia University), Andy McMahon (University of Southern California), Marek Mlodzik (Mount Sinai Hospital, New York), Patrick O'Farrell (University of California, San Francisco), Duojia Pan (Johns Hopkins Medical School), Olivier Pourquie (Harvard Medical School), Erez Raz (University of Muenster), Chris Rushlow (New York University), Stephen Small (New York University), Marc Tessier-Lavigne (Rockefeller University)

Capítulo 22: Simon Hughes (King's College London), Rudolf Jaenisch (Massachusetts Institute of Technology), Arnold Kriegstein (University of California, San Francisco), Doug Melton (Harvard University), Stuart Orkin (Harvard University), Thomas A. Reh (University of Washington, Seattle), Amy Wagers (Harvard University), Fiona M. Watt (Wellcome Trust Centre for Stem Cell Research, UK), Douglas J. Winton (Cancer Research UK), Shinya Yamanaka (Kyoto University)

Capítulo 23: Matthew Welch [contribuição principal] (University of California, Berkeley), Ari Helenius (Swiss Federal Institute of Technology), Dan Portnoy (University of California, Berkeley), David Sibley (Washington University, St. Louis), Michael Way (Cancer Research UK)

Capítulo 24: Lewis Lanier (University of California, San Francisco).

Leitores: Najla Arshad (Indian Institute of Science), Venice Chiueh (University of California, Berkeley), Quyen Huynh (University of Toronto), Rachel Kooistra (Loyola University, Chicago), Wes Lewis (University of Alabama), Eric Nam (University of Toronto), Vladislav Ryvkin (Stony Brook University), Laasya Samhita (Indian Institute of Science), John Senderak (Jefferson Medical College), Phillipa Simons (Imperial College, UK), Anna Constance Vind (University of Copenhagen), Steve Wellard (Pennsylvania State University), Evan Whitehead (University of California, Berkeley), Carrie Wilczewski (Loyola University, Chicago), Anna Wing (Pennsylvania State University), John Wright (University of Alabama)

Edições anteriores:
Jerry Adams (The Walter and Eliza Hall Institute of Medical Research, Australia), Ralf Adams (London Research Institute), David Agard (University of California, San Francisco), Julie Ahringer (The Gurdon Institute, UK), Michael Akam (University of Cambridge), David Allis (The Rockefeller University), Wolfhard Almers (Oregon Health and Science University), Fred Alt (CBR Institute for Biomedical Research, Boston), Linda Amos (MRC Laboratory of Molecular Biology, Cambridge), Raul Andino (University of California, San Francisco), Clay Armstrong (University of Pennsylvania), Martha Arnaud (University of California, San Francisco), Spyros Artavanis-Tsakonas (Harvard Medical School), Michael Ashburner (University of Cambridge), Jonathan Ashmore (University College London), Laura Attardi (Stanford University), Tayna Awabdy (University of California, San Francisco), Jeffrey Axelrod (Stanford University Medical Center), Peter Baker (falecido), David Baldwin (Stanford University), Michael Banda (University of California, San Francisco), Cornelia Bargmann (The Rockefeller University), Ben Barres (Stanford University), David Bartel (Massachusetts Institute of Technology), Konrad Basler (University of Zurich), Wolfgang Baumeister (Max Planck Institute of Biochemistry), Michael Bennett (Albert Einstein College of Medicine), Darwin Berg (University of California, San Diego), Anton Berns (Netherlands Cancer Institute), Merton Bernfield (Harvard Medical School), Michael Berridge (The Babraham Institute, Cambridge, UK), Walter Birchmeier (Max Delbrück Center for Molecular Medicine, Germany), Adrian Bird (Wellcome Trust Centre, UK), David Birk (UMDNJ—Robert Wood Johnson Medical School), Michael Bishop (University of California, San Francisco), Elizabeth Blackburn (University of California, San Francisco), Tim Bliss (National Institute for Medical Research, London), Hans Bode (University of California, Irvine), Piet Borst (Jan Swammerdam Institute, University of Amsterdam), Henry Bourne (University of California, San Francisco), Alan Boyde (University College London), Martin Brand (University of Cambridge), Carl Branden (falecido), Andre Brandli (Swiss Federal Institute of Technology, Zurich), Dennis Bray (University of Cambridge), Mark Bretscher (MRC Laboratory of Molecular Biology, Cambridge), James Briscoe (National Institute for Medical Research, UK), Marianne Bronner-Fraser (California Institute of Technology), Robert Brooks (King's College London), Barry Brown (King's College London), Michael Brown (University of Oxford), Michael Bulger (University of Rochester Medical Center), Fred Bunz (Johns Hopkins University), Steve Burden (New York University School of Medicine), Max Burger (University of Basel), Stephen Burley (SGX Pharmaceuticals), Keith Burridge (University of North Carolina, Chapel Hill), John Cairns (Radcliffe Infirmary, Oxford), Patricia Calarco (University of California, San Francisco), Zacheus Cande (University of California, Berkeley), Lewis Cantley (Harvard Medical School), Charles Cantor (Columbia University), Roderick Capaldi (University of Oregon), Mario Capecchi (University of Utah), Michael Carey (University of California, Los Angeles), Adelaide Carpenter (University of California, San Diego), John Carroll (University College London), Tom Cavalier-Smith (King's College London), Pierre Chambon
(University of Strasbourg), Hans Clevers (Hubrecht Institute, The Netherlands), Enrico Coen (John Innes Institute, Norwich, UK), Philip Cohen (University of Dundee, Scotland), Robert Cohen (University of California, San Francisco), Stephen Cohen (EMBL Heidelberg, Germany), Roger Cooke (University of California, San Francisco), John Cooper (Washington University School of Medicine, St. Louis), Michael Cox (University of Wisconsin, Madison), Nancy Craig (Johns Hopkins University), James Crow (University of Wisconsin, Madison), Stuart Cull-Candy (University College London), Leslie Dale (University College London), Caroline Damsky (University of California, San Francisco), Johann De Bono (The Institute of Cancer Research, UK), Anthony DeFranco (University of California, San Francisco), Abby Dernburg (University of California, Berkeley), Arshad Desai (University of California, San Diego), Michael Dexter (The Wellcome Trust, UK), John Dick (University of Toronto, Canada), Christopher Dobson (University of Cambridge), Russell Doolittle (University of California, San Diego), W. Ford Doolittle (Dalhousie University, Canada), Julian Downward (Cancer Research UK), Keith Dudley (King's College London), Graham Dunn (MRC Cell Biophysics Unit, London), Jim Dunwell (John Innes Institute, Norwich, UK), Bruce Edgar (Fred Hutchinson Cancer Research Center, Seattle), Paul Edwards (University of Cambridge), Robert Edwards (University of California, San Francisco), David Eisenberg (University of California, Los Angeles), Sarah Elgin (Washington University, St. Louis), Ruth Ellman (Institute of Cancer Research, Sutton, UK), Beverly Emerson (The Salk Institute), Charles Emerson (University of Virginia), Scott D. Emr (Cornell University), Sharyn Endow (Duke University), Lynn Enquist (Princeton University), Tariq Enver (Institute of Cancer Research, London), David Epel (Stanford University), Gerard Evan (University of California, Comprehensive Cancer Center), Ray Evert (University of Wisconsin, Madison), Matthias Falk (Lehigh University), Stanley Falkow (Stanford University), Douglas Fearon (University of Cambridge), Gary Felsenfeld (NIH), Stuart Ferguson (University of Oxford), James Ferrell (Stanford University), Christine Field (Harvard Medical School), Daniel Finley (Harvard University), Gary Firesto-

ne (University of California, Berkeley), Gerald Fischbach (Columbia University), Robert Fletterick (University of California, San Francisco), Harvey Florman (Tufts University), Judah Folkman (Harvard Medical School), Larry Fowke (University of Saskatchewan, Canada), Jennifer Frazier (Exploratorium®, San Francisco), Matthew Freeman (Laboratory of Molecular Biology, UK), Daniel Friend (University of California, San Francisco), Elaine Fuchs (University of Chicago), Joseph Gall (Carnegie Institution of Washington), Richard Gardner (University of Oxford), Anthony Gardner-Medwin (University College London), Peter Garland (Institute of Cancer Research, London), David Garrod (University of Manchester, UK), Susan M. Gasser (University of Basel), Walter Gehring (Biozentrum, University of Basel), Benny Geiger (Weizmann Institute of Science, Rehovot, Israel), Larry Gerace (The Scripps Research Institute), Holger Gerhardt (London Research Institute), John Gerhart (University of California, Berkeley), Günther Gerisch (Max Planck Institute of Biochemistry), Frank Gertler (Massachusetts Institute of Technology), Sankar Ghosh (Yale University School of Medicine), Alfred Gilman (The University of Texas Southwestern Medical Center), Reid Gilmore (University of Massachusetts, Amherst), Bernie Gilula (falecido), Charles Gilvarg (Princeton University), Benjamin S. Glick (University of Chicago), Michael Glotzer (University of Chicago), Larry Goldstein (University of California, San Diego), Bastien Gomperts (University College Hospital Medical School, London), Daniel Goodenough (Harvard Medical School), Jim Goodrich (University of Colorado, Boulder), Jeffrey Gordon (Washington University, St. Louis), Peter Gould (Middlesex Hospital Medical School, London), Alan Grafen (University of Oxford), Walter Gratzer (King's College London), Michael Gray (Dalhousie University), Douglas Green (St. Jude Children's Hospital), Howard Green (Harvard University), Michael Green (University of Massachusetts, Amherst), Leslie Grivell (University of Amsterdam), Carol Gross (University of California, San Francisco), Frank Grosveld (Erasmus Universiteit, The Netherlands), Michael Grunstein (University of California, Los Angeles), Barry Gumbiner (Memorial Sloan Kettering Cancer Center), Brian Gunning (Australian National University, Canberra), Christine Guthrie (University of California, San Francisco), James Haber (Brandeis University), Ernst Hafen (Universitat Zurich), David Haig (Harvard University), Andrew Halestrap (University of Bristol, UK), Alan Hall (Memorial Sloan Kettering Cancer Center), Jeffrey Hall (Brandeis University), John Hall (University of Southampton, UK), Zach Hall (University of California, San Francisco), Douglas Hanahan (University of California, San Francisco), David Hanke (University of Cambridge), Nicholas Harberd (University of Oxford), Graham Hardie (University of Dundee, Scotland), Richard Harland (University of California, Berkeley), Adrian Harris (Cancer Research UK), John Harris (University of Otago, New Zealand), Stephen Harrison (Harvard University), Leland Hartwell (University of Washington, Seattle), Adrian Harwood (MRC Laboratory for Molecular Cell Biology and Cell Biology Unit, London), Scott Hawley (Stowers Institute for Medical Research, Kansas City), Rebecca Heald (University of California, Berkeley), John Heath (University of Birmingham, UK), Ramanujan Hegde (NIH), Carl-Henrik Heldin (Uppsala University), Ari Helenius (Swiss Federal Institute of Technology), Richard Henderson (MRC Laboratory of Molecular Biology, Cambridge, UK), Glenn Herrick (University of Utah), Ira Herskowitz (falecido), Bertil Hille (University of Washington, Seattle), Alan Hinnebusch (NIH, Bethesda), Brigid Hogan (Duke University), Nancy Hollingsworth (State University of New York, Stony Brook), Frank Holstege (University Medical Center, The Netherlands), Leroy Hood (Institute for Systems Biology, Seattle), John Hopfield (Princeton University), Robert Horvitz (Massachusetts Institute of Technology), Art Horwich (Yale University School of Medicine), David Housman (Massachusetts Institute of Technology), Joe Howard (Max Planck Institute of Molecular Cell Biology and Genetics), Jonathan Howard (University of Washington, Seattle), James Hudspeth (The Rockefeller University), Simon Hughes (King's College London), Martin Humphries (University of Manchester, UK), Tim Hunt (Cancer Research UK), Neil Hunter (University of California, Davis), Laurence Hurst (University of Bath, UK), Jeremy Hyams (University College London), Tony Hyman (Max Planck Institute of Molecular Cell Biology and Genetics), Richard Hynes (Massachusetts Institute of Technology), Philip Ingham (University of Sheffield, UK), Kenneth Irvine (Rutgers University), Robin Irvine (University of Cambridge), Norman Iscove (Ontario Cancer Institute, Toronto), David Ish-Horowicz (Cancer Research UK), Lily Jan (University of California, San Francisco), Charles Janeway (falecido), Tom Jessell (Columbia University), Arthur Johnson (Texas A&M University), Louise Johnson (falecida), Andy Johnston (John Innes Institute, Norwich, UK), E.G. Jordan (Queen Elizabeth College, London), Ron Kaback (University of California, Los Angeles), Michael Karin (University of California, San Diego), Eric Karsenti (European Molecular Biology Laboratory, Germany), Ken Keegstra (Michigan State University), Ray Keller (University of California, Berkeley), Douglas Kellogg (University of California, Santa Cruz), Regis Kelly (University of California, San Francisco), John Kendrick-Jones (MRC Laboratory of Molecular Biology, Cambridge), Cynthia Kenyon (University of California, San Francisco), Roger Keynes (University of Cambridge), Judith Kimble (University of Wisconsin, Madison), Robert Kingston (Massachusetts General Hospital), Marc Kirschner (Harvard University), Richard Klausner (NIH), Nancy Kleckner (Harvard University), Mike Klymkowsky (University of Colorado, Boulder), Kelly Komachi (University of California, San Francisco), Eugene Koonin (NIH), Juan Korenbrot (University of California, San Francisco), Roger Kornberg (Stanford University), Tom Kornberg (University of California, San Francisco), Stuart Kornfeld (Washington University, St. Louis), Daniel Koshland (University of California, Berkeley), Douglas Koshland (Carnegie Institution of Washington, Baltimore), Marilyn Kozak (University of Pittsburgh), Mark Krasnow (Stanford University), Werner Kühlbrandt (Max Planck Institute for Biophysics), John Kuriyan (University of California, Berkeley), Robert Kypta (MRC Laboratory for Molecular Cell Biology, London), Peter Lachmann (MRC Centre, Cambridge), Ulrich Laemmli (University of Geneva, Switzerland), Trevor Lamb (University of Cambridge), Hartmut Land (Cancer Research UK), David Lane (University of Dundee,

Scotland), Jane Langdale (University of Oxford), Lewis Lanier (University of California, San Francisco), Jay Lash (University of Pennsylvania), Peter Lawrence (MRC Laboratory of Molecular Biology, Cambridge), Paul Lazarow (Mount Sinai School of Medicine), Robert J. Lefkowitz (Duke University), Michael Levine (University of California, Berkeley), Warren Levinson (University of California, San Francisco), Alex Levitzki (Hebrew University, Israel), Ottoline Leyser (University of York, UK), Joachim Li (University of California, San Francisco), Tomas Lindahl (Cancer Research UK), Vishu Lingappa (University of California, San Francisco), Jennifer Lippincott-Schwartz (NIH), Joseph Lipsick (Stanford University School of Medicine), Dan Littman (New York University School of Medicine), Clive Lloyd (John Innes Institute, Norwich, UK), Richard Locksley (University of California, San Francisco), Richard Losick (Harvard University), Daniel Louvard (Institut Curie, France), Robin Lovell-Badge (National Institute for Medical Research, London), Scott Lowe (Cold Spring Harbor Laboratory), Shirley Lowe (University of California, San Francisco), Reinhard Lührman (Max Planck Institute of Biophysical Chemistry), Michael Lynch (Indiana University), Laura Machesky (University of Birmingham, UK), Hiten Madhani (University of California, San Francisco), James Maller (University of Colorado Medical School), Tom Maniatis (Harvard University), Colin Manoil (Harvard Medical School), Elliott Margulies (NIH), Philippa Marrack (National Jewish Medical and Research Center, Denver), Mark Marsh (Institute of Cancer Research, London), Wallace Marshall (University of California, San Francisco), Gail Martin (University of California, San Francisco), Paul Martin (University College London), Joan Massagué (Memorial Sloan Kettering Cancer Center), Christopher Mathews (Oregon State University), Brian McCarthy (University of California, Irvine), Richard McCarty (Cornell University), William McGinnis (University of California, San Diego), Anne McLaren (Wellcome/Cancer Research Campaign Institute, Cambridge), Frank McNally (University of California, Davis), Freiderick Meins (Freiderich Miescher Institut, Basel), Stephanie Mel (University of California, San Diego), Ira Mellman (Genentech), Barbara Meyer (University of California, Berkeley), Elliot Meyerowitz (California Institute of Technology), Chris Miller (Brandeis University), Robert Mishell (University of Birmingham, UK), Avrion Mitchison (University College London), N.A. Mitchison (University College London), Timothy Mitchison (Harvard Medical School), Quinn Mitrovich (University of California, San Francisco), Peter Mombaerts (The Rockefeller University), Mark Mooseker (Yale University), David Morgan (University of California, San Francisco), Michelle Moritz (University of California, San Francisco), Montrose Moses (Duke University), Keith Mostov (University of California, San Francisco), Anne Mudge (University College London), Hans Müller-Eberhard (Scripps Clinic and Research Institute), Alan Munro (University of Cambridge), J. Murdoch Mitchison (Harvard University), Richard Myers (Stanford University), Diana Myles (University of California, Davis), Andrew Murray (Harvard University), Shigekazu Nagata (Kyoto University, Japan), Geeta Narlikar (University of California, San Francisco), Kim Nasmyth (University of Oxford), Mark E. Nelson (University of Illinois, Urbana-Champaign), Michael Neuberger (falecido), Walter Neupert (University of Munich, Germany), David Nicholls (University of Dundee, Scotland), Roger Nicoll (University of California, San Francisco), Suzanne Noble (University of California, San Francisco), Harry Noller (University of California, Santa Cruz), Jodi Nunnari (University of California, Davis), Paul Nurse (Francis Crick Institute), Roel Nusse (Stanford University), Michael Nussenzweig (Rockefeller University), Duncan O'Dell (falecido), Patrick O'Farrell (University of California, San Francisco), Bjorn Olsen (Harvard Medical School), Maynard Olson (University of Washington, Seattle), Stuart Orkin (Harvard University), Terry Orr-Weaver (Massachusetts Institute of Technology), Erin O'Shea (Harvard University), Dieter Osterhelt (Max Planck Institute of Biochemistry), William Otto (Cancer Research UK), John Owen (University of Birmingham, UK), Dale Oxender (University of Michigan), George Palade (falecido), Barbara Panning (University of California, San Francisco), Roy Parker (University of Arizona, Tucson), William W. Parson (University of Washington, Seattle), Terence Partridge (MRC Clinical Sciences Centre, London), William E. Paul (NIH), Tony Pawson (falecido), Hugh Pelham (MRC, UK), Robert Perry (Institute of Cancer Research, Philadelphia), Gordon Peters (Cancer Research UK), Greg Petsko (Brandeis University), Nikolaus Pfanner (University of Freiburg, Germany), David Phillips (The Rockefeller University), Jeremy Pickett-Heaps (The University of Melbourne, Australia), Jonathan Pines (Gurdon Institute, Cambridge), Julie Pitcher (University College London), Jeffrey Pollard (Albert Einstein College of Medicine), Tom Pollard (Yale University), Bruce Ponder (University of Cambridge), Daniel Portnoy (University of California, Berkeley), James Priess (University of Washington, Seattle), Darwin Prockop (Tulane University), Mark Ptashne (Memorial Sloan Kettering Cancer Center), Dale Purves (Duke University), Efraim Racker (Cornell University), Jordan Raff (University of Oxford), Klaus Rajewsky (Max Delbrück Center for Molecular Medicine, Germany), George Ratcliffe (University of Oxford), Elio Raviola (Harvard Medical School), Martin Rechsteiner (University of Utah, Salt Lake City), David Rees (National Institute for Medical Research, London), Thomas A. Reh (University of Washington, Seattle), Louis Reichardt (University of California, San Francisco), Renee Reijo (University of California, San Francisco), Caetano Reis e Sousa (Cancer Research UK), Fred Richards (Yale University), Conly Rieder (Wadsworth Center, Albany), Phillips Robbins (Massachusetts Institute of Technology), Elizabeth Robertson (The Wellcome Trust Centre for Human Genetics, UK), Elaine Robson (University of Reading, UK), Robert Roeder (The Rockefeller University), Joel Rosenbaum (Yale University), Janet Rossant (Mount Sinai Hospital, Toronto), Jesse Roth (NIH), Jim Rothman (Memorial Sloan Kettering Cancer Center), Rodney Rothstein (Columbia University), Erkki Ruoslahti (La Jolla Cancer Research Foundation), Gary Ruvkun (Massachusetts General Hospital), David Sabatini (New York University), Alan Sachs (University of California, Berkeley), Edward Salmon (University of North Carolina, Chapel Hill), Aziz Sancar (University of North Carolina, Chapel Hill), Joshua Sanes (Harvard University), Peter Sarnow (Stanford University), Lisa Satterwhite (Duke University Medical School), Robert Sauer (Massachusetts Institute of Technology), Ken Sawin (The Wellcome Trust Centre for Cell Biology, UK), Howard Schachman (University of California, Berkeley), Gerald Schatten (Pittsburgh Development Center), Gottfried Schatz (Biozentrum, University of Basel), Randy Schekman (University of California, Berkeley), Richard Scheller (Stanford University), Giampietro Schiavo (Cancer Research UK), Ueli Schibler (University of Geneva, Switzerland), Joseph Schlessinger (New York University Medical Center), Danny J. Schnell (University of Massachusetts, Amherst), Michael Schramm (Hebrew University, Israel), Robert Schreiber (Washington University School of Medicine), James Schwartz (Columbia University), Ronald Schwartz (NIH), François Schweisguth (Institut Pasteur, France), John Scott (University of Manchester, UK), John Sedat (University of California, San Francisco), Peter Selby (Cancer Research UK), Zvi Sellinger (Hebrew University, Israel), Gregg Semenza (Johns Hopkins University), Philippe Sengel (University of Grenoble, France), Peter Shaw (John Innes Institute, Norwich, UK), Michael Sheetz (Columbia University), Morgan Sheng (Massachusetts Institute of Technology), Charles Sherr (St. Jude Children's Hospital), David Shima (Cancer Research UK), Samuel Silverstein (Columbia University), Melvin I. Simon (California Institute of Technology), Kai Simons (Max Planck Institute of Molecular Cell Biology and Genetics), Jonathan Slack (Cancer Research UK), Alison Smith (John Innes Institute, Norfolk, UK), Austin Smith (University of Edinburgh, UK), Jim Smith (The Gurdon Institute, UK), John Maynard Smith (University of Sussex, UK), Mitchell Sogin (Woods Hole Institute), Frank Solomon (Massachusetts Institute of Technology), Michael Solursh (University of Iowa), Bruce Spiegelman (Harvard Medical School), Timothy Springer (Harvard Medical School), Mathias Sprinzl (University of Bayreuth, Germany), Scott Stachel (University of California, Berkeley), Andrew Staehelin (University of Colorado, Boulder), David Standring (University of California, San Francisco), Margaret Stanley (University of Cambridge), Martha Stark (University of California, San Francisco), Wilfred Stein (Hebrew University, Israel), Malcolm Steinberg (Princeton University), Ralph Steinman (falecido), Len Stephens (The Babraham Institute, UK), Paul Sternberg (California Institute of Technology), Chuck Stevens (The Salk Institute), Murray Stewart (MRC Laboratory of Molecular Biology, Cambridge), Bruce Stillman (Cold Spring Harbor Laboratory), Charles Streuli (University of Manchester, UK), Monroe Strickberger (University of Missouri, St. Louis), Robert Stroud (University of California, San Francisco), Michael Stryker (University of California, San Francisco), William Sullivan (University of California, Santa Cruz), Azim Surani (The Gurdon Institute, University of Cambridge), Daniel Szollosi (Institut National de la Recherche Agronomique, France), Jack Szostak (Harvard Medical School), Clifford Tabin (Harvard Medical School), Masatoshi Takeichi (RIKEN Center for Developmental Biology, Japan), Nicolas Tapon (London Research Institute), Diethard Tautz (University of Cologne, Germany), Julie Theriot (Stanford University), Roger Thomas (University of Bristol, UK), Craig Thompson (Memorial Sloan Kettering Cancer Center), Janet Thornton (European Bioinformatics Institute, UK), Vernon Thornton (King's College London), Cheryll Tickle (University of Dundee, Scotland), Jim Till (Ontario Cancer Institute, Toronto), Lewis Tilney (University of Pennsylvania), David Tollervey (University of Edinburgh, UK), Ian Tomlinson (Cancer Research UK), Nick Tonks (Cold Spring Harbor Laboratory), Alain Townsend (Institute of Molecular Medicine, John Radcliffe Hospital, Oxford), Paul Travers (Scottish Institute for Regeneration Medicine), Robert Trelstad (UMDNJ—Robert Wood Johnson Medical School), Anthony Trewavas (Edinburgh University, Scotland), Nigel Unwin (MRC Laboratory of Molecular Biology, Cambridge), Victor Vacquier (University of California, San Diego), Ronald D. Vale (University of California, San Francisco), Tom Vanaman (University of Kentucky), Harry van der Westen (Wageningen, The Netherlands), Harold Varmus (National Cancer Institute, United States), Alexander J. Varshavsky (California Institute of Technology), Donald Voet (University of Pennsylvania), Harald von Boehmer (Harvard Medical School), Madhu Wahi (University of California, San Francisco), Virginia Walbot (Stanford University), Frank Walsh (GlaxoSmithKline, UK), Trevor Wang (John Innes Institute, Norwich, UK), Xiaodong Wang (The University of Texas Southwestern Medical School), Yu-Lie Wang (Worcester Foundation for Biomedical Research, MA), Gary Ward (University of Vermont), Anne Warner (University College London), Graham Warren (Yale University School of Medicine), Paul Wassarman (Mount Sinai School of Medicine), Clare Waterman-Storer (The Scripps Research Institute), Fiona Watt (Cancer Research UK), John Watts (John Innes Institute, Norwich, UK), Klaus Weber (Max Planck Institute for Biophysical Chemistry), Martin Weigert (Institute of Cancer Research, Philadelphia), Robert Weinberg (Massachusetts Institute of Technology), Harold Weintraub (falecido), Karsten Weis (Swiss Federal Institute of Technology), Irving Weissman (Stanford University), Jonathan Weissman (University of California, San Francisco), Susan R. Wente (Vanderbilt University School of Medicine), Norman Wessells (University of Oregon, Eugene), Stephen West (Cancer Research UK), Judy White (University of Virginia), William Wickner (Dartmouth College), Michael Wilcox (falecido), Lewis T. Williams (Chiron Corporation), Patrick Williamson (University of Massachusetts, Amherst), Keith Willison (Chester Beatty Laboratories, London), John Wilson (Baylor University), Alan Wolffe (falecido), Richard Wolfenden (University of North Carolina, Chapel Hill), Sandra Wolin (Yale University School of Medicine), Lewis Wolpert (University College London), Richard D. Wood (University of Pittsburgh Cancer Institute), Abraham Worcel (University of Rochester), Nick Wright (Cancer Research UK), John Wyke (Beatson Institute for Cancer Research, Glasgow), Michael P. Yaffe (California Institute for Regenerative Medicine), Kenneth M. Yamada (NIH), Keith Yamamoto (University of California, San Francisco), Charles Yocum (University of Michigan, Ann Arbor), Peter Yurchenco (UMDNJ—Robert Wood Johnson Medical School), Rosalind Zalin (University College London), Patricia Zambryski (University of California, Berkeley), Marino Zerial (Max Planck Institute of Molecular Cell Biology and Genetics).

Nota ao leitor

Estrutura do livro
Embora os capítulos deste livro possam ser lidos de forma independente, estão organizados em uma sequência lógica de cinco partes. Os três primeiros capítulos da Parte I tratam dos princípios elementares e da bioquímica básica. Eles podem servir como uma introdução aos leitores que não estudaram bioquímica ou para relembrar os que já a estudaram. A Parte II aborda o armazenamento, expressão e transmissão de informações genéticas. A Parte III apresenta os fundamentos dos principais métodos experimentais de investigação e análise celular; aqui, uma nova seção, intitulada "Análise matemática das funções celulares", no Capítulo 8, fornece uma dimensão extra para nossa compreensão sobre regulação e função celular. A Parte IV discute a organização interna da célula. A Parte V aborda o comportamento celular nos sistemas multicelulares, iniciando com o desenvolvimento de organismos multicelulares e concluindo com capítulos sobre patógenos e infecção e sobre os sistemas imune inato e adaptativo.

Teste seu conhecimento
Uma seleção de questões, escritas por John Wilson e Tim Hunt, aparece no final de cada capítulo. As questões para os quatro últimos capítulos sobre organismos multicelulares são novas nesta edição. As soluções completas para todas as questões podem ser encontradas na página do livro em nosso site, loja.grupoa.com.br.

Referências
Uma lista concisa de referências selecionadas foi incluída no final de cada capítulo. Elas estão organizadas em ordem alfabética dentro dos principais subtítulos. Essas referências às vezes incluem os artigos originais em que descobertas importantes foram noticiadas pela primeira vez.

Termos do glossário
Ao longo do livro, quando um termo merece destaque, ele aparece em **negrito**, indicando que ali é abordado em mais detalhes. *Itálico* é utilizado para destacar termos também importantes, porém com menos ênfase. No final do livro, encontra-se o glossário expandido, abrangendo termos técnicos que são parte da terminologia da biologia celular; ele é indicado como o primeiro recurso para o leitor ao encontrar termos com os quais não está familiarizado.

Nomenclatura para genes e proteínas
Cada espécie possui suas próprias convenções para nomear genes; a única característica em comum é que eles são sempre marcados em itálico. Em algumas espécies (como os humanos), os nomes dos genes são escritos todos em letras maiúsculas; em outras espécies (como o peixe-zebra), todas as letras são minúsculas; em outras, ainda (a maioria dos genes de camundongos), com a primeira letra maiúscula e as letras seguintes em minúsculo; ou (como na *Drosophila*) com diferentes combinações de letras maiúsculas e minúsculas, dependendo se o primeiro alelo mutante que foi descoberto produz um fenótipo dominante ou recessivo. As convenções para o nome de produtos de proteínas são igualmente variadas.

Essa variedade enorme de padrões preocupa a todos – como fazer para não registrar informações equivocadas? Não podemos, de forma independente, definir uma nova convenção para cada uma das próximas milhões de espécies cujos genes desejarmos estudar. Além disso, há muitas ocasiões, especialmente em um livro como este, em que precisamos nos referir a um gene de forma genérica, sem especificar a versão do camundongo, do humano, da galinha ou do hipopótamo, pois são todos equivalentes para o propósito da discussão. Que convenção, então, devemos usar?

Decidimos, neste livro, deixar de lado as convenções para as espécies individuais e seguir uma única regra: escrevemos todos os nomes de genes, como os nomes de pessoas e lugares, com a primeira letra maiúscula e letras seguintes minúsculas, mas todas em itálico, deste modo: *Apc, Bazooka, Cdc2, Dishevelled, Egl1*. A proteína correspondente, se possuir seu nome originado a partir do gene, será então escrita igualmente, mas não com as letras em itálico: Apc, Bazooka, Cdc2, Dishevelled, Egl1. Quando é necessário especificar o organismo, pode-se usar um prefixo para o nome do gene.

Para completar, listamos outros detalhes das regras de nomenclatura que seguimos. Em alguns exemplos, uma letra adicionada no nome do gene é tradicionalmente usada para distinguir entre genes relacionados quanto à função ou evolução; para esses genes, colocamos a letra em maiúsculo se for comum fazê-lo (*LacZ, RecA, HoxA4*). Não usamos hífen para separar as letras ou números adicionados do restante do nome. As proteínas são mais um problema. Muitas delas têm nomes particulares, designados antes do gene ser nomeado. Tais nomes de proteínas têm muitas formas, embora a maioria deles tradicionalmente inicie com letra minúscula (actina, hemoglobina, catalase), como nomes de substâncias comuns (queijo, náilon), a menos que eles sejam abreviados (como GFP, para Green Fluorescent Protein, ou BMP4, para Bone Morphogenetic Protein #4). Determinar todos os nomes de proteínas em um estilo uniforme para estabelecer convenções seria algo extremo, então optamos por utilizar a forma tradicional (actina, GFP, etc.). Para os nomes dos genes correspondentes em todos estes casos, no entanto, seguimos a nossa regra padrão: *Actina, Hemoglobina, Catalase, Bmp4, Gfp*. Ocasionalmente, precisamos destacar o nome de uma proteína colocando-o em itálico para enfatizar; a finalidade geralmente ficará evidente no contexto.

Para aqueles que desejarem conhecer, a tabela abaixo mostra algumas convenções oficiais para espécies individuais — convenções que, na maioria das vezes, violamos neste livro, conforme explicado até aqui.

Organismo	Convenção espécie-específica		Convenção especial usada neste livro	
	Gene	Proteína	Gene	Proteína
Camundongo	*Hoxa4*	Hoxa4	*HoxA4*	HoxA4
	Bmp4	BMP4	*Bmp4*	BMP4
	integrina α-1, Itgα1	integrina α1	*Integrina α1, Itgα1*	integrina α1
Humano	*HOXA4*	HOXA4	*HoxA4*	HoxA4
Peixe-zebra	*cyclops, cyc*	Cyclops, Cyc	*Cyclops, Cyc*	Cyclops, Cyc
Caenorhabditis	*unc-6*	UNC-6	*Unc6*	Unc6
Drosophila	*sevenless, sev* (letra minúscula, devido ao fenótipo recessivo)	Sevenless, SEV	*Sevenless, Sev*	Sevenless, Sev
	Deformed, Dfd (letra maiúscula, devido ao fenótipo dominante mutante)	Deformed, DFD	*Deformed, Dfd*	Deformed, Dfd
Levedura				
Saccharomyces cerevisae (levedura em brotamento)	*CDC28*	Cdc28, Cdc28p	*Cdc28*	Cdc28
Schizosaccharomyces pombe (levedura em divisão)	*Cdc2*	Cdc2, Cdc2p	*Cdc2*	Cdc2
Arabidopsis	*GAI*	GAI	*Gai*	GAI
E. coli	*uvrA*	UvrA	*UvrA*	UvrA

Recursos didáticos

Recursos de aprendizagem estão disponíveis *online* na página do *Biologia molecular da célula*. Acesse o site **grupoa.com.br**, encontre a página do livro por meio do campo de busca e localize a área de Material Complementar para acessar os arquivos. Chamadas para as Animações* estão destacadas em cor e negrito ao longo do livro, direcionando o leitor e complementando o conteúdo de cada capítulo. Esperamos que esses recursos estimulem o aprendizado dos estudantes e tornem mais fácil a preparação de aulas dinâmicas e atividades de classe para os professores.

ÁREA DO PROFESSOR

Professores podem fazer *download* do material complementar exclusivo (em português). Acesse nosso site, **grupoa.com.br**, cadastre-se gratuitamente como professor, encontre a página do livro por meio do campo de busca e clique no *link Material do Professor*.

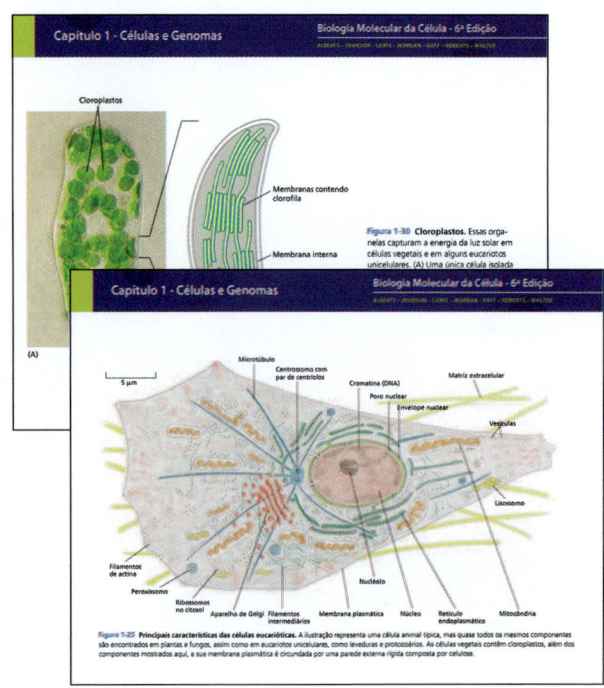

---

*A manutenção e a disponibilização das animações são de responsabilidade da Garland Science, Taylor & Francis Group, LLC.

Prefácio

Desde a última edição deste livro, mais de cinco milhões de artigos científicos foram publicados. Houve um aumento correspondente na quantidade de informações digitais: surgiram novos dados sobre sequências genômicas, interações de proteínas, estruturas moleculares e expressão gênica – todos armazenados em vastos bancos de dados. O desafio para cientistas e autores de livros acadêmicos é converter essa quantidade impressionante de informação em uma explicação acessível e atual de como as células funcionam.

O aumento no número de artigos de revisão, que têm como objetivo tornar o conteúdo original mais fácil de ser compreendido, nos auxilia nessa tarefa, embora a maioria dessas revisões ainda seja bastante específica. Além disso, uma coleção cada vez maior de fontes *online* tenta nos convencer que a compreensão está apenas a alguns *clicks* do *mouse*. Em algumas áreas, essa mudança no acesso ao conhecimento teve muito sucesso, como na descoberta do que há de mais atual sobre nossos próprios problemas médicos. Contudo, para compreender um pouco sobre a beleza e a complexidade de como as células vivas funcionam, é necessário mais do que apenas um *wiki*-isso ou *wiki*-aquilo – é extremamente difícil identificar as pedras preciosas neste aterro confuso. Uma narrativa cuidadosamente elaborada, que conduz o leitor de forma lógica e progressiva por meio de ideias, componentes e experimentos, é muito mais eficaz, já que o leitor poderá construir para si mesmo uma estrutura conceitual da biologia celular memorável que permitirá avaliar criticamente toda a nova ciência e, o mais importante, compreendê-la. Foi isso que tentamos fazer neste *Biologia molecular da célula*.

Na preparação desta nova edição, inevitavelmente tivemos que tomar algumas decisões difíceis. Para incluir novas e estimulantes descobertas e manter o livro portátil, muito teve que ser retirado. Adicionamos novas seções, como aquelas sobre as novas funções do RNA, avanços na biologia das células-tronco, novos métodos para estudar proteínas e genes e obter imagens de células, avanços na genética e tratamento do câncer, e no controle do crescimento e morfogênese do desenvolvimento.

A química das células é extremamente complexa, e toda lista de partes celulares e suas interações – não importando o quão completa – deixaria grandes lacunas na nossa compreensão. Percebemos que, para produzir explicações convincentes sobre o comportamento celular, necessitaremos de informações quantitativas sobre as células, as quais estão vinculadas a abordagens matemáticas/computacionais sofisticadas – algumas ainda nem inventadas. Como consequência, os biólogos celulares estão procurando transformar seus estudos em uma descrição mais quantitativa e com dedução matemática. Destacamos essa abordagem e alguns de seus métodos em uma nova seção no final do Capítulo 8.

Frente à imensidão do que aprendemos sobre biologia celular, pode parecer tentador para um estudante imaginar que ainda resta pouco a descobrir. Na verdade, quanto mais descobrimos sobre as células, mais questões surgem. Para enfatizar que nossa compreensão sobre biologia celular está incompleta, destacamos as principais lacunas no nosso conhecimento ao inserirmos a lista "*O que não sabemos*" no final de cada capítulo. Essa breve lista inclui apenas uma pequena amostra de questões importantes não respondidas e dos desafios para a próxima geração de cientistas. Aliás, ficamos muito satisfeitos em saber que alguns de nossos leitores encontrarão respostas no futuro!

As mais de 1.500 ilustrações foram planejadas para criar uma narrativa paralela, mas intimamente interligada ao texto. Aumentamos a harmonia entre os capítulos, particularmente no uso das cores e de ícones comuns – canais e bombas de membrana são um bom exemplo. Para evitar interrupções no texto, parte do conteúdo foi movida para novos *Painéis*. A maioria das estruturas proteicas importantes descritas foi redesenhada e colorida: agora, em cada caso, fornecemos o código no PDB (Protein Data Bank) correspondente para a proteína, que pode ser utilizado para acessar ferramentas *online* que fornecem mais informações sobre ela, como aquelas no *website* RCSB PDB (www.rcsb.org). Essas conexões permitem aos leitores explorar de forma mais completa as proteínas que estão no centro da biologia celular.

John Wilson e Tim Hunt novamente contribuíram com suas questões* peculiares e criativas, proporcionando aos estudantes uma compreensão mais ativa do texto. As questões enfatizam abordagens quantitativas e encorajam o raciocínio crítico sobre os experimentos publicados; elas estão agora presentes no final de todos os capítulos. As respostas para as questões estão disponíveis na página do livro em nosso site, loja.grupoa.com.br.

Vivemos em um mundo que nos apresenta vários assuntos complexos relacionados à biologia celular: biodiversidade, mudança climática, segurança alimentar, degradação ambiental, esgotamento de fontes de recursos e doenças. Esperamos que nosso livro ajude o leitor a compreender melhor, e, possivelmente, contribuir para resolver esses desafios. Conhecimento e compreensão trazem o poder para intervir.

Temos uma dívida de gratidão com um grande número de cientistas cuja ajuda generosa é mencionada separadamente no texto Agradecimentos (p. ix a xiv). Aqui, precisamos mencionar algumas contribuições particularmente importantes. Para o Capítulo 8, Hana El-Samad forneceu o cerne da seção "Análise matemática das funções celulares", e Karen Hopkin fez contribuições valiosas para a seção "Estudo da expressão e da função de genes". Werner Kuhlbrandt ajudou a reorganizar e rescrever o Capítulo 14 (Conversão de energia: mitocôndrias e cloroplastos). Rebecca Heald fez o mesmo para o Capítulo 16 (O citoesqueleto), assim como Alexander Schier fez para o Capítulo 21 (Desenvolvimento de organismos multicelulares) e Matt Welch, para o Capítulo 23 (Patógenos e infecção). Lewis Lanier ajudou a escrever o Capítulo 24 (Os sistemas imunes inato e adaptativo). Hossein Amiri gerou um enorme banco *online* de questões para professores.

Antes de iniciar o ciclo de revisão para esta edição, convidamos vários cientistas que utilizaram a última edição para ensinar biologia celular a nos encontrar e sugerir melhorias. Eles nos ofereceram sugestões úteis que ajudaram a aperfeiçoar a nova edição. Também tivemos o auxílio valioso de grupos de estudantes que leram as provas da maioria dos capítulos.

Muitas pessoas e muitos esforços são necessários para converter um longo original e uma grande pilha de rascunhos em um livro-texto finalizado. A equipe da Garland Science que gerenciou essa conversão foi espetacular. Denise Schanck, gerindo a operação, demonstrou paciência, perspicácia, tato e energia durante a jornada; ela nos guiou com segurança, competentemente auxiliada por Allie Bochicchio e Janette Scobie. Nigel Orme supervisionou nosso programa renovado de ilustrações, finalizou toda a arte e novamente enriqueceu a contracapa com seu talento gráfico. Tiago Barros nos ajudou a renovar as apresentações sobre estruturas proteicas. Matthew McClements criou o projeto gráfico do livro e sua capa. Emma Jeffcock novamente editorou as páginas finais, gerenciando ciclos infinitos de provas e alterações de último minuto com destreza e paciência notáveis, com ajuda de Georgina Lucas. Michael Morales, auxiliado por Leah Christians, produziu e montou a complexa rede de vídeos, animações e outros materiais que formam a base dos recursos *online* que acompanham este livro. Adam Sendroff ofereceu um *feedback* valioso sobre os usuários do livro pelo mundo, o que qualificou nosso ciclo de revisão. Lançando olhares especializados sobre o original, Elizabeth Zayatz e Sherry Granum Lewis atuaram como editores de desenvolvimento, Jo Clayton como preparadora de originais e Sally Huish como revisora de provas. Bill Johncocks compilou o índice. Em Londres, Emily Preece nos alimentou, enquanto a ajuda, habilidade e energia da equipe da Garland, juntamente com sua amizade, nos nutriram de várias formas durante a revisão, tornando todo o processo prazeroso. Os autores têm muita sorte por terem sido amparados com tanta generosidade.

Agradecemos aos nossos cônjuges, familiares, amigos e colegas por seu apoio contínuo, o que mais uma vez tornou possível a nova edição deste livro.

Quando estávamos completando esta edição, Julian Lewis, nosso coautor, amigo e colega, finalmente sucumbiu ao câncer contra o qual lutou tão bravamente por dez anos. Iniciando em 1979, Julian fez contribuições importantes para as seis edições e, como nosso mais elegante sábio com as palavras, elevou e melhorou o estilo e o tom de todos os capítulos que tocou. Conhecido por seu cuidadoso enfoque erudito, a clareza e a simplicidade estavam no coração de seu texto. Julian é insubstituível, e todos sentiremos muito a falta de sua amizade e colaboração. Dedicamos a 6ª edição à sua memória.

Os autores

---

* Mais de 1.800 questões adicionais estão disponíveis no livro *Molecular biology of the cell: The problems book*.

Sumário resumido

PARTE I	**INTRODUÇÃO À CÉLULA**	**1**
Capítulo 1	**Células e genomas**	**1**
Capítulo 2	**Bioenergética e química celular**	**43**
	Painel 2-1 Ligações e grupos químicos normalmente observados nas moléculas biológicas	90
	Painel 2-2 A água e sua influência sobre o comportamento das moléculas biológicas	92
	Painel 2-3 Os principais tipos de ligações não covalentes fracas que mantêm as macromoléculas unidas	94
	Painel 2-4 Esquema de alguns dos tipos de açúcares encontrados nas células	96
	Painel 2-5 Ácidos graxos e outros lipídeos	98
	Painel 2-6 Um resumo sobre os nucleotídeos	100
	Painel 2-7 Energia livre e reações biológicas	102
	Painel 2-8 Detalhes das 10 etapas da glicólise	104
	Painel 2-9 O ciclo do ácido cítrico completo	106
Capítulo 3	**Proteínas**	**109**
	Painel 3-1 Os 20 aminoácidos encontrados nas proteínas	112
	Painel 3-2 Alguns dos métodos utilizados no estudo das enzimas	142
PARTE II	**MECANISMOS GENÉTICOS BÁSICOS**	**173**
Capítulo 4	**DNA, cromossomos e genomas**	**173**
Capítulo 5	**Replicação, reparo e recombinação do DNA**	**237**
Capítulo 6	**Como as células leem o genoma: do DNA à proteína**	**299**
Capítulo 7	**Controle da expressão gênica**	**369**
	Painel 7-1 Motivos estruturais comuns em reguladores da transcrição	376
PARTE III	**FORMAS DE TRABALHAR COM CÉLULAS**	**439**
Capítulo 8	**Analisando células, moléculas e sistemas**	**439**
	Painel 8-1 Métodos de sequenciamento de DNA	478
	Painel 8-2 Revisão da genética clássica	486
Capítulo 9	**Visualização de células**	**529**
PARTE IV	**ORGANIZAÇÃO INTERNA DA CÉLULA**	**565**
Capítulo 10	**Estrutura da membrana**	**565**
Capítulo 11	**Transporte de membrana de pequenas moléculas e propriedades elétricas das membranas**	**597**
	Painel 11-1 A derivação da equação de Nernst	616

Capítulo 12	Compartimentos intracelulares e endereçamento de proteínas	641
Capítulo 13	Tráfego intracelular de vesículas	695
Capítulo 14	Conversão de energia: mitocôndrias e cloroplastos	753
	Painel 14-1 Potenciais redox	765
Capítulo 15	Sinalização celular	813
Capítulo 16	Citoesqueleto	889
	Painel 16-1 Os três principais tipos de filamentos proteicos que formam o citoesqueleto	891
	Painel 16-2 A polimerização de actina e tubulina	902
	Painel 16-3 Filamentos de actina	906
	Painel 16-4 Microtúbulos	933
Capítulo 17	Ciclo celular	963
	Painel 17-1 Os principais estágios da fase M (mitose e citocinese) em uma célula animal	980
Capítulo 18	Morte celular	1021
PARTE V	**AS CÉLULAS EM SEU CONTEXTO SOCIAL**	**1035**
Capítulo 19	Junções celulares e matriz extracelular	1035
Capítulo 20	Câncer	1091
Capítulo 21	Desenvolvimento de organismos multicelulares	1145
Capítulo 22	Células-tronco e renovação de tecidos	1217
Capítulo 23	Patógenos e infecção	1263
Capítulo 24	Os sistemas imunes inato e adaptativo	1297
Glossário		1343
Índice		1377

Sumário

Capítulo 1 Células e genomas — 1

CARACTERÍSTICAS UNIVERSAIS DAS CÉLULAS NA TERRA — 2
- Todas as células armazenam sua informação hereditária no mesmo código químico linear: o DNA — 2
- Todas as células replicam sua informação hereditária por polimerização a partir de um molde — 3
- Todas as células transcrevem partes de sua informação hereditária em uma mesma forma intermediária: o RNA — 4
- Todas as células utilizam proteínas como catalisadores — 5
- Todas as células traduzem o RNA em proteínas da mesma maneira — 6
- Cada proteína é codificada por um gene específico — 7
- A vida requer energia livre — 8
- Todas as células funcionam como fábricas bioquímicas que utilizam as mesmas unidades moleculares fundamentais básicas — 8
- Todas as células são envoltas por uma membrana plasmática através da qual os nutrientes e materiais residuais devem passar — 8
- Uma célula viva pode sobreviver com menos de 500 genes — 9

A DIVERSIDADE DOS GENOMAS E A ÁRVORE DA VIDA — 10
- As células podem ser alimentadas por variadas fontes de energia livre — 10
- Algumas células fixam nitrogênio e dióxido de carbono para outras — 12
- As células procarióticas exibem a maior diversidade bioquímica existente — 13
- A árvore da vida possui três ramos principais: bactérias, arqueias e eucariotos — 14
- Alguns genes evoluem de forma rápida; outros são altamente conservados — 15
- A maioria das bactérias e das arqueias tem entre 1.000 e 6.000 genes — 16
- Novos genes são gerados a partir de genes preexistentes — 16
- Duplicações gênicas originam famílias de genes relacionados em uma única célula — 17
- Os genes podem ser transferidos entre organismos, tanto no laboratório quanto na natureza — 18
- O sexo resulta em trocas horizontais da informação genética em uma mesma espécie — 19
- A função de um gene frequentemente pode ser deduzida a partir de sua sequência — 20
- Mais de 200 famílias de genes são comuns a todos os três ramos primários da árvore da vida — 20
- As mutações revelam as funções dos genes — 21
- A biologia molecular iniciou com as suas atenções voltadas à *E. coli* — 22

A INFORMAÇÃO GENÉTICA EM EUCARIOTOS — 23
- As células eucarióticas podem ter surgido como predadoras — 24
- As células eucarióticas contemporâneas evoluíram de uma simbiose — 25
- Os eucariotos possuem genomas híbridos — 27
- Os genomas eucarióticos são grandes — 28
- Os genomas eucarióticos são ricos em DNA regulador — 29
- O genoma define o programa de desenvolvimento multicelular — 29
- Muitos eucariotos vivem como células solitárias — 30
- Uma levedura serve como um modelo mínimo de eucarioto — 30
- Os níveis de expressão de todos os genes de um organismo podem ser monitorados simultaneamente — 32
- A *Arabidopsis* foi escolhida dentre 300 mil espécies como uma planta-modelo — 32
- O mundo das células animais é representado por um verme, uma mosca, um peixe, um camundongo e um humano — 33
- Os estudos com *Drosophila* proporcionam entendimento sobre o desenvolvimento dos vertebrados — 33
- O genoma dos vertebrados é um produto de duplicações repetidas — 34
- A rã e o peixe-zebra proporcionam modelos acessíveis para o desenvolvimento dos vertebrados — 35
- O camundongo é o organismo-modelo predominante de mamíferos — 35
- Os humanos relatam suas próprias peculiaridades — 37
- Somos todos diferentes nos detalhes — 38
- Para entender as células e os organismos, será necessário matemática, computadores e informação quantitativa — 38

Capítulo 2 Bioenergética e química celular — 43

COMPONENTES QUÍMICOS DA CÉLULA — 43
- A água é mantida coesa por ligações de hidrogênio — 44
- Quatro tipos de interações não covalentes contribuem para manter a associação entre as moléculas em uma célula — 44
- Algumas moléculas polares formam ácidos e bases em água — 45
- As células são formadas por compostos de carbono — 46
- As células contêm quatro famílias principais de moléculas orgânicas pequenas — 47
- A química das células é dominada por macromoléculas com propriedades extraordinárias — 47
- Ligações não covalentes determinam tanto a forma precisa das macromoléculas como a forma com que se ligam a outras moléculas — 49

CATÁLISE E O USO DE ENERGIA PELAS CÉLULAS — 51
- As enzimas organizam o metabolismo celular — 51
- A liberação de energia térmica pelas células possibilita a ordem biológica — 52
- As células obtêm energia pela oxidação de moléculas orgânicas — 54
- A oxidação e a redução envolvem a transferência de elétrons — 55
- As enzimas diminuem as barreiras da energia de ativação que impedem reações químicas — 57
- As enzimas podem conduzir moléculas de substrato por vias de reações específicas — 58
- Como as enzimas encontram seus substratos: a enorme rapidez dos movimentos das moléculas — 59
- A variação na energia livre da reação, ΔG, determina se ela pode ocorrer espontaneamente — 60
- As concentrações dos reagentes influenciam a variação de energia livre e a direção da reação — 61
- A variação da energia livre padrão, $\Delta G°$, permite comparar a energética de reações diferentes — 61
- A constante de equilíbrio e o $\Delta G°$ podem ser facilmente derivados um do outro — 62
- As variações de energia livre de reações acopladas são aditivas — 63
- Moléculas carreadoras ativadas são essenciais para a biossíntese — 63
- A formação de um carreador ativado está acoplada a uma reação energeticamente favorável — 64
- O ATP é a molécula carreadora ativada mais amplamente utilizada — 65
- A energia armazenada no ATP geralmente é utilizada para promover a ligação de duas moléculas — 65
- NADH e NADPH são importantes carreadores de elétrons — 67
- Existem muitas outras moléculas de carreadores ativados nas células — 69
- A síntese dos polímeros biológicos é impulsionada pela hidrólise de ATP — 70

COMO AS CÉLULAS OBTÊM ENERGIA DOS ALIMENTOS — 73
- A glicólise é uma via central na produção de ATP — 74
- A fermentação produz ATP na ausência de oxigênio — 75
- A glicólise ilustra como as enzimas acoplam oxidação ao armazenamento de energia — 76
- Os organismos armazenam moléculas de alimento em compartimentos especiais — 78
- A maioria das células animais obtém dos ácidos graxos a energia para os períodos entre as refeições — 81
- Os açúcares e as gorduras são degradados a acetil-CoA nas mitocôndrias — 81
- O ciclo do ácido cítrico gera NADH pela oxidação de grupos acetila a CO_2 — 82
- Na maioria das células, o transporte de elétrons promove a síntese da maior parte do ATP — 84
- Os aminoácidos e os nucleotídeos fazem parte do ciclo do nitrogênio — 85
- O metabolismo é altamente organizado e regulado — 87

Capítulo 3 Proteínas — 109

FORMA E ESTRUTURA DAS PROTEÍNAS — 109
A forma de uma proteína é especificada pela sua sequência de aminoácidos — 109
As proteínas se enovelam na conformação de menor energia — 114
As α-hélices e as folhas β são motivos comuns de enovelamento — 115
Os domínios proteicos são unidades modulares a partir das quais as proteínas maiores são construídas — 117
Apenas algumas das muitas cadeias polipeptídicas possíveis serão úteis para as células — 118
As proteínas podem ser classificadas em diversas famílias — 119
Alguns domínios proteicos são encontrados em várias proteínas diferentes — 121
Pares específicos de domínios são encontrados juntos em muitas proteínas — 122
O genoma humano codifica um conjunto complexo de proteínas, revelando que muita informação ainda é desconhecida — 122
As grandes moléculas proteicas geralmente contêm mais de uma cadeia polipeptídica — 123
Algumas proteínas globulares formam longos filamentos helicoidais — 123
Diversas moléculas proteicas apresentam formas alongadas e fibrosas — 124
As proteínas contêm uma quantidade surpreendentemente alta de segmentos de cadeia polipeptídica intrinsecamente desordenada — 125
Ligações cruzadas covalentes estabilizam proteínas extracelulares — 126
Moléculas proteicas frequentemente servem como subunidades na formação de grandes estruturas — 127
Diversas estruturas celulares são capazes de associação espontânea — 128
Fatores de associação frequentemente auxiliam na formação de estruturas biológicas complexas — 129
Fibrilas amiloides podem ser formadas por diversas proteínas — 130
As estruturas amiloides podem desempenhar funções úteis nas células — 131
Diversas proteínas apresentam regiões de baixa complexidade capazes de formar "estruturas amiloides reversíveis" — 132

FUNÇÃO DAS PROTEÍNAS — 134
Todas as proteínas ligam-se a outras moléculas — 134
A conformação da superfície de uma proteína determina a sua química — 135
Comparações entre as sequências de proteínas pertencentes a uma mesma família destacam sítios cruciais de ligação a ligantes — 136
As proteínas ligam-se umas às outras por diversos tipos de interfaces — 137
Os sítios de ligação dos anticorpos são especialmente versáteis — 138
A constante de equilíbrio mede a força de ligação — 138
As enzimas são catalisadores poderosos e altamente específicos — 140
A ligação do substrato é a primeira etapa na catálise enzimática — 141
As enzimas aceleram reações pela estabilização seletiva dos estados de transição — 141
As enzimas podem utilizar simultaneamente a catálise ácida e a básica — 144
A lisozima ilustra como uma enzima funciona — 144
Pequenas moléculas que se ligam fortemente às proteínas conferem a elas novas funções — 146
Complexos multienzimáticos ajudam a aumentar a taxa de metabolismo celular — 148
A célula regula as atividades catalíticas de suas enzimas — 149
As enzimas alostéricas possuem dois ou mais sítios de ligação interativos — 151
Dois ligantes cujos sítios de ligação estão acoplados devem afetar reciprocamente a ligação um do outro — 151
Agregados proteicos simétricos geram transições alostéricas cooperativas — 152
Diversas alterações nas proteínas são induzidas por fosforilação — 153
Uma célula eucariótica contém uma ampla coleção de proteínas-cinase e proteínas-fosfatase — 154
A regulação da proteína-cinase Src revela como uma proteína pode atuar como um microprocessador — 155
Proteínas que ligam e hidrolisam GTP são reguladores celulares onipresentes — 156
As proteínas reguladoras GAP e GEF controlam a atividade de proteínas de ligação ao GTP por determinar se uma molécula de GTP ou de GDP está ligada — 157
Proteínas podem ser reguladas pela adição covalente de outras proteínas — 157
Um sistema complexo de conjugação de ubiquitinas é utilizado para marcar proteínas — 158
Complexos proteicos com partes intercambiáveis aumentam a eficiência da informação genética — 159
Uma proteína de ligação ao GTP ilustra como grandes movimentos proteicos podem ser originados — 160
As proteínas motoras geram grandes movimentos nas células — 161
Os transportadores ligados à membrana utilizam energia para bombear moléculas através das membranas — 163
As proteínas frequentemente formam complexos grandes, que funcionam como máquinas proteicas — 164
Proteínas de suporte concentram conjuntos de proteínas que interagem entre si — 164
Várias proteínas são controladas por modificações covalentes que as mantêm em locais específicos no interior da célula — 165
Uma complexa rede de interações de proteínas é a base da função celular — 166

Capítulo 4 DNA, cromossomos e genomas — 173

ESTRUTURA E FUNÇÃO DO DNA — 175
A molécula de DNA consiste em duas cadeias de nucleotídeos complementares — 175
A estrutura do DNA fornece um mecanismo para a hereditariedade — 176
Em eucariotos, o DNA é limitado ao núcleo celular — 178

O DNA CROMOSSÔMICO E SUA COMPACTAÇÃO NA FIBRA DE CROMATINA — 179
O DNA eucariótico é compactado em um conjunto de cromossomos — 180
Os cromossomos contêm longas sequências de genes — 182
A sequência nucleotídica do genoma humano mostra como nossos genes são organizados — 183
Cada molécula de DNA que forma um cromossomo linear deve conter um centrômero, dois telômeros e origens de replicação — 185
As moléculas de DNA estão extremamente condensadas nos cromossomos — 187
Os nucleossomos são as unidades básicas da estrutura dos cromossomos eucarióticos — 187
A estrutura da partícula do cerne do nucleossomo revela como o DNA é compactado — 188
Os nucleossomos possuem uma estrutura dinâmica e frequentemente estão sujeitos a alterações catalisadas pelos complexos de remodelagem da cromatina dependentes de ATP — 190
Normalmente os nucleossomos são condensados para formar uma fibra de cromatina compacta — 191

ESTRUTURA E FUNÇÃO DA CROMATINA — 194
A heterocromatina é altamente organizada e restringe a expressão gênica — 194
O estado da heterocromatina é autopropagável — 194
As histonas do cerne são modificadas covalentemente em vários sítios diferentes — 196
A cromatina adquire mais variedade pela inserção sítio-específica de um pequeno conjunto de variantes de histonas — 198
Modificações covalentes e variantes de histonas atuam em conjunto no controle das funções dos cromossomos — 198
Um complexo de proteínas de leitura e escrita (marcação) pode propagar modificações específicas da cromatina ao longo do cromossomo — 199
Sequências de DNA de barreira bloqueiam a propagação dos complexos de leitura e escrita e, portanto, separam domínios de cromatina adjacentes — 202
A cromatina nos centrômeros revela como as variantes de histonas podem criar estruturas especiais — 203
Algumas estruturas da cromatina podem ser herdadas diretamente — 204
Experimentos com embriões de rã sugerem que estruturas da cromatina de ativação e de repressão podem ser herdadas epigeneticamente — 205
As estruturas da cromatina são importantes para a função dos cromossomos eucarióticos — 206

A ESTRUTURA GLOBAL DOS CROMOSSOMOS — 207
Os cromossomos são dobrados em grandes alças de cromatina — 207
Os cromossomos politênicos são únicos na capacidade de permitir a visualização de estruturas de cromatina — 208

Existem múltiplas formas de cromatina ... 210
As alças de cromatina são descondensadas quando os genes nelas contidos são expressos ... 211
A cromatina pode se mover para sítios específicos dentro do núcleo para alterar a expressão gênica ... 212
Redes de macromoléculas formam um conjunto de ambientes bioquímicos distintos dentro do núcleo ... 213
Cromossomos mitóticos são especialmente supercondensados ... 214

COMO OS GENOMAS EVOLUEM ... 216

A comparação genômica revela sequências de DNA funcionais através de sua conservação durante a evolução ... 217
Alterações no genoma são causadas por falhas nos mecanismos normais que copiam e mantêm o DNA e por elementos de DNA transponíveis ... 217
As sequências genômicas de duas espécies diferem na mesma proporção do período de tempo de sua separação evolutiva ... 218
Árvores filogenéticas construídas a partir de comparações de sequências de DNA indicam as relações entre todos os organismos ... 219
Uma comparação entre cromossomos humanos e de camundongos revela como a estrutura dos genomas diverge ... 221
O tamanho do genoma de um vertebrado reflete as taxas relativas de adição e perda de DNA em uma linhagem ... 222
A sequência de alguns genomas primitivos pode ser deduzida ... 223
Comparações entre sequências multiespécies identificam sequências de DNA conservadas com função desconhecida ... 224
Alterações em sequências previamente conservadas podem auxiliar a decifrar etapas críticas na evolução ... 226
As mutações nas sequências de DNA que controlam a expressão gênica impulsionaram muitas das alterações evolutivas em vertebrados ... 227
A duplicação gênica também fornece uma fonte importante de novidades genéticas durante a evolução ... 227
Genes duplicados sofrem divergência ... 228
A evolução da família de genes da globina mostra como as duplicações de DNA contribuem para a evolução dos organismos ... 229
Genes que codificam novas proteínas podem ser criados pela recombinação de éxons ... 230
Mutações neutras geralmente se difundem e tornam-se fixas em uma população, e sua probabilidade depende do tamanho da população ... 230
Muito pode ser aprendido pelas análises da variação entre os humanos ... 232

Capítulo 5 Replicação, reparo e recombinação do DNA ... 237

MANUTENÇÃO DAS SEQUÊNCIAS DE DNA ... 237
As taxas de mutação são extremamente baixas ... 237
Taxas de mutação baixas são necessárias à vida que conhecemos ... 238

MECANISMOS DE REPLICAÇÃO DO DNA ... 239
O pareamento de bases fundamenta a replicação e o reparo do DNA ... 239
A forquilha de replicação de DNA é assimétrica ... 240
A alta fidelidade da replicação do DNA requer diversos mecanismos de correção ... 242
Apenas a replicação do DNA na direção 5'-3' permite correção eficiente de erros ... 244
Uma enzima especial de polimerização de nucleotídeos sintetiza pequenas moléculas de iniciadores de RNA na fita retardada ... 245
Proteínas especiais auxiliam na abertura da dupla-hélice de DNA à frente da forquilha de replicação ... 246
Uma cinta deslizante mantém a DNA-polimerase em movimento sobre o DNA ... 247
Na forquilha de replicação, as proteínas cooperam para formar uma maquinaria de replicação ... 249
Um sistema de reparo de pareamento incorreto remove erros de replicação que escapam da maquinaria de replicação ... 250
As DNA-topoisomerases evitam o emaranhamento do DNA durante a replicação ... 251
A replicação do DNA é fundamentalmente semelhante em eucariotos e em bactérias ... 253

INÍCIO E TÉRMINO DA REPLICAÇÃO DO DNA NOS CROMOSSOMOS ... 254

A síntese de DNA inicia na origem de replicação ... 254
Os cromossomos bacterianos geralmente têm uma única origem de replicação do DNA ... 255
Os cromossomos eucarióticos contêm múltiplas origens de replicação ... 256
A replicação de DNA em eucariotos ocorre apenas durante uma etapa do ciclo celular ... 258
Regiões diferentes no mesmo cromossomo replicam em tempos distintos na fase S ... 258
Um grande complexo de múltiplas subunidades liga-se às origens de replicação de eucariotos ... 259
As características do genoma humano que determinam as origens de replicação ainda precisam ser descobertas ... 260
Novos nucleossomos são formados atrás da forquilha de replicação ... 261
A telomerase replica as extremidades dos cromossomos ... 262
Telômeros são empacotados em estruturas especializadas que protegem as extremidades cromossômicas ... 263
O comprimento dos telômeros é regulado pelas células e pelos organismos ... 264

REPARO DO DNA ... 266
Sem o reparo do DNA, as lesões espontâneas rapidamente modificariam as sequências de DNA ... 267
A dupla-hélice de DNA é corrigida imediatamente ... 268
Uma lesão no DNA pode ser removida por mais de uma via ... 269
O acoplamento do reparo por excisão de nucleotídeos à transcrição garante que o DNA mais importante da célula seja corrigido de maneira eficiente ... 271
A química das bases do DNA facilita a detecção das lesões ... 271
DNA-polimerases translesão especiais são usadas em emergências ... 273
Quebras na fita dupla são corrigidas de maneira eficiente ... 273
As lesões no DNA retardam a progressão do ciclo celular ... 275

RECOMBINAÇÃO HOMÓLOGA ... 276
A recombinação homóloga possui características comuns em todas as células ... 277
A recombinação homóloga é dirigida pelas interações de pareamento de bases do DNA ... 277
A recombinação homóloga pode reparar corretamente as quebras na fita dupla de DNA ... 278
A troca de fitas é realizada pela proteína RecA/Rad51 ... 279
A recombinação homóloga pode resgatar forquilhas de replicação com DNA danificado ... 280
As células controlam cuidadosamente o uso da recombinação homóloga no reparo do DNA ... 280
A recombinação homóloga é essencial para a meiose ... 282
A recombinação meiótica inicia com uma quebra programada de fita dupla ... 282
Junções de Holliday são formadas durante a meiose ... 284
A recombinação homóloga produz tanto entrecruzamentos quanto não entrecruzamentos durante a meiose ... 284
A recombinação homóloga normalmente resulta em conversão gênica ... 285

TRANSPOSIÇÃO E RECOMBINAÇÃO SÍTIO-ESPECÍFICA CONSERVATIVA ... 287
Pela transposição, os elementos genéticos móveis podem se inserir em qualquer sequência de DNA ... 288
Transpósons exclusivamente de DNA podem se mover por um mecanismo de "corte e colagem" ... 288
Alguns vírus utilizam o mecanismo de transposição para moverem-se para dentro dos cromossomos das células hospedeiras ... 290
Os retrotranspósons semelhantes a retrovírus são parecidos com os retrovírus, porém não possuem a capa proteica ... 291
Uma grande parte do genoma humano é composta de retrotranspósons não retrovirais ... 291
Diferentes elementos transponíveis predominam em diferentes organismos ... 292
As sequências genômicas revelam o número aproximado de vezes que os elementos transponíveis foram movidos ... 292
A recombinação sítio-específica conservativa pode rearranjar o DNA de modo reversível ... 292
A recombinação sítio-específica conservativa pode ser utilizada para ativar ou inativar genes ... 294

Recombinases sítio-específicas conservativas bacterianas tornaram-se valiosas ferramentas para a biologia celular e de desenvolvimento ... 294

Capítulo 6 Como as células leem o genoma: do DNA à proteína ... 299

DO DNA AO RNA ... 301
As moléculas de RNA são fitas simples ... 302
A transcrição produz uma molécula de RNA complementar a uma das fitas do DNA ... 302
RNA-polimerases realizam a transcrição ... 303
As células produzem diferentes categorias de moléculas de RNA ... 305
Sinais codificados no DNA indicam à RNA-polimerase onde iniciar e onde terminar a transcrição ... 306
Os sinais de início e término da transcrição na sequência nucleotídica são heterogêneos ... 307
A iniciação da transcrição nos eucariotos requer várias proteínas ... 309
A RNA-polimerase II requer um conjunto de fatores gerais de transcrição ... 310
A polimerase II também requer proteínas ativadoras, mediadoras e modificadoras de cromatina ... 312
O alongamento da transcrição nos eucariotos requer proteínas acessórias ... 313
A transcrição cria tensão super-helicoidal ... 314
O alongamento da transcrição em eucariotos está fortemente associado ao processamento de RNA ... 315
O capeamento do RNA é a primeira modificação dos pré-mRNAs eucarióticos ... 316
O *splicing* do RNA remove as sequências de íntrons de pré-mRNAs recentemente transcritos ... 317
As sequências nucleotídicas sinalizam onde ocorre o *splicing* ... 319
O *splicing* do RNA é realizado pelo spliceossomo ... 319
O spliceossomo usa hidrólise de ATP para produzir uma série complexa de rearranjos RNA-RNA ... 320
Outras propriedades do pré-mRNA e da sua síntese ajudam a explicar a escolha dos sítios adequados de *splicing* ... 321
A estrutura da cromatina afeta o *splicing* do RNA ... 322
O *splicing* de RNA possui uma plasticidade extraordinária ... 323
O *splicing* do RNA catalisado pelo spliceossomo provavelmente evoluiu a partir de mecanismos de auto-*splicing* ... 324
As enzimas de processamento do RNA geram a extremidade 3' dos mRNAs de eucariotos ... 324
mRNAs eucarióticos maduros são seletivamente exportados do núcleo ... 325
RNAs não codificadores também são sintetizados e processados no núcleo ... 327
O nucléolo é uma fábrica produtora de ribossomos ... 329
O núcleo contém uma variedade de agregados subnucleares ... 331

DO RNA À PROTEÍNA ... 333
Uma sequência de mRNA é decodificada em conjuntos de três nucleotídeos ... 334
As moléculas de tRNA transportam aminoácidos para os códons no mRNA ... 334
Os tRNAs são covalentemente modificados antes de saírem do núcleo ... 336
Enzimas específicas acoplam cada aminoácido à sua molécula de tRNA adequada ... 336
A edição por tRNA-sintetases assegura a exatidão ... 338
Os aminoácidos são adicionados à extremidade C-terminal de uma cadeia polipeptídica em crescimento ... 339
A mensagem de RNA é decodificada nos ribossomos ... 340
Os fatores de alongamento promovem a tradução e aumentam a exatidão do processo ... 343
Diversos processos biológicos superam as limitações inerentes ao pareamento de bases complementares ... 344
A exatidão na tradução requer um gasto de energia livre ... 345
O ribossomo é uma ribozima ... 346
As sequências nucleotídicas no mRNA sinalizam onde iniciar a síntese proteica ... 347
Os códons de terminação marcam o final da tradução ... 348
As proteínas são produzidas nos polirribossomos ... 349
Existem pequenas variações no código genético padrão ... 349
Inibidores da síntese de proteínas em procariotos são úteis como antibióticos ... 351
Mecanismos de controle de qualidade impedem a tradução de mRNAs danificados ... 351
Algumas proteínas iniciam o seu enovelamento ainda durante a síntese ... 353
As chaperonas moleculares auxiliam no enovelamento da maioria das proteínas ... 354
As células utilizam diversos tipos de chaperonas ... 355
As regiões hidrofóbicas expostas fornecem sinais essenciais para o controle de qualidade da proteína ... 357
O proteassomo é uma protease compartimentalizada com sítios ativos sequestrados ... 357
Muitas proteínas são reguladas por destruição controlada ... 359
Existem muitas etapas do DNA à proteína ... 361

O MUNDO DE RNA E A ORIGEM DA VIDA ... 362
As moléculas de RNA de fita simples podem se enovelar em estruturas altamente complexas ... 363
O RNA pode armazenar informações e catalisar reações químicas ... 364
Como ocorreu a evolução da síntese de proteínas? ... 365
Todas as células atuais usam DNA como material hereditário ... 365

Capítulo 7 Controle da expressão gênica ... 369

UMA VISÃO GERAL DO CONTROLE GÊNICO ... 369
Os diferentes tipos celulares de um organismo multicelular contêm o mesmo DNA ... 369
Diferentes tipos celulares sintetizam diferentes conjuntos de RNAs e proteínas ... 370
Sinais externos podem induzir uma célula a alterar a expressão de seus genes ... 371
A expressão gênica pode ser regulada em muitas etapas no caminho que vai do DNA ao RNA e até a proteína ... 372

CONTROLE DA TRANSCRIÇÃO POR PROTEÍNAS DE LIGAÇÃO AO DNA DE SEQUÊNCIA ESPECÍFICA ... 373
A sequência de nucleotídeos da dupla-hélice de DNA pode ser lida por proteínas ... 373
Reguladores da transcrição contêm motivos estruturais que podem ler sequências de DNA ... 374
A dimerização de reguladores da transcrição aumenta a afinidade e a especificidade deles por DNA ... 375
Reguladores da transcrição ligam-se cooperativamente ao DNA ... 378
A estrutura nucleossômica promove ligação cooperativa de reguladores da transcrição ... 379

REGULADORES DA TRANSCRIÇÃO ATIVAM E INATIVAM OS GENES ... 380
O repressor do triptofano inativa os genes ... 380
Repressores inativam e ativam os genes ... 381
Um ativador e um repressor controlam o óperon *Lac* ... 382
A formação de alças no DNA pode ocorrer durante a regulação gênica bacteriana ... 383
Comutadores complexos controlam a transcrição gênica em eucariotos ... 384
Uma região de controle gênico eucariótica consiste em um promotor e muitas sequências reguladoras *cis*-atuantes ... 384
Reguladores da transcrição eucarióticos atuam em grupos ... 385
Proteínas ativadoras promovem a associação da RNA-polimerase no sítio de início de transcrição ... 386
Ativadores da transcrição eucarióticos dirigem a modificação da estrutura local da cromatina ... 386
Ativadores da transcrição podem promover a transcrição liberando a RNA-polimerase dos promotores ... 388
Ativadores transcricionais atuam sinergicamente ... 388
Repressores transcricionais eucarióticos podem inibir a transcrição de diferentes formas ... 390
Sequências de DNA isoladoras impedem que reguladores da transcrição eucarióticos influenciem genes distantes ... 391

MECANISMOS GENÉTICO-MOLECULARES QUE CRIAM E MANTÊM TIPOS CELULARES ESPECIALIZADOS ... 392
Os comutadores genéticos complexos que regulam o desenvolvimento na *Drosophila* são formados a partir de moléculas menores ... 392
O gene *Eve* da *Drosophila* é regulado por controles combinatórios ... 394
Reguladores da transcrição são postos em cena por sinais extracelulares ... 395
O controle gênico combinatório cria muitos tipos celulares diferentes ... 396

Tipos celulares especializados podem ser reprogramados experimentalmente para se tornarem células-tronco pluripotentes 398
Combinações de reguladores mestres da transcrição especificam tipos celulares por meio do controle da expressão de muitos genes 398
Células especializadas devem ativar e inativar conjuntos de genes rapidamente 399
Células diferenciadas mantêm sua identidade 400
Circuitos de transcrição permitem que a célula realize operações lógicas 402

MECANISMOS QUE REFORÇAM A MEMÓRIA CELULAR EM PLANTAS E ANIMAIS 404
Padrões de metilação do DNA podem ser herdados quando as células de vertebrados se dividem 404
As ilhas ricas em CG estão associadas a muitos genes em mamíferos 405
O *imprinting* genômico necessita da metilação do DNA 407
As grandes alterações cromossômicas na estrutura da cromatina podem ser herdadas 409
Mecanismos epigenéticos garantem que padrões estáveis de expressão gênica possam ser transmitidos para as células-filha 411

CONTROLES PÓS-TRANSCRICIONAIS 413
A atenuação da transcrição produz a terminação prematura de algumas moléculas de RNA 413
Ribocontroladores provavelmente representam formas ancestrais de controle gênico 414
O *splicing* alternativo do RNA pode produzir diferentes formas de uma proteína a partir do mesmo gene 415
A definição de gene foi modificada desde a descoberta do *splicing* alternativo do RNA 416
Uma mudança no sítio de clivagem no transcrito de RNA e de adição de poli-A pode alterar a extremidade C-terminal de uma proteína 417
A edição do RNA pode alterar o significado da mensagem do RNA 418
O transporte do RNA a partir do núcleo pode ser regulado 419
Alguns mRNAs estão restritos a regiões específicas do citosol 421
As regiões 5' e 3' não traduzidas dos mRNAs controlam a sua tradução 422
A fosforilação de um fator de iniciação regula a síntese proteica de maneira global 423
A iniciação em códons AUG a montante do início da tradução pode regular o início da tradução eucariótica 424
Sítios internos de entrada no ribossomo fornecem oportunidades para o controle traducional 425
A expressão gênica pode ser controlada por mudanças na estabilidade do mRNA 426
A regulação da estabilidade do mRNA envolve corpos P e grânulos de estresse 428

REGULAÇÃO DA EXPRESSÃO GÊNICA POR RNAS NÃO CODIFICADORES 429
Transcritos de RNAs não codificadores pequenos regulam muitos genes de animais e plantas por meio da interferência de RNA 429
miRNAs regulam a tradução e a estabilidade de mRNAs 429
A interferência de RNA também é usada como um mecanismo de defesa celular 431
A interferência de RNA pode direcionar a formação de heterocromatina 432
piRNAs protegem as linhagens germinativas dos elementos transponíveis 433
A interferência de RNA tornou-se uma poderosa ferramenta experimental 433
Bactérias usam RNAs não codificadores pequenos para se protegerem de vírus 434
RNAs não codificadores longos possuem diversas funções na célula 435

Capítulo 8 Analisando células, moléculas e sistemas 439

ISOLAMENTO DE CÉLULAS E SEU CRESCIMENTO EM CULTURA 439
Células podem ser isoladas a partir de tecidos 440
Células podem ser cultivadas em meio de cultura 440
Linhagens de células eucarióticas são uma fonte amplamente utilizada de células homogêneas 442
Linhagens celulares de hibridomas são fábricas que produzem anticorpos monoclonais 444

PURIFICAÇÃO DE PROTEÍNAS 445
Células podem ser divididas em seus componentes 445
Extratos de células fornecem sistemas acessíveis para o estudo da função celular 447
Proteínas podem ser separadas por cromatografia 448
A imunoprecipitação é um método rápido de purificação por afinidade 449
Marcadores produzidos por engenharia genética fornecem uma maneira fácil de purificar proteínas 450
Sistemas purificados livres de células são necessários à dissecação precisa das funções moleculares 451

ANÁLISE DE PROTEÍNAS 452
As proteínas podem ser separadas por eletroforese em gel de poliacrilamida-SDS 452
A eletroforese bidimensional em gel permite uma maior separação das proteínas 453
Proteínas específicas podem ser detectadas por marcação com anticorpos 454
Medidas hidrodinâmicas revelam o tamanho e a forma de um complexo proteico 455
A espectrometria de massa fornece um método altamente sensível para identificar proteínas desconhecidas 455
Grupos de proteínas que interagem podem ser identificados por métodos bioquímicos 457
Métodos ópticos podem monitorar as interações entre proteínas 458
A função proteica pode ser interrompida seletivamente com pequenas moléculas 459
A estrutura proteica pode ser determinada pelo uso de difração de raios X 460
A RMN pode ser utilizada para determinar a estrutura de proteínas em solução 461
A sequência da proteína e sua estrutura fornecem informações sobre a função proteica 462

ANÁLISE E MANIPULAÇÃO DE DNA 463
Nucleases de restrição cortam grandes moléculas de DNA em fragmentos específicos 464
A eletroforese em gel separa moléculas de DNA de diferentes tamanhos 465
As moléculas de DNA purificadas podem ser marcadas especificamente *in vitro* com radioisótopos ou com marcadores químicos 467
Os genes podem ser clonados usando-se bactérias 467
Um genoma inteiro pode estar representado em uma biblioteca de DNA 469
Bibliotecas genômicas e de cDNA possuem diferentes vantagens e desvantagens 471
A hibridização fornece uma maneira simples, mas poderosa, para detectar sequências específicas de nucleotídeos 472
Genes podem ser clonados *in vitro* utilizando PCR 473
A PCR também é utilizada para diagnóstico e aplicações forenses 474
Tanto o DNA como o RNA podem ser rapidamente sequenciados 477
Para serem úteis, sequências genômicas devem ser anotadas 477
A clonagem do DNA permite que qualquer proteína seja produzida em grandes quantidades 483

ESTUDO DA EXPRESSÃO E DA FUNÇÃO DE GENES 485
A genética clássica inicia com a interrupção de um processo celular por mutagênese aleatória 485
Os rastreamentos genéticos identificam mutantes com anormalidades específicas 488
Mutações podem causar a perda ou o ganho da função proteica 489
Testes de complementação revelam se dois mutantes estão no mesmo gene ou em genes diferentes 490
Os produtos dos genes podem ser ordenados em vias por análise de epistasia 490
Mutações responsáveis por um fenótipo podem ser identificadas pela análise do DNA 491
O sequenciamento de DNA rápido e barato tem revolucionado os estudos genéticos humanos 491
Blocos ligados de polimorfismos têm sido passados adiante a partir de nossos ancestrais 492
Polimorfismos podem ajudar a identificar mutações associadas a doenças 493
A genômica está acelerando a descoberta de mutações raras que nos predispõem a sérias doenças 493
A genética reversa começa com um gene conhecido e determina quais processos celulares requerem sua função 494
Animais e plantas podem ser geneticamente modificados 495

O sistema bacteriano CRISPR foi adaptado para editar genomas em uma ampla variedade de espécies ... 497
Grandes coleções de mutações feitas por engenharia genética fornecem uma ferramenta para examinar a função de cada gene em um organismo ... 498
A interferência de RNA é uma maneira simples e rápida de testar a função do gene ... 499
Genes-repórter revelam quando e onde um gene é expresso ... 501
A hibridização *in situ* pode revelar a localização dos mRNAs e RNAs não codificadores ... 502
A expressão de genes individuais pode ser medida usando-se RT-PCR quantitativa ... 502
Análises de mRNAs por microarranjo ou RNA-seq fornecem informações sobre a expressão em um momento específico ... 503
A imunoprecipitação da cromatina genômica ampla identifica sítios no genoma ocupados por reguladores da transcrição ... 505
O perfil de ribossomos revela quais mRNAs estão sendo traduzidos na célula ... 505
Métodos de DNA recombinante revolucionaram a saúde humana ... 506
As plantas transgênicas são importantes para a agricultura ... 507

ANÁLISE MATEMÁTICA DAS FUNÇÕES CELULARES ... 509
Redes reguladoras dependem de interações moleculares ... 509
Equações diferenciais nos ajudam a predizer o comportamento transitório ... 512
A atividade do promotor e a degradação proteica afetam a taxa de alteração da concentração proteica ... 513
O tempo necessário para alcançar o estado estacionário depende do tempo de vida da proteína ... 514
Os métodos quantitativos para repressores e ativadores da transcrição são similares ... 514
A retroalimentação negativa é uma estratégia poderosa de regulação celular ... 515
A retroalimentação negativa com retardo pode induzir oscilações ... 516
A ligação ao DNA por um repressor ou um ativador pode ser cooperativa ... 516
A retroalimentação positiva é importante para respostas "tudo ou nada" e biestabilidade ... 518
A robustez é uma característica importante das redes biológicas ... 520
Dois reguladores da transcrição que se ligam ao mesmo promotor gênico podem exercer controle combinatório ... 520
Uma interação de estimulação intermitente incoerente gera pulsos ... 521
Uma interação de estimulação intermitente coerente detecta estímulos persistentes ... 522
A mesma rede pode se comportar de formas diferentes em células diferentes devido aos efeitos estocásticos ... 523
Várias abordagens computacionais podem ser usadas para modelar as reações nas células ... 524
Métodos estatísticos são cruciais para a análise de dados biológicos ... 524

Capítulo 9 Visualização de células ... 529
VISUALIZAÇÃO DE CÉLULAS AO MICROSCÓPIO ÓPTICO ... 529
O microscópio óptico pode resolver detalhes com distâncias de 0,2 μm ... 530
O ruído fotônico cria limites adicionais para resolução quando os níveis de luz são baixos ... 532
As células vivas são vistas claramente em um microscópio de contraste de fase ou em um microscópio de contraste de interferência diferencial ... 533
As imagens podem ser intensificadas e analisadas por técnicas digitais ... 534
Tecidos intactos normalmente são fixados e cortados antes da microscopia ... 535
As moléculas específicas podem ser localizadas nas células por microscopia de fluorescência ... 536
Os anticorpos podem ser utilizados para detectar moléculas específicas ... 539
É possível obter imagens de objetos tridimensionais complexos com o microscópio óptico ... 540
O microscópio confocal produz secções ópticas excluindo a luz fora de foco ... 540
Proteínas individuais podem ser marcadas fluorescentemente nas células e nos organismos vivos ... 542
A dinâmica das proteínas pode ser acompanhada em células vivas ... 543

Indicadores emissores de luz podem medir alterações rápidas nas concentrações intracelulares de íons ... 546
Moléculas individuais podem ser visualizadas com a microscopia de fluorescência de reflexão total interna ... 547
Moléculas individuais podem ser tocadas, visualizadas e movidas utilizando a microscopia de força atômica ... 548
Técnicas de fluorescência de super-resolução podem ultrapassar a resolução limitada por difração ... 549
A super-resolução também pode ser obtida usando métodos de localização de moléculas individuais ... 551

VISUALIZAÇÃO DE CÉLULAS E MOLÉCULAS AO MICROSCÓPIO ELETRÔNICO ... 554
O microscópio eletrônico resolve os detalhes estruturais da célula ... 554
Amostras biológicas exigem preparação especial para microscopia eletrônica ... 555
Macromoléculas específicas podem ser localizadas por microscopia eletrônica de imunolocalização com ouro ... 556
Imagens diferentes de um único objeto podem ser combinadas para produzir reconstruções tridimensionais ... 557
Imagens de superfícies podem ser obtidas por microscopia eletrônica de varredura ... 558
A coloração negativa e a microscopia crioeletrônica permitem que as macromoléculas sejam visualizadas com alta resolução ... 559
Imagens múltiplas podem ser combinadas para aumentar a resolução ... 561

Capítulo 10 Estrutura da membrana ... 565
BICAMADA LIPÍDICA ... 566
Fosfoglicerídeos, esfingolipídeos e esterois são os principais lipídeos das membranas celulares ... 566
Os fosfolipídeos formam bicamadas espontaneamente ... 568
A bicamada lipídica é um fluido bidimensional ... 569
A fluidez de uma bicamada lipídica depende de sua composição ... 571
Apesar de sua fluidez, as bicamadas lipídicas podem formar domínios de composições distintas ... 572
As gotas lipídicas são circundadas por uma monocamada fosfolipídica ... 573
A assimetria da bicamada lipídica é funcionalmente importante ... 573
Os glicolipídeos são encontrados na superfície de todas as membranas plasmáticas eucarióticas ... 575

PROTEÍNAS DE MEMBRANA ... 576
As proteínas de membrana podem se associar à bicamada lipídica de várias maneiras ... 576
As âncoras lipídicas controlam a localização de algumas proteínas de sinalização na membrana ... 577
A cadeia polipeptídica cruza a bicamada lipídica em uma conformação de α-hélice na maioria das proteínas transmembrana ... 579
As α-hélices transmembrana frequentemente interagem umas com as outras ... 580
Alguns barris β formam grandes canais ... 580
Muitas proteínas de membrana são glicosiladas ... 582
As proteínas de membrana podem ser solubilizadas e purificadas em detergentes ... 583
A bacteriorrodopsina é uma bomba de prótons (H^+) dirigida por luz que atravessa a bicamada lipídica como sete α-hélices ... 586
As proteínas de membrana frequentemente atuam como grandes complexos ... 588
Muitas proteínas de membrana difundem-se no plano da membrana ... 588
As células podem confinar proteínas e lipídeos em domínios específicos em uma membrana ... 590
O citoesqueleto cortical proporciona força mecânica e restringe a difusão das proteínas de membrana ... 591
As proteínas de curvatura da membrana deformam as bicamadas ... 593

Capítulo 11 Transporte de membrana de pequenas moléculas e propriedades elétricas das membranas ... 597
PRINCÍPIOS DO TRANSPORTE DE MEMBRANA ... 597
As bicamadas lipídicas livres de proteínas são impermeáveis a íons ... 598
Existem duas classes principais de proteínas de transporte de membrana: transportadoras e de canal ... 598

O transporte ativo é mediado por proteínas transportadoras acopladas a uma fonte de energia ... 599

PROTEÍNAS TRANSPORTADORAS E O TRANSPORTE ATIVO DE MEMBRANA ... 600

O transporte ativo pode ser dirigido por gradientes de concentração de íons ... 602
As proteínas transportadoras na membrana plasmática regulam o pH citosólico ... 604
Uma distribuição assimétrica de proteínas transportadoras nas células epiteliais está por trás do transporte transcelular de solutos ... 605
Existem três classes de bombas dirigidas por ATP ... 606
Uma bomba ATPase tipo P bombeia Ca^{2+} para o interior do retículo sarcoplasmático em células musculares ... 606
A bomba de Na^+-K^+ da membrana plasmática estabelece gradientes de Na^+ e K^+ através da membrana plasmática ... 608
Os transportadores ABC constituem a maior família de proteínas de transporte de membrana ... 609

PROTEÍNAS DE CANAL E AS PROPRIEDADES ELÉTRICAS DAS MEMBRANAS ... 611

As aquaporinas são permeáveis à água, mas impermeáveis a íons ... 612
Os canais iônicos são íon-seletivos e alternam entre os estados aberto e fechado ... 613
O potencial de membrana em células animais depende principalmente dos canais de escape de K^+ e do gradiente de K^+ através da membrana plasmática ... 615
O potencial de repouso decai lentamente quando a bomba de Na^+-K^+ é interrompida ... 615
A estrutura tridimensional de um canal de K^+ bacteriano mostra como um canal iônico pode funcionar ... 617
Canais mecanossensíveis protegem as células de bactérias contra pressões osmóticas extremas ... 619
A função de uma célula nervosa depende de sua estrutura alongada ... 620
Os canais de cátion controlados por voltagem geram potenciais de ação em células eletricamente excitáveis ... 621
O uso de canal-rodopsinas revolucionou o estudo dos circuitos neurais ... 623
A mielinização aumenta a velocidade e a eficácia da propagação do potencial de ação em células nervosas ... 625
O registro de *patch-clamp* indica que os canais iônicos individuais abrem de maneira "tudo ou nada" ... 626
Os canais de cátion controlados por voltagem são evolutiva e estruturalmente relacionados ... 627
Diferentes tipos de neurônios apresentam propriedades de disparo características e estáveis ... 627
Os canais iônicos controlados por transmissor convertem sinais químicos em sinais elétricos nas sinapses químicas ... 628
As sinapses químicas podem ser excitatórias ou inibitórias ... 629
Os receptores de acetilcolina na junção neuromuscular são canais de cátion controlados por transmissores excitatórios ... 630
Os neurônios contêm muitos tipos de canais controlados por transmissores ... 631
Muitos fármacos psicoativos atuam nas sinapses ... 632
A transmissão neuromuscular envolve a ativação sequencial de cinco conjuntos diferentes de canais iônicos ... 632
Neurônios individuais são dispositivos computacionais complexos ... 633
A computação neuronal requer uma combinação de pelo menos três tipos de canais de K^+ ... 634
A potencialização de longo prazo (LTP) no hipocampo de mamíferos depende da entrada de Ca^{2+} pelos canais receptores NMDA ... 636

Capítulo 12 Compartimentos intracelulares e endereçamento de proteínas ... 641

COMPARTIMENTALIZAÇÃO DAS CÉLULAS ... 641
Todas as células eucarióticas têm o mesmo conjunto básico de organelas envoltas por membranas ... 641
A origem evolutiva pode ajudar a explicar a relação topológica das organelas ... 643
As proteínas podem mover-se entre os compartimentos de diferentes maneiras ... 645
As sequências-sinal e os receptores de endereçamento direcionam proteínas aos destinos celulares corretos ... 647
A maioria das organelas não pode ser construída *de novo*: elas necessitam de informações presentes na própria organela ... 648

TRANSPORTE DE MOLÉCULAS ENTRE O NÚCLEO E O CITOSOL ... 649
Os complexos do poro nuclear perfuram o envelope nuclear ... 649
Sinais de localização nuclear direcionam as proteínas nucleares ao núcleo ... 650
Os receptores de importação nuclear ligam-se tanto a sinais de localização nuclear quanto a proteínas NPC ... 652
A exportação nuclear funciona como a importação nuclear, mas de modo inverso ... 652
A GTPase Ran impõe a direcionalidade no transporte através dos NPCs ... 653
O transporte através de NPCs pode ser regulado pelo controle do acesso à maquinaria de transporte ... 654
Durante a mitose, o envelope nuclear é desmontado ... 656

TRANSPORTE DE PROTEÍNAS PARA MITOCÔNDRIAS E CLOROPLASTOS ... 658
A translocação para dentro da mitocôndria depende de sequências-sinal e de translocadores de proteína ... 659
As proteínas precursoras mitocondriais são importadas como cadeias polipeptídicas desenoveladas ... 660
A hidrólise de ATP e um potencial de membrana dirigem a importação de proteínas para o espaço da matriz ... 661
Bactérias e mitocôndrias usam mecanismos similares para inserir porinas em suas membranas externas ... 662
O transporte para a membrana mitocondrial interna e para o espaço intermembrana ocorre por meio de diversas vias ... 663
Duas sequências-sinal direcionam proteínas para a membrana tilacoide em cloroplastos ... 664

PEROXISSOMOS ... 666
Os peroxissomos utilizam oxigênio molecular e peróxido de hidrogênio para realizar reações oxidativas ... 666
Uma sequência-sinal curta direciona a importação de proteínas aos peroxissomos ... 667

RETÍCULO ENDOPLASMÁTICO ... 669
O RE é estrutural e funcionalmente diverso ... 670
As sequências-sinal foram descobertas primeiro em proteínas importadas para o RE rugoso ... 672
Uma partícula de reconhecimento de sinal (SRP) direciona a sequência-sinal do RE para um receptor específico na membrana do RE rugoso ... 673
A cadeia polipeptídica atravessa um canal aquoso no translocador ... 675
A translocação através da membrana do RE nem sempre necessita do alongamento da cadeia polipeptídica em andamento ... 677
Em proteínas transmembrana de passagem única, somente uma sequência-sinal interna do RE permanece na bicamada lipídica como uma α-hélice que atravessa a membrana ... 677
As combinações de sinais de início e de parada da transferência determinam a topologia das proteínas transmembrana de passagem múltipla ... 679
Proteínas ancoradas pela cauda são integradas na membrana do RE por um mecanismo especial ... 682
As cadeias polipeptídicas transportadas enovelam-se e são montadas no lúmen do RE rugoso ... 682
A maioria das proteínas sintetizadas no RE rugoso é glicosilada pela adição de um oligossacarídeo comum ligado ao N ... 683
Os oligossacarídeos são utilizados como "rótulos" para marcar o estado de enovelamento da proteína ... 685
As proteínas enoveladas inadequadamente são exportadas do RE e degradadas no citosol ... 685
As proteínas mal enoveladas no RE ativam uma resposta à proteína desenovelada ... 686
Algumas proteínas de membrana adquirem uma âncora de glicosilfosfatidilinositol (GPI) ligada covalentemente ... 688
A maioria das bicamadas lipídicas é montada no RE ... 689

Capítulo 13 Tráfego intracelular de vesículas ... 695

MECANISMOS MOLECULARES DO TRANSPORTE DE MEMBRANA E MANUTENÇÃO DA DIVERSIDADE DE COMPARTIMENTOS ... 697
Existem vários tipos de vesículas revestidas ... 697
A montagem do revestimento de clatrina direciona a formação de vesículas ... 697

Proteínas adaptadoras selecionam a carga para as vesículas revestidas por clatrina ... 698
Os fosfoinositídeos marcam organelas e domínios de membrana ... 700
Proteínas de curvatura da membrana ajudam a deformar a membrana durante a formação da vesícula ... 701
Proteínas citoplasmáticas regulam a liberação e a remoção do revestimento das vesículas ... 701
GTPases monoméricas controlam a montagem do revestimento ... 703
Nem todas as vesículas de transporte são esféricas ... 704
As proteínas Rab guiam as vesículas de transporte para suas membranas-alvo ... 705
Cascatas de Rab podem alterar a identidade de uma organela ... 707
SNAREs são mediadoras da fusão de membranas ... 707
SNAREs atuantes precisam ser afastadas antes que possam funcionar novamente ... 709

TRANSPORTE DO RE ATRAVÉS DO APARELHO DE GOLGI ... 710
Proteínas deixam o RE em vesículas de transporte revestidas por COPII ... 711
Apenas as proteínas que são enoveladas e montadas adequadamente podem deixar o RE ... 712
Agrupamentos tubulares de vesículas são mediadores do transporte do RE para o aparelho de Golgi ... 712
A via de recuperação para o RE utiliza sinais de seleção ... 713
Muitas proteínas são seletivamente retidas nos compartimentos onde atuam ... 714
O aparelho de Golgi consiste em uma série ordenada de compartimentos ... 715
Cadeias de oligossacarídeos são processadas no aparelho de Golgi ... 716
Os proteoglicanos são montados no aparelho de Golgi ... 718
Qual é o propósito da glicosilação? ... 719
O transporte através do aparelho de Golgi pode ocorrer pela maturação das cisternas ... 720
Proteínas da matriz do Golgi ajudam a organizar a pilha ... 721

TRANSPORTE DA REDE *TRANS* DE GOLGI PARA OS LISOSSOMOS ... 722
Os lisossomos são os principais sítios de digestão intracelular ... 722
Os lisossomos são heterogêneos ... 723
Os vacúolos de vegetais e de fungos são lisossomos surpreendentemente versáteis ... 724
Múltiplas vias entregam materiais para os lisossomos ... 725
A autofagia degrada proteínas e organelas indesejadas ... 726
Um receptor de manose-6-fosfato seleciona hidrolases lisossômicas na rede *trans* de Golgi ... 727
Defeitos na GlcNAc-fosfotransferase causam uma doença de depósito lisossômico em humanos ... 728
Alguns lisossomos e corpos multivesiculares sofrem exocitose ... 729

TRANSPORTE DA MEMBRANA PLASMÁTICA PARA DENTRO DA CÉLULA: ENDOCITOSE ... 730
As vesículas pinocíticas se formam a partir de fossas revestidas na membrana plasmática ... 731
Nem todas as vesículas pinocíticas são revestidas por clatrina ... 731
As células utilizam endocitose mediada por receptores para importar macromoléculas extracelulares selecionadas ... 732
Proteínas específicas são recuperadas dos endossomos primários e devolvidas para a membrana plasmática ... 734
Receptores de sinalização na membrana plasmática são regulados negativamente pela degradação nos lisossomos ... 735
Endossomos primários amadurecem até endossomos tardios ... 735
Os complexos proteicos *ESCRT* são mediadores da formação de vesículas intraluminais nos corpos multivesiculares ... 736
Endossomos de reciclagem regulam a composição da membrana plasmática ... 737
Células fagocíticas especializadas podem ingerir grandes partículas ... 738

TRANSPORTE DA REDE *TRANS* DE GOLGI PARA O EXTERIOR DA CÉLULA: EXOCITOSE ... 741
Muitas proteínas e lipídeos são automaticamente carregados da rede *trans* de Golgi (TGN) para a superfície celular ... 741
Vesículas secretoras brotam da rede *trans* de Golgi ... 742
Precursores de proteínas secretoras são proteoliticamente processados durante a formação das vesículas secretoras ... 743
As vesículas secretoras esperam próximo à membrana plasmática até que sejam sinalizadas para liberar os seus conteúdos ... 744
Para a exocitose rápida, as vesículas sinápticas são aprontadas na membrana plasmática pré-sináptica ... 744
Vesículas sinápticas podem se formar diretamente a partir de vesículas endocíticas ... 746
Os componentes de membrana das vesículas secretoras são rapidamente removidos da membrana plasmática ... 746
Alguns eventos de exocitose regulada servem para aumentar a membrana plasmática ... 748
Células polarizadas direcionam proteínas da rede *trans* de Golgi para o domínio apropriado da membrana plasmática ... 748

Capítulo 14 Conversão de energia: mitocôndrias e cloroplastos ... 753

MITOCÔNDRIA ... 755
A mitocôndria tem uma membrana externa e uma membrana interna ... 757
As cristas da membrana interna contêm a maquinaria para o transporte de elétrons e a síntese de ATP ... 758
O ciclo do ácido cítrico na matriz produz NADH ... 758
As mitocôndrias têm muitos papéis essenciais no metabolismo celular ... 759
Um processo quimiosmótico acopla energia de oxidação à produção de ATP ... 761
A energia derivada da oxidação é armazenada como um gradiente eletroquímico ... 762

BOMBAS DE PRÓTONS DA CADEIA TRANSPORTADORA DE ELÉTRONS ... 763
O potencial redox é uma medida das afinidades eletrônicas ... 763
As transferências de elétrons liberam grandes quantidades de energia ... 764
Íons metálicos de transição e quinonas aceitam e liberam elétrons prontamente ... 764
O NADH transfere seus elétrons para o oxigênio molecular por meio de grandes complexos enzimáticos embebidos na membrana interna ... 766
O complexo da NADH-desidrogenase contém módulos separados para transporte de elétrons e bombeamento de prótons ... 768
A citocromo c redutase captura prótons e os libera no lado oposto da membrana das cristas, desse modo bombeando prótons ... 768
O complexo da citocromo c oxidase bombeia prótons e reduz O_2 usando um centro ferro-cobre catalítico ... 770
A cadeia respiratória forma um supercomplexo na membrana da crista ... 771
Prótons podem mover-se rapidamente ao longo de caminhos predefinidos ... 772

PRODUÇÃO DE ATP NAS MITOCÔNDRIAS ... 773
O alto valor negativo de ΔG para a hidrólise do ATP torna o ATP útil para a célula ... 774
A ATP-sintase é uma nanomáquina que produz ATP por catálise rotatória ... 775
Turbinas impulsionadas por prótons são de origem muito antiga ... 776
As cristas mitocondriais ajudam a tornar a síntese de ATP eficiente ... 778
Proteínas transportadoras especiais trocam ATP e ADP através da membrana interna ... 778
Mecanismos quimiosmóticos surgiram primeiro nas bactérias ... 779

CLOROPLASTOS E FOTOSSÍNTESE ... 782
Os cloroplastos assemelham-se às mitocôndrias, mas possuem um compartimento tilacoide separado ... 782
Os cloroplastos capturam energia da luz solar e a utilizam para fixar carbono ... 782
A fixação de carbono usa ATP e NADPH para converter CO_2 em açúcares ... 784
Açúcares gerados pela fixação de carbono podem ser armazenados como amido ou consumidos para produzir ATP ... 785
As membranas tilacoides dos cloroplastos contêm os complexos proteicos necessários para a fotossíntese e a geração de ATP ... 785
Complexos clorofila-proteína podem transferir energia excitatória ou elétrons ... 786
Um fotossistema consiste em um complexo antena e um centro de reação ... 788
A membrana tilacoide contém dois fotossistemas diferentes trabalhando em série ... 788
O fotossistema II usa um grupo do manganês para retirar os elétrons da água ... 789
O complexo citocromo b_6-f conecta o fotossistema II ao fotossistema I ... 790
O fotossistema I executa a segunda etapa de separação de carga no esquema Z ... 791

Sumário   xxxi

A ATP-sintase de cloroplasto utiliza o gradiente de prótons gerado pelas reações fotossintetizantes luminosas para produzir ATP 792
Todos os centros de reação fotossintéticos evoluíram a partir de um ancestral comum 793
A força próton-motriz para a produção de ATP nas mitocôndrias e nos cloroplastos é essencialmente a mesma 793
Os mecanismos quimiosmóticos evoluíram em estágios 794
Ao proporcionar uma fonte inesgotável de força redutora, as bactérias fotossintetizantes superaram um grande obstáculo na evolução 795
As cadeias transportadoras de elétrons fotossintetizantes das cianobactérias produziram o oxigênio atmosférico e permitiram novas formas de vida 796

SISTEMAS GENÉTICOS DE MITOCÔNDRIAS E CLOROPLASTOS 798
Os sistemas genéticos de mitocôndrias e cloroplastos assemelham-se àqueles dos procariotos 800
Com o tempo, as mitocôndrias e os cloroplastos exportaram a maioria dos seus genes para o núcleo por transferência gênica 800
A fissão e a fusão de mitocôndrias são processos topologicamente complexos 801
As mitocôndrias animais possuem o mais simples sistema genético conhecido 803
As mitocôndrias fazem uso flexível dos códons e podem ter um código genético variante 804
Cloroplastos e bactérias compartilham muitas semelhanças impressionantes 805
Os genes das organelas são herdados por herança materna em animais e plantas 807
Mutações no DNA mitocondrial podem causar doenças hereditárias graves 807
O acúmulo de mutações no DNA mitocondrial é um contribuinte para o envelhecimento 808
Por que as mitocôndrias e os cloroplastos mantêm um sistema separado dispendioso para a transcrição e tradução do DNA? 808

Capítulo 15 Sinalização celular   813

PRINCÍPIOS DA SINALIZAÇÃO CELULAR 813
Os sinais extracelulares podem atuar em distâncias curtas ou longas 814
As moléculas de sinalização extracelular se ligam a receptores específicos 815
Cada célula está programada para responder a combinações específicas de sinais extracelulares 816
Existem três classes principais de proteínas receptoras de superfície celular 818
Os receptores de superfície celular transmitem os sinais através de moléculas sinalizadoras intracelulares 819
Os sinais intracelulares devem ser precisos e específicos em um citoplasma repleto de moléculas sinalizadoras 820
Os complexos de sinalização intracelular formam-se em receptores ativados 822
As interações entre as proteínas de sinalização intracelular são mediadas por domínios de interação modulares 822
A relação entre o sinal e a resposta varia nas diferentes vias de sinalização 824
A velocidade de uma resposta depende da reposição das moléculas sinalizadoras 825
As células podem responder de forma abrupta a um sinal que aumenta gradualmente 827
A retroalimentação positiva pode gerar uma resposta "tudo ou nada" 828
A retroalimentação negativa é um motivo comum nos sistemas de sinalização 829
As células podem ajustar sua sensibilidade ao sinal 830

SINALIZAÇÃO POR MEIO DE RECEPTORES ACOPLADOS À PROTEÍNA G 832
As proteínas G triméricas transmitem os sinais a partir dos receptores associados à proteína G 832
Algumas proteínas G regulam a produção de AMP cíclico 833
A proteína-cinase dependente de AMP cíclico (PKA) media a maioria dos efeitos do AMP cíclico 834
Algumas proteínas G transmitem sinais através de fosfolipídeos 836
O Ca^{2+} funciona como um mediador intracelular ubíquo 838
A retroalimentação gera ondas e oscilações de Ca^{2+} 838
As proteínas-cinase dependentes de Ca^{2+}/calmodulina fazem a mediação de muitas respostas aos sinais de Ca^{2+} 840
Algumas proteínas G regulam canais iônicos diretamente 843
O olfato e a visão dependem de receptores associados à proteína G que regulam canais iônicos 843
O óxido nítrico é um mediador de sinalização gasoso que passa entre as células 846
Os segundos mensageiros e as cascatas enzimáticas amplificam os sinais 848
A dessensibilização dos receptores associados à proteína G depende da fosforilação do receptor 848

SINALIZAÇÃO POR MEIO DE RECEPTORES ACOPLADOS A ENZIMAS 850
Os receptores tirosinas-cinase ativados se autofosforilam 850
As tirosinas fosforiladas nos RTKs servem como sítios de ancoragem para proteínas de sinalização intracelular 852
As proteínas com domínios SH2 se ligam às tirosinas fosforiladas 852
A GTPase Ras medeia a sinalização da maior parte dos RTKs 854
Ras ativa um módulo de sinalização de MAP-cinase 855
Proteínas de suporte ajudam a prevenir erros de sinalização entre módulos paralelos de MAP-cinases 857
GTPases da família Rho acoplam, funcionalmente, os receptores de superfície celular ao citoesqueleto 858
A PI 3-cinase produz sítios lipídicos de ancoragem na membrana plasmática 859
A via de sinalização PI 3-cinase-Akt estimula a sobrevivência e o crescimento das células animais 860
Os RTKs e os GPCRs ativam vias de sinalização que se sobrepõem 861
Alguns receptores acoplados a enzimas interagem com tirosinas-cinase citoplasmáticas 862
Receptores de citocinas ativam a via de sinalização JAK-STAT 863
As proteínas tirosinas-fosfatase revertem as fosforilações das tirosinas 864
As proteínas sinalizadoras da superfamília TGFβ atuam por meio de receptores serina-treonina-cinase e Smads 865

VIAS ALTERNATIVAS DE SINALIZAÇÃO NA REGULAÇÃO GÊNICA 867
O receptor Notch é uma proteína reguladora latente da transcrição 867
As proteínas Wnt interagem com os receptores Frizzled e inibem a degradação de β-catenina 868
As proteínas Hedgehog se ligam a Patched, liberando a inibição mediada por Smoothened 871
Múltiplos estímulos estressantes e inflamatórios atuam por meio de uma via de sinalização dependente de NFκB 873
Os receptores nucleares são reguladores de transcrição modulados por ligantes 874
Os relógios circadianos contêm ciclos de retroalimentação negativa que controlam a expressão gênica 876
Três proteínas em um tubo de ensaio podem reconstituir um relógio circadiano de cianobactérias 878

SINALIZAÇÃO EM PLANTAS 880
A multicelularidade e a comunicação celular evoluíram de modo independente em plantas e animais 880
A classe dos receptores serina-treonina-cinase é a maior entre os receptores de superfície celular nas plantas 881
O etileno bloqueia a degradação de proteínas específicas reguladoras de transcrição no núcleo 881
A distribuição controlada dos transportadores de auxina afeta o crescimento das plantas 882
Os fitocromos detectam a luz vermelha e os criptocromos detectam a luz azul 883

Capítulo 16 Citoesqueleto   889

FUNÇÃO E ORIGEM DO CITOESQUELETO 889
Filamentos do citoesqueleto adaptam-se para formar estruturas estáveis ou dinâmicas 890
O citoesqueleto determina a organização e a polaridade celular 892
Filamentos são polimerizados a partir de subunidades proteicas que lhes conferem propriedades físicas e dinâmicas específicas 893
Proteínas acessórias e motoras regulam os filamentos do citoesqueleto 894
A organização e a divisão da célula bacteriana dependem de proteínas homólogas às proteínas do citoesqueleto eucarióticas 896

Sumário

ACTINA E PROTEÍNAS DE LIGAÇÃO À ACTINA — 898
Subunidades de actina se associam em um arranjo tipo cabeça-cauda para criar filamentos polares flexíveis — 898
A nucleação é a etapa limitante na formação dos filamentos de actina — 899
Os filamentos de actina possuem duas extremidades distintas com diferentes taxas de crescimento — 900
A hidrólise de ATP nos filamentos de actina induz o comportamento de rolamento em estado estacionário — 901
As funções dos filamentos de actina são inibidas por químicos tanto estabilizadores quanto desestabilizadores do polímero — 904
Proteínas de ligação à actina influenciam a dinâmica e a organização dos filamentos — 905
A disponibilidade de monômeros controla a polimerização dos filamentos de actina — 905
Fatores de nucleação de actina aceleram a polimerização e geram filamentos lineares ou ramificados — 905
Proteínas de ligação ao filamento de actina alteram a dinâmica do filamento — 909
Proteínas de clivagem regulam a despolimerização do filamento de actina — 910
Arranjos de filamentos de actina de alta complexidade influenciam as propriedades mecânicas celulares e a sinalização — 911
As bactérias podem sequestrar o citoesqueleto de actina do hospedeiro — 914

MIOSINA E ACTINA — 915
Proteínas motoras baseadas em actina são membros da superfamília da miosina — 915
A miosina gera força pelo acoplamento da hidrólise de ATP a alterações conformacionais — 916
O deslizamento da miosina II ao longo dos filamentos de actina provoca a contração muscular — 918
A contração muscular é iniciada por uma súbita elevação da concentração citosólica de Ca^{2+} — 920
O músculo cardíaco é uma delicada peça de engenharia — 923
A actina e a miosina desempenham uma série de funções em células não musculares — 923

MICROTÚBULOS — 925
Os microtúbulos são tubos ocos compostos a partir de protofilamentos — 926
Microtúbulos sofrem instabilidade dinâmica — 927
As funções dos microtúbulos são inibidas por fármacos estabilizadores e desestabilizadores dos polímeros — 928
Um complexo proteico contendo γ-tubulina promove a nucleação dos microtúbulos — 928
Os microtúbulos irradiam a partir do centrossomo nas células animais — 930
Proteínas de ligação aos microtúbulos modulam a dinâmica e a organização dos filamentos — 932
Proteínas de ligação à extremidade mais (+) do microtúbulo modulam as conexões e a dinâmica dos microtúbulos — 934
Proteínas de sequestro da tubulina e proteínas de quebra (ou fissão) dos microtúbulos desestabilizam os microtúbulos — 936
Dois tipos de proteínas motoras movem-se sobre os microtúbulos — 936
Microtúbulos e motores movem organelas e vesículas — 939
A polimerização dos arranjos complexos de microtúbulos requer microtúbulos dinâmicos e proteínas motoras — 941
Cílios e flagelos motrizes são compostos por microtúbulos e dineínas — 941
Os cílios primários desempenham funções importantes de sinalização nas células animais — 943

FILAMENTOS INTERMEDIÁRIOS E SEPTINAS — 944
A estrutura dos filamentos intermediários depende do empacotamento lateral e do enrolamento da super-hélice — 945
Filamentos intermediários conferem estabilidade mecânica às células animais — 946
Proteínas de ligação conectam os filamentos do citoesqueleto e o envelope nuclear — 948
Septinas formam filamentos que regulam a polaridade celular — 949

POLARIZAÇÃO E MIGRAÇÃO CELULAR — 950
Diversas células podem deslizar sobre um substrato sólido — 951
A polimerização da actina promove a protrusão da membrana plasmática — 952
Os lamelipódios contêm toda a maquinaria necessária à locomoção celular — 953
A contração da miosina e a adesão celular permitem que as células se impulsionem para frente — 954
A polarização celular é controlada por membros da família das proteínas Rho — 955
Sinais extracelulares podem ativar os três membros da família da proteína Rho — 958
Sinais externos podem definir a direção da migração celular — 958
A comunicação entre os elementos do citoesqueleto coordena a polarização geral e a locomoção da célula — 959

Capítulo 17 Ciclo celular — 963

VISÃO GERAL DO CICLO CELULAR — 963
O ciclo celular eucariótico geralmente é composto por quatro fases — 964
O controle do ciclo celular é similar em todos os eucariotos — 965
A progressão do ciclo celular pode ser estudada de várias maneiras — 966

SISTEMA DE CONTROLE DO CICLO CELULAR — 967
O sistema de controle do ciclo celular desencadeia os principais eventos do ciclo celular — 967
O sistema de controle do ciclo celular depende de proteínas-cinase dependentes de ciclinas (Cdks) ciclicamente ativadas — 968
Atividade de Cdk pode ser suprimida pela fosforilação inibitória e por proteínas inibidoras Cdk (CKIs) — 970
Proteólise regulada desencadeia a transição metáfase-anáfase — 970
O controle do ciclo celular também depende de regulação transcricional — 971
O sistema de controle do ciclo celular funciona como uma rede de interruptores bioquímicos — 972

FASE S — 974
A S-Cdk inicia a replicação do DNA uma vez por ciclo — 974
A duplicação cromossômica requer a duplicação da estrutura da cromatina — 975
As coesinas mantêm as cromátides-irmãs unidas — 977

MITOSE — 978
A M-Cdk promove o início da mitose — 978
A desfosforilação ativa a M-Cdk no início da mitose — 978
A condensina ajuda a configurar os cromossomos duplicados para a separação — 979
O fuso mitótico é uma máquina com base em microtúbulos — 982
As proteínas motoras dependentes de microtúbulos controlam a formação e a função do fuso — 983
Múltiplos mecanismos colaboram para a formação do fuso mitótico bipolar — 984
A duplicação do centrossomo ocorre no início do ciclo celular — 984
A M-Cdk inicia a formação do fuso na prófase — 985
A conclusão da formação do fuso em células animais requer a fragmentação do envelope nuclear — 985
A instabilidade dos microtúbulos aumenta muito na mitose — 986
Os cromossomos mitóticos promovem a formação do fuso bipolar — 986
Os cinetocoros ligam as cromátides-irmãs ao fuso — 987
A biorientação é obtida por tentativa e erro — 988
Múltiplas forças atuam em cromossomos no fuso — 990
O APC/C provoca a separação da cromátide-irmã e a conclusão da mitose — 992
Cromossomos não ligados bloqueiam a separação das cromátides-irmãs: ponto de verificação da formação do fuso — 993
Os cromossomos são segregados na anáfase A e B — 994
Os cromossomos segregados são empacotados em núcleos-filhos na telófase — 995

CITOCINESE — 996
A actina e a miosina II do anel contrátil geram força para a citocinese — 996
A ativação local da RhoA desencadeia a formação e a contração do anel contrátil — 997
Os microtúbulos do fuso mitótico determinam o plano de divisão da célula animal — 997
O fragmoplasto orienta a citocinese nas plantas superiores — 1000
Organelas delimitadas por membrana devem ser distribuídas entre as células-filhas durante a citocinese — 1001
Algumas células reposicionam seu fuso para se dividirem de forma assimétrica — 1001
A mitose pode ocorrer sem citocinese — 1002
A fase G_1 é um estado estável de inatividade das Cdks — 1002

MEIOSE — 1004

A meiose inclui dois ciclos de segregação cromossômica 1004
Par de homólogos duplicados durante a prófase meiótica 1006
O pareamento dos homólogos culmina na formação de um complexo sinaptonêmico 1006
A segregação homóloga depende de muitas características únicas da meiose I 1008
A recombinação por entrecruzamento é altamente regulada 1009
A meiose frequentemente funciona mal 1010

CONTROLE DA DIVISÃO E DO CRESCIMENTO CELULAR 1010
Os mitógenos estimulam a divisão celular 1011
As células podem entrar em um estado especializado de não divisão 1012
Os mitógenos estimulam as atividades de G_1-Cdk e G_1/S-Cdk 1012
Danos no DNA impedem a divisão celular: a resposta a danos no DNA 1014
Muitas células humanas têm um limite intrínseco do número de vezes que podem se dividir 1016
Sinais de proliferação anormal ocasionam a interrupção do ciclo celular ou a apoptose, exceto em células cancerosas 1016
A proliferação celular é acompanhada por crescimento celular 1016
Células em proliferação geralmente coordenam o crescimento com a divisão 1018

Capítulo 18 Morte celular 1021
Apoptose elimina células indesejadas 1021
A apoptose depende de uma cascata proteolítica intracelular mediada por caspases 1022
Receptores de morte na superfície celular ativam a via extrínseca da apoptose 1024
A via intrínseca da apoptose depende da mitocôndria 1025
Proteínas Bcl2 regulam a via intrínseca da apoptose 1025
IAPs ajudam no controle das caspases 1028
Fatores de sobrevivência extracelulares inibem a apoptose de vários modos 1029
Fagócitos removem células apoptóticas 1030
Apoptose excessiva ou insuficiente pode contribuir para doenças 1031

Capítulo 19 Junções celulares e matriz extracelular 1035
JUNÇÕES CÉLULA-CÉLULA 1038
As caderinas formam uma família distinta de moléculas de adesão 1038
As caderinas medeiam a adesão homofílica 1038
A adesão célula-célula dependente de caderina coordena a organização dos tecidos em desenvolvimento 1040
As transições epitélio-mesenquimais dependem do controle das caderinas 1042
As cateninas ligam as caderinas clássicas ao citoesqueleto de actina 1042
As junções aderentes respondem às forças geradas pelo citoesqueleto de actina 1042
A remodelagem dos tecidos depende da coordenação da contração mediada pela actina com a adesão célula-célula 1043
Os desmossomos fornecem força mecânica ao epitélio 1045
As junções compactas formam uma barreira entre as células e um obstáculo entre os domínios de membrana plasmática 1046
As junções compactas contêm feixes de proteínas de adesão transmembrana 1047
As proteínas de suporte organizam os complexos de proteínas juncionais 1049
As junções do tipo fenda ligam as células de forma elétrica e metabólica 1050
Um conéxon da junção do tipo fenda é constituído por seis subunidades de conexinas transmembrana 1051
Nas plantas, os plasmodesmos realizam muitas das funções das junções do tipo fenda 1053
As selectinas medeiam as adesões transitórias célula-célula na corrente sanguínea 1054
Membros da superfamília de imunoglobulinas fazem a mediação da adesão célula-célula independente de Ca^{2+} 1055

A MATRIZ EXTRACELULAR DOS ANIMAIS 1057
A matriz extracelular é produzida e orientada pelas células 1057
As cadeias de glicosaminoglicanos (GAGs) ocupam grande parte do espaço e formam géis hidratados 1058
A hialuronana atua como um preenchedor de espaços durante a morfogênese e o reparo 1059
Os proteoglicanos são compostos de cadeias de GAGs covalentemente ligadas a um núcleo proteico 1059
Os colágenos são as principais proteínas da matriz extracelular 1061
Os colágenos secretados associados a fibrilas ajudam a organizá-las 1063
As células auxiliam na organização das fibrilas de colágeno que secretam, exercendo tensão na matriz 1064
A elastina confere elasticidade aos tecidos 1065
A fibronectina e outras glicoproteínas multidomínios auxiliam na organização da matriz 1066
A fibronectina se liga a integrinas 1067
A tensão exercida pelas células regula a reunião das fibrilas de fibronectina 1068
A lâmina basal é uma forma de matriz extracelular especializada 1068
A laminina e o colágeno tipo IV são os principais componentes da lâmina basal 1069
As lâminas basais realizam diversas funções 1071
As células devem ser capazes de degradar e produzir matriz 1072
As glicoproteínas e os proteoglicanos da matriz regulam as atividades das proteínas secretadas 1073

JUNÇÕES CÉLULA-MATRIZ 1074
As integrinas são heterodímeros transmembrana que ligam a matriz extracelular ao citoesqueleto 1075
Defeitos na integrina são responsáveis por muitas doenças genéticas 1076
As integrinas podem mudar de uma conformação ativa para uma conformação inativa 1077
As integrinas se agregam para formar adesões fortes 1079
A ligação à matriz extracelular através das integrinas controla a proliferação e a sobrevivência celular 1079
As integrinas recrutam proteínas sinalizadoras intracelulares para os locais de adesão célula-matriz 1079
As adesões célula-matriz respondem a forças mecânicas 1080

A PAREDE CELULAR DAS PLANTAS 1081
A composição da parede celular depende do tipo celular 1082
A força tensora da parede celular permite que as células vegetais desenvolvam pressão de turgescência 1083
A parede celular primária é constituída por microfibrilas de celulose entrelaçadas com uma rede de polissacarídeos pectínicos 1083
A deposição orientada da parece celular controla o crescimento da planta 1085
Os microtúbulos orientam a deposição da parede celular 1086

Capítulo 20 Câncer 1091
O CÂNCER COMO UM PROCESSO MICROEVOLUTIVO 1091
As células cancerosas ignoram os controles normais de proliferação e colonizam outros tecidos 1092
Muitos cânceres originam-se de uma única célula anormal 1093
As células cancerosas possuem mutações somáticas 1094
Uma única mutação não é suficiente para transformar uma célula normal em uma célula cancerosa 1094
Os cânceres se desenvolvem gradualmente pelo aumento de células aberrantes 1095
A progressão dos tumores envolve sucessivos ciclos de mutação hereditária aleatória e de seleção natural 1096
As células cancerosas humanas são geneticamente instáveis 1097
As células cancerosas apresentam um controle de crescimento alterado 1098
As células cancerosas possuem o metabolismo de açúcar alterado 1098
As células cancerosas possuem uma capacidade anormal de sobreviver ao estresse e ao dano ao DNA 1099
As células cancerosas humanas escapam do limite interno de proliferação celular 1100
O microambiente tumoral influencia o desenvolvimento do câncer 1101
As células cancerosas devem sobreviver e proliferar em um ambiente inóspito 1101
Diversas propriedades contribuem para o crescimento canceroso 1103

GENES CRÍTICOS PARA O CÂNCER: COMO SÃO ENCONTRADOS E O QUE FAZEM 1104
A identificação de mutações cancerosas para ganho e perda de função precisou de métodos diferentes 1104

Os retrovírus podem agir como vetores de oncogenes que alteram o comportamento celular — 1105
Diferentes buscas por oncogenes convergem para o mesmo gene – *Ras* 1106
Os genes mutados no câncer podem se tornar hiperativos de várias maneiras — 1106
Estudos de síndromes cancerosas hereditárias raras identificaram genes supressores de tumores — 1107
Os genes supressores de tumores podem ser inativados por mecanismos genéticos e epigenéticos — 1108
O sequenciamento sistemático do genoma de células cancerosas transformou nosso entendimento sobre a doença — 1109
Muitos cânceres possuem um genoma extraordinariamente interrompido — 1111
Muitas mutações em células tumorais são meras passageiras — 1111
Em torno de 1% dos genes no genoma humano são críticos para o câncer — 1112
Interrupções em algumas vias importantes são comuns em vários cânceres — 1113
Mutações na via PI3K/Akt/mTOR estimulam o crescimento das células cancerosas — 1114
Mutações na via p53 permitem que as células cancerosas sobrevivam e proliferem apesar do estresse e do dano ao DNA — 1115
A instabilidade genômica possui diferentes formas em diferentes cânceres — 1116
Cânceres de tecidos especializados utilizam diferentes rotas para atingir as vias centrais comuns do câncer — 1117
Estudos utilizando camundongos ajudam a definir as funções dos genes críticos para o câncer — 1117
Os cânceres se tornam cada vez mais heterogêneos à medida que progridem — 1118
As alterações nas células tumorais que levam à metástase ainda são um grande mistério — 1119
Uma pequena população de células-tronco tumorais pode manter diversos tumores — 1120
O fenômeno das células-tronco tumorais aumenta a dificuldade de cura do câncer — 1121
Os cânceres colorretais se desenvolvem lentamente, mediante uma sucessão de alterações visíveis — 1122
Algumas lesões genéticas chave são comuns a uma ampla parcela de cânceres colorretais — 1123
Alguns cânceres colorretais possuem defeitos na maquinaria de reparo de pareamento incorreto de DNA — 1124
As etapas da progressão tumoral frequentemente podem ser correlacionadas a mutações específicas — 1125

TRATAMENTO E PREVENÇÃO DO CÂNCER: PRESENTE E FUTURO — 1127
A epidemiologia revela que muitos casos de câncer podem ser prevenidos — 1127
Ensaios sensíveis podem detectar agentes causadores de câncer que danificam o DNA — 1127
Cinquenta por cento dos cânceres podem ser evitados por mudanças no estilo de vida — 1128
Vírus e outras infecções contribuem para uma proporção significativa de cânceres humanos — 1129
Cânceres de colo do útero podem ser evitados por vacinação contra o papilomavírus humano — 1131
Agentes infecciosos podem gerar câncer de diversas maneiras — 1131
A busca para a cura do câncer é difícil, mas não impossível — 1132
As terapias tradicionais exploram a instabilidade genética e a perda da resposta dos pontos de verificação do ciclo celular em células cancerosas — 1132
Novos fármacos podem matar células cancerosas seletivamente atingindo mutações específicas — 1133
Inibidores de PARP matam células cancerosas que possuem defeitos nos genes *Brca1* ou *Brca2* — *1133*
Pequenas moléculas podem ser desenvolvidas para inibir proteínas oncogênicas específicas — 1135
Muitos cânceres podem ser tratados pelo aumento da resposta imune contra um tumor específico — 1137
Os cânceres desenvolvem resistência às terapias — 1139
Terapias combinadas podem ter sucesso onde tratamentos com um fármaco de cada vez falham — 1139
Agora temos as ferramentas para gerar terapias combinadas adaptadas a cada paciente — 1140

Capítulo 21 Desenvolvimento de organismos multicelulares — 1145

VISÃO GERAL DO DESENVOLVIMENTO — 1146
Mecanismos conservados estabelecem o plano corporal básico — 1147
O potencial de desenvolvimento das células se torna progressivamente restrito — 1148
A memória celular é responsável pelo processo de tomada de decisões da célula — 1148
Diversos organismos-modelo foram essenciais para a compreensão do desenvolvimento — 1148
Genes envolvidos na comunicação entre as células e no controle da transcrição são especialmente importantes para o desenvolvimento animal — 1149
O DNA regulador parece ser o principal responsável pelas diferenças entre as espécies animais — 1149
Um pequeno número de vias de sinalização célula-célula conservadas coordena a formação de padrões espaciais — 1150
Sinais simples dão origem a padrões complexos por meio do controle combinatório e da memória celular — 1150
Morfógenos são sinais indutivos de longo alcance que exercem efeitos gradativos — 1151
A inibição lateral pode originar padrões de diferentes tipos celulares — 1151
A ativação de curto alcance e a inibição de longo alcance podem originar padrões celulares complexos — 1152
A divisão celular assimétrica também pode gerar diversidade — 1153
Enquanto o embrião cresce, os padrões iniciais são estabelecidos em pequenos grupos de células e refinados por indução sequencial — 1153
A biologia do desenvolvimento fornece evidências sobre doenças e manutenção de tecidos — 1154

MECANISMOS DE FORMAÇÃO DE PADRÕES — 1155
Diferentes animais utilizam diferentes mecanismos para estabelecer seu eixo primário de polarização — 1155
Estudos em *Drosophila* revelaram os mecanismos de controle genético responsáveis pelo desenvolvimento — 1157
Genes de polaridade do ovo codificam macromoléculas depositadas no ovo para organizar os eixos do embrião primordial de *Drosophila* — 1158
Três grupos de genes controlam a segmentação de *Drosophila* ao longo do eixo A-P — 1159
A hierarquia das interações reguladoras genéticas promove a subdivisão do embrião de *Drosophila* — 1159
Genes de polaridade do ovo, *gap* e regra dos pares geram padrões transitórios que são fixados pelos genes de polaridade de segmentos e genes *Hox* — 1160
Genes *Hox* estabelecem padrões permanentes no eixo A-P — 1162
Proteínas Hox conferem individualidade a cada segmento — 1163
Os genes *Hox* são expressos de acordo com a sua ordem no complexo Hox — 1163
Proteínas do grupo Trithorax e Polycomb permitem que os complexos Hox mantenham um registro permanente da informação posicional — 1164
Os genes de sinalização D-V estabelecem o gradiente do regulador da transcrição Dorsal — 1164
Uma hierarquia de interações indutoras promove a subdivisão do embrião dos vertebrados — 1166
Uma competição entre proteínas de sinalização secretadas induz a formação de padrões nos embriões de vertebrados — 1168
O eixo dorsoventral dos insetos corresponde ao eixo ventral-dorsal dos vertebrados — 1169
Os genes *Hox* controlam o eixo A-P nos vertebrados — 1169
Alguns reguladores da transcrição podem ativar vias que definem um tipo celular ou dão origem a um órgão inteiro — 1170
A inibição lateral mediada por Notch refina os padrões de espaçamento celular — 1171
Divisões celulares assimétricas diferenciam células-irmãs — 1173
Diferenças no DNA regulador explicam diferenças morfológicas — 1174

CONTROLE TEMPORAL DO DESENVOLVIMENTO — 1176

O tempo de vida molecular desempenha um papel crítico no controle temporal do desenvolvimento — 1176
Um oscilador baseado em expressão gênica atua como um temporizador para controlar a segmentação em vertebrados — 1177
Programas intracelulares de desenvolvimento ajudam a determinar o curso ao longo do tempo do desenvolvimento celular — 1179
As células raramente contam as divisões celulares para marcar o tempo do seu desenvolvimento — 1180
Micro-RNAs frequentemente regulam as transições do desenvolvimento — 1180
Sinais hormonais coordenam o controle temporal das transições de desenvolvimento — 1182
Sinais ambientais determinam o momento de florescimento — 1183

MORFOGÊNESE — 1184
A migração celular é controlada por sinais presentes no ambiente da célula — 1185
A distribuição das células migrantes depende de fatores de sobrevivência — 1186
A alteração do padrão de moléculas de adesão celular força a formação de novos arranjos de células — 1187
Interações de repulsão ajudam a delimitar os tecidos — 1188
Conjuntos de células semelhantes podem realizar rearranjos coletivos notáveis — 1188
A polaridade celular planar ajuda a orientar a estrutura e o movimento celular no epitélio em desenvolvimento — 1189
Interações entre um epitélio e um mesênquima geram estruturas tubulares ramificadas — 1190
Um epitélio pode se curvar durante o desenvolvimento para dar origem a um tubo ou vesícula — 1192

CRESCIMENTO — 1193
A proliferação, a morte e o tamanho das células determinam o tamanho dos órgãos — 1194
Animais e órgãos são capazes de acessar e regular a massa celular total — 1194
Sinais extracelulares estimulam ou inibem o crescimento — 1196

DESENVOLVIMENTO NEURAL — 1198
Os neurônios assumem diferentes características de acordo com o momento e o local da sua origem — 1199
O cone de crescimento direciona o axônio ao longo de rotas específicas em direção aos seus alvos — 1201
Uma variedade de sinais extracelulares guiam os axônios até seus alvos — 1202
A formação de mapas neurais ordenados depende da especificidade neuronal — 1204
Dendritos e axônios originados de um mesmo neurônio se evitam — 1206
Os tecidos-alvo liberam fatores neurotróficos que controlam o crescimento e a sobrevivência das células nervosas — 1208
A formação de sinapses depende da comunicação bidirecional entre os neurônios e suas células-alvo — 1209
A poda sináptica depende da atividade elétrica e da sinalização sináptica — 1211
Neurônios que disparam juntos permanecem conectados — 1211

Capítulo 22 Células-tronco e renovação de tecidos — 1217

CÉLULAS-TRONCO E RENOVAÇÃO DE TECIDOS EPITELIAIS — 1217
O revestimento do intestino delgado é renovado continuamente por meio da proliferação celular nas criptas — 1218
As células-tronco do intestino delgado encontram-se na base ou próximas à base de cada cripta — 1219
As duas células-filhas de uma célula-tronco enfrentam uma escolha — 1219
A sinalização Wnt mantém o compartimento de células-tronco do intestino — 1220
As células-tronco na base da cripta são multipotentes, originando a gama completa de tipos celulares intestinais diferenciados — 1220
As duas células-filhas de uma célula-tronco não têm sempre que se tornar diferentes — 1222
As células de Paneth criam o nicho de célula-tronco — 1222
Uma única célula que expressa Lgr5 em cultura pode produzir todo um sistema cripta-vilosidade organizado — 1223
A sinalização efrina-Eph dirige a segregação dos diferentes tipos celulares do intestino — 1224
A sinalização Notch controla a diversificação celular do intestino e ajuda a manter o estado de célula-tronco — 1224
O sistema de célula-tronco epidérmico mantém uma barreira à prova d'água autorrenovável — 1225
A renovação de tecidos que não depende de células-tronco: células que secretam insulina no pâncreas e hepatócitos no fígado — 1226
Alguns tecidos carecem de células-tronco e não são renováveis — 1227

FIBROBLASTOS E SUAS TRANSFORMAÇÕES: A FAMÍLIA DE CÉLULAS DO TECIDO CONECTIVO — 1228
Os fibroblastos mudam suas características em resposta aos sinais químicos e físicos — 1228
Os osteoblastos produzem matriz óssea — 1229
O osso é remodelado continuamente pelas células em seu interior — 1230
Os osteoclastos são controlados por sinais de osteoblastos — 1232

ORIGEM E REGENERAÇÃO DO MÚSCULO ESQUELÉTICO — 1232
Os mioblastos fundem-se para formar novas fibras musculares esqueléticas — 1233
Alguns mioblastos continuam como células-tronco quiescentes (inativas) no adulto — 1234

VASOS SANGUÍNEOS, LINFÁTICOS E CÉLULAS ENDOTELIAIS — 1235
As células endoteliais revestem todos os vasos sanguíneos e linfáticos — 1235
As células endoteliais das extremidades abrem caminho para a angiogênese — 1236
Tecidos que necessitam de um suprimento sanguíneo liberam VEGF — 1237
Sinais das células endoteliais controlam o recrutamento de pericitos e células musculares lisas para formar a parede do vaso — 1238

UM SISTEMA DE CÉLULAS-TRONCO HIERÁRQUICO: FORMAÇÃO DE CÉLULAS DO SANGUE — 1239
Os eritrócitos são todos iguais; os leucócitos podem ser agrupados em três classes principais — 1239
A produção de cada tipo de célula sanguínea na medula óssea é controlada individualmente — 1240
A medula óssea contém células-tronco hematopoiéticas multipotentes, capazes de originar todas as categorias de células sanguíneas — 1241
O comprometimento é um processo de etapas sucessivas — 1243
As divisões das células progenitoras comprometidas amplifica o número de células sanguíneas especializadas — 1243
As células-tronco dependem dos sinais de contato de células do estroma — 1244
Os fatores que regulam a hematopoiese podem ser analisados em cultivo — 1244
A eritropoiese depende do hormônio eritropoietina — 1244
Múltiplos CSFs influenciam a produção de neutrófilos e macrófagos — 1245
O comportamento de uma célula hematopoiética depende, em parte, do acaso — 1245
A regulação da sobrevivência celular é tão importante quanto a regulação da proliferação celular — 1246

REGENERAÇÃO E REPARO — 1247
Planárias contêm células-tronco que podem regenerar um corpo novo inteiro — 1248
Alguns vertebrados podem regenerar órgãos inteiros — 1249
As células-tronco podem ser usadas artificialmente para substituir células doentes ou perdidas: terapia para sangue e epiderme — 1249
As células-tronco neurais podem ser manipuladas em cultivo e utilizadas para repovoar o sistema nervoso central — 1250

REPROGRAMAÇÃO CELULAR E CÉLULAS-TRONCO PLURIPOTENTES — 1251
Núcleos podem ser reprogramados por transferência (ou transplante) para dentro de um citoplasma alheio — 1252
A reprogramação de um núcleo transferido envolve mudanças epigenéticas drásticas — 1252
As células-tronco embrionárias (ES) podem produzir qualquer parte do corpo — 1253
Um conjunto central de reguladores da transcrição define e mantém o estado de célula ES — 1254
Os fibroblastos podem ser reprogramados para criar células-tronco pluripotentes induzidas (células iPS) — 1254
A reprogramação envolve uma enorme perturbação do sistema de controle de genes — 1255

Uma manipulação experimental de fatores que modificam a cromatina pode aumentar a eficiência da reprogramação — 1256
Células ES e iPS podem ser orientadas a gerar tipos celulares adultos específicos e até mesmo órgãos inteiros — 1257
Células de um tipo especializado podem ser forçadas a se transdiferenciarem diretamente em outro tipo — 1258
Células ES e iPS são úteis para a descoberta de fármacos e análise de doenças — 1258

Capítulo 23 Patógenos e infecção — 1263

INTRODUÇÃO AOS PATÓGENOS E À MICROBIOTA HUMANA — 1263
A microbiota humana é um sistema ecológico complexo importante para o nosso desenvolvimento e saúde — 1264
Os patógenos interagem com os seus hospedeiros de diferentes maneiras — 1264
Os patógenos podem contribuir para o câncer, doenças cardiovasculares e outras doenças crônicas — 1265
Os patógenos podem ser vírus, bactérias ou eucariotos — 1266
As bactérias são diversas e ocupam uma variedade notável de nichos ecológicos — 1267
As bactérias patogênicas possuem genes de virulência especializados — 1268
Genes de virulência bacterianos codificam proteínas efetoras e sistemas de secreção para liberar proteínas efetoras para células hospedeiras — 1269
Os fungos e os parasitas protozoários têm um ciclo de vida complexo envolvendo múltiplas formas — 1271
Todos os aspectos da propagação viral dependem da maquinaria da célula hospedeira — 1273

BIOLOGIA CELULAR DA INFECÇÃO — 1276
Os patógenos superam barreiras epiteliais para infectar o hospedeiro — 1276
Os patógenos que colonizam o epitélio devem superar os seus mecanismos de proteção — 1276
Os patógenos extracelulares perturbam as células hospedeiras sem entrar nelas — 1277
Os patógenos intracelulares possuem mecanismos tanto para a penetração quanto para a saída das células hospedeiras — 1278
Os vírus ligam-se a receptores virais na superfície da célula hospedeira — 1279
Os vírus penetram as células hospedeiras por fusão de membrana, formação de poros ou rompimento da membrana — 1280
As bactérias penetram as células hospedeiras por fagocitose — 1281
Os parasitas eucarióticos intracelulares invadem de forma ativa a célula hospedeira — 1282
Alguns patógenos intracelulares escapam do fagossomo para o citosol — 1284
Muitos patógenos alteram o tráfego de membrana da célula hospedeira para sobreviver e se replicar — 1284
Os vírus e as bactérias utilizam o citoesqueleto da célula hospedeira para seus movimentos intracelulares — 1286
Os vírus podem assumir o controle do metabolismo da célula hospedeira — 1288
Os patógenos podem evoluir rapidamente por variação antigênica — 1289
A replicação propensa a erros dominou a evolução viral — 1291
Os patógenos resistentes a fármacos são um problema crescente — 1292

Capítulo 24 Os sistemas imunes inato e adaptativo — 1297

O SISTEMA IMUNE INATO — 1298
As superfícies epiteliais atuam como barreiras contra a infecção — 1298
Os receptores de reconhecimento de padrões (PRRs) reconhecem as características conservadas dos patógenos — 1298
Existem múltiplas classes de PRRs — 1299
Os PRRs ativados desencadeiam uma resposta inflamatória no local da infecção — 1300
As células fagocíticas caçam, englobam e destroem os patógenos — 1301
A ativação do complemento marca os patógenos para fagocitose ou para lise — 1302
As células infectadas por vírus desenvolvem medidas drásticas para evitar a replicação viral — 1303
As células matadoras naturais (NK) induzem as células infectadas por vírus a cometer suicídio — 1304
As células dendríticas fornecem a conexão entre os sistemas imunes inato e adaptivo — 1305

VISÃO GERAL DO SISTEMA IMUNE ADAPTATIVO — 1307
As células B desenvolvem-se na medula óssea e as células T desenvolvem-se no timo — 1308
A memória imunológica depende tanto da expansão clonal quanto da diferenciação de linfócitos — 1309
Os linfócitos recirculam continuamente através dos órgãos linfoides periféricos — 1311
A autotolerância imunológica assegura que as células B e T não ataquem as células e moléculas normais do hospedeiro — 1313

CÉLULAS B E IMUNOGLOBULINAS — 1315
As células B produzem imunoglobulinas (Igs) que atuam tanto como receptores de antígenos da superfície celular quanto como anticorpos secretados — 1315
Os mamíferos produzem cinco classes de Igs — 1316
As cadeias leves e pesadas das Igs são compostas por regiões constantes e variáveis — 1318
Os genes que codificam Igs são combinados a partir de segmentos de genes separados durante o desenvolvimento da célula B — 1319
As hipermutações somáticas dirigidas por antígenos são responsáveis pelo ajuste fino nas respostas dos anticorpos — 1321
As células B podem trocar a classe das Igs que produzem — 1322

CÉLULAS T E PROTEÍNAS DO MHC — 1324
Os receptores de células T (TCRs) são heterodímeros semelhantes a imunoglobulinas — 1325
As células dendríticas ativadas ativam as células T virgens — 1326
As células T reconhecem peptídeos estranhos ligados às proteínas do MHC — 1327
As proteínas do MHC são as proteínas humanas mais polimórficas já conhecidas — 1330
Os correceptores CD4 e CD8 nas células T ligam-se a porções invariáveis das proteínas do MHC — 1331
Os timócitos em desenvolvimento sofrem seleção positiva e negativa — 1332
As células T citotóxicas induzem as células-alvo infectadas a cometerem suicídio — 1333
As células T auxiliares efetoras ajudam na ativação de outras células dos sistemas imunes inato e adaptativo — 1335
As células T auxiliares virgens podem se diferenciar em distintos tipos de células T efetoras — 1335
As células B e T necessitam de múltiplos sinais extracelulares para sua ativação — 1336
Muitas proteínas de superfície celular pertencem à superfamília de Igs — 1338

PARTE I

INTRODUÇÃO À CÉLULA

CAPÍTULO 1

Células e genomas

A superfície do nosso planeta está povoada por seres vivos – interessantes fábricas químicas, intrincadamente organizadas, que absorvem substâncias de seus arredores e as utilizam como matérias-primas para gerar cópias de si mesmas. Esses organismos vivos parecem extraordinariamente diversos. O que poderia ser mais diferente do que um tigre e uma alga marinha, ou uma bactéria e uma árvore? No entanto, nossos ancestrais, sem conhecer nada de células ou de DNA, notaram que todos esses organismos tinham algo em comum. Esse algo eles chamaram de "vida", maravilharam-se com ela, tiveram dificuldade em defini-la e tentaram explicar o que ela era e como funcionava em relação à matéria não viva.

As descobertas do século passado não diminuíram o encantamento, pelo contrário, mas removeram o mistério central em relação à natureza da vida. Agora podemos ver que todos os seres vivos são compostos por células: pequenas unidades, delimitadas por membrana, preenchidas com uma solução aquosa concentrada de produtos químicos e dotadas de extraordinária habilidade de criar cópias de si mesmas por meio de seu crescimento e, então, da divisão em duas.

Devido às células serem as unidades fundamentais da vida, é na *biologia celular* – o estudo da estrutura, função e comportamento das células – que devemos procurar por respostas às questões sobre o que a vida é e como funciona. Com um entendimento mais profundo das células e de sua evolução, podemos começar a lidar com os grandes problemas históricos da vida na Terra: suas origens misteriosas, sua diversidade fascinante e sua invasão de cada hábitat concebível. De fato, como enfatizado há muito tempo pelo pioneiro em biologia celular E. B. Wilson, "a chave para cada problema biológico deve finalmente ser procurada na célula; para cada organismo vivo há, ou houve em algum momento, uma célula".

Apesar de sua aparente diversidade, os seres vivos são fundamentalmente parecidos no seu interior. Toda a biologia é, desse modo, um contraponto entre dois temas: a admirável variedade em particularidades individuais e a admirável constância nos mecanismos fundamentais. Neste primeiro capítulo, começaremos por destacar as características universais comuns a toda a vida em nosso planeta. Iremos, então, examinar brevemente a diversidade das células. Veremos como, graças ao código molecular comum, no qual as especificações de todos os organismos vivos estão escritas, é possível ler, medir e decifrar essas especificações para nos ajudar a alcançar um entendimento coerente sobre todas as formas de vida, desde as menores até as maiores.

NESTE CAPÍTULO

CARACTERÍSTICAS UNIVERSAIS DAS CÉLULAS NA TERRA

A DIVERSIDADE DOS GENOMAS E A ÁRVORE DA VIDA

A INFORMAÇÃO GENÉTICA EM EUCARIOTOS

Figura 1-1 A informação hereditária na célula-ovo fertilizada determina a natureza de todo o organismo multicelular. Apesar das suas células iniciais parecerem superficialmente semelhantes, como indicado: uma célula-ovo de ouriço-do-mar dá origem a um ouriço-do-mar (A e B). Uma célula-ovo de camundongo dá origem a um camundongo (C e D). Uma célula-ovo da alga marinha *Fucus* origina uma alga marinha *Fucus* (E e F). (A, cortesia de David McClay; B, cortesia de M. Gibbs, Oxford Scientific Films; C, cortesia de Patricia Calarco, de G. Martin, *Science* 209:768-776, 1980. Com permissão de AAAS; D, cortesia de O. Newman, Oxford Scientific Films; E e F, cortesia de Colin Brownlee.)

CARACTERÍSTICAS UNIVERSAIS DAS CÉLULAS NA TERRA

Estima-se que atualmente existam mais de dez milhões – talvez cem milhões – de espécies vivas na Terra. Cada espécie é diferente, e cada uma se reproduz fielmente, gerando uma progênie que pertence à mesma espécie: o organismo parental transfere informações especificando, em extraordinário detalhe, as características que seus descendentes devem ter. Esse fenômeno da *hereditariedade* é parte central para a definição da vida: ele diferencia a vida de outros processos, como o desenvolvimento de um cristal ou a queima de uma vela, ou a formação de ondas na água, nos quais são geradas estruturas ordenadas, mas sem o mesmo tipo de ligação entre as características dos pais e as de seus descendentes. Como a chama da vela, o organismo vivo precisa consumir energia livre para criar e manter sua organização. Entretanto, a vida emprega essa energia para promover um sistema altamente complexo de processos químicos que são especificados pela informação hereditária.

A maioria dos organismos vivos é composta por células únicas. Outros, como nós, são vastos complexos multicelulares, nos quais grupos de células realizam funções especializadas e estão conectados por intrincados sistemas de comunicação. Mas, mesmo para o agregado de mais de 10^{13} células que formam um corpo humano, o organismo todo foi gerado a partir da divisão celular de uma única célula. Uma única célula, consequentemente, é o veículo para toda a informação hereditária que define cada espécie (**Figura 1-1**). Essa célula contém a maquinaria para obter matérias-primas do ambiente e construir, a partir delas, uma nova célula à sua própria imagem, completa, com a nova cópia da sua informação hereditária. Cada uma dessas células é realmente incrível.

Todas as células armazenam sua informação hereditária no mesmo código químico linear: o DNA

Os computadores nos familiarizaram com o conceito de informação enquanto quantidade mensurável – 1 milhão de *bytes* (para registrar algumas centenas de páginas ou uma imagem de uma câmera digital), 600 milhões de *bytes* para uma música em um CD, e assim por diante. Os computadores também nos deixaram bem cientes de que a mesma informação pode ser registrada sob muitas formas físicas diferentes: os discos e fitas que usamos 20 anos atrás para nossos arquivos eletrônicos se tornaram ilegíveis nos equipamentos modernos. As células vivas, como os computadores, arma-

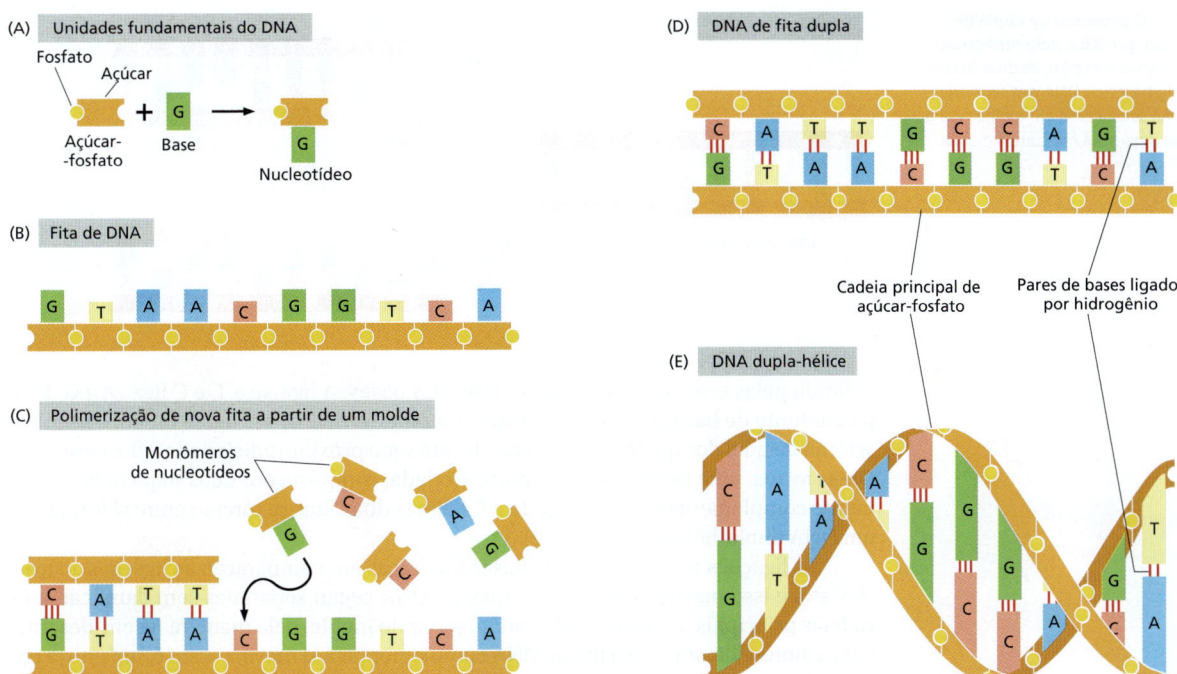

Figura 1-2 O DNA e suas unidades fundamentais. (A) O DNA é formado a partir de subunidades simples, chamadas de nucleotídeos, e cada uma consiste em uma molécula de açúcar-fosfato com uma cadeia lateral nitrogenada, ou base, ligada a ela. As bases são de quatro tipos (adenina, guanina, citosina e timina), correspondendo a quatro nucleotídeos distintos nomeados A, G, C e T. (B) Uma cadeia simples de DNA consiste em nucleotídeos conectados por ligações de açúcar-fosfato. Observe que as unidades de açúcar-fosfato são assimétricas, dando à cadeia principal uma clara orientação ou polaridade. Essa orientação guia os processos moleculares pelos quais a informação no DNA é interpretada e copiada nas células: a informação é sempre "lida" em uma ordem consistente, exatamente como um texto em português é lido da esquerda para a direita. (C) Pela polimerização a partir de um molde, a sequência de nucleotídeos em uma fita de DNA existente controla a sequência na qual os nucleotídeos são polimerizados em uma nova fita de DNA; o T em uma fita pareia com o A da outra, e o G de uma fita com o C da outra. A nova fita tem uma sequência de nucleotídeos *complementar* à fita molde, e uma cadeia principal com direção oposta: correspondente ao GTAA... na fita original, há o ...TTAC. (D) Uma molécula típica de DNA consiste em duas dessas fitas complementares. Os nucleotídeos de cada fita são unidos por ligações químicas fortes (covalentes); os nucleotídeos complementares nas fitas opostas são mantidos juntos de forma mais fraca, através de ligações de hidrogênio. (E) As duas fitas se torcem ao redor de si mesmas formando uma dupla-hélice – uma estrutura robusta que pode acomodar qualquer sequência de nucleotídeos sem alterar sua estrutura básica (ver Animação 4.1).

zenam informações, e estima-se que venham evoluindo e diversificando-se por mais de 3,5 bilhões de anos. Dificilmente esperaríamos que todas elas armazenassem suas informações da mesma forma, ou que os arquivos de um tipo de célula pudessem ser lidos pelo sistema de processamento de outra célula. Contudo, é assim que acontece. Todas as células vivas da Terra armazenam suas informações hereditárias na forma de moléculas de DNA de fita dupla – longas cadeias *poliméricas* pareadas não ramificadas, formadas sempre pelos mesmos quatro tipos de *monômeros*. Esses monômeros, compostos químicos conhecidos como nucleotídeos, são nomeados a partir de um alfabeto de quatro letras – A, T, C e G – e estão ligados um ao outro em uma longa sequência linear que codifica a informação genética, assim como as sequências de 1s e 0s que codificam as informações em um arquivo de computador. Nós podemos pegar um pedaço de DNA de uma célula humana e inseri-lo em uma bactéria, ou um pedaço de DNA bacteriano e inseri-lo em uma célula humana, e as informações serão lidas, interpretadas e copiadas com sucesso. Usando métodos químicos, os cientistas aprenderam como ler a sequência completa dos monômeros em qualquer molécula de DNA – estendendo-se por muitos milhões de nucleotídeos – e, desse modo, decifrar toda a informação hereditária que cada organismo contém.

Todas as células replicam sua informação hereditária por polimerização a partir de um molde

Os mecanismos que tornam a vida possível dependem da estrutura da fita dupla da molécula de DNA. Cada monômero em uma cadeia simples de DNA – ou seja, cada **nucleotídeo** – consiste em duas partes: um açúcar (desoxirribose), com um grupo fosfato ligado a ele, e uma *base*, que pode ser adenina (A), guanina (G), citosina (C) ou timina (T) (**Figura 1-2**). Cada açúcar está ligado ao próximo pelo grupo fosfato, criando uma cadeia de polímero composta por uma cadeia principal repetitiva de açúcar e fosfato, com séries de bases projetando-se dela. O polímero de DNA se estende pela adição de monômeros em uma das extremidades. Para uma fita simples isolada, essas bases podem ser, em princípio, adicionadas em qualquer ordem, pois cada uma se liga à próxima da mesma maneira, por meio da parte da molécula que é igual para todas elas. Na célula viva, entretanto, o DNA não é sintetizado como uma fita livre isolada, mas a partir de um molde formado por uma fita de DNA preexistente. As bases que se projetam da fita existente ligam-se às bases da fita que estão sendo sintetizadas de acordo com uma regra rigorosa,

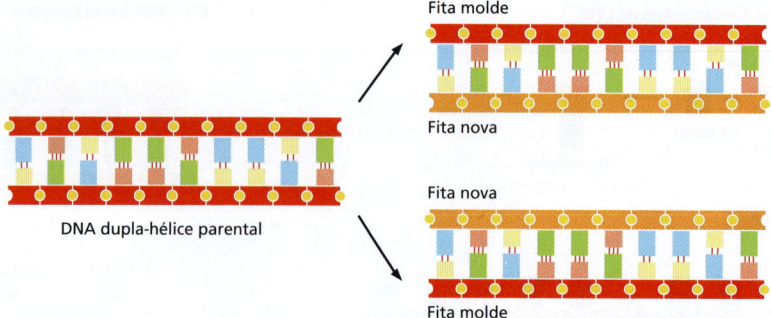

Figura 1-3 O processo de cópia da informação genética pela replicação do DNA. Nesse processo, as duas fitas de uma dupla-hélice de DNA são separadas, e cada uma serve como um molde para a síntese de uma nova fita complementar.

definida pelas estruturas complementares das bases: A liga-se a T, e C liga-se a G. Esse pareamento de bases mantém os novos monômeros no lugar e, desse modo, controla a seleção de qual dos quatro monômeros deverá ser o próximo adicionado à fita crescente. Dessa forma, uma estrutura de fita dupla é criada, composta por duas sequências exatamente complementares de As, Cs, Ts e Gs. Essas duas fitas se torcem entre si formando um DNA dupla-hélice (Figura 1-2E).

As ligações entre os pares de bases são fracas em comparação às ligações açúcar-fosfato, e isso permite que as duas fitas de DNA sejam separadas sem danificar suas cadeias principais. Cada fita pode, então, servir de molde, pela maneira recém-descrita, para a síntese de uma nova fita de DNA complementar a si mesma – isto é, uma nova cópia da informação hereditária (**Figura 1-3**). Em diferentes tipos de células, esse processo de **replicação de DNA** ocorre com diferentes velocidades, com diferentes controles para iniciá-lo ou interrompê-lo, e diferentes moléculas auxiliares para ajudar durante o processo. Contudo, os princípios básicos são universais: o DNA é o depósito das informações para hereditariedade, e a *polimerização a partir de um molde* é a maneira pela qual essas informações são copiadas em todo o mundo vivo.

Todas as células transcrevem partes de sua informação hereditária em uma mesma forma intermediária: o RNA

Para cumprir sua função de armazenamento de informação, o DNA deve fazer mais do que copiar a si mesmo. Ele também deve *expressar* sua informação, permitindo que ela guie a síntese de outras moléculas na célula. Essa expressão ocorre através de um mecanismo que é o mesmo em todos os organismos vivos, levando primeiro, e antes de tudo, à produção de duas outras classes-chave de polímeros: RNAs e proteínas. O processo (discutido em detalhe nos Capítulos 6 e 7) inicia com uma polimerização a partir de um molde, chamada de **transcrição**, na qual segmentos da sequência de DNA são usados como moldes para a síntese de moléculas menores desses polímeros, muito semelhantes, de **ácido ribonucleico**, ou **RNA**. Depois, no processo mais complexo de **tradução**, muitas dessas moléculas de RNA controlam a síntese de polímeros pertencentes a uma classe química radicalmente diferente – as *proteínas* (**Figura 1-4**).

No RNA, a cadeia principal é formada por um açúcar ligeiramente diferente do açúcar do DNA – a ribose em vez da desoxirribose –, e uma das quatro bases é ligeiramente diferente – a uracila (U) no lugar da timina (T). Mas as outras três bases – A, C e G – são as mesmas, e todas as quatro bases pareiam com suas contrapartes complementares no DNA – os A, U, C e G do RNA com os T, A, G e C do DNA. Durante a transcrição, os monômeros de RNA são alinhados e selecionados para a polimerização a partir de uma fita-molde de DNA, assim como os monômeros de DNA são selecionados durante a replicação. O resultado é uma molécula de polímero cuja sequência de nucleotídeos representa fielmente uma porção da informação genética da célula, embora esteja escrita em um alfabeto ligeiramente diferente – que consiste em monômeros de RNA em vez de monômeros de DNA.

O mesmo segmento de DNA pode ser utilizado repetidamente para guiar a síntese de muitas moléculas de RNA idênticas. Assim, enquanto o arquivo de informação genética da célula na forma de DNA é fixo e inviolável, esses *transcritos de RNA* são produzidos em massa e descartáveis (**Figura 1-5**). Como poderemos ver, esses transcritos funcionam

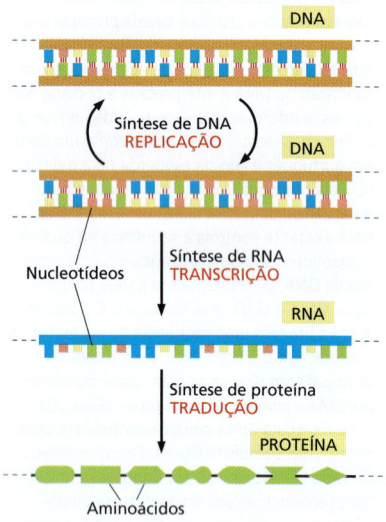

Figura 1-4 Do DNA à proteína. A informação genética é lida e executada em um processo de duas etapas. Primeiro, na *transcrição*, os segmentos de uma sequência de DNA são usados para guiar a síntese de moléculas de RNA. Depois, na *tradução*, as moléculas de RNA são usadas para guiar a síntese de moléculas de proteínas.

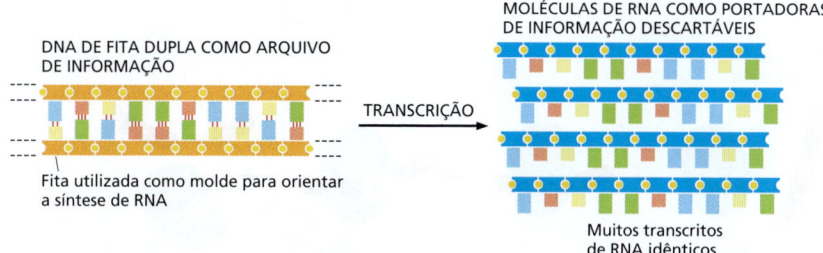

Figura 1-5 **Como a informação genética é transmitida para uso no interior da célula.** Cada célula contém um conjunto fixo de moléculas de DNA, seu arquivo de informação genética. Um determinado segmento desse DNA guia a síntese de vários transcritos de RNA idênticos, que servem como cópias de trabalho da informação armazenada no arquivo. Muitos conjuntos diferentes de moléculas de RNA podem ser produzidos pela transcrição de diferentes partes de sequências do DNA de uma célula, permitindo que diferentes tipos de células utilizem o mesmo arquivo de informação de forma diferente.

como intermediários na transferência da informação genética. Mais notavelmente, eles servem como moléculas de **RNA mensageiro (mRNA)** que guiam a síntese de proteínas de acordo com as instruções genéticas armazenadas no DNA.

As moléculas de RNA possuem estruturas distintas que também podem conferir-lhes outras características químicas especializadas. Sendo de fita simples, sua cadeia principal é flexível, podendo dobrar-se sobre si para permitir que uma parte da molécula forme ligações fracas com outra parte da mesma molécula. Isso acontece quando segmentos da sequência são localmente complementares: um segmento ...GGGG..., por exemplo, tenderá a se associar a um segmento ...CCCC... Esses tipos de associações internas podem fazer uma cadeia de RNA se dobrar em uma forma específica imposta por sua sequência (**Figura 1-6**). A forma da molécula de RNA, por sua vez, pode habilitá-la a reconhecer outras moléculas ao ligar-se a elas seletivamente, e ainda, em alguns casos, catalisar alterações químicas nas moléculas que estão ligadas. De fato, algumas reações químicas catalisadas por moléculas de RNA são cruciais para muitos dos mais antigos e fundamentais processos nas células vivas, e foi sugerido que uma extensiva catálise por RNA desempenhou papel central nas etapas iniciais da evolução da vida (discutido no Capítulo 6).

Todas as células utilizam proteínas como catalisadores

As moléculas de **proteína**, como as moléculas de DNA e de RNA, são cadeias poliméricas longas não ramificadas, formadas pela ligação sequencial de unidades fundamentais monoméricas oriundas de um conjunto-padrão, que é o mesmo para todas as células vivas. Como o DNA e o RNA, as proteínas carregam informações em uma forma de sequência linear de símbolos, da mesma maneira que uma mensagem humana é escrita em um código alfabético. Existem muitas moléculas diferentes de proteína em cada célula, e – exceto pela água – elas formam a maior parte da massa da célula.

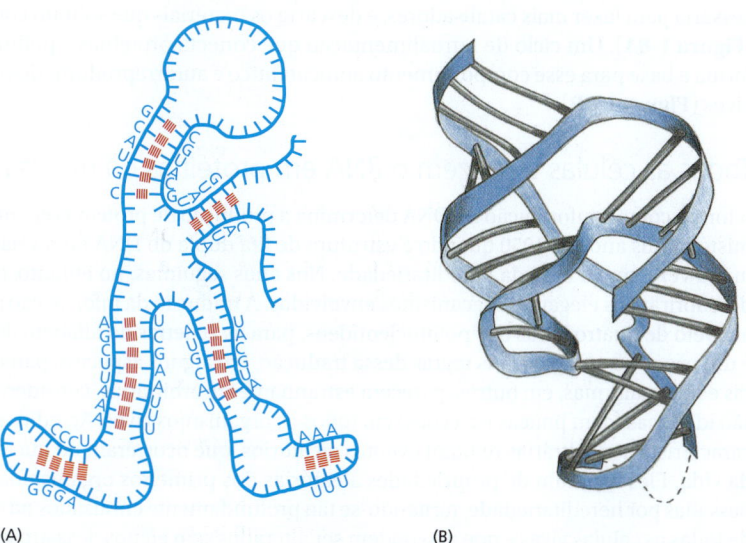

Figura 1-6 **Conformação de uma molécula de RNA.** (A) O pareamento de nucleotídeos entre diferentes regiões da mesma cadeia de polímero de RNA leva a molécula a adotar uma forma distinta. (B) Estrutura tridimensional de uma molécula de RNA real produzida pelo vírus da hepatite delta; este RNA pode catalisar a clivagem da fita de RNA. A faixa em *azul* representa a cadeia principal de açúcar-fosfato; as barras representam os pares de bases (ver Animação 6.1). (B, baseada em A.R. Ferré-D'Amaré, K. Zhou, e J.A. Doudna, *Nature* 395:567–574, 1998. Com permissão de Macmillan Publishers Ltd.)

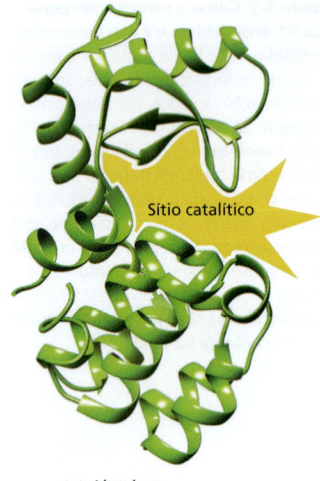

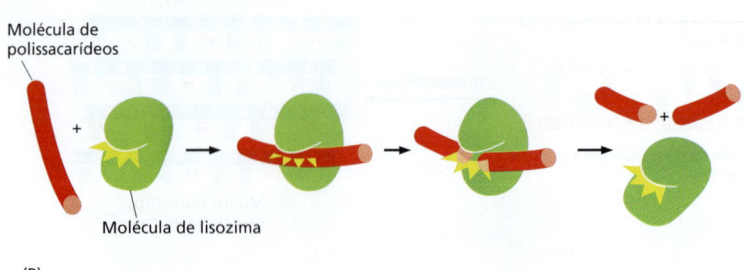

(A) Lisozima

(B)

Figura 1-7 Como uma molécula de proteína atua como catalisador de uma reação química. (A) Em uma molécula de proteína, a cadeia polimérica dobra-se em uma forma específica definida por sua sequência de aminoácidos. Um sulco na superfície desta molécula específica dobrada, a enzima lisozima, forma um sítio catalítico. (B) Uma molécula de polissacarídeo (*vermelho*) – uma cadeia polimérica de monômeros de açúcar – liga-se ao sítio catalítico da lisozima e é fragmentada, como resultado do rompimento da ligação covalente catalisada pelos aminoácidos alinhados no sulco (Ver Animação 3.9). (Código no PDB: 1LYD.)

Os monômeros de uma proteína, os **aminoácidos**, são bem diferentes daqueles do DNA e RNA, e há 20 tipos, em vez de 4. Cada aminoácido é constituído pela mesma estrutura básica, pela qual pode ser ligado, de forma padronizada, a qualquer outro aminoácido; ligada a essa estrutura básica, existe um grupo lateral que atribui a cada aminoácido uma característica química diferente. Cada uma das moléculas de proteína é um **polipeptídeo**, criado pela ligação de seus aminoácidos em uma sequência específica. Através de bilhões de anos de evolução, essa sequência foi selecionada para conferir à proteína uma função útil. Assim, por dobrar-se em uma forma tridimensional precisa com sítios reativos na sua superfície (**Figura 1-7A**), esses polímeros de aminoácidos podem se ligar com alta especificidade a outras moléculas e podem agir como **enzimas** que catalisam as reações que formam ou rompem ligações covalentes. Dessa maneira eles realizam a grande maioria dos processos químicos nas células (**Figura 1-7B**).

As proteínas também possuem muitas outras funções – manutenção de estruturas, geração de movimentos, percepção de sinais, entre outras –, cada molécula de proteína desempenhando uma função específica de acordo com sua própria sequência de aminoácidos determinada geneticamente. As proteínas são, sobretudo, as principais moléculas que colocam em ação a informação genética da célula.

Assim, os polinucleotídeos especificam a sequência de aminoácidos das proteínas. As proteínas, por sua vez, catalisam diversas reações químicas, incluindo aquelas pelas quais as novas moléculas de DNA são sintetizadas. Do ponto de vista mais fundamental, uma célula viva é uma coleção autorreplicadora de catalisadores que interiorizam alimentos, processam os alimentos para gerar as unidades fundamentais e a energia necessária para fazer mais catalisadores, e descarta os materiais que sobram como resíduo. (**Figura 1-8A**). Um ciclo de retroalimentação que conecta proteínas e polinucleotídeos forma a base para esse comportamento autocatalítico e autorreprodutor dos organismos vivos (**Figura 1-8B**).

Todas as células traduzem o RNA em proteínas da mesma maneira

A forma como a informação no DNA determina a produção de proteínas era um completo mistério nos anos de 1950 quando a estrutura de fita dupla do DNA foi revelada pela primeira vez como a base da hereditariedade. Nos anos seguintes, no entanto, os cientistas descobriram os elegantes mecanismos envolvidos. A tradução da informação genética, do alfabeto de quatro letras dos polinucleotídeos, para as 20 letras do alfabeto das proteínas é um processo complexo. As regras dessa tradução, em alguns aspectos, parecem ser claras e racionais, mas, em outros, parecem estranhamente arbitrárias, considerando-se que são idênticas (com poucas exceções) em todos os organismos vivos. Acredita-se que essas características arbitrárias reflitam eventos aleatórios, que ocorreram no início da história da vida. Eles resultam de propriedades aleatórias dos primeiros organismos, que foram passadas por hereditariedade, tornando-se tão profundamente enraizados na constituição de todas as células vivas e que não podem ser alterados sem efeitos desastrosos.

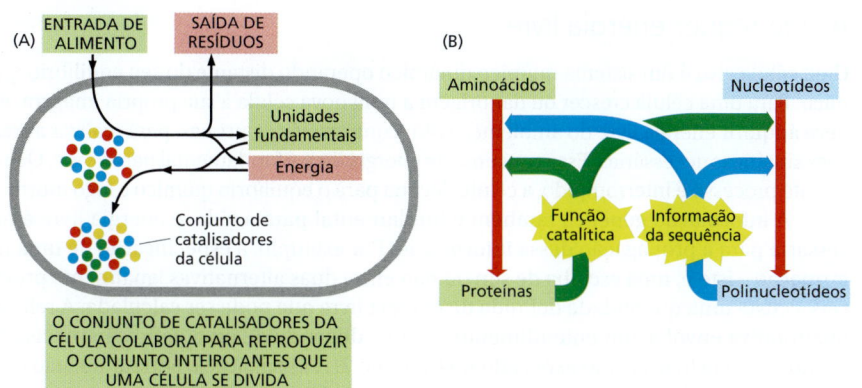

Figura 1-8 **A vida como um processo autocatalítico.** (A) A célula como um conjunto de catalisadores autorreplicantes. (B) Os polinucleotídeos (ácidos nucleicos DNA e RNA, que são polímeros de nucleotídeos) fornecem a informação da sequência, enquanto as proteínas (polímeros de aminoácidos) fornecem a maioria das funções catalíticas que servem – por meio de um conjunto complexo de reações químicas – para realizar a síntese de mais polinucleotídeos e proteínas dos mesmos tipos.

Acontece que a informação contida na sequência de uma molécula de mRNA é lida em grupos de três nucleotídeos por vez: cada trinca de nucleotídeo, ou *códon*, especifica (codifica) um único aminoácido na proteína correspondente. Uma vez que o número de trincas diferentes que podem ser formadas a partir de quatro nucleotídeos é 4^3, há 64 códons possíveis, todos os quais ocorrem na natureza. Entretanto, há apenas 20 aminoácidos de ocorrência natural. Isso significa que há, necessariamente, muitos casos nos quais vários códons correspondem ao mesmo aminoácido. Esse *código genético* é lido por uma classe especial de pequenas moléculas de RNA, os *RNAs transportadores* (*tRNAs*). Cada tipo de tRNA liga-se por uma extremidade a um aminoácido específico, e em sua outra extremidade apresenta uma sequência específica de três nucleotídeos – um *anticódon* – que possibilita o reconhecimento, por pareamento de bases, de um códon ou um grupo de códons específicos no mRNA. A química intrincada que permite que esses tRNAs traduzam uma sequência específica de nucleotídeos A, C, G e U de uma molécula de mRNA de uma sequência específica de aminoácidos em uma molécula de proteína ocorre no *ribossomo*, uma máquina multimolecular composta por proteína e *RNA ribossômico*. Todos esses processos estão descritos em detalhes no Capítulo 6.

Cada proteína é codificada por um gene específico

Via de regra, as moléculas de DNA são muito grandes, contendo as especificações para milhares de proteínas. Sequências especiais no DNA servem como pontuação, definindo onde a informação para cada proteína começa e termina, e segmentos individuais da longa sequência de DNA são transcritos em moléculas de mRNA, codificando diferentes proteínas. Cada um desses segmentos de DNA representa um **gene**. Existe uma complexidade na qual as moléculas de RNA transcritas a partir de um mesmo segmento de DNA podem frequentemente ser processadas em mais de uma forma, originando, desse modo, um grupo de versões alternativas de uma proteína, especialmente em células mais complexas, como as de plantas e animais. Além disso, alguns segmentos de DNA – um número menor – são transcritos em moléculas de RNA que não são traduzidas, mas têm funções catalíticas, reguladoras ou estruturais; tais segmentos de DNA também são considerados genes. Um gene, portanto, é definido como um segmento da sequência de DNA correspondente a uma única proteína, ou grupo de variantes proteicas alternativas, ou uma única molécula de RNA catalítica, reguladora ou estrutural.

Em todas as células, a *expressão* de genes individuais é regulada: em vez de fabricar todo seu repertório de possíveis proteínas a toda potência, o tempo todo, a célula ajusta a taxa de transcrição e de tradução dos diferentes genes independentemente, de acordo com a necessidade. Segmentos de *DNA regulador* são intercalados com os segmentos que codificam as proteínas, e essas regiões não codificadoras ligam-se a moléculas especiais de proteínas que controlam a taxa local de transcrição. A quantidade e a organização dos DNAs reguladores variam muito de uma classe de organismos para outra, mas a estratégia básica é universal. Dessa maneira, o **genoma** de uma célula – isto é, toda a sua informação genética contida em sua sequência completa de DNA – prediz não somente a natureza das proteínas da célula, mas também quando e onde elas devem ser produzidas.

A vida requer energia livre

Uma célula viva é um sistema químico dinâmico operando distante do seu equilíbrio químico. Para uma célula crescer ou dar origem a uma nova célula à sua própria imagem, ela deve adquirir energia livre do ambiente, assim como matérias-primas, para realizar as reações sintéticas necessárias. Esse consumo de energia livre é fundamental para a vida. Quando este processo é interrompido, a célula declina para o equilíbrio químico e logo morre.

A informação genética também é fundamental para a vida, e energia livre é necessária para a propagação dessa informação. Por exemplo, a especificação de uma informação – isto é, uma escolha de sim ou não entre duas alternativas igualmente prováveis – custa uma quantidade definida de energia livre que pode ser calculada. A relação quantitativa envolve um entendimento árduo e depende de uma definição precisa do termo "energia livre", como explicado no Capítulo 2. A ideia básica, entretanto, não é difícil de se entender intuitivamente.

Imagine as moléculas de uma célula como uma multidão de objetos dotados de energia térmica, movendo-se violentamente ao acaso, sendo fustigados por colidirem uns com os outros. Para especificar a informação genética – na forma de uma sequência de DNA, por exemplo –, as moléculas dessa multidão selvagem devem ser capturadas, dispostas em uma ordem definida por algum molde preexistente e unidas de maneira estável. As ligações que mantêm as moléculas em seu devido lugar no molde e as unem devem ser fortes o suficiente para resistir ao efeito de desordem da termodinâmica. O processo é conduzido pelo consumo de energia livre que é necessária para assegurar que as ligações corretas sejam formadas de forma robusta. No caso mais simples, as moléculas podem ser comparadas a uma armadilha de molas preparada, pronta para desarmar, assumindo uma conformação mais estável e de menor energia quando encontra os seus parceiros apropriados; quando elas assumem a conformação ligada, a sua energia disponível – sua energia livre –, assim como a energia na mola da armadilha, é liberada e dissipada como calor. Em uma célula, os processos químicos que correspondem à transferência de informação são mais complexos, mas o mesmo princípio básico é aplicado: a energia livre deve ser utilizada na criação de ordem.

Para replicar a sua informação genética de maneira fiel e realmente produzir todas as suas moléculas complexas de acordo com as especificações corretas, a célula requer, portanto, energia livre, que deve ser importada dos arredores de alguma maneira. Como veremos no Capítulo 2, a energia livre necessária para as células animais é derivada de ligações químicas das moléculas de alimento que os animais ingerem, enquanto as plantas obtêm a sua energia livre da luz solar.

Todas as células funcionam como fábricas bioquímicas que utilizam as mesmas unidades moleculares fundamentais básicas

Devido ao fato de todas as células fabricarem DNA, RNA e proteínas, todas devem conter e manipular um conjunto semelhante de pequenas moléculas, incluindo açúcares simples, nucleotídeos e aminoácidos, assim como outras substâncias que são universalmente necessárias. Todas as células, por exemplo, necessitam do nucleotídeo fosforilado *ATP* (*adenosina trifosfato*), não apenas como uma unidade fundamental para a síntese de DNA e RNA, mas também como carreador da energia livre necessária para realizar um grande número de reações químicas na célula.

Embora todas as células funcionem como fábricas bioquímicas de um tipo muito semelhante, muitos dos detalhes da sua transação de moléculas pequenas diferem. Alguns organismos, como as plantas, necessitam apenas o mínimo de nutrientes e utilizam a energia da luz solar para fabricar todas as suas próprias pequenas moléculas orgânicas. Outros organismos, como os animais, alimentam-se de seres vivos e precisam obter muitas das suas moléculas orgânicas já prontas. Retornaremos a este ponto mais tarde.

Todas as células são envoltas por uma membrana plasmática através da qual os nutrientes e materiais residuais devem passar

Uma outra característica universal é que cada célula está envolta por uma membrana – a **membrana plasmática**. Esse revestimento atua como uma barreira seletiva que possi-

Figura 1-9 **Formação de uma membrana por moléculas fosfolipídicas anfifílicas.** Os fosfolipídeos possuem uma cabeça hidrofílica (afinidade por água, fosfato) e uma cauda hidrofóbica (evitam água, hidrocarboneto). Na interface entre o óleo e a água, as moléculas se arranjam como uma camada simples com suas cabeças voltadas para a água e suas caudas para o óleo. Mas, quando imersas em água, elas se agregam em forma de bicamadas contendo compartimentos aquosos, como indicado.

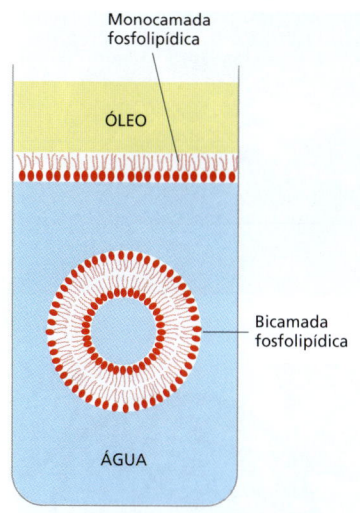

bilita que a célula concentre nutrientes adquiridos do seu meio e retenha os produtos que sintetiza para uso próprio, enquanto excreta produtos residuais. Sem a membrana plasmática, a célula não poderia manter sua integridade como um sistema químico coordenado.

As moléculas que formam uma membrana possuem a simples propriedade físico-química de serem *anfifílicas* – isto é, consistem em uma parte hidrofóbica (insolúvel em água) e outra parte que é hidrofílica (solúvel em água). Tais moléculas colocadas na água agregam-se espontaneamente, arranjando as suas porções hidrofóbicas de forma a ficarem em contato uma com a outra o máximo possível para protegê-las da água, enquanto mantêm a porção hidrofílica exposta. As moléculas anfifílicas de formato apropriado, como as moléculas de fosfolipídeos que compõem a maior parte da membrana plasmática, agregam-se espontaneamente na água para formar uma *bicamada* que forma pequenas vesículas fechadas (**Figura 1-9**). O fenômeno pode ser demonstrado em um tubo de ensaio simplesmente misturando-se fosfolipídeos e água; sob condições apropriadas, ocorre a formação de pequenas vesículas, cujo conteúdo aquoso é isolado do meio externo.

Embora os detalhes químicos variem, as caudas hidrofóbicas das moléculas predominantes nas membranas de todas as células são polímeros de hidrocarbonetos ($-CH_2-CH_2-CH_2-$), e a sua associação espontânea em vesículas formadas por bicamadas é apenas um dos muitos exemplos de um importante princípio geral: as células produzem moléculas cujas propriedades químicas as levam a se *auto-organizarem* em estruturas de que as células precisam.

O envoltório da célula não pode ser totalmente impermeável. Se uma célula precisa crescer e se reproduzir, ela deve ser capaz de importar matéria-prima e exportar resíduo através de sua membrana plasmática. Por essa razão, todas as células possuem proteínas especializadas inseridas em sua membrana, que transportam moléculas específicas de um lado a outro. Algumas dessas *proteínas transportadoras de membrana*, assim como algumas das proteínas que catalisam as reações fundamentais com pequenas moléculas no interior da célula, foram tão bem conservadas durante o curso da evolução, que podemos reconhecer entre elas uma semelhança familiar, mesmo em comparações com grupos de organismos vivos mais distantemente relacionados.

As proteínas transportadoras na membrana determinam, principalmente, quais moléculas entram ou saem da célula, e as proteínas catalíticas no interior da célula determinam as reações que essas moléculas sofrem. Dessa maneira, especificando as proteínas que a célula produzirá, a informação genética gravada na sequência do DNA ditará toda a química da célula; e não apenas a sua química, mas também sua forma e seu comportamento, pois esses dois são principalmente determinados e controlados pelas proteínas celulares.

Uma célula viva pode sobreviver com menos de 500 genes

Os princípios básicos da transmissão da informação genética são bastante simples, mas o quanto são complexas as células vivas reais? Em especial, quais são os requisitos mínimos? Podemos ter uma indicação aproximada se considerarmos a espécie que tem um dos menores genomas conhecidos – a bactéria *Mycoplasma genitalium* (**Figura 1-10**). Esse organismo vive como um parasita em mamíferos, e seu ambiente o supre de muitas de suas pequenas moléculas prontas para o uso. Todavia, ele ainda precisa sintetizar todas as moléculas grandes – DNA, RNA e proteínas – necessárias para os processos básicos da hereditariedade. Esse organismo possui cerca de 530 genes, aproximadamente 400 dos quais são essenciais. O seu genoma, composto por 580.070 pares de nucleotídeos, representa 145.018 *bytes* de informação – praticamente o necessário para gravar o texto de um capítulo deste livro. A biologia celular pode ser complicada, mas não é impossível.

Provavelmente, o número mínimo de genes para uma célula viável no ambiente atual é de não menos do que 300, embora existam apenas cerca de 60 genes no conjunto essencial que é compartilhado por todas as espécies vivas.

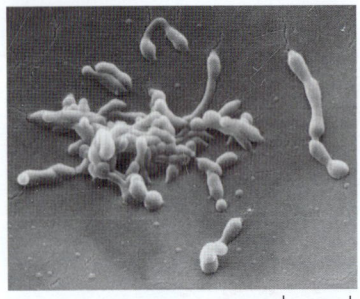

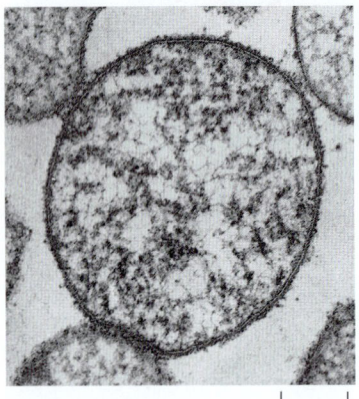

Figura 1-10 *Mycoplasma genitalium.*
(A) Micrografia eletrônica de varredura mostrando a forma irregular desta pequena bactéria, refletindo a falta de qualquer parede celular rígida. (B) Corte transversal (micrografia eletrônica de transmissão) de uma célula de *Mycoplasma*. Dos 530 genes de *M. genitalium*, 43 codificam RNAs transportadores, ribossômicos e outros não mensageiros. São conhecidas as funções, ou podem ser inferidas, para 339 dos genes que codificam proteínas: destes, 154 estão envolvidos na replicação, na transcrição, na tradução e em processos relacionados envolvendo DNA, RNA e proteína; 98 nas estruturas de membrana e superfície celular; 46 no transporte de nutrientes e outras moléculas através da membrana; 71 na conversão de energia e na síntese e na degradação de pequenas moléculas; e 12 na regulação da divisão celular e outros processos. Observe que essas categorias são parcialmente sobrepostas, de forma que alguns genes possuem múltiplas funções. (A, de S. Razin et al., *Infect. Immun.* 30:538–546, 1980. Com permissão da Sociedade Americana de Microbiologia; B, cortesia de Roger Cole, em Medical Microbiology, 4ª ed. [ed. S. Baron]. Galveston: University of Texas Medical Branch, 1996.)

Resumo

A célula individual é a unidade autorreprodutora mínima de matéria viva e consiste em um conjunto de catalisadores autorreplicantes. A transmissão de informação genética para a progênie é essencial para a reprodução. Todas as células em nosso planeta armazenam sua informação genética de uma mesma forma química – como DNA de fita dupla. As células replicam sua informação separando as fitas de DNA pareadas e usando cada uma como molde para polimerização para sintetizar uma nova fita de DNA com uma sequência de nucleotídeos complementares. A mesma estratégia de polimerização a partir de um molde é utilizada para transcrever porções da informação do DNA em moléculas de um polímero muito semelhante, o RNA. Essas moléculas de RNA, por sua vez, guiam a síntese de moléculas de proteína através da maquinaria mais complexa de tradução, envolvendo uma grande máquina multimolecular, o ribossomo. As proteínas são os principais catalisadores para quase todas as reações químicas na célula; suas outras funções incluem a importação e exportação seletiva de pequenas moléculas através da membrana plasmática que forma o envoltório celular. A função específica de cada proteína depende de sua sequência de aminoácidos, que é determinada pela sequência de nucleotídeos do segmento de DNA correspondente – o gene que codifica aquela proteína. Dessa forma, o genoma da célula determina a sua química; e a química de toda célula viva é essencialmente semelhante, pois é responsável pela síntese de DNA, RNA e proteína. A célula mais simples conhecida pode sobreviver com cerca de 400 genes.

A DIVERSIDADE DOS GENOMAS E A ÁRVORE DA VIDA

O sucesso dos organismos vivos baseado no DNA, RNA e proteína tem sido espetacular. A vida povoou os oceanos, cobriu a Terra, infiltrou-se na crosta terrestre e moldou a superfície de nosso planeta. A nossa atmosfera rica em oxigênio, os depósitos de carvão e de petróleo, as camadas de minério de ferro, as falésias de calcário e de mármore – todos são produtos, direta ou indiretamente, de atividades biológicas passadas na Terra.

Os seres vivos não estão confinados ao familiar ambiente temperado das terras, das águas e da luz solar habitado por plantas e por animais herbívoros. Eles podem ser encontrados nas profundezas mais escuras dos oceanos, na lama vulcânica quente, em piscinas abaixo da superfície congelada da Antártica e enterrados a quilômetros de profundidade na crosta terrestre. As criaturas que vivem nesses ambientes extremos não são familiares, não somente por serem inacessíveis, mas também por geralmente serem microscópicas. Nos hábitats mais amenos, a maioria dos organismos também é muito pequena para nós os vermos sem equipamento especial: eles tendem a passar despercebidos, a menos que causem uma doença ou apodreçam as madeiras das estruturas das nossas casas. Ainda assim, os microrganismos compõem a maior parte da massa total da matéria viva em nosso planeta. Apenas recentemente, por meio de novos métodos de análise molecular e, de modo mais específico, pela análise de sequências de DNA, é que começamos a ter um retrato da vida na Terra não tão grosseiramente distorcido por nossa perspectiva influenciada de grandes animais vivendo em terras secas.

Nesta seção, vamos considerar a diversidade dos organismos e as relações entre eles. Devido ao fato de a informação genética de todos os organismos ser escrita na linguagem universal de sequências de DNA e de a sequência de DNA de qualquer organismo poder ser prontamente obtida por técnicas bioquímicas padrão, agora é possível caracterizar, catalogar e comparar qualquer grupo de organismos vivos a partir dessas sequências. De tais comparações podemos estimar o lugar de cada organismo na árvore genealógica das espécies vivas – a "árvore da vida". Mas antes de descrever o que essa abordagem revela, precisamos considerar as vias pelas quais as células, em diferentes ambientes, obtêm a matéria-prima e a energia de que necessitam para sobreviver e proliferar-se, e as maneiras pelas quais algumas classes de organismos dependem de outras para as suas necessidades químicas básicas.

As células podem ser alimentadas por variadas fontes de energia livre

Os organismos vivos obtêm sua energia livre de diferentes maneiras. Alguns, como os animais, os fungos e as muitas bactérias diferentes que vivem no intestino humano, adquirem essa energia livre alimentando-se de outros organismos vivos ou dos compostos orgânicos que eles produzem; tais organismos são chamados de *organotróficos* (da palavra grega *trophe*, que significa "alimento"). Outros obtêm sua energia diretamente do mundo não vivo. Esses conversores primários de energia ocorrem em duas classes: aqueles que capturam energia da luz solar e aqueles que capturam sua energia de sistemas químicos inorgânicos ricos em energia no ambiente (sistemas químicos que estão longe do equilíbrio químico). Os organismos da primeira classe são chamados de *fototróficos* (alimentam-se da luz solar); os da segunda são chamados de *litotróficos* (alimentam-se de rochas). Os organismos organotróficos não poderiam existir sem esses conversores primários de energia, que são a forma de vida mais abundante.

Os organismos fototróficos incluem vários tipos de bactérias, assim como algas e plantas, dos quais nós – e praticamente todos os organismos vivos que normalmente vemos ao nosso redor – dependemos. Os organismos fototróficos mudaram toda a química de nosso ambiente: o oxigênio na atmosfera da Terra é um produto secundário de suas atividades biossintéticas.

Os organismos litotróficos não são elementos tão óbvios em nosso mundo, pois são microscópicos e vivem principalmente em hábitats que os humanos não frequentam – nos abismos oceânicos, enterrados na crosta terrestre ou em vários outros ambientes inóspitos. Contudo, eles constituem grande parte do mundo vivo e são especialmente importantes em qualquer aspecto da história da vida na Terra.

Alguns litotróficos adquirem a energia de reações *aeróbicas*, que usam oxigênio molecular do ambiente; uma vez que o O_2 atmosférico é o produto final de muitos organismos vivos, esses litotróficos aeróbios estão, de certa maneira, alimentando-se de produtos de uma vida passada. Entretanto, há outros litotróficos que vivem anaerobicamente, em lugares onde pouco ou nenhum oxigênio molecular está presente. Essas são circunstâncias semelhantes àquelas que existiram nos dias iniciais da vida na Terra, antes que o oxigênio se acumulasse.

Os mais dramáticos desses lugares são as quentes *fendas hidrotermais* no assoalho dos oceanos Pacífico e Atlântico. Elas estão localizadas onde o assoalho oceânico se expande como novas porções da crosta da Terra que se formam por ressurgência gradual da matéria do interior da Terra (**Figura 1-11**). A água do mar que se desloca para o fundo é aquecida e direcionada de volta à superfície como um gêiser submarino, carregando junto uma corrente de compostos químicos das rochas quentes que estão embaixo. Um coquetel típico pode incluir H_2S, H_2, CO, Mn^{2+}, Fe^{2+}, Ni^{2+}, CH_4, NH_4^+ e compostos conten-

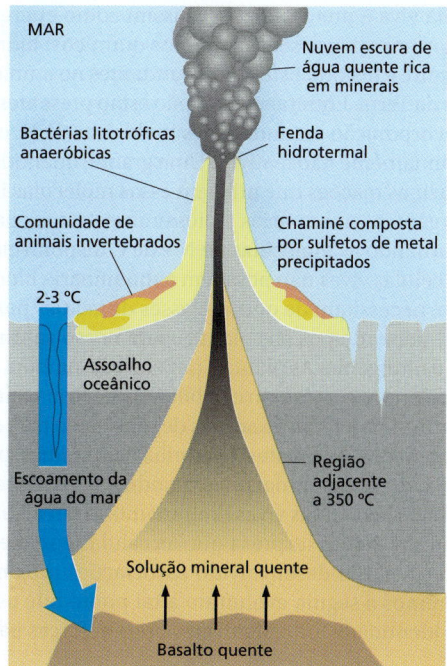

Figura 1-11 A geologia de uma fenda hidrotermal quente no assoalho do oceano. Conforme indicado, a água escoa para o fundo em direção à rocha derretida que extravasa do interior da Terra e é aquecida e enviada de volta à superfície, carregando minerais lixiviados da rocha quente. Um gradiente de temperatura é formado, de mais de 350 °C próximo do centro da fenda até 2 a 3 °C no oceano circunvizinho. Os minerais precipitam da água à medida que ela resfria, formando uma chaminé. Diferentes classes de organismos, adaptados a diferentes temperaturas, vivem em locais diferentes da chaminé. Uma chaminé típica pode ter poucos metros de altura, expelindo água quente rica em minerais a um fluxo de 1 a 2 m^3/s.

Figura 1-12 Organismos que vivem a uma profundidade de 2.500 metros próximo a uma fenda no assoalho oceânico. Perto da fenda, a temperaturas de cerca de 120°C, vivem várias espécies litotróficas de bactérias e de arqueias (arqueobactérias), diretamente alimentadas por energia geoquímica. Um pouco afastados, onde a temperatura é mais baixa, vários animais invertebrados vivem alimentando-se desses microrganismos. Os mais notáveis são estes vermes tubulares gigantes (2 m), *Riftia pachyptila*, que, ao invés de se alimentarem de células litotróficas, vivem em simbiose com elas: órgãos especializados nesses vermes abrigam um grande número de bactérias simbióticas oxidantes de enxofre. Essas bactérias utilizam energia geoquímica e fornecem alimento a seus hospedeiros, que não possuem boca, intestino ou ânus. Acredita-se que os vermes tubulares tenham evoluído de animais mais convencionais e que adaptaram-se secundariamente à vida nas fendas hidrotermais. (Cortesia de Monika Bright, University of Vienna, Áustria.)

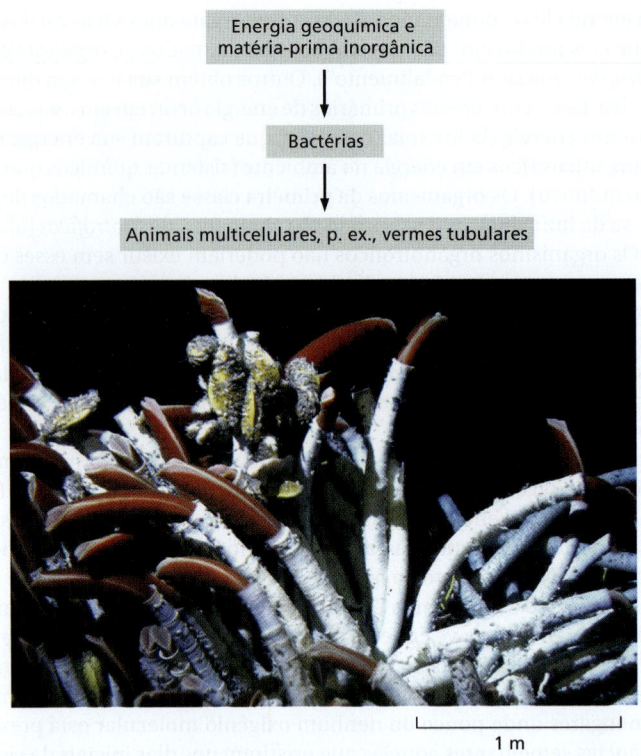

do fósforo. Uma densa população de micróbios vive nas vizinhanças das fendas, prosperando com essa rígida dieta e adquirindo energia livre das reações entre os compostos químicos disponíveis. Outros organismos – moluscos, mexilhões e vermes marinhos gigantes –, por sua vez, vivem dos micróbios na fenda, formando todo um ecossistema análogo para o mundo das plantas e dos animais ao qual nós pertencemos, porém impulsionado por energia geoquímica, em vez de luz (**Figura 1-12**).

Algumas células fixam nitrogênio e dióxido de carbono para outras

Para formar uma célula viva é preciso matéria, assim como energia livre. DNA, RNA e proteína são compostos por apenas seis elementos químicos: hidrogênio, carbono, nitrogênio, oxigênio, enxofre e fósforo. Estes são abundantes no ambiente não vivo, nas rochas, água e atmosfera da Terra. Entretanto, eles não estão presentes em formas químicas que permitam fácil incorporação em moléculas biológicas. O N_2 e o CO_2 atmosféricos, em particular, são extremamente não reativos. Uma grande quantidade de energia livre é necessária para conduzir as reações que utilizam essas moléculas inorgânicas para produzir os compostos orgânicos necessários à biossíntese – isto é, para *fixar* nitrogênio e dióxido de carbono, tornando as moléculas de N e de C disponíveis para os organismos vivos. Muitos tipos de células vivas não possuem a maquinaria bioquímica para realizar a fixação; em vez disso, necessitam de outras classes de células para realizar essa tarefa por elas. Nós, animais, dependemos das plantas para nosso suprimento de compostos orgânicos de carbono e nitrogênio. As plantas, por sua vez, embora possam fixar o dióxido de carbono da atmosfera, não possuem a habilidade de fixar o nitrogênio atmosférico; elas dependem, em parte, de bactérias fixadoras de nitrogênio para suprir sua necessidade de compostos nitrogenados. As plantas da família das ervilhas, por exemplo, abrigam bactérias simbióticas fixadoras de nitrogênio em nódulos de suas raízes.

Como consequência, as células vivas diferem muito em alguns dos aspectos mais básicos de sua bioquímica. Não é surpresa que as células com necessidades e capacidades complementares tenham desenvolvido associações próximas. Algumas dessas associações, como veremos a seguir, evoluíram a tal ponto que os parceiros perderam completamente a sua identidade individual: eles uniram forças para formar uma única célula composta.

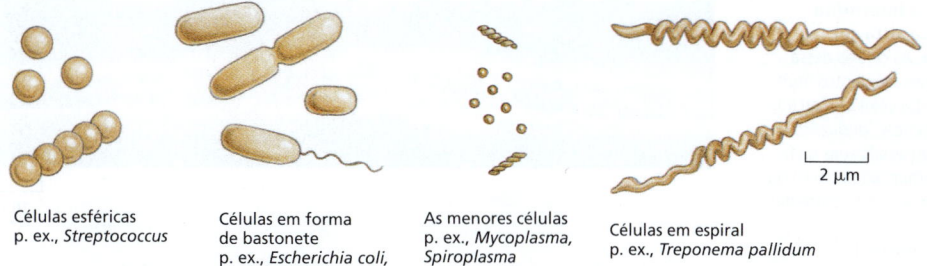

Células esféricas
p. ex., *Streptococcus*

Células em forma de bastonete
p. ex., *Escherichia coli*, *Vibrio cholerae*

As menores células
p. ex., *Mycoplasma*, *Spiroplasma*

Células em espiral
p. ex., *Treponema pallidum*

As células procarióticas exibem a maior diversidade bioquímica existente

Utilizando microscopia simples, há muito tempo está claro que os organismos vivos podem ser classificados em dois grupos com base na estrutura celular: os **eucariotos** e os **procariotos**. Os eucariotos mantêm seu DNA em um compartimento intracelular envolto por membrana, chamado núcleo. (O nome vem do grego e significa "realmente nucleado", das palavras *eu*, "bem" ou "verdadeiro", e *karyon*, "centro" ou "núcleo".) Os procariotos não possuem um compartimento nuclear distinto para abrigar seu DNA. As plantas, os fungos e os animais são eucariotos; as bactérias são procariotos, assim como as arqueias – uma classe separada de células procarióticas, discutida a seguir.

A maioria das células procarióticas é pequena e simples na sua aparência externa (**Figura 1-13**), e vivem principalmente como indivíduos independentes ou em comunidades organizadas de forma livre, e não como organismos multicelulares. Elas são geralmente esféricas ou em forma de bastonete, e medem poucos micrômetros em dimensão linear. Frequentemente apresentam uma capa protetora resistente, chamada de *parede celular*, abaixo da qual se encontra a membrana plasmática envolvendo um único compartimento citoplasmático contendo DNA, RNA, proteínas e as muitas moléculas pequenas necessárias à vida. Ao microscópio eletrônico, o interior dessa célula se parece com uma matriz de textura variável, sem nenhuma estrutura interna organizada discernível (**Figura 1-14**).

As células procarióticas vivem em uma grande variedade de nichos e são surpreendentemente variadas em suas capacidades bioquímicas – muito mais do que as células eucarióticas. As espécies organotróficas podem utilizar praticamente qualquer tipo de molécula orgânica como alimento, de açúcares e aminoácidos a hidrocarbonetos e gás metano. As espécies fototróficas (**Figura 1-15**) captam energia luminosa de diferentes maneiras, algumas delas gerando oxigênio como produto secundário, outras não. As espécies litotróficas podem alimentar-se de uma dieta simples de nutrientes inorgânicos, adquirindo seu carbono do CO_2 e dependendo de H_2S para suprir suas necessidades energéticas (**Figura 1-16**) – ou de H_2, Fe^{2+} ou enxofre, ou qualquer um entre outros compostos químicos que ocorram no ambiente.

Figura 1-13 Formas e tamanhos de algumas bactérias. Apesar de a maioria ser pequena, como mostrado, medindo alguns micrômetros em uma extensão linear, também existem algumas espécies gigantes. Um exemplo extremo (não mostrado) é a bactéria em forma de charuto *Epulopiscium fishelsoni*, que vive no intestino do peixe-cirurgião e pode medir até 600 μm de comprimento.

Figura 1-14 Estrutura de uma bactéria. (A) A bactéria *Vibrio cholerae* e sua organização interna simples. Como muitas outras espécies, *Vibrio* possui um apêndice helicoidal em uma das extremidades – um flagelo – que gira como uma hélice, impulsionando a célula para frente. Ela pode infectar o intestino delgado humano e causar cólera; a diarreia grave que acompanha essa doença mata mais de 100 mil pessoas por ano. (B) Uma micrografia eletrônica mostrando um corte longitudinal da bactéria amplamente estudada *Escherichia coli* (*E. coli*). O DNA da célula é concentrado na região mais clara. Parte da nossa flora intestinal, a *E. coli* está relacionada à *Vibrio*, e tem muitos flagelos distribuídos pela sua superfície, que não são visíveis neste corte. (B, cortesia de E. Kellenberger.)

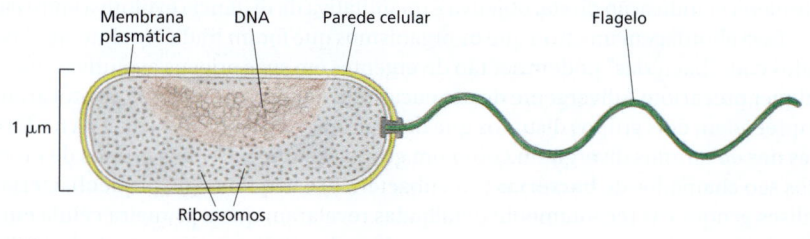

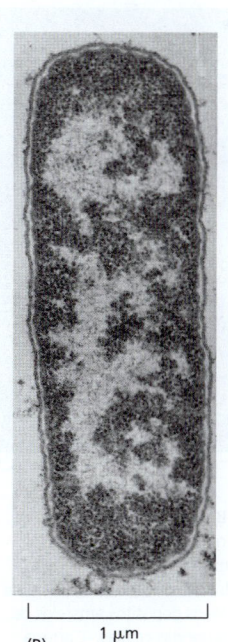

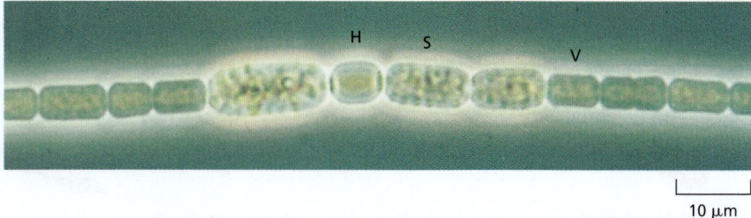

Figura 1-15 Bactéria fototrófica *Anabaena cylindrica* vista em microscópio óptico. As células dessa espécie formam longos filamentos multicelulares. A maioria das células (marcada com V) realiza fotossíntese, enquanto outras se tornaram especializadas na fixação do nitrogênio (marcada com H) ou se desenvolveram em esporos resistentes (marcado com S). (Cortesia de Dave G. Adams.)

Grande parte desse mundo de organismos microscópicos é praticamente inexplorado. Os métodos tradicionais de bacteriologia nos forneceram apenas o entendimento daquelas espécies que podem ser isoladas e cultivadas em laboratório. Mas as análises das sequências de DNA de populações de bactérias e arqueias em amostras oriundas de ambientes naturais – como solo ou água do mar, ou até a boca humana – abriram nossos olhos para o fato de que a maioria das espécies não pode ser cultivada com técnicas-padrão de laboratório. De acordo com uma estimativa, pelo menos 99% das espécies procarióticas ainda não foram caracterizadas. Detectadas apenas pelo seu DNA, ainda não foi possível cultivar a sua grande maioria nos laboratórios.

A árvore da vida possui três ramos principais: bactérias, arqueias e eucariotos

A classificação dos seres vivos tem dependido tradicionalmente das comparações de suas aparências externas: nós podemos ver que um peixe tem olhos, mandíbula, esqueleto, cérebro e assim por diante, assim como os seres humanos, e que um verme não apresenta essas estruturas, que uma roseira é parente de uma macieira, mas é menos similar a uma gramínea. Como mostrado por Darwin, nós prontamente podemos interpretar tais semelhanças familiares próximas em termos de evolução a partir de um ancestral comum, e também podemos encontrar vestígios de muitos desses ancestrais preservados no registro fóssil. Dessa maneira, tornou-se possível começar a desenhar uma árvore genealógica dos seres vivos, mostrando as várias linhagens de descendentes, bem como os pontos de ramificação na história evolutiva, em que os ancestrais de um grupo de espécies tornaram-se diferentes dos outros.

Entretanto, quando as disparidades entre os organismos se tornam muito grandes, esses métodos começam a falhar. Como decidimos se um fungo é parente mais próximo de uma planta ou de um animal? Quando se trata de procariotos, essa tarefa torna-se ainda mais difícil: um bastonete ou uma esfera microscópicos se parecem muito um com o outro. Os microbiologistas precisam, portanto, classificar os procariotos em termos de suas necessidades bioquímicas e nutricionais. No entanto, essa abordagem também possui suas armadilhas. Em meio à variedade confusa de comportamentos bioquímicos, é difícil saber quais diferenças realmente refletem as diferenças da história evolutiva.

As análises genômicas atuais nos proporcionaram uma maneira mais simples, direta e muito mais eficaz de determinar as relações evolutivas. A sequência completa do DNA de um organismo define a sua natureza com precisão quase perfeita e com detalhes minuciosos. Além disso, essa especificação está em forma digital – uma série de letras – que pode ser transferida diretamente para um computador e comparada à informação correspondente de qualquer outro organismo vivo. Como o DNA está sujeito a mudanças aleatórias que se acumulam por um longo período de tempo (como veremos a seguir), o número de diferenças entre as sequências de DNA de dois organismos pode oferecer indicação direta, objetiva e quantitativa da distância evolutiva entre eles.

Essa abordagem mostrou que os organismos que foram tradicionalmente classificados com "bactérias" podem ser tão divergentes em suas origens evolutivas quanto qualquer procarioto é divergente de um eucarioto. Agora está claro que os procariotos compreendem dois grupos distintos que divergiram cedo na história da vida na Terra, antes dos eucariotos divergirem como um grupo separado. Os dois grupos de procariotos são chamados de **bactérias** (ou eubactérias) e **arqueias** (ou arqueobactérias). Análises genômicas recentemente detalhadas revelaram que a primeira célula eucariótica foi formada depois que um tipo específico de célula arqueia ancestral engolfou

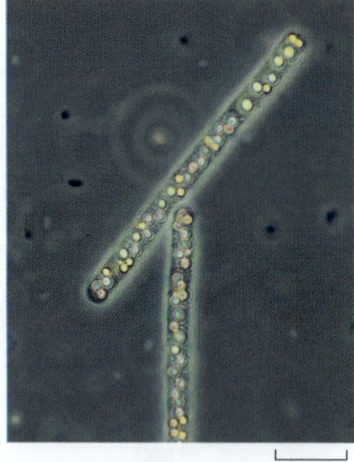

Figura 1-16 Bactéria litotrófica. A *Beggiatoa*, que vive em ambientes sulfurosos, obtém sua energia da oxidação de H_2S, e pode fixar o carbono inclusive no escuro. Observe os depósitos amarelos de enxofre no interior das células. (Cortesia de Ralph W. Wolfe.)

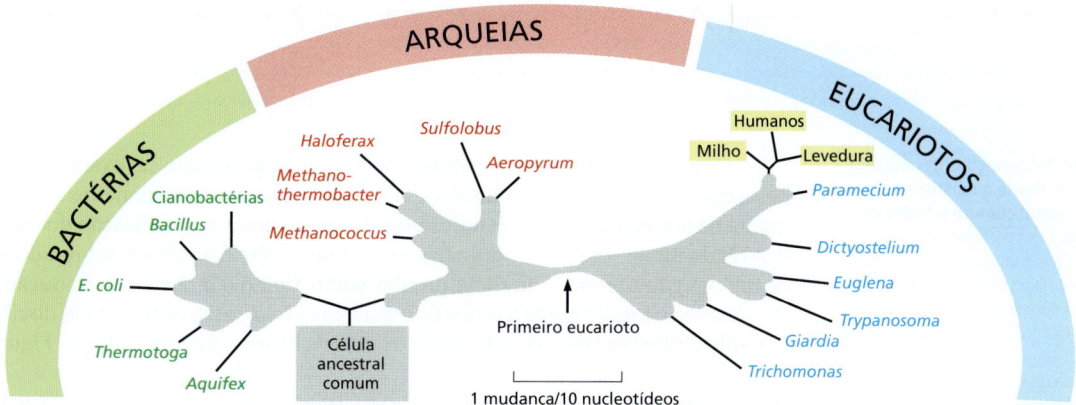

Figura 1-17 As três principais divisões (domínios) do mundo vivo. Observe que o nome *bactérias* foi originalmente usado como referência para os procariotos em geral, porém mais recentemente foi redefinido para referir-se às eubactérias especificamente. A árvore genealógica mostrada aqui está baseada nas comparações da sequência nucleotídica de uma das subunidades do RNA ribossômico (rRNA) em diferentes espécies, e as distâncias no diagrama representam uma estimativa do número de mudanças evolutivas que ocorreram nesta molécula em cada linhagem (ver Figura 1-18). As partes da árvore evolutiva destacadas em *cinza* representam incertezas sobre detalhes do verdadeiro padrão de divergência das espécies ao longo da evolução: as comparações nas sequências nucleotídicas ou de aminoácidos de outras moléculas que não o rRNA, assim como outros argumentos, podem resultar em árvores genealógicas diferentes. Como indicado, agora se acredita que o núcleo da célula eucariótica tenha emergido de um sub-ramo dentro das arqueias, de forma que, no início, a árvore da vida tinha apenas dois ramos – bactérias e arqueias.

uma bactéria ancestral (ver Figura 12-3). Portanto, o mundo vivo de hoje é considerado como consistindo em três grandes grupos ou domínios: bactérias, arqueias e eucariotos (**Figura 1-17**).

As arqueias geralmente são encontradas habitando ambientes que nós, humanos, evitamos, como pântanos, estações de tratamento de esgotos, profundezas oceânicas, salinas e fontes ácidas quentes, apesar de elas também se distribuírem amplamente em ambientes menos extremos e mais familiares, de solos e lagos ao estômago de gado. Na aparência externa não são facilmente distinguidas das bactérias. Em nível molecular, as arqueias parecem mais semelhantes aos eucariotos em relação à maquinaria de manipulação da informação genética (replicação, transcrição e tradução), entretanto são mais semelhantes às bactérias em relação ao metabolismo e à conversão de energia. Discutiremos a seguir como isso pode ser explicado.

Alguns genes evoluem de forma rápida; outros são altamente conservados

Tanto no armazenamento como na cópia da informação genética, acidentes e erros aleatórios ocorrem, alterando a sequência de nucleotídeos – isto é, criando **mutações**. Consequentemente, quando uma célula se divide, suas duas células-filhas muitas vezes não são idênticas umas às outras ou à célula parental. Em raras ocasiões, o erro pode representar uma mudança para melhor; mais provavelmente, não causará diferença significativa nas perspectivas da célula. No entanto, em muitos casos, o erro causará sério dano – por exemplo, rompendo a sequência codificadora de uma proteína-chave. As mudanças que ocorrem devido a erros do primeiro tipo tenderão a ser perpetuadas, pois a célula alterada tem probabilidade aumentada de se reproduzir. As mudanças ocorridas devido a erros do segundo tipo – mudanças *seletivamente neutras* – podem ser perpetuadas ou não: na competição por recursos limitados, é uma questão de sorte a célula alterada ou suas primas terem sucesso. Porém, as mudanças que causam sérios danos não levam a lugar nenhum: as células que sofrem tais mudanças morrem, não deixando progênie. Por meio de intermináveis repetições desse ciclo de tentativas e erros – de *mutação* e *seleção natural* – os organismos evoluem: suas especificações genéticas mudam, proporcionando a eles novas maneiras para explorar o ambiente de forma mais efetiva, para sobreviver em competições com outros e para se reproduzir com sucesso.

Algumas partes do genoma mudarão com mais facilidade do que outras no curso da evolução. Um segmento de DNA que não codifica proteínas e que não tem papel regulador significativo está livre para sofrer mudanças limitadas apenas pela frequência aleatória dos erros. Em contraste, um gene que codifica uma proteína essencial altamente especializada ou uma molécula de RNA não pode se alterar com tanta facilidade: quando ocorrem erros, as células defeituosas são quase sempre eliminadas. Os genes desse tipo são, portanto, *altamente conservados*. Ao longo de 3,5 bilhões de anos ou mais de história evolutiva, muitas características do genoma mudaram muito além do reconhecimento, mas a maioria dos genes altamente conservados permanece perfeitamente reconhecível em todas as espécies vivas.

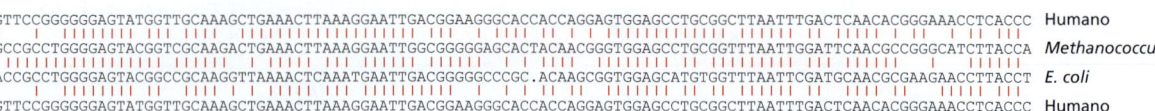

Figura 1-18 Informações genéticas conservadas desde a existência do último ancestral comum a todos os seres vivos. Uma parte do gene do menor dos dois componentes principais do rRNA dos ribossomos é mostrada. (A molécula completa é de cerca de 1.500 a 1.900 nucleotídeos, dependendo da espécie.) Segmentos correspondentes da sequência de nucleotídeos de uma arqueia (*Methanococcus jannaschii*), uma bactéria (*Escherichia coli*) e um eucarioto (*Homo sapiens*) estão alinhados. Os sítios onde os nucleotídeos são idênticos entre as espécies estão indicados por uma linha vertical; a sequência humana está repetida embaixo do alinhamento, de maneira que as três comparações podem ser vistas par a par. Um ponto na metade da sequência de *E. coli* denota uma posição em que um nucleotídeo ou foi removido da linhagem bacteriana durante o curso da evolução, ou inserido nas outras duas linhagens. Observe que as sequências desses três organismos, representantes dos três domínios do mundo vivo, ainda guardam semelhanças indiscutíveis.

Os genes altamente conservados são os únicos que devem ser examinados quando desejamos traçar as relações familiares entre os organismos relacionados mais distantemente na árvore da vida. Os estudos iniciais que levaram à classificação do mundo vivo em três domínios – bactérias, arqueias e eucariotos – têm como base, sobretudo, a análise de um dos componentes do rRNA do ribossomo. Como o processo de tradução do RNA em proteína é fundamental a todos os organismos vivos, esse componente do ribossomo tem sido muito bem conservado desde o início da história da vida na Terra (**Figura 1-18**).

A maioria das bactérias e das arqueias tem entre 1.000 e 6.000 genes

A seleção natural, em geral, favoreceu as células procarióticas capazes de se reproduzir com mais rapidez, captando matérias-primas de seu ambiente e replicando-se de maneira mais eficiente, a uma taxa máxima permitida pelo suprimento alimentar disponível. O tamanho pequeno implica uma alta razão entre a área superficial e o volume, facilitando, dessa forma, a maximização da aquisição de nutrientes através da membrana plasmática, acelerando a taxa de reprodução celular.

Presumivelmente por essas razões, a maioria das células procarióticas possui muito pouco material supérfluo; os seus genomas são pequenos, com genes localizados muito próximos uns dos outros e com quantidades mínimas de DNA regulador entre eles. O tamanho pequeno do genoma tornou fácil usar técnicas modernas de sequenciamento de DNA para determinar sequências genômicas completas. Atualmente, temos essa informação para milhares de espécies de bactérias e de arqueias, assim como de centenas de espécies de eucariotos. A maioria dos genomas de bactérias e de arqueias contém entre 10^6 e 10^7 pares de nucleotídeos, codificando de 1.000 a 6.000 genes.

Uma sequência completa de DNA revela os genes que um organismo possui e aqueles que faltam. Quando comparamos os três domínios dos organismos vivos, podemos começar a ver quais genes são comuns a todos e que devem, portanto, ter estado presentes na célula que foi ancestral a todos os seres vivos atuais, e quais genes são peculiares a um único ramo da árvore da vida. Para explicar as descobertas, no entanto, devemos considerar mais atentamente como novos genes surgem e como os genomas evoluem.

Novos genes são gerados a partir de genes preexistentes

A matéria-prima para a evolução é a sequência de DNA existente: não há mecanismo natural para fabricar longas sequências a partir de novas sequências aleatórias. Nesse sentido, nenhum gene é totalmente novo. Entretanto, a inovação pode ocorrer de várias maneiras (**Figura 1-19**):

1. *Mutação intragênica*: um gene existente pode ser modificado aleatoriamente por mudanças em sua sequência de DNA, causadas por vários tipos de erros que ocorrem principalmente durante o processo de replicação do DNA.

2. *Duplicação gênica*: um gene existente pode ser duplicado acidentalmente, criando um par de genes inicialmente idênticos dentro de uma célula; esses dois genes podem, desse modo, divergir ao longo do curso da evolução.

3. *Embaralhamento de segmento de DNA*: dois ou mais genes existentes podem ser clivados e ligados novamente, formando um gene híbrido que consiste em segmentos de DNA que originalmente pertenceram a genes separados.

4. *Transferência horizontal* (*intercelular*): uma porção de DNA pode ser transferida do genoma de uma célula para o genoma de outra – até mesmo para uma de outra espécie. Esse processo contrasta com a habitual *transferência vertical* de informação genética que ocorre dos pais à progênie.

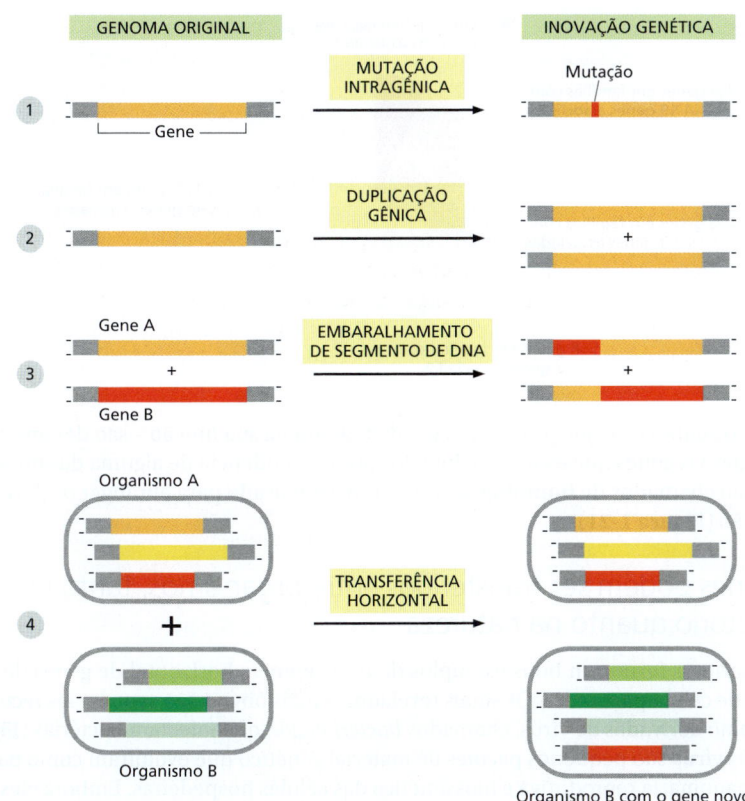

Figura 1-19 **Quatro modos de inovação genética e seus efeitos sobre a sequência de DNA de um organismo.** Uma forma especial de transferência horizontal ocorre quando dois tipos diferentes de células iniciam uma associação simbiótica permanente. Os genes de uma das células podem, então, ser transferidos ao genoma da outra, como veremos a seguir na discussão sobre mitocôndrias e cloroplastos.

Cada um desses tipos de mudança deixa um traço característico na sequência de DNA do organismo, e existe clara evidência de que todos os quatro processos ocorreram com frequência. Em capítulos posteriores, discutiremos os mecanismos básicos, mas, no momento, nos concentraremos nas consequências.

Duplicações gênicas originam famílias de genes relacionados em uma única célula

Uma célula duplica todo seu genoma cada vez que se divide em duas células-filhas. Entretanto, acidentes ocasionalmente resultam em duplicação inapropriada de apenas parte do genoma, com retenção de segmentos originais e duplicados em uma única célula. Uma vez que um gene tenha sido duplicado dessa forma, uma das duas cópias gênicas estará livre para sofrer mutações e tornar-se especializada para realizar funções diferentes dentro da mesma célula. Repetições desse processo de duplicação e de divergência, por muitos milhões de anos, possibilitaram que um gene formasse famílias gênicas que podem ser encontradas em um único genoma. A análise da sequência de DNA dos genomas procarióticos revela vários exemplos de tais **famílias gênicas**: na bactéria *Bacillus subtilis*, por exemplo, 47% dos genes possuem um ou mais genes relacionados óbvios (**Figura 1-20**).

Quando os genes duplicam e divergem dessa maneira, os indivíduos de uma espécie tornam-se dotados de múltiplas variantes de um gene primordial. Esse processo evolutivo deve ser distinguido da divergência genética que ocorre quando uma espécie de organismo se divide em duas linhas separadas de descendentes em um determinado ponto do ramo da árvore genealógica – quando a linhagem humana de ancestrais se tornou separada da linhagem dos chimpanzés, por exemplo. Ali os genes gradualmente se tornaram diferentes no curso da evolução, mas provavelmente continuam a ter funções correspondentes nas duas espécies irmãs. Os genes que estão relacionados por descendência dessa maneira – isto é, genes de duas espécies diferentes que derivam do mesmo gene ancestral do último ancestral comum dessas duas espécies – são denominados **ortólogos**. Os genes relacionados que resultaram de um evento de duplicação gênica em

Figura 1-20 Famílias de genes relacionados evolutivamente no genoma de *Bacillus subtilis*. A maior família de genes dessa bactéria consiste em 77 genes que codificam variedades de transportadores ABC – uma classe de proteínas transportadoras de membrana encontrada em todos os três domínios do mundo vivo. (Adaptada de F. Kunst et al., *Nature* 390:249-256, 1997. Com permissão de Macmillan Publishers Ltd.)

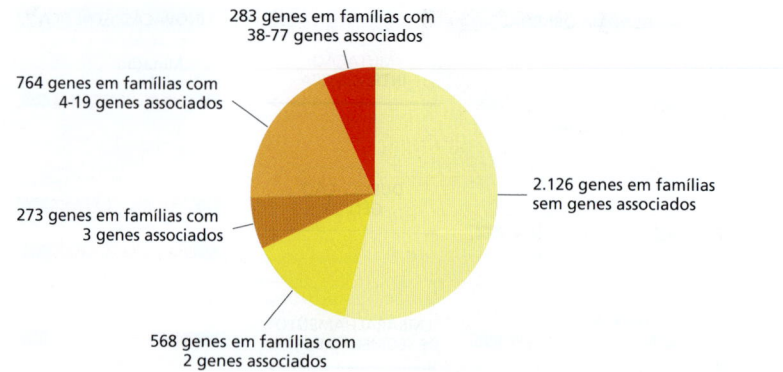

um único genoma – e que provavelmente divergiram na sua função – são denominados **parálogos**. Os genes que estão relacionados por descendência de alguma das duas maneiras são chamados de **homólogos**, um termo geral usado para abranger os dois tipos de relação (**Figura 1-21**).

Os genes podem ser transferidos entre organismos, tanto no laboratório quanto na natureza

Os procariotos fornecem bons exemplos da transferência horizontal de genes de uma espécie de célula para outra. Os sinais reveladores mais óbvios são sequências reconhecidas como derivadas de vírus, chamados *bacteriófagos*, que infectam bactérias (**Figura 1-22**). Os **vírus** são pequenos pacotes de material genético que evoluíram como parasitas na maquinaria reprodutiva e biossintética das células hospedeiras. Embora eles próprios não sejam células vivas, podem frequentemente servir como vetores para transferência genética. Um vírus irá replicar em uma célula, emergir dela com um envoltório protetor e, então, penetrará e infectará outra célula, que pode ser da mesma espécie ou de espécie diferente. Frequentemente, a célula infectada será morta pela proliferação massiva de partículas virais em seu interior; algumas vezes, contudo, o DNA viral, em vez de gerar diretamente essas partículas, poderá persistir no seu hospedeiro por muitas gerações celulares como um passageiro relativamente inócuo, tanto como um fragmento de DNA intracelular individualizado, conhecido como *plasmídeo*, quanto como uma sequência inserida no genoma habitual da célula. Nessas transferências, os vírus podem acidentalmente trazer fragmentos do DNA genômico de uma célula hospedeira e transportá-los para outra célula. Tais transferências de material genético são muito comuns em procariotos.

As transferências horizontais de genes entre células eucarióticas de diferentes espécies são muito raras, e não parece que tenham tido papel significativo na evolução eucariótica (embora transferências massivas de genomas bacterianos para eucarióticos tenham ocorrido na evolução de mitocôndrias e cloroplastos, como discutiremos a seguir). Em contrapartida, as transferências horizontais de genes ocorrem mais frequentemente entre

Figura 1-21 Genes parálogos e genes ortólogos: os dois tipos de homologia de genes com base em caminhos evolutivos diferentes. (A) Ortólogos. (B) Parálogos.

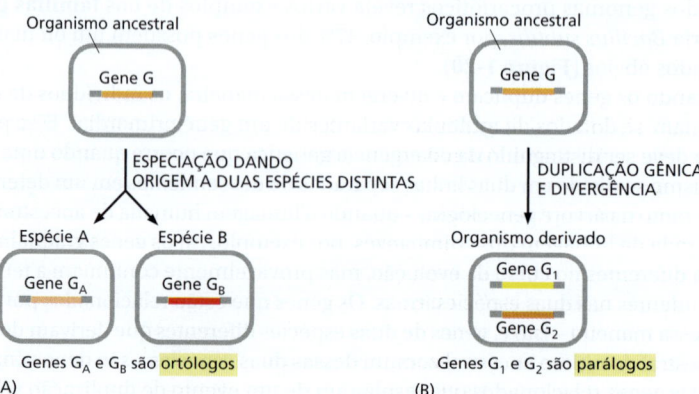

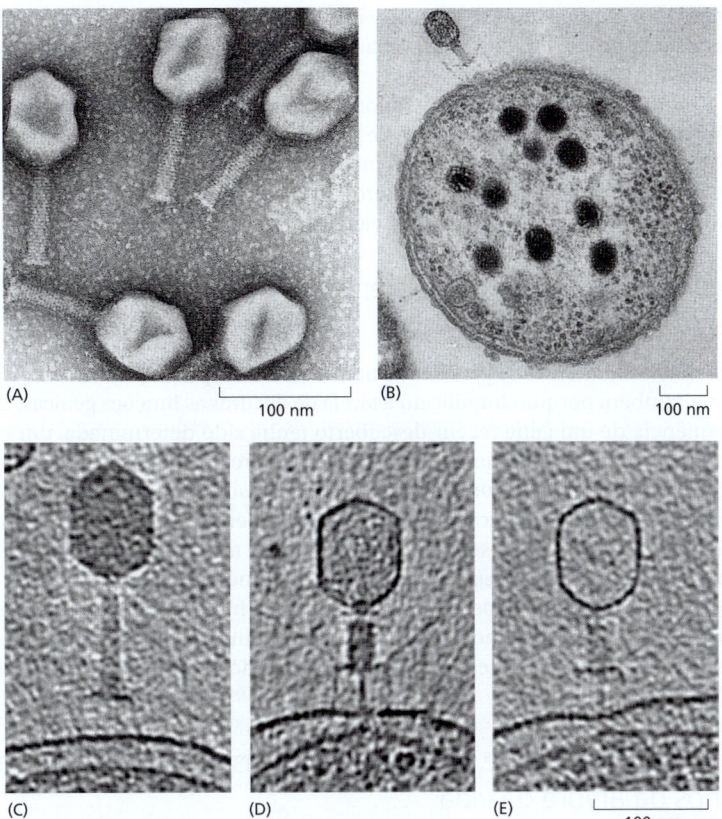

Figura 1-22 Transferência viral de DNA para uma célula. (A) Micrografia eletrônica de partículas de um vírus bacteriano, o bacteriófago T4. A cabeça do vírus contém o DNA viral; a cauda contém o aparato para injetar o DNA em uma bactéria hospedeira. (B) Corte transversal de *E. coli* com um bacteriófago de T4 aderido à sua superfície. Os grandes objetos escuros dentro da bactéria são as novas partículas de T4 durante a sua montagem. Quando eles estiverem maduros, a bactéria se romperá para liberá-los. (C-E) Processo de injeção do DNA na bactéria, como visualizado por criomicroscopia eletrônica de amostras congeladas e não marcadas. (C) Início da ligação. (D) Estado ligado durante a injeção de DNA. (E) A cabeça do vírus transferiu todo o seu DNA para o interior da bactéria. (A, cortesia de James Paulson; B, cortesia de Jonathan King e Erika Hartwig de G. Karp, Cell and Molecular Biology, 2ª ed., Nova York: John Wiley & Sons, 1999. Com permissão de John Wiley & Sons; C-E, cortesia de Ian Molineux, University of Texas at Austin e Jun Liu, University of Texas Health Science Center, Houston.)

diferentes espécies de procariotos. Muitos procariotos têm uma notável capacidade de captar até mesmo moléculas de DNA não viral de sua vizinhança e, desse modo, capturar a informação genética que essas moléculas carregam. Dessa forma, ou pela transferência mediada por vírus, as bactérias e arqueias na natureza podem adquirir genes de suas células vizinhas de maneira relativamente fácil. Os genes que conferem resistência a um antibiótico ou capacidade de produzir uma toxina, por exemplo, podem ser transferidos de espécie para espécie, fornecendo à bactéria receptora uma vantagem seletiva. Desse modo, a evolução de novas e, algumas vezes, perigosas linhagens de bactérias foi observada em ecossistemas bacterianos em hospitais ou em diversos nichos do corpo humano. Por exemplo, a transferência horizontal de gene é a responsável pela propagação, ao longo dos últimos 40 anos, de linhagens resistentes à penicilina de *Neisseria gonorrhoeae*, a bactéria que causa gonorreia. Em uma escala de tempo mais longa, os resultados podem ser ainda mais profundos: estima-se que pelo menos 18% de todos os genes presentes no genoma atual de *E. coli* tenham sido adquiridos por transferência horizontal de outras espécies, nos últimos cem milhões de anos.

O sexo resulta em trocas horizontais da informação genética em uma mesma espécie

A transferência horizontal de genes entre procariotos possui paralelo em um fenômeno familiar a todos nós: o sexo. Além da usual transferência vertical do material genético dos pais à progênie, a reprodução sexual promove uma transferência horizontal de informação genética em grande escala entre duas linhagens celulares inicialmente distintas – as do pai e as da mãe. Uma característica-chave do sexo, obviamente, é que a troca genética normalmente ocorre somente entre indivíduos da mesma espécie. Não importa se ocorre dentro de uma espécie ou entre espécies, a transferência horizontal de genes deixa uma marca característica: ela resulta em indivíduos que estão mais relacionados a um conjunto de parentes, no que diz respeito a alguns genes, e mais relacionados a outro conjunto de parentes para outros genes. Comparando-se as sequências de DNA de genomas humanos individuais, um visitante inteligente de outro planeta poderia deduzir que os humanos se reproduzem de forma sexuada, mesmo se ele não soubesse nada sobre o comportamento humano.

A reprodução sexual é comum (embora não universal), em especial entre os eucariotos. Até mesmo as bactérias realizam, de tempos em tempos, trocas sexuais controladas de DNA com outros membros de sua própria espécie. A seleção natural claramente favoreceu os organismos que podem se reproduzir de forma sexuada, embora os teóricos evolutivos ainda discutam qual seria essa vantagem seletiva.

A função de um gene frequentemente pode ser deduzida a partir de sua sequência

As relações familiares entre os genes são importantes não apenas pelo seu interesse histórico, mas também porque simplificam a tarefa de decifrar as funções gênicas. Uma vez que a sequência de um gene recém-descoberto tenha sido determinada, um cientista pode, utilizando um computador, pesquisar por genes relacionados no banco de dados inteiro de sequências gênicas conhecidas. Em muitos casos, a função de um ou mais desses homólogos já terá sido determinada experimentalmente. Como a sequência do gene determina a sua função, pode-se frequentemente fazer um bom palpite sobre a função do novo gene: é provável que seja semelhante à dos homólogos já conhecidos.

Desse modo, é possível decifrar grande parte da biologia de um organismo simplesmente analisando a sequência de DNA do seu genoma e usando as informações que já temos sobre as funções dos genes em outros organismos que foram mais intensamente estudados.

Mais de 200 famílias de genes são comuns a todos os três ramos primários da árvore da vida

Dada a sequência gênica completa de organismos representativos de todos os três domínios – arqueias, bactérias e eucariotos –, podemos pesquisar de forma sistemática as homologias que se estendem por essa enorme divisão evolutiva. Dessa forma, podemos começar a fazer um levantamento da herança comum de todos os seres vivos. Existem dificuldades consideráveis nessa iniciativa. Por exemplo, espécies individuais com frequência perderam alguns dos genes ancestrais; outros genes provavelmente foram adquiridos por transferência horizontal de outras espécies e, portanto, não são verdadeiramente ancestrais, mesmo que compartilhados. De fato, as comparações de genomas sugerem fortemente que tanto a perda de genes de linhagens específicas quanto a transferência horizontal de genes, em alguns casos entre espécies evolutivamente distantes, têm sido os principais fatores da evolução, pelo menos entre os procariotos. Finalmente, no curso de 2 ou 3 bilhões de anos, alguns genes que inicialmente eram compartilhados terão mudado de forma irreconhecível por meio de mutações.

Devido a todos esses caprichos do processo evolutivo, parece que somente uma pequena proporção de famílias gênicas ancestrais manteve-se universalmente reconhecível. Assim, das 4.873 famílias gênicas codificadoras de proteínas definidas por comparação dos genomas de 50 bactérias, 13 arqueias e 3 eucariotos unicelulares, somente 63 são verdadeiramente ubíquas (ou seja, representadas em todos os genomas analisados). A grande maioria dessas famílias universais inclui componentes dos sistemas de tradução e de transcrição. Não é provável que isso seja uma aproximação realista de um conjunto genético ancestral. Uma ideia melhor – embora ainda não concluída – desse conjunto genético ancestral pode ser obtida comparando-se as famílias de genes que possuem representantes em múltiplas espécies (mas não necessariamente em todas) dos três principais domínios. Tal análise revela 264 famílias ancestrais conservadas. A cada família pode ser atribuída uma função (pelo menos em termos de atividade bioquímica geral, mas geralmente com mais precisão). Como mostrado na **Tabela 1-1**, o maior número de famílias de genes compartilhados é dos envolvidos na tradução e no metabolismo e transporte de aminoácidos. Entretanto, esse conjunto de famílias de genes altamente conservados representa somente um esboço muito grosseiro da herança comum de toda a vida moderna. Espera-se que uma reconstrução mais precisa do com-

CAPÍTULO 1 Células e genomas

TABELA 1-1 O número de famílias gênicas, classificadas por função, comuns a todos os três domínios do mundo vivo

Processamento de informação		Metabolismo	
Tradução	63	Produção e conversão de energia	19
Transcrição	7	Transporte e metabolismo de carboidratos	16
Replicação, recombinação e reparo	13	Transporte e metabolismo de aminoácidos	43
Processos celulares e sinalização		Transporte e metabolismo de nucleotídeos	15
Controle do ciclo celular, mitose e meiose	2	Transporte e metabolismo de coenzimas	22
Mecanismos de defesa	3	Transporte e metabolismo de lipídeos	9
Mecanismos de transdução de sinais	1	Transporte e metabolismo de íons inorgânicos	8
Biogênese de membrana/parede celular	2	Biossíntese, transporte e catabolismo de metabólitos secundários	5
Transporte e secreção intracelular	4	**Pouco caracterizadas**	
Modificações pós-traducionais, *turnover* proteico, chaperonas	8	Função bioquímica geral predita; papel biológico específico desconhecido	24

Para o propósito desta análise, as famílias gênicas são definidas como "universais" se elas estão representadas no genoma de pelo menos duas arqueias diferentes (*Archaeoglobus fulgidus* e *Aeropyrum pernix*), duas bactérias evolutivamente distantes (*Escherichia coli* e *Bacillus subtilis*) e um eucarioto (*Saccharomyces cerevisiae*, levedura). (Dados de R.L. Tatusov, E.V. Koonin e D.J. Lipman, *Science* 278:631–637, 1997; R.L. Tatusov et al., *BMC Bioinformatics* 4:41, 2003; e o banco de dados COGs na Biblioteca Nacional de Medicina dos EUA.)

plemento genético do último ancestral universal comum se torne viável com sequenciamento genômico adicional e formas de análises comparativas mais sofisticadas.

As mutações revelam as funções dos genes

Sem informações adicionais, nenhuma contemplação das sequências genômicas revelará as funções dos genes. Podemos reconhecer que um gene B é parecido com um gene A, mas, em primeiro lugar, como descobrimos a função do gene A? E mesmo que soubéssemos a função do gene A, como testar se a função do gene B é realmente a mesma sugerida pela similaridade de sequência? Como conectamos o mundo da informação genética abstrata com o mundo dos organismos vivos reais?

A análise das funções gênicas depende de duas abordagens complementares: a genética e a bioquímica. A genética começa com o estudo de mutantes: nós encontramos ou produzimos um organismo no qual um gene é alterado e então examinamos os efeitos sobre a estrutura e o desempenho do organismo (**Figura 1-23**). A bioquímica analisa mais diretamente as funções de moléculas: nós extraímos moléculas de um organismo e então estudamos suas atividades químicas. Combinando a genética e a bioquímica, é possível encontrar as moléculas cuja produção depende de um determinado gene. Ao mesmo tempo, estudos detalhados do desempenho do organismo mutante nos mostram qual papel essas moléculas desempenham no funcionamento do organismo como um todo. Assim, a genética e a bioquímica, usadas em combinação com a biologia celular, proporcionam a melhor maneira de relacionar genes e moléculas à estrutura e à função de um organismo.

Nos últimos anos, a informação sobre sequências de DNA e as eficientes ferramentas da biologia molecular tiveram grande progresso. A partir de comparações de sequências, frequentemente podemos identificar sub-regiões específicas em um gene que foram preservadas quase inalteradas no curso da evolução. Essas sub-regiões conservadas provavelmente são as partes mais importantes do gene em termos de função. Podemos testar suas contribuições individuais à atividade do produto gênico, criando mutações, em laboratório, de sítios específicos no gene, ou construindo genes híbridos artificiais que combinam parte de um gene com parte de um outro. Os organismos podem ser manipulados para sintetizar tanto o RNA quanto a proteína especificada pelo gene em grandes quantidades para facilitar as análises bioquímicas. Os especialistas em estrutura molecular podem determinar a conformação tridimensional do produto gênico, revelando a posição exata de cada átomo na molécula. Os bioquímicos podem determinar

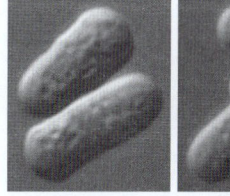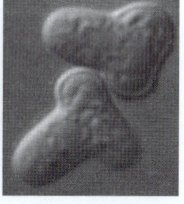

5 μm

Figura 1-23 Um fenótipo mutante refletindo a função de um gene. Uma levedura normal (da espécie *Schizosaccharomices pombe*) é comparada a uma mutante na qual uma mudança em um único gene converteu a célula de formato de charuto (à *esquerda*) para forma de T (à *direita*). O gene mutante, portanto, tem função no controle da forma da célula. Mas como, em termos moleculares, o produto desse gene desempenha essa função? Essa é uma pergunta mais difícil, e requer análises bioquímicas para ser respondida. (Cortesia de Kenneth Sawin e Paul Nurse.)

como cada uma das partes da molécula determinada geneticamente contribui para seu comportamento químico. Os biólogos celulares podem analisar o comportamento das células que são manipuladas para expressar uma versão mutante do gene.

Não há, entretanto, uma receita simples para se descobrir a função de um gene, e nem critério universal simples para descrevê-la. Nós podemos descobrir, por exemplo, que o produto de determinado gene catalisa uma certa reação química, e mesmo assim não termos ideia de como ou por que tal reação é importante para o organismo. A caracterização funcional de cada nova família de produtos gênicos, diferentemente da descrição das sequências gênicas, apresenta um novo desafio para a criatividade dos biólogos. Além disso, nunca entenderemos completamente a função de um gene até que aprendamos seu papel na vida do organismo como um todo. Para estabelecer de forma definitiva o sentido da função gênica, portanto, temos que estudar todo o organismo, não somente moléculas ou células.

A biologia molecular iniciou com as suas atenções voltadas à *E. coli*

Como os organismos vivos são muito complexos, quanto mais aprendemos sobre qualquer espécie em particular, mais atrativa ela se torna como objeto de estudos adicionais. Cada descoberta levanta novas questões e fornece novas ferramentas com as quais podemos abordar questões gerais no contexto do organismo escolhido. Por essa razão, grandes comunidades de biólogos têm se dedicado a estudar diferentes aspectos do mesmo **organismo-modelo**.

No princípio da biologia molecular, as atenções foram dedicadas intensamente a apenas uma espécie: a bactéria *Escherichia coli*, ou *E. coli*, (ver Figuras 1-13 e 1-14). Essa pequena célula bacteriana em forma de bastão normalmente vive no intestino de humanos e de outros vertebrados, mas ela facilmente pode ser cultivada em um meio simples de nutrientes em um frasco de cultura. Ela se adapta a condições químicas variáveis e se reproduz de forma rápida, podendo evoluir por meio de mutação e de seleção a uma velocidade extraordinária. Como em outras bactérias, diferentes linhagens de *E. coli*, embora classificadas como membros de uma mesma espécie, diferem-se geneticamente em um grau muito maior do que variedades diferentes de organismos que se reproduzem de forma sexuada, como plantas ou animais. Uma linhagem de *E. coli* pode possuir centenas de genes que estão ausentes em outra, e as duas linhagens podem ter apenas 50% de seus genes em comum. A cepa-padrão de laboratório *E. coli* K-12 tem um genoma de aproximadamente 4,6 milhões de pares de nucleotídeos contidos em uma única molécula de DNA circular que codifica cerca de 4.300 tipos diferentes de proteínas (**Figura 1-24**).

Em termos moleculares, sabemos mais sobre a *E. coli* do que sobre qualquer outro organismo vivo. Grande parte do que entendemos sobre os mecanismos fundamentais da vida – por exemplo, como as células replicam o seu DNA, ou como elas decodificam as instruções representadas no DNA para controlar a síntese de proteínas específicas – veio, inicialmente, de estudos com *E. coli*. Os mecanismos genéticos básicos foram altamente conservados ao longo da evolução: esses mecanismos são essencialmente os mesmos em nossas próprias células assim como na *E. coli*.

Resumo

Os procariotos (células sem um núcleo distinto) são os organismos bioquimicamente mais diversos, incluindo espécies que podem obter toda a sua energia e os seus nutrientes de fontes químicas inorgânicas, como misturas reativas de minerais liberados em fendas hidrotermais no fundo do mar – o tipo de dieta que pode ter nutrido as primeiras células vivas há 3,5 bilhões de anos. Comparações de sequências de DNA revelam o relacionamento familiar de organismos vivos e mostram que os procariotos se dividem em dois grupos que divergiram cedo no curso da evolução: as bactérias (eubactérias) e as arqueias. Juntamente com os eucariotos (células com um núcleo envolvido por membrana), constituem os três ramos principais da árvore da vida.

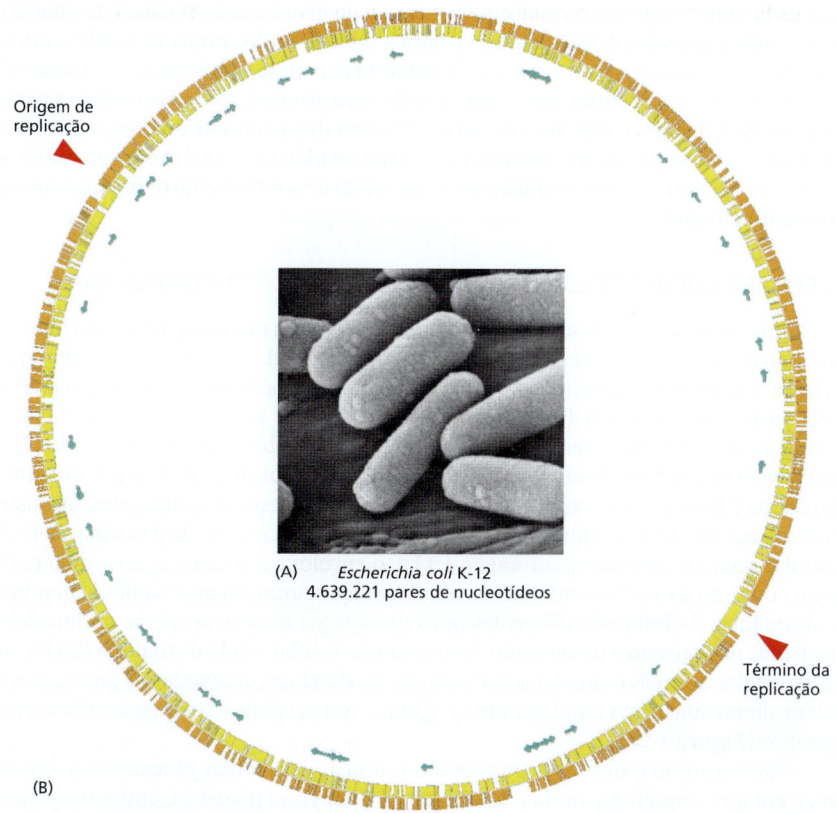

Figura 1-24 O genoma da *E. coli*. (A) Um grupo de células de *E. coli*. (B) Um diagrama do genoma de *E. coli* linhagem K-12. O diagrama é circular porque o DNA de *E. coli*, como o de outros procariotos, forma um único círculo fechado. Os genes codificadores de proteínas são mostrados como *barras amarelas* ou *laranjas*, dependendo da fita de DNA a partir da qual são transcritos; os genes que codificam somente moléculas de RNA são indicados com *setas verdes*. Alguns genes são transcritos a partir de uma das fitas de DNA de dupla-hélice (na direção horária deste diagrama), outros a partir da outra fita (no sentido anti-horário). (A, cortesia do Dr. Tony Brain e David Parker/Photo Researchers; B, adaptada de F.R. Blattner et al., *Science* 277:1453–1462, 1997.)

A maioria das bactérias e arqueias são organismos unicelulares pequenos com genomas compactos, compreendendo de 1.000 a 6.000 genes. Vários dos genes dentro de um único organismo mostram grande semelhança em suas sequências de DNA, sugerindo que tenham se originado do mesmo gene ancestral por duplicação e divergência gênica. As semelhanças nas famílias de genes (homologias) também são claras quando sequências gênicas são comparadas entre diferentes espécies, e mais de 200 famílias de genes foram tão altamente conservadas que podem ser reconhecidas como comuns à maioria das espécies dos três domínios do mundo vivo. Portanto, dada uma sequência de DNA de um gene novo descoberto, frequentemente é possível deduzir a sua função a partir da função conhecida para um gene homólogo em um organismo modelo intensivamente estudado, como a bactéria E. coli.

A INFORMAÇÃO GENÉTICA EM EUCARIOTOS

Em geral, as células eucarióticas são maiores e mais complexas que as células procarióticas, e seus genomas também são maiores e mais complexos. O tamanho maior é acompanhado por diferenças radicais nas estruturas e nas funções celulares. Além disso, muitas classes de células eucarióticas formam organismos multicelulares que atingem níveis de complexidade inalcançáveis pelos procariotos.

Por serem tão complexos, os eucariotos confrontam os biólogos moleculares com desafios especiais, nos quais passaremos a nos concentrar ao longo deste livro. Cada vez mais, os biólogos enfrentam esses desafios com a análise e a manipulação da informação genética de células e organismos. Portanto, é importante conhecer, desde o início, um pouco das características especiais do genoma eucarioto. Começaremos discutindo brevemente como as células eucarióticas estão organizadas, como isso reflete na maneira em que vivem e como seus genomas diferem dos genomas de procariotos. Isso nos levará a um esquema da estratégia pela qual os biólogos celulares, explorando as informações genéticas e bioquímicas, estão tentando descobrir como os organismos eucariotos funcionam.

As células eucarióticas podem ter surgido como predadoras

Por definição, as células eucarióticas mantêm seu DNA em um compartimento interno, chamado de núcleo. O *envelope nuclear*, uma membrana de camada dupla, circunda o núcleo e separa o DNA do citoplasma. Os eucariotos também possuem outras características que os diferenciam dos procariotos (**Figura 1-25**). Suas células são, caracteristicamente, dez vezes maiores na dimensão linear e mil vezes maiores em volume. Eles têm um *citoesqueleto* elaborado – um sistema de filamentos de proteínas que cruzam o citoplasma e formam, com as muitas outras proteínas que se prendem a eles, um sistema de vigas, fios e motores que dão à célula força mecânica e controle da forma, além de controlar seus movimentos (**Animação 1.1**). E o envelope nuclear é apenas uma parte de um conjunto de *membranas internas*, cada uma estruturalmente similar à membrana plasmática, delimitando diferentes tipos de espaços dentro da célula, muitos deles envolvidos na digestão e na secreção. Sem a parede celular rígida da maioria das bactérias, as células animais e as células eucarióticas de vida livre, chamadas de *protozoários*, podem alterar sua forma rapidamente e englobar outras células e pequenos objetos por *fagocitose* (**Figura 1-26**).

A forma como todas essas propriedades únicas das células procarióticas evoluíram, e em que sequência, ainda é um mistério. Uma visão plausível, entretanto, é que elas sejam todas reflexos do modo de vida de uma célula primordial que foi um predador, vivendo da captura de outras células e alimentando-se delas (**Figura 1-27**). Tal estilo de vida requer uma célula grande com uma membrana plasmática flexível, assim

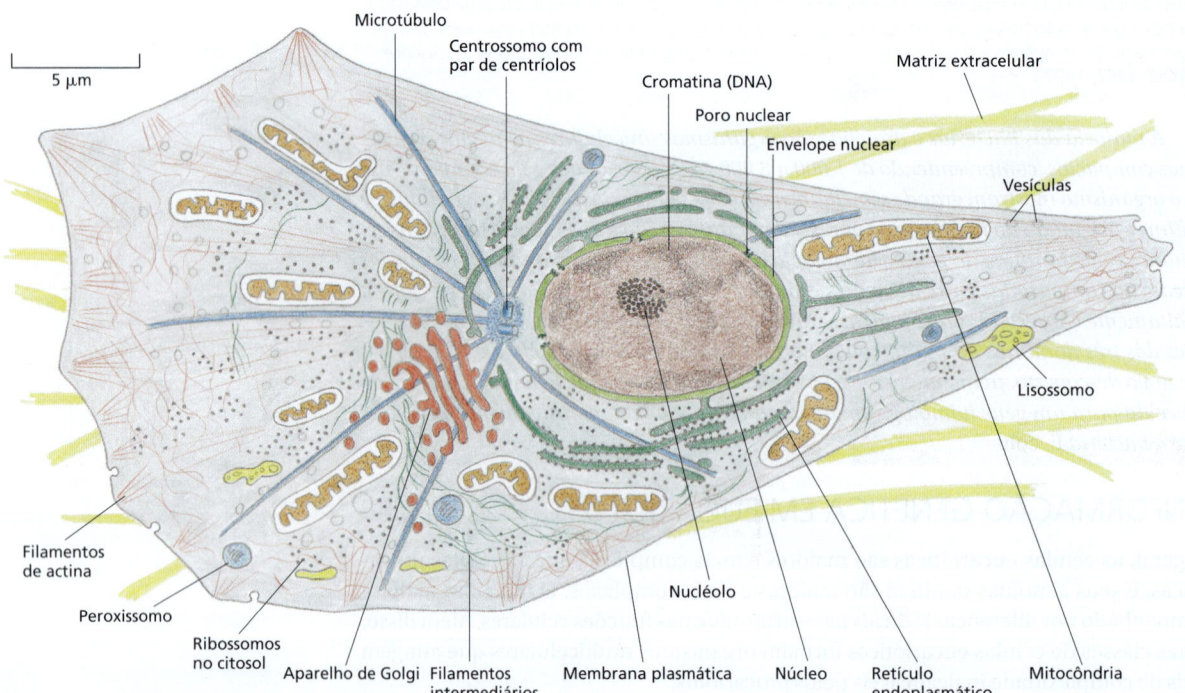

Figura 1-25 Principais características das células eucarióticas. A ilustração representa uma célula animal típica, mas quase todos os mesmos componentes são encontrados em plantas e fungos, assim como em eucariotos unicelulares, como leveduras e protozoários. As células vegetais contêm cloroplastos, além dos componentes mostrados aqui, e sua membrana plasmática é circundada por uma parede externa rígida composta por celulose.

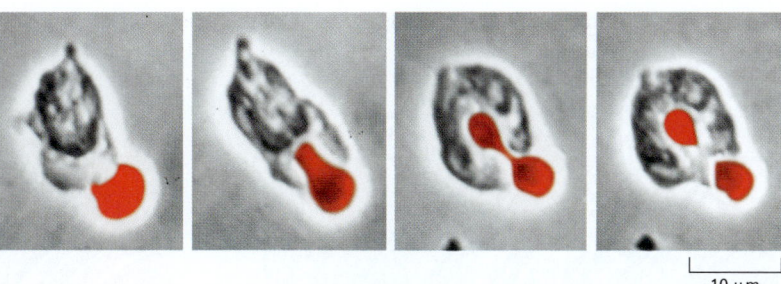

Figura 1-26 **Fagocitose.** Esta série de imagens de uma animação mostra um leucócito humano (um neutrófilo) englobando um eritrócito (corado artificialmente de *vermelho*) que foi tratado com anticorpo que o marca para destruição (ver Animação 13.5). (Cortesia de Stephen E. Malawista e Anne de Boisfleury Chevance.)

10 μm

como um elaborado citoesqueleto para sustentação e movimento dessa membrana. Pode também exigir que, para proteger o genoma de danos devidos aos movimentos do citoesqueleto, a longa e frágil molécula de DNA seja isolada em um compartimento nuclear separado.

As células eucarióticas contemporâneas evoluíram de uma simbiose

Um meio de vida predatório ajuda a explicar outras características das células eucarióticas. Todas essas células contêm (ou em algum tempo contiveram) *mitocôndrias* (**Figura 1-28**). Esses pequenos corpos no citoplasma, envoltos por uma camada dupla de membrana, captam oxigênio e utilizam a energia da oxidação das moléculas do alimento – como açúcares – para produzir a maior parte do ATP que fornece energia para as atividades da célula. As mitocôndrias são similares em tamanho a pequenas bactérias e, como estas, têm seu próprio genoma, na forma de uma molécula de DNA circular; seus próprios ribossomos, que diferem dos demais ribossomos da célula eucariótica; e seus próprios tRNAs. Atualmente, é comum aceitar que as mitocôndrias se originaram de bactérias de vida livre que metabolizam oxigênio (*aeróbicas*), e que foram engolfadas por uma célula ancestral incapaz de fazer uso de oxigênio (i.e., *anaeróbica*). Escapando da digestão, essas bactérias evoluíram em simbiose com a célula que a engolfou e com a sua progênie, recebendo abrigo e alimento em troca da geração de energia que

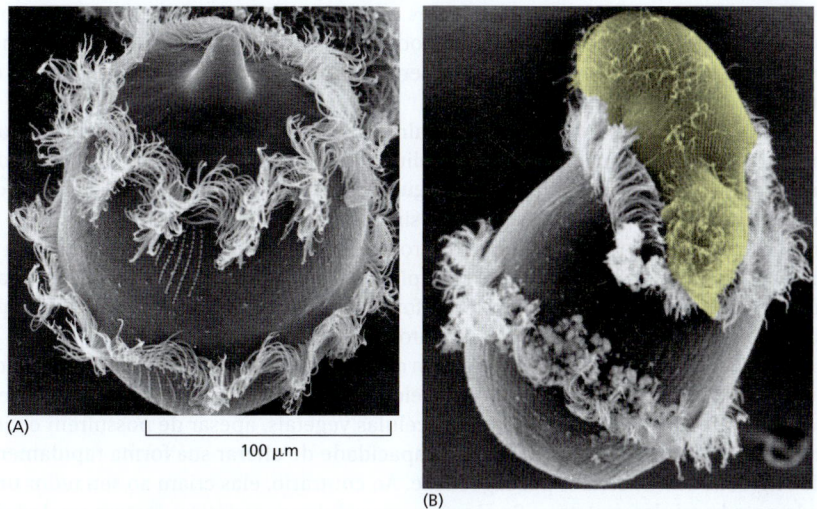

(A) 100 μm

(B)

Figura 1-27 Eucarioto unicelular que se alimenta de outras células. (A) *Didinium* é um protozoário carnívoro, pertencente ao grupo conhecido como *ciliados*. Tem corpo globular, com cerca de 150 μm de diâmetro, circundado por duas camadas de cílios, apêndices parecidos com chicote, sinuosos, que se movem continuamente; sua extremidade frontal é achatada, exceto por uma única protuberância, que se parece com uma tromba. (B) Um *Didinium* engolfando sua presa. O *Didinium* normalmente nada na água em alta velocidade pelo batimento sincronizado de seus cílios. Quando encontra uma presa apropriada (*amarelo*), geralmente outro tipo de protozoário, ele libera numerosos e pequenos dardos paralisantes a partir da região de sua tromba. Então, o *Didinium* se adere à outra célula e a devora por fagocitose, invertendo-se como uma esfera oca para englobar sua vítima, que pode ser quase tão grande quanto ele mesmo. (Cortesia de D. Barlow.)

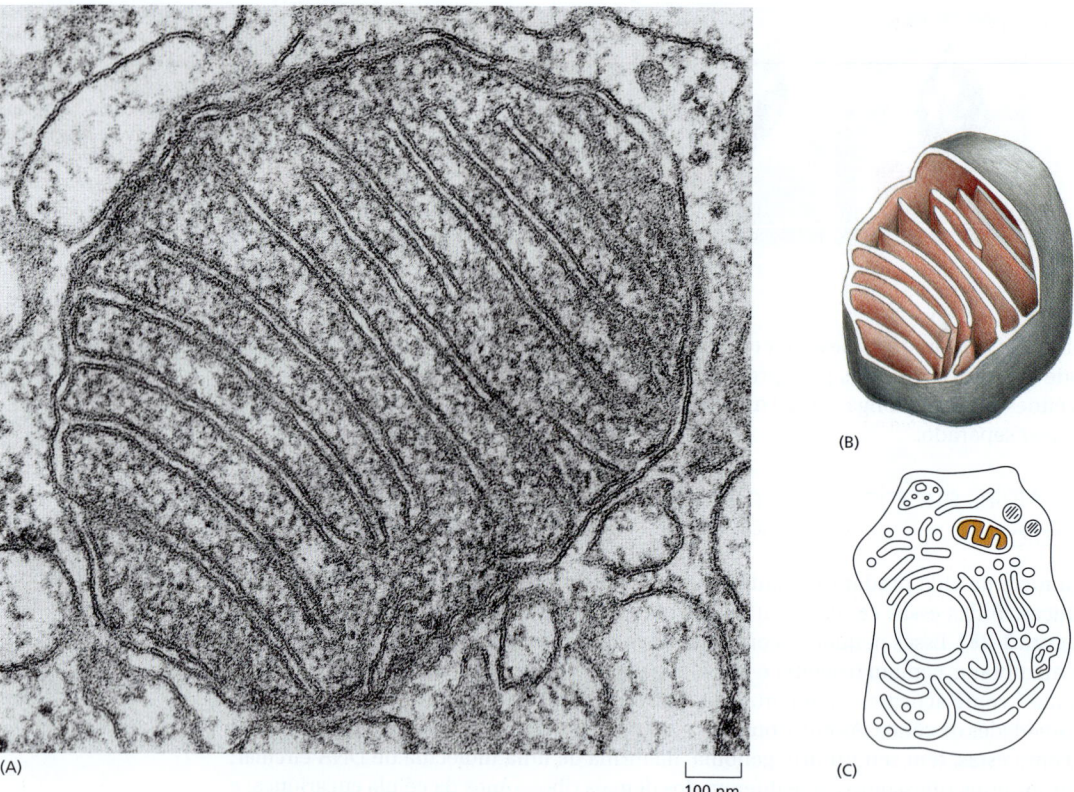

Figura 1-28 Mitocôndria. (A) Corte transversal de microscopia eletrônica. (B) Ilustração de uma mitocôndria com uma parte cortada para mostrar a estrutura tridimensional (**Animação 1.2**). (C) Um esquema da célula eucariótica, com o espaço interno de uma mitocôndria, contendo o DNA e os ribossomos mitocondriais, colorido. Observe a membrana externa lisa e a membrana interna com circunvoluções, que abriga as proteínas que geram ATP a partir da oxidação de moléculas do alimento. (A, cortesia de Daniel S. Friend.)

proporcionaram aos seus hospedeiros. Acredita-se que essa parceria entre uma célula predadora anaeróbica primitiva e uma célula bacteriana aeróbica foi estabelecida há aproximadamente 1,5 bilhão de anos, quando a atmosfera da Terra se tornou rica em oxigênio pela primeira vez.

Como indicado na **Figura 1-29**, análises genômicas recentes sugerem que a primeira célula eucariótica se formou depois que uma célula de arqueia engolfou uma bactéria aeróbica. Isso explicaria por que todas as células eucarióticas atuais, incluindo aquelas que vivem estritamente como anaeróbicas, mostram clara evidência de que alguma vez possuíram mitocôndrias.

Muitas células eucarióticas – especialmente as de plantas e algas – também contêm outra classe de pequenas organelas delimitadas por membrana um tanto parecidas com as mitocôndrias – os *cloroplastos* (**Figura 1-30**). Os cloroplastos realizam a fotossíntese usando a energia da luz solar para sintetizar carboidratos a partir de dióxido de carbono atmosférico e água, e liberam os produtos para a célula hospedeira na forma de alimento. Como as mitocôndrias, os cloroplastos têm seu próprio genoma. Eles quase certamente se originaram como bactérias fotossintetizantes simbióticas adquiridas pelas células eucarióticas que já possuíam mitocôndrias (**Figura 1-31**).

Uma célula eucariótica equipada com cloroplastos não tem necessidade de buscar outras células como presa; ela é nutrida pelos cloroplastos cativos que herdou de seus ancestrais. De forma correspondente, as células vegetais, apesar de possuírem o citoesqueleto para movimento, perderam a capacidade de alterar sua forma rapidamente e de englobar outras células por fagocitose. Ao contrário, elas criam ao seu redor uma rígida parede celular protetora. Se as primeiras células eucarióticas fossem predadoras de outros organismos, poderíamos ver as células vegetais como células que fizeram a transição da caça para a lavoura.

Os fungos representam ainda outro modo de vida eucariótica. As células fúngicas, assim como as células animais, possuem mitocôndrias, mas não cloroplastos; no entanto, ao contrário das células animais e dos protozoários, elas possuem uma parede externa rígida que limita sua capacidade de se mover de forma rápida ou de engolfar

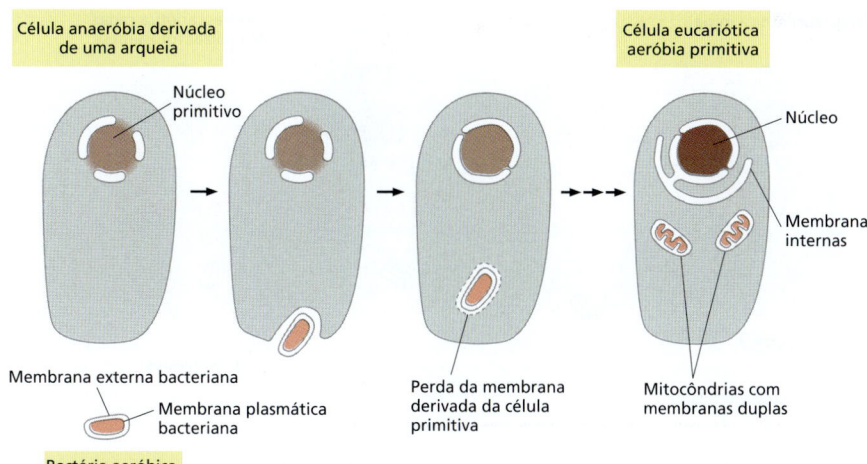

Figura 1-29 Origem da mitocôndria. Acredita-se que uma célula predadora anaeróbica ancestral (uma arqueia) engolfou o ancestral bacteriano da mitocôndria, iniciando uma relação simbiótica. Uma evidência clara da herança dupla de bactéria e de arqueia pode ser discernida hoje nos genomas de todos os eucariotos.

outras células. Aparentemente, os fungos passaram de caçadores a organismos que se alimentam de restos: outras células secretam moléculas nutrientes ou as liberam quando morrem, e os fungos se alimentam desses restos – realizando qualquer que seja a digestão necessária de forma extracelular, pela secreção de enzimas digestivas.

Os eucariotos possuem genomas híbridos

A informação genética das células eucarióticas tem uma origem híbrida – da célula de arqueia anaeróbica ancestral e das bactérias que ela adotou como simbiontes. A maior parte dessa informação é armazenada no núcleo, mas uma pequena quantidade permanece dentro da mitocôndria e, em células de plantas e algas, nos cloroplastos. Quando o DNA mitocondrial e o DNA de cloroplasto são separados do DNA nuclear, e analisados e sequenciados individualmente, descobre-se que os genomas mitocondrial e de cloroplasto são degenerados, versões abreviadas dos genomas bacterianos correspondentes. Em uma célula humana, por exemplo, o genoma mitocondrial consiste em somente 16.569 pares de nucleotídeos, codificando somente 13 proteínas, dois componentes do RNA ribossômico e 22 tRNAs.

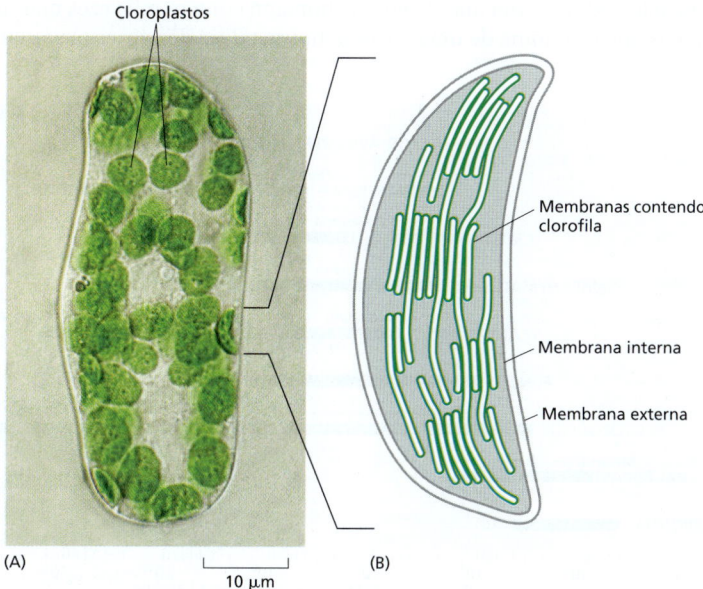

Figura 1-30 Cloroplastos. Essas organelas capturam a energia da luz solar em células vegetais e em alguns eucariotos unicelulares. (A) Uma única célula isolada da folha de uma planta fanerógama, vista em microscopia óptica, mostrando os cloroplastos verdes (Animação 1.3 e ver Animação 14.9). (B) Ilustração de um dos cloroplastos mostrando o sistema altamente pregueado de membranas internas contendo as moléculas de clorofila pelas quais a luz é absorvida. (A, cortesia de Preeti Dahiya.)

Figura 1-31 Origem dos cloroplastos. Uma célula eucariótica inicial, que já possuía uma mitocôndria, engolfou uma bactéria fotossintetizante (uma cianobactéria) e a retêve em simbiose. Acredita-se que os cloroplastos de hoje tracem sua ancestralidade até a única espécie de cianobactéria que foi adotada como simbionte interno (um endossimbionte) há mais de 1 bilhão de anos.

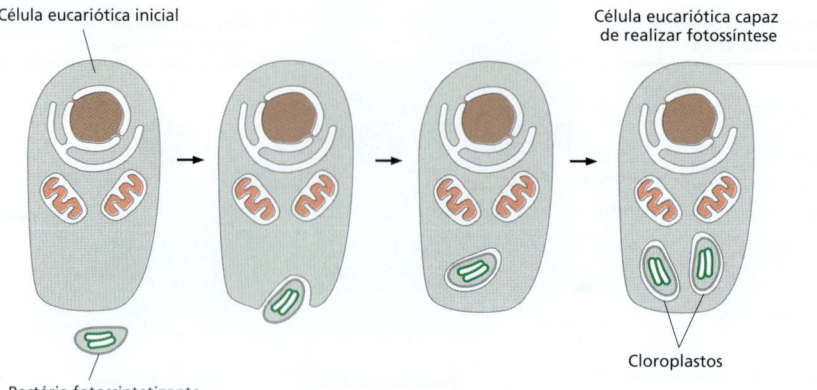

Muitos dos genes que estão ausentes nas mitocôndrias e nos cloroplastos não foram perdidos; ao contrário, eles moveram-se do genoma simbionte para o DNA no núcleo da célula hospedeira. O DNA nuclear dos humanos contém muitos genes que codificam proteínas com funções essenciais dentro da mitocôndria; nas plantas, o DNA nuclear também contém muitos genes especificando proteínas necessárias nos cloroplastos. Em ambos casos, as sequências de DNA desses genes nucleares mostram clara evidência de sua origem a partir do ancestral bacteriano das respectivas organelas.

Os genomas eucarióticos são grandes

A seleção natural evidentemente favoreceu as mitocôndrias com genomas pequenos. Em contraste, os genomas nucleares da maioria dos eucariotos teve a possibilidade de aumentar. Talvez o modo de vida eucariótico tenha feito do grande tamanho uma vantagem: os predadores geralmente precisam ser maiores do que suas presas, e o tamanho celular normalmente aumenta em proporção ao tamanho do genoma. Seja qual for a razão, auxiliados por um acúmulo massivo de segmentos de DNA derivados de elementos transponíveis parasitários (discutido no Capítulo 5), os genomas da maioria dos eucariotos se tornaram ordens de magnitudes maiores que aqueles das bactérias e das arqueias (**Figura 1-32**).

A liberdade de ser pródigo com o DNA teve implicações profundas. Os eucariotos não só possuem mais genes do que os procariotos, eles também têm muito mais DNA que não codifica proteína. O genoma humano contém mil vezes mais pares de nucleotídeos que o genoma de uma bactéria típica, talvez dez vezes mais genes e muito mais

Figura 1-32 Comparação dos tamanhos de genomas. O tamanho genômico é medido em pares de nucleotídeos de DNA por genoma haploide, isto é, por cópia simples do genoma. (As células de organismos que se reproduzem sexuadamente, como os dos humanos, geralmente são diploides: elas contêm duas cópias do genoma, uma herdada da mãe e outra do pai.) Organismos intimamente relacionados podem apresentar grande variedade quanto à quantidade de DNA em seus genomas, ainda que contenham números semelhantes de genes funcionalmente distintos. (Dados de W.H. Li, Molecular Evolution, p. 380–383. Sunderland, MA: Sinauer, 1997.)

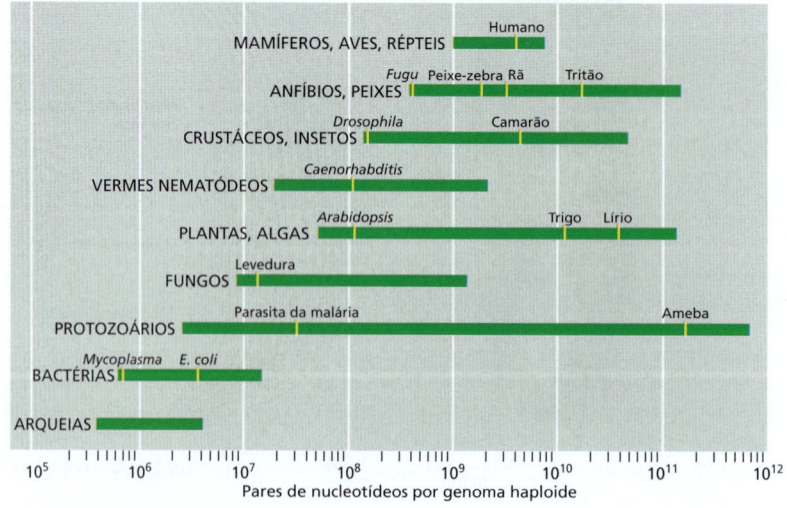

TABELA 1-2 Alguns organismos-modelo e seus genomas		
Organismo	Tamanho do genoma* (pares de nucleotídeos)	Número aproximado de genes
Escherichia coli (bactéria)	$4,6 \times 10^6$	4.300
Saccharomyces cerevisiae (levedura)	13×10^6	6.600
Caenorhabditis elegans (verme cilíndrico)	130×10^6	21.000
Arabidopsis thaliana (planta)	220×10^6	29.000
Drosophila melanogaster (mosca-das-frutas)	200×10^6	15.000
Danio rerio (peixe-zebra)	1.400×10^6	32.000
Mus musculus (camundongo)	2.800×10^6	30.000
Homo sapiens (humano)	3.200×10^6	30.000

*O tamanho do genoma inclui uma estimativa para a quantidade de sequências de DNA altamente repetidas que não estão nos bancos de dados de genomas.

DNA não codificador (cerca de 98,5% do genoma humano não codifica proteínas, em contraste com os 11% do genoma da bactéria *E. coli*). Os tamanhos estimados de genomas e os números de genes para alguns eucariotos estão compilados para fácil comparação com *E. coli* na **Tabela 1-2**; discutiremos como cada um desses eucariotos serve como organismo-modelo em breve.

Os genomas eucarióticos são ricos em DNA regulador

Muito do nosso DNA não codificador é quase certamente lixo dispensável, retido como uma massa de papéis velhos, pois, quando há pouca pressão para manter um arquivo pequeno, é mais fácil guardar tudo do que selecionar a informação importante e descartar o resto. Certas espécies excepcionais de eucariotos, como o baiacu, testemunham o desregramento de seus parentes; eles conseguiram de alguma forma livrar-se de grandes quantidades de DNA não codificador. Ainda assim, parecem semelhantes em estrutura, comportamento e adaptação com espécies relacionadas que apresentam muito mais desse tipo de DNA (ver Figura 4-71).

Até mesmo em genomas eucariotos compactos como o do baiacu há mais DNA não codificador do que DNA codificador, e pelo menos algum DNA não codificador certamente possui funções importantes. Em particular, ele regula a expressão de genes adjacentes. Com esse *DNA regulador*, os eucariotos desenvolveram diferentes vias para controlar quando e onde um gene é ativado. Essa sofisticada regulação gênica é crucial para a formação de organismos multicelulares complexos.

O genoma define o programa de desenvolvimento multicelular

As células de um animal ou planta específicos são extraordinariamente variadas. As células gordurosas, as células epidérmicas, as células ósseas e as células nervosas parecem tão diferentes quanto possível (**Figura 1-33**). Ainda assim, todos esses tipos celulares são descendentes de uma única célula-ovo fertilizada, e todos (com poucas exceções) contêm cópias idênticas do genoma da espécie.

As diferenças resultam da maneira pela qual essas células fazem uso seletivo de suas instruções genéticas, de acordo com os estímulos que recebem de seu ambiente durante o desenvolvimento do embrião. O DNA não é somente uma lista de compras especificando as moléculas que todas as células devem ter, e a célula não é somente um conjunto de todos os itens da lista. Em vez disso, a célula se comporta como uma máquina de múltiplos propósitos, com sensores que recebem sinais ambientais e habilidades altamente desenvolvidas para colocar em ação os diferentes grupos de genes, de acordo com a sequência de sinais aos quais a célula foi exposta. O genoma em cada célula é grande o suficiente para acomodar a informação que especifica um organismo multicelular inteiro, mas, em cada célula individual, apenas parte dessa informação é utilizada.

Figura 1-33 Os tipos celulares podem variar enormemente em tamanho e forma. Uma célula nervosa animal é comparada aqui com um neutrófilo, um tipo de leucócito. Ambas estão representadas em escala.

Figura 1-34 Controle genético do programa de desenvolvimento multicelular. O papel de um gene regulador é demonstrado na erva-bezerra *Antirrhinum*. Neste exemplo, uma mutação em um único gene que codifica uma proteína reguladora leva ao desenvolvimento de folhas no lugar de flores: por causa de uma proteína reguladora alterada, as células adotam características que seriam apropriadas para uma localização diferente na planta normal. O mutante está à esquerda, e a planta normal está à direita. (Cortesia de Enrico Coen e Rosemary Carpenter.)

Um grande número de genes no genoma eucariótico codifica proteínas que servem para regular a atividade de outros genes. A maioria desses *reguladores de transcrição* atua ligando-se, direta ou indiretamente, ao DNA regulador adjacente aos genes que devem ser controlados, ou interferindo com a capacidade de se ligar ao DNA de outras proteínas. O genoma expandido dos eucariotos, portanto, não somente especifica o *hardware* da célula, mas também armazena o *software* que controla como esse *hardware* é utilizado (**Figura 1-34**).

As células não recebem sinais apenas de forma passiva; pelo contrário, elas trocam ativamente sinais com sua vizinhança. Assim, em um organismo multicelular em desenvolvimento, o mesmo sistema de controle governa cada célula, mas com consequências diferentes dependendo das mensagens trocadas. Espantosamente, o resultado é um arranjo preciso de células em diferentes condições, cada qual apresentando uma característica apropriada para sua posição na estrutura multicelular.

Muitos eucariotos vivem como células solitárias

Muitas espécies de células eucarióticas levam uma vida solitária – algumas como caçadoras (*protozoários*), algumas como fotossintetizantes (*algas* unicelulares) e algumas como organismos que se alimentam de restos de alimentos (fungos unicelulares, ou *leveduras*). A **Figura 1-35** ilustra parte da variedade surpreendente de eucariotos unicelulares. A anatomia dos protozoários, em especial, com frequência é elaborada e inclui estruturas como cerdas sensoriais, fotorreceptores, cílios que se movimentam de forma sinuosa, apêndices que se parecem com pernas, partes de boca, dardos urticantes e feixes contráteis parecidos com músculo. Embora sejam unicelulares, os protozoários podem ser tão elaborados, tão versáteis e tão complexos em seu comportamento como muitos organismos multicelulares (ver Figura 1-27, **Animações 1.4** e **1.5**).

Em termos de sua ancestralidade e suas sequências de DNA, os eucariotos unicelulares são muito mais diversos do que os animais multicelulares, as plantas e os fungos, que se originaram como três ramos comparativamente tardios da linhagem eucariótica (ver Figura 1-17). Assim como para os procariotos, os humanos tendem a negligenciá-los por serem microscópicos. Somente agora, com a ajuda de análises genômicas, estamos começando a entender suas posições na árvore da vida e a colocar em contexto os indícios que essas estranhas criaturas podem nos oferecer a respeito de nosso distante passado evolutivo.

Uma levedura serve como um modelo mínimo de eucarioto

A complexidade genética e molecular dos eucariotos é assustadora. Mais até do que para os procariotos, os biólogos precisam concentrar seus recursos limitados nos poucos organismos-modelo selecionados para revelar essa complexidade.

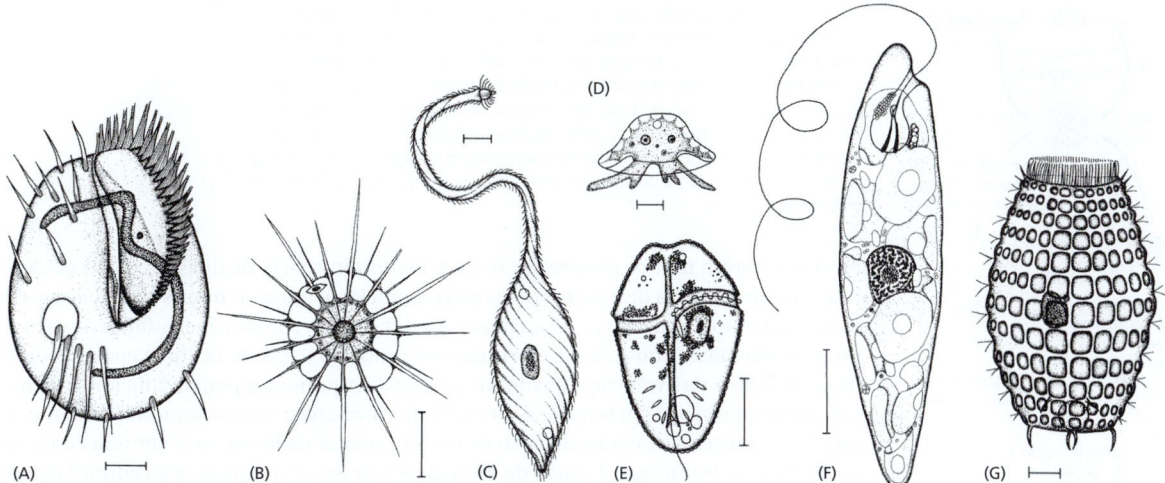

Figura 1-35 Um conjunto de protozoários: uma pequena amostra de uma classe de organismos extremamente diversa. As ilustrações foram feitas em diferentes escalas, mas, em cada caso, a barra de escala representa 10 μm. Os organismos em (A), (C) e (G) são ciliados; (B) é um heliozoário; (D) é uma ameba; (E) é um dinoflagelado; e (F) é uma euglena. (De M.A. Sleigh, Biology of Protozoa. Cambridge, UK: Cambridge University Press, 1973.)

Para analisar o funcionamento interno da célula eucariótica sem os problemas adicionais do desenvolvimento multicelular, faz sentido utilizar uma espécie que é unicelular e tão simples quanto possível. A escolha popular para esse papel de modelo mínimo de eucarioto tem sido a levedura *Saccharomyces cerevisiae* (**Figura 1-36**) – a mesma espécie é usada por cervejeiros e padeiros.

S. cerevisiae é um pequeno membro unicelular do reino dos fungos e, portanto, de acordo com visões modernas, está pelo menos tão intimamente relacionada a animais quanto a plantas. É robusta e fácil de crescer em um meio com nutrientes simples. Como outros fungos, tem uma parede celular rígida, é relativamente imóvel e possui mitocôndrias, mas não cloroplastos. Quando os nutrientes são abundantes, ela cresce e se divide quase tão rapidamente quanto uma bactéria. Pode reproduzir-se tanto de forma vegetativa (i.e., por simples divisão celular) quanto sexuada: duas células de levedura que são *haploides* (possuindo uma única cópia do genoma) podem se fundir para criar uma célula que é *diploide* (contendo um genoma duplo); e a célula diploide pode sofrer *meiose* (uma divisão reducional) para produzir células que são outra vez haploides (**Figura 1-37**). Em contraste com plantas superiores e animais, a levedura pode dividir-se de forma indefinida, tanto no estado haploide como no diploide, e o processo que leva de um estado para o outro pode ser induzido à vontade com mudanças nas condições de crescimento.

Além dessas características, a levedura possui mais uma propriedade que a torna um organismo conveniente para estudos genéticos: o seu genoma, para padrões eucarióticos, é excepcionalmente pequeno. No entanto, é suficiente para todas as tarefas básicas que cada célula eucariótica precisa realizar. Mutantes estão disponíveis para essencialmente cada gene, e estudos com leveduras (usando tanto *S. cerevisiae* como outras espé-

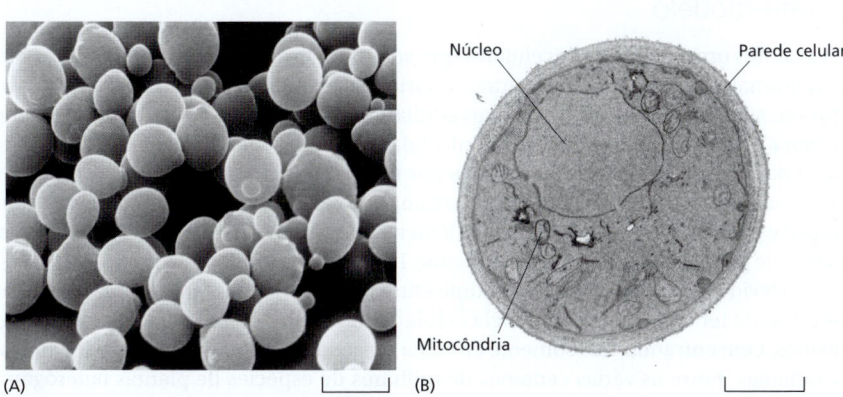

Figura 1-36 Levedura *Saccharomyces cerevisiae*. (A) Micrografia eletrônica de varredura de um grupo de células. Essa espécie também é conhecida como levedura formadora de brotos; ela se prolifera formando uma saliência ou broto que aumenta e então se separa do resto da célula original. Muitas células com brotos são visíveis nesta micrografia. (B) Micrografia eletrônica de transmissão de um corte transversal de uma célula de levedura, mostrando seu núcleo, mitocôndria e parede celular espessa. (A, cortesia de Ira Herskowitz e Eric Schabatach.)

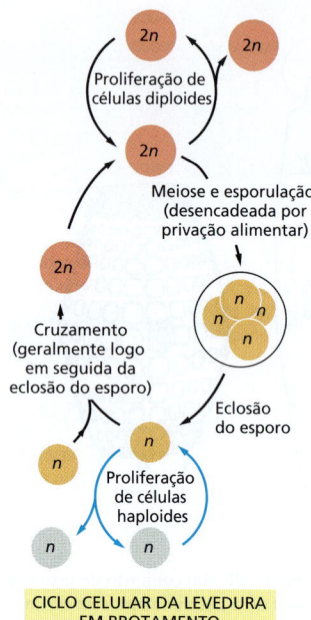

Figura 1-37 Ciclos reprodutivos da levedura *S. cerevisiae*. Dependendo das condições ambientais e de detalhes do genótipo, as células dessa espécie podem existir tanto em um estado diploide (2*n*), com um conjunto duplo de cromossomos, quanto em um estado haploide (*n*), com um único conjunto cromossômico. A forma diploide pode proliferar por ciclos de divisão celular usuais ou sofrer meiose para produzir células haploides. A forma haploide pode proliferar por ciclos de divisão celular usuais ou sofrer fusão sexual com uma outra célula haploide para tornar-se diploide. A meiose é ativada por privação alimentar e origina esporos – células haploides em um estado dormente, resistentes a condições ambientais extremas.

cies) decifraram muitos processos cruciais, incluindo o ciclo de divisão celular eucariótica – a cadeia crítica de eventos pelos quais o núcleo e todos os outros componentes de uma célula são duplicados e separados para dar origem a duas células-filhas a partir de uma. O sistema de controle que governa esse processo tem sido tão bem conservado ao longo do curso da evolução que muitos de seus componentes podem funcionar de maneira intercambiável em leveduras e em células humanas: se uma levedura mutante, na qual falta um gene essencial do ciclo de divisão celular da levedura, é suprida com uma cópia do gene homólogo do ciclo de divisão celular de um humano, a levedura é curada do seu defeito e se torna apta a se dividir normalmente.

Os níveis de expressão de todos os genes de um organismo podem ser monitorados simultaneamente

A sequência genômica completa de *S. cerevisiae*, determinada em 1997, consiste em aproximadamente 13.117.000 pares de nucleotídeos, incluindo a pequena contribuição (78.520 pares de nucleotídeos) do DNA mitocondrial. Esse total representa somente cerca de 2,5 vezes mais DNA do que há em *E. coli*, e codifica apenas 1,5 vez mais proteínas diferentes (aproximadamente 6.600 no total). O modo de vida da *S. cerevisiae* é semelhante em muitos pontos ao de uma bactéria, e parece que essa levedura também tem sido objeto de pressões seletivas que mantiveram o seu genoma compacto.

O conhecimento da sequência genômica completa de qualquer organismo – seja uma levedura ou um humano – abre novas perspectivas sobre o funcionamento da célula: algo que antes parecia extremamente complexo, agora parece estar ao nosso alcance. Usando técnicas descritas no Capítulo 8, agora é possível, por exemplo, monitorar de forma simultânea a quantidade de mRNA transcrito que cada gene produz no genoma da levedura sob qualquer condição escolhida, e verificar como esse padrão na atividade gênica muda quando as condições mudam. A análise pode ser repetida com o mRNA preparado de células mutantes, sem um gene específico – qualquer gene que quiséssemos testar. A princípio, essa metodologia fornece um caminho para revelar todo o sistema do controle das relações que governam a expressão gênica – não somente em células de levedura, mas também em qualquer organismo cuja sequência genômica seja conhecida.

A *Arabidopsis* foi escolhida dentre 300 mil espécies como uma planta-modelo

Os maiores organismos multicelulares que vemos ao nosso redor – as flores, as árvores e os animais – parecem fantasticamente variados, mas são mais próximos uns dos outros em suas origens evolutivas e mais similares em sua biologia celular básica do que o maior hospedeiro dos organismos unicelulares microscópicos. Portanto, enquanto as bactérias e as arqueias estão separadas por talvez 3,5 bilhões de anos de evolução, os vertebrados e os insetos estão separados por aproximadamente 700 milhões de anos, os peixes e os mamíferos por aproximadamente 450 milhões de anos, e as diferentes espécies de plantas fanerógamas por somente 150 milhões de anos.

Devido à relação evolutiva próxima entre todas as plantas fanerógamas, podemos novamente ter uma ideia da biologia celular e molecular de toda essa classe de organismos, concentrando-nos somente em uma ou algumas poucas espécies para análises detalhadas. Entre as várias centenas de milhares de espécies de plantas fanerógamas existentes hoje na Terra, os biólogos moleculares escolheram concentrar os seus esforços em uma pequena erva, a *Arabidopsis thaliana* (**Figura 1-38**), que pode ser cultivada em ambientes fechados, em grandes quantidades e produzir milhares de descendentes por planta após 8 a 10 semanas. A *Arabidopsis* tem um genoma com tamanho total de aproximadamente 220 milhões de pares de nucleotídeos, cerca de 17 vezes maior que o da levedura (ver Tabela 1-2).

O mundo das células animais é representado por um verme, uma mosca, um peixe, um camundongo e um humano

Os animais multicelulares correspondem à maior parte de todas as espécies conhecidas de organismos vivos e pela maior parte dos esforços da pesquisa biológica. Cinco espécies emergiram como os principais organismos-modelo para os estudos de genética molecular. Em ordem crescente de tamanho, eles são o verme nematódeo *Caenorhabditis elegans*, a mosca *Drosophila melanogaster*, o peixe-zebra *Danio rerio*, o camundongo *Mus musculus* e o humano, *Homo sapiens*. Cada um teve seu genoma sequenciado.

O *C. elegans* (**Figura 1-39**) é um verme pequeno e inofensivo, parente dos vermes cilíndricos que atacam plantações. Com um ciclo de vida de apenas poucos dias, uma capacidade de sobreviver no congelador indefinidamente em um estado de vida latente, um plano corporal simples e um ciclo de vida incomum que é adequado para estudos genéticos (descrito no Capítulo 21), é um organismo-modelo ideal. O *C. elegans* desenvolve-se com precisão a partir de um óvulo fertilizado até o verme adulto, com exatamente 959 células corporais (mais um número variável de células-ovo e de espermatozoides) – um grau incomum de regularidade para um animal. Temos, agora, uma descrição minuciosa da sequência de eventos pela qual isso ocorre, como as células se dividem, movem-se e alteram suas características de acordo com regras exatas e previsíveis. O genoma de 130 milhões de pares de nucleotídeos codifica aproximadamente 21 mil proteínas, e muitos mutantes e outras ferramentas estão disponíveis para testar as funções gênicas. Embora o verme tenha um plano corporal muito diferente do nosso, a conservação de mecanismos biológicos tem sido suficiente para que o verme seja um ótimo modelo para muitos dos processos de desenvolvimento e da biologia da célula que ocorrem no corpo humano. Assim, por exemplo, estudos com o verme têm sido cruciais para nos ajudar a entender os programas de divisão celular e morte celular que determinam o número de células do corpo – um tópico de grande importância para a biologia do desenvolvimento e a pesquisa sobre câncer.

Os estudos com *Drosophila* proporcionam entendimento sobre o desenvolvimento dos vertebrados

A mosca-das-frutas *D. melanogaster* (**Figura 1-40**) tem sido utilizada como um organismo genético modelo por mais tempo do que qualquer outro; de fato, os fundamentos da genética clássica foram construídos, em grande parte, com estudos sobre esse inseto. Há mais de 80 anos, ela forneceu, por exemplo, a prova definitiva de que os genes – as unidades abstratas da informação hereditária – são transportados nos cromossomos, objetos físicos concretos cujo comportamento foi bem acompanhado nas células eucarióticas ao microscópio óptico, mas cuja função era inicialmente desconhecida. A comprovação dependeu de uma das muitas características que tornam a *Drosophila* particularmente conveniente para a genética – os cromossomos gigantes, com a característica aparência de bandas, que são

Figura 1-38 ***Arabidopsis thaliana*, a planta escolhida como modelo primário para o estudo da genética molecular de plantas.** (Cortesia de Toni Hayden e John Innes Foundation.)

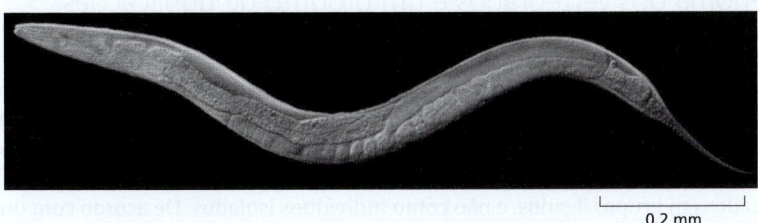

Figura 1-39 ***Caenorhabditis elegans*, o primeiro organismo multicelular que teve sua sequência genômica completa determinada.** Este pequeno nematódeo, de aproximadamente 1 mm de comprimento, vive no solo. A maioria dos indivíduos é hermafrodita, produzindo tanto óvulos como espermatozoides. (Cortesia de Maria Gallegos, University of Wisconsin, Madison.)

Figura 1-40 Drosophila melanogaster. Estudos de genética molecular nesta mosca forneceram a principal chave para o entendimento de como todos os animais se desenvolvem de um ovo fertilizado a um adulto. (De E.B. Lewis, *Science* 221: capa, 1983. Com permissão da AAAS.)

visíveis em algumas de suas células (**Figura 1-41**). As alterações específicas na informação hereditária, manifestadas em famílias de moscas mutantes, foram correlacionadas precisamente à perda ou à alteração de bandas específicas nos cromossomos gigantes.

Em tempos mais recentes, a *Drosophila*, mais do que qualquer outro organismo, tem nos mostrado como traçar a cadeia de causa e efeito das instruções genéticas codificadas pelo DNA cromossômico para a estrutura do corpo multicelular adulto. Os mutantes de *Drosophila*, com partes do corpo estranhamente mal colocadas ou fora dos padrões, forneceram a chave para a identificação e a caracterização dos genes necessários para construir um corpo corretamente estruturado, com intestino, membros, olhos e todas as outras partes em seus lugares corretos. Uma vez que esses genes de *Drosophila* foram sequenciados, os genomas dos vertebrados puderam ser escaneados para identificar homólogos. Estes foram encontrados, e suas funções nos vertebrados foram, então, testadas, por meio de estudos em camundongos nos quais os genes foram mutados. Os resultados, como veremos mais adiante neste livro, revelam um grau extraordinário de similaridade nos mecanismos moleculares que controlam o desenvolvimento de insetos e de vertebrados (discutido no Capítulo 21).

A maioria das espécies de organismos vivos conhecidos é de insetos. Mesmo que a *Drosophila* não tivesse nada em comum com os vertebrados, mas somente com os insetos, ela ainda seria um importante modelo de organismo. Contudo, se entender a genética molecular de vertebrados é a meta, por que simplesmente não se encara o problema? Por que abordá-lo de modo indireto, com estudos em *Drosophila*?

A *Drosophila* necessita somente de nove dias para evoluir do ovo fertilizado a um adulto; é vastamente mais fácil e barato criá-la do que qualquer vertebrado, e seu genoma é muito menor – aproximadamente 200 milhões de pares de nucleotídeos, em comparação com os 3.200 milhões (3,2 bilhões) em humanos. Esse genoma codifica aproximadamente 15 mil proteínas, e agora mutantes podem ser obtidos praticamente para cada gene. Mas há também outra forte razão pela qual os mecanismos genéticos, que são difíceis de descobrir em vertebrados, são, muitas vezes, prontamente revelados na mosca. Isso está relacionado, como agora explicaremos, com a frequência de duplicação gênica, que é substancialmente maior em genomas de vertebrados do que no genoma de mosca, o que provavelmente foi crucial para tornar os vertebrados criaturas complexas e sutis.

O genoma dos vertebrados é um produto de duplicações repetidas

Quase todo gene no genoma de vertebrados possui parálogos – outros genes no mesmo genoma que são inconfundivelmente relacionados e que devem ter surgido por duplicação gênica. Em muitos casos, um grupo inteiro de genes está intimamente relacionado a grupos similares presentes em outro lugar no genoma, sugerindo que os genes foram duplicados em grupos ligados, e não como indivíduos isolados. De acordo com uma hipótese, em um estágio inicial da evolução dos vertebrados, o genoma inteiro sofreu duas duplicações sucessivas, originando quatro cópias de cada gene.

O curso preciso da evolução do genoma dos vertebrados permanece incerto, pois muitas outras mudanças evolutivas ocorreram desde esses eventos primitivos. Genes

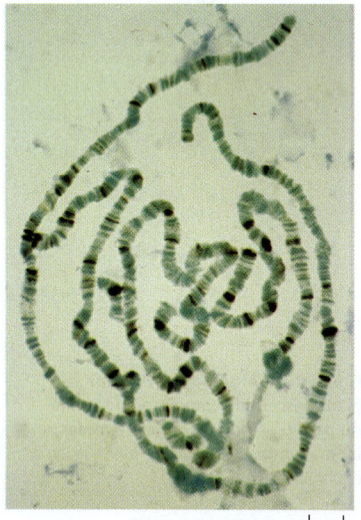

Figura 1-41 Cromossomos gigantes das células de glândulas salivares de *Drosophila*. Devido a vários ciclos de replicação do DNA terem ocorrido sem a intervenção da divisão celular, cada um dos cromossomos nestas células incomuns contém mais de mil moléculas de DNA idênticas, todas alinhadas em ordem. Isso as torna fáceis de serem vistas ao microscópio óptico, onde exibem um padrão de bandeamento característico e reproduzível. Bandas específicas podem ser identificadas como a localização de genes específicos: uma mosca mutante com uma região do padrão de bandas ausente apresenta um fenótipo que reflete a perda de genes naquela região. Os genes que estão sendo transcritos em altas taxas correspondem a bandas com aparência "estufada". As bandas coloridas de *marrom-escuro* na micrografia são sítios onde uma proteína reguladora específica está ligada ao DNA. (Cortesia de B. Zink e R. Paro, de R. Paro, *Trends Genet.* 6:416–421, 1990. Com permissão de Elsevier.)

que já foram idênticos divergiram; várias das cópias gênicas foram perdidas por mutações disruptivas; alguns sofreram rodadas adicionais de duplicação local; e o genoma, em cada ramo da árvore genealógica dos vertebrados, sofreu repetidos rearranjos, alterando a maioria das disposições originais dos genes. A comparação da disposição gênica em dois organismos relacionados, como o humano e o camundongo, revela que – na escala de tempo da evolução dos vertebrados – os cromossomos frequentemente se fundem e se fragmentam para mover grandes blocos de sequências de DNA. De fato, é mais possível, como discutido no Capítulo 4, que a presente situação de acontecimentos seja o resultado de muitas duplicações independentes de fragmentos do genoma, do que a duplicação do genoma como um todo.

Entretanto, não há dúvidas de que tais duplicações do genoma inteiro ocorram de tempos em tempos na evolução, pois podemos encontrar exemplos recentes nos quais grupos duplicados de cromossomos ainda são claramente identificáveis como tais. O gênero de rã *Xenopus*, por exemplo, compreende um grupo de espécies muito semelhantes relacionadas umas às outras por repetições duplas ou triplas de todo o genoma. Entre essas rãs estão a *X. tropicalis*, com o genoma diploide original; a espécie comum de laboratório *X. laevis*, com um genoma duplicado e duas vezes mais DNA por célula; e o *X. ruwenzoriensis*, com o genoma original duplicado seis vezes e seis vezes mais DNA por célula (p. ex., 108 cromossomos, comparado com 36 em *X. laevis*). Estima-se que essas espécies tenham divergido uma da outra nos últimos 120 milhões de anos (**Figura 1-42**).

A rã e o peixe-zebra proporcionam modelos acessíveis para o desenvolvimento dos vertebrados

As rãs têm sido usadas há muito tempo para estudar os estágios iniciais do desenvolvimento embrionário dos vertebrados, pois seus ovos são grandes, fáceis de manipular e são fertilizados fora do animal, de forma que o desenvolvimento subsequente é facilmente observado (**Figura 1-43**). A rã *Xenopus laevis,* em particular, continua a ser um organismo-modelo importante, mesmo que seja pouco adequado para análises genéticas (**Animação 1.6 e 21.1**).

O peixe-zebra *D. rerio* possui vantagens similares, mas sem esse inconveniente. Seu genoma é compacto – somente a metade do genoma de camundongo ou humano – e tem um tempo de geração de apenas três meses. Muitos mutantes são conhecidos e a engenharia genética é relativamente fácil. O peixe-zebra tem a característica adicional de ser transparente nas primeiras duas semanas de sua vida, de forma que é possível observar o comportamento de células individuais no organismo vivo (ver **Animação 21.2**). Tudo isso o tornou um modelo de vertebrado cada vez mais importante (**Figura 1-44**).

O camundongo é o organismo-modelo predominante de mamíferos

Os mamíferos geralmente têm duas vezes mais genes do que a *Drosophila*, um genoma que é 16 vezes maior e que tem milhões ou bilhões de vezes mais células em seu corpo adulto. Em termos de tamanho e de função de genoma, de biologia celular e de mecanismos moleculares, os mamíferos são, contudo, um grupo altamente uniforme de organismos. Até anatomicamente, as diferenças entre os mamíferos são principalmente uma questão de tamanho e de proporções; é difícil pensar em uma parte do corpo humano que não possua uma contraparte em elefantes e em camundongos, e vice-versa. A evolução brinca livremente com traços quantitativos, mas ela não muda prontamente a lógica da estrutura.

Para uma medida mais exata de quanto as espécies de mamíferos assemelham-se geneticamente uma com a outra, podemos comparar as sequências de nucleotídeos de genes correspondentes (ortólogos), ou as sequências de aminoácidos das proteínas

Figura 1-42 Duas espécies de rãs do gênero *Xenopus*. A *X. tropicalis* (em cima) apresenta o genoma diploide original; o *X. laevis* (embaixo) tem duas vezes mais DNA por célula. A partir dos padrões de bandeamento de seus cromossomos e o arranjo dos genes ao longo deles, assim como de comparações das sequências gênicas, é claro que as espécies com genoma maior evoluíram por meio de duplicações de todo o genoma. Acredita-se que essas duplicações ocorreram como consequência de cruzamentos entre rãs de espécies ligeiramente divergentes de *Xenopus*. (Cortesia de E. Amaya, M. Offield, e R. Grainger, *Trends Genet*. 14:253–255, 1998. Com permissão da Elsevier.)

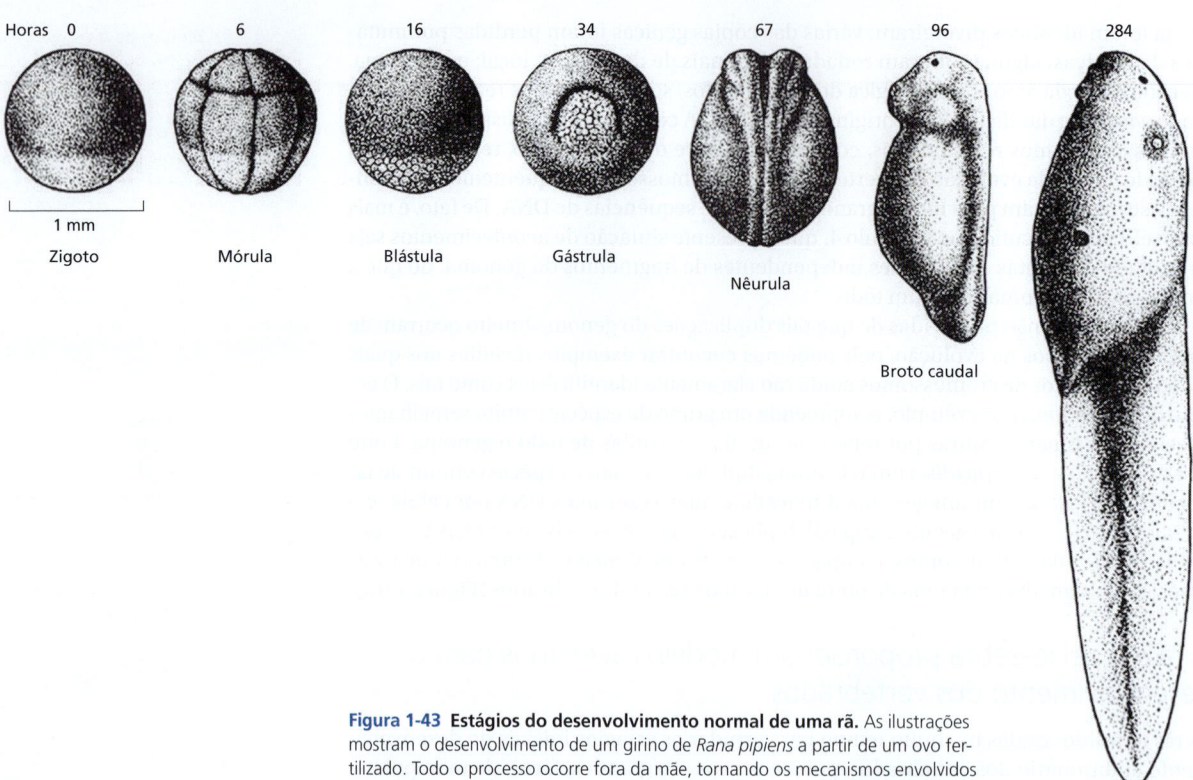

Figura 1-43 Estágios do desenvolvimento normal de uma rã. As ilustrações mostram o desenvolvimento de um girino de *Rana pipiens* a partir de um ovo fertilizado. Todo o processo ocorre fora da mãe, tornando os mecanismos envolvidos prontamente acessíveis para estudos experimentais. (De W. Shumway, *Anat. Rec.* 78:139–147, 1940.)

que esses genes codificam. Os resultados para cada gene e proteína variam bastante. No entanto, em geral, se alinharmos a sequência de aminoácidos de uma proteína humana com a de uma proteína ortóloga, digamos, de um elefante, aproximadamente 85% dos aminoácidos serão idênticos. Uma comparação parecida entre humano e ave mostra uma identidade de aminoácidos de aproximadamente 70% – duas vezes mais diferenças, pois as linhagens de ave e de mamíferos tiveram duas vezes mais tempo para divergir do que as de elefante e de humano (**Figura 1-45**).

O camundongo, sendo pequeno, robusto e um reprodutor rápido, tornou-se o organismo-modelo preferido para os estudos experimentais de genética molecular de vertebrados. Muitas mutações de ocorrência natural são conhecidas, em geral mimetizando os efeitos de mutações correspondentes em humanos (**Figura 1-46**). Além disso, foram desenvolvidos métodos para testar a função de qualquer gene escolhido de camundongo, ou de qualquer região não codificadora do genoma do camundongo, por criar artificialmente mutações, como explicaremos mais adiante neste livro.

Figura 1-44 O peixe-zebra como modelo para estudos do desenvolvimento de vertebrados. Estes pequenos e resilientes peixes tropicais são convenientes para estudos genéticos. Além disso, eles têm embriões transparentes que se desenvolvem fora da mãe, de forma que podem-se observar claramente as células movendo-se e mudando seu caráter no organismo vivo durante o seu desenvolvimento. (A) Peixe adulto. (B) Um embrião 24 horas após a fertilização. (A, com permissão de Steve Baskauf; B, de M. Rhinn et al., *Neural Dev.* 4:12, 2009.)

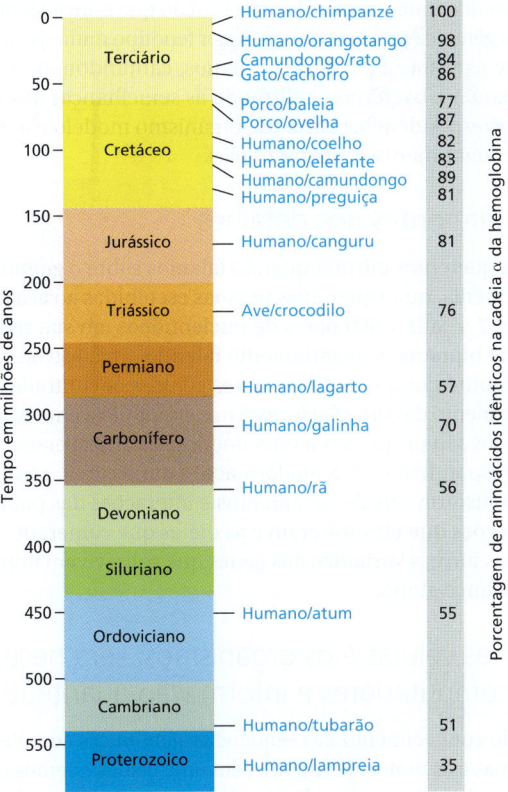

Figura 1-45 **Tempos de divergência de diferentes vertebrados.** A escala do lado esquerdo mostra a data estimada e a era geológica do último ancestral comum para cada par de animais especificado. Cada tempo estimado está baseado em comparações das sequências de aminoácidos de proteínas ortólogas; quanto mais tempo os animais de um par tiveram para evoluir independentemente, menor o percentual de aminoácidos que se manteve idêntico. A escala de tempo foi calibrada para corresponder com a evidência fóssil, mostrando que o último ancestral comum de mamíferos e aves viveu há 310 milhões de anos.

Os números do lado direito mostram os dados da divergência de uma sequência para uma proteína específica – a cadeia α da hemoglobina. Observe que, embora haja uma tendência geral da divergência aumentar com o aumento do tempo para essa proteína, há irregularidades que supostamente refletem a ação da seleção natural levando a mudanças especialmente rápidas na sequência da hemoglobina quando os organismos experimentaram demandas fisiológicas especiais. Algumas proteínas, sujeitas a limitações funcionais mais extremas, evoluem muito mais lentamente do que a hemoglobina, outras até cinco vezes mais rápido. Tudo isso leva a consideráveis incertezas na estimativa dos tempos de divergência, e alguns especialistas acreditam que os principais grupos de mamíferos divergiram uns dos outros até 60 milhões de anos mais recentemente do que é mostrado aqui. (Adaptada de S. Kumar e S.B. Hedges, *Nature* 392:917–920, 1998. Com permissão de Macmillan Publishers Ltd.)

Apenas um camundongo mutante feito sob encomenda pode fornecer valiosas informações para os biólogos celulares. Ele revela os efeitos de uma mutação escolhida em uma variedade de contextos diferentes, testando simultaneamente a ação do gene em todos os tipos diferentes de células no corpo que podem, em princípio, ser afetadas.

Os humanos relatam suas próprias peculiaridades

Como humanos, temos um interesse especial no nosso genoma. Queremos conhecer todo o conjunto de partes das quais somos feitos e descobrir como elas funcionam. Mas até mesmo se você fosse um camundongo, preocupado com a biologia molecular dos camundongos, os humanos seriam atrativos como modelo genético de organismos devido a uma propriedade especial: por meio de exames médicos e de autorrelatos, catalogamos nossas próprias doenças genéticas (e outras). A população humana é enorme, hoje constituída por cerca de 7 bilhões de indivíduos, e essa propriedade de autodocumentação significa que existe uma enorme base de dados de informação para mutações humanas. A sequência do genoma humano de mais de 3 bilhões de pares de nucleotídeos foi determinada para

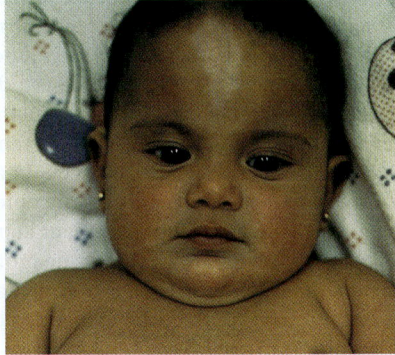

Figura 1-46 **Humano e camundongo: genes e desenvolvimento parecidos.** O bebê humano e o camundongo mostrados aqui possuem manchas brancas similares nas suas testas porque ambos têm mutações no mesmo gene (chamado de *Kit*), necessário para o desenvolvimento e a manutenção das células pigmentares. (Cortesia de R.A. Fleischman.)

milhares de pessoas diferentes, tornando mais fácil do que nunca identificar, em nível molecular, a mudança genética precisa para qualquer fenótipo mutante humano.

Reunindo-se as pistas a partir de humanos, camundongos, peixes, moscas, vermes, leveduras, plantas e bactérias – utilizando as semelhanças das sequências gênicas para mapear as correspondências entre um organismo modelo e outro –, estamos enriquecendo nosso entendimento sobre todos eles.

Somos todos diferentes nos detalhes

O que exatamente queremos afirmar quando falamos sobre o genoma humano? Genoma de quem? Em média, quaisquer duas pessoas escolhidas ao acaso diferem em aproximadamente 1 ou 2 a cada 1.000 pares de nucleotídeos em sua sequência de DNA. O genoma da espécie humana é, propriamente falando, uma estrutura muito complexa, abrangendo o conjunto completo de variantes gênicas encontradas na população humana. O reconhecimento dessa variação está nos ajudando a entender, por exemplo, por que algumas pessoas são propensas a uma doença, e outras pessoas, a outras doenças; por que algumas respondem bem a um fármaco, e outras, mal. Também está fornecendo pistas da nossa história – os deslocamentos e interações das populações dos nossos ancestrais, as infecções que eles sofreram e as dietas que comeram. Todos esses fatores deixaram traços nas formas variantes dos genes que sobrevivem hoje nas comunidades humanas que habitam o globo.

Para entender as células e os organismos, será necessário matemática, computadores e informação quantitativa

Impulsionados pelo conhecimento das sequências genômicas completas, podemos listar os genes, as proteínas e as moléculas de RNA em uma célula, e temos os métodos que nos permitem começar a descrever a complexa rede de interações entre eles. No entanto, como iremos transformar toda essa informação em entendimento de como as células funcionam? Mesmo para um único tipo celular pertencente a uma única espécie de organismo, a atual avalanche de dados parece impressionante. O tipo de raciocínio informal no qual os biólogos geralmente se baseiam parece totalmente inadequado em face de tal complexidade.

De fato, a dificuldade é maior do que apenas uma questão de sobrecarga de informação. Os sistemas biológicos, por exemplo, apresentam diversos sistemas de retroalimentação, e até o comportamento do mais simples dos sistemas com retroalimentação é difícil de prever apenas por intuição (**Figura 1-47**); pequenas mudanças nos parâmetros podem causar mudanças radicais no resultado. Para ir de um diagrama de circuito para predição do comportamento de um sistema, nós precisamos de informação quantitativa detalhada, e para fazer deduções a partir dessa informação, necessitamos da matemática e de computadores.

Tais ferramentas para o raciocínio quantitativo são essenciais, mas outros dados são necessários. Você pode pensar que, sabendo como cada proteína influencia uma outra proteína, e como a expressão de cada gene é regulada pelos produtos de outros genes, logo seríamos capazes de calcular como a célula irá se comportar como um todo, assim como um astrônomo consegue calcular as órbitas dos planetas, ou um engenheiro químico pode calcular os fluxos através de uma fábrica de produtos químicos. Contudo, qualquer tentativa de realizar essa façanha para qualquer sistema semelhante a uma célula viva inteira, rapidamente revela os limites do nosso conhecimento atual. As informações que temos, abundantes como são, estão repletas de lacunas e incertezas. Além disso, são muito mais qualitativas do que quantitativas. Frequentemente, os biólogos celulares que estudam os sistemas de controle celular resumem o seu conhecimento em diagramas esquemáticos simples – este livro está cheio deles – em vez de números, gráficos e equações diferenciais.

Progredir de descrições qualitativas e raciocínio intuitivo para descrições quantitativas e deduções matemáticas é um dos maiores desafios da biologia celular contemporânea. Até o momento, apenas o desafio de alguns fragmentos simples da maquinaria das células vivas foi alcançado – subsistemas envolvendo pequenos conjuntos de proteínas, ou dois ou três genes de regulação cruzada, em que dados teóricos e experimentais são complementares. Discutimos alguns desses exemplos mais adiante no livro, e dedicamos a seção final do Capítulo 8 para o papel da quantificação na biologia celular.

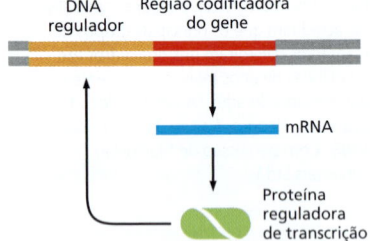

Figura 1-47 Um circuito de regulação muito simples – um único gene regulando sua própria expressão pela ligação de seu produto proteico ao seu próprio DNA regulador. Diagramas esquemáticos simples como este são encontrados ao longo deste livro. Eles geralmente são usados para resumir o que nós sabemos, mas eles deixam muitas questões sem resposta. Quando a proteína se liga, ela inibe ou estimula a transcrição do gene? Qual é a relação entre a taxa de transcrição e a concentração da proteína? Quanto tempo, em média, uma molécula de proteína permanece ligada ao DNA? Quanto tempo leva para sintetizar cada molécula de mRNA ou proteína, e quão rápido cada tipo de molécula é degradada? Como explicado no Capítulo 8, a modelagem matemática mostra que precisamos de respostas quantitativas para todas estas e outras questões antes de podermos predizer o comportamento até mesmo desse sistema de um único gene. Para valores de parâmetros diferentes, o sistema pode acomodar-se a um único estado de equilíbrio; ou pode comportar-se como um interruptor, capaz de existir em um ou outro de um grupo de estados alternativos; ou pode oscilar; ou pode apresentar grandes flutuações aleatórias.

O conhecimento e o entendimento proporcionam poder de interferir – nos humanos, para evitar ou prevenir doenças; nas plantas, para criar cultivares melhores; nas bactérias, para alterá-las para nosso próprio uso. Todas essas iniciativas biológicas estão ligadas porque a informação genética de todos os organismos vivos está escrita na mesma linguagem. A nova habilidade encontrada pelos biólogos moleculares para ler e decifrar essa linguagem já começou a transformar nosso relacionamento com o mundo vivo. O conteúdo de biologia celular nos capítulos subsequentes irá – esperamos – preparar o leitor para entender e possivelmente contribuir para a grande aventura científica do século XXI.

Resumo

As células eucarióticas, por definição, mantêm seu DNA em um compartimento separado por uma membrana, o núcleo. Além disso, elas têm um citoesqueleto para suporte e movimento, compartimentos intracelulares elaborados para a digestão e a secreção, a capacidade (em muitas espécies) de englobar outras células e um metabolismo que depende da oxidação de moléculas orgânicas pela mitocôndria. Essas propriedades sugerem que os eucariotos possam ter se originado como predadores de outras células. As mitocôndrias – e, em plantas, os cloroplastos – contêm seu próprio material genético e, evidentemente, evoluíram de bactérias que foram assimiladas no citoplasma de células ancestrais e sobreviveram como simbiontes.

As células eucarióticas geralmente têm de 3 a 30 vezes mais genes que os procariotos e, com frequência, milhares de vezes mais DNA não codificador. O DNA não codificador permite grande complexidade na regulação da expressão gênica, como necessário para a construção de organismos multicelulares complexos. Muitos eucariotos, entretanto, são unicelulares – entre eles a levedura S. cerevisiae, *que serve como um modelo simples de organismo para a biologia da célula eucariótica, revelando a base molecular de muitos processos fundamentais que foram altamente conservados durante 1 bilhão de anos de evolução. Um pequeno número de outros organismos também foi escolhido para estudo intensivo: um verme, uma mosca, um peixe e um camundongo servem como organismos-modelo para animais multicelulares; e uma pequena erva fanerógama serve como modelo para plantas.*

Novas tecnologias, como o sequenciamento genômico, estão produzindo avanços surpreendentes sobre nosso conhecimento dos seres humanos, e estão nos ajudando a avançar no nosso entendimento sobre a saúde e a doença humanas. Mas os sistemas vivos são incrivelmente complexos, e os genomas dos mamíferos contêm múltiplos homólogos semelhantes para a maioria dos genes. Essa redundância genética permitiu a diversificação e a especialização de genes para novos propósitos, mas também torna os mecanismos biológicos mais difíceis de decifrar. Por essa razão, modelos de organismos mais simples tiveram papel fundamental em revelar mecanismos genéticos universais do desenvolvimento animal, e a pesquisa utilizando esses sistemas permanece essencial para conduzir avanços científicos e médicos.

O QUE NÃO SABEMOS

- Que novas abordagens podem proporcionar uma visão mais clara da arqueia anaeróbica que se acredita ter formado o núcleo da primeira célula eucariótica? Como sua simbiose com uma bactéria aeróbica levou à mitocôndria? Em algum lugar na Terra, estarão essas células ainda não identificadas que poderão completar os detalhes de como as células eucarióticas se originaram?

- O sequenciamento de DNA revelou um mundo rico e previamente desconhecido de células microbianas, cuja grande maioria não pode ser cultivada em laboratório. Como essas células poderiam ser mais acessíveis para estudos detalhados?

- Que novas células ou novos organismos-modelo deveriam ser desenvolvidos para os cientistas estudarem? Por que o foco concentrado nesses modelos poderia acelerar o progresso em direção ao entendimento de um aspecto crítico da função celular que é pouco entendido?

- Como as primeiras membranas celulares se originaram?

TESTE SEU CONHECIMENTO

Quais afirmativas estão corretas? Justifique.

1-1 Cada membro da família do gene da hemoglobina humana, que consiste em sete genes arranjados em dois conjuntos em diferentes cromossomos, é um ortólogo para todos os outros membros.

1-2 A transferência genética horizontal é mais prevalente em organismos unicelulares do que em organismos multicelulares.

1-3 A maioria das sequências de DNA em um genoma bacteriano codifica proteínas, enquanto a maioria das sequências no genoma humano não.

Discuta as questões a seguir.

1-4 Desde que foi decifrado, há quatro décadas, alguns alegam que o código genético seja um evento acidental, enquanto outros têm afirmado que ele foi moldado por seleção natural. Uma característica notável do código genético é sua resistência inerente aos efeitos de mutações. Por exemplo, uma mudança na terceira posição de um códon geralmente especifica o mesmo aminoácido ou outro com propriedades químicas semelhantes. O código natural resiste à mutação com mais eficiência (é menos suscetível ao erro) do que a maioria das outras versões possíveis, como ilustrado na **Figura Q1-1**. Apenas 1 entre 1 milhão de códigos gerados "ao acaso" pelo computador é mais resistente ao erro do que o código genético natural. A extraordinária resistência do código genético a mutações corrobora a sua origem como um evento incidental, ou como resultado da seleção natural? Explique seu raciocínio.

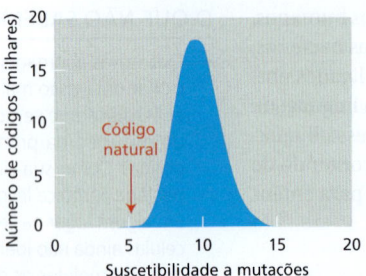

Figura Q1-1 Suscetibilidade a mutações do código natural mostrada em relação aos milhões de códigos alternativos gerados por computador. A suscetibilidade mede a mudança média nas propriedades dos aminoácidos causadas pelas mutações ao acaso em um código genético. Um valor pequeno indica que as mutações tendem a causar mudanças menores. (Dados cortesia de Steve Freeland.)

1-5 Você começou a caracterizar uma amostra obtida das profundezas do oceano de Europa, uma das luas de Júpiter. Para sua surpresa, a amostra contém uma forma de vida que cresce bem em um meio de cultura rico. A sua análise preliminar mostra que ela é celular e contém DNA, RNA e proteína. Quando você mostra seus resultados a uma colega, ela sugere que a sua amostra foi contaminada com um organismo da Terra. Quais abordagens você poderia tentar para distinguir entre a contaminação e uma nova forma de vida celular baseada em DNA, RNA e proteína?

1-6 Não é tão difícil imaginar o que significa se alimentar de moléculas orgânicas que os organismos vivos produzem. Isso é, afinal de contas, o que fazemos. Mas o que significa "alimentar-se" da luz solar, como os organismos fototróficos fazem? Ou, até mais estranho, "alimentar-se" de rochas, como os organismos litotróficos fazem? Onde está o "alimento", por exemplo, na mistura química (H_2S, H_2, CO, Mn^+, Fe^{2+}, Ni^{2+}, CH_4 e NH_4^+) expelida de uma fenda termal?

1-7 Quantas árvores diferentes possíveis (padrões de ramificação) podem, em teoria, ser desenhadas para mostrar a evolução das bactérias, arqueias e eucariotos, assumindo que todos eles se originaram de um ancestral comum?

1-8 Os genes para RNA ribossômico são altamente conservados (relativamente poucas mudanças na sequência) em todos os organismos na Terra; assim, eles evoluíram muito lentamente ao longo do tempo. Os genes de RNA ribossômico "nasceram" perfeitos?

1-9 Os genes participantes de processos informacionais, como replicação, transcrição e tradução, são transferidos entre espécies com muito menos frequência do que genes envolvidos no metabolismo. A base para essa desigualdade não está clara no momento, mas uma sugestão é de que ela esteja relacionada à complexidade fundamental dos dois tipos de processos. Os processos informacionais tendem a envolver grandes complexos de diferentes produtos gênicos, enquanto as reações metabólicas são geralmente catalisadas por enzimas compostas por uma só proteína. Por que a complexidade do processo fundamental – informacional ou metabólico – teria algum efeito sobre a taxa de transferência horizontal de genes?

1-10 As células animais não têm parede celular e nem cloroplastos, enquanto as plantas têm ambos. As células fúngicas estão entre esses dois extremos; elas têm paredes celulares, mas não têm cloroplastos. As células fúngicas são, mais provavelmente, células animais que ganharam a habilidade de sintetizar paredes celulares ou células de plantas que perderam seus cloroplastos? Essa questão representou uma dificuldade para os primeiros investigadores que procuraram atribuir as relações evolutivas baseando-se somente nas características e morfologia celulares. Como você supõe que essa questão foi decidida?

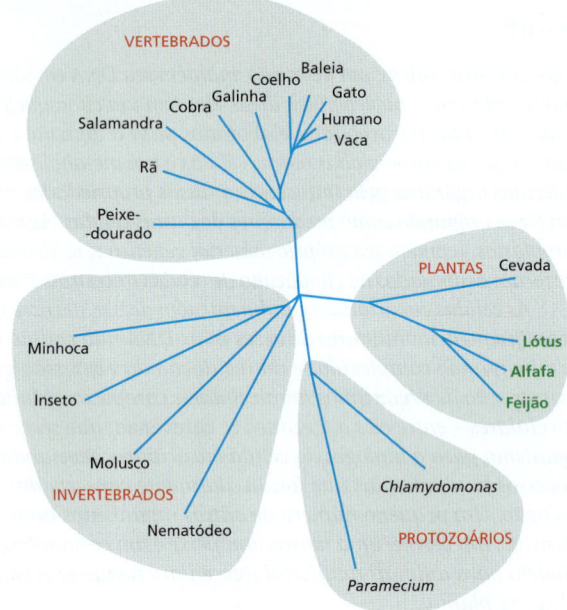

Figura Q1-2 A árvore filogenética dos genes de hemoglobina de uma variedade de espécies. Os legumes estão destacados em *verde*. Os comprimentos das linhas que conectam as espécies atuais representam as distâncias evolutivas que as separam.

1-11 Quando os genes de hemoglobina das plantas foram descobertos pela primeira vez em legumes, foi tão surpreendente encontrar um gene típico do sangue animal que se sugeriu que o gene em plantas surgiu por transferência horizontal de um animal. Agora, mais genes de hemoglobina foram sequenciados, e uma árvore filogenética com base em algumas dessas sequências é mostrada na **Figura Q1-2**.

A. Essa árvore suporta ou refuta a hipótese de que a hemoglobina da planta originou-se por transferência horizontal de gene?

B. Supondo que os genes da hemoglobina de planta sejam originalmente derivados de um parasita nematódeo, por exemplo, como você poderia esperar que a árvore filogenética se parecesse?

1-12 As taxas de evolução parecem variar em diferentes linhagens. Por exemplo, a taxa de evolução na linhagem do rato é significativamente maior do que na linhagem humana. Essas diferenças na taxa são aparentes se forem observadas mudanças em sequências de nucleotídeos que codificam proteínas e que estão sujeitas à pressão de seleção, ou as mudanças nas sequências de nucleotídeos não codificadores que não estão sob pressão de seleção evidente. Você pode fornecer uma ou mais explicações para a taxa de modificações evolutivas ser mais lenta na linhagem humana do que na linhagem do rato?

REFERÊNCIAS

Gerais

Alberts B, Bray D, Hopkin K et al. (2014) Essential Cell Biology, 4th ed. New York: Garland Science.

Barton NH, Briggs DEG, Eisen JA et al. (2007) Evolution. Cold Spring Harbor, NY: Cold Spring Harbor Laboratory Press.

Darwin C (1859) On the Origin of Species. London: Murray.

Graur D & Li W-H (1999) Fundamentals of Molecular Evolution, 2nd ed. Sunderland, MA: Sinauer Associates.

Madigan MT, Martinko JM, Stahl D et al. (2010) Brock Biology of Microorganisms, 13th ed. Menlo Park, CA: Benjamin-Cummings.

Margulis L & Chapman MJ (2009) Kingdoms and Domains: An Illustrated Guide to the Phyla of Life on Earth, 1st ed. San Diego: Academic Press.

Moore JA (1993) Science As a Way of Knowing. Cambridge, MA: Harvard University Press.

Moore JA (1972) Heredity and Development, 2nd ed. New York: Oxford University Press. (Free download at www.nap.edu)

Yang Z (2014) Molecular Evolution: A Statistical Approach. Oxford: Oxford University Press.

Características universais das células na Terra

Andersson SGE (2006) The bacterial world gets smaller. Science 314, 259–260.

Brenner S, Jacob F & Meselson M (1961) An unstable intermediate carrying information from genes to ribosomes for protein synthesis. Nature 190, 576–581.

Deamer D & Szostak JW eds. (2010) The Origins of Life (Cold Spring Harbor Perspectives in Biology). NY: Cold Spring Harbor Laboratory Press.

Gibson DG, Benders GA, Andrews-Pfannkoch C et al. (2008) Complete chemical synthesis, assembly, and cloning of a Mycoplasma genitalium genome. Science 319, 1215–1220.

Glass JI, Assad-Garcia N, Alperovich N et al. (2006) Essential genes of a minimal bacterium. Proc. Natl Acad. Sci. USA 103, 425–430.

Harris JK, Kelley ST, Spiegelman GB et al. (2003) The genetic core of the universal ancestor. Genome Res. 13, 407–413.

Koonin EV (2005) Orthologs, paralogs, and evolutionary genomics. Annu. Rev. Genet. 39, 309–338.

Noller H (2005) RNA structure: reading the ribosome. Science 309, 1508–1514.

Rinke C, Schwientek P, Sczyrba A et al. (2013) Insights into the phylogeny and coding potential of microbial dark matter. Nature 499, 431–437.

Watson JD & Crick FHC (1953) Molecular structure of nucleic acids. A structure for deoxyribose nucleic acid. Nature 171, 737–738.

A diversidade dos genomas e a árvore da vida

Blattner FR, Plunkett G, Bloch CA et al. (1997) The complete genome sequence of Escherichia coli K-12. Science 277, 1453–1474.

Boucher Y, Douady CJ, Papke RT et al. (2003) Lateral gene transfer and the origins of prokaryotic groups. Annu. Rev. Genet. 37, 283–328.

Cavicchioli R (2010) Archaea–timeline of the third domain. Nat. Rev. Microbiol. 9, 51–61.

Choudhuri S (2014) Bioinformatics for Beginners: Genes, Genomes, Molecular Evolution, Databases and Analytical Tools, 1st ed. San Diego: Academic Press.

Dixon B (1997) Power Unseen: How Microbes Rule the World. Oxford:Oxford University Press.

Handelsman J (2004) Metagenomics: applications of genomics to uncultured microorganisms. Microbiol. Mol. Biol. Rev. 68, 669–685.

Kerr RA (1997) Life goes to extremes in the deep earth—and elsewhere? Science 276, 703–704.

Lee TI, Rinaldi NJ, Robert F et al. (2002) Transcriptional regulatory networks in Saccharomyces cerevisiae. Science 298, 799–804.

Olsen GJ & Woese CR (1997) Archaeal genomics: an overview. Cell 89:991–994.

Williams TA, Foster PG, Cox CJ & Embley TM (2013) An archaeal origin of eukaryotes supports only two primary domains of life. Nature 504, 231–235.

Woese C (1998) The universal ancestor. Proc. Natl Acad. Sci. USA 95, 6854–6859.

A informação genética em eucariotos

Adams MD, Celniker SE, Holt RA et al. (2000) The genome sequence of Drosophila melanogaster. Science 287, 2185–2195.

Amborella Genome Project (2013) The Amborella genome and the evolution of flowering plants. Science 342, 1241089.

Andersson SG, Zomorodipour A, Andersson JO et al. (1998) The genome sequence of Rickettsia prowazekii and the origin of mitochondria. Nature 396, 133–140.

The Arabidopsis Initiative (2000) Analysis of the genome sequence of the flowering plant Arabidopsis thaliana. Nature 408, 796–815.

Carroll SB, Grenier JK & Weatherbee SD (2005) From DNA to Diversity: Molecular Genetics and the Evolution of Animal Design, 2nd ed. Maldon, MA: Blackwell Science.

de Duve C (2007) The origin of eukaryotes: a reappraisal. Nat. Rev. Genet. 8, 395–403.

Delsuc F, Brinkmann H & Philippe H (2005) Phylogenomics and the reconstruction of the tree of life. Nat. Rev. Genet. 6, 361–375.

DeRisi JL, Iyer VR & Brown PO (1997) Exploring the metabolic and genetic control of gene expression on a genomic scale. Science 278, 680–686.

Gabriel SB, Schaffner SF, Nguyen H et al. (2002) The structure of haplotype blocks in the human genome. Science 296, 2225–2229.

Goffeau A, Barrell BG, Bussey H et al. (1996) Life with 6000 genes. Science 274, 546–567.

International Human Genome Sequencing Consortium (2001) Initial sequencing and analysis of the human genome. Nature 409, 860–921.

Keeling PJ & Koonin EV eds. (2014) The Origin and Evolution of Eukaryotes (Cold Spring Harbor Perspectives in Biology). NY: Cold Spring Harbor Laboratory Press.

Lander ES (2011) Initial impact of the sequencing of the human genome. Nature 470, 187–197.

Lynch M & Conery JS (2000) The evolutionary fate and consequences of duplicate genes. Science 290, 1151–1155.

National Center for Biotechnology Information. http://www.ncbi.nlm.nih.gov/

Owens K & King MC (1999) Genomic views of human history. Science 286, 451–453.

Palmer JD & Delwiche CF (1996) Second-hand chloroplasts and the case of the disappearing nucleus. Proc. Natl Acad. Sci. USA 93, 7432–7435.

Reed FA & Tishkoff SA (2006) African human diversity, origins and migrations. Curr. Opin. Genet. Dev. 16, 597–605.

Rine J (2014) A future of the model organism model. Mol. Biol. Cell 25, 549–553.

Rubin GM, Yandell MD, Wortman JR et al. (2000) Comparative genomics of the eukaryotes. Science 287, 2204–2215.

Shen Y, Yue F, McCleary D et al. (2012) A map of the cis-regulatory sequences in the mouse genome. Nature 488, 116–120.

The C. elegans Sequencing Consortium (1998) Genome sequence of the nematode C. elegans: a platform for investigating biology. Science 282, 2012–2018.

Tinsley RC & Kobel HR eds. (1996) The Biology of Xenopus. Oxford: Clarendon Press.

Tyson JJ, Chen KC & Novak B (2003) Sniffers, buzzers, toggles and blinkers: dynamics of regulatory and signaling pathways in the cell. Curr. Opin. Cell Biol. 15, 221–231.

Venter JC, Adams MD, Myers EW et al (2001) The sequence of the human genome. Science 291, 1304–1351.

Bioenergética e química celular

CAPÍTULO
2

À primeira vista, é difícil aceitar a ideia de que organismos vivos sejam meramente sistemas químicos. As inacreditáveis diversidades de formas, seu comportamento com aparente propósito e a habilidade de crescer e se reproduzir parecem colocar os organismos vivos à parte do mundo dos sólidos, dos líquidos e dos gases normalmente descritos pela química. Realmente, até o século XIX, foi amplamente aceito que os animais tinham uma força vital – um *animus* – que seria responsável pelas suas propriedades características.

Sabe-se agora que não há nada nos organismos vivos que desobedeça às leis da química ou da física. Mesmo assim, a química da vida é especial. Primeiro, ela está baseada fundamentalmente em compostos de carbono, cujo estudo é chamado de *química orgânica*. Segundo, as células são constituídas por 70% de água, e a vida depende quase exclusivamente de reações químicas que ocorrem em soluções aquosas. Terceiro, e mais importante, a química das células é bastante complexa, mesmo a mais simples delas tem uma química muito mais complicada do que qualquer outro sistema químico conhecido. Particularmente, embora as células possuam uma grande variedade de moléculas pequenas contendo carbono, a maior parte dos átomos de carbono presente nas células está incorporada em grandes moléculas poliméricas – cadeias formadas por subunidades químicas ligadas pelas extremidades das subunidades. As propriedades únicas dessas *macromoléculas* permitem que as células e os organismos cresçam, reproduzam-se e desempenhem todas as demais atividades peculiares à vida.

NESTE CAPÍTULO

COMPONENTES QUÍMICOS DA CÉLULA

CATÁLISE E O USO DE ENERGIA PELAS CÉLULAS

COMO AS CÉLULAS OBTÊM ENERGIA DOS ALIMENTOS

COMPONENTES QUÍMICOS DA CÉLULA

Os organismos vivos são compostos por somente uma pequena seleção dos 92 elementos que ocorrem naturalmente, sendo que apenas quatro deles – carbono (C), hidrogênio (H), nitrogênio (N) e oxigênio (O) – perfazem 96,5% do peso de um organismo (**Figura 2-1**). Os átomos desses elementos são ligados um ao outro por **ligações covalentes**, formando *moléculas* (ver **Painel 2-1**, p. 90-91). Uma vez que as ligações covalentes geralmente são cem vezes mais fortes que a energia térmica presente nas células, os átomos não são separados por essa excitação térmica e as ligações são rompidas apenas em reações específicas com outros átomos ou moléculas. Duas moléculas diferentes também podem se manter juntas por meio de *ligações não covalentes*, que são muito mais fracas (**Figura 2-2**). Posteriormente, será visto que as ligações não covalentes são importantes em muitas situações nas quais as moléculas devem se associar e dissociar prontamente para desempenharem suas funções biológicas.

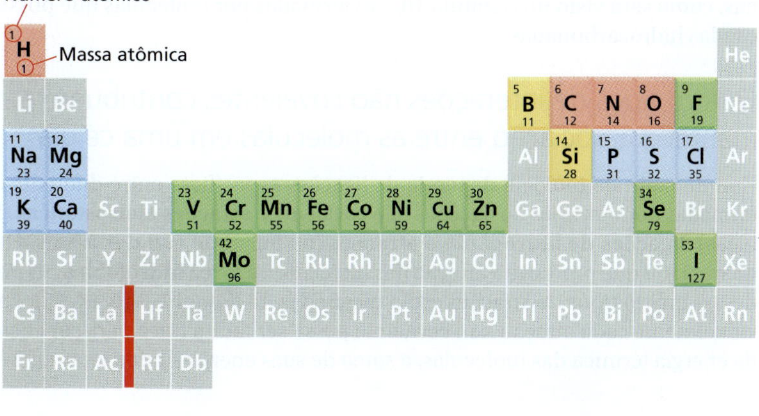

Figura 2-1 Os principais elementos das células, destacados na tabela periódica. Quando os elementos são colocados de acordo com os seus números atômicos e organizados dessa maneira, eles se agrupam em colunas verticais que indicam propriedades semelhantes. Os átomos de uma mesma coluna vertical devem ganhar (ou perder) o mesmo número de elétrons para preencherem sua camada mais externa e, assim, comportam-se de maneira semelhante na formação de íons ou de ligações. Dessa forma, por exemplo, Mg e Ca tendem a perder dois elétrons de suas camadas mais externas. C, N e O situam-se na mesma linha horizontal e tendem a completar suas segundas camadas compartilhando elétrons.

Os quatro elementos destacados em *vermelho* constituem 99% do número total de átomos no corpo humano. Os sete elementos destacados em *azul*, em conjunto, representam 0,9% do total. Os elementos destacados em *verde* são necessários em quantidades-traço pelo homem. Permanece incerto se os elementos mostrados em *amarelo* são essenciais para o homem. Parece que a química da vida é, portanto, predominantemente a química dos elementos mais leves. Os pesos atômicos mostrados são os do isótopo mais comum de cada um dos elementos.

Figura 2-2 Algumas formas de energia importantes para as células. Uma propriedade essencial de qualquer ligação covalente ou não covalente é sua força. A *força de uma ligação* é medida pela quantidade de energia necessária para romper a ligação, expressa tanto em unidades de quilojoules por mol (kJ/mol) ou quilocalorias por mol (kcal/mol). Assim, se for necessário o fornecimento de 100 kJ de energia para romper 6×10^{23} ligações de um tipo específico (i.e., 1 mol dessas ligações) a força dessa ligação será 100 kJ/mol. Observe que nesse diagrama as energias estão comparadas em uma escala logarítmica. Os comprimentos e as forças de ligação das principais classes de ligações químicas estão mostrados na Tabela 2-1.

Um (1) joule (J) é a quantidade de energia necessária para mover um objeto por 1 metro contra uma força de 1 Newton. Essa medida de energia é derivada das unidades SI (Système Internationale d'Unités), sistema que é usado universalmente pelos físicos. Uma segunda unidade de energia, geralmente usada pelos biólogos celulares, é a quilocaloria (kcal); 1 caloria é a quantidade de energia necessária para elevar a temperatura de 1 grama de água em 1°C; 1 kJ é igual a 0,239 kcal (1 kcal = 4,18 kJ).

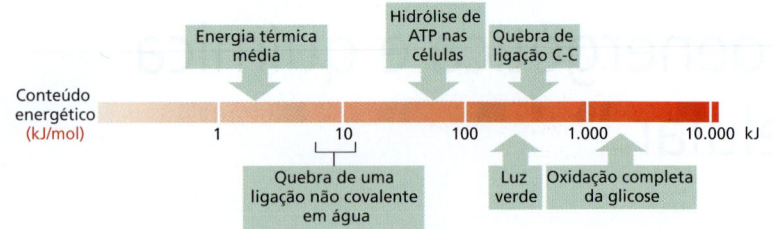

A água é mantida coesa por ligações de hidrogênio

As reações ocorrem no interior das células em um ambiente aquoso. A vida na Terra começou nos oceanos, e as condições daquele ambiente primitivo imprimiram características indeléveis na química dos seres vivos. Assim, a vida depende das propriedades químicas da água. Essas propriedades estão revistas no **Painel 2-2** (p. 92-93).

Em cada molécula de água (H_2O), os dois átomos de H ligam-se ao átomo de O por ligações covalentes. As duas ligações são altamente polares porque o O atrai fortemente elétrons, enquanto o H os atrai apenas fracamente. Como consequência, há uma distribuição não equitativa de elétrons na molécula de água, com predominância de carga positiva nos dois átomos de H e de carga negativa no O. Quando uma região da molécula de água carregada positivamente (i.e., um dos dois átomos de H) se aproxima de uma região carregada negativamente (i.e., do O) de uma segunda molécula de água, a atração elétrica entre elas pode resultar em uma *ligação de hidrogênio*. Essas ligações são muito mais fracas do que as ligações covalentes e são facilmente rompidas pelo movimento cinético aleatório que reflete a energia térmica das moléculas. Entretanto, o efeito combinado de um grande número de ligações fracas pode ser muito grande. Por exemplo, cada molécula de água pode formar ligações de hidrogênio, através de seus dois átomos de H, com duas outras moléculas de água, formando uma rede na qual ligações de hidrogênio são rompidas e formadas de modo contínuo. A água é um líquido à temperatura ambiente, com alto ponto de ebulição e alta tensão superficial, e não um gás, exatamente porque as moléculas são mantidas unidas devido a ligações de hidrogênio.

Moléculas como os álcoois, que possuem ligações covalentes polares e que podem formar ligações de hidrogênio com a água, dissolvem-se facilmente em água. Da mesma maneira, moléculas que possuem cargas (íons) interagem favoravelmente com a água. Essas moléculas são denominadas **hidrofílicas** para indicar que "gostam de água". Muitas das moléculas presentes no ambiente aquoso das células, incluindo os açúcares, o DNA, o RNA e a maioria das proteínas, forçosamente pertencem a essa categoria. Contrariamente, moléculas **hidrofóbicas** (moléculas que "não gostam de água") não possuem carga elétrica e formam poucas ligações de hidrogênio ou nenhuma, de modo que não se dissolvem em água. Os hidrocarbonetos são um exemplo importante. Nessas moléculas, todos os átomos de H estão ligados de modo covalente a átomos de C por ligações apolares, e, dessa forma, eles não podem formar ligações polares com outras moléculas (ver Painel 2-1, p. 90). Isso faz os hidrocarbonetos serem totalmente hidrofóbicos, propriedade que é aproveitada pelas células, cujas membranas, como será visto no Capítulo 10, são formadas por moléculas que possuem longas caudas hidrocarbonadas.

Quatro tipos de interações não covalentes contribuem para manter a associação entre as moléculas em uma célula

Grande parte da biologia depende de ligações específicas entre diferentes moléculas formadas por três tipos de ligações não covalentes: **atrações eletrostáticas** (ligações iônicas), **ligações de hidrogênio** e **atrações** (ou força) **de van der Waals**. Há ainda um quarto fator que promove a atração das moléculas: a **força hidrofóbica**. As propriedades desses quatro tipos de atrações estão mostradas no **Painel 2-3** (p. 94-95). Embora individualmente cada atração não covalente possa ser muito fraca para ser eficiente diante da energia térmica das moléculas, a soma de suas energias pode criar uma força inten-

Figura 2-3 Esquema mostrando como duas macromoléculas com superfícies complementares podem se ligar firmemente uma à outra através de ligações não covalentes. Ligações químicas não covalentes tem 1/20 da força de uma ligação covalente. Elas são capazes de produzir uma ligação forte somente quando muitas delas se formarem simultaneamente. Embora apenas atrações eletrostáticas estejam representadas no esquema, geralmente todas as quatro forças não covalentes contribuem para que duas macromoléculas se mantenham ligadas (Animação 2.1).

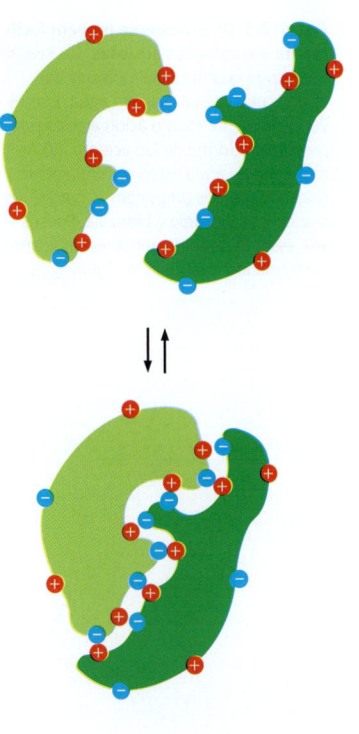

sa entre duas moléculas que estejam separadas. Dessa maneira, conjuntos de atrações não covalentes permitem que as superfícies complementares de duas moléculas mantenham essas duas macromoléculas associadas entre si (**Figura 2-3**).

A **Tabela 2-1** compara as forças de ligações não covalentes com a força típica de uma ligação covalente na presença e na ausência de água. Observe que a água, por formar interações que competem com as moléculas envolvidas, reduz muito a força tanto das atrações eletrostáticas como das ligações de hidrogênio.

A estrutura de uma ligação de hidrogênio típica está ilustrada na **Figura 2-4**. Essas ligações correspondem a uma forma especial de interação polar na qual um átomo de hidrogênio, que é eletropositivo, é compartilhado por dois átomos eletronegativos. Seus átomos de hidrogênio podem ser vistos como se fossem um próton que se dissociou apenas parcialmente de um átomo doador e, portanto, pode ser compartilhado por um segundo átomo aceptor. Ao contrário de uma interação eletrostática típica, essa ligação é altamente direcional – sendo mais intensa quando uma linha reta pode ser desenhada ligando todos os três átomos nela envolvidos.

O quarto efeito que normalmente une moléculas quando estão em presença de água, estritamente falando, não é propriamente uma ligação. Uma força hidrofóbica muito importante é formada pela expulsão de superfícies não polares da rede de água mantida por ligações de hidrogênio, de modo que essas superfícies não polares já não interferem fisicamente nas interações altamente favoráveis que ocorrem entre as moléculas de água. Manter essas superfícies não polares unidas reduz o contato delas com a água. Nesse sentido, a força é inespecífica. Entretanto, como está mostrado no Capítulo 3, as forças hidrofóbicas são fundamentais para o enovelamento adequado das proteínas

Algumas moléculas polares formam ácidos e bases em água

Um dos tipos de reação química mais simples, e que tem grande importância para as células, ocorre quando uma molécula que possui alguma ligação covalente altamente polar entre um hidrogênio e outro átomo dissolve-se em água. Em tais moléculas, o átomo de hidrogênio doa seu elétron quase totalmente para o átomo parceiro e, portanto, existe como um núcleo de hidrogênio carregado positivamente e praticamente desprovido de elétron – em outras palavras, um **próton (H^+)**. Quando uma molécula polar fica rodeada por moléculas de água, o próton é atraído pela carga parcialmente negativa do átomo de O de uma molécula de água adjacente. Esse próton pode se dissociar facilmente do seu parceiro original e se associar ao átomo de oxigênio de uma molécula de água, gerando um **íon hidrônio (H_3O^+)** (**Figura 2-5A**). A reação inversa também ocorre muito

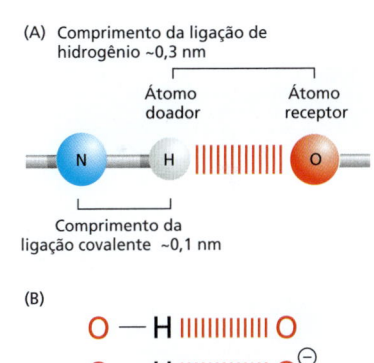

(B)

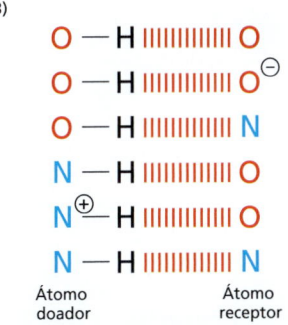

Figura 2-4 Ligações de hidrogênio. (A) Modelo de esfera e bastão de uma ligação de hidrogênio típica. A distância entre o átomo de hidrogênio e o átomo de oxigênio é menor do que a soma dos seus raios de van der Waals, o que indica haver compartilhamento parcial de elétrons. (B) As ligações de hidrogênio mais comuns encontradas nas células.

TABELA 2-1 Ligações químicas covalentes e não covalentes			Força (kJ/mol)**	
Tipo de ligação		Comprimento (nm)	No vácuo	Na água
Covalente		0,15	377 (90)	377 (90)
Não covalente	Iônica*	0,25	335 (80)	12,6 (3)
	Hidrogênio	0,30	16,7 (4)	4,2 (1)
	Força de van der Waals (por átomo)	0,35	0,4 (0,1)	0,4 (0,1)

*A ligação iônica é uma atração eletrostática entre dois átomos completamente carregados. **Os valores em parênteses estão em kcal/mol. 1 kJ = 0,239 kcal e 1 kcal = 4,18 kJ.

Figura 2-5 Os prótons se movem facilmente em soluções aquosas. (A) Reação que ocorre quando uma molécula de ácido acético dissolve-se em água. Em pH 7, praticamente todo o ácido acético está presente na forma de íon acetato. (B) As moléculas de água estão continuamente trocando prótons umas com as outras, formando íons hidrônio e hidroxila. Por sua vez, esses íons rapidamente recombinam-se formando moléculas de água.

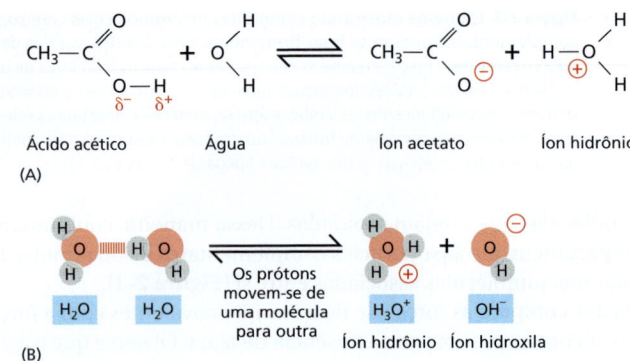

rapidamente, de modo que, em uma solução aquosa, os prótons estão constantemente passando de uma molécula de água para outra.

As substâncias que liberam prótons quando dissolvidas em água, formando, assim, H_3O^+, são denominadas **ácido**. Quanto maior a concentração de H_3O^+, mais ácida é a solução. H_3O^+ está presente mesmo na água pura, na concentração de 10^{-7} M, como resultado do movimento dos prótons de uma molécula de água para outra (**Figura 2-5B**). Por convenção, a concentração de H_3O^+ normalmente é chamada de concentração de H^+, mesmo que a maior parte dos prótons presentes na solução estejam na forma H_3O^+. Para evitar o uso de números incômodos de manusear, a concentração de H_3O^+ é expressa usando uma escala logarítmica denominada **escala de pH**. A água pura tem pH 7,0 e é considerada neutra, isto é, nem ácida (pH < 7) e nem básica (pH > 7).

Os ácidos são classificados como fortes ou fracos, dependendo da sua tendência a doar prótons para a água. Os ácidos fortes, como o ácido clorídrico (HCl) liberam prótons com facilidade. O ácido acético, por outro lado, é um ácido fraco porque ele mantém seus prótons mais firmemente quando dissolvido em água. Muitos ácidos importantes para as células, como as moléculas que contêm um grupo carboxila (COOH), são ácidos fracos (ver Painel 2-2, p. 92-93).

Uma vez que os prótons de um íon hidrônio podem ser transferidos facilmente para muitos dos tipos de moléculas presentes nas células, a concentração de H_3O^+ dentro das células (a acidez) deve ser rigidamente regulada. Os ácidos, especialmente os ácidos fracos, doam prótons mais facilmente quando a concentração de H_3O^+ da solução for baixa e tenderão a receber os prótons de volta quando a concentração de H_3O^+ for alta.

A **base** é o oposto de ácido. Qualquer molécula capaz de aceitar um próton de uma molécula de água é denominada base. O hidróxido de sódio (NaOH) é uma base (os termos álcali ou *alcalino* também são usados) porque ele se dissocia facilmente em soluções aquosas formando íons Na^+ e OH^-. Devido a essa propriedade, o NaOH é denominado base forte. Para as células, entretanto, as bases fracas – aquelas que têm uma tendência fraca a aceitar reversivelmente um próton da água – são mais importantes. Muitas moléculas de importância biológica contêm um grupo amino (NH_2). Esse grupo é uma base fraca que pode gerar OH^- ao aceitar um próton da água: $-NH_2 + H_2O \rightarrow -NH_3^+ + OH^-$ (ver Painel 2-2, p. 92-93).

Uma vez que o íon OH^- se combina com um íon H_3O^+ para formar moléculas de água, um aumento na concentração de OH^- força uma diminuição na concentração de H_3O^+ e vice-versa. Uma solução de água pura contém concentrações (10^{-7} M) iguais dos dois íons, fazendo ela ser neutra. O interior das células também é mantido próximo da neutralidade pela presença de ácidos e bases fracos (**tampões**) que podem liberar ou receber prótons próximos do pH 7, o que mantém o ambiente celular relativamente constante sob uma grande variedade de condições.

As células são formadas por compostos de carbono

Após serem revisadas as maneiras pelas quais os átomos de carbono combinam-se para formar moléculas e os seus comportamentos em ambiente aquoso, agora serão examinadas as principais classes de moléculas pequenas presentes nas células. Será visto que um pequeno número de categorias de moléculas, compostas por um pequeno número de elementos diferentes, originam toda a extraordinária riqueza de formas e de comportamentos apresentada pelos seres vivos.

Desconsiderando a água e os íons inorgânicos como, por exemplo, o potássio, praticamente todas as moléculas de uma célula têm o carbono como base. Em comparação com todos os demais elementos, o carbono é inigualável na sua capacidade de formar moléculas grandes. O silício vem em segundo lugar, porém muito atrás. Devido ao seu pequeno tamanho e ao fato de possuir quatro elétrons e quatro vacâncias na última camada, o átomo de carbono pode formar quatro ligações covalentes com outros átomos. Mais importante ainda, um átomo de carbono pode ligar-se com outros átomos de carbono por meio da ligação C–C, que é altamente estável, de modo a formar cadeias e anéis e, assim, formar moléculas grandes e complexas, não havendo mesmo um limite imaginável para o tamanho das moléculas que podem ser formadas. Os compostos de carbono formados pelas células são denominados *moléculas orgânicas*. Por outro lado, todas as demais moléculas, inclusive a água, são denominadas *moléculas inorgânicas*.

Certas combinações de átomos, como as dos grupos metila (–CH_3), hidroxila (–OH), carboxila (–COOH), carbonila (–C=O), fosfato (–PO_3^{2-}), sulfidrila (–SH) e amino (–NH_2), ocorrem repetidamente nas moléculas feitas por células. Cada um desses **grupos químicos** tem propriedades químicas e físicas distintas que influenciam o comportamento das moléculas que contêm esses grupos. Os grupos químicos mais comuns e algumas de suas propriedades estão resumidos no Painel 2-1 (p. 90-91).

As células contêm quatro famílias principais de moléculas orgânicas pequenas

As moléculas orgânicas pequenas das células são compostos baseados no carbono e têm peso molecular na faixa entre 100 e 1.000, contendo cerca de 30 átomos de carbono. Elas geralmente são encontradas livres em solução e têm vários destinos. Algumas são utilizadas como subunidades – *monômeros* – para compor gigantescas *macromoléculas* poliméricas — proteínas, ácidos nucleicos e os grandes polissacarídeos. Outras atuam como fonte de energia e são degradadas e transformadas em outras moléculas pequenas pela rede complexa de vias metabólicas intracelulares. Muitas dessas moléculas pequenas têm mais de um papel na célula; por exemplo, determinada molécula pode servir como subunidade de alguma macromolécula ou como fonte de energia. As moléculas orgânicas pequenas são muito menos abundantes que as macromoléculas orgânicas e perfazem somente cerca de um décimo do total da massa de matéria orgânica de uma célula. Em uma célula típica, podem existir aproximadamente milhares de tipos diferentes de moléculas pequenas.

Todas as moléculas orgânicas são sintetizadas a partir de (e degradadas até) um mesmo conjunto de compostos simples. Consequentemente, os compostos presentes nas células são quimicamente relacionados entre si e podem ser classificados dentro de um pequeno grupo de famílias distintas. De modo geral, as células contêm quatro famílias principais de moléculas orgânicas pequenas: os *açúcares*, os *ácidos graxos*, os *nucleotídeos* e os *aminoácidos* (**Figura 2-6**). Embora muitos dos compostos presentes nas células não se enquadrem nessas categorias, as quatro famílias de moléculas orgânicas pequenas, juntamente com as macromoléculas formadas por suas ligações em longas cadeias, correspondem a uma enorme proporção da massa celular.

Os aminoácidos e as proteínas que são formadas por eles serão objeto do Capítulo 3. Resumos das propriedades das três famílias restantes, açúcares, ácidos graxos e nucleotídeos, podem ser encontrados, respectivamente, nos **Painéis 2-4**, **2-5** e **2-6** (ver p. 96-101).

A química das células é dominada por macromoléculas com propriedades extraordinárias

Em termos de peso, as **macromoléculas** são, sem dúvida, as mais abundantes entre todas as moléculas que contêm carbono presentes nas células vivas (**Figura 2-7**). Elas constituem as principais unidades fundamentais que formam as células e também os

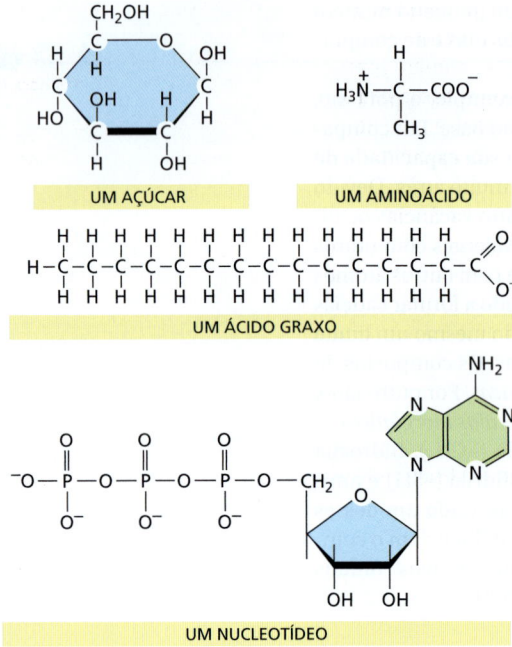

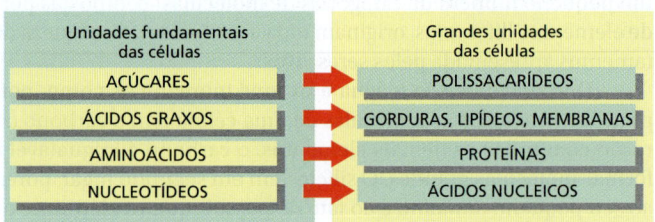

Figura 2-6 **As quatro principais famílias de moléculas orgânicas pequenas encontradas nas células.** Essas moléculas pequenas são as unidades fundamentais monoméricas, ou subunidades, da maioria das macromoléculas e de outros agregados celulares. Alguns deles, como os açúcares e os ácidos graxos, também são fontes de energia. Suas estruturas estão representadas aqui, e são mostradas com maiores detalhes nos painéis ao final deste capítulo e no Capítulo 3.

componentes que conferem as características mais distintivas dos seres vivos. Nas células, as macromoléculas são polímeros construídos simplesmente por ligações covalentes entre pequenas moléculas orgânicas (chamadas de *monômeros*), formando cadeias longas (**Figura 2-8**). Essas macromoléculas possuem muitas propriedades extraordinárias que não podem ser previstas com base em seus constituintes.

As proteínas são abundantes e incrivelmente versáteis. Elas desempenham milhares de funções diferentes nas células. Muitas proteínas funcionam como *enzimas* – catalisadores que facilitam o enorme número de reações que formam e que rompem as ligações covalentes necessárias para as células. Todas as reações pelas quais as células extraem energia das moléculas dos alimentos são catalisadas por proteínas que funcionam como enzimas (p. ex., a enzima denominada ribulose bisfosfato carboxilase converte, nos organismos fotossintéticos, o CO_2 em açúcares), produzindo a maior parte da matéria orgânica necessária para a vida na Terra. Outras proteínas são utilizadas para construir componentes estruturais, como a tubulina – uma proteína que se autoagrega de maneira organizada para formar os longos microtúbulos das células – ou as histonas – proteínas que compactam o DNA nos cromossomos. Além disso, outras proteínas atuam como motores moleculares que produzem força e movimento, como é o caso da miosina

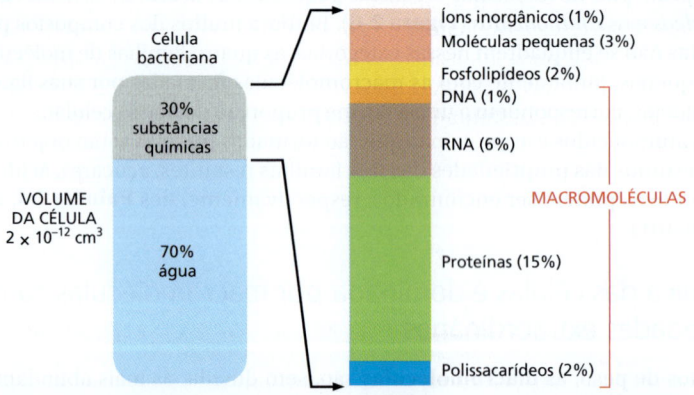

Figura 2-7 **Distribuição das moléculas nas células.** Composição aproximada de uma célula bacteriana em massa. A composição de uma célula animal é semelhante, mesmo que o volume seja aproximadamente 1.000 vezes maior. Observe que as macromoléculas predominam. Os principais íons inorgânicos incluem Na^+, K^+, Mg^{2+}, Ca^{2+} e Cl^-.

nos músculos. As proteínas podem ter uma ampla variedade de outras funções. Mais adiante neste livro, as bases moleculares de muitas proteínas serão examinadas.

Embora as reações químicas que adicionam subunidades a cada polímero (proteínas, ácidos nucleicos e polissacarídeos) tenham detalhes diferentes, elas compartilham características comuns importantes. O crescimento dos polímeros ocorre pela adição de um monômero à extremidade da cadeia polimérica que está crescendo, por meio de uma *reação de condensação*, na qual uma molécula de água é perdida cada vez que uma subunidade é adicionada (**Figura 2-9**). A polimerização pela adição de monômeros, um a um, para formar cadeias longas, é a maneira mais simples de construir uma molécula grande e complexa, pois as subunidades são adicionadas por uma mesma reação que é repetida muitas e muitas vezes pelo mesmo conjunto de enzimas. Deixando de lado alguns dos polissacarídeos, a maior parte das macromoléculas é formada a partir de um conjunto limitado de monômeros com pequenas diferenças entre si, como os 20 aminoácidos que participam da composição das proteínas. Para a vida, é fundamental que as cadeias de polímeros não sejam feitas pela adição das subunidades aleatoriamente. Ao contrário, as subunidades são adicionadas segundo uma ordem bem definida, ou *sequência*. Os mecanismos sofisticados que permitem que as enzimas desempenhem essa função estão descritos nos Capítulos 5 e 6.

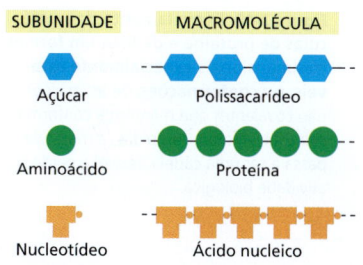

Figura 2-8 Três famílias de macromoléculas. Cada uma delas é um polímero formado por moléculas pequenas (denominadas monômeros), ligadas entre si por ligações covalentes.

Ligações não covalentes determinam tanto a forma precisa das macromoléculas como a forma com que se ligam a outras moléculas

A maior parte das ligações covalentes das macromoléculas permite que átomos que participam da ligação girem, de modo que as cadeias de polímeros possuam grande flexibilidade. Em princípio, isso possibilita que a macromolécula adote um número praticamente ilimitado de formas, ou *conformações*, devido a torções e giros induzidos pela energia térmica, que é aleatória. Entretanto, as formas específicas da maior parte das macromoléculas são altamente condicionadas pelas muitas *ligações não covalentes* fracas formadas entre diferentes partes da própria molécula. Caso essas ligações não covalentes sejam formadas em número suficiente, a cadeia do polímero pode ter preferência por uma dada conformação, que é determinada pela sequência linear dos monômeros na cadeia. Devido a isso, praticamente todas as moléculas de proteína, e também muitas das pequenas moléculas de RNA encontradas nas células, organizam-se em uma conformação preferencial (**Figura 2-10**).

Os quatro tipos de interações não covalentes que são importantes para as moléculas biológicas foram apresentados previamente neste capítulo e são mais bem discutidos no Painel 2-3 (p. 94-95). Além de fazer as macromoléculas biológicas terem suas formas características, essas ligações também criam atrações fortes entre duas ou mais moléculas diferentes (ver Figura 2-3). Essas formas de interações moleculares possibilitam uma grande especificidade porque os contatos múltiplos necessários para uma associação forte permitem que uma macromolécula selecione, por meio da associação, apenas um entre os muitos milhares de outros tipos de moléculas presentes nas células. Além disso, uma vez que a intensidade da associação depende do número de ligações não covalentes formadas, é possível que ocorram interações com praticamente qualquer grau de afinidade, permitindo, assim, que se dissociem de forma rápida quando for apropriado.

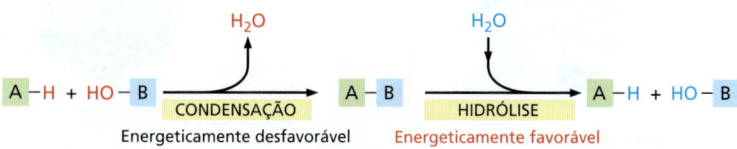

Figura 2-9 A condensação e a hidrólise são reações opostas. As macromoléculas das células são polímeros formados por subunidades (ou monômeros) por meio de reações de condensação e são degradadas por reações de hidrólise. Energeticamente, as reações de condensação são desfavoráveis e, portanto, a formação de polímeros requer um suprimento de energia, como será descrito adiante no texto.

Figura 2-10 Enovelamento das moléculas de proteína e de RNA em formas tridimensionais especialmente estáveis, ou conformações. Se as ligações não covalentes que mantêm a conformação estável forem rompidas, a molécula passa a ser uma cadeia flexível e perde sua atividade biológica.

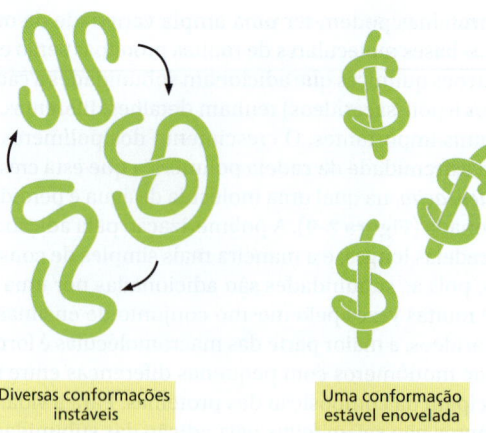

Diversas conformações instáveis

Uma conformação estável enovelada

Como discutiremos a seguir, associações desse tipo constituem a base de todas as catálises biológicas, tornando possível que as proteínas funcionem como enzimas. Além disso, interações não covalentes possibilitam que as macromoléculas sejam utilizadas como unidades fundamentais na formação de estruturas maiores de modo a formar máquinas intricadas, com muitas partes móveis, que desempenham funções complexas, como a replicação do DNA e a síntese de proteínas (**Figura 2-11**).

Resumo

Os organismos vivos são sistemas químicos autônomos que se autopropagam. Eles são formados por um conjunto restrito e determinado de pequenas moléculas baseadas em carbono que essencialmente são as mesmas em todas as espécies de seres vivos. Cada uma dessas pequenas moléculas é formada por um pequeno conjunto de átomos ligados entre si por ligações covalentes em uma configuração precisa. As principais categorias são os açúcares, os ácidos graxos, os aminoácidos e os nucleotídeos. Os açúcares constituem a fonte primária de energia química das células e podem ser incorporados em polissacarídeos para o armazenamento de energia. Os ácidos graxos também são importantes como reserva de energia, mas sua função fundamental é a formação das membranas biológicas. Cadeias longas de aminoácidos formam as macromoléculas, notavelmente diversas e versáteis, conhecidas como proteínas. Os nucleotídeos têm um papel central nas transferências de energia e também são subunidades que participam na formação das macromoléculas informacionais: RNA e DNA.

A maior parte da massa seca de uma célula consiste em macromoléculas que são polímeros lineares de aminoácidos (proteínas) ou de nucleotídeos (DNA e RNA) ligados entre si covalentemente, segundo uma ordem exata. A maioria das moléculas de proteínas e muitas das moléculas de RNA enovelam-se em uma conformação única que é determinada pela sequência de suas subunidades. Esse processo de enovelamento cria superfícies

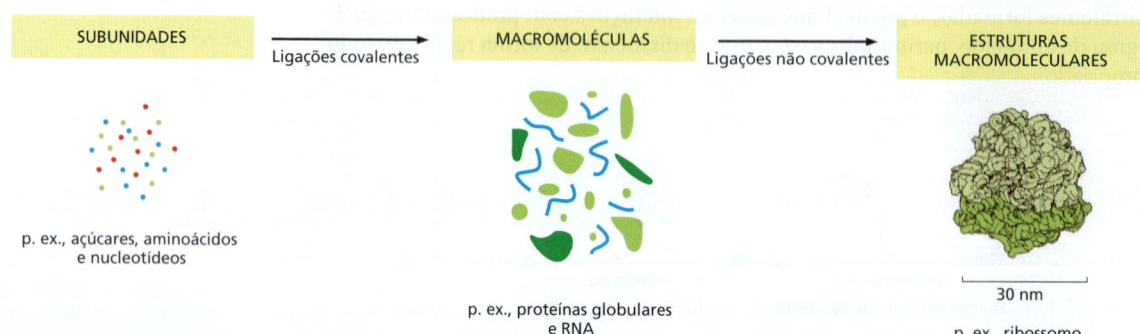

Figura 2-11 Pequenas moléculas ligam-se covalentemente formando macromoléculas que, por sua vez, formam grandes complexos através de ligações não covalentes. As pequenas moléculas, as proteínas e o ribossomo estão ilustrados aproximadamente em escala. Os ribossomos são parte central da maquinaria que as células utilizam para fazer as proteínas: cada ribossomo é um complexo de aproximadamente 90 macromoléculas (moléculas de proteínas e de RNA).

também únicas, que resultam de um grande conjunto de interações fracas produzidas por forças não covalentes entre os átomos constituintes dessas moléculas. Essas forças são de quatro tipos: ligação iônica, ligação de hidrogênio, atrações de van der Waals e interações entre grupos não polares causadas pela sua expulsão hidrofóbica da água. Esse mesmo conjunto de forças fracas controla a ligação específica de outras moléculas às macromoléculas, tornando possível a miríade de associações entre moléculas biológicas que formam as estruturas e a química das células.

CATÁLISE E O USO DE ENERGIA PELAS CÉLULAS

Uma propriedade dos seres vivos, mais do que qualquer outra, os faz parecerem quase miraculosamente diferentes da matéria não viva: eles criam e mantêm ordem em um universo que está sempre tendendo a uma maior desordem (**Figura 2-12**). Para criar essa ordem, as células dos organismos vivos devem executar um fluxo interminável de reações químicas. Em algumas dessas reações, as moléculas pequenas – aminoácidos, açúcares, nucleotídeos e lipídeos – são diretamente usadas ou modificadas para suprir as células com todas as outras moléculas pequenas de que elas necessitam. Em outras reações, moléculas pequenas são usadas para construir a enorme e diversificada gama de proteínas, de ácidos nucleicos e de outras macromoléculas que conferem as propriedades características dos sistemas vivos. Cada célula pode ser vista como se fosse uma pequena indústria química, executando milhões de reações a cada segundo.

As enzimas organizam o metabolismo celular

Sem enzimas, as reações químicas que as células executam normalmente ocorreriam apenas em temperaturas muito mais altas do que a temperatura do interior das células. Em função disso, cada reação requer um potenciador específico das reatividades químicas. Essa necessidade é crucial porque ela possibilita que a célula controle sua própria química. O controle é exercido por meio de *catalisadores* biológicos especializados. Quase sempre eles são proteínas denominadas *enzimas*, embora também existam RNAs catalisadores, denominados *ribozimas*. Cada enzima acelera, ou *catalisa*, apenas um dos muitos tipos possíveis de reações que uma determinada molécula pode sofrer. As reações catalisadas por enzimas são conectadas em série, de modo que o produto de uma reação torna-se o material de partida, ou *substrato,* da reação seguinte (**Figura 2-13**). As vias de reações são lineares e longas e ainda interligadas umas às outras, formando uma rede de reações interconectadas. É isso que permite às células sobreviverem, crescerem e se reproduzirem.

Dois fluxos opostos de reações ocorrem nas células: (1) as vias *catabólicas* degradam os alimentos em moléculas menores e geram tanto energia, em uma forma utilizável pelas células, como também geram as pequenas moléculas que as células necessitam como unidades fundamentais, e (2) as vias *anabólicas*, ou *biossintéticas,* que usam

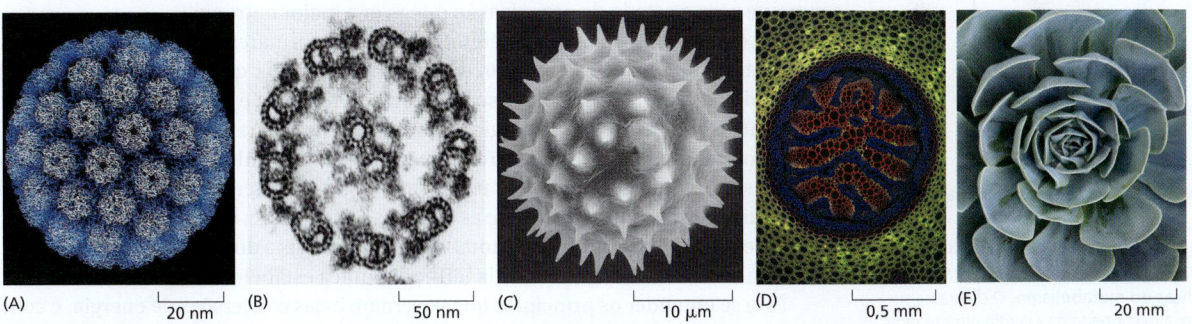

Figura 2-12 As estruturas biológicas são altamente ordenadas. Padrões espaciais bem definidos, rebuscados e bonitos, podem ser encontrados em cada um dos níveis de organização dos seres vivos. Por ordem crescente de tamanho: (A) moléculas de proteínas que revestem um vírus (parasita que, embora teoricamente não seja vivo, contém os mesmos tipos de moléculas encontradas nos seres vivos); (B) vista do corte transversal do arranjo regular dos microtúbulos da cauda de um espermatozoide; (C) contorno da superfície de um grão de pólen (uma única célula); (D) corte transversal de um caule mostrando o padrão de arranjo das células; e (E) organização espiralada das folhas de uma planta suculenta. (A, cortesia de Robert Grant, Stéphane Crainic e James M. Hogle; B, cortesia de Lewis Tilney; C, cortesia de Colin MacFarlane e Chris Jeffree; D, cortesia de Jim Haseloff.)

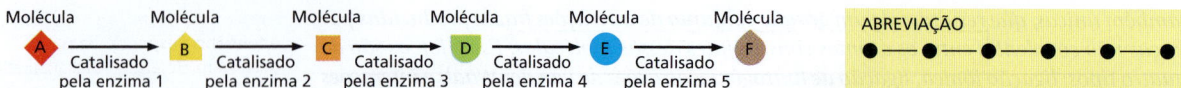

Figura 2-13 Como um conjunto de reações catalisadas por enzimas origina uma via metabólica. Cada uma das enzimas catalisa uma determinada reação química, sendo que a enzima permanece inalterada após a reação. Nesse exemplo, um conjunto de enzimas atua em série para converter a molécula A na molécula F, formando uma via metabólica. (Um diagrama das muitas reações que ocorrem nas células humanas, usando a abreviação acima, é mostrado na Figura 2-63.)

as moléculas pequenas e a energia liberada pelo catabolismo de maneira controlada para a síntese de todas as demais moléculas que formam as células. O conjunto desses dois grupos de reações constitui o **metabolismo** celular (**Figura 2-14**).

Os pormenores do metabolismo celular são o assunto tradicional da *bioquímica*, e a maioria deles não diz respeito ao assunto aqui abordado. Entretanto, os princípios gerais pelos quais a célula obtém energia a partir do ambiente e a utiliza para criar ordem é um ponto central da biologia celular. Inicialmente, será discutido por que é necessário haver um suprimento constante de energia para que todas as coisas vivas se sustentem.

A liberação de energia térmica pelas células possibilita a ordem biológica

A tendência universal das coisas tornarem-se desordenadas é uma lei fundamental da física – a *segunda lei da termodinâmica*. Ela estabelece que, no universo, ou em qualquer sistema isolado (um conjunto de matéria completamente isolado do resto do universo), o grau de desordem sempre aumenta. Essa lei tem implicações tão profundas para a vida que merece ser abordada de várias maneiras.

Por exemplo, pode-se apresentar a segunda lei em termos de probabilidades estabelecendo que o sistema mudará, de forma espontânea, para a organização mais provável. Considerando uma caixa contendo 100 moedas com o lado "cara" virado para cima, uma sequência de acidentes que perturbem a caixa fará o arranjo se alterar para uma mistura com 50 moedas com a "cara" para cima e 50 com a "coroa" para cima. A razão é simples: existe um enorme número de arranjos possíveis na mistura, nos quais cada moeda individualmente pode chegar a um resultado de 50-50, mas existe somente um arranjo que mantém todas as moedas orientadas com a "cara" para cima. Devido ao fato de que a mistura 50-50 é a mais provável, dizemos que ela é mais "desordenada". Pela mesma razão, é muito frequente que as casas das pessoas tornem-se cada vez mais desordenadas caso não seja feito algum esforço deliberado. O movimento na direção da desordem é um *processo espontâneo*, sendo necessário um esforço periódico para revertê-lo (**Figura 2-15**).

A quantidade de desordem de um sistema pode ser quantificada e é expressa como a **entropia** do sistema: quanto maior a desordem, maior a entropia. Uma terceira maneira de expressar a segunda lei da termodinâmica é dizer que o sistema mudará espontaneamente para o estado de organização que tiver a maior entropia.

As células vivas, por sobreviverem, crescerem e formarem organismos complexos, estão continuamente gerando ordem e, assim, pode parecer que desafiam a segunda lei da termodinâmica. Como, então, isso é possível? A resposta é que a célula não constitui um sistema isolado. Ela toma energia do ambiente, na forma de alimento, ou como fótons do sol (ou mesmo, como ocorre em certas bactérias quimiossintéticas, apenas de moléculas inorgânicas). Então, ela usa essa energia para gerar ordem para si própria. O calor é liberado no ambiente onde as células se encontram, tornando-o mais desorganizado. Como resultado, a entropia total – a da célula mais a dos seus arredores – aumenta, exatamente como a segunda lei da termodinâmica estabelece.

Para se entender os princípios que governam essas conversões de energia, é conveniente considerar as células como unidades envoltas em um mar de matéria, representando o resto do universo. À medida que as células vivem e crescem, elas criam uma ordem interna. Mas também liberam permanentemente energia na forma de calor quando sintetizam moléculas e as organizam em estruturas celulares. Calor é energia na sua forma mais desordenada – a colisão aleatória de moléculas. Quando as células liberam calor para

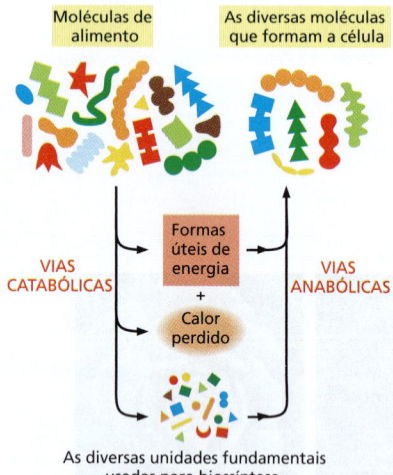

Figura 2-14 Representação esquemática das relações entre as vias catabólicas e anabólicas do metabolismo. O diagrama sugere que a maior parte da energia armazenada nas ligações químicas das moléculas de alimento é dissipada em forma de calor. Além disso, a massa de nutrientes que um determinado organismo gasta para o seu catabolismo é muito maior do que a massa das moléculas que esse mesmo organismo produz no seu anabolismo.

REAÇÃO "ESPONTÂNEA"
à medida que o tempo passa

O ESFORÇO PARA ORGANIZAR REQUER O FORNECIMENTO DE ENERGIA

Figura 2-15 Ilustração cotidiana sobre a tendência espontânea para a desordem. Reverter essa tendência para a desordem requer um esforço intencional e gasto de energia: isso não é espontâneo. Conforme a segunda lei da termodinâmica, é certo que a intervenção humana necessária para repor a ordem irá liberar para o ambiente mais do que a energia térmica necessária para compensar o reordenamento dos objetos no quarto.

o mar de matéria, esse calor produz um aumento na intensidade do movimento molecular nesse mar (energia cinética) e, assim, há aumento da aleatoriedade, ou da desordem do mar. A segunda lei da termodinâmica é obedecida porque o aumento de ordem no interior das células é sempre mais do que compensado pelo enorme decréscimo na ordem (aumento da entropia) no mar de matéria nas vizinhanças da célula (**Figura 2-16**).

De onde, então, vem o calor que as células liberam? Aqui aparece outra lei importante da termodinâmica. A *primeira lei da termodinâmica* estabelece que a energia pode ser convertida de uma forma em outra, mas não pode ser criada ou destruída. Algumas das formas de interconversão entre diferentes formas de energia estão ilustradas na **Figura 2-17**. A quantidade de energia nas diferentes formas poderá mudar como resultado das reações químicas que ocorrem dentro das células, mas a primeira lei da termodinâmica estabelece que a quantidade total de energia deve ser sempre a mesma. Por exemplo, uma célula animal consome um alimento e converte parte da energia presente nas ligações químicas entre os átomos das moléculas desse alimento (energia de ligação química) em movimento térmico aleatório de moléculas (energia cinética).

As células não podem tirar qualquer benefício da energia cinética ou calor que liberam, a menos que as reações que geram calor no seu interior estejam diretamente ligadas aos processos que geram ordem molecular. É o *acoplamento* íntimo entre a produção de calor e o aumento na ordem que distingue o metabolismo de uma célula do desperdício que ocorre na queima de combustíveis no fogo. Posteriormente, será mostrado como ocorre esse acoplamento. Por ora, é suficiente reconhecer que é necessário haver uma associação direta entre a "queima controlada" das moléculas dos alimentos e

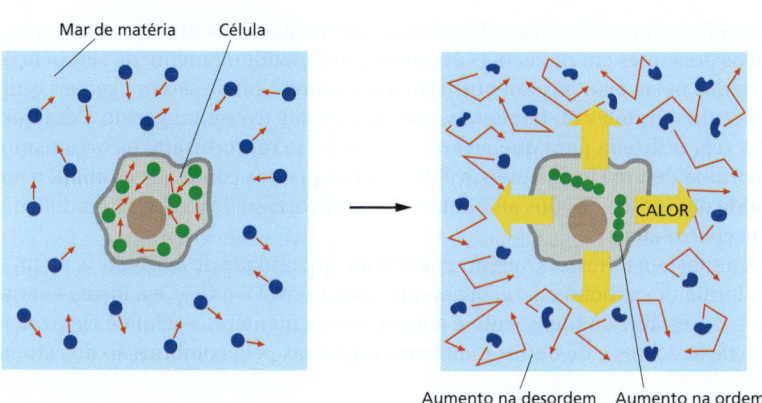

Mar de matéria   Célula

CALOR

Aumento na desordem   Aumento na ordem

Figura 2-16 Análise termodinâmica simplificada de uma célula viva. No diagrama ao lado, as moléculas, tanto da célula como do restante do universo (o mar de matéria), estão em um estado de relativa desordem. No diagrama da direita, observa-se que a célula obteve energia das moléculas dos alimentos e desprendeu calor através das reações que ordenaram as moléculas da célula. O calor liberado aumenta a desordem do ambiente dos arredores da célula (representado pelas *setas com ângulos* e moléculas distorcidas que indicam aumento dos movimentos das moléculas causado pelo calor). Desse modo, a segunda lei da termodinâmica, que estabelece que a quantidade de desordem do universo sempre aumenta, é satisfeita enquanto a célula cresce e se divide. Uma discussão pormenorizada está apresentada no Painel 2-7 (p. 102-103).

Figura 2-17 Algumas interconversões entre diferentes formas de energia. Todas as formas de energia, em princípio, são interconversíveis. Em todos processos desse tipo, a quantidade total de energia mantém-se conservada. Assim, por exemplo, a partir da altura e do peso do tijolo em (1), pode-se predizer exatamente quanto calor será liberado quando o tijolo atingir o chão. Observe em (2) que uma grande quantidade de energia de ligação química, liberada quando há formação de água, é inicialmente convertida na energia cinética do movimento muito rápido das duas novas moléculas de água. Entretanto, as colisões com outras moléculas fazem essa energia cinética distribuir-se instantaneamente e por igual no ambiente (transferência de calor), fazendo as novas moléculas serem indistinguíveis de todas as demais.

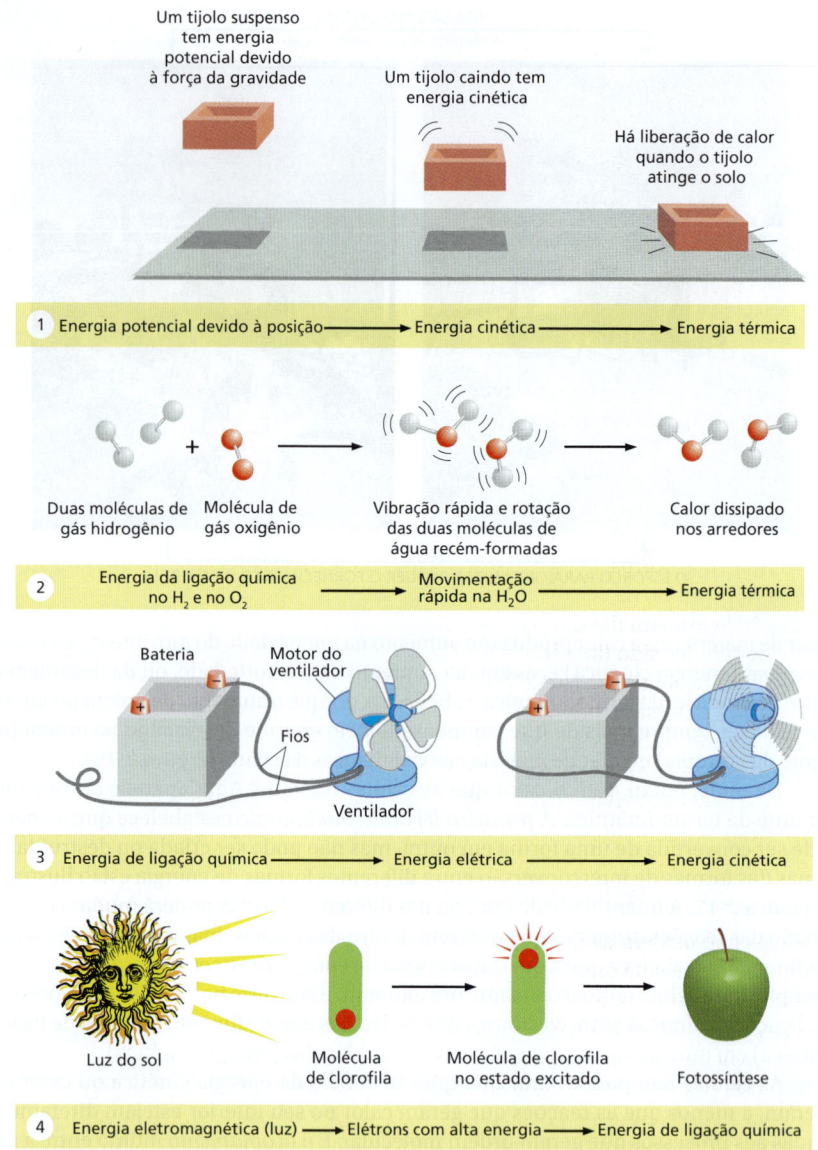

a geração de ordem biológica para que as células tenham capacidade de criar e manter ilhas de ordem em um universo que tende para o caos.

As células obtêm energia pela oxidação de moléculas orgânicas

Todas as células animais e vegetais são mantidas pela energia armazenada nas ligações químicas presentes em moléculas orgânicas, independentemente de serem açúcares sintetizados pelas plantas para nutrirem a si mesmas, ou de serem ligações químicas de moléculas, grandes ou pequenas, que os animais tiverem ingerido. Para que essa energia seja utilizada para que vivam, cresçam e se reproduzam, os organismos devem extraí-la de uma forma utilizável. Tanto nas plantas como nos animais, a energia é extraída das moléculas dos alimentos por um processo de oxidação gradual ou pela queima controlada.

A atmosfera terrestre contém uma grande quantidade de oxigênio, e, na presença dele, a forma de carbono energeticamente mais estável é o CO_2, e a forma energeticamente mais estável do hidrogênio é a água. Dessa maneira, a célula é capaz de obter energia de açúcares e de outras moléculas orgânicas pela combinação dos átomos de

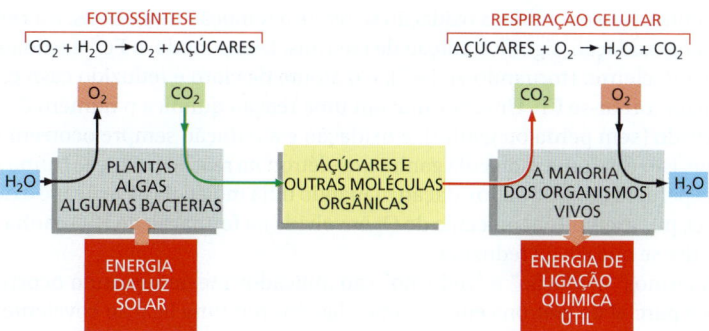

Figura 2-18 **Fotossíntese e respiração são processos complementares do mundo vivo.** A fotossíntese converte a energia eletromagnética do sol em energia de ligação química dos açúcares e de outras moléculas. As plantas, as algas e as cianobactérias obtêm os átomos de carbono que necessitam para a fotossíntese do CO_2 atmosférico e o hidrogênio da água, liberando o gás O_2 como produto residual. Por sua vez, as moléculas orgânicas produzidas pela fotossíntese servem de alimento para outros organismos. Muitos desses organismos fazem respiração aeróbica, processo que utiliza O_2 para formar CO_2 a partir dos mesmos átomos de carbono que foram tomados na forma de CO_2 e convertidos em açúcares pela fotossíntese. Nesse processo, os organismos que respiram aproveitam a energia de ligação química para obter a energia de que necessitam para sobreviver.

Sabe-se que as primeiras células da face da Terra não eram capazes de realizar fotossíntese nem respiração (discutido no Capítulo 14). Entretanto, na evolução da Terra, a fotossíntese deve ter antecedido a respiração, pois há evidências de que seriam necessários bilhões de anos de fotossíntese antes que tivesse sido liberado O_2 em quantidade suficiente para criar uma atmosfera rica nesse gás. (Atualmente, a atmosfera terrestre contém 20% de O_2.)

carbono e de hidrogênio com oxigênio, para produzir CO_2 e H_2O, respectivamente, em um processo chamado de **respiração aeróbica**.

A fotossíntese (discutida em detalhes no Capítulo 14) e a respiração são processos complementares (**Figura 2-18**). Isso significa que as interações entre as plantas e os animais não ocorrem em uma única direção. As plantas, os animais e os microrganismos convivem neste planeta há tanto tempo que uns tornaram-se parte essencial do ambiente dos outros. Durante a respiração aeróbica, o oxigênio liberado pela fotossíntese é consumido na combustão de moléculas orgânicas. Algumas das moléculas de CO_2 que hoje estejam fixadas nas moléculas orgânicas de uma folha verde pela fotossíntese podem ter sido liberadas ontem, na atmosfera, pela respiração de um animal (ou pela respiração de um fungo ou uma bactéria que esteja decompondo matéria orgânica morta). Dessa forma, vê-se que a utilização do carbono forma um grande ciclo que envolve toda a *biosfera* (todos os seres vivos da Terra) (**Figura 2-19**). De maneira similar, os átomos de nitrogênio, de fósforo e de enxofre transitam entre os mundos dos seres vivos e dos não vivos em ciclos que envolvem as plantas, os animais, os fungos e as bactérias.

A oxidação e a redução envolvem a transferência de elétrons

As células não oxidam as moléculas orgânicas em apenas uma etapa, como acontece quando uma molécula orgânica é queimada no fogo. Utilizando catalisadores enzimáticos, o metabolismo processa essas moléculas por meio de um grande número de reações que muito raramente envolvem a adição direta de oxigênio. Antes de examinar algumas dessas reações e suas finalidades, é conveniente discutir o que se entende por processo de oxidação.

A **oxidação** refere-se a mais do que à adição de átomos de oxigênio. O termo se aplica de maneira geral a qualquer reação na qual haja transferência de elétrons de um

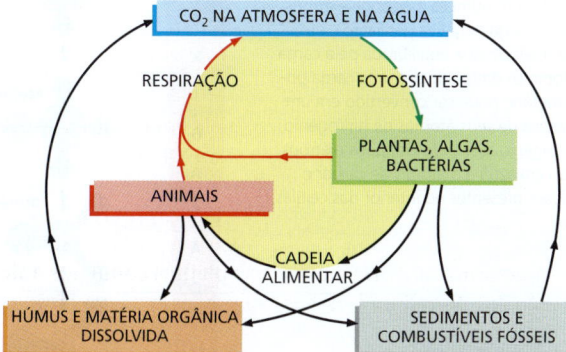

Figura 2-19 **O ciclo do carbono.** Átomos individuais de carbono são incorporados em moléculas orgânicas do mundo vivo pela atividade fotossintética de bactérias, algas e plantas. Eles passam por animais, microrganismos e materiais orgânicos do solo e dos oceanos, em ciclos sucessivos. O CO_2 é reposto na atmosfera quando as moléculas orgânicas são oxidadas pelas células ou queimadas pelo homem na forma de combustíveis.

átomo a outro. Nesse sentido, a oxidação se refere a remoção de elétrons, e a **redução**, o contrário da oxidação, significa adição de elétrons. Desse modo, o Fe^{2+} é oxidado quando perde um elétron (tornando-se Fe^{3+}), e o átomo de cloro é reduzido caso ganhe um elétron para tornar-se Cl^-. Uma vez que em uma reação química o número de elétrons é conservado (sem perda ou ganho), a oxidação e a redução sempre ocorrem simultaneamente, isto é, se uma molécula ganha um elétron na reação (redução), uma segunda molécula perderá um elétron (oxidação). Quando uma molécula de açúcar é oxidada em CO_2 e H_2O, por exemplo, a molécula de O_2 envolvida na formação de H_2O ganha elétrons e, assim, diz-se que ela foi reduzida.

Os termos "oxidação" e "redução" são aplicados mesmo quando ocorre apenas uma troca parcial de elétrons entre átomos ligados por uma ligação covalente (**Figura 2-20**). Quando um átomo de carbono liga-se de modo covalente a um átomo que tenha grande afinidade por elétrons, como os átomos de oxigênio, cloro e enxofre, por exemplo, ele doa mais elétrons do que existiria em um compartilhamento equitativo e forma uma ligação covalente *polar*. Devido ao fato de que a carga positiva do núcleo do átomo de carbono passa agora a ser maior do que a carga negativa dos seus elétrons, o átomo adquire uma carga parcial positiva e se diz que foi oxidado. De maneira equivalente, o átomo de carbono de uma ligação C–H tem um pouco mais do que apenas os seus próprios elétrons emparelhados; diz-se, então, que ele está reduzido.

Quando uma molécula presente em uma célula ganha um elétron (e^-), geralmente ela também ganha um próton (H^+) (prótons estão totalmente disponíveis na água). Nesse caso, o efeito líquido é a adição de um átomo de hidrogênio à molécula.

$$A + e^- + H^+ \rightarrow AH$$

Mesmo quando há envolvimento de um próton e de um elétron (em vez de apenas um elétron), como no caso das reações de *hidrogenação*, há redução, e a reação inversa, *desidrogenação*, é uma reação de oxidação. É muito fácil determinar quando uma molécula orgânica é oxidada ou reduzida: ocorre redução quando o número de ligações C–H na molécula aumenta, e oxidação quando o número de ligações C–H na molécula diminui (ver Figura 2-20B).

As células utilizam enzimas para catalisar a oxidação de moléculas orgânicas em pequenas etapas, através de sequências de reações que permitem que a energia utilizável seja aproveitada. A seguir será explicado o modo como as enzimas trabalham e também algumas das limitações sob as quais elas operam.

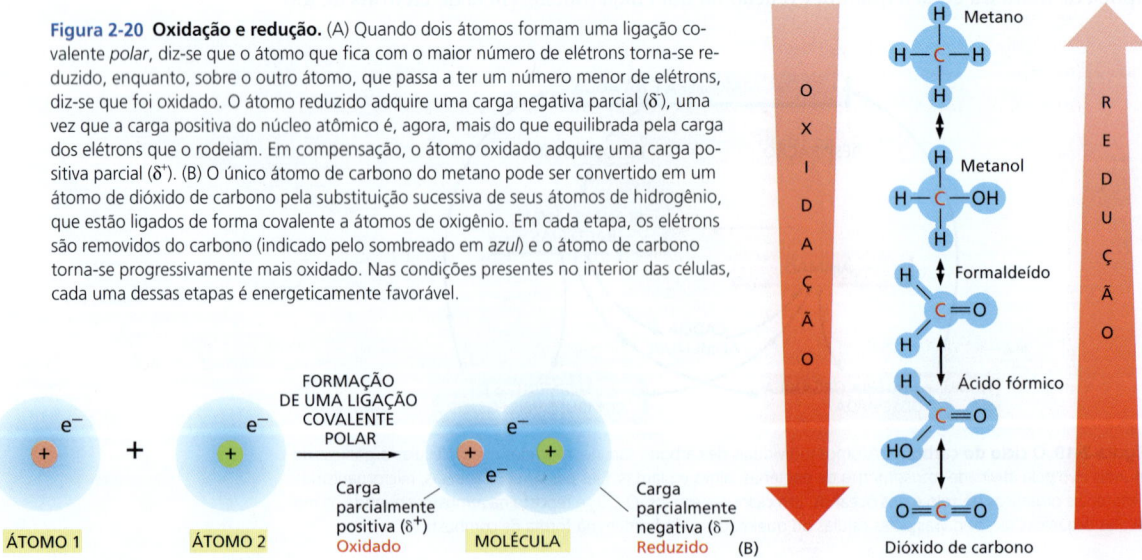

Figura 2-20 Oxidação e redução. (A) Quando dois átomos formam uma ligação covalente *polar*, diz-se que o átomo que fica com o maior número de elétrons torna-se reduzido, enquanto, sobre o outro átomo, que passa a ter um número menor de elétrons, diz-se que foi oxidado. O átomo reduzido adquire uma carga negativa parcial (δ^-), uma vez que a carga positiva do núcleo atômico é, agora, mais do que equilibrada pela carga dos elétrons que o rodeiam. Em compensação, o átomo oxidado adquire uma carga positiva parcial (δ^+). (B) O único átomo de carbono do metano pode ser convertido em um átomo de dióxido de carbono pela substituição sucessiva de seus átomos de hidrogênio, que estão ligados de forma covalente a átomos de oxigênio. Em cada etapa, os elétrons são removidos do carbono (indicado pelo sombreado em *azul*) e o átomo de carbono torna-se progressivamente mais oxidado. Nas condições presentes no interior das células, cada uma dessas etapas é energeticamente favorável.

As enzimas diminuem as barreiras da energia de ativação que impedem reações químicas

Considere a reação

$$papel + O_2 \rightarrow fumaça + cinzas + calor + CO_2 + H_2O$$

Após a ignição, o papel queima facilmente, dissipando para a atmosfera a energia como calor e água e o dióxido de carbono como gás. A reação é irreversível porque a fumaça e as cinzas nunca vão recuperar espontaneamente água e dióxido de carbono da atmosfera aquecida e se reconstituírem novamente em papel. Quando o papel queima, a sua energia química é dissipada como calor. Não é perdida do universo, porque a energia não pode ser criada ou destruída, mas, sim, irremediavelmente dispersa na caótica movimentação cinética das moléculas. Ao mesmo tempo, os átomos e as moléculas do papel ficam dispersos e desordenados. Na linguagem da termodinâmica, há uma perda de *energia livre*, isto é, a energia pode ser aproveitada para fazer trabalho ou para fazer ligações químicas. Essa perda reflete a redução da organização com que a energia e as moléculas estavam armazenadas no papel.

Mais detalhes da energia livre serão discutidos brevemente, mas o princípio geral é suficientemente claro para ser intuitivo: as reações químicas ocorrem somente na direção que leve a uma perda de energia livre. Em outras palavras, a espontaneidade da direção de qualquer reação é a direção que leva "morro abaixo", sendo que uma reação "morro abaixo" é aquela que é *energeticamente favorável*.

Embora a forma energeticamente mais favorável do carbono seja CO_2, e a do hidrogênio, H_2O, os organismos vivos não desaparecem subitamente em uma nuvem de fumaça, nem este livro se consome repentinamente em chamas. Isso se deve ao fato de que as moléculas, tanto as dos seres vivos como as do livro, estão em estados relativamente estáveis e não podem passar ao estado de energia mínima sem que recebam certa dose de energia. Em outras palavras, uma molécula necessita de uma **energia de ativação** (um estímulo para poder ultrapassar uma barreira energética) antes de sofrer uma reação química que a leve a um estado mais favorável (**Figura 2-21**). No caso da queima do livro, a energia de ativação pode ser fornecida pelo calor de um palito de fósforo aceso. Para moléculas que estejam em solução aquosa no interior das células, esse salto energético é obtido por colisões energéticas aleatórias que tenham um grau de energia incomum, colisões que se tornam cada vez mais violentas conforme a temperatura aumenta.

A química das células vivas é estritamente controlada porque o salto sobre a barreira energética é enormemente facilitado por uma classe de proteínas especializadas, as **enzimas**. Cada enzima liga-se com alta afinidade a uma ou mais moléculas denominadas **substratos** e os mantêm em uma conformação que reduz em muito a energia de ativação da reação química que as moléculas de substrato ligadas podem sofrer. Qualquer substância que diminua a energia de ativação de uma reação é denominada **catalisador**. Os catalisadores aumentam a velocidade das reações químicas porque facilitam a ocorrência de uma proporção muito maior de colisões ao acaso entre as moléculas ao seu redor e os substratos, com energias que ultrapassam a barreira de energia da reação, como

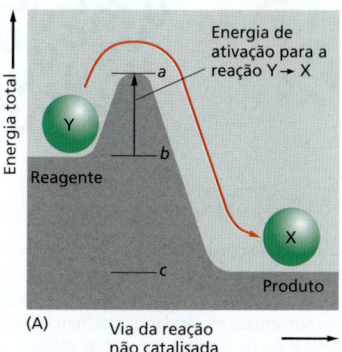
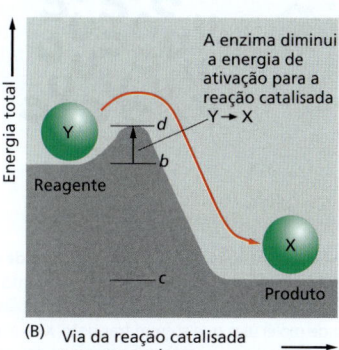

Figura 2-21 **O importante princípio da energia de ativação.** (A) O composto Y (reagente) é relativamente estável, sendo necessário haver adição de energia para que seja convertido no composto X (produto), mesmo que X tenha um nível energético menor do que Y. Entretanto, essa conversão não ocorrerá a menos que o composto Y possa adquirir energia de ativação (*energia a menos energia b*) suficiente dos arredores para permitir que a reação o converta no composto X. Essa energia pode ser fornecida por meio de uma colisão inusitadamente rica em energia com outra molécula. Para a reação inversa, X → Y, a energia de ativação será muito maior (*energia a menos energia c*). Portanto, essa reação ocorrerá muito mais raramente. Energias de ativação são sempre positivas; observe, entretanto, que o total de mudança de energia para uma reação energeticamente favorável Y → X é *energia c menos energia b*, um número negativo. (B) Barreiras energéticas para reações específicas podem ser diminuídas por um catalisador, indicado pela linha marcada com *d*. As enzimas são catalisadores especialmente eficazes por reduzirem enormemente a energia de ativação das reações que elas executam.

Figura 2-22 A diminuição da energia de ativação aumenta muito a probabilidade de ocorrência de uma reação. A cada momento, uma população de moléculas idênticas de determinado substrato distribui-se em uma faixa de energia, conforme mostrado no gráfico. Essas variações de energia decorrem de colisões com moléculas das proximidades que fazem as moléculas oscilarem, vibrarem e girarem. A energia de uma molécula que sofre reação química deve exceder a barreira da energia de ativação da reação (*linhas tracejadas*). Na maioria das reações biológicas isso quase nunca é atingido sem que haja catálise. Mesmo na catálise enzimática, as moléculas de substrato devem sofrer uma colisão com determinada energia para reagirem (*área sombreada em vermelho*). Um aumento de temperatura aumenta o número de moléculas com energia suficiente para superar a energia de ativação necessária para a reação. Entretanto, ao contrário do que ocorre na catálise enzimática, esse efeito não é seletivo e todas as reações são aceleradas (Animação 2.2).

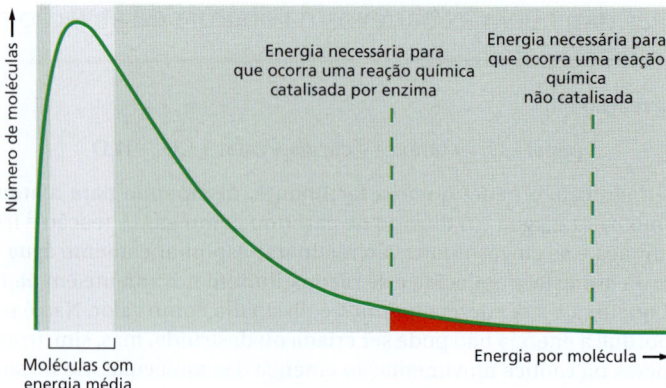

ilustrado na **Figura 2-22**. As enzimas estão incluídas entre os catalisadores conhecidos mais eficazes; algumas são capazes de acelerar as reações por fatores de até 10^{14} ou mais. Elas permitem, assim, que reações que não poderiam ocorrer por outros meios ocorram rapidamente em temperaturas normais.

As enzimas podem conduzir moléculas de substrato por vias de reações específicas

Uma enzima não muda o ponto de equilíbrio de uma reação; a razão é simples: quando uma enzima (ou qualquer outro catalisador) diminui a energia de ativação da reação $Y \rightarrow X$, ela também diminui a energia de reação de $X \rightarrow Y$ exatamente pelo mesmo valor (ver Figura 2-21). Assim, as enzimas aceleram as reações direta e reversa pelo mesmo fator, e o ponto de equilíbrio da reação não se modifica (**Figura 2-23**). Portanto, não importa o quanto uma enzima acelere a reação, ela não poderá mudar a direção da reação.

Apesar da limitação acima, as enzimas conduzem todas as reações das células através de sequências, ou vias, específicas da reação. Isso ocorre porque as enzimas são, ao mesmo tempo, altamente seletivas e muito precisas. Elas geralmente catalisam apenas uma determinada reação. Em outras palavras, elas baixam seletivamente a energia de ativação de apenas uma das várias reações químicas que os substratos ligados a elas podem sofrer. Dessa maneira, conjuntos de enzimas podem direcionar cada uma das diferentes moléculas de uma célula por uma determinada via de reação (**Figura 2-24**).

O sucesso dos seres vivos é atribuído à capacidade que as células têm de produzirem muitos tipos de enzimas, cada uma com propriedades muito específicas. Cada enzima tem uma forma única, que contém um *sítio ativo* (um bolsão ou uma fenda) no qual apenas um determinado substrato pode se ligar (**Figura 2-25**). Assim como todos os outros catalisadores, as moléculas enzimáticas permanecem inalteradas após participarem de uma reação, de modo que podem atuar novamente por muitos

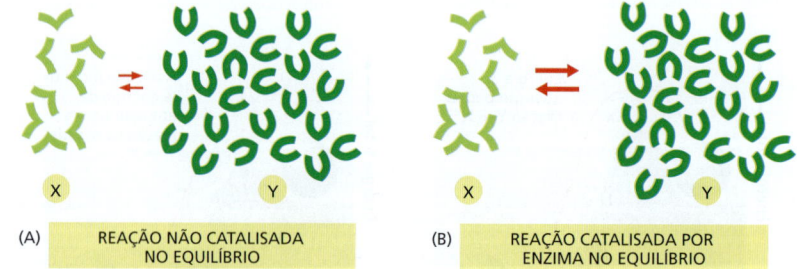

Figura 2-23 As enzimas não mudam o ponto de equilíbrio das reações. As enzimas, assim como qualquer catalisador, aceleram a velocidade das reações, tanto no sentido direto como no sentido inverso, pelo mesmo fator. Consequentemente, tanto para a reação catalisada quanto para a reação não catalisada mostradas aqui, o número de moléculas que sofrem transição $X \rightarrow Y$ é igual ao número de moléculas que sofrem a transição $Y \rightarrow X$ quando a relação entre o número de moléculas de Y e de X for de 3 para 1. Em outras palavras, as duas reações atingem o equilíbrio exatamente no mesmo ponto.

Figura 2-24 A catálise enzimática direciona moléculas de substrato através de uma via específica de reações. Uma molécula de substrato (*esfera verde*) em uma célula é convertida em uma molécula diferente (*esfera azul*) através de uma série de reações catalisadas por enzimas. Como está indicado (*quadros amarelos*), em cada etapa várias reações são energeticamente favoráveis e cada reação é catalisada por uma enzima diferente. Assim, conjuntos de enzimas determinam com precisão a via de reação tomada pelas moléculas presentes no interior das células.

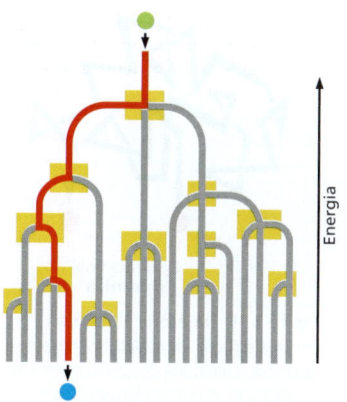

e muitos ciclos. No Capítulo 3, o funcionamento das enzimas será discutido em mais detalhes.

Como as enzimas encontram seus substratos: a enorme rapidez dos movimentos das moléculas

Uma enzima normalmente catalisa uma reação por cerca de mil moléculas do substrato a cada segundo. Isso significa que ela deve ser capaz de ligar uma nova molécula de substrato em frações de milissegundo. Entretanto, tanto as enzimas como os seus substratos estão presentes nas células em um número relativamente pequeno. Como, então, enzima e substratos se encontram tão rapidamente? A rapidez da associação é possível porque, no nível molecular, o movimento causado pela energia cinética é muito veloz. Essa movimentação molecular pode ser classificada em três tipos: (1) o movimento de uma molécula de um lugar a outro (*movimento de translação*), (2) o rápido movimento para a frente e para trás de átomos que estejam ligados de forma covalente, um em relação ao outro (vibração), e (3) rotações. Todos esses movimentos são importantes para que as superfícies das moléculas que interagem fiquem unidas.

As velocidades desses movimentos moleculares podem ser medidas por diversas técnicas espectroscópicas. Uma molécula de uma proteína globular grande cai constantemente, girando ao redor do seu próprio eixo cerca de 1 milhão de vezes por segundo. As moléculas também estão em constante movimento translacional, o que faz elas explorarem o espaço intracelular com muita eficiência, pois ficam vagando pelo interior da célula – esse processo é denominado **difusão**. Dessa maneira, a cada segundo, cada uma das moléculas de uma célula colide com um número enorme de outras moléculas. Uma vez que as moléculas presentes em um líquido colidem umas com as outras e ricocheteiam, seus percursos terminam por ser uma *trajetória aleatória* (**Figura 2-26**). Nessa trajetória, a distância média que cada molécula viaja (como uma "mosca zanzando") a partir de seu ponto de partida é proporcional à raiz quadrada do tempo envolvido. Isto é, se uma molécula leva 1 segundo para se deslocar uma média de 1 μm, leva 4 segundos para se deslocar 2 μm, 100 segundos para se deslocar 10 μm, e assim por diante.

O interior das células é bastante congestionado (**Figura 2-27**). Mesmo assim, experimentos nos quais marcadores fluorescentes e outras moléculas marcadas foram injetados em células mostram que as moléculas orgânicas pequenas difundem-se através do gel aquoso do citosol praticamente tão rápido quanto na água. Uma molécula orgânica pequena, por exemplo, leva apenas cerca de um quinto de segundo, em média, para difundir-se a uma distância de 10 μm. A difusão é, portanto, uma maneira eficiente que as moléculas pequenas têm para se moverem a distâncias limitadas no interior das células (uma típica célula animal tem um diâmetro de 15 μm).

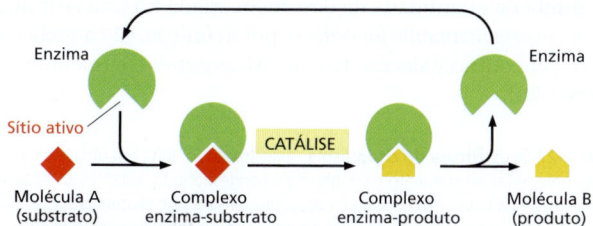

Figura 2-25 Como as enzimas funcionam. Cada enzima tem um sítio ativo ao qual se ligam uma ou mais moléculas de *substrato*, formando um complexo enzima-substrato. A reação ocorre no sítio ativo e produz um complexo enzima-produto. O *produto* é, então, liberado, possibilitando que a enzima se ligue a novas moléculas de substrato.

Figura 2-26 Trajetória aleatória. Em uma solução, as moléculas movem-se de maneira aleatória devido às constantes colisões com outras moléculas. Esse movimento, como descrito no texto, permite que as moléculas pequenas difundam-se rapidamente de uma parte à outra da célula (Animação 2.3).

Uma vez que, em uma célula, as enzimas movem-se mais vagarosamente do que os substratos, pode-se considerar que elas estejam paradas. A proporção de encontros de cada molécula de enzima com seus substratos depende da concentração de moléculas do substrato nas células. Por exemplo, alguns dos substratos mais abundantes estão presentes em concentrações de 0,5 mM. Como a concentração da água pura é 55,5 M, há apenas uma dessas moléculas de substrato nas células para cada 10^5 moléculas de água. Mesmo assim, o sítio ativo de uma molécula de enzima que liga o substrato será bombardeado com cerca de 500 mil colisões aleatórias desse substrato por segundo. (Para uma concentração de substrato dez vezes menor, o número de colisões diminui para 50 mil, e assim por diante.) Uma colisão aleatória entre o sítio ativo de uma enzima e a superfície correspondente de uma molécula que seja seu substrato em geral leva à formação de um complexo enzima-substrato imediatamente. Assim, uma reação pela qual uma ligação covalente é formada ou rompida pode ocorrer com extrema rapidez. Quando se percebe o quão rapidamente as moléculas movimentam-se e reagem, as velocidades das reações enzimáticas não parecem tão impressionantes assim.

Duas moléculas que podem se manter unidas por ligações não covalentes também podem se dissociar. As muitas ligações não covalentes que essas moléculas formam entre si persistem até que a energia cinética aleatória faz elas se separarem. Geralmente, quanto mais forte for a ligação da enzima com seu substrato, menor será sua constante de dissociação. Ao contrário, quando duas moléculas em colisão tiverem superfícies que se encaixam mal, elas formarão poucas ligações não covalentes e a energia total de associação será desprezível em comparação com a energia cinética. Nesse caso, as duas moléculas dissociam-se tão rapidamente quanto se associam. É isso que evita associações incorretas e indesejadas entre moléculas que não se encaixam, como ocorre entre uma enzima e um substrato errado.

A variação na energia livre da reação, ΔG, determina se ela pode ocorrer espontaneamente

Embora as enzimas acelerem as reações, elas, por si mesmas, não podem fazer reações desfavoráveis ocorrerem. Fazendo uma analogia com a água, as enzimas por si mesmas não podem fazer a água "correr morro acima". As células, entretanto, devem fazer exatamente isso para crescer e se dividir, pois devem construir, a partir de moléculas simples, moléculas altamente organizadas e energeticamente ricas. Veremos que isso é feito por meio de enzimas que *acoplam* diretamente reações energeticamente favoráveis, que liberam energia e produzem calor, a reações energeticamente desfavoráveis, que produzem ordem biológica.

O que significa, para um biólogo celular, o termo "energeticamente favorável" e como é que isso pode ser quantificado? De acordo com a segunda lei da termodinâmica, o universo tende para a desordem máxima (maior *entropia* ou maior probabilidade). Assim, uma reação química só pode ocorrer de forma espontânea se produzir um aumento líquido da desordem do universo (ver Figura 2-16). A desordem do universo pode ser explicada mais convenientemente em termos de *energia* livre de um sistema. Esse conceito foi visto anteriormente.

Energia livre, *G*, é uma expressão da *energia disponível para realizar um trabalho*, por exemplo, o trabalho que impele uma reação química. O valor de G interessa somente quando os sistemas passam por alguma *variação*, que recebe a notação ΔG (delta G). A variação de G é crucial porque, como está explicado no **Painel 2-7** (p. 102-103), ΔG é uma medida direta da quantidade de desordem criada no universo quando a reação ocorre. As *reações energeticamente favoráveis,* por definição, são aquelas que diminuem a energia livre, ou, em outras palavras, têm um ΔG *negativo* e aumentam a desordem do universo (**Figura 2-28**).

Figura 2-27 A estrutura do citoplasma. A ilustração foi feita em uma escala aproximada para enfatizar o quanto o citoplasma é congestionado. Estão mostradas apenas as macromoléculas: RNA *em azul*, ribossomos *em verde* e proteínas *em vermelho*. As enzimas e as outras macromoléculas difundem-se no citoplasma com relativa lentidão devido, em parte, ao fato de interagirem com um grande número de outras macromoléculas. As moléculas pequenas, no entanto, difundem-se tão rapidamente quanto o fazem em água (Animação 2.4). (Adaptada de D.S. Goodsell, *Trends Biochem. Sci.* 16:203–206, 1991. Com permissão de Elsevier.)

Um exemplo, em escala macroscópica, de uma reação energeticamente favorável é a "reação" pela qual uma mola que esteja comprimida relaxa até um estado expandido, liberando no ambiente, em forma de calor, a energia elástica que estava armazenada. Um exemplo em escala microscópica é a dissolução do sal em água. Consequentemente, as *reações energeticamente desfavoráveis*, com ΔG positivo, como aquelas nas quais dois aminoácidos são ligados para formar uma ligação peptídica, criam por si mesmas ordem no universo. Por conseguinte, essas reações só podem ocorrer se estiverem acopladas a uma segunda reação que tenha um ΔG negativo suficientemente grande para que o ΔG de todo o processo seja negativo (**Figura 2-29**).

Figura 2-28 Distinção entre reações energeticamente favoráveis e energeticamente desfavoráveis.

As concentrações dos reagentes influenciam a variação de energia livre e a direção da reação

Como recém-descrito, a reação Y ↔ X irá na direção Y → X quando a mudança de energia livre (ΔG) associada à reação for negativa, exatamente do mesmo modo que uma mola tencionada deixada por si própria relaxa, perdendo a energia que tinha armazenada, na forma de calor, para o ambiente. Nas reações químicas, entretanto, ΔG depende não somente da energia armazenada em cada uma das moléculas, mas também da concentração de moléculas na mistura de reação. Observe que o ΔG reflete o grau pelo qual uma reação cria mais desordem; dito em outras palavras, leva a um estado do universo que é mais provável. Retomando a analogia com a moeda, é muito mais provável que uma moeda mude da posição "cara" para a "coroa" se o cesto de embaralhar moedas tiver 90 moedas na posição "cara" e 10 na posição "coroa". Por outro lado, esse evento será muito menos provável se o cesto tiver 10 moedas na posição "cara" e 90 na posição "coroa".

O mesmo é verdadeiro para as reações químicas. Na reação reversível Y ↔ X, um grande excesso de Y em relação a X impelirá a reação na direção Y → X. Desse modo, quanto maior for a relação entre Y e X, mais ΔG torna-se negativo para a transição Y → X (e mais positivo para a transição X → Y).

O quanto deve ser a diferença de concentração necessária para compensar um determinado decréscimo na energia de ligação química (e a liberação de calor que a acompanha) não é intuitivamente óbvio. Essa relação foi determinada no final do século XIX pela análise termodinâmica que possibilitou separar os componentes da variação de energia livre que dependem da concentração dos componentes que não dependem da concentração, como descrito a seguir.

A variação da energia livre padrão, ΔG°, permite comparar a energética de reações diferentes

Devido ao fato de, em determinado instante, ΔG depender da concentração das moléculas presentes na mistura de reação, ele não é útil para comparar entre si as energias de diferentes tipos de reações. Para colocar as reações em bases comparáveis, é necessário que se utilize a **variação da energia livre padrão** da reação, **ΔG°**. O ΔG° é a variação de energia livre sob uma condição-padrão, definida como aquela na qual as concentrações de todos os reagentes são 1 mol/L. Definida dessa maneira, o ΔG° depende apenas das propriedades intrínsecas das moléculas reagentes.

Para a reação simples Y → X, a 37 °C, ΔG° se relaciona com ΔG do seguinte modo:

$$\Delta G = \Delta G° + RT \ln \frac{[X]}{[Y]}$$

onde ΔG é expresso em quilojoule por mol, [Y] e [X] indicam as concentrações de Y e X em mol/L, ln é o *logaritmo natural* e RT é o produto da constante dos gases, R, pela temperatura absoluta, T. A 37 °C, $RT = 2{,}58$ J mol^{-1}. (1 mol equivale a 6×10^{23} moléculas de substância.)

O acúmulo de um grande volume de dados termodinâmicos possibilitou determinar a variação de energia livre padrão, ΔG°, das reações metabólicas importantes para as células. Com esses valores de ΔG°, combinados com informações sobre a concentração dos metabólitos e as vias de reações, é possível predizer de forma quantitativa o curso da maioria das reações biológicas.

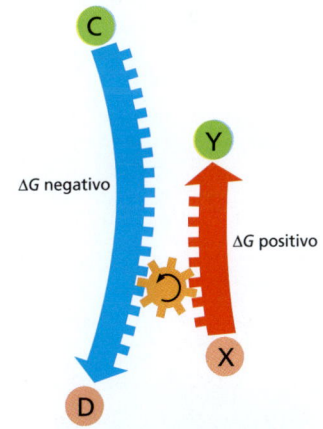

Figura 2-29 Como o acoplamento de reações é utilizado para fazer reações energeticamente desfavoráveis ocorrerem.

Figura 2-30 Equilíbrio químico. Quando uma reação atinge o equilíbrio, os fluxos de moléculas reagentes nos dois sentidos da reação são iguais e opostos.

PARA A REAÇÃO ENERGETICAMENTE FAVORÁVEL Y → X,

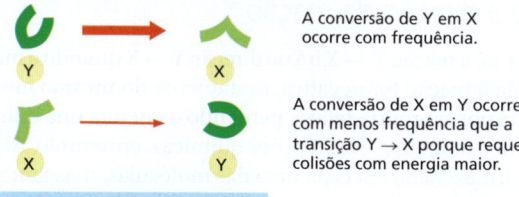

Quando as concentrações de X e Y forem iguais, [Y] = [X], a formação de X é energeticamente favorecida. Em outras palavras, o ΔG de Y → X é negativo e o ΔG de X → Y é positivo. Mas, devido às colisões cinéticas, sempre um pouco de X é convertido em Y.

ASSIM, PARA CADA MOLÉCULA INDIVIDUALMENTE,

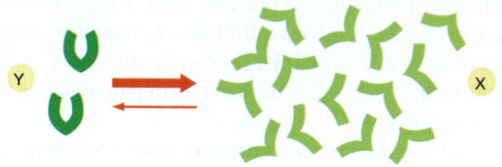

A conversão de Y em X ocorre com frequência.

A conversão de X em Y ocorre com menos frequência que a transição Y → X porque requer colisões com energia maior.

Portanto, a proporção de X em relação a Y aumenta com o tempo

POR FIM, haverá um excesso de X em relação a Y grande o suficiente para compensar a baixa velocidade de X → Y, de tal forma que a cada segundo o número de moléculas de Y sendo convertidas em X é exatamente igual ao número de moléculas de Y sendo convertidas em X . Nesse ponto, a reação estará em equilíbrio.

NO EQUILÍBRIO, não há mudança líquida na relação entre Y e X, e o ΔG tanto para a reação direta como para a reação inversa é zero.

A constante de equilíbrio e o ΔG° podem ser facilmente derivados um do outro

A equação anterior mostra que o valor de ΔG é igual ao valor de ΔG^o quando as concentrações de Y e X são iguais. Mas, à medida que uma reação favorável continua ocorrendo, as concentrações dos produtos aumentam e as concentrações dos substratos diminuem. Essa mudança nas concentrações relativas leva a um aumento gradativo de [X]/[Y], tornando o ΔG, inicialmente favorável, cada vez menos negativo (o logaritmo de um número x é positivo se $x > 1$, negativo se $x < 1$, e zero se $x = 1$). Por fim, quando $\Delta G = 0$, o **equilíbrio** químico é atingido. Agora não há mudança líquida na variação de energia livre para impelir a reação em uma das direções, enquanto o efeito da concentração balanceia o empurrão que $\Delta G°$ dá para a reação. O resultado é que, em uma situação de equilíbrio químico, a relação entre produto e substrato atinge um valor constante (**Figura 2-30**).

Pode-se definir a **constante de equilíbrio**, K, para a reação Y → X como

$$K = \frac{[X]}{[Y]}$$

onde [X] é a concentração do produto e [Y] é a concentração do reagente no equilíbrio. Recordando que $\Delta G = \Delta G° + RT \ln [X]/[Y]$, e que $\Delta G = 0$ no equilíbrio, observa-se que

$$\Delta G° = -RT \ln \frac{[X]}{[Y]} = -RT \ln K$$

A 37 °C, onde $RT = 2{,}58$, o equilíbrio da equação é então:

$$\Delta G° = -2{,}58 \ln K$$

Convertendo essa equação do logaritmo natural (ln) para o mais usado logaritmo de base 10 obtém-se

$$\Delta G° = -5{,}94 \log K$$

A equação supracitada mostra como a razão de equilíbrio X para Y (expressa como constante de equilíbrio, K) depende de propriedades intrínsecas das moléculas (expressa em termos de $\Delta G°$ em quilojoules por mol). Observe que, a 37°C, para cada 5,94 kJ/mol de diferença na energia livre, a constante de equilíbrio é alterada por um fator de 10 (**Tabela 2-2**). Portanto, quanto mais energeticamente favorável for uma reação, mais produto se acumulará se a reação se dirigir para o equilíbrio.

Geralmente, para uma reação que tem vários reagentes e produtos, como A + B → C + D,

$$K = \frac{[C][D]}{[A][B]}$$

As concentrações dos dois reagentes e dos dois produtos são multiplicadas porque a velocidade da reação direta depende de colisões entre A e B, e a velocidade da reação inversa depende de colisões entre C e D. Assim, a 37°C,

$$\Delta G° = -5{,}94 \log \frac{[C][D]}{[A][B]}$$

onde $\Delta G°$ é expresso em quilojoule por mol e [A], [B], [C] e [D] indicam as concentrações dos reagentes e produtos em mol/litro.

As variações de energia livre de reações acopladas são aditivas

Foi ressaltado que reações desfavoráveis podem se acoplar a reações favoráveis para promover reações não favoráveis (ver Figura 2-29). Isso é possível, em termos termodinâmicos, porque a variação de energia livre total de um conjunto de reações acopladas é a soma das variações de energia livre de cada uma das etapas.

Considerando, como um simples exemplo, duas reações em sequência

$$X \rightarrow Y \quad e \quad Y \rightarrow Z$$

onde os valores de $\Delta G°$ são +5 e –13 kJ/mol, respectivamente. Se essas duas reações ocorrerem sequencialmente, o $\Delta G°$ para a reação acoplada será –8 kJ/mol. Isso significa que em condições apropriadas a reação desfavorável Y → Y pode ser impulsionada pela reação favorável Y → Z, desde que essa segunda reação ocorra depois da primeira. Por exemplo, muitas reações da longa via que converte açúcares em CO_2 e H_2O tem valores de $\Delta G°$ positivos. Porém, mesmo assim a via ocorre porque o $\Delta G°$ total para toda a série de reações em sequência tem um enorme valor negativo.

Para muitas finalidades, a formação de uma via sequencial não é adequada. Frequentemente, a via desejada é apenas X → Y, sem a conversão posterior de Y em outro produto. Afortunadamente, existem outras maneiras de uso de enzimas para acoplar reações. Essas maneiras geralmente envolvem a ativação de moléculas carreadoras, como será discutido a seguir.

Moléculas carreadoras ativadas são essenciais para a biossíntese

A energia liberada pela oxidação das moléculas dos alimentos deve ser armazenada temporariamente antes que possa ser canalizada para a síntese das várias outras moléculas de que a célula necessita. Em muitos casos, a energia é armazenada como energia de ligação química em um pequeno número de "moléculas carreadoras", as quais contêm uma ou mais ligações covalentes ricas em energia. Essas moléculas difundem-se de forma rápida pela célula, carregando, assim, energias de ligação dos locais de geração de energia para locais onde a energia será utilizada para a biossíntese e outras atividades necessárias para as células (**Figura 2-31**).

Esses **carreadores ativados** armazenam energia de uma forma facilmente intercambiável tanto como grupos químicos facilmente transferíveis como carreadores de elétrons em um estado de alto nível energético, e eles podem desempenhar um duplo

TABELA 2-2 Relação entre a variação de energia livre padrão, $\Delta G°$, e a constante de equilíbrio

Constante de equilíbrio $\frac{[X]}{[Y]} = K$	Energia livre de X menos energia livre de Y [kJ/mol (kcal/mol)]
10^5	–29,7 (–7,1)
10^4	–23,8 (–5,7)
10^3	–17,8 (–4,3)
10^2	–11,9 (–2,8)
10^1	–5,9 (–1,4)
1	0 (0)
10^{-1}	5,9 (1,4)
10^{-2}	11,9 (2,8)
10^{-3}	17,8 (4,3)
10^{-4}	23,8 (5,7)
10^{-5}	29,7 (7,1)

Os valores das constantes de equilíbrio foram calculados para uma reação química simples (Y ↔ X), usando a equação apresentada no texto. $\Delta G°$ está indicado em quilojoules por mol a 37°C e em quilocalorias por mol entre parênteses. Um quilojoule (kJ) é igual a 0,239 quilocalorias (kcal) (1 kcal = 4,18 kJ). Como está explicado no texto, $\Delta G°$ representa a diferença de energia livre sob condições-padrão (onde todos os componentes estão presentes na concentração de 1,0 mol/litro). A partir dessa tabela, pode-se verificar que se há uma variação de energia livre padrão ($\Delta G°$) de –17,8 kJ/mol (–4,3 kcal/mol) favorável para a transição Y → X, haverá, no equilíbrio, mil vezes mais moléculas no estado X do que no estado Y (K = 1.000).

Figura 2-31 Transferência de energia e o papel dos carreadores ativados no metabolismo. Por atuarem como doadores e receptores de energia, essas moléculas carreadoras de energia desempenham sua função como intermediárias que acoplam a degradação das moléculas dos alimentos e a liberação de energia (*catabolismo*) à biossíntese, que requer de energia, de moléculas orgânicas pequenas e grandes (*anabolismo*).

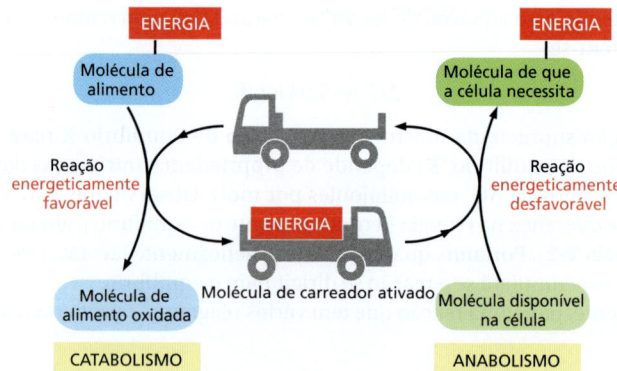

papel como fonte tanto de energia quanto de grupos químicos para as reações biossintéticas. Devido a razões históricas, essas moléculas muitas vezes são chamadas de *coenzimas*. As mais importantes dessas moléculas carreadoras ativadas são o ATP e duas moléculas intimamente relacionadas entre si, o NADH e o NADPH. As células usam carreadores de moléculas ativadas como se fossem uma forma de dinheiro para pagar por reações que, de outra forma, não poderiam ocorrer.

A formação de um carreador ativado está acoplada a uma reação energeticamente favorável

Os mecanismos de acoplamento requerem de enzimas e são fundamentais para todas as transferências de energia das células. A natureza das **reações acopladas** está ilustrada na **Figura 2-32** por meio de uma analogia mecânica, na qual uma reação química favorável é representada por pedras que despencam de um penhasco. A energia das pedras que caem seria totalmente desperdiçada na forma de calor, gerado pela fricção das pedras ao atingirem o solo (ver diagrama do tijolo caindo na Figura 2-17). Por meio de um sistema cuidadosamente montado, entretanto, parte dessa energia pode ser usada para movimentar uma pá giratória, que levanta um balde (Figura 2-32B). Como agora as pedras só podem atingir o solo depois de acionar a pá, pode-se dizer que a reação energeticamente favorável da queda das pedras foi *acoplada* diretamente à reação energeticamente desfavorável de levantar o balde de água. Observe ainda que, como parte da energia foi usada para realizar um trabalho na Figura 2-32B, as pedras chegam ao solo com uma velocidade menor do que na Figura 2-32A e, assim, uma energia proporcionalmente menor é dissipada como calor.

Figura 2-32 Modelo mecânico que ilustra o princípio de acoplamento de reações químicas. A reação espontânea mostrada em (A) serve de analogia para a oxidação direta de glicose a CO_2 e H_2O, que produz apenas calor. Em (B), a mesma reação está acoplada a uma segunda reação. Essa segunda reação pode servir como uma analogia da síntese de moléculas carreadoras ativadas. A energia que é produzida em (B) está em uma forma muito mais útil do que a produzida em (A), podendo ser utilizada para que ocorra uma variedade de reações que, de outra maneira, seriam energeticamente desfavoráveis (C).

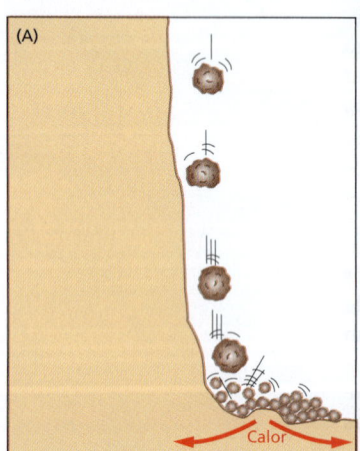
A energia cinética das pedras despencando é transformada apenas em energia térmica

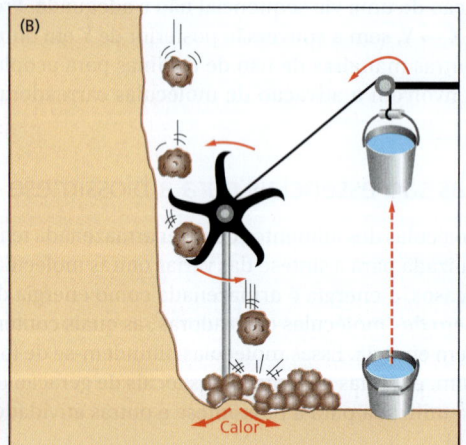
Parte da energia cinética é utilizada para levantar um balde de água e uma quantidade de energia proporcionalmente menor é transformada em calor

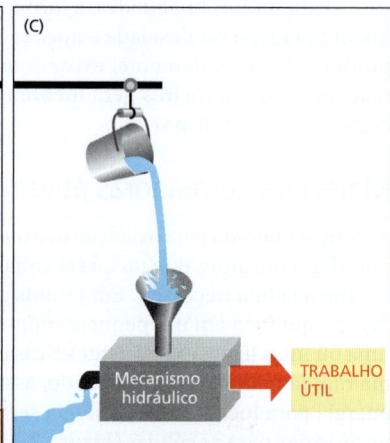
A energia cinética potencial armazenada no balde de água levantado pode ser usada para impulsionar um mecanismo hidráulico que execute um trabalho útil

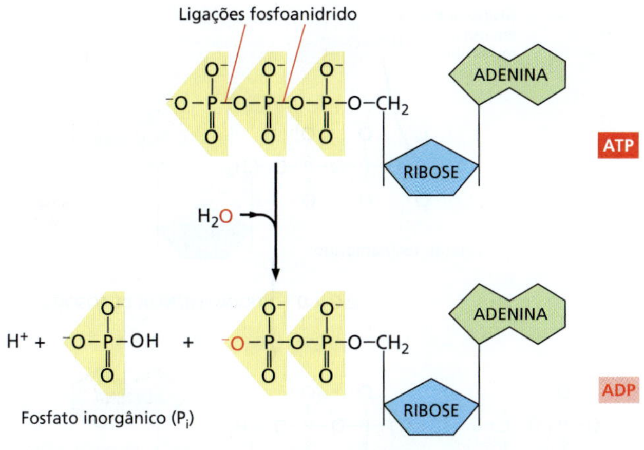

Figura 2-33 Hidrólise de ATP a ADP e fosfato inorgânico. Os dois fosfatos mais externos do ATP são mantidos ligados ao resto da molécula por ligações fosfoanidrido (anidrido fosfórico) de alta energia e que podem ser facilmente transferidas. Como indicado, a adição de água ao ATP pode formar ADP e fosfato inorgânico (P_i). A hidrólise do fosfato terminal do ATP produz entre 46 e 54 kJ/mol de energia utilizável, dependendo das condições intracelulares. O grande valor negativo do ΔG dessa reação provém de vários fatores: a liberação do grupo fosfato terminal remove a repulsão (desfavorável) entre cargas negativas adjacentes, e o íon fosfato inorgânico (P_i) liberado é estabilizado por ressonância e pela formação (favorável) de ligações de hidrogênio com água.

Um processo semelhante ocorre nas células, onde as enzimas fazem o papel da pá giratória. Por meio de mecanismos que serão discutidos posteriormente neste capítulo, as enzimas acoplam reações energeticamente favoráveis (como a oxidação dos alimentos) com reações energeticamente desfavoráveis, como a geração de moléculas carreadoras ativadas. Nesse exemplo, a quantidade de calor liberado nas reações de oxidação é diminuída por um valor exatamente igual à quantidade de energia armazenada nas ligações covalentes ricas em energia das moléculas carreadoras ativadas. E a molécula carreadora ativada recebe uma quantidade de energia que é suficiente para que uma reação química possa ocorrer em outro lugar da célula.

O ATP é a molécula carreadora ativada mais amplamente utilizada

A molécula carreadora ativada mais importante e versátil que as células possuem é o **ATP** (adenosina trifosfato). Exatamente da mesma maneira que a energia armazenada pela elevação do balde de água na Figura 2-32B pode ser usada para movimentar mecanismos hidráulicos dos mais diversos, o ATP funciona como um depósito conveniente e versátil, uma forma de moeda corrente de energia, usado para que uma grande variedade de reações químicas possa ocorrer nas células. O ATP é sintetizado em uma reação de fosforilação altamente desfavorável do ponto de vista energético, na qual um grupo fosfato é adicionado à **ADP** (adenosina difosfato). Quando necessário, o ATP doa certa quantidade de energia por meio de sua hidrólise, energeticamente muito favorável, formando ADP e fosfato inorgânico (**Figura 2-33**). O ADP regenerado fica, então, disponível para ser utilizado em outro ciclo de reação de fosforilação que forma ATP novamente.

A reação energeticamente favorável da hidrólise do ATP é acoplada a muitas outras reações (que sem esse acoplamento seriam desfavoráveis), nas quais são sintetizadas outras moléculas. Muitas dessas reações acopladas envolvem a transferência do fosfato terminal do ATP para alguma outra molécula, como ilustrado na reação de fosforilação mostrada na **Figura 2-34**.

Por ser o carreador ativado de energia mais abundante nas células, o ATP é a principal "moeda corrente". Dando apenas dois exemplos, o ATP fornece energia para muitas das bombas que transportam substâncias para dentro e para fora das células (discutido no Capítulo 11) e ele dá energia para os motores moleculares que possibilitam que as células musculares contraiam-se e as células nervosas transportem materiais de uma a outra das extremidades dos seus longos axônios (discutido no Capítulo 16).

A energia armazenada no ATP geralmente é utilizada para promover a ligação de duas moléculas

Discutimos anteriormente a maneira pela qual reações energeticamente favoráveis podem ser acopladas a uma reação desfavorável, X → Y, possibilitando, assim, que ela ocorra. Nessa reação, uma segunda enzima catalisa a reação energeticamente favorável Y → Z, levando todo o X a ser transformado em Y. Entretanto, esse mecanismo não terá utilidade quando o produto necessário for Y e não Z.

Figura 2-34 Exemplo de reação de transferência de grupo fosfato. Essa reação é energeticamente favorável e, então, possui um valor muito negativo de ΔG porque a ligação rica em energia da ligação fosfoanidrido do ATP é convertida em ligação fosfoéster. Reações desse tipo estão envolvidas na síntese dos fosfolipídeos e nas etapas iniciais do catabolismo dos açúcares.

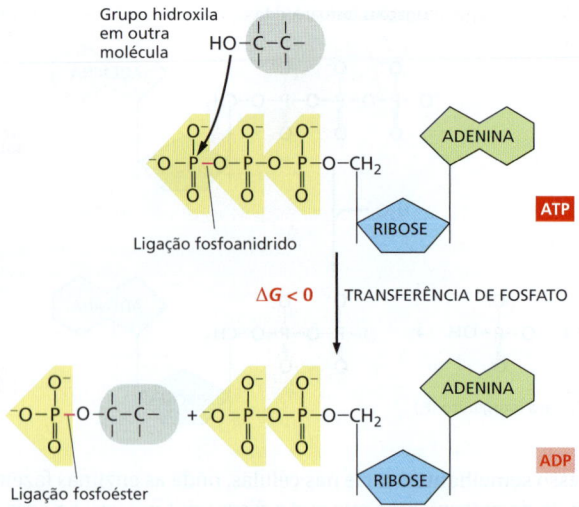

Geralmente, uma reação de biossíntese típica é aquela na qual duas moléculas, A e B, são ligadas produzindo A–B por meio de uma reação de *condensação* altamente desfavorável

$$A-H + B-OH \rightarrow A-B + H_2O$$

Existe uma via indireta que permite que A–H e B–OH formem A–B, na qual o acoplamento da reação de hidrólise do ATP possibilita que a reação ocorra. Nesse caso, a energia da hidrólise do ATP é inicialmente utilizada para converter B–OH em um composto intermediário rico em energia que, então, reage diretamente com A–H, resultando em A–B. O mecanismo mais simples envolve a transferência de um fosfato do ATP para B–OH, produzindo B–OP–O$_3$. Nesse caso, a via terá apenas duas etapas:

1. $B-OH + ATP \rightarrow B-O-PO_3 + ADP$
2. $A-H + B-O-PO_3 \rightarrow A-B + P_i$

Resultado líquido: $B-OH + ATP + A-H \rightarrow A-B + ADP + P_i$

A reação de condensação, que é energeticamente desfavorável, é forçada a ocorrer porque está diretamente acoplada à hidrólise do ATP em uma via de reações catalisadas por enzimas (**Figura 2-35A**).

Figura 2-35 Exemplo de uma reação biossintética energeticamente desfavorável facilitada pela hidrólise de ATP. (A) Ilustração esquemática da formação de A–B pela reação de condensação descrita no texto. (B) Biossíntese do aminoácido glutamina a partir do ácido glutâmico e de amônia. Inicialmente, o ácido glutâmico é convertido em um intermediário fosforilado rico em energia (correspondendo ao composto B–O–PO$_3$ descrito no texto) que, então, reage com a amônia (corresponde a A-H), formando glutamina. Nesse exemplo, as duas etapas ocorrem na superfície da mesma enzima, *glutamina sintetase*. As ligações ricas em energia estão marcadas em *vermelho*; aqui, como ocorre ao longo de todo este livro, o símbolo P$_i$ = HPO$_4^{2-}$, e "P dentro de um círculo amarelo" indica PO$_3^{2-}$.

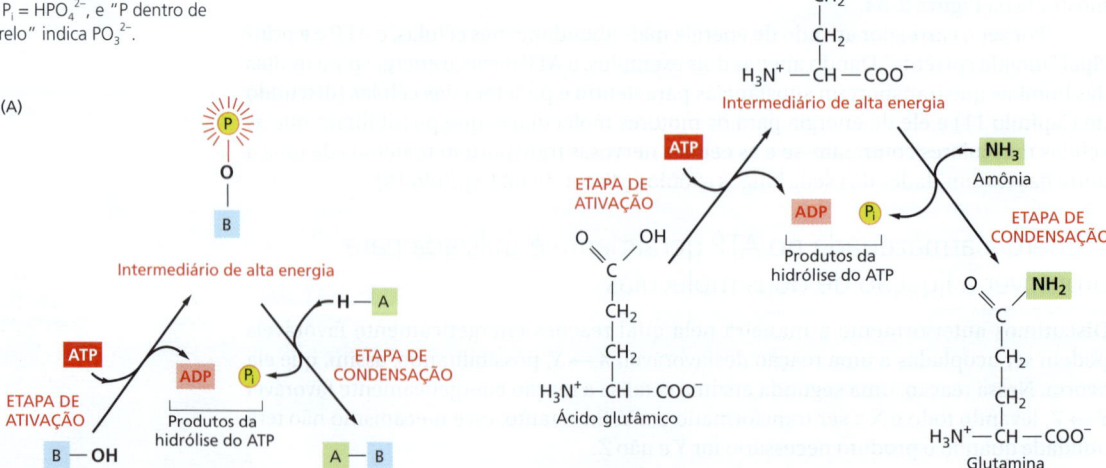

Uma reação biossintética exatamente desse tipo é usada para sintetizar o aminoácido glutamina (**Figura 2-35B**). Adiante, será visto que mecanismos muito similares, porém mais complexos, são usados na produção de quase todas as moléculas grandes das células.

NADH e NADPH são importantes carreadores de elétrons

Outras moléculas carreadoras ativadas são importantes participantes de reações de oxidação-redução e geralmente também participam de reações celulares acopladas. Esses carreadores ativados são especializados no transporte de elétrons com alto nível energético (também denominados elétrons de "alta energia") e átomos de hidrogênio. Os mais importantes desses carreadores de elétrons são o **NAD$^+$** (nicotinamida adenina dinucleotídeo) e a molécula intimamente relacionada, **NADP$^+$** (fosfato de nicotinamida adenina dinucleotídeo). Cada um deles aceita um "pacote de energia" correspondendo a dois elétrons mais um próton (H$^+$), convertendo-os em **NADH** (nicotinamida adenina dinucleotídeo *reduzido*) e **NADPH** (fosfato de nicotinamida adenina dinucleotídeo *reduzido*), respectivamente (**Figura 2-36**). Por isso, essas moléculas podem ser vistas como carreadoras de íons hidreto (o H$^+$ mais dois elétrons, ou H$^-$).

Assim como o ATP, o NADPH é um carreador ativado que participa de muitas reações biossintéticas importantes que, de outra maneira, seriam energeticamente desfavoráveis. O NADPH é produzido segundo o esquema geral mostrado na Figura 2-36A. Dois átomos de hidrogênio são removidos da molécula do substrato em determinadas reações catabólicas que geram energia. Em um conjunto especial de reações catabólicas que produzem energia, dois elétrons e apenas um próton (i.e., um íon hidreto, H$^-$) são adicionados ao anel nicotinamida do NADP$^+$, formando, assim, NADPH; o segundo pró-

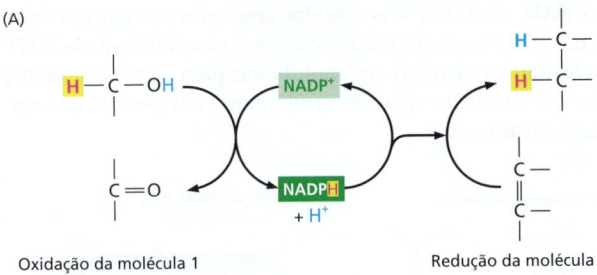

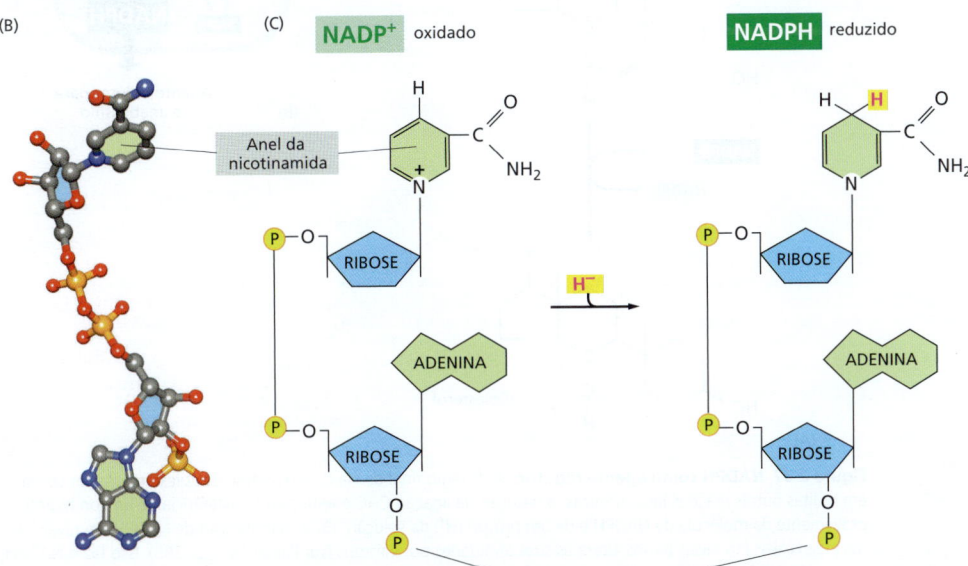

Figura 2-36 NADPH, um carreador de elétrons importante. (A) NADPH é produzido em reações do tipo geral, mostradas no lado esquerdo, nas quais há remoção de dois átomos de hidrogênio de um substrato. A forma oxidada da molécula carreadora, NADP$^+$, recebe um átomo de hidrogênio e um elétron (um íon hidreto); o próton (H$^+$), de um outro átomo de H, é liberado para a solução. Uma vez que NADPH mantém o íon hidreto por meio de uma ligação rica em energia, esse íon pode ser facilmente transferido para outras moléculas, como é mostrado no lado direito da figura. (B) e (C) estruturas do NADP$^+$ e do NADPH. A parte da molécula de NADP$^+$ conhecida como anel da nicotinamida aceita o íon hidreto, H$^-$, formando, dessa forma, NADPH. As moléculas de NAD$^+$ e NADH têm estrutura idêntica a NADP$^+$ e NADPH respectivamente, exceto pela ausência do grupo fosfato indicado.

ton (H^+) é liberado na solução. Essa é uma reação de oxidação-redução típica, na qual o substrato é oxidado e o $NADP^+$ é reduzido.

O íon hidreto carregado pelo NADPH é doado rapidamente por meio de uma reação de oxidação-redução subsequente, pois, sem o íon hidreto, o anel fica com um arranjo de elétrons mais estável. Nessas reações subsequentes, que regeneram o $NADP^+$, é o NADPH que se torna oxidado, e o substrato fica reduzido. O NADPH é um doador efetivo de íon hidreto para outras moléculas, pela mesma razão pela qual o ATP transfere fosfatos com facilidade. Em ambos os casos, a transferência é acompanhada por uma grande variação negativa na energia livre. Um exemplo do uso do NADPH na biossíntese é mostrado na **Figura 2-37**.

O grupo fosfato extra não tem efeito nas propriedades de transferência de elétrons do NADPH em relação ao NADH por localizar-se distante da região que participa da transferência de elétrons (ver Figura 2-36C). Ele, entretanto, deixa a molécula de NADPH com uma forma levemente diferente da forma do NADH, de modo que o NADPH e o NADH ligam-se como substratos a diferentes grupos de enzimas. Assim, os dois tipos de carreadores são usados para transferir elétrons (ou íons hidreto) entre diferentes conjuntos de moléculas.

Por que existe essa divisão de trabalho? A resposta baseia-se na necessidade da regulação independentemente de dois conjuntos de reações de transferência de elétrons. O NADPH se liga principalmente a enzimas que catalisam reações anabólicas, provendo os elétrons ricos em energia que são necessários para a síntese de moléculas biológicas ricas em energia. O NADH, ao contrário, tem um papel específico como intermediário no sistema de reações catabólicas que geram ATP pela oxidação das moléculas dos alimentos, como será discutido brevemente. A geração do NADH a partir do NAD^+ (e a geração do NADPH a partir do $NADP^+$) ocorre por vias diferentes, que são reguladas de forma independente, de maneira que as células podem ajustar o suprimento de elétrons para esses dois propósitos antagônicos de maneira independente uma da outra. No interior das células, a proporção entre NAD^+ e NADH é mantida alta, enquanto a proporção entre $NADP^+$ e NADPH é mantida baixa. Isso assegura uma enorme disponibilidade de NAD^+ para funcionar como agente oxidante e NADPH em abundância para agir como agente redutor (Figura 2-37B); assim, essas funções específicas atendem às exigências do catabolismo e do anabolismo, respectivamente.

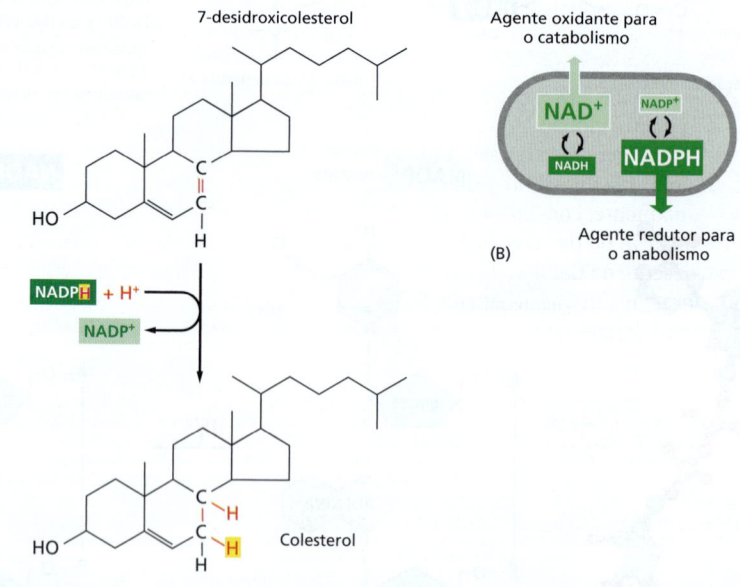

Figura 2-37 NADPH como agente redutor. (A) Estágio final da via da biossíntese de colesterol. Assim como em muitas outras reações biossintéticas, a redução da ligação C=C é feita pela transferência de um íon hidreto proveniente da molécula de NADPH e de um próton (H^+) da solução. (B) A manutenção de NADPH em níveis altos e de NADH em níveis baixos altera as suas afinidades por elétrons (ver Painel 14-1, p. 765). Isso faz o NADPH ser um doador de elétrons muito mais forte (agente redutor) do que o NADH e, portanto, NAD^+ é um aceptor de elétrons (agente oxidante) melhor que o $NADP^+$, conforme indicado.

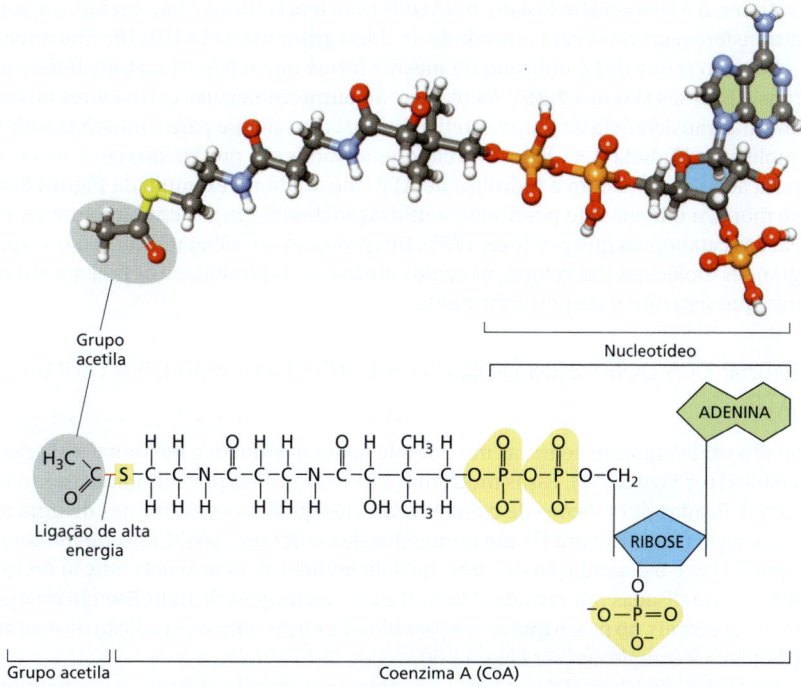

Figura 2-38 **Estrutura da acetil-CoA, importante molécula carreadora ativada.** Acima da estrutura está mostrado o seu modelo na forma de esfera e bastão. O átomo de enxofre (*amarelo*) forma uma ligação tioéster com o acetato. Uma vez que a molécula de acetato pode ser facilmente transferida para outra molécula, a molécula de acetato pode ser facilmente transferida para outras moléculas, porque essa ligação rica em energia libera grande quantidade de energia livre ao ser hidrolisada.

Existem muitas outras moléculas de carreadores ativados nas células

Outros carreadores ativados também aceitam e transportam grupos químicos que podem ser facilmente transferidos, na forma de ligações ricas em energia. Por exemplo, a coenzima A carrega por meio de uma ligação tioéster um grupo acetila facilmente transferível, que, nessa forma ativada, é conhecido como **acetil-CoA** (acetil-coenzima A). A acetil-CoA (**Figura 2-38**) é usada para adicionar unidades de dois carbonos em processos de biossíntese de moléculas grandes.

Na acetil-CoA, assim como outras moléculas carreadoras, os grupos transferíveis constituem apenas uma pequena parte da molécula. O restante consiste em uma grande porção orgânica que serve como um "portador" conveniente que facilita o reconhecimento da molécula carreadora por enzimas específicas. Assim como no caso da acetil-CoA, em outras moléculas, geralmente essa "porção portadora" também contém um nucleotídeo (em geral, adenosina difosfato). Esse fato curioso talvez seja uma relíquia do princípio da evolução. Atualmente, considera-se que o principal catalisador das primeiras formas de vida, antes do DNA ou das proteínas, foram moléculas de RNA (ou moléculas relacionadas), como descrito no Capítulo 6. É tentador especular se as diversas moléculas carreadoras de hoje foram realmente originadas nesse mundo primitivo de RNA, em que as porções nucleotídicas poderiam ter utilidade para ligá-las a enzimas de RNA (ribozimas).

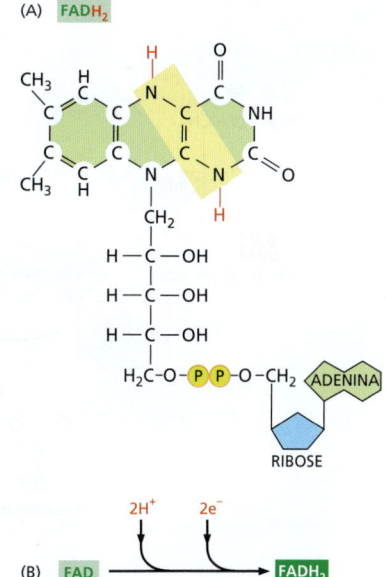

Figura 2-39 **$FADH_2$ é um carreador de hidrogênio e de elétrons de alta energia, da mesma forma que NADH e NADPH.** (A) estrutura do $FADH_2$ com os átomos carreadores de hidrogênio em *amarelo*. (B) Formação de $FADH_2$ a partir de FAD.

TABELA 2-3	Algumas moléculas carreadoras ativadas utilizadas amplamente no metabolismo
Carreador ativado	Grupo carreado na ligação rica em energia
ATP	Fosfato
NADH, NADPH, $FADH_2$	Elétrons e átomos de hidrogênio
Acetil-CoA	Grupo acetila
Biotina carboxilada	Grupo carboxila
S-adenosilmetionina	Grupo metila
Uridina difosfato glicose	Glicose

Assim, o ATP transfere fosfato, o NADPH transfere elétrons e hidrogênio, e a acetil-CoA transfere o grupos acetila (unidade de dois carbonos). O **FADH$_2$** (flavina adenina dinucleotídeo reduzido) é utilizado da mesma forma que o NADH na transferência de elétrons e prótons (**Figura 2-39**). As reações de outras moléculas carreadoras ativadas envolvem a transferência de grupos metila, carboxila ou glicose para a biossíntese de várias moléculas (**Tabela 2-3**). Esses carreadores ativados são produzidos em reações nas quais há acoplamento com a hidrólise de ATP (mostrado no exemplo da **Figura 2-40**). Desse modo, a energia que possibilita a utilização desses grupos em biossínteses vem de reações catabólicas que produzem ATP. Um processo semelhante ocorre nas sínteses das grandes moléculas das células, os ácidos nucleicos, as proteínas e os polissacarídeos, assunto que será discutido posteriormente.

A síntese dos polímeros biológicos é impulsionada pela hidrólise de ATP

Como discutido anteriormente, as macromoléculas constituem a maior parte da massa das células (ver Figura 2-7). Essas moléculas são constituídas por subunidades (ou monômeros), ligadas por reações de *condensação*, nas quais os constituintes de uma molécula de água (um OH e um H) são removidos dos dois reagentes. Consequentemente, a reação inversa, a degradação dos três tipos de polímeros, ocorre pela adição de água, em reações catalisadas por enzimas (*hidrólise*). Essas reações de hidrólise são energeticamente favoráveis, ao passo que as reações biossintéticas requerem adição de energia e são muito mais complexas (ver Figura 2-9).

Os ácidos nucleicos (DNA e RNA), as proteínas e os polissacarídeos são polímeros produzidos pela adição repetitiva de subunidades (também chamadas de monômeros) a uma das extremidades da cadeia em crescimento. As reações de síntese desses três tipos de macromoléculas estão esquematizadas na **Figura 2-41**. Como indicado, a etapa de condensação, em cada um dos casos, depende da energia proveniente da hidrólise de um nucleosídeo trifosfato. Ainda, exceto no caso dos ácidos nucleicos, nenhum grupo

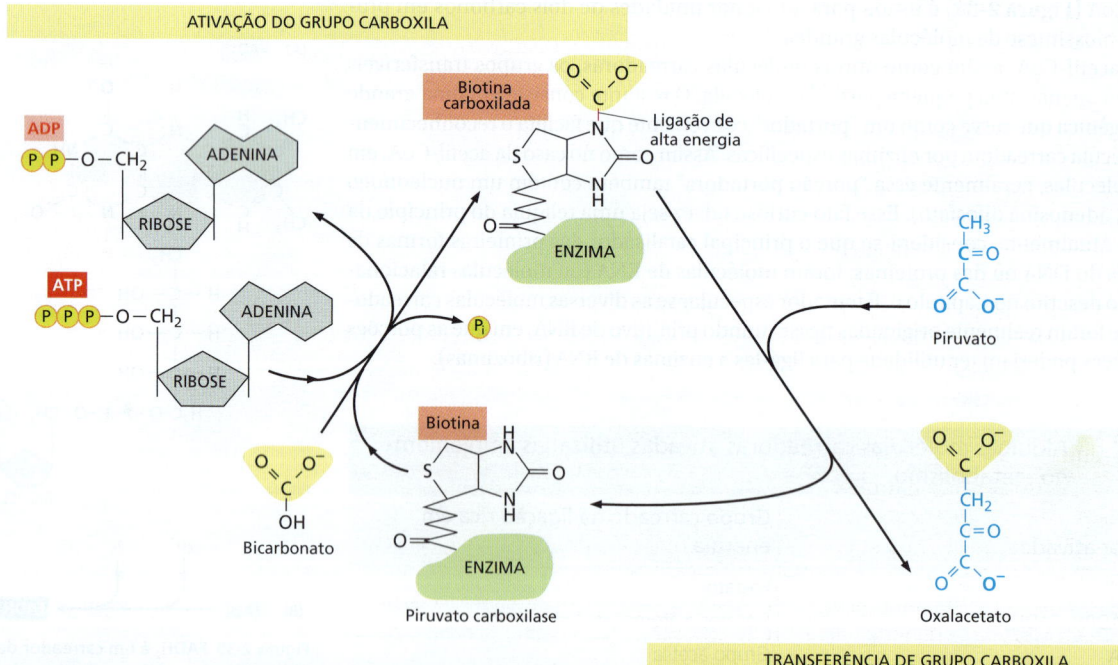

Figura 2-40 Reação de transferência do grupo carboxila utilizando uma molécula carreadora ativada. A enzima *piruvato carboxilase* utiliza biotina carboxilada para transferir um grupo carboxila na produção de oxalacetato, uma molécula necessária para o ciclo do ácido cítrico. A molécula aceptora dessa reação de transferência de grupo é o piruvato. Outras enzimas utilizam biotina, uma vitamina do complexo B, para transferir grupos carboxila para outras moléculas aceptoras. Observe que a síntese de biotina carboxilada requer energia oriunda do ATP, uma característica geral de muitos dos carreadores ativados.

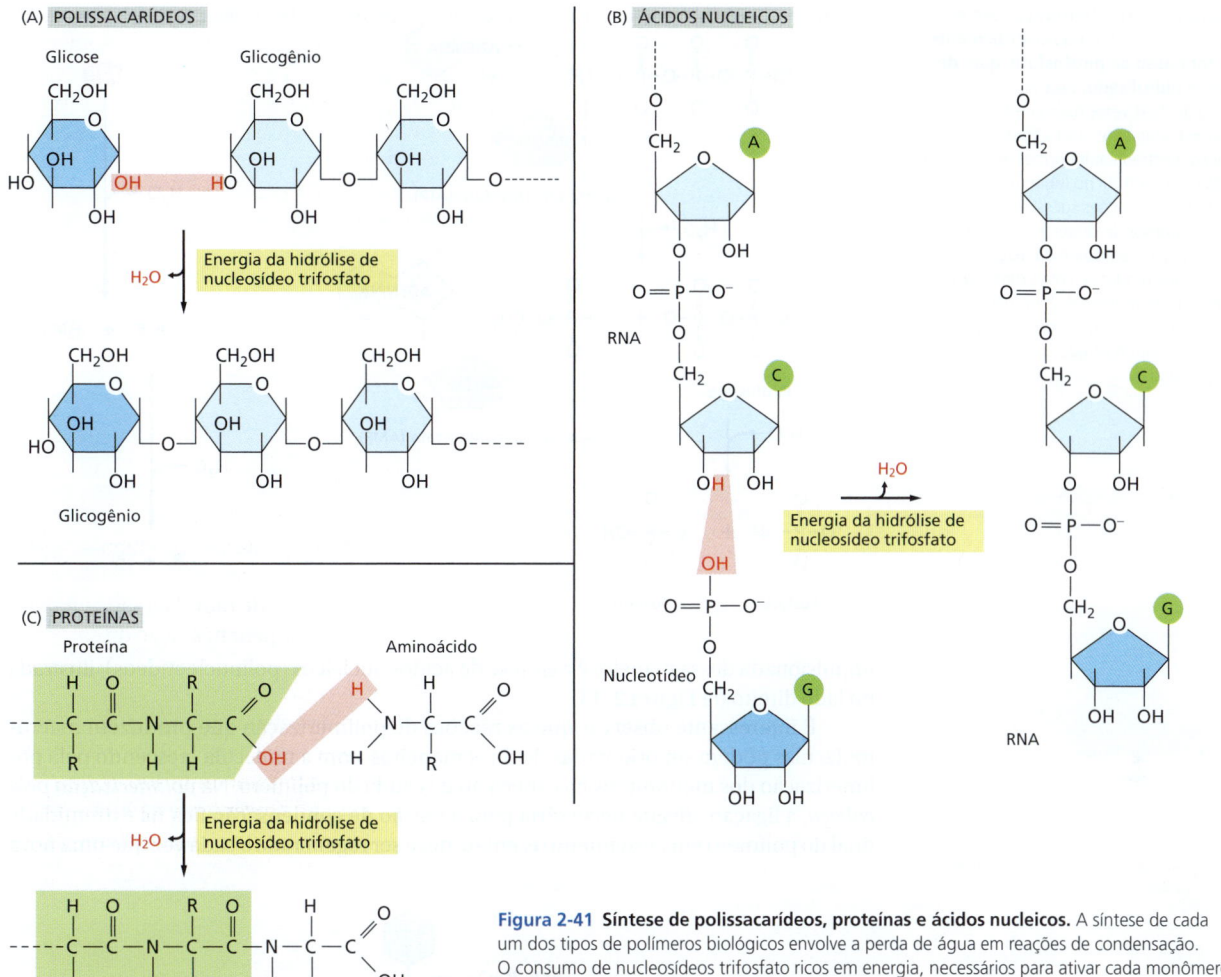

Figura 2-41 **Síntese de polissacarídeos, proteínas e ácidos nucleicos.** A síntese de cada um dos tipos de polímeros biológicos envolve a perda de água em reações de condensação. O consumo de nucleosídeos trifosfato ricos em energia, necessários para ativar cada monômero, previamente à sua adição, não é mostrado. A reação inversa, a degradação de todos os três tipos de polímeros, ocorre pela simples adição de água (hidrólise).

fosfato é adicionado às moléculas que são produto final dessas reações. De que maneira as reações que liberam energia por hidrólise de ATP acoplam-se à síntese dos polímeros?

Para cada um dos tipos de macromolécula, existe uma via catalisada por enzimas semelhante à via discutida previamente para a síntese do aminoácido glutamina (ver Figura 2-35). O princípio é exatamente o mesmo, pois o grupo –OH que será removido na reação de condensação é inicialmente ativado pelo envolvimento em uma ligação rica em energia com uma segunda molécula. Entretanto, o mecanismo realmente utilizado para acoplar a hidrólise de ATP à síntese das proteínas e de polissacarídeos é mais complexo do que o utilizado na síntese de glutamina, pois há necessidade de uma série de intermediários ricos em energia para produzir a ligação rica em energia que finalmente é quebrada na etapa de condensação (discutido no Capítulo 6 no que se refere à síntese proteica).

Existem limitações na capacidade de cada carreador ativado impulsionar uma reação biossintética. O ΔG para a hidrólise de ATP, produzindo ADP e fosfato inorgânico (P_i) depende das concentrações de todos os reagentes, mas, nas concentrações geralmente encontradas nas células, ele situa-se entre -46 e -54 kJ/mol. Em princípio, essa reação de hidrólise pode ser usada para que ocorra uma reação desfavorável com um ΔG de talvez +40 kJ/mol, desde que exista uma via de reações adequadas. Para algumas reações biossintéticas, mesmo –50 kJ/mol pode não ser suficiente para fornecer energia como força motriz. Nesses casos, a via de hidrólise do ATP pode ser alterada de tal maneira que ela primeiro produza AMP e *pirofosfato* (*PPi*), que, por sua vez, é hidrolisado em uma etapa subsequente (**Figura 2-42**). Esse processo como um todo disponibiliza uma variação total de energia livre de cerca de -100 kJ/mol. Uma reação biossintética importante que é

Figura 2-42 Via alternativa para a hidrólise de ATP, na qual inicialmente há formação de pirofosfato, que, depois, é hidrolisado. Essa via libera em torno de duas vezes mais energia livre (aproximadamente -100 kJ/mol), do que a reação mostrada anteriormente na Figura 2-33 e forma AMP no lugar de ADP. (A) Nas duas reações sucessivas de hidrólise, os átomos de oxigênio das moléculas de água que participam da reação são retidos nos produtos, como mostrado, enquanto os átomos de hidrogênio dissociam-se formando íons de hidrogênio livres (H^+, não mostrado). (B) Resumo da reação total.

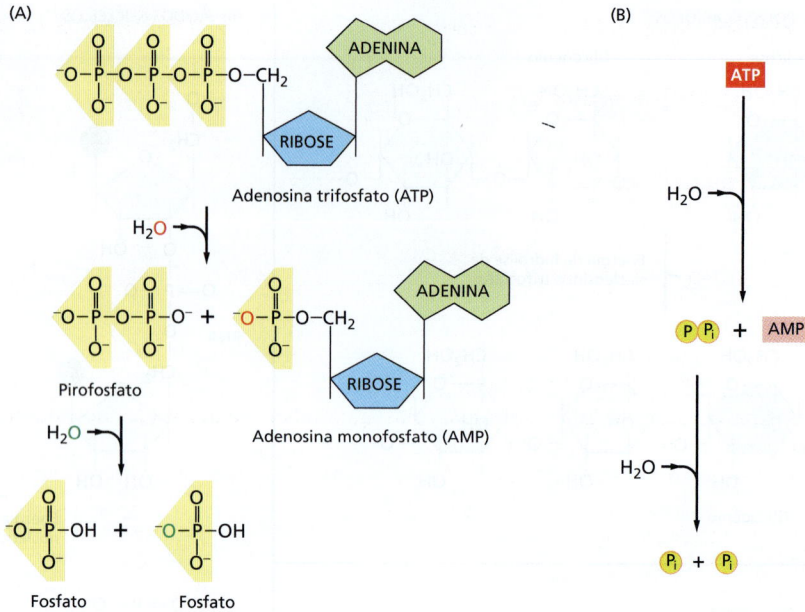

impulsionada dessa maneira é a síntese de ácidos nucleicos (polinucleotídeos), ilustrada no lado direito da **Figura 2-43**.

É interessante observar que as reações de polimerização que produzem macromoléculas podem ser orientadas de duas maneiras, com a molécula crescendo pela polimerização dos monômeros na cabeça ou na cauda do polímero. Na *polimerização pela cabeça*, a ligação ativada necessária para a reação de condensação fica na extremidade final do polímero em crescimento e, então, deve ser regenerada a cada vez que uma nova

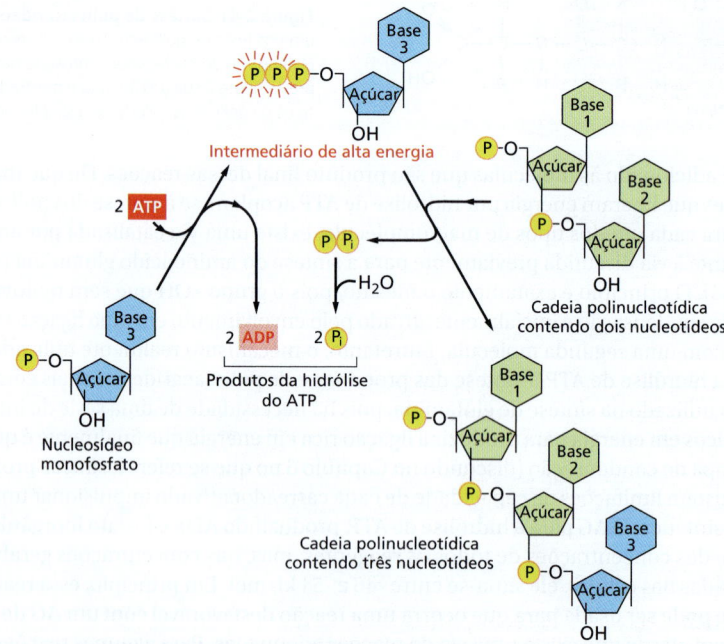

Figura 2-43 A síntese de um polinucleotídeo, RNA ou DNA, é um processo de muitas etapas impelido pela hidrólise de ATP. Na primeira etapa, um nucleosídeo monofosfato é ativado pela transferência sequencial de dois grupos fosfato terminais de duas moléculas de ATP. O intermediário rico em energia que é formado, um nucleosídeo trifosfato, permanece livre na solução até que reaja com a extremidade da cadeia de RNA ou de DNA que está crescendo, liberando, então, pirofosfato. A hidrólise desse último fosfato inorgânico é altamente favorável e contribui para fazer a reação como um todo seguir na direção da síntese do polinucleotídeo. Para mais detalhes, ver Capítulo 5.

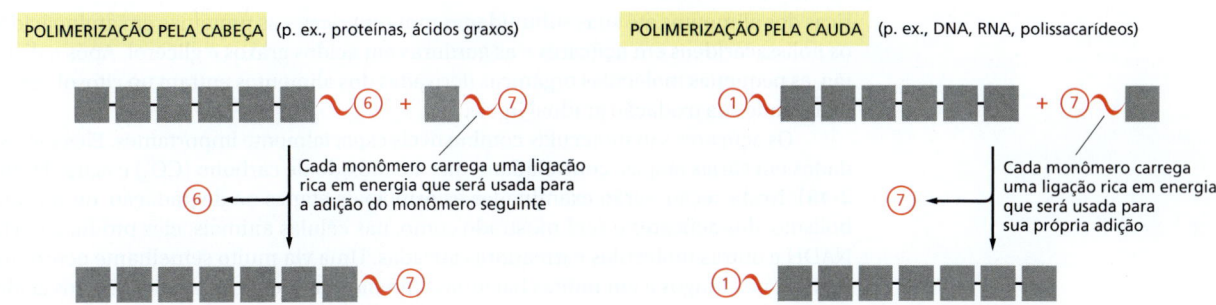

unidade do monômero seja adicionada. Nesse caso, cada monômero carrega a ligação reativa que será usada na adição do monômero *seguinte*. Ao contrário, na *polimerização pela cauda*, a ligação ativada é carregada pelos monômeros, sendo usada imediatamente na adição do próprio monômero (**Figura 2-44**).

Em capítulos posteriores, veremos que os dois tipos de polimerização são usados. A síntese de polinucleotídeos e de alguns polissacarídeos simples ocorre por polimerização pela cauda, enquanto a síntese das proteínas ocorre por um processo de polimerização pela cabeça.

Figura 2-44 Orientação dos intermediários em reações de condensação repetidas que formam polímeros biológicos. O crescimento pela cabeça é comparado com sua alternativa, o crescimento pela cauda. Como indicado, esses dois mecanismos são utilizados para produzir diferentes tipos de macromoléculas biológicas.

Resumo

As células vivas precisam criar e manter a ordem por si mesmas para que possam sobreviver e crescer. Isso é termodinamicamente possível somente porque há um fornecimento contínuo de energia que é liberada pelas células para o ambiente como calor que desordena os arredores da célula. As únicas reações químicas possíveis de ocorrer são aquelas que aumentam a quantidade total de desordem do universo. A variação de energia livre de uma reação, ΔG, é uma medida dessa desordem e ela deve ser menor do que zero para que a reação ocorra espontaneamente. Esse ΔG depende tanto das propriedades intrínsecas das moléculas reagentes como também das suas concentrações, e pode ser calculado a partir dessas concentrações caso tanto a constante de equilíbrio (K) da reação como a variação de energia livre padrão (ΔG°) forem conhecidas.

A energia necessária à vida vem, em última análise, da radiação eletromagnética do sol, que possibilita a formação de moléculas orgânicas pelos organismos fotossintéticos, como as plantas. Os animais obtêm energia alimentando-se de moléculas orgânicas e oxidando-as em uma série de reações catalisadas por enzimas e que estão acopladas à formação de ATP, a moeda corrente de energia de todas as células.

A contínua geração de ordem nas células é possível devido ao acoplamento da reação de hidrólise de ATP (energeticamente favorável) a reações energeticamente desfavoráveis. Na biossíntese das macromoléculas, o ATP é usado para formar intermediários fosforilados reativos. Como as reações energeticamente desfavoráveis da biossíntese passam a energeticamente favoráveis, diz-se que a hidrólise do ATP impulsiona essas reações. As moléculas poliméricas, como as proteínas, os ácidos nucleicos e os polissacarídeos, são sintetizadas a partir de pequenas moléculas precursoras ativadas por reações de condensação repetitivas que são impelidas por esse mecanismo. Outras moléculas reativas, chamadas de carreadores ativados, ou coenzimas, transferem outros grupos químicos durante a biossíntese. Por exemplo, o NADPH transfere hidrogênio na forma de um próton e dois elétrons (um íon hidreto), enquanto a acetil-CoA transfere um grupo acetila.

COMO AS CÉLULAS OBTÊM ENERGIA DOS ALIMENTOS

O suprimento constante de energia que as células necessitam para gerar e manter a ordem biológica que as mantém vivas vem da energia das ligações químicas das moléculas dos alimentos.

As proteínas, os lipídeos e os polissacarídeos, os constituintes da maior parte dos alimentos que comemos, devem ser degradados em moléculas pequenas antes que nossas células possam usá-los, tanto como fonte de energia ou como unidades fundamentais para outras moléculas. A digestão enzimática degrada as grandes moléculas poliméricas dos alimentos até suas subunidades monoméricas – as proteínas em aminoácidos, os polissacarídeos em açúcares e as gorduras em ácidos graxos e glicerol. Após a digestão, as pequenas moléculas orgânicas derivadas dos alimentos entram no citosol das células, onde sua oxidação gradual inicia.

Os açúcares são moléculas combustíveis especialmente importantes. Eles são oxidados em várias etapas, controladamente, até dióxido de carbono (CO_2) e água (**Figura 2-45**). Nesta seção, serão examinadas as principais etapas na degradação, ou no catabolismo, dos açúcares e será mostrado como, nas células animais, eles produzem ATP, NADH e outras moléculas carreadoras ativadas. Uma via muito semelhante ocorre nas plantas, nos fungos e em muitas bactérias. Veremos também que a oxidação dos ácidos graxos é igualmente importante. Outras moléculas, como as proteínas, quando canalizadas por vias enzimáticas apropriadas, também servem como fonte de energia.

A glicólise é uma via central na produção de ATP

O principal processo de oxidação dos açúcares é a sequência de reações conhecida como **glicólise** (do grego, *glukus*, "doce", e *lusis*, "ruptura"). A glicólise produz ATP sem a participação de oxigênio molecular (O_2 gasoso). Ela ocorre no citosol da maioria das células, inclusive nos organismos anaeróbios. A glicólise provavelmente apareceu cedo na história da vida, antes que os organismos fotossintéticos introduzissem oxigênio na atmosfera. Durante a glicólise, uma molécula de glicose (com seis átomos de carbono) é convertida em duas moléculas de *piruvato* (cada uma das quais contém três átomos de carbono). Para cada molécula de glicose, duas moléculas de ATP são hidrolisadas para fornecer energia para impulsionar as etapas iniciais e quatro moléculas de ATP são produzidas nas etapas finais. Ao final da glicólise, portanto, há um ganho líquido de duas moléculas de ATP para cada molécula de glicose que é degradada. Também são produzidas duas moléculas do carreador ativado NADH.

A via glicolítica está esboçada na **Figura 2-46** e mostrada em mais detalhes no **Painel 2-8** (p. 104-105) e na **Animação 2.5**. A glicólise envolve uma sequência de 10 reações individuais, cada uma produzindo um açúcar intermediário diferente e catalisada por uma enzima diferente. Do mesmo modo que a maioria das enzimas, elas têm os nomes com a terminação *ase*, como isomer*ase* e desidrogen*ase*, para indicar o tipo de reação que catalisam.

Embora o oxigênio molecular não seja usado na glicólise, ocorre oxidação: elétrons dos carbonos derivados da molécula de glicose são removidos por NAD^+ (produzindo NADH). A natureza em etapas do processo libera a energia da oxidação em pequenas quantidades, de maneira que boa parte dessa energia pode ser armazenada em moléculas de carreadores ativados em vez de ser liberada como calor (ver Figura 2-45). Desse modo, parte da energia liberada pela oxidação impulsiona diretamente a síntese de moléculas de ATP a partir de ADP e P_i e parte permanece com os elétrons no carreador de elétrons rico em energia NADH.

Figura 2-45 Representação esquemática da oxidação em etapas controladas dos açúcares nas células, comparada à queima normal. (A) Caso o açúcar seja oxidado gerando CO_2 e H_2O em uma única etapa, ele liberará uma quantidade de energia maior do que aquela que pode ser capturada para propósitos úteis. (B) Nas células, as enzimas catalisam oxidações por meio de uma série de pequenas etapas nas quais a energia livre é transferida, em pacotes de tamanho conveniente, para moléculas carreadoras, frequentemente ATP e NADH. Em cada etapa, uma enzima controla a reação reduzindo a barreira de energia de ativação que deve ser suplantada para que a reação possa ocorrer. O total de energia livre liberado é exatamente o mesmo em (A) e em (B).

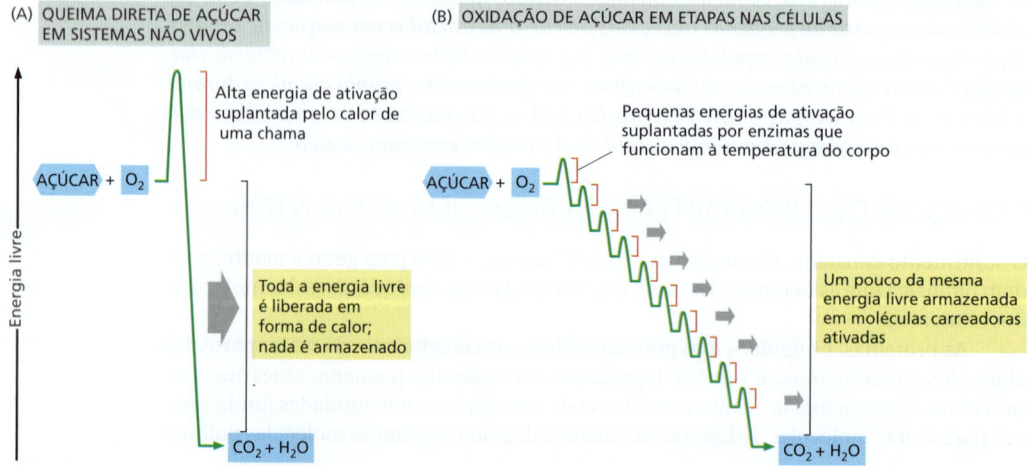

Durante a glicólise, são formadas duas moléculas de NADH para cada molécula de glicose. Nos organismos aeróbios, essas moléculas de NADH doam seus elétrons para a cadeia transportadora de elétrons descrita no Capítulo 14, e o NAD⁺ formado a partir do NADH é usado novamente para a glicólise (ver etapa 6 do Painel 2-8, p. 104-105).

A fermentação produz ATP na ausência de oxigênio

Na maioria dos animais e das plantas, a glicólise é apenas o prelúdio das etapas finais da degradação das moléculas dos alimentos. Nessas células, o piruvato formado pela glicólise é rapidamente transportado para a mitocôndria, na qual é convertido em CO_2 e acetil-CoA, cujo grupo acetila é, então, completamente oxidado em CO_2 e H_2O.

Em contrapartida, em muitos organismos anaeróbios – organismos que não utilizam oxigênio molecular e podem crescer e se dividir na ausência de oxigênio –, a glicólise é a principal fonte de ATP para as células. Certos tecidos animais, como o músculo esquelético, podem continuar funcionando, mesmo quando o oxigênio molecular é limitado. No caso dessas condições anaeróbicas, o piruvato e os elétrons do NADH permanecem no citosol. O piruvato é convertido em produtos que são excretados pelas células, como etanol e CO_2, no caso das leveduras usadas na fabricação de cerveja e de pão, ou lactato, no caso do músculo. Nesses processos, o NADH doa seus elétrons e é reconvertido em NAD⁺. A regeneração do NAD⁺ é necessária para a manutenção das reações da glicólise (**Figura 2-47**).

Vias como essa que produzem energia, nas quais as moléculas orgânicas tanto doam como aceitam elétrons (que são geralmente, como nesses casos, anaeróbicas),

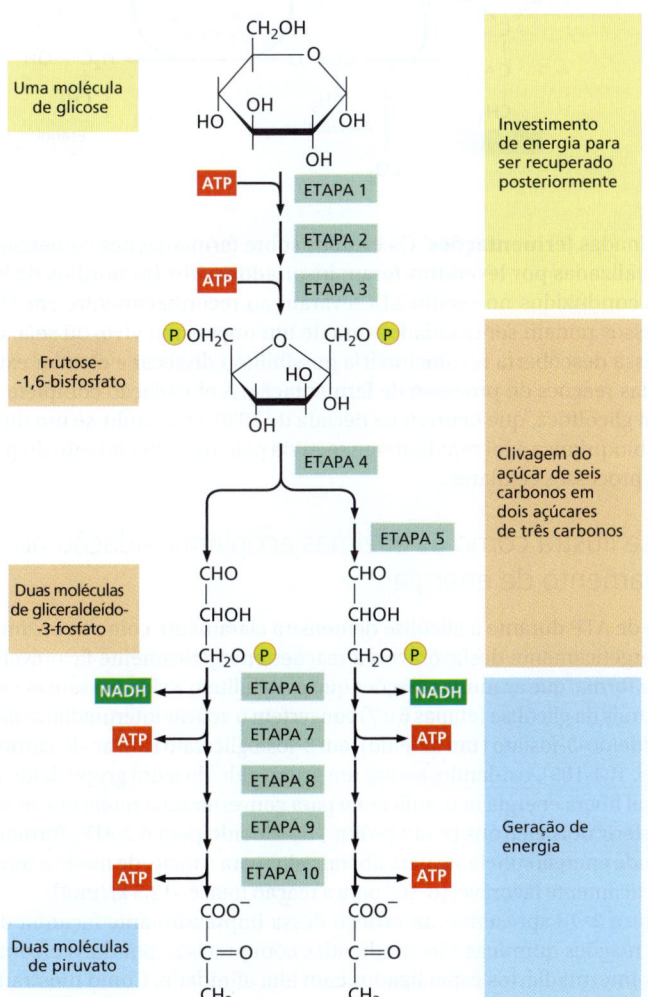

Figura 2-46 Esquema da glicólise. Cada uma das 10 etapas é catalisada por uma enzima diferente. Observe que a etapa 4 cliva um açúcar de seis carbonos em dois açúcares de três carbonos, de modo que o número de moléculas nas etapas que seguem é duplicado. Como indicado, a etapa 6 inicia a fase de geração de energia da glicólise. Uma vez que duas moléculas de ATP são hidrolisadas na primeira fase, a fase de investimento de energia, a glicólise leva à produção líquida de duas moléculas de ATP e duas moléculas de NADH por mol de glicose (ver também o Painel 2-8).

Figura 2-47 Duas vias para a degradação anaeróbica do piruvato. (A) Quando o suprimento de oxigênio é insuficiente, como em uma célula muscular em contração vigorosa, o piruvato produzido pela glicólise é convertido em lactato, como mostrado. Essa reação regenera o NAD⁺ consumido na etapa 6 da glicólise, e a via total rende muito menos energia do que a oxidação completa. (B) Em alguns organismos, aqueles que podem crescer de forma anaeróbica, como as leveduras, o piruvato é convertido, via acetaldeído, em dióxido de carbono e etanol. Novamente, essa via regenera o NAD⁺, a partir de NADH, que é necessário para permitir que a glicólise continue. Tanto (A) quanto (B) são exemplos de *fermentação*.

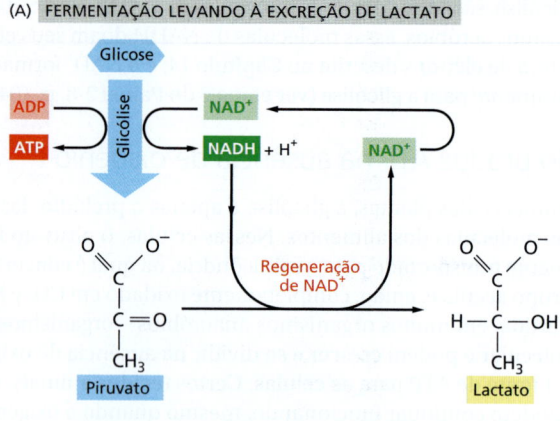

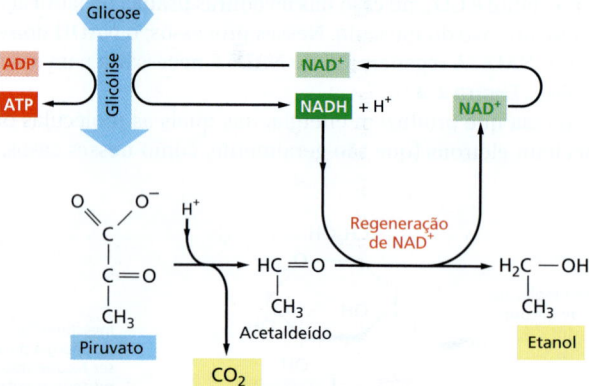

são denominadas **fermentações**. Os estudos sobre fermentações comercialmente importantes realizadas por leveduras foram inspiradores nos primórdios da bioquímica. Os estudos conduzidos no século XIX levaram ao reconhecimento, em 1896, de que esses processos podem ser estudados fora de um organismo vivo, ou seja, em extratos celulares. Essa descoberta revolucionária possibilitou dissecar e estudar externamente cada uma das reações do processo de fermentação. A elucidação completa de todas as peças da via glicolítica, que ocorreu na década de 1930, constituiu-se um dos principais triunfos da bioquímica e foi rapidamente seguida pelo reconhecimento do papel central do ATP nos processos celulares.

A glicólise ilustra como as enzimas acoplam oxidação ao armazenamento de energia

A formação de ATP durante a glicólise demonstra claramente como as enzimas acoplam reações energeticamente desfavoráveis a reações energeticamente favoráveis, possibilitando, dessa forma, que as muitas reações que possibilitam a vida possam ocorrer. As duas reações centrais da glicólise (etapas 6 e 7) convertem o açúcar intermediário de três carbonos, gliceraldeído-3-fosfato (um aldeído), em 3-fosfoglicerato (um ácido carboxílico; ver o Painel 2-8, p. 104-105), oxidando, assim, um grupo aldeído a um grupo ácido carboxílico. A reação total libera energia livre suficiente para converter uma molécula de ADP em ATP e para transferir dois elétrons (e um próton) do aldeído para o NAD⁺, formando NADH, restando ainda energia suficiente para liberar calor para o meio, de modo a tornar a reação total energeticamente favorável (o $\Delta G°$ para a reação total é $-12,5$ kJ/mol).

A **Figura 2-48** apresenta um esboço dessa impressionante façanha de coleta de energia. As reações químicas são conduzidas com precisão por duas enzimas às quais os açúcares intermediários estão ligados com alta afinidade. Como mostrado em deta-

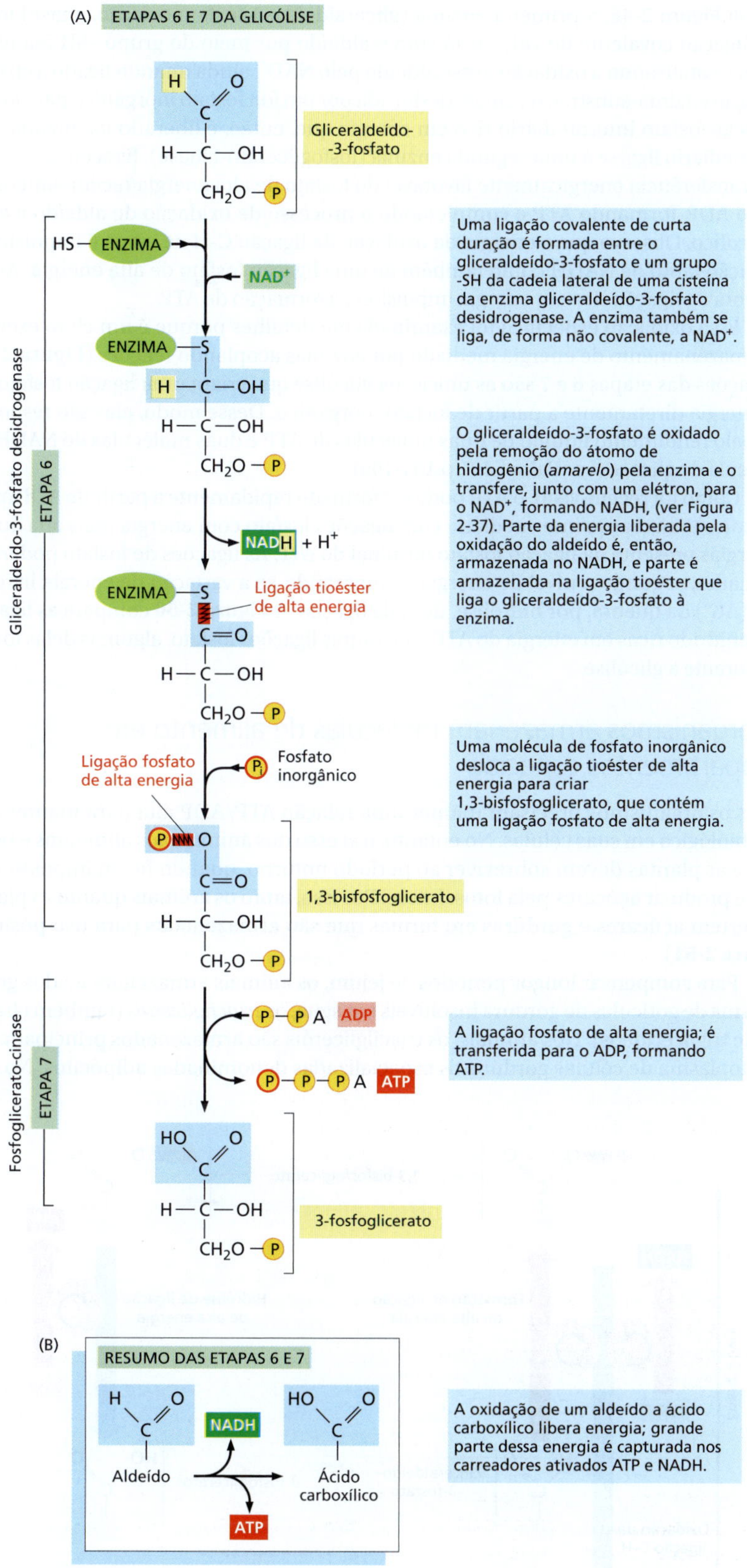

CAPÍTULO 2 Bioenergética e química celular

(A) ETAPAS 6 E 7 DA GLICÓLISE

Gliceraldeído-3-fosfato desidrogenase – ETAPA 6

Gliceraldeído-3-fosfato

Uma ligação covalente de curta duração é formada entre o gliceraldeído-3-fosfato e um grupo -SH da cadeia lateral de uma cisteína da enzima gliceraldeído-3-fosfato desidrogenase. A enzima também se liga, de forma não covalente, a NAD^+.

O gliceraldeído-3-fosfato é oxidado pela remoção do átomo de hidrogênio (*amarelo*) pela enzima e o transfere, junto com um elétron, para o NAD^+, formando NADH, (ver Figura 2-37). Parte da energia liberada pela oxidação do aldeído é, então, armazenada no NADH, e parte é armazenada na ligação tioéster que liga o gliceraldeído-3-fosfato à enzima.

Ligação tioéster de alta energia

Ligação fosfato de alta energia

Fosfato inorgânico

Uma molécula de fosfato inorgânico desloca a ligação tioéster de alta energia para criar 1,3-bisfosfoglicerato, que contém uma ligação fosfato de alta energia.

1,3-bisfosfoglicerato

Fosfoglicerato-cinase – ETAPA 7

ADP → ATP

A ligação fosfato de alta energia; é transferida para o ADP, formando ATP.

3-fosfoglicerato

(B) RESUMO DAS ETAPAS 6 E 7

Aldeído → Ácido carboxílico
NADH, ATP

A oxidação de um aldeído a ácido carboxílico libera energia; grande parte dessa energia é capturada nos carreadores ativados ATP e NADH.

Figura 2-48 Energia armazenada nas etapas 6 e 7 da glicólise. (A) Na etapa 6, a enzima gliceraldeído-3-fosfato desidrogenase acopla a oxidação, energeticamente favorável de um aldeído à reação energeticamente desfavorável da formação de uma ligação fosfato de alta energia, possibilitando, ao mesmo tempo, o armazenamento de energia na forma de NADH. A formação da ligação fosfato de alta energia é impulsionada pela reação de oxidação e a enzima atua como se fosse o acoplador da "pá giratória" mostrado na Figura 2-32B. Na etapa 7, a ligação fosfato de alta energia recém-formada no 1,3-bisfosfoglicerato é transferida ao ADP, formando uma molécula de ATP e deixando no açúcar oxidado um grupo carboxila livre. A porção da molécula que sofre essas modificações está sombreada em *azul*; o resto da molécula permanece sem modificações ao longo de todas essas reações. (B) Resumo da alteração química produzida pelas reações 6 e 7.

lhes na Figura 2-48, a primeira enzima (gliceraldeído-3-fosfato desidrogenase) forma uma ligação covalente de vida curta com o aldeído por meio do grupo –SH reativo da enzima, catalisando a oxidação desse aldeído pelo NAD⁺, ainda quando ligado à enzima. A ligação enzima-substrato é, então, deslocada por um íon fosfato inorgânico para formar o açúcar-fosfato intermediário rico em energia que, então, é liberado da enzima. Esse intermediário liga-se a uma segunda enzima (fosfoglicerato-cinase). Essa enzima catalisa a transferência energicamente favorável do fosfato de alta energia recém-sintetizado para o ADP, formando ATP e completando o processo de oxidação de aldeído a ácido carboxílico. Observe que a energia da oxidação da ligação C-H na etapa 6 impulsiona a formação tanto de NADH como também de uma ligação fosfato de alta energia. Assim, a quebra da ligação rica em energia impulsiona a formação de ATP.

Essa oxidação específica foi examinada em detalhes porque é um claro exemplo de armazenamento de energia mediado por enzimas acoplando reações (**Figura 2-49**). As reações das etapas 6 e 7 são as únicas na glicólise que criam uma ligação fosfato rica em energia diretamente a partir de fosfato inorgânico. Desse modo, elas são responsáveis pelo rendimento líquido de duas moléculas de ATP e duas moléculas de NADH por molécula de glicose (ver Painel 2-8, p.104-105).

Como foi recém-visto, o ATP pode ser formado rapidamente a partir de ADP quando ocorre uma reação intermediária com ligações fosfato com energia mais alta do que a energias presente na ligação fosfato terminal do ATP. As ligações de fosfato podem ser ordenadas, segundo o nível de energia, comparando-se a variação de energia livre padrão ($\Delta G°$) da quebra, por hidrólise, de cada ligação. A **Figura 2-50** compara as ligações fosfoanidrido ricas em energia do ATP com outras ligações fosfato, algumas delas formadas durante a glicólise.

Os organismos armazenam moléculas de alimento em compartimentos especiais

Todos os organismos precisam manter uma relação ATP/ADP alta para manter a ordem biológica em suas células. No entanto, o acesso dos animais aos alimentos é periódico, e as plantas devem sobreviver ao período noturno, quando ficam impossibilitadas de produzir açúcares pela fotossíntese. Por isso, tanto os animais quanto as plantas convertem açúcares e gorduras em formas que são armazenadas para uso posterior (**Figura 2-51**).

Para compensar longos períodos de jejum, os animais armazenam ácidos graxos na forma de gotículas de gordura insolúveis em água, os *triacilgliceróis* (também chamados de triglicerídeos). Nos animais, os triacilgliceróis são armazenados principalmente no citoplasma de células gordurosas especializadas denominadas adipócitos. No caso

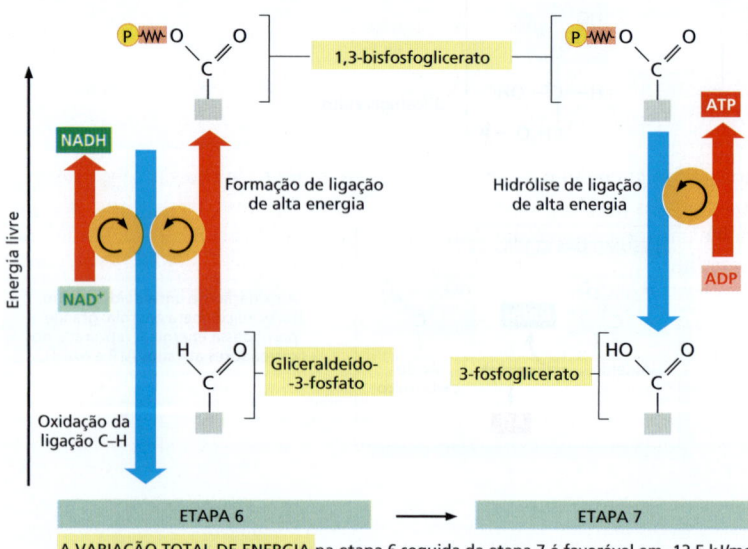

Figura 2-49 Visão esquemática das reações acopladas que formam NADH e ATP nas etapas 6 e 7 da glicólise. A oxidação da ligação C–H impulsiona a formação tanto de NADH como de ligações fosfato ricas em energia. A quebra da ligação rica em energia permite a formação de ATP.

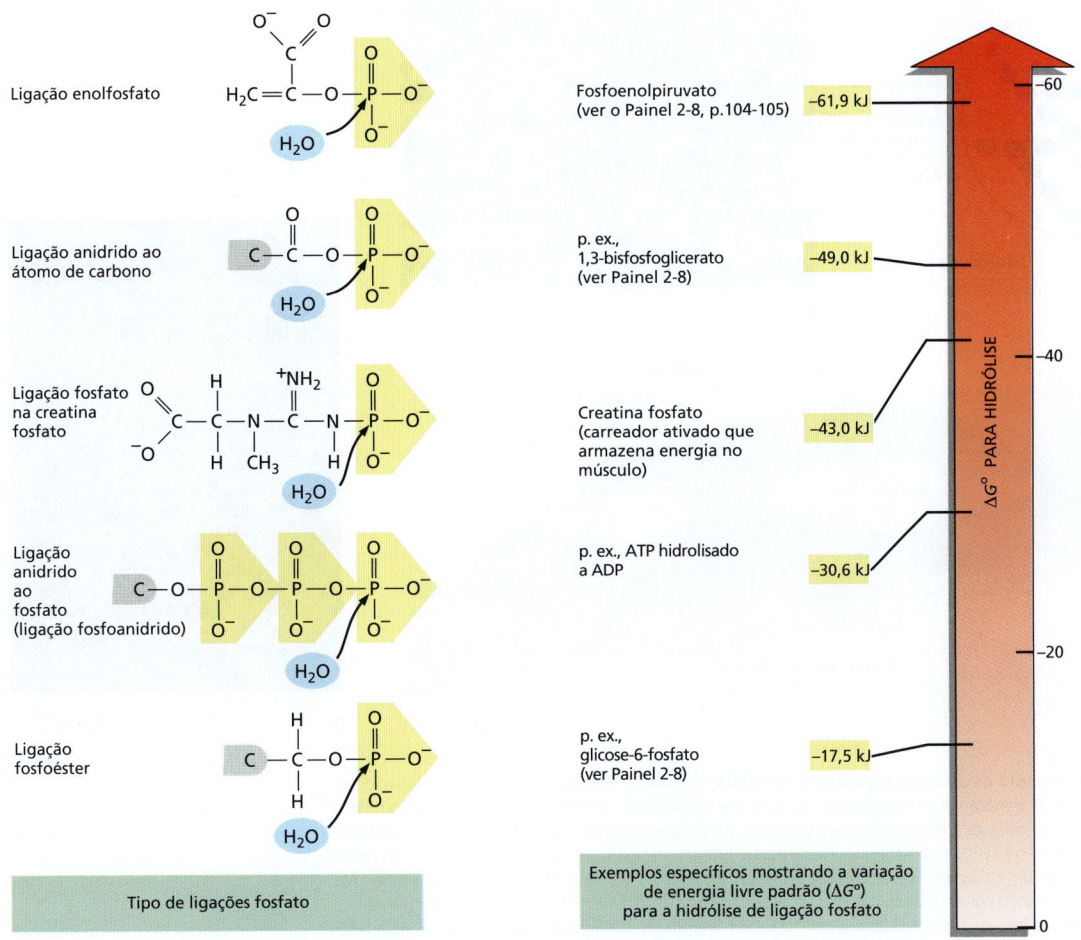

Figura 2-50 Ligações fosfato têm energias diferentes. Exemplos de diferentes tipos de ligação fosfato com os sítios de hidrólise mostrados nas moléculas representadas à esquerda. Aquelas que começam com um átomo de carbono em *cinza* mostram apenas parte da molécula. Exemplos de moléculas contendo essas ligações estão mostrados no lado direito, com a variação de energia livre padrão para a hidrólise em quilojoules. A transferência de um grupo fosfato de uma molécula para outra é energeticamente favorável se a variação de energia livre (ΔG) para a hidrólise da ligação fosfato na primeira molécula for mais negativa do que a hidrólise da ligação fosfato na segunda molécula. Assim, em condições-padrão, um grupo fosfato é prontamente transferido de 1,3-bifosfoglicerato a ADP, formando ATP. (Condições-padrão geralmente *não* se aplicam às células vivas, onde as concentrações relativas dos reagentes e produtos influenciam a real mudança na variação de energia livre.) Observe que a reação de hidrólise pode ser vista como a transferência de um grupo fosfato para a água.

de armazenamento de curto prazo, os açúcares são armazenados como subunidades de glicose no **glicogênio**, um polissacarídeo grande e ramificado, presente na forma de grânulos no citoplasma de muitas células, inclusive no fígado e no músculo. A síntese e a degradação do glicogênio são prontamente reguladas, de acordo com a necessidade. Quando as células precisam de uma quantidade de ATP maior do que aquela que pode ser gerada a partir das moléculas de alimento captadas da corrente sanguínea, essas células degradam glicogênio por meio de uma reação que produz glicose-1-fosfato, a qual é rapidamente convertida em glicose-6-fosfato para a glicólise (**Figura 2-52**).

Do ponto de vista quantitativo, a **gordura** é uma forma de armazenamento muito mais importante para os animais do que o glicogênio, provavelmente porque proporciona uma armazenagem mais eficiente. A oxidação de um grama de gordura libera cerca de duas vezes mais energia que a oxidação de um grama de glicogênio. Ademais, o glicogênio diferencia-se das gorduras por incorporar uma grande quantidade de água. Isso leva a uma diferença de massa de maneira que, para armazenar a mesma quantidade de energia, a massa do glicogênio deve ser seis vezes maior do que a massa de gordura. Em média, um homem adulto armazena glicogênio suficiente para apenas cerca de um dia de atividades normais, mas armazena uma quantidade de gordura que poderia durar

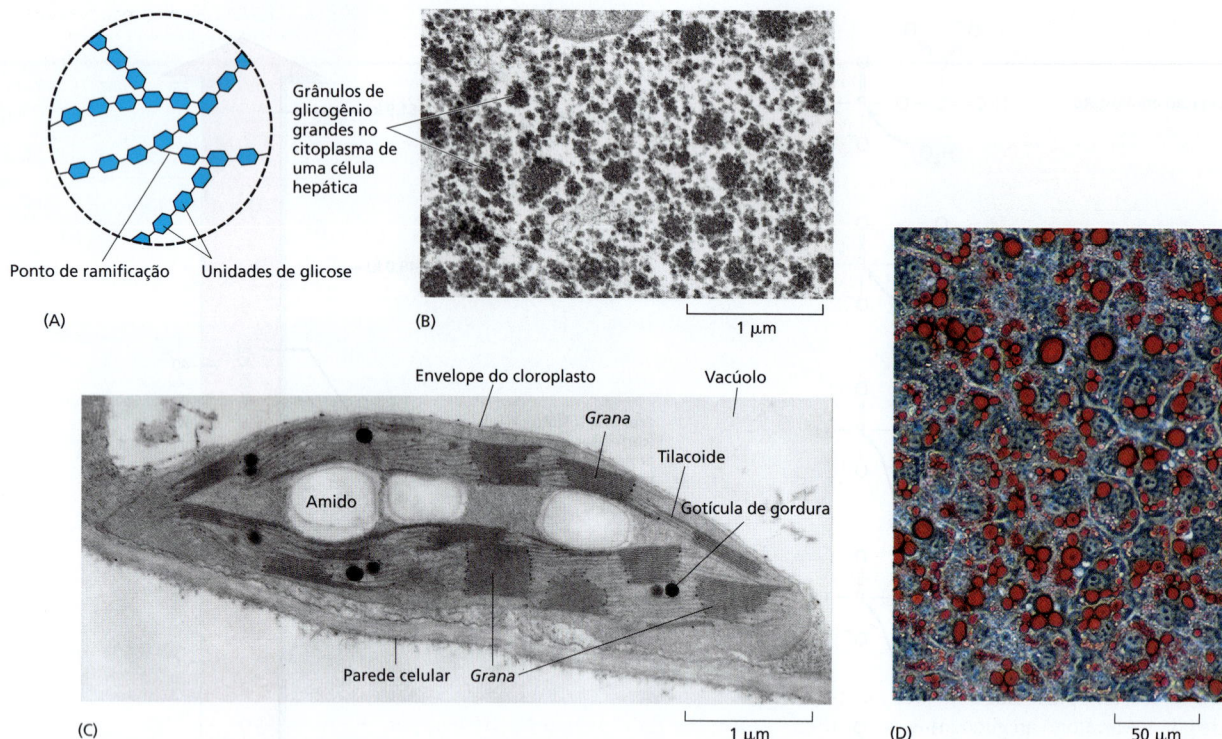

Figura 2-51 Armazenamento de açúcares e gorduras em células animais e vegetais. (A) Estruturas do amido e do glicogênio, as formas de armazenamento de açúcar nas plantas e nos animais, respectivamente. Os dois são polímeros de reserva do açúcar glicose e diferem somente na frequência dos pontos de ramificação. Há muito mais ramificações no glicogênio do que no amido. (B) Micrografia eletrônica de grânulos de glicogênio no citoplasma de uma célula hepática. (C) Seção fina de um cloroplasto de uma célula vegetal mostrando os grânulos de amido e lipídeos (gotículas de gordura) que se acumularam como resultado da biossíntese que ocorre ali. (D) Início do acúmulo de gotículas de gordura (coradas em *vermelho*) em adipócitos animais em desenvolvimento. (B, cortesia de Robert Fletterick e Daniel S. Friend; C, cortesia de K. Plaskitt; D, cortesia de Ronald M. Evans e Peter Totonoz.)

quase um mês. Caso nossa reserva energética, que está na forma de gordura, estivesse na forma de glicogênio, o peso corporal deveria aumentar em cerca de 30 kg.

O açúcar e o ATP necessários pelas células vegetais são essencialmente produzidos em organelas diferentes: os açúcares nos cloroplastos (organelas especializadas em fotossíntese) e o ATP na mitocôndria. Embora as plantas produzam grandes quantidades de ATP e NADPH nos cloroplastos, essa organela está isolada do resto da célula vegetal

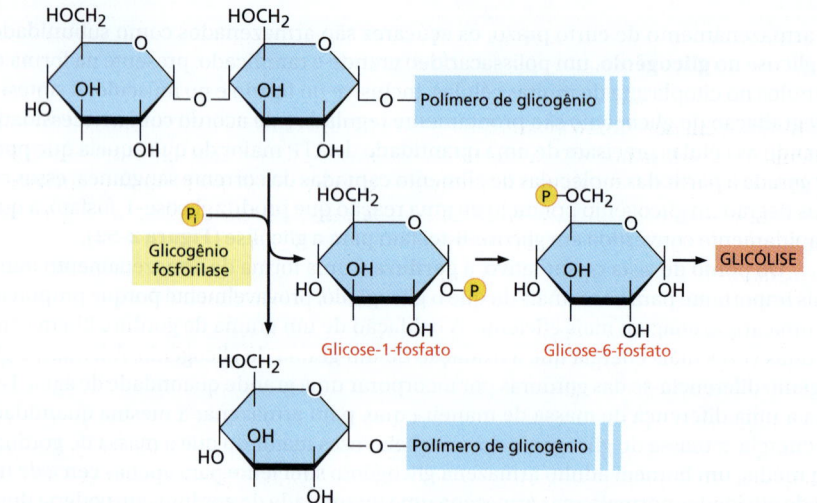

Figura 2-52 Como os açúcares são produzidos a partir do glicogênio. Subunidades de glicose são liberadas do glicogênio por ação da enzima glicogênio fosforilase, produzindo glicose-1-fosfato que, então, é rapidamente convertida em glicose-6-fosfato para a glicólise.

 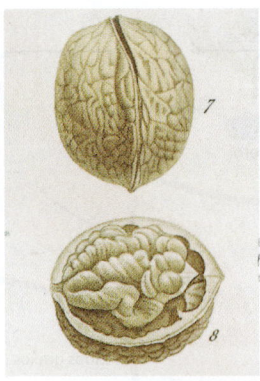 

Figura 2-53 **Algumas sementes que servem como alimentos importantes para o homem.** Milho, nozes e ervilha contêm ricas reservas de amido e gordura que fornecem ao jovem embrião da planta a energia e as unidades fundamentais para a biossíntese. (Cortesia da John Innes Foundation.)

por uma membrana que é impermeável a esses dois carreadores ativados. Além disso, as plantas contêm muitos tipos de células, como as das raízes, que não possuem cloroplastos e, portanto, não podem produzir seus próprios açúcares. Assim, os açúcares são exportados dos cloroplastos para as mitocôndrias, que estão presentes em todas as células da planta. A maior parte do ATP necessário para o metabolismo da célula vegetal é sintetizado na mitocôndria, utilizando exatamente as mesmas vias oxidativas de degradação de açúcares que ocorrem nos organismos não fotossintéticos. Esse ATP, então, é transferido para o resto da célula (ver Figura 14-42).

Durante o dia, nos períodos de excesso de capacidade fotossintética, os cloroplastos convertem parte dos açúcares que produzem em gordura e em **amido**, um polímero de glicose análogo ao glicogênio dos animais. As gorduras das plantas são triacilgliceróis (triglicerídeos), da mesma forma que a gordura dos animais, com diferenças apenas nos tipos de ácidos graxos que predominam. Tanto as gorduras como o amido são armazenados no interior dos cloroplastos até que sejam necessários para produção de energia por oxidação durante os períodos de escuridão (ver Figura 2-51C).

Os embriões presentes nas sementes dos vegetais devem viver por um longo período apenas das fontes de energia armazenadas, isto é, até que germinem e produzam folhas que possam captar a energia solar. Por essa razão, as sementes das plantas geralmente contêm grandes quantidades de gordura e de amido, o que as torna uma fonte importante de alimento para os animais, incluindo o homem (**Figura 2-53**).

A maioria das células animais obtém dos ácidos graxos a energia para os períodos entre as refeições

Logo após as refeições, a maior parte da energia de que os animais necessitam vem dos açúcares obtidos dos alimentos. O excesso de açúcares, se houver, é usado para repor as reservas de glicogênio que foram consumidas ou para sintetizar gordura como reserva alimentar. Entretanto, assim que a gordura é armazenada no tecido adiposo, ela é utilizada. No início da manhã, após uma noite de jejum, a oxidação dos ácidos graxos gera a maior parte do ATP necessário para o homem.

Baixos níveis sanguíneos de glicose levam à degradação de ácidos graxos para a produção de energia. Como ilustrado na **Figura 2-54**, os triacilgliceróis armazenados nas gotículas de gordura nos adipócitos são hidrolisados produzindo ácidos graxos e glicerol. Os ácidos graxos são liberados e transferidos para as células do organismo através da corrente sanguínea. Embora os animais convertam facilmente açúcares em gorduras, eles não são capazes de converter gordura em açúcares; em vez disso, os ácidos graxos são oxidados diretamente.

Os açúcares e as gorduras são degradados a acetil-CoA nas mitocôndrias

No metabolismo aeróbio, o piruvato produzido no citosol pela glicólise a partir dos açúcares é transportado para a *mitocôndria* das células eucarióticas. Aí, ele é rapidamente descarboxilado por um complexo gigantesco de três enzimas, denominado *complexo da piruvato desidrogenase*. Os produtos da descarboxilação do piruvato são uma molécula

Figura 2-54 Como as gorduras estocadas são mobilizadas para a produção de energia nos animais. Níveis baixos de glicose no sangue desencadeiam a hidrólise de moléculas de triacilglicerol das gotículas de gordura para ácidos graxos livres e glicerol. Esses ácidos graxos entram na corrente sanguínea, onde se ligam a uma proteína abundante do sangue denominada albumina sérica. Os transportadores especiais de ácidos graxos na membrana plasmática das células que oxidam os ácidos graxos, como as células musculares, transportam, então, esses ácidos graxos para o citosol, a partir do qual são movidos para as mitocôndrias para a produção de energia.

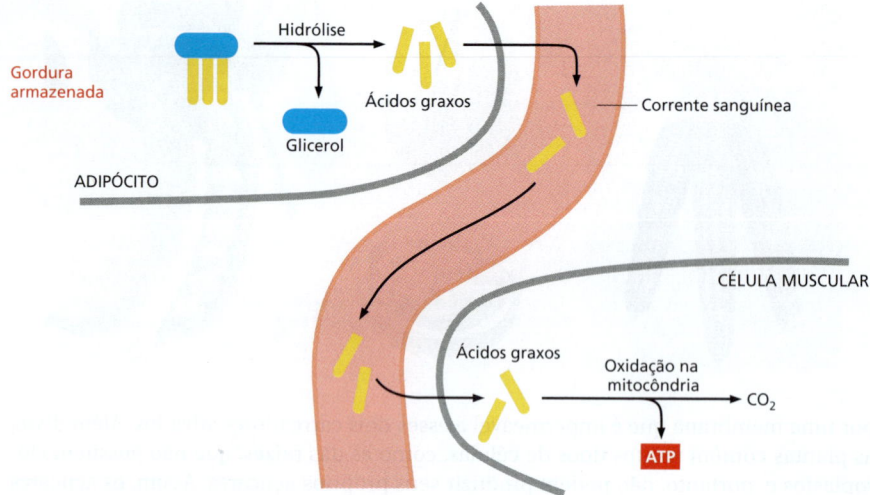

de CO_2 (um produto de descarte), uma molécula de NADH e uma molécula de acetil-CoA (ver Painel 2-9).

Os ácidos graxos importados da corrente sanguínea são levados para as mitocôndrias onde ocorre toda a oxidação (**Figura 2-55**). Cada molécula de ácido graxo (na forma da molécula ativada *acilgraxo-CoA*) é completamente degradada por um ciclo de reações que remove dois carbonos de cada vez, a partir do grupo carboxila terminal, gerando uma molécula de acetil-CoA em cada volta do ciclo. Uma molécula de NADH e uma molécula de $FADH_2$ também são geradas nesse processo (**Figura 2-56**).

Os açúcares e as gorduras constituem as principais fontes de energia para a maioria dos organismos que não fazem fotossíntese, incluindo o ser humano. Entretanto, a maior parte da energia útil que pode ser extraída da oxidação de ambos os tipos de alimento permanece armazenada nas moléculas de acetil-CoA, produzidas pelos dois tipos de reações recém-descritas. As reações do ciclo do ácido cítrico, nas quais o grupo acetila ($-COCH_3$) da acetil-CoA é oxidado a CO_2 e H_2O, é, portanto, central para o metabolismo energético dos organismos aeróbios. Nos eucariotos, todas essas reações ocorrem nas mitocôndrias. Não surpreende, portanto, a descoberta de que a mitocôndria é o local das células animais onde a maior parte do ATP é produzido. Por outro lado, nas bactérias aeróbicas, todas essas reações, incluindo o ciclo do ácido cítrico, ocorrem no único compartimento que possuem, o citosol.

O ciclo do ácido cítrico gera NADH pela oxidação de grupos acetila a CO_2

No século XIX, os biólogos observaram que, na ausência de ar, as células produzem ácido lático (p. ex., no músculo) ou etanol (p. ex., em leveduras), enquanto, na presença de ar, elas consomem O_2 e produzem CO_2 e H_2O. Os esforços feitos para definir as vias do metabolismo aeróbio, focados na oxidação do piruvato, levaram à descoberta, em 1937, do **ciclo do ácido cítrico**, também conhecido como *ciclo do ácido tricarboxílico* ou, ainda, *ciclo de Krebs*. O ciclo do ácido cítrico é responsável por cerca de dois terços do total da oxidação de carbonos que ocorre na maioria das células. Os principais produtos dessa

Figura 2-55 Vias de produção de acetil-CoA a partir de açúcares e gorduras. Nas células eucarióticas, a mitocôndria é o local onde a acetil-CoA é produzida a partir desses dois tipos principais de moléculas de alimento. Portanto, é o local onde ocorre a maior parte das reações de oxidação celulares e onde a maior parte do ATP é produzida. Os aminoácidos (não mostrado) também podem entrar na mitocôndria (não mostrado) e serem convertidos em acetil-CoA ou em algum outro intermediário do ciclo do ácido cítrico. A estrutura e o papel da mitocôndria estão discutidos detalhadamente no Capítulo 14.

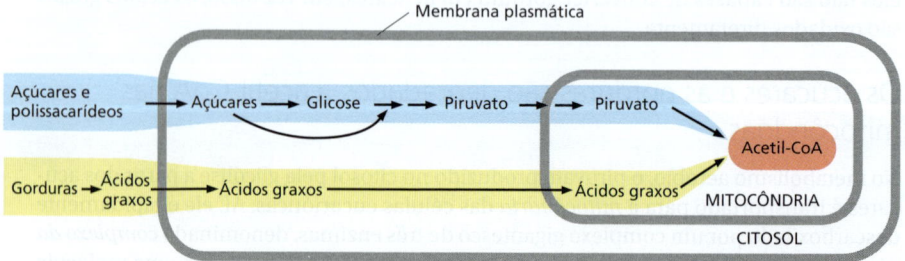

via são CO_2 e elétrons ricos em energia na forma de NADH. O CO_2 é liberado como um produto de descarte, enquanto os elétrons ricos em energia do NADH passam por uma cadeia transportadora de elétrons ligada à membrana (discutido no Capítulo 14) e, finalmente, combinam-se com O_2, produzindo H_2O. O ciclo do ácido cítrico, por si mesmo, não utiliza gás O_2 (ele usa átomos de oxigênio para gerar água). Entretanto, para que o ciclo possa ter continuidade, há necessidade de O_2 para as reações que ocorrem a seguir. Isso porque não há nenhuma outra maneira eficiente para que o NADH perca seus elétrons, regenerando, assim, o NAD^+ que é necessário.

Nas células eucarióticas, o ciclo do ácido cítrico ocorre dentro das mitocôndrias. Isso leva à oxidação completa dos átomos de carbono dos grupos acetila da acetil-CoA, que são convertidos em CO_2. Entretanto, o grupo acetila não é oxidado diretamente. Em vez disso, ele é transferido da acetil-CoA para uma molécula maior (de quatro carbonos), o *oxalacetato*, formando o ácido tricarboxílico de seis carbonos, o *ácido cítrico*, que dá origem ao nome do ciclo de reações. A molécula de ácido cítrico é, então, oxidada gradativamente, possibilitando que a energia dessa oxidação seja acoplada à produção de moléculas ativadas carreadoras ricas em energia. A sequência de oito reações forma um ciclo porque, ao final, há regeneração do oxalacetato, que, então, entra novamente no ciclo, conforme esquematizado na **Figura 2-57**.

Até agora, foi discutido apenas um dos três tipos de moléculas produzidas no ciclo do ácido cítrico que atuam como carreadores ativados; NADH, a forma reduzida do sistema carreador de elétrons NAD^+/NADH (ver Figura 2-36). Além das três moléculas de NADH, cada volta do ciclo também produz uma molécula de $FADH_2$ (flavina adenina dinucleotídeo reduzido) a partir do FAD (ver Figura 2-39), e uma molécula do ribonucleotídeo trifosfato **GTP**, a partir do GDP. A **Figura 2-58** mostra uma ilustração da estrutura do GTP. O GTP é um parente muito próximo do ATP, sendo que a transferência do seu grupo fosfato terminal para o ADP produz uma molécula de ATP a cada repetição do ciclo. Resumidamente, pode-se considerar que a energia armazenada nos elétrons ricos em energia altamente transferíveis do NADH e do $FADH_2$ é, a seguir, utilizada para a produção de ATP pelo processo de *fosforilação oxidativa*, a única etapa do catabolismo oxidativo dos nutrientes que requer oxigênio gasoso (O_2) diretamente da atmosfera.

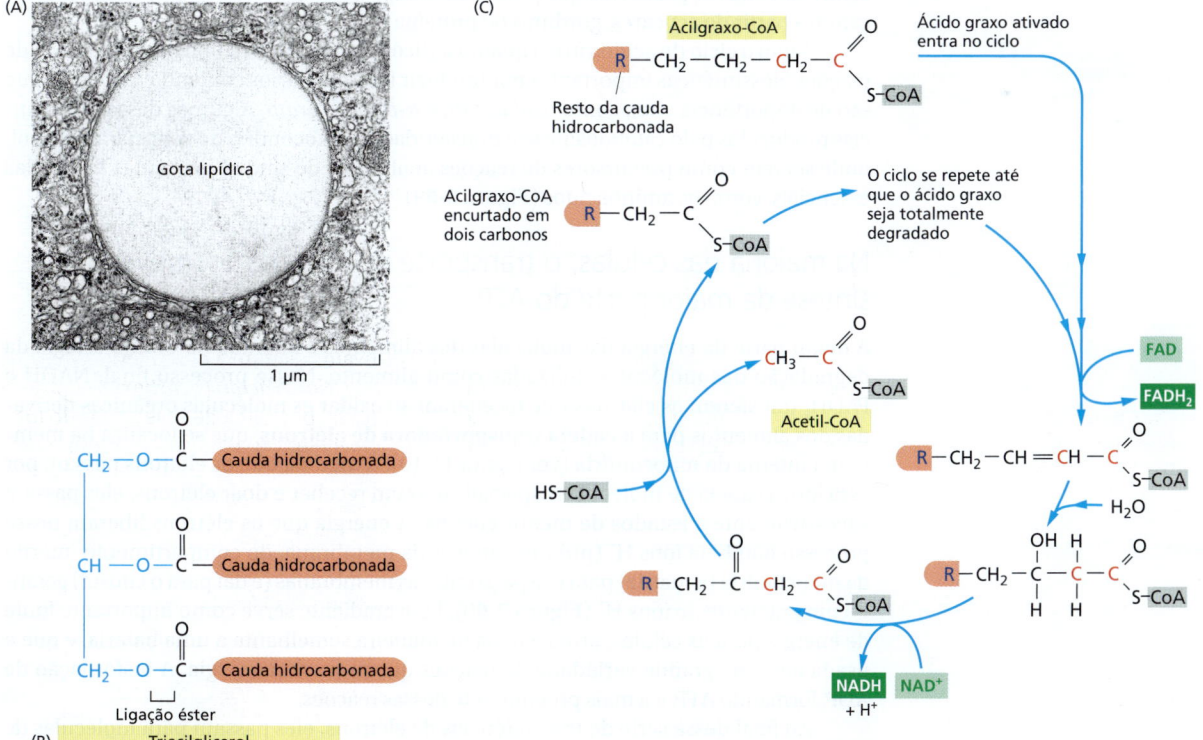

Figura 2-56 Oxidação dos ácidos graxos a acetil-CoA. (A) Microscopia eletrônica de uma gota lipídica no citosol. (B) Estrutura das gorduras. As gorduras são *triacilgliceróis*. A porção do glicerol, à qual são ligados três ácidos graxos por ligações éster, está mostrada em *azul*. As gorduras são insolúveis em água e formam gotas no interior das células de gordura (adipócitos), que são células especializadas em armazenar gordura. (C) Ciclo de oxidação dos ácidos graxos. O ciclo é catalisado por uma série de quatro enzimas e ocorre na mitocôndria. Cada volta do ciclo encurta a cadeia de ácido graxo em dois carbonos (mostrados em *vermelho*), gerando uma molécula de acetil-CoA, uma molécula de NADH e uma molécula de $FADH_2$. (A, cortesia de Daniel S. Friend.)

Figura 2-57 Visão geral do ciclo do ácido cítrico. A reação da acetil-CoA com o oxalacetato inicia o ciclo, produzindo citrato (ácido cítrico). Em cada volta do ciclo, duas moléculas de CO_2 são produzidas como produtos de descarte, e ainda são produzidas três moléculas de NADH, uma molécula de GTP e uma molécula de $FADH_2$. O número de átomos de carbono de cada intermediário é mostrado nos *quadros amarelos*. Ver Painel 2-9 (p. 106-107) para mais detalhes.

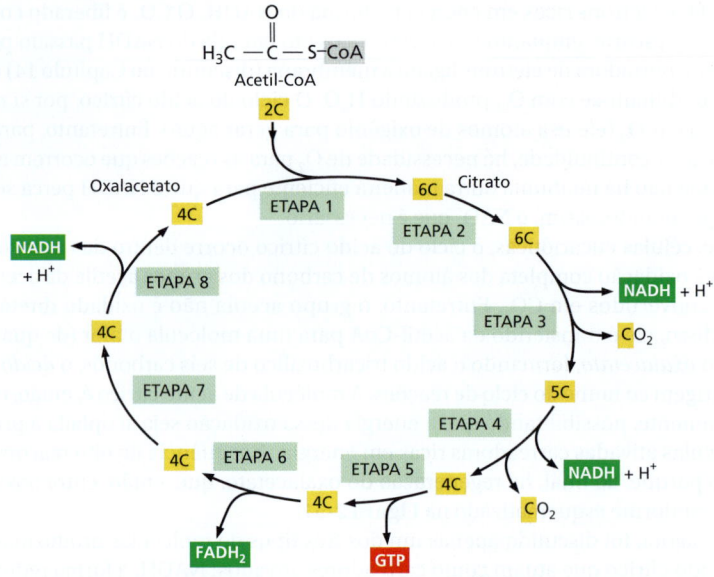

O **Painel 2–9** (p. 106-107) e a **Animação 2.6** apresentam o ciclo do ácido cítrico completo. Os demais átomos de oxigênio necessários para produzir CO_2 a partir dos grupos acetila que entram no ciclo do ácido cítrico não são supridos pelo oxigênio molecular, mas pela água. Como ilustrado no painel, três moléculas de água são quebradas a cada ciclo, de modo que, no final, átomos de oxigênio de algumas dessas moléculas de água são utilizados para a síntese de CO_2.

Além do piruvato e dos ácidos graxos, alguns aminoácidos passam do citosol para a mitocôndria, onde também são convertidos em acetil-CoA ou em algum outro intermediário do ciclo do ácido cítrico. Assim, nas células eucarióticas, as mitocôndrias são o centro de todos os processos que produzem energia, independentemente de eles começarem a partir de açúcares, gorduras ou proteínas.

Tanto o ciclo do ácido cítrico quanto a glicólise funcionam como ponto de início de reações biossintéticas importantes por produzir intermediários contendo carbono e que são de importância vital, como *oxalacetato* e *α-cetoglutarato*. Algumas dessas substâncias produzidas pelo catabolismo são transferidas da mitocôndria de volta para o citosol, onde servem como precursores de reações anabólicas de síntese de muitas moléculas essenciais, como os aminoácidos (**Figura 2-59**).

Na maioria das células, o transporte de elétrons promove a síntese da maior parte do ATP

A maior parte da energia das moléculas dos alimentos é liberada no último estágio da degradação das moléculas utilizadas como alimento. Nesse processo final, NADH e $FADH_2$ transferem os elétrons que receberam ao oxidar as moléculas orgânicas derivadas dos alimentos para a **cadeia transportadora de elétrons**, que se localiza na membrana interna da mitocôndria (ver Figura 14-10). À medida que os elétrons passam por essa longa cadeia de moléculas especializadas em receber e doar elétrons, eles passam sucessivamente a estados de menor energia. A energia que os elétrons liberam nesse processo bombeia íons H^+ (prótons) através da membrana, do compartimento interno da mitocôndria (a matriz) para o espaço entre as membranas (e daí para o citosol) gerando um gradiente de íons H^+ (**Figura 2-60**). Esse gradiente serve como importante fonte de energia para as células, armazenada de maneira semelhante a uma bateria, e que é usada em uma grande variedade de reações que requerem energia. A fosforilação de ADP, formando ATP, é a mais proeminente dessas reações.

Ao final dessa série de transferências de elétrons, eles passam para moléculas de oxigênio (O_2) que se difundiram para a mitocôndria e que se combinam com os prótons

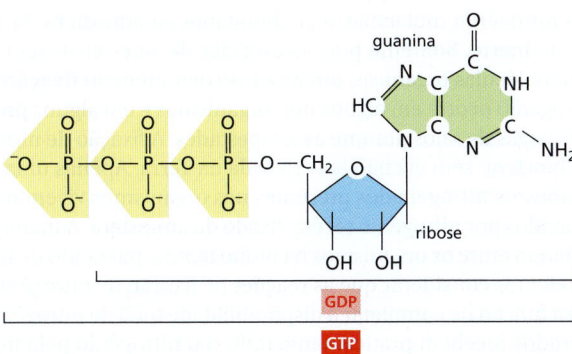

Figura 2-58 Estrutura do GTP. O GTP e o GDP são estruturalmente semelhantes ao ATP e ao ADP, respectivamente.

(H^+) presentes em solução, produzindo moléculas de água. Nesse momento, os elétrons atingem um nível energético baixo e toda a energia disponível foi extraída das moléculas oxidadas de alimento. Esse processo, denominado **fosforilação oxidativa** (**Figura 2-61**), também ocorre na membrana plasmática das bactérias. Como esse processo é um dos ápices da evolução das células, ele é o tópico central do Capítulo 14.

Assim, a oxidação completa de uma molécula de glicose até a produção de H_2O e CO_2 é utilizada pela célula para produzir 30 moléculas de ATP. Por outro lado, considerando apenas a glicólise, apenas duas moléculas de ATP são produzidas por molécula de glicose.

Os aminoácidos e os nucleotídeos fazem parte do ciclo do nitrogênio

A discussão feita até agora se concentrou principalmente no metabolismo de carboidratos, e os metabolismos do nitrogênio e do enxofre não foram ainda abordados. Esses dois elementos são importantes constituintes das macromoléculas biológicas. Os átomos de nitrogênio e de enxofre, através de uma série de ciclos reversíveis, são tranferidos de um composto a outro e também entre os organismos e o ambiente em que vivem.

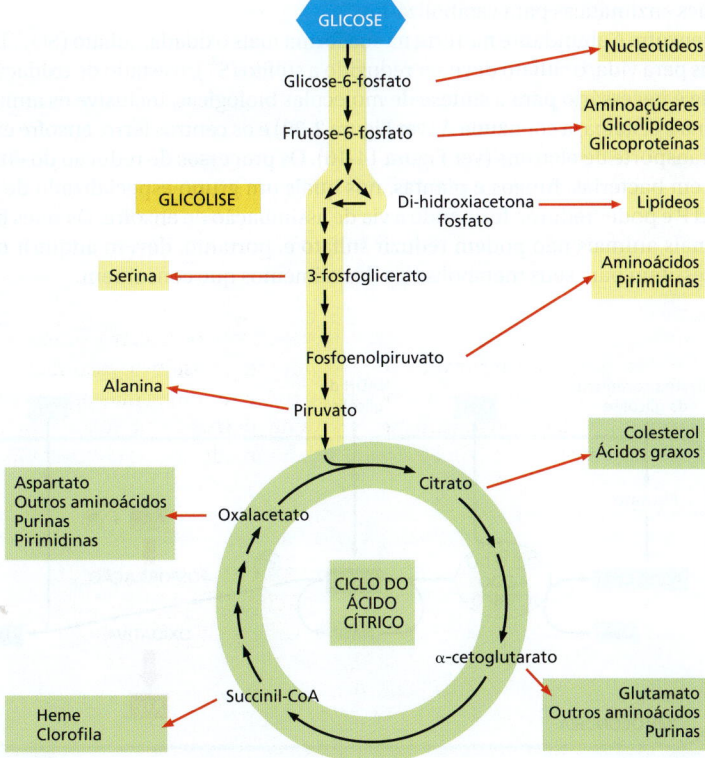

Figura 2-59 A glicólise e o ciclo do ácido cítrico fornecem os precursores necessários para a síntese de várias moléculas biológicas importantes. Aminoácidos, nucleotídeos, lipídeos, açúcares e outras moléculas (mostrados aqui como produtos) servem como precursores de várias das macromoléculas da célula. Neste diagrama, as *setas pretas* indicam uma única reação catalisada por uma enzima. As *setas vermelhas* geralmente representam vias com muitas etapas que são necessárias para produzir os produtos indicados.

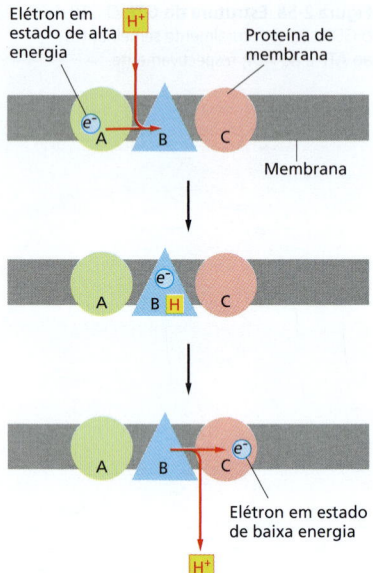

Figura 2-60 As reações de transporte de elétrons geram um gradiente de H⁺ entre as duas faces da membrana. Um elétron em um estado de alta energia (proveniente, p. ex., da oxidação de um metabólito) passa sequencialmente pelos carreadores A, B e C até um estado de menor energia. Neste diagrama, o carreador B está localizado na membrana de tal maneira que, durante o transporte de um elétron, ele capta H⁺ de uma das faces da membrana e o libera na face oposta. Isso leva a um gradiente de H⁺. Como está discutido no Capítulo 14, esse gradiente é uma importante forma de energia que é acoplada por outras proteínas da membrana para impulsionar a formação de ATP (para um exemplo real, ver a Figura 14-21).

Embora o nitrogênio molecular seja abundante na atmosfera da Terra, ele é um gás quimicamente inerte. Somente poucas espécies de seres vivos têm capacidade de incorporá-lo em moléculas orgânicas, um processo denominado **fixação de nitrogênio**. A fixação de nitrogênio ocorre em alguns microrganismos e em alguns processos geofísicos, como as descargas de raios durante as tempestades. A fixação de nitrogênio é essencial para toda a biosfera: sem ela não haveria vida na Terra. Apenas uma pequena parte de todos os compostos nitrogenados presentes nos organismos vivendo hoje é oriunda de produtos formados por nitrogênio recém-fixado da atmosfera. A maior parte do nitrogênio está circulando entre os organismos há muito tempo, passando de um ser vivo para outro. Assim, podemos considerar que as reações de fixação de nitrogênio que ocorrem atualmente têm a função de completar a disponibilidade total de nitrogênio existente.

Os vertebrados recebem praticamente todo seu nitrogênio pela ingestão de uma dieta contendo proteínas e ácidos nucleicos. No organismo, essas macromoléculas são degradadas até aminoácidos e nos componentes dos nucleotídeos. O nitrogênio que elas contêm é utilizado para produzir novas proteínas e novos ácidos nucleicos, ou outras moléculas. Cerca de metade dos 20 aminoácidos encontrados nas proteínas são aminoácidos essenciais para os vertebrados (**Figura 2-62**), isto é, não podem ser sintetizados a partir dos demais componentes da dieta. Os outros aminoácidos podem ser sintetizados utilizando-se vários materiais, inclusive os intermediários do ciclo do ácido cítrico. Os aminoácidos essenciais são sintetizados pelas plantas e por organismos invertebrados, geralmente utilizando vias metabólicas longas com alto dispêndio de energia e que foram perdidas durante a evolução dos vertebrados.

Os nucleotídeos necessários para a síntese de RNA e de DNA podem ser sintetizados por vias biossintéticas especializadas. Todos os nitrogênios, assim como alguns dos átomos de carbono, das bases púricas e pirimídicas provêm dos aminoácidos glutamina, ácido aspártico e glicina, que são abundantes. Por outro lado, os açúcares ribose e desoxirribose são derivados da glicose. Não existem "nucleotídeos essenciais" que devam ser fornecidos pela dieta.

Os aminoácidos que não são utilizados em vias biossintéticas podem ser oxidados para a geração de energia metabólica. A maior parte dos seus átomos de carbono e hidrogênio forma CO_2 e H_2O, enquanto os seus átomos de nitrogênio são transferidos de uma molécula a outra de várias formas até comporem a ureia, que é, então, excretada. Cada aminoácido é processado de uma maneira diferente e existe toda uma constelação de reações enzimáticas para catabolizá-los.

O enxofre é abundante na Terra na sua forma mais oxidada, sulfato (SO_4^{2-}). Para serem úteis para vida, o sulfato deve ser reduzido a sulfito (S^{2-}), o estado de oxidação do enxofre que é necessário para a síntese de moléculas biológicas, inclusive os aminoácidos metionina e cisteína, a coenzima A (ver Figura 2-39) e os centros ferro-enxofre essenciais para o transporte de elétrons (ver Figura 14-16). Os processos de redução do enxofre começam em bactérias, fungos e plantas, nos quais um grupo especializado de enzimas utiliza ATP e poder redutor, formando a via de assimilação de enxofre. Os seres humanos e os demais animais não podem reduzir sulfato e, portanto, devem adquirir o enxofre que necessitam para seus metabolismos dos alimentos que consomem.

Figura 2-61 Estágios finais da oxidação das moléculas de alimentos. As moléculas de NADH e $FADH_2$ ($FADH_2$ não está mostrado) são produzidas pelo ciclo do ácido cítrico. Esses carreadores ativados doam elétrons de alta energia que serão usados para reduzir oxigênio gasoso, formando água. A maior parte da energia liberada durante essas transferências de elétrons, que ocorrem ao longo da cadeia transportadora de elétrons na membrana interna da mitocôndria (ou na membrana plasmática de bactérias), é acoplada à síntese de ATP – daí o nome fosforilação oxidativa (discutido no Capítulo 14).

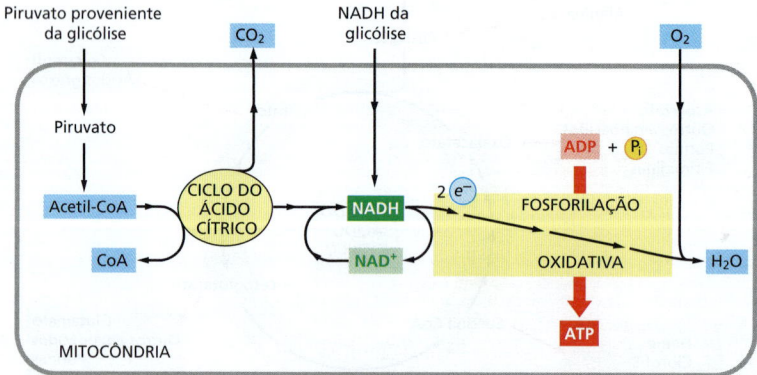

O metabolismo é altamente organizado e regulado

É possível ter uma ideia de como é complexa a maquinaria química das células observando as relações entre a glicólise, o ciclo do ácido cítrico e as outras vias metabólicas representadas na **Figura 2-63**. Essa figura mostra apenas algumas das vias enzimáticas de uma célula humana. É óbvio que nossa discussão sobre o metabolismo celular será restrita a apenas uma pequena parte do amplo campo da química celular.

Todas essas reações ocorrem em células que têm menos de 0,1 mm de diâmetro, sendo que cada uma dessas reações requer uma enzima diferente. Como a Figura 2-63 deixa claro, frequentemente a mesma molécula pode fazer parte de mais de uma via. O piruvato, por exemplo, é substrato para mais de meia dúzia de enzimas diferentes; cada uma delas o modifica quimicamente de uma maneira distinta. Uma enzima converte piruvato em acetil-CoA; outra, em oxalacetato; uma terceira, no aminoácido alanina; uma quarta, em lactato, e assim por diante. Todas essas vias competem pela mesma molécula de piruvato. Simultaneamente, ocorrem milhares de competições semelhantes por outras moléculas pequenas.

A situação é ainda mais complicada nos organismos multicelulares. Em geral, diferentes tipos de células possuem um conjunto diferente de enzimas. Além disso, diferentes tecidos contribuem de forma distinta para a química do organismo como um todo. Além das diferenças quanto a produtos especializados, como hormônios e anticorpos, existem diferenças significativas nas vias metabólicas "comuns" entre os vários tipos de células presentes em um mesmo organismo.

Embora praticamente todas as células contenham as enzimas da glicólise, do ciclo do ácido cítrico, da síntese e da degradação de lipídeos e do metabolismo dos aminoácidos, os níveis com que cada um desses processos são necessários em cada um dos diferentes tecidos não são os mesmos. Por exemplo, a célula nervosa, a célula que mais trabalha no organismo, praticamente não mantém nenhuma reserva de glicogênio ou de ácido graxo e depende quase totalmente do fornecimento de glicose pela corrente san-

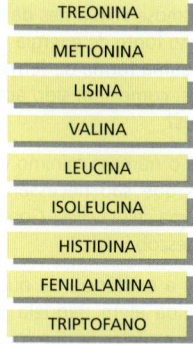

Figura 2-62 Os nove aminoácidos essenciais. Esses aminoácidos não podem ser sintetizados por células humanas e, portanto, devem ser supridos pela dieta.

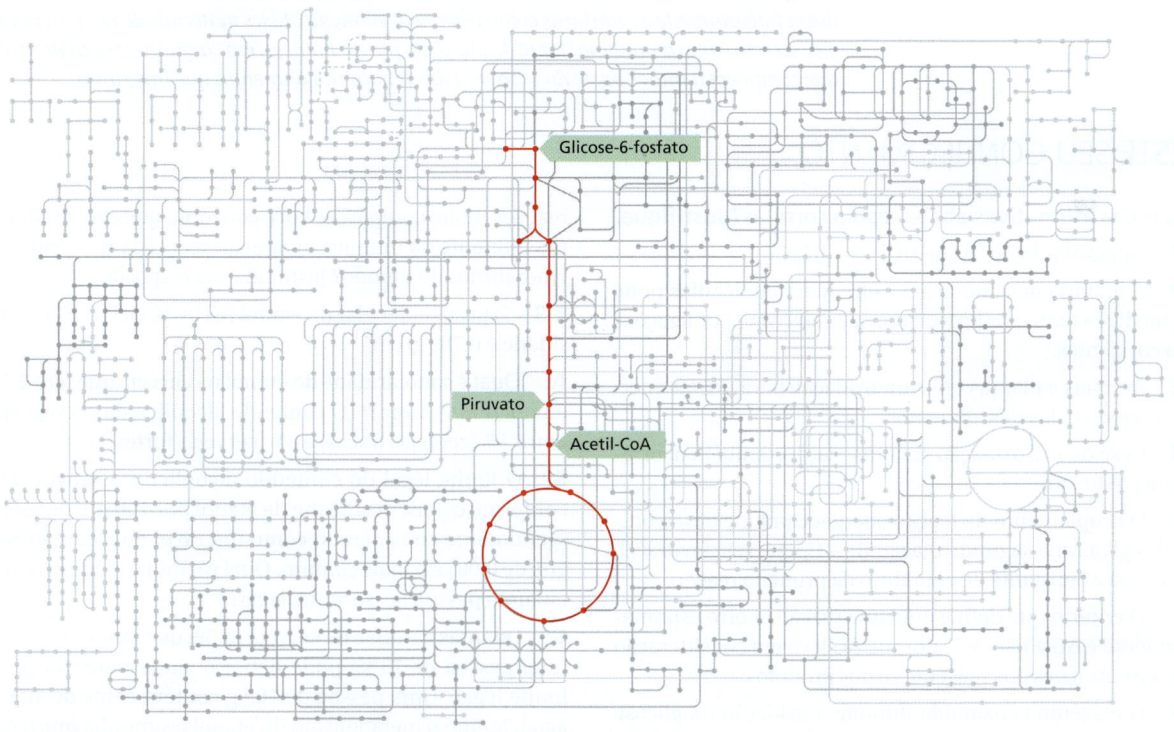

Figura 2-63 A glicólise e o ciclo do ácido cítrico estão no centro de um conjunto complexo de vias metabólicas nas células humanas. Cerca de 2 mil reações metabólicas estão representadas esquematicamente com as reações da glicólise e do ácido cítrico em *vermelho*. Diversas outras reações também levam a essa via central, fornecendo moléculas pequenas para serem catabolizadas, com a consequente produção de energia, ou desviadas para suprirem a biossíntese com compostos de carbono. (Adaptada, com permissão, de Kanehisa Laboratories.)

O QUE NÃO SABEMOS

- A quimiosmose veio antes da fermentação como fonte de energia metabólica ou alguma forma de fermentação veio antes, como tem sido aceito por vários anos?

- Qual será o número mínimo de componentes que são necessários para compor uma célula viva? Como é que se pode descobrir isso?

- É possível a existência de outras formas de vida além daquela que conhecemos na Terra (e que foi descrita neste capítulo)? Quais seriam o tipo de assinaturas químicas que se deveria procurar para se investigar a presença de vida em outros planetas?

- A química que é compartilhada pelas células de todos os seres vivos pode ser uma pista para se decifrar como era o ambiente onde as primeiras células se originaram? Por exemplo, o que se pode concluir da constância universal da relação K^+/Na^+, do pH neutro e do papel central do fosfato?

guínea. De maneira oposta, as células do fígado fornecem glicose para as células musculares que estiverem em contração e reciclam o ácido lático produzido pelas células do músculo novamente em glicose. Todos os tipos de células têm vias metabólicas características e devem cooperar tanto para o estado de normalidade como para a resposta a um estresse ou ao jejum. Pode-se pensar que o sistema como um todo deve ser equilibrado com tal grau de precisão que qualquer distúrbio, por menor que seja, como uma mudança temporária na ingestão de alimento, pode ser desastroso.

Na realidade, o equilíbrio metabólico das células é espantosamente estável. Independentemente de como o equilíbrio é perturbado, as células reagem no sentido de restabelecer o estado inicial. As células podem adaptar-se e continuar a funcionar durante o jejum ou doença. Muitos tipos de mutações podem prejudicar ou mesmo eliminar determinadas vias e, mesmo assim, certas necessidades mínimas são satisfeitas, de modo que a célula sobrevive. Isso acontece porque uma rede elaborada de *mecanismos de controle* regula e coordena as velocidades de todas essas reações. Esses controles apoiam-se fundamentalmente na capacidade impressionante que as proteínas têm de modificarem suas conformações e suas químicas em resposta a alterações no ambiente em que estejam. Os princípios que regem o modo como as grandes moléculas como as proteínas são sintetizadas e a química de sua regulação são abordados a seguir.

Resumo

A glicose e as outras moléculas dos alimentos são degradadas através de etapas de oxidação controladas para fornecer energia química na forma de ATP e de NADH. Existem três conjuntos de reações que agem em sequência, sendo que os produtos finais de uma são o material inicial para a próxima: a glicólise (que ocorre no citosol), o ciclo do ácido cítrico (na matriz da mitocôndria) e a fosforilação oxidativa (na membrana interna da mitocôndria). Os produtos intermediários da glicólise e os do ciclo do ácido cítrico são utilizados como fonte de energia metabólica e também para produzir muitas das moléculas pequenas usadas como matéria-prima para as vias de biossíntese. As células armazenam moléculas de açúcar na forma de glicogênio, nos animais, e na forma de amido, nas plantas. Tanto os animais como as plantas usam intensamente as gorduras como reserva de alimento. Esses materiais de reserva, por sua vez, servem como a principal fonte de alimento para o homem, em conjunto com as proteínas, que compõem a maior parte do peso seco das células nos alimentos que ingerimos.

TESTE SEU CONHECIMENTO

Quais das afirmativas abaixo estão corretas? Justifique.

2-1 Uma solução 10^{-8} M de HCl tem pH 8.

2-2 A maioria das interações entre macromoléculas pode ser mediada tanto por ligações covalentes como por ligações não covalentes.

2-3 Animais e plantas utilizam oxidação para extrair energia das moléculas dos alimentos.

2-4 Caso ocorra oxidação em uma reação, também ocorrerá uma redução.

2-5 O acoplamento da reação energeticamente desfavorável A → B a uma segunda reação B → C, que seja favorável, deslocará a constante de equilíbrio da primeira reação.

2-6 O critério que define que uma reação ocorre espontaneamente é ΔG e não $\Delta G°$, porque ΔG leva em consideração as concentrações dos reagentes e dos produtos.

2-7 O oxigênio consumido durante a oxidação da glicose nas células animais retorna para a atmosfera na forma de CO_2.

Discuta as questões a seguir

2-8 Diz-se que a química orgânica das células vivas é especial por duas razões: ocorre em um ambiente aquoso e realiza reações muito complexas. Você concorda que ela é realmente tão diferente da química orgânica executada nos principais laboratórios do mundo? Justifique sua resposta.

2-9 O peso molecular do etanol (CH_3CH_2OH) é 46, e a densidade é 0,789 g/cm^3.

A. Qual é a molaridade do etanol na cerveja que tem 5% de etanol (em volume)? (O conteúdo alcoólico da cerveja varia entre 4% [cervejas fracas] e 8% [cervejas fortes]).

B. O limite legal do conteúdo alcoólico no sangue varia conforme o país, mas 80 mg de etanol por 100 mL de sangue (geralmente considerado como um nível de álcool no sangue de 0,08) é o mais comum. Qual é a molaridade do etanol em uma pessoa nesse limite legal?

C. Quantas garrafas de cerveja (a 5% de etanol) de 355 mL uma pessoa de 70 kg pode beber e ainda permanecer no limite legal? Uma pessoa de 70 kg contém cerca de 40 L de água. Ignore o metabolismo do etanol e suponha que o conteúdo de água da pessoa permaneça constante.

D. O etanol é metabolizado a uma velocidade de cerca de 120 mg por hora por kg de peso, independentemente de sua concentração. Se uma pessoa de 70 kg tiver duas vezes o limite legal de álcool no sangue (160 mg/100 mL), quanto tempo levará para que o limite de álcool no sangue diminua até o limite legal?

2-10 Sabe-se que a cadeia lateral da histidina tem um papel importante no mecanismo catalítico de determinada enzima. Entretanto, não está claro se a histidina é necessária no estado protonado (carregada) ou não protonado (não carregada). Para responder a essa questão, a atividade da enzima deve ser medida em um amplo espectro de pH. Os resultados estão mostrados na **Figura Q2-1**. Qual a forma de histidina necessária para a atividade enzimática?

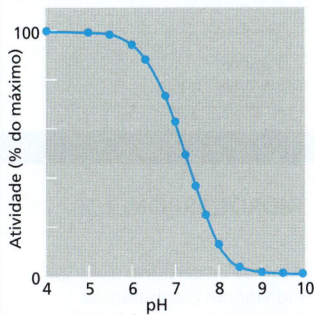

Figura Q2-1 Atividade enzimática em função do pH.

2-11 As três moléculas mostradas na **Figura Q2-2** contêm os sete grupos reativos mais comuns que ocorrem na biologia. A maioria das moléculas que formam as células é composta por esses grupos funcionais. Indique e dê o nome dos grupos funcionais dessas moléculas.

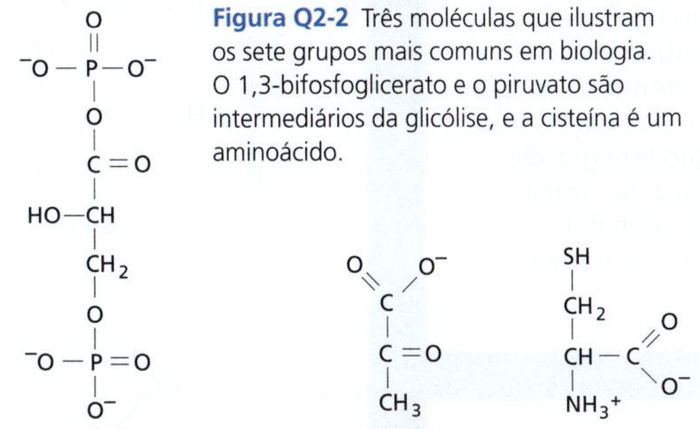

Figura Q2-2 Três moléculas que ilustram os sete grupos mais comuns em biologia. O 1,3-bifosfoglicerato e o piruvato são intermediários da glicólise, e a cisteína é um aminoácido.

2-12 A "difusão" pode parecer vagarosa na vida cotidiana, mas, em uma escala celular, ela é muito rápida. A velocidade instantânea média de uma partícula em solução, isto é, a velocidade entre as colisões muito frequentes, é

$$v = (kT/m)^{1/2}$$

em que $k = 1{,}38 \times 10^{-16}$ g cm^2/K s^2, T = temperatura em K (37 °C = 310 K), e m = massa em g/molécula.

Calcule a velocidade instantânea de uma molécula de água (massa molecular = 18 dáltons), de uma molécula de glicose (massa molecular = 180 dáltons) e de uma molécula de mioglobina (massa molecular = 15.000 dáltons) a 37 °C. Apenas por diversão, converta esses números em km/h. Antes de iniciar os cálculos, tente imaginar se essas moléculas estão se movendo como um nadador lento (< 1 km/h), como uma pessoa em caminhada leve (5 km/h) ou como um velocista (40 km/h).

2-13 A polimerização das unidades de tubulina formando microtúbulos ocorre com aumento no ordenamento das subunidades. Mesmo assim, na polimerização da tubulina há aumento na entropia (diminuição da ordem). Como isso pode ser possível?

2-14 Uma pessoa adulta normal de 70 kg pode conseguir toda a energia de que precisa para passar um dia comendo 3 mols de glicose (540 g). (Isso não é recomendado.) Cada molécula de glicose gera 30 moléculas de ATP quando oxidada a CO_2. A concentração de ATP celular é mantida em cerca de 2 mM, e um adulto de 70 kg tem cerca de 25 L de líquido intracelular. Uma vez que o ATP permanece constante nas células, calcule quantas vezes por dia, em média, cada molécula de ATP do corpo é hidrolisada e ressintetizada.

2-15 Supondo que existem 5×10^{13} células no corpo humano e que a reciclagem (*turnover*) do ATP é de 10^9 ATP por minuto em cada célula, calcule quantos watts o corpo humano consome? (1 watt é 1 joule por segundo). Considere que a hidrólise do ATP produz 50 kJ/mol.

2-16 Uma barra de cereal de 65 g (1.360 kJ) pode suprir energia suficiente para escalar o monte Zermatt (1.660 m de altitude) nos Alpes, até o topo do pico Matterhorn (4.478 m de altitude, **Figura Q2-3**, ou se deve fazer uma pausa na cabana Hörnli (3.260 m de altitude) para comer mais uma barra? Imagine que o alpinista e seu equipamento tenham uma massa de 75 kg e que todo o esforço seja feito contra a gravidade (i.e., uma escalada diretamente vertical). Relembrando as aulas de física:

trabalho (J) = massa (kg) × g (m/s^2) × altura ganha (m)

onde g é a aceleração da gravidade (9,8 m/s^2). Um (1) joule é 1 kg m^2/s^2.

Qual das suposições consideradas no enunciado torna a necessidade de comer enormemente subestimada?

Figura Q2-3 O Matterhorn. (Cortesia de Zermatt Tourism.)

2-17 Na ausência de oxigênio, as células consomem glicose a uma velocidade alta e constante. A adição de oxigênio faz o consumo de glicose diminuir abruptamente e permanecer em um nível mais baixo. Por que a glicose é consumida em alta velocidade na ausência de oxigênio e em baixa velocidade na presença de oxigênio?

PAINEL 2-1 Ligações e grupos químicos normalmente observados nas moléculas biológicas

CADEIAS PRINCIPAIS DE CARBONO

O carbono tem um papel único nas células devido à sua capacidade de formar ligações covalentes com outros átomos de carbono. Os átomos de carbono podem se unir para formar:

Cadeias

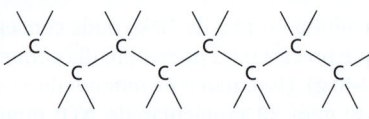

Árvores ramificadas

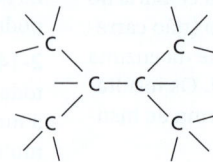

Anéis

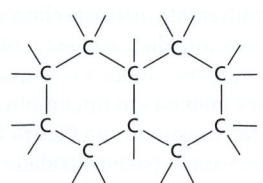

Também representadas por (linha em zig-zag)

Também representadas por (Y ramificado)

Também representados por (dois hexágonos fundidos)

LIGAÇÕES COVALENTES

Há formação de uma ligação covalente quando dois átomos estiverem muito próximos e compartilharem, entre si, um ou mais elétrons. Em uma ligação simples, há compartilhamento de 1 elétron de cada átomo. Em uma ligação dupla, o total de átomos compartilhados é 4.

Cada átomo forma um número fixo de ligações covalentes em um arranjo espacial determinado. Por exemplo, o carbono forma quatro ligações simples em um arranjo tetraédrico, enquanto o nitrogênio forma três ligações simples e o oxigênio forma duas ligações simples, arranjadas conforme abaixo.

Ligações duplas têm arranjos espaciais diferentes.

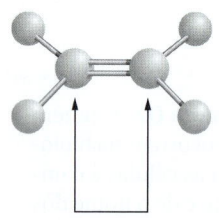

Átomos ligados por duas ou mais ligações covalentes não podem girar livremente ao redor do eixo da ligação. Essa restrição tem grande influência na forma tridimensional de diversas macromoléculas.

HIDROCARBONETOS

Átomos de carbono e hidrogênio combinam-se formando compostos estáveis (ou grupos químicos) denominados hidrocarbonetos. Eles são apolares, não formam ligações de hidrogênio e geralmente são insolúveis em água.

H—C(H)(H)—H   H—C(H)(H)—

Metano   Grupo **metila**

H₂C—CH₂—H₂C—CH₂—H₂C—CH₂—H₂C—CH₂—H₂C—CH₂—H₂C—CH₂—H₃C

Parte da "cauda" hidrocarbonada de uma molécula de ácido graxo

LIGAÇÕES DUPLAS ALTERNADAS

As cadeias de carbono podem conter ligações duplas. Caso essas ligações sejam formadas em átomos de carbono alternados, os elétrons das ligações se moverão na molécula, estabilizando sua estrutura devido a um fenômeno conhecido como ressonância.

Ligações duplas alternadas em um anel podem gerar uma estrutura muito estável.

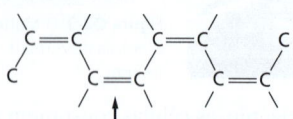

A realidade é uma conformação intermediária entre essas duas estruturas

Benzeno

Geralmente representado como (hexágono com círculo)

GRUPOS QUÍMICOS C—O

Vários compostos biológicos contêm um átomo de carbono ligado a um átomo de hidrogênio. Por exemplo,

Álcool — O grupo —OH é denominado grupo **hidroxila**.

Aldeído

Cetona — C=O é denominado grupo **carbonila**.

Ácido carboxílico — —COOH é denominado grupo **carboxila**. Em água, ele perde um íon H+ tornando-se —COO−.

Ésteres — Os ésteres são formados pela reação de condensação entre um ácido e um álcool.

Ácido + Álcool → Éster + H₂O

GRUPOS QUÍMICOS C—N

As aminas e as amidas são dois exemplos importantes de compostos que contêm um átomo de carbono ligado a um átomo de nitrogênio.

As **aminas**, em solução aquosa, combinam-se com um íon H+ e ficam carregadas positivamente.

As **amidas** são formadas pela combinação de um ácido e de uma amina. Ao contrário das aminas, as amidas não têm carga quando em solução aquosa. Um exemplo é a ligação peptídica que, nas proteínas, liga os aminoácidos entre si.

Ácido + Amina → Amida + H₂O

O nitrogênio também ocorre em muitos compostos em anel, incluindo os importantes componentes dos ácidos nucleicos: purinas e pirimidinas.

Citosina (uma pirimidina)

GRUPO SULFIDRILA

—C—SH é denominado grupo sulfidrila. No aminoácido cisteína, o grupo sulfidrila pode existir na forma reduzida, —C—SH, ou, mais raramente, na forma oxidada, formando ligações cruzadas, —C—S—S—C—.

FOSFATOS

O fosfato inorgânico é um íon estável formado pelo ácido fosfórico, H_3PO_4. Ele também é representado como Pi.

Entre um grupo fosfato e um grupo hidroxila livre pode ser formado um éster de fosfato. **Grupos fosfato** ligam-se a proteínas da seguinte maneira.

Também representado como
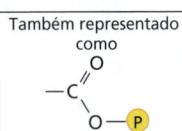

A combinação de um grupo fosfato e de um grupo carboxila, ou entre dois ou mais grupos fosfato, origina um ácido anidrido. Devido ao fato de esses compostos serem hidrolisados facilmente nas células, diz-se que eles contêm uma ligação "rica em energia".

Ligação acilfosfato de alta energia (ácido anidrido carboxílico fosfórico) presente em alguns metabólitos

Também representado como

Ligação fosfoanidrido de alta energia presente em moléculas como o ATP

Também representado como
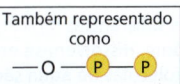

PAINEL 2-2 A água e sua influência sobre o comportamento das moléculas biológicas

ÁGUA

Dois átomos unidos por ligações covalentes podem atrair de maneira distinta os elétrons que participam da ligação. Nesses casos, a ligação é polar, uma das extremidades é levemente carregada negativamente (δ^-) e a outra levemente carregada positivamente (δ^+).

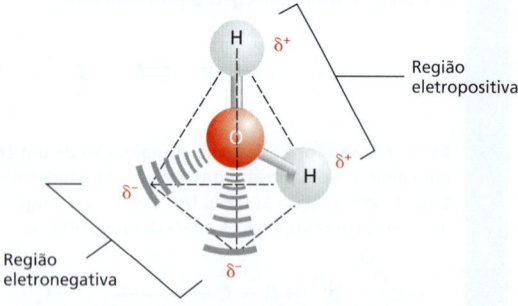

Embora a molécula de água tenha uma estrutura geral neutra (tem o mesmo número de elétrons e prótons), os elétrons estão distribuídos de maneira assimétrica, tornando a molécula polar. O núcleo do oxigênio atrai os elétrons para longe do núcleo do hidrogênio, deixando-o com uma pequena carga negativa. A excessiva densidade de elétrons do átomo de oxigênio cria uma região fracamente negativa nas demais extremidades de um tetraedro imaginário.

ESTRUTURA DA ÁGUA

As moléculas de água se ligam transitoriamente em uma rede de ligações de hidrogênio. Mesmo a 37 °C, 15% das moléculas de água estão ligadas a 4 outras moléculas de água em uma estrutura de vida curta conhecida como "agrupamento oscilante".

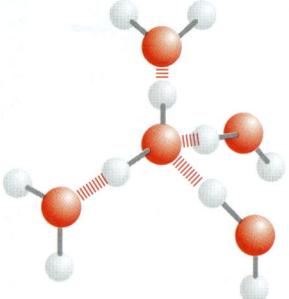

A natureza coesiva da água é responsável por muitas das suas propriedades incomuns, como, por exemplo, tensão superficial, calor específico e energia de evaporação.

LIGAÇÕES DE HIDROGÊNIO

Por serem polarizadas, duas moléculas de H_2O que estejam adjacentes podem formar uma ligação de hidrogênio. As ligações de hidrogênio têm apenas cerca de 1/20 da força de uma ligação covalente.

Uma ligação de hidrogênio é mais forte quando os três átomos estiverem alinhados em uma reta.

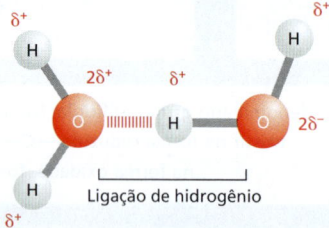

Comprimento de ligação

Ligação de hidrogênio 0,17 nm

Ligação covalente 0,10 nm

MOLÉCULAS HIDROFÍLICAS

As substâncias que se dissolvem facilmente em água são denominadas hidrofílicas. Elas são formadas por íons ou por moléculas polares que atraem água por meio de efeitos da carga elétrica. As moléculas de água circundam cada íon ou molécula polar presentes na superfície de uma substância sólida e os mantêm em solução.

As substâncias iônicas, como o cloreto de sódio, dissolvem-se em água porque as moléculas de água são atraídas pela carga positiva (Na^+) ou negativa (Cl^-) de cada íon

As substâncias polares, como a ureia, dissolvem-se porque suas moléculas formam ligações de hidrogênio com as moléculas de água adjacentes.

MOLÉCULAS HIDROFÓBICAS

As moléculas nas quais há preponderância de ligações apolares geralmente são insolúveis em água e são denominadas hidrofóbicas. Isso é especialmente verdadeiro para os hidrocarbonetos, que possuem muitas ligações C—H. As moléculas de água não são atraídas por moléculas desse tipo e, portanto, têm pouca tendência para as circundarem e as manterem em solução.

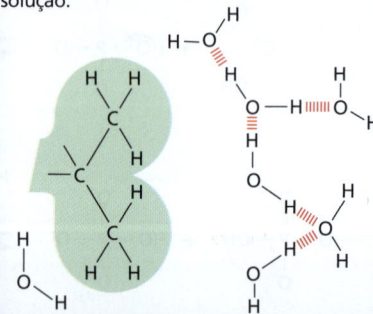

A ÁGUA COMO SOLVENTE

Várias substâncias, como o açúcar de cozinha, dissolvem-se em água. Isto é, essas moléculas se separam umas das outras e cada uma delas é solvatada pela água.

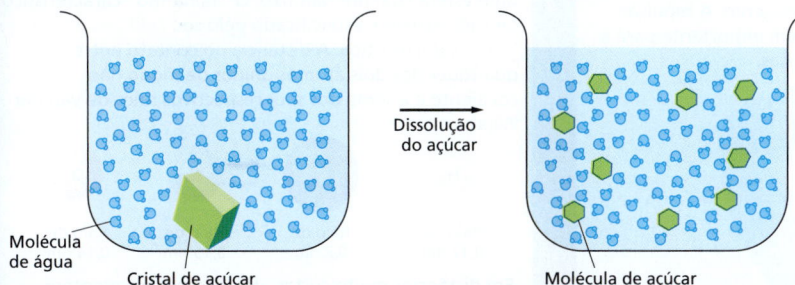

Quando uma substância se dissolve em um líquido, a mistura é denominada solução. A substância dissolvida (nesse caso, o açúcar) é o soluto, e o líquido que o dissolve (nesse caso, a água) é o solvente. A água é um excelente solvente para muitas substâncias devido às suas ligações polares.

ÁCIDOS

As substâncias que liberam íons hidrogênio na solução são denominadas ácidos.

$$HCl \longrightarrow H^+ + Cl^-$$
Ácido clorídrico   Íon hidrogênio   Íon cloreto
(ácido forte)

Muitos dos ácidos que são importantes para as células se dissociam apenas parcialmente e, por isso, são denominados ácidos fracos. Por exemplo, o grupo carboxila (—COOH), que se dissocia liberando um íon hidrogênio para a solução.

$$-C(=O)OH \rightleftharpoons H^+ + -C(=O)O^-$$

(Ácido fraco)

Observe que essa é uma reação reversível.

TROCA DE ÍON HIDROGÊNIO

Os íons hidrogênio, carregados positivamente (H^+), podem se mover de forma espontânea de uma molécula de água a outra, criando, desse modo, duas espécies iônicas.

$$H_2O \cdots H-O-H \rightleftharpoons H_3O^+ + OH^-$$

Íon hidrônio   Íon hidroxila
(a água agindo (a água agindo
como base fraca) como ácido fraco)

Geralmente representado por: $H_2O \rightleftharpoons H^+ + OH^-$

Íon hidrogênio   Íon hidroxila

Uma vez que esse processo é rapidamente reversível, os íons hidrogênio são continuamente transportados entre as moléculas de água. A água pura contém uma concentração constante de íons hidrogênio e íons hidroxila (ambos 10^{-7} M).

pH

A acidez de uma solução é definida pela concentração de íons H^+ que ela possui. Por conveniência, usa-se a escala de pH, onde

$$pH = -\log_{10}[H^+]$$

Para água pura

$$[H^+] = 10^{-7} \text{ mols/L}$$

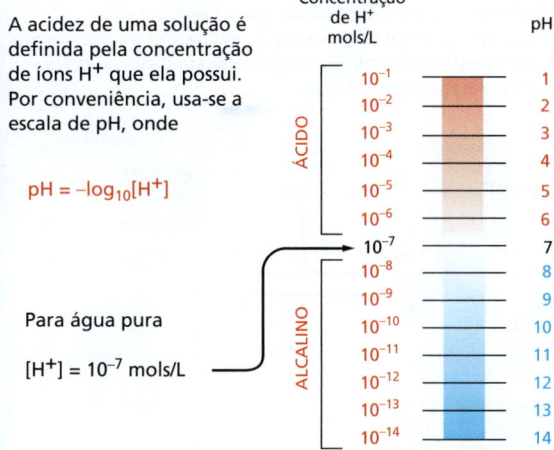

Concentração de H^+ mols/L	pH
10^{-1}	1
10^{-2}	2
10^{-3}	3
10^{-4}	4
10^{-5}	5
10^{-6}	6
10^{-7}	7
10^{-8}	8
10^{-9}	9
10^{-10}	10
10^{-11}	11
10^{-12}	12
10^{-13}	13
10^{-14}	14

ÁCIDO / ALCALINO

BASES

As substâncias que reduzem o número de íons hidrogênio na solução são chamadas de bases. Algumas bases, como a amônia, combinam-se diretamente com íons hidrogênio.

$$NH_3 + H^+ \longrightarrow NH_4^+$$
Amônia   Íon hidrogênio   Íon amônio

Outras bases, como o hidróxido de sódio, reduzem o número de íons H^+ indiretamente porque os íons OH^- combinam-se diretamente com íons H^+, formando H_2O.

$$NaOH \longrightarrow Na^+ + OH^-$$
Hidróxido de sódio   Íon sódio   Íon hidroxila
(base forte)

Muitas das bases presentes nas células estão parcialmente associadas aos íons H^+ e são denominadas bases fracas. Isso é verdadeiro para compostos que possuem um grupo amino ($-NH_2$), o qual tem uma tendência fraca a aceitar reversivelmente um íon H^+ da água, aumentando, dessa forma, a quantidade de íons OH^- livres.

$$-NH_2 + H^+ \rightleftharpoons -NH_3^+$$

PAINEL 2-3 Os principais tipos de ligações não covalentes fracas que mantêm as macromoléculas unidas

LIGAÇÕES QUÍMICAS NÃO COVALENTES FRACAS

As moléculas orgânicas podem interagir com outras moléculas por meio de três tipos de forças de atração de curta distância, conhecidas como ligações não covalentes: atrações de van der Waals, atrações eletrostáticas e ligação de hidrogênio. A repulsão entre os grupos hidrofóbicos e a água é também importante para a conformação final das macromoléculas biológicas.

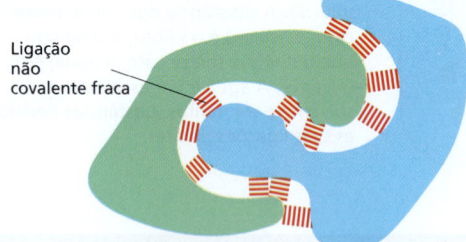

Ligação não covalente fraca

As ligações químicas não covalentes fracas possuem menos de 1/20 da força de uma ligação covalente forte. Elas somente são fortes o suficiente para possibilitarem uma ligação de alta afinidade quando muitas delas se formarem simultaneamente.

LIGAÇÕES DE HIDROGÊNIO

Como descrito anteriormente para a água (ver o Painel 2-2), as ligações de hidrogênio são formadas quando um átomo de hidrogênio se encontra entre dois átomos que atraem elétrons (geralmente oxigênio ou nitrogênio).

As ligações de hidrogênio são mais fortes quando os três átomos estiverem alinhados em uma reta:

Exemplos em macromoléculas:

Os aminoácidos de uma cadeia polipeptídica podem estar ligados entre si por ligações de hidrogênio. Elas estabilizam a estrutura da proteína enovelada.

Na dupla-hélice do DNA, duas bases, G e C, estão ligadas por ligações de hidrogênio.

ATRAÇÕES DE VAN DER WAALS

Caso dois átomos estejam perto demais um do outro, eles irão se repelir mutuamente de maneira muito forte. Devido a essa razão, um átomo pode ser tratado como uma esfera com um raio fixo. O "tamanho" característico de cada átomo é especificado pelo seu raio de van der Waals característico. A distância no contato entre quaisquer dos dois átomos unidos de modo não covalente é a soma dos seus respectivos raios de van der Waals.

Raio de 0,12 nm | Raio de 0,2 nm | Raio de 0,15 nm | Raio de 0,14 nm

Em distâncias muito curtas, dois átomos apresentam uma interação de ligação fraca devido a flutuações nas suas cargas elétricas. Devido a isso, os dois átomos serão atraídos um ao outro até que a distância entre seus núcleos seja aproximadamente igual à soma dos seus raios de van der Waals. Embora as atrações de van der Waals sejam individualmente muito fracas, elas podem se tornar importantes quando as superfícies de duas macromoléculas se encaixarem perfeitamente entre si devido ao envolvimento de vários átomos. Observe que, quando dois átomos formarem uma ligação covalente, os seus centros (os núcleos dos átomos) estarão muito mais próximos do que a soma dos dois raios de van der Waals.

0,4 nm — Dois átomos de carbono não ligados
0,15 nm — Átomos de carbono ligados por ligação simples
0,13 nm — Átomos de carbono ligados por ligação dupla

LIGAÇÕES DE HIDROGÊNIO NA ÁGUA

Quaisquer moléculas que possam formar ligações de hidrogênio entre si podem, alternativamente, formar ligações de hidrogênio com moléculas de água. Devido a essa competição com moléculas de água, as ligações de hidrogênio formadas entre duas moléculas que estejam dissolvidas em água são relativamente fracas.

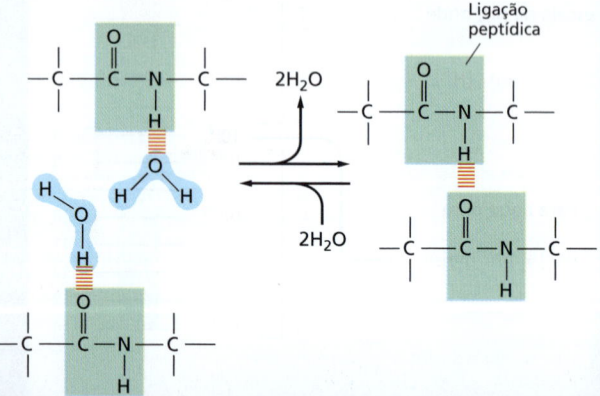

Ligação peptídica

FORÇAS HIDROFÓBICAS

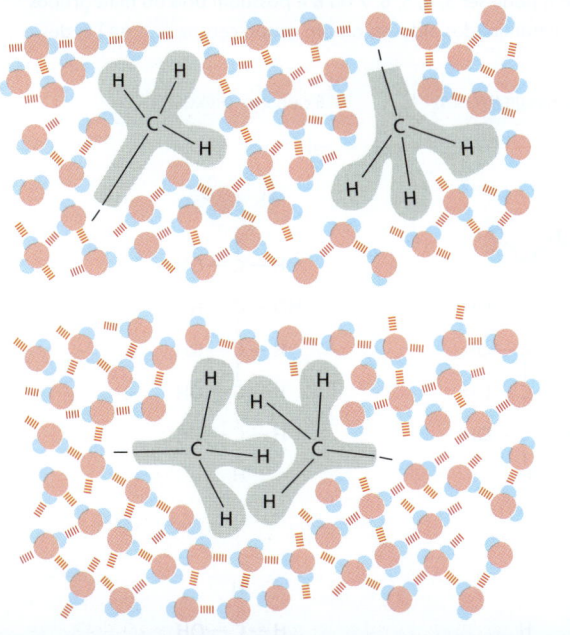

A água força os grupos hidrofóbicos a ficarem juntos porque, com isso, os efeitos da perturbação da rede de ligações de hidrogênio da água são minimizados. Diz-se que os grupos hidrofóbicos são agrupados dessa maneira devido a "ligações hidrofóbicas", embora a atração aparente seja causada pela repulsão à água.

ATRAÇÕES ELETROSTÁTICAS EM SOLUÇÕES AQUOSAS

Os grupos carregados ficam protegidos devido à interação que têm com a água. Como consequência, as atrações eletrostáticas são muito fracas em água.

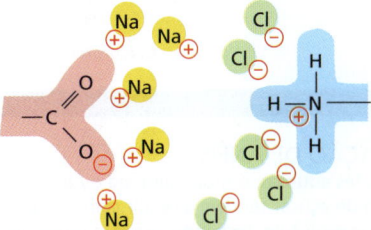

ATRAÇÕES ELETROSTÁTICAS

Forças de atração ocorrem entre grupos totalmente carregados (ligação iônica) e entre grupos parcialmente carregados de moléculas polares.

A força de atração entre duas cargas, δ^+ e δ^-, diminui rapidamente conforme a distância entre as cargas aumenta.

As forças eletrostáticas são muito fortes na ausência de água. Elas são responsáveis pela resistência de alguns minerais, como o mármore e a ágata, e pela formação dos cristais do sal de cozinha, NaCl.

De maneira similar, os íons em solução podem se agrupar ao redor de grupos carregados e, então, as atrações enfraquecem ainda mais.

As interações eletrostáticas, apesar de serem enfraquecidas pela água e pelos sais, são muito importantes para os sistemas biológicos. Por exemplo, enzimas que liguem substratos carregados positivamente em geral possuem uma cadeia lateral de aminoácido carregado negativamente em uma posição apropriada.

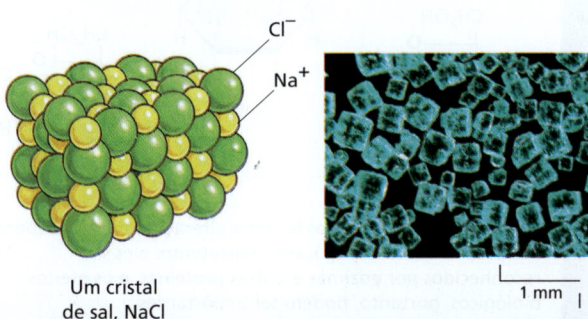

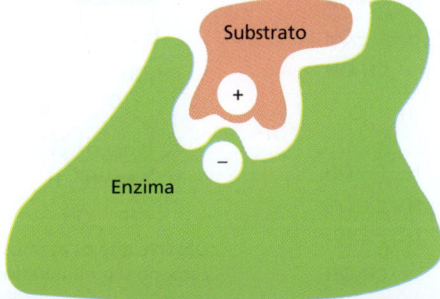

PAINEL 2-4 Esquema de alguns dos tipos de açúcares encontrados nas células

MONOSSACARÍDEOS

Geralmente, os monossacarídeos têm a fórmula geral $(CH_2O)_n$, onde n pode ser 3, 4, 5, 6, 7 ou 8 e possuem dois ou mais grupos hidroxila. Eles podem ter um grupo aldeído ($-C{\lessgtr}_H^O$), sendo, então, denominados aldoses, ou um grupo cetona ($>C=O$) e, desse modo, serem denominados cetoses.

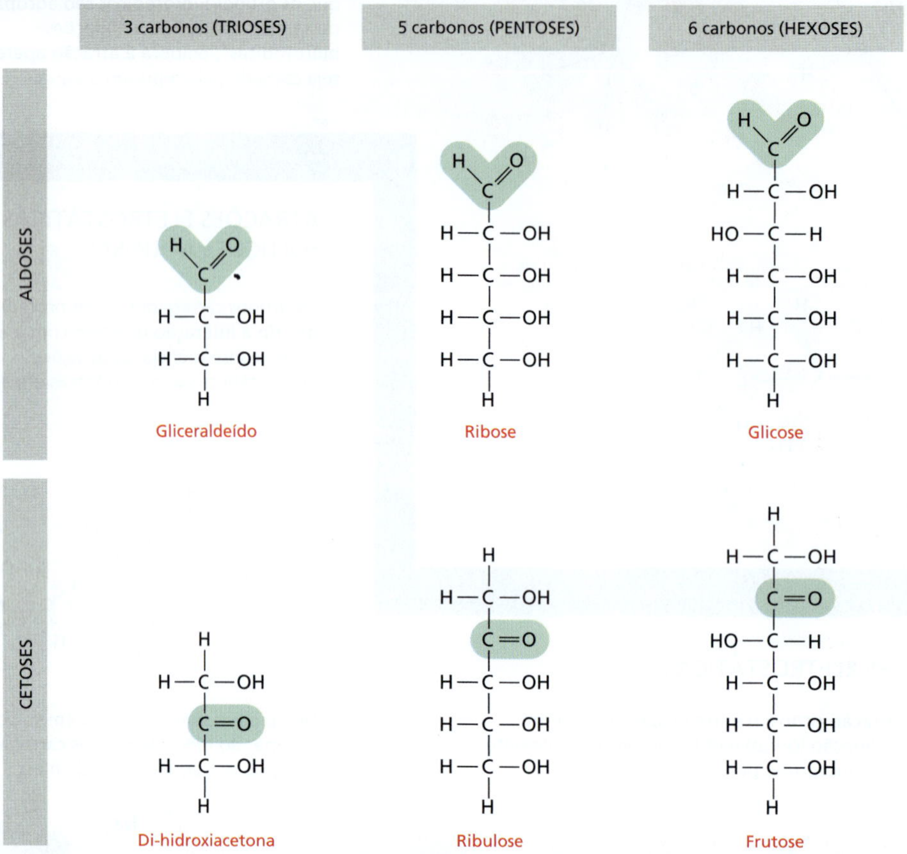

3 carbonos (TRIOSES) | **5 carbonos (PENTOSES)** | **6 carbonos (HEXOSES)**

ALDOSES
- Gliceraldeído
- Ribose
- Glicose

CETOSES
- Di-hidroxiacetona
- Ribulose
- Frutose

FORMAÇÃO DE ANÉIS

Em soluções aquosas, o grupo aldeído ou a cetona de uma molécula de açúcar tendem a reagir com um grupo hidroxila da própria molécula, fechando, assim, a molécula em forma de anel.

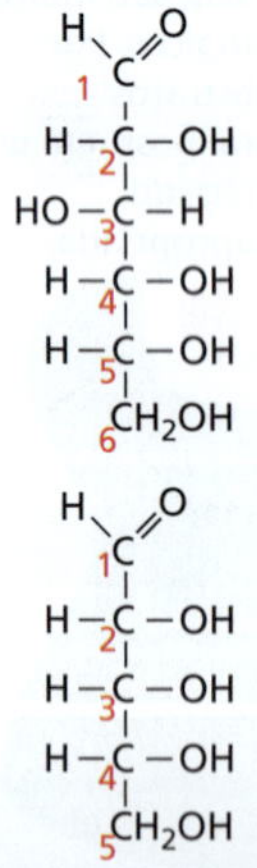

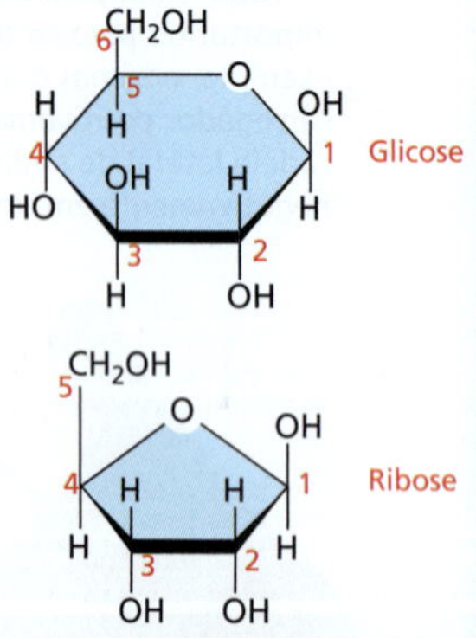

Glicose

Ribose

Observe que os átomos de carbono são numerados.

ISÔMEROS

Muitos monossacarídeos distinguem-se apenas quanto ao arranjo espacial dos átomos, isto é, eles são isômeros. Por exemplo, a glicose, a galactose e a manose têm a mesma fórmula ($C_6H_{12}O_6$), mas diferem no que se refere ao arranjo dos grupos ao redor dos átomos de um ou dois carbonos.

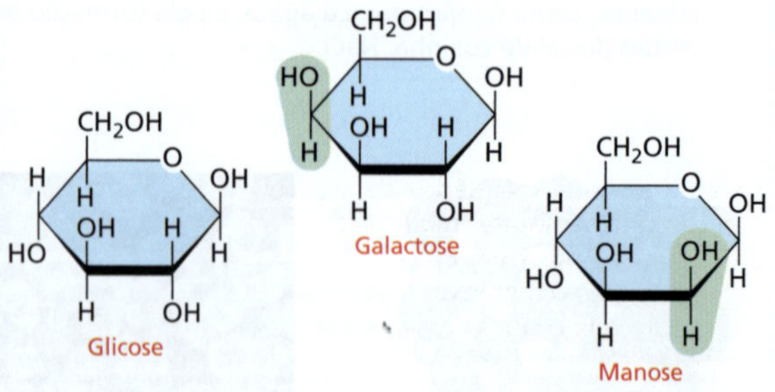

Glicose   Galactose   Manose

Essas pequenas diferenças levam a alterações muito pequenas nas propriedades dos açúcares. Entretanto, eles são reconhecidos por enzimas e outras proteínas, e os efeitos biológicos, portanto, podem ser importantes.

LIGAÇÕES α e β

O grupo hidroxila do carbono que carrega o aldeído ou a cetona pode rapidamente mudar de uma posição para outra. Essas duas posições são denominadas α e β.

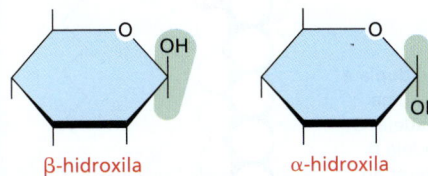

β-hidroxila   α-hidroxila

Assim que um açúcar é ligado a outro, as formas α e β se tornam estáticas.

DERIVADOS DE AÇÚCARES

Os grupos hidroxila de um monossacarídeo simples como a glicose podem ser substituídos por um outro grupo. Por exemplo,

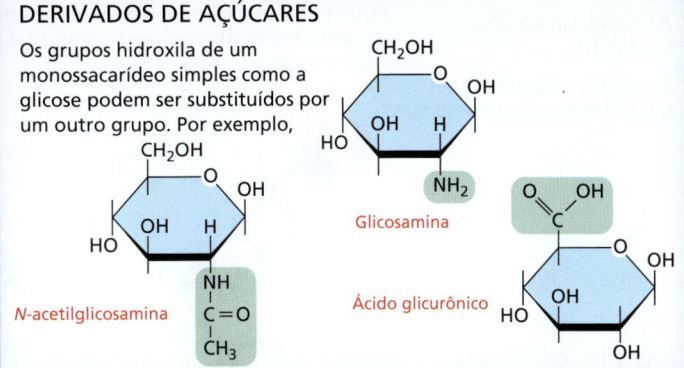

N-acetilglicosamina   Glicosamina   Ácido glicurônico

DISSACARÍDEOS

O carbono que carrega o aldeído ou a cetona pode reagir com um grupo hidroxila de uma segunda molécula de açúcar, formando, assim, um dissacarídeo. Essa ligação é denominada ligação glicosídica.

Três dissacarídeos comuns:

    maltose (glicose + glicose)
    lactose (galactose + glicose)
    sacarose (glicose + frutose)

A reação que forma a sacarose está mostrada ao lado.

α-glicose   β-frutose

Sacarose

OLIGOSSACARÍDEOS E POLISSACARÍDEOS

Pela simples repetição de subunidades podem se formar moléculas lineares ou ramificadas. As moléculas com cadeias curtas são denominadas oligossacarídeos e moléculas com cadeias longas são denominadas polissacarídeos. O glicogênio, por exemplo, é um polissacarídeo formado inteiramente pela ligação de unidades de glicoses.

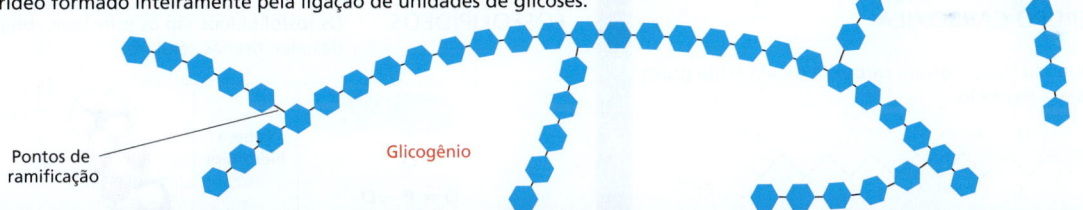

Pontos de ramificação   Glicogênio

OLIGOSSACARÍDEOS COMPLEXOS

Em muitos casos, a sequência do açúcar não é repetitiva. Muitas moléculas diferentes são possíveis. Esses oligossacarídeos complexos geralmente são ligados a proteínas ou a lipídeos, como nesse oligossacarídeo, que é parte da molécula da superfície celular que define um grupo sanguíneo específico.

PAINEL 2-5 Ácidos graxos e outros lipídeos

ÁCIDOS GRAXOS COMUNS

São ácidos carboxílicos com caudas hidrocarbonadas longas.

Existem centenas de tipos diferentes de ácidos graxos. Alguns possuem uma ou mais ligações duplas na cadeia hidrocarbonada e são chamados de insaturados. Ácidos graxos sem ligação dupla são chamados de saturados.

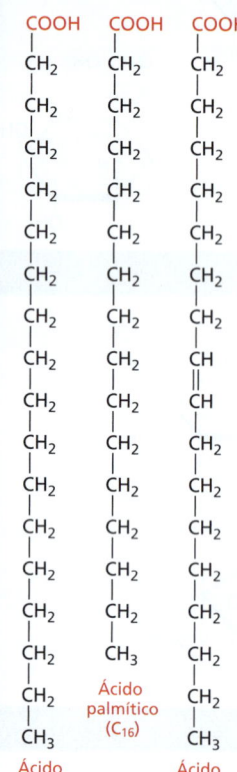

Ácido esteárico (C_{18}) Ácido palmítico (C_{16}) Ácido oleico (C_{18})

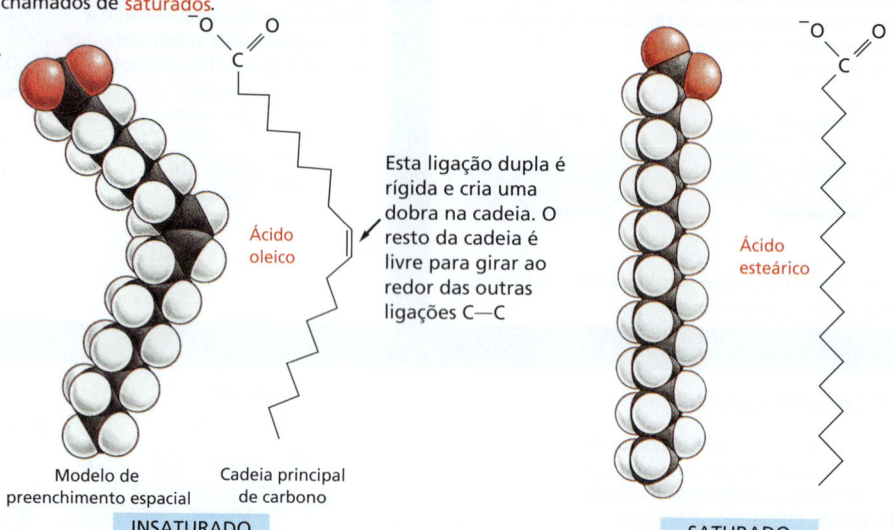

Ácido oleico — Esta ligação dupla é rígida e cria uma dobra na cadeia. O resto da cadeia é livre para girar ao redor das outras ligações C—C

Modelo de preenchimento espacial   Cadeia principal de carbono

INSATURADO   Ácido esteárico   **SATURADO**

TRIACILGLICERÓIS

Os ácidos graxos são armazenados como reserva de energia (gorduras e óleos) através de uma ligação éster com o glicerol, formando, dessa forma, triacilgliceróis, também conhecidos como triglicerídeos.

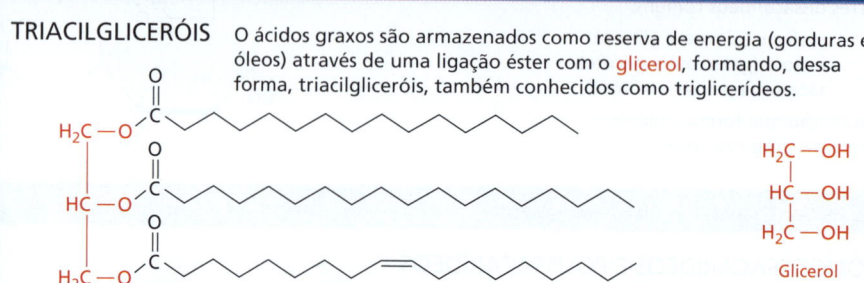

Glicerol

GRUPO CARBOXILA

Quando livre, o grupo carboxila de um ácido graxo estará ionizado.

Entretanto, geralmente ele está ligado a outros grupos, formando ésteres

ou amidas.

FOSFOLIPÍDEOS

Os fosfolipídeos são os principais componentes das membranas celulares.

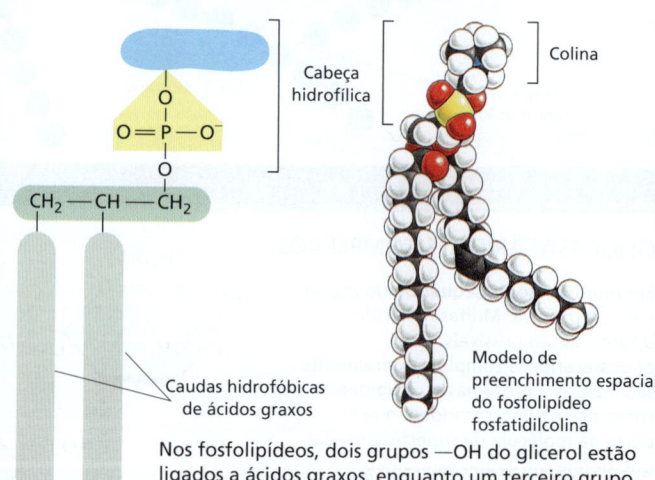

Cabeça hidrofílica   Colina

Caudas hidrofóbicas de ácidos graxos

Modelo de preenchimento espacial do fosfolipídeo fosfatidilcolina

Estrutura geral de um fosfolipídeo

Nos fosfolipídeos, dois grupos —OH do glicerol estão ligados a ácidos graxos, enquanto um terceiro grupo —OH está ligado a um ácido fosfórico. O fosfato ainda está ligado a um de uma série de pequenos grupos polares, como a colina.

AGREGADOS DE LIPÍDEOS

Os ácidos graxos têm uma cabeça hidrofílica e uma cauda hidrofóbica.

Em água, eles podem formar um filme na superfície ou pequenas micelas.

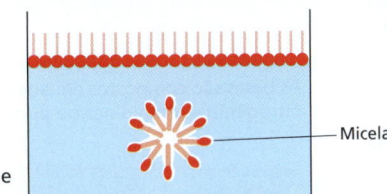

Micela

Os seus derivados podem formar grandes agregados mantidos coesos por forças hidrofóbicas:

Os triacilgliceróis (triglicerídeos) podem formar grandes gotas lipídicas esféricas no interior do citoplasma das células.

Os fosfolipídeos e os glicolipídeos formam bicamadas lipídicas autosselantes que constituem a base das membranas celulares.

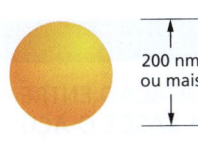

200 nm ou mais

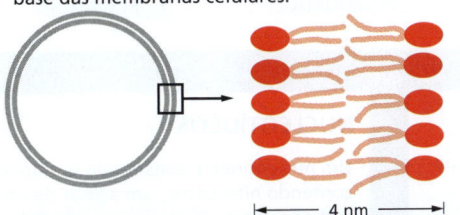

4 nm

OUTROS LIPÍDEOS

Os lipídeos são definidos como moléculas insolúveis em água e solúveis em solventes orgânicos. Os esteroides e os poli-isoprenoides são outros dois tipos comuns de lipídeos. Ambos são formados por unidades de isopreno.

$$CH_3$$
$$\underset{CH_2}{C}-CH=CH_2$$

Isopreno

ESTEROIDES

Os esteroides têm uma estrutura em anel em comum.

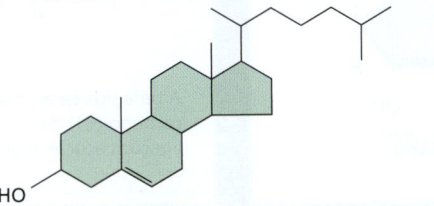

Colesterol – encontrado em muitas membranas

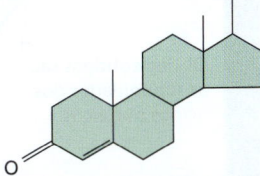

Testosterona – hormônio esteroide masculino

GLICOLIPÍDEOS

Assim como os fosfolipídeos, esses compostos são formados por uma região hidrofóbica, contendo duas caudas hidrocarbonadas longas e uma região polar que contém um ou mais açúcares; ao contrário dos fosfolipídeos, eles não contêm fosfato.

Galactose

Açúcar

Um glicolipídeo simples

POLI-ISOPRENOIDES

Polímeros de longas cadeias de isopreno

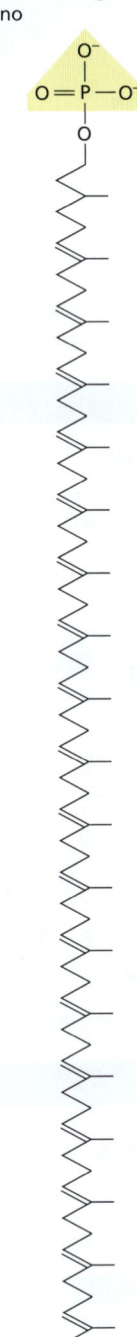

Dolicol fosfato – usado para transportar açúcares ativados na síntese associada à membrana de glicoproteínas e alguns polissacarídeos

PAINEL 2-6 Um resumo sobre os nucleotídeos

BASES

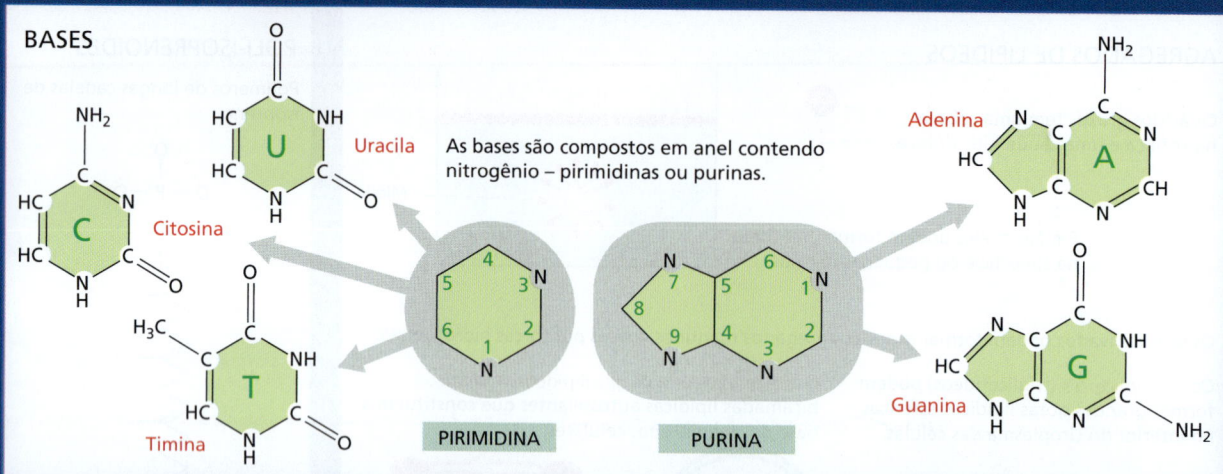

As bases são compostos em anel contendo nitrogênio – pirimidinas ou purinas.

Citosina, Uracila, Timina — PIRIMIDINA
Adenina, Guanina — PURINA

FOSFATOS

Os fosfatos normalmente estão ligados ao grupo hidroxila C5 do açúcar ribose ou desoxirribose (denominado 5'). São comuns: mono, di e trifosfatos.

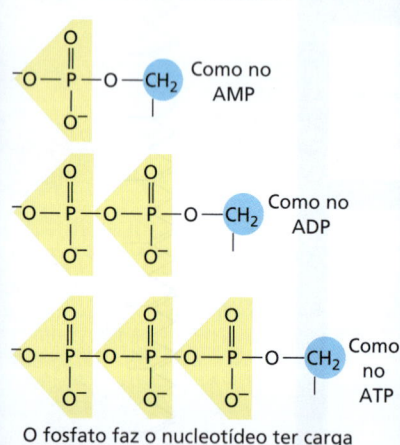

Como no AMP
Como no ADP
Como no ATP

O fosfato faz o nucleotídeo ter carga negativa.

NUCLEOTÍDEOS

Um nucleotídeo é constituído por uma base contendo nitrogênio, um açúcar de cinco carbonos e um ou mais grupos fosfato.

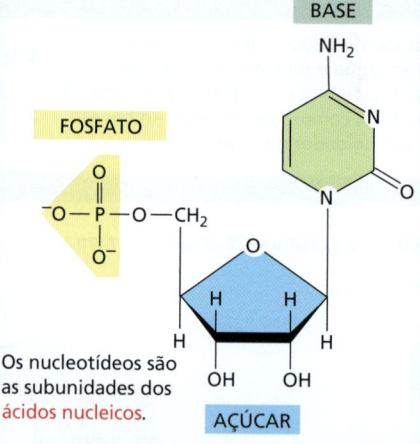

Os nucleotídeos são as subunidades dos ácidos nucleicos.

LIGAÇÃO ENTRE A BASE E O AÇÚCAR

Ligação N-glicosídica

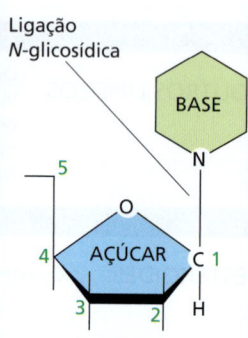

A base liga-se ao mesmo carbono (C1) das ligações açúcar-açúcar.

AÇÚCARES

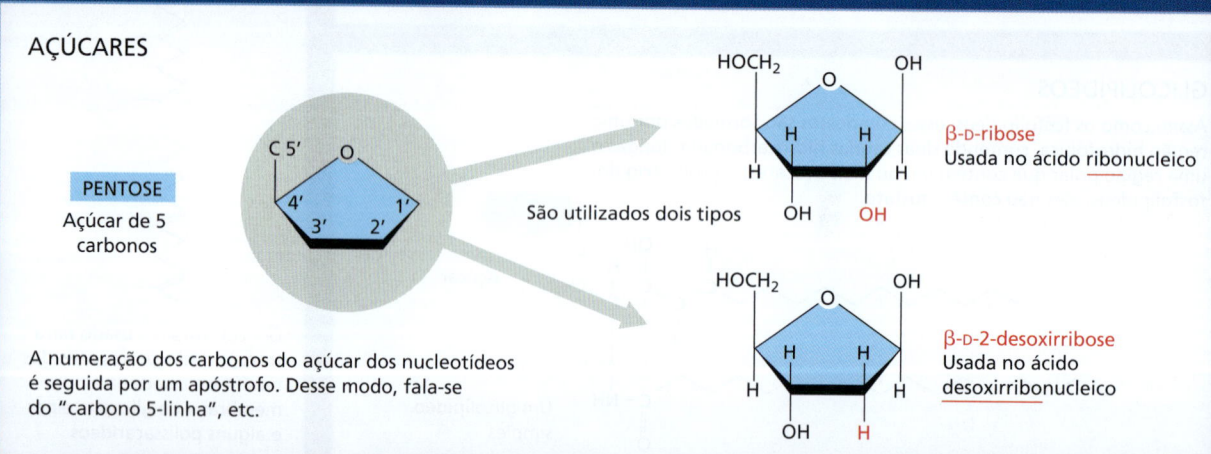

PENTOSE
Açúcar de 5 carbonos

São utilizados dois tipos

β-D-ribose
Usada no ácido ribonucleico

β-D-2-desoxirribose
Usada no ácido desoxirribonucleico

A numeração dos carbonos do açúcar dos nucleotídeos é seguida por um apóstrofo. Desse modo, fala-se do "carbono 5-linha", etc.

NOMENCLATURA

Os nucleosídeos e os nucleotídeos são denominados de acordo com sua base nitrogenada.

BASE	NUCLEOSÍDEO	ABREVIAÇÃO
Adenina	Adenosina	A
Guanina	Guanosina	G
Citosina	Citidina	C
Uracila	Uridina	U
Timina	Timidina	T

A abreviação com uma letra é usada indistintamente para (1) a base sozinha, (2) o nucleosídeo e (3) o nucleotídeo completo. Normalmente, o contexto deixa claro qual o significado entre as três possibilidades. Quando o contexto não é suficiente, adiciona-se os termos "base", "nucleosídeo" ou "nucleotídeo", ou, como no exemplo a seguir, utiliza-se o código de três letras para os nucleotídeos.

AMP = adenosina monofosfato
dAMP = desoxiadenosina monofosfato
UDP = uridina monofosfato
ATP = adenosina trifosfato

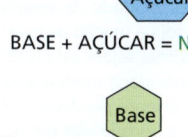

BASE + AÇÚCAR = NUCLEOSÍDEO

BASE + AÇÚCAR + FOSFATO = NUCLEOTÍDEO

ÁCIDOS NUCLEICOS

Para formar os ácidos nucleicos, os nucleotídeos são ligados entre si por ligação fosfodiéster entre os átomos de carbono 5' e 3'. A sequência linear de nucleotídeos em uma cadeia de ácido nucleico é abreviada usando-se o código de uma letra, como A-G-C-T-T-A-C-A, com a extremidade 5' da cadeia no lado esquerdo.

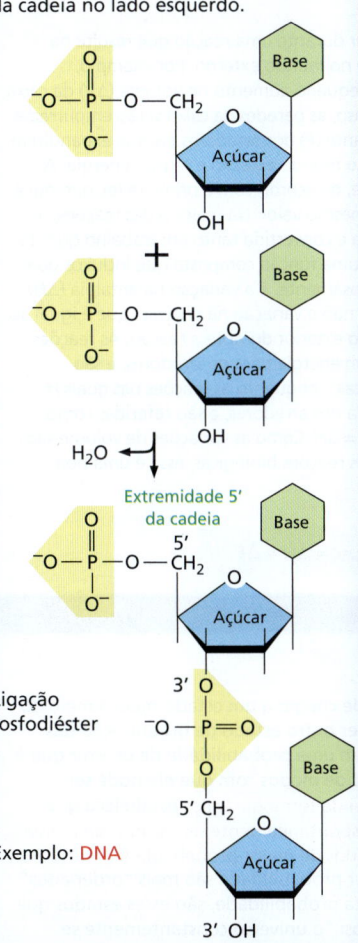

Exemplo: DNA

OS NUCLEOTÍDEOS POSSUEM MUITAS OUTRAS FUNÇÕES

(1) Eles carregam energia química em suas ligações fosfoanidrido facilmente hidrolisáveis.

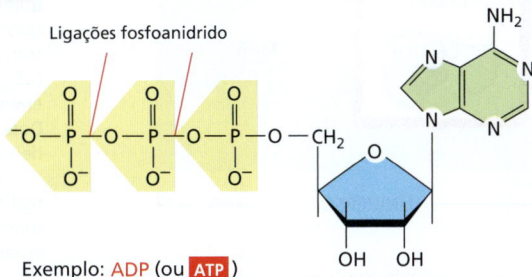

Exemplo: ADP (ou ATP)

(2) Eles se combinam com outros grupos para formar coenzimas.

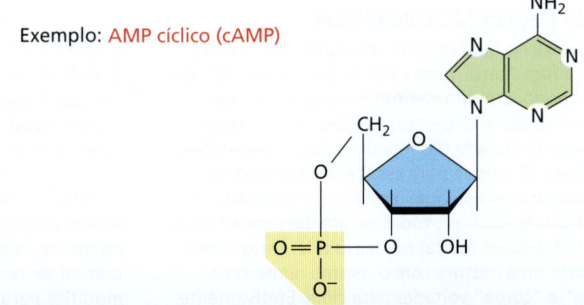

Exemplo: coenzima A (CoA)

(3) Eles são utilizados como moléculas de sinalização específicas nas células.

Exemplo: AMP cíclico (cAMP)

A IMPORTÂNCIA DA ENERGIA LIVRE PARA AS CÉLULAS

A vida é possível devido à complexa rede de interações entre as reações químicas que ocorrem em cada célula. Ao observar as vias metabólicas que compõem essa rede, tem-se a impressão de que as células têm a capacidade de desenvolver uma enzima para executar qualquer que seja a reação de que ela necessita. Mas não é assim. Embora as enzimas sejam catalisadores poderosos, elas podem aumentar a velocidade apenas daquelas reações que sejam termodinamicamente possíveis; as demais reações ocorrem nas células somente porque elas são *acopladas* a reações altamente favoráveis, que, então, impulsionam as reações desfavoráveis.

A questão sobre se a reação pode ocorrer de forma espontânea ou, em outras palavras, se ela necessita ser acoplada a uma outra reação é central para a biologia celular. A resposta frequentemente é obtida por meio da comparação a uma grandeza denominada *energia livre*: a variação total de energia livre durante um conjunto de reações determina se a sequência inteira de reações pode ocorrer ou não. Neste painel, são explicadas algumas das ideias fundamentais, obtidas de um ramo da química e da física chamado *termodinâmica*, necessárias para entender o que é energia livre e porque ela é tão importante para as células.

A ENERGIA LIBERADA POR ALTERAÇÕES EM LIGAÇÕES QUÍMICAS É CONVERTIDA EM CALOR

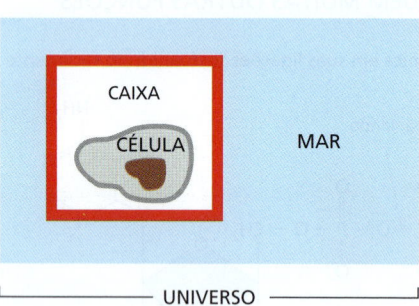

Um *sistema fechado* é definido como um conjunto de moléculas que não transfere matéria com o resto do universo (p. ex., a "célula em uma caixa" mostrada acima). Qualquer sistema como esse contém moléculas com um total de energia E. Essa energia está distribuída de várias maneiras: um pouco como energia de translação das moléculas, um pouco como energia de vibração, um pouco como energia de rotação, mas a maior parte estará como energia de ligação entre os átomos individuais que formam as moléculas. Suponha que ocorra uma reação no sistema. A primeira lei da termodinâmica impõe um limitante sobre quais tipos de reações são possíveis de ocorrer: ela estabelece que "em qualquer processo, a energia total do universo permanece constante". Por exemplo, supondo que a reação A → B ocorra em algum lugar do sistema fechado e libere uma grande quantidade de energia de ligação química, essa energia, inicialmente, aumentará a intensidade dos movimentos moleculares (movimento de translação, vibracional e rotacional) no sistema, o que equivale a um aumento na temperatura. Entretanto, esse aumento nos movimentos logo será transferido para fora do sistema por uma série de movimentos de colisão molecular que, primeiro, esquentará as paredes da caixa e, então, o mundo exterior (no exemplo, representado pelo mar). Ao final, o sistema retornará para a temperatura inicial, quando toda a energia de ligação química liberada na caixa tiver sido convertida em energia calorífica e transferida aos arredores para fora da caixa. De acordo com a primeira lei, a variação na energia livre do sistema fechado (ΔE_{caixa}, designada por ΔE) deve ser igual e oposta à quantidade de energia transferida como calor, designada como c: isto é, $\Delta E = -c$. Desse modo, a energia na caixa (E) diminui à medida que o calor deixa o sistema.

E também pode variar durante uma reação que resulte na realização de um trabalho no mundo externo. Por exemplo, supondo que ocorra um pequeno aumento no volume (ΔV) da caixa durante a reação. Nesse caso, as paredes da caixa serão empurradas contra uma pressão constante (P) dos arredores para se expandirem. Isso produz um trabalho no mundo externo e requer energia. A energia usada é $P(\Delta V)$, que, de acordo com a primeira lei, diminui a energia na caixa (E) pelo mesmo valor. Na maioria das reações, a energia de ligação química é convertida tanto em trabalho quanto em calor. A *entalpia* (H) é uma função composta que inclui os dois fatores ($H = E + PV$). Rigorosamente, é a variação na entalpia (ΔH) em um sistema fechado, e não a variação na energia, que é igual ao calor transferido ao mundo exterior durante a reação. As reações nas quais H diminui liberam energia para os arredores, e são referidas como "exotérmicas", enquanto as reações nas quais H aumenta absorvem energia dos arredores, e são referidas como "endotérmicas". Assim, $-c = \Delta H$. Como as variações de volume são desprezíveis na maioria das reações biológicas, essa é uma boa aproximação.

$$-c = \Delta H \equiv \Delta E$$

A SEGUNDA LEI DA TERMODINÂMICA

Considere-se uma caixa na qual estejam colocadas mil moedas, todas viradas com a face "cara" para cima. Se a caixa for agitada vigorosamente, fazendo as moedas sofrerem todo o tipo de movimento possível devido a diferentes colisões umas com as outras, ao final cerca de metade das moedas estarão orientadas com a cara para baixo. O motivo para essa reorientação é que só existe uma maneira por meio da qual o estado de ordenamento original pode ser recuperado (i.e., todas as moedas com a "cara" para cima) enquanto existem muitas maneiras diferentes (cerca de 10^{298}) de se obter uma mistura com o mesmo número de moedas com "cara" e "coroa" voltadas para cima. Efetivamente, existem mais maneiras de chegar a um estado meio a meio do que de chegar a qualquer outro estado de organização das moedas. Cada estado tem uma probabilidade de ocorrer que é proporcional ao número de modos com que ele pode ser alcançado. A segunda lei da termodinâmica estabelece que "os sistemas mudarão espontaneamente de estados de menor probabilidade para estados de maior probabilidade". Uma vez que os estados de menor probabilidade são mais "ordenados" do que os estados de alta probabilidade, são esses estados que podem ser restabelecidos: "o universo constantemente se modifica para tornar-se mais desordenado".

ENTROPIA, S

A segunda lei (mas não a primeira lei) permite predizer a *direção* de uma determinada reação. Entretanto, para que possa servir a essa finalidade, é preciso se ter um modo conveniente de medir a probabilidade ou, de forma equivalente, o grau de desordem de um estado. A entropia (S) é essa medida. Ela é uma função logarítmica da probabilidade, de modo que a *variação na entropia* (ΔS), que ocorre quando a reação A→ B converte 1 mol de A em 1 mol de B é

$$\Delta S = R \ln p_B / p_A$$

onde p_A e p_B são as probabilidades dos estados A e B, R é a constante dos gases (8,31 J K^{-1} mol^{-1}), e ΔS é medida em unidades de entropia (ue). No exemplo inicial das mil moedas, a probabilidade relativa de todas com "cara" para cima (estado A) *versus* metade das moedas com "cara" e metade com "coroa" para cima (estado B) é igual à relação entre o número de diferentes maneiras pelas quais os dois resultados podem ser alcançados. Pode-se calcular que $p_A = 1$ e $p_B = 1000!/(500! \times 500!) = 10^{299}$. Portanto, a variação de entropia para a reorientação das moedas quando a caixa é sacudida vigorosamente e se obtém uma mistura com metade das moedas em cada orientação é $R \ln (10^{298})$, ou cerca de 1.370 ue por mol de cada caixa dessas (6 x 10^{23} caixas). Então, já que ΔS foi definido antes como positivo para a transição do estado A para o estado B ($p_B / p_A > 1$), reações com grande *aumento* em S (i.e., nas quais $\Delta S > 0$) são favorecidas e ocorrerão espontaneamente.

Como discutido no Capítulo 2, a energia térmica produz uma agitação aleatória nas moléculas. A sua entropia é aumentada devido ao fato de que a transferência de calor de um sistema fechado para os seus arredores aumenta o número de diferentes arranjos que as moléculas podem ter no mundo externo. Pode ser observado que a liberação de uma quantidade fixa de energia térmica tem um maior efeito desorganizador a temperaturas baixas do que a altas temperaturas e que o valor de ΔS dos arredores, como definido anteriormente (ΔS_{mar}) é precisamente igual à c, a quantidade de calor transferida do sistema para os arredores, dividida pela temperatura absoluta (T):

$$\Delta S_{mar} = c / T$$

ENERGIA LIVRE DE GIBBS, G

Ao lidar com um sistema biológico fechado, deve-se ter uma maneira simples de predizer se determinada reação ocorrerá de forma espontânea ou não. Foi visto que a questão crucial para determinar se a reação ocorrerá é saber se a variação de energia livre para o universo é positiva ou não. No sistema que foi idealizado anteriormente, uma célula dentro de uma caixa, existem dois componentes referentes à variação de energia livre do universo – a variação de entropia do sistema interno da caixa e a variação de entropia dos arredores, o "mar" – e ambos devem ser considerados em conjunto antes que qualquer predição possa ser feita. Por exemplo, é possível que a reação absorva calor e, dessa forma, diminua a entropia do mar ($\Delta S_{mar} < 0$) e, ao mesmo tempo, provoque um grande grau de desordenamento dentro da caixa ($\Delta S_{caixa} > 0$) de modo que o total $\Delta S_{universo} = \Delta S_{mar} + \Delta S_{caixa}$ seja maior do que 0. Nesse caso, a reação ocorrerá espontaneamente, mesmo que provoque aumento no calor da caixa durante a reação. Um exemplo de uma reação dessas é a dissolução de cloreto de sódio em um becker com água (a "caixa"), que é um processo espontâneo ainda que a temperatura da água diminua com a adição do sal na solução.

Os químicos descobriram que é prático definir novas "funções compostas" para descrever *combinações* de propriedades físicas de um sistema. As propriedades que podem ser combinadas incluem temperatura (T), pressão (P), volume (V), energia (E) e entropia (S). A entalpia (H) é uma dessas funções compostas. Porém, de longe, a função composta mais útil para os biólogos é a *energia livre de Gibbs, G*. Ela serve como uma ferramenta de contabilidade que permite que se deduza a variação de entalpia no universo devido a uma reação química que ocorre na caixa e, ao mesmo tempo, evita considerar separadamente a variação de entropia no mar. A definição de G é

$$G = H - TS$$

onde o volume da caixa é V, H é a entalpia supracitada ($E + PV$), T é a temperatura absoluta e S é a entropia. Todas essas grandezas se aplicam apenas à caixa. A variação na energia livre durante a reação na caixa (G dos produtos menos G dos materiais iniciais) é notada como ΔG e, como será demonstrado agora, ela é uma medida direta da quantidade de desordem que é criada no universo pela ocorrência da reação.

Em temperatura constante, a variação de energia livre (ΔG) durante a reação é igual a $\Delta H - T\Delta S$. Lembrando que $\Delta H = -c$, o calor absorvido do mar, temos

$$-\Delta G = -\Delta H + T\Delta S$$
$$-\Delta G = c + T\Delta S, \text{ então } -\Delta G/T = c/T + \Delta S$$

Como c/T é igual à variação de entropia do mar (ΔS_{mar}) e o ΔS da equação acima é ΔS_{caixa}, temos

$$-\Delta G/T = \Delta S_{mar} + \Delta S_{caixa} = \Delta S_{universo}$$

Disso se conclui que a variação de energia livre é uma medida direta da variação de entropia do universo. Uma reação ocorrerá na direção que produzir uma variação na energia livre (ΔG) menor do que zero porque, nesse caso, haverá uma variação positiva na entropia do universo devido à ocorrência da reação.

No caso de um conjunto complexo de reações acopladas envolvendo muitas moléculas diferentes, a variação total de energia livre pode ser calculada simplesmente pela soma das energias livres de todas as diferentes espécies moleculares após a ocorrência da reação e comparar esse valor com a soma das energias livres de antes da reação. Para as substâncias mais comuns, esses valores de energia livre podem ser encontrados em tabelas que estão disponíveis em várias publicações. Dessa maneira, por exemplo, a partir dos valores observados para a magnitude do gradiente de prótons através da membrana interna da mitocôndria e os valores de ΔG para a hidrólise de ATP dentro da mitocôndria se tem certeza que a síntese de ATP requer a passagem de mais do que um próton para cada molécula de ATP que é sintetizada.

O valor de ΔG de uma reação é uma medida direta do quanto a reação está distante do equilíbrio. O alto valor negativo para a hidrólise do ATP em uma célula reflete meramente o fato de que as células mantêm as reações de hidrólise de ATP distantes do equilíbrio em até 10 ordens de magnitude. Se a reação atinge o equilíbrio, $\Delta G = 0$, ela ocorrerá exatamente na mesma velocidade tanto na direção direta como na direção reversa. Para a hidrólise do ATP, o equilíbrio é alcançado quando a maior parte do ATP tiver sido hidrolisado, como ocorre em uma célula morta.

104 PAINEL 2-8 Detalhes das 10 etapas da glicólise

Em cada etapa, a parte da molécula que foi alterada está marcada em azul, e o nome da enzima que catalisa a reação está destacada em amarelo.

ETAPA 1 A glicose é fosforilada pelo ATP, formando um açúcar-fosfato. A carga negativa do fosfato evita a passagem dos açúcares-fosfato através da membrana plasmática, retendo a glicose dentro da célula.

Glicose + ATP →(Hexocinase) Glicose-6-fosfato + ADP + H⁺

ETAPA 2 Um rearranjo da estrutura química facilmente reversível (isomerização) muda o oxigênio da carbonila do carbono 1 para o carbono 2, formando uma cetose a partir de um açúcar aldose. (Ver Painel 2-4, p. 96.)

Glicose-6-fosfato (Forma em anel) ⇌ (Forma em cadeia aberta) →(Fosfoglicose isomerase) (Forma em cadeia aberta) ⇌ Frutose-6-fosfato (Forma em anel)

ETAPA 3 O novo grupo hidroxila no carbono 1 é fosforilado por ATP, preparando para a formação de dois açúcares-fosfato de três carbonos cada um. A entrada dos açúcares na glicólise é controlada nesta etapa pela regulação da enzima *fosfofrutocinase*

Frutose-6-fosfato + ATP →(Fosfofrutocinase) Frutose-1,6-bisfosfato + ADP + H⁺

ETAPA 4 O açúcar de seis carbonos é clivado, produzindo duas moléculas com três carbonos cada uma. Apenas o gliceraldeído-3-fosfato pode seguir imediatamente na glicólise.

Frutose-1,6-bisfosfato (Forma em anel) ⇌ (Forma em cadeia aberta) →(Aldolase) Di-hidroxiacetona fosfato + Gliceraldeído-3-fosfato

ETAPA 5 O outro produto da etapa 4, di-hidroxiacetona fosfato, é isomerizado formando gliceraldeído-3-fosfato.

Di-hidroxiacetona fosfato ⇌(Triose fosfato isomerase) Gliceraldeído-3-fosfato

ETAPA 6 Oxidação das duas moléculas de gliceraldeído-3-fosfato. Tem início a fase de geração de energia da glicólise com a formação de NADH e de uma nova ligação anidrido ligado a fosfato rica em energia (ver Figura 2-46).

Gliceraldeído-3-fosfato + NAD⁺ + P$_i$ ⇌ (Gliceraldeído-3-fosfato desidrogenase) 1,3-bisfosfoglicerato + NADH + H⁺

ETAPA 7 A transferência para o ADP do grupo fosfato de alta energia que foi formado na etapa 6 forma ATP.

1,3-bisfosfoglicerato + ADP ⇌ (Fosfoglicerato cinase) 3-fosfoglicerato + ATP

ETAPA 8 A ligação éster fosfato remanescente no 3-fosfoglicerato, cuja hidrólise tem uma energia livre relativamente baixa, é movida do carbono 3 para o carbono 2, formando 2-fosfoglicerato.

3-fosfoglicerato ⇌ (Fosfoglicerato mutase) 2-fosfoglicerato

ETAPA 9 A remoção de água do 2-fosfoglicerato cria uma ligação enolfosfato rica em energia.

2-fosfoglicerato ⇌ (Enolase) Fosfoenolpiruvato + H$_2$O

ETAPA 10 A transferência para o ADP do grupo fosfato de alta energia gerado na etapa 9 forma ATP e completa a glicólise.

Fosfoenolpiruvato + ADP + H⁺ → (Piruvato-cinase) Piruvato + ATP

RESULTADO LÍQUIDO DA GLICÓLISE

Glicose → ... → Duas moléculas de piruvato

Além do piruvato, os produtos são duas moléculas de ATP e duas moléculas de NADH.

PAINEL 2-9 O ciclo do ácido cítrico completo

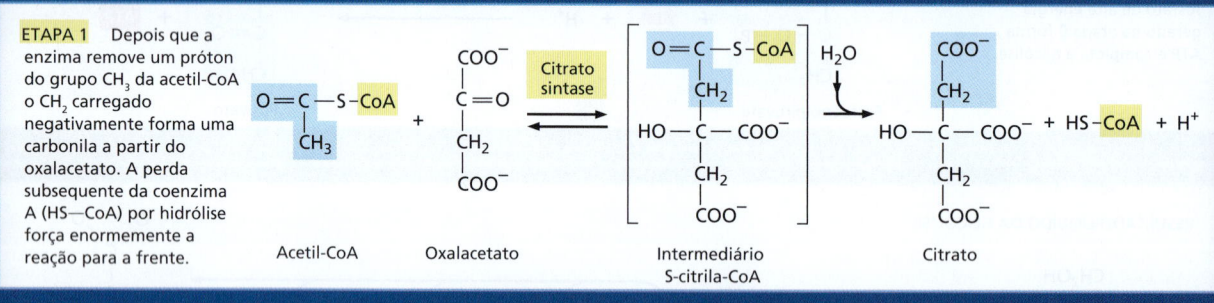

Visão geral do ciclo do ácido cítrico completo. Os dois carbonos da acetil-CoA que entram nessa volta do ciclo (marcados em vermelho) são convertidos em CO_2 nas voltas seguintes do ciclo. Os dois carbonos que são convertidos a CO_2 neste ciclo estão sombreados em azul.

Detalhes dessas oito etapas estão mostrados a seguir. Nesta parte do painel, em cada etapa, a parte da molécula que sofre mudança está sombreada em azul e o nome da enzima que catalisa a reação está destacado em amarelo.

ETAPA 1 Depois que a enzima remove um próton do grupo CH_3 da acetil-CoA o CH_2 carregado negativamente forma uma carbonila a partir do oxalacetato. A perda subsequente da coenzima A (HS—CoA) por hidrólise força enormemente a reação para a frente.

ETAPA 2 Uma reação de isomerização, na qual primeiro há remoção de água, que, então, é novamente adicionada, move o grupo hidroxila de um átomo de carbono para o átomo adjacente.

ETAPA 3 Na primeira das quatro etapas de oxidação do ciclo, o carbono que carrega o grupo hidroxila é convertido em grupo carbonila. O produto imediato é instável e perde CO₂ enquanto ainda está ligado à enzima.

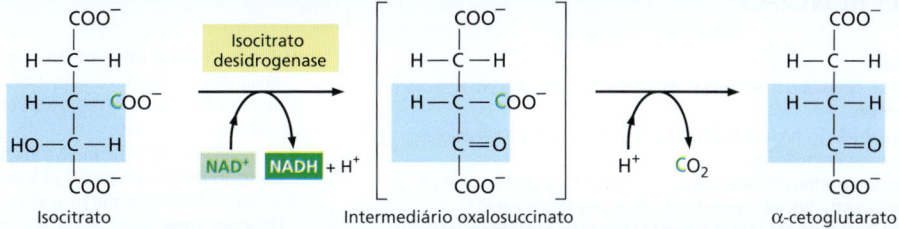

ETAPA 4 O complexo da *α-cetoglutarato desidrogenase* assemelha-se muito com o grande complexo enzimático que converte piruvato em acetil-CoA, o complexo *piruvato desidrogenase* da Figura 3-54D,E. Ele, da mesma forma, catalisa uma oxidação que produz NADH, CO₂ e um tioéster de alta energia ligado à coenzima A (CoA).

ETAPA 5 Uma molécula de fosfato da solução desloca a CoA, formando uma ligação fosfato de alta energia com o succinato. Esse fosfato, então, é transferido ao GDP, para formar a GTP. (Nas bactérias e nas plantas, em vez de GTP é formado ATP.)

ETAPA 6 Na terceira etapa de oxidação do ciclo, o FAD recebe dois átomos de hidrogênio do succinato.

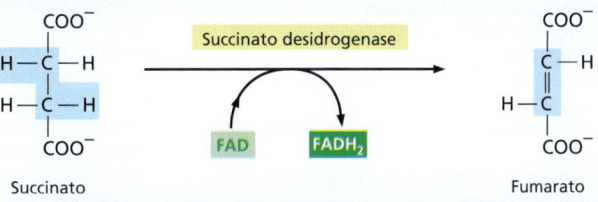

ETAPA 7 A adição de água ao fumarato coloca um grupo hidroxila próximo ao carbono carbonila.

ETAPA 8 Nesta última das quatro etapas de oxidação do ciclo, o carbono carregando o grupo hidroxila é convertido em um grupo carbonila, regenerando o oxalacetato necessário para a etapa 1.

REFERÊNCIAS

Gerais
Berg JM, Tymoczko JL & Stryer L (2011) Biochemistry, 7th ed. New York: WH Freeman.
Garrett RH & Grisham CM (2012) Biochemistry, 5th ed. Philadelphia: Thomson Brooks/Cole.
Moran LA, Horton HR, Scrimgeour G & Perry M (2011) Principles of Biochemistry, 5th ed. Upper Saddle River, NJ: Prentice Hall.
Nelson DL & Cox MM (2012) Lehninger Principles of Biochemistry, 6th ed. New York: Worth.
van Holde KE, Johnson WC & Ho PS (2005) Principles of Physical Biochemistry, 2nd ed. Upper Saddle River, NJ: Prentice Hall.
Van Vranken D & Weiss G (2013) Introduction to Bioorganic Chemistry and Chemical Biology. New York: Garland Science.
Voet D, Voet JG & Pratt CM (2012) Fundamentals of Biochemistry, 4th ed. New York: Wiley.

Componentes químicos da célula
Atkins PW (2003) Molecules, 2nd ed. New York: WH Freeman.
Baldwin RL (2014) Dynamic hydration shell restores Kauzmann's 1959 explanation of how the hydrophobic factor drives protein folding. *Proc. Natl Acad. Sci. USA* 111, 13052–13056.
Bloomfield VA, Crothers DM & Tinoco I (2000) Nucleic Acids: Structures, Properties, and Functions. Sausalito, CA: University Science Books.
Branden C & Tooze J (1999) Introduction to Protein Structure, 2nd ed. New York: Garland Science.
de Duve C (2005) Singularities: Landmarks on the Pathways of Life. Cambridge: Cambridge University Press.
Dowhan W (1997) Molecular basis for membrane phospholipid diversity: why are there so many lipids? *Annu. Rev. Biochem.* 66, 199–232.
Eisenberg D & Kauzmann W (1969) The Structure and Properties of Water. Oxford: Oxford University Press.
Franks F (1993) Water. Cambridge: Royal Society of Chemistry.
Henderson LJ (1927) The Fitness of the Environment, 1958 ed. Boston, MA: Beacon.
Neidhardt FC, Ingraham JL & Schaechter M (1990) Physiology of the Bacterial Cell: A Molecular Approach. Sunderland, MA: Sinauer.
Phillips R & Milo R (2009) A feeling for the numbers in biology. *Proc. Natl Acad. Sci. USA* 106, 21465–21471.
Skinner JL (2010) Following the motions of water molecules in aqueous solutions. *Science* 328, 985–986.
Taylor ME & Drickamer K (2011) Introduction to Glycobiology, 3rd ed. New York: Oxford University Press.
Vance DE & Vance JE (2008) Biochemistry of Lipids, Lipoproteins and Membranes, 5th ed. Amsterdam: Elsevier.

Catálise e o uso de energia pelas células
Atkins PW (1994) The Second Law: Energy, Chaos and Form. New York: Scientific American Books.
Atkins PW & De Paula JD (2011) Physical Chemistry for the Life Sciences, 2nd ed. Oxford: Oxford University Press.
Baldwin JE & Krebs H (1981) The evolution of metabolic cycles. *Nature* 291, 381–382.
Berg HC (1983) Random Walks in Biology. Princeton, NJ: Princeton University Press.
Dill KA & Bromberg S (2010) Molecular Driving Forces: Statistical Thermodynamics in Biology, Chemistry, Physics, and Nanoscience, 2nd ed. New York: Garland Science.
Einstein A (1956) Investigations on the Theory of the Brownian Movement. New York: Dover.
Fruton JS (1999) Proteins, Enzymes, Genes: The Interplay of Chemistry and Biology. New Haven, CT: Yale University Press.
Hohmann-Marriott MF & Blankenship RE (2011) Evolution of photosynthesis. *Annu. Rev. Plant Biol.* 62, 515–548.
Karplus M & Petsko GA (1990) Molecular dynamics simulations in biology. *Nature* 347, 631–639.
Kauzmann W (1967) Thermodynamics and Statistics: with Applications to Gases. In Thermal Properties of Matter, Vol 2. New York: WA Benjamin, Inc.
Kornberg A (1989) For the Love of Enzymes. Cambridge, MA: Harvard University Press.
Lipmann F (1941) Metabolic generation and utilization of phosphate bond energy. *Adv. Enzymol.* 1, 99–162.
Lipmann F (1971) Wanderings of a Biochemist. New York: Wiley.
Nisbet EG & Sleep NH (2001) The habitat and nature of early life. *Nature* 409, 1083–1091.
Racker E (1980) From Pasteur to Mitchell: a hundred years of bioenergetics. *Fed. Proc.* 39, 210–215.
Schrödinger E (1944 & 1958) What is Life? The Physical Aspect of the Living Cell and Mind and Matter, 1992 combined ed. Cambridge: Cambridge University Press.
van Meer G, Voelker DR & Feigenson GW (2008) Membrane lipids: where they are and how they behave. *Nat. Rev. Mol. Cell Biol.* 9, 112–124.
Walsh C (2001) Enabling the chemistry of life. *Nature* 409, 226–231.
Westheimer FH (1987) Why nature chose phosphates. *Science* 235, 1173–1178.

Como as células obtêm energia dos alimentos
Caetano-Anollés D, Kim KM, Mittenthal JE & Caetano-Anollés G (2011) Proteome evolution and the metabolic origins of translation and cellular life. *J. Mol. Evol.* 72, 14–33.
Cramer WA & Knaff DB (1990) Energy Transduction in Biological Membranes. New York: Springer-Verlag.
Dismukes GC, Klimov VV, Baranov SV et al. (2001) The origin of atmospheric oxygen on Earth: the innovation of oxygenic photosyntheis. *Proc. Natl Acad. Sci. USA* 98, 2170–2175.
Fell D (1997) Understanding the Control of Metabolism. London: Portland Press.
Fothergill-Gilmore LA (1986) The evolution of the glycolytic pathway. *Trends Biochem. Sci.* 11, 47–51.
Friedmann HC (2004) From *Butyribacterium* to *E. coli*: an essay on unity in biochemistry. *Perspect. Biol. Med.* 47, 47–66.
Heinrich R, Meléndez-Hevia E, Montero F et al. (1999) The structural design of glycolysis: an evolutionary approach. *Biochem. Soc. Trans.* 27, 294–298.
Huynen MA, Dandekar T & Bork P (1999) Variation and evolution of the citric-acid cycle: a genomic perspective. *Trends Microbiol.* 7, 281–291.
Koonin EV (2014) The origins of cellular life. *Antonie van Leeuwenhoek* 106, 27–41.
Kornberg HL (2000) Krebs and his trinity of cycles. *Nat. Rev. Mol. Cell Biol.* 1, 225–228.
Krebs HA (1970) The history of the tricarboxylic acid cycle. *Perspect. Biol. Med.* 14, 154–170.
Krebs HA & Martin A (1981) Reminiscences and Reflections. Oxford/New York: Clarendon Press/Oxford University Press.
Lane N & Martin WF (2012) The origin of membrane bioenergetics. *Cell* 151, 1406–1416.
Morowitz HJ (1993) Beginnings of Cellular Life: Metabolism Recapitulates Biogenesis. New Haven, CT: Yale University Press.
Martijn J & Ettma TJG (2013) From archaeon to eukaryote: the evolutionary dark ages of the eukaryotic cell. *Biochem. Soc. Trans.* 41, 451–457.
Mulkidjanian AY, Bychkov AY, Dibrova DV et al. (2012) Open questions on the origin of life at anoxic geothermal fields. *Orig. Life Evol. Biosph.* 42, 507–516.
Zimmer C (2009) On the origin of eukaryotes. *Science* 325, 665–668.

CAPÍTULO 3

Proteínas

Quando observamos uma célula através de um microscópio ou analisamos sua atividade elétrica ou bioquímica, estamos, em essência, observando proteínas. As proteínas constituem a maior parte da massa seca de uma célula. Elas não são apenas as unidades fundamentais das células, mas também executam a maior parte das funções celulares. As proteínas que são enzimas fornecem complexas superfícies moleculares no interior das células para a catálise de diversas reações químicas. Proteínas embebidas na membrana plasmática formam canais e bombas que controlam a passagem de pequenas moléculas para dentro e para fora da célula. Outras proteínas transportam mensagens de uma célula para outra ou atuam como integradores de sinais que ativam cascatas de sinais no interior da célula, da membrana plasmática para o núcleo. Outras proteínas atuam ainda como pequenas máquinas moleculares com partes móveis: a *cinesina*, por exemplo, age na propulsão de organelas através do citoplasma; a *topoisomerase* pode separar moléculas de DNA emaranhadas. Algumas proteínas especializadas podem atuar como anticorpos, toxinas, hormônios, moléculas anticongelantes, fibras elásticas, fibras de sustentação ou fontes de bioluminescência. Antes de compreender como os genes funcionam, como os músculos se contraem, como as células nervosas conduzem eletricidade, como os embriões se desenvolvem ou como nossos corpos funcionam, devemos ter conhecimento profundo acerca das proteínas.

NESTE CAPÍTULO

FORMA E ESTRUTURA DAS PROTEÍNAS

FUNÇÃO DAS PROTEÍNAS

FORMA E ESTRUTURA DAS PROTEÍNAS

Do ponto de vista químico, as proteínas são as moléculas estruturalmente mais complexas e funcionalmente mais sofisticadas que conhecemos. Isso talvez não seja surpreendente, uma vez que se compreenda que a estrutura e a química de cada proteína foram desenvolvidas e ajustadas por bilhões de anos de história evolutiva. Cálculos teóricos de pesquisadores especialistas em genética de populações revelam que, ao longo de períodos evolutivos, uma vantagem seletiva surpreendentemente pequena é suficiente para que uma proteína com uma alteração espontânea se espalhe em uma população de organismos. Mesmo para especialistas, a notável versatilidade das proteínas pode parecer realmente fantástica.

Nesta seção, consideraremos como a localização de cada aminoácido em uma longa cadeia de aminoácidos que compõe uma proteína determina sua estrutura tridimensional. Mais adiante no capítulo, utilizaremos esse conhecimento da estrutura proteica em nível atômico para descrever como a forma precisa de cada molécula proteica determina sua função em uma célula.

A forma de uma proteína é especificada pela sua sequência de aminoácidos

Existem 20 aminoácidos nas proteínas que são codificadas diretamente no DNA de um organismo, cada um com propriedades químicas diferentes. Uma molécula de **proteína** consiste em uma longa cadeia não ramificada desses aminoácidos, e cada um está ligado aos aminoácidos adjacentes por ligações peptídicas covalentes. As proteínas são, por isso, também chamadas de *polipeptídeos*. Cada tipo de proteína tem uma sequência exclusiva de aminoácido, e existem milhares de proteínas diferentes em uma célula.

A sequência repetitiva dos átomos ao longo do centro da cadeia polipeptídica é denominada **cadeia principal polipeptídica**. Ligadas a essa cadeia repetitiva estão as porções dos aminoácidos que não estão envolvidas na formação da ligação peptídica e que conferem a cada aminoácido suas propriedades únicas: as 20 diferentes **cadeias laterais** dos aminoácidos (**Figura 3-1**). Algumas dessas cadeias laterais são apolares e

Figura 3-1 Os componentes de uma proteína. As proteínas consistem em uma cadeia principal polipeptídica com grupos laterais ligados a ela. Cada tipo de proteína difere em sua sequência e em seu número de aminoácidos; portanto, é a sequência de cadeias laterais quimicamente distintas que torna cada proteína diferente. As duas extremidades da cadeia polipeptídica são quimicamente distintas: a extremidade que apresenta um grupo amino livre (NH_3^+, também representado como NH_2) é a terminação aminoterminal, ou N-terminal, e a que apresenta o grupo carboxila livre (COO^-, também representado como $COOH$) é a terminação carboxil-terminal ou C-terminal. A sequência de aminoácidos de uma proteína é sempre apresentada na direção N para C-terminal, lendo-se da esquerda para a direita.

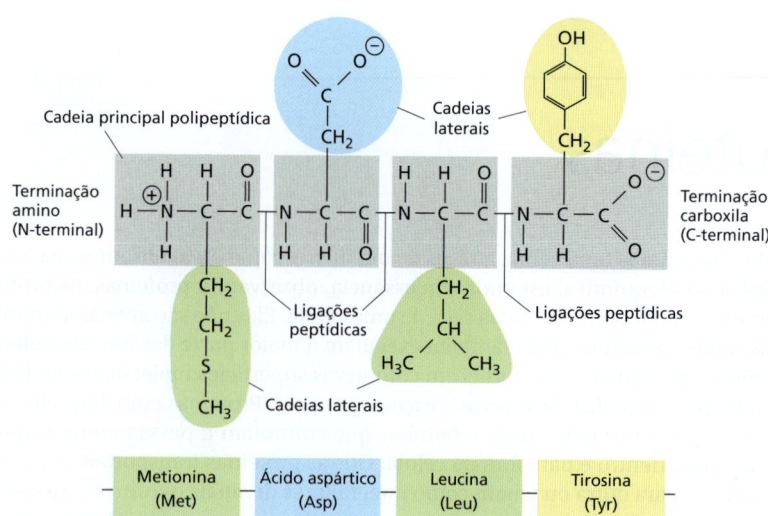

hidrofóbicas ("têm medo de água"), outras são carregadas negativa ou positivamente, algumas formam ligações covalentes de forma rápida, e assim por diante. O **Painel 3-1** (p. 112-113) mostra suas estruturas atômicas, e a **Figura 3-2** lista as suas abreviações.

Como discutido no Capítulo 2, os átomos comportam-se como se fossem esferas rígidas, com um raio definido (seu *raio de van der Waals*). A regra de que dois átomos não ocupam o mesmo espaço e outras restrições limitam o número de ângulos de ligação possíveis em uma cadeia polipeptídica (**Figura 3-3**), restringindo enormemente o número de estruturas (ou *conformações*) tridimensionais possíveis de átomos. Todavia, uma longa cadeia flexível, como a de uma proteína, pode ainda enovelar-se de várias maneiras.

O enovelamento de uma cadeia polipeptídica também é determinado por diferentes conjuntos de *ligações não covalentes* fracas que se formam entre uma parte e outra da cadeia. Essas ligações envolvem tanto átomos da cadeia principal polipeptídica quanto átomos da cadeia lateral dos aminoácidos. Existem três tipos de ligações fracas: *ligações de hidrogênio*, *atrações eletrostáticas* e *atrações de van der Waals*, como explicado no Capítulo 2 (ver p. 44). As ligações não covalentes são 30 a 300 vezes mais fracas que as ligações covalentes típicas que formam as moléculas biológicas. No entanto, muitas ligações fracas agindo em paralelo podem manter duas regiões de uma cadeia polipeptídica fortemente unidas. Dessa forma, a força combinada de um grande número dessas ligações não covalentes determina a estabilidade de cada forma enovelada (**Figura 3-4**).

AMINOÁCIDO			CADEIA LATERAL	AMINOÁCIDO			CADEIA LATERAL
Ácido aspártico	Asp	D	Negativa	Alanina	Ala	A	Apolar
Ácido glutâmico	Glu	E	Negativa	Glicina	Gly	G	Apolar
Arginina	Arg	R	Positiva	Valina	Val	V	Apolar
Lisina	Lys	K	Positiva	Leucina	Leu	L	Apolar
Histidina	His	H	Positiva	Isoleucina	Ile	I	Apolar
Asparagina	Asn	N	Polar não carregada	Prolina	Pro	P	Apolar
Glutamina	Gln	Q	Polar não carregada	Fenilalanina	Phe	F	Apolar
Serina	Ser	S	Polar não carregada	Metionina	Met	M	Apolar
Treonina	Thr	T	Polar não carregada	Triptofano	Trp	W	Apolar
Tirosina	Tyr	Y	Polar não carregada	Cisteína	Cys	C	Apolar

——— AMINOÁCIDOS POLARES ———   ——— AMINOÁCIDOS APOLARES ———

Figura 3-2 Os 20 aminoácidos mais encontrados nas proteínas. Cada aminoácido possui uma abreviação de três letras e de uma letra. Existe um número igual de cadeias laterais polares e apolares; no entanto algumas cadeias laterais listadas aqui como polares são grandes o suficiente para apresentarem algumas propriedades apolares (p. ex., Tyr, Thr, Arg, Lys). Para estruturas atômicas, ver Painel 3-1 (p. 112-113).

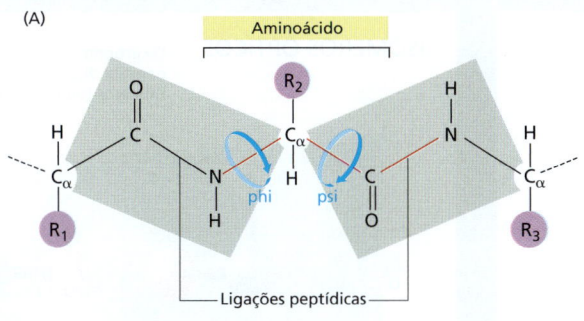
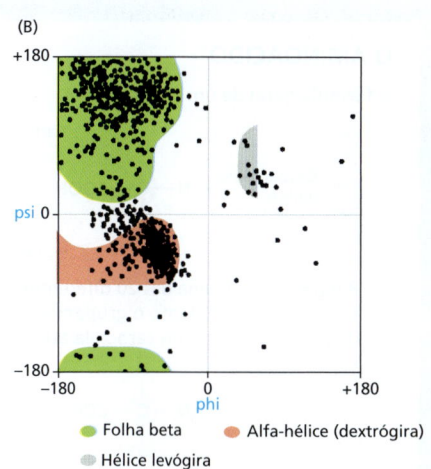

Figura 3-3 Limitações estéricas nos ângulos de ligação em uma cadeia polipeptídica. (A) Cada aminoácido contribui com três ligações (*em vermelho*) para a cadeia principal. A ligação peptídica é plana (*sombreado em cinza*) e não permite rotação. Em contrapartida, a rotação pode ocorrer na ligação entre C_α–C, cujo ângulo de rotação é chamado de psi (ψ), e na ligação entre N–C_α, cujo ângulo de rotação é chamado de phi (φ). Por convenção, um grupo R é frequentemente utilizado para representar a cadeia lateral de um aminoácido (*círculos lilás*). (B) A conformação dos átomos da cadeia principal de uma proteína é determinada por um par de ângulos φ e ψ para cada aminoácido; devido a colisões estéricas entre os átomos de cada aminoácido, muitos pares de ângulos φ e ψ possíveis não ocorrem. Neste gráfico, denominado gráfico de Ramachandran, cada ponto representa um par de ângulos observado em uma proteína. Os grupos de pontos nas três áreas sombreadas do gráfico representam três "estruturas secundárias" encontradas com frequência nas proteínas, conforme será descrito no texto. (B, de J. Richardson, *Adv. Prot. Chem.* 34:174–175, 1981. © Academic Press.)

Um quarto tipo de força – a combinação de forças hidrofóbicas – também tem papel central na determinação da estrutura de uma proteína. Como descrito no Capítulo 2, moléculas hidrofóbicas, incluindo as cadeias laterais apolares de certos aminoácidos, tendem a se agrupar em um meio aquoso a fim de minimizar o seu efeito desorganizador sobre a rede de ligações de hidrogênio das moléculas de água (ver Painel 2-2, p. 92-93). Por essa razão, um fator importante que governa o enovelamento de qualquer proteína é a distribuição de seus aminoácidos polares e apolares. As cadeias laterais apolares (hidrofóbicas) de uma proteína, como aquelas pertencentes aos aminoácidos fenilalanina, leucina, valina e triptofano, tendem a se agrupar no interior da molécula (exatamente como pequenas gotas de óleo hidrofóbicas se unem na água para formar uma grande

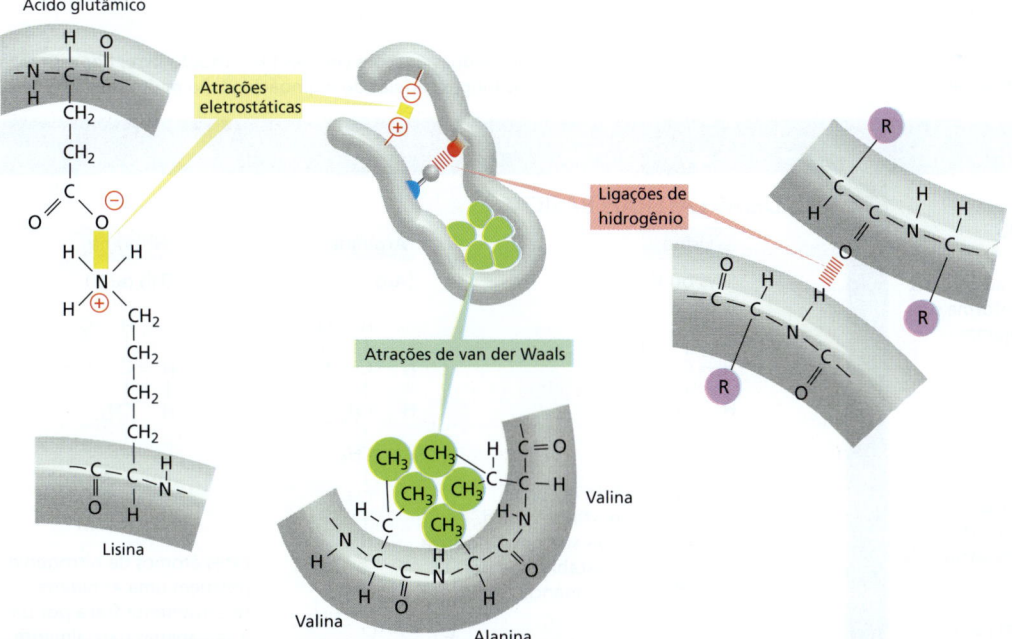

Figura 3-4 Três tipos de ligações não covalentes colaboram para o enovelamento das proteínas. Apesar de uma única ligação desse tipo ser bastante fraca, muitas delas agem juntas para criar um forte arranjo de ligações, como no exemplo mostrado. Como nas figuras anteriores, R é utilizado como uma designação geral para a cadeia lateral de um aminoácido.

PAINEL 3-1   Os 20 aminoácidos encontrados nas proteínas

O AMINOÁCIDO

A fórmula geral de um aminoácido é

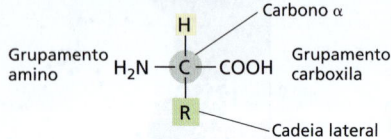

R é geralmente uma das 20 diferentes cadeias laterais. Em pH 7, tanto o grupamento amino quanto o grupamento carboxila estão ionizados.

ISÔMEROS ÓPTICOS

O carbono α é assimétrico, o que permite duas formas especulares isômeras (ou estereoisômeras), L e D.

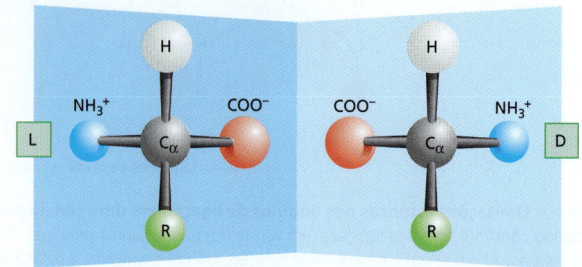

Proteínas são formadas exclusivamente por L-aminoácidos.

LIGAÇÕES PEPTÍDICAS

Os aminoácidos são normalmente unidos por uma ligação amida, denominada ligação peptídica.

Ligação peptídica: os quatro átomos em cada *caixa cinza* formam uma unidade planar rígida. Não existe rotação ao longo da ligação N-C.

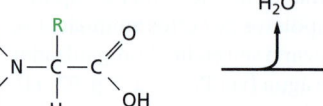

Proteínas são longos polímeros de aminoácidos unidos por ligações peptídicas e são sempre representadas com a região N-terminal à esquerda. A sequência deste tripeptídeo é histidina-cisteína-valina.

Região amino ou N-terminal

Região carboxila, ou C-terminal

Estas duas ligações simples têm rotação livre, por essa razão as longas cadeias de aminoácidos são muito flexíveis.

FAMÍLIAS DE AMINOÁCIDOS

Os aminoácidos mais comuns são agrupados conforme suas cadeias laterais sejam:

- Ácidas
- Básicas
- Polares não carregadas
- Apolares

A estes 20 aminoácidos mais comuns foram atribuídas abreviações de três letras e de uma letra.

Assim, alanina = Ala = A

CADEIAS LATERAIS BÁSICAS

Lisina (Lys ou K)

Arginina (Arg ou R)

Este grupo é bastante básico, pois sua carga positiva é estabilizada por ressonância.

Histidina (His ou H)

Estes átomos de nitrogênio possuem uma afinidade relativamente fraca por um H⁺ e são apenas parcialmente positivos em pH neutro.

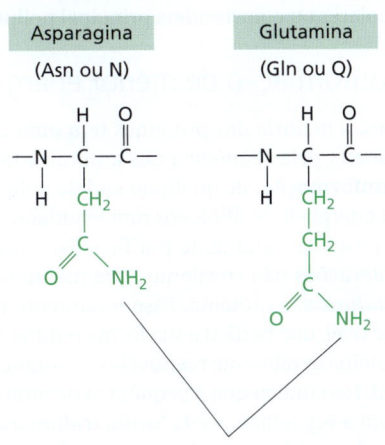

Figura 3-5 Como uma proteína se enovela em uma formação compacta. As cadeias laterais de aminoácidos polares tendem a se agrupar na parte externa da proteína, onde elas podem interagir com a água; as cadeias laterais de aminoácidos apolares se concentram no interior para formar um centro hidrofóbico compacto de átomos que evitam a água. Neste esquema, a proteína contém apenas cerca de 17 aminoácidos.

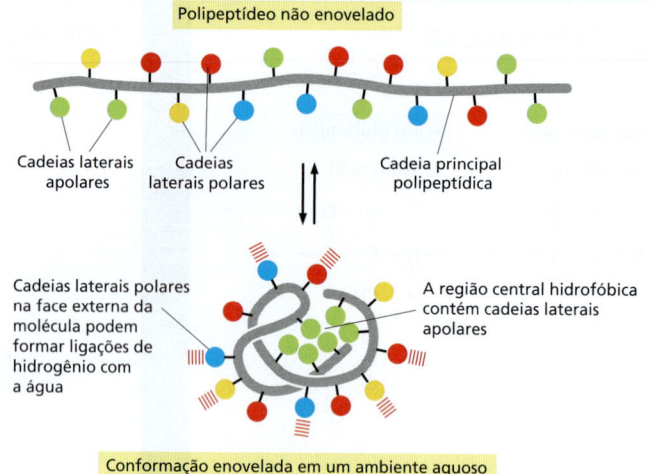

gota). Isso permite que elas evitem o contato com a água que as cerca no interior de uma célula. Ao contrário, as cadeias laterais polares – como aquelas pertencentes à arginina, à glutamina e à histidina – tendem a se posicionar na superfície da molécula, onde podem formar ligações de hidrogênio com a água e com outras moléculas polares (**Figura 3-5**). Aminoácidos polares localizados no interior da proteína geralmente formam ligações de hidrogênio com outros aminoácidos polares ou com a cadeia principal polipeptídica.

As proteínas se enovelam na conformação de menor energia

Como resultado de todas essas interações, a maioria das proteínas tem uma estrutura tridimensional particular, que é determinada pela sequência dos aminoácidos na sua cadeia. A estrutura final enovelada, ou **conformação**, de qualquer cadeia polipeptídica geralmente é aquela que minimiza a sua energia livre. Biólogos têm estudado o enovelamento em tubos de ensaio, utilizando proteínas altamente purificadas. Tratamentos com certos solventes, que rompem as interações não covalentes que mantêm unida a cadeia enovelada, desenovelam, ou *desnaturam*, a proteína. Esse tratamento converte a proteína em uma cadeia polipeptídica flexível, que perdeu a sua forma natural. Quando o solvente desnaturante é removido, a proteína geralmente reenovela espontaneamente, ou *renatura*, na sua conformação original. Isso indica que a sequência de aminoácidos contém toda a informação necessária para a especificação da forma tridimensional de uma proteína, um ponto fundamental para a compreensão da biologia celular.

A maioria das proteínas enovela-se em uma única conformação estável. Entretanto, essa conformação em geral varia levemente quando a proteína interage com outras moléculas dentro da célula. Essa variação na forma normalmente é crucial para a função da proteína, como veremos adiante.

Embora a cadeia proteica possa enovelar-se na sua conformação correta sem ajuda externa, nas células vivas, proteínas especiais, denominadas *chaperonas moleculares*, geralmente auxiliam o processo de enovelamento proteico. As chaperonas moleculares ligam-se às cadeias polipeptídicas parcialmente enoveladas e conduzem o processo de enovelamento pela via mais favorável energeticamente. Nas condições de alta concentração proteica do citoplasma, as chaperonas precisam evitar que as regiões hidrofóbicas das cadeias polipeptídicas recentemente sintetizadas, temporariamente expostas, associem-se entre si, formando agregados proteicos (ver p. 355). No entanto, a forma tridimensional final de uma proteína ainda é especificada pela sua sequência de aminoácidos: as chaperonas apenas tornam o processo de enovelamento mais confiável.

As proteínas apresentam uma ampla variedade de formas e a maioria têm entre 50 e 2.000 aminoácidos. As proteínas grandes normalmente são constituídas por diversos *domínios proteicos* distintos – unidades estruturais que se enovelam de forma mais ou menos independente umas das outras, como será discutido adiante. Mesmo os pequenos domínios apresentam estruturas complexas, e, para mais clareza, diversas representações distintas são utilizadas por convenção, cada uma enfatizando propriedades

CAPÍTULO 3   Proteínas   115

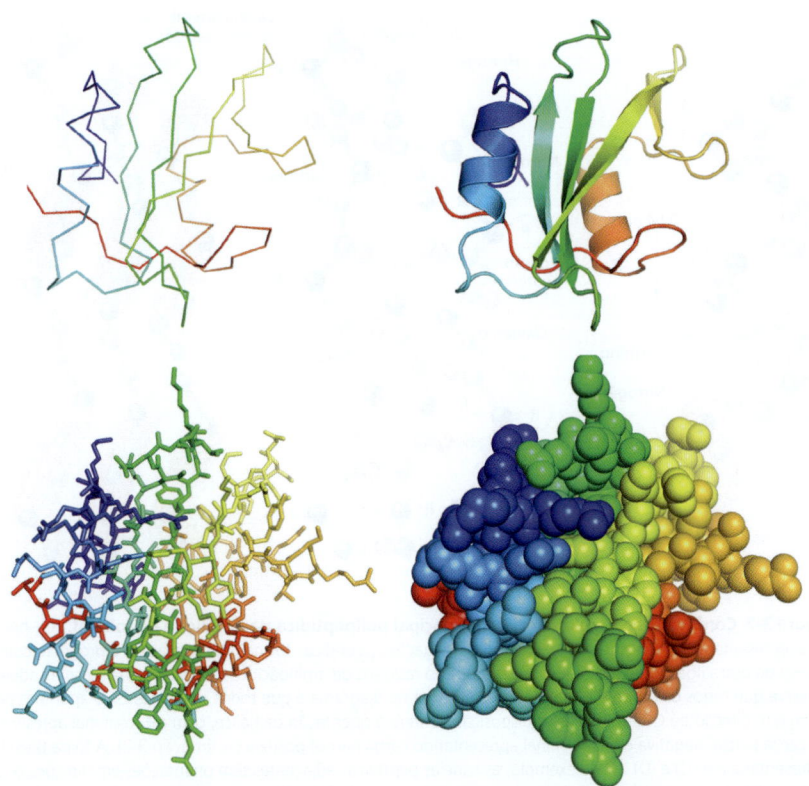

Figura 3-6 **Quatro representações da estrutura de um pequeno domínio proteico.** Composto por uma cadeia de 100 aminoácidos, o domínio SH2 está presente em diversas proteínas distintas (ver, p. ex., a Figura 3-63). Aqui, a estrutura do domínio SH2 é ilustrada como (A) um modelo de cadeia principal polipeptídica, (B) um modelo de fitas, (C) cadeia principal polipeptídica que inclui as cadeias laterais dos aminoácidos e (D) um modelo de preenchimento espacial (Animação 3.1). Estas imagens foram coloridas de modo que é possível identificar o sentido da cadeia, da sua região N-terminal (*roxo*) até a região C-terminal (*vermelho*) (Código PDB: 1SHA).

diferentes. A **Figura 3-6** ilustra, como exemplo, quatro representações de um domínio proteico denominado SH2, uma estrutura presente em diversas proteínas distintas nas células eucarióticas e envolvida na sinalização celular (ver Figura 15-46).

A descrição das estruturas de proteínas é facilitada pelo fato de as proteínas serem compostas por combinações de diversos motivos estruturais comuns, conforme discutido a seguir.

As α-hélices e as folhas β são motivos comuns de enovelamento

Quando comparamos as estruturas tridimensionais de diversas moléculas de proteínas diferentes, torna-se claro que, embora a conformação final de cada proteína seja única, dois padrões de enovelamento são frequentemente encontrados dentro delas. Ambos os padrões foram descobertos há mais de 60 anos em estudos com o cabelo e a seda. O primeiro padrão estrutural de enovelamento a ser descoberto, chamado de **α-hélice**, foi encontrado na proteína chamada *α-queratina*, que é abundante na pele e nos seus tecidos derivados, como cabelo, unha e chifres. Menos de um ano após a descoberta da α-hélice, um segundo padrão de enovelamento, chamado de **folha β**, foi descoberto na proteína *fibroína*, o principal componente da seda. Esses dois padrões estruturais são particularmente comuns, pois resultam da formação de ligações de hidrogênio entre os grupos N–H e C=O na cadeia principal polipeptídica, sem envolver as cadeias laterais dos aminoácidos. Assim, esses motivos estruturais podem ser compostos por diferentes sequências de aminoácidos, embora algumas cadeias laterais de aminoácidos não sejam compatíveis com essas formas de enovelamento. Em cada caso, a cadeia proteica assume uma conformação regular e repetitiva. A **Figura 3-7** ilustra os detalhes das estruturas dessas duas importantes conformações, que, no modelo de fitas, são representadas como uma fita helicoidal e como um conjunto de setas alinhadas, respectivamente.

A porção central de muitas proteínas contém extensas regiões de folhas β. Conforme ilustrado na **Figura 3-8**, essas folhas β podem se formar entre segmentos adjacentes de uma cadeia principal polipeptídica em uma mesma orientação (cadeias paralelas) ou a partir de uma cadeia principal polipeptídica que se dobra para frente e para trás sobre

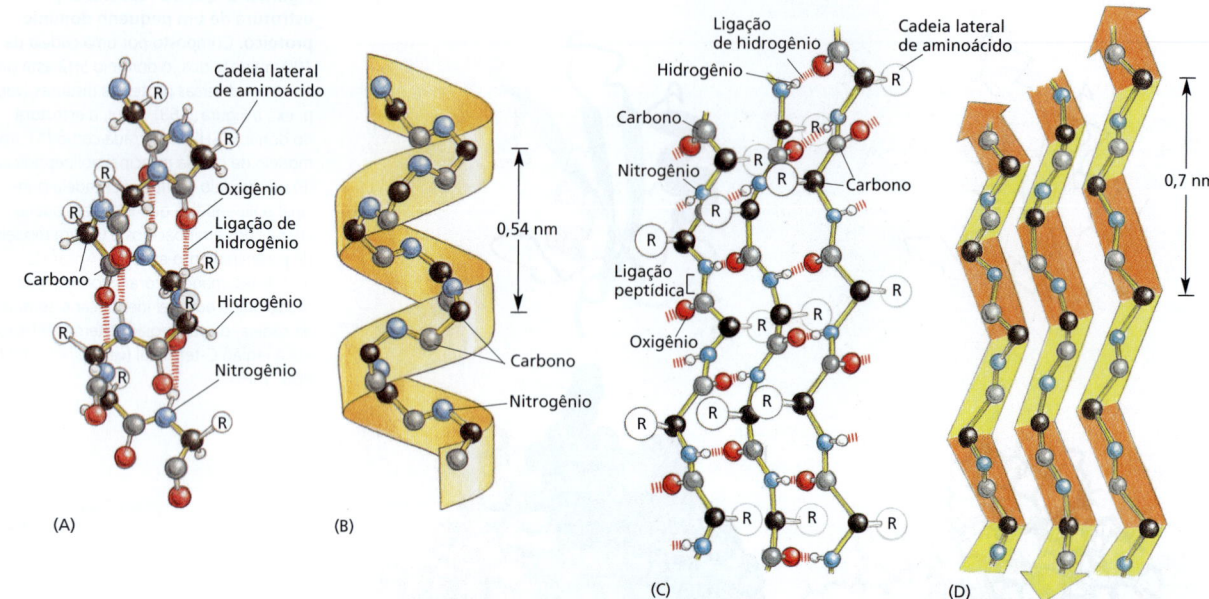

Figura 3-7 Conformação regular da cadeia principal polipeptídica na α-hélice e na folha β. A α-hélice está representada em (A) e (B). O N–H de todas as ligações peptídicas forma uma ligação de hidrogênio com o C=O de outra ligação peptídica localizada a quatro resíduos de aminoácidos de distância na mesma cadeia. Observe que todos os grupos N–H apontam para cima no diagrama e que todos os grupos C=O apontam para baixo (em direção ao C-terminal); essa disposição confere a orientação da hélice, com o C-terminal apresentando carga parcial negativa e o N-terminal apresentando carga parcial positiva (Animação 3.2). A folha β está representada em (C) e (D). Neste exemplo, as cadeias peptídicas adjacentes têm orientações em direções opostas (antiparalelas). Ligações de hidrogênio entre as ligações peptídicas localizadas em diferentes fitas mantêm as cadeias polipeptídicas individuais (fitas) unidas em uma folha β, e as cadeias laterais de aminoácidos em cada fita se projetam alternadamente acima e abaixo do plano da folha β (Animação 3.3). (A) e (C) mostram todos os átomos da cadeia principal polipeptídica, mas as cadeias laterais dos aminoácidos estão representadas pelo radical R. As ilustrações (B) e (D) mostram apenas os átomos de carbono e nitrogênio da cadeia principal.

si mesma, onde cada seção apresenta direção oposta aos seus segmentos adjacentes (cadeias antiparalelas). Ambos os tipos de folhas β produzem estruturas bastante rígidas, mantidas por ligações de hidrogênio que interligam as ligações peptídicas de cadeias vizinhas (ver Figura 3-7C).

Uma hélice α é formada quando uma única cadeia polipeptídica enrola-se sobre si mesma para formar um cilindro rígido. Uma ligação de hidrogênio é formada a cada quatro ligações peptídicas, ligando o C=O de uma ligação peptídica ao N–H de outra (ver Figura 3-7A). Isso dá origem a uma hélice regular com voltas completas a cada 3,6 resíduos de aminoácidos. O domínio proteico SH2 ilustrado na Figura 3-6 contém duas α-hélices, bem como uma folha β formada por três fitas antiparalelas.

As regiões de α-hélice são abundantes em proteínas localizadas nas membranas celulares, como proteínas transportadoras e receptores. Como discutiremos no Capítulo 10, essas porções de uma proteína transmembrana que atravessam a bicamada lipídica em geral o fazem como α-hélices compostas principalmente por aminoácidos com cadeias laterais apolares. A cadeia principal polipeptídica, que é hidrofílica, faz ligações de hidrogênio com ela mesma, formando uma α-hélice protegida do ambiente lipídico e hidrofóbico da membrana pelas suas cadeias laterais apolares protuberantes (ver também Figura 10-19).

Em outras proteínas, as α-hélices enrolam-se umas sobre as outras para formar uma estrutura particularmente estável, conhecida como **super-hélice** (em inglês, *coiled-coil*). Essa estrutura se forma quando duas (ou em alguns casos três ou quatro) α-hélices apresentam a maioria de suas cadeias laterais apolares (hidrofóbicas) de um só lado, de modo que podem enrolar-se uma sobre a outra com essas cadeias laterais voltadas para o interior (**Figura 3-9**). Longas super-hélices em forma de bastão fornecem a base estrutural para muitas proteínas alongadas. Exemplos são a α-queratina, que forma as fibras intracelulares que reforçam a camada externa da pele e seus apêndices, e as moléculas de miosina, responsáveis pela contração muscular.

Os domínios proteicos são unidades modulares a partir das quais as proteínas maiores são construídas

Mesmo uma pequena molécula de proteína é constituída por milhares de átomos interligados por ligações covalentes e não covalentes precisamente orientadas. Biólogos são auxiliados na visualização dessas estruturas extremamente complicadas por vários métodos computacionais tridimensionais de visualização gráfica. O *website* com informações extras para estudantes, que acompanha este livro, contém imagens geradas por computador de proteínas selecionadas, as quais podem ser apresentadas na tela e rotadas em uma variedade de formatos.

Os cientistas distinguem quatro níveis de organização na estrutura de uma proteína. A sequência de aminoácidos é conhecida como **estrutura primária**. Os trechos da cadeia polipeptídica que formam α-hélices e folhas β constituem a **estrutura secundária** da proteína. A conformação tridimensional completa da cadeia polipeptídica algumas vezes é chamada de **estrutura terciária** e, se uma proteína em particular é formada por um complexo de mais de uma cadeia polipeptídica, a estrutura completa é designada **estrutura quaternária**.

Estudos da conformação, da função e da evolução das proteínas revelaram a importância de um nível de organização estrutural distinto daqueles descritos anteriormente. Esse é o **domínio proteico**, uma subestrutura gerada em qualquer parte da cadeia polipeptídica e que pode se enovelar independentemente do resto da proteína em uma estrutura compacta e estável. Um domínio proteico geralmente contém entre 40 e 350 aminoácidos, sendo a unidade modular da qual muitas proteínas maiores são construídas.

Os diferentes domínios de uma proteína geralmente estão associados a diferentes funções. A **Figura 3-10** mostra um exemplo – a proteína-cinase Src, que atua na via de transmissão de sinais no interior de células de vertebrados (Src é pronunciado "sarc", em inglês). Considera-se que essa proteína possua três domínios: os domínios SH2 e SH3 apresentam atividade reguladora, enquanto o domínio C-terminal é responsável pela atividade cinase catalítica. Posteriormente, neste capítulo, retornaremos a essa proteína, a fim de explicar como as proteínas podem formar interruptores moleculares que transmitem informação por todas as partes da célula.

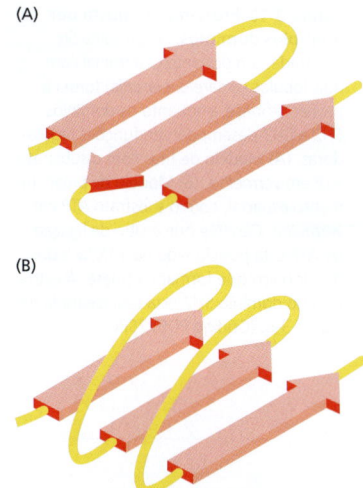

Figura 3-8 Dois tipos de estruturas de folhas β. (A) Folha β antiparalela (ver Figura 3-7C). (B) Folha β paralela. Ambos os tipos de estruturas são comuns em proteínas.

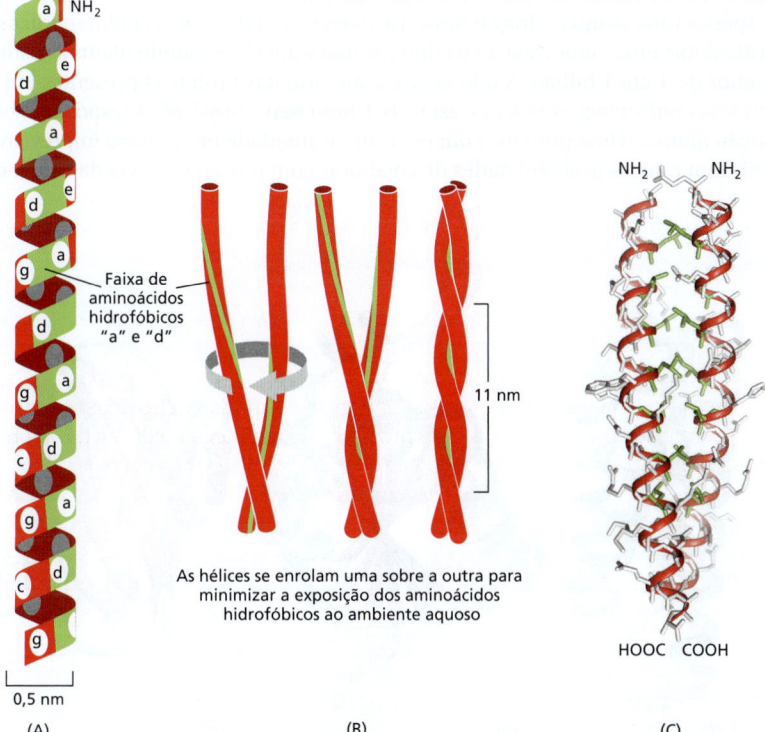

Figura 3-9 Super-hélice. (A) Uma única α-hélice, com a sequência de sete unidades repetidas de cadeias laterais dos aminoácidos marcadas como "abcdefg" (*de baixo para cima*). Os aminoácidos "a" e "d" nessa sequência ficam próximos um do outro na superfície do cilindro, formando uma "faixa" (em *verde*) que se enrola lentamente ao redor da α-hélice. As proteínas que formam super-hélices apresentam aminoácidos apolares nas posições "a" e "d". Consequentemente, como mostrado em (B), duas α-hélices podem se enrolar uma sobre a outra, com as cadeias laterais apolares de uma α-hélice interagindo com as cadeias laterais apolares da outra. (C) A estrutura atômica de uma super-hélice, determinada por cristalografia de raios X. A cadeia principal da α-hélice está representada em *vermelho*, e as cadeias laterais apolares estão representadas em *verde*, enquanto as cadeias laterais mais hidrofílicas, representadas em *cinza*, ficam expostas ao ambiente aquoso (Animação 3.4). (Código PDB: 3NMD.)

Figura 3-10 **Proteína composta por múltiplos domínios.** Na proteína Src mostrada, um domínio C-terminal com dois lóbulos (*amarelo* e *laranja*) forma a proteína-cinase, enquanto os domínios SH2 e SH3 desempenham funções reguladoras. (A) Modelo de fitas com o substrato ATP em *vermelho*. (B) Modelo de preenchimento espacial, com o substrato ATP em *vermelho*. Observe que o sítio de ligação de ATP está posicionado na interface dos dois lóbulos que formam a cinase. A estrutura do domínio SH2 está representada na Figura 3-6. (Código PDB: 2SRC.)

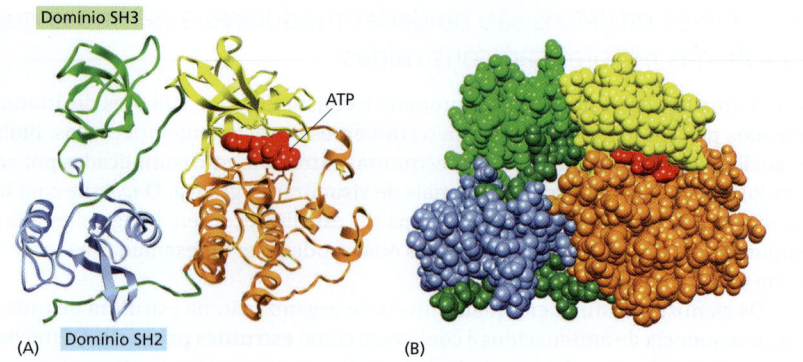

A **Figura 3-11** mostra modelos de fita de três domínios proteicos organizados de maneiras distintas. Como ilustrado pelo exemplo, a parte central de um domínio pode ser composta por α-hélices, folhas β e por diversas combinações desses dois elementos fundamentais de enovelamento.

As menores proteínas contêm apenas um único domínio, enquanto as proteínas maiores podem conter várias dezenas de domínios, frequentemente conectados uns aos outros por segmentos curtos não estruturados da cadeia polipeptídica, que atuam como dobradiças flexíveis entre os domínios.

Apenas algumas das muitas cadeias polipeptídicas possíveis serão úteis para as células

Uma vez que cada um dos 20 aminoácidos é quimicamente distinto, podendo, em princípio, ocorrer em qualquer posição de uma cadeia de proteínas, existem $20 \times 20 \times 20 \times 20 = 160.000$ possíveis cadeias polipeptídicas compostas por quatro aminoácidos, ou ainda 20^n possibilidades de haver uma proteína com n aminoácidos de comprimento. Para o comprimento típico das proteínas, com cerca de 300 aminoácidos, uma célula pode teoricamente produzir mais de 10^{390} (20^{300}) diferentes cadeias polipeptídicas. Esse é um número tão grande que, para produzir apenas uma molécula de cada tipo, seriam necessários mais átomos do que os existentes no universo.

Apenas uma pequena fração desse vasto conjunto de cadeias polipeptídicas teóricas vai adotar uma conformação tridimensional estável – segundo algumas estimativas, menos de 1 em 1 bilhão. Ainda assim, a maioria das proteínas presentes em uma célula adota conformações únicas e estáveis. Como isso é possível? A resposta se baseia na seleção natural. Uma proteína com estrutura e atividade bioquímica imprevisíveis e variáveis tem poucas probabilidades de colaborar com a sobrevivência da célula que a

Figura 3-11 **Modelos de fitas de três diferentes domínios proteicos.** (A) Citocromo b_{562}, proteína com apenas um domínio, envolvida no transporte de elétrons na mitocôndria. Essa proteína é composta quase exclusivamente por α-hélices. (B) Domínio de ligação de NAD da enzima lactato desidrogenase, que é composta por uma mistura de β-hélices e de folhas β paralelas. (C) Domínio variável da cadeia leve de uma imunoglobulina (anticorpo), formado por um sanduíche de duas folhas β antiparalelas. Nesses exemplos, as β-hélices são mostradas em *verde*, enquanto as fitas organizadas como folhas β são indicadas como *setas vermelhas*. Observe que a cadeia polipeptídica geralmente se estende ao longo de todo o domínio, com dobras acentuadas apenas na superfície da proteína (Animação 3.5). As regiões de alça protraídas (em *amarelo*) frequentemente formam sítios de ligação para outras moléculas. (Adaptada de ilustrações cortesia de Jane Richardson.)

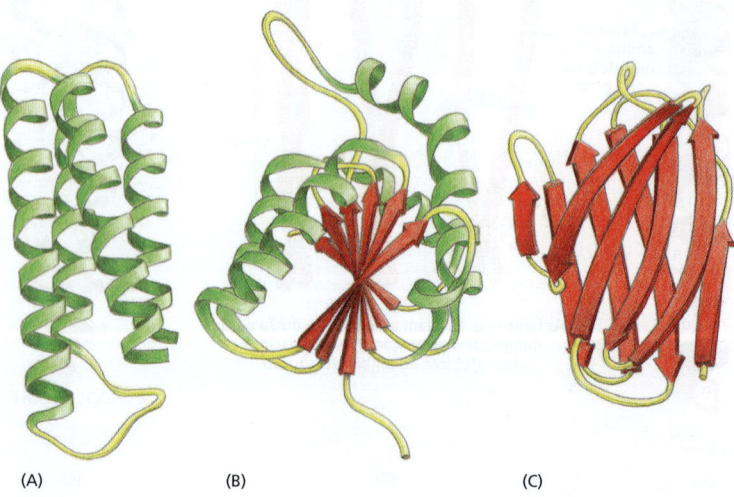

contém. Tais proteínas teriam sido, portanto, eliminadas por seleção natural no curso do longo processo de tentativa e erro, no qual se baseia a evolução biológica.

Como a evolução atuou na seleção das funções proteicas nos organismos vivos, a sequência de aminoácidos da maioria das proteínas atuais corresponde a uma única conformação estável. Além disso, essa conformação tem suas propriedades químicas refinadas para permitir que a proteína desempenhe uma atividade catalítica ou uma função estrutural particular na célula. As proteínas são organizadas com tamanha precisão que alterações de mesmo alguns poucos átomos em um aminoácido podem, em alguns casos, afetar a estrutura de toda a molécula de tal forma que toda a sua função é perdida. Conforme discutido nas próximas seções deste capítulo, quando raros eventos de enovelamento incorreto de proteínas ocorrem, os resultados podem ser desastrosos para o organismo que as contêm.

As proteínas podem ser classificadas em diversas famílias

Uma vez que uma proteína tenha evoluído para assumir uma conformação estável, com propriedades úteis, sua estrutura pode ter sido modificada, ao longo da evolução, para permitir-lhe desempenhar novas funções. Esse processo foi bastante acelerado por mecanismos genéticos que possibilitam a duplicação ocasional de genes, permitindo que uma das cópias evolua de forma independente para desempenhar uma nova função (conforme discutido no Capítulo 4). Esse tipo de evento ocorreu com alguma frequência no passado, e, como resultado, muitas das proteínas atuais podem ser agrupadas em famílias de proteínas, onde cada membro de uma família apresenta uma sequência de aminoácidos e uma conformação tridimensional similar a todos os outros membros da família.

Considere, por exemplo, as *serinas-protease*, uma grande família de enzimas que hidrolisam proteínas (proteolíticas), que incluem as enzimas digestivas quimiotripsina, tripsina e elastase, além de algumas das proteinases envolvidas na coagulação sanguínea. Quando as porções protease de duas dessas enzimas são comparadas, partes de suas sequências de aminoácidos mostram-se quase idênticas. A semelhança de suas conformações tridimensionais é ainda mais impressionante: a maioria das dobras e das voltas de suas cadeias polipeptídicas, que têm algumas centenas de aminoácidos de comprimento, é praticamente idêntica (**Figura 3-12**). As várias serinas-protease apresentam, no entanto, atividades enzimáticas diferentes, cada qual clivando proteínas diferentes ou ligações peptídicas entre diferentes tipos de aminoácidos. Cada uma, portanto, desempenha uma função distinta no organismo.

A história que contamos sobre as serinas-protease poderia ser repetida para centenas de outras famílias de proteínas. Em geral, a estrutura dos diferentes membros de uma família de proteínas é mais conservada do que as suas sequências de aminoácidos. Em muitos casos, as sequências de aminoácidos divergiram de tal forma que não é possível determinar as relações entre duas proteínas de uma família sem a determinação de suas estruturas tridimensionais. A proteína α2 de levedura e a proteína engrailed da *Drosophila*, por exemplo,

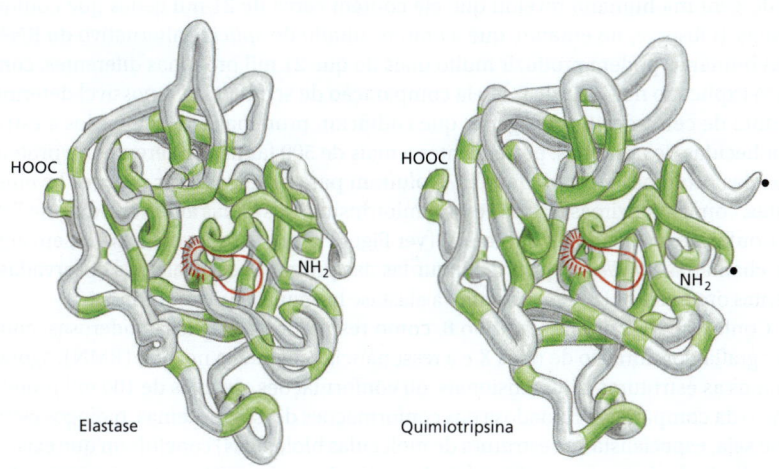

Figura 3-12 Comparação das conformações de duas serinas-protease. As conformações da cadeia principal da elastase e da quimiotripsina. Apesar de somente os aminoácidos da cadeia polipeptídica mostrados em *verde* serem os mesmos nas duas proteínas, ambas as conformações são muito similares entre si em todos os pontos da cadeia. O sítio ativo de cada enzima está delimitado em *vermelho*; é ali que as ligações peptídicas das proteínas que servem como substrato são posicionadas e clivadas por hidrólise. As serinas-protease têm o seu nome derivado do aminoácido serina, cuja cadeia lateral faz parte do sítio ativo de cada enzima; participando diretamente na reação de clivagem. Os pontos pretos no lado direito da molécula de quimiotripsina indicam as duas terminações criadas quando essa enzima cliva a sua própria cadeia principal.

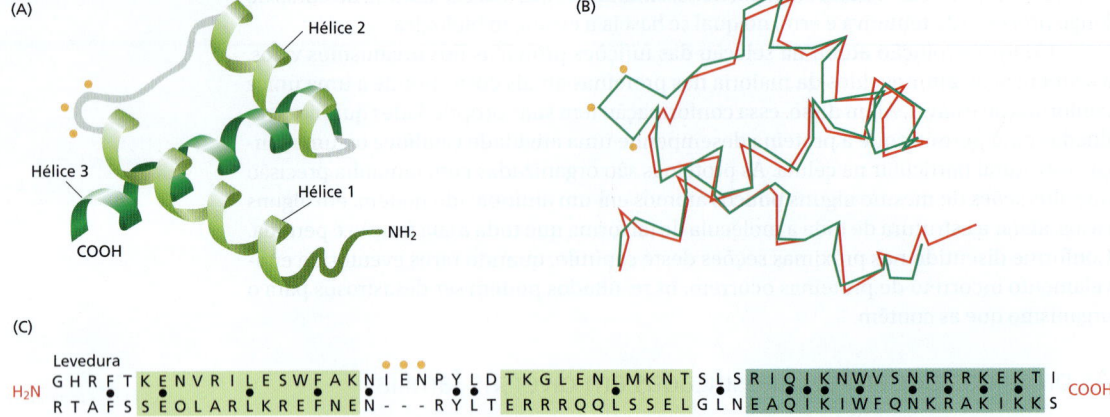

Figura 3-13 Comparação de uma classe de domínios de ligação ao DNA, denominados homeodomínios, em um par de proteínas de dois organismos separados por mais de 1 bilhão de anos de evolução.
(A) Modelo de fita da estrutura comum de ambas as proteínas. (B) Representação esquemática mostrando as posições dos carbonos α. As estruturas tridimensionais mostradas foram determinadas por cristalografia por difração de raios X para a proteína α2 de levedura (*verde*) e para a proteína engrailed de *Drosophila* (*vermelho*). (C) Uma comparação da sequência de aminoácidos das regiões das proteínas mostradas em (A) e (B). Os *pontos pretos* marcam os locais com aminoácidos idênticos. Os *pontos em laranja* indicam a posição da inserção de três aminoácidos na proteína α2. (Adaptada de C. Wolberger et al., *Cell* 67:517–528, 1991. Com permissão de Elsevier.)

são proteínas de regulação gênica da família de homeodomínio (discutido no Capítulo 7). Como essas duas proteínas apresentam apenas 17 aminoácidos conservados entre os 60 aminoácidos que compõem o homeodomínio, sua relação só foi estabelecida com certeza após a determinação de suas estruturas tridimensionais (**Figura 3-13**). Muitos exemplos similares mostram que duas proteínas com mais de 25% de identidade entre as suas sequências de aminoácidos frequentemente compartilham a mesma estrutura geral.

Os diversos membros de uma grande família de proteínas geralmente têm funções distintas. Algumas mudanças de aminoácidos que tornam os membros de uma família distintos foram, sem dúvida, selecionadas no curso da evolução, pois resultam em variações úteis para a atividade biológica, fornecendo aos membros individuais da família as diferentes propriedades funcionais que eles têm hoje. Entretanto, muitas outras variações nos aminoácidos são efetivamente "neutras", não tendo nem efeito benéfico ou danoso na estrutura básica e na função da proteína. Além disso, visto que a mutação é um processo aleatório, deve ter havido muitas mudanças deletérias que alteraram a estrutura tridimensional dessas proteínas o suficiente para danificá-las. Tais proteínas defeituosas teriam sido perdidas sempre que os organismos individuais que as produziam ficavam em desvantagem e foram eliminadas pela seleção natural.

As famílias de proteínas são prontamente reconhecidas quando o genoma de qualquer organismo é sequenciado; por exemplo, a determinação da sequência de DNA completa do genoma humano revelou que ele contém cerca de 21 mil genes que codificam proteínas. (Observe, no entanto, que, como resultado do *splicing* alternativo do RNA, as células humanas podem produzir muito mais do que 21 mil proteínas diferentes, conforme será explicado no Capítulo 6.) Pela comparação de sequências, é possível determinar o produto de cerca de 40% dos genes que codificam proteínas e relacioná-los a estruturas conhecidas de proteínas, pertencentes a mais de 500 famílias diferentes de proteínas. Muitas das proteínas em cada família evoluíram para desempenhar funções levemente distintas, como as enzimas elastase e a quimiotripsina, ilustradas anteriormente na Figura 3-12. Conforme explicado no Capítulo 1 (ver Figura 1-21), essas proteínas são, em alguns casos, chamadas *parálogas*, para distingui-las das proteínas equivalentes observadas em diferentes organismos (*ortólogas*, como a elastase humana e de camundongos).

Conforme descrito no Capítulo 8, como resultado de técnicas poderosas, como a cristalografia por difração de raios X e a ressonância magnética nuclear (RMN), agora conhecemos as estruturas tridimensionais, ou conformações, de mais de 100 mil proteínas. Por meio da comparação cuidadosa das conformações dessas proteínas, biólogos estruturais (ou seja, especialistas na estrutura de moléculas biológicas) concluíram que existe um número limitado de conformações adotadas pelos domínios proteicos na natureza – talvez um número de apenas 2 mil, se considerarmos todos os organismos. Estruturas representativas já foram determinadas para a maior parte desses *motivos estruturais de proteínas*.

Os bancos de dados atuais das sequências conhecidas de proteínas contêm mais de 20 milhões de entradas e estão aumentando muito rapidamente conforme mais e mais genomas são sequenciados – revelando um grande número de novos genes que codificam proteínas. Os polipeptídeos codificados apresentam grande variação de tamanho, de seis aminoácidos até proteínas gigantescas compostas por 33 mil aminoácidos. Comparações de proteínas são importantes, pois estruturas parecidas geralmente implicam funções parecidas. Muitos anos de experimentos podem ser evitados pela descoberta de que uma nova proteína tem uma sequência de aminoácidos similar a outra proteína de função conhecida. Essas relações entre as sequências, por exemplo, indicaram inicialmente que certos genes que fazem células de mamíferos tornarem-se cancerosas codificam proteínas-cinase (discutido no Capítulo 20).

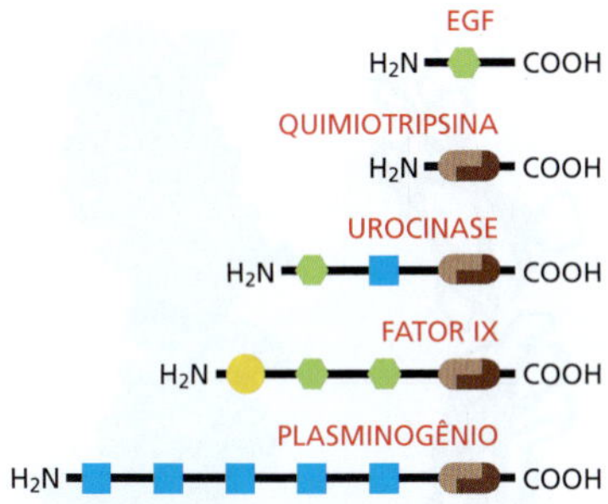

Alguns domínios proteicos são encontrados em várias proteínas diferentes

Como previamente estabelecido, a maioria das proteínas é composta por uma série de domínios proteicos, nos quais regiões diferentes da cadeia polipeptídica são enoveladas independentemente para formar estruturas compactas. Acredita-se que tais proteínas com multidomínios originaram-se pela junção acidental de sequências de DNA que codificam cada domínio, criando um novo gene. No processo evolutivo denominado *embaralhamento de domínios*, muitas proteínas grandes evoluíram pela junção de domínios já existentes em novas combinações (**Figura 3-14**). Novas superfícies de contato foram criadas na justaposição de domínios, e muitos sítios funcionais onde as proteínas se ligam a pequenas moléculas são localizados nessas justaposições de domínios.

Um subconjunto de domínios proteicos tem sido especialmente lábil durante a evolução; apresentam estruturas particularmente versáteis e são referidos algumas vezes como *módulos proteicos*. A estrutura de um deles, o domínio SH2, foi ilustrada na Figura 3-6. Três outros domínios proteicos de alta ocorrência são ilustrados na **Figura 3-15**.

Cada um dos domínios mostrados tem um núcleo de estrutura estável, formado por fitas da folha β, a partir das quais se estendem alças menos ordenadas da cadeia polipeptídica. As alças estão estrategicamente localizadas para formar sítios de ligação para outras moléculas, como demonstrado mais claramente pelo enovelamento da imunoglobulina, que forma a base para as moléculas de anticorpos. Esses domínios compostos por folhas β parecem ter atingido seu sucesso evolutivo por fornecerem uma estrutura conveniente para o estabelecimento de novos sítios de ligação para outras moléculas, requerendo apenas pequenas alterações nas alças expostas (ver Figura 3-42).

Um segundo aspecto desses domínios proteicos que explica sua utilidade é a facilidade com que podem ser integrados em outras proteínas. Dois dos três módulos proteicos ilustrados na Figura 3-15 têm suas regiões N-terminal e C-terminal em lados opostos do domínio. Quando o DNA que codifica um desses domínios sofre duplicação em *tandem*, o que não é incomum na evolução dos genomas (discutido no Capítulo 4), os

Figura 3-14 Embaralhamento de domínios. Um embaralhamento extensivo de blocos de sequências de proteínas (domínios proteicos) ocorreu durante a evolução das proteínas. As porções da proteína representadas pela mesma forma e cor neste diagrama são evolutivamente relacionadas. As serinas-protease, como a quimiotripsina, são formadas por dois domínios (*marrom*). Nas três outras proteases mostradas, que são altamente reguladas e mais especializadas, esses dois domínios da protease são conectados a um ou mais domínios, similares aos domínios encontrados no fator de crescimento epidérmico (EGF, *epidermal growth factor*; *verde*), na proteína ligadora de cálcio (*amarelo*) ou no domínio "kringle" (*azul*). A quimiotripsina é ilustrada na Figura 3-12.

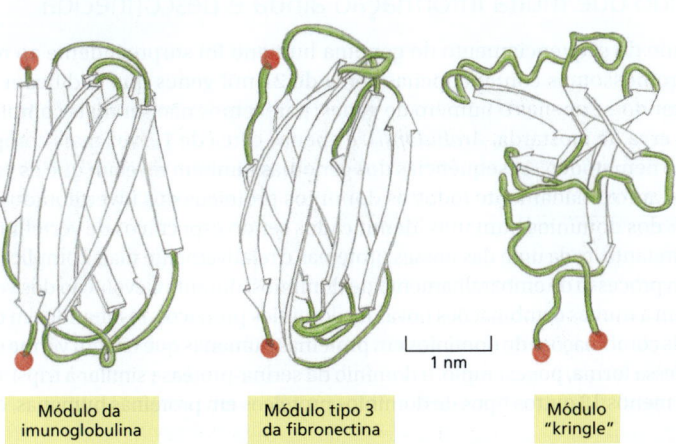

Figura 3-15 Estruturas tridimensionais de três domínios geralmente presentes em proteínas. Nestes diagramas no modelo de fitas, as fitas das folhas β estão representadas como setas, e as regiões N e C-terminais são indicadas por *esferas vermelhas*. Existem diversos outros desses "módulos" na natureza. (Adaptada de M. Baron, D.G. Norman e I.D. Campbell, *Trends Biochem. Sci.* 16:13–17, 1991, com permissão de Elsevier, e D.J. Leahy et al., *Science* 258:987–991, 1992, com permissão de AAAS.)

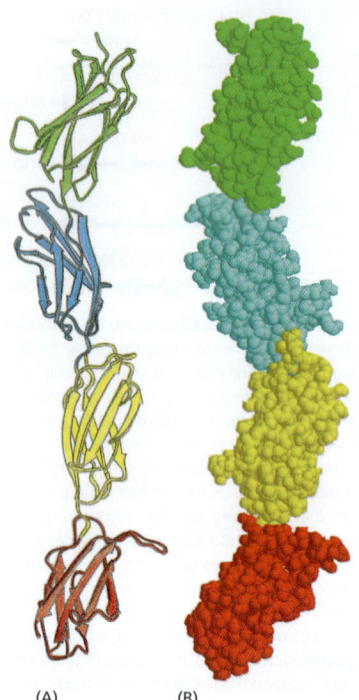

Figura 3-16 Estrutura alongada formada por uma série de domínios proteicos. Quatro domínios de fibronectina tipo 3 (ver Figura 3-15) da molécula de fibronectina da matriz extracelular estão ilustrados em (A) modelo de fitas e em (B) modelo de preenchimento espacial. (Adaptada de D.J. Leahy, I. Aukhil e H.P. Erickson, *Cell* 84:155–164, 1996. Com permissão de Elsevier.)

domínios duplicados com esse arranjo "em linha" podem ser prontamente conectados em série para formar estruturas estendidas – com eles próprios ou com outros domínios em linha (**Figura 3-16**). Estruturas estendidas rígidas compostas por uma série de domínios são especialmente comuns em moléculas da matriz extracelular e em porções extracelulares de proteínas receptoras da superfície celular. Outros domínios utilizados com frequência, incluindo o domínio "kringle", ilustrado na Figura 3-15, e o domínio SH2, são domínios do tipo encaixe, com suas porções N e C-terminais próximas uma da outra. Após rearranjos genômicos, tais domínios geralmente são acomodados como uma inserção em uma região de alças de uma segunda proteína.

Uma comparação da frequência relativa da utilização dos domínios em diferentes eucariotos revelou que para muitos domínios comuns, como as proteínas-cinase, essa frequência é similar em organismos tão diversos como leveduras, plantas, vermes, moscas e humanos. Mas existem algumas exceções notáveis, como o domínio de reconhecimento de antígenos do complexo de histocompatibilidade principal (MHC, *major histocompatibility complex*) (ver Figura 24-36), presente em 57 cópias em humanos, mas ausente nos outros quatro organismos citados. Domínios como o MHC apresentam funções especializadas que não são compartilhadas com os outros eucariotos; acredita-se que tenham passado por uma forte seleção durante eventos recentes da evolução para dar origem às múltiplas cópias observadas. De modo similar, os domínios SH2 estão presentes em número aumentado nos eucariotos superiores; assume-se que esses domínios sejam especialmente importantes para o estabelecimento da multicelularidade.

Pares específicos de domínios são encontrados juntos em muitas proteínas

Podemos construir uma grande tabela mostrando o uso de domínios em cada organismo cuja sequência genômica é conhecida. Por exemplo, o genoma humano contém as sequências de DNA de aproximadamente 1.000 domínios de imunoglobulinas, 500 domínios de proteínas-cinase, 250 homeodomínios de ligação ao DNA, 300 domínios SH3 e 120 domínios SH2. Além disso, descobrimos que mais de dois terços de todas as proteínas consistem em dois ou mais domínios, e que os mesmos pares de domínios ocorrem repetidamente nos mesmos arranjos relativos em uma proteína. Apesar de metade de todas as famílias de domínios serem comuns entre arquebactérias, bactérias e eucariotos, apenas 5% das combinações equivalentes de dois domínios são compartilhadas. Esse padrão sugere que a maior parte das proteínas contendo combinações úteis de dois domínios surgiu pelo embaralhamento de domínios em etapas relativamente tardias da evolução.

O genoma humano codifica um conjunto complexo de proteínas, revelando que muita informação ainda é desconhecida

O resultado do sequenciamento do genoma humano foi surpreendente ao revelar que nossos cromossomos contêm apenas cerca de 21 mil genes que codificam proteínas. Considerando-se apenas o número de genes, parecemos não ser mais complexos que a pequena erva de mostarda, *Arabidopsis*, e apenas cerca de 1,3 vez mais complexos que um verme nematódeo. As sequências dos genomas também revelam que os vertebrados herdaram aproximadamente todos os domínios proteicos dos invertebrados – com somente 7% dos domínios humanos identificados sendo específicos de vertebrados.

Entretanto, cada uma das nossas proteínas é relativamente mais complicada (**Figura 3-17**). Um processo de embaralhamento de domínios, durante a evolução dos vertebrados, deu origem a muitas combinações novas de domínios proteicos, resultando em quase duas vezes mais combinações de domínios em proteínas humanas que em um verme ou em uma mosca. Dessa forma, por exemplo, o domínio da serina-protease similar à tripsina está ligado a pelo menos 18 outros tipos de domínios proteicos em proteínas humanas, enquanto é

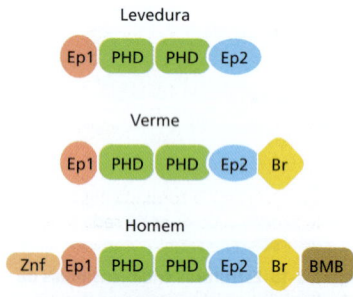

Figura 3-17 Estrutura de domínio de um grupo de proteínas relacionadas evolutivamente, consideradas como tendo funções similares. Em geral, existe a tendência de as proteínas em organismos mais complexos, como em humanos, conterem domínios adicionais – como no caso da proteína de ligação ao DNA aqui comparada.

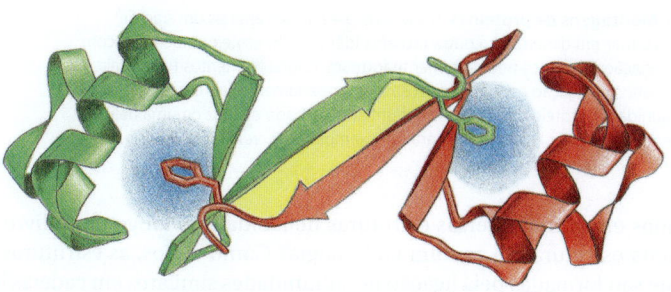

Figura 3-18 **Duas subunidades proteicas idênticas unidas para formar um dímero simétrico.** A proteína repressora Cro do bacteriófago lambda liga-se ao DNA para reprimir a expressão de um subgrupo específico de genes virais. Suas duas subunidades idênticas se ligam cabeça a cabeça e se mantêm unidas por interações hidrofóbicas (*azul*) e por um conjunto de ligações de hidrogênio (*região amarela*). (Adaptada de D.H. Ohlendorf, D.E. Tronrud e B.W. Matthews, *J. Mol. Biol.* 280:129–136, 1998. Com permissão de Academic Press.)

encontrado covalentemente ligado a somente cinco domínios em vermes. Essa variedade adicional em nossas proteínas aumenta a gama de interações possíveis proteína-proteína (ver Figura 3-79), mas não sabemos como isso contribui para nos tornar humanos.

A complexidade dos organismos vivos é impressionante, sendo importante notar que atualmente carecemos da mais simples pista de qual possa ser a função de mais de 10 mil proteínas que até o momento foram identificadas examinando o genoma humano. Há certamente grandes desafios à frente para a próxima geração de biólogos celulares, com muitos mistérios interessantes a serem resolvidos.

As grandes moléculas proteicas geralmente contêm mais de uma cadeia polipeptídica

As mesmas ligações fracas não covalentes que permitem a uma cadeia proteica se enovelar em uma conformação específica também permitem que as proteínas se liguem umas às outras para produzirem, estruturas maiores na célula. Qualquer região de uma superfície proteica que possa interagir com uma outra molécula, por meio de conjuntos de ligações não covalentes, é chamada de **sítio de ligação**. Uma proteína pode conter sítios de ligação para várias moléculas, pequenas e grandes. Se um sítio de ligação reconhece a superfície de uma segunda proteína, a forte ligação das duas cadeias polipeptídicas enoveladas nesse sítio cria uma molécula de proteína maior, com uma geometria precisamente definida. Cada cadeia polipeptídica nessa proteína é chamada de **subunidade proteica**.

Em um caso mais simples, duas cadeias polipeptídicas idênticas se ligam uma à outra, em um arranjo "cabeça a cabeça", formando um complexo simétrico de duas subunidades proteicas (um *dímero*) mantidas juntas por interações entre os dois sítios de ligação idênticos. A *proteína repressora Cro* – uma proteína de regulação de genes virais, que se liga ao DNA e reprime a expressão dos genes virais específicos em células bacterianas infectadas – nos fornece um exemplo (**Figura 3-18**). As células contêm muitos outros tipos de complexos simétricos de proteínas, formados a partir de cópias múltiplas de uma única cadeia polipeptídica (p. ex., ver Figura 3-20 a seguir).

Muitas das proteínas nas células contêm dois ou mais tipos de cadeias polipeptídicas. A *hemoglobina*, proteína que transporta o oxigênio nos eritrócitos, contém duas subunidades de α-globina idênticas e duas subunidades de β-globina idênticas, simetricamente dispostas (**Figura 3-19**). Essas proteínas de subunidades múltiplas são bastante comuns nas células e podem ser bastante grandes (**Animação 3.6**).

Algumas proteínas globulares formam longos filamentos helicoidais

A maioria das proteínas discutidas até agora são *proteínas globulares*, nas quais a cadeia polipeptídica enovela-se em uma forma compacta como uma bola de superfície irregular. Algumas dessas moléculas de proteínas podem, contudo, agrupar-se para formar filamentos que podem se estender por todo o comprimento de uma célula. Na forma mais simples, uma longa cadeia de moléculas de proteínas idênticas pode ser construída se cada molécula tiver um sítio de ligação complementar a uma outra região da superfície da mesma molécula (**Figura 3-20**). Um filamento de actina, por exemplo, é uma longa estrutura helicoidal produzida a partir de muitas moléculas da proteína *actina* (**Figura 3-21**). A actina é uma proteína globular muito abundante em células eucarióticas, nas quais ela forma um dos maiores sistemas filamentares do citoesqueleto (discutido no Capítulo 16).

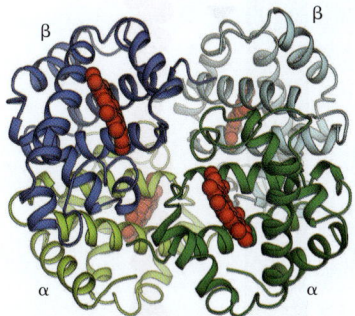

Figura 3-19 **Proteína formada pelo arranjo simétrico de duas de cada uma das duas subunidades diferentes.** A hemoglobina é uma proteína abundante nos eritrócitos e contém duas cópias de α-globina (*verde*) e duas cópias de β-globina (*azul*). Cada uma dessas quatro cadeias polipeptídicas contém uma molécula de heme (*vermelho*), que é o sítio de ligação do oxigênio (O_2). Portanto, cada molécula de hemoglobina no sangue carrega quatro moléculas de oxigênio. (Código PDB: 2DHB.)

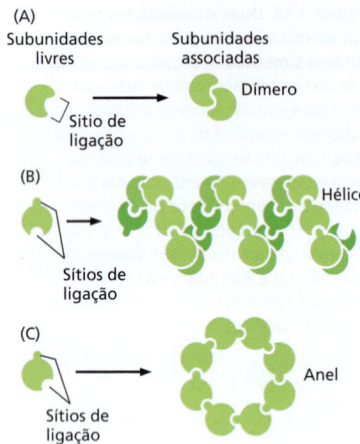

Figura 3-20 Montagens de proteínas. (A) Uma proteína com apenas um sítio de ligação pode formar um dímero com outra proteína idêntica. (B) Proteínas idênticas com dois sítios de ligação diferentes frequentemente formam longos filamentos helicoidais. (C) Se os dois sítios de ligação estiverem dispostos apropriadamente um em relação ao outro, as subunidades proteicas podem formar um anel fechado em vez de uma hélice. (Para um exemplo de A, ver Figura 3-18; para um exemplo de B, ver Figura 3-21; para exemplos de C, ver Figuras 5-14 e 14-31.)

Iremos encontrar diversas estruturas helicoidais ao longo deste livro. Por que a hélice é uma estrutura tão comum na biologia? Como vimos, as estruturas biológicas geralmente são formadas pela ligação de subunidades similares em cadeias longas e repetitivas. Se todas as subunidades são idênticas, as subunidades adjacentes na cadeia geralmente podem manter-se unidas de uma única maneira, ajustando suas posições relativas para minimizar a energia livre do contato entre elas. Como resultado, cada subunidade está posicionada exatamente da mesma maneira em relação à próxima, de forma que a subunidade 3 ajusta-se à subunidade 2 da mesma maneira que a subunidade 2 ajusta-se à subunidade 1, e assim sucessivamente. Como é muito raro que as subunidades se unam em uma linha reta, esse arranjo geralmente resulta em uma hélice – uma estrutura regular que se assemelha a uma escada em espiral, como ilustrado na **Figura 3-22**. Dependendo da torção da escada, diz-se que a orientação da hélice é dextrógira (para a direita) ou levógira (para a esquerda) (ver Figura 3-22E). A direção não é afetada ao virar a hélice de cabeça para baixo, mas é revertida se a hélice for refletida no espelho.

A observação de que as hélices são normalmente encontradas em estruturas biológicas permanece verdadeira, sejam as subunidades pequenas moléculas unidas por ligações covalentes (p. ex., os aminoácidos em uma α-hélice), sejam grandes moléculas de proteínas unidas por forças não covalentes (p. ex., moléculas de actina nos filamentos de actina). Isso não é surpreendente. Uma hélice é uma estrutura comum, sendo gerada simplesmente colocando-se subunidades similares próximas umas às outras; cada uma com exatamente a mesma relação com a antecedente, repetidamente – ou seja, com uma rotação fixa seguida por uma translação ao longo do eixo da hélice, como uma escada em espiral.

Diversas moléculas proteicas apresentam formas alongadas e fibrosas

As enzimas tendem a ser proteínas globulares: mesmo que muitas sejam grandes e complicadas, com múltiplas subunidades, a maioria tem uma forma geral arredondada. Vimos na Figura 3-21 que proteínas globulares podem se associar formando longos filamentos. Mas existem funções que requerem que as unidades individuais de uma molécula proteica se estendam por longas distâncias. Essas proteínas em geral têm uma estrutura tridimensional alongada relativamente simples e são geralmente chamadas de *proteínas fibrosas*.

Uma grande família de proteínas fibrosas intracelulares consiste em α-queratina, apresentada anteriormente quando discutimos as α-hélices, e proteínas relacionadas. Os filamentos de queratina são extremamente estáveis e são os principais componentes em estruturas duradouras como os cabelos, os chifres e as unhas. Uma molécula de α-queratina é um dímero de duas subunidades idênticas, com as longas α-hélices de cada subunidade formando uma super-hélice (ver Figura 3-9). As regiões de super-hélice são cobertas em cada extremidade por domínios globulares que contêm os sítios de ligação. Isso permite a essa classe de proteínas juntar-se em uma forma de corda de *filamentos intermediários* – um componente importante do citoesqueleto que cria o arcabouço estrutural interno da célula (ver Figura 16-67).

As proteínas fibrosas são especialmente abundantes no meio extracelular, onde são o principal componente da *matriz extracelular* gelatinosa que ajuda a manter unidos conjuntos de células que formam os tecidos. As células secretam as proteínas da matriz extracelular nas suas imediações, onde estas moléculas frequentemente se associam formando camadas ou longas fibras. O *colágeno* é a mais abundante dessas proteínas nos tecidos animais. Uma molécula de colágeno consiste em três longas cadeias polipeptídicas, cada uma contendo um aminoácido glicina apolar a cada três posições. Essa estrutura regular permite que as três cadeias se enovelem uma sobre a outra para gerar uma longa hélice tripla regular (**Figura 3-23A**). Muitas moléculas de colágeno, então, ligam-se umas às outras, lado a lado e de ponta a ponta, para criar longos feixes sobre-

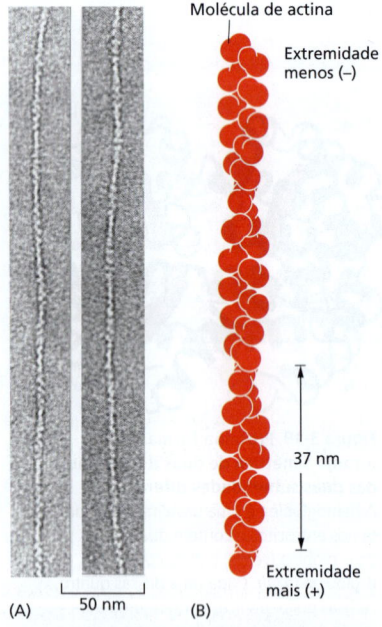

Figura 3-21 Filamentos de actina. (A) Micrografia eletrônica de transmissão de filamentos de actina marcados negativamente. (B) Arranjo helicoidal de moléculas de actina em um filamento de actina. (A, cortesia de Roger Craig.)

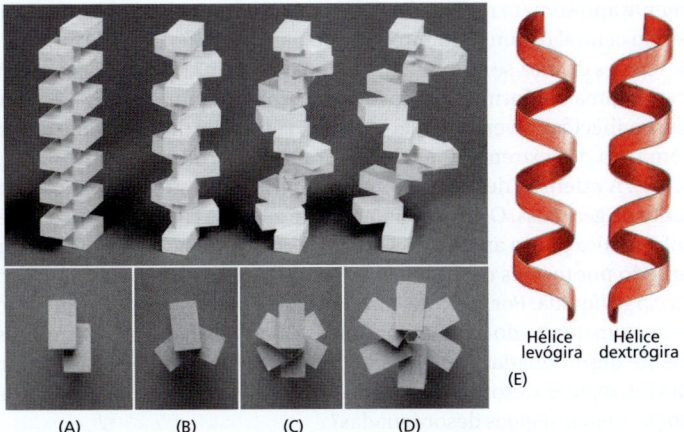

Figura 3-22 Algumas propriedades de uma hélice. (A-D) Uma hélice se forma quando várias subunidades ligam-se umas às outras de uma maneira regular. A parte inferior da imagem mostra a vista superior de cada uma dessas hélices, parecendo ser compostas por duas (A), três (B) ou seis (C e D) subunidades por volta. Observe que a hélice em (D) apresenta um espaçamento maior do que a hélice em (C), mas o mesmo número de subunidades por volta. (E) Conforme mencionado no texto, uma hélice pode ser orientada tanto para a direita quanto para a esquerda. Como uma referência, vale lembrar que os parafusos comuns são inseridos (ou aparafusados) quando girados no sentido horário e são orientados para a direita. Observe que a hélice mantém a mesma direção mesmo quando é invertida de cabeça para baixo. (Código PDB: 2DHB.)

postos – dessa maneira formam uma fibra de colágeno extremamente forte que confere a resistência elástica aos tecidos conectivos, conforme descrito no Capítulo 19.

As proteínas contêm uma quantidade surpreendentemente alta de segmentos de cadeia polipeptídica intrinsecamente desordenada

Sabe-se há bastante tempo que, em contraste com o colágeno, outra proteína abundante na matriz extracelular, a *elastina*, é formada por polipeptídeos altamente desordenados. Essa desordem é essencial às funções da elastina. Suas cadeias polipeptídicas relativamente frouxas e não estruturadas apresentam ligações covalentes cruzadas, produzindo uma rede elástica como borracha, que pode ser espichada de forma reversível de uma conformação à outra, conforme ilustrado na **Figura 3-23B**. As fibras elásticas formadas pela elastina permitem que a pele e outros tecidos, como as artérias e os pulmões, expandam-se e retraiam-se sem se romper.

As regiões intrinsecamente desordenadas em proteínas são frequentes na natureza e possuem importantes funções no interior das células. Conforme já vimos, proteínas

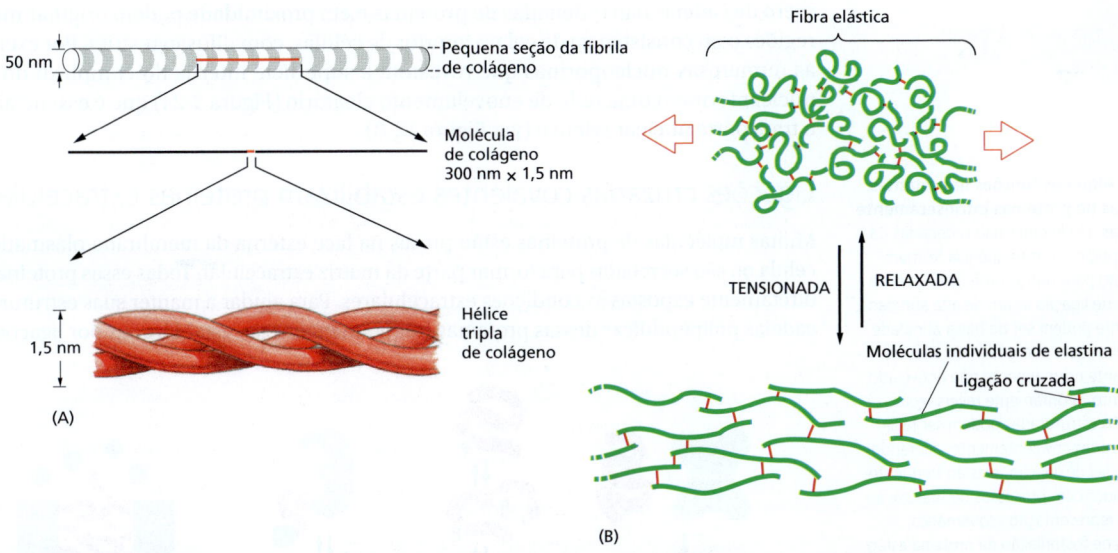

Figura 3-23 Colágeno e elastina. (A) O colágeno é uma hélice tripla formada por três cadeias estendidas que se enrolam umas nas outras (*parte inferior*). Muitas das moléculas em forma de bastão do colágeno fazem ligações cruzadas no espaço extracelular, para formar fibrilas inextensíveis (*acima*), com a força tênsil do aço. O padrão de listras na fibrila de colágeno é consequência do arranjo regular repetido das moléculas de colágeno dentro da fibrila. (B) As cadeias polipeptídicas da elastina apresentam ligações cruzadas entre si no espaço extracelular de modo a formar fibras de elastina, semelhantes à borracha. Cada molécula de elastina desenovela-se para uma conformação mais distendida quando a fibra é tracionada e retorna a sua forma enovelada espontaneamente tão logo a força de tração seja relaxada. As ligações cruzadas formadas no espaço extracelular dão origem a ligações covalentes entre cadeias laterais de lisina, mas a estrutura química é diferente nas moléculas de colágeno e de elastina.

frequentemente apresentam regiões de alças na sua cadeia polipeptídica se projetando a partir da região central de um domínio proteico para a ligação a outras moléculas. Algumas dessas regiões de alça se mantêm desordenadas até a sua ligação a uma molécula-alvo, adotando uma conformação enovelada apenas quando ligadas a essa molécula. Também são conhecidas diversas moléculas com caudas intrinsecamente desordenadas presentes em uma das extremidades de um domínio estrutural (ver, p. ex., as histonas na Figura 4-24). A extensão dessas estruturas desordenadas só se tornou clara com o sequenciamento de genomas. O sequenciamento de genomas permitiu o uso de ferramentas de bioinformática para a análise de sequências de aminoácidos codificadas pelos genes, procurando por regiões desordenadas baseada no seu baixo caráter hidrofóbico e relativa alta carga líquida. Por meio da combinação desses resultados com outros dados, acredita-se que um quarto do total das proteínas eucarióticas adotem estruturas que são principalmente desordenadas, com alterações rápidas entre diferentes conformações. Diversas dessas regiões desordenadas contêm sequências repetidas de aminoácidos. Qual é a função dessas regiões desordenadas?

Algumas funções conhecidas são ilustradas na **Figura 3-24**. Uma função predominante é a formação de sítios de ligação de alta especificidade para outras moléculas, que podem ser alterados rapidamente pela fosforilação ou defosforilação da proteína, ou qualquer outra modificação covalente desencadeada por eventos de sinalização celular (Figura 3-24A e B). Veremos, por exemplo, que a enzima RNA-polimerase de eucariotos que sintetiza moléculas de mRNA contém uma longa cauda C-terminal desestruturada que é modificada de modo covalente conforme a síntese de RNA progride, atraindo outras proteínas específicas para o complexo da transcrição em momentos determinados (ver Figura 6-22). Essa cauda não estruturada interage com um tipo distinto de domínio de baixa especificidade quando a RNA-polimerase é atraída a sítios específicos do DNA quando inicia a sua síntese.

Conforme ilustrado na Figura 3-24C, uma região não estruturada também pode atuar como um elo que mantém dois domínios proteicos próximos e facilita a sua interação. Por exemplo, é essa função de elo que permite o deslocamento dos substratos entre os sítios ativos de grandes complexos multienzimáticos (ver Figura 3-54). Uma função de conector semelhante permite que grandes *proteínas de suporte* com múltiplos sítios de ligação a proteínas concentrem conjuntos de proteínas interagindo entre si, aumentando as taxas de reação e também confinando estas reações a locais específicos da célula (ver Figura 3-78).

Assim como a elastina, outras proteínas apresentam funções que requerem sua permanência em um estado consideravelmente não estruturado. Assim, um grande número de cadeias não ordenadas de proteínas e em proximidade podem originar microrregiões com consistência de gel no interior de células, com difusão restrita. Por exemplo, as numerosas nucleoporinas que revestem a superfície interna do complexo do poro nuclear formam uma rede de enovelamento aleatório (Figura 3-24) que é essencial para o transporte nuclear seletivo (ver Figura 12-8).

Ligações cruzadas covalentes estabilizam proteínas extracelulares

Muitas moléculas de proteínas estão presas na face externa da membrana plasmática da célula ou são secretadas para formar parte da matriz extracelular. Todas essas proteínas são diretamente expostas às condições extracelulares. Para ajudar a manter suas estruturas, as cadeias polipeptídicas dessas proteínas frequentemente são estabilizadas por ligações co-

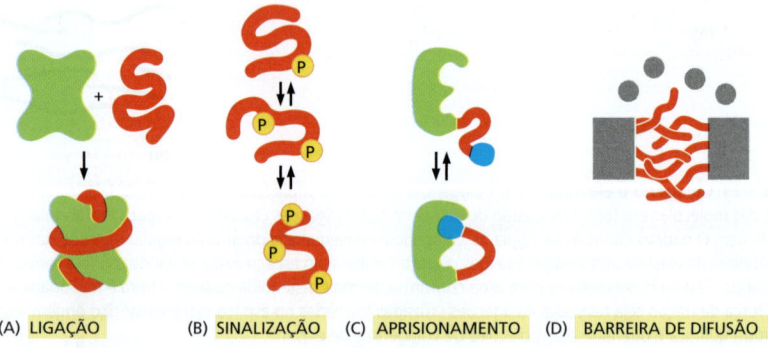

Figura 3-24 Algumas funções importantes de sequências de proteínas intrinsecamente desordenadas. (A) Regiões não ordenadas da cadeia polipeptídica com frequência formam sítios de ligação para outras proteínas. Embora esses eventos de ligação sejam de alta afinidade, frequentemente podem ser de baixa afinidade devido ao baixo custo energético do enovelamento do ligante normalmente não enovelado (sendo, portanto, prontamente reversíveis). (B) Regiões não estruturadas podem ser facilmente modificadas covalentemente, alterando suas preferências de ligação, e estão frequentemente envolvidas com processos de sinalização celular. Nesta representação esquemática, diversos sítios de fosforilação da proteína estão indicados. (C) Regiões não estruturadas também podem atuar como "prisões" que mantêm próximos os domínios proteicos que devem interagir. (D) Uma densa rede de proteínas não estruturadas pode compor uma barreira de difusão, como as nucleoporinas presentes no poro nuclear.

(A) LIGAÇÃO (B) SINALIZAÇÃO (C) APRISIONAMENTO (D) BARREIRA DE DIFUSÃO

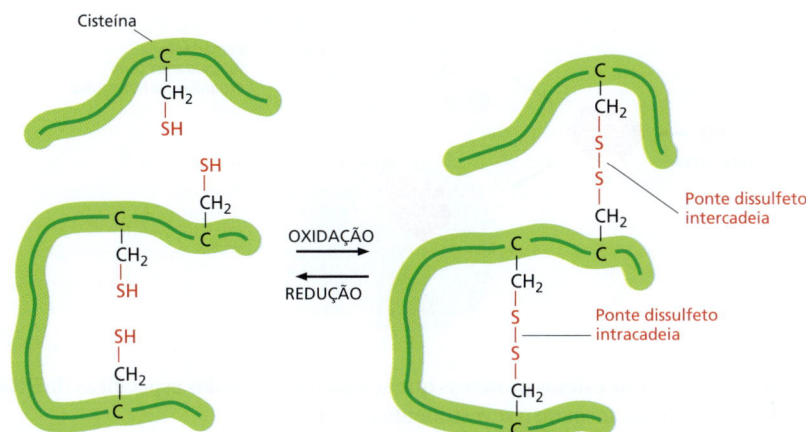

Figura 3-25 Ligações dissulfeto.
Ligações covalentes dissulfeto se formam entre cadeias laterais adjacentes de cisteínas. Estas ligações cruzadas podem unir duas partes de uma mesma cadeia polipeptídica ou duas cadeias polipeptídicas individuais. Uma vez que a energia requerida para romper uma ligação covalente é muito maior do que a energia requerida para romper todo um conjunto de ligações não covalentes (ver Tabela 2-1, p. 45), uma ligação dissulfeto pode ter um efeito estabilizador maior em uma proteína (Animação 3.7).

valentes. Tais ligações podem ligar dois aminoácidos na mesma cadeia ou conectar diferentes cadeias polipeptídicas em uma proteína multimérica. Embora existam diversos tipos de ligação cruzada, o mais comum são as ligações covalentes enxofre-enxofre. Essas *ligações dissulfeto* (também chamadas de *ligações S-S* ou *pontes dissulfeto*) formam-se enquanto as células preparam as proteínas recém-sintetizadas para exportação. Como descrito no Capítulo 12, sua formação é catalisada no retículo endoplasmático por uma enzima que liga dois grupos –SH de cadeias laterais de cisteínas adjacentes na proteína enovelada (**Figura 3-25**). As ligações dissulfeto não mudam a conformação de uma proteína, mas agem como "grampos" atômicos que reforçam sua conformação mais favorável. Por exemplo, a lisozima – uma enzima presente nas lágrimas que dissolve paredes celulares bacterianas – mantém a sua atividade antibacteriana por um longo tempo, por ser estabilizada por esse tipo de ligações.

As ligações dissulfeto geralmente não se formam no citoplasma, onde uma alta concentração de agentes redutores converte ligações S–S de volta a grupos –SH das cisteínas. Aparentemente, as proteínas não requerem esse tipo de reforço em um ambiente relativamente ameno, como o interior da célula.

Moléculas proteicas frequentemente servem como subunidades na formação de grandes estruturas

Os mesmos princípios que permitem a associação de moléculas proteicas idênticas em anéis ou longos filamentos também atuam na formação de grandes estruturas compostas por conjuntos de macromoléculas distintas, como os complexos enzimáticos, ribossomos, vírus e membranas. Esses grandes objetos não são formados por moléculas gigantes únicas, covalentemente ligadas. Ao contrário, são formados por associação não covalente de muitas moléculas produzidas separadamente, que servem como subunidades da estrutura final.

O uso de pequenas subunidades para formar grandes estruturas oferece várias vantagens:

1. Uma grande estrutura construída com uma ou algumas subunidades menores repetidas requer somente uma pequena quantidade de informação genética.

2. Tanto a associação quanto a dissociação podem ser facilmente controladas como processos reversíveis, pois as subunidades se associam por meio de múltiplas ligações de energia relativamente baixa.

3. Os erros na síntese da proteína podem ser evitados mais facilmente, já que os mecanismos de correção podem operar durante o curso da montagem para excluir subunidades malformadas.

Algumas subunidades proteicas são montadas em camadas planas, nas quais as subunidades são arranjadas em padrões hexagonais. As proteínas de membrana especializadas, em alguns casos, são arranjadas desse modo em bicamadas lipídicas. Com uma leve mudança na geometria das subunidades individuais, uma folha hexagonal pode ser convertida em um tubo (**Figura 3-26**) ou, com mudanças adicionais, em uma

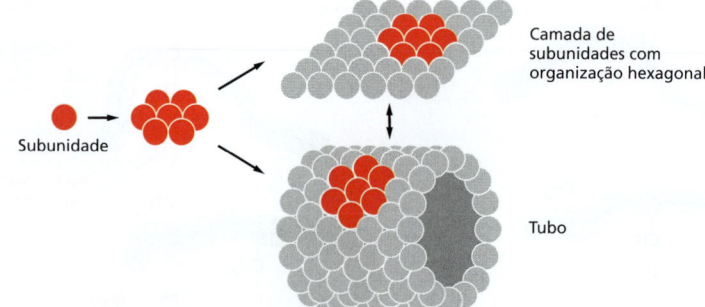

Figura 3-26 **Subunidades proteicas individuais formam complexos proteicos que apresentam múltiplos contatos proteína-proteína.** Subunidades globulares de proteínas com organização hexagonal, ilustradas aqui, podem formar camadas planas ou tubos. Em geral, essas grandes estruturas não são consideradas "moléculas" individuais. Assim como o filamento de actina descrito anteriormente, essas estruturas são consideradas complexos formados por diversas moléculas diferentes.

esfera oca. Os tubos e as esferas proteicas que se ligam a moléculas específicas de RNA e de DNA no seu interior formam o revestimento dos vírus.

A formação de estruturas fechadas, como anéis, tubos ou esferas, provê uma estabilidade adicional devido ao aumento do número de ligações entre as subunidades proteicas. Além disso, como a estrutura é criada por interações cooperativas mutuamente dependentes entre as subunidades, uma alteração relativamente pequena que afete cada subunidade individualmente pode levar à montagem ou desmontagem da estrutura. Esses princípios são ilustrados no revestimento proteico, ou *capsídeo*, de muitos vírus simples, os quais tomam a forma de uma esfera oca com base em um icosaedro (**Figura 3-27**). Os capsídeos frequentemente são formados por centenas de subunidades proteicas idênticas que envolvem e protegem o ácido nucleico viral (**Figura 3-28**). A proteína nesse capsídeo deve ter uma estrutura particularmente adaptável: deve não somente fazer vários tipos diferentes de contatos para criar a esfera, como também mudar seu arranjo para liberar o ácido nucleico para iniciar a replicação viral depois que o vírus tenha entrado em uma célula.

Diversas estruturas celulares são capazes de associação espontânea

A informação para formar muitos dos complexos conjuntos de macromoléculas das células deve estar contida nas próprias subunidades, pois as subunidades purificadas podem se associar espontaneamente (auto-organizar, autoassociar) na estrutura final, sob condições apropriadas. O primeiro grande agregado macromolecular que mostrou ser capaz de se associar espontaneamente a partir das suas partes constituintes foi o *vírus do mosaico do tabaco* (TMV, *tobacco mosaic virus*). Esse vírus é um longo bastonete, no qual um cilindro de proteína é arranjado em torno do centro helicoidal de RNA (**Figura 3-29**). Se o RNA dissociado e as subunidades proteicas são misturados em solução, eles se reassociam para formar partículas de vírus completamente ativas. O processo de associação é bastante complexo e inclui a formação de anéis duplos de proteínas, que servem como intermediários que se adicionam ao invólucro viral em crescimento.

Outro agregado macromolecular complexo que pode se associar novamente a partir de seus componentes é o ribossomo bacteriano. Essa estrutura é composta por cerca de 55 moléculas de proteínas diferentes e três moléculas diferentes de RNA ribossômico (rRNA). Incubando uma mistura dos componentes individuais, sob condições apropriadas, em um tubo de ensaio, eles reconstroem espontaneamente a estrutura original. Mais importante: tais reconstituições ribossômicas são capazes de realizar a síntese de proteínas. Como esperado, a reassociação de ribossomos segue uma trajetória específica: após certas proteínas terem se ligado ao RNA, esse complexo é reconhecido por outras proteínas, e assim por diante, até a estrutura estar completa.

Ainda não está claro como alguns processos mais elaborados de associação espontânea são regulados. Muitas estruturas na célula, por exemplo, parecem ter um comprimento precisamente definido, que, muitas vezes, é maior do que os seus componentes macromoleculares. A determinação desse comprimento é, em muitos casos, um mistério. No caso mais simples, uma longa proteína central, ou outra macromolécula, fornece o suporte que determina o comprimento da estrutura final. Esse é o mecanismo que determina o comprimento da partícula de TMV, em que a cadeia de RNA fornece o suporte. De modo semelhante, acredita-se que uma proteína central que interage com os filamentos de actina determine a extensão desses filamentos nos músculos.

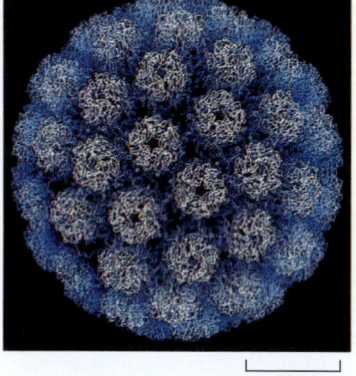

20 nm

Figura 3-27 **Capsídeo proteico de um vírus.** A estrutura do capsídeo do vírus SV40 de macacos foi determinada por cristalografia de difração de raios X e, assim como a estrutura do capsídeo de diversos outros vírus, é conhecida em detalhes atômicos. (Cortesia de Robert Grant, Stephan Crainic e James M. Hogle.)

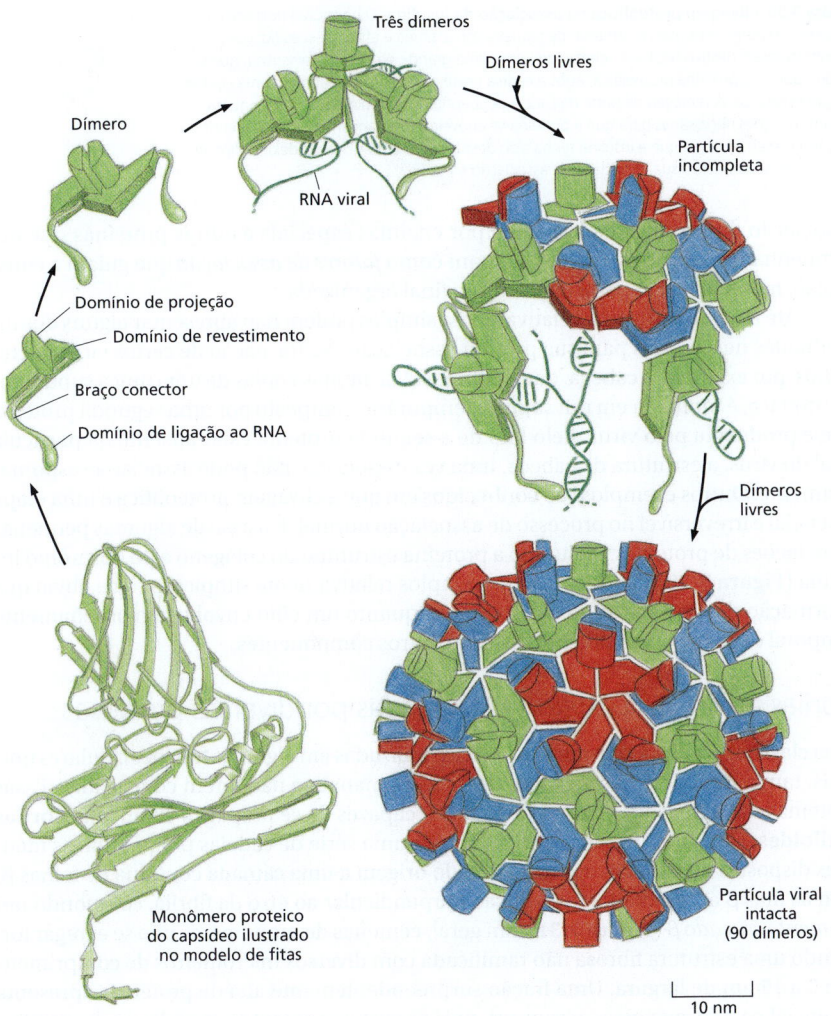

Figura 3-28 Estrutura de um vírus esférico. Nos vírus, diversas cópias de uma única subunidade proteica se associam para dar origem a um revestimento esférico (um capsídeo). O capsídeo circunda o genoma viral, composto por RNA ou DNA (ver também Figura 3-27). Por razões geométricas, não mais do que 60 subunidades idênticas podem se juntar de forma precisamente simétrica. Se pequenas irregularidades são permitidas, no entanto, mais subunidades podem ser usadas para produzir um grande capsídeo que mantém a simetria icosaédrica. O vírus *bushy stunt* do tomate (TBSV, *tomato bushy stunt virus*) mostrado aqui, por exemplo, é um vírus esférico com cerca de 33 nm de diâmetro, formado por 180 cópias idênticas de uma proteína de capsídeo com 386 aminoácidos, mais o genoma de RNA de 4.500 nucleotídeos. Para formar esse grande capsídeo, a proteína deve se encaixar em três agregados ligeiramente distintos. Esse arranjo requer três conformações distintas, como uma representada em cores diferentes na imagem. A via de formação do capsídeo é mostrada; a estrutura tridimensional precisa foi determinada por difração de raios X. (Cortesia de Steve Harrison.)

Fatores de associação frequentemente auxiliam na formação de estruturas biológicas complexas

Nem todas as estruturas celulares que se mantêm unidas por ligações não covalentes são capazes de se auto-organizar. Um cílio ou uma miofibrila de uma célula muscular, por exemplo, não podem se formar espontaneamente a partir de uma solução de seus componentes macromoleculares. Nesses casos, parte da informação necessária para a

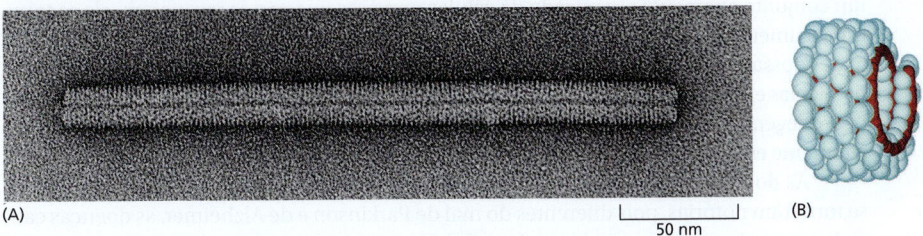

Figura 3-29 Estrutura do vírus do mosaico do tabaco (TMV). (A) Uma micrografia eletrônica de uma partícula viral, composta por uma única molécula longa de RNA, envolvida por um invólucro proteico cilíndrico formado por subunidades proteicas idênticas. (B) Modelo mostrando parte da estrutura do TMV. Uma molécula de RNA de fita simples de 6.395 nucleotídeos é empacotada em um invólucro helicoidal de 2.130 cópias de uma proteína de invólucro com 158 aminoácidos. As partículas infecciosas de vírus podem se auto-organizar em um tubo de ensaio a partir do RNA e das moléculas proteicas purificadas. (A, cortesia de Robley Williams; B, cortesia de Richard J. Feldmann.)

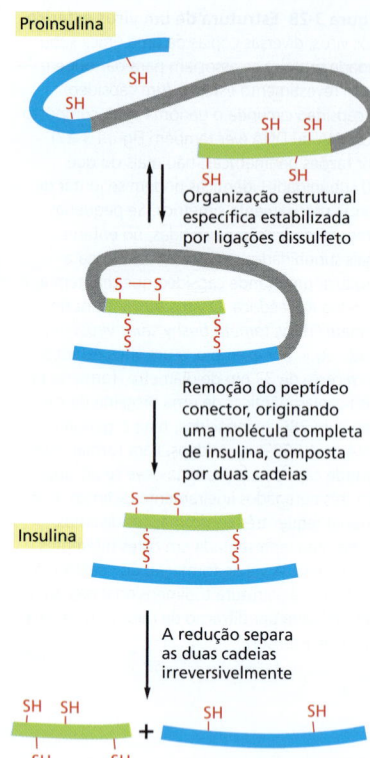

Figura 3-30 Clivagem proteolítica na associação da insulina. O hormônio polipeptídico insulina não pode se formar novamente de maneira espontânea e eficaz se suas ligações dissulfeto forem destruídas. Ele é sintetizado como uma grande proteína (*proinsulina*) que é clivada por uma proteína proteolítica, após a cadeia proteica ter se enovelado em uma conformação específica. A remoção de parte da cadeia polipeptídica da proinsulina retira algumas das informações necessárias para que a proteína se enovele espontaneamente em sua conformação normal. Uma vez que a insulina tenha sido desnaturada e suas duas cadeias polipeptídicas sejam separadas, a sua habilidade de associação é perdida.

associação do complexo é fornecida por enzimas especiais e outras proteínas que desempenham a função de moldes e atuam como *fatores de associação* que guiam a construção, mas não fazem parte da estrutura final organizada.

Até mesmo estruturas relativamente simples podem não apresentar alguns dos ingredientes necessários para sua própria associação. Na formação de certos vírus bacterianos, por exemplo, a cabeça, que é composta de muitas cópias de uma única subunidade proteica, é montada em um suporte temporário composto por uma segunda proteína que é produzida pelo vírus. Pelo fato de a segunda proteína estar ausente da partícula final do vírus, a estrutura da cabeça, uma vez dissociada, não pode associar-se espontaneamente. Outros exemplos são conhecidos em que a clivagem proteolítica é uma etapa essencial e irreversível no processo de associação normal. É o caso de algumas pequenas associações de proteínas, incluindo a proteína estrutural do colágeno e do hormônio insulina (**Figura 3-30**). A partir desses exemplos relativamente simples, parece óbvio que a formação de uma estrutura tão complexa quanto um cílio envolverá o ordenamento temporal e espacial mediado por diversos outros componentes.

Fibrilas amiloides podem ser formadas por diversas proteínas

Uma classe especial de estruturas proteicas, utilizadas em algumas funções celulares normais, também podem desencadear doenças humanas se não forem controladas. Essas proteínas são agregados estáveis de folhas β capazes de se propagar, chamadas **fibrilas amiloides**. Essas fibrilas são constituídas por uma série de cadeias polipeptídicas idênticas dispostas umas sobre as outras, dando origem a uma camada contínua de folhas β, com as fitas β apresentando orientação perpendicular ao eixo da fibrila, compondo um *filamento cruzado β* (**Figura 3-31**). Em geral, centenas de monômeros irão se agregar formando uma estrutura fibrosa não ramificada com diversos micrometros de comprimento e 5 a 15 nm de largura. Uma fração surpreendentemente alta de proteínas apresenta potencial para formar essas estruturas, pois os curtos segmentos da cadeia polipeptídica que compõem a estrutura central da fibrila podem apresentar uma variedade de sequências de aminoácidos e podem seguir diferentes vias (**Figura 3-32**). No entanto, poucas proteínas irão de fato formar essas estruturas no interior das células.

Em organismos humanos normais, os mecanismos de controle de qualidade de proteínas passam por um declínio na sua atividade conforme o organismo envelhece, permitindo, ocasionalmente, que proteínas normais formem agregados patológicos. Os agregados de proteínas podem ser liberados de células mortas e se acumularem como amiloides na matriz extracelular. Em casos extremos, o acúmulo dessas fibrilas amiloides no interior das células pode levar à morte celular e causar danos nos tecidos. Como o cérebro é composto por um conjunto altamente organizado de células nervosas que não se regeneram, ele se torna especialmente vulnerável a esse tipo de dano cumulativo. Portanto, embora as fibrilas amiloides possam se formar em diferentes tecidos e sejam conhecidas como a causa de diversas patologias em diferentes locais do corpo, as patologias amiloides mais graves são as doenças neurodegenerativas. Por exemplo, acredita-se que a formação anormal de fibrilas amiloides altamente estáveis desempenhe papel central no mal de Parkinson e de Alzheimer.

As **doenças priônicas** são um tipo especial entre estas patologias. Essas patologias se tornaram notórias, pois diferentes do mal de Parkinson e de Alzheimer, as doenças causadas por príons podem se disseminar de um organismo a outro, caso o segundo organismo se alimente de tecidos contendo agregados de proteína. Um conjunto de doenças relacionadas – *scrapie* em ovelhas, doença Creutzfeldt-Jakob (DCJ) em humanos, *kuru* em humanos e encefalopatia espongiforme bovina (EEB) no gado – são todas causadas por agregados de uma forma mal enovelada de uma proteína específica denominada PrP (proteína priônica). As PrPs estão normalmente localizadas na superfície externa da membrana plasmática, principalmente nos neurônios, e apresentam a propriedade indesejável de

Figura 3-31 Estrutura detalhada da porção central de uma fibrila amiloide. A figura mostra a região central de uma fibrila amiloide cruzada β composta por um peptídeo de sete aminoácidos da proteína Sup35, um príon de leveduras estudado extensivamente. O peptídeo é composto pela sequência glicina-asparagina-asparagina-glutamina-glutamina-asparagina-tirosina (GNNQQNY), e sua estrutura foi determinada por cristalografia de difração de raios X. Embora as regiões cruzadas beta de outras fibrilas amiloides sejam similares, compostas por duas longas folhas β mantidas unidas por meio de "zíperes estruturais", detalhes estruturais distintos são observados dependendo da sequência de peptídeos que compõem essas estruturas. (A) Metade dessa estrutura está representada aqui. Uma estrutura de folha β tradicional (ver p. 116) é mantida unida por um conjunto de ligações de hidrogênio entre duas cadeias laterais e ligações de hidrogênio entre dois átomos da cadeia principal, conforme ilustrado (átomos de oxigênio *em vermelho*, e átomos de nitrogênio *em azul*). Observe que, neste exemplo, peptídeos adjacentes estão precisamente alinhados. Embora apenas cinco camadas estejam representadas (cada uma indicada por uma seta), a estrutura real se estende por diversas dezenas de milhares de camadas em um mesmo plano. (B) Estrutura cruzada beta completa. Uma segunda folha β idêntica é pareada à primeira, formando um motivo estrutural de duas folhas que percorre todo o comprimento da fibra. (C) Visão superior da estrutura completa mostrada em (B). As cadeias laterais intercaladas formam uma junção de alta afinidade e sem moléculas de água, chamadas de *zíperes estruturais*. (Cortesia de David Eisenberg e Michael Sawaya, UCLA; baseado em R. Nelson et al., *Nature* 435:773-778, 2005. Com permissão de Macmillan Publishers Ltd.)

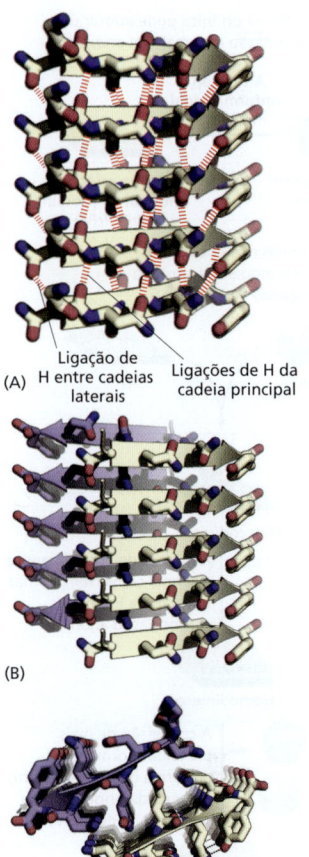

formar fibrilas amiloides que são infecciosas por sua capacidade de converter moléculas corretamente enoveladas de PrP na sua forma patológica (**Figura 3-33**). Essa propriedade gera um ciclo de retroalimentação positiva que propaga a forma anormal de PrP, chamada PrP*, e permite que a conformação patológica se espalhe rapidamente de uma célula a outra no cérebro, provocando a morte. Pode ser perigoso comer os tecidos de animais que contêm PrP*, como foi testemunhado recentemente pela disseminação da BSE (popularmente chamada de "doença da vaca louca") do gado para seres humanos. Felizmente, na ausência de PrP*, é extraordinariamente difícil converter PrP em sua forma anormal.

Uma forma relacionada de "hereditariedade unicamente proteica" também foi observada em células de levedura. A possibilidade de estudar infecções proteicas em levedura permitiu a compreensão de outra característica impressionante dos príons. Essas moléculas proteicas podem formar tipos distintos de fibrilas amiloides a partir de uma mesma cadeia polipeptídica. Além disso, cada tipo de agregado pode ser infeccioso, forçando as moléculas proteicas normais a adotarem o mesmo tipo de estrutura anormal. Assim, várias "linhagens" diferentes de partículas infecciosas podem surgir a partir de uma mesma cadeia polipeptídica.

As estruturas amiloides podem desempenhar funções úteis nas células

As fibrilas amiloides foram estudadas inicialmente por causarem doenças. No entanto, atualmente é sabido que o mesmo tipo de estrutura é empregado pelas células para fins úteis. As células eucarióticas, por exemplo, armazenam diferentes tipos de peptídeos e hor-

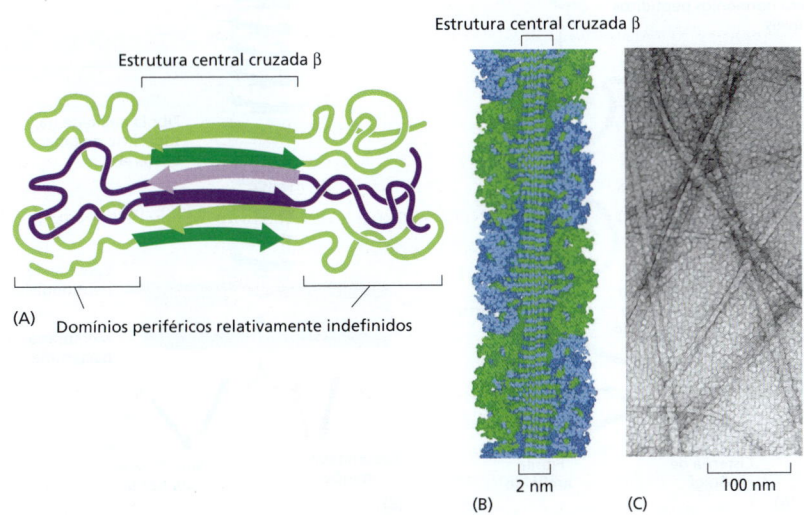

Figura 3-32 A estrutura de uma fibrila amiloide. (A) Diagrama esquemático da estrutura de uma fibrila amiloide formada pela agregação de uma proteína. Apenas a estrutura central cruzada beta de uma fibrila amiloide lembra a estrutura mostrada na Figura 3-31. (B) Corte longitudinal da estrutura proposta de uma fibrila amiloide que pode ser formada em um tubo de ensaio pela enzima ribonuclease A, mostrando como o centro da fibrila – composto por um curto segmento da cadeia peptídica – está relacionado com o restante da estrutura. (C) Micrografia eletrônica de fibrilas amiloides. (A, de L. Esposito, C. Pedone e L. Vitagliano, *Proc. Natl Acad. Sci. USA* 103:11533–11538, 2006; B, de S. Sambashivan et al., *Nature* 437:266–269, 2005; C, cortesia de David Eisenberg.)

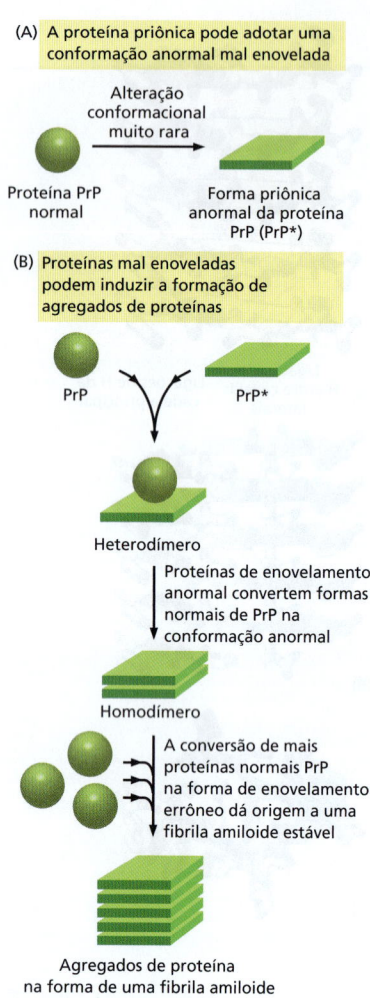

Figura 3-33 Um tipo especial de agregados proteicos pode causar doenças priônicas. (A) Representação esquemática de um tipo de alteração conformacional de PrP (proteína priônica) que origina os componentes de uma fibrila amiloide. (B) A natureza autoinfecciosa do agregado de proteínas é uma característica essencial das doenças priônicas. A proteína PrP é bastante incomum, pois sua versão enovelada de forma inadequada, denominada PrP*, induz, por meio do contato, uma alteração conformacional na proteína PrP normal, como ilustrado.

mônios proteicos que serão secretados por "grânulos de secreção especializados", que estocam altas concentrações de seu conteúdo em regiões densas e de estrutura regular (ver Figura 13-65). Sabe-se que essas regiões organizadas são compostas por fibrilas amiloides, que, neste caso, apresentam uma estrutura que induz a sua dissolução e liberação do seu conteúdo solúvel após a secreção pelo mecanismo de exocitose, no exterior da célula (**Figura 3-34A**). Diversas bactérias utilizam estruturas amiloides de uma forma diferente; secretando proteínas que formam longas fibrilas amiloides que se projetam na face externa da célula e se ligam às células adjacentes, formando biofilmes (**Figura 3-34B**). Como esses biofilmes ajudam as bactérias a sobreviver em ambientes adversos (incluindo organismos humanos tratados com antibióticos), novos fármacos que rompem essas redes fibrosas compostas por proteínas amiloides de bactérias são bastante promissores para o tratamento de infecções em humanos.

Diversas proteínas apresentam regiões de baixa complexidade capazes de formar "estruturas amiloides reversíveis"

Até recentemente, acreditava-se que essas estruturas amiloides com funções úteis estivessem confinadas no interior de vesículas especializadas ou fossem expressas no espaço extracelular, como indicado na Figura 3-34. No entanto, experimentos recentes revelaram que um grande conjunto de *domínios de baixa complexidade* pode formar fibrilas amiloides com papéis funcionais no núcleo e no citoplasma das células. Esses domínios são normalmente não estruturados e são compostos por segmentos de sequências de até centenas de aminoácidos, embora apresentem apenas um pequeno subconjunto dos 20 aminoácidos diferentes. Diferentemente das fibrilas amiloides relacionadas a doenças mostradas na Figura 3-33, estas estruturas recém-descobertas são mantidas por ligações covalentes fracas e se dissociam rapidamente em resposta a sinais – de onde deriva seu nome: *estruturas amiloides reversíveis*.

Diversas proteínas com esses domínios também contêm um diferente conjunto de domínios que se ligam de modo específico a outas proteínas ou a moléculas de RNA. Assim, a sua agregação controlada em uma célula pode dar origem ao hidrogel que agrupa essas e outras moléculas em estruturas densas chamadas *corpos intracelulares*, ou

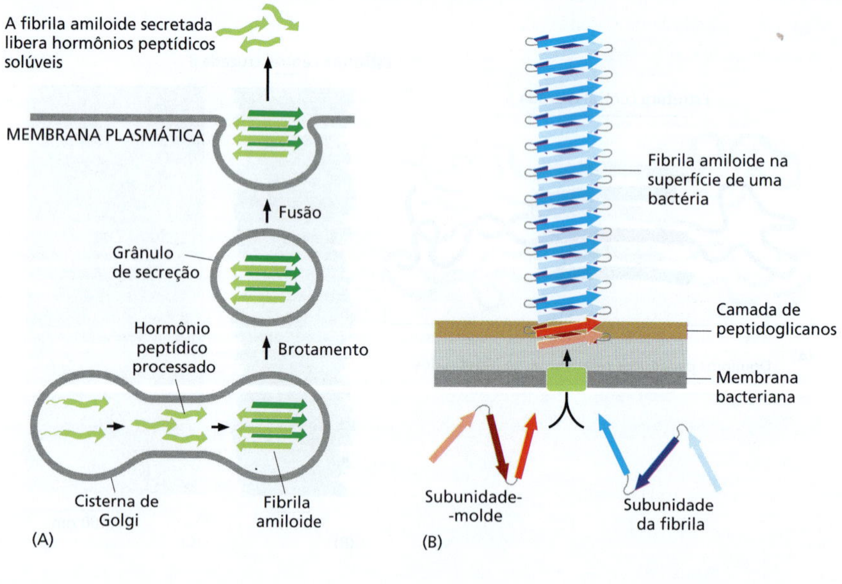

Figura 3-34 Duas funções normais das fibrilas amiloides. (A) Nas células eucarióticas, produtos proteicos podem ser armazenados em alta densidade em vesículas de secreção até que um sinal induza a liberação do produto armazenado por meio de exocitose. Por exemplo, proteínas e hormônios peptídicos do sistema endócrino, como o glucagon e a calcitonina, são armazenados de modo eficiente na forma de fibrilas amiloides curtas, que se dissociam quando liberadas no espaço extracelular.
(B) Bactérias produzem fibrilas amiloides na sua superfície por meio da secreção de proteínas precursoras; essas fibrilas dão origem a biofilmes que unem células bacterianas e ajudam a proteger um grande número de células bacterianas individuais.

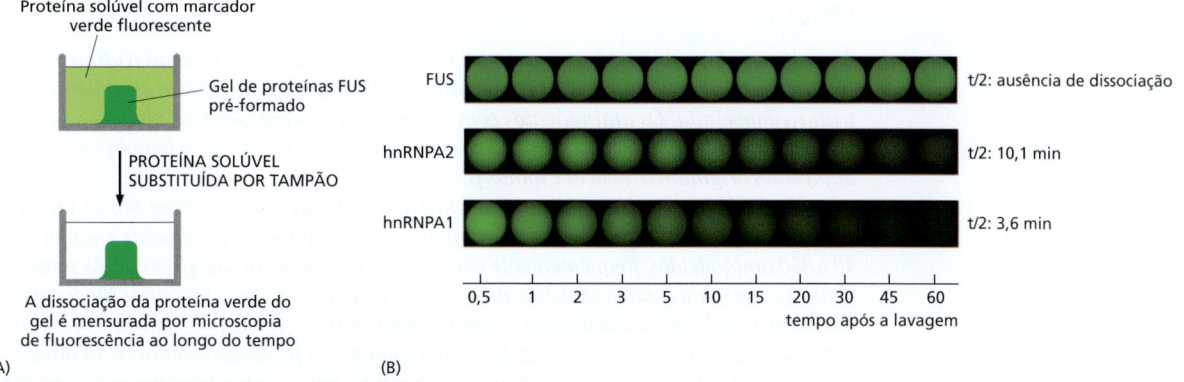

Figura 3-35 Medida da associação entre estruturas "amiloides reversíveis". (A) Arranjo experimental. Os domínios formadores de fibras das proteínas que contêm domínios de baixa complexidade são produzidos em grandes quantidades pela clonagem das sequências de DNA que as codificam em plasmídeos bacterianos de *E. coli*, permitindo a superprodução destes domínios (ver p. 483). Após a purificação destes domínios utilizando cromatografia de afinidade, uma pequena gota de solução concentrada de um dos domínios (neste exemplo, o domínio FUS de baixa complexidade) é depositada em uma lamínula de microscopia e passa pelo processo de gelificação. O gel é então coberto por uma solução diluída do domínio de baixa complexidade da mesma proteína, ou de uma proteína diferente, ligado a um marcador fluorescente, tornando o gel também fluorescente. Após a substituição da solução proteica diluída por tampão, é possível medir a força relativa de ligação entre os vários domínios entre si pelo decréscimo de fluorescência, conforme indicado. (B) Resultados. O domínio de baixa complexidade da proteína FUS se liga com maior afinidade a outras moléculas de FUS quando comparada à ligação das proteínas hnRPA1 e hnRPA2. Um experimento independente revelou que essas três proteínas diferentes de ligação ao RNA se associam por meio da formação de fibrilas amiloides mistas. (Adaptado de M. Kato et al., *Cell* 149: 753-767, 2012.)

grânulos. Moléculas específicas de mRNA podem ser concentradas nesses grânulos, onde são armazenadas até que sejam disponibilizadas por meio da dissociação controlada das estruturas amiloides centrais que mantém essas moléculas unidas.

Considere, por exemplo, a proteína FUS, uma proteína nuclear essencial que atua na transcrição, processamento e transporte de moléculas específicas de mRNA. Mais de 80% dos domínios C-terminais dessas proteínas de 200 aminoácidos são compostos por apenas quatro aminoácidos: glicina, serina, glutamina e tirosina. Esse domínio de baixa complexidade se liga a diversos outros domínios que se ligam a moléculas de RNA. Em concentrações altas o suficiente, em tubos de ensaio, essas proteínas formam um hidrogel que irá se associar com ele mesmo ou com os domínios de baixa complexidade de outras proteínas. Conforme ilustrado no experimento descrito na **Figura 3-35**, embora domínios de baixa complexidade distintos possam se ligar uns aos outros, as interações homotípicas parecem ter maior afinidade (e os domínios FUS de baixa complexidade se ligam com maior afinidade entre si). Experimentos adicionais revelaram que tanto as ligações homotípicas quanto as heterotípicas são mediadas pela estrutura central de folha β das fibrilas amiloides, e que estas estruturas se ligam a outros tipos de sequências repetitivas, conforme ilustrado na **Figura 3-36**. Várias dessas interações parecem ser controladas pela fosforilação da cadeia lateral do aminoácido serina em uma ou ambas as moléculas que interagem. No entanto, ainda há muito a aprender acerca destas estruturas recém-descobertas e os vários papéis que desempenham na biologia celular das células eucarióticas.

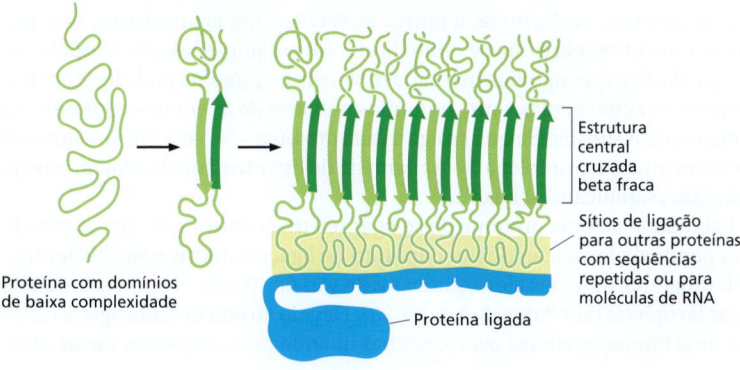

Figura 3-36 Um dos tipos de complexo formado por estruturas amiloides reversíveis. A estrutura representada se baseia em interações observadas entre a RNA-polimerase e domínios de baixa complexidade de uma proteína que regula a transcrição do DNA. (Adaptado de I. Kwon et al., *Cell* 155:1049–1060, 2013.)

Resumo

A sequência de aminoácidos de uma proteína define a sua conformação tridimensional. Interações não covalentes entre partes distintas da cadeia polipeptídica estabilizam a estrutura enovelada. Os aminoácidos com cadeias laterais hidrofóbicas tendem a se agrupar no interior da molécula, e as ligações de hidrogênio locais entre ligações peptídicas adjacentes originam α-hélices e folhas β.

Regiões das sequências de aminoácidos conhecidas como domínios são as unidades modulares que compõem muitas das proteínas. Esses domínios geralmente contêm entre 40 e 350 aminoácidos, frequentemente enovelados em uma estrutura globular. As proteínas pequenas em geral contêm somente um domínio, enquanto grandes proteínas são formadas por vários domínios ligados uns aos outros por segmentos de cadeia polipeptídica de extensão variada, alguns relativamente desordenados. Conforme as proteínas evoluíram, os domínios foram modificados e combinados com outros domínios para formar diversas novas proteínas.

As proteínas são unidas em grandes estruturas pelas mesmas forças não covalentes que determinam seu enovelamento. As proteínas com sítios de ligação para as suas próprias superfícies podem associar-se em dímeros, em anéis fechados, em cápsulas esféricas ou em polímeros helicoidais. A fibrila amiloide é uma longa estrutura não ramificada formada pela agregação repetida de folhas β. Embora algumas misturas de proteínas e ácidos nucleicos possam se associar de forma espontânea em estruturas complexas em um tubo de ensaio, nem todas as estruturas de uma célula são capazes de se associarem espontaneamente após a dissociação de suas subunidades, pois diversos processos de organização biológica envolvem fatores de associação que não estão presentes na estrutura final do complexo.

FUNÇÃO DAS PROTEÍNAS

Temos observado que cada tipo de proteína consiste em uma sequência de aminoácidos precisa que permite o seu enovelamento em uma forma ou conformação tridimensional particular. Mas as proteínas não são rígidas. Elas podem ter partes móveis, cujos mecanismos de ação são acoplados a eventos químicos. Essa combinação de propriedades químicas e movimento é o que confere às proteínas a extraordinária capacidade de sustentar os processos dinâmicos das células vivas.

Nesta seção, explicaremos como as proteínas se ligam a outras moléculas selecionadas e como suas atividades dependem dessa ligação. Mostraremos que a habilidade de uma molécula de se ligar a outras capacita as proteínas a agirem como catalisadoras, receptoras de sinais, ativadoras ou inibidoras, proteínas motoras ou minúsculas bombas. Os exemplos discutidos neste capítulo não esgotam as vastas propriedades funcionais das proteínas. Você encontrará as funções especializadas de muitas proteínas em outros trechos deste livro, com base em princípios similares.

Todas as proteínas ligam-se a outras moléculas

As propriedades biológicas de uma molécula proteica dependem de suas interações físicas com outras moléculas. Assim, os anticorpos ligam-se aos vírus ou às bactérias como um sinal para sua destruição; a enzima hexocinase liga-se à glicose e à adenosina trifosfato (ATP) para catalisar uma reação entre eles; as moléculas de actina, ligam-se umas às outras para formar um filamento de actina e assim por diante. Na verdade, todas as proteínas grudam-se, ou *ligam-se*, a outras moléculas. Em alguns casos, essa ligação é muito forte; em outros, ela é fraca e muito breve. No entanto, a ligação sempre apresenta alta *especificidade*, o que significa que cada molécula de proteína pode ligar apenas uma, ou algumas poucas moléculas, entre os muitos milhares de diferentes tipos de moléculas que ela encontra. A substância que se liga a uma proteína – seja ela um íon, uma molécula pequena ou uma macromolécula – é chamada de **ligante** daquela proteína (da palavra em latim *ligare*, significando "ligar").

A habilidade de uma proteína de se ligar seletivamente e com alta afinidade a um ligante depende da formação de um conjunto de ligações fracas não covalentes – ligações de hidrogênio, atrações eletrostáticas e de van der Waals – além das interações hidrofóbicas favoráveis (ver Painel 2-3, p. 94-95). Devido ao fato de cada ligação individual ser fraca, uma interação efetiva ocorre apenas quando muitas ligações fracas são forma-

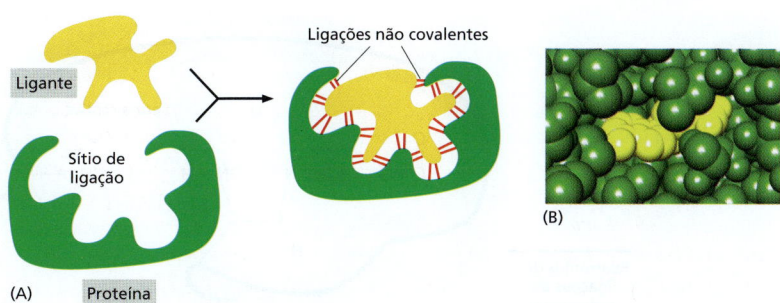

Figura 3-37 Ligação seletiva de uma proteína a uma outra molécula. Muitas ligações fracas são necessárias para possibilitar que uma proteína se ligue fortemente a uma segunda molécula, ou *ligante*. Um ligante deve, portanto, encaixar-se precisamente ao sítio de ligação da proteína, como uma mão em uma luva, de modo que um grande número de ligações não covalentes se forme entre a proteína e o ligante. (A) Representação esquemática; (B) modelo de preenchimento espacial. (Código PDB: 1G6N.)

das simultaneamente. Uma ligação somente é possível se a superfície de contorno da molécula do ligante se ajusta muito precisamente à proteína, encaixando-se nela como uma mão em uma luva (**Figura 3-37**).

A região de uma proteína que se associa com um ligante, conhecida como *sítio de ligação* do ligante, normalmente consiste em uma cavidade na superfície da proteína, formada por um arranjo particular de aminoácidos. Esses aminoácidos podem pertencer a regiões diferentes da cadeia polipeptídica que são aproximadas quando a proteína se enovela (**Figura 3-38**). Regiões independentes na superfície da proteína geralmente formam sítios de ligação para diferentes ligantes, permitindo que a atividade da proteína seja regulada, como veremos adiante. Outras partes da proteína podem servir como um mecanismo para posicionar a proteína em uma localização particular na célula – um exemplo é o domínio SH2 discutido anteriormente, que frequentemente desloca a proteína que o contém para locais intracelulares particulares, em resposta a sinais específicos.

Apesar de os átomos localizados no interior de uma proteína não terem contato direto com o ligante, eles formam a estrutura que fornece à superfície seu contorno e suas propriedades químicas mecânicas. Até mesmo pequenas mudanças nos aminoácidos no interior de uma molécula de proteína podem mudar sua forma tridimensional o bastante para destruir o seu sítio de ligação na superfície.

A conformação da superfície de uma proteína determina a sua química

As impressionantes capacidades químicas das proteínas frequentemente requerem que grupos químicos presentes na sua superfície interajam para potencializar a reatividade química de uma ou mais cadeias laterais de aminoácidos. Essas interações pertencem a duas categorias principais.

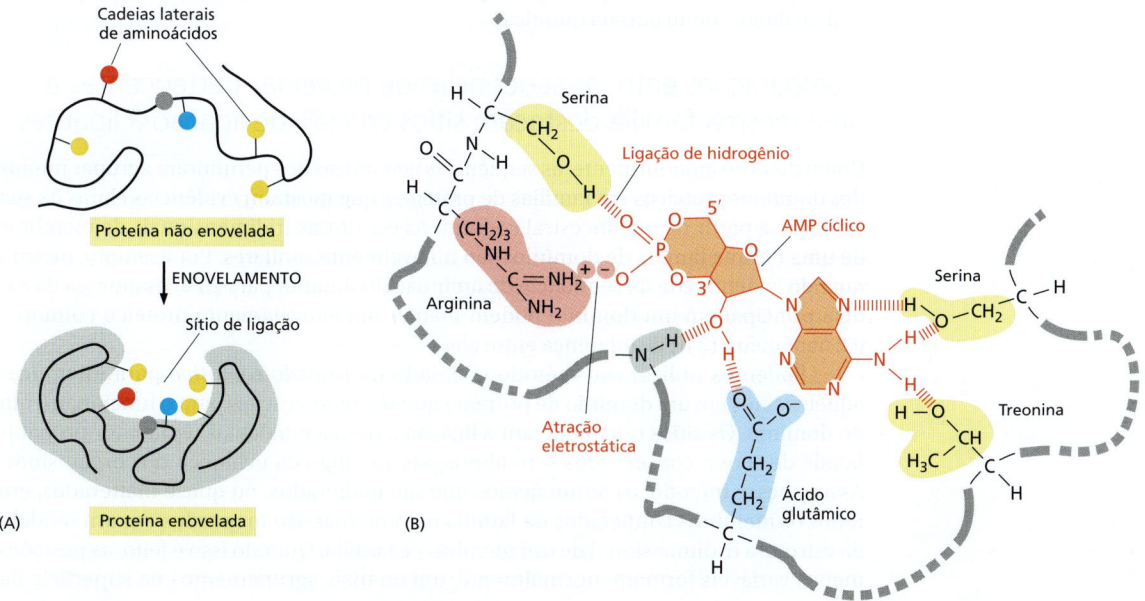

Figura 3-38 Sítio de ligação de uma proteína. (A) O enovelamento de uma cadeia polipeptídica em geral cria uma fenda, ou uma cavidade, na superfície da proteína. Essa cavidade contém um conjunto de cadeias laterais de aminoácidos dispostas de tal maneira que possam fazer ligações não covalentes somente com ligantes específicos. (B) Uma visão detalhada de um sítio de ligação mostrando as ligações de hidrogênio e as interações iônicas formadas entre a proteína e o seu ligante. Neste exemplo, o ligante é uma molécula de AMP cíclico.

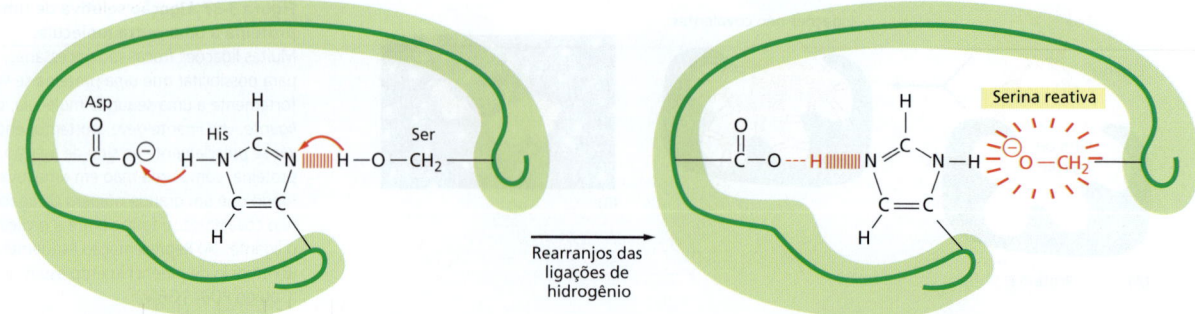

Figura 3-39 Aminoácido reativo incomum no sítio ativo de uma enzima. Este exemplo é a "tríade catalítica" Asp-His-Ser encontrada na quimiotripsina, na elastase e em outras serinas-protease (ver Figura 3-12). A cadeia lateral do ácido aspártico (Asp) induz a histidina (His) a remover o próton de uma serina (Ser) específica. Isso leva a serina a formar uma ligação covalente com o substrato da enzima, hidrolisando uma ligação peptídica. As diversas superfícies da cadeia polipeptídica foram omitidas aqui.

Primeiro, a interação de partes vizinhas da cadeia polipeptídica pode restringir o acesso de moléculas de água a um sítio de ligação de um ligante da proteína. Como as ligações de hidrogênio formadas rapidamente com as moléculas de água podem competir com os ligantes nos sítios de ligação da superfície das proteínas, um ligante irá formar ligações de hidrogênio (e interações eletrostáticas) de maior afinidade com a proteína se as moléculas de água forem excluídas. Pode ser difícil imaginar um mecanismo que exclua uma molécula tão pequena como a água da superfície de uma proteína sem afetar o acesso do ligante a ela. No entanto, pela forte tendência que as moléculas de água têm de formar ligações de hidrogênio entre si, elas estão presentes formando uma grande rede de ligações de hidrogênio (ver Painel 2-2, p. 92-93). De fato, uma proteína pode manter seu sítio de interação com um ligante sem moléculas de água por meio do aumento da reatividade deste sítio, pois se torna energeticamente desfavorável para as moléculas de água se dissociar da sua rede ligações, um requisito que deve ser cumprido para que ela interaja com a superfície de uma proteína.

Segundo, o agrupamento de cadeias laterais de aminoácidos polares vizinhos pode alterar suas reatividades. Se um número de cadeias laterais carregadas negativamente é forçado contra suas repulsões mútuas pelo modo como as proteínas se enovelam, por exemplo, a afinidade do sítio por um íon carregado positivamente é bastante aumentada. Além disso, quando as cadeias laterais dos aminoácidos interagem umas com as outras por meio de ligações de hidrogênio, normalmente os grupos laterais não reativos (como o $-CH_2OH$ na serina, mostrado na **Figura 3-39**) podem se tornar reativos, permitindo que sejam utilizados para formar ou romper ligações covalentes específicas.

A superfície de cada molécula de proteína tem, desse modo, uma reatividade química única, que depende não somente de quais cadeias laterais de aminoácidos estão expostas, mas também de suas orientações exatas em relação umas às outras. Por essa razão, mesmo duas conformações um pouco diferentes da mesma molécula de proteína podem diferir muito em sua química.

Comparações entre as sequências de proteínas pertencentes a uma mesma família destacam sítios cruciais de ligação a ligantes

Como descrito anteriormente, as sequências genômicas nos permitiram agrupar muitos dos domínios proteicos em famílias de proteínas que mostram evidências claras da sua evolução a partir de um ancestral comum. As estruturas tridimensionais de membros de uma mesma família de domínios são notavelmente similares. Por exemplo, mesmo quando a identidade da sequência de aminoácido diminui para 25%, os átomos da cadeia principal em um domínio podem manter um enovelamento proteico comum a 0,2 nanômetro (2 Å) de diferença entre eles.

Podemos utilizar um método chamado de *traçado evolutivo* para identificar aqueles sítios em um domínio de proteína que são mais cruciais para o funcionamento do domínio. Os sítios que medeiam a ligação a outras moléculas têm maior probabilidade de serem conservados sem alterações ao longo da evolução dos organismos. Assim, nesse método, os aminoácidos que são inalterados, ou quase inalterados, em todos os membros conhecidos da família de proteínas são mapeados em um modelo da estrutura tridimensional de um membro da família. Quando isso é feito, as posições menos variáveis formam, normalmente, um ou mais agrupamentos na superfície da

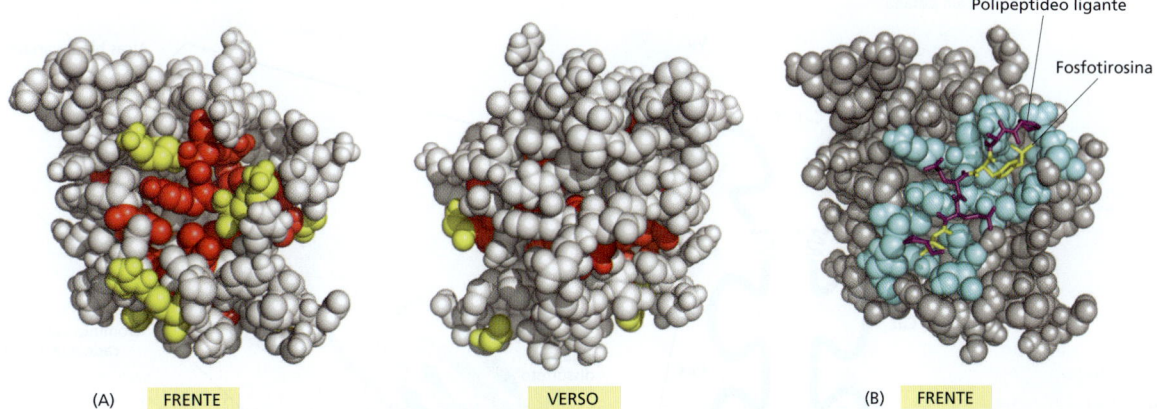

proteína, como ilustrado na **Figura 3-40A** para o domínio SH2, descrito anteriormente (ver Figura 3-6). Esses arranjos geralmente correspondem aos sítios de ligação dos ligantes.

O domínio SH2 atua como um elo de ligação entre duas proteínas, mantendo-as unidas. Ele liga a proteína que o contém a uma segunda proteína contendo uma cadeia lateral de tirosina fosforilada em um contexto específico de sequência de aminoácidos, como mostrado na **Figura 3-40B**. Os aminoácidos localizados no sítio de ligação para o polipeptídeo fosforilado sofreram as mudanças mais lentas durante o longo processo evolutivo que produziu a grande família SH2 de domínios de reconhecimento de peptídeos. Mutações são um processo aleatório, a sobrevivência não é. Portanto, a seleção natural (mutações aleatórias seguidas pela sobrevivência não aleatória) induz a conservação de sequências pela eliminação dos organismos cujos domínios SH2 foram modificados de modo a inativar o sítio SH2 de ligação, destruindo sua função.

O sequenciamento de genomas revelou um grande número de proteínas cujas funções são desconhecidas. Uma vez que a estrutura tridimensional de um membro de uma família de proteínas tenha sido determinada, a propriedade do traçado evolutivo permite que os biólogos identifiquem os sítios de ligação dos membros da família, provendo informações importantes para decifrar a função dessas proteínas.

Figura 3-40 Método do traçado evolutivo aplicado ao domínio SH2.
(A) Visualização frontal e do verso do modelo de preenchimento espacial do domínio SH2, com os aminoácidos evolutivamente conservados da superfície da proteína coloridos em *amarelo*, e os aminoácidos mais internos coloridos em *vermelho*. (B) A estrutura de um domínio SH2 específico, com seu substrato polipeptídico ligado. Aqui, aqueles aminoácidos localizados a 0,4 nm do ligante associado à proteína estão coloridos em *azul*. Os dois principais aminoácidos do ligante estão em *amarelo*, e os demais estão em *roxo*. Observe o alto grau de correspondência entre (A) e (B). (Adaptada de O. Lichtarge, H.R. Bourne e F.E. Cohen, *J. Mol. Biol.* 257:342–358, 1996. Com permissão de Elsevier; Códigos PDB: 1SPR, 1SPS.)

As proteínas ligam-se umas às outras por diversos tipos de interfaces

As proteínas podem se ligar a outras proteínas de múltiplas maneiras. Em muitos casos, uma parte da superfície de uma proteína entra em contato com uma alça estendida da cadeia polipeptídica de uma segunda proteína (**Figura 3-41A**). Tais interações superfície-cadeia, por exemplo, permitem ao domínio SH2 reconhecer uma alça de polipeptídeo fosforilado em uma segunda proteína, como descrito anteriormente, ou capacitar uma proteína-cinase a reconhecer as proteínas que ela irá fosforilar (ver a seguir).

Um segundo tipo de interface proteína-proteína é formado quando duas α-hélices, uma de cada proteína, pareiam-se para formar uma super-hélice (**Figura 3-41B**). Esse tipo de interface proteica é encontrado em muitas famílias de proteínas reguladoras de genes, como discutido no Capítulo 7.

Figura 3-41 Três maneiras pelas quais duas proteínas podem se ligar uma à outra. Somente as regiões que interagem nas proteínas são mostradas. (A) Uma superfície rígida de uma proteína pode se ligar a uma alça estendida da cadeia polipeptídica de uma segunda proteína. (B) Duas α-hélices podem se ligar para formar uma super-hélice. (C) Duas superfícies rígidas complementares frequentemente ligam duas proteínas. As interações de ligação também podem ocorrer pelo pareamento de duas fitas β (ver, p. ex., Figura 3-18).

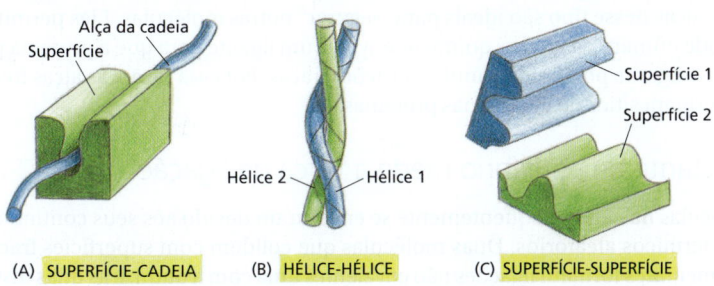

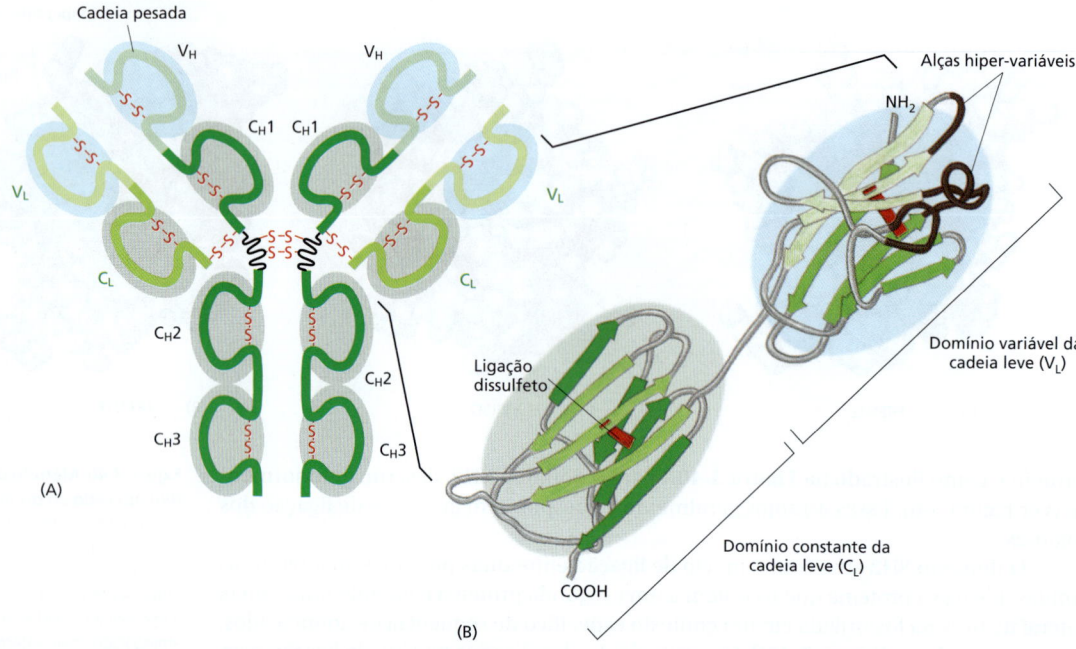

Figura 3-42 Uma molécula de anticorpo. Uma molécula típica de anticorpo tem a forma de "Y", e dois sítios de ligação idênticos para seu antígeno, um em cada braço do "Y". Como explicado no Capítulo 24, a proteína é composta por quatro cadeias polipeptídicas (duas cadeias pesadas idênticas e duas cadeias leves menores e também idênticas) mantidas unidas por ligações dissulfeto. Cada cadeia é composta por vários domínios diferentes de imunoglobulinas, aqui mostrados em *azul* ou *cinza*. O sítio de ligação do antígeno é formado pela aproximação do domínio variável de uma cadeia pesada (V_H) e do domínio variável de uma cadeia leve (V_L). Esses são os domínios que mais diferem nas suas sequências e nas suas estruturas entre os diferentes anticorpos. Na extremidade de cada um dos dois braços de uma molécula de anticorpo, estes dois domínios formam alças de ligação aos antígenos (ver Animação 24.5).

A forma mais comum de as proteínas interagirem, contudo, dá-se pela combinação precisa de uma superfície rígida com outra (**Figura 3-41C**). Tais interações podem ser muito fortes, uma vez que um grande número de ligações fracas pode se formar entre duas superfícies afins. Pela mesma razão, as interações superfície-superfície podem ser extremamente específicas, capacitando uma proteína a selecionar apenas uma combinação entre milhares de proteínas encontradas em uma célula.

Os sítios de ligação dos anticorpos são especialmente versáteis

Todas as proteínas precisam se associar a ligantes específicos para efetuar as suas várias funções. A família dos anticorpos é notável pela capacidade de formar ligações fortes altamente seletivas (discutido em detalhes no Capítulo 24).

Os **anticorpos**, ou imunoglobulinas, são proteínas produzidas pelo sistema imunológico em resposta a moléculas estranhas, como aquelas presentes na superfície de microrganismos invasores. Cada anticorpo liga-se a uma molécula-alvo particular de maneira extremamente forte, inativando a molécula-alvo diretamente ou marcando-a para ser destruída. Um anticorpo reconhece seu alvo (chamado de **antígeno**) com notável especificidade. Como possivelmente existam bilhões de diferentes antígenos que os humanos podem encontrar, temos que ser capazes de produzir bilhões de anticorpos diferentes.

Os anticorpos são moléculas em forma de "Y" com dois sítios de ligação idênticos, complementares a uma pequena porção da superfície da molécula de antígeno. Um exame detalhado do sítio de ligação de antígeno nos anticorpos revela que eles são formados por diversas alças de cadeias polipeptídicas que sobressaem das extremidades de um par de domínios proteicos justapostos (**Figura 3-42**). Diferentes anticorpos geram uma enorme diversidade de sítios de ligação de antígenos pela alteração apenas do comprimento e da sequência de aminoácidos nessas alças sem alterar a estrutura proteica básica.

As alças desse tipo são ideais para "segurar" outras moléculas. Elas permitem que um grande número de grupos químicos envolva um ligante para que a proteína possa se ligar a esse ligante por meio de muitas ligações fracas. Por essa razão, as alças frequentemente formam sítios de ligação nas proteínas.

A constante de equilíbrio mede a força de ligação

As moléculas na célula frequentemente se encontram devido aos seus contínuos movimentos térmicos aleatórios. Duas moléculas que colidem com superfícies fracamente complementares formam ligações não covalentes uma com a outra, e as duas dissociam-

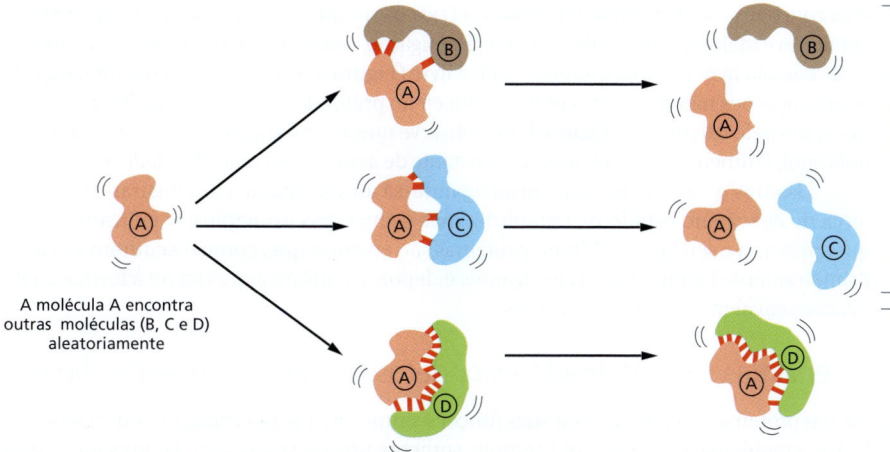

Figura 3-43 Como ligações não covalentes conseguem mediar as interações entre macromoléculas (ver Animação 2.1).

-se tão rapidamente quanto colidiram. Em outro extremo, quando muitas ligações não covalentes são formadas entre duas moléculas que colidem, a associação pode persistir por um longo período (**Figura 3-43**). Interações fortes ocorrem na célula sempre que uma função biológica requer que as moléculas permaneçam associadas por um logo período de tempo – por exemplo, quando um grupo de RNA e moléculas proteicas se associam para formar uma estrutura subcelular, como o ribossomo.

Podemos medir a força com que duas moléculas quaisquer se ligam uma à outra. Por exemplo, considere uma população de moléculas de anticorpos idênticos que repentinamente encontra uma população de ligantes que se difundem no meio fluido que os circunda. Em intervalos frequentes, uma das moléculas de ligante irá colidir com o sítio de ligação de um anticorpo e formará um complexo anticorpo-ligante. A população de complexos anticorpo-ligante consequentemente aumentará, mas não de forma indefinida: com o tempo, um segundo processo, em que os complexos individuais se desfazem devido ao movimento termicamente induzido, tornar-se-á cada vez mais importante. Eventualmente, qualquer população de moléculas de anticorpos e ligantes atingirá o estado estacionário, ou equilíbrio, no qual o número de eventos de ligação (associações) por segundo é precisamente igual ao número de eventos de separação (dissociação) (ver Figura 2-30).

A partir das concentrações de ligante, anticorpos e complexos anticorpo-ligante em equilíbrio, podemos calcular a força de ligação – a **constante de equilíbrio** (**K**) – (**Figura 3-44A**). Essa constante é descrita em detalhes no Capítulo 2, onde a sua relação com a diferença de energia livre foi descrita (ver p. 62). A constante de equilíbrio para uma reação em que duas moléculas (A e B) ligam-se uma à outra para formar um complexo (AB) tem unidade de litros/mol, e metade dos sítios de ligação estarão ocupados pelo ligante quan-

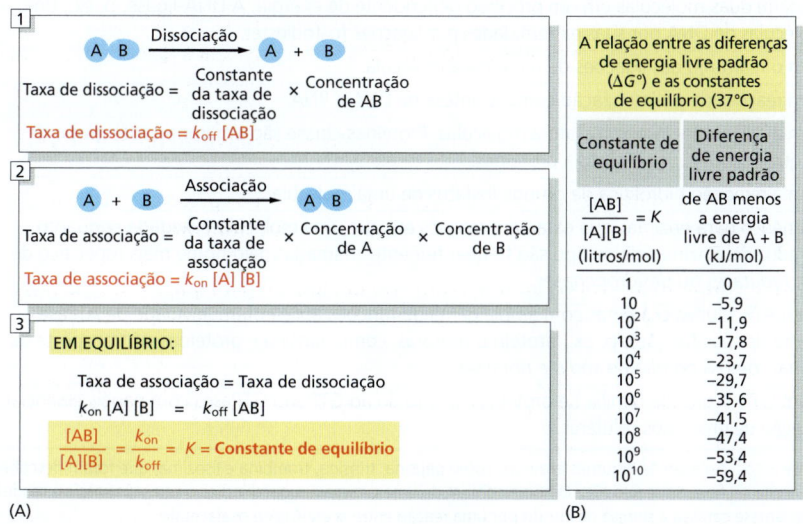

Figura 3-44 A relação entre a diferença de energia livre padrão ($\Delta G°$) e a constante de equilíbrio (K). (A) O equilíbrio entre as moléculas A e B e o complexo AB é mantido por um equilíbrio entre as duas reações opostas mostradas nos painéis 1 e 2. As moléculas A e B precisam colidir para reagir, e a taxa de associação é, portanto, proporcional ao produto de suas concentrações individuais [A] × [B]. (Os colchetes indicam concentrações.) Como mostrado no painel 3, a razão entre as constantes das taxas de associação e de dissociação das reações é igual à constante de equilíbrio (K) da reação (ver também p. 63). (B) A constante de equilíbrio mostrada no painel 3 corresponde à reação A + B ↔ AB, e é maior do que a ligação entre A e B. Observe que para cada decréscimo de 5,91 kJ/mol na energia livre ocorre um aumento de fator 10 na constante de equilíbrio a 37°C.

A constante de equilíbrio aqui tem suas unidades dadas em litros/mol: para ligações simples também é chamada de *constante de afinidade* ou *constante de associação*, K_a. A recíproca da K_a é chamada de *constante de dissociação*, K_d (em unidades de mol/litro).

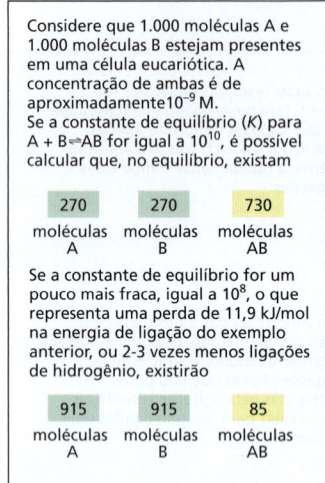

Figura 3-45 Pequenas alterações no número de ligações fracas podem ter efeitos drásticos na interação de ligação. Este exemplo ilustra o efeito drástico da presença ou ausência de poucas ligações não covalentes fracas em um contexto biológico.

do a concentração de ligante (em litros/mol) alcançar um valor igual a $1/K$. A constante de equilíbrio é maior quanto maior for a força de ligação, sendo uma medida direta da diferença de energia livre entre os estados ligado e livre (**Figura 3-44B**). Mesmo uma mudança de poucas ligações não covalentes pode ter um efeito profundo na interação de ligação, como mostrado pelo exemplo na **Figura 3-45**. (Observe que a constante de equilíbrio, como definida aqui, também é conhecida como constante de associação ou de afinidade, K_a.)

Usamos o caso de um anticorpo ligando-se ao seu ligante para ilustrar o efeito da força de ligação no estado de equilíbrio, mas os mesmos princípios se aplicam a qualquer proteína e seu ligante. Muitas proteínas são enzimas que, como discutiremos agora, primeiramente ligam-se aos seus ligantes e depois catalisam a quebra ou a formação de ligações covalentes nessas moléculas.

As enzimas são catalisadores poderosos e altamente específicos

Muitas proteínas podem realizar suas funções simplesmente pela ligação a outra molécula. Uma molécula de actina, por exemplo, somente precisa se associar a outras moléculas de actina para formar um filamento. Há outras proteínas, contudo, nas quais a ligação do ligante é somente a primeira etapa necessária nas suas funções. Esse é o caso de uma grande e importante classe de proteínas chamadas de **enzimas**. Como descrito no Capítulo 2, as enzimas são moléculas extraordinárias que realizam as transformações químicas que formam ou quebram ligações covalentes nas células. Elas ligam um ou mais ligantes, chamados de **substratos**, e os convertem em um ou mais *produtos* quimicamente modificados, fazendo isso, muitas vezes, com uma rapidez incrível. As enzimas aceleram reações, frequentemente por fatores de milhões de vezes ou mais, sem que elas próprias sejam modificadas – isto é, elas agem como **catalisadores** que permitem às células fazer e desfazer ligações covalentes de forma controlada. É a catálise por enzimas de conjuntos organizados de reações químicas que cria e mantém uma célula, tornando a vida possível.

Podemos agrupar as enzimas em classes funcionais que realizam reações químicas similares (**Tabela 3-1**). Cada tipo de enzima dessas classes é altamente espe-

TABELA 3-1 Alguns tipos comuns de enzimas

Enzima	Reação catalisada
Hidrolases	Termo geral para enzimas que catalisam reações de clivagem hidrolítica; *nucleases* e *proteases* são nomes mais específicos para subclasses dessas enzimas.
Nucleases	Clivam de ácidos nucleicos pela hidrólise das ligações entre os nucleotídeos. *Endonucleases* e *exonucleases* clivam ácidos nucleicos no *interior* e *a partir das extremidades* de cadeias polinucleotídicas, respectivamente.
Proteases	Clivam de proteínas pela hidrólise das ligações entre os aminoácidos.
Sintases	Sintetizam moléculas em reações anabólicas pela condensação de duas moléculas menores.
Ligases	Unem (ligam) duas moléculas em um processo dependente de energia. A DNA-ligase, p. ex., une duas moléculas de DNA por suas extremidades por ligações fosfodiéster.
Isomerases	Catalisam o rearranjo das ligações de uma única molécula.
Polimerases	Catalisam reações de polimerização como a síntese de DNA e RNA.
Cinases	Catalisam a adição de grupos fosfato a moléculas. Proteínas-cinase são um importante grupo de cinases, que ligam grupos fosfato a proteínas.
Fosfatases	Catalisam a remoção hidrolítica de grupos fosfatos de uma molécula.
Oxidorredutases	Nome genérico para enzimas que catalisam reações em que uma molécula é oxidada enquanto outra é reduzida. Enzimas desse tipo são frequentemente chamadas pelo nome mais específico de *oxidases*, *redutases* ou *desidrogenases*.
ATPases	Hidrolisam ATP. Muitas proteínas com ampla gama de funções apresentam atividade de ATPase, como parte de suas funções; p. ex., proteínas motoras, como *miosina* e proteínas de transporte da membrana, como a *bomba de sódio e potássio*.
GTPases	Hidrolisam GTP. A grande família de proteínas de ligação ao GTP são GTPases com papéis essenciais na regulação de processos celulares.

Os nomes das enzimas tipicamente terminam com "ase", com exceção de algumas enzimas, como pepsina, tripsina, trombina e lisozima, que foram descobertas e nomeadas antes da convenção ser amplamente aceita no final do século XIX. O nome comum de uma enzima em geral indica o seu substrato ou produto, e a natureza da reação catalisada. Por exemplo, citrato sintase catalisa a síntese de citrato por uma reação entre acetil-CoA e oxalacetato.

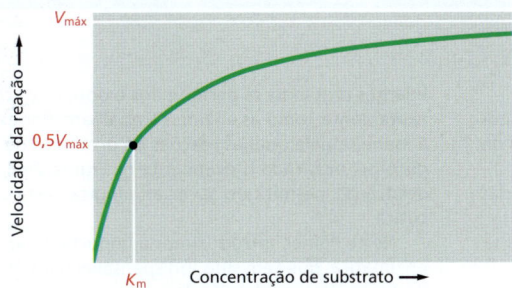

Figura 3-46 Cinética enzimática. A velocidade da reação enzimática (V) aumenta com o aumento da concentração do substrato até que um valor máximo ($V_{máx}$) seja atingido. Nesse ponto, todos os sítios de ligação do substrato nas moléculas de enzima estão totalmente ocupados, e a velocidade da reação é limitada pela velocidade do processo catalítico na superfície da enzima. Para a maioria das enzimas, a concentração de substrato em que a velocidade de reação é a metade da velocidade máxima (K_m) fornece uma medida direta da força de ligação do substrato, sendo que um valor alto de K_m corresponde a uma ligação fraca.

cífico, catalisando apenas um único tipo de reação. Assim, a *hexocinase* adiciona um grupo fosfato à D-glicose, mas ignorará seu isômero óptico L-glicose; a enzima da coagulação sanguínea, a *trombina*, quebra a cadeia de apenas um tipo de proteína do sangue, entre um resíduo particular de arginina e uma glicina adjacente, e em nenhum outro lugar. Como discutido em detalhes no Capítulo 2, as enzimas trabalham em conjunto, sendo que o produto de uma enzima é o substrato para a enzima seguinte. O resultado disso é uma elaborada rede de vias metabólicas que suprem a célula com energia e geram as muitas moléculas, grandes ou pequenas, de que uma célula precisa (ver Figura 2-63).

A ligação do substrato é a primeira etapa na catálise enzimática

Para uma proteína que catalisa uma reação química (uma enzima), a ligação de cada molécula de substrato à proteína é uma etapa essencial. No caso mais simples, se chamamos a enzima de E, o substrato de S, e o produto de P, o caminho básico da reação é E + S → ES → EP → E + P. Há um limite para a quantidade de substrato que uma única molécula de enzima pode processar em um dado tempo. Embora o aumento da concentração de substrato aumente a velocidade com a qual o produto é formado, essa velocidade raramente atinge seu valor máximo (**Figura 3-46**). Nesse ponto, a molécula da enzima está saturada com substrato, e a velocidade da reação máxima ($V_{máx}$) depende somente da rapidez da enzima em processar a molécula de substrato. Essa razão máxima dividida pela concentração de enzima é chamada de *número de turnover* (renovação). O número de *turnover* geralmente é cerca de mil moléculas de substrato por segundo por molécula de enzima, embora números de *turnover* entre 1 e 10 mil sejam conhecidos.

O outro parâmetro cinético frequentemente utilizado para caracterizar uma enzima é seu K_m, a concentração de substrato que permite que a reação chegue à metade de sua velocidade máxima (0,5 $V_{máx}$) (ver Figura 3-46). Um valor *baixo* de K_m significa que a enzima atinge sua velocidade catalítica máxima com uma *baixa concentração* de substrato e geralmente indica que a enzima se liga fortemente ao substrato; enquanto um valor *alto* de K_m corresponde a uma ligação fraca. Os métodos utilizados para caracterizar enzimas são explicados no **Painel 3-2** (p. 142-143).

As enzimas aceleram reações pela estabilização seletiva dos estados de transição

As enzimas atingem velocidades de reação extremamente altas – velocidades maiores que qualquer catalisador sintético. Existem diversas razões para essa eficiência. Em primeiro lugar, quando duas moléculas precisam reagir, as enzimas aumentam significativamente a concentração local das moléculas de substrato no sítio catalítico, mantendo as duas moléculas na orientação correta para que a reação ocorra. Mais importante, no entanto, é que parte da energia de ligação contribui diretamente para a catálise. As moléculas de substrato passam por uma série de estados intermediários de geometria e de distribuição modificada de elétrons antes de formarem os produtos finais da reação. A energia livre necessária para a formação do estado intermediário menos estável, chamado de **estado de transição**, é denominada *energia de ativação* da reação, e é a principal determinante da velocidade da reação. As enzimas têm afinidade muito maior pelo estado de transição do substrato do que pela sua forma estável. Como essa forte ligação

PAINEL 3-2 Alguns dos métodos utilizados no estudo das enzimas

POR QUE ANALISAR A CINÉTICA DAS ENZIMAS?

As enzimas são os mais poderosos e seletivos catalisadores conhecidos. Um entendimento detalhado de seus mecanismos provê uma ferramenta fundamental para o descobrimento de novas drogas, para a síntese industrial em larga escala de produtos químicos úteis e para a compreensão da química das células e dos organismos. Um estudo detalhado das velocidades das reações químicas que são catalisadas por uma enzima purificada – mais especificamente como essas velocidades mudam com a alteração de condições tais como concentrações de substratos, de produtos, de inibidores e ligantes reguladores permite aos bioquímicos compreender exatamente como as enzimas trabalham. Por exemplo, essa foi a maneira pela qual as reações de produção de ATP na glicólise, mostrada previamente na Figura 2-48, foram decifradas, permitindo apreciar a lógica desta via enzimática crítica.

Neste Painel, introduzimos a importante área de cinética enzimática, que tem sido indispensável para se derivar muito do conhecimento detalhado que agora temos sobre a química celular.

CINÉTICA ENZIMÁTICA DE ESTADO ESTACIONÁRIO

Muitas enzimas têm somente um substrato, o qual elas ligam e então reagem para a produção do produto, de acordo com o esquema da Figura 3-50A. Nesse caso, a reação é escrita como

$$E + S \underset{k_{-1}}{\overset{k_1}{\rightleftharpoons}} ES \xrightarrow{k_{cat}} E + P$$

Aqui consideramos que a reação reversa, na qual E + P recombinam para formar EP e então ES, ocorre tão raramente que podemos ignorá-la. Nesse caso, EP não precisa ser representado, e podemos expressar a taxa da reação – conhecida como sua velocidade, V, como

$$V = k_{cat}[ES]$$

onde [ES] é a concentração de complexos enzima-substrato, e k_{cat} é o número de *turnover*, uma constante de velocidade que tem valor igual ao número de moléculas de substrato processadas por moléculas de enzima a cada segundo.

Mas como o valor de [ES] se relaciona a concentrações que conhecemos diretamente, que são a concentração total da enzima, $[E_o]$, e a concentração do substrato, [S]? Quando a enzima e o substrato são inicialmente misturados, a concentração [ES] aumentará rapidamente a partir de zero, até o chamado estado estacionário, como ilustrado abaixo.

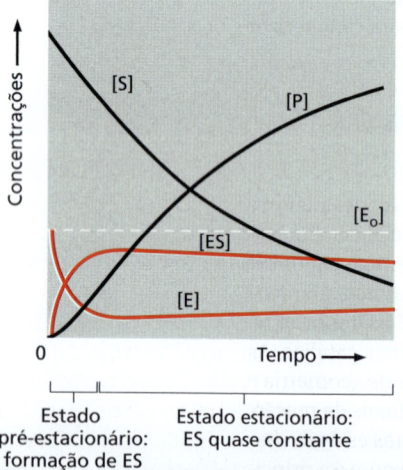

Estado pré-estacionário: formação de ES

Estado estacionário: ES quase constante

No estado de transição, [ES] é quase constante, ou seja,

| Taxa de quebra de ES $k_{-1}[ES] + k_{cat}[ES]$ | = | Taxa de associação de ES $k_1[E][S]$ |

ou, já que a concentração de enzima livre, [E], é igual à $[E_o] - [ES]$,

$$[ES] = \left(\frac{k_1}{k_{-1} + k_{cat}}\right)[E][S] = \left(\frac{k_1}{k_{-1} + k_{cat}}\right)\left([E_o] - [ES]\right)[S]$$

Rearranjando e definindo a constante K_m como

$$\frac{k_{-1} + k_{cat}}{k_1}$$

temos

$$[ES] = \frac{[E_o][S]}{K_m + [S]}$$

ou, lembrando que $V = k_{cat}[ES]$, obtemos a famosa equação de Michaelis-Menten

$$V = \frac{k_{cat}[E_o][S]}{K_m + [S]}$$

À medida que [S] aumenta a níveis cada vez maiores, essencialmente toda a enzima estará ligada ao substrato no estado de equilíbrio; nesse ponto, uma velocidade máxima de reação, $V_{máx}$, será atingida, onde $V = V_{máx} = k_{cat}[E_o]$. Assim, é conveniente reescrever a equação de Michaelis-Menten como

$$V = \frac{V_{máx}[S]}{K_m + [S]}$$

O GRÁFICO DUPLO-RECÍPROCO

Um típico gráfico de V versus [S] para uma enzima que segue a cinética de Michaelis-Menten é mostrado abaixo. Desse gráfico, os valores de $V_{máx}$ e K_m não são obtidos diretamente.

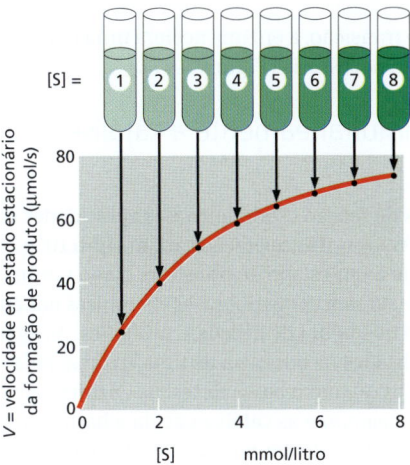

Para se obter $V_{máx}$ e K_m a partir desses dados, um gráfico duplo-recíproco é muitas vezes usado, no qual a equação de Michaelis-Menten foi rearranjada, para que $1/V$ possa ser apresentada em gráficos versus $1/[S]$.

$$1/V = \left(\frac{K_m}{V_{máx}}\right)\left(\frac{1}{[S]}\right) + 1/V_{máx}$$

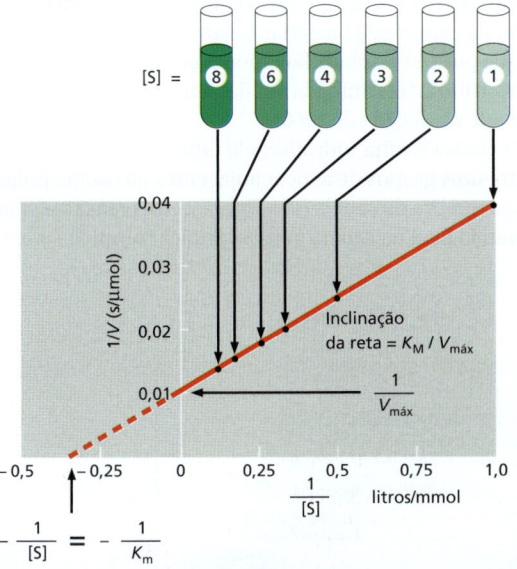

$$-\frac{1}{[S]} = -\frac{1}{K_m}$$

A IMPORTÂNCIA DE K_m, k_{cat} e k_{cat}/K_m

Como descrito no texto, K_m é uma medida aproximada da afinidade do substrato pela enzima: é numericamente igual à concentração de [S] em $V = 0,5\ V_{máx}$. Em geral, um valor baixo de K_m significa forte ligação ao substrato. De fato, nos casos em que o k_{cat} é muito menor que o k_{-1}, o K_m será igual a K_d, a constante de dissociação do substrato à enzima ($K_d = 1/K_a$; ver Figura 3-44).

Vimos que k_{cat} é o número de *turnover* para a enzima. Em baixas concentrações de substrato, onde $[S] \ll K_m$, a maioria das enzimas está livre. Assim, podemos considerar $[E] = [E_o]$, para que a equação de Michaelis-Menten venha a ser $V = k_{cat}/K_m\ [E][S]$. Portanto, a proporção k_{cat}/K_m é equivalente à constante de velocidade para a reação entre a enzima livre e o substrato livre.

Uma comparação de k_{cat}/K_m para a mesma enzima com diferentes substratos ou para duas enzimas com seus diferentes substratos é muita usada como medida da efetividade da enzima.

Para simplificar, neste Painel discutimos as enzimas que têm somente um substrato, como a lisozima, descrita no texto (ver p. 144). Várias enzimas têm dois substratos, um dos quais é muitas vezes utilizado como molécula ativadora, como NADH ou ATP.

Uma análise similar, entretanto mais complexa, é utilizada para determinar a cinética de tais enzimas – permitindo que a ordem de ligação dos substratos e a presença de intermediários covalentes ao longo da reação possam ser identificadas.

ALGUMAS ENZIMAS SÃO LIMITADAS PELA DIFUSÃO

Os valores de k_{cat}, K_m e k_{cat}/K_m de algumas enzimas selecionadas são mostrados abaixo:

Enzima	Substrato	k_{cat} (s^{-1})	K_m (M)	k_{cat}/K_m (s^{-1}M^{-1})
Acetilcolinesterase	Acetilcolina	$1,4 \times 10^4$	9×10^{-5}	$1,6 \times 10^8$
Catalase	H_2O_2	4×10^7	1	4×10^7
Fumarase	Fumarato	8×10^2	5×10^{-6}	$1,6 \times 10^8$

Como uma enzima e seu substrato precisam colidir antes que possam reagir, k_{cat}/K_m êm um valor máximo possível que é limitado pela velocidade de colisões. Se toda colisão forma um complexo enzima-substrato, é possível calcular a partir da teoria da difusão onde k_{cat}/K_m estará entre 10^8 e 10^9 s^{-1}M^{-1}, no caso em que todas as etapas subsequentes ocorrem imediatamente. Assim, pode-se dizer que enzimas como a acetilcolinesterase e a fumarase são "enzimas perfeitas", onde cada enzima evoluiu ao ponto em que praticamente toda colisão com seu substrato o converte em produto.

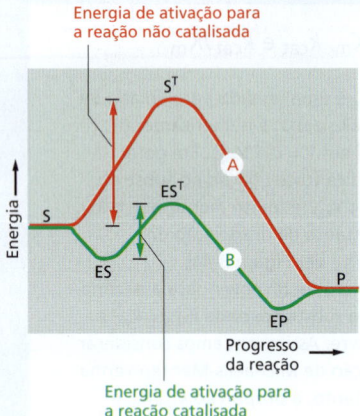

Figura 3-47 **Aceleração enzimática de reações químicas pela diminuição da energia de ativação.** Neste exemplo, há apenas um estado de transição. No entanto, com frequência tanto a reação não catalisada (A) como a reação catalisada (B) passam por uma série de estados de transição. Naquele caso, é o estado de transição com maior energia (S^T e ES^T) que determina a energia de ativação e limita a velocidade de reação. (S = substrato; P = produto da reação; ES = complexo enzima-substrato; EP = complexo enzima-produto.)

reduz bastante a energia do estado de transição, a enzima acelera uma reação específica pela diminuição da energia de ativação necessária (**Figura 3-47**).

As enzimas podem utilizar simultaneamente a catálise ácida e a básica

A **Figura 3-48** compara as velocidades de reação espontânea e as velocidades catalisadas correspondentes para cinco enzimas. As taxas de aceleração variam entre 10^9 e 10^{23}. As enzimas não somente se ligam fortemente a um estado de transição, como também contêm átomos precisamente posicionados que alteram as distribuições eletrônicas nos átomos que participam diretamente na formação e na quebra de ligações covalentes. As ligações peptídicas, por exemplo, podem ser hidrolisadas na ausência de uma enzima, pela exposição de um polipeptídeo tanto a ácidos fortes quanto a bases fortes. As enzimas são as únicas, entretanto, capazes de realizar simultaneamente as catálises ácida e básica, uma vez que o arranjo rígido da proteína retém os resíduos de aminoácidos ácidos e básicos e previne que eles se combinem entre si (como fariam se estivessem livres em solução) (**Figura 3-49**).

O encaixe entre a enzima e seu substrato deve ser preciso. Uma pequena mudança introduzida por engenharia genética no sítio ativo de uma enzima pode, dessa forma, ter um efeito drástico. Substituindo um ácido glutâmico por um ácido aspártico em uma enzima, por exemplo, há uma mudança na posição do íon catalítico carboxilato de somente 1 Å (aproximadamente o raio de um átomo de hidrogênio); mesmo assim, isso é suficiente para diminuir em mil vezes a atividade da enzima.

A lisozima ilustra como uma enzima funciona

Para demonstrar como as enzimas catalisam reações químicas, examinaremos uma enzima que age como um antibiótico natural na clara do ovo, na saliva, nas lágrimas e em outras secreções. A **lisozima** catalisa a remoção de cadeias de polissacarídeos da parede de bactérias. A célula bacteriana está sob pressão ocasionada por forças osmóticas, e mesmo a remoção de um número reduzido dessas cadeias provoca a ruptura de sua parede celular e, como consequência, a morte da bactéria. A lisozima, uma proteína relativamente pequena e estável, e que pode ser isolada facilmente em grandes quantidades, foi a primeira enzima a ter sua estrutura determinada em detalhes atômicos por meio da cristalografia de raios X (na metade da década de 1960).

A reação que a lisozima catalisa é uma hidrólise: ela adiciona uma molécula de água a uma ligação simples entre dois grupos de açúcar adjacentes na cadeia polissacarídica, causando dessa maneira a quebra da cadeia (ver Figura 2-9). A reação é energeticamente favorável, porque a energia livre da cadeia polissacarídica rompida é menor do

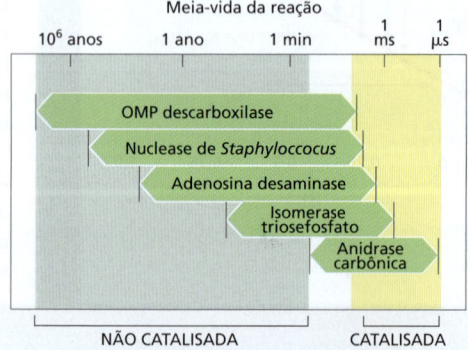

Figura 3-48 **Taxas de aceleração de cinco enzimas diferentes.** (Adaptada de A. Radzicka e R. Wolfenden, *Science* 267:90-93, 1995.)

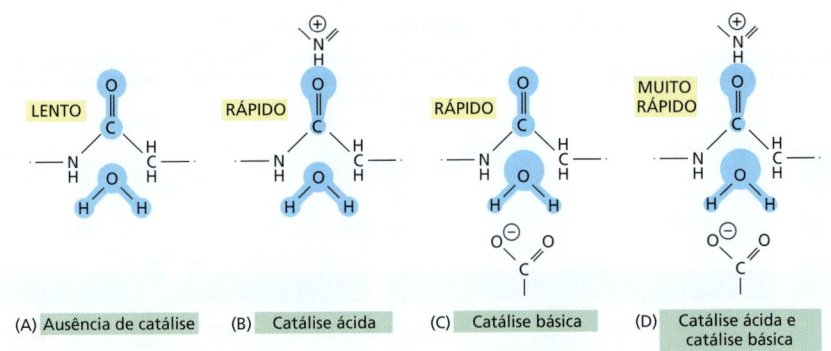

Figura 3-49 Catálise ácida e catálise básica. (A) O início de uma reação não catalisada de hidrólise de uma ligação peptídica, com o sombreamento *em azul* indicando a distribuição de elétrons na água e nas ligações carbonila. (B) Um ácido doa um próton (H^+) a outros átomos. Pelo pareamento com o oxigênio da carbonila, um ácido desloca os elétrons para longe do carbono da carbonila, tornando esse átomo muito mais atrativo ao oxigênio eletronegativo de uma molécula de água. (C) Uma base recebe H^+. Pelo pareamento com o hidrogênio da molécula de água, uma base provoca o movimento de elétrons em direção ao oxigênio da água, tornando-o um grupo melhor para o ataque ao carbono da carbonila. (D) Por ter átomos apropriadamente posicionados sob sua superfície, uma enzima pode executar as catálises ácida e básica ao mesmo tempo.

que a energia livre da cadeia intacta. No entanto, existe uma barreira de energia para essa reação, e uma molécula de água só é capaz de romper a ligação entre duas moléculas de açúcar se a molécula polissacarídica estiver distorcida em uma conformação específica – o estado de transição – em que os átomos ao redor da ligação apresentem geometria e distribuição eletrônica alteradas. Devido a esse requisito, colisões aleatórias precisam fornecer uma quantidade de energia de ativação bastante alta para que a reação ocorra. Em uma solução aquosa à temperatura ambiente, a energia resultante de colisões moleculares quase nunca excede a energia de ativação. O polissacarídeo puro pode, então, ficar por anos dissolvido em água sem ser hidrolisado em um nível detectável.

Essa situação muda drasticamente quando o polissacarídeo se liga à lisozima. O sítio ativo da lisozima, uma vez que seu substrato é um polímero, é um longo sulco que pode acomodar até seis açúcares ao mesmo tempo. Tão logo o polissacarídeo se liga para formar o complexo enzima-substrato, a enzima cliva o polissacarídeo pela adição de uma molécula de água a uma das ligações açúcar-açúcar. As duas novas cadeias resultantes dissociam-se da enzima, rapidamente liberando a enzima para outros ciclos de reação (**Figura 3-50**).

Esse aumento impressionante da velocidade de hidrólise ocorre pelo estabelecimento das condições necessárias no microambiente do sítio ativo da lisozima, o que reduz de forma significativa a energia de ativação necessária para que ocorra a hidrólise. Mais especificamente, a lisozima distorce um dos dois açúcares da ligação que será rompida, alterando sua conformação normal e mais estável. A ligação a ser rompida também é posicionada na proximidade de dois aminoácidos com cadeias laterais ácidas (um ácido glutâmico e um ácido aspártico) que participam diretamente na reação. A **Figura 3-51** mostra as três etapas principais dessa reação catalisada pela enzima, que ocorre milhares de vezes mais rápido que a hidrólise não catalisada.

Outras enzimas utilizam mecanismos similares para reduzir a energia de ativação e acelerar as reações que elas catalisam. Em reações que envolvem dois ou mais reagentes, o sítio ativo atua como um molde, posicionando as moléculas de substrato na orientação apropriada para que a reação entre elas possa ocorrer (**Figura 3-52A**). Como vimos no caso da lisozima, o sítio ativo de uma enzima contém átomos precisamente

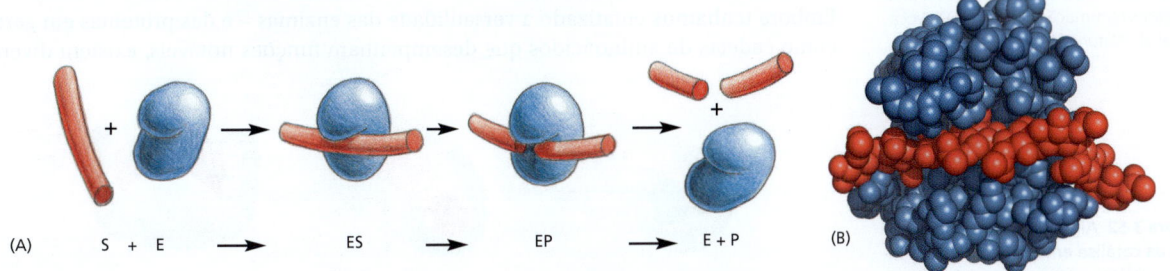

Figura 3-50 Reação catalisada pela lisozima. (A) A enzima lisozima (E) catalisa a quebra de uma cadeia polissacarídica, que é o seu substrato (S). A enzima inicialmente se liga à cadeia, formando um complexo enzima-substrato (ES) e, então, catalisa a clivagem de uma ligação covalente específica da cadeia principal do polissacarídeo, formando um complexo enzima-produto (EP), que rapidamente se dissocia. A liberação da cadeia polissacarídica clivada (os produtos P) deixa a enzima livre para agir sobre outra molécula de substrato. (B) Modelo de preenchimento espacial da molécula de lisozima ligada a uma cadeia polissacarídica curta antes da clivagem (**Animação 3.8**). (B, cortesia de Richard J. Feldmann; código PDB: 3AB6.)

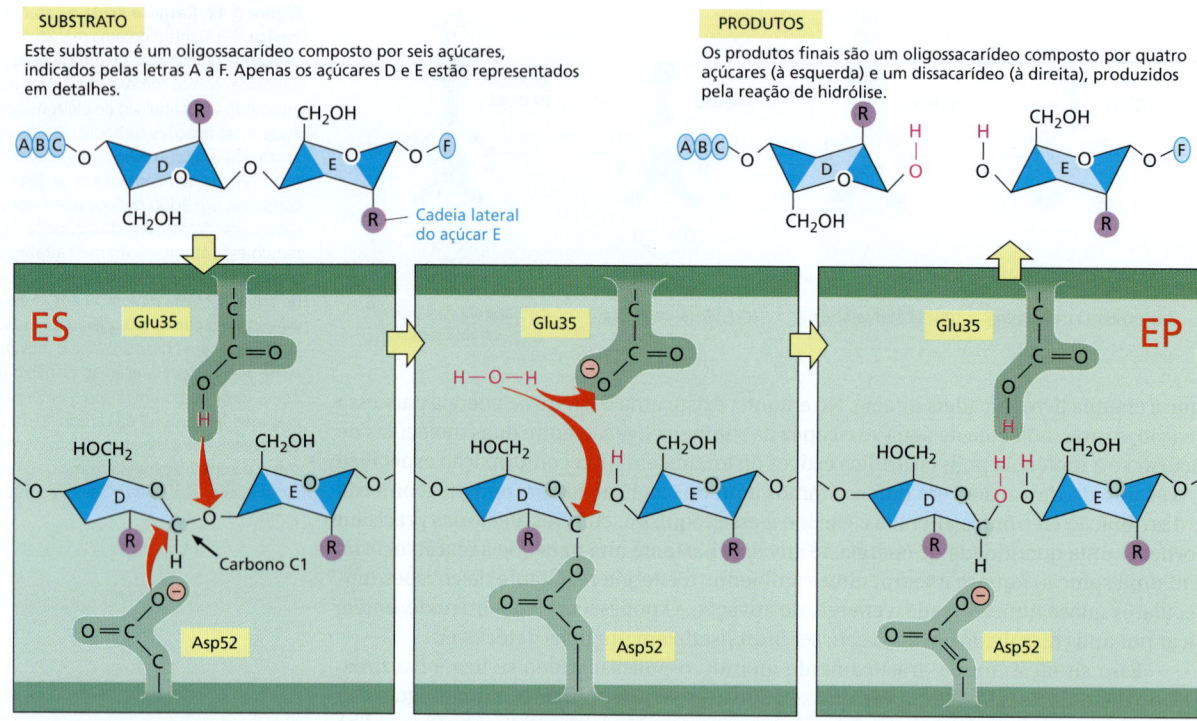

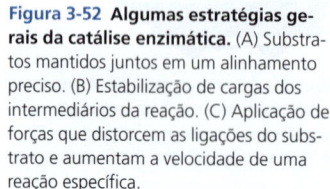

Figura 3-51 Eventos no sítio ativo da lisozima. As imagens localizadas no canto superior esquerdo e direito representam o substrato e o produto livres, respectivamente, enquanto as outras três imagens mostram a sequência de eventos no sítio ativo da enzima. Observe a mudança na conformação do açúcar D no complexo enzima-substrato; essa mudança na conformação estabiliza o estado de transição tipo íon oxocarbênio necessário para a formação e a hidrólise do intermediário covalente mostrado no painel central. Também é possível que um intermediário íon carbônio seja formado na etapa 2, mas o intermediário covalente mostrado no painel do meio foi detectado com substratos sintéticos (Animação 3.9). (Ver D.J. Vocadlo et al., *Nature* 412:835–838, 2001.)

posicionados que aceleram a reação por intermédio de grupos carregados que alteram a distribuição de elétrons nos substratos (**Figura 3-52B**). Também já descrevemos como, durante a ligação dos substratos à enzima, as ligações do substrato são frequentemente distorcidas, alterando a estrutura dele. Essas alterações, juntamente com forças mecânicas, direcionam o substrato para um estado de transição específico (**Figura 3-52C**). Assim como a lisozima, diversas enzimas fazem parte da reação que catalisam por meio da formação transitória de uma ligação covalente entre a molécula de substrato e uma cadeia lateral da enzima. As etapas subsequentes da reação restauram a cadeia lateral de volta ao seu estado original de maneira que a enzima permanece inalterada ao final da reação (ver também Figura 2-48).

Pequenas moléculas que se ligam fortemente às proteínas conferem a elas novas funções

Embora tenhamos enfatizado a versatilidade das enzimas – e das proteínas em geral – como cadeias de aminoácidos que desempenham funções notáveis, existem diversas

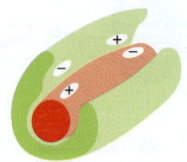

Figura 3-52 Algumas estratégias gerais da catálise enzimática. (A) Substratos mantidos juntos em um alinhamento preciso. (B) Estabilização de cargas dos intermediários da reação. (C) Aplicação de forças que distorcem as ligações do substrato e aumentam a velocidade de uma reação específica.

(A) A enzima se liga a duas moléculas de substrato e as orienta de modo preciso para que ocorra a reação entre elas

(B) A ligação do substrato à enzima modifica a distribuição de elétrons no substrato, criando cargas parciais positivas e negativas que favorecem a reação

(C) A enzima distorce a molécula ligada de substrato, gerando o estado de transição que favorece a reação

TABELA 3-2 Muitos derivados de vitaminas são coenzimas fundamentais às células humanas		
Vitamina	Coenzima	Reações catalisadas por enzimas que requerem essas coenzimas
Tiamina (vitamina B_1)	Tiamina pirofosfato	Ativação e transferência de aldeídos
Riboflavina (vitamina B_2)	FADH	Oxidação-redução
Niacina	NADH, NADPH	Oxidação-redução
Ácido pantotênico	Coenzima A	Ativação e transferência de grupos acil
Piridoxina	Piridoxal fosfato	Ativação de aminoácidos e também fosforilação do glicogênio
Biotina	Biotina	Ativação e transferência de CO_2
Ácido lipoico	Lipoamida	Ativação de grupos acil; oxidação-redução
Ácido fólico	Tetra-hidrofolato	Ativação e transferência de grupos carbono simples
Vitamina B_{12}	Coenzimas da cobalamina	Isomerização e transferência de grupos metil

ocasiões em que apenas os aminoácidos não são suficientes. Assim como os homens empregam ferramentas para melhorar e estender a capacidade de suas mãos, também as enzimas e proteínas frequentemente utilizam pequenas moléculas não proteicas no desempenho de funções que seriam difíceis ou impossíveis de serem executadas somente com os aminoácidos. Assim, as enzimas muitas vezes possuem pequenas moléculas ou átomos de metal fortemente associados ao seu sítio ativo que auxiliam a função catalítica. A *carboxipeptidase*, por exemplo, uma enzima que cliva cadeias polipeptídicas, possui um átomo de zinco fortemente ligado ao seu sítio ativo. Durante a clivagem de uma ligação peptídica pela carboxipeptidase, o íon de zinco forma uma ligação transitória com um dos átomos do substrato, auxiliando a reação de hidrólise. Em outras enzimas, uma pequena molécula orgânica tem propósitos similares. Estas moléculas são frequentemente denominadas **coenzimas**. Um exemplo é a *biotina*, encontrada em enzimas que transferem um grupo carboxilato ($-COO^-$) de uma molécula para outra (ver Figura 2-40). A biotina participa dessas reações formando uma ligação covalente transitória com o grupo $-COO^-$ a ser transferido, sendo mais apropriada para essa função do que qualquer um dos aminoácidos utilizados para compor as proteínas. Uma vez que não pode ser sintetizada pelo homem e, portanto, deve ser suplementada em pequenas quantidades em nossa dieta, a biotina é uma *vitamina*. Diversas outras coenzimas são vitaminas ou derivadas delas (**Tabela 3-2**).

Outras proteínas podem requerer a presença de pequenas moléculas acessórias para seu funcionamento adequado. A proteína receptora de sinais *rodopsina* – que é produzida por células fotorreceptoras da retina – detecta luz por meio de uma molécula pequena, o *retinal*, que fica embebida na proteína (**Figura 3-53A**). O retinal, que é derivado da vitamina A, muda de forma quando absorve um fóton de luz, e essa mudança faz a proteína desencadear uma cascata de reações enzimáticas que, no final, culmina com um sinal elétrico enviado para o cérebro.

Outro exemplo de proteína com uma porção não proteica é a hemoglobina (ver Figura 3-19). Cada molécula de hemoglobina carrega quatro grupos *heme*, moléculas em forma de anel, cada uma com um átomo de ferro no centro (**Figura 3-53B**). O heme

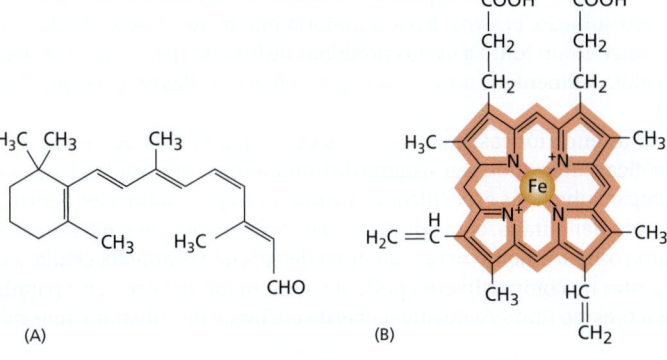

Figura 3-53 Retinal e heme. (A) Estrutura do retinal, a molécula sensível à luz ligada à rodopsina nos olhos. A estrutura mostrada passa pelo processo de isomerização após a absorção de luz. (B) Estrutura do grupo heme. O anel de carbono que contém o heme é mostrado em *vermelho*, e o átomo de ferro no centro é mostrado em *laranja*. O grupo heme é fortemente ligado a cada uma das quatro cadeias polipeptídicas da hemoglobina, a proteína transportadora de oxigênio cuja estrutura é mostrada na Figura 3-19.

confere à hemoglobina (e ao sangue) a cor vermelha. Por ligar-se reversivelmente ao oxigênio gasoso por meio do átomo de ferro, o heme possibilita que a hemoglobina capture oxigênio nos pulmões e o libere nos tecidos.

Algumas vezes, essas pequenas moléculas estão ligadas covalente e permanentemente às suas proteínas, tornando-se parte integrante da própria molécula proteica. Veremos, no Capítulo 10, que as proteínas frequentemente se ancoram à membrana celular por intermédio de moléculas lipídicas covalentemente ligadas. As proteínas de membrana expostas na superfície da célula, bem como proteínas secretadas pela célula, com frequência são modificadas pela adição covalente de açúcares e de oligossacarídeos.

Complexos multienzimáticos ajudam a aumentar a taxa de metabolismo celular

A eficiência das enzimas na aceleração de reações químicas é crucial para a manutenção da vida. As células, na verdade, precisam combater o inevitável processo de deterioração, que se deixado sem controle, leva as macromoléculas a uma grande desordem. Se a taxa de reações favoráveis não for maior que a taxa de reações colaterais (reações desfavoráveis), a célula pode morrer rapidamente. Uma ideia de como a taxa do metabolismo celular avança pode ser obtida pela medida da taxa de utilização de ATP. Uma célula de mamífero típica renova (i.e., realiza hidrólise e restauração por fosforilação) todo seu ATP intracelular uma vez a cada 1 ou 2 minutos. Para cada célula, esse processo representa a utilização de mais de 10^7 moléculas de ATP por segundo (ou, para o corpo humano, cerca de 30 gramas de ATP a cada minuto).

As taxas de reações nas células são rápidas devido à eficiência da catálise enzimática. Algumas enzimas se tornaram tão eficientes que não há como melhorá-las. O fator que limita a taxa de reação não é a velocidade intrínseca da ação enzimática, mas a frequência com que as enzimas formam complexos com seus substratos. Tais reações são consideradas *limitadas pela difusão* (ver Painel 3-2, p. 142-143).

A quantidade de produto produzida por uma enzima irá depender da concentração da enzima e dos seus substratos. Se uma sequência de reações deve ocorrer de maneira extremamente rápida, cada intermediário metabólico e enzima envolvida devem estar presentes em altas concentrações. Entretanto, dado o grande número de diferentes reações que ocorrem nas células, há um limite para a concentração que pode ser alcançado. De fato, a maioria dos metabólitos está presente em concentrações micromolares (10^{-6} M), e a maioria das enzimas está presente em concentrações ainda mais baixas. Como é possível, desse modo, manter a rápida taxa metabólica?

A resposta está na organização espacial dos componentes da célula. A célula pode aumentar as taxas de reações sem acréscimo da concentração de substratos pela aproximação das várias enzimas envolvidas em uma sequência de reações, formando um grande conjunto de enzimas conhecido como *complexo multienzimático* (**Figura 3-54**). Como esse conjunto é organizado de uma maneira que permite que o produto da enzima A passe diretamente para a enzima B e assim por diante, a taxa de difusão não é limitante, mesmo quando a concentração de substrato é bastante baixa na célula como um todo. Assim, talvez não seja surpreendente que tais complexos enzimáticos sejam tão comuns e estejam envolvidos em aproximadamente todos os aspectos do metabolismo – incluindo os processos genéticos essenciais, como o processamento do DNA, do RNA e a síntese de proteínas. De fato, poucas enzimas das células eucarióticas se difundem livremente em solução; em vez disso, a maioria parece ter desenvolvido sítios de ligação que as concentram junto a outras proteínas de funções parecidas, em determinadas regiões da célula, aumentando, assim, a taxa e a eficiência das reações que elas catalisam (ver p. 331).

As células eucarióticas ainda possuem outra maneira de aumentar a taxa de reações metabólicas, utilizando seu sistema de membranas intracelular. Essas membranas podem segregar substratos específicos e enzimas que agem sobre eles dentro do mesmo compartimento delimitado, como o retículo endoplasmático ou o núcleo celular. Se, por exemplo, um compartimento ocupa um total de 10% do volume da célula, a concentração de reagentes no compartimento pode ser aumentada 10 vezes, comparada à mesma célula com o mesmo número de moléculas de enzima e de substrato, mas não compar-

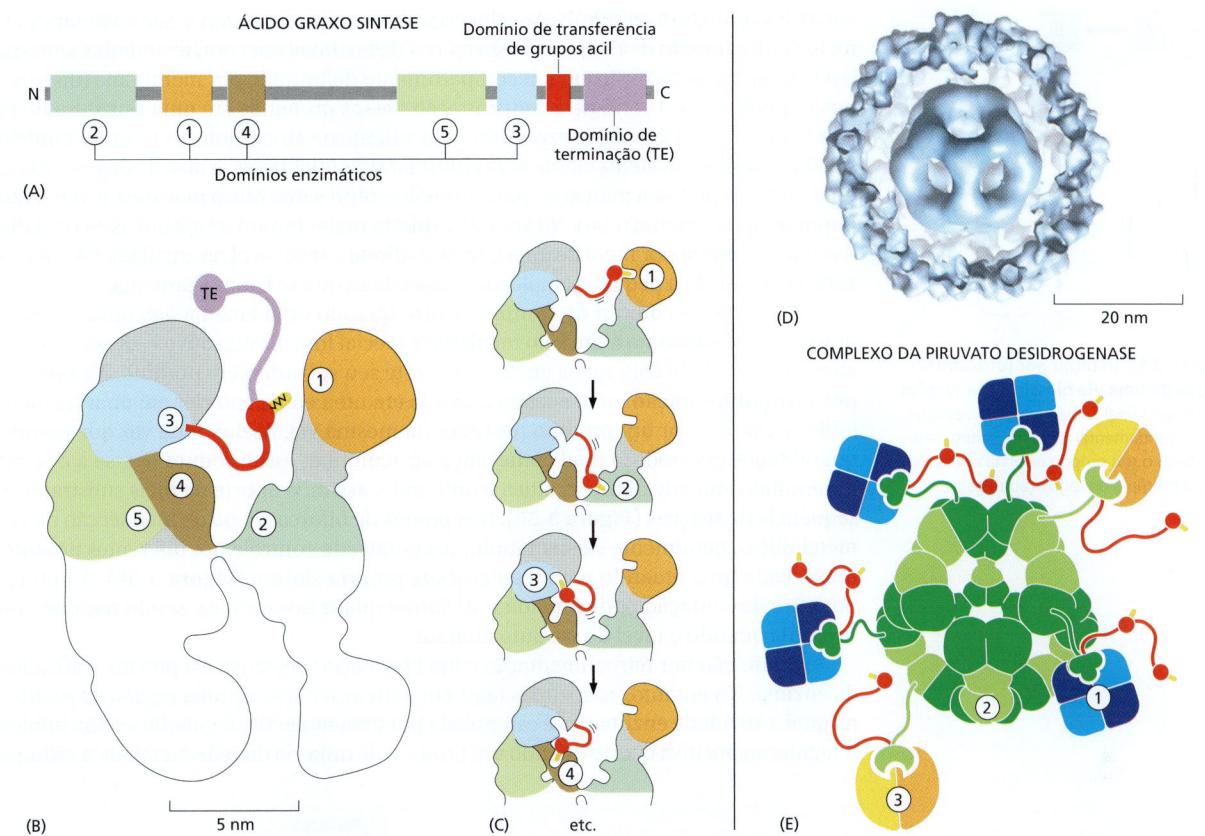

Figura 3-54 Como as regiões não estruturadas de uma cadeia polipeptídica, que atuam como elos de conexão, permitem que intermediários de reação sejam transferidos de um sítio ativo ao outro, em grandes complexos multienzimáticos. (A-C) A ácido graxo sintase em mamíferos. (A) A localização dos sete domínios proteicos com diferentes atividades nesta proteína de 270 quilodáltons. A numeração se refere à ordem em que cada um dos domínios enzimáticos atua para completar a etapa de adição de dois átomos de carbono. Após diversos ciclos de adição de dois átomos de carbono, o domínio de terminação libera o produto final uma vez que o ácido graxo do tamanho desejado tenha sido sintetizado. (B) A estrutura do dímero da enzima, com a indicação da localização dos cinco sítios ativos em um dos monômeros. (C) Como os elos flexíveis permitem que as moléculas de substrato que permanecem ligadas ao domínio transportador de grupos acil (*vermelho*) sejam transferidas de um sítio ativo ao outro em cada monômero, alongando e modificando o intermediário de ácido graxo ligado (*amarelo*). As cinco etapas representadas se repetem até que o ácido graxo de extensão final tenha sido sintetizado. (Apenas as etapas 1 a 4 estão representadas na figura.)

(D) Múltiplas subunidades associadas do complexo gigante da piruvato desidrogenase (9.500 quilodáltons, maior que um ribossomo), que catalisa a conversão de piruvato em acetil-CoA. (E) Assim como na imagem (C), uma molécula de substrato ligada covalentemente a um dos elos de conexão (esferas *vermelhas* com substrato *amarelo*) é transferida entre os sítios ativos das subunidades (numerados de 1 a 3) para dar origem aos produtos finais. Aqui, a subunidade 1 catalisa a decarboxilação do piruvato e a acilação por redução do grupo lipoil ligado a uma das esferas *vermelhas*. A subunidade 2 transfere esse grupo acetil a uma molécula de CoA, formando acetil-CoA, e a subunidade 3 oxida novamente o grupo lipoil para o início do próximo ciclo de reação. Apenas um décimo das subunidades 1 e 3 ligadas à região central da enzima, composta pela subunidade 2, estão representadas na figura. Essa importante reação ocorre na mitocôndria dos mamíferos, e é parte da via que oxida moléculas de açúcar em CO_2 e H_2O (ver p. 82). (A-C, adaptada de T. Maier et al., *Quart. Rev. Biophys.* 43:373–422, 2010; D, de J.L.S. Milne et al., *J. Biol. Chem.* 281:4364–4370, 2006.)

timentada. As reações que, de outra forma, seriam limitadas pela velocidade de difusão podem, desse modo, ser aceleradas por um fator igual a 10.

A célula regula as atividades catalíticas de suas enzimas

As células contêm milhares de enzimas, muitas das quais operam simultaneamente no pequeno volume do citosol. Por suas funções catalíticas, as enzimas geram uma complexa rede de vias metabólicas, cada qual composta por uma sequência de reações químicas na qual o produto de uma enzima torna-se o substrato da próxima. Nesse labirinto de vias, existem muitos pontos de ramificação em que diferentes enzimas competem pelo mesmo substrato. O sistema é complexo (ver Figura 2-63), e são necessários controles elaborados para regular quando e em que velocidade cada reação deve ocorrer.

A regulação ocorre em vários níveis. Em um nível, a célula controla quantas moléculas de cada enzima ela sintetiza, regulando a expressão do gene que codifica essa en-

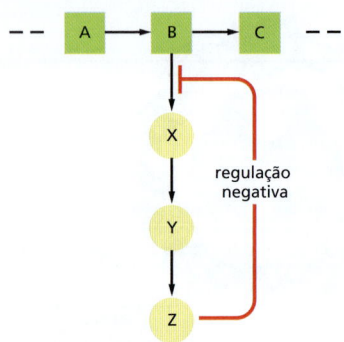

Figura 3-55 Inibição por retroalimentação de uma via biossintética simples. O produto final Z inibe a primeira enzima, que é fundamental na via de síntese, controlando o seu próprio nível na célula. Esse é um exemplo de regulação negativa.

zima (discutido no Capítulo 7). As células também controlam a atividade enzimática por meio confinamento de conjuntos específicos de enzimas em compartimentos subcelulares, seja pela localização em um compartimento delimitado por membrana (discutido nos Capítulos 12 e 14) ou pela concentração dessas proteínas em uma estrutura maior (ver Figura 3-77). Como será explicado mais adiante neste capítulo, as enzimas também são modificadas covalentemente para controlar suas atividades. A taxa de degradação de uma proteína pela sua marcação para proteólise representa outro mecanismo regulador importante (ver Figura 6-86). No entanto, o modo mais comum de ajustar as velocidades das reações opera por meio de uma alteração direta e reversível na atividade de uma enzima em resposta a pequenas moléculas específicas que se ligam à proteína.

O tipo mais comum de controle ocorre quando uma enzima liga uma molécula que não é um substrato a um sítio regulador especial fora do sítio ativo e, dessa maneira, altera a velocidade com que a enzima converte seu substrato em produto. Na **inibição por retroalimentação**, uma enzima atuando em uma etapa anterior em uma via metabólica é inibida por um produto posterior da mesma via. Assim, toda vez que grandes quantidades do produto final começam a se acumular, esse produto liga-se à enzima, diminuindo sua atividade catalítica e limitando, assim, o aporte de mais substratos na sequência de reações (**Figura 3-55**). Nos pontos de bifurcação ou de intersecção de vias metabólicas, geralmente existem múltiplos pontos de controle por diferentes produtos finais, cada qual atuando para regular a sua própria síntese (**Figura 3-56**). A inibição por retroalimentação pode funcionar de forma quase instantânea, sendo rapidamente revertida quando o nível do produto diminui.

A inibição por retroalimentação é uma *regulação negativa*: ela previne a atividade da enzima. No entanto, as enzimas também podem ser alvo de uma *regulação positiva*, na qual a atividade enzimática é estimulada por uma molécula reguladora e não inibida. A regulação positiva ocorre quando um produto de uma via da rede metabólica estimula

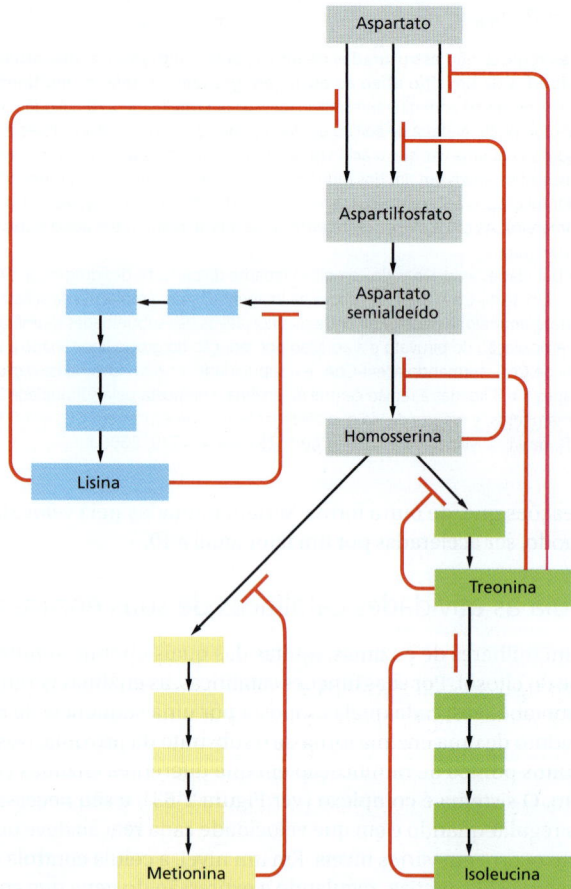

Figura 3-56 Inibição múltipla por retroalimentação. Neste exemplo, que mostra as vias biossintéticas de quatro diferentes aminoácidos em bactéria, as *linhas vermelhas* indicam as posições nas quais os produtos inibem as enzimas por retroalimentação. Cada aminoácido controla a primeira enzima específica para sua própria síntese, controlando, assim, o seu próprio nível e evitando o acúmulo desnecessário, e até perigoso, de intermediários. Os produtos também podem inibir separadamente o conjunto inicial de reações comuns para todas as sínteses; neste caso, três diferentes enzimas catalisam a reação inicial, cada qual sendo inibida por um produto diferente.

a atividade de uma enzima de uma outra via. Como exemplo, o acúmulo de adenosina difosfato (ADP, *adenosine diphosphate*) ativa várias enzimas envolvidas com a oxidação de moléculas de açúcar, estimulando, assim, a célula a converter mais ADP em ATP.

As enzimas alostéricas possuem dois ou mais sítios de ligação interativos

Um aspecto intrigante da regulação por retroalimentação positiva e negativa é que a molécula reguladora com frequência tem uma forma totalmente diferente daquela do substrato da enzima. Por esse motivo, essa forma de regulação é denominada **alosteria** (do grego, *allos*, "outro", e *stereos*, "sólido" ou "tridimensional"). À medida que os biólogos aprenderam mais sobre a regulação, eles reconheceram que as enzimas envolvidas devem ter pelo menos dois sítios de ligação diferentes em sua superfície – um **sítio ativo**, que reconhece os substratos, e um **sítio regulador**, que reconhece uma molécula reguladora. Esses dois sítios devem se comunicar de modo a permitir que os eventos catalíticos no sítio ativo sejam influenciados pela ligação da molécula reguladora ao seu próprio sítio na superfície da proteína.

A interação entre os diferentes sítios de uma molécula proteica depende de uma *mudança conformacional* da proteína: a ocupação de um sítio faz a molécula passar de uma forma tridimensional para uma outra ligeiramente diferente. Durante a inibição por retroalimentação, por exemplo, a ligação de um inibidor em um sítio da proteína faz ela mudar para uma conformação na qual seu sítio ativo – localizado em outra parte da proteína – torne-se incapacitado.

Aparentemente, a maioria das moléculas proteicas é alostérica. Elas podem adotar duas ou mais conformações ligeiramente diferentes, e a transição de uma para a outra, induzida pela ligação de um ligante, pode alterar sua atividade. Isso vale não apenas para enzimas, mas também para várias outras proteínas, inclusive receptores, proteínas estruturais e proteínas motoras. Em todas as instâncias da regulação alostérica, cada conformação da proteína apresenta diferenças nos contornos da superfície da molécula; os seus sítios de ligação são alterados quando a forma da proteína é modificada. Além disso, como discutiremos a seguir, cada ligante estabiliza a conformação à qual ele se liga mais fortemente e, assim, em concentrações suficientemente altas, tenderá a induzir a mudança da proteína para a sua conformação preferida.

Dois ligantes cujos sítios de ligação estão acoplados devem afetar reciprocamente a ligação um do outro

O efeito da ligação de um ligante em uma proteína segue um princípio fundamental da química, conhecido como **ligação**. Suponha, por exemplo, que uma proteína que liga glicose também ligue outra molécula, X, em um sítio distante da sua superfície. Se o sítio de ligação para X mudar de forma, devido a uma mudança conformacional na proteína induzida pela ligação da glicose, o sítio de ligação de X e o da glicose serão considerados *acoplados*. Sempre que dois ligantes preferem se ligar à *mesma* conformação de uma proteína alostérica, segundo os princípios básicos da termodinâmica, cada ligante deve aumentar a afinidade da proteína pelo outro ligante. Por exemplo, se ocorre uma mudança em uma proteína para uma conformação que melhor liga a glicose, isso fará o sítio de ligação para X também ligar melhor a molécula X; então, a proteína ligará mais fortemente a glicose quando X estiver presente. Em outras palavras, X regula de modo positivo a ligação da proteína à glicose (**Figura 3-57**).

De modo oposto, a ligação recíproca pode operar de forma negativa quando dois ligantes preferem ligar-se a conformações *diferentes* de uma mesma proteína. Nesse caso, a ligação do primeiro ligante desencoraja a ligação do segundo ligante. Assim, se uma mudança de conformação induzida pela ligação da glicose diminui a afinidade de uma proteína pela molécula X, a ligação de X também deve diminuir a afinidade da proteína por glicose (**Figura 3-58**). Essa relação é quantitativamente recíproca; por exemplo, se a glicose tem um grande efeito sobre a ligação de X, X também terá um grande efeito sobre a ligação da glicose.

Figura 3-57 Regulação positiva causada pelo acoplamento conformacional entre dois sítios de ligação separados. Neste exemplo, tanto a glicose quanto a molécula X se ligam melhor à conformação *fechada* da proteína constituída por dois domínios. Como tanto a glicose quanto a molécula X induzem uma alteração conformacional da proteína para a forma fechada, cada ligante ajuda o outro a se ligar. Portanto, é dito que a glicose e a molécula X se ligam *cooperativamente* à proteína.

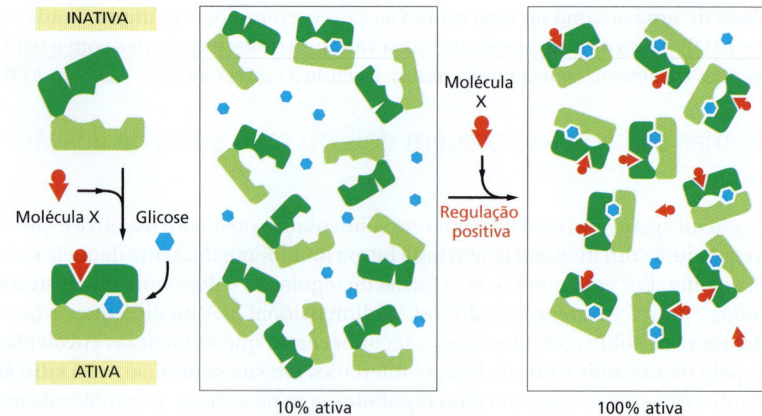

As relações mostradas nas Figuras 3-57 e 3-58 se aplicam a todas as proteínas e fundamentam toda a biologia celular. Esse princípio parece tão óbvio em retrospecto, que é atualmente considerado senso comum. Mas a descoberta da ligação recíproca a partir de estudos com algumas poucas enzimas, em 1950, seguida por uma análise extensiva dos mecanismos da alosteria nas proteínas, no início da década de 1960, foi revolucionária para nosso entendimento da biologia. No exemplo das figuras, a molécula X se liga a um local da enzima diferente do sítio onde a catálise ocorre e não precisa ter qualquer relação química com a molécula de substrato que se liga ao sítio ativo. Como já vimos, para enzimas que são reguladas dessa maneira, a molécula X pode tornar a enzima ativa (regulação positiva) ou inativa (regulação negativa). Por meio desse mecanismo, as **proteínas alostéricas** servem como chaves gerais que, em princípio, podem permitir que uma molécula em uma célula afete o destino de qualquer outra.

Agregados proteicos simétricos geram transições alostéricas cooperativas

Uma única subunidade enzimática regulada por retroalimentação negativa pode ter uma diminuição na sua atividade de 90% para 10% em resposta a um aumento de cem vezes na concentração de um inibidor (**Figura 3-59**, *linha vermelha*). Aparentemente, respostas desse tipo não são suficientes para uma ótima regulação da célula, e a maioria das enzimas é ligada ou desligada pela ligação de ligantes que consiste em associações simétricas de subunidades idênticas. Com essa organização, a ligação de uma molécula do ligante a um único sítio ativo de uma subunidade pode iniciar uma alteração alostérica em toda a associação proteica, ajudando as subunidades adjacentes a ligarem o mesmo ligante. Como resultado, ocorre uma *transição alostérica cooperativa* (Figura 3-59, *linha azul*), permitindo que uma alteração relativamente pequena na concentração do ligante na célula possa modificar a associação de proteínas como

Figura 3-58 Regulação negativa causada pelo acoplamento conformacional entre dois sítios de ligação separados. O esquema mostrado parece com o anterior, mas aqui a molécula X prefere a conformação *aberta*, enquanto a glicose prefere a conformação *fechada*. Como a glicose e a molécula X induzem alterações conformacionais opostas na enzima (fechada e aberta, respectivamente), a presença de um dos ligantes interfere na ligação do outro.

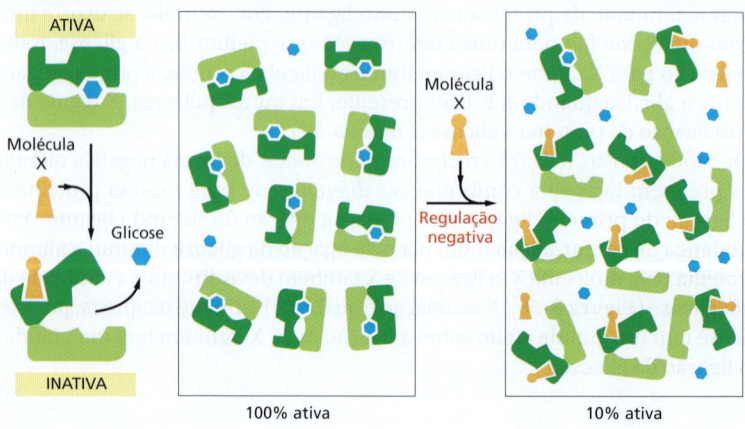

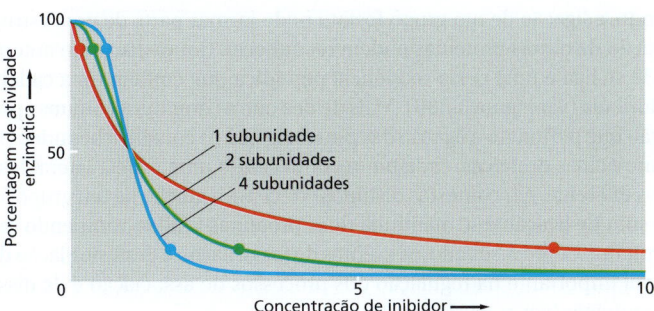

Figura 3-59 **Atividade enzimática *versus* concentração do inibidor para enzimas alostéricas monoméricas e enzimas com múltiplas subunidades.** Para uma enzima com uma única subunidade (*linha vermelha*), uma queda na atividade enzimática de 90 para 10% (indicada pelos dois pontos na curva) requer um aumento de cem vezes na concentração do inibidor. A atividade enzimática é calculada a partir da relação de equilíbrio $K = [IP]/[I][P]$, onde P é a proteína ativa, I é o inibidor, e IP é a proteína inativa ligada ao inibidor. Uma curva idêntica se aplica a qualquer interação de ligação entre duas moléculas A e B. Em contraste, uma enzima alostérica com múltiplas subunidades pode responder diferentemente a mudanças na concentração do ligante: a resposta abrupta é causada por uma ligação cooperativa de moléculas ligantes, como mostrado na Figura 3-60. Aqui, a *linha verde* representa o resultado ideal para a ligação cooperativa de duas moléculas ligantes inibitórias a uma enzima alostérica com duas subunidades, e a *linha azul* mostra o resultado ideal de uma enzima com quatro subunidades. Como indicado pelos dois pontos em cada curva, a atividade das enzimas mais complexas diminui de 90 para 10% com uma concentração bem menor do inibidor do que a enzima composta por uma única subunidade.

um todo, de uma conformação ativa a uma conformação quase que totalmente inativa (ou vice-versa).

Os princípios envolvidos em uma transição cooperativa do tipo "tudo ou nada" são os mesmos para todas as proteínas, sejam elas enzimas ou não. Por exemplo, eles são essenciais para a absorção e liberação de O_2 pela hemoglobina no sangue. Talvez eles sejam visualizados mais facilmente em uma enzima que forma um dímero simétrico. No exemplo mostrado na **Figura 3-60**, a primeira molécula de um inibidor se liga com grande dificuldade, pois sua ligação desarranja a interação energeticamente favorável entre os dois monômeros idênticos do dímero. Entretanto, uma segunda molécula do inibidor se liga mais facilmente, pois sua ligação restaura o contato monômero-monômero energeticamente favorável de um dímero simétrico (e também inativa completamente a enzima).

Como alternativa a esse modelo de *encaixe induzido*, para a transição alostérica cooperativa, podemos considerar a enzima simétrica como possuidora de duas conformações possíveis, correspondendo às conformações da "enzima ativa" e da "enzima inativa" na Figura 3-60. Nesse modelo, a ligação do ligante perturba o equilíbrio "tudo ou nada" entre esses dois estados, alterando, portanto, a proporção de moléculas ativas. Esses dois modelos ilustram modelos reais de conceitos úteis.

Diversas alterações nas proteínas são induzidas por fosforilação

As proteínas são reguladas de outras formas além da ligação reversível de outras moléculas. Um segundo método que as células eucarióticas utilizam extensivamente para regular a função de uma proteína é a adição covalente de uma ou mais pequenas moléculas à cadeia lateral de seus aminoácidos. A modificação reguladora mais comum em eucariotos superiores é a adição de um grupo fosfato. Utilizaremos, portanto, a fosforilação de proteínas para ilustrar alguns dos princípios gerais envolvidos no controle da função de proteínas pela modificação das cadeias laterais de aminoácidos.

O evento da fosforilação pode afetar a proteína modificada de três maneiras importantes. Primeiro, pelo fato de o grupo fosfato carregar duas cargas negativas, a adição enzimaticamente catalisada de um grupo fosfato a uma proteína pode causar uma mudança conformacional significativa; por exemplo, pela atração de um grupo de cadeias laterais de aminoácidos carregados positivamente. Isso pode, por sua vez, afetar a ligação de novos ligantes na superfície da proteína, mudando de forma drástica a atividade da proteína. Quando uma segunda enzima remove o grupo fosfato, a proteína retorna à sua conformação original e restabelece sua atividade inicial.

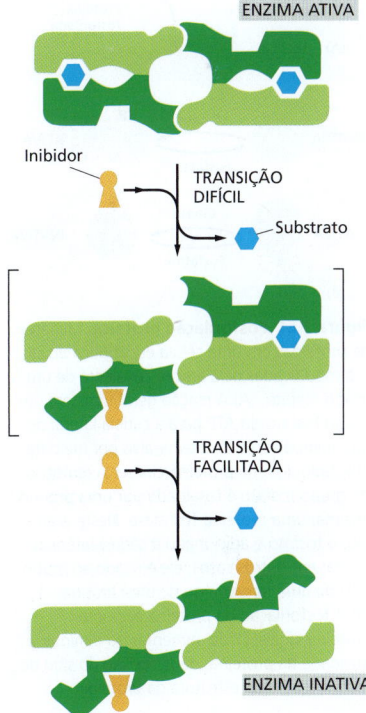

Figura 3-60 **Transição alostérica cooperativa em uma enzima composta por duas subunidades idênticas.** Este diagrama ilustra como a conformação de uma subunidade pode influenciar a conformação da subunidade adjacente. A ligação de uma única molécula de um ligante inibidor (*amarelo*) a uma das subunidades da enzima ocorre com dificuldade, pois o inibidor muda a conformação dessa subunidade, destruindo a simetria da enzima. Uma vez que essa mudança de conformação tenha ocorrido, no entanto, o ganho de energia para restaurar o pareamento simétrico entre as duas subunidades torna especialmente fácil para a segunda subunidade ligar o segundo ligante inibidor e sofrer a mesma alteração conformacional. Como a ligação da primeira molécula do ligante aumenta a afinidade de ligação com que a outra subunidade liga o mesmo ligante, a resposta da enzima a mudanças na concentração do ligante será muito mais acentuada do que a resposta de uma enzima monomérica (ver Figura 3-59 e Animação 3.10).

Segundo, a ligação de um grupo fosfato pode formar parte de uma estrutura que os sítios de ligação de outras proteínas podem reconhecer. Como discutido anteriormente, o domínio SH2 se liga a uma curta sequência peptídica que contém uma cadeia lateral de tirosina fosforilada (ver Figura 3-40B). Mais de dez outros domínios comuns apresentam sítios de ligação que permitem a ligação das proteínas que os contêm a peptídeos fosforilados em outras moléculas proteicas, cada um reconhecendo uma cadeia lateral fosforilada de aminoácidos diferente, em contextos distintos. Terceiro, a adição de um grupo fosfato pode mascarar o sítio de ligação que mantinha duas proteínas unidas, rompendo as interações proteína-proteína. Como resultado, os eventos de fosforilação e desfosforilação de proteínas têm um papel importante na regulação dos processos de associação e de dissociação de complexos proteicos (ver, p. ex., Figura 15-11).

A fosforilação reversível de proteínas controla a atividade, a estrutura e a localização celular de enzimas e de muitos outros tipos de proteínas das células eucarióticas. De fato, essa regulação é tão ampla que mais de um terço das 10 mil ou mais proteínas em uma célula típica de mamíferos pode ser fosforilado em um dado momento – muitas proteínas com mais de um fosfato. Como poderia ser esperado, a adição e a remoção de grupos fosfato em proteínas específicas muitas vezes ocorre em resposta a sinais que especificam alguma mudança no estado da célula. Por exemplo, a complicada sucessão de eventos que ocorre durante a divisão celular de eucariotos é, em grande parte, controlada por esse processo (discutido no Capítulo 17), e muitos dos sinais que medeiam as interações célula-célula são transmitidos da membrana plasmática para o núcleo por uma cascata de eventos de fosforilação de proteínas (discutido no Capítulo 15).

Uma célula eucariótica contém uma ampla coleção de proteínas-cinase e proteínas-fosfatase

A fosforilação de proteínas envolve a transferência enzimática do grupo fosfato terminal de uma molécula de ATP para uma hidroxila da cadeia lateral dos aminoácidos de serina, de treonina ou de tirosina na proteína (**Figura 3-61**). Uma **proteína-cinase** catalisa essa reação, e a reação é essencialmente unidirecional, devido à grande quantidade de energia livre liberada quando a ligação fosfato-fosfato do ATP é quebrada para produzir ADP (discutido no Capítulo 2). Uma **proteína-fosfatase** catalisa a reação inversa de remoção do grupo fosfato, ou *desfosforilação*. As células contêm centenas de proteínas-cinase diferentes, cada uma responsável pela fosforilação de uma proteína diferente ou de um conjunto de proteínas. Há também muitas proteínas-fosfatase diferentes; algumas delas são altamente específicas e removem grupos fosfato de apenas uma ou poucas proteínas, enquanto outras agem sobre um amplo espectro de proteínas e são direcionadas a substratos específicos por meio de subunidades reguladoras. O estado de fosforilação de uma proteína em um dado momento, bem como sua atividade, dependerá das atividades relativas das proteínas-cinase e proteínas-fosfatase que agem sobre ela.

As proteínas-cinase que fosforilam outras proteínas nas células eucarióticas pertencem a uma grande família de enzimas que compartilham uma sequência catalítica (cinase) de 290 aminoácidos. Os vários membros da família contêm diferentes sequências de aminoácidos em ambas as terminações da sequência cinase (p. ex., ver Figura 3-10) e frequentemente possuem curtas sequências de aminoácidos inseridas em alças. Algumas dessas sequências de aminoácidos adicionais permitem que cada cinase reconheça um grupo específico das proteínas a serem fosforiladas ou ligue-se a estruturas que se localizam em regiões específicas da célula. Outras partes da proteína permitem a regulação da atividade de cada cinase, podendo, assim, ser ativada e desativada em resposta a diferentes sinais específicos, como descrito a seguir.

Comparando-se o número de diferentes sequências de aminoácidos entre os vários membros de uma família de proteínas, pode-se construir uma "árvore evolutiva" que aparentemente reflete o padrão de duplicação e divergência dos genes que originaram a família. A **Figura 3-62** mostra uma árvore evolutiva de proteínas-cinase. As cinases com funções relacionadas frequentemente localizam-se em ramos próximos da árvore: as proteínas-cinase envolvidas na sinalização celular e que fosforilam cadeias laterais de tirosina, por exemplo, estão todas agrupadas no canto superior esquerdo da árvore. As outras cinases mostradas fosforilam cadeias laterais de resíduos de serina ou de treoni-

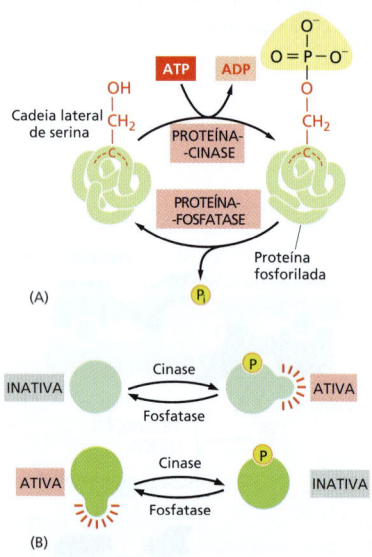

Figura 3-61 Fosforilação proteica. Milhares de proteínas em uma célula eucariótica típica são modificadas pela adição covalente de um grupo fosfato. (A) A reação geral transfere um grupo fosfato do ATP para a cadeia lateral de um aminoácido da proteína-alvo por meio de atividade de uma proteína-cinase. A remoção do grupo fosfato é catalisada por uma segunda enzima, uma proteína-fosfatase. Neste exemplo, o fosfato é adicionado à cadeia lateral da serina; em outros casos, ele é ligado ao grupo -OH de uma treonina ou de uma tirosina. (B) A fosforilação da proteína por uma proteína-cinase pode aumentar ou diminuir a atividade da proteína, dependendo do sítio de fosforilação e da estrutura da proteína.

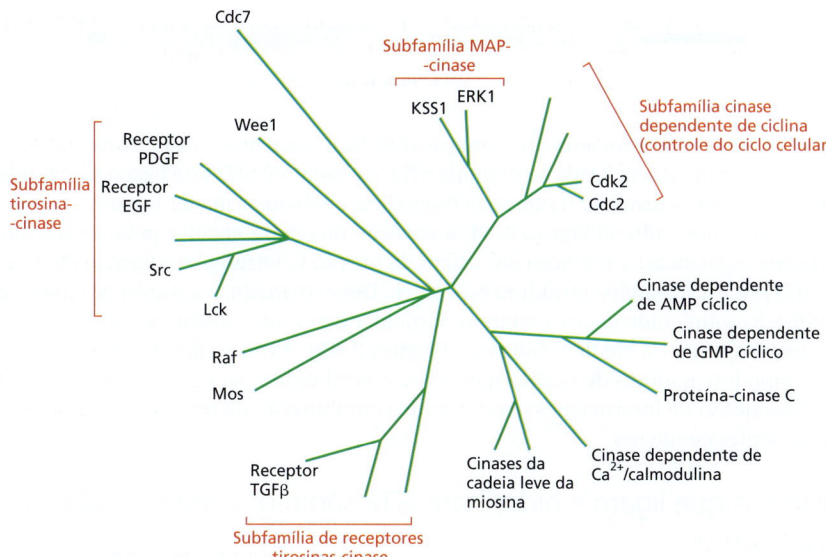

Figura 3-62 **Árvore evolutiva de algumas proteínas-cinase selecionadas.** Uma célula de um organismo eucarioto superior contém centenas dessas enzimas, e o genoma humano codifica mais de 500 dessas moléculas. Observe que apenas algumas dessas moléculas, aquelas discutidas neste livro, estão representadas.

na, e muitas estão organizadas em grupos que parecem refletir sua função – na transdução de sinais transmembrana, na amplificação de sinais intracelulares, no controle do ciclo celular, e assim por diante.

Como resultado da atividade combinada de proteína-cinase e proteína-fosfatase, os grupos fosfato das proteínas estão continuamente sendo adicionados e, em seguida, rapidamente removidos. Tais ciclos de fosforilação podem parecer desperdícios para a célula, mas são importantes, pois permitem que as proteínas fosforiladas passem rapidamente de um estado a outro: quanto mais rápido ocorre o ciclo, mais depressa a população de moléculas da proteína pode mudar seu estado de fosforilação em resposta a um estímulo repentino, que altera sua taxa de fosforilação (ver Figura 15-14). A energia necessária para a manutenção desse ciclo vem da energia livre da hidrólise do ATP, com uma molécula sendo consumida a cada evento de fosforilação.

A regulação da proteína-cinase Src revela como uma proteína pode atuar como um microprocessador

As centenas de diferentes proteínas-cinase de uma célula eucariótica são organizadas em complexas redes de vias de sinalização que ajudam a coordenar as atividades da célula, controlar o ciclo celular e retransmitir sinais dentro do ambiente celular. Muitos dos sinais extracelulares envolvidos precisam ser integrados e amplificados pela célula. As proteínas-cinase individuais (e outras proteínas sinalizadoras) servem como dispositivos de ativação-desativação, ou "microprocessadores", no processo de integração. Uma parte importante da ativação dessas proteínas de processamento de sinais vem do controle exercido pela adição e pela remoção de grupos fosfato a essas proteínas, realizadas pelas proteínas-cinase e proteínas-fosfatase, respectivamente.

A família Src de proteínas-cinase (ver Figura 3-10) exibe tal comportamento. A *proteína Src* (pronuncia-se "sarc", denominada pelo tipo de tumor causado pela sua desregulação, o sarcoma) foi a primeira tirosina-cinase a ser descoberta. Sabe-se hoje que ela faz parte de uma subfamília de nove proteínas-cinase semelhantes, somente encontradas em animais multicelulares. Como indicado pela árvore evolutiva na Figura 3-62, as comparações das sequências sugerem que as tirosinas-cinase, como um grupo, são uma inovação relativamente recente que se separou das serinas/treoninas-cinase, sendo a subfamília Src apenas um subgrupo das tirosinas-cinase assim originadas.

As proteínas Src e suas homólogas contêm uma região N-terminal curta que se torna covalentemente ligada a um ácido graxo fortemente hidrofóbico e que mantém a cinase na face citoplasmática da membrana. A seguir, na sequência linear de aminoácidos, encontram-se dois domínios de ligação a peptídeos, um domínio de homologia à Src 3 (SH3), e um domínio SH2, seguidos por um domínio cinase catalítico (**Figura 3-63**). Essas cinases

Figura 3-63 A estrutura do domínio da família Src de proteínas-cinase, mapeada ao longo da sequência de aminoácidos. Para a estrutura tridimensional da proteína Src, ver Figura 3-13.

normalmente existem em uma conformação inativa, na qual uma tirosina fosforilada próxima ao C-terminal está ligada ao domínio SH2, e o domínio SH3 está ligado ao peptídeo interno, de modo a distorcer o sítio ativo da enzima, ajudando a mantê-la inativa.

Como mostrado na **Figura 3-64**, a ativação da cinase envolve pelo menos duas ativações específicas: a remoção do fosfato da porção C-terminal e a ligação do domínio SH3 por uma proteína ativadora específica. Dessa maneira, a ativação da cinase Src significa a completude de um conjunto particular de eventos distintos, localizados em um nível superior da via de sinalização (**Figura 3-65**). Assim, a família de cinases Src atua como integradores de sinais específicos, contribuindo para os eventos da rede de processamento de informações que permite a combinação de respostas úteis à célula em diferentes condições.

Proteínas que ligam e hidrolisam GTP são reguladores celulares onipresentes

Temos descrito como a adição e a remoção de grupos fosfato a uma proteína pode ser utilizada pela célula para controlar a atividade da proteína. No exemplo discutido anteriormente, uma cinase transfere uma molécula de ATP para a cadeia lateral de um aminoácido da proteína-alvo. As células eucarióticas também possuem outro meio de controlar a atividade de uma proteína pela adição e remoção de grupos fosfato. Nesse caso, o fosfato não é ligado diretamente à proteína, ele faz parte do nucleotídeo guanina, GTP, que se liga com alta afinidade a uma classe de proteínas chamada *proteínas de ligação ao GTP*. Em geral, as proteínas reguladas dessa forma estão na sua conformação ativa quando ligadas a GTP. A perda do grupo fosfato ocorre quando o GTP ligado é hidrolisado a guanosina difosfato (GDP, *guanosine diphosphate*) em uma reação catalisada pela própria proteína, e no estado ligado ao GDP a proteína está inativa. Assim, proteínas que ligam GTP são dispositivos de ativação-inativação cuja atividade é determinada pela presença ou ausência de um fosfato adicional na molécula de GDP ligada (**Figura 3-66**).

As **proteínas de ligação ao GTP** (também chamadas de **GTPases** devido à hidrólise do GTP que elas catalisam) compreendem uma grande família de proteínas que apresentam variações no mesmo domínio globular de ligação ao GTP. Quando uma molécula de GTP ligada com alta afinidade à enzima é hidrolisada em GDP, esse domínio sofre uma alteração conformacional que inativa a proteína. A estrutura tridimensional de um membro típico dessa família, a GTPase monomérica denominada Ras, é mostrada na **Figura 3-67**.

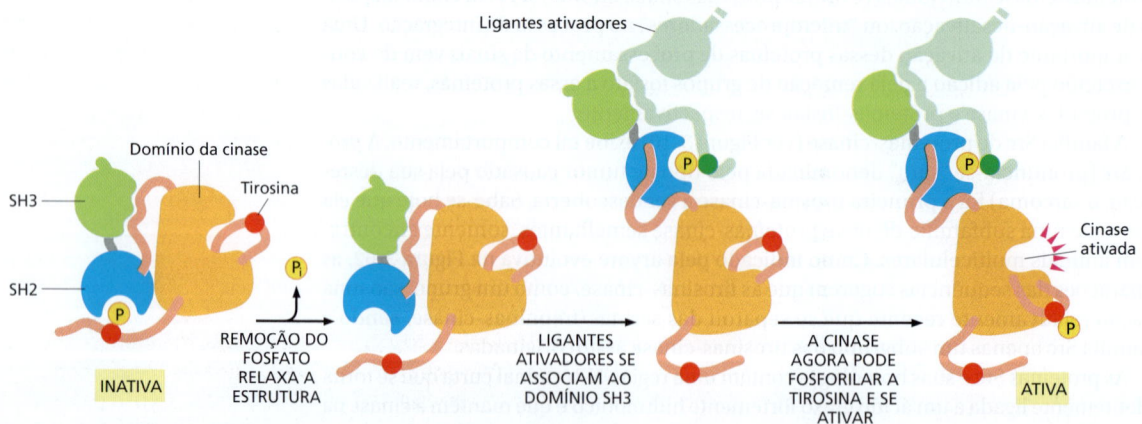

Figura 3-64 A ativação de uma proteína-cinase do tipo Src por dois eventos sequenciais. Conforme descrito no texto, a necessidade de múltiplos eventos anteriores para o desencadeamento do processo de ativação permite que uma cinase atue como um integrador de sinais (Animação 3.11). (Adaptada de S.C. Harrison et al., *Cell* 112:737–740, 2003. Com permissão de Elsevier.)

Figura 3-65 Como uma proteína-cinase tipo Src atua como um integrador de sinais. A interrupção de uma interação de inibição, representada pelo domínio SH3 (*verde*) ocorre quando sua ligação à região conectora, representada *em laranja*, é substituída pela ligação de alta afinidade de um ativador.

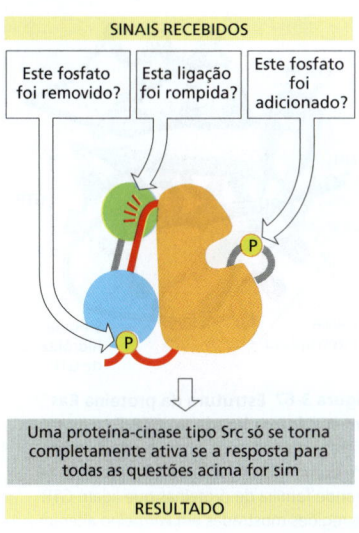

A *proteína Ras* tem um importante papel na sinalização celular (discutido no Capítulo 15). Na sua forma ligada a GTP, ela é ativa e estimula uma cascata de fosforilação de proteínas na célula. Na maior parte do tempo, no entanto, essa proteína se encontra na sua forma inativa, ligada à GDP. Ela se torna ativa quando troca seu GDP por uma molécula de GTP em resposta a sinais extracelulares, como fatores de crescimento, que se ligam aos receptores da membrana plasmática (ver Figura 15-47).

As proteínas reguladoras GAP e GEF controlam a atividade de proteínas de ligação ao GTP por determinar se uma molécula de GTP ou de GDP está ligada

As proteínas de ligação ao GTP são controladas por proteínas reguladoras que determinam se o GTP ou o GDP está ligado, da mesma maneira que proteínas fosforiladas são ativadas e inativadas por proteínas-cinase e proteínas-fosfatase. Assim, a proteína Ras é inativada pela *proteína ativadora de GTPase* (*GAP, GTPase-activating protein*), a qual se liga à proteína Ras e induz a hidrólise de sua molécula de GTP a GDP – que permanece ligado com alta afinidade – e a fosfato inorgânico (P_i) – que é rapidamente dissociado. A proteína Ras permanece em seu estado inativo na conformação com o GDP ligado até que ela encontre um *fator de troca do nucleotídeo guanina* (*GEF, guanine nucleotide exchange factor*), que se liga a GDP-Ras e ela liberar seu GDP. Como o sítio vazio de ligação do nucleotídeo é imediatamente preenchido por uma molécula de GTP (GTP está presente em maior concentração em relação ao GDP nas células), o GEF ativa a Ras *indiretamente* pela adição do fosfato removido pela hidrólise de GTP. De certo modo, as funções de GAP e de GEF são análogas àquelas das proteínas-fosfatase e proteínas-cinase, respectivamente (**Figura 3-68**).

Proteínas podem ser reguladas pela adição covalente de outras proteínas

As células contêm uma família especial de pequenas proteínas cujos membros são adicionados de modo covalente a outras proteínas e determinam a atividade, ou destino, dessa proteína a qual se ligam. Em cada caso, a terminação carboxila de pequena proteína se liga ao grupo amino de uma cadeia lateral de lisina da "proteína-alvo" por meio de uma ligação isopeptídica. A primeira dessas proteínas a ser descoberta, e também a que é utilizada com maior frequência, é a **ubiquitina** (**Figura 3-69A**). A ubiquitina pode ser ligada à proteína-alvo de modo covalente de diferentes formas, com diferentes significados para a célula. A forma mais frequente de ligação de ubiquitina dá origem a cadeias de *poliubiquitina* na qual, uma vez que a primeira molécula de ubiquitina tenha sido ligada à proteína-alvo, cada molécula subsequente de ubiquitina se liga ao resíduo de Lis48 da ubiquitina anterior, formando uma cadeia de moléculas de ubiquitina ligadas ao resíduo Lis48 e conectadas a uma única cadeia lateral de lisina da proteína-alvo. Essa forma de poliubiquitina promove o deslocamento da proteína-alvo para o interior de um proteassomo, onde ela é digerida em pequenos peptídeos (ver Figura 6-84). Em outros exemplos, apenas uma molécula de ubiquitina é adicionada à proteína-alvo. Algumas proteínas-alvo são ainda modificadas por cadeias diferentes de poliubiquitina. Essas modificações têm diferentes consequências funcionais para a proteína marcada (**Figura 3-69B**).

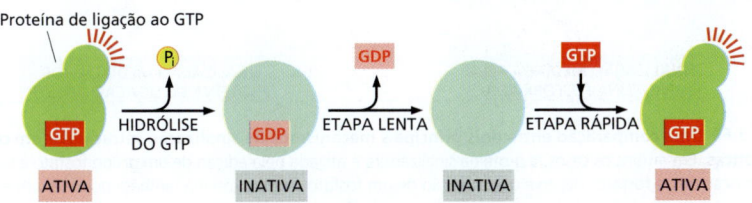

Figura 3-66 Proteínas de ligação ao GTP enquanto interruptores moleculares. A atividade da proteína de ligação ao GTP (também chamada de GTPase) geralmente requer a presença de uma molécula de GTP fortemente ligada (interruptor ligado). A hidrólise dessa molécula de GTP pela proteína de ligação ao GTP produz GDP e fosfato inorgânico (P_i), e induz a conversão da proteína em uma conformação distinta, geralmente inativa. A ativação do interruptor requer a dissociação do GDP de alta afinidade. Essa etapa é lenta e pode ser acelerada por sinais específicos; uma vez que o GDP é dissociado, uma molécula de GTP se liga à proteína de forma rápida.

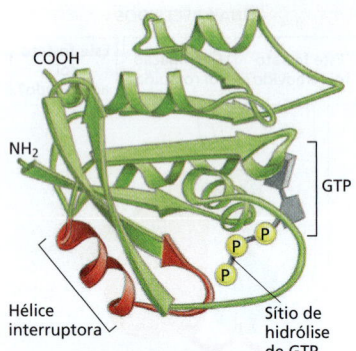

Figura 3-67 Estrutura da proteína Ras em sua forma ligada ao GTP. Essa proteína GTPase monomérica ilustra a estrutura de um domínio de ligação de GTP, presente na grande família de proteínas que ligam GTP. As regiões mostradas em *vermelho* alteram sua conformação quando a molécula de GTP é hidrolisada a GDP e a fosfato inorgânico; o GDP permanece ligado à proteína, enquanto o fosfato inorgânico é liberado. A função principal da "hélice interruptora" nas proteínas relacionadas a Ras é explicada no texto (ver Figura 3-72 e Animação 15.7).

Estruturas semelhantes são formadas quando outro membro da família de ubiquitina, como a proteína SUMO (do inglês, *small ubiquitin-related modifier*), é adicionado de modo covalente à cadeia lateral de um resíduo de lisina da proteína-alvo. Conforme esperado, todas essas modificações são reversíveis. As células possuem grupos de enzimas que promovem a adição e a remoção de ubiquitina (e de proteína SUMO) e que agem sobre esses complexos covalentes, desempenhando papéis análogos aos das proteínas-cinase e proteínas-fosfatase que adicionam e removem grupos fosfato das cadeias laterais de proteínas.

Um sistema complexo de conjugação de ubiquitinas é utilizado para marcar proteínas

Como as células selecionam as proteínas-alvo para a adição de ubiquitinas? Na etapa inicial, a terminação carboxila da ubiquitina deve ser ativada. Essa ativação ocorre quando uma proteína denominada *enzima de ativação de ubiquitina* (E1) utiliza a energia da hidrólise de uma molécula de ATP para se ligar à ubiquitina por meio de uma ligação covalente de alta energia (uma ligação tioéster). Então, a enzima E1 transfere essa molécula de ubiquitina ativada para um conjunto de enzimas de *conjugação de ubiquitinas* (E2), cada qual atuando em conjunto com um grupo de proteínas acessórias (E3), denominadas **ubiquitinas-ligase**. Existem aproximadamente 30 enzimas E2 distintas – mas estruturalmente similares – nos mamíferos, e centenas de proteínas E3 diferentes que formam complexos com enzimas E2 específicas.

A **Figura 3-70** ilustra como esse processo é utilizado para a marcação de proteínas para a degradação no proteassomo. (Mecanismos semelhantes são utilizados para a ligação de ubiquitina, e SUMO, a outros tipos de proteínas-alvo.) Aqui, a ubiquitina-ligase se liga às moléculas específicas de sinalização de degradação, chamadas *degrons*, presentes nos substratos proteicos, auxiliando as enzimas E2 a formarem a cadeia de poliubiquitina ligada ao resíduo de lisina da proteína-alvo. Esta cadeia de *poliubiquitina* na proteína-alvo será, então, reconhecida para um receptor específico no proteassomo, promovendo a degradação da proteína-alvo. As ubiquitinas-ligase distintas reconhecem diferentes sinais de degradação, marcando diferentes subconjuntos de proteínas intracelulares para a degradação, frequentemente em resposta a sinais específicos (ver Figura 6-86).

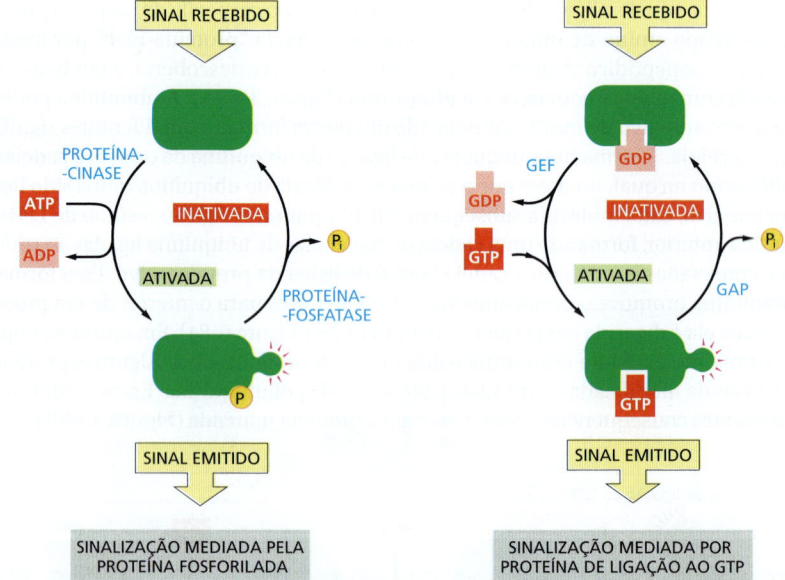

Figura 3-68 Uma comparação entre dois principais mecanismos de sinalização intracelular em células eucarióticas. Em ambos os casos, a proteína sinalizadora é ativada pela adição de um grupo fosfato e inativada pela remoção desse fosfato. Observe que a adição de um fosfato a uma proteína também pode ter um efeito inibitório. (Adaptada de E.R. Kantrowitz e W.N. Lipscomb, *Trends Biochem. Sci.* 15:53–59, 1990.)

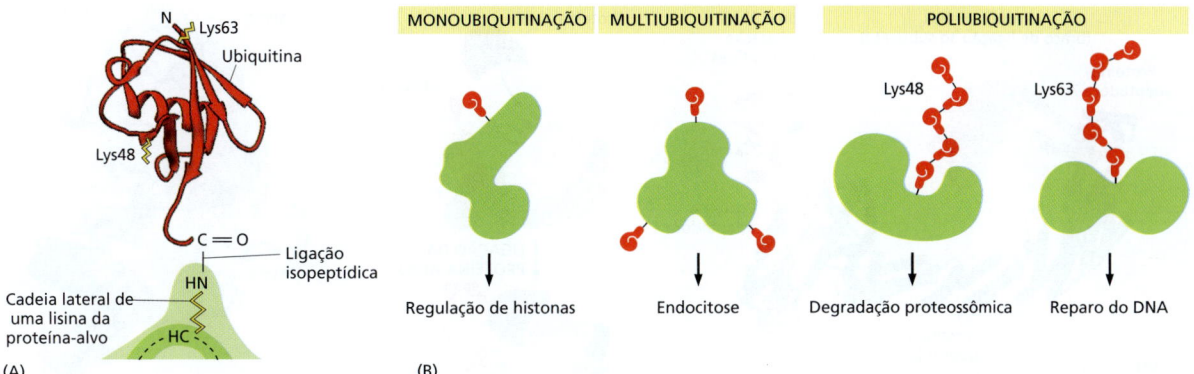

Figura 3-69 Marcação de proteínas pela ubiquitina. (A) Estrutura tridimensional da ubiquitina, uma pequena proteína composta por 76 aminoácidos. Uma família específica de enzimas promove a ligação da terminação carboxila da ubiquitina à cadeia lateral de um resíduo de lisina da proteína-alvo, formando uma ligação isopeptídica. (B) Alguns padrões de modificação com significados específicos para a célula. Observe que os dois tipos de poliubiquitinação diferem na forma como as moléculas de ubiquitina estão unidas. A ligação por intermédio da Lys48 direciona a proteína-alvo para a degradação pelo proteassomo (ver Figura 6-84), e a ligação feita pela Lys63 apresenta outros significados. As marcações com ubiquitina são "lidas" por proteínas que reconhecem especificamente cada tipo de modificação.

Complexos proteicos com partes intercambiáveis aumentam a eficiência da informação genética

A *ubiquitina-ligase SCF* é um complexo proteico que se liga a diferentes "proteínas-alvo" em momentos distintos do ciclo celular, adicionando covalentemente cadeias poliubiquitina a seus alvos. Essa estrutura com formato semicircular é composta por cinco subunidades proteicas, nas quais a maior delas atua como estrutura base sobre a qual o restante do complexo é formado. A estrutura revela um mecanismo notável (**Figura 3-71**). Em uma das terminações da estrutura semicircular, está localizada a enzima E2 de conjugação de ubiquitina. Na outra extremidade, localiza-se um braço de ligação de substrato, a subunidade conhecida como *proteína F-box*. Essas duas subunidades são separadas em uma distância de 5 nm. Quando o complexo proteico é ativado, a proteína F-box se liga a um local específico da proteína-alvo, posicionando essa proteína no espaço entre as duas extremidades da estrutura semicircular, de forma que algumas das suas cadeias laterais de lisina entrem em contato com a enzima de conjugação de ubiquitina. A enzima pode, então, catalisar a adição repetida de ubiquitina a essas lisinas (ver Figura 3-71C), formando as cadeias de poliubiquitina que marcam as proteínas-alvo para a degradação rápida no proteassomo.

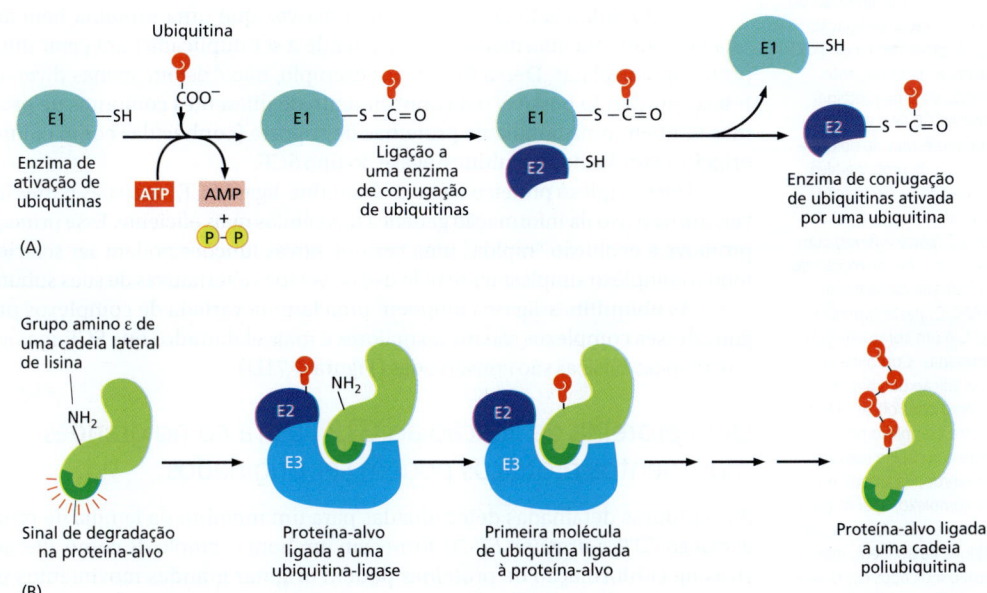

Figura 3-70 A marcação de proteínas com ubiquitina. (A) A extremidade C-terminal de uma ubiquitina é inicialmente ativada pela ligação tioéster de alta energia a uma cadeia lateral de cisteína de uma proteína E1. Essa reação requer ATP e apresenta um intermediário covalente AMP-ubiquitina. A ubiquitina ativada em E1, também chamada de enzima de ativação de ubiquitina, é, então, transferida à cisteína de uma molécula E2. (B) A adição de uma cadeia poliubiquitina a uma proteína-alvo. Nas células de mamíferos, existem centenas de complexos E2-E3 distintos. As enzimas E2 são denominadas enzimas de conjugação de ubiquitina. As enzimas E3 são chamadas de ubiquitinas-ligase. (Adaptada de D.R. Knighton et al., *Science* 253:407–414, 1991.)

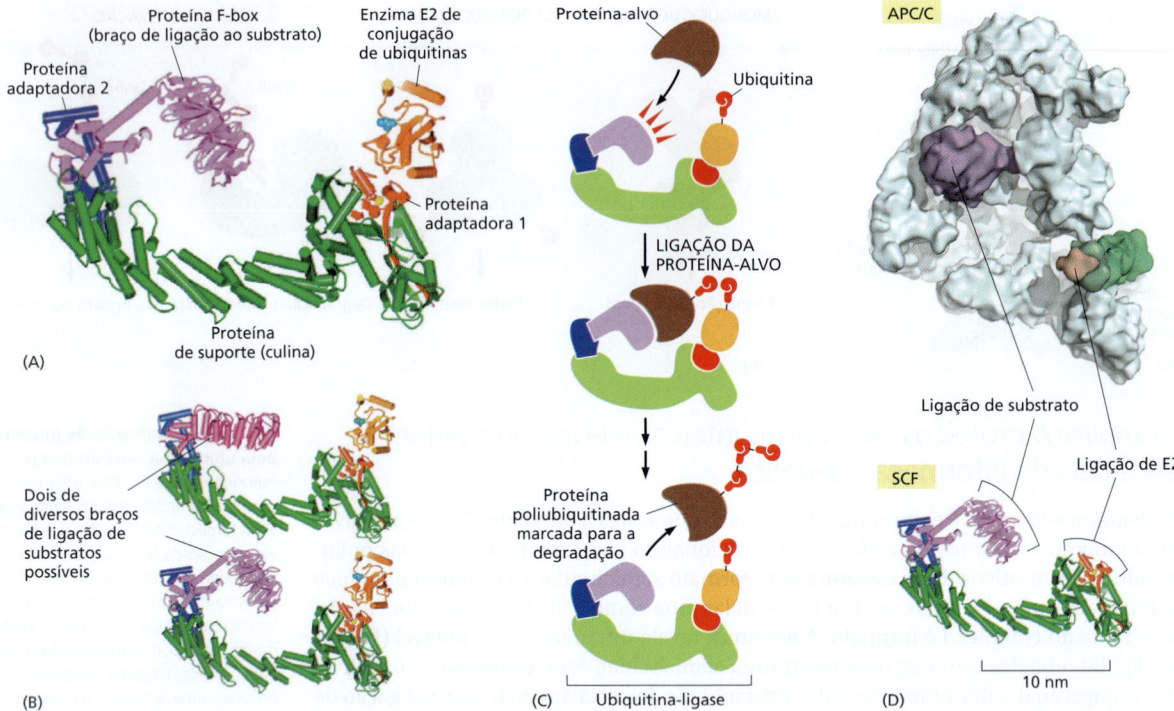

Figura 3-71 Estrutura e modo de ação da ubiquitina-ligase SCF. (A) Estrutura do complexo de cinco subunidades da ubiquitina-ligase, incluindo a enzima E2 de conjugação de ubiquitina. Quatro proteínas compõem a região E3. A proteína representada aqui como proteína adaptadora 1 é a proteína Rbx/Hrt1, a proteína adaptadora 2 é a proteína Skp1, e a culina é a proteína Cul1. Uma das diferentes proteínas F-box completa o complexo. (B) Comparação do mesmo complexo com dois braços de ligação de substrato diferentes, as proteínas F-box Skp2 (*acima*) e β-trCP1 (*abaixo*), respectivamente. (C) Ligação e ubiquitinação de uma proteína-alvo pela ubiquitina-ligase SCF. Se, conforme indicado, uma cadeia de moléculas de ubiquitina é adiciona à mesma lisina da proteína-alvo, essa proteína fica marcada para a destruição rápida pelo proteassomo. (D) Comparação da estrutura do complexo SCF (*parte inferior*) com a imagem de microscopia de baixa resolução de uma ubiquitina-ligase chamada de complexo promotor de anáfase (APC/C; *parte superior*), em mesma escala. APC/C é um complexo grande composto por 15 proteínas. Conforme discutido no Capítulo 17, a adição de ubiquitinas mediada por esse complexo controla as etapas posteriores da mitose. Esse complexo possui relação evolutiva distante com SCF e possui uma subunidade culina (*verde*) localizada na região lateral direita do complexo, apenas parcialmente visível nesta orientação. As proteínas E2 não estão representadas na imagem, mas seus sítios de ligação estão indicados em *laranja*, assim como os sítios de ligação ao substrato, em *lilás*. (A e B, adaptada de G. Wu et al., *Mol. Cell* 11:1445–1456, 2003. Com permissão de Elsevier; D, adaptada de P. da Fonseca et al., *Nature* 470:274–278, 2011. Com permissão de Macmillan Publishers Ltd.)

Dessa forma, proteínas específicas são marcadas para uma degradação rápida em resposta a sinais específicos, colaborando no andamento do ciclo celular (discutido no Capítulo 17). Com frequência, a marcação para a destruição envolve a criação de um padrão específico de fosforilação na proteína-alvo, necessário para o seu reconhecimento pela subunidade F-box. A marcação também requer a ativação de uma ubiquitina-ligase SCF que contenha o braço de ligação ao substrato apropriado. Muitos desses braços (as subunidades F-box) são intercambiáveis no complexo proteico (ver Figura 3-71B), e existem mais de 70 genes humanos que os codificam.

Como enfatizado anteriormente, uma vez que uma proteína bem adaptada tenha evoluído, sua informação genética tende a ser duplicada para gerar uma família de proteínas correlatas. Dessa forma, por exemplo, não existem apenas diversas proteínas F-box – tornando possível o reconhecimento de diferentes conjuntos de proteínas-alvo, mas também uma família de proteínas de suporte (conhecidas como culinas) que deu origem à família de ubiquitinas-ligase do tipo SCF.

Um complexo proteico como a ubiquitina-ligase SCF, com suas partes intercambiáveis, torna o uso da informação genética nas células mais eficiente. Esse princípio também promove a evolução "rápida", uma vez que novas funções podem ser selecionadas para todo o complexo simplesmente pelo uso de versões alternativas de suas subunidades.

As ubiquitinas-ligase compõem uma família variada de complexos proteicos. Alguns desses complexos são muito maiores e mais elaborados que SCF, mas suas funções enzimáticas básicas são conservadas (Figura 3-71D).

Uma proteína de ligação ao GTP ilustra como grandes movimentos proteicos podem ser originados

As estruturas detalhadas determinadas para um membro da família de proteínas de ligação ao GTP, a *proteína EF-Tu*, fornecem um bom exemplo de como alterações alostéricas na conformação de proteínas podem originar grandes movimentos por meio da amplificação de pequenas alterações conformacionais localizadas. Como será discutido no Capítulo 6, a EF-Tu é uma molécula abundante que serve como um fator de alongamento (EF, *elongation factor*) na síntese de proteínas, levando cada aminoacil-tRNA (RNA transportador) para o ribossomo. EF-Tu contém um domínio semelhante à Ras (ver Figura 3-67), e a molécula de tRNA forma um complexo de alta afinidade com a

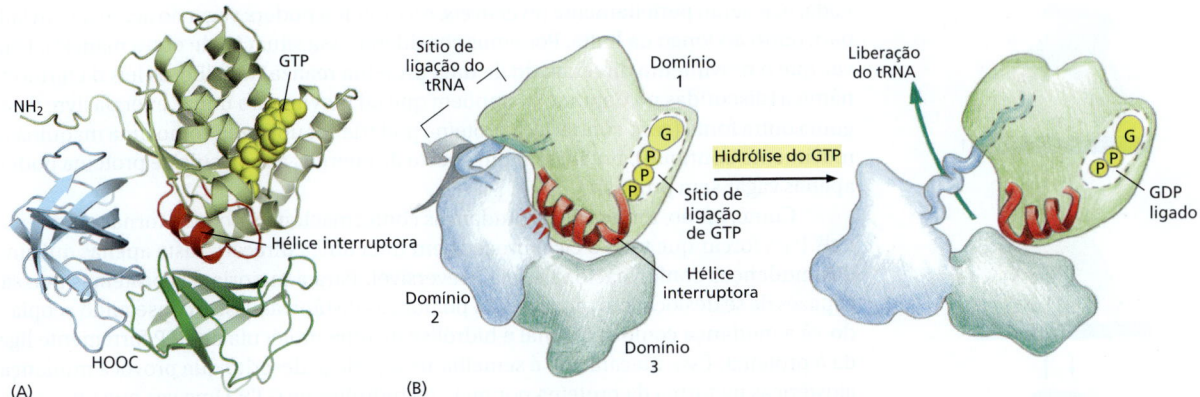

Figura 3-72 Grande mudança conformacional da EF-Tu causada pela hidrólise de GTP. (A e B) Estrutura tridimensional de EF-Tu ligada ao GTP. O domínio na parte superior da figura tem uma estrutura similar à da proteína Ras, e sua α-hélice em *vermelho* é a hélice "interruptora", que se move após a hidrólise do GTP. (C) A alteração na conformação da hélice "interruptora" do domínio 1 permite que os domínios 2 e 3 girem como uma unidade, cerca de 90° na direção do observador, o que libera o tRNA, ligado à estrutura (ver também Figura 3-73). (A, adaptada de H. Berchtold et al., *Nature* 365:126–132, 1993. Com permissão de Macmillan Publishers Ltd. B, cortesia de Mathias Sprinzl e Rolf Hilgenfeld. Código PDB: 1EFT.)

forma ligada ao GTP. Essa molécula de tRNA pode transferir seu aminoácido à cadeia polipeptídica nascente apenas após a hidrólise e dissociação do GTP ligado à EF-Tu. Uma vez que essa hidrólise de GTP é induzida por um ajuste próprio do tRNA à molécula de RNA mensageiro (mRNA) no ribossomo, a EF-Tu serve como um fator de discriminação entre pareamentos corretos e incorretos de mRNA e tRNA (ver Figura 6-65).

Pela comparação da estrutura tridimensional de EF-Tu em suas formas ligadas a GTP e a GDP, podemos ver como acontece o reposicionamento do tRNA. A dissociação do grupo P_i, que ocorre na reação GTP → GDP + P_i, causa a mudança de alguns décimos de nanômetros no sítio de ligação de GTP, assim como o faz na proteína Ras. Esse sutil movimento, equivalente a algumas vezes o diâmetro de um átomo de hidrogênio, causa uma mudança conformacional que se propaga ao longo de um segmento crucial de α-hélice, chamado de *hélice interruptora*, no domínio do tipo Ras da proteína. A hélice interruptora parece servir como uma dobradiça que se liga a um sítio específico de outro domínio da molécula, mantendo a proteína em uma "conformação fechada". A mudança conformacional desencadeada pela hidrólise de GTP promove a dissociação da hélice interruptora, permitindo que os domínios separados da proteína possam se afastar, em uma distância de cerca de 4 nm (**Figura 3-72**). Isso libera a molécula de tRNA, possibilitando que o aminoácido ligado a ela seja utilizado (**Figura 3-73**).

Pode-se observar, por esse exemplo, como as células exploram uma simples mudança química que ocorre na superfície de um pequeno domínio proteico para criar um movimento 50 vezes maior. As mudanças conformacionais drásticas desse tipo também ocorrem nas proteínas motoras, como discutiremos a seguir.

As proteínas motoras geram grandes movimentos nas células

Já vimos como mudanças conformacionais nas proteínas têm um papel central na regulação de enzimas e na sinalização celular. Vamos discutir agora as proteínas cuja função principal é mover outras moléculas. Essas **proteínas motoras** geram as forças responsáveis pela contração muscular e também pelos movimentos celulares como rastejamento e nado. As proteínas motoras também realizam movimentos sutis no interior das células: ajudam a mover os cromossomos para os polos opostos da célula durante a mitose (discutido no Capítulo 17), movimentam organelas ao longo de trilhas moleculares dentro da célula (discutido no Capítulo 16) e deslocam enzimas ao longo da fita de DNA durante a síntese de uma nova molécula de DNA (discutido no Capítulo 5). Todos esses processos fundamentais dependem de proteínas que operam como máquinas geradoras de força.

Como essas máquinas trabalham? Em outras palavras, como as células utilizam mudanças na forma das proteínas para gerar movimentos ordenados? Se, por exemplo, uma proteína precisa mover-se ao longo de uma linha estreita como a fita de DNA, ela poderá fazê-lo passando por uma série de mudanças conformacionais, como ilustrado na **Figura 3-74**. No entanto, sem a orientação dessas mudanças em uma sequência orde-

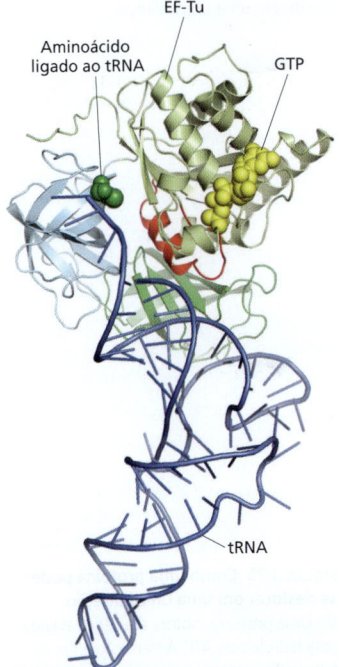

Figura 3-73 Molécula de aminoacil-tRNA ligada a EF-Tu. Observe que a proteína ligada bloqueia o uso do aminoácido ligado ao tRNA (*verde*) para a síntese de proteínas até que hidrólise do GTP desencadeie as alterações conformacionais mostradas na Figura 3-72C, promovendo a dissociação do complexo proteína-tRNA. EF-Tu é uma proteína bacteriana; entretanto, proteínas muito similares existem em eucariotos, nos quais são chamadas de EF-1. (Animação 3.12) (Coordenadas determinadas por P. Nissen et al., *Science* 270:1464–1472, 1995. Código PDB: 1B23.)

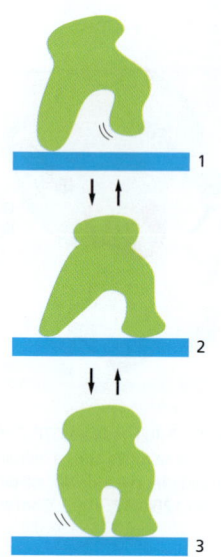

Figura 3-74 Deslocamento de uma proteína alostérica. Apesar das suas três diferentes conformações permitirem que ela se mova aleatoriamente para frente e para trás, enquanto ligada a um filamento, a proteína não pode se mover uniformemente em uma única direção.

nada, elas serão perfeitamente reversíveis, e a proteína poderá vagar ao acaso de um lado para outro ao longo da linha. Podemos considerar essa situação de outra maneira. Uma vez que o movimento direcionado de uma proteína realiza trabalho, as leis da termodinâmica (discutidas no Capítulo 2) impõem que tal movimento utilize energia livre de alguma outra fonte (caso contrário, a proteína poderia ser utilizada como uma máquina de movimento contínuo). Então, sem um aporte de energia, a molécula de proteína poderá apenas vagar sem propósito.

Como, então, uma série de mudanças conformacionais pode se tornar unidirecional? Para forçar que todo o ciclo proceda em uma única direção, basta apenas que uma das mudanças conformacionais seja irreversível. Para a maioria das proteínas que são capazes de se deslocar em uma direção por longas distâncias, isso é conseguido acoplando-se a mudança conformacional à hidrólise de uma molécula de ATP fortemente ligada à proteína. Esse mecanismo é semelhante àquele já descrito que provoca mudanças alostéricas na forma da proteína por meio da hidrólise de GTP. Uma vez que uma quantidade razoável de energia livre é liberada quando o ATP (ou GTP) é hidrolisado, é pouco provável que uma proteína que liga nucleotídeos sofra uma mudança conformacional reversível, já que isso implicaria também na reversão da hidrólise de ATP, adicionando-se um grupo fosfato ao ADP para formar ATP.

No modelo mostrado na **Figura 3-75A**, a ligação de ATP a uma proteína motora promove a transição da conformação 1 para a conformação 2. O ATP ligado é então hidrolisado para produzir ADP e P_i, causando a mudança da conformação 2 para a conformação 3. Finalmente, a liberação do ADP e do P_i para o meio leva a proteína de volta à conformação 1. Uma vez que a transição 2 → 3 é promovida pela energia derivada da hidrólise do ATP, essa série de mudanças conformacionais será efetivamente irreversível. Assim, o ciclo inteiro acontecerá em uma única direção, fazendo a proteína se deslocar continuamente para a direita nesse exemplo.

Diversas proteínas motoras geram movimentos direcionados pelo uso de polias unidirecionais, incluindo a proteína motora *miosina*, que se desloca ao longo dos filamentos

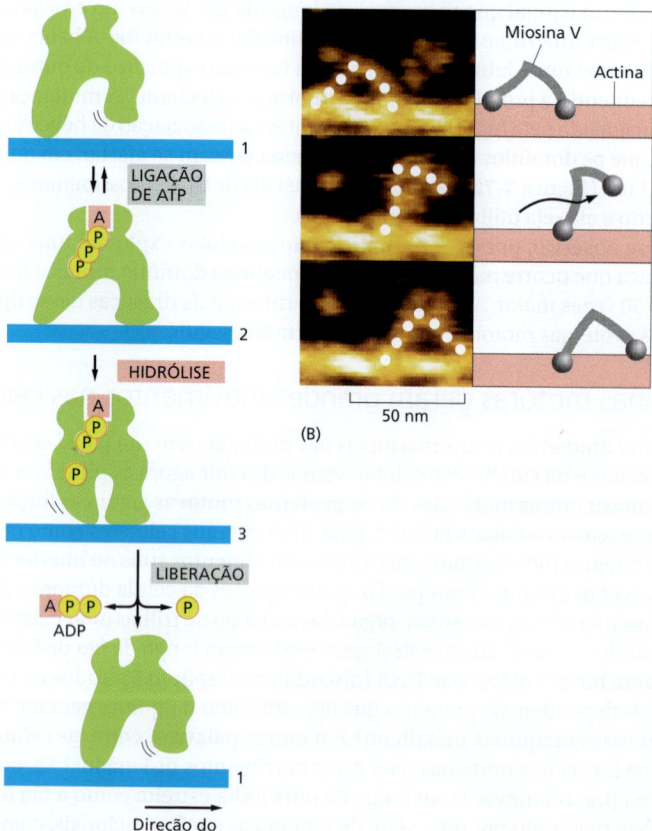

Figura 3-75 Como uma proteína pode se deslocar em uma única direção.
(A) Uma proteína motora alostérica ativada pela hidrólise de ATP. A transição entre as três conformações distintas inclui uma etapa controlada pela hidrólise de uma molécula de ATP ligada, gerando uma "polia unidirecional" que torna todo o ciclo essencialmente irreversível. Por meio de repetidos ciclos, a proteína se move continuamente para a direita ao longo do filamento. (B) Visualização direta de uma proteína motora miosina de deslocando, utilizando microscopia de força atômica de alta velocidade; o tempo transcorrido entre cada etapa é menor que 0,5 segundo (ver Animação 16.3). (B, modificada de N. Kodera et al., *Nature* 468:72–76, 2010. Com permissão de Macmillan Publishers Ltd.)

de actina (**Figura 3-75B**), e a proteína *cinesina*, que se desloca ao longo dos microtúbulos (ambas discutidas no Capítulo 16). Esses movimentos podem ser rápidos: algumas proteínas motoras envolvidas na replicação de DNA (as DNA-helicases) deslocam-se ao longo da fita de DNA a uma velocidade equivalente a mil nucleotídeos por segundo.

Os transportadores ligados à membrana utilizam energia para bombear moléculas através das membranas

Vimos, até agora, como as proteínas passam por alterações conformacionais alostéricas e podem atuar como microprocessadores (família de cinases Src), como fatores de associação (EF-Tu), e como geradores de força mecânica e movimento (proteínas motoras). As proteínas alostéricas também podem usar energia derivada da hidrólise de ATP, de gradientes iônicos ou de processos de transporte de elétrons para bombear íons específicos ou pequenas moléculas através da membrana. Iremos considerar aqui um exemplo que será discutido com mais detalhes no Capítulo 11.

Os transportadores ABC (*ATP-binding cassette transporters*) são uma importante classe de proteínas bombeadoras ligadas à membrana. Em humanos, pelo menos 48 genes codificam tais proteínas. Esses transportadores agem principalmente na exportação de moléculas hidrofóbicas do citoplasma, atuando na remoção de moléculas tóxicas na superfície da mucosa de células do trato intestinal, por exemplo, ou na barreira hematencefálica. O estudo dos transportadores ABC é de grande interesse para a área médica, pois a superprodução de proteínas dessa classe de transportadores contribui para a resistência de células tumorais a fármacos quimioterápicos. Nas bactérias, os mesmos tipos de proteínas atuam principalmente na captação de nutrientes essenciais para a célula.

Um transportador ABC típico contém um par de domínios transmembrana ligados a um par de domínios de ligação a ATP localizados logo abaixo da membrana plasmática. Assim como nos exemplos discutidos anteriormente, a hidrólise das moléculas ligadas de ATP desencadeia alterações conformacionais na proteína, transmitindo forças que fazem o transportador mover sua molécula ligada através da bicamada lipídica (**Figura 3-76**).

Os humanos inventaram diversos tipos de bombas mecânicas, e não deveria ser surpresa que as células também contenham bombas ligadas à sua membrana que funcionam de outras maneiras. Entre as mais notáveis estão as bombas rotativas que acoplam

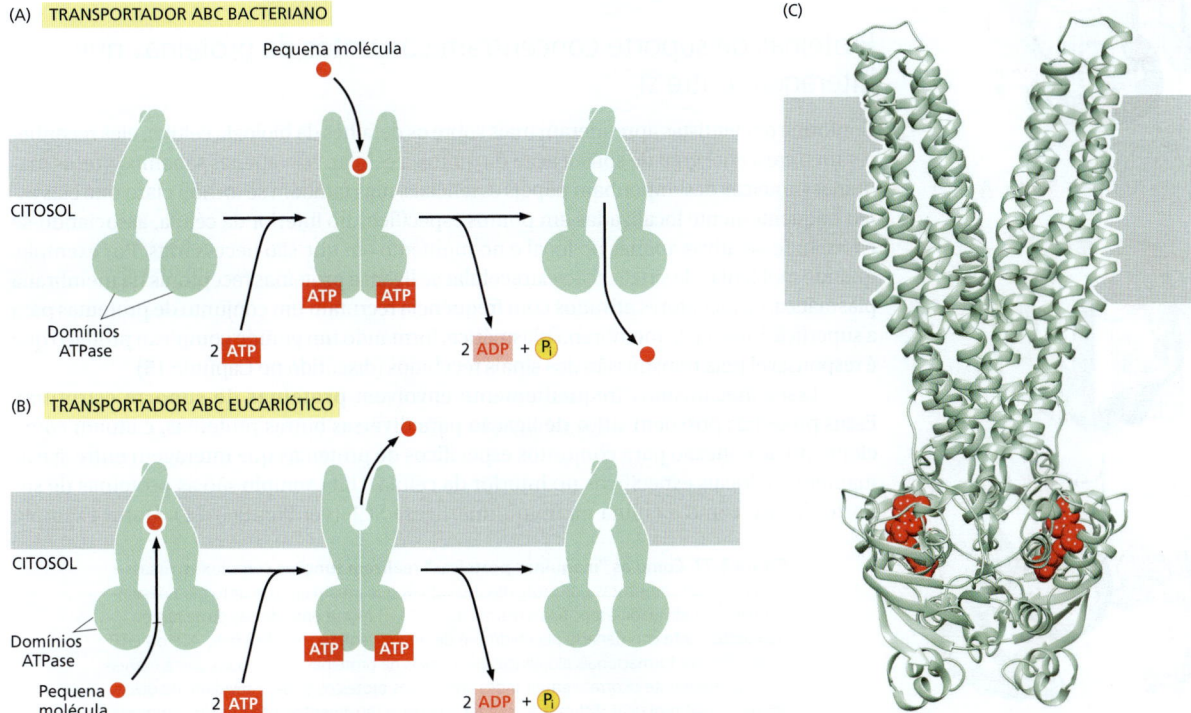

Figura 3-76 O transportador ABC, uma máquina proteica que bombeia moléculas através da membrana.
(A) Como essa grande família de transportadores bombeia moléculas para o interior de uma célula bacteriana. Conforme indicado, a ligação de duas moléculas de ATP induz a associação dos dois domínios de ligação a ATP, promovendo a abertura do canal para a face externa da célula. A ligação de uma molécula de substrato na face extracelular do complexo proteico desencadeia a hidrólise do ATP, seguida pela liberação de ADP, o que abre o poro de acesso ao citoplasma; então, a bomba retorna ao estado inicial para um novo ciclo. (B) Como discutido no Capítulo 11, em eucariotos ocorre um processo inverso, levando ao bombeamento das moléculas de substrato para fora da célula. (C) A estrutura do transportador ABC bacteriano (ver Animação 11.5). (C, de R.J. Dawson e K.P. Locher, *Nature* 443:180–185, 2006. Com permissão de Macmillan Publishers Ltd; Código PDB: 2HYD).

a hidrólise de ATP ao transporte de íons H⁺ (prótons). Essas bombas se assemelham a pequenas turbinas e são usadas para acidificar o interior de lisossomos e de outras organelas de células eucarióticas. Assim como outras bombas de íons que criam gradientes iônicos, elas podem funcionar ao contrário para catalisar a reação ADP + P$_i$ → ATP, se houver um acentuado gradiente de íons a serem transportados através da membrana.

Uma dessas bombas, a ATP-sintase, aproveita o gradiente de concentração de prótons produzido pelo processo de transporte de elétrons para produzir a maioria do ATP utilizado pelos organismos vivos. Essa bomba ubíqua tem um papel central na conversão de energia, e discutiremos sua estrutura tridimensional e seu mecanismo de ação no Capítulo 14.

As proteínas frequentemente formam complexos grandes, que funcionam como máquinas proteicas

As proteínas grandes, formadas por diversos domínios, são capazes de desempenhar funções mais elaboradas que proteínas pequenas e monoméricas. No entanto, os grandes complexos proteicos, compostos por diversas proteínas unidas por meio de ligações não covalentes, desempenham as funções mais impressionantes. Agora que se tornou possível reconstruir a maior parte dos processos biológicos em sistemas livres de células em laboratório, ficou claro que cada um dos principais processos de uma célula – como a replicação de DNA, a síntese de proteínas, a formação de vesículas ou a sinalização transmembrana – é catalisado por um conjunto altamente organizado de 10 ou mais proteínas interligadas. Na maioria dessas *máquinas proteicas*, uma reação energeticamente favorável, como a hidrólise de nucleotídeos trifosfato (ATP ou GTP), induz uma série ordenada de mudanças conformacionais em uma ou mais subunidades proteicas, permitindo ao complexo mover-se de forma coordenada. Assim, as enzimas podem ser posicionadas diretamente no local onde são necessárias, conforme a máquina catalisa uma sucessão de reações (**Figura 3-77**). Isso é o que acontece, por exemplo, na síntese de proteínas em um ribossomo (discutido no Capítulo 6) ou na replicação do DNA, em que um grande complexo multiproteico movimenta-se rapidamente ao longo do DNA (discutido no Capítulo 5).

As células desenvolveram máquinas proteicas pela mesma razão que os humanos inventaram máquinas mecânicas e eletrônicas. Para realizar qualquer tipo de tarefa, as etapas temporal e espacialmente coordenadas por processos interligados são muito mais eficientes do que o uso sequencial de muitas ferramentas individuais.

Proteínas de suporte concentram conjuntos de proteínas que interagem entre si

Conforme os cientistas aprenderam mais sobre os detalhes da biologia celular, eles reconheceram o crescente grau de sofisticação da química celular. Não apenas sabemos que as máquinas proteicas desempenham papéis essenciais, mas também se tornou claro que elas estão frequentemente localizadas em pontos específicos no interior da célula, associando-se e tornando-se ativas apenas no local e no momento em que são necessárias. Por exemplo, quando moléculas de sinalização extracelular se ligam a proteínas receptoras na membrana plasmática, os receptores ativados com frequência recrutam um conjunto de proteínas para a superfície interna da membrana plasmática, formando um grande complexo proteico que é responsável pela transmissão dos sinais recebidos (discutido no Capítulo 15).

Esses mecanismos frequentemente envolvem **proteínas de suporte** estrutural. Essas proteínas possuem sítios de ligação para diversas outras proteínas, e atuam como elemento de conexão para conjuntos específicos de proteínas que interagem entre si e as mantém em locais específicos no interior da célula. Um exemplo são as proteínas de suporte rígidas, como a culina na ubiquitina-ligase SCF (ver Figura 3-71). Outro exemplo

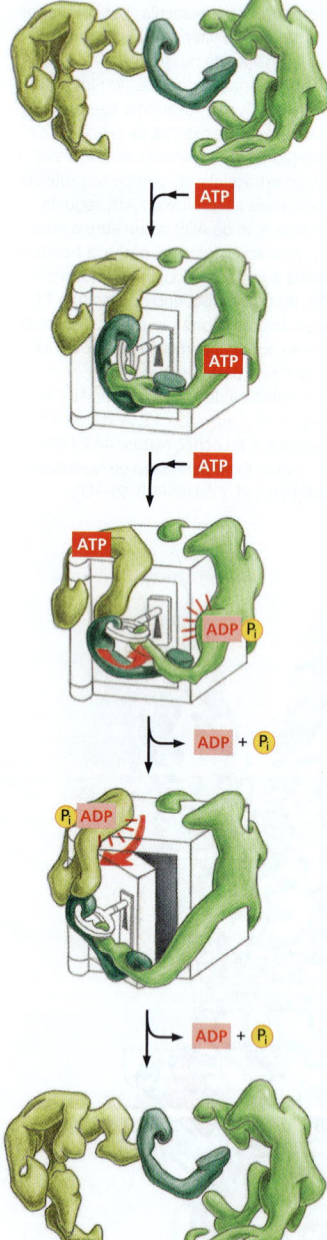

Figura 3-77 Como as "máquinas proteicas" realizam funções complexas. Essas máquinas são compostas por proteínas individuais que atuam em conjunto para desempenhar uma atividade específica (Animação 3.13). O movimento dessas proteínas é frequentemente coordenado pela hidrólise de um nucleotídeo ligado, como ATP ou GTP. Alterações conformacionais alostéricas direcionais de proteínas controladas dessa maneira frequentemente ocorrem em grandes complexos proteicos onde a atividade de diversas moléculas proteicas distintas é coordenada pelos movimentos internos do complexo.

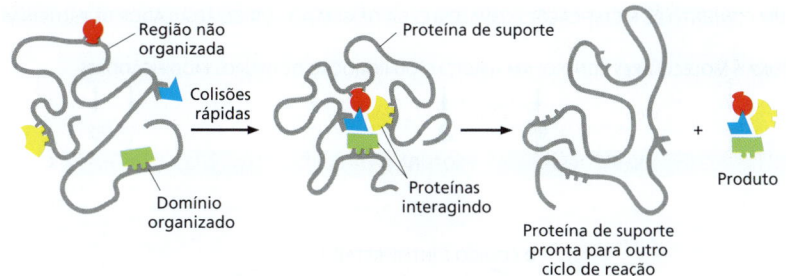

Figura 3-78 Como a proximidade promovida pelas proteínas de suporte pode acelerar a velocidade de reações nas células. Neste exemplo, longas regiões não organizadas da cadeia polipeptídica em uma grande proteína de suporte conectam uma série de domínios organizados que ligam um conjunto de proteínas que reagem entre si. As regiões não organizadas servem como conexões flexíveis que aumentam a velocidade das taxas de reação por causarem colisões rápidas e aleatórias entre todas as proteínas ligadas à proteína de suporte. (Para exemplos específicos de proteínas de conexão, ver Figura 3-54 e Figura 16-18; para moléculas de suporte de RNA, ver Figura 7-49B.)

são as grandes proteínas de suporte flexíveis que frequentemente revestem regiões especializadas da membrana plasmática. Esse exemplo inclui a *proteína Disc-large* (Dlg), uma proteína com cerca de 900 aminoácidos que está presente em alta concentração logo abaixo de regiões especializadas da membrana plasmática de células epiteliais e nas sinapses. A Dlg possui sítios de ligação para pelo menos sete outras proteínas, distribuídos entre regiões mais flexíveis da cadeia polipeptídica. Ela é uma proteína antiga e conservada em diversos organismos como esponjas, vermes, moscas e humanos. O nome Dlg é derivado do fenótipo mutante do organismo em que foi inicialmente descoberto: as células dos discos imaginais do embrião de *Drosophila* com o gene mutante *Dlg* não param de se proliferar no momento adequado, produzem discos imaginais anômalos e maiores do que a estrutura normal e suas células epiteliais podem originar tumores.

Embora ainda não tenha sido estudada em detalhes, acredita-se que Dlg e um grande número de proteínas de suporte similares exerçam sua função como a proteína representada esquematicamente na **Figura 3-78**. Por meio da ligação de um conjunto específico de proteínas que interagem entre si, essas proteínas de suporte podem aumentar a velocidade de reações essenciais e, ao mesmo tempo, confinar essas enzimas a regiões específicas das células. Por razões semelhantes, as células também utilizam *moléculas de RNA de suporte*, conforme discutido no Capítulo 7.

Várias proteínas são controladas por modificações covalentes que as mantêm em locais específicos no interior da célula

Até agora descrevemos apenas algumas maneiras pelas quais as proteínas podem ser modificadas após a tradução. Um grande número de outras modificações também ocorre, sendo conhecidos mais de 200 tipos distintos. Para dar uma ideia dessa variedade, a **Tabela 3-3** apresenta alguns grupos modificadores com papel regulador conhecido. Assim

TABELA 3-3 Algumas moléculas ligadas covalentemente a proteínas regulam a função proteica	
Grupo modificador	Algumas funções predominantes
Fosfato em resíduos de serina, treonina ou tirosina	Promove a associação da proteína em complexos proteicos maiores (ver Figura 15-11)
Metila em resíduos de lisina	Ajuda a estabelecer regiões específicas da cromatina pela formação de mono, di ou trimetilisinas nas histonas (ver Figura 4-36)
Acetila em resíduos de lisina	Ajuda a ativar genes na cromatina pela modificação de histonas (ver Figura 4-33)
Grupos palmitil em resíduos de cisteína	A adição desse ácido graxo promove a associação da proteína à membrana (ver Figura 10-18)
N-acetilglicosamina em resíduos de serina ou treonina	Controla a atividade enzimática e expressão gênica na homeostasia da glicose
Ubiquitina em resíduos de lisina	A adição de uma ubiquitina regula o transporte de proteínas de membrana em vesículas (ver Figura 13-50)
	Uma cadeia poliubiquitina marca uma proteína para a degradação (ver Figura 3-70)

A ubiquitina é um polipeptídeo de 76 aminoácidos; existem pelo menos 10 outras enzimas semelhantes à ubiquitina nas células de mamíferos.

Figura 3-79 Modificação de proteínas em múltiplos locais e seus efeitos.
(A) Uma proteína que apresente mais de uma modificação pós-tradução por adição em mais de uma das suas cadeias laterais de aminoácidos pode ser considerada uma proteína que apresenta um código combinatório regulador. Grupos modificadores são adicionados (e removidos) em múltiplos domínios de uma proteína por meio de redes de sinalização, e o código combinatório regulador resultante é interpretado para alterar o comportamento de uma célula. (B) O padrão de algumas das modificações covalentes da proteína p53.

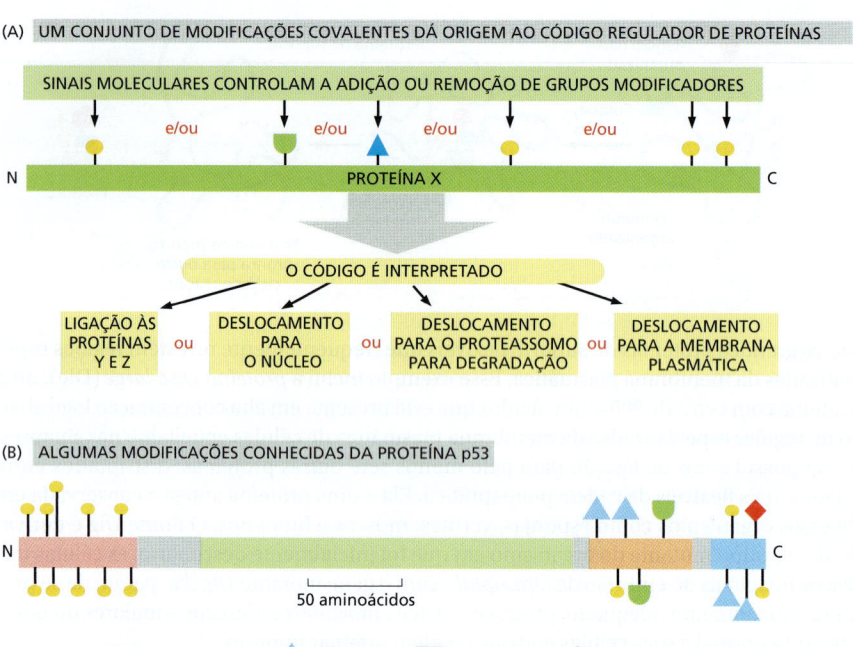

como na adição de grupos fosfato e ubiquitina, descritos anteriormente, esses grupos são adicionados e removidos das proteínas de acordo com as necessidades da célula.

Sabe-se que um grande número de proteínas é modificado em mais de uma cadeia lateral de aminoácido, com diferentes eventos reguladores causando diferentes padrões dessas modificações. Um exemplo notório é a proteína p53, que tem papel central no controle da resposta celular a circunstâncias adversas (ver Figura 17-62). Através de um entre quatro tipos diferentes de adições moleculares, essa proteína pode ser modificada em 20 sítios distintos. Como é possível um enorme número de combinações dessas 20 modificações distintas, o comportamento da proteína pode, em princípio, ser alterado de diversas formas. Essas modificações com frequência dão origem a sítios de ligação na proteína modificada e promovem a sua ligação a uma proteína de suporte em um local específico da célula, conectando a proteína modificada, por meio da proteína de suporte, a outras proteínas necessárias a uma reação em um determinado local.

Cada conjunto de modificações covalentes em uma proteína pode ser considerado um *código combinatório regulador*. Grupos modificadores específicos são adicionados ou removidos da proteína em resposta a sinais, e esse código modifica, então, as propriedades da proteína – alterando sua atividade ou estabilidade, a sua ligação a outras moléculas e/ou a sua localização específica no interior da célula (**Figura 3-79**). Consequentemente, a célula consegue responder de forma rápida e com grande versatilidade às alterações nas suas condições ou no ambiente.

Uma complexa rede de interações de proteínas é a base da função celular

Os biólogos celulares enfrentam diversos desafios na era atual rica em informações, nas quais um grande número de sequências genômicas completas é conhecido. Um desafio é a necessidade de dissecar e reconstruir cada uma das milhares de máquinas proteicas que existem em um organismo como o nosso. Para entender esses notáveis complexos proteicos, cada um precisará ser reconstituído a partir de suas partes proteicas purificadas – para que possamos estudar detalhadamente, em um tubo de ensaio e sob condições controladas, seu modo de operação, livre de todos os outros componentes da célula. Essa é uma tarefa árdua. Mas agora sabemos que cada um desses subcomponentes de uma célula também interage com outras macromoléculas, criando uma grande rede de interações proteína-proteína e proteína-ácidos nucleicos por toda a célula. Para entender a célula, então, será necessário analisar a maioria dessas outras interações.

Podemos ilustrar a ideia da complexidade das redes proteicas intracelulares com um exemplo particularmente bem estudado, descrito no Capítulo 16: as várias dezenas de proteínas que interagem com o citoesqueleto de actina para controlar o comportamento dos filamentos de actina (ver Painel 16-3, p. 906).

A extensão de tais interações proteína-proteína também pode ser estimada de uma forma mais geral. Uma grande quantidade de informações valiosas está, agora, disponível livremente na internet em bancos de dados de proteínas: dezenas de milhares de estruturas tridimensionais de proteínas e milhões de sequências de proteínas derivadas de sequências de nucleotídeos de genes. Os cientistas têm desenvolvido novos métodos de mineração de dados dessa grande fonte para aumentar nossa compreensão das células. Em particular, ferramentas de bioinformática têm sido combinadas com tecnologias de robótica, entre outras, para permitir que milhares de proteínas sejam investigadas em um único conjunto de experimentos. **Proteômica** é o termo utilizado para descrever tais pesquisas focadas em análises de proteínas em larga escala, em analogia ao termo *genômica*, utilizado para descrever a análise em larga escala de sequências de DNA e de genes.

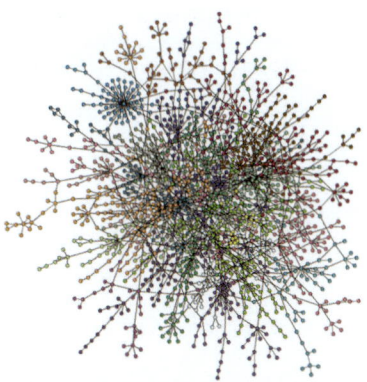

Figura 3-80 **Rede de interações proteína--proteína em uma célula de levedura.** Cada linha que conecta dois pontos (proteínas) indica uma interação proteína-proteína. (De A. Guimerá e M. Sales–Pardo, *Mol. Syst. Biol.* 2:42, 2006. Com permissão de Macmillan Publishers Ltd.)

Um método bioquímico baseado na marcação por afinidade e espectroscopia de massa tem se mostrado especialmente útil para a determinação de interações diretas de ligação entre diversas proteínas distintas em uma célula (discutido no Capítulo 8). Os resultados são tabulados e organizados em bancos de dados disponíveis na internet. Isso permite que um biólogo celular que esteja estudando um pequeno conjunto de proteínas descubra facilmente quais outras proteínas na mesma célula ligam e interagem com o conjunto de proteínas em estudo. Quando representadas graficamente em um *mapa de interação de proteínas,* cada proteína aparece como um retângulo ou um ponto na rede bidimensional, com uma linha reta conectando as proteínas que se ligam uma à outra.

Quando centenas ou milhares de proteínas são representadas no mesmo mapa, a rede de conexões se torna extremamente complicada, ilustrando o grande desafio que é a compreensão da célula para os cientistas (**Figura 3-80**). Os mapas menores, subseções dos mapas citados anteriormente, focados em algumas proteínas de interesse, são muito mais úteis.

Descrevemos anteriormente a estrutura e o modo de ação da ubiquitina-ligase SCF, utilizando-a como exemplo para ilustrar como os complexos proteicos são formados por partes intercambiáveis (ver Figura 3-71). A **Figura 3-81** mostra a rede de interações proteína-proteína para cinco das proteínas que compõem esse complexo proteico em uma célula de levedura. Quatro das subunidades que fazem parte da ligase estão localizadas no canto inferior direito da figura. A subunidade restante, a proteína F-box, que atua como o braço de ligação do substrato, aparece como o conjunto de 15 produtos de diferentes genes que se ligam à proteína adaptadora 2 (a proteína Skp1). Ao longo da parte superior e à esquerda da figura estão os conjuntos adicionais de interações proteicas, marcados com sombreamento *amarelo* e *verde*: conforme indicado, esses conjuntos de proteínas atuam na origem da replicação do DNA, no controle do ciclo celular, na síntese da metionina, no cinetocoro e na formação da ATPase-H^+ vacuolar. Utilizaremos essa figura para explicar como tais mapas de interações de proteínas são utilizados, o que eles significam e o que não significam.

1. Mapas de interações de proteínas são úteis para a identificação de funções correlatas de proteínas ainda não caracterizadas. Por exemplo, os produtos dos genes cuja existência foi apenas inferida até agora, a partir da sequência genômica de leveduras, que são as três proteínas na figura que não apresentam abreviação de três letras (*letras brancas*, começando com Y). As três proteínas restantes no diagrama são proteínas F-box que ligam Skp1 e provavelmente fazem parte da ubiquitina-ligase, atuando como braços de ligação de substrato, reconhecendo diferentes alvos proteicos. No entanto, como discutiremos a seguir, nenhuma dessas inferências pode ser considerada correta sem dados adicionais.

2. Redes de interações de proteínas devem ser interpretadas com cuidado, pois, como a evolução utiliza a informação genética de um organismo de maneira eficiente, a mesma proteína pode fazer parte de complexos proteicos distintos, com diferentes tipos de funções. Dessa forma, apesar de a proteína A se ligar à proteína B e a proteína B se ligar à proteína C, as proteínas A e C não necessariamente atuam no mesmo processo. Por exemplo, sabemos, a partir de estudos bioquímicos detalha-

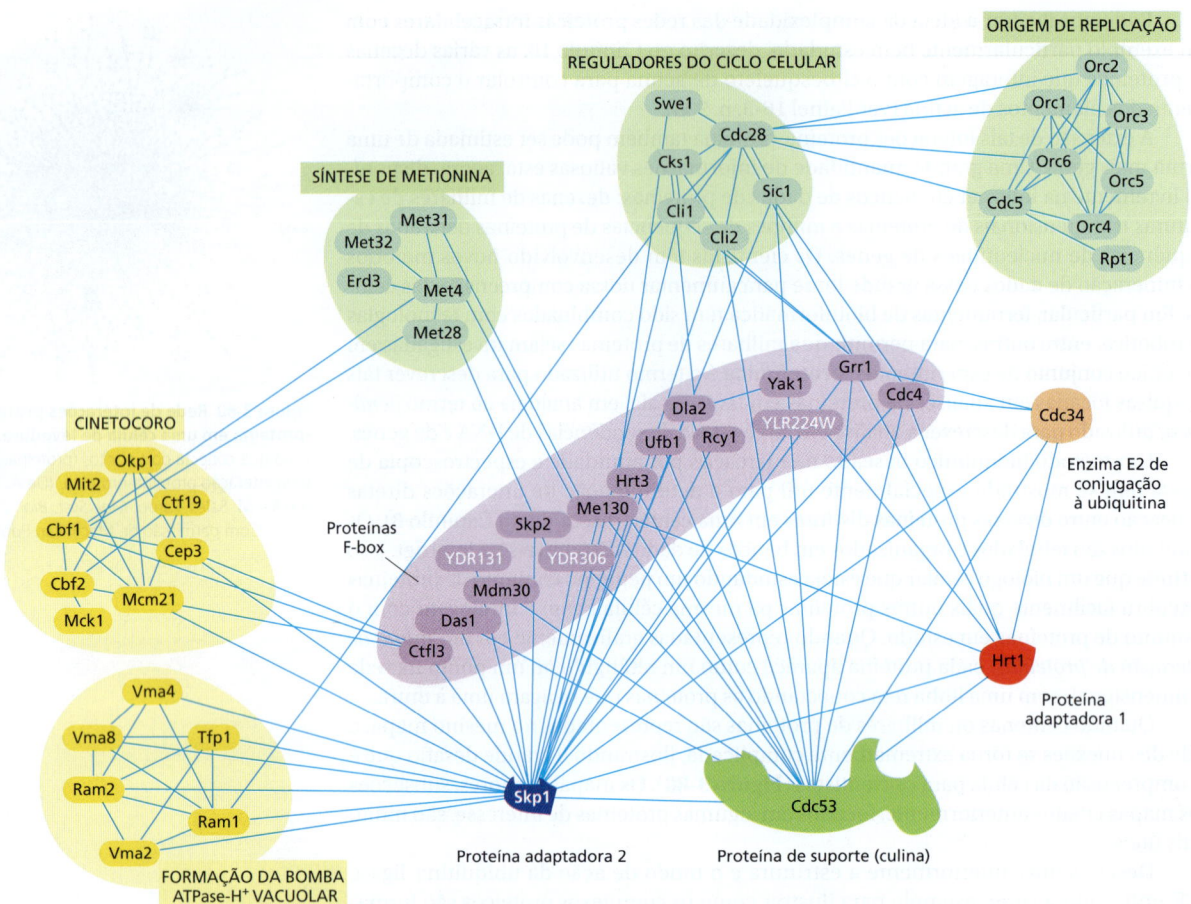

Figura 3-81 Mapa de algumas interações proteína-proteína da ubiquitina-ligase SCF e outras proteínas na levedura *S. cerevisiae*. Os símbolos e/ou as cores utilizados para as cinco proteínas da ligase são os mesmos utilizados na Figura 3-71. Observe que 15 proteínas F-box diferentes são mostradas (*roxo*); aquelas em letras *brancas* (começando com Y) são conhecidas a partir da sequência genômica como ORFs (*open reading frames*). Para detalhes adicionais, consultar o texto. (Cortesia de Peter Bowers e David Eisenberg, UCLA-DOE Institute for Genomics and Proteomics, UCLA.)

dos, que as funções da proteína Skp1 no cinetocoro e na formação da ATPase-H$^+$ vacuolar (*sombreado amarelo*) são independentes da sua função na ubiquitina--ligase SCF. De fato, apenas as três funções restantes da Skp1 ilustradas no diagrama – síntese de metionina, regulação do ciclo celular e origem de replicação (*sombreado verde*) – envolvem ubiquitinação.

3. Em comparações entre espécies, é provável que as proteínas que apresentam padrões de interações similares nos dois mapas de interações tenham a mesma função na célula. Dessa forma, conforme os cientistas geram mapas mais e mais detalhados para diversos organismos, esses resultados se tornarão cada vez mais úteis na inferência de funções de proteínas. As comparações desses mapas serão ferramentas particularmente importantes para decifrar as funções das proteínas humanas, pois uma vasta quantidade de informações sobre as funções de proteínas podem ser obtidas por meio da engenharia genética, mutações e análises genéticas de organismos experimentais – como leveduras, vermes e moscas – que não são possíveis em organismos humanos.

O que o futuro reserva? O número de proteínas diferentes em uma célula humana provavelmente está na ordem de 10 mil, cada uma interagindo com 5 a 10 parceiros distintos. Apesar do grande progresso recente, ainda não é possível afirmar que mesmo as células mais simples são compreendidas, como a bactéria *Mycoplasma*, que possui apenas cerca de 500 genes (ver Figura 1-10). Como podemos, então, ter esperanças de compreender uma célula humana? É óbvio que novos métodos bioquímicos serão essenciais, no sentido que cada proteína em um conjunto de proteínas que interagem entre si deverá ser purificada e ter suas propriedades químicas e suas interações estudadas em tubos de ensaio. Além disso, ferramentas com maior capacidade de análise de redes de interação serão necessárias, baseadas em modelos matemáticos e computacionais ainda não desenvolvidos, como será enfatizado no Capítulo 8. Existem muitos e instigantes desafios ainda remanescentes para as futuras gerações de biólogos celulares.

Resumo

As proteínas podem formar dispositivos químicos bastante sofisticados, cujas funções dependem, em grande parte, das propriedades químicas detalhadas de sua superfície. Os sítios de ligação para ligantes são formados nas cavidades da superfície, nas quais estão precisamente posicionadas cadeias laterais de aminoácidos arranjadas a partir do enovelamento da proteína. Da mesma maneira, cadeias laterais de aminoácido normalmente não reativas podem ser ativadas, sendo, então, capazes de formar e romper ligações covalentes. As enzimas são proteínas catalíticas que aceleram muito as reações pela ligação ao estado de transição de alta energia para uma reação específica; elas também executam de forma simultânea catálise ácida e básica. As taxas de reações de enzimas são, com frequência, tão rápidas que são limitadas apenas pela difusão. Velocidades de reação podem, então, ser aumentadas apenas se as enzimas atuarem de modo sequencial em um substrato ligado a um complexo multienzimático, ou se as enzimas e seus substratos estiverem ligados a proteínas de suporte; ou ainda, limitadas em um mesmo compartimento celular.

As proteínas mudam reversivelmente sua forma quando ligantes ligam-se à sua superfície. As mudanças alostéricas na conformação da proteína, produzidas por um ligante, afetam a ligação de um segundo ligante, e esse acoplamento entre os dois ligantes ao sítio de ligação prove um mecanismo crucial para regular os processos da célula. Por exemplo, as vias metabólicas são controladas pela regulação por retroalimentação: algumas moléculas pequenas inibem e outras ativam enzimas da via. As enzimas controladas dessa forma geralmente constituem complexos simétricos, empregando mudanças conformacionais cooperativas para criar uma súbita resposta a mudanças nas concentrações do ligante que as regulam.

As mudanças na conformação das proteínas podem ser induzidas de maneira unidirecional pela liberação de energia química. Nas mudanças alostéricas acopladas à hidrólise de ATP, por exemplo, as proteínas podem realizar trabalho, gerando uma força mecânica ou movimentando-se por longas distâncias em uma única direção. As estruturas tridimensionais de proteínas têm revelado como uma pequena mudança local causada pela hidrólise de um nucleotídeo trifosfato é amplificada para criar mudanças maiores em outro local na proteína. Isso significa que essas proteínas podem atuar como dispositivos de ativação-inativação que transmitem informação, como fatores de associação, como motores ou como bombas ligadas a membranas. Máquinas proteicas altamente eficientes são formadas pela incorporação de muitas moléculas de proteínas diferentes em grandes complexos que coordenam os movimentos alostéricos dos componentes individuais. Esses complexos desempenham a maior parte das reações essenciais em uma célula.

As proteínas são alvo de diferentes modificações pós-tradução, como a adição covalente de um grupo fosfato ou de um grupo acetila à cadeia lateral de um aminoácido específico. A adição desses grupos modificadores é utilizada para regular a atividade da proteína, alterando sua conformação, sua ligação a outras proteínas e sua localização na célula. Uma proteína típica em uma célula irá interagir com mais de outras cinco proteínas. Com ajuda da proteômica, os biólogos podem analisar milhares de proteínas em um único conjunto de experimentos. Um resultado importante é a produção de mapas detalhados de interações proteicas que almejam descrever todas as interações de ligação entre milhares de proteínas distintas de uma célula. No entanto, a compreensão desses mapas requer novos métodos bioquímicos, pelos quais pequenos conjuntos de proteínas que interagem entre si possam ser purificados e caracterizados em detalhes. Além disso, novos métodos computacionais serão necessários para a análise desse grande volume de dados complexos.

O QUE NÃO SABEMOS

- Quais são as funções das cadeias polipeptídicas não enoveladas, encontradas em quantidade surpreendentemente alta nas proteínas?

- Quantos tipos de funções proteicas ainda não são conhecidos? Quais são os métodos mais promissores para a sua descoberta?

- Quando os cientistas serão capazes de, a partir de uma sequência de aminoácidos, determinar a estrutura tridimensional de uma proteína e suas propriedades químicas? Quais são as informações essenciais necessárias para se atingir esse objetivo?

- Existem meios para determinar detalhadamente a função de máquinas proteicas que não requerem a purificação de cada um dos seus componentes, em grande quantidade, para que as funções do complexo proteico possam ser reconstituídas e estudadas utilizando métodos químicos em tubos de ensaio?

- Quais são as funções de dezenas de tipos de modificações covalentes distintas de proteínas que são conhecidas, além das modificações listadas na Tabela 3-3? Quais são essenciais para o funcionamento celular e por quê?

- Por que amiloides são tóxicos para as células e como contribuem para doenças neurodegenerativas, como o mal de Alzheimer?

TESTE SEU CONHECIMENTO

Quais afirmativas estão corretas? Justifique.

3-1 Cada fita em uma folha β é uma hélice com dois aminoácidos por volta.

3-2 Regiões de proteínas intrinsecamente desordenadas podem ser identificadas com a utilização de métodos de bioinformática que identificam genes que codificam sequências de aminoácidos que possuem alto conteúdo hidrofóbico e baixa carga.

3-3 As alças dos polipeptídeos que se projetam da superfície da proteína frequentemente formam sítios de ligação para outras moléculas.

3-4 Uma enzima atinge a velocidade máxima em altas concentrações de substrato, pois ela tem um número fixo de sítios ativos onde o substrato pode se ligar.

3-5 Altas concentrações de enzima acarretam um maior número de *turnover*.

3-6 Enzimas que passam por transições alostéricas cooperativas são invariavelmente compostas por múltiplas subunidades organizadas de modo simétrico.

3-7 A adição e a remoção contínua de fosfatos pelas proteínas-cinase e fosfatase é um gasto de energia – uma vez que sua ação combinada consome ATP –, mas é uma consequência necessária da regulação efetiva por fosforilação.

Discuta as questões a seguir.

3-8 Considere a seguinte afirmação. "Para produzir uma molécula de cada tipo possível de cadeia polipeptídica, de 300 aminoácidos de comprimento, seriam necessários mais átomos do que os que existem no universo." Dado o tamanho do universo, você acha que essa afirmação é correta? Uma vez que contar átomos é bastante complicado, considere o problema do ponto de vista das massas. A massa observável do universo é estimada em cerca de 10^{80} gramas, com uma ordem de grandeza a mais ou a menos. Assumindo que a massa média de um aminoácido é de 110 dáltons, qual seria a massa de uma das cadeias polipeptídicas possíveis de 300 aminoácidos? O valor final é maior que a massa do universo?

3-9 Uma estratégia comum para a identificação de proteínas com relação distante é a busca em bancos de dados utilizando sequências de assinatura que indicam uma função proteica em particular. Por que é melhor fazer essa busca com uma sequência curta do que com uma sequência longa? Haverá mais chances de encontrar um *hit* no banco de dados com a sequência longa?

3-10 Os motivos estruturais chamados de *kelch* são compostos por quatro fitas de folhas β organizadas na forma das lâminas de uma hélice propulsora. Esse motivo é observado em repetições de 4 a 7 vezes, formando uma β-hélice, ou domínio de repetição *kelch*, em proteínas compostas por múltiplas subunidades. Um desses domínios de repetição *kelch* está representado na **Figura Q3-1**. Você o classificaria como um domínio do tipo linear ou de encaixe?

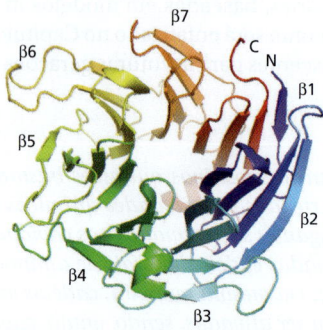

Figura Q3–1 O domínio repetido *kelch* da enzima galactose oxidase de *D. dendroides*. As sete lâminas individuais da β-hélice propulsoras estão representadas em *cores distintas* e indicadas. As porções N-terminal e C-terminal são indicadas por N e C.

3-11 A titina, com massa molecular de aproximadamente 3×10^6 dáltons, é o maior polipeptídeo já descrito. Moléculas de titina se estendem dos filamentos finos musculares até a placa Z, onde agem como molas para manter os filamentos finos centrados nos sarcômeros. A titina é composta por um grande número de sequências de 89 aminoácidos de imunoglobulinas (Ig) repetidas, cada uma enovelada em um domínio de cerca de 4 nm de extensão (**Figura Q3-2A**).

Digamos que você desconfie que esse comportamento de mola da titina é causado pela perda sequencial de sua estrutura (e enovelamento) dos domínios Ig individuais. Você testa essa hipótese utilizando um microscópio de força atômica, que permite segurar uma terminação da molécula proteica e puxá-la com uma força mensurada com precisão. Para um fragmento de titina contendo sete repetições do domínio Ig, esse experimento forneceu uma curva de força *versus* extensão com diversos picos, mostrada na **Figura Q3-2B**. Se o experimento for repetido em uma solução de ureia 8 M (um desnaturante de proteínas), os picos desaparecem e a extensão medida se torna muito maior para a mesma força aplicada. Se o experimento é repetido após a proteína ter sido interligada com um tratamento com glutaraldeído, mais uma vez os picos desaparecem, mas a extensão se torna muito menor para a mesma força aplicada.

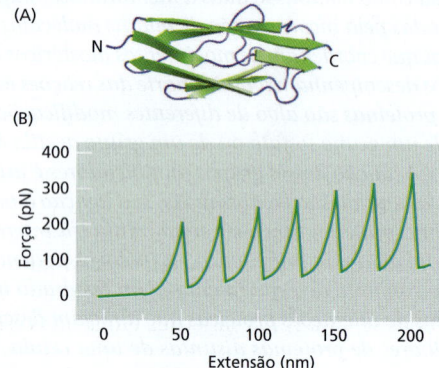

Figura Q3-2 O comportamento de mola da titina. (A) Estrutura de um domínio Ig individual. (B) Força em piconewtons *versus* extensão em nanômetros, obtida por microscopia de força atômica.

A. Os dados são consistentes com a sua hipótese de que o comportamento de mola da titina se deve à perda sequencial da estrutura dos domínios Ig individuais? Explique seu raciocínio.

B. A extensão de cada evento de desenovelamento dos domínios tem a magnitude esperada? (Em uma cadeia polipeptídica estendida, os aminoácidos são separados por intervalos de 0,34 nm.)

C. Por que cada pico na Figura Q3-2B é um pouco maior que o pico anterior?

D. Por que a força diminui tão abruptamente após cada pico?

3-12 O vírus do sarcoma de Rous (RSV, *Rous sarcoma virus*) possui um oncogene denominado *Src*, que codifica uma tirosina-cinase continuamente ativa que induz a proliferação celular sem controle. Normalmente, a Src carrega um grupo ácido graxo (miristoilato) ligado que permite sua ligação à face citoplasmática da membrana plasmática. Uma versão mutante da Src não permite a ligação do miristoilato e não se liga à membrana. A infecção de células com RSV que codifica tanto a proteína Src normal quanto a mutante induz o mesmo aumento da atividade da proteína tirosina-cinase, mas a mutante Src não causa a proliferação celular.

A. Assumindo que todas as proteínas Src normais estão ligadas à membrana plasmática e que a forma mutante Src está distribuída no citosol, calcule suas concentrações relativas nas adjacências da membrana plasmática. Para esse cálculo, assuma que a célula é uma esfera com raio (r) igual a 10 μm, e que a proteína mutante Src está distribuída na célula, enquanto a proteína normal Src está confinada a uma camada de 4 nm de espessura adjacente à membrana. (Para este problema, considere que a membrana não tem espessura. O volume da esfera é $[4/3]\pi r^3$.)

B. O alvo (X) para a fosforilação mediada pela Src está localizado na membrana. Explique por que a proteína mutante Src não induz a proliferação celular.

3-13 Um anticorpo se liga a outra proteína com uma constante de equilíbrio, K, igual a 5×10^9 M^{-1}. Quando se liga a uma segunda proteína relacionada, ele forma três ligações de hidrogênio a menos, reduzindo sua afinidade de ligação em 11,9 kJ/mol. Qual é o valor de K para a ligação da segunda proteína? (A variação de energia livre está relacionada com a constante de equilíbrio por meio da equação $\Delta G° = -2,3 \, RT \log K$, onde R é $8,3 \times 10^{-3}$ kJ/(mol K) e T é 310 K.)

3-14 A proteína SmpB se liga a tipos especiais de tRNA, tmRNA, para eliminar proteínas incompletas feitas a partir de moléculas de mRNA truncadas em bactérias. Se a ligação da SmpB ao tmRNA for representada graficamente como a fração de tmRNA ligado *versus* a concentração de SmpB, obtém-se uma curva simétrica em forma de S, conforme mostrado na **Figura Q3-3**. Essa curva é a demonstração visual de uma relação bastante útil entre K_d e concentração, tendo uma grande aplicabilidade. A expressão geral para a fração de ligante ligado é derivada da equação para K_d (K_d = [Pr][L]/[Pr - L]), pela substituição de ([L]$_{TOT}$ - [L]) por [Pr - L] e rearranjo. Como a concentração total de ligante ([L]$_{TOT}$) é igual à concentração de ligante livre ([L]) mais o ligante ligado ([Pr - L]), a fração ligada é = [Pr–L]/[L]$_{TOT}$ = [Pr]/([Pr] + K_d)

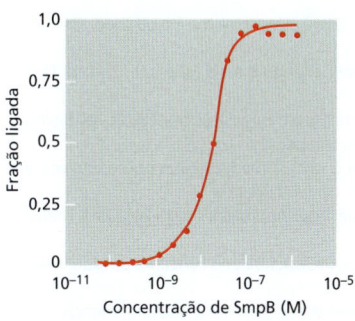

Figura Q3-3 Fração de tmRNA ligada *versus* concentração de SmpB.

Para SmpB e tmRNA, a fração ligada = [SmpB–tmRNA]/[tmRNA]$_{TOT}$ = [SmpB]/([SmpB] + K_d). Utilizando essas relações, calcule a fração de tmRNA ligada para concentrações de SmpB iguais a $10^4 K_d$, $10^3 K_d$, $10^2 K_d$, $10^1 K_d$, K_d, $10^{-1} K_d$, $10^{-2} K_d$, $10^{-3} K_d$, e $10^{-4} K_d$.

3-15 Diversas enzimas seguem a cinética simples de Michaelis-Menten; que pode ser resumida pela equação

$$\text{velocidade} = V_{máx} [S]/([S] + K_m)$$

onde $V_{máx}$ = velocidade máxima, [S] = concentração de substrato, e K_m = constante de Michaelis.

É instrutivo testar diferentes valores de [S] na equação para ver como a velocidade é afetada. Quais os valores da velocidade de reação para [S] igual a zero, igual ao K_m e igual à concentração infinita?

3-16 A enzima hexocinase adiciona um fosfato à D-glicose, mas ignora a sua imagem especular, a L-glicose. Suponha que você seja capaz de sintetizar uma hexocinase totalmente a partir de D-aminoácidos, que são a imagem especular dos L-aminoácidos.

A. Assumindo que uma enzima "D" irá se enovelar em uma conformação estável, qual relação você esperaria com a enzima "L" normal?

B. Você acha que uma enzima "D" irá adicionar um fosfato à L-glicose e ignorar a D-glicose?

3-17 Como você acha que uma molécula de hemoglobina é capaz de ligar de maneira eficaz o oxigênio nos pulmões e liberá-lo também com alta eficiência nos tecidos?

3-18 A síntese de nucleotídeos de purina AMP e GMP ocorre pela ramificação da via que começa com ribose-5-fosfato (R5P), conforme mostrado esquematicamente na **Figura Q3-4**. Utilizando os princípios de inibição por retroalimentação, proponha uma estratégia reguladora para essa via de forma a garantir quantidades suficientes de AMP e GMP e minimizar a síntese de intermediários (*A-I*) quando houver quantidades adequadas de AMP e GMP.

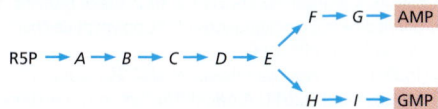

Figura Q3-4 Representação esquemática da via metabólica de síntese de AMP e GMP a partir de R5P.

REFERÊNCIAS

Gerais

Berg JM, Tymoczko JL & Stryer L (2011) Biochemistry, 7th ed. New York: WH Freeman.

Branden C & Tooze J (1999) Introduction to Protein Structure, 2nd ed. New York: Garland Science.

Dickerson RE (2005) Present at the Flood: How Structural Molecular Biology Came About. Sunderland, MA: Sinauer.

Kuriyan J, Konforti B & Wemmer D (2013) The Molecules of Life: Physical and Chemical Principles. New York: Garland Science.

Perutz M (1992) Protein Structure: New Approaches to Disease and Therapy. New York: WH Freeman.

Petsko GA & Ringe D (2004) Protein Structure and Function. London: New Science Press.

Williamson M (2011) How Proteins Work. New York: Garland Science.

Forma e estrutura das proteínas

Anfinsen CB (1973) Principles that govern the folding of protein chains. *Science* 181, 223–230.

Caspar DLD & Klug A (1962) Physical principles in the construction of regular viruses. *Cold Spring Harb. Symp. Quant. Biol.* 27, 1–24.

Dill KA & MacCallum JL (2012) The protein-folding problem, 50 years on. *Science* 338, 1042–1046.

Eisenberg D (2003) The discovery of the alpha-helix and beta-sheet, the principal structural features of proteins. *Proc. Natl Acad. Sci. USA* 100, 11207–11210.

Fraenkel-Conrat H & Williams RC (1955) Reconstitution of active tobacco mosaic virus from its inactive protein and nucleic acid components. *Proc. Natl Acad. Sci. USA* 41, 690–698.

Goodsell DS & Olson AJ (2000) Structural symmetry and protein function. *Annu. Rev. Biophys. Biomol. Struct.* 29, 105–153.

Greenwald J & Riek R (2010) Biology of amyloid: structure, function, and regulation. *Structure* 18, 1244–1260.

Harrison SC (1992) Viruses. *Curr. Opin. Struct. Biol.* 2, 293–299.

Hudder A, Nathanson L & Deutscher MP (2003) Organization of mammalian cytoplasm. *Mol. Cell. Biol.* 23, 9318–9326.

Kato M, Han TW, Xie S et al. (2012) Cell-free formation of RNA granules: low complexity sequence domains form dynamic fibers within hydrogels. *Cell* 149, 753–767.

Koga N, Tatsumi-Koga R, Liu G et al. (2012) Principles for designing ideal protein structures. *Nature* 491, 222–227.

Li P, Banjade S, Cheng H-C et al. (2012) Phase transitions in the assembly of multivalent signalling proteins. *Nature* 483, 336–340.

Lindquist SL & Kelly JW (2011) Chemical and biological approaches for adapting proteostasis to ameliorate protein misfolding and aggregation diseases—progress and prognosis. *Cold Spring Harb. Perspect. Biol.* 3, a004507.

Maji SK, Perrin MH, Sawaya MR et al. (2009) Functional amyloids as natural storage of peptide hormones in pituitary secretory granules. *Science* 325, 328–332.

Nelson R, Sawaya MR, Balbirnie M et al. (2005) Structure of the cross-β spine of amyloid-like fibrils. *Nature* 435, 773–778.

Nomura M (1973) Assembly of bacterial ribosomes. *Science* 179, 864–873.

Oldfield CJ & Dunker AK (2014) Intrinsically disordered proteins and intrinsically disordered protein regions. *Annu. Rev. Biochem.* 83, 553–584.

Orengo CA & Thornton JM (2005) Protein families and their evolution—a structural perspective. *Annu. Rev. Biochem.* 74, 867–900.

Pauling L & Corey RB (1951) Configurations of polypeptide chains with favored orientations around single bonds: two new pleated sheets. *Proc. Natl Acad. Sci. USA* 37, 729–740.

Pauling L, Corey RB & Branson HR (1951) The structure of proteins: two hydrogen-bonded helical configurations of the polypeptide chain. *Proc. Natl Acad. Sci. USA* 37, 205–211.

Prusiner SB (1998) Prions. *Proc. Natl Acad. Sci. USA* 95, 13363–13383.

Toyama BH & Weissman JS (2011) Amyloid structure: conformational diversity and consequences. *Annu. Rev. Biochem.* 80, 557–585.

Zhang C & Kim SH (2003) Overview of structural genomics: from structure to function. *Curr. Opin. Chem. Biol.* 7, 28–32.

Função das proteínas

Alberts B (1998) The cell as a collection of protein machines: preparing the next generation of molecular biologists. *Cell* 92, 291–294.

Benkovic SJ (1992) Catalytic antibodies. *Annu. Rev. Biochem.* 61, 29–54.

Berg OG & von Hippel PH (1985) Diffusion-controlled macromolecular interactions. *Annu. Rev. Biophys. Biophys. Chem.* 14, 131–160.

Bourne HR (1995) GTPases: a family of molecular switches and clocks. *Philos. Trans. R. Soc. Lond. B Biol. Sci.* 349, 283–289.

Costanzo M, Baryshnikova A, Bellay J et al. (2010) The genetic landscape of a cell. *Science* 327, 425–431.

Deshaies RJ & Joazeiro CAP (2009) RING domain E3 ubiquitin ligases. *Annu. Rev. Biochem.* 78, 399–434.

Dickerson RE & Geis I (1983) Hemoglobin: Structure, Function, Evolution, and Pathology. Menlo Park, CA: Benjamin Cummings.

Fersht AR (1999) Structure and Mechanism in Protein Science: A Guide to Enzyme Catalysis and Protein Folding. New York: WH Freeman.

Haucke V, Neher E & Sigrist SJ (2011) Protein scaffolds in the coupling of synaptic exocytosis and endocytosis. *Nat. Rev. Neurosci.* 12, 127–138.

Hua Z & Vierstra RD (2011) The cullin-RING ubiquitin-protein ligases. *Annu. Rev. Plant Biol.* 62, 299–334.

Hunter T (2012) Why nature chose phosphate to modify proteins. *Philos. Trans. R. Soc. Lond. B Biol. Sci.* 367, 2513–2516.

Johnson LN & Lewis RJ (2001) Structural basis for control by phosphorylation. *Chem. Rev.* 101, 2209–2242.

Kantrowitz ER & Lipscomb WN (1988) *Escherichia coli* aspartate transcarbamylase: the relation between structure and function. *Science* 241, 669–674.

Kerscher O, Felberbaum R & Hochstrasser M (2006) Modification of proteins by ubiquitin and ubiquitin-like proteins. *Annu. Rev. Cell Dev. Biol.* 22, 159–180.

Kim E & Sheng M (2004) PDZ domain proteins of synapses. *Nat. Rev. Neurosci.* 5, 771–781.

Koshland DE Jr (1984) Control of enzyme activity and metabolic pathways. *Trends Biochem. Sci.* 9, 155–159.

Krogan NJ, Cagney G, Yu H et al. (2006) Global landscape of protein complexes in the yeast *Saccharomyces cerevisiae*. *Nature* 440, 637–643.

Lichtarge O, Bourne HR & Cohen FE (1996) An evolutionary trace method defines binding surfaces common to protein families. *J. Mol. Biol.* 257, 342–358.

Maier T, Leibundgut M & Ban N (2008) The crystal structure of a mammalian fatty acid synthase. *Science* 321, 1315–1322.

Monod J, Changeux JP & Jacob F (1963) Allosteric proteins and cellular control systems. *J. Mol. Biol.* 6, 306–329.

Perutz M (1990) Mechanisms of Cooperativity and Allosteric Regulation in Proteins. Cambridge: Cambridge University Press.

Radzicka A & Wolfenden R (1995) A proficient enzyme. *Science* 267, 90–93.

Schramm VL (2011) Enzymatic transition states, transition-state analogs, dynamics, thermodynamics, and lifetimes. *Annu. Rev. Biochem.* 80, 703–732.

Scott JD & Pawson T (2009) Cell signaling in space and time: where proteins come together and when they're apart. *Science* 326, 1220–1224.

Taylor SS, Keshwani MM, Steichen JM & Kornev AP (2012) Evolution of the eukaryotic protein kinases as dynamic molecular switches. *Philos. Trans. R. Soc. Lond. B Biol. Sci.* 367, 2517–2528.

Vale RD & Milligan RA (2000) The way things move: looking under the hood of molecular motor proteins. *Science* 288, 88–95.

Wilson MZ & Gitai Z (2013) Beyond the cytoskeleton: mesoscale assemblies and their function in spatial organization. *Curr. Opin. Microbiol.* 16, 177–183.

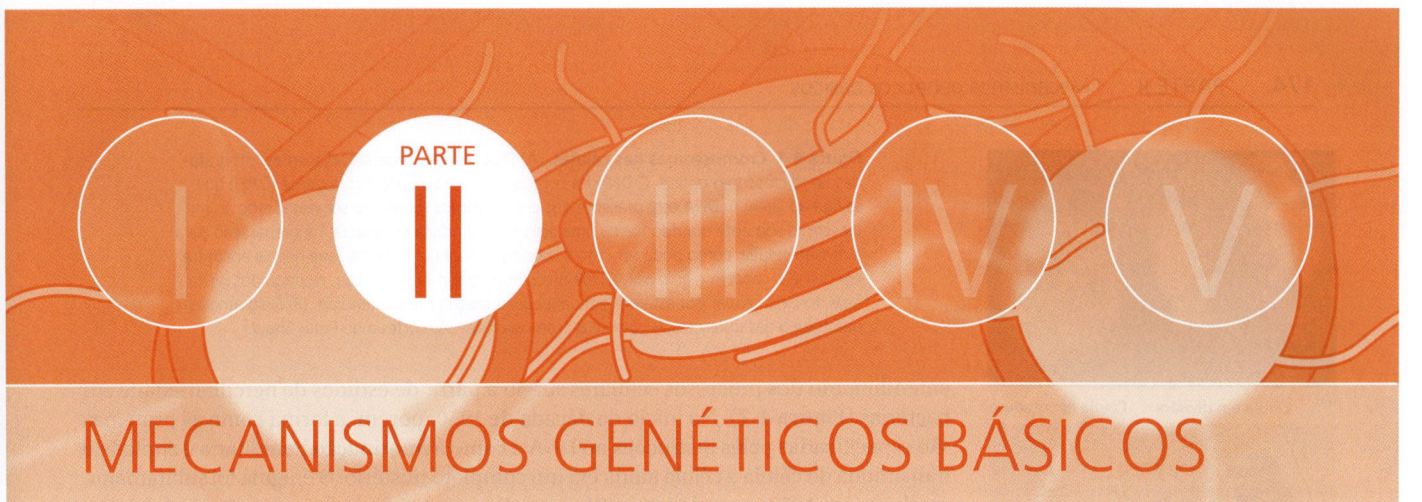

PARTE II

MECANISMOS GENÉTICOS BÁSICOS

DNA, cromossomos e genomas

CAPÍTULO

4

A vida depende da capacidade das células de armazenar, recuperar e traduzir as instruções genéticas necessárias para manter o organismo vivo. Essa *informação hereditária* é passada de uma célula às suas células-filhas durante a divisão celular, e de uma geração de um organismo a outra, por meio de células reprodutoras. Em todas as células vivas, essas instruções são armazenadas nos **genes**, os elementos que contêm a informação que determina as características de uma espécie como um todo, bem como as de um indivíduo.

Logo que a genética surgiu como uma ciência, no início do século XX, os cientistas ficaram intrigados com a estrutura química dos genes. A informação contida neles é copiada e transmitida de uma célula para as células-filhas milhões de vezes durante a vida de um organismo multicelular, sobrevivendo a esse processo praticamente sem alterações. Que molécula teria capacidade de replicação quase ilimitada e com tamanha precisão, e ainda exercer um controle exato, direcionando o desenvolvimento multicelular, bem como as rotinas metabólicas de cada célula? Que tipos de instruções estão contidas na informação genética? E como esse excesso de informações, necessárias ao desenvolvimento e à manutenção do mais simples organismo, está organizada para caber no pequeno espaço de uma célula?

As respostas para várias dessas questões começaram a surgir na década de 1940, quando os pesquisadores descobriram, ao estudar os fungos, que a informação genética consistia, principalmente, em instruções para a produção de proteínas. As proteínas são macromoléculas muito versáteis que realizam a maioria das funções celulares. Como vimos no Capítulo 3, elas atuam como unidades fundamentais para as estruturas celulares e formam as enzimas, que catalisam a maioria das reações químicas das células. Elas também regulam a expressão gênica (Capítulo 7), permitem a comunicação intercelular (Capítulo 15) e seu movimento (Capítulo 16). As propriedades e as funções de células e organismos são determinadas quase inteiramente pelas proteínas que elas produzem.

Observações meticulosas de células e embriões, no final do século XIX, levaram ao reconhecimento de que a informação genética é transmitida pelos *cromossomos*, estruturas com forma de cordão, presentes no núcleo das células eucarióticas e visíveis em microscopia óptica no início da divisão celular (**Figura 4-1**). Mais tarde, com o desenvolvimento de análises bioquímicas, foi descoberto que os cromossomos consistem em ácido desoxirribonucleico (DNA) e proteínas, presentes em quantidades aproximadamente iguais. Por várias décadas, o DNA era visto como um mero elemento estrutural. Contudo, um outro avanço crucial que ocorreu na década de 1940 foi a identificação do DNA como o provável portador da informação genética. Essa espantosa descoberta no

NESTE CAPÍTULO

ESTRUTURA E FUNÇÃO DO DNA

O DNA CROMOSSÔMICO E SUA COMPACTAÇÃO NA FIBRA DE CROMATINA

ESTRUTURA E FUNÇÃO DA CROMATINA

A ESTRUTURA GLOBAL DOS CROMOSSOMOS

COMO OS GENOMAS EVOLUEM

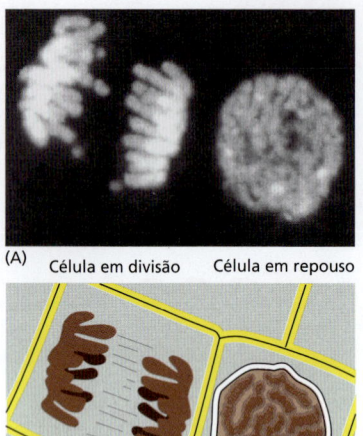

(A) Célula em divisão Célula em repouso
(B) 10 μm

Figura 4-1 Cromossomos nas células. (A) Duas células vegetais adjacentes fotografadas ao microscópio óptico. O DNA foi corado com um corante fluorescente (DAPI) que se liga ao DNA. O DNA está presente nos cromossomos, podendo ser visualizado ao microscópio somente quando forma uma estrutura cilíndrica compacta, na preparação para a divisão celular, como pode ser visto à esquerda. A célula à direita, que não se encontra em divisão, contém cromossomos idênticos, mas que não podem ser distinguidos nesta fase do ciclo celular por estarem em uma conformação mais estendida. (B) Diagrama esquemático das duas células com seus cromossomos. (A, cortesia de Peter Shaw.)

entendimento dos processos celulares surgiu a partir de estudos de hereditariedade em bactérias (**Figura 4-2**). No início da década de 1950, porém, a forma como as proteínas são especificadas pelas instruções no DNA e como a informação hereditária é copiada e transmitida de célula a célula ainda era um completo mistério. O enigma foi subitamente resolvido em 1953, quando James Watson e Francis Crick apresentaram o modelo para a estrutura do DNA e seu mecanismo. Como mencionado no Capítulo 1, a determinação da estrutura helicoidal dupla do DNA resolveu imediatamente o problema de como a informação contida nessa molécula é copiada ou *replicada*. Ela também forneceu as primeiras indicações de como a molécula de DNA utiliza uma sequência de suas subunidades para codificar as instruções e produzir proteínas. Atualmente, o fato de o DNA ser o material genético é tão fundamental ao pensamento biológico que é difícil imaginar o enorme vazio intelectual que essa descoberta revolucionária preencheu.

Iniciaremos este capítulo descrevendo a estrutura do DNA. Veremos como, apesar de sua simplicidade química, sua estrutura e suas propriedades químicas o tornam perfeitamente adequado como matéria-prima dos genes. A seguir, consideraremos como as diversas proteínas nos cromossomos organizam e empacotam o DNA. Esse empacotamento deve ser realizado de forma ordenada, de modo que cada cromossomo possa ser replicado e dividido corretamente entre duas células-filhas a cada divisão celular. E também deve permitir o acesso das enzimas de reparo ao DNA cromossômico quando ele for danificado e das proteínas especializadas que coordenam a expressão de seus inúmeros genes.

Nas últimas duas décadas, houve uma revolução na nossa capacidade de determinar a ordem exata das subunidades nas moléculas de DNA. Como resultado, atualmente conhecemos a sequência dos 3,2 bilhões de pares de nucleotídeos que contêm a informação para produzir um humano adulto a partir de um óvulo fertilizado, assim como a sequência de DNA de milhares de outros organismos. Análises detalhadas dessas

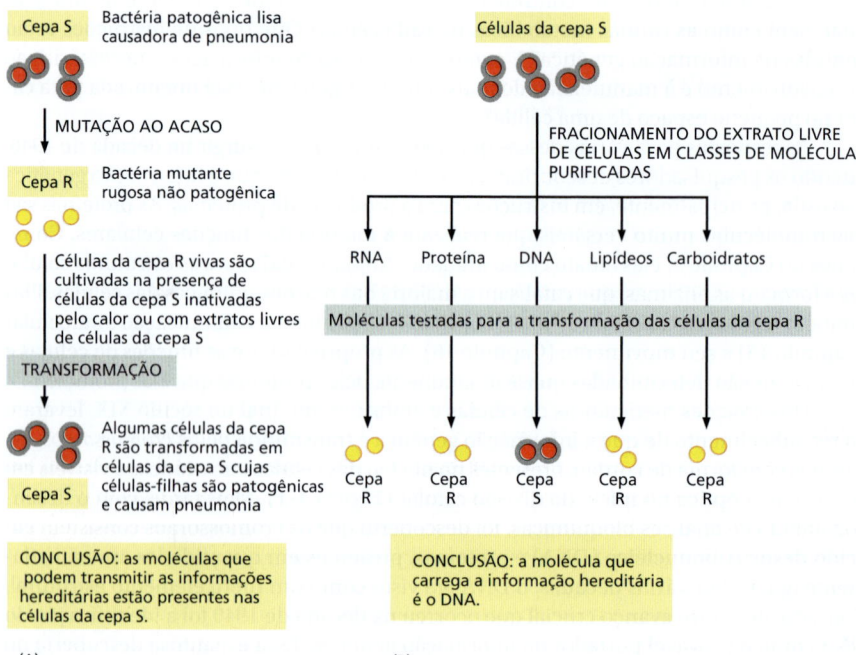

Figura 4-2 Primeira demonstração experimental de que o DNA é o material genético. Esses experimentos, realizados nas décadas de 1920 (A) e 1940 (B), mostraram que a adição de um DNA purificado a uma bactéria alterou as propriedades desta, e essas alterações são fielmente transmitidas para as gerações subsequentes. Duas cepas relacionadas da bactéria *Streptococcus pneumoniae* diferem uma da outra por sua aparência ao microscópio e sua patogenicidade. Uma cepa tem aspecto liso (S) e causa morte quando injetada em camundongos, e a outra tem aspecto rugoso (R) e não é letal. (A) Um experimento inicial mostra que alguma substância presente na cepa S pode transformar a cepa R em uma cepa S, e que essa mudança é herdada pelas gerações subsequentes de bactérias. (B) Esse experimento, no qual a cepa R foi incubada com várias classes de moléculas biológicas obtidas da cepa S, identifica o DNA como a substância ativa responsável pela informação genética.

sequências têm fornecido informações preciosas sobre o processo de evolução, o tema que finaliza este capítulo.

Este é o primeiro de quatro capítulos que tratam dos mecanismos genéticos básicos – a forma pela qual a célula mantém, replica e expressa a informação genética contida no seu DNA. No capítulo seguinte (Capítulo 5), discutiremos os mecanismos pelos quais a célula replica e repara seu DNA de forma precisa. Também descreveremos como as sequências de DNA podem ser rearranjadas pelo processo de recombinação genética. A expressão gênica – o processo pelo qual a informação codificada no DNA é interpretada pela célula para direcionar a síntese de proteínas – é o principal tópico do Capítulo 6. No Capítulo 7, descreveremos como a expressão gênica é controlada pela célula para assegurar que cada uma das milhares de proteínas e moléculas de RNA codificadas no DNA seja produzida apenas no momento e no local apropriados da vida de uma célula.

ESTRUTURA E FUNÇÃO DO DNA

Na década de 1940, os biólogos tinham dificuldade em aceitar que o DNA era o material genético. A molécula parecia muito simples: um longo polímero composto apenas por quatro tipos de subunidades, semelhantes quimicamente entre si. No início da década de 1950, o DNA foi examinado por difração de raios X, uma técnica utilizada para determinar a estrutura atômica tridimensional de uma molécula (discutida no Capítulo 8). Os primeiros resultados indicaram que o DNA era composto por duas fitas de um polímero enroladas como uma hélice. A observação de que o DNA era composto de uma fita dupla foi fundamental na elucidação do modelo da estrutura do DNA de Watson e Crick, o qual, logo após sua proposta em 1953, tornou evidente o potencial do DNA para replicação e armazenamento da informação genética.

A molécula de DNA consiste em duas cadeias de nucleotídeos complementares

Uma molécula de **ácido desoxirribonucleico** (**DNA**) consiste em duas longas cadeias polinucleotídicas compostas por quatro tipos de subunidades nucleotídicas. Cada uma dessas cadeias é conhecida como uma *cadeia de DNA*, ou *fita de DNA*. As cadeias são antiparalelas entre si, e *ligações de hidrogênio* entre a porção base dos nucleotídeos unem as duas cadeias (**Figura 4-3**). Como vimos no Capítulo 2 (Painel 2-6, p. 100-101), os nucleotídeos são compostos de açúcares com cinco carbonos, aos quais um ou mais grupos fosfato estão ligados, e uma base contendo nitrogênio. No caso dos nucleotídeos do DNA, o açúcar é uma desoxirribose ligada a um único grupo fosfato (por isso o nome ácido desoxirribonucleico), e a base pode ser *adenina* (A), *citosina* (C), *guanina* (G) ou *timina* (T). Os nucleotídeos estão covalentemente ligados em uma cadeia por açúcares e fosfatos, os quais formam a estrutura principal alternada de açúcar-fosfato-açúcar-fosfato, chamada de *cadeia principal*. Como apenas a base difere em cada uma das quatro subunidades nucleotídicas, cada cadeia polinucleotídica no DNA assemelha-se a um colar de açúcar-fosfato (cadeia principal) do qual os quatro tipos de contas se projetam (as bases A, C, G e T). Esses mesmos símbolos (A, C, G e T) normalmente são usados para representar as quatro bases ou os quatro nucleotídeos inteiros – isto é, as bases ligadas com seus grupos fosfato e açúcar.

A forma na qual os nucleotídeos estão ligados confere uma polaridade química à fita de DNA. Se imaginarmos cada açúcar como um bloco com uma protuberância (o fosfato 5') em um lado e uma cavidade (a hidroxila 3') no outro (ver Figura 4-3), cada cadeia completa, formada por protuberâncias e cavidades entrelaçadas, terá todas as suas subunidades alinhadas na mesma orientação. Além disso, as duas extremidades da cadeia serão facilmente distinguíveis por apresentarem, uma delas, uma cavidade (a hidroxila 3'), e a outra, uma protuberância (o fosfato 5'). Essa polaridade na cadeia de DNA é indicada pela denominação das extremidades como *extremidade 3'* e *extremidade 5',* nomes derivados da orientação do açúcar desoxirribose. Em relação à sua capacidade de carregar a informação, a cadeia de nucleotídeos em uma fita de DNA, sendo direcional e linear, pode ser lida quase como as letras nesta página.

Figura 4-3 O DNA e suas unidades fundamentais. O DNA é composto por quatro tipos de nucleotídeos, ligados covalentemente, formando uma cadeia polinucleotídica (uma fita de DNA), com uma cadeia principal de açúcar-fosfato a partir do qual as bases (A, C, G e T) se estendem. Uma molécula de DNA é composta por duas fitas de DNA antiparalelas unidas por ligações de hidrogênio entre as bases pareadas. As *setas* nas extremidades das cadeias de DNA indicam a polaridade das duas fitas. No diagrama na parte de baixo e à esquerda da figura, o DNA está mostrado de forma plana; na realidade, ele é torcido formando uma dupla-hélice, como mostrado à direita. Para mais detalhes, ver Figura 4-5 e Animação 4.1.

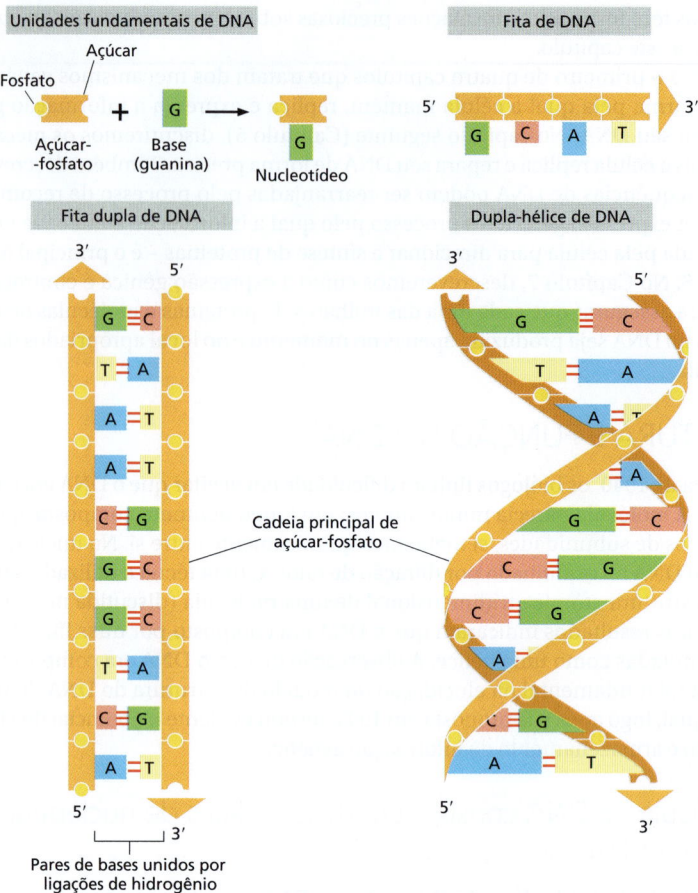

A estrutura tridimensional do DNA – a **dupla-hélice** de DNA – é decorrente das características químicas e estruturais de suas duas cadeias polinucleotídicas. Uma vez que essas duas cadeias são mantidas unidas por ligações de hidrogênio entre as bases das duas fitas, todas as bases estão voltadas para o interior da dupla-hélice, e a cadeia principal de açúcar-fosfato encontra-se na região externa (ver Figura 4-3). Em cada um dos casos, a base mais resistente, com dois anéis (uma purina, ver Painel 2-6, p. 100-101), forma par com uma base com um anel único (uma pirimidina). A sempre forma par com T, e G, com C (**Figura 4-4**). Esse *pareamento de bases complementares* permite que os **pares de bases** sejam dispostos em um arranjo energético mais favorável no interior da dupla-hélice. Nesse arranjo, cada par de bases possui uma largura similar, mantendo a estrutura de açúcar-fosfato equidistante ao longo da molécula de DNA. Para otimizar a eficiência do empilhamento dos pares de bases, as duas cadeias principais de açúcar-fosfato enrolam-se um sobre o outro formando uma dupla-hélice orientada à direita, completando uma volta a cada 10 pares de base (**Figura 4-5**).

Os membros de cada par de bases somente encaixam-se na dupla-hélice se as duas fitas da hélice estiverem na posição **antiparalela** – isto é, somente se a polaridade de uma fita estiver em orientação oposta à da outra fita (ver Figuras 4-3 e 4-4). Uma consequência da estrutura do DNA e do pareamento de bases é que cada fita de uma molécula de DNA contém uma sequência de nucleotídeos que é exatamente **complementar** à sequência de nucleotídeos da outra fita.

A estrutura do DNA fornece um mecanismo para a hereditariedade

A descoberta da estrutura do DNA imediatamente sugeriu respostas às duas questões centrais sobre hereditariedade. Primeiro, como a informação genética para especificar

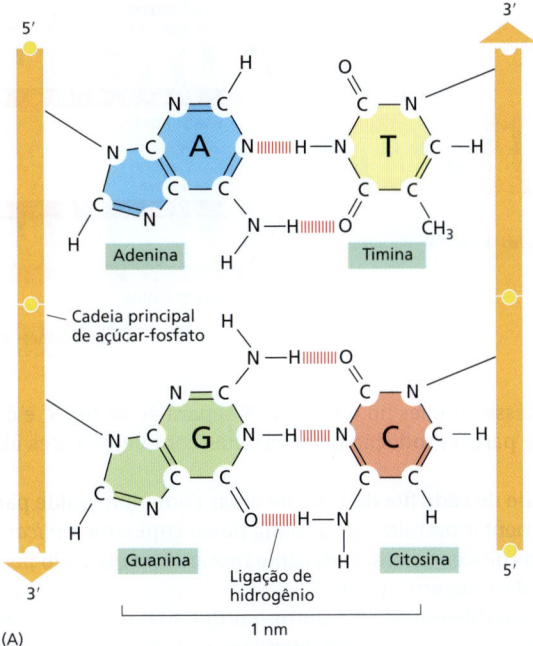

Figura 4-4 Pares de bases complementares na dupla-hélice de DNA.
As formas e a estruturas químicas das bases permitem que as ligações de hidrogênio sejam formadas de maneira eficiente apenas entre A e T e entre G e C, porque os átomos que são capazes de formar ligações de hidrogênio (ver Painel 2-3 e p. 94-95) podem, então, aproximar-se sem distorcer a dupla-hélice. Como indicado, duas ligações de hidrogênio são formadas entre A e T, enquanto três são formadas entre G e C. As bases podem formar par dessa forma somente quando as duas cadeias polinucleotídicas que contêm as bases forem antiparalelas entre si.

um organismo poderia ser armazenada em uma forma química? E, segundo, como essa informação poderia ser duplicada e copiada de geração a geração?

A resposta à primeira pergunta veio da compreensão de que o DNA é um polímero linear, formado por quatro tipos de monômeros, ordenados em uma sequência definida, como as letras em um documento escrito com o alfabeto.

A resposta à segunda questão veio da natureza helicoidal dupla da sua estrutura: como cada fita de DNA contém uma sequência de nucleotídeos que é exatamente complementar à sequência de nucleotídeos da fita associada, cada fita pode atuar como um **molde** para a síntese de uma nova fita complementar. Em outras palavras, se designarmos as duas fitas de DNA com S e S', a fita S pode servir como um molde para síntese de uma nova fita S', enquanto a fita S' pode ser usada como molde para fazer uma nova fita S (**Figura 4-6**). Assim, a informação genética no DNA pode ser fielmente copiada por

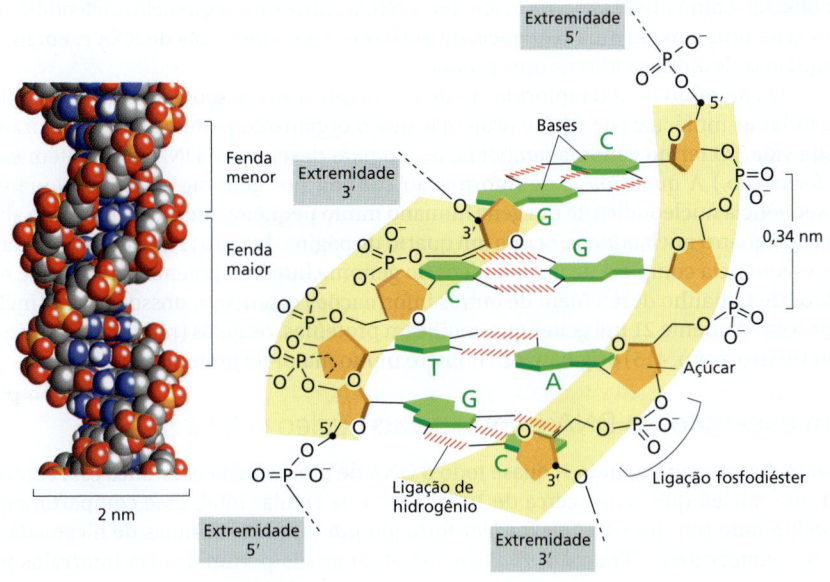

Figura 4-5 A dupla-hélice do DNA.
(A) Modelo de preenchimento de 1,5 volta da dupla-hélice do DNA. Cada volta do DNA contém 10,4 pares de nucleotídeos, e a distância entre pares adjacentes de centro-a-centro é de 0,34 nm. O enrolamento das duas fitas, uma ao redor da outra, cria duas fendas na dupla-hélice: a fenda mais larga é chamada de fenda maior, e a mais estreita, de fenda menor. (B) Uma pequena secção da dupla-hélice vista lateralmente, mostrando quatro pares de bases. Os nucleotídeos são ligados covalentemente por ligações fosfodiéster pelo grupo 3'-hidroxila (–OH) de um açúcar e o grupo 5'-hidroxila do próximo açúcar. Assim, cada fita polinucleotídica tem uma polaridade química; isto é, as duas extremidades são quimicamente diferentes. A extremidade 5' do DNA é, por convenção, ilustrada carregando o grupo fosfato, enquanto a extremidade 3' é ilustrada com um grupo hidroxila.

Figura 4-6 O DNA atua como molde para a sua própria duplicação. Como o nucleotídeo A irá parear de maneira eficiente apenas com T, e G apenas com C, cada fita de DNA pode atuar como molde e especificar a sequência de nucleotídeos na sua fita complementar. Dessa forma, a dupla-hélice de DNA pode ser precisamente copiada, e cada hélice de DNA parental produz duas hélices-filhas de DNA idênticas.

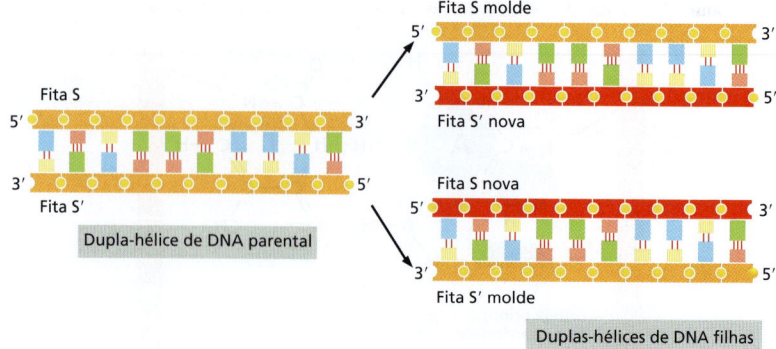

meio de um processo simples no qual a fita S separa-se da fita S' e cada fita separada atua como molde para a produção de novas fitas complementares idênticas a sua fita associada.

A capacidade de cada fita de DNA de atuar como um molde para a produção de uma fita complementar permite que a célula possa copiar ou *replicar* seus genes antes de passá-los a suas descendentes. O elegante mecanismo utilizado pela célula para realizar essa tarefa é descrito no Capítulo 5.

Os organismos diferem uns dos outros porque suas respectivas moléculas de DNA possuem diferentes sequências de nucleotídeos e, consequentemente, carregam diferentes mensagens biológicas. No entanto, como esse alfabeto é usado para produzir as mensagens e o que elas significam?

Como discutido anteriormente, antes que a estrutura da molécula de DNA fosse determinada, sabia-se que os genes continham as instruções para produzir as proteínas. Se os genes são formados por DNA, este deve, de alguma forma, codificar proteínas (**Figura 4-7**). Como apresentado no Capítulo 3, as propriedades de uma proteína – que são responsáveis pela sua função biológica – são determinadas pela sua estrutura tridimensional. Essa estrutura, por sua vez, é determinada pela sequência linear de aminoácidos que a compõe. A sequência linear de nucleotídeos em um gene deve, portanto, corresponder à sequência linear de aminoácidos em uma proteína. A correspondência exata entre as quatro letras do alfabeto de nucleotídeos do DNA e as 20 letras do alfabeto dos aminoácidos das proteínas – o *código genético* – não é óbvia a partir da estrutura do DNA e somente foi compreendida uma década após a descoberta da dupla-hélice. No Capítulo 6, descrevemos esse código em detalhes durante um processo elaborado conhecido como *expressão gênica*, em que a célula converte a sequência nucleotídica de um gene primeiro em uma sequência de nucleotídeos na molécula de RNA e, então, na sequência de aminoácidos de uma proteína.

O conteúdo total da informação de um organismo é o seu **genoma**, que codifica todas as moléculas de RNA e proteínas que o organismo poderá sintetizar durante toda vida. (O termo genoma também é usado para descrever o DNA que contém essa informação.) A quantidade de informação contida nos genomas é impressionante. A sequência nucleotídica de um gene humano muito pequeno, escrito na forma do alfabeto de quatro nucleotídeos, ocupa um quarto de página de texto (**Figura 4-8**), enquanto a sequência completa de nucleotídeos do genoma humano preencheria mais de mil livros do tamanho deste. Além de outras informações essenciais, nosso genoma inclui aproximadamente 21 mil genes que codificam proteínas, os quais (por meio de *splicing* alternativo, ver p. 415) originam um número muito maior de proteínas diferentes.

Em eucariotos, o DNA é limitado ao núcleo celular

Como descrito no Capítulo 1, quase todo o DNA de uma célula eucariótica está contido em um núcleo que ocupa cerca de 10% do volume celular total. Esse compartimento é delimitado por um *envelope nuclear* formado por duas membranas de bicamada lipídica concêntricas (**Figura 4-9**). Essas membranas são perfuradas em intervalos por

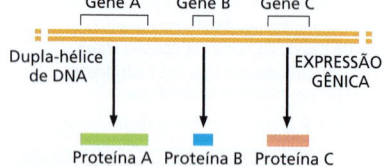

Figura 4-7 Correlação entre a informação genética contida no DNA e as proteínas. (Discutido no Capítulo 1.)

Figura 4-8 Sequência de nucleotídeos no gene da β-globina humana. Por convenção, uma sequência nucleotídica é escrita sempre da extremidade 5' para a 3', devendo ser lida da esquerda para a direita e nas linhas sucessivas em direção ao final da página como é lido um texto normal. Esse gene contém a informação para a sequência de aminoácidos de um dos dois tipos de subunidades da molécula de hemoglobina; um gene diferente, o α-globina, contém a informação do outro. (A hemoglobina, proteína que transporta o oxigênio no sangue, possui quatro subunidades, duas de cada tipo). Apenas uma das duas fitas da dupla-hélice do DNA contendo o gene da β-globina é mostrada; a outra fita tem a sequência complementar exata. As sequências de DNA destacadas em *amarelo* mostram as três regiões do gene que codificam a sequência de aminoácidos da proteína β-globina. Veremos no Capítulo 6 como a célula processa e une essas três sequências no nível de mRNA para sintetizar uma proteína β-globina completa.

grandes poros nucleares, por meio dos quais as moléculas movem-se entre o núcleo e o citoplasma. O envelope nuclear está diretamente ligado ao extenso sistema de membranas intracelulares chamado *retículo endoplasmático*, que se estende do núcleo ao citoplasma. O envelope nuclear conta com o suporte mecânico de uma rede de filamentos intermediários chamada *lâmina nuclear* – uma malha delgada localizada logo abaixo da membrana nuclear interna (ver Figura 4-9B).

O envelope nuclear permite que muitas proteínas que atuam no DNA sejam concentradas onde são necessárias à célula e, como veremos nos próximos capítulos, ele mantém as enzimas nucleares separadas das enzimas citoplasmáticas, uma característica crucial para o funcionamento adequado das células eucarióticas.

Resumo

A informação genética é armazenada em uma sequência linear de nucleotídeos no DNA. Cada molécula de DNA é uma dupla-hélice formada por duas fitas complementares e antiparalelas de nucleotídeos unidos por ligações de hidrogênio entre os pares de bases G-C e A-T. A duplicação da informação genética ocorre pelo uso de uma das fitas de DNA como um molde para a formação de uma fita complementar. A informação genética contida no DNA de um organismo contém as instruções para todas as moléculas de RNA e proteínas que o organismo irá sintetizar, compondo o genoma do organismo. Nos eucariotos, o DNA está localizado no núcleo celular, um grande compartimento delimitado por membrana.

O DNA CROMOSSÔMICO E SUA COMPACTAÇÃO NA FIBRA DE CROMATINA

A função mais importante do DNA é carregar os genes, a informação que especifica todas as moléculas de RNA e proteínas que formam um organismo – incluindo a informação sobre quando, em quais tipos celulares e quais as quantidades de cada molécula de RNA e de proteínas devem ser produzidas. O DNA nuclear dos eucariotos é dividido em cromossomos e, nesta seção, veremos como os genes estão organizados em cada cromossomo. Além disso, descreveremos as sequências especializadas de DNA que permitem que os cromossomos sejam precisamente duplicados como uma entidade separada e passados de uma geração para outra.

Também confrontaremos o desafio do empacotamento do DNA. Se as duplas-hélices que compõem todos os 46 cromossomos em uma célula humana fossem colocadas uma ligada à extremidade da outra, atingiriam cerca de 2 metros; no entanto, o núcleo que contém o DNA tem somente cerca de 6 μm de diâmetro. Isso é geometricamente equivalente a acomodar 40 km de uma linha extremamente fina em uma bola de tênis. A complexa tarefa de compactar o DNA é realizada por proteínas especializadas que se ligam ao DNA e fazem seu enovelamento, gerando uma série de espirais e alças ordenadas com níveis crescentes de organização e evitam que o DNA se torne um emaranhado desordenado. Apesar de estar fortemente compactado, é surpreendente como o DNA permanece acessível às diversas proteínas dentro da célula, que o replicam, reparam e utilizam seus genes para produzir as moléculas de RNA e as proteínas.

```
CCCTGTGGAGCCACACCCTAGGGTTGGCCA
ATCTACTCCCAGGAGCAGGGAGGGCAGGAG
CCAGGGCTGGGCATAAAAGTCAGGGCAGAG
CCATCTATTGCTTACATTTGCTTCTGACAC
AACTGTGTTCACTAGCAACTCAAACAGACA
CCATGGTGCACCTGACTCCTGAGGAGAAGT
CTGCCGTTACTGCCCTGTGGGGCAAGGTGA
ACGTGGATGAAGTTGGTGGTGAGGCCCTGG
GCAGGTTGGTATCAAGGTTACAAGACAGGT
TTAAGGAGACCAATAGAAACTGGGCATGTG
GAGACAGAGAAGACTCTTGGGTTTCTGATA
GGCACTGACTCTCTCTGCCTATTGGTCTAT
TTTCCCACCCTTAGGCTGCTGGTGGTCTAC
CCTTGGACCCAGAGGTTCTTTGAGTCCTTT
GGGGATCTGTCCACTCCTGATGCTGTTATG
GGCAACCCTAAGGTGAAGGCTCATGGCAAG
AAAGTGCTCGGTGCCTTTAGTGATGGCCTG
GCTCACCTGGACAACCTCAAGGGCACCTTT
GCCACACTGAGTGAGCTGCACTGTGACAAG
CTGCACGTGGATCCTGAGAACTTCAGGGTG
AGTCTATGGGACCCTTGATGTTTTCTTTCC
CCTTCTTTTCTATGGTTAAGTTCATGTCAT
AGGAAGGGGAGAAGTAACAGGGTACAGTTT
AGAATGGGAAACAGACGAATGATTGCATCA
GTGTGGAAGTCTCAGGATCGTTTTAGTTTC
TTTTATTTGCTGTTCATAACAATTGTTTTC
TTTTGTTTAATTCTTGCTTTCTTTTTTTT
CTTCTCCGCAATTTTTACTATTATACTTAA
TGCCTTAACATTGTGTATAACAAAAGGAAA
TATCTCTGAGATACATTAAGTAACTTAAAA
AAAAACTTTACACAGTCTGCCTAGTACATT
ACTATTTGGAATATATGTGTGCTTATTTGC
ATATTCATAATCTCCCTACTTTATTTTCTT
TTATTTTTAATTGATACATAATCATTATAC
ATATTTATGGGTTAAAGTGTAATGTTTTAA
TATGTGTACACATATTGACCAAATCAGGGT
AATTTTGCATTTGTAATTTTAAAAAATGCT
TTCTTCTTTTAATATACTTTTTTGTTTATC
TTATTTCTAATACTTTCCCTAATCTCTTTC
TTTCAGGGCAATAATGATACAATGTATCAT
GCCTCTTTGCACCATTCTAAAGAATAACAG
TGATAATTTCTGGGTTAAGGCAATAGCAAT
ATTTCTGCATATAAATATTTCTGCATATAA
ATTGTAACTGATGTAAGAGGTTTCATATTG
CTAATAGCAGCTACAATCCAGCTACCATTC
TGCTTTTATTTTATGGTTGGGATAAGGCTG
GATTATTCTGAGTCCAAGCTAGGCCCTTTT
GCTAATCATGTTCATACCTCTTATCTTCCT
CCCACAGCTCCTGGGCAACGTGCTGGTCTG
TGTGCTGGCCCATCACTTTGGCAAAGAATT
CACCCCACCAGTGCAGGCTGCCTATCAGAA
AGTGGTGGCTGGTGTGGCTAATGCCCTGGC
CCACAAGTATCACTAAGCTCGCTTTCTTGC
TGTCCAATTTCTATTAAAGGTTCCTTTGTT
CCCTAAGTCCAACTACTAAACTGGGGGATA
TTATGAAGGGCCTTGAGCATCTGGATTCTG
CCTAATAAAAAACATTTATTTTCATTGCAA
TGATGTATTTAAATTATTTCTGAATATTTT
ACTAAAAAGGGAATGTGGGAGGTCAGTGCA
TTTAAAACATAAAGAAATGATGAGCTGTTC
AAACCTTGGGAAAATACACTATATCTTAAA
CTCCATGAAAGAAGGTGAGGCTGCAACCAG
CTAATGCACATTGGCAACAGCCCCTGATGC
CTATGCCTTATTCATCCCTCAGAAAAGGAT
TCTTGTAGAGGCTTGATTTGCAGGTTAAAG
TTTTGCTATGCTGTATTTTACATTACTTAT
TGTTTTAGCTGTCCTCATGAATGTCTTTTC
```

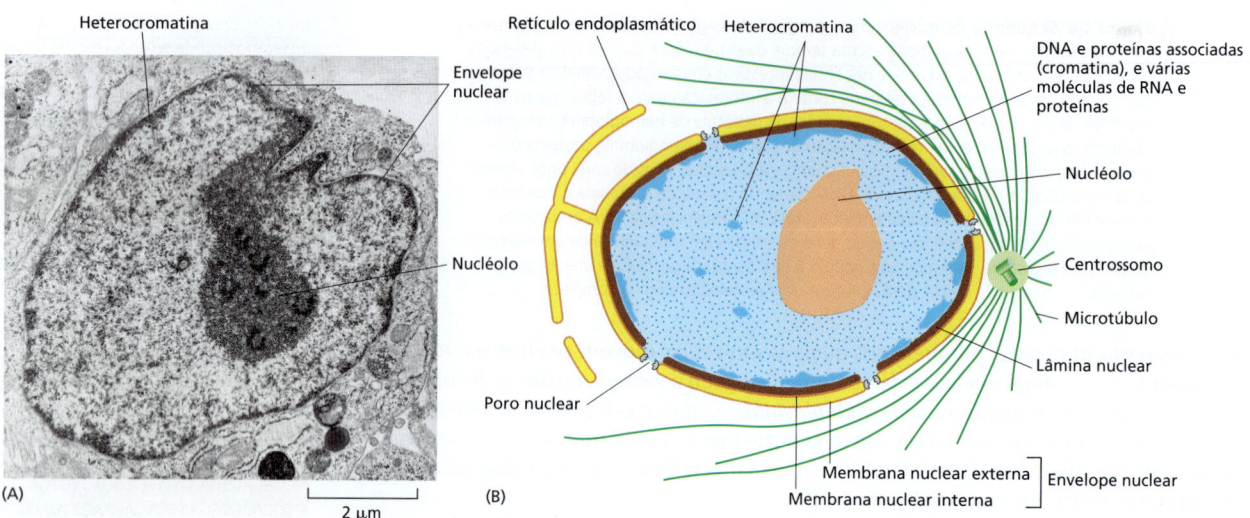

Figura 4-9 Corte transversal de um núcleo celular característico. (A) Micrografia eletrônica de uma fina secção do núcleo de um fibroblasto humano. (B) Diagrama esquemático mostrando que o envelope nuclear consiste em duas membranas, sendo a externa contínua à membrana do retículo endoplasmático (RE) (ver também Figura 12-7). O espaço interno do retículo endoplasmático (o lúmen do RE) está colorido em *amarelo*, sendo contínuo com o espaço entre as duas membranas nucleares. As bicamadas lipídicas das membranas nucleares interna e externa estão conectadas a cada poro nuclear. Uma fina rede de filamentos intermediários (em *marrom*) dentro do núcleo forma a lâmina nuclear (em *marrom*) que fornece suporte mecânico ao envelope nuclear (para detalhes, ver Capítulo 12). A heterocromatina, porção fortemente corada, contém regiões de DNA especialmente condensadas que serão discutidas mais adiante (A, cortesia de E.G. Jordan e J. McGovern.)

O DNA eucariótico é compactado em um conjunto de cromossomos

Cada **cromossomo** em uma célula eucariótica consiste em uma única e enorme molécula de DNA linear juntamente com proteínas que enovelam e empacotam a fina fita de DNA em uma estrutura mais compacta. Além das proteínas envolvidas na compactação, os cromossomos estão associados a várias outras proteínas (e a diversas moléculas de RNA). Estas são necessárias para os processos de expressão gênica, replicação e reparo do DNA. O complexo que engloba o DNA e as proteínas fortemente associadas é chamado de *cromatina* (do grego, *chroma*, "cor", devido às suas propriedades de coloração).

As bactérias não possuem um compartimento nuclear especial e normalmente transportam seus genes em uma única molécula de DNA, muitas vezes circular (ver Figura 1-24). Esse DNA também está associado a proteínas que o empacotam e o condensam, mas elas são diferentes das proteínas que desempenham essas funções em eucariotos. Embora o DNA bacteriano e suas proteínas acessórias sejam normalmente chamadas de "cromossomo" bacteriano, ele não possui a mesma estrutura dos cromossomos eucarióticos e sabe-se menos sobre a compactação do DNA bacteriano. Portanto, nossa discussão sobre a estrutura dos cromossomos será quase inteiramente sobre os cromossomos de eucariotos.

Com exceção dos gametas (óvulos e espermatozoides) e uns poucos tipos celulares altamente especializados que não podem se multiplicar ou não possuem DNA (p. ex., os eritrócitos), ou tenham replicado seu DNA sem completar o ciclo de divisão celular (por exemplo os megacariócitos), cada núcleo celular humano contém duas cópias de cada cromossomo, uma herdada da mãe e outra herdada do pai. Os cromossomos maternos e paternos de um par são chamados de **cromossomos homólogos**. O único par de cromossomos não homólogos é o dos cromossomos sexuais do macho, onde um *cromossomo Y* é herdado do pai e um *cromossomo X* é herdado da mãe. Assim, cada célula humana contém um total de 46 cromossomos – 22 pares comuns, tanto para indivíduos masculinos quanto femininos – mais os dois cromossomos sexuais (X e Y nos indivíduos do sexo masculino e dois X nos indivíduos do sexo feminino). Esses cromossomos humanos podem ser facilmente distinguidos pela "coloração" de cada um com uma cor diferente, usando uma técnica baseada na *hibridização de DNA* (**Figura 4-10**). Nesse método (descrito em detalhes no Capítulo 8), uma pequena fita de ácido nucleico é marcada com um corante fluorescente que atua como uma "sonda" e se liga à sua sequência

CAPÍTULO 4 DNA, cromossomos e genomas 181

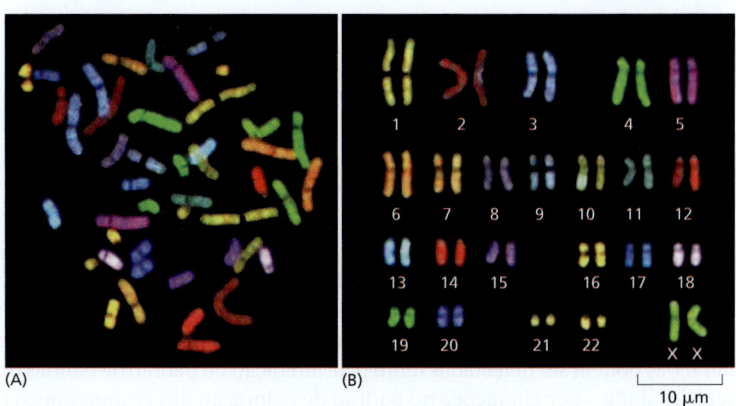

Figura 4-10 **O conjunto completo de cromossomos humanos.** Os cromossomos de um indivíduo do sexo feminino foram isolados de uma célula em divisão nuclear (mitose) e estão, portanto, em um estado altamente compactado. Cada cromossmo foi "colorido" com uma cor diferente para identificação precisa ao microscópio de fluorescência, usando a técnica denominada "cariotipagem espectral". A coloração cromossômica pode ser realizada pela exposição dos cromossomos a uma grande variedade de moléculas de DNA cuja sequência complemente sequências de DNA conhecidas no genoma humano. O conjunto das sequências complementares a cada cromossomo é ligada a uma combinação diferente de corantes fluorescentes. Moléculas de DNA derivadas do cromossomo 1 foram marcadas com uma combinação específica de corantes, as do cromossomo 2 com outra, e assim por diante. Como o DNA marcado pode formar pares de bases, ou hibridizar, apenas com o cromossomo do qual a sequência foi derivada, cada cromossomo é marcado com uma combinação diferente de corantes. Nesses experimentos, os cromossomos são submetidos a tratamentos que separam as duas fitas da dupla-hélice de DNA, de modo a permitir o pareamento de bases com o DNA de fita simples marcado, porém preservando a estrutura geral do cromossomo. (A) Cromossomos visualizados na forma como foram expulsos da célula lisada. (B) Os mesmos cromossomos ordenados artificialmente de acordo com sua numeração. Esse arranjo do conjunto total dos cromossomos é chamado de cariótipo. (Adaptada de N. McNeil e T. Ried, *Expert Rev. Mol. Med.* 2:1–14, 2000. Com permissão de Cambridge University Press.)

complementar, iluminando o cromossomo-alvo no local ao qual se liga. Essa coloração dos cromossomos é realizada com mais frequência na mitose, em que os cromossomos estão especialmente compactados e são de fácil visualização (ver a seguir).

Um outro modo, mais tradicional de distinguir os cromossomos, é usar corantes que revelem padrões de bandas marcantes e características ao longo de cada cromossomo mitótico (**Figura 4-11**). Esses padrões de bandas provavelmente refletem variações na estrutura da cromatina, porém sua base não é bem compreendida. De qualquer for-

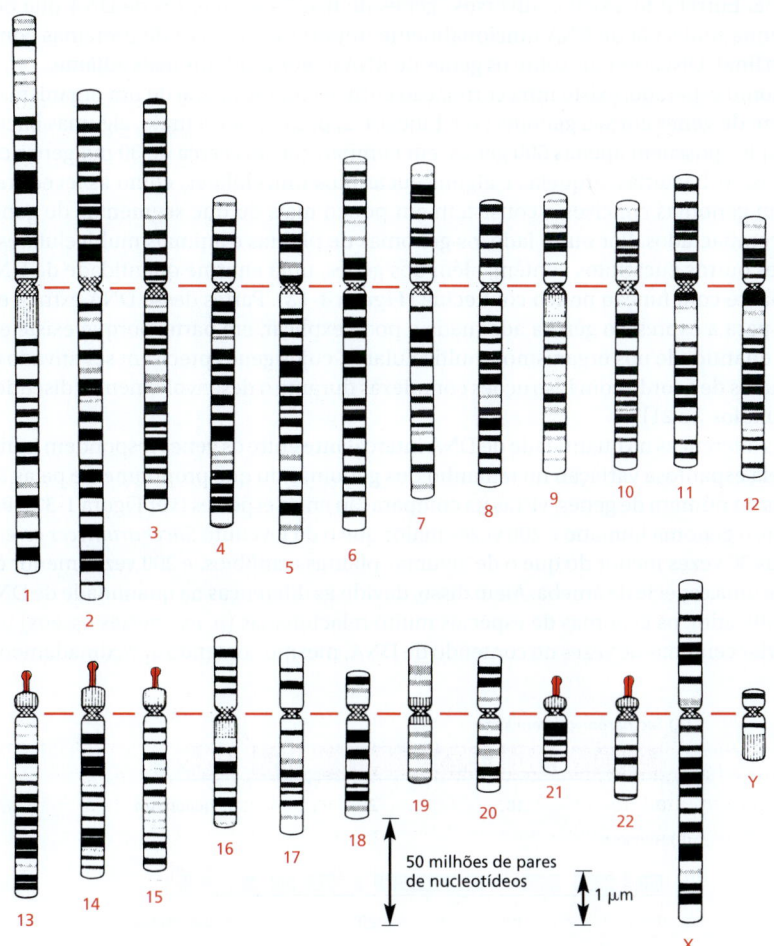

Figura 4-11 **Padrão de bandas dos cromossomos humanos.** Os cromossomos de 1 a 22 estão numerados em ordem aproximada de tamanho. Uma célula humana típica contém dois de cada desses cromossomos, mais dois cromossomos sexuais – dois cromossomos X na fêmea; um cromossomo X e um Y no macho. Os cromossomos usados para fazer estes mapas foram corados em um estágio inicial da mitose, quando os cromossomos estão um pouco menos compactados. A linha horizontal (em *vermelho*) representa a posição do centrômero (ver Figura 4-19), que aparece como uma constrição nos cromossomos mitóticos. As protuberâncias nos cromossomos 13, 14, 15, 21 e 22 indicam as posições dos genes que codificam os RNAs ribossômicos maiores (discutidos no Capítulo 6). Esses padrões são obtidos pela coloração dos cromossomos com Giemsa e são observados ao microscópio óptico. (Adaptada de U. Francke, *Cytogenet. Cell Genet.* 31:24–32, 1981. Com permissão do autor.)

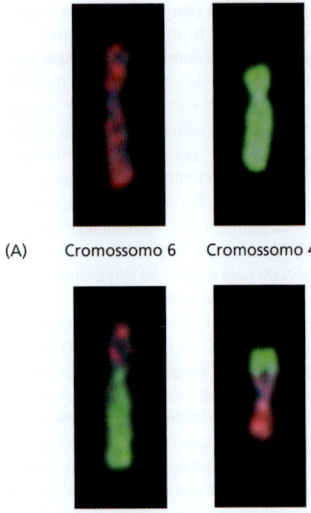

(A) Cromossomo 6   Cromossomo 4

(B) Translocação cromossômica recíproca

Figura 4-12 Cromossomos humanos aberrantes. (A) Dois cromossomos humanos normais, 4 e 6. (B) Em um indivíduo com uma *translocação cromossômica* balanceada, a dupla-hélice de DNA em um cromossomo foi cruzada com a dupla-hélice de DNA de outro cromossomo, devido a um evento de recombinação anormal. A técnica de coloração cromossômica, usada nos cromossomos de cada um dos grupos, permite a identificação dos segmentos cromossômicos que sofreram translocação, mesmo sendo pequenos, um evento comum em células cancerosas. (Cortesia de Zhenya Tang e the NIGMS Human Genetic Cell Repository at the Coriell Institute for Medical Research: GM21880.)

ma, o padrão de bandas em cada tipo de cromossomo é único e estabeleceu o caminho inicial para a identificação e numeração de cada cromossomo de forma confiável.

A representação dos 46 cromossomos mitóticos é chamada de **cariótipo** humano. Caso partes de cromossomos sejam perdidas ou estejam trocadas entre cromossomos, essas alterações podem ser detectadas tanto pela alteração no padrão de bandas ou – com maior sensibilidade – por alterações no padrão de coloração dos cromossomos (**Figura 4-12**). Os citogeneticistas utilizam essas alterações para detectar anormalidades cromossômicas hereditárias e para revelar os rearranjos cromossômicos que ocorrem em células tumorais à medida que elas progridem para a malignidade (discutido no Capítulo 20).

Os cromossomos contêm longas sequências de genes

Os cromossomos carregam os genes – as unidades funcionais da hereditariedade. Um gene normalmente é definido como um segmento de DNA que contém as instruções para produzir uma determinada proteína (ou uma série de proteínas relacionadas), mas essa definição é muito limitada. Os genes que codificam proteínas são realmente a grande maioria, e a maior parte dos genes com fenótipos claramente mutantes caem nessa categoria. Entretanto, existem diversos "genes de RNA" – segmentos de DNA que originam uma molécula de RNA funcionalmente importante, em vez de proteínas como produto final. Discutiremos sobre os genes de RNA e seus produtos mais adiante.

Como esperado, existe uma correlação entre a complexidade de um organismo e o número de genes em seu genoma (ver Tabela 1-2, p. 29). Por exemplo, algumas bactérias simples possuem apenas 500 genes, em comparação aos cerca de 30 mil genes em humanos. As bactérias, arqueias e alguns eucariotos unicelulares, como as leveduras, possuem genomas concisos e consistem em pouco mais do que segmentos de genes muito compactados. Por outro lado, os genomas de plantas e animais multicelulares e de vários outros eucariotos contêm, além dos genes, uma enorme quantidade de DNA intercalante com função pouco conhecida (**Figura 4-13**). Partes desse DNA extra é essencial para a expressão gênica adequada e pode explicar, em parte, porque existe em grande quantidade nos organismos multicelulares, cujos genes precisam ser ativados e desativados de acordo com instruções complexas durante o desenvolvimento (discutido nos Capítulos 7 e 21).

As diferenças na quantidade de DNA intercalante entre os genes respondem muito mais pela espantosa variação no tamanho dos genomas do que propriamente pelas diferenças no número de genes, vistas na comparação entre espécies (ver Figura 1-32). Por exemplo, o genoma humano é 200 vezes maior que o da levedura *Saccharomyces cerevisiae*, mas 30 vezes menor do que o de algumas plantas e anfíbios, e 200 vezes menor do que o de uma espécie de ameba. Além disso, devido às diferenças na quantidade de DNA não codificador, os genomas de espécies muito relacionadas (p. ex., peixes ósseos) podem variar centenas de vezes no conteúdo de DNA, mesmo contendo aproximadamente

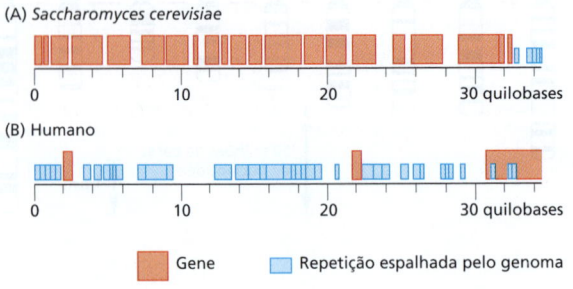

Figura 4-13 Organização dos genes no genoma de *S. cerevisiae* comparado aos humanos. (A) A levedura por brotamento *S. cerevisiae* é bastante utilizada na produção de cervejas e pães. O genoma desse eucarioto unicelular está distribuído em 16 cromossomos. Uma pequena região de um cromossomo foi selecionada arbitrariamente para mostrar sua alta densidade de genes. (B) Uma região do genoma humano com o mesmo comprimento do segmento da levedura em (A). Os genes humanos são muito menos compactados e a quantidade de sequências de DNA intercalantes é muito maior. Não está ilustrado nesta amostra, mas, na realidade, a maioria dos genes humanos é muito maior do que os genes de leveduras (ver Figura 4-15).

CAPÍTULO 4 DNA, cromossomos e genomas 183

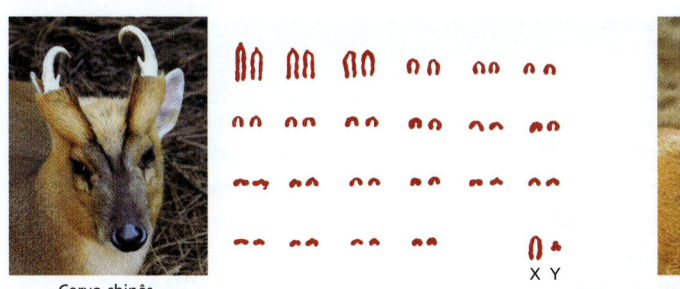

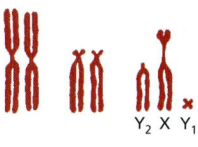

Cervo chinês

Cervo indiano

o mesmo número de genes. Independentemente da função desse DNA em excesso, parece claro que ele não é um grande problema para a célula eucariótica.

A forma como o genoma é dividido nos cromossomos também difere de uma espécie de eucarioto para outra. Por exemplo, enquanto as células humanas possuem 46 cromossomos, as de um pequeno cervo possuem apenas 6, e as células da carpa comum contêm mais de 100 cromossomos. Mesmo espécies muito relacionadas com genomas de tamanho similar podem apresentar números e tamanhos de cromossomos muito diferentes (**Figura 4-14**). Não há uma regra simples para o número cromossômico, complexidade do organismo e o tamanho total do genoma. Ao contrário, o genoma e os cromossomos das espécies atuais foram moldados por uma história particular de eventos genéticos aparentemente ao acaso, nos quais uma pressão seletiva pouco compreendida atuou durante longos períodos da evolução.

A sequência nucleotídica do genoma humano mostra como nossos genes são organizados

Com a publicação da sequência completa de DNA do genoma humano em 2004, foi possível ver em detalhes como os genes estão dispostos ao longo de cada um dos nossos cromossomos (**Figura 4-15**). Levará algumas décadas para que a informação contida na sequência do genoma humano seja completamente analisada, mas já estimulou a realização de novos experimentos e afetou o conteúdo de cada capítulo deste livro.

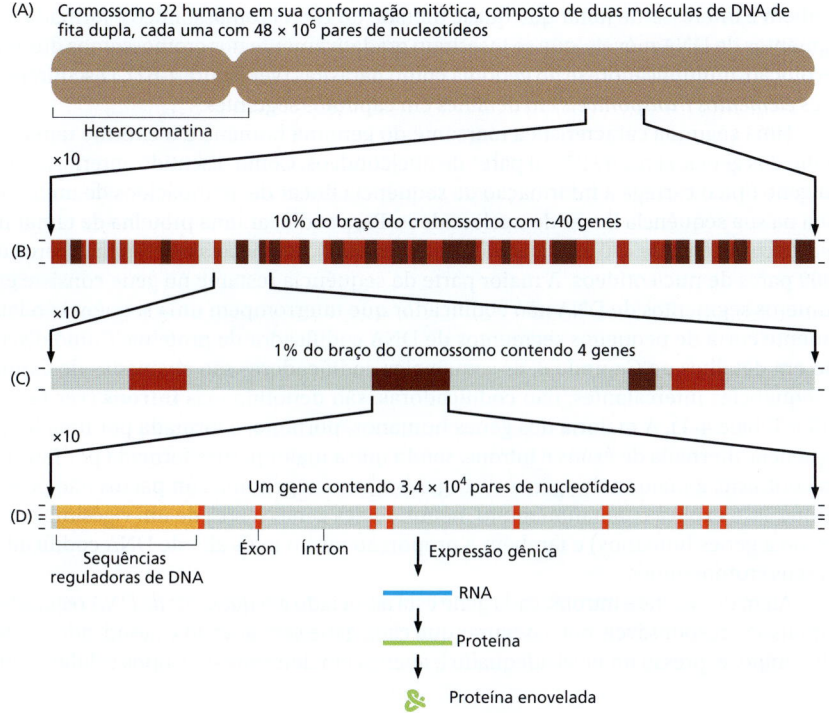

Figura 4-14 Duas espécies de cervos relacionadas, mas com diferentes números cromossômicos. Durante a evolução do cervo indiano, os cromossomos que eram inicialmente separados se fundiram, sem causar efeitos graves nos animais. Essas duas espécies possuem aproximadamente o mesmo número de genes (Cervo chinês, foto cortesia de Deborah Carreno, Natural Wonders Photography.)

Figura 4-15 Organização dos genes em um cromossomo humano. (A) O cromossomo 22, um dos menores cromossomos humanos, contém 48×10^6 pares de nucleotídeos e corresponde aproximadamente a 1,5% de todo o genoma humano. Grande parte do braço esquerdo do cromossomo 22 consiste em pequenas sequências de DNA repetidas que são compactadas em uma forma especial de cromatina (heterocromatina), discutida posteriormente neste capítulo. (B) Um segmento do cromossomo 22 ampliado 10 vezes, contendo cerca de 40 genes. Os genes indicados em *marrom-escuro* são conhecidos, e os genes em *vermelho* são suposições. (C) Um segmento ampliado de (B) mostrando quatro genes. (D) O arranjo de éxons e íntrons de um gene típico é mostrado após uma ampliação de 10 vezes. Cada éxon (em *vermelho*) codifica uma porção da proteína, enquanto a sequência de DNA dos íntrons (em *cinza*) tem pouca importância, como discutido em detalhes no Capítulo 6.

O genoma humano ($3,2 \times 10^9$ pares de nucleotídeos) é a totalidade da informação genética que pertence a nossa espécie. Quase todo esse genoma está distribuído pelos 22 autossomos diferentes e dois cromossomos sexuais (ver Figuras 4-10 e 4-11) encontrados dentro do núcleo. Uma fração mínima do genoma humano (16.569 pares de nucleotídeos – em cópias múltiplas por célula) é encontrada na mitocôndria (introduzida no Capítulo 1 e discutida com detalhes no Capítulo 14). O termo *sequência genômica humana* se refere à sequência nucleotídica completa do DNA nos 24 cromossomos nucleares e na mitocôndria. Sendo diploide, o núcleo de uma célula somática humana contém aproximadamente duas vezes a quantidade haploide de DNA, ou $6,4 \times 10^9$ pares de nucleotídeos quando não estiver duplicando seus cromossomos no preparo para a divisão. (Adaptada de International Human Genome Sequencing Consortium, *Nature* 409:860–921, 2001. Com permissão de Macmillan Publishers Ltd.)

TABELA 4-1 Algumas estatísticas vitais do genoma humano

Genoma humano

Comprimento do DNA	$3,2 \times 10^9$ pares de nucleotídeos*
Número de genes que codificam proteínas	Aproximadamente 21 mil
Maior gene que codifica proteína	$2,4 \times 10^6$ pares de nucleotídeos
Tamanho médio de genes que codificam proteínas	27 mil pares de nucleotídeos
Menor número de éxons por gene	1
Maior número de éxons por gene	178
Número médio de éxons por gene	10,4
Tamanho do maior éxon	17.106 pares de nucleotídeos
Tamanho médio dos éxons	145 pares de nucleotídeos
Número de genes de RNA não codificador	Aproximadamente 9 mil**
Número de pseudogenes***	Mais de 20 mil
Porcentagem de sequências de DNA nos éxons (sequências codificadoras de proteínas)	1,5%
Porcentagem de DNA em outras sequências altamente conservadas****	3,5%
Porcentagem de DNA em elementos repetitivos com alto número de cópias	Aproximadamente 50%

*A sequência dos 2,85 bilhões de nucleotídeos é conhecida com precisão (taxa de erro de apenas 1 a cada 100 mil nucleotídeos). O restante do DNA consiste principalmente de sequências curtas repetidas diversas vezes, uma atrás da outra, com o número de repetições diferindo de um indivíduo para outro. Esses blocos altamente repetitivos são difíceis de ser sequenciados com precisão.
** Esse número é apenas uma estimativa.
***Um pseudogene é uma sequência de DNA que se assemelha a um gene funcional, mas contém muitas mutações prejudiciais que impedem sua expressão ou função adequadas. A maioria dos pseudogenes surgiu da duplicação de um gene funcional seguido do acúmulo de mutações prejudiciais em uma das cópias.
**** Essas regiões funcionais conservadas incluem DNA que codifica as UTRs de 5' e 3' (regiões não traduzidas do mRNA), DNA que codifica RNAs estruturais e funcionais e DNA com sítios de ligação a proteínas conservados.

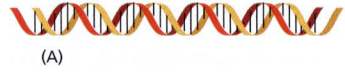

(A)

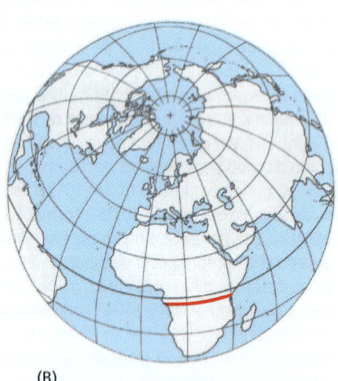

(B)

Figura 4-16 Escala do genoma humano. Se, em uma ilustração, cada par de nucleotídeos tivesse 1 mm de distância um do outro, como em (A), todo o genoma humano teria 3.200 km de extensão, o suficiente para traçar uma linha através do centro da África, o local da origem do homem (*linha vermelha* em B). Nessa escala, teríamos um gene que codifica uma proteína a cada 150 m. Em média, um gene teria 30 m de extensão, mas as sequências codificadoras desse gene teriam apenas um pouco mais de 1 m.

A primeira característica marcante do genoma humano é que apenas uma parte muito pequena (somente cerca de 1,5%) codifica proteínas (**Tabela 4-1** e **Figura 4-16**). Também é interessante notar que quase metade do DNA cromossômico é formada por segmentos de DNA móveis, que se inseriram gradativamente nos cromossomos durante a evolução, multiplicando-se no genoma como parasitas (ver Figura 4-62). Discutiremos esses *elementos transponíveis* em detalhes em capítulos seguintes.

Uma segunda característica marcante do genoma humano é o enorme tamanho médio dos genes, cerca de 27 mil pares de nucleotídeos. Como discutido anteriormente, um gene típico carrega a informação da sequência linear de aminoácidos de uma proteína na sua sequência linear de nucleotídeos. Para codificar uma proteína de tamanho médio (com cerca de 430 aminoácidos em humanos), são necessários apenas cerca de 1.300 pares de nucleotídeos. A maior parte da sequência restante no gene consiste em inúmeros segmentos de DNA não codificador que interrompem uma sequência relativamente curta de pequenos segmentos de DNA codificador da proteína. Como discutido em detalhes no Capítulo 6, as sequências codificadoras são chamadas de **éxons**; as sequências intercalantes, não codificadoras, são denominadas **íntrons** (ver Figura 4-15 e Tabela 4-1). A maioria dos genes humanos, portanto, é formada por uma longa sequência alternada de éxons e íntrons, sendo que a maior parte é formada por íntrons. Em contraste, a maioria dos genes de organismos com genoma compactos não possui íntrons. Isso explica o tamanho muito menor desses genes (cerca de um vigésimo comparado a genes humanos) e também a proporção muito mais alta de DNA codificador em seus cromossomos.

Além dos éxons e íntrons, cada gene está associado a *sequências de DNA regulador*, as quais são responsáveis por assegurar que cada gene será ativado e desativado no devido tempo, expresso no nível adequado e apenas em determinados tipos celulares. Em humanos, as sequências reguladoras para um gene típico estão distribuídas por milhares de pares de nucleotídeos. Como seria esperado, essas sequências reguladoras são muito mais comprimidas em organismos com genomas compactos. Discutiremos, no Capítulo 7, como essas sequências reguladoras de DNA atuam.

Nesta última década, pesquisas têm surpreendido os biólogos pela descoberta de que, além dos 21 mil genes que codificam proteínas, o genoma humano contém vários milhares de genes que codificam moléculas de RNA que não produzem proteínas, mas possuem diversas outras funções importantes O que é sabido atualmente sobre essas moléculas será apresentado nos Capítulos 6 e 7. Por último, mas não menos importante, a sequência nucleotídica do genoma humano revelou que o arquivo de informações necessárias para produzir um ser humano parece estar em um estado de caos alarmante. Como foi comentado a respeito do nosso genoma: "De certo modo, ele se parece com sua garagem/quarto/refrigerador/vida: altamente individualista, porém desarrumado; pouca evidência de organização; cheio de coisas acumuladas (que os iniciantes chamam de 'lixo'); praticamente nada é descartado; e os poucos itens valiosos estão desordenados e aparentemente dispostos de qualquer jeito por todo lugar". Nós discutiremos como isso parece ter ocorrido na seção final deste capítulo, intitulada "Como os genomas evoluem".

Cada molécula de DNA que forma um cromossomo linear deve conter um centrômero, dois telômeros e origens de replicação

Para formar um cromossomo funcional, uma molécula de DNA deve fazer mais do que simplesmente transportar os genes. Ela deve ser capaz de replicar, e as cópias replicadas devem ser separadas e fielmente divididas entre as duas células-filhas a cada divisão celular. Esse processo ocorre por meio de uma série de estágios ordenados conhecidos coletivamente como **ciclo celular**, que fornece uma separação temporal entre a duplicação dos cromossomos e sua separação entre as duas células-filhas. O ciclo celular está resumido na **Figura 4-17**, sendo discutido em detalhes no Capítulo 17. Resumidamente, durante a longa *interfase*, os genes são expressos e os cromossomos são replicados, e as duas réplicas são mantidas unidas formando um par de *cromátides-irmãs*. Durante esse período, os cromossomos estão estendidos e muito de sua cromatina está disposta no núcleo na forma de longas linhas enroladas, de modo que os cromossomos individuais não podem ser distinguidos facilmente. Apenas durante um período muito breve da mitose, os cromossomos são condensados, permitindo que as duas cromátides-irmãs sejam separadas e distribuídas aos núcleos-filhos. Os cromossomos altamente condensados nas células em divisão são denominados *cromossomos mitóticos* (**Figura 4-18**). Essa é a forma na qual os cromossomos são mais facilmente visualizados. Na verdade, todas as imagens de cromossomos mostradas até agora neste capítulo são de cromossomos mitóticos.

Cada cromossomo atua como uma unidade estrutural distinta: para que uma cópia possa ser transmitida a cada célula-filha durante a divisão, cada cromossomo deve ser capaz de se replicar, e a nova cópia replicada deve, subsequentemente, ser separada e dividida corretamente entre as duas células-filhas. Essas funções básicas são controladas por três tipos de sequências nucleotídicas especializadas no DNA, às quais se ligam

Figura 4-17 Visão simplificada do ciclo celular eucariótico. Durante a interfase, a célula está transcrevendo ativamente seus genes e sintetizando proteínas. Ainda durante a interfase e antes da divisão celular, o DNA está replicado e cada cromossomo foi duplicado originando duas moléculas-irmãs de DNA, próximas e emparelhadas (chamadas cromátides-irmãs). Uma célula com apenas um tipo de cromossomo, com as cópias materna e paterna, é ilustrada aqui. Uma vez completada a replicação do DNA, a célula pode entrar na *fase M*, quando ocorre a mitose e o núcleo é dividido em dois núcleos-filhos. Durante essa etapa, os cromossomos se condensam, o envelope nuclear se fragmenta e o fuso mitótico é formado a partir de microtúbulos e outras proteínas. Os cromossomos mitóticos condensados são capturados pelo fuso mitótico, e um conjunto completo de cromossomos é então puxado para cada extremidade da célula separando os membros de cada par de cromátides-irmãs. Um envelope nuclear se forma em volta de cada conjunto de cromossomos e, na etapa final da fase M, a célula se divide para produzir duas células-filhas. A célula passa a maior parte do tempo do ciclo celular na interfase; a fase M é breve em comparação com a interfase, ocupando apenas cerca de 1 hora em diversas células de mamíferos.

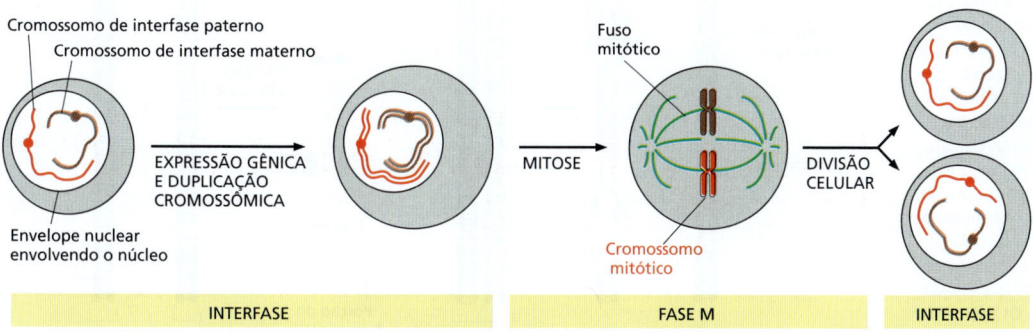

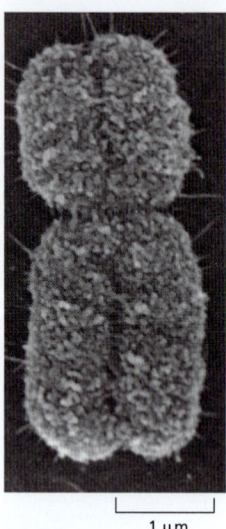

Figura 4-18 Um cromossomo mitótico. Um cromossomo mitótico é um cromossomo duplicado e condensado no qual os dois cromossomos novos, denominados cromátides-irmãs, ainda estão ligados entre si (ver Figura 4-17). A região de constrição indica a posição do centrômero. (Cortesia de Terry D. Allen.)

proteínas específicas que direcionam a maquinaria que replica e segrega os cromossomos (**Figura 4-19**).

Experimentos com leveduras, cujos cromossomos são relativamente pequenos e fáceis de manipular, identificaram as sequências mínimas de DNA dos elementos responsáveis por cada uma dessas funções. Um tipo de sequência nucleotídica atua como **origem de replicação** do DNA, o local em que a duplicação do DNA é iniciada. Os cromossomos eucarióticos contêm muitas origens de replicação para assegurar que todo o cromossomo seja replicado rapidamente, como discutido em detalhes no Capítulo 5.

Após a replicação do DNA, as duas cromátides-irmãs que formam cada cromossomo permanecem unidas uma à outra e, com a progressão do ciclo celular, são mais condensadas para produzir cromossomos mitóticos. A presença de uma segunda sequência especializada de DNA, chamada de **centrômero**, permite que uma cópia de cada cromossomo duplicado e condensado seja levada para cada célula-filha no momento da divisão celular. Um complexo proteico chamado de *cinetocoro* é formado no centrômero e liga o fuso mitótico aos cromossomos duplicados, permitindo que eles sejam separados (discutido no Capítulo 17).

Uma terceira sequência especializada de DNA forma os **telômeros**, as extremidades dos cromossomos. Os telômeros contêm sequências nucleotídicas repetidas que permitem que as extremidades dos cromossomos sejam replicadas de maneira eficiente. Os telômeros também desempenham uma outra função: as sequências de DNA repetidas, juntamente com as regiões adjacentes a elas, formam estruturas que evitam que as extremidades cromossômicas sejam confundidas com uma molécula de DNA quebrada que necessita de reparo pela célula. Discutiremos esse tipo de reparo e a estrutura e função dos telômeros no Capítulo 5.

Em células de levedura, os três tipos de sequências necessárias para propagar os cromossomos são relativamente curtas (geralmente menores que mil pares de bases cada) e, portanto, usam apenas uma pequena fração da capacidade do cromossomo de carregar informações. Embora as sequências teloméricas sejam simples e pequenas em todos os eucariotos, as sequências de DNA que formam os centrômeros e as origens de replicação em organismos mais complexos são muito mais longas que suas correspondentes em leveduras. Por exemplo, alguns experimentos sugerem que um centrômero humano contém até 1 milhão de pares de nucleotídeos e que, talvez, nem necessitem de um segmento de DNA com uma sequência nucleotídica definida. Em vez disso, como veremos mais adiante neste capítulo, acredita-se que um centrômero humano seja formado por uma grande estrutura repetida de ácidos nucleicos e proteínas, que pode ser herdada na replicação do cromossomo.

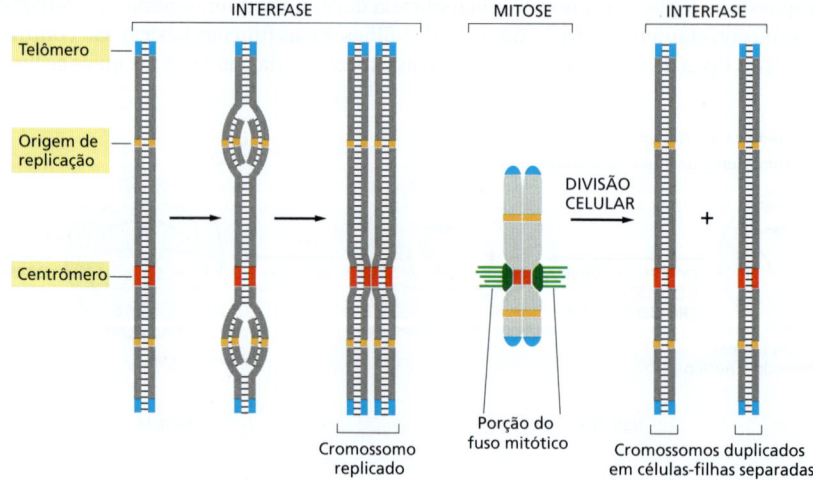

Figura 4-19 As três sequências de DNA necessárias para produzir um cromossomo eucariótico que pode ser replicado e, então, segregado de forma precisa na mitose. Cada cromossomo tem diversas origens de replicação, um centrômero e dois telômeros. A sequência de eventos que um cromossomo típico segue durante o ciclo celular é mostrada aqui. O DNA é replicado na interfase, a partir das origens de replicação, e procede bidirecionalmente pelo cromossomo. Na fase M, o centrômero liga os cromossomos duplicados ao fuso mitótico e uma cópia do genoma total é distribuída para cada célula-filha durante a mitose; a estrutura especial que liga o centrômero ao fuso é um complexo proteico chamado de cinetocoro (em *verde-escuro*). O centrômero também ajuda a manter os cromossomos duplicados unidos até que estejam prontos para a segregação. Os telômeros formam uma proteção especial nas extremidades de cada cromossomo.

As moléculas de DNA estão extremamente condensadas nos cromossomos

Todos os organismos eucarióticos apresentam formas elaboradas de compactar seu DNA nos cromossomos. Por exemplo, se os 48 milhões de pares de nucleotídeos no DNA do cromossomo 22 pudessem ser estendidos como uma dupla-hélice perfeita, a molécula teria cerca de 1,5 cm de comprimento de uma ponta à outra. Mas o cromossomo 22 mede apenas cerca de 2 μm de comprimento na mitose (ver Figuras 4-10 e 4-11), apresentando um grau de compactação de cerca de 7 mil vezes. Esse impressionante feito de compressão é realizado por proteínas que enrolam e enovelam o DNA sucessivamente em níveis cada vez mais altos de organização. Embora seja muito menos condensado comparado aos cromossomos mitóticos, o DNA dos cromossomos humanos na interfase ainda é fortemente compactado.

É importante lembrar, durante a leitura das próximas seções, que a estrutura cromossômica é dinâmica. Vimos que cada cromossomo sofre um grau de condensação extremo na fase M do ciclo celular. Muito menos visível, mas de enorme interesse e importância, regiões específicas dos cromossomos de interfase sofrem uma descondensação para permitir o acesso a sequências de DNA específicas para a expressão gênica, o reparo e a replicação de DNA – e então se recondensam após o término desses processos. O empacotamento dos cromossomos deve, portanto, ser feito de forma que permita o acesso rápido e localizado no momento requerido ao DNA. Nas seções seguintes, discutiremos as proteínas especializadas que tornam essa compactação possível.

Os nucleossomos são as unidades básicas da estrutura dos cromossomos eucarióticos

As proteínas que se ligam ao DNA e formam os cromossomos eucarióticos são divididas em duas classes: as **histonas** e as *proteínas cromossômicas não histonas*, cada uma contribuindo com cerca da mesma massa no cromossomo que o DNA. O complexo dessas duas classes de proteínas com o DNA nuclear eucariótico é conhecido como **cromatina** (**Figura 4-20**).

As histonas são responsáveis pelo primeiro e mais básico nível de organização cromossômica, o **nucleossomo**, um complexo de DNA-proteína descoberto em 1974. Quando o núcleo interfásico é delicadamente rompido, e seu conteúdo examinado sob microscópio eletrônico, a maior parte da cromatina parece estar na forma de uma fibra com 30 nm de diâmetro (**Figura 4-21A**). Se essa cromatina for submetida a um tratamento que a desenrole parcialmente, observa-se, ao microscópio eletrônico, uma série de "contas em um colar" **Figura 4-21B**). O colar é o DNA, e cada conta é uma "partícula do cerne do nucleossomo", que consiste em DNA enrolado em um núcleo de histonas (**Animação 4.2**).

A organização estrutural dos nucleossomos foi determinada após seu isolamento da cromatina compactada pela digestão com enzimas específicas (chamadas de nucleases) que degrada o DNA clivando-o entre os cernes dos nucleossomos. Após digestão por um curto período, o DNA exposto entre as partículas dos nucleossomos, chamado de *DNA de ligação,* é degradado. Cada partícula do cerne nucleossômico individual consiste em um complexo de oito proteínas histonas – duas moléculas de cada uma das histonas H2A, H2B, H3 e H4 – e a fita dupla de DNA, com 147 nucleotídeos de comprimento.

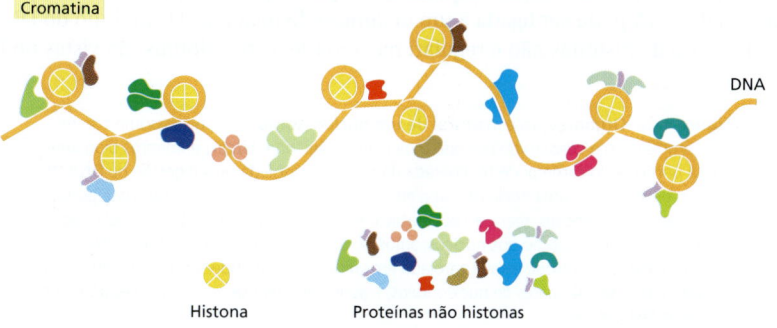

Figura 4-20 **Cromatina.** Como ilustrado, a cromatina consiste em DNA ligado a proteínas histonas e não histonas. A massa das proteínas histonas presentes equivale a massa total de proteínas não histona, porém – como indicado esquematicamente – essa última é composta por um número enorme de proteínas de diferentes espécies. No total, um cromossomo consiste, em termos de massa, em aproximadamente um terço de DNA e dois terços de proteína.

Figura 4-21 Nucleossomos vistos ao microscópio eletrônico. (A) A cromatina isolada diretamente de um núcleo interfásico aparece no microscópio eletrônico como uma fibra com cerca de 30 nm de espessura. (B) Esta micrografia eletrônica mostra um segmento da cromatina que foi experimentalmente descompactado, ou "descondensado", após o isolamento para mostrar os nucleossomos. (A, cortesia de Barbara Hamkalo; B, cortesia de Victoria Foe.)

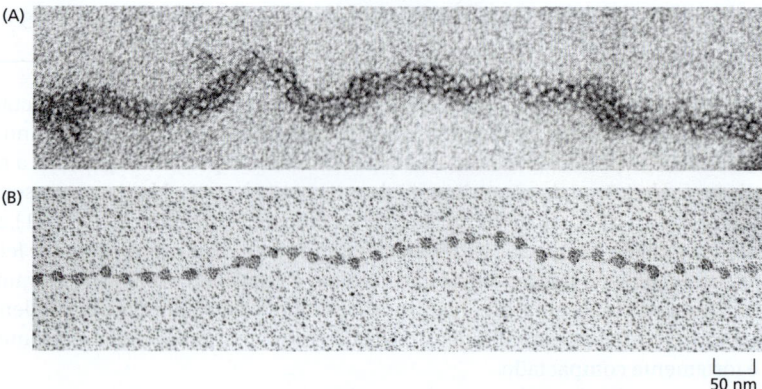

O *octâmero de histonas* forma um cerne proteico ao redor do qual a fita dupla de DNA é enrolada (**Figura 4-22**).

O comprimento da região do DNA de ligação, que separa cada cerne do nucleossomo do próximo, pode variar de alguns poucos pares de nucleotídeos até cerca de 80 pb. (O termo *nucleossomo* tecnicamente refere-se à partícula do cerne do nucleossomo junto com um de seus DNAs de ligação adjacente, mas frequentemente é usado como sinônimo para a partícula do cerne do nucleossomo.) Em média, portanto, os nucleossomos se repetem aproximadamente a cada 200 pares de nucleotídeos. Por exemplo, uma célula humana diploide com $6{,}4 \times 10^9$ pares de nucleotídeos contém cerca de 30 milhões de nucleossomos. A formação do nucleossomo converte uma molécula de DNA em uma fita de cromatina com aproximadamente um terço de seu comprimento inicial.

A estrutura da partícula do cerne do nucleossomo revela como o DNA é compactado

A estrutura em alta resolução da partícula do cerne do nucleossomo, elucidada em 1997, apresenta um cerne de histonas em forma de disco ao redor do qual o DNA se encontra fortemente enrolado com 1,7 volta para a esquerda (**Figura 4-23**). As quatro histonas que formam o cerne são relativamente pequenas (contendo de 102 a 135 aminoácidos) e apresentam um motivo estrutural comum, conhecido como *enovelamento de histonas*, formado por três α-hélices ligadas por duas alças (**Figura 4-24**). Na formação do nucleossomo, primeiro as histonas ligam-se umas às outras para formar os dímeros H3-H4 e H2A-H2B, e os dímeros H3-H4 combinam-se para formar tetrâmeros. Então, um tetrâmero H3-H4 se combina a dois dímeros H2A-H2B para formar o octâmero compacto do cerne, ao redor do qual o DNA é enrolado.

A interface entre o DNA e a histona é extensa. Em cada nucleossomo, 142 ligações de hidrogênio são formadas entre o DNA e o cerne de histonas. Quase metade dessas ligações forma-se entre os aminoácidos da estrutura das histonas e a cadeia principal açúcar-fosfato do DNA. Numerosas interações hidrofóbicas e pontes salinas também mantêm o DNA ligado às proteínas no nucleossomo. Mais de um quinto dos aminoácidos em cada cerne de histonas são lisina ou arginina (dois aminoácidos com cadeias laterais básicas), e suas cargas positivas neutralizam a carga negativa da cadeia principal fosfodiéster do DNA. Essas múltiplas interações explicam, em parte, por que praticamente qualquer sequência de DNA pode ser ligada a um octâmero de histonas. O caminho do DNA em torno do cerne de histonas não é regular; na verdade, várias dobras são vistas no DNA,

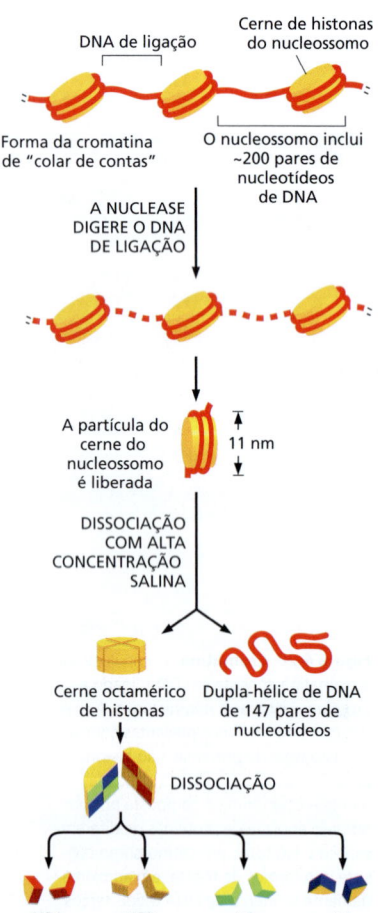

Figura 4-22 Organização estrutural de um nucleossomo. Um nucleossomo contém um cerne proteico constituído por oito moléculas de histona. Em experimentos bioquímicos, a partícula do cerne pode ser liberada da cromatina isolada pela digestão do DNA de ligação pela ação de uma nuclease, uma enzima que degrada o DNA. (A nuclease pode degradar o DNA exposto, mas não pode atacar o DNA enrolado em volta do nucleossomo.) Depois da dissociação dos nucleossomos isolados no cerne de proteínas e DNA, o comprimento do DNA que estava enrolado em volta do cerne pode ser determinado. Seu comprimento, de 147 pares de nucleotídeos, é suficiente para se enrolar 1,7 vez ao redor do cerne de histonas.

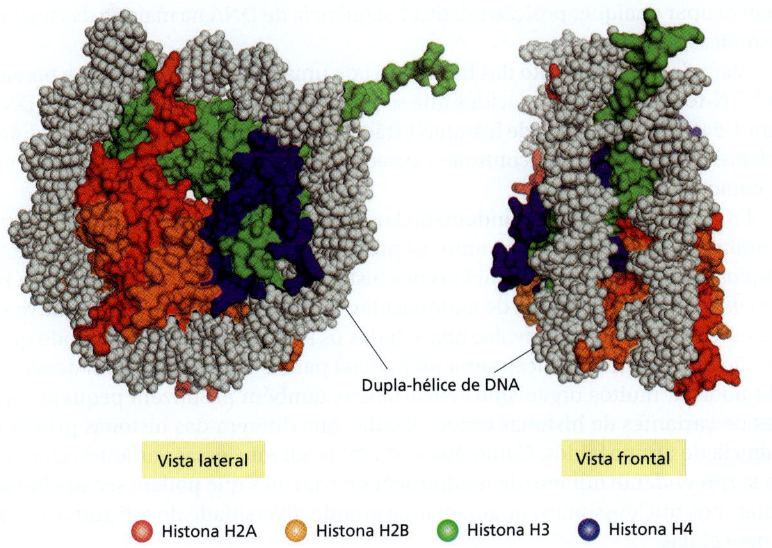

Figura 4-23 Estrutura de uma partícula do cerne do nucleossomo determinada por difração de raios X e pela análise de cristais. Cada histona está colorida de acordo com o esquema mostrado na Figura 4-22, com a dupla-hélice de DNA em *cinza-claro*. (Adaptada de K. Luger et al., *Nature* 389:251–260, 1997. Com permissão de Macmillan Publishers Ltd.)

como seria de se esperar devido à superfície irregular do cerne. O dobramento requer uma substancial compressão da cavidade menor da hélice de DNA. Alguns dinucleotídeos na cavidade menor são mais fáceis de serem comprimidos, e algumas sequências de nucleotídeos ligam-se aos nucleossomos mais fortemente que outras (**Figura 4-25**). Isso provavelmente explica alguns casos notáveis, mas raros, de um posicionamento muito preciso ao longo do DNA. Porém, a sequência preferida pelos nucleossomos deve ser fraca o suficiente para permitir que outros fatores dominem, uma vez que os nucleossomos

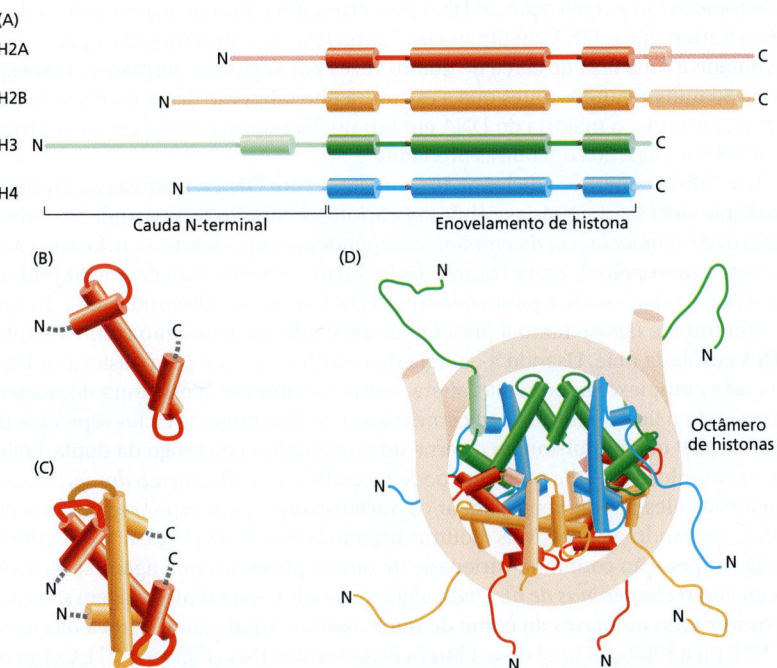

Figura 4-24 Organização geral da estrutura do cerne de histonas. (A) Cada cerne de histonas contém uma cauda N-terminal, sujeita a diversas formas de modificações covalentes, e uma região do enovelamento de histonas, como indicado na figura. (B) A estrutura de enovelamento da histona, formada pelas quatro histonas do cerne. (C) As histonas 2A e 2B formam um dímero por uma interação conhecida como "aperto de mãos". As histonas H3 e H4 formam um dímero pelo mesmo tipo de interação. (D) O octâmero de histonas de DNA finalizado. Observe que as oito caudas N-terminais das histonas projetam-se para fora da estrutura do cerne em forma de disco. Suas conformações são altamente flexíveis e atuam como sítios de ligação para grupos de outras proteínas.

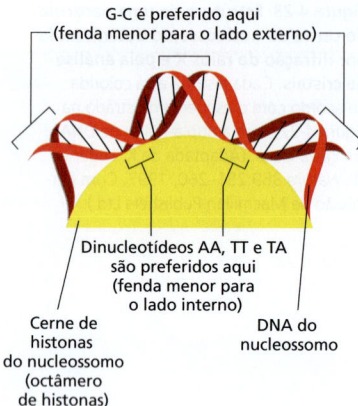

Figura 4-25 Dobramento do DNA em um nucleossomo. A hélice de DNA dá 1,7 volta ao redor do octâmero de histonas. Este diagrama ilustra como a fenda menor é comprimida no lado interno da dobra. Devido a características estruturais da molécula de DNA, os dinucleotídeos indicados são acomodados preferencialmente na fenda menor, mais estreita, o que ajuda a explicar por que certas sequências de DNA se ligam mais fortemente ao cerne do que outras.

podem ocupar qualquer posição relativa à sequência de DNA na maioria das regiões cromossômicas.

Além do enovelamento das histonas, cada uma das histonas do cerne possui uma "cauda" N-terminal de aminoácidos que se projeta para fora do cerne histona-DNA (ver Figura 4-24D). Essas caudas de histonas estão sujeitas a diferentes tipos de modificações covalentes, que, por sua vez, controlam aspectos críticos da estrutura e função da cromatina, como veremos.

Em razão de seu papel fundamental na função do DNA pelo controle da estrutura da cromatina, as histonas estão entre as proteínas eucarióticas mais conservadas. Por exemplo, a sequência de aminoácidos das histonas H4 de uma ervilha difere da bovina em apenas 2 das 102 posições de aminoácidos. Essa forte conservação evolutiva sugere que a função das histonas envolve quase todos os seus aminoácidos, de modo que uma alteração em qualquer posição seria prejudicial para a célula. Mas, além dessa conservação notável, muitos organismos eucarióticos também produzem pequenas quantidades de variantes de histonas especializadas que diferem das histonas principais na sequência de aminoácidos. Como discutido mais adiante, essas variantes, combinadas a um surpreendente número de modificações covalentes que podem ser adicionadas às histonas nos nucleossomos, originam uma grande diversidade de estruturas da cromatina nas células.

Os nucleossomos possuem uma estrutura dinâmica e frequentemente estão sujeitos a alterações catalisadas pelos complexos de remodelagem da cromatina dependentes de ATP

Por muitos anos, os cientistas acreditaram que, uma vez formado em uma determinada posição no DNA, o nucleossomo permaneceria fixo naquele lugar devido à forte associação entre o cerne de histonas e o DNA. Se fosse verdade, isso traria problemas ao mecanismo genético de leitura, que, em princípio, necessita um acesso fácil as várias sequências específicas de DNA. Também prejudicaria a rápida passagem das maquinarias de transcrição e replicação de DNA pela cromatina. Porém, experimentos de cinética mostraram que o DNA em um nucleossomo isolado é desenrolado a partir de cada extremidade a uma taxa de cerca de quatro vezes por segundo, permanecendo exposto por 10 a 50 milissegundos antes que a estrutura parcialmente desenrolada se feche novamente. Portanto, a maioria do DNA em um nucleossomo isolado está, em princípio, disponível para ligação com outras proteínas.

Um "afrouxamento" adicional dos contatos entre DNA e histonas na cromatina é obviamente necessário, pois as células eucarióticas contêm uma grande variedade de *complexos de remodelagem da cromatina* dependentes de adenosina trifosfato (ATP, de *adenosine triphosphate*). Esses complexos incluem uma subunidade que hidrolisa ATP (uma ATPase relacionada evolutivamente às DNA-helicases discutidas no Capítulo 5). Essa subunidade liga-se tanto à proteína do cerne do nucleossomo como à dupla-fita de DNA enrolada nele. Usando a energia da hidrólise do ATP para deslocar o DNA do cerne, esse complexo de proteínas altera, temporariamente, a estrutura do nucleossomo, tornando a ligação do DNA ao cerne mais livre. Por meio de ciclos repetidos de hidrólise de ATP que impulsionam o cerne do nucleossomo ao longo da dupla-hélice de DNA, os complexos de remodelagem podem catalisar o *deslizamento dos nucleossomos*. Dessa forma, eles podem reposicionar os nucleossomos para expor regiões específicas do DNA, tornando-as acessíveis a outras proteínas na célula (**Figura 4-26**). Além disso, pela cooperação com uma variedade de outras proteínas que ligam-se às histonas e atuam como *chaperonas de histonas*, alguns complexos de remodelagem são capazes de remover todo ou partes do cerne do nucleossomo, catalisando a troca das histonas H2A-H2B ou a remoção total do octâmero do cerne do DNA (**Figura 4-27**). Como resultado desses processos, experimentos de medição revelaram que um nucleossomo típico é substituído no DNA a cada 1 ou 2 horas dentro da célula.

As células possuem dezenas de complexos de remodelagem da cromatina dependentes de ATP, especializados em diferentes funções. A maioria é composta por grandes complexos proteicos contendo 10 ou mais subunidades, algumas delas ligando-se a histonas com modificações específicas (ver Figura 4-26C). A atividade desses complexos é cuidadosamente controlada pela célula. À medida que genes são ativados ou desativados, esses complexos são direcionados para regiões específicas do DNA, onde atuarão localmente, influenciando a estrutura da cromatina (discutido no Capítulo 7; ver também Figura 4-40 a seguir).

Embora algumas sequências de DNA sejam ligadas mais firmemente do que outras ao cerne do nucleossomo (ver Figura 4-25), o fator mais importante no posicionamento do nucleossomo parece ser a presença de outras proteínas fortemente associadas ao DNA. Algumas proteínas ligadas favorecem a formação de um nucleossomo adjacente. Outras criam obstáculos que forçam o nucleossomo a mover-se para outro lugar. Portanto, a posição exata de um nucleossomo ao longo de um segmento de DNA depende principalmente da presença e da natureza de outras proteínas ligadas ao DNA. É devido à presença dos complexos de remodelagem da cromatina dependentes de ATP que o arranjo dos nucleossomos no DNA é altamente dinâmico, podendo alterar-se rapidamente de acordo com as necessidades da célula.

Normalmente, os nucleossomos são condensados para formar uma fibra de cromatina compacta

Embora cordões de nucleossomos extremamente longos sejam formados no DNA cromossômico, a cromatina de uma célula viva raramente apresenta a forma de "colar de contas". Na verdade, os nucleossomos são compactados uns em cima dos outros, produzindo arranjos nos quais o DNA encontra-se altamente condensado. Assim, quando o núcleo é delicadamente lisado e colocado na tela de microscopia eletrônica, uma grande parte da cromatina é vista na forma de uma fibra com cerca de 30 nm de diâmetro, consideravelmente mais espessa do que a cromatina na forma de "colar de contas" (ver Figura 4-21).

A maneira como os nucleossomos estão organizados nos arranjos condensados não é clara. A estrutura de um tetranucleossomo (um complexo de quatro nucleossomos) obtido por cristalografia de raios X e microscopia eletrônica de alta resolução da cromatina reconstituída foi utilizada para reforçar o modelo de zigue-zague para o empilhamento dos nucleossomos em uma fibra de 30 nm (**Figura 4-28**). Estudos usando mi-

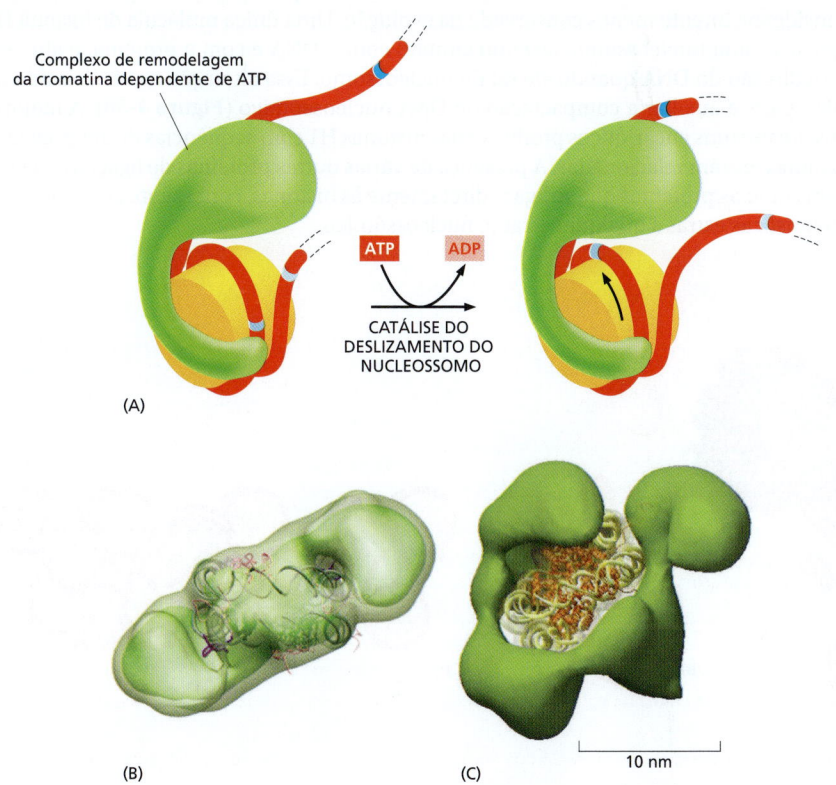

Figura 4-26 Deslizamento do nucleossomo catalisado pelos complexos de remodelagem da cromatina dependentes de ATP. (A) Utilizando a energia de hidrólise de ATP, o complexo de remodelagem parece deslocar o DNA de seu nucleossomo e afrouxar sua ligação ao cerne do nucleossomo. Assim, cada ciclo de ligação do ATP, hidrólise e liberação dos produtos ADP e P_i desloca o DNA em relação ao octâmero de histonas na direção mostrada pela seta no diagrama. Vários desses ciclos são necessários para produzir o deslizamento do nucleossomo ilustrado. (B) Estrutura de um dímero formado por duas subunidades idênticas de ATPase (em *verde*) ligado a um nucleossomo, que realiza o deslizamento dos nucleossomos para frente e para trás na família de complexos de remodelagem da cromatina ISW1. (C) Estrutura de um grande complexo de remodelagem da cromatina mostrando como se acredita que ele se enrole ao redor de um nucleossomo. O complexo RSC de leveduras, modelado em *verde*, contém 15 subunidades – incluindo uma ATPase e pelo menos quatro subunidades com domínios que reconhecem histonas com modificações covalentes específicas. (B, de L.R. Racki et al., *Nature* 462:1016–1021, 2009. Com permissão de Macmillan Publishers Ltd; C, adaptada de A.E. Leschziner et al., *Proc. Natl Acad. Sci. USA* 104:4913–4918, 2007.)

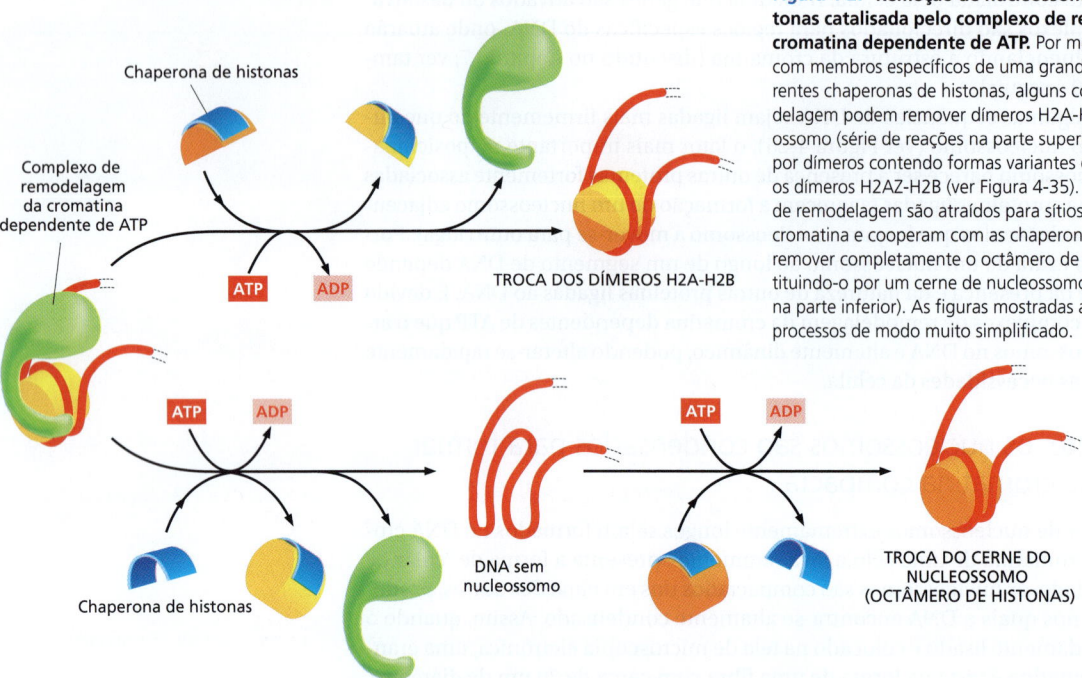

Figura 4-27 Remoção de nucleossomos e troca de histonas catalisada pelo complexo de remodelagem da cromatina dependente de ATP. Por meio da cooperação com membros específicos de uma grande família de diferentes chaperonas de histonas, alguns complexos de remodelagem podem remover dímeros H2A-H2B de um nucleossomo (série de reações na parte superior) e substituí-los por dímeros contendo formas variantes de histonas, como os dímeros H2AZ-H2B (ver Figura 4-35). Outros complexos de remodelagem são atraídos para sítios específicos da cromatina e cooperam com as chaperonas de histonas para remover completamente o octâmero de histonas e/ou substituindo-o por um cerne de nucleossomo diferente (reações na parte inferior). As figuras mostradas aqui ilustram esses processos de modo muito simplificado.

croscopia crioeletrônica de núcleos cuidadosamente preparados, porém, sugerem que a maioria das regiões da cromatina apresentem estrutura menos regular.

O que causa o forte empilhamento entre os nucleossomos? As ligações nucleossomo-nucleossomo que envolvem as caudas das histonas, especialmente a cauda da H4, constituem um fator importante (**Figura 4-29**). Um outro fator importante é uma histona adicional normalmente presente na proporção 1:10 em relação aos cernes, conhecida como **histona H1**. Essa *histona de ligação* é maior do que as histonas do cerne, sendo consideravelmente menos conservada na evolução. Uma única molécula de histona H1 liga-se a cada nucleossomo, fazendo contato com o DNA e com a proteína, e alterando a direção do DNA quando ele sai do nucleossomo. Essa alteração na via de saída do DNA parece auxiliar a compactação do DNA nucleossômico (**Figura 4-30**). A maioria dos organismos eucarióticos produz várias histonas H1 com sequências de aminoácidos distintas, porém relacionadas. A presença de várias outras proteínas de ligação ao DNA, bem como as proteínas que se ligam diretamente às histonas, certamente adicionará características extras a qualquer arranjo nucleossômico.

Figura 4-28 Modelo de zigue-zague para a fibra de cromatina de 30 nm. (A) Conformação de dois dos quatro nucleossomos em um tetranucleossomo, a partir da estrutura determinada por cristalografia de raios X. (B) Diagrama do tetranucleossomo inteiro; o quarto nucleossomo não é visível, estando empilhado sobre e atrás do nucleossomo de baixo, neste diagrama. (C) Ilustração esquemática de uma possível estrutura de zigue-zague que pode ser responsável pela formação da fibra de cromatina de 30 nm. (A, código PDB: 1ZBB; C, adaptada de C.L. Woodcock, *Nat. Struct. Mol. Biol.* 12:639–640, 2005. Com permissão de Macmillan Publishers Ltd.)

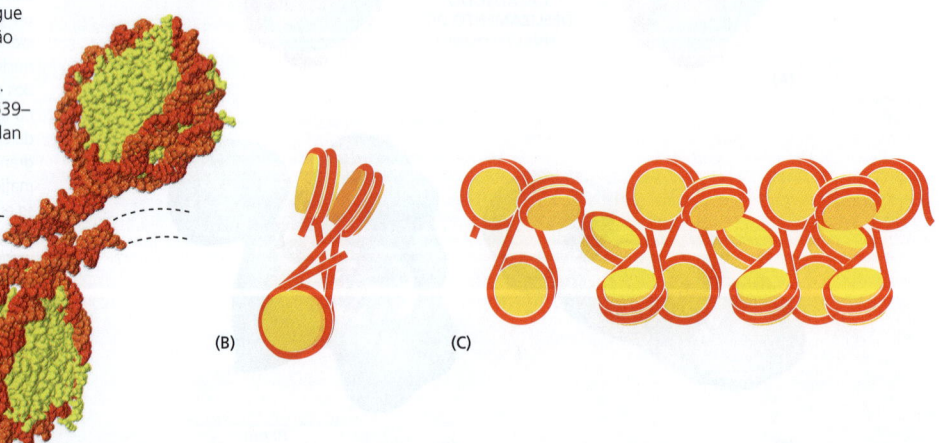

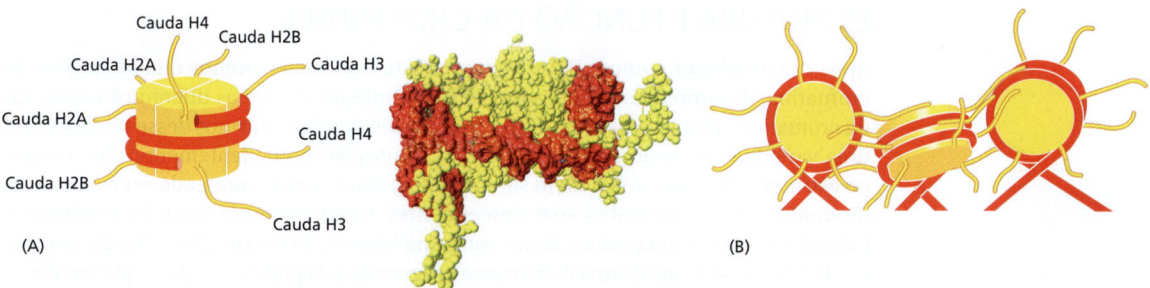

Figura 4-29 Um modelo para a função das caudas de histonas na compactação da cromatina. (A) Um diagrama mostra os locais aproximados da saída das caudas das oito histonas, cada cauda oriunda de uma proteína que se projeta para fora de cada nucleossomo. A estrutura real é mostrada à direita. Na estrutura em alta resolução do nucleossomo, as caudas estão desestruturadas, sugerindo que são altamente flexíveis. (B) Como indicado, as caudas das histonas parecem estar envolvidas nas interações entre os nucleossomos que auxiliam a compactação desses nucleossomos. (A, código PDB: 1KX5.)

Resumo

Um gene é uma sequência de nucleotídeos em uma molécula de DNA que atua como uma unidade funcional para a produção de uma proteína, de um RNA estrutural ou de uma molécula de RNA catalítica ou reguladora. Em eucariotos, os genes que codificam proteínas normalmente são compostos por uma sequência alternada de íntrons e éxons, associados a regiões reguladoras de DNA. Um cromossomo é formado a partir de uma única molécula de DNA extremamente longa que contém vários genes em uma disposição linear, ligada a um enorme conjunto de proteínas. O genoma humano contém $3{,}2 \times 10^9$ pares de nucleotídeos, divididos entre 22 cromossomos autossômicos diferentes (cada um presente com duas cópias) e dois cromossomos sexuais. Somente uma pequena porcentagem desse DNA codifica proteínas ou moléculas funcionais de RNA. A molécula de DNA cromossômico também contém três outros tipos de sequências nucleotídicas importantes: as origens de replicação e os telômeros, que permitem que a molécula de DNA seja replicada de maneira eficiente, enquanto o centrômero liga as moléculas-irmãs de DNA ao fuso mitótico, assegurando sua segregação precisa às células-filhas durante a fase M do ciclo celular.

O DNA dos eucariotos é fortemente ligado a uma massa igual de histonas, as quais formam unidades repetidas de proteína-DNA chamadas de nucleossomos. O nucleossomo é composto por um cerne octamérico de proteínas histonas ao redor das quais se enrola a dupla-hélice de DNA. Os nucleossomos estão dispostos em intervalos de cerca de 200 pares de nucleotídeos e normalmente são compactados (com o auxílio de moléculas da histona H1) em arranjos quase regulares, formando uma fibra de cromatina de 30 nm. Apesar de compacta, a estrutura da cromatina deve ser altamente dinâmica para permitir o acesso ao DNA. Alguns enrolamentos e desenrolamentos entre DNA e nucleossomo são espontâneos; porém a estratégia geral para as alterações reversíveis locais na estrutura da cromatina são os complexos de remodelagem da cromatina dependentes de ATP. As células contêm um grande número desses complexos, que são direcionados a regiões específicas da cromatina em períodos específicos. Os complexos de remodelagem colaboram com as chaperonas de histonas e permitem que os cernes nucleossômicos sejam reposicionados, reconstituídos a partir de diferentes histonas ou completamente removidos para expor o DNA neles enrolado.

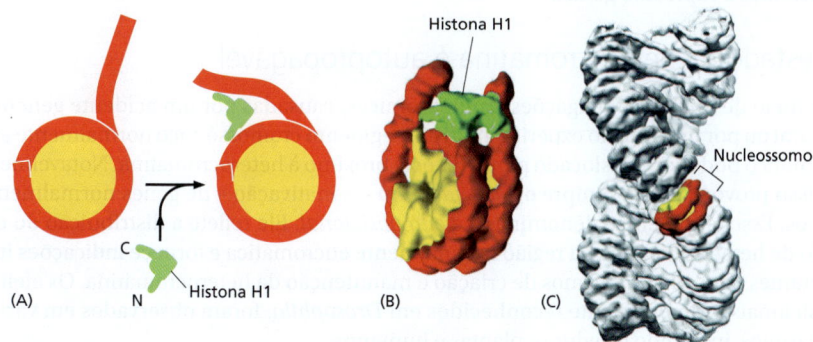

Figura 4-30 Maneira como a histona de ligação se liga ao nucleossomo. A posição e a estrutura da histona H1 são mostradas. A região central de H1 restringe uns 20 pares de nucleotídeos de DNA adicionais, na saída do cerne do nucleossomo e é importante na compactação da cromatina. (A) Diagrama esquemático e (B) estrutura deduzida para um único nucleossomo derivada da estrutura obtida por microscopia eletrônica de alta resolução de uma fibra de cromatina reconstituída (C). (B e C adaptadas de F. Song et al., Science 344:376–380, 2014.)

ESTRUTURA E FUNÇÃO DA CROMATINA

Após descrevermos como o DNA é empacotado nos nucleossomos criando a fibra de cromatina, discutiremos agora os mecanismos que produzem as diferentes estruturas da cromatina em diferentes regiões do genoma celular. Mecanismos desse tipo exercem uma variedade de importantes funções nas células. Surpreendentemente, alguns tipos de estrutura da cromatina podem ser herdados; isto é, a estrutura pode ser transmitida diretamente de uma célula a suas descendentes. Como a memória celular resultante é fundamentada em uma estrutura de cromatina herdada e não em alterações da sequência de DNA, essa é uma forma de **herança epigenética**. O prefixo *epi*, do grego "em cima", é apropriado porque a epigenética representa uma forma de herança que se sobrepõe à herança genética com base no DNA.

No Capítulo 7, introduziremos as diversas formas de regulação da expressão gênica. Lá a herança epigenética será discutida em detalhes, e serão apresentados os vários mecanismos diferentes que a produzem. Aqui, nos deteremos em apenas um, que se baseia na estrutura da cromatina. Iniciaremos esta seção revisando as observações que demonstraram inicialmente que as estruturas da cromatina podem ser herdadas. A seguir, descreveremos alguns aspectos químicos que tornam isso possível – as modificações covalentes das histonas nos nucleossomos. Essas modificações possuem muitas funções, na medida em que atuam como sítios de reconhecimento para domínios de proteínas que se ligam a complexos proteicos específicos a diferentes regiões da cromatina. Dessa forma, as histonas têm efeito na expressão gênica, bem como em vários outros processos ligados ao DNA. Por meio desses mecanismos, a estrutura da cromatina desempenha um papel importante no desenvolvimento, no crescimento e na manutenção de todos os organismos eucarióticos, incluindo humanos.

A heterocromatina é altamente organizada e restringe a expressão gênica

Estudos de microscopia óptica, na década de 1930, mostraram dois tipos diferentes de cromatina do núcleo em interfase de várias células de eucariotos superiores: uma forma altamente condensada, chamada de **heterocromatina**, e todo o resto, uma forma menos condensada, chamada de **eucromatina**. A heterocromatina representa uma forma compacta especial (ver Figura 4-9), e ainda há muito a ser entendido sobre suas propriedades moleculares. Ela é grandemente concentrada em algumas regiões especializadas, particularmente nos centrômeros e telômeros introduzidos anteriormente (ver Figura 4-19), mas também está presente em vários outros locais nos cromossomos – locais que podem variar de acordo com o estado fisiológico da célula. Em uma célula típica de mamíferos, mais de 10% do genoma estão empacotados nessa forma.

Normalmente, o DNA na heterocromatina contém poucos genes; quando regiões da eucromatina são convertidas ao estado de heterocromatina, seus genes geralmente são desligados. Contudo, sabemos que o termo *heterocromatina* inclui inúmeros modos distintos de compactação da cromatina que possuem implicações diferentes na expressão gênica. Portanto, a heterocromatina não deve ser considerada simplesmente como uma forma de isolamento do DNA "morto", e sim como um modo de descrever domínios compactos de cromatina que possuem em comum a característica de ser anormalmente resistentes à expressão gênica.

O estado da heterocromatina é autopropagável

Por meio de quebras e religações cromossômicas, causadas por um acidente genético natural ou por um artifício experimental, um segmento cromossômico normalmente eucromático pode ser translocado para um local próximo à heterocromatina. Notavelmente, isso provoca quase sempre o *silenciamento* – a inativação – de genes normalmente ativos. Esse fenômeno é denominado *efeito posicional*. Ele reflete a distribuição do estado de heterocromatina na região originalmente eucromática e fornece indicações importantes para os mecanismos de criação e manutenção da heterocromatina. Os efeitos posicionais, primeiramente reconhecidos em *Drosophila*, foram observados em vários eucariotos, incluindo leveduras, plantas e humanos.

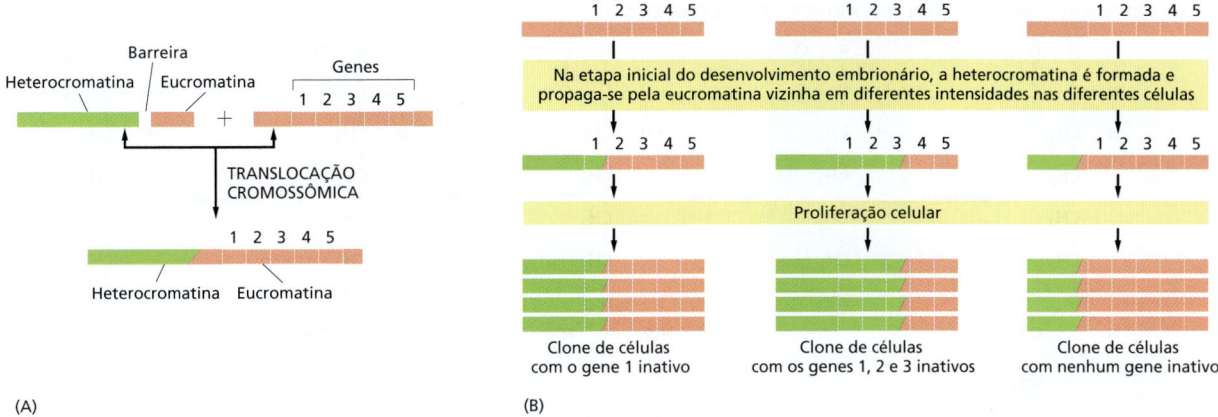

Figura 4-31 A causa do efeito posicional variegado na *Drosophila*. (A) A heterocromatina (*verde*) normalmente é impedida de se espalhar por regiões adjacentes da eucromatina (*vermelho*) por sequências de *barreira* de DNA, que discutiremos adiante. Nas moscas que herdam certos rearranjos cromossômicos, essa barreira não está mais presente. (B) Durante o início do desenvolvimento dessas moscas, a heterocromatina pode se espalhar no DNA cromossômico vizinho, avançando por distâncias variadas em células diferentes. A propagação logo para, mas o padrão de heterocromatina estabelecido é subsequentemente herdado, de modo que são produzidos grandes clones de células da progênie, possuindo os mesmos genes vizinhos condensados em heterocromatina e, portanto, inativados (por isso a aparência "variegada" de algumas dessas moscas; ver Figura 4-32). Embora o termo "propagação" seja usado para descrever a formação de nova heterocromatina próxima à heterocromatina preexistente, o termo pode não ser adequado. Há evidências de que, durante a expansão, a condensação de DNA em heterocromatina pode "pular" algumas regiões de cromatina, evitando efeitos repressores nos genes ali localizados.

Nos eventos de quebra e religação do tipo descrito acima, a zona de silenciamento, em que a eucromatina é convertida a um estado de heterocromatina, é espalhada a distâncias diferentes nas diferentes células precoces do embrião da mosca. Interessantemente, essas diferenças são perpetuadas pelo resto da vida do animal: em cada célula, uma vez estabelecida a condição da heterocromatina em um segmento da cromatina, ela tende a ser herdada de modo estável por toda descendência da célula (**Figura 4-31**). Esse fenômeno surpreendente, chamado de **efeito posicional variegado**, foi inicialmente identificado por uma análise genética detalhada da perda do pigmento vermelho no olho da mosca, produzindo efeito de pintas (**Figura 4-32**). Esse efeito apresenta semelhanças com a extensa propagação da heterocromatina que inativa um dos dois cromossomos X nas fêmeas de mamíferos. Nesse caso, também ocorre um processo aleatório em cada célula do embrião no início do desenvolvimento, que comanda qual cromossomo X será inativado, e esse mesmo cromossomo X permanecerá inativo em toda a descendência da célula, formando um mosaico de clones diferentes no organismo adulto (ver Figura 7-50).

Essas observações, juntas, levam a uma estratégia fundamental da formação da heterocromatina: heterocromatina gera mais heterocromatina. Esse mecanismo de retorno positivo pode atuar tanto no espaço, causando a propagação do estado de heterocromatina pelo cromossomo, como no tempo, por meio das gerações, propagando o estado de heterocromatina da célula-mãe às células-filhas. O desafio é explicar os mecanismos moleculares que dirigem esse surpreendente comportamento.

Como primeira etapa, uma pesquisa das moléculas envolvidas pode ser efetuada. Isso foi realizado por meio de *rastreamentos genéticos*, em que um grande número de mutantes é produzido, e aqueles que apresentam uma anormalidade no processo es-

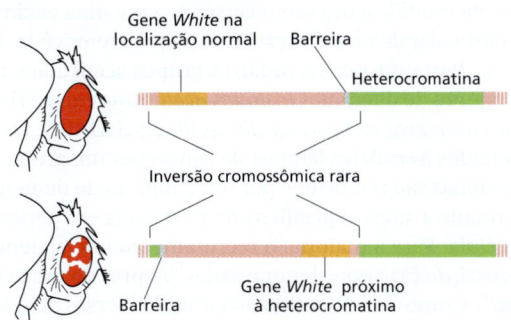

Figura 4-32 Descoberta dos efeitos de posição na expressão gênica. O gene *White* da mosca *Drosophila* controla a produção de pigmentos do olho, recebendo essa denominação devido à mutação que permitiu sua identificação. Moscas com o tipo selvagem do gene, isto é, com um gene *White* normal (*White*⁺), possuem pigmentação normal nos olhos, que lhes confere olhos vermelhos, mas, se o gene *White* estiver mutado e inativado, as moscas mutantes (*White*⁻) não produzirão pigmentos e terão olhos brancos. Nas moscas nas quais um gene *White* normal foi colocado próximo a uma região de heterocromatina, foram produzidos olhos manchados, com partes vermelhas e brancas. As manchas brancas representam as linhagens celulares em que o gene *White* foi silenciado pelos efeitos da heterocromatina. Em contraste, as manchas vermelhas representam as linhagens celulares onde o gene *White* é expresso. Em estágios iniciais do desenvolvimento, quando a heterocromatina é formada pela primeira vez, ela se propaga pela eucromatina adjacente em distâncias diferentes nas diferentes células embrionárias (ver Figura 4-31). A presença de manchas de células vermelhas e brancas revela que o estado de ativação transcricional, determinado pela compactação do gene na cromatina naquelas células ancestrais, é herdado por todas as células-filhas.

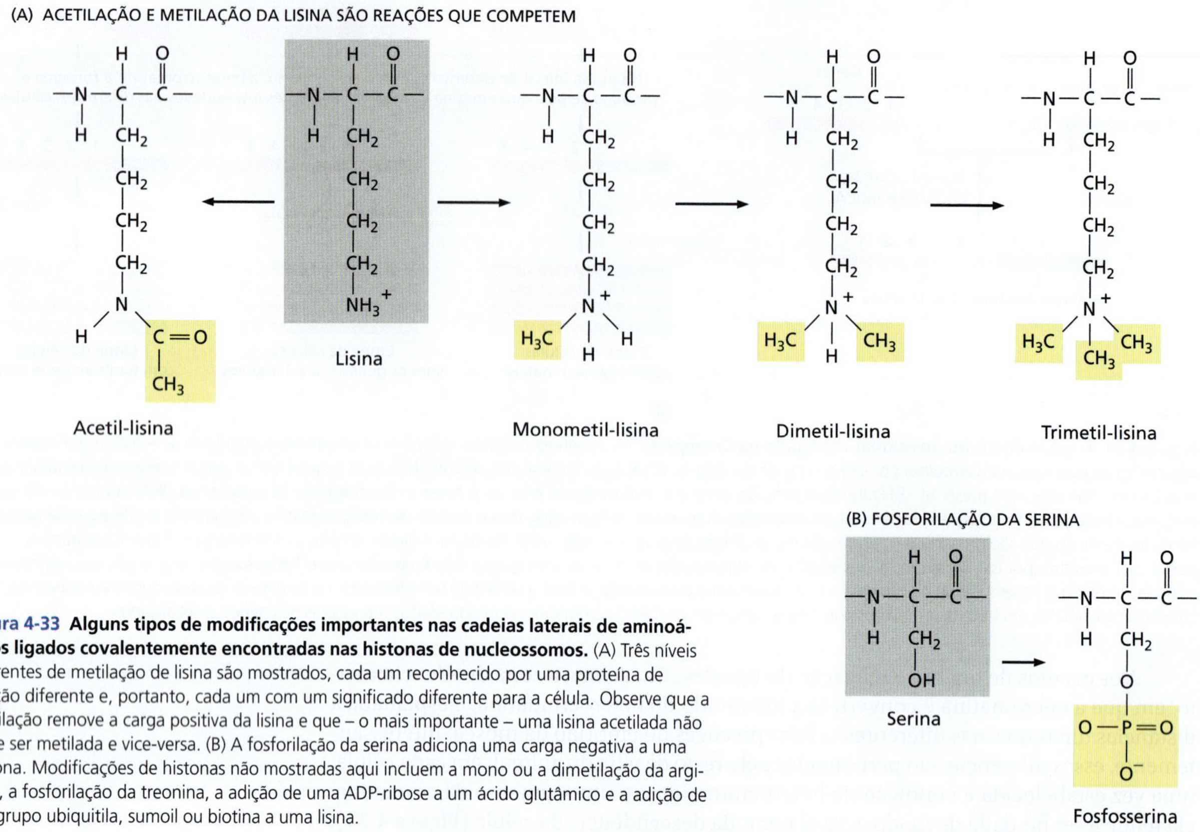

(A) ACETILAÇÃO E METILAÇÃO DA LISINA SÃO REAÇÕES QUE COMPETEM

Acetil-lisina ← Lisina → Monometil-lisina → Dimetil-lisina → Trimetil-lisina

(B) FOSFORILAÇÃO DA SERINA

Serina → Fosfosserina

Figura 4-33 Alguns tipos de modificações importantes nas cadeias laterais de aminoácidos ligados covalentemente encontradas nas histonas de nucleossomos. (A) Três níveis diferentes de metilação de lisina são mostrados, cada um reconhecido por uma proteína de ligação diferente e, portanto, cada um com um significado diferente para a célula. Observe que a acetilação remove a carga positiva da lisina e que – o mais importante – uma lisina acetilada não pode ser metilada e vice-versa. (B) A fosforilação da serina adiciona uma carga negativa a uma histona. Modificações de histonas não mostradas aqui incluem a mono ou a dimetilação da arginina, a fosforilação da treonina, a adição de uma ADP-ribose a um ácido glutâmico e a adição de um grupo ubiquitila, sumoil ou biotina a uma lisina.

tudado são selecionados. Rastreamentos genéticos extensos, realizados em *Drosophila*, fungos e camundongos, identificaram mais de cem genes cujos produtos aumentam ou reduzem a propagação da heterocromatina e a estabilidade da herança – em outras palavras, genes que atuam como intensificadores ou supressores do efeito posicional variegado. Muitos desses genes codificam proteínas cromossômicas não histonas que interagem com as histonas e estão envolvidas na modificação ou manutenção da estrutura da cromatina. Discutiremos como elas atuam nas seções seguintes.

As histonas do cerne são modificadas covalentemente em vários sítios diferentes

As cadeias laterais dos aminoácidos das quatro histonas no cerne do nucleossomo estão sujeitas a uma grande variedade de modificações covalentes, incluindo a acetilação de lisinas, a mono, di e trimetilação de lisinas, e a fosforilação de serinas (**Figura 4-33**). Um grande número de modificações de cadeias laterais ocorre nas "caudas" N-terminais de histonas, relativamente sem estrutura, que se projetam para fora do nucleossomo (**Figura 4-34**). Entretanto, mais de 20 modificações específicas também ocorrem em cadeias laterais do cerne globular do nucleossomo.

Todos os tipos de modificações são reversíveis, com uma enzima atuando na formação de um tipo particular de modificação, e outra para removê-la. Essas enzimas são altamente específicas. Portanto, por exemplo, os grupos acetil adicionados a lisinas específicas por um conjunto de diferentes *histonas acetiltransferases* (HAT) são removidos por um conjunto de *complexos de histonas desacetilases* (HDACs). Da mesma forma, os grupos metil adicionados às cadeias laterais de lisinas por um grupo de diferentes metiltransferases de histonas são removidos por um conjunto de demetilases de histonas. Cada enzima é recrutada a sítios específicos na cromatina em períodos determinados durante a vida da célula. Para a maioria, o recrutamento inicial depende de *proteínas reguladoras da transcrição* (às vezes denominadas "fatores de transcrição" ou "reguladores de transcrição"). Como será discutido no Capítulo 7, essas proteínas reconhecem e

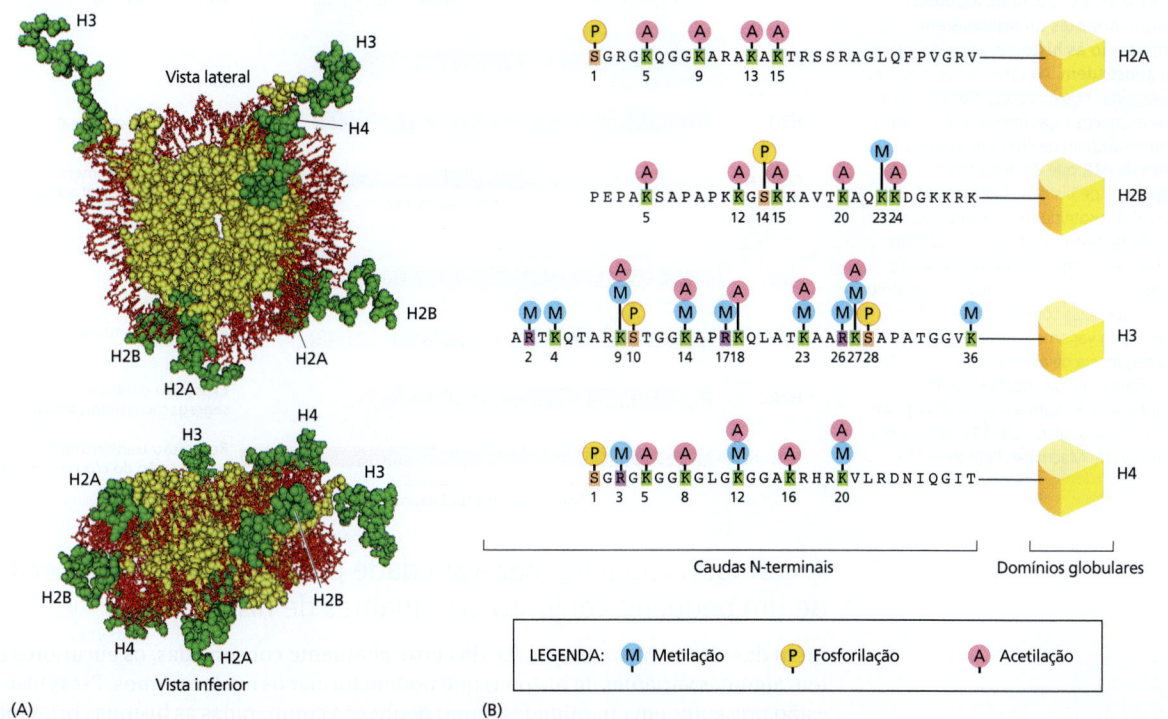

Figura 4-34 Modificações covalentes nas caudas das histonas do cerne. (A) Estrutura do nucleossomo ressaltando a localização dos primeiros 30 aminoácidos, aproximadamente, em cada uma das oito caudas N-terminais das histonas (*verde*). Essas caudas são desestruturadas e muito móveis, alterando, assim, sua conformação de acordo com as outras proteínas ligadas. (B) As modificações mais bem conhecidas das quatro histonas do cerne estão indicadas. Embora apenas um único símbolo seja utilizado para a metilação (M), cada lisina (K) ou arginina (R) pode ser metilada de várias maneiras. Observe que algumas posições (p. ex., lisina 9 de H3) podem ser modificadas tanto pela metilação como pela acetilação, mas não por ambas. A maioria das modificações mostradas adiciona uma molécula relativamente pequena nas caudas das histonas, exceto a ubiquitina, uma proteína com 76 aminoácidos também usada em outros processos celulares (ver Figura 3-69). Não está mostrado, mas existem mais de 20 modificações possíveis no cerne globular das histonas. (A, código PDB: 1KX5; B, adaptada de H. Santos-Rosa e C. Caldas, *Eur. J. Cancer* 41:2381–2402, 2005. Com permissão de Elsevier.)

ligam-se a sequências específicas de DNA nos cromossomos. Elas são produzidas em diferentes períodos e locais durante a vida de um organismo e, assim, determinam onde e quando as enzimas que modificam a cromatina irão atuar. Sendo assim, no final das contas, é a sequência de DNA que determina como as histonas são modificadas. Porém, pelo menos em alguns casos, as modificações covalentes nos nucleossomos permanecem por muito tempo após o desaparecimento dos fatores de transcrição que as induziram, fornecendo à célula, portanto, uma memória da história de seu desenvolvimento. Mais notável ainda é que, assim como no fenômeno de efeito posicional variegado discutido acima, essa memória pode ser transmitida de uma geração celular à outra.

Padrões muito diferentes de modificações covalentes são encontrados nos diferentes grupos de nucleossomos, dependendo da sua posição exata no genoma e da história da célula. As modificações das histonas são cuidadosamente controladas e apresentam consequências importantes. A acetilação de lisinas nas caudas N-terminais afrouxa a estrutura da cromatina, em parte porque a adição de um grupo acetil à lisina remove sua carga positiva, reduzindo a afinidade das caudas aos nucleossomos adjacentes. Entretanto, os efeitos mais significativos das modificações das histonas é sua capacidade de recrutar outras proteínas específicas ao segmento de cromatina modificado. A trimetilação de uma lisina específica na cauda da histona H3, por exemplo, atrai a proteína específica de heterocromatina HP1 e contribui para o estabelecimento e propagação da heterocromatina. Mais genericamente, as proteínas recrutadas atuam junto com as histonas modificadas para determinar como e quando os genes serão expressos, além de outras funções cromossômicas. Dessa forma, a estrutura exata de cada domínio da cromatina determina a leitura da informação genética que contém, portanto, a estrutura e função da célula eucariótica.

Figura 4-35 Estrutura de algumas formas variantes de histonas em comparação às histonas principais que elas substituem. As variantes de histonas são inseridas nos nucleossomos em sítios cromossômicos específicos por enzimas de remodelagem da cromatina dependentes de ATP, que atuam juntamente às chaperonas de histonas (ver Figura 4-27). A CENP-A (proteína centromérica-A), uma variante da histona H3, é discutida mais adiante neste capítulo (ver Figura 4-42); outras variantes são discutidas no Capítulo 7. As sequências com colorações diferentes em cada variante indicam regiões com uma sequência de aminoácidos diferente da histona principal mostrada acima. (Adaptada de K. Sarma e D. Reinberg, *Nat. Rev. Mol. Cell Biol.* 6:139–149, 2005.Com permissão de Macmillan Publishers Ltd.)

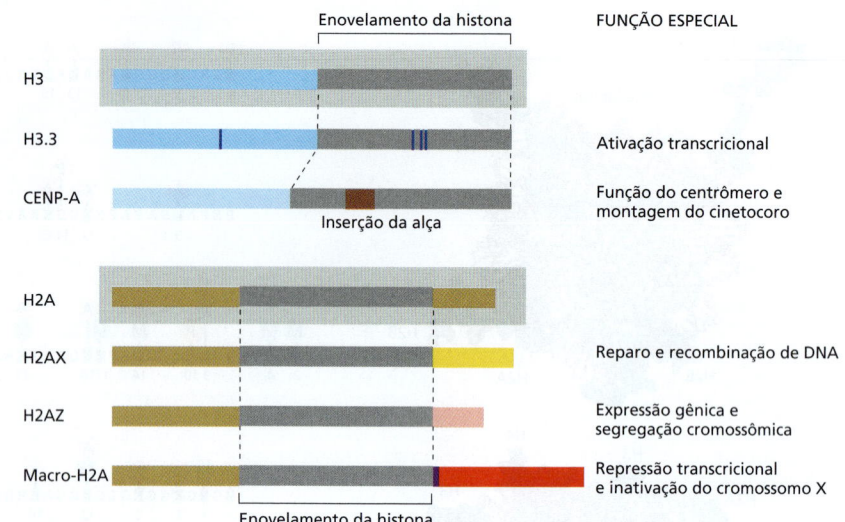

A cromatina adquire mais variedade pela inserção sítio-específica de um pequeno conjunto de variantes de histonas

Além das quatro histonas-padrão do cerne altamente conservadas, os eucariotos contêm algumas variantes de histonas que podem formar os nucleossomos. Essas histonas estão presentes em quantidades muito pequenas comparadas às histonas principais e foram bem menos conservadas durante a evolução. Variantes de histonas são conhecidas para todas as histonas do cerne, exceto H4; alguns exemplos estão ilustrados na **Figura 4-35**.

As histonas principais são sintetizadas especialmente durante a fase S do ciclo celular e montadas nos nucleossomos das duplas-hélices de DNA das células-filhas logo atrás da forquilha de replicação (ver Figura 5-32). Em contraste, a maior parte das variantes de histonas é sintetizada durante a interfase. Elas normalmente são inseridas na cromatina já formada, o que requer um processo de troca de histonas catalisado pelos complexos de remodelagem dependentes de ATP, discutidos anteriormente. Esses complexos de remodelagem contêm subunidades que promovem sua ligação a sítios específicos na cromatina e também a chaperonas de histonas que carregam uma determinada variante. Assim, cada variante de histona é inserida na cromatina de forma altamente seletiva (ver Figura 4-27).

Modificações covalentes e variantes de histonas atuam em conjunto no controle das funções dos cromossomos

O número de diferentes marcações possíveis em um mesmo nucleossomo é enorme, e esse grande potencial de diversidade é ainda maior quando consideramos a possibilidade dos nucleossomos conterem variantes de histonas. Contudo, é sabido que as modificações das histonas ocorrem em grupos coordenados. Mais de 15 desses grupos são identificados em células de mamíferos. Ainda não está claro, porém, quantos tipos diferentes de cromatina apresentam importância funcional nas células.

Algumas combinações são conhecidas por possuírem um significado específico na célula, de modo a determinar quando e como o DNA compactado nos nucleossomos deverá ser acessado ou manipulado – levando à ideia de um *"código de histonas"*. Por exemplo, um tipo de marca indica que um segmento da cromatina foi recentemente replicado, outro indica que o DNA na cromatina foi danificado e necessita ser reparado, enquanto outros sinalizam quando e como a expressão gênica deve ocorrer. Diversas proteínas reguladoras contêm pequenos domínios que se ligam a essas marcas específicas e reconhecem, por exemplo, uma lisina trimetilada na posição 4 na histona H3 (**Figura 4-36**). Esses domínios estão normalmente ligados como módulos em uma única e grande proteína ou em complexos proteicos, que assim reconhecem

CAPÍTULO 4 DNA, cromossomos e genomas   199

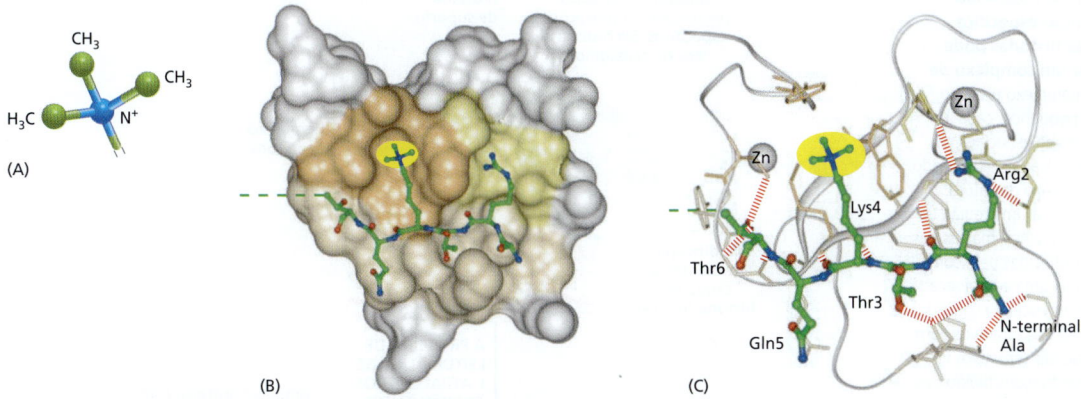

Figura 4-36 Como uma marca no nucleossomo é lida. A figura mostra a estrutura de um módulo proteico (denominado domínio ING PHD) que reconhece especificamente a lisina 4 trimetilada na histona H3. (A) Um grupo trimetil. (B) Modelo de preenchimento de um domínio ING PHD ligado à cauda de histona (*verde*, com o grupo trimetil destacado em *amarelo*). (C) Modelo de fitas mostrando como os 6 aminoácidos N-terminais da cauda de H3 são reconhecidos. As *linhas vermelhas* representam ligações de hidrogênio. Este é um membro de uma família de domínios PHD que reconhece lisinas metiladas em histonas; diferentes membros da família ligam-se fortemente às lisinas localizadas em diferentes posições e podem diferenciar entre lisinas mono, di e trimetiladas. Da mesma forma, outros pequenos módulos proteicos reconhecem cadeias laterais específicas que foram marcadas com grupos acetil, fosfato e assim por diante. (Adaptada de P.V. Peña et al., *Nature* 442:100–103, 2006. Com permissão de Macmillan Publishers Ltd.)

uma combinação específica de modificações nas histonas (**Figura 4-37**). O resultado é um *complexo de leitura* que permite que uma determinanda combinação de marcas na cromatina atraia outras proteínas para executar uma função biológica específica no momento certo (**Figura 4-38**).

As marcas nos nucleossomos resultantes das adições covalentes às histonas são dinâmicas, sendo constantemente removidas e adicionadas a velocidades que dependem da localização cromossômica. Como as caudas das histonas projetam-se para fora do cerne nucleossômico e provavelmente estejam acessíveis mesmo quando a cromatina está condensada, elas parecem propiciar um formato adequado para criar marcações que podem ser prontamente alteradas de acordo com a mudança das necessidades da célula. Embora muitos aspectos careçam de esclarecimentos, alguns poucos exemplos bem estudados da informação que pode ser codificada pela cauda da histona H3 estão listados na **Figura 4-39**.

Um complexo de proteínas de leitura e escrita (marcação) pode propagar modificações específicas da cromatina ao longo do cromossomo

O fenômeno de efeito posicional variegado descrito anteriormente requer que algumas formas modificadas da cromatina tenham a capacidade de disseminar-se por distâncias substanciais ao longo da molécula de DNA cromossômico (ver Figura 4-31). Como isso é possível?

As enzimas que adicionam ou removem as modificações de histonas nos nucleossomos são componentes de complexos multiproteicos. Elas podem, inicialmente, ser trazidas a uma determinada região da cromatina por uma das proteínas de ligação

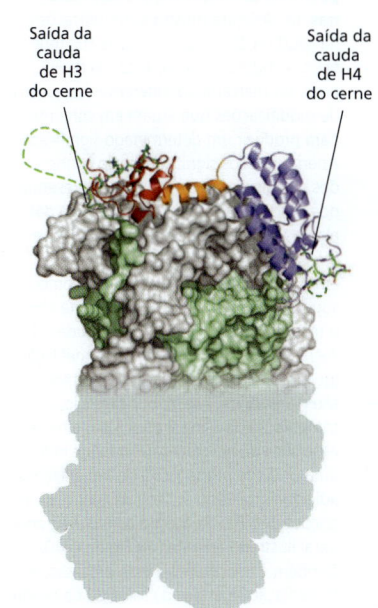

Figura 4-37 Reconhecimento de uma combinação específica de marcas em um nucleossomo. Nos exemplos mostrados, dois domínios adjacentes, que compõem o complexo de remodelagem da cromatina NURF (fator de remodelagem de nucleossomo, do inglês *nucleossome remodeling factor*), ligam-se ao nucleossomo pelo domínio PHD (em *vermelho*) que reconhece uma lisina 4 metilada em H3; e um outro domínio (um bromodomínio, em *azul*) reconhece uma lisina 16 acetilada em H4. Essas duas marcas nas histonas formam um padrão de modificação de histonas único que ocorre em alguns subgrupos de nucleossomos nas células humanas. Aqui, as duas caudas de histonas estão indicadas por linhas *pontilhadas em verde*, e apenas uma metade de um nucleossomo é mostrada. (Adaptada de A.J. Ruthenburg et al., *Cell* 145:692–706, 2011. Com permissão de Elsevier.)

Figura 4-38 Diagrama mostrando como uma combinação específica de modificações nas histonas pode ser identificada por um complexo de leitura. Um grande complexo proteico, com vários módulos pequenos, cada um reconhecendo uma marca específica nas histonas, está esquematicamente ilustrado (em *verde*). Esse "complexo de leitura" só irá se ligar fortemente a uma região da cromatina que contenha várias marcas nas histonas que são reconhecidas pelo complexo. Portanto, apenas uma combinação específica de marcas provocará a ligação do complexo à cromatina e atrairá os complexos proteicos adicionais (em *roxo*) necessários para catalisar funções biológicas.

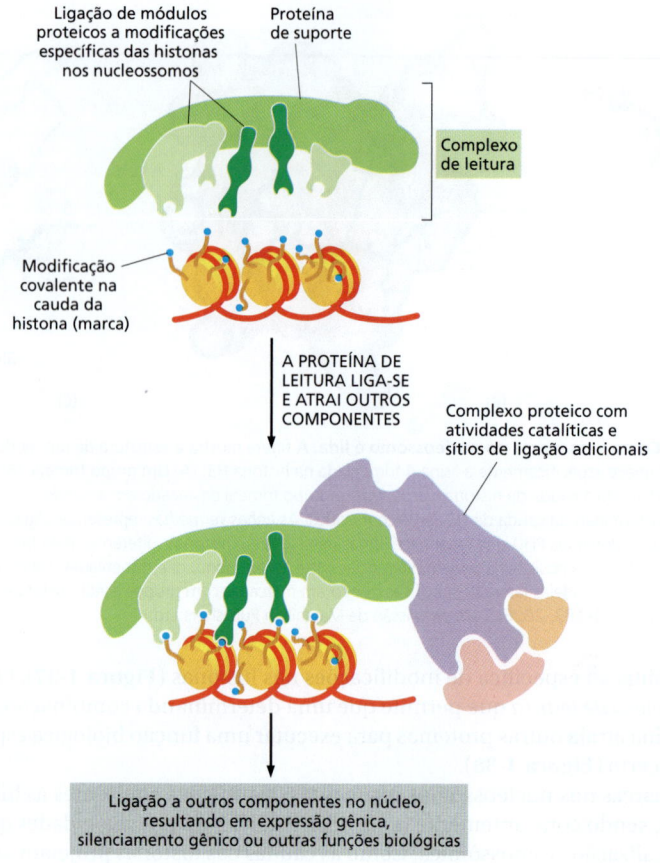

ao DNA sequência-específicas (reguladores de transcrição) discutido nos Capítulos 6 e 7 (para um exemplo específico, ver Figura 7-20). Mas, após uma enzima de modificação "escrever" sua marca em um ou em alguns nucleossomos adjacentes, seguem-se eventos que se assemelham a uma reação em cadeia. Nesses casos, uma "enzima de escrita" atua em conjunto com uma "proteína de leitura" localizada no mesmo complexo proteico. A proteína de leitura possui um módulo que reconhece a marca e se liga firmemente ao nucleossomo recém-modificado (ver Figura 4-36), ativando a enzima de leitura ligada e

Figura 4-39 Alguns significados específicos de modificações das histonas. (A) A figura mostra as modificações na cauda N-terminal da histona H3, repetidas da Figura 4-34. (B) A cauda de H3 pode ser marcada por diferentes conjuntos de modificações que atuam em conjunto para produzir um determinado significado. Apenas poucos significados são conhecidos, incluindo os três exemplos apresentados. Não está mostrado que a leitura das marcas de histona normalmente envolve o reconhecimento conjunto de marcas em outros sítios do nucleossomo (como sugerido na Figura 4-38) juntamente com o reconhecimento indicado na cauda H3. Além disso, níveis específicos de metilação (grupos mono, di ou trimetil) geralmente são necessários. Assim, por exemplo, a trimetilação da lisina 9 atrai a proteína HP1 específica da heterocromatina, que induz uma onda de propagação de trimetilações adicionais da lisina 9, seguidas por mais ligações de HP1, de acordo com o diagrama geral ilustrado adiante (ver Figura 4-40). Também é importante, nesse processo, a trimetilação sinérgica da lisina 20 na cauda N-terminal da histona H4.

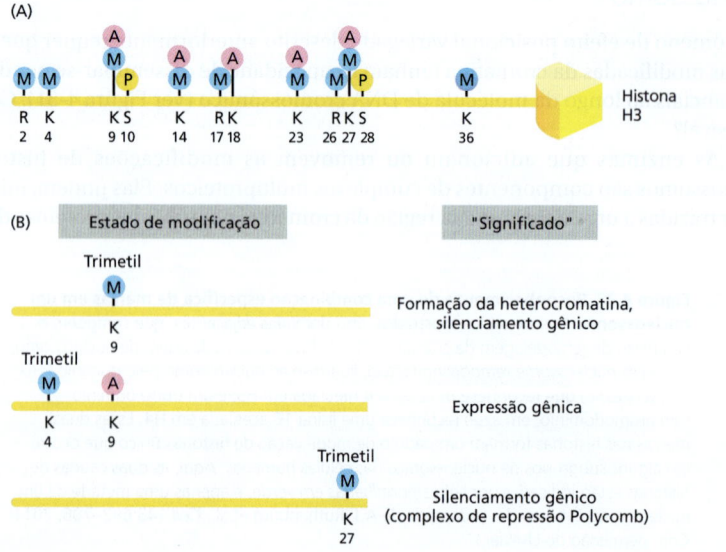

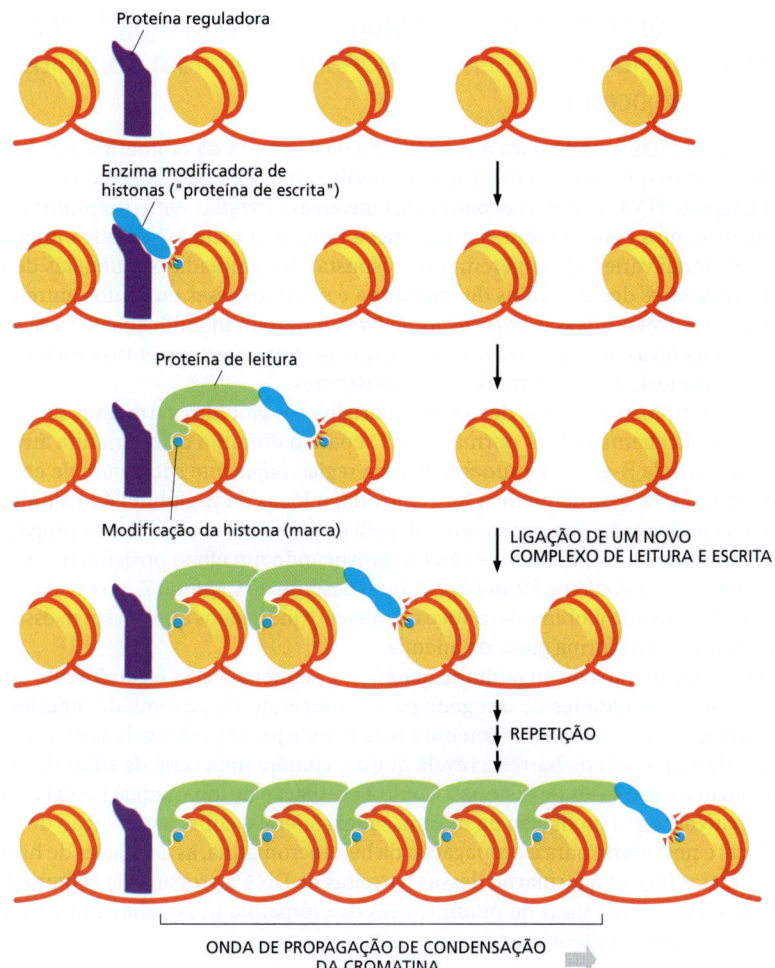

Figura 4-40 Como o recrutamento de um complexo de leitura e escrita pode espalhar alterações da cromatina ao longo do cromossomo. A enzima de leitura cria uma modificação específica em uma ou mais das quatro histonas do nucleossomo. Após seu recrutamento a um sítio específico no cromossomo por uma proteína de regulação da transcrição, a proteína de escrita colabora com a de leitura para espalhar sua marcação de nucleossomo em nucleossomo por meio do complexo de leitura e escrita mencionado. Para esse mecanismo funcionar, a proteína de leitura deve reconhecer a mesma marca de modificação de histona que a proteína de escrita produz; sua ligação à marca ativa a escrita, e isso pode ser demonstrado. No exemplo esquemático, uma onda de propagação de condensação da cromatina é induzida desse modo. As proteínas adicionais envolvidas, incluindo um complexo de remodelagem da cromatina dependente de ATP necessário para reposicionar os nucleossomos modificados, não estão mostradas.

a posicionando próxima ao nucleossomo adjacente. Por vários ciclos de escrita e leitura, a proteína de leitura pode carregar a enzima de leitura ao longo do DNA – distribuindo a marca de "mão em mão" pelo cromossomo (**Figura 4-40**).

Na realidade, o processo é mais complicado que o esquema descrito. Tanto as proteínas de leitura como as de escrita são parte de um complexo proteico que provavelmente contenha diversas proteínas de leitura e escrita, e necessite de diversas marcas nos nucleossomos para sua propagação. Além disso, muitos desses complexos de leitura e escrita também contêm uma proteína de remodelagem da cromatina dependente de ATP (ver Figura 4-26C), e podem atuar em conjunto para condensar ou descondensar longos segmentos de cromatina à medida que a proteína de leitura se desloca progressivamente ao longo do DNA empacotado no nucleossomo.

Um processo semelhante é usado na remoção das modificações de histonas de regiões específicas do DNA; nesse caso, uma "enzima de remoção", como uma histona demetilase ou histona desacetilase, é trazida para o complexo. Como ocorre, para o complexo de escrita na Figura 4-40, proteínas de ligação a segmentos específicos de DNA (reguladores de transcrição) definem onde tais modificações devem ocorrer (discutido no Capítulo 7).

Uma ideia da complexidade dos processos acima pode ser evidenciada por meio de resultados de rastreamentos genéticos para genes que intensificam ou que reduzem a disseminação e a estabilidade da heterocromatina, como demonstrado nos efeitos do efeito posicional variegado em *Drosophila* (ver Figura 4-32). Como mencionado, mais de cem genes desse tipo são conhecidos, e a maioria deles parece codificar subunidades de proteínas de leitura e escrita de complexos de remodelagem.

Sequências de DNA de barreira bloqueiam a propagação dos complexos de leitura e escrita e, portanto, separam domínios de cromatina adjacentes

O mecanismo mencionado para a propagação da estrutura da cromatina suscita uma questão. Mesmo que cada cromossomo contenha uma molécula contínua e extremamente longa de DNA, como a cacofonia de conversas cruzadas entre domínios de cromatina adjacentes com diferentes estruturas e funções é evitada? Estudos iniciais do efeito posicional variegado sugerem uma resposta: determinadas sequências de DNA indicam os limites dos domínios de cromatina e separam esses domínios entre si (ver Figura 4-31). Diversas dessas *sequências de barreira* foram identificadas e caracterizadas usando técnicas de engenharia genética, que permite que segmentos específicos de DNA sejam removidos ou inseridos nos cromossomos.

Por exemplo, nas células destinadas a originar os glóbulos vermelhos do sangue, uma sequência chamada HS4 normalmente separa o domínio de cromatina ativa que contém o lócus da β-globina humana de uma região adjacente silenciada de cromatina condensada. Se essa sequência for removida, o lócus da β-globina é invadido pela cromatina condensada. Essa cromatina silencia os genes nela contidos e se propaga em diferentes extensões nas diferentes células, provocando um efeito posicional variegado semelhante ao observado na *Drosophila*. Como descrito no Capítulo 7, as consequências são sérias: os genes da globina são pouco expressos, e indivíduos que possuem essa deleção apresentam uma forma grave de anemia.

Em experimentos de engenharia genética, a sequência HS4 é geralmente adicionada às duas extremidades de um gene para ser inserido no genoma de mamíferos, a fim de proteger o gene do silenciamento causado pela propagação da heterocromatina. A análise da sequência de barreira revela que ela contém uma série de sítios de ligação para as enzimas acetilases de histonas. Como a acetilação de uma cadeia lateral da lisina é incompatível com a metilação da mesma cadeia lateral e como a metilação de lisinas específicas é necessária para a propagação da heterocromatina, as acetilases de histonas são candidatas lógicas à formação dessas barreiras de DNA à propagação (**Figura 4-41**). Contudo, vários outros tipos de modificações da cromatina são conhecidos e também protegem os genes do silenciamento.

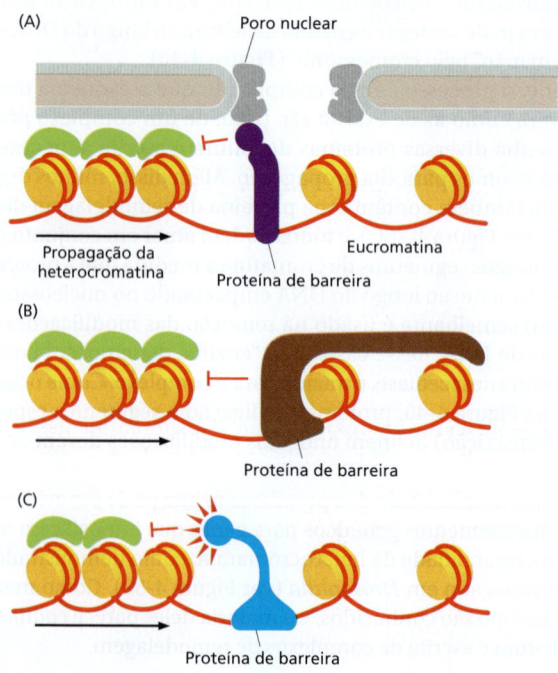

Figura 4-41 Alguns mecanismos de ação das barreiras. Esses modelos derivam de análises experimentais da ação das barreiras, e uma combinação de vários deles pode atuar em um mesmo sítio. (A) A união de uma região da cromatina a um grande sítio fixo, como um poro nuclear, ilustrado aqui, pode formar uma barreira que bloqueia a propagação da heterocromatina. (B) A forte ligação de proteínas de barreira a um grupo de nucleossomos torna essa cromatina resistente à propagação da heterocromatina. (C) Por meio do recrutamento de um grupo de enzimas de modificação de histonas altamente ativas, as barreiras podem apagar as marcas nas histonas, necessárias para o espalhamento da heterocromatina. Por exemplo, a forte acetilação da lisina 9 na histona H3 irá competir com a metilação da lisina 9, evitando, assim, a ligação da proteína HP1 necessária para formação da principal forma de heterocromatina. (Baseada em A.G. West e P. Fraser, *Hum. Mol. Genet*.14:R101–R111, 2005. Com permissão de Oxford University Press.)

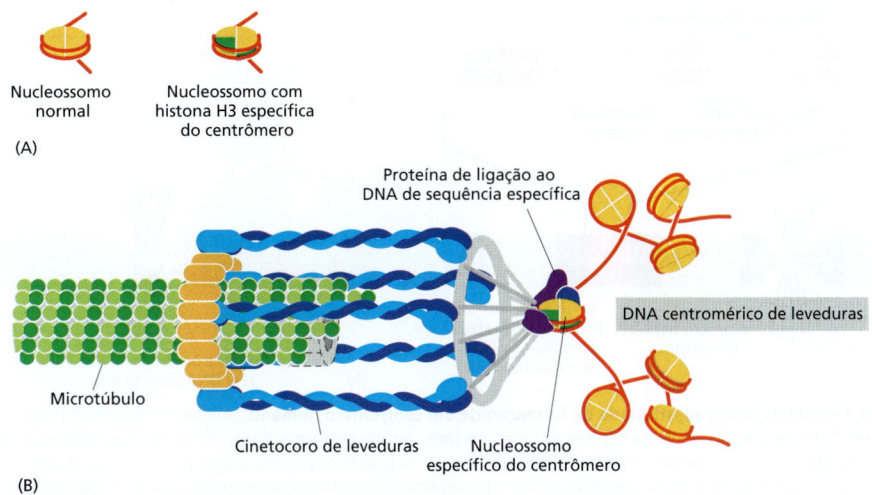

Figura 4-42 **Modelo para a estrutura de um centrômero simples.** (A) Na levedura *Saccharomyces cerevisiae*, uma sequência de DNA centromérica especial é montada em um único nucleossomo, no qual duas cópias de uma forma variante da histona H3 (denominada CENP-A na maioria dos organismos) substituem a H3 normal. (B) De que forma sequências peptídicas exclusivas a essa variante (ver Figura 4-35) auxiliam a montagem de proteínas adicionais, entre elas as proteínas que formam o cinetocoro. O cinetocoro é atípico na captura de apenas um único microtúbulo; os humanos possuem centrômeros muito maiores e formam cinetocoros capazes de capturar 20 ou mais microtúbulos (ver Figura 4-43). O cinetocoro é discutido em detalhes no Capítulo 17. (Adaptada de A. Joglekar et al., *Nat. Cell Biol.* 8:581–585, 2006. Com permissão de Macmillan Publishers Ltd.)

A cromatina nos centrômeros revela como as variantes de histonas podem criar estruturas especiais

Nucleossomos com variantes de histonas possuem uma característica distinta e parecem ser capazes de produzir marcas na cromatina com um duração anormalmente longa. Um exemplo importante é visto na formação e na herança da estrutura de cromatina especializada no centrômero, a região de cada cromossomo necessária à ligação ao fuso mitótico e segregação ordenada das cópias duplicadas do genoma para as células-filhas cada vez que a célula se divide. Em vários organismos complexos, incluindo humanos, cada centrômero está inserido em uma região de *cromatina centromérica* especial que permanece durante a interfase, mesmo que a ligação ao fuso e o movimento do DNA, promovidos pelo centrômero, ocorram durante a mitose. Essa cromatina contém uma variante de histona H3 específica de centrômero, conhecida como CENP-A (proteína centromérica-A; ver Figura 4-35), além de proteínas adicionais que compactam os nucleossomos em arranjos especialmente densos e formam o cinetocoro, uma estrutura especial necessária à ligação ao fuso mitótico (ver Figura 4-19).

Uma sequência específica de DNA com aproximadamente 125 pares de nucleotídeos é suficiente para atuar como um centrômero na levedura *S. cerevisiae*. Apesar do tamanho reduzido, mais de uma dúzia de proteínas diferentes se associam a essa sequência de DNA; as proteínas incluem a variante CENP-A da histona H3, a qual, junto com outras três proteínas do cerne de histonas, forma o nucleossomo específico do centrômero. As proteínas adicionais no centrômero de leveduras ligam esse nucleossomo a um único microtúbulo a partir do fuso mitótico (**Figura 4-42**).

Centrômeros nos organismos mais complexos são consideravelmente maiores comparados a leveduras. Por exemplo, centrômeros de moscas e de humanos possuem centenas de milhares de pares de nucleotídeos e, mesmo que contenham CENP-A, não parecem conter uma sequência de DNA específica de centrômeros. Esses centrômeros consistem, em grande parte, em pequenas sequências repetidas de DNA, conhecidas como *DNA satélite alfa* em humanos. Porém essas mesmas sequências repetidas também são encontradas em outras posições (não centroméricas) nos cromossomos, indicando que não são suficientes para promover a formação do centrômero. É notável que, em alguns casos raros, foi observado que centrômeros humanos novos (chamados de neocentrômeros) formam-se espontaneamente em cromossomos fragmentados. Algumas dessas novas posições eram originalmente eucromatina e não possuíam DNA satélite alfa (**Figura 4-43**). Parece que os centrômeros de organismos complexos são definidos por um conjunto de proteínas, em vez de uma sequência específica de DNA.

A inativação de alguns centrômeros e a formação *de novo* de outros parece ter tido uma função essencial na evolução. Espécies diferentes, mesmo quando próximas em termos evolutivos, normalmente têm números de cromossomos diferentes; ver Figura

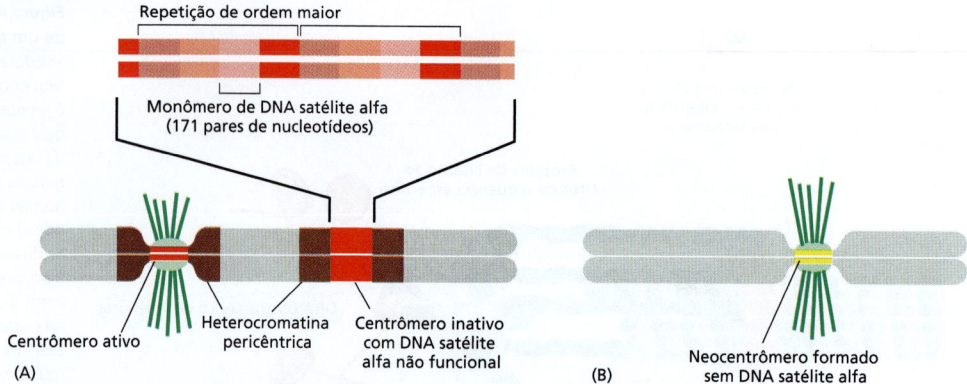

Figura 4-43 Evidências para a plasticidade de formação de um centrômero humano. (A) Diversas sequências ricas em A-T de DNA satélite alfa são repetidas milhares de vezes em cada centrômero humano (em *vermelho*), envolvidos por *heterocromatina pericêntrica* (em *marrom*). Porém, devido a um evento de quebra e religação ancestral, alguns cromossomos humanos contêm dois blocos de DNA satélite alfa, cada um provavelmente atuando como um centrômero no seu cromossomo original. Normalmente, cromossomos com dois centrômeros funcionais não são propagados de modo estável porque se ligam de modo incorreto ao fuso, sendo quebrados durante a mitose. Nos cromossomos que sobrevivem, porém, um dos centrômeros tornou-se inativado de algum modo, mesmo que contenha todas as sequências de DNA necessárias. Isso permite que o cromossomo seja propagado de modo estável. (B) Em uma pequena parcela dos nascimentos humanos (1/2.000), cromossomos extras são observados nas células dos descendentes. Alguns desses cromossomos extras, que foram formados por eventos de quebra, não possuem DNA satélite alfa, mas, mesmo assim, novos centrômeros (neocentrômeros) foram formados a partir de DNA originalmente da eucromatina.

A complexidade da cromatina centromérica não é ilustrada nestes diagramas. O DNA satélite alfa que forma a cromatina centromérica em humanos é compactada em blocos alternados de cromatina. Um bloco é formado a partir de um longo cordão de nucleossomos contendo a variante de histona H3 CENP-A; o outro bloco contém nucleossomos especialmente marcados com dimetil-lisina 4 nas histonas H3 normais. Cada bloco possui mais de mil nucleossomos. Essa cromatina centromérica é flanqueada pela heterocromatina pericêntrica, como mostrado. A cromatina pericêntrica contém lisina 9 metilada nas suas histonas H3, com a proteína HP1, e é um exemplo de heterocromatina "clássica" (ver Figura 4-39).

4-14 para um exemplo extremo. Como será discutido a seguir, comparações genômicas detalhadas mostram que em muitos casos, as alterações no número de cromossomos surgiram por eventos de quebra e religação de cromossomos, criando cromossomos novos, alguns dos quais inicialmente com número anormal de centrômeros – tanto mais de um, como nenhum. Apesar disso, a herança estável requer que cada cromossomo contenha um e apenas um centrômero. Parece que centrômeros a mais devem ter sido inativados, ou novos centrômeros criados de modo a permitir a manutenção estável dos conjuntos de cromossomos.

Algumas estruturas da cromatina podem ser herdadas diretamente

As alterações na atividade do centrômero discutidas anteriormente, uma vez estabelecidas, precisam ser perpetuadas por meio das gerações. Qual seria o mecanismo para esse tipo de herança epigenética?

Foi proposto que a formação *de novo* do centrômero requer um evento inicial de semeadura, que envolve a formação de uma estrutura especializada de DNA e proteína, e que contenha nucleossomos formados com a variante CENP-A da histona H3. Em humanos, esse evento de semeadura ocorre mais prontamente em arranjos de DNA satélite alfa em comparação a outras sequências. Os tetrâmeros H3-H4 de cada nucleossomo na hélice de DNA original são diretamente herdados pelas hélices-irmãs de DNA na forquilha de replicação (ver Figura 5-32). Portanto, uma vez que um conjunto de nucleossomos contendo CENP-A tenha sido formado em um segmento de DNA, é fácil entender como um novo centrômero é produzido no mesmo lugar em ambos os cromossomos-filhos após cada ciclo de divisão celular. É necessário apenas assumir que a presença da histona CENP-A em um nucleossomo herdado recruta seletivamente mais histonas CENP-A para os seus vizinhos recém-formados.

Existem algumas semelhanças notáveis entre a formação e a manutenção dos centrômeros e a formação e a manutenção de algumas outras regiões da heterocromatina. Em particular, todo o centrômero é formado como uma entidade única e total, sugerindo

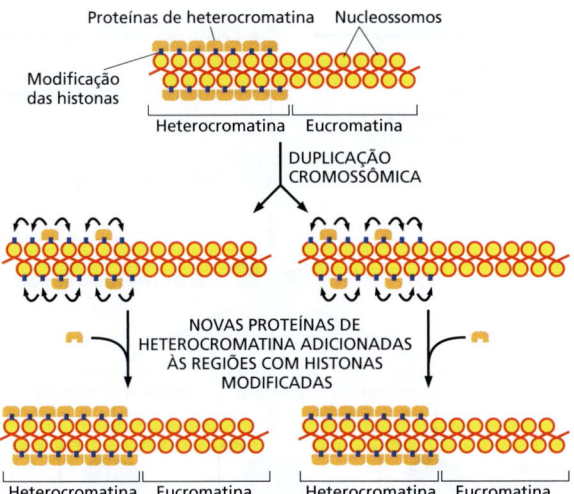

Figura 4-44 Como a compactação de DNA na cromatina pode ser herdada após a replicação cromossômica. Neste modelo, alguns dos componentes especializados da cromatina são distribuídos para cada cromossomo-irmão após a duplicação do DNA, juntamente com os nucleossomos especialmente marcados aos quais se ligam. Após a replicação de DNA, os nucleossomos modificados herdados atuam em conjunto com os componentes da cromatina, alterando o padrão de modificação das histonas nos nucleossomos recém-formados nas proximidades. Isso gera sítios de ligação para os mesmos componentes da cromatina, que se ligam e completam a estrutura. Esse último processo parece envolver complexos de leitura e escrita e remodelagem que operam de modo similar ao previamente ilustrado na Figura 4-40.

que a criação da cromatina centromérica é um processo altamente cooperativo, espalhando-se a partir de uma semente inicial de maneira que lembra o fenômeno de efeito posicional variegado discutido anteriormente. Nos dois casos, uma estrutura particular de cromatina, uma vez formada, é diretamente herdada pelo DNA seguinte a cada turno de replicação cromossômica. Um recrutamento cooperativo de proteínas, juntamente com a ação dos complexos de escrita e leitura, não apenas é responsável pela propagação de formas específicas de cromatina no espaço ao longo do cromossomo, como também pela sua propagação através das gerações – da célula-mãe às células-filhas (**Figura 4-44**).

Experimentos com embriões de rã sugerem que estruturas da cromatina de ativação e de repressão podem ser herdadas epigeneticamente

A herança epigenética tem uma função crucial na formação de organismos multicelulares. Os seus tipos celulares diferenciados são estabelecidos durante o desenvolvimento e são mantidos mesmo após repetidos ciclos de divisão celular. As filhas de uma célula hepática continuam sendo células hepáticas, as de células epidérmicas continuam como células epidérmicas, e assim por diante, apesar de possuírem o mesmo genoma; e isso é porque padrões distintos de expressão gênica são transmitidos fielmente da célula-mãe às celulas-filhas. A estrutura da cromatina possui importante função nessa transmissão epigenética da informação de uma geração celular para a próxima.

Um tipo de evidência resultou de estudos nos quais o núcleo de uma célula de uma rã ou girino foi transplantado para um óvulo de rã cujo núcleo foi removido (óvulo enucleado). Em uma série de experimentos clássicos realizados em 1968, foi demonstrado que um núcleo retirado de uma célula doadora diferenciada pode ser reprogramado dessa forma para permitir o desenvolvimento de um novo girino inteiro (ver Figura 7-2). Porém, essa reprogramação ocorre com dificuldade e é cada vez menos eficiente à medida que são usados núcleos de animais mais velhos. Assim, por exemplo, menos de 2% dos óvulos enucleados injetados com núcleo de uma célula epitelial de girino se desenvolveu ao estágio de girino jovem, comparado a 35% quando o núcleo doador foi retirado de um embrião jovem (estágio de gástrula). Com novos recursos técnicos, a causa da resistência à reprogramação pode ser estudada. Ela surge, pelo menos em parte, porque estruturas específicas da cromatina nos núcleos diferenciados originais tendem a ser mantidos e transmitidos pelos inúmeros ciclos de divisão celular necessários no desenvolvimento embrionário. Experimentos com embriões de *Xenopus* demonstraram que formas específicas de estruturas de cromatina tanto de ativação como de repressão foram mantidas por 24 ciclos de divisões celulares, resultando em expressão gênica inadequada. A **Figura 4-45** descreve brevemente o experimento, com foco na cromatina contendo a variante de histona H3.3. Voltaremos a esses fenômenos na

Figura 4-45 Evidência para a herança de um estado de cromatina ativador de genes. O gene *MyoD*, bem caracterizado, codifica a principal proteína de regulação da transcrição no músculo, MyoD (ver p. 399). Esse gene é normalmente ativado na região indicada do embrião jovem onde os somitos são formados. Quando um núcleo dessa região é injetado em um óvulo enucleado como mostrado, a maior parte dos núcleos da progênie da célula expressam a proteína MyoD de modo anormal, em regiões não musculares do "embrião com transplante nuclear" que é formado. Essa expressão anormal pode ser atribuída à manutenção da região do promotor *MyoD* em seu estado de cromatina ativa pelos vários ciclos de divisão celular que produz o embrião (estágio de blástula) – a chamada "memória epigenética", que persiste, nesse caso, na ausência da transcrição. A cromatina ativa ao redor do promotor *MyoD* contém a variante de histona H3.3 (ver Figura 4-35) na forma metilada na lisina 4. Como indicado, uma superprodução dessa histona causada pela injeção do mRNA que codifica a proteína H3.3 normal em excesso, aumenta tanto a ocupação de H3.3 no promotor *MyoD* quanto a produção epigenética de MyoD, enquanto a injeção de um mRNA produzindo a forma mutante de H3.3 que não pode ser metilada na Lys4 reduz a produção epigenética de MyoD. Esses experimentos demonstram que um estado herdado da cromatina é o fundamento para a memória epigenética observada. (Adaptada de R.K. Ng e J.B. Gurdon, *Nat. Cell Biol.* 10:102–109, 2008. Com permissão de Macmillan Publishers Ltd.)

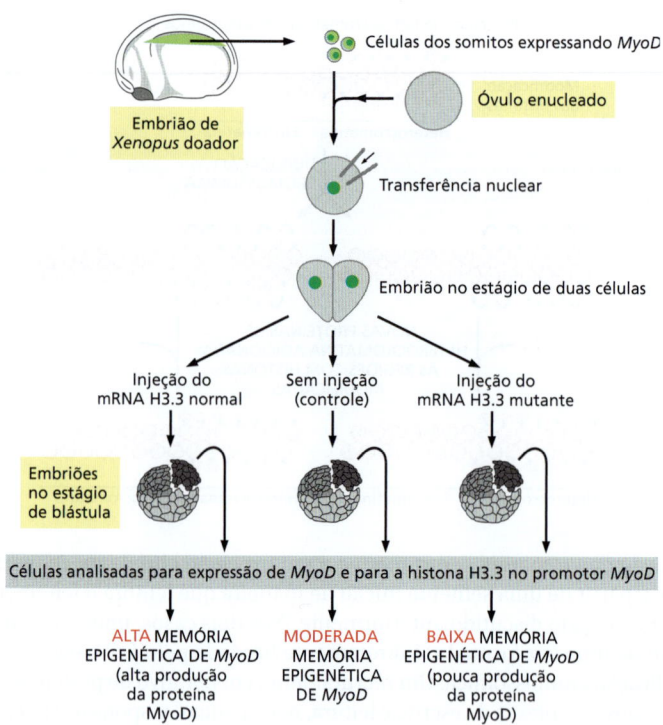

seção final do Capítulo 22, onde discutiremos as células germinativas e as maneiras que convertem um tipo celular em outro.

As estruturas da cromatina são importantes para a função dos cromossomos eucarióticos

Embora existam ainda várias lacunas no entendimento das funções das diferentes estruturas de cromatina, é provável que o empacotamento do DNA nos nucleossomos tenha sido crucial para a evolução de eucariotos. Para formar um organismo multicelular complexo, as células de diferentes linhagens devem se especializar pela alteração do acesso e da atividade de várias centenas de genes. Como descrito no Capítulo 21, esse processo depende da memória celular: cada célula mantém um registro da história de seu desenvolvimento nos circuitos reguladores que controlam seus diversos genes. Esse registro parece ser parcialmente armazenado na estrutura da cromatina.

Apesar de as bactérias também possuírem mecanismos de memória celular, a complexidade dos circuitos de memória nos eucariotos superiores é incomparável. Estratégias com base em variações locais da estrutura da cromatina, exclusiva em eucariotos, podem permitir que genes particulares, uma vez ativados ou desativados, permaneçam nesse estado até que um fator novo os reverta. Em um extremo estão as estruturas como a cromatina centromérica, que, uma vez estabelecida, é herdada de modo estável de uma geração celular à outra. Da mesma forma, o principal tipo "clássico" de heterocromatina, que contém longos agrupamentos da proteína HP1 (ver Figura 4-39), pode persistir de modo estável por toda a vida. Em contraste, uma forma de cromatina condensada criada por um grupo de proteínas Polycomb atua silenciando genes que devem ser mantidos inativos em determinadas condições, mas ativos em outras. Esse último mecanismo governa a expressão de um grande número de genes que codificam reguladores de transcrição importantes nas fases iniciais do desenvolvimento embrionário, como discutido no Capítulo 21. Existem muitas outras formas variantes de cromatina, algumas com pouca duração, muitas vezes menos de um período de divisão da célula. Discutiremos mais sobre a variedade dos tipos de cromatina na próxima seção.

Resumo

Nos cromossomos dos eucariotos, o DNA é uniformemente arranjado em nucleossomos, mas existe uma grande variedade de estruturas de cromatina possíveis. Essa variedade baseia-se em um grande conjunto de modificações covalentes reversíveis das quatro histonas no cerne do nucleossomo. Essas modificações incluem mono, di e trimetilação de várias cadeias laterais da lisina, uma reação importante, que é incompatível com a acetilação que pode ocorrer nessas mesmas lisinas. Combinações específicas das modificações marcam muitos nucleossomos, dirigindo sua interação com outras proteínas. Essas marcas são lidas quando módulos proteicos que compõem um complexo proteico maior se ligam aos nucleossomos modificados em uma região da cromatina. Essas proteínas de leitura, por sua vez, atraem proteínas adicionais que realizam várias funções.

Alguns complexos de proteínas de leitura contêm uma enzima que modifica histonas, como a lisina metilase de histonas, que "escreve" a mesma marca reconhecida pela proteína de leitura. Um complexo de remodelagem de leitura e escrita desse tipo pode propagar uma forma específica de cromatina pelo cromossomo. Em particular, grandes regiões de heterocromatina parecem ser formadas desse modo. A heterocromatina é normalmente encontrada ao redor dos centrômeros e próxima aos telômeros, mas também está presente em diversos outros locais dos cromossomos. O forte empacotamento do DNA em heterocromatina normalmente provoca o silenciamento dos genes nessa região.

O fenômeno do efeito posicional variegado fornece forte evidência para a herança de estados condensados da cromatina de uma geração a outra. Um mecanismo semelhante parece ser responsável pela manutenção da cromatina especializada nos centrômeros. Mais genericamente, a capacidade de propagar estruturas específicas da cromatina através de gerações celulares torna possível um processo de memória celular epigenética que possui uma função essencial na preservação dos diferentes grupos de estados celulares necessários aos organismos multicelulares complexos.

A ESTRUTURA GLOBAL DOS CROMOSSOMOS

Após discutir o DNA e as moléculas proteicas que constituem a fibra de cromatina, nos voltamos agora para a organização do cromossomo em uma escala mais global e para o modo como seus vários domínios são organizados no espaço. Na forma de fibra de 30 nm, um cromossomo típico humano tem 0,1 cm de comprimento e é capaz de se expandir no núcleo mais de cem vezes. Obviamente, deve haver um nível superior de enovelamento, mesmo nos cromossomos interfásicos. Embora os detalhes moleculares sejam, em grande parte, um mistério, essa compactação de mais alta ordem certamente envolve o enovelamento da cromatina em uma série de alças e espirais. A estrutura da cromatina interfásica é fluida e frequentemente sofre alterações em resposta às necessidades da célula.

Iniciaremos esta seção descrevendo alguns cromossomos de interfase não comuns que podem ser facilmente visualizados. Apesar de excepcionais, estes casos especiais revelam características que parecem representar todos os cromossomos de interfase. Além disso, eles fornecem formas de investigar alguns aspectos fundamentais da estrutura da cromatina que mencionamos nas seções anteriores. A seguir, descreveremos como um cromossomo de interfase típico é organizado no núcleo celular de mamíferos.

Os cromossomos são dobrados em grandes alças de cromatina

Informações sobre a estrutura dos cromossomos de células na interfase foram obtidas por meio de estudos sobre cromossomos rígidos e enormemente estendidos em oócitos de anfíbios em desenvolvimento (óvulos imaturos). Esses **cromossomos plumosos** (em inglês, *lampbrush*) muito incomuns (os maiores cromossomos conhecidos), pareados na preparação para a meiose, são claramente visíveis mesmo em microscopia óptica e podem ser vistos organizados em uma série de grandes alças de cromatina que se projetam a partir de um eixo cromossômico linear (**Figura 4-46** e **Figura 4-47**).

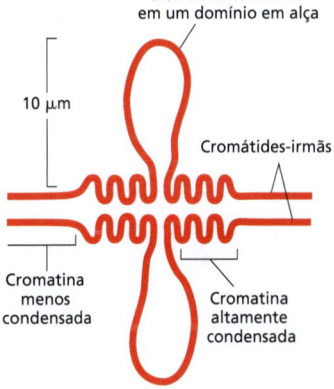

Figura 4-46 Um modelo para os domínios de cromatina em um cromossomo plumoso. Apenas uma pequena porção de um par das cromátides-irmãs está mostrada. Duas duplas-hélices de DNA idênticas estão alinhadas lado a lado, condensadas em diferentes tipos de cromatina. O conjunto de cromossomos plumosos em vários anfíbios contém um total de aproximadamente 10 mil alças semelhantes às alças mostradas na figura. O restante do DNA em cada cromossomo (a grande maioria) permanece supercondensado. Quatro cópias de cada alça estão presentes na célula, porque cada cromossomo plumoso consiste em dois conjuntos alinhados de cromátides pareadas. Essa estrutura de quatro fitas é característica dessa etapa de desenvolvimento do oócito, que fica suspenso no estágio diplóteno da meiose; ver Figura 17-56.

Nesses cromossomos, uma determinada alça contém a mesma sequência de DNA que permanece estendida da mesma maneira à medida que o oócito se desenvolve. Esses cromossomos estão produzindo grandes quantidades de RNA para o oócito, e a maioria dos genes presentes nas alças de DNA está sendo expressa. Entretanto, a maior parte do DNA não está nas alças, mas condensada no eixo do cromossomo, onde os genes normalmente não são expressos.

Parece que os cromossomos de interfase de todos os eucariotos estão organizados em alças de maneira semelhante. Embora essas alças em geral sejam muito pequenas e frágeis para serem observadas ao microscópio óptico, outros métodos podem ser usados para inferir sua presença. Por exemplo, modernas tecnologias de DNA tornaram possível avaliar a frequência com que dois lócus quaisquer em um cromossomo de interfase são mantidos juntos e, assim, revelando prováveis candidatos para os sítios na cromatina que formam as bases das estruturas das alças (**Figura 4-48**). Esses e outros experimentos sugerem que o DNA nos cromossomos humanos provavelmente está organizado em alças com comprimentos variados. Uma alça típica pode conter de 50 mil a 200 mil pares de nucleotídeos de DNA, embora também tenham sido sugeridas alças com cerca de 1 milhão de pares de nucleotídeos (**Figura 4-49**).

Os cromossomos politênicos são únicos na capacidade de permitir a visualização de estruturas de cromatina

Uma outra classe de células – as *células politênicas* de moscas, como a mosca-das-frutas *Drosophila*, forneceram maiores esclarecimentos nesta área. Em muitos organismos, alguns tipos de células crescem a um tamanho anormalmente grande, alcançado por meio de múltiplos ciclos de síntese de DNA sem divisão celular. Essas células, contendo números aumentados dos cromossomos-padrão, são chamadas de *poliploides*. Nas glândulas salivares das larvas de mosca, esse processo é levado a um grau extremo, criando cé-

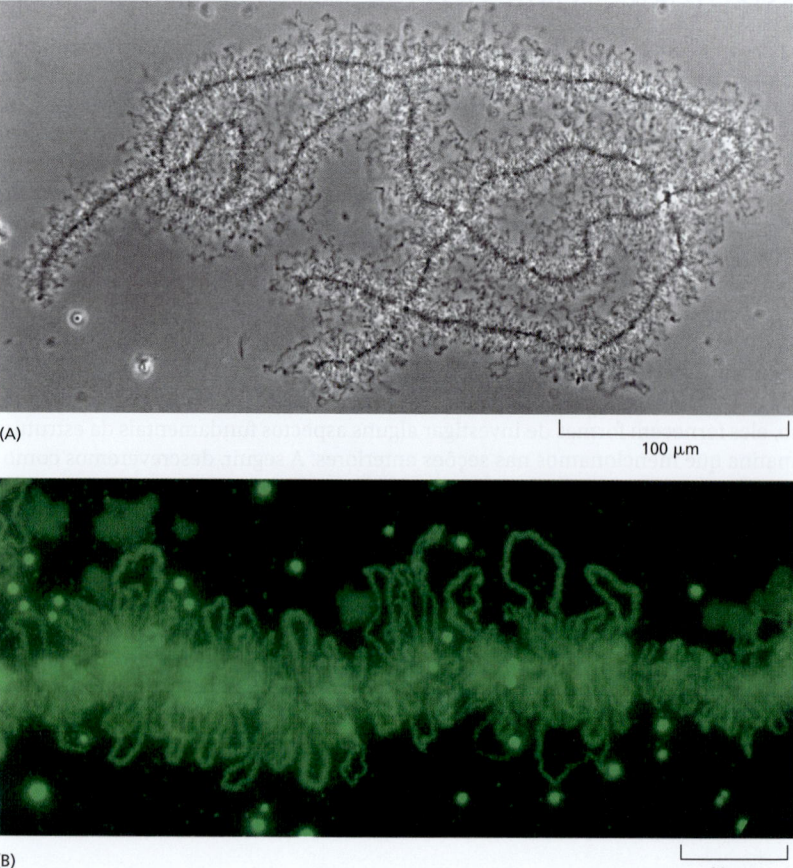

Figura 4-47 Cromossomos plumosos. (A) Micrografia dos cromossomos plumosos de um oócito de anfíbio. No início da diferenciação do oócito, cada cromossomo é replicado para iniciar a meiose, e os cromossomos homólogos replicados formam pares resultando em uma estrutura extremamente alongada contendo quatro duplas-hélices de DNA replicadas, ou cromátides, no total. O estágio de cromossomo plumoso persiste por meses ou anos, enquanto o oócito vai acumulando as reservas necessárias para seu desenvolvimento em um novo indivíduo. (B) Região aumentada de um cromossomo semelhante, corado com reagente fluorescente, que possibilita a visualização da síntese ativa de RNA na alça. (Cortesia de Joseph G. Gall.)

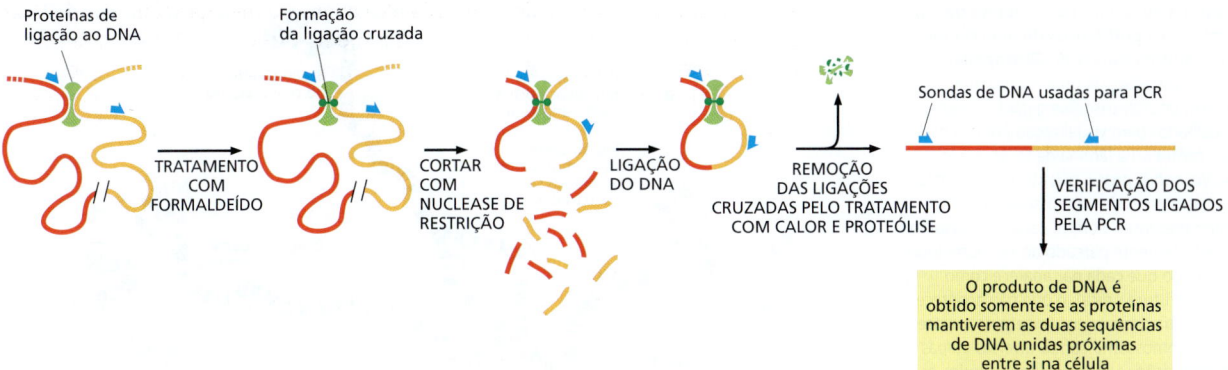

Figura 4-48 Método para determinação da posição das alças em cromossomos de interface. Nessa técnica, conhecida como método de captura de conformação cromossômica (3C), as células são tratadas com formaldeído para criar ligações cruzadas covalentes DNA-proteína e DNA-DNA. O DNA é, então, tratado com uma enzima (uma endonuclease de restrição) que cliva o DNA em vários segmentos, em sequências bem definidas e forma conjuntos de "extremidades coesivas" idênticas (ver Figura 8-28). As extremidades coesivas podem ser unidas pelo pareamento entre bases complementares. Antes da etapa de ligação mostrada, o DNA é diluído de modo que os fragmentos mantidos nas proximidades (pela ligação cruzada) são os preferidos para o pareamento. Finalmente, as ligações cruzadas são revertidas e os fragmentos recém-ligados de DNA são identificados e quantificados por reação em cadeia da polimerase (PCR, *polymerase chain reaction*, descrita no Capítulo 8). Esses resultados, combinados à informação da sequência de DNA, permitem a dedução de modelos para a conformação dos cromossomos de interface.

lulas imensas que contêm centenas de milhares de cópias do genoma. Além disso, nesse caso, todas as cópias de cada cromossomo estão alinhadas lado a lado numa lista exata, como em uma caixa de canudos, formando **cromossomos politênicos** gigantes. Esse caso permite a detecção das características que se acredita ocorrer nos cromossomos de interface comuns, mas que são normalmente difíceis de serem visualizados.

Quando os cromossomos politênicos das glândulas salivares de mosca são vistos em um microscópio óptico, *bandas* escuras e regiões *interbandas* claras, distintas e alternadas, são identificadas (**Figura 4-50**), cada uma formada por milhares de sequências de DNA idênticas dispostas lado a lado como em uma lista. Cerca de 95% do DNA do cromossomo politênico estão dispostos nas bandas, e 5% nas interbandas. Uma banda muito fina contém cerca de 3 mil pares de nucleotídeos, enquanto uma banda espessa pode conter 200 mil pares de nucleotídeos em cada uma de suas fitas de cromatina. A cromatina de cada banda aparece escura porque o DNA é muito mais condensado que o DNA nas interbandas, podendo também conter uma maior concentração de proteínas (**Figura 4-51**). Esse padrão de bandas parece refletir o mesmo tipo de organização identificado nos cromossomos plumosos de anfíbios, descrito previamente.

Existem aproximadamente 3.700 bandas e 3.700 interbandas no conjunto completo de cromossomos politênicos de *Drosophila*. As bandas podem ser reconhecidas pelas suas diferentes espessuras e espaçamentos, e cada uma recebe um número que a identifica, gerando um "mapa" cromossômico, indexado à sequência do genoma finalizado desse inseto.

Os cromossomos politênicos de *Drosophila* fornecem um bom ponto de partida para a análise de como a cromatina é organizada em larga escala. Na seção anterior, vimos que existem várias formas de cromatina, cada uma contendo nucleossomos com diferentes combinações de histonas modificadas. Grupos específicos de proteínas não histonas se associam aos nucleossomos e afetam a função biológica de várias maneiras. O recrutamento de algumas dessas proteínas não histonas pode ser propagado por

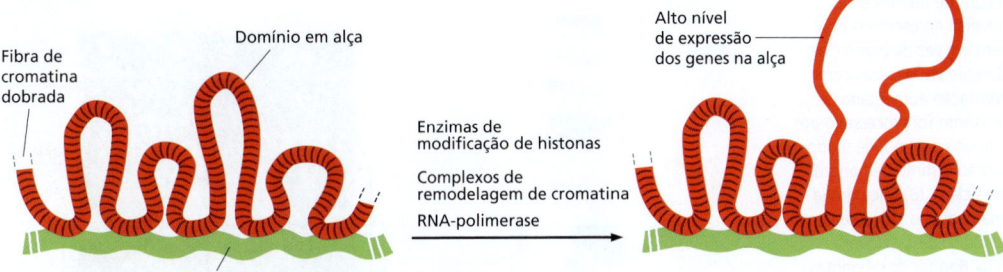

Figura 4-49 Modelo para a organização de um cromossomo na interfase. Um corte de um cromossomo interfásico é mostrado, dobrado em uma série de domínios de alças, cada uma contendo cerca de 50 mil a 200 mil pares de nucleotídeos ou mais na dupla-hélice de DNA condensada na fibra de cromatina. A cromatina em cada alça individual é condensada ainda mais por processos de enovelamento pouco entendidos, os quais são revertidos quando a célula necessita de acesso direto ao DNA empacotado na alça. Nem a composição do possível eixo, nem a possível ancoragem da fibra dobrada de cromatina nesse eixo estão claras. Porém, nos cromossomos mitóticos as bases das alças cromossômicas são enriquecidas tanto em condensinas (discutidas adiante) como em enzimas DNA-topoisomerases II (discutidas no Capítulo 5), duas proteínas que podem formar uma boa parte do eixo na metáfase.

Figura 4-50 Conjunto completo de cromossomos politênicos de uma célula de glândula salivar de *Drosophila*. Nesta ilustração, de uma micrografia óptica, os cromossomos gigantes foram espalhados para visualização por compressão contra uma lâmina de microscópio. A *Drosophila* possui quatro cromossomos, e quatro pares de cromossomos distintos estão presentes. Porém, cada cromossomo está fortemente pareado ao seu homólogo (de modo que cada par aparece como uma estrutura única), o que não acontece na maioria dos núcleos (exceto na meiose). Cada cromossomo sofreu diversas etapas de replicação, e os homólogos e todos os seus duplicados permaneceram ligados entre si, resultando em enormes cabos de cromatina espessos devido as muitas fitas de DNA.

Os quatro cromossomos politênicos estão normalmente ligados por regiões heterocromáticas próximas dos seus centrômeros que se agregam para criar um grande e único "cromocentro" (*região em rosa*). Nessa preparação, entretanto, o cromocentro foi repartido em duas metades pelo procedimento de compressão. (Adaptada de T.S. Painter, *J. Hered.* 25:465–476, 1934. Com permissão de Oxford University Press.)

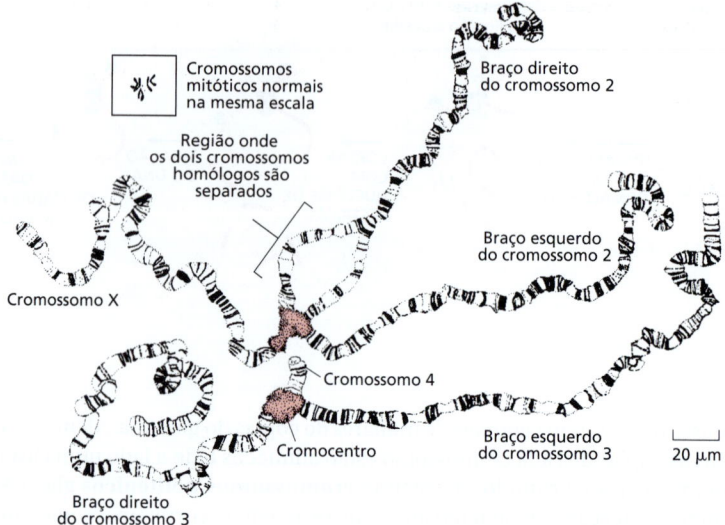

Figura 4-51 Micrografias de cromossomos politênicos de glândulas salivares de *Drosophila*. (A) Micrografia de uma porção de um cromossomo. O DNA foi corado com um corante fluorescente, mas a imagem reversa apresentada aqui torna o DNA *preto* em vez de *branco*; as bandas são facilmente visualizadas como regiões de concentração aumentada de DNA. Esse cromossomo foi processado por um tratamento de alta pressão, de modo a mostrar um padrão distinto de bandas e interbandas mais claro. (B) Micrografia eletrônica de uma pequena secção de um cromossomo politênico de *Drosophila*, vista em corte fino. Bandas de diferentes espessuras podem ser facilmente distinguidas, separadas por interbandas, que contêm cromatina menos condensada. (A, adaptada de D.V. Novikov, I. Kireev e A.S. Belmont, *Nat. Methods* 4:483–485, 2007. Com permissão de Macmillan Publishers Ltd; B, cortesia de Veikko Sorsa.)

longas distâncias no DNA, transmitindo uma estrutura de cromatina similar a grandes regiões do genoma (ver Figura 4-40). Essas regiões, onde toda a cromatina possui uma estrutura similar, são separadas do domínio adjacente por proteínas de barreira (ver Figura 4-41). Em baixa resolução, os cromossomos de interfase podem ser considerados como um mosaico de estruturas de cromatina, cada uma contendo modificações específicas nos nucleossomos e associadas a um conjunto específico de proteínas não histonas. Os cromossomos politênicos nos permitiram ver os detalhes desse mosaico de domínios pela microscopia óptica, além de observar algumas das alterações associadas à expressão gênica.

Existem múltiplas formas de cromatina

Por meio da coloração dos cromossomos politênicos de *Drosophila*, usando anticorpos, ou usando uma técnica mais recente chamada análise por ChIP (imunoprecipitação da cromatina) (ver Capítulo 8), pode-se mapear os locais das proteínas histonas e não histonas na cromatina em toda a sequência de DNA do genoma de um organismo. Essa análise, realizada em *Drosophila*, até o momento localizou mais de 50 proteínas da cromatina diferentes e modificações de histonas. Os resultados sugerem que três tipos principais de cromatina repressora predominam nesse organismo, junto com dois tipos principais de cromatina em genes de transcrição ativa, e que cada tipo está associado a um complexo diferente de proteínas não histonas. Portanto, a heterocromatina clássica contém mais de seis proteínas deste tipo, incluindo a proteína de heterocromatina 1 (HP1), enquanto a forma de heterocromatina chamada Polycomb possui um número semelhante

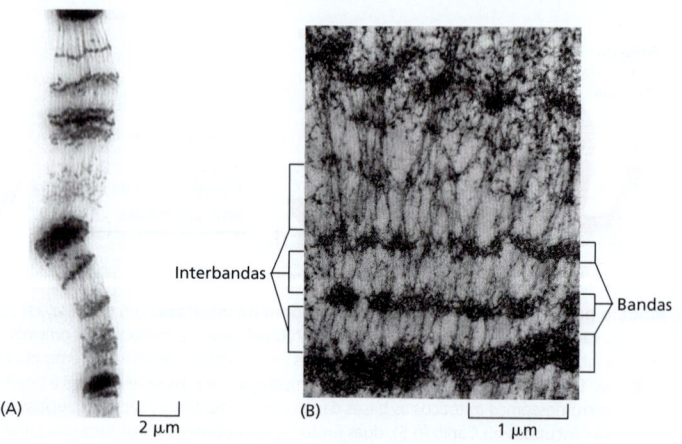

Figura 4-52 Síntese de RNA nos *puffs* dos cromossomos politênicos. Autorradiografia de um único *puff* no cromossomo politênico de glândula salivar do inseto *Chironomus tentans*. Como mencionado no Capítulo 1 e descrito em detalhes no Capítulo 6, a primeira etapa da expressão gênica é a síntese de uma molécula de RNA usando o DNA como molde. A porção descondensada do cromossomo está sintetizando RNA e foi marcada com ³H-uridina, uma molécula precursora de RNA que é incorporada nas cadeias crescentes de RNA. (Cortesia de José Bonner.)

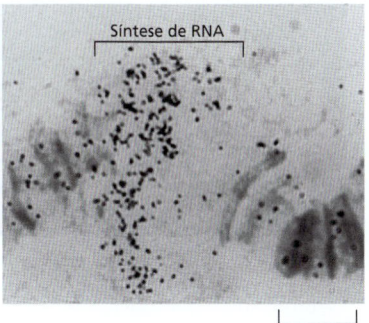

de proteínas de um grupo diferente (proteínas PcG). Além desses cinco tipos principais de cromatina, outras formas minoritárias parecem estar presentes, cada uma podendo ter uma regulação diferente e realizar funções distintas na célula.

O conjunto de proteínas ligadas que fazem parte da cromatina em um determinado lócus varia de acordo com o tipo celular e seu estágio de desenvolvimento. Essas variações fornecem diferente acessibilidade a genes específicos nos diferentes tecidos e ajudam na criação da diversidade celular que acompanha o desenvolvimento embrionário (descrito no Capítulo 21).

As alças de cromatina são descondensadas quando os genes nelas contidos são expressos

Quando um inseto passa de um estágio de desenvolvimento para outro, surgem padrões distintos de *puffs cromossômicos*, e os antigos *puffs* desaparecem nos cromossomos politênicos à medida que novos genes são expressos e outros são desativados (**Figura 4-52**). Em uma análise de cada *puff*, quando ainda é pequeno e o padrão de bandas ainda é discernível, parece que a maioria deles surge da descondensação de uma única banda cromossômica.

As fibras individuais de cromatina que formam o *puff* podem ser vistas ao microscópio eletrônico. Em casos favoráveis, as alças podem ser vistas como aquelas observadas em cromossomos plumosos de anfíbios. Quando os genes contidos na alça não são expressos, a alça adota uma estrutura mais espessa, possivelmente aquela de uma fibra de 30 nm, e, quando a expressão gênica ocorre, a alça torna-se mais alongada. Na micrografia eletrônica, a cromatina localizada em ambos os lados da alça descondensada aparece consideravelmente mais compacta, sugerindo que uma alça é um domínio funcional distinto da estrutura da cromatina.

Observações em células humanas também sugerem que as alças de cromatina bastante dobradas se expandem e ocupam um volume maior quando um gene contido nelas é expresso. Por exemplo, regiões cromossômicas quiescentes com 0,4 a 2 milhões de pares de nucleotídeos aparecem como pontos compactos em um núcleo de interfase quando visualizadas por microscopia de fluorescência. Contudo, o mesmo DNA é visto ocupando um território muito maior quando seus genes são expressos, aparecendo como estruturas alongadas perfuradas no lugar dos pontos originais.

As novas maneiras para visualização de cromossomos individuais mostraram que cada um dos 46 cromossomos de interfase em uma célula humana tende a ocupar seu próprio território, discreto, dentro do núcleo; isto é, os cromossomos não estão completamente emaranhados entre si (**Figura 4-53**). Porém, imagens como essa apresentam apenas uma média da visão do DNA em cada cromossomo. Experimentos que localizam, especificamente, regiões heterocromáticas de um cromossomo revelam que elas estão intimamente associadas à lâmina nuclear em qualquer cromossomo examinado. Sondas de DNA, que revelam preferencialmente regiões ricas em genes de cromossomos humanos, produzem uma imagem surpreendente do núcleo de interfase, que possivelmente reflete as posições médias diferentes para genes ativos e inativos (**Figura 4-54**).

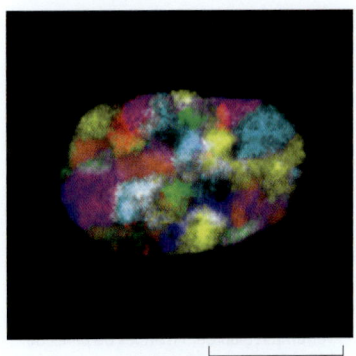

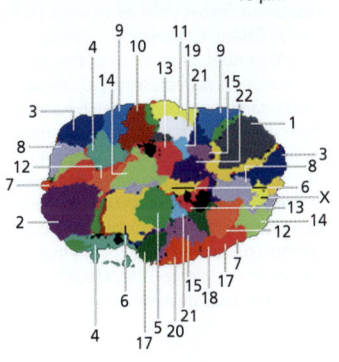

Figura 4-53 Visualização simultânea do território cromossômico para todos os cromossomos humanos em um único núcleo na interfase. Na figura, uma mistura de sondas de DNA para cada cromossomo foi marcada de modo a fluorescer a espectros diferentes; isso permite que a hibridização DNA-DNA seja usada para detectar cada cromossomo, como na Figura 4-10. Reconstruções tridimensionais foram assim produzidas. Abaixo da micrografia, cada cromossomo é identificado em um diagrama feito a partir da imagem real. Observe que cromossomos homólogos (p. ex., as duas cópias do cromossomo 9) normalmente não estão colocalizados. (De M.R. Speicher e N.P. Carter, *Nat. Rev. Genet.* 6:782–792, 2005. Com permissão de Macmillan Publishers Ltd.)

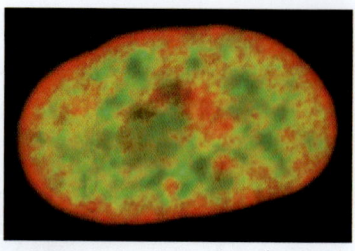

Figura 4-54 Distribuição de regiões ricas em genes do genoma humano em um núcleo na interfase. As regiões ricas em genes foram visualizadas com uma sonda fluorescente que se hibridiza à repetição *Alu*, presente em mais de 1 milhão de cópias no genoma humano (ver Página 292). Por razões desconhecidas, essas sequências se agrupam em regiões cromossômicas ricas em genes. Nesta representação, as regiões enriquecidas para a sequência *Alu* estão em *verde*, regiões com esta sequência reduzida estão em *vermelho* e regiões com um número médio estão em *amarelo*. As regiões ricas em genes parecem ser amplamente ausentes no DNA próximo ao envelope nuclear. (De A. Bolzer et al., *PLoS Biol.* 3:826–842, 2005.)

Como a maior parte da cromatina em cada cromossomo de interfase está condensada quando seus genes não estão sendo expressos? Uma ampliação poderosa do método de captura da conformação cromossômica descrito anteriormente (ver Figura 4-48), que explora a tecnologia de sequenciamento de DNA em alta escala, chamada sequenciamento pararelo maciço (ver Painel 8-1, p. 478-481), permite que conexões entre todos os diferentes segmentos de 1 megabase (1 Mb) do genoma humano seja mapeado nos cromossomos de interfase. Os resultados revelam que a maior parte das regiões nos nossos cromossomos está condensada em uma conformação referida como um *glóbulo fractal*: um arranjo não emaranhado que promove a máxima densidade de compactação e, ao mesmo tempo, preserva a capacidade da fibra de cromatina ser descondensada e condensada (**Figura 4-55**).

A cromatina pode se mover para sítios específicos dentro do núcleo para alterar a expressão gênica

Uma variedade de diferentes tipos de experimentos concluiu que a posição de um gene no interior do núcleo é alterada quando este é muito expresso. Assim, uma região que torna-se ativamente transcrita às vezes é encontrada fora de seu território cromossômico, como se fosse uma alça distendida (**Figura 4-56**). Veremos, no Capítulo 6, que a iniciação da transcrição – a primeira etapa da expressão gênica – requer a reunião de mais de cem proteínas, e é bastante plausível que o processo deva ser facilitado em regiões no núcleo repletas dessas proteínas.

Está claro que o núcleo é muito heterogêneo, com regiões funcionais distintas para as quais determinados segmentos de cromossomos podem se mover, caso sejam sujeitos a diferentes processos bioquímicos – como quando há alteração da expressão gênica. Esse é o tópico que discutiremos a seguir.

Figura 4-55 Um modelo de glóbulo fractal para a cromatina de interfase. Uma ampliação do método de 3C na Figura 4-48, chamado Hi-C, foi usada para medir o quanto cada um dos 3 mil segmentos de 1 Mb no genoma humano estavam localizados adjacentes a qualquer um deles entre si. Os resultados confirmam o tipo de modelo mostrado. No glóbulo fractal aumentado ilustrado, pode-se ver uma região de 5 milhões de pares de bases sendo compactada de modo que mantenha regiões vizinhas ao longo da hélice de DNA unidimensional, vizinhas nas três dimensões, produzindo os blocos monocromáticos na representação, que são óbvios tanto na superfície como na seção transversal. O glóbulo fractal é uma conformação do DNA não emaranhada que permite uma densa compactação, porém conserva a capacidade de fácil condensação e descondensação de qualquer lócus genômico. (Adaptada de E. Lieberman-Aiden et al., *Science* 326:289–293, 2009. Com permissão de AAAS.)

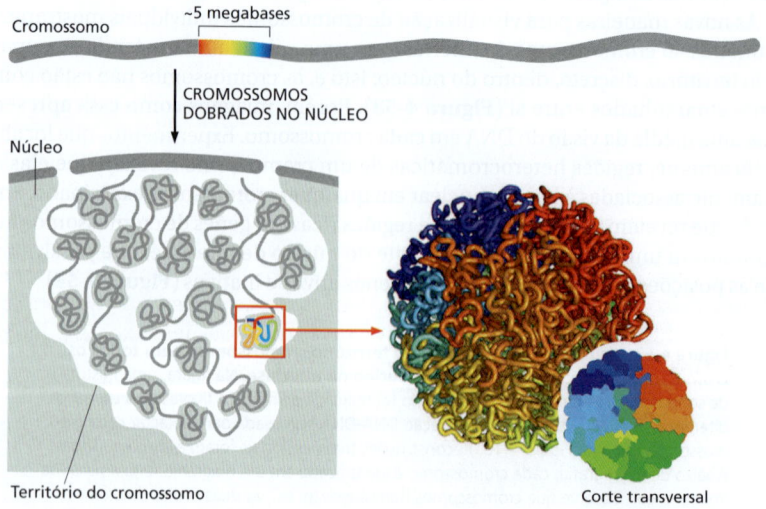

CAPÍTULO 4 DNA, cromossomos e genomas

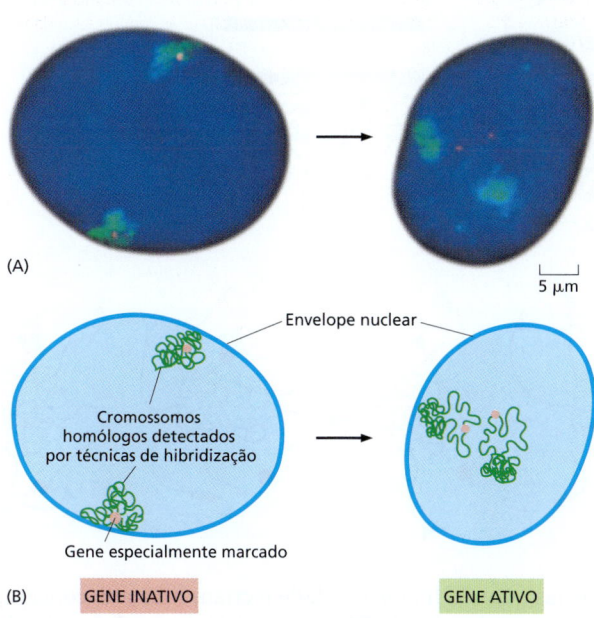

Figura 4-56 **Um efeito do alto nível de expressão gênica na localização intranuclear da cromatina.** (A) Micrografias de fluorescência de núcleos humanos mostrando como a posição dos genes é alterada quando há alta taxa de transcrição. A região do cromossomo adjacente ao gene (*vermelho*) pode ser vista saindo do seu território (*verde*) apenas quando está muito ativa. (B) Representação esquemática de uma grande alça de cromatina que se expande quando o gene é ativado e se contrai quando o gene é desativado. Outros genes, com expressão menos ativa, podem ser vistos pelo mesmo método e permanecem dentro de seu território cromossômico quando transcritos. (De J.R. Chubb e W.A. Bickmore, *Cell* 112:403–406, 2003. Com permissão de Elsevier.)

Redes de macromoléculas formam um conjunto de ambientes bioquímicos distintos dentro do núcleo

No Capítulo 6, descrevemos a função de vários subcompartimentos presentes no núcleo. O maior e mais óbvio é o **nucléolo**, uma estrutura já bem conhecida por microscopistas mesmo no século XIX (ver Figura 4-9). O nucléolo é o local da célula destinado à formação da subunidade ribossômica, bem como o sítio onde muitas outras reações especializadas ocorrem (ver Figura 6-42): ele consiste em uma rede de RNAs e proteínas concentradas em torno dos genes de RNA ribossômico que estão sendo ativamente transcritos. Em eucariotos, o genoma contém inúmeras cópias dos genes de RNA ribossômico, que, embora normalmente apresentem-se juntos em um único nucléolo, estão muitas vezes separados em diversos cromossomos.

Uma diversidade de organelas menos óbvias também está localizada no núcleo. Por exemplo, estruturas esféricas chamadas de corpos de Cajal e aglomerados de grânulos de intercromatina são encontrados na maior parte de células de plantas e animais (**Figura 4-57**). Da mesma forma que o nucléolo, essas organelas são compostas por proteínas específicas e moléculas de RNA que se ligam entre si formando redes altamente permeáveis a outras proteínas e moléculas de RNA no nucleoplasma das proximidades.

Tais estruturas podem originar ambientes bioquímicos distintos pela imobilização de determinados tipos de macromoléculas, assim como fazem as proteínas e moléculas de RNA associadas aos poros nucleares e ao envelope nuclear. Em princípio, isso permite que outras moléculas entrem nesses espaços para serem processadas com grande eficiência por meio de reações complexas. Redes fibrosas desse tipo, altamente permeáveis, podem propiciar muitas vantagens cinéticas pela compartimentalização (ver p. 164) a reações que ocorrem em sub-regiões do núcleo (**Figura 4-58A**). Contudo, ao contrário dos compartimentos limitados por membranas do citoplasma (discutido no Capítulo 12), esses subcompartimentos nucleares – que não possuem membrana com bicamada lipídica – não podem concentrar nem excluir pequenas moléculas específicas.

A célula possui uma capacidade impressionante de construir ambientes distintos para desempenhar tarefas bioquímicas complexas com eficiência. Aquelas que mencionamos no núcleo promovem vários aspectos da expressão gênica e serão discutidas em detalhes no Capítulo 6. Esses subcompartimentos, incluindo o nucléolo,

Figura 4-57 **Micrografia eletrônica mostrando dois subcompartimentos nucleares fibrosos comuns.** A grande esfera aqui é o corpo de Cajal. A pequena esfera escura é um bloco de grãos de intercromatina, conhecido como *speckle* (ver também Figura 6-46). Essas "organelas subnucleares" são do núcleo de um oócito de *Xenopus*. (De K.E. Handwerger e J.G. Gall, *Trends Cell Biol.* 16:19–26, 2006. Com permissão de Elsevier.)

Figura 4-58 Compartimentalização efetiva sem a membrana bicamada.
(A) Ilustração esquemática da organização de uma organela subnuclear esférica (à *esquerda*) e um subcompartimento possivelmente organizado de modo semelhante, logo abaixo do envelope nuclear (à *direita*). Em ambos os casos, os RNAs e/ou as proteínas (em *cinza*) se associam, formando estruturas altamente porosas, como um gel, que contêm os sítios de ligação para outras proteínas e moléculas de RNA específicas (*objetos coloridos*).
(B) Forma pela qual a união de um grupo determinado de proteínas e moléculas de RNA a longas cadeias flexíveis de polímero, como em (A), pode criar áreas organizadas que aceleram bastante a velocidade de reação em subcompartimentos do núcleo. As reações catalisadas dependem das macromoléculas localizadas na união. Essa mesma estratégia de aceleração de vias de reações complexas é também usada em subcompartimentos em outros locais da célula (ver também Figura 3-78).

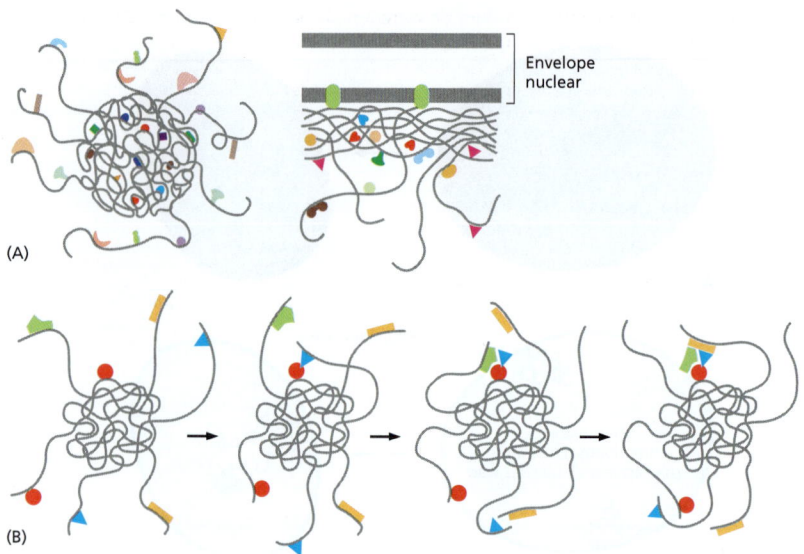

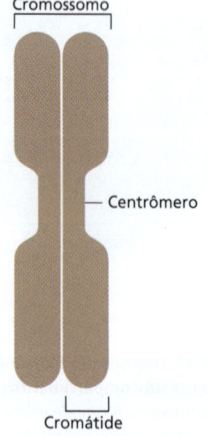

Figura 4-59 Cromossomo mitótico típico de metáfase. Cada cromátide-irmã contém uma das duas moléculas-irmãs de DNA idênticas, produzidas previamente no ciclo celular pela replicação de DNA (ver também Figura 17-21).

são formados apenas quando há necessidade e criam uma alta concentração local de diversas enzimas e moléculas de RNA necessárias a um determinado processo. De forma análoga, quando o DNA é danificado por irradiação, o conjunto de enzimas necessário para efetuar o reparo forma agregados em pontos discretos dentro do núcleo, gerando "fábricas de reparo" (ver Figura 5-52). Com frequência, os núcleos contêm centenas de pontos discretos representando fábricas para a síntese de DNA ou RNA (ver Figura 6-47).

Parece que todos esses processos utilizam o tipo de conexão ilustrada na **Figura 4-58B**, em que segmentos longos e flexíveis de cadeias polipetídicas e/ou moléculas de RNA longo não codificador são intercalados com sítios de ligação específicos que concentram as diversas proteínas e outras moléculas necessárias para catalisar um determinado processo. Não é de surpreender que as conexões também sejam usadas para auxiliar no aumento da velocidade de processos biológicos no citoplasma, aumentando a velocidade específica da reação (para exemplos, ver Figura 16-18).

Existe também uma estrutura de sustentação intranuclear, análoga ao citoesqueleto, na qual os cromossomos e outros componentes do núcleo estão organizados? A *matriz nuclear*, ou *de suporte*, é definida como o material insolúvel que permanece no núcleo após uma série de etapas de extração bioquímica. Muitas das proteínas e moléculas de RNA que formam esse material insolúvel provavelmente são derivadas dos subcompartimentos nucleares fibrosos, discutidos anteriormente, enquanto outras podem ser proteínas que auxiliam a formar a base das alças cromossômicas ou que ligam os cromossomos a outras estruturas no núcleo.

Cromossomos mitóticos são especialmente supercondensados

Após discutirmos a estrutura dinâmica dos cromossomos interfásicos, veremos agora os cromossomos mitóticos. Os cromossomos de quase todas as células eucarióticas tornam-se prontamente visíveis ao microscópio óptico durante a mitose, quando formam espirais e produzem estruturas altamente condensadas. Essa condensação reduz o comprimento de um cromossomo interfásico típico em apenas cerca de dez vezes, mas produz uma alteração drástica na aparência dos cromossomos.

A **Figura 4-59** representa um **cromossomo mitótico** típico no estágio da metáfase (para estágios da mitose, ver Figura 17-3). As duas moléculas de DNA produzidas na replicação, durante a interfase do ciclo de divisão celular, são dobradas separadamente, produzindo dois cromossomos-irmãos, ou *cromátides-irmãs*, unidas pelos centrômeros, como mencionado anteriormente. Esses cromossomos normalmente são recobertos por várias moléculas, incluindo grandes quantidades de complexos proteína-RNA. Uma vez

Figura 4-60 **Micrografia eletrônica de varredura de uma região próxima de uma das extremidades de um cromossomo mitótico típico.** Acredita-se que cada projeção nodular represente a extremidade de um domínio em alça. Observe que as duas cromátides idênticas pareadas (representadas na Figura 4-59) podem ser claramente distinguidas. (De M.P. Marsden e U.K. Laemmli, *Cell* 17:849–858, 1979. Com permissão de Elsevier.)

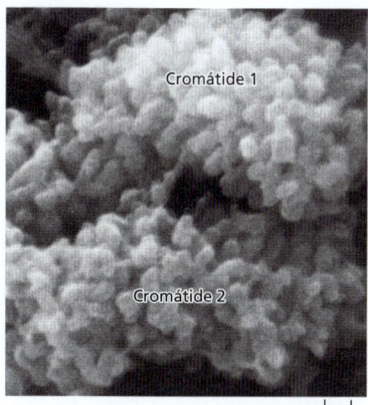

removido o complexo, cada cromátide pode ser vista, em microscopia eletrônica, como alças organizadas de cromatina que emanam de uma estrutura central (**Figura 4-60**). Experimentos de hibridização de DNA para detectar sequências específicas de DNA demonstraram que a ordem das características visíveis ao longo de um cromossomo mitótico reflete, grosseiramente, a ordem dos genes dispostos nessa molécula de DNA. A condensação dos cromossomos mitóticos pode, portanto, ser vista como o nível final da hierarquia de compactação cromossômica (**Figura 4-61**).

A compactação dos cromossomos na mitose é um processo extremamente organizado e dinâmico, que serve a pelo menos dois propósitos. Primeiro, quando a condensação é completada (na metáfase), as cromátides-irmãs estão desemaranhadas umas das outras e dispostas lado a lado. Assim, as cromátides-irmãs podem ser facilmente separadas quando a maquinaria mitótica puxa uma para cada lado. Segundo, a compactação dos cromossomos protege as moléculas de DNA, relativamente frágeis, de quebras no momento da separação entre as células-filhas.

A condensação dos cromossomos da interfase em cromossomos mitóticos começa no início da fase M e está intimamente relacionada à progressão do ciclo celular. Durante a fase M, a expressão gênica é suspensa, e ocorrem modificações específicas nas histonas que auxiliam na reorganização da cromatina, à medida que esta é compactada. Duas classes de proteínas em forma de anel, chamadas *coesinas* e *condensinas*, auxiliam nesse enovelamento. De que forma elas ajudam a produzir as duas cromátides enoveladas e separadas de um cromossomo mitótico será discutido no Capítulo 17, juntamente com detalhes sobre o ciclo celular.

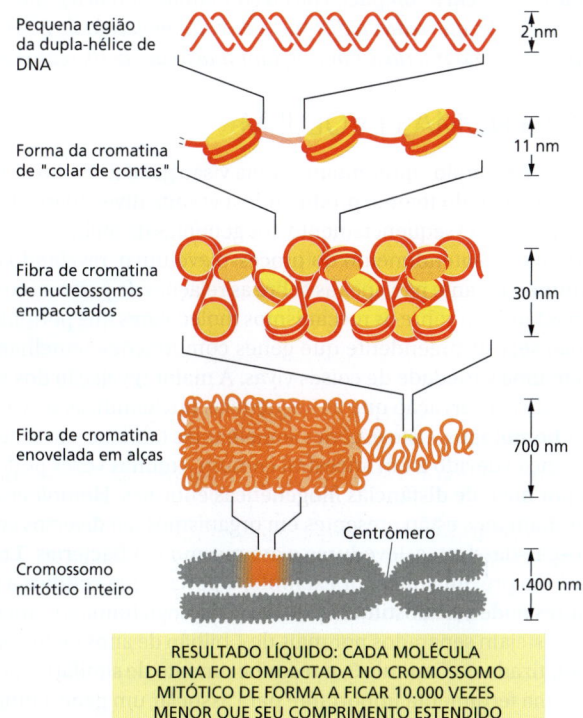

Figura 4-61 **Compactação da cromatina.** Este modelo mostra alguns dos muitos níveis de compactação da cromatina, postulados para explicar a estrutura altamente condensada do cromossomo mitótico.

Resumo

Geralmente os cromossomos estão descondensados durante a interfase, de forma que os detalhes em sua estrutura são difíceis de serem visualizados. Notáveis exceções são os cromossomos plumosos especializados dos oócitos de vertebrados e os cromossomos politênicos das células secretoras gigantes de insetos. Estudos desses dois tipos de cromossomos interfásicos sugerem que cada molécula de DNA em um cromossomo está dividida em um grande número de domínios discretos e organizados em alças de cromatina que são adicionalmente compactadas por dobramento. Quando os genes contidos em uma alça são expressos, a alça é desdobrada e permite que a maquinaria celular tenha fácil acesso ao DNA.

Os cromossomos interfásicos ocupam territórios discretos no núcleo celular; isto é, eles não estão extensivamente entrelaçados. A eucromatina constitui a maior parte do cromossomo interfásico, sendo provável que, quando não está sendo transcrita, apresente a forma de fibras de nucleossomos compactados fortemente dobradas. Entretanto, ela é interrompida por segmentos de heterocromatina, em que os nucleossomos estão sujeitos a níveis adicionais de empacotamento, o que normalmente torna o DNA resistente à expressão gênica. A heterocromatina apresenta-se de várias formas, algumas encontradas em grandes blocos nos centrômeros e ao redor deles, assim como próximas aos telômeros. Porém, a heterocromatina também está presente em outras posições nos cromossomos, onde pode ajudar na regulação de genes importantes do desenvolvimento.

O interior do núcleo é altamente dinâmico, com a heterocromatina normalmente posicionada próxima ao envelope nuclear e as alças de cromatina movendo-se para fora de seu território cromossômico durante a alta expressão de seus genes. Isso reflete a existência de subcompartimentos nucleares, em que diferentes grupos de reações bioquímicas são facilitados por um aumento na concentração de proteínas e RNAs selecionados. Os componentes envolvidos na formação dos subcompartimentos podem se auto-organizar em organelas discretas como os nucléolos e os corpos de Cajal, podendo também ser presos a estruturas fixas como o envelope nuclear.

Durante a mitose, a expressão gênica é desligada e todos os cromossomos adotam uma conformação extremamente condensada, em um processo que começa no início da fase M e empacota as duas moléculas de DNA de cada cromossomo replicado como duas cromátides dobradas separadamente. A condensação é acompanhada por modificações das histonas que promovem a compactação da cromatina, porém a finalização satisfatória desse processo ordenado, que reduz a distância de cada molécula de DNA de ponta a ponta, do seu comprimento na interfase por um fator adicional de 10, requer proteínas extras.

COMO OS GENOMAS EVOLUEM

Nesta seção final do capítulo, apresentamos uma visão geral de como os genes e os genomas evoluíram ao longo do tempo, produzindo a grande diversidade de formas de vida atuais no nosso planeta. O sequenciamento dos genomas de milhares de organismos está revolucionando nosso entendimento do processo evolutivo, revelando uma riqueza de informações impressionante não apenas sobre as relações de parentesco entre diferentes organismos, mas também sobre os mecanismos moleculares que permitiram a evolução.

Talvez não seja surpreendente que genes com funções semelhantes possam ser encontrados em uma variedade de coisas vivas. A maior revelação dos últimos 30 anos, porém, é o grau de conservação que as sequências nucleotídicas de vários genes apresentam. Genes **homólogos** – isto é, genes semelhantes tanto na sua sequência nucleotídica como na função devido a um ancestral comum – muitas vezes podem ser reconhecidos mesmo por meio de distâncias filogenéticas enormes. Homólogos incontestáveis de vários genes humanos estão presentes em organismos tão diversos como vermes nematódeos, moscas-das-frutas, leveduras e até mesmo em bactérias. Em muitos casos, a semelhança é tão próxima que, por exemplo, a porção que codifica a proteína de um gene de leveduras pode ser substituída por seu homólogo humano – mesmo que humanos e leveduras estejam separados por mais de 1 bilhão de anos de história evolutiva.

Como enfatizado no Capítulo 3, o reconhecimento de similaridades entre sequências tornou-se uma ferramenta importante para associar um gene a uma função proteica. Embora uma sequência similar não garanta similaridade de função, está provado que fornece excelentes indicações. Então, é geralmente possível prever a função de genes em humanos para os quais não há informação bioquímica nem genética disponível, simplesmente pela comparação das sequências nucleotídicas a sequências de genes que já foram caracterizados em organismos mais estudados.

Em geral, a sequência de genes individuais é muito mais fortemente conservada do que a estrutura genômica completa. Características da organização dos genomas, como tamanho, número de cromossomos, ordem dos genes ao longo do cromossomo, abundância e tamanho dos íntrons, e quantidade de DNA repetitivo, variam bastante quando comparadas com organismos distantes, bem como o número de genes que cada organismo contém.

A comparação genômica revela sequências de DNA funcionais através de sua conservação durante a evolução

Um primeiro obstáculo na interpretação da sequência dos 3,2 bilhões de pares de nucleotídeos no genoma humano é o fato de a sua maioria provavelmente não ter importância funcional. As regiões do genoma que codificam as sequências de aminoácidos das proteínas (os éxons) são normalmente encontradas em pequenos segmentos (com tamanho médio de 145 pares de nucleotídeos), pequenas ilhas em um mar de DNA cuja sequência nucleotídica exata parece ser o que menos importa. Essa disposição dificulta a identificação de todos os éxons em um segmento de DNA, tornando também difícil determinar onde exatamente onde um gene começa e termina.

Uma abordagem muito importante para decifrar nosso genoma é pesquisar sequências de DNA muito semelhantes em espécies diferentes, seguindo o princípio de que uma sequência de DNA que possui uma função é muito mais provável de ser conservada do que uma sequência sem função. Por exemplo, humanos e camundongos divergiram de um mamífero ancestral comum há cerca de 80×10^6 anos, tempo longo o suficiente para a maioria dos nucleotídeos desses genomas sofrerem eventos de mutações ao acaso. Como consequência, as únicas regiões que permaneceram muito similares nos dois genomas são aquelas em que as mutações prejudicaram funções importantes e colocaram os indivíduos que as carregam em desvantagem, resultando na sua eliminação da população por seleção natural. Esses segmentos de DNA muito similares são conhecidos como *regiões conservadas*. Além de revelarem sequências de DNA que codificam éxons funcionalmente importantes e moléculas de RNA, essas regiões conservadas incluem sequências reguladoras de DNA e sequências de DNA com funções ainda desconhecidas. Em contraste, a maioria das *regiões não conservadas* refletem DNA cuja sequência provavelmente é menos crítica para a função.

A potência desse método pode ser ampliada incluindo-se nessa comparação, os genomas de um grande número de espécies cujos genomas já foram sequenciados, como ratos, galinhas, peixes, cachorros e chimpanzés, além de camundongos e humanos. Expondo os resultados desse longo "experimento" natural, que durou centenas de milhares de anos, essas análises comparativas do sequenciamento de DNA revelaram as regiões mais interessantes no nosso genoma. As comparações demonstraram que cerca de 5% do genoma humano consiste em "sequências conservadas em multiespécies". Para nossa grande surpresa, apenas cerca de um terço dessas sequências codificam proteínas (ver Tabela 4-1, p. 184). Muito do restante das sequências conservadas consiste em regiões de sítios de ligação a proteínas envolvidas na regulação gênica, e algumas produzem moléculas de RNA, que não são traduzidas em proteínas, mas são importantes para outras finalidades conhecidas. Contudo, mesmo nas espécies mais estudadas, a função da grande maioria dessas sequências altamente conservadas permanece sem explicação. Essa descoberta levou à conclusão de que entendemos muito menos sobre a biologia celular de vertebrados do que pensávamos. Certamente, existem enormes oportunidades para novas descobertas, e podemos esperar muitas surpresas à frente.

Alterações no genoma são causadas por falhas nos mecanismos normais que copiam e mantêm o DNA e por elementos de DNA transponíveis

A evolução depende de acidentes e erros seguidos de sobrevivência não aleatória. A maioria das alterações genéticas que ocorrem simplesmente resulta de falhas nos mecanismos normais pelos quais os genomas são copiados e corrigidos quando danificados, embora o movimento dos elementos transponíveis de DNA (discutidos abaixo) também desempenhe uma função importante. Como explicaremos no Capítulo 5, os mecanismos que mantêm as sequências de DNA são extremamente precisos – mas não são perfeitos. As sequências de DNA são herdadas com uma fidelidade tão extraordinária que normalmente, em uma determinada linha de descendência, somente um par de nucleotídeos em mil é aleatoriamente alterado na linhagem germinativa a cada milhão de anos. Mesmo assim, em uma população de 10 mil indivíduos diploides, cada substituição nucleotídica possível será "testada" cerca de 20 vezes durante 1 milhão de anos – um período pequeno em relação à evolução das espécies.

Erros na replicação do DNA, na recombinação ou no reparo do DNA podem causar tanto alterações locais simples na sequência de DNA – as chamadas *mutações pontuais*, como a substituição de um par de base por outro – quanto rearranjos genômicos de larga escala, como as deleções, duplicações, inversões e translocações de DNA de um cromossomo para outro. Além dessas falhas na maquinaria genética, genomas contêm elementos móveis de DNA que são uma fonte importante de alterações genômicas (ver Tabela 5-3, p. 267). Esses elementos de transposição de DNA (*transpósons*) são sequências parasitas de DNA capazes de se disseminarem pelos genomas que colonizam. No processo, eles frequentemente interrompem a função ou alteram a regulação dos genes existentes. Algumas vezes, eles criaram novos genes por meio de fusões entre as sequências do transpóson e segmentos dos genes existentes. Durante os longos períodos de tempo evolutivo, os eventos de transposição de DNA tiveram um efeito significativo nos genomas, tanto que quase metade do DNA do genoma humano consiste em vestígios de eventos de transposição passados (**Figura 4-62**). Mais ainda do nosso genoma parece ter derivado de transposições que ocorreram há tanto tempo (> 10^8 anos) que essas sequências nem podem mais ser rastreadas aos transpósons.

As sequências genômicas de duas espécies diferem na mesma proporção do período de tempo de sua separação evolutiva

As atuais diferenças entre os genomas de espécies vivas acumulam mais de 3 bilhões de anos. Ainda que não exista um registro direto das alterações durante esse período, cientistas podem reconstruir o processo de evolução do genoma a partir de comparações detalhadas dos genomas de organismos contemporâneos.

A estrutura básica da organização em genômica comparativa é a árvore filogenética. Um simples exemplo é a árvore que descreve a divergência entre os humanos e os grandes macacos (**Figura 4-63**). O principal suporte para essa árvore deriva de comparações entre sequências de genes e proteínas. Por exemplo, comparações entre as sequências de genes e proteínas humanas e de macacos normalmente revelam as pouquíssimas diferenças entre humanos e chimpanzés e as maiores diferenças entre humanos e orangotangos.

Para organismos intimamente relacionados como humanos e chimpanzés, é relativamente fácil reconstruir as sequências gênicas extintas do último ancestral comum entre as duas espécies (**Figura 4-64**). A grande similaridade entre os genes humanos e de chimpanzés resulta principalmente do reduzido período disponível para o acúmulo de mutações nas duas linhagens divergentes, e não de limitações funcionais que mantiveram as mesmas sequências. Evidências para essa proposta surgiram da observação

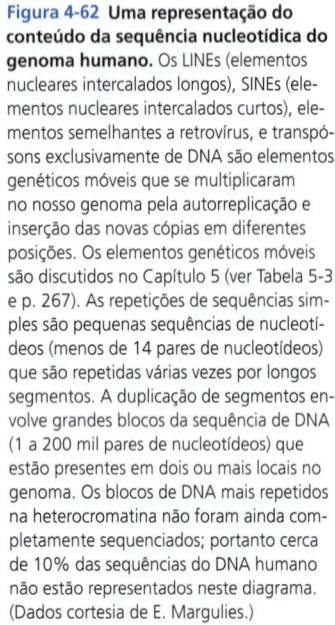

Figura 4-62 **Uma representação do conteúdo da sequência nucleotídica do genoma humano.** Os LINEs (elementos nucleares intercalados longos), SINEs (elementos nucleares intercalados curtos), elementos semelhantes a retrovírus, e transpósons exclusivamente de DNA são elementos genéticos móveis que se multiplicaram no nosso genoma pela autorreplicação e inserção das novas cópias em diferentes posições. Os elementos genéticos móveis são discutidos no Capítulo 5 (ver Tabela 5-3 e p. 267). As repetições de sequências simples são pequenas sequências de nucleotídeos (menos de 14 pares de nucleotídeos) que são repetidas várias vezes por longos segmentos. A duplicação de segmentos envolve grandes blocos da sequência de DNA (1 a 200 mil pares de nucleotídeos) que estão presentes em dois ou mais locais no genoma. Os blocos de DNA mais repetidos na heterocromatina não foram ainda completamente sequenciados; portanto cerca de 10% das sequências do DNA humano não estão representadas neste diagrama. (Dados cortesia de E. Margulies.)

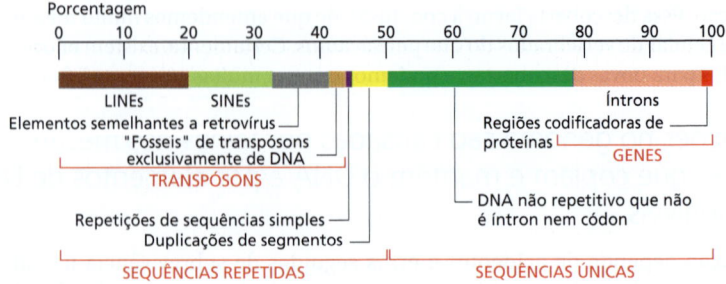

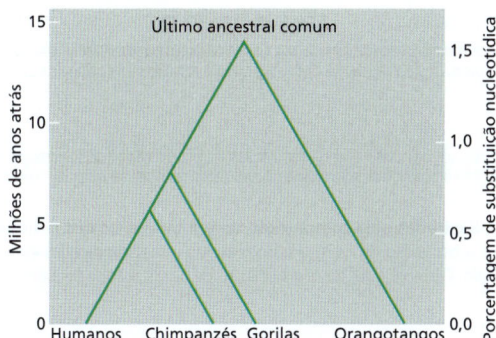

Figura 4-63 **Árvore filogenética mostrando a correlação entre humanos e os grandes macacos com base nos dados da sequência nucleotídica.** Como indicado, estima-se que a diferença entre as sequências dos genomas das quatro espécies e a sequência genômica de um último ancestral comum seja de pouco mais de 1,5%. Como as alterações ocorrem independentemente nas duas linhagens divergentes, comparações entre os pares revelam o dobro da divergência de sequência do último ancestral comum. Por exemplo, comparações entre humanos e orangotangos normalmente apresentam divergências de sequência de pouco mais de 3%, enquanto humanos e chimpanzés mostram divergências de aproximadamente 1,2%. (Modificada de F.C. Chen e W.H. Li, *Am. J. Hum. Genet.* 68:444–456, 2001.)

de que os genomas de humanos e chimpanzés são quase idênticos mesmo onde não há restrição funcional na sequência nucleotídica – como na terceira posição de códons "sinônimos" (códons que especificam o mesmo aminoácido, mas diferem no terceiro nucleotídeo).

Em organismos menos relacionados, como humanos e galinhas (cuja distância de separação evolutiva é de aproximadamente 300 milhões de anos), a conservação entre as sequências encontradas nos genes é quase inteiramente devida à **seleção de purificação** (i.e., a seleção que elimina indivíduos com mutações que interferem em funções genéticas importantes), e não a um período inadequado para a ocorrência de mutações.

Árvores filogenéticas construídas a partir de comparações de sequências de DNA indicam as relações entre todos os organismos

As árvores filogenéticas baseadas nos dados da sequência molecular podem ser comparadas aos registros fósseis, e o melhor entendimento é obtido pela integração dos dois métodos. O registro fóssil continua essencial como fonte absoluta de datação baseada

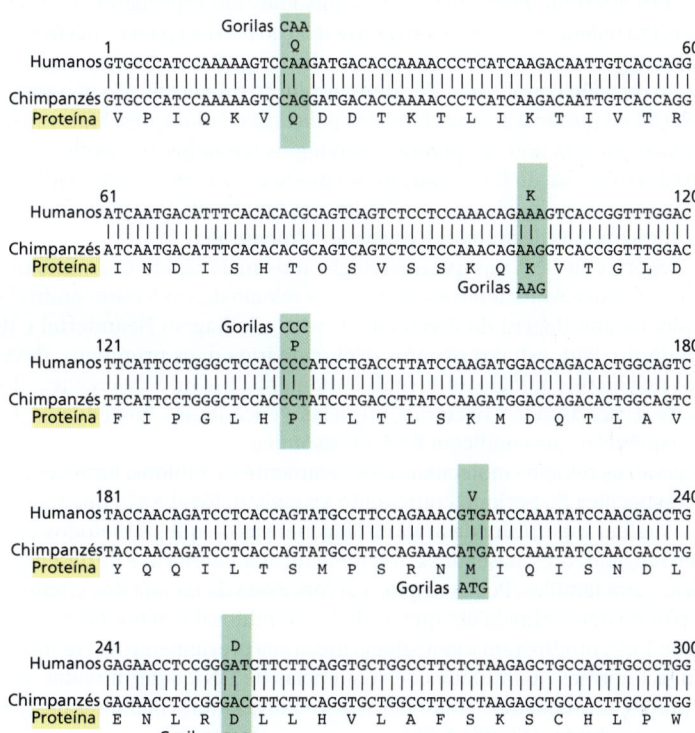

Figura 4-64 **Dedução de uma sequência ancestral a partir da comparação de sequências de regiões codificadoras do gene da leptina em humanos e chimpanzés.** Lendo da esquerda para direita e de cima para baixo, está ilustrado um segmento contínuo de 300 nucleotídeos para o gene que codifica a leptina. A leptina é um hormônio que regula a ingestão de alimentos e a utilização de energia em resposta à adequação de reservas de gordura. Como indicado pelos códons nos *retângulos em verde*, apenas cinco nucleotídeos (de um total de 441) diferem entre essas duas espécies. Além disso, somente uma das cinco posições nos nucleotídeos provoca uma diferença no aminoácido codificado. Para cada uma das cinco posições variáveis dos nucleotídeos, a sequência correspondente no gorila também é indicada. Em dois casos, a sequência do gorila concorda com a sequência de humanos, e, em três casos, ela concorda com a sequência do chimpanzé.

Qual seria a sequência do gene da leptina no último ancestral comum? A hipótese mais econômica é que a evolução seguiu uma via que requer o número mínimo de mutações consistente com os dados. Assim, parece provável que a sequência de leptina do último ancestral comum era a mesma das sequências de humanos e chimpanzés em que concordam; quando diferem, a sequência de gorilas seria usada no desempate. Por conveniência, apenas os 300 primeiros nucleotídeos da sequência codificadora da leptina são mostrados. Os 141 restantes são idênticos em humanos e chimpanzés.

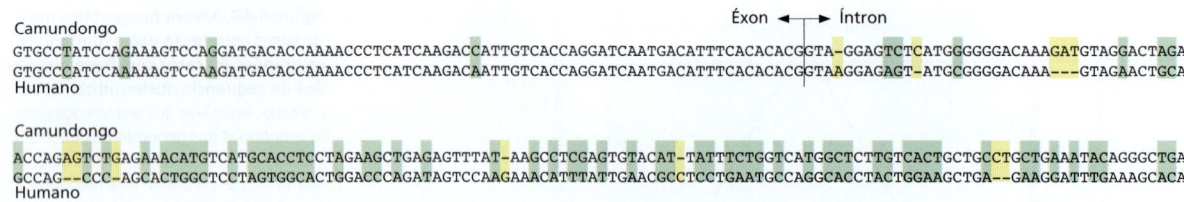

Figura 4-65 Taxas de evolução muito diferentes de éxons e íntrons, ilustradas pela comparação de um segmento dos genes da leptina em camundongos e humanos. As posições em que as sequências diferem pela substituição de um único nucleotídeo estão sombreadas em *verde*, e as posições que diferem pela adição ou perda de nucleotídeos estão sombreadas em *amarelo*. Observe que, devido à seleção de purificação, a sequência codificadora dos éxons é muito mais conservada do que a sequência do íntron adjacente.

no decaimento radioativo nas formações rochosas em que os fósseis são encontrados. Entretanto, os registros fósseis apresentam muitas lacunas, e o tempo de divergência preciso entre espécies é difícil de ser estabelecido, mesmo em espécies que deixam bons fósseis, com morfologia distinta.

As árvores filogenéticas em que o tempo foi medido de acordo com os registros fósseis sugerem que as alterações nas sequências de determinados genes ou proteínas tendem a ocorrer em uma taxa praticamente constante, embora taxas que diferem da regra por um fator de duas vezes tenham sido observadas em linhagens específicas. Isso nos fornece um *relógio molecular* para a evolução, ou melhor, um conjunto de relógios moleculares que correspondem a diferentes categorias da sequência de DNA. Da mesma forma que no exemplo da **Figura 4-65**, o relógio anda mais rapidamente e mais regularmente em sequências que não estão sujeitas à seleção de purificação. Estas incluem as porções de íntrons que não são processadas nem possuem sinais de regulação, a terceira posição dos códons sinônimos, e genes que foram irreversivelmente inativados por mutações (chamados de pseudogenes). O relógio anda mais devagar para sequências sujeitas a fortes restrições funcionais – por exemplo, a sequência de aminoácidos de proteínas que participam de interações específicas com várias outras proteínas e cuja estrutura é, portanto, muito restrita, ou sequências nucleotídicas que codificam subunidades de RNAs ribossômicos, do qual toda a síntese proteica depende.

Ocasionalmente, uma alteração rápida ocorre em uma sequência previamente conservada. Como discutido mais adiante, tais episódios são especialmente interessantes porque parecem refletir períodos de uma forte seleção positiva para mutações que conferiram uma vantagem seletiva à linhagem particular na qual essa alteração rápida ocorreu.

O ritmo do relógio molecular durante a evolução é determinado não somente pelo grau de seleção de purificação, mas também pela taxa de mutações. Mais especialmente em animais, embora não em plantas, os relógios baseados em sequências de DNA mitocondrial sem limitação funcional andam muito mais rápido comparados a relógios baseados em sequências nucleares sem limitações funcionais, isso porque a taxa de mutações em mitocôndrias de animais é excepcionalmente alta.

As categorias de DNA nas quais o relógio anda mais rápido são muito mais informativas para eventos evolucionários recentes; o relógio de DNA mitocondrial é usado, por exemplo, na abordagem da divergência entre a linhagem Neandertal e do *Homo sapiens* moderno. Para estudar eventos evolucionários mais primitivos, deve-se examinar DNA nos quais o relógio anda mais lentamente; assim, a divergência dos ramos principais da árvore da vida – bactérias, arqueias e eucariotos – foi deduzida a partir do estudo de sequências que codificam RNA ribossômico.

Em geral, os relógios moleculares, devidamente escolhidos, fornecem uma definição mais específica do período comparado ao registro fóssil e são um guia mais confiável para detalhar a estrutura de árvores filogenéticas do que os métodos clássicos de construção dessas árvores, baseados em semelhanças anatômicas e de desenvolvimento embrionário entre famílias. Por exemplo, a árvore exata da família dos grandes símios e humanos não foi determinada até que os dados reunidos das sequências moleculares, na década de 1980, produziram a genealogia mostrada previamente na Figura 4-63. Além disso, com as enormes quantidades de sequências de DNA determinadas atualmente para uma grande diversidade de mamíferos, estimativas muito melhores dessas correlações estão sendo obtidas (**Figura 4-66**).

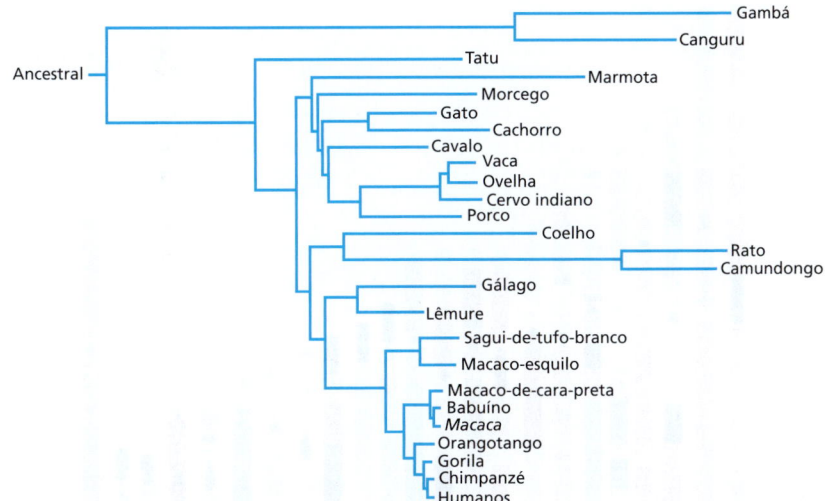

Figura 4-66 Uma árvore filogenética mostrando as relações evolutivas de alguns mamíferos atuais. O comprimento de cada linha é proporcional ao número de "substituições neutras" – isto é, alterações nucleotídicas em locais em que se acredita não haver seleção de purificação. (Adaptada de G.M. Cooper et al., *Genome Res.* 15:901–913, 2005. Com permissão de Cold Spring Harbor Laboratory Press.)

Uma comparação entre cromossomos humanos e de camundongos revela como a estrutura dos genomas diverge

Como seria esperado, os genomas de humanos e chimpanzés são muito mais semelhantes do que os genomas de humanos e camundongos, mesmo que os três genomas tenham aproximadamente o mesmo tamanho e contenham conjuntos de genes quase idênticos. As linhagens de camundongos e humanos tiveram cerca de 80 milhões de anos para divergir – por meio do acúmulo de mutações – *versus* 6 milhões de anos entre humanos e chimpanzés. Além disso, como indicado na Figura 4-66, linhagens de roedores (representadas pelos ratos e camundongos) possuem relógios moleculares muito mais rápidos que o normal e divergiram da linhagem dos humanos mais rapidamente do que o esperado.

Enquanto o modo como o genoma é organizado nos cromossomos é quase idêntico em humanos e chimpanzés, essa organização divergiu enormemente entre humanos e camundongos. De acordo com estimativas grosseiras, um total de 180 eventos de quebra e religação ocorreu nas duas linhagens desde que as duas espécies compartilharam um ancestral comum. Nesse processo, embora o número de cromossomos seja semelhante (23 por genoma haploide no homem *versus* 20 no camundongo), sua estrutura geral é bastante diferente. No entanto, mesmo após um extenso embaralhamento genômico, eles possuem grandes blocos de DNA nos quais a ordem dos genes é a mesma em humanos e camundongos. Esses segmentos com a ordem dos genes conservada são chamados de regiões de *sintenia*. A **Figura 4-67** ilustra como segmentos de cromossomos de camundongo diferentes são mapeados ao conjunto de cromossomos humanos. Em vertebrados muito mais distantes, como galinhas e humanos, o número de eventos de quebra e religação foi muito maior e as regiões de sintenia são muito menores; além disso, elas são, muitas vezes, mais difíceis de serem identificadas devido à divergência entre as sequências de DNA que elas contêm.

Uma conclusão inesperada derivada da comparação dos genomas completos de humanos e de camundongos e confirmada pela comparação com outros vertebrados é que pequenos blocos de sequência de DNA estão sendo removidos e adicionados a genomas a uma velocidade incrivelmente alta. Assim, se assumirmos que nosso ancestral comum tinha o genoma do tamanho do humano (cerca de 3,2 bilhões de pares de nucleotídeos), os camundongos tiveram uma perda de aproximadamente 45% desse genoma, por deleções que foram acumuladas durante os 80 milhões de anos, enquanto os humanos tiveram uma perda de 25%. Contudo, sequências substanciais foram adquiridas por várias duplicações cromossômicas pequenas e pela multiplicação de transpósons que compensaram essa perda. Como resultado, acredita-se que o tamanho do genoma humano ficou praticamente inalterado em comparação ao genoma do ancestral comum, enquanto o de camundongos foi reduzido em apenas 0,3 bilhão de nucleotídeos.

Figura 4-67 Sintenia entre cromossomos humanos e de camundongos. Neste diagrama, o conjunto cromossômico de humanos é mostrado, com cada parte do cromossomo colorido de acordo com o cromossomo de camungo ao qual é sintênico. O código de cores usado para cada cromossomo de camundongo é indicado na parte inferior da figura. Regiões heterocromáticas altamente repetitivas (como os centrômeros) difíceis de sequenciar não podem ser mapeadas desse modo e foram coloridas em *preto*. (Adaptada de E.E. Eichler e D. Sankoff, *Science* 301:793–797, 2003. Com permissão de AAAS.)

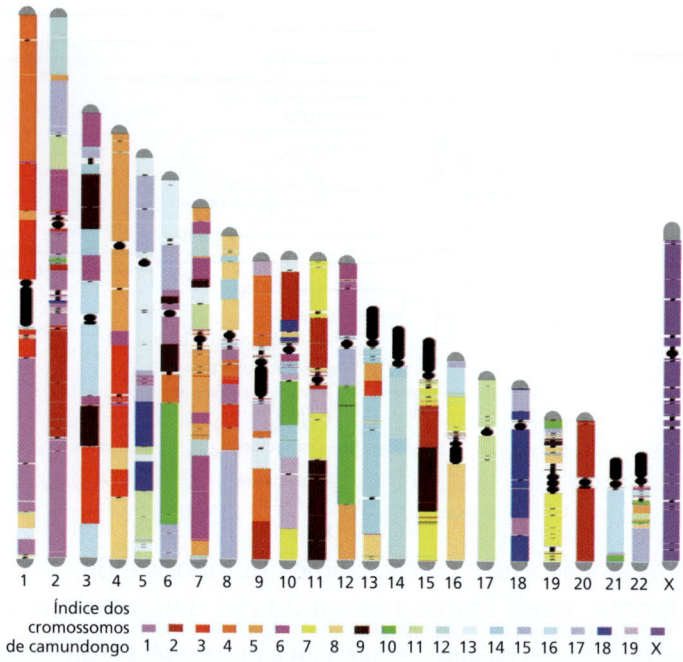

Evidências que confirmam a perda de sequências de DNA em pequenos blocos durante a evolução podem ser obtidas pela comparação detalhada das regiões de harmonia nos genomas de humanos e de camundongos. O encolhimento comparativo do genoma de camundongos pode ser claramente visto nessas comparações, com as sequências perdidas espalhadas através de longos segmentos de DNA, que, se não houvesse perdas, seriam homólogos (**Figura 4-68**).

A adição de DNA nos genomas ocorre pela duplicação espontânea de segmentos cromossômicos, normalmente com comprimentos de dezenas de milhares de pares de nucleotídeos (como será discutido em seguida) e também pela inserção de novas cópias de transpósons ativos. A maior parte dos eventos de transposição são duplicativos, porque o transpóson original permanece onde estava e a cópia se insere em um novo sítio; ver, como exemplo, a Figura 5-63. As comparações das sequências de DNA derivadas de transpósons entre humanos e camundongos prontamente revelam algumas dessas adições de sequências (**Figura 4-69**).

Ainda permanece sem explicação por que todos os mamíferos mantiveram os tamanhos dos genomas com cerca de 3 bilhões de pares de nucleotídeos contendo conjuntos de genes quase idênticos, apesar de parecer que somente cerca de 150 milhões de pares de nucleotídeos apresentam limitação funcional da sequência-específica.

O tamanho do genoma de um vertebrado reflete as taxas relativas de adição e perda de DNA em uma linhagem

Em vertebrados distantes, mas relacionados, o tamanho do genoma pode variar consideravelmente, sem causar um efeito drástico no organismo ou no número de genes. Dessa forma, o genoma da galinha, com 1 bilhão de pares de nucleotídeos, possui apenas cerca de um terço do tamanho do genoma de mamíferos. Um exemplo extremo é o peixe-balão

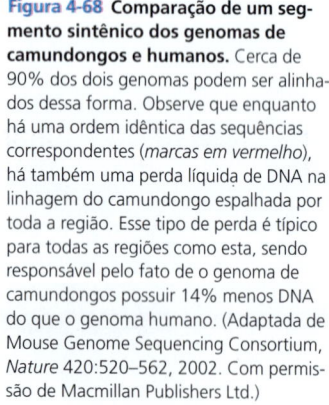

Figura 4-68 Comparação de um segmento sintênico dos genomas de camundongos e humanos. Cerca de 90% dos dois genomas podem ser alinhados dessa forma. Observe que enquanto há uma ordem idêntica das sequências correspondentes (*marcas em vermelho*), há também uma perda líquida de DNA na linhagem do camundongo espalhada por toda a região. Esse tipo de perda é típico para todas as regiões como esta, sendo responsável pelo fato de o genoma de camundongos possuir 14% menos DNA do que o genoma humano. (Adaptada de Mouse Genome Sequencing Consortium, *Nature* 420:520–562, 2002. Com permissão de Macmillan Publishers Ltd.)

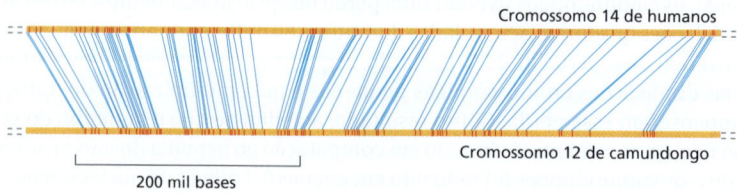

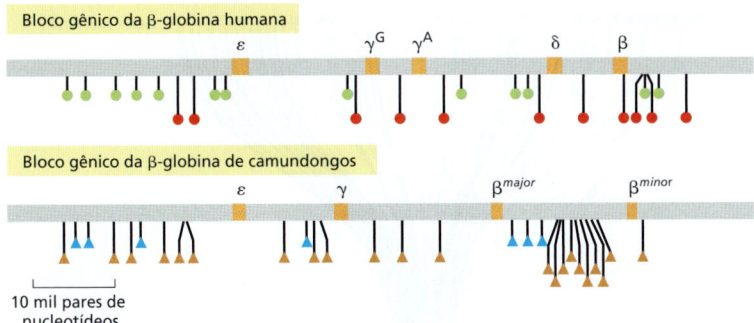

Figura 4-69 Comparação do bloco de genes da β-globina nos genomas humanos e de camundongos, mostrando a localização dos elementos transponíveis. Esse segmento do genoma humano contém cinco genes funcionais semelhantes à β-globina (em *laranja*); a região correspondente do genoma de camundongos possui apenas quatro. As posições das sequências *Alu* humanas estão indicadas por *círculos verdes*, e as sequências humanas *L1* por *círculos vermelhos*. O genoma de camundongos contém elementos transponíveis diferentes, porém relacionados: as posições dos elementos B1 (relacionados às sequências *Alu* em humanos) estão indicadas por *triângulos azuis*, e as posições dos elementos *L1* de camundongos (relacionados às sequências L1 em humanos) são indicadas por *triângulos em laranja*. A ausência de elementos transponíveis nos genes estruturais da globina pode ser atribuída à seleção de purificação, que teria eliminado qualquer inserção que comprometesse a função de gene. (Cortesia de Ross Hardison e Webb Miller.)

baiacu, *Fugu rubripes* (**Figura 4-70**), que possui um genoma mínimo para um vertebrado (0,4 bilhão de pares de nucleotídeos, comparados a 1 bilhão ou mais para muitos outros peixes). O tamanho reduzido do genoma do *Fugu* é principalmente devido ao pequeno tamanho de seus íntrons. Especificamente, os íntrons de *Fugu*, bem como outros segmentos não codificadores, não possuem o DNA repetitivo responsável por uma grande porção dos genomas nos vertebrados mais bem estudados. No entanto, as posições dos íntrons de *Fugu* entre os éxons de cada gene são quase as mesmas encontradas nos genomas de mamíferos (**Figura 4-71**).

Inicialmente era um mistério, mas hoje temos uma explicação para as enormes diferenças entre os tamanhos dos genomas de organismos similares: como todos os vertebrados sofrem um processo contínuo de perdas e adições de DNA, o tamanho do genoma simplesmente depende do balanço entre esses dois processos opostos que atuam há milhares de anos. Supondo-se, por exemplo, que na linhagem que gera o *Fugu*, a taxa de adição de DNA tenha sido muito reduzida; após longos períodos, o resultado seria uma "limpeza" do genoma desse peixe, excluindo aquelas sequências de DNA cuja perda poderia ser tolerada. O resultado é um genoma incomumente compacto, relativamente sem excessos e organizado, mas que conserva, através de seleção por purificação, as sequências de DNA de vertebrados que são funcionalmente importantes. Isso torna o *Fugu*, com seus 400 milhões de pares de nucleotídeos, um valioso recurso na pesquisa de genomas voltada para a compreensão dos seres humanos.

A sequência de alguns genomas primitivos pode ser deduzida

Os genomas de organismos primitivos podem ser deduzidos, porém a maioria não pode ser diretamente observada. O DNA é muito estável se comparado com a maior parte das moléculas orgânicas, mas não é perfeitamente estável, e sua degradação progressiva, mesmo em condições ideais, significa que é praticamente impossível extrair informações da sequência de DNA de fósseis com mais de 1 milhão de anos. Embora os organismos modernos, como o caranguejo-ferradura, sejam muito semelhantes aos ancestrais fósseis que viveram há 200 milhões de anos, não existe dúvida de que seu genoma tenha sido alterado durante todo o tempo em uma maneira e taxa similares a outras linhagens evolutivas. A seleção deve ter mantido propriedades funcionais chave no genoma do caranguejo-ferradura para assegurar a estabilidade morfológica da linhagem. Contudo, comparações entre organismos atuais diferentes mostram que a fração do genoma sujeito à seleção de purificação é pequena; logo, é razoável assumir que o genoma do caranguejo-ferradura moderno preserva características essenciais para sua função, mas deve apresentar enormes diferenças quando comparado a seu antecessor extinto, conhecido apenas por registros fósseis.

É possível obter informação da sequência diretamente pela análise de amostras de DNA de materiais ancestrais se eles não forem muito primitivos. Nos últimos anos, os avanços nas técnicas permitiram o sequenciamento de DNA de fragmentos ósseos extremamente bem conservados que datam de mais de 100 mil anos atrás. Embora qualquer DNA dessa idade esteja preservado com imperfeição, uma sequência do genoma do homem de Neanderthal foi reconstruída a partir de milhões de pequenas sequências de DNA, revelando – entre outras coisas – que nossos ancestrais humanos cruzaram com eles na Europa e que os humanos modernos herdaram genes específi-

Figura 4-70 O peixe baiacu, *Fugu rubripes*. (Cortesia de Byrappa Venkatesh.)

Figura 4-71 Comparação das sequências genômicas dos genes que codificam a proteína huntingtina de humanos e do *Fugu*. Ambos os genes (indicados em *vermelho*) contêm 67 pequenos éxons que se alinham com correspondência de 1:1 entre si; esses éxons são conectados por linhas curvas. O gene humano é 7,5 vezes maior que o gene do *Fugu* (180 mil *versus* 24 mil pares de nucleotídeos). A diferença no tamanho é devida exclusivamente aos íntrons, muito maiores no gene humano. O enorme tamanho dos íntrons humanos é devido, em parte, à presença de retrotranspósons (discutidos no Capítulo 5), cujas posições são representadas por linhas verticais em verde; os íntrons do *Fugu* não possuem retrotranspósons. Em humanos, mutações no gene da huntingtina causam a doença de Huntington, uma doença neurodegenerativa herdável. (Adaptada de S. Baxendale et al., *Nat. Genet.* 10:67–76, 1995. Com permissão de Macmillan Publishers Ltd.)

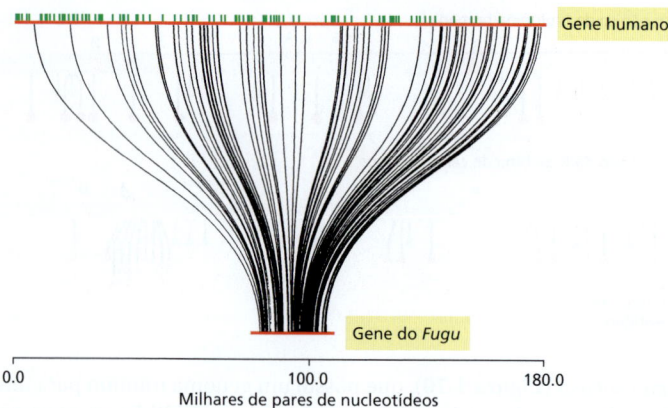

cos deles (**Figura 4-72**). A diferença média das sequências de DNA de humanos e Neanderthais mostrou que nossas duas linhagens divergiram entre 270 mil e 440 mil anos atrás, muito antes do período no qual se acredita que os humanos tenham emigrado da África.

Entretanto, como decifrar os genomas de ancestrais muito mais antigos, aqueles para os quais não há como isolar amostras de DNA? Para organismos próximos, como humanos e chimpanzés, vimos que não difícil: usando a sequência de gorilas como referência para classificar quais das poucas diferenças nas sequências de humanos e chimpanzés foram herdadas do nosso ancestral comum há cerca de 6 milhões de anos (ver Figura 4-64). E, para um ancestral que tenha produzido um grande número de organismos diferentes vivos hoje, sequências de DNA de diversas espécies podem ser comparadas simultaneamente para organizar muito da sequência ancestral, permitindo derivar sequências de DNA de muito tempo atrás. Por exemplo, pelas sequências de genomas atualmente obtidas para dezenas de mamíferos placentários modernos, seria possível deduzir muito da sequência genômica do ancestral comum de 100 milhões de anos – o precursor de espécies tão diversas como cachorros, camundongos, coelhos, tatu e humanos (ver Figura 4-66).

Comparações entre sequências multiespécies identificam sequências de DNA conservadas com função desconhecida

A imensa quantidade de sequências de DNA atualmente nos bancos de dados (centenas de bilhões de pares de nucleotídeos) fornecem um rico terreno para exploração com vários propósitos. Essa informação pode ser utilizada não apenas para recompor as vias evolucionárias que levaram aos organismos modernos, como também proporcionar esclarecimentos sobre como as células e os organismos funcionam. Talvez a descoberta mais impressionante nessa esfera venha da observação de que uma espantosa quantidade de sequências de DNA que não codificam proteínas foi conservada durante a evolução dos mamíferos (ver Tabela 4-1, p. 184). Isso é mais claramente evidenciado quando blocos sintênicos de DNA de várias espécies diferentes são alinhados e comparados,

Figura 4-72 Os homens de Neanderthal. (A) Mapa da Europa mostrando a localização da caverna na Croácia onde foram descobertos muitos dos ossos usados para isolar o DNA e derivar a sequência genômica do homem de Neanderthal. (B) Fotografia da caverna em Vindija. (C) Fotografia dos ossos com 38 mil anos de Vindija. Estudos mais recentes tiveram êxito na extração de informações de sequências de DNA de restos mortais de hominídeos consideravelmente mais antigos (ver Animação 8.3). (B, cortesia de Johannes Krause; C, from R.E. Green et al., *Science* 328: 710–722, 2010. Reproduzida com permissão de AAAS.)

identificando um grande número de *sequências conservadas multiespécies*: algumas das quais codificam proteínas, mas a maioria não (**Figura 4-73**).

A maioria das sequências conservadas não codificadoras descobertas assim são relativamente curtas, contendo de 50 a 200 pares de nucleotídeos. Entre as mais misteriosas estão as chamadas sequências não codificadoras "ultraconservadas", exemplificadas por mais de 5 mil segmentos de DNA com mais de 100 nucleotídeos que são exatamente os mesmos em humanos, camundongos e ratos. Muitos sofreram pequenas ou nenhuma alteração desde a divergência do ancestral de aves e mamíferos cerca de 300 milhões de anos atrás. A rigorosa conservação indica que apesar de não codificar proteínas, cada uma possui uma função importante mantida pela seleção de purificação. O enigma é decifrar quais são essas funções.

Atualmente, sabe-se que muitas das sequências conservadas que não codificam proteínas produzem moléculas de RNA não traduzido, como os milhares de *RNAs não codificadores longos* (*lncRNAs*) que parecem realizar funções importantes na regulação da expressão gênica. Como também veremos no Capítulo 7, outras são pequenas regiões de DNA distribuídas pelo genoma que direcionam a ligação de proteínas envolvidas na regulação gênica. Não está claro, contudo, quanto desse DNA conservado não codificador está envolvido nestas vias, e a função da maioria deles contina sem explicação. Esse enigma evidencia o quanto ainda é necessário aprender sobre os mecanismos biológicos fundamentais que atuam em animais e em outros organismos complexos, e sua solução certamente terá profundas consequências na medicina.

Como os cientistas podem resolver o mistério do DNA conservado não codificador? Tradicionalmente, tentativas para determinar a função de uma sequência de DNA investigada começa pela procura de consequências de sua inativação experimental. No entanto, muitas dessas sequências cruciais para um organismo na natureza podem não ter efeito evidente no fenótipo em condições laboratoriais: o que é necessário para a sobrevivência de um camundongo em um ambiente de laboratório é muito menos que o necessário para seu sucesso na natureza. Além disso, cálculos com base em genética de populações revelaram que apenas uma pequena vantagem seletiva – menos

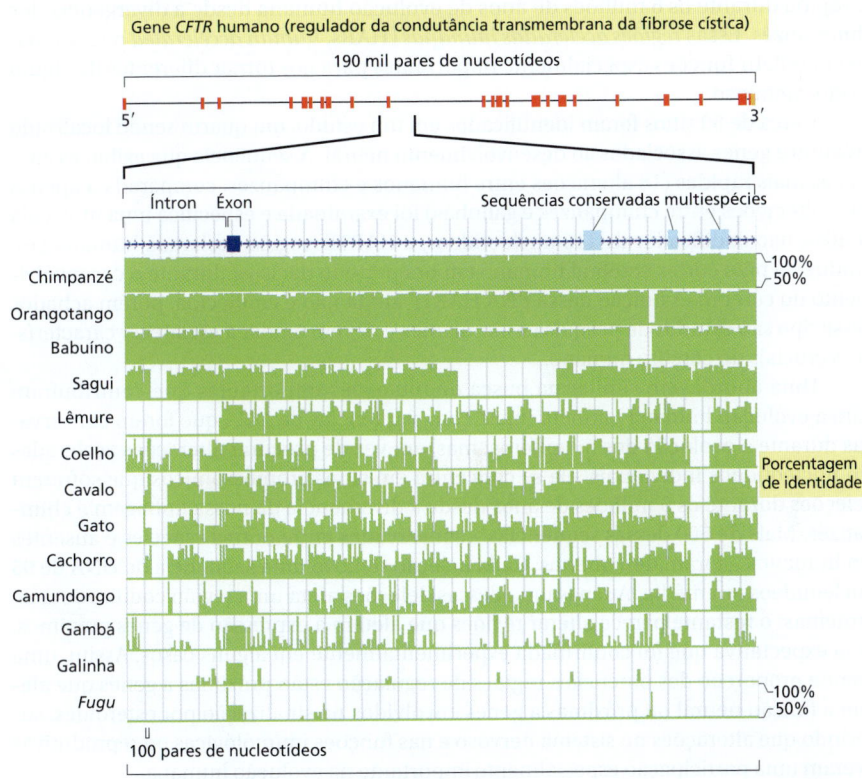

Figura 4-73 Detecção de sequências conservadas multiespécies. Neste exemplo, as sequências genômicas de cada organismo mostrado foram comparadas à região indicada do gene *CFTR* (regulador da condutância transmembrana da fibrose cística) humano; essa região contém um éxon e uma enorme quantidade de DNA intrônico. Para cada organismo, o percentual de identidade com humanos para cada bloco de nucleotídeos de 25 pares de bases está representado em *verde*. Além disso, um algoritmo computacional foi usado para detectar as sequências dentro dessa região que são mais conservadas quando as sequências de todos os organismos são consideradas. Além do éxon (em *azul-escuro* na linha superior da figura), as posições de outros três blocos de regiões conservadas em várias espécies estão indicadas (em *azul-claro*). A função da maioria dessas sequências no genoma humano não é conhecida. (Cortesia de Eric D. Green.)

de 0,1% de diferença em sobrevivência – pode ser suficiente para favorecer fortemente a retenção de uma sequência específica de DNA durante a evolução. Não surpreende, portanto, que várias dessas sequências de DNA ultraconservadas possam ser removidas do genoma de camundongos sem causar nenhum efeito palpável no camundongo de laboratório.

Uma segunda abordagem importante para descobrir a função de uma sequência misteriosa de DNA não codificador utiliza técnicas bioquímicas para identificar proteínas ou moléculas de RNA que se ligam a elas – ou a alguma molécula de RNA que ela produz. A maioria dessas tarefas ainda paira sobre nós, mas já houve um bom início (ver p. 435).

Alterações em sequências previamente conservadas podem auxiliar a decifrar etapas críticas na evolução

Obtida a informação da sequência genômica, podemos voltar a atenção para outra questão curiosa: quais as alterações no nosso DNA produziram humanos tão diferentes dos outros animais – ou o que torna uma determinada espécie tão diferente de espécies relacionadas? Por exemplo, tão logo as sequências genômicas de chimpanzés e de humanos foram disponibilizadas, cientistas iniciaram a busca por alterações nas sequências de DNA que poderiam responder pelas diferenças marcantes entre as duas espécies. Com 3,2 bilhões de pares de nucleotídeos para comparar entre duas espécies, pode parecer uma tarefa impossível. Porém, o trabalho foi facilitado limitando-se a busca a 35 mil sequências conservadas multiespécies claramente definidas (cerca de 5 milhões de pares de nucleotídeos no total), que representam partes do genoma com maior probabilidade de serem funcionalmente importantes. Apesar de muito conservadas, essas sequências não são perfeitamente conservadas e, quando a versão em uma espécie é comparada a outra, elas geralmente refletem pequenos desvios que correspondem simplesmente ao tempo decorrido desde o ancestral comum. Em uma pequena proporção dos casos, porém, um repentino pulo evolutivo pode ser visto. Foi observado que algumas sequências de DNA, altamente conservadas em outras espécies de mamíferos, acumularam alterações nucleotídicas de maneira excepcionalmente rápida durante os 6 milhões de anos de evolução humana desde a divergência dos chimpanzés. Essas *regiões aceleradas humanas* (HARs, *human accelerated regions*) parecem refletir funções especialmente importantes para nos tornar diferentes de algum modo vantajoso.

Cerca de 50 sítios foram identificados em um estudo, um quarto sendo localizado próximo a genes associados ao desenvolvimento neural. A sequência que exibiu as alterações mais rápidas (18 alterações entre humanos e chimpanzés, comparada a apenas duas alterações entre chimpanzés e galinhas) foi examinada e especifica uma molécula de RNA não codificador de 118 nucleotídeos, a HAR1F (região acelerada humana 1F), produzida pelo córtex cerebral humano em um período decisivo durante o desenvolvimento do cérebro. A função desse RNA HAR1F ainda não é conhecida, porém achados desse tipo são estudos de pesquisa estimulantes e devem ajudar a esclarecer características cruciais do cérebro humano.

Uma abordagem similar na busca de mutações importantes que contribuíram para a evolução humana também inicia com sequências de DNA que foram conservadas durante a evolução dos mamíferos; mas, em vez de procurar alterações aceleradas em nucleotídeos individuais, ela se concentra em sítios cromossômicos que sofreram deleções durante os 6 milhões de anos desde a divergência da nossa linhagem e chimpanzés. Mais de 500 dessas sequências – conservadas entre outras espécies e ausentes em humanos – foram descobertas. Cada deleção remove uma sequência de DNA de 95 nucleotídeos em média. Apenas uma dessas deleções afeta uma região codificadora de proteínas: o restante parece alterar regiões que afetam a expressão de genes próximos, uma expectativa que foi confirmada experimentalmente em alguns casos. Assim, uma grande proporção das potenciais regiões de regulação estão próximas a genes que afetam a função neural ou próximas a genes envolvidos na sinalização por esteroides, sugerindo que alterações no sistema nervoso e nas funções imunológicas ou reprodutivas tiveram uma participação especialmente importante na evolução humana.

As mutações nas sequências de DNA que controlam a expressão gênica impulsionaram muitas das alterações evolutivas em vertebrados

A enorme quantidade de dados de sequências genômicas atualmente acumulada pode ser estudada de diversas maneiras, revelando eventos que ocorreram há centenas de milhões de anos. Um exemplo seria uma tentativa de rastrear as origens de elementos de regulação no DNA que tiveram uma função fundamental na evolução de vertebrados. Um estudo desses iniciou com a identificação de quase 3 milhões de sequências não codificadoras, contendo uma média de 28 pares de bases de comprimento, conservados na evolução de vertebrados recentes, porém ausentes em ancestrais mais antigos. Cada uma dessas sequências não codificadoras especiais pode representar uma inovação funcional peculiar a um ramo específico de uma família de vertebrados, e parece que a maioria delas consiste em DNA de regulação que determina a expressão de genes adjacentes. Dadas as sequências genômicas completas, é possível identificar os genes localizados na vizinhança e, dessa forma, tem maior chance de estar sob a influência desses novos elementos reguladores. Por meio da comparação de várias espécies diferentes, com tempos de divergência conhecidos, é possível estimar quando cada um desses elementos de regulação surgiram como uma característica conservada. Esses achados sugerem diferenças evolutivas impressionantes entre as várias classes funcionais de genes (**Figura 4-74**). Elementos reguladores conservados originados no início da evolução de vertebrados – isto é, há mais de 300 milhões de anos, que foi quando a linhagem de mamíferos foi separada da linhagem que originou aves e répteis – parecem estar bastante associados a genes que codificam proteínas reguladoras de transcrição e proteínas com funções na organização do desenvolvimento embrionário. A partir daí, teve início uma era em que inovações na regulação do DNA surgiram próximas a genes codificando os receptores de sinalização extracelular. Finalmente, durante o curso de 100 milhões de anos, as inovações na regulação parecem ter se concentrado na proximidade de genes que codificam proteínas (como as proteínas-cinase) que atuam na modificação pós-traducional de outras proteínas.

Muitas questões sobre esses fenômenos e seus significados precisam ser respondidas. Uma interpretação possível é que a lógica – o diagrama do circuito – da rede de regulação gênica em vertebrados foi estabelecida precocemente, e que alterações evolutivas mais recentes tenham ocorrido principalmente pelo aprimoramento de parâmetros quantitativos. Isso poderia explicar por que, entre os mamíferos, por exemplo, o plano corporal básico – a topologia dos tecidos e órgãos – foi tão amplamente conservado.

A duplicação gênica também fornece uma fonte importante de novidades genéticas durante a evolução

A evolução depende da criação de novos genes e de modificações daqueles já existentes. Como isso ocorre? Quando comparamos organismos que parecem diferentes – um primata com um roedor, por exemplo, ou um camundongo com um peixe –, raramente

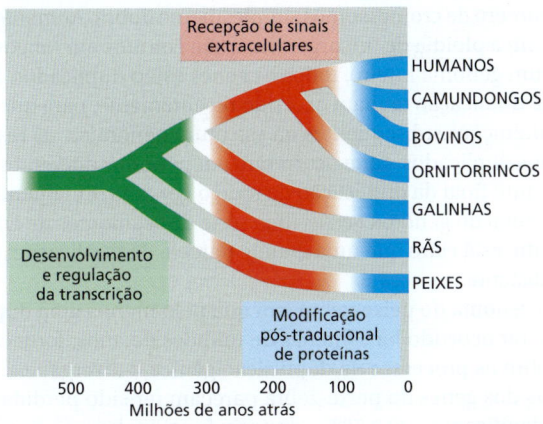

Figura 4-74 Os tipos de alterações na regulação gênica atribuídas como predominantes durante a evolução de nossos ancestrais vertebrados. Para produzir a informação resumida neste gráfico, o tipo de gene regulado por cada sequência conservada não codificadora foi, sempre que possível, deduzido pela identidade da proteína produzida pelo gene codificador mais próximo. O tempo de fixação para cada sequência conservada foi usado para derivar as conclusões apresentadas. (Baseada em C.B. Lowe et al., *Science* 333:1019–1024, 2011. Com permissão de AAAS.)

encontramos um gene em uma espécie que não tenha um homólogo na outra. Os genes sem correspondentes homólogos são raros mesmo quando comparamos animais tão divergentes como um mamífero e um verme. Por outro lado, frequentemente famílias de genes com diferentes números de membros são encontradas nas diferentes espécies. Para criar essas famílias, os genes foram repetidamente duplicados, e, então, as cópias divergiram para atuar em novas funções que geralmente variam de uma espécie para outra.

A duplicação gênica ocorre em altas taxas em todas as linhagens evolutivas, contribuindo para o vigoroso processo de adição de DNA discutido anteriormente. Um estudo detalhado em duplicações espontâneas em leveduras mostrou que duplicações de 50 mil a 250 mil pares de nucleotídeos podiam ser comumente observadas, a maioria sendo repetições consecutivas. Elas parecem resultar de erros na replicação do DNA pelo reparo inexato de quebras cromossômicas de fita dupla. Uma comparação entre os genomas de humanos e de chimpanzés revelou que, desde o período que esses organismos sofreram divergência, essas *duplicações de segmentos* adicionaram cerca de 5 milhões de pares de nucleotídeos em cada genoma a cada milhão de anos, com uma média de 50 mil pares de nucleotídeos a cada duplicação (contudo, existem algumas duplicações 5 vezes maiores). Na verdade, em números de nucleotídeos, os eventos de duplicação criaram mais diferenças entre as duas espécies do que as substituições de apenas um nucleotídeo.

Genes duplicados sofrem divergência

Qual o destino dos genes recém-duplicados? Na maioria dos casos, parece haver pouca ou nenhuma seleção – pelo menos inicialmente – para manter o estado duplicado desde que uma cópia possa fornecer uma função equivalente. Portanto, vários eventos de duplicação provavelmente foram seguidos por mutações com perda de função em um ou em outro gene. Esse ciclo restauraria funcionalmente o estado de um gene que precedeu a duplicação. Existem vários exemplos nos genomas contemporâneos em que uma cópia de um gene duplicado foi inativada de forma irreversível por múltiplas mutações. Com o passar do tempo, a similaridade de sequência entre um **pseudogene** e o gene funcional cuja duplicação o produziu vai sendo desgastada pelo acúmulo das diversas mutações no pseudogene – até que a correlação de homologia não seja mais detectável.

Um outro destino para as duplicações cromossômicas é as duas cópias permanecerem funcionais, mesmo divergindo na sequência e no padrão de expressão, assumindo, assim, funções diferentes. Esse processo de "duplicação e divergência" explica a presença de grandes famílias de genes com funções relacionadas em organismos biologicamente complexos e parece ter um papel importante na evolução do aumento da complexidade biológica. Uma análise dos genomas de diferentes eucariotos sugere que a probabilidade de um determinado gene sofrer um evento de duplicação que seja distribuído a quase todos os indivíduos em uma espécie é de aproximadamente 1% a cada milhão de anos.

A duplicação de genomas inteiros oferece um exemplo especialmente crítico do ciclo de duplicação e divergência. Uma duplicação de todo o genoma pode acontecer de modo bem simples: necessita apenas que ocorra uma rodada de replicação genômica na linhagem de uma célula germinativa, sem que ocorra a divisão celular correspondente. Inicialmente, o número de cromossomos simplesmente dobra. Aumentos repentinos assim, que aumentam a ploidia de um organismo, são comuns em fungos e plantas. Após a duplicação de um genoma inteiro, todos os genes estão duplicados. Porém, a menos que os eventos de duplicação tenham ocorrido recentemente, para que não haja tempo suficiente para alterações subsequentes na estrutura genômica, os resultados de uma série de segmentos duplicados – que ocorreram em períodos diferentes – são difíceis de distinguir do produto final da duplicação de todo o genoma. Em mamíferos, por exemplo, a duplicação total do genoma *versus* uma série de segmentos de DNA duplicados é incerta. No entanto, está claro que uma grande parcela de duplicações gênicas ocorreu em um passado distante.

Estudos do genoma do peixe-zebra, em que pelo menos uma duplicação de todo o genoma parece ter ocorrido há centenas de milhões de anos, forneceram alguns esclarecimentos sobre os processos de duplicação gênica e divergência. Embora muitas cópias duplicadas dos genes do peixe-zebra pareçam ter sido perdidas por mutações, uma proporção significativa – 30 a 50% – divergiu funcionalmente, porém ambas as có-

Figura 4-75 Comparação da estrutura da globina com uma e com quatro cadeias. A globina de quatro cadeias mostrada é a hemoglobina, um complexo de duas cadeias de α-globina e duas de β-globina. A globina de uma cadeia presente em alguns vertebrados primordiais representa um intermediário na evolução da globina de quatro cadeias. Ligada ao oxigênio, ela existe como monômero; na ausência do oxigênio, ela forma dímeros.

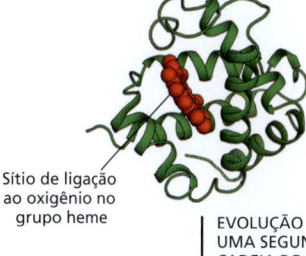

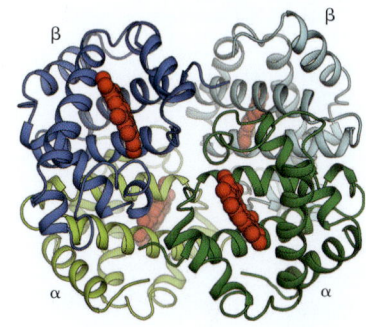

pias continuaram ativas. Em vários casos, a diferença funcional mais óbvia entre os genes duplicados é que eles são expressos em tecidos diferentes ou em diferentes estágios do desenvolvimento. Uma teoria interessante para explicar esse resultado propõe que mutações diferentes e levemente deletérias ocorreram rapidamente em ambas as cópias de um conjunto de genes duplicados. Por exemplo, uma cópia perderia a expressão em um determinado tecido como resultado de uma mutação reguladora, enquanto a outra cópia perderia a expressão em um segundo tecido. Logo após essas ocorrências, ambas as cópias seriam necessárias para perfazer o total de funções antes providas por apenas um gene; portanto ambas as cópias estão agora protegidas da perda por mutações inativadoras. Após um longo período, cada cópia sofreria alterações adicionais por meio das quais poderia adquirir características novas e especializadas.

A evolução da família de genes da globina mostra como as duplicações de DNA contribuem para a evolução dos organismos

A família de genes da globina é um ótimo exemplo de como a duplicação produz proteínas novas, uma vez que sua história evolutiva se desenvolveu muito bem. As semelhanças óbvias nas sequências de aminoácidos e na estrutura das globinas atuais indicam que elas são derivadas de um gene ancestral comum, mesmo que algumas sejam hoje codificadas por genes bastante separados no genoma de mamíferos.

É possível reconstruir alguns dos eventos passados que produziram os vários tipos de moléculas de hemoglobina carreadoras de oxigênio, considerando as diferentes formas da proteína em organismos localizados em posições diferentes da árvore da vida. Uma molécula como a hemoglobina era necessária para permitir o crescimento de animais multicelulares a tamanhos consideráveis, uma vez que animais de grande porte não podem simplesmente depender apenas de difusão do oxigênio por toda sua superfície corporal para oxigenar adequadamente seus tecidos. O oxigênio desempenha uma função crucial na vida de quase todos os organismos vivos, e proteínas ligadoras de oxigênio homólogas à hemoglobina são identificadas em plantas, fungos e bactérias. Em animais, a molécula transportadora de oxigênio mais primitiva é uma cadeia polipeptídica de globina com cerca de 150 aminoácidos encontrada em minhocas marinhas, insetos e peixes primordiais. Porém, a hemoglobina em vertebrados mais complexos é composta por dois tipos de cadeia de globina. Parece que há 500 milhões de anos, durante a evolução continuada dos peixes, ocorreu uma série de mutações e duplicações de genes. Esses eventos estabeleceram dois genes de globina levemente distintos no genoma de cada indivíduo, que codificam as cadeias de α e β-globina, que se associam e formam a molécula de hemoglobina, composta por duas cadeias α e duas cadeias β (**Figura 4-75**). Os quatro sítios de ligação ao oxigênio na molécula $\alpha_2\beta_2$ interagem, permitindo uma alteração alostérica cooperativa na molécula, à medida que esta se liga e libera o oxigênio, permitindo à hemoglobina pegar e soltar o oxigênio de modo mais eficiente comparado à versão de globina única.

Mais tarde, durante a evolução dos mamíferos, o gene da cadeia β aparentemente sofreu duplicação e mutações, originando uma segunda cadeia β, sintetizada especificamente no feto. A molécula de hemoglobina resultante possui uma maior afinidade pelo oxigênio do que a hemoglobina de adultos, portanto auxilia no transporte de oxigênio da mãe para o feto. O gene para a nova cadeia de β-globina foi subsequentemente duplicado e mutado novamente, produzindo dois novos genes, ε e γ, sendo que a cadeia ε é produzida em uma etapa mais precoce do desenvolvimento (formando $\alpha_2\varepsilon_2$) do que a cadeia fetal γ, que forma $\alpha_2\gamma_2$. Uma duplicação do gene da cadeia β adulta ocorreu ainda mais tarde, durante a evolução dos primatas, produzindo o gene da δ-globina e a menor forma de hemoglobina $\alpha_2\delta_2$, encontrada apenas em primatas adultos (**Figura 4-76**).

Cada um desses genes duplicados foi modificado por mutações de ponto que afetam propriedades da molécula final de hemoglobina e também por alterações nas

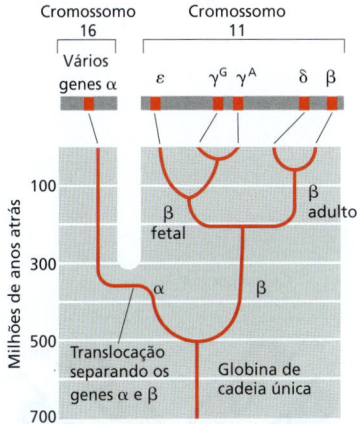

Figura 4-76 Esquema evolutivo para as cadeias da globina que transportam oxigênio no sangue de animais. O esquema ressalta a família de genes do tipo β-globina. Uma duplicação gênica relativamente recente no gene γ-cadeia produziu γ^G e γ^A, as cadeias tipo β fetais com funções idênticas. A localização dos genes da globina no genoma humano é mostrada na parte superior da figura.

regiões reguladoras que determinam o período e o nível de expressão do gene. Como resultado, cada globina é produzida em diferentes quantidades nas diferentes etapas do desenvolvimento humano.

A história dessas duplicações gênicas se reflete na disposição dos genes de hemoglobina no genoma. No genoma humano, os genes que surgiram a partir do gene β original estão dispostos como uma série de sequências de DNA homólogas, localizados em um mesmo cromossomo e com uma região de 50 mil pares de nucleotídeos entre si. Um bloco semelhante dos genes da α-globina está localizado em um cromossomo humano separado. Além de outros mamíferos, as aves também possuem os blocos de genes da α- e β-globina em cromossomos separados. Na rã *Xenopus*, contudo, eles estão juntos, sugerindo que um evento de translocação na linhagem de aves e mamíferos provocou a separação dos dois blocos de genes há cerca de 300 milhões de anos, logo após a divergência entre nossos ancestrais e os anfíbios (ver Figura 4-76).

Existem várias sequências de DNA da globina duplicadas nos blocos dos genes das α e β-globinas que são pseudogenes e não genes funcionais. Esses pseudogenes são similares aos genes funcionais, mas foram inativados por mutações que impedem sua expressão como proteínas funcionais. A existência desses pseudogenes deixa claro que, como esperado, nem toda duplicação de DNA produz um gene funcional.

Genes que codificam novas proteínas podem ser criados pela recombinação de éxons

A importância da duplicação na evolução não está limitada à expansão de famílias gênicas. Ela também pode ocorrer em escala menor, criando genes pela ligação de pequenos segmentos duplicados de DNA. As proteínas codificadas por genes produzidos dessa forma podem ser reconhecidas pela presença de domínios proteicos similares e repetidos, unidos em série por ligação covalente. As imunoglobulinas (**Figura 4-77**), por exemplo, assim como a maioria das proteínas fibrosas (como o colágeno), são codificadas por genes que evoluíram pela duplicação repetida de uma sequência de DNA primordial.

Nos genes que evoluíram dessa forma, e em vários outros genes, cada éxon geralmente codifica uma unidade de enovelamento individual da proteína, ou um domínio. Acredita-se que a organização das sequências codificadora do DNA como uma série de éxons separados por longos íntrons facilitou bastante a evolução de novas proteínas. As duplicações necessárias para formar um único gene que codifica uma proteína com domínios repetidos, por exemplo, pode ocorrer facilmente pela quebra e religação de DNA em qualquer sítio dos longos íntrons dos dois lados do éxon; sem íntrons, apenas alguns sítios do gene original da troca recombinatória entre as moléculas de DNA poderiam duplicar o domínio e não perturbá-lo. A capacidade de duplicação por recombinação em vários sítios potenciais em vez de em uns poucos sítios aumenta a probabilidade de um evento de duplicação favorável.

Pelas sequências genômicas, sabemos que várias partes dos genes – tanto éxons como elementos de regulação – atuaram como elementos modulares, os quais foram duplicados e se moveram pelo genoma criando a vasta diversidade de coisas vivas. Assim, por exemplo, diversas proteínas atuais são formadas por porções de domínios de origens diferentes, refletindo sua complexa história evolutiva (ver Figura 3-17).

Mutações neutras geralmente se difundem e tornam-se fixas em uma população, e sua probabilidade depende do tamanho da população

Na comparação entre duas espécies que divergiram por um milhão de anos entre si, os indivíduos de cada espécie que foram comparados não afetam muito as análises.

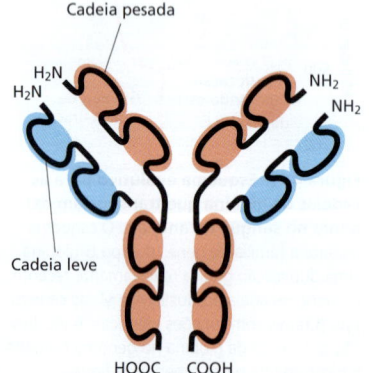

Figura 4-77 Visão esquemática de uma molécula de anticorpo (imunoglobulina). Esta molécula é um complexo de duas cadeias pesadas idênticas e duas cadeias leves idênticas. Cada cadeia pesada contém quatro domínios similares, ligados covalentemente, enquanto cada cadeia leve contém apenas dois domínios. Cada domínio é codificado por um éxon individual separado, e todos os éxons parecem ter se desenvolvido pela duplicação seriada de um único éxon ancestral.

Por exemplo, as sequências de DNA típicas de humanos e de chimpanzés diferem cerca de 1%. Em contraste, quando a mesma região do genoma é analisada em dois seres humanos escolhidos aleatoriamente, normalmente as diferenças são de cerca de 0,1%. Em organismos mais distantes, as diferenças interespécies superam a variação intraespécies ainda mais significativamente. Contudo, cada "diferença fixada" entre um humano e um chimpanzé (em outras palavras, cada diferença que é agora característica de todos ou quase todos os indivíduos de cada espécie) teve início a partir de uma mutação em um único indivíduo. Se o tamanho da população na qual a mutação ocorreu é N, a frequência do alelo inicial com a nova mutação seria $1/(2N)$ para um organismo diploide. Como uma mutação tão rara é fixada na população, tornando-se uma característica da espécie e não apenas uma característica do genoma de alguns indivíduos esparsos?

A resposta depende das consequências funcionais da mutação. Se a mutação possui um efeito prejudicial importante, será simplesmente eliminada pela seleção de purificação e não será fixada. (Em casos mais extremos, o indivíduo que possui a mutação morrerá sem deixar descendentes.) Por outro lado, as raras mutações que conferem uma vantagem reprodutiva aos indivíduos que as herdam serão difundidas rapidamente na população. Como a reprodução é sexuada no homem e a recombinação genética ocorre cada vez que um gameta é formado (discutido no Capítulo 5), o genoma de cada indivíduo que herda a mutação será um mosaico único de recombinação herdado de vários ancestrais. A mutação selecionada, juntamente com uma pequena quantidade de sequências vizinhas – herdadas a partir daquele indivíduo no qual a mutação ocorreu – será simplesmente uma peça de um enorme mosaico.

A grande maioria das mutações não é prejudicial nem benéfica. Essas mutações neutras também são distribuídas e são fixadas na população, contribuindo muito para alterações evolutivas dos genomas. Por exemplo, como visto anteriormente, tais mutações respondem pela maioria das diferenças de sequências de DNA entre macacos e humanos. A difusão de mutações neutras na população não é tão rápida como uma mutação rara de efeito vantajoso. Ela depende da variação aleatória no número de descendentes que carregam a mutação produzidos por cada um dos indivíduos que possuem a mutação, provocando alterações na frequência relativa do alelo mutante na população. Por um tipo de processo de "passeio aleatório", o alelo mutante pode ser extinto ou pode tornar-se muito comum. Esse processo pode ser moldado matematicamente para uma população de reprodução cruzada idealizada, assumindo-se um tamanho constante para a população e acasalamento aleatório, e uma seletividade neutra para as mutações. Mesmo que nenhuma das duas primeiras hipóteses descreva bem a história da população humana, o estudo do caso idealizado revela os princípios gerais de modo claro e simples.

Quando uma nova mutação neutra ocorre na população de tamanho constante N, que cruza aleatoriamente entre si, a probabilidade de fixação da mutação é de aproximadamente $1/(2N)$. Isso porque existem $2N$ cópias do gene na população diploide, e cada cópia tem uma chance igual de tornar-se a versão predominante a longo prazo. Para as mutações que foram fixadas, a matemática mostra que o período médio para fixação é de aproximadamente $4N$ gerações. Análises detalhadas dos dados em variação genética sugerem um tamanho de população ancestral de cerca de 10 mil, durante o qual o padrão atual de variação genética foi estabelecido. Com uma população desse tamanho, a probabilidade de que uma nova mutação neutra seja fixada é pequena ($1/20.000$), enquanto o tempo médio para fixação é da ordem de 800 mil anos (considerando um tempo de geração de 20 anos). Assim, embora a população tenha crescido bastante desde o desenvolvimento da agricultura, há cerca de 15 mil anos, a maioria das variantes genéticas vistas hoje reflete variações já existentes muito tempo antes disso, quando a população humana ainda era bastante pequena.

Argumentos semelhantes explicam um outro fenômeno com implicações práticas importantes no aconselhamento genético. Em uma comunidade isolada, descendente de um pequeno grupo de fundadores, como o povo da Islândia ou os judeus da Europa Oriental, as variantes genéticas que são raras na população humana como um todo, podem muitas vezes estar presentes com alta frequência, mesmo que essas variantes sejam levemente prejudiciais (**Figura 4-78**).

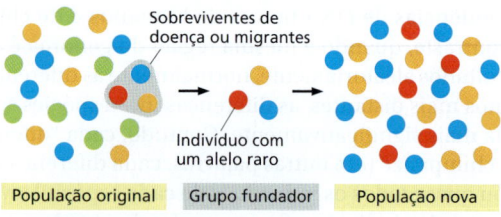

Figura 4-78 **Como o efeito do fundador determina um conjunto de variantes genéticas em uma população de indivíduos pertencentes a uma mesma espécie.** Este exemplo ilustra como um alelo raro (*vermelho*) pode ser fixado em uma população isolada, mesmo se a mutação que o produziu não oferecer uma vantagem seletiva – ou seja moderadamente prejudicial.

Muito pode ser aprendido pelas análises da variação entre os humanos

Mesmo que os alelos de variantes gênicas comuns entre humanos modernos tenham se originado de variantes presentes em um grupo relativamente pequeno de ancestrais, o número total de variantes hoje encontrado, incluindo aqueles individualmente raros, é muito grande. Novas mutações neutras estão constantemente acontecendo e se acumulando, mesmo que nenhuma tenha tido tempo suficiente para ser fixada na grande população humana moderna.

Comparações detalhadas de sequências de DNA de um grande número de humanos no mundo permitiram estimar quantas gerações ocorreram desde a origem de uma mutação neutra específica. A partir desses dados, é possível mapear as rotas de imigração dos humanos primitivos. Por exemplo, com a combinação desse tipo de análise genética com achados arqueológicos, cientistas puderam deduzir as rotas mais prováveis que nossos ancestrais seguiram quando partiram da África há 60 mil ou 80 mil anos (**Figura 4-79**).

Estivemos focando em mutações que afetam um único gene, mas essa não é a única fonte de variação. Uma outra fonte, talvez mais importante, porém ignorada por vários anos, reside nas duplicações e deleções de grandes blocos de DNA humano. Quando se compara um indivíduo humano qualquer com o padrão de referência da sequência genômica no banco de dados, são encontrados normalmente umas cem diferenças envolvendo perda ou ganho de longos blocos de sequências, totalizando talvez 3 milhões de pares de nucleotídeos. Agumas dessas **variações no número de cópias** (**CNVs**, *copy number variations*) serão muito comuns, provavelmente refletindo origens relativamente antigas, enquanto outras estarão presentes em uma pequena quantidade de pessoas (**Figura 4-80**). Em média, quase metade dos CNVs contém genes conhecidos. Os CNVs têm sido envolvidos em diversos traços humanos, incluindo daltonismo, infertilidade, hipertensão e em uma variedade de suscetibilidades a doenças. Em retrospectiva, esse tipo de variação não causa surpresa, devido ao papel proeminente das adições e perdas de DNA na evolução de vertebrados.

As variações intraespécie mais estudadas, contudo, são os **polimorfismos de um único nucleotídeo** (**SNPs**, *single-nucleotide polymorphisms*). Eles são simples mutações de ponto na sequência genômica em que uma grande proporção da população humana possui um nucleotídeo, enquanto outra parte substancial da população possui outro. Para ser considerado um polimorfismo, as variantes devem ser suficientemente comuns para gerar uma probabilidade razoavelmente alta em que os genomas de dois indivíduos escolhidos ao acaso possam diferir no sítio determinado; uma pro-

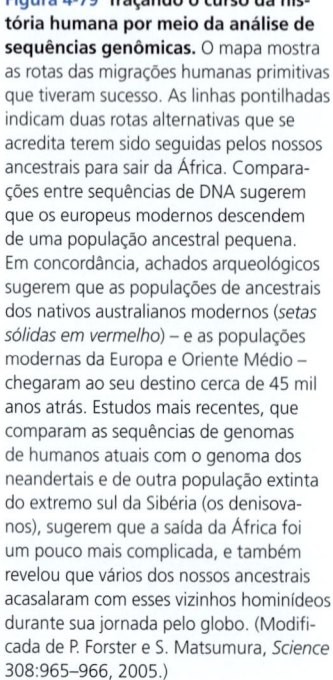

Figura 4-79 **Traçando o curso da história humana por meio da análise de sequências genômicas.** O mapa mostra as rotas das migrações humanas primitivas que tiveram sucesso. As linhas pontilhadas indicam duas rotas alternativas que se acredita terem sido seguidas pelos nossos ancestrais para sair da África. Comparações entre sequências de DNA sugerem que os europeus modernos descendem de uma população ancestral pequena. Em concordância, achados arqueológicos sugerem que as populações de ancestrais dos nativos australianos modernos (*setas sólidas em vermelho*) – e as populações modernas da Europa e Oriente Médio – chegaram ao seu destino cerca de 45 mil anos atrás. Estudos mais recentes, que comparam as sequências de genomas de humanos atuais com o genoma dos neandertais e de outra população extinta do extremo sul da Sibéria (os denisovanos), sugerem que a saída da África foi um pouco mais complicada, e também revelou que vários dos nossos ancestrais acasalaram com esses vizinhos hominídeos durante sua jornada pelo globo. (Modificada de P. Forster e S. Matsumura, *Science* 308:965–966, 2005.)

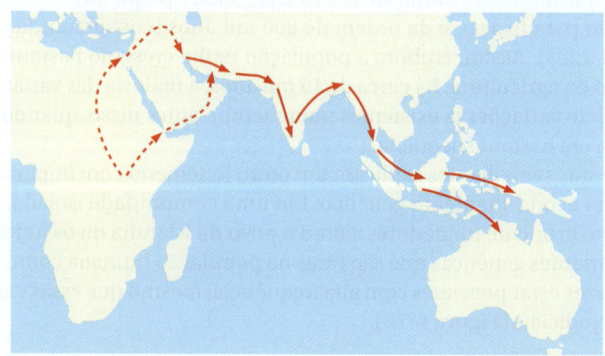

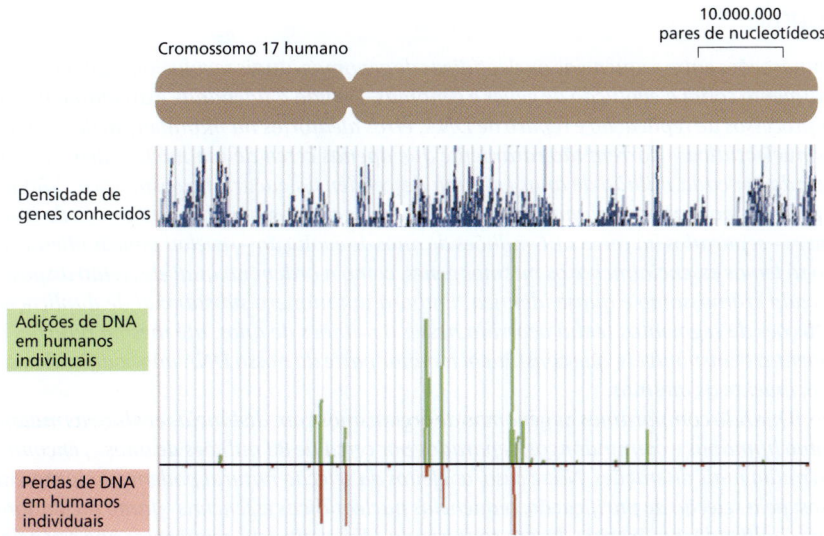

Figura 4-80 Detecção de variações no número de cópias no cromossomo 17 humano. Quando 100 indivíduos foram analisados por microarranjos de DNA, capazes de detectar o número de cópias de sequências de DNA por todo o cromossomo, as distribuições indicadas para adições de DNA (*barras verdes*) e perdas de DNA (*barras vermelhas*) foram observadas em comparação a uma sequência arbitrária humana. As barras *verde* e *vermelha* mais curtas representam uma ocorrência única em todos os 200 cromossomos examinados, enquanto as barras mais longas representam as adições e perdas mais frequentes. Os resultados mostram regiões preferenciais nas quais as variações acontecem, ocorrendo em regiões ou próximas a regiões que já contêm blocos de duplicação de segmentos. Muitas das trocas incluem genes conhecidos. (Adaptado de J.L. Freeman et al., *Genome Res.* 16:949–961, 2006. Com permissão de Cold Spring Harbor Laboratory Press.)

babilidade de 1% é normalmente usada como ponto de corte. Dois genomas humanos, escolhidos aleatoriamente da população moderna mundial, apresentarão diferenças em aproximadamente $2,5 \times 10^6$ desses sítios (1 a cada 1.300 pares de nucleotídeos). Como será descrito na visão geral da genética no Capítulo 8, os SNPs no genoma humano podem ser extremamente úteis nas análises de mapeamento genético, em que se tenta associar características específicas (fenótipos) a sequências de DNA específicas para fins médicos ou científicos (ver p. 493). Apesar de úteis como marcadores genéticos, existem fortes evidências de que a maioria desses SNPs possui pouco ou nenhum efeito sobre a aptidão humana. Isso é esperado, pois as variantes prejudiciais sofreriam seleção negativa durante a evolução humana e seriam raras, ao contrário dos SNPs.

Algumas sequências raras com uma taxa de mutação excepcionalmente alta se destacam entre os SNPs comuns herdados de nossos ancestrais pré-históricos. Um exemplo extremo são as repetições CA, presentes por todo o genoma humano e nos genomas de outros eucariotos. Sequências com o motivo $(CA)_n$ são replicadas com fidelidade muito baixa, devido ao deslizamento que ocorre entre a fita-molde e a fita recém-sintetizada durante a replicação, de forma que o valor de *n* varia muito de um genoma para o próximo. Essas repetições formam marcadores genéticos de DNA ideais, uma vez que quase todos humanos são heterozigotos, tendo herdado um comprimento de repetições (*n*) da mãe e outro do pai. Enquanto os valores de *n* são raramente alterados na maioria das transmissões pai-filho, que propagam as repetições CA com fidelidade, essas alterações são suficientes para manter um alto nível de heterozigose na população. Essas e outras repetições simples que apresentam uma variabilidade muito alta fornecem as bases para a identificação de indivíduos pela análise de DNA em investigações criminais, testes de paternidade e outras aplicações forenses (ver Figura 8-39).

Enquanto a maioria dos SNPs e CNVs na sequência do genoma humano parece ter pouco ou nenhum efeito no fenótipo, um subgrupo de variações de sequências do genoma deve ser responsável pela herança dos aspectos da individualidade humana. Sabemos que mesmo a alteração de um único nucleotídeo pode modificar um aminoácido de uma proteína, o qual, por sua vez, pode causar uma grave doença, como a anemia falciforme, causada por uma mutação na hemoglobina (**Animação 4.3**). Sabemos também que a dosagem do gene – a duplicação ou a metade no número de cópias de alguns genes – pode ter um efeito drástico no desenvolvimento pela alteração dos níveis do produto gênico ou pelas alterações nas sequências de regulação do DNA. Existem, portanto, diversas razões para supor que as muitas diferenças entre dois indivíduos humanos terão um efeito substancial na saúde, na fisiologia, no comportamento e no físico humanos. Um desafio crucial da genética humana é reconhecer essas poucas variações funcionalmente importantes contra um enorme leque de variações neutras e sem consequência.

O QUE NÃO SABEMOS

- Quantos tipos diferentes de estrutura de cromatina são importantes para as células? Como cada uma dessas estruturas é determinada e mantida, e quais são herdadas após a replicação do DNA?

- Por que existem tantos complexos de remodelagem da cromatina diferentes nas células? Quais suas principais funções, e como são colocados na cromatina, em locais e períodos determinados?

- Como as alças cromossômicas são formadas durante a interfase, e o que acontece a essas alças nos cromossomos mitóticos condensados?

- Que alterações genéticas nos tornam exclusivamente humanos? Que outros aspectos do nosso desenvolvimento evolutivo recente podem ser reconstruídos pelo sequenciamento de DNA de amostras de hominídeos primitivos?

- Quanto da enorme compexidade encontrada na biologia celular é desnecessária, uma vez que evoluiu por derivação genética aleatória?

Resumo

Comparações entre sequências nucleotídicas de genomas atuais revolucionaram nosso entendimento sobre a evolução de genes e genomas. Devido à fidelidade extremamente alta dos processos de replicação e reparo de DNA, erros aleatórios na manutenção das sequências nucleotídicas ocorrem tão raramente que apenas cerca de um nucleotídeo em mil é alterado em cada milhão de anos em uma descendência eucariótica específica. Não nos surpreende, portanto, que uma comparação entre os cromossomos de humanos e de chimpanzés – separados há cerca de 6 milhões de anos de evolução – revelou poucas alterações. Não só temos essencialmente os mesmos genes, como a ordem na qual eles estão dispostos em cada cromossomo é quase idêntica. Embora um número substancial de duplicações e deleções de segmentos tenha ocorrido nesses 6 milhões de anos, até mesmo posições de elementos transponíveis, que constituem a maior parte do nosso DNA não codificador, são praticamente as mesmas.

Quando comparamos os genomas de organismos com distâncias evolutivas maiores – como humanos e camundongos, separados por cerca de 80 milhões de anos –, encontramos muito mais alterações. Nesse caso, os efeitos da seleção natural podem ser claramente vistos: pela seleção de purificação, sequências nucleotídicas essenciais – tanto reguladoras como codificadoras (éxons) – foram conservadas. Em contraste, sequências não essenciais (p. ex., muito do DNA dos íntrons) foram alteradas a tal ponto que não é possível identificar qualquer semelhança que possam agrupá-las em famílias.

Devido à seleção de purificação, a comparação das sequências genômicas de diversas espécies relacionadas é uma maneira importante para encontrar sequências de DNA com funções relevantes. Embora apenas cerca de 5% do genoma humano sejam conservados como resultado da seleção de purificação, a função da maioria desse DNA (milhares de sequências multiespécies conservadas) permanece um mistério. Experimentos futuros de caracterização das suas funções devem ensinar muitas novas lições sobre a biologia de vertebrados.

Outras comparações de sequências mostram que um grande grau de complexidade em organismos modernos é devido à expansão de famílias gênicas ancestrais. A duplicação de DNA seguida pela divergência dessas sequências tem sido claramente a principal fonte de novidades genéticas durante a evolução. Em uma escala temporal mais recente, os genomas de dois indivíduos humanos quaisquer apresentam diferenças entre si devido a substituições nucleotídicas (SNPs) e devido à herança de adições e perdas de DNA que resultam em variações do número de cópias gênicas (CNVs). A compreensão dos efeitos dessas diferenças irá aperfeiçoar a medicina e o nosso entendimento da biologia humana.

TESTE SEU CONHECIMENTO

Quais afirmativas estão corretas? Justifique.

4-1 As mulheres possuem 23 cromossomos diferentes, enquanto os homens possuem 24.

4-2 As quatro histonas do cerne são proteínas relativamente pequenas com uma alta proporção de aminoácidos com carga positiva; essa carga positiva auxilia na forte ligação ao DNA, não importando sua sequência nucleotídica.

4-3 Os nucleossomos ligam o DNA tão fortemente que eles não podem alterar a posição em que foram inicialmente estabelecidos.

4-4 Em uma comparação entre DNAs de organismos relacionados, como humanos e camundongos, a identifcação de sequências conservadas de DNA facilita a busca por regiões funcionalmente importantes.

4-5 A duplicação e a divergência gênica parecem ter tido um papel fundamental no aumento da complexidade biológica durante a evolução.

Discuta as questões a seguir.

4-6 O DNA isolado de um vírus bacteriano, o M13, contém 25% de A, 33% de T, 22% de C e 20% de G. Esses resultados lhe surpreendem de algum modo? Justifique sua resposta. Como você poderia explicar esses valores?

4-7 Um segmento de DNA do interior de uma fita simples é mostrado na **Figura Q4-1**. Qual a polaridade desse DNA de cima para baixo?

4-8 O DNA humano contém 20% de C em base molar. Quais as porcentagens molares de A, G e T?

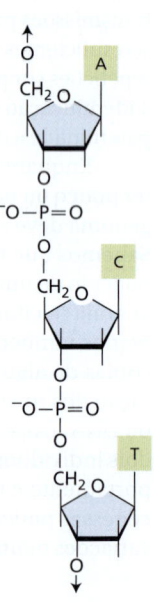

Figura Q4-1 Três nucleotídeos do interior de uma fita simples de DNA. As *setas* nas extremidades da fita de DNA indicam que a estrutura continua em ambas as direções.

4-9 O cromossomo 3 de orangotangos difere do cromossomo 3 de humanos por dois eventos de inversão que ocorreram na linhagem humana (**Figura Q4-2**). Desenhe o cromossomo intermediário que resulta da primeira inversão e indique claramente os segmentos incluídos em cada inversão.

Figura Q4-2 Cromossomos 3 de orangotangos e humanos. *Blocos em cores* diferentes indicam segmentos cromossômicos que são homólogos na sequência de DNA.

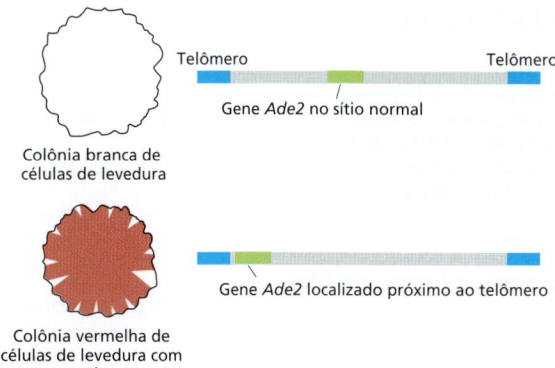

Colônia branca de células de levedura

Gene *Ade2* no sítio normal

Colônia vermelha de células de levedura com setores brancos

Gene *Ade2* localizado próximo ao telômero

Figura Q4-3 Efeito posicional na expressão do gene *Ade2* de leveduras. O gene *Ade2* codifica uma das enzimas de biossíntese da adenosina, e a ausência do produto gênico leva ao acúmulo de um pigmento vermelho. Portanto, uma colônia de células que expressam *Ade2* é *branca*, e uma composta por células em que o gene *Ade2* não é expresso é *vermelha*.

4-10 Considerando que uma fibra de cromatina de 30 nm contém cerca de 20 nucleossomos (200 pares de base por nucleossomos) por 50 nm de comprimento, calcule o grau de compactação do DNA associado a esse tipo de nível de estrutura de cromatina. Que fração da condensação de 10 mil vezes que ocorre na mitose esse nível de empacotamento representa?

4-11 Em contraste à acetilação de histonas, que sempre está correlacionada à ativação gênica, a metilação de histonas pode resultar na ativação transcricional ou na repressão. Como você supõe que a mesma modificação – metilação – possa promover diferentes efeitos biológicos?

4-12 Por que um cromossomo com dois centrômeros (um cromossomo dicêntrico) é instável? Um centrômero reserva não seria bom para o cromossomo, dando a ele duas chances de formar o cinetocoro e se ligar aos microtúbulos na mitose? Isso não poderia ajudar a garantir que nenhum cromossomo fosse deixado para trás na mitose?

4-13 Observe as duas colônias de leveduras na **Figura Q4-3**. Cada uma dessas colônias contém cerca de 100 mil células descendentes de uma única célula, originada em algum lugar no meio de uma touceira. Uma colônia branca surge quando o gene *Ade2* é expresso na sua localização cromossômica normal. Quando o gene *Ade2* é movido para um local próximo ao telômero, é compactado na heterocromatina e inativado na maioria das células, produzindo colônias na sua maioria vermelhas. Nessas colônias essencialmente vermelhas, setores brancos de dispersam a partir do meio da colônia. Em ambos os setores, brancos e vermelhos, o gene *Ade2* ainda está localizado próximo aos telômeros. Explique por que os setores brancos são formados próximos às bordas da colônia vermelha. Com base nos padrões observados, o que pode ser concluído sobre a propagação do estado de transcrição do gene *Ade2* da célula-mãe às células-filhas neste experimento?

4-14 Segmentos móveis de DNA – os elementos transponíveis inserem-se nos cromossomos e se acumulam durante a evolução, somando mais de 40% do genoma humano. Elementos transponíveis dos quatro tipos – elementos nucleares intercalados longos (LINEs), elementos nucleares intercalados curtos (SINEs), retrotrانspósons com repetições terminais longas (LTR), e transpósons de DNA – são inseridos quase aleatoriamente pelo genoma humano. Esses elementos são visivelmente raros nos quatro blocos gênicos de homeobox (*HoxA, HoxB, HoxC* e *HoxD*), como ilustrado para *HoxD* na **Figura Q4-4**, com uma região de cromossomo 22 equivalente, que não possui um bloco *Hox*. Cada bloco *Hox* tem um comprimento de cerca de 100 kb e contém de 9 a 11 genes, cuja expressão diferencial ao longo do eixo anteroposterior do embrião em desenvolvimento estabelece o plano corporal básico para humanos (e outros animais). Por que você acha que os elementos transponíveis são tão raros nos blocos de genes *Hox*?

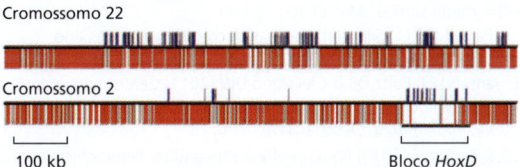

Figura Q4-4 Elementos transponíveis e genes em uma região de 1 Mb dos cromossomos 2 e 22. As *linhas azuis* que se projetam *para cima* indicam éxons de genes conhecidos. *Linhas vermelhas* que se projetam *para baixo* indicam elementos transponíveis; eles são tão numerosos (constituindo mais de 40% do genoma humano) que quase formam um bloco sólido no lado externo dos blocos *Hox*. (Adaptada de E. Lander et al., *Nature* 409:860–921, 2001. Com permissão de Macmillan Publishers Ltd.)

REFERÊNCIAS

Gerais
Armstrong L (2014) Epigenetics. New York: Garland Science.
Hartwell L, Hood L, Goldberg ML et al. (2010) Genetics: From Genes to Genomes, 4th ed. Boston, MA: McGraw Hill.
Jobling M, Hollox E, Hurles M et al. (2014) Human Evolutionary Genetics, 2nd ed. New York: Garland Science.
Strachan T & Read AP (2010) Human Molecular Genetics, 4th ed. New York: Garland Science.

Estrutura e função do DNA
Avery OT, MacLeod CM & McCarty M (1944) Studies on the chemical nature of the substance inducing transformation of pneumococcal types. *J. Exp. Med.* 79, 137–158.
Meselson M & Stahl FW (1958) The replication of DNA in *Escherichia coli*. *Proc. Natl Acad. Sci. USA* 44, 671–682.
Watson JD & Crick FHC (1953) Molecular structure of nucleic acids. A structure for deoxyribose nucleic acid. *Nature* 171, 737–738.

O DNA cromossômico e sua compactação na fibra de cromatina
Andrews AJ & Luger K (2011) Nucleosome structure(s) and stability: variations on a theme. *Annu. Rev. Biophys.* 40, 99–117.
Avvakumov N, Nourani A & Côté J (2011) Histone chaperones: modulators of chromatin marks. *Mol. Cell* 41, 502–514.
Deal RB, Henikoff JG & Henikoff S (2010) Genome-wide kinetics of nucleosome turnover determined by metabolic labeling of histones. *Science* 328, 1161–1164.
Grigoryev SA & Woodcock CL (2012) Chromatin organization—the 30 nm fiber. *Exp. Cell Res.* 318, 1448–1455.
Li G, Levitus M, Bustamante C & Widom J (2005) Rapid spontaneous accessibility of nucleosomal DNA. *Nat. Struct. Mol. Biol.* 12, 46–53.
Luger K, Mäder AW, Richmond RK et al. (1997) Crystal structure of the nucleosome core particle at 2.8 Å resolution. *Nature* 389, 251–260.
Narlikar GJ, Sundaramoorthy R & Owen-Hughes T (2013) Mechanisms and functions of ATP-dependent chromatin-remodeling enzymes. *Cell* 154, 490–503.
Song F, Chen P, Sun D et al. (2014) Cryo-EM study of the chromatin fiber reveals a double helix twisted by tetranucleosomal units. *Science* 344, 376–380.

Estrutura e função da cromatina
Al-Sady B, Madhani HD & Narlikar GJ (2013) Division of labor between the chromodomains of HP1 and Suv39 methylase enables coordination of heterochromatin spread. *Mol. Cell* 51, 80–91.
Beisel C & Paro R (2011) Silencing chromatin: comparing modes and mechanisms. *Nat. Rev. Genet.* 12, 123–135.
Black BE, Jansen LET, Foltz DR & Cleveland DW (2011) Centromere identity, function, and epigenetic propagation across cell divisions. *Cold Spring Harb. Symp. Quant. Biol.* 75, 403–418.
Elgin SCR & Reuter G (2013) Position-effect variegation, heterochromatin formation, and gene silencing in *Drosophila*. *Cold Spring Harb. Perspect. Biol.* 5, a017780.
Felsenfeld G (2014) A brief history of epigenetics. *Cold Spring Harb. Perspect. Biol.* 6, a018200.
Feng S, Jacobsen SE & Reik W (2010) Epigenetic reprogramming in plant and animal development. *Science* 330, 622–627.
Filion GJ, van Bemmel JG, Braunschweig U et al. (2010) Systematic protein location mapping reveals five principal chromatin types in *Drosophila* cells. *Cell* 143, 212–224.
Fodor BD, Shukeir N, Reuter G & Jenuwein T (2010) Mammalian *Su(var)* genes in chromatin control. *Annu. Rev. Cell Dev. Biol.* 26, 471–501.
Giles KE, Gowher H, Ghirlando R et al. (2010) Chromatin boundaries, insulators, and long-range interactions in the nucleus. *Cold Spring Harb. Symp. Quant. Biol.* 75, 79–85.
Gohl D, Aoki T, Blanton J et al. (2011) Mechanism of chromosomal boundary action: roadblock, sink, or loop? *Genetics* 187, 731–748.
Mellone B, Erhardt S & Karpen GH (2006) The ABCs of centromeres. *Nat. Cell Biol.* 8, 427–429.
Morris SA, Baek S, Sung M-H et al. (2014) Overlapping chromatin-remodeling systems collaborate genome wide at dynamic chromatin transitions. *Nat. Struct. Mol. Biol.* 21, 73–81.
Politz JCR, Scalzo D & Groudine M (2013) Something silent this way forms: the functional organization of the repressive nuclear compartment. *Annu. Rev. Cell Dev. Biol.* 29, 241–270.
Rothbart SB & Strahl BD (2014) Interpreting the language of histone and DNA modifications. *Biochim. Biophys. Acta* 1839, 627–643.
Weber CM & Henikoff S (2014) Histone variants: dynamic punctuation in transcription. *Genes Dev.* 28, 672–682.
Xu M, Long C, Chen X et al. (2010) Partitioning of histone H3-H4 tetramers during DNA replication-dependent chromatin assembly. *Science* 328, 94–98.

A estrutura global dos cromossomos
Belmont AS (2014) Large-scale chromatin organization: the good, the surprising, and the still perplexing. *Curr. Opin. Cell Biol.* 26, 69–78.
Bickmore W (2013) The spatial organization of the human genome. *Annu. Rev. Genomics Hum. Genet.* 14, 67–84.
Callan HG (1982) Lampbrush chromosomes. *Proc. R. Soc. Lond. B Biol. Sci.* 214, 417–448.
Cheutin T, Bantignies F, Leblanc B & Cavalli G (2010) Chromatin folding: from linear chromosomes to the 4D nucleus. *Cold Spring Harb. Symp. Quant. Biol.* 75, 461–473.
Cremer T & Cremer M (2010) Chromosome territories. *Cold Spring Harb. Perspect. Biol.* 2, a003889.
Lieberman-Aiden E, van Berkum NL, Williams L et al. (2009) Comprehensive mapping of long-range interactions reveals folding principles of the human genome. *Science* 326, 289–293.
Maeshima K & Laemmli UK (2003) A two-step scaffolding model for mitotic chromosome assembly. *Dev. Cell* 4, 467–480.
Moser SC & Swedlow JR (2011) How to be a mitotic chromosome. *Chromosome Res.* 19, 307–319.
Nizami ZF, Deryusheva S & Gall JG (2010) Cajal bodies and histone locus bodies in *Drosophila* and *Xenopus*. *Cold Spring Harb. Symp. Quant. Biol.* 75, 313–320.
Zhimulev IF (1997) Polytene chromosomes, heterochromatin, and position effect variegation. *Adv. Genet.* 37, 1–566.

Como os genomas evoluem
Batzer MA & Deininger PL (2002) Alu repeats and human genomic diversity. *Nat. Rev. Genet.* 3, 370–379.
Feuk L, Carson AR & Scherer S (2006) Structural variation in the human genome. *Nat. Rev. Genet.* 7, 85–97.
Green RE, Krause J, Briggs AW et al. (2010) A draft sequence of the Neandertal genome. *Science* 328, 710–722.
International Human Genome Sequencing Consortium (2001) Initial sequencing and analysis of the human genome. *Nature* 409, 860–921.
International Human Genome Sequencing Consortium (2004) Finishing the euchromatic sequence of the human genome. *Nature* 431, 931–945.
Kellis M, Wold B, Snyder MP et al. (2014) Defining functional DNA elements in the human genome. *Proc. Natl Acad. Sci. USA* 111, 6131–6138.
Lander ES (2011) Initial impact of the sequencing of the human genome. *Nature* 470, 187–197.
Lee C & Scherer SW (2010) The clinical context of copy number variation in the human genome. *Expert Rev. Mol. Med.* 12, e8.
Mouse Genome Sequencing Consortium (2002) Initial sequencing and comparative analysis of the mouse genome. *Nature* 420, 520–562.
Pollard KS, Salama SR, Lambert N et al. (2006) An RNA gene expressed during cortical development evolved rapidly in humans. *Nature* 443, 167–172.

Replicação, reparo e recombinação do DNA

CAPÍTULO 5

A capacidade das células de manter um alto grau de organização em um ambiente caótico depende da duplicação exata de grandes quantidades de informação genética armazenadas na forma química de DNA. Esse processo, denominado *replicação do DNA*, deve ocorrer antes de a célula produzir duas células-filhas geneticamente iguais. A manutenção da ordem também requer a vigilância contínua e o reparo dessa informação genética, uma vez que o DNA contido na célula é repetidamente danificado por compostos químicos e radiação oriundos do ambiente, por acidentes térmicos e por moléculas reativas. Neste capítulo, descrevemos as maquinarias proteicas responsáveis pela replicação e pelo reparo do DNA nas células. Essas maquinarias catalisam alguns dos processos mais rápidos e precisos que ocorrem na célula, e seus mecanismos ilustram a elegância e a eficiência da química celular.

Enquanto a sobrevivência de curto prazo de uma célula depende da sua capacidade de prevenir alterações no seu DNA, a sobrevivência em longo prazo de uma espécie requer que as sequências de DNA sofram alterações ao longo de gerações, a fim de permitir a adaptação evolutiva a circunstâncias dinâmicas. Veremos que, apesar do grande esforço da célula para proteger seu DNA, alterações ocasionais na sequência acontecem. Com o passar do tempo, essas alterações produzem variações genéticas sujeitas à pressão seletiva durante a evolução dos organismos.

Começaremos este capítulo com uma breve discussão sobre as alterações que ocorrem no DNA conforme ele vai sendo transmitido de geração em geração. A seguir, discutiremos os mecanismos celulares – replicação e reparo do DNA – responsáveis por minimizar essas alterações. Finalmente, iremos considerar algumas das vias mais fascinantes que alteram as sequências de DNA – especialmente aquelas de recombinação do DNA que incluem o movimento, nos cromossomos, de sequências especiais denominadas elementos transponíveis.

NESTE CAPÍTULO

MANUTENÇÃO DAS SEQUÊNCIAS DE DNA

MECANISMOS DE REPLICAÇÃO DO DNA

INÍCIO E TÉRMINO DA REPLICAÇÃO DO DNA NOS CROMOSSOMOS

REPARO DO DNA

RECOMBINAÇÃO HOMÓLOGA

TRANSPOSIÇÃO E RECOMBINAÇÃO SÍTIO-ESPECÍFICA CONSERVATIVA

MANUTENÇÃO DAS SEQUÊNCIAS DE DNA

Como mencionado anteriormente, embora alterações genéticas ocasionais aumentem a sobrevivência em longo prazo de uma espécie durante a evolução, a sobrevivência de um indivíduo necessita de alto grau de estabilidade genética. Raramente os processos de manutenção do DNA celular falham, resultando em uma alteração permanente no DNA. Tal alteração é chamada de **mutação**, podendo destruir um organismo se ocorrer em uma posição vital na sequência do DNA.

As taxas de mutação são extremamente baixas

A **taxa de mutação**, isto é, a proporção na qual alterações acontecem nas sequências de DNA, pode ser determinada diretamente a partir de experimentos realizados em uma bactéria como *Escherichia coli* – um componente da nossa flora intestinal e um organismo muito utilizado em laboratórios (ver Figura 1-24). Em condições de laboratório, a *E. coli* divide-se aproximadamente a cada 30 minutos, e uma única célula produz uma população bastante grande – vários bilhões – em menos de um dia. Em uma população assim, é possível detectar uma pequena proporção de bactérias que tenham sofrido uma mutação prejudicial em um determinado gene, se este gene não for necessário à sobrevivência dessas bactérias. Por exemplo, a taxa de mutação de um gene especificamente necessário para utilização do açúcar lactose como fonte de energia pode ser determinada pelo crescimento das células na presença de um açúcar diferente, como glicose, testando-as, a seguir, para verificar quantas dessas células perderam a capacidade de sobreviver em uma dieta sem lactose. A fração de genes danificados é subestimada em relação à taxa de mutação real, uma vez que várias mutações são *silenciosas* (p. ex., as mutações que alteram um códon, mas não o aminoácido codificado, ou aquelas que alteram o aminoácido, sem afetar a atividade da proteína codificada pelo gene). Estima-se que um único gene que codificadores uma proteína de tamanho médio ($\sim 10^3$ pares de nucleotídeos codificadores), após o ajuste para alterações silenciosas, sofra uma mutação (não necessariamente uma mutação que inative a proteína) a cada 10^6 gerações de células bacterianas aproximadamente. Em outras palavras, as bactérias apresentam uma taxa de mutação de aproximadamente três alterações de nucleotídeo a cada 10^{10} nucleotídeos por geração.

Recentemente, tornou-se possível medir diretamente a taxa de mutação em células germinativas de organismos mais complexos, com reprodução sexual, como os humanos. Nesse caso, os genomas completos de uma família – progenitores e descendentes – foram sequenciados de forma direta, e uma comparação meticulosa revelou que aproximadamente 70 novas mutações de um nucleotídeo surgiram nas células germinativas de cada descendente. Normalizada para o tamanho do genoma humano, a taxa de mutação é um nucleotídeo alterado por 10^8 nucleotídeos por geração humana. Essa taxa é levemente subestimada, porque algumas mutações são letais e, portanto, estarão ausentes na prole; mas, como uma quantidade relativamente pequena do genoma humano carrega informação essencial, essa consideração tem um efeito muito pequeno na taxa de mutação real. Estima-se que ocorram aproximadamente cem divisões celulares na linhagem germinativa desde o momento da concepção até o momento da produção de óvulos e espermatozoides que produzirão a próxima geração. Assim, a taxa de mutação humana, expressa em termos de divisões celulares (em vez de gerações humanas), é de aproximadamente 1 mutação/10^{10} nucleotídeos/divisão celular.

Embora a *E. coli* e humanos sejam extremamente diferentes em seus modos de reprodução e tempos de geração, quando as taxas de mutação de cada um são normalizadas para um ciclo de replicação do DNA, ambos são extremamente baixos e diferem entre si por um fator de três. Veremos mais adiante que os mecanismos básicos que garantem essas baixas taxas de mutação são conservados desde os primórdios da história das células na Terra.

Taxas de mutação baixas são necessárias à vida que conhecemos

Como a maioria das mutações é prejudicial, nenhuma espécie pode permitir seu acúmulo em altas taxas nas células germinativas. Apesar de a frequência observada de mutação ser baixa, ela parece limitar o número de proteínas essenciais que cada organismo necessita em uns 30 mil. Mais que isso, e a probabilidade de que pelo menos um componente crítico venha a sofrer uma mutação prejudicial torna-se dramaticamente alta. Por esse mesmo argumento, uma frequência de mutação dez vezes maior limitaria um organismo a cerca de 3 mil genes essenciais. Nesse caso, a evolução estaria limitada a organismos bem menos complexos que a mosca-das-frutas.

As células de um animal ou planta com reprodução sexual são de dois tipos: **células germinativas** e **células somáticas**. As células germinativas transmitem a informação genética do progenitor aos seus descendentes; as células somáticas formam o corpo do organismo (**Figura 5-1**). Vimos que as células germinativas devem ser protegidas contra as altas taxas de mutação para a manutenção da espécie. Por outro lado, as células somáticas de organismos multicelulares também devem ser protegidas de alterações genéticas para manter a estrutura do corpo organizada e correta. As alterações nucleotídicas em células somáticas podem gerar células variantes, algumas das quais, pela seleção natural "local", proliferam-se rapidamente às custas do resto do organismo. Em casos extremos, o resultado é a proliferação celular descontrolada conhecida como câncer, uma doença que causa mais de 20% das mortes de seres humanos a cada ano (na Europa e América do Norte). Essas mortes são, em grande parte, provocadas pelo acúmulo de alterações na sequência de DNA das células somáticas, como discutido no Capítulo 20. É provável que um aumento significativo da frequência de mutação cause um desastroso aumento na incidência de câncer pela aceleração da taxa de surgimento dessas células variantes. Assim, tanto para a perpetuação de espécies com um grande número

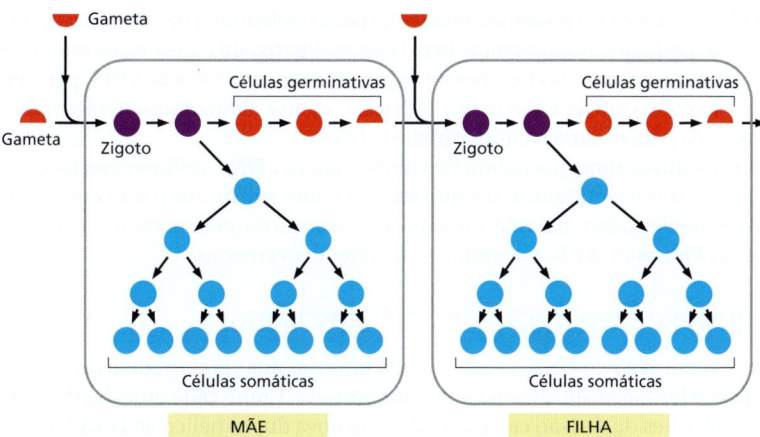

Figura 5-1 **As células da linhagem germinativa e as células somáticas realizam funções fundamentalmente diferentes.** Em organismos de reprodução sexuada, as células germinativas (*em vermelho*) transmitem a informação genética à próxima geração. As células somáticas (*em azul*), que formam o corpo do organismo, são necessárias à sobrevivência das células germinativas, porém não deixam nenhuma progênie.

de genes (estabilidade das células germinativas) quanto para evitar o câncer resultante de mutações nas células somáticas (estabilidade das células somáticas), os organismos multicelulares, incluindo os humanos, dependem da admirável fidelidade pela qual as sequências de DNA são replicadas e mantidas.

Resumo

Em todas as células, as sequências de DNA são mantidas e replicadas com alta fidelidade. A taxa de mutação, de aproximadamente 1 nucleotídeo alterado por 10^{10} nucleotídeos cada vez que o DNA é replicado, é praticamente a mesma em organismos tão diferentes como bactérias e seres humanos. Devido a essa impressionate precisão, a sequência do genoma humano (aproximadamente $3,2 \times 10^9$ pares de nucleotídeos) permanece inalterada ou altera-se apenas por alguns poucos nucleotídeos a cada vez que uma célula humana típica se divide. Isso permite que a maioria dos seres humanos transmita instruções genéticas precisas de uma geração a outra e também evita que as alterações nas células somáticas originem um câncer.

MECANISMOS DE REPLICAÇÃO DO DNA

Todos os organismos duplicam seu DNA com extrema precisão antes de cada divisão celular. Nesta seção, exploramos como uma "maquinaria de replicação" tão elaborada atinge essa precisão ao mesmo tempo em que duplica o DNA a taxas altíssimas de até mil nucleotídeos por segundo.

O pareamento de bases fundamenta a replicação e o reparo do DNA

Como discutido brevemente no Capítulo 1, o uso de um *DNA-molde* é o processo pelo qual a sequência de nucleotídeos de uma fita é copiada em uma sequência complementar de DNA (**Figura 5-2**). Esse processo exige a separação da hélice de DNA em duas

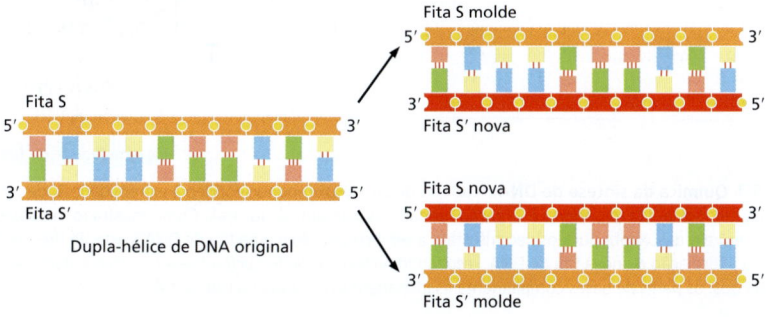

Figura 5-2 **A dupla-hélice de DNA atua como um molde para sua própria duplicação.** Como o nucleotídeo A forma um par apenas com T, e G apenas com C, cada fita do DNA pode atuar como molde para determinar a sequência de nucleotídeos da sua fita complementar pelo pareamento das bases do DNA. Desse modo, a molécula de DNA de fita dupla é copiada com precisão.

fitas-molde e implica no reconhecimento, de cada nucleotídeo nas *fitas-molde* de DNA, por um nucleotídeo complementar livre (não polimerizado). Essa separação expõe os grupos doador e aceptor das ligações de hidrogênio em cada base do DNA, permitindo o pareamento com o nucleotídeo livre a ser incorporado e alinhando-o para a polimerização catalisada pela enzima na nova cadeia de DNA.

A primeira enzima que polimeriza nucleotídeos, a **DNA-polimerase**, foi descoberta em 1957. Os nucleotídeos livres que servem como substratos para essa enzima são desoxirribonucleosídeos trifosfato, e sua polimerização requer um molde de DNA de fita simples. As **Figuras 5-3** e **5-4** ilustram os detalhes dessa reação.

A forquilha de replicação de DNA é assimétrica

Durante a replicação do DNA na célula, cada uma das duas fitas originais atua como um molde para a formação de uma fita inteiramente nova. Como cada uma das duas células-filhas resultantes da divisão celular herda uma nova dupla-hélice de DNA formada por uma fita original e uma fita nova (**Figura 5-5**), diz-se que a replicação da dupla-hélice de DNA é produzida de forma "semiconservativa". Como isso acontece?

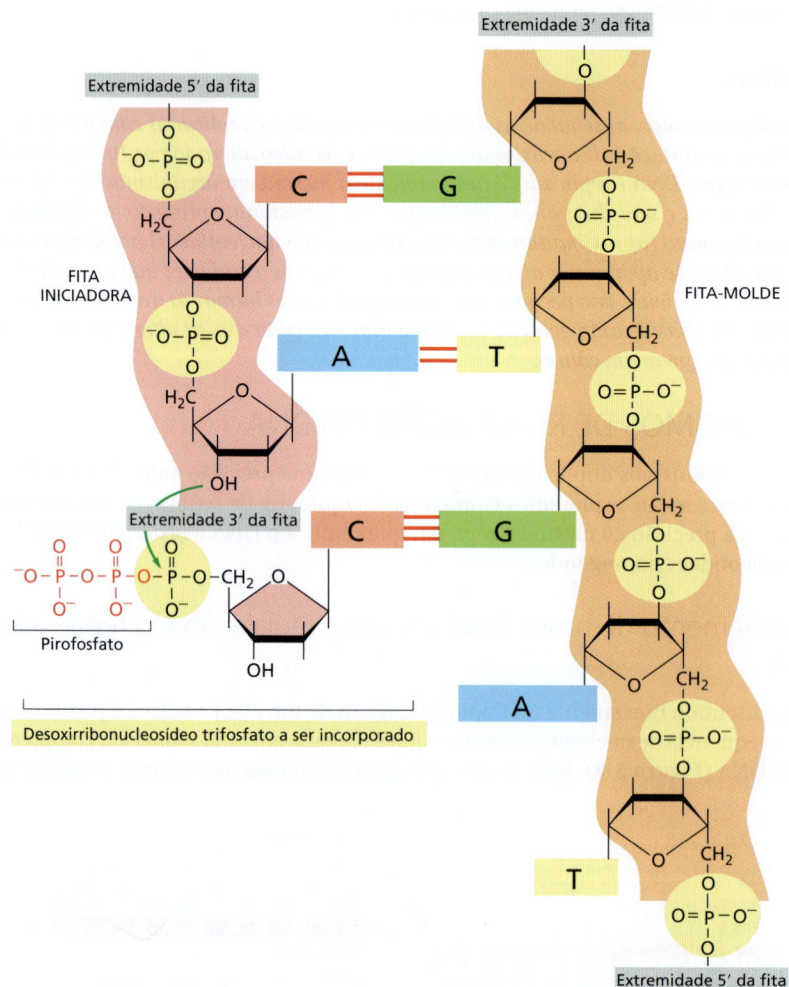

Figura 5-3 Química da síntese de DNA. A adição de um desoxirribonucleotídeo à extremidade 3' de uma cadeia polinucleotídica (*fita iniciadora*) é a reação fundamental da síntese do DNA. Como mostrado, o pareamento das bases entre o desoxirribonucleosídeo trifosfato a ser incorporado e uma fita de DNA existente (*fita-molde*) determina a formação da nova fita de DNA, resultando na sequência de nucleotídeos complementares. A maneira pela qual os pares de bases complementares interagem é mostrada na Figura 4-4.

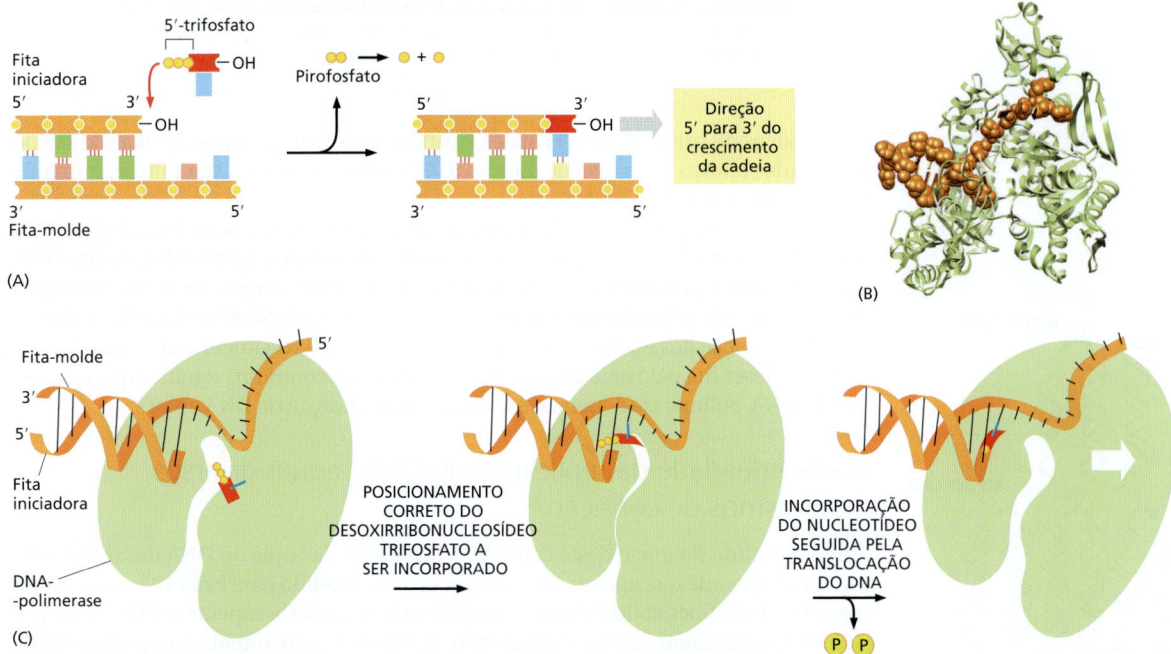

Figura 5-4 A síntese de DNA catalisada pela DNA-polimerase. (A) A DNA-polimerase catalisa a adição sequencial de um desoxirribonucleotídeo à extremidade 3'-OH de uma cadeia polinucleotídica, a *fita iniciadora* crescente que está pareada a um *fita-molde* já existente. A fita de DNA recém-sintetizada é, então, polimerizada na direção 5'-3', como mostrado também na figura anterior. Como cada desoxirribonucleosídeo trifosfato deve formar par com a fita-molde para ser reconhecido pela DNA-polimerase, essa fita determina qual dos quatro desoxirribonucleotídeos possíveis (A, C, G ou T) será adicionado. A reação é promovida por uma grande alteração favorável da energia livre causada pela liberação do pirofosfato e sua subsequente hidrólise em duas moléculas de fosfato inorgânico. (B) Estrutura da DNA-polimerase complexada ao DNA (*em laranja*), determinada por cristalografia de raios X (Animação 5.1). A fita-molde de DNA é a fita longa, e a fita recém-sintetizada é a curta. (C) Diagrama esquemático da DNA-polimerase baseada na estrutura mostrada em (B). A geometria adequada do pareamento de bases dada pelo desoxirribonucleosídeo trifosfato a ser incorporado provoca um ajuste da polimerase em torno do par de base, iniciando a reação de adição do nucleotídeo (*parte do meio do diagrama* [C]). A dissociação do pirofosfato relaxa a polimerase, permitindo a translocação do DNA em um nucleotídeo de modo que o sítio ativo da polimerase fica pronto para receber o próximo desoxirribonucleosídeo trifosfato.

Análises realizadas no início da década de 1960 usando cromossomos em replicação revelaram uma região de replicação localizada que se deslocava progressivamente pela dupla-hélice de DNA parental. Em razão de sua estrutura em forma de "Y", essa região de replicação ativa é chamada de **forquilha de replicação** (Figura 5-6). Na forquilha de replicação, um complexo multienzimático que contém a DNA-polimerase sintetiza o DNA das duas fitas novas.

Inicialmente, o mecanismo mais simples para a replicação do DNA parecia ser o crescimento contínuo das duas fitas, nucleotídeo a nucleotídeo, na forquilha de replicação, à medida que esta se desloca de uma extremidade à outra de uma molécula de DNA. No entanto, devido à orientação antiparalela das duas fitas de DNA na dupla-hélice (ver Figura 5-2), esse mecanismo necessitaria que uma das fitas fosse polimerizada na direção 5'-3' e a outra na direção 3'-5'. Uma forquilha desse tipo requer duas enzimas DNA-polimerase diferentes. Entretanto, apesar de ser um modelo atraente, as DNA-polimerases nas forquilhas de replicação somente podem sintetizar na direção 5'-3'.

Como ocorre o crescimento de uma fita de DNA na direção 3'-5'? A resposta foi primeiramente sugerida por resultados de experimentos realizados no final da década de 1960. Os pesquisadores adicionaram ^{3}H-timidina, altamente radioativa, a bactérias em divisão por alguns segundos, de maneira que apenas o DNA replicado mais recentemente – aquele logo atrás da forquilha de replicação – fosse marcado radioativamente. Esse experimento revelou a existência de segmentos transitórios com 1.000 a 2.000 nucleotídeos de comprimento, geralmente conhecidos como *fragmentos de Okazaki*, presentes na forquilha de replicação crescente. (Segmentos intermediários similares foram encontrados mais tarde na replicação de eucariotos, porém com apenas 100 a 200

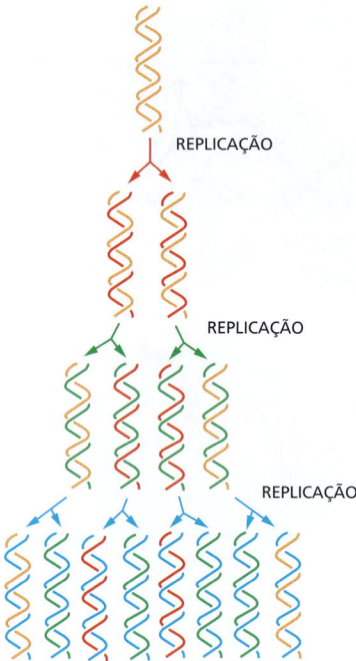

Figura 5-5 **Natureza semiconservativa da replicação do DNA.** Em um evento de replicação, cada uma das duas fitas de DNA é usada como molde para a formação de uma fita complementar. As fitas originais permanecem intactas por várias gerações celulares.

nucleotídeos de comprimento.) Foi demonstrado que os fragmentos de Okazaki são polimerizados apenas na cadeia de direção 5'-3' e são unidos após sua síntese, formando longas cadeias de DNA.

Assim, a forquilha de replicação possui uma estrutura assimétrica (**Figura 5-7**). A fita-filha de DNA sintetizada continuamente é denominada *fita-líder*, ou *fita contínua*. Sua síntese precede levemente a síntese da fita-filha sintetizada de modo descontínuo, conhecida como **fita retardada**, ou *fita descontínua*. Na fita retardada, a direção da polimerização dos nucleotídeos é oposta à direção do crescimento da cadeia de DNA. A síntese dessa fita pelo mecanismo descontínuo e "ao contrário" significa que apenas o tipo de DNA-polimerase 5' para 3' é utilizado na replicação de DNA.

A alta fidelidade da replicação do DNA requer diversos mecanismos de correção

Como discutido no início deste capítulo, a fidelidade da cópia do DNA durante a replicação é tão grande que apenas cerca de um erro é cometido para cada 10^{10} nucleotídeos copiados. Essa fidelidade é muito maior do que se poderia esperar com base na precisão do pareamento complementar entre as bases. O pareamento complementar padrão (ver Figura 4-4) não é o único possível. Por exemplo, com pequenas alterações na geometria da hélice, duas ligações de hidrogênio podem ser formadas entre G e T no DNA. Além disso, formas tautoméricas raras das quatro bases do DNA ocorrem temporariamente em proporções de uma parte para 10^4 ou 10^5. Essas formas podem parear erroneamente sem alterar a geometria da hélice: a forma tautomérica rara de C forma par com A em vez de G, por exemplo.

Se a DNA-polimerase não fizesse nada quando um pareamento errado ocorresse entre o DNA-molde e o desoxirribonucleotídeo recém-polimerizado, o nucleotídeo errado seria incorporado à cadeia nascente de DNA, produzindo mutações frequentes. A alta fidelidade da replicação do DNA depende, dessa forma, não apenas do pareamento entre as bases complementares, mas também de vários mecanismos de "correção" que atuam de forma sequencial para corrigir qualquer pareamento incorreto que possa ter ocorrido.

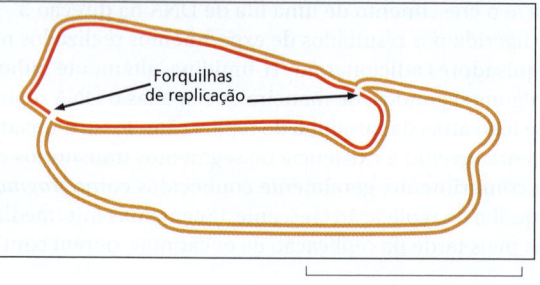

Figura 5-6 **Duas forquilhas de replicação movem-se em direções opostas em um cromossomo circular.** Uma zona de replicação ativa move-se progressivamente sobre a molécula de DNA em replicação, criando uma estrutura em forma de "Y", conhecida como forquilha de replicação: os dois braços do Y são as duas moléculas-filhas de DNA, e o tronco do Y é a hélice de DNA parental. Neste diagrama, as fitas parentais estão em *laranja*, e as fitas recém-sintetizadas estão em *vermelho*. (Micrografia cortesia de Jerome Vinograd.)

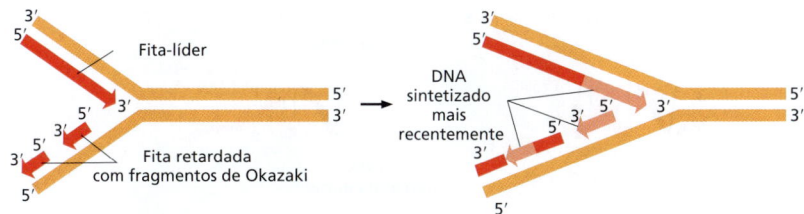

Figura 5-7 Estrutura de uma forquilha de replicação de DNA. À esquerda, uma forquilha de replicação com DNA recém-sintetizado em *vermelho*; as setas indicam a direção 5'-3' da síntese do DNA. Como as duas fitas-filhas de DNA são polimerizadas na direção 5'-3', o DNA sintetizado na fita retardada deve ser feito inicialmente em uma série de pequenos segmentos de DNA, os *fragmentos de Okazaki*, chamados assim por causa do cientista que os descobriu. À direita, a mesma forquilha pouco tempo depois. Na fita retardada, os fragmentos de Okazaki são sintetizados em sequência, sendo os mais próximos à forquilha os fragmentos de síntese mais recente.

A DNA-polimerase realiza a primeira etapa da correção e ocorre imediatamente antes da adição covalente de um novo nucleotídeo à cadeia crescente. Nosso conhecimento sobre esse mecanismo veio de estudos em diferentes DNA-polimerases, incluindo uma produzida por um vírus de bactéria, chamado T7, que se replica dentro da bactéria *E. coli*. O nucleotídeo correto tem uma maior afinidade pela polimerase em movimento em comparação ao incorreto, porque o pareamento correto é energeticamente mais favorável. Além disso, após a ligação do nucleotídeo, mas antes da sua ligação covalente à cadeia crescente, a enzima precisa sofrer uma alteração conformacional que promove um ajuste desse "encaixe" em torno do sítio ativo (ver Figura 5-4). Como essa alteração ocorre mais prontamente com o pareamento correto do que com o incorreto, a polimerase pode verificar novamente a geometria exata do pareamento de bases antes de catalisar a adição do novo nucleotídeo. Nucleotídeos pareados de forma incorreta são mais difíceis de serem adicionados e, portanto, difundem-se mais prontamente no meio, antes que a polimerase possa adicioná-los de modo errado.

A próxima reação de correção de erro, conhecida como *correção exonucleolítica*, ocorre imediatamente após os raros casos em que um nucleotídeo incorreto é covalentemente adicionado à cadeia crescente. As DNA-polimerases são altamente específicas para os tipos de cadeias de DNA que alongam: elas necessitam de um pareamento de bases previamente formado, com extremidade 3'-OH, de uma *fita iniciadora* (iniciador) (ver Figura 5-4). Essas moléculas de DNA com um malpareamento (pareamento impróprio) de nucleotídeos na extremidade 3'-OH da fita iniciadora não servem como molde eficiente porque a polimerase tem dificuldades em alongar a fita. As moléculas de DNA-polimerase corrigem essas fitas iniciadoras com pareamentos incorretos por um sítio catalítico separado (em uma subunidade separada ou em um domínio separado da molécula, dependendo da polimerase). Essa *exonuclease de correção de erro 3'-5'* remove qualquer nucleotídeo não pareado ou mal pareado na extremidade do iniciador, continuando até que um número suficiente de nucleotídeos tenha sido removido, e daí regenerar uma extremidade terminal 3'-OH corretamente pareada capaz de iniciar a síntese de DNA. Dessa forma, a DNA-polimerase atua como uma enzima de "autocorreção", que remove seus próprios erros de polimerização conforme se desloca pelo DNA (**Figuras 5-8** e **5-9**).

As propriedades de autocorreção da DNA-polimerase dependem da sua exigência em ter um iniciador perfeitamente pareado na extremidade, porque aparentemente não é possível para esse tipo de enzima iniciar uma síntese *de novo*, sem um iniciador preexistente. Por outro lado, as enzimas RNA-polimerases envolvidas na transcrição gênica não necessitam de uma atividade de correção exonucleolítica eficiente: os erros na síntese de RNA não são passados para a próxima geração, e as moléculas de RNA com defeitos

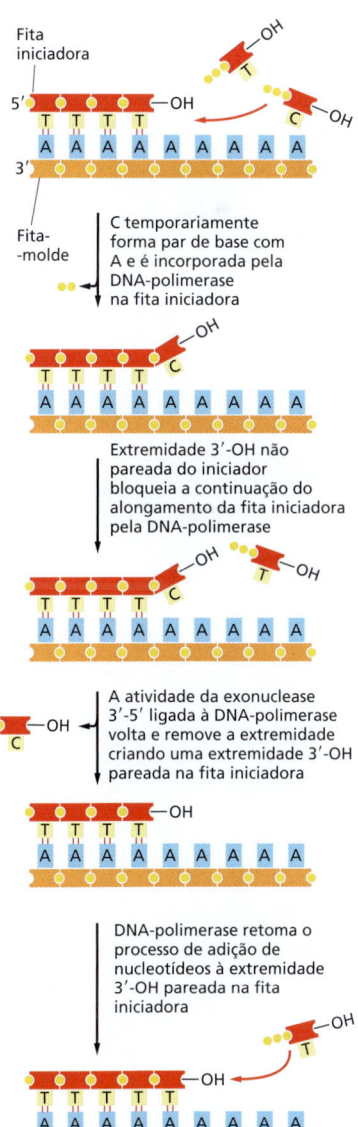

Figura 5-8 Correção exonucleolítica pela DNA-polimerase durante a replicação do DNA. Neste exemplo, um C é incorporado acidentalmente à extremidade 3'-OH da cadeia crescente de DNA. A porção da DNA-polimerase que remove o nucleotídeo incorreto é um componente especializado de uma grande classe de enzimas, conhecidas como *exonucleases*, que clivam nucleotídeos, um a um, a partir de uma das extremidades de polinucleotídeos.

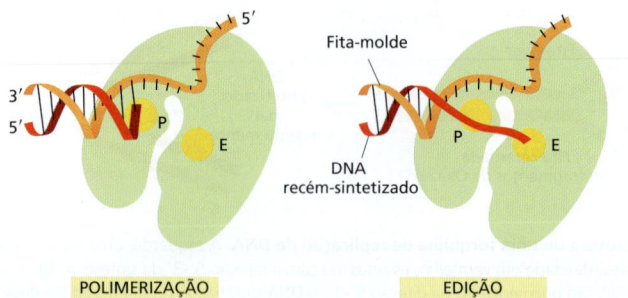

Figura 5-9 Edição pela DNA-polimerase. DNA-polimerase complexada com o DNA-molde no modo de polimerização (à *esquerda*) e no modo de edição (à *direita*). Os sítios catalíticos para as reações de exonuclease (E) e polimerização (P) estão indicados. No modo de edição, o DNA recém-sintetizado temporariamente se dissocia do molde e entra no sítio de edição onde o último nucleotídeo adicionado é cataliticamente removido.

ocasionais não têm maior relevância. As RNA-polimerases são capazes de iniciar novas cadeias polinucleotídicas sem um iniciador.

Uma taxa de erros de aproximadamente um em cada 10^4 é encontrada tanto na síntese de RNA como em um processo separado, a tradução de sequências de RNA mensageiro (mRNA) em sequências proteicas. Essa proporção de erros é mais de 100 mil vezes maior comparada à replicação de DNA, em que, como já vimos, uma série de mecanismos de correção torna o processo extraordinariamente preciso (**Tabela 5-1**).

Apenas a replicação do DNA na direção 5'-3' permite correção eficiente de erros

A necessidade da alta precisão provavelmente explica por que a replicação do DNA ocorre apenas na direção 5'-3'. Caso existisse uma DNA-polimerase capaz de adicionar desoxirribonucleosídeos trifosfatos na direção 3'-5', a própria extremidade 5' da cadeia, em vez do mononucleotídeo a ser incorporado, teria que fornecer o trifosfato ativado necessário à ligação covalente. Nesse caso, os erros na polimerização não poderiam ser simplesmente hidrolisados, pois a extremidade 5' da cadeia assim formada imediatamente terminaria a síntese de DNA (ver Figura 5-3). Portanto, a correção de uma base mal pareada é possível apenas se esta for adicionada à extremidade 3' da cadeia de DNA. Embora o mecanismo de replicação da fita retardada pareça complexo, ele preserva a direção de polimerização 5'-3' necessária à atividade de correção exonucleolítica.

Apesar dos mecanismos para preservar o DNA contra erros de replicação, as DNA-polimerases eventualmente cometem erros. Entretanto, como veremos mais adiante, as células têm uma outra oportunidade de corrigir esses erros por um processo chamado de *reparo de pareamento incorreto*. Antes de discutirmos esse mecanismo, descreveremos os outros tipos de proteínas que atuam na forquilha de replicação.

TABELA 5-1 As três etapas que originam a síntese de DNA de alta fidelidade	
Etapa de replicação	Erros por nucleotídeo adicionado
Polimerização 5'→3'	1 a cada 10^5
Correção exonucleolítica 3'→5'	1 a cada 10^2
Reparo de pareamento incorreto	1 a cada 10^3
Combinação	1 a cada 10^{10}

A terceira etapa, reparo de pareamento incorreto, será discutida mais adiante neste capítulo. Na etapa da polimerização, os "erros por nucleotídeo adicionado" descrevem a probabilidade de um nucleotídeo incorreto ser adicionado à cadeia crescente; nas outras duas etapas, descrevem a probabilidade de um erro não ser corrigido. Cada etapa, portanto, reduz a chance de um erro final pelo fator mostrado.

Figura 5-10 **Síntese do iniciador de RNA.** Ilustração esquemática da reação catalisada pela *DNA-primase*, a enzima que sintetiza os pequenos iniciadores de RNA produzidos na fita retardada, usando DNA como molde. Ao contrário da DNA-polimerase, essa enzima pode iniciar uma nova cadeia polinucleotídica pela ligação de dois nucleosídeos trifosfato. A primase sintetiza uma pequena cadeia polinucleotídica na direção 5'-3' e para, deixando a extremidade 3' do iniciador disponível para a DNA-polimerase.

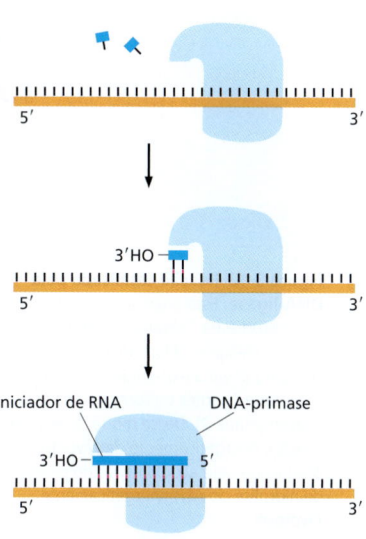

Uma enzima especial de polimerização de nucleotídeos sintetiza pequenas moléculas de iniciadores de RNA na fita retardada

Na fita-líder, apenas um iniciador é necessário para o início da replicação: uma vez que a forquilha de replicação esteja estabelecida, a DNA-polimerase é continuamente apresentada à extremidade da cadeia com o pareamento ao qual irá adicionar novos nucleotídeos. No lado descontínuo da forquilha, por outro lado, cada vez que a DNA-polimerase completa um pequeno fragmento de Okazaki (o que leva alguns segundos), ela deve novamente iniciar a síntese de um fragmento completamente novo em um sítio mais adiante na fita-molde (ver Figura 5-7). Um mecanismo especial produz uma fita iniciadora complementar necessária à DNA-polimerase. Esse mecanismo depende de uma enzima chamada de **DNA-primase**, que utiliza ribonucleosídeos trifosfato para sintetizar pequenos **iniciadores de RNA** na fita retardada (**Figura 5-10**). Nos eucariotos, esses iniciadores possuem cerca de 10 nucleotídeos e são produzidos em intervalos de 100 a 200 nucleotídeos na fita retardada.

A estrutura química do RNA foi apresentada no Capítulo 1, sendo descrita em detalhes no Capítulo 6. Aqui, salientamos apenas que o RNA, em estrutura, é muito semelhante ao DNA. Uma fita de RNA pode formar pares de bases com uma fita de DNA, produzindo uma dupla-hélice híbrida DNA-RNA, se as duas sequências forem complementares entre si. Assim, a síntese dos iniciadores de RNA é regida pelo mesmo princípio de moldes usado para sintetizar DNA. Como o iniciador de RNA contém um nucleotídeo corretamente pareado com um grupo 3'-OH em uma extremidade, ele pode ser estendido pela DNA-polimerase a partir dessa extremidade, iniciando um fragmento de Okazaki. A síntese de cada fragmento de Okazaki termina quando a DNA-polimerase encontra o iniciador de RNA ligado à extremidade 5' do fragmento anterior. Para produzir uma cadeia contínua de DNA a partir de vários fragmentos na fita retardada, um sistema especial de reparo atua rapidamente para retirar o iniciador de RNA e substituí-lo por DNA. A seguir, uma enzima chamada de **DNA-ligase** liga a extremidade 3' do novo fragmento de DNA à extremidade 5' do fragmento anterior, completando o processo (**Figuras 5-11** e **5-12**).

Por que um iniciador de RNA, que necessita ser removido, é preferível no lugar de um iniciador de DNA, que não teria a necessidade de remoção? O argumento de que uma polimerase autocorretiva não seria capaz de iniciar cadeias *de novo* também implica o contrário: uma enzima que inicia cadeias de modos diferentes não pode ser eficiente em autocorreção. Então, qualquer enzima que inicie a síntese de um fragmento de Okazaki necessariamente produz uma cópia relativamente imprecisa (no mínimo, 1 erro a cada 10^5). Mesmo que as cópias mantidas no produto final somassem apenas cerca de 5% do genoma total (p. ex., 10 nucleotídeos por fragmento de DNA com 200 nucleotídeos), haveria um enorme aumento na taxa de mutação. Dessa forma, parece que a utilização do RNA e não do DNA como iniciador traz uma grande vantagem para a célula: os ribonucleotídeos do iniciador automaticamente marcam essas sequências como "cópias suspeitas" para que sejam de maneira eficiente removidas e substituídas.

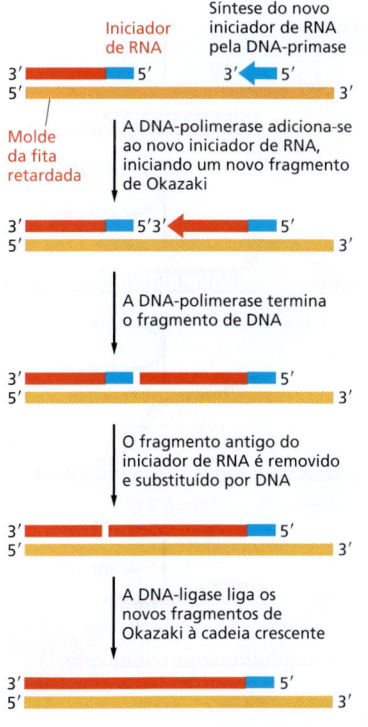

Figura 5-11 **A síntese de um dos vários fragmentos de DNA da fita retardada.** Em eucariotos, os iniciadores de RNA são produzidos em intervalos de cerca de 200 nucleotídeos na fita retardada, e cada iniciador possui aproximadamente 10 nucleotídeos. Esse iniciador é removido por uma enzima de reparo especial (uma RNAse H), que reconhece uma fita de RNA em uma hélice híbrida RNA/DNA, fragmentando-a e deixando um espaço que é preenchido pela DNA-polimerase e pela DNA-ligase.

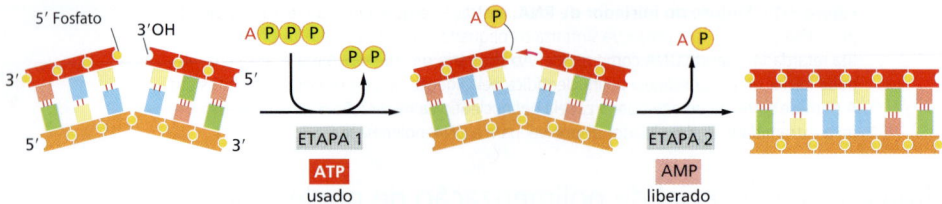

Figura 5-12 Reação catalisada pela DNA-ligase. Essa enzima religa uma ligação fosfodiéster "clivada". Como mostrado, a DNA-ligase utiliza uma molécula de ATP para ativar a extremidade 5' na quebra (etapa 1) antes da formação da nova ligação (etapa 2). Desse modo, a reação de ligação, energeticamente desfavorável, é promovida pelo acoplamento do processo de hidrólise do ATP, energeticamente favorável.

Proteínas especiais auxiliam na abertura da dupla-hélice de DNA à frente da forquilha de replicação

Para que a síntese de DNA ocorra, a dupla-hélice de DNA deve ser aberta ("desnaturada") à frente da forquilha de replicação, de modo que o desoxirribonucleosídeo trifosfato possa formar par com a fita-molde. Entretanto, a dupla-hélice de DNA é bastante estável sob condições normais; as bases pareadas são unidas tão fortemente que são necessárias temperaturas altas, quase a temperatura de ebulição da água, para separá-las em tubos de ensaio. Por essa razão, duas proteínas de replicação adicionais – as DNA-helicases e as proteínas ligadoras de DNA de fita simples – são necessárias para promover a abertura da dupla-hélice e fornecer os moldes de DNA de fita simples para que a polimerase possa atuar.

As **DNA-helicases** foram primeiramente isoladas como proteínas que hidrolisam adenosina trifosfato (ATP, *adenosine triphosphate*) quando ligadas a cadeias simples de DNA. Como descrito no Capítulo 3, a hidrólise do ATP pode alterar a conformação de uma molécula proteica de maneira cíclica, permitindo o trabalho mecânico executado pela proteína. As DNA-helicases utilizam esse princípio para impulsionarem-se rapidamente sobre a fita simples de DNA. Quando encontram uma região de dupla-hélice, continuam o deslocamento sobre essa fita, interferindo e separando a hélice em até mil pares de nucleotídeos por segundo (**Figuras 5-13** e **5-14**).

As duas fitas possuem polaridades opostas, e, em princípio, as helicases poderiam desenrolar a dupla-hélice de DNA movendo-se na direção 5'-3' sobre uma fita, e na direção 3'-5' sobre a outra. Ambos os tipos de helicases existem. No sistema de replicação mais bem compreendido, em bactérias, a helicase que desloca-se de 5'-3' na fita-molde retardada parece ter uma função predominante, por razões que logo ficarão claras.

As **proteínas ligadoras de fita simples de DNA** (SSB, *single strand DNA-binding*), também denominadas *proteínas desestabilizadoras de hélices*, ligam-se fortemente e de maneira cooperativa para expor fitas simples de DNA sem encobrir suas bases, que permanecem disponíveis como moldes. Essas proteínas são incapazes de abrir diretamente uma longa hélice de DNA, mas auxiliam as helicases, estabilizando a conformação distorcida e de fita simples. Também, por meio de ligação cooperativa, elas cobrem e estendem as regiões de DNA de fita simples, que ocorrem a todo momento no molde da fita retardada, e evitam a formação de pequenos grampos que formam-se rapidamente no DNA de fita simples (**Figura 5–15** e **Figura 5–16**). Se não forem removidos, esses grampos de hélices podem impedir a síntese de DNA catalisada pela DNA-polimerase.

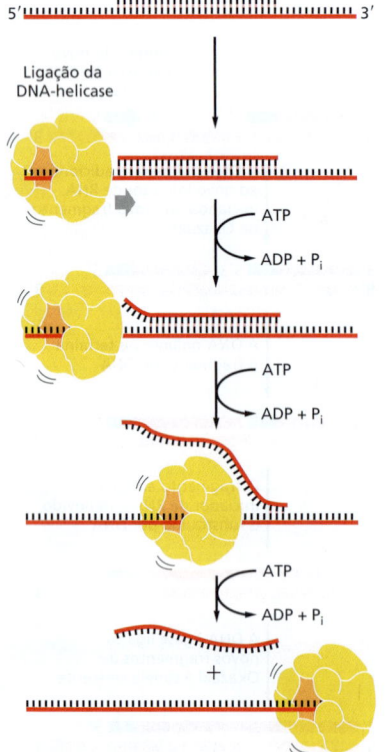

Figura 5-13 Um ensaio para as enzimas DNA-helicases. Um pequeno fragmento de DNA é hibridizado a uma longa molécula de DNA de fita simples, formando uma região de DNA de fita dupla. A dupla-hélice é desfeita à medida que a helicase passa pelo DNA de fita simples, liberando o pequeno fragmento de DNA em uma reação que requer a presença da proteína helicase e de ATP. O movimento sequencial rápido da helicase é promovido pela hidrólise de ATP (mostrada esquematicamente na Figura 3-75A). Como indicado, várias DNA-helicases são compostas por seis subunidades.

Figura 5-14 Estrutura de uma DNA-helicase. (A) Diagrama da proteína mostrada como um anel hexamérico desenhado em escala com a forquilha de replicação. (B) Estrutura detalhada da helicase replicativa do bacteriófago T7, determinada por difração de raios X. Seis subunidades idênticas ligam-se e hidrolisam ATP de um modo ordenado para impulsionar a molécula pela fita simples de DNA que é passada pela cavidade central do anel. Em *vermelho*, as moléculas de ATP ligadas à estrutura (Animação 5.2). (Código PDB: 1E0J.)

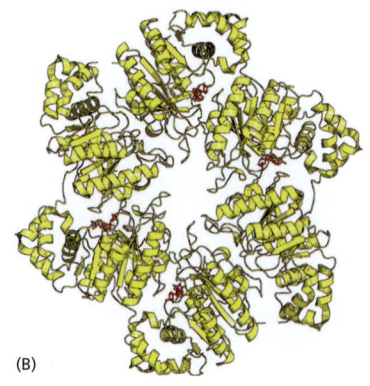

Uma cinta deslizante mantém a DNA-polimerase em movimento sobre o DNA

Em sua maioria, as DNA-polimerases, por si só, sintetizam apenas um pequeno segmento de nucleotídeos e logo se dissociam do DNA-molde. A tendência à rápida dissociação da molécula de DNA permite que a DNA-polimerase que recém terminou a síntese de um fragmento de Okazaki na fita retardada seja reciclada rapidamente e possa iniciar a síntese do próximo fragmento de Okazaki na mesma fita. Essa rápida dissociação, entretanto, dificultaria a síntese, pela DNA-polimerase, de longas fitas produzidas na forquilha de replicação caso não houvesse uma proteína acessória (chamada de PCNA em eucariotos) que atuasse como uma **cinta deslizante**. Essa cinta mantém a polimerase firmemente associada ao DNA enquanto está em movimento, mas a libera tão logo a polimerase encontre uma região de DNA de fita dupla.

Como pode uma cinta evitar a dissociação da polimerase sem, ao mesmo tempo, impedir seu rápido deslocamento sobre a molécula de DNA? A estrutura tridimensional da proteína da cinta, determinada por difração de raios X, mostrou que ela forma um grande anel ao redor da hélice de DNA. Uma face do anel liga-se por trás da DNA-polimerase, e toda a cinta desliza livremente ao longo da molécula de DNA à medida que a DNA-polimerase se desloca. A montagem da cinta ao redor do DNA requer hidrólise de ATP por meio de um complexo proteico especial, o **montador da cinta**, que hidrolisa ATP enquanto monta a cinta em uma junção molde-iniciador (**Figura 5-17**).

No molde da fita-líder, a DNA-polimerase em movimento está fortemente ligada à cinta, e as duas permanecem associadas por um longo tempo. A DNA-polimerase sobre o molde da fita retardada também utiliza a cinta, porém cada vez que a polimerase alcança a extremidade 5' do fragmento de Okazaki anterior, a polimerase libera-se da cinta e dissocia-se do molde. Essa molécula de polimerase então se associa a uma nova cinta montada sobre o iniciador de RNA do próximo fragmento de Okazaki.

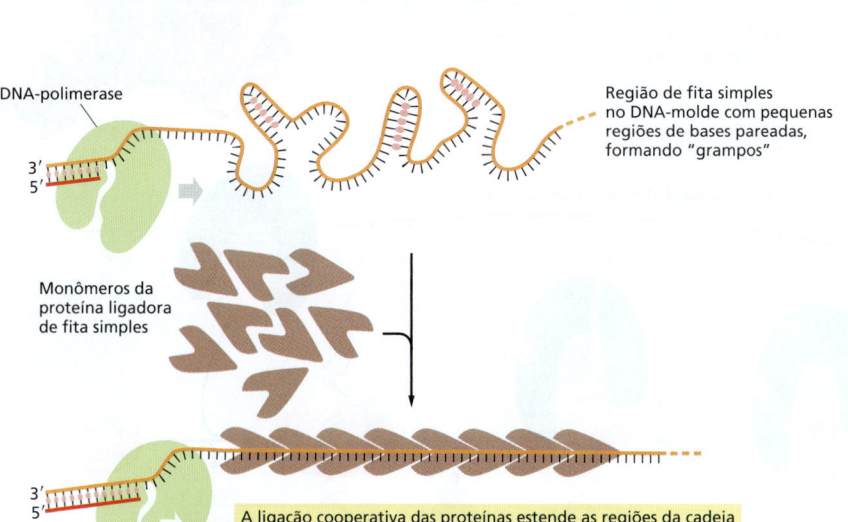

Figura 5-15 Efeito das proteínas ligadoras de fita simples de DNA (proteínas SSB) na estrutura de DNA de fita simples. Como cada molécula proteica prefere ligar-se próximo a uma molécula previamente ligada, extensas fileiras dessa proteína são formadas sobre a fita simples de DNA. Essa *ligação cooperativa* estende o DNA-molde e facilita o processo de polimerização. As hélices em "forma de grampo" mostradas na fita simples de DNA desprotegida resultam do pareamento ao acaso de pequenas regiões com sequências complementares semelhantes às pequenas hélices formadas normalmente nas moléculas de RNA (ver Figura 1-6).

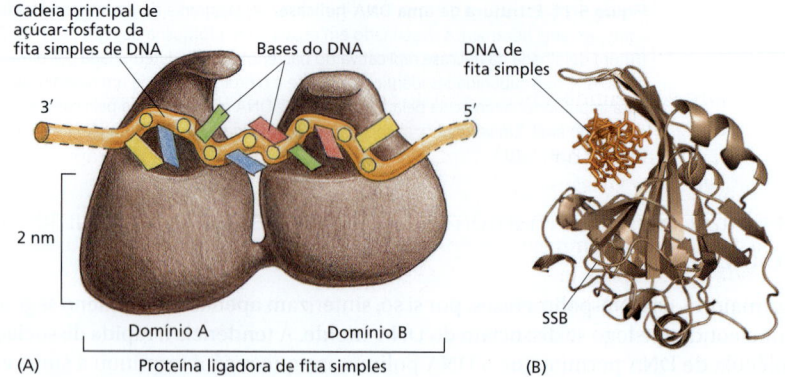

Figura 5-16 Proteína ligadora de fita simples dos humanos ligada ao DNA. (A) Vista frontal dos dois domínios de ligação do DNA da proteína (chamada RPA), que cobre oito nucleotídeos no total. Observe que as bases do DNA permanecem expostas no complexo proteína-DNA. (B) Diagrama mostrando a estrutura tridimensional, com a fita de DNA (*em laranja*) vista pela extremidade. (Código PDB: 1JMC.)

Figura 5-17 A cinta deslizante regulada que prende a DNA-polimerase ao DNA. (A) Estrutura da cinta deslizante de *E. coli*, determinada por cristalografia de raios X, com uma hélice de DNA adicionada para indicar como a proteína é ajustada ao redor do DNA (Animação 5.3). (B) Ilustração mostrando como a cinta (com subunidades em *vermelho* e *amarelo*) é montada no DNA e atua como uma fixação para a molécula de DNA-polimerase em movimento. A estrutura do montador da cinta *(verde-escuro)* assemelha-se a um sistema porca-e-parafuso, com a rosca do parafuso coincidindo com os sulcos da fita dupla de DNA. O montador liga-se a uma molécula livre da cinta, forçando e formando uma lacuna no anel das subunidades de modo que este anel seja capaz de deslizar ao redor do DNA. O montador da cinta, em função da sua estrutura de porca-e-parafuso, reconhece a região do DNA de fita dupla e se agarra a ela, ajustando-se em torno do complexo de uma fita-molde com uma fita recém-sintetizada, alongada a partir do iniciador. Ele carrega a cinta pela região de fita dupla até encontrar a extremidade 3'-do iniciador, e daí o montador libera a cinta pela hidrólise de ATP, permitindo que ela se feche ao redor do DNA e se ligue à DNA-polimerase. Na reação simplificada mostrada aqui, o montador da cinta dissocia-se na solução após a formação da cinta. Em uma forquilha de replicação verdadeira, o montador da cinta permanece próximo à polimerase na fita retardada, de modo que fique pronto para montar uma nova cinta no início de cada novo fragmento de Okazaki (ver Figura 5-18). (A, de X.P. Kong et al., *Cell* 69:425–437, 1992. Com permissão de Elsevier; B, adaptada de B.A. Kelch et al., *Science* 334:1675–1680, 2011. Com permissão de AAAS. Código PDB: 3BEP.)

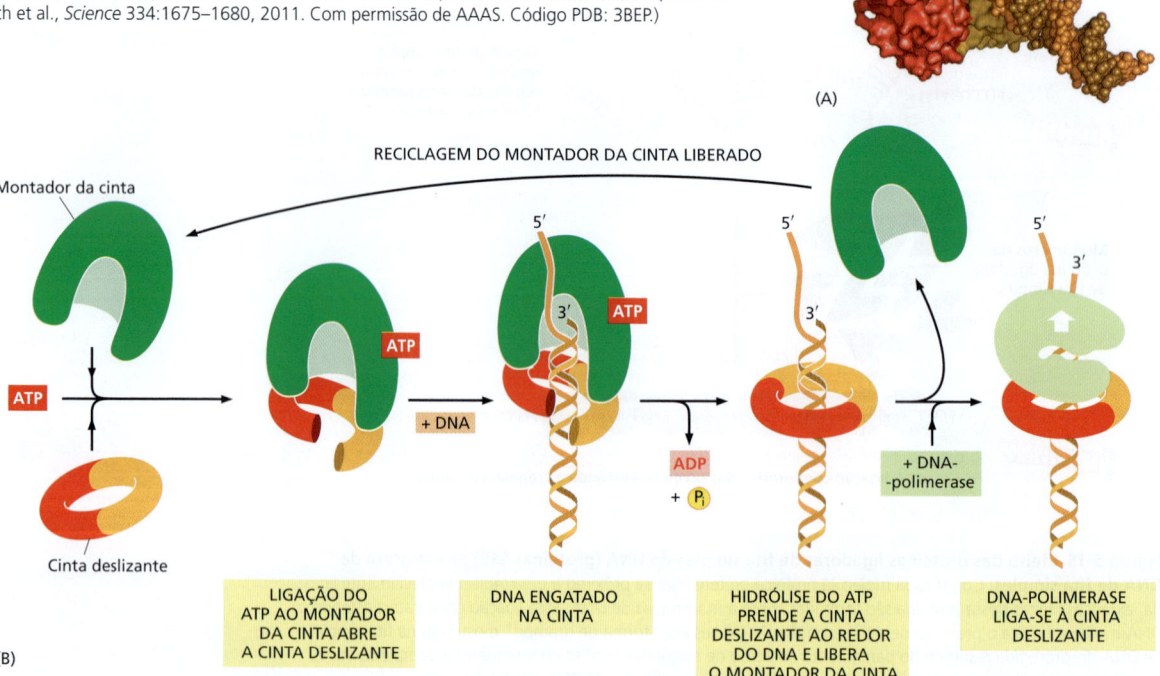

Na forquilha de replicação, as proteínas cooperam para formar uma maquinaria de replicação

Apesar de termos discutido a replicação do DNA realizada por uma série de proteínas que atuam de forma independente, na realidade, a maior parte das proteínas é mantida unida em um grande complexo multienzimático que sintetiza o DNA rapidamente. Esse complexo pode ser comparado a uma minúscula máquina de costura composta por peças proteicas e impulsionada pela hidrólise de nucleosídeos trifosfato. Como na máquina de costura, o complexo de replicação provavelmente permanece estacionário; o DNA pode ser comparado a uma longa faixa de tecido sendo rapidamente costurada enquanto passa pela máquina. Embora o complexo de replicação tenha sido mais bem estudado em *E. coli* e em vários de seus vírus, um complexo muito semelhante também ocorre em eucariotos, como visto a seguir.

As funções das subunidades da maquinaria de replicação estão resumidas na **Figura 5-18**. Na frente da forquilha de replicação, a DNA-helicase abre a dupla-hélice de DNA. Duas moléculas de DNA-polimerase trabalham na forquilha uma na fita-líder, e outra na fita retardada. Enquanto a molécula de DNA-polimerase na fita-líder pode operar de modo contínuo, a molécula de DNA-polimerase na fita retardada deve reiniciar em intervalos curtos, utilizando os pequenos iniciadores de RNA produzidos pela DNA-primase. A íntima associação de todos esses componentes proteicos aumenta bastante a eficiência da replicação, sendo possível graças à conformação da fita retardada que parece enovelar-se para trás como mostra a Figura 5-18A. Esse arranjo também facilita a formação da cinta da polimerase cada vez que um fragmento de Okazaki é sintetizado: o montador da cinta e a molécula de DNA-polimerase da fita retardada são mantidos unidos como parte da maquinaria proteica mesmo quando dissociados do DNA-molde. As proteínas da replicação são, portanto, mantidas unidas formando uma única unidade de grande tamanho (massa molecular total > 10^6 dáltons), permitindo que o DNA seja sintetizado dos dois lados da forquilha de modo eficiente e coordenado.

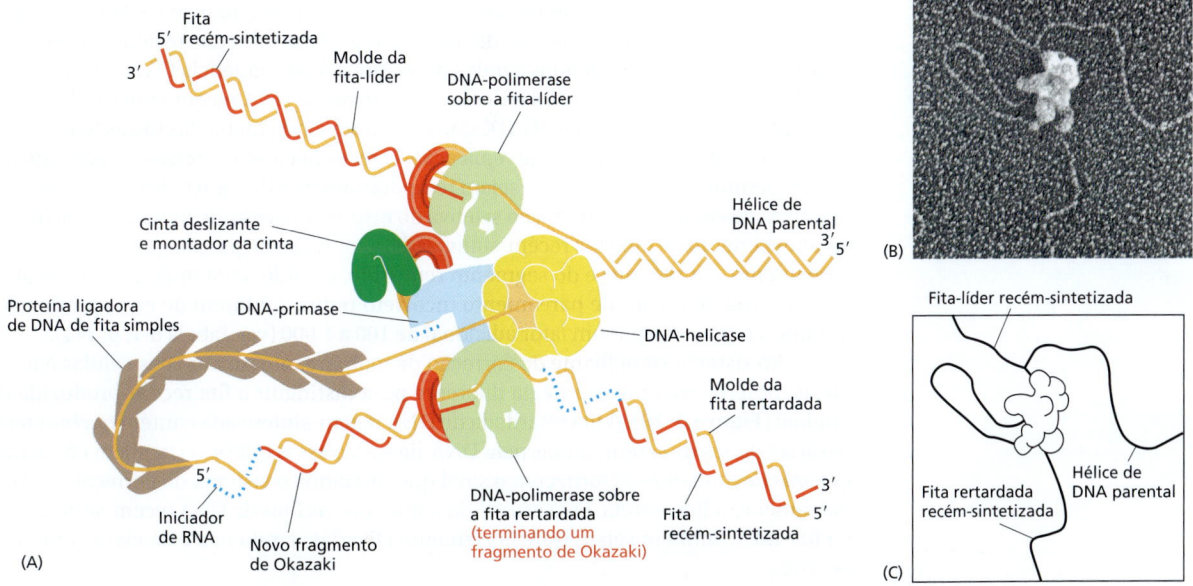

Figura 5-18 Uma forquilha de replicação bacteriana. (A) Diagrama mostrando uma visão atual da disposição das proteínas de replicação em uma forquilha de replicação durante a síntese de DNA. A fita retardada está dobrada para aproximar-se da molécula de DNA-polimerase da fita retardada e formar um complexo com a DNA-polimerase da fita-líder. Esse enovelamento também aproxima a extremidade 3' de cada fragmento de Okazaki completado do ponto de início do próximo fragmento de Okazaki. Como a DNA-polimerase da fita retardada permanece ligada ao resto das proteínas de replicação, ela pode ser reutilizada na síntese dos sucessivos fragmentos de Okazaki. Neste diagrama, ela está quase liberando o fragmento de DNA completo e move-se para o iniciador de RNA que está sendo sintetizado. As proteínas adicionais (não mostradas) que auxiliam na manutenção dos diferentes componentes proteicos junto à forquilha permitem que o complexo funcione como uma maquinaria proteica coordenada (Animações 5.4 e 5.5). (B) Micrografia eletrônica mostrando a maquinaria de replicação do bacteriófago T4 deslocando-se sobre um molde e sintetizando DNA atrás do complexo. (C) Ilustração interpretativa da micrografia: observe especialmente a alça de DNA na fita retardada. Aparentemente, as proteínas da replicação foram parcialmente removidas da frente da forquilha durante a preparação da amostra para a microscopia eletrônica. (B, cortesia de Jack Griffith; ver P.D. Chastain et al., *J. Biol. Chem.* 278:21276–21285, 2003.)

Na fita retardada, a maquinaria de replicação de DNA deixa para trás uma série de fragmentos de Okazaki não ligados, que ainda contêm segmentos de RNA que iniciaram a síntese a partir das extremidades 5′. Como discutido anteriormente, esse RNA é removido, e o intervalo resultante é preenchido por enzimas de reparo de DNA que atuam atrás da forquilha de replicação (ver Figura 5-11).

Um sistema de reparo de pareamento incorreto remove erros de replicação que escapam da maquinaria de replicação

Como mencionado anteriormente, bactérias como *E. coli* são capazes de se dividir a cada 30 minutos, sendo relativamente fácil a verificação de grandes populações para encontrar uma célula mutante rara, com alterações em um processo específico. Uma classe interessante de mutantes consiste naqueles com alterações nos chamados *genes mutadores*, que aumentam muito a taxa de mutações espontâneas. Não é de surpreender que um desses mutantes produza uma forma defeituosa da exonuclease de correção 3′-5′, que é uma parte da enzima DNA-polimerase (ver Figuras 5-8 e 5-9). Essa forma mutante de DNA-polimerase não é mais capaz de fazer a correção eficiente do DNA, resultando no acúmulo de erros de replicação que teriam sido removidos se a enzima atuasse corretamente.

O estudo de outros mutantes de *E. coli* que exibem taxas anormalmente altas de mutação revelou um outro sistema de correção que remove erros de replicação produzidos pela polimerase e que escaparam à exonuclease de correção. Esse **sistema de reparo de pareamento incorreto** detecta o potencial de distorção na hélice de DNA que resulta da interação incorreta entre bases não complementares.

Se o sistema de correção simplesmente reconhecesse um malpareamento no DNA recém-sintetizado e corrigisse de forma aleatória qualquer um dos dois nucleotídeos, o sistema "corrigiria" erroneamente o molde original da metade dos casos e, portanto, não reduziria a taxa total de erros. Para ser eficiente, esse sistema deve ser capaz de diferenciar e remover o nucleotídeo incorreto apenas na fita recém-sintetizada, onde o erro ocorreu.

Na *E. coli*, o mecanismo de diferenciação das fitas usado pelo sistema de reparo de pareamento incorreto depende da metilação de determinados resíduos A no DNA. Os grupos metil são adicionados a todos os resíduos A na sequência GATC, mas somente um tempo após a incorporação deste A na cadeia de DNA recém-sintetizada. Como resultado, as únicas sequências GATC que não foram ainda metiladas são as fitas recém-sintetizadas atrás da forquilha de replicação. O reconhecimento desses GATCs não metilados permite que as fitas novas sejam temporariamente diferenciadas das sequências originais, possibilitando a remoção seletiva do erro. O processo, de três etapas, envolve o reconhecimento de uma fita recém-sintetizada, a remoção da porção que contém o malpareamento, e a ressíntese do segmento removido, usando a fita original como molde. Esse sistema de reparo de pareamento incorreto reduz o número de erros produzidos durante a replicação por um fator adicional de 100 a 1.000 (ver Tabela 5-1, p. 244).

Um sistema semelhante de correção de malpareamento atua nas células eucarióticas, porém tem uma estratégia diferente para distinguir a fita recém-produzida da original (**Figura 5-19**). A fita retardada de DNA recém-sintetizada contém *quebras* temporárias (antes de serem unidas pela DNA-ligase), e essas quebras (também chamadas *quebras de fita-simples*) fornecem o sinal que direciona o sistema de correção de malpareamento à fita correta. Essa estratégia requer que as fitas de DNA recém-sintetizadas na fita-líder também sejam transitoriamente clivadas; ainda não está claro como isso ocorre.

A importância da correção de pareamento incorreto em humanos é demonstrada em indivíduos que herdam uma cópia defeituosa de um gene de reparo (com uma cópia funcional do gene no outro cromossomo). Esses indivíduos apresentam uma predisposição significativa para certos tipos de câncer. Por exemplo, em um tipo de câncer de cólon, chamado de *câncer de cólon hereditário sem polipose* (*HNPCC, hereditary nonpolyposis colon cancer*), mutações espontâneas no único gene funcional produzem clones de células somáticas que, devido à deficiência no sistema de reparo de pareamento

CAPÍTULO 5 Replicação, reparo e recombinação do DNA

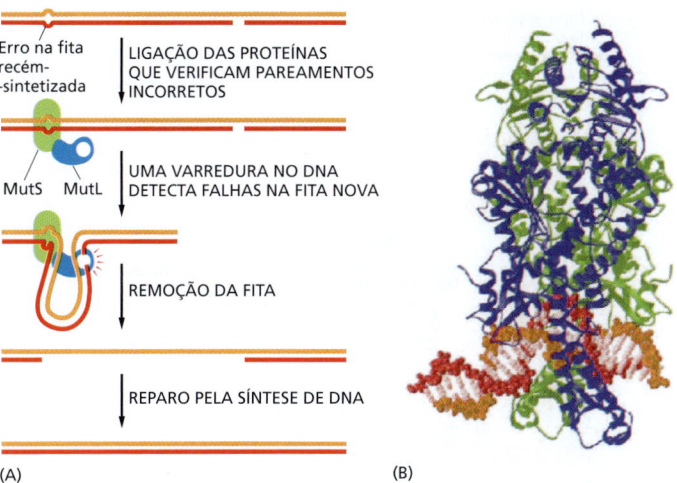

Figura 5-19 Reparo de pareamento incorreto. (A) As duas proteínas mostradas estão presentes tanto em células bacterianas quanto em eucarióticas. MutS se liga especificamente a malpareamento, enquanto MutL verifica o DNA adjacente procurando uma quebra. Uma vez encontrada uma quebra, MutL promove a degradação da fita com a quebra até o pareamento incorreto. Como as falhas são quase exclusivamente confinadas às fitas recém-sintetizadas em eucariotos, os erros de replicação são removidos seletivamente. Em bactérias, uma proteína adicional no complexo (MutH) que degrada sequências GATC não metiladas (portanto, recém-sintetizadas), iniciando o processo aqui ilustrado. Em eucariotos, a MutL contém uma atividade de quebra de DNA que auxilia na remoção da fita danificada. (B) Estrutura da proteína MutS ligada a um pareamento incorreto. A proteína é um dímero que se prende à hélice de DNA, como mostrado, torcendo o DNA no local do pareamento incorreto. Parece que a proteína MutS verifica o DNA para malpareamento pelo teste de sítios, que podem ser torcidos com facilidade, justamente os que são formados por um par de bases incorreto. (Código PDB: 1EWQ.)

incorreto, acumulam mutações rapidamente. A maioria dos cânceres surge a partir de células que acumularam múltiplas mutações (ver p.1.096-1.097), e as células deficientes para esse sistema de reparo apresentam uma chance muito aumentada de se tornarem cancerosas. Felizmente, a maioria dos humanos herda duas cópias corretas de cada gene que codifica uma proteína de reparo de pareamento incorreto; isso nos protege, pois é muito improvável que, na mesma célula, as duas cópias de um mesmo gene sofram uma mutação.

As DNA-topoisomerases evitam o emaranhamento do DNA durante a replicação

O deslocamento da forquilha de replicação ao longo da fita dupla de DNA cria o chamado "problema do enrolamento". As duas fitas parentais, que estão enroladas uma sobre a outra, devem ser desenroladas e separadas para ocorrer a replicação. Para cada 10 pares de nucleotídeos replicados na forquilha, uma volta completa na dupla-hélice parental deve ser desenrolada. Em princípio, esse desenrolamento pode ser obtido pela rotação acelerada de todo cromossomo à frente da forquilha em movimento; contudo, isso é muito desfavorável energeticamente (em especial em cromossomos longos) e, pelo contrário, o DNA à frente da forquilha de replicação torna-se supertorcido (**Figura 5-20**). Essa supertorção, por sua vez, é continuamente aliviada por proteínas conhecidas como **DNA-topoisomerases**.

Uma DNA-topoisomerase pode ser entendida como uma nuclease reversível que se liga covalentemente a um fosfato da cadeia principal do DNA, clivando uma ligação fosfodiéster na fita de DNA. Essa reação é reversível, e a ligação fosfodiéster é regenerada quando a proteína é liberada.

Um tipo de topoisomerase, chamado de *topoisomerase I*, produz uma clivagem temporária na fita simples; essa quebra na cadeia permite que as duas porções da hélice de DNA, formadas dos dois lados da quebra, girem livremente uma em relação à outra, usando a ligação fosfodiéster na fita oposta à quebra como ponto de suporte para a rota-

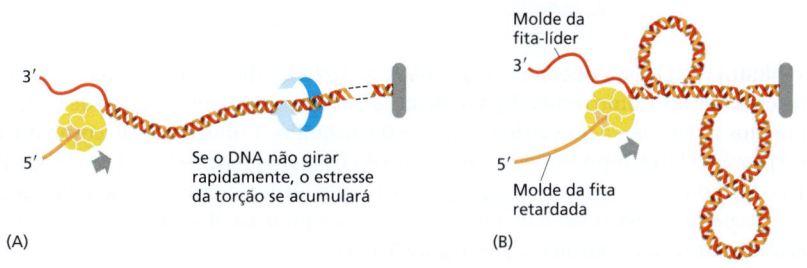

Figura 5-20 O "problema do enrolamento" que surge durante a replicação do DNA. (A) No caso de uma forquilha de replicação bacteriana, que se desloca a uma velocidade de 500 nucleotídeos por segundo, a hélice de DNA parental à frente da forquilha deve girar a 50 revoluções por segundo. (B) Se as extremidades da dupla-hélice de DNA permanecerem fixas (ou difíceis de sofrer rotação) a tensão se acumula à frente da forquilha de replicação à medida que vai sendo supertorcida. Uma parte dessa tensão é absorvida pela superhelicoidização, em que a dupla-hélice de DNA gira sobre si mesma (ver Figura 6-19). Entretanto, se a tensão continua a ocorrer, a forquilha de replicação irá parar porque o desenrolamento irá requerer mais energia do que a helicase pode fornecer. Observe que, em (A), a linha pontilhada representa cerca de 20 voltas de DNA.

Figura 5-21 Reação reversível de quebra de DNA catalisada pela enzima DNA-topoisomerase I eucariótica. Como indicado, essas enzimas formam uma ligação covalente transitória com o DNA, permitindo a rotação livre do DNA em torno das ligações covalentes ligadas pelo fosfato em *azul*.

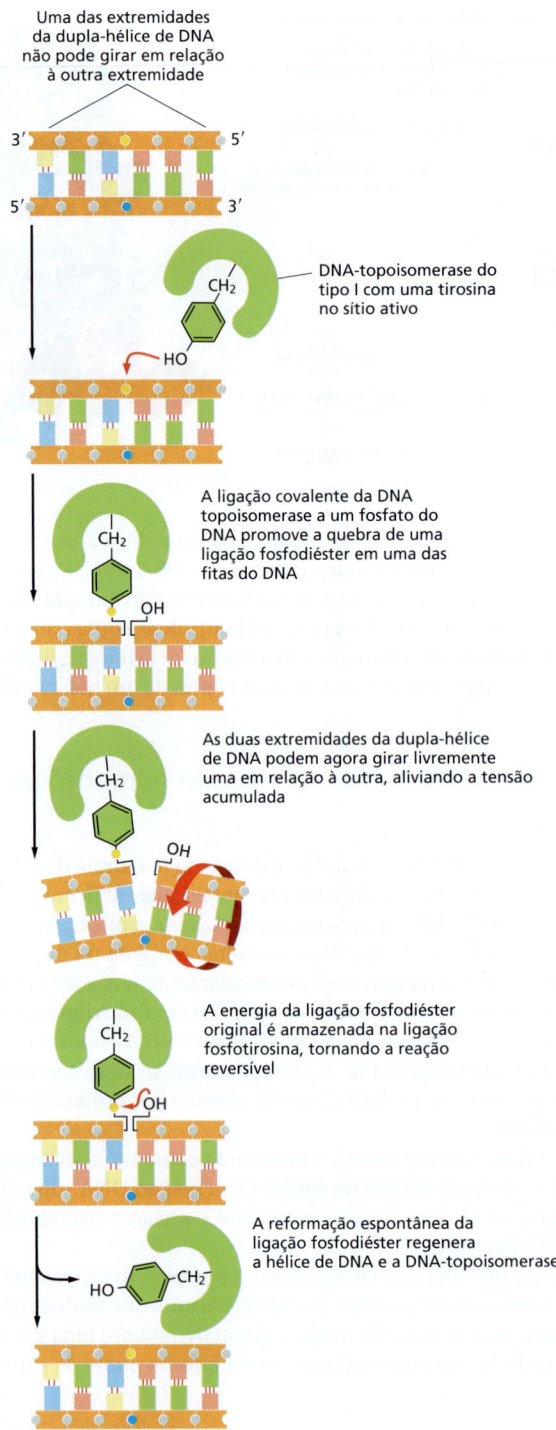

ção (**Figura 5-21**). Qualquer tensão na hélice de DNA irá ditar a rotação na direção que alivia essa tensão. Como resultado, a replicação pode ocorrer com a rotação de pequenos segmentos da hélice – a porção logo à frente da forquilha. Como a ligação covalente que une a proteína DNA-topoisomerase ao fosfato do DNA mantém a energia da clivagem da ligação fosfodiéster, a religação é rápida e não requer fornecimento adicional de energia. A esse respeito, o mecanismo de religação difere daquele catalisado pela enzima DNA-ligase, discutido anteriormente (ver Figura 5-12).

Figura 5-22 Reação de passagem da hélice de DNA catalisada pela topoisomerase II. Ao contrário das topoisomerases tipo I, as enzimas do tipo II hidrolisam o ATP (em vermelho) necessário para liberar e regenerar a enzima após cada ciclo. As topoisomerases do tipo II são limitadas quase exclusivamente a células proliferativas em eucariotos; parcialmente por isso, as topoisomerases são alvos eficazes para fármacos anticâncer. Alguns desses fármacos inibem a topoisomerase II na terceira etapa mostrada na figura e, portanto, causam altos níveis de quebras de fita dupla que rapidamente matam as células em divisão. Os pequenos *círculos em amarelo* representam os fosfatos na cadeia principal de DNA que foram covalentemente ligados à topoisomerase (ver Figura 5–21).

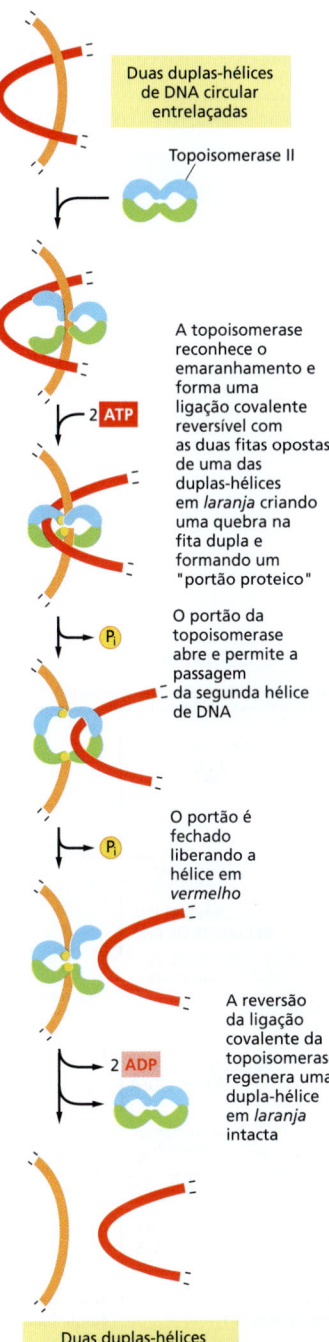

Um segundo tipo de DNA-topoisomerase, a *topoisomerase II*, forma uma ligação covalente com ambas as fitas da hélice de DNA ao mesmo tempo, formando uma *quebra de fita dupla* temporária na hélice. Essas enzimas são ativadas em sítios nos cromossomos onde duas duplas hélices foram cruzadas uma sobre a outra como as produzidas por superespirais à frente de uma forquilha de replicação (ver Figura 5-20). Uma vez que a molécula de topoisomerase II liga-se a um desses sítios de cruzamento, a proteína utiliza a hidrólise do ATP para executar, de maneira eficiente, um conjunto de reações: (1) clivagem reversível de uma dupla-hélice, criando uma "abertura" no DNA; (2) passagem da segunda dupla-hélice, que está próxima, pela abertura; e (3) religação da quebra e dissociação do DNA. Nos pontos de entrecruzamento produzidos pela superespiral, a passagem da dupla-hélice pela abertura ocorre na direção que reduz a espiral. Desta forma, as topoisomerases do tipo II podem aliviar a tensão do superenrolamento formada à frente da forquilha. Seu mecanismo de reação também permite que as topoisomerases do tipo II separem dois círculos entrelaçados de DNA de maneira eficiente (**Figura 5–22**).

A topoisomerase II também evita sérios problemas de emaranhamento do DNA que poderiam surgir durante sua replicação. Essa função é bem demonstrada em células mutantes de leveduras que produzem uma versão da topoisomerase II que é inativada a 37 °C, no lugar da versão original. Quando as células mutantes são incubadas a essa temperatura, os cromossomos-filhos permanecem entrelaçados após a replicação e são incapazes de se separar. A magnitude da utilidade da topoisomerase II para evitar o emaranhamento dos cromossomos pode ser comparada a um indivíduo com dificuldades em desenrolar uma linha de pescar emanharada sem o auxílio de tesoura.

A replicação do DNA é fundamentalmente semelhante em eucariotos e em bactérias

Muito do que se sabe sobre a replicação do DNA foi descoberto a partir de estudos em sistemas multienzimáticos purificados de bactérias e bacteriófagos capazes de realizar replicação de DNA *in vitro*. O desenvolvimento desses sistemas, na década de 1970, foi bastante facilitado pelo isolamento prévio de mutantes em vários genes envolvidos na replicação; esses mutantes foram utilizados para identificar e purificar as proteínas de replicação correspondentes. O primeiro sistema de replicação em mamíferos capaz de replicar DNA *in vitro* foi descrito em meados da década de 1980, e as mutações nos genes que codificam quase todos os componentes da replicação já foram isoladas e analisadas na levedura *Saccharomyces cerevisiae*. Como resultado, muito é conhecido sobre a enzimologia detalhada da replicação de DNA em eucariotos, e está claro que as características fundamentais da replicação – incluindo a geometria da forquilha de replicação e o uso de uma maquinaria multiproteica de replicação – foram conservadas durante o longo processo evolutivo que separa bactérias e eucariotos.

Existem mais componentes proteicos na maquinaria de replicação eucariótica em comparação aos seus análogos em bactérias, apesar de as funções básicas serem as mesmas. Assim, por exemplo, a proteína SSB eucariótica é formada por três subunidades, enquanto apenas uma única subunidade é encontrada em bactérias. Da mesma forma, a DNA-primase eucariótica é incorporada em uma enzima com múltiplas subunidades que também contém a polimerase, chamada de DNA-polimerase α-primase. Esse complexo proteico inicia cada fragmento de Okazaki na fita retardada com o RNA e estende, então, o iniciador de RNA com um pequeno segmento de DNA. Nesse ponto, as duas principais DNA-polimerases replicativas eucarióticas, Polδ e Polε, entram em ação: Polδ completa cada fragmento de Okazaki na fita retardada e Polε alonga a fita-líder. O aumento da complexidade da maquinaria de replicação eucariótica provavelmente reflete controles mais elaborados. Por exemplo, a manutenção ordenada dos diferentes tipos celulares e tecidos em plantas e animais requer que a replicação do DNA seja fortemente regulada. Além disso, a replicação de DNA eucariótico deve ser coordenada com o processo complexo da mitose, como discutiremos no Capítulo 17.

Como veremos na próxima seção, a maquinaria de replicação eucariótica possui um fator complicador adicional, pois precisa replicar passando pelos nucleossomos, as unidades estruturais repetidas dos cromossomos, discutidas no Capítulo 4. Os nucleossomos estão dispostos em intervalos de cerca de 200 pares de nucleotídeos ao longo do DNA, o que, como veremos, pode explicar por que os novos fragmentos de Okazaki na fita retardada são sintetizados em intervalos de 100 a 200 nucleotídeos nos eucariotos, em vez de 1.000 a 2.000 nucleotídeos, como nas bactérias. Os nucleossomos podem, também, atuar como barreiras que reduzem o movimento das moléculas de DNA-polimerase, justificando por que a forquilha de replicação dos eucariotos possui um décimo da velocidade da forquilha bacteriana.

Resumo

A replicação do DNA ocorre em uma estrutura em forma de Y, chamada de forquilha de replicação. Uma enzima DNA-polimerase autocorretiva catalisa a polimerização de nucleotídeos na direção 5'-3', copiando uma fita-molde de DNA com extraordinária fidelidade. Como as duas fitas da dupla-hélice de DNA são antiparalelas, essa síntese de DNA 5'-3' só pode ser realizada continuamente em uma das fitas da forquilha de replicação (fita-líder). Na fita retardada, pequenos fragmentos de DNA são sintetizados de trás para frente. Uma vez que a DNA-polimerase autocorretiva não pode iniciar uma nova cadeia, esses fragmentos da fita retardada são iniciados por pequenas moléculas de RNA, que subsequentemente são removidas e substituídas por DNA.

A replicação do DNA necessita da cooperação de várias proteínas, incluindo (1) a DNA-polimerase e a DNA-primase, que catalisam a polimerização dos nucleosídeos trifosfato; (2) as DNA-helicases e as proteínas ligadoras de DNA de fita simples (SSB), que auxiliam na abertura da dupla-hélice para permitir que as fitas sejam copiadas; (3) a DNA-ligase e uma enzima que degrada os iniciadores de RNA, para ligar os fragmentos descontínuos de DNA formados na fita retardada, e (4) as DNA-topoisomerases, que aliviam a tensão causada pelo enrolamento helicoidal e os problemas de emaranhamento do DNA. Muitas dessas proteínas associam-se entre si na forquilha de replicação, formando uma "maquinaria de replicação" altamente eficiente, em que as atividades e os movimentos espaciais dos componentes individuais são coordenados.

INÍCIO E TÉRMINO DA REPLICAÇÃO DO DNA NOS CROMOSSOMOS

Vimos como um conjunto de proteínas de replicação gera duas duplas-hélices de DNA com rapidez e precisão atrás de uma forquilha de replicação móvel. Mas como essa maquinaria de replicação é formada no início do processo e como a forquilha é formada na molécula de DNA de fita dupla intacta? Nesta seção, discutimos como a replicação é iniciada e como as células regulam cuidadosamente esse processo, para assegurar que ele ocorra não apenas no local adequado do cromossomo, mas também no momento adequado da vida da célula. Também são discutidos alguns problemas especiais que a maquinaria de replicação eucariótica deve vencer. Esses problemas incluem a necessidade de replicar moléculas de DNA extremamente longas e a dificuldade de copiar moléculas de DNA que estão fortemente complexadas com as histonas nos nucleossomos.

A síntese de DNA inicia na origem de replicação

Como discutido anteriormente, a dupla-hélice de DNA normalmente é muito estável: as duas fitas são unidas firmemente por várias ligações de hidrogênio formadas entre as bases presentes em cada fita. Para iniciar a replicação do DNA, a dupla-hélice deve primeiramente ser aberta e as duas fitas separadas para expor as bases não pareadas. Como veremos, o processo de replicação de DNA é iniciado por *proteínas iniciadoras* especiais

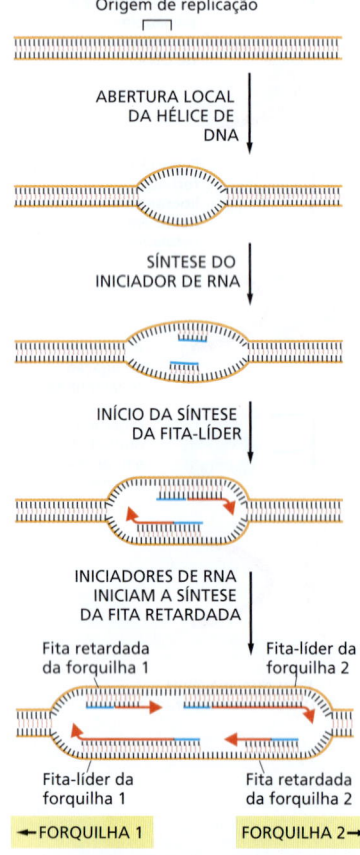

Figura 5-23 Bolha de replicação formada no início da forquilha de replicação. O diagrama mostra as etapas principais envolvidas no início das forquilhas na origem de replicação. A estrutura formada na última etapa, na qual as duas fitas da hélice de DNA parental foram separadas uma da outra e atuam como moldes para a síntese de DNA, é chamada de *bolha de replicação*.

Figura 5-24 A replicação do DNA de um genoma bacteriano. A duplicação do genoma de *E. coli*, composto por 4,6 x 10⁶ pares de nucleotídeos, dura cerca de 30 minutos. Para simplificação, os fragmentos de Okazaki da fita retardada foram omitidos. O que ocorre à medida que as duas forquilhas se aproximam entre si e colidem ao final do ciclo de replicação não está totalmente entendido, porém as maquinarias de replicação são dissociadas como parte do processo.

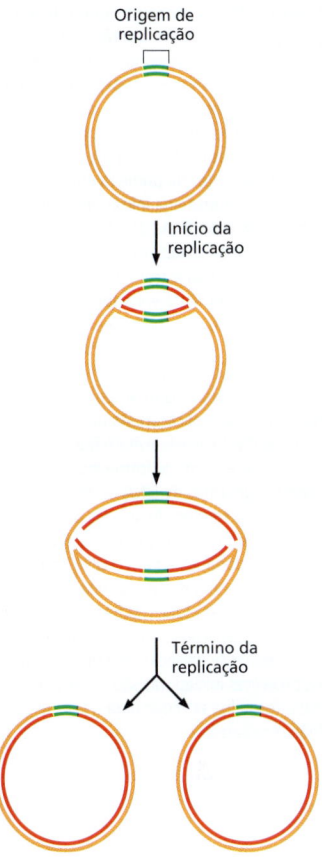

que se ligam à fita dupla de DNA e separam as duas ligações, rompendo as ligações de hidrogênio entre as bases.

As posições onde a hélice inicialmente é aberta são chamadas de **origens de replicação (Figura 5-23)**. Em células simples, como bactérias e leveduras, as origens são determinadas por sequências de DNA formadas por várias centenas de pares de nucleotídeos. Esse DNA contém pequenas sequências de DNA que atraem as proteínas iniciadoras e segmentos de DNA especialmente fáceis de separar. Vimos na Figura 4-4 que o par de base A-T é unido por menos ligações de hidrogênio do que o par G-C. Portanto, segmentos de DNA ricos em pares de bases A-T são relativamente mais fáceis de serem separados, e essas regiões de DNA ricas em pares A-T estão normalmente presentes nas origens de replicação.

Apesar de o processo básico de replicação, apresentado na Figura 5-23, ser o mesmo para bactérias e eucariotos, a maneira detalhada de como ele é executado e regulado difere entre esses dois grupos de organismos. Primeiramente, iremos considerar o caso das bactérias, mais simples e mais bem entendido, e, a seguir, situações mais complexas que ocorrem em leveduras, em mamíferos e em outros eucariotos.

Os cromossomos bacterianos geralmente têm uma única origem de replicação do DNA

O genoma da *E. coli* está contido em uma única molécula de DNA circular com 4,6 x 10⁶ pares de nucleotídeos. A replicação do DNA inicia em uma única origem de replicação, e as duas forquilhas formadas seguem (a cerca de 1.000 nucleotídeos por segundo) em direções opostas, até se encontrarem aproximadamente no meio do caminho ao redor do cromossomo (**Figura 5-24**). O único ponto no qual a *E. coli* pode controlar a replicação do DNA é o seu início: uma vez formadas na origem, as forquilhas deslocam-se a uma velocidade relativamente constante até o término da replicação. Portanto, não é de surpreender que o início da replicação seja um processo altamente controlado. O processo inicia quando múltiplas cópias de proteínas iniciadoras (no estado ligado à ATP) ligam-se a sítios específicos no DNA localizados nas origens de replicação, enrolando o DNA em volta das proteínas, formando um grande complexo proteína-DNA que desestabiliza a dupla-hélice adjacente. A seguir, esse complexo atrai duas DNA-helicases, cada uma ligada a um carregador de helicase, e essas são colocadas em torno de fitas simples de DNA adjacentes cujas bases foram expostas pela montagem do complexo de iniciação proteína-DNA. O carregador da helicase é análogo ao montador da cinta visto anteriormente, mas possui a tarefa adicional de manter a helicase na forma inativa até que ela esteja corretamente colocada na forquilha de replicação nascente. Uma vez colocadas na posição, os carregadores se dissociam e as helicases começam a desenrolar o DNA, expondo DNA de fita simples suficiente para a DNA-primase sintetizar os primeiros iniciadores (*primers*) de RNA (**Figura 5-25**). Isso rapidamente determina o arranjo das demais proteínas para formar duas forquilhas de replicação, com maquinarias que se deslocam em direções opostas em relação à origem de replicação. Elas continuam a sintetizar DNA, até que toda a fita de DNA-molde à frente de cada forquilha tenha sido replicada.

Na *E. coli*, a interação da proteína iniciadora com a origem de replicação é cuidadosamente regulada, e o início ocorre apenas quando há nutrientes suficientes disponíveis para a bactéria completar todo o processo de replicação. A iniciação também é controlada de maneira a garantir que ocorra somente um ciclo de replicação do DNA a cada divisão celular. Após o início da replicação, a proteína iniciadora é inativada pela hidrólise da molécula de ATP ligada, e a origem de replicação passa por um "período refratário". O período refratário é causado por um atraso na metilação de nucleotídeos "A" recém-incorporados na origem (**Figura 5-26**). A iniciação não pode ocorrer novamente até que os As estejam metilados e a proteína iniciadora restaurada ao estado com ATP-ligado.

Figura 5-25 As proteínas que iniciam a replicação do DNA em bactérias. O mecanismo mostrado foi estabelecido a partir de estudos *in vitro* com uma mistura de proteínas altamente purificadas. Para a replicação do DNA da *E. coli*, a principal proteína iniciadora, a helicase e a primase são as proteínas dnaA, dnaB e dnaG, respectivamente. Na primeira etapa, várias moléculas da proteína iniciadora ligam-se a sequências específicas de DNA na origem de replicação e desestabilizam a dupla-hélice pela formação de uma estrutura compacta na qual o DNA é firmemente enrolado ao redor da proteína. A seguir, duas helicases são trazidas ao local pelas proteínas carregadoras das helicases (as proteínas dnaC) que inibem as helicases até que estas estejam corretamente posicionadas na origem de replicação. As proteínas carregadoras das helicases evitam que as hélices replicativas entrem de forma incorreta em outros segmentos de DNA de fita simples no genoma bacteriano. Auxiliadas pela proteína ligadora de fita simples (não mostrada), as helicases posicionadas abrem o DNA, permitindo a entrada das primases e a síntese dos primeiros iniciadores. Nas etapas subsequentes, duas forquilhas de replicação completas são montadas na origem e se deslocam em direções opostas. As proteínas iniciadoras são removidas conforme a forquilha se move para o lado esquerdo (não mostrado).

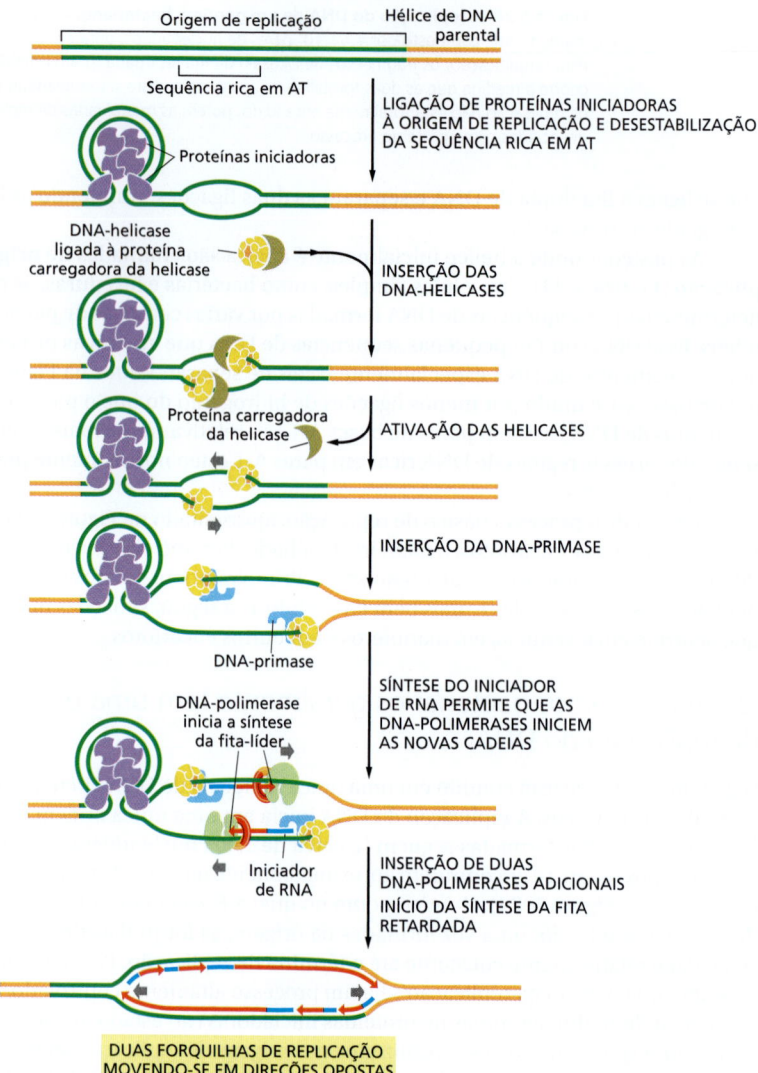

Os cromossomos eucarióticos contêm múltiplas origens de replicação

Vimos como, nas bactérias, duas forquilhas de replicação são formadas em uma única origem de replicação. Essas forquilhas procedem em direções opostas, distanciando-se da origem até que todo o DNA contido em um único cromossomo circular seja replicado. O genoma bacteriano é relativamente pequeno, levando cerca de 30 minutos para ser totalmente duplicado a partir das duas forquilhas. Como os cromossomos eucarióticos são muito maiores, uma estratégia diferente é utilizada para permitir sua replicação em um tempo hábil.

Um método para determinar o padrão geral da replicação de cromossomos eucarióticos foi desenvolvido no início da década de 1960. As células humanas em cultura são marcadas com ^{3}H-timidina por um breve período, de modo que o DNA sintetizado durante esse período é altamente radioativo. As células são, então, gentilmente lisadas, e o DNA é disperso sobre uma lâmina de vidro, coberta com uma emulsão fotográfica. A revelação da emulsão mostra o padrão do DNA marcado pela técnica de *autorradiografia*. O tempo para a marcação é determinado de modo a permitir o deslocamento de vários micrometros de cada forquilha ao longo do DNA, e o DNA replicado pode ser detectado no microscópio óptico como uma linha com pontos prateados, embora a molécula de DNA por si só seja muito fina para ser visualizada. Desse modo, tanto a velocidade como a direção do movimento da forquilha podem ser determinadas (**Figura 5-27**). A partir

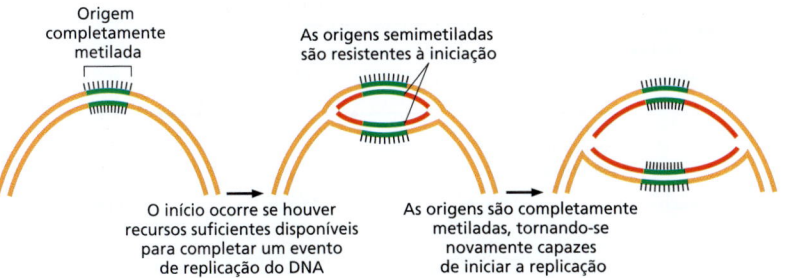

Figura 5-26 A metilação da origem de replicação da *E. coli* produz um período refratário para o início da replicação. A metilação do DNA ocorre em sequências GATC; 11 delas são encontradas na origem de replicação (distribuídas em cerca de 250 pares de nucleotídeos). No estado semimetilado, a origem de replicação está ligada à proteína inibidora (SeqA, não mostrada), que bloqueia a capacidade das proteínas de iniciação de desenrolar o DNA da origem. Cerca de 15 minutos após o início da replicação, a origem semimetilada torna-se completamente metilada por uma enzima DNA-metilase e ocorre a dissociação da SeqA.

Uma única enzima, a *Dam*-metilase, é responsável pela metilação de todas as sequências GATC da *E. coli*. Um intervalo na metilação após a replicação da sequência GATC também é usado pelo sistema de reparo de pareamento incorreto da *E. coli* para diferenciar a fita recém-sintetizada da fita parental; nesse caso, as sequências GATC relevantes são distribuídas pelo cromossomo e não estão ligadas pela SeqA.

do aumento no comprimento dos pontos obtidos em relação ao aumento do tempo de marcação foi estimado que as forquilhas de replicação deslocam-se cerca de 50 nucleotídeos por segundo. Isso é cerca de 20 vezes mais devagar que a velocidade com a qual a forquilha de replicação bacteriana se move, possivelmente refletindo o aumento da dificuldade em replicar o DNA que está fortemente compactado na cromatina.

Um cromossomo humano de tamanho médio contém uma molécula de DNA linear com cerca de 150 milhões de pares de nucleotídeos. A replicação dessa molécula de uma extremidade à outra, a partir de uma única forquilha, a uma velocidade de 50 nucleotídeos por segundo, necessitaria de 0,02 segundo/nucleotídeo × 150×10^6 nucleotídeos = $3{,}0 \times 10^6$ segundos (cerca de 35 dias). Como esperado, os experimentos com autorradiografia descritos anteriormente revelaram que diversas forquilhas, em bolhas de replicação diferentes, deslocam-se de forma simultânea em cada cromossomo eucariótico.

Os métodos mais rápidos e mais sofisticados estão atualmente disponíveis para o monitoramento do início da replicação do DNA e para o rastreio do movimento das forquilhas de replicação por genomas inteiros. Uma abordagem utiliza os microarranjos de DNA – lâminas do tamanho de um selo postal fixados com centenas de milhares de fragmentos com sequências de DNA conhecidas. Como veremos em detalhes no Capítulo 8, cada fragmento de DNA diferente é colocado em uma posição única no microarranjo, e todo o genoma pode ser representado de uma maneira ordenada. Se uma amostra de DNA de um grupo de células em replicação for desnaturado e hibridizado a um microarranjo que representa o genoma de um determinado organismo, a quantidade de cada sequência de DNA poderá ser determinada. Como um segmento de um genoma que foi replicado irá conter o dobro da quantidade de DNA de um segmento não replicado, a iniciação da forquilha de replicação e o seu movimento podem ser monitorados com precisão por todo o genoma (**Figura 5-28**).

Experimentos desse tipo demonstraram o seguinte: (1) De 30 mil a 50 mil origens de replicação são utilizadas cada vez que uma célula humana se divide. (2) O genoma humano possui muitas outras origens em potencial (talvez 10 vezes mais), e diferentes tipos celulares usam diferentes combinações de origens. Isso pode permitir que a célula coordene suas origens ativas com outras características de seus cromossomos como a expressão seletiva de seus genes. O excesso de origens também fornece "reserva de segurança" caso a origem principal falhe. (3) Como nas bactérias, as forquilhas de replicação

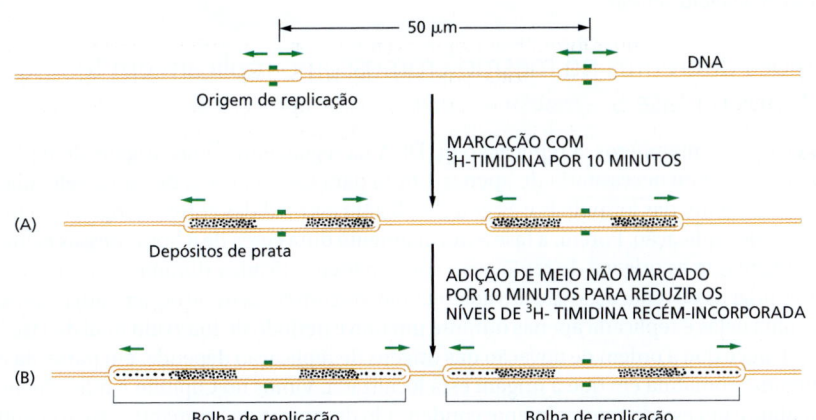

Figura 5-27 Os experimentos que demonstraram o padrão de formação e de deslocamento das forquilhas de replicação nos cromossomos eucarióticos. O novo DNA, sintetizado em células humanas em cultura, foi marcado brevemente com um pulso de timidina altamente radioativa (^{3}H-timidina). (A) Neste experimento, as células foram lisadas, e o DNA foi distribuído em uma lâmina e coberto com emulsão fotográfica. Após alguns meses, a emulsão foi revelada, mostrando uma linha de depósitos de prata sobre o DNA radioativo. O DNA (*em marrom*) nesta figura é mostrado apenas para auxiliar a interpretação da autorradiografia; o DNA não marcado é invisível neste experimento. (B) O experimento é o mesmo acima, exceto pela realização de uma incubação adicional em meio não marcado, que permitiu a replicação de mais DNA com níveis menores de radiação. O par de segmentos escuros em (B) contém depósitos de prata que apresentam uma redução na intensidade e em direções opostas, demonstrando o deslocamento bidirecional da forquilha a partir da origem de replicação central onde a bolha é formada (ver Figura 5-23). Acredita-se que uma forquilha de replicação pare apenas quando encontrar a forquilha que se move em direção oposta, ou quando encontrar a extremidade do cromossomo; dessa forma, todo o DNA é replicado.

Figura 5-28 Uso de um microarranjo de DNA para monitorar a formação e a progressão das forquilhas de replicação. Para este experimento, uma população de células foi sincronizada, de modo que todas iniciam a replicação ao mesmo tempo. O DNA é coletado e hibridizado ao microarranjo; o DNA que foi replicado apenas uma vez apresenta um sinal (*quadrados em verde-escuro*) com o dobro da intensidade do DNA não replicado (*quadrados em verde-claro*). Os pontos no microarranjo representam as sequências consecutivas de um segmento do cromossomo dispostas da esquerda para a direita e de cima para baixo. Apenas 81 pontos são mostrados, mas o microarranjo real contém centenas de milhares de sequências distribuídas em todo um genoma. Como pode ser visto, a replicação inicia na origem e procede bidirecionalmente. Para simplificar, apenas uma origem é mostrada. Nas células humanas, a replicação inicia em 30 a 50 mil origens localizadas pelo genoma. Com essa estratégia, é possível observar a formação e o progresso de cada forquilha de replicação por todo o genoma.

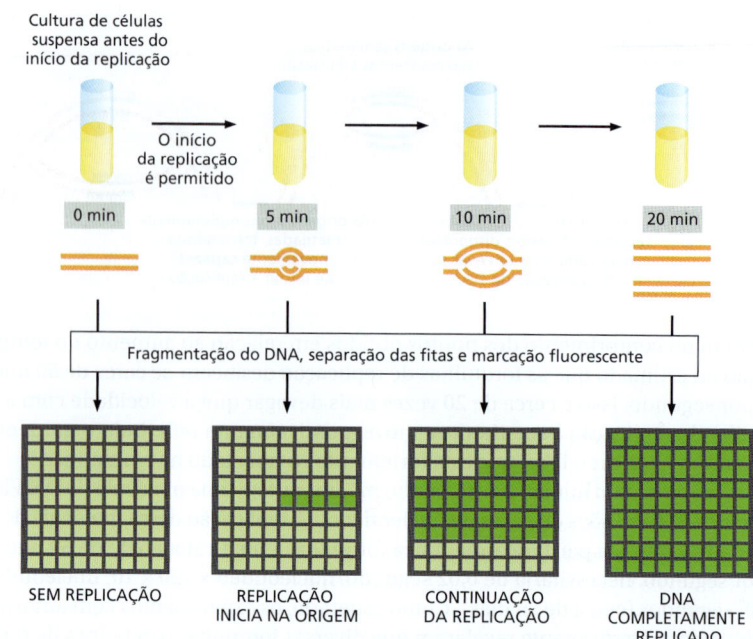

são formadas em pares e criam uma bolha de replicação à medida que se deslocam em direções opostas, distanciando-se do ponto de origem comum, parando apenas quando se encontram cabeça a cabeça (ou quando chegam à extremidade do cromossomo). Dessa forma, várias forquilhas podem operar de forma independente em cada cromossomo, formando duas hélices de DNA filhas completas.

A replicação de DNA em eucariotos ocorre apenas durante uma etapa do ciclo celular

Durante o crescimento rápido, as bactérias replicam o seu DNA quase de forma contínua. Em contraste, a replicação do DNA na maioria das células eucarióticas ocorre apenas durante uma parte do ciclo de divisão celular, chamada de *fase de síntese de DNA*, ou **fase S** (**Figura 5-29**). Nas células de mamíferos, a fase S normalmente dura cerca de 8 horas; em eucariotos mais simples, como as leveduras, a fase S pode durar cerca de 40 minutos apenas. Ao término dessa fase, cada cromossomo foi replicado e produziu duas cópias completas, que permanecem unidas pelo centrômero até a *fase M* (M de *mitose*), na sequência do ciclo. No Capítulo 17, descrevemos o sistema de controle que comanda o ciclo celular e explicamos o porquê da necessidade de completar cada fase com sucesso antes de passar à próxima.

Nas seções seguintes, exploramos como a replicação cromossômica é coordenada na fase S do ciclo celular.

Regiões diferentes no mesmo cromossomo replicam em tempos distintos na fase S

Nas células de mamíferos, a replicação do DNA na região entre duas origens de replicação normalmente necessitaria de apenas 1 hora para ser replicada, devido à velocidade de deslocamento das forquilhas e às grandes distâncias medidas entre as origens em uma unidade de replicação. Porém, a fase S normalmente dura cerca de 8 horas nessas células. Isso sugere que as origens de replicação não são todas ativadas simultaneamente; e, de fato, as origens de replicação são ativadas em blocos com cerca de 50 origens adjacentes, e cada uma delas é replicada apenas durante um breve período do intervalo total da fase S.

Parece que a ordem de ativação das origens de replicação depende, em parte, da estrutura da cromatina em que a origem está localizada. Vimos no Capítulo 4 que a heterocromatina é um estado especialmente condensado da cromatina, enquanto a eucromatina,

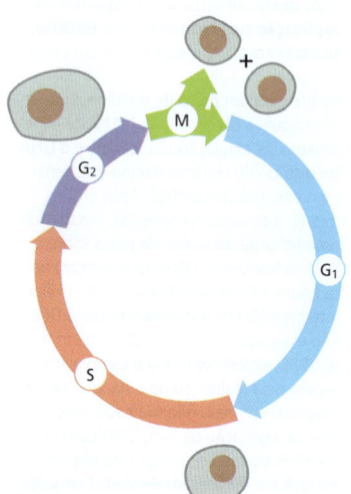

Figura 5-29 As quatro fases sucessivas de um ciclo celular padrão em eucariotos. Durante as fases G_1, S e G_2, a célula cresce continuamente. Na fase M o crescimento para, ocorre a divisão nuclear e a célula se divide em duas. A replicação do DNA é limitada à parte do ciclo celular conhecida como fase S. G_1 é o intervalo entre as fases M e S; G_2 é o intervalo entre as fases S e M.

onde ocorre a maior parte da transcrição, apresenta uma conformação menos condensada. A heterocromatina tende a ser replicada em um estágio bastante tardio da fase S, sugerindo que o momento da replicação está relacionado à compactação do DNA na cromatina.

Uma vez iniciadas, porém, as forquilhas de replicação se deslocam em velocidades equivalentes pela fase S, de modo que a extensão da condensação cromossômica parece influenciar o momento da iniciação das forquilhas de replicação, em vez de sua velocidade após ter sido formada.

Um grande complexo de múltiplas subunidades liga-se às origens de replicação de eucariotos

Tendo visto que um cromossomo eucarioto é replicado usando várias origens de replicação, onde cada uma "dispara" em um determinado momento na fase S do ciclo celular, retornamos à natureza dessas origens de replicação. Neste capítulo, vimos que as origens de replicação foram bem definidas em bactérias como sequências específicas de DNA que atraem as proteínas iniciadoras, as quais, por sua vez, formam a maquinaria de replicação do DNA. Veremos que esse é o caso para a levedura unicelular de brotamento, *S. cerevisiae*; no entanto, parece não ser o caso da maioria dos outros eucariotos.

A localização de cada origem de replicação em cada cromossomo foi determinada para a levedura de brotamento. O cromossomo em particular mostrado na **Figura 5-30** – cromossomo III da *S. cerevisiae* – é um dos menores cromossomos conhecidos, com um comprimento de menos de 1/100 do comprimento de um cromossomo humano típico. Suas origens principais estão distanciadas, em média por 30 mil pares de nucleotídeos, mas apenas um subgrupo dessas origens é usado em uma determinada célula. Apesar disso, todo esse cromossomo pode ser replicado em uns 15 minutos.

A sequência mínima necessária para promover a iniciação da replicação de DNA na *S. cerevisiae* foi determinada pela redução sucessiva de um segmento de DNA que contém uma origem de replicação, e verificando-se a capacidade desta atuar como origem de replicação em fragmentos cada vez menores. A maioria das sequências de DNA que pode atuar como uma origem contém (1) um sítio de ligação para uma grande proteína de iniciação com múltiplas subunidades chamada **ORC** (**complexo de reconhecimento da origem**; do inglês, *origin recognition complex*); (2) uma sequência de DNA rica em As e Ts e, portanto, fácil de desnaturar; e (3) pelo menos um sítio de ligação para proteínas que facilitam a ligação do ORC, provavelmente pelo ajuste da estrutura da cromatina.

Em bactérias, uma vez que a proteína iniciadora está corretamente ligada à única origem de replicação, as forquilhas de replicação parecem seguir de modo quase automático. Em eucariotos, a situação é bastante diferente, porque os eucariotos têm um grave problema na replicação dos cromossomos: com tantos locais para iniciar a replicação, como o processo é controlado para assegurar que todo o DNA seja copiado uma vez e apenas uma única vez?

A resposta está no modo sequencial com que ocorre a montagem inicial da helicase replicativa nas origens e sua ativação para iniciar a replicação do DNA. Essa questão é discutida em detalhes no Capítulo 17, onde consideraremos o mecanismo que controla o ciclo de divisão celular. Brevemente, durante a fase G_1, as helicases replicativas são colocadas no DNA próximas ao ORC, criando um *complexo pré-replicativo*. A seguir, na passagem da fase G_1 para fase S, as proteínas-cinase especializadas se juntam ao complexo e ativam as helicases. Isso resulta na abertura da dupla-hélice o que permite a montagem das demais proteínas replicativas, incluindo as DNA-polimerases.

As proteínas-cinase que promovem a replicação do DNA simultaneamente impedem a formação de novos complexos pré-replicativos até a próxima fase M, quando todo

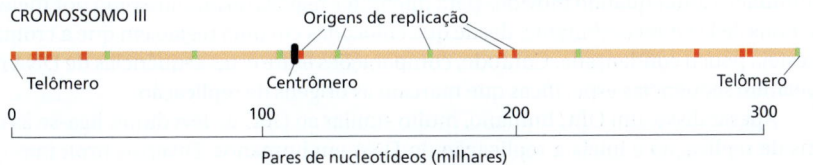

Figura 5-30 As origens da replicação do DNA no cromossomo III da levedura *S. cerevisiae*. Este cromossomo, um dos menores cromossomos eucarióticos conhecidos, contém 180 genes no total. Como indicado, ele contém 18 origens de replicação, que são utilizadas com diferentes frequências. As mostradas em *vermelho* são normalmente utilizadas em menos de 10% das divisões celulares, e as em *verde* são empregadas em cerca de 90% do tempo.

Figura 5-31 Início da replicação do DNA em eucariotos. Esse mecanismo assegura que cada origem de replicação seja ativada apenas uma vez por ciclo celular. Uma origem de replicação pode ser utilizada apenas se um complexo pré-replicativo for formado na fase G_1. No início da fase S, cinases especializadas fosforilam Mcm, ativando-o, e ORC, inativando-o. Um novo complexo pré-replicativo não pode ser formado na origem, até a célula ter progredido à próxima fase G_1, quando o ORC ligado será defosforilado. Observe que as helicases Mcm de eucariotos movem-se ao longo do molde da fita-líder, enquanto a helicase bacteriana move-se ao longo do molde da fita retardada (ver Figura 5-25). À medida que as forquilhas iniciam seu movimento, o ORC é deslocado e novos ORCs são rapidamente ligados às origens recém-replicadas.

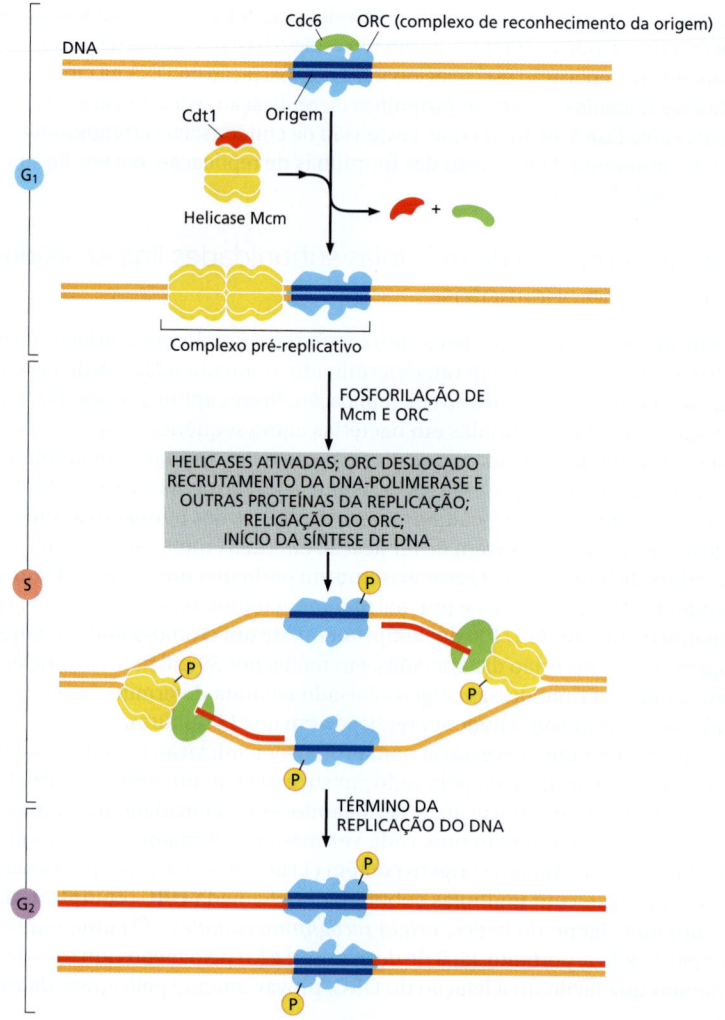

o ciclo é reiniciado (detalhes nas p. 974-975). Elas atingem esse objetivo, em parte, pela fosforilação do ORC, produzindo um complexo incapaz de interagir com novas helicases. Essa estratégia fornece uma única janela de oportunidade para a formação de novos complexos pré-replicativos (fase G_1, quando a atividade da cinase está baixa) e uma segunda janela para sua ativação e subsequente dissociação (fase S, quando a atividade da cinase está alta). Como essas duas fases do ciclo celular são mutuamente excludentes e ocorrem em uma ordem determinada, cada origem de replicação é ativada apenas uma vez durante cada ciclo celular (**Figura 5-31**).

As características do genoma humano que determinam as origens de replicação ainda precisam ser descobertas

Comparada à situação das leveduras de brotamento, os determinantes das origens de replicação em outros eucariotos têm sido difíceis de descobrir. Foi possível identificar sequências específicas de DNA humano, cada uma contendo vários milhares de pares de nucleotídeos de comprimento, que atuam como origens de replicação. Essas origens continuam a atuar quando movidas para diferentes regiões do cromossomo por meio de métodos de DNA recombinante, desde que colocadas em uma região em que a cromatina esteja pouco condensada. Contudo, comparações entre estas sequências de DNA não revelaram sequências específicas que marcam as origens de replicação.

Apesar disso, um ORC humano, muito similar ao ORC de leveduras, liga-se às origens de replicação e inicia a replicação do DNA em humanos. Diversas proteínas que atuam no início da replicação em leveduras, da mesma forma, têm função fundamental também em humanos. Portanto, parece que, em linhas gerais, os mecanismos de iniciação em humanos e leveduras são semelhantes, mas a estrutura da cromatina, a atividade transcricional ou alguma outra propriedade do genoma, além da sequência específica de DNA, têm função essencial na atração da ORC para especificar as origens de replicação de mamíferos. Essas teorias podem ajudar a explicar como uma determinada célula de mamífero escolhe quais, entre as diversas origens possíveis, deve usar para replicar seu genoma e como essa escolha pode diferir de célula para célula. Claramente, há muito a ser descoberto sobre o processo fundamental da iniciação da replicação do DNA.

Novos nucleossomos são formados atrás da forquilha de replicação

Vários aspectos adicionais da replicação do DNA são específicos de eucariotos. Como discutido no Capítulo 4, os cromossomos eucarióticos são compostos por uma mistura de partes relativamente iguais de DNA e proteínas. A duplicação cromossômica, portanto, necessita não apenas da replicação do DNA, mas também da síntese de novas proteínas cromossômicas e sua associação ao DNA atrás de cada forquilha de replicação. Apesar de estarmos longe de compreender os detalhes desse processo, começamos a entender como a unidade fundamental de compactação da cromatina, o nucleossomo, é duplicada. A célula necessita de uma enorme quantidade de novas proteínas histonas, aproximadamente equivalente em massa ao DNA recém-sintetizado, para formar os novos nucleossomos a cada ciclo celular. Por isso, a maioria dos organismos eucariotos possui múltiplas cópias dos genes para cada histona. As células de vertebrados, por exemplo, possuem cerca de 20 conjuntos de genes repetidos, a maior parte contendo os genes que codificam todas as cinco histonas (H1, H2A, H2B, H3 e H4).

Diferentemente da maior parte das proteínas, que são produzidas de forma contínua, as histonas são sintetizadas principalmente na fase S, quando o seu nível de mRNA aumenta cerca de 50 vezes, como resultado do aumento da transcrição e da redução da degradação do mRNA. Os principais mRNAs das histonas são degradados em minutos quando a síntese de DNA para ao final da fase S. O mecanismo depende de propriedades especiais nas extremidades 3' desses mRNAs, como discutido no Capítulo 7. Em contraste, as proteínas histonas são extremamente estáveis e podem sobreviver por toda a vida da célula. A forte relação entre a síntese de DNA e a síntese de histonas provavelmente está sujeita a um mecanismo de retroalimentação que monitora o nível de histonas livres, assegurando que a quantidade de histonas produzidas se ajuste perfeitamente à quantidade de DNA sintetizado.

À medida que a forquilha de replicação avança, ela deve passar sobre os nucleossomos parentais. Na célula, a replicação eficiente requer que os complexos de remodelagem da cromatina (discutidos no Capítulo 4) desestabilizem as interfaces DNA-histonas. Com o auxílio desses complexos, as forquilhas de replicação podem transitar, de maneira eficiente, mesmo na cromatina altamente condensada.

À medida que a forquilha de replicação passa pela cromatina, as histonas são temporariamente deslocadas, resultando em uns 600 pares de nucleotídeos de DNA não nucleossômico em seu rastro. O restabelecimento dos nucleossomos atrás da forquilha em movimento ocorre de modo curioso. Quando um nucleossomo é atravessado por uma forquilha de replicação, o octâmero de histonas parece ser dissociado em um tetrâmero H3-H4 e dois dímeros H2A-H2B (discutidos no Capítulo 4). O tetrâmero H3-H4 permanece fracamente associado ao DNA e é distribuído de forma aleatória a um dos dois duplex-filhos, porém os dímeros H2A-H2B são completamente dissociados do DNA. Os tetrâmeros H3-H4 recém-formados são adicionados ao DNA recém-sintetizado preenchendo os "espaços" vazios, e os dímeros H2A-H2B – metade novos e metade originais – são adicionados aleatoriamente para completar os nucleossomos (**Figura 5-32**). A formação dos novos nucleossomos atrás da forquilha de replicação traz uma consequência importante para o próprio processo de replicação. Enquanto a DNA-polimerase δ sintetiza a fita retardada (ver p. 253-254), o comprimento de cada fragmento de Okazaki é determinado pelo local em que a DNA-polimerase δ é bloqueada por um nucleossomo recém-formado. Esse forte acoplamento entre a duplicação nucleossômica e a replicação do DNA explica

Figura 5-32 Formação dos nucleossomos atrás da forquilha de replicação. Os tetrâmeros H3-H4 parentais são distribuídos aleatoriamente às moléculas-filhas de DNA, com aproximadamente metade sendo herdado por cada uma. Em contraste, os dímeros H2A-H2B são liberados do DNA na passagem da forquilha de replicação. Essa liberação inicia logo à frente da forquilha de replicação e é realizada pelos complexos de remodelagem da cromatina que se movem com a forquilha. As chaperonas de histonas (NAP1 e CAF1) regeneram o complemento completo das histonas às moléculas-filhas usando histonas parentais e recém-sintetizadas. Embora alguns nucleossomos-filhos possam conter apenas histonas parentais ou apenas histonas novas, a maioria é híbrida formada por histonas parentais e novas. Para simplificar, a dupla-hélice de DNA é mostrada como uma única linha *em vermelho*. (Adaptada de J.D. Watson et al., Molecular Biology of the Gene, 5ª ed. Cold Spring Harbor: Cold Spring Harbor Laboratory Press, 2004.)

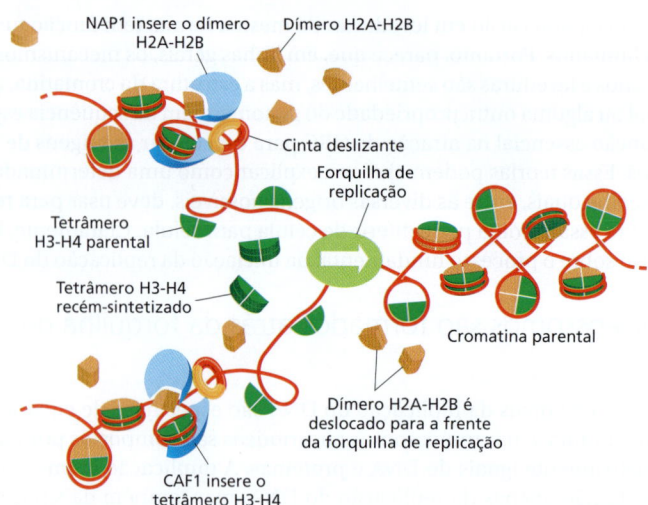

porque os fragmentos de Okazaki em eucariotos (~200 nucleotídeos) têm aproximadamente o mesmo comprimento da repetição do nucleossomo.

A adição ordenada e rápida dos novos tetrâmeros H3-H4 e dímeros H2A-H2B atrás da forquilha de replicação requer **chaperonas de histonas** (também chamadas de *fatores de associação da cromatina*). Esses complexos com várias subunidades ligam-se às histonas altamente básicas e as liberam apenas no contexto apropriado. As chaperonas de histonas, com suas cargas, são conduzidas ao DNA recém-replicado pela interação específica com a cinta deslizante eucariótica, chamada *PCNA* (ver Figura 5-32). As cintas são deixadas atrás da forquilha em movimento e permanecem no DNA por um período suficiente para que as chaperonas de histonas completem sua função.

A telomerase replica as extremidades dos cromossomos

Vimos que a síntese da fita retardada na forquilha de replicação ocorre de modo descontínuo, por um mecanismo de "voltar para trás", produzindo pequenos fragmentos de DNA. Esse mecanismo encontra um problema especial quando a forquilha de replicação alcança a extremidade de um cromossomo linear. O iniciador de RNA final, sintetizado no molde da fita retardada não pode ser substituído por DNA porque não há uma extremidade 3'-OH disponível para a polimerase de reparo. Na ausência de um mecanismo para contornar esse problema, o DNA das extremidades de todos os cromossomos seria perdido cada vez que uma célula se dividisse.

As bactérias resolveram esse problema do "final da replicação" possuindo cromossomos formados por moléculas circulares de DNA (ver Figura 5-24). Os eucariotos resolvem esse problema de um modo diferente: por meio de sequências nucleotídicas especiais nas extremidades dos cromossomos, incorporadas em estruturas denominadas *telômeros* (discutido no Capítulo 4). Os telômeros contêm várias repetições consecutivas de sequências curtas semelhantes em organismos tão diversos, como protozoários, fungos, plantas e mamíferos. Em humanos, a sequência da unidade de repetição é GGGTTA, sendo repetida aproximadamente mil vezes em cada telômero.

As sequências de DNA telomérico são reconhecidas por proteínas ligadoras de DNA que reconhecem uma sequência específica de DNA e atraem uma enzima, chamada de **telomerase**, que repõe essas sequências cada vez que a célula se divide. A telomerase reconhece a extremidade de uma sequência telomérica de DNA existente e a estende na direção 5'-3', utilizando um molde de RNA que compõe a própria enzima para sintetizar novas cópias da repetição (**Figura 5-33**). A parte enzimática da telomerase se assemelha às *transcriptases reversas*, proteínas que sintetizam DNA usando um molde de RNA, embora, nesse caso, o RNA da telomerase contribua também com grupos funcionais que tornam a catálise mais eficiente. Após a extensão da fita de DNA parental pela telomerase, a replicação da fita retardada na extremidade cromossômica pode ser completada pelas enzimas DNA-polimerases convencionais usando essas extensões como molde para a síntese da fita complementar (**Figura 5-34**).

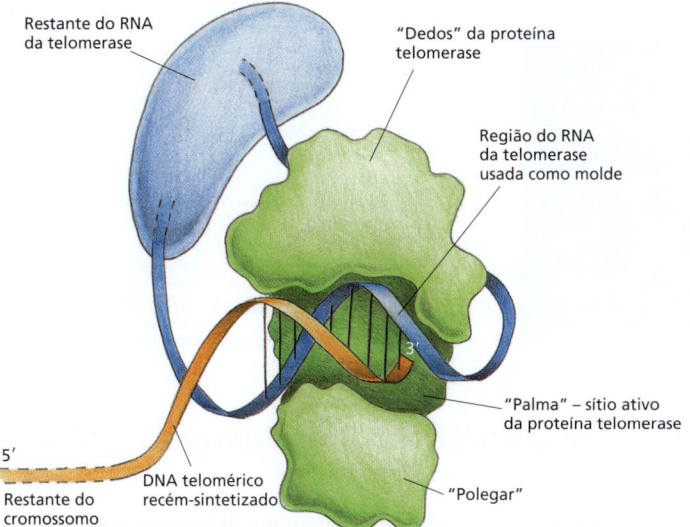

Figura 5-33 Estrutura de uma porção da telomerase. A telomerase é um grande complexo proteína-RNA. O RNA (*em azul*) contém a sequência-molde para a síntese das novas repetições de DNA telomérico. A reação de síntese propriamente dita é realizada pelo domínio da transcriptase reversa da proteína, mostrado em *verde*. Uma transcriptase reversa é uma forma especial de polimerase que utiliza um molde de RNA para produzir uma fita de DNA; uma característica exclusiva da telomerase é que ela carrega seu próprio molde de RNA. A telomerase também possui vários outros domínios proteicos (não mostrados) necessários à ligação da enzima às extremidades dos cromossomos. (Modificada de J. Lingner e T.R. Cech, *Curr. Opin. Genet. Dev.* 8:226–232, 1998. Com permissão de Elsevier.)

Telômeros são empacotados em estruturas especializadas que protegem as extremidades cromossômicas

As extremidades cromossômicas apresentam um problema adicional às células. Como veremos na próxima seção deste capítulo, quando um cromossomo sofre uma quebra acidental, essa quebra é rapidamente corrigida (ver Figura 5-45). Os telômeros precisam ser, obviamente, diferenciados dessas quebras acidentais; caso contrário, a célula iria tentar "consertar" os telômeros, provocando fusões cromossômicas e outras anormalidades genéticas. Os telômeros possuem diversas características que evitam que isso ocorra.

Uma nuclease especializada remove a extremidade 5' de um telômero formando uma saliência na extremidade de fita simples. Essa extremidade – associada às repetições GGGTTA nos telômeros – atrai um grupo de proteínas que formam um tipo de "tampa" cromossômica protetora conhecida como *shelterina*. A shelterina "esconde" os telômeros dos detectores de lesões celulares que monitoram o DNA continuamente. Quando os telômeros humanos são artificialmente entrecruzados e visualizados na microscopia eletrônica, estruturas conhecidas como "alças-t" são vistas onde a extremidade do telômero se dobra para trás e se insere na dupla-hélice de DNA da sequência repetida do telômero (**Figura 5-35**). Acredita-se que as alças-t sejam reguladas pela shelterina e forneçam uma proteção adicional às extremidades cromossômicas.

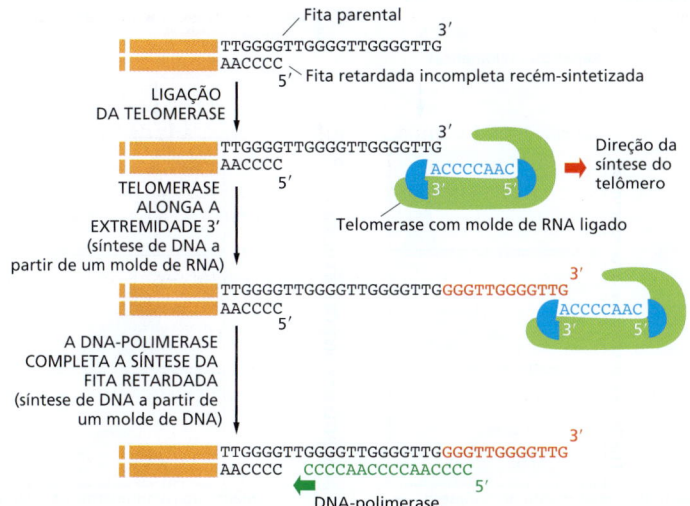

Figura 5-34 Replicação do telômero. A figura mostra as reações envolvidas na síntese das sequências repetidas formadas nas extremidades dos cromossomos (telômeros) de vários eucariotos. A extremidade de 3' da fita de DNA parental é alongada pela síntese de DNA a partir de um molde de RNA; isso permite que a fita-filha de DNA incompleta pareada a ela seja alongada na direção 5'. Essa fita retardada incompleta provavelmente é completada pela DNA-polimerase α, que carrega uma DNA-primase como uma de suas subunidades (Animação 5.6). A sequência telomérica ilustrada é do ciliado *Tetrahymena*, no qual essas reações foram primeiramente descobertas.

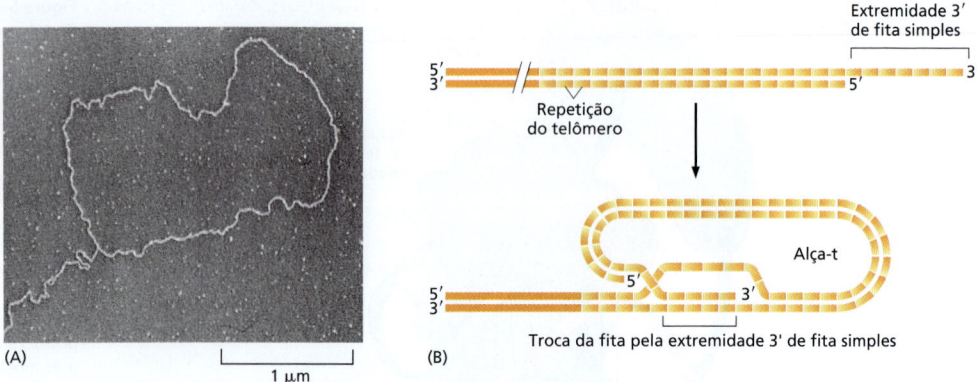

Figura 5-35 **Alça-t na extremidade de um cromossomo de mamífero.** (A) Micrografia eletrônica do DNA na extremidade de um cromossomo humano na interfase. O cromossomo foi fixado, desproteinado e artificialmente espessado antes da análise. A alça mostrada possui aproximadamente 15 mil pares de nucleotídeos. (B) Estrutura da alça-t. A inserção da extremidade 3' de fita simples nas repetições do duplex é realizada por proteínas especializadas que mantêm a estrutura. (De J.D. Griffith et al., *Cell* 97:503–514, 1999. Com permissão de Elsevier.)

O comprimento dos telômeros é regulado pelas células e pelos organismos

Como os processos de crescimento e encurtamento de cada sequência telomérica são aproximadamente ajustados em cada célula, uma extremidade cromossômica contém um número variável de repetições teloméricas. Não é de surpreender que muitas células tenham mecanismos homeostáticos para manter o número dessas repetições dentro de uma faixa limitada (**Figura 5–36**).

Na maioria das células somáticas em divisão, porém, os telômeros vão sendo encurtados gradualmente e foi proposto que esse encurtamento fornece um mecanismo de contagem que ajuda a evitar a proliferação ilimitada de células com desvios, nos tecidos adultos. De um modo mais simples, essa ideia implica que nossas células somáticas iniciam a vida embrionária com um complemento repleto de repetições teloméricas. Eles, então, vão se desgastando em diferentes níveis nos diferentes tipos celulares. Algumas células-tronco, especialmente aquelas em tecidos que precisam ser regenerados em altas taxas durante a vida – medula óssea ou o revestimento do intestino, por exemplo – conservam plenamente a atividade da telomerase. Contudo, em vários outros tipos celulares, o nível da telomerase é reduzido de tal modo que a enzima não pode mais acompanhar a duplicação cromossômica. Tais células perdem de 100 a 200 nucleotídeos em cada telômero por divisão celular. Após várias gerações celulares, as células descendentes herdarão cromossomos que não possuem a função do telômero, e, como resultado desse defeito, ativam a resposta a lesões no DNA, provocando sua retirada permanente do ciclo celular e a célula não mais se divide – um processo chamado *senescência celular replicativa* (discutida no Capítulo 17). Em teoria, tal mecanismo poderia oferecer alguma

Figura 5-36 **Demonstração de que as células de leveduras controlam o comprimento de seus telômeros.** Neste experimento, o telômero, em uma das extremidades de um determinado cromossomo, foi artificialmente produzido mais longo (*à esquerda*) ou mais curto (*à direita*) que a média. Após diversas divisões celulares, o cromossomo recupera-se, mostrando um comprimento telomérico médio e uma distribuição de comprimento característica dos outros cromossomos na célula. Um mecanismo semelhante de retroalimentação para o controle do comprimento dos telômeros foi proposto para as células germinativas de animais.

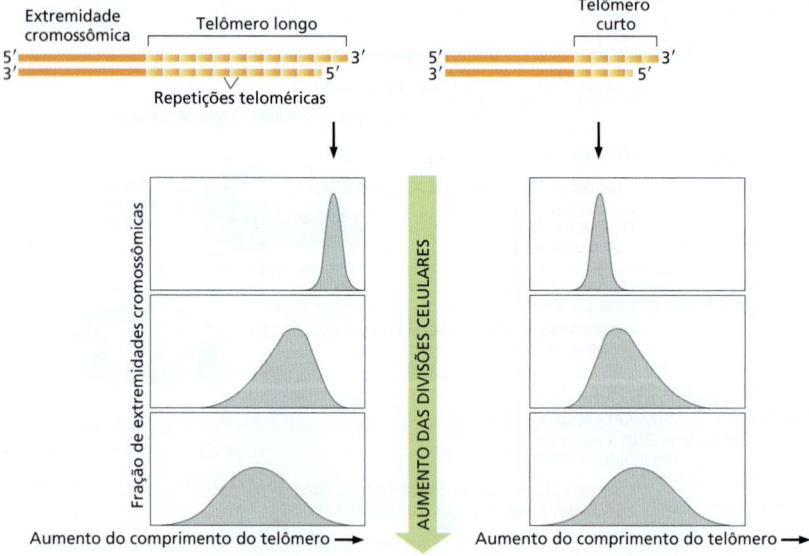

segurança contra a proliferação celular descontrolada de células anormais em tecidos somáticos e, assim, auxiliar na proteção contra o câncer.

A hipótese de que o comprimento do telômero atue como uma "haste de medição" para contar as divisões celulares e, assim, regular a duração da vida de uma linhagem celular tem sido avaliada de diversas maneiras. Em determinados tipos de células humanas cultivadas em cultura, os resultados experimentais concordam com essa teoria. Os fibroblastos humanos normalmente sofrem cerca de 60 divisões celulares em cultura antes de sofrerem senescência celular replicativa. Como a maioria das outras células somáticas em humanos, os fibroblastos produzem níveis muito baixos de telomerase, e seus telômeros são gradativamente encurtados a cada divisão. Quando a telomerase é oferecida aos fibroblastos pela inserção de um gene de telomerase ativo, o comprimento do telômero é mantido, e muitas das células continuam a proliferar-se indefinidamente.

Foi proposto que esse tipo de controle da proliferação celular pode contribuir para o envelhecimento de animais, incluindo humanos. Essas ideias têm sido avaliadas pela produção de camundongos transgênicos sem nenhuma telomerase. Os telômeros dos cromossomos dos camundongos são cerca de cinco vezes mais longos que os telômeros humanos, e os camundongos devem, portanto, reproduzir-se no mínimo três gerações até que seus telômeros tenham encurtado ao tamanho normal dos humanos. Não foi surpresa, então, que as primeiras gerações de camundongos se desenvolvessem normalmente. Porém, camundongos de gerações posteriores desenvolveram progressivamente mais defeitos em alguns tecidos de alta proliferação. Além disso, esses camundongos apresentaram sinais de envelhecimento prematuro e uma tendência pronunciada ao desenvolvimento de tumores. Nesses e em outros aspectos, esses camundongos lembram humanos com a doença genética *disceratose congênita*. Indivíduos afetados por essa doença possuem uma cópia funcional e outra cópia não funcional do gene da enzima RNA-telomerase; eles apresentam um encurtamento prematuro dos telômeros e normalmente morrem por destruição progressiva da medula óssea. Eles também desenvolvem problemas pulmonares e cirrose hepática, e apresentam anormalidades em várias estruturas epidérmicas, incluindo pele, folículos pilosos e unhas.

As observações anteriores demonstram claramente que o controle da proliferação celular pelo encurtamento dos telômeros impõe um risco aos organismos, pois nem todas as células que começam a perder as extremidades cromossômicas irão parar de se dividir. Algumas aparentemente tornam-se geneticamente instáveis, mas continuam a se dividir e geram variantes celulares que podem levar ao câncer. Claramente, a utilização do encurtamento telomérico como mecanismo de regulação não é à prova de falhas, e, assim como vários mecanismos nas células, parece estabelecer um equlíbrio entre risco e benefício.

Resumo

As proteínas que iniciam a replicação do DNA ligam-se a sequências de DNA na origem de replicação e catalisam a formação de uma bolha de replicação com duas forquilhas de replicação que se deslocam em sentidos opostos. O processo inicia quando um complexo DNA-proteína iniciadora é formado e subsequentemente acopla uma DNA-helicase ao DNA-molde. Outras proteínas são, então, adicionadas, formando uma "maquinaria de replicação" multienzimática que catalisa a síntese de DNA em cada forquilha de replicação.

Nas bactérias e em alguns eucariotos simples, as origens de replicação são determinadas por sequências de DNA específicas com apenas algumas centenas de pares de nucleotídeos. Em outros eucariotos, como os humanos, as sequências necessárias para determinar uma origem de replicação de DNA parecem ser bem menos definidas, e a origem pode estender-se por vários milhares de pares de nucleotídeos.

Em geral, as bactérias possuem uma única origem de replicação em um cromossomo circular. Com uma velocidade de mil nucleotídeos por segundo, as forquilhas completam a replicação do genoma em menos de 1 hora. A replicação do DNA eucariótico ocorre em apenas uma fase do ciclo celular, a fase S. Em eucariotos, a forquilha de replicação se desloca cerca de 10 vezes mais lentamente comparada à forquilha de replicação de bactérias, e cada cromossomo eucariótico, muito mais longo, requer diversas origens de replicação para completar sua replicação na fase S, que dura normalmente 8 horas em células humanas. As diferentes origens de replicação nos cromossomos eucarióticos são ativadas em uma sequência determinada, em parte, pela estrutura da cromatina, em que as regiões mais condensadas da cromatina iniciam sua replicação mais tardiamente. Após a passagem da forquilha, a estrutura da cromatina é regenerada pela adição de novas histonas às histonas originais, as quais são diretamente herdadas em cada molécula-filha de DNA.

Os eucariotos resolvem o problema da replicação das extremidades dos seus cromossomos lineares por meio de uma estrutura especializada na porção terminal, o telômero, mantido por uma enzima especial de polimerização de nucleotídeos chamada de telomerase. A telomerase estende uma das fitas de DNA na extremidade do cromossomo utilizando um molde de RNA que é parte integral da enzima, produzindo uma sequência altamente repetida de DNA que caracteristicamente estende-se por milhares de pares de nucleotídeos em cada extremidade cromossômica. Os telômeros possuem estruturas especializadas que os diferenciam de quebras nas extremidades cromossômicas, assegurando que não sejam erroneamente reparados.

REPARO DO DNA

A manutenção da estabilidade genética de um organismo necessária à sobrevivência requer não apenas um mecanismo extremamente preciso para replicar o DNA, mas também mecanismos para corrigir as diversas lesões acidentais que ocorrem continuamente no DNA. Grande parte das alterações espontâneas é temporária, pois são imediatamente corrigidas por um conjunto de processos chamados coletivamente de **reparo do DNA**. Das dezenas de milhares de alterações aleatórias geradas a cada dia no DNA de uma célula humana por calor, acidentes metabólicos, radiações de vários tipos e exposição a substâncias ambientais, apenas algumas alterações (menos de 0,02%) acumulam-se como mutações permanentes na sequência de DNA. O restante é eliminado com uma eficiência impressionante pelo reparo de DNA.

A importância do reparo de DNA é evidenciada pelo enorme investimento que as células fazem nas enzimas que o realizam: uma enorme porcentagem da capacidade codificadora da maioria dos genomas é dedicada exclusivamente às funções de reparo de DNA. A importância do reparo do DNA também pode ser demonstrada pelo aumento da taxa de mutação que ocorre após a inativação de um gene de reparo. Muitas proteínas de reparo do DNA e os genes que as codificam – que operam em uma grande variedade de organismos, incluindo os humanos – foram originalmente identificados em bactérias pelo isolamento e caracterização de mutantes que apresentavam uma taxa de mutação aumentada, ou uma sensibilidade aumentada a agentes que danificam o DNA.

TABELA 5-2 Algumas síndromes humanas hereditárias causadas por defeitos no reparo do DNA

Nome	Fenótipo	Enzima ou processo afetado
MSH2, 3, 6, MLH1, PMS2	Câncer de cólon	Reparo de pareamento incorreto
Xeroderma pigmentoso (XP) grupos A-G	Câncer de pele, sensibilidade à radiação ultravioleta (UV), anormalidades neurológicas	Reparo por excisão de nucleotídeos
Síndrome de Cockayne	Sensibilidade à radiação UV; anormalidades no desenvolvimento	Reparo por excisão de nucleotídeos acoplado à transcrição
Variante de XP	Câncer de pele, sensibilidade à radiação UV	Síntese translesão pela DNA-polimerase v
Ataxia-telangiectasia (AT)	Leucemia, linfoma, sensibilidade a raios γ, instabilidade genômica	Proteína ATM, uma proteína-cinase ativada por quebras na fita dupla
BRCA1	Câncer de mama e ovário	Reparo por recombinação homóloga
BRCA2	Câncer de mama, ovário e próstata	Reparo por recombinação homóloga
Síndrome de Werner	Envelhecimento prematuro, câncer em vários sítios, instabilidade genômica	Uma 3'-exonuclease acessória e a DNA-helicase usada no reparo
Síndrome de Bloom	Câncer em vários sítios, suspensão do crescimento, instabilidade genômica	DNA-helicase necessária para a recombinação
Anemia de Fanconi grupos A-G	Anormalidades congênitas, leucemia, instabilidade genômica	Reparo de cruzamento interfitas do DNA
Paciente 46 BR	Hipersensibilidade a agentes que danificam DNA, instabilidade genômica	DNA-ligase I

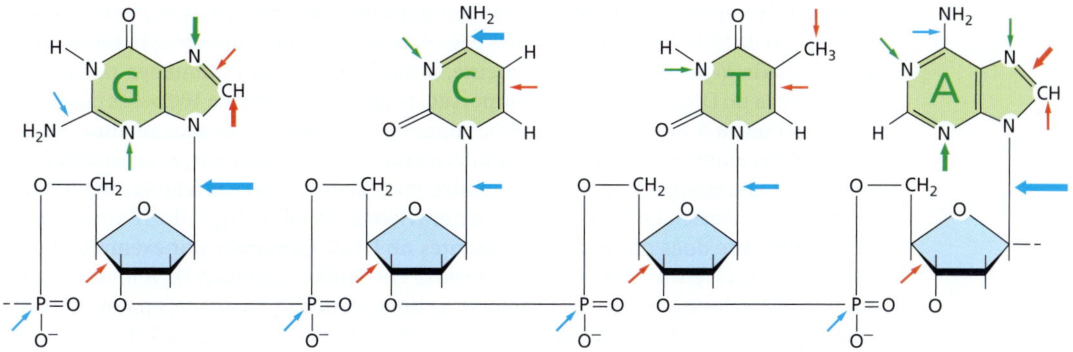

Estudos recentes sobre as consequências da capacidade reduzida de reparo do DNA em humanos demonstraram a associação de diversas doenças com essa capacidade reduzida de reparo (**Tabela 5-2**). Portanto, vimos anteriormente que defeitos em um gene humano cujo produto normalmente atua no reparo de pares de bases mal pareados, resultantes de erros na replicação do DNA, podem causar uma predisposição hereditária a cânceres de cólon e alguns outros órgãos, devido a uma taxa aumentada de mutações. Em outra doença humana, o *xeroderma pigmentoso* (XP), os indivíduos afetados apresentam uma sensibilidade extrema à radiação ultravioleta, pois são incapazes de reparar determinados fotoprodutos no DNA. Esse defeito no reparo resulta em um aumento na taxa de mutação, o que provoca graves lesões na pele e uma suscetibilidade aumentada ao câncer de pele. Finalmente, mutações nos genes *Brca1* e *Brca2* comprometem um tipo de reparo de DNA conhecido como *recombinação homóloga* e são a causa do câncer hereditário de mama e ovário.

Figura 5-37 Resumo das alterações espontâneas que necessitam de reparo do DNA. Os sítios de cada nucleotídeo modificados por lesões oxidativas espontâneas (*setas em vermelho*), ataque hidrolítico (*setas em azul*) e metilação (*setas em verde*) são mostrados; a largura da seta indica a frequência relativa de cada evento (ver Tabela 5-3). (De T. Lindahl, *Nature* 362:709–715, 1993. Com permissão de Macmillan Publishers Ltd.)

Sem o reparo do DNA, as lesões espontâneas rapidamente modificariam as sequências de DNA

Embora o DNA seja um material bastante estável – como exigido para o armazenamento da informação genética –, ele é uma molécula orgânica complexa suscetível a alterações espontâneas, mesmo nas condições normais da célula, que resultariam em mutações caso não fossem corrigidas (**Figura 5-37** e ver **Tabela 5-3**). Por exemplo, o DNA de

TABELA 5-3 Lesões endógenas no DNA que surgem e são corrigidas em uma célula mamífera diploide em 24 horas	
Lesão no DNA	Número de reparos em 24 h
Hidrólise	
Depurinação	18.000
Depirimidinação	600
Desaminação da citosina	100
Desaminação da 5-metilcitosina	10
Oxidação	
8-oxo guanosina	1.500
Pirimidinas com anel saturado (timidina-glicol, hidratos de citosina)	2.000
Produtos da peroxidação de lipídeos (M1G, eteno-A, eteno-C)	1.000
Metilação não enzimática pela *S*-adenosilmetionina	
7-metilguanina	6.000
3-metiladenina	1.200
Metilação não enzimática por poliaminas nitrosadas e peptídeos	
O^6-metilguanina	20-100

As lesões do DNA listadas na tabela são o resultado das reações químicas normais que ocorrem nas células. As células expostas a agentes químicos externos e à radiação sofrem lesões no DNA em um número maior e de muitas outras formas. (De T. Lindahl e D.E. Barnes, *Cold Spring Harb. Symp. Quant. Biol.* 65:127–133, 2000.)

cada célula humana perde cerca de 18 mil purinas (adenina e guanina) todos os dias em função da hidrólise das ligações *N*-glicosil à desoxirribose, uma reação espontânea denominada *depurinação*. Similarmente, uma *desaminação* espontânea da citosina para uracila no DNA ocorre a uma proporção de aproximadamente 100 bases por célula por dia (**Figura 5-38**). As bases do DNA também são danificadas ocasionalmente por metabólitos reativos produzidos na célula, incluindo as formas reativas do oxigênio e o doador de alta energia *S*-adenosilmetionina, ou pela exposição a produtos químicos no ambiente. Da mesma forma, a radiação ultravioleta do sol pode produzir uma ligação covalente entre duas pirimidinas adjacentes no DNA, formando, por exemplo, dímeros de timina (**Figura 5-39**). Caso não fossem corrigidas, quando o DNA foi replicado, grande parte dessas alterações resultaria na deleção de um ou de mais pares de bases ou na substituição de um par de bases na cadeia-filha de DNA (**Figura 5-40**). As mutações seriam propagadas em todas as gerações celulares subsequentes. Uma proporção tão alta de alterações aleatórias na sequência de DNA fatalmente teria consequências desastrosas.

A dupla-hélice de DNA é corrigida imediatamente

A estrutura de dupla-hélice do DNA é perfeitamente adequada para o reparo, pois possui duas cópias separadas de toda a informação genética – uma em cada fita. Portanto, quando uma das fitas é danificada, a fita complementar possui uma cópia intacta da mesma informação, sendo normalmente usada para restaurar a sequência nucleotídica correta na fita danificada.

Uma indicação da importância de uma hélice de fita dupla para o armazenamento seguro da informação genética é que todas as células a utilizam; apenas uns poucos vírus utilizam uma fita simples de DNA ou de RNA como material genético. Os tipos de processos de reparo descritos nesta seção não atuam nesses ácidos nucleicos, e, uma vez danificados, a chance de ocorrer uma alteração nucleotídica permanente nesses genomas de fita simples é muito alta. Parece que apenas organismos com genomas muito pequenos (e, portanto, alvos mínimos para lesões no DNA) podem codificar sua informação genética em uma outra molécula que não uma dupla-hélice de DNA.

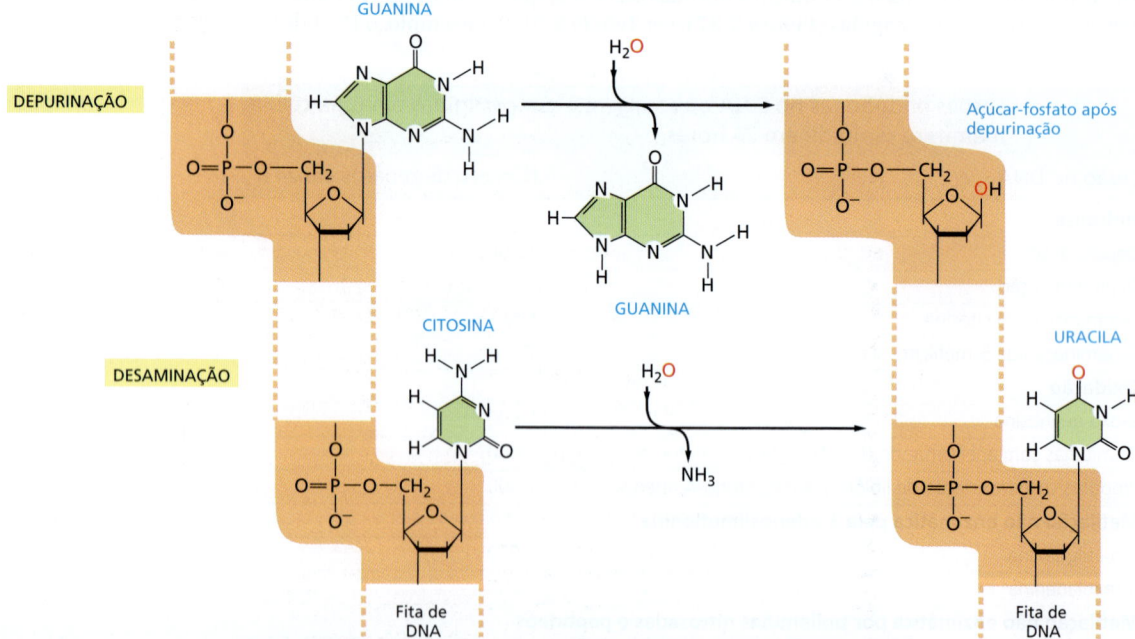

Figura 5-38 Depurinação e desaminação. Essas reações são duas das reações químicas espontâneas mais frequentes que produzem sérias lesões no DNA da célula. A depurinação pode remover a guanina (como mostrado) e a adenina do DNA. O principal tipo de reação de desaminação converte a citosina a uma base alterada, a uracila (ilustrada aqui), mas a desaminação também pode ocorrer em outras bases. Essas reações ocorrem na dupla-hélice de DNA; por conveniência, apenas uma fita é mostrada.

Figura 5-39 Tipo mais comum de dímero de timina. Esse tipo de lesão ocorre no DNA de células expostas à radiação ultravioleta (como a luz do sol). Um dímero semelhante também pode ser formado entre duas bases pirimídicas quaisquer (C ou T) presentes no DNA.

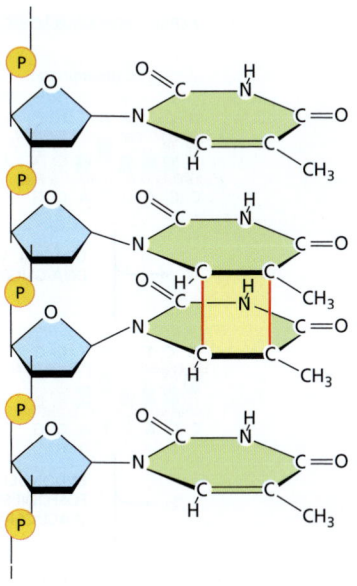

Uma lesão no DNA pode ser removida por mais de uma via

As células possuem múltiplas vias para o reparo do DNA, usando diferentes enzimas que atuam em diferentes tipos de lesões. A **Figura 5-41** apresenta duas das vias mais comuns. Em ambas, a lesão é removida, a sequência de DNA original é restaurada por uma DNA-polimerase que utiliza a fita não danificada como molde, e a quebra resultante na dupla-hélice é ligada pela DNA-ligase (ver Figura 5-12).

As duas vias diferem na maneira pela qual a lesão é removida do DNA. A primeira via, denominada **reparo por excisão de bases**, envolve uma bateria de enzimas denominadas *DNA-glicosilases*, cada uma capaz de reconhecer um tipo específico de base alterada no DNA e de catalisar sua remoção hidrolítica. Existem pelo menos seis tipos dessas enzimas, incluindo as que removem Cs desaminados, As desaminados, diferentes tipos de bases alquiladas ou oxidadas, bases com anéis rompidos e bases nas quais a ligação dupla carbono-carbono foi acidentalmente convertida em uma ligação simples entre os carbonos. Como a base alterada é detectada no contexto da dupla-hélice? Uma etapa-chave é a projeção do nucleotídeo alterado para fora da hélice, em um processo mediado por enzimas que permite que a DNA-glicosilase procure uma lesão em todas as faces da base (**Figura 5-42**). Acredita-se que essas enzimas deslocam-se pelo DNA usando a projeção das bases para avaliar a situação de cada par de bases. Uma vez reconhecida a lesão, a enzima remove a base do açúcar.

A "lacuna" criada pela ação da DNA-glicosilase é reconhecida por uma enzima chamada *endonuclease AP* (AP para *apúrica ou apirimídica*, e *endo* para indicar que a nuclease cliva dentro da cadeia polinucleotídica), que cliva a cadeia principal fosfodiéster, depois do qual a lacuna resultante é corrigida (ver Figura 5-41A). A depurinação, o tipo de lesão mais frequente sofrido pelo DNA, também gera uma desoxirribose sem uma base. As depurinações são diretamente corrigidas começando pela AP nuclease, seguida pela metade inferior da via mostrada na Figura 5-41A.

A segunda principal via de reparo é chamada de **reparo por excisão de nucleotídeos**. Esse mecanismo pode corrigir uma lesão causada por praticamente qualquer alteração volumosa na estrutura da dupla-hélice de DNA. Essas "lesões volumosas" in-

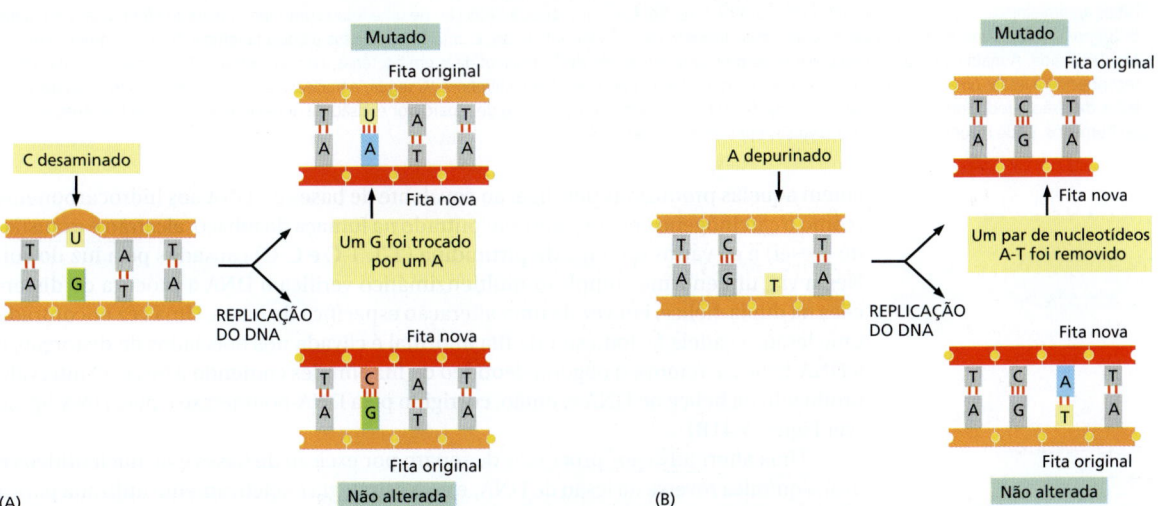

Figura 5-40 Como as modificações químicas dos nucleotídeos produzem mutações. (A) A desaminação da citosina, se não for corrigida, resulta na substituição de uma base por outra na replicação do DNA. Como mostrado na Figura 5-38, a desaminação da citosina produz uracila. A uracila difere da citosina nas propriedades de pareamento e forma par de base preferencialmente com a adenina. A maquinaria de replicação do DNA, portanto, irá adicionar uma adenina quando encontrar uma uracila na fita-molde. (B) A depurinação pode resultar na perda de um par de nucleotídeos. Quando a maquinaria da replicação encontra uma purina ausente na fita-molde, ela pode passar para o próximo nucleotídeo completo, como ilustrado aqui, produzindo uma deleção nucleotídica na fita recém-sintetizada. Muitos outros tipos de lesões no DNA (ver Figura 5-37), se não forem corrigidos, produzem mutações no momento da replicação do DNA.

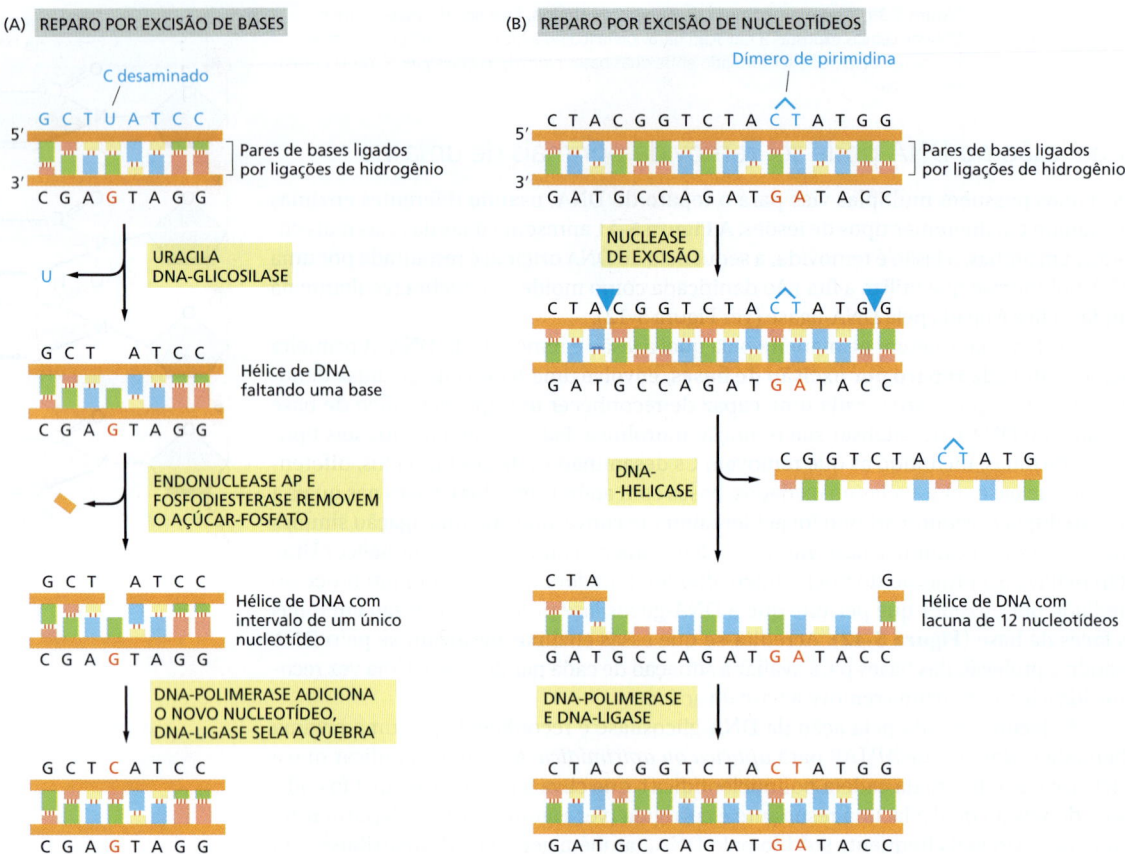

Figura 5-41 Comparação entre as duas principais vias de reparo do DNA. (A) *Reparo por excisão de bases.* Essa via inicia com uma DNA--glicosilase. A enzima uracila DNA-glicosilase remove uma citosina acidentalmente desaminada no DNA. Após a atuação dessa glicosilase (ou outra glicosilase que reconheça um tipo diferente de lesão), a porção de açúcar-fosfato do resíduo que sofreu perda da base é clivada do DNA pela ação sequencial da endonuclease AP e de uma fosfodiesterase. (Essas mesmas enzimas iniciam diretamente o reparo de sítios depurinados). O intervalo de um único nucleotídeo é, por sua vez, preenchido pela DNA-polimerase e pela DNA-ligase. O resultado final é que a base U acidentalmente criada por desaminação foi restaurada a C. A endonuclease AP é chamada assim porque reconhece qualquer sítio na hélice de DNA que contenha um açúcar desoxirribose com ausência da base; esses sítios podem surgir pela perda de uma purina (sítios *apurínicos*) ou pela perda de uma pirimidina (sítios *apirimidínicos*). (B) *Reparo por excisão de nucleotídeos.* Em bactérias, após a detecção de uma lesão como um dímero de pirimidina (ver Figura 5-39) por um complexo multienzimático ocorre uma clivagem em cada lado da lesão, e uma DNA-helicase associada remove todo o segmento de fita danificada. A maquinaria de reparo por excisão produz um intervalo de 12 nucleotídeos em bactérias, como mostrado. Em humanos, uma vez reconhecida a lesão, uma helicase é recrutada para desenrolar a duplex de DNA localmente. A seguir, a nuclease de excisão entra e cliva nos dois lados da lesão, produzindo um intervalo de cerca de 30 nucleotídeos. A maquinaria de reparo por excisão de nucleotídeos, tanto de bactérias como de humanos, pode reconhecer e corrigir diversos tipos de lesões no DNA.

cluem aquelas produzidas pela ligação covalente de bases do DNA aos hidrocarbonetos (como o carcinógeno benzopireno, encontrado na fumaça do tabaco, alcatrão e exaustão do diesel) e os vários dímeros de pirimidina (T-T, T-C e C-C) causados pela luz do sol. Nessa via, um enorme complexo multienzimático verifica o DNA à procura de distorções na dupla-hélice, em vez de uma alteração específica de bases. Uma vez encontrada uma lesão, a cadeia fosfodiéster da fita anormal é clivada nos dois lados da distorção, e a DNA-helicase remove o oligonucleotídeo de fita simples contendo a lesão. O intervalo produzido na hélice de DNA é, então, corrigido pela DNA-polimerase e pela DNA-ligase (ver Figura 5-41B).

Uma alternativa aos processos de reparo por excisão de bases e de nucleotídeos é usar a química reversa da lesão de DNA, e essa estratégia é seletivamente utilizada para a remoção rápida de determinadas lesões altamente mutagênicas ou tóxicas. Por exemplo, a lesão de alquilação O^6-metilguanina tem o grupo metila removido pela transferência direta a um resíduo de cisteína na própria proteína de reparo, que é destruída na reação. Em outro exemplo, grupos metil nas lesões de alquilação 1-metiladenina e 3-metilcitosina são removidos por uma demetilase dependente de ferro, que libera formaldeído a partir do DNA metilado e regenera a base original.

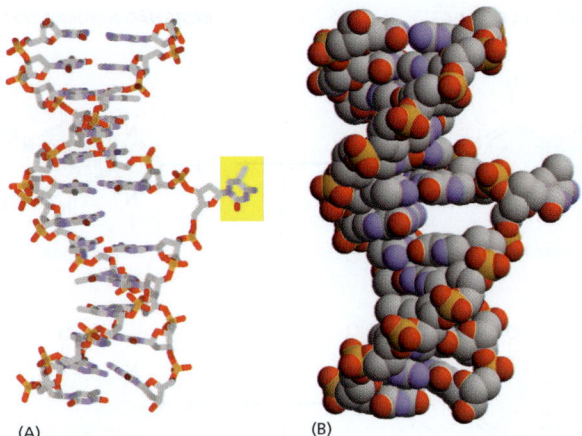

Figura 5-42 Reconhecimento de um nucleotídeo incomum no DNA pela torção da base. A família de enzimas DNA-glicosilases reconhece bases inapropriadas específicas na conformação mostrada. Cada uma dessas enzimas cliva a ligação glicosídica que une uma base determinada (amarelo) à cadeia principal de açúcar-fosfato, removendo-a do DNA. (A) Modelo de varetas; (B) modelo de preenchimento espacial.

O acoplamento do reparo por excisão de nucleotídeos à transcrição garante que o DNA mais importante da célula seja corrigido de maneira eficiente

Todo o DNA celular é constantemente monitorado para verificação de lesões, e os mecanismos de reparo descritos aqui atuam em todas as partes do genoma. Contudo, as células têm uma maneira de direcionar o reparo às sequências de DNA em que ele é mais urgentemente necessário. Isso ocorre pelo acoplamento da RNA-polimerase, a enzima que transcreve DNA em RNA na primeira etapa da expressão gênica, à via de reparo por excisão de nucleotídeos. Como discutido anteriormente, esse sistema de reparo pode corrigir vários tipos diferentes de lesões no DNA. A RNA-polimerase "para" nas lesões de DNA e, por meio de proteínas acopladoras, direciona a maquinaria de reparo a esses sítios. Nas bactérias, onde os genes são relativamente pequenos, a RNA-polimerase parada pode ser dissociada do DNA, o reparo no DNA ocorre, e o gene é transcrito novamente a partir do início. Nos eucariotos, onde os genes podem ser imensos, uma reação mais complexa é usada para "dar suporte" à RNA-polimerase, reparar a lesão e reiniciar a polimerase.

A relevância do acoplamento de transcrição ao reparo por excisão é demonstrado em indivíduos com síndrome de Cockayne, que é causada por um defeito no acoplamento. Esses indivíduos apresentam retardo de crescimento, anormalidades esqueléticas, retardo neural progressivo e uma grave sensibilidade à luz solar. A maioria desses problemas parece surgir das moléculas de RNA-polimerase que ficaram permanentemente estacionárias nos sítios de lesões no DNA onde se localizam genes importantes.

A química das bases do DNA facilita a detecção das lesões

A dupla-hélice de DNA parece ter sido construída para o reparo. Como visto anteriormente, ela contém uma cópia extra de toda informação genética. Igualmente importante, a natureza das bases do DNA também facilita a diferenciação entre bases normais e danificadas. Por exemplo, todo evento de desaminação possível no DNA produz uma base "não natural", que pode ser prontamente reconhecida e removida por uma DNA-glicosilase específica. A hipoxantina, por exemplo, é a purina mais simples capaz de pareamento específico com C, porém a hipoxantina é o produto de desaminação de A (**Figura 5-43A**). A adição de um segundo grupo amino à hipoxantina produz G, que não pode ser formada a partir de A por desaminação espontânea e cujo produto de desaminação (xantina) também é único.

Como discutido no Capítulo 6, acredita-se que o RNA, em termos evolutivos, tenha sido o material genético anterior ao DNA, e parece provável que o código genético tenha sido inicialmente formado pelos quatro nucleotídeos A, C, G e U. Isso suscita a questão de por que o U no RNA foi substituído no DNA por T (que é 5-metiluracila). Vimos que a desaminação espontânea de C o converte em U, e que esse evento gera um produto relativamente inofensivo para a uracila DNA-glicosilase. Porém, se o DNA contivesse U

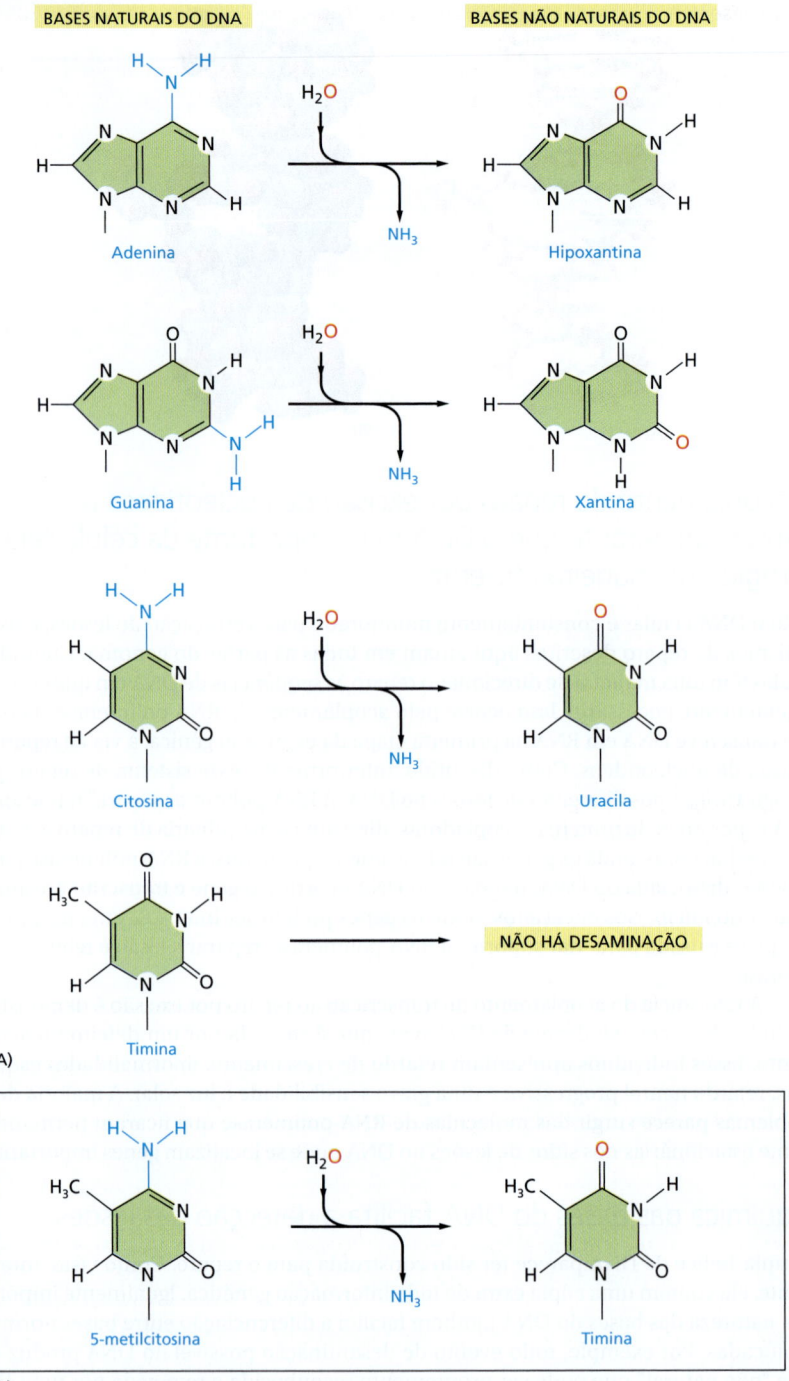

Figura 5-43 Desaminação dos nucleotídeos do DNA. Em cada caso, o átomo de oxigênio adicionado a essa reação com a água é mostrado em *vermelho*. (A) Os produtos da desaminação espontânea de A e G são reconhecidos como incomuns no DNA, sendo prontamente reconhecidos e corrigidos. A desaminação de C para U também foi ilustrada na Figura 5-38; T não possui um grupo amino para ser removido. (B) Cerca de 3% dos nucleotídeos C no DNA de vertebrados são metilados para auxiliar no controle da expressão gênica (discutida no Capítulo 7). Quando esses nucleotídeos 5-metil C são acidentalmente desaminados, eles formam o nucleotídeo natural T. Porém, esse T forma par com um G na fita oposta, produzindo um pareamento incorreto.

como base natural, o sistema de reparo seria incapaz de distinguir um C desaminado de uma base U de ocorrência natural.

Uma situação especial ocorre no DNA de vertebrados, em que determinados nucleotídeos C são metilados em sequências CG específicas e associadas a genes inativos (discutidos no Capítulo 7). A desaminação acidental desses nucleotídeos C metilados produz o nucleotídeo natural T (**Figura 5-43B**) em um pareamento incorreto com um G na fita de DNA oposta. Para auxiliar no reparo de nucleotídeos C desaminados, uma DNA-glicosilase especial reconhece o par de bases pareado de forma incorreta envolvendo T na sequência T-G e o remove. Contudo, esse mecanismo de reparo de DNA é relativamente ineficiente, pois os nucleotídeos C metilados são sítios muito comuns de mutação no DNA de vertebrados. É interessante observar que, apesar de apenas cerca de 3% dos nucleotídeos C serem metilados no DNA de humanos, as mutações nesses nucleotídeos metilados respondem por cerca de um terço das mutações de ponto (envolvendo uma única base) observadas nas doenças hereditárias humanas.

DNA-polimerases translesão especiais são usadas em emergências

Se o DNA celular estiver extremamente danificado, os mecanismos de reparo discutidos anteriormente em geral não serão suficientes para corrigi-lo. Nesses casos, uma estratégia diferente, que implica risco à célula, é utilizada. As DNA-polimerases replicativas altamente precisas param quando encontram um DNA danificado, e, em emergências, as células empregam polimerases de reserva, versáteis, porém menos precisas, conhecidas como *polimerases translesão*, para replicar durante a lesão do DNA.

As células humanas possuem sete polimerases translesão, algumas das quais capazes de reconhecer um tipo específico de lesão no DNA e adicionar corretamente o nucleotídeo necessário para restaurar a sequência inicial. Outras fazem "boas adivinhações", especialmente quando a base do molde foi muito danificada. Essas enzimas não são tão precisas como as polimerases replicativas normais quando copiam uma sequência normal de DNA. Por exemplo, as polimerases translesão não possuem atividade de correção de leitura e são muito menos criteriosas do que as polimerases replicativas na escolha do nucleotídeo a ser inicialmente incorporado. Possivelmente por essa razão, essas polimerases translesão são capazes de adicionar apenas um ou uns poucos nucleotídeos antes que a polimerase replicativa de alta precisão continue a síntese de DNA.

Apesar de sua utilidade em permitir a replicação de DNA muito danificado, essas polimerases translesão impõem riscos à célula, como mencionado anteriormente. Elas são provavelmente responsáveis pela maioria das mutações de substituição de bases e deleção de um único nucleotídeo que se acumulam nos genomas. Embora geralmente produzam mutações quando o DNA danificado é copiado (ver Figura 5-40) elas provavelmente também originem mutações – em menor nível – no DNA não danificado. Obviamente, é importante que essas polimerases sejam fortemente reguladas pela célula, sendo liberadas somente nos sítios da lesão no DNA. Como isso ocorre exatamente para cada polimerase translesão ainda precisa ser elucidado, porém um modelo conceitual é apresentado na **Figura 5-44**. O princípio desse modelo se aplica a vários processos de reparo de DNA discutidos neste capítulo: como as enzimas que realizam essas reações são potencialmente perigosas para o genoma, elas devem ser recrutadas somente nos sítios danificados.

Quebras na fita dupla são corrigidas de maneira eficiente

Um tipo de lesão no DNA potencialmente perigosa ocorre quando as duas fitas da dupla-hélice são quebradas, não havendo uma fita molde intacta para o reparo. As quebras desse tipo são causadas por radiação ionizante, erros na replicação, agentes oxidantes e alguns outros metabólitos produzidos pela célula. Se essas lesões não forem corrigi-

Figura 5-44 As DNA-polimerases translesão podem utilizar moldes danificados. De acordo com este modelo, uma polimerase replicativa estacionária em um sítio de DNA danificado é reconhecida pela célula como uma situação que precisa de resgate. Enzimas especializadas modificam de modo covalente a cinta deslizante (normalmente ela é ubiquitinada – ver Figura 3-69) que libera a DNA-polimerase replicativa e, com o DNA danificado, atraem a polimerase translesão específica para o tipo de lesão. Uma vez que o DNA danificado é ultrapassado, a modificação covalente da cinta é removida, a polimerase translesão é dissociada e a polimerase replicativa volta a atuar.

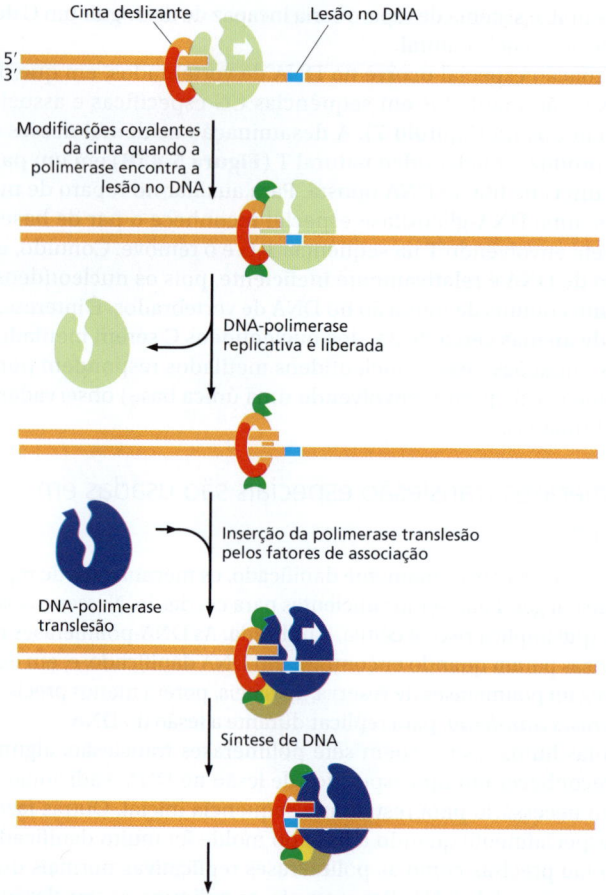

das, rapidamente resultarão na degradação dos cromossomos em fragmentos menores e na perda de genes na divisão celular. Contudo, dois mecanismos distintos foram desenvolvidos para tratar esse tipo de lesão (**Figura 5–45**). O mais fácil de entender é a **ligação de extremidades não homólogas**, em que as extremidades da quebra são simplesmente justapostas e religadas, geralmente com a perda de nucleotídeos no sítio da ligação (**Figura 5-46**). Esse mecanismo de ligação de extremidades, que pode ser visto como uma solução "rápida e suja" para o reparo de quebras nas duas fitas, é uma resposta comum nas células somáticas de mamíferos. Apesar de causar uma alteração na sequência de DNA (uma mutação) no local da quebra, pouco do genoma de mamíferos é essencial para a vida, e esse mecanismo parece ser uma solução aceitável para o problema de religar cromossomos "quebrados". Quando um indivíduo atinge 70 anos, uma célula somática típica contém mais de 2 mil dessas "cicatrizes" distribuídas pelo genoma, representando sítios em que o DNA foi reparado de modo impreciso pela ligação de extremidades não homólogas. Entretanto, a ligação de extremidades não homólogas apresenta um outro perigo: como aparentemente não há um mecanismo que assegure que as duas extremidades ligadas estavam originalmente próximas no genoma, essa ligação pode, por vezes, gerar rearranjos em que um cromossomo quebrado seja ligado covalentemente a um outro. Como resultado, podemos ter cromossomos com dois centrômeros ou cromossomos sem nenhum centrômero; os dois tipos de cromossomos defeituosos são segregados de forma incorreta na divisão celular. Como discutido anteriormente, a estrutura especializada dos telômeros preserva as extremidades naturais dos cromossomos e evita que sejam confundidas com quebras no DNA e "reparadas" dessa maneira.

Um tipo mais preciso de reparo de quebras na fita dupla ocorre no DNA recém-sintetizado (Figura 5-45B). Nesse caso, o DNA é reparado usando a cromátide-irmã como

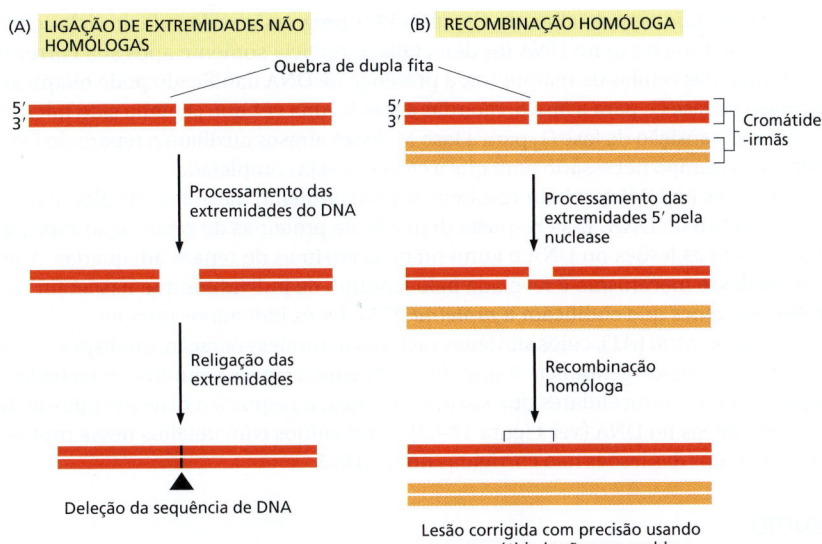

Figura 5-45 **Dois modos de corrigir quebras de fita dupla do DNA.** (A) A ligação de extremidades não homólogas altera a sequência de DNA original quando corrige um cromossomo quebrado. A degradação inicial das extremidades da quebra é importante porque os nucleotídeos no local da quebra inicial geralmente foram danificados e não podem ser ligados. A ligação de extremidades não homólogas normalmente ocorre antes das células duplicarem seu DNA. (B) O reparo de quebras de fita dupla por recombinação homóloga é mais difícil de ser realizado, porém regenera a sequência original de DNA. Normalmente ocorre após a replicação do DNA (quando um duplex molde está disponível), porém antes da célula dividir-se. Detalhes da via da recombinação homóloga são apresentados na seção seguinte (ver Figura 5-48).

molde. A reação é um exemplo de *recombinação homóloga*, considerada mais adiante neste capítulo. A maior parte dos organismos emprega tanto a ligação de extremidades não homólogas como a recombinação homóloga para reparar quebras de fita dupla no DNA. A ligação não homóloga predomina em humanos; a recombinação homóloga somente é usada durante e logo após a replicação de DNA (nas fases S e G_2), quando as cromátides-irmãs estão disponíveis para servirem como moldes.

As lesões no DNA retardam a progressão do ciclo celular

Vimos que as células possuem vários sistemas de enzimas capazes de reconhecer e reparar vários tipos de lesões no DNA (**Animação 5.7**). Devido à importância de manter o DNA intacto, não danificado de geração a geração, as células eucarióticas possuem um mecanismo adicional que maximiza a eficiência das enzimas de reparo do DNA: ele promove a suspensão da progressão do ciclo celular até que o reparo seja completado.

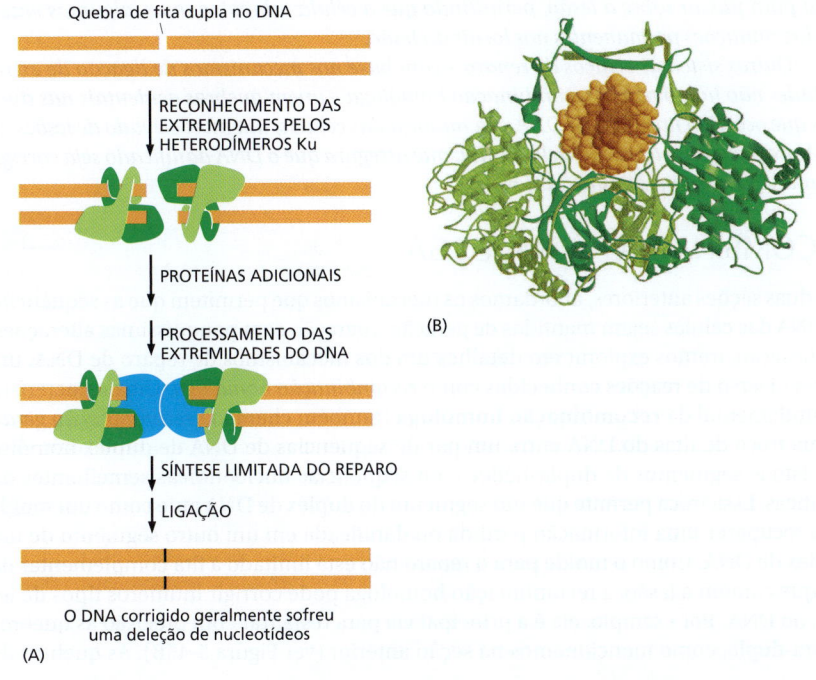

Figura 5-46 **Ligação de extremidades não homólogas.** (A) A principal função é realizada pela proteína Ku, um heterodímero que segura as extremidades dos cromossomos quebrados. As proteínas adicionais mostradas são necessárias para manter as extremidades unidas enquanto são processadas e finalmente ligadas de forma covalente. (B) Estrutura tridimensional do heterodímero Ku ligado à extremidade de um fragmento de um duplex de DNA. A proteína Ku também é essencial para a junção V(D)J, um processo de recombinação específico para a geração da diversidade de anticorpos e receptores de células T durante o desenvolvimento das células B e T (discutido no Capítulo 24). A junção V(D)J e a ligação de extremidades não homólogas apresentam diversas semelhanças no mecanismo, mas a primeira fundamenta-se em quebras específicas na fita dupla produzidas deliberadamente pela célula. (B, de J.R. Walker, R.A. Corpina, e J. Goldberg, *Nature* 412:607–614, 2001. Com permissão de Macmillan Publishers Ltd.)

Como será discutido em detalhes no Capítulo 17, a progressão ordenada do ciclo celular é suspensa se uma lesão no DNA for detectada, e reinicia somente após sua correção. Dessa forma, nas células de mamíferos, a presença de DNA danificado pode bloquear a progressão da fase G_1 para a fase S, retardar a fase S, uma vez que já tenha sido iniciada, e bloquear a transição da fase G_2 para a fase M. Esses atrasos auxiliam o reparo do DNA, fornecendo o tempo necessário para que a correção seja completada.

As lesões no DNA também resultam em um aumento da síntese de algumas enzimas de reparo do DNA. Essa resposta depende de proteínas de sinalização especiais que percebem as lesões no DNA e aumentam as enzimas de reparo adequadas. A importância desse mecanismo é revelada pelo fenótipo de indivíduos que nasceram com defeitos nos genes que codificam a *proteína ATM*. Esses indivíduos possuem a doença *ataxia-telangiectasia (AT)*, cujos sintomas incluem neurodegeneração, predisposição ao câncer e instabilidade genômica. A proteína ATM é uma cinase volumosa, envolvida na geração de sinais intracelulares que soam o alarme em resposta a diversos tipos de lesões espontâneas no DNA (ver Figura 17-62), e indivíduos com defeitos nessa proteína sofrem os efeitos das lesões não corrigidas no seu DNA.

Resumo

A informação genética só pode ser armazenada de modo estável nas sequências de DNA devido a um grande grupo de enzimas de reparo do DNA que continuamente verificam o DNA e substituem qualquer nucleotídeo danificado. A maioria dos tipos de reparo do DNA depende da presença de uma cópia separada da informação genética em cada uma das duas fitas da dupla-hélice de DNA. Portanto, uma lesão acidental em uma fita pode ser removida por uma enzima de reparo, e a fita correta é ressintetizada, tendo como referência a informação contida na fita não danificada.

A maior parte das lesões nas bases de DNA é removida por uma das duas principais vias de reparo. No reparo por excisão de bases, a base alterada é removida pela enzima DNA-glicosilase, seguida pela excisão do açúcar-fosfato resultante. No reparo por excisão de nucleotídeos, uma pequena porção da fita de DNA que flanqueia a lesão é removida da dupla-hélice como um oligonucleotídeo. Em ambos os casos, o intervalo deixado na hélice de DNA é preenchido pela ação sequencial de DNA-polimerase e DNA-ligase, utilizando a fita de DNA não danificada como molde. Alguns tipos de lesões no DNA podem ser reparados por uma estratégia diferente – a reversão química direta da lesão – realizada por proteínas de reparo especializadas. Quando o dano no DNA é muito grave, uma classe especial de DNA-polimerases não precisas, chamadas de polimerases translesão, é empregada para passar sobre a lesão, permitindo que a célula sobreviva, mas, algumas vezes, produz mutações permanentes nos locais da lesão.

Outros sistemas críticos de reparo – com base nos mecanismos de ligação de extremidades não homólogas e recombinação homóloga – unem quebras acidentais nas duas fitas que ocorrem na hélice de DNA. Na maioria das células, um nível elevado de lesões no DNA provoca um retardo no ciclo celular, que assegura que o DNA danificado seja corrigido antes de ocorrer a divisão celular.

RECOMBINAÇÃO HOMÓLOGA

Nas duas seções anteriores, abordamos os mecanismos que permitem que as sequências de DNA das células sejam mantidas de geração a geração com pouquíssimas alterações. Nesta seção, iremos explorar em detalhes um dos mecanismos de reparo de DNA, um grupo diverso de reações conhecidas como *recombinação homóloga*. Uma característica fundamental da **recombinação homóloga** (também chamada *recombinação geral*) é uma troca de fitas do DNA entre um par de sequências de DNA de duplex homólogos, isto é, segmentos de dupla-hélice com sequências nucleotídicas semelhantes ou idênticas. Essa troca permite que um segmento do duplex de DNA atue como um molde para recuperar uma informação perdida ou danificada em um outro segmento de um duplex de DNA. Como o molde para o reparo não está limitado à fita complementar da fita que contém a lesão, a recombinação homóloga pode corrigir inúmeros tipos de lesões no DNA. Por exemplo, ela é a principal via para restaurar com precisão as quebras de fita-dupla, como mencionamos na seção anterior (ver Figura 5-45B). As quebras de fita dupla resultam de radiação ou compostos químicos reativos; na maioria das vezes, no entanto, são causadas por forquilhas de replicação estacionárias ou quebradas, sem nenhuma relação com qualquer causa externa. A recombinação homóloga corrige com precisão esses acidentes, e, como eles ocorrem em quase todos os ciclos de replicação do DNA, esse mecanismo de reparo é essencial para todas as células em proliferação. A recombinação homóloga é talvez o mecanismo de reparo do DNA mais versátil disponível na célula; a natureza "universal" do reparo por recombinação provavelmente explica por que esses mecanismos e as proteínas que o realizam foram conservados em praticamente todas as células na Terra.

Além disso, veremos que a recombinação homóloga tem uma função especial em organismos com reprodução sexuada. Durante a meiose, ela catalisa uma etapa-chave na produção dos gametas (espermatozoide e óvulo) – a troca ordenada de porções de informações genética entre os cromossomos homólogos (materno e paterno), criando novas combinações de sequências de DNA nos cromossomos que serão transmitidos à progênie.

A recombinação homóloga possui características comuns em todas as células

O entendimento atual da recombinação homóloga como um mecanismo crítico no reparo do DNA em todas as células evoluiu lentamente desde sua descoberta original como componente-chave no processo especializado da meiose de plantas e animais. O reconhecimento subsequente de que a recombinação homóloga também ocorre em organismos unicelulares tornou-a muito mais receptiva à análise molecular. Assim, muito do que se sabe sobre a bioquímica da recombinação genética foi originalmente derivado de estudos realizados em bactérias, especialmente *E. coli* e seus vírus, bem como de experimentos em eucariotos simples como as leveduras. No caso desses organismos com tempos de geração curtos e genomas relativamente pequenos, foi possível isolar um grande número de mutantes com defeitos nos processos de recombinação. A proteína alterada em cada mutante foi identificada e sua bioquímica foi estudada. Os parentes próximos dessas proteínas foram encontrados em eucariotos mais complexos, como moscas, camundongos e em humanos, e, mais recentemente, foi possível analisar de forma direta a recombinação homóloga também nestas espécies. Esses estudos revelaram que os processos fundamentais que promovem a recombinação homóloga são comuns a todas as células.

A recombinação homóloga é dirigida pelas interações de pareamento de bases do DNA

O princípio da recombinação homóloga é que ela ocorre apenas entre dois duplex de DNA com extensas regiões de sequências similares (homologia). Não é de surpreender, portanto, que o pareamento de bases seja responsável por esse requerimento, e os dois duplex de DNA que sofrem a recombinação homóloga "testam" suas sequências com a do outro pelo extensivo pareamento de bases entre a fita simples de uma hélice de DNA e a fita simples complementar da outra. O pareamento não precisa ser perfeito, mas deve ser muito próximo para que ocorra a recombinação homóloga.

Na sua forma mais simples, esse tipo de interação de pareamento de bases pode ser mimetizado em tubo de ensaio, permitindo-se que uma dupla-hélice de DNA possa ser formada novamente a partir de suas fitas simples. Esse processo, chamado de *renaturação do DNA* ou **hibridização**, ocorre quando uma colisão rara e ao acaso justapõe sequências de nucleotídeos complementares em duas fitas simples complementares, possibilitando a formação de um pequeno segmento de dupla-hélice entre eles. Essa etapa de nucleação da hélice relativamente lenta é seguida por uma etapa rápida de pareamento (como o fechamento de um zíper), à medida que a região de fita dupla é estendida para maximizar o número de interações de pareamento entre as bases (**Figura 5-47**).

A hibridização pode produzir uma região de dupla-hélice de DNA formada por fitas originárias de duas moléculas de DNA diferentes, desde que sejam complementa-

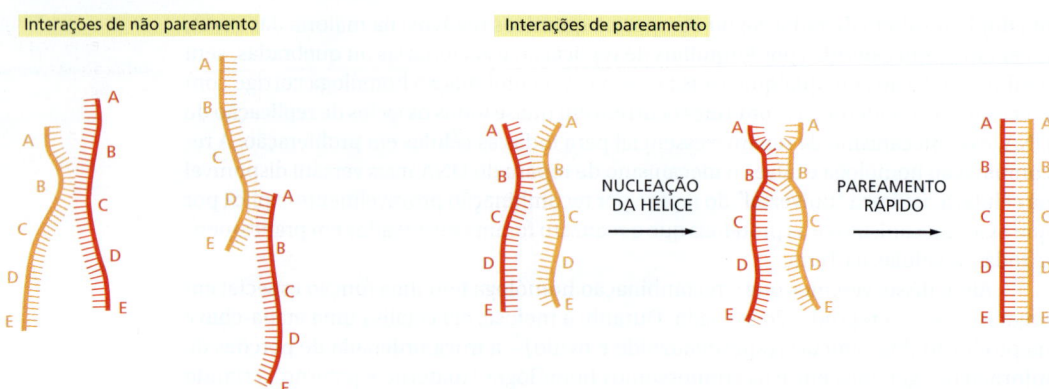

Figura 5-47 Hibridização do DNA.
As duplas-hélices de DNA podem se refazer a partir das fitas separadas em uma reação que depende da colisão aleatória entre duas fitas complementares. A maioria dessas colisões não é produtiva, como mostrado à esquerda, mas algumas poucas resultam em uma pequena região em que os pares de bases complementares são formados (nucleação da hélice). Um rápido pareamento leva, então, à formação de uma dupla-hélice completa. Pelo processo de tentativa e erro, uma fita de DNA encontra sua parceira complementar mesmo entre milhões de fitas não complementares.

res (ou quase complementares). Como veremos em breve, a formação de uma molécula híbrida, conhecida como heteroduplex, é uma característica essencial da recombinação homóloga. A hibridização do DNA e a formação de heteroduplex é também a base de diversos métodos usados para estudar as células, como será apresentado no Capítulo 8.

Em uma célula viva, o DNA está quase todo na forma estável de dupla-hélice, e a reação representada na Figura 5-47 raramente ocorre *in vivo*. Pelo contrário, como veremos, a recombinação homóloga ocorre por um conjunto de reações extremamente controladas que permite que dois duplex de DNA possam experimentar as sequências um do outro sem se dissociarem por completo em fitas simples.

A recombinação homóloga pode reparar corretamente as quebras na fita dupla de DNA

Na seção anterior, vimos que a ligação de extremidades não homólogas ocorre na ausência de um molde e normalmente produz uma mutação no sítio em que a quebra da fita dupla foi corrigida. Em contraste, a recombinação homóloga pode corrigir quebras de fita dupla com precisão sem qualquer perda ou alteração de nucleotídeos no local do reparo. Para que a recombinação homóloga faça esse trabalho, o DNA com a quebra deve ser aproximado de um DNA homólogo sem quebras, que servirá de molde para o reparo. Por isso, a recombinação homóloga ocorre normalmente logo após a replicação, onde as duas moléculas-filhas de DNA estão bem próximas e uma pode atuar como molde para a correção da outra. Como veremos, o próprio processo de replicação do DNA traz um risco especial de acidentes que exigem esse tipo de reparo.

A via mais simples de reparo de quebras de fitas duplas pela recombinação homóloga é mostrado na **Figura 5-48**. Essencialmente, o duplex de DNA quebrado e o duplex-molde realizam uma "dança das fitas", de modo que uma das fitas danificadas utiliza uma fita complementar do duplex intacto para o reparo. Primeiro, as extremidades do DNA danificado são removidas, ou "recortadas" por nucleases especializadas produzindo uma extremidade de fita simples 3'. A próxima etapa é a **troca de fitas** (também chamada de *invasão de fitas*), em que uma das extremidades 3' da molécula de DNA quebrada abre caminho até o duplex-molde e busca a sequência homóloga pelo pareamento de bases. Essa reação impressionante é descrita em detalhes na próxima seção. Uma vez estabelecido o pareamento entre as bases (que completa a etapa de troca de fitas), uma DNA-polimerase com alta precisão alonga a fita invasora usando a informação fornecida pela molécula-molde não danificada, corrigindo o DNA danificado. As últimas etapas – deslocamento da fita, síntese adicional do reparo e ligação – regeneram as duas hélices duplas de DNA originais e completam o processo de reparo. A recombinação homóloga é semelhante a outras reações de reparo do DNA, no sentido que a DNA-polimerase utiliza um molde de pristina para restaurar o DNA danificado. Contudo, em vez de utilizar a fita parceira complementar como molde, como na maioria das vias de reparo, a recombinação homóloga utiliza uma fita complementar em um duplex de DNA separado.

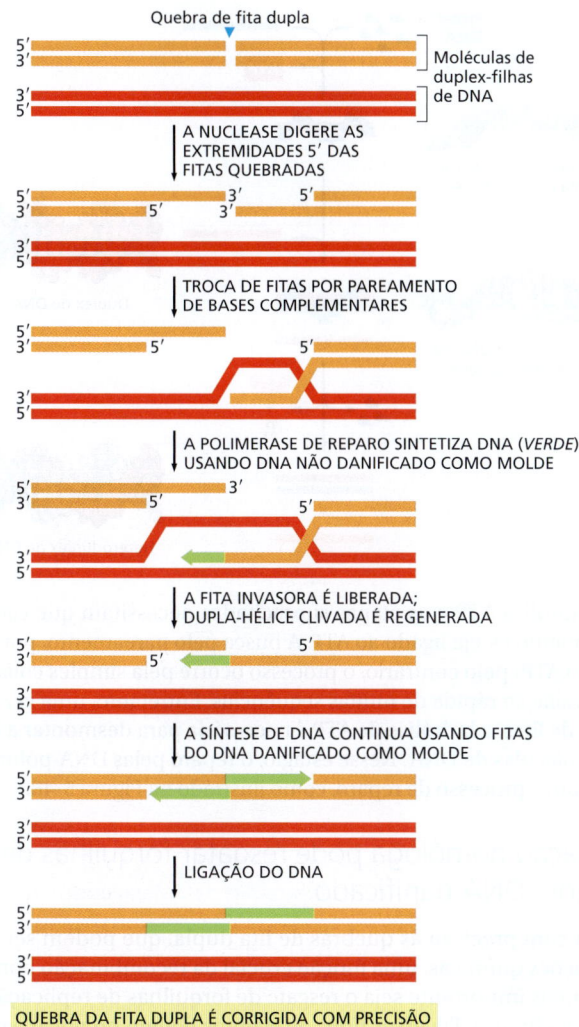

Figura 5-48 Mecanismo de reparo de quebras de fita dupla por recombinação homóloga. Esse é o método preferencial para corrigir quebras na fita dupla do DNA que surgem logo após a replicação do DNA, enquanto as moléculas-filhas ainda estão unidas. Geralmente, a recombinação homóloga pode ser vista como uma série flexível de reações, com a via exata diferindo de um caso para outro. Por exemplo, o comprimento do "segmento" corrigido varia consideravelmente, dependendo da extensão do processamento de 5' e da síntese de novo DNA, indicado *em verde*.

A troca de fitas é realizada pela proteína RecA/Rad51

De todas as etapas da recombinação homóloga, a troca de fitas é a mais difícil de imaginar. Como a fita simples invasora pode "avaliar" um duplex de DNA para homologia tão rapidamente? Uma vez que a homologia é encontrada, como a troca ocorre? Como a estabilidade inerente da dupla-hélice molde é superada?

As respostas a essas questões surgiram de estudos bioquímicos e estruturais da proteína que realiza esses feitos, chamada **RecA** em *E. coli* e **Rad51** em praticamente todos os eucariotos. Para catalisar a troca de fitas, a RecA inicialmente se liga de forma cooperativa à fita simples invasora, formando um filamento proteína-DNA que força o DNA em uma conformação não comum: grupos de três nucleotídeos consecutivos são mantidos unidos de forma como na dupla-hélice convencional, porém entre triplos adjacentes, a cadeia principal de DNA é destorcida e estendida (**Figura 5-49**). A seguir, esse filamento incomum de proteína-DNA liga-se ao duplex de DNA e estende a dupla-hélice, que se desestabiliza, facilitando a separação das fitas. A fita-simples invasora avalia a sequência do duplex pelo pareamento de bases convencional. Essa avaliação ocorre em blocos de três nucleotídeos: caso um pareamento triplo seja encontrado, o triplo adjacente é testado e assim por diante. Dessa forma, os malpareamentos rapidamente são dissociados e apenas um segmento mais extenso de pareamento de bases (pelo menos 15 nucleotídeos) estabiliza a fita invasora e promove a troca de fitas.

Figura 5-49 Invasão de fitas catalisada pela proteína RecA. O que sabemos sobre essa reação é baseado, em parte, pelas estruturas da RecA ligada a fitas simples e a fitas duplas de DNA, determinadas por difração de raios X. Essas estruturas de DNA (mostradas sem a proteína RecA) estão na parte esquerda do diagrama. Iniciando pela parte superior, a RecA com ATP-ligado associa-se à fita simples de DNA, mantendo-a na forma estendida de forma que grupos de três bases são separados entre si por uma cadeia principal distendida e torcida. Na próxima etapa, a fita simples ligada à RecA, liga-se ao duplex de DNA e o desestabiliza, permitindo que a fita simples teste a sequência pelo pareamento dos grupos de três bases por vez. Se não há pareamento, a fita simples de DNA ligada à RecA dissocia-se rapidamente e começa uma nova busca. Caso um pareamento extenso seja encontrado, a estrutura é desmontada pela hidrólise do ATP, resultando na dissociação da proteína RecA e na troca de uma fita simples de DNA por outra, formando um heteroduplex. (Código PDB: 3CMX.)

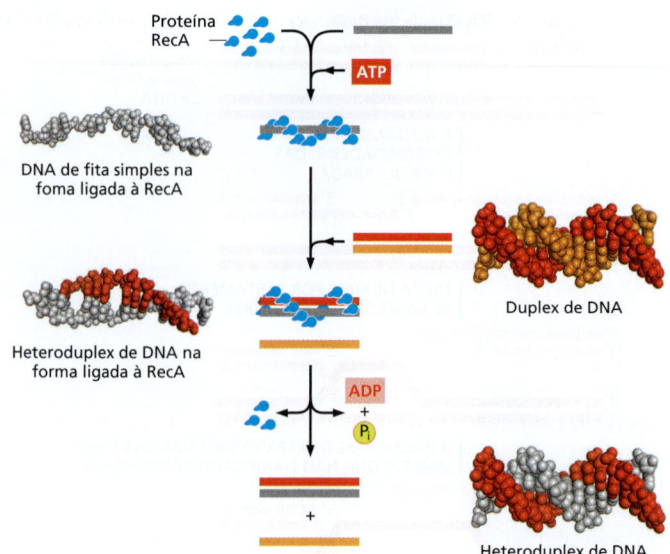

A RecA hidrolisa ATP e as etapas supracitadas necessitam que cada monômero de RecA no filamento esteja ligado ao ATP. A busca pelo pareamento, por si só, não exige a hidrólise do ATP; pelo contrário, o processo ocorre pela simples colisão molecular, permitindo a avaliação rápida de muitas sequências. Entretanto, uma vez completada a reação de troca de fitas, a hidrólise de ATP é necessária para desmontar a RecA do complexo com as moléculas de DNA. Nesse estágio, o reparo pelas DNA-polimerase e DNA-ligase completam o processo de reparo, como ilustrado na Figura 5-48.

A recombinação homóloga pode resgatar forquilhas de replicação com DNA danificado

Embora corrija com precisão as quebras de fita dupla, que podem ser causadas por radiação ou reações químicas, uma função crucial da recombinação homóloga, talvez sua atribuição mais importante seja o resgate de forquilhas de replicação de DNA estacionárias ou quebradas. Diversos tipos de eventos podem provocar a quebra da forquilha de replicação, mas aqui iremos considerar apenas um exemplo: uma quebra de fita simples ou uma lacuna na hélice parental de DNA logo à frente de uma forquilha de replicação. Quando a forquilha encontra essa lesão, ela se quebra, resultando em um cromossomo-filho intacto e um quebrado. A forquilha quebrada pode ser corrigida sem falhas (**Figura 5-50**) pelo mesmo mecanismo básico da recombinação homóloga discutido anteriormente para o reparo de quebra na fita dupla. Com pequenas modificações, o conjunto de reações representadas nas Figuras 5-48 e 5-50 – conhecidas coletivamente como recombinação homóloga – pode corrigir diversos tipos de danos no DNA.

As células controlam cuidadosamente o uso da recombinação homóloga no reparo do DNA

Embora a recombinação homóloga resolva o problema de reparo de quebras na fita dupla com precisão, além de outros tipos de danos no DNA, ela apresenta alguns problemas à célula, pois às vezes ela "corrige" a lesão usando um segmento errado do genoma como molde. Por exemplo, algumas vezes um cromossomo humano quebrado é "reparado" usando um homólogo do outro progenitor em vez da cromátide-irmã como molde. Como os cromossomos materno e paterno diferem em várias posições na sequência de DNA, esse tipo de reparo converte a sequência do DNA corrigido da sequência materna à sequência paterna e vice-versa. O resultado desse tipo de recombinação errôneo é conhecido como **perda de heterozigosidase** e pode produzir con-

Figura 5-50 Reparo por recombinação homóloga de uma forquilha de replicação quebrada. Quando uma forquilha de replicação em movimento encontra uma quebra de fita simples, ela irá parar, mas pode ser corrigida por recombinação homóloga. O processo utiliza muitas das reações mostradas na Figura 5-48 e segue as mesmas etapas básicas. Fitas em *verde* representam a síntese de DNA novo que ocorre após a quebra da forquilha de replicação. Essa via permite que a forquilha ultrapasse o local quebrado no molde original com a utilização de um duplex não danificado como molde para sintetizar o DNA. (Adaptada de M.M. Cox, *Proc. Natl Acad. Sci. USA* 98:8173–8180, 2001. Com permissão de National Academy of Sciences.)

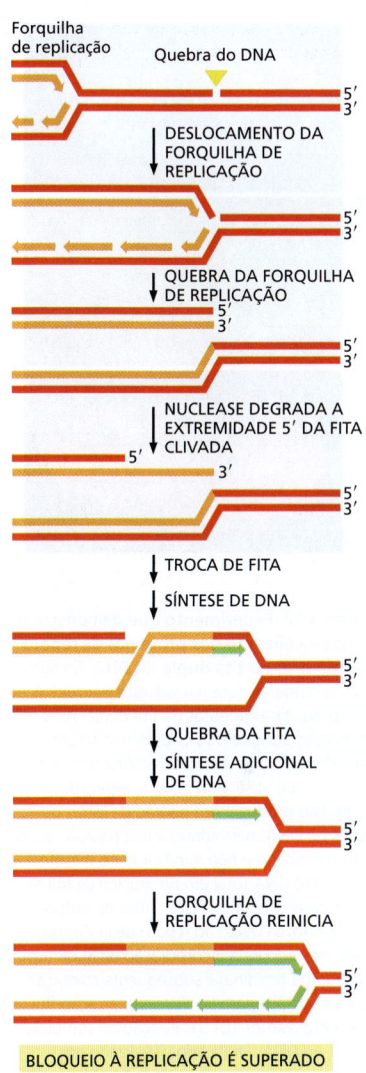

sequências graves caso o homólogo usado no reparo contenha uma mutação prejudicial, porque o evento de recombinação destrói a cópia "boa". A perda de heterozigose, apesar de rara, é uma etapa crucial no desenvolvimento de diversos tipos de câncer (discutido no Capítulo 20).

As células se empenham muito para minimizar o risco desse tipo de problema; na verdade, quase todas as etapas da recombinação homóloga são fortemente reguladas. Por exemplo, na primeira etapa, o processamento das extremidades quebradas é coordenado com o ciclo celular: as enzimas nucleases que realizam esse processo são ativadas (em parte por fosforilação) apenas nas fases S e G_2 do ciclo celular, quando um duplex-filho (um cromossomo parcialmente replicado ou uma cromátide-irmã completamente replicada) pode atuar como molde para o reparo (ver Figura 5-50). A grande proximidade entre os dois cromossomos-filhos desfavorece o emprego de outras sequências genômicas no processo de reparo.

A inserção de RecA ou Rad52 nas extremidades do DNA processado e a subsequente reação de troca de fitas também são fortemente controladas. Embora essas proteínas possam realizar sozinhas essas etapas *in vitro*, um conjunto de proteínas acessórias, incluindo Rad52, é necessário nas células eucarióticas para assegurar que a recombinação homóloga seja eficiente e precisa (**Figura 5-51**). Existem várias proteínas acessórias deste tipo, e o modo exato de como coordenam e controlam a recombinação homóloga ainda é um mistério. Sabemos que as enzimas que catalisam o reparo por recombinação são produzidas em altos níveis em eucariotos e estão distribuídas por todo o núcleo em uma forma inativa. Em resposta a uma lesão no DNA, elas rapidamente convergem para o sítio da lesão, são ativadas e formam as "fábricas de reparo", nas quais diversas lesões são trazidas e corrigidas (**Figura 5-52**).

No Capítulo 20, veremos que tanto o excesso como a falta na recombinação homóloga pode causar câncer em humanos: o excesso pelo reparo usando o molde "errado", como descrito anteriormente, e a falta pelo aumento na taxa de mutações causado pelo reparo ineficiente do DNA. Claramente, um equilíbrio delicado foi desenvolvido durante a evolução, mantendo esse processo sob vigilância no DNA não danificado e, ao mesmo tempo, permitindo que ele ocorra de forma eficiente e rápida nas lesões de DNA logo que elas apareçam.

Não é de surpreender que mutações nos componentes que realizam e controlam a recombinação homóloga sejam responsáveis por várias formas hereditárias de câncer. Duas delas, as proteínas Brca1 e Brca2, foram inicialmente descobertas porque mutações nos seus genes causavam um aumento na frequência de câncer de mama. Como essas mutações resultam em reparo ineficiente por recombinação homóloga, o acúmulo de lesões do DNA podem originar um câncer em um reduzido número de células. O Brca1 regula uma etapa inicial do processamento de extremidades quebradas; sem ele, as extremidades quebradas não são processadas corretamente para a recombinação homóloga e serão corrigidas com erros pela via de ligação de extremidades não homólogas (ver Figura 5-45). A proteína Brca2 liga-se à Rad51 evitando sua polimerização no DNA e

Figura 5-51 Estrutura de uma porção da proteína Rad52. Essa molécula com forma de rosca é composta por 11 subunidades. O DNA de fita simples foi modelado dentro do sulco ao longo da superfície da proteína. A Rad52 auxilia a montagem da Rad51 sobre a fita simples de DNA, formando um filamento nucleoproteico que realiza a troca de fitas. A Rad52 também atua mais tarde, restaurando a dupla-hélice e completando a reação de recombinação homóloga. (De M.R. Singleton et al., *Proc. Natl Acad. Sci. USA* 99:13492–13497, 2002. Com permissão de National Academy of Sciences.)

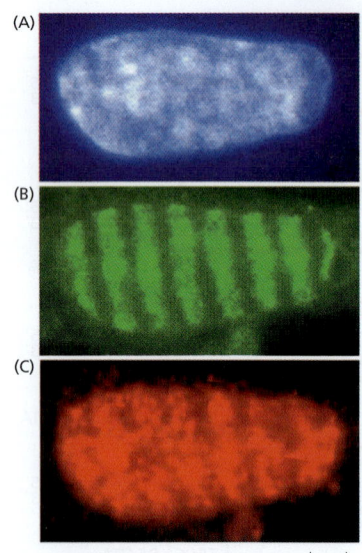

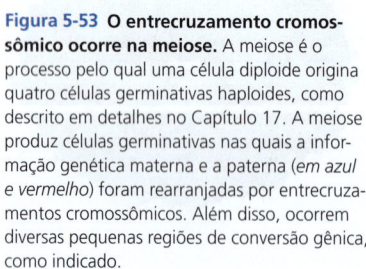

Figura 5-52 Experimento que demonstra a rápida localização das proteínas de reparo das quebras na fita dupla de DNA. Os fibroblastos humanos foram irradiados por raios X para produzir as quebras de fita dupla. Antes de os raios atingirem as células, elas foram passadas por uma grade de microscópio com "barras" que absorvem raios X, espaçadas em 1 μm. Isso produziu um padrão de listras de lesões no DNA, permitindo a comparação entre DNA danificado e não danificado no mesmo núcleo. (A) DNA total em um núcleo de fibroblasto corado com DAPI. (B) Sítios de síntese de DNA novo devido ao reparo de lesões do DNA, indicado pela incorporação de BudR (um análogo da timidina) e subsequente coloração com anticorpos para BudR com marcação fluorescente (*verde*). (C) Localização do complexo Mre11 ao DNA danificado visualizado por anticorpos contra a subunidade Mre11 *(vermelho)*. Mre11 é uma nuclease que processa DNA danificado na preparação para a recombinação homóloga (ver Figura 5-48). (A), (B) e (C) foram processados 30 minutos após irradiação por raios X. (De B.E. Nelms et al., *Science* 280:590–592, 1998. Com permissão de AAAS.)

mantendo-a, assim, na forma inativa, até que seja necessária. Normalmente, no caso de uma lesão no DNA, o Brca2 auxilia no rápido recrutamento da proteína Rad51 aos locais das lesões e, uma vez posicionada, auxilia a liberá-la da sua forma ativa em DNA de fita simples.

A recombinação homóloga é essencial para a meiose

Vimos que a recombinação homóloga compreende um grupo de reações – incluindo processamento das extremidades quebradas, troca de fitas, síntese limitada de DNA e ligação – para trocar sequências de DNA entre duas hélices-duplas com sequências nucleotídicas similares. Após discutir sua função no reparo preciso de DNA danificado, voltaremos nossa atenção para a recombinação homóloga como um modo de produzir moléculas de DNA contendo novas combinações de genes como resultado da troca deliberada de material entre cromossomos diferentes. Embora isso ocasionalmente ocorra por acidente nas células mitóticas (e normalmente é prejudicial), ela é uma parte frequente e necessária na meiose, que ocorre em organismos de reprodução sexuada como fungos, plantas e animais.

Neste caso, a recombinação homóloga ocorre como parte integral do processo pelo qual os cromossomos são distribuídos às células germinativas (óvulos e espermatozoides em animais). A meiose é discutida em detalhes no Capítulo 17; nas seções seguintes, discutiremos como a recombinação homóloga durante a meiose produz o *entrecruzamento* e a *conversão gênica*, resultando em cromossomos híbridos contendo informação dos dois homólogos, materno e paterno (**Figura 5-53**). Tanto o entrecruzamento como a conversão gênica são originados por mecanismos de recombinação homóloga que, em essência, assemelham-se aos utilizados no reparo de quebras de fita dupla.

A recombinação meiótica inicia com uma quebra programada de fita dupla

A recombinação homóloga na meiose inicia com um golpe ousado: uma proteína especializada (chamada de Spo11 em leveduras de brotamento) quebra as duas fitas de uma dupla-hélice de DNA em um dos cromossomos recombinantes (**Figura 5-54**). Como uma topoisomerase, a Spo11 permanece ligada covalentemente ao DNA quebrado após catalisar essa reação (ver Figura 5-21). Uma nuclease especializada degrada rapidamente as extremidades ligadas à Spo11, removendo a proteína com o DNA e deixando apenas as extremidades 3' de fita simples.

Nesse ponto, várias reações de recombinação similares às descritas anteriormente para o reparo de fita dupla ocorrem; na verdade, algumas proteínas são empregadas nos dois processos. Entretanto, diversas proteínas específicas da meiose conduzem o processo para realizá-lo de modo um pouco diferente, gerando os resultados distintos observados na meiose. Outra diferença importante é que, na meiose, a recombinação

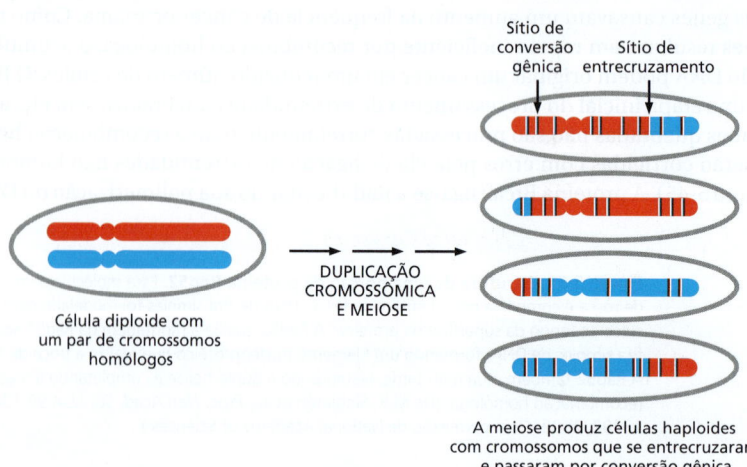

Figura 5-53 O entrecruzamento cromossômico ocorre na meiose. A meiose é o processo pelo qual uma célula diploide origina quatro células germinativas haploides, como descrito em detalhes no Capítulo 17. A meiose produz células germinativas nas quais a informação genética materna e a paterna (*em azul e vermelho*) foram rearranjadas por entrecruzamentos cromossômicos. Além disso, ocorrem diversas pequenas regiões de conversão gênica, como indicado.

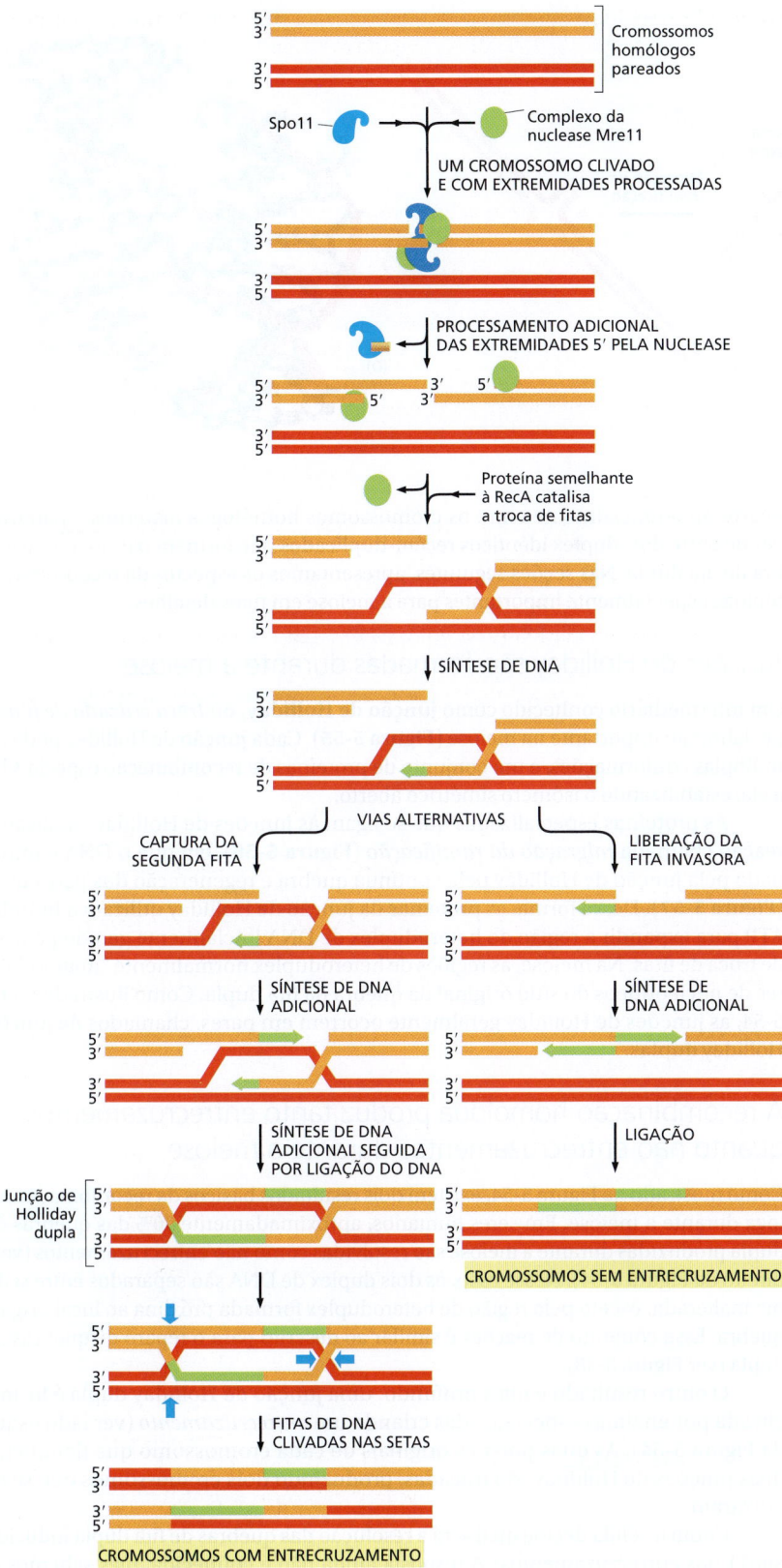

Figura 5-54 A recombinação homóloga durante a meiose pode produzir entrecruzamentos de cromossomos. Uma vez que a proteína Spo11, específica de meiose, e o complexo Mre11 quebram o duplex de DNA e processam as extremidades, a recombinação homóloga pode ocorrer por duas vias alternativas. Uma (*lado direito da figura*) assemelha-se muito à reação de reparo de quebras de fita dupla mostrada na Figura 5-48 e resulta em cromossomos que foram "corrigidos", mas nas quais não ocorreu o entrecruzamento. A outra (lado esquerdo, com as quebras das fitas indicadas por *setas em azul*) segue pela junção de Holliday dupla e produz dois cromossomos que foram entrecruzados. Durante a meiose, a recombinação homóloga ocorre entre os cromossomos materno e paterno homólogos, quando estão unidos firmemente (ver Figura 17-54).

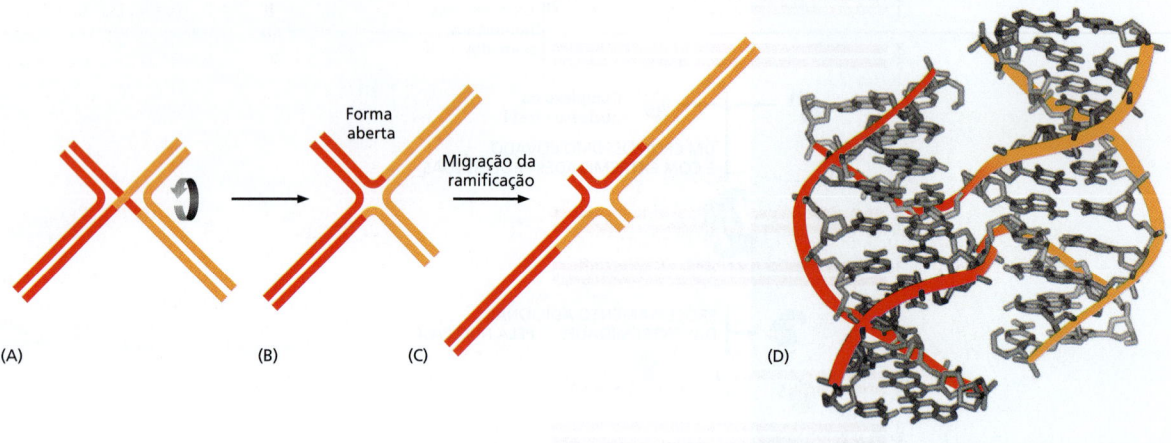

Figura 5-55 Uma junção de Holliday. A estrutura inicialmente formada (A) é normalmente representada por duas fitas cruzadas, como na Figura 5-54. Uma isomerização da junção de Holliday (B) produz uma estrutura aberta, simétrica, que é ligada por proteínas especializadas. (C) Essas proteínas "deslocam" as junções de Holliday por um conjunto coordenado de reações de migração por ramificação (ver Figura 5-57 e Animação 5.8). (D) Estrutura da junção de Holliday mostrada em (B) na forma aberta. A junção de Holliday recebeu esse nome em função do cientista que primeiramente propôs sua formação. (Código PDB: 1DCW.)

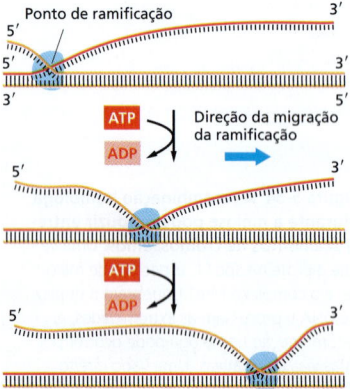

Figura 5-56 Esquema simplificado da migração da ramificação. Na migração da ramificação, os pares de bases são continuamente clivados e reformados à medida que o ponto de ramificação se desloca. Embora a migração da ramificação possa ocorrer de forma espontânea em moléculas de DNA nu, o processo é ineficiente e a migração se desloca de modo aleatório para frente e para trás. Na célula, a migração da ramificação é realizada por proteínas especializadas e pela hidrólise de ATP que asseguram que a ramificação se desloque rapidamente e em apenas uma direção, como mostrado. Como ilustrado na Figura 5-57, as migrações de ramificação normalmente ocorrem nas junções de Holliday onde as duas reações de migração estão acopladas.

ocorre preferencialmente entre os cromossomos homólogos maternos e paternos em vez de entre dois duplex idênticos recém-duplicados que formam par no reparo da quebra de fita dupla. Nas seções seguintes, apresentamos os aspectos da recombinação homóloga especialmente importantes para a meiose em mais detalhes.

Junções de Holliday são formadas durante a meiose

Um intermediário conhecido como **junção de Holliday,** ou *troca cruzada de fitas*, é especialmente importante na meiose (**Figura 5-55**). Cada junção de Holliday pode adotar múltiplas conformações, e um conjunto de proteínas de recombinação especiais liga-se a ela, estabilizando o isômero simétrico aberto.

As proteínas especializadas que se ligam às junções de Holliday catalisam uma reação chamada *migração da ramificação* (**Figura 5-56**), em que o DNA é impulsionado pela junção de Holliday pela contínua quebra e regeneração dos pares de bases (**Figura 5-57**). Dessa forma, as proteínas da junção de Holliday utilizam a hidrólise de ATP para expandir a região do heteroduplex de DNA inicialmente gerado pela reação de troca de fitas. Na meiose, as regiões de heteroduplex normalmente "migram" milhares de nucleotídeos do sítio original da quebra da fita dupla. Como ilustrado na Figura 5-54, as junções de Holliday geralmente ocorrem em pares, chamados de junções de Holliday duplas.

A recombinação homóloga produz tanto entrecruzamentos quanto não entrecruzamentos durante a meiose

Como mostrado na Figura 5-54, existem dois resultados básicos da recombinação homóloga durante a meiose. Em seres humanos, aproximadamente 90% das quebras de fita dupla produzidas durante a meiose são resolvidas como não entrecruzamentos (ver lado direito da Figura 5-54). Nesse caso, os dois duplex de DNA são separados entre si de forma inalterada, exceto pela região de heteroduplex formada próxima ao local original da quebra. Esse conjunto de reações é similar ao descrito para o reparo de quebras de fita dupla (ver Figura 5-48).

O outro resultado é mais profundo: uma junção de Holliday dupla é formada e clivada por enzimas especializadas criando um *entrecruzamento* (ver lado esquerdo da Figura 5-54). As duas porções originais de cada cromossomo que flanqueiam as duas junções de Holliday são trocadas, produzindo dois cromossomos que se entrecruzaram.

Como a célula decide qual será a resolução das quebras de fita dupla induzida por Spo11 dos entrecruzamentos? A resposta ainda não é conhecida, mas sabemos que é uma decisão importante. Os poucos entrecruzamentos formados são distribuídos ao longo dos cromossomos de tal modo que um entrecruzamento em um local inibe entrecruzamentos nas regiões próximas. Esse mecanismo fascinante, mas ainda não entendi-

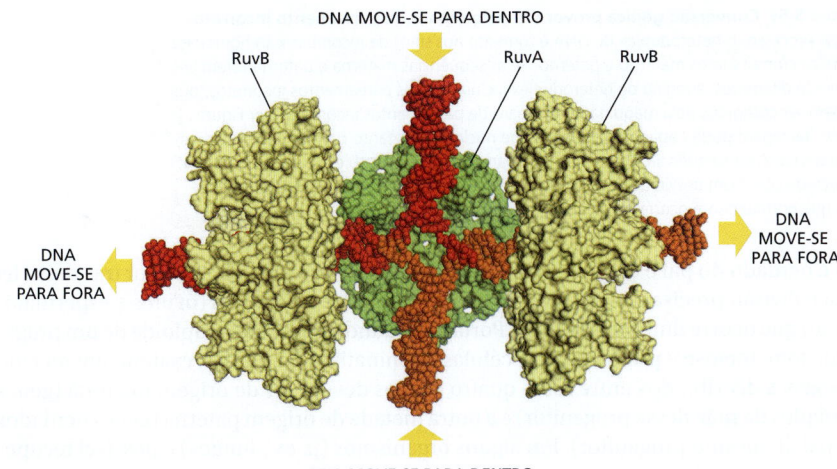

Figura 5-57 Movimento da ramificação catalisado por enzimas na junção de Holliday por migração da ramificação. Na *E. coli*, um tetrâmero da proteína RuvA (*verde*) e dois hexâmeros da proteína RuvB (*amarelo*) ligam-se à estrutura aberta da junção. A proteína RuvB, que se assemelha às helicases hexaméricas usadas na replicação do DNA (Figura 5-14), utiliza a energia da hidrólise do ATP para expelir DNA rapidamente pela junção de Holliday, estendendo a região de heteroduplex como mostrado. A proteína RuvA coordena esse movimento, enrolando as fitas de DNA para evitar o emaranhamento. (Códigos PDB: 1IXR, 1C7Y.)

do, chamado de *controle de entrecruzamento*, assegura uma distribuição mais ou menos equilibrada de pontos de entrecruzamento nos cromossomos. Ele também garante que cada cromossomo – não importando seu tamanho – sofra pelo menos um entrecruzamento a cada meiose. Em muitos organismos, ocorrem cerca de dois entrecruzamentos por cromossomo durante cada meiose, um em cada braço. No Capítulo 17, discutiremos, em detalhes, a importância mecânica desses entrecruzamentos na segregação correta dos cromossomos durante a meiose.

No evento de recombinação meiótica, resolvido tanto como entrecruzamento como não entrecruzamento, a maquinaria de recombinação sempre deixa uma *região de heteroduplex* em que uma fita com a sequência de DNA do homólogo paterno forma par de bases com uma sequência do homólogo materno (**Figura 5-58**). Essas regiões de heteroduplex podem suportar uma pequena porcentagem de pares de bases incorretos e, devido à migração da ramificação, normalmente se estendem por milhares de pares de nucleotídeos. Os diversos eventos de não entrecruzamento que ocorrem na meiose, portanto, produzem sítios dispersos, pequenas sequências de DNA de um homólogo que foram inseridas no outro homólogo, nas células germinativas. As regiões de heteroduplex marcam sítios potenciais para a *conversão gênica* – onde os quatro cromossomos haploides produzidos pela meiose contêm três cópias de uma sequência de DNA de um homólogo e apenas uma cópia dessa sequência do outro homólogo (ver Figura 5-53), como explicado a seguir.

A recombinação homóloga normalmente resulta em conversão gênica

Em organismos de reprodução sexuada, uma lei fundamental da genética é – exceto pelo DNA mitocondrial, que é herdado apenas por herança materna – cada genitor dá uma contribuição genética igual para sua progênie. Um conjunto completo de genes nuclea-

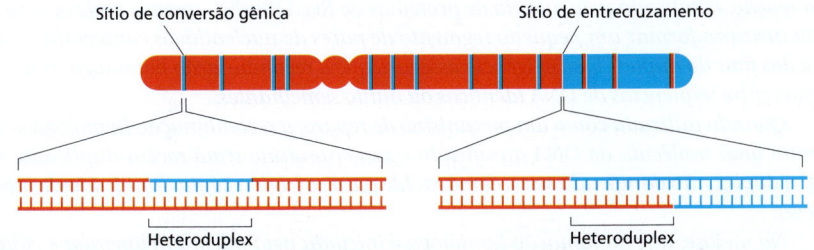

Figura 5-58 Heteroduplex formados durante a meiose. O heteroduplex de DNA está presente nos sítios de recombinação que foram resolvidos tanto como entrecruzamentos como não entrecruzamentos. Como as sequências de DNA dos cromossomos materno e paterno diferem em várias posições, os heteroduplex geralmente contêm um pequeno número de pareamentos incorretos.

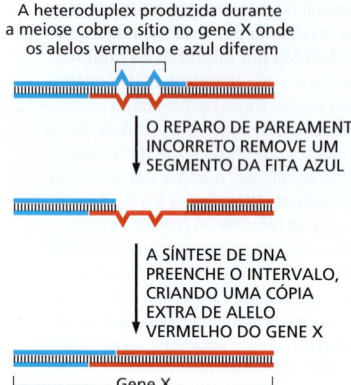

Figura 5-59 Conversão gênica provocada pelo reparo de pareamento incorreto. Nesse processo, o heteroduplex de DNA é formado nos sítios de recombinação homóloga entre os cromossomos materno e paterno. Se as sequências materna e paterna forem levemente diferentes, a região de heteroduplex incluirá alguns pareamentos incorretos, que podem ser corrigidos pela maquinaria de reparo de pareamentos incorretos (ver Figura 5-19). Tal reparo pode "apagar" sequências de nucleotídeos tanto na fita materna como na paterna. A consequência desse reparo de pareamento incorreto é a conversão gênica, detectada como um desvio da segregação de cópias iguais dos alelos maternos e paternos que normalmente ocorre na meiose.

res é herdado do pai e um outro conjunto completo é herdado da mãe. Por trás dessa lei está a divisão precisa dos cromossomos nas células germinativas (óvulos e espermatozoide) que ocorre durante a meiose. Portanto, quando uma célula diploide de um progenitor sofre meiose e produz quatro células germinativas haploides, exatamente metade dos genes distribuídos entre essas quatro células devem ser de origem materna (genes herdados da mãe desse progenitor) e a outra metade de origem paterna (genes herdados do pai do mesmo progenitor). Em alguns organismos (p. ex., fungos) é possível recuperar e analisar todos os quatro gametas haploides produzidos por uma única célula pela meiose. Os estudos nesses organismos revelaram casos raros nos quais a divisão dos genes violou as regras-padrão da genética. Ocasionalmente, por exemplo, a meiose produz três cópias da versão materna do gene e apenas uma cópia do alelo paterno. Versões alternativas do mesmo gene são chamadas de **alelos**, e a divergência da sua distribuição esperada durante a meiose é conhecida como **conversão gênica**. Estudos genéticos mostram que somente pequenas porções de DNA sofrem conversão gênica e, em muitos casos, apenas uma parte de um gene é alterada.

Várias vias na célula podem produzir a conversão gênica, mas uma das mais importantes resulta de uma consequência particular da recombinação durante a meiose. Vimos que tanto os entrecruzamentos como os não entrecruzamentos, produzem regiões de heteroduplex de DNA. Caso as duas fitas que formam a região de heteroduplex não possuam sequências nucleotídicas idênticas, há a formação de pareamentos incorretos, que normalmente são corrigidos pelo sistema de reparo de pareamento incorreto (ver Figura 5-19). Contudo, o sistema de reparo não é capaz de diferenciar as fitas materna e paterna e escolhe aleatoriamente a fita que será usada como molde para o reparo. Como consequência, um alelo será perdido, e o outro, duplicado (**Figura 5-59**), resultando na "conversão" de um alelo em outro. Assim, a conversão gênica, originalmente vista como um desvio misterioso das regras da genética, pode ser vista como uma consequência direta dos mecanismos de recombinação homóloga.

Resumo

A recombinação homóloga descreve um conjunto flexível de reações que resulta na troca de sequências de DNA entre um par de duplex de DNA idênticos ou quase idênticos. Em todas as células, esse processo é essencial para o reparo correto e sem erros de cromossomos danificados, especialmente quebras de fita dupla e forquilhas de replicação quebradas ou estacionárias. A recombinação homóloga também é responsável pelo entrecruzamento dos cromossomos que ocorre durante a meiose. Ela ocorre de diversas maneiras, mas sempre possuem em comum uma etapa de troca de fitas, em que uma fita simples de um duplex de DNA invade um segundo duplex e forma pares de bases com uma fita e desloca a outra. Essa reação, catalisada pela família de proteínas de RecA/Rad51, apenas pode ocorrer se a fita invasora formar um pequeno segmento de pares de nucleotídeos consecutivos com uma das fitas do duplex. Essa exigência assegura que a recombinação homóloga aconteça apenas entre sequências de DNA idênticas ou muito semelhantes.

Quando utilizada como um mecanismo de reparo, a recombinação homóloga ocorre entre uma molécula de DNA danificada e sua cromátide-irmã recém-duplicada, na qual a duplex não danificada serve como molde para corrigir a cópia danificada de modo preciso.

Na meiose, a recombinação homóloga é iniciada pela quebra deliberada e cuidadosamente controlada das fitas duplas e ocorre preferencialmente entre dois cromossomos homólogos em vez de entre as cromátides-irmãs recém-sintetizadas. O resultado pode ser dois cromossomos que foram entrecruzados (i.e., cromossomos em que o DNA em ambos os lados do sítio do pareamento de DNA produziram dois homólogos diferentes) ou dois cromossomos não entrecruzados. No último caso, os dois cromossomos resultantes são idênticos aos homólogos originais, exceto por mínimas alterações na sequência de DNA no sítio de recombinação.

TRANSPOSIÇÃO E RECOMBINAÇÃO SÍTIO-ESPECÍFICA CONSERVATIVA

Vimos que a recombinação homóloga pode resultar na troca de sequências de DNA entre cromossomos. Porém, a ordem dos genes nos cromossomos envolvidos permanece basicamente a mesma após a recombinação homóloga, tanto que as sequências recombinantes devem ser muito semelhantes para que o processo ocorra. Nesta seção, descrevemos dois tipos diferentes de recombinação – a **transposição** (também chamada de *recombinação transposicional*) e a **recombinação sítio-específica conservativa** – que não necessitam de uma grande homologia entre as regiões de DNA. Esses dois tipos de reações de recombinação podem alterar a ordem dos genes ao longo de um cromossomo e provocar tipos não comuns de mutações, que introduzem blocos inteiros de sequências de DNA no genoma.

A transposição e a recombinação sítio-específica conservativa são especialmente responsáveis pelo deslocamento de uma variedade de segmentos especializados de DNA – denominados coletivamente *elementos genéticos móveis* – de uma posição a outra em um genoma. Veremos que os elementos genéticos móveis podem variar em tamanho de algumas poucas centenas até dezenas de milhares de pares de nucleotídeos, e cada um geralmente carrega um conjunto determinado de genes. Com frequência, um dos genes codifica uma enzima especializada que catalisa o deslocamento apenas desse elemento, possibilitando esse tipo de recombinação.

Praticamente todas as células contêm elementos genéticos móveis (conhecidos informalmente como "genes saltadores"). Como explicado no Capítulo 4, na escala evolutiva esses elementos tiveram um efeito profundo na formação dos genomas modernos. Por exemplo, quase metade do genoma humano pode ser associada a esses elementos (ver Figura 4-62). Com o passar do tempo, suas sequências nucleotídicas foram alteradas por mutações aleatórias, de modo que apenas algumas poucas das muitas cópias desses elementos no nosso DNA ainda estão ativas e são capazes de mobilidade. O restante são fósseis moleculares cuja existência fornece indicações impressionantes sobre nossa história evolutiva.

Os elementos genéticos móveis geralmente são considerados parasitas moleculares (também são chamados de "DNA egoísta") que persistem porque as células não podem livrar-se deles; eles quase chegaram a ultrapassar nosso próprio genoma. Contudo, os elementos genéticos móveis podem proporcionar benefícios à célula. Por exemplo, os genes que eles transportam algumas vezes podem ser vantajosos, como no caso de resistência a antibióticos nas células bacterianas discutido a seguir. O deslocamento dos elementos genéticos móveis também produz muitas das variantes genéticas necessárias à evolução, pois, além de se deslocarem, provocam rearranjos ocasionais nas sequências adjacentes no genoma do hospedeiro. Assim, mutações espontâneas, observadas na *Drosophila*, em humanos e em outros organismos, normalmente ocorrem devido aos elementos genéticos móveis. Muitas dessas mutações serão prejudiciais ao organismo, porém algumas serão vantajosas e podem disseminar-se pela população. É quase certo que muito da variedade observada no mundo originalmente surgiu do deslocamento dos elementos genéticos móveis.

Nesta seção, introduzimos os elementos genéticos móveis e discutimos os mecanismos que permitem seu movimento no genoma. Veremos, mais adiante, que alguns desses elementos se movem por mecanismos de transposição e outros por recombinação sítio-específica conservativa. Iniciaremos com transposição, uma vez que conhecemos muito mais exemplos desse tipo de movimento.

Pela transposição, os elementos genéticos móveis podem se inserir em qualquer sequência de DNA

Os elementos que se movem por transposição são chamados **transpósons**, ou **elementos transponíveis**. Na transposição, uma enzima específica, normalmente codificada pelo próprio transpóson e chamada de *transposase*, atua em uma sequência específica de DNA presente em cada extremidade do transpóson, causando sua inserção em um novo sítio-alvo de DNA. A maioria dos transpósons é pouco seletiva na escolha dos sítios-alvo e, portanto, pode se inserir em diversos locais em um genoma. Em particular, não há uma exigência para similaridade de sequência entre as extremidades do elemento e a sequência-alvo. A maior parte dos transpósons move-se muito raramente. Em bactérias, em que é possível medir a frequência com precisão, os transpósons geralmente movem-se uma vez a cada 10^5 divisões celulares. Movimentos muito frequentes provavelmente destruiriam o genoma da célula hospedeira.

Com base em sua estrutura e em seu mecanismo de transposição, os transpósons podem ser divididos em três grandes classes: *transpósons exclusivamente de DNA, retrotranspósons semelhantes a vírus* e *retrotranspósons não retrovirais*. As diferenças entre eles são resumidas brevemente na **Tabela 5-4**, e cada classe será discutida de cada vez.

Transpósons exclusivamente de DNA podem se mover por um mecanismo de "corte e colagem"

Os **transpósons exclusivamente de DNA**, chamados assim porque existem apenas como DNA durante seu movimento, são predominantes em bactérias e são os principais responsáveis pela disseminação da resistência de cepas bacterianas aos antibióticos. Quando antibióticos como a penicilina e a estreptomicina tornaram-se inicialmente disponíveis na década de 1950, a maior parte das bactérias causadoras de doenças humanas era suscetível a eles. Agora, a situação é diferente – os antibióticos como a penicilina (e seus derivados modernos) não são mais eficazes contra diversas cepas bacterianas modernas, incluindo as causadoras de gonorreia e de pneumonia bacteriana. A dissemi-

TABELA 5-4 As três principais classes de elementos transponíveis

Descrição da classe e estrutura	Enzimas especializadas necessárias ao movimento	Modo de movimento	Exemplos
Transpósons exclusivamente de DNA			
Repetições invertidas curtas em cada extremidade	Transposase	Move-se como DNA, por meio de "corte e colagem" ou por vias replicativas	Elemento P (*Drosophila*), Ac-Ds (milho), Tn3 e Tn10 (*E. coli*), Tam3 (boca-de-leão)
Retrotranspósons semelhantes a retrovírus			
Repetições terminais longas (LTRs, *long terminal repeats*) e diretas em cada extremidade	Transcriptase reversa e integrase	Move-se através de um intermediário de RNA cuja produção é dirigida por um promotor na LTR	Copia (*Drosophila*), Ty1 (leveduras), THE1 (humanos), Bs1 (milho)
Retrotranspósons não retrovirais			
Poli-A na extremidade 3' do transcrito de RNA; a extremidade 5' normalmente é truncada	Transcriptase reversa e endonuclease	Move-se através de um intermediário de RNA normalmente sintetizado por um promotor adjacente	Elemento F (*Drosophila*), L1 (humanos), Cin4 (milho)

Esses elementos variam de mil a aproximadamente 12 mil pares de nucleotídeos de comprimento. Cada família contém diversos membros, apenas alguns sendo listados aqui. Alguns vírus podem se mover também para dentro e para fora dos cromossomos da célula hospedeira por mecanismos de transposição. Esses vírus estão relacionados às duas primeiras classes de transpósons.

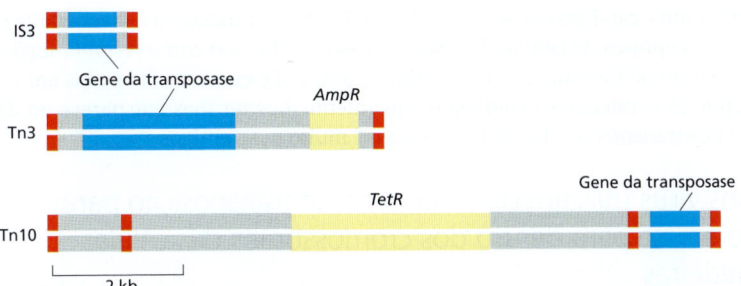

nação da resistência aos antibióticos deve-se, em grande parte, aos genes presentes nos transpósons que codificam enzimas que inativam os antibióticos (**Figura 5-60**). Embora esses elementos móveis possam se mover apenas em células que já os contêm, eles podem ser movidos de uma célula a outra por outros mecanismos coletivamente conhecidos como transferência gênica horizontal (ver Figura 1-19). Uma vez introduzido na nova célula, um transpóson pode se inserir no genoma e ser transmitido a toda progênie da célula pelos processos de replicação e divisão celular normalmente.

Os transpósons de DNA podem se realocar do sítio doador ao sítio-alvo pela *transposição de "corte e colagem"* (**Figura 5-61**). No caso, o transpóson é literalmente cortado de um local do genoma e inserido em outro. Essa reação produz uma pequena duplicação da sequência de DNA-alvo no sítio de inserção; e essas sequências de repetição direta que flanqueiam o transpóson atuam como registros de eventos de transposição prévios. Tais "assinaturas" fornecem informações valiosas na identificação de transpósons nas sequências genômicas.

Quando um transpóson de DNA inserido por "corte e colagem" sofre excisão do sítio original, ele deixa uma "lacuna" no cromossomo. Essa lesão pode ser perfeitamente "consertada" pelo reparo de quebras de fita dupla recombinatório (ver Figura 5-48), desde que o cromossomo tenha sido duplicado recentemente e que uma cópia idêntica da sequência do hospedeiro danificado esteja disponível. Alternativamente, uma reação de ligação de extremidades não homólogas pode religar a quebra; nesse caso, a sequência de DNA originalmente adjacente ao transpóson é alterada, produzindo uma mutação no sítio cromossômico do qual o transpóson foi removido (ver Figura 5-45).

Surpreendentemente, foi descoberto que o mesmo mecanismo usado para clivar e ligar transpósons de DNA também é empregado no desenvolvimento do sistema imune

Figura 5-60 Três dos muitos tipos de transpósons de DNA encontrados em bactérias. Cada um desses elementos de DNA móveis contêm um gene que codifica a *transposase*, uma enzima que realiza as reações de clivagem e religação de DNA necessárias para o movimento do elemento. Cada transpóson também possui pequenas sequências de DNA (indicadas em *vermelho*) que são reconhecidas apenas pela transposase codificada pelo elemento, sendo também necessárias para que o elemento se movimente. Além disso, dois dos três elementos móveis mostrados possuem genes que codificam enzimas que inativam os antibióticos ampicilina (*AmpR*) – um derivado da penicilina – e tetraciclina *(TetR)*. O elemento transponível Tn10, mostrado no diagrama inferior, parece ter evoluído por acaso da ocorrência de dois elementos móveis bem mais curtos nos dois lados do gene de resistência à tetraciclina.

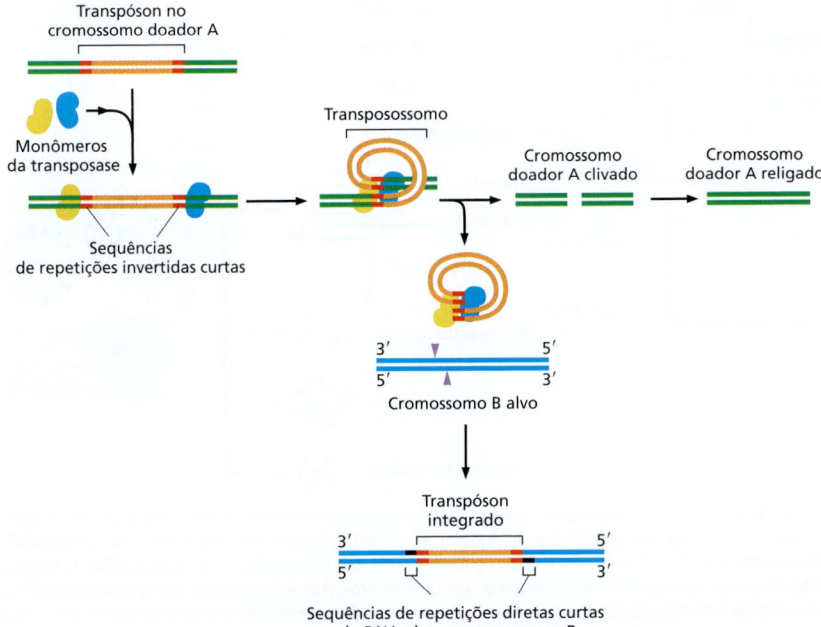

Figura 5-61 Transposição por "corte e colagem". Os transpósons de DNA podem ser reconhecidos nos cromossomos pelas "sequências de repetições invertidas" (*em vermelho*) nas suas extremidades. Essas sequências, que podem ter apenas 20 nucleotídeos, são suficientes para que o DNA entre elas seja transposto pela transposase específica associada ao elemento. O movimento de "corte e colagem" de um elemento transponível de DNA de um sítio cromossômico a outro inicia quando a transposase aproxima as duas sequências invertidas, formando uma alça de DNA. A inserção no cromossomo-alvo, também catalisado pela transposase, ocorre em um sítio aleatório pela criação de quebras alternadas no cromossomo-alvo *(setas roxas)*. Após a reação de transposição, as lacunas de fitas simples produzidas pelas quebras desencontradas, são corrigidas pela DNA-polimerase e ligase *(em preto)*. Como resultado, o local de inserção é marcado por uma sequência de repetição direta curta de DNA-alvo. Apesar de a quebra no cromossomo doador (*verde*) ser religada, o processo de clivagem e de reparo normalmente altera a sequência de DNA, provocando uma mutação no sítio original do elemento transponível removido (não mostrada).

de vertebrados, catalisando os rearranjos de DNA que produzem a diversidade de anticorpos e receptores de células T. Esse processo, conhecido como *recombinação V(D)J*, será discutido no Capítulo 24. A recombinação V(D)J é encontrada apenas em vertebrados, sendo uma novidade evolutiva relativamente recente, mas que parece ter derivado a partir dos transpósons de "corte e colagem" muito mais antigos.

Alguns vírus utilizam o mecanismo de transposição para moverem-se para dentro dos cromossomos das células hospedeiras

Certos vírus são considerados elementos genéticos móveis porque utilizam o mecanismo de transposição para integrar o seu genoma no genoma da célula hospedeira. Porém, ao contrário dos transpósons, esses vírus codificam proteínas que acondicionam sua informação genética em partículas virais capazes de infectar outras células. Muitos dos vírus que se inserem no cromossomo hospedeiro utilizam um dos dois primeiros mecanismos listados na Tabela 5-4; ou seja, ou atuam como um transpóson de DNA ou como retrotranspósons semelhantes a retrovírus. Na verdade, muito do conhecimento desses mecanismos foi elucidado a partir do estudo de determinados vírus que empregam tais mecanismos.

A transposição tem uma função importante no ciclo vital de diversos vírus. Especialmente notáveis são os **retrovírus**, que incluem o vírus humano da Aids – o HIV. Fora da célula, um retrovírus existe como um genoma de RNA de fita simples, empacotado em uma capa proteica, o *capsídeo*, com a enzima **transcriptase reversa** codificada pelo vírus. Durante o processo de infecção, o RNA viral penetra a célula, sendo convertido em uma molécula de DNA de fita dupla pela ação dessa enzima essencial, capaz de polimerizar o DNA usando RNA ou DNA como molde (**Figura 5-62**). O termo *retrovírus* refere-se à capacidade desses vírus de reverter o fluxo normal da informação genética, que é do DNA para o RNA (ver Figura 1-4).

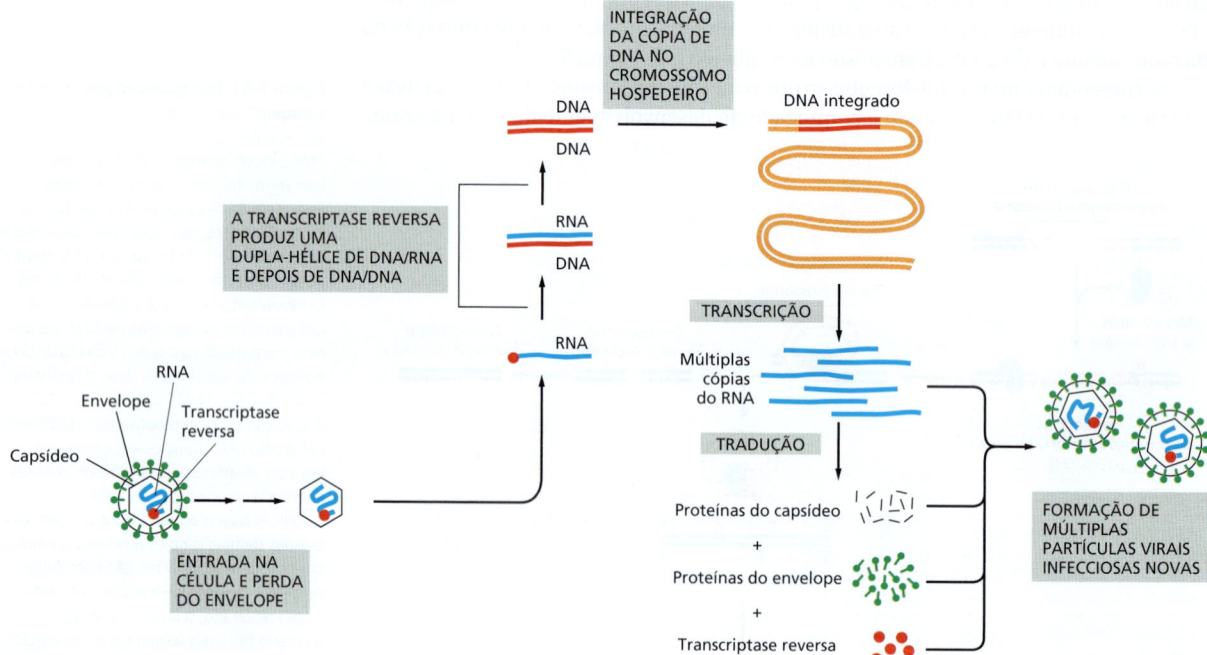

Figura 5-62 O ciclo vital de um retrovírus. O genoma do retrovírus consiste em uma molécula de RNA (*em azul*) normalmente com 7 mil a 12 mil nucleotídeos de comprimento. Ela é empacotada em um capsídeo proteico, que, por sua vez, é envolvido por um envelope lipídico contendo as proteínas virais codificadas pelo vírus (*em verde*). Dentro da célula infectada, a enzima transcriptase reversa (*círculo vermelho*) primeiramente produz uma cópia do DNA da molécula de RNA viral e depois uma segunda fita de DNA, produzindo uma cópia de DNA de fita dupla do genoma de RNA. A integração dessa dupla-hélice de DNA no cromossomo da célula hospedeira é catalisada por uma enzima integrase, codificada pelo vírus. Essa integração é essencial para a síntese de novas moléculas de RNA viral pela RNA-polimerase celular, a enzima que transcreve o DNA em RNA (discutido no Capítulo 6).

Uma vez que a transcriptase reversa tenha produzido uma molécula de DNA de fita dupla, sequências específicas próximas às extremidades são reconhecidas por uma transposase codificada pelo vírus chamada *integrase*. Então, a integrase insere o DNA viral no cromossomo por um mecanismo de clivagem e ligação semelhante ao usado pelos transpósons de DNA (ver Figura 5-61).

Os retrotranspósons semelhantes a retrovírus são parecidos com os retrovírus, porém não possuem a capa proteica

Uma grande família de transpósons chamada de **retrotranspósons semelhantes a retrovírus** (ver Tabela 5-4) realiza seus movimentos nos cromossomos por um mecanismo similar ao utilizado pelos retrovírus. Esses elementos estão presentes em organismos bastante diversos, como leveduras, moscas e mamíferos; ao contrário dos vírus, eles não possuem a capacidade intrínseca de sair da célula em que residem, mas podem ser transmitidos a todos os descendentes da célula pelos processos normais de replicação do DNA e divisão celular. A primeira etapa da sua transposição é a transcrição de todo o transpóson, produzindo uma cópia de RNA do elemento normalmente com vários milhares de nucleotídeos. Esse transcrito, que é traduzido como um mRNA pela célula hospedeira, codifica uma enzima transcriptase reversa. Essa enzima sintetiza uma cópia de DNA de fita dupla a partir da molécula de RNA através de um intermediário híbrido de RNA/DNA, mimetizando os estágios iniciais de uma infecção por retrovírus (ver Figura 5-62). Como um retrovírus, a molécula de fita dupla de DNA linear é integrada em um sítio do cromossomo pela ação da enzima integrase, também codificada pelo elemento. A estrutura e os mecanismos dessas integrases assemelham-se muito aos das transposases dos transpósons de DNA.

Uma grande parte do genoma humano é composta de retrotranspósons não retrovirais

Uma importante porção de diversos cromossomos de vertebrados é formada por sequências repetidas. Nos cromossomos humanos, essas repetições são, na sua maioria, versões mutadas e truncadas de um **retrotranspóson não retroviral**, o terceiro tipo principal de transpósons (ver Tabela 5-4). Apesar de a maior parte desses transpósons no genoma humano ser imóvel, alguns poucos são capazes de movimento. Movimentos relativamente recentes do *elemento L1* (algumas vezes chamado de LINE, de *long intersperced nuclear element*, elemento nuclear intercalado longo) foram identificados, alguns dos quais resultam em doenças humanas; por exemplo, um tipo especial de hemofilia resulta da inserção do elemento *L1* no gene que codifica o Fator VIII de coagulação sanguínea (ver Figura 6-24).

Os retrotranspósons não retrovirais são encontrados em diversos organismos e movem-se por meio de um mecanismo distinto que requer um complexo formado por uma endonuclease e uma transcriptase reversa. Como ilustrado na **Figura 5-63**, o RNA e a transcriptase reversa têm uma função muito mais direta no evento de recombinação do que nos elementos móveis descritos anteriormente.

A inspeção da sequência do genoma humano revelou que uma grande porção de retrotranspósons não retrovirais – por exemplo, as várias cópias do elemento *Alu*, um membro da família SINE (de *short intersperced nuclear element*, elemento nuclear intercalado curto) – não contém seus próprios genes para a endonuclease ou transcriptase reversa. No entanto, eles foram amplificados a ponto de tornarem-se o principal componente do nosso genoma, possivelmente pelo uso "pirata" de enzimas codificadas por outros transpósons. Juntos, os LINEs e os SINEs constituem mais de 30% do genoma humano (ver Figura 4-62); existem 500 mil cópias de LINEs e mais de 1 milhão de cópias de SINEs.

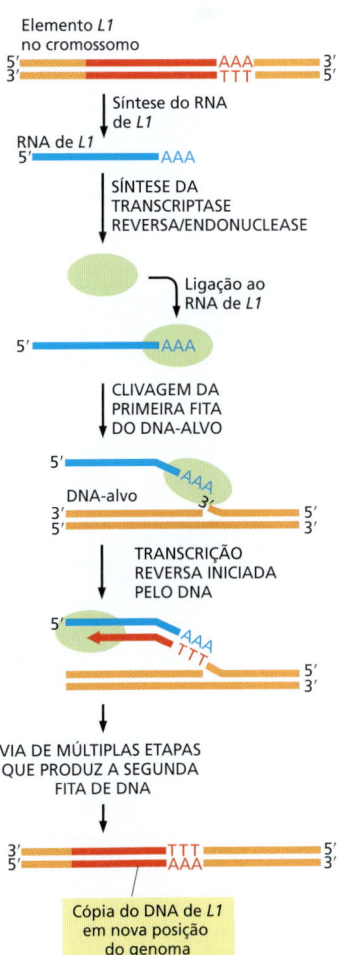

Figura 5-63 Transposição por um retrotranspóson não retroviral. A transposição pelo elemento *L1 (em vermelho)* inicia quando uma endonuclease ligada à transcriptase reversa de *L1 (em verde)* e o RNA de *L1 (em azul)* produzem uma clivagem no DNA-alvo no local onde ocorrerá a inserção. Essa clivagem libera uma extremidade 3'-OH no DNA-alvo, que é utilizada como iniciador para a etapa de transcrição reversa mostrada. Isso produz uma cópia de DNA de fita simples do elemento diretamente ligada ao DNA-alvo. Em reações subsequentes, o processamento adicional da cópia de DNA de fita simples resulta na formação de uma nova cópia de DNA de fita dupla do elemento *L1*, que é inserida no sítio inicial de clivagem.

Diferentes elementos transponíveis predominam em diferentes organismos

Vários tipos de elementos transponíveis foram descritos: (1) transpósons de DNA, cuja mobilidade tem como base reações de clivagem e ligação de DNA; (2) retrotranspósons semelhantes a retrovírus, que também se movem por meio de clivagem e ligação de DNA, mas tendo o RNA com função-chave, atuando como molde para originar o substrato para a recombinação do DNA; e (3) retrotranspósons não retrovirais, nos quais uma cópia de RNA do elemento é fundamental para sua incorporação no DNA-alvo, atuando como um molde direto para o evento de transcrição reversa dirigido pelo DNA-alvo.

Curiosamente, tipos diferentes de transpósons predominam em diferentes organismos. A grande maioria de transpósons bacterianos, por exemplo, é do tipo DNA, estando presentes uns poucos relacionados aos retrotranspósons não virais. Em leveduras, os principais elementos móveis são os retrotranspósons semelhantes a retrovírus. Na *Drosophila* são encontrados transpósons de DNA, retrovirais e não retrovirais. Finalmente, o genoma humano contém os três tipos de transpósons; entretanto, como apresentado a seguir, suas histórias evolutivas são bastante diferentes.

As sequências genômicas revelam o número aproximado de vezes que os elementos transponíveis foram movidos

A sequência nucleotídica do genoma humano nos fornece um precioso "registro fóssil" da atividade dos transpósons na escala evolutiva. A comparação cuidadosa da sequência nucleotídica de aproximadamente 3 milhões de elementos transponíveis remanescentes presentes no genoma humano possibilitou a reconstrução aproximada dos movimentos dos transpósons no genoma de nossos ancestrais, durante centenas de milhares de anos. Por exemplo, os transpósons de DNA parecem ter sido ativos muito antes da divergência entre humanos e macacos do Velho Mundo (de 25 a 35 milhões de anos atrás); mas, como foram gradualmente acumulando mutações que os inativaram, eles têm estado dormentes na linhagem humana desde então. Da mesma forma, apesar de o nosso genoma estar repleto de vestígios de retrotranspósons semelhantes a retrovírus, nenhum parece estar atualmente ativo. Uma única família de retrotranspósons semelhantes a retrovírus parece ter sofrido transposição no genoma humano desde a divergência entre humanos e chimpanzés, há aproximadamente 6 milhões de anos. Os retrotranspósons não retrovirais também são bastante antigos, mas, ao contrário dos outros tipos, alguns ainda estão em movimento no nosso genoma, como mencionado anteriormente. Por exemplo, estima-se que o movimento *de novo* de um elemento *Alu* ocorra uma vez a cada 100 a 200 nascimentos humanos. O movimento de retrotranspósons não retrovirais é responsável por uma pequena proporção de novas mutações humanas – talvez duas mutações em cada mil.

A situação em camundongos é muito diferente. Apesar de os genomas de camundongos e humanos conterem aproximadamente a mesma densidade dos três tipos de transpósons, ambos os tipos de retrotranspósons ainda estão em transposição ativa no genoma de camundongos, sendo responsáveis por cerca de 10% das novas mutações.

Embora estejamos apenas começando a compreender como o movimento dos transpósons contribuiu para a formação dos genomas dos mamíferos atuais, foi proposto que grandes incrementos da atividade de transposição poderiam ser responsáveis pelos eventos decisivos da especiação durante a radiação das linhagens de mamíferos a partir de um ancestral comum, um processo que teve início há aproximadamente 170 milhões de anos. Nesse ponto, podemos apenas imaginar quantas das características exclusivamente humanas resultaram da atividade dos muitos elementos genéticos móveis cujos resquícios são hoje encontrados espalhados nos nossos cromossomos.

A recombinação sítio-específica conservativa pode rearranjar o DNA de modo reversível

Um tipo diferente de mecanismo de recombinação, conhecido como *recombinação sítio-específica conservativa*, reorganiza outros tipos de elementos de DNA móveis. Nes-

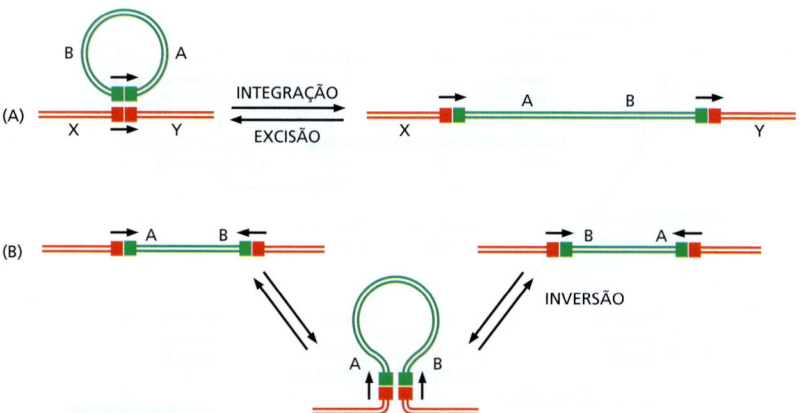

Figura 5-64 Dois tipos de rearranjos no DNA produzidos por recombinação sítio-específica conservativa. A única diferença entre as reações em (A) e (B) é a orientação relativa dos dois sítios de DNA (indicados por *setas*) em que ocorreu o evento de recombinação sítio-específica. (A) Por meio da reação de integração, uma molécula de DNA circular é incorporada em uma segunda molécula de DNA; pela ação reversa (excisão), ela pode ser liberada e regenerar o DNA circular original. Diversos vírus bacterianos movem-se para dentro e para fora do cromossomo hospedeiro exatamente assim. (B) A recombinação sítio-específica conservativa também pode inverter um segmento específico de DNA no cromossomo. Um exemplo bem estudado de inversão de DNA por essa recombinação ocorre na bactéria *Salmonella typhimurium*, principal agente envolvido na intoxicação alimentar dos humanos; como descrito na próxima seção, a inversão de um segmento de DNA altera o tipo de flagelo produzido pela bactéria.

sa via, a clivagem e a ligação ocorrem em dois sítios específicos, um em cada molécula de DNA participante do evento. Dependendo da posição e da orientação dos dois sítios de recombinação, pode ocorrer integração, excisão ou inversão do DNA (**Figura 5-64**). A recombinação sítio-específica conservativa é realizada por enzimas especializadas que clivam e religam as duas hélices de DNA em sequências específicas em cada molécula. O mesmo sistema de enzimas que liga as duas moléculas também pode separá-las, regenerando com precisão a sequência das duas moléculas originais de DNA (ver Figura 5-64A).

A recombinação sítio-específica conservativa é geralmente utilizada por vírus de DNA, para moverem (inserir e remover) seus genomas do genoma das células hospedeiras. Quando integrados no genoma do hospedeiro, o DNA viral é replicado com o DNA do hospedeiro e é fielmente transmitido a todas as células descendentes. Se a célula hospedeira sofre uma lesão (p. ex., radiação UV) o vírus pode reverter a reação de recombinação sítio-específica, remover seu genoma e acomodá-lo dentro de uma partícula viral. Assim, muitos vírus podem ser replicados passivamente como um componente do genoma do hospedeiro, porém podem "abandonar o navio quando este está afundando" pela excisão do seu genoma e empacotando-o em uma capa protetora até que uma nova célula hospedeira sadia seja encontrada.

Diversas características diferenciam a recombinação sítio-específica conservativa da transposição. Primeiro, a recombinação sítio-específica conservativa requer sequências de DNA especializadas no DNA doador e no receptor (daí o termo sítio-específica). Essas sequências possuem sítios de reconhecimento para a recombinase específica que catalisa o rearranjo. Em contraste, a transposição necessita apenas que o transpóson possua uma sequência especializada; para a maioria dos transpósons, o DNA receptor pode ter qualquer sequência. Segundo, os mecanismos da reação são fundamentalmente diferentes. As recombinases que catalisam a recombinação sítio-específica conservativa assemelham-se às topoisomerases no sentido de formarem ligações covalentes de alta energia transitórias com o DNA e utilizarem essa energia para completar o rearranjo de DNA (ver Figura 5-21). Dessa forma, todas as ligações de fosfato clivadas durante o evento de recombinação são regeneradas após o término (daí o termo conservativa). Em contraste, a transposição não ocorre através de um intermediário proteína-DNA unidos covalentemente, e esse processo produz lacunas no DNA que devem ser reparadas pelas DNA-polimerases.

Figura 5-65 Controlando a expressão gênica por inversão de DNA em bactérias. A alternância da transcrição de dois genes de flagelina em uma bactéria *Salmonella* é causada por um evento de recombinação sítio-específica que inverte um pequeno segmento de DNA contendo um promotor. (A) Em uma orientação, o promotor ativa a transcrição do gene da flagelina *H2*, assim como a proteína repressora que bloqueia a expressão do gene da flagelina *H1*. Promotores e repressores são descritos em detalhes no Capítulo 7; aqui vemos simplesmente que um promotor é necessário para a expressão de um gene em uma proteína e que um repressor bloqueia essa ação. (B) Quando o promotor é invertido, ele não mais ativa *H2* ou o repressor, e o gene *H1*, que é liberado da repressão, é expresso em seu lugar. A reação de inversão requer sequências específicas de DNA (*vermelho*) e uma enzima recombinase que é codificada pelo segmento inversível de DNA. Esse mecanismo de recombinação sítio-específica é ativado apenas raramente (cerca de uma vez a cada 10^5 divisões celulares). Portanto, a produção de uma flagelina ou outra tende a ser fielmente herdada em cada clone de células.

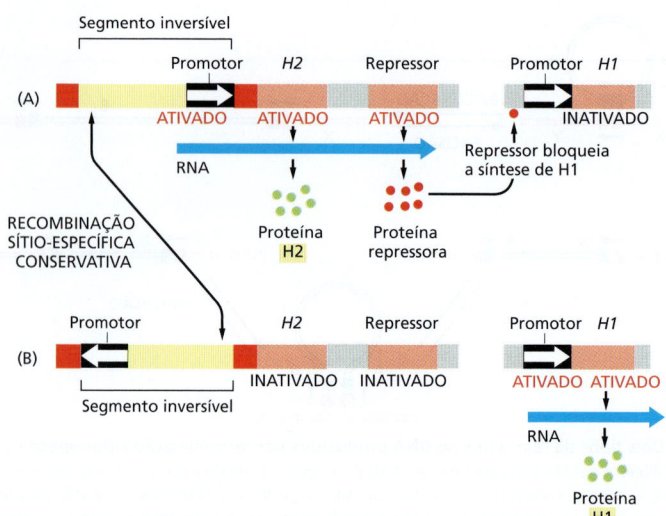

A recombinação sítio-específica conservativa pode ser utilizada para ativar ou inativar genes

Muitas bactérias utilizam a recombinação sítio-específica conservativa para controlar a expressão de determinados genes. Um exemplo bem estudado ocorre na bactéria *Salmonella*, sendo conhecido como **variação de fase**. A alteração na expressão gênica resulta da inversão ocasional de um segmento de DNA específico de mil pares de nucleotídeos, realizada por uma recombinase sítio-específica conservativa codificada no genoma da *Salmonella*. Isso altera a expressão da proteína de superfície celular flagelina, para a qual a bactéria possui dois genes diferentes (**Figura 5-65**). A inversão do DNA altera a orientação de um promotor (uma sequência de DNA que promove a transcrição de um gene) localizado dentro do segmento invertido. Com o promotor em uma orientação, as bactérias sintetizam um tipo de flagelina; com o promotor na outra orientação, elas sintetizam o outro tipo. A reação de recombinação é reversível, permitindo que as populações de bactérias alternem entre os dois tipos de flagelina. Como as inversões raramente ocorrem e como essas alterações no genoma serão copiadas precisamente durante todos os ciclos de replicação subsequentes, clones inteiros de bactérias terão um dos dois tipos de flagelina.

A variação de fase ajuda a proteger a população bacteriana contra a resposta imune do seu hospedeiro vertebrado. Se o hospedeiro produz anticorpos contra um tipo de flagelina, algumas poucas bactérias cuja flagelina foi alterada pela inversão gênica ainda serão capazes de sobreviver e de se multiplicar.

Recombinases sítio-específicas conservativas bacterianas tornaram-se valiosas ferramentas para a biologia celular e de desenvolvimento

Assim como vários mecanismos usados por células e vírus, a recombinação sítio-específica tem sido utilizada para estudar uma grande variedade de questões. Para decifrar a função de determinados genes e proteínas em organismos multicelulares complexos, técnicas de engenharia genética são usadas para produzir vermes, moscas e camundongos contendo genes que codificam uma enzima sítio-específica além de um DNA-alvo criteriosamente produzido com os sítios de DNA reconhecidos por essa enzima. No momento apropriado, o gene que codifica a enzima pode ser ativado para rearranjar a sequência do DNA-alvo. Esse rearranjo é muito utilizado para remover um gene específico em um tecido determinado de um organismo multicelular (**Figura 5-66**). Essas técnicas são especialmente úteis quando o gene de interesse possui função importante nos está-

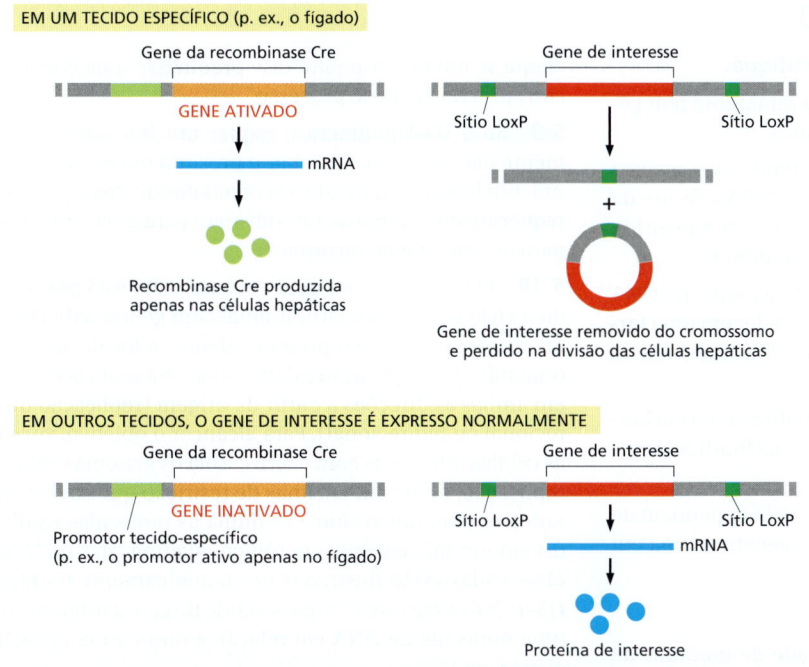

Figura 5-66 Como uma enzima de recombinação sítio-específica conservativa bacteriana é utilizada para remover genes específicos de determinados tecidos de camundongos. Essa técnica requer a inserção de duas moléculas de DNA especialmente modificadas na linhagem germinativa do animal. A primeira contém o gene para recombinase (neste caso, a recombinase Cre do bacteriófago P1) controlada por um promotor tecido-específico, que assegura que a recombinase será expressa apenas naquele tecido. A segunda molécula de DNA contém o gene de interesse flanqueado pelos sítios de reconhecimento para a recombinase (neste caso, os sítios LoxP). O camundongo é modificado de modo que essa seja a única cópia desse gene. Portanto, se a recombinase for expressa apenas no fígado, o gene de interesse será ausente nesse, e somente nesse tecido. A reação que remove o gene é a mesma mostrada na Figura 5-64A. Como descrito no Capítulo 7, diversos promotores tecido-específicos são conhecidos; além disso, muitos desses promotores são ativados apenas em determinados períodos do desenvolvimento. Assim, é possível estudar o efeito da remoção de genes específicos em períodos diferentes do desenvolvimento de cada tecido.

gios iniciais do desenvolvimento de vários tecidos, e sua remoção completa da linhagem germinativa causaria a morte precoce durante o desenvolvimento. A mesma estratégia pode ser empregada para expressar de forma inadequada qualquer gene específico no tecido de interesse; aqui, a remoção provoca a junção de um promotor transcricional forte ao gene de interesse. Com essas técnicas, é possível, em princípio, determinar a influência de qualquer proteína em qualquer tecido de um animal intacto.

Resumo

Os genomas de praticamente todos os organismos contêm elementos genéticos móveis que são capazes de se mover de uma posição do genoma para outra, por um processo de recombinação tanto sítio-específica transposicional como conservativa. Na maior parte dos casos, esse movimento é aleatório e ocorre em uma frequência muito baixa. Os elementos genéticos móveis incluem os transpósons, que podem movimentar-se apenas dentro de uma única célula (e suas descendentes), e os vírus, cujos genomas podem ser integrados ao genoma das suas células hospedeiras.

Existem três classes de transpósons: os transpósons de DNA, os retrotranspósons semelhantes a retrovírus e os retrotranspósons não retrovirais. Todas, exceto a última, são relacionadas aos vírus. Embora os vírus e os elementos móveis possam ser vistos como parasitas, muitos dos novos arranjos nas sequências de DNA produzidos pelos seus eventos de recombinação sítio-específica foram decisivos na criação da variação genética essencial para a evolução das células e organismos.

O QUE NÃO SABEMOS

- Como a replicação do DNA compete com todos os outros processos que ocorrem simultaneamente nos cromossomos, incluindo reparo de DNA e transcrição gênica?

- Qual o fundamento para a baixa frequência de erros na replicação do DNA observada em todas as células? Isso é o melhor que as células conseguem em função da velocidade de replicação e dos limites da difusão molecular? A taxa de mutação foi selecionada durante a evolução para gerar a variação genética?

- As células possuem, basicamente, apenas uma maneira de replicar seu DNA, porém diversas maneiras para corrigi-lo. Existirão outras maneiras diferentes de reparo de DNA ainda não descobertas?

- Será que os inúmeros transpósons "mortos" no genoma humano fornecem algum benefício aos seres humanos?

TESTE SEU CONHECIMENTO

Quais afirmativas estão corretas? Justifique.

5-1 As diferentes células no seu corpo raramente têm genomas com sequência nucleotídica idêntica.

5-2 Na *E. coli*, onde a forquilha de replicação avança 500 pares de nucleotídeos por segundo, o DNA à frente da forquilha – na ausência das topoisomerases – teria sofrido uma rotação de quase 3 mil revoluções por minuto.

5-3 Na bolha de replicação, a mesma fita parental de DNA atua como fita-molde para a síntese de fita-líder em uma forquilha de replicação e como molde para a fita retardada na outra forquilha.

5-4 Quando forquilhas de replicação bidirecionais oriundas de origens adjacentes se encontram, uma fita-líder sempre encontra uma fita retardada.

5-5 Todos os mecanismos de reparo do DNA dependem da existência de duas cópias da informação genética, uma em cada um dos cromossomos homólogos.

Discuta as questões a seguir.

5-6 Para determinar a reprodutibilidade de medidas da frequência de mutações, você faz o seguinte experimento: você inocula cada uma de 10 culturas com uma única bactéria *E. coli*, permite que a cultura cresça até que contenha 10^6 células, e então verifica o número de células que contêm a mutação no gene de interesse em cada cultura. Você fica tão surpreso com os resultados iniciais que repete os experimentos para confirmá-los. Ambos os grupos de resultados apresentam grande variabilidade, como mostrado na **Tabela Q5-1**. Assumindo que a taxa de mutação é constante, como você explica essa grande variação nas frequências de células mutantes em culturas diferentes?

TABELA Q5-1	Frequências de células mutantes em múltiplas culturas									
	Cultura (células mutantes/10^6 células)									
Experimento	1	2	3	4	5	6	7	8	9	10
1	4	0	257	1	2	32	0	0	2	1
2	128	0	1	4	0	0	66	5	0	2

5-7 As enzimas de reparo do DNA corrigem, preferencialmente, bases pareadas de modo incorreto na fita de DNA recém-sintetizada, utilizando a fita original como molde. Se os pareamentos incorretos fossem corrigidos sem levar em conta qual fita atua como molde, o reparo de pareamento incorreto reduziria os erros da replicação? Um sistema de reparo desse tipo resultaria em menos mutações, mais mutações ou no mesmo número de mutações que apresentariam sem nenhum tipo de reparo? Justifique sua resposta.

5-8 Discuta a seguinte afirmativa: "A primase é uma enzima descuidada que comete muitos erros. Os iniciadores de RNA que ela produz são, mais tarde, substituídos por DNA sintetizado por uma polimerase com uma fidelidade mais alta. Isso é um desperdício. Seria mais energeticamente eficiente se uma DNA-polimerase produzisse uma cópia mais correta já no início do processo."

5-9 Se a DNA-polimerase requer um iniciador perfeitamente pareado para adicionar o próximo nucleotídeo, como um nucleotídeo pareado incorretamente "escapa" desse requerimento e torna-se um substrato para as enzimas de reparo de pareamento incorreto?

5-10 O laboratório no qual você trabalha está pesquisando o ciclo vital de um vírus animal com genoma de DNA de fita dupla circular. Seu projeto é definir a localização da(s) origem(ns) de replicação e determinar se a replicação ocorre em ambas as direções a partir da origem (replicação unidirecional ou bidirecional). Para alcançar o objetivo, você lisa as células infectadas com o vírus, isola os genomas virais em replicação, trata com enzimas de restrição que clivam o genoma em um único sítio e examina as moléculas resultantes em um microscópio eletrônico. Algumas das moléculas observadas estão ilustradas esquematicamente na **Figura Q5-1**. (Observe que é impossível distinguir a orientação de uma molécula de DNA em relação à outra ao microscópio eletrônico.)

Você deve apresentar suas conclusões ao resto do pessoal do laboratório amanhã. Como você responderá às duas questões solicitadas? Há uma única origem de replicação ou são várias? A replicação é unidirecional ou bidirecional?

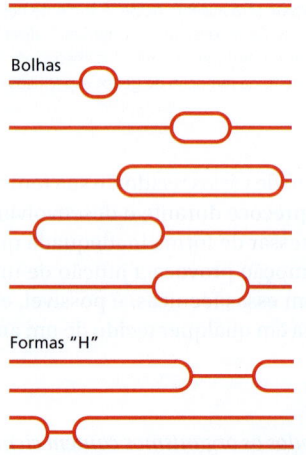

Figura Q5-1 Formas parentais e replicantes de um vírus animal.

5-11 Você está investigando a síntese de DNA em células de cultura de tecido, usando ^{3}H-timidina para marcar radioativamente as forquilhas de replicação. As células são lisadas de modo a permitir que algumas fitas de DNA se estendam para fora e longas cadeias de DNA intactas possam ser isoladas e examinadas. Você cobre o DNA com uma emulsão fotográfica e expõe por 3 a 6 meses, em um processo conhecido como autorradiografia. Como a emulsão é sensível à emissão radioativa, o DNA marcado com ^{3}H aparece como rastros de grãos prateados. A extensão provoca o colapso das bolhas de replicação, de modo que os duplex-filhos ficam dispostos lado a lado e não podem ser distinguidos entre si.

Figura Q5-2 Investigação autorradiográfica da replicação do DNA de células em cultura. (A) Adição de ³H-timidina imediatamente após a liberação do bloqueador de sincronização. (B) Adição de ³H-timidina 30 minutos após a liberação do bloqueador de sincronização.

Você realiza o pré-tratamento das células para sincronizá-las no início da fase S. No primeiro experimento, você libera o bloqueador de sincronização e adiciona a ³H-timidina imediatamente. Após 30 minutos, as células são lavadas e trocadas para um meio com a mesma concentração de timidina que o anterior, mas apenas um terço da timidina é radioativa. Após mais 15 minutos, o DNA é preparado para a autorradiografia. Os resultados desse experimento são mostrados na **Figura Q5-2A**. No segundo experimento, o bloqueador de sincronização é liberado, porém a ³H-timidina só é adicionada 30 minutos depois da liberação. Após 30 minutos na presença da ³H-timidina, o meio é trocado novamente para reduzir a concentração de timidina radioativa e as células são incubadas por mais 15 minutos. Os resultados do segundo experimento são mostrados na **Figura Q5-2B**.

A. Explique o porquê de, em ambos os experimentos, algumas regiões dos rastros serem bem densas com grãos de prata (escuras), enquanto outras são menos densas (claras).

B. No primeiro experimento, cada rastro apresenta uma seção central escura com seções mais claras de cada lado. No segundo experimento, a seção escura de cada rastro apresenta uma seção clara em apenas uma extremidade. Explique a razão para essa diferença.

C. Estime a velocidade do movimento da forquilha (μm/min) nesses experimentos. As estimativas para os dois experimentos concordam? Essa informação pode ser usada para medir quanto tempo levaria para replicar todo o genoma?

5-12 Se você comparar a frequência das 16 sequências possíveis de dinucleotídeos nos genomas da *E. coli* e humano, não existem diferenças significativas, exceto por um dinucleotídeo 5'-CG-3'. A frequência de dinucleotídeos CG no genoma humano é significativamente menor do que na *E. coli* e significativamente menor do que seria esperado por ocorrência aleatória. Por que, em sua opinião, o dinucleotídeo CG é sub-representado no genoma humano?

5-13 Com o passar do tempo, as células somáticas parecem acumular "cicatrizes" genômicas que resultam do reparo impreciso de quebras na fita dupla pela ligação de extremidades não homólogas (NHEJ, *nonhomologous end-joining*). Estimativas baseadas na frequência das quebras em fibroblastos primários sugerem que, aos 70 anos, cada célula somática humana possui mais de 2 mil mutações induzidas pela NHEJ devido ao reparo incorreto. Se essas mutações estão espalhadas aleatoriamente pelo genoma, quantos genes codificadores de proteínas você estimaria que seriam afetados? Como isso afetaria a função celular? Justifique sua resposta. (Considere que 2% do genoma – 1,5% de genes que codificam proteínas e 0,5% de regiões de regulação – contêm informações essenciais.)

5-14 Desenhe a estrutura da junção de Holliday dupla que resulta da invasão de fitas pelas duas extremidades de um duplex quebrado a um duplex homólogo intacto, mostrada na **Figura Q5-3**. Marque a extremidade esquerda em cada fita da junção de Holliday 5' ou 3' para deixar claro as relações entre as fitas parentais e as recombinantes. Indique como a síntese de DNA pode ser usada para preencher em cada fita simples os intervalos da junção de Holliday dupla.

Figura Q5-3 Um duplex clivado com caudas de fita simples prontas para invadir um duplex homólogo intacto.

5-15 Além de corrigir malpareamento do DNA, o sistema de reparo de pareamentos incorretos atua evitando a ocorrência de recombinação homóloga entre sequências semelhantes, porém não idênticas. Por que a recombinação entre sequências semelhantes, mas não idênticas, seria um problema para as células humanas?

5-16 A recombinase Cre é uma enzima sítio-específica que catalisa a recombinação entre dois sítios LoxP de DNA. A recombinase Cre pareia dois sítios LoxP com a mesma orientação, quebra os dois duplex no mesmo local em cada sítio LoxP e religa as extremidades com os novos parceiros de modo que os sítios LoxP sejam regenerados, como mostrado na **Figura Q5-4A**. Com base neste mecanismo, demonstre o arranjo das sequências que serão regeneradas pela recombinação sítio-específica mediada por Cre para cada um dos dois segmentos de DNA mostrados na **Figura Q5-4B**.

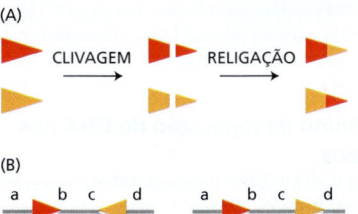

Figura Q5-4 Recombinação sítio-específica mediada pela recombinase Cre. (A) Representação esquemática da recombinação sítio-específica Cre/LoxP. As sequências de LoxP no DNA estão representadas por *triângulos* coloridos para que o evento de recombinação sítio-específica possa ser seguido mais facilmente. Na realidade, as suas sequências de DNA são idênticas. (B) Substratos de DNA contendo dois rearranjos dos sítios LoxP.

REFERÊNCIAS

Gerais
Brown TA (2007) Genomes 3. New York: Garland Science.
Friedberg EC, Walker GC, Siede W et al. (2005) DNA Repair and Mutagenesis. Washington, DC: ASM Press.
Haber JE (2013) Genome Stability: DNA Repair and Recombination. New York: Garland Science.
Hartwell L, Hood L, Goldberg ML et al. (2010) Genetics: from Genes to Genomes. Boston: McGraw Hill.
Stent GS (1971) Molecular Genetics: An Introductory Narrative. San Francisco: WH Freeman.
Watson J, Baker T, Bell S et al. (2013) Molecular Biology of the Gene, 7th ed. Menlo Park, CA: Benjamin Cummings.

Manutenção das sequências de DNA
Conrad DF, Keebler J, DePristo M et al. (2011) Variation in genome-wide mutation rates within and between human families. *Nat. Genet.* 43, 712–714.
Catarina D & Eichler EE (2013) Properties and rates of germline mutations in humans. *Trends Genet.* 29, 575–584.
Cooper GM, Brudno M, Stone ES et al. (2004) Characterization of evolutionary rates and constraints in three mammalian genomes. *Genome Res.* 14, 539–548.
Hedges SB (2002) The origin and evolution of model organisms. *Nat. Rev. Genet.* 3, 838–849.
King MC & Wilson AC (1965) Evolution at two levels in humans and chimpanzees. *Science* 188, 107–116.

Mecanismos de replicação do DNA
Alberts B (1998) The cell as a collection of protein machines: preparing the next generation of molecular biologists. *Cell* 92, 291–294.
Kelch BA, Makino DL, O'Donnell M et al. (2011) How a DNA polymerase clamp loader opens a sliding clamp. *Science* 334, 1675–1680.
Kornberg A (1960) Biological synthesis of DNA. *Science* 131, 1503–1508.
Li JJ & Kelly TJ (1984) SV40 DNA replication *in vitro*. *Proc. Natl. Acad. Sci. USA* 81, 6973–6977.
Meselson M & Stahl FW (1958) The replication of DNA in *E. coli*. *Proc. Natl. Acad. Sci. USA* 44, 671–682.
Modrich P & Lahue R (1996) Mismatch repair in replication fidelity, genetic recombination, and cancer biology. *Annu. Rev. Biochem.* 65, 101–133.
O'Donnell M, Langston L & Stillman B (2013) Principals and concepts of DNA replication in Bacteria, Archaea, and Eukarya. *Cold Spring Harb. Lab. Perspect. Biol.* 195, 1231–1240.
Okazaki R, Okazaki T, Sakabe K et al. (1968) Mechanism of DNA chain growth. I. Possible discontinuity and unusual secondary structure of newly synthesized chains. *Proc. Natl. Acad. Sci. USA* 59, 598–605.
Raghuraman MK, Winzeler EA, Collingwood D et al. (2001) Replication dynamics of the yeast genome. *Science* 294, 115–121.
Rao PN & Johnson RT (1970) Mammalian cell fusion: studies on the regulation of DNA synthesis and mitosis. *Nature* 225, 159.
Vos SM, Tretter EM, Schmidt BH et al. (2011) All tangled up: how cells direct, manage and exploit topoisomerase function. *Nat. Rev. Mol. Cell Biol.* 12, 827–841.

Início e término da replicação do DNA nos cromossomos
Chan SR & Blackburn EH (2004) Telomeres and telomerase. *Philos. Trans. R. Soc. Lond. B Bio. Sci.* 359, 109–121.
Gilbert DM (2010) Evaluating genome-scale approaches to eukaryotic DNA replication. *Nat. Rev. Genet.* 11, 673–684.
deLang T (2009) How telomeres solve the end-protection problem. *Science* 326, 948–952.
Mechali M (2010) Eukaryotic DNA replication origins: many choices for appropriate answers. *Nat. Rev. Mol. Cell Biol.* 11, 728–738.
Nandakumar J & Cech T (2013) Finding the end: recruitment of telomerase to telomeres. *Nat. Rev. Mol. Cell Biol.* 14, 69–82.

Reparo do DNA
Goodman MF & Woodgate, R (2013) Translesion DNA polymerases. *Cold Spring Harb. Perspect. Biol.* 5, a010363.
Hanawalt PC & Spivak G (2008) Transcription-coupled DNA repair: two decades of progress and surprises. *Nat. Rev. Mol. Cell Biol.* 9, 958–970.
Lindahl T (1993) Instability and decay of the primary structure of DNA. *Nature* 362, 709–715.
Malkova A & Haber JE (2012) Mutations arising during repair of chromosome breaks. *Annu. Rev. Genet.* 46, 455–473.
Prakash S, Johnson RE & Prakash L (2005) Eukaryotic translesion synthesis DNA polymerases: specificity of structure and function. *Annu. Rev. Biochem.* 74, 317–353.
Reardon JT & Sancar A (2005) Nucleotide excision repair. *Prog. Nucleic Acid Res. Mol. Biol.* 79, 183–235.

Recombinação homóloga
Chen Z, Yang H & Pavletich NP (2008) Mechanism of homologous recombination from the RecA-ssDNA/dsDNA structures. *Nature* 453, 489–494.
Cox MM (2001) Historical overview: searching for replication help in all of the rec places. *Proc. Natl. Acad. Sci. USA* 98, 8173–8180.
Heyer WD, Ehmsen KT & Liu J (2010) Regulation of homologous recombination in eukaryotes. *Annu. Rev. Genet.* 44, 113–139.
Holliday R (1990) The history of the DNA heteroduplex. *BioEssays* 12, 133–142.
Hunter N (2006) Meiotic recombination. In *Topics in Current Genetics, Molecular Genetics of Recombination*, Aguilera A & Rothstein R (eds), pp. 381–422. Springer-Verlag: Heidelberg.
de Massy B (2013) Initiation of meiotic recombination: how and where? Conservation and specificities among eukaryotes. *Annu. Rev. Genet.* 47, 563–599.
Michel B, Grompone G, Florès MJ & Bidnenko V (2004) Multiple pathways process stalled replication forks. *Proc. Natl. Acad. Sci. USA* 101, 12783–12788.
Moynahan ME & Jasin M (2010) Mitotic homologous recombination maintains genomic stability and suppresses tumorigenesis. *Nat. Rev. Mol. Cell Biol.* 11, 196–207.
Szostak JW, Orr-Weaver TK, Rothstein RJ et al. (1983) The double-strand break repair model for recombination. *Cell* 33, 25–35.
West SC (2003) Molecular views of recombination proteins and their control. *Nat. Rev. Mol. Cell Biol.* 4(6), 435–445.
Yeeles JY, Poli J, Marians KJ et al. (2013) Rescuing stalled or damaged replication forks. *Cold Spring Harb. Perspect. Biol.* 5, a012815.
Zickler D & Kleckner N (1999) Meiotic chromosomes: integrating structure and function. *Annu. Rev. Genet.* 33, 603–754.

Transposição e recombinação sítio-específica conservativa
Comfort NC (2001) From controlling elements to transposons: Barbara McClintock and the Nobel Prize. *Trends Biochem. Sci.* 26, 454–457.
Grindley ND, Whiteson KL & Rice PA (2006) Mechanisms of site-specific recombination. *Annu. Rev. Biochem.* 75, 567–605.
Huang, CR, Burns KH & Boeke JD (2012) Active transposition in genomes. *Annu. Rev. Genet.* 46, 651–675.
Varmus H (1988) Retroviruses. *Science* 240, 1427–1435.

Como as células leem o genoma: do DNA à proteína

CAPÍTULO 6

NESTE CAPÍTULO

DO DNA AO RNA

DO RNA À PROTEÍNA

O MUNDO DE RNA E A ORIGEM DA VIDA

Desde a descoberta da estrutura do DNA no início de 1950, os progressos em biologia celular e molecular têm sido surpreendentes. Atualmente, são conhecidas as sequências genômicas completas de milhares de organismos diferentes, o que nos revelou detalhes fascinantes da sua bioquímica, bem como indícios importantes sobre a forma como esses organismos evoluíram. Também foram determinadas as sequências completas do genoma de milhares de seres humanos individuais, bem como de alguns de nossos parentes agora extintos, como os neandertais. O conhecimento da quantidade máxima de informação necessária para que se produza um organismo complexo, como um ser humano, nos permite identificar os limites das características bioquímicas e estruturais das células e deixa claro que a biologia não é infinitamente complexa.

Como discutido no Capítulo 1, o DNA genômico não controla a síntese de proteínas diretamente, mas utiliza o RNA como intermediário. Quando a célula requer uma proteína específica, a sequência de nucleotídeos da região apropriada de uma molécula de DNA extremamente longa em um cromossomo é inicialmente copiada sob a forma de RNA (através de um processo denominado *transcrição*). São essas cópias de RNA de segmentos de DNA que são utilizadas diretamente como moldes para promover a síntese da proteína (em um processo denominado *tradução*). O fluxo da informação genética nas células é, portanto, de DNA para RNA e deste para proteína (**Figura 6-1**). Todas as células, desde a bactéria até os seres humanos, expressam sua informação genética dessa maneira – um princípio tão fundamental que é denominado *dogma central* da biologia molecular. Apesar da universalidade do dogma central da biologia molecular, existem variações importantes em como a informação flui do DNA para a proteína em certos organismos. A principal delas é que os transcritos de RNA em células eucarióticas são submetidos a uma série de etapas de processamento no núcleo, incluindo o *splicing do RNA*, antes que se permita sua saída do núcleo e sua tradução em proteína. Como discutiremos neste capítulo, tais etapas de processamento podem modificar substancialmente o "significado" de uma molécula de RNA e são, portanto, cruciais para a compreensão de como as células eucarióticas leem o genoma.

Embora nosso enfoque neste capítulo seja a produção das proteínas codificadas pelo genoma, veremos que, para diversos genes, o RNA é o produto final. Assim como as proteínas, algumas dessas moléculas de RNA se enovelam em estruturas tridimensionais precisas que desempenham funções estruturais e catalíticas na célula. Outras moléculas de RNA, como discutiremos no próximo capítulo, atuam principalmente como reguladores da expressão gênica. Mas as funções de diversas moléculas de RNA não codificador ainda não são conhecidas.

Apesar de termos imaginado originalmente que a informação presente nos genomas estaria organizada de forma ordenada, de forma semelhante a um dicionário ou uma lista telefônica, o que se viu é que os genomas da maioria dos organismos multicelulares são surpreendentemente desordenados, o que reflete as suas histórias evolutivas caóticas. Os genes nesses organismos consistem principalmente de uma longa sequência de éxons curtos e íntrons longos que se alternam, como discutido no Capítulo 4 (ver Figura 4-15D). Além disso, os pequenos segmentos da sequência de DNA que codificam proteínas estão intercalados com grandes blocos de DNA aparentemente sem função. Algumas regiões do genoma contêm vários genes, e outras carecem inteiramente de genes. Mesmo as proteínas que funcionam intimamente unidas na célula frequentemente são codificadas por genes localizados em diferentes cromossomos, e genes adjacentes codificam proteínas que apresentam pouca relação na célula. Portanto, decodificar genomas não é uma tarefa simples; mesmo com o auxílio de computadores potentes, é difícil para os pesquisadores definir categoricamente o início e o fim dos genes, e ainda mais difícil é decifrar quando e onde cada gene será expresso na vida do organismo. Ainda assim, as células no nosso organismo executam essas funções automaticamente milhares de vezes a cada segundo.

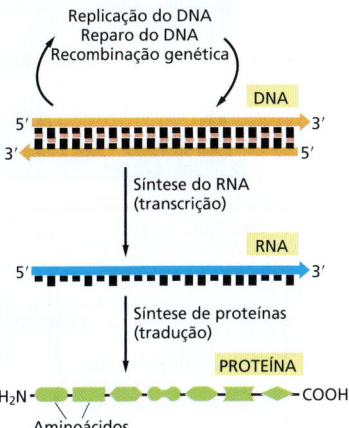

Figura 6-1 A via do DNA à proteína. O fluxo da informação genética do DNA ao RNA (transcrição) e do RNA à proteína (tradução) ocorre em todas as células vivas.

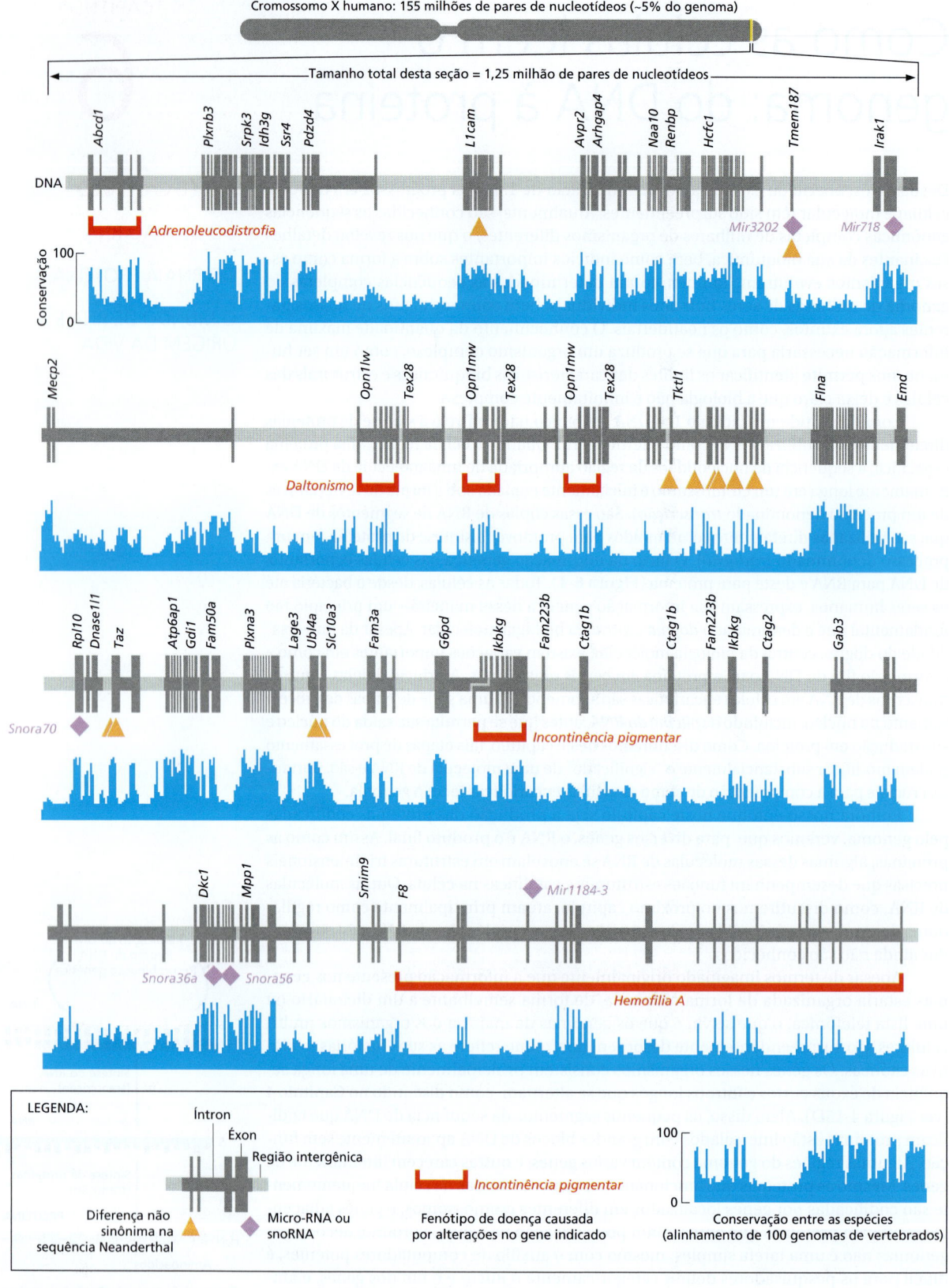

Figura 6-2 Representação esquemática de uma pequena porção do cromossomo X humano. Como resumido na legenda, os genes codificadores de proteínas conhecidos (começando no *Abcd1* e terminando no *F8*) são mostrados em *cinza escuro*, com as regiões codificadoras (éxons) indicadas por barras que se estendem acima e abaixo da linha central. RNAs não codificadores, com funções conhecidas, são indicados por *losangos roxos*. *Triângulos amarelos* indicam as posições dentro das regiões codificadoras de proteínas, onde as sequências do genoma Neanderthal codificam um aminoácido diferente daquele encontrado no genoma humano. O trecho de *triângulos amarelos* no gene *Tktl1* parece ter sido positivamente selecionado desde a divergência entre *Homo sapiens* e neandertais, cerca de 200 mil anos atrás. Observe que a maioria das proteínas é idêntica entre nós e nosso parente extinto. O histograma *azul* indica o grau de conservação de porções do genoma humano em relação a outras espécies de vertebrados. É provável que genes adicionais, atualmente não identificados, também se encontrem nessa porção do genoma humano.

Os genes nos quais uma mutação provoca uma doença humana hereditária são indicados por *colchetes vermelhos*. O gene *Abcd1*, codifica uma proteína que importa ácidos graxos para o peroxissomo; mutações nesse gene causam desmielinização dos nervos que pode resultar em perturbações cognitivas e distúrbios do movimento. A *incontinência pigmentar* é uma doença que afeta a pele, os cabelos, as unhas, os dentes e os olhos. A *hemofilia A* é uma doença hemorrágica causada por mutações no gene do Fator VIII, que codifica uma proteína da cascata de coagulação do sangue. Visto que os homens têm uma única cópia do cromossomo X, a maioria das condições aqui apresentadas afeta somente os homens; as mulheres que herdam um desses genes defeituosos são frequentemente assintomáticas, pois uma proteína funcional é produzida a partir de seu outro cromossomo X. (Cortesia de Alex Williams, obtida da University of California, Genome Browser, http://genome.ucsc.edu.)

Os problemas que as células enfrentam na decodificação dos genomas podem ser avaliados ao se considerar uma porção bastante pequena do genoma humano (**Figura 6-2**). A região ilustrada representa menos de 1/2.000 do nosso genoma e inclui pelo menos 48 genes que codificam proteínas e seis genes para moléculas de RNA não codificador. Quando consideramos todo o genoma humano, só podemos maravilhar-nos com a capacidade das nossas células em lidar com tamanha presteza e precisão com essa enorme quantidade de informação.

Neste capítulo, explicaremos como as células decodificam e usam a informação contida em seus genomas. Veremos que muito foi descoberto sobre como as instruções genéticas escritas em um alfabeto de apenas quatro "letras" – os quatro diferentes nucleotídeos do DNA – determinam a formação de uma bactéria, uma mosca-das-frutas ou um ser humano. No entanto, se ainda temos muito a descobrir sobre como a informação armazenada no genoma de um organismo é capaz de produzir mesmo a mais simples bactéria unicelular, a qual contém 500 genes, o que não dizer do desenvolvimento de um ser humano com aproximadamente 30 mil genes. Ainda desconhecemos uma enorme quantidade de informações; portanto muitos desafios fascinantes aguardam as próximas gerações de biólogos celulares.

DO DNA AO RNA

A transcrição e a tradução são os meios pelos quais as células leem, ou expressam, as instruções genéticas de seus genes. Como muitas cópias idênticas de RNA podem ser produzidas a partir do mesmo gene, e como cada molécula de RNA pode promover a síntese de várias moléculas idênticas de proteína, as células podem, quando necessário, sintetizar uma grande quantidade de proteína a partir de um simples gene. No entanto, genes podem ser transcritos e traduzidos em taxas diferentes, permitindo que a célula sintetize enormes quantidades de certas proteínas e mínimas quantidades de outras (**Fi-**

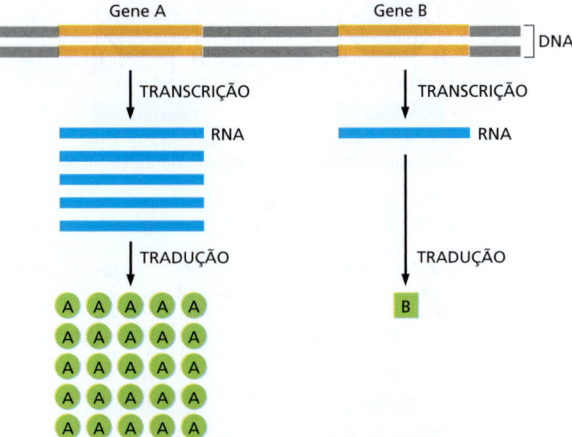

Figura 6-3 Os genes podem ser expressos em diferentes graus de eficiência. Neste exemplo, o gene A é transcrito de maneira mais eficiente do que o gene B e cada molécula de RNA que ele produz também é traduzida mais frequentemente. Isso torna a quantidade da proteína A na célula muito maior do que a quantidade da proteína B.

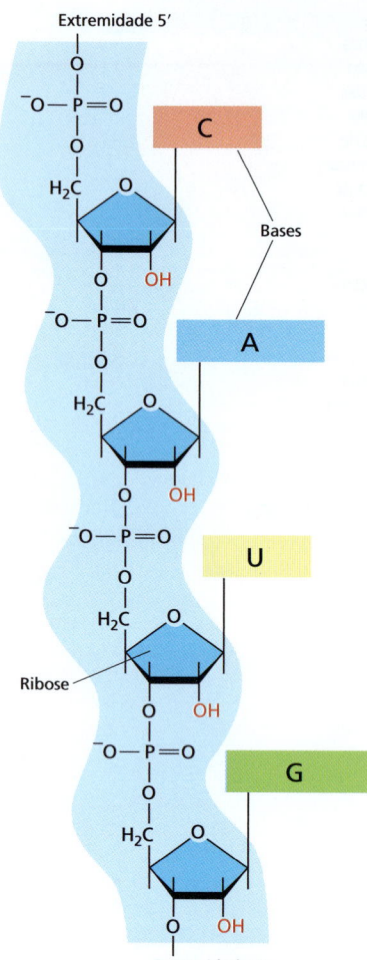

Figura 6-4 Um pequeno fragmento de RNA. A ligação química fosfodiéster entre nucleotídeos no RNA é a mesma que ocorre no DNA.

gura 6-3). Além disso, como veremos no próximo capítulo, uma célula pode alterar (ou regular) a expressão de cada um de seus genes de acordo com suas necessidades – na maioria das vezes, pelo controle da produção das moléculas de RNA.

As moléculas de RNA são fitas simples

A primeira etapa executada pela célula para ler a informação necessária a partir de suas instruções genéticas é a cópia de um segmento específico da sequência de nucleotídeos do DNA – um gene – sob a forma de uma sequência de nucleotídeos de RNA (**Figura 6-4**). A informação na forma de RNA, embora copiada em uma forma química distinta, ainda é escrita essencialmente na mesma linguagem do DNA – a linguagem de uma sequência de nucleotídeos. Por isso, o nome dado para a produção de moléculas de RNA a partir do DNA é *transcrição*.

Assim como o DNA, o RNA é um polímero linear composto por quatro tipos diferentes de subunidades nucleotídicas unidas entre si por ligações fosfodiéster (ver Figura 6-4). O RNA difere quimicamente do DNA em dois aspectos: (1) os nucleotídeos do RNA são *ribonucleotídeos* – isto é, eles contêm o açúcar ribose (de onde vem o nome ácido *ribo*nucleico) em vez de desoxirribose; (2) embora, assim como o DNA, o RNA contenha as bases adenina (A), guanina (G) e citosina (C), ele contém a base uracila (U), em vez da timina (T), que ocorre no DNA (**Figura 6-5**). Uma vez que U, assim como T, pode formar pares pelo estabelecimento de ligações de hidrogênio com A (**Figura 6-6**), as propriedades de complementaridade por pareamento de bases descritas para o DNA nos Capítulos 4 e 5 também se aplicam ao RNA (no RNA, G forma par com C, e A forma par com U). No entanto, é possível encontrar outros tipos de pareamento de bases no RNA: por exemplo, G ocasionalmente forma par com U.

Apesar de essas diferenças químicas serem pequenas, o DNA e o RNA diferem drasticamente em termos de sua estrutura geral. Enquanto o DNA sempre ocorre nas células sob a forma de uma hélice de fita dupla, o RNA se apresenta como fita simples. Assim, as cadeias de RNA podem se enovelar sob diversas formas, similarmente ao que ocorre com uma cadeia de polipeptídeos que se enovela em uma conformação determinada dando uma forma final à proteína (**Figura 6-7**). Como veremos posteriormente neste capítulo, a capacidade de se enovelar em formas tridimensionais complexas permite que algumas moléculas de RNA desempenhem funções estruturais e catalíticas.

A transcrição produz uma molécula de RNA complementar a uma das fitas do DNA

Todo o RNA de uma célula é produzido a partir da **transcrição do DNA**, em um processo que apresenta certas similaridades em relação ao processo de replicação do DNA, discutido no Capítulo 5. A transcrição inicia com a abertura e a desespiralização de uma pequena porção da dupla-hélice de DNA, o que expõe as bases em cada fita do DNA. Uma

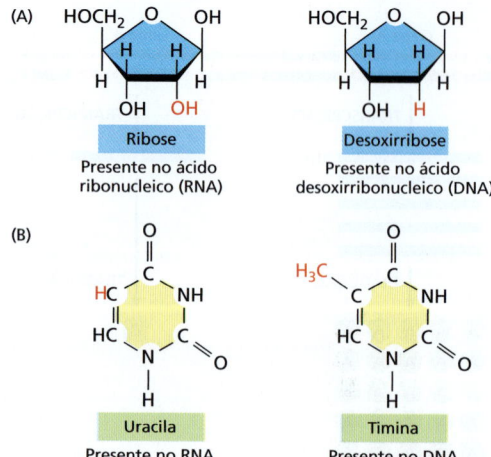

Figura 6-5 Estrutura química do RNA. (A) O RNA contém o açúcar ribose, que difere da desoxirribose, o açúcar presente no DNA, pela presença de um agrupamento -OH adicional. (B) O RNA contém a base uracila, que difere da timina, a base equivalente no DNA, pela ausência de um grupo -CH₃.

Figura 6-6 A uracila forma pares de bases com a adenina. A ausência de um grupo metila em U não tem efeito no pareamento de bases; assim, os pares de bases U-A assemelham-se muito aos pares de bases T-A (ver Figura 4-4).

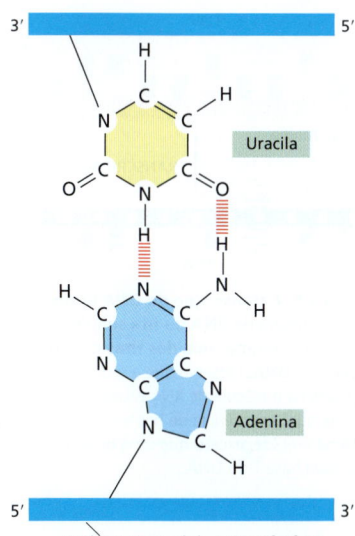

das duas fitas da dupla-hélice de DNA, então, serve como um molde para a síntese de uma molécula de RNA. Assim como na replicação de DNA, a sequência de nucleotídeos da cadeia de RNA é determinada pelo pareamento de bases complementares entre os nucleotídeos a serem incorporados e o DNA-molde. Quando um pareamento adequado é estabelecido (A com T, U com A, G com C e C com G), o ribonucleotídeo a ser incorporado é covalentemente ligado à cadeia de RNA em formação, através de uma reação catalisada enzimaticamente. A cadeia de RNA produzida por transcrição – o *transcrito* – é, a seguir, aumentada 1 nucleotídeo por vez e possui uma sequência de nucleotídeos exatamente complementar à fita de DNA utilizada como molde (**Figura 6-8**).

No entanto, a transcrição difere da replicação de DNA em vários aspectos importantes. Diferentemente de uma fita de DNA recém-formada, a fita de RNA não permanece ligada à fita de DNA-molde por ligações de hidrogênio. Em um ponto situado imediatamente após a região onde os ribonucleotídeos foram adicionados, a cadeia de RNA é deslocada, e a hélice de DNA se reassocia. Assim, as moléculas de RNA produzidas pela transcrição são liberadas do DNA-molde sob a forma de fita simples. Além disso, como essas moléculas de RNA são copiadas apenas de uma região definida do DNA, as moléculas de RNA são muito menores que as moléculas de DNA. Uma molécula de DNA em um cromossomo humano pode chegar a 250 milhões de pares de nucleotídeos de comprimento, enquanto a maioria das moléculas de RNA não tem comprimento superior a alguns milhares de nucleotídeos, e muitas moléculas de RNA são mesmo consideravelmente menores.

RNA-polimerases realizam a transcrição

As enzimas que realizam a transcrição são denominadas **RNA-polimerases**. Assim como a DNA-polimerase catalisa a replicação do DNA (discutida no Capítulo 5), as RNA-polime-

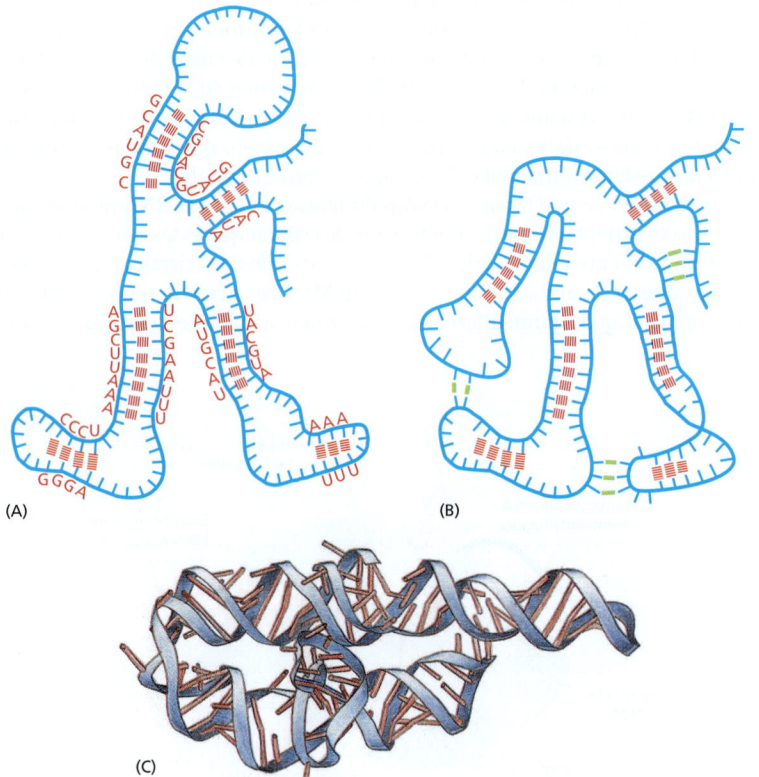

Figura 6-7 O RNA pode se enovelar formando estruturas específicas. O RNA é principalmente de fita simples, mas com frequência contém pequenos segmentos de nucleotídeos que podem formar um pareamento convencional com sequências complementares encontradas em outras regiões da mesma molécula. Tais interações, juntamente a pareamentos "não convencionais" adicionais, permitem a uma molécula de RNA se enovelar sobre si mesma, formando uma estrutura tridimensional determinada por sua sequência de nucleotídeos (Animação 6.1). (A) Diagrama de uma estrutura enovelada de RNA mostrando apenas interações convencionais entre pares de bases. (B) Estrutura apresentando tanto interações convencionais *(vermelho)* quanto não convencionais *(verde)* entre pares de bases. (C) A estrutura de um RNA real, que catalisa seu próprio *splicing* (ver p. 324). Cada pareamento convencional é indicado por um "traço" na dupla-hélice. As bases em outras configurações estão indicadas por traços descontínuos.

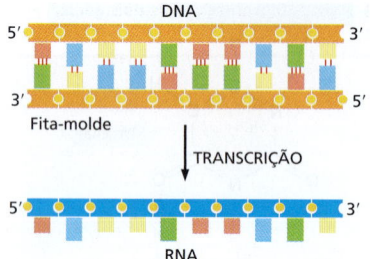

Figura 6-8 A transcrição do DNA produz uma molécula de RNA de fita simples que é complementar a uma das fitas da dupla-hélice de DNA. Observe que a sequência de bases na molécula de RNA produzida é a mesma que a sequência de bases da cadeia de DNA não molde, exceto que uma base U substitui cada base T do DNA.

rases catalisam a formação de ligações fosfodiéster que conectam os nucleotídeos entre si formando uma cadeia linear. A RNA-polimerase se desloca passo a passo sobre o DNA, desespiralizando a dupla-hélice à frente do sítio ativo de polimerização e expondo, dessa forma, uma nova região da fita-molde para o pareamento de bases complementares. Dessa maneira, a cadeia de RNA em formação é estendida, nucleotídeo a nucleotídeo, na direção de 5' para 3' (**Figura 6-9**). Os substratos são ribonucleosídeos trifosfato (ATP, CTP, UTP e GTP); assim como na replicação do DNA, a hidrólise de ligações altamente energéticas fornece a energia necessária para promover a reação (ver Figura 5-4 e **Animação 6.2**).

A liberação quase imediata da fita de RNA do DNA, à medida que a primeira está sendo sintetizada, significa que muitas cópias de RNA podem ser produzidas a partir do mesmo gene em um período de tempo relativamente pequeno; a síntese de moléculas de RNA adicionais pode ser iniciada antes que as moléculas anteriores de RNA tenham sido finalizadas (**Figura 6-10**). Quando várias moléculas de RNA-polimerase usam a mesma região como molde, deixando um pequeno intervalo entre si, cada uma sintetizando aproximadamente 50 nucleotídeos/segundo, mais de mil transcritos podem ser sintetizados em 1 hora, a partir de um único gene.

Apesar de a RNA-polimerase catalisar essencialmente a mesma reação química que a DNA-polimerase, existem algumas diferenças importantes entre essas duas enzimas. Primeiramente, e mais óbvio, a RNA-polimerase catalisa a ligação de ribonucleotídeos, e não de desoxirribonucleotídeos. Segundo, ao contrário das DNA-polimerases envolvidas na replicação de DNA, as RNA-polimerases podem começar a síntese de uma cadeia de RNA sem um iniciador. Acredita-se que essa diferença seja possível porque a transcrição não necessita ser tão exata quanto a replicação do DNA (ver Tabela 5-1, p. 244). As RNA-polimerases cometem aproximadamente 1 erro a cada 10^4 nucleotídeos copiados em RNA (em comparação com uma taxa de erro de cópia direta da DNA-polimerase de cerca de 1 em cada 10^7 nucleotídeos); e as consequências de um erro na transcrição do RNA são muito menos significativas, pois o RNA não armazena de modo permanente a informação genética nas células. Por fim, diferentemente das DNA-polimerases, que fazem seus produtos em segmentos posteriormente unidos, as RNA-polimerases são absolutamente processuais; isto é, a mesma RNA-polimerase que inicia uma molécula de RNA deve terminar sua síntese sem dissociação do molde de DNA.

Embora não sejam tão exatas quanto as DNA-polimerases que replicam o DNA, as RNA-polimerases possuem um modesto mecanismo de correção. Se um ribonucleotídeo incorreto for adicionado à cadeia de RNA em formação, a polimerase pode retroceder e o sítio ativo da enzima pode realizar uma reação de excisão que é semelhante ao procedimento reverso da reação de polimerização, exceto que uma molécula de água substitui o pirofosfato e um nucleosídeo monofosfato é liberado.

Considerando-se que tanto as DNA-polimerases quanto as RNA-polimerases realizam polimerização dependente de molde, seria de esperar que esses dois tipos de enzimas fossem estruturalmente relacionados. No entanto, estudos de cristalografia de raios X revelaram que, apesar de ambas conterem um íon Mg^{2+} essencial no seu sítio catalítico, essas duas enzimas são bastante diferentes. As enzimas de polimerização de nucleotídeos

Figura 6-9 O DNA é transcrito pela enzima RNA-polimerase. A RNA-polimerase *(azul-claro)* move-se passo a passo ao longo do DNA, desenrolando a hélice do DNA no seu sítio ativo indicado pelo Mg^{2+}*(vermelho)*, que é necessário para a catálise. Conforme avança, a polimerase adiciona nucleotídeos, um a um, à cadeia de RNA no sítio de polimerização, usando uma fita de DNA exposta como molde. Consequentemente, o RNA transcrito é uma cópia complementar de fita simples de uma das duas fitas do DNA. Uma região curta de hélice DNA/RNA (cerca de nove pares de nucleotídeos em comprimento) é formada apenas transitoriamente, e uma "janela" dessa hélice DNA/RNA move-se ao longo do DNA com a polimerase, e a dupla hélice do DNA é reestruturada após sua passagem. Os nucleotídeos a serem incorporados estão na forma de ribonucleosídeos trifosfato (ATP, UTP, CTP e GTP), e a energia estocada em suas ligações fosfato-fosfato fornece a força necessária para a reação de polimerização (ver Figura 5-4). A figura, baseada em uma estrutura cristalográfica de raios X, mostra uma vista em corte da polimerase: a porção virada para o leitor foi cortada para mostrar o seu interior (Animação 6.3). (Adaptada de P. Cramer et al., *Science* 288:640–649, 2000; Código PDB: 1HQM.)

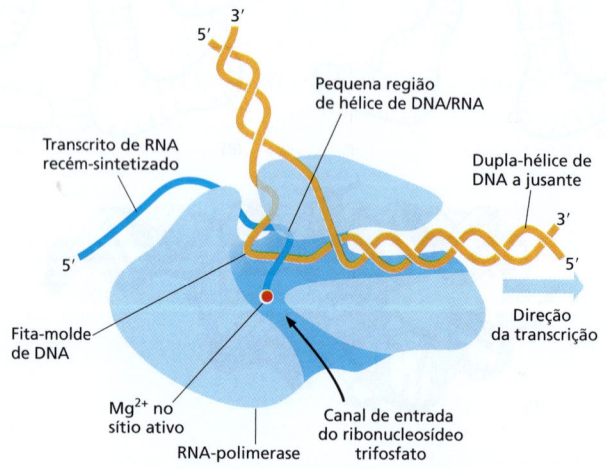

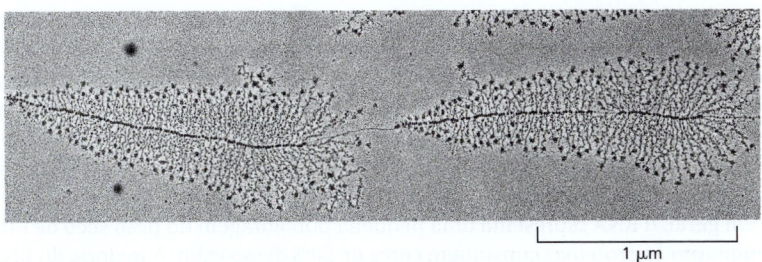

Figura 6-10 Transcrição de dois genes visualizada sob microscópio eletrônico. A fotomicrografia mostra diversas moléculas de RNA-polimerase transcrevendo simultaneamente dois genes adjacentes. As moléculas de RNA-polimerase são visíveis como uma série de pontos ao longo do DNA, com os transcritos recentemente sintetizados (filamentos finos) ligados a elas. As moléculas de RNA (RNAs ribossômicos) mostradas neste exemplo não são traduzidas em proteína, sendo utilizadas diretamente como componentes dos ribossomos, as máquinas em que a tradução ocorre. Acredita-se que as partículas na extremidade 5' (a extremidade livre) de cada rRNA transcrito representem o início da associação de ribossomos. Considerando-se o comprimento relativo dos transcritos recentemente sintetizados, pode-se deduzir que as moléculas de RNA-polimerase estão transcrevendo da esquerda para a direita. (Cortesia de Ulrich Scheer.)

dependentes de molde parecem ter surgido pelo menos duas vezes durante a evolução inicial das células. Uma linhagem deu origem às DNA-polimerases modernas e às transcriptases reversas discutidas no Capítulo 5, bem como a umas poucas RNA-polimerases virais. A outra linhagem resultou em todas as RNA-polimerases celulares que são discutidas neste capítulo.

As células produzem diferentes categorias de moléculas de RNA

A maioria dos genes presentes no DNA das células especifica a sequência de aminoácidos de proteínas; as moléculas de RNA que são copiadas a partir desses genes (e que consequentemente promovem a síntese de proteínas) são chamadas de moléculas de **RNA mensageiro (mRNA)**. O produto final de outros genes, entretanto, é a própria molécula de RNA. Esses RNAs são conhecidos como **RNAs não codificadores**, pois eles não codificam proteínas. Na levedura *Saccharomyces cerevisiae*, um eucarioto unicelular bastante estudado, mais de 1.200 genes (mais de 15% do total) têm o RNA como seus produtos finais. Os seres humanos provavelmente produzem em torno de 10 mil moléculas de RNA não codificador. Tais moléculas de RNA, assim como as proteínas, servem como componentes estruturais, reguladores e enzimáticos para uma ampla gama de processos na célula. No Capítulo 5 encontramos um deles atuando como o molde carregado pela enzima telomerase. Apesar das funções de várias dessas moléculas de RNA não codificador ainda estarem cobertas por um certo mistério, veremos neste capítulo que algumas moléculas de *pequenos RNAs nucleares (snRNA, small nuclear RNA)* promovem o *splicing* (excisão de íntrons) do pré-mRNA para formar o mRNA, que moléculas de *RNA ribossômico (rRNA)* formam a porção central dos ribossomos e que moléculas de *RNA transportador (tRNA)* formam os adaptadores que selecionam aminoácidos e os colocam no local adequado nos ribossomos para serem incorporados em proteínas. No Capítulo 7, veremos que moléculas de *micro-RNA (miRNA)* e moléculas de *pequenos RNAs de interferência (siRNA)* atuam como importantes reguladores na expressão gênica em eucariotos, e que os *RNAs que interagem com piwi (piRNAs)* protegem linhagens germinativas animais da ação dos elementos de transposição; nós também discutiremos os *RNAs não codificadores longos (lncRNAs)*, um subgrupo diverso de moléculas de RNA cujas funções ainda estão sendo descobertas (**Tabela 6-1**).

TABELA 6-1 Principais tipos de RNA produzidos nas células	
Tipo de RNA	Função
mRNAs	RNAs mensageiros; codificam proteínas.
rRNAs	RNAs ribossômicos; formam a estrutura básica do ribossomo e catalisam a síntese proteica.
tRNAs	RNAs transportadores; elementos essenciais para a síntese proteica, atuando como adaptadores entre o mRNA e os aminoácidos.
snRNAs	Pequenos RNAs nucleares; atuam em uma série de processos nucleares, incluindo o *splicing* do pré-mRNA.
snoRNAs	Pequenos RNAs nucleolares; ajudam a processar e modificar quimicamente os rRNAs.
miRNAs	Micro-RNAs; regulam a expressão gênica pelo bloqueio da tradução de mRNAs específicos e provocam a sua degradação.
siRNAs	Pequenos RNAs de interferência; desligam a expressão de genes pela degradação direta de mRNAs selecionados e pelo estabelecimento de estruturas de cromatina compacta.
piRNAs	RNAs que interagem com piwi; ligam-se a proteínas piwi e protegem a linhagem germinativa da ação de elementos transponíveis.
lncRNAs	RNAs não codificadores longos; muitos têm função de suporte estrutural; eles regulam diversos processos celulares, inclusive a inativação do cromossomo X.

Cada segmento de DNA transcrito é denominado *unidade de transcrição*. Nos eucariotos, uma unidade de transcrição normalmente carrega a informação de apenas um gene e, portanto, codifica uma única molécula de RNA ou uma única proteína (ou grupo de proteínas relacionadas, se o transcrito de RNA inicial for processado de diferentes maneiras para produzir diferentes mRNAs). Em bactérias, um conjunto de genes adjacentes é frequentemente transcrito como uma unidade e a molécula de mRNA resultante carrega, dessa forma, a informação para várias proteínas distintas.

Em geral, o RNA representa uma pequena porcentagem do peso seco de uma célula, enquanto as proteínas constituem cerca de 50% desse valor. A maioria do RNA nas células é rRNA; o mRNA representa somente 3 a 5% do RNA total em uma célula típica de mamíferos. A população de mRNAs é composta por dezenas de milhares de diferentes tipos, existindo em média apenas 10 a 15 moléculas de cada tipo de mRNA em cada célula.

Sinais codificados no DNA indicam à RNA-polimerase onde iniciar e onde terminar a transcrição

Para transcrever um gene com precisão, a RNA-polimerase deve reconhecer seu início e término no genoma. A maneira pela qual as RNA-polimerases desempenham essa tarefa difere entre bactérias e eucariotos. Como o processo em bactérias é mais simples, ele será discutido primeiro.

A iniciação, da transcrição é uma etapa extremamente importante na expressão de um gene, pois esse é o ponto principal onde a célula regula quais proteínas serão produzidas e a frequência dessa produção. A enzima central da RNA-polimerase bacteriana é um complexo de múltiplas subunidades que sintetiza RNA a partir de um molde de DNA. Uma subunidade adicional, denominada *fator sigma* (σ), associa-se a essa enzima e auxilia a leitura dos sinais no DNA que indicam onde iniciar a transcrição (**Figura 6-11**). Em conjunto, a enzima-base e o fator σ são denominados *holoenzima RNA-polimerase*; esse complexo se liga fracamente ao DNA bacteriano quando colide com ele, e uma holoenzima desliza rapidamente ao longo da molécula de DNA até dissociar-se. No entanto, quando a holoenzima polimerase desliza sobre uma sequência especial de nucleotídeos que indica o ponto de início para a síntese de RNA, chamada **promotor**, a polimerase liga-se fortemente, pois o seu factor σ faz contatos específicos com a região das bases expostas do lado externo da dupla-hélice do DNA (etapa 1 na Figura 6-11A).

A holoenzima RNA-polimerase fortemente ligada a um promotor abre a dupla-hélice para expor um pequeno trecho de nucleotídeos em cada fita (etapa 2 na Figura 6-11A). A região de DNA não pareada (cerca de 10 nucleotídeos) é chamada de *bolha de transcrição* e é estabilizada pela ligação do factor σ às bases não pareadas de uma das fitas expostas. A outra fita de DNA exposta atua como um molde para o pareamento de bases complementares com os ribonucleotídeos, dois dos quais são unidos pela polimerase para dar início a uma cadeia de RNA (etapa 3 na Figura 6-11A). Os primeiros 10 ou mais nucleotídeos de RNA são sintetizados usando um mecanismo de "arraste", durante o qual a RNA-polimerase permanece ligada ao promotor e puxa o DNA a montante para o seu sítio ativo, expandindo assim a bolha de transcrição. Esse processo cria um estresse considerável, e frequentemente os RNAs curtos são liberados, aliviando a tensão e forçando a polimerase, que permanece no mesmo lugar, para reiniciar a síntese. Por fim, esse processo de *iniciação abortiva* é superado e o estresse gerado pelo arraste ajuda a enzima central a se dissociar do DNA promotor (etapa 4 na Figura 6-11A) e descartar o fator σ (etapa 5 na Figura 6-11A). Nesse momento, a polimerase começa a mover-se sobre o DNA, sintetizando o RNA, de uma forma gradativa: a polimerase se desloca para frente um par de bases para cada nucleotídeo adicionado. Durante esse processo, a bolha de transcrição expande-se continuamente na parte da frente da polimerase e contrai-se na sua retaguarda. O alongamento da cadeia continua (a uma velocidade de cerca de 50 nucleotídeos/segundo no caso de RNA-polimerases bacterianas) até que a enzima encontre um segundo sinal, o **terminador** (etapa 6 na figura 6-11A), onde a polimerase para e libera tanto a molécula de RNA recém-sintetizada quanto o molde de DNA (etapa 7 na Figura 6-11A). Em seguida, a enzima polimerase livre se reassocia a um factor σ livre para formar uma holoenzima que pode novamente dar início ao processo de transcrição (etapa 8 na Figura 6-11A).

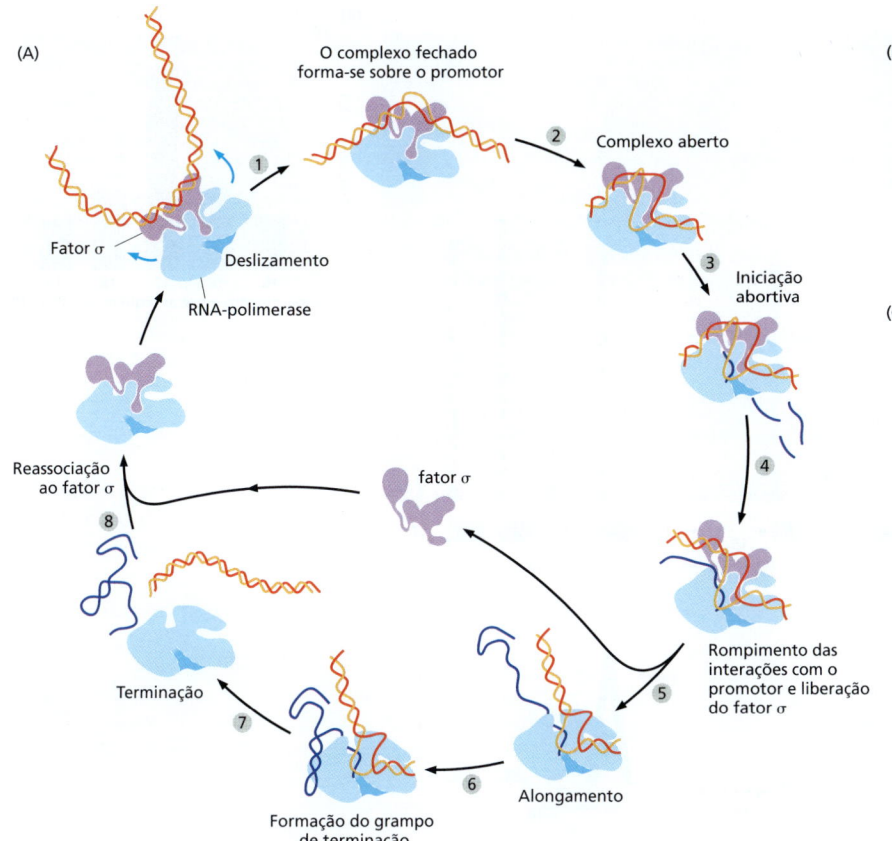

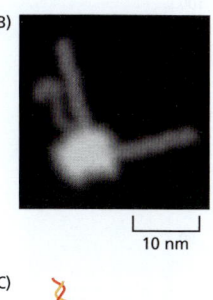

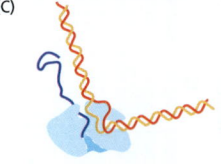

Figura 6-11 Ciclo de transcrição da RNA-polimerase bacteriana. (A) Na etapa 1, a holoenzima RNA-polimerase (a enzima central da polimerase mais o fator σ) forma-se e, então, localiza uma sequência de DNA promotor (ver Figura 6-12). A polimerase abre (desespiraliza) o DNA na posição em que a transcrição está para começar (etapa 2) e começa a transcrever (etapa 3). Essa síntese de RNA inicial (iniciação abortiva) é relativamente ineficiente, pois transcritos curtos e improdutivos são frequentemente liberados. No entanto, uma vez que a RNA-polimerase consiga sintetizar cerca de 10 nucleotídeos de RNA, suas interações com o promotor do DNA são rompidas (etapa 4) e o factor σ é finalmente liberado – ao mesmo tempo em que a polimerase envolve o DNA alterando o modo da síntese do RNA para alongamento, movendo-se sobre o DNA (etapa 5). Durante o modo de alongamento, a transcrição é altamente eficiente, e a polimerase só irá se dissociar do DNA-molde e liberará o RNA recentemente transcrito quando encontrar um sinal de terminação (etapas 6 e 7). Os sinais de terminação são normalmente codificados no DNA, e muitos funcionam por meio da formação de uma estrutura de RNA em grampo que desestabiliza a ligação da polimerase ao RNA.

Nas bactérias, todas as moléculas de RNA são sintetizadas por um único tipo de RNA-polimerase, e o ciclo apresentado na figura se aplica tanto à produção de mRNAs quanto à produção de RNAs estruturais e catalíticos. (B) Imagem bidimensional de uma RNA-polimerase bacteriana em alongamento, determinada por microscopia de força atômica (ver Figura 9-33). (C) Interpretação da imagem mostrada em (B). (Adaptada de K.M. Herbert et al., *Annu. Rev. Biochem.* 77:149–176, 2008.)

O processo de iniciação da transcrição é complicado e requer que tanto a holoenzima RNA-polimerase quanto o DNA sofram uma série de alterações conformacionais. Podemos imaginar essas alterações como a abertura e o posicionamento do DNA no sítio ativo seguidos pela ligação com maior afinidade da enzima ao redor do DNA e do RNA para assegurar que estes não se dissociem antes do final da transcrição de um gene. Se uma RNA-polimerase se dissociar prematuramente, ela deverá recomeçar o processo sobre o promotor.

Como os sinais de terminação no DNA finalizam o alongamento da polimerase? No caso da maioria dos genes bacterianos, o sinal de terminação consiste em uma sequência de pares de nucleotídeos A-T, precedida por uma sequência de DNA duplamente simétrica, a qual, quando transcrita em RNA, enovela-se em uma estrutura em "grampo" pelo pareamento de bases tipo Watson-Crick (ver Figura 6-11A). Conforme a polimerase transcreve esse terminador, a formação do grampo ajuda a desligar o transcrito de RNA do sítio ativo (etapa 7 na Figura 6-11A). O processo de terminação fornece um exemplo de um tema comum deste capítulo: a capacidade de enovelamento do RNA em estruturas específicas afeta diferentes etapas da decodificação do genoma.

Os sinais de início e término da transcrição na sequência nucleotídica são heterogêneos

Como acabamos de ver, os processos de iniciação e de terminação da transcrição envolvem uma complicada série de transições estruturais nas moléculas de proteínas, de DNA e de RNA. Os sinais codificados no DNA que especificam essas transições são frequentemente difíceis de serem reconhecidos pelos pesquisadores. De fato, uma comparação de vários promotores bacterianos diferentes revela um extraordinário nível de diversidade. Apesar disso, todos contêm sequências relacionadas, refletindo os aspectos do DNA que são reconhecidos diretamente pelo fator σ. Essas características comuns são frequentemente resumidas sob a forma de uma *sequência consenso* (**Figura 6-12**). Uma **sequência**

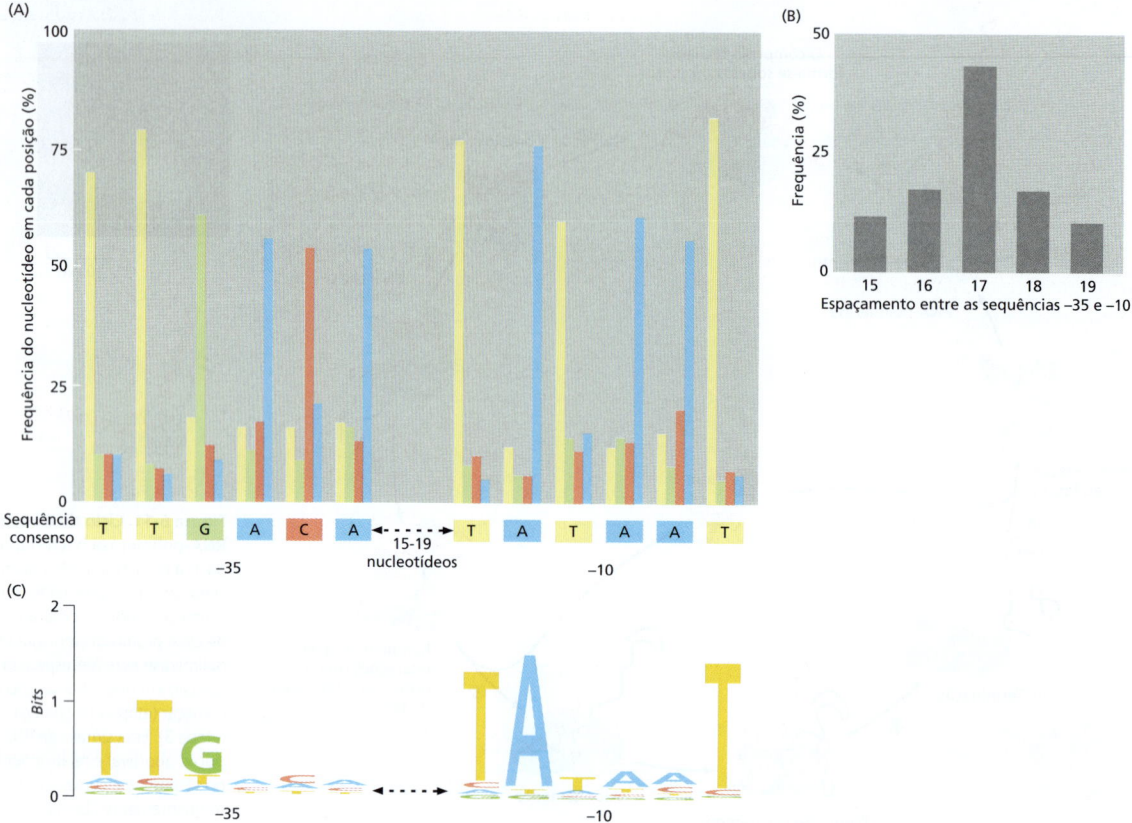

Figura 6-12 Sequência nucleotídica consenso e logotipo da sequência das principais classes de promotores de *E. coli*. (A) Com base em uma comparação de 300 promotores, são dadas as frequências de cada um dos quatro nucleotídeos em cada posição no promotor. A sequência consenso, ilustrada *abaixo* do gráfico, reflete os nucleotídeos mais comuns encontrados em cada posição no conjunto de promotores. Esses promotores são caracterizados por duas sequências hexaméricas de DNA, a sequência –35 e a sequência –10, assim denominadas por sua localização aproximada com relação ao ponto de início da transcrição (designado como +1). A sequência de nucleotídeos entre os hexâmeros –35 e –10 não mostra similaridades significativas entre os promotores. Por conveniência, é mostrada a sequência nucleotídica de um DNA de fita simples; na realidade, os promotores são DNA de fita dupla. Os nucleotídeos mostrados na figura são reconhecidos pelo factor σ, uma subunidade da holoenzima RNA-polimerase. (B) Distribuição de espaçamento entre os hexâmeros –35 e –10, encontrados nos promotores de *E. coli*. (C) Um *logotipo da sequência* exibindo as mesmas informações do painel (A). Aqui, a altura de cada letra é proporcional à frequência na qual a base ocorre nessa posição em uma ampla gama de sequências promotoras. A altura total de todas as letras em cada posição é proporcional ao conteúdo da informação (expresso em *bits*) nessa posição. Por exemplo, o conteúdo total de informação de uma posição que pode tolerar diversas bases diferentes é pequeno (ver as três últimas bases das sequências –35), mas estatisticamente maior do que ao acaso.

nucleotídica consenso é derivada pela comparação de muitas sequências que apresentam a mesma função básica e pelo alinhamento dos nucleotídeos mais comuns encontrados em cada posição. Isso serve, portanto, como um resumo ou uma "média" de um grande número de sequências nucleotídicas individuais. Uma maneira mais exata de ilustrar a gama de sequências de DNA reconhecidas por uma proteína é pelo uso de um *logotipo da sequência*, que revela as frequências relativas de cada nucleotídeo em cada posição (Figura 6-12C).

As diferenças entre as sequências de DNA dos promotores bacterianos individuais determinam a sua força (ou o número de eventos de iniciação por unidade de tempo para cada promotor). Os processos evolutivos sintonizaram cada promotor para iniciar com a frequência necessária e criaram, assim, um amplo espectro de força para os promotores. Os promotores de genes que codificam as proteínas abundantes são muito mais fortes do que aqueles associados a genes que codificam proteínas raras, e as sequências nucleotídicas dos seus promotores são as responsáveis por essas diferenças.

Assim como os promotores bacterianos, os terminadores de transcrição também apresentam um amplo espectro de sequências, e o potencial de formar uma estrutura de RNA em grampo é a característica comum mais importante desses promotores. Uma vez que um número quase ilimitado de sequências nucleotídicas tem esse potencial, as sequências de terminadores são muito mais heterogêneas do que as dos promotores.

Nós apresentamos os promotores e terminadores bacterianos e alguns de seus detalhes para ilustrar um ponto importante no que diz respeito à análise das sequências genômicas. Apesar de conhecermos muito sobre promotores e terminadores bacterianos e podermos estabelecer sequências consenso que resumem suas características mais óbvias, sua identificação exata e definitiva no genoma pela análise da sequência nucleotídica é bastante dificultada devido à sua diversidade em termos de sequência de nucleotídeos. É ainda mais difícil posicionar sequências análogas em genomas de eucariotos, parcialmente devido ao excesso de DNA presente nesses genomas. Com

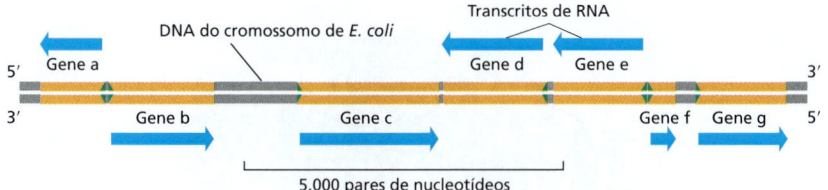

Figura 6-13 Direção da transcrição em um segmento curto de um cromossomo bacteriano. Alguns genes são transcritos utilizando uma das fitas de DNA como molde, enquanto outros são transcritos utilizando a outra fita de DNA. A direção de transcrição é determinada pelo promotor no início de cada gene (*setas verdes*). Aproximadamente 0,2% (9 mil pares de bases) do cromossomo de *E. coli* está ilustrado aqui. Os genes transcritos da *esquerda* para a *direita* usam a fita inferior de DNA como molde; aqueles transcritos da *direita* para a *esquerda* usam a fita superior como molde.

frequência, são necessárias informações adicionais, muitas vezes obtidas por experimentação direta, para posicionar e identificar com exatidão curtos sinais de DNA nos genomas.

Como ilustrado na Figura 6-11, as sequências promotoras são assimétricas, assegurando que a RNA-polimerase possa se ligar em apenas uma orientação. Visto que a polimerase pode sintetizar RNA apenas na direção de 5' para 3', a orientação do promotor determina a fita que será utilizada como molde. As sequências genômicas revelam que a fita de DNA utilizada como molde para a síntese de RNA varia de gene para gene, dependendo da orientação do promotor (**Figura 6-13**).

Tendo considerado a transcrição em bactérias, veremos agora a situação nos eucariotos, nos quais a síntese de moléculas de RNA é uma tarefa muito mais elaborada.

A iniciação da transcrição nos eucariotos requer várias proteínas

Em contraste com as bactérias, que contêm um único tipo de RNA-polimerase, os núcleos eucarióticos têm três: *RNA-polimerase I*, *RNA-polimerase II* e *RNA-polimerase III*. As três polimerases são estruturalmente similares entre si e compartilham algumas subunidades, mas transcrevem diferentes categorias de genes (**Tabela 6-2**). As RNA-polimerases I e III transcrevem os genes que codificam RNA de transferência, RNA ribossômico e vários pequenos RNAs. A RNA-polimerase II transcreve a grande maioria dos genes, inclusive todos aqueles que codificam proteínas; assim, nossa discussão subsequente será focada nessa enzima.

A RNA-polimerase II eucariótica tem muitas semelhanças estruturais com a RNA-polimerase bacteriana (**Figura 6-14**). No entanto, há algumas diferenças importantes na maneira em que as enzimas bacterianas e eucarióticas funcionam, e duas dessas diferenças nos interessam diretamente.

1. Enquanto a RNA-polimerase bacteriana requer apenas um único fator de iniciação da transcrição (σ) para começar a transcrição, as RNA-polimerases eucarióticas exigem muitos desses fatores, chamados coletivamente de *fatores gerais de transcrição*.

2. A iniciação da transcrição eucariótica deve ocorrer no DNA que está empacotado nos nucleossomos e em estruturas de cromatina de ordem superior (descrito no Capítulo 4), estruturas essas que estão ausentes dos cromossomos bacterianos.

TABELA 6-2 As três RNA-polimerases de células eucarióticas	
Tipo de polimerase	Genes transcritos
RNA-polimerase I	Genes do rRNA 5,8S, 18S e 28S
RNA-polimerase II	Todos os genes que codificam proteínas, além dos genes que codificam snoRNA, miRNA, siRNA, lncRNA e a maioria dos genes de snRNA
RNA-polimerase III	Genes de tRNA, rRNA 5S, alguns snRNA e genes de outros pequenos RNAs

Os rRNAs são denominados de acordo com seus valores "S", os quais se referem às suas taxas de sedimentação em ultracentrifugação. Quanto maior o valor de S, maior é o rRNA.

Figura 6-14 Similaridade estrutural entre uma RNA-polimerase bacteriana e uma RNA-polimerase II eucariótica. As regiões das duas RNA-polimerases que têm similaridade estrutural estão indicadas em *verde*. A polimerase eucariótica é maior do que a enzima bacteriana (12 subunidades em vez de cinco), e algumas das regiões adicionais estão ilustradas em *cinza*. As *esferas azuis* representam átomos de Zn que atuam como componentes estruturais das polimerases, e a *esfera vermelha* representa o átomo de Mg presente no sítio ativo, onde a polimerização ocorre. As RNA-polimerases de todas as células atuais (bactérias, arqueobactérias e eucariotos) são intimamente relacionadas, indicando que as características básicas da enzima existiam anteriormente à divergência dos três principais ramos da vida. (Cortesia de P. Cramer e R. Kornberg.)

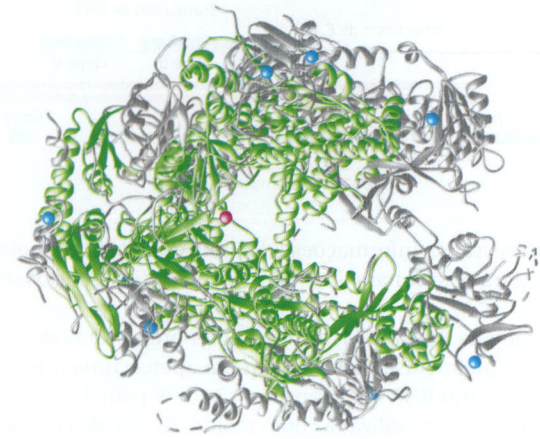

A RNA-polimerase II requer um conjunto de fatores gerais de transcrição

Os **fatores gerais de transcrição** ajudam a posicionar corretamente a RNA-polimerase eucariótica sobre o promotor, auxiliando a separação das duas cadeias de DNA para permitir o início da transcrição e liberando a RNA-polimerase do promotor para dar início ao seu modo de alongamento. As proteínas são "gerais", porque elas são necessárias para praticamente todos os promotores utilizados pela RNA-polimerase II. Elas consistem em um conjunto de proteínas de interação denominadas arbitrariamente como TFIIA, TFIIB, TFIIC, TFIID, e assim por diante (TFII significando "fator de transcrição para a polimerase II", do inglês *transcription factor for polymerase II*). Em um sentido amplo, os fatores gerais de transcrição eucarióticos desempenham funções equivalentes àquelas do fator σ em bactérias; de fato, determinadas regiões de TFIIF apresentam a mesma estrutura tridimensional que as regiões equivalentes do fator σ.

A **Figura 6-15** ilustra como os fatores gerais de transcrição se associam aos promotores utilizados pela RNA-polimerase II, e a **Tabela 6-3** resume suas atividades. O processo de associação começa quando o TFIID se liga a uma curta sequência de DNA de dupla-hélice principalmente composta por nucleotídeos T e A. Por essa razão, essa sequência é conhecida como a sequência TATA ou **TATA-box**, e a subunidade de TFIID que a reconhece é chamada de TBP (proteína de ligação a TATA, do inglês *TATA-binding protein*). A sequência TATA-box normalmente está localizada 25 nucleotídeos antes do sítio de início da transcrição. Essa não é a única sequência de DNA que sinaliza o início da transcrição (**Figura 6-16**), mas, para a maioria dos promotores de polimerase II, ela é a mais importante. A ligação de TFIID provoca uma grande distorção no DNA do TATA-box (**Figura 6-17**). Acredita-se que essa distorção sirva como um marco físico para a

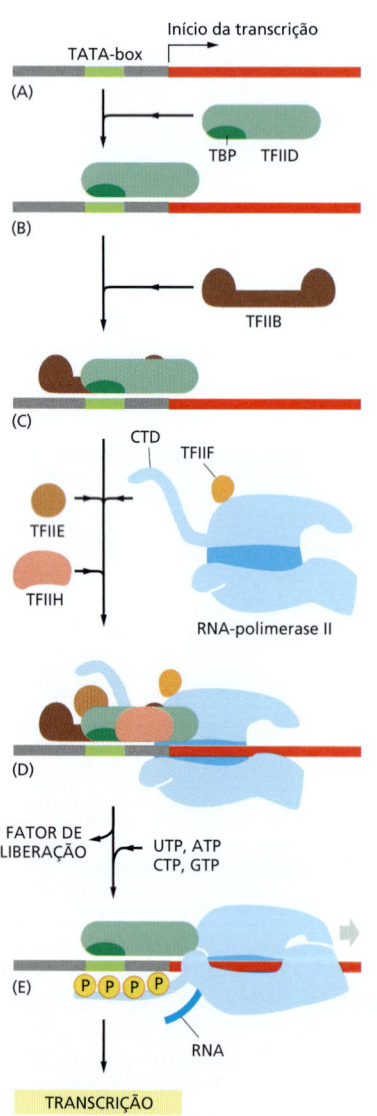

Figura 6-15 Iniciação da transcrição de um gene eucariótico pela RNA-polimerase II.
Para iniciar a transcrição, a RNA-polimerase requer vários fatores gerais de transcrição. (A) O promotor contém uma sequência de DNA denominada TATA-box, localizada a 25 nucleotídeos do sítio no qual a transcrição é iniciada. (B) Por meio de sua subunidade TBP, o TFIID reconhece e se liga ao TATA-box, o que permite a ligação adjacente de TFIIB. (C) Para simplificar, a distorção do DNA produzida pela ligação de TFIID (ver Figura 6-17) não está ilustrada. (D) Os demais fatores gerais de transcrição, assim como a própria RNA-polimerase, associam-se no promotor. (E) Então, o TFIIH usa a energia da hidrólise do ATP para separar a dupla fita do DNA no ponto de início da transcrição, expondo localmente a fita-molde. O TFIIH também fosforila a RNA-polimerase II, modificando sua conformação de tal modo que a polimerase se dissocia dos fatores gerais e pode iniciar a fase de extensão da transcrição. Como ilustrado, o sítio de fosforilação é uma longa cauda polipeptídica C-terminal, também denominado domínio C-terminal (CTD), que se estende a partir da molécula de polimerase. O esquema de associação mostrado nesta figura foi deduzido a partir de experimentos realizados *in vitro*, e a ordem exata na qual os fatores gerais de transcrição se associam nos promotores, *in vivo*, provavelmente varia de acordo com o gene. Os fatores gerais de transcrição são altamente conservados; alguns dos fatores de células humanas podem ser substituídos em experimentos bioquímicos pelos fatores correspondentes de simples leveduras.

TABELA 6-3	Os fatores gerais de transcrição necessários à iniciação da transcrição pela RNA-polimerase II eucariótica	
Nome	Número de subunidades	Funções na iniciação da transcrição
TFIID Subunidade TBP Subunidades TAF	 1 ~11	Reconhece o TATA-box. Reconhece outras sequências de DNA próximas ao ponto de início da transcrição; regula a ligação ao DNA pela TBP.
TFIIB	1	Reconhece o elemento BRE nos promotores; posiciona com exatidão a RNA-polimerase no sítio de início da transcrição.
TFIIF	3	Estabiliza a interação da RNA-polimerase com TBP e TFIIB; auxilia a atrair TFIIE e TFIIH.
TFIIE	2	Atrai e regula TFIIH.
TFIIH	9	Desespiraliza o DNA no sítio de início da transcrição, fosforila a Ser5 do CTD da RNA--polimerase; libera a RNA-polimerase do promotor.

TFIID é composto por TBP e ~11 subunidades adicionais denominadas TAFs (fatores associados à TBP); CTD, domínio C-terminal.

localização de um promotor ativo no interior de um genoma extremamente grande e que mantenha as sequências de DNA de ambos os lados da distorção unidas para permitir as etapas subsequentes de associação das proteínas do complexo. Outros fatores são, então, reunidos, junto à RNA-polimerase II, para formar um *complexo de iniciação da transcrição* completo (ver Figura 6-15). O mais complexo dos fatores gerais de transcrição é TFIIH. Composto por nove subunidades, ele é praticamente tão grande quanto a própria RNA-polimerase II, sendo, como veremos em breve, o responsável pela realização de diferentes etapas necessárias à iniciação da transcrição.

Após a formação de um complexo de iniciação de transcrição sobre o DNA, a RNA-polimerase II deverá ter acesso à fita-molde no ponto de início da transcrição. O TFIIH, que contém uma DNA-helicase como uma de suas subunidades, torna possível essa etapa com a hidrólise de ATP, desespiralização do DNA e consequente exposição da fita-molde. A seguir, a RNA-polimerase II, da mesma forma que a polimerase bacteriana, se liga ao promotor, sintetizando pequenos fragmentos de RNA até sofrer uma série de alterações estruturais que permitem sua dissociação ao promotor e início da fase de extensão (ou alongamento) da transcrição. Uma etapa-chave para essa transição é a adição de grupos fosfato à "cauda" da RNA-polimerase (conhecida como CTD, ou domínio C-terminal, do inglês *C-terminal domain*). Em seres humanos, o CTD consiste em 52 repetições adjacentes de uma sequência de sete aminoácidos, que se estende a partir da estrutura central da RNA-polimerase. Durante a iniciação da transcrição, a serina localizada na quinta posição da sequência repetida (Ser5) é fosforilada por TFIIH, que contém uma proteína-cinase como uma de suas subunidades (ver Figura 6-15D e E). A polimerase pode, então, separar-se do agrupamento de fatores

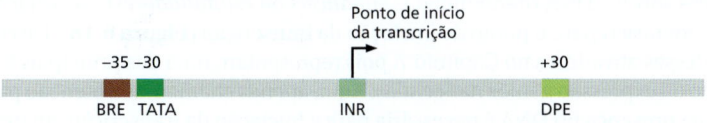

Figura 6-16 Sequências consenso adjacentes aos pontos de iniciação da RNA-polimerase II eucariótica. Estão indicados o nome dado a cada sequência consenso (*primeira coluna*) e o fator geral de transcrição que a reconhece (*última coluna*). N indica qualquer nucleotídeo, e dois nucleotídeos separados por uma barra indicam uma probabilidade igual de qualquer um deles ocorrer na posição indicada. Na realidade, cada sequência consenso é uma representação resumida de um histograma similar ao da Figura 6-12.

Na maioria dos pontos de iniciação da transcrição da RNA-polimerase II, apenas duas ou três das quatro sequências estão presentes. Por exemplo, a maioria dos promotores da polimerase II tem uma sequência TATA-box, e aqueles que não a possuem normalmente apresentam uma sequência INR "forte". Embora a maioria das sequências de DNA que influenciam o início da transcrição esteja localizada acima do ponto de iniciação da transcrição, algumas poucas, como o elemento DPE mostrado na figura, estão localizadas na região transcrita.

Elemento	Sequência consenso	Fator geral de transcrição
BRE	G/C G/C G/A C G C C	TFIIB
TATA	T A T A A/T A A/T	TBP Subunidade de TFIID
INR	C/T C/T A N T/A C/T C/T	TFIID
DPE	A/G G A/T C G T G	TFIID

Figura 6-17 **Estrutura tridimensional da TBP (proteína de ligação ao TATA) ligada ao DNA.** A TBP é a subunidade do fator geral de transcrição TFIID responsável pelo reconhecimento e pela ligação à sequência TATA-box no DNA (*vermelho*). Acredita-se que a curvatura característica do DNA provocada por TBP – duas porções curvadas na dupla hélice separadas por DNA parcialmente desenovelado – sirva como um sinal que ajuda a atrair os demais fatores gerais de transcrição (Animação 6.4). A TBP é uma cadeia polipeptídica simples enovelada em dois domínios muito semelhantes (*azul* e *verde*). (Adaptada de J.L. Kim et al., *Nature* 365:520–527, 1993. Com permissão de Macmillan Publishers Ltd.)

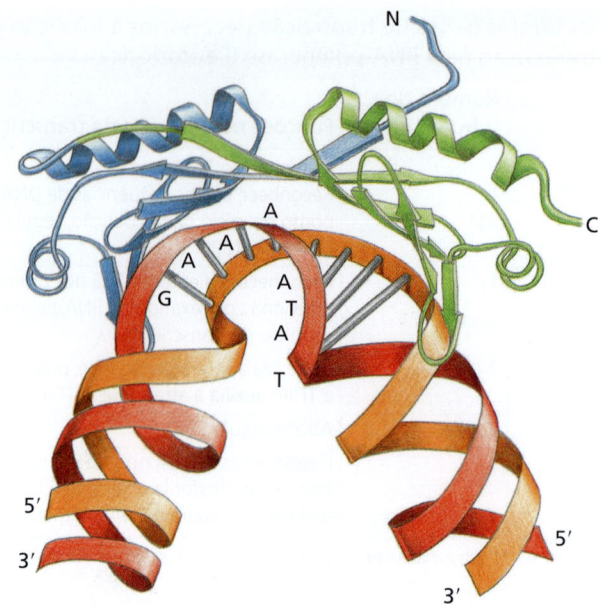

gerais de transcrição. Durante esse processo, ela sofre uma série de modificações conformacionais que fortalecem sua interação com o DNA e adquire novas proteínas que lhe permitem transcrever por longas distâncias e, em muitos casos, por várias horas, sem se dissociar do DNA.

Uma vez que a polimerase II tenha iniciado a extensão do transcrito de RNA, a maioria dos fatores gerais de transcrição é liberada do DNA de forma que eles estarão disponíveis para iniciar outro ciclo de transcrição, com uma nova molécula de RNA-polimerase. Como vimos resumidamente, a fosforilação da cauda da RNA-polimerase II tem uma função adicional: ela também faz os componentes da maquinaria do processamento do RNA se associarem à polimerase e, dessa forma, estarem em posição para modificar o RNA recém-transcrito assim que ele emergir da polimerase.

A polimerase II também requer proteínas ativadoras, mediadoras e modificadoras de cromatina

Estudos da RNA-polimerase II e de seus fatores gerais de transcrição atuando sobre moldes de DNA em sistemas *in vitro* purificados estabeleceram o modelo para a iniciação da transcrição que acabamos de descrever. Entretanto, como discutido no Capítulo 4, o DNA das células eucarióticas está empacotado em nucleossomos, os quais ainda são organizados em estruturas de cromatina de maior complexidade. Como resultado, a iniciação da transcrição nas células eucarióticas é mais complexa e requer mais proteínas do que a iniciação da transcrição em DNA purificado. Primeiramente, as proteínas reguladoras de genes conhecidas como *ativadoras transcricionais* devem se ligar a sequências específicas sobre o DNA (denominadas *enhancers* ou *estimuladores*) e auxiliar a atrair a RNA-polimerase II para o ponto de iniciação da transcrição (**Figura 6-18**). Discutiremos o papel desses ativadores no Capítulo 7, pois representam uma das principais formas de regulação da expressão gênica nas células. Aqui, apenas chamamos a atenção para o fato de que sua presença no DNA é necessária para a iniciação da transcrição em uma célula eucariótica. Em segundo lugar, a iniciação da transcrição eucariótica *in vivo* necessita da presença de um grande complexo proteico conhecido como *Mediador*, o qual permite que as proteínas ativadoras se comuniquem adequadamente com a polimerase II e com os fatores gerais de transcrição. Por fim, a iniciação da transcrição nas células eucarióticas normalmente requer o recrutamento de enzimas modificadoras da cromatina, como complexos remodeladores de cromatina e enzimas modificadoras de histonas. Como discutimos no Capítulo 4, ambos os tipos de enzimas podem aumentar o acesso ao DNA

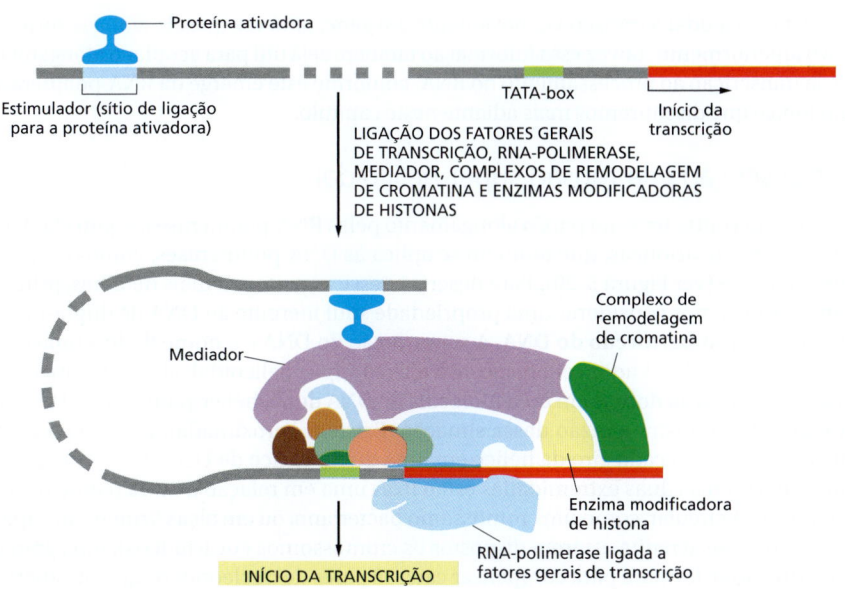

Figura 6-18 Iniciação da transcrição pela RNA-polimerase II em uma célula eucariótica. O início da transcrição *in vivo* requer a da presença de proteínas ativadoras de transcrição. Como descrito no Capítulo 7, essas proteínas se ligam a pequenas sequências específicas no DNA. Embora somente uma seja aqui apresentada, um gene eucariótico típico utiliza varias proteínas ativadoras de transcrição que, combinadas, determinam sua taxa e seu padrão de transcrição. Às vezes agindo a uma distância de vários milhares de pares de nucleotídeos (indicados pela linha tracejada na molécula de DNA), essas proteínas auxiliam a RNA-polimerase, os fatores gerais e o Mediador a associarem-se no promotor. Além disso, ativadores atraem complexos de remodelagem da cromatina dependentes de ATP e enzimas modificadoras de histonas. Um dos principais papéis do Mediador é coordenar a associação de todas essas proteínas sobre o promotor de tal forma que a transcrição possa começar. Como discutido no Capítulo 4, o estado "padrão" da cromatina é o de uma fibra condensada (ver Figura 4-28), e essa é provavelmente a forma de DNA sobre a qual a maior parte da transcrição é iniciada. Para simplificar, a cromatina não foi ilustrada na figura.

da cromatina e, assim, facilitam a montagem da maquinaria de iniciação da transcrição sobre o DNA.

Como ilustrado na Figura 6-18, várias proteínas (bem mais de uma centena de subunidades individuais) devem se associar no ponto de início da transcrição para promover a iniciação da transcrição em uma célula eucariótica. A ordem de associação dessas proteínas não parece seguir uma rota preestabelecida; de fato, ela varia entre diferentes genes. Na verdade, alguns desses diferentes complexos proteicos podem ser transportados para o DNA sob a forma de subarranjos pré-formados.

Para iniciar a transcrição, a RNA-polimerase II deve ser liberada desse grande complexo de proteínas. Além das etapas descritas na Figura 6-14, essa liberação muitas vezes requer a proteólise *in situ* da proteína ativadora. Voltaremos a algumas dessas questões, incluindo o papel dos complexos de remodelagem da cromatina e das enzimas modificadoras de histonas, no Capítulo 7, no qual discutiremos como as células eucarióticas regulam o processo de iniciação da transcrição.

O alongamento da transcrição nos eucariotos requer proteínas acessórias

Uma vez que a RNA-polimerase tenha iniciado a transcrição, ela move-se de forma irregular, parando em algumas sequências de DNA e transcrevendo rapidamente outras. As RNA-polimerases em funcionamento, tanto em bactérias quanto em eucariotos, estão associadas a uma série de *fatores de alongamento* (ou *fatores de extensão*), proteínas que diminuem a probabilidade de dissociação da RNA-polimerase antes que esta chegue ao término de um gene. Esses fatores caracteristicamente associam-se à RNA-polimerase logo após a iniciação ter ocorrido e ajudam a polimerase a se mover sobre a ampla variedade de sequências de DNA encontradas nos genes. As RNA-polimerases eucarióticas também devem lidar com a estrutura da cromatina conforme elas se movem sobre o molde de DNA e, para isso, geralmente são auxiliadas por complexos de remodelagem da cromatina dependentes de ATP que podem mover-se com a polimerase ou simplesmente podem procurar e resgatar uma polimerase que eventualmente esteja paralisada. Além disso, as chaperonas de histonas ajudam a dissociar parcialmente os nucleossomos a frente de uma RNA-polimerase em movimento e a associá-los após sua passagem.

À medida que a RNA-polimerase move-se sobre um gene, algumas das enzimas ligadas a ela modificam as histonas, deixando para trás um registro da passagem da polimerase. Embora não esteja exatamente claro como a célula usa essa informação, isso talvez possa ajudar a transcrever novamente um gene, uma vez que ele tenha se tornado ativo anteriormente. Talvez essa informação também seja útil para acoplar o alongamento da transcrição ao processamento do RNA, conforme este emerge da RNA-polimerase, um tópico que discutiremos mais adiante neste capítulo.

A transcrição cria tensão super-helicoidal

Existe ainda outra barreira para o alongamento pelas RNA-polimerases, sejam elas bacterianas ou eucarióticas, que também se aplica às DNA-polimerases, como discutido no Capítulo 5 (ver Figura 5-20). Para descrever esse assunto em mais detalhes, primeiramente devemos considerar uma propriedade sutil inerente ao DNA de dupla-hélice denominada **supertorção do DNA**. A supertorção do DNA é o nome dado a uma conformação que o DNA adota em resposta à tensão super-helicoidal; alternativamente, a criação de alças ou dobras em uma molécula de DNA dupla hélice pode criar tal tensão. A **Figura 6-19** ilustra a razão dessa situação. Existem aproximadamente 10 pares de nucleotídeos para cada giro da hélice em uma dupla-hélice de DNA. Se imaginarmos uma hélice, cujas duas extremidades estão fixas uma em relação à outra (como ocorre em um DNA circular, como um cromossomo bacteriano, ou em alças firmemente apertadas, como se acredita estarem dispostos os cromossomos eucarióticos), uma grande supertorção se formará para compensar cada 10 pares de nucleotídeos que são abertos (desenrolados). A formação dessa supertorção é energeticamente favorável, pois restaura o enrolamento helicoidal normal das regiões que permanecem pareadas, que, caso contrário, sofreriam uma superespiralização devido às suas extremidades fixas.

A tensão super-helicoidal é criada conforme a RNA-polimerase se move ao longo da fita de DNA que possui extremidades fixas (ver Figura 6-19C). Considerando que a polimerase não é livre para girar rapidamente (e que tal rotação é pouco provável devido ao tamanho das RNA-polimerases e de seus transcritos acoplados), uma polimerase em movimento gera tensão positiva da super-hélice no DNA à sua frente e tensão helicoidal negativa atrás de si. Para eucariotos, acredita-se que essa situação represente um bônus: embora a tensão super-helicoidal positiva à frente da polimerase torne a hélice de DNA mais difícil de abrir, a tensão deve facilitar o desenrolamento parcial do DNA nos

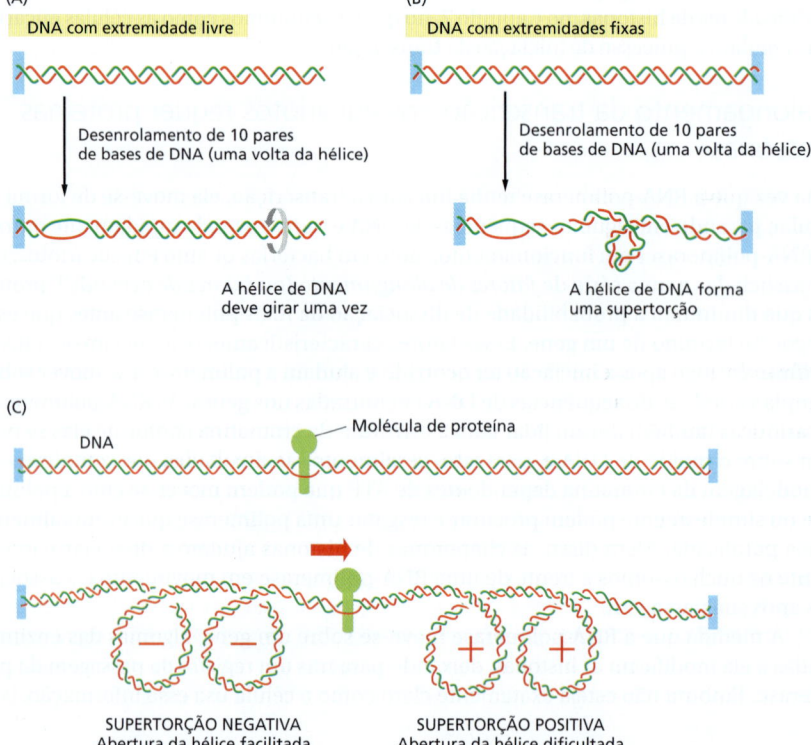

Figura 6-19 A tensão super-helicoidal no DNA causa supertorção do DNA. (A) Para uma molécula de DNA com uma extremidade livre (ou com uma quebra em uma das fitas que serve como ponto de torção), a dupla-hélice de DNA gira uma volta a cada 10 pares de nucleotídeos que são abertos. (B) Se a rotação é impedida, ocorre introdução de tensão super-helicoidal no DNA quando a hélice é aberta. No exemplo mostrado, a hélice de DNA contém 10 voltas helicoidais, uma das quais está aberta. Uma forma de acomodar a tensão criada seria aumentar a torção helicoidal de 10 para 11 pares de nucleotídeos por volta na dupla hélice remanescente. A hélice do DNA, no entanto, resiste a tal deformação como uma mola, preferindo aliviar a tensão super-helicoidal pela formação de alças supertorcidas. Como resultado, uma supertorção de DNA forma-se na dupla-hélice do DNA a cada 10 pares de nucleotídeos abertos. A supertorção formada nesse caso é uma supertorção positiva. (C) A supertorção do DNA é induzida por uma proteína que trafega sobre a dupla-hélice de DNA. As duas extremidades do DNA ilustradas aqui não são capazes de girar livremente uma em relação à outra, e acredita-se que a molécula proteica também seja impedida de rotação livre conforme se move. Sob essas condições, o movimento da proteína provoca um excesso de torção que se acumula na hélice de DNA à sua frente e um déficit de torção no DNA atrás da proteína, conforme ilustrado.

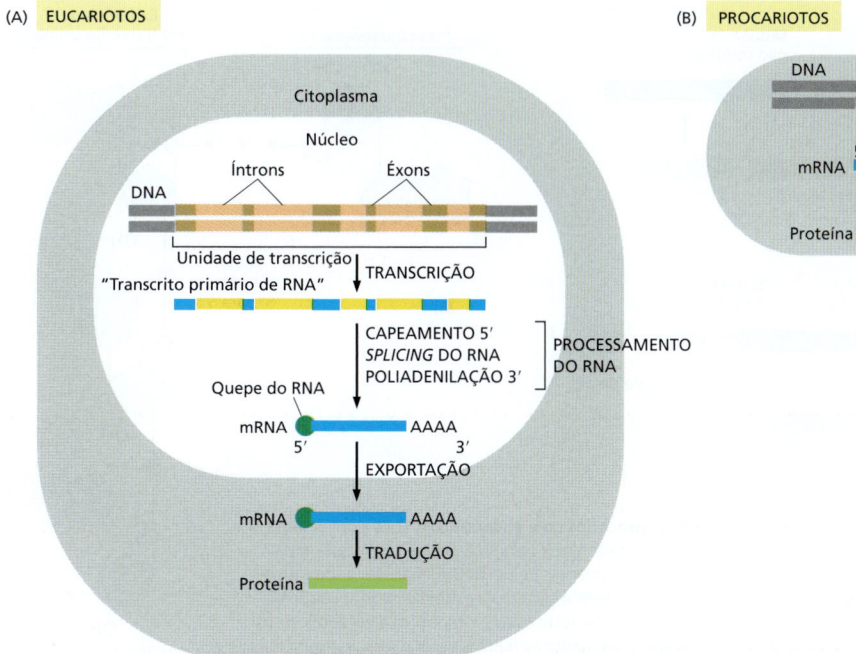

Figura 6-20 Comparação das etapas que levam do gene à proteína em eucariotos e em bactérias. A quantidade final de uma proteína em uma célula depende da eficiência de cada etapa e das taxas de degradação das moléculas de RNA e de proteína. (A) Nas células eucarióticas, a molécula de mRNA produzida por transcrição contém tanto sequências codificadoras (éxon) como não codificadoras (íntron). Antes de a molécula de RNA ser traduzida em proteína, as duas extremidades do RNA são modificadas, os íntrons são removidos por uma reação de *splicing* de RNA catalisada enzimaticamente e o mRNA resultante é transportado do núcleo para o citoplasma. Por conveniência, as etapas nesta figura estão representadas como se ocorressem uma de cada vez; na realidade, várias etapas ocorrem simultaneamente. Por exemplo, o quepe de RNA é adicionado, e o *splicing* inicia antes que a transcrição tenha sido completada. Devido ao acoplamento entre transcrição e processamento de RNA, os transcritos primários intactos – os RNAs completos que seriam, em teoria, produzidos antes de o processamento ocorrer – raramente são encontrados. (B) Nos procariotos, a produção de moléculas de mRNA é muito mais simples. A extremidade 5' de uma molécula de mRNA é produzida por meio da iniciação da transcrição, e a extremidade 3' é produzida pela terminação da transcrição. Visto que as células procarióticas não possuem um núcleo, a transcrição e a tradução acontecem em um compartimento comum, e a tradução de um mRNA bacteriano frequentemente tem início antes da sua síntese ter sido concluída.

nucleossomos, conforme a separação do DNA dos grupos de histonas ajuda a relaxar essa tensão.

Qualquer proteína que se autopropulsiona sobre uma fita de DNA dupla-hélice, como uma DNA-helicase ou uma RNA-polimerase, tende a gerar tensão super-helicoidal. Nos eucariotos, as enzimas DNA-topoisomerases removem rapidamente essa tensão da super-hélice (ver p. 251-253). Nas bactérias, porém, uma topoisomerase especializada, denominada *DNA-girase*, usa a energia de hidrólise de ATP para continuamente introduzir supertorções no DNA, mantendo, dessa forma, o DNA sob tensão constante. Elas são *supertorções negativas*, possuindo um direcionamento oposto ao das *supertorções positivas* que se formam quando uma região da hélice de DNA se abre (ver Figura 6-19B). Essas supertorções negativas são removidas do DNA bacteriano toda vez que uma região da hélice se abre, reduzindo a tensão da super-hélice. A DNA-girase, portanto, torna a abertura da hélice de DNA das bactérias energeticamente favorável comparada à abertura da hélice no DNA que não está supertorcido. Por essa razão, a supertorção facilita os processos genéticos, como a iniciação da transcrição pela RNA-polimerase bacteriana, que requer a abertura da hélice em bactérias (ver Figura 6-11).

O alongamento da transcrição em eucariotos está fortemente associado ao processamento de RNA

Vimos que os mRNAs bacterianos são sintetizados pela RNA-polimerase, iniciando e terminando em regiões específicas do genoma. A situação em eucariotos é consideravelmente diferente. Particularmente, a transcrição é apenas a primeira de diferentes etapas necessárias para a produção de uma molécula de mRNA madura. Outras etapas essenciais incluem a modificação covalente de ambas as extremidades do RNA e a remoção de *sequências de íntrons* que são retiradas do transcrito de RNA pelo processo de *splicing do RNA* (**Figura 6-20**).

Ambas as extremidades do mRNA eucariótico são modificadas: pelo *capeamento* na extremidade 5' e pela *poliadenilação* na extremidade 3' (**Figura 6-21**). Essas extremidades especiais permitem que a célula verifique se ambas as extremidades de uma molécula de mRNA estão presentes (e, como consequência, se a mensagem está intacta), antes de exportar o RNA do núcleo para ser traduzido em proteína. A retirada de íntrons do RNA une as diferentes porções de uma sequência codificadora de proteínas e permite

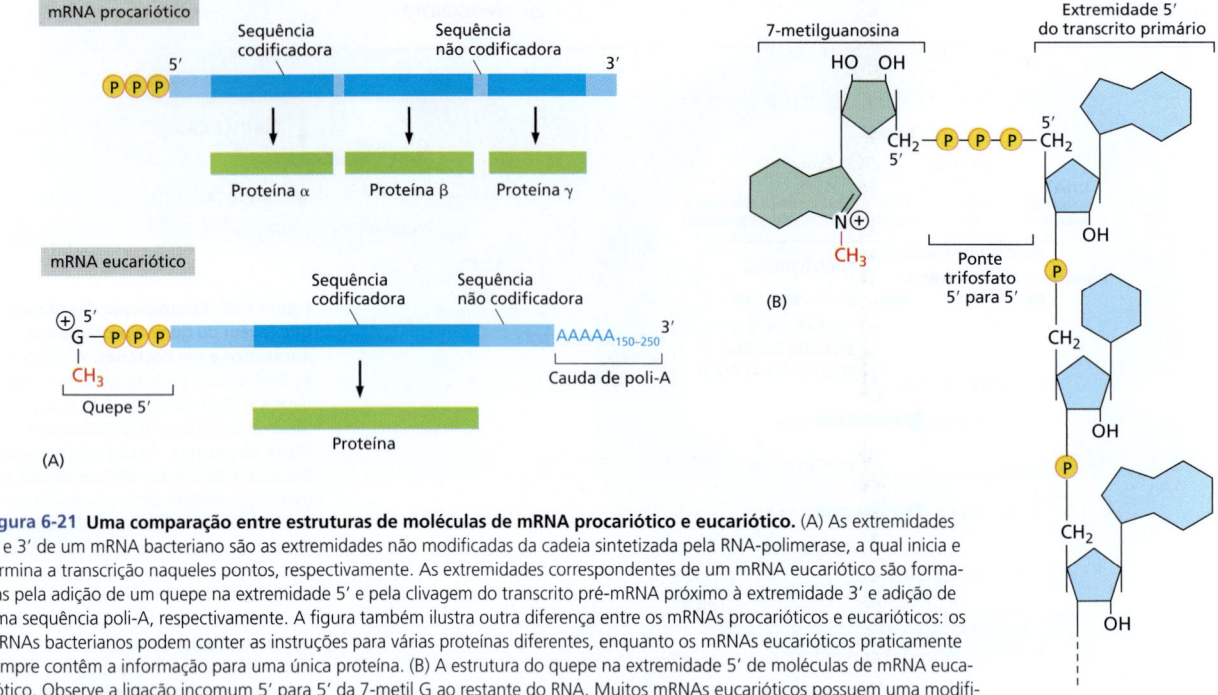

Figura 6-21 Uma comparação entre estruturas de moléculas de mRNA procariótico e eucariótico. (A) As extremidades 5' e 3' de um mRNA bacteriano são as extremidades não modificadas da cadeia sintetizada pela RNA-polimerase, a qual inicia e termina a transcrição naqueles pontos, respectivamente. As extremidades correspondentes de um mRNA eucariótico são formadas pela adição de um quepe na extremidade 5' e pela clivagem do transcrito pré-mRNA próximo à extremidade 3' e adição de uma sequência poli-A, respectivamente. A figura também ilustra outra diferença entre os mRNAs procarióticos e eucarióticos: os mRNAs bacterianos podem conter as instruções para várias proteínas diferentes, enquanto os mRNAs eucarióticos praticamente sempre contêm a informação para uma única proteína. (B) A estrutura do quepe na extremidade 5' de moléculas de mRNA eucariótico. Observe a ligação incomum 5' para 5' da 7-metil G ao restante do RNA. Muitos mRNAs eucarióticos possuem uma modificação adicional: a metilação do grupo 2'-hidroxila da ribose na extremidade 5 'do transcrito primário (ver Figura 6-23).

que os eucariotos superiores tenham a capacidade de sintetizar várias proteínas diferentes a partir do mesmo gene.

Uma estratégia simples evoluiu para acoplar todas as etapas do processamento do RNA supradescritas ao alongamento da transcrição. Como discutido anteriormente, uma etapa-chave da iniciação da transcrição pela RNA-polimerase II é a fosforilação da cauda da RNA-polimerase II, também denominada CTD (domínio C-terminal). Essa fosforilação, que ocorre gradualmente à medida que a RNA-polimerase inicia a transcrição e move-se ao longo do DNA, não apenas ajuda a dissociar a RNA-polimerase II das outras proteínas presentes no ponto de início da transcrição, como também permite que um novo conjunto de proteínas que atuam no alongamento da transcrição e no processamento do RNA se associe à cauda da RNA-polimerase. Como discutiremos a seguir, algumas dessas proteínas de processamento parecem "saltar" da cauda da polimerase sobre a molécula de RNA em formação para começar seu processamento, conforme ela emerge da RNA-polimerase. Assim, podemos ver a RNA polimerase II no seu modo de alongamento, como uma fábrica de RNA que não apenas se move sobre o DNA sintetizando uma molécula de RNA, mas que também processa o RNA produzido (**Figura 6-22**). A CTD totalmente estendida é quase 10 vezes mais longa que o restante da RNA-polimerase. Por ser um domínio proteico flexível, a CTD atua como um suporte ou como uma corda, mantendo próximas uma ampla variedade de proteínas que poderão atuar de forma rápida, quando necessário. Essa estratégia, que acelera significativamente a taxa global de uma série de reações consecutivas, é amplamente utilizada nas células (ver Figuras 4-58 e 16-18).

O capeamento do RNA é a primeira modificação dos pré-mRNAs eucarióticos

Assim que a RNA-polimerase II tenha produzido aproximadamente 25 nucleotídeos de RNA, a extremidade 5' da nova molécula de RNA é modificada pela adição de um "quepe" (ou capa) que consiste em um nucleotídeo guanina modificado (ver Figura 6-21B). A reação de capeamento é realizada por três enzimas que agem sucessivamente: uma remove um fosfato da extremidade 5' do RNA nascente (uma fosfatase), outra (uma guaniltransferase) adiciona um GMP em uma ligação reversa (5' para 5' em vez de 5' para

Figura 6-22 O conceito de "fábrica de RNA" para a RNA-polimerase II eucariótica. A polimerase não somente transcreve DNA em RNA, mas também transporta proteínas processadoras de RNA em sua cauda, as quais são transferidas para o RNA em formação no momento adequado. A cauda contém 52 repetições adjacentes de uma sequência de sete aminoácidos contendo duas serinas em cada repetição. As proteínas de capeamento se ligam à cauda da RNA-polimerase quando esta é fosforilada na Ser5 do heptâmero repetido, no final do processo de iniciação da transcrição (ver Figura 6-15). Essa estratégia assegura que a molécula de RNA seja capeada de maneira eficiente assim que sua extremidade 5' emergir da RNA-polimerase. Conforme a polimerase segue a transcrição, sua cauda é extensivamente fosforilada nas posições de Ser2 por uma cinase associada à polimerase de extensão, sendo eventualmente desfosforilada nas posições de Ser5. Essas novas alterações atraem proteínas de *splicing* e de processamento da extremidade 3' para a polimerase em movimento, posicionando-as para agir sobre o RNA recém-sintetizado assim que ele venha a emergir da RNA-polimerase. Existem muitas enzimas de processamento do RNA e nem todas se associam à polimerase. No caso do *splicing* do RNA, por exemplo, a cauda carrega apenas uns poucos componentes essenciais; uma vez transferidos para a molécula de RNA, eles atuam como nucleadores para os demais componentes do processo.

Uma vez que a RNA-polimerase II termina de transcrever um gene, ela é liberada do DNA, os fosfatos da sua cauda são removidos por fosfatases solúveis, e ela pode reiniciar a transcrição. Apenas essa forma completamente desfosforilada da RNA-polimerase II é capaz de iniciar a síntese de RNA em um promotor.

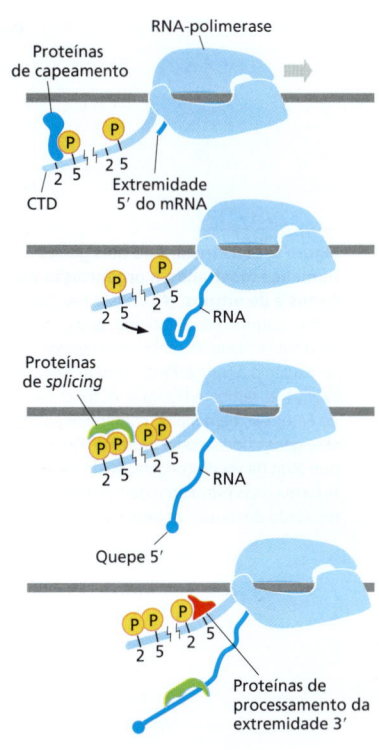

3'), e uma terceira (uma metiltransferase) adiciona um grupo metila à guanosina (**Figura 6-23**). Visto que todas as três enzimas ligam-se à cauda fosforilada da RNA-polimerase na posição Ser5 – a modificação adicionada pelo TFIIH durante a iniciação da transcrição – elas estão prontas para modificar a extremidade 5' do transcrito nascente assim que ela emerge da polimerase.

O quepe metil 5' identifica a extremidade 5' de mRNAs eucarióticos, e essa marca ajuda a célula a distinguir os mRNAs dos outros tipos de moléculas de RNA presentes na célula. Por exemplo, as RNA-polimerases I e III produzem RNAs não capeados durante a transcrição, em parte porque essas polimerases carecem de um CTD. No núcleo, o quepe se liga a um complexo proteico denominado complexo de ligação ao quepe (CBC, *cap-binding complex*), o qual, como discutiremos em seções subsequentes, ajuda o processamento e a exportação dos futuros mRNAs. O quepe metil 5' também desempenha um importante papel na tradução dos mRNAs no citosol, como discutiremos adiante neste capítulo.

O *splicing* do RNA remove as sequências de íntrons de pré-mRNAs recentemente transcritos

Como discutido no Capítulo 4, as sequências codificadoras de genes eucarióticos são caracteristicamente interrompidas por sequências intervenientes não codificadoras (íntrons). Descoberta em 1977, essa característica dos genes eucarióticos foi uma surpresa para os cientistas, que estavam familiarizados, até aquele momento, apenas com genes bacterianos, os quais, caracteristicamente, consistem em uma porção contínua de DNA codificador diretamente transcrita em mRNA. Contrastando fortemente, os genes eucarióticos são encontrados sob a forma de pequenos pedaços de sequências codificadoras (*sequências expressas* ou **éxons**) intercaladas por sequências muito mais longas, as *sequências intervenientes* ou **íntrons**; assim, a porção codificadora de um gene eucariótico é, em geral, apenas uma pequena fração do comprimento total do gene (**Figura 6-24**).

Tanto as sequências de íntrons quanto as de éxons são transcritas em RNA. As sequências dos íntrons são removidas do RNA recentemente sintetizado por meio de um processo denominado ***splicing* de RNA**. Grande parte do *splicing* de RNA que ocorre nas células atua na produção de mRNA, e nossa discussão sobre o *splicing* focaliza-se nesse tipo, denomina-

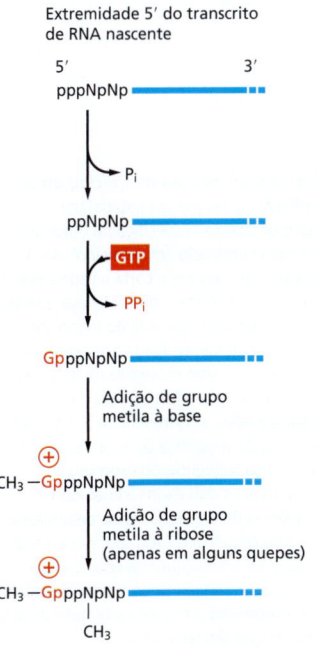

Figura 6-23 Reações que adicionam o quepe na extremidade 5' de cada molécula de RNA sintetizada pela RNA-polimerase II. O quepe final contém uma nova ligação 5' para 5' entre o resíduo 7-metil G positivamente carregado e a extremidade 5' do transcrito de RNA (ver Figura 6-21B). A letra N representa qualquer um dos quatro ribonucleotídeos, embora o nucleotídeo inicial em uma cadeia de RNA geralmente seja uma purina (um A ou um G). (De A.J. Shatkin, *BioEssays* 7:275–277, 1987. Com permissão de Wiley-Liss, Inc., uma subsidiária de John Wiley & Sons, Inc.)

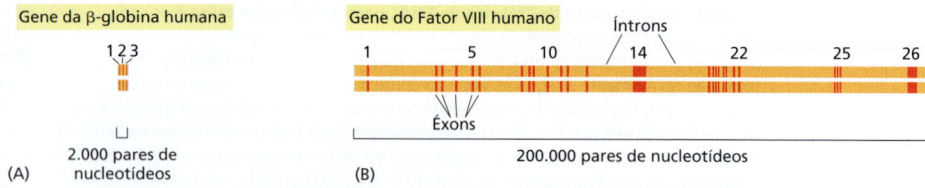

Figura 6-24 Estrutura de dois genes humanos mostrando a organização de éxons e de íntrons. (A) O gene relativamente pequeno da β-globina, que codifica uma subunidade da proteína carreadora de oxigênio hemoglobina, contém três éxons (ver também Figura 4-7). (B) O gene do Fator VIII, bem maior, contém 26 éxons; esse gene codifica uma proteína (Fator VIII) que atua na via de coagulação do sangue. A forma mais prevalente de hemofilia é resultado de mutações nesse gene.

do *splicing* do precursor de mRNA (ou pré-mRNA). Somente após ter ocorrido o *splicing* e o processamento das extremidades 5' e 3', esse RNA será denominado mRNA.

Cada evento de *splicing* remove um íntron, por meio de duas reações sequenciais de transferência de fosforil, conhecidas como transesterificações, as quais unem dois éxons, enquanto removem o íntron entre eles sob a forma de um "laço" (**Figura 6-25**). A maquinaria que catalisa o *splicing* do pré-mRNA é complexa, consistindo em cinco moléculas adicionais de RNA e várias centenas de proteínas, e muitas moléculas de ATP são hidrolisadas por evento de *splicing*. Essa complexidade é presumivelmente necessária para assegurar que o *splicing* seja exato, sendo ao mesmo tempo suficientemente flexível para lidar com a enorme diversidade de íntrons encontrada em uma célula eucariótica típica.

Pode parecer uma perda de tempo e energia remover um grande número de íntrons no *splicing* do RNA. Na tentativa de explicar as razões do *splicing*, os cientistas descobriram que o arranjo éxon-íntron parece facilitar o aparecimento de proteínas novas e úteis em uma escala de tempo evolutiva. Assim, a presença de numerosos íntrons no DNA permite que a recombinação genética facilmente combine éxons de diferentes genes, possibilitando que genes para novas proteínas evoluam mais facilmente devido à combinação de porções de genes preexistentes. Essa ideia é apoiada pela observação, descrita no Capítulo 3, de que muitas proteínas nas células atuais assemelham-se a uma "colcha de retalhos" composta a partir de um conjunto comum de *domínios* proteicos (ver p. 121-122).

Atualmente, o *splicing* de RNA também apresenta uma vantagem. Os transcritos de vários genes eucarióticos (estimam-se 95% dos genes em humanos) sofrem *splicing* de diferentes maneiras, permitindo que um mesmo gene produza um conjunto correspondente de diferentes proteínas (**Figura 6-26**). Assim, em vez de representar um processo desnecessário e de gasto excessivo, como aparentava ser, à primeira vista, o *splicing* de RNA permite aos eucariotos incrementar o potencial codificador de seus genomas. Retornaremos a essa ideia várias vezes neste capítulo e no próximo, mas primeiramente precisamos descrever a maquinaria celular que realiza essa fascinante tarefa.

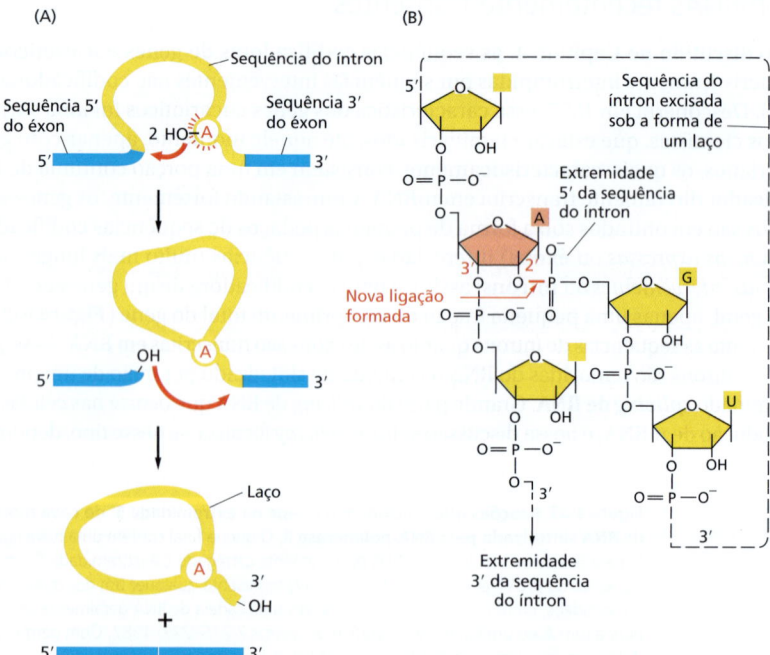

Figura 6-25 Reação de *splicing* do pré-mRNA. (A) Na primeira etapa, um nucleotídeo de adenina específico na sequência do íntron (indicado em *vermelho*) ataca a região 5' de *splicing* e corta a cadeia principal de açúcar-fosfato do RNA nesse ponto. A extremidade 5' cortada do íntron torna-se covalentemente ligada ao nucleotídeo de adenina, como mostrado no detalhe em (B), criando, dessa forma, uma alça na molécula de RNA. A extremidade 3'-OH livre liberada da sequência do éxon reage com o início da sequência do éxon seguinte, unindo os dois éxons e liberando a sequência do íntron na forma de um *laço*. As duas sequências éxon são, desse modo, unidas em uma sequência codificadora contínua. A sequência do íntron liberada é eventualmente dissociada em nucleotídeos únicos, que são reciclados.

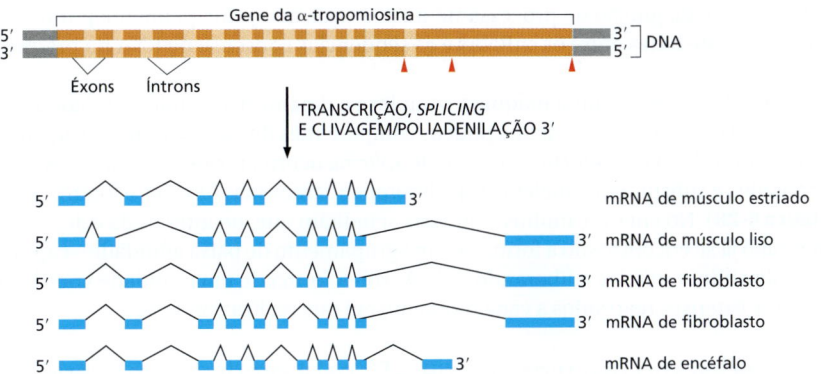

Figura 6-26 *Splicing* alternativo do gene de α-tropomiosina de rato. A α-tropomiosina é uma proteína de super-hélice (ver Figura 3-9) que desempenha várias tarefas, predominantemente na regulação da contração nas células musculares. O transcrito primário pode ter seus íntrons retirados de diferentes maneiras, como indicado na figura, para produzir mRNAs distintos que dão origem a variantes proteicas. Alguns desses padrões de *splicing* são específicos de certos tipos de células. Por exemplo, a α-tropomiosina produzida no músculo estriado é diferente daquela produzida pelo mesmo gene em um músculo liso. As pontas de seta na parte superior da figura marcam os sítios onde a clivagem e a adição de poli-A formam as extremidades 3' dos mRNAs maduros.

As sequências nucleotídicas sinalizam onde ocorre o *splicing*

O mecanismo de *splicing* de pré-mRNA ilustrado na Figura 6-24 implica que a maquinaria de *splicing* deve reconhecer três regiões na molécula RNA precursora: a região de *splicing* 5', a região de *splicing* 3' e o ponto da forquilha na sequência do íntron que forma a base do fragmento em laço a ser excisado. Como esperado, cada um desses três sítios tem uma sequência nucleotídica consenso, que é similar entre diferentes íntrons e que fornece informações para a célula a respeito do local onde deve ocorrer o *splicing* (**Figura 6-27**). Entretanto, essas sequências consenso são relativamente curtas e aceitam uma extensa variabilidade; como veremos em breve, a célula incorpora outros tipos de informações adicionais para definir exatamente onde, sobre cada molécula de RNA, deverá ocorrer o *splicing*.

A alta variabilidade das sequências consenso de *splicing* é um desafio adicional para os cientistas determinados a decifrar as sequências genômicas. O tamanho dos íntrons varia de aproximadamente 10 nucleotídeos a mais de 100 mil e a determinação dos limites exatos de cada íntron é uma tarefa árdua, mesmo com a ajuda de computadores de alto desempenho. A possibilidade da existência de *splicing* alternativo aumenta a dificuldade de previsão de sequências proteicas unicamente a partir de uma sequência genômica. Essa dificuldade é um dos principais obstáculos para a identificação de todos os genes em um genoma completo, sendo uma das principais razões de conhecermos somente o número aproximado de diferentes proteínas produzidas no genoma humano.

O *splicing* do RNA é realizado pelo spliceossomo

Diferentemente das outras etapas de produção de mRNA já discutidas, as etapas-chave do *splicing* do RNA são realizadas por moléculas de RNA e não por proteínas. As moléculas especializadas de RNA reconhecem as sequências nucleotídicas que especificam onde o *splicing* deve ocorrer e também catalisam a química do *splicing*. Essas moléculas de RNA são relativamente pequenas (possuem menos de 200 nucleotídeos cada uma), e existem cinco delas, U1, U2, U4, U5 e U6. Conhecidas como **snRNAs (pequenos RNAs nucleares**, *small nuclear RNAs*), cada uma é complexada com pelo menos sete subunidades proteicas para formar uma snRNP (pequena ribonucleoproteína nuclear, de *small nuclear ribonucleoprotein*). As snRNPs formam o cerne do **spliceossomo**, o grande arranjo de moléculas de RNA e de proteínas que realiza o *splicing* do pré-mRNA na célula. Durante a reação de *splicing*, o reconhecimento da junção de processamento 5', do ponto

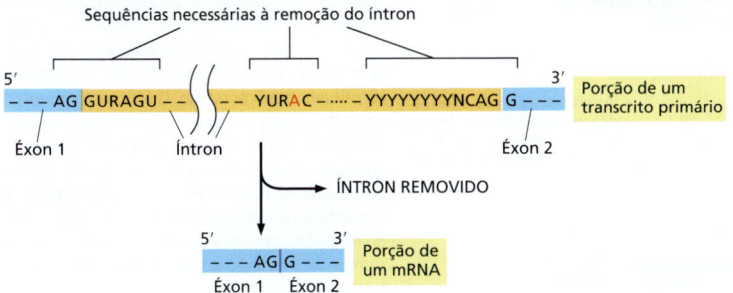

Figura 6-27 Sequências consenso de nucleotídeos em uma molécula de RNA que sinalizam o início e o final da maioria dos íntrons humanos. Os três blocos de sequências nucleotídicas ilustrados são necessários para a remoção do íntron. Aqui A, G, U e C são os nucleotídeos-padrão do RNA; R representa uma purina (A ou G); e Y representa uma pirimidina (C ou U). O A destacado em *vermelho* forma o ponto de forquilha do laço produzido pelo *splicing* (ver Figura 6-25). Somente o GU do início do íntron e o AG do seu final são nucleotídeos invariantes nas sequências consenso do *splicing*. As posições restantes podem ser ocupadas por uma gama de nucleotídeos, embora os nucleotídeos indicados sejam preferenciais. As distâncias no RNA entre as três sequências consenso de *splicing* são altamente variáveis; entretanto, a distância entre o ponto de forquilha e a junção 3' do *splicing* é caracteristicamente muito menor do que a distância entre a junção 5' do *splicing* e o ponto de forquilha.

da forquilha e da junção de processamento 3' é realizado principalmente por meio do pareamento de bases entre os snRNAs e as sequências consenso de RNA no pré-mRNA substrato.

O spliceossomo é uma máquina complexa e dinâmica. Quando estudado *in vitro* foi possível determinar que alguns poucos componentes do spliceossomo se organizam sobre o pré-mRNA e, conforme a reação de *splicing* ocorre, novos componentes são incorporados e substituem aqueles que já desempenharam suas funções e foram ejetados (**Figura 6-28**). No entanto, muitos cientistas acreditam que, no interior da célula, o spliceossomo já se encontre sob a forma de um agrupamento de baixa afinidade – capturando, realizando o *splicing* e liberando o RNA, sob a forma de uma unidade coordenada que sofre extensos rearranjos a cada momento em que realiza o *splicing*.

O spliceossomo usa hidrólise de ATP para produzir uma série complexa de rearranjos RNA-RNA

A hidrólise de ATP não é, em si, necessária para a química do *splicing* do RNA, uma vez que as duas reações de transesterificação preservam as ligações fosfato de alta energia.

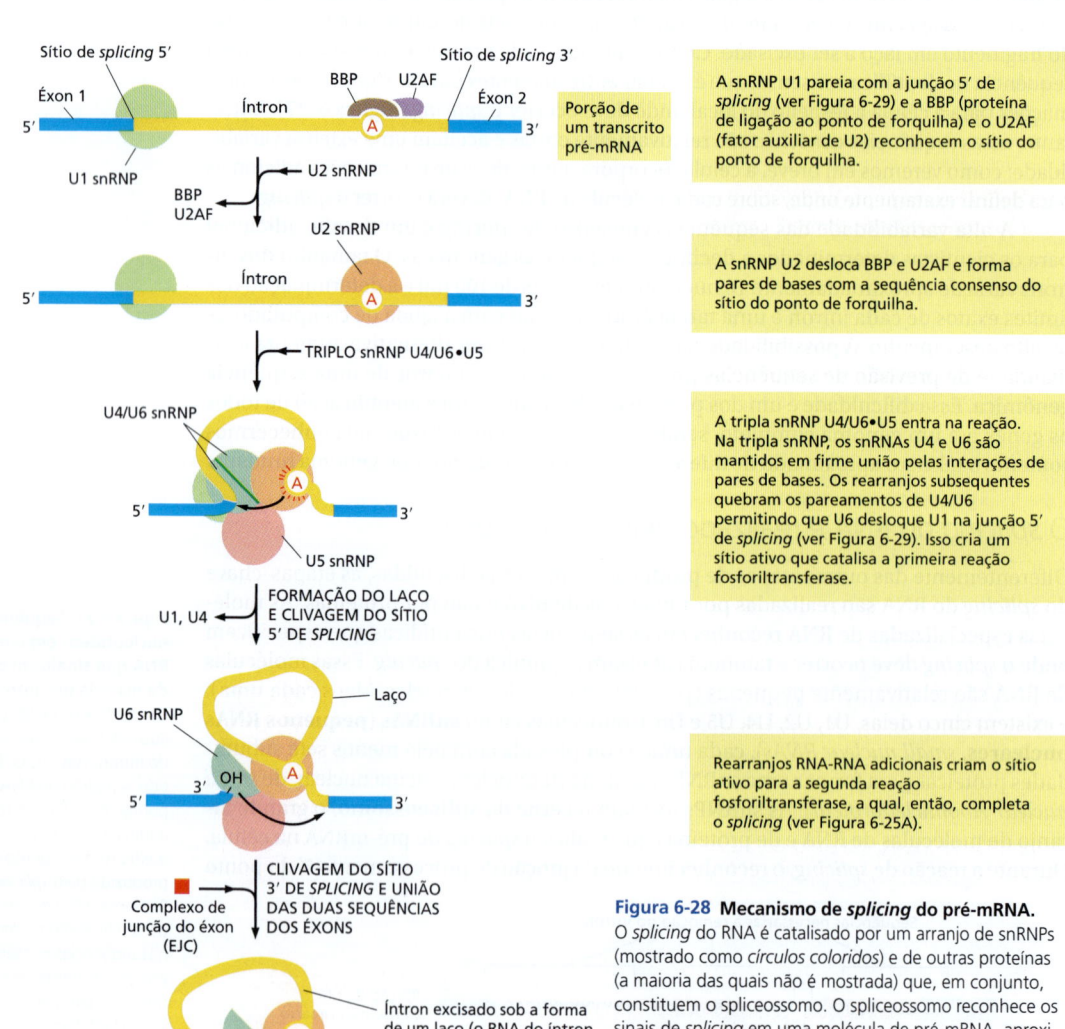

Figura 6-28 Mecanismo de *splicing* do pré-mRNA. O *splicing* do RNA é catalisado por um arranjo de snRNPs (mostrado como *círculos coloridos*) e de outras proteínas (a maioria das quais não é mostrada) que, em conjunto, constituem o spliceossomo. O spliceossomo reconhece os sinais de *splicing* em uma molécula de pré-mRNA, aproxima as duas extremidades dos íntrons e fornece a atividade enzimática para as duas etapas necessárias da reação (ver Figura 6-25A e Animação 6.5). Como indicado, um conjunto de proteínas do chamado complexo de junção do éxon (EJC) permanece sobre a molécula de mRNA que sofreu *splicing*; o seu papel subsequente será discutido brevemente.

No entanto, a hidrólise extensiva do ATP é necessária para a associação e os rearranjos do spliceossomo. Algumas das proteínas adicionais que fazem parte do spliceossomo utilizam a energia da hidrólise de ATP para romper interações RNA-RNA já existentes e permitir a formação de outras. Ao todo, em torno de 200 proteínas, incluindo aquelas que formam as snRNPs, são necessárias para cada evento de *splicing*.

Qual é o propósito desses rearranjos? Em primeiro lugar, eles permitem que os sinais de *splicing* do pré-RNA sejam examinados pelos snRNPs diversas vezes durante o processo de *splicing*. Por exemplo, U1 snRNP inicialmente reconhece o sítio de *splicing* 5' por meio do pareamento de bases convencional; conforme o *splicing* procede, esses pares de bases são rompidos (pelo uso da energia da hidrólise do ATP) e U1 é substituído por U6 (**Figura 6-29**). Esse tipo de rearranjo de RNA-RNA (em que a formação de uma interação de RNA-RNA requer a disrupção de outra) ocorre várias vezes durante o *splicing* e permite que os spliceossomos verifiquem e reavaliem os sinais de *splicing*, aumentando, desse modo, a precisão global do *splicing*. Em segundo lugar, os rearranjos que ocorrem no spliceossomo criam os sítios ativos para as duas reações de transesterificação. Esses dois sítios ativos são criados um após o outro e somente após os sinais de *splicing* no pré-mRNA terem sido verificados várias vezes. Essa progressão ordenada garante que erros de *splicing* ocorrerão apenas raramente.

Uma das características mais surpreendentes do spliceossomo é a natureza dos sítios catalíticos: eles são formados por proteínas e moléculas de RNA, embora sejam as moléculas de RNA as reais catalisadoras químicas do *splicing*. Na última seção deste capítulo, discutiremos em termos gerais as propriedades químicas e estruturais das moléculas de RNA que lhes permitem atuar como catalisadoras.

Uma vez que a reação química do *splicing* foi completada, as snRNPs permanecem ligadas à alça em laço. A dissociação das snRNPs do laço (e umas das outras) requer outra série de rearranjos RNA-RNA que requer a hidrólise de ATP. Dessa forma, os snRNAs retornarão à sua configuração original, podendo ser reutilizados em uma nova reação. Ao final de uma reação de *splicing*, o spliceossomo promove a ligação de um conjunto de proteínas ao mRNA, próximo à região anteriormente ocupada pelo íntron. Denominadas *complexo de junção do éxon* (EJC, *exon junction complex*), essas proteínas marcam o sítio de um evento de *splicing* que ocorreu com sucesso e, como veremos adiante neste capítulo, influenciam o destino subsequente do mRNA.

Outras propriedades do pré-mRNA e da sua síntese ajudam a explicar a escolha dos sítios adequados de *splicing*

Como vimos, os íntrons variam incrivelmente em tamanho, alguns excedendo os 100 mil nucleotídeos. Se a seleção do sítio do *splicing* fosse determinada unicamente pela ação de snRNPs sobre uma molécula de RNA pré-formada livre de proteínas, poderíamos esperar erros frequentes de *splicing* – como a perda de éxons e o uso de regiões "ocultas" de *splicing* (**Figura 6-30**). Os mecanismos de fidelidade construídos em torno do spliceossomo para suprimir erros são suplementados por dois fatores adicionais que aumentam a chance de o *splicing* ocorrer de forma exata. O primeiro é uma simples consequência do acoplamento entre o *splicing* e a transcrição. Enquanto a transcrição ocorre, a cauda fosforilada da RNA-polimerase carreia vários componentes do spliceossomo (ver Figura 6-22), e esses componentes são diretamente transferidos da polimerase para o RNA à medida que o RNA emerge da polimerase. Essa estratégia ajuda a célula a identificar e controlar os íntrons e os éxons: por exemplo, as snRNPs que se organizam sobre um sítio de *splicing* 5' são inicialmente apresentadas apenas ao sítio de *splicing* 3' que emerge imediatamente da polimerase; os

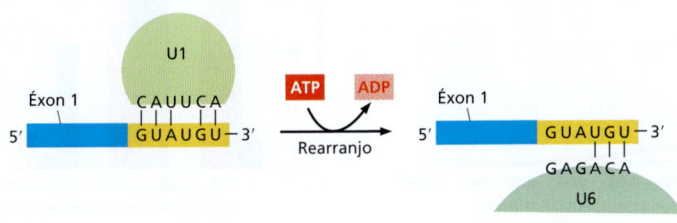

Figura 6-29 Um dos vários rearranjos que ocorrem no spliceossomo durante o *splicing* do pré-mRNA. Este exemplo vem da levedura *Saccharomyces cerevisiae*, na qual as sequências nucleotídicas envolvidas são ligeiramente diferentes daquelas presentes em células humanas. A troca de snRNP U1 por snRNP U6 ocorre imediatamente antes da primeira reação de transferência de fosforil (ver Figura 6-28). Essa troca faz o sítio de *splicing* 5' ser lido por duas snRNPs diferentes, o que aumenta a exatidão da seleção do sítio de *splicing* 5' pelo spliceossomo.

Figura 6-30 Dois tipos de erros de splicing. (A) Salto (ou perda) de éxon. (B) Seleção de sítio oculto de splicing. Sinais ocultos de splicing são sequências nucleotídicas de RNA com alta similaridade a sinais de splicing verdadeiros e são por vezes erroneamente utilizadas pelo spliceossomo.

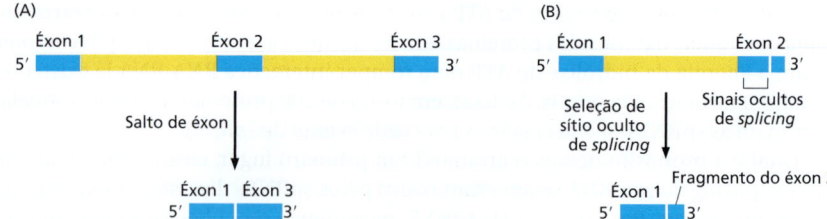

sítios potenciais mais a jusante ainda não foram sintetizados. Essa coordenação entre transcrição e *splicing* é extremamente importante para evitar a retirada inadequada de éxons.

Uma estratégia denominada "definição de éxon" também ajuda que as células escolham as regiões adequadas para *splicing*. O tamanho dos éxons tende a ser muito mais uniforme que o tamanho dos íntrons, apresentando, em média, 150 pares de nucleotídeos em uma ampla variedade de organismos eucarióticos (**Figura 6-31**). Pela definição de um éxon, a maquinaria de *splicing* pode procurar sequências exônicas de tamanho relativamente homogêneo. Acredita-se que, à medida que ocorre a síntese de RNA, um grupo de componentes adicionais (principalmente as proteínas SR, assim chamadas por conterem um domínio rico em serinas e em argininas) se associa sobre os éxons e marca cada sítio 3' e 5' do *splicing*, iniciando na extremidade 5' do RNA (**Figura 6-32**). Essas proteínas, por sua vez, recrutam o snRNA U1, que marca o limite 3' do éxon, e o snRNA U2, que ajuda a identificar o outro limite. Ao marcar dessa forma especificamente os éxons e assim tirar partido do tamanho relativamente uniforme dos éxons, a célula aumenta a precisão com que deposita os componentes iniciais de *splicing* sobre o RNA nascente e, portanto, evita "a perda" de sítios de *splicing*. Ainda não está claro como as proteínas SR discriminam as sequências exônicas das sequências intrônicas; entretanto, sabe-se que algumas das proteínas SR ligam-se preferencialmente a sequências específicas de RNA em éxons, denominadas *estimuladores de splicing (splicing enhancers)*. Em princípio, considerando-se a redundância do código genético, existe liberdade para a evolução da sequência nucleotídica dos éxons de modo a formar um sítio de ligação para uma proteína SR, sem que a sequência de aminoácidos que o éxon codifica seja necessariamente afetada.

Tanto a marcação dos limites entre éxons e íntrons quanto a organização do spliceossomo têm início sobre a molécula de RNA enquanto ela ainda está na fase de extensão de sua extremidade 3' pela RNA-polimerase. Entretanto, o verdadeiro processo químico do *splicing* pode ocorrer mais tarde. Esse atraso significa que os íntrons não são necessariamente removidos da molécula de pré-mRNA na ordem em que eles se encontram ao longo da cadeia de RNA.

A estrutura da cromatina afeta o *splicing* do RNA

Embora à primeira vista possa parecer contraditório, a forma como um gene é empacotado na cromatina pode afetar como o RNA transcrito desse gene será processado. Os nucleossomos tendem a ser posicionados sobre os éxons (que têm, em média, o comprimento

Figura 6-31 Variação no tamanho de íntrons e de éxons nos genomas humano, de nematódeo e de mosca. (A) Distribuição do tamanho de éxons. (B) Distribuição do tamanho de íntrons. Observe que o comprimento dos éxons é muito mais uniforme do que o comprimento dos íntrons. (Adaptada de International Human Genome Sequencing Consortium, *Nature* 409:860–921, 2001. Com permissão de Macmillan Publishers Ltd.)

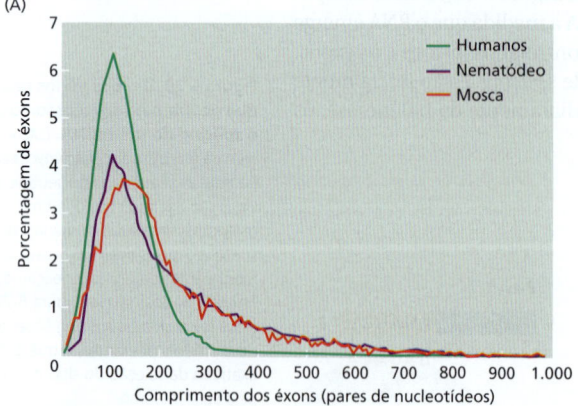
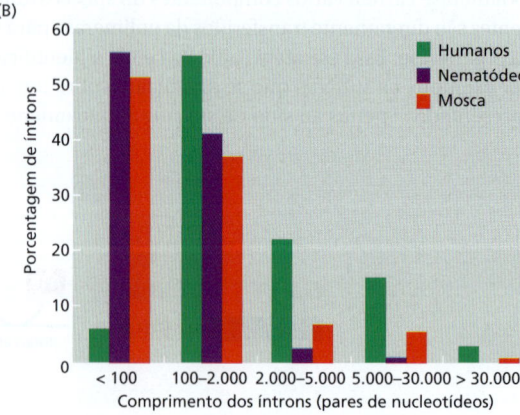

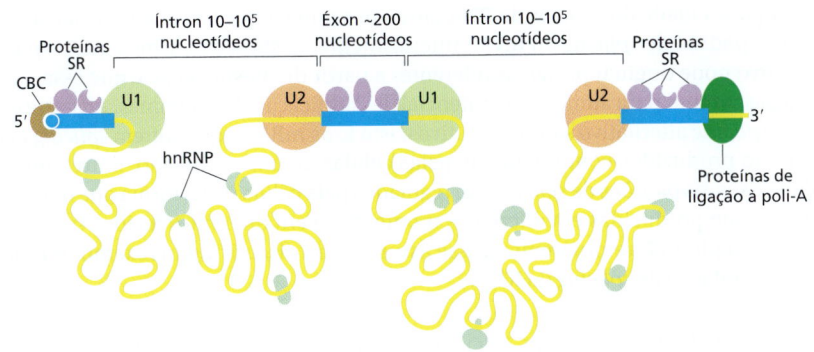

Figura 6-32 Hipótese da definição de éxon. De acordo com essa ideia, proteínas SR ligam-se a cada sequência de éxon no pré-mRNA e, dessa forma, ajudam a guiar as snRNPs para os limites adequados entre íntron/éxon. Essa demarcação de éxons pelas proteínas SR ocorre cotranscricionalmente, iniciando no CBC (complexo de ligação ao quepe) na extremidade 5'. Acredita-se que um grupo de proteínas conhecidas como ribonucleoproteínas nucleares heterogêneas (hnRNPs) possam associar-se preferencialmente aos íntrons ajudando ainda mais o spliceossomo a distinguir os íntrons dos éxons. (Adaptada de R. Reed, *Curr. Opin. Cell Biol.* 12:340–345, 2000. Com permissão de Elsevier.)

aproximado do DNA em um nucleossomo), e foi proposto que os nucleossomos atuam como "redutores de velocidade", permitindo que as proteínas responsáveis pela identificação dos éxons se associem sobre o RNA conforme ele emerge da polimerase. Além disso, alterações na estrutura da cromatina são usadas para alterar os padrões de *splicing* de duas maneiras. Primeiro, visto que o *splicing* e a transcrição são acoplados, a velocidade na qual a RNA-polimerase se move ao longo do DNA pode afetar o *splicing* do RNA. Por exemplo, se a polimerase se move lentamente, o salto de éxons (ver Figura 6-30A) será minimizado: a organização do spliceossomo inicial poderá ser concluída antes mesmo que um sítio alternativo de *splicing* emerja da RNA-polimerase. Os nucleossomos na cromatina condensada podem pausar a polimerase; o padrão das pausas, por sua vez, afetará a quantidade de RNA disponível para a maquinaria do *splicing* em um dado momento.

Há uma segunda e mais direta forma da estrutura da cromatina afetar o *splicing* do RNA. Embora os detalhes ainda não estejam totalmente compreendidos, modificações específicas em histonas atraem componentes do spliceossomo, e, visto que a cromatina que está sendo transcrita está em forte associação com o RNA nascente, esses componentes do splicing podem facilmente ser transferidos para o RNA emergente. Dessa forma, certos tipos de modificações de histonas podem afetar o padrão final do *splicing*.

O *splicing* de RNA possui uma plasticidade extraordinária

Vimos que a escolha dos sítios de *splicing* depende de características do transcrito pré-mRNA como a força dos três sinais no RNA (as junções 5' e 3' do splicing e o ponto de forquilha) pela maquinaria de *splicing*, a associação cotranscricional do spliceossomo, a estrutura da cromatina e a eficiência do "sistema de classificação" que define o éxon. Desconhecemos quão exato é o processo normal do *splicing*, pois, como veremos a seguir, existem vários sistemas de controle de qualidade que degradam rapidamente os mRNAS cujo *splicing* ocorreu de forma inadequada. No entanto, sabemos que, comparado a outras etapas da expressão gênica, o *splicing* geralmente é bastante flexível.

Assim, por exemplo, quando uma mutação ocorre em uma sequência nucleotídica crítica para o *splicing* de um íntron determinado, isso por si só não impedirá necessariamente o *splicing* deste íntron. Em vez disso, a mutação potencialmente criará um novo padrão de *splicing* (**Figura 6-33**). Com frequência, um éxon é simplesmente eliminado (ver Figura 6-33B). Em outros casos, a mutação leva ao uso eficiente de uma junção oculta (Figura 6-33C). Aparentemente, a maquinaria de *splicing* evoluiu para identificar o melhor padrão possível das junções de *splicing* e, se este é alterado por uma mutação, ela procura o próximo melhor padrão, e assim por diante. Essa plasticidade inerente ao processo de *splicing* do RNA sugere que as modificações nos padrões de *splicing* provocadas por mutações ao acaso são importantes na evolução dos genes e dos organismos. Isso também significa que as mutações que afetam o *splicing* podem ser extremamente prejudiciais para o organismo: além da β-talassemia, o exemplo apresentado na Figura 6-33, o *splicing* aberrante desempenha papéis importantes no desenvolvimento da fibrose cística, da demência fronto-temporal, da doença de Parkinson, da retinite pigmentosa, da atrofia muscular espinal, da distrofia miotônica, do envelhecimento precoce e do câncer. Estima-se que, das muitas mutações pontuais que causam doenças hereditárias humanas, 10% produzam *splicing* aberrante do gene que contém a mutação.

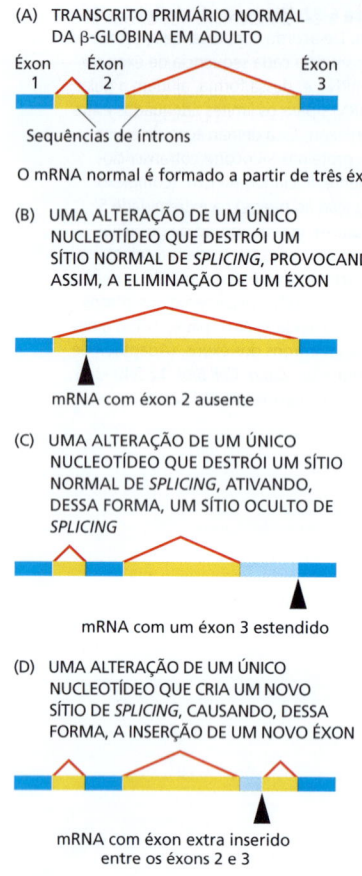

Figura 6-33 Processamento anormal do transcrito primário do RNA da β-globina em humanos com a doença β-talassemia. Nos exemplos ilustrados, a doença (uma anemia grave resultante da síntese anormal de hemoglobina) é causada por mutações em sítios de *splicing*, identificadas no genoma de pacientes afetados. Os segmentos *azul-escuro* representam as três sequências normais de éxons; as *linhas vermelhas* conectam os sítios de *splicing* 5' e 3' que são utilizados. Em (B), (C) e (D), os segmentos *azul-claro* indicam as novas sequências nucleotídicas inseridas na molécula de mRNA final como resultado de uma mutação indicada pela *seta preta*. Observe que quando uma mutação origina um sítio normal de *splicing* sem um acompanhante, um éxon é perdido (B), ou um ou mais sítios de *splicing* ocultos anormais adjacentes são usados (C). (Parcialmente adaptada de S.H. Orkin, em The Molecular Basis of Blood Diseases [G. Stamatoyannopoulos et al., eds.], pp. 106–126. Philadelphia: Saunders, 1987.)

A plasticidade do *splicing* de RNA também significa que a célula pode facilmente regular o padrão de *splicing* do RNA. Anteriormente, nesta seção, vimos que o *splicing* alternativo pode originar proteínas diferentes a partir do mesmo gene e que essa é uma estratégia comum para aumentar o potencial de codificação dos genomas. Alguns exemplos de *splicing* alternativo são constitutivos; isto é, os mRNAs que sofrem *splicing* alternativo são produzidos continuamente pelas células de um organismo. Entretanto, em muitos casos, os padrões de *splicing* são regulados pela célula de tal forma que diferentes proteínas são produzidas em diferentes momentos e em diferentes tecidos (ver Figura 6-26). No Capítulo 7, retornaremos a esse assunto para discutir alguns exemplos específicos da regulação de *splicing* do RNA.

O *splicing* do RNA catalisado pelo spliceossomo provavelmente evoluiu a partir de mecanismos de auto-*splicing*

A descoberta do spliceossomo intrigou bastante os biólogos moleculares. Por que moléculas de RNA, em vez de proteínas, desempenhariam funções importantes no reconhecimento do sítio de *splicing* e nas reações químicas do *splicing*? Por que é utilizado um laço intermediário em vez de se utilizar uma alternativa aparentemente mais simples, que consistiria na aproximação dos sítios 5' e 3' do *splicing* em uma única etapa, seguida pela clivagem direta e união dos segmentos? As respostas a essas questões refletem a evolução do spliceossomo.

Como discutido brevemente no Capítulo 1 (e retomado com mais detalhes na seção final deste capítulo), é provável que as células primordiais tenham utilizado moléculas de RNA – em vez de proteínas – como seus principais catalisadores e que elas armazenassem sua informação genética sob a forma de sequências de RNA, em vez de DNA. As reações de *splicing* catalisadas por RNA possivelmente desempenharam funções essenciais nessas células primordiais. Como evidência, alguns íntrons de *RNA de auto-splicing* (ou seja, íntrons no RNA que sofrem *splicing* na ausência de proteínas ou de quaisquer outras moléculas de RNA) ainda existem – por exemplo, nos genes do rRNA nuclear do ciliado *Tetrahymena*, em uns poucos genes do bacteriófago T4 e em alguns genes mitocondriais e plastidiais. Nesses casos, a molécula de RNA adquire uma estrutura tridimensional enovelada específica que aproxima as junções íntron/éxon e catalisa as duas reações de transesterificação. Uma sequência de íntron que sofre auto-*splicing* pode ser identificada *in vitro* por meio da incubação de uma molécula de RNA purificada que contém a sequência do íntron e a observação da reação de *splicing*. Visto que a química básica de algumas reações de autoprocessamento é muito semelhante ao *splicing* do pré-mRNA, foi proposto que o complexo processo do *splicing* do pré-mRNA tenha evoluido de uma forma ancestral mais simples, a partir do auto-*splicing* do RNA.

As enzimas de processamento do RNA geram a extremidade 3' dos mRNAs de eucariotos

Já vimos que a extremidade 5' de um pré-mRNA produzido pela RNA-polimerase II é capeada quase que imediatamente após a sua saída da RNA-polimerase. A seguir, à medida que a polimerase continua seu movimento ao longo de um gene, os componentes do spliceossomo se associam sobre o RNA e identificam os limites dos éxons e dos íntrons. A longa cauda C-terminal da RNA-polimerase coordena esses processos pela transferência de componentes do capeamento e do *splicing* diretamente para o RNA conforme ele emerge da enzima. Nesta seção, veremos que à medida que a RNA-polimerase II se aproxima do final de um gene, um mecanismo similar assegura que a extremidade 3' do pré-mRNA seja corretamente processada.

A posição da extremidade 3' de cada molécula de mRNA é, em última análise, especificada por sinais codificados no genoma (**Figura 6-34**). Esses sinais são transcritos em RNA, conforme a RNA-polimerase II se move ao longo deles, sendo, então, reconhecidos (como RNA) por uma série de proteínas de ligação ao RNA e por enzimas do processamento do RNA (**Figura 6-35**). Duas proteínas de subunidades múltiplas, denominadas fator de estimulação da clivagem (CstF, *cleavage stimulation factor*) e fator de especificidade de clivagem e poliadenilação (CPSF, *cleavage and polyadenylation specificity factor*), possuem importância especial. Ambas movimentam-se com a cauda da

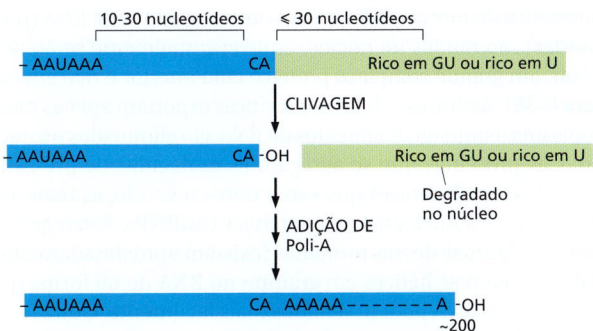

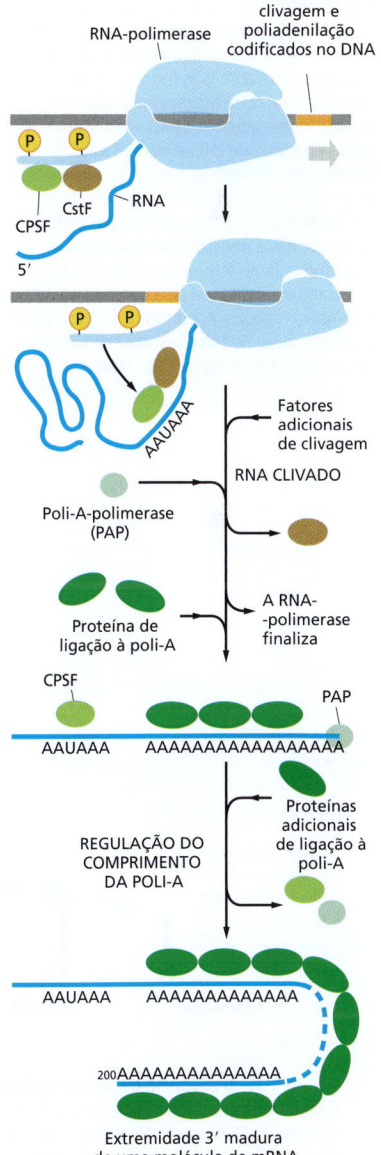

Figura 6-34 Sequências nucleotídicas consenso que determinam a clivagem e a poliadenilação para formar a extremidade 3' de um mRNA eucariótico. Essas sequências são codificadas no genoma e reconhecidas – como RNA – por proteínas específicas após serem transcritas. Como mostrado na Figura 6-35, o hexâmero AAUAAA liga-se ao CPSF, e o elemento rico em GU à direita do sítio de clivagem liga-se ao CstF; a sequência CA é ligada a um terceiro fator proteico necessário para a clivagem. Como outras sequências consenso de nucleotídeos discutidas neste capítulo (ver Figura 6-12), as sequências ilustradas na figura representam uma variante de uma ampla gama de sinais de poliadenilação e de clivagem individuais.

RNA-polimerase e são transferidas à extremidade 3' da sequência em processamento de uma molécula de RNA logo que ela emerge da RNA-polimerase.

Após a ligação de CstF e CPSF às suas sequências de reconhecimento na molécula de RNA emergente, proteínas adicionais se ligam a eles para criar a extremidade 3' do mRNA. Inicialmente, o RNA é clivado da polimerase (ver Figura 6-35). Após, uma enzima denominada poli-A-polimerase (PAP) adiciona, um a um, aproximadamente 200 nucleotídeos A à extremidade 3' produzida pela clivagem. O nucleotídeo precursor dessas adições é o ATP, e o mesmo tipo de ligações 5' a 3' utilizado na síntese convencional de RNA é formado nessa situação. No entanto, diferentemente das outras RNA-polimerases comuns, a poli-A-polimerase não requer um molde e, como consequência, a cauda de poli-A dos mRNAs eucarióticos não está diretamente codificada no genoma. Conforme a cauda de poli-A é sintetizada, as denominadas proteínas de ligação à poli-A se ligam a ela e, por um mecanismo ainda pouco conhecido, ajudam a determinar o tamanho final da cauda.

Após a clivagem da extremidade 3' de uma molécula de pré-mRNA eucariótica, a RNA-polimerase II continua a transcrever, em alguns casos até várias centenas de nucleotídeos. Uma vez que a clivagem da extremidade 3' tenha ocorrido, o RNA recém-sintetizado que emerge das polimerases não apresenta um quepe 5'; esse RNA desprotegido é rapidamente degradado por uma exonuclease 5'→3' presente na cauda da polimerase. Aparentemente, é essa degradação continuada do RNA que eventualmente permite à RNA polimerase se dissociar do molde e interromper a transcrição.

mRNAs eucarióticos maduros são seletivamente exportados do núcleo

A síntese e o processamento do pré-mRNA eucariótico ocorrem de forma ordenada no interior do núcleo da célula. Porém, de todo o pré-mRNA que é sintetizado, somente uma pequena fração – o mRNA maduro – será utilizada posteriormente pela célula. A maior parte do material restante – íntrons excisados, RNAs clivados e formas de pré-mRNAs que sofreram *splicing* anormal – não somente não será utilizada como é potencialmente perigosa. Como a célula consegue distinguir as moléculas de mRNA maduras relativamente raras, que ela deseja manter, da esmagadora quantidade de detritos gerados pelo processamento de RNA?

A resposta é que, quando uma molécula de RNA é processada, ela perde certas proteínas e adquire outras. Por exemplo, vimos que a ligação dos complexos de ligação ao quepe, dos complexos de junção do éxon e das proteínas de ligação à poli-A marcam a finalização respectiva do capeamento, do *splicing* e da adição da poli-A. Uma molécula de mRNA adequadamente completa também pode ser distinguida pela presença/ausência de determinadas proteínas. Por exemplo, a presença de uma proteína snRNP significará um *splicing* incompleto ou aberrante. Apenas quando as proteínas presentes sobre uma molécula de mRNA coletivamente indicarem que o processamento foi adequadamente finalizado é que o mRNA será exportado do núcleo rumo ao citosol, onde poderá ser traduzido em proteína.

Figura 6-35 Algumas das principais etapas na geração da extremidade 3' de um mRNA eucariótico. Esse processo é muito mais complicado do que o processo análogo em bactérias, onde a RNA-polimerase simplesmente para no sinal de terminação e libera tanto a extremidade 3' do transcrito quanto o DNA-molde (ver Figura 6-11).

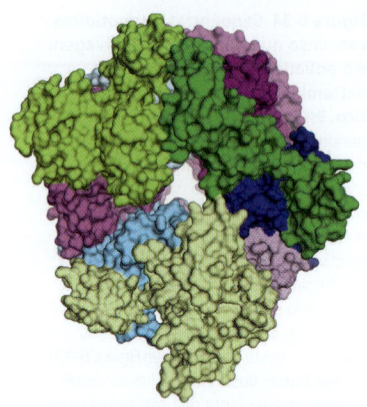

Figura 6-36 Estrutura da região central do exossomo de RNA humano. O RNA penetra por uma extremidade do poro central e é degradado por RNAses que se associam com a outra extremidade. Nove diferentes subunidades proteicas (cada qual representada por uma cor diferente) compõem essa grande estrutura em anel. As células eucarióticas possuem tanto um exossomo nuclear quanto um exossomo citoplasmático; ambas as formas incluem a porcas central do exossomo mostrado aqui e subunidades adicionais (incluindo RNAses especializadas) que diferenciam as duas formas. O exossomo nuclear degrada RNAs aberrantes antes que eles sejam exportados para o citosol. Ele também processa certos tipos de RNA (p. ex., os RNAs ribossômicos) para produzir a sua forma final. A forma citoplasmática do exossomo é responsável pela degradação de mRNAs no citosol, e é, portanto, essencial para a determinação do tempo de vida de cada molécula de mRNA. (Código PDB: 2NN6.)

Os mRNAs processados de forma inadequada e outros resíduos de RNA (p. ex., sequências intrônicas excisadas) são retidos no núcleo, onde eventualmente serão degradados pelo **exossomo** nuclear, um grande complexo proteico cujo interior é rico em exonucleases de RNA 3'-5' (**Figura 6-36**). Assim, as células eucarióticas exportam apenas moléculas de RNA úteis para o citoplasma, enquanto fragmentos de RNA são eliminados no núcleo.

Entre todas as proteínas que se agregam às moléculas de pré-mRNA conforme elas emergem das RNA-polimerases que estão transcrevendo, as mais abundantes são as proteínas ribonucleares nucleares heterogêneas (hnRNPs, *heterogeneous nuclear ribonuclear proteins*). Algumas dessas proteínas (existem aproximadamente 30 diferentes em humanos) desenrolam as hélices em grampo no RNA de tal forma que os sinais de *splicing* e outros sinais no RNA podem ser lidos mais facilmente. Outras empacotam preferencialmente o RNA contido nas sequências de íntrons extremamente longos, típicos de organismos complexos (ver Figura 6-31) e podem desempenhar um papel importante na distinção entre mRNAs maduros e restos do processamento de RNA.

Os mRNAs adequadamente processados são transportados através dos **complexos do poro nuclear** (NPCs, *nuclear pore complexes*), canais aquosos da membrana nuclear, os quais conectam diretamente o nucleoplasma e o citosol (**Figura 6-37**). Pequenas moléculas (com menos de 60 mil dáltons) podem difundir-se livremente através desses canais. No entanto, a maioria das macromoléculas celulares, inclusive os mRNAs complexados a proteínas, apresenta tamanho excessivo, o que as impossibilita de atravessar os canais sem o uso de processos especiais. A célula usa energia para o transporte ativo dessas macromoléculas em ambos os sentidos através dos complexos do poro nuclear.

Como explicado em detalhes no Capítulo 12, as macromoléculas são transportadas através dos complexos do poro nuclear via *receptores de transporte nuclear*, os quais, dependendo da identidade da macromolécula, as escoltam do núcleo para o citoplasma ou vice-versa. Para que ocorra a exportação do mRNA, um receptor de transporte nuclear específico deve ser ligado ao mRNA, uma etapa que, em muitos organismos, ocorre simultaneamente à clivagem e poliadenilação 3'. Após ter ajudado a mover uma molécula de RNA através do complexo do poro nuclear, o receptor de transporte se dissocia do mRNA, penetra novamente no núcleo, e é utilizado para exportar uma nova molécula de mRNA.

A exportação dos complexos mRNA-proteína a partir do núcleo pode ser facilmente observada ao microscópio eletrônico para os incomumente abundantes mRNAs dos *genes do Anel de Balbiani* de insetos. Conforme esses genes são transcritos, pode-se observar o empacotamento do RNA recém-formado mediado por proteínas, como hnRNPs, proteínas SR e componentes do spliceossomo. Esse complexo proteína-RNA sofre uma série de transições estruturais, provavelmente refletindo eventos de processamento do RNA, culminando em uma fibra curva (Figura 6-37). Essa fibra curva move-se, então, através do nucleoplasma, penetra o complexo do poro nuclear (sendo seu quepe 5' a primeira porção a penetrar) e sofre outra série de transições estruturais, enquanto se move através do poro. Essas e outras observações revelaram que os complexos pré-mRNA-proteína e mRNA-pro-

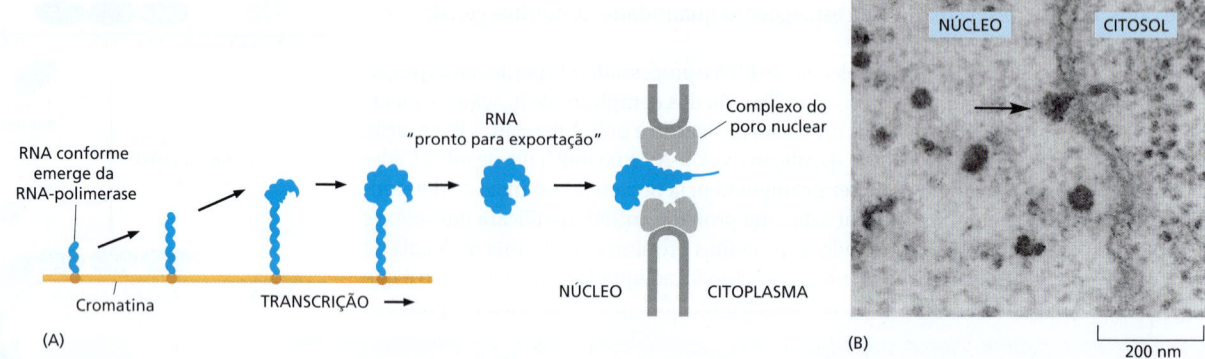

Figura 6-37 Transporte de uma grande molécula de mRNA pelo complexo do poro nuclear. (A) A maturação de uma molécula de mRNA conforme ela é sintetizada pela RNA-polimerase e empacotada pelas diversas proteínas nucleares. Esta ilustração de um RNA de inseto incomumente grande e abundante, chamado mRNA do anel de Balbiani, baseia-se em fotomicrografias de microscopia eletrônica como as mostradas em (B). (A, adaptada de B. Daneholt, *Cell* 88:585–588, 1997. Com permissão de Elsevier; B, de B.J. Stevens e H. Swift, *J. Cell Biol.* 31:55–77, 1966. Com permissão de The Rockefeller University Press.)

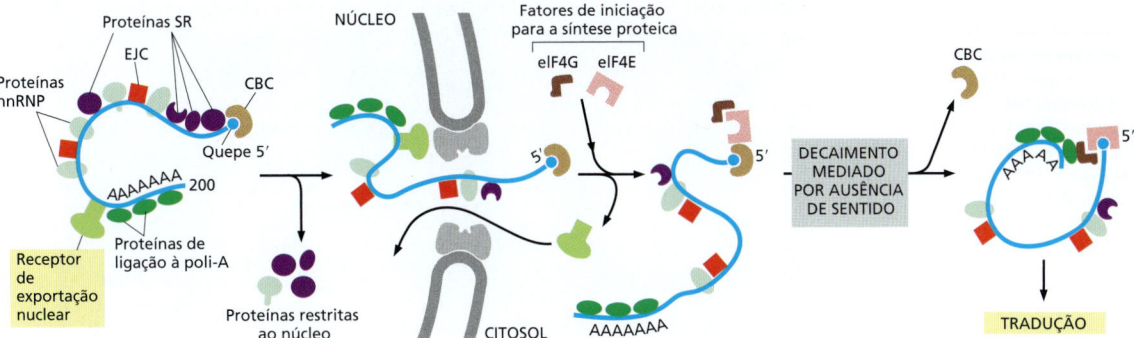

Figura 6-38 Ilustração esquemática de uma molécula de mRNA pronta para exportação e seu transporte através do poro nuclear. Como indicado, algumas proteínas acompanham o mRNA à medida que ele atravessa o poro, enquanto outras permanecem no núcleo. O receptor de exportação nuclear de mRNA é um complexo de proteínas que se liga a uma molécula de mRNA, uma vez que ela tenha sido corretamente processada e poliadenilada. Depois que o mRNA é exportado para o citosol, esse receptor de exportação se dissocia do mRNA e é transportado de volta ao núcleo, onde pode ser novamente utilizado. A verificação final aqui indicada, chamada de *decaimento mediado por ausência de sentido*, será descrita mais adiante neste capítulo.

teína são estruturas dinâmicas que podem adquirir e perder numerosas proteínas específicas durante a síntese, o processamento e a exportação do RNA (**Figura 6-38**).

A análise anteriormente descrita foi complementada por novas metodologias que permitiram aos pesquisadores acompanhar o destino de moléculas de mRNA mais típicas, que podem ser marcadas com fluorescência e observadas individualmente. Uma típica molécula de RNA é liberada do seu sítio de transcrição e consome vários minutos difundindo rumo a um complexo do poro nuclear. Durante esse período, é provável que eventos de processamento do RNA continuem a ocorrer e que o RNA perca certas proteínas anteriormente a ele ligadas e adquira novas. Ao chegar à entrada do poro, o mRNA "pronto para exportação" permanece estacionário durante alguns segundos, tempo no qual pode ocorrer a conclusão do processamento, e, em seguida, é transportado através do poro muito rapidamente, em dezenas de milissegundos. Alguns complexos mRNA-proteínas são muito grandes, e os mecanismos que lhes permitem se mover tão rapidamente através dos complexos de poros nucleares permanecem ainda um mistério.

Algumas das proteínas depositadas sobre o mRNA enquanto ele ainda se encontra no núcleo podem afetar o destino do RNA após ele ter sido transportado para o citosol. Assim, a estabilidade de um mRNA no citosol, a eficiência sob a qual ele será traduzido em proteína e seu destino definitivo no citosol podem ser determinados pelas proteínas adquiridas no núcleo e que permanecem ligadas ao RNA após ele deixar o compartimento nuclear.

Antes de discutirmos o que acontece com os mRNAs no citosol, consideraremos brevemente como ocorre a síntese e o processamento de algumas moléculas de RNA não codificadoras. Há muitos tipos de RNAs não codificadores produzidos pelas células (ver Tabela 6-1, p. 305), mas aqui vamos nos concentrar nos rRNAs, que são extremamente importantes para a tradução dos mRNAs em proteína.

RNAs não codificadores também são sintetizados e processados no núcleo

Apenas uma pequena porcentagem do peso seco de uma célula de mamífero é RNA, sendo que apenas cerca de 3 a 5% dessa porcentagem corresponde a mRNA. A maior parte do RNA nas células desempenha funções estruturais e catalíticas (ver Tabela 6-1). Os RNAs mais abundantes nas células são os RNAs ribossômicos (rRNAs), que constituem aproximadamente 80% do RNA em uma célula que se encontra em rápida divisão. Como discutido a seguir neste capítulo, esses RNAs formam o cerne do ribossomo. Diferentemente das bactérias – nas quais todos os RNAs celulares são sintetizados por uma única RNA-polimerase –, os eucariotos têm uma polimerase especializada, a RNA-polimerase I, que se dedica à produção dos rRNAs. A RNA-polimerase I é semelhante estruturalmente à RNA-polimerase II discutida anteriormente; entretanto, a ausência de uma cauda C-terminal na polimerase I ajuda a explicar por que seus transcritos não são capeados ou poliadenilados.

Visto que múltiplos ciclos de tradução de cada molécula de mRNA podem proporcionar uma amplificação enorme na produção das moléculas proteicas, muitas das proteínas abundantes na célula podem ser sintetizadas a partir de genes que apresentam uma única cópia por genoma haploide (ver Figura 6-3). Em contraste, os componentes RNA do ribossomo constituem produtos gênicos finais, e uma célula de mamífero em crescimento deve sintetizar cerca de 10 milhões de cópias de cada tipo de rRNA em cada geração da

Figura 6-39 **Transcrição de genes de rRNA organizados em sequência, como observado em microscopia eletrônica.** O padrão de genes transcritos alternados a espaçadores não transcritos é facilmente observável. Uma visão de maior magnitude dos genes de rRNA é mostrada na Figura 6-10. (De V.E. Foe, *Cold Spring Harb. Symp. Quant. Biol.* 42:723–740, 1978. Com permissão de Cold Spring Harbor Laboratory Press.)

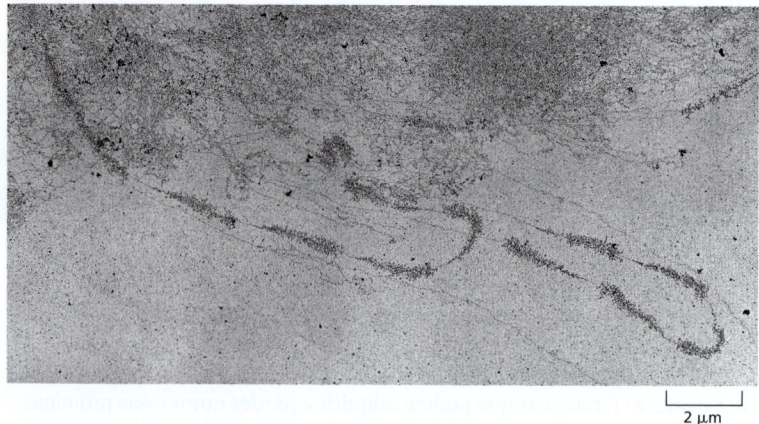

célula para construir seus 10 milhões de ribossomos. Quantidades adequadas de rRNAs só podem ser produzidas porque a célula contém múltiplas cópias de **genes de rRNA** que codificam **RNAs ribossômicos (rRNAs)**. Mesmo a *E. coli* necessita de sete cópias de seus genes de rRNA para suprir as necessidades da célula para a formação dos ribossomos. As células humanas contêm aproximadamente 200 cópias dos genes de rRNA por genoma haploide, dispersas em pequenos grupos em cinco cromossomos diferentes (ver Figura 4-11), enquanto as células da rã *Xenopus* contêm cerca de 600 cópias de genes de rRNA por genoma haploide, em um único agrupamento, em um cromossomo (**Figura 6-39**).

Existem quatro tipos de rRNAs eucarióticos, cada um representado no ribossomo por uma cópia. Três desses quatro rRNAs (18S, 5,8S e 28S) são sintetizados por meio de modificações químicas e clivagem de um único grande rRNA precursor (**Figura 6-40**); o quarto (5S RNA) é sintetizado a partir de um grupo separado de genes por uma polimerase diferente, a RNA-polimerase III, e não requer modificações químicas.

Grandes modificações químicas ocorrem no rRNA precursor de 13 mil nucleotídeos de comprimento antes que os rRNAs sejam clivados e organizados sob a forma de ribossomos. Estas incluem cerca de 100 metilações das posições 2'-OH nos açúcares dos nucleotídeos e 100 isomerizações de nucleotídeos uridina para pseudouridina (**Figura 6-41A**). As funções dessas modificações não são compreendidas em detalhe, mas elas provavelmente auxiliam no enovelamento e na união dos rRNAs finais, ou alteram sensivelmente a função dos ribossomos. Cada modificação é feita em uma posição específica sobre o rRNA precursor, especificada por "RNAs-guia", que se posicionam no rRNA precursor pelo pareamento de bases e, assim, trazem uma enzima modificadora de RNA para a posição apropriada (**Figura 6-41B**). Outros RNAs-guia promovem a clivagem dos rRNAs precursores em rRNAs maduros, provavelmente por causarem modificações conformacionais no rRNA precursor, que expõem esses sítios para as nucleases. Todos esses RNAs-guia são membros de uma grande classe de RNAs chamada **pequenos RNAs nucleolares (snoRNAs,** *small*

Figura 6-40 **Modificações químicas e o processamento nucleolítico de uma molécula precursora de rRNA 45S eucariótica gerando três RNAs ribossômicos distintos.** Dois tipos de modificações químicas (código de cores de acordo com a Figura 6-41) são realizados no rRNA precursor antes que ele seja clivado. Aproximadamente, metade das sequências nucleotídicas desse rRNA precursor é descartada e degradada no núcleo pelo exossomo. Os rRNAs são denominados de acordo com seus valores "S", que se referem às suas taxas de sedimentação em ultracentrifugação. Quanto maior o valor de S, maior é o rRNA.

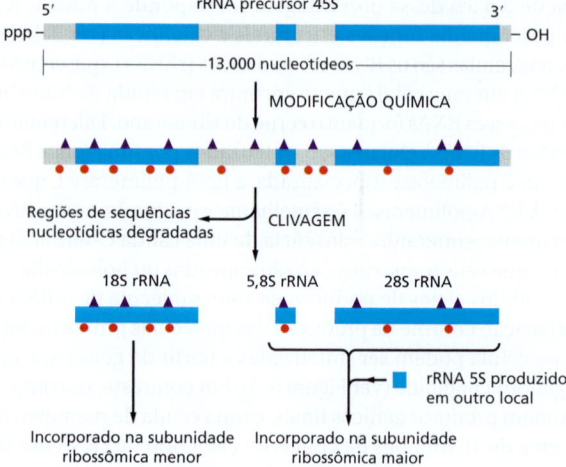

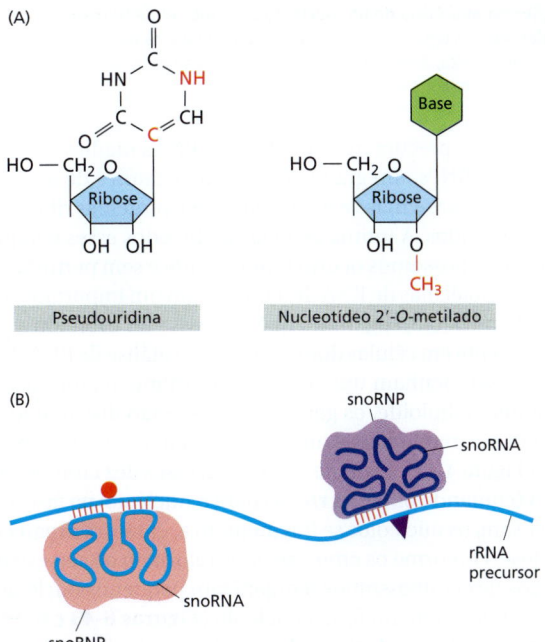

Figura 6-41 **Modificações do rRNA precursor por RNAs-guia.** (A) Duas importantes modificações covalentes feitas ao rRNA; as diferenças dos nucleotídeos inicialmente incorporados estão indicadas por átomos *vermelhos*. A pseudouridina é um isômero da uridina; a base foi "girada," e está ligada ao C *vermelho* e não ao N *vermelho* do açúcar (compare à Figura 6–5B). (B) Conforme indicado, os snoRNAs localizam os sítios de modificação por meio do pareamento de bases com sequências complementares ao rRNA precursor. Os snoRNAs estão ligados a proteínas, e os complexos são denominados snoRNPs (pequenas ribonucleoproteínas nucleares). As snoRNPs contêm tanto as sequências-guia quanto as enzimas que modificam o rRNA.

nucleolar RNAs), denominados dessa forma por desempenharem suas funções em um subcompartimento do núcleo – o nucléolo. Muitos snoRNAs são codificados nos íntrons de outros genes, especialmente aqueles que codificam proteínas ribossômicas. Eles são sintetizados pela RNA-polimerase II e processados a partir de sequências de íntrons excisados.

O nucléolo é uma fábrica produtora de ribossomos

O nucléolo é a estrutura mais facilmente identificada no núcleo de uma célula eucariótica quando observada em microscopia óptica. Essa estrutura foi tão analisada pelos primeiros citologistas que uma revisão de 1898 chegou a listar aproximadamente 700 referências. Sabemos atualmente que o nucléolo é a região onde acontece o processamento de rRNAs e a sua organização sob a forma de subunidades ribossômicas. Ao contrário de muitas das principais organelas da célula, o nucléolo não está delimitado por uma membrana (**Figura 6-42**); ele é um enorme agregado de macromoléculas, incluindo os

Figura 6-42 **Fotomicrografia eletrônica de um corte fino do nucléolo de um fibroblasto humano, mostrando suas três zonas distintas.** (A) Imagem do núcleo completo. (B) Vista de maior magnitude do nucléolo. Acredita-se que a transcrição dos genes de rRNA ocorra entre o centro fibrilar e o componente denso fibrilar, e que o processamento dos rRNAs e sua organização nas duas subunidades do ribossomo ocorra fora do componente denso fibrilar, nos componentes granulares adjacentes. (Cortesia de E.G. Jordan e J. McGovern.)

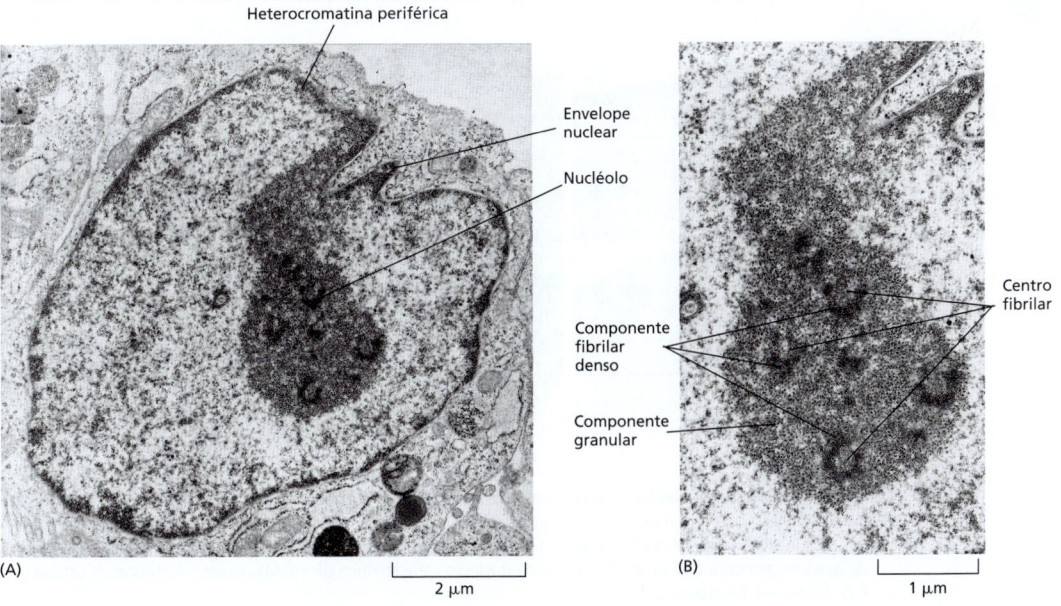

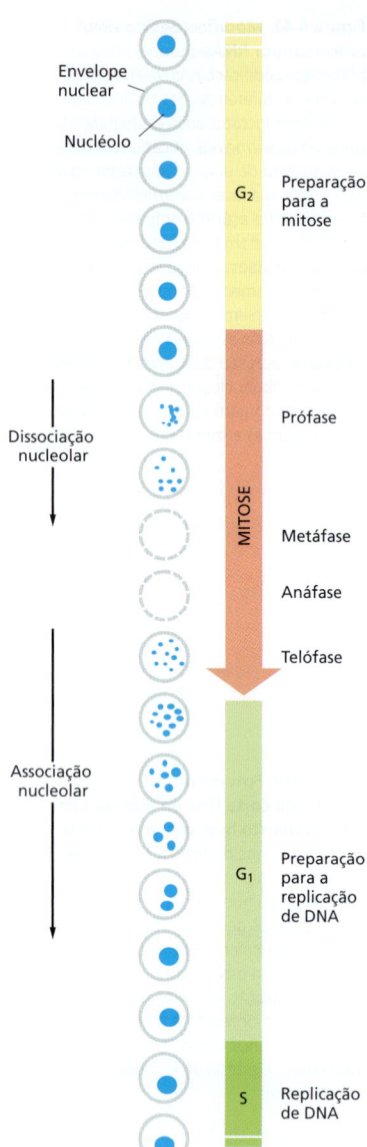

Figura 6-43 **Alterações na aparência de um nucléolo em uma célula humana durante o ciclo celular.** Apenas o núcleo da célula está representado neste diagrama. Na maioria das células eucarióticas, a membrana nuclear se desorganiza durante a mitose, como indicado pelos *círculos tracejados*.

próprios genes do rRNA, precursores dos rRNAs, rRNAs maduros, enzimas de processamento de rRNAs, snoRNPs, um grande conjunto de fatores de associação (incluindo ATPases, GTPases, proteínas-cinase e RNA-helicases), proteínas ribossômicas e ribossomos parcialmente formados. A íntima associação de todos esses componentes permite que a organização dos ribossomos ocorra rapidamente e sem perturbações.

Vários tipos de moléculas de RNA desempenham um importante papel na química e na estruturação do nucléolo, sugerindo que ele possa ter evoluído a partir de uma estrutura ancestral presente em células dominadas pela catálise de RNA. Nas células atuais, os genes de rRNA desempenham uma função importante na formação dos nucléolos. Em uma célula humana diploide, os genes de rRNA estão distribuídos em dez grupos, localizados próximo à extremidade de uma das duas cópias de cinco pares cromossômicos diferentes (ver Figura 4-11). Durante a interfase, esses dez cromossomos contribuem com alças de DNA (contendo os genes rRNA) para o nucléolo; na fase M, quando os cromossomos condensam, os nucléolos se fragmentam e, então, desaparecem. Em seguida, na telófase da mitose, conforme os cromossomos retornam ao seu estado semidisperso, as extremidades dos dez cromossomos reorganizam pequenos nucléolos, que se aglutinam de modo progressivo em um único nucléolo (**Figuras 6-43** e **6-44**). Como deveria ser esperado, o tamanho dos nucléolos reflete o número de ribossomos que a célula está produzindo. Consequentemente, seu tamanho varia muito entre as diferentes células e pode sofrer alterações em uma única célula, ocupando 25% do volume total nuclear em células que estão produzindo quantidades anormalmente grandes de proteína.

A organização dos ribossomos é um processo complexo, e as principais características desse processo estão ilustradas na **Figura 6-45**. Além de seu papel central na biogênese dos ribossomos, o nucléolo é o sítio da produção de outros RNAs não codificadores e da organização de outros complexos RNA-proteína. Por exemplo, o snRNP U6, que atua no *splicing* do pré-mRNA (ver Figura 6-28), é composto por uma molécula de RNA e de, no mínimo, sete proteínas. O snRNA U6 é modificado quimicamente pelos snoRNAs no nucléolo antes de sua associação final em snRNP U6. Outros importantes complexos RNA-proteína, inclusive a telomerase (encontrada no Capítulo 5) e a partícula de reconhecimento de sinal (a qual discutiremos no Capítulo 12), também são formadas no nucléolo. Finalmente, os tRNAs (RNAs transportadores) que transportam os aminoácidos para a síntese proteica são processados no nucléolo; da mesma forma que os genes de rRNA, os genes que codificam tRNAs estão agrupados no nucléolo. Assim, o nucléolo pode ser visto como uma grande fábrica, na qual diferentes RNAs não codifica-

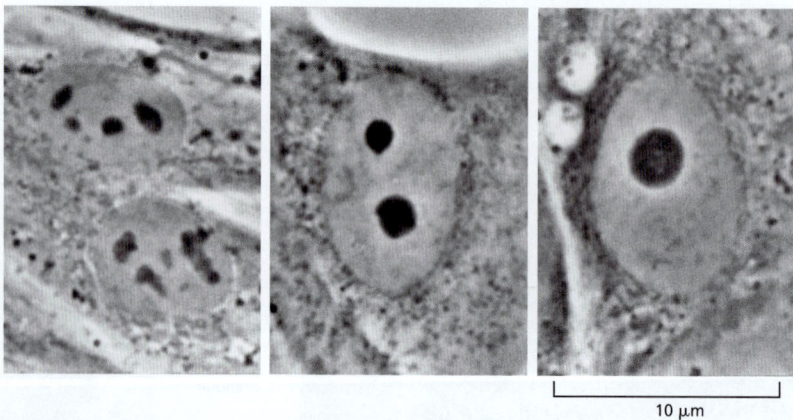

Figura 6-44 **Fusão nucleolar.** Estas micrografias ópticas de fibroblastos humanos crescidos em cultura mostram vários estágios de fusão nucleolar. Após a mitose, cada um dos dez cromossomos humanos que carrega um conjunto de genes de rRNA começa a formar pequenos nucléolos, os quais rapidamente coalescem à medida que crescem para formar um único grande nucléolo característico de muitas células interfásicas. (Cortesia de E.G. Jordan e J. McGovern.)

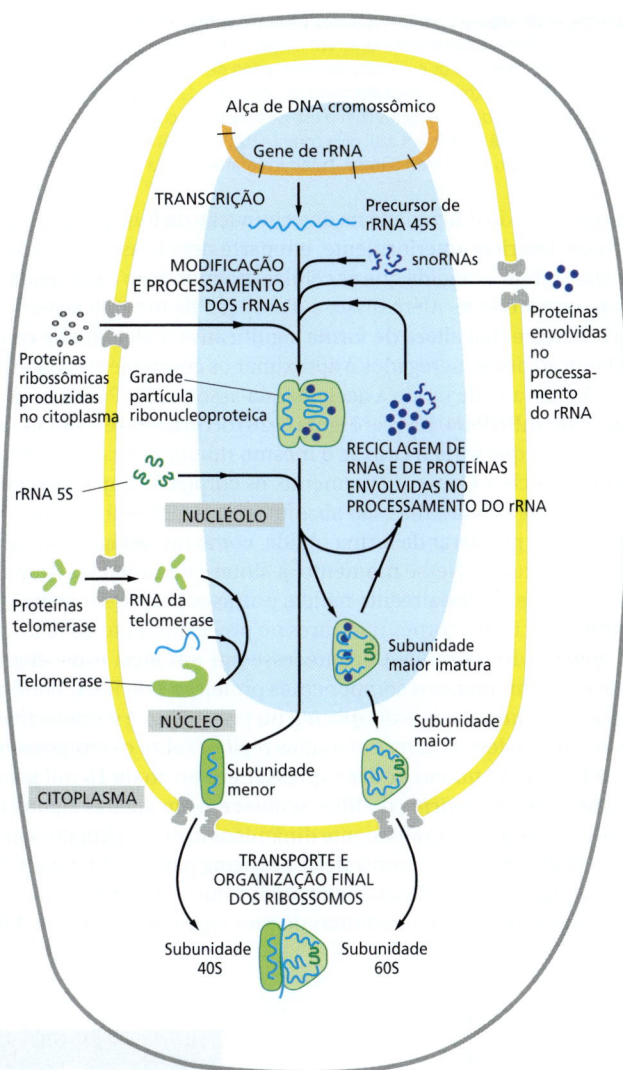

Figura 6-45 **A função do nucléolo na síntese do ribossomo e de outras ribonucleoproteínas.** O rRNA precursor 45S é empacotado em uma grande partícula ribonucleoproteica contendo várias proteínas ribossômicas importadas do citoplasma. Enquanto essa partícula permanece no nucléolo, componentes selecionados são adicionados e outros descartados conforme ela é processada em subunidades ribossômicas imaturas maiores e menores. As duas subunidades ribossômicas atingem sua forma funcional final apenas após serem transportadas individualmente através dos poros nucleares para o citoplasma. Outros complexos ribonucleoproteicos, incluindo a telomerase aqui mostrada, também são formados no nucléolo.

dores são transcritos, processados e ligados a proteínas para formar uma ampla gama de complexos ribonucleoproteicos.

O núcleo contém uma variedade de agregados subnucleares

Apesar de o nucléolo ser a estrutura mais proeminente no núcleo, outros corpos nucleares foram visualizados e estudados (**Figura 6-46**). Esses corpos incluem os corpos de Cajal (assim nomeados em homenagem ao cientista que primeiro os descreveu em 1906) e grupos de grânulos de intercromatina (também denominados *speckles*, ou manchas). Como o nucléolo, essas outras estruturas nucleares não têm membranas e são altamente dinâmicas, dependendo das necessidades da célula. Sua formação é provavelmente mediada pela associação de domínios proteicos de baixa complexidade, como descrito no Capítulo 3 (ver Figura 3-36). A sua aparência é o resultado da estreita associação dos componentes proteicos e RNA envolvidos na síntese, associação e armazenamento das macromoléculas envolvidas na expressão gênica. Os corpos de Cajal são os locais onde os snRNPs e os snoRNPs passam pelas etapas finais de maturação, e onde os snRNPs são reciclados e seus RNAs são "reinicializados" após os rearranjos que ocorreram durante o *splicing* (ver p. 321.). Em contraste, foi sugerido que os grupos de grânulos de intercromatina correspondam a acúmulos de reserva de snRNPs totalmente maduros e de outros componentes do processamento de RNA, que estão prontos para ser utilizados na produção dos mRNAs.

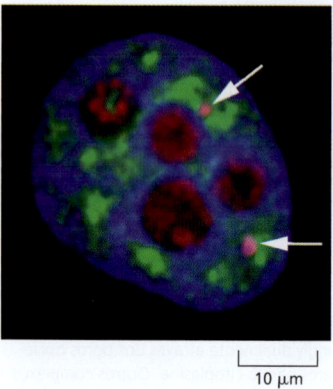

Figura 6-46 **Visualização de alguns corpos nucleares proeminentes.** A proteína fibrilarina (*vermelho*), um componente de diversos snoRNPs, está presente tanto em nucléolos quanto em corpos de Cajal; (estes indicados por *setas*). Os corpos de Cajal (mas não os nucléolos) também estão destacados pela coloração de um dos seus principais componentes, a proteína coilina; a sobreposição do snoRNP e da coilina aparece em *rosa*. Grupos de grânulos de intercromatina (*verde*) detectados com o uso de anticorpos contra uma proteína envolvida em *splicing* do pré-mRNA. O DNA está corado em azul pelo corante DAPI. (De J.R. Swedlow e A.I. Lamond, *Gen. Biol.* 2:1–7, 2001. Com permissão de BioMed Central. Fotomicrografia cortesia de Judith Sleeman.)

Os cientistas têm tido dificuldade na determinação da função das pequenas estruturas subnucleares descritas anteriormente, em parte devido às drásticas alterações na aparência que elas sofrem à medida que as células progridem no ciclo celular ou respondem a alterações no ambiente. Além disso, a disrupção de um tipo específico de corpo nuclear frequentemente não altera de forma significativa a viabilidade celular. Parece que a principal função destes agregados é aproximar os componentes mantendo-os sob uma concentração elevada de modo a acelerar sua associação. Por exemplo, estima-se que a organização do snRNP U4/U6 (ver Figura 6-28) ocorra dez vezes mais rapidamente nos corpos de Cajal do que seria o caso se o mesmo número de componentes estivesse disperso por todo o núcleo. Consequentemente, os corpos de Cajal parecem dispensáveis em muitos tipos de células, mas são absolutamente necessários em situações nas quais as células devem proliferar de forma rápida, como nos estágios iniciais do desenvolvimento dos vertebrados. Nesse momento, a síntese de proteínas (que depende do *splicing* do RNA) deve ser especialmente rápida, e atrasos podem ser letais.

Dada a importância dos corpos nucleares no processamento do RNA, poderíamos esperar que o *splicing* do pré-mRNA acontecesse em um local específico no núcleo, uma vez que ele requer numerosos componentes proteicos e de RNA. Entretanto, vimos que a associação dos componentes do *splicing* no pré-mRNA é cotranscricional; como consequência, o *splicing* deve ocorrer em muitas regiões sobre os cromossomos. Apesar de uma típica célula de mamífero poder expressar em torno de 15 mil genes simultaneamente, a transcrição e o *splicing* do RNA acontecem em apenas alguns milhares de regiões do núcleo. Esses sítios são altamente dinâmicos e provavelmente são o resultado da associação de componentes de transcrição e *splicing* para criar pequenas *fábricas*, o nome dado aos agregados específicos que contém uma concentração local elevada de componentes selecionados que criam linhas de montagem bioquímicas (**Figura 6-47**).

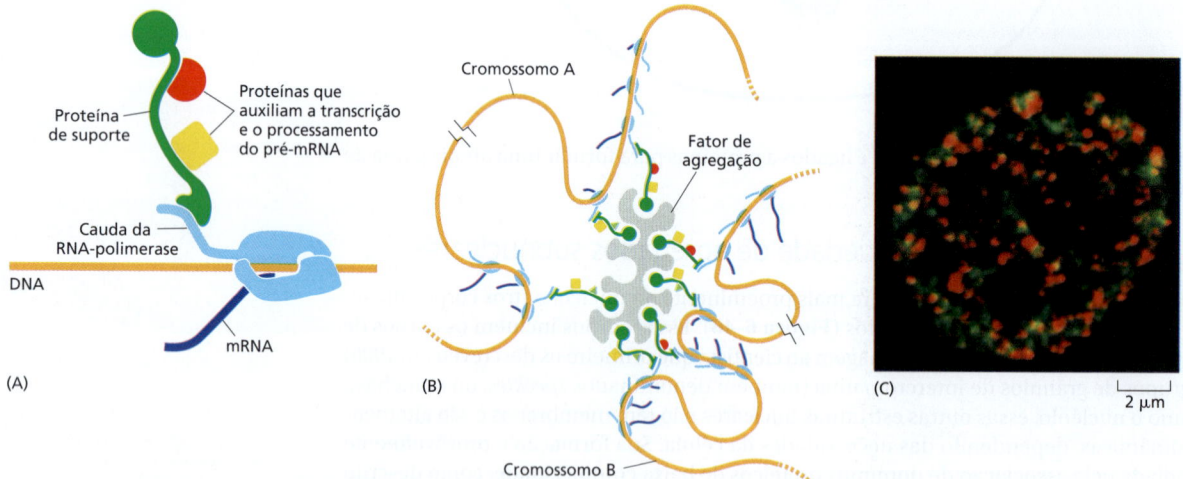

Figura 6-47 **Um modelo para uma fábrica de produção de mRNA.** A produção de mRNA é eficientemente realizada no núcleo pela agregação dos vários componentes necessários para a transcrição e para o processamento do pré-mRNA, originando uma fábrica bioquímica especializada. Em (A), uma proteína com provável função de suporte mantém vários componentes próximos a uma RNA-polimerase em transcrição. Outros componentes importantes estão ligados diretamente à cauda da RNA-polimerase, que também atua como um suporte complexo (ver Figura 6-22), mas não foram representados na ilustração por uma questão de simplificação. Em (B), diversos complexos de suporte foram reunidos para formar um agregado altamente enriquecido com os vários componentes necessários para a síntese e para o processamento do pré-mRNA. Esse modelo de suporte pode ser responsável pelos vários milhares de sítios ativos de transcrição e processamento de RNA normalmente observados no núcleo de uma célula de mamífero, cada um dos quais apresentando um diâmetro de cerca de 100 nm e contendo, de acordo com as estimativas, em média, cerca de 10 moléculas de RNA-polimerase II além de muitas outras proteínas. (C) Aqui, fábricas de produção de mRNA e fábricas de replicação de DNA foram visualizadas na mesma célula de mamífero pela incorporação rápida de nucleotídeos modificados diferentemente em cada ácido nucleico e pela detecção do RNA e do DNA produzido com o uso de anticorpos, um (*verde*) que detecta o DNA recém-sintetizado e o outro (*vermelho*) que detecta o RNA recém-sintetizado. (C, de D.G. Wansink et al., *J. Cell Sci.* 107:1449–1456, 1994. Com permissão de The Company of Biologists.)

Os grupos de grânulos de intercromatina – que contêm estoques de componentes envolvidos no processamento do RNA – são frequentemente observados nas proximidades dessas regiões de transcrição, e acredita-se que estejam envolvidos na reposição dos suprimentos utilizados. O núcleo pode ser considerado uma estrutura organizada em subdomínios, com snRNPs, snoRNPs e outros componentes nucleares movendo-se entre eles de forma ordenada, de acordo com as necessidades da célula.

Resumo

Antes de a síntese de uma determinada proteína poder ocorrer, a molécula de mRNA correspondente deve ser produzida por transcrição. As bactérias contêm um único tipo de RNA-polimerase (a enzima que realiza a transcrição de DNA em RNA). Uma molécula de mRNA é produzida depois que esta enzima inicia a transcrição em um promotor, sintetiza o RNA pela extensão da cadeia, finaliza a transcrição em um terminador e libera tanto o DNA-molde quanto a molécula de mRNA finalizada. Nas células eucarióticas, o processo de transcrição é muito mais complexo, e existem três RNA-polimerases – designadas como polimerase I, II e III –, evolutivamente relacionadas umas às outras e à polimerase bacteriana.

O mRNA dos eucariotos é sintetizado pela RNA-polimerase II. Essa enzima requer um conjunto de proteínas adicionais, os fatores gerais de transcrição, e proteínas específicas de ativação transcricional, para iniciar a transcrição em um molde de DNA. Ainda são necessárias mais proteínas (incluindo complexos de remodelagem da cromatina e enzimas modificadoras de histonas) para iniciar a transcrição nos moldes de cromatina no interior da célula.

Durante a fase de extensão ou alongamento da transcrição, o RNA em formação sofre três tipos de eventos de processamento: um nucleotídeo especial é adicionado à sua extremidade 5' (capeamento), os íntrons são removidos da molécula de RNA (splicing) e a extremidade 3' do RNA é gerada (por clivagem e poliadenilação). Cada um desses processos é iniciado por proteínas que acompanham a RNA-polimerase II por interação com sítios sobre sua longa cauda estendida C-terminal. O splicing difere dos demais pelo fato de muitas de suas etapas-chave serem mediadas por moléculas de RNA especializadas e não por proteínas. Apenas os mRNAs adequadamente processados são transportados através dos complexos do poro nuclear para o citosol, onde serão traduzidos em proteína.

No caso de diversos genes, o produto final é o RNA e não uma proteína. Nos eucariotos, esses genes são normalmente transcritos pela RNA-polimerase I ou pela RNA-polimerase III. A RNA-polimerase I produz os RNAs ribossômicos. Após sua síntese, sob a forma de um grande precursor, os rRNAs são modificados quimicamente, clivados e organizados sob a forma das duas subunidades ribossômicas no nucléolo – uma estrutura subnuclear distinta, que também ajuda a processar alguns complexos RNA-proteína menores na célula. As estruturas subnucleares adicionais (como os corpos de Cajal e os grupos de grânulos de intercromatina) são regiões onde os componentes envolvidos no processamento de RNA são organizados, estocados e reciclados. A concentração elevada de componentes em tais "fábricas" assegura que os processos serão catalisados de modo rápido e eficiente.

DO RNA À PROTEÍNA

Na seção anterior, vimos que o produto final de alguns genes é a própria molécula de RNA, como os RNAs presentes nos snRNPs e nos ribossomos. Entretanto, a maioria dos genes de uma célula produz moléculas de mRNA que são utilizadas como intermediárias na via de síntese de proteínas. Nesta seção, examinaremos como a célula converte a informação contida em uma molécula de mRNA em uma proteína. A tradução atraiu a atenção dos biólogos inicialmente no fim dos anos 1950, quando foi abordado o "problema da codificação": como a informação em uma sequência linear de nucleotídeos no RNA é traduzida em uma sequência linear de um conjunto de subunidades quimicamente tão diferentes – os aminoácidos – em proteínas? Essa questão fascinante trouxe grande excitação. Havia um quebra-cabeças criado pela natureza que, após mais de 3 bilhões de anos de evolução, poderia finalmente ser resolvido por um dos produtos da evolução – os seres humanos. De fato, não somente o código foi finalmente decifrado passo a passo, como, no ano 2000, a elaborada maquinaria pela qual as células leem esse código – o ribossomo – foi finalmente revelada em seus detalhes atômicos.

GCA GCC GCG GCU	AGA AGG CGA CGC CGG CGU	GAC GAU	AAC AAU	UGC UGU	GAA GAG	CAA CAG	GGA GGC GGG GGU	CAC CAU	AUA AUC AUU	UUA UUG CUA CUC CUG CUU	AAA AAG	AUG	UUC UUU	CCA CCC CCG CCU	AGC AGU UCA UCC UCG UCU	ACA ACC ACG ACU	UGG	UAC UAU	GUA GUC GUG GUU	UAA UAG UGA
Ala	Arg	Asp	Asn	Cys	Glu	Gln	Gly	His	Ile	Leu	Lys	Met	Phe	Pro	Ser	Thr	Trp	Tyr	Val	Término
A	R	D	N	C	E	Q	G	H	I	L	K	M	F	P	S	T	W	Y	V	

Figura 6-48 O código genético. A abreviação de uma letra padrão para cada aminoácido está apresentada abaixo da abreviação de três letras (ver Painel 3-1, p. 112-113, para o nome completo de cada aminoácido e sua estrutura). Por convenção, os códons são sempre escritos com o nucleotídeo 5'-terminal à esquerda. Observe que a maioria dos aminoácidos é representado por mais de um códon, e que há algumas regularidades no conjunto de códons que especifica cada um dos aminoácidos: códons para o mesmo aminoácido tendem a conter os mesmos nucleotídeos na primeira e segunda posições, e variar na terceira posição. Três códons não especificam aminoácidos, mas atuam como sítios de terminação (códons de terminação), sinalizando o final da sequência codificadora da proteína.
Um códon – AUG – age tanto como códon de iniciação, sinalizando o início de uma mensagem que codifica uma proteína, quanto como códon que especifica a metionina.

Uma sequência de mRNA é decodificada em conjuntos de três nucleotídeos

Uma vez que o mRNA tenha sido produzido pela transcrição e do processamento, a informação presente em sua sequência de nucleotídeos é utilizada para sintetizar uma proteína. A transcrição como forma de transferência de informação é de fácil compreensão: uma vez que o DNA e o RNA são química e estruturalmente semelhantes, o DNA pode agir como um molde direto para a síntese de RNA pelo pareamento de bases complementares. Como indica o termo *transcrição*, é como se uma mensagem manuscrita fosse convertida para um texto datilografado. A linguagem propriamente dita e a forma da mensagem não mudam, e os símbolos utilizados são muito similares.

Em contraste, a conversão da informação de RNA para proteína representa uma **tradução** da informação para outra linguagem que utiliza símbolos bastante diferentes. Além disso, visto que existem somente quatro nucleotídeos diferentes no mRNA e 20 tipos distintos de aminoácidos em uma proteína, não se pode atribuir nessa tradução uma correspondência direta entre um nucleotídeo no RNA e um aminoácido na proteína. A sequência de nucleotídeos de um gene, por intermédio do mRNA, é traduzida na sequência de aminoácidos de uma proteína, aplicando-se as regras conhecidas como **código genético**. Esse código foi decifrado no início dos anos de 1960.

A sequência de nucleotídeos em uma molécula de mRNA é lida em grupos consecutivos de três. O RNA é um polímero linear de quatro nucleotídeos diferentes, de tal forma que existem 4 × 4 × 4 = 64 combinações possíveis de três nucleotídeos: os tripletes AAA, AUA, AUG, e assim por diante. Entretanto, somente 20 aminoácidos diferentes são normalmente encontrados nas proteínas. Ou alguns tripletes de nucleotídeos nunca são usados, ou o código é redundante e alguns aminoácidos são determinados por mais de um triplete. A segunda possibilidade é, de fato, a possibilidade correta, conforme demonstrado pelo código genético completamente decifrado na **Figura 6-48**. Cada grupo de três nucleotídeos consecutivos no RNA é denominado **códon**, e cada códon especifica um aminoácido ou determina a finalização do processo de tradução.

Esse código genético é utilizado universalmente em todos os organismos atuais. Embora algumas pequenas diferenças no código tenham sido encontradas, elas localizam-se principalmente no DNA das mitocôndrias. As mitocôndrias possuem seus próprios sistemas de transcrição e de síntese de proteínas, os quais operam com bastante independência dos sistemas equivalentes do restante da célula, sendo compreensível que seus pequenos genomas tenham sido capazes de acomodar pequenas alterações do código (discutido no Capítulo 14).

Em princípio, uma sequência de RNA pode ser traduzida em qualquer uma das três diferentes **fases de leitura**, dependendo de onde inicia o processo de decodificação (**Figura 6-49**). Entretanto, somente uma das três possíveis fases de leitura em um mRNA codifica a proteína necessária. Veremos posteriormente como um sinal de alerta especial no início de cada mensagem do RNA define corretamente a fase de leitura no início da síntese da proteína.

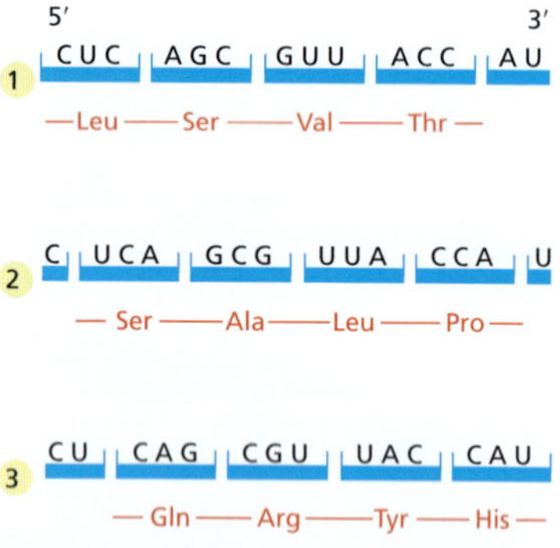

As moléculas de tRNA transportam aminoácidos para os códons no mRNA

Em uma molécula de mRNA os códons não reconhecem diretamente os aminoácidos que determinam: o grupo de três nucleotídeos, por exemplo, não se liga diretamente ao aminoácido. Mais exatamente, a tradução do mRNA em proteína depende de moléculas *adaptadoras* que podem reconhecer e se ligar ao códon e, em outra região de sua super-

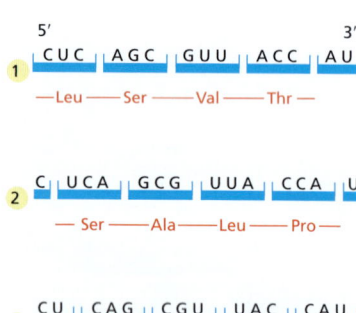

Figura 6-49 As três fases de leitura possíveis para a síntese de proteínas. No processo de tradução de uma sequência nucleotídica (*azul*) para uma sequência de aminoácidos (*vermelho*), a sequência de nucleotídeos na molécula de mRNA é lida da extremidade 5' para a 3' em grupos sequenciais de três nucleotídeos. Em princípio, portanto, a mesma sequência de RNA pode determinar três sequências completamente diferentes de aminoácidos, dependendo da fase de leitura. Entretanto, apenas uma das três fases de leitura contém a mensagem real.

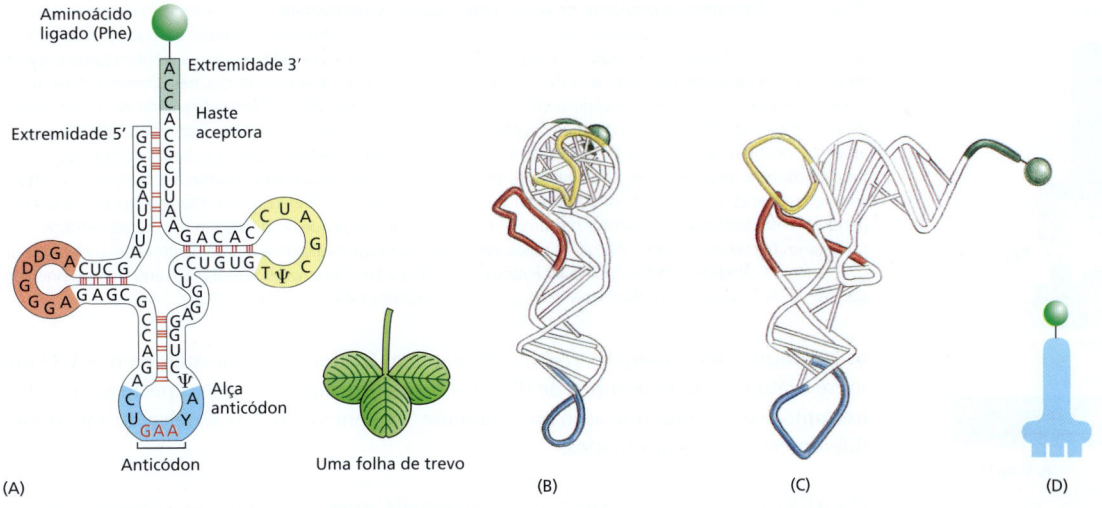

Figura 6-50 Uma molécula de tRNA. Um tRNA específico para o aminoácido fenilalanina (Phe) é ilustrado de várias maneiras. (A) A estrutura na forma de folha de trevo mostrando a complementaridade do pareamento de bases (*linhas vermelhas*) que cria as regiões de dupla-hélice na molécula. O anticódon é a sequência de três nucleotídeos que forma pares de bases com o códon no mRNA. O aminoácido correspondente ao par códon-anticódon é ligado na extremidade 3' do tRNA. Os tRNAs contêm algumas bases incomuns, que são produzidas por modificações químicas após a síntese do tRNA. Por exemplo, as bases identificadas como Ψ (pseudouridina – ver Figura 6-41) e D (di-hidrouridina – ver Figura 6-53) são derivadas da uracila. (B e C) Vistas da molécula em forma de L, com base na análise de difração de raios X. Embora este diagrama ilustre um tRNA para o aminoácido fenilalanina, todos os outros tRNAs têm estruturas semelhantes. (D) A representação do tRNA usada neste livro. (E) Sequência nucleotídica linear da molécula, colorida de acordo com (A), (B) e (C).

fície, ao aminoácido. Esses adaptadores consistem em um conjunto de pequenas moléculas de RNA conhecidas como **RNA transportador** (**tRNA**), cada uma com tamanho de aproximadamente 80 nucleotídeos.

Vimos anteriormente neste capítulo que as moléculas de RNA podem se enovelar com alta precisão em estruturas tridimensionais, e as moléculas de tRNA fornecem um extraordinário exemplo dessa capacidade. Quatro pequenos segmentos do tRNA enovelado formam duplas-hélices, produzindo uma molécula que se assemelha a uma folha de trevo quando representada esquematicamente (**Figura 6-50**). Por exemplo, uma sequência 5'-GCUC-3' em uma porção de uma cadeia polinucleotídica pode formar uma associação relativamente forte com uma sequência 5'-GAGC-3' de outra região da mesma molécula. A "folha de trevo" é submetida a enovelamentos adicionais para formar uma estrutura compacta em forma de L que é mantida por ligações de hidrogênio adicionais entre diferentes regiões da molécula (ver Figura 6-50B e C).

Duas regiões de nucleotídeos não pareados, cada uma delas situada em uma das extremidades da molécula em forma de L, são cruciais para a atuação do tRNA na síntese de proteínas. Uma dessas regiões forma o **anticódon**, um conjunto de três nucleotídeos consecutivos que pareiam com o códon complementar em uma molécula de mRNA. A outra é uma pequena região de fita simples na extremidade 3' da molécula: esse é o sítio onde o aminoácido que corresponde ao códon é ligado ao tRNA.

Vimos anteriormente que o código genético é redundante; ou seja, diversos códons podem determinar um único aminoácido. Essa redundância implica na existência de mais de um tRNA para vários dos aminoácidos ou no pareamento de algumas moléculas de tRNA com mais de um códon. De fato, ambas as situações ocorrem. Alguns aminoácidos são codificados por mais de um tRNA, e alguns tRNAs são construídos de tal forma que requerem um pareamento de bases exato apenas nas duas primeiras posições do códon, podendo tolerar um pareamento imperfeito (ou *oscilação*) na terceira posição (**Figura 6-51**). Esse pareamento oscilante de bases explica por que tantos códons alternativos para um aminoácido diferem apenas em seu terceiro nucleotídeo (ver Figura 6-48). Nas bactérias, o pareamento oscilante de bases torna possível encaixar

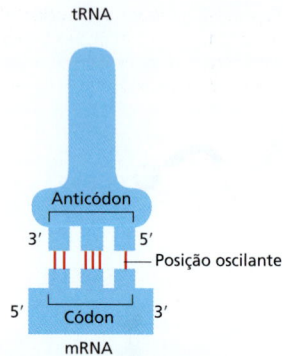

Figura 6-51 Pareamento oscilante de bases entre códons e anticódons. Se o nucleotídeo listado na primeira coluna está presente na terceira posição do códon (posição pendular ou oscilante), ele pode parear com qualquer um dos nucleotídeos listados na segunda coluna. Assim, por exemplo, quando a inosina (I) está presente na posição pendular do anticódon do tRNA, o tRNA pode reconhecer qualquer um dos três diferentes códons em bactérias e qualquer um dos dois códons em eucariotos. A inosina nos tRNAs é formada a partir da desaminação da adenosina (ver Figura 6-53), uma modificação química que ocorre após o tRNA ter sido sintetizado. Os pareamentos incomuns de bases, incluindo aqueles feitos com inosina, geralmente são mais fracos do que os pareamentos convencionais de bases. O pareamento de base códon-anticódon é mais rigoroso nas posições 1 e 2 do códon, onde apenas os pareamentos convencionais são permitidos. As diferenças nas interações por pareamento pendular entre bactérias e eucariotos presumivelmente resultam de pequenas diferenças estruturais entre os ribossomos bacterianos e eucarióticos, as máquinas moleculares que realizam a síntese de proteína. (Adaptada de C. Guthrie e J. Abelson, em The Molecular Biology of the Yeast *Saccharomyces*: Metabolism and Gene Expression, pp. 487–528. Cold Spring Harbor, New York: Cold Spring Harbor Laboratory Press, 1982.)

os 20 aminoácidos a seus 61 códons com apenas 31 tipos de moléculas de tRNA. O número exato de diferentes tipos de tRNAs, no entanto, difere de uma espécie a outra. Por exemplo, os humanos têm aproximadamente 500 genes de tRNAs e, neles, 48 anticódons diferentes estão representados.

Os tRNAs são covalentemente modificados antes de saírem do núcleo

Assim como a maioria dos RNAs eucarióticos, os tRNAs são alterados covalentemente antes que seja permitida sua saída do núcleo. Os tRNAs eucarióticos são sintetizados pela RNA-polimerase III. Tanto os tRNAs bacterianos quanto os eucarióticos são caracteristicamente sintetizados sob a forma de grandes tRNAs precursores, e estes são clivados para a produção do tRNA maduro. Além disso, alguns tRNAs precursores (tanto bacterianos quanto eucarióticos) contêm íntrons que devem ser retirados por *splicing*. Essa reação de *splicing* é quimicamente distinta daquela do *splicing* do pré-mRNA; em vez de gerar uma alça intermediária, o *splicing* do tRNA ocorre por meio de um mecanismo de corte e colagem catalisado por proteínas (**Figura 6-52**). Tanto o corte quanto o *splicing* requerem que o tRNA precursor esteja corretamente enovelado em sua configuração de folha de trevo. Considerando que os tRNAs precursores com enovelamento errados não são adequadamente processados, as reações de corte e de *splicing* atuam como etapas de controle de qualidade na geração dos tRNAs.

Todos os tRNAs também são alvo de modificações químicas – aproximadamente 1 em cada 10 nucleotídeos de uma molécula de tRNA madura é uma versão alterada dos ribonucleotídeos padrão G, U, C ou A. Mais de 50 tipos diferentes de modificações de tRNA são conhecidos; alguns estão ilustrados na **Figura 6-53**. Alguns dos nucleotídeos modificados – principalmente a inosina, produzida pela desaminação da adenosina – afetam a conformação e o pareamento das bases do anticódon e, assim, facilitam o reconhecimento do códon apropriado no mRNA pela molécula de tRNA (ver Figura 6-51). Outros afetam a acurácia com a qual o tRNA é ligado ao aminoácido correto.

Enzimas específicas acoplam cada aminoácido à sua molécula de tRNA adequada

Vimos que, para ler o código genético no DNA, as células produzem uma série de tRNAs diferentes. Consideraremos agora como cada molécula de tRNA liga-se a seu parceiro adequado, apenas um entre os 20 aminoácidos. O reconhecimento e a ligação ao aminoácido correto dependem de enzimas denominadas **aminoacil-tRNA-sintetases**, as quais acoplam covalentemente cada aminoácido ao seu conjunto apropriado de moléculas de tRNA (**Figuras 6-54** e **6-55**). Na maioria das células existe uma enzima sintetase diferente para cada aminoácido (ou seja, 20 sintetases ao todo); uma liga glicina a todos os tRNAs que reconhecem códons de glicina, outra liga alanina a todos os tRNAs que reconhecem códons de alanina, e assim por diante. Diversas bactérias, no entanto, têm menos do que 20 sintetases, e uma mesma enzima sintetase é responsável pelo acoplamento de mais de um aminoácido aos seus tRNAs apropriados. Nesses casos, uma única sintetase posiciona o mesmo aminoácido em dois tipos diferentes de tRNAs, mas apenas um deles tem o anticódon que combina com o aminoácido. Uma segunda enzima, en-

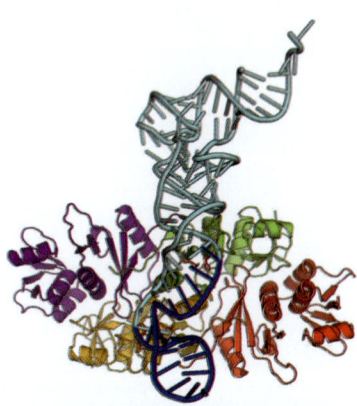

Figura 6-52 Estrutura de uma endonuclease de *splicing* do tRNA ancorada a um precursor de tRNA. A endonuclease (uma enzima de quatro subunidades) remove o íntron do tRNA (*azul-escuro, parte inferior*). Uma segunda enzima, uma tRNA-ligase multifuncional (não ilustrada), reconecta as duas metades do tRNA. (Cortesia de Hong Li, Christopher Trotta, e John Abelson; código PDB: 2A9L.)

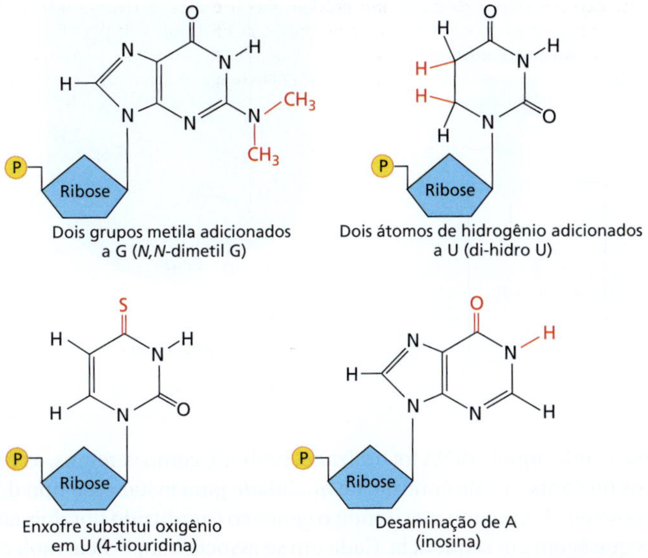

Figura 6-53 Alguns dos nucleotídeos incomuns encontrados nas moléculas de tRNA. Esses nucleotídeos são produzidos por modificação covalente de um nucleotídeo normal, após a incorporação deste em uma cadeia de RNA. Dois outros tipos de nucleotídeos modificados estão ilustrados na Figura 6-41. Na maioria das moléculas de tRNA, aproximadamente 10% dos nucleotídeos são modificados (ver Figura 6-50). Como ilustrado na Figura 6–51, a inosina às vezes está presente na posição oscilante do anticódon do tRNA.

tão, modifica quimicamente cada aminoácido ligado "incorretamente", de tal forma que este agora corresponda ao anticódon exibido pelo tRNA ao qual ele se encontra covalentemente ligado.

A reação catalisada pela sintetase que liga o aminoácido à extremidade 3' do tRNA é uma das muitas reações celulares associadas à hidrólise de ATP com liberação de energia (ver p. 64-65), e produz uma ligação de alta energia entre o tRNA e o aminoácido. A energia dessa ligação é usada em uma etapa posterior, na síntese de proteínas, para ligar covalentemente o aminoácido à cadeia polipeptídica em crescimento.

As enzimas aminoacil-tRNAs sintetases e os tRNAs são adaptadores igualmente importantes para o processo de decodificação (**Figura 6-56**). Isso foi estabelecido por um experimento no qual um aminoácido (cisteína) foi convertido quimicamente em um aminoácido diferente (alanina) após estar ligado ao seu tRNA específico. Quando tais moléculas aminoacil-tRNA "híbridas" foram usadas para a síntese de proteínas em um sistema, livre de células, o aminoácido errado foi inserido em todos os pontos da

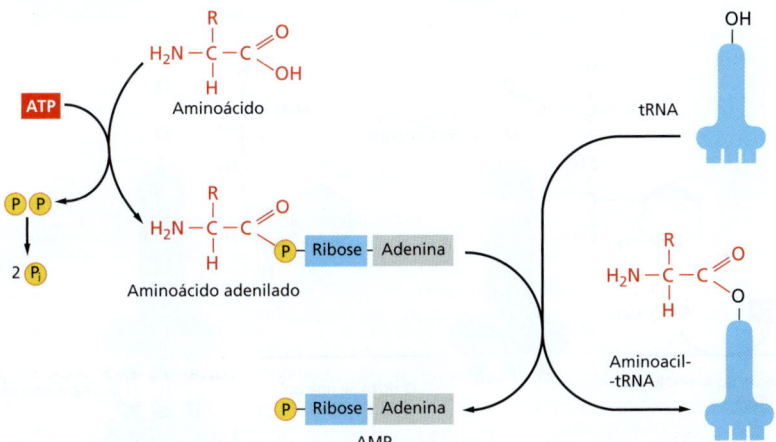

Figura 6-54 Ativação de aminoácidos por enzimas sintetases. Um aminoácido é ativado para a síntese proteica por uma enzima aminoacil-tRNA-sintetase em duas etapas. Como indicado, a energia da hidrólise de ATP é utilizada para ligar cada aminoácido à sua molécula de tRNA em uma ligação altamente energética. O aminoácido é inicialmente ativado por meio da ligação de seu grupo carboxila diretamente a um AMP, formando um *aminoácido adenilado*; a ligação do AMP, normalmente uma reação desfavorável, é promovida pela hidrólise da molécula de ATP que doa o AMP. Sem deixar a enzima sintetase, o grupo carboxila ligado ao AMP no aminoácido é, então, transferido para um grupo hidroxila no açúcar, na extremidade 3' da molécula de tRNA. Essa transferência liga o aminoácido por uma ligação éster ativada ao tRNA, formando a molécula final de aminoacil-tRNA. A enzima sintetase não está ilustrada neste diagrama.

Figura 6-55 Estrutura da ligação aminoacil-tRNA. A extremidade carboxila do aminoácido forma uma ligação éster com a ribose. Visto que a hidrólise dessa ligação éster está associada a uma alteração altamente favorável na energia livre, um aminoácido mantido assim é denominado ativado. (A) Representação esquemática da estrutura. O aminoácido está ligado ao nucleotídeo na extremidade 3' do tRNA (ver Figura 6-50). (B) Estrutura real correspondendo à região do *quadro tracejado* de (A). Existem duas classes principais de enzimas sintetases: uma liga o aminoácido diretamente ao grupo 3'-OH da ribose, e a outra o liga inicialmente ao grupo 2'-OH. No segundo caso, uma reação de transesterificação subsequente desloca o aminoácido para a posição 3'. Como na Figura 6-54, o "grupo R" indica a cadeia lateral do aminoácido.

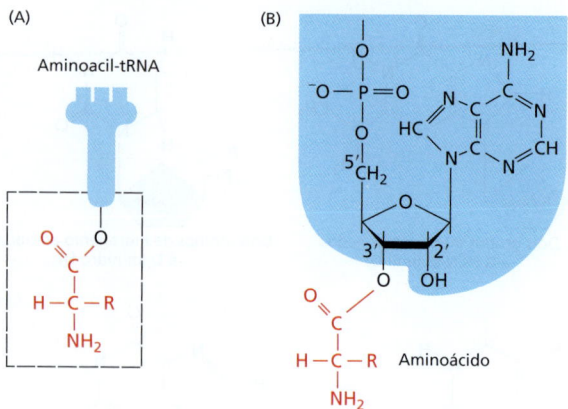

cadeia proteica onde aquele tRNA foi utilizado. Embora, como veremos, as células apresentem vários mecanismos de controle de qualidade para evitar esse tipo de erro, o experimento mostrou claramente que o código genético é traduzido por dois conjuntos de adaptadores que agem em sequência. Cada um se associa à superfície molecular do outro com grande especificidade, sendo esta ação combinada que associa cada sequência de três nucleotídeos na molécula de mRNA – ou seja, cada códon – a seu aminoácido específico.

A edição por tRNA-sintetases assegura a exatidão

Vários mecanismos trabalhando em conjunto asseguram que uma aminoacil-tRNA-sintetase ligue o aminoácido correto a cada tRNA. A maioria das enzimas sintetases seleciona o aminoácido correto por um mecanismo de duas etapas. O aminoácido correto tem a mais alta afinidade pela fenda do sítio ativo da sua sintetase e, por conseguinte, é favorecido em relação aos outros 19 aminoácidos; em particular, aminoácidos maiores do que o correto são excluídos do sítio ativo. No entanto, a discriminação exata entre dois aminoácidos semelhantes, como a isoleucina e a valina (que diferem apenas por um grupo metila), é muito difícil de ser alcançada em uma etapa única. Uma segunda etapa de discriminação ocorre após o aminoácido ter se ligado covalentemente à AMP (ver Figura 6-54): quando o tRNA se liga, a sintetase tenta forçar a entrada do

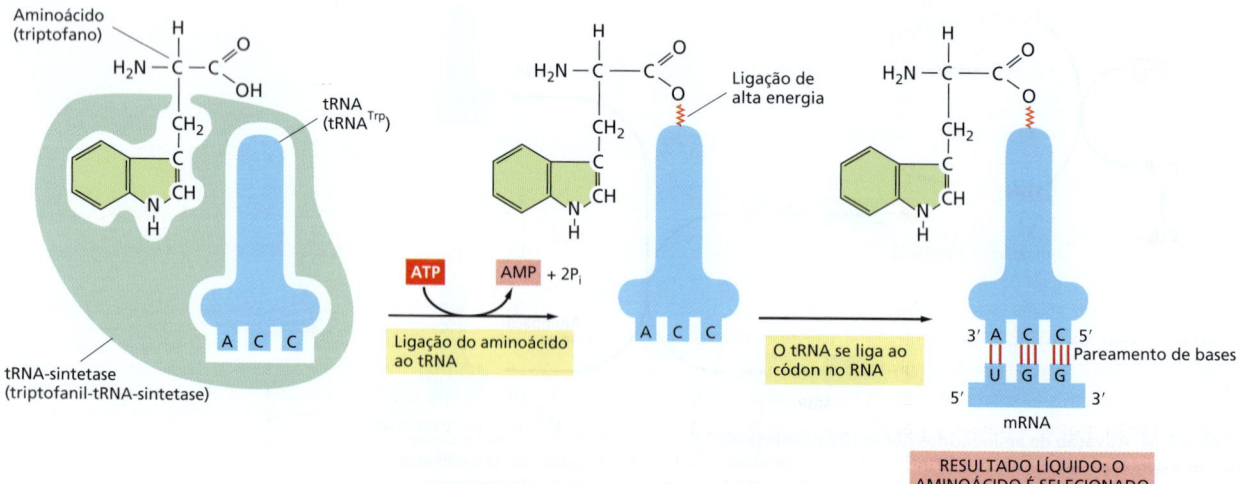

Figura 6-56 O código genético é traduzido por dois adaptadores que agem em sequência. O primeiro adaptador é a aminoacil-tRNA-sintetase, que liga um aminoácido específico ao seu tRNA correspondente; o segundo adaptador é a própria molécula de tRNA, cujo *anticódon* forma pares de bases com o *códon* apropriado no mRNA. Um erro em qualquer uma dessas etapas pode causar a incorporação de um aminoácido errado na cadeia de proteína (Animação 6.6). Na sequência de eventos ilustrada, o aminoácido triptofano (Trp) é selecionado pelo códon UGG no mRNA.

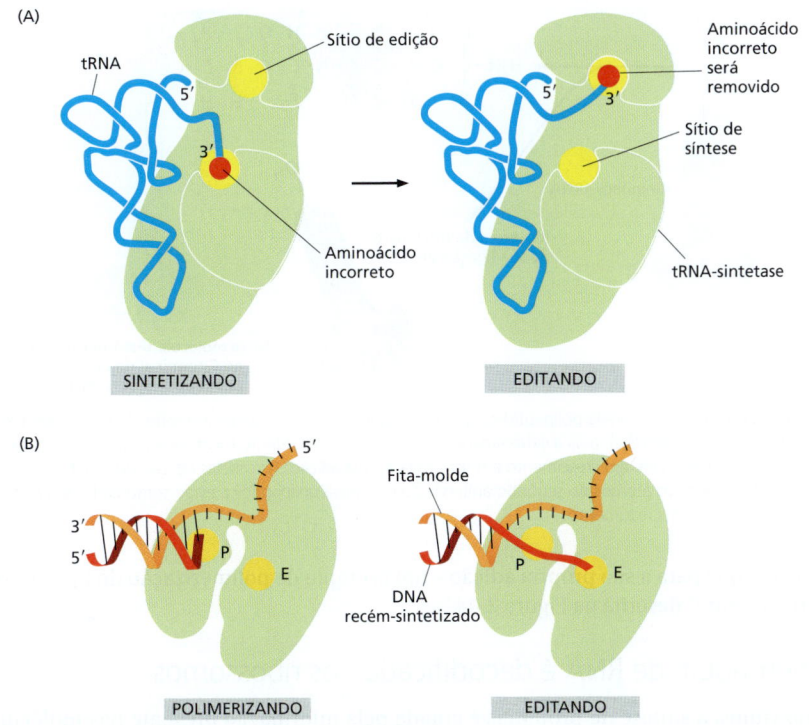

Figura 6-57 Edição hidrolítica.
(A) Aminoacil-tRNA-sintetases corrigem seus próprios erros de acoplamento pela edição hidrolítica de aminoácidos incorretamente ligados. Como descrito no texto, o aminoácido correto é rejeitado pelo sítio de edição. (B) O processo de erro e correção realizado pela DNA-polimerase é semelhante; entretanto, difere no que diz respeito ao processo de remoção, o qual depende fortemente de um erro de pareamento com o molde (ver Figura 5-8). (P, sítio de polimerização; E, sítio de edição.)

aminoácido adenilado em um segundo bolso de edição na enzima. As dimensões exatas desse bolso excluem o aminoácido correto, ao mesmo tempo em que permitem o acesso de aminoácidos semelhantes. No bolso de edição, um aminoácido é removido do AMP (ou do próprio tRNA se a ligação aminoacil-tRNA já tiver sido formada) por hidrólise. Essa edição hidrolítica, que é análoga à correção exonucleotídica mediada pelas DNA-polimerases, eleva a exatidão média da taxa de carregamento de tRNA para aproximadamente um erro a cada 40 mil acoplamentos (**Figura 6-57**).

A tRNA-sintetase também deve reconhecer o conjunto correto de tRNAs, e uma complementaridade estrutural e química extensiva entre a sintetase e o tRNA permite que várias características do tRNA sejam verificadas (**Figura 6-58**). A maioria das tRNAs sintetases reconhece diretamente o anticódon de combinação do tRNA; essas sintetases contêm três sítios de ligação nucleotídica adjacentes, cada uma delas complementar em forma e em carga a um nucleotídeo no anticódon. No caso de outras sintetases, a sequência de nucleotídeos do braço de recepção do aminoácido (haste aceptora) é a principal determinante do reconhecimento. Na maioria dos casos, no entanto, os nucleotídeos de várias posições no tRNA são "lidos" pela sintetase.

Os aminoácidos são adicionados à extremidade C-terminal de uma cadeia polipeptídica em crescimento

Tendo visto que cada aminoácido é inicialmente ligado a moléculas específicas de tRNA, podemos agora avaliar o mecanismo capaz de unir esses aminoácidos para formar proteínas. A reação fundamental para a síntese de proteína é a formação de uma ligação peptídica entre o grupo carboxila na extremidade de uma cadeia polipeptídica em crescimento e um grupo amino livre do novo aminoácido. Consequentemente, uma proteína é sintetizada, passo a passo, a partir de sua extremidade N-terminal para sua extremidade C-terminal. Durante todo o processo, a extremidade carboxila em crescimento da cadeia polipeptídica permanece ativada por meio de ligação covalente a uma molécula de tRNA (formando um *peptidil-tRNA*). Essa ligação covalente altamente energética é desfeita a cada adição, mas é imediatamente substituída por uma ligação idêntica no último aminoácido adicionado (**Figura 6-59**). Dessa maneira, cada aminoácido adicionado carrega com ele a energia de ativação para a adição do próximo aminoácido, em

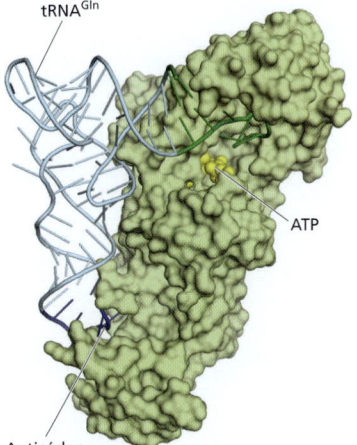

Figura 6-58 Reconhecimento de uma molécula de tRNA por sua aminoacil-tRNA-sintetase. Para este tRNA (tRNA^Gln^), os nucleotídeos específicos tanto no anticódon (*azul-escuro*) quanto no braço de ligação do aminoácido (*verde-escuro*) permitem que o tRNA correto seja reconhecido pela enzima sintetase (*verde-claro*). Uma molécula de ATP ligada está representada em *amarelo*. (Cortesia de Tom Steitz; código PDB: 1QRS.)

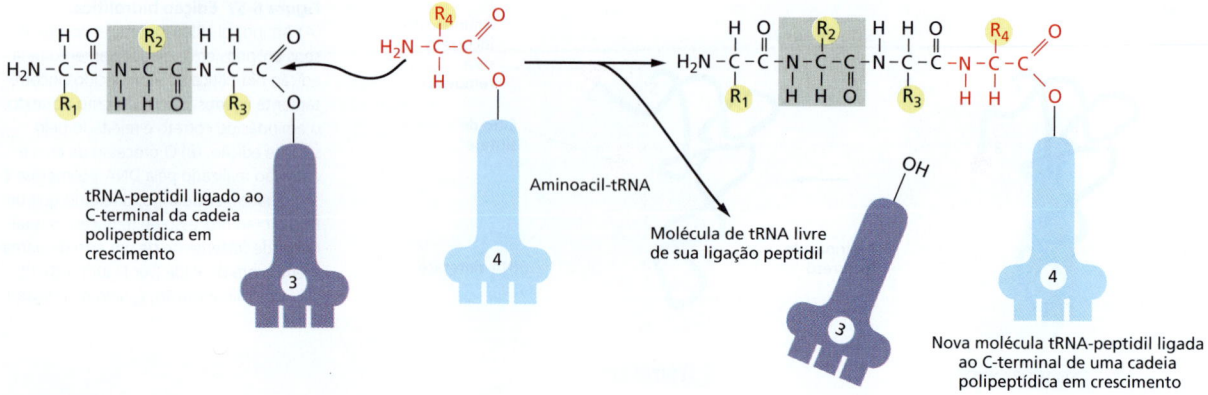

Figura 6-59 Incorporação de um aminoácido em uma proteína. Uma cadeia polipeptídica cresce pela adição sucessiva de aminoácidos à sua extremidade C-terminal. A formação de cada ligação peptídica é energeticamente favorável, pois a extremidade C-terminal em crescimento foi ativada pela ligação covalente de uma molécula de tRNA. A ligação peptidil-tRNA que ativa a extremidade em crescimento é regenerada a cada adição. As cadeias laterais dos aminoácidos estão indicadas como R_1, R_2, R_3 e R_4; como ponto de referência, todos os átomos no segundo aminoácido na cadeia polipeptídica estão sombreados em *cinza*. A figura mostra a adição do quarto aminoácido (*vermelho*) à cadeia em crescimento.

vez de energia para a sua própria adição – um exemplo de polimerização do tipo "frente de crescimento" descrita na Figura 2-44.

A mensagem de RNA é decodificada nos ribossomos

Como vimos, a síntese de proteínas é guiada pela informação presente nas moléculas de mRNA. Para manter a fase de leitura correta e para assegurar a exatidão (aproximadamente 1 erro a cada 10 mil aminoácidos), a síntese proteica é realizada no **ribossomo**, uma máquina catalítica complexa composta por mais de 50 proteínas diferentes (as *proteínas ribossômicas*) e diversas moléculas de RNA, os RNAs ribossômicos (rRNAs). Uma célula eucariótica típica contém milhões de ribossomos em seu citoplasma (**Figura 6-60**). As subunidades menores e maiores dos ribossomos são formadas no nucléolo, onde rRNAs recentemente transcritos e modificados se associam às proteínas ribossômicas que foram transportadas para o núcleo após a sua síntese no citoplasma. Essas duas subunidades ribossômicas são, então, exportadas para o citoplasma, onde serão unidas para realizar a síntese de proteínas.

Os ribossomos eucarióticos e bacterianos têm estruturas e funções semelhantes, sendo compostos por uma subunidade maior e uma menor que se associam para formar um ribossomo completo com massa de vários milhões de dáltons (**Figura 6-61**). A subunidade menor fornece uma região sobre a qual os tRNAs são pareados de maneira eficiente aos códons do mRNA, enquanto a subunidade maior catalisa a formação das ligações peptídicas que unem os aminoácidos, formando uma cadeia polipeptídica (ver Figura 6-58).

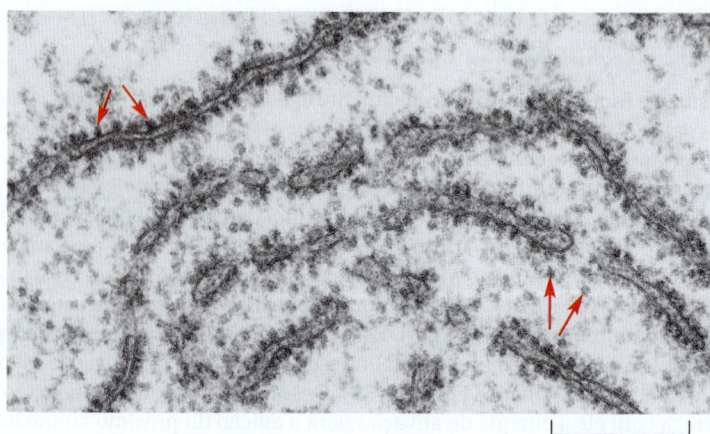

Figura 6-60 Ribossomos no citoplasma de uma célula eucariótica. Esta fotomicrografia eletrônica mostra uma fina seção de uma pequena região do citoplasma. Os ribossomos aparecem como pontos pretos (*setas vermelhas*). Alguns estão livres no citosol; outros estão ligados a membranas do retículo endoplasmático. (Cortesia de Daniel S. Friend.)

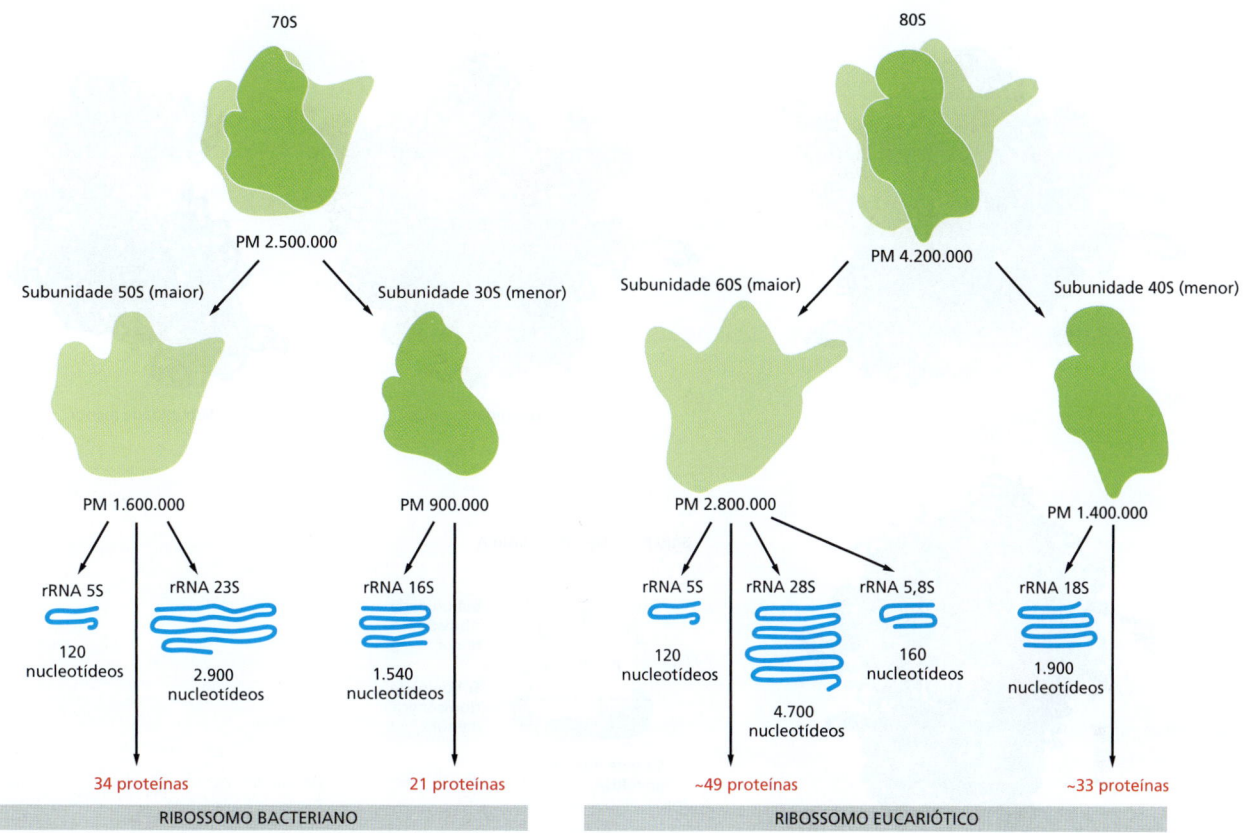

Figura 6-61 Comparação entre ribossomos bacterianos e eucarióticos. Apesar das diferenças no número e no tamanho de seus rRNAs e componentes proteicos, ambos os ribossomos bacterianos e eucarióticos apresentam aproximadamente a mesma estrutura e funcionam de modo semelhante. Embora os rRNAs 18S e 28S dos ribossomos eucarióticos contenham muitos nucleotídeos extras que não ocorrem nos equivalentes bacterianos, esses nucleotídeos estão presentes como inserções múltiplas que formam domínios extras, não alterando muito a estrutura básica do rRNA.

Quando a síntese de proteínas não está ativa, as duas subunidades do ribossomo estão separadas. Elas se associam a uma molécula de mRNA, normalmente próximo à sua extremidade 5', para iniciar a síntese de uma proteína. O mRNA é, então, puxado através do ribossomo, três nucleotídeos de cada vez. Conforme seus códons penetram no ribossomo, a sequência de nucleotídeos do mRNA é traduzida em uma sequência de aminoácidos, usando os tRNAs como adaptadores para adicionar cada aminoácido na sequência correta na extremidade crescente da cadeia polipeptídica. Quando um códon de terminação é encontrado, o ribossomo libera a proteína finalizada e suas duas subunidades separam-se novamente. Nesse ponto, essas subunidades podem ser reutilizadas para iniciar a síntese de outra proteína com outra molécula de mRNA. Os ribossomos operam com uma eficiência incrível: em um segundo, um ribossomo eucariótico adiciona dois aminoácidos a uma cadeia polipeptídica; os ribossomos das células bacterianas operam ainda mais rapidamente, a velocidades de cerca de 20 aminoácidos por segundo.

Para coreografar os muitos movimentos coordenados necessários para uma tradução eficiente, um ribossomo contém quatro sítios de ligação para moléculas de RNA: um é para o mRNA e três (chamados de sítio A, sítio P e sítio E) são para tRNAs (**Figura 6-62**). Uma molécula de tRNA se liga com alta afinidade aos sítios A e P apenas se seus anticódons formarem pares de bases com o códon complementar (permitindo-se oscilamento) na molécula de mRNA que está ligada ao ribossomo (**Figura 6-63**). Os sítios A e P estão suficientemente próximos para que suas duas moléculas de tRNA sejam forçadas a formarem pares de bases com códons adjacentes da molécula de mRNA. Essa característica do ribossomo mantém a fase de leitura correta no mRNA.

Uma vez que a síntese de proteínas tenha sido iniciada, cada novo aminoácido é adicionado à cadeia em crescimento em um ciclo de reações que segue quatro etapas

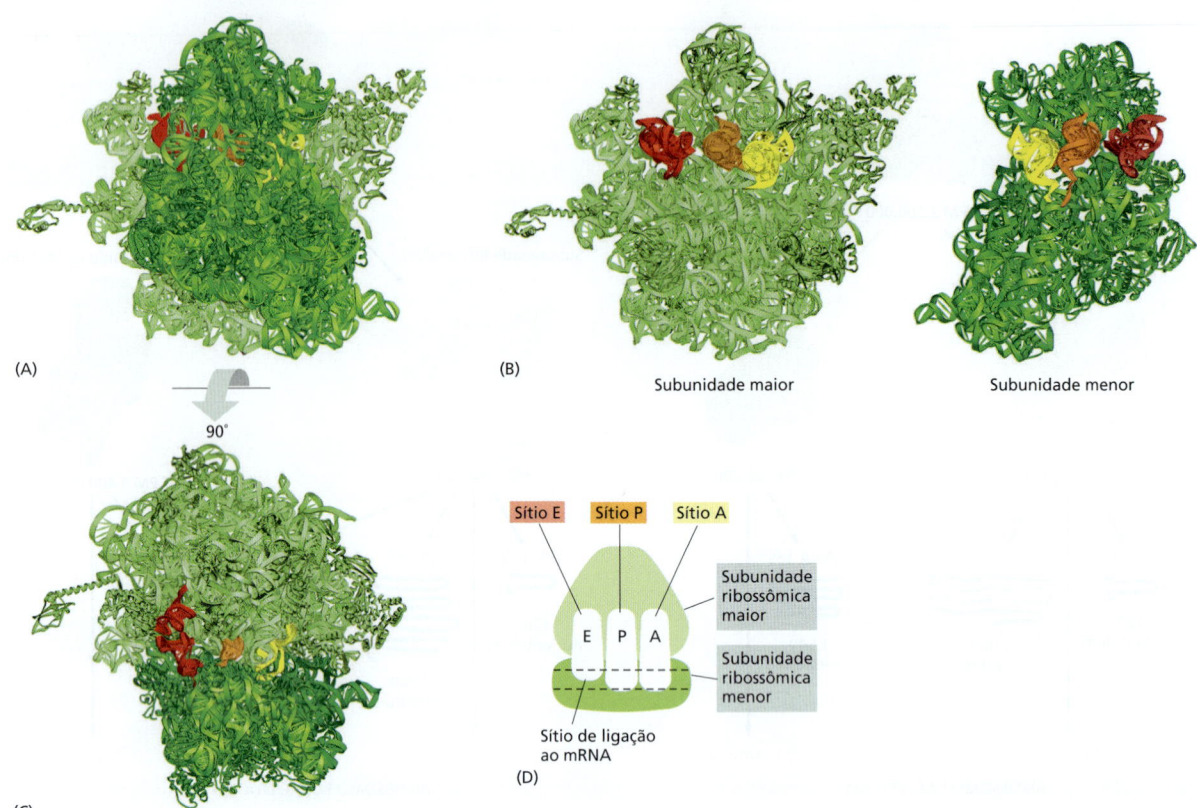

Figura 6-62 Sítios de ligação ao RNA nos ribossomos. Cada ribossomo possui um sítio de ligação ao mRNA e três sítios de ligação ao tRNA: os sítios A, P e E (sigla para aminoacil-tRNA, peptidil-tRNA e saída [*exit*], respectivamente). (A) Um ribossomo bacteriano com a subunidade menor à frente (*verde-escuro*) e a subunidade maior atrás (*verde-claro*). Tanto os rRNAs quanto as proteínas ribossômicas estão ilustrados. Os tRNAs estão apresentados ligados aos sítios E (*vermelho*), P (*laranja*) e A (*amarelo*). Embora os três sítios de ligação de tRNA estejam ocupados neste exemplo, acredita-se que, durante o processo de síntese proteica, não mais do que dois desses sítios contenham moléculas de tRNA simultaneamente (ver Figura 6-64). (B) As subunidades ribossômicas maior e menor associadas como se o ribossomo em (A) fosse aberto como um livro. (C) O ribossomo em (A) foi girado 90°, sendo visto com a subunidade maior para cima e a subunidade menor para baixo. (D) Representação esquemática de um ribossomo (na mesma orientação que em [C], que será utilizada nas figuras subsequentes. (A, B, e C, adaptados de M.M. Yusupov et al., *Science* 292:883–896, 2001. Com permissão de AAAS; cortesia de Albion Baucom e Harry Noller.)

principais: ligação do tRNA (etapa 1), formação da ligação peptídica (etapa 2), translocação da subunidade maior (etapa 3) e translocação da subunidade menor (etapa 4). Como resultado das duas etapas de translocação, o ribossomo completo move-se três nucleotídeos sobre o mRNA e é posicionado para o próximo ciclo. A **Figura 6–64** ilustra esse processo de quatro etapas, a partir de um ponto em que três aminoácidos já foram ligados entre si e há uma molécula de tRNA no sítio P do ribossomo, covalentemente ligada à extremidade C-terminal do pequeno polipeptídeo. Na etapa 1, um tRNA carregando o próximo aminoácido da cadeia liga-se ao sítio A ribossômico, formando pares de bases com o códon do mRNA lá posicionado. Dessa forma, o sítio P e o sítio A contêm tRNAs adjacentes ligados. Na etapa 2, a extremidade carboxila da cadeia polipeptídica é liberada do tRNA no sítio P (pelo rompimento da ligação de alta energia entre o tRNA e seu aminoácido) e é ligada ao grupo amino livre do aminoácido ligado ao tRNA no sítio A, formando uma nova ligação peptídica. Essa reação central da síntese de proteínas é catalisada por uma *peptidiltransferase* contida na subunidade ribossômica maior. Na etapa 3, a subunidade maior se move em relação ao mRNA que está ligado à subunidade menor, o que interfere nas hastes aceptoras dos dois tRNAs que se encontram nos sítios E e P da subunidade maior. Na etapa 4, uma nova série de alterações conformacionais move a subunidade menor e o mRNA a ela ligado exatamente três nucleotídeos, ejetando o tRNA ligado ao sítio E e reinicializando o ribossomo para que ele esteja pronto

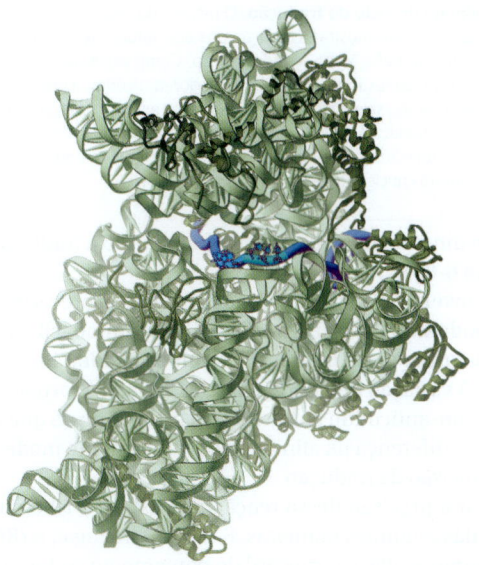

Figura 6-63 O caminho do mRNA (*azul*) através da subunidade ribossômica menor. A orientação é a mesma do painel direito da Figura 6-62B. (Cortesia de Harry F. Noller, baseada nos dados de G.Z. Yusupova et al., *Cell* 106:233–241, 2001. Com permissão de Elsevier.)

para receber o próximo aminoacil-tRNA. A etapa 1 é, então, repetida com a chegada de um novo aminoacil-tRNA, e assim por diante.

Esse ciclo de quatro etapas é repetido cada vez que um aminoácido é adicionado à cadeia polipeptídica, e a cadeia cresce a partir de sua extremidade amino em direção à extremidade carboxila.

Os fatores de alongamento promovem a tradução e aumentam a exatidão do processo

O ciclo básico de extensão polipeptídica ilustrado resumidamente na Figura 6-64 tem uma característica adicional que torna a tradução especialmente eficiente e exata. Dois *fatores de alongamento (fatores de extensão)* entram e saem do ribossomo a cada ciclo, cada um hidrolisando GTP em GDP e induzindo modificações conformacionais no processo. Esses fatores são denominados EF-Tu e EF-G em bactérias, e EF1 e EF2 em eucariotos. Sob determinadas condições *in vitro*, os ribossomos podem ser forçados a realizar a síntese proteica sem a ajuda desses fatores de alongamento e de hidrólise de GTP, mas essa síntese é muito lenta, ineficiente e inexata. O acoplamento das alterações mediadas pela hidrólise de GTP nos fatores de alongamento às transições entre os diferentes estados do ribossomo acelera bastante o processo. Os ciclos de associação do fator de alongamento, de hidrólise de GTP e de dissociação também garantem que todas essas

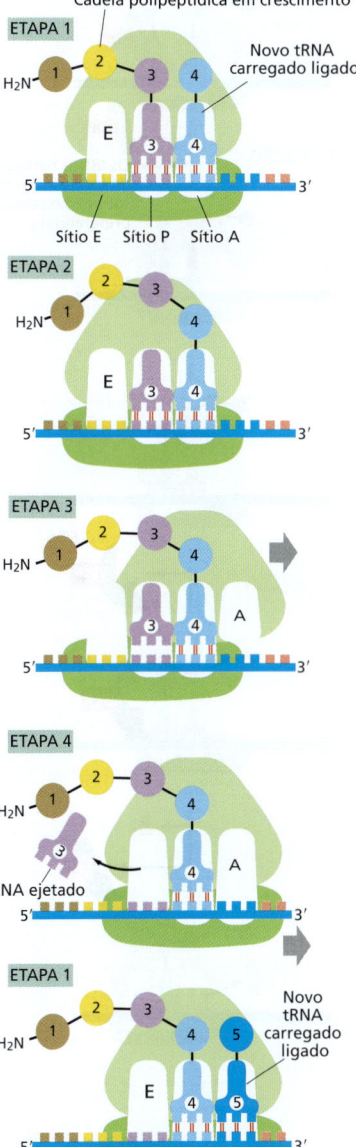

Figura 6-64 Traduzindo uma molécula de mRNA. Cada aminoácido adicionado à extremidade em crescimento de uma cadeia polipeptídica é selecionado por complementaridade de bases entre o anticódon da molécula de tRNA a qual ele está ligado, e o próximo códon da cadeia de mRNA. Visto que somente um dos muitos tipos de moléculas de tRNA em uma célula pode formar pares de bases com um certo códon, o códon determina o aminoácido específico a ser adicionado na cadeia polipeptídica em formação. O ciclo de quatro etapas aqui ilustrado é repetido muitas e muitas vezes durante a síntese de uma proteína. Na etapa 1, uma molécula de aminoacil-tRNA se liga a um sítio A vazio, sobre o ribossomo. Na etapa 2, uma nova ligação peptídica é formada. Na etapa 3, a subunidade ribossômica maior sofre translocação em relação à subunidade menor, deixando os dois tRNAs em sítios híbridos: P na subunidade maior e A na menor para um deles; E na subunidade maior e P na menor para o outro. Na etapa 4, a subunidade menor sofre translocação carregando seu mRNA uma distância de três nucleotídeos através do ribossomo. Isso "reinicializa" o ribossomo, deixando um sítio A completamente livre, pronto para que a próxima molécula de aminoacil-tRNA possa se ligar. Como indicado, o mRNA é traduzido no sentido 5' para 3', e a extremidade N-terminal de uma proteína é sintetizada primeiro. Cada ciclo adiciona um novo aminoácido à extremidade C-terminal da cadeia polipeptídica (Animações 6.7 e 6.8).

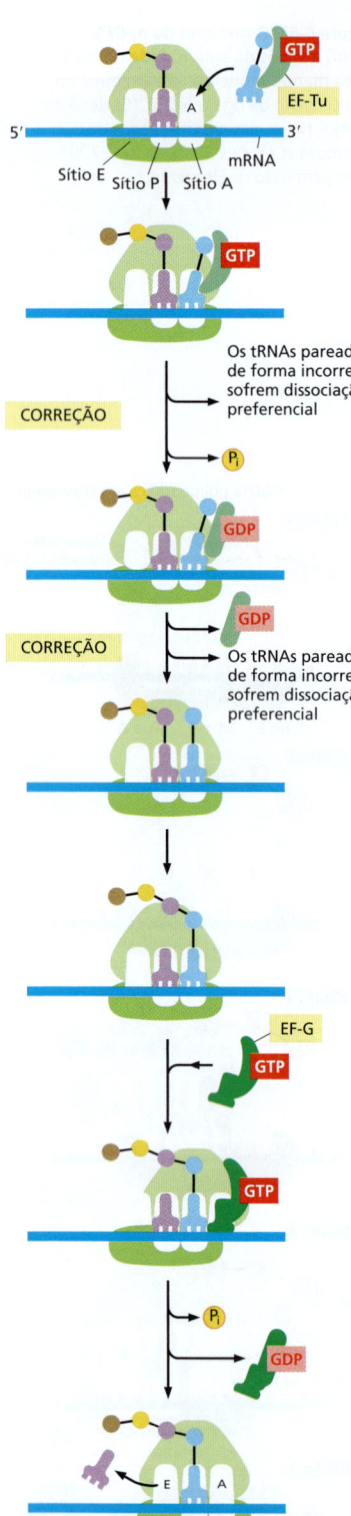

Figura 6-65 Visão detalhada do ciclo de tradução. O resumo da tradução apresentado na Figura 6-64 foi expandido para mostrar a atuação dos dois fatores de alongamento EF-Tu e EF-G, os quais mantêm a tradução no sentido correto. Como explicado no texto, EF-Tu fornece a possibilidade de correção do pareamento códon-anticódon. Dessa forma, tRNAs pareados incorretamente são seletivamente rejeitados, e a exatidão da tradução é aumentada. A ligação de uma molécula de EF-G ao ribossomo e a subsequente hidrólise de GTP levam a um rearranjo da estrutura do ribossomo, movendo o mRNA que está sendo decodificado exatamente três nucleotídeos (Animação 6.9).

mudanças ocorram direcionadas "para frente", ajudando a tradução a prosseguir de forma eficiente (**Figura 6-65**).

Além de promover a tradução, EF-Tu aumenta a sua precisão. Como discutimos no Capítulo 3, EF-Tu pode simultaneamente ligar GTP e aminoacil-tRNAs (ver Figuras 3-72 e 3-73), e é sob essa forma que a interação códon-anticódon inicial ocorre no sítio A do ribossomo. Devido à variação de energia livre associada à formação de pares de bases, um pareamento códon-anticódon correto ficará mais firme do que uma interação incorreta. No entanto, essa diferença na afinidade é relativamente modesta e não pode, por si só, explicar a alta precisão da tradução.

Para aumentar a precisão dessa reação de ligação, o ribossomo e o EF-Tu trabalham em conjunto das seguintes maneiras. Em primeiro lugar, o rRNA 16S na subunidade menor do ribossomo avalia a "correção" do pareamento códon-anticódon enrolando-se em torno dele e realizando uma sondagem dos seus detalhes moleculares (**Figura 6-66**). Quando um pareamento correto é encontrado, o rRNA fecha-se firmemente em torno do par códon-anticódon, provocando uma alteração conformacional no ribossomo que induz a hidrólise do GTP pelo EF-Tu. O EF-Tu se desligará do aminoacil-tRNA apenas quando o GTP for hidrolisado e só então permitirá que ele seja utilizado na síntese de proteínas. Pares incorretos de códon-anticódon não são capazes de provocar esta alteração conformacional, e esses tRNAs incorretos tenderão a sair do ribossomo antes que possam ser utilizados na síntese de proteínas. Os processos de revisão, no entanto, não terminam aqui.

Após a hidrólise do GTP e dissociação do EF-Tu do ribossomo, existe uma segunda oportunidade para que o ribossomo impeça a adição de um aminoácido incorreto na cadeia em formação. Existe um pequeno intervalo de tempo durante o qual o aminoácido carregado pelo tRNA é movido para sua posição no ribossomo. Esse intervalo de tempo é menor para pareamentos códon-anticódon corretos quando comparado a pareamentos incorretos. Além disso, tRNAs incorretamente pareados dissociam-se mais rapidamente do que tRNAs corretamente pareados, pois suas interações com os códons são mais fracas. Assim, a maior parte das moléculas de tRNA ligadas incorretamente (e também um número significativo de moléculas ligadas corretamente) deixará o ribossomo sem que tenha sido utilizada na síntese de proteínas. As duas etapas de revisão, agindo em série, são em grande parte responsáveis pela precisão de 99,99% do ribossomo no processo de tradução do RNA em proteína.

Mesmo que o aminoácido errado escape das etapas de revisão que acabamos de descrever e seja incorporado na cadeia polipeptídica em crescimento, há ainda uma oportunidade para o ribossomo detectar o erro e solucioná-lo, embora essa não possa ser considerada uma revisão propriamente dita. Uma interação códon-anticódon incorreta no sítio P do ribossomo (que poderia ocorrer *após* a incorporação errônea) provoca um aumento da taxa de erros de leitura no sítio A. Ciclos sucessivos de erros de incorporação de aminoácidos eventualmente levam à terminação prematura da proteína por *fatores de liberação*, os quais serão descritos a seguir. Normalmente, esses fatores de liberação atuam quando a tradução de uma proteína está completa; mas, nesse caso, eles agem mais cedo. Embora este mecanismo não corrija o erro original, ele direciona a proteína defeituosa para a degradação, assegurando-se que o processo de síntese não irá continuar para essa proteína.

Diversos processos biológicos superam as limitações inerentes ao pareamento de bases complementares

Vimos neste e no capítulo anterior que a replicação do DNA, o reparo, a transcrição e a tradução se amparam no pareamento de bases complementares – G com C, e A com T

Figura 6-66 Reconhecimento do pareamento códon-anticódon correto pelo rRNA da subunidade menor do ribossomo. Aqui é mostrada a interação entre um nucleotídeo do rRNA da subunidade menor e o primeiro par de nucleotídeos de um códon-anticódon corretamente pareado. Interações semelhantes são formadas entre outros nucleotídeos do rRNA e a segunda e terceira posições do par códon-anticódon. O rRNA da subunidade menor pode formar essa rede de ligações de hidrogênio somente quando um anticódon estiver adequadamente pareado a um códon. Como explicado no texto, esse monitoramento códon-anticódon pelo rRNA da subunidade menor aumenta a exatidão da síntese proteica. (De J.M. Ogle et al., *Science* 292:897–902, 2001. Com permissão de AAAS.)

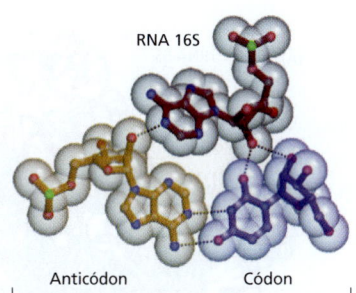

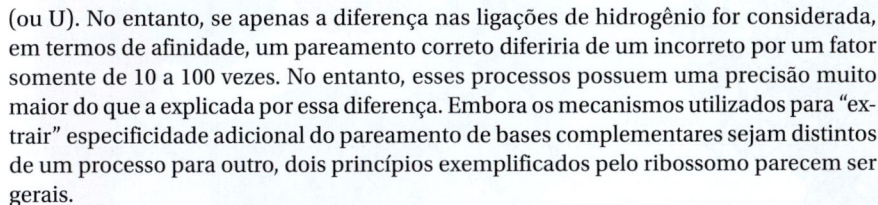

(ou U). No entanto, se apenas a diferença nas ligações de hidrogênio for considerada, em termos de afinidade, um pareamento correto difeririá de um incorreto por um fator somente de 10 a 100 vezes. No entanto, esses processos possuem uma precisão muito maior do que a explicada por essa diferença. Embora os mecanismos utilizados para "extrair" especificidade adicional do pareamento de bases complementares sejam distintos de um processo para outro, dois princípios exemplificados pelo ribossomo parecem ser gerais.

O primeiro é o **encaixe induzido**. Vimos que, antes de um aminoácido ser adicionado a uma cadeia polipeptídica em crescimento, o ribossomo se enovela em torno da interação códon-anticódon e apenas quando o pareamento está correto este enovelamento é interrompido e a reação pode prosseguir. Assim, a interação códon-anticódon é verificada duas vezes, a primeira pelo pareamento de bases complementares e uma segunda pelo enovelamento do ribossomo, que depende da exatidão do pareamento. Esse mesmo princípio de encaixe induzido é visto na transcrição pela RNA-polimerase; nesse caso, um nucleosídeo trifosfato forma inicialmente um par de bases com o molde; nesse ponto, a enzima se enovela em torno do par de bases (avaliando assim a sua correção) e, ao fazê-lo, gera o sítio ativo da enzima. A enzima pode, então, adicionar covalentemente o nucleotídeo à cadeia em crescimento. Devido a uma geometria "errada", pares de bases incorretos bloqueiam este encaixe induzido, e são, portanto, suscetíveis de dissociação antes de serem incorporados à cadeia em crescimento.

Um segundo princípio usado para aumentar a especificidade do pareamento de bases complementares é a chamada **correção cinética**. Vimos que após o pareamento inicial códon-anticódon e a alteração conformacional do ribossomo, o GTP é hidrolisado. Isso cria uma etapa irreversível e marca o início do intervalo de tempo durante o qual a aminoacil-tRNA se move para a posição apropriada para a catálise. Durante esse intervalo, os pares de códon-anticódon incorretos, que de alguma forma escaparam ao escrutínio do encaixe induzido, apresentam uma maior probabilidade de se dissociar do que os pares corretos. Há duas razões para isso: (1) a interação do tRNA errado com o códon é mais fraca, e (2) o intervalo é mais longo para os pareamentos incorretos do que para os corretos.

Na sua forma mais geral, a correção cinética refere-se a um intervalo de tempo que é iniciado com uma etapa irreversível, como a hidrólise de GTP ou ATP, durante o qual um substrato incorreto apresenta maior probabilidade de dissociar-se do que um substrato correto. Nesse caso, a revisão cinética coloca a especificidade do pareamento de bases complementares em um patamar acima do que é possível unicamente devido a simples associações termodinâmicas. O aumento da especificidade produzido pela correção cinética tem um custo energético, representado pela hidrólise de ATP ou de GTP. Acredita-se que a correção cinética atue em muitos processos biológicos, mas seu papel está particularmente bem compreendido na tradução.

A exatidão na tradução requer um gasto de energia livre

A tradução pelo ribossomo deve chegar a um balanço entre os limites que opõem exatidão e velocidade. Vimos, por exemplo, que a exatidão da tradução (1 erro a cada 10^4 aminoácidos sintetizados) requer um intervalo a cada novo aminoácido adicionado à cadeia polipeptídica em crescimento, resultando em uma velocidade geral de tradução de 20 aminoácidos incorporados por segundo em bactérias. Os mutantes bacterianos que possuem uma alteração específica em suas subunidades ribossômicas menores apresentam intervalos maiores e traduzem o mRNA em proteína com uma exatidão con-

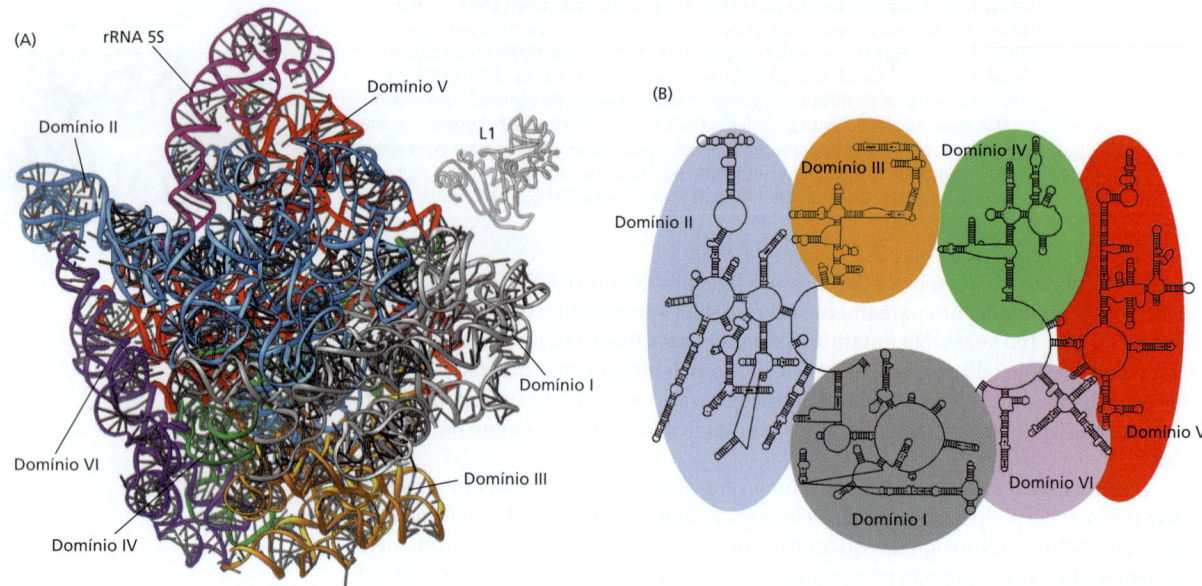

Figura 6-67 Estrutura dos rRNAs na subunidade maior de um ribossomo bacteriano, como determinado por cristalografia de raios X. (A) Conformações tridimensionais dos rRNAs (5S e 23S) da subunidade maior, como eles aparecem no ribossomo. Uma das subunidades proteicas do ribossomo (L1) também é mostrada como um ponto de referência, já que forma uma projeção característica no ribossomo. (B) Diagrama esquemático da estrutura secundária do rRNA 23S, mostrando a extensiva rede de pareamento de bases. A estrutura foi dividida em seis "domínios" estruturais cujas cores correspondem àquelas da estrutura tridimensional em (A). O diagrama da estrutura secundária está bastante esquematizado para representar o máximo possível da estrutura em duas dimensões. Para isso, várias descontinuidades foram introduzidas na cadeia do RNA, embora, na realidade, o RNA 23S seja uma molécula única de RNA. Por exemplo, a base do Domínio III é contígua à base do Domínio IV, mesmo que no diagrama exista um espaçamento entre elas. (Adaptada de N. Ban et al., *Science* 289:905–920, 2000. Com permissão de AAAS.)

sideravelmente mais alta do que essa; entretanto a síntese de proteínas é tão lenta nesses mutantes que as bactérias sobrevivem com certa dificuldade.

Vimos também que, para atingir a exatidão observada da síntese de proteínas, é necessário um grande gasto de energia livre; isso é esperado, visto que, como discutido no Capítulo 2, um preço deve ser pago para qualquer incremento na organização de uma célula. Na maioria das células, a síntese de proteínas consome mais energia do que qualquer outro processo de biossíntese. Pelo menos quatro ligações fosfato altamente energéticas são rompidas para produzir cada nova ligação peptídica: duas são consumidas ao se carregar uma molécula de tRNA com um aminoácido (ver Figura 6-54), e outras duas direcionam etapas no ciclo de reações que ocorre no ribossomo, durante a síntese de proteínas propriamente dita (ver Figura 6-65). Além disso, é consumida energia extra cada vez que uma ligação incorreta de aminoácido é hidrolisada por uma tRNA-sintetase (ver Figura 6-57) e cada vez que um tRNA incorreto entra no ribossomo, provoca hidrólise de GTP e é rejeitado (ver Figura 6-65). Para ser eficiente, qualquer mecanismo de controle também deve remover uma fração considerável de interações corretas; por essa razão, o sistema de correção têm um custo energético ainda maior do que inicialmente se imaginaria.

O ribossomo é uma ribozima

O ribossomo é um grande complexo composto por dois terços de RNA e por um terço de proteína. A determinação, no ano 2000, da estrutura tridimensional completa de suas subunidades maior e menor é um dos principais triunfos da biologia estrutural moderna. A estrutura confirma evidências anteriores de que os rRNAs – e não as proteínas – são os responsáveis pela estrutura geral do ribossomo, por sua capacidade de posicionar tRNAs sobre o mRNA e por sua atividade catalítica de formação de ligações peptídicas covalentes. Os rRNAs são enovelados em estruturas tridimensionais precisas altamente densas que formam o cerne compacto do ribossomo e determinam sua forma geral (**Figura 6-67**).

Contrastando com o posicionamento central dos rRNAs, as proteínas ribossômicas geralmente estão localizadas na superfície do complexo e preenchem frestas e ranhuras da estrutura enovelada do RNA (**Figura 6-68**). Algumas dessas proteínas estendem projeções de cadeia polipeptídica, as quais penetram, mesmo que superficialmente, em buracos da estrutura do cerne de RNA (**Figura 6-69**). A função principal das proteínas ribossômicas parece ser a de estabilizar o cerne de RNA, ao mesmo tempo permitindo as mudanças na conformação do rRNA necessárias para que ele catalise de maneira eficiente a síntese proteica. As proteínas também auxiliam a associação inicial dos rRNAs que constituirão o cerne do ribossomo.

Não apenas os sítios de ligação de tRNA A, P e E são formados principalmente por rRNAs, como o sítio catalítico para a formação da ligação peptídica é formado por RNA, estando o aminoácido mais próximo a mais de 1,8 nm de distância. Essa descoberta trouxe muita surpresa aos biólogos, pois, diferentemente das proteínas, o RNA não contém grupos funcionais facilmente ionizáveis que possam ser utilizados para a catálise de reações sofisticadas como a formação de uma ligação peptídica. Além disso, íons metálicos, que com frequência são utilizados por moléculas de RNA para catalisar reações químicas (como será posteriormente discutido neste capítulo), não são observados nos sítios ativos do ribossomo. Em contraste, acredita-se que o rRNA 23S forme uma fenda extremamente estruturada que, através de uma rede de ligações de hidrogênio, seja capaz de orientar de forma precisa os dois reagentes (a cadeia peptídica em formação e o aminoacil-tRNA) e promover a sua ligação covalente. Uma surpresa adicional veio da descoberta de que o tRNA no sítio P contribui com um grupo OH importante para o sítio ativo e participa diretamente na catálise. Esse mecanismo parece assegurar que a catálise ocorra apenas quando o tRNA do sítio P estiver adequadamente posicionado no ribossomo.

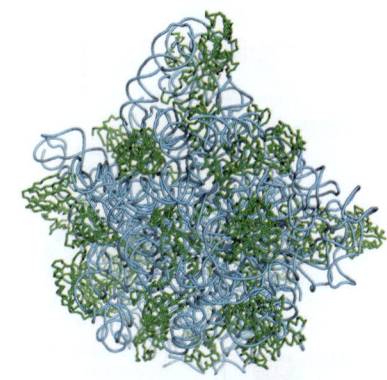

Figura 6-68 Localização dos componentes proteicos da subunidade ribossômica maior bacteriana. Os rRNAs (5S e 23S) estão ilustrados em *azul*, e as proteínas da subunidade maior, em *verde*. Esta é a vista da porção exterior do ribossomo; a interface com a subunidade menor encontra-se na face oposta. (Código PDB: 1FFK.)

As moléculas de RNA que possuem atividade catalítica são conhecidas como **ribozimas**. Vimos anteriormente neste capítulo, que algumas ribozimas atuam em reações de auto-*splicing*. Na seção final deste capítulo, consideraremos o potencial significado que teve a capacidade das moléculas de RNA em funcionarem como catalisadores para a evolução inicial das células vivas. Aqui vamos apenas salientar que existem boas razões para suspeitar que moléculas de RNA, em vez de proteínas, tenham servido como os primeiros catalisadores em células vivas. Se tiver sido assim, o ribossomo, com seu cerne de RNA, pode ser considerado uma relíquia de um tempo ancestral da história da vida – quando a síntese de proteína evoluiu em células que eram mantidas quase que inteiramente por ribozimas.

As sequências nucleotídicas no mRNA sinalizam onde iniciar a síntese proteica

A iniciação e a terminação da tradução compartilham características com o ciclo de extensão da tradução, descrito anteriormente. O sítio em que a síntese de proteína inicia no mRNA é especialmente importante, uma vez que ele define a fase de leitura de toda a mensagem. Um erro de um nucleotídeo para mais ou para menos, nesse estágio, fará todos os códons subsequentes na mensagem serem lidos de maneira errada, de tal forma que uma proteína não funcional, com uma sequência distorcida de aminoácidos, será produzida. A etapa de iniciação também é importante porque para a maioria dos genes é o último momento no qual a célula pode decidir se o mRNA deverá ser traduzido para produzir uma proteína. A velocidade dessa etapa é, portanto, um determinante da velocidade em que uma proteína em particular será sintetizada. Veremos no Capítulo 7 como ocorre a regulação dessa etapa.

A tradução de um mRNA tem início com um códon AUG, e um tRNA especial é necessário para iniciar essa tradução. Esse **tRNA iniciador** sempre carrega o aminoácido metionina (nas bactérias, uma forma modificada de metionina é utilizada: a formilmetionina), portanto todas as proteínas recém-formadas possuem metionina como o primeiro aminoácido de sua extremidade N-terminal, a extremidade da proteína que é sintetizada primeiro. (Após, essa metionina geralmente é removida por uma protease específica.) O tRNA iniciador é especialmente reconhecido pelos fatores de iniciação, pois tem uma sequência nucleotídica distinta do tRNA que normalmente carrega a metionina.

Nos eucariotos, o complexo tRNA iniciador-metionina (Met-tRNAi) é inicialmente depositado sobre a subunidade ribossômica menor, juntamente com proteínas adicionais denominadas **fatores de iniciação eucarióticos** (**eIFs**, *eucaryotic initiation factors*). De todos os aminoacil-tRNAs na célula, apenas o tRNA iniciador carregado com metionina é capaz de estabelecer uma ligação de alta afinidade com a subunidade menor do ribossomo sem que o ribossomo completo esteja presente, e ao contrário dos outros tRNAs, ele se liga diretamente ao sítio P (**Figura 6-70**). A seguir, a subunidade menor do ribossomo se liga à extremidade 5' de uma molécula de mRNA, que é reconhecida em virtude de seu quepe (ou capa) 5' que se ligou previamente a dois fatores de iniciação, eIF4E e eIF4G (ver Figura 6-38). A subunidade ribossômica menor então, move-se para frente (de 5' para 3') ao longo do mRNA, à procura do primeiro AUG; fatores de iniciação adicionais que atuam como he-

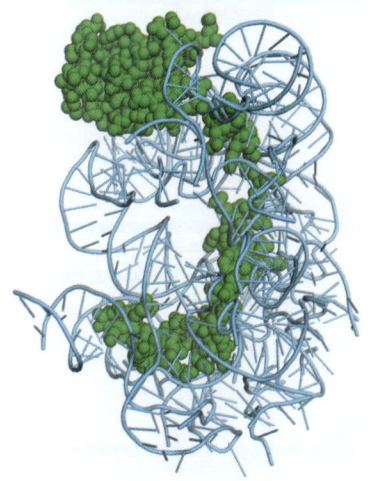

Figura 6-69 Estrutura da proteína L15 na subunidade maior do ribossomo bacteriano. O domínio globular da proteína repousa na superfície do ribossomo, e uma extensão penetra profundamente a região central de RNA do ribossomo. A proteína L15 é mostrada em *verde*, e uma porção da região central de rRNA está apresentada em *azul*. (De D. Klein, P.B. Moore e T.A. Steitz, *J. Mol. Biol.* 340:141–177, 2004. Com permissão de Academic Press. Código PDB: 1S72.)

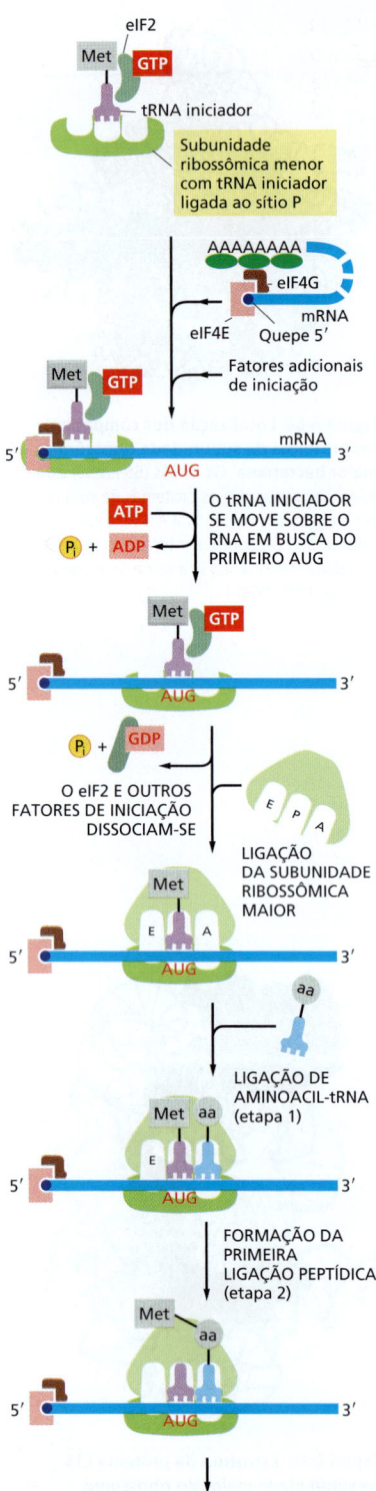

Figura 6-70 Iniciação da síntese de proteínas em eucariotos. Somente três dos muitos fatores de iniciação de tradução necessários para esse processo estão ilustrados. Uma iniciação de tradução eficiente necessita também que a cauda de poli-A do mRNA esteja ligada a proteínas de ligação à poli-A, as quais, por sua vez, interagem com o eIF4G (ver Figura 6-38). Dessa maneira, o aparato de tradução se certifica de que ambas as extremidades do mRNA estão intactas antes da iniciação da síntese proteica. Embora somente um evento de hidrólise de GTP esteja mostrado na figura, sabe-se que um segundo evento ocorre exatamente antes da junção das subunidades ribossômicas maior e menor. Nas duas últimas etapas mostradas na figura, o ribossomo já entrou no ciclo-padrão de alongamento representado na Figura 6-64.

licases movidas por ATP facilitam esse movimento. Em 90% dos mRNAs, a tradução inicia no primeiro AUG encontrado pela subunidade menor. Nesse ponto, os fatores de iniciação dissociam-se, permitindo que a subunidade ribossômica maior se associe ao complexo e complete o ribossomo. O tRNA iniciador permanence no sítio P, deixando o sítio A disponível. A síntese de proteína está, portanto, pronta para iniciar (ver Figura 6-70).

Os nucleotídeos que se encontram imediatamente ao redor do sítio de iniciação dos mRNAs eucarióticos influenciam a eficiência do reconhecimento de AUG durante o processo de varredura descrito anteriormente. Se esse sítio de reconhecimento é muito diferente da sequência de reconhecimento consenso (5'-ACCAUGG-3'), as subunidades ribossômicas de varredura irão, algumas vezes, ignorar o primeiro códon AUG no mRNA e saltarão para o segundo ou o terceiro códon AUG. As células frequentemente utilizam esse fenômeno, conhecido como "escape de verificação", para produzir, a partir de uma única molécula de mRNA, duas ou mais proteínas que se diferenciam em suas extremidades N-terminais. O mecanismo permite que alguns genes produzam a mesma proteína com e sem uma sequência-sinal ligada ao seu N-terminal, por exemplo, de tal modo que a proteína é direcionada para dois compartimentos diferentes na célula.

O mecanismo de seleção do códon de iniciação nas bactérias é diferente. Os mRNAs das bactérias não possuem quepe 5' para indicar ao ribossomo onde iniciar a procura pelo início da tradução. Em vez disso, cada mRNA bacteriano contém um sítio específico de ligação ao ribossomo (denominado sequência Shine-Dalgarno, em homenagem a seus descobridores), o qual está localizado uns poucos nucleotídeos a montante do AUG em que a tradução deve iniciar. Essa sequência nucleotídica, com o consenso 5'-AGGAGGU-3', forma pares de bases com o rRNA 16S da subunidade ribossômica menor para posicionar o códon de iniciação AUG no ribossomo. Um grupo de fatores de iniciação da tradução orquestra essa interação e a subsequente associação da subunidade ribossômica maior para completar o ribossomo.

Diferentemente de um ribossomo eucariótico, um ribossomo bacteriano pode facilmente ligar-se diretamente a um códon de iniciação que esteja no interior de uma molécula de mRNA, desde que um sítio de ligação ribossômica o preceda por diversos nucleotídeos. Como resultado, os mRNAs bacterianos frequentemente são *policistrônicos* – ou seja, codificam várias proteínas diferentes, todas traduzidas a partir de uma mesma molécula de mRNA (**Figura 6-71**). Em contraste, um mRNA eucariótico geralmente codifica apenas uma proteína ou, mais precisamente, um único conjunto de proteínas relacionadas.

Os códons de terminação marcam o final da tradução

O final da mensagem codificadora de uma proteína é sinalizado pela presença de um de três *códons de terminação* (UAA, UAG ou UGA) (ver Figura 6-48). Eles não são reconhecidos por um tRNA e não determinam um aminoácido; em vez disso, sinalizam para o ribossomo o final da tradução. As proteínas conhecidas como *fatores de liberação* ligam-se a qualquer ribossomo que possua um códon de terminação posicionado no sítio A, e esta ligação força a peptidiltransferase no ribossomo a catalisar a adição de uma molécula de água em vez de um aminoácido no peptidil-tRNA (**Figura 6-72**). Essa reação libera a extremidade carboxila da cadeia polipeptídica em crescimento de sua conexão a uma molécula de tRNA. Tendo em vista que normalmente apenas essa conexão mantém o polipeptídeo em crescimento unido ao ribossomo, a cadeia de proteína finalizada é imediatamente liberada no citoplasma. O ribossomo então libera sua molécula de mRNA e dissocia suas subunidades maior e menor. Então, essas subunidades podem se associar sobre a mesma ou sobre outra molécula de mRNA para começar um novo ciclo de síntese proteica.

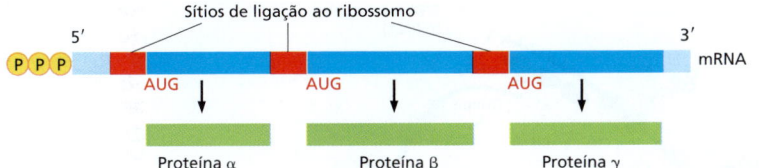

Figura 6-71 Estrutura de uma molécula típica de mRNA bacteriano. Diferentemente dos ribossomos de eucariotos, que normalmente requerem uma extremidade 5' capeada no mRNA, os ribossomos procarióticos iniciam a tradução em sítios de ligação ao ribossomo (sequências de Shine-Dalgarno) que podem estar localizados em qualquer lugar ao longo de uma molécula de mRNA. Essa propriedade dos seus ribossomos permite que as bactérias sintetizem mais de um tipo de proteína a partir de uma única molécula de mRNA.

Durante a tradução, o polipeptídeo em formação se move através de um grande túnel preenchido com água (com aproximadamente 10 nm × 1,5 nm) na subunidade maior do ribossomo. As paredes desse túnel, compostas principalmente por rRNA 23S, são um mosaico de minúsculas superfícies hidrofóbicas embebidas em uma superfície hidrofílica mais extensiva. Essa estrutura, por não ser complementar a qualquer estrutura peptídica, fornece uma camada em "teflon" pela qual uma cadeia polipeptídica pode deslizar facilmente. As dimensões desse túnel sugerem que as proteínas em formação estão amplamente desestruturadas enquanto atravessam o ribossomo, apesar de algumas regiões α-hélice de proteína poderem se formar antes da saída do túnel ribossômico. Conforme sai do ribossomo, uma proteína recém-sintetizada deve se enovelar adquirindo uma estrutura tridimensional adequada útil à célula. Mais tarde, neste capítulo, discutiremos como este enovelamento acontece. Antes, no entanto, descreveremos diversos aspectos adicionais do processo de tradução propriamente dito.

As proteínas são produzidas nos polirribossomos

A síntese da maioria das moléculas de proteína leva entre 20 segundos e alguns minutos. Porém, mesmo durante esse período bastante curto, é comum ocorrerem iniciações múltiplas sobre cada molécula de mRNA que está sendo traduzida. Assim que um primeiro ribossomo tenha traduzido o suficiente da sequência nucleotídica para mover-se, a extremidade 5' da molécula de mRNA é capturada por um novo ribossomo. As moléculas de mRNA que estão sendo traduzidas são, consequentemente e de modo geral, encontradas sob a forma de *polirribossomos* (também conhecidos como *polissomos*), grandes arranjos citoplasmáticos compostos por vários ribossomos separados por cerca de 80 nucleotídeos sobre uma única molécula de mRNA (**Figura 6-73**). Essas iniciações múltiplas permitem que a célula produza muito mais moléculas de proteína em um determinado espaço de tempo do que seria possível se cada proteína tivesse que completar o processo antes que a próxima o iniciasse.

Tanto as bactérias quanto os eucariotos utilizam polissomos, e ambos empregam estratégias adicionais para acelerar a taxa de síntese proteica. Tendo em vista que o mRNA bacteriano não necessita de processamento e que ele está acessível aos ribossomos simultaneamente à sua produção, os ribossomos podem ligar-se à extremidade livre de uma molécula de mRNA bacteriano e iniciar sua tradução antes mesmo que a transcrição desse RNA esteja finalizada, seguindo bastante próximos da RNA-polimerase conforme ela se move sobre o DNA. Em eucariotos, como vimos, as extremidades 5' e 3' do mRNA interagem (ver Figura 6-73A); portanto, assim que um ribossomo se dissocia, suas duas subunidades estão em uma posição ótima para reiniciar a tradução sobre a mesma molécula de mRNA.

Existem pequenas variações no código genético padrão

Como discutimos no Capítulo 1, o código genético (apresentado na Figura 6-48) aplica-se a todos os três principais ramos da vida, proporcionando uma evidência importante quanto à ancestralidade comum de todos os seres vivos na Terra. Embora sejam raras, existem exceções a esse código. Por exemplo, *Candida albicans*, o fungo patogênico mais prevalente em humanos, traduz o código CUG como serina, enquanto praticamente todos os outros organismos o traduzem como leucina. As mitocôndrias (que possuem seu próprio genoma e codificam a maior parte de seu aparato de tradução) também apresentam várias diferenças quando comparadas ao código-padrão. Por exemplo, em mitocôndrias de

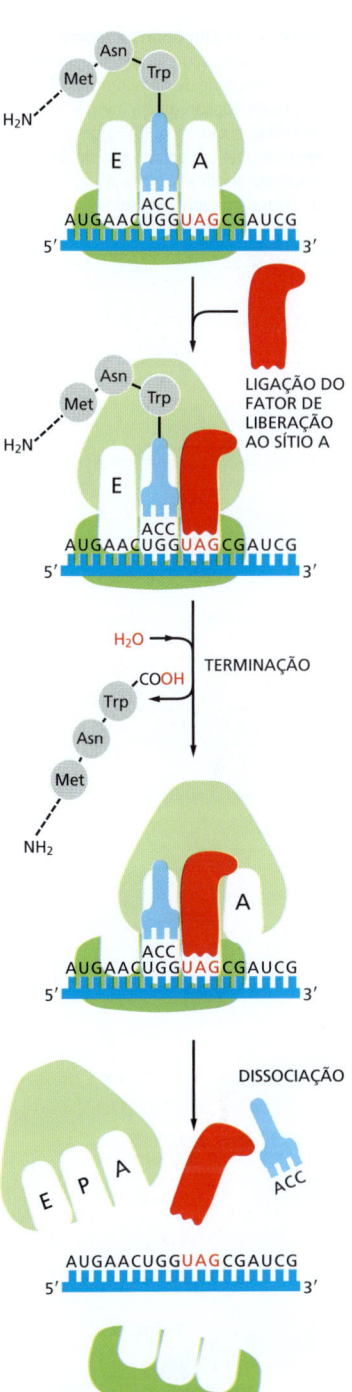

Figura 6-72 Fase final da síntese de proteínas. A ligação de um fator de liberação ao sítio A que contém o códon de parada (códon *stop*) finaliza a tradução. O polipeptídeo completo é liberado e, após uma série de reações que requerem proteínas adicionais e hidrólise de GTP (não ilustradas), o ribossomo se dissocia em suas duas subunidades.

Figura 6-73 Um polirribossomo.
(A) Representação esquemática mostrando como uma série de ribossomos pode traduzir simultaneamente a mesma molécula de mRNA eucariótico. (B) Fotomicrografia eletrônica de um polirribossomo de uma célula eucariótica (Animação 6.10).
(B, cortesia de John Heuser.)

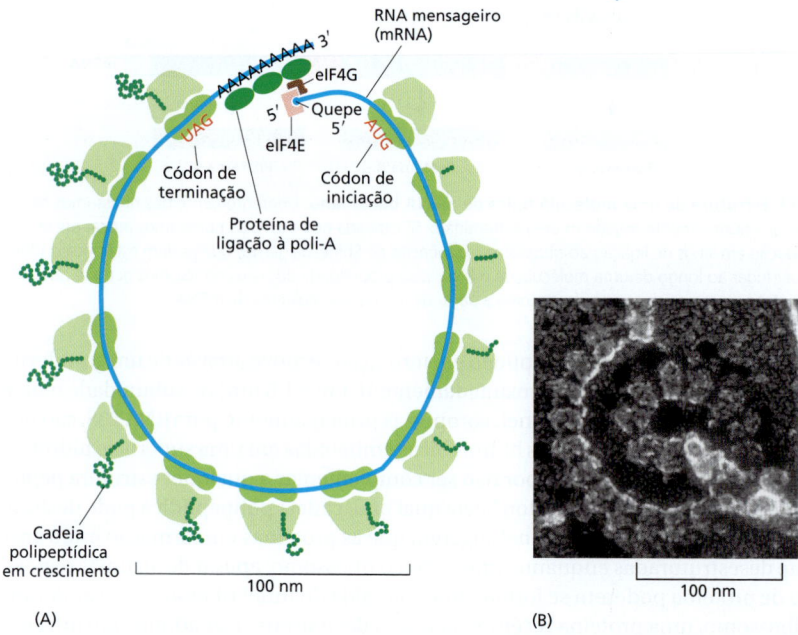

mamíferos, AUA é traduzido como metionina, enquanto, no citosol da célula, esse códon é traduzido como isoleucina (ver Tabela 14-3, p. 805). Esse tipo de diferença no código genético é "fixado no programa" dos organismos ou das organelas em que ocorre.

Um tipo diferente de variação, às vezes denominada *recodificação de tradução*, ocorre em muitas células. Nesse caso, outras informações nas sequências nucleotídicas presentes em um mRNA podem modificar o significado do código genético em uma região determinada de uma molécula de mRNA. O código-padrão permite que as células produzam proteínas usando apenas 20 aminoácidos. Entretanto, as bactérias, as arqueobactérias e os eucariotos têm um vigésimo primeiro aminoácido disponível para ser usado, o qual pode ser incorporado diretamente em uma cadeia polipeptídica em formação, por meio de recodificação de tradução. A selenocisteína, essencial para o funcionamento eficiente de diversas enzimas, contém um átomo de selênio no lugar do átomo de enxofre da cisteína. A selenocisteína é produzida enzimaticamente a partir de uma serina ligada a uma molécula de tRNA especial que forma pares de bases com o códon UGA, um códon normalmente utilizado para sinalizar o final da tradução. Os mRNAs para as proteínas nas quais a selenocisteína deve ser inserida em um códon UGA possuem uma sequência adicional de nucleotídeos na proximidade do local de inserção, que desencadeia o evento de recodificação (**Figura 6-74**).

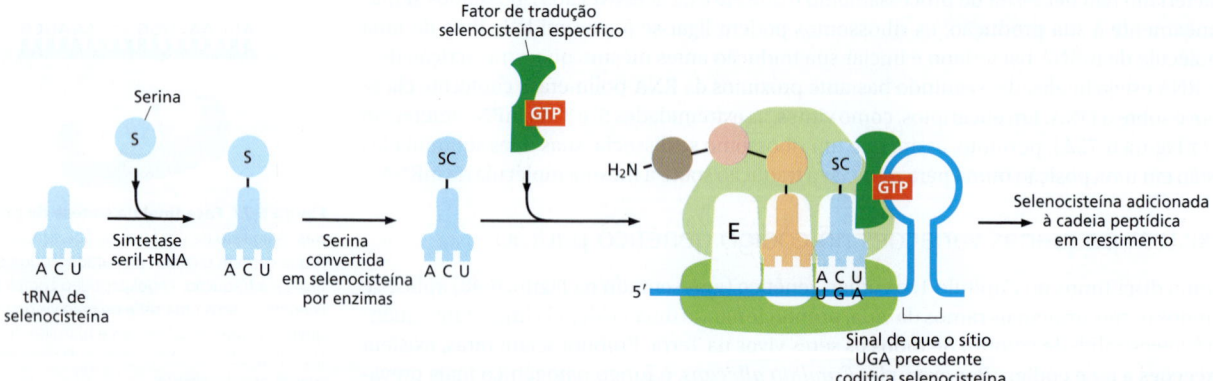

Figura 6-74 Incorporação de selenocisteína em uma cadeia polipeptídica em crescimento. Um tRNA especializado é carregado com serina pela seril--tRNA-sintetase normal, e a serina é então enzimaticamente convertida em selenocisteína. Uma estrutura específica de RNA no mRNA (uma estrutura de haste e alça com uma sequência nucleotídica específica) sinaliza que a selenocisteína deve ser inserida no códon UGA adjacente. Como indicado, esse evento requer a participação de um fator de tradução específico para a selenocisteína. Após a adição de selenocisteína, a tradução continua até que um códon de terminação convencional seja encontrado.

Inibidores da síntese de proteínas em procariotos são úteis como antibióticos

Muitos dos mais eficientes antibióticos utilizados na medicina moderna são compostos produzidos por fungos que inibem a síntese de proteína bacteriana. Os fungos e as bactérias competem por vários nichos ambientais semelhantes e milhões de anos de coevolução resultaram nos potentes inibidores bacterianos desenvolvidos pelos fungos. Alguns desses fármacos exploram as diferenças estruturais e funcionais entre os ribossomos bacterianos e eucarióticos de forma a interferir preferencialmente no funcionamento dos ribossomos bacterianos. Consequentemente, alguns desses compostos podem ser ingeridos em altas doses por seres humanos sem que ocorra uma toxicidade indesejada. Muitos antibióticos se alojam em fendas dos rRNAs e simplesmente interferem no bom funcionamento do ribossomo; outros bloqueiam porções específicas do ribossomo, como o canal de saída (**Figura 6-75**). A **Tabela 6-4** lista alguns desses antibióticos comuns além de vários outros inibidores da síntese proteica, alguns dos quais capazes de atuar em células eucarióticas e que, portanto, não podem ser utilizados como antibióticos.

Devido ao fato de bloquearem etapas específicas nos processos que levam do DNA à proteína, muitos dos compostos listados na Tabela 6-4 são utilizados para estudos de biologia celular. Entre os fármacos mais comumente utilizados em tais investigações estão o *cloranfenicol*, a *ciclo-hexamida* e a *puromicina*, todos inibidores específicos da síntese proteica. Em uma célula eucariótica, por exemplo, o cloranfenicol inibe a síntese de proteína nos ribossomos somente na mitocôndria (e, nas plantas, nos cloroplastos), provavelmente refletindo as origens procarióticas dessas organelas (discutido no Capítulo 14). A ciclo-hexamida, ao contrário, afeta somente ribossomos no citosol. A puromicina apresenta um detalhe interessante, pois é estruturalmente análoga a uma molécula de tRNA ligada a um aminoácido, sendo, consequentemente, outro exemplo de mimetismo molecular; o ribossomo reconhece erroneamente esse composto como se fosse um aminoácido autêntico e incorpora-o covalentemente na extremidade C-terminal de uma cadeia peptídica em crescimento, provocando, dessa forma, a terminação prematura e a liberação do polipeptídeo. Como esperado, a puromicina inibe a síntese proteica tanto em procariotos quanto em eucariotos.

Mecanismos de controle de qualidade impedem a tradução de mRNAs danificados

Em eucariotos, a produção de mRNA envolve a transcrição e uma série de etapas elaboradas de processamento do RNA; como já vimos, esse processamento ocorre no núcleo, segregado dos ribossomos, e apenas quando concluído os mRNAs são transportados para o citoplasma para serem traduzidos (ver Figura 6-38). No entanto, esse esquema não é à prova de erros e alguns mRNAs processados de forma incorreta são inadvertida-

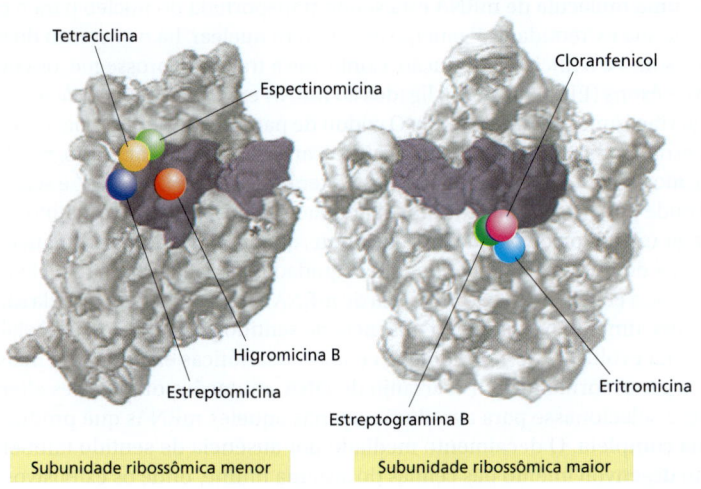

Figura 6-75 Sítios de ligação para antibióticos em ribossomos bacterianos. As subunidades menor (à *esquerda*) e maior (à *direita*) do ribossomo estão dispostas como se o ribossomo fosse aberto como um livro. Os sítios de ligação de antibióticos estão marcados com esferas coloridas, e as moléculas de tRNA ligadas são mostradas em *roxo* (ver Figura 6-62). A maioria dos antibióticos mostrados liga-se diretamente a fendas formadas pelas moléculas do rRNA. A higromicina B induz erros de tradução, a espectinomicina bloqueia a translocação do peptidil-tRNA do sítio A para o sítio P, e a estreptogramina B impede a extensão de peptídeos nascentes. A Tabela 6-4 lista os mecanismos de inibição dos outros antibióticos mostrados na figura. (Adaptada de J. Poehlsgaard e S. Douthwaite, *Nat. Rev. Microbiol.* 3:870–881, 2005. Com permissão de Macmillan Publishers Ltd.)

TABELA 6-4 Inibidores de síntese proteica ou de RNA	
Inibidor	Efeito específico
Com ação somente em bactérias	
Tetraciclina	Bloqueia a ligação do aminoacil-tRNA ao sítio A do ribossomo.
Estreptomicina	Evita a transição da iniciação da tradução para a extensão de cadeia, podendo também causar erros de decodificação.
Cloranfenicol	Bloqueia a reação da peptidiltransferase nos ribossomos (etapa 2 na Figura 6-64).
Eritromicina	Liga-se no canal de saída do ribossomo e, dessa forma, inibe a extensão da cadeia peptídica.
Rifampicina	Bloqueia a iniciação das cadeias de RNA por meio da ligação à RNA-polimerase (evita a síntese de RNA).
Com ação em bactérias e em eucariotos	
Puromicina	Causa a liberação prematura das cadeias polipeptídicas em formação por meio de sua adição à extremidade da cadeia em crescimento.
Actinomicina D	Liga-se ao DNA e bloqueia o movimento da RNA-polimerase (evita a síntese de RNA).
Com ação em eucariotos, mas não em bactérias	
Ciclo-hexamida	Bloqueia a reação de translocação nos ribossomos (etapa 3 na Figura 6-64).
Anisomicina	Bloqueia a reação da peptidiltransferase nos ribossomos (etapa 2 na Figura 6-64).
α-amanitina	Bloqueia a síntese de mRNA por meio de sua ligação preferencial à RNA-polimerase II.

Os ribossomos de mitocôndrias (e de cloroplastos) de eucariotos com frequência assemelham-se aos ribossomos de bactérias no que concerne à sua sensibilidade a inibidores. Portanto, alguns desses antibióticos podem ter um efeito deletério sobre as mitocôndrias de humanos.

mente transferidos para o citosol. Além disso, uma molécula de mRNA que estava intacta ao deixar o núcleo pode ser quebrada ou sofrer alguma outra alteração no citosol. O perigo da tradução de um mRNA lesado ou processado de forma incompleta (que levaria à produção de proteínas truncadas ou aberrantes) é aparentemente tão grande que a célula possui várias medidas de controle para evitar esse tipo de acontecimento. Para evitar a tradução de moléculas quebradas de mRNA, por exemplo, tanto o quepe 5' quanto a cauda de poli-A são reconhecidos pelo aparato de iniciação da tradução antes de seu início (ver Figura 6-70).

O mais poderoso sistema de vigilância do mRNA, chamado de **decaimento do mRNA mediado por ausência de sentido**, elimina os mRNAs defeituosos antes que eles se afastem do núcleo. Esse mecanismo é acionado quando a célula identifica que uma molécula de mRNA apresenta um códon sem sentido (de terminação) (UAA, UAG ou UGA) em um local "errado". Essa situação poderá ocorrer em uma molécula de mRNA que sofreu *splicing* indevido, pois o *splicing* inadequado geralmente resultará na introdução aleatória de um códon sem sentido na fase de leitura do mRNA, especialmente em organismos, como os seres humanos, que têm íntrons com um tamanho médio grande (ver Figura 6-31B).

O mecanismo de decaimento do mRNA mediado por ausência de sentido começa quando uma molécula de mRNA está sendo transportada do núcleo para o citoplasma. Conforme sua extremidade 5' emerge de um poro nuclear, há o encontro do mRNA com um ribossomo e o início da tradução. Conforme a tradução prossegue, os complexos de junção de éxons (EJCs) que estão ligados ao mRNA em cada sítio de *splicing* são deslocados pelo ribossomo em movimento. O códon de parada normal se situa internamente ao último éxon, por isso, quando o ribossomo alcançá-lo e nele ficar retido, não haverá mais EJCs ligados ao mRNA. Nesse caso, o mRNA terá "passado a inspeção" e será liberado no citosol onde poderá ser traduzido em quantidade (**Figura 6-76**). No entanto, se o ribossomo atingir um códon de parada precocemente, quando EJCs ainda permanecem ligados, a molécula de mRNA será rapidamente degradada. Assim, o primeiro ciclo de tradução permite que a célula teste cada molécula de mRNA no momento em que ela sai do núcleo.

O decaimento mediado por ausência de sentido pode ter sido especialmente importante na evolução, permitindo que células eucarióticas explorassem mais facilmente novos genes formados por rearranjo de DNA, mutações ou padrões alternativos de *splicing*, e selecionasse para a tradução apenas aqueles mRNAs que produzissem uma proteína completa. O decaimento mediado por ausência de sentido também é importante no desenvolvimento das células do sistema imune, onde os extensivos rearranjos

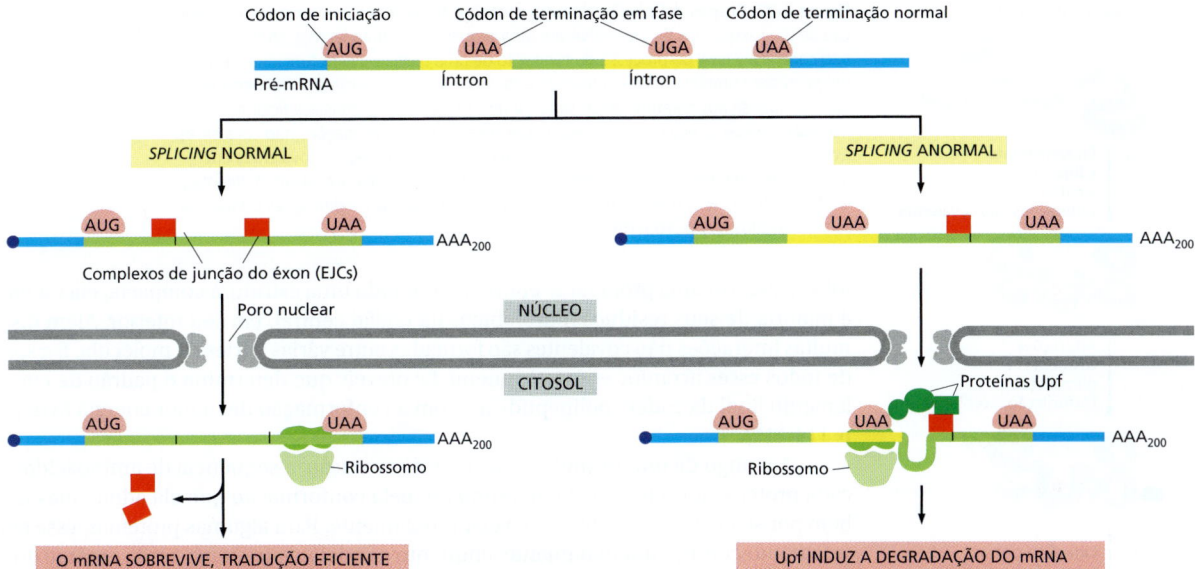

Figura 6-76 Decaimento do mRNA mediado por ausência de sentido. Como ilustrado à direita, uma incapacidade de realizar o *splicing* adequado de um pré-mRNA frequentemente introduz um códon de terminação precoce em fase de leitura para a proteína. Esses mRNAs anormais são destruídos pelo mecanismo de decaimento mediado por ausência de sentido. Para ativar esse mecanismo, uma molécula de mRNA contendo complexos de junção do éxon (EJCs) para marcar locais de processamento completo de modo adequado, é inicialmente ligada por um ribossomo que realiza um ciclo de "teste" de tradução. Conforme o mRNA passa através do estreito canal do ribossomo, os EJCs se dissociam e mRNAs que conseguem realizar toda a passagem são liberados para múltiplos ciclos de tradução (*lado esquerdo*). No entanto, se um códon de parada em fase de leitura é encontrado antes que o EJC final seja alcançado (*lado direito*), o mRNA sofre decaimento mediado por ausência de sentido, acionado pelas proteínas Upf (*verde*) que se ligam a cada EJC. Observe que este mecanismo garante que o decaimento mediado por ausência de sentido seja desencadeado apenas quando o códon de parada prematuro está na mesma fase de leitura que a proteína normal. (Adaptada de J. Lykke-Andersen et al., *Cell* 103:1121–1131, 2000. Com permissão de Elsevier.)

de DNA que ocorrem (ver Figura 24-28) com frequência geram códons de terminação precoce. O sistema de vigilância degrada os mRNAs produzidos a partir de tais rearranjos gênicos e, dessa forma, evita os potenciais efeitos tóxicos de proteínas truncadas.

A via de vigilância mediada pela ausência de sentido também desempenha um importante papel na diminuição dos sintomas de várias doenças genéticas humanas. Como vimos anteriormente, doenças hereditárias são muitas vezes causadas por mutações que interferem negativamente no funcionamento de uma proteína essencial, como a hemoglobina ou um dos fatores de coagulação sanguínea. Aproximadamente um terço das doenças genéticas em humanos é resultante de mutações sem sentido ou de alterações que incorporam mutações sem sentido na fase de leitura do gene (como as mutações de troca de fase de leitura ou mutações em sítios de *splicing*). Em indivíduos portadores de um gene mutante e um gene funcional, o decaimento mediado por ausência de sentido elimina o mRNA anormal e, dessa forma, impede que uma proteína potencialmente tóxica seja formada. Sem esse sistema de segurança, indivíduos com um gene funcional e um gene mutante "da doença" provavelmente apresentariam sintomas muito mais graves.

Algumas proteínas iniciam o seu enovelamento ainda durante a síntese

O processo de expressão de genes não termina quando o código genético foi utilizado para criar a sequência de aminoácidos que constitui a proteína. Para ser útil à célula, essa nova cadeia polipeptídica deve se enovelar, adquirindo a sua conformação tridimensional característica, ligar-se a alguma pequena molécula cofator necessária para a sua atividade, ser apropriadamente modificada por proteínas-cinase ou outras enzimas modificadoras de proteínas e associar-se corretamente a outras subunidades proteicas necessárias para sua função (**Figura 6-77**).

As informações necessárias para todas as etapas listadas anteriormente estão contidas, em última instância, na sequência de aminoácidos que o ribossomo produz quando traduz uma molécula de mRNA em uma cadeia polipeptídica. Como discutido no Capí-

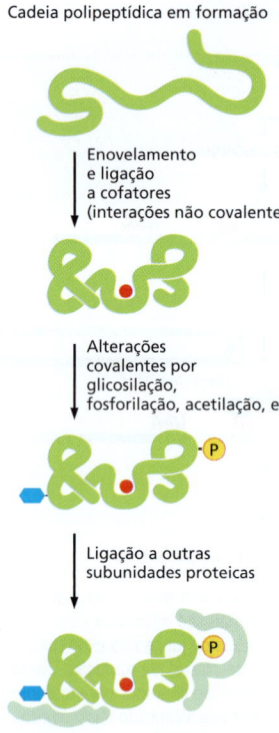

Cadeia polipeptídica em formação

Enovelamento e ligação a cofatores (interações não covalentes)

Alterações covalentes por glicosilação, fosforilação, acetilação, etc.

Ligação a outras subunidades proteicas

Proteína funcional madura

Figura 6-77 Etapas da criação de uma proteína funcional. Como indicado, a tradução de uma sequência de um mRNA em uma sequência de aminoácidos no ribossomo não constitui o final do processo de formação de uma proteína. Para funcionar, a cadeia polipeptídica completa deve se enovelar, adquirindo uma conformação tridimensional correta, ligar-se aos cofatores necessários, e unir-se a cadeias proteicas adicionais, se necessário. Essas alterações são direcionadas pela formação de ligações não covalentes. Como indicado, muitas proteínas também precisam de modificações covalentes em aminoácidos determinados. Embora as modificações mais frequentes sejam a glicosilação e a fosforilação das proteínas, mais de 200 tipos diferentes de modificações covalentes são conhecidos (ver p. 165-166.).

tulo 3, quando uma proteína se enovela, formando uma estrutura compacta, ela esconde a maioria de seus resíduos hidrofóbicos na região central, em seu interior. Além disso, muitas interações não covalentes são formadas entre várias partes da molécula. É a soma de todos esses arranjos energeticamente favoráveis que determina o padrão de enovelamento final da cadeia polipeptídica – com a conformação de menor energia livre (ver p. 114-115).

Ao longo de muitos milhões de anos de evolução, a sequência de aminoácidos de cada proteína foi selecionada não somente pela conformação que ela adota, mas também por sua capacidade de se enovelar rapidamente. Para algumas proteínas, esse enovelamento começa imediatamente, enquanto a cadeia de proteína ainda emerge do ribossomo, começando a partir da extremidade N-terminal. Nesses casos, conforme cada domínio proteico emerge do ribossomo, em um intervalo de poucos segundos, o ribossomo forma uma estrutura compacta, a qual contém a maior parte das características secundárias finais (α-hélices e folhas β) alinhadas de uma maneira aproximadamente correta (**Figura 6-78**). Em alguns domínios proteicos, essa estrutura flexível e aberta, denominada *glóbulo maleável*, é o ponto inicial para um processo relativamente lento em que ocorrem muitos ajustes nas cadeias laterais, os quais, finalmente, levam à formação correta da estrutura terciária. São necessários vários minutos para sintetizar uma proteína de tamanho médio e, no caso de muitas proteínas, grande parte do processo de enovelamento estará completa no momento em que o ribossomo libera a extremidade C-terminal da proteína (**Figura 6-79**).

As chaperonas moleculares auxiliam no enovelamento da maioria das proteínas

A maioria das proteínas provavelmente não é corretamente enovelada durante a sua síntese e exige uma classe especial de proteínas chamadas **chaperonas moleculares** para esse procedimento. As chaperonas moleculares são úteis para as células, pois há muitas vias de enovelamento diferentes disponíveis para uma proteína não enovelada ou parcialmente enovelada. Sem as chaperonas, algumas dessas vias não conduziriam à forma corretamente enovelada (e mais estável), pois a proteína se tornaria "cineticamente

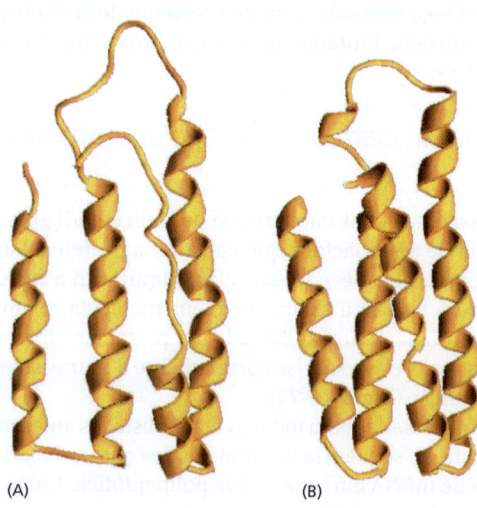

Figura 6-78 Estrutura de um glóbulo maleável. (A) A forma de um glóbulo maleável do citocromo b_{562} é mais aberta e menos organizada do que a forma final enovelada da proteína, ilustrada em (B). Observe que o glóbulo maleável já apresenta quase toda a estrutura secundária da forma final, embora as extremidades das α-hélices estejam desordenadas e uma das hélices esteja somente parcialmente formada. (Cortesia de Joshua Wand, de Y. Feng et al., *Nat. Struct. Biol.* 1:30–35, 1994. Com permissão de Macmillan Publishers Ltd.)

(A)   (B)

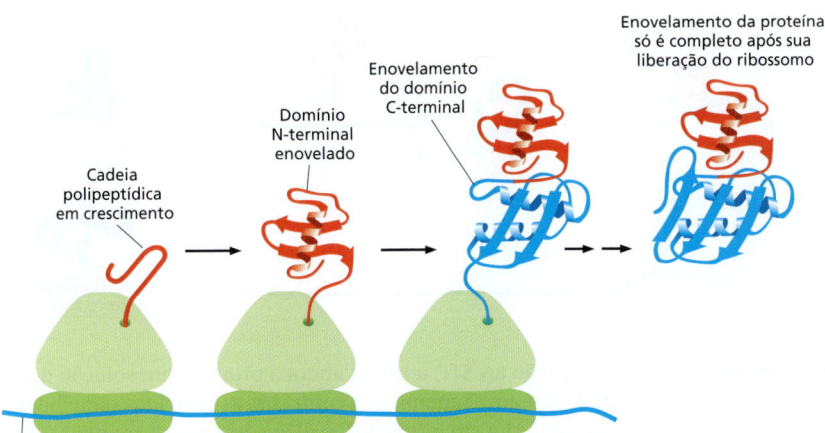

Figura 6-79 Enovelamento cotraducional de uma proteína. Uma cadeia polipeptídica em crescimento é ilustrada adquirindo suas estruturas secundária e terciária conforme emerge do ribossomo. O domínio N-terminal se enovela antes, enquanto o domínio C-terminal ainda está sendo sintetizado. Essa proteína, no momento em que for liberada do ribossomo, ainda não terá adquirido sua conformação final. (Modificada de A.N. Fedorov e T.O. Baldwin, *J. Biol. Chem.* 272:32715–32718, 1997.)

presa" em estruturas que estão "às margens do caminho". Algumas dessas conformações iriam agregar dando origem a becos sem saída de estruturas não funcionais irreversíveis (e potencialmente perigosas).

As chaperonas moleculares reconhecem especificamente configurações erradas e enovelamentos inadequados devido à exposição de superfícies hidrofóbicas, que nas proteínas corretamente enoveladas normalmente encontram-se protegidas do ambiente. A ligação entre essas superfícies hidrofóbicas expostas leva à agregação irreversível das conformações errôneas. Vimos, no Capítulo 3, que, em alguns casos de doenças humanas hereditárias, formam-se agregados que podem causar sintomas graves ou mesmo levar à morte. As chaperonas impedem que isso aconteça em proteínas normais por ligarem-se às superfícies hidrofóbicas expostas com suas próprias superfícies hidrofóbicas. Como veremos a seguir, existem vários tipos de chaperonas; uma vez ligadas a uma proteína enovelada incorretamente, elas irão, em última instância, liberá-las sob uma forma que dará à proteína uma nova chance de se enovelar corretamente.

As células utilizam diversos tipos de chaperonas

As chaperonas moleculares são denominadas *proteínas de choque térmico* (hsp, *heat shock proteins*), pois são sintetizadas em quantidades significativamente aumentadas após uma breve exposição das células a uma temperatura elevada (p. ex., 42°C para células que normalmente vivem a 37°C). Isso reflete a operação de um sistema de retroalimentação que responde a um aumento de proteínas erroneamente enoveladas (como aquelas produzidas por temperaturas elevadas), induzindo a síntese das chaperonas, as quais auxiliam essas proteínas a se enovelarem novamente.

Existem várias famílias importantes de chaperonas moleculares, incluindo as proteínas hsp60 e hsp70. Diferentes membros dessas famílias atuam em diferentes organelas. Assim, como discutido no Capítulo 12, as mitocôndrias contêm suas próprias moléculas de hsp60 e hsp70, que são diferentes daquelas que atuam no citosol; e uma hsp70 especial (denominada *BIP*) ajuda as proteínas a se enovelarem no retículo endoplasmático.

As proteínas hsp60 e hsp70 trabalham com seus próprios pequenos grupos de proteínas associadas quando auxiliam o enovelamento de outras proteínas. Elas compartilham uma afinidade por pequenas áreas hidrofóbicas expostas nas proteínas enoveladas de forma incompleta e hidrolisam ATP geralmente ligando e liberando seus substratos proteicos a cada ciclo de hidrólise de ATP. Em outros aspectos, os dois tipos de proteínas hsp funcionam de forma diferente. A maquinaria da hsp70 atua precocemente sobre muitas proteínas (muitas vezes antes que a proteína deixe o ribossomo), com cada monômero da hsp70 ligando-se a uma cadeia de cerca de quatro ou cinco aminoácidos hidrofóbicos

Figura 6-80 A família de chaperonas moleculares hsp70. Essas proteínas agem precocemente, reconhecendo uma pequena região de aminoácidos hidrofóbicos na superfície de uma proteína. Auxiliadas por um grupo de proteínas hsp40 menores (não ilustradas), as moléculas hsp70 ligadas ao ATP ligam-se à proteína-alvo e hidrolisam ATP em ADP, sofrendo uma alteração conformacional que faz as moléculas hsp70 se prenderem ainda mais fortemente ao seu alvo. A seguir, ocorre dissociação da hsp40, e a rápida religação de ATP induz a dissociação da proteína hsp70 por meio da liberação de ADP. Os ciclos repetidos de ligação e liberação da hsp ajudam o novo enovelamento da proteína-alvo.

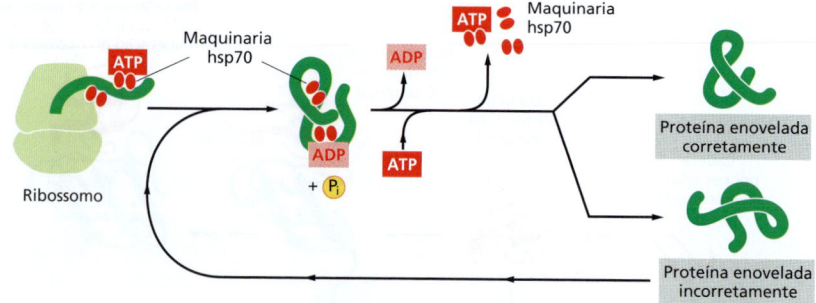

(**Figura 6-80**). Quando da ligação ao ATP, a hsp70 libera a proteína em solução dando-lhe uma nova oportunidade de enovelamento. Em contraste, as proteínas semelhantes a hsp60 formam uma grande estrutura em forma de barril que age após a proteína ter sido totalmente sintetizada. Esse tipo de chaperona, às vezes chamado de *chaperonina*, forma uma "câmara de isolamento" para o processo de dobramento (**Figura 6-81**).

Para entrar em uma câmara, uma proteína substrato é inicialmente capturada pela entrada hidrofóbica da câmara. A proteína é então liberada no interior da câmara, que é revestida com superfícies hidrofílicas, e a câmara é selada com uma tampa, um passo que requer ATP. Nesse momento, o substrato pode se enovelar adquirindo sua conformação final no isolamento, situação em que não há outras proteínas com as quais possa agregar. Quando o ATP é hidrolisado, a tampa é ejetada e a proteína substrato, tenha ela conseguido se enovelar ou não, é liberada da câmara.

As chaperonas ilustradas nas Figuras 6-80 e 6-81 frequentemente requerem vários ciclos de hidrólise de ATP para promover o enovelamento correto de uma única cadeia polipeptídica. Essa energia é utilizada para executar movimentos mecânicos das "máquinas" hsp60 e hsp70, convertendo-as de formas de ligação para formas de liberação. Da mesma forma que vimos para a transcrição, para o *splicing* e para a tradução, o gasto de energia pode ser usado pelas células para aumentar a acurácia dos processos biológicos. No caso do enovelamento de proteínas, a hidrólise de ATP permite que as chaperonas reconheçam uma ampla variedade de estruturas erroneamente enoveladas, impeçam novos enovelamentos inadequados e recomecem o enovelamento da proteína de forma correta.

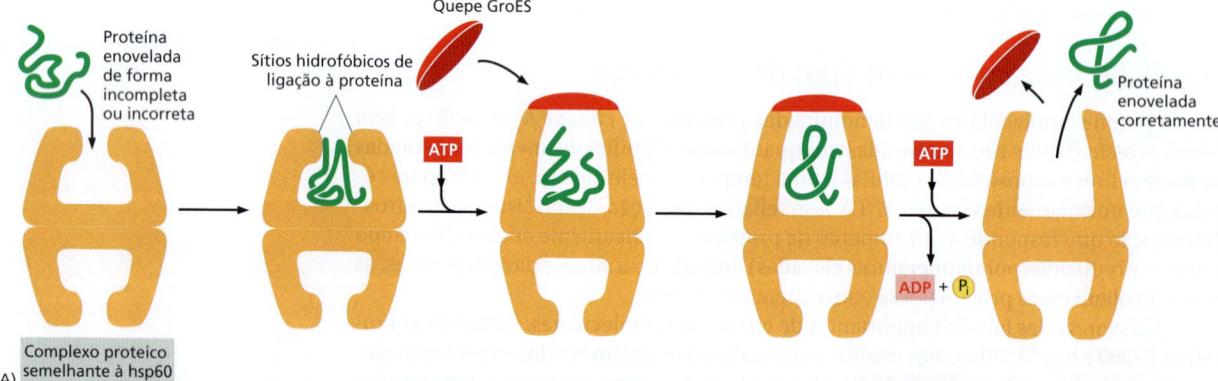

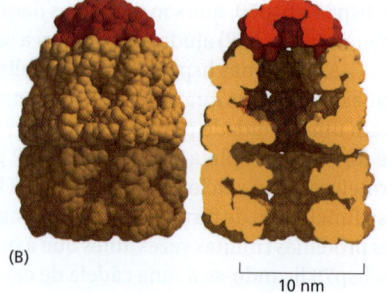

Figura 6-81 Estrutura e função da família hsp60 de chaperonas moleculares. (A) Uma proteína mal enovelada é inicialmente capturada por interações hidrofóbicas com a superfície exposta da abertura. A ligação inicial muitas vezes ajuda a desnaturar uma proteína mal enovelada. A subsequente ligação de ATP e de um quepe libera a proteína do substrato em um espaço fechado onde ela tem uma nova oportunidade de enovelamento. Após cerca de 10 segundos ocorre hidrólise de ATP, enfraquecendo a ligação do quepe. A subsequente ligação de moléculas de ATP adicionais ejeta o quepe, e a proteína é liberada. Conforme indicado, somente uma metade do cilindro simétrico opera sobre uma determinada proteína de cada vez. Esse tipo de chaperona molecular também é conhecido como uma chaperonina; é designada como hsp60 na mitocôndria, TCP1 no citosol das células de vertebrados e GroEL em bactérias. (B) A estrutura de GroEL ligada ao seu quepe GroES, conforme determinado por cristalografia de raios X. À *esquerda* mostra-se a parte externa da estrutura em barril, e, à *direita*, um corte transversal através do seu centro. (B, adaptada de B. Bukau e A.L. Horwich, *Cell* 92:351–366, 1998. Com permissão de Elsevier.)

Apesar de nossa discussão estar centrada em apenas dois tipos de chaperonas, a célula possui uma ampla variedade dessas moléculas. A enorme diversidade de proteínas nas células provavelmente requer um amplo espectro de chaperonas, com certa versatilidade em termos de capacidades de correção e vigilância.

As regiões hidrofóbicas expostas fornecem sinais essenciais para o controle de qualidade da proteína

Se aminoácidos radioativos forem adicionados a células por um curto período, as novas proteínas sintetizadas poderão ser acompanhadas à medida que elas amadurecerem até suas formas funcionais finais. Esse tipo de experimento demonstra que as proteínas hsp70 agem cedo, atuando inicialmente quando uma proteína ainda está sendo sintetizada em um ribossomo e que as proteínas semelhantes a hsp60 atuam apenas mais tarde para auxiliar a enovelar as proteínas completas. Vimos que a célula distingue proteínas erroneamente enoveladas, que requerem novos ciclos de enovelamento mediados por ATP, daquelas com as estruturas corretas por meio do reconhecimento das superfícies hidrofóbicas.

Geralmente, se uma proteína possui uma área considerável de aminoácidos hidrofóbicos exposta em sua superfície, ela não é normal: ou ela sofreu um enovelamento incorreto após ter deixado o ribossomo, ou sofreu um acidente, em um dado momento, que a desnaturou parcialmente, ou não encontrou outra subunidade normal para a formação de um complexo proteico maior. Tal proteína não apenas é inútil para a célula, como pode também ser perigosa.

As proteínas que rapidamente sofrem enovelamento correto, por conta própria, não apresentam tais padrões e geralmente dispensam as chaperonas. Para as demais proteínas, as chaperonas podem realizar o "reparo de proteína", dando-lhes possibilidades adicionais de enovelamento, ao mesmo tempo em que impedem a sua agregação.

A **Figura 6-82** destaca o controle de qualidade e as escolhas que uma célula apresenta para uma proteína recém-sintetizada difícil de enovelar. Como indicado, quando a tentativa de enovelamento de uma proteína falha, um mecanismo adicional é acionado, o qual destrói completamente a proteína por proteólise. A via proteolítica inicia com o reconhecimento de uma região hidrofóbica anormal na superfície de uma proteína e finaliza com a entrega da proteína para uma máquina de destruição proteica, uma protease complexa conhecida como *proteassomo*. Como descrito a seguir, esse processo depende de um sistema elaborado de marcação da proteína que também tem outras funções centrais na célula envolvendo a destruição de proteínas normais selecionadas.

O proteassomo é uma protease compartimentalizada com sítios ativos sequestrados

A maquinaria proteolítica e as chaperonas competem entre si para reorganizar as proteínas erroneamente enoveladas. Se uma proteína recém-sintetizada sofrer um rápido enovelamento, no máximo uma pequena fração da proteína será degradada. Em contraste, uma proteína de enovelamento lento fica vulnerável para a atuação da maquinaria proteolítica por mais tempo e um número muito maior de moléculas pode ser destruído antes que ela possa atingir seu estado de enovelamento adequado. Devido a mutações ou a erros na transcrição, no *splicing* do RNA ou na tradução, algumas proteínas nunca

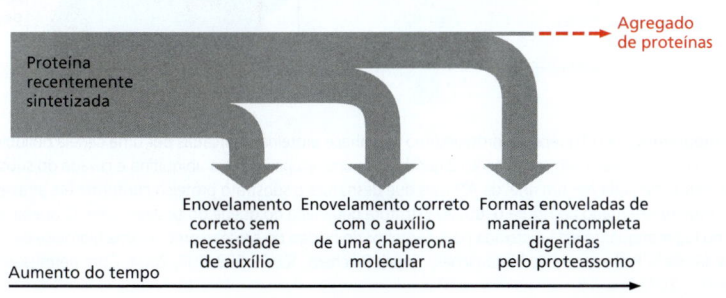

Figura 6-82 Os processos que monitoram a qualidade da proteína após a síntese proteica. Uma proteína recentemente sintetizada algumas vezes se enovela corretamente e associa-se a outras proteínas semelhantes, sem a necessidade de auxílio; nesse caso, os mecanismos de controle de qualidade não processam a proteína. As proteínas enoveladas incorretamente são auxiliadas pelas chaperonas moleculares, visando seu enovelamento correto: inicialmente atua a família de proteínas hsp70 e a seguir, em alguns casos, as proteínas semelhantes à hsp60. Para ambos os tipos de chaperonas, as proteínas substrato são reconhecidas devido a uma região anormal de aminoácidos hidrofóbicos expostos na sua superfície. Esse "processo de resgate" compete com um sistema diferente que reconhece uma região hidrofóbica anormal exposta e transfere a proteína que a contém para um proteassomo, visando sua completa destruição. A atividade combinada de todos esses processos é necessária para evitar a agregação massiva de proteínas em uma célula, o que pode ocorrer quando muitas regiões hidrofóbicas das proteínas se agrupam de forma inespecífica.

Figura 6-83 O proteassomo. (A) Uma visão em corte da estrutura do cilindro 20S central, conforme determinada por cristalografia de raios X, com os sítios ativos das proteases indicados por *pontos vermelhos*. (B) A estrutura completa do proteassomo, na qual o cilindro central (*amarelo*) é suplementado por um quepe 19S (*azul*) em cada extremidade. O complexo do quepe (também denominado partícula reguladora) se liga seletivamente às proteínas marcadas com ubiquitina para a destruição; a seguir, usa a hidrólise de ATP para desnaturar suas cadeias polipeptídicas e as coloca através de um estreito canal (ver Figura 6-85) na câmara interna do cilindro 20S para sua digestão em pequenos peptídeos. (B, de W. Baumeister et al., *Cell* 92:367–380, 1998. Com permissão de Elsevier.)

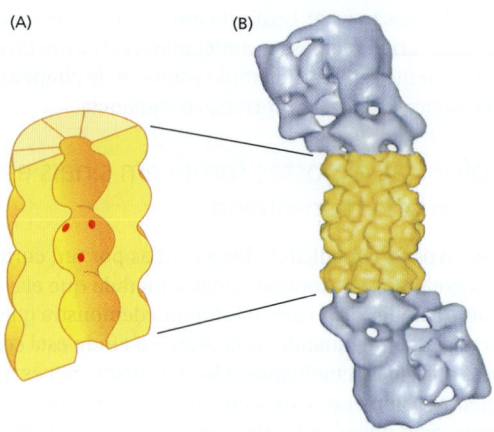

se enovelam corretamente, e é particularmente importante que a célula destrua essas proteínas potencialmente nocivas.

O aparato que deliberadamente destrói proteínas anormais é o **proteassomo**, uma abundante protease dependente de ATP que constitui cerca de 1% das proteínas celulares. Presente em muitas cópias dispersas no citosol e no núcleo, o proteassomo também destrói proteínas aberrantes que entram no retículo endoplasmático (RE). Nesse último caso, um sistema de vigilância baseado no RE detecta proteínas que falharam no processo de enovelamento ou de associação corretos após entrarem no RE e *retrotransloca-as* para o citosol para serem degradadas pelo proteassomo (discutido no Capítulo 12).

Cada proteoassomo consiste em um cilindro central oco (o proteassomo central 20S) formado a partir de múltiplas subunidades proteicas que se associam sob a forma de um tubo de quatro anéis heptaméricos (**Figura 6-83**). Algumas das subunidades são proteases cujos sítios ativos estão voltados para a câmara interna do cilindro, impedindo-as de atuar descontroladamente sobre a célula. Cada extremidade do cilindro normalmente está associada a um grande complexo proteico (a capa 19S), que contém um anel proteico com seis subunidades, pelo qual as proteínas-alvo são introduzidas no centro do proteassomo onde serão degradadas (**Figura 6-84**). A reação de desespiralização, direcionada por hidrólise de ATP, desnatura (ou desestrutura) as proteínas-alvo conforme elas se movem através do quepe, expondo-as para as proteases que revestem a região central do proteassomo (**Figura 6-85**). As proteínas que compõem a estrutura em anel da capa do proteassomo pertencem a uma grande classe de proteínas de "desnaturação", conhecidas como *proteínas AAA*. Muitas delas funcionam como hexâmeros, e

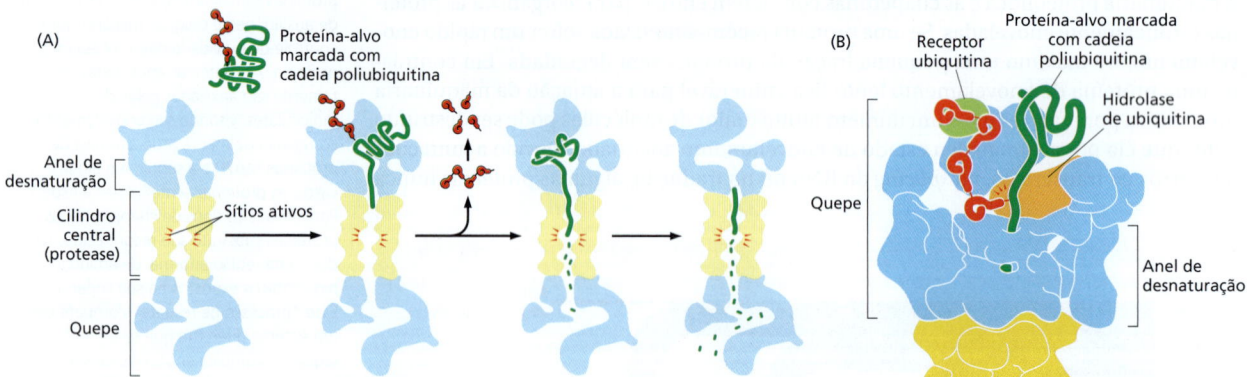

Figura 6-84 Digestão progressiva de proteínas pelo proteassomo. (A) O quepe do proteassomo reconhece proteínas marcadas por uma cadeia poliubiquitina (ver Figura 3-70), e subsequentemente transloca-as para o centro do proteassomo, onde serão digeridas. Em uma etapa inicial, a ubiquitina é clivada do substrato proteico e é reciclada. A translocação para o centro do proteassomo é mediada por um anel de ATPases que desnatura o substrato proteico conforme ele atravessa o anel rumo ao centro do proteassomo. Esse anel de desnaturação está representado na Figura 6–85. (B) Estrutura detalhada do quepe do proteassomo. O quepe inclui um receptor ubiquitina, que segura uma proteína ubiquitinada no lugar enquanto esta é puxada para o interior do núcleo do proteassomo, e uma hidrolase de ubiquitina, que cliva a ubiquitina da proteína a ser destruída. (A, de S. Prakash and A. Matouschek, *Trends Biochem. Sci.* 29:593–600, 2004. Com permissão de Elsevier. B, adaptado de G.C. Lander et al., *Nature* 482:186–191, 2012.)

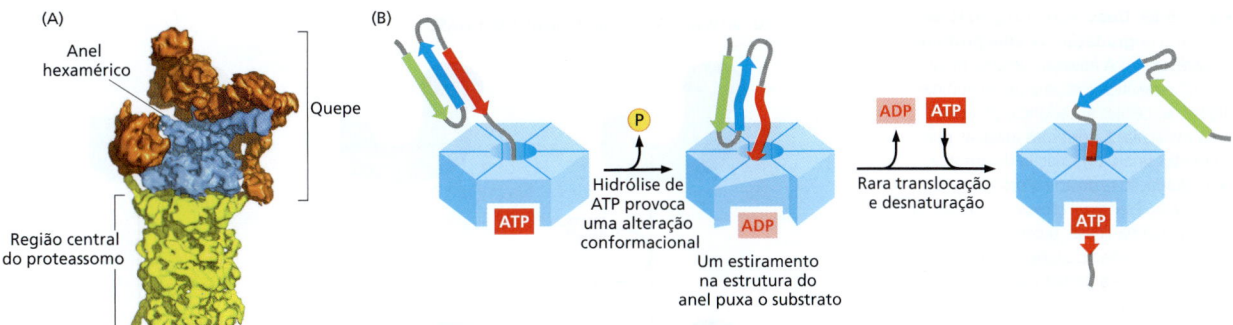

Figura 6-85 **Uma proteína hexamérica de desnaturação.** (A) O quepe do proteassomo inclui proteínas (*laranja*) que reconhecem e hidrolisam a ubiquitina e um anel hexamérico (*azul*) pelo qual as proteínas ubiquitinadas devem ser inseridas no complexo. O anel hexamérico é formado por seis subunidades, todas pertencentes à família de proteínas AAA. (B) Modelo de proteínas AAA com atividade de desnaturação dependente de ATP. A forma ligada a ATP de um anel hexamérico de proteínas AAA liga uma proteína substrato enovelada que é mantida localmente pela sua marca ubiquitina. Uma alteração conformacional, direcionada pela hidrólise de ATP, puxa o substrato para o núcleo central e estica a estrutura do anel. Nesse ponto, a proteína substrato, que está sendo puxada para cima, pode ser desnaturada parcialmente e penetrar ainda mais no poro ou pode manter sua estrutura e parcialmente retroceder. Os substratos proteicos muito estáveis podem necessitar de centenas de ciclos de hidrólise de ATP e dissociação antes de serem introduzidos de maneira eficiente pelo anel de proteína AAA. Uma vez desnaturada (e desubiquitinada), a proteína substrato se move de forma relativamente rápida pelo poro por ciclos sucessivos de hidrólise de ATP. (A, adaptada de G.C. Lander et al., *Nature* 482:186–191, 2012; B, adaptada de R.T. Sauer et al., *Cell* 119:9–18, 2004. Com permissão de Elsevier.)

compartilham características mecânicas com as DNA helicases dependentes de ATP que desenrolam o DNA (ver Figura 5-14).

Uma propriedade crucial do proteassomo, e uma razão da sua estrutura complexa, é a *processividade* do seu mecanismo: em contraste com uma protease "simples" que cliva o substrato da cadeia polipeptídica apenas uma vez antes da dissociação, o proteassomo mantém o substrato ligado até que todo ele tenha sido convertido em pequenos peptídeos.

Seria de esperar que uma máquina tão eficiente quanto o proteassomo fosse fortemente regulada; em particular, o proteassomo deve ser capaz de distinguir proteínas anormais daquelas que estão adequadamente enoveladas. O quepe 19S do proteassomo age como um portão na entrada do núcleo proteolítico interno e apenas as proteínas marcadas para destruição são introduzidas pelo quepe. A "marca" da destruição é a ligação covalente à pequena proteína ubiquitina. Como vimos no Capítulo 3, a ubiquitinação de proteínas é usada para muitas finalidades na célula. O tipo particular de ligação da ubiquitina que nos interessa aqui é o de uma cadeia de moléculas de ubiquitina unidas pela lisina 48 (ver Figura 3-69); essa é a característica distintiva da ligação a ubiquitina que marca uma proteína para a destruição no proteassomo.

Um conjunto especial de moléculas E3 (ver Figura 3-70B) é responsável pela ubiquitinação das proteínas desnaturadas ou enoveladas de forma inadequada, e das proteínas contendo aminoácidos oxidados ou com outras anormalidades. As proteínas anormais tendem a exibir em sua superfície sequências de aminoácidos hidrofóbicos ou motivos conformacionais que são reconhecidos como sinais de degradação pelas moléculas de E3; essas sequências estão internalizadas e, portanto, inacessíveis nas versões proteicas normais, adequadamente enoveladas. Entretanto, uma via proteolítica que reconhece e destrói proteínas anormais deve ser capaz de distinguir proteínas *completas* que apresentam conformações "erradas" dos muitos polipeptídeos em crescimento nos ribossomos (bem como dos polipeptídeos recém-liberados dos ribossomos) que ainda não tenham conseguido finalizar seu enovelamento normal. Esse não é um problema trivial; no curso do exercício da sua função principal, o sistema ubiquitina-proteassomo provavelmente destrói muitas moléculas de proteínas nascentes e recém-formadas, não porque essas proteínas são anormais, mas por estarem expondo transitoriamente sinais de degradação que estarão escondidos em sua forma madura (enovelada).

Muitas proteínas são reguladas por destruição controlada

Uma função dos mecanismos proteolíticos intracelulares é o reconhecimento e a eliminação de proteínas erroneamente enoveladas ou que tenham qualquer outra anormalidade, como descrito anteriormente. De fato, qualquer proteína de uma célula eventualmente acumula danos e é provavelmente degradada pelo proteassomo. Uma outra função dessas vias proteolíticas é conferir tempo de vida curto a proteínas normais específicas cuja concentração deve mudar rapidamente em resposta a alterações no estado de uma célula. Algumas dessas proteínas de vida curta são sempre degradadas de forma rápida, ao passo que muitas outras apresentam vida curta *condicional,* ou seja, são metabolicamente estáveis sob determinadas condições, mas tornam-se instáveis quando ocorrer uma mudança no estado da célula. Por exemplo, as ciclinas mitóticas têm vida longa durante o ciclo celular até sua súbita degradação no final da mitose, como descrito no Capítulo 17.

Figura 6-86 Duas maneiras gerais de induzir a degradação de uma proteína específica. (A) A ativação de uma molécula E3 específica cria uma de ubiquitina-ligase. As células eucarióticas possuem vária moléculas E3 distintas ativadas por diferentes sinais. (B) Criação de um sinal de degradação exposto na proteína a ser degradada. Esse sinal provoca a ligação de uma ubiquitina-ligase, provocando a adição de uma cadeia poliubiquitina à lisina adjacente sobre a proteína-alvo. Sabe-se que todas as seis vias aqui ilustradas são utilizadas por células para induzir e direcionar o movimento de proteínas selecionadas para o proteassomo.

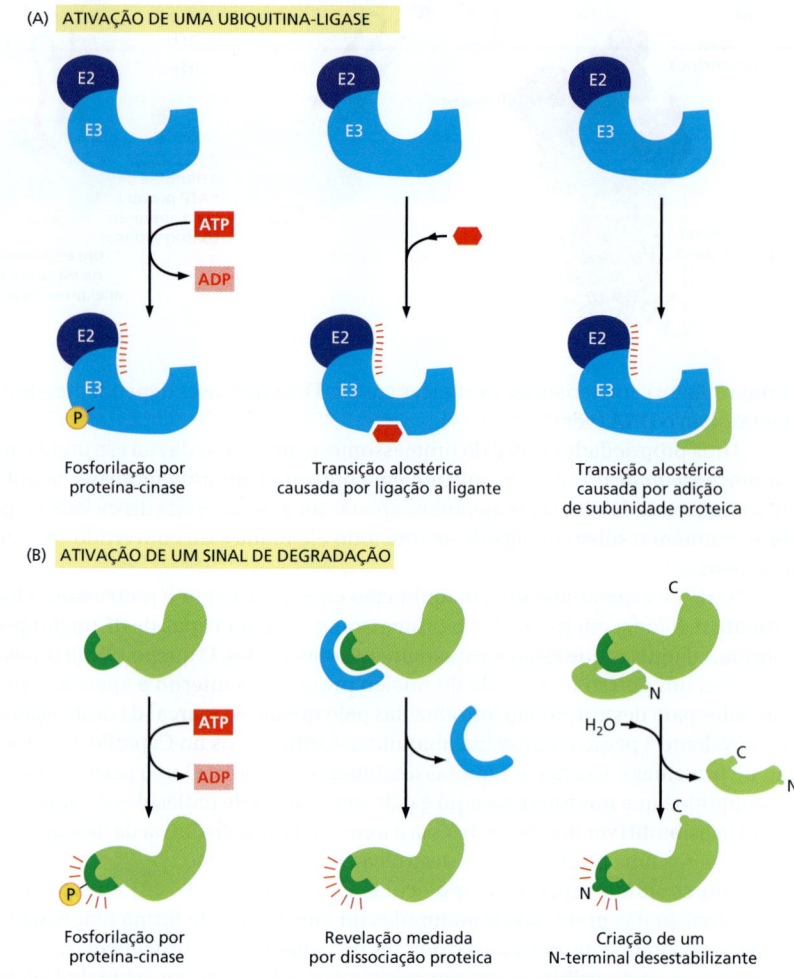

Como é regulada a destruição controlada de uma proteína? Vários mecanismos gerais são ilustrados na **Figura 6-86**. Exemplos específicos de cada mecanismo serão discutidos nos capítulos posteriores. Em uma classe mecanicista geral (Figura 6-86A), a atividade de uma ubiquitina-ligase é ligada ou pela fosforilação de E3 ou por uma transição alostérica em uma proteína E3 causada por sua ligação a uma molécula específica grande ou pequena. Por exemplo, o complexo promotor de anáfase (APC, *anaphase-promoting complex*) é uma ubiquitina-ligase de múltiplas subunidades ativada por uma adição de subunidade de controle temporal do ciclo celular na mitose. Então, a APC ativada provoca a degradação das ciclinas mitóticas e de vários outros reguladores da transição metáfase-anáfase (ver Figura 17-15A).

Alternativamente, em resposta a sinais intracelulares ou a sinais ambientais, pode ser criado um sinal de degradação em uma proteína, causando sua rápida ubiquitinação e destruição pelo proteassomo (Figura 6-86B). Uma maneira comum de criar tal sinal é fosforilar um sítio específico em uma proteína expondo, dessa forma, um sinal de degradação que normalmente permaneceria oculto. Outra maneira de revelar tal sinal é por meio da dissociação regulada de uma subunidade proteica. Finalmente, podem ser criados fortes sinais de degradação por uma única clivagem de uma ligação peptídica, desde que essa clivagem crie uma nova extremidade N-terminal que será reconhecida por uma proteína E3 específica como um resíduo N-terminal "desestabilizador". Essa proteína E3 reconhece apenas certos aminoácidos na extremidade N-terminal de uma proteína; desse modo, nem todos os eventos de clivagem de proteína conduzirão à degradação do fragmento C-terminal produzido.

Em seres humanos, cerca de 80% das proteínas são acetiladas no seu resíduo N-terminal, e atualmente sabemos que essa modificação é reconhecida por uma enzima

E3 específica, que dirige a ubiquitinação da proteína e a envia para o proteassomo para degradação. Assim, a maioria das proteínas humanas transporta os seus próprios sinais para destruição. Foi proposto que quando uma proteína é adequadamente enovelada (e, antes disso, quando se encontra em contato com uma chaperona), esta extremidade N-terminal acetilada está protegida e, portanto, inacessível para a enzima E3. De acordo com essa ideia, quando uma proteína envelhece e sofre danos (ou se não consegue se enovelar corretamente), esse sinal de degradação fica exposto, e a proteína é eliminada.

Existem muitas etapas do DNA à proteína

Vimos até o momento, neste capítulo, que muitos tipos diferentes de reações químicas são necessários para produzir uma proteína corretamente enovelada a partir da informação contida em um gene (**Figura 6-87**). O nível ou a concentração final de uma proteína corretamente enovelada na célula depende, dessa forma, da eficiência na realização de cada uma dessas muitas etapas. Também sabemos atualmente que a célula dedica enormes recursos para degradar seletivamente as proteínas, especialmente aquelas proteínas que não conseguem se enovelar corretamente ou que acumulam danos à medida que envelhecem. É o balanço entre a taxa de síntese e a taxa de degradação que determina a quantidade final de cada proteína na célula.

No próximo capítulo, veremos que as células possuem a capacidade de alterar os níveis de suas proteínas de acordo com suas necessidades. Em princípio, todas e quaisquer das etapas da Figura 6-87 podem ser reguladas para cada proteína individualmente.

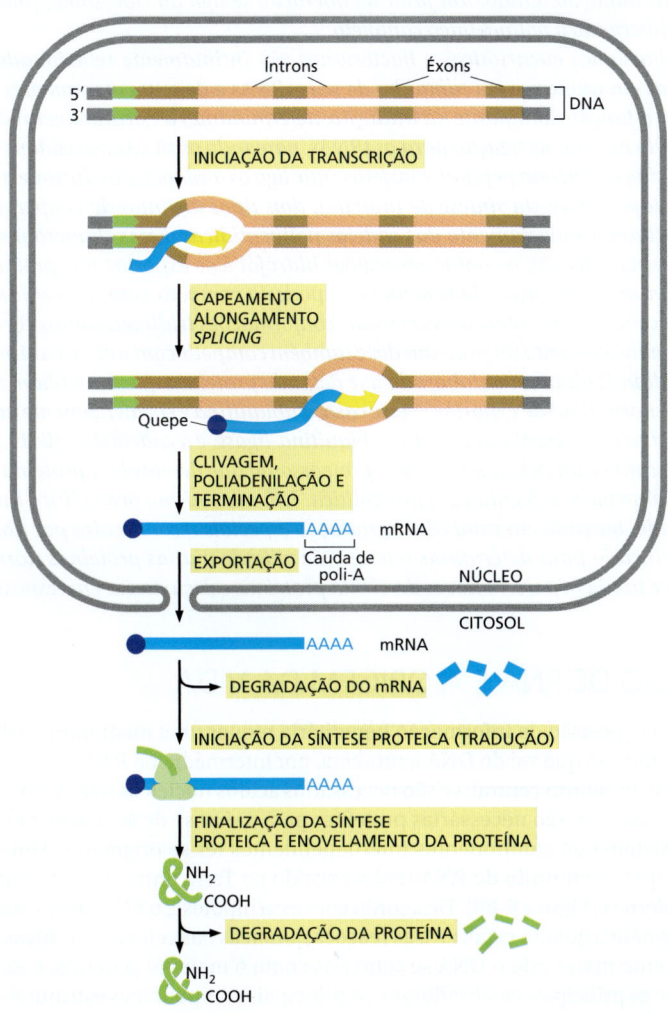

Figura 6-87 **Produção de uma proteína por uma célula eucariótica.** A quantidade final de cada proteína em uma célula eucariótica é dependente da eficiência de cada etapa ilustrada.

Como veremos no Capítulo 7, existem exemplos de regulação em cada uma das etapas do gene à proteína.

Resumo

A tradução da sequência nucleotídica de uma molécula de mRNA em proteína ocorre no citosol em um grande arranjo ribonucleoproteico denominado ribossomo. Cada aminoácido utilizado para a síntese das proteínas é inicialmente ligado a uma molécula de tRNA que reconhece, por interações de complementaridade de bases, um conjunto particular de três nucleotídeos (códons) no mRNA. Conforme um mRNA é passado através de um ribossomo, a sua sequência de nucleotídeos é lida de uma extremidade a outra, em conjuntos de três, de acordo com o código genético.

Para iniciar a tradução, uma subunidade ribossômica menor se liga a uma molécula de mRNA em um códon de iniciação (AUG) que é reconhecido por uma molécula de tRNA iniciadora característica. Então, uma subunidade ribossômica maior se liga para completar o ribossomo e iniciar a síntese proteica. Durante essa fase, os aminoacil-tRNAs – cada um carregando um aminoácido específico – ligam-se sequencialmente ao códon apropriado no mRNA, por meio de complementaridade de bases entre o anticódon do tRNA e os códons do mRNA. Cada aminoácido é adicionado à extremidade C-terminal do polipeptídeo em crescimento por quatro etapas sequenciais: ligação do aminoacil-tRNA seguida da formação da ligação peptídica e de duas etapas de translocação do ribossomo. Os fatores de alongamento usam hidrólise de GTP tanto para promover essas reações quanto para melhorar a exatidão da seleção dos aminoácidos. A molécula de mRNA progride códon a códon ao longo do ribossomo, na direção de 5' para 3', até alcançar um de três possíveis códons de terminação. Então, um fator de liberação se liga ao ribossomo, finalizando a tradução e liberando o polipeptídeo completo.

Os ribossomos eucarióticos e bacterianos são intimamente relacionados, apesar de diferenças em número e em tamanho de seus rRNAs e de seus componentes proteicos. O rRNA tem a função dominante na tradução, determinando a estrutura geral do ribossomo, formando os sítios de ligação para os tRNAs, pareando os tRNAs aos códons no mRNA e criando o sítio da enzima peptidiltransferase que liga os aminoácidos durante a tradução.

Nas etapas finais da síntese de proteína, dois tipos distintos de chaperonas moleculares auxiliam o enovelamento das cadeias polipeptídicas. Essas chaperonas, conhecidas como hsp60 e hsp70, reconhecem regiões hidrofóbicas expostas nas proteínas e servem para evitar a agregação da proteína que poderia competir com o enovelamento das proteínas recentemente sintetizadas em suas conformações tridimensionais corretas. Esse processo de enovelamento da proteína deve também competir com um mecanismo de controle de qualidade altamente elaborado que degrada proteínas que contenham regiões hidrofóbicas anormalmente expostas. Nesse caso, a ubiquitina é covalentemente adicionada a uma proteína mal enovelada por uma ubiquitina-ligase, e a cadeia de poliubiquitina resultante é reconhecida pelo quepe de um proteassomo que desenrola a proteína e a insere no proteassomo para a degradação proteolítica. Um mecanismo proteolítico intimamente relacionado, baseado em sinais de degradação especiais reconhecidos por ubiquitinas-ligase, é utilizado para determinar o tempo de vida de muitas proteínas normalmente enoveladas e também para remover da célula proteínas selecionadas em resposta a sinais específicos.

O MUNDO DE RNA E A ORIGEM DA VIDA

Vimos que a expressão da informação hereditária requer uma maquinaria extraordinariamente complexa que vai do DNA à proteína, por intermédio do RNA. Essa maquinaria apresenta um paradoxo central: se são necessários ácidos nucleicos para a síntese de proteínas e, por sua vez, são necessárias proteínas para a síntese de ácidos nucleicos, como pode esse sistema de componentes interdependentes ter se originado? Uma hipótese para isso é que um **mundo de RNA** tenha existido na Terra antes do aparecimento das células modernas (**Figura 6-88**). De acordo com essa hipótese, o RNA tanto estocava a informação genética quanto catalisava as reações químicas nas células primitivas. Somente evolutivamente mais tarde o DNA se sobrepôs como o material genético, e as proteínas tornaram-se as principais catalisadoras e os principais componentes estruturais das célu-

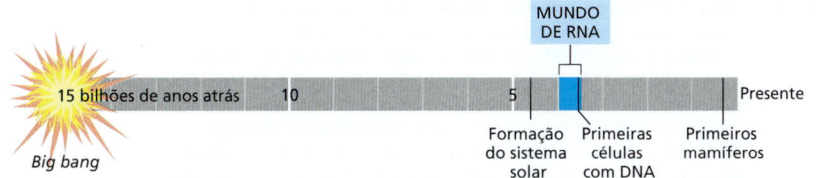

Figura 6-88 Linha de tempo para o universo, sugerindo a existência anterior de um mundo de RNA para os sistemas vivos.

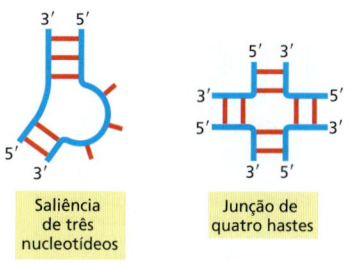

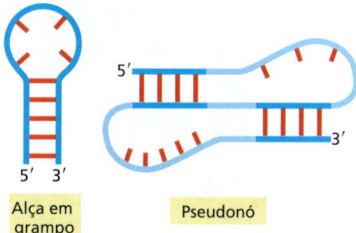

las. Se essa ideia está correta, a transição a partir do mundo de RNA nunca foi completa; como vimos neste capítulo, o RNA ainda catalisa várias reações fundamentais nas células atuais, as quais podem ser vistas como fósseis moleculares de um mundo antigo.

A hipótese do mundo de RNA baseia-se no fato de, entre as moléculas biológicas atuais, o RNA ser a única capaz de agir como um carreador de informação genética e como uma ribozima para catalisar reações químicas. Nesta seção, nós discutimos essas propriedades do RNA e como elas podem ter sido especialmente importantes para as primeiras células.

As moléculas de RNA de fita simples podem se enovelar em estruturas altamente complexas

Figura 6-89 **Alguns elementos comuns na estrutura do RNA.** As interações de pareamento de bases complementares convencionais estão indicadas por *linhas vermelhas* nas porções de dupla-hélice do RNA.

Vimos neste capítulo que o RNA pode transportar informação genética sob a forma dos mRNAs, e vimos no Capítulo 5, que os genomas de alguns vírus são compostos exclusivamente por RNA. Vimos também que o pareamento de bases complementares e outros tipos de ligações de hidrogênio podem ocorrer entre nucleotídeos na mesma cadeia de RNA, fazendo uma molécula de RNA se enovelar de um modo característico, determinado por sua sequência de nucleotídeos (ver, p. ex., Figuras 6-50 e 6-67). A comparação de muitas estruturas de RNA tem revelado motivos conservados, pequenos elementos estruturais que são utilizados várias e várias vezes como parte de estruturas maiores (**Figura 6-89**).

As proteínas catalisadoras necessitam de uma superfície com contornos característicos e propriedades químicas sobre os quais um grupo determinado de substratos possa reagir (discutido no Capítulo 3). Exatamente da mesma maneira, uma molécula de RNA, adequadamente enovelada, pode funcionar como um catalisador (**Figura 6-90**). Assim como algumas proteínas, muitas dessas ribozimas agem posicionando íons metálicos em seus sítios ativos. Essa característica lhes confere uma gama mais ampla de atividades catalíticas do que aquela permitida pelos grupos químicos limitados de uma cadeia polinucleotídica.

Muito de nossa inferência a respeito do mundo de RNA vem de experimentos nos quais grandes conjuntos de moléculas de RNA de sequências nucleotídicas aleatórias foram gerados em laboratório. Aquelas raras moléculas de RNA com uma propriedade definida pelo pesquisador foram então selecionadas e estudadas (**Figura 6-91**). Tais ex-

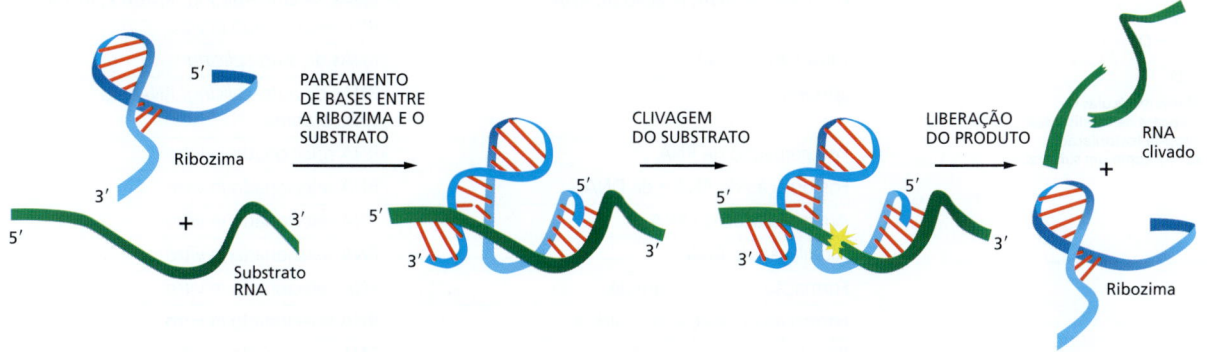

Figura 6-90 **Uma ribozima.** Essa molécula simples de RNA catalisa a clivagem de uma segunda molécula de RNA em um sítio específico. Essa ribozima encontra-se inserida em genomas maiores de RNA – denominados viroides – os quais infectam plantas. A clivagem, que ocorre na natureza em uma posição distante sobre a mesma molécula de RNA que contém a ribozima, é uma das etapas da replicação do genoma viroide. Embora não tenha sido ilustrado na figura, a reação requer um íon de Mg posicionado no sítio ativo. (Adaptada de T.R. Cech e O.C. Uhlenbeck, *Nature* 372:39–40, 1994. Com permissão de Macmillan Publishers Ltd.)

Grande conjunto de moléculas de DNA de fita dupla, cada qual com uma sequência nucleotídica diferente, gerada de forma aleatória

↓ TRANSCRIÇÃO POR RNA-POLIMERASE E ENOVELAMENTO DAS MOLÉCULAS DE RNA

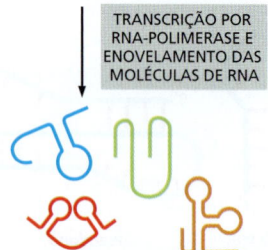

Grande conjunto de moléculas de RNA de fita simples, cada qual com uma sequência nucleotídica diferente, gerada de forma aleatória

ATP γS → ADP   ADIÇÃO DE DERIVADO DE ATP CONTENDO UM ENXOFRE NO LUGAR DE UM OXIGÊNIO

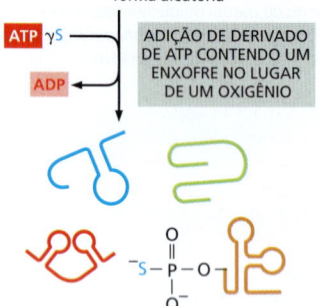

Apenas as raras moléculas de RNA capazes de se autofosforilarem incorporam o enxofre

↓ CAPTURA DO MATERIAL FOSFORILADO EM COLUNA DE MATERIAL QUE SE LIGA FORTEMENTE AO ENXOFRE

Descarte das moléculas de RNA que não se ligam à coluna

ELUIÇÃO DAS MOLÉCULAS LIGADAS

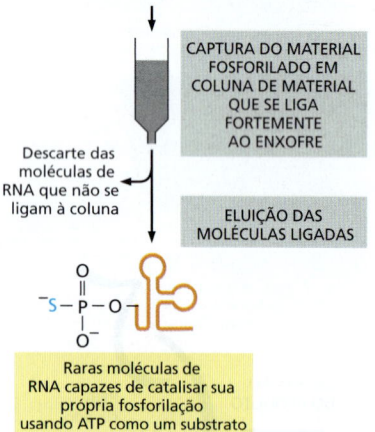

Raras moléculas de RNA capazes de catalisar sua própria fosforilação usando ATP como um substrato

Figura 6-91 Seleção *in vitro* de uma ribozima sintética. A partir de um grande conjunto de moléculas de ácido nucleico sintetizadas em laboratório, as raras moléculas de RNA que possuem uma atividade catalítica específica podem ser isoladas e estudadas. Embora seja um exemplo específico (o caso de uma ribozima capaz de autofosforilação) que está sendo ilustrado, foram utilizadas variações desse procedimento para a obtenção de muitas das ribozimas listadas na Tabela 6-5. Durante a etapa de autofosforilação, as moléculas de RNA estão suficientemente diluídas para prevenir a fosforilação "cruzada" de outras moléculas de RNA. Na verdade, várias repetições desse procedimento são necessárias para a seleção das raras moléculas de RNA com atividade catalítica. Após, o material inicialmente eluído da coluna é reconvertido em DNA, amplificado muitas vezes (por meio do uso de transcriptase reversa e de PCR, conforme explicado no Capítulo 8), transcrito novamente em RNA e submetido a repetidos ciclos de seleção. (Adaptada de J.R. Lorsch and J.W. Szostak, *Nature* 371:31–36, 1994. Com permissão de Macmillan Publishers Ltd.)

periências criaram RNAs que podem catalisar uma ampla gama de reações bioquímicas (**Tabela 6-5**), com taxas de reação apenas umas poucas ordens de grandeza inferiores às das "mais rápidas" enzimas proteicas. Considerando-se esses achados, não ficam claras as razões que levaram os catalisadores proteicos a suplantar as ribozimas nas células atuais. As experiências mostraram, no entanto, que as moléculas de RNA podem ter mais dificuldade do que as proteínas na ligação a substratos hidrofóbicos, flexíveis. De qualquer forma, a disponibilidade de 20 tipos de aminoácidos presumivelmente proporciona às proteínas um maior número de estratégias de catálise.

O RNA pode armazenar informações e catalisar reações químicas

As moléculas de RNA têm uma propriedade que contrasta com as dos polipeptídeos: elas podem promover diretamente a formação de cópias exatas de suas próprias sequências. Essa capacidade depende do pareamento por complementaridade de bases das subunidades de nucleotídeos, que permite que um RNA atue como um molde para a formação de outro RNA. Como vimos neste capítulo e no anterior, tais mecanismos de complementaridade a um molde são a base da replicação e da transcrição do DNA nas células atuais.

No entanto, a síntese eficiente de RNA por meio de tais mecanismos de complementaridade de um molde requer catalisadores que promovam a reação de polimerização: sem catalisadores, a formação do polímero é lenta, sujeita a erros e ineficiente.

TABELA 6-5 Algumas reações bioquímicas que podem ser catalisadas por ribozimas

Atividade	Ribozimas
Formação de ligação peptídica na síntese de proteínas	RNA ribossômico
Clivagem de RNA, ligação de RNA	RNAs de auto-s*plicing*; RNase P; incluindo RNA selecionado *in vitro*
Clivagem de DNA	RNAs de auto-s*plicing*
Splicing de RNA	RNAs de auto-s*plicing*, RNAs do spliceossomo
Polimerização de RNA	RNA selecionado *in vitro*
Fosforilação de RNA e de DNA	RNA selecionado *in vitro*
Aminoacilação de RNA	RNA selecionado *in vitro*
Alquilação de RNA	RNA selecionado *in vitro*
Formação de ligação amida	RNA selecionado *in vitro*
Formação de ligação glicosídica	RNA selecionado *in vitro*
Reações de oxidação-redução	RNA selecionado *in vitro*
Formação de ligação carbono-carbono	RNA selecionado *in vitro*
Formação de ligação fosfoamida	RNA selecionado *in vitro*
Troca dissulfeto	RNA selecionado *in vitro*

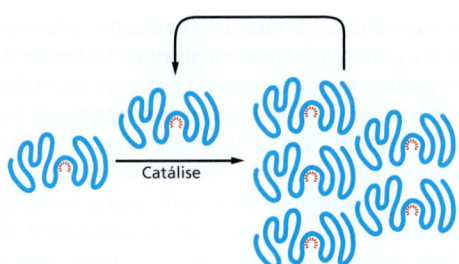

Figura 6-92 **Molécula de RNA que pode catalisar sua própria síntese.** Esse processo hipotético necessitaria da catálise tanto da produção de uma segunda fita de RNA com sequência complementar de nucleotídeos (não mostrada), como do uso desta segunda molécula de RNA como molde para a formação de muitas moléculas de RNA com a sequência original. Os *raios vermelhos* representam o sítio ativo dessa enzima de RNA hipotética.

Visto que o RNA tem todas as propriedades necessárias a uma molécula que pode catalisar uma ampla variedade de reações químicas, incluindo as que conduzem à sua própria síntese (**Figura 6-92**), foi proposto que os RNAs tenham atuado, há muito tempo, como os catalisadores da síntese de RNA dependente de molde. Embora sistemas de autorreplicação de moléculas de RNA não tenham sido encontrados na natureza, os cientistas fizeram progressos significativos ao construí-los em laboratórios. Embora essas demonstrações não provem que moléculas de RNA autorreplicativas foram fundamentais para a origem da vida na Terra, elas podem estabelecer esse cenário como bastante plausível.

Como ocorreu a evolução da síntese de proteínas?

Os processos moleculares envolvidos na síntese de proteínas nas células atuais parecem extremamente complexos. Embora compreendamos a maioria desses processos, eles não apresentam um sentido conceitual da forma que a transcrição de DNA, o reparo de DNA e a replicação de DNA o fazem. É especialmente difícil de imaginar como a síntese de proteínas evoluiu, tendo em vista que hoje ela é realizada por um sistema complexo e interligado de moléculas de proteína e RNA; obviamente, as proteínas não podem ter existido antes que uma versão inicial dos mecanismos de tradução tenha existido. Apesar de atrativa em relação ao início da vida, a ideia do mundo de RNA não é capaz de explicar como os sistemas atuais de síntese de proteínas puderam se desenvolver. Embora possamos somente especular sobre a origem do código genético, várias abordagens experimentais têm proporcionado cenários possíveis.

Nas células modernas, alguns pequenos peptídeos (como os antibióticos) são sintetizados sem a ação do ribossomo; as enzimas peptídeo-sintetases sintetizam esses peptídeos, em sua sequência correta de aminoácidos, sem mRNAs que guiem sua síntese. É possível que essa síntese não codificada, uma versão primitiva da síntese proteica, tenha evoluído no mundo de RNA e tenha sido catalisada por moléculas de RNA. Essa ideia não apresenta falhas conceituais atualmente, pois, como vimos, o rRNA catalisa a formação de ligações peptídicas nas células atuais. No entanto, isso deixa inexplicado como o código genético - central para a síntese das proteínas nas células atuais - poderia ter surgido. Sabemos que ribozimas criadas em laboratório podem realizar reações de aminoacilação específicas; ou seja, podem carregar aminoácidos específicos em tRNAs específicos. Portanto, é possível que adaptadores semelhantes aos tRNAs, cada um associado a um aminoácido específico, tenham surgido no mundo de RNA, formando a base de um código genético.

Uma vez que a síntese de proteínas tenha evoluído, pode ter ocorrido a transição para um mundo dominado por proteínas, no qual elas se tornaram cada vez mais responsáveis pela maior parte das tarefas estruturais e catalíticas devido à sua maior versatilidade: elas possuem 20 subunidades diferentes, em vez de 4. Embora essas ideias sejam altamente especulativas, elas são consistentes com as propriedades conhecidas das moléculas de RNA e de proteína.

Todas as células atuais usam DNA como material hereditário

Se as especulações evolutivas sobre a hipótese do mundo de RNA estiverem corretas, essas células primordiais também diferiam fundamentalmente das células que conhecemos hoje por terem sua informação hereditária estocada sob a forma de RNA e não de DNA (**Figura 6-93**). As evidências de que o RNA surgiu antes do DNA na evolução

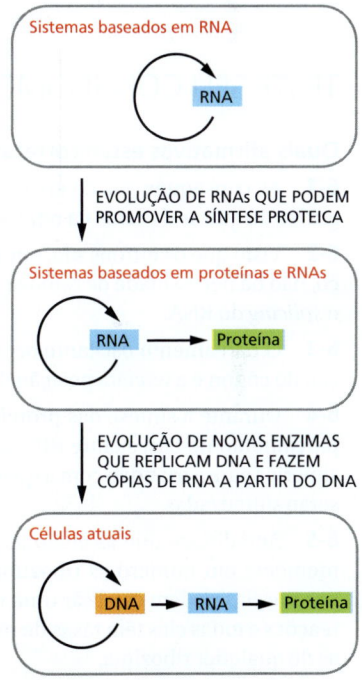

Figura 6-93 **Hipótese de que o RNA precedeu o DNA e as proteínas na evolução.** Nas primeiras células, moléculas de RNA (ou seus análogos próximos) teriam desempenhado funções genéticas, estruturais e catalíticas combinadas. Nas células atuais, o DNA é o repositório de informações genéticas, e as proteínas realizam a grande maioria das funções catalíticas. O RNA funciona principalmente como um intermediário na síntese de proteínas, embora continue atuando como catalisador em um pequeno número de reações importantes.

O QUE NÃO SABEMOS

- Como evoluiram as relações atuais entre ácidos nucleicos e proteínas? Como originou-se o código genético?

- A informação armazenada em genomas especifica as sequências de todas as proteínas e moléculas de RNA na célula, e isso determina quando e onde essas moléculas são sintetizadas. Os genomas transportam outros tipos de informação que ainda não tenhamos descoberto?

- As células fazem um grande esforço para corrigir erros nos processos de replicação de DNA, transcrição, *splicing* e tradução. Existem estratégias análogas para corrigir erros na seleção de quais genes serão expressos em um tipo determinado de célula? Poderia a grande complexidade da iniciação da transcrição em plantas e animais refletir essa estratégia?

podem ser encontradas nas diferenças químicas entre eles. A ribose, como a glicose e outros carboidratos simples, pode ser formada a partir de formaldeído (HCHO), um composto químico simples facilmente produzido em experimentos laboratoriais que tentam simular as condições da Terra primitiva. O açúcar desoxirribose é mais difícil de produzir e, nas células atuais, é produzido a partir da ribose em uma reação catalisada por uma enzima proteica, sugerindo que a ribose precedeu a desoxirribose nas células. Possivelmente, o DNA apareceu no cenário mais tarde, porém provou ser mais adaptado do que o RNA como um repositório permanente da informação genética. Particularmente, a desoxirribose na sua cadeia principal de açúcar-fosfato produz cadeias de DNA quimicamente mais estáveis que as cadeias de RNA, de tal forma que os DNAs de comprimentos maiores podem ser mantidos sem quebras.

As outras diferenças entre RNA e DNA – a estrutura em dupla-hélice do DNA e o uso da timina em vez da uracila – incrementam ainda mais a estabilidade do DNA, fazendo com que os muitos acidentes inevitáveis que ocorrem na molécula sejam mais fáceis de serem reparardos, como discutido em detalhes no Capítulo 5 (ver p. 271-273).

Resumo

De acordo com nosso conhecimento a respeito dos organismos atuais e das moléculas que eles contêm, é provável que o desenvolvimento dos mecanismos autocatalíticos distintivos fundamentais para os sistemas vivos tenha começado com a evolução de famílias de moléculas de RNA que podiam catalisar sua própria replicação. É presumível que o DNA tenha sido uma aquisição tardia: conforme o acúmulo de catalisadores proteicos permitiu a evolução de células mais eficientes e complexas, a dupla-hélice de DNA substituiu o RNA como uma molécula mais estável para o armazenamento da crescente quantidade de informação genética necessária para essas células.

TESTE SEU CONHECIMENTO

Quais afirmativas estão corretas? Justifique.

6-1 As consequências de erros na transcrição são menos graves do que as de erros na replicação de DNA.

6-2 Visto que os íntrons são, em sua maioria, "lixo" genético, não há necessidade de removê-los com exatidão durante o *splicing* do RNA.

6-3 O pareamento oscilante ocorre entre a primeira posição do códon e a terceira posição do anticódon.

6-4 Durante a síntese das proteínas, a termodinâmica do pareamento de bases entre tRNAs e mRNAs define o limite superior para a exatidão com a qual as moléculas de proteína serão sintetizadas.

6-5 Acredita-se que as enzimas proteicas superem enormemente em número as ribozimas nas células modernas porque elas podem catalisar uma variedade muito maior de reações e todas elas têm taxas de reação mais rápidas do que as de qualquer ribozima.

Discuta as questões a seguir.

6-6 Em que direção, sobre o molde, deve a RNA-polimerase da **Figura Q6-1** se mover para gerar as estruturas em supertorção ilustradas? Você esperaria que fossem geradas supertorções se a RNA-polimerase pudesse girar livremente em torno do eixo do DNA à medida que progredisse sobre o molde?

Figura Q6-1 Supertorções adjacentes a uma RNA-polimerase em movimento.

6-7 Você liga uma molécula de RNA-polimerase a uma lâmina de vidro e permite que ela inicie a transcrição de um DNA-molde que está preso a uma microesfera magnética como ilustrado na **Figura Q6-2**. Se o DNA com a sua microesfera magnética ligada move-se em relação à RNA-polimerase como indicado na figura, em que direção a microesfera irá girar?

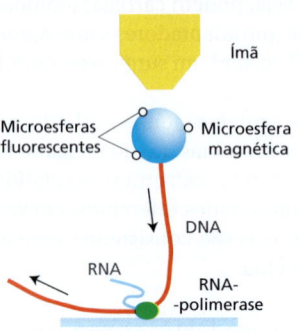

Figura Q6-2 Sistema para a medição da rotação do DNA provocada pela RNA-polimerase. O ímã prende a microesfera na vertical (mas não interfere na sua rotação), e as pequenas esferas fluorescentes ligadas permitem que o sentido do movimento seja visualizado ao microscópio. A RNA-polimerase é mantida no lugar por fixação à lâmina de vidro.

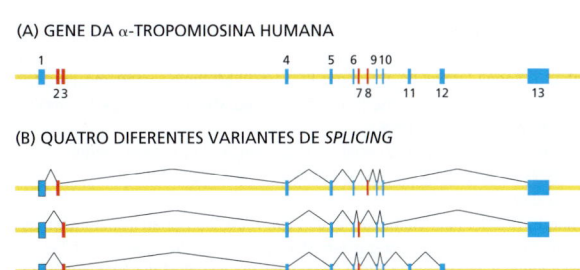

Figura Q6-3 mRNAs que sofreram *splicing* alternativo a partir do gene da α-tropomiosina humana. (A) Os éxons no gene da α-tropomiosina humana. As localizações e tamanhos relativos dos éxons são mostrados pelos *retângulos azuis* e *vermelhos*, com éxons alternativos em *vermelho*. (B) Padrões de *splicing* de quatro mRNAs de α-tropomiosina. O *splicing* está indicado pelas *linhas* que conectam os éxons que são incluídos no mRNA.

6-8 O gene da α-tropomiosina humana sofre *splicing* alternativo, produzindo diferentes formas de mRNA de α-tropomiosina em diferentes células (**Figura Q6-3**). Para todas as formas de mRNA, as sequências de proteínas codificadas pelo éxon 1 são as mesmas, assim como as sequências da proteína codificadas pelo éxon 10. Os éxons 2 e 3 são éxons alternativos usados em diferentes RNAs, assim como os éxons 7 e 8. Qual das afirmações a seguir, referentes aos éxons 2 e 3, é a mais exata? Essa afirmação também é a mais exata em relação aos éxons 7 e 8? Justifique suas respostas.

A. Os éxons 2 e 3 devem apresentar o mesmo número de nucleotídeos.

B. Cada um dos éxons 2 e 3 deve conter um número integral de códons (ou seja, o número de nucleotídeos dividido por 3 deve ser inteiro).

C. Cada um dos éxons 2 e 3 deve conter um número de nucleotídeos que, quando dividido por 3, deixa o mesmo resto (ou seja, 0, 1 ou 2).

6-9 Após o tratamento de células com um composto químico mutagênico, você isola duas linhagens. Uma das linhagens apresenta alanina e outra apresenta metionina em um sítio proteico que normalmente conteria valina (**Figura Q6-4**). Após novo tratamento desses dois mutantes com o mutagênico, você isola mutantes de cada um que agora apresentam treonina no sítio original de valina (Figura Q6-4). Assumindo que todas as mutações envolvem uma única substituição nucleotídica, deduza os códons que foram usados para valina, metionina, treonina e alalina no sítio afetado. Você esperaria ser capaz de isolar mutantes para treonina a partir da linhagem original em apenas uma etapa?

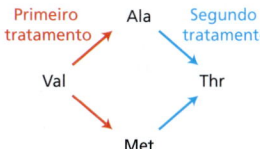

Figura Q6-4 Dois ciclos de mutagênese e os aminoácidos alterados em uma única posição da proteína.

6-10 Qual das seguintes alterações mutacionais você considera ser a mais deletéria para a função do gene? Justifique suas respostas.

1. Inserção de um único nucleotídeo próximo ao fim da sequência codificadora.

2. Remoção de um único nucleotídeo próximo ao início da sequência codificadora.

3. Deleção de três nucleotídeos consecutivos no meio da sequência codificadora.

4. Substituição de um nucleotídeo por outro no meio da sequência codificadora.

6-11 Tanto os procariotos quanto os eucariotos protegem-se contra os perigos da tradução de mRNAs danificados. Que perigos mRNAs danificados podem oferecer à célula?

6-12 As chaperonas moleculares semelhantes à hsp60 e as hsp70 compartilham afinidade por regiões hidrofóbicas expostas em proteínas, usando-as como indicadores de enovelamento incompleto. Por que você supõe que regiões hidrofóbicas sirvam como sinais indicadores do padrão de enovelamento de uma proteína?

6-13 A maioria das proteínas requer chaperonas moleculares para auxiliar seu enovelamento correto. Como você acha que as próprias chaperonas conseguem se enovelar corretamente?

6-14 O que há de tão especial a respeito do RNA para que se tenha formulado a hipótese de ele ser o precursor evolutivo do DNA e das proteínas? O que torna o DNA um material melhor do que o RNA para a função de armazenamento de informações genéticas?

6-15 Se uma molécula de RNA pudesse formar uma estrutura em grampo com uma alça interna simétrica, como ilustrado na **Figura Q6-5**, poderia o complemento desse RNA formar uma estrutura semelhante? Em caso positivo, existiriam regiões de identidade entre essas duas estruturas? Quais?

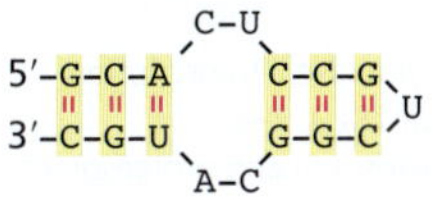

```
              C-U
5'-G-C-A     C-C-G
   | | |     | | |    U
3'-C-G-U     G-G-C
              A-C
```

Figura Q6–5 Estrutura de RNA em grampo contendo uma alça interna simétrica.

6-16 Imagine um lago com uma fonte termal na Terra primordial. Processos ao acaso acabaram de originar uma única cópia de uma molécula de RNA com um sítio catalítico que pode realizar a replicação do RNA. Essa molécula de RNA se enovela em uma estrutura que é capaz de ligar nucleotídeos de acordo com as instruções de um molde de RNA. Dado um fornecimento adequado de nucleotídeos, será essa molécula de RNA capaz de utilizar a si mesma como um molde para catalisar a sua própria replicação? Justifique sua resposta.

REFERÊNCIAS

Gerais

Atkins JF, Gesteland RF & Cech TR (eds) (2011) The RNA Worlds: From Life's Origins to Diversity in Gene Regulation. Cold Spring Harbor, NY: Cold Spring Harbor Laboratory Press.
Berg JM, Tymoczko JL & Stryer L (2012) Biochemistry, 7th ed. New York: WH Freeman.
Brown TA (2007) Genomes 3. New York: Garland Science.
Darnell J (2011) RNA: Life's Indispensable Molecule. Cold Spring Harbor, NY: Cold Spring Harbor Laboratory Press.
Hartwell L, Hood L, Goldberg ML et al. (2011) Genetics: from Genes to Genomes, 4th ed. Boston: McGraw Hill.
Judson HF (1996) The Eighth Day of Creation, 25th anniversary ed. Cold Spring Harbor, NY: Cold Spring Harbor Laboratory Press.
Lodish H, Berk A, Kaiser C et al. (2012) Molecular Cell Biology, 7th ed. New York: WH Freeman.
Stent GS (1971) Molecular Genetics: An Introductory Narrative. San Francisco: WH Freeman.
The Genetic Code (1966) *Cold Spring Harb. Symp. Quant. Biol.* 31.
The Ribosome (2001) *Cold Spring Harb. Symp. Quant. Biol.* 66.
Watson JD, Baker TA, Bell SP et al. (2013) Molecular Biology of the Gene, 7th ed. Menlo Park, CA: Benjamin Cummings.

Do DNA ao RNA

Berget SM, Moore C & Sharp PA (1977) Spliced segments at the 5' terminus of adenovirus 2 late mRNA. *Proc. Natl. Acad. Sci. USA* 74, 3171–3175.
Brenner S, Jacob F & Meselson M (1961) An unstable intermediate carrying information from genes to ribosomes for protein synthesis. *Nature* 190, 576–581.
Chow LT, Gelinas RE, Broker TR et al. (1977) An amazing sequence arrangement at the 5' ends of adenovirus 2 messenger RNA. *Cell* 12, 1–8.
Conaway CC & Conaway JW (2011) Function and regulation of the Mediator complex. *Curr. Opin. Genet. Dev.* 21, 225–230.
Cooper TA, Wan L & Dreyfuss G (2009) RNA and disease. *Cell* 136, 777–793.
Cramer P, Armache KJ, Baumli S et al. (2008) Structure of eukaryotic RNA polymerases. *Annu. Rev. Biophys.* 37, 337–352.
Fica SM, Tuttle N, Novak T et al. (2013) RNA catalyses nuclear pre-mRNA splicing. *Nature* 503, 229–234.
Grunberg S & Hahn S (2013) Structural insights into transcription initiation by RNA polymerases II. *Trends Biochem. Sci.* 38, 603–611.
Grunwald D, Singer RH & Rout M (2011) Nuclear export dynamics of TNA-protein complexes. *Nature* 475, 333–341.
Kornblihtt AR, Schor IE, Allo M et al. (2013) Alternative splicing: a pivotal step between eukaryotic transcription and translation. *Nature* 14, 153–165.
Liu X, Bushnell DA & Kornberg RD (2012) RNA polymerase II transcription: Structure and mechanism. *Biochim. Biophys. Acta* 1829, 2–8.
Makino DL, Halibach F & Conti E (2013) The RNA exosome and proteasome: common principles of degradation control. *Nature* 14, 654–660.
Malik S & Roeder RC (2010) The metazoan mediator co-activator complex as an integrative hub for transcriptional regulation. *Nat. Rev. Genet.* 11, 761–772.
Mao YS, Zhang B & Spector DL (2011) Biogenesis and function of nuclear bodies. *Trends Genet.* 27, 295–306.
Matera AG & Wang Z (2014) A day in the life of the spliceosome. *Nature* 15, 108–121.
Matsui T, Segall J, Weil PA & Roeder RG (1980) Multiple factors required for accurate initiation of transcription by purified RNA polymerase II. *J. Biol. Chem.* 255, 11992–11996.
Opalka N, Brown J, Lane WJ et al. (2010) Complete structural model of *Escherichia coli* RNA polymerase from a hybrid approach. *PLoS Biol.* 9, 1–16.
Ruskin B, Krainer AR, Maniatis T et al. (1984) Excision of an intact intron as a novel lariat structure during pre-mRNA splicing *in vitro*. *Cell* 38, 317–331.
Schneider C & Tollervey D (2013) Threading the barrel of the RNA exosome. *Trends Biochem. Sci.* 38, 485–493.
Semlow DR & Staley JP (2012) Staying on message: ensuring fidelity in pre-mRNA splicing. *Trends Biochem. Sci.* 37, 263–273.

Do RNA à proteína

Anfinsen CB (1973) Principles that govern the folding of protein chains. *Science* 181, 223–230.
Crick FHC (1966) The genetic code: III. *Sci. Am.* 215, 55–62.
Forster F, Unverdorben P, Sledz P et al. (2013) Unveiling the long-held secrets of the 26S proteasome. *Structure* 21, 1551–1562.
Hershko A, Ciechanover A & Varshavsky A (2000) The ubiquitin system. *Nat. Med.* 6, 1073–1081.
Horwich AL, Fenton WA, Chapman E et al. (2007) Two families of chaperonin: physiology and mechanism. *Annu. Rev. Cell Dev. Biol.* 23, 115–145.
Ling J, Reynolds N & Ibba M (2009) Aminoacyl-tRNA synthesis and translational quality control. *Annu Rev. Microbiol.* 63, 61–78.
Moore PB (2012) How should we think about the ribosome? *Annu. Rev. Biophys.* 41, 1–19.
Noller HF (2005) RNA structure: reading the ribosome. *Science* 309, 1508–1514.
Popp MW & Maquat LE (2013) Organizing principles of mammalian nonsense-mediated mRNA decay. *Annu. Rev. Genet.* 47, 139–165.
Saibil H (2013) Chaperone machines for protein folding, unfolding and disaggregation. *Nature* 14, 630–642.
Schmidt M & Finley D (2013) Regulation of proteasome activity in health and disease. *Biochim. Biophys. Acta* 1843, 13–25.
Steitz TA (2008) A structural understanding of the dynamic ribosome machine. *Nature* 9, 242–253.
Varshavsky A (2012) The ubiquitin system, an immense realm. *Annu. Rev. Biochem.* 81, 167–176.
Voorhees RM & Ramakrishnan V (2013) Structural basis of the translational elongation cycle. *Annu. Rev. Biochem.* 82, 203–236.
Wilson DN (2014) Ribosome-targeting antibiotics and mechanisms of bacterial resistance. *Nat. Rev. Microbiol.* 12, 35–48.
Zaher HS & Green R (2009) Fidelity at the molecular level: Lessons from protein synthesis. *Cell* 136, 746–762.

O mundo de RNA e a origem da vida

Blain JC & Szostak JW (2014) Progress Towards Synthetic Cells. *Annu. Rev. Biochem.* 83, 615–640.
Cech TR (2009) Crawling out of the RNA world. *Cell* 136, 599–602.
Kruger K, Grabowski P, Zaug P et al. (1982) Self-splicing RNA: Autoexcision and autocyclization of the ribosomal RNA intervening seuence of Tetrahymena. *Cell* 31, 147–157.
Orgel L (2000) Origin of life. A simpler nucleic acid. *Science* 290, 1306–1307.
Robertson MP & Joyce GF (2012) The origins of the RNA world. *Cold Spring Harb. Perspect. Biol.* 4, a003608.

CAPÍTULO 7

Controle da expressão gênica

O DNA de um organismo codifica todas as moléculas de RNA e de proteínas necessárias para a construção de suas células. Apesar disso, uma descrição completa da sequência de DNA de um organismo – seja ela de alguns milhões de nucleotídeos, como em uma bactéria, ou de alguns bilhões de nucleotídeos, como em um humano – não nos possibilita reconstruir esse organismo, assim como uma lista de palavras em inglês não nos permite reconstruir uma peça de Shakespeare. Em ambos os casos, o problema é conhecer como os elementos em uma sequência de DNA ou as palavras em uma lista são usados. Em quais condições cada produto gênico é produzido e, uma vez produzido, o que ele faz?

Neste capítulo, nos concentraremos na primeira metade desse problema – as regras e os mecanismos que permitem que um conjunto de genes seja expresso seletivamente em cada célula. Esses mecanismos operam em diferentes níveis, e nós discutiremos cada um desses níveis. Contudo, primeiramente, apresentaremos alguns dos princípios básicos envolvidos.

UMA VISÃO GERAL DO CONTROLE GÊNICO

Os diferentes tipos celulares em um organismo multicelular diferem drasticamente, tanto em estrutura como em função. Se compararmos um neurônio de mamífero com uma célula do fígado, por exemplo, as diferenças são tão extremas que é difícil imaginar que as duas células contenham o mesmo genoma (**Figura 7-1**). Por essa razão e porque a diferenciação celular com frequência parecesse irreversível, os biólogos originalmente suspeitaram que genes deveriam ser seletivamente perdidos quando uma célula se diferencia. Agora sabemos, entretanto, que a diferenciação celular geralmente ocorre sem alterações na sequência de nucleotídeos do genoma da célula.

Os diferentes tipos celulares de um organismo multicelular contêm o mesmo DNA

Os tipos celulares em um organismo multicelular tornam-se diferentes uns dos outros porque eles sintetizam e acumulam diferentes conjuntos de moléculas de RNA e proteína. A evidência inicial de que eles fazem isso sem alterar a sequência do seu DNA veio de um conjunto de experimentos clássicos em rãs. Quando o núcleo de uma célula de rã totalmente diferenciada é injetado dentro de um óvulo de rã cujo núcleo tenha sido removido, o núcleo doador injetado é capaz de direcionar o óvulo recipiente a produzir um girino normal (**Figura 7-2A**). O girino contém um repertório completo de células diferenciadas que derivaram de suas sequências de DNA do núcleo da célula doadora original. Portanto, a célula doadora diferenciada não pode ter perdido nenhuma sequência

NESTE CAPÍTULO

UMA VISÃO GERAL DO CONTROLE GÊNICO

CONTROLE DA TRANSCRIÇÃO POR PROTEÍNAS DE LIGAÇÃO AO DNA DE SEQUÊNCIA ESPECÍFICA

REGULADORES DA TRANSCRIÇÃO ATIVAM E INATIVAM OS GENES

MECANISMOS GENÉTICO-MOLECULARES QUE CRIAM E MANTÊM TIPOS CELULARES ESPECIALIZADOS

MECANISMOS QUE REFORÇAM A MEMÓRIA CELULAR EM PLANTAS E ANIMAIS

CONTROLES PÓS-TRANSCRICIONAIS

REGULAÇÃO DA EXPRESSÃO GÊNICA POR RNAs NÃO CODIFICADORES

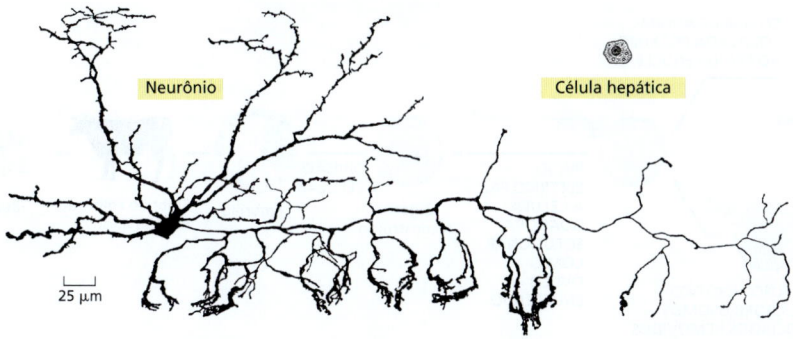

Figura 7-1 Um neurônio e uma célula hepática compartilham o mesmo genoma. As longas ramificações desse neurônio da retina possibilitam-no receber sinais elétricos de muitos outros neurônios e transmitir esses sinais para neurônios vizinhos. A célula hepática, que está ilustrada na mesma escala, está envolvida em muitos processos metabólicos, incluindo a digestão e a destoxificação do álcool e de outras drogas. Ambas as células de mamíferos contêm o mesmo genoma, mas expressam conjuntos de RNAs e proteínas diferentes. (Neurônio adaptado de S. Ramón y Cajal, Histologie du Systeme Nerveux de l'Homme et de Vertebres, 1909–1911. Paris: Maloine; reimpresso, Madrid: C.S.I.C, 1972.)

Figura 7-2 Células diferenciadas contêm todas as instruções genéticas necessárias para dirigir a formação de um organismo completo. (A) O núcleo de uma célula da pele de uma rã adulta transplantada em um óvulo que teve seu núcleo retirado pode dar origem a um girino completo. A *seta tracejada* indica que, para dar ao genoma transplantado tempo para ajustar-se ao meio embrionário, é necessário um passo de transferência adicional no qual um dos núcleos é retirado de um embrião inicial que começa seu desenvolvimento e é recolocado em um segundo óvulo que teve o núcleo retirado. (B) Em muitos tipos de plantas, as células diferenciadas retêm a habilidade de "diferenciar-se", de forma que uma única célula pode formar um clone de células da progênie que mais tarde darão origem a uma planta completa. (C) Um núcleo removido de uma célula diferenciada de uma vaca adulta e introduzido em um óvulo que teve seu núcleo retirado de uma célula de uma vaca diferente pode dar origem a um bezerro. Bezerros diferentes produzidos a partir do mesmo doador de células diferenciadas são todos clones do doador, sendo, portanto, geneticamente idênticos. (A, modificada de J.B. Gurdon, *Sci. Am.* 219:24–35, 1968.)

de DNA importante. Chegou-se a uma conclusão similar a partir de experimentos realizados em plantas. Quando fragmentos diferenciados de tecido vegetal são colocados em cultura e, então, dissociados em células isoladas, frequentemente uma dessas células individuais pode regenerar uma planta adulta inteira (**Figura 7-2B**). O mesmo princípio tem sido demonstrado mais recentemente em mamíferos, como ovelhas, gado, porcos, cabras, cães e camundongos (**Figura 7-2C**).

Mais recentemente, o sequenciamento detalhado do DNA tem confirmado a conclusão de que mudanças na expressão gênica responsáveis pelo desenvolvimento de organismos multicelulares geralmente não envolvem mudanças na sequência de DNA do genoma.

Diferentes tipos celulares sintetizam diferentes conjuntos de RNAs e proteínas

Como um primeiro passo para entender a diferenciação celular, gostaríamos de saber quantas diferenças existem entre um tipo celular e outro. Embora ainda não saibamos a resposta exata a essa questão fundamental, podemos fazer várias afirmações gerais.

1. Muitos processos são comuns a todas as células, e quaisquer duas células em um único organismo, portanto, possuem muitos produtos gênicos em comum. Esses incluem as proteínas estruturais dos cromossomos, RNA e DNA-polimerases, enzimas de reparo do DNA, proteínas ribossômicas e RNAs, enzimas que catalisam as

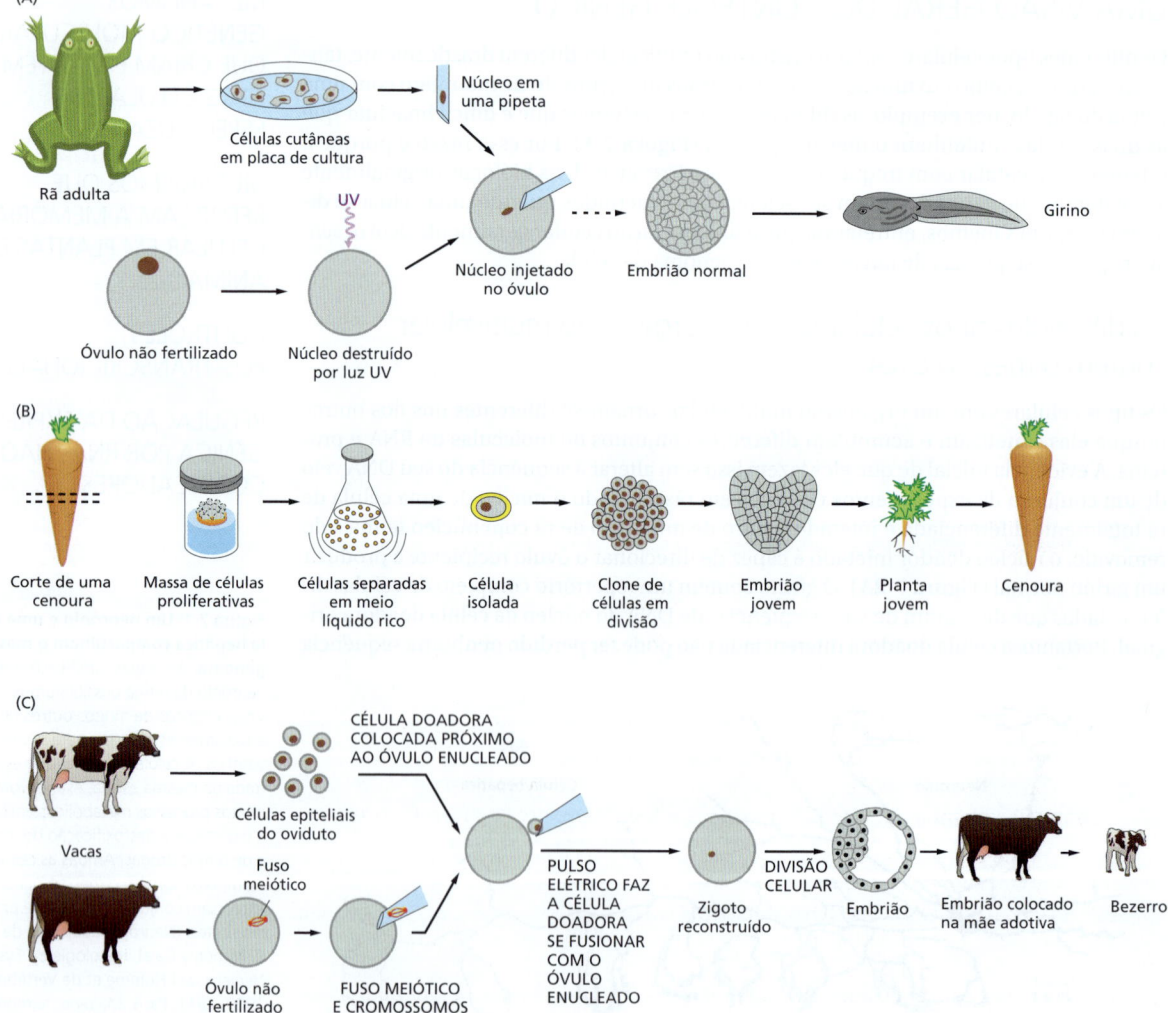

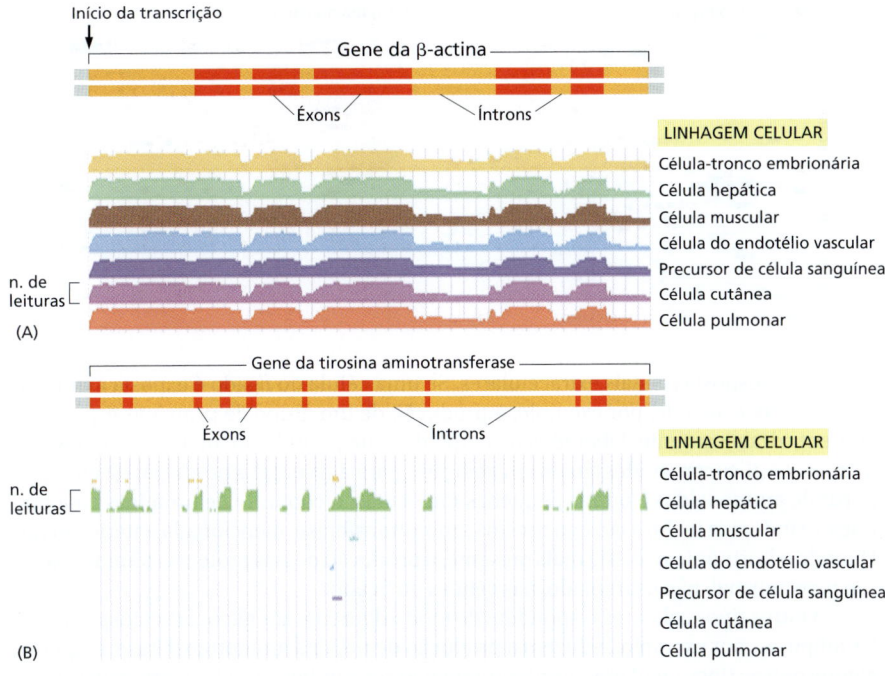

Figura 7-3 Diferenças nos níveis de RNA para dois genes humanos em sete tecidos diferentes. Para se obter dados de RNA pela técnica de *RNA-seq* (ver p. 447), o RNA foi coletado de linhagens celulares humanas crescidas em cultura, derivadas de cada um dos sete tecidos indicados. Milhões de "leituras de sequência" foram obtidas e mapeadas através do genoma humano por meio da correspondência entre as sequências de RNA e a sequência de DNA do genoma. A cada posição ao longo do genoma, a altura do traço colorido é proporcional ao número de leituras de sequência que correspondem à sequência do genoma naquele ponto. Como visto na figura, as sequências dos éxons nos genes transcritos estão presentes em altos níveis, refletindo a sua presença nos mRNAs maduros. As sequências dos íntrons estão presentes em níveis muito mais baixos e refletem moléculas de pré-mRNA que ainda não sofreram *splicing* e sequências de íntrons que já foram removidas por *splicing*, mas ainda não foram degradadas. (A) Gene que codifica a actina "multiuso", o principal componente do citoesqueleto. Observe que a extremidade da esquerda do mRNA maduro da β-actina não é traduzida em proteína. Como explicado posteriormente neste capítulo, muitos mRNAs possuem regiões 5' não traduzidas que regulam a tradução dos mesmos em proteínas. (B) O mesmo tipo de dado apresentado para a enzima tirosina aminotransferase, que é altamente expressa em células hepáticas, não sendo expressa nos demais tipos celulares testados. (Informações de ambas as imagens obtidas da Universidade da Califórnia, Santa Cruz, Genome Browser [http://genome.ucsc.edu], que fornece esse tipo de informação para cada gene humano. Ver também S. Djebali et al., *Nature* 489:101–108, 2012.)

reações centrais do metabolismo e muitas das proteínas que formam o citoesqueleto, como a actina (**Figura 7-3A**).

2. Algumas proteínas e RNAs são abundantes nas células especializadas nas quais elas atuam e não podem ser detectadas em nenhum outro local, mesmo por testes sensíveis. A hemoglobina, por exemplo, é expressa especificamente nas hemácias, onde ela carrega o oxigênio molecular, e a enzima tirosina aminotransferase (que decompõe a tirosina do alimento) é expressa no fígado, não sendo sintetizada na maioria dos outros tecidos (**Figura 7-3B**).

3. Estudos sobre o número de RNAs diferentes sugerem que, a qualquer momento, uma célula humana típica expressa cerca de 30 a 60% dos seus aproximadamente 30 mil genes em algum nível. Existem cerca de 21 mil genes codificadores de proteínas e aproximadamente 9 mil genes de RNA não codificadores em humanos. Quando os padrões de expressão de RNA em diferentes linhagens celulares humanas são comparados, observa-se que o nível de expressão de praticamente todos os genes varia de um tipo celular para outro. Algumas dessas diferenças são surpreendentes, como aquelas da hemoglobina e de tirosina aminotransferase citadas anteriormente, mas a maioria é muito mais sutil. Contudo, mesmo genes expressos em todos os tipos celulares geralmente variam seu *nível* de expressão de um tipo celular para outro.

4. Ainda que existam diferenças marcantes nos níveis de RNAs codificadores (mRNAs) em tipos celulares especializados, elas subestimam a gama completa de diferenças no padrão final de produção de proteínas. Como veremos neste capítulo, existem muitos passos após a produção do RNA nos quais a expressão gênica pode ser regulada. E, como vimos no Capítulo 3, as proteínas são frequentemente modificadas de forma covalente, após serem sintetizadas. As diferenças radicais na expressão gênica entre tipos celulares são, portanto, reveladas de maneira mais completa por meio de métodos que acessam diretamente os níveis de proteínas juntamente com suas modificações pós-traducionais (**Figura 7-4**).

Sinais externos podem induzir uma célula a alterar a expressão de seus genes

Ainda que células especializadas em um organismo multicelular possuam padrões de expressão gênica característicos, cada célula é capaz de alterar seu padrão de expressão

Figura 7-4 Diferenças nas proteínas expressas por dois tecidos humanos: (A) cérebro e (B) fígado. Em cada painel, as proteínas estão mostradas usando-se a eletroforese em gel de poliacrilamida bidimensional (ver p. 452-454). As proteínas foram separadas pelo peso molecular (de *cima* para *baixo*) e pelo ponto isoelétrico, o pH no qual a proteína não possui carga líquida (da *direita* para a *esquerda*). Os pontos de proteína coloridos artificialmente em *vermelho* são comuns a ambas as amostras; os em *azul* são específicos àquele tecido. As diferenças entre as duas amostras de tecido subestimam bastante suas similaridades: mesmo para as proteínas compartilhadas entre os dois tecidos, sua abundância relativa normalmente é diferente. Observe que essa técnica separa as proteínas tanto por tamanho como por carga; portanto uma proteína que possua, por exemplo, vários estados diferentes de fosforilação aparecerá como uma série de *pontos horizontais* (ver parte superior à direita do painel direito). Somente uma porção pequena do espectro completo de proteínas é mostrada em cada amostra.

Os métodos baseados em espectrometria de massa (ver p. 455-457) fornecem informação muito mais detalhada, incluindo a identidade de cada proteína, a posição de cada modificação e a natureza de cada modificação. (Cortesia de Tim Myers e Leigh Anderson, Large Scale Biology Corporation.)

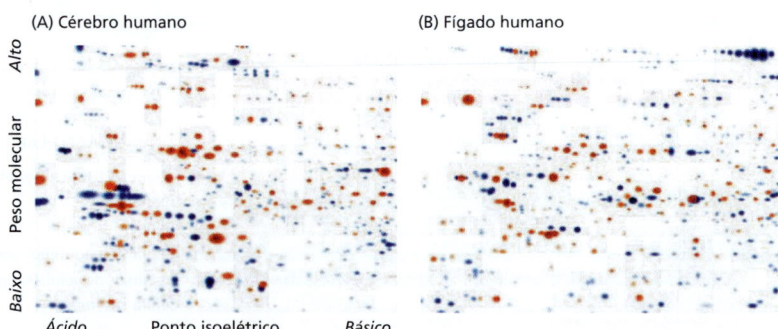

gênica em resposta a sinais extracelulares. Se uma célula do fígado é exposta a um hormônio glicocorticoide, por exemplo, a produção de um grupo de proteínas específicas aumenta drasticamente. Liberados no corpo durante períodos de inanição ou exercício intenso, os glicocorticoides sinalizam ao fígado para aumentar a produção de energia a partir de aminoácidos e outras pequenas moléculas; o conjunto de proteínas cuja produção é induzida inclui a enzima tirosina aminotransferase, mencionada anteriormente. Quando o hormônio não está mais presente, a produção dessas proteínas diminui para o seu nível normal, não estimulado, nas células do fígado.

Outros tipos celulares respondem de modo diferente aos glicocorticoides. As células adiposas, por exemplo, reduzem a produção de tirosina aminotransferase, enquanto alguns outros tipos celulares simplesmente não respondem aos glicocorticoides. Esses exemplos ilustram a característica geral da especialização celular: diferentes tipos celulares frequentemente respondem de maneiras bastante diversas para o mesmo sinal extracelular. Outras características do padrão de expressão gênica não mudam e dão a cada tipo celular suas propriedades particulares.

A expressão gênica pode ser regulada em muitas etapas no caminho que vai do DNA ao RNA e até a proteína

Se as diferenças entre os vários tipos celulares dependem dos genes particulares que a célula expressa, em qual nível o controle da expressão gênica é exercido? Como vimos no capítulo anterior, existem muitos passos no caminho que leva do DNA à proteína. Agora sabemos que todos eles podem, em princípio, ser regulados. Portanto, uma célula pode controlar as proteínas que produz (1) controlando quando e como um determinado gene é transcrito (**controle transcricional**), (2) controlando como o transcrito de RNA é submetido a *splicing* ou é processado (**controle do processamento de RNA**), (3) selecionando quais mRNAs completos são exportados do núcleo para o citoplasma e determinando onde no citoplasma eles ficam localizados (**controle do transporte e da localização de RNA**), (4) selecionando quais mRNAs no citoplasma são traduzidos pelos ribossomos (**controle traducional**), (5) desestabilizando seletivamente certas moléculas de mRNA no citoplasma (**controle da degradação do mRNA**) ou (6) ativando, inativando, degradando ou compartimentalizando seletivamente moléculas de proteína específicas após a sua produção (**controle da atividade proteica**) (**Figura 7-5**).

Para a maioria dos genes, os controles transcricionais são os mais importantes. Isso faz sentido porque, de todos os possíveis pontos de controle ilustrados na Figura 7-5, somente o controle transcricional garante que a célula não sintetizará intermediários supérfluos. Nas seções seguintes, discutiremos os componentes de DNA e proteína que desempenham essa função regulando o início da transcrição gênica. Nós retornaremos, então, ao tema das formas adicionais de regulação da expressão gênica.

Resumo

O genoma de uma célula contém, em sua sequência de DNA, a informação para fazer muitos milhares de moléculas diferentes de proteína e de RNA. Uma célula normalmente expressa somente uma fração dos seus genes, e os diferentes tipos de células em organismos multicelulares surgem porque diferentes conjuntos de genes são expressos. Além disso, as

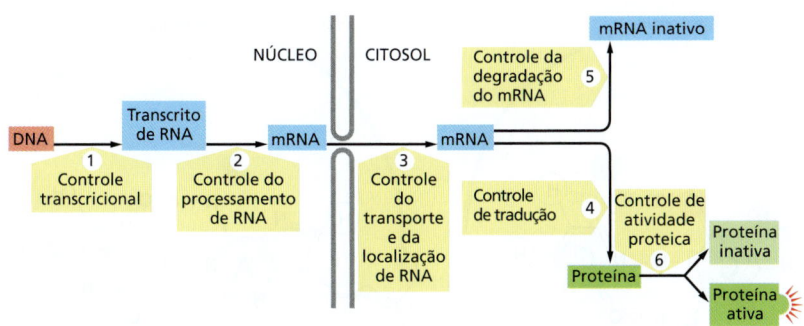

Figura 7-5 **Seis etapas nas quais a expressão gênica eucariótica pode ser controlada.** Os controles que operam nas etapas de 1 a 5 são discutidos neste capítulo. A etapa 6, a regulação da atividade proteica, ocorre majoritariamente por modificações covalentes pós-traducionais, incluindo fosforilação, acetilação e ubiquitinação (ver Tabela 3-3, p. 165). A etapa 6 foi introduzida no Capítulo 3 e é discutida subsequentemente em vários capítulos ao longo do livro.

células podem alterar o padrão de genes que elas expressam em resposta a mudanças em seu meio ambiente, como sinais de outras células. Embora todas as etapas envolvidas na expressão de um gene possam em princípio ser reguladas, para a maioria dos genes a iniciação da transcrição do RNA é o ponto de controle mais importante.

CONTROLE DA TRANSCRIÇÃO POR PROTEÍNAS DE LIGAÇÃO AO DNA DE SEQUÊNCIA ESPECÍFICA

Como uma célula determina quais dos seus milhares de genes devem ser transcritos? Talvez o conceito mais importante, aquele que se aplica a todas as espécies da Terra, esteja baseado em um grupo de proteínas conhecidas como **reguladores da transcrição** (ou transcricionais). Essas proteínas reconhecem sequências específicas de DNA (geralmente com 5 a 10 pares de nucleotídeos de comprimento) que são frequentemente denominadas **sequências reguladoras *cis*-atuantes**, pois devem estar no mesmo cromossomo (ou seja, em *cis*) em que se localizam os genes que elas controlam. Os reguladores transcricionais ligam-se a essas sequências, que se encontram dispersas pelos genomas, e essas ligações dão início a uma série de reações que, por último, especificam quais genes serão transcritos e em quais taxas. Aproximadamente 10% dos genes codificadores de proteínas da maioria dos organismos produzem reguladores transcricionais, tornando essa uma das maiores classes de proteínas nas células. Na maioria dos casos, um dado regulador transcricional reconhece as suas próprias sequências reguladoras *cis*-atuantes, que são diferentes daquelas reconhecidas por todos os outros reguladores presentes na célula.

A transcrição de cada gene é, por sua vez, controlada por seu conjunto particular de sequências reguladoras *cis*-atuantes. Essas sequências geralmente residem próximas ao gene, com frequência na região intergênica diretamente a montante do ponto de início de transcrição do gene. Ainda que alguns poucos genes sejam controlados por uma única sequência reguladora *cis*-atuante, que é reconhecida por um único regulador transcricional, a maioria dos genes possui arranjos complexos de sequências reguladoras *cis*-atuantes, cada uma delas sendo reconhecida por um regulador transcricional diferente. Desse modo, as posições, identidade e arranjo das sequências reguladoras *cis*-atuantes – que correspondem a uma parte importante da informação embutida no genoma – determinam, em última análise, o momento e o local em que cada gene é transcrito.

Iniciaremos nossa discussão descrevendo como reguladores transcricionais reconhecem sequências reguladoras *cis*-atuantes.

A sequência de nucleotídeos da dupla-hélice de DNA pode ser lida por proteínas

Como discutido no Capítulo 4, o DNA em um cromossomo consiste em uma dupla-hélice muito longa que possui um sulco maior e um menor (**Figura 7-6**). Reguladores transcricionais devem ser capazes de reconhecer sequências reguladoras *cis*-atuantes pequenas e específicas localizadas dentro dessa estrutura. Quando descobertas pela primeira vez na década de 1960, pensava-se que essas proteínas deveriam necessitar de um acesso direto ao interior da dupla-hélice para poder distinguir diferentes sequências de DNA. Entretanto, sabe-se hoje que a porção exterior da dupla-hélice é cravejada com informação de

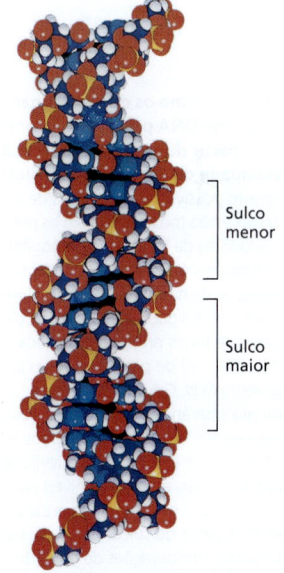

Figura 7-6 **Estrutura de dupla-hélice do DNA.** Modelo de preenchimento de espaços do DNA mostrando os sulcos maior e menor na parte externa da dupla-hélice (ver Animação 4.1). Os átomos estão coloridos da seguinte forma: carbono, *azul mais escuro;* nitrogênio, *azul mais claro;* hidrogênio, *branco;* oxigênio, *vermelho;* fósforo, *amarelo.*

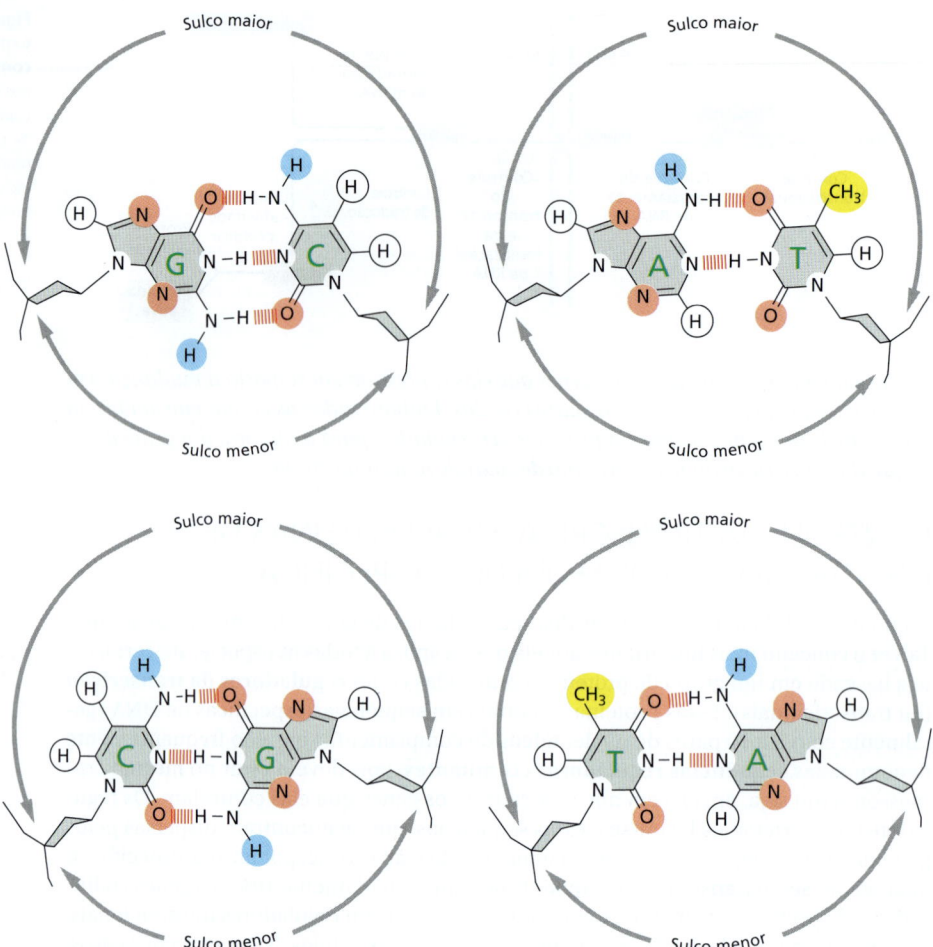

Figura 7-7 Como os diferentes pares de bases no DNA podem ser reconhecidos a partir das suas bordas sem a necessidade de abrir a dupla-hélice.
As quatro possíveis combinações de pares de bases estão mostradas, com os possíveis doadores de ligações de hidrogênio indicados em *azul*, os possíveis aceptores de ligações de hidrogênio indicados em *vermelho*, e as ligações de hidrogênio e os pares de bases propriamente ditos como uma série de pequenas *linhas paralelas vermelhas*. Grupos metila, que formam protuberâncias hidrofóbicas, estão mostrados em *amarelo*, e os átomos de hidrogênio que estão ligados a carbonos e, portanto, não estão disponíveis para formar ligações de hidrogênio estão em *branco*. A partir do sulco maior, cada uma das quatro configurações de pares de bases projeta um padrão único de características. (De C. Branden e J. Tooze, Introduction to Protein Structure, 2nd ed. New York: Garland Publishing, 1999.)

sequência de DNA que os reguladores transcricionais são capazes de reconhecer: a extremidade de cada par de bases apresenta um padrão particular de doadores de ligações de hidrogênio, aceptores de ligações de hidrogênio e porções hidrofóbicas em ambos os sulcos maior e menor (**Figura 7-7**). Como o sulco maior é mais amplo e possui mais informações moleculares que o sulco menor, praticamente todos os reguladores transcricionais realizam a maioria dos seus contatos com o sulco maior, como veremos adiante.

Reguladores da transcrição contêm motivos estruturais que podem ler sequências de DNA

O reconhecimento molecular na biologia geralmente depende de um encaixe exato entre as superfícies de duas moléculas, e o estudo dos reguladores transcricionais forneceu alguns dos exemplos mais claros desse princípio. Um regulador transcricional reconhece uma sequência reguladora *cis*-atuante específica porque a superfície da proteína é extensivamente complementar às características de superfície que são particulares à dupla-hélice que apresenta essa sequência. Cada regulador transcricional faz um grande número de contatos com o DNA, envolvendo ligações de hidrogênio, ligações iônicas e interações hidrofóbicas. Embora cada contato individual seja fraco, os aproximadamente 20 contatos que normalmente são formados em uma interface proteína-DNA somam-se para assegurar que a interação seja altamente específica e muito forte (**Figura 7-8**). De fato, as interações DNA-proteína incluem algumas das interações moleculares mais fortes e mais específicas conhecidas na biologia.

Embora cada exemplo de reconhecimento proteína-DNA seja único quanto aos detalhes, os estudos de cristalografia por raios X e de espectroscopia por ressonância mag-

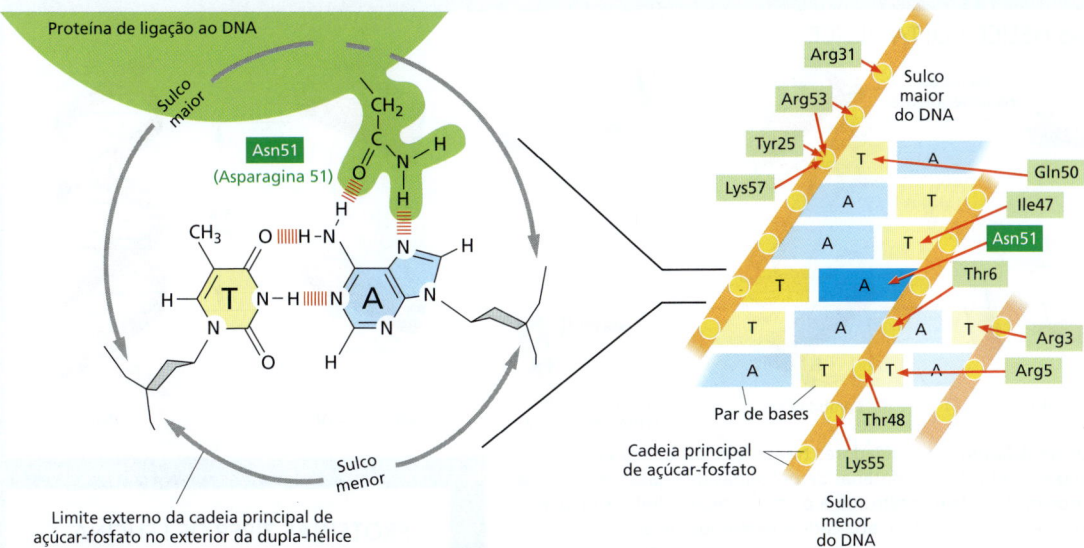

Figura 7-8 A ligação de um regulador da transcriçião a uma sequência de DNA específica. À *esquerda*, um único contato é mostrado entre um regulador transcricional e o DNA; tais contatos permitem à proteína "ler" a sequência do DNA. À *direita*, o conjunto completo de contatos entre o regulador transcricional (um membro da família de homeodomínios – ver Painel 7-1) e sua sequência reguladora *cis*-atuante é mostrado. A porção de ligação ao DNA da proteína possui 60 aminoácidos de extensão. Ainda que as interações no sulco maior sejam as mais importantes, a proteína também estabelece contatos com o sulco menor e com os fosfatos da cadeia principal de açúcar-fosfato do DNA. (Ver C. Wolberger et al., *Cell* 67:517–528, 1991.)

nética nuclear (RMN) de centenas de reguladores transcricionais têm revelado que muitas proteínas contêm um ou outro motivo de um pequeno conjunto de motivos estruturais de ligação ao DNA (**Painel 7-1**). Esses motivos geralmente usam α-hélices ou folhas β para se ligarem ao sulco maior do DNA. As cadeias laterais dos aminoácidos que se estendem a partir desses motivos proteicos realizam os contatos específicos com o DNA. Portanto, um dado motivo estrutural pode ser usado para reconhecer muitas sequências reguladoras *cis*-atuantes dependendo das cadeias laterais específicas presentes.

A dimerização de reguladores da transcrição aumenta a afinidade e a especificidade deles por DNA

Um monômero de um regulador transcricional típico reconhece cerca de 6 a 8 pares de nucleotídeos de DNA. Entretanto, proteínas ligadoras de DNA sequência-específicas não se ligam firmemente a uma única sequência de DNA e rejeitam todas as outras; em vez disso, elas reconhecem uma gama de sequências intimamente relacionadas, com a afinidade da proteína pelo DNA variando de acordo com o quanto o DNA se assemelha à sequência ótima para cada proteína ligadora. Como consequência, sequências reguladoras *cis*-atuantes são frequentemente representadas como "logos" que mostram a gama de sequências reconhecidas por um regulador transcricional em particular (**Figura 7-9A e B**). No Capítulo 6, vimos essa mesma representação sendo usada para mostrar a ligação da RNA-polimerase a promotores (ver Figura 6-12).

A sequência de DNA reconhecida por um monômero não contém informação suficiente que possibilite que ela seja selecionada a partir do conjunto total de sequências presentes, pois a mesma pode ocorrer de forma aleatória ao longo de todo o genoma. Por exemplo, espera-se que 1 sequência exata de DNA de seis nucleotídeos ocorra por acaso, aproximadamente 1 vez a cada 4.096 nucleotídeos (4^6), e que a gama de sequências de seis nucleotídeos descritas por um logo típico seria esperada por acaso de maneira muito mais frequente, talvez a cada 1.000 nucleotídeos. Claramente, para um genoma bacteriano de $4,6 \times 10^6$ pares de nucleotídeos, para não mencionar um genoma de um mamífero, de 3×10^9 pares de nucleotídeos, essa informação é insuficiente para controlar de forma precisa a transcrição de genes individuais. Portanto, contribuições adicionais à especificidade de ligação ao DNA devem estar presentes. Muitos reguladores transcricionais formam dímeros, com ambos os monômeros realizando contatos praticamente idênticos com o DNA (**Figura 7-9C**). Esse arranjo duplica o tamanho da sequência reguladora *cis*-atuante reconhecida e aumenta grandemente tanto a afinidade quanto a especificidade da ligação do regulador transcricional. Como a sequência de DNA reconhecida pela proteína aumenta de aproximadamente 6 para 12 pares de nucleotídeos, existe um número muito menor de ocorrências aleatórias dessa sequência no genoma.

PAINEL 7-1: Motivos estruturais comuns em reguladores da transcrição

PROTEÍNAS HÉLICE-VOLTA-HÉLICE

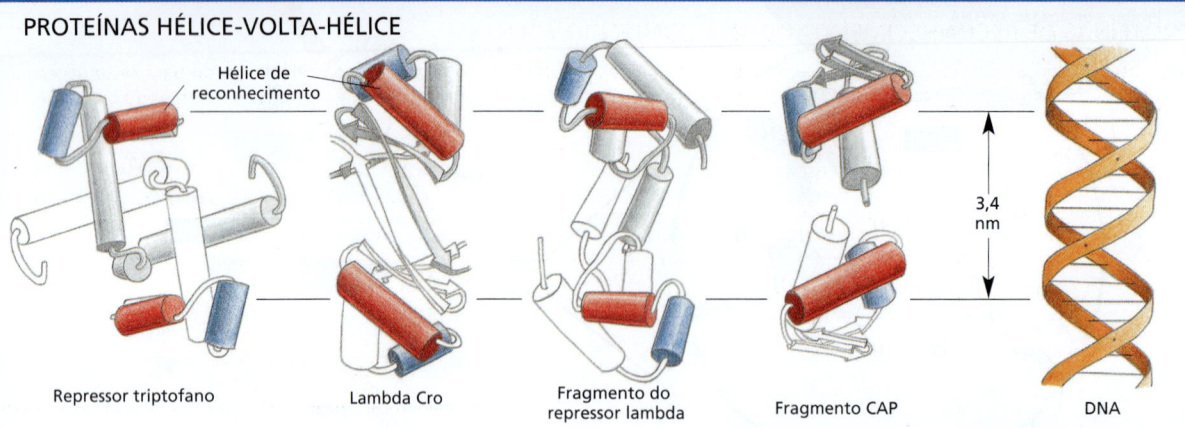

Repressor triptofano — Lambda Cro — Fragmento do repressor lambda — Fragmento CAP — DNA (3,4 nm)

Originalmente identificado em reguladores transcricionais bacterianos, esse motivo tem sido encontrado em centenas de proteínas de ligação ao DNA de eucariotos e procariotos. Ele é construído a partir de duas α-hélices (*azul* e *vermelha*) conectadas por uma pequena cadeia estendida de aminoácidos, que constitui a "volta". As duas hélices são mantidas em um ângulo fixo, principalmente por meio de interações entre as duas hélices.
A hélice mais C-terminal (em *vermelho*) é denominada *hélice de reconhecimento* porque ela se encaixa no sulco maior do DNA; suas cadeias laterais de aminoácidos, que diferem de uma proteína para outra, desempenham um papel importante no reconhecimento da sequência de DNA específica à qual a proteína se liga. Todas as proteínas mostradas aqui ligam-se ao DNA como dímeros nos quais as duas cópias da hélice de reconhecimento (em *vermelho*) estão separadas por exatamente uma volta de hélice de DNA (3,4 nm); portanto, ambas as hélices de reconhecimento do dímero podem se encaixar no sulco maior do DNA.

PROTEÍNAS DE HOMEODOMÍNIO

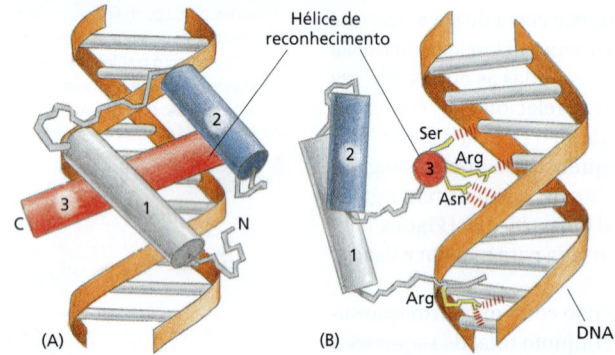

Não muito tempo depois dos primeiros reguladores transcricionais terem sido descobertos em bactérias, análises genéticas nas moscas-das-frutas *Drosophila* levaram à caracterização de uma importante classe de genes, os *genes seletores homeóticos*, que desempenham um papel crucial na orquestração do desenvolvimento da mosca (discutido no Capítulo 21).
Foi mostrado posteriormente que esses genes codificavam reguladores transcricionais que se ligam ao DNA por meio de motivos estruturais denominados homeodomínios. Duas perspectivas diferentes da mesma estrutura são mostradas. (A) O homeodomínio é enovelado em três α-hélices, que são unidas firmemente por interações hidrofóbicas. A parte contendo as hélices 2 e 3 assemelha-se muito ao motivo hélice-volta-hélice. (B) A hélice de reconhecimento (hélice 3, *vermelho*) estabelece contatos importantes com o sulco maior do DNA. A asparagina (Asn) da hélice 3, por exemplo, estabelece contatos com uma adenina, como mostrado na Figura 7-8. Um braço flexível ancorado à hélice 1 estabelece contatos com pares de nucleotídeos no sulco menor (**Animação 7.1**).

PROTEÍNAS ZÍPER DE LEUCINA

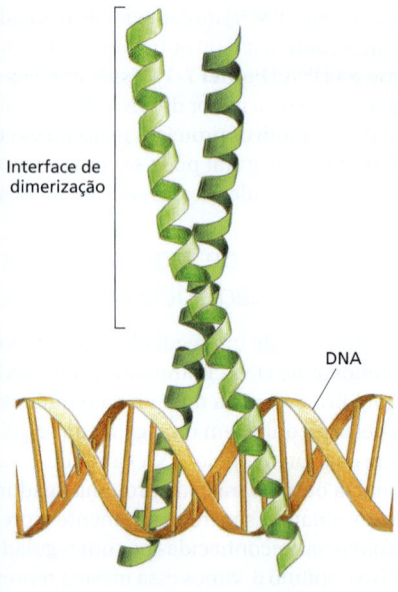

Interface de dimerização — DNA

O motivo *zíper de leucina* é assim denominado devido à forma pela qual as duas α-hélices, uma de cada monômero, são unidas para formar uma super-hélice curta. Essas proteínas ligam-se ao DNA como dímeros onde as duas α-hélices longas são mantidas unidas por interações entre cadeias laterais de aminoácidos hidrofóbicos (frequentemente leucinas) que se estendem a partir de um lado de cada hélice. Logo abaixo da interface de dimerização, as duas α-hélices se separam uma da outra para formar uma estrutura em forma de Y, que possibilita que suas cadeias laterais estabeleçam contatos com o sulco maior do DNA. O dímero, portanto, aperta a dupla-hélice como um prendedor de roupas em um varal (**Animação 7.2**).

PROTEÍNAS DE RECONHECIMENTO DE DNA CONTENDO FOLHAS β

Nos outros motivos de ligação ao DNA apresentados neste painel, as α-hélices são o mecanismo principal usado para reconhecer sequências de DNA específicas. Entretanto, em um grande grupo de reguladores transcricionais, uma folha β contendo duas fitas, com as cadeias laterais dos aminoácidos se estendendo a partir da folha em direção ao DNA, lê a informação na superfície do sulco maior. Como no caso de uma α-hélice de reconhecimento, esse motivo de folha β pode ser usado para reconhecer muitas sequências de DNA diferentes; a sequência de DNA exata reconhecida depende da sequência de aminoácidos que constitui a folha β.
É mostrado um regulador transcricional que se liga a duas moléculas de S-adenosilmetionina (*vermelho*). À esquerda, um dímero da proteína está representado; à direita, um diagrama simplificado mostra somente a folha β contendo duas fitas ligada ao sulco maior do DNA.

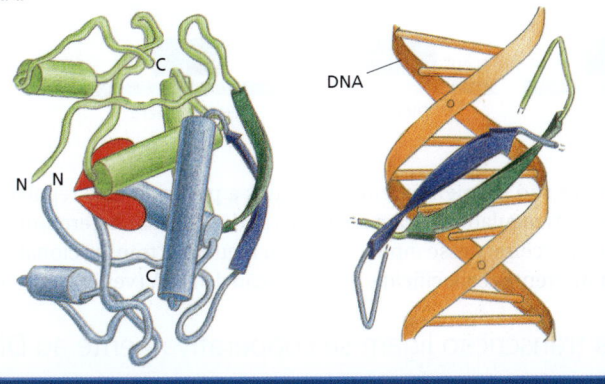

PROTEÍNAS DEDO DE ZINCO

Esse grupo de motivos de ligação ao DNA inclui um ou mais átomos de zinco como componentes estruturais. Todos esses motivos de ligação ao DNA coordenados por zinco são denominados dedos de zinco, com a referência à sua aparência nas primeiras ilustrações esquemáticas produzidas (*esquerda*). São classificados em vários grupos estruturais distintos, sendo que aqui consideraremos apenas um deles. Ele tem uma estrutura simples, na qual o átomo de zinco mantém uma α-hélice e uma folha β unidas (*centro*). Esse tipo de dedo de zinco com frequência é encontrado formando agrupamentos, nos quais a α-hélice de cada dedo estabelece contatos com o sulco maior do DNA, formando um trecho praticamente contínuo de α-hélices ao longo desse sulco (Animação 7.3). Desse modo, uma interação DNA-proteína forte e específica é construída por meio da repetição de uma unidade estrutural básica. Três desses dedos são mostrados à *direita*.

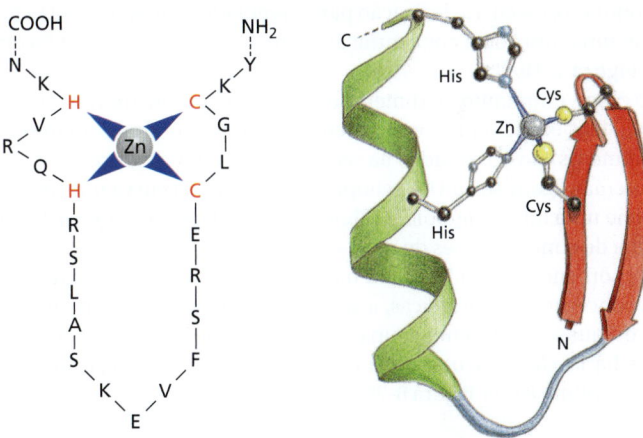

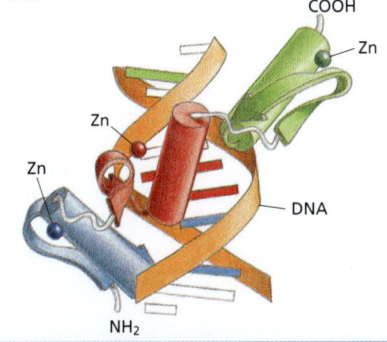

PROTEÍNAS HÉLICE-ALÇA-HÉLICE

Relacionado ao zíper de leucina, o motivo hélice-alça-hélice consiste em uma pequena α-hélice conectada, por meio de uma alça (*vermelha*), a uma segunda α-hélice, mais longa. A flexibilidade da alça possibilita que uma hélice se volte e se acomode contra a outra, formando uma superfície de dimerização. Como mostrado, essa estrutura de duas hélices liga-se ao DNA e à estrutura de duas hélices de uma segunda proteína, criando um homodímero ou um heterodímero. Duas α-hélices que se estendem a partir da interface de dimerização realizam contatos específicos com o sulco maior do DNA.

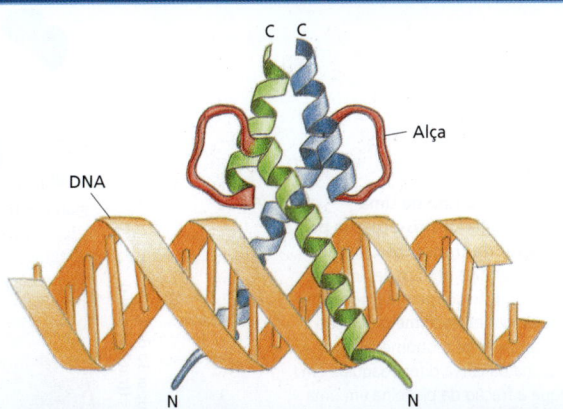

Figura 7-9 Reguladores da transcrição e suas sequências reguladoras *cis*-atuantes. (A) Representação da sequência reguladora *cis*-atuante Nanog, um membro da família de homeodomínios que é um regulador-chave em células-tronco embrionárias. Essa forma em "logotipo" (ver Figura 6-12) mostra que a proteína pode reconhecer uma coleção de sequências de DNA intimamente relacionadas e fornece os pares de nucleotídeos preferidos a cada posição. Sequências reguladoras *cis*-atuantes são "lidas" como DNA de fita dupla, mas normalmente apenas uma fita é mostrada em um logotipo. (B) Representação de uma sequência reguladora *cis*-atuante como uma caixa colorida. (C) Muitos reguladores da transcrição formam dímeros (homodímeros) e heterodímeros. No exemplo mostrado, três especificidades de ligação a DNA são formadas a partir de dois reguladores transcricionais.

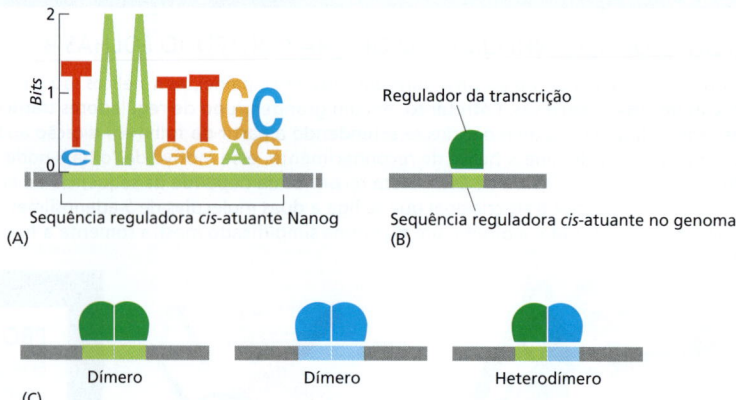

Os heterodímeros são frequentemente formados a partir de dois reguladores da transcrição diferentes. Os reguladores transcricionais podem formar heterodímeros com mais de uma proteína parceira; desse modo, o mesmo regulador transcricional pode ser "reusado" para criar diferentes especificidades de ligação de DNA (ver Figura 7-9C).

Reguladores da transcrição ligam-se cooperativamente ao DNA

No caso mais simples, o conjunto de ligações não covalentes que mantêm os dímeros ou heterodímeros, mencionados anteriormente, unidos é tão extenso que essas estruturas se formam obrigatoriamente e nunca se separam. Nesse caso, a unidade de ligação é o dímero ou heterodímero, e a curva de ligação para o regulador transcricional (a fração de DNA ligado como uma função da concentração de proteína) assume uma forma exponencial padrão (**Figura 7-10A**).

Em muitos casos, entretanto, os dímeros e heterodímeros encontram-se unidos de forma muito fraca; eles existem predominantemente como monômeros em solução, e, ainda assim, os dímeros são observados na sequência de DNA apropriada. Nesse caso, diz-se que as proteínas ligam-se ao DNA cooperativamente, e a curva que descreve a ligação delas assume uma forma sigmoidal (**Figura 7-10B**). *Ligação cooperativa* significa que, em uma gama de concentrações do regulador transcricional, a ligação se apresenta mais como um fenômeno do tipo "tudo ou nada" do que não cooperativo; ou seja, na maior parte das concentrações proteicas, a sequência reguladora *cis*-atuante está praticamente vazia ou quase totalmente ocupada, encontrando-se raramente em alguma condição intermediária. Uma discussão da matemática subjacente à ligação cooperativa é apresentada no Capítulo 8 (ver Figura 8-79A).

Figura 7-10 Ocupação de uma sequência reguladora *cis*-atuante por um regulador da transcrição. (A) Ligação não cooperativa por um heterodímero estável. (B) Ligação cooperativa por componentes de um heterodímero que são predominantemente monômeros em solução. A forma da curva difere daquela em (A) porque a fração da proteína em uma forma competente para se ligar ao DNA (o heterodímero) aumenta com o aumento na concentração da proteína.

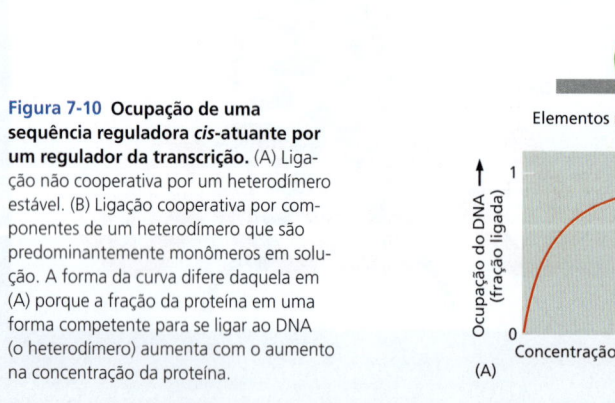
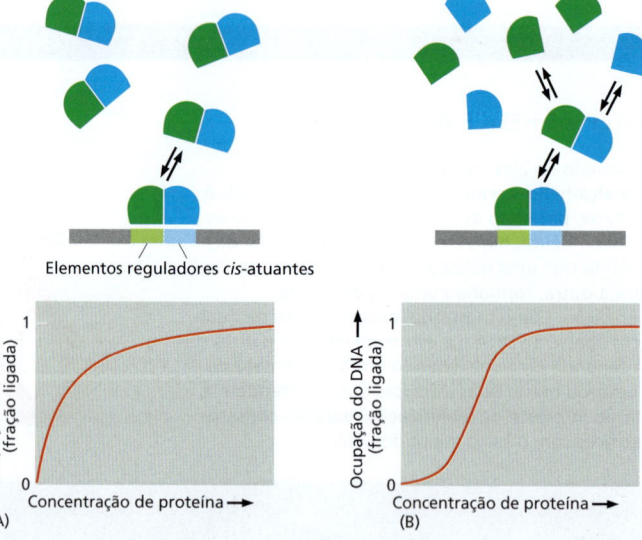

A estrutura nucleossômica promove ligação cooperativa de reguladores da transcrição

Como acabamos de ver, a ligação cooperativa de reguladores transcricionais ao DNA ocorre com frequência, pois os monômeros apresentam apenas uma afinidade fraca uns pelos outros. Entretanto, existe um segundo mecanismo, indireto, para ligação cooperativa, originado da estrutura do nucleossomo dos cromossomos eucarióticos.

Em geral, reguladores transcricionais ligam-se ao DNA em nucleossomos com menor afinidade do que com o DNA nu, livre de proteínas. Existem duas razões para essa diferença. Primeiro, a superfície da sequência reguladora *cis*-atuante reconhecida pelo regulador transcricional pode estar voltada para dentro no nucleossomo, em direção ao cerne de histonas, e, portanto, pode não estar prontamente disponível para a proteína reguladora. Segundo, mesmo que a face da sequência reguladora *cis*-atuante esteja exposta na superfície externa do nucleossomo, muitos reguladores transcricionais alteram sutilmente a conformação do DNA quando se ligam a ele, e essas mudanças geralmente deixam de ocorrer devido ao enrolamento apertado do DNA ao redor do cerne de histonas. Por exemplo, muitos reguladores transcricionais induzem uma curvatura ou dobra no DNA quando se ligam a ele.

Vimos, no Capítulo 4, que a remodelagem nucleossômica pode alterar a estrutura do nucleossomo, possibilitando que reguladores transcricionais acessem o DNA. Entretanto, ainda que na ausência de remodelagem, reguladores transcricionais podem obter acesso limitado ao DNA em um nucleossomo. O DNA na extremidade de um nucleossomo "respira", expondo transitoriamente o DNA e permitindo a ligação de reguladores. Essa "respiração" ocorre a uma taxa muito mais baixa no centro do nucleossomo; portanto as posições nas quais o DNA sai do nucleossomo são mais propensas a serem ocupadas (**Figura 7-11**).

Essas propriedades do nucleossomo promovem ligação cooperativa ao DNA por reguladores transcricionais. Se uma proteína reguladora entra no DNA de um nucleossomo e impede que esse DNA seja uma vez mais firmemente enrolado ao redor do cerne do nucleossomo, então essa proteína irá aumentar a afinidade de um segundo regulador transcricional por uma sequência reguladora *cis*-atuante vizinha. Se, além disso, os dois reguladores transcricionais também interagirem um com o outro (como anteriormente descrito), então o efeito cooperativo será ainda maior. Em alguns casos, a ação combinada de proteínas reguladoras pode eventualmente deslocar o cerne de histonas do nucleossomo por completo.

A cooperação entre reguladores transcricionais pode se tornar ainda muito maior quando complexos de remodelagem de nucleossomos estiverem envolvidos. Se um regulador transcricional liga-se à sua sequência reguladora em *cis* e atrai um complexo de remodelagem da cromatina, a ação localizada do complexo de remodelagem pode permitir que um segundo regulador transcricional se ligue de maneira eficiente na vizinhança. Além disso,

Figura 7-11 **Como os nucleossomos afetam a ligação de reguladores transcricionais.**

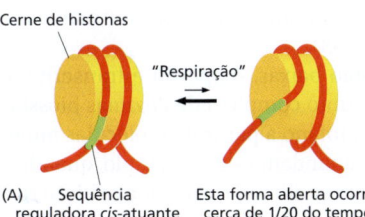

(A) Sequência reguladora *cis*-atuante / Esta forma aberta ocorre cerca de 1/20 do tempo

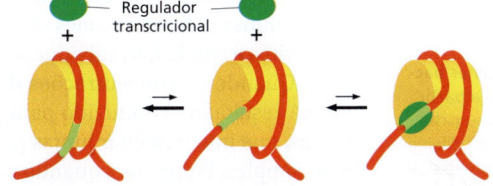

(B) Comparado à sua afinidade pelo DNA nu, um regulador transcricional típico se ligará com afinidade 20 vezes menor se sua sequência reguladora *cis*-atuante estiver localizada próximo à extremidade de um nucleossomo

(C) Um regulador transcricional típico se ligará com afinidade cerca de 200 vezes menor se a sua sequência reguladora *cis*-atuante estiver localizada no meio de um nucleossomo

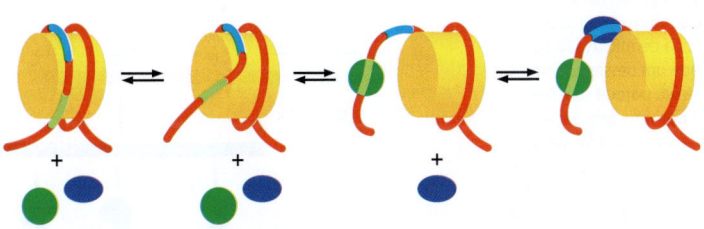

(D) Um regulador transcricional pode desestabilizar o nucleossomo, facilitando a ligação de outro regulador transcricional

discutimos como reguladores transcricionais podem trabalhar em pares; na realidade, um número maior de reguladores frequentemente cooperam uns com os outros, usando repetidamente os mesmos princípios. Uma ligação altamente cooperativa de reguladores transcricionais ao DNA provavelmente explica por que muitos sítios em genomas eucarióticos que são ligados por reguladores transcricionais são "livres de nucleossomos".

Resumo

Os reguladores transcricionais reconhecem pequenos trechos de DNA dupla-hélice de sequência definida denominadas sequências reguladoras cis-atuantes, e, desse modo, determinam quais dos milhares de genes de uma célula serão transcritos. Aproximadamente 10% dos genes codificadores de proteínas na maioria dos organismos produzem reguladores transcricionais, e eles controlam muitas características das células. Embora cada um desses reguladores transcricionais tenha características únicas, a maioria liga-se ao DNA como homodímeros ou heterodímeros e reconhece o DNA por meio de um entre um pequeno número de motivos estruturais. Os reguladores transcricionais normalmente atuam em grupos e ligam-se ao DNA cooperativamente, uma característica que apresenta vários mecanismos subjacentes, alguns dos quais exploram o empacotamento do DNA em nucleossomos.

REGULADORES DA TRANSCRIÇÃO ATIVAM E INATIVAM OS GENES

Tendo visto como reguladores transcricionais ligam-se às sequências reguladoras *cis*-atuantes embebidas no genoma, podemos agora discutir como, uma vez ligadas, essas proteínas influenciam na transcrição dos genes. A situação nas bactérias é mais simples do que nos eucariotos (a estrutura da cromatina não é um problema), e, portanto, discutiremos primeiramente o caso bacteriano. Em um segundo momento, voltaremos para a situação mais complexa dos eucariotos.

O repressor do triptofano inativa os genes

O genoma da bactéria *Escherichia coli* consiste em uma única molécula de DNA circular de aproximadamente $4,6 \times 10^6$ pares de nucleotídeos. Esse DNA codifica aproximadamente 4.300 proteínas, embora apenas uma fração seja sintetizada pela célula de cada vez. As bactérias regulam a expressão de muitos dos seus genes de acordo com as fontes de alimentação que estão disponíveis no ambiente. Por exemplo, na *E. coli*, cinco genes codificam enzimas que produzem o aminoácido triptofano. Esses genes estão arranjados em um agrupamento no cromossomo e são transcritos a partir de um único promotor como uma única longa molécula de mRNA; esses agrupamentos de genes transcritos coordenadamente são denominados *óperons* (**Figura 7-12**). Ainda que os óperons sejam comuns em bactérias, eles são raros em eucariotos, onde os genes são normalmente transcritos e regulados individualmente (ver Figura 7-3).

Quando as concentrações de triptofano estão baixas, o óperon é transcrito; o mRNA resultante é traduzido para produzir o conjunto completo de enzimas biossintéticas, que irão trabalhar juntas para sintetizar triptofano a partir de moléculas muito mais simples. Entretanto, quando o triptofano está abundante – por exemplo, quando a bactéria está no intestino de um mamífero que recém se alimentou de uma refeição rica em proteínas –, o aminoácido é importado pelas células, que interrompem a produção dessas enzimas, que passam a não ser mais necessárias.

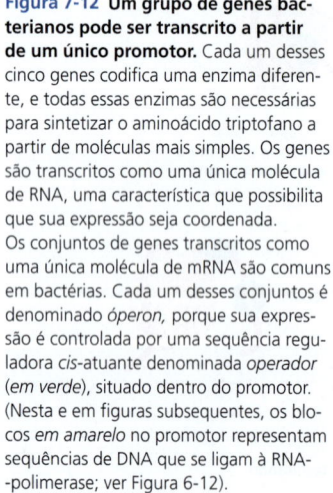

Figura 7-12 Um grupo de genes bacterianos pode ser transcrito a partir de um único promotor. Cada um desses cinco genes codifica uma enzima diferente, e todas essas enzimas são necessárias para sintetizar o aminoácido triptofano a partir de moléculas mais simples. Os genes são transcritos como uma única molécula de RNA, uma característica que possibilita que sua expressão seja coordenada. Os conjuntos de genes transcritos como uma única molécula de mRNA são comuns em bactérias. Cada um desses conjuntos é denominado *óperon*, porque sua expressão é controlada por uma sequência reguladora *cis*-atuante denominada *operador* (*em verde*), situado dentro do promotor. (Nesta e em figuras subsequentes, os blocos *em amarelo* no promotor representam sequências de DNA que se ligam à RNA-polimerase; ver Figura 6-12).

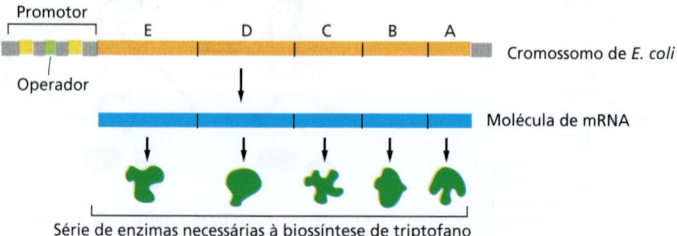

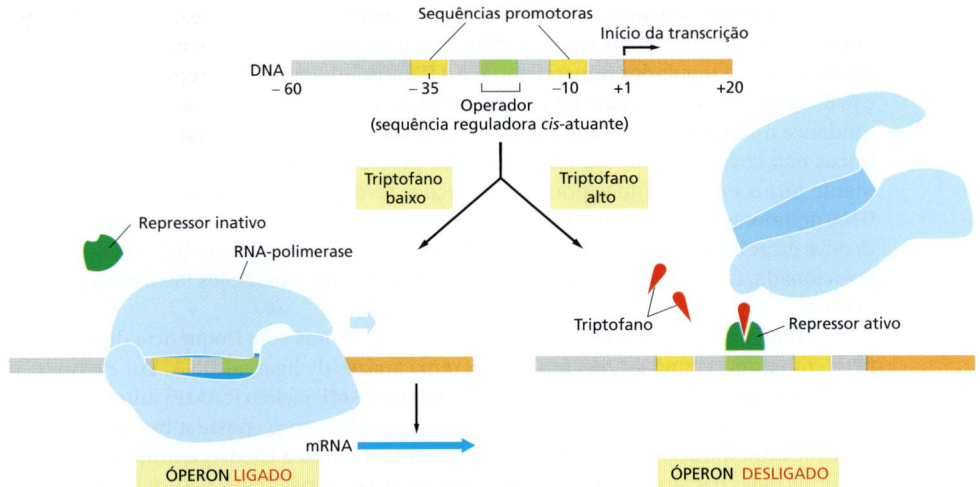

Sabemos exatamente como se dá essa repressão do óperon do triptofano. Dentro do promotor do óperon existe uma sequência reguladora *cis*-atuante que é reconhecida por um regulador transcricional. Quando o regulador liga-se a essa sequência, ele bloqueia o acesso da RNA-polimerase ao promotor, impedindo, desse modo, a transcrição do óperon (e, portanto, a produção de enzimas produtoras de triptofano). O regulador transcricional é conhecido como o *repressor triptofano*, e a sua sequência reguladora *cis*-atuante é denominada *operador triptofano*. Esses componentes são controlados de uma forma simples: o repressor somente será capaz de se ligar ao DNA se tiver também ligado a várias moléculas de triptofano (**Figura 7-13**).

O repressor triptofano é uma proteína alostérica, e a ligação do triptofano causa uma mudança sutil na sua estrutura tridimensional, fazendo a proteína poder se ligar à sequência operadora. Sempre que a concentração de triptofano livre na bactéria cair, o triptofano se dissocia do repressor, o repressor não mais se liga ao DNA, e o óperon triptofano passa a ser transcrito. O repressor é, portanto, um dispositivo simples que liga e desliga a produção de um conjunto de enzimas biossintéticas de acordo com a disponibilidade do produto final da via à qual essas enzimas pertencem.

O repressor triptofano, por si só, encontra-se sempre presente na célula. O gene que codifica esse repressor é transcrito continuamente em um baixo nível, de tal forma que uma pequena quantidade da proteína repressora está sempre sendo produzida. Desse modo, a bactéria pode responder muito rapidamente a um aumento ou queda na concentração de triptofano.

Figura 7-13 Genes podem ser desligados por proteínas repressoras. Se a concentração de triptofano dentro da bactéria está baixa (à *esquerda*), a RNA-polimerase (*azul*) liga-se ao promotor e transcreve os cinco genes do óperon do triptofano. Entretanto, se a concentração do triptofano estiver alta (à *direita*), a proteína repressora (*em verde-escuro*) torna-se ativa e se liga ao operador (*em verde-claro*), onde ela bloqueia a ligação da RNA-polimerase ao promotor. Sempre que a concentração intracelular do triptofano cair, o repressor se dissocia do DNA, permitindo que a RNA-polimerase transcreva novamente o óperon. Ainda que não seja mostrado na figura, o repressor é um dímero estável.

Repressores inativam e ativam os genes

O repressor triptofano, como o seu nome sugere, é uma proteína que atua como um *repressor transcricional*: na sua forma ativa, ela desliga genes ou os *reprime*. Alguns reguladores transcricionais bacterianos fazem o oposto: eles ligam genes ou os *ativam*. Essas proteínas que são *ativadores transcricionais* atuam em promotores, que – ao contrário do promotor do óperon triptofano – são apenas marginalmente capazes de ligar e posicionar a RNA-polimerase por si próprios. Contudo, esses promotores de funcionamento deficiente podem se tornar completamente funcionais por meio de proteínas ativadoras que se ligam a sequências reguladoras *cis*-atuantes próximas e contatam a RNA-polimerase, auxiliando-a a iniciar a transcrição (**Figura 7-14**).

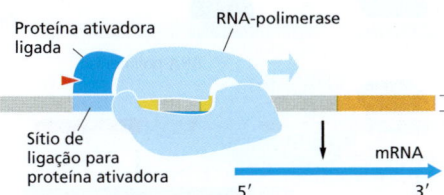

Figura 7-14 Genes podem ser ligados por proteínas ativadoras. Uma proteína ativadora liga-se à sua sequência reguladora *cis*-atuante no DNA e interage com a RNA-polimerase para auxiliá-la a iniciar a transcrição. Sem o ativador, o promotor não é capaz de iniciar a transcrição de maneira eficiente. Em bactérias, a ligação do ativador ao DNA é frequentemente controlada pela interação de um metabólito ou outra molécula pequena (*triângulo vermelho*) com a proteína ativadora. O óperon *Lac* atua dessa maneira, como discutimos brevemente.

As proteínas ativadoras ligadas ao DNA podem aumentar a taxa de início da transcrição até mil vezes, um valor consistente com a interação relativamente fraca e não específica entre o regulador transcricional e a RNA-polimerase. Por exemplo, uma alteração de mil vezes na afinidade da RNA-polimerase por seu promotor corresponde a uma mudança no ΔG de ≈18 kJ/mol, a qual poderia ser derivada de algumas poucas ligações fracas não covalentes. Dessa forma, muitas proteínas ativadoras trabalham simplesmente fornecendo algumas poucas interações favoráveis que auxiliem na atração da RNA-polimerase ao promotor. Para fornecer esse auxílio, entretanto, a proteína ativadora deve estar ligada à sua sequência reguladora *cis*-atuante, e essa sequência deve estar posicionada, com respeito ao promotor, de tal forma que interações favoráveis possam ocorrer.

Como o repressor triptofano, as proteínas ativadoras com frequência devem interagir com uma segunda molécula para serem capazes de ligar ao DNA. Por exemplo, a proteína ativadora bacteriana *CAP* deve se ligar ao AMP cíclico (cAMP) antes de poder se ligar ao DNA. Genes ativados pela CAP são ligados em resposta a um aumento na concentração intracelular de cAMP, que aumenta quando a glicose, a fonte de carbono preferida pelas bactérias, não está mais disponível; como resultado, CAP aciona a produção de enzimas que possibilitam à bactéria digerir outros açúcares.

Um ativador e um repressor controlam o óperon *Lac*

Em muitos casos, a atividade de um único promotor é controlada por vários reguladores transcricionais diferentes. O óperon *Lac* em *E. coli*, por exemplo, é controlado tanto pelo repressor *Lac* quanto pelo ativador CAP recentemente discutido. O óperon *Lac* codifica proteínas requeridas para importar e digerir o dissacarídeo lactose. Na ausência de glicose, a bactéria produz cAMP, que ativa CAP a ligar genes que possibilitam à célula usar fontes alternativas de carbono – incluindo lactose. Contudo, seria um desperdício se a CAP induzisse a expressão do óperon *Lac* se a própria lactose não estivesse disponível. Portanto, o repressor *Lac* desliga o óperon na ausência de lactose. Esse arranjo possibilita que a região controladora do óperon *Lac* integre dois sinais diferentes, de maneira que o óperon somente é altamente expresso quando duas condições são encontradas: a glicose tem que estar ausente e a lactose tem que estar presente (**Figura 7-15**). Esse circuito genético comporta-se portanto de forma muito similar a um comutador que desempenha uma operação lógica em um computador. Quando a lactose estiver presente *e*

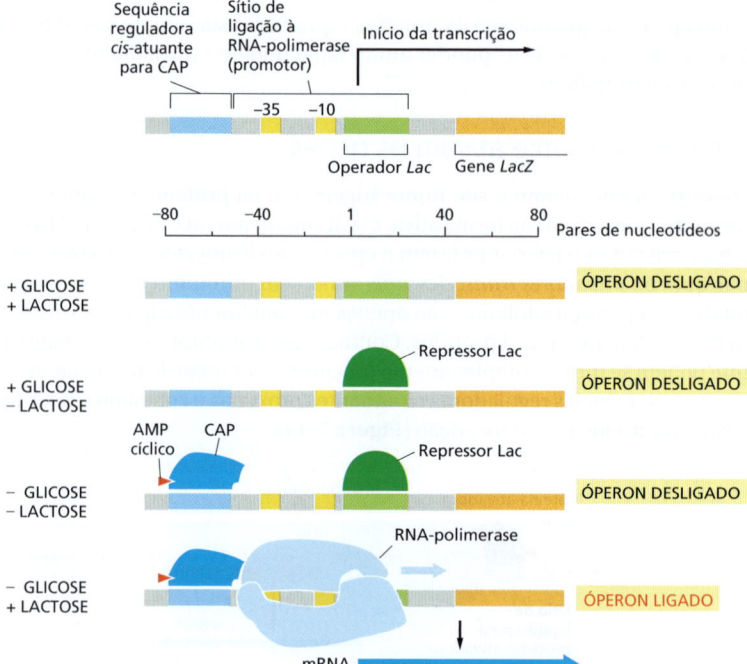

Figura 7-15 O óperon *Lac* é controlado por dois reguladores transcricionais: o repressor Lac e CAP. *LacZ*, o primeiro gene do óperon, codifica a enzima β-galactosidase, que quebra a lactose em galactose e glicose. Quando a lactose está ausente, o repressor Lac liga-se a uma sequência reguladora *cis*-atuante, denominada operador *Lac*, e desliga a expressão do óperon (Animação 7.4). A adição de lactose aumenta a concentração intracelular de um composto relacionado, a alolactose; a alolactose liga-se ao repressor Lac, fazendo-o sofrer uma mudança conformacional que libera a sua pinça do DNA do operador (não mostrado). Quando a glicose está ausente, o AMP cíclico (*triângulo vermelho*) é produzido pela célula, e o CAP liga-se ao DNA.

a glicose ausente, a célula executa o programa apropriado – nesse caso, a transcrição de genes que possibilitam a incorporação e a utilização da lactose.

Todos os reguladores transcricionais, sejam eles repressores ou ativadores, devem estar ligados ao DNA para exercerem os seus efeitos. Dessa forma, cada proteína reguladora atua seletivamente, controlando somente aqueles genes que apresentem uma sequência reguladora *cis*-atuante de DNA reconhecida por ela. A lógica do óperon *Lac* atraiu pela primeira vez a atenção dos biólogos há mais de 50 anos. A forma como ele funciona foi revelada por meio de uma combinação de genética e bioquímica, fornecendo algumas das primeiras percepções de como a transcrição é controlada em qualquer organismo.

A formação de alças no DNA pode ocorrer durante a regulação gênica bacteriana

Vimos que ativadores transcricionais auxiliam a RNA-polimerase a iniciar a transcrição, enquanto repressores a impedem de fazê-lo. Entretanto, os dois tipos de proteínas são muito similares. Por exemplo, a fim de ocupar suas sequências reguladoras *cis*-atuantes, tanto o repressor triptofano quanto a proteína ativadora CAP devem ligar-se a uma pequena molécula; além disso, ambas reconhecem suas sequências reguladoras *cis*-atuantes usando o mesmo motivo estrutural (a hélice-volta-hélice mostrada no Painel 7-1). De fato, algumas proteínas (p. ex., a proteína CAP) podem atuar tanto como um repressor quanto como um ativador, dependendo da localização exata das suas sequências reguladoras *cis*-atuantes com relação ao promotor: para alguns genes, a sequência reguladora *cis*-atuante CAP sobrepõe o promotor, e a ligação do CAP, portanto, impede a associação da RNA-polimerase com o promotor.

A maioria das bactérias possui genomas compactos e pequenos, e as sequências reguladoras *cis*-atuantes que controlam a transcrição de um gene normalmente são localizadas muito próximas ao sítio de início de transcrição. Mas existem algumas exceções a essa generalização – sequências reguladoras *cis*-atuantes podem estar localizadas a centenas ou até mesmo milhares de pares de nucleotídeos dos genes bacterianos que elas controlam (**Figura 7-16**). Nesses casos, o DNA interveniente comporta-se como uma alça que é deslocada para fora, permitindo que uma proteína ligada a um sítio distante no DNA entre em contato com a RNA-polimerase. Nesse caso, o DNA atua como uma corrente, aumentando enormemente a probabilidade de que as proteínas venham a colidir, quando comparado com a situação na qual uma proteína se encontra ligada ao DNA e a outra livre em solução. Veremos em breve que a formação de alças de DNA, ainda que seja a exceção em bactérias, ocorre na regulação de praticamente qualquer gene eucariótico.

Uma possível explicação para essa diferença está baseada em considerações evolutivas. Foi proposto que os comutadores genéticos simples e compactos encontrados em bactérias evoluíram em resposta a grandes tamanhos populacionais, nos quais a competição por crescimento resultou em pressão seletiva nas bactérias para manter tamanhos de genomas pequenos. Em contraste, aparentemente houve pouca pressão seletiva para "simplificar" os genomas de organismos multicelulares.

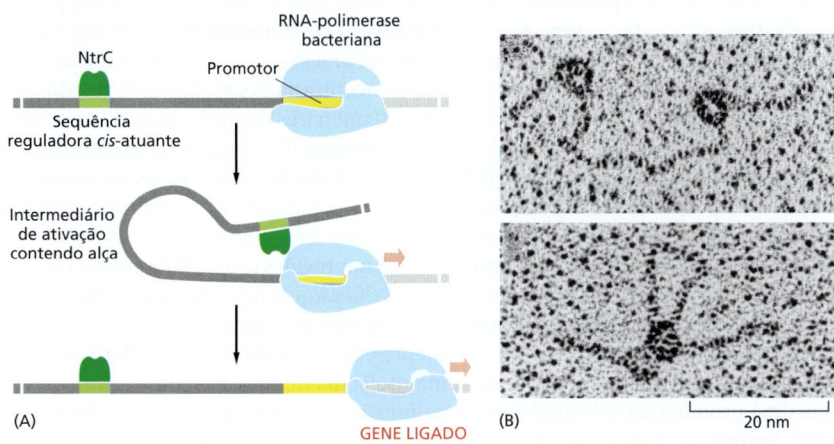

Figura 7-16 Ativação transcricional a distância. (A) A proteína NtrC é um regulador transcricional bacteriano que ativa a transcrição, estabelecendo contatos diretos com a RNA-polimerase. (B) A interação entre NtrC e a RNA-polimerase, com a alça de DNA intermediária pode ser vista no microscópio eletrônico. (B, cortesia de Harrison Echols e Sydney Kustu.)

Comutadores complexos controlam a transcrição gênica em eucariotos

Quando comparada à situação encontrada em bactérias, a regulação da transcrição em eucariotos envolve um número muito maior de proteínas e sequências de DNA muito mais longas. Frequentemente aparenta ser de uma complexidade desconcertante. Ainda assim, muitos dos mesmos princípios são igualmente aplicáveis. Assim como nas bactérias, o momento e o local nos quais cada gene deve ser transcrito é especificado por sequências reguladoras *cis*-atuantes correspondentes, que são "lidas" pelos reguladores transcricionais que se ligam a elas. Uma vez ligados ao DNA, reguladores transcricionais positivos (ativadores) auxiliam a RNA-polimerase a iniciar a transcrição dos genes, e reguladores negativos (repressores) bloqueiam esse processo. Nas bactérias, como vimos anteriormente, a maior parte das interações entre reguladores transcricionais ligados ao DNA e RNA-polimerases (independentemente de ativarem ou reprimirem a transcrição) são interações diretas. Em contrapartida, essas interações são quase sempre indiretas em eucariotos: muitas proteínas intermediárias, incluindo as histonas, atuam entre o regulador transcricional ligado ao DNA e a RNA-polimerase. Além disso, em organismos multicelulares, é comum dezenas de reguladores transcricionais controlarem um único gene, com sequências reguladoras *cis*-atuantes espalhadas ao longo de dezenas de milhares de pares de nucleotídeos. A formação de alças de DNA possibilita que proteínas reguladoras ligadas ao DNA interajam umas com as outras e, em última instância, com a RNA-polimerase no promotor. Finalmente, como praticamente todo o DNA em organismos eucarióticos se encontra compactado em nucleossomos e estruturas de ordem superior, a iniciação da transcrição em eucariotos deve superar esse bloqueio inerente.

Nas seções seguintes, discutiremos essas características da iniciação da transcrição em eucariotos, enfatizando como elas fornecem níveis extras de controle não encontrados em bactérias.

Uma região de controle gênico eucariótica consiste em um promotor e muitas sequências reguladoras *cis*-atuantes

Nos eucariotos, a RNA-polimerase II transcreve todos os genes codificadores de proteínas e muitos genes de RNAs não codificadores, como visto no Capítulo 6. Essa polimerase requer cinco fatores de transcrição gerais (27 subunidades ao todo; ver Tabela 6-3, p. 311), diferentemente da RNA-polimerase bacteriana, que necessita de apenas um único fator de transcrição geral (a subunidade σ). Como vimos, o acoplamento em etapas dos fatores de transcrição gerais no promotor eucariótico fornece, em princípio, múltiplos passos nos quais a célula pode acelerar ou diminuir a taxa de início de transcrição em resposta a reguladores transcricionais.

Como as muitas sequências reguladoras *cis*-atuantes que controlam a expressão de um gene típico se encontram frequentemente espalhadas ao longo de grandes extensões de DNA, usamos o termo **região de controle gênico** para descrever o conjunto completo de sequências de DNA envolvidas em regular e iniciar a transcrição de um gene eucariótico. Esse termo inclui o **promotor**, onde os fatores de transcrição gerais e a RNA-polimerase se associam, e todas as **sequências reguladoras *cis*-atuantes** nas quais reguladores transcricionais ligam-se para controlar as taxas dos processos de associação no promotor (**Figura 7-17**). Em animais e plantas, não é raro encontrarmos sequências reguladoras de um gene ao longo de trechos de DNA de até 100 mil pares de nucleotídeos. Parte desse DNA é transcrito (mas não traduzido), sendo que esses RNAs não codificadores longos (lncRNAs) serão discutidos posteriormente neste capítulo. Por agora, podemos considerar muito desse DNA como sequências "espaçadoras" que os reguladores transcricionais não reconhecem diretamente. É importante ter em mente que, como nas outras regiões dos cromossomos eucarióticos, grande parte do DNA nas regiões de controle gênico está empacotado em nucleossomos e em formas de maior hierarquia na cromatina, compactando, desse modo, o seu tamanho total e alterando as suas propriedades.

Neste capítulo, usaremos mais livremente o termo **gene** para nos referirmos a um segmento de DNA que é transcrito em uma molécula de RNA funcional, uma que codifica uma proteína ou que apresenta uma função diferente na célula (ver Tabela 6-1, p. 305). Entretanto, a visão clássica de um gene também inclui a região de controle gêni-

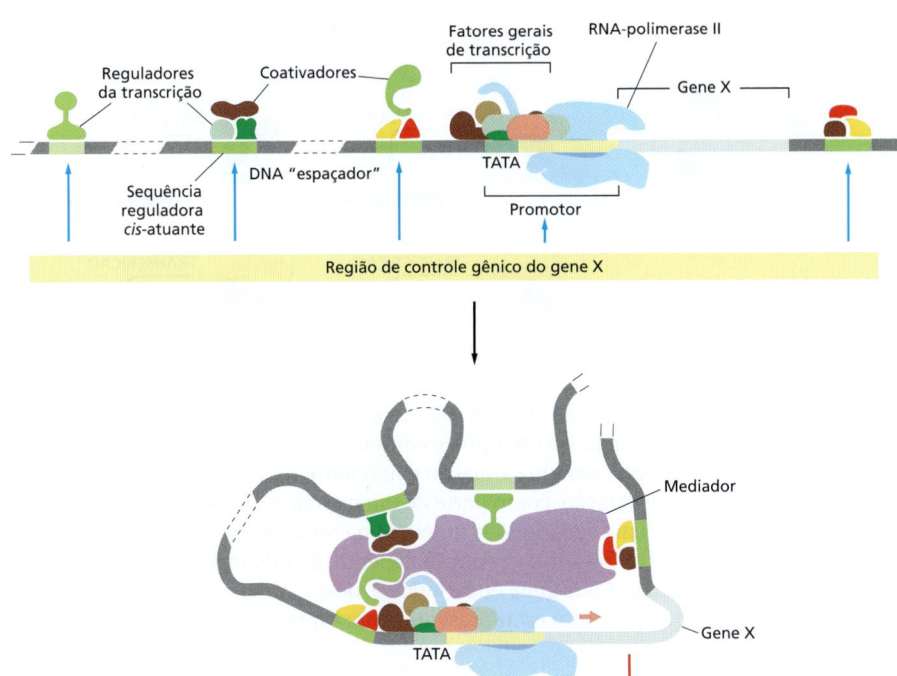

Figura 7-17 A região de controle gênico de um gene eucariótico típico. O *promotor* é a sequência de DNA onde os fatores de transcrição gerais e a polimerase se associam (ver Figura 6-15). As *sequências reguladoras cis-atuantes* são sítios de ligação para reguladores transcricionais, cuja presença no DNA afeta a taxa de iniciação da transcrição. Essas sequências podem estar localizadas adjacentes ao promotor, muito a montante dele, ou mesmo dentro de íntrons ou a jusante do gene. As linhas tracejadas do DNA significam que o comprimento do DNA entre as sequências de DNA regulador *cis*-atuantes e o início da transcrição varia, alcançando algumas vezes dezenas de milhares de pares de nucleotídeos em extensão. O *TATA-box* é uma sequência de DNA de reconhecimento para o fator de transcrição geral TFIID. Como mostrado no painel inferior, a formação das alças de DNA permite que os reguladores transcricionais liguem-se em quaisquer dessas posições para interagirem com as proteínas que se associam no promotor. Muitos reguladores transcricionais atuam por meio do Mediador (descrito no Capítulo 6), enquanto algumas interagem diretamente com os fatores de transcrição gerais e com a RNA-polimerase. Os reguladores transcricionais também atuam recrutando proteínas que alteram a estrutura da cromatina do promotor (não mostrado, porém discutido adiante).

Enquanto o Mediador e os fatores de transcrição gerais são os mesmos para todos os genes transcritos pela RNA-polimerase II, os reguladores transcricionais e as localizações dos seus sítios de ligação com relação ao promotor diferem para cada gene.

co, uma vez que mutações nessa região podem produzir um fenótipo alterado. O processamento de RNA alternativo complica ainda mais a definição de um gene – um aspecto que será retomado posteriormente.

Em contrapartida ao pequeno número de *fatores gerais de transcrição*, que são proteínas abundantes que se associam nos promotores de todos os genes transcritos pela RNA-polimerase II, existem milhares de *reguladores da transcrição* diferentes devotados a ligar e desligar genes individuais. Nos eucariotos, óperons – conjuntos de genes transcritos como uma unidade – são raros, e, em vez disso, cada gene é regulado individualmente. Não surpreende que a regulação de cada gene seja diferente nos detalhes da que ocorre em qualquer outro gene, sendo difícil formular regras simples para a regulação gênica que se apliquem a qualquer caso. Podemos, entretanto, fazer algumas generalizações a respeito de como os reguladores transcricionais, uma vez ligados a regiões de controle gênico no DNA, influenciam a série de eventos que levam à ativação ou à repressão gênica.

Reguladores da transcrição eucarióticos atuam em grupos

Em bactérias, vimos que proteínas como o repressor triptofano, o repressor *Lac* e a proteína CAP ligam-se ao DNA sozinhas e afetam diretamente a atividade da RNA-polimerase no promotor. Os reguladores transcricionais eucarióticos, em contrapartida, geralmente se associam em grupos nas suas sequências reguladoras *cis*-atuantes. Com frequência, dois ou mais reguladores ligam-se cooperativamente, como discutido anteriormente neste capítulo. Além disso, uma ampla classe de proteínas contendo múltiplas subunidades, denominadas *coativadores* e *correpressores*, associam-se ao DNA com os reguladores. Normalmente, esses coativadores e correpressores não reconhecem por si próprios sequências de DNA específicas; eles são levados a essas sequências pelos reguladores transcricionais. Com frequência, as interações proteína-proteína entre reguladores transcricionais e entre reguladores e coativadores são muito fracas para possibilitarem a associação entre eles em solução; entretanto, a combinação apropriada de sequências reguladoras *cis*-atuantes pode "cristalizar" a formação desses complexos no DNA (**Figura 7-18**).

Como seus nomes implicam, os coativadores normalmente estão envolvidos em ativar a transcrição, e os correpressores, em reprimi-la. Nas seções seguintes, veremos como coativadores e correpressores podem atuar de diferentes formas para influenciar a transcrição depois de terem sido localizados no genoma pelos reguladores transcricionais.

Figura 7-18 Reguladores da transcrição eucarióticos associam-se em complexos sobre o DNA. (A) Sete reguladores transcricionais são mostrados. A natureza e função do complexo que eles formam depende de sequências reguladoras *cis*-atuantes específicas que dão início à sua formação. (B) Alguns complexos ativam a transcrição gênica, enquanto outros a reprimem. Observe que as proteínas em *verde-claro*, e *verde-escuro*, são compartilhadas por ambos os complexos ativadores e repressores. As proteínas que não se ligam sozinhas ao DNA, mas associam-se a outros reguladores transcricionais ligados ao DNA, são denominadas coativadores ou correpressores. Em alguns casos (à *direita, abaixo*), moléculas de RNA são encontradas nesses complexos. Como será descrito posteriormente neste capítulo, esses RNAs frequentemente atuam como suportes para manter um grupo de proteínas unidas.

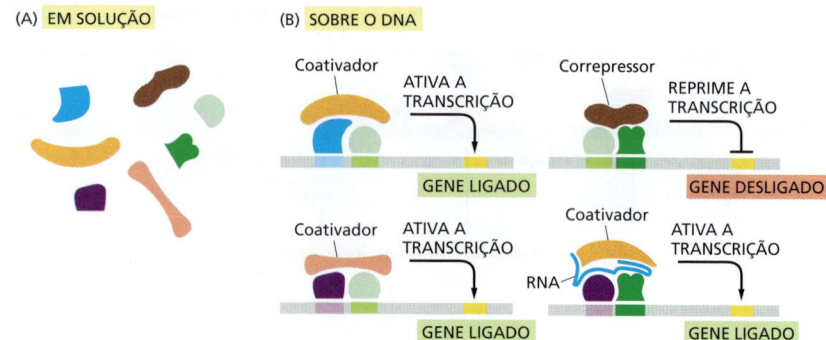

Como mostrado na Figura 7-18, um regulador transcricional individual pode, com frequência, participar de mais de um tipo de complexo regulador. Uma proteína poderia funcionar, por exemplo, em uma situação como parte de um complexo que ativa a transcrição e, em outra situação, como parte de um complexo que a reprime. Portanto, reguladores transcricionais eucarióticos funcionam como partes reguladoras que são usadas para construir complexos cuja função depende da montagem final de todos os componentes individuais. Cada gene eucariótico é, dessa forma, regulado por um "comitê" de proteínas, que precisam estar presentes para expressarem o gene em seu nível apropriado.

Proteínas ativadoras promovem a associação da RNA-polimerase no sítio de início de transcrição

As sequências reguladoras *cis*-atuantes nas quais se ligam proteínas ativadoras da transcrição eucariótica foram originalmente denominadas estimuladores (*enhancers*) porque sua presença estimulava a taxa de iniciação da transcrição. Foi uma surpresa quando se descobriu que essas sequências poderiam ser encontradas a dezenas de milhares de pares de nucleotídeos de distância do promotor; como vimos, a formação de uma alça de DNA, que não era amplamente reconhecida na época, pode agora explicar essa observação que foi inicialmente enigmática.

Uma vez ligados ao DNA, como complexos de proteínas ativadoras aumentam a taxa de iniciação da transcrição? Na maioria dos genes, diferentes mecanismos atuam de modo conjunto. Suas funções são tanto atrair e posicionar a RNA-polimerase II no promotor quanto liberá-la, de tal forma que a transcrição possa ser iniciada.

Algumas proteínas ativadoras ligam-se em um ou mais dos fatores de transcrição gerais, acelerando sua associação em um promotor, que foi trazido para a proximidade desse ativador por meio da formação de uma alça de DNA. Entretanto, a maioria dos ativadores transcricionais, atraem coativadores que, então, desempenham as tarefas bioquímicas necessárias para iniciar a transcrição. Um dos coativadores mais prevalentes é o grande complexo proteico *Mediador*, composto por mais de 30 subunidades. Com um tamanho próximo ao da RNA-polimerase, o Mediador atua como uma ponte entre ativadores transcricionais ligados ao DNA, RNA-polimerase e fatores de transcrição gerais, facilitando a associação entre eles no promotor (ver Figura 7-17).

Ativadores da transcrição eucarióticos dirigem a modificação da estrutura local da cromatina

Os fatores de transcrição gerais eucarióticos e a RNA-polimerase não são capazes, por si próprios, de se associarem a um promotor que esteja empacotado em nucleossomos. Portanto, além de dirigirem a montagem da maquinaria de transcrição no promotor, ativadores transcricionais eucarióticos promovem a transcrição dando início a mudanças na estrutura da cromatina de promotores, fazendo a sequência de DNA associada ficar mais acessível.

As maneiras mais importantes de alterar localmente a estrutura da cromatina ocorrem por modificações covalentes nas histonas, por remodelagem de nucleossomos,

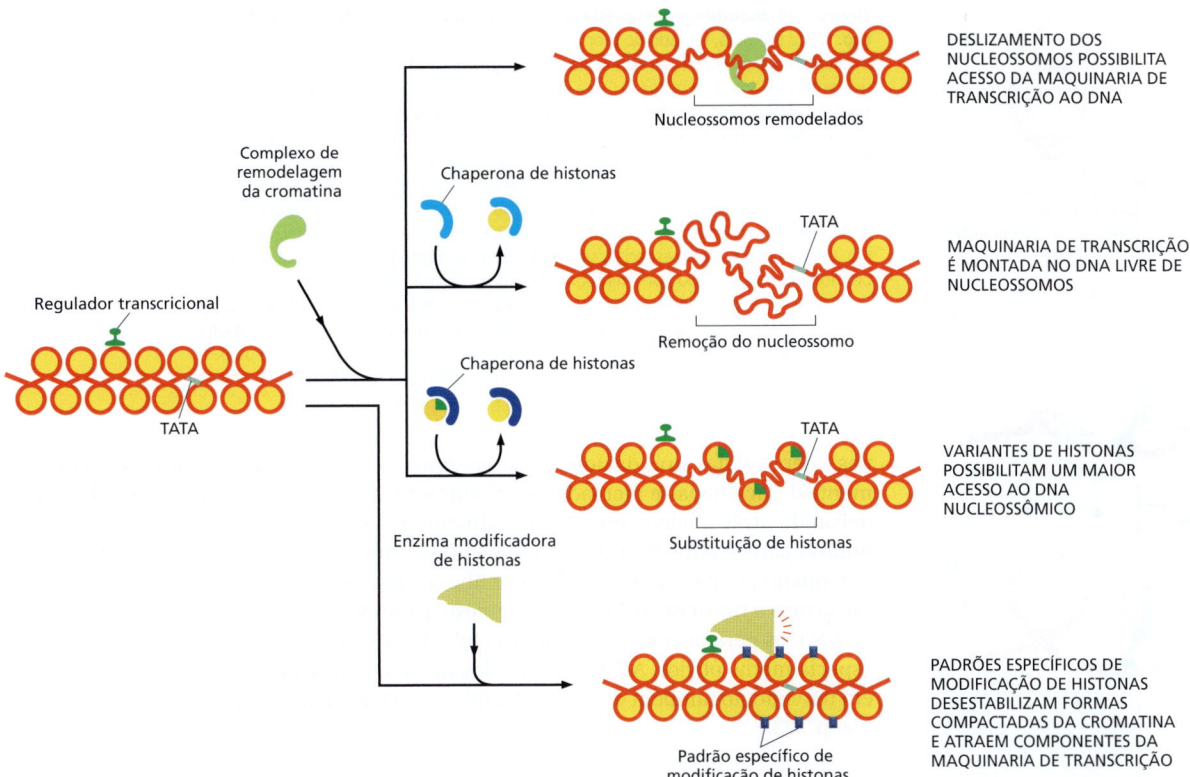

por remoção de nucleossomos e por substituição de histonas (discutidos no Capítulo 4). Os ativadores transcricionais eucarióticos usam todos esses quatro mecanismos: portanto eles atraem coativadores que incluem enzimas modificadoras de histonas, complexos de remodelagem da cromatina dependentes de ATP e chaperonas de histonas, cada um dos quais podendo alterar a estrutura da cromatina dos promotores (**Figura 7-19**). Essas alterações locais na estrutura da cromatina fornecem um maior acesso ao DNA, facilitando, desse modo, a montagem dos fatores de transcrição gerais no promotor. Além disso, algumas modificações de histonas atraem especificamente essas proteínas para o promotor. Esses mecanismos com frequência atuam em conjunto durante a iniciação da transcrição (**Figura 7-20**). Por fim, como discutido anteriormente neste capítulo, as mudanças locais da cromatina dirigidas por um regulador transcricional podem possibilitar a ligação de reguladores adicionais. Pelo uso repetido desse princípio, grandes complexos de proteínas podem ser formados em regiões de controle de genes para regular a transcrição deles.

As alterações na estrutura da cromatina que ocorrem durante o início da transcrição podem persistir por tempos de duração diferentes. Em alguns casos, assim que o regulador transcricional dissocia-se do DNA, as modificações na cromatina são revertidas de forma rápida, restaurando o gene para o seu estado de pré-ativação. Essa reversão rápida é especialmente importante para os genes que a célula precisa ativar e desativar rapidamente em resposta a sinais externos. Em outros casos, a estrutura alterada da cromatina persiste mesmo após o regulador transcricional que direcionou o seu estabelecimento ter se dissociado do DNA. Em princípio, essa memória pode estender-se para a próxima geração celular porque, como discutido no Capítulo 4, a estrutura da cromatina pode se autorrenovar (ver Figura 4-44). O fato de que diferentes modificações de histonas persistem por diferentes períodos fornece à célula um mecanismo que torna possível tanto memórias de curta quanto de longa duração de padrões de expressão gênica.

Um tipo especial de modificação da cromatina ocorre enquanto a RNA-polimerase II transcreve ao longo de um gene. As histonas localizadas logo à frente da polimerase podem ser acetiladas por enzimas associadas à ela, removidas por chaperonas de histo-

Figura 7-19 Proteínas ativadoras de transcrição eucarióticas dirigem alterações locais na estrutura da cromatina. Remodelagem dos nucleossomos, remoção de nucleossomos, substituição de histonas e certos tipos de modificações de histonas favorecem a iniciação da transcrição (ver Figura 4-39). Essas alterações aumentam a acessibilidade do DNA e facilitam a ligação da RNA-polimerase e dos fatores de transcrição gerais.

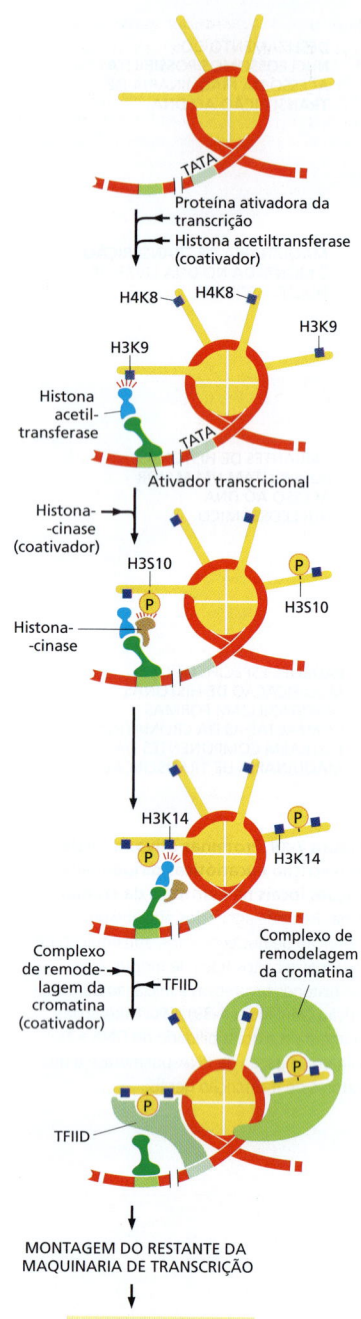

Figura 7-20 Modificações sucessivas nas histonas durante a iniciação da transcrição. Neste exemplo, retirado do promotor do gene de interferon humano, um ativador transcricional liga-se ao DNA empacotado na cromatina e atrai a histona acetiltransferase que acetila a lisina-9 da histona H3 e a lisina-8 da histona H4. Então, a histona-cinase, também atraída pelo ativador transcricional, fosforila a serina-10 da histona H3, mas ela só pode fazer isso após a lisina-9 ter sido acetilada. Essa modificação na serina sinaliza a histona acetiltransferase a acetilar a posição K14 da histona H3. Em sequência, o fator de transcrição geral TFIID e o complexo de remodelagem da cromatina ligam-se à cromatina e promovem os passos subsequentes da iniciação da transcrição. TFIID e o complexo de remodelagem reconhecem as caudas acetiladas da histona por meio de um *bromodomínio*, um domínio proteico especializado em ler essa marcação particular nas histonas; um bromodomínio é portado por uma subunidade de cada complexo proteico.
A histona acetiltransferase, a histona-cinase e o complexo de remodelagem da cromatina são todos coativadores. A ordem dos eventos mostrada se aplica a um promotor específico; em outros genes, os passos podem ocorrer em uma ordem diferente ou passos individuais podem ser omitidos completamente. (Adaptada de T. Agalioti, G. Chen e D. Thanos, *Cell* 111:381–392, 2002. Com permissão de Elsevier.)

nas e depositadas atrás da polimerase em movimento. Então, essas histonas são rapidamente desacetiladas e metiladas, também por complexos carregados pela polimerase, deixando atrás nucleossomos especialmente resistentes à transcrição. Esse processo notável parece impedir o suposto reinício da transcrição atrás de uma polimerase em movimento, o que, em essência, deve liberar o caminho através da cromatina conforme ocorre a transcrição. Mais adiante neste capítulo, quando discutirmos *interferência de RNA*, os perigos potenciais para a célula de tal transcrição inapropriada se tornarão especialmente óbvios. A modificação dos nucleossomos atrás de uma RNA-polimerase em movimento também desempenha um importante papel no processamento de RNA (ver p. 323.)

Ativadores da transcrição podem promover a transcrição liberando a RNA-polimerase dos promotores

Em alguns casos, a iniciação da transcrição requer que um ativador transcricional ligado ao DNA libere a RNA-polimerase do promotor, permitindo, dessa forma, que ela inicie a transcrição do gene. Em outros casos, a RNA-polimerase pausa após transcrever cerca de 50 nucleotídeos de RNA, e alongamento subsequente da cadeia requer a presença de um ativador transcricional ligado atrás da RNA-polimerase (**Figura 7-21**). Essas polimerases pausadas são comuns em humanos, nos quais uma fração significativa dos genes que não estão sendo transcritos possuem uma polimerase pausada localizada a jusante do promotor.

A liberação da RNA-polimerase pode ocorrer de diferentes formas. Em alguns casos, o ativador traz consigo um complexo de remodelagem da cromatina que remove um bloqueio nucleossômico à RNA-polimerase em processo de alongamento da transcrição. Em outros casos, o ativador se comunica com a RNA-polimerase (geralmente por intermédio de um coativador), sinalizando para que ela siga adiante. Por fim, como vimos no Capítulo 6, a RNA-polimerase requer *fatores de alongamento* para efetivamente transcrever através da cromatina. Em alguns casos, um passo-chave na ativação gênica é o carregamento desses fatores na RNA-polimerase, que pode ser direcionado por ativadores transcricionais ligados ao DNA. Uma vez carregados, esses fatores possibilitam à polimerase se mover através dos bloqueios impostos pela estrutura da cromatina e iniciar a transcrição do gene de forma efetiva. Ao ter-se a RNA-polimerase já pronta em um promotor nas etapas iniciais da transcrição, evita-se o passo de montagem de muitos componentes no promotor, o que é frequentemente uma etapa lenta. Esse mecanismo pode, portanto, permitir que as células iniciem a transcrição de um gene como uma resposta rápida a um sinal extracelular.

Ativadores transcricionais atuam sinergicamente

Vimos que complexos de ativadores transcricionais e coativadores se associam cooperativamente no DNA. Também vimos que esses complexos podem promover diferentes etapas da iniciação da transcrição. Em geral, onde diversos fatores atuam jun-

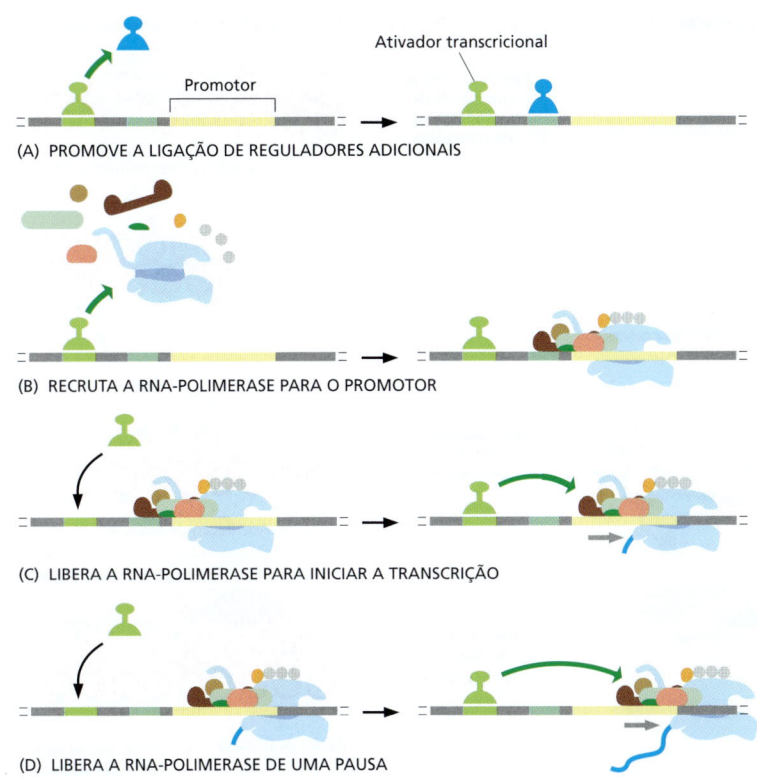

Figura 7-21 **Ativadores transcricionais podem atuar em diferentes etapas.** Além de promoverem (A) a ligação de reguladores transcricionais adicionais e (B) a associação da RNA-polimerase nos promotores, os ativadores transcricionais são frequentemente necessários (C) para liberar RNA-polimerases já associadas ao promotor ou (D) para liberar moléculas de RNA-polimerase que ficaram paralisadas após transcrever cerca de 50 nucleotídeos de RNA. As atividades mostradas na Figura 7-19 podem afetar cada uma dessas quatro etapas.

tos na estimulação de uma taxa de reação, o efeito conjunto não é somente a soma das estimulações causadas por cada fator isolado, mas o seu produto. Se, por exemplo, o fator A diminui em determinado grau a barreira de energia livre para uma reação e, dessa maneira, acelera a reação 100 vezes, e o fator B, que atua em outro aspecto da reação, faz algo semelhante, então A e B atuando em paralelo irão diminuir a barreira em um grau duplicado, acelerando a reação 10 mil vezes. Mesmo que A e B simplesmente auxiliem na atração da mesma proteína, a afinidade daquela proteína para o sítio de reação aumenta de forma multiplicada. Portanto, ativadores transcricionais frequentemente exibem *sinergia transcricional*, no qual várias proteínas ativadoras ligadas ao DNA atuando em conjunto produzem uma taxa de transcrição muito superior à soma das taxas de transcrição alcançadas quando atuam individualmente (**Figura 7-22**).

Um aspecto importante é que uma proteína ativadora da transcrição deve estar ligada ao DNA para influenciar a transcrição do seu gene-alvo. E a taxa de transcrição de um gene, em última análise, depende do espectro de proteínas reguladoras ligadas a montante e a jusante do seu sítio de início de transcrição, juntamente com proteínas coativadoras que elas trazem para o DNA.

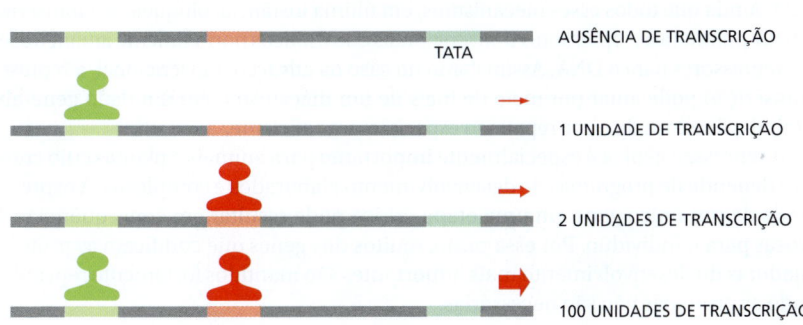

Figura 7-22 **Sinergia transcricional.** Este experimento compara a taxa de transcrição produzida por três regiões reguladoras construídas experimentalmente em uma célula eucariótica e revela a sinergia transcricional, um efeito maior que o somatório dos múltiplos ativadores juntos. Por simplicidade, coativadores foram omitidos do diagrama.

Essa sinergia transcricional não é observada somente entre diferentes ativadores transcricionais do mesmo organismo; ela também é vista entre proteínas ativadoras de diferentes espécies eucarióticas quando elas são experimentalmente introduzidas dentro da mesma célula. Essa última observação reflete o alto grau de conservação da maquinaria responsável pela iniciação da transcrição eucariótica.

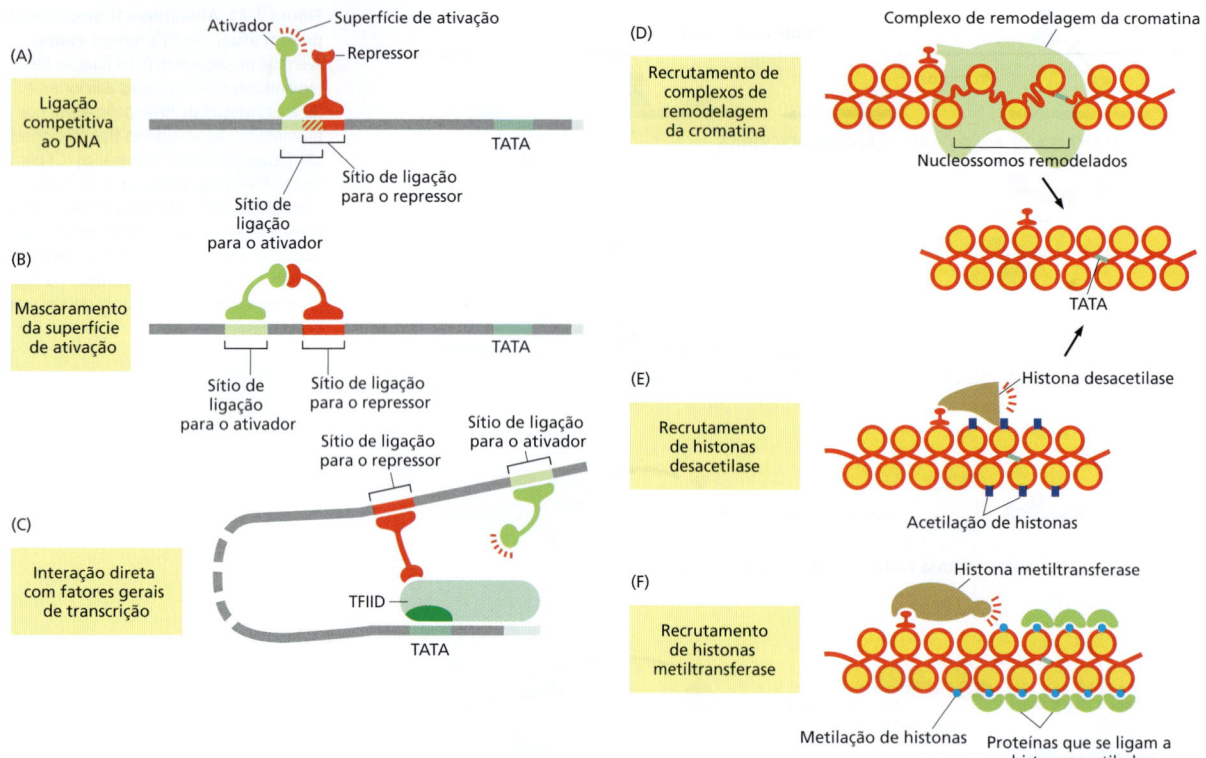

Figura 7-23 Seis formas pelas quais proteínas repressoras eucarióticas podem operar. (A) As proteínas de ativação e as proteínas de repressão competem pela ligação às mesmas sequências reguladoras de DNA. (B) Ambas as proteínas se ligam ao DNA, mas o repressor impede o ativador de desempenhar suas funções. (C) O repressor bloqueia a montagem dos fatores gerais de transcrição. (D) O repressor recruta um complexo de remodelagem da cromatina, o qual retorna o estado nucleossômico da região do promotor para a sua forma pré-transcricional. (E) O repressor atrai a histona desacetilase para o promotor. Como vimos, a acetilação de histonas pode estimular o início da transcrição (ver Figura 7-20), e o repressor simplesmente reverte essa modificação. (F) O repressor atrai a histona metiltransferase, que modifica certas posições nas histonas, adicionando grupos metila; as histonas metiladas, por sua vez, são ligadas por proteínas que mantêm a cromatina em uma forma transcricionalmente silenciosa.

Repressores transcricionais eucarióticos podem inibir a transcrição de diferentes formas

Ainda que o estado "padrão" do DNA eucariótico empacotado em nucleossomos seja resistente à transcrição, eucariotos usam reguladores transcricionais para reprimir a transcrição de genes. Esses repressores transcricionais podem diminuir a taxa de transcrição abaixo do valor padrão e rapidamente desligar genes que estavam previamente ativados. Vimos no Capítulo 4 que grandes regiões do genoma podem ser silenciadas pelo empacotamento do DNA em formas de cromatina especialmente resistentes. Entretanto, genes eucarióticos estão raramente organizados no genoma de acordo com a função, e essa estratégia não é geralmente aplicável para desligar um conjunto de genes que atuam em conjunto. Em vez disso, a maior parte dos repressores eucarióticos age gene a gene. Ao contrário dos repressores bacterianos, eles não competem diretamente com a RNA-polimerase pelo acesso ao DNA; eles atuam por vários outros mecanismos, alguns dos quais estão ilustrados na **Figura 7-23**. Ainda que todos esses mecanismos, em última instância, bloqueiem a transcrição pela RNA-polimerase, repressores transcricionais eucarióticos normalmente atuam trazendo correpressores para o DNA. Assim como no caso da ativação transcricional, a repressão da transcrição pode atuar por meio de mais de um mecanismo em um dado gene-alvo, garantindo, desse modo, uma repressão especialmente eficiente.

A repressão gênica é especialmente importante para animais e plantas cujo crescimento depende de programas de desenvolvimento elaborados e complexos. A expressão alterada de um único gene em uma etapa crítica pode resultar em consequências desastrosas para o indivíduo. Por essa razão, muitos dos genes que codificam as proteínas reguladoras do desenvolvimento mais importantes são mantidos fortemente reprimidos quando as proteínas não são necessárias.

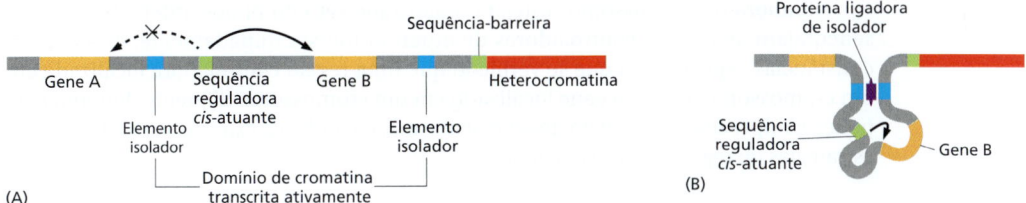

Figura 7-24 Diagrama esquemático resumindo as propriedades dos isoladores e sequências-barreira. (A) Isoladores bloqueiam direcionalmente a ação de sequências reguladoras *cis*-atuantes, enquanto sequências-barreira impedem a disseminação da heterocromatina. Na Figura 4-41 está representado como as sequências-barreira provavelmente funcionam. (B) Proteínas ligadoras de isoladores (*violeta*) mantêm a cromatina em alças, favorecendo, desse modo, associações entre gene e sequência reguladora *cis*-atuante "corretas". Portanto, gene B é regulado de forma adequada, e as sequências reguladoras *cis*-atuantes do gene B são impedidas de influenciar a transcrição do gene A.

Sequências de DNA isoladoras impedem que reguladores da transcrição eucarióticos influenciem genes distantes

Já vimos que todos os genes possuem regiões controladoras, que ditam em que momento, em quais condições e em que tecidos o gene será expresso. Também vimos que reguladores transcricionais eucarióticos podem atuar mesmo que localizados a longas distâncias, por meio da formação de alças de DNA com as sequências intervenientes. Como, então, essas regiões controladoras dos diferentes genes mantêm-se sem interferir umas com as outras? Por exemplo, o que impede um regulador transcricional ligado na região controladora de um gene de formar uma alça na direção errada e influenciar de forma inapropriada a transcrição de um gene adjacente?

Para evitar esse tipo de cruzamento de informações, vários tipos de elementos de DNA compartimentalizam o genoma em domínios reguladores discretos. No Capítulo 4, discutimos as *sequências-barreira* que impedem a heterocromatina de espalhar-se aos genes que precisam ser expressos. Um segundo tipo de elemento de DNA, denominado *isolador*, impede que sequências reguladoras *cis*-atuantes ajam de forma descontrolada e ativem genes inapropriados (**Figura 7-24**). Os isoladores agem formando alças de cromatina, um efeito mediado por proteínas especializadas que se ligam a elas (ver Figuras 4-48 e 7-24B). As alças mantêm um gene e sua região controladora próximos e ajudam a evitar que a região controladora se "alastre", afetando genes adjacentes. Cabe ressaltar que essas alças podem ser diferentes em diferentes tipos celulares, dependendo das proteínas particulares e das estruturas de cromatina que estejam presentes.

Acredita-se que a distribuição dos isoladores e das sequências-barreira em um genoma o divide em domínios independentes de regulação gênica e estrutura de cromatina (ver p. 207-208). Os aspectos dessa organização podem ser visualizados nos cromossomos inteiros pela coloração das proteínas especializadas que se ligam a esses elementos de DNA (**Figura 7-25**).

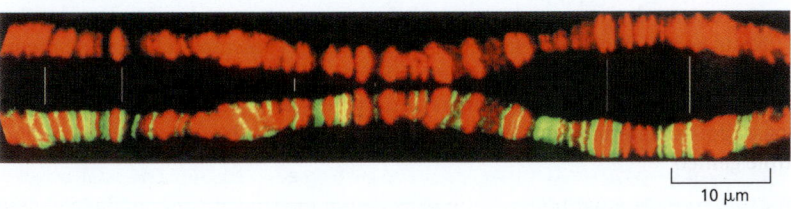

Figura 7-25 Localização de uma proteína de *Drosophila* ligadora de isoladores em cromossomos politênicos. Um cromossomo politênico (discutido no Capítulo 4) foi corado com iodeto de propídio (*vermelho*) para mostrar seus padrões de bandeamento – com as bandas aparecendo em *vermelho-brilhante* e as interbandas como lacunas escuras no padrão (*acima*). As posições nesse cromossomo politênico que estão ligadas a uma proteína isoladora particular estão coradas em *verde-brilhante* pelo uso de anticorpos direcionados contra a proteína (*abaixo*). A proteína localiza-se preferencialmente em regiões interbandas, refletindo a sua função na organização dos cromossomos em domínios estruturais, assim como funcionais. Por conveniência, estas duas micrografias do mesmo cromossomo politênico estão arranjadas como imagens especulares. (Cortesia de Uli Laemmli, de K. Zhao et al., *Cell* 81:879–889, 1995. Com permissão de Elsevier.)

Embora os cromossomos estejam organizados em domínios ordenados que desencorajam as regiões controladoras de atuarem indiscriminadamente, existem circunstâncias especiais em que se verificou que uma região controladora localizada em um cromossomo ativa um gene localizado em um cromossomo diferente. Embora haja pouca compreensão a respeito desse mecanismo, ele indica a extrema versatilidade das estratégias de regulação transcricional.

Resumo

A transcrição de genes individuais é ativada e desativada nas células por reguladores transcricionais. Nos procariotos, essas proteínas normalmente ligam-se a sequências de DNA específicas próximas do sítio de início da RNA-polimerase e, dependendo da natureza da proteína reguladora e da localização precisa do seu sítio de ligação em relação ao sítio de início, pode tanto ativar como reprimir a transcrição do gene. A flexibilidade da hélice do DNA, entretanto, também permite que proteínas ligadas em sítios distantes afetem a RNA-polimerase no promotor, pela curvatura do DNA intermediário. A regulação de genes de eucariotos superiores é muito mais complexa, condizente com um tamanho de genoma maior e com a grande variedade de tipos celulares que é formada. Um único gene eucariótico normalmente é controlado por muitos reguladores transcricionais ligados a sequências que podem estar localizadas a dezenas ou até a centenas de milhares de pares de nucleotídeos do promotor que direciona a transcrição do gene. Os ativadores e os repressores eucarióticos atuam por meio de vários mecanismos – geralmente alterando a estrutura local da cromatina e controlando a associação dos fatores gerais de transcrição e da RNA-polimerase no promotor. Eles fazem isso atraindo coativadores e correpressores, complexos proteicos que desempenham as reações bioquímicas necessárias. O momento e o local no qual cada gene é transcrito, assim como suas taxas de transcrição sob diferentes condições, são determinadas por um conjunto particular de reguladores transcricionais que se ligam à região reguladora do gene.

MECANISMOS GENÉTICO-MOLECULARES QUE CRIAM E MANTÊM TIPOS CELULARES ESPECIALIZADOS

Embora todas as células devam ser capazes de ativar e desativar seus genes em resposta às mudanças em seus ambientes, as células dos organismos multicelulares desenvolveram essa capacidade em um grau extremo. Em particular, uma vez que uma célula em um organismo celular torna-se comprometida a diferenciar-se em um tipo celular específico, a célula mantém essa escolha por muitas gerações celulares subsequentes, significando que ela se lembra das mudanças na expressão gênica envolvidas nessa escolha. Esse fenômeno de *memória celular* é um pré-requisito para a criação de tecidos organizados e para a manutenção de tipos celulares estavelmente diferenciados. Em contraste, outras mudanças na expressão gênica em eucariotos, assim como a maioria dessas mudanças em bactérias, são apenas transitórias. O repressor do triptofano, por exemplo, desativa os genes do triptofano nas bactérias somente na presença de triptofano; assim que ele é removido do meio, os genes são novamente ativados, e os descendentes da célula não terão registro de que os seus ancestrais foram expostos ao triptofano.

Nesta seção, não examinaremos somente os mecanismos celulares de memória, mas também como os mecanismos de regulação gênica podem ser combinados para criar os "circuitos lógicos" pelos quais as células integram sinais e relembram eventos de seu passado. Iniciaremos considerando em detalhes uma dessas complexas regiões de controle gênico.

Os comutadores genéticos complexos que regulam o desenvolvimento na *Drosophila* são formados a partir de moléculas menores

Vimos anteriormente que reguladores transcricionais podem ser posicionados em múltiplos sítios ao longo de vastos segmentos de DNA e que essas proteínas podem pôr em cena coativadores e correpressores. Discutiremos agora como numerosos reguladores

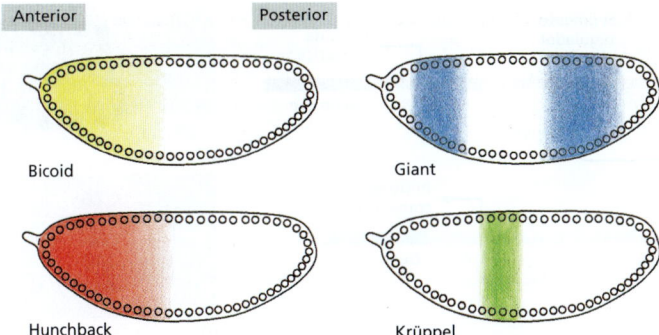

Figura 7-26 **Distribuição não uniforme de quatro reguladores transcricionais em um embrião jovem de *Drosophila*.** Nesse estágio, o embrião é um sincício; isto é, múltiplos núcleos estão contidos em um citoplasma comum. Embora não esteja ilustrado nestas representações, todas essas proteínas estão concentradas no núcleo. Será discutido, no Capítulo 21, como tais diferenças são estabelecidas.

transcricionais que estão ligados à região controladora de um gene podem fazer o gene ser transcrito no local e momento corretos.

Considere o gene da *Drosophila Even-skipped* (*Eve*), cuja expressão desempenha um papel importante no desenvolvimento do embrião de *Drosophila*. Se esse gene for inativado por mutação, muitas partes do embrião não se formam, e ele morre em uma etapa precoce de seu desenvolvimento. Como discutido no Capítulo 21, no estágio do desenvolvimento no qual *Eve* começa a ser expresso, o embrião é uma única célula gigante contendo múltiplos núcleos em um citoplasma comum. Esse citoplasma contém uma mistura de reguladores transcricionais que estão distribuídos de forma desigual ao longo da extensão do embrião, fornecendo uma *informação posicional* que distingue uma parte do embrião da outra (**Figura 7-26**). Embora os núcleos sejam inicialmente idênticos, eles rapidamente iniciam a expressão de genes diferentes, pois são expostos a diferentes reguladores transcricionais. Por exemplo, os núcleos próximos da extremidade anterior do embrião em desenvolvimento estão expostos a um conjunto de reguladores transcricionais distinto do conjunto que influencia os núcleos do meio ou da extremidade posterior do embrião.

As sequências de DNA regulador que controlam o gene *Eve* evoluíram para "ler" as concentrações de reguladores transcricionais em cada posição ao longo da extensão do embrião, e elas fazem o gene *Eve* ser expresso em sete listras precisamente posicionadas, cada uma contendo inicialmente de 5 a 6 núcleos de largura (**Figura 7-27**). Como esse feito notável de processamento de informação é realizado? Embora ainda exista muito a aprender, vários princípios gerais emergiram de estudos com *Eve* e com outros genes que são regulados de maneira semelhante.

A região reguladora do gene *Eve* é muito grande (aproximadamente 20 mil pares de nucleotídeos). Ela é formada por uma série de módulos reguladores relativamente simples, cada qual contendo múltiplas sequências reguladoras *cis*-atuantes e sendo responsável por especificar uma listra particular da expressão de *Eve* ao longo do embrião. Essa organização modular da região de controle do gene *Eve* foi mostrada por experimentos nos quais um módulo regulador particular (digamos, o que especifica a listra 2) é removido do seu conjunto normal na região a montante do gene *Eve*, colocado à frente de um gene-repórter e reintroduzido no genoma da *Drosophila*. Quando são examinados os embriões em desenvolvimento derivados de moscas que carregam essa construção genética, o gene-repórter é encontrado sendo expresso precisamente na posição da listra 2 (**Figura 7-28**). Experimentos similares revelaram a existência de outros módulos reguladores, cada um dos quais especificando outras listras.

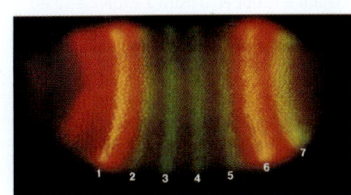

Figura 7-27 **As sete listras da proteína codificada pelo gene *Even-skipped* (*Eve*) em um embrião de *Drosophila* em desenvolvimento.** Após 2,5 horas da fertilização, o ovo foi fixado e corado com anticorpos que reconhecem a proteína Eve (*verde*) e anticorpos que reconhecem a proteína Giant (*vermelha*). Onde ambas as proteínas estão presentes, a coloração aparece *amarela*. Nessa etapa do desenvolvimento, o ovo contém aproximadamente 4 mil núcleos. As proteínas Eve e Giant estão ambas localizadas no núcleo, e as listras de Eve apresentam cerca de quatro núcleos de largura. O padrão da proteína Giant também é mostrado na Figura 7-26. (Cortesia de Michael Levine.)

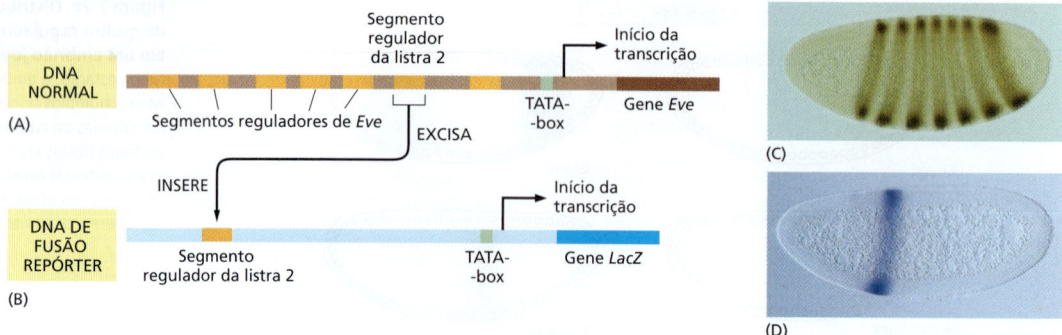

Figura 7-28 **Experimento demonstrando a construção modular da região reguladora do gene *Eve*.** (A) Uma seção de 480 pares de nucleotídeos da região reguladora de *Eve* foi removido e (B) inserido a montante de um promotor-teste que direciona a síntese da enzima β-galactosidase (o produto do gene *LacZ* de *E. coli* – ver Figura 7-15). (C, D) Quando essa construção artificial foi reintroduzida no genoma dos embriões de *Drosophila*, os embriões (D) expressaram β-galactosidase (detectável por coloração histoquímica) precisamente na posição da segunda das sete listras de *Eve* (C). β-Galactosidase é simples de ser detectada e portanto fornece uma forma conveniente de monitorar a expressão especificada por uma região de controle gênico. Como usado nesse caso, β-galactosidase serve como um repórter, uma vez que ela "reporta" a atividade de uma região de controle gênico. (C e D, cortesia de Stephen Small e Michael Levine).

O gene *Eve* da *Drosophila* é regulado por controles combinatórios

Um estudo detalhado do módulo regulador da listra 2 forneceu informações sobre como ele lê e interpreta a informação posicional. O módulo contém sequências de reconhecimento para dois reguladores transcricionais (Bicoid e Hunchback) que ativam a transcrição de *Eve* e dois (Krüppel e Giant) que reprimem (**Figura 7-29**). As concentrações relativas dessas quatro proteínas determinam se os complexos proteicos que são formados no módulo da listra 2 ativam a transcrição do gene *Eve*. A **Figura 7-30** mostra as distribuições dos quatro reguladores transcricionais ao longo da região do embrião de *Drosophila* onde se forma a listra 2. Acredita-se que ambas as proteínas repressoras, quando ligadas ao DNA, desliguem o módulo da listra 2, enquanto ambas as proteínas, Bicoid e Hunchback, devem se ligar para uma máxima ativação desse módulo. Esse esquema simples de regulação é suficiente para ligar o módulo da listra 2 (e, portanto, a expressão do gene *Eve*) somente naqueles núcleos onde os níveis de Bicoid e Hunchback são altos e tanto Krüppel quanto Giant estão ausentes – uma combinação que ocorre em somente uma região do embrião inicial. Não se sabe exatamente como esses quatro reguladores transcricionais interagem com coativadores e correpressores para especificar o nível final de transcrição ao longo da listra, mas o resultado muito provavelmente depende de uma competição entre ativadores e repressores que atuam pelos mecanismos esboçados nas Figuras 7-17, 7-19 e 7-23.

O elemento da listra 2 é autônomo, na medida em que ele especifica a listra 2 quando isolado do seu contexto normal (ver Figura 7-28). Acredita-se que os outros módulos reguladores de listras sejam construídos de forma similar, lendo informação posicional fornecida por outras combinações de reguladores transcricionais. A região de controle do gene *Eve* inteira se liga a mais de 20 reguladores transcricionais diferentes. Sete combinações de reguladores – uma combinação para cada listra – especifica a expressão de *Eve*, enquanto muitas outras combinações (todas aquelas encontradas nas regiões interlistras do embrião) mantêm os elementos das listras silenciados. Uma região controlado-

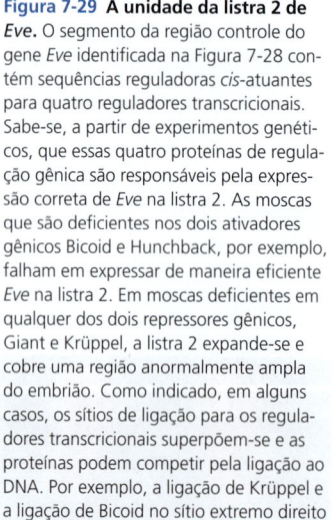

Figura 7-29 **A unidade da listra 2 de *Eve*.** O segmento da região controle do gene *Eve* identificada na Figura 7-28 contém sequências reguladoras *cis*-atuantes para quatro reguladores transcricionais. Sabe-se, a partir de experimentos genéticos, que essas quatro proteínas de regulação gênica são responsáveis pela expressão correta de *Eve* na listra 2. As moscas que são deficientes nos dois ativadores gênicos Bicoid e Hunchback, por exemplo, falham em expressar de maneira eficiente *Eve* na listra 2. Em moscas deficientes em qualquer dos dois repressores gênicos, Giant e Krüppel, a listra 2 expande-se e cobre uma região anormalmente ampla do embrião. Como indicado, em alguns casos, os sítios de ligação para os reguladores transcricionais superpõem-se e as proteínas podem competir pela ligação ao DNA. Por exemplo, a ligação de Krüppel e a ligação de Bicoid no sítio extremo direito são mutuamente exclusivas.

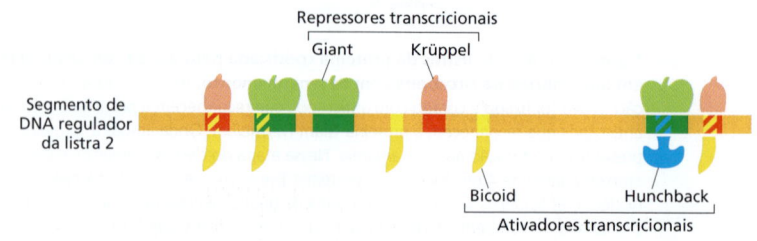

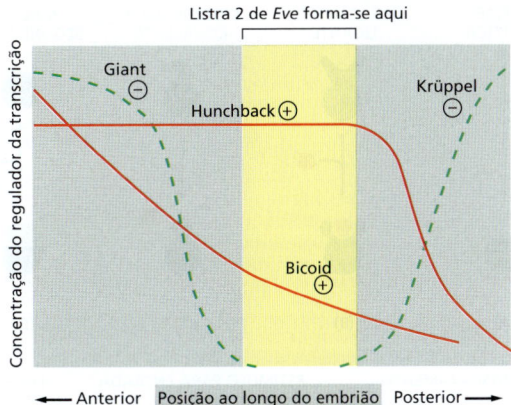

Figura 7-30 **Distribuição dos reguladores da transcrição responsáveis por garantir que *Eve* seja expresso na listra 2.** As distribuições dessas proteínas foram visualizadas pela coloração de um embrião em desenvolvimento de *Drosophila* com anticorpos direcionados contra cada umas das quatro proteínas. A expressão de *Eve* na listra 2 ocorre somente na posição onde os dois ativadores (Bicoid e Hunchback) estão presentes e os dois repressores (Giant e Krüppel) estão ausentes. Nos embriões de moscas que não possuem Krüppel, por exemplo, a listra 2 expande-se na porção posterior. Da mesma forma, a listra 2 expande-se posteriormente se os sítios de ligação a DNA para Krüppel no módulo da listra 2 são inativados por mutação (ver também Figuras 7-26 e 7-27).

ra complexa e grande é, portanto, construída a partir de uma série de módulos menores, cada um dos quais consistindo de um arranjo particular de pequenas sequências reguladoras *cis*-atuantes reconhecidas por reguladores transcricionais específicos.

O próprio gene *Eve* codifica um regulador transcricional, o qual, após seu padrão de expressão estar distribuído nas sete listras, controla a expressão de outros genes de *Drosophila*. Conforme o desenvolvimento continua, o embrião é subdividido em regiões cada vez mais finas que eventualmente originarão as diferentes partes do corpo de uma mosca adulta, como discutido no Capítulo 21.

Eve exemplifica as complexas regiões controladoras encontradas em plantas e animais. Como mostra esse exemplo, regiões controladoras podem responder a muitos estímulos de entrada diferentes, integrar essa informação e produzir uma saída temporal e espacial complexa à medida que o desenvolvimento prossegue. Entretanto, entendemos somente em seus esboços gerais como exatamente todos esses mecanismos atuam em conjunto para produzir a saída final (**Figura 7-31**).

Reguladores da transcrição são postos em cena por sinais extracelulares

O exemplo anterior da *Drosophila* ilustra claramente o poder do controle combinatório, mas esse caso não é comum no sentido de que os núcleos são expostos diretamente a pistas posicionais na forma de concentrações de reguladores transcricionais. Nos embriões da maioria dos outros organismos e em todos os adultos, núcleos individuais estão localizados em células separadas, e a informação extracelular (incluindo pistas posicionais) devem ser transmitidas através da membrana plasmática de tal forma a gerar sinais no citosol que resultem em diferentes reguladores transcricionais se tornando ativos em diferentes tipos celulares. Alguns dos diferentes mecanismos que sabemos serem usados para ativar os reguladores transcricionais estão esquematizados na **Figura 7-32**, e, no Capítulo 15, discutiremos como sinais extracelulares disparam essas mudanças.

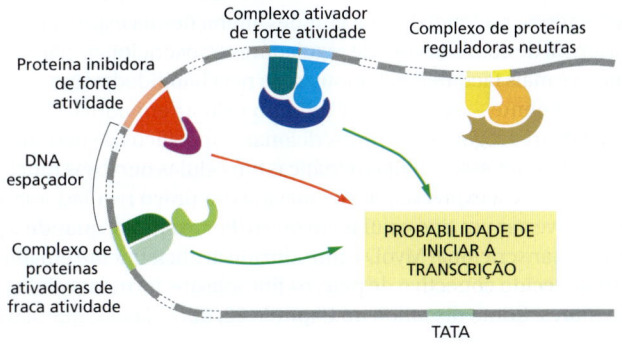

Figura 7-31 **Integração de múltiplas informações em um promotor.** Múltiplos conjuntos de reguladores transcricionais, coativadores e correpressores podem atuar conjuntamente para influenciar a iniciação da transcrição no promotor, como o fazem no módulo da listra 2 de *Eve* ilustrado na Figura 7-29. Ainda não se sabe em detalhes como a integração dos múltiplos componentes é conseguida, porém é provável que a atividade transcricional final do gene resulte da competição entre ativadores e repressores que atuam por mecanismos resumidos nas Figuras 7-17, 7-19 e 7-23.

Figura 7-32 Algumas formas pelas quais a atividade de reguladores transcricionais é controlada dentro das células eucarióticas. (A) A proteína é sintetizada somente quando necessário, sendo rapidamente degradada por proteólise de maneira que ela não é acumulada.
(B) Ativação pela ligação de um ligante.
(C) Ativação por modificação covalente. A fosforilação é indicada aqui, mas muitas outras modificações são possíveis (ver Tabela 3-3, p. 165). (D) Formação de um complexo entre a proteína de ligação ao DNA e uma proteína separada com um domínio ativador de transcrição.
(E) Exposição de um domínio de ativação pela fosforilação de uma proteína inibitória. (F) Estimulação para a entrada no núcleo por meio da remoção de uma proteína inibitória que de outra maneira impediria a proteína reguladora de entrar no núcleo. (G) Liberação de um regulador transcricional associado à bicamada lipídica por proteólise regulada.

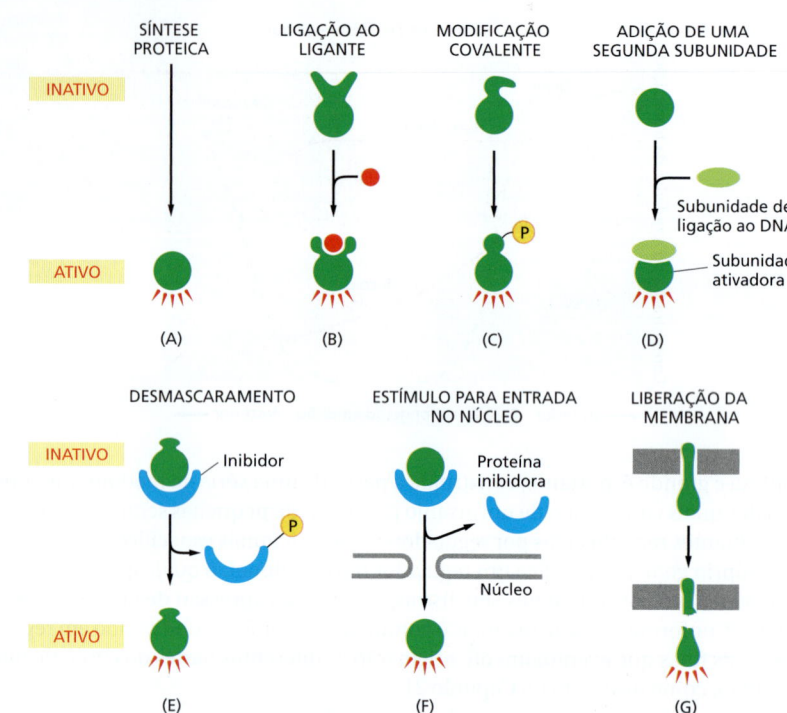

O controle gênico combinatório cria muitos tipos celulares diferentes

Vimos que reguladores transcricionais podem agir em combinação para controlar a expressão de um gene individual. Geralmente também é verdade que cada regulador transcricional em um organismo contribui para o controle de muitos genes. Esse aspecto é ilustrado de forma esquemática na **Figura 7-33**, que mostra como o controle gênico combinatório torna possível gerar uma grande parte da complexidade biológica mesmo com relativamente poucos reguladores transcricionais.

Devido ao controle combinatório, um determinado regulador transcricional não tem necessariamente uma única função simples e definível como comandante de uma bateria particular de genes ou como especificador de um determinado tipo celular. Em vez disso, os reguladores transcricionais podem ser comparados às palavras de uma linguagem: eles podem ser usados com diferentes significados em uma grande variedade de contextos e raramente são utilizados sozinhos; é a combinação bem escolhida que transmite a informação que especifica um evento gênico regulador.

O controle gênico combinatório faz o efeito de adicionar um novo regulador transcricional em uma célula depender da história passada dessa célula, uma vez que é essa história que determina quais reguladores transcricionais já estarão presentes. Desse modo, durante o desenvolvimento, uma célula pode acumular uma série de reguladores transcricionais que inicialmente não precisam alterar a expressão gênica. A adição dos membros finais da combinação necessária de reguladores transcricionais completará a mensagem reguladora, podendo levar a grandes alterações na expressão gênica.

A importância de combinações de reguladores transcricionais para a especificação de tipos celulares é mais facilmente demonstrada pela habilidade dos mesmos – quando expressos artificialmente – de converter um tipo celular em outro. Dessa forma, a expressão artificial de três reguladores transcricionais específicos de neurônios em células hepáticas pode converter essas células hepáticas em células nervosas funcionais (**Figura 7-34**). Em alguns casos, a expressão de até mesmo um único regulador transcricional é suficiente para converter um tipo celular em outro. Por exemplo, quando o gene que codifica o regulador transcricional MyoD é introduzido artificialmente em fibroblastos cultivados a partir de tecido conectivo de pele, os fibroblastos formam células semelhantes a células musculares. Como discutido no Capítulo 22, fibroblastos, que são derivados da

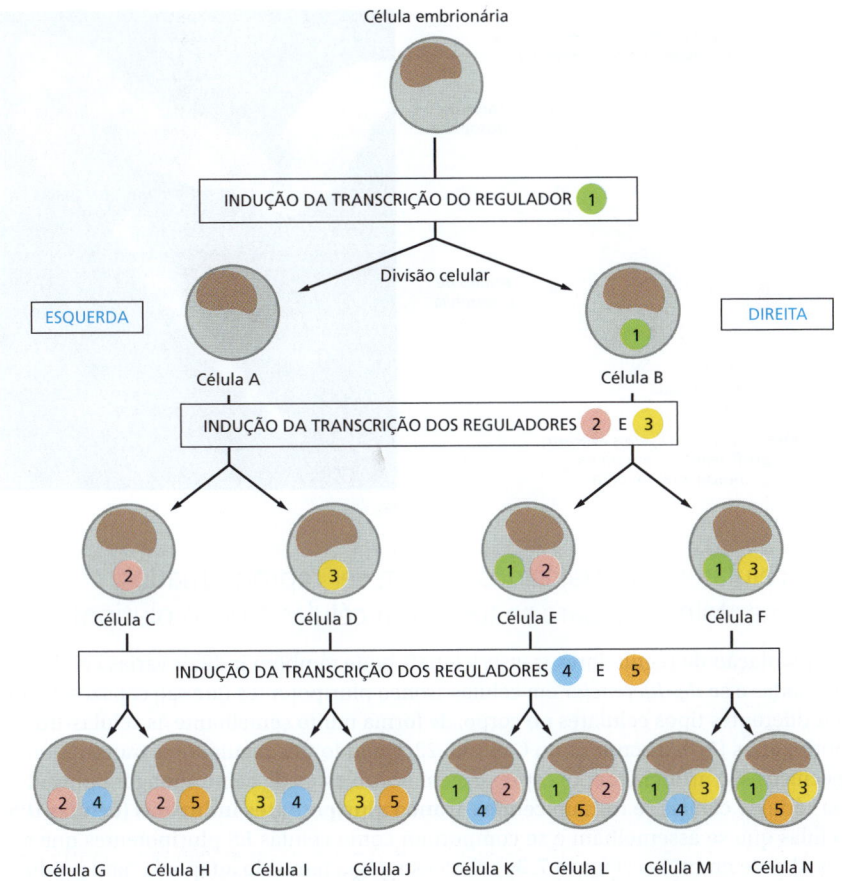

Figura 7-33 A importância do controle gênico combinatório para o desenvolvimento. As combinações de uns poucos reguladores transcricionais podem gerar muitos tipos celulares durante o desenvolvimento. Neste esquema idealizado simples, a "decisão" de fazer um de dois reguladores transcricionais (mostrados como círculos numerados) é feita após cada ciclo de divisão celular. Ao perceber a sua posição relativa no embrião, a célula-filha voltada para o *lado esquerdo* do embrião é sempre induzida a sintetizar as proteínas pares de cada par, enquanto a célula-filha voltada para o *lado direito* do embrião é sempre induzida a sintetizar as proteínas numeradas ímpares. A produção de cada regulador transcricional, uma vez iniciada, é supostamente autoperpetuada (ver Figura 7-39). Dessa forma, pela memória celular, a especificação combinatória final é construída passo a passo. Neste exemplo, puramente hipotético, oito tipos celulares finais (G-N) foram criados usando-se cinco reguladores transcricionais diferentes.

mesma classe ampla de células embrionárias que dão origem às células musculares, já acumularam muitos dos outros reguladores transcricionais necessários para o controle combinatório de genes músculo-específicos, e a adição de MyoD completa a combinação particular necessária para direcionar as células a se tornarem músculo. Um exemplo ainda mais notável é observado ao se expressar artificialmente, no início do desenvolvimento, um único regulador transcricional de *Drosophila* (Eyeless) em grupos de células que normalmente iriam seguir para a formação de partes das patas. Aqui, essa mudança na expressão gênica anormal induz o desenvolvimento de estruturas semelhantes a olhos nas pernas (**Figura 7-35**).

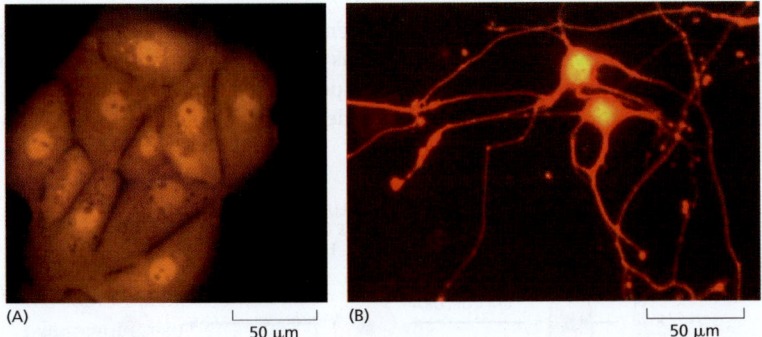

Figura 7-34 Um pequeno conjunto de reguladores transcricionais pode converter um tipo celular diferenciado em outro. Neste experimento, (A) células hepáticas crescidas em cultura foram convertidas em (B) células neuronais via expressão artificial de três reguladores transcricionais nervo-específicos. Ambos os tipos de células expressam uma proteína fluorescente *vermelha* artificial, que é usada para visualizá-las. Essa conversão envolve a ativação de muitos genes nervo-específicos, assim como a repressão de muitos genes fígado-específicos. (De S. Marro et al., *Cell Stem Cell* 9:374–382, 2011. Com permissão de Elsevier.)

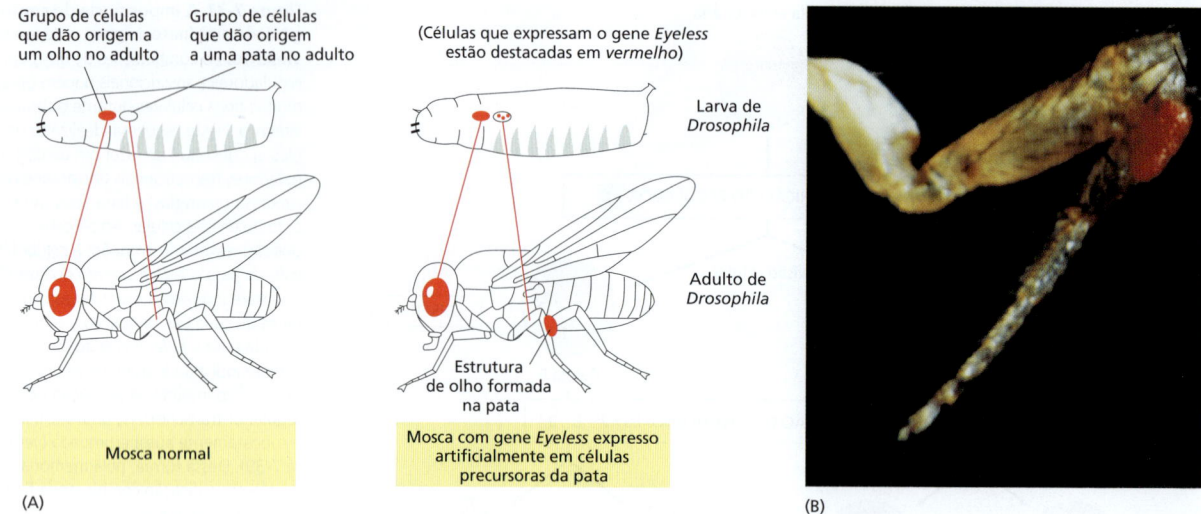

Figura 7-35 A expressão do gene *Eyeless* de *Drosophila* em células precursoras da perna desencadeia o desenvolvimento de um olho na perna.
(A) Diagramas simplificados mostrando o que ocorre quando uma larva de mosca contém o gene *Eyeless* expresso normalmente (*esquerda*) ou quando um gene *Eyeless* é adicionalmente expresso de forma artificial nas células que normalmente dariam origem ao tecido da perna (*direita*). (B) Fotografia de uma perna anormal que contém um olho em localização errada (ver também Figura 21-2). O regulador transcricional foi denominado Eyeless ("sem olhos") porque sua inativação em moscas resulta na perda dos olhos, sem alterar outras características. (B, cortesia de Walter Gehring.)

Tipos celulares especializados podem ser reprogramados experimentalmente para se tornarem células-tronco pluripotentes

A manipulação de reguladores transcricionais pode também induzir várias células diferenciadas a se *desdiferenciar* em células-tronco pluripotentes que são capazes de originar diferentes tipos celulares no corpo, de forma muito semelhante às células-tronco embrionárias (ES), discutidas no Capítulo 22. Quando três reguladores transcricionais específicos são artificialmente expressos em fibroblastos de camundongos cultivados, uma série de células se tornam **células-tronco pluripotentes induzidas (células iPS)** – células que se assemelham e se comportam como células ES pluripotentes que são derivadas de embriões (**Figura 7-36**). Essa estratégia tem sido adaptada para produzir células iPS a partir de uma variedade de tipos celulares especializados, incluindo células obtidas de humanos. Tais células iPS humanas podem ser direcionadas para gerar uma população de células diferenciadas para uso no estudo ou no tratamento de doenças, com discutiremos no Capítulo 22.

Ainda que já se tenha pensado que a diferenciação celular fosse irreversível, sabe-se hoje que por meio da manipulação de combinações de **reguladores mestres da transcrição**, tipos celulares e vias de diferenciação podem ser prontamente alteradas.

Combinações de reguladores mestres da transcrição especificam tipos celulares por meio do controle da expressão de muitos genes

Como vimos na introdução deste capítulo, diferentes tipos celulares de organismos multicelulares diferem enormemente nas proteínas e RNAs que expressam. Por exemplo, somente células musculares expressam tipos especiais de actina e miosina que formam o aparato contrátil, enquanto células nervosas devem fazer e montar todas as proteínas

Figura 7-36 Uma combinação de reguladores transcricionais pode induzir uma célula diferenciada a se desdiferenciar em uma célula pluripotente.
A expressão artificial de um conjunto de três genes, cada um dos quais codificam um regulador transcricional, pode reprogramar um fibroblasto a tornar-se uma célula pluripotente com propriedades semelhantes a uma célula-tronco embrionária (ES). Assim como células ES, tais células-tronco pluripotentes induzidas (iPS) podem proliferar indefinidamente em cultura e podem ser estimuladas por moléculas sinalizadoras extracelulares apropriadas para se diferenciar em praticamente qualquer tipo celular encontrado no corpo. Os reguladores transcricionais, como Oct4, Sox2 e Klf4, são denominados *reguladores mestres da transcrição* porque sua expressão é suficiente para disparar uma mudança na identidade celular.

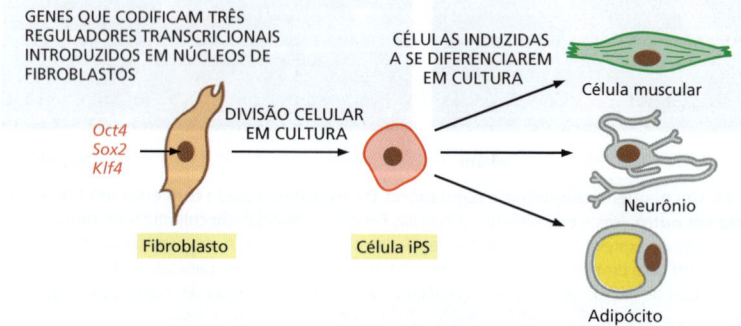

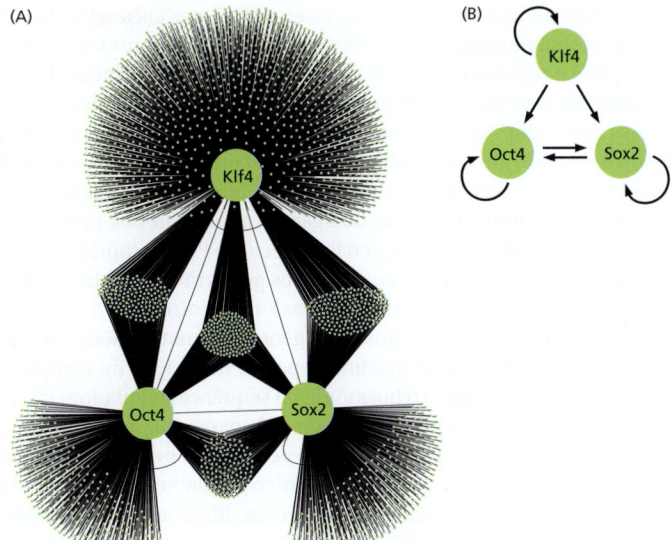

Figura 7-37 Uma parte da rede de transcrição que especifica as células-tronco embrionárias. (A) Os três reguladores mestres da transcrição na Figura 7-36 são mostrados com círculos grandes. Os genes cujas sequências reguladoras *cis*-atuantes estejam ligadas por cada regulador nas células-tronco embrionárias estão indicadas por um ponto pequeno (representando o gene) conectado por uma linha fina (representando a reação de ligação). Observe que muitos dos genes-alvo estão ligados por mais de um dos reguladores. (B) Os reguladores mestres controlam sua própria expressão. Como mostrado aqui, os três reguladores transcricionais ligam-se às suas próprias regiões controladoras (indicadas por ciclos de retroalimentação), assim como àquelas de outros reguladores mestres (indicado por setas retas). (Cortesia de Trevor Sorrells, baseado nos dados de J. Kim et al., *Cell* 132:1049–1061, 2008.)

necessárias para formar dendritos e sinapses. Vimos que esses padrões de expressão específicos de tipos celulares diferentes são orquestrados por uma combinação de reguladores mestres da transcrição. Em muitos casos, essas proteínas ligam-se diretamente a sequências reguladoras *cis*-atuantes dos genes particulares desse tipo celular. Portanto, MyoD liga-se diretamente a sequências reguladoras *cis*-atuantes localizadas nas regiões controladoras de genes específicos de músculos. Em outros casos, reguladores mestres controlam a expressão de reguladores transcricionais a jusante, que, por sua vez, ligam-se a regiões controladoras de outros genes específicos de um tipo celular e controlam a síntese dos mesmos.

A especificação de um tipo celular em particular envolve mudanças na expressão de milhares de genes. Os genes cujos produtos proteicos são requeridos no tipo celular são expressos em altos níveis, enquanto aqueles que não são necessários normalmente são regulados para baixo. Como poderia se esperar, o padrão de ligação entre os reguladores mestres e todos os genes regulados pode ser extremamente elaborado (**Figura 7-37**). Quando consideramos que muitos dos genes regulados possuem regiões controladoras que abrangem dezenas de milhares de pares de nucleotídeos, proporcionais ao exemplo do gene *Eve* discutido anteriormente, podemos começar a apreciar a enorme complexidade da especificação dos tipos celulares.

Uma questão de extrema importância na biologia é saber como a informação em um genoma é usada para especificar um organismo multicelular. Ainda que tenhamos um esboço geral da resposta, estamos longe de entender como um único tipo celular é completamente especificado, quanto mais um organismo inteiro.

Células especializadas devem ativar e inativar conjuntos de genes rapidamente

Embora geralmente mantenham suas identidades, as células especializadas devem responder de forma constante a mudanças no seu ambiente. Entre as mudanças mais importantes estão os sinais de outras células que coordenam o comportamento de todo o organismo. Muitos dos sinais induzem mudanças transitórias na transcrição dos genes, e discutiremos a natureza desses sinais em detalhes no Capítulo 15. Aqui, consideraremos como tipos celulares especializados ativam ou inativam grupos de genes de forma rápida e decisiva em resposta ao seu ambiente. Mesmo que o controle da expressão gênica seja combinatório, os efeitos de um único regulador transcricional ainda podem ser decisivos na ativação ou na inativação de um gene particular, simplesmente por completar a combinação necessária para maximizar a ativação ou a repressão daquele gene. Essa situação é análoga a ajustar o número final do segredo de um cofre: o cofre será aberto prontamente se os outros números tiverem sido previamente ajustados. Além disso, o mesmo número pode completar a combinação em diferentes cofres. Da mesma forma, a adição de uma proteína particular pode ativar muitos genes diferentes.

Um exemplo é o rápido controle da expressão gênica pela proteína humana receptora de glicocorticoides. Para poder se ligar nas suas sequências reguladoras *cis*-atuantes no genoma, esse regulador transcricional primeiro deve formar um complexo com uma molécula de um hormônio glicocorticoide, tal como o cortisol (ver Figura 15-64). Esse hormônio é liberado no corpo durante horas de fome e de intensa atividade física e, entre suas outras atividades, ele estimula as células do fígado a aumentarem a produção de glicose a partir de aminoácidos e de outras pequenas moléculas. Para responder dessa forma, as células hepáticas aumentam a expressão de muitos genes diferentes que codificam enzimas metabólicas, como a tirosina aminotransferase, como discutido anteriormente neste capítulo (ver Figura 7-3). Ainda que todos esses genes possuam regiões controladoras diferentes e complexas, sua expressão máxima depende da ligação do complexo formado entre o receptor de glicocorticoide e o hormônio na sequência reguladora *cis*-atuante correspondente, presente na região controladora de cada gene. Quando o corpo se recupera e o hormônio não está mais presente, a expressão de cada um desses genes diminui para o seu nível normal no fígado. Dessa maneira, um único regulador transcricional pode controlar rapidamente a expressão gênica de muitos genes diferentes (**Figura 7-38**).

Os efeitos de um receptor de glicocorticoides não estão confinados às células do fígado. Em outros tipos celulares, a ativação desse regulador transcricional por hormônios também promove alterações nos níveis de expressão de muitos genes; os genes afetados, entretanto, normalmente são diferentes daqueles afetados nas células hepáticas. Como vimos, cada tipo celular possui um conjunto individualizado de reguladores transcricionais e, devido ao controle combinatório, esses afetam criticamente a ação do receptor de glicocorticoides. Como o receptor é capaz de associar-se com muitos conjuntos diferentes de reguladores transcricionais de tipos celulares específicos, ele pode produzir um espectro distinto de efeitos em cada tipo celular.

Células diferenciadas mantêm sua identidade

Uma vez que a célula tenha se diferenciado em um tipo celular em particular, ela geralmente irá permanecer diferenciada, e todas as células da progênie irão permanecer nesse mesmo tipo celular. Algumas células altamente especializadas, incluindo células musculares esqueléticas e neurônios, nunca se dividem novamente uma vez que tenham se diferenciado – ou seja, são *diferenciadas terminalmente* (como discutido no Capítulo 17). Entretanto, muitas outras células diferenciadas – como fibroblastos, células de mús-

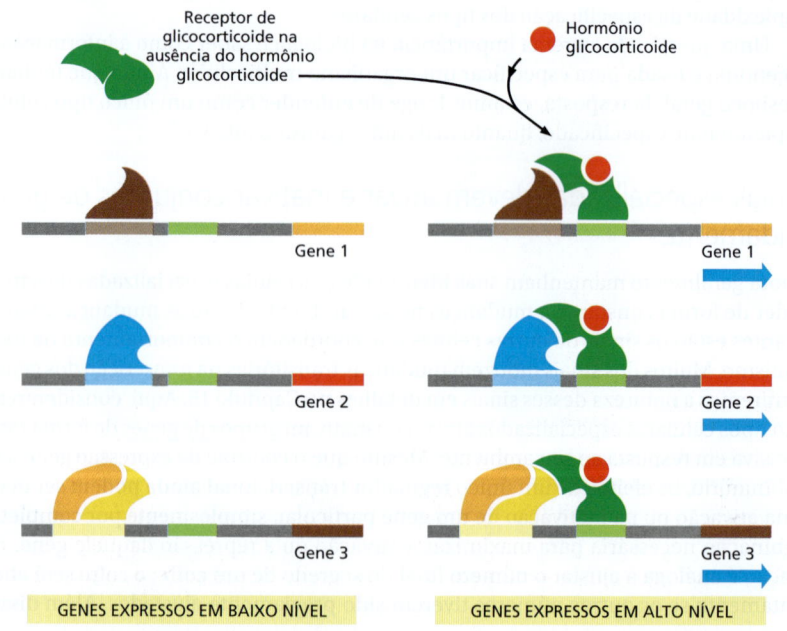

Figura 7-38 Um único regulador transcricional pode coordenar a expressão de vários genes diferentes. A ação do receptor de glicocorticoides está ilustrada esquematicamente. À *esquerda* está uma série de genes, cada qual possuindo vários reguladores transcricionais ligados a sua região reguladora. Entretanto, essas proteínas ligadas não são suficientes para sozinhas ativarem totalmente a transcrição. À *direita* é mostrado o efeito de adicionar um regulador transcricional a mais – o receptor de glicocorticoide em um complexo com o hormônio glicocorticoide –, que possui uma sequência reguladora *cis*-atuante na região controladora de cada gene. O receptor de glicocorticoide completa a combinação de reguladores transcricionais necessária à iniciação máxima da transcrição, e os genes são, agora, ativados como um conjunto. Quando o hormônio não está mais presente, o receptor de glicocorticoide se dissocia do DNA e os genes retornam aos seus níveis antes de serem estimulados.

culo liso e células hepáticas – irão se dividir muitas vezes durante a vida de um indivíduo. Quando elas o fazem, esses tipos celulares especializados originam somente células semelhantes a elas mesmas: células de músculo liso não dão origem a células hepáticas, tampouco células hepáticas originam fibroblastos.

Para que uma célula proliferativa mantenha sua identidade – uma propriedade denominada **memória celular** –, os padrões de expressão gênica responsáveis por essa identidade devem ser lembrados e transmitidos para suas células-filhas por meio de divisões celulares subsequentes. Portanto, no modelo discutido na Figura 7-33, a produção de cada regulador transcricional, uma vez iniciada, deve ser continuada nas células resultantes de cada divisão celular. Como tal perpetuação é alcançada?

As células possuem várias formas de garantir que suas células-filhas "se lembrem" do tipo de célula que elas são. Uma das formas mais simples e importantes consiste em um ciclo de retroalimentação positiva, no qual um regulador mestre da transcrição de um tipo celular ativa a transcrição do seu próprio gene, além de ativar a transcrição de outros genes específicos desse tipo celular. Cada vez que uma célula se divide, o regulador é distribuído para ambas as células-filhas, onde ele continua a estimular o ciclo de retroalimentação positiva, produzindo mais de si mesmo a cada divisão. A retroalimentação positiva é crucial para estabelecer circuitos "autossustentáveis" de expressão gênica que permitem a uma célula comprometer-se a um destino particular, e, então, transmitir essa informação para sua progênie (**Figura 7-39**).

Como previamente mostrado na Figura 7-37B, os reguladores mestres necessários para manter a pluripotência das células iPS ligam-se a sequências reguladoras *cis*-atuantes em suas próprias regiões controladoras, fornecendo exemplos de ciclos de retroalimentação positiva. Além disso, a maioria desses reguladores de células pluripotentes também ativam a transcrição de outros reguladores mestres, resultando em uma série complexa de ciclos de retroalimentação indiretos. Por exemplo, se A ativa B, e B ativa A, isso forma um ciclo de retroalimentação positiva, na qual A ativa sua própria expressão, ainda que indiretamente. As séries de ciclos de retroalimentação diretos e indiretos observados no circuito da iPS são típicas de outros circuitos celulares especializados. Tal estrutura em rede fortalece a memória celular, aumentando a probabilidade de que um padrão particular de expressão gênica seja transmitido através de gerações sucessivas. Por exemplo, se o nível de A cair abaixo de um limiar crítico para estimular sua própria síntese, o regulador B pode recuperá-lo. Pela aplicação sucessiva desse mecanismo, uma série complexa de ciclos de retroalimentação positiva entre múltiplos reguladores transcricionais pode manter estavelmente um estado diferenciado através de muitas divisões celulares.

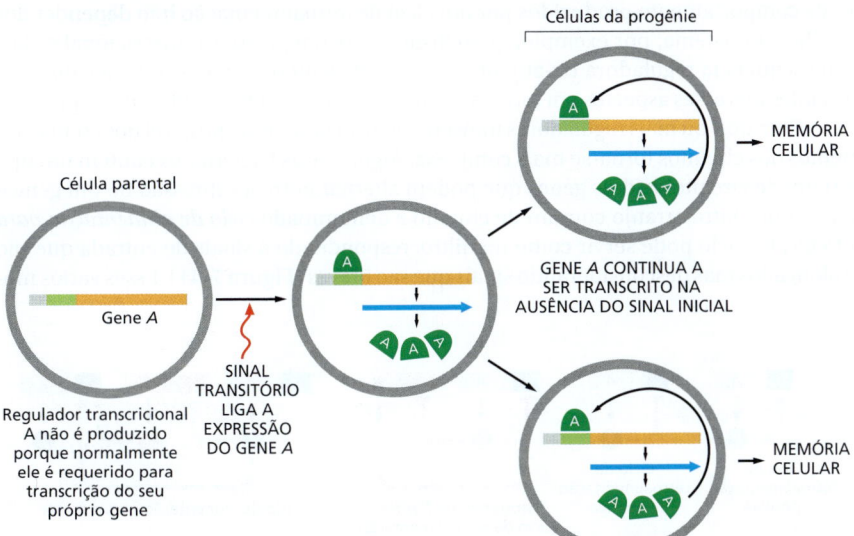

Figura 7-39 Um ciclo de retroalimentação positiva pode criar uma memória celular. A proteína A é um regulador mestre da transcrição que ativa a transcrição de seu próprio gene – assim como de outros genes específicos de um tipo celular em particular (não mostrado). Todos os descendentes da célula original irão, dessa maneira, "lembrar-se" de que a célula progenitora experimentou um sinal transitório que iniciou a produção da proteína A.

Ciclos de retroalimentação positiva formados por reguladores transcricionais são provavelmente a forma mais prevalente de garantir que as células-filhas lembrem qual o tipo de células foram predestinadas a ser, e elas são encontradas em todas as espécies da Terra. Por exemplo, muitas bactérias e eucariotos unicelulares formam diferentes tipos de células, e ciclos de retroalimentação positiva estão no cerne dos mecanismos que mantêm seus tipos celulares de muitos ciclos de divisão celular. As plantas e os animais também fazem amplo uso de ciclos de retroalimentação transcricionais; como discutiremos posteriormente neste capítulo, eles possuem mecanismos especializados adicionais para fortalecer ainda mais a memória celular. Mas primeiramente iremos considerar como combinações de reguladores transcricionais e sequências reguladoras *cis*-atuantes podem ser combinadas para criar dispositivos de lógica úteis para a célula.

Circuitos de transcrição permitem que a célula realize operações lógicas

Os circuitos de regulação gênica simples podem ser combinados para criar todos os tipos de mecanismos de controle, assim como elementos simples de controle eletrônico em um computador são combinados para produzir diferentes tipos de operações lógicas complexas. Uma análise dos circuitos de regulação gênica revela que certos tipos simples de arranjo (denominados *motivos de rede*) são encontrados repetidamente em células de espécies amplamente diferentes. Por exemplo, ciclos de retroalimentação positiva e negativa são especialmente comuns em todas as células (**Figura 7-40**). Enquanto o primeiro fornece um mecanismo de memória simples, o segundo com frequência é usado para manter a expressão do gene próximo ao nível-padrão apesar das variações nas condições bioquímicas dentro da célula. Suponha, por exemplo, que um repressor transcricional se ligue à região reguladora do seu próprio gene e exerça uma forte retroalimentação negativa, de tal forma que a transcrição caia para um nível muito baixo quando a concentração da proteína repressora estiver acima de um nível crítico (determinada pela sua afinidade pelo sítio de ligação ao DNA). A concentração da proteína poderá, então, ser mantida próxima do valor crítico, uma vez que qualquer circunstância que cause uma queda abaixo desse valor pode resultar em um aumento acentuado na síntese, e qualquer circunstância que resulte em um aumento acima desse valor levará ao desligamento da síntese. Tais ajustes irão, entretanto, levar tempo, de maneira que uma alteração abrupta das condições causará uma alteração intensa, porém transitória, da expressão gênica. Se há um atraso no ciclo de retroalimentação, o resultado podem ser oscilações espontâneas na expressão do gene (ver Figura 15-18). Os tipos diferentes de comportamento produzidos por um ciclo de retroalimentação irão depender dos detalhes do sistema; por exemplo, quão firmemente o regulador transcricional se liga a sua sequência reguladora *cis*-atuante, sua taxa de síntese e sua taxa de decaimento. Discutiremos esses aspectos em termos quantitativos e em mais detalhes no Capítulo 8.

Com dois ou mais reguladores transcricionais, a amplitude possível dos comportamentos dos circuitos torna-se mais complexa. Alguns vírus bacterianos contêm um tipo comum de circuito de dois genes que podem alternar entre a expressão de um gene e a de outro. Outro arranjo comum de circuito é denominado *ciclo de alimentação para a frente*; tal ciclo pode servir como um filtro, respondendo a sinais de entrada que são prolongados mas desconsiderando sinais que são breves (**Figura 7-41**). Esses vários mo-

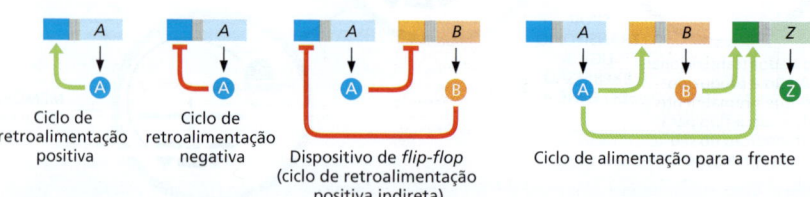

Figura 7-40 Tipos comuns de motivos de rede em circuitos transcricionais. A e B representam reguladores transcricionais, setas indicam controle transcricional positivo, enquanto linhas com barras representam controle transcricional negativo. Em um ciclo de alimentação para a frente, A e B representam reguladores transcricionais que ativam a transcrição do gene-alvo Z (ver também Figura 8-86).

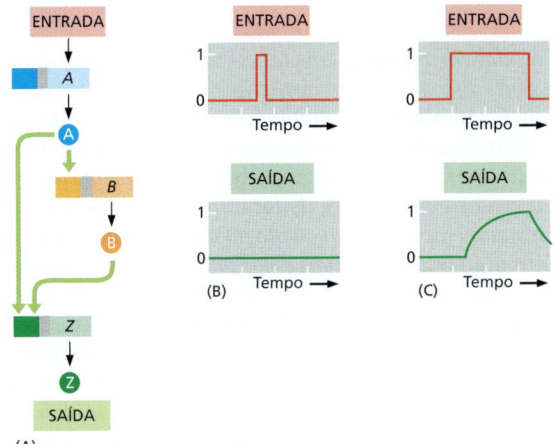

Figura 7-41 Como uma alça de alimentação para a frente pode medir a duração de um sinal. (A) Neste exemplo teórico, os reguladores transcricionais A e B são ambos necessários para a transcrição de Z, e A torna-se ativo somente quando um sinal estiver presente. (B) Se o sinal para A é breve, A não permanece ativo o suficiente para B acumular-se, e o gene Z não é transcrito. (C) Se o sinal para A for persistente, B acumula-se, A permanece ativo e Z é transcrito. Esse arranjo permite que a célula ignore flutuações rápidas do sinal e responda somente a níveis persistentes. Essa estratégia poderia ser utilizada, por exemplo, para distinguir entre sinais ocasionais e um sinal verdadeiro.

O comportamento mostrado aqui foi computado para um conjunto particular de valores em parâmetros descrevendo as propriedades quantitativas de A, B e o produto de Z, assim como as suas sínteses. Com valores diferentes para esses parâmetros, ciclos de alimentação para a frente podem em princípio desempenhar outras formas de "cálculos". Muitos ciclos de alimentação para a frente têm sido descobertos nas células, e a análise teórica auxilia os pesquisadores a discernir – e subsequentemente testar – as diferentes maneiras nas quais eles podem funcionar (ver Figura 8-86). (Adaptada de S.S. Shen-Orr et al., *Nat. Genet.* 31:64–68, 2002. Com permissão de Macmillan Publishers Ltd.)

tivos de rede assemelham-se a dispositivos lógicos em miniatura, e eles podem processar informação de formas surpreendentemente sofisticadas.

Os tipos simples de dispositivos recentemente ilustrados são encontrados de forma entrelaçada em células eucarióticas, criando circuitos extremamente complexos (**Figura 7-42**). Cada célula em um organismo multicelular em desenvolvimento é equipada com uma maquinaria de controle similarmente complexa, e deve, de fato, usar seu sistema intrincado de comutadores de transcrição entrelaçados para calcular como ela deve se comportar a cada momento em resposta a muitos estímulos recebidos no passado e no presente. Estamos somente começando a entender como estudar tais redes complexas de controle intracelular. De fato, sem novas abordagens, acopladas com informação quantitativa que seja muito mais precisa e completa do que a disponível atualmente, será impossível predizer o comportamento de um sistema como aquele mostrado na Figura 7-42. Como explicado no Capítulo 8, um diagrama de circuito por si só não é suficiente.

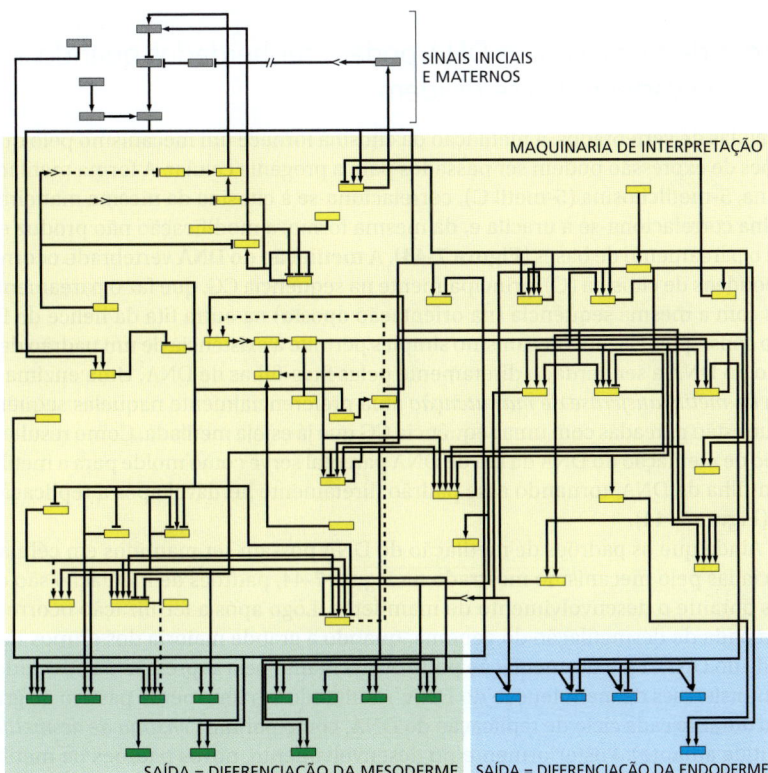

Figura 7-42 Circuito gênico demasiadamente complexo que especifica uma parte do embrião em desenvolvimento do ouriço-do-mar. Cada *caixa colorida pequena* representa um gene diferente. Aqueles em *amarelo* codificam reguladores transcricionais e aqueles em *verde* e *azul* codificam proteínas que conferem às células do mesoderma e do endoderma, respectivamente, as suas características especializadas. Os genes ilustrados em *cinza* estão muito ativos na mãe e fornecem ao ovo os sinais necessários para o seu desenvolvimento apropriado. Como na Figura 7-40, setas mostram exemplos nos quais um regulador transcricional ativa a transcrição de outro gene. As linhas que terminam em barras indicam exemplos de repressão gênica. (De I.S. Peter e E.H. Davidson, *Nature* 474:635–639, 2011. Com permissão de Macmillan Publishers Ltd.)

Resumo

Os vários tipos de células em animais e em plantas são criados em grande parte por mecanismos que fazem genes diferentes serem transcritos em células diferentes. A transcrição de um gene geralmente é controlada por combinações de reguladores transcricionais. Cada tipo de célula em um organismo eucarioto superior contém uma combinação específica de reguladores transcricionais que garantem a expressão somente dos genes apropriados para aquele tipo de célula. Um dado regulador transcricional pode estar ativo em várias circunstâncias e normalmente estará envolvido na regulação de muitos genes.

Uma vez que muitas células animais especializadas podem manter suas características específicas por muitos ciclos de divisão celular, mesmo quando crescidas em cultura, os mecanismos de regulação gênica envolvidos em criá-las precisam ser estáveis, uma vez estabelecidos, e herdáveis, quando a célula se divide. Essas características dotam a célula com uma memória da sua história de desenvolvimento. Os ciclos de retroalimentação positiva diretos ou indiretos, que possibilitam que os reguladores transcricionais perpetuem a sua própria síntese, fornecem o mecanismo mais simples para a memória celular. Circuitos de transcrição também fornecem à célula meios de realizar outros tipos de operações lógicas. Os circuitos de transcrição simples combinados em grandes redes reguladoras impulsionam programas altamente sofisticados de desenvolvimento embrionário que irão necessitar de novas abordagens para serem decifrados.

MECANISMOS QUE REFORÇAM A MEMÓRIA CELULAR EM PLANTAS E ANIMAIS

Até agora neste capítulo, enfatizamos a regulação da transcrição gênica por proteínas que se associam direta ou indiretamente com DNA. Entretanto, o próprio DNA pode ser modificado covalentemente, e certos tipos de estado da cromatina parecem ser herdados. Nesta seção, veremos como esses fenômenos também fornecem oportunidades para a regulação da expressão gênica. No final da seção, discutiremos como, em camundongos e humanos, um cromossomo inteiro pode ser inativado de forma transcricional usando tais mecanismos e como esse estado pode ser mantido através de muitas divisões celulares.

Padrões de metilação do DNA podem ser herdados quando as células de vertebrados se dividem

Nas células de vertebrados, a metilação da citosina fornece um mecanismo pelo qual os padrões de expressão podem ser passados para a progênie celular. A forma metilada da citosina, 5-metilcitosina (5-metil C), correlaciona-se à citosina da mesma maneira que a timina correlaciona-se à uracila e, da mesma forma, a modificação não produz efeito sobre o pareamento de bases (**Figura 7-43**). A **metilação do DNA** vertebrado ocorre nos nucleotídeos de citosina (C), principalmente na sequência CG, que faz o pareamento de bases com a mesma sequência (na orientação oposta) na outra fita da hélice de DNA. Como consequência, um mecanismo simples permite a existência de um padrão de metilação do DNA a ser herdado diretamente pelas fitas-filhas de DNA. Uma enzima chamada de *metiltransferase de manutenção* atua preferencialmente naquelas sequências CG que estão pareadas com uma sequência CG que já esteja metilada. Como resultado, o padrão de metilação do DNA da fita de DNA parental serve como molde para a metilação da fita-filha de DNA, tornando esse padrão diretamente herdável após a replicação do DNA (**Figura 7-44**).

Ainda que os padrões de metilação do DNA possam ser mantidos em células diferenciadas pelo mecanismo mostrado na Figura 7-44, padrões de metilação são dinâmicos durante o desenvolvimento de mamíferos. Logo após a fertilização ocorre uma ampla onda de desmetilação do genoma, quando a grande maioria dos grupos metil é perdida do DNA. Essa desmetilação pode ocorrer tanto pela supressão da atividade das metiltransferases de manutenção do DNA, resultando em uma perda passiva de grupos metila durante cada ciclo de replicação do DNA, como por uma *enzima de desmetilação* (discutida adiante). Posteriormente no desenvolvimento, novos padrões de metilação

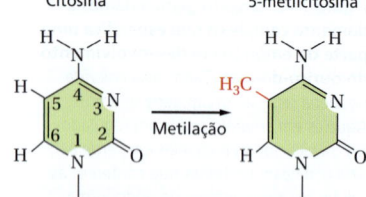

Figura 7-43 A formação de 5-metilcitosina ocorre pela metilação de uma base citosina na dupla-hélice do DNA. Em vertebrados, esse evento é principalmente confinado a nucleotídeos de citosina (C) selecionados na sequência CG. As sequências CG são algumas vezes denotadas como sequências CpG, em que p indica a ligação fosfato para distingui-la do par de bases CG. Neste capítulo, continuaremos usando a nomenclatura mais simples CG para indicar esse dinucleotídeo.

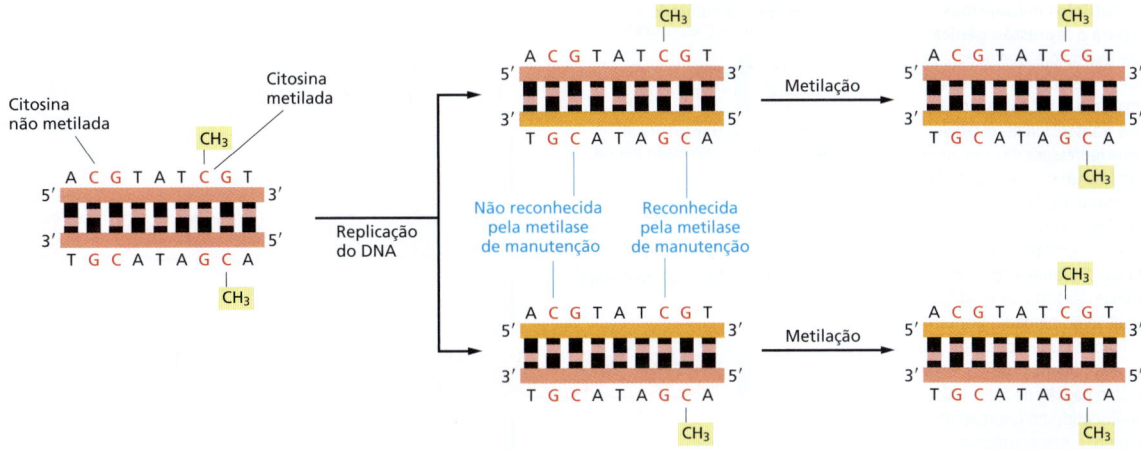

Figura 7-44 Como os padrões de metilação do DNA são fielmente herdados. No DNA de vertebrados, uma grande fração dos nucleotídeos citosina na sequência CG é metilada (ver Figura 7-43). Devido à existência de uma enzima metiladora direcionada por metil (a metiltransferase de manutenção), uma vez que o padrão de metilação do DNA seja estabelecido, cada sítio de metilação será herdado na progênie do DNA, como mostrado.

são estabelecidos por várias *DNA metiltransferases de novo*, que são dirigidas ao DNA por proteínas ligadoras de DNA sequência-específicas. Uma vez que novos padrões de metilação sejam estabelecidos, eles podem ser propagados por meio das rodadas de replicação do DNA pelas metiltransferases de manutenção.

A metilação do DNA possui vários usos na célula vertebrada. Um papel muito importante é atuar conjuntamente com outros mecanismos de controle da expressão gênica para estabelecer uma forma particularmente eficiente de repressão gênica. Essa combinação de mecanismos garante que os genes eucarióticos não necessários possam ser reprimidos em graus muito altos. Por exemplo, a taxa na qual um gene de vertebrados é transcrito pode variar 10^6 vezes entre um tecido e outro. Os genes de vertebrados não expressos são muito menos "vazantes" em termos de transcrição do que os genes bacterianos, nos quais a maior diferença conhecida nas taxas de transcrição entre os estados de genes expressos e não expressos é de aproximadamente mil vezes.

A metilação do DNA auxilia a reprimir a transcrição de várias maneiras. Os grupos metila em citosinas metiladas residem no sulco maior do DNA e interferem diretamente na ligação de proteínas (reguladores transcricionais, assim como fatores de transcrição gerais) requeridos para a iniciação da transcrição. Além disso, a célula contém um repertório de proteínas que se ligam especificamente ao DNA metilado. A mais bem caracterizada delas associa-se com enzimas modificadoras de histonas, resultando em um estado de cromatina repressivo no qual a estrutura da cromatina e a metilação do DNA agem de forma sinérgica (**Figura 7-45**). Um reflexo da importância da metilação do DNA em humanos é o envolvimento difundido dos padrões de metilação "incorretos" durante a progressão do câncer (discutido no Capítulo 20).

As ilhas ricas em CG estão associadas a muitos genes em mamíferos

Devido à maneira de funcionar das enzimas de reparo do DNA, os nucleotídeos C metilados no genoma dos vertebrados tendem a ser eliminados durante o curso da evolução. A desaminação acidental de um C não metilado origina um U (ver Figura 5-38), que não está normalmente presente no DNA e, assim, é reconhecido facilmente pela enzima de reparo do DNA uracila DNA-glicosilase, sendo excisado e então substituído por um C (como discutido no Capítulo 5). Contudo, uma desaminação acidental de um 5-metil C não pode ser reparada dessa maneira, pois o produto da desaminação é um T e, portanto, é indistinguível dos outros nucleotídeos T não mutantes do DNA. Embora exista um sistema enzimático especial para remover os nucleotídeos T mutantes, muitas das desaminações escapam da detecção, de maneira que aqueles nucleotídeos C no genoma que são metilados tendem a mutar para T durante o tempo evolutivo.

Figura 7-45 Múltiplos mecanismos contribuem para a repressão gênica estável. Neste exemplo esquemático, as proteínas leitoras e escritoras de histonas (discutidas no Capítulo 4), sob a direção de reguladores transcricionais, estabelecem uma forma repressora de cromatina. Uma DNA-metilase *de novo* é atraída pela leitora de histonas e metilases próximas às citosinas no DNA, as quais são, por sua vez, ligadas por proteínas de ligação ao DNA metilado. Durante a replicação do DNA, algumas das histonas modificadas (*ponto azul*) serão herdadas por um cromossomo-filho, algumas pelo outro, e em cada filho elas podem induzir a reconstrução do mesmo padrão de modificações da cromatina (discutido no Capítulo 4). Ao mesmo tempo, o mecanismo mostrado na Figura 7-44 induzirá ambos os cromossomos-filhos a herdarem o mesmo padrão de metilação. Nesses casos, onde a metilação do DNA estimula a atividade da escritora de histona, os dois mecanismos de herança irão se reforçar mutuamente. Esse esquema pode explicar a herança pelas células-filhas das modificações tanto nas histonas como no DNA. Ele também é capaz de explicar a tendência de algumas modificações da cromatina de se espalharem ao longo do cromossomo (ver Figura 4-44).

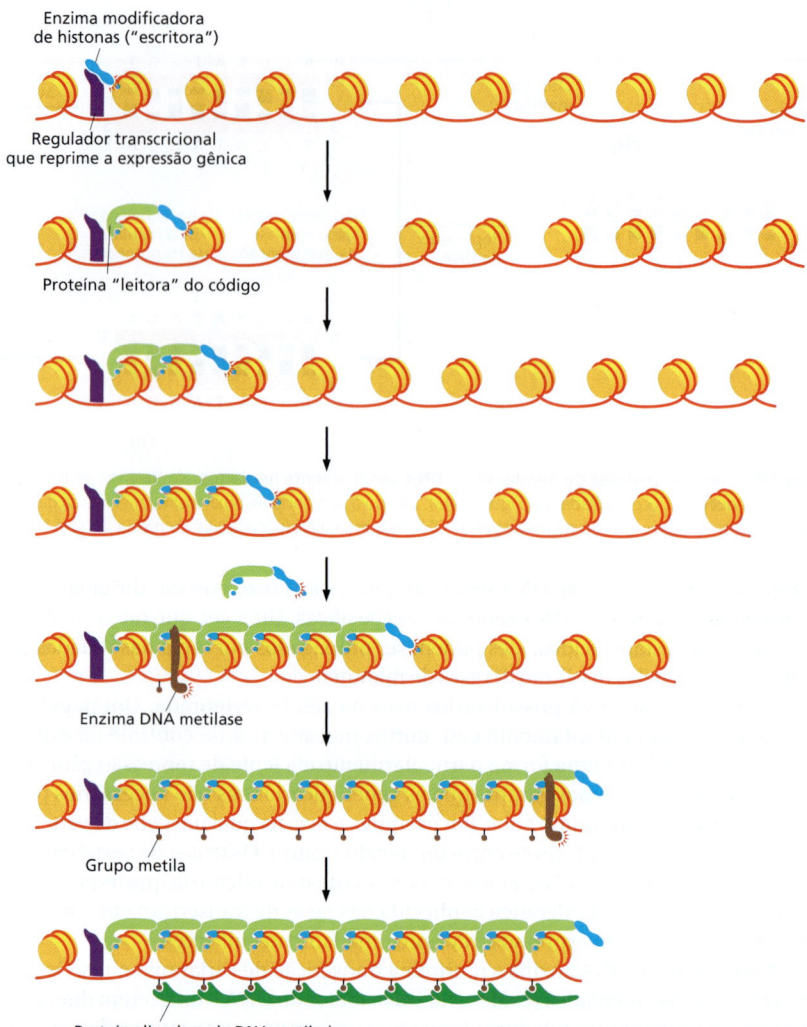

Durante o curso da evolução, mais de três de cada quatro CGs foram perdidos dessa forma, deixando os vertebrados com uma considerável deficiência desse dinucleotídeo. As sequências CG que permaneceram estão desigualmente distribuídas no genoma; elas estão presentes em quantidades dez vezes maiores que a sua densidade média em regiões selecionadas, chamadas de **ilhas CG**, que apresentam em média mil pares de nucleotídeos de comprimento. O genoma humano contém aproximadamente 20 mil ilhas CG e elas geralmente incluem promotores de genes. Por exemplo, 60% dos genes codificadores de proteínas possuem promotores embebidos em ilhas CG e elas incluem praticamente todos os promotores dos genes denominados *genes de manutenção* – aqueles que codificam muitas proteínas essenciais para a viabilidade celular, sendo, portanto, expressos em praticamente todas as células (**Figura 7-46**). Em escalas de tempo evolutivas, as ilhas CG foram poupadas da taxa de mutação acelerada do conjunto das sequências CG porque elas permaneceram não metiladas na linhagem germinativa (**Figura 7-47**).

As ilhas CG também permanecem não metiladas na maioria dos tecidos somáticos independentemente de os genes associados serem ou não expressos. O estado não metilado é mantido por proteínas ligadoras de DNA sequência-específicas, muitas das quais contêm um CG em suas sequências reguladoras *cis*-atuantes. Ao se ligarem nessas sequências, que estão espalhadas através de ilhas CG, elas protegem o DNA da ação das metiltransferases. Essas proteínas também recrutam *DNA desmetilases*, que convertem 5-metil C em hidroximetil C, que é posteriormente substituído por C, seja por meio de reparo de DNA (ver Figura 5-41A) ou, passivamente, por meio de múltiplos passos de replicação do DNA. As ilhas CG não metiladas apresentam várias propriedades que as tornam particu-

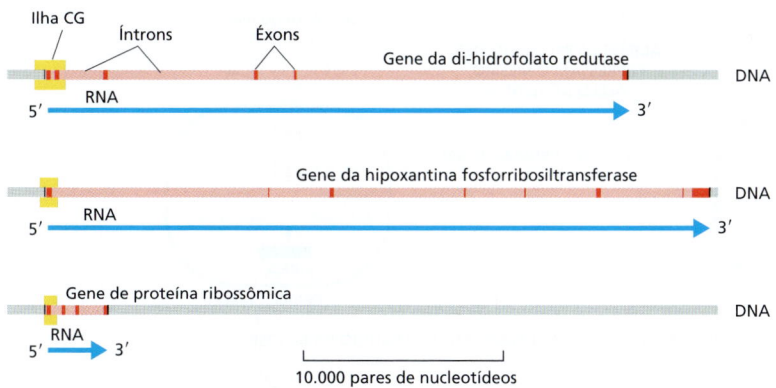

Figura 7-46 **Ilhas CG ao redor do promotor em três genes de manutenção de mamíferos.** As *caixas amarelas* mostram a extensão de cada ilha. Como para a maioria dos genes em mamíferos, os éxons (*vermelho-escuro*) são muito curtos em relação aos íntrons (*vermelho-claro*). (Adaptada de A.P. Bird, *Trends Genet.* 3:342–347, 1987. Com permissão de Elsevier.)

larmente adequadas para promotores. Por exemplo, algumas das mesmas proteínas que se ligam às ilhas CG e protegem-nas de metilação recrutam enzimas modificadoras de histonas que tornam as ilhas particularmente "amigáveis a promotores". Como resultado, a RNA-polimerase é frequentemente encontrada ligada a promotores dentro de ilhas CG, mesmo quando o gene associado não está sendo ativamente transcrito. Nas ilhas CG não metiladas, o balanço entre polimerase e montagem do nucleossomo é portanto deslocado em direção ao primeiro. Passos adicionais são necessários para "empurrar" a polimerase ligada para iniciar a transcrição de um gene adjacente, e esses passos são dirigidos por reguladores transcricionais que se ligam a sequências reguladoras *cis*-atuantes de DNA (frequentemente bem a montante das ilhas CG). Esses reguladores servem para liberar a polimerase com o auxílio de fatores de alongamento apropriados (ver Figura 7-21C e D).

O *imprinting* genômico necessita da metilação do DNA

As células de mamíferos são diploides, contendo um conjunto de genes herdado do pai e um conjunto de genes herdado da mãe. A expressão de uma pequena minoria de genes depende de ele ser herdado da mãe ou do pai: quando a cópia herdada do pai é ativa, a herdada da mãe é silenciosa, ou vice-versa. Esse fenômeno é denominado **imprinting genômico** (impressão genômica).

Aproximadamente 300 genes sofrem *imprinting* em humanos. Como somente uma cópia de cada um desses genes é expressa, o *imprinting* pode "desmascarar" mutações que normalmente seriam suprimidas pela cópia funcional. Por exemplo, a síndrome de Angelman, um distúrbio do sistema nervoso em humanos que causa redução da capacidade mental e prejuízos graves na fala, resulta de uma deleção gênica em um homólogo cromossômica e o silenciamento, por *imprinting*, do gene intacto no cromossomo homólogo correspondente.

O gene que codifica o *fator de crescimento semelhante à insulina 2* (*Igf2*) no camundongo fornece um exemplo bem estudado de *imprinting*. Os camundongos que não expressam nada de *Igf2* nascem com metade do tamanho de um camundongo normal. Entretanto, somente a cópia paterna do *Igf2* é transcrita e somente essa cópia do gene influencia no fenótipo. Como resultado, os camundongos com o gene *Igf2* paterno mutado são diminutos, enquanto os camundongos com o gene *Igf2* materno mutado são normais.

Precocemente, no embrião, os genes sujeitos à *imprinting* são marcados por metilação, conforme derivados de cromossomos oriundos do esperma ou do óvulo. Dessa maneira, a metilação do DNA é usada como um marcador para distinguir duas cópias

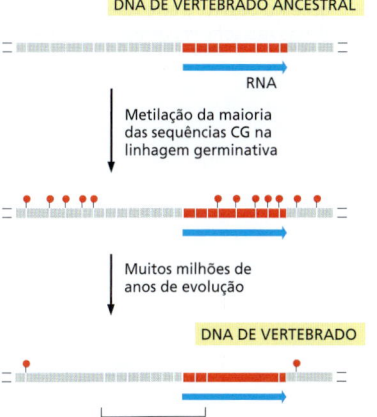

Figura 7-47 **Mecanismo para explicar a deficiência geral acentuada de sequências CG e o seu agrupamento em ilhas CG nos genomas de vertebrados.** *Linhas brancas* marcam a localização dos dinucleotídeos CG nas sequências de DNA, enquanto *círculos vermelhos* indicam a presença de um grupo metila no dinucleotídeo CG. As sequências CG que se situam nas sequências reguladoras dos genes transcritos nas células germinativas não são metiladas e, assim, tendem a ser retidas na evolução. As sequências metiladas CG, por outro lado, tendem a serem perdidas pela desaminação de 5-metil C para T, a não ser que a sequência CG seja crítica para a sobrevivência.

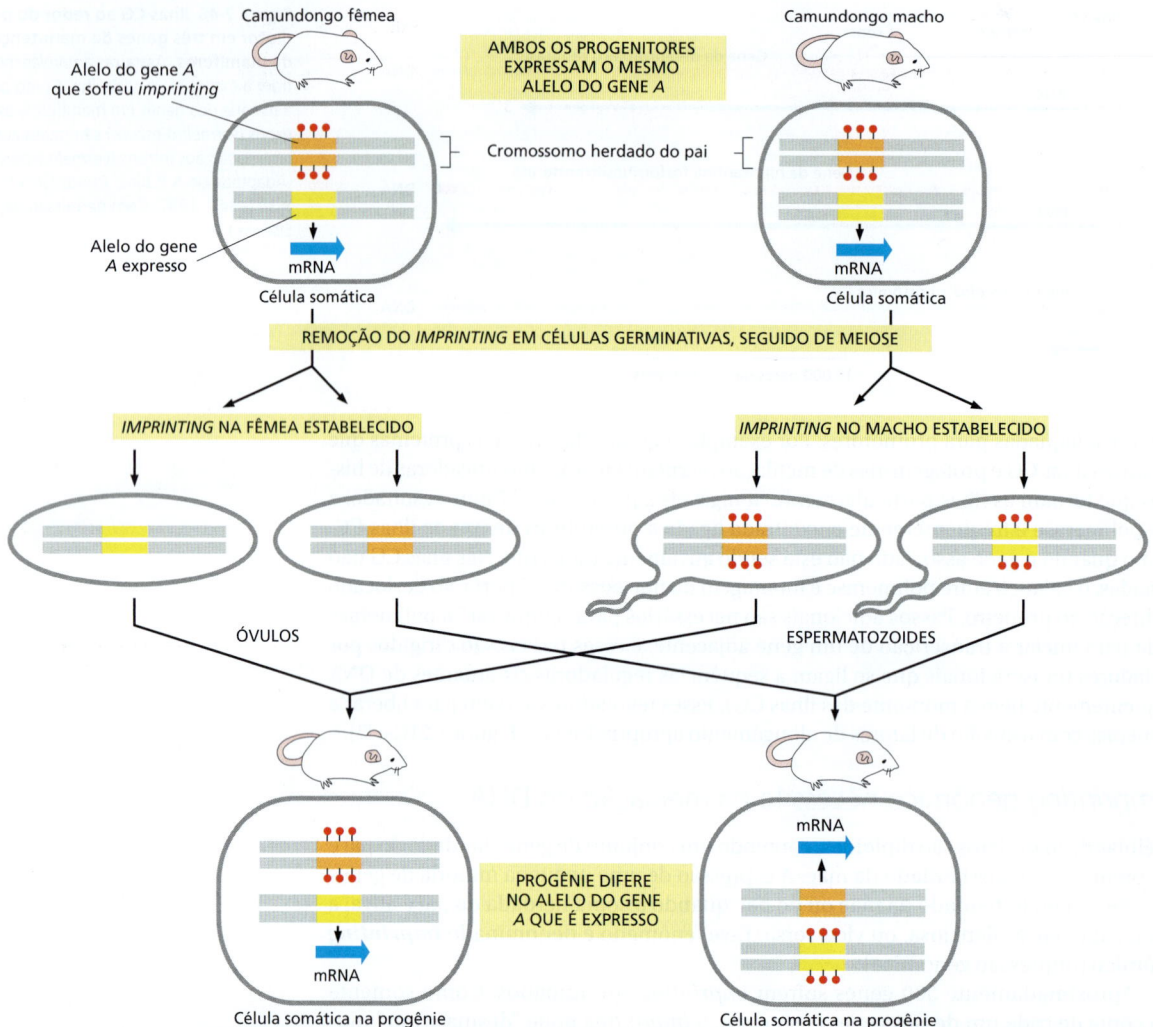

Figura 7-48 Imprinting no camundongo. A parte *superior* da figura mostra um par de cromossomos homólogos das células somáticas de dois camundongos adultos, um macho e uma fêmea. Nesse exemplo, ambos os camundongos herdaram o homólogo de cima de seu pai e o homólogo de baixo de sua mãe, e a cópia paterna de um gene submetido a *imprinting* (indicado em *laranja*) está metilada, o que impede a sua expressão. A cópia materna do mesmo gene (*amarelo*) é expressa. O restante da figura mostra o resultado de um cruzamento entre esses dois camundongos. Durante a formação das células germinativas, mas antes da meiose, os padrões de *imprinting* genômicos são apagados e, então, muito depois no desenvolvimento das células germinativas, elas são restabelecidas em um padrão sexo-específico (parte do *meio* da figura). Nos óvulos produzidos pelas fêmeas, nenhum alelo do gene *A* está metilado. No espermatozoide do macho, ambos os alelos do gene *A* estão metilados. São mostrados mais *abaixo* na figura dois dos possíveis padrões de *imprinting* herdados pela progênie de camundongos; o camundongo à *esquerda* possui o mesmo padrão de *imprinting* que seus pais, enquanto o camundongo à *direita* possui o padrão oposto. Se os dois alelos do gene *A* são distintos, esses padrões diferentes de *imprinting* podem causar diferenças fenotípicas na progênie dos camundongos, ainda que eles portem exatamente as mesmas sequências de DNA dos dois alelos do gene *A*. O *imprinting* se constitui em uma exceção importante ao comportamento genético clássico, e acredita-se que várias centenas de genes de camundongos sejam afetados dessa forma. Entretanto, a grande maioria dos genes de camundongo não sofre *imprinting*, e, assim, as regras da herança mendeliana aplicam-se para a maior parte do genoma de camundongos.

de um gene que, de outro modo, poderiam ser idênticas (**Figura 7-48**). Como os genes que sofrem *imprinting* não são afetados pela onda de desmetilação que ocorre em seguida, após a fertilização (ver p. 404-405), esse marcador possibilita que células somáticas "relembrem" a origem parental de cada uma das duas cópias e, como consequência, regulem a sua expressão de forma apropriada. Na maioria das situações, o *imprinting* de metilas silencia a expressão de genes próximos. Em alguns casos, entretanto, ele pode ativar a expressão de um gene. No caso do *Igf2*, por exemplo, a metilação de um elemento isolador no cromossomo de origem paterna bloqueia sua função e possibilita que sequências reguladoras *cis*-atuantes distantes ativem a transcrição do gene *Igf2*. No cromossomo de origem materna, o isolador não é metilado, e o gene *Igf 2*, portanto, não é transcrito (**Figura 7-49A**).

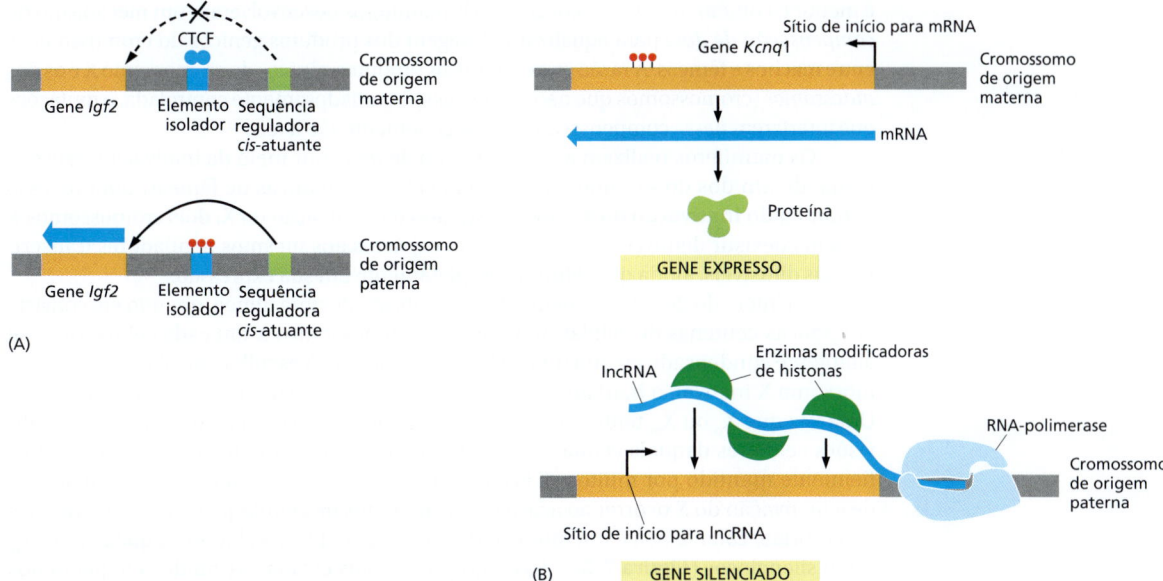

Figura 7-49 Mecanismos de imprinting. (A) Nos cromossomos herdados da fêmea, uma proteína denominada CTCF liga-se a um isolador (ver Figura 7-24), bloqueando a comunicação entre sequências reguladoras cis-atuantes (*verde*) e o gene *Igf2* (*laranja*). Dessa forma, *Igf2* não é expressa a partir do cromossomo herdado da mãe. Devido ao *imprinting*, o isolador presente no cromossomo paterno é metilado (*círculos vermelhos*); isso inativa o isolador por bloquear a ligação da proteína CTCF e possibilita que sequências reguladoras cis-atuantes ativem a transcrição do gene *Igf2*. Em outros exemplos de *imprinting*, a metilação simplesmente bloqueia a expressão gênica por interferir na ligação de proteínas necessárias à transcrição dos genes. (B) *Imprinting* do gene *Kcnq1* de camundongo. A síntese do lncRNA a partir do cromossomo materno é bloqueada pela metilação do DNA (*círculos vermelhos*), e o gene *Kcnq1* é expresso. Por outro lado, o lncRNA é sintetizado a partir do cromossomo paterno, permanecendo no local de síntese e promovendo alterações na estrutura da cromatina que bloqueiam a expressão do gene *Kcnq1*. Ainda que mostradas ligando-se diretamente ao lncRNA, as enzimas modificadoras de histonas são provavelmente recrutadas de forma indireta, por meio de proteínas adicionais.

Outros casos de *imprinting* envolvem *RNAs não codificadores longos*, que são definidos como moléculas de RNA com mais de 200 nucleotídeos de extensão que não codificam proteínas. Discutiremos amplamente os lncRNAs no final deste capítulo; no momento, focaremos no papel de um lncRNA específico no *imprinting* genômico. No caso do gene *Kcnq1*, que codifica um canal de cálcio dependente de voltagem necessário para a função cardíaca apropriada, o lncRNA é produzido a partir do alelo paterno (que é não metilado), mas não é liberado pela RNA-polimerase, permanecendo, em vez disso, no seu sítio de síntese no molde de DNA. Esse RNA, por sua vez, recruta enzimas de modificação de histonas e de metilação de DNA que dirigem a formação de cromatina repressiva, que silencia o gene codificador de proteína associado ao cromossomo de origem paterna (**Figura 7-49B**). Por outro lado, o gene de origem materna é imune a esses efeitos, porque a metilação específica presente resultante de *imprinting* bloqueia a síntese do lncRNA, mas permite a transcrição do gene codificador de proteína. Assim como o *Igf2*, a especificidade do *imprinting* do *Kcnq1* é originada de padrões de metilação herdados; a diferença reside na forma como esses padrões promovem expressão diferencial do gene que sofre *imprinting*.

Por que o *imprinting* existe é um completo mistério. Em vertebrados, ele é restrito aos mamíferos placentários, e todos os genes que sofrem *imprinting* estão envolvidos no desenvolvimento fetal. Uma ideia é a de que o *imprinting* reflita um meio termo na batalha evolutiva entre os machos querendo produzir proles maiores e as fêmeas querendo limitar o tamanho da prole. Qualquer que seja o objetivo, o *imprinting* fornece uma evidência surpreendente de que outras características do DNA, além da sua sequência de nucleotídeos, podem ser herdadas.

As grandes alterações cromossômicas na estrutura da cromatina podem ser herdadas

Vimos que a metilação do DNA e certos tipos de estrutura da cromatina podem ser herdáveis, preservando padrões de expressão gênica através de gerações celulares. Talvez o exemplo mais notável desses efeitos ocorra em mamíferos, nos quais uma alteração na estrutura da cromatina de um cromossomo inteiro é utilizada para modular os níveis de expressão da maioria dos genes daquele cromossomo.

Machos e fêmeas diferem em seus *cromossomos sexuais*. As fêmeas possuem dois cromossomos X, enquanto os machos possuem um X e um Y. Como resultado, as células das fêmeas contêm duas vezes mais cópias de genes do cromossomo X do que as células dos machos. Em mamíferos, os cromossomos sexuais X e Y diferem radicalmente em seu conteúdo gênico: o cromossomo X é grande e contém mais de mil genes, enquanto o cromossomo Y é menor e contém menos de cem genes. Os mamíferos desenvolveram um mecanismo de *compensação de dose* para equalizar a dosagem dos produtos gênicos do cromossomo X entre machos e fêmeas. A razão correta entre os produtos gênicos do cromossomo X e os dos *autossomos* (cromossomos que não são sexuais) é cuidadosamente controlada, e mutações que interferem nessa compensação de dose geralmente são letais.

Os mamíferos realizam a compensação de dose por meio da inativação transcricional de um dos dois cromossomos X em células somáticas de fêmeas, um processo denominado **inativação do X**. Como resultado da inativação do X, dois cromossomos X podem coexistir dentro do mesmo núcleo, expostos aos mesmos reguladores transcricionais difusíveis, ainda que difiram completamente em sua expressão.

No início do desenvolvimento de um embrião de uma fêmea, quando ele consiste em poucas centenas de células, um dos dois cromossomos X em cada célula torna-se altamente condensado em um tipo de heterocromatina. A escolha inicial sobre qual cromossomo X inativar, o herdado da mãe (X_m) ou o herdado do pai (X_p), é feita ao acaso. Uma vez que X_p ou X_m tenha sido inativado, ele permanece silencioso por todas as divisões celulares daquela célula e da sua progênie, indicando que o estado inativado é fielmente mantido por muitos ciclos de replicação do DNA e mitoses. Devido ao fato de a inativação do X ocorrer ao acaso e após milhares de células já terem sido formadas no embrião, cada fêmea é um mosaico de grupos clonais de células nas quais X_p ou X_m estão silenciosos (**Figura 7-50**). Esses grupos clonais estão distribuídos em pequenos agrupamentos no animal adulto, uma vez que as células-irmãs tendem a permanecer juntas durante os estágios mais tardios no desenvolvimento (**Figura 7-51**). Por exemplo, a inativação do cromossomo X origina a coloração de pelagem cor de laranja e preta "casco de tartaruga" em algumas fêmeas de gatos. Nessas gatas, um cromossomo X porta um gene que produz pelos cor de laranja, e outro cromossomo X porta um alelo do mesmo gene que resulta em pelos pretos; é a inativação ao acaso do X que produz manchas de células de duas cores distintas. Em contraste, os gatos machos desse grupo genético

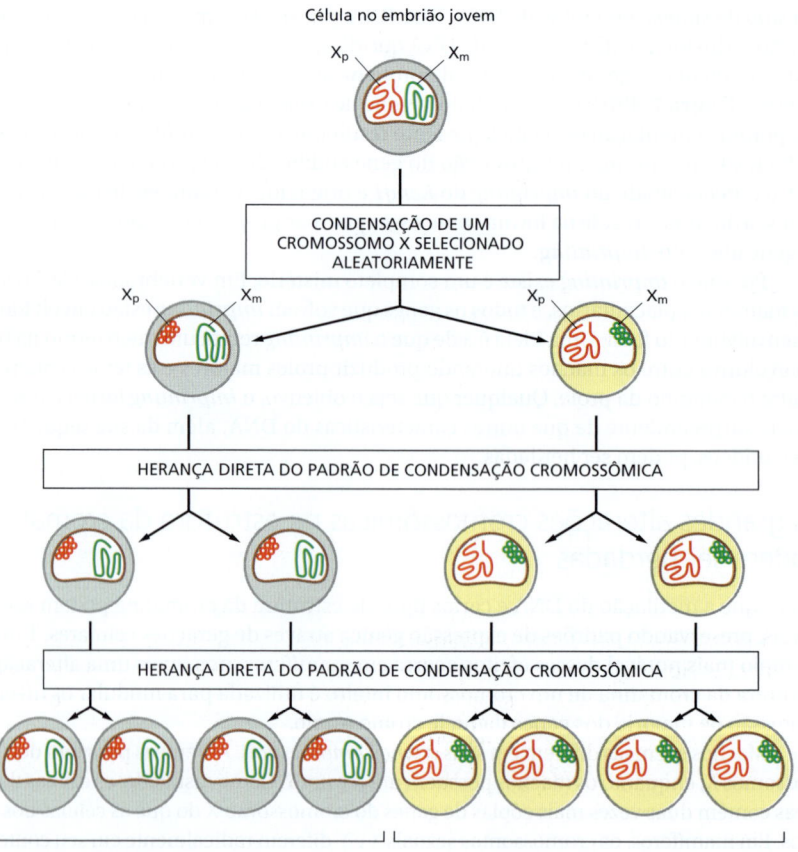

Figura 7-50 Inativação do X. A herança clonal em fêmeas de mamíferos de um cromossomo X condensado inativado.

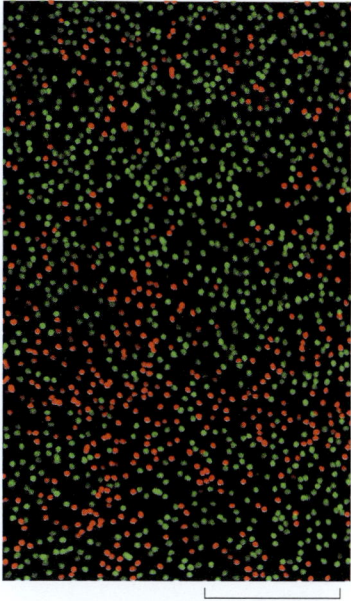

Figura 7-51 Células de fotorreceptores na retina de um camundongo fêmea mostrando padrões de inativação do cromossomo X. Usando técnicas de engenharia genética (descritas no Capítulo 8), a linhagem germinativa de um camundongo foi modificada de tal forma que uma cópia do cromossomo X (caso esteja ativa) produz uma proteína verde fluorescente e a outra uma proteína fluorescente vermelha. Ambas as proteínas se concentram no núcleo e, no campo de células mostrado, fica claro que somente um dos cromossomos X está ativo em cada célula. (De H. Wu et al., *Neuron* 81:103–119, 2014. Com permissão de Elsevier.)

são totalmente cor de laranja ou totalmente pretos, dependendo de qual cromossomo X eles herdaram de suas mães. Ainda que a inativação do cromossomo X seja mantida por milhares de divisões celulares, ela é revertida durante a formação da linhagem germinativa, de tal forma que os ovócitos haploides contêm um cromossomo X ativo e podem expressar produtos gênicos ligados ao X.

Como um cromossomo inteiro tem sua transcrição inativada? A inativação do cromossomo X é iniciada e espalha-se a partir de um único sítio próximo ao meio do cromossomo X, o **centro de inativação do X** (**XIC**, do inglês *X-inactivation center*). Dentro do XIC, um lncRNA de 20 mil nucleotídeos é transcrito (denominado Xist), sendo expresso somente a partir do cromossomo X inativo. O RNA Xist espalha-se a partir do XIC pelo cromossomo inteiro e direciona o silenciamento gênico. Ainda que não saibamos bem como isso é conseguido, o processo provavelmente envolve o recrutamento de enzimas modificadoras de histonas e outras proteínas para formar uma estrutura repressiva da cromatina análoga vista na Figura 7-45. Curiosamente, cerca de 10% dos genes no cromossomo X (incluindo o próprio *Xist*) escapam desse silenciamento e permanecem ativos.

O espalhamento do RNA Xist ao longo do cromossomo X não procede linearmente ao longo do DNA. Em vez disso, iniciando no seu sítio de síntese, ele primeiramente é transferido através da base das alças de DNA que constituem o cromossomo; esses atalhos explicam como Xist pode se espalhar tão rapidamente, por um mecanismo de transferência de "mão em mão" ao longo do cromossomo X, uma vez que o processo de inativação tenha se iniciado (**Figura 7-52**). Ele também ajuda a explicar por que a inativação não se espalha para o outro cromossomo X, ativo.

Imprinting genômico e inativação do cromossomo X são exemplos de **expressão gênica monoalélica**, na qual, em um genoma diploide, somente uma das duas cópias de um gene é expressa. Além dos aproximadamente 1.000 genes no cromossomo X e os cerca de 300 genes que sofrem *imprinting* genômico, existem mais 1.000 a 2.000 genes humanos que exibem expressão monoalélica. Assim como a inativação do cromossomo X (mas diferentemente do *imprinting*), a escolha de qual cópia do gene será expressa e qual será silenciada parece ser frequentemente aleatória. Ainda assim, uma vez que a escolha tenha sido feita, ela pode persistir por muitas divisões celulares. Os mecanismos responsáveis por esse tipo de expressão monoalélica não são conhecidos em detalhes, e seu propósito geral – se existir – é pouco conhecido. Vários mecanismos diferentes podem contribuir para tal herança epigenética, como explicaremos a seguir.

Mecanismos epigenéticos garantem que padrões estáveis de expressão gênica possam ser transmitidos para as células-filha

Como vimos, uma vez que uma célula em um organismo se diferencia em um tipo celular particular, ela geralmente permanece especializada daquela maneira; se ela se divide, as suas filhas herdam o mesmo caráter de especialização. Talvez a forma mais simples para uma célula se lembrar de sua identidade é por meio de um ciclo de retroalimentação positiva no qual um regulador transcricional chave ativa, direta ou indiretamente, a transcrição do seu próprio gene (ver Figura 7-39). Ciclos de retroalimentação positiva entrelaçados do tipo mostrado na Figura 7-37 fornecem maior estabilidade por tamponar o circuito contra flutuações no nível individual de qualquer regulador transcricional. Como reguladores transcricionais são sintetizados no citosol e se difundem através do núcleo, ciclos de retroalimentação baseados nesse mecanismo irão afetar ambas as cópias de um gene em uma célula diploide. Entretanto, como discutido nesta seção, o padrão de expressão de um gene em um cromossomo pode diferir daquele encontrado na cópia gênica correspondente no outro cromossomo (como na inativação do cromos-

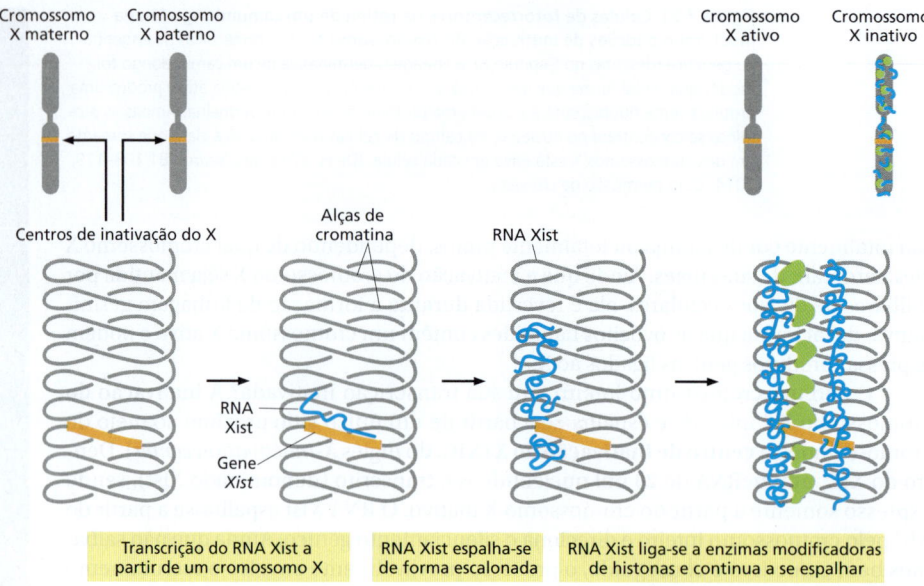

Figura 7-52 Inativação do cromossomo X de mamíferos. A inativação do cromossomo X se inicia com a síntese do RNA Xist (transcrito específico de inativação do X, do inglês *X-inactivation specific transcript*) a partir do lócus XIC (centro de inativação do X, do inglês *X-inactivation center*) e se move para fora em direção às extremidades dos cromossomos. De acordo com o modelo representado, o longo RNA Xist (≈20.000 nucleotídeos) possui muitos sítios de ligação de baixa afinidade por componentes estruturais dos cromossomos e se espalha liberando a sua associação em uma porção do cromossomo enquanto prende-se em outra. A síntese continuada de Xist a partir do centro do cromossomo impulsiona-o para as extremidades. Como mostrado, o RNA Xist não se move linearmente ao longo do DNA cromossômico, mas, em vez disso, move-se primeiramente através da base das alças cromossômicas. Foi proposto que as porções do DNA cromossômico nas extremidades de alças longas contêm os 10% dos genes que escapam da inativação do cromossomo X.

somo X ou no *imprinting*), e tais diferenças também podem ser transmitidas ao longo de muitas divisões celulares.

A capacidade de uma célula-filha de reter uma memória de padrões de expressão gênica que estiveram presentes na célula parental é um exemplo de **herança epigenética**: uma alteração herdável no fenótipo de uma célula ou organismo que não resulta de mudanças na sequência de nucleotídeos do DNA (discutido no Capítulo 4). (Infelizmente, o termo epigenética é algumas vezes também usado para se referir a todas as modificações covalentes das histonas e DNA, sendo elas autopropagantes ou não; muitas dessas modificações são apagadas cada vez que uma célula se divide e não geram memória celular.)

Na **Figura 7-53**, contrastamos dois mecanismos epigenéticos autopropagantes que atuam em *cis*, afetando somente uma das cópias cromossômicas, com dois mecanismos autopropagantes que atuam em *trans*, afetando ambas as cópias cromossômicas de um gene. As células podem combinar esses mecanismos para garantir que padrões de expressão gênica sejam mantidos e herdados de forma acurada e segura – por um período de até cem anos ou mais no nosso próprio caso.

Podemos ter uma ideia da prevalência das mudanças epigenéticas comparando gêmeos idênticos. Seus genomas têm a mesma sequência de nucleotídeos, e obviamente muitas características de gêmeos idênticos – como sua aparência – são determinadas fortemente pelas sequências do genoma que eles herdam. Entretanto, quando seus padrões de expressão gênica, modificação de histonas e metilação de DNA são comparados, muitas diferenças são observadas. Como essas diferenças de expressão são grosseiramente correlacionadas não somente com a idade, mas também com o tempo com que os gêmeos despenderam longe um do outro, foi proposto que algumas dessas diferenças são herdáveis de célula para célula e são o resultado da ação de fatores ambientais. Ainda que esses estudos estejam nas etapas iniciais, a ideia de que eventos ambientais possam ser permanentemente registrados como mudanças epigenéticas nas nossas células é fascinante, e apresenta-se como um desafio importante para a próxima geração de cientistas da área biológica.

Resumo

As células eucarióticas podem usar formas herdadas de metilação de DNA e estados herdados de condensação da cromatina como mecanismos adicionais para gerar memória celular de padrões de expressão gênica. Um caso especialmente dramático que envolve condensação da cromatina é a inativação de um cromossomo X inteiro em fêmeas de mamíferos. A metilação de DNA está por trás do fenômeno de imprinting em mamíferos, no qual a expressão de um gene depende de ele ter sido herdado a partir do cromossomo materno ou paterno.

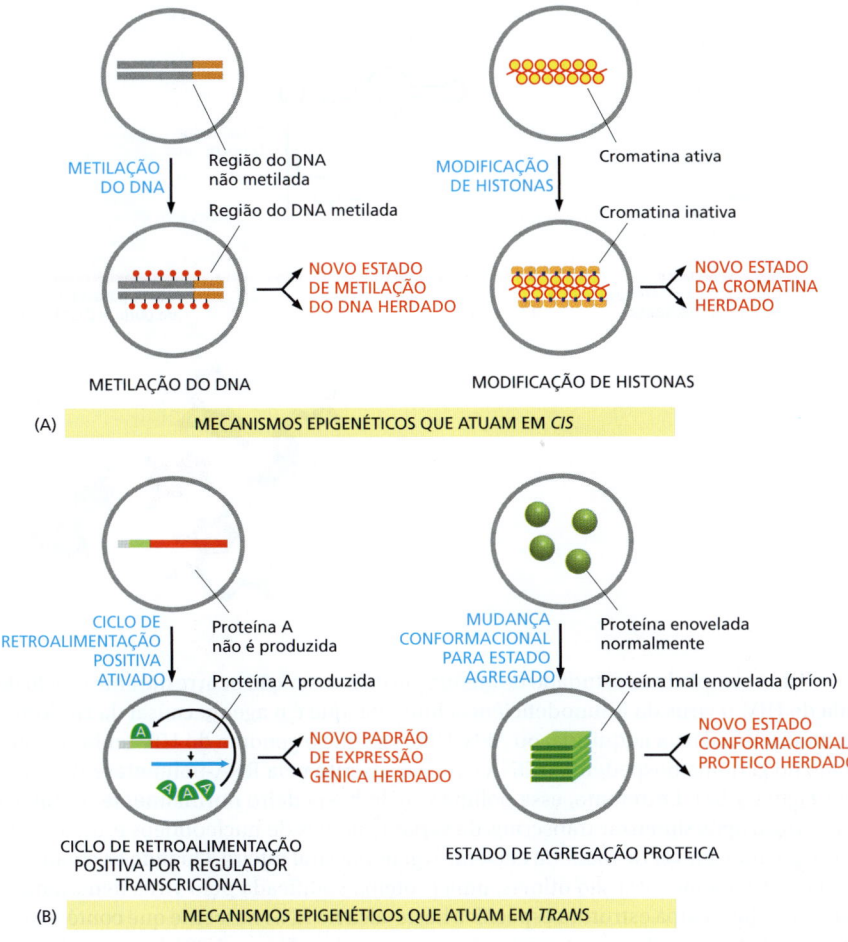

Figura 7-53 Quatro mecanismos distintos que podem produzir uma forma epigenética de herança em um organismo. (A) Mecanismos epigenéticos que atuam em *cis*. Como discutido nesse capítulo, uma metilase de manutenção pode propagar padrões específicos de metilação em citosinas (ver Figura 7-44). Como discutido no Capítulo 4, uma enzima de modificação de histonas que replica a mesma modificação que a atrai para a cromatina pode tornar essa modificação autopropagante (ver Figura 4-44). (B) Mecanismos epigenéticos que atuam em *trans*. Ciclos de retroalimentação positiva, formados por reguladores transcricionais, são encontrados em todas as espécies e são provavelmente a forma mais comum de memória celular. Como discutido no Capítulo 3, algumas proteínas podem formar príons autopropagantes (Figura 3-33). Se essas proteínas estiverem envolvidas em expressão gênica, elas podem transmitir padrões de expressão gênica para as células-filha.

CONTROLES PÓS-TRANSCRICIONAIS

Em princípio, cada passo necessário para o processo de expressão gênica pode ser controlado. De fato, podemos encontrar exemplos de cada tipo de regulação, e muitos genes são regulados por múltiplos mecanismos. Conforme vimos, os controles na iniciação da transcrição gênica são a forma crítica de regulação da maioria dos genes. Mas outros controles podem atuar mais tarde, na via do DNA para a proteína, a fim de modular a quantidade de produto gênico que é produzida – e em alguns casos para determinar a sequência de aminoácidos do produto proteico. Esses **controles pós-transcricionais**, que operam após a RNA-polimerase ter se ligado ao promotor do gene e iniciado a síntese do RNA, são cruciais para a regulação de muitos genes.

Nas seções seguintes, consideraremos as variações de regulação pós-transcricional em ordem temporal, de acordo com a sequência de eventos que seria experimentada por uma molécula de RNA após a sua transcrição ter começado (**Figura 7-54**).

A atenuação da transcrição produz a terminação prematura de algumas moléculas de RNA

Há muito tempo sabe-se que a expressão de alguns genes é inibida pela terminação prematura da transcrição, um fenômeno chamado de *atenuação da transcrição*. Em alguns desses casos, a cadeia nascente de RNA adota uma estrutura que a induz a interagir com a RNA-polimerase de maneira a abortar a sua transcrição. Quando o produto gênico é necessário, as proteínas reguladoras ligam-se à cadeia nascente de RNA e removem a atenuação, permitindo a transcrição de uma molécula completa de RNA.

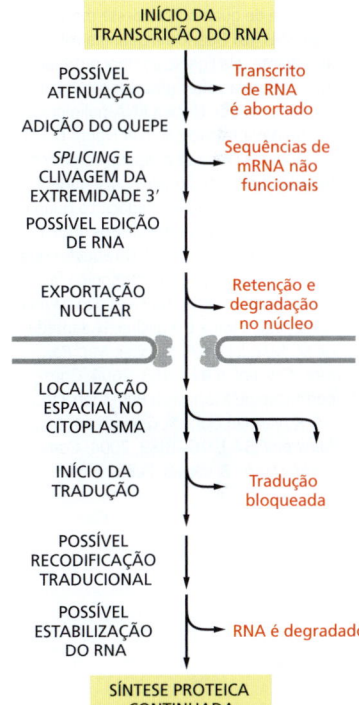

Figura 7-54 Controles pós-transcricionais da expressão gênica. A taxa final de síntese de uma proteína pode, em princípio, ser controlada em qualquer das etapas listadas em letras maiúsculas. Além disso, o *splicing* de RNA, a edição do RNA e a tradução recodificada também podem alterar a sequência de aminoácidos em uma proteína, tornando possível para a célula produzir mais de uma variante proteica a partir do mesmo gene. Somente algumas das etapas descritas aqui provavelmente sejam importantes para a regulação de qualquer proteína em particular.

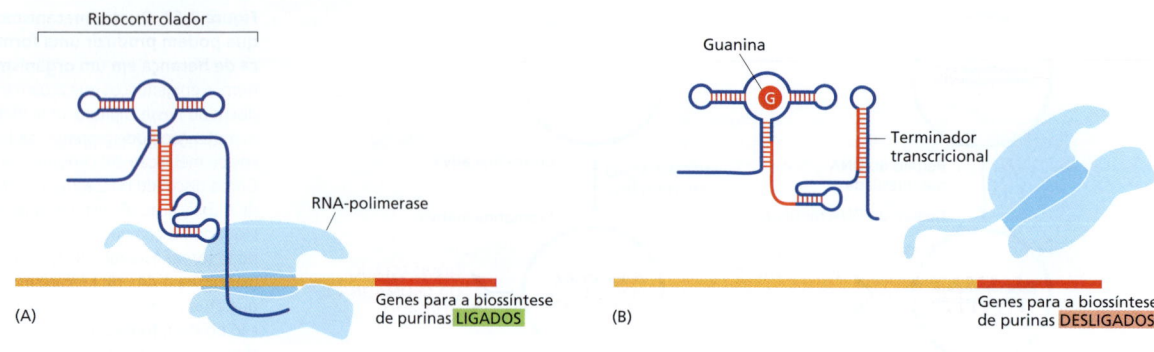

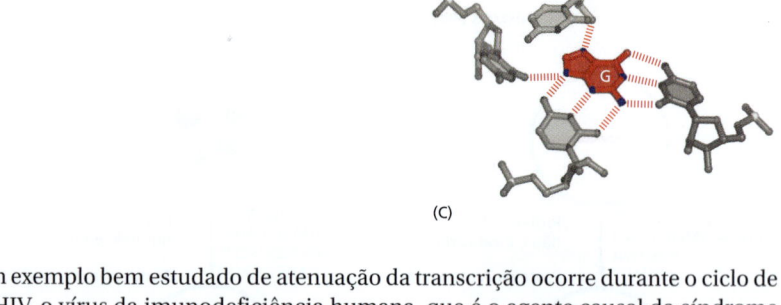

Figura 7-55 Ribocontrolador que responde à guanina. (A) Neste exemplo, que ocorre em bactérias, o ribocontrolador regula a expressão de genes da biossíntese de purinas. Quando os níveis de guanina nas células estão baixos, uma RNA-polimerase transcreve os genes para a biossíntese de purinas, e as enzimas necessárias para a síntese de guanina são desse modo expressas. (B) Quando a guanina está abundante, ela liga-se ao ribocontrolador, induzindo-o a sofrer uma alteração conformacional que força a RNA-polimerase a terminar a transcrição (ver Figura 6-11). (C) Guanina (*vermelho*) ligada ao ribocontrolador. Somente aqueles nucleotídeos que formam a região de ligação à guanina estão mostrados. Muitos outros ribocontroladores existem, incluindo aqueles que reconhecem a *S*-adenosilmetionina, a coenzima B_{12}, o mononucleotídeo flavina, a adenina, a lisina e a glicina. (Adaptada de M. Mandal e R.R. Breaker, *Nat. Rev. Mol. Cell Biol.* 5:451–463, 2004. Com permissão de Macmillan Publishers Ltd; e C.K. Vanderpool e S. Gottesman, *Mol. Microbiol.* 54:1076–1089, 2004. Com permissão de Blackwell Publishing.)

Um exemplo bem estudado de atenuação da transcrição ocorre durante o ciclo de vida do HIV, o vírus da imunodeficiência humana, que é o agente causal da síndrome da imunodeficiência adquirida, ou Aids. Uma vez que o genoma do HIV tenha se integrado no genoma hospedeiro, o DNA viral é transcrito pela RNA-polimerase II celular (ver Figura 5-62). Entretanto, essa polimerase do hospedeiro normalmente termina a transcrição após sintetizar transcritos de várias centenas de nucleotídeos e, assim, não consegue transcrever de maneira eficiente o genoma viral inteiro. Quando as condições para o crescimento viral são ótimas, uma proteína codificada pelo vírus denominada Tat, que se liga a uma estrutura específica haste-alça no RNA nascente que contém uma "base saliente", impede a sua terminação prematura (ver Figura 6-89). Uma vez ligada a essa estrutura específica de RNA (chamada de TAR), a Tat associa-se a várias proteínas da célula hospedeira, que possibilitam que a RNA-polimerase continue a transcrever. A função normal de pelo menos algumas dessas proteínas celulares é evitar pausas e a terminação prematura da RNA-polimerase, enquanto ela transcreve genes celulares normais. Portanto, um mecanismo celular normal foi aparentemente sequestrado pelo HIV para possibilitar que a transcrição do genoma dele seja controlada por uma única proteína viral.

Ribocontroladores provavelmente representam formas ancestrais de controle gênico

No Capítulo 6, discutimos a ideia de que, antes das células modernas terem surgido na Terra, o RNA desempenhou o papel tanto de DNA quanto de proteínas, armazenando a informação hereditária e catalisando reações químicas (ver p. 362-366). A descoberta de *ribocontroladores* mostra que o RNA também pode formar mecanismos de controle. Os ribocontroladores são sequências curtas de RNA que alteram a sua conformação ligando-se a pequenas moléculas, como metabólitos. Cada ribocontrolador reconhece uma molécula pequena específica, e a alteração conformacional resultante é utilizada para regular a expressão gênica. Os ribocontroladores estão frequentemente localizados próximos à extremidade 5' dos mRNAs e enovelam-se enquanto o mRNA está sendo sintetizado, bloqueando ou permitindo o progresso da RNA-polimerase, dependendo de a molécula reguladora pequena estar ligada (**Figura 7-55**).

Os ribocontroladores são particularmente comuns em bactérias, nas quais eles detectam pequenos metabólitos-chave na célula e ajustam a expressão gênica de forma apropriada. Talvez as suas características mais surpreendentes sejam a alta especificidade e afinidade com as quais cada um reconhece somente a molécula pequena apropria-

Figura 7-56 Cinco padrões de *splicing* alternativo do RNA. Em cada caso, um único tipo de transcrito de RNA pode sofrer o *splicing* de duas maneiras alternativas a fim de produzir dois mRNAs distintos (1 e 2). As *caixas azul-escuras* marcam as possíveis sequências de éxons que são retidas em ambos os mRNAs. As *caixas azul-claras* marcam as possíveis sequências de éxons que são incluídas em somente um dos mRNAs. As caixas são interligadas por *linhas vermelhas* para indicar quando as sequências intrônicas (*amarelo*) são removidas. (Adaptada de H. Keren et al. *Nat. Rev. Genet.* 11:345–355, 2010. Com permissão de Macmillan Publishers Ltd.)

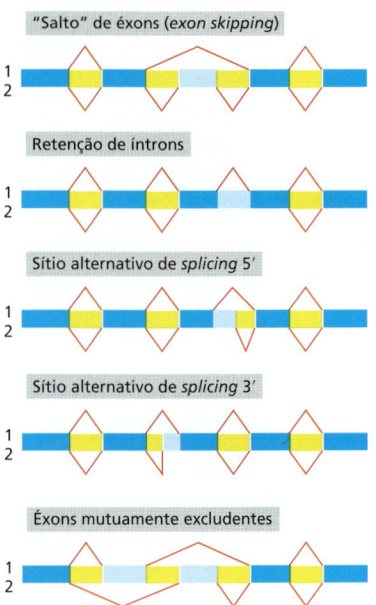

da; em muitos casos, cada característica química da molécula pequena é lida pelo RNA (Figura 7-55C). Além disso, as afinidades de ligação observadas são tão altas quanto às observadas entre pequenas moléculas e proteínas.

Os ribocontroladores são, talvez, os exemplos mais econômicos de mecanismos de controle gênico, uma vez que dispensam a necessidade de proteínas reguladoras por completo. No exemplo mostrado na Figura 7-55, o ribocontrolador regula o alongamento da transcrição, mas também regula outras etapas na expressão gênica, como veremos mais adiante neste capítulo. Claramente, dispositivos de controle gênico altamente sofisticados podem ser produzidos a partir de sequências curtas de RNA, um fato que corrobora a hipótese de um "mundo de RNA" anterior.

O *splicing* alternativo do RNA pode produzir diferentes formas de uma proteína a partir do mesmo gene

Como discutido no Capítulo 6 (ver Figura 6-26), os transcritos de muitos genes eucariotos são encurtados pelo *splicing* do RNA, no qual as sequências dos íntrons são removidas do precursor do mRNA. Vimos também que uma célula pode processar o transcrito de RNA de diferentes maneiras e desse modo fazer diferentes cadeias polipeptídicas a partir do mesmo gene – um processo denominado ***splicing* alternativo do RNA** (**Figura 7-56**). Uma proporção substancial dos genes de animais (estimados 90% em humanos) produz múltiplas proteínas desse modo.

Quando existem diferentes possibilidades de *splicing* em várias posições no transcrito, um único gene pode produzir dúzias de proteínas diferentes. Em um caso extremo, um gene da *Drosophila* pode produzir em torno de 38 mil proteínas diferentes a partir de um único gene por meio do *splicing* alternativo (**Figura 7-57**), embora somente uma pequena fração dessas formas tenha sido experimentalmente observada. Considerando que o genoma da *Drosophila* possui aproximadamente 14 mil genes identificados, é claro que a complexidade proteica de um organismo pode exceder bastante o número desses

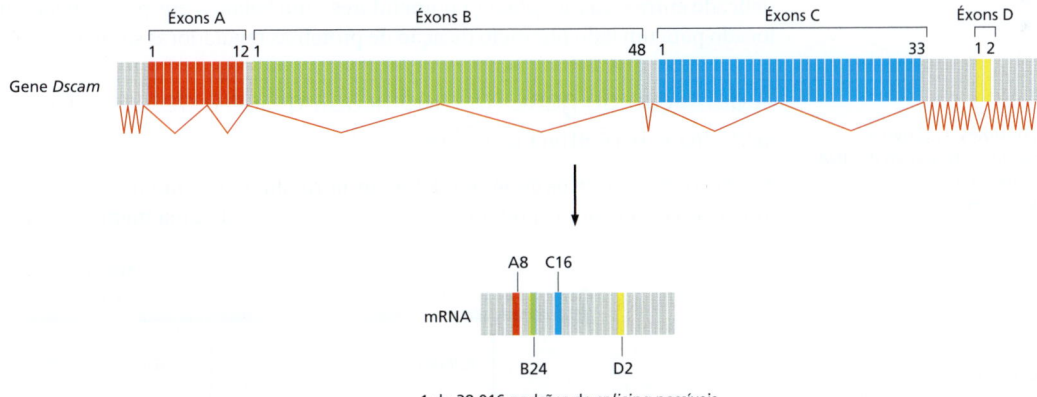

Figura 7-57 *Splicing* alternativo de transcritos de RNA do gene *Dscam* de *Drosophila*. As proteínas DSCAM possuem diferentes funções. Em células do sistema imune de moscas, elas mediam a fagocitose de patógenos bacterianos. Nas células do sistema nervoso, proteínas DSCAM são necessárias para o estabelecimento adequado das conexões entre neurônios. O mRNA final contém 24 éxons, quatro dos quais (indicados A, B, C e D) estão presentes no gene *Dscam* como uma série de éxons alternativos. Cada RNA contém 1 de 12 alternativas para o éxon A (*vermelho*), 1 de 48 alternativas para o éxon B (*verde*), 1 de 33 alternativas para o éxon C (*azul*) e 1 de 2 alternativas para o éxon D (*amarelo*). Somente um dos muitos padrões possíveis de *splicing* (indicado pela *linha vermelha* e pelo mRNA maduro abaixo dela) é mostrado. Cada variante da proteína DSCAM se enovelaria praticamente na mesma estrutura (predominantemente uma série de domínios extracelulares semelhantes à imunoglobulina ligados a uma região que atravessa a membrana [ver Figura 24-48]), mas a sequência de aminoácidos dos domínios variaria de acordo com o padrão de *splicing*. A diversidade de variantes DSCAM contribui para a plasticidade do sistema imune, assim como para a formação de circuitos neuronais complexos; abordaremos o papel específico de variantes DSCAM em mais detalhes quando descrevermos o desenvolvimento do sistema nervoso no Capítulo 21. (Adaptada de D.L. Black, *Cell* 103:367–370, 2000. Com permissão de Elsevier.)

genes. Esse exemplo também ilustra o perigo de equacionar um número gênico com a complexidade de um organismo. Por exemplo, o *splicing* alternativo é raro em leveduras unicelulares que se reproduzem por brotamento, mas muito comum em moscas. As leveduras que se reproduzem por brotamento possuem ≈6.200 genes, dos quais aproximadamente 300 estão sujeitos ao *splicing*, e praticamente todos apresentam apenas um único íntron. Dizer que as moscas possuem somente 2 a 3 vezes mais genes que as leveduras é subestimar muito a diferença em termos de complexidade desses dois genomas.

Em alguns casos, o *splicing* alternativo do RNA ocorre porque há uma *ambiguidade na sequência do íntron*: o mecanismo-padrão do spliceossomo para a remoção das sequências intrônicas (discutido no Capítulo 6) não é capaz de distinguir completamente entre dois ou mais pareamentos alternativos de sítios de *splicing* 5' e 3', de maneira que as diferentes escolhas são feitas ao acaso nos diferentes transcritos individuais. Onde tal *splicing* alternativo constitutivo ocorre, várias versões da proteína codificada pelo gene são feitas em todas as células nas quais o gene é expresso.

Em muitos casos, entretanto, o *splicing* alternativo do RNA é regulado. Nos exemplos mais simples, o *splicing* regulado é usado para alterar a produção de uma proteína não funcional para a produção de uma proteína funcional (ou vice-versa). A transposase que catalisa a transposição do elemento P da *Drosophila*, por exemplo, é produzida em uma forma funcional nas células germinativas e em uma forma não funcional nas células somáticas da mosca, permitindo ao elemento P espalhar-se por todo o genoma da mosca, sem causar danos às células somáticas (ver Figura 5-61). A diferença na atividade do transpóson foi explicada pela presença de uma sequência intrônica no RNA da transposase que é removida somente nas células germinativas.

Além de permitir a comutação entre a produção de uma proteína funcional e a produção de uma proteína não funcional (ou vice-versa), a regulação do *splicing* de RNA pode gerar diferentes versões de uma proteína em diferentes tipos celulares, de acordo com as necessidades da célula. A tropomiosina, por exemplo, é produzida em formas especializadas em diferentes tipos de células (ver Figura 6-26). As formas de tipos celulares específicos de muitas outras proteínas são produzidas da mesma maneira.

O *splicing* do RNA pode ser regulado tanto negativamente, por uma molécula que impeça que a maquinaria de *splicing* tenha acesso a um sítio particular de *splicing* no RNA, como positivamente, por uma molécula reguladora que auxilie a direcionar a maquinaria de *splicing* para outro sítio de *splicing* que, de outra maneira, seria ignorado (**Figura 7-58**).

Devido à plasticidade do *splicing* do RNA, o bloqueio de um sítio de *splicing* "forte" frequentemente irá expor um sítio "fraco" e resultará em padrões diferentes de *splicing*. Portanto, o *splicing* de uma molécula de pré-mRNA pode ser pensado como um balanço delicado entre sítios de *splicing* competidores – um balanço que pode ser facilmente deslocado para um lado por meio da ação de proteínas reguladoras sobre o *splicing*.

A definição de gene foi modificada desde a descoberta do *splicing* alternativo do RNA

A descoberta de que os genes eucarióticos normalmente contêm íntrons e que suas sequências codificadoras podem ser montadas de mais de uma maneira levantou novas

Figura 7-58 Controles negativo e positivo do *splicing* alternativo do RNA. (A) No controle negativo, uma proteína repressora liga-se a uma sequência específica do transcrito de pré-mRNA e bloqueia o acesso da maquinaria de *splicing* a uma junção de *splicing*. Isso resulta frequentemente no uso de um segundo sítio de *splicing*, produzindo, desse modo, um padrão alterado de *splicing* (ver Figura 7-56). (B) No controle positivo, a maquinaria do *splicing* não é capaz de remover de maneira eficiente uma sequência intrônica particular sem a assistência de uma proteína ativadora. Como o RNA é flexível, as sequências de nucleotídeos que se ligam nesses ativadores podem ser localizados a muitos pares de nucleotídeos de distância das junções de *splicing* que eles controlam, sendo frequentemente denominadas *estimuladores de splicing*, em analogia aos estimuladores transcricionais mencionados anteriormente neste capítulo.

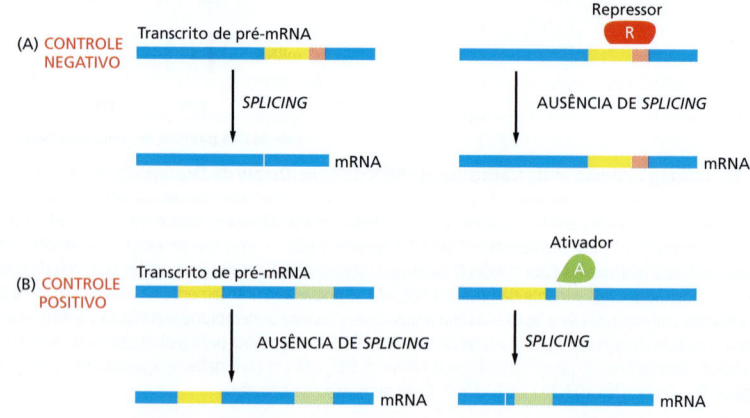

questões sobre a definição do gene. Um gene foi primeiramente definido em termos moleculares no começo dos anos de 1940, a partir de trabalhos sobre a genética bioquímica do fungo *Neurospora*. Até então, um gene havia sido definido operacionalmente como uma região do genoma que segregava como uma única unidade durante a meiose e dava origem a um traço fenotípico definível, como olhos vermelhos ou brancos na *Drosophila*, ou sementes de ervilhas enrugadas ou lisas. O trabalho em *Neurospora* mostrou que a maioria dos genes correspondia a uma região do genoma que direciona a síntese de uma única enzima. Isso levou à hipótese de que um gene codificava uma cadeia polipeptídica. A hipótese provou ser útil para pesquisas subsequentes; quanto mais o mecanismo de expressão gênica era entendido, nos anos de 1960, mais o gene era identificado como uma região de DNA que era transcrita em RNA codificando uma única cadeia polipeptídica (ou um único RNA estrutural como um tRNA ou uma molécula de rRNA). A descoberta dos genes segmentados e dos íntrons, no final dos anos de 1970, pode ser prontamente acomodada segundo a definição original do gene, contanto que uma única cadeia polipeptídica fosse especificada pelo RNA transcrito, a partir de qualquer sequência de DNA. Entretanto, atualmente está claro que muitas sequências de DNA em células eucarióticas superiores podem produzir um conjunto de proteínas distintas (porém relacionadas) pelo *splicing* alternativo do RNA. Como, então, um gene pode ser definido?

Naqueles casos relativamente raros nos quais duas proteínas eucarióticas muito diferentes são produzidas a partir de uma única unidade de transcrição, considera-se que as duas proteínas são produzidas por genes distintos que se sobrepõem no cromossomo. Parece desnecessariamente complexo, entretanto, considerar a maioria das variantes proteicas produzidas pelo *splicing* alternativo de RNA como derivadas de genes sobrepostos. Uma alternativa mais sensata consiste em modificar a definição original para contar uma sequência de DNA que seja transcrita como uma única unidade e codifique um conjunto de cadeias polipeptídicas muito semelhantes (isoformas proteicas) com um único gene codificador de proteína. Essa definição também acomoda aquelas sequências de DNA que codificam variantes proteicas produzidas por processos pós-traducionais diferentes do *splicing* de RNA, como clivagem do transcrito e edição de RNA (discutido a seguir).

Uma mudança no sítio de clivagem no transcrito de RNA e de adição de poli-A pode alterar a extremidade C-terminal de uma proteína

Vimos no Capítulo 6 que a extremidade 3' de uma molécula de mRNA eucariótica não é formada pela terminação da síntese de RNA pela RNA-polimerase, como acontece na bactéria. Em vez disso, ela resulta de uma reação de clivagem do RNA que é catalisada por proteínas adicionais enquanto o transcrito está se alongando (ver Figura 6-34). Uma célula pode controlar o sítio dessa clivagem de maneira a alterar a extremidade C-terminal da proteína resultante. Nos casos mais simples, uma variante proteica é simplesmente uma versão truncada de outra; em muitos outros casos, entretanto, os sítios de clivagem e poliadenilação alternativos residem dentro de sequências de íntrons e o padrão de *splicing* é, dessa forma, alterado. Esse processo pode produzir duas proteínas intimamente relacionadas diferindo somente nas sequências de aminoácidos das suas extremidades C-terminais. Uma análise detalhada dos RNAs produzidos pelo genoma humano em uma variedade de tipos celulares (ver Figura 7-3) indica que até 50% dos genes codificadores de proteínas humanos produzem espécies de mRNA que diferem no seu sítio de poliadenilação.

Um exemplo bem estudado de poliadenilação regulada é a mudança da síntese de moléculas de anticorpo ligadas à membrana para uma forma secretada durante o desenvolvimento dos linfócitos B (ver Figura 24-22). Muito cedo na história de vida de um linfócito B, o anticorpo que ele produz fica ancorado na membrana plasmática, onde serve como um receptor para os antígenos. A estimulação por antígenos induz os linfócitos B a se multiplicarem e a começarem a secretar seus anticorpos. A forma secretada do anticorpo é idêntica à forma ligada à membrana, exceto pela extremidade C-terminal. Nessa parte da proteína, a forma ligada à membrana possui uma longa cadeia de aminoácidos hidrofóbicos que atravessa a bicamada lipídica da membrana, enquanto a forma secretada possui uma cadeia muito menor de aminoácidos hidrofílicos. A mudança da forma ligada à membrana para a forma secretada do anticorpo é gerada por meio de uma mudança no sítio de clivagem e poliadenilação do RNA, como mostrado na **Figura 7-59**.

Figura 7-59 Regulação do sítio de clivagem do RNA e adição de poli-A determinam se uma molécula de anticorpo será secretada ou permanecerá ligada à membrana. Em linfócitos B não estimulados (*esquerda*), um transcrito de RNA longo é produzido, e a sequência intrônica (*amarelo*) próxima da sua extremidade 3' é removida por um *splicing* de RNA, provendo uma molécula de mRNA que codifica uma molécula de anticorpo ligada à membrana. Somente uma porção do gene do anticorpo é mostrada na figura; o gene completo e seu mRNA iriam se estender para a esquerda do diagrama. Após estímulo do antígeno (à *direita*), os transcritos de RNA são clivados e poliadenilados a montante dos sítios de *splicing* 3'. Como resultado, algumas das sequências de íntrons permanecem como uma sequência codificadora no transcrito curto e especificam a porção C-terminal hidrofílica da molécula de anticorpo secretada (*marrom*). (Adaptada de D. Di Giammartino et al., *Mol. Cell* 43:853–866, 2011. Com permissão de Elsevier.)

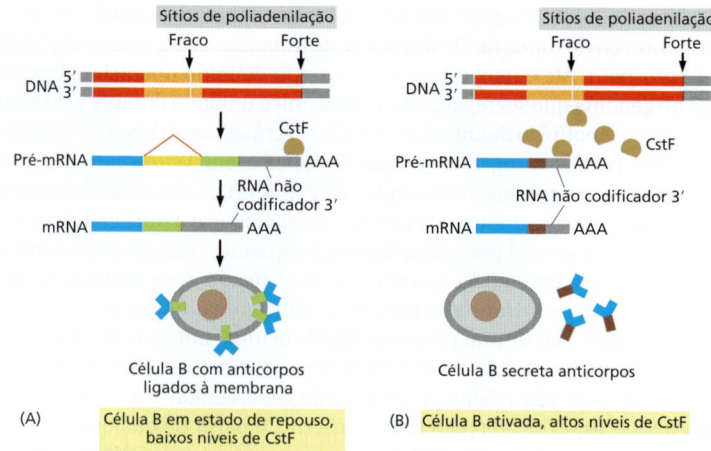

A mudança é causada por um aumento na concentração de uma subunidade de uma proteína (CstF) que promove a clivagem do RNA (ver Figura 6-34). O primeiro sítio de clivagem/adição de poli-A que uma RNA-polimerase que está transcrevendo encontra é subótimo e geralmente ignorado em linfócitos B não estimulados, levando à produção de um transcrito de RNA mais longo. Quando ativado a produzir anticorpos, o linfócito B aumenta a sua concentração de CstF; como resultado, a clivagem passa a ocorrer no sítio subótimo e o transcrito mais curto é produzido. Dessa maneira, uma mudança na concentração de um fator geral de processamento do RNA tem efeitos dramáticos na expressão de um gene particular.

A edição do RNA pode alterar o significado da mensagem do RNA

Os mecanismos moleculares usados pelas células são uma fonte contínua de surpresas. Um exemplo é o processo de **edição do RNA**, que altera as sequências de nucleotídeos após a transcrição já ter ocorrido, alterando, desse modo, a mensagem que os transcritos de RNA carregam. Vimos no Capítulo 6 que moléculas de tRNA e rRNA são quimicamente modificadas após serem sintetizadas: focaremos aqui nas mudanças que ocorrem nos mRNAs.

Em animais, ocorrem dois tipos principais de edição de mRNA: a desaminação da adenina para a produção de inosina (edição de A para I) e, menos frequentemente, a desaminação da citosina para a produção de uracila (edição de C para U), como mostrado na Figura 5-43. Devido a essas modificações químicas alterarem as propriedades de pareamento das bases (I pareia com C e U pareia com A), elas podem produzir profundos efeitos no significado do RNA. Se a edição ocorrer em uma região codificadora, ela pode mudar a sequência de aminoácidos da proteína ou produzir uma proteína truncada criando um códon de parada prematuro. Edições que ocorram fora das sequências codificadoras podem afetar o padrão de *splicing* do pré-mRNA, o transporte do mRNA do núcleo para o citosol, a eficiência com a qual o RNA é traduzido, ou o pareamento de bases entre os micro-RNAs (miRNAs) e seus mRNAs alvos, uma forma de regulação que será discutida posteriormente no capítulo.

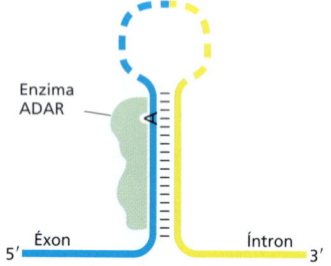

Figura 7-60 Mecanismo de edição de RNA de A para I em mamíferos. Normalmente, uma sequência complementar à posição de uma edição está presente em um íntron, e o RNA de fita dupla resultante atrai uma enzima de edição A-I (ADAR). No caso ilustrado, a edição é feita em um éxon; entretanto, na maioria dos casos, isso ocorre em porções não codificadoras do mRNA. A edição por ADAR ocorre no núcleo, antes que o pré-mRNA tenha sido totalmente processado. Camundongos e humanos possuem dois genes ADAR: *ADR1* é expresso em muitos tecidos e é requerido no fígado para o desenvolvimento adequado das hemáceas; *ADR2* é expresso somente no cérebro, onde é necessário para o desenvolvimento apropriado dele.

O processo de edição de A para I é particularmente prevalente em humanos, nos quais ocorre em aproximadamente mil genes. Enzimas chamadas de adenosina-desaminases agindo no RNA (*ADARs*, do inglês *adenosine deaminases acting on RNA*) produzem esse tipo de edição; essas enzimas reconhecem uma estrutura de RNA de fita dupla que é formada pelo pareamento de bases entre o sítio a ser editado e uma sequência complementar, localizada em qualquer outra região na mesma molécula de RNA, comumente em um íntron (**Figura 7-60**). A estrutura do RNA de fita dupla especifica se o mRNA será editado, e, se for o caso, onde a edição deve ser feita. Um exemplo especialmente importante de edição de A para I ocorre no mRNA que codifica um canal iônico regulado por transmissores no cérebro. Uma única edição altera uma glutamina para arginina; o aminoácido afetado reside na parede interna do canal, e a edição altera a permeabilidade do canal ao Ca^{2+}. Os camundongos mutantes que não podem realizar essa edição são propensos a surtos epiléticos e morrem durante ou logo após o desmame, mostrando que a edição do RNA do canal iônico é normalmente crucial para o desenvolvimento apropriado do cérebro.

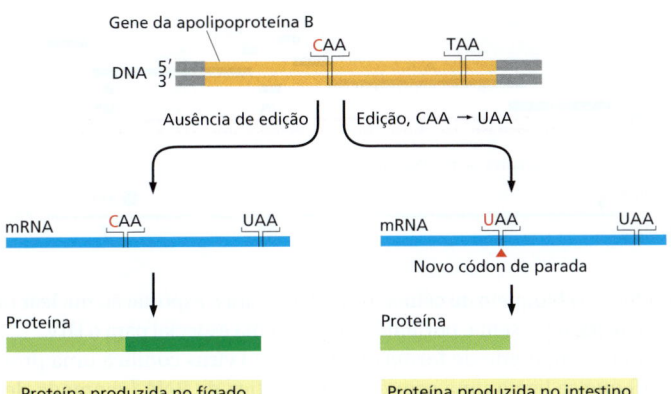

Figura 7-61 A edição do RNA de C para U produz uma forma truncada da apolipoproteína B.

A edição de C para U, a qual é feita por um conjunto diferente de enzimas, também é crucial em mamíferos. Por exemplo, em certas células do intestino, o mRNA para a apolipoproteína B sofre uma edição de C para U que cria um códon de parada prematuro e, assim, produz uma versão menor da proteína. Nas células do fígado, a enzima de edição não é expressa e a apolipoproteína B completa é produzida. As duas isoformas proteicas possuem propriedades diferentes e cada uma desempenha uma função no metabolismo de lipídeos que é específica para o órgão que a produz (**Figura 7-61**).

A razão da existência da edição de RNA nos mamíferos é um mistério. Uma proposta é a de que ela surgiu na evolução para corrigir "erros" no genoma. Outra é a de que ela surgiu como uma maneira, de certa forma vigorosa, para a célula produzir proteínas sutilmente diferentes a partir do mesmo gene. Uma terceira visão é a de que a edição de RNA evoluiu originalmente como um mecanismo de defesa contra retrovírus e retrotranspósons e foi mais tarde adaptada pela célula para alterar os significados de certos mRNAs. De fato, a edição do RNA ainda desempenha funções importantes na defesa celular. Alguns retrovírus, incluindo o HIV, são editados extensivamente após infectarem as células. Essa hiperedição cria muitas mutações deletérias no genoma do RNA viral e também induz os mRNAs virais a serem retidos no núcleo, onde serão finalmente degradados. Embora alguns retrovírus modernos protejam-se contra esse mecanismo de defesa, a edição de RNA presumivelmente auxilia a manter muitos vírus sob controle.

O transporte do RNA a partir do núcleo pode ser regulado

Estima-se que, nos mamíferos, somente em torno de uma vigésima parte da massa total do RNA sintetizado deixa o núcleo. Vimos, no Capítulo 6, que a maioria das moléculas de RNA de mamíferos sofre um processamento extensivo, e as "sobras" de fragmentos de RNA (os íntrons excisados e as sequências de RNA 3' ao sítio de clivagem/poli-A) são degradadas no núcleo. Os RNAs processados de forma incompleta ou danificados também são normalmente degradados no núcleo, como parte de um sistema de controle de qualidade para a produção do RNA.

Como descrito no Capítulo 6, a exportação de moléculas de RNA do núcleo é postergada até o processamento ter se completado. Entretanto, mecanismos que deliberadamente sobreponham esse controle podem ser usados para regular a expressão gênica. Essa estratégia forma a base para um dos exemplos mais bem entendidos de **transporte nuclear regulado** do mRNA, que ocorre no HIV, o vírus causador da Aids.

Como vimos no Capítulo 5, o HIV, uma vez dentro da célula, direciona a formação de uma cópia de DNA de fita dupla do seu genoma, que é, então, inserido no genoma do hospedeiro (ver Figura 5-62). Uma vez inserido, o DNA viral pode ser transcrito como uma longa molécula de RNA pela RNA-polimerase II da célula hospedeira. Esse transcrito é submetido a vários tipos de *splicing* para produzir 30 espécies de mRNA diferentes, que, por sua vez, são traduzidos em proteínas diferentes (**Figura 7-62**). A fim de produzir a progênie de vírus, transcritos virais inteiros não submetidos a *splicing* precisam ser exportados do núcleo para o citosol, onde serão empacotados em capsídeos virais e servem como genomas virais. Esse grande transcrito, assim como os mRNAs do HIV que foram submetidos a *splicing* alternativo e que precisam ser transportados para o citoplasma para a síntese proteica, ainda carrega

Figura 7-62 Genoma compacto do HIV, o vírus da Aids humana. As posições de nove genes do HIV estão mostradas *em verde*. A *linha vermelha dupla* indica uma cópia de DNA do genoma viral que se tornou integrado no DNA hospedeiro (*cinza*). Observe que as regiões codificadoras de muitos genes sobrepõem-se, e as de *Tat* e *Rev* são divididas por íntrons. A *linha azul* na parte de baixo da figura representa o transcrito do pré-mRNA do DNA viral, mostrando as localizações de todos os possíveis sítios de *splicing* (*setas*). Existem muitas maneiras alternativas de *splicing* do transcrito viral; por exemplo, os mRNAs de *Env* retêm o íntron que havia sido retirado por *splicing* dos mRNAs de *Tat* e *Rev*. O elemento de resposta à Rev (RRE, do inglês *Rev response element*) está indicado por um bastão e uma bola *azul*. Esse elemento consiste em um trecho de 234 nucleotídeos de RNA que se enovela em uma estrutura definida; Rev reconhece um grampo (*hairpin*) em particular dentro dessa estrutura maior.

O gene *Gag* codifica uma proteína clivada em várias proteínas menores que formam o capsídeo viral. O gene *Pol* codifica uma proteína clivada para produzir a transcriptase reversa (a qual transcreve o RNA em DNA), assim como a integrase envolvida na integração do genoma viral (como DNA de fita dupla) no genoma do hospedeiro. O gene *Env* codifica as proteínas do envelope (ver Figura 5-62). Tat, Rev, Vif, Vpr, Vpu e Nef são pequenas proteínas com uma variedade de funções. Por exemplo, Rev regula a exportação nuclear (ver Figura 7-63) e Tat regula o alongamento da transcrição pelo genoma viral integrado (ver p. 414).

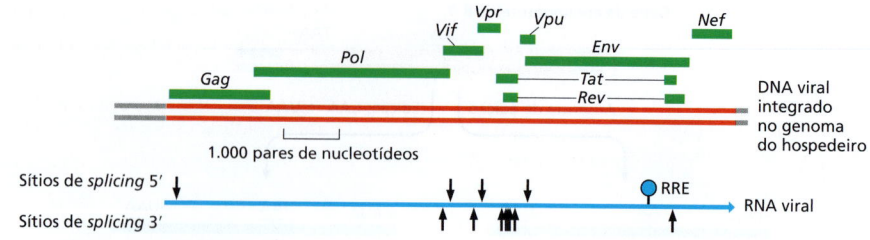

íntrons completos. O bloqueio da célula hospedeira para a exportação nuclear de RNA não submetido a *splicing* representa, portanto, um problema especial para o HIV.

O bloqueio é superado de forma engenhosa. O vírus codifica uma proteína (chamada de Rev) que se liga a uma sequência específica de RNA (chamada de elemento de resposta à Rev, RRE, *Rev responsive element*) localizada dentro de um íntron viral. A proteína Rev interage com o receptor de exportação nuclear (Crm 1), que direciona o movimento dos RNAs virais através dos poros nucleares para o citosol, apesar da presença de sequências intrônicas. Discutiremos em detalhes o funcionamento dos receptores de exportação no Capítulo 12.

A regulação da exportação nuclear pela Rev tem várias consequências importantes para o crescimento e a patologia do HIV. Além de garantir a exportação nuclear de RNAs específicos não submetidos a *splicing*, ela divide a infecção viral em uma fase precoce (na qual a Rev é traduzida a partir de um RNA submetido a *splicing* total, e RNAs contendo um íntron são retidos no núcleo e degradados) e uma fase tardia (na qual RNAs não submetidos a *splicing* são exportados devido à função da Rev). Essa regulação temporal auxilia a replicação do vírus, fornecendo os produtos gênicos praticamente na ordem em que eles são necessários (**Figura 7-63**). A regulação pela Rev e pela Tat, a proteína de HIV que neutraliza a terminação da transcrição prematura (ver p. 414), possibilita ao vírus alcançar a latência, uma condição na qual o genoma do HIV torna-se integrado no ge-

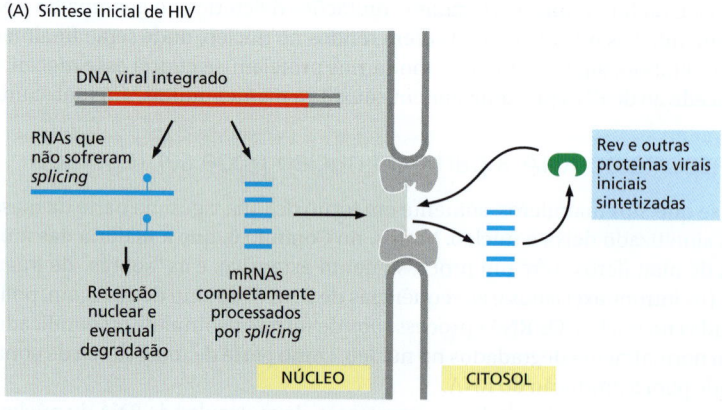

Figura 7-63 Regulação da exportação nuclear pela proteína Rev do HIV. (A) No início da infecção pelo HIV, somente os RNAs submetidos a *splicing* completo (aqueles que contêm as sequências codificadoras para Rev, Tat e Nef) são exportados do núcleo e traduzidos. (B) Uma vez que uma quantidade suficiente da proteína Rev tenha sido acumulada e transportada para o núcleo, os RNAs virais não submetidos a *splicing* podem ser exportados do núcleo. Muitos desses RNAs são traduzidos, e os transcritos completos são empacotados em novas partículas virais.

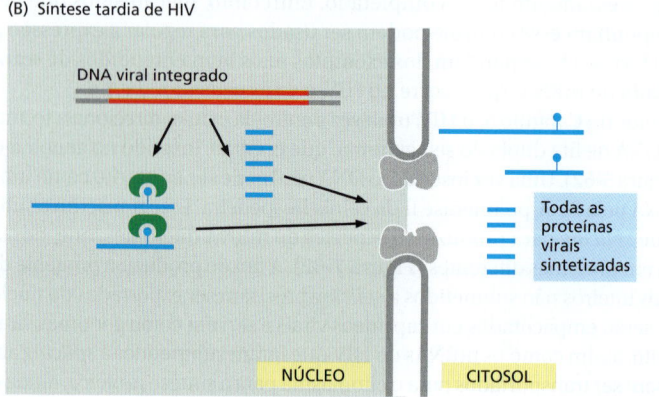

noma da célula hospedeira, mas a produção de partículas virais cessa temporariamente. Se, após a sua entrada inicial na célula hospedeira, as condições tornarem-se desfavoráveis para a transcrição e a replicação viral, Rev e Tat são produzidas em níveis muito baixos para promover a transcrição e exportação do RNA não submetido a *splicing*. Essa situação bloqueia o ciclo de crescimento viral. Quando as condições para a replicação viral melhoram, os níveis da Rev e Tat aumentam, e o vírus pode entrar no ciclo replicativo.

Alguns mRNAs estão restritos a regiões específicas do citosol

Uma vez que um mRNA eucariótico recentemente produzido tenha passado através de um poro nuclear e entrado no citosol, ele normalmente é encontrado pelos ribossomos, que o traduzem em uma cadeia polipeptídica (ver Figura 6-8). Uma vez que a primeira rodada de tradução "passa" no teste de degradação mediada por ausência de sentido (ver Figura 6-76), o mRNA normalmente é traduzido corretamente. Se o mRNA codifica uma proteína que é destinada a ser secretada ou expressa na superfície celular, uma sequência sinal na extremidade N-terminal da proteína irá dirigi-la para o retículo endoplasmático (RE). Nesse caso, como discutido no Capítulo 12, componentes do aparato de endereçamento de proteínas celulares reconhecem a sequência sinal tão logo ela emerge do ribossomo e direcionam o complexo inteiro contendo o ribossomo, o mRNA e a proteína nascente para a membrana do RE, onde o restante da cadeia polipeptídica é sintetizado. Em outros casos, a proteína inteira é sintetizada por ribossomos livres no citosol, e os sinais na cadeia polipeptídica completa podem, então, direcionar a proteína para outros sítios na célula.

Muitos RNAs são eles próprios direcionados a localizações intracelulares específicas antes de uma tradução eficiente começar, permitindo à célula posicionar os seus mRNAs próximos dos sítios onde as proteínas codificadas são necessárias. A localização do RNA tem sido observada em muitos organismos, incluindo fungos unicelulares, plantas e animais, sendo provável que seja um mecanismo comum que as células utilizam para concentrar a produção em altos níveis de proteínas em sítios específicos. Essa estratégia também fornece à célula outras vantagens. Por exemplo, ela possibilita o estabelecimento de assimetrias no citosol da célula, um passo-chave em muitos estágios do desenvolvimento. A ocorrência de mRNA localizado, acoplado com controle traducional, também possibilita à célula regular a expressão gênica independentemente em diferentes regiões. Essa característica é particularmente importante em células grandes e altamente polarizadas, como os neurônios, onde ela desempenha um papel central na função sináptica.

Vários mecanismos para a localização do mRNA foram descobertos (**Figura 7-64**), e todos necessitam de sinais específicos no próprio mRNA. Esses sinais normalmente estão concentrados na *região 3' não traduzida* (UTR, do inglês *untranslated region*),

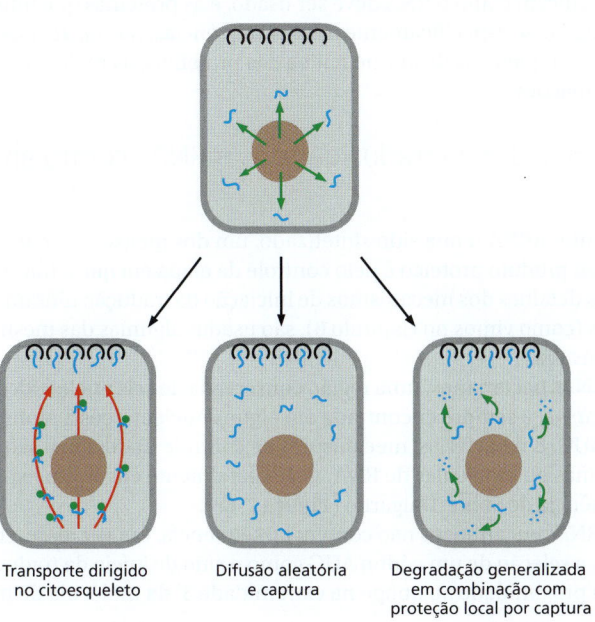

Figura 7-64 Mecanismos para a localização dos mRNAs. O mRNA a ser localizado deixa o núcleo através dos poros nucleares (*acima*). Alguns mRNAs localizados (*diagrama da esquerda*) viajam para seus destinos associando-se a motores citoesqueléticos, que usam a energia da hidrólise do ATP para moverem mRNAs unidirecionalmente ao longo de filamentos no citoesqueleto (*vermelho*) (ver Capítulo 16). Uma vez nos seus destinos, os mRNAs são mantidos nesses locais por meio de proteínas-âncora (*preto*). Outros mRNAs se difundem aleatoriamente através do citosol e são simplesmente capturados por proteínas-âncora nos seus sítios de localização (*diagrama central*). Alguns mRNAs (*diagrama da direita*) são degradados no citosol, a não ser que tenham se ligado, por difusão ao acaso, ao complexo de localização proteica que ancora e protege o mRNA da degradação (*preto*). Cada mecanismo necessita de sinais no mRNA, que normalmente estão localizados na UTR 3'. Os componentes adicionais podem bloquear a tradução do mRNA até que ele esteja localizado adequadamente. (Adaptada de H.D. Lipshitz e C.A. Smibert, *Curr. Opin. Genet. Dev.* 10:476–488, 2000. Com permissão de Elsevier.)

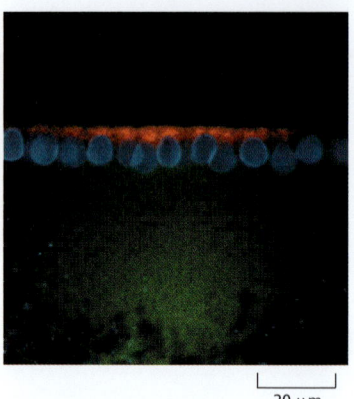

Figura 7-65 Um experimento demonstrando a importância da UTR 3' na localização de mRNAs em regiões específicas do citoplasma. Para este experimento, dois RNAs diferentes contendo marcação fluorescente foram preparados por meio da transcrição *in vitro* de DNA na presença de derivados de UTP fluorescentes. Um RNA (marcado com um fluorocromo *vermelho*) contém a região codificadora da proteína Hairy de *Drosophila* e inclui a UTR 3' adjacente (ver Figura 6-21). O outro RNA (marcado em *verde*) contém a região codificadora do Hairy com a UTR 3' deletada. Os dois RNAs foram misturados e injetados em um embrião de *Drosophila* em um estágio do desenvolvimento onde múltiplos núcleos residem em um citoplasma comum (ver Figura 7-26). Quando os RNAs fluorescentes foram visualizados 10 minutos mais tarde, o RNA completo de *hairy* (*vermelho*) foi localizado no lado apical dos núcleos (*azul*), mas o transcrito que não possui a UTR 3' (*verde*) falhou na localização. Hairy é um dos muitos reguladores transcricionais que especificam informação posicional no embrião de *Drosophila* em desenvolvimento (discutido no Capítulo 21), e a localização do seu mRNA (mostrado nesse experimento a depender da sua região 3' UTR) é crucial para o desenvolvimento adequado da mosca. (Cortesia de Simon Bullock e David Ish-Horowicz.)

a região de RNA que se estende a partir do códon de parada que termina a síntese de proteína para o início da cauda de poli-A (**Figura 7-65**). A localização do mRNA normalmente está acoplada a controles traducionais para garantir que o mRNA permaneça quiescente até que tenha sido colocado em posição.

O ovo de *Drosophila* exibe um exemplo notável de localização do mRNA. O mRNA que codifica o regulador de transcrição Bicoid é localizado pela fixação ao citoesqueleto na extremidade anterior do ovo em desenvolvimento. Quando a tradução desse mRNA é desencadeada pela fertilização, é gerado um gradiente da proteína Bicoid, que desempenha um papel crucial no desenvolvimento da parte anterior do embrião (ver Figura 7-26). Muitos mRNAs nas células somáticas também são localizados de maneira similar. O mRNA que codifica a actina, por exemplo, está localizado no córtex celular rico em filamentos de actina, nos fibroblastos de mamíferos, devido a um sinal UTR 3'.

Vimos no Capítulo 6 que as moléculas de mRNA saem do núcleo carregando numerosas marcas na forma de modificações do RNA (o quepe 5' e a cauda de poli-A 3') e proteínas ligadas (p. ex., complexos éxon-junção) que significam o término bem-sucedido das diferentes etapas do processamento do pré-mRNA. Como recém-descrito, pode-se considerar a UTR 3' de um mRNA como um "código de endereçamento", que direciona os mRNAs para diferentes locais na célula. A seguir veremos ainda que os mRNAs também carregam a informação que especifica a média de tempo que cada mRNA fica no citosol e a eficiência com que cada mRNA é traduzido em proteína. Em um sentido geral, as regiões não traduzidas dos mRNAs eucarióticos assemelham-se às regiões de controle transcricional dos genes: as suas sequências de nucleotídeos contêm informações que especificam como o RNA deve ser usado, e as proteínas que interpretam essas informações ligam-se especificamente a essas sequências. Assim, acima e abaixo da especificação das sequências de aminoácidos das proteínas, as moléculas de mRNA são ricas em informações.

As regiões 5' e 3' não traduzidas dos mRNAs controlam a sua tradução

Uma vez que um mRNA tenha sido sintetizado, um dos meios mais comuns de regular os níveis do seu produto proteico é pelo controle da etapa em que a tradução é iniciada. Mesmo que os detalhes dos mecanismos de iniciação da tradução difiram entre eucariotos e bactérias (como vimos no Capítulo 6), são usadas algumas das mesmas estratégias reguladoras básicas.

Nos mRNAs bacterianos, uma região conservada de seis nucleotídeos, a *sequência de Shine-Dalgarno*, é sempre encontrada em alguns nucleotídeos a montante do códon de iniciação AUG. Em bactérias, mecanismos de controle traducional são desempenhados por proteínas ou moléculas de RNA, e eles geralmente envolvem exposição ou bloqueio da sequência de Shine-Dalgarno (**Figura 7-66**).

Já os mRNAs eucarióticos não contêm tal sequência. Em vez disso, como discutido no Capítulo 6, a seleção de um códon AUG como o sítio de início da tradução é determinada pela sua proximidade ao quepe na extremidade 5' da molécula de mRNA, que é o sítio no qual a subunidade ribossômica menor liga-se ao mRNA e inicia a procura por um códon de iniciação AUG. Em eucariotos, repressores traducionais podem ligar-se à extremidade 5' do mRNA e assim inibem o início da tradução. Outros repressores reconhecem as sequências de nucleotídeos na UTR 3' de mRNAs específicos e diminuem a taxa de início da tradução interferindo com a comunicação entre o quepe 5' e a cauda de poli-A 3', etapa necessária para uma tradução eficiente (ver Figura 6-70). Um importante tipo de controle traducional em eucariotos recai em pequenos RNAs (denominados *micro-RNAs* ou *miRNAs*) que se ligam aos mRNAs e reduzem a produção de proteína, como será descrito mais tarde nesse capítulo.

A fosforilação de um fator de iniciação regula a síntese proteica de maneira global

As células eucarióticas diminuem a taxa total de síntese proteica em resposta a várias situações, incluindo a privação de fatores de crescimento ou nutrientes, as infecções por vírus e os aumentos súbitos na temperatura. Grande parte dessa diminuição é causada pela fosforilação do fator de início da tradução eIF2 por proteínas-cinases específicas que respondem às mudanças nas condições.

A função normal de eIF2 está resumida no Capítulo 6. Ele forma um complexo com GTP e medeia a ligação do tRNA iniciador metionil à subunidade ribossômica menor, a qual, então, liga-se à extremidade 5' do mRNA e inicia a varredura ao longo do mRNA. Quando um códon AUG é reconhecido, o GTP ligado é hidrolisado a GDP pela proteína eIF2, causando uma alteração conformacional na proteína e liberando-a da subunidade ribossômica menor. A subunidade ribossômica maior junta-se, então, à menor para formar o ribossomo completo, que inicia a síntese proteica.

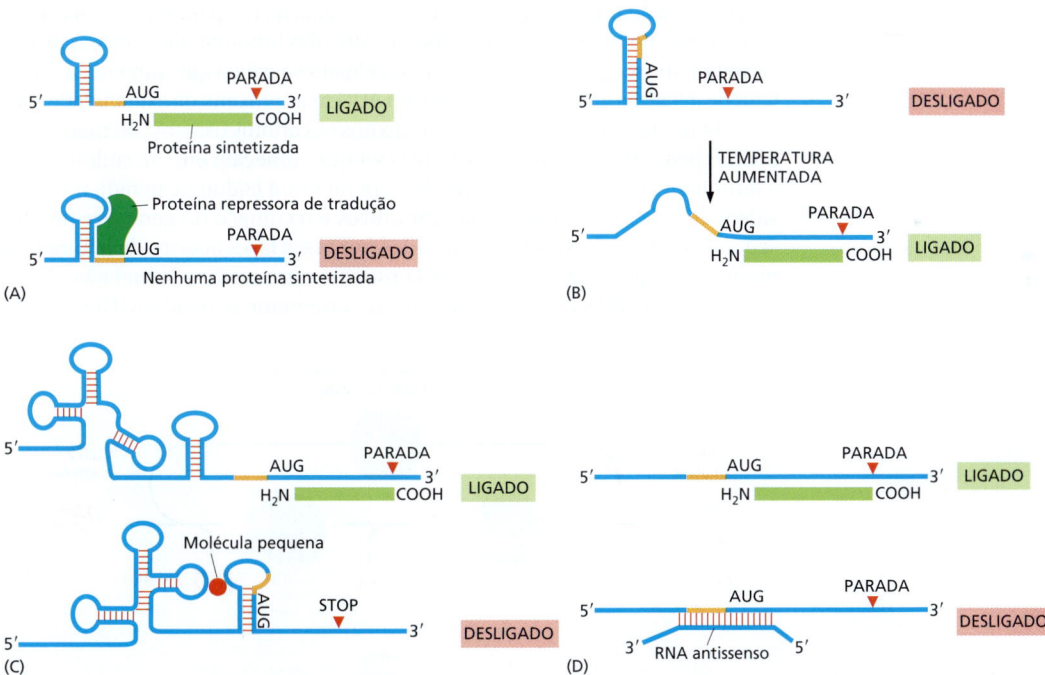

Figura 7-66 **Mecanismos de controle traducional.** Embora estes exemplos sejam de bactérias, muitos desses mesmos princípios operam em eucariotos. (A) Proteínas ligadoras de RNA sequência-específicas reprimem a tradução de mRNAs específicos pelo bloqueio do acesso do ribossomo à sequência Shine-Dalgarno (*laranja*). Por exemplo, algumas proteínas ribossômicas reprimem a tradução de seu próprio RNA. Esse mecanismo permite que as células mantenham quantidades corretamente balanceadas de vários componentes necessários para formar os ribossomos. (B) Um "termossensor" de RNA permite o início da tradução eficiente somente em temperaturas elevadas nas quais a estrutura haste-alça tenha sido desfeita. Um exemplo ocorre no patógeno humano *Listeria monocytogenes*, no qual a tradução dos seus genes de virulência aumenta a 37 °C, a temperatura do hospedeiro. (C) A ligação de uma molécula pequena a um ribocontrolador promove um grande rearranjo do RNA, formando um conjunto diferente de estruturas de haste-alça. Na estrutura ligada, a sequência de Shine-Dalgarno (*laranja*) é sequestrada e a iniciação da tradução é, dessa forma, inibida. Em muitas bactérias, a S-adenosilmetionina atua dessa maneira para bloquear a produção das enzimas que a sintetizam. (D) Um RNA "antissenso" produzido fora do genoma pareia-se com um mRNA específico e bloqueia a sua tradução. Muitas bactérias regulam a expressão de proteínas de estocagem de ferro dessa forma.

Devido ao eIF2 ligar-se muito fortemente à GDP, um fator de troca de nucleotídeos guanina (ver p. 157), denominado eIF2B, é necessário para induzir a liberação de GDP, de maneira que uma nova molécula de GTP possa se ligar e eIF2 possa ser reutilizado (**Figura 7-67A**). A reutilização de eIF2 é inibida quando ele está fosforilado – o eIF2 fosforilado liga-se a eIF2B de maneira anormalmente forte, inativando eIF2B. Há mais eIF2 do que eIF2B nas células, e mesmo uma fração dos eIF2 fosforilados pode capturar praticamente todos os eIF2B. Isso impede a reutilização do eIF2 não fosforilado e retarda de maneira significativa a síntese proteica (**Figura 7-67B**).

A regulação do nível de eIF2 é especialmente importante nas células de mamíferos, sendo parte do mecanismo que permite entrar em um estado não proliferativo de inatividade (chamado de G_0), no qual a taxa de síntese proteica total é reduzida para cerca de um quinto da taxa das células em proliferação.

A iniciação em códons AUG a montante do início da tradução pode regular o início da tradução eucariótica

Vimos, no Capítulo 6, que a tradução eucariótica normalmente se inicia no primeiro AUG a jusante à extremidade 5' do mRNA, uma vez que ele é o primeiro AUG encontrado por uma subunidade ribossômica menor em processo de varredura. Mas os nucleotídeos imediatamente vizinhos ao AUG também influenciam na eficiência do início da tradução. Se o sítio de reconhecimento for muito pobre, as subunidades ribossômicas em processo de varredura irão ignorar o primeiro códon AUG no mRNA e pularão para o segundo ou o terceiro códon AUG. Esse fenômeno, conhecido como "varredura frouxa", é uma estratégia frequentemente utilizada para produzir duas ou mais proteínas intimamente relacionadas, diferindo somente nos seus N-terminais, a partir do mesmo mRNA. Um uso particularmente importante desse mecanismo consiste na produção da mesma proteína com e sem uma sequência sinal ancorada na sua extremidade N-terminal. Isso permite que a proteína seja dirigida para duas localizações diferentes na célula (p. ex., para a mitocôndria e para o citosol). A célula pode regular a abundância relativa das isoformas de proteínas produzidas pela varredura frouxa; por exemplo, um tipo celular específico que aumenta a abundância do fator de iniciação eIF4F favorece o uso do AUG mais próximo da extremidade 5' do mRNA.

Outro tipo de controle encontrado nos eucariotos usa uma ou mais *fases de leitura abertas* pequenas – trechos curtos de DNA que começam em um códon de início (ATG) e terminam em um códon de parada, sem nenhum códon de parada no meio – que residem entre a extremidade 5' de um mRNA e o começo do gene. Frequentemente, as sequências de aminoácidos codificadas por essas fases abertas de leitura localizadas a montante do gene (uORFs, do inglês *upstream open reading frame*) não são críticas; em vez disso, as uORFs exercem uma função puramente reguladora. Uma uORF presente

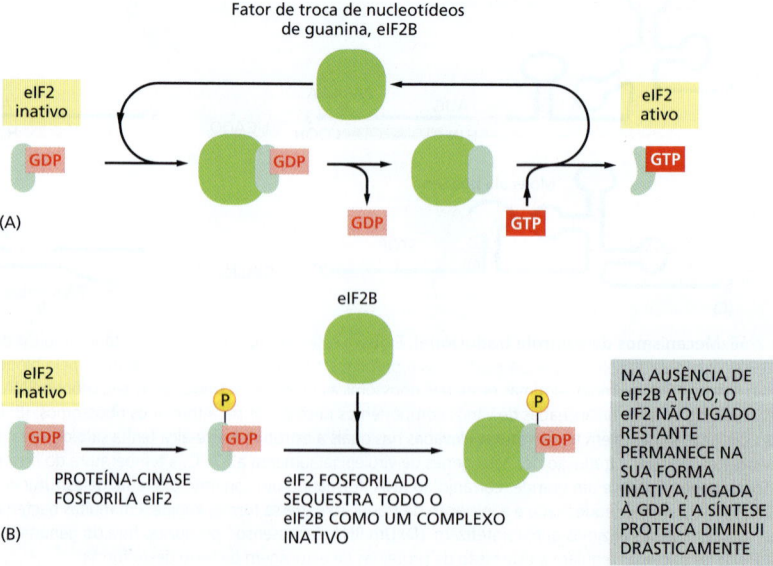

Figura 7-67 O ciclo eIF2. (A) Reciclagem da utilização de eIF2 por um fator de troca de nucleotídeos de guanina (eIF2B).
(B) A fosforilação de eIF2 controla a taxa de síntese proteica pelo bloqueio de eIF2B.

em uma molécula de mRNA geralmente irá diminuir a tradução de um gene a jusante, aprisionando um complexo de iniciação ribossômica em processo de varredura e fazendo o ribossomo traduzir a uORF e se dissociar do mRNA antes de alcançar a sequência codificadora da proteína genuína.

Quando a atividade de um fator geral de transcrição (como o eIF2 discutido anteriormente) é reduzida, pode-se esperar que a tradução de todos os mRNAs seja igualmente reduzida. Ao contrário dessa expectativa, entretanto, a fosforilação de eIF2 pode ter efeitos seletivos, até mesmo aumentando a tradução de mRNAs específicos que contêm uORFs. Isso pode, por exemplo, possibilitar que as células adaptem-se à privação de nutrientes específicos pela desativação da síntese de todas as proteínas, exceto aquelas que são necessárias para a síntese dos nutrientes que estão faltando. Os detalhes desse mecanismo foram esclarecidos em um mRNA de leveduras específico que codifica uma proteína chamada de Gcn4, um regulador transcricional que ativa muitos genes codificadores de proteínas importantes para a síntese de aminoácidos.

O mRNA de *Gcn4* contém várias uORFs pequenas, e quando os aminoácidos são abundantes, os ribossomos traduzem as uORFs e geralmente se dissociam antes de alcançar a região codificadora de *Gcn4*. Uma diminuição global na atividade de eIF2 resultante da ausência de aminoácidos torna mais provável que, em um evento de varredura de uma subunidade ribossômica pequena, esta se mova através das uORFs (sem traduzi-las) antes de adquirir uma molécula de eIF2 (ver Figura 6-70). Tal subunidade ribossômica estará, então, livre para iniciar a tradução nas sequências que de fato codificam *Gcn4*. O nível aumentado desse regulador transcricional amplia a produção de enzimas envolvidas na biossíntese de aminoácidos.

Sítios internos de entrada no ribossomo fornecem oportunidades para o controle traducional

Embora aproximadamente 90% dos mRNAs eucarióticos sejam traduzidos a partir do primeiro AUG a jusante do quepe 5', certos AUGs, como vimos na última seção, podem ser omitidos durante o processo de varredura. Nesta seção, discutiremos, ainda, outra maneira pela qual as células podem iniciar a tradução em posições distantes da extremidade 5' do mRNA, utilizando um tipo especializado de sequência de RNA chamado de **sítio interno de entrada no ribossomo** (**IRES**, do inglês *internal ribosome entry site*). Em alguns casos, duas sequências distintas codificadoras de proteínas estão presentes em série no mesmo mRNA eucariótico; a tradução da primeira ocorre por um mecanismo frequente de varredura, e a tradução da segunda, por um IRES. Os IRESs normalmente apresentam várias centenas de nucleotídeos em tamanho e enovelam-se em estruturas específicas que ligam não todas, mas muitas das mesmas proteínas que são usadas para iniciar a tradução normal dependente de quepe (**Figura 7-68**). De fato, IRESs diferentes necessitam de diferentes subconjuntos de fatores de iniciação. Entre-

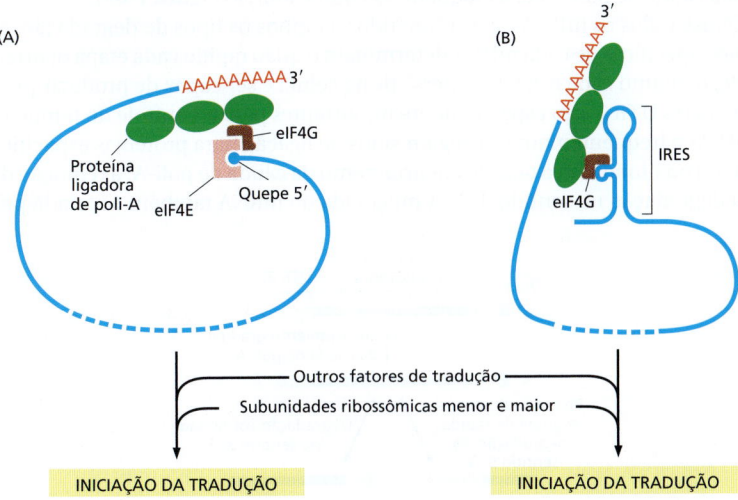

Figura 7-68 **Dois mecanismos de iniciação da tradução.** (A) O mecanismo normal dependente de quepe requer um conjunto de fatores de iniciação cuja associação ao mRNA é estimulada pela presença de quepe 5' e da cauda de poli-A (ver também Figura 6-70). (B) O mecanismo dependente de IRES necessita somente de um subconjunto de fatores de iniciação da tradução normais, e esses se associam diretamente a IRES na conformação correta. (Adaptada de A. Sachs, *Cell* 101:243–245, 2000. Com permissão de Elsevier.)

tanto, todos suprimem a necessidade de uma estrutura quepe 5' e do fator de iniciação da tradução que a reconhece, eIF4E.

Alguns vírus utilizam IRESs como parte de uma estratégia para promoverem a tradução das suas próprias moléculas de mRNA enquanto bloqueiam a tradução normal dependente de quepe 5' dos mRNAs do hospedeiro. Na infecção, esses vírus produzem uma protease (codificada pelo genoma viral) que cliva o fator de tradução celular eIF4G, tornando-o, dessa forma, incapaz de ligar-se a eIF4E, o complexo de ligação ao quepe. Isso desliga grande parte da tradução da célula hospedeira e efetivamente desvia a maquinaria de tradução para as sequências IRESs presentes em muitos mRNAs virais. (A eIF4G truncada permanece competente para iniciar a tradução nesses sítios internos.)

As muitas formas pelas quais os vírus manipulam a maquinaria de síntese proteica dos seus hospedeiros em proveito próprio continuam a surpreender os biólogos celulares. O estudo dessa "corrida armamentista" entre humanos e patógenos levou a revelações fundamentais a respeito do funcionamento da célula, e nós revisitaremos esse tópico em mais detalhes no Capítulo 23.

A expressão gênica pode ser controlada por mudanças na estabilidade do mRNA

A grande maioria dos mRNAs de uma célula bacteriana é muito instável, possuindo uma meia-vida de menos de 3 minutos. As exonucleases que degradam na direção 3' para 5' normalmente são as responsáveis pela rápida destruição desses mRNAs. Como os seus mRNAs são rapidamente sintetizados e degradados, uma bactéria pode adaptar-se rapidamente às alterações ambientais.

Como regra geral, os mRNAs nas células eucarióticas são mais estáveis. Alguns, como aqueles que codificam β-globina, possuem meia-vida de mais de 10 horas, porém a maioria apresenta meia-vida consideravelmente menor, normalmente menos de 30 minutos. Os mRNAs que codificam de proteínas como fatores de crescimento e reguladores transcricionais, cujas taxas de produção necessitam alterar-se rapidamente nas células, possuem meia-vida especialmente curta.

Vimos, no Capítulo 6, que a célula possui vários mecanismos que rapidamente destroem RNAs processados de forma incorreta; aqui, consideraremos o destino de um típico mRNA eucariótico "normal". Dois mecanismos gerais existem para finalmente destruir cada mRNA que é produzido pela célula. Ambos iniciam com o encurtamento gradual da cauda de poli-A por uma exonuclease, um processo que se inicia assim que o mRNA alcança o citosol. Em analogia, esse encurtamento da poli-A atua como um cronômetro que faz a contagem regressiva do tempo de vida de cada mRNA. Uma vez que um limiar crítico do encurtamento da cauda tenha sido atingido (cerca de 25 em humanos), as duas vias divergem. Em uma, o quepe 5' é removido (um processo chamado de remoção do quepe – "*decapping*") e o mRNA "exposto" é rapidamente degradado a partir da sua extremidade 5'. Na outra, o mRNA continua a ser degradado a partir da extremidade 3', pela cauda de poli-A até as sequências codificadoras (**Figura 7-69**).

Quase todos os mRNAs são submetidos a ambos os tipos de degradação, e as sequências específicas de cada mRNA determinam o quão rápido cada etapa ocorre e, desse modo, o quanto cada mRNA irá persistir na célula e ser capaz de produzir proteínas. As sequências UTR 3' são especialmente importantes para o controle do tempo de vida dos mRNAs e frequentemente carregam sítios de ligação para proteínas específicas que aumentam ou diminuem a taxa de encurtamento da cauda de poli-A, a remoção do quepe ou a degradação no sentido 3'-5'. A meia-vida do mRNA também é afetada pela ma-

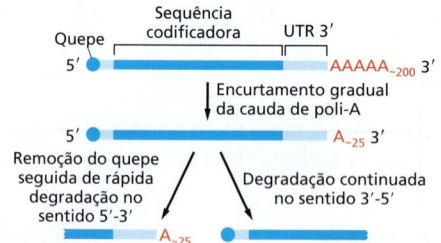

Figura 7-69 Dois mecanismos de decaimento de mRNAs eucarióticos.
(A) Um limiar crítico de tamanho da cauda de poli-A que induz a rápida degradação 3'-5', que pode ser desencadeada pela perda de proteínas de ligação a poli-A. Como mostrado na Figura 7-70, a desadenilase associa-se tanto à cauda poli-A 3' quanto ao quepe 5', e essa conexão pode estar envolvida na sinalização de perda do quepe após o encurtamento da cauda poli-A. Ainda que as degradações 5'-3' e 3'-5' sejam mostradas em moléculas de RNA separadas, esses dois processos podem ocorrer conjuntamente na mesma molécula. (Adaptada de C.A. Beelman and R. Parker, *Cell* 81:179–183, 1995. Com permissão de Elsevier.)

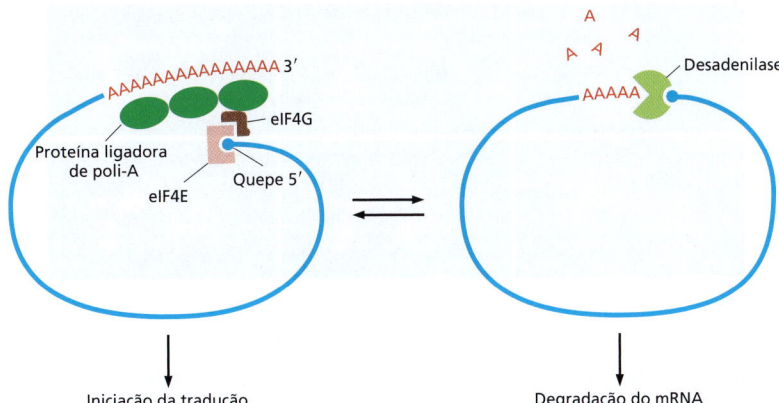

Figura 7-70 **Competição entre a tradução e o decaimento do mRNA.** As mesmas duas características de uma molécula de mRNA – o quepe 5' e o sítio de poli-A 3'– são usadas no início da tradução e na degradação do mRNA dependente de desadenilação (ver Figura 7-69). A desadenilase que encurta a cauda de poli-A na direção 3' para 5' associa-se ao quepe 5'. Como descrito no Capítulo 6 (ver Figura 6-70), a maquinaria de iniciação da tradução também se associa ao quepe 5' e à cauda de poli-A. (Adaptada de M. Gao et al., *Mol. Cell* 5:479–488, 2000. Com permissão de Elsevier.)

neira eficiente como ele é traduzido. O encurtamento da poli-A e a remoção do quepe competem diretamente com a maquinaria de tradução do mRNA; dessa forma, alguns fatores que afetam a eficiência de tradução de um mRNA tenderão a possuir o efeito oposto em sua degradação (**Figura 7-70**).

Embora o encurtamento da poli-A controle a meia-vida da maioria dos mRNAs eucarióticos, alguns mRNAs podem ser degradados por um mecanismo especializado que se desvia completamente dessa etapa. Nesses casos, nucleases específicas clivam o mRNA internamente, promovendo, de forma efetiva, a remoção do quepe em uma extremidade e a remoção da cauda de poli-A da outra, de maneira que o mRNA é degradado rapidamente a partir de ambas as extremidades. Os mRNAs destruídos dessa maneira carregam sequências nucleotídicas específicas, frequentemente nas UTRs 3', que servem como sequências de reconhecimento para essas endonucleases. Essa estratégia torna especialmente simples regular fortemente a estabilidade desses mRNAs pelo bloqueio ou exposição do sítio da endonuclease em resposta a sinais extracelulares. Por exemplo, a adição de ferro às células diminui a estabilidade do mRNA que codifica a proteína receptora que se liga à proteína transportadora de ferro transferrina, diminuindo a produção desse receptor. Esse efeito é mediado pela proteína aconitase, uma proteína ligadora a RNA e sensível a ferro. A aconitase pode ligar-se à UTR 3' do mRNA do receptor da transferrina e causar um aumento na produção do receptor pelo bloqueio da clivagem endonucleolítica do mRNA. Com a adição do ferro, a aconitase é liberada do mRNA, expondo o sítio de clivagem e assim diminuindo a estabilidade do mRNA (**Figura 7-71**).

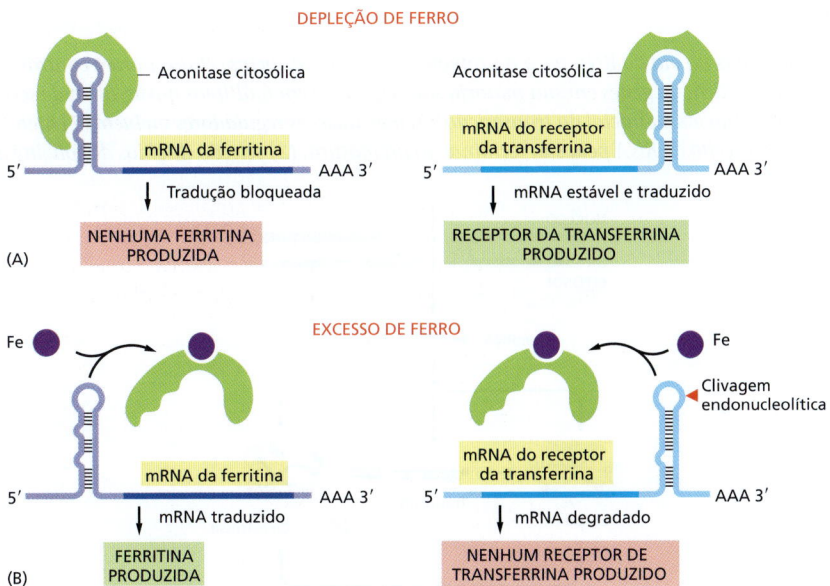

Figura 7-71 **Dois controles pós-traducionais mediados por ferro.** (A) Na depleção de ferro, a ligação da aconitase à UTR 5' do mRNA do receptor da ferritina bloqueia o início da tradução; a sua ligação à UTR 3' do mRNA do receptor da ferritina bloqueia um sítio de clivagem de endonuclease e, dessa forma, estabiliza o mRNA. (B) Em resposta a um aumento na concentração de ferro no citosol, uma célula aumenta a síntese de ferritina para ligar-se ao ferro extra e diminui a síntese de receptores de transferrina a fim de importar menos ferro pela membrana plasmática. Ambas as respostas são mediadas pela mesma proteína reguladora de resposta ao ferro, a aconitase, que reconhece características comuns na estrutura haste-alça dos mRNAs codificadores da ferritina e do receptor da transferrina. A aconitase dissocia-se do mRNA quando ele se liga ao ferro. Contudo, devido ao receptor da transferrina e a ferritina serem regulados por mecanismos diferentes, seus níveis respondem de maneira oposta às concentrações de ferro, mesmo quando são reguladas pela mesma proteína reguladora de resposta ao ferro. (Adaptada de M.W. Hentze et al., *Science* 238:1570–1573, 1987 e J.L. Casey et al., *Science* 240:924–928, 1988. Com permissão de AAAS.)

Figura 7-72 Visualização dos corpos P. As células humanas foram coradas com anticorpos contra um componente da enzima Dcp1a (*painéis à esquerda*) que remove o quepe dos mRNAs e contra a proteína Argonauta (*painéis centrais*). Como descrito posteriormente neste capítulo, Argonauta é um componente-chave das vias de interferência de RNA. A imagem incorporada (*painéis à direita*) mostra que as duas proteínas se colocalizam convergindo para os corpos P do citoplasma. (Adaptada de J. Liu et al., *Nat. Cell Biol.* 7:719–723, 2005. Com permissão de Macmillan Publishers Ltd.)

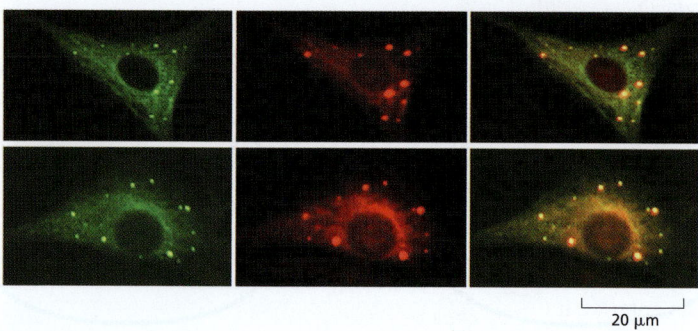

A regulação da estabilidade do mRNA envolve corpos P e grânulos de estresse

Vimos, nos Capítulos 3 e 6, que grandes agregados de proteínas e ácidos nucleicos que atuam em conjunto são frequentemente mantidos próximos uns aos outros por conexões fracas, de baixa afinidade (ver Figura 3-36). Desse modo, eles funcionam como "organelas" ainda que não estejam cercados por membranas. Muitos dos eventos discutidos na seção prévia – incluindo a remoção do quepe 5' e a degradação do RNA – ocorrem em agregados conhecidos como *corpos de processamento* ou *corpos P*, que estão presentes no citosol (**Figura 7-72**).

Ainda que muitos mRNAs sejam eventualmente degradados nos corpos P, alguns permanecem intactos e posteriormente retornam ao conjunto de mRNAs que sofrem tradução ativa. Para serem "resgatados" dessa forma, os mRNAs se movem dos corpos P para um outro tipo de agregado conhecido como *grânulo de estresse*, que contém fatores de iniciação da tradução, proteína ligadora de poli-A e subunidades ribossômicas pequenas. A tradução propriamente dita não ocorre nos grânulos de estresse, mas os mRNAs podem se tornar "prontos para a tradução" à medida que as proteínas ligadas a eles nos corpos P são substituídas pelas presentes nos grânulos de estresse. O movimento dos mRNAs entre tradução ativa, corpos P e grânulos de estresse pode ser visto como um ciclo do mRNA (**Figura 7-73**), onde a competição entre tradução e degradação do mRNA é cuidadosamente controlada. Portanto, quando a iniciação da tradução é bloqueada (por depleção de nutrientes, fármacos ou manipulação genética), os grânulos de estresse aumentam na medida em que mais e mais mRNAs não traduzidos são movidos diretamente para eles para armazenamento. Claramente, uma vez que a célula tenha realizado um grande investimento em produzir uma molécula de mRNA processada de forma apropriada, ela controla cuidadosamente o seu destino subsequente.

Resumo

Muitas etapas na via do RNA para a proteína são reguladas pelas células para o controle da expressão gênica. Os genes em sua maioria são regulados em múltiplos níveis, além de serem controlados na etapa inicial da transcrição. Os mecanismos reguladores incluem (1) atenuação do transcrito de RNA pela sua terminação prematura, (2) seleção de sítios de splicing al-

Figura 7-73 Possíveis destinos de uma molécula de mRNA. Uma molécula de mRNA liberada do núcleo pode ser traduzida ativamente (*ao centro*), armazenada em grânulos de estresse (*à direita*), ou degradada em corpos P (*à esquerda*). À medida que as necessidades da célula mudam, mRNAs podem ser deslocados de um conjunto para o seguinte, como indicado pelas setas.

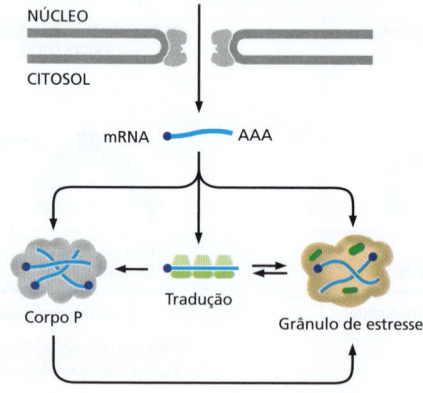

ternativos do RNA, (3) controle da formação das extremidades 3' por clivagem e adição de poli-A, (4) edição do RNA, (5) controle do transporte do núcleo para o citosol, (6) localização dos mRNAs em sítios determinados da célula, (7) controle do início da tradução e (8) degradação regulada do mRNA. A maioria desses processos de controle necessita do reconhecimento de sequências específicas ou de estruturas na molécula de RNA que está sendo regulada, tarefa desempenhada tanto por proteínas reguladoras como por moléculas de RNA reguladoras.

REGULAÇÃO DA EXPRESSÃO GÊNICA POR RNAs NÃO CODIFICADORES

No capítulo anterior, introduzimos o dogma central, de acordo com o qual o fluxo da informação genética ocorre do DNA através do RNA para a proteína (Figura 6-1). Entretanto, vimos neste livro que moléculas de RNA desempenham muitas tarefas críticas na célula além de servirem como carreadores intermediários da informação genética. Entre esses RNAs não codificadores estão as moléculas de rRNA e tRNA, que são responsáveis pela leitura do código genético e por sintetizar proteínas. A molécula de RNA da telomerase atua como um molde para a replicação das extremidades dos cromossomos, snoRNAs modificam RNA ribossômico, e snRNAs desempenham os principais eventos do *splicing* de RNA. E vimos, na seção anterior, que o RNA de Xist desempenha um papel importante na inativação de uma cópia do cromossomo X em fêmeas.

Uma série de descobertas recentes revelaram que RNAs não codificadores são ainda mais prevalentes do que pensado anteriormente. Sabemos hoje que tais RNAs desempenham amplas funções na regulação da expressão gênica e na proteção do genoma contra vírus e elementos transponíveis. Esses RNAs recém-descobertos são o assunto desta seção.

Transcritos de RNAs não codificadores pequenos regulam muitos genes de animais e plantas por meio da interferência de RNA

Iniciaremos nossa discussão com um grupo de RNAs pequenos que realizam a **interferência de RNA** (**RNAi**). Nesse processo, pequenos RNAs de fita simples (20-30 nucleotídeos) atuam como RNAs guias que reorganizam seletivamente e se ligam – por meio de pareamento de bases – a outros RNAs na célula. Quando o alvo é um mRNA maduro, os RNAs não codificadores pequenos podem inibir a tradução desse alvo ou até mesmo catalisar a destruição do mesmo. Se a molécula de mRNA alvo estiver no processo de ser transcrita, o RNA não codificador pequeno pode se ligar a ele e dirigir a formação de certos tipos de cromatina repressiva no molde de DNA associado (**Figura 7-74**). Três classes de RNAs não codificadores atuam desse modo – *micro-RNAs* (*miRNAs*), *pequenos RNAs de interferência* (*siRNAs*) e *RNAs que interagem com piwi* (*piRNAs*) – esses RNAs serão discutidos nas seções seguintes. Ainda que difiram na forma como os trechos de RNA de fita simples pequenos são gerados, os três tipos de RNAs pequenos localizam seus alvos por meio de pareamento de bases do tipo RNA-RNA, e geralmente eles promovem reduções na expressão gênica.

miRNAs regulam a tradução e a estabilidade de mRNAs

Mais de mil **micro-RNAs** (**miRNAs**) diferentes são produzidos pelo genoma humano, e eles parecem regular pelo menos um terço de todos os genes codificadores de proteínas.

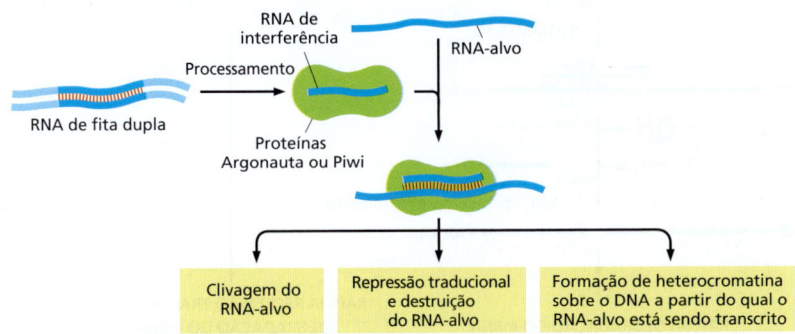

Figura 7-74 **Interferência de RNA em eucariotos.** RNAs de interferência de fita simples são gerados a partir de RNAs de fita dupla. Eles localizam os RNAs-alvo por meio de pareamento de bases e, nesse ponto, como mostrado, vários destinos são possíveis. Como descrito no texto, existem vários tipos de interferência de RNA; a forma como o RNA de fita dupla é produzido e processado e o destino final do RNA-alvo dependem do sistema em particular.

Uma vez produzidos, os miRNAs pareiam com mRNAs específicos e modulam a tradução e a estabilidade dos mesmos. Os precursores dos miRNAs são sintetizados pela RNA-polimerase II e são submetidos à adição de quepe e poliadenilados. Eles, então, sofrem um tipo especial de processamento, após o qual o miRNA (geralmente 23 nucleotídeos de comprimento) é montado com um conjunto de proteínas para formar um *complexo de silenciamento induzido por RNA (RISC, RNA-induced silencing complex)*. Uma vez formado, o RISC procura pelos seus mRNAs-alvo buscando por sequências nucleotídicas complementares (**Figura 7-75**). Essa procura é bastante facilitada pela proteína Argonauta, um componente do RISC, que encaixa a região 5' do miRNA de forma que ela seja posicionada de maneira otimizada para o pareamento com outra molécula de RNA (**Figura 7-76**). Nos animais, a extensão do pareamento normalmente é de ao menos sete pares de nucleotídeos e ocorre com mais frequência na UTR 3' do mRNA-alvo.

Uma vez que um mRNA tenha se ligado a um miRNA, várias situações são possíveis. Se o pareamento é extenso (o que é imcomum em humanos, mas comum em muitas plantas), o mRNA é clivado (*fatiado*) pela proteína Argonauta, removendo de forma efetiva a cauda de poli-A e expondo-a a exonucleases (ver Figura 7-69). Seguindo-se a clivagem do mRNA, o RISC, com o seu miRNA associado, é liberado e pode procurar mRNAs adicionais (ver Figura 7-75). Assim, um único miRNA pode atuar cataliticamente para destruir muitos mRNAs complementares. Dessa forma, pode-se acreditar que esses miRNAs sejam sequências-guia que promovem o contato de nucleases destrutivas com mRNAs específicos.

Se o pareamento de bases entre o miRNA e o mRNA é menos extenso (como observado para a maioria dos miRNAs humanos), o Argonauta não fatia o mRNA; em vez disso, a tradução do mRNA é reprimida e o mesmo é levado para os corpos P (ver Figura 7-73), nos quais, impedido de ser traduzido pelos ribossomos, eventualmente sofre encurtamento da cauda de poli-A, remoção do quepe e degradação.

Muitas características tornam os miRNAs reguladores especialmente úteis na expressão gênica. Primeiro, um único miRNA pode regular um conjunto inteiro de mRNAs diferentes se os mRNAs carregarem uma sequência curta comum em suas UTRs. Essa situação é comum em humanos, onde um único miRNA pode controlar centenas de mRNAs diferentes. Segundo, a regulação por miRNA pode ser combinatória. Quando o pareamento entre o miRNA e o mRNA falha em desencadear a clivagem, miRNAs adicio-

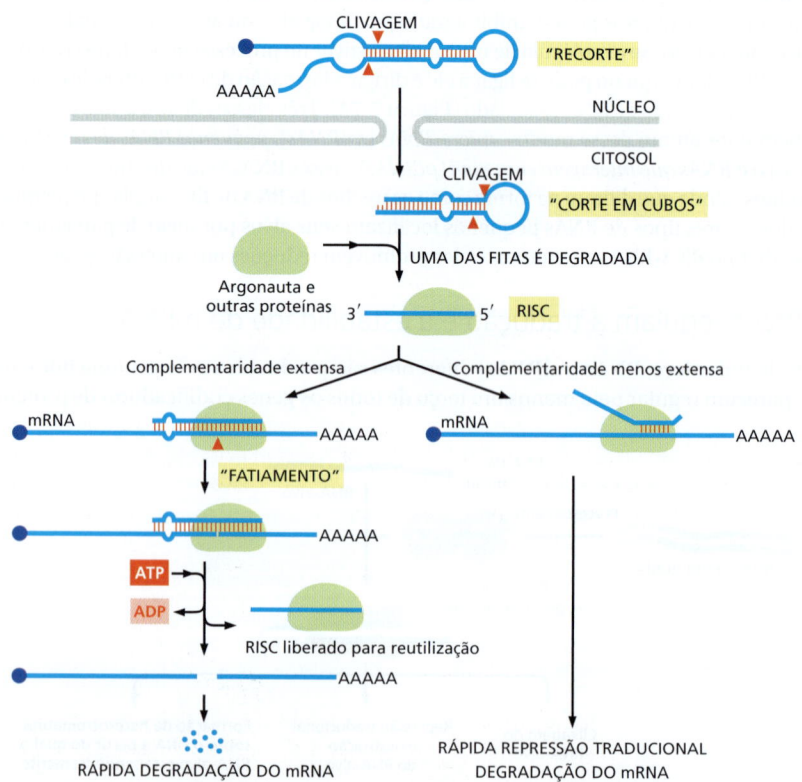

Figura 7-75 Processamento do miRNA e seu mecanismo de ação. O miRNA precursor, por meio da complementaridade entre uma parte e outra de sua sequência, forma uma estrutura de fita dupla. Esse RNA é "recortado" ainda enquanto no núcleo e então exportado para o citosol, onde é adicionalmente clivado pela enzima Dicer para formar o miRNA apropriado. Argonauta, em conjunto com outros componentes de RISC, inicialmente associa-se a ambas as fitas do miRNA e, então, cliva e descarta uma delas. A outra fita guia RISC para mRNAs específicos pelo pareamento de bases. Se a combinação RNA-RNA for extensa, como visto muitas vezes em plantas, Argonauta cliva o mRNA-alvo, induzindo a sua rápida degradação. Nos mamíferos, a combinação miRNA-mRNA frequentemente não se estende além da curta região "semente" de sete nucleotídeos próxima da extremidade 5' do miRNA. Esse pareamento de bases menos extenso induz a inibição da tradução, a desestabilização do mRNA e a transferência do mRNA para os corpos P, nos quais finalmente é degradado.

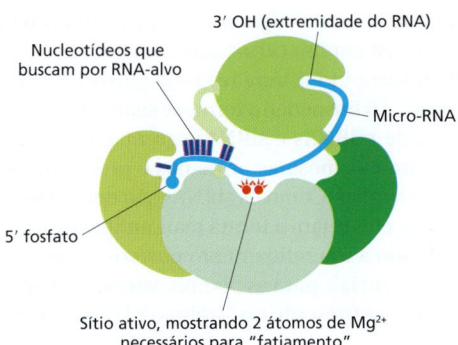

Figura 7-76 Proteína Argonauta humana portando um miRNA. A proteína é enovelada em quatro domínios estruturais, cada um indicado por uma cor diferente. O miRNA é mantido em uma forma estendida que é ótima para a formação de pares de bases RNA-RNA. O sítio ativo de Argonauta, que "fatia" um RNA-alvo de quando esse é pareado extensivamente com o miRNA, está indicado em *vermelho*. Muitas proteínas Argonauta (p. ex., três das quatro proteínas humanas) não possuem o sítio catalítico e, portanto, ligam-se aos RNAs-alvo sem fatiá-los. (Adaptada de C.D. Kuhn e L. Joshua-Tor, *Trends Biochem. Sci.* 38:263–271, 2013. Com permissão de Cell Press.)

nais ligando-se ao mesmo mRNA conduzem a reduções maiores na sua tradução. Como discutido antes para os reguladores transcricionais, o controle combinatório expande bastante as possibilidades disponíveis para a célula por interligar a expressão gênica com uma combinação de diferentes reguladores em vez de um único regulador. Terceiro, um miRNA ocupa um espaço relativamente pequeno no genoma quando comparado a uma proteína. Na verdade, o seu pequeno tamanho é uma das razões para que os miRNAs tenham sido descobertos apenas recentemente. Embora estejamos somente começando a apreciar o impacto total dos miRNAs, está claro que eles representam uma parte importante do equipamento celular para a regulação da expressão dos seus genes. Discutiremos exemplos específicos de miRNAs que possuem papéis-chave no desenvolvimento no Capítulo 21.

A interferência de RNA também é usada como um mecanismo de defesa celular

Muitas das proteínas que participam dos mecanismos reguladores dos miRNAs descritos há pouco também servem para uma segunda função como mecanismo de defesa: elas orquestram a degradação de moléculas de RNA estranhas, especialmente aquelas que ocorrem em forma de fita dupla. Muitos elementos de transposição e vírus produzem RNA de fita dupla, pelo menos transitoriamente, em seus ciclos celulares, e a RNAi auxilia a manter esses invasores potencialmente perigosos sob controle. Como veremos, essa forma de RNAi também fornece aos cientistas uma técnica experimental poderosa para desativar a expressão de genes individuais.

A presença de RNA de fita dupla livre desencadeia a RNAi pela atração de um complexo proteico contendo *Dicer*, a mesma nuclease que processa miRNA (ver Figura 7-75). Esse complexo proteico cliva o RNA de fita dupla em pequenos fragmentos (de aproximadamente 23 pares de nucleotídeos) chamados de **pequenos RNAs de interferência** (**siRNAs**, do inglês *small interfering RNAs*). Então, esses siRNAs de fita dupla são ligados pelo Argonauta e outros componentes do RISC. Como vimos anteriormente para os miRNAs, uma fita do duplex de RNA é, então, clivada pelo Argonauta e descartada. A molécula de siRNA de cadeia simples que permanece direciona o RISC de volta para moléculas de RNA complementares produzidas pelo vírus ou elemento transponível. Como o pareamento geralmente é exato, o Argonauta cliva essas moléculas, levando à sua rápida destruição.

Cada vez que RISC cliva uma nova molécula de RNA, ele é liberado; assim como vimos para os miRNAs, uma única molécula de RNA pode atuar cataliticamente para destruir muitos RNAs complementares. Alguns organismos empregam um mecanismo adicional que amplifica a resposta de RNAi ainda mais. Nesses organismos, RNA-polimerases dependentes de RNA usam siRNAs como iniciadores para produzir cópias adicionais de RNAs de fita dupla, que são, então, clivados em siRNAs. Essa amplificação garante que, uma vez iniciada, a interferência do RNA possa continuar mesmo após todo o RNA de fita dupla inicial ter sido degradado ou diluído. Por exemplo, ela permite que as células da progênie continuem realizando a interferência de RNA específica que foi provocada nas células parentais.

Em alguns organismos, a atividade de interferência de RNA pode ser espalhada pela transferência dos fragmentos de RNA de célula para célula. Isso é particularmente importante em plantas (cujas células estão ligadas por canais conectores finos, como discutido no Capítulo 19), pois permite a uma planta inteira tornar-se resistente a um vírus de RNA, mesmo que somente algumas de suas células tenham sido infectadas. Em geral, a resposta de RNAi lembra certos aspectos dos sistemas imunes animais; em ambos, um organismo invasor induz uma resposta personalizada e – pela amplificação das moléculas de "ataque" – o hospedeiro torna-se sistematicamente protegido.

Vimos que apesar de miRNAs e siRNAs serem gerados de formas ligeiramente diferentes, eles se baseiam nas mesmas proteínas e procuram seus alvos de uma maneira fundamentalmente similar. Como os siRNAs são encontrados em muitas espécies diferentes, acredita-se que eles sejam a forma mais antiga de interferência de RNA, com os miRNAs correspondendo a um refinamento posterior. Esses mecanismos de defesa mediados por siRNAs são cruciais para as plantas, vermes e insetos. Em mamíferos, um sistema baseado em proteínas (descrito no Capítulo 24) assumiu em grande parte a tarefa de lutar contra os vírus.

A interferência de RNA pode direcionar a formação de heterocromatina

A via de interferência do siRNA recém-descrita não necessariamente é interrompida com a destruição das moléculas de RNA-alvo. Em alguns casos, a maquinaria da RNAi também pode desativar seletivamente a *síntese* dos RNAs-alvo. Para isso ocorrer, os pequenos siRNAs produzidos pela proteína Dicer são agrupados com um grupo de proteínas (incluindo Argonauta) para formar o complexo de silenciamento transcricional induzido por RNA (RITS, *RNA-induced transcriptional silencing*). Usando o siRNA como sequência-guia, esse complexo liga-se a transcritos de RNA complementares assim que eles emergem de uma RNA-polimerase II em transcrição (**Figura 7-77**). Posicionado no genoma dessa maneira, o complexo RITS atrai proteínas que modificam covalentemente histonas e ao final direcionam a formação de heterocromatina para impedir eventos adicionais de iniciação da transcrição. Em alguns casos, uma RNA-polimerase dependente de RNA e uma enzima Dicer são também recrutadas pelo complexo RITS para gerar siRNAs adicionais *in situ* de maneira continuada. Esse ciclo de retroalimentação positiva garante repressão continuada do gene-alvo mesmo após as moléculas de siRNA iniciais terem desaparecido.

A formação de heterocromatina dirigida por RNAi é um importante mecanismo de defesa celular que limita a disseminação de elementos transponíveis em genomas, pois mantém suas sequências de DNA em uma forma silenciosa transcricionalmente. Entretanto, esse mesmo mecanismo também é utilizado em alguns processos normais na célula. Por exemplo, em muitos organismos a maquinaria de interferência de RNA

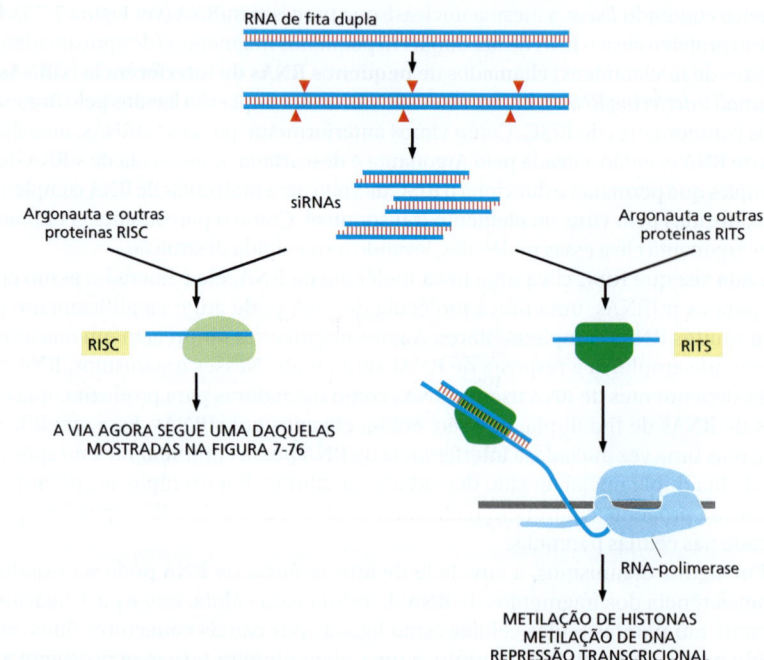

Figura 7-77 Interferência de RNA dirigida por siRNAs. Em muitos organismos, o RNA de fita dupla pode desencadear tanto a destruição de mRNAs complementares (*esquerda*) como o silenciamento transcricional (*direita*). A mudança na estrutura da cromatina induzida pelos complexos RITS ligados lembra a da Figura 7-45.

mantém a heterocromatina formada ao redor dos centrômeros. As sequências de DNA centroméricas são transcritas em ambas as direções, produzindo transcritos de RNA complementares que podem parear-se com o RNA de fita dupla. Esse RNA de fita dupla dispara a via de interferência de RNA e estimula a formação da heterocromatina que cerca os centrômeros, a qual é necessária para os centrômeros segregarem os cromossomos corretamente durante a mitose.

piRNAs protegem as linhagens germinativas dos elementos transponíveis

Um terceiro sistema de interferência de RNA se baseia nos **piRNAs** (**RNAs que interagem com piwi**, em referência à Piwi, uma classe de proteínas relacionadas ao Argonauta). Os piRNAs são produzidos especificamente na linhagem germinativa, na qual eles bloqueiam o movimento de elementos transponíveis. Encontrados em muitos organismos, incluindo humanos, os genes codificadores de piRNAs consistem principalmente de fragmentos de sequências de elementos transponíveis. Esses agrupamentos de fragmentos são transcritos e quebrados em pequenas porções, os piRNAs de cadeia simples. O processamento difere daquele que ocorre para os miRNAs e siRNAs (para começar, a enzima Dicer não está envolvida), e os piRNAs resultantes são ligeiramente maiores do que os miRNAs e siRNAs; além disso, eles são complexados com Piwi, em vez das proteínas Argonauta. Uma vez formados, os piRNAs procuram os alvos de RNA por pareamento e, de forma muito semelhante aos siRNAs, silenciam em nível transcricional genes intactos de transpósons e destroem qualquer RNA (incluindo mRNAs) produzido por eles.

Muitos mistérios cercam os piRNAs. Mais de 1 milhão de espécies de piRNA são codificadas nos genomas de muitos mamíferos e expressos nos testículos, ainda assim, somente uma pequena fração parece ser dirigida contra os transpósons presentes nesses genomas. Serão os piRNAs resquícios de invasores do passado? Cobrirão eles um "espaço de sequência" tão amplo que eles seriam protetores contra qualquer DNA exógeno? Uma outra característica curiosa dos piRNAs é que muitos deles (particularmente se o pareamento de bases não precisar ser perfeito) deveriam, em princípio, atacar os mRNAs normais produzidos pelo organismo, mas eles não o fazem. Foi proposto que esses grandes números de piRNAs possam formar um sistema para distinguir o RNA "próprio" de RNAs "exógenos" e atacar posteriormente apenas os últimos. Se for esse o caso, deve existir uma forma especial para a célula poupar os seus próprios RNAs. Uma proposta é a de que RNAs produzidos na geração anterior de um organismo sejam de alguma maneira registrados e colocados de lado do ataque de piRNA em gerações subsequentes. Se esse mecanismo de fato existe e, em caso afirmativo, como ele pode funcionar, são questões que demonstram nosso conhecimento incompleto de todas as implicações da interferência de RNA.

A interferência de RNA tornou-se uma poderosa ferramenta experimental

Ainda que provavelmente tenha surgido como um mecanismo de defesa contra vírus e elementos transponíveis, a interferência de RNA, como vimos, tornou-se completamente integrada em muitos aspectos da biologia celular normal, variando de controle da expressão gênica à estrutura dos cromossomos. Os cientistas também o desenvolveram como uma ferramenta experimental poderosa que permite que quase qualquer gene seja inativado evocando a resposta de RNAi para ele. Essa técnica, bastante empregada em células em cultura e, em muitos casos, em animais e plantas inteiros, tornaram possíveis novas estratégias genéticas na biologia celular e molecular. Discutiremos em detalhes essa técnica no capítulo seguinte onde iremos tratar de métodos de genética moderna usados para estudar as células (ver p. 499-501). A RNAi também possui potencial para o tratamento de doenças humanas. Considerando-se que muitas doenças humanas resultam da expressão alterada de genes, a habilidade de desativar esses genes pela introdução experimental de moléculas complementares de siRNA é uma grande promessa médica. Ainda que o mecanismo de interferência do RNA tenha sido descoberto há algumas décadas, ainda estamos sendo surpreendidos pelos detalhes de seu mecanismo e pela amplitude de suas implicações biológicas.

Bactérias usam RNAs não codificadores pequenos para se protegerem de vírus

As bactérias constituem a vasta maioria da biomassa da Terra e, não surpreendentemente, existe um número muito maior de vírus que infectam bactérias do que vírus de animais e plantas. Esses vírus geralmente possuem genomas de DNA. Uma descoberta recente revelou que muitas espécies de bactérias (e praticamente todas as espécies de arqueobactérias) usam um repositório de pequenas moléculas de RNA não codificadoras para procurar e destruir o DNA de vírus invasores. Muitas das características desse mecanismo de defesa, conhecido como sistema **CRISPR**, assemelha-se àqueles vistos anteriormente para miRNAs e siRNAs, mas existem duas diferenças importantes. Primeiro, quando bactérias e arqueias são infectadas pela primeira vez por um vírus, elas apresentam um mecanismo que faz pequenos fragmentos desse DNA viral integrarem-se nos seus genomas. Esses funcionam como "vacinações", no sentido de que eles se tornam moldes para a produção de pequenos RNAs não codificadores denominados **crRNAs** (CRISPR RNAs), que, depois disso, irão destruir o vírus caso ele reinfecte os descendentes da célula original. Esse aspecto do sistema CRISPR é similar, em princípio, à imunidade adaptativa em mamíferos, no sentido de que as células portam uma memória de exposições passadas que são usadas para proteger contra exposições futuras. Uma segunda característica distintiva do sistema CRISPR é que esses crRNAs passam, então, a se associar a proteínas especiais, e o complexo procura e destrói moléculas de DNA de fita dupla, em vez de moléculas de RNA de fita simples.

Ainda que muitos detalhes da imunidade mediada por CRISPR ainda não tenham sido descobertos, podemos esboçar o processo geral em três etapas (**Figura 7-78**). Primeiramente, sequências de DNA virais são integradas em regiões especiais do genoma bacteriano conhecidas como lócus CRISPR (pequenas repetições palindrômicas regularmente intercaladas e agrupadas, do inglês *clustered regularly interspersed short palindromic repeat*), assim denominado devido à sua estrutura peculiar que chamou a atenção dos cientistas. Na sua forma mais simples, um lócus CRISPR consiste em várias centenas de repetições de uma sequência de DNA do hospedeiro intercaladas com uma grande coleção de sequências (normalmente 25-70 pares de nucleotídeos cada), as quais foram derivadas de exposições anteriores a vírus e a outros DNAs exógenos. A sequência viral mais recente está sempre integrada na extremidade 5' do lócus CRISPR, a extremidade que é primeiramente transcrita. Cada lócus, portanto, porta uma memória temporal de infecções prévias. Muitas espécies bacterianas e de archeas portam vários lócus CRISPR grandes nos seus genomas, e são, portanto, imunes a uma grande variedade de vírus.

Em uma segunda etapa, o lócus CRISPR é transcrito para produzir uma longa molécula de RNA, que é, então, processada em crRNAs muito menores (aproximadamente 30 nucleotídeos). Na terceira etapa, crRNAs complexados com proteínas *Cas* (*associadas a CRISPR*, do inglês *CRISPR-associated*) procuram sequências de DNA viral complementares e dirigem sua destruição por nucleases. Ainda que estruturalmente diferentes, as proteínas Cas são análogas às proteínas Argonauta e Piwi discutidas anteriormente: elas prendem pequenos RNAs de fita simples em uma configuração estendida que é otimizada, nesse caso, para procurar e formar pares de bases complementares com o DNA.

Ainda temos muito o que aprender sobre a imunidade baseada em CRISPR em bactérias e arqueobactérias. O mecanismo pelo qual sequências virais são primeiramente identificadas e integradas no genoma hospedeiro é pouco conhecido, assim como a forma como

Figura 7-78 Imunidade mediada por CRISPR em bactérias e arqueobactérias. Após infecção por um vírus (*à esquerda*), uma pequena porção de DNA do genoma viral é inserido no lócus CRISPR. Para que isso ocorra, uma pequena fração de células infectadas deve sobreviver à infecção viral inicial. As células sobreviventes, ou mais comumente suas descendentes, transcrevem o lócus CRISPR e processam o transcrito em crRNAs (*no centro*). Quando ocorre reinfecção por um vírus para o qual aquela população de células já tenha sido "vacinada", o DNA viral que entra é destruído por um crRNA complementar (*à direita*). Para um sistema CRISPR ser efetivo, os crRNAs não devem destruir o próprio lócus CRISPR, ainda que os crRNAs sejam complementares a ele. Em muitas espécies, para que os crRNAs possam atacar uma molécula de DNA invasora, devem existir pequenas sequências de nucleotídeos adicionais nas moléculas-alvo. Como essas sequências, denominadas PAMs (motivos adjacentes ao protoespaçador, do inglês *protospacer adjacent motifs*), localizam-se fora das sequências de crRNA, o lócus CRISPR do hospedeiro é poupado (ver Figura 8-55).

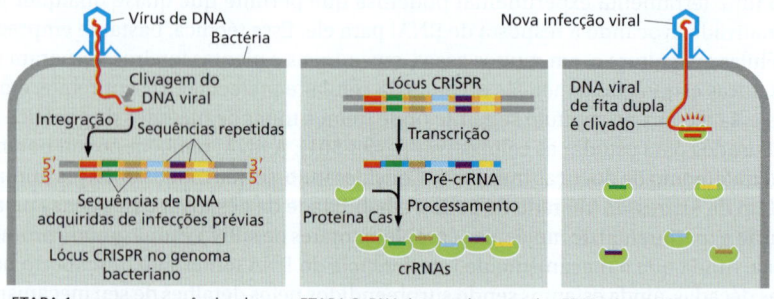

ETAPA 1: pequenas sequências de DNA viral são integradas no lócus CRISPR

ETAPA 2: RNA é transcrito a partir do lócus CRISPR, processado e ligado à proteína Cas

ETAPA 3: crRNA pequeno complexado com Cas procura e destrói sequências virais os crRNAs encontram suas sequências complementares no DNA de fita dupla. Além disso, em diferentes espécies de bactérias e arqueobactérias, os crRNAs são processados de diferentes formas, e em alguns casos, os crRNAs podem atacar RNAs virais assim como DNAs.

Veremos, no próximo capítulo, que sistemas CRISPR bacterianos já foram "movidos" artificialmente para plantas e animais, onde eles se tornaram ferramentas experimentais poderosas para manipular genomas.

RNAs não codificadores longos possuem diversas funções na célula

Neste e em capítulos anteriores, vimos que moléculas de RNA não codificadoras apresentam muitas funções na célula. Ainda assim, como no caso das proteínas, existem muitos RNAs não codificadores cuja função permanece desconhecida. Muitos RNAs de função desconhecida pertencem a um grupo conhecido como **RNA não codificador longo (lncRNA)**. Esses são definidos arbitrariamente como RNAs maiores que 200 nucleotídeos que não codificam proteínas. Como os métodos para a determinação das sequências de nucleotídeos de todas as moléculas de RNA produzidas por uma linhagem celular ou tecido foram aperfeiçoados, o número total de lncRNAs (estimado em 8 mil para o genoma humano, por exemplo) veio como uma surpresa para os cientistas. A maioria dos lncRNAs são transcritos pela RNA-polimerase II e possuem quepe 5' e caudas poli-A, e, em muitos casos, sofrem *splicing*. Tem sido difícil anotar lncRNAs, porque hoje se sabe que baixos níveis de RNA são produzidos para 75% do genoma humano. Pensa-se que a maior parte desse RNA corresponda a um "ruído" de fundo da transcrição e processamento do RNA. De acordo com essa ideia, tais RNAs não funcionais não fornecem uma vantagem adaptativa e tampouco desvantagem ao organismo e são tolerados como subprodutos dos padrões complexos de expressão gênica que devem ser produzidos em organismos multicelulares. Por essas razões, é difícil estimar o número de lncRNAs que provavelmente tenham uma função na célula e distingui-los da transcrição de fundo.

Já nos deparamos com alguns poucos lncRNAs, incluindo o RNA na telomerase (ver Figura 5-33), RNA Xist (ver Figura 7-52), e um RNA envolvido em *imprinting* (ver Figura 7-49). Outros lncRNAs têm sido implicados em controlar a atividade enzimática de proteínas, inativar reguladores transcricionais, afetar padrões de *splicing* e bloquear a tradução de certos mRNAs.

Em termos de função biológica, o lncRNA deve ser considerado como um termo que abarca tudo, compreendendo uma grande diversidade de funções. Entretanto, existem duas características unificadoras dos lncRNAs que podem explicar os seus papéis diversificados nas células. A primeira é que lncRNAs podem funcionar como *moléculas de RNA de suporte*, mantendo unidos grupos de proteínas, de forma a coordenar suas funções (**Figura 7-79A**). Já vimos um exemplo na telomerase, em que uma molécula de RNA organiza e mantém componentes proteicos unidos. Esses suportes baseados em RNA são análogos às proteínas de suporte discutidas no Capítulo 3 (ver Figura 3-78) e Capítulo 6 (ver Figura 6-47). As moléculas de RNA são bastante adequadas para atuarem como suportes: pequenas porções de sequência de RNA, com frequência aquelas porções que formam estruturas de haste-alça, podem servir como sítios de ligação para

Figura 7-79 Funções do RNA não codificador longo (lncRNA). (A) lncRNAs podem atuar como suportes, aproximando proteínas que funcionam em um mesmo processo. Como descrito no Capítulo 6, RNAs podem se enovelar em estruturas tridimensionais específicas que são frequentemente reconhecidas pelas proteínas. (B) Além de funcionarem como suportes, lncRNAs podem, por meio da formação de pares de bases complementares, localizar proteínas em sequências específicas de moléculas de DNA ou RNA. (C) Em alguns casos, lncRNAs podem atuar somente *em cis*, por exemplo, quando o RNA é mantido no lugar pela RNA-polimerase (*superior*). Outros lncRNAs, entretanto, difundem-se a partir dos seus sítios de síntese e, portanto, agem *em trans*.

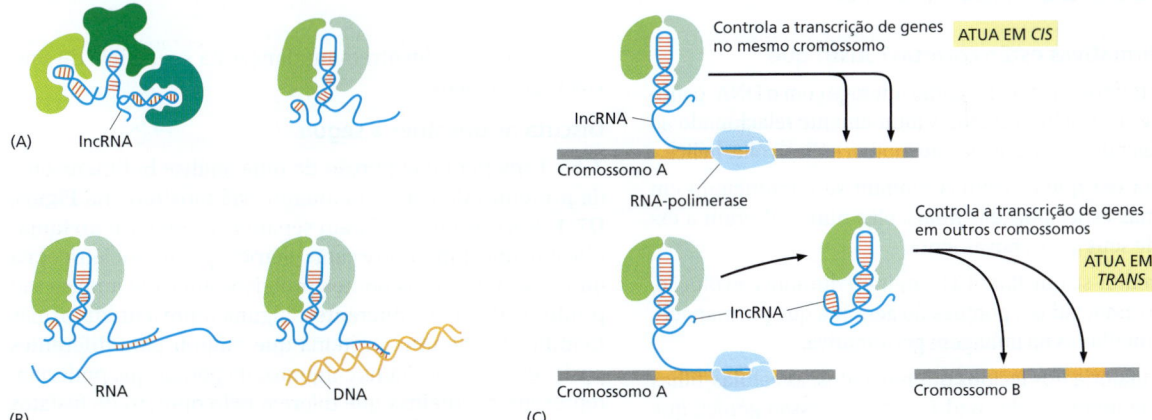

O QUE NÃO SABEMOS

- Como a taxa final de transcrição de um gene é especificada pelas centenas de proteínas que se associam em suas regiões controladoras? Seremos algum dia capazes de predizer essa taxa a partir da inspeção das sequências de DNA das regiões controladoras?

- Como o conjunto das sequências reguladoras *cis*-atuantes embebidas em um genoma orquestram o programa de desenvolvimento de um organismo multicelular?

- Quanto da sequência do genoma humano é funcional e por que o restante é retido?

- Quais dos milhares de RNAs não codificadores não estudados desempenham funções na célula, e quais são essas funções?

- Estavam os íntrons presentes nas células originais (tendo sido subsequentemente perdidos em alguns organismos) ou eles surgiram em períodos posteriores?

proteínas e podem ser atados com sequências aleatórias de RNA no meio. Essa propriedade pode ser uma das razões pelas quais lncRNAs apresentam pouca conservação em termos de estrutura primária em diferentes espécies.

A segunda característica-chave dos lncRNAs consiste na sua capacidade de servir como sequências-guia, ligando-se a moléculas-alvo de DNA ou RNA específicas por meio de pareamento de bases. Ao fazer isso, eles provocam a aproximação das proteínas que se ligam a essas sequências de DNA e RNA (**Figura 7-79B**). Esse comportamento é similar ao dos snoRNAs (ver Figura 6-41), crRNAs (ver Figura 7-78) e miRNAs (ver Figura 7-75), todos agindo dessa mesma forma para guiar enzimas proteicas para sequências específicas de ácidos nucleicos.

Em alguns casos, os lncRNAs atuam simplesmente por pareamento de bases, sem trazer consigo enzimas ou outras proteínas. Por exemplo, uma série de genes de lncRNA estão embebidos dentro de genes codificadores de proteínas, mas são transcritos na "direção errada". Esses *RNAs antissenso* podem formar pareamentos entre bases complementares com o mRNA (transcrito na direção "correta") e bloqueiam a tradução em proteína (ver Figura 7-66D). Outros lncRNAs antissenso pareiam com pré-mRNAs à medida que são sintetizados e mudam o padrão de *splicing* do RNA, mascarando as sequências dos sítios de *splicing*. Outros atuam como "esponjas", pareando com miRNAs e, dessa forma, reduzindo seus efeitos.

Finalmente, observa-se que alguns lncRNAs podem atuar somente em *cis*; ou seja, eles afetam somente o cromossomo a partir do qual são transcritos. Isso ocorre prontamente quando o RNA transcrito ainda não foi liberado pelas RNA-polimerases (**Figura 7-79C**). Muitos lncRNAs, entretanto, difundem-se a partir do seu sítio de síntese e atuam em *trans*. Ainda que os lncRNAs mais bem compreendidos ajam dentro do núcleo, muitos são encontrados no citosol. As funções – se existir alguma – da grande maioria desses lncRNAs citosólicos permanecem desconhecidas.

Resumo

As moléculas de RNA apresentam muitas funções na célula além de portarem a informação necessária para especificar a ordem de aminoácidos durante a síntese proteica. Ainda que tenhamos encontrado RNAs não codificadores em outros capítulos (p. ex., tRNAs, rRNAs, snoRNAs), o número total de RNAs não codificadores produzidos pelas células tem surpreendido os cientistas. Um uso bem compreendido dos RNAs não codificadores ocorre na interferência de RNA, na qual os RNAs-guia (miRNA, siRNAs, piRNAs) se pareiam com mRNAs. A RNAi pode induzir os mRNAs a serem destruídos ou terem a sua tradução reprimida. Ela também pode induzir que genes específicos sejam empacotados em heterocromatina suprimindo sua transcrição. Em bactérias e arqueobactérias, a interferência de RNA é usada como uma resposta imune adaptativa para destruir vírus que as infectam. Uma grande família de RNAs não codificadores longos (lncRNAs) tem sido descoberta recentemente. Ainda que a função da maioria desses RNAs seja desconhecida, alguns servem como suportes de RNA que aproximam proteínas específicas e moléculas de RNA, acelerando reações necessárias.

TESTE SEU CONHECIMENTO

Quais afirmativas estão corretas? Justifique.

7-1 Em termos da maneira como interage com o DNA, o motivo hélice-alça-hélice está mais intimamente relacionado ao motivo zíper de leucina do que ao motivo hélice-volta-hélice.

7-2 Uma vez que as células tenham se diferenciado em suas formas especializadas finais, elas nunca alteram a expressão de seus genes novamente.

7-3 Acredita-se que ilhas CG surgiram durante a evolução, pois estão associadas a porções do genoma que permaneceram não metiladas na linhagem germinativa.

7-4 Na maioria dos tecidos diferenciados, as células-filhas retêm uma memória dos padrões de expressão gênica que estiveram presentes na célula parental por meio de mecanismos que não envolvem mudanças na sequência de seus DNAs genômicos.

Discuta as questões a seguir.

7-5 Uma pequena porção de uma análise bidimensional de proteínas do cérebro humano está mostrada na **Figura Q7-1**. Essas proteínas foram separadas com base no tamanho em uma dimensão e carga elétrica (ponto isoelétrico) na outra. Nem todos os pontos proteicos em cada análise são produtos de genes diferentes; alguns representam formas modificadas de uma proteína que migrou para diferentes posições. Escolha alguns conjuntos de pontos que poderiam representar proteínas que diferem pelo número de fosfatos que carregam. Explique a base para a sua seleção.

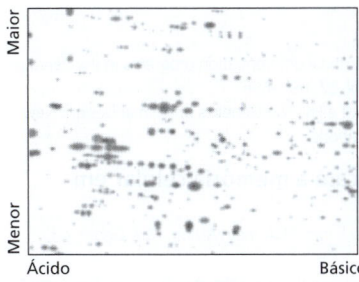

Figura Q7-1 Separação bidimensional de proteínas do cérebro humano. As proteínas foram analisadas utilizando eletroforese em gel bidimensional. Somente uma pequena porção do espectro de proteínas está mostrada. (Cortesia de Tim Myers e Leigh Anderson, Large Scale Biology Corporation.)

7-6 Comparações dos padrões de níveis de mRNA em diferentes tipos celulares humanos mostram que o nível de expressão de praticamente qualquer gene ativo é diferente. Os padrões de abundância de mRNA são tão característicos do tipo celular que podem ser usados para determinar o tecido de origem das células cancerosas, mesmo que elas tenham sofrido metástase para diferentes partes do corpo. Por definição, entretanto, as células cancerosas são diferentes de suas células precursoras não cancerosas. Como você supõe, então, que os padrões de expressão de mRNA poderiam ser usados para determinar a fonte do tecido de um câncer humano?

7-7 Quais são os dois componentes fundamentais de um comutador genético?

7-8 O núcleo de uma célula eucariótica é muito maior do que uma bactéria e contém muito mais DNA. Como consequência, um regulador transcricional em uma célula eucariótica precisa ser capaz de selecionar o seu sítio de ligação específico entre muitas sequências não relacionadas a mais do que um regulador de trascrição em uma bactéria. Esse fato apresenta problemas especiais para a regulação gênica eucariótica?

Considere a seguinte situação. Assuma que o núcleo eucariótico e a célula bacteriana possuam cada uma única cópia de um mesmo sítio de ligação ao DNA. Além disso, assuma que o núcleo possua um volume 500 vezes maior do que uma bactéria e 500 vezes mais DNA. Se a concentração de um regulador transcricional que se liga em um sítio fosse a mesma no núcleo e dentro de uma bactéria, esse regulador iria ocupar o seu sítio de ligação dentro do núcleo eucariótico da mesma forma que o faz na bactéria? Explique a sua resposta.

7-9 Alguns reguladores transcricionais se ligam ao DNA e fazem a dupla-hélice se curvar em um ângulo agudo. Tais "proteínas de curvatura" podem afetar a iniciação da transcrição sem estabelecer contatos diretos com nenhuma outra proteína. Você poderia conceber uma explicação plausível para como agem tais proteínas para modular a transcrição? Desenhe um diagrama que ilustre a sua explicação.

7-10 Como é possível que interações proteína-proteína, que são muito fracas para promoverem a associação de proteínas em solução, possam fazer essas mesmas proteínas formarem complexos sobre o DNA?

7-11 Imagine as duas situações mostradas na **Figura Q7-2**. Na célula 1, um sinal transitório induz a síntese da proteína A, que é um ativador transitório que liga muitos genes incluindo o seu próprio. Na célula 2, um sinal transitório induz a síntese da proteína R, que é um repressor transcricional que desliga muitos genes incluindo o seu próprio. Em quais dessas situações, se em alguma, irão os descendentes da célula original se "lembrar" de que a célula progenitora experienciou o sinal transitório? Explique seu raciocínio.

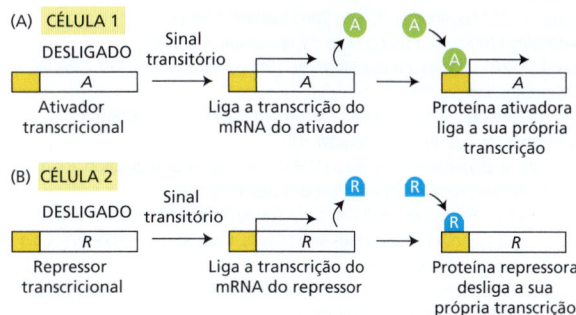

Figura Q7-2 Circuitos de regulação gênica e memória celular. (A) Indução da síntese do ativador transcricional A por um sinal transitório. (B) Indução da síntese do repressor transcricional R por um sinal transitório.

7-12 Examine os dois heredogramas mostrados na **Figura Q7-3**. Um deles é resultante da deleção de um gene autossômico materno com *imprinting*. O outro heredograma é resultante da deleção de um gene autossômico paterno com *imprinting*. Em ambos os heredogramas, os indivíduos afetados (símbolos *vermelhos*) são heterozigotos para a deleção. Esses indivíduos são afetados porque uma cópia do cromossomo porta o gene inativo por *imprinting*, enquanto a outra porta a deleção do gene. Símbolos em *amarelo* indicam indivíduos que portam o lócus deletado, mas não apresentam um fenótipo mutante. Qual dos heredogramas é baseado em *imprinting* paterno e qual em *imprinting* materno? Explique a sua resposta.

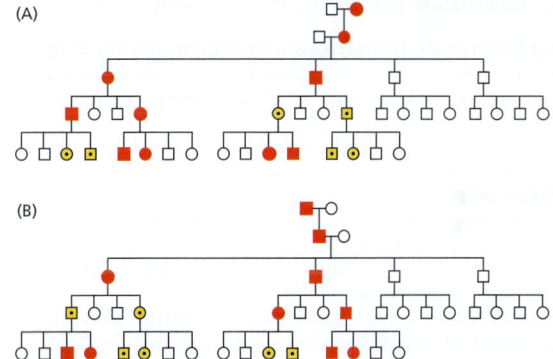

Figura Q7-3 Heredogramas refletindo *imprinting* materno e paterno. Em um heredograma, o gene sofre *imprinting* paterno; no outro, sofre *imprinting* materno. Nas gerações 3 e 4, somente um dos dois genitores é mostrado nos cruzamentos indicados; o outro genitor é um indivíduo normal de fora do heredograma. Os indivíduos afetados estão representados por *círculos vermelhos* para fêmeas e *quadrados vermelhos* para machos. Símbolos amarelos com um ponto indicam indivíduos que portam a deleção, porém não apresentam o fenótipo.

7-13 Se você inserir um gene da *β-galactosidase* que não contenha sua própria região controladora da transcrição em um agrupamento de genes de piRNA em *Drosophila*, você descobrirá que a expressão da β-galactosidase a partir de uma cópia normal localizada em algum outro lugar do genoma será fortemente inibida nas células germinativas da mosca. Se o gene da *β-galactosidase* inativo for inserido fora do agrupamento de genes de piRNA, o gene normal é expresso adequadamente. O que você supõe ser a base para essa observação? Como você testaria essa hipótese?

REFERÊNCIAS

Gerais
Brown TA (2007) Genomes 3. New York: Garland Science.
Epigenetics (2004) *Cold Spring Harb. Symp. Quant. Biol.* 69.
Gilbert SF (2013) Developmental Biology, 10th ed. Sunderland, MA: Sinauer Associates, Inc.
Hartwell L, Hood L, Goldberg ML et al. (2010) Genetics: from Genes to Genomes, 4th ed. Boston: McGraw Hill.
McKnight SL & Yamamoto KR (eds) (1993) Transcriptional Regulation. Cold Spring Harbor, NY: Cold Spring Harbor Laboratory Press.
Mechanisms of Transcription (1998) *Cold Spring Harb. Symp. Quant. Biol.* 63.
Ptashne M & Gann A (2002) Genes and Signals. Cold Spring Harbor, NY: Cold Spring Harbor Laboratory Press.
Watson J, Baker T, Bell S et al. (2013) Molecular Biology of the Gene, 7th ed. Menlo Park, CA: Benjamin Cummings.

Uma visão geral do controle gênico
Davidson EH (2006) The Regulatory Genome: Gene Regulatory Networks in Development and Evolution. Burlington, MA: Elsevier.
Gurdon JB (1992) The generation of diversity and pattern in animal development. *Cell* 68, 185–199.
Kellis M, Wold B, Synder MP et al. (2014) Defining functional DNA elements in the human genome. *Proc. Natl. Acad. Sci. USA* 111, 6131–6138.

Controle da transcrição por proteínas de ligação ao DNA de sequência específica
McKnight SL (1991) Molecular zippers in gene regulation. *Sci. Am.* 264, 54–64.
Pabo CO & Sauer RT (1992) Transcription factors: structural families and principles of DNA recognition. *Annu. Rev. Biochem.* 61, 1053–1095.
Seeman NC, Rosenberg JM & Rich A (1976) Sequence-specific recognition of double helical nucleic acids by proteins. *Proc. Natl. Acad. Sci. USA* 73, 804–808.
Weirauch MT & Hughes TR (2011) A catalogue of eukaryotic transcription factor types, their evolutionary origin, and species distribution. In A Handbook of Transcription Factors. New York, NY: Springer Publishing Company.

Reguladores da transcrição ativam e inativam os genes
Beckwith J (1987) The operon: an historical account. In *Escherichia coli* and *Salmonella typhimurium*: Cellular and Molecular Biology (Neidhart FC, Ingraham JL, Low KB et al. eds), vol. 2, pp. 1439–1443. Washington, DC: ASM Press.
Gilbert W & Müller-Hill B (1967) The lac operator is DNA. *Proc. Natl. Acad. Sci. USA* 58, 2415.
Jacob F & Monod J (1961) Genetic regulatory mechanisms in the synthesis of proteins. *J. Mol. Biol.* 3, 318–356.
Levine M, Cattoglio C & Tjian R (2014) Looping back to leap forward: transcription enters a new era. *Cell* 157, 13–25.
Narlikar GJ, Sundaramoorthy R & Owen-Hughes T (2013) Mechanisms and Functions of ATP-dependent chromatin-remodeling enzymes. *Cell* 154, 490–503.
Ptashne M (2004) A Genetic Switch: Phage and Lambda Revisited, 3rd ed. Cold Spring Harbor, NY: Cold Spring Harbor Laboratory Press.
Ptashne M (1967) Specific binding of the lambda phage repressor to lambda DNA. *Nature* 214, 232–234.
St Johnston D & Nusslein-Volhard C (1992) The origin of pattern and polarity in the *Drosophila* embryo. *Cell* 68, 201–219.
Turner BM (2014) Nucleosome signaling: an evolving concept. *Biochim. Biophys. Acta* 1839, 623–626.

Mecanismos genético-moleculares que criam e mantêm tipos celulares especializados
Alon U (2007) Network motifs: theory and experimental approaches. *Nature* 8, 450–461.
Buganim Y, Faddah DA & Jaenisch R (2013) Mechanisms and models of somatic cell reprogramming. *Nat. Rev. Genet.* 14, 427–439.
Hobert O (2011) Regulation of Terminal differentiation programs in the nervous system. *Annu. Rev. Cell Dev. Biol.* 27, 681–696.
Lawrence PA (1992) The Making of a Fly: The Genetics of Animal Design. New York: Blackwell Scientific Publications.

Mecanismos que reforçam a memória celular em plantas e animais
Bird A (2011) Putting the DNA back into DNA methylation. *Nat. Genet.* 43, 1050–1051.
Gehring M (2013) Genomic imprinting: insights from plants. *Annu. Rev. Genet.* 47, 187–208.
Lawson HA, Cheverud JM & Wolf JB (2013) Genomic imprinting and parent-of-origin effects on complex traits. *Genetics* 14, 609–617.
Lee JT & Bartolomei MS (2013) X-Inactivation, imprinting, and long noncoding RNAs in Health and disease. *Cell* 152, 1308–1323.
Li E & Zhang Y (2014) DNA methylation in mammals. *Cold Spring Harb. Perspect. Biol.* 6, a019133.

Controles pós-transcricionais
DiGiammartino DC, Nishida K & Manley JL (2011) Mechanisms and consequences of alternative polyadenylation. *Mol Cell* 43, 853–866.
Gottesman S & Storz G (2011) Bacterial small RNA regulators: versatile roles and rapidly evolving variations. *Cold Spring Harb. Perspect. Biol.* 3, a003798.
Hershey JWB, Sonenberg N & Mathews MB (2012) Principles of translational control: an overview. *Cold Spring Harb. Perspect. Biol.* 4, a011528.
Hundley HA & Bass BL (2010) ADAR editing in double-stranded UTRs and other noncoding RNA sequences. *Trends Biochem. Sci.* 35, 377–383.
Kalsotra A & Cooper TA (2011) Functional consequences of developmentally regulated alternative splicing. *Nat. Rev. Genet.* 12, 715–729.
Kortmann J & Narberhaus F (2012) Bacterial RNA thermometers: molecular zippers and switches. *Nat. Rev. Microbiol.* 10, 255–265.
Parker R (2012) RNA degradation in *Saccharomyces cerevisae*. *Genetics* 191, 671–702.
Popp MW & Maquat LE (2013) Organizing principles of mammalian nonsense-mediated mRNA decay. *Annu. Rev. Genet.* 47, 139–165.
Serganov A & Nudler E (2013) A decade of riboswitches. *Cell* 152, 17–24.
Thompson SR (2012) Tricks an IRES uses to enslave ribosomes. *Trends Microbiol.* 20, 558–566.

Regulação da expressão gênica por RNAs não codificadores
Bhaya D, Davison M & Barrangou R (2011) CRISPR-Cas systems in bacteria and archaea: Versatile small RNAs for adaptive defense and regulation. *Annu. Rev. Genet.* 45, 273–297.
Cech TR & Steitz JA (2014) The noncoding RNA revolution–trashing old rules to forge new ones. *Cell* 157, 77–94.
Fire A, Xu S, Montgomery MK et al (1998) Potent and specific genetic interference by double-stranded RNA in *Caenorhabditis elegans*. *Nature* 391, 806–811.
Guttman M & Rinn JL (2012) Modular regulatory principles of large non-coding RNAs. *Nature* 482, 339–346.
Lee HC, Gu W, Shirayama M et al. (2012) *C. elegans* piRNAs mediate the genome-wide surveillance of germline transcripts. *Cell* 150, 78–87.
Meister G (2013) Argonaute proteins: functional insights and emerging roles. *Nat. Rev. Genet.* 14, 447–459.
Rinn JL & Chang HY (2012) Genome regulation by long noncoding RNAs. *Annu. Rev. Biochem.* 81, 145–166.
tenOever BR (2013) RNA viruses and the host microRNA machinery. *Nat. Rev. Microbiol.* 11, 169–180.
Ulitsky I & Bartel DP (2013) lincRNAs: genomics, evolution, and mechanisms. *Cell* 154, 26–46.
Wiedenheft B, Sternberg SH & Doudna JA (2012) RNA-guided genetic silencing systems in bacteria and archaea. *Nature* 482, 331–338.

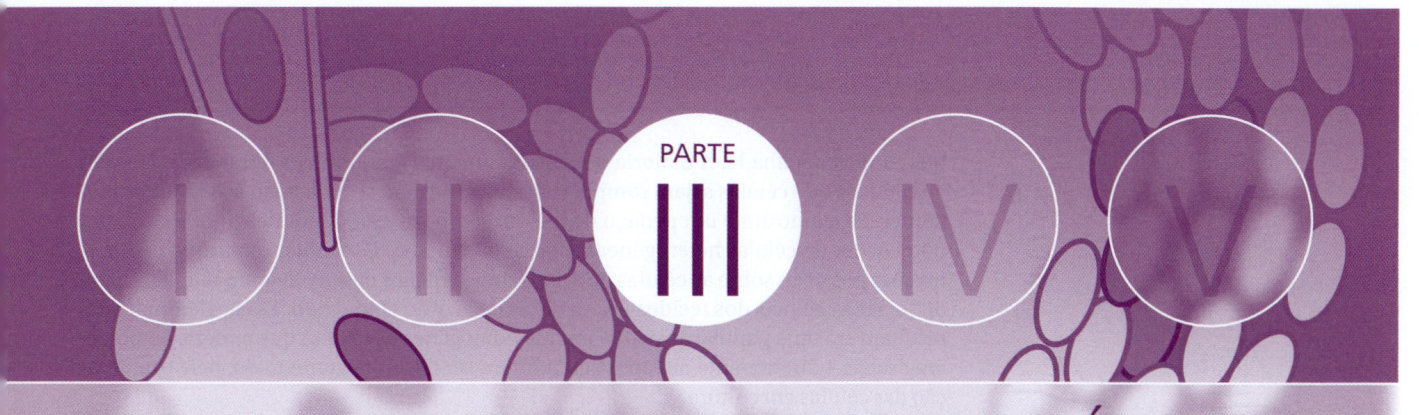

PARTE III
FORMAS DE TRABALHAR COM CÉLULAS

Analisando células, moléculas e sistemas

CAPÍTULO 8

O progresso na ciência muitas vezes é decorrente de avanços na tecnologia. O amplo campo da biologia celular, por exemplo, surgiu quando artesãos ópticos aprenderam a confeccionar pequenas lentes de qualidade suficientemente alta para observar células e suas subestruturas. Inovações na confecção de lentes, em vez de qualquer avanço conceitual ou filosófico, permitiram a Hooke e van Leeuwenhoek descobrir um mundo celular jamais visto antes, onde pequenas criaturas giravam e rodopiavam em uma pequena gotícula de água (**Figura 8-1**).

    O século XXI é um momento particularmente estimulante para a biologia. Novos métodos para analisar células, proteínas, DNA e RNA estão fornecendo uma explosão de informações e permitindo aos cientistas estudar células e suas macromoléculas com ferramentas nunca antes imaginadas. Agora temos acesso a sequências de vários bilhões de nucleotídeos, fornecendo mapas moleculares completos de centenas de organismos – de micróbios e sementes de mostarda até vermes, moscas, camundongos, cães, chimpanzés e humanos. Novas técnicas potentes estão nos auxiliando a decifrar essa informação, permitindo não somente que compilemos enormes catálogos detalhados de genes e proteínas, mas que iniciemos a compreender como esses componentes trabalham juntos para formar células e organismos funcionais. O objetivo de obter um completo entendimento do que acontece no interior de uma célula, enquanto ela responde ao seu meio e interage com suas vizinhas, ainda está longe de ser alcançado.

    Neste capítulo, apresentamos alguns dos principais métodos utilizados para estudar as células e seus componentes moleculares. Consideraremos como separar as células de diferentes tipos de tecidos, como fazer com que cresçam fora do corpo e como romper células e isolar suas organelas e constituintes macromoleculares na forma pura. Também apresentaremos as técnicas utilizadas para determinar a estrutura, a função e as interações das proteínas e discutiremos as descobertas marcantes na tecnologia do DNA que continuam a revolucionar nossa compreensão sobre a função das células. Terminaremos o capítulo com uma visão geral de algumas abordagens matemáticas que estão nos ajudando a lidar com a enorme complexidade das células. Ao considerar as células como sistemas dinâmicos com várias partes em movimento, as abordagens matemáticas podem revelar indícios de como os vários componentes celulares atuam em conjunto para produzir as qualidades especiais da vida.

NESTE CAPÍTULO

ISOLAMENTO DE CÉLULAS E SEU CRESCIMENTO EM CULTURA

PURIFICAÇÃO DE PROTEÍNAS

ANÁLISE DE PROTEÍNAS

ANÁLISE E MANIPULAÇÃO DE DNA

ESTUDO DA EXPRESSÃO E DA FUNÇÃO DE GENES

ANÁLISE MATEMÁTICA DAS FUNÇÕES CELULARES

ISOLAMENTO DE CÉLULAS E SEU CRESCIMENTO EM CULTURA

Embora as organelas e as moléculas grandes em uma célula possam ser visualizadas com microscópios, entender como esses componentes funcionam requer uma análise

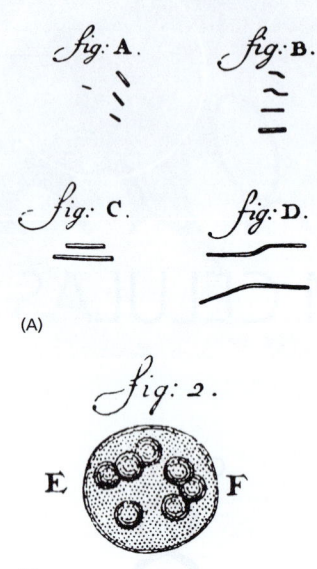

Figura 8-1 Vida microscópica. Uma amostra dos "diversos organismos microscópicos" vistos por van Leeuwenhoek utilizando seu microscópio simples. (A) Bactérias vistas no material que ele retirou de seus dentes. As bactérias vistas na *fig. B* foram descritas como "nadando primeiro para a frente e depois para trás" (1692). (B) A alga verde eucariótica *Volvox* (1700). (Cortesia de John Innes Foundation.)

bioquímica detalhada. A maioria dos procedimentos bioquímicos requer que grandes quantidades de células sejam rompidas fisicamente para se ter acesso aos seus componentes. Se a amostra é um pedaço de tecido, composto por diferentes tipos de células, populações de células heterogêneas estarão misturadas. Para obter o máximo de informações possíveis sobre as células em um tecido, biólogos desenvolveram maneiras para dissociar as células dos tecidos e separá-las de acordo com o tipo. Essas manipulações resultam em uma população relativamente homogênea de células que podem, então, ser analisadas – diretamente ou, após seu número ser bastante aumentado, pela proliferação das células em cultura.

Células podem ser isoladas a partir de tecidos

Tecidos intactos fornecem a fonte de material mais realística, uma vez que representam as células encontradas no corpo da maneira como realmente são. O primeiro passo no isolamento de células individuais é romper a matriz extracelular e as junções entre as células que as mantêm unidas. Com esse propósito, um tecido normalmente é tratado com enzimas proteolíticas (como tripsina e colagenase) para digerir as proteínas na matriz extracelular e com agentes (como ácido etilenodiaminotetracético, ou EDTA) que ligam, ou quelam, o Ca^{2+} do qual a adesão entre as células depende. O tecido pode, então, ser dissociado em células individuais por agitação leve.

Para algumas preparações bioquímicas, a proteína de interesse pode ser obtida em quantidades suficientes sem que o tecido ou o órgão seja separado em tipos celulares. Exemplos incluem a preparação das histonas a partir de timo de terneiro, actina a partir de músculo de coelhos ou tubulina a partir de cérebro de bovinos. Em outros casos, a obtenção da proteína de interesse requer o enriquecimento de um tipo celular específico. Várias abordagens são utilizadas para separar os diferentes tipos celulares a partir de uma suspensão de mistura de células. Uma das técnicas mais sofisticadas de separação celular utiliza um anticorpo ligado a um corante fluorescente para marcar determinadas células. É escolhido um anticorpo que se liga especificamente à superfície de apenas um tipo de célula no tecido. As células marcadas podem ser separadas das não marcadas em um *separador de células ativado por fluorescência*. Nessa máquina extraordinária, células individuais deslocam-se em uma fileira única, em um fluxo preciso, atravessam um feixe de *laser* e sua fluorescência é rapidamente medida. Um tubo vibrador gera pequenas gotículas, a maioria contendo uma ou nenhuma célula. As gotículas contendo uma única célula são carregadas automaticamente com uma carga positiva ou negativa no momento da formação, dependendo de a célula que elas contêm ser fluorescente; elas são, então, defletidas por um campo elétrico intenso para um depósito apropriado. Aglomerados ocasionais de células detectados pelo aumento do espalhamento de luz são deixados sem carga e descartados em um depósito de resíduos. Essas máquinas podem selecionar com acuidade 1 célula fluorescente entre 1.000 células não marcadas e selecionar milhares de células a cada segundo (**Figura 8-2**).

Células podem ser cultivadas em meio de cultura

Embora moléculas possam ser extraídas a partir de tecidos inteiros, estes normalmente não são a fonte mais conveniente ou útil de material. A complexidade dos tecidos e órgãos intactos é uma desvantagem inerente quando se tenta purificar determinadas moléculas. As células cultivadas em meio de cultura fornecem uma população mais homogênea de células das quais material pode ser extraído, sendo também muito mais apropriadas para se trabalhar no laboratório. Dadas as condições favoráveis, a maioria das células vegetais e animais pode sobreviver, multiplicar-se e até mesmo expressar propriedades diferenciadas em um frasco de cultura. As células podem ser observadas continuamente ao microscópio ou analisadas bioquimicamente, e os efeitos de adicionar ou remover moléculas específicas, como hormônios ou fatores de crescimento, podem ser estudados de forma sistemática.

Experimentos realizados com células em cultura às vezes são referidos como conduzidos *in vitro* (literalmente, "dentro de vidro"), em contraste com experimentos que utilizam organismos intactos, os quais são referidos como conduzidos *in vivo* (literalmente, "em organismos vivos"). Entretanto, esses termos podem ser confusos, pois frequentemente são utilizados em um sentido muito diferente pelos bioquímicos. Em laboratórios

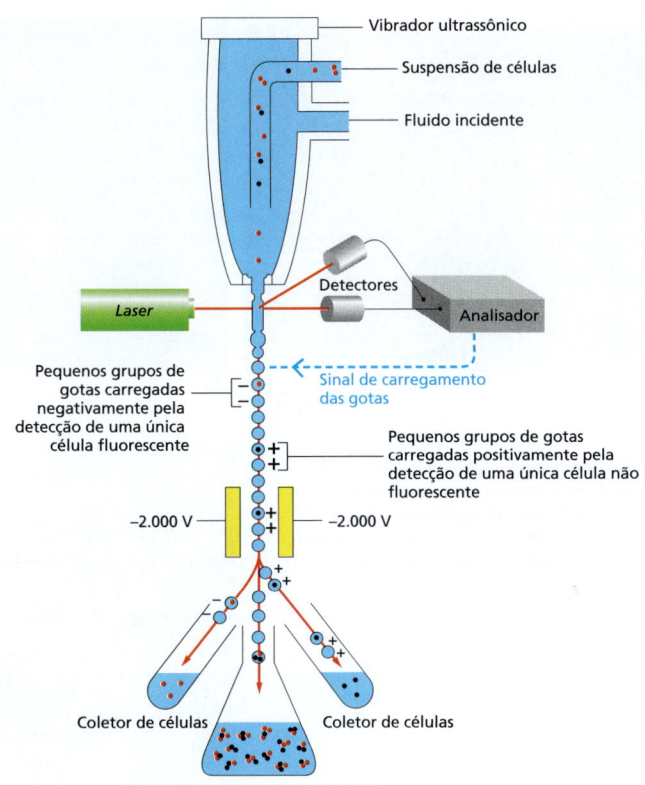

Figura 8-2 Separador de células ativado por fluorescência. Uma célula que passa pelo feixe de *laser* tem sua fluorescência medida. As gotículas contendo uma única célula são carregadas negativa ou positivamente, dependendo se a célula for fluorescente ou não. Elas são, então, defletidas por um campo elétrico para um conjunto de tubos de acordo com a sua carga elétrica. Observe que a concentração de células deve ser ajustada de maneira que a maioria das gotículas não contenha nenhuma célula e seja descartada em um depósito de resíduos, junto com quaisquer aglomerados celulares.

de bioquímica, *in vitro* se refere às reações que ocorrem em um tubo de ensaio na ausência de células vivas, enquanto *in vivo* se refere a qualquer reação que ocorra dentro de uma célula viva, mesmo em células que estejam sendo cultivadas em um meio de cultura.

A cultura de tecidos começou em 1907 com um experimento designado para resolver uma controvérsia em neurobiologia. A hipótese sob investigação era conhecida como doutrina do neurônio, que estabelecia que cada fibra nervosa era o produto de uma única célula nervosa e não o produto da fusão de várias células. Para testar essa controvérsia, pequenos pedaços da medula espinal foram colocados sobre fluidos de tecido coagulado em uma câmara aquecida e úmida, e observados em intervalos regulares ao microscópio. Após um ou mais dias, células nervosas individuais puderam ser vistas estendendo longos e finos filamentos (axônios) para dentro do coágulo. Assim, a doutrina do neurônio recebeu um forte suporte, e os fundamentos para a revolução da cultura de células foram assentados.

Esses experimentos originais com fibras nervosas utilizavam culturas de pequenos fragmentos de tecidos chamados de explantes. Atualmente, culturas são mais comumente feitas a partir de suspensões de células dissociadas a partir de tecidos. Diferentemente das bactérias, a maioria das células de tecidos não está adaptada para viver em suspensão no líquido e requer uma superfície sólida sobre a qual pode crescer e se dividir. Para culturas de células, esse suporte geralmente é fornecido pela superfície de uma placa de cultura de plástico. Entretanto, as células variam nas suas necessidades, e várias não crescem ou se diferenciam a não ser que a placa de cultura esteja coberta com materiais aos quais as células se aderem, como polilisina ou componentes da matriz extracelular.

As culturas preparadas diretamente a partir dos tecidos de um organismo são chamadas de *culturas primárias*. Elas podem ser feitas com ou sem uma etapa inicial de fracionamento para separar diferentes tipos de células. Na maioria dos casos, as células em culturas primárias podem ser removidas da placa de cultura e recultivadas repetidamente, nas chamadas culturas secundárias; dessa maneira, elas podem ser subcultivadas (*passagens*) repetidamente durante semanas ou meses. Tais células frequentemente apresentam várias das propriedades diferenciadas correspondentes à sua origem (**Figura 8-3**): fibroblastos continuam a secretar colágeno; células derivadas de músculo esquelético embrionário fusionam-se para formar fibras musculares que se contraem espontaneamente na placa de cultura; células nervosas estendem axônios excitáveis eletricamente e fazem sinapses com

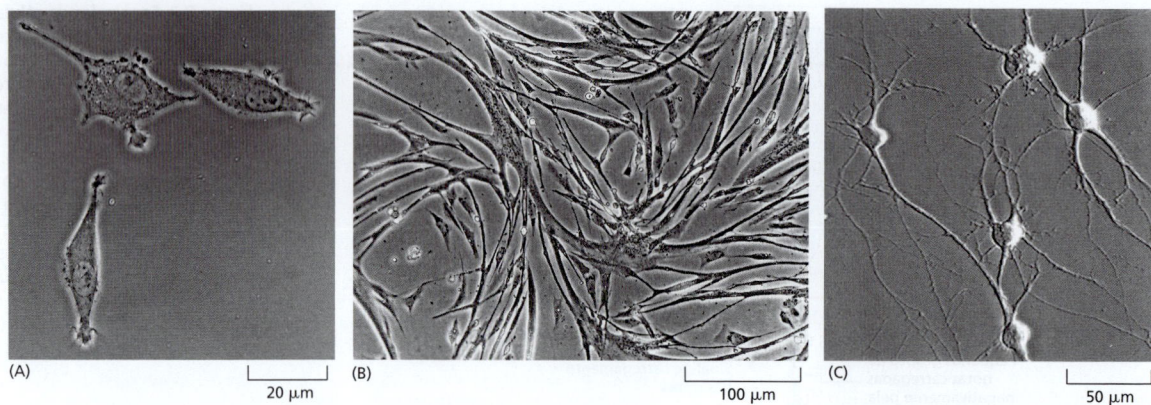

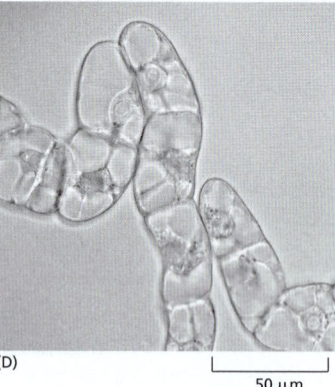

Figura 8-3 Micrografias ópticas de células em cultura. (A) Fibroblastos de camundongo. (B) Mioblastos de galinha se fusionando para formar células musculares multinucleadas. (C) Células nervosas ganglionares de retina de rato purificadas. (D) Células do tabaco em cultura líquida. (A, cortesia de Daniel Zicha; B, cortesia de Rosalind Zalin; C, de A. Meyer-Franke et al., *Neuron* 15:805–819, 1995. Com permissão de Elsevier; D, cortesia de Gethin Roberts.)

outras células nervosas; e células epiteliais formam lâminas extensivas com várias das propriedades de um epitélio intacto. Como essas propriedades são mantidas em cultura, elas são acessíveis para serem estudadas de uma maneira que muitas vezes não é possível nos tecidos intactos.

A cultura de tecidos não é limitada a células animais. Quando um pedaço de tecido vegetal é cultivado em um meio estéril contendo nutrientes e reguladores de crescimento apropriados, várias das células são estimuladas a proliferar indefinidamente de uma maneira desorganizada, produzindo uma massa de células relativamente não diferenciadas chamada de *calo*. Se os nutrientes e reguladores de crescimento são manipulados de forma cuidadosa, pode-se induzir a formação de uma raiz e, então, de meristemas apicais na raiz de dentro do calo, e em várias espécies pode-se regenerar uma planta completa nova. Semelhantemente às células animais, culturas de calos podem ser mecanicamente dissociadas em células únicas, que crescerão e se dividirão como uma cultura em suspensão (ver Figura 8-3D).

Linhagens de células eucarióticas são uma fonte amplamente utilizada de células homogêneas

As culturas celulares obtidas pelo rompimento de tecidos tendem a sofrer de um problema – no final as células morrem. A maioria das células de vertebrados para de se dividir após um número finito de divisões celulares em cultura, um processo chamado de *senescência celular replicativa* (discutido no Capítulo 17). Os fibroblastos humanos normais, por exemplo, normalmente se dividem somente 25 a 40 vezes em cultura antes de pararem. Nessas células, a capacidade de proliferação limitada reflete um encurtamento e a perda progressiva das extremidades dos telômeros das células, das sequências repetitivas de DNA e das proteínas associadas das extremidades de cada cromossomo (discutido no Capítulo 5). As células somáticas humanas no organismo desativaram a produção da enzima, chamada de *telomerase*, que normalmente mantém os telômeros, por isso seus telômeros encurtam a cada divisão celular. Os fibroblastos humanos podem ser induzidos a proliferar indefinidamente fornecendo um gene que codifica a subunidade catalítica da telomerase; nesse caso, eles podem ser propagados como uma linhagem celular "imortalizada".

Entretanto, algumas células humanas não são imortalizadas por este procedimento. Embora seus telômeros permaneçam longos, elas ainda param de se dividir após um número limitado de divisões, pois as condições da cultura causam um estímulo mitogênico excessivo, que ativa um mecanismo protetor pouco conhecido (discutido no Capítulo 17) que interrompe a divisão celular – um processo às vezes chamado de "choque de cultura". Para imortalizar essas células, deve-se fazer mais do que introduzir a telomerase. Também deve-se inativar os mecanismos protetores, o que pode ser feito pela introdução de certos oncogenes promotores de câncer (discutido no Capítulo 20). Diferentemente de células humanas, a maioria das células de roedores não desliga a produção de telomerase e, assim, seus telômeros não encurtam a cada divisão celular. Dessa forma, se o choque de cultura puder ser evitado, alguns tipos de células de roedores se dividirão de forma indefinida em cultura. Além disso, células de roedores muitas vezes sofrem modificações genéticas espontâneas em cultura que inativam seus mecanismos de proteção, produzindo, dessa forma, linhagens de células imortalizadas.

As linhagens celulares muitas vezes podem ser geradas com mais facilidade a partir de células cancerosas, mas essas culturas – referidas como *linhagens celulares transformadas* – diferem daquelas preparadas a partir de células normais de diferentes formas. Essas linhagens frequentemente crescem sem aderir a uma superfície, por exemplo, e podem proliferar para uma densidade muito mais alta em uma placa de cultura. Propriedades similares podem ser induzidas experimentalmente em células normais, transformando-as com um vírus ou químicos indutores de tumores. As linhagens celulares transformadas resultantes normalmente podem causar tumores quando injetadas em um animal suscetível.

As linhagens celulares transformadas e as não transformadas são extremamente úteis na pesquisa celular como fonte de um grande número de células de um tipo uniforme, especialmente por poderem ser estocadas em nitrogênio líquido a -196°C por um período indefinido e manter sua viabilidade quando descongeladas. Entretanto, é importante ter em mente que as linhagens celulares quase sempre diferem de maneira importante de suas progenitoras normais nos tecidos de onde elas foram originadas.

Algumas das linhagens celulares amplamente utilizadas estão listadas na **Tabela 8-1**. Diferentes linhagens têm diferentes vantagens; por exemplo, as linhagens celulares

TABELA 8-1 Algumas das linhagens celulares comumente utilizadas	
Linhagem celular*	Tipo e origem da célula
3T3	Fibroblasto (camundongo)
BHK21	Fibroblasto (*hamster* sírio)
MDCK	Célula epitelial (cão)
HeLa	Célula epitelial (humano)
PtK1	Célula epitelial (canguru rato)
L6	Mioblasto (rato)
PC12	Célula cromafim (rato)
SP2	Célula plasmática (camundongo)
COS	Rim (macaco)
293	Rim (humano); transformada com adenovírus
CHO	Ovário (*hamster* chinês)
DT40	Célula de linfoma para recombinação direcionada eficiente (galinha)
R1	Célula-tronco embrionária (camundongo)
E14.1	Célula-tronco embrionária (camundongo)
H1, H9	Célula-tronco embrionária (humano)
S2	Célula semelhante a macrófago (*Drosophila*)
BY2	Célula meristemática indiferenciada (tabaco)

*Várias dessas linhagens celulares derivaram de tumores. Todas são capazes de se replicar indefinidamente em cultura e expressam pelo menos algumas das características especiais das suas células de origem.

epiteliais PtK derivadas do rato-canguru, diferentemente de outros tipos de linhagens celulares, permanecem achatadas durante a mitose, permitindo que o aparato mitótico seja prontamente observado em ação.

Linhagens celulares de hibridomas são fábricas que produzem anticorpos monoclonais

Como vimos neste livro, anticorpos são ferramentas particularmente úteis para a biologia celular. A sua grande especificidade permite a visualização precisa de proteínas selecionadas entre as milhares que cada célula produz normalmente. Os anticorpos frequentemente são produzidos por inoculação de animais com a proteína de interesse e isolamento subsequente de anticorpos específicos para aquela proteína a partir do soro do animal. Entretanto, apenas quantidades limitadas de anticorpos podem ser obtidas de um único animal inoculado, e os anticorpos produzidos serão uma mistura heterogênea de anticorpos que reconhecem uma variedade de sítios antigênicos diferentes em uma macromolécula que difere de animal para animal. Além disso, os anticorpos específicos para o antígeno constituirão apenas uma fração dos anticorpos encontrados no soro. Uma tecnologia alternativa, que permite a produção de uma quantidade ilimitada de anticorpos idênticos e que aumenta muito a especificidade e conveniência dos métodos com base em anticorpos, é a produção de anticorpos monoclonais por linhagens celulares de hibridomas.

Essa tecnologia, desenvolvida em 1975, revolucionou a produção de anticorpos, permitindo sua utilização como ferramentas na biologia celular, assim como no diagnóstico e no tratamento de certas doenças, incluindo artrite reumatoide e câncer. O procedimento requer a tecnologia da célula híbrida (**Figura 8-4**) e envolve a propagação de um clone de células de um único linfócito B secretor de anticorpos para obter uma preparação homogênea de anticorpos em grandes quantidades. Os linfócitos B normalmente têm um tempo de vida limitado em cultura, mas os linfócitos B individuais produtores de anticorpos de camundongos imunizados, quando fusionados com células derivadas de uma linhagem celular de linfócitos B transformados, podem dar origem a híbridos que têm tanto habilidade de sintetizar um anticorpo específico como a habilidade de se multiplicar indefinidamente em cultura. Esses **hibridomas** são propagados como clones individuais, cada um fornecendo uma fonte permanente e estável de um único tipo de **anticorpo monoclonal**. Cada tipo de anticorpo monoclonal reconhece um tipo único de sítio antigênico – por exemplo, um determinado grupo de cadeias laterais de cinco ou seis aminoácidos na superfície de uma proteína. Sua especificidade uniforme torna os anticorpos monoclonais muito mais úteis do que o antissoro convencional para muitos propósitos.

Uma vantagem importante da técnica do hibridoma é que os anticorpos monoclonais podem ser obtidos para moléculas que constituem apenas um componente minoritário de uma mistura complexa. Em um antissoro comum feito contra tal mistura, a proporção de moléculas de anticorpo que reconhece o componente minoritário é muito pequena para ser útil. Contudo, se os linfócitos B que produzem os vários componentes desse antissoro são convertidos em hibridomas, torna-se possível rastrear clones de hibridomas individuais a partir de uma grande mistura, para selecionar um que produza o anticorpo monoclonal do tipo desejado e propagar o hibridoma selecionado indefinida-

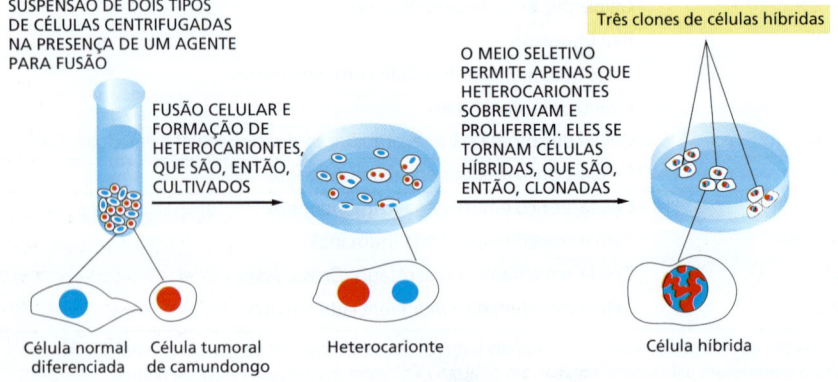

Figura 8-4 Produção de células híbridas. É possível fusionar uma célula com outra para formar um *heterocarionte*, uma célula combinada com dois núcleos separados. Normalmente, uma suspensão de células é tratada com certos vírus inativados ou com polietilenoglicol, que alteram as membranas plasmáticas das células para induzir sua fusão. Finalmente, um heterocarionte entra em mitose e produz uma célula híbrida na qual os dois envelopes nucleares separados foram desestruturados, permitindo que todos os cromossomos sejam combinados em um único grande núcleo. Tais células híbridas podem originar linhagens celulares híbridas imortais. Se uma das células parentais for uma linhagem celular tumoral, a célula híbrida é chamada de hibridoma.

mente de maneira a produzir aquele anticorpo em quantidades ilimitadas. Dessa forma, em princípio, um anticorpo monoclonal pode ser produzido contra qualquer proteína em uma amostra biológica. Uma vez que um anticorpo foi produzido, ele pode ser utilizado para localizar uma proteína em células e tecidos, para seguir seu movimento e para purificar a proteína com o objetivo de estudar sua estrutura e função.

Resumo

Os tecidos podem ser dissociados em suas células componentes, das quais tipos individuais de células podem ser purificados e utilizados para análise bioquímica ou para o estabelecimento de culturas de células. Várias células animais e vegetais sobrevivem e proliferam em uma placa de cultura se forem providas com um meio de cultura adequado contendo nutrientes e moléculas sinalizadoras apropriadas. Embora a maioria das células animais pare de se dividir após um número finito de divisões celulares, as células que foram imortalizadas por mutações espontâneas ou manipulação genética podem ser mantidas indefinidamente como linhagens celulares. As células de hibridomas são amplamente utilizadas para produzir quantidades ilimitadas de anticorpos monoclonais homogêneos, utilizados para detectar e purificar proteínas celulares, assim como no diagnóstico e no tratamento de doenças.

PURIFICAÇÃO DE PROTEÍNAS

O desafio de isolar um único tipo de proteína a partir de milhares de outras proteínas presentes em uma célula é formidável, mas deve ser vencido para permitir o estudo da função das proteínas *in vitro*. Como veremos mais adiante neste capítulo, a *tecnologia do DNA recombinante* pode simplificar muito a tarefa de "enganar" as células para a produção de grandes quantidades de uma certa proteína, tornando sua purificação muito mais fácil. Independentemente de a fonte da proteína ser uma célula modificada ou um tecido normal, o procedimento de purificação normalmente inicia com o fracionamento subcelular para reduzir a complexidade do material, sendo, então, seguido por etapas de purificação com especificidade crescente.

Células podem ser divididas em seus componentes

Para purificar uma proteína, ela precisa primeiro ser extraída da célula. As células podem ser rompidas de várias maneiras: podem ser submetidas ao choque osmótico ou à vibração ultrassônica, forçadas a atravessar um pequeno orifício ou maceradas em um processador. Esses procedimentos rompem várias das membranas da célula (incluindo a membrana plasmática e o retículo endoplasmático) em fragmentos que imediatamente se unem para formar pequenas vesículas fechadas. Se aplicados com cuidado, entretanto, os procedimentos de ruptura deixam organelas como o núcleo, a mitocôndria, o aparelho de Golgi, os lisossomos e os peroxissomos intactos. A suspensão de células é, desse modo, reduzida a um caldo grosso (chamado de *homogenato* ou *extrato*) que contém uma variedade de organelas envolvidas por membranas, cada qual com tamanho, carga e densidade distintas. Uma vez que o meio de homogenização tenha sido escolhido com cuidado (por tentativa e erro para cada organela), os vários componentes – incluindo as vesículas derivadas do retículo endoplasmático, chamadas de microsomos – retêm a maioria das suas propriedades bioquímicas originais.

Os diferentes componentes do homogenato devem, então, ser separados. Tais fracionamentos celulares tornaram-se possíveis somente após o desenvolvimento comercial, no início dos anos de 1940, de um instrumento chamado de *ultracentrífuga preparativa*, que centrifuga extratos de células rompidas em altas velocidades (**Figura 8-5**). Esse tratamento separa os componentes celulares por tamanho e densidade: em geral, os objetos maiores experimentam as forças centrífugas maiores e se movem mais rapidamente. A uma velocidade relativamente baixa, componentes grandes, como núcleos, depositam-se no fundo do tubo da centrífuga; a uma velocidade levemente mais alta, um sedimento de mitocôndrias é depositado; a velocidades ainda mais alta e com períodos mais longos de centrifugação, primeiro as vesículas pequenas fechadas e depois os ribossomos podem ser coletados (**Figura 8-6**). Todas essas frações são impuras, mas vá-

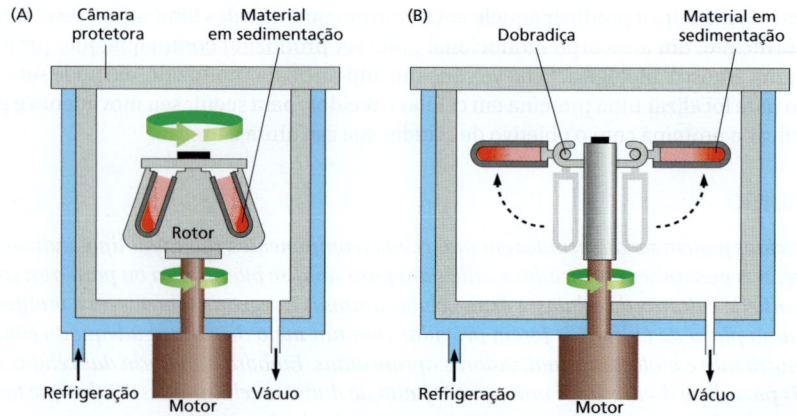

Figura 8-5 Ultracentrífuga preparativa. (A) A amostra é colocada em tubos que são colocados em um anel de orifícios cilíndricos angulados em um rotor de metal. A rápida rotação do rotor gera forças centrífugas enormes, que fazem as partículas na amostra sedimentarem contra a lateral do fundo dos tubos de amostras, como mostrado. O vácuo reduz a fricção, prevenindo o aquecimento do rotor e permitindo a refrigeração do sistema para manter a amostra a 4°C. (B) Alguns métodos de fracionamento requerem um tipo diferente de rotor, chamado de rotor móvel (*swinging-bucket*). Nesse caso, os tubos de amostra são colocados em tubos de metal com dobradiças que permitem que os tubos se movimentem quando o rotor girar. Dessa forma, os tubos de amostra ficam na horizontal durante a centrifugação e as amostras são sedimentadas de encontro ao fundo do tubo, e não nas laterais do tubo, permitindo uma melhor separação de componentes com tamanhos diferentes (ver Figuras 8-6 e 8-7).

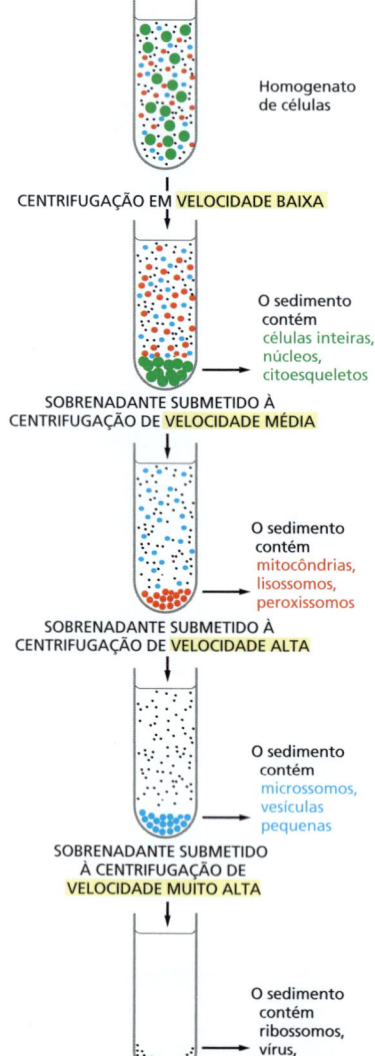

rios contaminantes podem ser removidos ressuspendendo-se o sedimento e repetindo-se o procedimento de centrifugação várias vezes.

A centrifugação é a primeira etapa na maioria dos fracionamentos, porém ela separa apenas os componentes que diferem muito em tamanho. Um grau mais refinado de separação pode ser alcançado colocando-se o homogenato, de maneira que forme uma fina camada, no topo de uma solução salina em um tubo de centrífuga. Quando centrifugados, os vários componentes na mistura movem-se como uma série de bandas distintas pela solução, cada uma em uma velocidade diferente, em um processo chamado de *sedimentação por velocidade* (**Figura 8-7A**). Para que o procedimento funcione de forma efetiva, é preciso evitar que as frações se misturem por convecção, o que normalmente ocorre quando uma solução mais densa (p. ex., uma solução contendo organelas) é colocada no topo de uma solução menos densa (uma solução salina). Isso é conseguido preenchendo-se o tubo de centrífuga com um gradiente de sacarose preparado por um misturador especial. O gradiente de densidade resultante – com a parte mais densa no fundo do tubo – mantém cada região da solução mais densa do que qualquer solução acima dela, prevenindo, dessa forma, que uma mistura por convecção distorça a separação.

Quando sedimentados por gradientes de sacarose, os diferentes componentes celulares separam-se em bandas distintas que podem ser coletadas individualmente. A velocidade relativa na qual cada componente sedimenta depende principalmente do seu tamanho e forma – normalmente sendo descrita em termos de coeficiente de sedimentação, ou valor S. As centrífugas atuais giram a velocidades de até 80.000 rpm e produzem forças tão altas quanto 500 mil vezes a gravidade. Essa enorme força induz até mesmo moléculas pequenas, como moléculas de RNA transportador (tRNA) e simples enzimas, a sedimentar a uma velocidade apreciável, e permite que essas moléculas sejam separadas umas das outras pelo tamanho.

Figura 8-6 Fracionamento celular por centrifugação. A centrifugação repetida a velocidades progressivamente mais altas fracionará homogenatos de células em seus componentes. Em geral, quanto menor o componente subcelular, maior é a força centrífuga necessária para sedimentá-lo. Valores típicos para as várias etapas de centrifugação referidos na figura são:
Velocidade baixa: 1.000 vezes a gravidade por 10 minutos.
Velocidade média: 20.000 vezes a gravidade por 20 minutos.
Velocidade alta: 80.000 vezes a gravidade por 1 hora.
Velocidade muito alta: 150.000 vezes a gravidade por 3 horas.

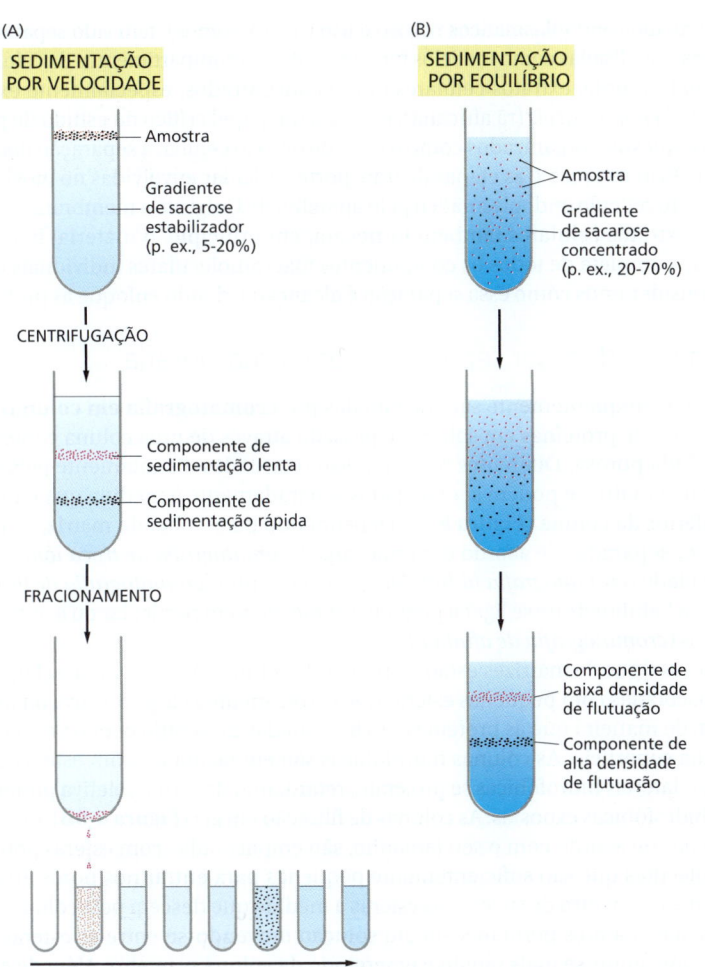

Figura 8-7 Comparação entre sedimentação por velocidade e por equilíbrio. (A) Na sedimentação por velocidade, os componentes subcelulares sedimentam a velocidades diferentes, de acordo com seu tamanho e forma, quando colocados sobre uma solução contendo sacarose. Para estabilizar as bandas de sedimentação, contra uma mistura por convecção causada pelas pequenas diferenças na temperatura ou na concentração do soluto, o tubo contém um gradiente contínuo de sacarose que aumenta de concentração em direção ao fundo do tubo (normalmente de 5 a 20% de sacarose). Após a centrifugação, os diferentes componentes podem ser coletados de forma individual, simplesmente perfurando o tubo plástico de centrífuga com uma agulha e coletando-se as gotas do fundo, como ilustrado aqui. (B) Na sedimentação por equilíbrio, os componentes subcelulares movem-se para cima e para baixo, quando centrifugados em um gradiente, até alcançarem uma posição onde sua densidade se iguala à do meio. Embora um gradiente de sacarose seja mostrado aqui, gradientes mais densos, que são muito úteis para separar proteínas e ácidos nucleicos, podem ser formados com cloreto de césio. As bandas resultantes, em equilíbrio, podem ser coletadas como em (A).

A ultracentrífuga também é utilizada para separar componentes celulares com base em sua densidade de flutuação, independentemente de seu tamanho e forma. Nesse caso, a amostra é sedimentada por um gradiente de densidade que contém uma concentração muito alta de sacarose ou de cloreto de césio. Cada componente celular começa a descer pelo gradiente, como na Figura 8-7A, mas finalmente alcança uma posição em que a densidade da solução é igual a sua própria densidade. Nesse ponto, o componente flutua e não pode mais se mover adiante. Uma série de bandas distintas é, então, produzida no tubo de centrífuga, com as bandas mais próximas do fundo do tubo contendo componentes de maior densidade de flutuação (**Figura 8-7B**). Esse método, chamado de *sedimentação por equilíbrio*, é tão sensível que é capaz de separar macromoléculas que incorporaram isótopos pesados, como ^{13}C ou ^{15}N, das mesmas moléculas que contêm isótopos comuns mais leves (^{12}C ou ^{14}N). De fato, o método de cloreto de césio foi desenvolvido, em 1957, para separar o DNA marcado do não marcado após a exposição de uma população de bactérias em crescimento a nucleotídeos precursores contendo ^{15}N; esse experimento clássico proporcionou a evidência direta para a replicação semiconservativa do DNA (ver Figura 5-5).

Extratos de células fornecem sistemas acessíveis para o estudo da função celular

O estudo de organelas e outros componentes subcelulares grandes isolados na ultracentrífuga contribuiu muito para o nosso entendimento da função dos diferentes componentes celulares. Os experimentos com mitocôndrias e cloroplastos purificados por centrifugação, por exemplo, demonstraram a função central dessas organelas de converter energia em formas que a célula possa utilizar. Similarmente, vesículas soltas, formadas a partir de fragmentos dos retículos endoplasmáticos rugoso e liso (microssomos), têm sido separadas umas das outras e analisadas como modelos funcionais desses compartimentos da célula intacta.

Similarmente, extratos celulares muito concentrados, especialmente extratos de oócitos de *Xenopus laevis* (rã africana), têm tido um papel crítico no estudo de processos muito complexos e organizados como o ciclo de divisão celular, a separação dos cromossomos no fuso mitótico e as etapas de transporte vesicular envolvidas no movimento de proteínas do retículo endoplasmático pelo aparelho de Golgi até a membrana plasmática.

Os extratos celulares também fornecem, em princípio, o material inicial para a separação completa de todos os componentes macromoleculares individuais da célula. Agora consideramos como essa separação é alcançada, dando enfoque às proteínas.

Proteínas podem ser separadas por cromatografia

As proteínas frequentemente são fracionadas por **cromatografia em colunas**, na qual uma mistura de proteínas em solução é passada através de uma coluna contendo uma matriz sólida porosa. Diferentes proteínas são retardadas distintamente pela sua interação com a matriz, e podem ser coletadas separadamente à medida que emergem na parte inferior da coluna (**Figura 8-8**). Dependendo da escolha da matriz, as proteínas podem ser separadas de acordo com sua carga (*cromatografia de troca iônica*), sua hidrofobicidade (*cromatografia hidrofóbica*), seu tamanho (*cromatografia de filtração em gel*) ou sua habilidade de se ligar a pequenas moléculas em particular ou a outras macromoléculas (*cromatografia de afinidade*).

Vários tipos de matrizes estão disponíveis. Colunas de troca iônica (**Figura 8-9A**) são empacotadas com pequenas esferas que carregam uma carga positiva ou uma carga negativa, de maneira que as proteínas são fracionadas de acordo com o arranjo das cargas na sua superfície. As colunas hidrofóbicas são empacotadas com esferas das quais as cadeias laterais hidrofóbicas se projetam, retardando de forma seletiva proteínas com regiões hidrofóbicas expostas. As colunas de filtração em gel (**Figura 8-9B**), que separam as proteínas de acordo com o seu tamanho, são empacotadas com esferas porosas ínfimas: moléculas que são suficientemente pequenas para entrar nos poros arrastam-se lentamente por dentro de sucessivas esferas à medida que descem pela coluna, enquanto moléculas maiores permanecem em solução movendo-se entre as esferas e, dessa maneira, movendo-se mais rápido e emergindo da coluna primeiro. Além de constituir

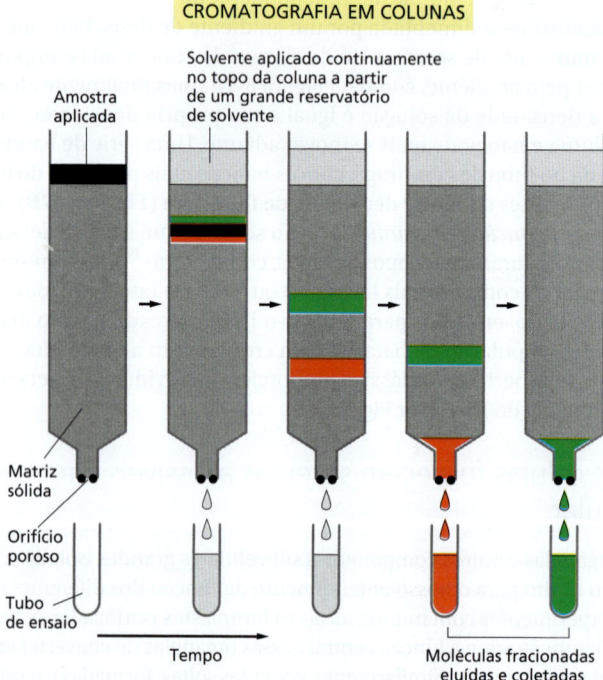

Figura 8-8 Separação de moléculas por cromatografia em colunas. A amostra, uma solução contendo uma mistura de diferentes moléculas, é aplicada no topo de uma coluna cilíndrica de vidro ou plástico preenchida por uma matriz sólida permeável, como celulose. Uma quantidade grande de solvente é, então, passada lentamente através da coluna e coletada em tubos separados à medida que emerge na parte inferior da coluna. Como vários componentes da amostra passam pela coluna em diferentes velocidades, eles são fracionados em diferentes tubos.

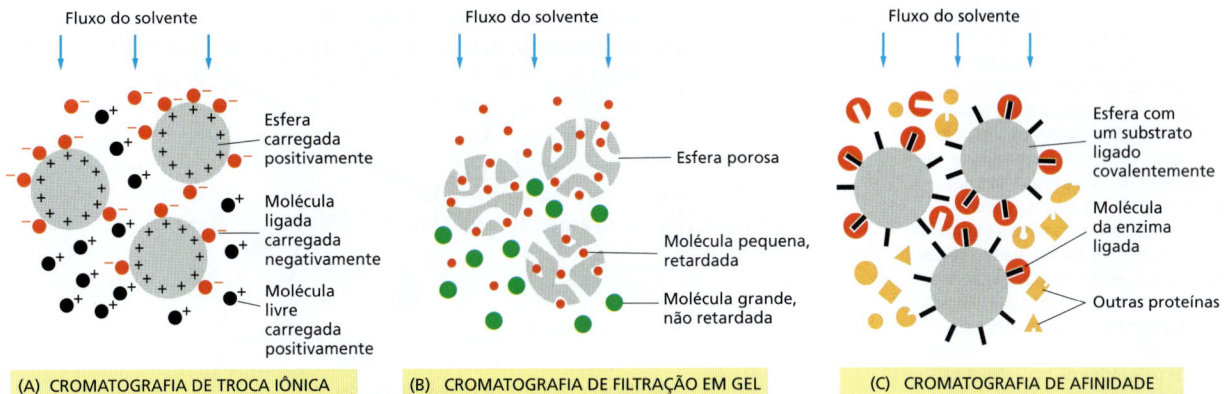

Figura 8-9 Três tipos de matrizes utilizadas para cromatografia. (A) Na cromatografia de troca iônica, a matriz insolúvel possui cargas iônicas que retardam o movimento das moléculas de carga oposta. As matrizes utilizadas para separar proteínas incluem dietilaminoetilcelulose (DEAE-celulose), que é carregada positivamente, e carboximetilcelulose (CM-celulose) e fosfocelulose, que são carregadas negativamente. As matrizes análogas com base em agarose ou em outros polímeros também são utilizadas com frequência. A força da associação entre as moléculas dissolvidas e a matriz para troca iônica depende tanto da força iônica quanto do pH da solução que está passando pela coluna, que pode, portanto, ser variada sistematicamente (como na Figura 8-10) para alcançar uma separação efetiva. (B) Na cromatografia de filtração em gel, as pequenas esferas que formam a matriz são inertes, mas porosas. As moléculas que são suficientemente pequenas para penetrar as esferas da matriz retardam e se deslocam mais lentamente através da coluna do que moléculas maiores que não podem penetrar. As esferas de polissacarídeos com ligação cruzada (dextran, agarose ou acrilamida) estão disponíveis comercialmente em uma ampla variedade de tamanho de poros, sendo adequadas para o fracionamento de moléculas de várias massas moleculares, a partir de menos de 500 dáltons até mais de 5×10^6 dáltons. (C) A cromatografia de afinidade utiliza uma matriz insolúvel covalentemente ligada a um ligante específico, como uma molécula de anticorpo ou um substrato de uma enzima, que ligará uma proteína específica. As moléculas de enzimas que se ligam a substratos imobilizados em tais colunas podem ser eluídas com uma solução concentrada da forma livre da molécula do substrato, enquanto moléculas que se ligam a anticorpos imobilizados podem ser eluídas dissociando-se o complexo antígeno-anticorpo com soluções concentradas de sais ou soluções com pH alto ou baixo. Altos graus de purificação são frequentemente alcançados em uma única etapa com uma coluna de afinidade.

um método de separação de moléculas, a cromatografia por filtração em gel é um meio conveniente para estimar seu tamanho.

A cromatografia de afinidade (Figura 8-9C) aproveita as interações de ligações biologicamente importantes que ocorrem na superfície das proteínas. Se uma molécula de substrato é covalentemente ligada a uma matriz inerte como uma esfera de polissacarídeo, a enzima que liga este substrato será retida especificamente pela matriz e pode, em tal caso, ser eluída (lavada) próximo a sua forma pura. Do mesmo modo, oligonucleotídeos pequenos de DNA de uma sequência especificamente desenhada podem ser imobilizados dessa maneira e utilizados para purificar proteínas que se ligam ao DNA, as quais normalmente reconhecem essa sequência de nucleotídeos nos cromossomos. Alternativamente, anticorpos específicos podem ser acoplados à matriz para purificar moléculas proteicas reconhecidas pelos anticorpos. Pela alta especificidade de todas essas colunas de afinidade, purificações de 1.000 a 10.000 vezes, às vezes podem ser alcançadas em um único passo.

Se iniciarmos com uma mistura complexa de proteínas, uma única passagem por uma coluna de troca iônica ou de filtração em gel não produzirá frações muito purificadas, uma vez que estes métodos não aumentam individualmente a proporção de determinada proteína na mistura em mais de 20 vezes. Como a maioria das proteínas individuais representa menos de 1/1.000 das proteínas celulares totais, normalmente é necessário utilizar vários tipos diferentes de colunas em sucessão para alcançar uma pureza suficiente, sendo a cromatografia de afinidade a mais eficiente (**Figura 8-10**).

A não homogenidade nas matrizes (como a celulose), que propicia um fluxo irregular do solvente através da coluna, limita a resolução da coluna de cromatografia convencional. Resinas cromatográficas especiais (normalmente com base em sílica) compostas de esferas ínfimas (3 a 10 μm de diâmetro) podem ser empacotadas com um aparelho especial para formar uma coluna uniforme. Tais colunas de **cromatografia líquida de alto desempenho** (HPLC, *high-performance liquid chromatography*) possuem um alto grau de resolução. Na HPLC, os solutos se equilibram rapidamente com o interior das pequenas esferas, e assim, solutos com diferentes afinidades pela matriz são separados de maneira eficiente uns dos outros mesmo a fluxos muito rápidos. HPLC é, portanto, o método de escolha para separar várias proteínas e pequenas moléculas.

A imunoprecipitação é um método rápido de purificação por afinidade

A imunoprecipitação é uma variação útil do tema sobre cromatografia de afinidade. Os anticorpos específicos que reconhecem a proteína a ser purificada estão ligados a pequenas esferas de agarose. Em vez de serem empacotadas em uma coluna, como na cromatografia de afinidade, uma pequena quantidade de esferas cobertas com o anticorpo é simplesmente adicionada a um extrato proteico em um tubo de ensaio e misturada por um curto período de tempo, permitindo, assim, que os anticorpos se liguem à proteína desejada. As esferas são, então, coletadas por centrifugação a baixa velocidade e as proteínas não ligadas presentes no sobrenadante são descartadas. Esse método é normalmente utilizado para purificar pequenas quantidades de enzimas a partir de extratos celulares para análise da atividade enzimática ou para estudos de proteínas associadas.

Figura 8-10 Purificação de proteínas por cromatografia. Resultados típicos obtidos quando três etapas cromatográficas diferentes são utilizadas em sucessão para purificar uma proteína. Neste exemplo, um homogenato de células foi inicialmente fracionado permitindo-se sua passagem por uma resina de troca iônica empacotada em uma coluna (A). A coluna foi lavada para remover todos os contaminantes não ligados, e as proteínas ligadas foram, então, eluídas aplicando-se uma solução, contendo uma concentração de sal que aumenta gradualmente, no topo da coluna. As proteínas com menor afinidade pela resina de troca iônica passaram diretamente pela coluna e foram coletadas nas primeiras frações eluídas na parte inferior da coluna. As proteínas remanescentes foram eluídas em sequência, de acordo com sua afinidade pela resina – aquelas proteínas que se ligam mais fortemente à resina requerendo concentrações mais altas de sal para serem removidas. A proteína de interesse foi eluída em várias frações e detectada pela sua atividade enzimática. As frações com atividade foram selecionadas e, então, aplicadas em uma coluna de filtração em gel (B). A posição de eluição da proteína ainda impura foi determinada novamente pela sua atividade enzimática, e as frações ativas foram selecionadas e purificadas à homogenidade em uma coluna de afinidade (C) que continha o substrato da enzima imobilizado.

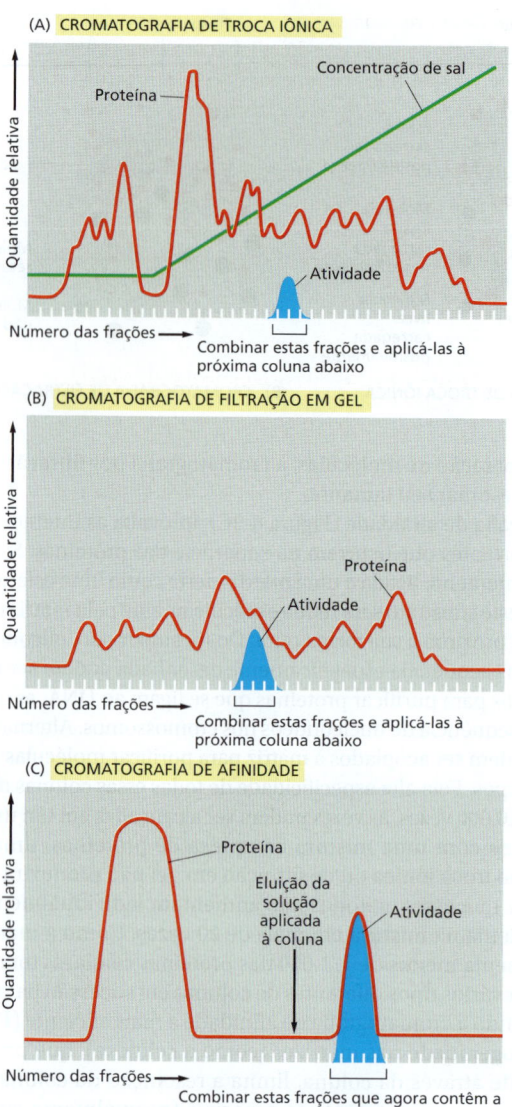

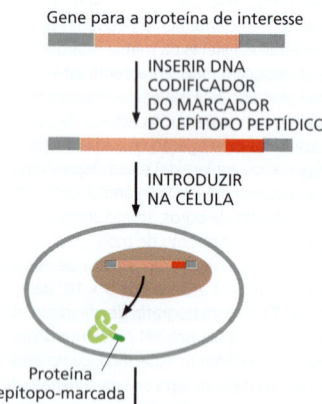

Figura 8-11 Marcação de epítopos para purificação de proteínas. Utilizando técnicas de engenharia genética convencionais, um marcador peptídico curto pode ser adicionado a uma proteína de interesse. Caso o próprio marcador seja um determinante antigênico, ou *epítopo*, ele pode ser alvo de um anticorpo apropriado, que pode ser utilizado para purificar a proteína por imunuprecipitação ou cromatografia de afinidade.

Marcadores produzidos por engenharia genética fornecem uma maneira fácil de purificar proteínas

Pela utilização dos métodos de DNA recombinante discutidos nas seções subsequentes, qualquer gene pode ser modificado para produzir sua proteína com um marcador de reconhecimento especial ligado a ele, para fazer a subsequente purificação da proteína de forma simples e rápida. Muitas vezes o próprio marcador de reconhecimento é um determinante antigênico, ou *epítopo*, que pode ser reconhecido por um anticorpo muito específico. O anticorpo pode, então, ser utilizado para purificar a proteína por cromatografia de afinidade ou imunoprecipitação (**Figura 8-11**). Outros tipos de marcadores são especialmente projetados para purificação de proteínas. Por exemplo, uma sequência repetida de aminoácido histidina se liga a certos íons de metal, incluindo níquel e cobre. Se técnicas de engenharia genética são utilizadas para ligar uma cauda curta de histidinas em uma extremidade da proteína, a proteína levemente modificada pode ser retida seletivamente em uma coluna de afinidade contendo íons de níquel imobilizados. A cromatografia de afinidade por metal pode, desse modo, ser utilizada para purificar essa proteína modificada a partir de uma mistura molecular complexa.

Em outros casos, uma proteína inteira é utilizada como marcador de reconhecimento. Quando células são modificadas para sintetizar a pequena enzima glutationa-*S*-transferase (GST) ligada a uma proteína de interesse, a **proteína de fusão** resultante pode ser purificada a partir de outros conteúdos da célula com uma coluna de afinidade contendo glutationa, uma molécula de substrato que se liga especificamente e de modo forte à GST.

Como um refinamento adicional dos métodos de purificação que utilizam marcadores de reconhecimento, uma sequência de aminoácidos que forma um sítio de clivagem para uma enzima proteolítica altamente específica pode ser inserida entre a proteína de escolha e o marcador de reconhecimento. Como as sequências de aminoácidos no sítio de clivagem raramente são encontradas por acaso nas proteínas, o marcador pode ser removido mais tarde sem destruir a proteína purificada.

Esse tipo de clivagem específica é utilizado em uma metodologia de purificação especialmente potente conhecida como *marcação para purificação por afinidade em sequência* (TAP-tagging, de *tandem affinity purification tagging*). Aqui, uma extremidade da proteína é modificada para conter dois marcadores de reconhecimento separados por um sítio de clivagem de protease. O marcador da extremidade do construto é escolhido para se ligar de forma irreversível a uma coluna de afinidade, permitindo que a coluna seja lavada extensivamente para remover todas as proteínas contaminantes. A clivagem por protease libera a proteína, que, então, é purificada usando o segundo marcador. Como essa estratégia de duas etapas fornece um grau especialmente alto de purificação com um esforço relativamente pequeno, ela é muito utilizada em biologia celular. Assim, por exemplo, um grupo de aproximadamente 6 mil cepas de leveduras, cada uma com um gene diferente fusionado ao DNA que codifica um TAP-tag, foi construído para permitir que qualquer proteína de levedura seja purificada rapidamente.

Sistemas purificados livres de células são necessários à dissecação precisa das funções moleculares

Os **sistemas purificados livres de células** fornecem um meio para estudar processos biológicos livres de todas as reações complexas que ocorrem em uma célula viva. Para tornar isso possível, homogenatos de células são fracionados com a finalidade de purificar cada uma das macromoléculas individuais necessárias para catalisar o processo biológico de interesse. Por exemplo, os experimentos para decifrar o mecanismo de síntese proteica iniciaram com um homogenato de células que podia traduzir moléculas de RNA para produzir proteínas. O fracionamento desse homogenato, etapa por etapa, produziu, por sua vez, os ribossomos, os tRNAs e várias enzimas que juntas constituem a maquinaria de síntese proteica. Uma vez que os componentes individuais puros estão disponíveis, cada um pode ser adicionado ou retirado individualmente para definir seu papel exato no processo como um todo.

O principal objetivo dos biólogos celulares é a reconstituição de cada processo biológico em um sistema livre de células purificado. Apenas dessa maneira todos os componentes necessários para o processo podem ser definidos e pode-se controlar suas concentrações, o que é necessário para descobrir seus mecanismos de ação precisos. Embora muito ainda precise ser feito, uma grande parte do que conhecemos atualmente sobre a biologia molecular das células foi descoberta por estudos em tais sistemas livres de células. Esses sistemas têm sido utilizados, por exemplo, para decifrar os detalhes moleculares da replicação do DNA e da transcrição do DNA, do *splicing* do RNA, da tradução de proteínas, da contração muscular, do transporte de partículas ao longo dos microtúbulos e de vários outros processos que ocorrem nas células.

Resumo

As populações de células podem ser analisadas bioquimicamente rompendo-as e fracionando seu conteúdo, permitindo que sistemas funcionais livres de células sejam desenvolvidos. Os sistemas purificados livres de células são necessários para determinar os detalhes moleculares de processos celulares complexos, e o desenvolvimento de tais sistemas requer uma purificação extensiva de todas as proteínas e outros componentes envolvidos. As proteínas nos extratos celulares solúveis podem ser purificadas por colunas de cromatografia; dependendo do tipo de matriz da coluna, proteínas biologicamente ativas podem ser separadas com base em sua massa molecular, hidrofobicidade, características de carga ou afinidade por outras moléculas. Em uma purificação típica, a amostra é passada por várias colunas diferentes em

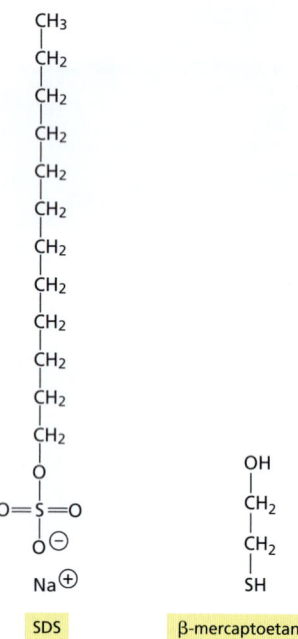

Figura 8-12 O detergente dodecilsulfato de sódio (SDS) e o agente redutor β-mercaptoetanol. Esses dois químicos são utilizados para solubilizar proteínas para eletroforese em gel de poliacrilamida-SDS. O SDS é mostrado aqui em sua forma ionizada.

sequência – as frações enriquecidas obtidas de uma coluna são aplicadas na próxima. Técnicas de DNA recombinante (descritas mais adiante), permitem que marcadores de reconhecimento especiais sejam ligados a proteínas, simplificando bastante sua purificação.

ANÁLISE DE PROTEÍNAS

As proteínas realizam a maioria dos processos celulares: elas catalisam reações metabólicas, utilizam a hidrólise de nucleotídeos para realizar o trabalho mecânico e servem como elementos estruturais majoritários das células. Uma grande variedade de estruturas e funções proteicas estimulou o desenvolvimento de um grande número de técnicas para estudá-las.

As proteínas podem ser separadas por eletroforese em gel de poliacrilamida-SDS

As proteínas normalmente possuem uma carga positiva ou negativa, dependendo da mistura de aminoácidos carregados que elas contêm. Um campo elétrico aplicado a uma solução que contém uma molécula proteica faz a proteína migrar a uma velocidade que depende da sua carga líquida, do seu tamanho e de sua forma. A aplicação mais popular dessa propriedade é a **eletroforese em gel de poliacrilamida-SDS** (**SDS-PAGE**, *SDS polyacrylamide-gel electrophoresis*). Ela utiliza um gel de poliacrilamida de ligações altamente cruzadas como uma matriz inerte, pela qual as proteínas migram. O gel é preparado pela polimerização de monômeros; o tamanho do poro do gel pode ser ajustado de maneira que seja suficientemente pequeno para retardar a migração das moléculas proteicas de interesse. As proteínas estão dissolvidas em uma solução que inclui um detergente fortemente carregado negativamente, dodecilsulfato de sódio (SDS, *sodium dodecyl sulfate*) (**Figura 8-12**). Como esse detergente se liga a regiões hidrofóbicas das moléculas proteicas, causando a sua desnaturação em cadeias polipeptídicas estendidas, as moléculas proteicas individuais se dissociam de outras proteínas ou moléculas lipídicas tornando-se completamente solúveis na solução detergente. Além disso, um agente redutor, como o β-mercaptoetanol (ver Figura 8-12), normalmente é adicionado para romper quaisquer ligações S-S nas proteínas, de forma que todos os polipeptídeos constituintes, presentes em múltiplas subunidades, possam ser analisados separadamente.

O que ocorre quando uma mistura de proteínas solubilizadas em SDS é analisada por eletroforese em gel de poliacrilamida? Cada molécula de proteína se liga a um grande número de moléculas do detergente carregado negativamente, que supera a carga intrínseca da proteína e faz ela migrar em direção ao eletrodo positivo, quando uma voltagem é aplicada. As proteínas do mesmo tamanho tendem a migrar pelo gel com velocidades similares, pois (1) sua estrutura nativa está completamente desnaturada pelo SDS, de maneira que a suas formas são as mesmas, e (2) elas se ligam a uma mesma quantidade de SDS, tendo, portanto, a mesma quantidade de cargas negativas. As proteínas maiores, com mais carga, são submetidas a forças elétricas maiores, mas também a um retardamento maior. Livres em solução, os dois efeitos seriam anulados, mas nas malhas do gel de poliacrilamida, que age como uma peneira molecular, as proteínas maiores são retardadas muito mais do que as proteínas menores. Como resultado, uma mistura complexa de proteínas é fracionada em uma série de bandas individuais de proteínas arranjadas de acordo com a sua massa molecular (**Figura 8-13**). As proteínas majoritárias facilmente são detectadas corando-se as proteínas do gel com um corante como o azul de Coomassie. Até mesmo as proteínas menos abundantes são visualizadas em géis tratados com coloração de prata, de modo que pequenas quantidades como 10 ng de proteína podem ser detectadas em uma banda. Para alguns propósitos, proteínas específicas também podem ser marcadas com um isótopo radioativo; a exposição do gel a um filme resulta em uma *autorradiografia* na qual as proteínas marcadas são visíveis (ver Figura 8-16).

O método SDS-PAGE é muito utilizado, pois pode separar todos os tipos de proteínas, incluindo aquelas que normalmente são insolúveis em água – como várias proteínas nas membranas. Como o método separa os polipeptídeos pelo tamanho, ele fornece informações sobre a massa molecular e a composição das subunidades das proteínas. A **Figura 8-14** apresenta uma fotografia de um gel utilizado para analisar cada um dos estágios sucessivos na purificação de uma proteína.

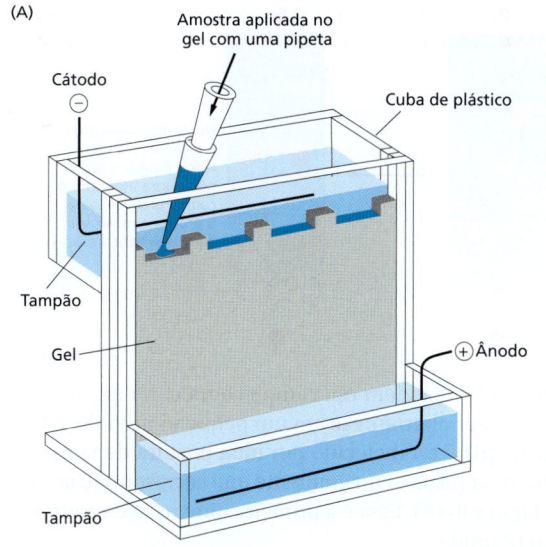

Figura 8-13 Eletroforese em gel de poliacrilamida-SDS (SDS-PAGE).
(A) Aparelho de eletroforese. (B) Cadeias polipeptídicas individuais formam um complexo com moléculas do dodecilsulfato de sódio (SDS) carregadas negativamente e, dessa maneira, migram como um complexo SDS-proteína, carregado negativamente, através de um gel poroso de poliacrilamida. Como a velocidade de migração nessas condições é maior quanto menor for o polipeptídeo, essa técnica pode ser utilizada para determinar a massa molecular aproximada de uma cadeia polipeptídica, assim como a composição das subunidades de uma proteína. Entretanto, se a proteína contém uma grande quantidade de carboidratos, ela se moverá anormalmente no gel e sua massa molecular aparente estimada por SDS-PAGE será errônea. Outras modificações, como fosforilação, também podem causar pequenas alterações na migração das proteínas no gel.

A eletroforese bidimensional em gel permite uma maior separação das proteínas

Como diferentes proteínas podem ter tamanhos, formas, massas e carga total diferentes, a maioria das técnicas de separação, como eletroforese em gel de poliacrilamida-SDS ou cromatografia de troca iônica, não consegue separar todas as proteínas em uma célula ou mesmo em uma organela. Em contraste, a **eletroforese bidimensional em gel**, que combina dois procedimentos de separação diferentes, pode resolver até 2 mil proteínas na forma de um mapa bidimensional de proteínas.

Na primeira etapa, as proteínas são separadas por sua carga intrínseca. A amostra é dissolvida em um volume pequeno de uma solução contendo um detergente não iônico (sem carga), com β-mercaptoetanol e o reagente desnaturante, ureia. Essa solução solubiliza, desnatura e dissocia todas as cadeias polipeptídicas, mas mantém suas cargas intrínsecas inalteradas. As cadeias polipeptídicas são, então, separadas em um gradiente de pH por um procedimento chamado de *focalização isoelétrica*, que aproveita a variação na carga líquida de uma molécula proteica com o pH da solução onde se encontra. Cada proteína tem um ponto isoelétrico característico, o pH no qual a proteína não apre-

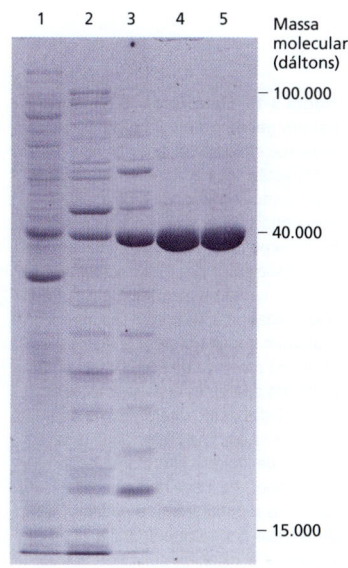

Figura 8-14 Análise de amostras de proteínas por eletroforese em gel de poliacrilamida-SDS. A fotografia mostra um gel corado com Coomassie que foi utilizado para detectar as proteínas presentes nos estágios sucessivos da purificação de uma enzima. A canaleta mais à esquerda (canaleta 1) contém a mistura complexa de proteínas do extrato de células inicial, e cada canaleta sucessiva analisa as proteínas obtidas após um fracionamento por cromatografia da amostra de proteína analisada na canaleta anterior (ver Figura 8-10). A mesma quantidade de proteína (10 μg) foi aplicada no gel no topo de cada canaleta. As proteínas individuais normalmente aparecem como bandas finas coradas com corante; entretanto, uma banda se alarga quando contém uma grande quantidade de proteína. (De T. Formosa e B.M. Alberts, *J. Biol. Chem.* 261:6107–6118, 1986.)

Figura 8-15 Separação de moléculas proteicas por focalização isoelétrica. Em um pH baixo (alta concentração de H⁺), os grupos do ácido carboxílico das proteínas tendem a ficar sem carga (–COOH) e seus grupos do ácido carboxílico nitrogênio ficam totalmente carregados (p. ex., $-NH_3^+$), dando à maioria das proteínas uma carga líquida positiva. Em pH alto, os grupos do ácido carboxílico são negativamente carregados (–COO⁻) e os grupos básicos tendem a ficar sem carga (p. ex., $-NH_2$), dando à maioria das proteínas uma carga líquida negativa. Em seu *pH isoelétrico*, uma proteína não tem carga líquida, uma vez que as cargas positivas e negativas se equilibram. Desse modo, quando um tubo contendo um gradiente fixo de pH é submetido a um campo elétrico forte na direção apropriada, cada espécie proteica migra até formar uma banda delgada em seu pH isoelétrico, conforme mostrado.

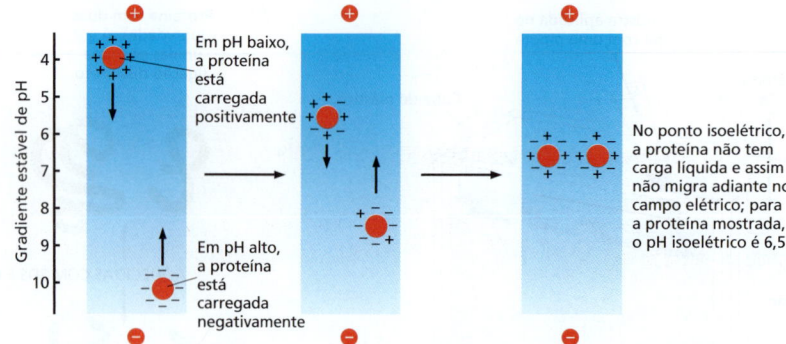

senta carga líquida e, dessa maneira, não migra em um campo elétrico. Na focalização isoelétrica, as proteínas são separadas por eletroforese em um pequeno tubo de gel de poliacrilamida onde um gradiente de pH é estabelecido por uma mistura de tampões especiais. Cada proteína migra para uma posição no gradiente que corresponde ao seu ponto isoelétrico e permanece lá (**Figura 8-15**). Essa é a primeira dimensão da eletroforese bidimensional em gel de poliacrilamida.

Na segunda etapa, o pequeno tubo de gel contendo as proteínas separadas é novamente submetido à eletroforese, mas na direção de um ângulo reto em relação à direção utilizada na primeira etapa. Dessa vez, o SDS é adicionado e as proteínas são separadas de acordo com o seu tamanho, como no SDS-PAGE unidimensional: o tubo de gel original é submerso em SDS e então colocado ao longo da borda superior de um gel de poliacrilamida-SDS, através do qual cada cadeia polipeptídica migra para formar um ponto discreto. Essa é a segunda dimensão da eletroforese bidimensional em gel de poliacrilamida. As únicas proteínas que não separam são aquelas que têm tanto tamanho como ponto isoelétrico idênticos, uma situação relativamente rara. Mesmo traços de cada cadeia polipeptídica podem ser detectados no gel por vários procedimentos de coloração – ou por autorradiografia se a amostra proteica foi inicialmente marcada com um radioisótopo (**Figura 8-16**). A técnica tem um poder de resolução tão grande que pode distinguir entre duas proteínas que diferem apenas em um único aminoácido carregado ou em um único sítio de fosforilação carregado negativamente.

Proteínas específicas podem ser detectadas por marcação com anticorpos

Uma proteína específica pode ser identificada após o seu fracionamento em um gel de poliacrilamida pela exposição de todas as proteínas presentes no gel a um anticorpo es-

Figura 8-16 Eletroforese bidimensional em gel de poliacrilamida. Todas as proteínas em uma célula bacteriana de *E. coli* estão separadas nesse gel, onde cada ponto corresponde a uma cadeia polipeptídica diferente. As proteínas foram primeiramente separadas com base no seu ponto isoelétrico por focalização isoelétrica, na dimensão horizontal. Depois, foram fracionadas de acordo com sua massa molecular por eletroforese, de cima para baixo, na presença de SDS. Observe que proteínas diferentes estão presentes em quantidades muito diferentes. As bactérias foram cultivadas na presença de uma mistura de aminoácidos marcados com radioisótopos, de maneira que todas as suas proteínas são radioativas e puderam ser detectadas por autorradiografia. (Cortesia de Patrick O'Farrell.)

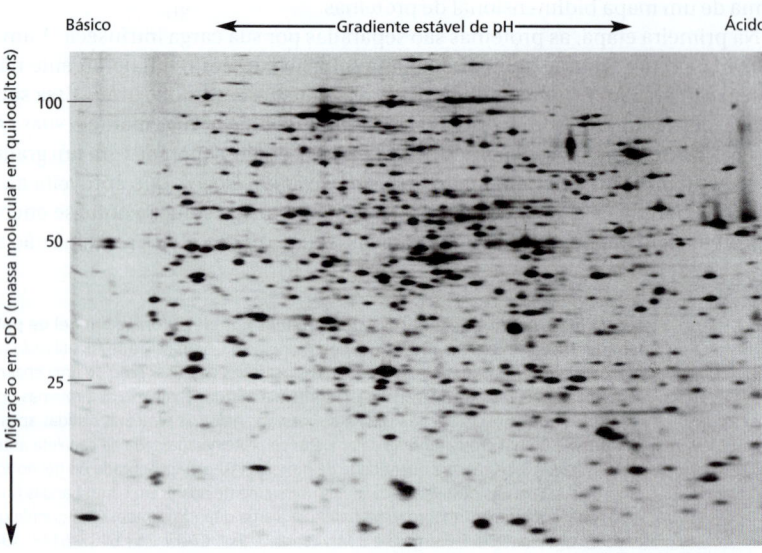

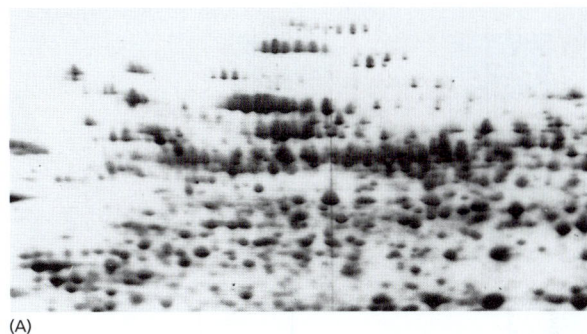
(A)

(B)

pecífico que tenha sido marcado com um isótopo radioativo ou um corante fluorescente. Esse procedimento normalmente é realizado depois de todas as proteínas separadas presentes no gel terem sido transferidas para uma folha de papel de nitrocelulose ou membrana de náilon. Coloca-se a membrana sobre o gel e direciona-se as proteínas para fora dele, com uma corrente elétrica forte, para transferir a proteína para a membrana. Então, a membrana é colocada em uma solução com o anticorpo marcado para revelar a proteína de interesse. Esse método de detecção de proteínas é chamado de **Western blotting** ou **immunoblotting** (**Figura 8-17**). Os métodos sensíveis de *Western blotting* podem detectar quantidades muito pequenas de determinada proteína (1 nanograma ou menos) a partir do extrato celular total ou outras misturas proteicas heterogêneas. O método pode ser bastante útil quando avaliamos as quantidades de uma determinada proteína na célula ou quando medimos as alterações nessas quantidades sob várias condições.

Figura 8-17 Western blotting. Todas as proteínas de células de tabaco em divisão em cultura foram inicialmente separadas por eletroforese em gel de poliacrilamida bidimensional. Em (A), as posições das proteínas são reveladas por uma coloração sensível a proteínas. Em (B), as proteínas separadas em um gel idêntico foram, então, transferidas para uma membrana de nitrocelulose e expostas a um anticorpo que reconhece apenas aquelas proteínas fosforiladas nos resíduos de treonina durante a mitose. As posições de poucas proteínas reconhecidas por esse anticorpo são reveladas por um anticorpo secundário ligado a uma enzima. (De J.A. Traas et al., *Plant J.* 2:723–732, 1992. Com autorização de Blackwell Publishing.)

Medidas hidrodinâmicas revelam o tamanho e a forma de um complexo proteico

A maioria das proteínas em uma célula atua como parte de complexos maiores, e o conhecimento do tamanho e da forma desses complexos muitas vezes revela informações a respeito da sua função. Essas informações podem ser obtidas de várias maneiras importantes. Às vezes, um complexo pode ser diretamente visualizado utilizando-se a microscopia eletrônica, como descrito no Capítulo 9. Uma abordagem complementar tem como base as propriedades hidrodinâmicas de um complexo, ou seja, seu comportamento à medida que se move por um meio líquido. Normalmente, duas medidas separadas são realizadas. Uma medida é a velocidade de um complexo à medida que ele se move sob a influência de um campo centrífugo produzido por uma ultracentrífuga (ver Figura 8-7A). O coeficiente de sedimentação (ou valor S) obtido depende tanto do tamanho como da forma do complexo e não revela, por si só, informação especialmente útil. Entretanto, uma vez que uma segunda medida hidrodinâmica é realizada – mapeando-se a migração de um complexo por uma coluna de cromatografia de filtração em gel (ver Figura 8-9B) –, tanto a forma aproximada de um complexo quanto sua massa molecular podem ser calculadas.

A massa molecular também pode ser determinada mais diretamente utilizando-se uma ultracentrífuga analítica, um aparelho complexo que permite que medidas da absorbância proteica de uma amostra sejam realizadas enquanto ela é submetida a forças centrífugas. Nessa abordagem, a amostra é centrifugada até atingir o equilíbrio, onde a força centrífuga sobre um complexo proteico se equilibra exatamente com sua tendência a difundir. Como seu ponto de equilíbrio é dependente na massa molecular do complexo, mas não na sua forma particular, a massa molecular pode ser diretamente calculada.

A espectrometria de massa fornece um método altamente sensível para identificar proteínas desconhecidas

Um problema frequente na biologia celular e bioquímica é a identificação de uma proteína ou cojunto de proteínas obtidas por um dos processos de purificação discutidos nas páginas anteriores. Como as sequências dos genomas da maioria dos organismos experimentais são, agora, conhecidas, catálogos de todas as proteínas produzidas nesses organismos estão disponíveis. A tarefa de identificar uma proteína desconhecida (ou

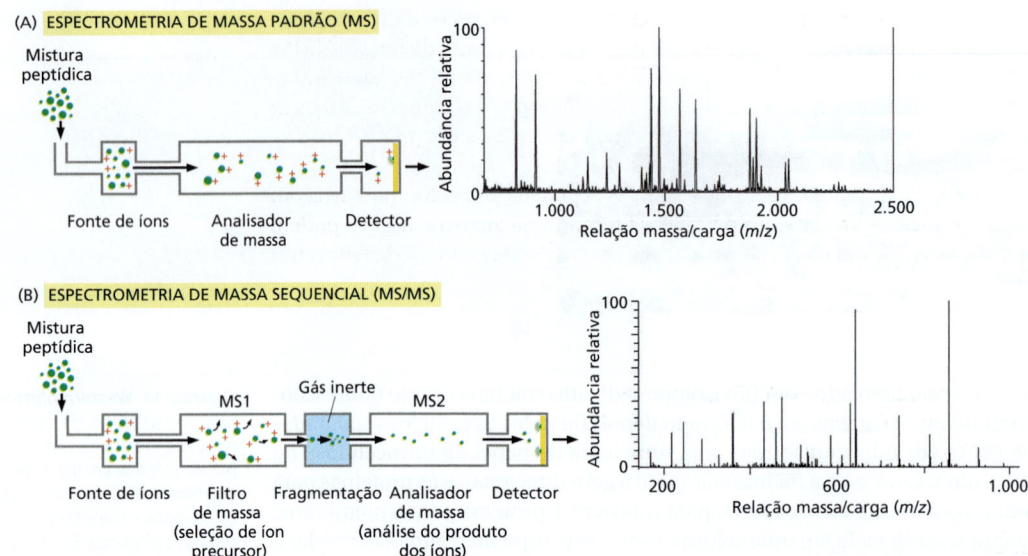

Figura 8-18 O espectrômetro de massa. (A) Espectrômetros de massa utilizados na biologia contêm uma fonte de íons que gera peptídeos gasosos ou outras moléculas sob condições que tornam a maioria das moléculas carregadas positivamente. Os dois principais tipos de fontes de íons são MALDI e *electrospray*, como descrito no texto. Os íons são acelerados para dentro do analisador de massa, que separa os íons com base na sua massa e carga por um dos três principais métodos: 1. *Analisadores time-of-flight (TOF)* determinam a relação entre massa e carga de cada íon na mistura a partir da velocidade na qual viajam, da fonte de íons até o detector. 2. *Filtros de massa quadrupolo* contêm uma longa câmara revestida por quatro eletrodos que produzem campos elétricos oscilantes que controlam a trajetória dos íons; por meio da variação das propriedades do campo elétrico por uma ampla extensão, é permitida a passagem de um espectro de íons com relação massa/carga específica pela câmara de um detector, enquanto outros íons são descartados. 3. *Captura de íons (ion traps)* possuem eletrodos na forma de "anéis" que produzem um campo elétrico tridimensional que aprisiona todos os íons em uma câmara circular; as propriedades do campo elétrico podem ser variadas por uma ampla extensão para ejetar um espectro de íons específicos para um detector. (B) Espectrometria de massa sequencial normalmente envolve dois analisadores de massa separados por uma câmara de colisões contendo um gás inerte de alta energia. O campo elétrico do primeiro analisador de massa é ajustado para selecionar um determinado íon, chamado de *íon precursor*, que então é direcionado para câmara de colisões. A colisão do peptídeo com as moléculas de gás causa a fragmentação aleatória dos peptídeos, principalmente nas ligações peptídicas, resultando em uma mistura altamente complexa de fragmentos que contêm um ou mais aminoácidos a partir do peptídeo original. Então, o segundo analisador de massa é utilizado para medir as massas dos fragmentos (chamados *produto* ou *íons-filhos*). Com o auxílio de um computador, o padrão dos fragmentos pode ser utilizado para deduzir a sequência de aminoácidos do peptídeo original.

um conjunto de proteínas desconhecidas) se reduz a comparar algumas sequências de aminoácidos presentes na amostra desconhecida com genes conhecidos catalogados. Essa tarefa agora é realizada quase que exclusivamente pelo uso da espectrometria de massa em conjunto com pesquisas de dados pelo computador.

As partículas carregadas têm uma dinâmica muito precisa quando submetidas a um campo elétrico ou magnético no vácuo. A espectrometria de massa explora esse princípio para separar íons de acordo com a sua relação massa/carga (m/z). É uma técnica muito sensível. Ela requer pouco material e é capaz de determinar a massa precisa de proteínas intactas e de peptídeos derivados delas por clivagem enzimática ou química. As massas podem ser obtidas com bastante acuidade, muitas vezes com um erro de menos de uma parte em 1 milhão.

A espectrometria de massa é realizada utilizando instrumentos complexos com três principais componentes (**Figura 8-18A**). O primeiro é a *fonte de íons*, que transforma minúsculas quantidades de uma amostra de peptídeo em moléculas de peptídeos individuais carregadas contendo gás. Esses íons são acelerados por um campo elétrico para dentro do segundo componente, o *analisador de massa*, onde campos elétricos ou magnéticos são usados para separar os íons com base em suas relações massa/carga. Finalmente, os íons separados colidem com um *detector*, que gera um espectro de massa contendo uma série de picos que representam as massas das moléculas na amostra.

Existem vários tipos diferentes de espectrômetros de massa, variando principalmente na natureza de suas fontes de íons e analisadores de massa. Uma das fontes mais comuns de íons depende de uma técnica chamada *ionização e dessorção a laser assistida por matriz* (MALDI, do inglês *matrix-assisted laser desorption ionization*). Nessa abordagem, as proteínas na amostra são primeiramente clivadas em peptídeos menores por uma protease, como a tripsina. Esses peptídeos são misturados com um ácido orgânico e então colocados para secar sobre uma lâmina de metal ou cerâmica. Um breve disparo de *laser* é direcionado para a amostra, produzindo uma nuvem gasosa de peptídeos ionizados, cada um carregando uma ou mais cargas positivas. Em muitos casos, a fonte de íons MALDI é acoplada a um analisador de massa chamado de analisador *time-of-flight* (*TOF*), que é uma câmara longa pela qual os peptídeos ionizados são acelerados por um campo elétrico em direção ao detector. Sua massa e carga determinam o tempo que levam para alcançar o detector: peptídeos grandes se movem mais lentamente, e moléculas muito carregadas se movem mais de forma mais rápida. Pela análise desses peptídeos ionizados que carregam uma única carga, as massas precisas dos peptídeos presentes na amostra original podem ser determinadas. Essa informação é, então, utilizada para analisar bancos de dados nos quais as massas de todas as proteínas e de todos os seus fragmentos peptídicos preditos foram organizadas a partir de sequências genômicas do organismo. Uma combinação clara com uma determinada fase de leitura aberta frequentemente pode ser realizada sabendo--se a massa de apenas alguns peptídeos derivados de uma proteína específica.

Utilizando-se dois analisadores de massa em sequência (um arranjo conhecido como MS/MS; **Figura 8-18B**), é possível determinar diretamente as sequências de aminoácidos de peptídeos individuais em uma mistura complexa. O instrumento MALDI-TOF descrito anteriormente não é o ideal para este método. Em vez disto, MS/MS normalmente envolve uma fonte de íons *electrospray*, que produz um feixe contínuo delgado de peptídeos que são ionizados e acelerados para dentro do primeiro analisador de massa. O analisador de massa normalmente é um *quadrupolo* ou *captura de íons*, que emprega grandes eletrodos para produzir campos elétricos oscilantes dentro da câmara que contém os íons. Esses instrumentos atuam como *filtros de massa*: o campo elétrico é ajustado por uma ampla faixa para selecionar um único íon de peptídeo e descartar todos os outros na mistura de peptídeos. Na espectrometria de massa em sequência, esse único íon é, então, exposto a um gás inerte de alta energia que colide com o peptídeo, resultando na fragmentação, principalmente nas ligações peptídicas. Então, o segundo analisador de massa determina as massas dos fragmentos peptídicos, que podem ser utilizadas por métodos computacionais para determinar a sequência de aminoácidos do peptídeo original e assim identificar a proteína da qual ele foi originado.

A espectrometria de massa em sequência também é útil para detectar e mapear com precisão modificações pós-traducionais das proteínas, como fosforilações ou acetilações. Como essas modificações conduzem a um aumento de massa característico em um aminoácido, eles são facilmente detectados durante a análise dos fragmentos peptídicos no segundo analisador de massa, e o local preciso da modificação muitas vezes pode ser deduzido a partir de um espectro de fragmentos peptídicos.

Uma técnica de espectrometria de massa "bidimensional" potente pode ser utilizada para determinar todas as proteínas presentes em uma organela ou outra mistura complexa de proteínas. Primeiro, a mistura de proteínas presente é digerida com tripsina para produzir pequenos peptídeos. Depois, esses peptídeos são separados por cromatografia líquida (LC) de alto desempenho. Cada fração de peptídeos a partir da coluna cromatográfica é injetada diretamente em uma fonte de íons *electrospray* em um espectrômetro de massa em sequência (MS/MS), fornecendo a sequência de aminoácidos e modificações pós-traducionais para cada peptídeo na mistura. Esse método, muitas vezes chamado de LC-MS/MS, é utilizado para identificar centenas ou milhares de proteínas em misturas proteicas complexas a partir de organelas específicas ou de células inteiras. Também pode ser utilizado para mapear todos os sítios de fosforilação na célula, ou todas as proteínas marcadas por outras modificações pós-traducionais como acetilação ou ubiquitinação.

Grupos de proteínas que interagem podem ser identificados por métodos bioquímicos

Como a maioria das proteínas na célula funciona como parte de complexos com outras proteínas, uma importante maneira para começar a caracterizar o papel biológico de uma proteína desconhecida é identificar todas as outras proteínas com as quais ela se liga especificamente.

Um método fundamental para identificar proteínas que se ligam umas às outras de maneira forte é a *imunoprecipitação*. Uma proteína-alvo específica é imunoprecipitada a partir de lisados celulares utilizando anticorpos específicos acoplados a esferas, como descrito anteriormente. Se a proteína-alvo está associada de forma suficientemente forte a outra proteína quando ela é capturada pelo anticorpo, a proteína ligada também precipita e pode ser identificada por espectrometria de massa. Esse método é útil para identificar proteínas que fazem parte de um complexo dentro das células, incluindo aquelas que interagem apenas de maneira transiente – por exemplo, quando moléculas de sinalização extracelulares estimulam as células (discutido no Capítulo 15).

Além de capturar complexos proteicos em colunas ou em tubos de ensaio, pesquisadores estão desenvolvendo arranjos de proteínas com alta densidade para investigar as interações proteicas. Esses arranjos, que contêm milhares de proteínas diferentes ou anticorpos distribuídos em uma lâmina de vidro imobilizados em minúsculos poços, permitem que se pesquise as atividades bioquímicas e os perfis de ligação de um grande número de proteínas de uma só vez. Por exemplo, se incubarmos uma proteína marcada fluorescentemente com arranjos contendo milhares de proteínas imobilizadas, cada ponto destes que permanece fluorescente após lavagem extensiva contém uma proteína que se liga de modo específico à proteína marcada.

Métodos ópticos podem monitorar as interações entre proteínas

Uma vez que se sabe que duas proteínas – ou uma proteína e uma molécula pequena – se associam, torna-se importante caracterizar sua interação com mais detalhes. As proteínas podem se associar por mais ou menos tempo (como as subunidades da RNA-polimerase ou o proteassomo) ou interagir em encontros transitórios que podem durar apenas poucos milissegundos (como uma proteína-cinase e seu substrato). Para compreender como uma proteína funciona dentro de uma célula, precisamos determinar com qual afinidade ela se liga a outras proteínas, o quão rápido ela se dissocia e como modificações covalentes, pequenas moléculas ou outras proteínas influenciam essas interações.

Como discutido no Capítulo 3 (ver Figura 3-44), o grau de interação entre duas proteínas é determinado pelas velocidades nas quais elas se associam e dissociam. Essas velocidades dependem respectivamente, da constante de associação (k_{on}) e da constante de dissociação (k_{off}). A constante cinética k_{off} é um número particularmente útil, pois fornece informações valiosas sobre por quanto tempo duas proteínas permanecem unidas uma à outra. A razão das duas constantes cinéticas (k_{on}/k_{off}) gera outro número bastante útil chamado de constante de equilíbrio (K, também conhecida como K_{eq} ou K_a), o inverso desta é a constante de dissociação K_d, mais comumente utilizada. A constante de equilíbrio é útil como um indicador geral da afinidade da interação, e pode ser utilizada para estimar a quantidade do complexo de ligação em diferentes concentrações das duas proteínas parceiras, fornecendo, desse modo, informações sobre a importância da interação nas concentrações proteicas encontradas dentro da célula.

Uma ampla variedade de métodos pode ser utilizada para determinar as constantes de ligação de um complexo de duas proteínas. Em um experimento simples de *ligação de equilíbrio*, duas proteínas são misturadas em diferentes concentrações até alcançarem o equilíbrio, e a quantidade de complexo ligado é medida. Metade do complexo proteico estará ligada a uma determinada concentração, que é igual a K_d. Os experimentos de equilíbrio muitas vezes envolvem o uso de marcas radioativas ou fluorescentes em uma das proteínas parceiras, acoplado a métodos bioquímicos ou ópticos para medir a quantidade da proteína ligada. Em um experimento de *ligação cinética* mais complexo, as constantes cinéticas são determinadas utilizando métodos rápidos que permitem a medida em tempo real da formação do complexo de ligação com o tempo (para determinar k_{on}) ou a dissociação de um complexo de ligação com o tempo (para determinar k_{off}).

Técnicas ópticas permitem medidas de ligação particularmente rápidas, convenientes e acuradas, e em alguns casos as proteínas nem mesmo necessitam ser marcadas. Certos aminoácidos (p. ex., triptofano) exibem uma fluorescência fraca que pode ser detectada com fluorímetros sensíveis. Em muitos casos, a intensidade da fluorescência, ou o espectro de emissão dos aminoácidos fluorescentes localizados em uma interface entre proteínas, se modificará quando duas proteínas se associarem. Quando é possível detectar essa alteração por fluorimetria, essa técnica fornece uma medida simples e sensível da ligação da proteína, que é útil tanto nos experimentos de equilíbrio e cinética da ligação. Uma técnica de ligação óptica relacionada, mas com uso mais amplo, é baseada em *anisotropia de fluorescência*, uma alteração na luz polarizada que é emitida por uma proteína marcada fluorescentemente nos estados livres e ligados (**Figura 8-19**).

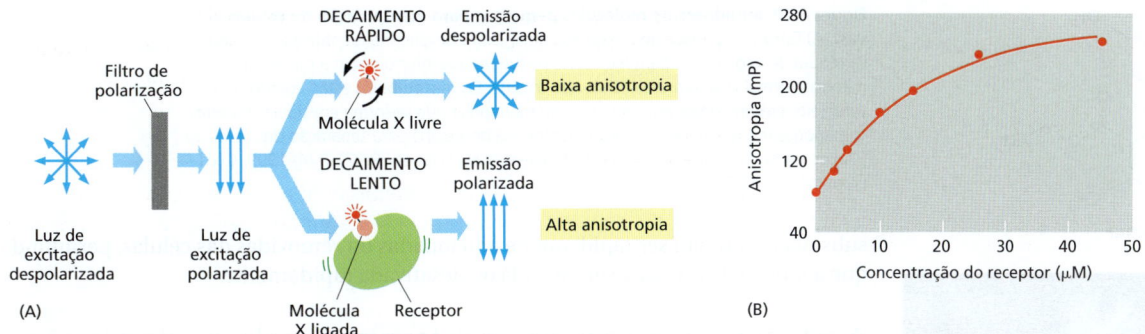

Figura 8-19 Medida da ligação por anisotropia de fluorescência. Esse método depende de uma proteína marcada fluorescentemente que é iluminada com luz polarizada no comprimento de ondas apropriado para excitação; um fluorímetro é utilizado para medir a intensidade e polarização da luz emitida. Se a proteína fluorescente for fixada na posição e, portanto, não sofrer rotação durante um breve período entre a excitação e a emissão, então a luz emitida será polarizada no mesmo ângulo da luz de excitação. Esse efeito direcional é denominado *anisotropia de fluorescência*. Entretanto, moléculas proteicas em solução sofrem rotação ou decaem rapidamente, de modo que há uma diminuição na quantidade de fluorescência anisotrópica. As moléculas maiores decaem a uma velocidade mais lenta e, portanto, possuem anisotropia de fluorescência maior. (A) Para medir a ligação entre uma pequena molécula e uma grande proteína receptora, a molécula menor é marcada com um fluoróforo. Na ausência do seu parceiro de ligação, a molécula decai rapidamente, resultando em anisotropia de fluorescência baixa (*imagem superior*). Entretanto, quando uma molécula pequena se liga a sua parceira maior, ela decai de forma mais lenta, resultando em um aumento na anisotropia de fluorescência (*imagem inferior*). (B) No experimento de equilíbrio da ligação mostrado aqui, um pequeno peptídeo ligante fluorescente estava presente em baixa concentração, e a quantidade de anisotropia de fluorescência (em unidades de minipolarização, mP) foi medida após a incubação com várias concentrações de um receptor proteico maior para o ligante. A partir da curva hiperbólica que representa os dados, pode ser observado que 50% da ligação ocorreu com 10 μM, que é igual à constante de dissociação K_d para a interação da ligação.

Outro método óptico para testar a interação de proteínas utiliza a *proteína verde fluorescente* (GFP, *green fluorescent protein*) (discutida em detalhes a seguir) e suas derivadas de diferentes cores. Nesta aplicação, duas proteínas de interesse são marcadas com uma proteína fluorescente diferente, de modo que o espectro de emissão de uma proteína fluorescente se sobreponha ao espectro de absorção da segunda. Caso as duas proteínas se aproximem muito uma da outra (cerca de 1-5 nm), a energia da luz absorvida é transferida de uma proteína fluorescente para a outra. A transferência de energia, chamada *transferência de energia por ressonância de fluorescência* (*FRET,* do inglês *fluorescence resonance energy transfer*), é determinada iluminando-se a primeira proteína fluorescente e medindo-se a emissão da segunda (ver Figura 9-26). Quando combinado com microscopia de fluorescência, este método pode ser utilizado para caracterizar interações entre proteínas em locais específicos dentro das células vivas (discutido no Capítulo 9).

A função proteica pode ser interrompida seletivamente com pequenas moléculas

Pequenos inibidores químicos de proteínas específicas têm contribuído muito para o desenvolvimento da biologia celular. Por exemplo, o inibidor de microtúbulos colchicina é utilizado de rotina para testar se os microtúbulos são necessários para um determinado processo biológico; ele também levou à primeira purificação da tubulina, várias décadas atrás. No passado, essas pequenas moléculas normalmente eram produtos naturais; isto é, eram sintetizadas por criaturas vivas. Embora os produtos naturais tenham sido muito úteis na ciência e na medicina (ver, p. ex., Tabela 6-4, p. 352), eles atuam em um número limitado de processos biológicos. Entretanto, o recente desenvolvimento de métodos para sintetizar centenas de milhares de pequenas moléculas e para realizar varreduras automatizadas em larga escala mantém a promessa de identificar inibidores químicos para praticamente qualquer processo biológico. Em tais abordagens, grandes coleções de compostos químicos pequenos são testadas simultaneamente, em células vivas ou em ensaios livres de células. Uma vez que um inibidor é identificado, ele pode ser utilizado como sonda para identificar, por cromatografia de afinidade ou outros meios, a proteína na qual o inibidor se liga. A principal estratégia, às vezes chamada de **biologia química**, identificou com sucesso inibidores de várias proteínas que realizam processos-chave na biologia celular. Um inibidor de uma proteína cinesina que atua na mitose, por exemplo, foi identificado por esse método (**Figura 8-20**). Os inibidores químicos deram aos biólogos celulares um grande controle sobre o momento da inibição, uma vez que as

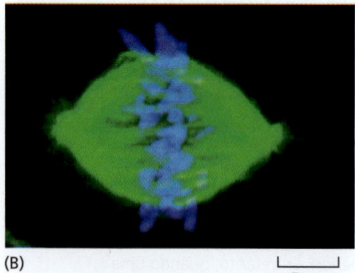

(A) Monastrol

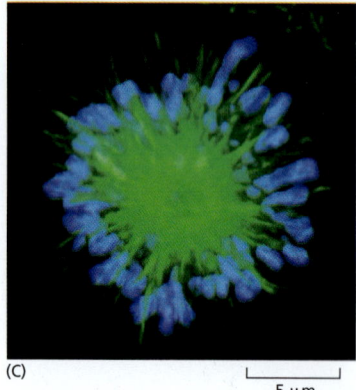

Figura 8-20 **Inibidores de moléculas pequenas para manipulação de células vivas.** (A) Estrutura química do monastrol, um inibidor de cinesina identificado em uma varredura de larga escala para moléculas pequenas que interrompem a mitose. (B) Fuso mitótico normal visto em uma célula não tratada. Os microtúbulos estão corados em *verde* e os cromossomos em *azul*. (C) Fuso monopolar que se forma em células tratadas com monastrol, que inibe uma proteína cinesina necessária para separação dos polos do fuso no início da mitose. (B e C, de T. U. Mayer et al., Science 28:971-974, 1999. Com permissão de AAAS.)

substâncias podem ser rapidamente adicionadas ou removidas das células, permitindo que a função da proteína seja ativada ou desativada rapidamente.

A estrutura proteica pode ser determinada pelo uso de difração de raios X

A principal técnica que tem sido utilizada para determinar a estrutura tridimensional das moléculas, incluindo proteínas, em resolução atômica é a **cristalografia por raios X**. Os raios X, assim como a luz, são formados por radiação eletromagnética, mas possuem um comprimento de ondas muito mais curto, normalmente em torno de 0,1 nm (o diâmetro de um átomo de hidrogênio). Se um estreito feixe de raios X paralelos é direcionado para uma amostra de proteína pura, a maioria dos raios X passa diretamente através dela. Uma pequena fração, entretanto, é difratada pelos átomos na amostra. Se a amostra é um cristal bem ordenado, as ondas dispersas intensificarão umas às outras em pontos determinados e aparecerão como pontos de difração quando captadas por um detector apropriado (**Figura 8-21**).

A posição e a intensidade de cada ponto no padrão de difração de raios X contêm informação sobre as localizações dos átomos no cristal que deram origem a ele. A dedução da estrutura tridimensional de uma molécula grande a partir do padrão de difração do seu cristal é uma tarefa complexa e não foi resolvida para uma molécula proteica até 1960. Mas nos anos recentes a análise por difração de raios X tem se tornado cada vez mais automatizada, e agora a etapa mais lenta provavelmente seja a geração de cristais de proteína adequados. Essa etapa requer grandes quantidades de proteína com alto grau de pureza e muitas vezes envolve anos de tentativas e erros para determinar as condições adequadas de cristalização; o ritmo acelerou bastante com o uso de técnicas de DNA recombinante para produzir proteínas puras e técnicas de robótica para testar grandes números de condições de cristalização.

A análise do padrão de difração resultante produz um mapa tridimensional complexo da densidade dos elétrons. A interpretação desse mapa – tradução dos seus contornos em uma estrutura tridimensional – é um procedimento complicado que requer conhecimento da sequência de aminoácidos da proteína. Muito por tentativa e erro, a sequência e o mapa da densidade dos elétrons são correlacionados por computador para se conseguir a melhor combinação. A confiabilidade do modelo atômico final depende da resolução dos dados cristalográficos originais: uma resolução de 0,5 nm pode produzir um mapa de baixa resolução da cadeia principal polipeptídica, enquanto uma resolução de 0,15 nm permite que todos os átomos que não são do hidrogênio na molécula sejam identificados de modo confiável.

Um modelo atômico completo muitas vezes é complexo demais para ser apreciado diretamente, mas versões simplificadas que mostram as características estruturais essenciais das proteínas podem ser prontamente derivadas dele (ver Painel 3-2, p. 142-143). As estruturas tridimensionais de dezenas de milhares de proteínas diferentes têm sido determinadas por cristalografia de raios X ou por espectroscopia por RMN (ver p. 461) – suficiente para permitir o agrupamento de estruturas comuns em famílias (**Animação 8.1**). Essas estruturas ou domínios estruturais de proteínas muitas vezes parecem ser mais conservados na evolução do que as sequências de aminoácidos que os compõem (ver Figura 3-13).

As técnicas de cristalografia por raios X também podem ser aplicadas no estudo de complexos macromoleculares. O método foi utilizado, por exemplo, para determinar a estrutura do ribossomo, uma máquina grande e complexa composta por vários RNAs e mais de 50 proteínas (ver Figura 6-62). A determinação necessitou do uso de um síncrotron, uma fonte de radiação que gera raios X com a intensidade necessária para analisar os cristais de tais complexos macromoleculares grandes.

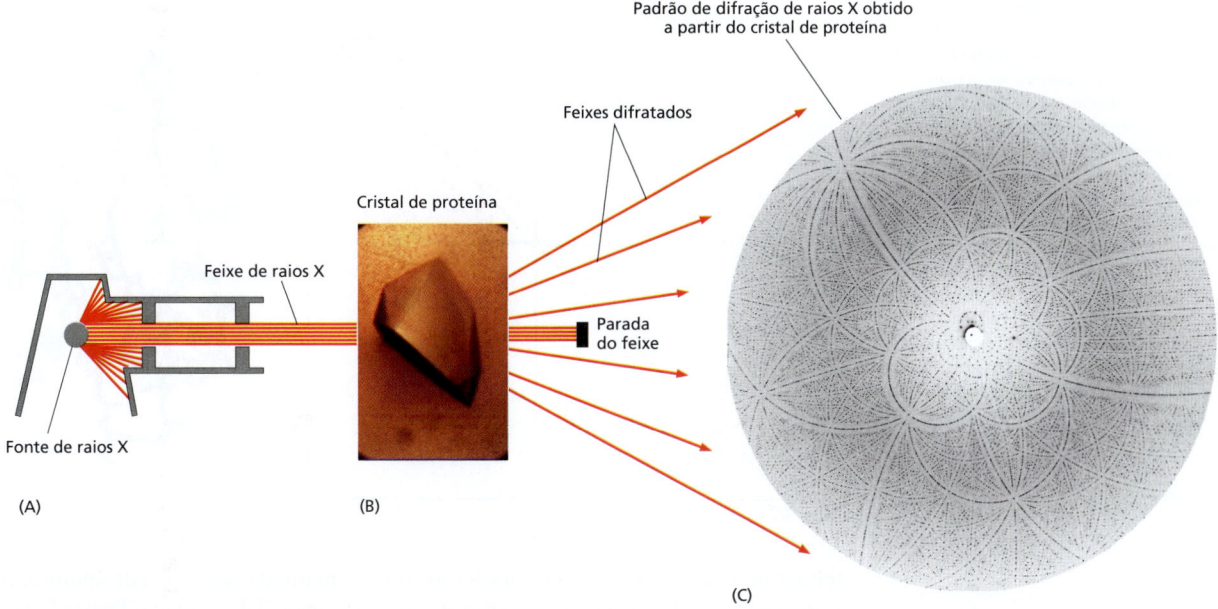

Figura 8-21 Cristalografia por raios X. (A) Um feixe estreito de raios X é direcionado para um cristal bem organizado (B). Mostrado aqui está um cristal da proteína ribulose bifosfato carboxilase, uma enzima com um papel central na fixação de CO_2 durante a fotossíntese. Os átomos no cristal espalham parte do feixe, e as ondas dispersas intensificam umas às outras em determinados pontos, aparecendo como um padrão de pontos de difração (C). Esse padrão de difração, com a sequência de aminoácidos da proteína, pode ser utilizado para produzir um modelo atômico (D). O modelo atômico completo é difícil de interpretar, mas essa versão simplificada, derivada dos dados de difração de raios X, mostra as características da estrutura proteica claramente (α-hélices, *verde*; fitas β, *vermelho*). Os componentes representados em A até D não estão representados em escala. (B, cortesia de C. Branden; C, cortesia de J. Hajdu e I. Andersson; D, adaptado a partir do original fornecido por B. Furugren.)

A RMN pode ser utilizada para determinar a estrutura de proteínas em solução

A **espectroscopia por ressonância magnética nuclear** (RMN) tem sido utilizada por vários anos para analisar a estrutura de pequenas moléculas, pequenas proteínas ou domínios proteicos. Diferentemente da cristalografia por raios X, a RMN não depende da disponibilidade de amostra cristalina. Essa técnica simplesmente requer um pequeno volume de solução proteica concentrada que é submetida a um campo magnético forte; de fato, ela é a principal técnica que gera evidências detalhadas sobre a estrutura tridimensional de moléculas em solução.

Certos núcleos atômicos, particularmente o núcleo do hidrogênio, têm um momento magnético ou *spin*: isto é, eles possuem uma magnetização intrínseca, como uma barra magnética. O *spin* se alinha ao longo do campo magnético forte, mas pode ser mudado para um estado excitado, desalinhado, em resposta a pulsos de radiofrequência (RF) aplicados de radiação eletromagnética. Quando o núcleo de hidrogênio excitado retorna a seu estado alinhado, ele emite a radiação RF, que pode ser medida e representada como um espectro. A natureza da radiação emitida depende do ambiente em que cada núcleo de hidrogênio se encontra e, se um núcleo é excitado, ele influencia a absorção e a emissão da radiação por outro núcleo localizado próximo a ele. Consequentemente, é possível, por uma elaboração engenhosa da técnica de RMN básica conhecida como RMN bidimensional, distinguir os sinais a partir do núcleo de hidrogênio em diferentes resíduos de aminoácidos, e identificar e medir as pequenas mudanças nesses sinais que ocorrem quando os núcleos de hidrogênio estão próximos o suficiente para interagir. Como o tamanho de tal mudança revela a distância entre o par de átomos de hidrogênio que estão interagindo, a RMN pode fornecer informações sobre as distâncias entre as partes da molécula pro-

Figura 8-22 Espectroscopia por RMN. (A) Um exemplo dos dados da máquina de RMN. Esse espectro bidimensional de RMN é derivado do domínio C-terminal da enzima celulase. Os pontos representam as interações entre átomos de hidrogênio que estão quase adjacentes na proteína e então refletem a distância que os separa. Os métodos computacionais complexos, em conjunto com a sequência de aminoácidos conhecida, permitem que estruturas compatíveis possíveis sejam derivadas. Em (B), 10 estruturas da enzima, que satisfazem as restrições de distância igualmente, estão representadas sobrepostas, dando uma boa indicação da provável estrutura tridimensional. (Cortesia de P. Kraulis.)

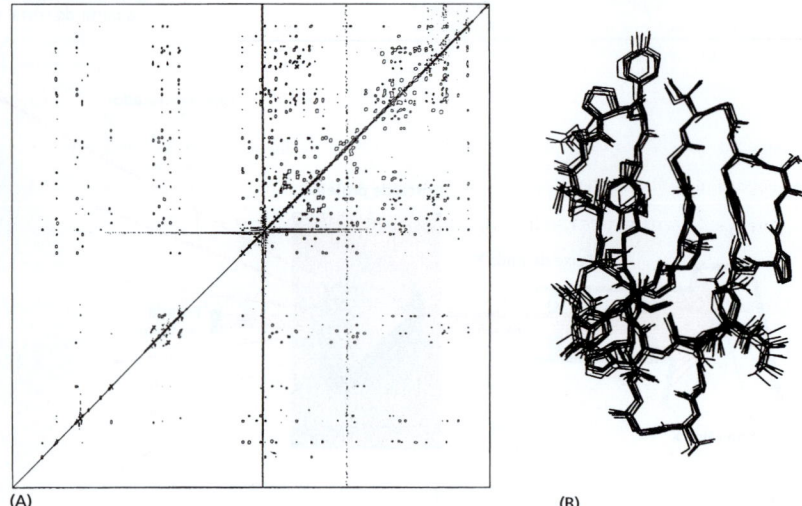

teica. Combinando-se essa informação ao conhecimento da sequência de aminoácidos, é possível em princípio computar a estrutura tridimensional da proteína (**Figura 8-22**).

Por razões técnicas, a estrutura de pequenas proteínas de cerca de 20 mil dáltons ou menos pode ser mais prontamente determinada por espectroscopia de RMN. A resolução diminui à medida que o tamanho de uma macromolécula aumenta. Contudo, avanços técnicos recentes elevaram o limite para cerca de 100 mil dáltons, tornando, dessa forma, a maioria das proteínas acessível à análise estrutural por RMN.

Como estudos por RMN são realizados em solução, esse método também oferece um meio conveniente de monitorar alterações na estrutura proteica, por exemplo, durante o enovelamento da proteína ou quando a proteína se liga a outra molécula. A RMN também é muito utilizada para investigar moléculas diferentes de proteínas, sendo útil, por exemplo, como um método para determinar as estruturas tridimensionais de moléculas de RNA e as cadeias laterais complexas de carboidratos das glicoproteínas.

Um terceiro método para determinação da estrutura proteica e particularmente da estrutura de grandes complexos proteicos é a análise de uma única partícula por microscopia eletrônica. Discutiremos essa abordagem no Capítulo 9.

A sequência da proteína e sua estrutura fornecem informações sobre a função proteica

Tendo discutido métodos para purificar e analisar proteínas, voltamos para uma situação comum na biologia celular e molecular: um pesquisador identificou um gene importante para um processo biológico, mas não tem conhecimento direto das propriedades bioquímicas do seu produto proteico.

Graças à proliferação das sequências de proteínas e ácidos nucleicos que estão catalogadas nos bancos de dados genômicos, a função de um gene – e a proteína por ele codificada – pode muitas vezes ser predita simplesmente comparando-se sua sequência com as dos genes anteriormente caracterizados. Como a sequência de aminoácidos determina a estrutura proteica e a estrutura dita a função bioquímica, as proteínas que compartilham uma sequência de aminoácidos similar normalmente têm a mesma estrutura e realizam funções bioquímicas semelhantes, mesmo quando são encontradas em organismos pouco relacionados. Na biologia celular moderna, o estudo de uma proteína recém-descoberta normalmente inicia por uma procura por proteínas previamente caracterizadas que são similares em suas sequências de aminoácidos.

A procura por genes ou proteínas similares em um conjunto de sequências conhecidas normalmente é realizada pela internet e envolve simplesmente a seleção de um banco de dados e a entrada da sequência desejada. Um programa de alinhamento de sequências – o mais popular é o BLAST – rastreia o banco de dados por sequências similares deslizando a sequência submetida ao longo das sequências arquivadas até que

```
Score =   399 bits (1025), Expect = e-111
Identities = 198/290 (68%), Positives = 241/290 (82%), Gaps = 1/290

Query:  57  MENFQKVEKIGEGTYGVVYKARNKLTGEVVALKKIRLDTETEGVPSTAIREISLLKELNH  116
            ME ++KVEKIGEGTYGVVYKA +K T E +ALKKIRL+ E EGVPSTAIREISLLKE+NH
Sbjct:   1  MEQYEKVEKIGEGTYGVVYKALDKATNETIALKKIRLEQEDEGVPSTAIREISLLKEMNH   60

Query: 117  PNIVKLLDVIHTENKLYLVFEFLHQDLKKFMDASALTGIPLPLIKSYLFQLLQGLAFCHS  176
            NIV+L DV+H+E ++YLVFE+L  DLKKFMD+           LIKSYL+Q+L G+A+CHS
Sbjct:  61  GNIVRLHDVVHSEKRIYLVFEYLDLDLKKFMDSCPEFAKNPTLIKSYLYQILHGVAYCHS  120

Query: 177  HRVLHRDLKPQNLLINTE-GAIKLADFGLARAFGVPVRTYTHEVVTLWYRAPEILLGCKY  235
            HRVLHRDLKPQNLLI+    A+KLADFGLARAFG+PVRT+THEVVTLWYRAPEILLG +
Sbjct: 121  HRVLHRDLKPQNLLIDRRTNALKLADFGLARAFGIPVRTFTHEVVTLWYRAPEILLGARQ  180

Query: 236  YSTAVDIWSLGCIFAEMVTRRALFPGDSEIDQLFRIFRTLGTPDEVVWPGVTSMPDYKPS  295
            YST VD+WS+GCIFAEMV ++ LFPGDSEID+LF+IFR LGTP+E  WPGV+ +PD+K +
Sbjct: 181  YSTPVDVWSVGCIFAEMVNQKPLFPGDSEIDELFKIFRILGTPNEQSWPGVSCLPDFKTA  240

Query: 296  FPKWARQDFSKVVPPLDEDGRSLLSQMLHYDPNKRISAKAALAHPFFQDV  345
            FP+W QD + VVP LD G  LLS+ML Y+P+KRI+A+ AL H +F+D+
Sbjct: 241  FPRWQAQDLATVVPNLDPAGLDLLSKMLRYEPSKRITARQALEHEYFKDL  290
```

um grupo de resíduos se alinhe total ou parcialmente (**Figura 8-23**). Tais comparações podem predizer as funções de proteínas individuais, de famílias proteicas ou mesmo da maioria do complemento da proteína de um organismo recém-sequenciado.

Como explicamos no Capítulo 3, várias proteínas que adotam a mesma conformação e têm funções relacionadas possuem uma relação muito distante para serem identificadas a partir de uma comparação de apenas sua sequência de aminoácidos (ver Figura 3-13). Assim, a capacidade de predizer com precisão a estrutura tridimensional de uma proteína a partir da sua sequência de aminoácidos melhoraria nossa habilidade de inferir uma função proteica a partir da informação da sequência no banco de dados genômico. Em anos recentes, o principal progresso tem sido realizado na predição da estrutura precisa de uma proteína. Essas predições têm como base, em parte, nosso conhecimento de milhares de estruturas proteicas que já foram determinadas por cristalografia por difração de raios X e espectrometria RMN e, em parte, cálculos usando nosso conhecimento sobre as forças físicas que atuam sobre os átomos. Entretanto, permanece o desafio substancial e importante para predizer as estruturas de proteínas que são grandes ou têm múltiplos domínios, ou para predizer as estruturas com os níveis muito altos de resolução necessários para ajudar na descoberta de substâncias com base em computação.

Enquanto encontrar sequências e estruturas relacionadas para uma nova proteína fornece várias informações sobre sua função, normalmente é necessário testar esses dados por experimentação direta. Entretanto, os dados gerados a partir de comparações de sequências normalmente levam o pesquisador na direção correta, e, com isso, o seu uso tornou-se uma das estratégias mais importantes na biologia celular moderna.

Figura 8-23 Resultados de uma análise por BLAST. Bancos de dados de sequências podem ser pesquisados para encontrar sequências similares de aminoácidos ou de nucleotídeos. Aqui, uma busca por proteínas similares à proteína humana reguladora do ciclo celular Cdc2 (*Query*) localizou a Cdc2 de milho (*Sbjct*), que é idêntica em 68% à Cdc2 humana na sua sequência de aminoácidos. O alinhamento inicia no resíduo 57 da proteína Query, sugerindo que a proteína humana tem uma região N-terminal que está ausente na proteína do milho. Os *blocos verdes* indicam as diferenças na sequência; e a *barra amarela* resume as similaridades: quando as duas sequências de aminoácidos são idênticas, o resíduo é mostrado; as substituições similares de aminoácidos estão indicadas por um sinal de mais (+). Apenas uma pequena lacuna foi introduzida – indicada pela *seta vermelha* na posição 194 da sequência Query – para alinhar as duas sequências ao máximo. O escore de alinhamento (*Score*), que é expresso em dois tipos diferentes de unidades, leva em conta as penalidades para substituições e lacunas; quanto mais alto o escore de alinhamento, melhor é a semelhança. O significado do alinhamento está refletido no valor de *Expectation* (E), que representa quantas vezes se esperaria que ocorresse um alinhamento ao acaso. Quanto menor o valor de E, mais significativa é a semelhança; o valor extremamente baixo aqui (e^{-111}) indica certa significância. Os valores de E muito mais altos do que 0,1 provavelmente não refletem uma relação verdadeira. Por exemplo, um valor de E de 0,1 significa que existe uma chance de 1 em 10 de que tal alinhamento ocorra somente por acaso.

Resumo

Existem vários métodos para identificar proteínas e analisar suas propriedades bioquímicas, estruturas e interações com outras proteínas. Os inibidores de pequenas moléculas permitem o estudo das funções das proteínas nas quais eles atuam em células vivas. Como as proteínas com estruturas similares frequentemente têm funções semelhantes, a atividade bioquímica de uma proteína muitas vezes pode ser predita pesquisando-se em bancos de dados proteínas já caracterizadas que são similares em suas sequências de aminoácidos.

ANÁLISE E MANIPULAÇÃO DE DNA

Até o início da década de 1970, o DNA era a molécula biológica mais difícil de ser analisada. Extremamente longa e quimicamente monótona, a fita de nucleotídeos que forma o material genético de um organismo somente podia ser examinada de forma indireta pelo sequenciamento de proteína ou pela análise genética. Atualmente, a situação mudou de forma significativa. Antes considerada a macromolécula da célula mais difícil de ser analisada, o DNA passou a ser a mais fácil. Agora é possível determinar toda sequência nucleotídica do genoma bacteriano ou fúngico em uma questão de horas e a sequência do genoma de um indivíduo humano em menos de um dia. Uma vez que a sequência nucleotídica de um genoma é conhecida, qualquer gene individual pode ser facilmente isolado e grandes quantidades do produto gênico (seja RNA ou proteína) podem ser produzidas introduzindo-se o gene em bactérias ou células animais e induzindo estas células a superexpressar o gene estranho ou sintetizando-se o produto gênico *in vitro*. Dessa forma, proteínas e moléculas de RNA que possam estar presentes em apenas minúsculas quantidades nas células vivas podem ser produzidas em grandes quantidades para análise bioquímica e estrutural. Essa abordagem também pode ser utilizada para produzir grandes quantidades de proteínas humanas (como insulina, ou interferon, ou proteínas da coagulação do sangue) para uso como fármacos humanos. Como veremos mais adiante neste capítulo, também é possível aos cientistas alterar um gene isolado e transferi-lo de volta na linhagem germinativa de um animal ou planta, de modo que se torne uma parte funcional e hereditária do genoma do organismo. Dessa forma, os papéis biológicos de qualquer gene podem ser acessados por meio da observação dos resultados da sua modificação em todo o organismo.

A habilidade em manipular o DNA com precisão em um tubo de ensaio ou organismo, conhecida como **tecnologia do DNA recombinante**, teve um impacto dramático em todos os aspectos da biologia celular e molecular, permitindo que estudemos rotineiramente as células e suas macromoléculas de maneiras não imagináveis mesmo há 20 anos. Entre essas técnicas estão as seguintes manipulações:

1. Clivagem de DNA em sítios específicos por meio de nucleases de restrição, que facilitaram muito o isolamento e a manipulação de partes individuais de um genoma.
2. Ligação de DNA, que torna possível unir moléculas de DNA a partir de fontes muito diferentes.
3. Clonagem de DNA (pelo uso de vetores de clonagem, ou pela reação em cadeia da polimerase), na qual uma porção do genoma (muitas vezes um gene individual) é "purificada" separadamente do resto do genoma e repetidamente copiada para gerar vários bilhões de moléculas idênticas.
4. Hibridização de ácidos nucleicos, que torna possível identificar alguma sequência específica de DNA ou de RNA com grande precisão e sensibilidade, com base em sua habilidade de se ligar seletivamente a uma sequência complementar de ácidos nucleicos.
5. Síntese de DNA, que torna possível sintetizar quimicamente moléculas de DNA com qualquer sequência de nucleotídeos, independentemente de essa sequência ocorrer ou não na natureza.
6. Determinação rápida da sequência de nucleotídeos de qualquer molécula de DNA ou RNA.

Nas próximas seções, descreveremos cada uma dessas técnicas básicas, que, juntas, revolucionaram o estudo da biologia celular e molecular.

Nucleases de restrição cortam grandes moléculas de DNA em fragmentos específicos

Diferentemente de uma proteína, um gene não existe como uma entidade individual nas células, mas sim como uma região pequena de uma molécula de DNA muito maior. Embora a molécula de DNA na célula possa ser rompida aleatoriamente em pequenos pedaços por força mecânica, um fragmento contendo um único gene no genoma de mamíferos continua sendo apenas um entre centenas de milhares de fragmentos de DNA, ou até mais, indistinguíveis pelo seu tamanho médio. Como um desses gene pode ser separado de todos os outros? Como todas as moléculas de DNA consistem em uma mistura aproximadamente igual dos mesmos quatro nucleotídeos, elas não podem ser prontamente separadas, como as proteínas podem, de acordo com as suas cargas e propriedades bioquímicas diferentes. A solução desse problema começou a emergir com a descoberta das **nucleases de restrição**. Essas enzimas, que são purificadas a partir de bactérias, cortam a dupla-hélice de DNA em sítios específicos, definidos pela sequência de nucleotídeos local, clivando, desse modo, uma longa molécula de DNA de fita dupla em fragmentos de tamanhos estritamente definidos.

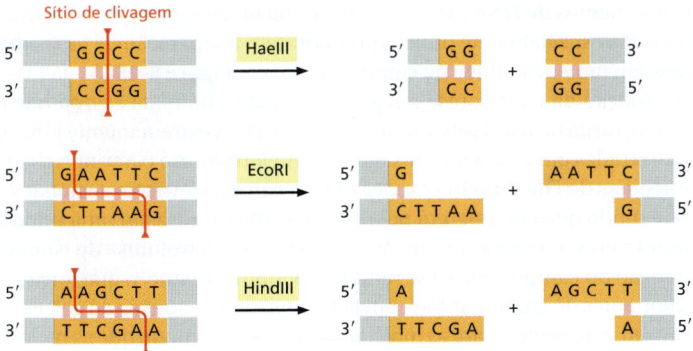

Figura 8-24 Nucleases de restrição clivam o DNA em sequências nucleotídicas específicas. Assim como as proteínas de ligação a sequências específicas do DNA que encontramos no Capítulo 7 (ver Figura 7-8), as enzimas de restrição muitas vezes atuam como dímeros, e a sequência de DNA que elas reconhecem e clivam normalmente são simétricas em torno do ponto central. Aqui, ambas as fitas da dupla-hélice de DNA são cortadas em pontos específicos dentro da sequência-alvo (*cor de laranja*). Algumas enzimas, como HaeIII, cortam direto através da dupla hélice e deixam duas moléculas de DNA com extremidades cegas; com outras enzimas, como EcoRI e HindIII, os cortes em cada fita formam degraus. Esses cortes em degrau geram "extremidades coesivas" – sobreposição de fita simples curtas que ajudam as moléculas de DNA cortadas a se unir novamente pelo pareamento de bases complementares. Essa ligação de moléculas de DNA se torna importante para clonagem de DNA, como discutiremos a seguir. As nucleases de restrição normalmente são obtidas a partir de bactérias, e seus nomes refletem suas origens: por exemplo, a enzima EcoRI é proveniente de *Escherichia coli*. Atualmente, existem centenas de enzimas de restrição diferentes disponíveis; elas podem ser compradas de companhias que as produzem para fins comerciais.

Como muitas das ferramentas da tecnologia de DNA recombinante, as nucleases de restrição foram descobertas por pesquisadores tentando compreender um fenômeno biológico intrigante. Foi observado que certas bactérias sempre degradavam o DNA "estranho" que foi introduzido nelas experimentalmente. Uma procura pelo mecanismo responsável revelou uma classe de nucleases bacterianas até então não previstas que clivam o DNA em sequências nucleotídicas específicas. O DNA bacteriano é protegido da clivagem pela metilação destas mesmas sequências, protegendo, dessa forma, o próprio genoma bacteriano de ser devastado pelo DNA estranho. Como essas enzimas restringem a transferência de DNA para as bactérias, elas foram chamadas de nucleases de restrição. A busca por este quebra-cabeças biológico aparentemente misterioso estabeleceu o desenvolvimento de tecnologias que mudaram para sempre a maneira pela qual biólogos celulares e moleculares estudam as coisas vivas.

Diferentes espécies bacterianas produzem diferentes nucleases de restrição, cada uma cortando em uma sequência nucleotídica específica diferente (**Figura 8-24**). Como essas sequências-alvo são curtas – geralmente 4 a 8 pares de nucleotídeos –, muitos sítios de clivagem ocorrerão em qualquer molécula longa de DNA simplesmente ao acaso. A razão pela qual as nucleases de restrição são tão úteis no laboratório é que cada enzima sempre cortará uma determinada molécula de DNA no mesmo local. Assim, para uma determinada amostra de DNA (que contém várias moléculas idênticas), uma determinada nuclease de restrição gerará seguramente o mesmo conjunto de fragmentos de DNA.

O tamanho dos fragmentos resultantes depende do comprimento das sequências-alvo das nucleases de restrição. Como mostrado na Figura 8-24, a enzima HaeIII corta uma sequência de quatro pares de nucleotídeos; espera-se que uma sequência desse comprimento ocorresse simplesmente ao acaso aproximadamente 1 vez a cada 256 pares de nucleotídeos (1 em 4^4). Em comparação, espera-se que uma nuclease de restrição com uma sequência-alvo que tem oito nucleotídeos de comprimento clive DNA, em média, 1 vez a cada 65.536 pares de nucleotídeos (1 in 4^8), em média. Essa diferença na seletividade da sequência torna possível cortar uma longa molécula de DNA nos tamanhos de fragmentos que são mais apropriados para uma determinada aplicação.

A eletroforese em gel separa moléculas de DNA de diferentes tamanhos

Os mesmos métodos de eletroforese em gel que provaram ser tão úteis na análise de proteínas (ver Figura 8-13) podem ser aplicados para moléculas de DNA. O procedimento é, na verdade, mais simples do que para proteínas: como cada nucleotídeo em uma molécula de ácido nucleico já carrega uma única carga negativa (no grupo fosfato), não existe a necessidade de adicionar o detergente SDS carregado negativamente, necessário para fazer as moléculas de proteína moverem-se uniformemente na direção do eletrodo positivo. Os fragmentos de DNA maiores migrarão mais lentamente, pois seu progresso é impedido pela matriz do gel. Após algumas horas, os fragmentos de DNA se espalham pelo gel de acordo com seu tamanho, formando bandas individuais, cada uma composta por um conjunto de moléculas de DNA de mesmo comprimento (**Figura 8-25A e B**). Para separar moléculas de DNA maiores do que 500 pares de nucleotídeos o gel é preparado com uma solução diluída de agarose (um polissacarídeo isolado a partir de algas marinhas).

Figura 8-25 Moléculas de DNA podem ser separadas por tamanho utilizando eletroforese em gel. (A) Ilustração esquemática comparando os resultados do corte da mesma molécula (nesse caso, o genoma de um vírus que infecta vespas) com duas nucleases de restrição diferentes, EcoRI (*centro*) e HindIII (*direita*). Os fragmentos são, então, separados por eletroforese em gel usando uma matriz de gel de agarose. Como os fragmentos maiores migram mais lentamente do que os menores, as bandas na parte inferior do gel contém os fragmentos de DNA menores. Os tamanhos dos fragmentos podem ser estimados comparando-os com um conjunto de fragmentos de DNA de tamanhos conhecidos (*esquerda*). (B) Fotografia de um gel de agarose mostrando "bandas" de DNA que foram coradas com brometo de etídeo. (C) Gel de poliacrilamida com pequenos poros foi utilizado para separar moléculas de DNA curtas que diferem por apenas um único nucleotídeo. Mostrado aqui estão os resultados de uma reação didesóxi de sequenciamento, explicada mais adiante neste capítulo. Da esquerda para direita, as bandas nas quatro canaletas foram produzidas pela adição de nucleotídeos terminadores de cadeia G, A, T e C (ver Painel 8-1). As moléculas de DNA foram marcadas com ^{32}P, e a imagem mostrada foi produzida expondo-se o ^{32}P do gel a um pedaço de filme fotográfico, produzindo bandas escuras observadas quando o filme foi revelado. (D) A técnica de eletroforese de campo pulsado em gel de agarose foi utilizada para separar os 16 cromossomos diferentes da espécie de levedura *Saccharomyces cerevisiae*, que tem em média 220 mil a 2,5 milhões de pares de nucleotídeos. O DNA foi corado como em (B). As moléculas de DNA tão grandes quanto 10^7 pares de nucleotídeos podem ser separadas dessa maneira. (B, a partir de U. Albrecht et al., *J. Gen. Virol.* 75:3353-3363, 1994; C, cortesia de Leander Lauffer e Peter Walter; D, a partir de D. Vollrath e R.W. Davis, *Nucleic Acids Res.* 15:7865–7876, 1987. Com permissão de Oxford University Press.)

No caso de fragmentos de DNA menores do que 500 nucleotídeos de comprimento, géis de poliacrilamida especialmente projetados permitem a separação de moléculas que diferem apenas em um nucleotídeo no comprimento (ver **Figura 8-25C**).

Uma variação da eletroforese em gel de agarose, chamada *eletroforese em gel de campo pulsado*, torna possível separar moléculas de DNA extremamente longas, mesmo aquelas encontradas em cromossomos inteiros. A eletroforese comum em gel falha em separar moléculas de DNA muito grandes, pois o campo elétrico estacionário estica as moléculas de modo que elas migrem pelo gel na forma sinuosa em uma velocidade que é independente do seu comprimento. Ao contrário, na eletroforese de campo pulsado em gel, a direção do campo elétrico se modifica periodicamente, o que força a molécula a se reorientar antes de continuar a se mover sinuosamente através do gel. Essa reorientação leva muito mais tempo para as moléculas maiores, de modo que as moléculas mais longas se movem mais lentamente do que as mais curtas. Consequentemente, cromossomos inteiros de bactérias ou de leveduras podem ser separados em bandas individuais em géis em campo pulsado, podendo, desse modo, ser classificados e identificados com base no seu tamanho (**Figura 8-25D**). Embora um cromossomo típico de mamífero de 10^8 pares de nucleotídeos ainda seja muito longo para ser separado, mesmo dessa forma, longos segmentos maiores desses cromossomos são prontamente separados e identificados se o DNA cromossômico for previamente cortado com uma nuclease de restrição selecionada para reconhecer sequências que ocorrem apenas raramente.

As bandas de DNA em géis de agarose ou de poliacrilamida são invisíveis, a menos que o DNA seja marcado ou corado de alguma maneira. Um método particularmente sensível para corar DNA é mergulhar o gel no corante *brometo de etídio*, que fluoresce sob luz ultravioleta quando estiver ligado ao DNA (ver Figura 8-25B e D). Métodos ainda mais sensíveis incorporam um radioisótopo ou um marcador químico nas moléculas de DNA antes da eletroforese, como descreveremos a seguir.

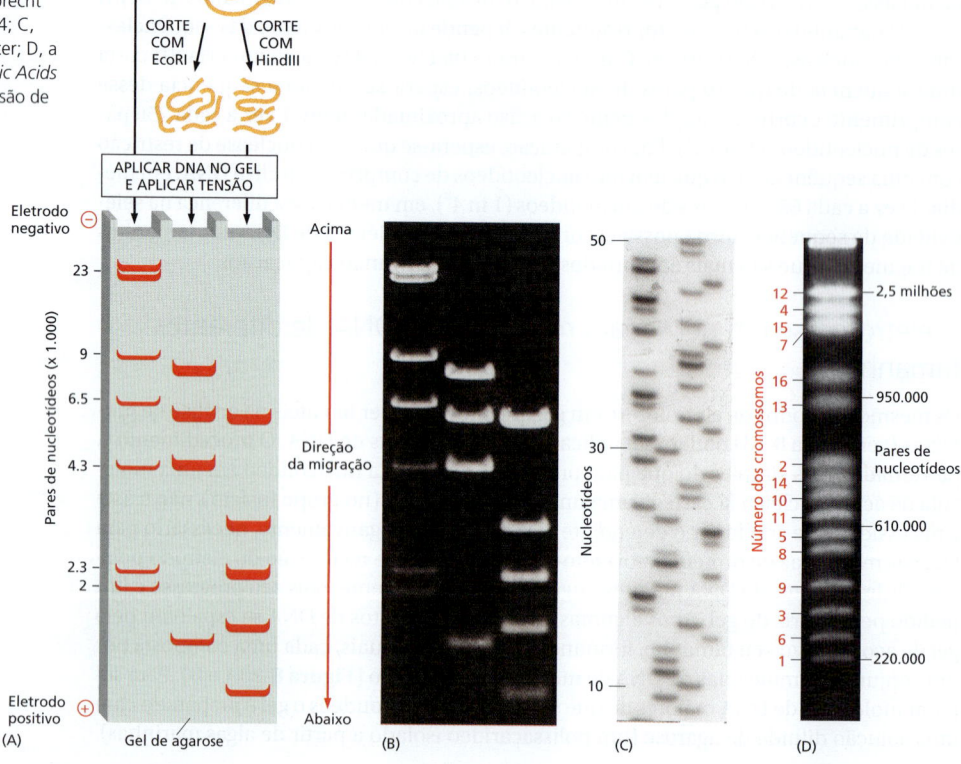

As moléculas de DNA purificadas podem ser marcadas especificamente *in vitro* com radioisótopos ou com marcadores químicos

As DNA-polimerases que sintetizam e reparam DNA (discutido no Capítulo 5) têm se tornado ferramentas importantes na manipulação experimental do DNA. Como elas sintetizam sequências complementares a uma molécula de DNA existente, elas são frequentemente utilizadas em tubos de ensaios para criar cópias exatas de moléculas de DNA existentes. As cópias podem incluir nucleotídeos especialmente modificados (**Figura 8-26**). Para sintetizar DNA dessa forma, a DNA-polimerase é colocada junto com um molde e um conjunto de precursores nucleotídicos que contém a modificação. Enquanto a polimerase puder utilizar esses precursores, ela automaticamente produz novas moléculas modificadas que combinam com a sequência do molde. As moléculas modificadas de DNA possuem várias utilidades. O DNA marcado com o radioisótopo ^{32}P pode ser detectado após a eletroforese, expondo-se o gel a um filme fotográfico (ver Figura 8-25C). Os átomos de ^{32}P emitem partículas β que expõem o filme, produzindo um registro visível de cada banda no gel. Alternativamente, o gel pode ser verificado por um detector que mede as emissões β diretamente. Outros tipos de DNA modificado, como aqueles marcados com digoxigenina (ver Figura 8-26B), são úteis para visualizar moléculas em células inteiras, um tópico que será discutido mais adiante neste capítulo.

Os genes podem ser clonados usando-se bactérias

Qualquer fragmento de DNA pode ser clonado. Em biologia celular, o termo **clonagem de DNA** é utilizado em dois sentidos. Ele literalmente se refere ao ato de produzir várias cópias idênticas (normalmente bilhões) de uma molécula de DNA – a amplificação de uma determinada sequência de DNA. Entretanto, o termo também descreve o isolamento de determinada extensão de DNA (muitas vezes um determinado gene) a partir do restante do genoma celular; o mesmo termo é utilizado, pois esse isolamento normal-

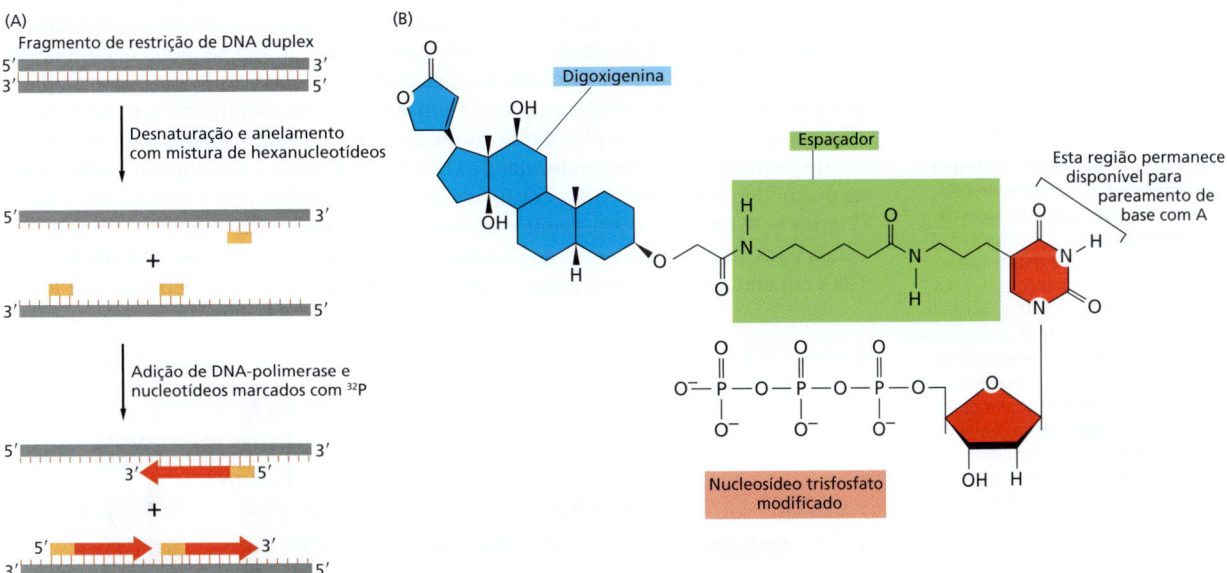

Figura 8-26 Métodos para marcar moléculas de DNA *in vitro*. (A) A enzima DNA polimerase purificada pode incorporar nucleotídeos radiomarcados conforme sintetiza novas moléculas de DNA. Assim, as versões radiomarcadas de qualquer sequência de DNA podem ser preparadas no laboratório. (B) O método em (A) também é utilizado para produzir moléculas de DNA não radioativas que carregam um marcador químico específico que pode ser detectado com um anticorpo apropriado. A base no nucleosídeo trifosfato mostrado é análoga à da timina, na qual o grupo metila no T foi substituído por uma sequência espaçadora ligada ao esteroide digoxigenina de plantas. Um anticorpo antidigoxigenina ligado a um marcador visível como um corante fluorescente é, então, usado para visualizar o DNA. Outros marcadores químicos, como a biotina, podem ser ligados a nucleotídeos e utilizados do mesmo modo. O único requisito é que os nucleotídeos modificados formem pares de base de forma apropriada e pareçam "normais" para a DNA-polimerase.

Figura 8-27 Inserção de um fragmento de DNA em um plasmídeo bacteriano com a enzima DNA-ligase. O plasmídeo é aberto pela clivagem com uma nuclease de restrição (neste caso, uma que produz extremidades coesivas), sendo misturado com o fragmento de DNA a ser clonado (preparado com a mesma nuclease de restrição). A DNA-ligase e o ATP são adicionados. As extremidades coesivas pareiam as bases, e a DNA-ligase sela os espaços na cadeia principal do DNA, produzindo uma molécula recombinante de DNA intacta. Na micrografia, o DNA inserido está colorido de *vermelho*. (Micrografia cortesia de Huntington Potter e David Dressler.)

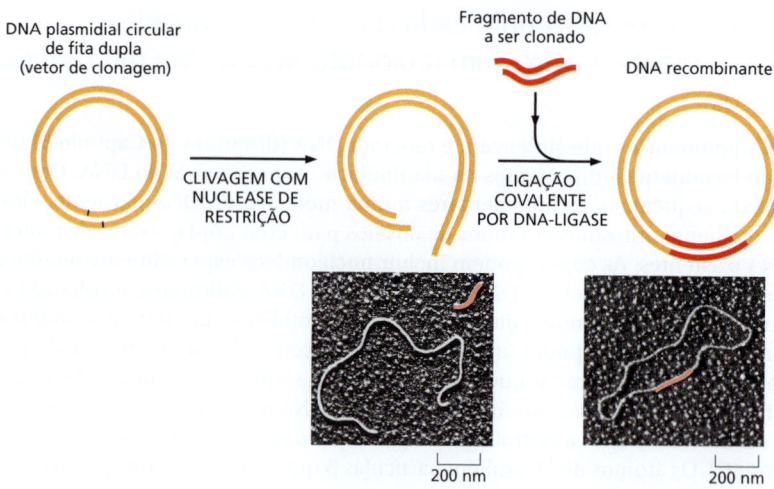

mente é realizado produzindo-se várias cópias idênticas apenas do DNA de interesse. Observamos que, em outras partes deste livro, a clonagem, particularmente quando utilizada no contexto da biologia do desenvolvimento, também pode se referir à geração de várias células geneticamente idênticas a partir de uma única célula ou até mesmo à geração de organismos geneticamente idênticos (ver, p. ex., Figura 7-2). Em todos os casos, a clonagem se refere ao ato de produzir várias cópias idênticas; nesta seção, usamos o termo para referir métodos designados a gerar várias cópias idênticas de um segmento definido de ácido nucleico.

A clonagem do DNA pode ser realizada de diversas formas. Uma das mais simples envolve a inserção de um fragmento de determinado DNA no DNA genômico purificado de um elemento genético que se autorreplica – geralmente um plasmídeo. Os **vetores plasmidiais** mais utilizados para clonagem de genes são pequenas moléculas circulares de DNA de fita dupla, derivadas de plasmídeos maiores, que ocorrem naturalmente em células bacterianas. Eles geralmente representam apenas a menor fração do DNA celular total da bactéria hospedeira, mas devido ao seu pequeno tamanho, eles podem ser facilmente separados das moléculas de DNA cromossômico muito maiores, que precipitam como sedimento após a centrifugação. Para ser utilizado como vetor de clonagem, o DNA circular plasmidial purificado é inicialmente clivado com uma nuclease de restrição para gerar moléculas de DNA linear. O DNA a ser clonado é adicionado ao plasmídeo cortado e, então, covalentemente ligado utilizando a enzima DNA-ligase (**Figura 8-27** e **Figura 8-28**). Como discutido no Capítulo 5, esta enzima é utilizada pela célula para unir os fragmentos de Okazaki produzidos durante a replicação do DNA. O DNA circular recombinante é introduzido de volta nas células bacterianas que foram

Figura 8-28 A DNA-ligase pode unir quaisquer dois fragmentos de DNA *in vitro* para produzir moléculas de DNA recombinante. O ATP fornece a energia necessária para restabelecer a cadeia principal açúcar-fosfato do DNA (ver Figura 5-12). (A) A DNA-ligase pode unir prontamente dois fragmentos de DNA produzidos pela mesma nuclease de restrição; neste caso, EcoRI. Observe que as extremidades em degrau produzidas por esta enzima permitem que as extremidades dos dois fragmentos formem pares de base corretamente, uma com a outra, facilitando muito sua união. (B) A DNA-ligase também pode ser utilizada para unir dois fragmentos de DNA produzidos por diferentes nucleases de restrição – por exemplo, EcoRI e HaeIII. Neste caso, antes dos fragmentos serem submetidos à ligação, a DNA-polimerase e uma mistura de desoxirribonucleosídeos trifosfato (dNTPs) são utilizados para preencher o corte em degrau produzido pela EcoRI. Cada fragmento de DNA mostrado na figura está orientado de forma que suas extremidades 5' estejam à esquerda da fita superior e à direita da fita inferior, conforme indicado.

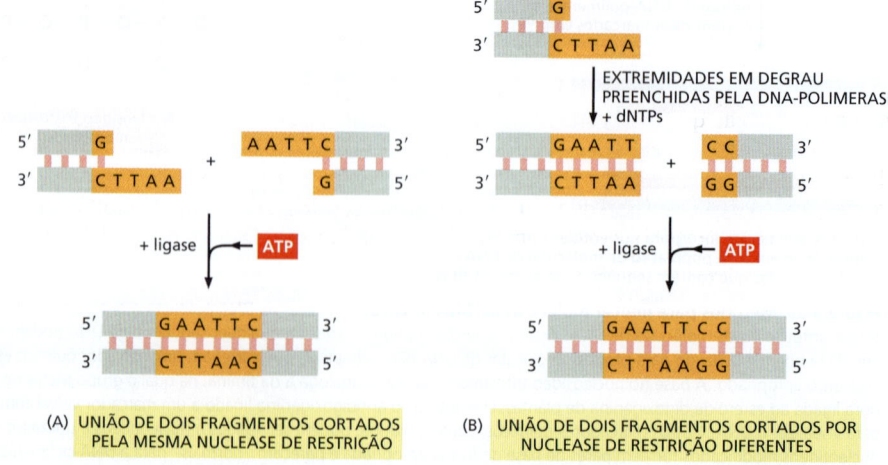

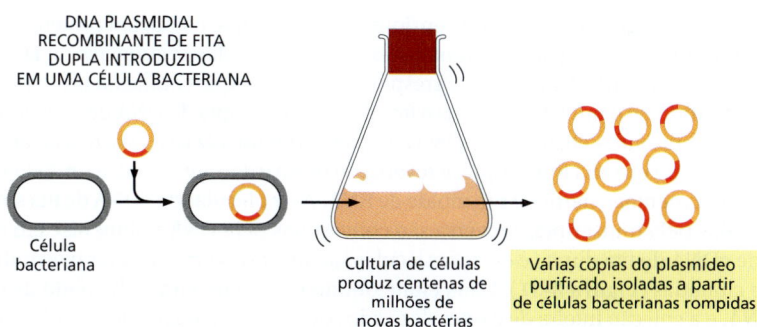

Figura 8-29 **Um fragmento de DNA pode ser replicado dentro de uma célula bacteriana.** Para clonar um determinado fragmento de DNA, primeiro ele é inserido em um vetor plasmidial, como mostrado na Figura 8-27. O plasmídeo de DNA recombinante resultante é, então, introduzido em uma bactéria, onde é replicado vários milhões de vezes quando esta se multiplica. Para simplificar, o genoma da célula bacteriana não está representado.

preparadas para serem transitóriamente permeáveis a DNA. À medida que essas células crescem e se dividem, duplicando em número a cada 30 minutos, os plasmídeos recombinantes também replicam para produzir um número enorme de cópias de DNA circular contendo o DNA estranho (**Figura 8-29**). Uma vez que as células são rompidas e o DNA plasmidial é isolado, o fragmento de DNA clonado pode ser prontamente recuperado cortando-o do DNA plasmidial com as mesmas nucleases de restrição que foram utilizadas para inseri-lo, separando-o do DNA plasmidial por eletroforese em gel. Juntas, essas etapas permitem a amplificação e a purificação de qualquer segmento de DNA a partir do genoma de qualquer organismo. Um vetor plasmidial particularmente útil tem como base o plasmídeo F, que ocorre naturalmente, de *E. coli*. Diferentemente de plasmídeos bacterianos menores, o plasmídeo F – e seu derivado, o **cromossomo artificial bacteriano** (**BAC**, *bacterial artificial chromosome*) – está presente em apenas uma ou duas cópias por célula de *E. coli*. O fato de que BACs são mantidos em tais baixos números significa que podem manter de forma estável sequências de DNA bastante longas, até 1 milhão de pares de nucleotídeos de comprimento. Com apenas poucos BACs presentes por bactéria, é menos provável que os fragmentos de DNA clonados se embaralhem por recombinação com sequências carregadas em outras cópias do plasmídeo. Por causa da sua estabilidade, capacidade em aceitar grandes insertos de DNA e fácil manipulação, os BACs são atualmente o vetor preferido para manipular grandes fragmentos de DNA estranho. Como veremos a seguir, os BACs foram fundamentais na determinação da sequência de nucleotídeos completa do genoma humano.

Um genoma inteiro pode estar representado em uma biblioteca de DNA

Muitas vezes é conveniente dividir o genoma em fragmentos menores e clonar cada fragmento separadamente, usando um vetor plamidial. Essa abordagem é útil, pois permite aos cientistas trabalharem com facilidade com segmentos menores de um genoma em vez dos cromossomos complicados e inteiros.

Essa estratégia envolve a clivagem do DNA genômico em pequenos pedaços utilizando uma nuclease de restrição (ou, em alguns casos, pelo corte mecânico do DNA) e ligação da coleção inteira dos fragmentos de DNA em vetores plasmidiais, usando condições que favoreçam a inserção de um único fragmento de DNA em cada molécula plasmidial. Esses plasmídeos recombinantes são, então, introduzidos em *E. coli* em uma concentração que assegura que apenas uma molécula de plasmídeo seja captada por cada bactéria. A coleção de moléculas plamidiais clonadas é conhecida como uma **biblioteca de DNA**. Como os fragmentos de DNA são derivados diretamente do DNA cromossômico do organismo de interesse, a coleção resultante – chamada **biblioteca genômica** – representará o genoma inteiro daquele organismo (**Figura 8-30**), dividida em dezenas de milhares de colônias bacterianas individuais.

Figura 8-30 **Bibliotecas genômicas humanas contendo fragmentos de DNA que representam todo o genoma humano podem ser construídas utilizando nucleases de restrição e DNA-ligase.** Uma biblioteca genômica consiste em um conjunto de bactérias, cada uma portando um fragmento de DNA humano diferente. Para simplificar, apenas os fragmentos de DNA *coloridos* são mostrados na biblioteca; na realidade, todos os fragmentos em *cinza* também estarão representados.

Uma estratégia alternativa, que enriquece os genes que codificam proteínas, é iniciar o processo de clonagem selecionando-se apenas aquelas sequências de DNA que são transcritas em mRNA e por isso correspondem a genes que codificam proteínas. Isso é feito extraindo-se o mRNA de células e fazendo-se uma cópia de DNA de cada molécula de mRNA presente – chamado de *DNA complementar* (ou *cDNA*). Essa reação de cópia é catalisada pela enzima transcriptase reversa de retrovírus, que sintetiza uma cadeia de DNA complementar a partir de um molde de RNA. As moléculas de cDNA de fita simples sintetizadas pela transcriptase reversa são convertidas pela DNA-polimerase em moléculas de cDNA de fita dupla, e essas moléculas são inseridas em um vetor plasmidial ou vírus e clonadas (**Figura 8-31**). Cada clone obtido dessa maneira é chamado de **clone de cDNA**, e a coleção inteira de clones derivados de uma preparação de mRNA constitui uma **biblioteca de cDNA**.

A **Figura 8-32** ilustra algumas diferenças importantes entre os clones de DNA genômico e os clones de cDNA. Os clones genômicos representam uma amostra aleatória de todas as sequências de DNA em um organismo – codificadoras ou não codificadoras – e com exceções muito raras são as mesmas sequências, independentemente do tipo celular utilizado para prepará-los. Em contraste, os clones de cDNA contêm apenas aquelas regiões do genoma que foram transcritas em mRNA. Como as células de diferentes

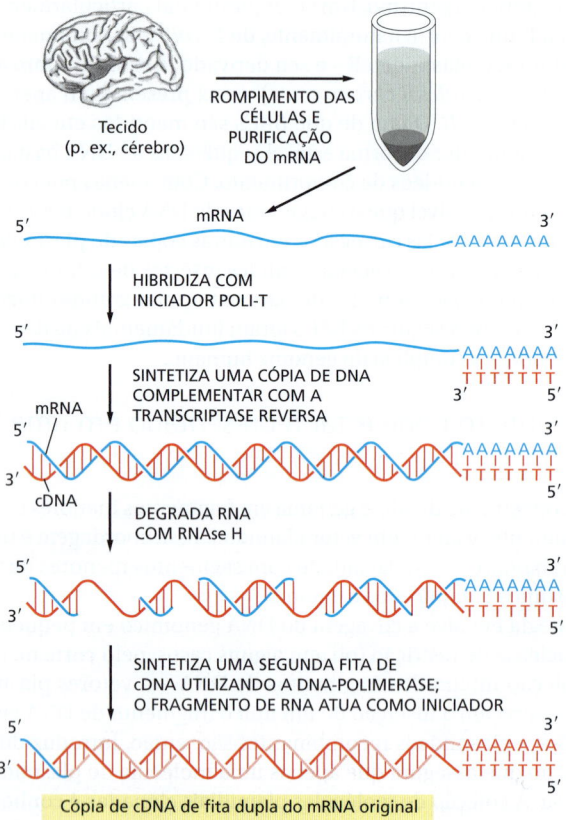

Figura 8-31 Síntese de cDNA. O mRNA total é extraído de um determinado tecido, e a enzima transcriptase reversa (ver Figura 5-62) é utilizada para produzir cópias de DNA (cDNA) a partir das moléculas de mRNA. Para simplificar, a cópia de apenas um desses mRNAs em cDNA é ilustrada. Um pequeno oligonucleotídeo complementar à cauda de poli-A na extremidade 3' do mRNA (discutido no Capítulo 6) é inicialmente hibridizada ao RNA para atuar como um iniciador para a transcriptase reversa, que então copia o RNA em uma cadeia complementar de DNA, formando uma hélice híbrida de DNA-RNA. O tratamento do híbrido DNA-RNA com uma nuclease especializada (RNAse H) que ataca apenas o RNA produz quebras e lacunas na fita de RNA. A DNA-polimerase então copia o cDNA de fita simples remanescente em cDNA de fita dupla. Como a DNA-polimerase pode sintetizar através das moléculas de RNA ligadas, o fragmento de RNA pareado com a extremidade 3' da primeira fita de DNA normalmente atua como iniciador para a síntese da segunda fita, como mostrado. Qualquer RNA restante finalmente é degradado durante as etapas subsequentes da clonagem. Como resultado, as sequências de nucleotídeos nas extremidades 5' das moléculas de mRNA originais frequentemente estão ausentes das bibliotecas de cDNA.

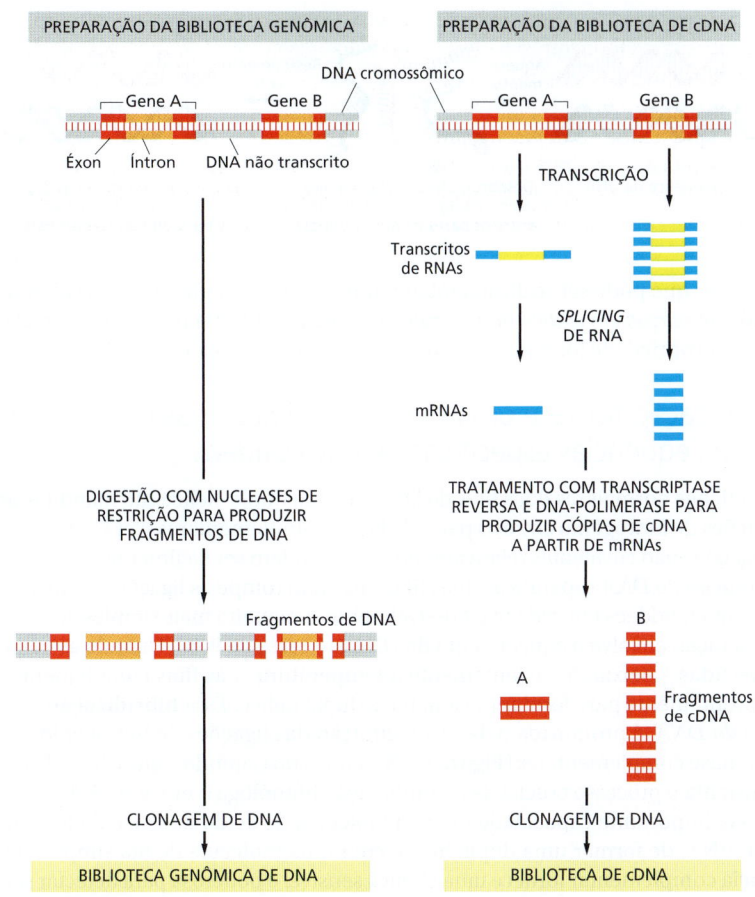

Figura 8-32 Diferenças entre clones de cDNA e clones de DNA genômico derivados de uma mesma região do DNA. Neste exemplo, o gene A frequentemente não é transcrito, enquanto o gene B frequentemente é transcrito, e ambos os genes contêm íntrons (*laranja*). Na biblioteca de DNA genômico, tanto os íntrons como o DNA não transcrito (*cinza*) estão incluídos nos clones, e a maioria dos clones contém, quando muito, apenas parte da sequência codificadora de um gene (*vermelho*). Nos clones de cDNA, as sequências de íntrons (*amarelo*) foram removidas pelo *splicing* de RNA durante a formação do mRNA (*azul*), e uma sequência codificadora contínua está presente em cada clone. Como o gene B é transcrito mais abundantemente do que o gene A nas células das quais a biblioteca de cDNA foi feita, ele está representado com muito mais frequência do que o gene A na biblioteca de cDNA. Em contraste, A e B são representados igualmente na biblioteca de DNA genômico.

tecidos produzem conjuntos distintos de moléculas de mRNA, uma biblioteca distinta de cDNA é obtida para cada tipo de célula utilizada para preparar a biblioteca.

Bibliotecas genômicas e de cDNA possuem diferentes vantagens e desvantagens

As bibliotecas genômicas são especialmente úteis na determinação de sequências de nucleotídeos de um genoma inteiro. Por exemplo, para determinar a sequência de nucleotídeos do genoma humano, este foi dividido em segmentos de aproximadamente 100 mil pares de nucleotídeos, onde cada um foi inserido em um plasmídeo BAC e amplificado em *E. coli*. A biblioteca genômica resultante consistiu de dezenas de milhares de colônias bacterianas, cada uma contendo um inserto de DNA humano diferente. A sequência de nucleotídeos de cada inserto foi determinada separadamente e a sequência de todo o genoma foi montada a partir dos segmentos individuais.

A vantagem mais importante dos clones de cDNA, comparada aos clones genômicos, é que eles contêm a sequência codificadora ininterrupta de um gene. Quando o objetivo da clonagem, por exemplo, é produzir a proteína em grandes quantidades por meio da expressão do gene em uma célula bacteriana ou levedura, é preferível iniciar com cDNA.

As bibliotecas de cDNA e genômicas são fontes inesgotáveis amplamente compartilhadas entre os pesquisadores. Atualmente, várias dessas bibliotecas estão disponíveis comercialmente. Como a identidade de cada inserto em uma biblioteca muitas vezes é conhecida (por meio do sequenciamento do inserto), frequentemente é possível encomendar determinada região de um cromossomo (ou, no caso de cDNA, um gene completo sem íntrons que codifica uma proteína) e obtê-la pelo correio.

A clonagem de DNA usando bactérias revolucionou o estudo dos genomas e ainda é bastante utilizada atualmente. Entretanto, existe uma maneira ainda mais simples de

Figura 8-33 Uma molécula de DNA pode sofrer desnaturação ou renaturação (hibridização). Para que duas moléculas fita simples hibridizem, elas devem ter sequências nucleotídicas complementares que permitam o pareamento das bases. Neste exemplo, as fitas em *vermelho* e *cor de laranja* são complementares entre elas, e as fitas em *azul* e *verde* são complementares entre elas. Embora a desnaturação por calor seja mostrada, o DNA também pode ser renaturado após a desnaturação por tratamento alcalino.

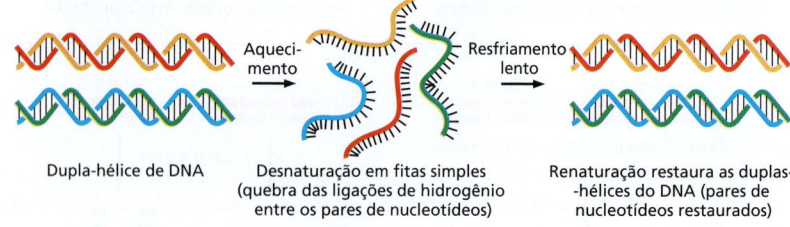

Dupla-hélice de DNA → Aquecimento → Desnaturação em fitas simples (quebra das ligações de hidrogênio entre os pares de nucleotídeos) → Resfriamento lento → Renaturação restaura as duplas-hélices do DNA (pares de nucleotídeos restaurados)

clonar DNA, que pode ser realizada totalmente *in vitro*. Discutiremos essa abordagem, chamada de *reação em cadeia da polimerase*, a seguir. Entretanto, primeiro precisamos rever uma propriedade fundamental do DNA e RNA chamada de *hibridização*.

A hibridização fornece uma maneira simples, mas poderosa, para detectar sequências específicas de nucleotídeos

Sob condições normais, as duas fitas de DNA de uma dupla-hélice são mantidas unidas por ligações de hidrogênio entre os pares de bases complementares (ver Figura 4-3). Mas essas ligações não covalentes relativamente fracas podem ser facilmente rompidas. Essa *desnaturação do DNA* separará as duas fitas, mas não rompe as ligações covalentes que ligam os nucleotídeos em cada fita. Possivelmente, a maneira mais simples de conseguir essa separação envolve o aquecimento do DNA até cerca de 90°C. Quando as condições são revertidas – baixando-se lentamente a temperatura –, as fitas complementares se unem prontamente para formar novamente a dupla hélice. Essa **hibridização**, ou *renaturação do DNA*, é promovida pela reconstituição das ligações de hidrogênio entre os pares de base complementares (**Figura 8–33**). Vimos no Capítulo 5 que a hibridização do DNA sustenta o processo crucial da recombinação homóloga (ver Figura 5-47).

Essa importante capacidade de uma molécula de ácido nucleico de fita simples, DNA ou RNA, de formar uma dupla hélice com uma molécula de fita simples de uma sequência complementar fornece uma técnica sensível e poderosa para detectar sequências nucleotídicas específicas. Atualmente, simplesmente se planeja uma molécula de DNA de fita simples curta (chamada de *sonda de DNA*) que é complementar à sequência de nucleotídeos de interesse. Como as sequências nucleotídicas de tantos genomas são conhecidas – e são armazenadas em bancos de dados publicamente acessíveis –, planejar uma sonda para hibridizar em qualquer parte de uma genoma é simples. As sondas são de fita simples, normalmente com 30 nucleotídeos de comprimento, e normalmente são sintetizadas quimicamente por um serviço comercial por alguns centavos de dólar por nucleotídeo. Uma sequência de DNA de 30 nucleotídeos ocorrerá ao acaso apenas uma vez a cada 1×10^{18} nucleotídeos (4^{30}); assim, mesmo no genoma humano de 3×10^9 pares de nucleotídeos, uma sonda de DNA planejada para parear com uma sequência de 30 nucleotídeos provavelmente não hibridizará ao acaso em qualquer outro local no genoma. Isso, é claro, presumindo-se que a sequência complementar à sonda não ocorra muitas vezes no genoma, condição que pode ser verificada previamente pela varredura da sequência genômica *in silico* (utilizando um computador) e planejando sondas que formem pares apenas em um local. A hibridização pode ser estabelecida de tal forma que mesmo um único não pareamento previna a hibridização com sequências "quase acidentais". A especificidade requintada da hibridização dos ácidos nucleicos pode ser facilmente apreciada no experimento de *hibridização in situ* ("no local", em latim) mostrado na **Figura 8-34**. Como veremos neste capítulo, a hibridização de ácidos nucleicos possui

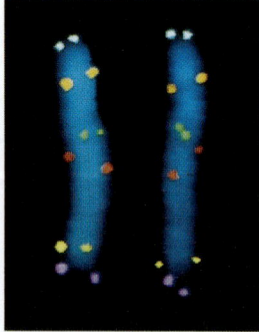

Figura 8-34 A hibridização *in situ* pode ser utilizada para localizar genes em cromossomos isolados. Aqui, seis sondas de DNA diferentes foram utilizadas para marcar as localizações de suas sequências nucleotídicas complementares no Cromossomo 5 humano, isolado a partir de uma célula mitótica em metáfase (ver Figura 4-59 e Painel 17-1, p. 980–981). As sondas de DNA foram marcadas com diferentes grupamentos químicos (ver Figura 8-26B) e foram detectadas usando anticorpos fluorescentes específicos para esses grupamentos. O DNA cromossômico foi parcialmente desnaturado, permitindo que as sondas formem pares de bases com suas sequências complementares. Ambas as cópias, materna e paterna, do cromossomo 5 são mostradas, alinhadas lado a lado. Cada sonda gera dois pontos em cada cromossomo, uma vez que cromossomos em mitose já replicaram seu DNA e, assim, cada cromossomo contém duas hélices de DNA idênticas. A técnica aqui empregada é chamada de hibridização de fluorescência *in situ* (FISH, *fluorescence in situ hybridization*). (Cortesia de David C. Ward.)

vários usos na biologia molecular e celular modernas; um dos mais poderosos é na clonagem de DNA pela reação em cadeia da polimerase, como discutiremos a seguir.

Genes podem ser clonados *in vitro* utilizando PCR

As bibliotecas genômicas e de cDNA já foram a única maneira de clonar genes e ainda são utilizadas para clonagem de genes muito grandes e para sequenciar genomas inteiros. Entretanto, um método poderoso e versátil para amplificar DNA, conhecido como **reação em cadeia da polimerase** (**PCR**), fornece uma abordagem mais rápida e direta para clonar DNA, particularmente de organismos cuja sequência genômica completa seja conhecida. Atualmente, uma vez que as sequências genômicas são abundantes, a maior parte das clonagens é realizada por PCR.

Inventada nos anos de 1980, a PCR revolucionou a maneira do DNA e do RNA serem analisados. A técnica pode amplificar qualquer sequência nucleotídica de forma seletiva e é toda realizada em um tubo de ensaio. A eliminação da necessidade pelas bactérias torna a PCR conveniente e rápida – bilhões de cópias de um nucleotídeo podem ser geradas em questão de horas. Iniciando a partir de um genoma inteiro, a PCR permite a amplificação do DNA de uma região específica, selecionada pelo pesquisador, "purificando" de forma efetiva este DNA a partir do restante do genoma que não é amplificado. Pelo seu poder de amplificar grandes quantidades de ácidos nucleicos, a PCR é notavelmente sensível: o método pode ser utilizado para detectar traços de quantidades de DNA em uma gota de sangue deixada em uma cena de crime ou em algumas cópias do genoma viral em uma amostra de sangue do paciente.

O sucesso da PCR depende tanto da seletividade da hibridização do DNA como da capacidade da DNA polimerase em copiar um molde de DNA, de forma fiel por repetidos ciclos de replicação *in vitro*. Como discutido no Capítulo 5, esta enzima adiciona nucleotídeos à extremidade 3' de uma fita de DNA crescente (ver Figura 5-4). Para copiar o DNA, a polimerase requer um oligonucleotídeo iniciador – uma sequência curta de nucleotídeos que fornece uma extremidade 3' a partir da qual a síntese pode iniciar. Para PCR, os iniciadores são planejados pelo pesquisador, sintetizados quimicamente e, por meio da hibridização ao DNA genômico, "informam" à polimerase qual parte do genoma deve ser copiada. Como discutido na seção anterior, os *iniciadores de DNA* (em essência, o mesmo tipo de moléculas das sondas de DNA, mas sem a marcação radioativa ou fluorescente) podem ser desenhados para localizar de forma única qualquer posição em um genoma.

PCR é um processo iterativo no qual o ciclo de amplificações é repetido dúzias de vezes. No início de cada ciclo, as duas fitas do molde de DNA de fita dupla são separadas e um iniciador diferente é anelado a cada uma. Esses iniciadores marcam os limites da direita e da esquerda do DNA a ser amplificado. Permite-se então que a DNA polimerase replique cada fita de forma independente (**Figura 8-35**). Nos ciclos subsequentes,

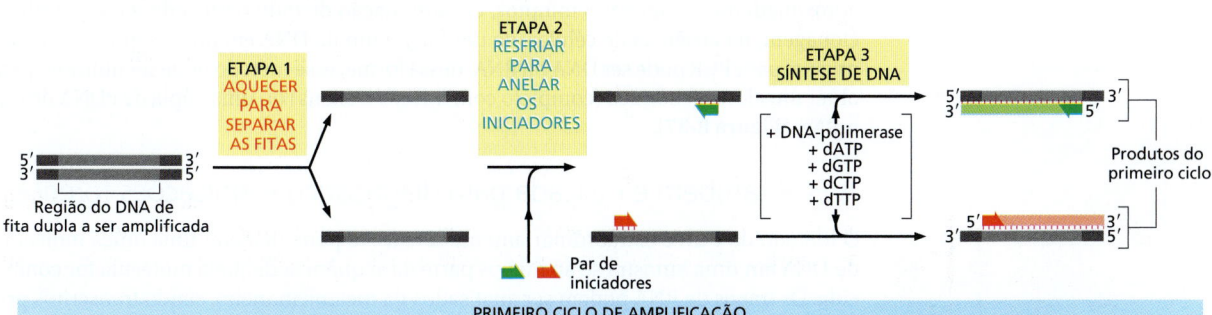

Figura 8-35 Um par de iniciadores promove a síntese de um segmento de DNA de interesse em um tubo de ensaio. Cada ciclo da PCR inclui três etapas: (1) O DNA de fita dupla é aquecido brevemente para separar as duas fitas. (2) O DNA é exposto a uma quantidade excessiva de um par iniciadores específicos – projetados para limitar a região do DNA a ser amplificada – e a amostra é resfriada para permitir que os iniciadores hibridizem com as sequências complementares nas duas fitas de DNA. (3) Essa mistura é incubada com DNA-polimerase e os quatro desoxirribonucleosídeos trifosfato, de modo que o DNA possa ser sintetizado, a partir dos dois iniciadores. Para amplificar o DNA, o ciclo é repetido muitas vezes por meio do reaquecimento da amostra para separar as fitas de DNA recém-sintetizadas (ver Figura 8-36).

A técnica depende do uso de uma DNA-polimerase especial isolada a partir de uma bactéria termofílica; essa polimerase é estável a temperaturas muito mais altas do que as DNA-polimerases eucarióticas, assim ela não é desnaturada pelo tratamento de calor mostrado na etapa 1. Portanto, essa enzima não precisa ser adicionada novamente após cada ciclo.

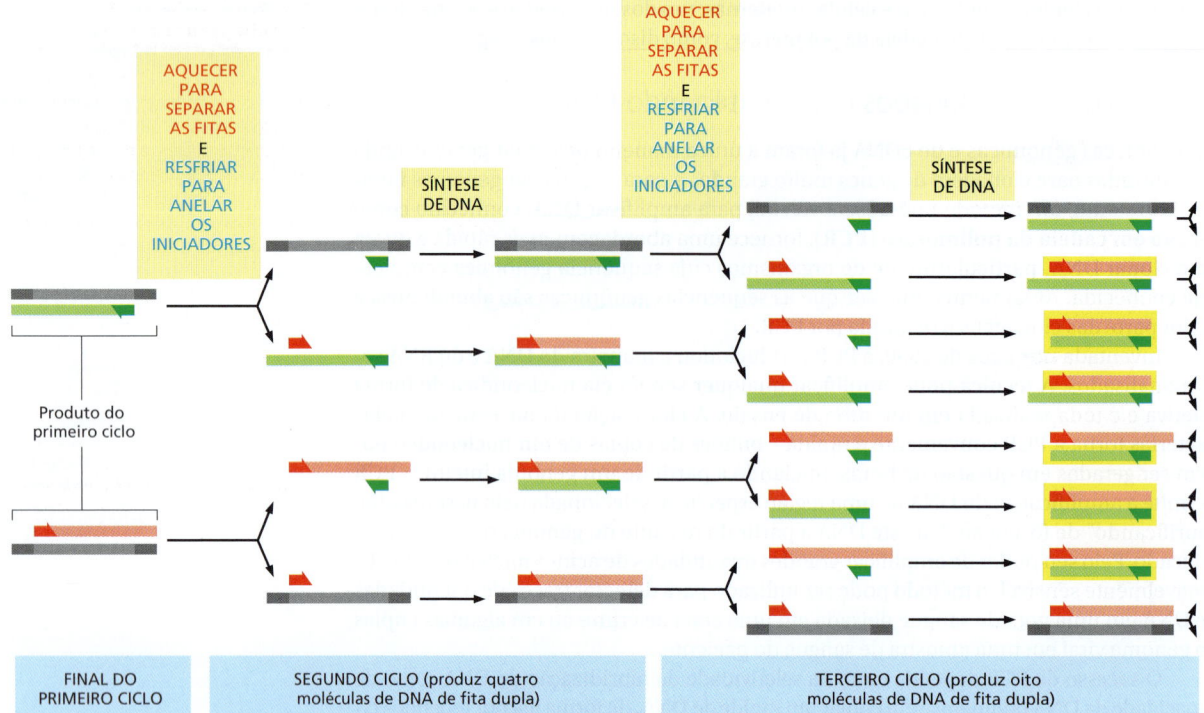

Figura 8-36 A PCR utiliza repetidos ciclos de separação das fitas, hibridização e síntese para amplificar DNA. Como o procedimento resumido na Figura 8-35 é repetido, todas os fragmentos recém-sintetizados servem como molde, no próximo ciclo. Uma vez que a polimerase e os oligonucleotídeos iniciadores permanecem na amostra após o primeiro ciclo, a PCR simplesmente envolve o aquecimento e então o resfriamento da mesma amostra, no mesmo tubo de ensaio, repetidamente. Cada ciclo duplica a quantidade de DNA sintetizada no ciclo anterior, de modo que dentro de poucos ciclos, o DNA predominante seja idêntico à sequência delimitada pelos dois iniciadores no molde original, incluindo a sequência destes. No exemplo aqui ilustrado, três ciclos de reação produzem 16 cadeias de DNA, 8 das quais (*em amarelo*) correspondem exatamente a uma ou a outra fita da sequência original. Após mais de quatro ciclos, 240 de 256 cadeias de DNA corresponderão exatamente à sequência original, e após vários ciclos adicionais, essencialmente todas as fitas de DNA terão esse comprimento. Normalmente, 20 a 30 ciclos são realizados para efetivamente clonar uma região de DNA iniciando a partir do DNA genômico; o resto do genoma permanece não amplificado e, portanto, sua concentração é negligenciável comparada com a da região amplificada (Animação 8.2).

todas as moléculas de DNA recém-sintetizadas produzidas pela polimerase servem de molde para o próximo ciclo de replicação (**Figura 8-36**). Por meio desse processo iterativo de amplificação, muitas cópias da sequência original podem ser produzidas, bilhões após cerca de 20 a 30 ciclos.

Atualmente, a PCR é o método de escolha para clonar fragmentos de DNA relativamente curtos (digamos, abaixo de 10 mil pares de nucleotídeos). Cada ciclo demora aproximadamente apenas 5 minutos, e a automação de todo o procedimento permite a clonagem, na ausência de células, de um fragmento de DNA em poucas horas. O molde original para PCR pode ser DNA ou RNA, dessa forma, esse método pode ser utilizado para obter um clone genômico (completo com íntrons e éxons) ou uma cópia de cDNA de um mRNA (**Figura 8-37**).

A PCR também é utilizada para diagnóstico e aplicações forenses

O método de PCR é extraordinariamente sensível e pode detectar uma única molécula de DNA em uma amostra se ao menos parte da sequência daquela molécula for conhecida. Os traços de RNA podem ser analisados da mesma maneira, sendo transcritos primeiro em DNA com a transcriptase reversa. Por essas razões, a PCR é frequentemente empregada para usos que vão além da simples clonagem. Por exemplo, o método pode ser utilizado para detectar patógenos invasores em estágios bastante iniciais da infecção. Nesse caso, sequências curtas complementares a um segmento do genoma do agentes infecciosos são utilizadas como iniciadores e, após muitos ciclos de amplificação, mesmo poucas cópias de uma bactéria invasora ou genoma viral em uma amostra de um paciente podem ser detectadas (**Figura 8-38**). Para muitas infecções, a PCR substituiu o

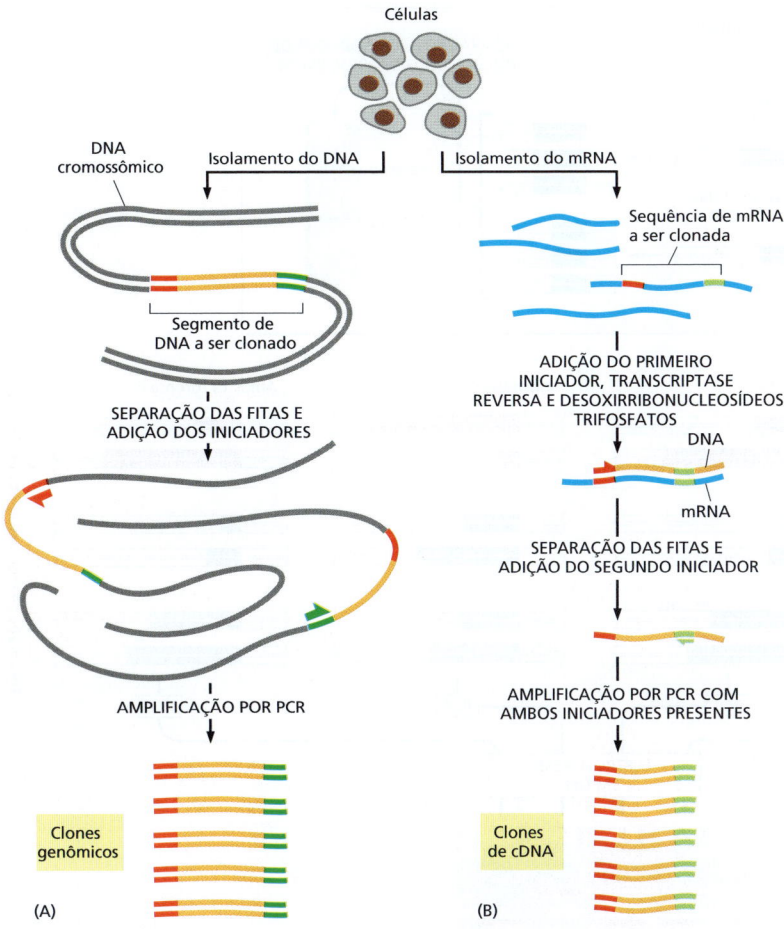

Figura 8-37 A PCR pode ser utilizada para obter clones genômicos ou de cDNA. (A) Para utilizar a PCR para clonar um segmento de DNA cromossômico, o DNA genômico total é inicialmente purificado a partir de células. Os iniciadores da PCR que flanqueiam a fita de DNA a ser clonada são adicionados, e vários ciclos de PCR são completados (ver Figura 8-36). Como apenas o DNA entre (e incluído) os iniciadores é amplificado, a PCR provê uma maneira de obter de forma seletiva qualquer extensão de DNA cromossômico de forma efetivamente pura. (B) Para utilizar a PCR para obter um clone de cDNA de um gene, o mRNA total é inicialmente purificado a partir das células. O primeiro iniciador é adicionado à população de mRNAs e a transcriptase reversa é utilizada para produzir uma fita de DNA complementar à sequência de RNA específica de interesse. O segundo iniciador é, então, adicionado, e a molécula de DNA é amplificada em vários ciclos de PCR.

uso de antibióticos contra moléculas microbianas para detectar a presença do invasor. Ela também é utilizada para verificar a autenticidade de uma fonte de alimento – por exemplo, se uma amostra de carne realmente vem de um bovino.

Finalmente, a PCR atualmente é bastante utilizada na área forense. A extrema sensibilidade do método permite aos investigadores forenses isolar um DNA a partir de traços mínimos de sangue humano ou outro tecido para obter a *impressão digital de DNA* (*DNA fingerprint*) de uma pessoa que deixou a amostra para trás. Com a possível exceção de gêmeos, o genoma de cada ser humano difere na sequência de DNA daquele de qual-

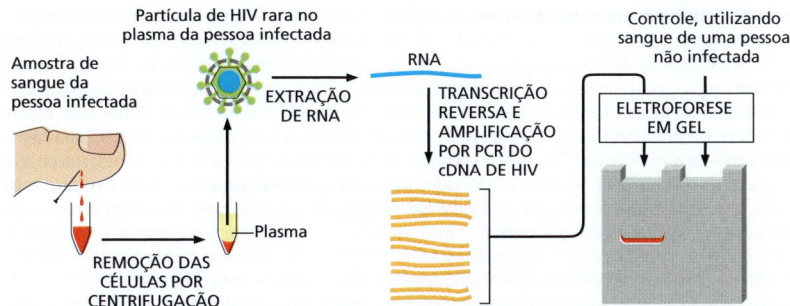

Figura 8-38 A PCR pode ser utilizada para detectar a presença de um genoma viral em uma amostra de sangue. Devido à sua capacidade em amplificar muito o sinal a partir de uma única molécula de ácido nucleico, a PCR é um método extraordinariamente sensível para detectar quantidades-traço de vírus em uma amostra de sangue ou tecido, sem a necessidade de purificar o vírus. Para o HIV, o vírus que causa Aids, o genoma é uma molécula de RNA de fita simples, como ilustrado aqui. Além do HIV, muitos outros vírus que infectam os humanos atualmente são detectados dessa forma.

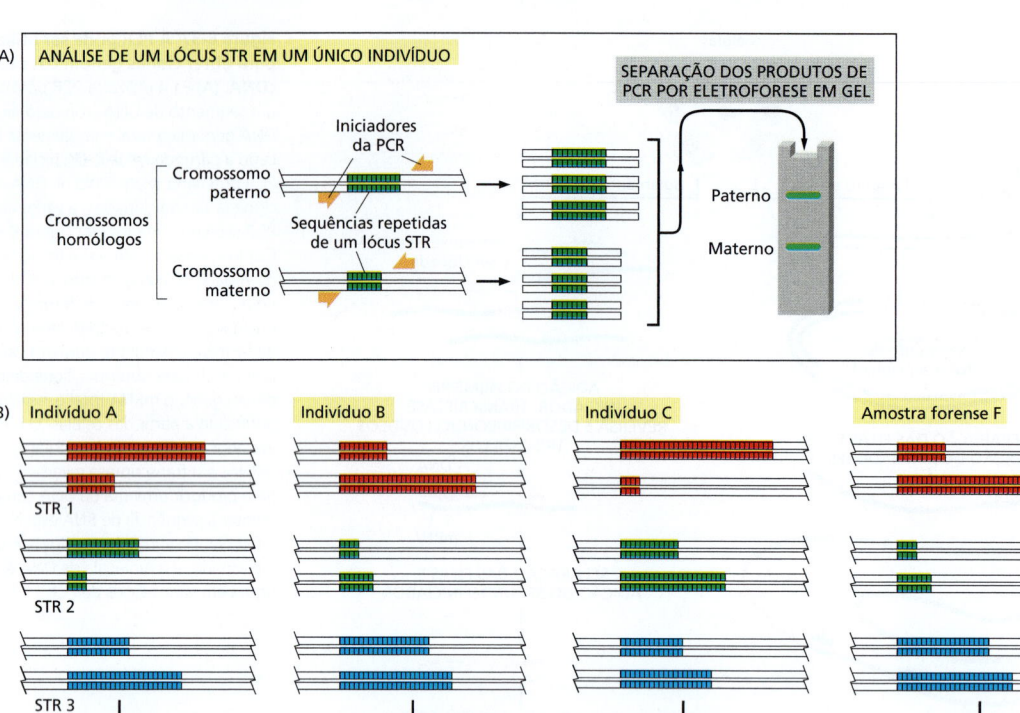

Figura 8-39 A PCR é utilizada na ciência forense para distinguir um indivíduo de outro. As sequências de DNA analisadas são repetições curtas em sequência (STRs, *short tandem repeats*) compostas por sequências como CACACA... ou GTGTGT... As STRs são encontradas em várias posições (lócus) no genoma humano. O número de repetições em cada lócus STR é bastante variável na população, variando de 4 a 40 em diferentes indivíduos. Por causa da variabilidade nessas sequências, os indivíduos normalmente herdam um número diferente de repetições em cada lócus STR a partir de sua mãe e de seu pai; portanto, dois indivíduos não relacionados raramente contêm o mesmo par de sequências em um determinado lócus STR. (A) A PCR utilizando iniciadores que reconhecem sequências únicas em cada lado de um determinado lócus STR produzem um par de bandas de DNA amplificado a partir de cada indivíduo, uma banda que representa a variante da STR materna e a outra que representa a variante da STR paterna. O comprimento do DNA amplificado, e, portanto, sua posição após a eletroforese em gel, dependerá do número exato de repetições no lócus. (B) No exemplo esquemático mostrado aqui, os mesmos três loci são analisados em amostras a partir de três suspeitos (indivíduos A, B e C), produzindo seis bandas para cada indivíduo. Embora pessoas diferentes possam ter várias bandas em comum, o padrão geral é bastante distinto para cada pessoa. O padrão de bandas pode, portanto, servir como uma "impressão digital do DNA" para identificar um indivíduo de forma única. A quarta canaleta (F) contém os produtos da mesma amplificação por PCR realizada com uma amostra de DNA forense hipotética, que pode ter sido obtida a partir de um único fio de cabelo ou de uma mancha de sangue minúscula deixada na cena do crime.

Quanto mais lócus forem examinados, maior confiabilidade se pode ter sobre os resultados. Quando examinamos a variabilidade em 5 a 10 lócus STR diferentes, a probabilidade de dois indivíduos ao acaso terem a mesma impressão digital é de aproximadamente 1 em 10 bilhões. No caso aqui mostrado, os indivíduos A e C podem ser eliminados das investigações, enquanto B é um evidente suspeito. Uma abordagem similar é utilizada rotineiramente para teste de paternidade.

quer outra pessoa na Terra. Utilizando pares iniciadores que têm como alvo sequências genômicas que são conhecidas por serem bastante variáveis na população humana, a PCR torna possível gerar uma impressão digital de DNA distinta para qualquer indivíduo (**Figura 8-39**). Tais análises forenses podem ser usadas não apenas para ajudar a identificar indivíduos que cometeram crimes, mas também – com a mesma importância – para exonerar indivíduos que foram acusados injustamente.

Tanto o DNA como o RNA podem ser rapidamente sequenciados

A maioria dos métodos atuais de manipulação do DNA, RNA e proteínas baseia-se no conhecimento prévio da sequência de nucleotídeos do genoma de interesse. Mas como essas sequências foram determinadas pela primeira vez? E como as novas moléculas de DNA e RNA são sequenciadas atualmente? No final dos anos 1970, pesquisadores desenvolveram algumas estratégias para determinar, de forma simples e rápida, a sequência de nucleotídeos de qualquer fragmento de DNA purificado. O método que se tornou o mais amplamente utilizado é chamado de **sequenciamento didesóxi** ou **sequenciamento de Sanger** (**Painel 8-1**). Esse método foi utilizado para determinar a sequência de nucleotídeos de vários genomas, incluindo aqueles de *E. coli*, moscas-das-frutas, vermes nematódeos, camundongos e humanos. Hoje, métodos mais baratos e rápidos são utilizados rotineiramente para sequenciar DNA, e mesmo estratégias mais eficientes estão sendo desenvolvidas (ver Painel 8-1). A sequência "referência" do genoma humano, completada em 2003, custou mais de 1 bilhão de dólares e teve vários cientistas do mundo trabalhando em conjunto por 13 anos. O enorme progresso realizado na década passada tornou possível uma única pessoa completar a sequência de um genoma humano individual em menos de um dia.

Os métodos resumidos no Painel 8-1 para o sequenciamento rápido do DNA também podem ser aplicados para o RNA. Embora métodos estejam sendo desenvolvidos para sequenciar o RNA diretamente, é mais comum fazer-se a conversão do RNA para o DNA complementar (usando transcriptase reversa) e usar um dos métodos descritos para o sequenciamento do DNA. É importante lembrar que embora o genoma permaneça o mesmo de célula para célula e de tecido para tecido, o RNA produzido a partir do genoma pode variar muito. Veremos mais adiante neste capítulo que sequenciar o repertório inteiro de RNA de uma célula ou tecido (conhecido como **sequenciamento profundo de RNA** ou **RNA-seq**) é uma maneira poderosa de compreender como a informação presente no genoma é utilizada por diferentes células sob diferentes circunstâncias. Na próxima seção, veremos como o RNA-seq também se tornou uma ferramenta valiosa para anotação de genomas.

Para serem úteis, sequências genômicas devem ser anotadas

Longas extensões de nucleotídeos, ao primeiro olhar, não revelam nada sobre como essa informação genética controla o desenvolvimento de um organismo vivo – ou mesmo que tipos de moléculas de DNA, proteína e RNA são produzidas por um genoma. O processo de **anotação do genoma** tenta definir todos os genes (tanto os que codificam como os que não codificam proteínas) em um genoma e atribuir um papel para cada um. O processo também procura compreender tipos mais sutis de informação genômica, como sequências reguladoras *cis* que especificam o momento e o local que determinado gene é expressado e se seu mRNA sofre *splicing* alternativo para produzir diferentes isoformas de proteínas. Certamente, essa é uma tarefa intimidadora e estamos longe de completá-la para qualquer forma de vida, mesmo para a bactéria mais simples. Para vários organismos, sabemos o número aproximado de genes e, para organismos muito simples, compreendemos as funções de cerca da metade dos seus genes.

Nesta seção, discutiremos amplamente como os genes são identificados nas sequências genômicas e quais informações podemos reconhecer sobre seus papéis pela simples inspeção de suas sequências. Mais adiante no capítulo, nos concentramos no problema mais difícil, o de determinar experimentalmente a função gênica.

PAINEL 8-1 Métodos de sequenciamento de DNA

SEQUENCIAMENTO DE DNA

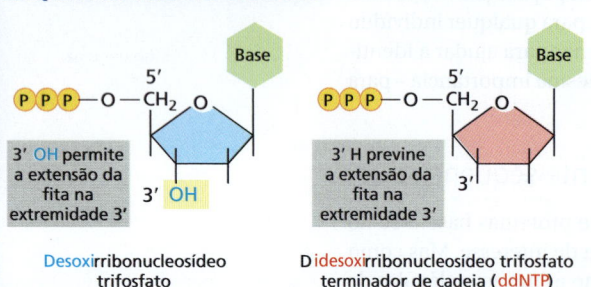

Desoxirribonucleosídeo trifosfato normal (dNTP)

Didesoxirribonucleosídeo trifosfato terminador de cadeia (ddNTP)

3' OH permite a extensão da fita na extremidade 3'

3' H previne a extensão da fita na extremidade 3'

O **sequenciamento didesóxi**, ou **sequenciamento de Sanger** (nome do cientista que inventou o método), utiliza a DNA-polimerase com nucleotídeos terminadores de cadeia, chamados de didesoxirribonucleosídeos trifosfato (*esquerda*), para fazer cópias parciais do fragmento de DNA a ser sequenciado. Esses ddNTPs são derivados dos desoxirribonucleosídeos trifosfato normais que não têm o grupo hidroxila 3'. Quando incorporado em uma fita crescente de DNA, eles bloqueiam o alongamento daquela fita.

SEQUENCIAMENTO DIDESÓXI MANUAL

Para determinar a sequência completa de um fragmento de fita simples de DNA (*cinza*), o DNA é primeiro hibridizado com um iniciador de DNA curto (*laranja*), que é marcado com um corante fluorescente ou radioisótopo. A DNA-polimerase e um excesso de quatro desoxirribonucleosídeos trifosfato normais (A, C, G ou T em *azul*) são adicionados ao DNA com o iniciador, e são então divididos em quatro tubos de reação. Cada um desses tubos recebe uma pequena quantidade de um único didesoxirribonucleosídeo trifosfato terminador de cadeia (A, C, G ou T em *vermelho*). Como esses apenas serão incorporados ocasionalmente, cada reação produz um conjunto de cópias de DNA que terminam em diferentes pontos na sequência.

Os produtos dessas quatro reações são separados por eletroforese em quatro canaletas paralelas de um gel de poliacrilamida (marcados aqui como A, T, C e G). Em cada canaleta, as bandas representam os fragmentos que foram terminados em um dado nucleotídeo, mas em diferentes posições no DNA. Fazendo a leitura das bandas em ordem, iniciando no final do gel e passando por todas as canaletas, a sequência de DNA da nova fita sintetizada poderá ser determinada (ver Figura 8-25C). A sequência mostrada na seta verde, à direita do gel, é complementar à sequência da fita simples original (*cinza*).

3' CGTATACAGTCAGGTC 5' Fragmento de DNA de fita simples a ser sequenciado

ADICIONAR INICIADOR DE DNA MARCADO

5' GCAT 3'
3' CGTATACAGTCAGGTC 5'

ADICIONAR DNA-POLIMERASE E DIVIDIR EM QUATRO TUBOS SEPARADOS

ADICIONAR QUANTIDADES EXCESSIVAS DE dNTPs NORMAIS

ADICIONAR PEQUENAS QUANTIDADES DE UM DOS TERMINADORES DE CADEIA ddNTP A CADA TUBO

A	T	C	G
GCAT A	GCAT AT	GCAT ATGTC	GCAT ATG
GCAT ATGTCA	GCAT ATGT	GCAT ATGTCAGTC	GCAT ATGTCAG
GCAT ATGTCAGTCCA	GCAT ATGTCAGT	GCAT ATGTCAGTCC	GCAT ATGTCAGTCCAG

3'
G
A
C
C
T
G
A
C
T
G
T
A
5'

A   T   C   G

RESULTADO

Sequência do iniciador do DNA | Sequência lida a partir do gel

5' GCATATGTCAGTCCAG 3'
3' CGTATACAGTCAGGTC 5'

Sequência da fita original de DNA

SEQUENCIAMENTO DIDESÓXI AUTOMATIZADO

Mistura de produtos de DNA, cada um contendo um ddNTP terminador de cadeia com um marcador fluorescente diferente

GCAT A
GCAT AT
GCAT ATAT
GCAT ATG
GCAT ATGT
GCAT ATGTC

PRODUTOS APLICADOS EM UM GEL CAPILAR → Eletroforese

Produtos separados por tamanho são lidos em sequência

(A)

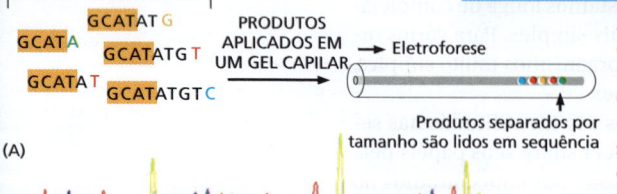

(B) TTCTATAGTGTCACCTAAATAGCTTGGCGTAATCATGGT

As máquinas totalmente automatizadas podem processar reações de sequenciamento didesóxi. (A) O método automatizado utiliza uma quantidade excessiva de dNTPs normais mais uma mistura de quatro ddNTPs diferentes terminadores de cadeia, cada um ligado a um marcador fluorescente de cor diferente. Os produtos da reação são aplicados em um fino e longo gel capilar e separados por eletroforese. Uma câmara (não mostrada) lê a cor de banda conforme ela se move pelo gel e alimenta os dados em um computador que monta a sequência. (B) Uma pequena parte dos dados a partir de uma corrida de sequenciamento automático. Cada pico colorido representa um nucleotídeo na sequência de DNA.

SEQUENCIANDO GENOMAS INTEIROS

O **sequenciamento *shotgun***: para determinar a sequência de nucleotídeos de um genoma inteiro, o DNA genômico é primeiramente fragmentado em pedaços pequenos e uma biblioteca genômica é construída, normalmente usando plasmídeos e bactérias (ver Figura 8-30). No *sequenciamento shotgun*, a sequência de nucleotídeos de dezenas de milhares de clones individuais é determinada; a sequência genômica inteira é, então, reconstruída agrupando (*in silico*) a sequência de nucleotídeos de cada clone, usando as sobreposições entre clones como guia. O método *shotgun* funciona bem para genomas pequenos (como aqueles de vírus e bactérias) que não possuem DNA repetitivo.

Clones BAC: a maioria dos genomas de plantas e animais é grande (muitas vezes acima de 10^9 pares de nucleotídeos) e contêm quantidades grandes de DNA repetitivo espalhado pelo genoma. Como a sequência de nucleotídeos de um fragmento de DNA repetitivo irá "sobrepor" cada ocorrência de DNA repetido, é difícil, se não impossível, agrupar os fragmentos em uma única ordem apenas pelo método *shotgun*.

Para contornar esse problema, o genoma humano foi dividido inicialmente em fragmentos de DNA muito grandes (cada um com aproximadamente 100 mil pares de nucleotídeos) e clonado em BACs (ver p. 469). A ordem das BACs ao longo do cromossomo foi determinada pela comparação do padrão dos sítios de clivagem das enzimas de restrição em um determinado clone BAC com o do genoma inteiro. Dessa forma, determinado clone BAC pode ser mapeado, por exemplo, para o braço esquerdo do cromossomo 3 humano. Uma vez que uma coleção de clones BAC abrangendo todo o genoma foi obtida, cada BAC foi sequenciado pelo método *shotgun*. No final, as sequências de todos os insertos de BAC foram agrupadas usando o conhecimento da posição de cada inserto de BAC no genoma humano. Ao todo, aproximadamente 30 mil clones BAC foram sequenciados para completar o genoma humano.

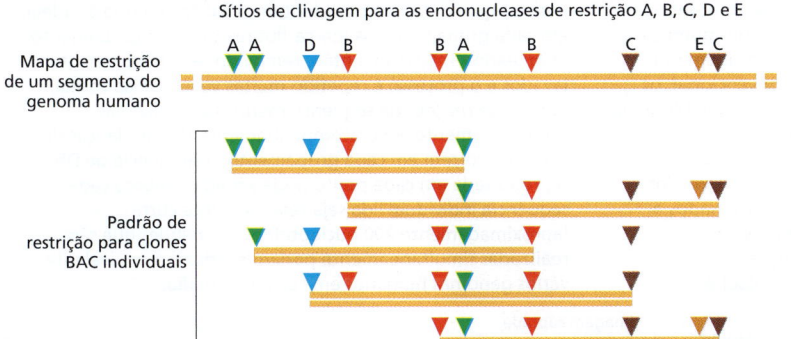

Milhares de genomas de indivíduos humanos já foram sequenciados e não é necessário reconstruir cuidadosamente a ordem das "leituras" das sequências de DNA a cada vez; elas são simplesmente agrupadas usando a ordem determinada a partir do projeto de sequenciamento do genoma humano original. Por essa razão, o *ressequenciamento*, termo utilizado quando o genoma de uma espécie é sequenciado novamente (mesmo sendo de um indivíduo diferente) é muito mais fácil do que o sequenciamento original.

TECNOLOGIAS DE SEQUENCIAMENTO DE SEGUNDA GERAÇÃO

O método didesóxi tornou possível sequenciar os genomas de humanos e da maioria dos outros organismos discutidos neste livro. Mas métodos mais novos, desenvolvidos desde 2005, tornaram o sequenciamento de genomas ainda mais rápido e muito mais econômico. Com esses métodos de sequenciamento chamados de métodos de segunda geração, o custo do sequenciamento de DNA diminui drasticamente. Sem surpresas, o número de genomas que foram sequenciados aumentou muito. Esses métodos rápidos permitem que múltiplos genomas sejam sequenciados em paralelo em questão de semanas, permitindo aos investigadores examinar milhares de genomas individuais humanos, catalogar as variações nas sequências de nucleotídeos de pessoas em volta do mundo e descobrir mutações que aumentam o risco de várias doenças, do câncer ao autismo. Esses métodos também tornaram possível determinar a sequência genômica de espécies extintas, incluindo o homem de Neanderthal e o mamute-lanudo (**Animação 8.3**). Com o sequenciamento do genoma de várias espécies relacionadas, também foi possível compreender a base molecular dos eventos-chave evolutivos na árvore da vida, como as "invenções" da multicelularidade, visão e linguagem. A capacidade de sequenciar rapidamente o DNA teve impactos muito maiores em todos os ramos da biologia e medicina; é quase impossível imaginar onde estaríamos sem esse método.

SEQUENCIAMENTO ILLUMINA®

Vários métodos de sequenciamento de segunda geração estão em uso atualmente e discutiremos dois dos mais comuns. Ambos se baseiam na construção de bibliotecas de fragmentos de DNA que representam, ao todo, o DNA do genoma. Em vez de usar células bacterianas para gerar essas bibliotecas, como vimos na Figura 8-30, elas foram feitas usando a amplificação por PCR de bilhões de fragmentos de DNA, cada um ligado a um suporte sólido. A amplificação é feita de modo que as cópias geradas por PCR, em vez de flutuar em solução, permanecem ligadas na proximidade do fragmento de DNA original. Esse processo gera grupamentos de fragmentos de DNA, nos quais cada grupamento contém cerca de mil cópias idênticas de um pequeno pedaço do genoma. Esses grupamentos – 1 bilhão, dos quais podem se combinar em uma única lâmina ou placa – são, então, sequenciados ao mesmo tempo; ou seja, em paralelo.

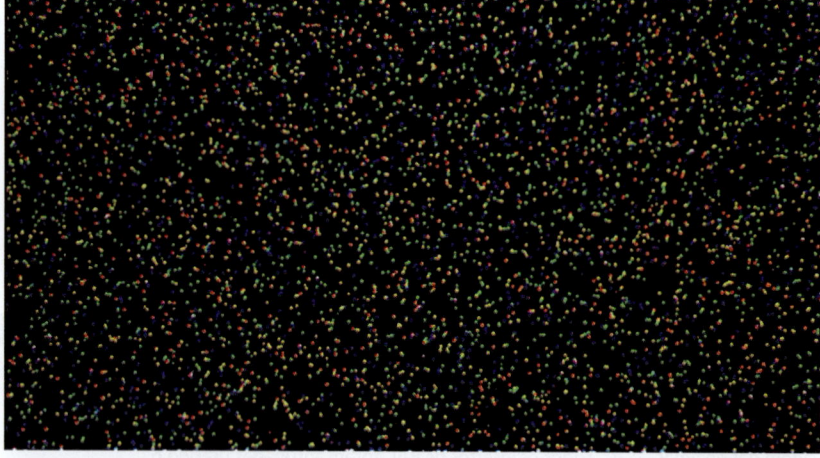

Lâmina mostrando grupamentos individuais de moléculas de DNA geradas por PCR. Cada grupamento carrega cerca de mil moléculas de DNA idênticas; as quatro cores são produzidas pela incorporação de C, G, A ou T, cada uma com um fluoróforo de cor diferente. A imagem foi obtida logo depois que um nucleotídeo fluorescente foi incorporado em uma cadeia de DNA crescente. (De Illumina Sequencing Overview, 2013.)

Um método, conhecido como *sequenciamento Illumina*, tem como base o método didesoxi descrito anteriormente, mas com algumas inovações. Aqui, cada nucleotídeo está ligado a uma molécula fluorescente removível (uma cor diferente para cada uma das quatro bases) assim como um aduto químico especial terminador de cadeia: em vez de um grupamento 3'-OH, como no sequenciamento didesóxi convencional, os nucleotídeos carregam um grupamento químico que bloqueia a elongação pela DNA-polimerase, mas que pode ser removida quimicamente. O sequenciamento é, então, realizado como a seguir: os quatro nucleotídeos marcados fluorescentemente e a DNA-polimerase são adicionados a bilhões de grupamentos de DNA imobilizados sobre uma lâmina. Apenas o nucleotídeo apropriado (que é complementar ao próximo nucleotídeo no molde) é incorporado covalentemente a cada grupamento; os nucleotídeos não incorporados são removidos por lavagens e uma câmara digital de alta resolução capta uma imagem que registra qual dos quatro nucleotídeos foi adicionado à cadeia em cada grupamento. A marca fluorescente e o grupamento bloqueador 3'-OH são, então, removidos enzimaticamente, lavados e o processo é repetido muitas vezes. Dessa forma, bilhões de reações de sequenciamento são realizadas simultaneamente. Pelo acompanhamento das mudanças de cor que ocorrem em cada grupamento, a sequência de DNA representada em cada ponto pode ser lida. Embora cada sequência individual lida seja relativamente curta (aproximadamente 200 nucleotídeos), as bilhões que são realizadas simultaneamente podem produzir o equivalente a vários genomas humanos em cerca de um dia.

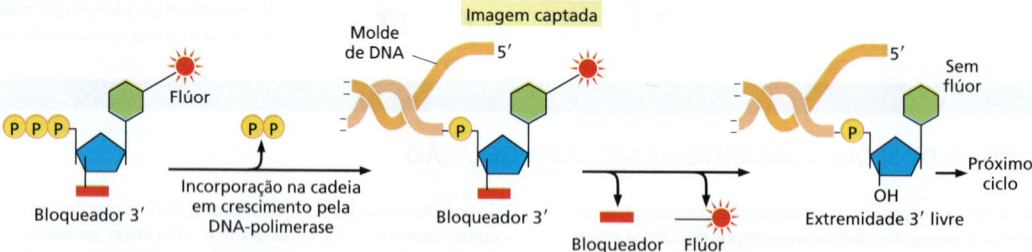

Princípio por trás do sequenciamento Illumina. Essa reação é realizada em etapas, em bilhões de grupamentos de DNA de uma só vez. O método se baseia em uma câmara digital que faz uma varredura rápida de todos os grupamentos de DNA, depois de cada ciclo de incorporação dos nucleotídeos modificados. A sequência de DNA de cada grupamento é, então, determinada pela sequência de mudanças de cor que ocorrem conforme a reação de elongação procede por etapas. Cada ciclo de incorporação dos nucleotídeos modificados, aquisição de imagem e remoção do bloqueador 3' e do grupo fluorescente leva menos de 1 hora. Cada grupamento sobre a lâmina contém várias cópias de segmentos curtos aleatórios diferentes de um genoma; na preparação dos grupamentos, a sequência de DNA (especificada pelo pesquisador) é unida a cada cópia em cada grupamento e um iniciador complementar a esta sequência é utilizado para iniciar a reação de alongamento pela DNA-polimerase.

SEQUENCIAMENTO ÍON TORRENT™

Outra estratégia amplamente utilizada para o sequenciamento rápido é chamada de método *íon torrent*. Nesse método, o genoma é fragmentado e os fragmentos individuais são ligados a esferas microscópicas. Utilizando PCR, cada fragmento de DNA é, então, amplificado de modo que cópias dele finalmente cubram a esfera na qual ele foi ligado inicialmente. Esse processo produz uma biblioteca de bilhões de esferas individuais, cada uma coberta com cópias idênticas de um determinado fragmento de DNA.

Como em uma caixa de ovos, as esferas são colocadas em poços individuais em um arranjo que pode guardar bilhões de esferas em uma polegada quadrada. A síntese de DNA é, então, iniciada em cada esfera com um oligonucleotídeo iniciador. Um íon hidrogênio (H^+) é liberado (com pirofosfato) cada vez que um nucleotídeo é incorporado em uma cadeia de DNA crescente (ver Figura 5-3), e o método de íon torrent é baseado nesse simples fato. O arranjo de esferas é lavado com cada um dos quatro nucleotídeos, um de cada vez; quando um nucleotídeo é incorporado no DNA de determinada esfera, a liberação de um íon H^+ altera o pH, que é registrado por um *chip* semicondutor localizado logo abaixo do arranjo de poços. Dessa forma, a sequência de DNA em determinada esfera pode ser lida a partir de um padrão de alterações de pH observadas quando os nucleotídeos eram lavados sobre as esferas. Semelhantemente a um sensor de alta resolução em uma câmara digital o *chip* semiconductor do íon torrent pode registrar quantidades enormes de informação e, dessa forma, rastrear as bilhões de reações de sequenciamento em paralelo. Atualmente, utilizando esta tecnologia é possível, usando um único *chip*, determinar as sequências de nucleotídeos de alguns genomas humanos em apenas poucas horas.

Sequenciamento de DNA pelo método íon torrent. Esferas, cada uma coberta com uma molécula de DNA que foi amplificada muitas vezes, são colocadas em poços junto com oligonucleotídeos iniciadores e DNA-polimerase. Conforme os nucleotídeos lavam sequencialmente as esferas, aqueles incorporados pela polimerase causam uma alteração no pH. No exemplo mostrado, um A é incorporado; assim, o molde deve ter um T nessa posição. Como as esferas são lavadas pelos quatro nucleotídeos sequencialmente, a sequência do DNA em cada esfera pode ser "lida" pelo padrão de flutuações no pH. Bilhões de esferas são monitoradas de uma só vez por um *chip* semiconductor sensível à voltagem localizado abaixo do arranjo de esferas.

O FUTURO DO SEQUENCIAMENTO DE DNA

Métodos de sequenciamento de DNA ainda mais atualizados, e potencialmente mais rápidos, estão sendo desenvolvidos. Algumas dessas tecnologias de "terceira geração" evitam as etapas de amplificação de DNA e determinam a sequência de moléculas únicas de DNA. Em uma técnica, uma molécula de DNA é empurrada por um canal muito estreito, como passar uma linha pelo buraco da agulha. À medida que a molécula de DNA se move pelo poro, ela gera correntes elétricas que dependem da sua sequência de nucleotídeos; o padrão das correntes pode, então, ser usado para deduzir a sequência de nucleotídeos. Outros métodos visualizam moléculas de DNA únicas usando microscopia de força eletrônica ou atômica; a sequência de nucleotídeos é lida a partir das pequenas diferenças na "aparência" do DNA quando este é escaneado. Finalmente, outro método tem como base a imobilização de uma única molécula de DNA polimerase (com um molde) e a medição do tempo de "residência" de cada um dos quatro nucleotídeos, que são marcados com corantes fluorescentes removíveis. Os nucleotídeos que permanecem por mais tempo na polimerase (antes do corante ser removido) são aqueles incorporados pela polimerase. Embora os dois métodos que descrevemos em detalhes (Illumina e íon torrent) atualmente são muito usados, é provável que métodos mais rápidos e econômicos continuem a ser desenvolvidos.

Estão mostrados aqui os custos do sequenciamento de genoma humano, que variou de 100 milhões de dólares em 2001 a cerca de mil dólares no final de 2014. (Dados do National Human Genome Research Initiative.)

Figura 8-40 Encontrando as regiões em uma sequência de DNA que codificam uma proteína. (A) Qualquer região da sequência de DNA pode, em princípio, codificar seis sequências diferentes de aminoácidos, pois qualquer uma das três fases de leitura diferentes pode ser utilizada para interpretar a sequência de nucleotídeos em cada fita. Observe que uma sequência de nucleotídeos é sempre lida na direção 5' para 3' e codifica um polipeptídeo N-terminal para o C-terminal. Para uma sequência de nucleotídeos aleatória lida em uma determinada fase, um sinal de terminação para a síntese de proteína é encontrado, em média, cerca de 1 vez a cada 20 aminoácidos. Nesse exemplo de sequência de 48 pares de bases, cada um desses sinais (*códon de terminação*) está em *azul* e somente a fase de leitura 2 não tem um códon de terminação. (B) Análise de uma sequência de DNA de 1.700 pares de bases para a localização de uma possível sequência codificadora de proteína. A informação é apresentada como em (A), com cada sinal de terminação para a síntese de proteína assinalado por uma *linha azul*. Além disso, todas as regiões entre possíveis sinais de início e de terminação para a síntese de proteínas (ver p. 347-349) estão indicadas como *barras vermelhas*. Apenas a fase de leitura 1 realmente codifica uma proteína, que tem 475 resíduos de aminoácidos de extensão.

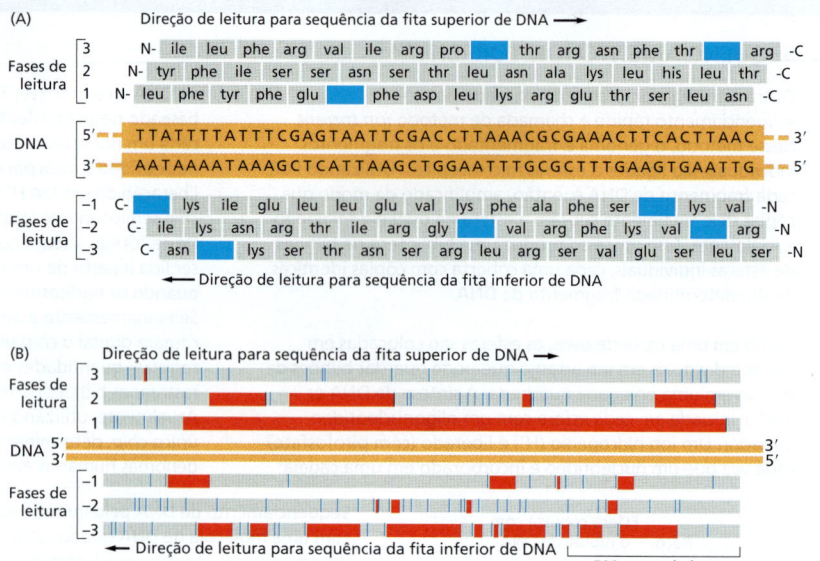

Como começamos a extrair sentido de uma sequência genômica? A primeira etapa normalmente é traduzir *in silico* todo genoma em proteína. Existem seis fases de leitura diferentes para qualquer segmento de DNA de fita dupla (três em cada fita). Vimos no Capítulo 6 que uma sequência aleatória de nucleotídeos, lida em fase, irá conter um códon de terminação a cada 20 aminoácidos aproximadamente; as regiões codificadoras para proteína, em contraste, normalmente terão extensões mais longas sem códons de terminação (**Figura 8-40**). Conhecidas como **fases de leitura aberta** (**ORFs**, *open reading frames*), estas normalmente significam genes verdadeiros que codificam proteínas. Essa atribuição normalmente é verificada duas vezes por meio da comparação da sequência de aminoácidos ORF com os vários bancos de dados de proteínas documentadas de outras espécies. Se uma combinação for encontrada, mesmo que imperfeita, é muito provável que a ORF codificará uma proteína funcional (ver Figura 8-23).

Essa estratégia funciona muito bem para genomas compactos, onde as sequências de íntrons são raras e as ORFs frequentemente se estendem por centenas de aminoácidos. Entretanto, em vários animais e plantas, o tamanho médio dos éxons é de 150 a 200 pares de nucleotídeos (ver Figura 6-31) e informações adicionais normalmente são necessárias para localizar de forma inequívoca todos os éxons de um gene. Embora seja possível rastrear os genomas por sinais de *splicing* e outras características que ajudem a identificar éxons (frequência de ocorrência de códons sinônimos, por exemplo), um dos métodos mais poderosos é simplesmente sequenciar o RNA total produzido a partir do genoma em células vivas. Como pode ser observado na Figura 7-3, esta informação do RNA-seq quando mapeada na sequência genômica, pode ser utilizada para localizar com precisão todos os íntrons e éxons até mesmo de genes complexos. Pelo sequenciamento do RNA total de diferentes tipos celulares, também é possível identificar casos de *splicing* alternativo (Figura 6-26).

O RNA-seq também identifica RNAs não codificadoras produzidos por um genoma. Embora a função de alguns deles possa ser prontamente reconhecida (p. ex., tRNAs ou snoRNAs), muitos possuem funções desconhecidas e ainda outros provavelmente não tem função (discutido no Capítulo 7, p. 429-436). A existência de vários RNAs não codificadores e nossa relativa ignorância sobre sua função é a principal razão pela qual conhecemos apenas o número aproximado dos genes no genoma humano.

Mas mesmo para genes que codificam proteínas e que foram identificados inequivocamente, ainda temos muito para aprender. Milhares de genomas foram sequenciados e sabemos, utilizando *genômica comparativa* que muitos organismos compartilham o mesmo conjunto básico de proteínas. Entretanto, as funções de um grande número de proteínas identificadas permanecem desconhecidas. Dependendo do organismo, aproximadamente um terço das proteínas codificadas por um genoma sequenciado não se assemelham claramente a qualquer outra proteína estudada bioquimicamente. Essa observação revela uma das limitações do campo emergente da genômica: embora a análise comparativa dos genomas revele uma grande quantidade de informações sobre as relações entre genes e organismos, ela frequentemente não fornece informação imediata sobre como esses genes funcionam ou sobre quais papéis eles têm na fisiologia de um organismo. A comparação do complemento inteiro do gene de várias bactérias termofílicas, por exemplo, não revela por que essas bactérias se desenvolvem a temperaturas que excedem 70°C. Além disso, o estudo do genoma da bactéria *Deinococcus radiodurans*, incrivelmente resistente à radiação, não explica como esse organismo pode sobreviver a uma descarga de radiação que pode despedaçar vidro. Serão necessários estudos bioquímicos e genéticos adicionais, como aqueles descritos em outras seções desse capítulo, para determinar como os genes, e as proteínas que eles produzem, funcionam no contexto de organismos vivos.

A clonagem do DNA permite que qualquer proteína seja produzida em grandes quantidades

Na última seção, vimos como genes que codificam proteínas podem ser identificados nas sequências genômicas. Utilizando o código genético (desde que os limites dos íntrons e éxons sejam conhecidos), a sequência de aminoácidos de qualquer proteína codificada em um genoma pode ser deduzida. Como discutimos anteriormente, esta sequência pode muitas vezes fornecer informações importantes sobre a função da proteína, caso seja similar à sequência de aminoácidos de uma proteína que já tenha sido estudada (ver Figura 8-23). Embora essa estratégia muitas vezes tenha sucesso, ela normalmente fornece apenas a função bioquímica provável da proteína; por exemplo, se a proteína se assemelha a uma cinase ou uma protease. Normalmente resta ao pesquisador verificar (ou refutar) essa atribuição e, o mais importante, descobrir a função biológica da proteína no organismo; isto é, para quais qualidades do organismo a cinase ou a protease contribuem e em quais vias moleculares ela funciona? Atualmente, a maioria das proteínas novas são "descobertas" pelo sequenciamento do genoma, e muitas vezes permanece um grande desafio certificar suas funções.

Uma abordagem importante na determinação da função gênica é alterar o gene (ou, em alguns casos, seu padrão de expressão) para colocar a cópia alterada de volta na linhagem germinativa do organismo e deduzir a função do gene normal pelas alterações causadas por sua alteração. Várias técnicas para implementar esta estratégia são discutidas na próxima na próxima seção deste capítulo. Mas também é importante estudar as propriedades bioquímicas e estruturais de um produto gênico como delineado na primeira parte deste capítulo. Uma das contribuições mais importantes da clonagem de DNA para biologia celular e molecular é a capacidade de produzir qualquer proteína, mesmo as mais raras, em quantidades quase ilimitadas – desde que o gene que codifica esta proteína seja conhecido. Essa produção em larga escala normalmente é realizada em células vivas usando vetores de expressão (**Figura 8-41**). Estes geralmente são plasmídeos que foram projetados para produzir uma grande quantidade de mRNA estável que pode ser traduzido de forma eficiente em proteína quando o plasmídeo é introduzido em célula de bactéria, levedura, inseto ou mamífero. Para prevenir que a grande quantidade da proteína estranha interfira com o crescimento da célula, o vetor de expressão muitas vezes é projetado para retardar a síntese do mRNA estranho e da proteína até um pouco antes das células serem coletadas e rompidas (**Figura 8-42**).

Como a proteína desejada é produzida a partir de um vetor de expressão dentro de uma célula, ela deve ser purificada das proteínas da célula hospedeira por cromatografia, após o rompimento das células; contudo, como existem espécies abundantes nas células (frequentemente 1 a 10% da proteína total), a purificação geralmente é fácil de ser realizada em apenas algumas etapas. Como vimos na primeira parte deste capítulo, vários ve-

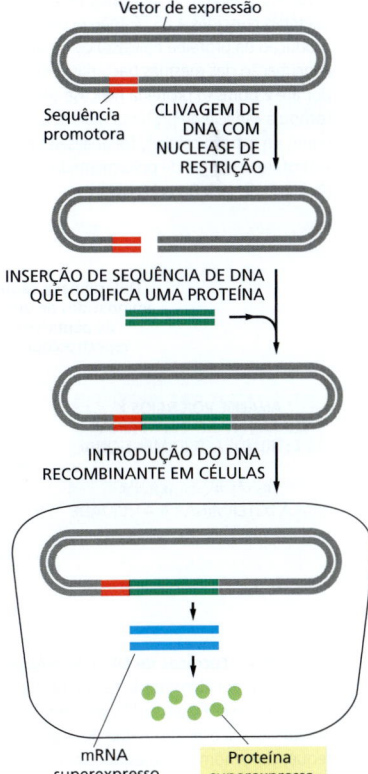

Figura 8-41 Produção de grandes quantidades de uma proteína a partir de uma sequência de DNA que codifica uma proteína clonada em um vetor de expressão e introduzida em células. Um vetor plasmidial foi modificado para conter um promotor altamente ativo, que causa a produção de grandes quantidades de mRNA a partir de um gene adjacente, que codifica uma proteína, inserido no vetor plasmidial. Dependendo das características do vetor de clonagem, o plasmídeo é introduzido em células de bactéria, levedura, inseto ou mamífero, onde o gene inserido é transcrito de forma eficiente e traduzido em proteína. Se o gene a ser superexpresso não tiver íntrons (típico de genes de bactérias, arqueias e eucariotos simples) ele pode simplesmente ser clonado a partir do DNA genômico por PCR. Para genes clonados a partir de animais e vegetais, muitas vezes é mais conveniente obter o gene como cDNA, a partir de uma biblioteca de cDNA (ver Figura 8-32) ou clonar diretamente por PCR a partir de RNA isolado do organismo (ver Figura 8-37). Alternativamente, o DNA que codifica a proteína pode ser produzido por síntese química (ver p. 472).

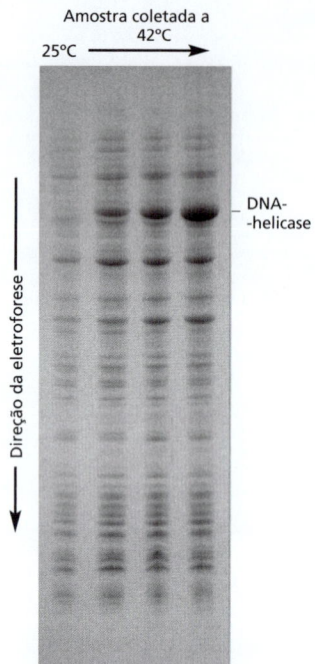

Figura 8-42 Produção de grandes quantidades de uma proteína utilizando um vetor plasmidial de expressão. Neste exemplo, um vetor de expressão que superexpressa uma DNA-helicase foi introduzido em uma bactéria. Nesse vetor de expressão, a transcrição a partir dessa sequência codificadora está sob controle de um promotor viral que se torna ativo apenas a uma temperatura de 37 °C ou mais. A proteína total da célula, tanto de bactérias crescidas a 25 °C (não ocorre a produção da proteína helicase) como após a incubação das mesmas bactérias a 42 °C por até 2 horas (a proteína helicase se tornou a espécie de proteína mais abundante no extrato celular), foi analisada por eletroforese em gel de poliacrilamida-SDS. (Cortesia de Jack Barry.)

tores de expressão foram projetados para adicionar um marcador molecular – um grupo de resíduos de histidina ou uma pequena proteína marcadora – à proteína expressa, para facilitar sua purificação por cromatografia de afinidade (ver Figura 8-11). Uma variedade de vetores de expressão está disponível, cada um modificado por engenharia genética para funcionar em um tipo de célula na qual a proteína deverá ser produzida.

Essa tecnologia também é utilizada para produzir grandes quantidades de várias proteínas úteis na saúde, incluindo hormônios (como a insulina e fatores de crescimento) utilizados como fármacos humanos e proteínas do envoltório viral para uso em vacinas. Os vetores de expressão também permitem aos cientistas produzir muitas proteínas de interesse biológico em quantidades suficientes para estudos estruturais detalhados. Quase todas as estruturas proteicas tridimensionais descritas neste livro são de proteínas produzidas desta maneira. Portanto, as técnicas de DNA recombinante permitem aos cientistas transitar com facilidade de proteína para gene, e vice-versa, de modo que as funções de ambos possam ser exploradas em múltiplas frentes (**Figura 8-43**).

Resumo

A clonagem de DNA permite que uma cópia de qualquer parte específica de uma sequência de DNA ou de RNA seja selecionada a partir de milhões de outras sequências em uma célula e seja produzida em quantidades ilimitadas em uma forma pura. As sequências de DNA podem ser amplificadas após clivagem do DNA cromossômico e inserção dos fragmentos de DNA resultantes no cromossomo de um elemento genético de autorreplicação como um plasmídeo. A "biblioteca de DNA genômico" resultante é mantida em milhões de células bacterianas, cada uma carregando um fragmento diferente de DNA clonado. As células individuais dessa biblioteca são cultivadas para produzir grandes quantidades de um único fragmento de DNA clonado. Evitando vetores de clonagem e células bacterianas, a reação em cadeia da polimerase (PCR) permite que a clonagem de DNA seja realizada diretamente com a DNA polimerase e oligonucleotídeos iniciadores de DNA – contanto que a sequência de DNA de interesse já seja conhecida.

Os procedimentos utilizados para obter clones de DNA que correspondem, na sequência, a moléculas de mRNA, são os mesmos, com exceção que uma cópia de DNA da sequência de mRNA, chamada de cDNA, é inicialmente sintetizada. Diferentemente dos clones de DNA genômico, os clones de cDNA não têm sequências de íntrons, sendo os clones de escolha para analisar o produto proteico de um gene.

As reações de hibridização dos ácidos nucleicos fornecem um meio sensível de detectar alguma sequência nucleotídica de interesse. A enorme especificidade dessa reação de hibridização permite que qualquer sequência nucleotídica de fita simples seja marcada com um radioisótopo ou composto químico e seja utilizada como sonda para identificar uma fita complementar, até mesmo em uma célula ou em um extrato celular que contenha milhões de sequências de DNA ou de RNA diferentes. A hibridização do DNA também tor-

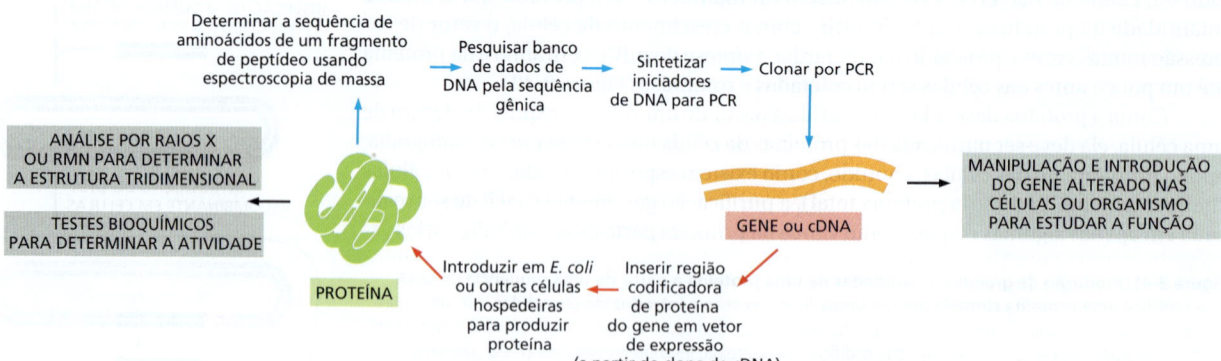

Figura 8-43 Técnicas de DNA recombinante tornaram possível transitar experimentalmente de gene para proteína e de proteína para gene. Se um gene foi identificado (à *direita*), sua sequência que codifica uma proteína pode ser inserida em um vetor de expressão para produzir grandes quantidades de proteína (ver Figura 8-41), que então pode ser estudada bioquímica ou estruturalmente. Se uma proteína foi purificada com base nas suas propriedades bioquímicas, a espectrometria de massa (ver Figura 8-18) pode ser utilizada para obter uma sequência de aminoácidos parcial, que é utilizada para rastrear a sequência genômica na sequência nucleotídica completa. O gene completo pode, então, ser clonado por PCR a partir do genoma sequenciado (ver Figura 8-37). O gene também pode ser manipulado e introduzido em células ou organismos para estudar sua função, um tópico abordado na próxima seção deste capítulo.

na possível usar PCR para amplificar qualquer parte de qualquer genoma uma vez que sua sequência seja conhecida.

A sequência de nucleotídeos de qualquer genoma pode ser determinada de forma rápida e simples usando técnicas automatizadas com base em algumas estratégias diferentes. A comparação das sequências genômicas de diferentes organismos nos permite traçar as relações evolutivas entre genes e organismos, e provou ser valiosa para descobrir novos genes e prever suas funções.

Tomadas em conjunto, essas técnicas para análise e manipulação de DNA tornaram possível sequenciar, identificar e isolar genes de vários organismos de interesse. As tecnologias relacionadas permitiram aos cientistas produzir os produtos proteicos desses genes em grandes quantidades necessárias para uma análise detalhada de sua estrutura e função, assim como para propósitos medicinais.

ESTUDO DA EXPRESSÃO E DA FUNÇÃO DE GENES

Finalmente, desejamos determinar como os genes – e as proteínas que eles codificam – funcionam no organismo intacto. Embora possa parecer controverso, uma das maneiras mais diretas de descobrir qual a função de um gene é observar o que acontece ao organismo quando ele é eliminado. Estudar organismos mutantes que adquiriram alterações ou deleções em suas sequências de nucleotídeos é uma prática consagrada em biologia e forma a base do importante campo da **genética**. Como as mutações podem interromper os processos celulares, os mutantes frequentemente têm a chave para o entendimento da função do gene. Na abordagem genética clássica, inicia-se isolando os mutantes que têm uma aparência interessante ou incomum: moscas-das-frutas com olhos brancos ou asas enroladas, por exemplo. Trabalhando de trás para frente, a partir do **fenótipo** – a aparência ou o comportamento do indivíduo – determina-se então o **genótipo** do organismo, a forma do gene responsável por aquela característica (**Painel 8-2**).

Atualmente, com inúmeras sequências genômicas disponíveis, a exploração da função dos genes frequentemente inicia com uma sequência de DNA. Aqui, o desafio é traduzir a sequência em uma função. Uma abordagem, discutida anteriormente no capítulo, é pesquisar bancos de dados por proteínas bem caracterizadas que possuem sequências de aminoácidos similares à proteína codificada por um novo gene. Daqui, a proteína (ou para genes que não codificam proteínas, a molécula de RNA) pode ser superexpressada e purificada, e os métodos descritos na primeira parte deste capítulo podem ser empregados para se estudar sua estrutura tridimensional e suas propriedades bioquímicas. Contudo, para determinar diretamente o problema de como um gene funciona na célula ou no organismo, a abordagem mais eficaz envolve o estudo de mutantes que não têm o gene ou expressam uma versão alterada dele. A determinação de qual processo celular foi interrompido ou comprometido nesses mutantes com frequência oferece uma perspectiva do papel biológico do gene.

Nesta seção, descreveremos algumas abordagens para determinar a função de um gene, iniciando a partir de um indivíduo com um fenótipo interessante ou a partir de uma sequência de DNA. Iniciaremos com uma abordagem genética clássica que começa com um *rastreamento genético* para isolar mutantes de interesse e então continua com a identificação do gene ou dos genes responsáveis pelo fenótipo observado. Então, descreveremos o conjunto de técnicas que são coletivamente chamadas de *genética reversa*, em que se inicia com um gene ou uma sequência gênica e, a partir disso, tenta-se determinar sua função. Essa abordagem muitas vezes envolve algum trabalho de adivinhação – a busca por sequências similares em outros organismos ou a determinação de quando e onde um gene é expresso – assim como a geração de organismos mutantes e a caracterização de seu fenótipo.

A genética clássica inicia com a interrupção de um processo celular por mutagênese aleatória

Antes do advento da tecnologia de clonagem de genes, a maioria dos genes era identificada pelas anormalidades produzidas quando o gene era mutado. De fato, a ideia de gene era deduzida a partir da herança de tais anormalidades. Essa abordagem genética clássica – identificando os genes responsáveis por fenótipos mutantes – é mais facilmente

GENES E FENÓTIPOS

Gene: uma unidade funcional hereditária, normalmente correspondendo a um segmento de DNA que codifica uma única proteína.
Genoma: toda a sequência de DNA de um organismo.
Lócus: o sítio do gene no genoma.

Alelos: formas alternativas de um gene.

 **Tipo selvagem:** o tipo normal, que ocorre naturalmente.
 **Mutante:** difere do tipo selvagem devido a uma alteração genética (uma mutação).

GENÓTIPO: o conjunto específico de alelos que formam o genoma de um indivíduo.

FENÓTIPO: a característica visível de um indivíduo.

Homozigoto A/A 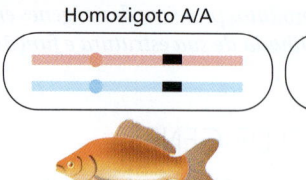 Heterozigoto a/A  Homozigoto a/a

O alelo A é **dominante** (em relação ao a); o alelo a é **recessivo** (em relação ao A).
No exemplo acima, o fenótipo do heterozigoto é o mesmo do que o de um dos homozigotos; nos casos em que ele é diferente de ambos, os dois alelos são considerados codominantes.

CROMOSSOMOS

Um cromossomo no início do ciclo celular, na fase G_1; a barra única longa representa uma longa dupla-hélice de DNA.

Centrômero
Braço curto "p" Braço longo "q"

Um cromossomo ao final do ciclo celular, em metáfase; ele é duplicado e condensado, composto por duas cromátides-irmãs idênticas (cada uma contendo uma dupla-hélice de DNA) ligadas pelo centrômero.

Braço curto "p" Braço longo "q"

Par de autossomos
Paterno 1 Materno 1 Paterno 3 Materno 3 Paterno 2 Materno 2 Y X
Cromossomos sexuais

Um conjunto de cromossomos diploides normais, como visto em uma metáfase, preparados pelo rompimento de uma célula em metáfase e coloração dos cromossomos dispersos. No exemplo esquemático mostrado aqui, existem três pares de autossomos (cromossomos herdados simetricamente da mãe e do pai, independentemente do sexo) e dois cromossomos sexuais – um X da mãe e um Y do pai. Os números e os tipos de cromossomos sexuais e seu papel na determinação do sexo variam de uma classe de organismos para a outra, como ocorre para o número de pares de autossomos.

CICLO HAPLOIDE-DIPLOIDE DA REPRODUÇÃO SEXUAL

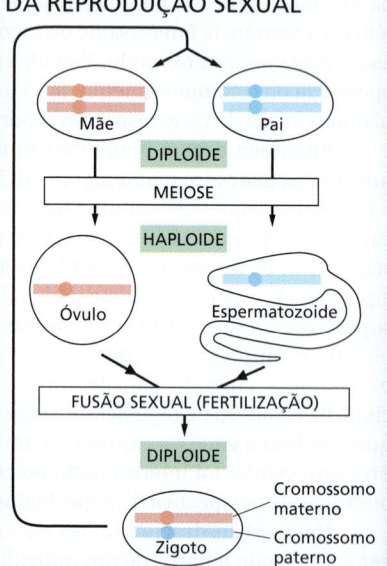

Para simplificação, o esquema é mostrado para apenas um cromossomo/par cromossômico.

MEIOSE E RECOMBINAÇÃO GENÉTICA

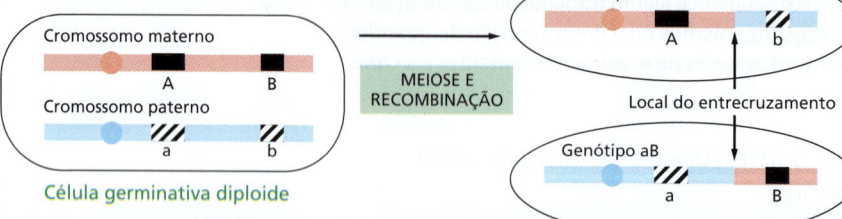

Quanto maior a distância entre dois lócus em um único cromossomo, maior é a chance de eles serem separados por do entrecruzamento, que ocorre em um sítio entre eles. Se os dois genes são assim recombinados em x% dos gametas, diz-se que eles são separados em um cromossomo por uma **distância de mapa genético** de x **unidades de mapa** (ou x **centimorgans**).

TIPOS DE MUTAÇÕES

MUTAÇÃO PONTUAL: ocorre em um único sítio no genoma, correspondendo a um único par de nucleotídeos ou a uma parte muito pequena de um único gene.

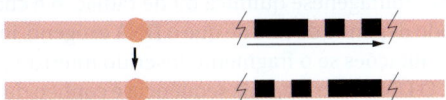

INVERSÃO: inverte um segmento de um cromossomo.

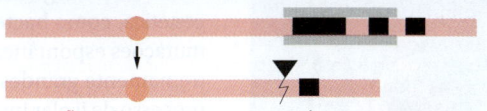

DELEÇÃO: elimina um segmento de um cromossomo.

TRANSLOCAÇÃO: retira um segmento de um cromossomo e o liga a outro.

Mutação letal: leva o organismo em desenvolvimento a morrer prematuramente.
Mutação condicional: produz seu efeito fenotípico somente sob certas condições, chamadas de *condições restritivas*. Sob outras condições – as *condições permissivas* – o efeito não é visto. Para uma mutação sensível à temperatura, a condição restritiva tipicamente é a alta temperatura, enquanto a condição permissiva é a baixa temperatura.
Mutação com perda de função: reduz ou suprime a atividade do gene. Esta é a classe mais comum de mutações. As mutações com perda de função normalmente são *recessivas* – o organismo pode funcionar normalmente enquanto manter pelo menos uma cópia normal do gene afetado.
Mutação nula: é uma mutação com perda de função que suprime completamente a atividade do gene.

Mutação com ganho de função: aumenta a atividade do gene ou o torna ativo em circunstâncias inapropriadas; essas mutações normalmente são *dominantes*.
Mutação negativa dominante: mutação de ação dominante que bloqueia a atividade do gene causando um fenótipo de perda de função mesmo na presença de uma cópia normal do gene. Esse fenômeno ocorre quando o produto do gene mutante interfere com a função do produto do gene normal.
Mutação supressora: suprime o efeito fenotípico de outra mutação, de maneira que o mutante duplo parece normal. Uma mutação supressora *intragênica* se estabelece em um gene afetado pela primeira mutação; uma mutação supressora *extragênica* se estabelece em um segundo gene – frequentemente um gene cujo produto interage diretamente com o produto do primeiro.

DOIS GENES OU UM?

Dadas duas mutações que produzem o mesmo fenótipo, como poderemos saber se elas são mutações no mesmo gene? Se as mutações são recessivas (como é mais frequente), a resposta pode ser encontrada por um teste de complementação.

No teste de complementação mais simples, um indivíduo que é homozigoto para uma mutação é cruzado com um indivíduo que é homozigoto para a outra. O fenótipo da descendência fornece a resposta para a pergunta.

COMPLEMENTAÇÃO: MUTAÇÕES EM DOIS GENES DIFERENTES	NÃO COMPLEMENTAÇÃO: DUAS MUTAÇÕES INDEPENDENTES NO MESMO GENE

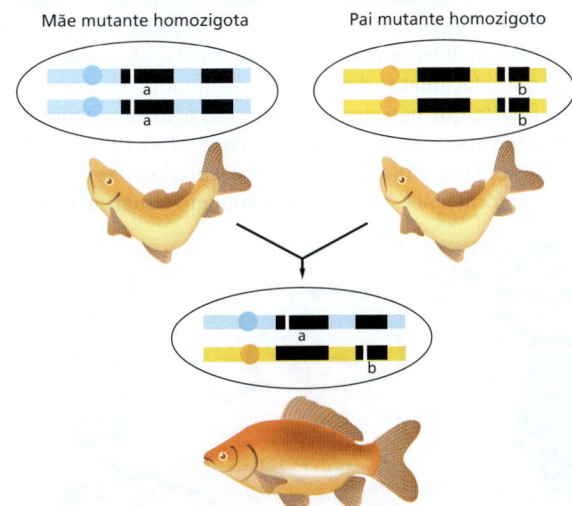

A descendência híbrida apresenta um fenótipo normal: uma cópia normal de cada gene está presente.

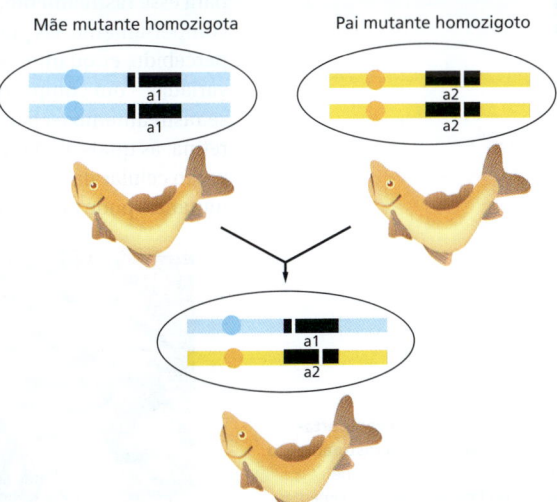

A descendência híbrida apresenta um fenótipo mutante: nenhuma cópia normal do gene mutado está presente.

Figura 8-44 Mutante de inserção da boca-de-leão, *Antirrhinum*. Uma mutação em um único gene que codifica uma proteína reguladora faz os brotos de folhas (*esquerda*) se desenvolverem no lugar das flores, que ocorrem na planta normal (*direita*). A mutação faz as células adotarem uma característica que seria apropriada para uma parte diferente da planta normal, em vez de uma flor, as células produzem um broto de folha. (Cortesia de Enrico Coen e Rosemary Carpenter.)

realizada em organismos que se reproduzem rapidamente e são sensíveis à manipulação genética, como bactérias, leveduras, vermes nematódeos e moscas-das-frutas. Embora mutações espontâneas possam, às vezes, ser encontradas pela análise de populações extremamente grandes – milhares ou dezenas de milhares de organismos individuais –, o processo de isolar indivíduos mutantes é muito mais eficiente se gerarmos mutações com químicos ou radiação que danificam o DNA. Tratando os organismos com tais mutagênicos, grandes números de indivíduos mutantes podem ser criados rapidamente e analisados quanto a um defeito específico de interesse, como discutimos brevemente.

Uma abordagem alternativa para mutagênese química ou de radiação é chamada de *mutagênese de inserção*. Esse método depende do fato de que o DNA exógeno, inserido ao acaso no genoma, pode produzir mutações se o fragmento inserido interromper um gene ou suas sequências reguladoras. O DNA inserido, cuja sequência é conhecida, serve, então, como um marcador molecular que auxilia na identificação subsequente e na clonagem do gene interrompido (**Figura 8-44**). Na *Drosophila*, o uso do elemento transponível P para inativar genes revolucionou o estudo de função gênica na mosca-das-frutas. Os elementos transponíveis (ver Tabela 5-4, p. 288) também vêm sendo utilizados para gerar mutações em bactérias, leveduras, camundongos e na planta *Arabidopsis*.

Os rastreamentos genéticos identificam mutantes com anormalidades específicas

Uma vez que tenha sido produzida uma coleção de mutantes em um organismo-modelo, como levedura ou mosca, geralmente devem-se examinar milhares de indivíduos para achar o fenótipo de interesse alterado. Tal procura é chamada de **rastreamento genético**, e, quanto maior o genoma, menor é a probabilidade de que qualquer gene seja mutado. Dessa maneira, quanto maior o genoma do organismo, maior é o trabalho de rastreamento. O fenótipo pelo qual está sendo feito o rastreamento pode ser simples ou complexo. Os fenótipos simples são mais fáceis de detectar: pode-se rastrear vários organismos de forma rápida, por exemplo, para mutações que tornam impossível ao organismo sobreviver na ausência de um determinado aminoácido ou nutriente.

Os fenótipos mais complexos, como defeitos no aprendizado ou no comportamento, podem exigir rastreamentos mais elaborados (**Figura 8-45**). Mas mesmo os rastreamentos genéticos que são utilizados para dissecar sistemas fisiológicos complexos podem ser simples no seu mecanismo genético, o que permite o exame simultâneo de um grande número de mutantes. Como um exemplo, um rastreamento particularmente elegante foi projetado para procurar por genes envolvidos no processo visual do peixe-zebra. A base para esse rastreamento, que monitora a resposta do peixe ao movimento, é a alteração no comportamento. Os peixes do tipo selvagem tendem a nadar em direção a um movimento percebido, enquanto os mutantes com defeitos no seu sistema visual nadam em direções variadas – um comportamento que é facilmente detectado. Um mutante descoberto nesse rastreamento é chamado de *lakritz*, que não apresenta 80% das células ganglionais da retina, as quais ajudam a liberar os sinais visuais do olho para o cérebro. Como a organização celular da retina do peixe-zebra espelha a de todos os vertebrados, o estudo desses mutantes pode também fornecer informações sobre o processamento visual em humanos.

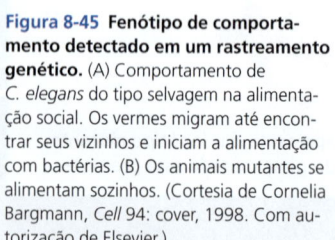

Figura 8-45 Fenótipo de comportamento detectado em um rastreamento genético. (A) Comportamento de *C. elegans* do tipo selvagem na alimentação social. Os vermes migram até encontrar seus vizinhos e iniciam a alimentação com bactérias. (B) Os animais mutantes se alimentam sozinhos. (Cortesia de Cornelia Bargmann, *Cell* 94: cover, 1998. Com autorização de Elsevier.)

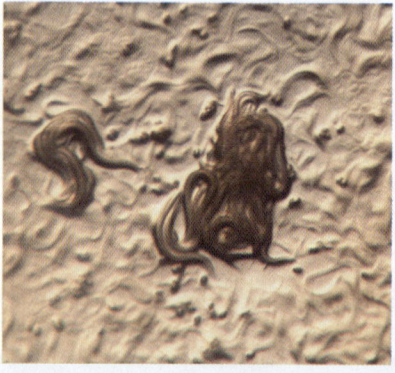
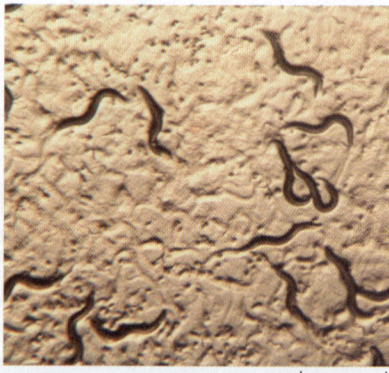

1 mm

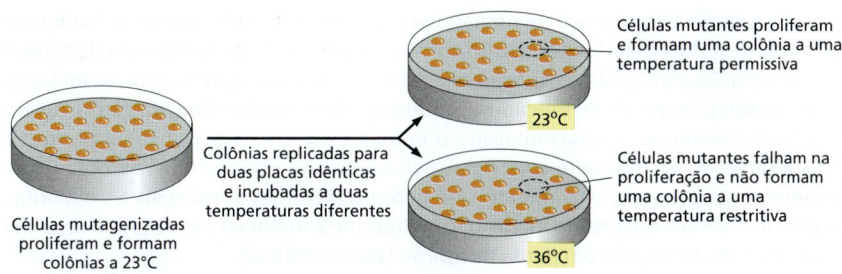

Figura 8-46 Rastreamento por mutantes de bactérias ou de leveduras sensíveis à temperatura. As células mutagenizadas são semeadas a uma temperatura permissiva. Elas se dividem e formam colônias, que são transferidas para duas placas de Petri idênticas por semeadura em réplica. Uma dessas placas é incubada a uma temperatura permissiva e, a outra, a uma temperatura restritiva. As células contendo uma mutação sensível à temperatura em um gene essencial para proliferação podem se dividir na temperatura permissiva normal, mas falham em se dividir em temperaturas restritivas elevadas. As mutações desse tipo sensíveis à temperatura são especialmente úteis para identificar genes necessários para replicação de DNA, um processo essencial.

Como defeitos em genes que são necessários para os processos celulares importantes – síntese e processamento de RNA, ou controle do ciclo celular, por exemplo – normalmente são letais, a função desses genes com frequência é estudada em indivíduos com **mutações condicionais**. Os indivíduos mutantes normalmente funcionam enquanto as condições "permissivas" prevalecerem, mas demonstram uma função gênica anormal quando submetidos a condições "não permissivas" (restritivas). Em organismos com *mutações sensíveis à temperatura*, por exemplo, a anormalidade pode ser ativada ou inativada de forma experimental simplesmente alterando-se a temperatura ambiente; assim, uma célula contendo uma mutação sensível à temperatura em um gene essencial para a sobrevivência morrerá a uma temperatura não permissiva, mas crescerá normalmente a uma temperatura permissiva (**Figura 8-46**). O gene sensível a temperatura em um destes mutantes normalmente contém uma mutação pontual que causa uma alteração sutil no seu produto proteico; por exemplo, a proteína mutante pode funcionar normalmente a temperaturas baixas, porém desnatura a temperaturas mais altas.

As mutações sensíveis à temperatura foram importantes para encontrar os genes bacterianos que codificam as proteínas necessárias à replicação de DNA. Os mutantes foram identificados pelo rastreamento de populações de bactérias, tratadas com mutagênicos, por células que param de produzir DNA quando são aquecidas de 30°C para 42°C. Esses mutantes foram usados mais tarde para identificar e caracterizar as proteínas de replicação de DNA correspondentes (discutido no Capítulo 5). De forma semelhante, rastreamentos por mutações sensíveis à temperatura levaram à identificação de várias proteínas envolvidas na regulação do ciclo celular, assim como a várias proteínas envolvidas no movimento de proteínas através da via secretora em levedura. Abordagens de rastreamento relacionadas demonstraram a função de enzimas envolvidas nas principais vias metabólicas de bactérias e de leveduras (discutido no Capítulo 2) e identificaram vários dos produtos gênicos responsáveis pelo desenvolvimento organizado do embrião da *Drosophila* (discutido no Capítulo 21).

Mutações podem causar a perda ou o ganho da função proteica

As mutações gênicas geralmente são classificadas como "com perda de função" ou "com ganho de função". Uma mutação com perda de função resulta em um produto gênico que não funciona com baixa atividade; assim, ela pode revelar a função normal do gene. A mutação com ganho de função resulta em um produto gênico que é muito ativo, é ativo no momento ou local errado, ou possui uma nova atividade (**Figura 8-47**).

Uma etapa inicial importante na análise genética de qualquer célula ou organismo mutante é determinar se a mutação causa uma perda ou um ganho de função. Um teste-padrão é determinar se a mutação é *dominante* ou *recessiva*. Uma mutação dominante é aquela que continua causando o fenótipo mutante na presença de uma única cópia do gene tipo selvagem. Uma mutação recessiva é aquela que não é mais capaz de causar o

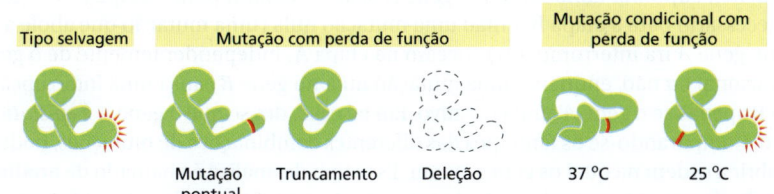

Figura 8-47 Mutações gênicas que afetam seu produto proteico de diferentes formas. Neste exemplo, a proteína do tipo selvagem tem uma função celular específica representada pelos *raios em vermelho*. As mutações que eliminam essa função ou inativam a proteína a temperaturas mais altas são mostradas. A proteína mutante condicional carrega uma substituição de aminoácido (*vermelho*) que previne seu enovelamento apropriado a 37 °C, mas permite que a proteína se enovele e funcione normalmente a 25 °C. Tais mutações condicionais sensíveis à temperatura são especialmente úteis para estudar genes essenciais; o organismo pode crescer sob condição permissiva e, então, ser movido para uma condição não permissiva para estudar as consequências da perda do produto gênico.

fenótipo mutante na presença de uma única cópia do gene tipo selvagem. Embora tenham sido descritos casos nos quais uma mutação com perda de função seja dominante ou uma mutação com ganho de função seja recessiva, na maioria dos casos, as mutações recessivas são com perda de função e as mutações dominantes são com ganho de função. É fácil determinar se uma mutação é dominante ou recessiva. Faz-se simplesmente o cruzamento de um mutante com o tipo selvagem para obter células ou organismos diploides. A progênie do cruzamento será heterozigota para a mutação. Se o fenótipo mutante não é mais observado, pode-se concluir que a mutação é recessiva e provavelmente seja uma mutação com perda de função (ver Painel 8-2).

Testes de complementação revelam se dois mutantes estão no mesmo gene ou em genes diferentes

Um rastreamento genético em larga escala pode encontrar várias mutações diferentes que apresentam o mesmo fenótipo. Esses defeitos podem estar em diferentes genes que funcionam no mesmo processo ou podem representar mutações diferentes no mesmo gene. Formas alternativas do mesmo gene são conhecidas como **alelos**. A diferença mais comum entre alelos é a substituição de um único par de nucleotídeo, mas alelos diferentes também podem carregar deleções, substituições e duplicações. Então, como podemos dizer se duas mutações que produzem o mesmo fenótipo ocorrem no mesmo gene ou em genes diferentes? Se as mutações são recessivas – se, por exemplo, elas representam uma perda de função de um determinado gene – um **teste de complementação** pode ser utilizado para verificar se as mutações estão no mesmo gene ou em genes diferentes. Para testar a complementação em um organismo diploide, um indivíduo que é homozigoto para uma mutação – isto é, possui dois alelos idênticos do gene mutante em questão – é cruzado com um indivíduo que é homozigoto para a outra mutação. Se as duas mutações estão no mesmo gene, a descendência mostra o fenótipo mutante, pois elas continuam não tendo cópias normais do gene em questão (**Figura 8-48**). Se, ao contrário, as mutações ocorrerem em genes diferentes, a descendência resultante mostra um fenótipo normal, pois elas retêm uma cópia normal (e uma cópia mutante) de cada gene; as mutações, desse modo, complementam-se e reconstituem um fenótipo normal. Os testes de complementação de mutantes identificados durante rastreamentos genéticos revelaram, por exemplo, que cinco genes diferentes são necessários para que as leveduras digiram o açúcar galactose, que 20 genes são necessários para que *E. coli* construa um flagelo funcional, que 48 genes estão envolvidos na agregação de partículas virais do bacteriófago T4 e que centenas de genes estão envolvidos no desenvolvimento de um nematódeo adulto a partir de um ovo fertilizado.

Figura 8-48 Um teste de complementação pode revelar que as mutações em dois genes diferentes são responsáveis pelo mesmo fenótipo anormal. Quando uma ave albina (branca) de uma linhagem é cruzada com uma albina de uma linhagem diferente, os descendentes resultantes (abaixo) têm a coloração normal. Essa restauração da plumagem do tipo selvagem indica que as duas aves brancas não possuem cor por causa de mutações recessivas em genes diferentes. (De W. Bateson, Mendel's Principles of Heredity, 1st ed. Cambridge, UK: Cambridge University Press, 1913.)

Os produtos dos genes podem ser ordenados em vias por análise de epistasia

Uma vez que um conjunto de genes envolvidos em um processo biológico específico foi identificado, o próximo passo muitas vezes é determinar em que ordem os genes funcionam. A ordem dos genes é mais fácil de ser explicada para vias metabólicas, nas quais, por exemplo, a enzima A é necessária para produzir o substrato para a enzima B. Nesse caso, diríamos que o gene que codifica a enzima A atua antes (a montante) do gene que codifica a enzima B na via. De forma similar, se uma proteína regula a atividade de outra proteína, diríamos que o primeiro gene atua antes do segundo. A ordem dos genes pode, em vários casos, ser determinada puramente por análise genética sem qualquer conhecimento sobre o mecanismo de ação dos produtos gênicos envolvidos.

Suponha que tenhamos um processo biossintético que consiste em uma sequência de etapas, de modo que a realização da etapa B seja condicional ao término da etapa A precedente; suponha também que o gene *A* seja necessário para a etapa A, e o gene *B* seja necessário para a etapa B. Então uma mutação nula (uma mutação que abole a função) no gene *A* irá interromper o processo na etapa A, independentemente de o gene *B* ser funcional ou não, enquanto uma mutação nula no gene *B* causa uma interrupção na etapa B apenas se o gene *A* ainda for ativo. Em tal caso, diz-se que o gene *A* é *epistático* ao gene *B*. Comparando-se os fenótipos das diferentes combinações de mutações, podemos descobrir a ordem na qual os genes atuam. Esse tipo de análise é chamado de **análise de epistasia**. Como um exemplo, a via de secreção de proteínas em leveduras foi estudada

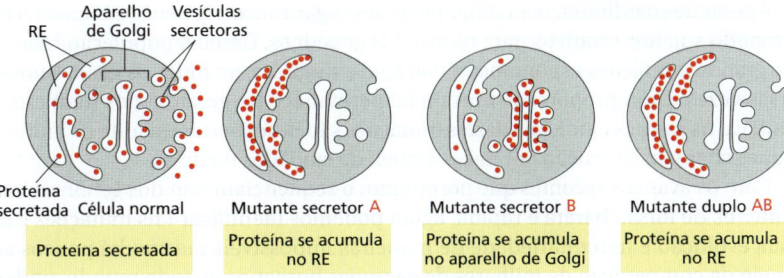

Figura 8-49 **Utilização da genética para determinar a ordem das funções dos genes.** Em células normais, as proteínas secretoras são concentradas em vesículas que se fusionam com a membrana plasmática para secretar seu conteúdo no meio extracelular. Dois mutantes, A e B, falham em secretar as proteínas. No mutante A, as proteínas secretadas se acumulam no RE. No mutante B, as proteínas secretadas se acumulam no Golgi. No mutante duplo AB, as proteínas se acumulam no RE; isso indica que o gene defectivo no mutante A atua antes do gene defectivo no mutante B na via secretora.

dessa forma. Diferentes mutações nessa via fazem as proteínas se acumularem de forma aberrante no retículo endoplasmático (RE) ou no aparelho de Golgi. Quando uma célula de levedura é modificada para carregar tanto uma mutação que bloqueia o processamento proteico no RE como uma mutação que bloqueia o processamento no aparelho de Golgi, as proteínas se acumulam no RE. Isso indica que as proteínas devem passar pelo RE antes de serem enviadas para o Golgi, antes da secreção (**Figura 8-49**). Mais estritamente, uma análise de epistasia pode apenas fornecer informação sobre a ordem gênica em uma via quando ambas as mutações são alelos nulos. Quando as mutações retêm uma função parcial, as suas interações de epistasia podem ser difíceis de serem interpretadas.

Às vezes, um mutante duplo apresentará um fenótipo novo ou mais grave do que cada mutante sozinho. Esse tipo de interação genética é chamado de fenótipo *sintético*, e se o fenótipo for a morte do organismo, ele é chamado de *letalidade sintética*. Na maioria dos casos, um fenótipo sintético indica que dois genes agem em duas vias paralelas diferentes, cada um sendo capaz de mediar o mesmo processo celular. Assim, quando ambas as vias são interrompidas no mutante duplo, o processo todo falha e o fenótipo sintético é observado.

Mutações responsáveis por um fenótipo podem ser identificadas pela análise do DNA

Uma vez que uma coleção de organismos mutantes com fenótipos interessantes foi obtida, a próxima tarefa é identificar o gene ou genes responsáveis pelo fenótipo alterado. Se o fenótipo foi produzido por mutagênese de inserção, a localização do gene interrompido é bastante simples. Os fragmentos de DNA contendo a inserção (p. ex., um transpóson ou um retrovírus) são amplificados por PCR, e a sequência de nucleotídeos do DNA nas regiões adjacentes é determinada. O gene afetado pela inserção pode, então, ser identificado por uma varredura, com o auxílio de um computador, da sequência genômica completa do organismo.

Se um químico que causa danos ao DNA foi utilizado para gerar as mutações, a identificação do gene inativado muitas vezes é mais trabalhosa, mas existem várias estratégias poderosas disponíveis. Se o tamanho do genoma do organismo for pequeno (p. ex., para bactérias ou eucariotos simples), é possível simplesmente determinar a sequência genômica do organismo mutante e identificar o gene afetado por comparação com a sequência do tipo selvagem. Por causa do acúmulo contínuo de mutações neutras, provavelmente existirão diferenças entre as duas sequências genômicas além da mutação responsável pelo fenótipo. Uma maneira de provar que uma mutação é a causadora, é introduzir a suposta mutação de volta no organismo normal e determinar se ela causa, ou não, o fenótipo mutante. Discutiremos como isso é realizado mais adiante neste capítulo.

O sequenciamento de DNA rápido e barato tem revolucionado os estudos genéticos humanos

Rastreamentos genéticos em organismos-modelo experimentais tem tido espetacular sucesso na identificação de genes e seu relacionamento com vários fenótipos, incluindo vários que são conservados entre estes organismos e humanos. Mas como podemos estudar os humanos diretamente? Eles não se reproduzem de forma rápida, não podem ser tratados com mutagênicos e se tiverem um defeito em um processo essencial como a replicação do DNA, morreriam muito antes do nascimento.

Apesar de suas limitações comparadas aos organismos-modelo, os humanos estão se tornando sujeitos atrativos para os estudos genéticos. Como a população humana é muito grande, mutações espontâneas, não letais, surgiram em todos os genes humanos, diversas vezes. Uma proporção substancial permanece no genoma dos humanos nos dias atuais. As mais prejudiciais destas mutações são descobertas quando os indivíduos mutantes chamam a atenção por necessitarem de cuidados médicos.

Com os avanços recentes que permitiram o sequenciamento dos genomas humanos inteiros de forma barata e rápida, agora podemos identificar tais mutações e estudar sua evolução e hereditariedade de maneiras impossíveis mesmo há poucos anos. Por meio da comparação de milhares de genomas humanos de todo mundo, podemos começar a identificar diretamente as diferenças de DNA que distinguem um indivíduo de outro. Essas diferenças guardam indícios das nossas origens evolutivas e podem ser usadas para explorar a origem das doenças.

Blocos ligados de polimorfismos têm sido passados adiante a partir de nossos ancestrais

Quando comparamos as sequências de múltiplos genomas humanos, observamos que quaisquer dois indivíduos se diferenciarão em aproximadamente 1 par de nucleotídeos em 1.000. A maioria dessas variações são comuns e relativamente inofensivas. Quando duas variantes de sequências coexistem na população e ambas são comuns, as variantes são chamadas de **polimorfismos**. A maioria dos polimorfismos são devidos à substituição de um único nucleotídeo, denominados **polimorfismos de um único nucleotídeo** ou **SNPs** (*single-nucleotide polymorphisms*) (**Figura 8-50**). O restante é devido em grande parte a inserções ou deleções – chamadas *indels* quando a alteração é pequena, ou *variações do número de cópias* (*CNVs, copy number variations*) quando a alteração é grande. Embora estas variantes comuns possam ser encontradas pelo genoma, elas não estão espalhadas aleatoriamente – ou mesmo de forma independente. Em vez disso, elas tendem a se encontrar em grupos chamados **blocos haplótipos** – combinações de polimorfismos que são herdados como uma unidade.

Para compreender por que tal bloco haplótipo existe, precisamos considerar nossa história evolutiva. Acredita-se que os humanos modernos tenham expandido a partir de uma população relativamente pequena – talvez em torno de 10 mil indivíduos – que existiam na África há cerca de 60 mil anos. Entre esse pequeno grupo de nossos ancestrais, alguns indivíduos devem ter carregado um conjunto de variantes genéticas, e outros, um conjunto diferente. Os cromossomos de um humano moderno representam uma combinação embaralhada de segmentos de cromossomos de diferentes membros desse pequeno grupo ancestral de pessoas. Como apenas cerca de 2 mil gerações nos separam deles, grandes segmentos desses cromossomos ancestrais passaram dos pais para os filhos, sem serem separados pelos eventos de recombinação que ocorrem durante a meiose. Como descrito no Capítulo 5, apenas poucas trocas ocorrem entre cada conjunto de cromossomos homólogos durante cada meiose (ver Figura 5-53).

Como resultado, certos conjuntos de sequências de DNA – e seus polimorfismos associados – foram herdados em grupos ligados, com poucos rearranjos genéticos ao longo das gerações. Esses são os blocos haplótipos. Como genes que existem em formas alélicas dife-

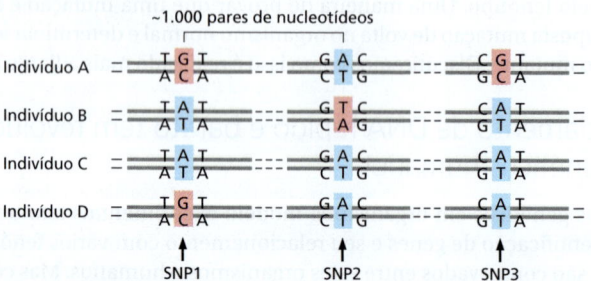

Figura 8-50 Polimorfismos de um único nucleotídeo (SNPs) são sítios no genoma onde duas ou mais variantes de um nucleotídeo são comuns na população. A maioria destas variações no genoma humano ocorre em locais onde elas não afetam de forma significativa a função do gene.

rentes, os blocos haplótipos também se apresentam em um número limitado de variantes que são comuns na população humana, cada um representando uma combinação de polimorfismos de DNA passada adiante a partir de um determinado ancestral há muito tempo.

Polimorfismos podem ajudar a identificar mutações associadas a doenças

As mutações que dão origem, de forma reproduzível, a anormalidades raras, mas claramente definidas, como albinismo, hemofilia ou surdez congênita, podem, muitas vezes, ser identificadas por estudos das famílias afetadas. Tais distúrbios de um único gene, ou monogênicos, muitas vezes são referidos como *mendelianos,* pois seu padrão de hereditariedade é fácil de rastrear. Além disso, os indivíduos que herdam a mutação causadora exibirão a anormalidade independentemente dos fatores ambientais, como dieta ou exercício. Mas para muitas doenças comuns, as raízes genéticas são mais complexas. Em vez de um único alelo de um único gene, tais distúrbios provêm de uma combinação de contribuições a partir de múltiplos genes. E, com frequência, os fatores ambientais têm influências fortes sobre a gravidade do distúrbio. Para essas condições *multigênicas,* como diabetes ou artrite, os estudos da população muitas vezes são úteis no rastreamento dos genes que aumentam o risco de desenvolver a doença.

Nos estudos de populações, os investigadores coletam amostras de DNA de um grande número de pessoas que tem a doença e as comparam com amostras de um grupo de pessoas que não tem a doença. Eles procuram por variantes – SNPs, por exemplo – que são mais comuns entre as pessoas que têm a doença. Como as sequências de DNA que estão próximas em um cromossomo tendem a ser herdadas juntas, a presença de tais SNPs poderia indicar que um alelo que aumenta o risco da doença poderia estar localizado nas proximidades (**Figura 8-51**). Embora, em princípio, a doença pudesse ser causada pela própria SNP, é muito mais provável que o culpado seja uma alteração que apenas está ligada à SNP como parte de um bloco haplótipo.

Tais *estudos de associação genômica ampla* têm sido utilizados para identificar genes que predispõe indivíduos a doenças comuns, incluindo diabetes, doença da artéria coronária, artrite reumatoide e mesmo depressão. Para muitas dessas condições, os polimorfismos de DNA identificaram apenas um aumento leve no risco das doenças. Além disso, os fatores ambientais (p. ex., dieta, exercícios) têm um papel importante no início e gravidade da doença. No entanto, a identificação dos genes afetados por estes polimorfismos está levando ao entendimento do mecanismo de algumas de nossas doenças mais comuns.

A genômica está acelerando a descoberta de mutações raras que nos predispõem a sérias doenças

As variantes genéticas que até agora nos ajudaram a identificar alguns genes que aumentam nosso risco por doenças são comuns. Elas surgiram há muito tempo, no nosso passa-

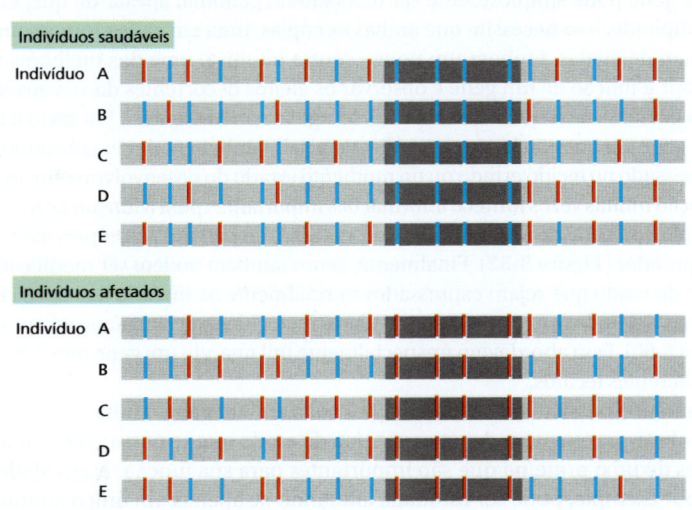

Figura 8-51 Genes que afetam o risco de desenvolver uma doença comum muitas vezes podem ser rastreados por meio da sua ligação às SNPs. Aqui os padrões de SNPs são comparados entre os dois conjuntos de indivíduos – um conjunto de controles saudáveis e um conjunto de afetados por uma determinada doença comum. Um segmento de um cromossomo típico é mostrado. Para a maioria dos sítios polimórficos nesse segmento, é uma questão aleatória para um indivíduo ter uma variante SNP (*barras verticais vermelhas*) ou outra (*barras verticais azuis*); essa mesma aleatoriedade é observada tanto para o grupo-controle como para os indivíduos afetados. Entretanto, na parte do cromossomo sombreada em *cinza-escuro,* observa-se uma tendência: a maioria dos indivíduos normais possuem variantes SNP azuis enquanto os indivíduos afetados possuem variantes SNP vermelhas. Isso sugere que esta região contém, ou é próxima a, um gene que está geneticamente ligado a essas variantes SNP vermelhas e que predispõe os indivíduos à doença. O uso de controles cuidadosamente selecionados e milhares de indivíduos afetados, essa abordagem pode ajudar a rastrear genes relacionados a doenças, mesmo que estes confiram apenas um leve aumento no risco de desenvolver a doença.

do evolutivo e agora estão presentes, de uma forma ou outra, em uma porção substancial da população (1% ou mais). Acredita-se que tais polimorfismos representem 90% das diferenças entre o genoma de uma pessoa e o de outra. Mas quando tentamos conectar estas variantes comuns com as diferenças na susceptibilidade pelas doenças ou outras características hereditárias, como a altura, observamos que elas não tem todo este poder de previsão como esperávamos: dessa forma, por exemplo, a maioria confere aumentos relativamente pequenos – menos de duas vezes – no risco de desenvolver uma doença comum.

Em contraste com o polimorfismo, as variantes raras de DNA – aquelas muito menos frequentes em humanos do que as SNPs – podem ter grandes efeitos sobre o risco de desenvolver algumas doenças comuns. Por exemplo, tem sido observado que algumas mutações com perda de função, cada uma rara individualmente, aumentam bastante a predisposição ao autismo e à esquizofrenia. Muitas destas são mutações *de novo*, que surgiram espontaneamente nas células da linhagem germinativa de um dos pais. O fato de que essas mutações surgem espontaneamente com alguma frequência poderia ajudar a explicar por que estes distúrbios comuns – cada um observado em cerca de 1% da população – permanecem conosco, mesmo que os indivíduos afetados deixem poucos ou nenhum descendente. Essas mutações raras podem surgir em qualquer um de centenas de genes diferentes, o que poderia explicar muito sobre a variabilidade clínica do autismo e da esquizofrenia. Como eles são mantidos raros por seleção natural, a maioria dessas variantes com muito efeito sobre o risco seriam perdidas nos estudos de associação genômica ampla.

Agora que o sequenciamento de DNA se tornou rápido e barato, a maneira mais eficiente e econômica para identificar essas mutações raras de grande efeito é sequenciar os genomas dos indivíduos afetados, junto ao dos pais e irmãos como controle.

A genética reversa começa com um gene conhecido e determina quais processos celulares requerem sua função

Como vimos, a genética clássica inicia com um fenótipo mutante (ou, no caso dos humanos, uma variedade de características) e identifica as mutações e consequentemente os genes responsáveis por ele. A tecnologia de DNA recombinante tornou possível um tipo diferente de abordagem genética, uma que é amplamente utilizada em uma variedade de espécies tratáveis geneticamente. Em vez de iniciar com um organismo mutante e utilizá-lo para identificar um gene e sua proteína, um pesquisador pode iniciar com um determinado gene e fazer mutações nele, criando células ou organismos para analisar a função do gene. Como a nova abordagem reverte a direção tradicional da descoberta genética – iniciando a partir de genes até mutações, e não ao contrário – ela é comumente denominada **genética reversa**. E como o genoma do organismo é alterado deliberadamente de uma determinada forma, essa abordagem também é chamada de *engenharia do genoma* ou *edição do genoma*. Deveremos ver, neste capítulo, que essa abordagem pode ser escalonada de modo que conjuntos inteiros de organismos possam ser criados, cada um com um gene diferente alterado.

Existem algumas formas para que um gene de interesse possa ser alterado. Na mais simples, o gene pode simplesmente ser deletado do genoma, apesar de que, em um organismo diploide, isso necessite que ambas as cópias, uma em cada cromossomo homólogo – sejam deletadas. Embora um pouco contra intuitiva, uma das melhores maneiras de descobrir a função de um gene é observar os efeitos decorrentes da sua ausência. Tais "nocautes gênicos" são especialmente úteis se o gene não é essencial. Por meio da genética reversa, o gene em questão (mesmo sendo essencial) também pode ser substituído por um que é expresso no tecido errado ou no momento errado do desenvolvimento; esse tipo de manipulação muitas vezes fornece informações importantes para a função normal do gene. Por exemplo, um gene de interesse pode ser modificado para ter sua expressão controlada pelo pesquisador (**Figura 8-52**). Finalmente, genes também podem ser modificados geneticamente de modo que sejam expressos normalmente na maioria dos tipos celulares e tecidos, mas deletados em certos tipos celulares ou tecidos selecionados pelo pesquisador (ver Figura 5-66). Essa abordagem é especialmente útil quando um gene tem diferentes papéis em diferentes tecidos.

Também é possível realizar alterações sutis em um gene. Muitas vezes é útil fazer alterações leves na estrutura de uma proteína de modo que se possa começar a dissecar as porções de uma proteína que são importantes para sua função. A atividade de uma enzima, por exemplo, pode ser estudada alterando-se apenas um único aminoácido no

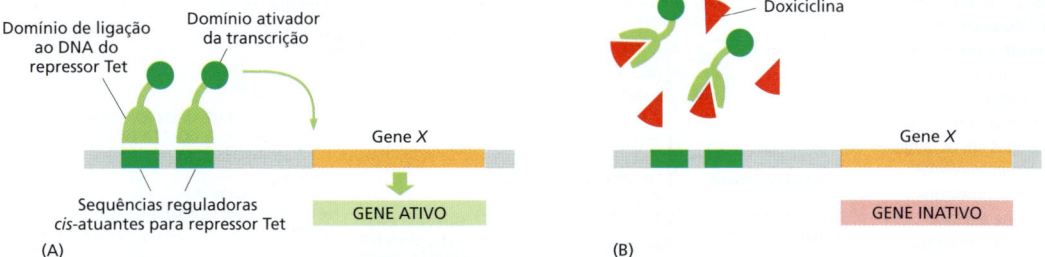

Figura 8-52 Genes modificados por engenharia genética podem ser ativados ou inativados com pequenas moléculas. Aqui, a porção de uma proteína bacteriana (repressor de tetraciclina, Tet) que se liga ao DNA foi fusionada a uma porção do ativador transcricional de mamíferos e expressado em células de mamíferos em cultura. O gene X modificado, presente no lugar do gene normal, tem sua região de controle gênico normal substituída por sequências reguladoras *cis*-atuantes reconhecidas pelo repressor de tetraciclina. Na ausência de doxiciclina (uma versão particularmente estável da tetraciclina), o gene modificado é expresso; na presença de doxiciclina, o gene é inativado, pois o fármaco faz o repressor de tetraciclina se dissociar do DNA. Essa estratégia também pode ser usada em camundongos por meio da incorporação dos genes modificados na linhagem germinativa. Em vários tecidos, o gene pode ser ativado ou inativado pela simples adição ou remoção de doxiciclina na água dos animais. Se a construção do repressor de tetraciclina estiver localizada sob o controle de uma região de controle de um gene específico de tecido, o gene modificado por engenharia genética será ativado apenas naquele tecido.

seu sítio ativo. Também é possível, por meio de engenharia do genoma, criar novos tipos de proteínas em um animal. Por exemplo, um gene pode ser fusionado a uma proteína fluorescente. Quando esse gene alterado é introduzido no genoma, a proteína pode ser rastreada no organismo vivo por meio do monitoramento da sua fluorescência.

Genes alterados podem ser criados de várias maneiras. Talvez o mais simples seja sintetizar quimicamente o DNA que compõe o gene. Desta forma, o pesquisador pode especificar qualquer tipo de variante do gene normal. Também é possível construir genes alterados usando tecnologia de DNA recombinante, como descrito anteriormente neste capítulo. Uma vez obtidos, genes alterados podem ser introduzidos em células de várias maneiras. O DNA pode ser microinjetado em células de mamíferos com uma micropipeta de vidro ou introduzido por um vírus que foi alterado para carregar genes estranhos. Nas plantas, os genes são frequentemente introduzidos por uma técnica chamada bombardeamento de partículas: amostras de DNA são colocadas sobre minúsculas esferas de ouro e, então, literalmente bombardeadas na parede celular com uma arma especialmente modificada. A *eletroporação* é o método de escolha para introduzir DNA em bactérias e em algumas outras células. Nessa técnica, um choque elétrico breve torna a membrana celular temporariamente permeável, permitindo que o DNA estranho entre no citoplasma.

Por ser mais útil para os pesquisadores, o gene alterado, uma vez introduzido na célula, deve recombinar com o genoma da célula de modo que o gene normal seja substituído. Em organismos simples como as bactérias e leveduras, este processo ocorre com alta frequência usando a própria maquinaria de recombinação homóloga da célula, como descrito no Capítulo 5. Em organismos mais complexos que possuem programas de desenvolvimento elaborados, o procedimento é mais complicado, pois o gene alterado deve ser introduzido na linhagem germinativa, como descreveremos a seguir.

Animais e plantas podem ser geneticamente modificados

Os animais e as plantas que foram modificados geneticamente por inserção, deleção ou substituição gênica são chamados de **organismos transgênicos**, e quaisquer genes estranhos ou modificados que são adicionados são chamados de **transgenes**. Mais adiante, neste capítulo, discutiremos plantas transgênicas e agora concentraremos nossa discussão nos camundongos transgênicos, uma vez que um enorme progresso está ocorrendo nessa área. Se uma molécula de DNA carregando um gene de camundongo mutado é transferida para uma célula de camundongo, ela muitas vezes se insere nos cromossomos de forma aleatória, mas foram desenvolvidos métodos para direcionar o gene mutante para substituir o gene normal por recombinação homóloga. Explorando esses eventos de "inserção gênica" (*gene targeting*), qualquer gene específico pode ser alterado ou inativado em uma célula de camundongo por uma substituição direta do gene. No caso em que ambas as cópias do gene de interesse são completamente inativadas ou deletadas, o animal resultante é chamado de camundongo "nocaute". A técnica está resumida na **Figura 8–53**.

Figura 8-53 Resumo dos procedimentos utilizados para a realização de substituições de genes em camundongos. Na primeira etapa (A), uma versão alterada do gene é introduzida em células ES (células-tronco embrionárias) em cultura. Essas células são discutidas em detalhes no Capítulo 22. Apenas algumas células ES terão seus genes normais correspondentes substituídos pelo gene alterado pelo evento de recombinação homóloga. Essas células podem ser identificadas por PCR e cultivadas para produzir vários descendentes, cada um carregando um gene alterado no lugar de um dos seus dois genes normais correspondentes. Na próxima etapa do procedimento (B), as células ES alteradas são injetadas em um embrião de camundongo muito jovem; as células são incorporadas no embrião em crescimento, e um camundongo produzido por um embrião como este irá conter algumas células somáticas (indicadas em *laranja*) que carregam o gene alterado. Alguns desses camundongos também irão conter células da linhagem germinativa que possuem o gene alterado; quando cruzado com um camundongo normal, alguns camundongos dessa progênie irão conter uma cópia do gene alterado em todas as suas células.

Os camundongos com o transgene na sua linhagem germinativa são cruzados para produzir tanto animais machos como fêmeas, cada um heterozigoto para a substituição gênica (i.e., eles têm uma cópia normal e uma mutante do gene). Quando esses dois camundongos são cruzados (não mostrado), um quarto de sua progênie será homozigoto para o gene alterado.

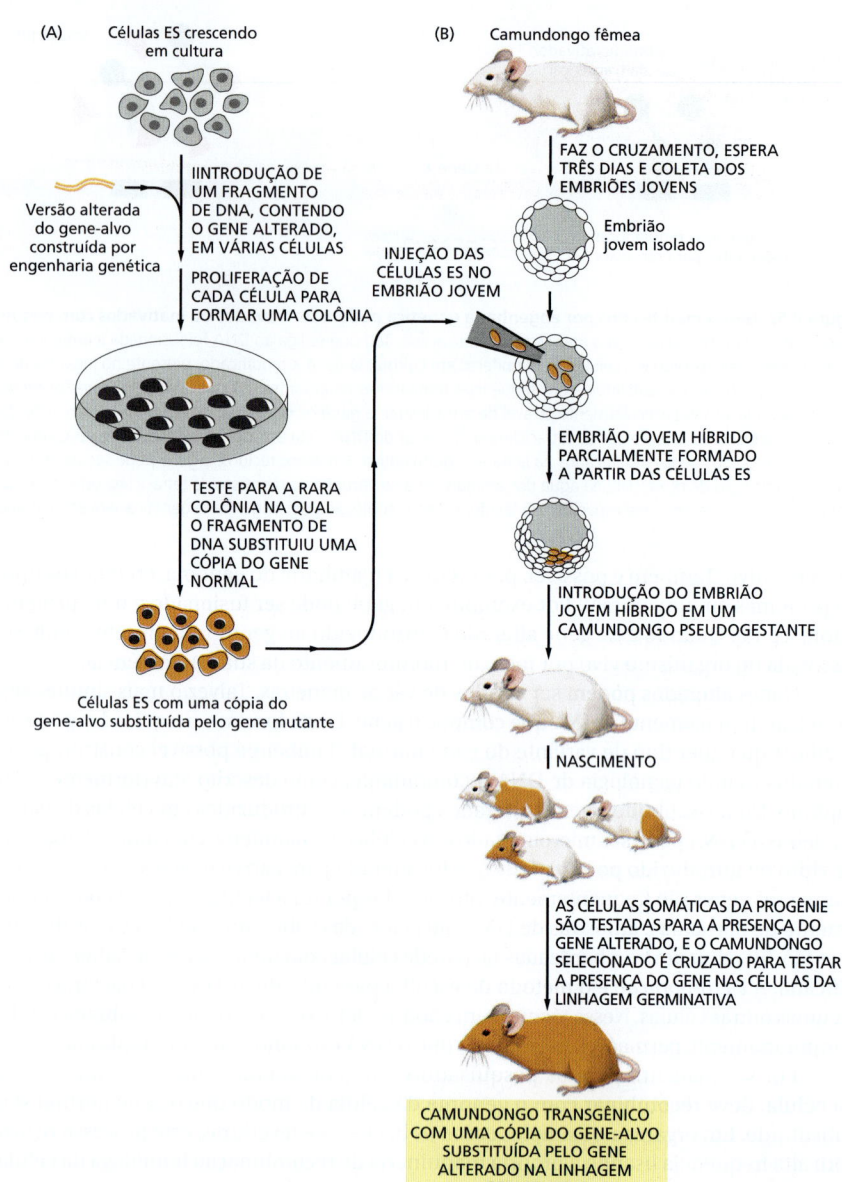

A habilidade em preparar camundongos transgênicos deficientes de um gene normal conhecido é um grande avanço, e a técnica tem sido utilizada para determinar as funções de muitos genes de camundongos (**Figura 8-54**). Se o gene atua no início do desenvolvimento, o camundongo nocaute normalmente morrerá antes de tornar-se adulto. Esses defeitos letais podem ser cuidadosamente analisados para ajudar a determinar a função do gene ausente. Como descrito no Capítulo 5, um tipo especialmente útil de animal transgênico se aproveita de um sistema de recombinação sítio específico para remover – e assim inativar – o gene-alvo em um determinado local ou em um determinado momento (ver Figura 5-66). Nesse caso, o gene-alvo nas células ES é substituído por uma versão totalmente funcional do gene que é flanqueada por um par das sequências curtas de DNA, chamadas de *sítios lox*, reconhecidos pela proteína *recombinase Cre*. Os camundongos transgênicos que resultam são fenotipicamente normais. Então, eles são cruzados com camundongos transgênicos que expressam o gene da recombinase Cre sob o controle de um promotor induzível. Nas células ou nos tecidos específicos nos quais Cre é ativado, ele catalisa a recombinação entre as sequências lox – removendo um gene-alvo e eliminando sua atividade (ver Figura 22-5).

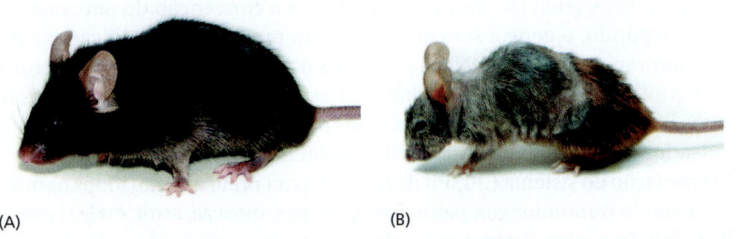

(A)   (B)

Figura 8-54 Um camundongo transgênico modificado para expressar uma DNA-helicase mutante apresenta envelhecimento precoce. A helicase, codificada pelo gene *Xpd*, está envolvida tanto na transcrição como no reparo do DNA. Comparado com um camundongo tipo selvagem da mesma idade (A), um camundongo transgênico que expressa uma versão defeituosa de *Xpd* (B) exibe vários dos sintomas de envelhecimento precoce, incluindo osteoporose, emagrecimento, cabelos grisalhos, infertilidade e tempo de vida reduzido. A mutação em *Xpd* usada aqui prejudica a atividade da helicase e imita a mutação que nos humanos causa tricotiodistrofia, um distúrbio caracterizado por cabelos frágeis, anormalidades esqueléticas e uma expectativa de vida muito reduzida. Esses resultados indicam que um acúmulo de danos no DNA pode contribuir para o processo de envelhecimento tanto em humanos como em camundongos. (A partir de J. de Boer et al., *Science* 296:1276–1279, 2002. Com permissão de AAAS.)

O sistema bacteriano CRISPR foi adaptado para editar genomas em uma ampla variedade de espécies

Uma das dificuldades em fazer um camundongo transgênico pelo procedimento recém-descrito é que a molécula de DNA introduzida (carregando o gene alterado experimentalmente) muitas vezes se insere de forma aleatória no genoma, e, portanto, muitas células ES devem ser rastreadas individualmente para encontrar uma que tenha a substituição gênica "correta".

O uso criativo do sistema CRISPR, descoberto nas bactérias como uma defesa contra os vírus, resolveu esse problema. Como descrito no Capítulo 7, o sistema CRISPR utiliza uma sequência de RNA guia para se ligar ao DNA de fita dupla (por pareamento de bases complementares, que então ele cliva (ver Figura 7-78). O gene que codifica o componente-chave desse sistema, a proteína bacteriana Cas9, foi transferido para uma variedade de organismos, onde ele simplifica muito o processo de produzir organismos transgênicos (**Figura 8-55A** e **B**). A estratégia básica é a seguinte: a proteína Cas9 é expressada em células ES junto com um RNA guia desenhado pelo pesquisador para se ligar a uma determinada localização no genoma. A Cas9 e o RNA guia se associam, o complexo é trazido até a sequência-alvo no genoma e a proteína Cas9 faz uma quebra na dupla fita. Como vimos no Capítulo 5, as quebras da dupla fita muitas vezes são reparadas por recombinação homóloga; aqui, o molde escolhido pela célula para reparar o dano é muitas vezes o gene alterado, que é introduzido nas células ES pelo pesquisador. Dessa forma, o gene normal pode ser danificado de forma seletiva pelo sistema CRISPR e substituído com alta eficiência pelo gene alterado experimentalmente.

O sistema CRISPR possui uma variedade de outros usos. Sua força está na sua habilidade de ligar a Cas9 a milhares de posições diferentes dentro do genoma pelas regras simples do pareamento de bases complementares. Assim, se uma proteína Cas9 inativa cataliticamente é fusionada a um ativador ou repressor transcricional, é possível, em princípio, ativar ou inativar qualquer gene (**Figura 8-55C** e **D**).

O sistema CRISPR tem várias vantagens sobre outras estratégias para manipular a expressão gênica experimentalmente. Primeiro, é relativamente fácil para um pesquisa-

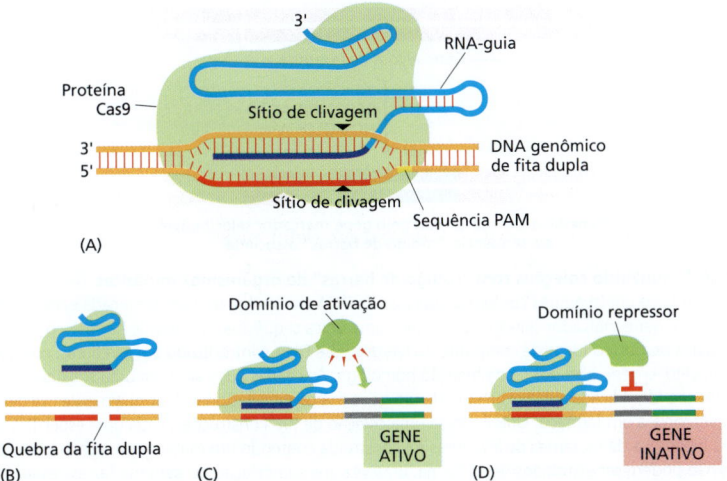

Figura 8-55 Uso de CRISPR para estudar a função gênica em uma ampla variedade de espécies. (A) A proteína Cas9 (expressada artificialmente nas espécies de interesse) se liga a um RNA-guia desenhado pelo pesquisador e também expressado. A porção do RNA em *azul-claro* é necessária para associações com Cas9; a porção em *azul-escuro* é especificada pelo pesquisador para se ligar em uma posição do genoma. A única outra exigência é que a sequência genômica adjacente inclua um PAM (do inglês, *protospacer adjacent motif*) curto (motivo protoespaçador adjacente,) que é necessário para que a Cas9 clive o DNA. Como descrito no Capítulo 7, essa sequência é como o sistema CRISPR nas bactérias distingue seu próprio genoma do genoma dos vírus invasores. (B) Quando induzido a realizar quebras na fita dupla, o sistema CRISPR melhora muito a habilidade de substituir um gene endógeno por um gene alterado experimentalmente, uma vez que o gene alterado seja usado para "reparar" a quebra na dupla fita (C, D). Com o uso de uma forma mutante de Cas9 que não pode mais clivar DNA, Cas9 pode ser utilizada para ativar um gene normalmente dormente (C) ou inativar um gene expressado ativamente (D). (Adaptada a partir de P. Mali et al., *Nat. Methods* 10:957–963, 2013. Com permissão de Macmillan Publishers Ltd.)

dor desenhar o RNA-guia: ele simplesmente segue a convenção do pareamento de bases padrão. Segundo, o gene a ser controlado não precisa ser modificado; a estratégia CRISPR explora sequências de DNA já presentes no genoma. Terceiro, numerosos genes podem ser controlados de forma simultânea. Cas9 deve ser expressada apenas uma vez, mas muitos RNAs-guia podem ser expressados na mesma célula; essa estratégia permite ao pesquisador ativar ou inativar um conjunto inteiro de genes de uma só vez.

A exportação do sistema CRISPR de bactéria para praticamente todos os outros organismos (incluindo camundongos, peixe-zebra, vermes, moscas, arroz e trigo) revolucionou o estudo da função gênica. Assim como a descoberta das enzimas de restrição, esse avanço proveio dos cientistas estudando um fenômeno fascinante nas bactérias sem inicialmente saber o enorme impacto que estas descobertas teriam em todos os aspectos da biologia.

Grandes coleções de mutações feitas por engenharia genética fornecem uma ferramenta para examinar a função de cada gene em um organismo

Esforços colaborativos extensos produziram bibliotecas abrangentes de mutações em uma variedade de organismos-modelo, incluindo *S. cerevisiae*, *C. elegans*, *Drosophila*, *Arabidopsis* e mesmo camundongos. O objetivo final, em cada caso, é produzir uma coleção de cepas mutantes, nas quais cada gene no organismo foi deletado sistematicamente ou alterado de maneira que possa ser interrompido condicionalmente. As coleções desse tipo fornecem uma fonte incalculável para investigar a função dos genes em uma escala genômica. Por exemplo, uma grande coleção de organismos mutantes pode ser rastreada para um determinado fenótipo. Assim como as abordagens genéticas clássicas descritas anteriormente, esta é uma das maneiras mais poderosas de identificar os genes responsáveis por um determinado fenótipo. Entretanto, diferentemente da abordagem genética clássica, o conjunto de mutantes é "pré-construído", de modo que não há necessidade de se depender de eventos ao acaso como mutações espontâneas ou inserções de transpósons. Além disso, cada uma das mutações individuais dentro da coleção muitas vezes é construída para conter um "código de barras" molecular distinto – na forma de uma sequência de DNA única – designada para identificar o gene alterado de forma rápida e rotineira (**Figura 8-56**).

Em *S. cerevisiae*, a tarefa de gerar um conjunto completo de 6 mil mutantes, cada um com apenas um gene inativado, foi realizada alguns anos atrás. Como cada cepa

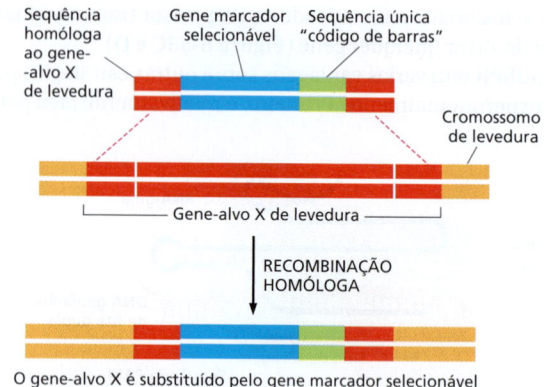

Figura 8-56 Produzindo coleções com "código de barras" de organismos mutantes. (A) Uma construção de deleção para uso em leveduras contém sequências de DNA (*vermelho*) homólogas a cada extremidade do gene-alvo X, um gene marcador selecionável (*azul*) e uma única sequência "código de barras" com aproximadamente 20 pares de nucleotídeos de comprimento (*verde*). Esse DNA é introduzido em leveduras, nas quais prontamente substitui o gene-alvo por recombinação homóloga. As células que carregam uma substituição gênica com sucesso são identificadas pela expressão de um gene marcador selecionável, normalmente um gene que fornece resistência a um fármaco. Utilizando-se uma coleção de tais construções, cada uma específica para um gene, uma biblioteca de mutantes de leveduras foi construída contendo um mutante para cada gene. Os genes essenciais não podem ser estudados dessa forma, uma vez que sua deleção do genoma faz as células morrerem. Nesse caso, o gene-alvo é substituído por uma versão do gene que pode ser regulada pelo pesquisador (ver Figura 8-52). Então, o gene pode ser inativado e o seu efeito pode ser monitorado antes que a célula morra.

Figura 8-57 Rastreamentos do genoma usando um grande conjunto de leveduras mutantes por deleção com código de barras. Um grande conjunto de leveduras mutantes, cada uma com um gene diferente deletado e presentes em quantidades iguais é cultivado sob condições selecionadas pelo pesquisador. Alguns mutantes *(azul)* cresceram normalmente, mas outros mostraram um crescimento reduzido *(laranja* e *verde)* ou não cresceram *(vermelho)*. A viabilidade de cada mutante é determinada experimentalmente da forma a seguir. Depois de completada a fase de crescimento, o DNA genômico (isolado a partir de uma mistura de cepas) é purificado e a abundância relativa de cada mutante é determinada pela quantificação do nível do código de barras combinado com cada deleção. Isso pode ser realizado sequenciando-se o DNA genômico do conjunto ou hibridizando-o em microarranjos (ver Figura 8-64) que contêm oligonucleotídeos de DNA complementares a cada código de barras. Dessa forma, a contribuição de cada gene para o crescimento sob condições específicas pode ser rapidamente constatada. Esse tipo de estudo revelou que dos aproximadamente 6 mil genes codificadores na levedura, apenas cerca de mil são essenciais sob condições de crescimento padrão.

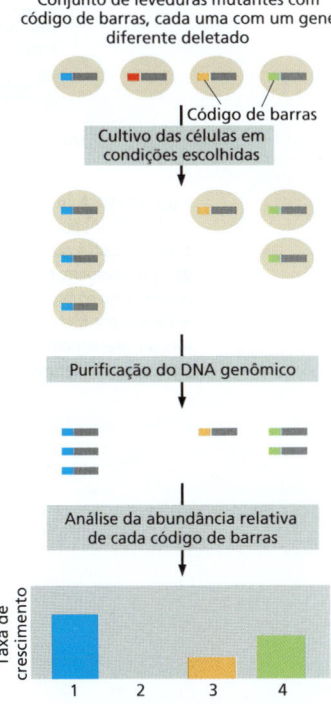

mutante possui uma sequência de código de barras individual embebida no seu genoma, uma grande mistura de cepas modificadas por engenharia genética pode ser crescida sob várias condições teste seletivas – como privação nutritiva, mudança de temperatura ou presença de vários fármacos – e as células que sobrevivem podem ser rapidamente identificadas por meio da única sequência marcadora presente nos seus genomas. Ao determinar como cada mutante na mistura irá progredir, pode-se começar a discernir quais genes são essenciais, úteis ou irrelevantes para crescer sob várias condições (**Figura 8-57**).

Os resultados obtidos ao examinar as bibliotecas mutantes podem ser consideráveis. Por exemplo, o estudo de uma grande coleção de mutantes em *Mycoplasma genitalium* – o organismo com o menor genoma conhecido – identificou o mínimo de complementos de genes essenciais à vida da célula. O crescimento sob condições de laboratório requer cerca de três quartos dos 480 genes que codificam proteínas em *M. genitalium*. Aproximadamente 100 desses genes essenciais não têm função conhecida, o que sugere que um número surpreendente dos mecanismos moleculares básicos que são a base da vida ainda deverá ser descoberto.

As coleções de organismos mutantes também estão disponíveis para várias espécies animais e de plantas. Por exemplo, é possível "encomendar" por telefone ou *e-mail* de um consórcio de pesquisadores, um mutante de deleção ou inserção de quase todos genes codificadores em *Drosophila*. Da mesma forma, existe um conjunto quase completo de mutantes para a planta "modelo" *Arabidopsis*. E, a adaptação do sistema CRISPR para uso em camundongos significa que, no futuro próximo, esperamos poder ser capazes de ativar e inativar, à vontade, cada gene no genoma de camundongo. Embora ainda sejamos desconhecedores da função da maioria dos genes na maior parte dos organismos, essas tecnologias permitem uma exploração da função gênica em uma escala que não era imaginável uma década atrás.

A interferência de RNA é uma maneira simples e rápida de testar a função do gene

Embora o nocaute (ou expressão condicional) de um gene em um organismo e o estudo das suas consequências seja a abordagem mais poderosa para compreender as funções do gene, a *interferência de RNA* (*RNAi*), é uma abordagem alternativa particularmente conveniente. Como discutido no Capítulo 7, esse método explora o mecanismo natural utilizado em várias plantas, animais e fungos para proteger-se contra vírus e elementos transponíveis. A técnica introduz uma molécula de fita dupla de RNA, cuja sequência de nucleotídeos combina com parte do gene a ser inativado em uma célula ou organismo. Após o processamento do RNA, ele se hibridiza com o RNA do gene-alvo (mRNA ou RNA não codificador) e reduz sua expressão pelo mecanismo mostrado na Figura 7-75.

O RNAi é frequentemente usado para inativar genes em *Drosophila* e linhagens de cultura de células de mamíferos. Para isso, um conjunto de 15 mil moléculas de RNAi de *Drosophila* (uma para cada gene codificador) permite aos cientistas, em alguns meses, testar o papel de cada gene da mosca em um processo que pode ser monitorado usando-se células em cultura. O RNAi também foi bastante utilizado para estudar a função gênica em organismos inteiros, incluindo o nematódeo *C. elegans*. Quando trabalhamos com

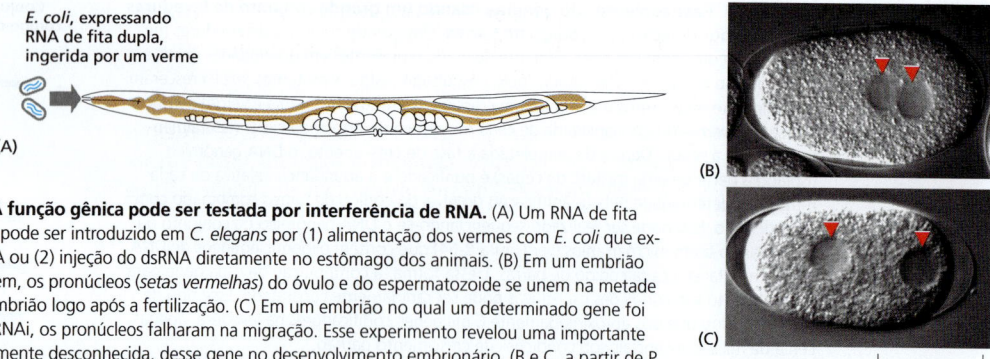

Figura 8-58 A função gênica pode ser testada por interferência de RNA. (A) Um RNA de fita dupla (dsRNA) pode ser introduzido em *C. elegans* por (1) alimentação dos vermes com *E. coli* que expressa o dsRNA ou (2) injeção do dsRNA diretamente no estômago dos animais. (B) Em um embrião do tipo selvagem, os pronúcleos (*setas vermelhas*) do óvulo e do espermatozoide se unem na metade posterior do embrião logo após a fertilização. (C) Em um embrião no qual um determinado gene foi inativado por RNAi, os pronúcleos falharam na migração. Esse experimento revelou uma importante função, previamente desconhecida, desse gene no desenvolvimento embrionário. (B e C, a partir de P. Gönczy et al., *Nature* 408:331–336, 2000. Com permissão de Macmillan Publishers Ltd.)

vermes, introduzir o RNA de fita dupla é bastante simples: o RNA pode ser injetado diretamente no intestino do animal, ou o verme pode ser alimentado com *E. coli* modificada para produzir o RNA (**Figura 8-58**). O RNA é amplificado (ver p. 431) e distribuído pelo corpo do verme, onde ele inibe a expressão do gene-alvo em diferentes tipos de tecidos. A RNAi está sendo usada para ajudar a estabelecer funções para todo o complemento dos genes de vermes (**Figura 8-59**).

Uma técnica relacionada também tem sido utilizada em camundongos. Nesse caso, as moléculas de RNAi não são injetadas ou utilizadas para alimentar um camundongo; particularmente, técnicas de DNA recombinante são utilizadas para produzir animais transgênicos que expressam a RNAi sob o controle de um promotor induzível. Muitas vezes, esse é um RNA especialmente desenhado que pode se dobrar sobre si mesmo e, por pareamento de bases, produzir uma região dupla fita que é reconhecida pela maquinaria da RNAi. Nos casos mais simples, o processo inativa apenas os genes que pareiam perfeitamente com a sequência de RNAi. Dependendo dos promotores induzíveis utilizados, a RNAi pode ser produzido apenas em um tecido específico ou apenas em um determinado momento do desenvolvimento, permitindo que a função dos genes-alvo seja analisada em grande detalhe.

A RNAi tornou a genética reversa simples e eficiente em vários organismos, mas a técnica tem várias limitações graves comparada com os nocautes gênicos verdadeiros. Por razões desconhecidas, a RNAi não inativa os genes de forma eficiente. Além disso, dentro de organismos inteiros, certos tecidos podem ser resistentes à ação da

Figura 8-59 A interferência de RNA fornece um método conveniente para conduzir rastreamentos genéticos amplos do genoma. Neste experimento, cada poço dessa placa de 96 poços é preenchido com *E. coli* que produz um RNA de fita dupla diferente. Cada RNA de interferência combina com a sequência de nucleotídeos de um único gene de *C. elegans*, inativando-o. Cerca de 10 vermes são adicionados em cada poço, onde eles ingerem a bactéria modificada geneticamente. A placa é incubada por alguns dias, o que dá tempo aos RNAs para inativar seus genes-alvo – e tempo aos vermes para crescer, acasalar e produzir descendentes. Então, a placa é examinada ao microscópio, que pode ser controlado roboticamente, para rastrear genes que afetam a capacidade dos vermes de sobreviver, reproduzir, desenvolver e o seu comportamento. Mostrados aqui estão vermes normais ao lado de vermes que não possuem a capacidade de se reproduzir devido à inativação de um determinado gene para "fertilidade". (A partir de B. Lehner et al., *Nat. Genet.* 38:896–903, 2006. Com permissão de Macmillan Publishers Ltd.)

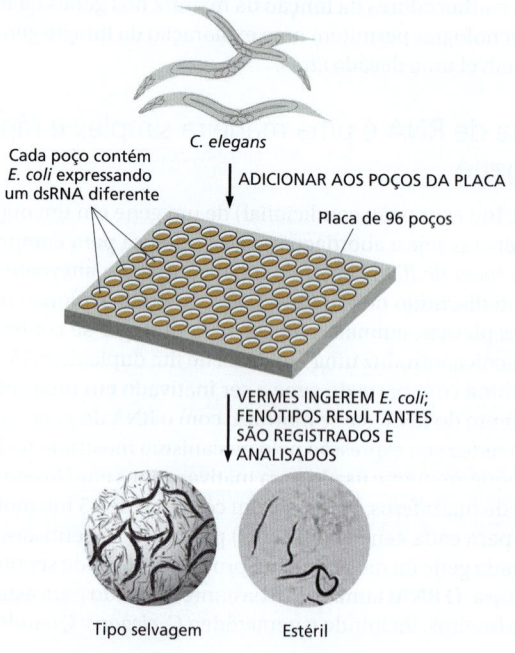

RNAi (p. ex., neurônios em nematódeos). Um outro problema resulta de vários organismos conterem grandes famílias gênicas, cujos membros exibem similaridade nas sequências. Portanto, RNAi às vezes produz efeitos de "além do alvo", inativando genes relacionados além dos genes-alvo. Uma estratégia para evitar esse problema é utilizar múltiplas moléculas pequenas de RNA que pareiam com diferentes regiões do mesmo gene. No final, os resultados de qualquer experimento de RNAi devem ser vistos como um forte indício, mas não necessariamente uma prova, de função gênica normal.

Genes-repórter revelam quando e onde um gene é expresso

Na seção anterior, discutimos como as abordagens genéticas podem ser utilizadas para acessar a função gênica em células em cultura ou, ainda melhor, no organismo intacto. Embora essa informação seja crucial para compreender a função gênica, ela normalmente não revela os mecanismos moleculares pelos quais o produto gênico trabalha na célula. Por exemplo, a genética por si só raramente nos informa todos os locais no organismo onde o gene é expressado, ou como sua expressão é controlada. Ela não necessariamente revela se o gene atua no núcleo, citosol, superfície da célula ou em um dos numerosos outros compartimentos da célula. E não revela como um produto gênico pode alterar sua localização ou seu padrão de expressão quando o meio externo da célula é modificado. Pistas-chave para a função gênica podem ser obtidas simplesmente observando-se quando e onde um gene é expressado. Uma variedade de abordagens, a maioria envolvendo alguma forma de engenharia genética, pode facilmente prover essa informação crítica.

Como discutido em detalhes no Capítulo 7, sequências reguladoras de DNA *cis*-atuantes, localizadas antes ou depois da região codificadora, controlam a transcrição gênica. Essas sequências reguladoras, que determinam precisamente quando e onde o gene é expressado, podem ser facilmente estudadas colocando-se um gene-repórter sob seu controle e introduzindo-se essas moléculas de DNA recombinante nas células (**Figura 8-60**). Dessa forma, o padrão normal de expressão de um gene pode ser determinado, assim como a contribuição das sequências reguladoras *cis*-atuantes individuais no estabelecimento desse padrão (ver também Figura 7-29).

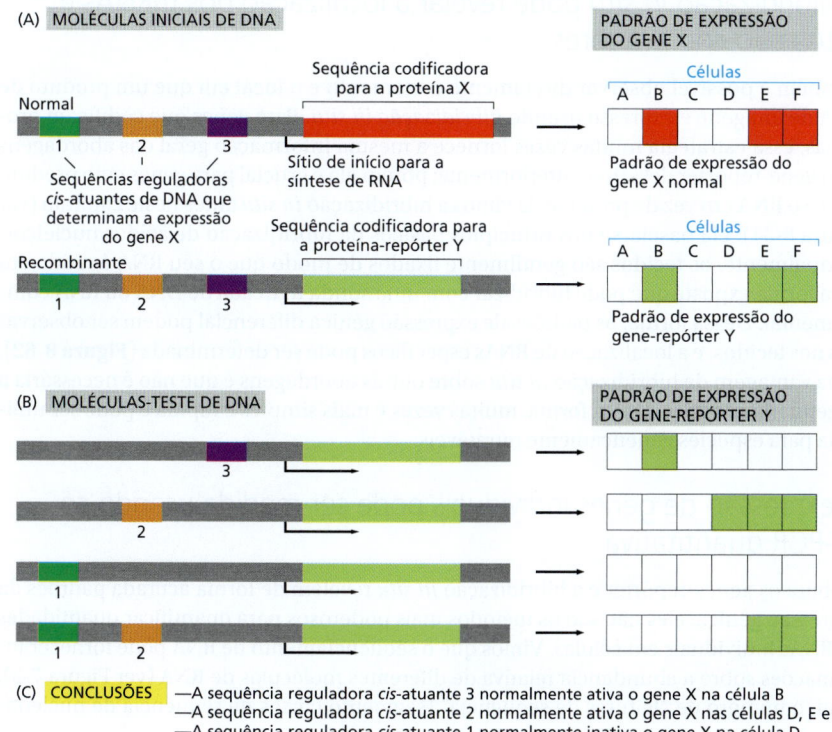

Figura 8-60 Utilização de uma proteína-repórter para determinar o padrão de expressão de um gene. (A) Neste exemplo, a sequência codificadora para a proteína X é substituída pela sequência codificadora para a proteína-repórter Y. Os padrões de expressão para X e Y são os mesmos. (B) Vários fragmentos de DNA contendo sequências reguladoras *cis*-atuantes candidatas são adicionados em combinações para produzir moléculas-teste de DNA que codificam o gene-repórter Y. Então, essas moléculas de DNA recombinante são testadas para a expressão após sua introdução em vários tipos diferentes de células de mamíferos. Os resultados estão resumidos em (C).

Para experimentos em células eucarióticas, duas proteínas-repórter comumente utilizadas são as enzimas β-galactosidase (β-gal) (ver Figura 7-28) e a proteína verde fluorescente (GFP) (ver Figura 9-22).

Figura 8-61 **As GFPs que fluorescem em diferentes comprimentos de onda ajudam a revelar as conexões que os neurônios individuais fazem no cérebro.** Esta imagem mostra neurônios coloridos diferencialmente em uma região do cérebro de um camundongo. Os neurônios expressam combinações distintas de GFPs coloridas de forma diferente (ver Figura 9-13), tornado possível distinguir e rastrear vários neurônios individuais dentro de uma população. Essas imagens foram obtidas por modificações genéticas realizadas em genes para quatro proteínas fluorescentes diferentes, cada uma flanqueada por sítios loxP de recombinação (ver Figura 5-66), seguida pela sua integração na linhagem germinativa do camundongo. Quando cruzado com um camundongo que produz a Cre recombinase nas células neuronais, os genes para a proteína fluorescente foram excisados de forma aleatória, produzindo neurônios que expressam várias combinações diferentes das quatro proteínas fluorescentes. Mais de cem combinações de proteína fluorescente podem ser produzidas, permitindo que os cientistas distingam um neurônio do outro. A maravilhosa aparência desses neurônios marcados deu a esses animais o apelido divertido de "camundongos arco-íris". (A partir de J. Livet et al., *Nature* 450:56–62, 2007. Com permissão de Macmillan Publishers Ltd.)

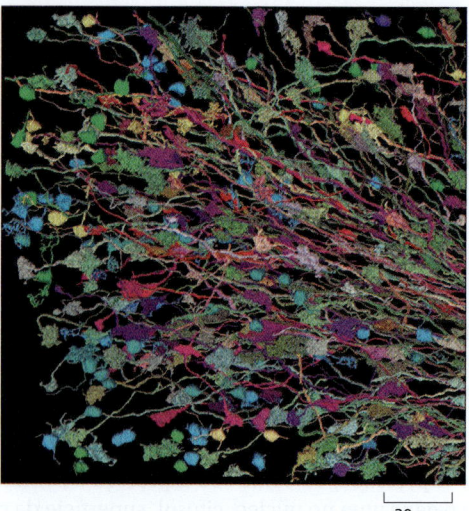

Os genes-repórter também permitem que qualquer proteína seja rastreada ao longo do tempo em células vivas. Aqui, o gene-repórter codifica uma proteína fluorescente, com frequência a **proteína verde fluorescente (GFP)**, molécula que confere à água-viva luminescente seu brilho esverdeado. A GFP simplesmente é ligada – em fase de leitura – ao gene que codifica a proteína de interesse. A *proteína fusionada à GFP* resultante muitas vezes se comporta da mesma forma que a proteína normal e sua localização pode ser monitorada por microscopia de fluorescência, um tópico que será discutido no próximo capítulo (ver Figura 9-25). A fusão com GFP tornou-se uma estratégia-padrão para rastrear não apenas a localização, mas também o movimento de proteínas específicas nas células vivas. Além disso, o uso de múltiplas variantes de GFP que fluorescem em diferentes comprimentos de onda pode fornecer informações sobre como células diferentes interagem em um tecido vivo (**Figura 8-61**).

A hibridização *in situ* pode revelar a localização dos mRNAs e RNAs não codificadores

Também é possível observar diretamente o momento e o local em que um produto de RNA de um gene é expresso usando *hibridização in situ*. Para genes que codificam proteínas, essa estratégia muitas vezes fornece a mesma informação geral das abordagens com gene-repórter descritas anteriormente; porém ela é crucial para genes cujo produto final é o RNA em vez de proteína. Já vimos a hibridização *in situ* antes neste capítulo (ver Figura 8-34); ela baseia-se nos princípios básicos da hibridização de ácidos nucleicos. Normalmente, os tecidos são gentilmente fixados de modo que o seu RNA é retido em uma forma exposta que pode hibridizar com uma sonda marcada de DNA ou RNA complementar. Dessa forma, os padrões de expressão gênica diferencial podem ser observados nos tecidos, e a localização de RNAs específicos pode ser determinada (**Figura 8-62**). Uma vantagem da hibridização *in situ* sobre outras abordagens é que não é necessária a engenharia genética. Dessa forma, muitas vezes é mais simples e rápida e pode ser utilizada para espécies geneticamente intratáveis.

A expressão de genes individuais pode ser medida usando-se RT-PCR quantitativa

Embora os genes-repórter e a hibridização *in situ* revelem de forma acurada padrões da expressão gênica, eles não são os métodos mais poderosos para quantificar quantidades de RNAs individuais em células. Vimos que o sequenciamento de RNA pode fornecer informações sobre a abundância relativa de diferentes moléculas de RNA (ver Figura 7-3). Aqui, o número de "leituras de sequência" (segmento curtos de sequência de nucleotí-

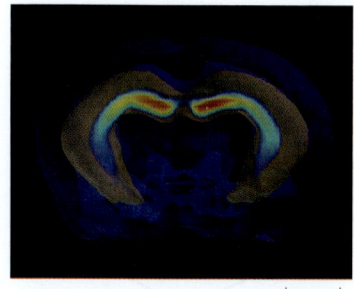

Figura 8-62 A hibridização *in situ* para mRNAs tem sido utilizada para gerar um atlas da expressão gênica no cérebro de camundongos. Esta imagem gerada por computador mostra a expressão de alguns mRNAs diferentes específicos para uma área do cérebro associada com a aprendizagem e a memória. Mapas similares de padrões de expressão de todos os genes conhecidos no cérebro de camundongo estão compilados no projeto do atlas de cérebro, disponível *online*. (A partir de M. Hawrylycz et al., *PLoS Comput. Biol.* 7:e1001065, 2011.)

2 mm

deos) é proporcional à abundância das espécies de RNA. Mas esse método é limitado aos RNAs que são expressos em níveis razoavelmente altos, e é difícil quantificar (ou mesmo identificar) RNAs raros. Um método mais acurado baseia-se nos princípios da PCR (**Figura 8-63**). Chamada **RT-PCR** (reação em cadeia da polimerase por transcriptase reversa) **quantitativa** esse método inicia com uma população total de moléculas de RNA purificadas a partir de um tecido ou cultura de células. É importante que nenhum DNA esteja presente na preparação; ele deve ser retirado ou degradado enzimaticamente. Dois iniciadores de DNA que pareiam especificamente com o mRNA de interesse são adicionados, com a transcriptase reversa, ao DNA-polimerase e aos quatro desoxirribonucleosídeos trifosfato necessários para a síntese. O primeiro ciclo de síntese é a transcrição reversa do RNA em DNA usando um desses iniciadores. Depois, uma série de ciclos de aquecimento e resfriamento permite a amplificação daquela fita de DNA por PCR (ver Figura 8-36). A parte quantitativa desse método tem como base uma relação direta entre a velocidade em que o produto de PCR é gerado e a concentração original das espécies de mRNA de interesse. Pela adição de corantes químicos na PCR que fluorescem apenas quando ligados a uma fita dupla de DNA, uma medida simples de fluorescência pode ser utilizada para rastrear o progresso da reação e, dessa forma, deduzir com acuidade a concentração inicial do mRNA que é amplificado. Embora pareça complicada, essa técnica de RT-PCR é relativamente rápida e simples para ser realizada no laboratório; ela é atualmente o método de escolha para quantificar os níveis de mRNA de forma acurada a partir de qualquer gene.

Análises de mRNAs por microarranjo ou RNA-seq fornecem informações sobre a expressão em um momento específico

Como discutido no Capítulo 7, uma célula expressa apenas um subconjunto de vários milhares de genes disponíveis no seu genoma; além disso, esses subconjuntos diferem de um tipo de célula para outro ou, na mesma célula, de um meio para outro. Uma maneira de determinar quais genes estão sendo expressos por uma população de células ou um tecido é analisar quais mRNAs estão sendo produzidos.

A primeira ferramenta que ajudou os pesquisadores a analisar simultaneamente os milhares de RNAs diferentes produzidos pelas células ou tecidos foi o **microarranjo de DNA**. Desenvolvido nos anos de 1990, os microarranjos de DNA são lâminas de vidro de microscópio que contêm centenas de milhares de fragmentos de DNA, cada um servindo de sonda para o mRNA produzido por um gene específico. Tais microarranjos permitem aos investigadores monitorar a expressão de cada gene em um genoma em um único experimento. Para a análise, os mRNAs são extraídos das células ou tecidos e convertidos em cDNAs (ver Figura 8-31). Os cDNAs são marcados fluorescentemente e hibridizados a fragmentos ligados ao microarranjo. Então, um microscópio de fluorescência automatizado determina quais mRNAs estão presentes na amostra original com base nas posições do arranjo às quais os cDNAs estão ligados (**Figura 8-64**).

Embora os microarranjos sejam relativamente baratos e fáceis de usar, eles têm uma desvantagem óbvia: as sequências das amostras de mRNA a serem analisadas devem ser conhecidas antes e representadas por uma sonda correspondente no arranjo. Com o desenvolvimento das tecnologias de sequenciamento melhoradas, os pesquisadores utilizam cada vez mais *RNA-seq*, discutido anteriormente, como uma abordagem mais direta para catalogar os RNAs produzidos por uma célula. Por exemplo, essa abordagem pode detectar prontamente o *splicing* alternativo do RNA, edição do RNA e vários RNAs não codificadores produzidos a partir de um genoma complexo.

Os microarranjos de DNA e as análises RNA-seq têm sido utilizados para examinar tudo, desde as mudanças na expressão gênica, que fazem os morangos amadurecerem,

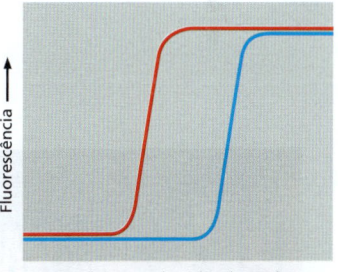

Figura 8-63 Os níveis de RNA podem ser medidos por RT-PCR quantitativa. A fluorescência medida é gerada por um corante que fluoresce apenas quando ligado a produtos de DNA de fita dupla da RT-PCR (ver Figura 8-36). A amostra *vermelha* tem uma concentração maior do mRNA quantificada do que a amostra *azul*, uma vez que ela requer menos ciclos de PCR para atingir a mesma metade de concentração máxima do DNA de fita dupla. Com base nessa diferença, as quantidades relativas do mRNA nas duas amostras podem ser precisamente determinadas.

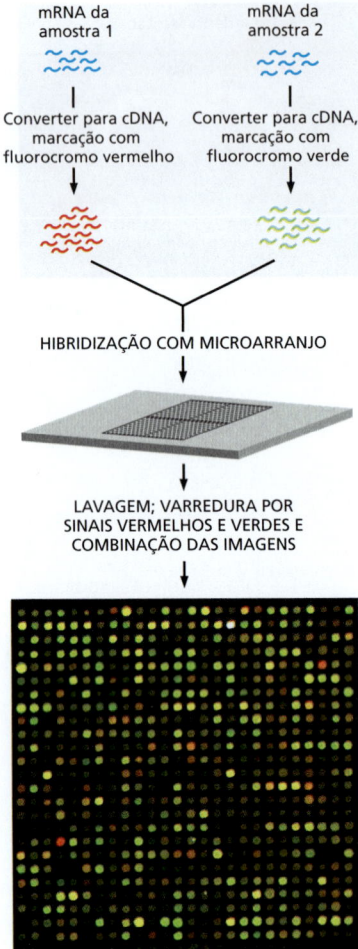

Pequena região do microarranjo representando 676 genes

Figura 8-64 Os microarranjos de DNA são utilizados para analisar a produção de milhares de mRNAs diferentes em um único experimento. Neste exemplo, o mRNA é coletado a partir de duas amostras de células diferentes – por exemplo, células tratadas com um hormônio e células do mesmo tipo não tratadas – para permitir uma comparação direta dos genes específicos expressados sob ambas as condições. Os mRNAs são convertidos em cDNAs que são marcados com um corante vermelho fluorescente para uma amostra e um corante verde fluorescente para outra. As amostras marcadas são misturadas e hibridizadas com o microarranjo. Cada ponto microscópico no microarranjo é uma molécula de DNA de 50 nucleotídeos de sequência definida produzidas por síntese química e adicionadas ao arranjo. A sequência de DNA representada por cada ponto é diferente, e as centenas de milhares desses pontos são projetados para cobrir a sequência do genoma. A sequência de DNA de cada ponto é acompanhada pelo computador. Após a incubação, o arranjo é lavado e a fluorescência é varrida. Apenas uma pequena proporção do microarranjo, representando 676 genes é mostrada. Os pontos *vermelhos* indicam que o gene na amostra 1 é expressado em nível mais alto do que o gene correspondente na amostra 2, e os pontos *verdes* indicam o oposto. Os pontos *amarelos* revelam genes que são expressos em níveis iguais em ambas as amostras de células. A intensidade da fluorescência fornece uma estimativa de quanto RNA de um gene está presente. Os pontos *escuros* indicam pouca ou nenhuma expressão do gene cuja sonda está localizada naquela posição do arranjo.

até as "assinaturas" da expressão gênica de diferentes tipos de células de câncer humano; ou desde mudanças que ocorrem conforme as células progridem pelo ciclo celular até aquelas produzidas em resposta a mudanças repentinas na temperatura. Na verdade, como essas abordagens permitem o monitoramento simultâneo de um grande número de RNAs, elas podem detectar mudanças sutis em uma célula, mudanças que podem não ser manifestadas em sua aparência ou em seu comportamento.

Estudos gerais de expressão gênica também fornecem informação útil para predizer a função gênica. Anteriormente, neste capítulo, discutimos como a identificação de proteínas que interagem pode gerar informações sobre a função da proteína. Um princípio semelhante também é verdadeiro para genes: uma informação sobre a função gênica pode ser deduzida pela identificação dos genes que compartilham seu padrão de expressão. Utilizando-se uma abordagem chamada de *análise de agrupamentos*, podem-se identificar grupos de genes que são regulados de forma coordenada. Os genes que são ativados ou inativados em conjunto, sob circunstâncias diferentes, provavelmente trabalham em conjunto na célula: eles podem codificar para proteínas que são parte da mesma máquina multiproteica ou para proteínas que estão envolvidas em uma atividade coordenada complexa, como a replicação do DNA ou o *splicing* do RNA. Caracterizar um gene cuja função é desconhecida pelo seu agrupamento com genes conhecidos que compartilham seu comportamento transcricional é, às vezes, chamado de "culpa pela associação". A análise de agrupamentos tem sido utilizada para analisar os perfis da expressão gênica que fundamentam vários processos biológicos interessantes, incluindo a cicatrização de feridas em humanos (**Figura 8-65**).

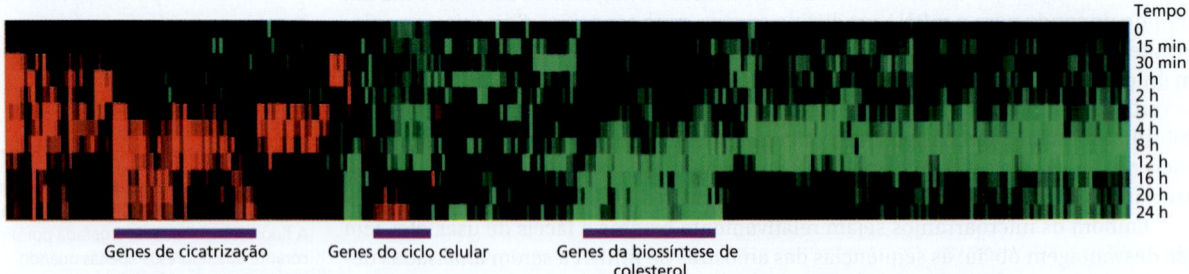

Figura 8-65 Utilização da análise de agrupamentos para identificar grupos de genes que são regulados de forma coordenada. Os genes que possuem o mesmo padrão de expressão provavelmente estão envolvidos em vias ou processos comuns. Para fazer uma análise de agrupamento, os dados de RNA-seq ou microarranjos são obtidos a partir de amostras de células expostas a várias condições diferentes, e os genes que mostram mudanças coordenadas no seu padrão de expressão são agrupados. Neste experimento, os fibroblastos humanos foram privados de soro por 48 horas; o soro foi, então, adicionado à cultura no tempo 0, e as células foram coletadas para análise do microarranjo em diferentes tempos. Dos 8.600 genes mostrados aqui (cada um representado por uma *linha vertical fina*), pouco mais de 300 mostraram três vezes ou mais variação nos seus padrões de expressão em resposta à reintrodução do soro. Aqui o *vermelho* indica um aumento na expressão; o *verde* uma diminuição na expressão. Tendo como base os resultados de vários outros experimentos, os 8.600 genes foram agrupados com base nos padrões similares de expressão. Os resultados dessa análise mostram que os genes envolvidos na cicatrização são ativados em resposta ao soro, enquanto os genes envolvidos na regulação da progressão do ciclo celular e da biossíntese de colesterol são inativados.
(A partir de M.B. Eisen et al., *Proc. Natl Acad. Sci. USA* 94:14863–14868, 1998. Com permissão de National Academy of Sciences.)

Figura 8-66 **Imunoprecipitação da cromatina.** Esse método permite a identificação de todos os sítios que um regulador da transcrição ocupa em um genoma *in vivo*. As identidades dos fragmentos de DNA precipitados e amplificados são determinadas por sequenciamento.

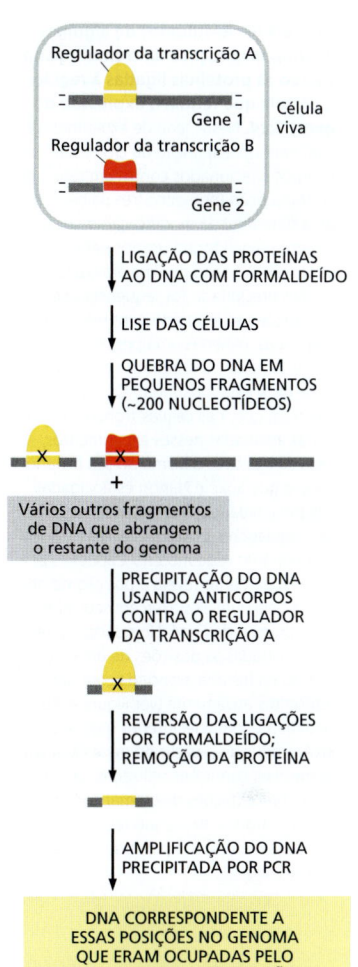

A imunoprecipitação da cromatina genômica ampla identifica sítios no genoma ocupados por reguladores da transcrição

Discutimos algumas estratégias para medir os níveis de RNAs individuais em uma célula e monitorar alterações em seus níveis em resposta a sinais externos. Mas essa informação não nos informa como tais alterações foram provocadas. Vimos, no Capítulo 7, que os reguladores da transcrição, por se ligarem a sequências reguladoras *cis* no DNA, são responsáveis por restabelecer e alterar os padrões da transcrição. Normalmente, essas proteínas não ocupam todas as suas sequências *cis* reguladoras potenciais no genoma sob todas condições. Por exemplo, em alguns tipos de células, a proteína reguladora pode não ser expressada, ou ela pode estar presente, mas não ter uma proteína parceira obrigatória, ou ela pode ser excluída do núcleo até que um sinal apropriado seja recebido a partir do meio da célula. Mesmo se a proteína estiver presente no núcleo e for competente para se ligar ao DNA, outros reguladores da transcrição ou componentes da cromatina podem ocupar sequências de DNA que se sobrepõem e assim ocluir algumas das suas sequências reguladoras *cis* no genoma.

A **imunoprecipitação da cromatina** fornece uma maneira para determinar experimentalmente todas as sequências *cis* reguladoras em um genoma que são ocupadas por um determinado regulador da transcrição sob um conjunto particular de condições (**Figura 8-66**). Nessa metodologia, as proteínas são covalentemente ligadas ao DNA nas células vivas, as células são lisadas e o DNA é mecanicamente quebrado em fragmentos pequenos. Os anticorpos direcionados contra um determinado regulador da transcrição são, então, utilizados para purificar o DNA que se tornou covalentemente ligado àquela proteína na célula. Esse DNA então é sequenciado usando os métodos rápidos discutidos anteriormente; a localização precisa de cada fragmento de DNA precipitado ao longo do genoma é determinada por meio da comparação da sua sequência de DNA com a sequência genômica inteira (**Figura 8-67**). Dessa forma, todos os sítios ocupados pelo regulador da transcrição na amostra de células podem ser mapeados no genoma das células (ver Figura 7-37). Em combinação com a informação do microarranjo ou RNA-seq, a imunoprecipitação da cromatina pode identificar o regulador-chave da transcrição responsável por especificar um determinado padrão de expressão gênica.

A imunoprecipitação da cromatina também pode ser utilizada para deduzir as sequências reguladoras *cis* reconhecidas por um determinado regulador da transcrição. Aqui, todas as sequências de DNA precipitadas pelo regulador são arranjadas (pelo computador) e as características em comum são tabuladas para produzir o espectro de sequências reguladoras *cis* reconhecidas pela proteína (ver Figura 7-9A). A imunoprecipitação da cromatina também é usada rotineiramente para identificar as posições ao longo do genoma que estão ligadas pelos vários tipos de histonas modificadas (discutido no Capítulo 4). Nesse caso, são empregados anticorpos específicos para determinada modificação da histona (ver Figura 8-67). A variação da técnica também pode ser utilizada para mapear posições dos cromossomos que estão fisicamente próximos (ver Figura 4-48).

O perfil de ribossomos revela quais mRNAs estão sendo traduzidos na célula

Nas seções anteriores, discutimos algumas maneiras de como os níveis de RNA podem ser monitorados nas células. Mas, para os mRNAs, isso representa apenas uma etapa na expressão gênica, e muitas vezes estamos mais interessados no nível final da proteína produzida pelo gene. Como descrito na primeira parte do capítulo, métodos de espectrometria de massa podem ser utilizados para monitorar os níveis de todas as proteínas na célula, incluindo formas modificadas das proteínas. Entretanto, se quisermos compreender *como* a síntese das proteínas é controlada pela célula, precisamos considerar a etapa de tradução da expressão gênica.

Figura 8-67 Resultados de algumas imunoprecipitações da cromatina mostrando as proteínas ligadas à região-controle que regula a expressão do gene *Oct4*. Nesta série de experimentos com imunoprecipitação da cromatina, anticorpos direcionados contra um regulador da transcrição (primeiros três painéis) ou uma determinada modificação da histona (quarto painel) foram usados para precipitar o DNA ligado por ligação cruzada. O DNA precipitado foi sequenciado e as posições ao longo do genoma foram mapeadas. (Apenas uma pequena parte do genoma de camundongo contendo o gene *Oct4* está mostrada). Os resultados mostram que, nas células-tronco embrionárias analisadas nesses experimentos, Oct4 se liga cadeia acima do seu próprio gene e que Sox2 e Nanog estão ligadas nas proximidades. Oct4, Sox2 e Nanog são reguladores-chave nas células-tronco embrionárias (discutido no Capítulo 22) e esse experimento revela a posição no genoma pela qual eles exercem seus efeitos na expressão de *Oct4*. No quarto painel são mostradas as posições de uma modificação na histona associada com genes transcritos ativamente (ver Figura 4-39). Finalmente, o painel inferior mostra o RNA produzido a partir do gene *Oct4* sob as mesmas condições utilizadas para as imunoprecipitações da cromatina. Observe que os íntrons e éxons são relativamente fáceis de identificar a partir desses dados de RNA-seq.

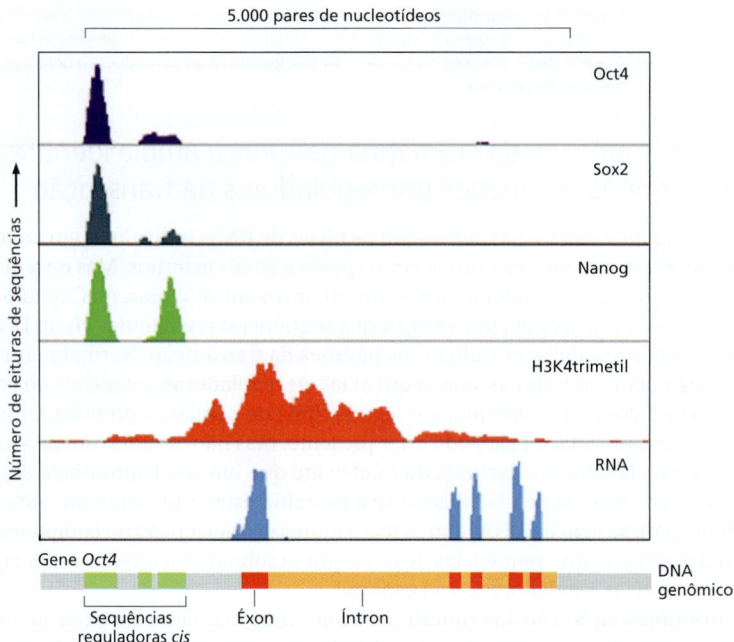

Uma abordagem chamada de *perfil de ribossomos* fornece um mapa instantâneo da posição dos ribossomos em cada mRNA na célula e, desse modo, identifica aqueles mRNAs que estão sendo traduzidos ativamente. Para realizar isso, o RNA total de uma linhagem celular ou tecido é exposto a RNAses sob condições nas quais aquelas sequências de RNA protegidas pelos ribossomos são poupadas. Os RNAs protegidos são liberados dos ribossomos, convertidos em DNA e a sequência de nucleotídeos de cada um é determinada (**Figura 8-68**). Quando essas sequências são mapeadas no genoma, a posição dos ribossomos em cada espécie de mRNA pode ser verificada.

O perfil de ribossomos revelou muitos casos nos quais os mRNAs são abundantes, mas não são traduzidos até que as células recebam um sinal externo. Também mostrou que várias fases de leitura aberta (ORFs) que eram muito pequenas para serem anotadas como genes são traduzidas ativamente e provavelmente codificam proteínas funcionais, embora muito pequenas (**Figura 8-69**). Finalmente, o perfil de ribossomos revelou de que maneiras as células alteram de forma rápida e global seus padrões de tradução em reposta a uma mudança súbita na temperatura, disponibilidade de nutrientes ou estresse químico.

Métodos de DNA recombinante revolucionaram a saúde humana

Vimos que as metodologias de ácidos nucleicos desenvolvidas nos últimos 40 anos alteraram completamente a maneira como a biologia celular e molecular são estudadas. Mas elas também tiveram um profundo efeito no nosso cotidiano. Vários fármacos humanos em uso rotineiro (p. ex., insulina, hormônio de crescimento humano, fatores de coagulação do sangue e interferon) tem como base a clonagem de genes humanos e a expressão das proteínas codificadas em grandes quantidades. Como o sequenciamento de DNA continua a diminuir de custo, mais e mais indivíduos escolhem ter seu genoma sequenciado; essa informação pode ser utilizada para prever a susceptibilidade a doenças (muitas vezes com a opção de minimizar esta possibilidade pelo comportamento adequado) ou predizer a maneira como um indivíduo responderá a determinado fármaco. O genoma de células tumorais de um indivíduo pode ser sequenciado para determinar o melhor tipo de tratamento anticâncer. E mutações que causam câncer ou aumentam muito o risco de doença continuam a ser identificadas a um ritmo sem precedentes. Utilizando as tecnologias de DNA recombinante discutidas neste capítulo, essas mutações podem, então, ser introduzidas em animais, como camundongos, que podem ser estudados no laboratório. Os animais transgênicos resultantes, que muitas vezes mimetizam algumas das anormalidades

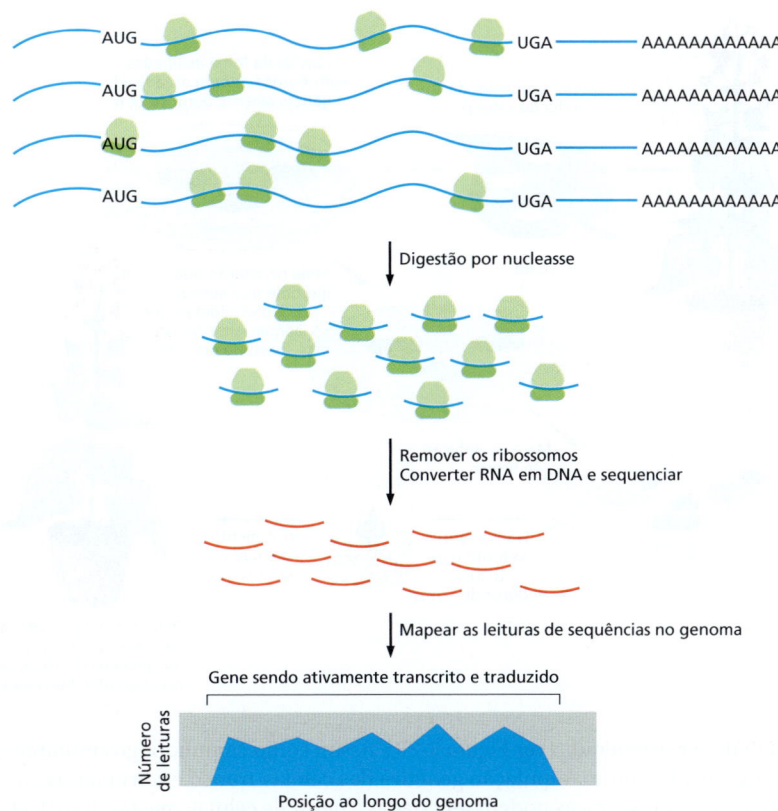

Figura 8-68 Perfil de ribossomos. O RNA é purificado a partir de células e digerido com uma RNAse para deixar apenas aquelas porções dos mRNAs que estão protegidas pela ligação de um ribossomo. Esses segmentos curtos de RNA protegido (aproximadamente 20 nucleotídeos de comprimento) são convertidos em DNA e sequenciados. A informação resultante é mostrada como o número de leituras de sequências ao longo de cada posição do genoma. No diagrama, estão mostrados os dados para apenas um gene, cujo mRNA está sendo traduzido de maneira eficiente. O perfil de ribossomos fornece esse tipo de informação para cada mRNA produzido pela célula.

fenotípicas associadas com a condição nos pacientes, podem ser utilizados para explorar a base celular e molecular da doença e para identificar fármacos que poderiam ser potencialmente usados de forma terapêutica nos humanos.

As plantas transgênicas são importantes para a agricultura

Embora a tendência seja pensar em pesquisa de DNA recombinante em termos de biologia animal, essas técnicas também tiveram um impacto profundo no estudo de plantas. Na verdade, certas características das plantas as tornam especialmente acessíveis para métodos de DNA recombinante.

Quando um pedaço de tecido vegetal é cultivado em um meio estéril contendo nutrientes e reguladores de crescimento adequados, algumas das células são estimuladas a proliferar indefinidamente de uma maneira desorganizada, produzindo uma massa de células relativamente indiferenciadas, chamada de *calo*. Se os nutrientes e reguladores do crescimento forem manipulados com cuidado, pode-se induzir a formação de um broto dentro do calo e em muitas espécies uma planta inteira pode ser regenerada a partir destes brotos. Em algumas plantas – incluindo tabaco, petúnia, cenoura, batatas e *Arabidopsis* – uma única célula, a partir desse broto (conhecida como uma *célula totipotente*), pode crescer até um pequeno aglomerado de células a partir do qual uma planta

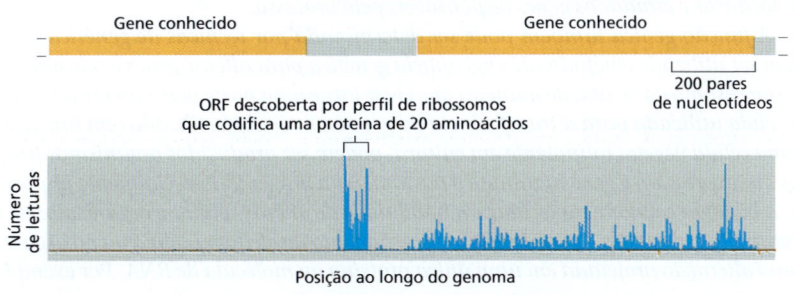

Figura 8-69 O perfil de ribossomos pode identificar novos genes. Este experimento mostra a descoberta de um gene previamente não reconhecido – um que codifica uma proteína de apenas 20 aminoácidos. No topo, é mostrada a porção de um genoma viral com dois genes previamente anotados. Abaixo estão os resultados de um experimento de perfil de ribossomos, mostrado na mesma secção do genoma, depois que o vírus foi infectado nas células humanas. Os resultados mostram que o gene da esquerda não é expresso sob essas condições, o gene da direita é expresso em baixos níveis e um gene previamente não reconhecido que está localizado entre os outros dois é expressado em níveis altos.

Figura 8-70 As plantas transgênicas podem ser produzidas usando técnicas de DNA recombinante otimizadas para plantas. Um disco é cortado de uma folha e incubado em uma cultura de *Agrobacterium* que carrega um plasmídeo recombinante com um marcador de seleção e o gene desejado modificado geneticamente. As células vegetais danificadas nas extremidades do disco liberam substâncias que atraem a bactéria, que injeta seu DNA nas células da planta. Apenas aquelas células vegetais que incorporam o DNA apropriado e expressam o gene com o marcador selecionado sobrevivem e proliferam, formando um calo. A manipulação dos fatores de crescimento fornecidos ao calo o induzem a formar brotos, que subsequentemente criam raízes e crescem até plantas adultas que carregam o gene modificado.

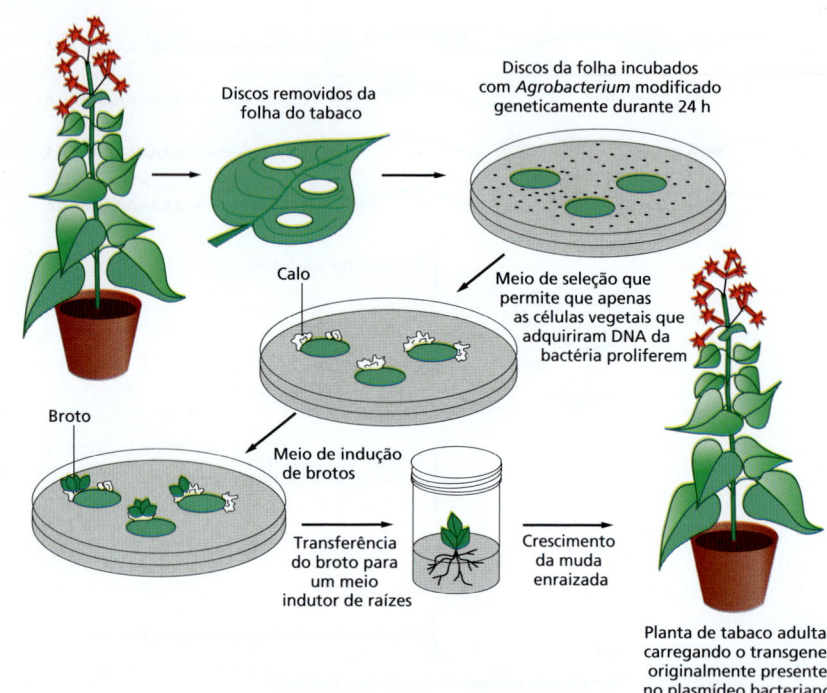

inteira pode ser regenerada (ver Figura 7-2B). Assim como camundongos mutantes podem ser derivados por manipulação genética das células-tronco embrionárias em cultura, as plantas transgênicas podem ser criadas a partir de células vegetais transfectadas com DNA em cultura (**Figura 8-70**).

A capacidade de produzir plantas transgênicas acelerou muito o progresso da biologia celular de plantas em várias áreas. Ela teve um papel importante, por exemplo, no isolamento de receptores de reguladores de crescimento e na análise dos mecanismos de morfogênese de expressão gênica em plantas. Essas técnicas também abriram várias novas possibilidades na agricultura que puderam beneficiar tanto o produtor como o consumidor. Elas tornaram possível, por exemplo, modificar a razão de lipídeos, amido e proteínas em sementes, conferir às plantas resistência a pestes e a vírus e criar plantas modificadas que toleram hábitats extremos, como pântanos salgados ou solos alagados. Uma variedade de arroz foi modificada geneticamente para produzir β-caroteno, o precursor da vitamina A. A substituição do arroz convencional, esse "arroz dourado", assim chamado por causa da sua cor levemente amarela, poderia ajudar a aliviar a deficiência grave de vitamina A, que causa cegueira em milhares de crianças no mundo em desenvolvimento a cada ano.

Resumo

A genética e a engenharia genética fornecem ferramentas poderosas para compreender a função de genes individuais em células e organismos. Na abordagem genética clássica, a mutagênese aleatória está associada com o rastreamento, para identificar mutantes que são deficientes em um processo biológico particular. Esses mutantes são, então, utilizados para localizar e estudar os genes responsáveis pelo processo.

A função gênica também pode ser determinada por técnicas de genética reversa. Podem ser utilizados métodos de engenharia genética para alterar genes e reinseri-los em um cromossomo da célula, de maneira que ele se torne uma parte permanente do genoma. Se a célula utilizada para a transferência do gene é um óvulo fertilizado (em um animal) ou uma célula vegetal totipotente em cultura, podem ser produzidos organismos transgênicos que expressam o gene mutante e o passam a sua progênie. Especialmente importante para a biologia celular e molecular é a habilidade de alterar células e organismos de maneiras muito específicas – permitindo o discernimento do efeito na célula ou no organismo de uma alteração projetada em uma única proteína ou molécula de RNA. Por exemplo, os genomas podem ser alterados de modo que a expressão de qualquer gene pode ser induzida ou inibida por pesquisadores.

Vários desses métodos estão sendo difundidos para investigar a função gênica em uma escala genômica. A geração de bibliotecas mutantes, nas quais cada gene em um organismo foi sistematicamente deletado, interrompido ou tornado controlável pelo pesquisador fornece ferramentas valiosas para explorar o papel de cada gene na colaboração molecular complexa que dá origem à vida. As tecnologias como RNA-seq e microarranjos de DNA podem monitorar a expressão de dezenas de milhares de genes simultaneamente, fornecendo informações detalhadas sobre os padrões dinâmicos da expressão gênica que sustentam os complexos processos celulares.

ANÁLISE MATEMÁTICA DAS FUNÇÕES CELULARES

Os experimentos quantitativos combinados com teoria matemática marcam o início da ciência moderna. Galileu, Kepler, Newton e seus contemporâneos fizeram mais do que estabelecer algumas leis de mecânica e oferecer uma explicação para os movimentos dos planetas em torno do Sol: eles mostraram como uma abordagem matemática quantitativa poderia fornecer uma compreensão aprofundada e precisa, ao menos para sistemas físicos, que nunca se sonhou ser possível.

O que é que dá à matemática esse poder quase mágico para explicar o mundo natural e por que a matemática teve um papel tão mais importante na parte das ciências físicas do que na biologia? O que os biólogos precisam saber sobre matemática?

A matemática pode ser vista como uma ferramenta para derivar consequências lógicas a partir de proposições. Ela difere do raciocínio intuitivo lógico na sua insistência sobre a lógica acurada e rigorosa e o tratamento preciso da informação quantitativa. Se as proposições iniciais estiverem corretas, então as deduções traçadas a partir delas pela matemática serão verdadeiras. A força surpreendente da matemática provém da dimensão das linhas de raciocínio que a lógica rigorosa e argumentos matemáticos tornam possíveis, e da imprevisibilidade das conclusões que podem ser obtidas, muitas vezes revelando conexões que, de outro modo, não teriam sido deduzidas. Revertendo o argumento, a matemática fornece uma maneira de testar hipóteses experimentais: se o raciocínio matemático a partir de uma determinada hipótese conduz a uma predição que não é verdadeira, então a hipótese não é verdadeira.

Evidentemente, a matemática não é muito útil a não ser que possamos moldar nossas ideias, nossa hipótese inicial, sobre o determinado sistema de uma forma quantitativa precisa. Uma hipótese matemática construída sobre um conjunto fraco, ou mesmo ruim, muito complicado ou vago de proposições provavelmente nos enganaria. Para que a matemática seja útil, devemos focar nossas análises em subsistemas simples nos quais podemos selecionar parâmetros quantitativos chave e moldar hipóteses bem definidas. Essa abordagem tem sido utilizada com grande sucesso na física por séculos, no entanto seu uso é menos comum na biologia. Mas os tempos estão mudando, e cada vez mais está se tornando possível para os biólogos explorar o poder da análise matemática quantitativa.

Nesta seção final do nosso capítulo de métodos, não tentamos ensinar aos leitores cada maneira na qual a matemática pode ser aplicada proveitosamente aos problemas biológicos. Em vez disso, simplesmente ajudamos a dar um sentido no que a matemática e as abordagens quantitativas podem fazer por nós na biologia moderna. Daremos enfoque principalmente aos princípios importantes que a matemática nos ensina sobre a dinâmica das interações moleculares e como a matemática pode revelar características surpreendentes e úteis de sistemas complexos contendo retroalimentação. Ilustraremos esses princípios usando a regulação da expressão gênica por reguladores da transcrição como aqueles discutidos no Capítulo 7. Os mesmos princípios se aplicam aos sistemas pós-transcricionais que controlam a sinalização celular (Capítulo 15), o controle do ciclo celular (Capítulo 17) e essencialmente todos os processos celulares.

Redes reguladoras dependem de interações moleculares

A função e regulação celulares dependem de interações transientes entre milhares de macromoléculas diferentes na célula. Frequentemente, resumimos essas interações neste livro com desenhos esquemáticos. Esses diagramas são úteis, mas uma visão completa

Figura 8-71 **Diagramas que resumem as relações bioquímicas.** Aqui, um simples desenho indica que o gene X reprime o gene Z (*esquerda*) enquanto o gene Y ativa o gene Z (*direita*).

requer um nível de compreensão *quantitativo* mais profundo. Para acessar o impacto biológico de qualquer interação na célula de forma significativa precisamos conhecer, em termos precisos, como as moléculas interagem, como elas catalisam reações e o mais importante, como os comportamentos das moléculas mudam com o tempo. Se um desenho mostra que a proteína A ativa a proteína B, por exemplo, não podemos julgar a importância desta interação sem detalhes quantitativos sobre as concentrações, afinidades e comportamentos cinéticos das proteínas A e B.

Iniciaremos pela definição de dois tipos de interação reguladora em nossos esquemas: uma, designando inibição e a outra, ativação. Se a proteína produto do gene X é um repressor da transcrição que inibe a expressão do gene Z, descrevemos o relacionamento como uma *linha vermelha com uma barra na ponta* (⊣) desenhada entre os genes X e Z (**Figura 8-71**). Se a proteína produto do gene Y é um ativador da transcrição que induz a expressão do gene Z, então desenhamos uma *seta verde* (→) entre os genes Y e Z.

A regulação da expressão de um gene por outro é mais complicada do que uma simples seta os conectando, e um completo entendimento dessa regulação requer que separemos os processos bioquímicos subjacentes. A **Figura 8-72A** esquematiza algumas das etapas bioquímicas na ativação da expressão gênica por um ativador da transcrição. Um gene codificando um ativador, denominado gene A, produzirá seu produto, a proteína A, via um RNA intermediário. Essa proteína A se ligará, então, a p_X, o *promotor* regulador do gene X, para formar o complexo $A:p_X$. Uma vez que o complexo $A:p_X$ se forma, ele estimula a produção de um transcrito de RNA que subsequentemente é traduzido para produzir a proteína X.

Aqui daremos enfoque na interação da ligação central desse sistema regulador: a interação entre a proteína A e o promotor p_X. Qualquer molécula de proteína A que está ligada a p_X pode ser dissociada dela. As etapas representadas pela seta verde de ativação na Figura 8-72A incluem tanto a ligação de A a p_X e a dissociação do complexo $A:p_X$ para formar novamente A e p_X, como ilustrado pela notação na **Figura 8-72B**. Essa notação da reação é mais informativa do que o diagrama nas nossas figuras, mas tem suas próprias limitações. Suponha que a concentração de A aumente por um fator de 10 como resposta

Figura 8-72 **Uma interação transcricional simples.** (A) Genes A e X produzem, cada um, uma proteína, com o produto do gene A servindo como um ativador da transcrição para estimular a expressão do gene X. Como indicado pela *seta verde*, o estímulo depende, em parte, da ligação da proteína A à região promotora do gene X, designada p_X. (B) A ligação da proteína A ao promotor do gene é determinada pelas concentrações de duas parceiras de ligação (chamadas $[A]$ e $[p_X]$, em unidades de mol/litro, ou M), a constante de associação k_{on} (em unidades de $s^{-1} M^{-1}$) e a constante de dissociação k_{off} (em unidades de s^{-1}). (C) No estado estacionário, as taxas de associação e dissociação são iguais e a concentração do complexo ligado é determinada pela Equação 8-1, na qual as duas constantes são combinadas na constante de equilíbrio K. (D) A Equação 8-2 pode ser derivada para calcular a concentração do complexo ligado em estado estacionário, a uma concentração total conhecida do promotor $[p_X^T]$. (E) O rearranjo da Equação 8-2 gera a Equação 8-3, que permite o cálculo da fração do promotor p_X que está ocupada pela proteína A.

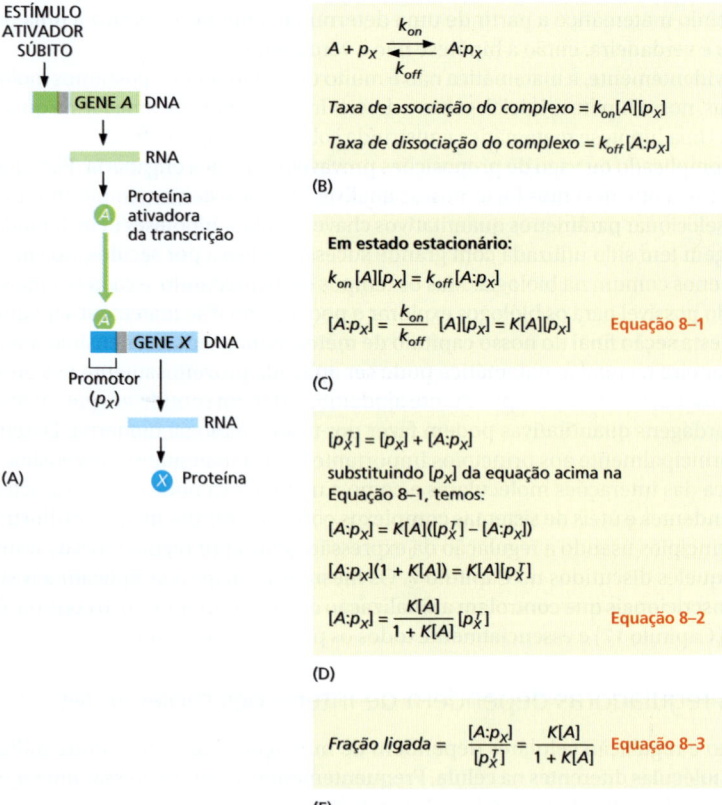

a um estímulo do meio ambiente. Se A aumenta, intuitivamente sabemos que $A{:}p_X$ também deveria aumentar, mas não podemos determinar a quantidade do aumento sem informações adicionais. Precisamos conhecer a afinidade da interação da ligação e as concentrações dos componentes. Com essa informação em mãos, podemos derivar a resposta.

Como discutido anteriormente e no Capítulo 3 (ver Figura 3-44), sabemos que a formação de um complexo entre os dois parceiros de ligação, como A e p_X, depende de uma constante k_{on}, que descreve quantas colisões produtivas ocorrem por unidade de tempo por proteína a uma determinada concentração de p_X. A taxa de associação do complexo iguala o produto dessa constante k_{on} e as concentrações de A e p_X (ver Figura 8-72B). A dissociação do complexo ocorre a uma k_{off} multiplicada pela concentração do complexo. A constante k_{off} pode diferir em ordens de magnitude para diferentes sequências de DNA, pois depende da força das ligações não covalentes formadas entre A e p_X.

Estamos interessados principalmente em entender a quantidade do complexo promotor ligado, em equilíbrio ou *estado estacionário*, onde a taxa de associação do complexo se iguala à taxa de dissociação do complexo. Sob essas condições, a concentração do complexo promotor é especificada por uma equação simples que combina as duas constantes em uma única constante de equilíbrio $K = k_{on}/k_{off}$ (Equação 8-1; **Figura 8-72C**). K às vezes é chamada de constante de associação, K_a. Quanto maior a constante K, mais forte é a interação entre A e p_X (ver Figura 3-44). A recíproca de K é a constante de dissociação, K_d.

Para calcular a concentração do complexo promotor no estado estacionário utilizando a Equação 8-1, precisamos considerar outra complicação: tanto A como p_X existem em duas formas – livre em solução e ligada uma a outra. Na maioria dos casos, sabemos a concentração total de p_X e não as concentrações livres ou ligadas, assim devemos achar uma maneira de usar a concentração total nos nossos cálculos. Para isso, primeiro especificamos que a concentração total de p_X ($[p_X^T]$) é a soma das concentrações das formas livres ($[p_X]$) e ligadas ($[A{:}p_X]$) (**Figura 8-72D**). Isso leva a uma nova equação que nos permite utilizar $[p_X^T]$ para calcular a concentração do complexo promotor no estado estacionário o ($[A{:}p_X]$) (Equação 8-2, Figura 8-72D).

A proteína A também existe em duas formas: livre ($[A]$) e ligada a p_X ($[A{:}p_X]$). Em uma célula, existem geralmente uma ou duas cópias de p_X (assumindo que exista apenas um gene X por genoma haploide) e múltiplas cópias de A. Como resultado, podemos assumir com segurança que do ponto de vista de A, $[A{:}p_X]$ é desprezível em relação ao total $[A^T]$. Isso significa que $[A] \approx [A^T]$, e podemos colocar os valores do total $[A^T]$ na Equação 8-2 sem incorrer um erro apreciável no cálculo de $[A{:}p_X]$.

Agora, estamos prontos para determinar os efeitos do aumento da concentração de A. Suponha que $K = 10^8$ M^{-1}, um valor típico para muitas dessas interações. A concentração inicial de A é $[A^T] = 10^{-9}$ M, e $[p_X^T] = 10^{-10}$ M (assumindo que existe uma cópia do gene X em uma célula de levedura haploide, por exemplo, com um volume de cerca de 2×10^{-14} L). Utilizando a Equação 8-2, observamos que um aumento de 10 vezes na concentração de A causa o aumento da quantidade do complexo promotor $[A{:}p_X]$ em 5,5 vezes, de $0{,}09 \times 10^{-10}$ M para $0{,}5 \times 10^{-10}$ M no estado estacionário. Os efeitos de um aumento de 10 vezes na concentração de A irá variar dramaticamente dependendo da sua concentração inicial em relação à constante de equilíbrio. Apenas através dessa abordagem matemática podemos alcançar uma compreensão detalhada do que serão esses efeitos e qual o impacto que eles terão na resposta biológica.

Para avaliar o impacto biológico de uma alteração nos níveis do ativador da transcrição, em vários casos também é importante determinar a fração do promotor do gene-alvo que está ligada pelo ativador, uma vez que esse número será diretamente proporcional à atividade do promotor do gene. No nosso caso, podemos calcular a fração do promotor do gene X, p_X, que tem proteína A ligada a ele por meio do rearranjo da Equação 8-2 (Equação 8-3, **Figura 8-72E**). Essa fração pode ser vista como a probabilidade do promotor p_X estar ocupado, em média ao longo do tempo. Ela também é igual a ocupação média através de uma grande população de células em qualquer instante. Quando não existe proteína A presente p_X sempre está livre, a fração ligada é zero, e a transcrição está inativa. Quando $[A] = 1/K$, o promotor p_X tem uma chance de 50% de estar ocupado. Quando $[A]$ excede muito a $1/K$, a fração ligada é quase igual a 1, significando que p_X está totalmente ocupado e a transcrição é máxima.

Equações diferenciais nos ajudam a predizer o comportamento transitório

As informações mais importantes e básicas das quais nós, biólogos, dependemos da matemática se referem ao comportamento dos sistemas reguladores com o tempo. Este é o tema central da dinâmica, e foi para a solução dos problemas na dinâmica que as técnicas de cálculos foram desenvolvidas, por Newton e Leibniz, no século XVII. Brevemente, o problema geral é o seguinte: se nos são dadas as taxas de alteração de um conjunto de variáveis que caracterizam o sistema a qualquer instante, como podemos computar seu estado futuro? O problema se torna especialmente interessante, e as predições muitas vezes extraordinárias, quando as próprias taxas de alteração dependem dos valores das variáveis de estado, como nos sistemas com retroalimentação.

Vamos voltar para Equação 8-2 (Figura 8-72D), que nos mostra que quando $[A]$ altera, $[A:p_X]$ em estado estacionário também altera para uma nova concentração que podemos calcular com precisão. Entretanto, $[A:p_X]$ não altera de modo instantâneo para este valor. Se pretendemos compreender o comportamento desse sistema com detalhes, também precisamos perguntar quanto tempo levará para que $[A:p_X]$ chegue ao seu novo valor em estado estacionário na célula. A Equação 8-2 não pode responder esta questão. Precisamos utilizar equações diferenciais.

A estratégia mais comum para resolver esse problema é utilizar equações diferenciais comuns. As equações que descrevem as reações bioquímicas têm uma premissa simples: a taxa de alteração na concentração de qualquer espécie molecular X (i.e., $d[X]/dt$) é dada pelo equilíbrio da taxa de seu aparecimento com aquela do seu desaparecimento. Para nosso exemplo, a taxa de alteração na concentração do complexo promotor ligado, $[A:p_X]$, é determinada pelas taxas de associação e dissociação do complexo. Podemos incorporar estas taxas na equação diferencial mostrada na **Figura 8-73A** (Equação 8-4). Quando $[A]$ altera, a Equação 8-4 pode ser resolvida para gerar a concentração de $[A:p_X]$ em função do tempo. Observe que quando $k_{on}[A][p_X] = k_{off}[A:p_X]$, então $d[A:p_X]/dt = 0$ e $[A:p_X]$ não varia. Nesse ponto, o sistema alcançou o estado estacionário.

O cálculo de todos os valores de $[A:p_X]$ em função do tempo, usando a Equação 8-4, nos permite determinar a taxa na qual $[A:p_X]$ alcança seu valor de estado estacionário. Como esse valor é alcançado assintóticamente, muitas vezes ele é mais útil para comparar os tempos necessários para chegar a 50, 90 ou 99% desse novo estado estacionário. A maneira mais simples para determinar esses valores é resolver a Equação 8-4 com um método chamado de integração numérica, que envolve adicionar valores para todos os parâmetros (k_{on}, k_{off}, etc.) e, então, usar um computador para determinar os valores de $[A:p_X]$ com o tempo, iniciando a partir de uma determinada concentração inicial de $[A]$ e $[p_X]$. Para $k_{on} = 0,5 \times 10^7 \text{ s}^{-1} \text{ M}^{-1}$, $k_{off} = 0,5 \times 10^{-1} \text{ s}^{-1}$ ($K = 10^8 \text{ M}^{-1}$ como acima), e $[p_X^T] = 10^{-10}$ M, leva cerca de 5, 20 e 40 segundos para $[A:p_X]$ alcançar 50, 90 e 99% do novo valor em estado estacionário após uma repentina alteração de 10 vezes em $[A]$ (**Figura 8-73B**). Assim, um salto repentino em $[A]$ não possui efeitos instantâneos, como pode ter sido assumido a partir da observação do desenho na Figura 8-72A.

Portanto, as equações diferenciais nos permitem compreender a dinâmica transiente das reações bioquímicas. Essa ferramenta é crítica para obter uma compreensão mais profunda do comportamento celular, em parte porque ela nos permite determinar a dependência da dinâmica dentro das células, dos parâmetros que são específicos para a determinada molécula envolvida. Por exemplo, se dobrarmos os valores de k_{on} e k_{off}, en-

Figura 8-73 Utilização de equações diferenciais para estudar a dinâmica e o comportamento de um sistema biológico em estado estacionário.
(A) A Equação 8-4 é uma equação diferencial comum para calcular a taxa de alteração na formação de complexo do promotor ligado, em resposta a uma alteração em outros componentes. (B) Formação de $[A:p_X]$ após um aumento de 10 vezes em $[A]$, como determinado na solução da Equação 8-4. Em *azul*, está a solução correspondente a $k_{on} = 0,5 \times 10^7 \text{ s}^{-1} \text{ M}^{-1}$ e $k_{off} = 0,5 \times 10^{-1} \text{ s}^{-1}$. Nesse caso, $[A:p_X]$ leva cerca de 5, 20 e 40 segundos para alcançar 50, 90 e 99% do novo valor em estado estacionário. Para a *curva em vermelho*, os valores de k_{on} e k_{off} são dobrados, e o sistema alcança o mesmo estado estacionário mais rapidamente.

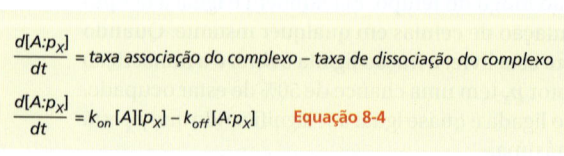

(A)

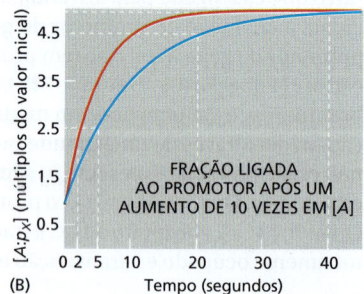

(B)

CAPÍTULO 8 Analisando células, moléculas e sistemas

$$\text{Taxa de transcrição} = \beta \frac{K[A]}{1 + K[A]}$$

$$\text{Taxa de produção da proteína} = \beta \cdot m \frac{K[A]}{1 + K[A]}$$

$$\text{Taxa de degradação da proteína} = \frac{[X]}{\tau_X}$$

(A)

$$\frac{d[X]}{dt} = \text{taxa de produção da proteína} - \text{taxa de degradação da proteína}$$

$$\frac{d[X]}{dt} = \beta \cdot m \frac{K[A]}{1 + K[A]} - \frac{[X]}{\tau_X} \quad \text{Equação 8-5}$$

(B)

No estado estacionário:

$$[X_{st}] = \beta \cdot m \frac{K[A]}{1 + K[A]} \cdot \tau_X \quad \text{Equação 8-6}$$

(C)

$$[X](t) = [X_{st}](1 - e^{-\frac{t}{\tau_X}})$$

(D)

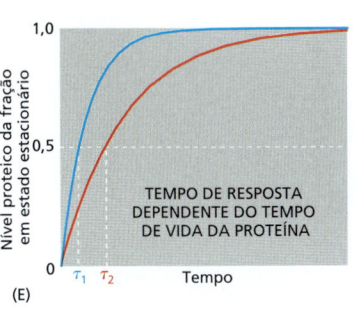

(E)

Figura 8-74 Efeito do tempo de vida da proteína no tempo de resposta. (A) Equações para calcular as taxas de transcrição do gene X, produção da proteína X e degradação da proteína X, como explicado no texto. (B) A Equação 8-5 é uma equação diferencial ordinária para calcular a taxa de alteração na proteína X em resposta a alterações em outros componentes. (C) Quando a taxa de alteração na proteína X é zero (estado estacionário), sua concentração pode ser calculada com a Equação 8-6, revelando uma relação direta com o tempo de vida da proteína (τ). (D) A solução da Equação 8-5 especifica a concentração da proteína X em função do tempo conforme se aproxima da concentração do estado estacionário. (E) O tempo de resposta depende do tempo de vida da proteína. Como descrito no texto, o tempo que uma proteína leva para alcançar um novo estado estacionário é maior quando a proteína é mais estável. Aqui, a *linha azul* corresponde a uma proteína com um tempo de vida que é 2,5 vezes mais curto do que o tempo de vida da proteína em *vermelho*.

tão a Equação 8-1 (Figura 8-72C) indica que o valor de [A:p_X] em estado estacionário não varia. Entretanto, o tempo que ele leva para alcançar 50% desse estado estacionário após uma alteração de 10 vezes em [A] em nosso exemplo, altera de aproximadamente 5 segundos para 2 segundos (ver Figura 8-73B). Essas percepções não são acessíveis a partir dos desenhos ou equações de equilíbrio. Esse é um exemplo extraordinariamente simples; as descrições matemáticas de como as equações diferenciais se tornam mais indispensáveis para compreender as interações biológicas conforme que o número de interações aumenta.

A atividade do promotor e a degradação proteica afetam a taxa de alteração da concentração proteica

Para compreender nosso sistema de regulação gênica ainda mais, também precisamos descrever a dinâmica de produção da proteína X em resposta às alterações na quantidade da proteína A ativadora da transcrição. Aqui novamente, usamos uma equação diferencial para a taxa de variação na concentração da proteína X – determinada pelo equilíbrio da taxa de produção da proteína X através da expressão do gene X e a taxa de degradação da proteína.

Vamos iniciar com a taxa de produção da proteína X, que é determinada principalmente pela ocupação do promotor do gene X pela proteína A. A ligação e dissociação de um regulador da transcrição a um promotor geralmente ocorrem em uma escala muito mais rápida do que o início da transcrição, fazendo com ocorram vários eventos de associação e dissociação antes da transcrição proceder. Como resultado, podemos assumir que a reação de ligação está em equilíbrio no momento da transcrição e podemos calcular a ocupação do promotor pela proteína A usando a equação de equilíbrio discutida anteriormente (Equação 8-3, Figura 8-72E). Para determinar a taxa de transcrição, simplesmente multiplicamos a fração do promotor ocupada por uma *constante da taxa de transcrição*, β, que representa a ligação da RNA-polimerase e as etapas subsequentes que levam à produção do mRNA e da proteína (**Figura 8-74A**). Se cada molécula de mRNA produz, em média, m moléculas do produto proteico, então podemos determinar a taxa de produção da proteína multiplicando a taxa de transcrição por m (Figura 8-74A).

Agora vamos considerar os fatores que influenciam a degradação da proteína X e sua diluição devido ao crescimento celular. A degradação geralmente resulta em um declínio exponencial nos níveis de proteína, e o tempo médio necessário para que determinada proteína seja degradada é definido como seu tempo de vida médio, τ. No nosso exemplo, a taxa de degradação da proteína X depende do seu tempo de vida médio τ_X, que leva em consideração a degradação ativa, assim como sua diluição a medida que a célula cresce. A taxa de degradação depende da concentração da proteína X e é calculada pela divisão dessa concentração pelo tempo de vida (Figura 8-74A).

Com equações para taxas de produção e degradação em mãos, podemos, agora, gerar uma equação diferencial para determinar a taxa de alteração da proteína X em função do tempo (Equação 8-5, **Figura 8-74B**). Essa equação pode ser resolvida por métodos numéricos mencionados anteriormente. De acordo com a solução dessa equação, quando a transcrição inicia, a concentração da proteína X se eleva ao nível do estado estacionário no qual a concentração de X não se modifica mais; isto é, sua taxa de alteração é zero. Quando isso ocorre, o rearranjo da Equação 8-5 gera uma equação que pode ser usada para determinar o valor de X, no estado estacionário $[X_{st}]$ (Equação 8-6, **Figura 8-74C**). Um conceito importante emerge da matemática: a concentração de um produto gênico no estado estacionário é diretamente proporcional ao seu tempo de vida. Se o tempo de vida dobrar, a concentração da proteína também duplica.

O tempo necessário para alcançar o estado estacionário depende do tempo de vida da proteína

Podemos observar, na Equação 8-6 (ver Figura 8-74C), que, quando a concentração da proteína A aumenta, a proteína X aumenta para um novo valor de estado estacionário $[X_{st}]$. Mas isso não pode ocorrer de forma instantânea. Em vez disso, alterações em X alteram dinamicamente de acordo com a solução da sua equação de taxa diferencial (Equação 8-5). A solução dessa equação revela que a concentração de X em função do tempo está relacionada a sua concentração em estado estacionário de acordo com a equação na **Figura 8-74D**. Mais uma vez, a matemática descobre um conceito simples, porém importante e que não é intuitivamente óbvio: seguido do aumento súbito em [A], [X] aumenta para um novo estado estacionário a uma taxa exponencial que está inversamente relacionada a seu tempo de vida: quanto mais rápido o X for degradado, menos tempo leva para alcançar seu novo valor de estado estacionário (**Figura 8-74E**). O tempo de resposta mais rápido vem com um custo metabólico mais alto, uma vez que proteínas com um tempo de resposta rápido devem ser produzidas e degradadas a uma taxa alta. Para proteínas que não são processadas de forma rápida, o tempo de resposta é muito longo e a concentração da proteína é determinada principalmente pela diluição que resulta do crescimento e divisão celular.

Os métodos quantitativos para repressores e ativadores da transcrição são similares

O controle positivo não é o único mecanismo que as células usam para regular a expressão dos seus genes. Como discutimos no Capítulo 7, as células também inativam genes ativamente, muitas vezes empregando proteínas repressoras da transcrição que se ligam a sítios específicos nos genes-alvo, bloqueando, dessa forma, o acesso da RNA-polimerase. Podemos analisar a função desses repressores pelos mesmos métodos quantitativos descritos anteriormente para os ativadores da transcrição. Se uma proteína repressora R se liga a uma região reguladora do gene X e reprime sua transcrição, então a fração dos sítios de ligação do gene ocupada pelo repressor é especificada pela mesma equação que usamos anteriormente para o ativador da transcrição (**Figura 8-75A**). Entretanto, nesse caso, a RNA polimerase só pode se ligar ao promotor e transcrever o gene quando o DNA estiver livre. Portanto, a quantidade de interesse é a fração não ligada, que pode ser vista como a probabilidade de o sítio estar livre, média dos eventos de ligação e dissociação. Quando a concentração do repressor é zero, a fração não ligada é 1 e o promotor está totalmente ativo; quando a concentração do repressor excede muito a 1/K, a fração não ligada se aproxima de zero. As **Figuras 8-75B** e **C** comparam essas relações para um ativador da transcrição e um repressor da transcrição.

Podemos criar uma equação diferencial que fornece a taxa de alteração na proteína X quando ocorrem alterações nas concentrações do repressor (Equação 8-7, **Figura 8-75D**). Assim como no caso do ativador da transcrição, a concentração da proteína X em estado estacionário aumenta conforme seu tempo de vida aumenta, mas diminui à medida que a concentração do repressor da transcrição aumenta.

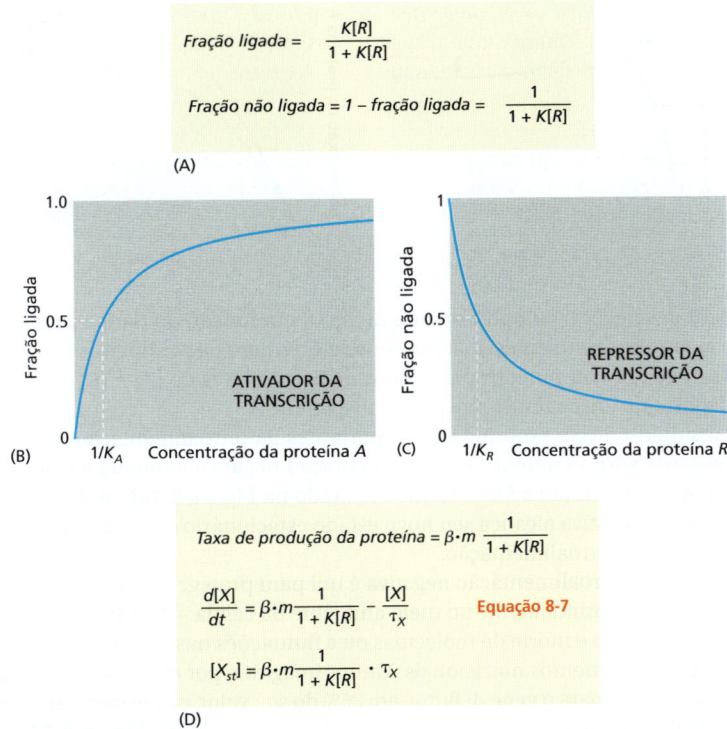

Figura 8-75 Como a ocupação do promotor depende da afinidade de ligação de uma proteína reguladora da transcrição. (A) A fração de um sítio de ligação que está ocupada pelo repressor da transcrição R é determinada por uma equação que é similar àquela que usamos para um ativador da transcrição (ver Figura 8-72E), exceto que, no caso de um repressor, estamos interessados, principalmente, na fração não ligada. (B) Para o ativador da transcrição A, metade dos promotores estão ocupados quando $[A] = 1/K_A$. A atividade gênica é proporcional à fração ligada. (C) Para o repressor da transcrição R, a atividade gênica é proporcional a fração não ligada dos promotores. Como indicado, essa fração é reduzida à metade do seu valor máximo quando $[R]=1/K_R$. (D) Como no caso do ativador da transcrição A (ver Figura 8-74), podemos derivar equações para acessar o momento da produção da proteína X em função das concentrações do repressor.

A retroalimentação negativa é uma estratégia poderosa de regulação celular

Até agora, consideramos os sistemas reguladores simples de apenas alguns componentes. Na maioria dos sistemas reguladores complexos que controlam o comportamento das células, múltiplos módulos estão ligados para produzir circuitos maiores que chamamos de *motivos de rede*, que podem produzir respostas surpreendentes e biologicamente úteis cujas propriedades se tornam aparentes apenas com a análise matemática. Um motivo de rede particularmente comum e importante é o ciclo de retroalimentação negativa, que pode ter funções muito diferentes dependendo de como estiver estruturado.

Temos como primeiro exemplo um motivo de rede composto por dois módulos ligados (**Figura 8-76A**). Aqui, um sinal de estímulo inicia a transcrição do gene A, que produz a proteína A ativadora da transcrição. Esta, ativa o gene R, que sintetiza o repressor da transcrição, a proteína R. A proteína R, por sua vez, liga-se ao promotor do gene A para inibir sua expressão. Essa organização cíclica cria um ciclo de retroalimentação negativa que poderia intuitivamente ser entendida como um mecanismo para prevenir o acúmulo de altas concentrações de proteínas. Mas, o que podemos aprender sobre ciclos de retroalimentação negativa e seu valor na biologia com o uso da modelagem matemática?

O ciclo de retroalimentação negativa na Figura 8-76A pode ser modelado usando a Equação 8-7 (ver Figura 8-75D) para a repressão do gene A e a Equação 8-5 (ver Figura 8-74B) para a ativação do gene R. Assim, para as proteínas A e R, usamos o conjunto de equações diferenciais (conjunto de equações 8-8) mostrada na **Figura 8-76B**. As duas equações nesse conjunto estão pareadas, significando que elas precisam ser resolvidas

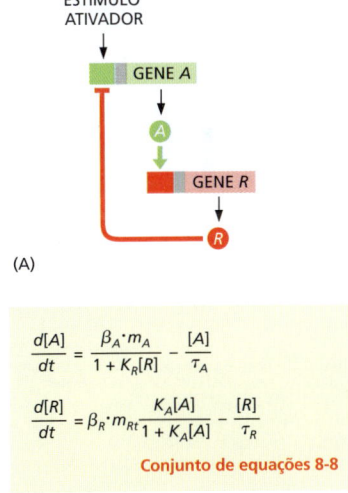

(A)

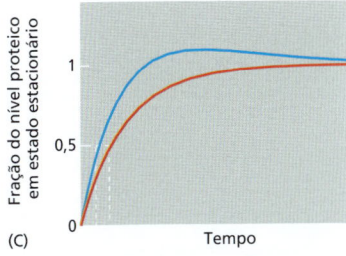

(B)

Figura 8-76 Um ciclo de retroalimentação negativa simples. (A) O gene A regula negativamente sua própria expressão pela ativação do gene R. O produto do gene R é um repressor da transcrição que inibe o gene A. (B) O conjunto de equações 8-8 pode ser resolvido para determinar a dinâmica dos componentes do sistema em função do tempo. (C) Um ciclo de retroalimentação negativa (azul) alcança seu estado estacionário mais rápido do que um sistema sem retroalimentação (vermelho). As linhas indicam os níveis da proteína A, expressada como uma fração do nível no estado estacionário. A linha azul reflete a solução do conjunto de equações 8-8, que inclui uma reroalimentação negativa do gene A pelo repressor R. A linha vermelha representa a solução quando a taxa de síntese de A é ajustada para um valor constante que não é afetado pelo repressor R.

Figura 8-77 O efeito de flutuações nas constantes cinéticas em um sistema com retroalimentação negativa comparado a um sem retroalimentação. O gráfico *à esquerda* representa os níveis da proteína R após um súbito estímulo ativador, de acordo com o esquema regulador na Figura 8-76A e determinado pela solução do conjunto de equações 8-8 (ver Figura 8-76B). Uma perturbação foi induzida por uma alteração em β_A de 4 M/min *(linha vermelha)* para 3 M/min *(linha azul)*. O gráfico *à direita* mostra os resultados quando a retroalimentação negativa foi removida. O sistema com retroalimentação negativa desvia menos da sua operação normal quando ocorre a alteração de β do que o sistema sem retroalimentação. Observe que, como na Figura 8-76C, o sistema com retroalimentação negativa também chega ao seu estado estacionário de forma mais rápida.

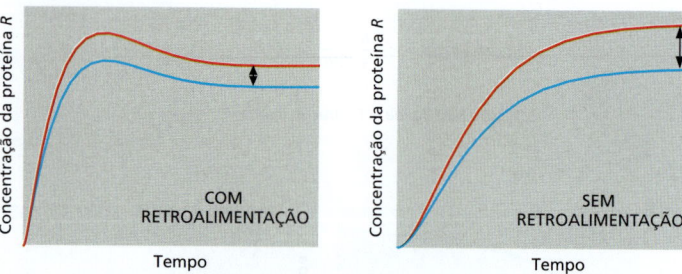

juntas para descrever o comportamento de A e R em função do tempo para qualquer valor de estímulo. Como antes, inserimos os valores para os parâmetros (β_R, τ_R, etc.) e, então, usamos um computador para determinar os valores de $[A]$ e $[R]$ em função do tempo depois que um estímulo repentino ative o gene A.

O resultado revela propriedades importantes da retroalimentação negativa. Primeiro, bastante surpreendente, a retroalimentação negativa aumenta a velocidade de resposta aos estímulos ativadores. Como mostrado na **Figura 8-76C**, o sistema com retroalimentação negativa alcança seu novo estado estacionário de forma mais rápida do que o sistema sem retroalimentação.

Segundo, a retroalimentação negativa é útil para proteger as células de perturbações que surgem continuamente no meio ambiente da célula – devido a variações aleatórias no nascimento e morte de moléculas ou a flutuações nas variáveis do meio como temperatura e suprimentos nutricionais. Vamos imaginar, por exemplo, que β_A, a constante de transcrição para o gene A, flutue em 25% do seu valor, e questionar se e o quanto os níveis da proteína R são afetados. Os resultados, mostrados na **Figura 8-77**, revelam que uma alteração em β_A causa uma mudança menor no valor do estado estacionário de R quando a rede tem uma retroalimentação negativa.

A retroalimentação negativa com retardo pode induzir oscilações

Um fenômeno interessante ocorre quando um ciclo de retroalimentação negativa contém algum mecanismo de retardo que atrasa o sinal de retroalimentação do ciclo: em vez de gerar um novo estado estacionário como no ciclo de retroalimentação negativa rápida, um ciclo com retardo gera pulsos, ou *oscilações*, nos níveis de seus componentes. Isso pode ser observado, por exemplo, se o número de componentes em um ciclo de retroalimentação negativa aumenta, o que leva a atrasos no tempo necessários para que o ciclo de sinais seja completado. A **Figura 8-78** compara o comportamento de dois motivos de rede – um com retroalimentação negativa de três estágios e outro com cinco estágios. Utilizando os mesmos parâmetros cinéticos em cada estágio nos dois ciclos, foi observado que surgem oscilações estáveis no ciclo mais longo, enquanto no ciclo mais curto os mesmos parâmetros levaram a uma convergência relativamente rápida para um estado estacionário estável.

As alterações nos parâmetros de um ciclo de retroalimentação negativa com retardo – afinidades de ligação, taxas de transcrição ou estabilidade de proteína, por exemplo – podem alterar a amplitude e o período de oscilações, fornecendo um mecanismo versátil extraordinário para gerar todos os tipos de oscilações que podem ser usadas para vários propósitos na célula. Ainda, várias oscilações que ocorrem naturalmente, incluindo as oscilações no cálcio descritas no Capítulo 15 e a rede do ciclo celular descrita no Capítulo 17, utilizam a retroalimentação negativa com retardo como base para oscilações biologicamente importantes. Entretanto, acredita-se que nem todas as oscilações observadas nas células tenham uma função. As oscilações se tornam inevitáveis em uma via bioquímica multicompetente altamente complexa como a glicólise, simplesmente devido ao grande número de ciclos de retroalimentação que parecem ser necessários para sua regulação.

A ligação ao DNA por um repressor ou um ativador pode ser cooperativa

Até agora demos enfoque na ligação de um único regulador da transcrição a um único sítio em um promotor gênico. Entretanto, vários promotores contêm múltiplos sítios de

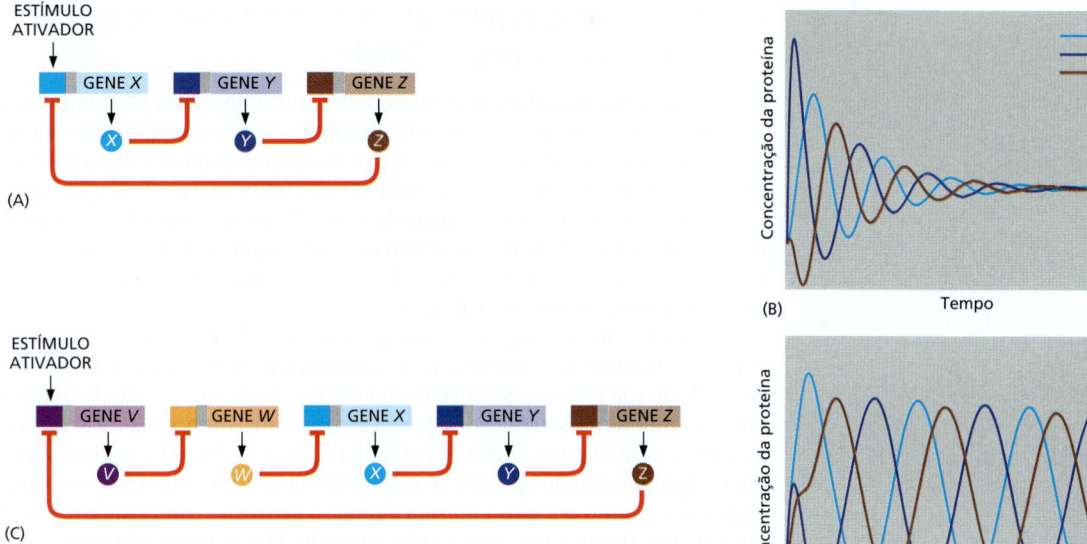

Figura 8-78 Oscilações que surgem a partir da retroalimentação negativa com retardo. É menos provável um circuito transcricional com três componentes (A, B) oscilar do que um circuito transcricional com cinco componentes (C, D). Aqui, *X (azul-claro)*, *Y (azul-escuro)* e *Z (marrom)* representam as proteínas reguladoras da transcrição. Para as simulações em (B) e (D), o sistema foi iniciado a partir de condições iniciais aleatórias para *X*, *Y* e *Z*. As oscilações foram produzidas por um atraso induzido conforme o sinal propaga pelo ciclo.

ligação adjacentes para o mesmo regulador da transcrição, e não é incomum para esses reguladores interagirem entre si no DNA para formar dímeros ou oligômeros maiores. Essas interações podem resultar em uma forma *cooperativa* de ligação ao DNA, tal como o aumento da afinidade de ligação ao DNA em concentrações mais altas do regulador da transcrição. A cooperatividade produz uma resposta transcricional mais acentuada para concentrações crescentes do regulador do que a resposta que pode ser gerada pela ligação de uma proteína monomérica a um único sítio. Uma resposta transcricional acentuada desse tipo, quando presente em conjunção com a retroalimentação positiva, é um importante componente para produzir sistemas com a capacidade de troca entre diferentes estados fenotípicos discretos. Para começar a compreender como isso ocorre, precisamos modificar nossas equações para incluir a cooperatividade.

Os eventos de ligação cooperativa podem produzir relações acentuadas em forma de S (ou *sigmoides*) entre a concentração da proteína reguladora e a quantidade ligada ao DNA (ver Figura 15-16). Nesse caso, um número chamado de *coeficiente de Hill* (*h*) descreve o grau de cooperatividade, e podemos incluir esse coeficiente nas nossas equações para calcular a fração ligada do promotor (**Figura 8-79A**). Conforme o coeficiente de Hill aumenta, a dependência da ligação na concentração da proteína se torna maior (**Figura 8-79B**). Em princípio, o coeficiente de Hill é similar ao número de moléculas que precisam se associar para gerar uma reação. Entretanto, na prática, a cooperatividade raramente é completa, e o coeficiente de Hill não chega a esse número.

$$\text{Fração ligada} = \frac{(K_A[A])^h}{1 + (K_A[A])^h} \text{ para ativadores ou } \frac{(K_R[R])^h}{1 + (K_R[R])^h} \text{ para repressores}$$

(A)

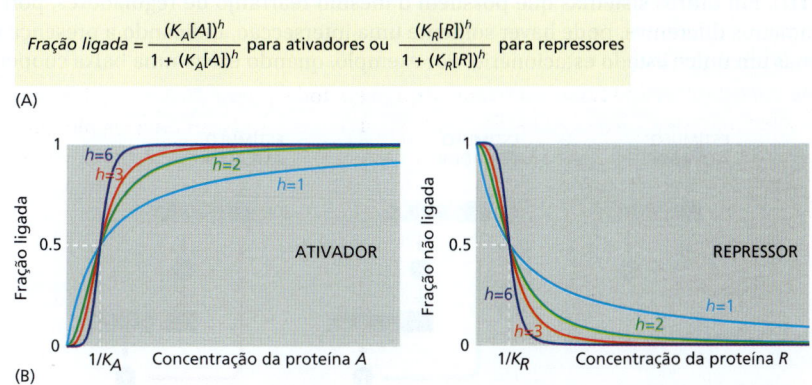

(B)

Figura 8-79 Como a ligação cooperativa das proteínas reguladoras da transcrição afeta a fração de promotores ligados. (A) A cooperatividade é incorporada nos nossos modelos matemáticos pela inclusão do coeficiente de Hill (*h*) nas equações usadas anteriormente para determinar a fração ligada de promotor (ver Figuras 8-72E e 8-75A). Quando *h* é 1, as equações mostradas aqui se tornam idênticas às equações utilizadas anteriormente, e não existe cooperatividade. (B) O *painel da esquerda* retrata o repressor da transcrição ligado de forma cooperativa. Relembre da Figura 8-75B que a atividade gênica é proporcional ao ativador ligado (*painel da esquerda*) ou ao repressor não ligado (*painel da direita*). Observe que a curvatura dos gráficos se torna mais acentuada à medida que o coeficiente de Hill aumenta.

A retroalimentação positiva é importante para respostas "tudo ou nada" e biestabilidade

Agora veremos a retroalimentação positiva e suas importantes consequências. Primeiramente, e antes de tudo, a retroalimentação positiva pode tornar um sistema *biestável*, permitindo que ele persista em dois (ou mais) estados estacionários alternativos. A ideia é simples e pode ser exprimida fazendo-se uma analogia com uma vela, que pode existir em um estado aceso ou em um apagado. O estado aceso é mantido por retroalimentação positiva: o calor gerado pela queima mantém a chama acesa. O estado apagado é mantido pela ausência desse sinal de retroalimentação: enquanto nenhum calor suficiente for aplicado, a vela permanecerá apagada.

Para sistemas biológicos, como para a vela, a biestabilidade tem um importante corolário: significa que o sistema tem memória, de tal forma que seu estado presente depende de sua história. Se iniciarmos com o sistema em um estado inativo e gradualmente aumentarmos a concentração da proteína ativadora, chegará a um ponto no qual o autoestímulo se torna autossustentado (a chama da vela), e o sistema se move rapidamente para um estado ativado. Se agora intervirmos para diminuir o nível do ativador, chegará um ponto em que a mesma alteração ocorre ao contrário, e o sistema se move rapidamente de volta para um estado inativado. Mas os pontos de transição entre os estados ativado e inativado são diferentes e, dessa forma, o estado atual do sistema depende da rota que foi tomada no passado – um fenômeno chamado *histerese*.

Um caso simples de retroalimentação positiva pode ser observado em um sistema regulador no qual a um regulador da transcrição ativa (direta ou indiretamente) sua própria expressão, como na **Figura 8-80A**. A retroalimentação positiva também pode surgir em um circuito com vários repressores ou ativadores intermediários, contanto que o efeito total das interações seja a ativação (**Figura 8-80B** e **C**).

Para ilustrar como a retroalimentação positiva pode gerar estados estáveis, vamos dar enfoque em um ciclo de retroalimentação positiva simples contendo dois repressores, X e Y, onde um inibe a expressão do outro (**Figura 8-81A**). Como vimos no conjunto de equações 8-8 (Figura 8-76B) anteriormente, podemos criar equações diferenciais descrevendo a taxa de alteração de $[X]$ e $[Y]$ (conjunto de equações 8-9, **Figura 8-81B**). Ainda podemos modificar essas equações para incluir cooperatividade pela adição dos coeficientes de Hill. Como fizemos anteriormente, podemos criar equações para calcular as concentrações de $[X]$ e $[Y]$ quando o sistema alcança o estado estacionário (i.e., quando $(d[X]/dt) = 0$ e $(d[Y]/dt) = 0$; Equações 8-10 e 8-11, **Figura 8-81C**).

As Equações 8-10 e 8-11 podem ser usadas para realizar um procedimento matemático intrigante chamado análise de *inclinação nula*. Essas equações definem as relações entre a concentração de X no estado estacionário, $[X_{st}]$, e a concentração de Y no estado estacionário, $[Y_{st}]$, que devem ser satisfeitas simultaneamente. Podemos inserir valores diferentes para $[Y_{st}]$ na Equação 8-10, e calcular o $[X_{st}]$ correspondente para um desses valores. Podemos fazer um gráfico com $[X_{st}]$ em função de $[Y_{st}]$. Depois, podemos repetir o processo variando $[X_{st}]$ na Equação 8-11 para fazer um gráfico do $[Y_{st}]$ resultante. As intersecções desses dois gráficos determinam o estado estacionário teoricamente possível do sistema. Para sistemas nos quais os coeficientes de Hill h_X e h_Y são muito maiores do que 1, as linhas nos dois gráficos se intersectam em três posições (**Figura 8-81D**). Em outros sistemas que possuem o mesmo rearranjo de reguladores, porém parâmetros diferentes, pode haver somente uma intersecção, indicando a presença de apenas um único estado estacionário. Por exemplo, quando existe uma baixa coopera-

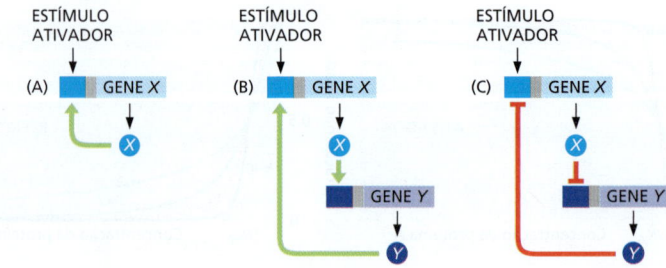

Figura 8-80 A retroalimentação positiva de um gene sobre si mesmo por meio de uma série de interações conectadas. Uma sequência de qualquer comprimento de ativadores e repressores pode ser conectada para produzir um ciclo de retroalimentação positiva, enquanto o sinal total for positivo. Como o negativo de um negativo é positivo, não apenas os circuitos (A) e (B), mas também o circuito (C) criam uma retroalimentação positiva.

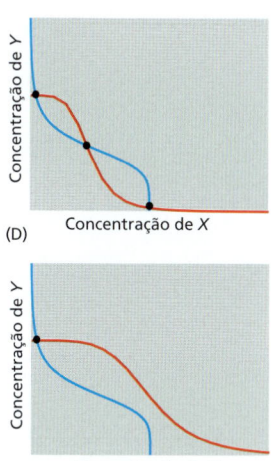

$$\frac{d[X]}{dt} = \beta_X \cdot m_X \frac{1}{1+(K_Y[Y])^{h_Y}} - \frac{[X]}{\tau_X}$$

$$\frac{d[Y]}{dt} = \beta_Y \cdot m_Y \frac{1}{1+(K_X[X])^{h_X}} - \frac{[Y]}{\tau_Y}$$

Conjunto de equações 8-9

(B)

$$[X]_{st} = \beta_X \cdot m_X \cdot \tau_X \frac{1}{1+(K_Y[Y_{st}])^{h_Y}} \quad \text{Equação 8-10}$$

$$[Y]_{st} = \beta_Y \cdot m_Y \cdot \tau_Y \frac{1}{1+(K_X[X_{st}])^{h_X}} \quad \text{Equação 8-11}$$

(C)

Figura 8-81 Análise gráfica de inclinação nula. (A) X inibe Y e Y inibe X, resultando em um ciclo de retroalimentação positiva. (B) O conjunto de equações 8-9 pode ser usado para determinar a taxa de alteração nas concentrações das proteínas X e Y. (C) As Equações 8-10 e 8-11 fornecem as concentrações das proteínas X e Y, respectivamente, quando essas concentrações alcançam o estado estacionário. (D, E) As *curvas em azul* (chamadas de inclinação nula) são dados de $[X_{st}]$ calculados a partir da Equação 8-10 com uma variedade de concentrações de $[Y_{st}]$. As *curvas em vermelho* indicam os valores de $[Y_{st}]$ calculados a partir da Equação 8-11 com uma variedade de concentrações de $[X_{st}]$. Em uma intersecção de duas linhas, tanto $[X]$ como $[Y]$ estão em estado estacionário. Para o gráfico (D), a ligação de ambas as proteínas ao promotor do seu gene-alvo foi cooperativa (h_X e h_Y muito maiores do que 1), resultando na presença de múltiplas intersecções das inclinações nulas — sugerindo que o sistema pode assumir múltiplos estados estacionários discretos. No gráfico (E), a ligação da proteína X ao promotor do gene Y não foi cooperativa (h_X próximo a 1), resultando em apenas uma intersecção de inclinação nula e, desse modo, em apenas um provável estado estacionário.

tividade da proteína X se ligando ao promotor do gene Y (i.e., um baixo coeficiente de Hill, h_X, na Equação 8-11), o gráfico de $[Y]$ é menos curvado (**Figura 8-81E**), e é menos provável que haverá intersecções múltiplas das duas curvas.

Anteriormente, enfatizamos que a retroalimentação positiva normalmente gera um sistema biestável com dois estados estacionários estáveis. Por que o sistema modelado na Figura 8-81D possui três? Esse enigma pode ser explicado resolvendo-se as equações de taxa de reação (conjunto de equações 8-9, Figura 8-81B) para diferentes condições iniciais de $[X]$ e $[Y]$, determinando todos os valores de $[X]$ e $[Y]$ em função do tempo. Iniciando com cada conjunto de concentrações iniciais de $[X]$ e $[Y]$, esses cálculos produzem a assim chamada *trajetória* de pontos, cada uma indicada por uma linha verde curva na **Figura 8-82A**. Emerge um padrão fascinante: cada trajetória se move através do gráfico e para em um dos dois estados estacionários, mas nunca no terceiro (estado estacionário do meio). Concluímos que o estado estacionário do meio é *instável*, pois não pode "atrair" qualquer trajetória. Portanto, o sistema possui apenas dois estados estacionários *estáveis*. Assim, o número de estados estacionários estáveis em um sistema não precisa ser igual ao número total dos seus possíveis estados estacionários teóricos. Na verdade, os estados estacionários estáveis normalmente são separados por estados instáveis, como no nosso exemplo.

Uma vez que esse sistema adota um destino quando é estabelecido um dos dois estados estacionários, ele tem a habilidade de trocar para o outro estado? A solução numérica do conjunto de equações 8-9 pode novamente fornecer uma resposta. Na **Figura 8-82B**, mostramos a solução para esta equação estabelecida para duas perturbações do estado estacionário superior à esquerda. Para uma pequena perturbação, o sistema retorna para o estado estacionário original. Mas perturbações maiores fazem o sistema

Figura 8-82 Análise da estabilidade dos estados estacionários de um sistema. (A) As linhas tracejadas são as inclinações nulas para o sistema mostrado na Figura 8-81. Também estão mostradas as trajetórias dinâmicas *(verde)* que mostram as alterações com o tempo em $[X]$ e $[Y]$, iniciando uma variedade de concentrações iniciais diferentes (determinadas pela solução do conjunto de equações 8-9; ver Figura 8-81B). Fazendo um gráfico de $[X]$ *versus* $[Y]$ em cada ponto do tempo, encontramos que, embora existam três estados estacionários possíveis neste sistema, as trajetórias dinâmicas convergem apenas duas delas. O estado estacionário do meio é evitado: é instável, sendo incapaz de atrair qualquer trajetória. (B) Imagine que o sistema está no estado estacionário superior à esquerda e sofre uma perturbação *(setas pretas)*, como uma flutuação aleatória nas taxas de produção de X e/ou Y. Se a perturbação for pequena *(seta 1)*, o sistema voltará para o mesmo estado estacionário. Por outro lado, a perturbação que leva o sistema além do estado estacionário instável (meio) *(seta 2)* faz ele passar para o estado inferior à direita. O conjunto de perturbações que um sistema pode suportar sem trocar de um estado estacionário para outro é conhecido como a região de atração do estado estacionário.

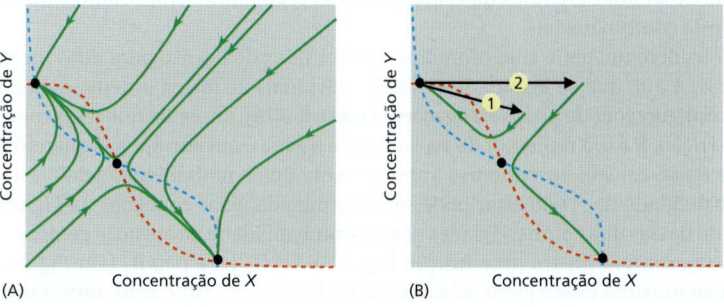

mudar para o estado estacionário alternativo. Dessa forma, esse sistema pode variar de um estado estacionário estável para outro submetendo-se o sistema a um estímulo (ou a uma perturbação) que é grande o suficiente para tornar o outro estado estacionário mais atrativo. Em termos mais gerais, cada estado estacionário estável possui uma *região de atração* correspondente, que pode ser intuitivamente imaginada como uma série de perturbações (de [X] ou [Y] nesse exemplo) para as quais as trajetórias dinâmicas convergem de volta ao estado estacionário particular, em vez de trocar para o outro estado.

O conceito de uma região de atração tem implicações interessantes para a transmissão dos estados transcricionais e a taxa de transição entre eles. Se a região de atração ao redor de um estado de um estado estacionário for grande, por exemplo, então a maioria das células na população assumirá esse estado em particular. Além disso, esse estado provavelmente será transmitido para as células-filhas, uma vez que perturbações mínimas, como aquelas que resultam de uma distribuição assimétrica de moléculas durante a divisão celular, raramente serão suficientes para induzir a troca de um estado estacionário para outro. Deveríamos esperar que o uso da retroalimentação positiva, acoplado à cooperatividade, muitas vezes esteja associado a sistemas que requerem uma memória celular estável.

A robustez é uma característica importante das redes biológicas

Os sistemas reguladores biológicos frequentemente são expostos a variações frequentes e às vezes extremas nas condições externas, ou nas concentrações, ou atividades de componentes-chave. A capacidade desses sistemas em funcionar normalmente em face a tais perturbações é chamada de **robustez**. Se compreendermos um sistema complexo de modo que possamos reproduzir seu comportamento com um modelo computacional, então a robustez do sistema pode ser acessada determinando o quão bem suas funções normais persistem após alterações nos vários parâmetros, como as constantes e concentrações de componentes. Já vimos, por exemplo, como a presença da retroalimentação negativa reduz a sensibilidade do estado estacionário a alterações nos valores dos parâmetros do sistema (ver Figura 8-77). Considerações sobre a robustez também se aplicam a comportamentos dinâmicos. Assim, por exemplo, quando discutimos a retroalimentação negativa, descrevemos como o comportamento de um sistema tende a se tornar mais oscilante na medida em que aumenta o número de componentes que constituem um ciclo de retroalimentação. Se usarmos diferentes valores de parâmetros nos modelos derivados para sistemas como aqueles na Figura 8–78, observaremos que o sistema com ciclos mais longos tende a exibir oscilações estáveis dentro de um espectro bem mais amplo de parâmetros, indicando que esse sistema fornece um oscilador mais robusto. Podemos realizar cálculos similares para determinar a capacidade de diferentes sistemas de alcançar a biestabilidade robusta que surge a partir da retroalimentação positiva. Portanto, um dos benefícios dos modelos computacionais é que eles nos permitem testar a robustez de redes biológicas de maneira sistemática e rigorosa.

Dois reguladores da transcrição que se ligam ao mesmo promotor gênico podem exercer controle combinatório

Até agora, discutimos como um regulador da transcrição pode modular o nível de expressão de um gene. Entretanto, a maioria dos genes é controlada por mais de um tipo de regulador da transcrição, fornecendo um *controle combinatório* que permite que dois ou mais estímulos influenciem a expressão do gene. Podemos usar métodos computacionais para desvendar algumas das características reguladoras importantes dos sistemas de controle combinatoriais.

Considere um gene cujo promotor contém sítios de ligação para duas proteínas reguladoras, *A* e *R*, que se ligam a seus sítios individuais de forma independente. Existem quatro configurações de possíveis ligações (**Figura 8-83A**). Suponha que *A* seja um ativador da transcrição, *R* é um repressor da transcrição e o gene é ativado apenas quando *A* estiver ligado e *R* não estiver. Aprendemos anteriormente que a probabilidade de *A* estar ligado e a probabilidade de *R* não estar pode ser determinada pelas equações na **Figura 8-84A**. O produto dessas duas probabilidades nos dá a probabilidade da ativação gênica.

Este exemplo ilustra uma função lógica "E NÃO" (A e não R) (ver Figura 8-83A). A ativação máxima desse gene ocorre quando [A] é alto e [R] é zero. Entretanto, níveis

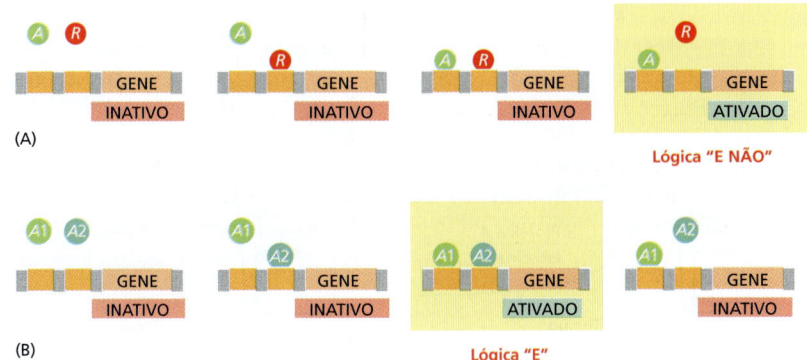

Figura 8-83 Controle combinatório da expressão gênica. Existem várias maneiras pelas quais a expressão gênica pode ser controlada por dois reguladores da transcrição. Para definir precisamente a relação entre os dois estímulos e o resultado da expressão gênica, um circuito regulador muitas vezes é descrito como um tipo específico de *controlador lógico*, termo emprestado do desenho de circuitos eletrônicos. Um exemplo simples é o controlador lógico "OU" (não mostrado aqui), no qual um gene é controlado por dois ativadores da transcrição, e um ou outro pode ativar a expressão gênica. (A) Em um sistema com um ativador *A* e um repressor *R*, se a transcrição for ativada apenas quando *A* estiver ligado e *R* não estiver, então o resultado é do tipo "E NÃO". Vimos um exemplo dessa lógica no Capítulo 7 (Figura 7-15). (B) Um controlador E resulta quando dois ativadores da transcrição, *A*1 e *A*2, são necessários para ativar um gene.

intermediários de ativação gênica também são possíveis dependendo do nível de *A* e *R* e também das afinidades de ligação de [*A*] e [*R*] por seus respectivos sítios (i.e., K_A e K_R). Quando $K_A \gg K_R$, mesmo uma pequena concentração de [*A*] é capaz de superar a repressão por *R*. Ao contrário, se $K_A \ll K_R$, então muito mais [*A*] é necessário para ativar o gene (**Figura 8-84B** e **C**).

Várias outras funções lógicas podem governar a regulação gênica combinatória. Por exemplo, uma lógica "E" controla resultados quando dois ativadores, *A*1 e *A*2, são necessários para que um gene seja transcrito (**Figuras 8-83B** e **8-84D**). Em células de *E. coli*, o gene *AraJ* controla alguns aspectos do metabolismo do açúcar arabinose: sua expressão requer dois reguladores da transcrição, um ativado pela arabinose e o outro ativado pela pequena molécula cAMP (**Figura 8-84E**).

Uma interação de estimulação intermitente incoerente gera pulsos

Imagine que um sinal estimulador súbito ative imediatamente um ativador *A* da transcrição e que o mesmo sinal estimulador induza a síntese muito mais lenta de um repressor da transcrição, proteína *R* que atua no mesmo gene *X*. Se *A* e *R* controlam a expressão

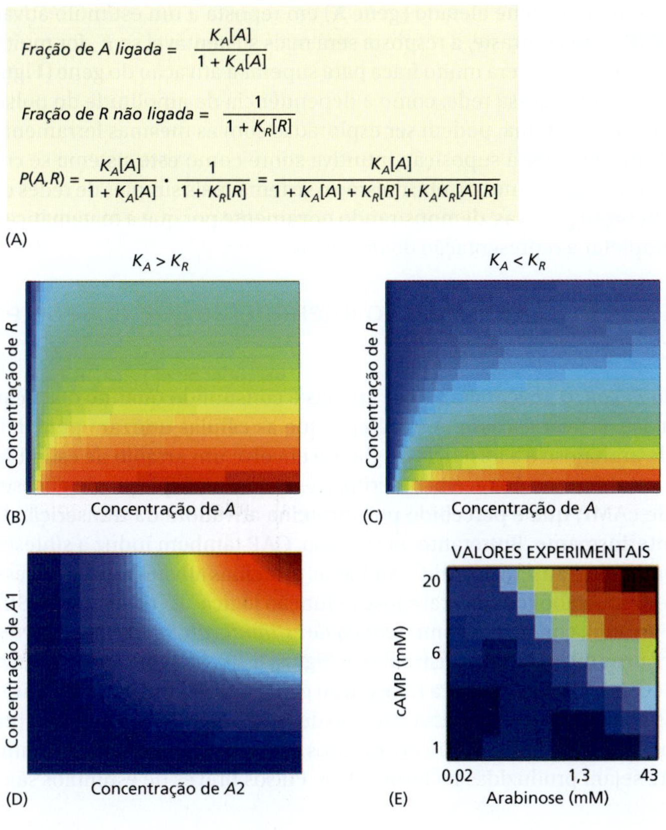

$$\text{Fração de } A \text{ ligada} = \frac{K_A[A]}{1 + K_A[A]}$$

$$\text{Fração de } R \text{ não ligada} = \frac{1}{1 + K_R[R]}$$

$$P(A,R) = \frac{K_A[A]}{1 + K_A[A]} \cdot \frac{1}{1 + K_R[R]} = \frac{K_A[A]}{1 + K_A[A] + K_R[R] + K_A K_R[A][R]}$$

Figura 8-84 Como o produto quantitativo de um gene depende tanto da lógica combinatória como das afinidades dos reguladores da transcrição. (A) Em um sistema regulador gênico, como o ilustrado na Figura 8-83A, as frações dos promotores ligados ao ativador *A* e não ligados ao repressor *R* são determinados como mostrado aqui. O produto dessas probabilidades fornece a probabilidade, *P(A, R)*, de que o promotor gênico esteja ativo. (B-E) Nesses quatro painéis, *vermelho* indica uma expressão gênica alta e *azul* indica uma expressão gênica baixa. (B) e (C) retratam a expressão gênica do sistema descrito no painel (A). Os dois painéis demonstram como o sistema se comporta quando as afinidades relativas dos dois reguladores da transcrição alteram de acordo com o indicado acima de cada painel. (D) A expressão gênica em um caso onde o gene só é ativado na presença de altos níveis de ambos os estímulos ativadores (*A*1 e *A*2), como mostrado na Figura 8-83B. (E) Dados experimentais que mostram a expressão medida de um gene de *E. coli* que é regulado combinatoriamente por dois estímulos: arabinose e cAMP. Observe a semelhança com o painel (D). (E, adaptado a partir de S. Kaplan et. al., *Mol. Cell* 29:786–792, 2008.)

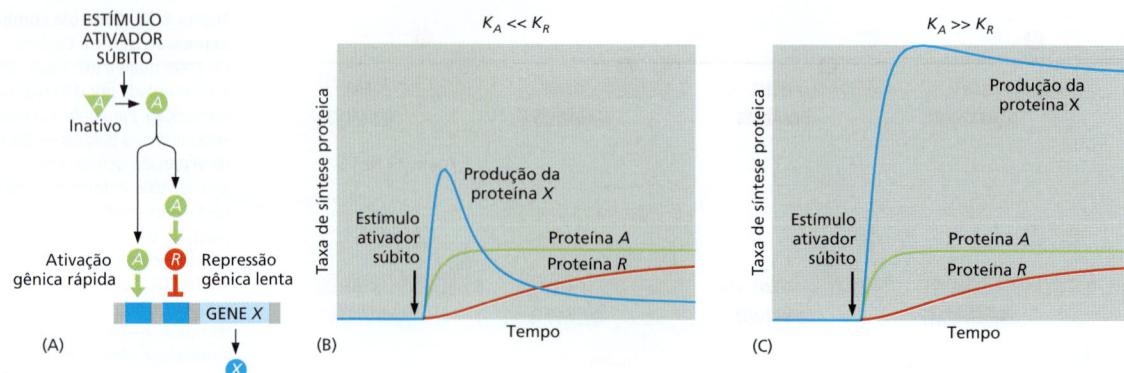

Figura 8-85 Como um motivo de estimulação intermitente incoerente pode gerar um pulso breve de ativação gênica em resposta a um estímulo permanente. (A) Diagrama de um motivo de estimulação intermitente incoerente no qual o ativador A e o repressor R da transcrição controlam a expressão do gene X usando a lógica "E NÃO" da Figura 8-83A. (B) Quando $K_A \ll K_R$, esse motivo gera um pulso de expressão da proteína X, de modo que a expressão diminua mesmo que o estímulo permaneça alto. (C) Quando $K_A \gg K_R$, o mesmo motivo responde a um estímulo permanente gerando uma expressão contínua.

gênica pela função lógica "E NÃO" como aquela descrita anteriormente, nossa intuição nos diz que este sistema deveria ser capaz de gerar um pulso de transcrição: quando A é ativado (e R está ausente), a transcrição do gene X iniciará e levará a um aumento na concentração da proteína X, mas, então, a transcrição será inativada quando a concentração de R aumentar até um valor suficientemente alto.

Arranjos desse tipo são comuns na célula. Em *E. coli*, por exemplo, os genes metabólicos da galactose são regulados positivamente pela proteína ativadora de catabólitos (CAP), que é ativada em altos níveis de cAMP. Os mesmos genes são reprimidos pela proteína repressora GalS, que é codificada por um gene cuja transcrição provavelmente seja ativada pela CAP. Portanto, um aumento no estímulo (cAMP) ativa A (CAP), e a transcrição dos genes da galactose inicia. Mas a ativação de A também causa um acúmulo subsequente de R (GalS), que faz os mesmos genes serem reprimidos após um intervalo de tempo. Isso resulta em um *motivo de estimulação intermitente incoerente* (**Figura 8-85A**).

A resposta do motivo de estimulação intermitente incoerente varia dependendo dos parâmetros do sistema. Suponha, por exemplo, que a proteína A ativadora da transcrição se ligue de forma mais fraca à região reguladora do gene do que à proteína R repressora da transcrição ($K_A < K_R$). Nesse caso, haverá uma explosão transiente da proteína sintetizada pelo gene afetado (gene X) em reposta a um estímulo ativador súbito (**Figura 8-85B**). Em contraste, a resposta será mais sustentável se K_A for muito maior do que K_R, pois a repressão será muito fraca para superar a ativação do gene (**Figura 8-85C**). Outras propriedades dessa rede, como a dependência da amplitude do pulso pelas várias constantes no sistema, podem ser exploradas com as mesmas ferramentas computacionais. Portanto, nossa suposição intuitiva sobre como este sistema se comportaria estava apenas parcialmente correta; mesmo o sistema mais simples de redes depende de forças de interação precisas, demonstrando novamente por que a matemática é necessária para completar a representação dos sistemas.

Uma interação de estimulação intermitente coerente detecta estímulos persistentes

Na bactéria *E. coli*, o açúcar arabinose apenas é consumido quando o açúcar de preferência, glicose, estiver escasso. A estratégia que as células utilizam para determinar a presença de arabinose e a ausência de glicose envolve um arranjo de estimulação intermitente que é diferente do recém-descrito. Nesse caso, a depleção de glicose causa um aumento de cAMP, que é percebido pela proteína ativadora da transcrição CAP, como descrito anteriormente. Entretanto, nesse caso, CAP também induz a síntese de um segundo ativador da transcrição, AraC. Ambas as proteínas ativadoras são necessárias para ativar os genes metabólicos da arabinose (a função lógica "E" na Figura 8-83B).

Esse arranjo, conhecido como *motivo de estimulação intermitente coerente*, possui as características interessantes ilustradas na **Figura 8-86**. Imagine que dois ativadores, A1 e A2, são necessários para iniciar a transcrição gênica. O estímulo da rede ativa A1 diretamente, mas apenas ativa A2 por essa ativação de A1. Portanto, para que uma proteína seja sintetizada a partir desse gene, são necessários estímulos longos para permitir que tanto A1 como A2 sejam produzidas na forma ativa. Pulsos breves de estímulos são ignorados

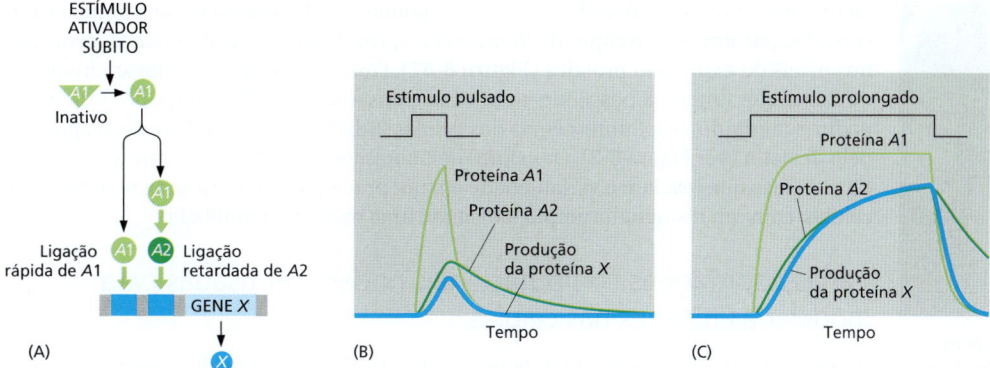

Figura 8-86 Como um motivo de estimulação intermitente coerente responde a vários estímulos. (A) Diagrama de um motivo de estimulação intermitente coerente no qual os ativadores da transcrição $A1$ e $A2$ juntos ativam a expressão do gene X usando a lógica "E" da Figura 8-83B. (B) A resposta a um estímulo breve pode ser fraca (como mostrado) ou não existente. Isso permite que o motivo ignore flutuações aleatórias na concentração das moléculas de sinalização. (C) Um estímulo prolongado produz uma resposta forte que pode ser inativada rapidamente.

ou produzem pequenos resultados. A necessidade de um estímulo longo é importante se garantias sobre um sinal são necessárias antes que um programa celular dispendioso seja acionado. Por exemplo, a glicose é o açúcar com o qual células de *E. coli* crescem melhor. Antes das células ativarem o metabolismo da arabinose no exemplo anterior, poderia ser benéfico ter certeza que a glicose foi esgotada (um pulso CAP sustentado), em vez de induzir o programa da arabinose durante uma flutuação transiente de glicose.

A mesma rede pode se comportar de formas diferentes em células diferentes devido aos efeitos estocásticos

Até este ponto, assumimos que todas as células em uma população produzem comportamentos idênticos se elas contiverem a mesma rede. Entretanto, é importante levar em conta o fato que as células muitas vezes mostram uma individualidade considerável nas suas respostas. Considere uma situação na qual uma única célula-mãe se divide em duas células filhas de igual volume. Se a célula-mãe possui apenas uma molécula de determinada proteína, então apenas uma das filhas a herdará. As filhas, embora geneticamente idênticas, são diferentes. Essa variabilidade é mais pronunciada para moléculas que estão presentes em pequeno número. Apesar disso, mesmo quando existem várias cópias de uma determinada proteína (ou RNA), é muito improvável que ambas as células-filhas recebam exatamente o mesmo número de moléculas.

Essa é apenas uma ilustração de uma característica universal das células: seus comportamentos muitas vezes são **estocásticos**, significando que elas apresentam variabilidade no seu conteúdo proteico e por isso exibem variações nos fenótipos. Além dessa divisão assimétrica das moléculas após a divisão celular, a variabilidade pode originar de várias reações químicas. Imagine, por exemplo, que nossa célula-mãe contenha um circuito regulador gênico simples com um ciclo de retroalimentação positiva, como aquele mostrado na Figura 8-80B. Mesmo que ambas as células-filhas recebam uma cópia desse circuito, incluindo uma cópia da proteína ativadora inicial da transcrição, existirá variabilidade no tempo necessário para a ligação do promotor – e será estatisticamente quase impossível para os genes nas duas células-filhas serem ativados precisamente no mesmo momento. Se o sistema é biestável e equilibrado próximo ao ponto de troca, então a variabilidade na resposta poderá inverter em apenas uma célula-filha. Assim, duas células-filhas que nasceram idênticas podem adquirir, ao acaso, uma diferença dramática no fenótipo.

Em termos mais gerais, as populações isogênicas de células crescidas no mesmo meio apresentam diversidade no tamanho, forma, posição do ciclo celular e expressão gênica. Essas diferenças surgem, pois reações químicas ocorrem por colisões probabilísticas entre moléculas que se movimentam aleatoriamente, com cada evento resultando em alterações no número total de espécies moleculares disponíveis. O efeito amplificado das flutuações em um reagente molecular, ou os efeitos compostos das flutuações por vários reagentes moleculares, muitas vezes acumula como um fenótipo observável. Isso pode dotar uma célula com individualidade e gerar uma variabilidade não genética de célula para célula em uma população.

A variabilidade não genética pode ser estudada no laboratório por medidas em uma única célula de proteínas fluorescentes expressadas a partir de genes sob controle

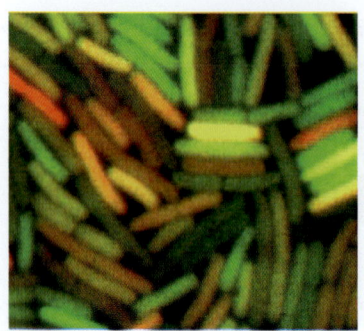

Figura 8-87 Diferentes níveis de expressão gênica em células individuais dentro de uma população da bactéria E. coli. Para esses experimentos, duas proteína-repórter diferentes (uma fluorescendo em *verde*, a outra em *vermelho*) controladas por uma cópia do mesmo promotor foram introduzidas em todas as bactérias. Algumas células expressam apenas uma cópia do gene e, dessa forma, aparecem ou em *vermelho* ou em *verde*, enquanto outras expressam ambas as cópias do gene e assim aparecem *amarelas*. O experimento revela níveis variados de fluorescência, indicando diversos níveis de expressão gênica dentro de uma população de células aparentemente uniforme. (A partir de M.B. Elowitz *et al.*, *Science* 297:1183–1186, 2002. Com permissão de AAAS.)

de um promotor específico. As células vivas podem ser dispostas em uma lâmina e observadas por um microscópio de fluorescência, revelando a variabilidade espetacular nos níveis de expressão proteica (**Figura 8-87**). Outra abordagem é utilizar citometria de fluxo, que funciona passando-se uma suspensão diluída de células por um iluminador e medindo-se a fluorescência das células individuais à medida que elas passam pelo detector (ver Figura 8-2). Os valores de fluorescência podem ser representados em histogramas que revelam a variabilidade em um processo através de uma população de células, com um histograma amplo indicando uma maior variabilidade.

Várias abordagens computacionais podem ser usadas para modelar as reações nas células

Demos um enfoque principalmente no uso de equações diferenciais comuns para modelar a dinâmica de circuitos reguladores simples. Esses são *modelos determinísticos*, pois não incorporam variabilidade estocástica e sempre produzirão o mesmo resultado a partir de um conjunto específico de parâmetros. Como vimos, tais modelos podem fornecer informações úteis, particularmente na análise mecanística detalhada de pequenos circuitos reguladores. Entretanto, outros tipos de abordagens computacionais também são necessárias para compreender a grande complexidade do comportamento celular. Os *modelos estocásticos*, por exemplo, tentam explicar os problemas muito importantes da variabilidade aleatória nas redes moleculares. Esses modelos não fornecem predições determinísticas sobre o comportamento das moléculas; em vez disso, eles incorporam variações aleatórias em números e interações de moléculas, e o propósito desses modelos é obter um melhor entendimento da probabilidade do sistema existir em um certo estado com o tempo.

Várias outras estratégias de modelagem têm sido ou estão sendo desenvolvidas. As *redes booleanas* são usadas para análise qualitativa das redes reguladoras gênicas complexas, contendo grandes números de componentes que interagem. Nesses modelos, cada molécula é um nó que pode existir no estado ativo ou inativo, afetando, dessa forma, o estado dos nós ao qual está ligada. Os modelos desse tipo fornecem dados sobre o fluxo da informação pela rede, e eles foram úteis em nos ajudar a entender a complexa rede reguladora de genes que controla o desenvolvimento inicial do ouriço do mar (ver Figura 7-43). Portanto, as redes booleanas reduzem as redes complexas a uma forma bastante simplificada (e potencialmente imprecisa). No outro extremo estão *simulações baseadas em agentes*, nas quais milhares de moléculas (ou "agentes") em um sistema são modeladas individualmente, e seus prováveis comportamentos e interações entre si com o tempo são calculadas com base nos comportamentos físicos e químicos previstos, muitas vezes considerando a variação estocástica. As abordagens baseadas em agentes requerem computadores, mas tem o potencial de gerar simulações de sistemas biológicos reais muito semelhantes à vida.

Métodos estatísticos são cruciais para a análise de dados biológicos

A dinâmica, as equações diferenciais e a modelagem teórica não são as únicas áreas da matemática úteis à biologia. Outras ramificações são igualmente importantes para os biólogos. A estatística – a matemática dos processos probabilísticos e conjuntos de dados aleatórios – é uma parte sem escapatória da vida de cada biólogo.

Isso é verdadeiro de duas maneiras principais. Primeiro, equipamentos de medição imperfeitos e outros erros geram ruído experimental em seus dados. Segundo, todos os processos biológicos celulares dependem do comportamento estocástico de moléculas individuais, como recém discutimos, e isso resulta em ruído biológico nos nossos resultados. Como, frente a todos estes ruídos, chegamos à conclusão sobre a verdade da hipótese? A resposta é a análise estatística, que mostra como mover de um nível de descrição para outro: a partir de um conjunto de pontos de dados de indivíduos erráticos para uma descrição mais simples das características-chave dos dados.

A estatística nos ensina que quanto mais vezes repetirmos nossas medições, melhor e mais refinadas serão as conclusões que podemos tirar. Dadas várias repetições, torna-se possível descrever nossos dados em termos de variáveis que resumem as características do objeto de estudo: o valor médio da variável medida, obtido a partir dos pontos de dados; a magnitude do ruído (o desvio-padrão do conjunto de pontos de dados); o erro provável em nossa estimativa de valor médio (o erro padrão da média); e, para especialistas, os detalhes da distribuição da probabilidade descrevendo a probabilidade de uma medida individual gerar um determinado valor. Para todas essas condições, a estatística fornece protocolos e fórmulas quantitativas que os biólogos precisam compreender se quiserem obter conclusões rigorosas com base em resultados variáveis.

Resumo

A análise matemática quantitativa pode fornecer uma dimensão extra poderosa na nossa compreensão sobre a regulação e função celular. Os sistemas reguladores muitas vezes dependem das interações macromoleculares, e análises matemáticas da dinâmica dessas interações podem revelar dados importantes sobre a importância das afinidades de ligação e estabilidade de proteínas na geração de sinais de transcrição ou outros. Os sistemas reguladores muitas vezes utilizam motivos de rede que geram comportamentos úteis: um ciclo de retroalimentação negativa rápida minimiza a resposta a sinais de estímulo; um ciclo de retroalimentação negativa com retardo cria um oscilador bioquímico; uma retroalimentação positiva gera um sistema que alterna entre dois estados estáveis; e motivos de estimulação intermitente estabelecem sistemas que geram pulsos transientes de sinais ou respondem apenas a impulsos persistentes. O comportamento dinâmico desses motivos de rede pode ser dissecado em detalhes com modelagem matemática estocástica e determinística.

O QUE NÃO SABEMOS

- Muitas das ferramentas que revolucionaram a tecnologia do DNA foram descobertas por cientistas estudando problemas biológicos básicos que não tinham aplicações óbvias. Quais são as melhores estratégias para assegurar que essas tecnologias crucialmente importantes continuem a ser descobertas?

- À medida que os custos do sequenciamento de DNA diminuem e a quantidade de dados de sequências acumulam, como vamos continuar a acompanhar e analisar significativamente essa vasta quantidade de informações? Quais novas questões essas informações permitirão responder?

- Podemos desenvolver ferramentas para analisar cada uma das modificações pós-transcricionais nas proteínas em células vivas, assim como acompanhar todas as modificações em tempo real?

- Podemos desenvolver modelos matemáticos para descrever com precisão a enorme complexidade das redes celulares e predizer componentes e mecanismos não descobertos?

TESTE SEU CONHECIMENTO

Quais afirmativas estão corretas? Justifique.

8-1 Uma vez que um anticorpo monoclonal reconhece um sítio antigênico específico (epítopo), ele se liga apenas à proteína específica contra a qual ele foi feito.

8-2 Dado o inexorável progresso da tecnologia, parece inevitável que a sensibilidade de detecção de moléculas irá ultrapassar o nível de yoctomol (10^{-24} mol).

8-3 Se cada ciclo de PCR dobra a quantidade de DNA sintetizado no ciclo anterior, então 10 ciclos gerarão 10^3 vezes de amplificação, 20 ciclos gerarão 10^6 vezes e 30 ciclos 10^9 vezes.

8-4 Para julgar a importância biológica de uma interação entre a proteína *A* e a proteína *B*, precisamos saber detalhes quantitativos sobre suas concentrações, afinidades e comportamentos cinéticos.

8-5 A taxa de alteração na concentração de qualquer espécie molecular *X* é dada pelo equilíbrio entre sua taxa de aparecimento e sua taxa de desaparecimento.

8-6 Após um aumento súbito na transcrição, uma proteína com uma taxa baixa de degradação alcançará um novo nível de estado estacionário com mais rapidez do que uma proteína com uma taxa rápida de degradação.

Discuta as questões a seguir.

8-7 Uma etapa comum no isolamento de células a partir de uma amostra de tecido animal é tratá-lo com tripsina, colagenase e EDTA. Por que esse tratamento é necessário e para que serve cada componente? Por que esse tratamento não mata as células?

8-8 A tropomiosina, com 93 kD, sedimenta a 2,6S, enquanto a proteína de 65 kD, hemoglobina, sedimenta a 4,3S. (O coeficiente de sedimentação S é uma medida linear da taxa de sedimentação). Essas duas proteínas estão representadas em escala na **Figura Q8-1**. Como a proteína maior sedimenta mais lentamente do que a menor? Você pode imaginar alguma analogia do cotidiano que pode lhe ajudar com esse problema?

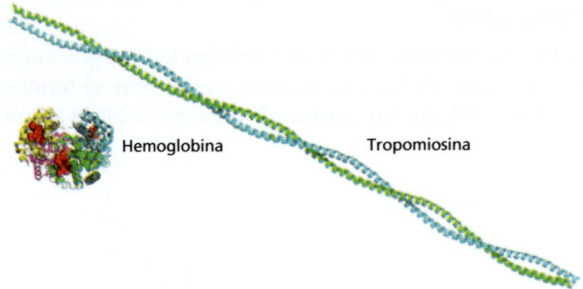

Figura Q8-1 Modelos em escala da tropomiosina e hemoglobina.

8-9 A tecnologia do hibridoma permite que se gerem anticorpos monoclonais para praticamente qualquer proteína. Por que então a técnica de marcar proteínas geneticamente com epítopos é tão comumente utilizada, especialmente uma vez que um epítopo marcador tem o potencial de interferir na função da proteína?

8-10 Quantas cópias de uma proteína precisam estar presentes em uma célula para que sejam visíveis como uma banda no gel SDS? Assuma que você pode aplicar 100 μg de extrato celular em um gel e que você pode detectar 10 ng em uma única banda por coloração de prata do gel. A concentração de uma proteína nas células é de cerca de 200 mg/mL, e uma célula de mamífero típica tem um volume de cerca de 1.000 μm^3 e uma bactéria típica de cerca de 1 μm^3. Dados esses parâmetros, calcule o número de cópias de uma proteína de 120 kD que precisaria estar presente em uma célula de mamífero e em uma bactéria para que produza uma banda detectável no gel. Você pode tentar um palpite de ordem de magnitude antes de começar a calcular.

8-11 Você isola as proteínas de dois pontos adjacentes após a eletroforese bidimensional em gel de poliacrilamida e as digere com tripsina. Quando as massas dos peptídeos foram medidas por espectrometria de massa MALDI-TOF, observou-se que os peptídeos das duas proteínas eram idênticos, com a exceção de um (**Figura Q8-2**). Para esses peptídeos, os valores da relação massa/carga (m/z) foram diferentes em 80 unidades, um valor que não corresponde à diferença na sequência de aminoácidos. (Por exemplo, ácido glutâmico em vez de valina em uma posição daria uma diferença na m/z em torno de 30 unidades). Você pode sugerir uma possível diferença entre os dois peptídeos que poderia explicar a diferença observada em m/z?

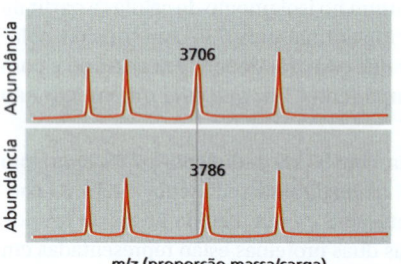

Figura Q8-2 Massas dos peptídeos medidas por espectrometria de massa MALDI-TOF. Apenas os picos numerados diferem entre as duas amostras de proteína.

8-12 Você quer amplificar o DNA entre as duas extensões de sequências mostradas na **Figura Q8-3**. Escolha o par de iniciadores, a partir da lista, que permite a amplificação do DNA por PCR.

8-13 No primeiro ciclo de PCR utilizando DNA genômico, os iniciadores de DNA começam a síntese, que só termina quando o ciclo acabar (ou quando uma extremidade aleatória de DNA é encontrada). Agora, no final de 20 a 30 ciclos – uma amplificação típica –, o único produto visível é definido precisamente pelas extremidades dos iniciadores de DNA. Em quais ciclos é gerado um fragmento de fita dupla com o tamanho correto?

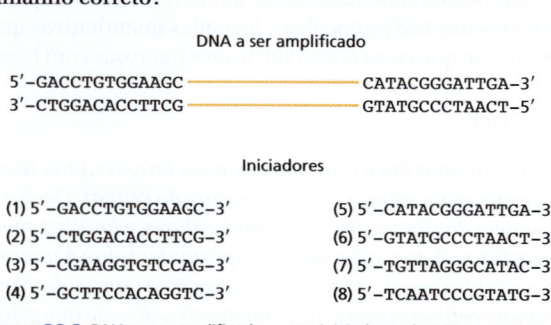

Figura Q8-3 DNA a ser amplificado e com iniciadores de PCR em potencial.

8-14 Explique a diferença entre uma mutação com ganho de função e uma mutação negativa dominante. Por que esses dois tipos de mutação normalmente são dominantes?

8-15 Discuta a seguinte afirmativa: "Não teríamos ideia hoje da importância da insulina como hormônio regulador se a sua ausência não estivesse associada à doença humana diabetes. Foram as consequências drásticas da sua ausência que deram enfoque nos esforços iniciais de identificação da insulina e do estudo do seu papel normal na fisiologia".

8-16 Você recebe os resultados de uma análise de RNA-seq de mRNAs do fígado. Você havia se antecipado contando o número de leituras de cada mRNA para determinar a abundância relativa dos diferentes mRNAs. Porém, fica confuso, pois muitos dos mRNAs lhe deram resultados como aqueles mostrados na **Figura Q8-4**. Como partes diferentes de um mRNA podem ser representadas em níveis diferentes?

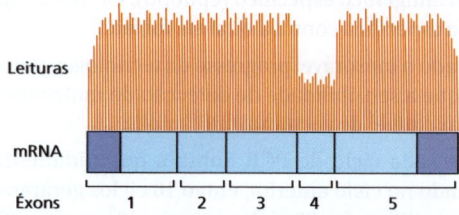

Figura Q8-4 Leituras do RNA-seq para um mRNA do fígado. A estrutura do éxon do mRNA está indicada, com segmentos codificadores de proteína indicados em *azul-claro* e regiões não traduzidas em *roxo*. Os números de leituras do sequenciamento estão indicados pela altura das linhas verticais acima do mRNA.

8-17 Examine os motivos de rede na **Figura Q8-5**. Decida quais são os ciclos de retroalimentação negativas e os positivas. Explique seu raciocínio.

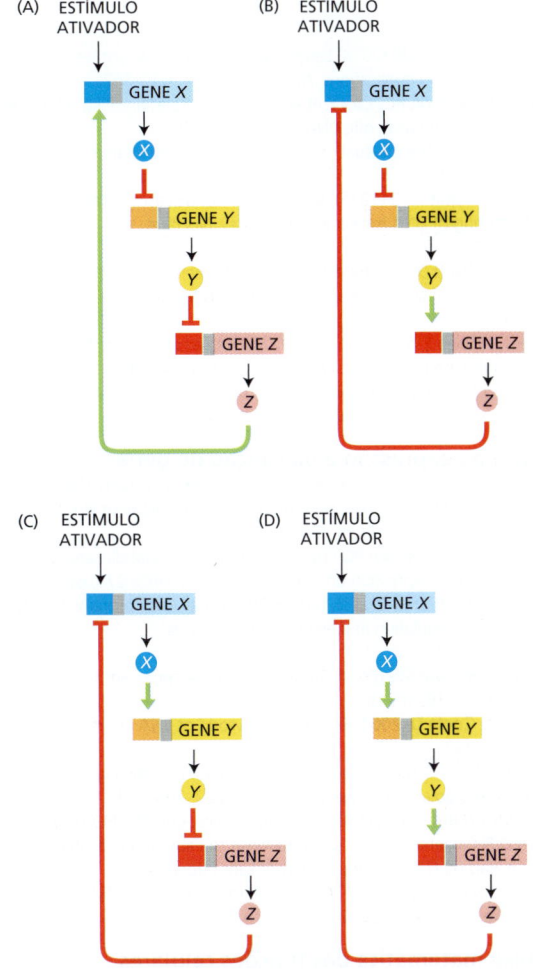

Figura Q8-5 Motivos de rede compostos de ativadores e repressores da transcrição.

8-18 Imagine que uma perturbação aleatória posicione um sistema biestável precisamente no limite entre dois estados estacionários (no *ponto laranja* na **Figura Q8-6**). Como o sistema responderia?

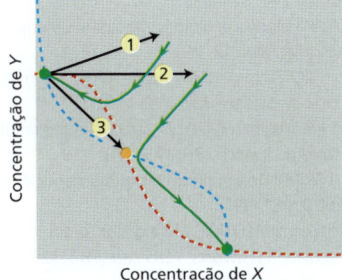

Figura Q8–6 Perturbações em um sistema biestável. Como mostrado pelas *linhas verdes,* após a perturbação 1 o sistema retorna para seu estado estável original (*ponto verde* à esquerda) e após a perturbação 2, o sistema se move para o outro estado estável (*ponto verde* à direita). A perturbação 3 move o sistema para a ligação precisa entre os dois estados estáveis (*ponto laranja*).

8-19 Uma análise detalhada da região reguladora do óperon *Lac* revelou uma complexidade surpreendente. Em vez de existir um sítio de ligação único para o repressor *Lac*, como poderia ser esperado, existem três sítios chamados de operadores: O_1, O_2 e O_3, arranjados ao longo do DNA como mostrado na **Figura Q8-7**. Para investigar as funções desses três sítios, você faz uma série de construtos nos quais várias combinações de sítios de operadores estão presentes. Você examina sua capacidade de reprimir a expressão de β'''-galactosidase, usando formas tetraméricas (tipo selvagem) ou diméricas (mutantes) do repressor *Lac*. A forma dimérica do repressor pode se ligar a um único operador (com a mesma afinidade do tetrâmero) com cada monômero se ligando a uma metade do operador. O tetrâmero, a forma normalmente expressa nas células, pode se ligar a dois sítios de forma simultânea. Quando você mede a repressão da expressão da β-galactosidase, você encontra os resultados mostrados na Figura Q8-7, com os números maiores indicando uma repressão mais efetiva.

A. Qual sítio do operador é o mais importante para repressão? Como você pode explicar?

B. As combinações dos sítios do operador (Figura Q8-7, construções 1, 2, 3 e 5) aumentam substancialmente a repressão pelo repressor dimérico? As combinações dos sítios do operador aumentam substancialmente a repressão pelo repressor tetramérico? Se os dois repressores se comportam de maneira diferentes, ofereça uma explicação para a diferença.

C. O repressor do tipo selvagem se liga a O_3 de forma muito fraca quando este está sozinho sobre um segmento de DNA. Entretanto, se O_1 for incluído no mesmo segmento de DNA, o repressor se liga a O_3 bastante bem. Como isso acontece?

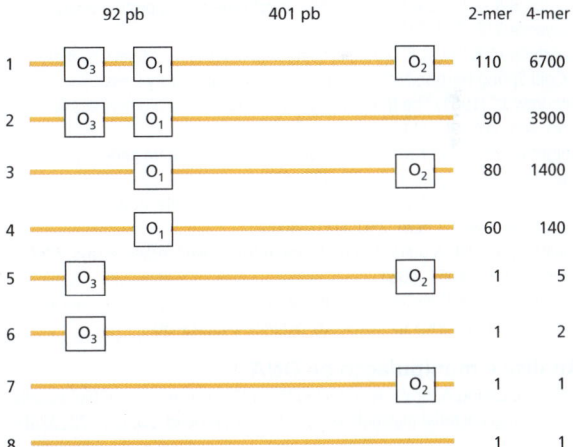

Figura Q8-7 A repressão da β-galactosidase por regiões promotoras que contêm diferentes combinações de sítios de ligação do repressor *Lac*. A separação de pares de bases (pb) de três sítios do operador está mostrada. Os números à *direita* se referem ao nível de repressão, com números mais altos indicando uma repressão mais efetiva pelos repressores diméricos (2-mer) ou tetraméricos (4-mer). (A partir de S. Oehler et. al., *EMBO J.* 9:973–979, 1990. Com permissão de John Wiley e Sons.)

REFERÊNCIAS

Gerais
Ausubel FM, Brent R, Kingston RE et al. (eds) (2002) Short Protocols in Molecular Biology, 5th ed. New York: Wiley.
Brown TA (2007) Genomes 3. New York: Garland Science Publishing.
Spector DL, Goldman RD & Leinwand LA (eds) (1998) Cells: A Laboratory Manual. Cold Spring Harbor, NY: Cold Spring Harbor Laboratory Press.
Watson JD & Berry A (2008) DNA: The Secret of Life. New York: Alfred A Knopf.
Watson JD, Myers RM & Caudy AA (2007) Recombinant DNA: Genes and Genomes – A Short Course, 3rd ed. Cold Spring Harbor, NY: Cold Spring Harbor Laboratory Press.

Isolamento de células e seu crescimento em cultura
Ham RG (1965) Clonal growth of mammalian cells in a chemically defined, synthetic medium. *Proc. Natl Acad. Sci. USA* 53, 288–293.
Harlow E & Lane D (1999) Using Antibodies: A Laboratory Manual. Cold Spring Harbor, NY: Cold Spring Harbor Laboratory Press.
Herzenberg LA, Sweet RG & Herzenberg LA (1976) Fluorescence-activated cell sorting. *Sci. Am.* 234, 108–116.
Milstein C (1980) Monoclonal antibodies. *Sci. Am.* 243, 66–74.

Purificação de proteínas
de Duve C & Beaufay H (1981) A short history of tissue fractionation. *J. Cell Biol.* 91, 293s–299s.
Laemmli UK (1970) Cleavage of structural proteins during the assembly of the head of bacteriophage T4. *Nature* 227, 680–685.
Scopes RK (1994) Protein Purification: Principles and Practice, 3rd ed. New York: Springer-Verlag.
Simpson RJ, Adams PD & Golemis EA (2008) Basic Methods in Protein Purification and Analysis: A Laboratory Manual. Cold Spring Harbor, NY: Cold Spring Harbor Laboratory Press.
Wood DW (2014) New trends and affinity tag designs for recombinant protein purification. *Curr. Opin. Struct. Biol.* 26, 54–61.

Análise de proteínas
Choudhary C & Mann M (2010) Decoding signalling networks by mass spectrometry-based proteomics. *Nat. Rev. Mol. Cell Biol.* 11, 427–439.
Domon B & Aebersold R (2006) Mass spectrometry and protein analysis. *Science* 312, 212–217.
Goodrich JA & Kugel JF (2007) Binding and Kinetics for Molecular Biologists. Cold Spring Harbor, NY: Cold Spring Harbor Laboratory Press.
Kendrew JC (1961) The three-dimensional structure of a protein molecule. *Sci. Am.* 205, 96–111.
Knight ZA & Shokat KM (2007) Chemical genetics: where genetics and pharmacology meet. *Cell* 128, 425–430.
O'Farrell PH (1975) High resolution two-dimensional electrophoresis of proteins. *J. Biol. Chem.* 250, 4007–4021.
Pollard TD (2010) A guide to simple and informative binding assays. *Mol. Biol. Cell* 21, 4061–4067.
Wüthrich K (1989) Protein structure determination in solution by nuclear magnetic resonance spectroscopy. *Science* 243, 45–50.

Análise e manipulação de DNA
Cohen S, Chang A, Boyer H & Helling R (1973) Construction of biologically functional bacterial plasmids *in vitro*. *Proc. Natl Acad. Sci. USA* 70, 3240–3244.
Green MR & Sambrook J (2012) Molecular Cloning: A Laboratory Manual, 4th ed. Cold Spring Harbor, NY: Cold Spring Harbor Laboratory Press.
International Human Genome Sequencing Consortium (2001) Initial sequencing and analysis of the human genome. *Nature* 409, 860–921.
Jackson D, Symons R & Berg P (1972) Biochemical method for inserting new genetic information into DNA of Simian Virus 40: circular SV40 DNA molecules containing lambda phage genes and the galactose operon of *Escherichia coli*. *Proc. Natl Acad. Sci. USA* 69, 2904–2909.
Kosuri S & Church GM (2014) Large-scale *de novo* DNA synthesis: technologies and applications. *Nat. Methods* 11, 499–507.
Maniatis T, Hardison RC, Lacy E et al. (1978) The isolation of structural genes from libraries of eucaryotic DNA. *Cell* 15, 687–701.
Mullis KB (1990) The unusual origin of the polymerase chain reaction. *Sci. Am.* 262, 56–61.
Nathans D & Smith HO (1975) Restriction endonucleases in the analysis and restructuring of DNA molecules. *Annu. Rev. Biochem.* 44, 273–293.
Saiki RK, Gelfand DH, Stoffel S et al. (1988) Primer-directed enzymatic amplification of DNA with a thermostable DNA polymerase. *Science* 239, 487–491.
Sanger F, Nicklen S & Coulson AR (1977) DNA sequencing with chain-terminating inhibitors. *Proc. Natl Acad. Sci. USA* 74, 5463–5467.
Shendure J & Lieberman Aiden E (2012) The expanding scope of DNA sequencing. *Nat. Biotechnol.* 30, 1084–1094.

Estudo da expressão e da função de genes
Botstein D, White RL, Skolnick M & Davis RW (1980) Construction of a genetic linkage map in man using restriction fragment length polymorphisms. *Am. J. Hum. Genet.* 32, 314–331.
DeRisi JL, Iyer VR & Brown PO (1997) Exploring the metabolic and genetic control of gene expression on a genomic scale. *Science* 278, 680–686.
Esvelt KM, Mali P, Braff JL et al. (2013) Orthogonal Cas9 proteins for RNA-guided gene regulation and editing. *Nat. Methods* 10, 1116–1121.
Fellmann C & Lowe SW (2014) Stable RNA interference rules for silencing. *Nat. Cell Biol.* 16, 10–18.
Mello CC & Conte D (2004) Revealing the world of RNA interference. *Nature* 431, 338–342.
Nüsslein-Volhard C & Wieschaus E (1980) Mutations affecting segment number and polarity in *Drosophila*. *Nature* 287, 795–801.
Palmiter RD & Brinster RL (1985) Transgenic mice. *Cell* 41, 343–345.
Weigel D & Glazebrook J (2002) *Arabidopsis*: A Laboratory Manual. Cold Spring Harbor, NY: Cold Spring Harbor Laboratory Press.
Wilson RC & Doudna JA (2013) Molecular mechanisms of RNA interference. *Annu. Rev. Biophys.* 42, 217–239.

Análise matemática das funções celulares
Alon U (2006) An Introduction to Systems Biology: Design Principles of Biological Circuits. Boca Raton, FL: Chapman & Hall/CRC.
Alon U (2007) Network motifs: theory and experimental approaches. *Nat. Rev. Genet.* 8, 450–461.
Ferrell JE Jr (2002) Self-perpetuating states in signal transduction: positive feedback, double-negative feedback and bistability. *Curr. Opin. Cell Biol.* 14, 140–148.
Ferrell JE Jr, Tsai TY & Yang Q (2011) Modeling the cell cycle: why do certain circuits oscillate? *Cell* 144, 874–885.
Gunawardena J (2014) Models in biology: 'accurate descriptions of our pathetic thinking'. *BMC Biol.* 12, 29.
Lewis J (2008) From signals to patterns: space, time, and mathematics in developmental biology. *Science* 322, 399–403.
Mogilner A, Allard J & Wollman R (2012) Cell polarity: quantitative modeling as a tool in cell biology. *Science* 336, 175–179.
Novak B & Tyson JJ (2008) Design principles of biochemical oscillators. *Nat. Rev. Mol. Cell Biol.* 9, 981–991.
Silva-Rocha R & de Lorenzo V (2008) Mining logic gates in prokaryotic transcriptional regulation networks. *FEBS Lett.* 582, 1237–1244.
Tyson JJ, Chen KC & Novak B (2003) Sniffers, buzzers, toggles and blinkers: dynamics of regulatory and signaling pathways in the cell. *Curr. Opin. Cell Biol.* 15, 221–231.

Visualização de células

CAPÍTULO
9

A compreensão da organização estrutural das células é essencial para o entendimento do seu funcionamento. Neste capítulo, serão revistos brevemente alguns dos principais métodos em microscopia utilizados para estudar as células. A microscopia óptica será nosso ponto de partida, pois a biologia celular iniciou com o microscópio óptico e ele continua sendo uma ferramenta indispensável. O desenvolvimento de métodos para marcação específica e obtenção de imagem dos constituintes celulares individuais e a reconstrução da sua arquitetura tridimensional significou que, longe de cair em desuso, a importância da microscopia óptica continua a aumentar. Uma vantagem da microscopia óptica é que a luz é relativamente não destrutiva. Pela marcação dos componentes celulares específicos com sondas fluorescentes, como proteínas intrinsecamente fluorescentes, podemos observar o movimento, a dinâmica e as interações nas células vivas. Embora a microscopia óptica convencional seja limitada em resolução pelo comprimento de onda da luz, novos métodos contornam tal limitação de forma inteligente e permitem que a posição de mesmo uma única molécula seja mapeada. Por meio do uso de um feixe de elétrons em vez de luz visível, a microscopia eletrônica pode captar imagens do interior das células e de seus componentes macromoleculares, em uma resolução quase atômica e em três dimensões.

Este capítulo foi planejado como uma referência, em vez de uma introdução, para os capítulos que seguem; os leitores podem querer consultá-lo à medida que encontram aplicações de microscopia para os problemas biológicos básicos nas últimas páginas do livro.

NESTE CAPÍTULO

VISUALIZAÇÃO DE CÉLULAS AO MICROSCÓPIO ÓPTICO

VISUALIZAÇÃO DE CÉLULAS E MOLÉCULAS AO MICROSCÓPIO ELETRÔNICO

VISUALIZAÇÃO DE CÉLULAS AO MICROSCÓPIO ÓPTICO

Uma célula animal típica tem de 10 a 20 μm de diâmetro, cerca de um quinto do tamanho do menor objeto que normalmente conseguimos ver a olho nu. Somente depois que bons microscópios ópticos tornaram-se disponíveis no início do século XIX, Schleiden e Schwann propuseram que todos os tecidos vegetais e animais são agregados de células individuais. A sua proposta em 1838, conhecida como **doutrina celular**, marca o nascimento formal da biologia celular.

As células animais não são apenas minúsculas, mas também incolores e transparentes. A descoberta das suas principais características internas, então, dependeu do desenvolvimento, no final do século XIX, de uma grande variedade de corantes que fornecessem contraste suficiente para tornar essas características visíveis. De modo semelhante, a introdução do microscópio eletrônico, cada vez mais potente, no início da década de 1940, exigiu o desenvolvimento de novas técnicas para preservar e corar células, antes que a total complexidade da sua delicada estrutura interna pudesse começar a emergir. Até hoje, a microscopia frequentemente depende tanto das técnicas para preparar a amostra como do desempenho do próprio microscópio. Portanto, nas discussões a seguir, consideraremos tanto os instrumentos como a preparação da amostra, começando com o microscópio óptico.

As imagens na **Figura 9-1** ilustram a progressão em etapas desde um polegar até um grupo de átomos. Cada imagem sucessiva representa um aumento de dez vezes na magnitude. O olho nu poderia ver características nos dois primeiros painéis, o microscópio óptico nos permite ver detalhes que correspondem ao quarto ou quinto painel, e o microscópio eletrônico, ao sétimo ou oitavo painel. A **Figura 9-2** mostra os tamanhos de várias estruturas celulares e subcelulares e as variações de tamanho que diferentes tipos de microscópios podem visualizar.

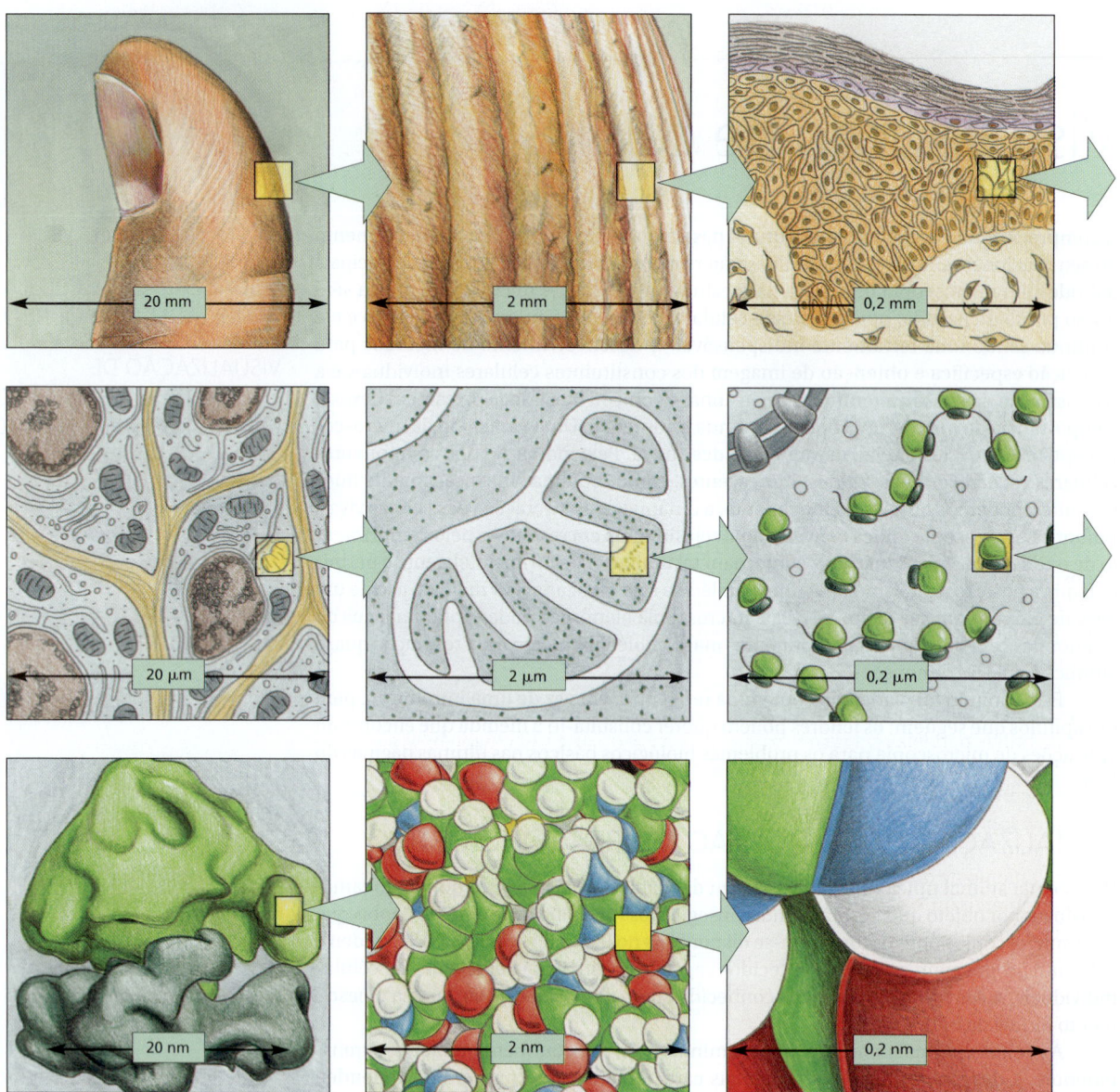

Figura 9-1 Uma ideia da escala entre células vivas e átomos. Cada diagrama mostra uma imagem aumentada por um fator de 10 em uma progressão imaginária a partir de um dedo polegar, então células da pele, passando por um ribossomo, até um grupo de átomos, que formam parte de uma das várias moléculas de proteína em nosso corpo. Os detalhes atômicos das macromoléculas biológicas, como mostrado nos dois últimos painéis, normalmente estão além do poder do microscópio eletrônico. Em todos os painéis foram utilizadas cores, que não são características dos objetos muito menores do que o comprimento de onda da luz, de modo que os últimos cinco painéis deveriam ser representados, na verdade, em preto e branco.

O microscópio óptico pode resolver detalhes com distâncias de 0,2 μm

Por mais de 100 anos, todos os microscópios estavam restritos a uma limitação fundamental: um determinado tipo de radiação não pode ser utilizado para investigar detalhes estruturais muito menores do que seu próprio comprimento de onda. Um limite para a resolução de um microscópio óptico foi, portanto, estabelecido pelo comprimento de onda de luz visível, que varia de cerca de 0,4 μm (para violeta) até 0,7 μm (para vermelho-escuro). Em termos práticos, as bactérias e as mitocôndrias, que têm cerca de 500 nm (0,5 μm) de largura, em geral são os menores objetos dos quais o formato pode ser claramente discernido ao **microscópio óptico**; detalhes menores do que esses são ocultados pelos efeitos resultantes da natureza da onda da luz. Para entender por que isso ocorre, devemos seguir o comportamento de um feixe de luz, quando ele passa através das lentes de um microscópio (**Figura 9-3**).

Devido à natureza de sua onda, a luz não segue a trajetória idealizada de um raio ininterrupto prevista pela óptica geométrica. Em vez disso, as ondas de luz viajam por um sistema óptico por várias rotas levemente diferentes, como ondulações da água, de

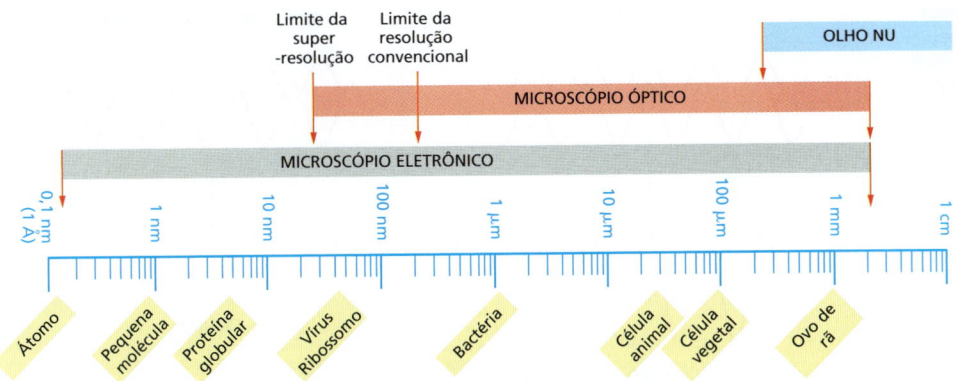

Figura 9-2 Poder de resolução. Os tamanhos das células e de seus componentes estão representados em uma escala logarítmica, indicando a amplitude de objetos que podem ser prontamente resolvidos a olho nu e nos microscópios ópticos e eletrônicos. Note que novas técnicas de microscopia de super-resolução, discutidas em detalhe mais adiante, permitem uma melhora na resolução em uma ordem de magnitude comparada com a microscopia óptica convencional.

maneira que interferem umas nas outras e causam efeitos de *difração óptica*. Se dois feixes de ondas, alcançando o mesmo ponto por meio de caminhos diferentes, estão precisamente *em fase*, com crista pareada com crista e depressão com depressão, elas intensificarão umas às outras, de maneira a aumentar a luminosidade. Por outro lado, se as sucessões de ondas estão *fora de fase*, elas irão interferir entre si de forma a se cancelarem parcial ou completamente (**Figura 9-4**). A interação da luz com um objeto modifica a relação de fase das ondas de luz, produzindo efeitos complexos de interferência. Em grande aumento, por exemplo, a sombra de uma borda reta que esteja uniformemente iluminada com luz de comprimento de onda uniforme aparece como um conjunto de linhas paralelas (**Figura 9-5**), enquanto a borda de um círculo aparece como um conjunto de anéis concêntricos. Pela mesma razão, um único ponto visto por meio de um microscópio aparece como um disco borrado, e dois pontos próximos dão origem a imagens sobrepostas que podem se fundir em uma. Embora nenhuma quantidade de refinamento das lentes possa superar o limite de difração imposto pela natureza pelo comportamento de onda da luz, outras maneiras de ultrapassar esse limite de forma inteligente emergiram, criando as técnicas de imagem de super-resolução que podem até mesmo detectar a posição de moléculas individuais.

As seguintes unidades de comprimento são frequentemente utilizadas na microscopia:

μm (micrômetro) = 10^{-6} m

nm (nanômetro) = 10^{-9} m

Å (unidade Ångstrom) = 10^{-10} m

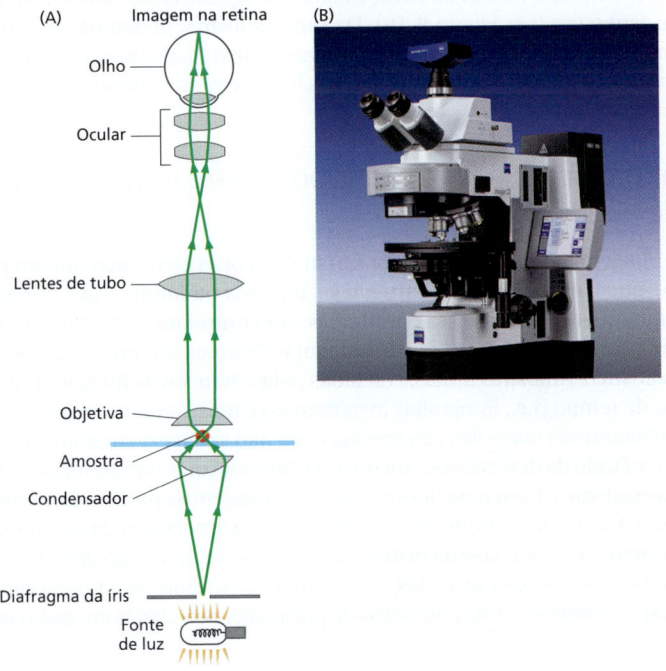

Figura 9-3 Microscópio óptico. (A) Diagrama mostrando o caminho da luz em um microscópio composto. A luz é focalizada na amostra pelas lentes no condensador. Uma combinação de lentes objetivas, lentes de tubo e lentes oculares é arranjada para focar, no olho, uma imagem da amostra iluminada. (B) Um microscópio óptico moderno para pesquisa. (B, cortesia de Carl Zeiss Microscopy, GmbH.)

Figura 9-4 Interferência entre ondas de luz. Quando duas ondas de luz se combinam em fase, a amplitude da onda resultante é maior, e a luminosidade é aumentada. Duas ondas de luz que estão fora de fase anulam-se parcialmente e produzem uma onda cuja amplitude – e, portanto, luminosidade – é reduzida.

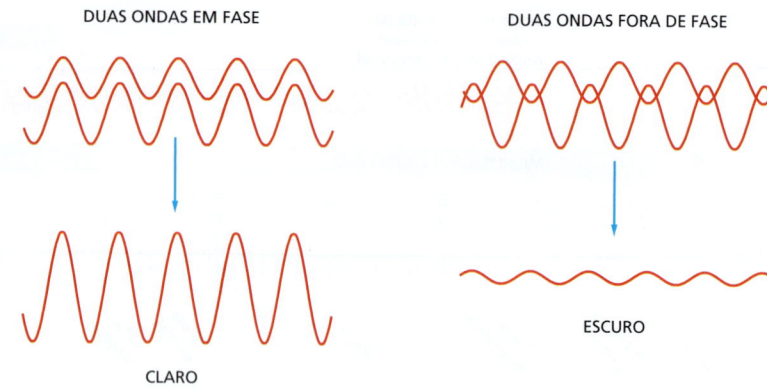

O limite de separação pelo qual dois objetos ainda podem ser distinguidos – o assim chamado **limite de resolução** – depende tanto do comprimento de onda da luz quanto da *abertura numérica* do sistema de lentes utilizado. A abertura numérica afeta a capacidade de regular a entrada de luz das lentes e está relacionada ao ângulo do cone de luz incidente e ao índice de refração do meio onde as lentes estão funcionando; quanto mais o microscópio abrir seus olhos, assim dizendo, com mais nitidez ele pode ver (**Figura 9-6**). O *índice de refração* é a proporção entre a velocidade da luz no vácuo e a velocidade da luz em determinado meio transparente. Por exemplo, para a água, esse índice é de 1,33, significando que a luz viaja 1,33 vez mais devagar na água do que no vácuo. Nas melhores condições, com luz violeta (comprimento de onda = 0,4 μm) e uma abertura numérica de 1,4, o microscópio óptico básico pode alcançar, teoricamente, um limite de resolução de cerca de 0,2 μm, ou 200 nm. Essa resolução foi alcançada por alguns fabricantes de microscópios no final do século XIX e é rotineiramente equiparada nas indústrias contemporâneas de microscópios. Embora seja possível *aumentar* uma imagem o quanto quisermos – por exemplo, por sua projeção em uma tela –, não é possível, em um microscópio óptico convencional, distinguir entre dois objetos que estejam separados por menos de 0,2 μm; eles aparecerão como um único objeto. Entretanto, é importante distinguir entre *resolução* e *detecção*. Se um pequeno objeto, abaixo do limite de resolução, emite luz própria, então ainda seremos capazes de vê-lo ou detectá-lo. Desse modo, podemos visualizar um único microtúbulo marcado fluorescentemente mesmo que ele seja cerca de dez vezes mais fino do que o limite de resolução do microscópio óptico. Contudo, efeitos de difração farão ele aparecer borrado e com no mínimo 0,2 μm de espessura (ver Figura 9-16). Da mesma forma, podemos ver estrelas à noite, mesmo que seus diâmetros sejam bem mais abaixo da resolução angular de nossos olhos nus: todas parecem similares, pontos de luz levemente borrados, diferindo apenas em sua cor e brilho.

O ruído fotônico cria limites adicionais para resolução quando os níveis de luz são baixos

Qualquer imagem, tanto produzida por um microscópio eletrônico quanto por um microscópio óptico, é composta de partículas – elétrons ou fótons – que atingem um detector de qualquer tipo. Mas essas partículas são controladas por mecânica quântica, de maneira que as quantidades que alcançam o detector são previstas apenas em um sentido estatístico. Amostras finitas, coletadas pela obtenção de imagens por um limitado período de tempo (i.e., fotografias instantâneas), mostrarão variações aleatórias: fotografias instantâneas sucessivas da mesma cena não serão exatamente idênticas. Além disso, cada método de detecção possui um nível de sinal ou ruído de fundo, adicionando à incerteza estatística. Com uma iluminação brilhante, correspondendo a números muito grandes de fótons ou elétrons, as características da amostra na imagem são determinadas com acuidade com base na distribuição dessas partículas no detector. Entretanto, com números menores de partículas, os detalhes estruturais da amostra são ocultados pelas flutuações estatísticas nos números de partículas detectadas em cada região, o que

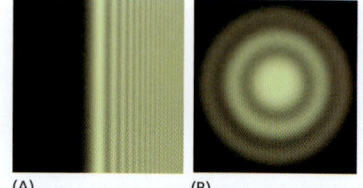

Figura 9-5 Efeitos de uma borda e de um ponto de luz. (A) Os efeitos de interferência, ou bandas claras e escuras, observados em grande aumento, quando a luz de um determinado comprimento de onda passa pela borda de um objeto sólido colocado entre a fonte de luz e o observador. (B) A imagem de um ponto fonte de luz. A difração se espalha na forma de um complexo-padrão circular cuja largura depende da abertura numérica do sistema óptico: quanto menor a abertura, maior (mais borrada) é a imagem difratada. Dois pontos podem ser resolvidos quando o centro da imagem de um deles estiver localizado no primeiro anel escuro na imagem do outro: isso é usado para definir o limite da resolução.

Figura 9-6 **Abertura numérica.** A trajetória dos raios de luz passando através de uma amostra transparente em um microscópio ilustra o conceito de abertura numérica e sua relação com o limite de resolução.

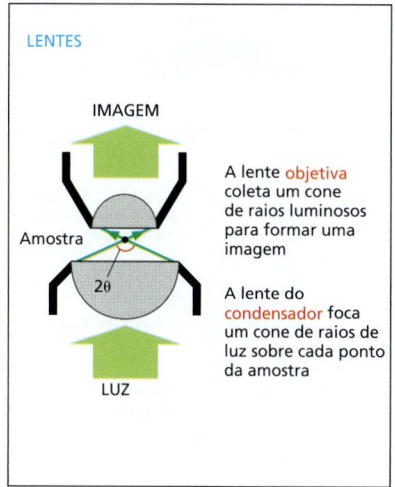

LENTES

A lente objetiva coleta um cone de raios luminosos para formar uma imagem

A lente do condensador foca um cone de raios de luz sobre cada ponto da amostra

RESOLUÇÃO: o poder de resolução de um microscópio depende da largura do cone de iluminação e, portanto, tanto da lente do condensador quanto da objetiva. Ela é calculada utilizando-se a fórmula

$$\text{Resolução} = \frac{0{,}61\lambda}{n \sin \theta}$$

onde:

- θ = metade da largura angular do cone dos raios coletados pela lente objetiva a partir de um ponto típico na região central da amostra (uma vez que a largura máxima é 180°, $\sin \theta$ tem um valor máximo de 1)
- n = índice de refração do meio (normalmente ar ou óleo) que separa a amostra das lentes objetiva e do condensador
- λ = comprimento de onda da luz utilizada (para luz branca o valor de 0,53 μm normalmente é usado)

ABERTURA NUMÉRICA: $n \sin \theta$ na equação acima é denominado abertura numérica (NA, de *numerical aperture*) da lente e é uma função da sua capacidade de coletar luz. Para lentes secas, não pode ser mais do que 1, mas, para lentes de imersão no óleo, o valor pode ser de até 1,4.

Quanto maior a abertura numérica, maior é a resolução e mais clara a imagem (a luminosidade é importante para a microscopia de fluorescência). Entretanto, essa vantagem é conseguida a custo de distâncias de trabalho muito curtas e com pouca profundidade de campo.

dá à imagem uma aparência pontilhada e limita sua precisão. O termo *ruído* descreve essa variação aleatória.

As células vivas são vistas claramente em um microscópio de contraste de fase ou em um microscópio de contraste de interferência diferencial

Existem várias maneiras pelas quais o contraste em uma amostra pode ser gerado (**Figura 9-7A**). Embora a fixação e a coloração de uma amostra possam gerar contraste pela cor, os microscopistas são constantemente desafiados pela possibilidade de alguns componentes da célula poderem ser perdidos ou distorcidos durante a preparação de uma amostra. A única maneira correta de evitar o problema é examinar as células enquanto estão vivas, sem fixá-las ou congelá-las. Para esse propósito, os microscópios ópticos com sistemas ópticos especiais são particularmente úteis.

Em um **microscópio de campo claro** normal, a luz que passa através de uma célula em cultura forma a imagem diretamente. Outro sistema, a **microscopia de campo escuro**, explora o fato de que os raios de luz podem ser espalhados em todas as direções por objetos pequenos no seu caminho. Se a iluminação oblíqua a partir do condensador é arranjada, não entrando diretamente na objetiva, objetos focados, mas não corados, em uma célula viva podem espalhar os raios, alguns dos quais entram, então, na objetiva para criar uma imagem clara contra um fundo escuro (**Figura 9-7B**).

Quando a luz atravessa uma célula viva, a fase da onda de luz é alterada de acordo com o índice de refração da célula: uma parte relativamente espessa ou densa da célula, como um núcleo, retarda a luz que passa através dela. Como consequência, a fase da luz é deslocada com relação à luz que passou através de uma região adjacente mais delgada do citoplasma (**Figura 9-7C**). O **microscópio de contraste de fase** e, de uma maneira mais complexa, o **microscópio de contraste de interferência diferencial** aumentam essas diferenças de fase de modo que as ondas ficam quase fora de fase, produzindo diferenças de amplitude quando os conjuntos de ondas se recombinam, criando, assim, uma imagem da estrutura celular. Ambos os tipos de microscopia óptica são amplamente utilizados para visualizar as células vivas (ver **Animação 17.2**). A **Figura 9-8** compara imagens da mesma célula obtidas por quatro tipos de microscópios ópticos.

As microscopias de contraste de fase, de contraste de interferência diferencial e de campo escuro tornaram possível visualizar os movimentos envolvidos em processos

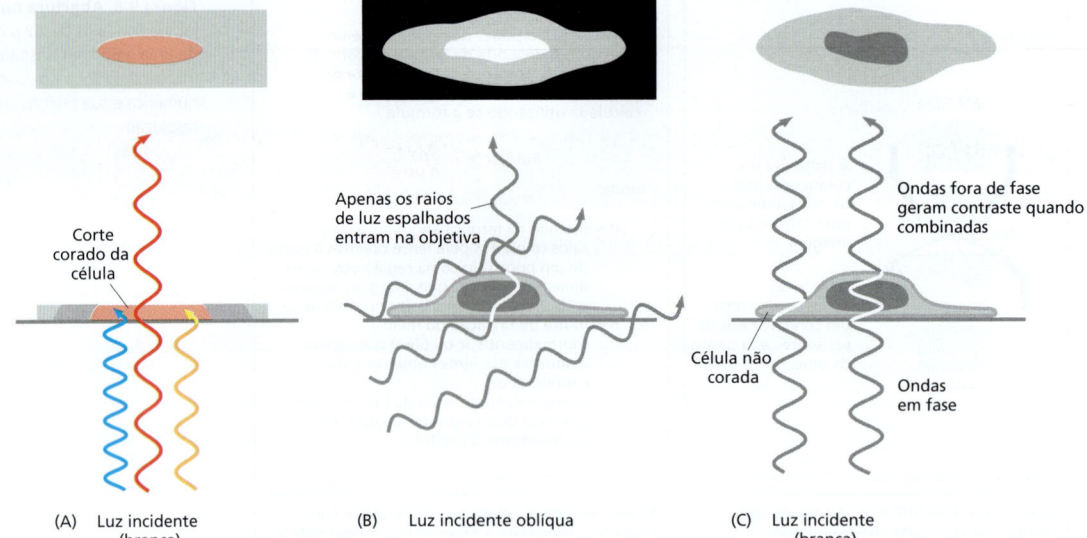

Figura 9-7 Contraste na microscopia óptica. (A) A parte corada da célula absorverá luz de alguns comprimentos de onda, que dependem do corante, mas permitirá que outros comprimentos de onda passem por ela. Assim, uma imagem colorida da célula é obtida, sendo visível no microscópio óptico normal de campo claro. (B) No microscópio de campo escuro, raios oblíquos de luz focados sobre a amostra não entram na lente objetiva, mas a luz que é espalhada por componentes na célula viva pode ser reunida para produzir uma imagem brilhante sobre um fundo escuro. (C) A luz que passa através da célula viva não corada sofre poucas modificações na amplitude, e os detalhes estruturais não podem ser vistos, mesmo que a imagem seja muito aumentada. Entretanto, a fase da luz é alterada por sua passagem através das partes mais espessas ou mais densas da célula, e pequenas diferenças de fase podem se tornar visíveis explorando-se os efeitos de interferência com o uso de um microscópio de contraste de fase ou de contraste de interferência diferencial.

como a mitose e a migração celular. Uma vez que vários movimentos celulares são muito lentos para serem visualizados em tempo real, muitas vezes é útil realizar filmes em lapso de tempo nos quais a câmera registra imagens sucessivas separadas por um curto intervalo de tempo, de modo que, quando uma série dos registros resultantes é mostrada em uma velocidade normal, os eventos aparecem bastante acelerados.

As imagens podem ser intensificadas e analisadas por técnicas digitais

Recentemente, os sistemas eletrônicos, ou digitais, de imagem e a tecnologia de **processamento de imagens** associada tiveram um maior impacto na microscopia óptica. Algumas limitações práticas dos microscópios, relacionadas a imperfeições do sistema óptico, foram em grande parte superadas. Os sistemas de imagem eletrônica também contornaram duas limitações fundamentais do olho humano: o olho não pode ver bem com luminosidade muito diminuída e não pode perceber pequenas diferenças de intensidade de luz contra um fundo luminoso. Para aumentar nossa capacidade de observar células nessas condições difíceis, podemos acoplar uma câmera digital sensível a um microscópio. Essas câmeras detectam luz por meio de dispositivos de carga acoplada (CCDs) ou de sensores de óxido metálico semicondutores complementares de alta sensibilidade (CMOS), similares àqueles encontrados em câmeras digitais. Tais sensores de imagem são dez vezes mais sensíveis do que o olho humano e podem detectar 100 vezes mais níveis de intensidade. Então, é possível observar as células por longos períodos a níveis muito baixos de luminosidade, evitando, assim, os efeitos danosos da luz intensa prolongada (e do calor). Tais câmeras de luz baixa são especialmente importantes para visualizar moléculas fluorescentes nas células vivas, como explicado a seguir.

Como as imagens produzidas pelas câmeras digitais estão na forma eletrônica, elas podem ser processadas de várias maneiras para extrair a informação latente. Tal processamento de imagem torna possível compensar vários defeitos de óptica dos microscópios. Além disso, por meio do processamento digital da imagem, o contraste pode ser bastante aumentado para contornar as limitações do olho na detecção de pequenas

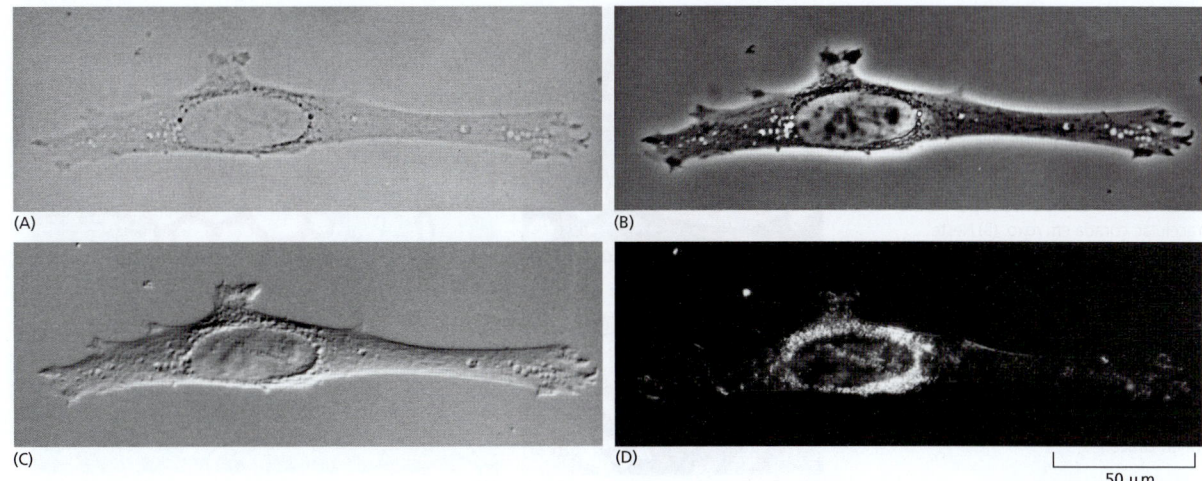

Figura 9-8 Quatro tipos de microscopia óptica. Quatro imagens da mesma célula de fibroblasto em cultura são mostradas. Todas as imagens podem ser obtidas com os mais modernos microscópios pela troca dos componentes ópticos. (A) Microscopia de campo claro, na qual a luz é transmitida diretamente através da amostra. (B) Microscopia de contraste de fase, na qual alterações de fase da luz transmitida através da amostra são traduzidas em alterações no brilho. (C) Microscopia de contraste de interferência diferencial, que destaca os limites entre estruturas em que há uma alteração acentuada do índice refrativo. (D) Microscopia de campo escuro, na qual a amostra é iluminada lateralmente e apenas a luz difratada é observada.

diferenças na intensidade da luz, e as irregularidades do fundo no sistema óptico podem ser subtraídas digitalmente. Esse procedimento revela pequenos objetos transparentes que antes eram impossíveis de ser distinguidos do fundo.

Tecidos intactos normalmente são fixados e cortados antes da microscopia

Como a maioria das amostras de tecido é muito espessa para que suas células individuais sejam examinadas diretamente a uma alta resolução, elas geralmente são cortadas em fatias transparentes muito finas, ou *secções*. Para preservar as células no tecido, elas devem ser tratadas com um *fixador*. Fixadores comuns incluem o glutaraldeído, que forma ligações covalentes com os grupos amino livres das proteínas, intercruzando-os de modo que sejam estabilizados e imobilizados na posição.

Como os tecidos costumam ser macios e frágeis, mesmo após a fixação, eles precisam ser congelados ou envolvidos em um meio de suporte antes de serem seccionados. Os meios comuns de emblocamento são ceras ou resinas. Na forma líquida, esses meios tanto permeiam como envolvem o tecido fixado; eles então podem ser solidificados (por meio de resfriamento ou polimerização) para formar um bloco sólido, que pode ser prontamente seccionado com um micrótomo, uma máquina com uma lâmina afiada, em geral de aço ou vidro, que funciona como um fatiador de carne (**Figura 9-9**). As secções (normalmente de 0,5 a 10 μm de espessura) são posicionadas sobre a superfície de uma lâmina de vidro para microscópio.

O que existe no conteúdo da maioria das células (que têm 70% do seu peso composto por água) é pouco para impedir a passagem dos feixes de luz. Assim, a maior parte das células em seu estado natural, mesmo se fixadas e seccionadas, é praticamente invisível a um microscópio óptico comum. Vimos que componentes celulares podem se tornar visíveis por técnicas como a microscopia de contraste de fase e de contraste de interferência diferencial, mas tais métodos não nos fornecem informações sobre a química subjacente. Existem três abordagens principais para trabalhar com secções finas de tecido que revelam diferenças nos tipos de moléculas presentes.

Primeiro, e tradicionalmente, as secções podem ser coradas com corantes orgânicos que têm alguma afinidade específica por determinados componentes subcelulares. O corante hematoxilina, por exemplo, tem uma afinidade por moléculas carregadas negativamente e por isso revela a distribuição de DNA, RNA e proteínas ácidas em uma célula (**Figura 9-10**). Entretanto, a base química para a especificidade de vários corantes não é conhecida.

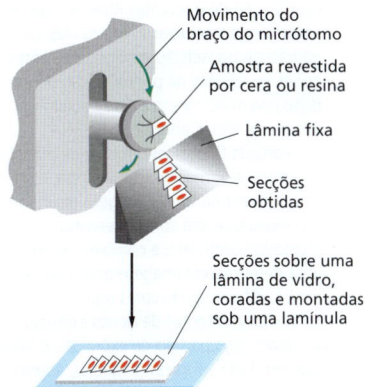

Figura 9-9 Preparação de cortes de tecido. Esta ilustração mostra como um tecido embebido é seccionado com um micrótomo durante preparação para exame ao microscópio óptico.

Figura 9-10 Coloração de componentes celulares. (A) Este corte de células nos ductos coletores de urina dos rins foi corado com hematoxilina e eosina, dois corantes comumente utilizados em histologia. Cada ducto é constituído de células rigorosamente compactadas (com os núcleos corados em *vermelho*) que formam um anel. O anel é envolto por matriz extracelular, corada em *roxo*. (B) Neste corte de uma raiz de planta jovem, foram usados dois corantes, safranina e *fast green*. O *fast green* cora a parede de celulose da célula, enquanto a safranina cora as paredes celulares do xilema lignificadas de vermelho-claro. (A, de P.R. Wheater et al., Functional Histology, 2nd ed. London: Churchill Livingstone, 1987; B, cortesia de Stephen Grace.)

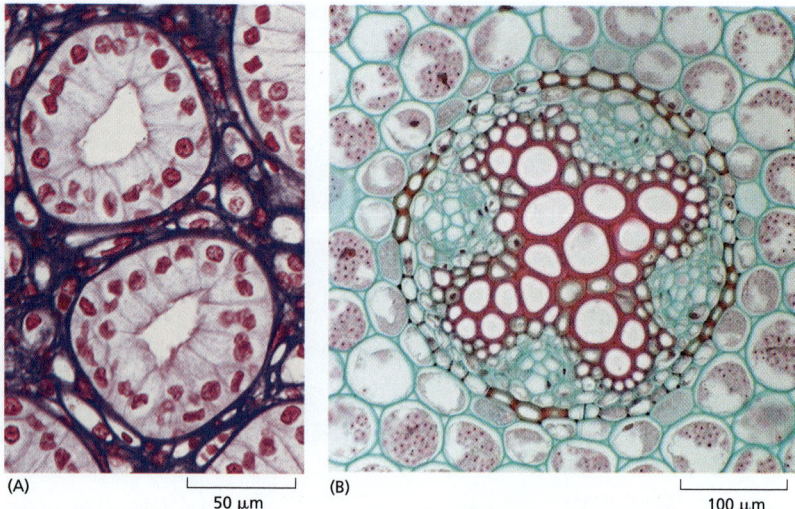

Segundo, tecidos seccionados podem ser usados para visualizar padrões específicos de expressão gênica diferencial. A hibridização *in situ*, discutida anteriormente (ver Figura 8-34), revela a distribuição celular e a abundância de moléculas de RNA específicas expressas no material seccionado ou em aglomerados de pequenos organismos ou órgãos. Ela é particularmente efetiva quando usada em conjunto com sondas fluorescentes (**Figura 9-11**).

Um terceiro método, muito sensível e bastante utilizado para localizar proteínas de interesse, também depende do uso de sondas e marcadores fluorescentes, como explicaremos a seguir.

As moléculas específicas podem ser localizadas nas células por microscopia de fluorescência

Moléculas fluorescentes absorvem luz a um comprimento de onda e a emitem em um comprimento mais longo (**Figura 9-12A**). Se iluminarmos tal molécula no seu comprimento de onda de absorção e então a visualizarmos por um filtro que permite apenas a passagem de luz com o comprimento de onda emitido, ela brilhará contra um fundo escuro. Como o fundo é escuro, mesmo uma quantidade mínima de corante fluorescente brilhante pode ser detectada. Em contraste, o mesmo número de moléculas de um corante não fluorescente, visto de maneira convencional, seria praticamente indiscernível, pois a absorção da luz por moléculas no corante resultaria em apenas a matiz de cor mais fraca na luz transmitida por aquela parte da amostra.

Os corantes fluorescentes usados para corar células são detectados por um **microscópio de fluorescência**. Esse microscópio é semelhante a um microscópio óptico comum, exceto pelo fato de que a luz utilizada para iluminação, originada de uma fonte muito potente, passa através de dois conjuntos de filtros – um para filtrar a luz antes de ela atingir a amostra e um para filtrar a luz obtida a partir da amostra. O primeiro filtro

Figura 9-11 Hibridização de RNA *in situ*. Como descrito no Capítulo 8 (ver Figura 8-62), é possível visualizar a distribuição de diferentes RNAs em tecidos usando-se a hibridização *in situ*. Aqui, o padrão de transcrição de cinco diferentes genes envolvidos na padronização do embrião jovem de mosca é revelado em um único embrião. Cada sonda de RNA foi marcada fluorescentemente de maneira diferente, algumas de forma direta, e outras, indiretamente; as imagens resultantes são mostradas em cores diferentes ("colorido artificial") e combinadas em uma determinada imagem onde combinações diferentes de cores representam conjuntos diferentes de genes expressos. Os genes cujo padrão de expressão é revelado aqui são *wingless (amarelo), engrailed (azul), short gastrulation (vermelho), intermediate neuroblasts defective (verde)* e *muscle specific homeobox (roxo)*. (De D. Kosman et al., *Science* 305:846, 2004. Com permissão de AAAS.)

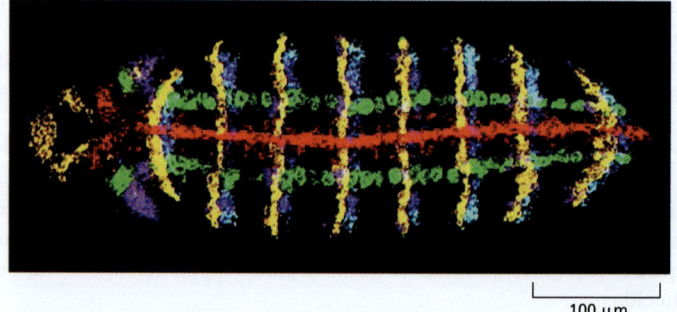

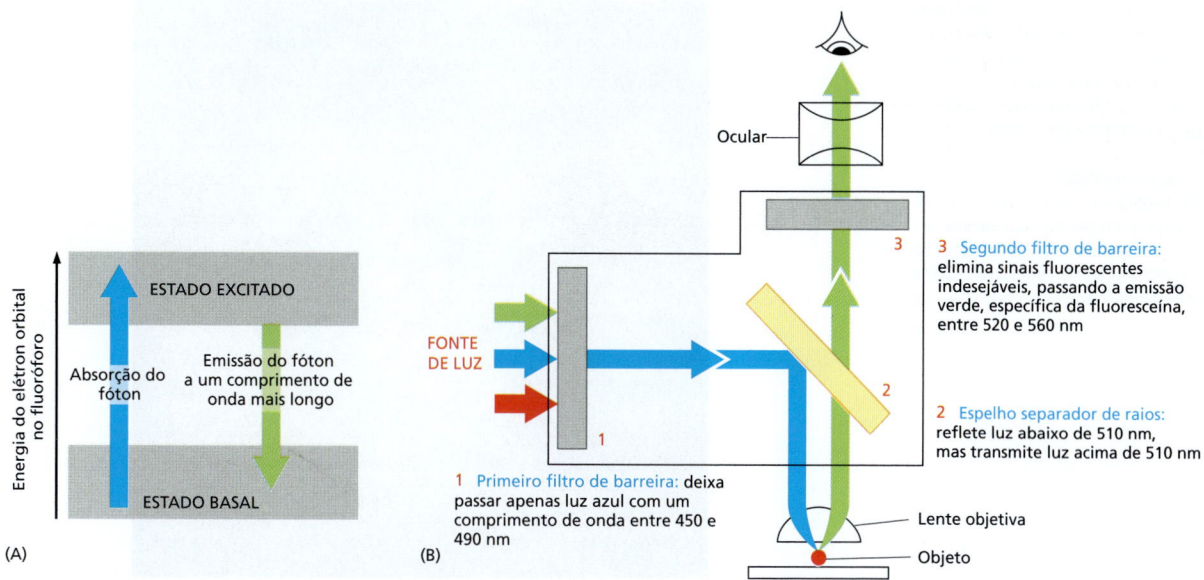

Figura 9-12 Fluorescência e microscópio de fluorescência. (A) Um elétron orbital de uma molécula de fluorocromo pode ser levado a um estado excitado depois da absorção de um fóton. A *fluorescência* ocorre quando o elétron retorna ao seu estado basal e emite um fóton de luz a um comprimento de onda mais longo. Muita exposição à luz, ou muito brilho, também podem destruir uma molécula de fluorocromo, em um processo chamado *fotoclareamento*. (B) No microscópio de fluorescência, um conjunto de filtros consiste em dois filtros de barreira (1 e 3) e um espelho dicroico (separador de raios) (2). Este exemplo mostra o conjunto de filtros para a detecção da molécula fluorescente fluoresceína. Lentes objetivas com alta abertura numérica são especialmente importantes nesse tipo de microscopia, pois, em uma dada magnitude, a luminosidade da imagem fluorescente é proporcional à quarta potência da abertura numérica (ver também Figura 9-6).

permite apenas a passagem de comprimentos de onda que excitem um determinado corante fluorescente, enquanto o segundo filtro bloqueia a passagem dessa luz, permitindo somente a passagem daqueles comprimentos de onda emitidos quando o corante fluoresce (**Figura 9-12B**).

A microscopia de fluorescência é mais utilizada para detectar proteínas específicas ou outras moléculas em células e tecidos. Uma técnica muito eficaz e bastante usada é acoplar corantes fluorescentes a moléculas de anticorpos, que então servem como reagentes para coloração altamente específicos e versáteis que se ligam de forma seletiva a determinadas macromoléculas as quais eles reconhecem nas células ou na matriz extracelular. Dois corantes fluorescentes que têm sido comumente usados para esse propósito são a *fluoresceína*, que emite uma fluorescência verde intensa quando excitada com luz azul, e a *rodamina*, que emite uma fluorescência vermelha quando excitada com luz amarelo-esverdeada (**Figura 9-13**). Acoplando-se um anticorpo à fluoresceína e outro à rodamina, as distribuições de diferentes moléculas podem ser comparadas em uma mesma célula; as duas moléculas são visualizadas separadamente ao microscópio, alterando-se os dois conjuntos de filtros, cada um específico para cada corante. Como mostrado na **Figura 9-14**, três corantes fluorescentes podem ser usados, da mesma maneira, para distinguir três tipos de moléculas na mesma célula. Muitos corantes fluorescentes mais novos, como Cy3, Cy5 e Alexa, foram desenvolvidos especificamente para microscopia de fluorescência (ver Figura 9-13), mas, como muitos fluorocromos orgâ-

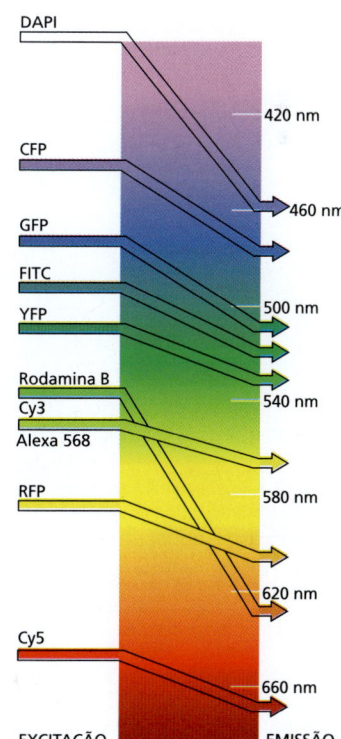

Figura 9-13 Sondas fluorescentes. Os comprimentos de onda máximos de excitação e emissão de várias sondas fluorescentes, normalmente utilizadas, estão mostrados em relação às cores correspondentes do espectro. O fóton emitido por uma molécula fluorescente é necessariamente de menor energia (comprimento de onda mais longo) do que o fóton absorvido, e isso explica a diferença entre os picos de excitação e emissão. CFP, GFP, YFP e RFP são proteínas fluorescentes azul, verde, amarela e vermelha, respectivamente. O DAPI é bastante usado como uma sonda de DNA fluorescente geral, que absorve luz ultravioleta e fluoresce azul-brilhante. FITC é uma abreviação para isotiocianato de fluoresceína, um derivado amplamente utilizado da fluoresceína, que fluoresce verde-brilhante. As outras sondas em geral são todas usadas para marcar, fluorescentemente, anticorpos e outras proteínas. O uso de proteínas fluorescentes será discutido mais adiante neste capítulo.

Figura 9-14 Diferentes sondas fluorescentes podem ser visualizadas na mesma célula. Nesta micrografia composta de uma célula em mitose, três sondas fluorescentes diferentes foram usadas para corar três componentes celulares diferentes (Animação 9.1). Os microtúbulos do fuso são revelados com um anticorpo *verde* fluorescente, os centrômeros com um anticorpo *vermelho* fluorescente, e o DNA dos cromossomos condensados com o corante *azul* fluorescente DAPI. (Cortesia de Kevin F. Sullivan.)

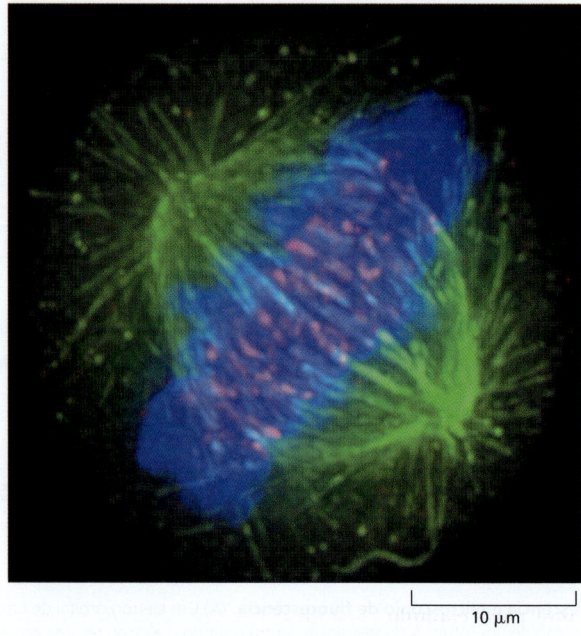

nicos, eles esmaecem rapidamente quando iluminados continuamente. Fluorocromos mais estáveis foram desenvolvidos com base na química inorgânica. Minúsculos cristais de material semicondutor, chamados de nanopartículas, ou *quantum dots*, podem ser excitados para fluorescer por um amplo espectro de luz azul. Sua luz emitida tem uma cor que depende do tamanho exato do nanocristal, entre 2 e 10 nm de diâmetro, e, adicionalmente, a fluorescência enfraquece de modo gradual com o tempo (**Figura 9-15**). Essas nanopartículas, quando acopladas a outras sondas, como anticorpos, são ideais para rastrear moléculas durante determinado momento. Se introduzidas em uma célula viva – em um embrião, por exemplo –, a progênie daquela célula pode ser observada vários dias mais tarde por sua fluorescência, permitindo que as linhagens celulares sejam rastreadas.

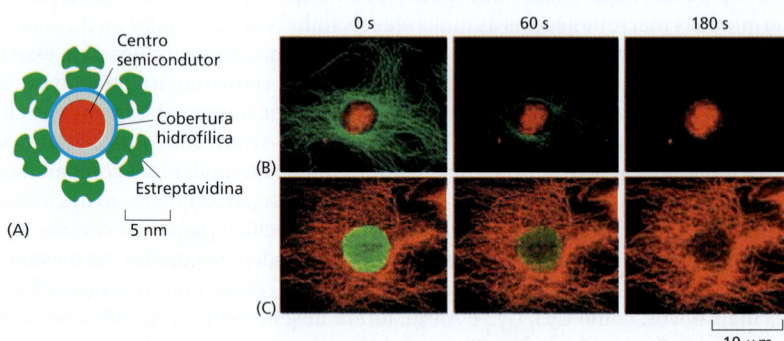

Figura 9-15 Nanopartículas fluorescentes ou *quantum dots* (nanocristais semicondutores). (A) Os nanocristais semicondutores são minúsculas partículas de seleneto de cádmio, um semicondutor com uma cobertura para torná-los solúveis em água. Eles podem ser acoplados a moléculas proteicas, como anticorpos ou estreptavidina, e, quando introduzidos na célula, se ligarão a uma proteína-alvo de interesse. Os nanocristais semicondutores de diferentes tamanhos emitem luz de diferentes cores – quanto maior o nanocristal, mais longo o comprimento de onda –, mas eles são todos excitados pela mesma luz azul. Os nanocristais semicondutores podem permanecer radiantes por semanas, diferentemente da maioria dos corantes orgânicos fluorescentes. (B) Nesta célula, os microtúbulos são marcados *(verde)* com um corante fluorescente orgânico (Alexa 488), enquanto uma proteína nuclear é marcada *(vermelho)* com nanocristais semicondutores ligados à estreptavidina. Com a exposição contínua à luz azul forte, o corante fluorescente esmaece rapidamente enquanto os nanocristais continuam a brilhar. (C) Nesta célula, o padrão de marcação é o contrário; uma proteína nuclear é marcada *(verde)* com um corante fluorescente orgânico (Alexa 488), enquanto os microtúbulos são marcados *(vermelho)* com nanocristais semicondutores. Novamente, os nanocristais duram muito mais do que os corantes fluorescentes. (B e C, de L. Medintz et al., *Nat. Mater.* 4:435–446, 2005. Com permissão de Macmillan Publishers Ltd.)

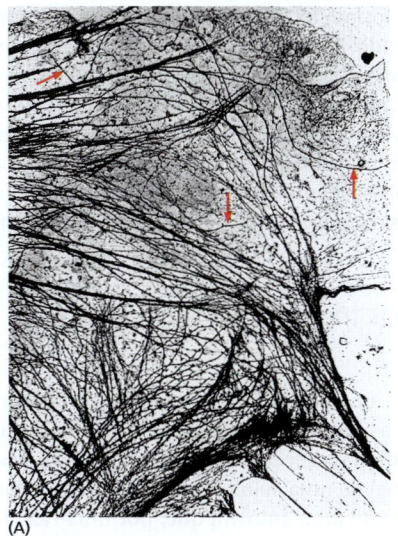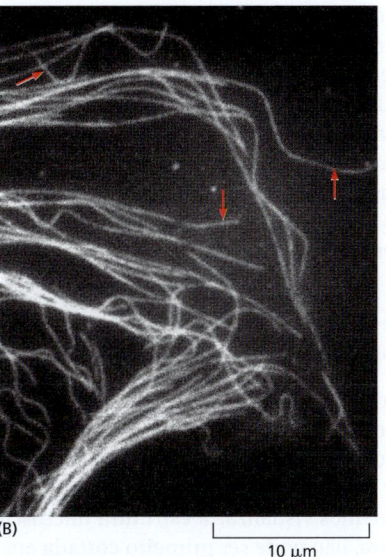

Figura 9-16 **Imunofluorescência.** (A) Uma micrografia eletrônica de transmissão da área periférica de células epiteliais em cultura, mostrando a distribuição dos microtúbulos e de outros filamentos. (B) A mesma área corada com anticorpos fluorescentes contra tubulina, a proteína que compõe microtúbulos, utilizando a técnica de imunocitoquímica indireta (ver Figura 9-17). As *setas vermelhas* indicam microtúbulos individuais que são prontamente reconhecidos nas duas imagens. Note que, pelos efeitos de difração, os microtúbulos ao microscópio óptico aparecem com 0,2 μm de largura, em vez da sua largura real de 0,025 μm. (De M. Osborn, R. Webster e K. Weber, *J. Cell Biol.* 77:R27–R34, 1978. Com permissão de The Rockefeller University Press.)

Mais adiante, neste capítulo, serão discutidos métodos de microscopia de fluorescência adicionais que podem ser utilizados para monitorar alterações na concentração e localização de moléculas específicas dentro de células *vivas*.

Os anticorpos podem ser utilizados para detectar moléculas específicas

Anticorpos são proteínas produzidas pelo sistema imune de vertebrados como uma defesa contra infecções (discutido no Capítulo 24). Eles são únicos entre as proteínas, pois são produzidos em bilhões de formas diferentes, cada uma com um sítio de ligação diferente que reconhece uma molécula-alvo específica (ou *antígeno*). A precisa especificidade dos anticorpos pelo antígeno faz deles ferramentas importantes para os biólogos celulares. Quando marcados com corantes fluorescentes, eles têm um valor inestimável para localizar moléculas específicas nas células por meio da microscopia de fluorescência (**Figura 9-16**); marcados com partículas eletrodensas, como esferas de ouro coloidal, eles são usados para propósitos semelhantes no microscópio eletrônico (discutido a seguir). Os anticorpos utilizados na microscopia normalmente ou são purificados a partir do antissoro para remover todos os anticorpos inespecíficos, ou são anticorpos monoclonais específicos que apenas reconhecem a molécula-alvo.

Quando usamos os anticorpos como sonda para detectar e testar moléculas específicas nas células, frequentemente usamos métodos químicos para amplificar o sinal fluorescente que eles produzem. Por exemplo, embora uma molécula marcadora, como um corante fluorescente, possa ser ligada diretamente a um anticorpo – o *anticorpo primário* –, um sinal mais forte é alcançado utilizando-se um anticorpo primário não marcado e, depois, detectando-o com um grupo de *anticorpos secundários* marcados que se ligam a ele (**Figura 9-17**). Esse processo é chamado de *imunocitoquímica indireta*.

Alguns métodos de amplificação usam uma enzima como molécula marcadora, ligada a um anticorpo secundário. A enzima fosfatase alcalina, por exemplo, na presen-

Figura 9-17 **Imunocitoquímica indireta.** Este método de detecção é muito sensível porque várias moléculas do anticorpo secundário reconhecem cada anticorpo primário. O anticorpo secundário é ligado de forma covalente a uma molécula marcadora que o torna prontamente detectável. Os marcadores de moléculas comumente utilizados incluem as sondas fluorescentes (para microscopia de fluorescência), a enzima peroxidase da raiz-forte (tanto para microscopia óptica convencional quanto para microscopia eletrônica), as esferas de ouro coloidal (para microscopia eletrônica) e as enzimas fosfatase alcalina ou peroxidase (para detecção bioquímica).

ça de agentes químicos apropriados, produz fosfato inorgânico, que, por sua vez, leva à formação localizada de um precipitado colorido. Isso revela a localização do anticorpo secundário e, assim, a localização do complexo antígeno-anticorpo. Como cada molécula de enzima atua cataliticamente para gerar milhares de moléculas do produto, mesmo quantidades ínfimas de antígeno podem ser detectadas. Embora a amplificação da enzima torne os métodos ligados à enzima sensíveis, a difusão do precipitado colorido para longe da enzima limita a resolução espacial desse método para microscopia, e marcadores fluorescentes normalmente são utilizados para uma localização óptica mais sensível e precisa.

É possível obter imagens de objetos tridimensionais complexos com o microscópio óptico

Para a microscopia óptica comum, como visto, um tecido deve ser processado em cortes finos para ser examinado; quanto mais finos os cortes, mais nítida é a imagem. Já que a informação sobre a terceira dimensão é perdida na secção, como então é possível obter uma imagem da arquitetura tridimensional de uma célula ou de um tecido e como podemos visualizar a estrutura microscópica de uma amostra que, por uma razão ou outra, não pode ser primeiro cortada em secções? Embora um microscópio óptico seja focalizado em um plano focal específico em uma amostra tridimensional, todas as outras partes da amostra acima e abaixo do plano de foco também são iluminadas, e a luz originada a partir dessas regiões contribui para a imagem com áreas "fora de foco". Isso pode tornar muito difícil a interpretação da imagem com detalhes e pode levar à ocultação da estrutura refinada da imagem pela luz fora de foco.

Duas abordagens distintas, mas complementares, foram desenvolvidas para solucionar esse problema: uma é computacional, a outra é óptica. Esses métodos de visualização na microscopia tridimensional tornam possível focalizar um plano escolhido em uma amostra espessa enquanto se rejeita a luz que vem de regiões fora de foco acima e abaixo daquele plano. Dessa forma, é vista uma *secção óptica* delgada nítida. A partir de uma série de tais secções ópticas obtidas de diferentes profundidades e armazenadas no computador, pode-se reconstruir uma imagem tridimensional. Os métodos fazem, para os microscopistas, o que a tomografia computadorizada (TC) faz (por instrumentos diferentes) para os radiologistas que investigam o corpo humano: ambos os aparelhos fornecem vistas seccionais detalhadas do interior de uma estrutura intacta.

A abordagem computacional frequentemente é chamada de *deconvolução da imagem*. Para entender como funciona, lembre que a natureza da onda de luz significa que o sistema de lentes do microscópio produz um pequeno disco borrado como a imagem de uma fonte pontual de luz (ver Figura 9-5), com um borrão aumentado se a fonte pontual estiver acima ou abaixo do plano de foco. Essa imagem borrada de uma fonte pontual é chamada de *função de espalhamento de um ponto* (ver Figura 9-36). Pode-se imaginar uma imagem de um objeto complexo como sendo construída pela substituição de cada ponto da amostra por um disco borrado correspondente, resultando em uma imagem borrada por inteiro. Para a deconvolução, primeiro obtemos uma série de imagens (borradas), em geral com uma câmera CCD refrigerada ou, mais recentemente, com uma câmera CMOS, focalizando o microscópio em uma série de planos focais por vez – na realidade, uma imagem tridimensional (borrada). O processamento digital de uma série de imagens digitais então remove o máximo de borrões possíveis. Em essência, o programa de computador utiliza a função de espalhamento de um ponto fonte de luz daquele microscópio para determinar qual o efeito que o borrão teria sobre a imagem e então aplica uma deconvolução equivalente, tornando a imagem tridimensional borrada em uma série de secções ópticas limpas, embora ainda restritas pelo limite da difração. Na **Figura 9-18** há um exemplo.

O microscópio confocal produz secções ópticas excluindo a luz fora de foco

O microscópio confocal alcança um resultado similar àquele da deconvolução, mas o faz pela manipulação da luz antes de ela ser medida; é uma técnica analógica, em vez de

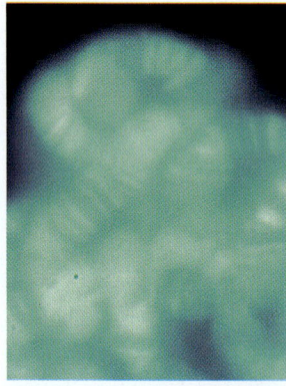

(A)

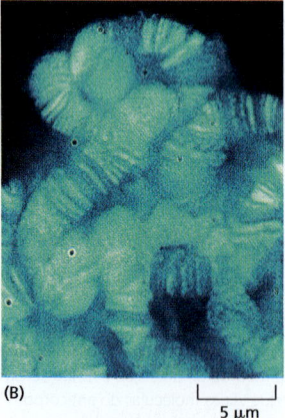

(B) ⊢──┤ 5 µm

Figura 9-18 Deconvolução da imagem. (A) Uma micrografia óptica dos grandes cromossomos politênicos da *Drosophila*, corados com um corante fluorescente que se liga ao DNA. (B) O mesmo campo de visão depois de uma deconvolução da imagem revela, claramente, o padrão de bandas nos cromossomos. Cada banda tem cerca de 0,25 µm de espessura, aproximando-se do limite de difração do microscópio óptico. (Cortesia do John Sedat Laboratory.)

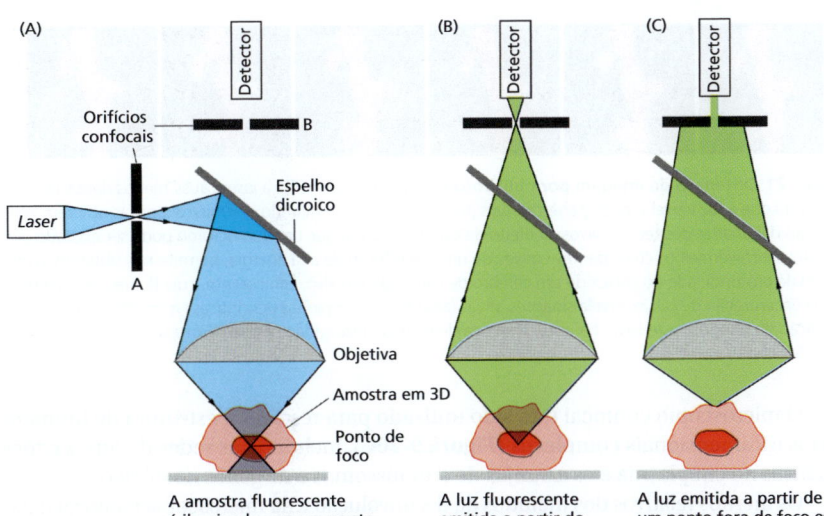

Figura 9-19 Microscópio confocal de fluorescência. (A) Este diagrama simplificado mostra que o arranjo básico dos componentes ópticos é similar ao microscópio-padrão de fluorescência, mostrado na Figura 9-12, exceto pelo fato de que um *laser* é utilizado para iluminar um pequeno orifício onde a imagem é focada em um único ponto na amostra tridimensional (3D). (B) A fluorescência emitida a partir deste ponto focal na amostra é focalizada em um segundo orifício (confocal). (C) A luz emitida de todo o resto da amostra não é focalizada aqui e, portanto, não contribui para a imagem final. Pela varredura do feixe de luz sobre a amostra, é gerada uma imagem bidimensional muito nítida, do plano exato de foco, que não é degradada significativamente pela luz de outras regiões da amostra.

digital. Os detalhes ópticos do **microscópio confocal** são complexos, mas a ideia básica é simples, como ilustrado na **Figura 9-19**, e os resultados são superiores àqueles obtidos por microscopia óptica convencional (**Figura 9-20A** e **B**).

O microscópio confocal costuma ser utilizado com óptica de fluorescência (ver Figura 9-12), mas, em vez de iluminar toda a amostra de uma vez, da maneira habitual, o sistema óptico focaliza a qualquer instante um ponto de luz sobre um único ponto da amostra, a uma profundidade específica. É necessária uma fonte de iluminação localizada, que normalmente é fornecida por um *laser*, cuja luz é passada através de um orifício. A fluorescência emitida a partir do material iluminado é coletada em um detector de luz adequado e usada para gerar uma imagem. Um orifício de abertura é colocado na frente do detector, em uma posição que é *confocal* com o orifício iluminador – isto é, precisamente onde os raios emitidos a partir do ponto iluminado na amostra atingem um foco. Assim, a luz desse ponto na amostra converge na abertura e entra no detector.

Em contrapartida, a luz das regiões fora do plano de foco do ponto de luz também está fora de foco no orifício de abertura e, dessa maneira, é excluída do detector (ver Figura 9-19). Para construir uma imagem bidimensional, dados de cada ponto no plano de foco são coletados sequencialmente pela varredura no campo da esquerda para a direita em um padrão regular de *pixels* e apresentados em uma tela de computador. Embora não seja mostrado na Figura 9-19, a varredura costuma ser realizada desviando-se o raio com um espelho oscilador colocado entre o espelho dicroico e as lentes objetivas, de modo que o ponto de iluminação e o orifício confocal no detector permaneçam rigorosamente ajustados. Variações instrumentais agora permitem a coleta rápida de dados em velocidade de vídeo.

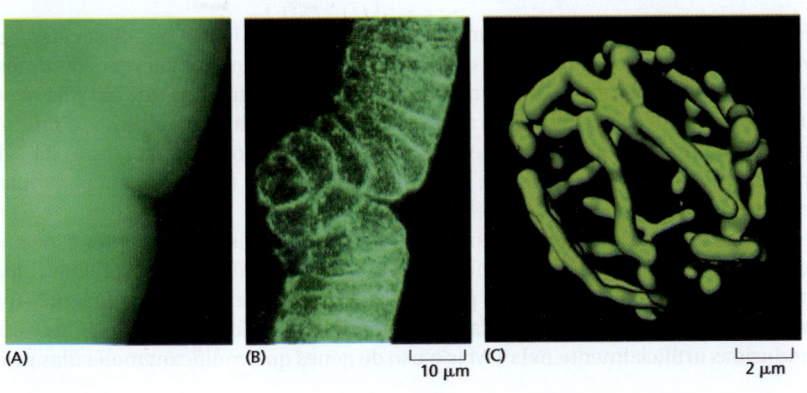

Figura 9-20 A microscopia confocal de fluorescência produz secções ópticas claras e conjuntos de dados tridimensionais. As duas primeiras micrografias são do mesmo embrião intacto de *Drosophila*, no estágio de gástrula, que foi corado com uma sonda fluorescente para filamentos de actina. (A) A imagem convencional não processada é borrada pela presença de estruturas fluorescentes acima e abaixo do plano de foco. (B) Na imagem confocal, essa informação fora de foco é removida, resultando em uma secção óptica nítida das células no embrião. (C) A reconstrução tridimensional de um objeto pode ser montada a partir de uma série de tais secções ópticas. Neste caso, a estrutura complexa ramificada do compartimento mitocondrial em uma única célula de levedura viva está mostrada. (A e B, cortesia de Richard Warn e Peter Shaw; C, cortesia de Stefan Hell.)

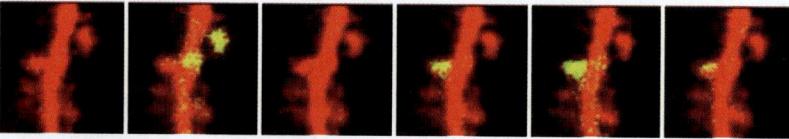

Figura 9-21 Obtenção de imagem por multifótons. A luz infravermelha a *laser* causa menos danos às células vivas do que a luz visível e pode penetrar mais profundamente, permitindo aos microscopistas obterem imagens mais detalhadas dos tecidos vivos. O efeito de dois fótons, em que um fluorocromo pode ser excitado por dois fótons infravermelhos coincidentes em vez de um único fóton de alta energia, permite-nos obter imagens a 0,5 mm de profundidade do córtex de um cérebro de camundongo vivo. Um corante, cuja fluorescência muda com a concentração de cálcio, revela sinapses ativas (*amarelo*) nas espinhas dendríticas (*vermelho*) que mudam em função do tempo; neste caso, há uma diferença de um dia entre cada imagem. (Cortesia de Thomas Oertner e Karel Svoboda.)

O microscópio confocal tem sido utilizado para resolver a estrutura de inúmeros objetos tridimensionais complexos (**Figura 9-20C**), incluindo as redes de fibras citoesqueléticas no citoplasma e os arranjos de cromossomos e de genes no núcleo.

Os méritos relativos dos métodos de deconvolução e da microscopia confocal para a microscopia óptica tridimensional dependem da amostra da qual está sendo obtida a imagem. Os microscópios confocais tendem a ser melhores para amostras mais espessas com níveis altos de luz fora de foco. Eles também costumam ser mais fáceis de usar do que os sistemas de deconvolução, e as secções ópticas finais podem ser vistas rapidamente. Por outro lado, as câmeras CCD resfriadas ou CMOS, utilizadas para sistemas de deconvolução, são extremamente eficientes em coletar pequenas quantidades de luz, podendo ser usadas para gerar imagens tridimensionais detalhadas de amostras que são coradas muito fracamente ou que são muito fáceis de danificar pela luz brilhante usada na microscopia confocal.

Entretanto, ambos os métodos têm outra desvantagem: nenhum deles é bom para lidar com amostras muito espessas. Os métodos de deconvolução tornam-se rapidamente ineficazes a uma profundidade de cerca de 40 μm em uma amostra, ao passo que os microscópios confocais podem obter imagens somente até uma profundidade de cerca de 150 μm. Microscópios especiais podem agora obter vantagem da maneira pela qual as moléculas fluorescentes são excitadas a fim de obterem maiores detalhes em uma amostra. As moléculas fluorescentes normalmente são excitadas por um único fóton de alta energia, de comprimento de onda mais curto do que o da luz emitida, mas podem, além disso, ser excitadas pela absorção de dois (ou mais) fótons de energia mais baixa, contanto que ambos cheguem com uma diferença máxima de um fentossegundo entre eles. O uso dessa excitação de comprimento de onda mais longo tem algumas vantagens importantes. Além de reduzir o ruído de fundo, a luz vermelha ou próxima ao infravermelho pode penetrar mais profundamente na amostra. Microscópios multifótons, construídos para tirar vantagem desse efeito *dois fótons*, podem obter imagens nítidas, às vezes mesmo a uma profundidade de 250 μm em uma amostra. Isso é particularmente interessante para estudos de células vivas, sobretudo na obtenção de imagens da atividade dinâmica de sinapses e neurônios logo abaixo da superfície de cérebros vivos (**Figura 9-21**).

Proteínas individuais podem ser marcadas fluorescentemente nas células e nos organismos vivos

Até mesmo as estruturas celulares mais estáveis devem ser formadas, dissociadas e reorganizadas durante o ciclo de vida celular. Outras estruturas, muitas vezes enormes na escala molecular, alteram-se, movem-se e se reorganizam à medida que a célula conduz seus processos internos e responde ao seu ambiente. Estruturas complexas e muito organizadas de uma maquinaria molecular movem os componentes em torno da célula controlando o tráfego para dentro e para fora do núcleo, de uma organela para outra, e para dentro e para fora da própria célula.

Várias técnicas foram desenvolvidas para visualizar os componentes específicos envolvidos em tal fenômeno dinâmico. Muitos desses métodos usam proteínas fluorescentes e requerem um acerto entre preservação estrutural e marcação eficiente. Todas as moléculas fluorescentes discutidas até agora são produzidas fora das células e então introduzidas artificialmente nelas. Mas o uso de genes que codificam moléculas proteicas que são fluorescentes de maneira inerente também permite a criação de organismos e linhagens celulares que produzem suas próprias marcas visíveis sem a introdução de moléculas estranhas. Essas exibicionistas celulares expõem seus trabalhos internos em cor fluorescente brilhante.

Muito importante entre as proteínas fluorescentes utilizadas por biólogos celulares para esses propósitos é a **proteína verde fluorescente** (**GFP**, *green fluorescent protein*), isolada da água-viva *Aequorea victoria*. Essa proteína é codificada por um único gene, que pode ser clonado e introduzido em células de outras espécies. A proteína recém-traduzida não é fluorescente, mas dentro de mais ou menos 1 hora (menos para alguns alelos do gene, mais para outros), ela sofre uma modificação pós-traducional autocatalisada para gerar um fluorocromo eficiente, protegido dentro de uma proteína em forma de barril, que agora fluoresce quando iluminada de maneira apropriada com luz azul (**Figura 9-22**). A mutagênese sítio-direcionada extensiva realizada na sequência gênica original resultou em variantes múltiplas que podem ser usadas de forma eficaz em organismos desde animais e plantas até fungos e micróbios. A eficiência de fluorescência também foi melhorada, e variantes foram geradas com um espectro de absorção e emissão alterado, do azul-verde, como a proteína azul fluorescente (BFP), até o vermelho. Descobriu-se (p. ex., em corais) que outras proteínas fluorescentes relacionadas também estendem sua faixa de emissão até a região vermelha do espectro, como a proteína vermelha fluorescente (RFP).

Um dos usos mais simples da GFP é como molécula-repórter, uma sonda fluorescente para monitorar a expressão gênica. Um organismo transgênico pode ser obtido com uma sequência codificadora para GFP colocada sob o controle transcricional do promotor pertencente a um gene de interesse, mostrando visivelmente o padrão de expressão do gene no organismo vivo (**Figura 9-23**). Em outra aplicação, um sinal de localização do peptídeo pode ser adicionado à GFP para direcioná-la a um compartimento celular específico, como o retículo endoplasmático ou a mitocôndria, iluminando essas organelas de maneira que elas possam ser observadas enquanto vivas (ver Figura 12-31).

A sequência de DNA codificadora para GFP também pode ser inserida no início ou no final de um gene para outra proteína, gerando um produto quimérico que consiste naquele da proteína com o domínio da GFP ligado. Em vários casos, essa proteína fusionada com GFP se comporta da mesma maneira que a proteína original, revelando diretamente sua localização e suas atividades por meio da sua fluorescência codificada geneticamente (**Figura 9-24**). Com frequência, é possível provar que a proteína fusionada à GFP é funcionalmente equivalente à proteína não fusionada, utilizando-a, por exemplo, para resgatar um mutante deficiente da proteína. A marcação com GFP é a maneira mais clara e mais inequívoca de mostrar a distribuição e a dinâmica de uma proteína em um organismo vivo (**Figura 9-25** e ver **Animação 16.8**).

A dinâmica das proteínas pode ser acompanhada em células vivas

As proteínas fluorescentes estão sendo exploradas não apenas para determinar o local em uma célula onde uma proteína específica está localizada, mas também para observar suas propriedades cinéticas e se ela interage com outras moléculas. Descreveremos três técnicas nas quais as proteínas fluorescentes são utilizadas dessa maneira.

Primeiro, as interações entre uma proteína e outra podem ser monitoradas pela **transferência de energia por ressonância de fluorescência**, também chamada de **transferência de energia por ressonância de Förster**, ambas abreviadas **FRET**. Nessa técnica, duas moléculas de interesse são marcadas, cada uma com um fluorocromo diferente, escolhido de modo que o espectro de emissão de um fluorocromo, o doador,

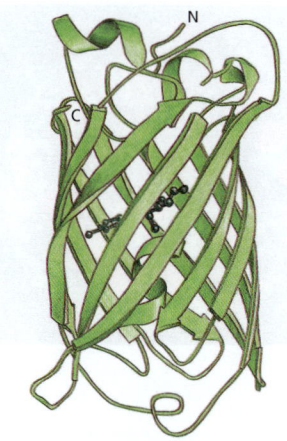

Figura 9-22 Proteína verde fluorescente (GFP). A estrutura da GFP, mostrada aqui esquematicamente, destaca as 11 fitas β que formam as aduelas de um barril. No centro do barril está o cromóforo (*verde-escuro*) formado após a tradução, a partir das cadeias laterais protuberantes de três resíduos de aminoácidos. (De M. Ormö et al., *Science* 273:1392–1395, 1996. Com permissão de AAAS.)

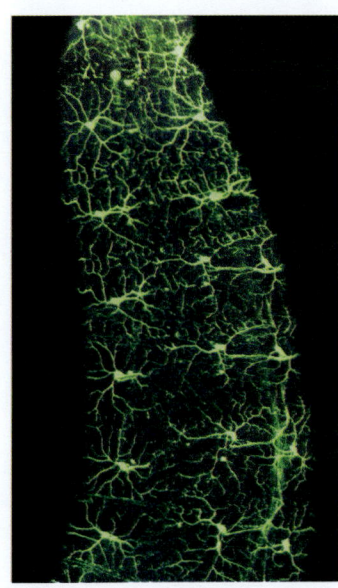

Figura 9-23 A proteína verde fluorescente (GFP) usada como repórter. Para este experimento, realizado na mosca-das-frutas, o gene para GFP foi ligado (utilizando-se técnicas de DNA recombinante) a um promotor de mosca que é ativo apenas em um grupo especializado de neurônios. Esta imagem de um embrião de mosca vivo foi obtida por um microscópio de fluorescência e mostra aproximadamente 20 neurônios, cada um com longas projeções (axônios e dendritos) que se comunicam com outras células (não fluorescentes). Esses neurônios estão localizados logo abaixo da superfície do animal e permitem que ele perceba o ambiente adjacente. (De W.B. Grueber et al., *Curr. Biol.* 13:618–626, 2003. Com permissão de Elsevier.)

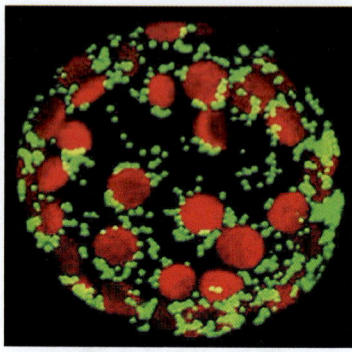

Figura 9-24 Proteínas marcadas com GFP. Esta célula viva de planta do tabaco está expressando níveis altos da proteína verde fluorescente, fusionada a uma proteína presente em mitocôndrias, que aparecem em *verde*. As mitocôndrias aparecem formando grupos ao redor dos cloroplastos, cuja autofluorescência da clorofila os marca em *vermelho*. (Cortesia de Olivier Grandjean.)

sobreponha-se ao espectro de absorção do outro, o aceptor. Se as duas proteínas se ligam de modo a trazer os dois fluorocromos bem próximos um do outro (menos de 5 nm de distância), um fluorocromo, quando excitado, pode transferir energia a partir da luz absorvida diretamente (por meio de ressonância, não radioativamente) para o outro. Assim, quando o complexo é iluminado no comprimento de onda de excitação do primeiro fluorocromo, luz é produzida no comprimento de onda de emissão do segundo. Esse método pode ser usado com duas variantes de GFP com espectros diferentes como fluorocromos para monitorar processos, como a interação de moléculas de sinalização com seus receptores ou proteínas em complexos macromoleculares em sítios específicos dentro das células vivas (**Figura 9-26**). A FRET pode ser medida pela quantificação da redução da fluorescência do doador na presença do aceptor.

Um segundo exemplo de técnica de marcação por fluorescência que permite observações detalhadas das proteínas dentro das células envolve a síntese de uma forma inativa da molécula fluorescente de interesse, introduzindo-a na célula e então ativando-a repentinamente em um local escolhido na célula por meio da focalização de um ponto de luz sobre o local. Esse processo é chamado de **fotoativação**. Vários precursores fotossensíveis inativos desse tipo, muitas vezes chamados de *moléculas encarceradas*, foram produzidos com base em uma variedade de moléculas fluorescentes. Um microscópio pode ser utilizado para focar um forte pulso de luz, a partir de um *laser*, sobre qualquer região minúscula da célula, de modo que o pesquisador possa controlar exatamente onde e quando a molécula fluorescente é fotoativada. A técnica nos permite acompanhar processos intracelulares rápidos e complexos, como as ações de sinalizar moléculas ou os movimentos das proteínas citoesqueléticas.

Quando uma marca fluorescente fotoativável é ligada a uma proteína purificada, é importante que a proteína modificada permaneça ativa biologicamente: a marcação com corantes fluorescentes encarcerados adiciona um grupamento volumoso à superfície de uma proteína, que pode facilmente alterar as propriedades da proteína. Um protocolo de marcação satisfatório normalmente é encontrado por tentativa e erro. Uma vez que uma proteína marcada biologicamente ativa foi produzida, ela precisa ser introduzida na célula viva, onde seu comportamento possa ser acompanhado. A tubulina, marcada com fluoresceína encarcerada, por exemplo, pode ser injetada em uma célula em divisão, onde pode ser incorporada nos microtúbulos de um fuso mitótico. Quando uma pequena região do fuso é iluminada com um *laser*, a tubulina marcada se torna fluorescente, de modo que seu movimento ao longo dos microtúbulos do fuso pode ser prontamente seguido (**Figura 9-27**).

Outro desenvolvimento na fotoativação é a descoberta de que genes que codificam GFP e proteínas fluorescentes relacionadas podem ser modificados por engenharia

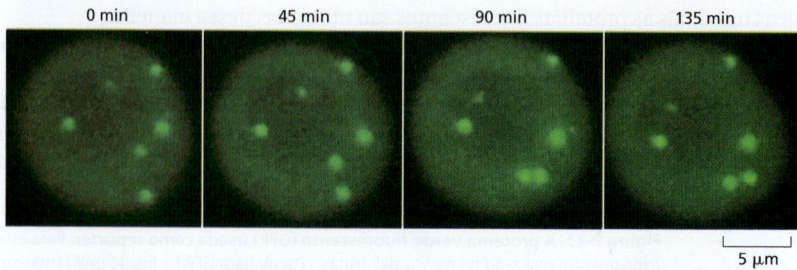

Figura 9-25 Dinâmica da marcação com GFP. Esta sequência de micrografias mostra um conjunto de imagens tridimensionais de um núcleo vivo obtidas ao longo de 135 minutos. As células de tabaco foram estavelmente transformadas com GFP fusionada a uma proteína do spliceossomo concentrada em pequenos corpos nucleares chamados de corpos de Cajal (ver Figura 6-46). Os corpos de Cajal fluorescentes, facilmente visíveis em uma célula viva com microscopia confocal, são estruturas dinâmicas que se movem dentro do núcleo. (Cortesia de Kurt Boudonck, Liam Dolan e Peter Shaw.)

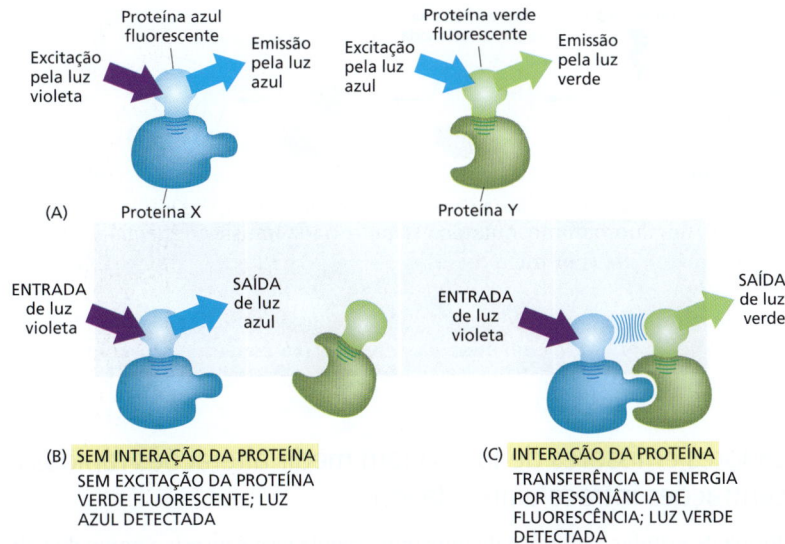

Figura 9-26 Transferência de energia por ressonância de fluorescência (FRET). Para determinar se (e quando) duas proteínas interagem dentro de uma célula, as proteínas são inicialmente produzidas como proteínas de fusão ligadas a variantes de cores diferentes da GFP. (A) Neste exemplo, a proteína X é ligada a uma proteína azul fluorescente, que é excitada por luz violeta (370-440 nm) e emite luz azul (440-480 nm); a proteína Y é ligada a uma GFP verde, que é excitada por luz azul (440-480 nm) e emite luz verde (510 nm). (B) Se as proteínas X e Y não interagirem, a incidência de luz violeta na amostra gera fluorescência apenas a partir da proteína azul fluorescente. (C) Quando a proteína X e a proteína Y interagem, a transferência de energia por ressonância, FRET, pode ocorrer. A incidência de luz violeta na amostra excita a proteína azul fluorescente, que transfere sua energia para a GFP, resultando na emissão de luz verde. Os fluorocromos devem estar muito próximos – cerca de 1 a 5 nm um do outro – para que a FRET ocorra. Como nem todas as moléculas das proteínas X e Y estão ligadas todo o tempo, alguma luz azul ainda pode ser detectada. Mas quando as duas proteínas começam a interagir, a emissão a partir da proteína azul fluorescente doadora decai à medida que a emissão a partir da GFP aceptora aumenta.

genética para produzir variantes da proteína, em geral com uma ou mais alterações de aminoácidos. Tais variantes fluorescem apenas fracamente sob condições normais de excitação, mas podem ser induzidas a fluorescer mais fortemente ou com uma mudança de cor (p. ex., de verde para vermelho) por sua ativação com um forte pulso de luz a um comprimento de onda diferente. Em princípio, o microscopista pode então seguir o comportamento local *in vivo* de qualquer proteína que possa ser expressa como uma fusão com uma dessas variantes de GFP. Essas proteínas fluorescentes codificadas geneticamente para serem fotoativáveis permitem que o tempo de vida e o comportamento de qualquer proteína sejam estudados independentemente de outras proteínas recém-sintetizadas (**Figura 9-28**).

Uma terceira maneira de explorar a GFP fusionada a uma proteína de interesse é conhecida como **recuperação da fluorescência após fotoclareamento** (**FRAP**). Aqui usamos um feixe de luz forte focalizado de um *laser* para extinguir a fluorescência da GFP em uma região específica da célula. Depois disso, podemos analisar a maneira como as moléculas proteicas fluorescentes não fotoclareadas que sobraram se movimentam para a área clareada em função do tempo. Essa técnica normalmente é realizada com um microscópio confocal e, como na fotoativação, pode fornecer dados quantitativos valiosos sobre os parâmetros cinéticos das proteínas, como os coeficientes de difusão, taxas de transporte ativo ou taxas de ligação e dissociação de outras proteínas (**Figura 9-29**).

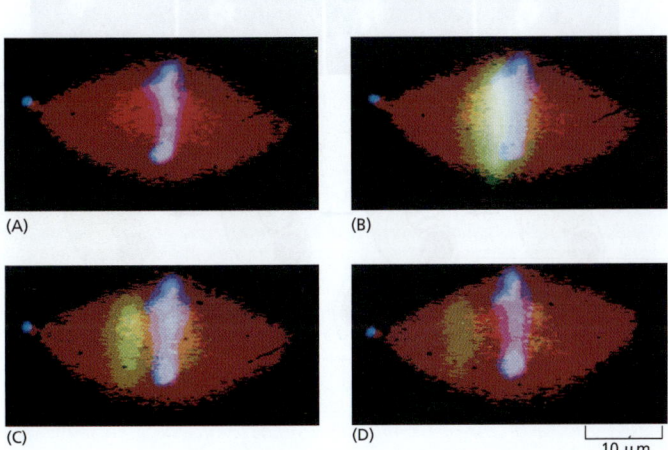

Figura 9-27 Determinação do fluxo de microtúbulos no fuso mitótico utilizando fluoresceína encarcerada ligada à tubulina. (A) Um fuso metafásico formado *in vitro* a partir de extrato de ovos de *Xenopus* incorporou três marcadores fluorescentes: tubulina marcada com rodamina (*vermelho*) para marcar todos os microtúbulos, um corante *azul*, que se liga ao DNA, marcando os cromossomos, e tubulina marcada com fluoresceína encarcerada, que também é incorporada em todos os microtúbulos, mas é invisível, pois não fluoresce enquanto não for ativada por luz ultravioleta (UV). (B) Um feixe de luz UV é usado para ativar ou "libertar" a tubulina marcada com fluoresceína encarcerada, no local exato, principalmente do lado esquerdo da placa de metáfase. Pelos próximos poucos minutos – depois de 1,5 minuto em (C) e depois de 2,5 minutos em (D) –, o sinal da tubulina marcada com fluoresceína libertada se move em direção ao polo esquerdo do fuso, indicando que a tubulina está se movendo continuamente em direção ao polo mesmo que o fuso (visualizado pela fluorescência *vermelha* da tubulina marcada com rodamina) permaneça imóvel. (Se K.E. Sawin e T.J. Mitchison, *J. Cell Biol.* 112:941–954, 1991. Com permissão de The Rockefeller University Press.)

Figura 9-28 Fotoativação. Fotoativação é a ativação induzida por luz de uma molécula inerte para um estado ativo. Neste experimento, ilustrado esquematicamente em (A), uma variante fotoativável de GFP é expressa em uma célula animal em cultura. Antes da ativação (tempo 0 s), pouca ou nenhuma fluorescência de GFP é detectada na região selecionada (*círculo vermelho*) quando excitada por luz azul a 488 nm. Após ativação da GFP usando um pulso de UV a *laser* a 413 nm, ela rapidamente fluoresce na região selecionada (*verde*). O movimento de GFP, à medida que ela se difunde para fora dessa região, pode ser medido. Uma vez que apenas as proteínas fotoativadas são fluorescentes dentro da célula, as vias de tráfego, de modificação e de degradação das proteínas podem ser monitoradas. (B, de J. Lippincott-Schwartz e G.H. Patterson, *Science* 300:87–91, 2003.)

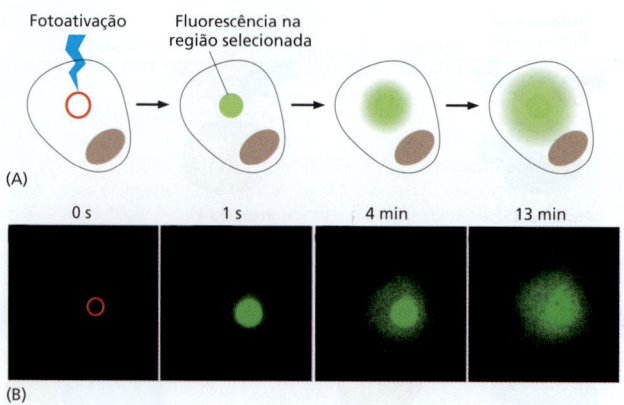

Indicadores emissores de luz podem medir alterações rápidas nas concentrações intracelulares de íons

Uma forma de estudar a química de uma única célula viva é inserir a ponta de vidro de um **microeletrodo** sensível a íons diretamente no interior da célula através da membrana plasmática. Essa técnica é utilizada para medir as concentrações intracelulares de íons inorgânicos comuns, como H^+, Na^+, K^+, Cl^- e Ca^{2+}. Entretanto, os microeletrodos sensíveis a íons revelam a concentração de íons apenas em um ponto na célula, e, para um íon presente em concentrações muito baixas, como o Ca^{2+}, suas respostas são lentas e, às vezes, irregulares. Portanto, esses microeletrodos não são adequados para registrar as mudanças rápidas e transitórias na concentração do Ca^{2+} citosólico que têm um papel importante em permitir que as células respondam a sinais extracelulares. Tais alterações podem ser analisadas com o uso de **indicadores sensíveis a íons**, dos quais a emissão de luz reflete a concentração local do íon. Alguns desses indicadores são luminescentes (emitem luz espontaneamente), enquanto outros são fluorescentes (emitem luz quando expostos à luz).

A *aequorina* é uma proteína luminescente isolada da mesma água-viva marinha que produz GFP. Ela emite luz na presença de Ca^{2+} e responde a alterações na concentração de Ca^{2+} na faixa de 0,5 a 10 μM. Quando microinjetada em um ovo, por exemplo, a aequorina emite luz em resposta a uma liberação localizada repentina de Ca^{2+} livre no

Figura 9-29 Recuperação da fluorescência após fotoclareamento (FRAP). Um pulso forte de luz *laser* focalizado irá extinguir, ou clarear, a fluorescência da GFP. Pelo fotoclareamento seletivo de um grupo de moléculas proteicas marcadas fluorescentemente dentro de uma região definida da célula, o microscopista pode monitorar a recuperação com o tempo, à medida que as moléculas fluorescentes restantes se movem para dentro da região clareada (ver **Animação 10.6**). (A) O experimento mostrado utiliza células de macaco em cultura que expressam galactosil transferase, uma enzima que se recicla constantemente entre o aparelho de Golgi e o retículo endoplasmático (RE). O aparelho de Golgi em uma das duas células é fotoclareado seletivamente, enquanto a produção de nova proteína fluorescente é bloqueada pelo tratamento das células com ciclo-hexamida. A recuperação, resultante de moléculas de enzima fluorescentes que se movem do RE para o Golgi, pode então ser acompanhada por um período de tempo. (B) Diagrama esquemático do experimento mostrado em (A). (A, de J. Lippincott-Schwartz, *Histochem. Cell Biol.* 116:97–107, 2001. Com permissão de Springer-Verlag.)

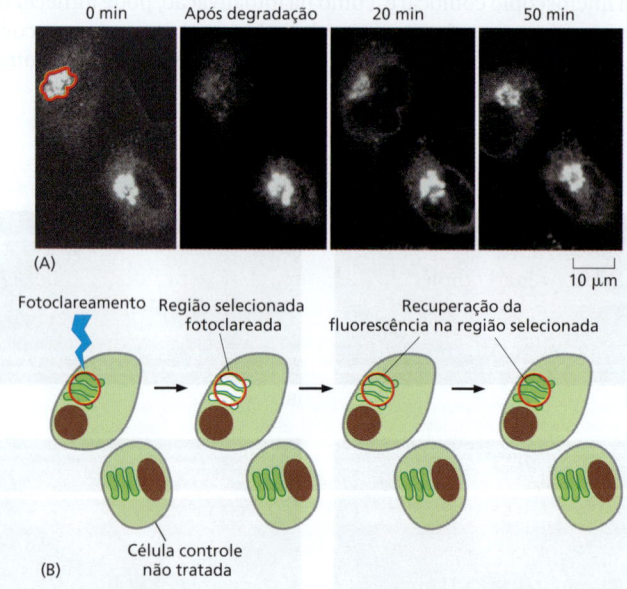

Figura 9-30 Aequorina, uma proteína luminescente. A proteína luminescente aequorina emite luz azul na presença de Ca^{2+} livre. Aqui, um óvulo do peixe Medaka foi injetado com aequorina, que se difundiu através do citosol, e foi, então, fertilizado com um espermatozoide e examinado com a ajuda de uma câmara muito sensível. As quatro fotografias foram tiradas pelo lado de entrada do espermatozoide, a intervalos de 10 segundos, e revelam uma onda de liberação de Ca^{2+} para o citosol a partir de reservatórios internos localizados logo abaixo da membrana plasmática. Essa onda se move pelo óvulo, começando a partir do ponto de entrada do espermatozoide, como indicado nos diagramas à *esquerda*. (Fotografias reproduzidas de J.C. Gilkey, L.F. Jaffe, E.B. Ridgway e G.T. Reynolds, *J. Cell Biol.* 76:448–466, 1978. Com permissão de The Rockefeller University Press.)

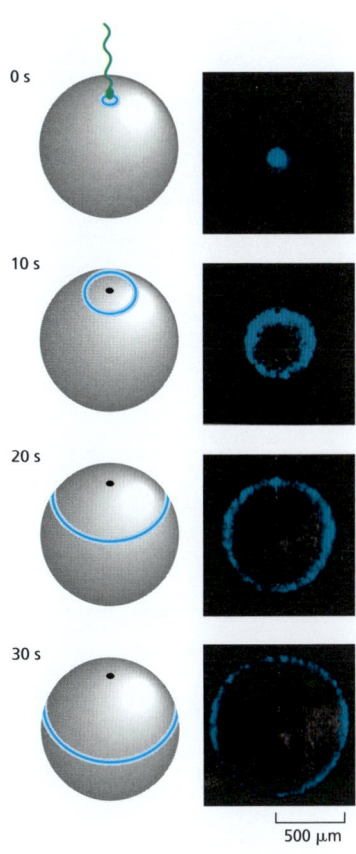

citoplasma que ocorre quando o ovo é fertilizado (**Figura 9-30**). A aequorina também foi expressa transgenicamente em plantas e outros organismos para possibilitar um método de monitorar Ca^{2+} em todas suas células, sem a necessidade da microinjeção, o que pode ser um procedimento difícil.

As moléculas bioluminescentes, como a aequorina, emitem ínfimas quantidades de luz – no máximo, uns poucos fótons por molécula indicadora – difíceis de medir. Indicadores fluorescentes produzem ordens de magnitude a mais de fótons por molécula; dessa maneira, são mais fáceis de medir e podem fornecer uma resolução espacial melhor. Indicadores fluorescentes de Ca^{2+} codificados geneticamente foram sintetizados. Eles ligam Ca^{2+} com maior afinidade e são excitados ou emitem luz em comprimentos de onda levemente diferentes quando estão livres de Ca^{2+} do que quando estão na forma ligada ao Ca^{2+}. Medindo a proporção na intensidade da fluorescência em dois comprimentos de onda de excitação ou de emissão, podemos determinar a proporção entre a concentração do indicador ligado a Ca^{2+} e do indicador livre de Ca^{2+}, proporcionando, desse modo, uma medida acurada da concentração de Ca^{2+} livre (ver **Animação 15.4**). Indicadores desse tipo são bastante utilizados para o monitoramento segundo a segundo das alterações na concentração de Ca^{2+} intracelular, ou outras concentrações de íons, nas diferentes partes de uma célula observada ao microscópio de fluorescência (**Figura 9-31**).

Os indicadores fluorescentes similares medem outros íons; alguns detectam H^+, por exemplo, e, assim, o pH intracelular. Alguns desses indicadores podem entrar nas células por difusão, portanto não precisam ser microinjetados; isso possibilita monitorar grandes números de células individuais de forma simultânea em um microscópio de fluorescência. Novos tipos de indicadores, empregados em conjunto com métodos modernos de processamento de imagem, tornam possíveis métodos similarmente rápidos e precisos para analisar mudanças na concentração de vários tipos de pequenas moléculas nas células.

Moléculas individuais podem ser visualizadas com a microscopia de fluorescência de reflexão total interna

Em microscópios comuns, moléculas fluorescentes individuais como as proteínas marcadas não podem ser detectadas de forma segura. A limitação não tem nada a ver com o limite da resolução, mas surge a partir do plano de fundo forte devido à luz emitida ou espalhada pelas moléculas fora de foco. Isso tende a apagar a fluorescência a partir de uma determinada molécula de interesse. Esse problema pode ser soluciona-

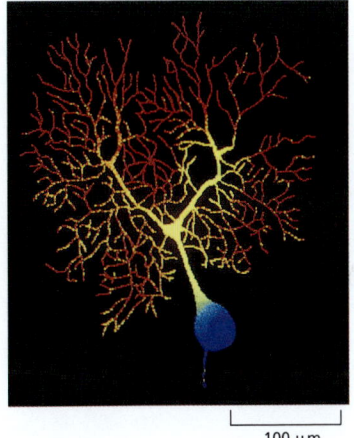

Figura 9-31 Visualização de concentrações de Ca^{2+} intracelular utilizando um indicador fluorescente. A árvore ramificada de dendritos de uma célula de Purkinje no cerebelo recebe mais de 100 mil sinapses a partir de outros neurônios. O estímulo, a partir da célula, é convergido ao longo de um único axônio, visto deixando o corpo da célula na parte inferior desta fotografia. Esta imagem da concentração de Ca^{2+} intracelular em uma única célula de Purkinje (do cérebro de uma cobaia) foi obtida com o uso de uma câmera com pouca luz e o indicador fluorescente sensível a Ca^{2+}, fura-2. A concentração de Ca^{2+} livre está representada por diferentes cores, *vermelho* para a mais alta e *azul* para a mais baixa. Os níveis mais altos de Ca^{2+} estão presentes em milhares de ramificações dendríticas. (Cortesia de D.W. Tank, J.A. Connor, M. Sugimori e R.R. Llínas.)

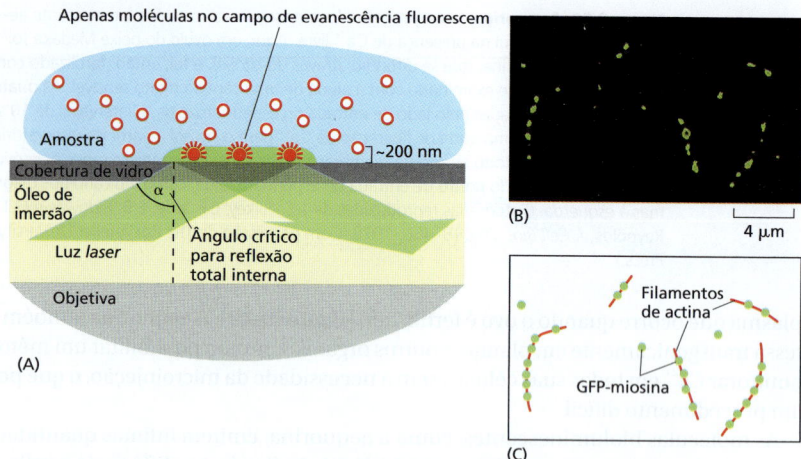

Figura 9-32 A microscopia TIRF permite a detecção de moléculas fluorescentes individuais. (A) A microscopia TIRF usa luz *laser* excitatória para iluminar a superfície da lâmina de cobertura no ângulo crítico no qual toda a luz é refletida pela interface entre o vidro e a água. Parte da energia eletromagnética se estende por uma curta distância através da interface como uma onda evanescente que excita apenas aquelas moléculas que estão ligadas à lâmina de cobertura ou estão muito próximas da sua superfície. (B) A microscopia TIRF é aqui utilizada para obter imagens de moléculas de GFP-miosina individuais (*pontos verdes*) ligadas a filamentos de actina não fluorescentes (C), que são invisíveis, mas se aderem à superfície da lâmina de cobertura. (Cortesia de Dmitry Cherny e Clive R. Bagshaw.)

do pelo uso de uma técnica óptica especial chamada de microscopia de *fluorescência de reflexão total interna* (*TIRF, total internal reflectance fluorescence*). Em um microscópio TIRF, a luz do *laser* incide sobre a superfície da cobertura de vidro no ângulo crítico preciso no qual a reflexão interna total ocorre (**Figura 9-32A**). Por causa da reflexão interna total, a luz não penetra na amostra, e, por isso, a maioria das moléculas fluorescentes não é iluminada. Entretanto, a energia eletromagnética não se estende, como um campo de evanescência, por uma distância muito curta além da superfície da cobertura de vidro e para dentro da amostra, permitindo que apenas aquelas moléculas na camada mais próxima à superfície tornem-se excitadas. Quando essas moléculas fluorescem, sua luz emitida não está mais competindo com a luz fora de foco das moléculas que estão acima, podendo, então, ser detectadas. A TIRF permitiu alguns experimentos impressionantes, como a imagem de proteínas motoras individuais se movendo ao longo dos microtúbulos ou filamentos únicos de actina se formando e se ramificando. Atualmente, a técnica é restrita a uma fina camada de apenas 100 a 200 nm da superfície celular (**Figura 9-32B e C**).

Moléculas individuais podem ser tocadas, visualizadas e movidas utilizando a microscopia de força atômica

Embora a TIRF permita que moléculas individuais sejam visualizadas em certas condições, esse é apenas um método estritamente passivo. Com o objetivo de investigar a função molecular, é útil ser capaz de manipular as próprias moléculas individuais, e a *microscopia de força atômica* (*AFM, atomic force microscopy*) fornece um método para fazer exatamente isso. Em um aparelho AFM, uma ponteira muito pequena e bastante pontiaguda, em geral de silício ou nitreto de silício, é feita usando-se métodos de nanofabricação similares àqueles utilizados na indústria de semicondutores. A extremidade da sonda AFM está presa a um braço cantilever flexível montado sobre um sistema muito preciso de posicionamento que permite que ele seja movido sobre distâncias muito pequenas. Além dessa capacidade de movimento preciso, o equipamento para AFM é capaz de coletar informações sobre uma variedade de forças que ele encontra – incluindo forças eletrostáticas, de van der Waals e mecânicas – e que são percebidas por sua sonda à medida que ela se move próximo à superfície ou a toca (**Figura 9-33A**). Quando a AFM foi desenvolvida, a intenção era uma tecnologia de

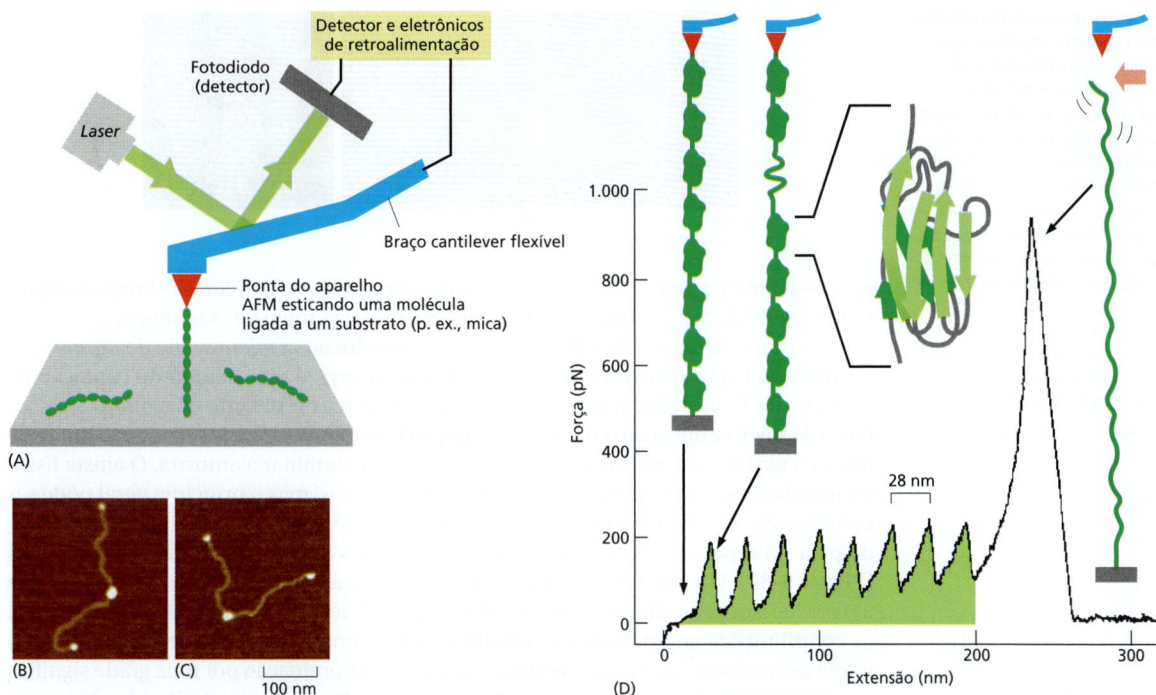

Figura 9-33 Moléculas individuais podem ser visualizadas e manipuladas por microscopia de força atômica. (A) Diagrama esquemático dos componentes-chave de um microscópio de força atômica (AFM), mostrando a sonda sensor, ligada a uma extremidade de uma molécula proteica individual, como no experimento descrito em (D). (B) e (C) Um AFM no modo de imagem criou estas imagens de uma molécula de DNA heteroduplex individual com um dímero da proteína MutS (*regiões brancas maiores*) ligada próximo ao centro, no local do par de base inserido incorretamente. MutS é a primeira proteína que se liga a DNA quando o processo de reparo do par errado é iniciado (ver Figura 5-19). Os *pontos brancos menores* são moléculas individuais de estreptavidina, utilizadas para marcar as duas extremidades de cada molécula. (D) Titina é uma grande molécula proteica que supre o músculo com sua elasticidade passiva (ver Figura 16-34). A extensibilidade dessa proteína pode ser testada diretamente usando-se uma proteína curta produzida artificialmente que contém oito domínios de imunoglobulinas (Ig) repetidos de uma região da proteína titina. Neste experimento, a ponta da AFM é usada para pinçar e esticar progressivamente uma única molécula até que ela por fim se rompa. Quando uma força é aplicada, cada domínio Ig repentinamente começa a se desnaturar, e a força necessária em cada caso (cerca de 200 pN) pode ser obtida. A região da curva de força-extensão mostrada em *verde* capta o evento de desenovelamento sequencial para cada um dos oito domínios da proteína. (B e C, de Y. Jiang e P.E. Marszalek, *EMBO J.* 30:2881-2893, 2011. Reimpresso com permissão de John Wiley & Sons; D, adaptado de W.A. Linke et al., *J. Struct. Biol.* 137:194–205, 2002. Com permissão de Elsevier.)

imagem para medir características de escala molecular em uma superfície. Quando utilizada para isso, a sonda é varrida sobre a superfície, movendo-se para cima e para baixo o quanto for necessário para manter uma força de interação constante com a superfície, revelando, assim, quaisquer objetos, como proteínas ou outras moléculas que possam estar presentes na superfície, que seria, de outra forma, plana (**Figura 9-33B e C**). No entanto, a AFM não se restringe a simplesmente obter imagens da superfície; ela também pode ser usada para captar e mover moléculas individuais que se ligam à sonda com alta afinidade. Usando-se essa tecnologia, as propriedades mecânicas de moléculas proteicas individuais podem ser medidas com detalhes. Por exemplo, a AFM tem sido usada para desnaturar uma molécula proteica individual com o objetivo de medir a energia do enovelamento do domínio (**Figura 9-33D**).

Técnicas de fluorescência de super-resolução podem ultrapassar a resolução limitada por difração

As variações na microscopia óptica que descrevemos até agora estão todas condicionadas aos limites da resolução da difração clássica descrita antes; isto é, para cerca de 200 nm (ver Figura 9-6). Ainda, várias estruturas celulares – desde os poros nucleares até os nucleossomos e fossas cobertas por clatrina – são muito menores do que esse limite e, portanto, não podem ser visualizadas pela microscopia óptica convencional. Entretanto, algumas abordagens hoje disponíveis ultrapassam o limite imposto pela difração da luz

Figura 9-34 Microscopia de iluminação estruturada. O princípio ilustrado aqui é iluminar uma amostra com luz padronizada e medir o padrão moiré. Em (A) está mostrado o padrão de uma estrutura desconhecida e, em (B), um padrão conhecido. (C) Quando eles são combinados, o padrão moiré resultante contém mais informação do que é observado em (A), o padrão original. Se o padrão conhecido (B) tem frequências espaciais mais altas, então o resultado serão resoluções melhores. Entretanto, como os padrões espaciais que podem ser criados opticamente também são limitados por difração, a SIM apenas pode melhorar a resolução em um fator de cerca de dois. (De B.O. Leung e K.C. Chou, *Appl. Spectrosc.* 65:967–980, 2011.)

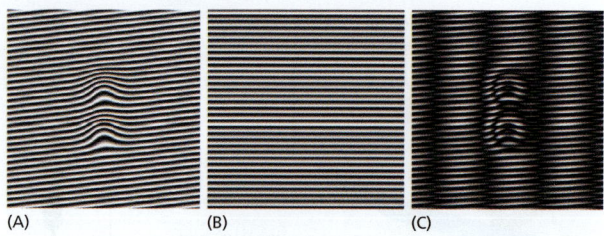

e sucessivamente permitem que objetos menores que 20 nm tenham sua imagem capturada e resolvida com clareza: uma melhoria incrível na ordem de magnitude.

A primeira dessas abordagens de **super-resolução**, a *microscopia de iluminação estruturada* (*SIM, structured illumination microscopy*), é um método de captação de imagem por fluorescência com uma resolução de cerca de 100 nm, ou o dobro da resolução da microscopia convencional de campo claro e confocal. A SIM supera o limite de difração usando um padrão estruturado de luz para iluminar a amostra. O ajuste físico do microscópio e sua operação são bastante complexos, mas o princípio geral pode ser considerado semelhante à criação de um padrão moiré, um padrão de interferência criado pela sobreposição de duas grades com diferentes ângulos ou tamanhos de tramas (**Figura 9-34**). Em um modo similar de criar um padrão moiré, a grade de iluminação e as características da amostra combinam em um padrão de interferência, a partir do qual as contribuições originais de alta resolução para a imagem de características além do limite de resolução clássico podem ser calculadas. A iluminação por uma grade significa que as partes da amostra na parte escura das faixas da grade não são iluminadas e, por isso, não geram imagens, de modo que a captação da imagem é repetida várias vezes (normalmente três) após mover a grade por uma fração do espaçamento da grade entre cada captação de imagem. Como o efeito da interferência é mais forte para os componentes da imagem próximos das barras da grade, todo o processo é repetido com o padrão de grade em uma série de diferentes ângulos para obter uma melhora equivalente em todas as direções. Finalmente, a combinação matemática computacional de todas essas imagens individuais cria uma imagem de super-resolução otimizada. A SIM é versátil pois pode ser utilizada com qualquer corante fluorescente ou proteína, e a combinação das imagens SIM em planos focais consecutivos pode criar conjuntos de dados tridimensionais (**Figura 9-35**).

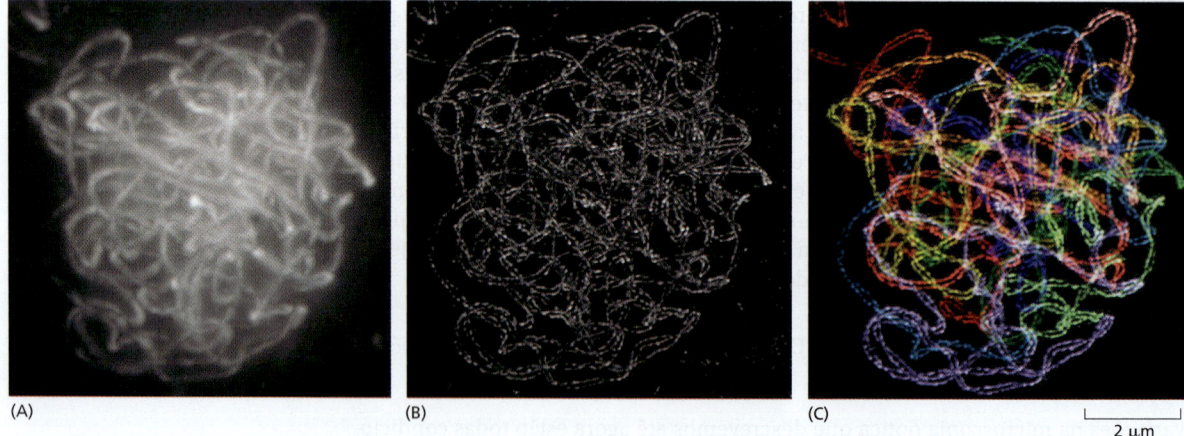

Figura 9-35 A microscopia de iluminação estruturada pode ser utilizada para criar dados tridimensionais. Estas projeções tridimensionais dos cromossomos meióticos em paquíteno em uma célula do milho mostram os elementos laterais pareados dos complexos sinaptonêmicos. (A) O conjunto de cromossomos foi corado com um anticorpo fluorescente contra coesina e é visto aqui por microscopia de fluorescência convencional. Como a distância entre os dois elementos laterais é cerca de 200 nm, o limite de difração, os dois elementos laterais que compõem cada complexo não são resolvidos. (B) Na imagem SIM tridimensional, a resolução melhorada permite que cada elemento lateral, cerca de 100 nm, seja resolvido de forma clara, e os dois cromossomos podem ser visualizados de modo claro se enrolando um no outro. (C) Como o conjunto completo de dados tridimensionais para todo o núcleo está disponível, a trajetória de cada par individual de cromossomos pode ser traçada e artificialmente marcada com uma cor diferente. (Cortesia de C.J. Rachel Wang, Peter Carlton e Zacheus Cande.)

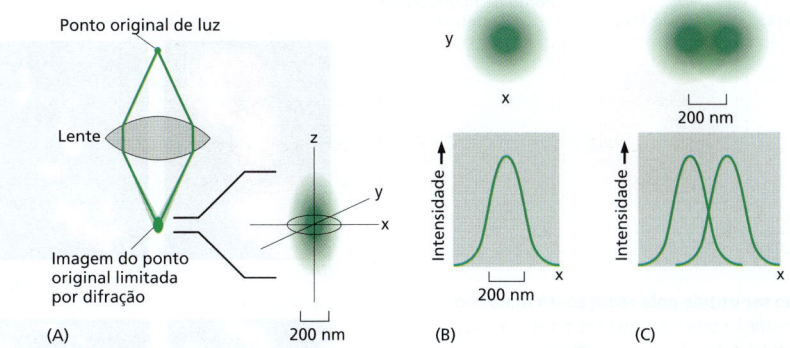

Figura 9-36 A função de espalhamento de um ponto de uma lente determina a resolução. (A) Quando um ponto fonte de luz é focado por um sistema de lentes, os efeitos da difração significam que, em vez de se obter uma imagem de um ponto, a luz é espalhada em todas as dimensões. (B) No plano da imagem, a distribuição da luz aproxima-se à distribuição de Gauss, cuja largura na metade do máximo da altura sob condições ideais é cerca de 200 nm. (C) Dois pontos fonte que estão separados por cerca de 200 nm ainda podem ser distinguidos como objetos separados na imagem, mas, se estiverem um pouco mais próximos do que isso, suas imagens irão se sobrepor e não poderão ser resolvidas.

Para conseguir superar o limite da difração, as duas outras técnicas de super-resolução exploram aspectos da função de espalhamento de um ponto, uma propriedade do sistema óptico mencionado antes. A *função de espalhamento de um ponto* é a distribuição da intensidade da luz dentro da imagem tridimensional borrada que é formada quando um único ponto de fonte de luz é focado com uma lente. Em vez de ser idêntica à fonte de luz, a imagem tem uma distribuição de intensidade que é descrita aproximadamente por uma distribuição de Gauss, que por sua vez determina a resolução do sistema de lentes (**Figura 9-36**). Dois pontos que estão mais próximos do que a largura na metade da altura máxima desta distribuição serão difíceis de serem resolvidos, pois suas imagens se sobrepõem muito (ver Figura 9-36C).

Na microscopia de fluorescência, a luz de excitação é focada em um ponto da amostra pela lente objetiva, que então captura os fótons emitidos por qualquer molécula fluorescente que o feixe originou a partir de um estado basal para um estado excitado. Como o ponto de excitação está disperso de acordo com a função de espalhamento de um ponto, as moléculas fluorescentes que estão mais próximas do que cerca de 200 nm terão sua imagem como um único ponto borrado. Uma abordagem para aumentar a resolução é trocar todas as moléculas fluorescentes na periferia do ponto de excitação disperso de volta para seu estado basal, ou para um estado onde eles não fluorescem mais de maneira normal, deixando apenas aqueles mais centrais para serem registrados. Isso pode ser feito na prática por meio da adição de um segundo feixe de *laser* muito brilhante que envolve o feixe de excitação. O comprimento de onda e a intensidade desse segundo feixe são ajustados para que as moléculas fluorescentes sejam desligadas em toda parte exceto na região central da função de espalhamento de um ponto, uma região que pode ser tão pequena como 20 nm de diâmetro (**Figura 9-37**). As sondas fluorescentes utilizadas devem estar em uma classe especial que é fotocomutável: sua emissão pode ser ligada ou desligada reversivelmente com luzes de diferentes comprimentos de onda. Como a amostra é varrida com esse arranjo de *laser*, moléculas fluorescentes são ligadas e desligadas, e a pequena função de espalhamento de um ponto em cada localização é registrada. O limite de difração é rompido, pois a técnica assegura que moléculas similares, porém muito próximas, estão em um dos dois estados diferentes, o fluorescente ou o escuro. Tal abordagem é chamada de *microscopia de depleção de emissão estimulada* (*STED, stimulated emission depletion microscopy*), e vários microscópios usando versões do método geral estão agora sendo bastante empregados. Resoluções de 20 nm foram obtidas em amostras biológicas, e resoluções ainda maiores foram conseguidas com amostras não biológicas (ver Figura 9-37).

A super-resolução também pode ser obtida usando métodos de localização de moléculas individuais

Se obtivermos a imagem de uma molécula fluorescente individual, a imagem aparecerá como um disco circular borrado, mas se fótons suficientes contribuírem para tal imagem, o centro matemático preciso da imagem similar a um disco poderá ser determinado com bastante acuidade, muitas vezes em poucos nanômetros. Mas o problema com uma amostra que contém um grande número de moléculas fluorescentes adjacentes,

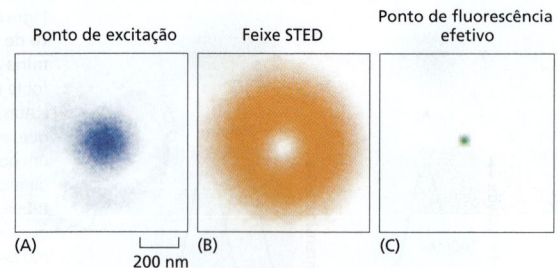 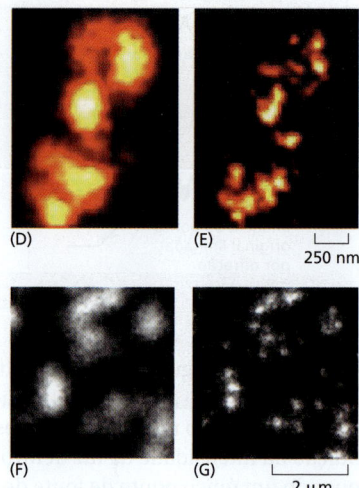

Figura 9-37 A microscopia de super-resolução pode ser obtida pela redução do tamanho da função de espalhamento de um ponto. (A) O tamanho normal de um feixe focado de luz excitatória. (B) Um feixe de *laser* extremamente forte, sobreposto em um comprimento de onda diferente e no formato de um cilindro oco, esgota a fluorescência emitida em qualquer local na amostra com exceção do centro do feixe, reduzindo a largura efetiva da função de espalhamento de um ponto. (C). Quando a amostra é varrida, essa pequena função de espalhamento de um ponto pode então montar uma imagem nítida em um processo chamado de microscopia de depleção de emissão estimulada (STED). (D) Vesículas sinápticas nos neurônios em cultura, marcadas fluorescentemente e captadas em imagens por microscopia confocal ordinária, com uma resolução de 260 nm. (E) Imagens das mesmas vesículas obtidas por STED, com uma resolução de 60 nm, que permite que vesículas individuais sejam resolvidas. (F) Imagem de fábricas de replicação, marcadas fluorescentemente no núcleo de uma célula em cultura, obtidas por microscopia confocal. (G) As mesmas fábricas de replicação com imagens obtidas por STED. Sítios de replicação únicos discretos podem ser resolvidos por STED que não pode ser observado na imagem confocal. (A, B e C, de G. Donnert et al., *Proc. Natl Acad. Sci. USA* 103:11440–11445, 2006. Com permissão de National Academy of Sciences; D e E, de V. Westphal et al., *Science* 320:246–249, 2008. Com permissão de AAAS; F e G, de Z. Cseresnyes, U. Schwarz e C.M. Green, *BMC Cell Biol.* 10:88, 2009.)

como vimos antes, é que elas contribuem para a imagem difusa, sobrepondo as funções de espalhamento de um ponto para a imagem, tornando impossível resolver a posição exata de qualquer molécula. Outra maneira de contornar tal limitação é fazer apenas poucas moléculas claramente separadas emitirem fluorescência ativamente em qualquer momento. A posição exata destas pode então ser computada, antes que conjuntos subsequentes de moléculas sejam examinados.

Na prática, isso pode ser obtido utilizando *lasers* para estimular sequencialmente um subgrupo de moléculas fluorescentes esparsas em uma amostra contendo marcadores fluorescentes fotoativáveis ou fotocomutáveis. Os marcadores são ativados, por exemplo, por iluminação com luz próxima ao ultravioleta, que modifica um pequeno subconjunto de moléculas de modo que emitam fluorescência quando expostos a um feixe excitatório em outro comprimento de onda. Imagens são captadas antes que a degradação extinga sua fluorescência e um novo subconjunto seja ativado. Cada molécula emite alguns milhares de fótons em resposta à extinção antes de apagar, e o processo de estímulo pode ser repetido centenas ou até milhares de vezes, permitindo a determinação das coordenadas exatas de um grande conjunto de moléculas individuais. O conjunto inteiro pode ser combinado e apresentado digitalmente como uma imagem na qual a localização calculada de cada molécula individual é marcada com exatidão (**Figura 9-38**). Essa classe de métodos tem sido chamada variavelmente de *microscopia de localização fotoativada* (*PALM, photoactivated localization microscopy*) ou *microscopia de reconstrução óptica estocástica* (*STORM, stochastic optical reconstruction microscopy*).

Pela comuta dos fluoróforos de apagados para ligados sequencialmente em diferentes regiões da amostra em função do tempo, todos os métodos de super-resolução de imagem descritos aqui permitem a resolução de moléculas que estão muito mais próximas umas das outras do que o limite de difração de 200 nm. Em STED, a localização das moléculas é determinada utilizando métodos ópticos para definir exatamente onde sua fluorescência estará ativa ou não. Em PALM e STORM, moléculas fluorescentes individuais são estimuladas aleatoriamente durante um período de tempo, permitindo que suas posições sejam determinadas de forma acurada. As técnicas de PALM e STORM dependeram do desenvolvimento de novas sondas fluorescentes que exibem o compor-

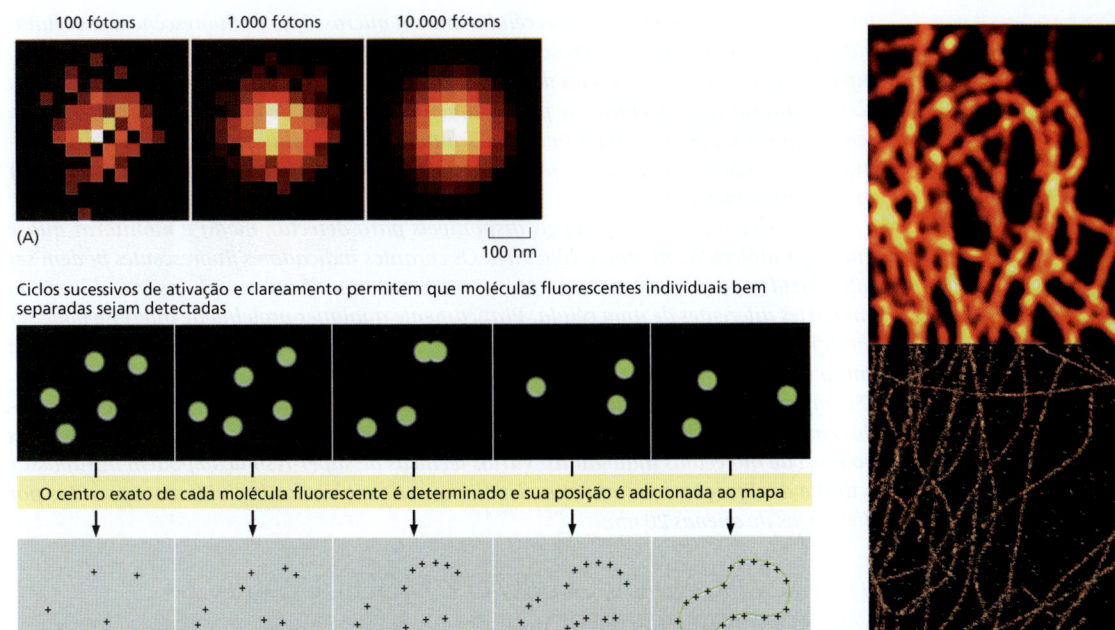

Figura 9-38 Moléculas fluorescentes individuais podem ser localizadas com bastante precisão. (A) A determinação do centro matemático exato da imagem borrada de uma única molécula fluorescente se torna mais acurada quanto mais fótons contribuírem para a imagem final. A função de espalhamento de um ponto descrita no texto dita que o tamanho da imagem molecular é cerca de 200 nm, mas nas amostras muito brilhosas, a posição do seu centro pode ser apontada em um nanômetro. (B) Nesta amostra imaginária, subgrupos esparsos de moléculas fluorescentes são estimulados brevemente e então degradados. As posições exatas de todas as moléculas bem espaçadas podem ser determinadas de modo gradual em uma imagem em super-resolução. (C) Nesta porção da célula, os microtúbulos foram marcados fluorescentemente e sua imagem foi obtida por um microscópio TIRF, acima (ver Figura 9-32) e com super-resolução em um microscópio PALM, abaixo. O diâmetro dos microtúbulos no painel inferior agora parece com seu tamanho normal, cerca de 25 nm, em vez dos 250 nm na imagem borrada no topo. (A, a de A.L. McEvoy et al., *BMC Biol.* 8:106, 2010; C, cortesia de Carl Zeiss Ltd.)

tamento de estimulação apropriado. Todos esses métodos estão sendo estendidos para incorporar a captação de imagens multicoloridas, tridimensionais (**Figura 9-39**) e de células vivas em tempo real. O fim do longo reinado do limite da difração certamente avivou mais uma vez a microscopia óptica e sua posição na pesquisa da biologia celular.

Resumo

Várias técnicas de microscopia óptica estão disponíveis para observar as células. As células que foram fixadas e coradas podem ser estudadas no microscópio óptico convencional, enquanto os anticorpos ligados a corantes fluorescentes podem ser utilizados para

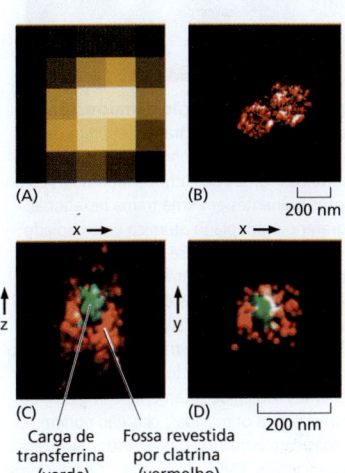

Figura 9-39 Pequenas estruturas fluorescentes podem ter suas imagens captadas em três dimensões com super-resolução. (A) A imagem de duas fossas revestidas por clatrina, em contato, com 180 nm de diâmetro na membrana plasmática de uma célula em cultura é limitada por difração, e as fossas individuais não podem ser distinguidas nesta imagem de fluorescência convencional. (B) Entretanto, utilizando a microscopia de super-resolução STORM, as fossas são claramente observadas. Usando sondas de diferentes cores, é possível não apenas obter imagens dessas fossas, mas também informação tridimensional adicional. (C) e (D) Estão mostradas duas visões ortogonais diferentes de uma única fossa revestida. A clatrina é marcada em *vermelho*, e a transferrina – a carga dentro da fossa – é marcada em *verde*. Imagens desse tipo podem ser adquiridas em menos de 1 segundo, tornando possíveis observações dinâmicas em células vivas. Tais técnicas dependem muito do desenvolvimento de novas sondas fluorescentes extremamente brilhantes e de comutação muito rápida. (A e B, de M. Bates et al., *Science* 317:1749–1753, 2007; C e D, de S.A. Jones et al., *Nat. Methods* 8:499–508, 2011. Com permissão de Macmillan Publishers Ltd.)

localizar moléculas específicas nas células em um microscópio de fluorescência. As células vivas podem ser vistas em microscópios de contraste de fase, de contraste de interferência diferencial, de campo escuro ou de campo claro. Todas as formas de microscopia óptica são facilitadas pelas técnicas de processamento eletrônico de imagem que aumentam a sensibilidade e aperfeiçoam a imagem. Tanto a microscopia confocal como a deconvolução de imagem fornecem secções ópticas finas e podem ser utilizadas para reconstruir imagens tridimensionais.

Atualmente existem técnicas disponíveis para detectar, medir e monitorar quase qualquer molécula em uma célula viva. Os corantes indicadores fluorescentes podem ser introduzidos para medir as concentrações de íons específicos em células individuais ou em partes diferentes de uma célula. Praticamente qualquer proteína de interesse pode ser modificada por engenharia genética na forma de uma proteína de fusão fluorescente, e então sua imagem pode ser captada em células vivas por microscopia de fluorescência. O comportamento dinâmico e as interações de várias moléculas podem ser acompanhados em células vivas por variações no uso de proteínas-alvo fluorescentes, em alguns casos ao nível de moléculas individuais. Várias técnicas de super-resolução podem ultrapassar o limite de difração e permitem a visualização de moléculas individuais separadas por distâncias de apenas 20 nm.

VISUALIZAÇÃO DE CÉLULAS E MOLÉCULAS AO MICROSCÓPIO ELETRÔNICO

A microscopia óptica é limitada na fineza dos detalhes que ela pode revelar. Microscópios que utilizam outros tipos de radiação – em particular, microscópios eletrônicos – podem resolver estruturas muito menores do que as possíveis com luz visível. Essa resolução mais alta tem um custo: a preparação da amostra para microscopia eletrônica é mais complexa, e é mais difícil de se ter certeza de que a imagem visualizada corresponde precisamente à estrutura viva original. Entretanto, é possível usar um congelamento muito rápido para preservar fielmente estruturas para microscopia eletrônica. A análise da imagem digital pode ser empregada para reconstruir objetos tridimensionais pela combinação de informações de várias partículas individuais ou a partir de múltiplas imagens de um único objeto. Juntas, essas abordagens estendem a resolução e a área da microscopia eletrônica até o ponto no qual podemos obter imagens fiéis das estruturas de macromoléculas individuais e dos complexos que elas formam.

O microscópio eletrônico resolve os detalhes estruturais da célula

A relação formal entre o limite de difração para a resolução e o comprimento de onda da radiação de iluminação (ver Figura 9-6) se mantém verdadeira para qualquer forma de radiação, independentemente de ser um feixe de luz ou um feixe de elétrons. Com elétrons, no entanto, o limite de resolução é muito pequeno. O comprimento de onda de um elétron diminui com o aumento da sua velocidade. Em um **microscópio eletrônico** com uma voltagem de aceleração de 100.000 V, o comprimento de onda de um elétron é de 0,004 nm. Teoricamente, a resolução de um microscópio desses deveria ser de cerca de 0,002 nm, 100 mil vezes maior do que a do microscópio óptico. Entretanto, como as distorções de uma lente de elétrons são consideravelmente mais difíceis de corrigir do que aquelas de vidro, o poder de resolução prático dos microscópios eletrônicos modernos é de cerca de 0,05 nm (0,5 Å) (**Figura 9-40**), mesmo com processamentos de imagem cuidadosos para corrigir as distorções das lentes. Isso acontece porque apenas o centro das lentes de elétrons pode ser utilizado e a abertura numérica efetiva é minúscula. Ademais, os problemas na preparação de amostra, no contraste e nos danos causados pela radiação em geral têm limitado a resolução efetiva normal para materiais biológicos para 1 nm (10 Å). Contudo, esse valor é cerca de 200 vezes melhor do que a resolução do microscópio óptico. Além disso, o desempenho dos microscópios eletrônicos foi melhorado pelas fontes de iluminação por elétrons, chamadas de canhões de emissão de campo. Essas fontes muito brilhantes e confiáveis melhoram substancialmente a resolução alcançada.

No princípio global, o microscópio eletrônico de transmissão (TEM, *transmission electron microscope*) é semelhante a um microscópio óptico, embora seja muito maior

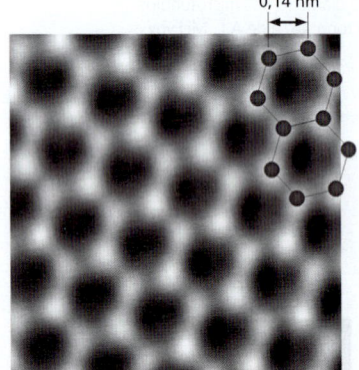

Figura 9-40 A resolução do microscópio eletrônico. Esta micrografia eletrônica de transmissão de uma monocamada de grafeno resolve os átomos de carbono individuais como pontos brilhantes em uma trama hexagonal. O grafeno é um plano atômico único isolado do grafite e forma a base dos nanotubos de carbono. A distância entre os átomos de carbono adjacentes ligados é 0,14 nm (1,4 Å). Tal resolução apenas pode ser obtida em um microscópio eletrônico de transmissão construído especialmente, no qual todas as distorções das lentes são cuidadosamente corrigidas, e com amostras otimizadas; elas não podem ser obtidas com a maioria das amostras biológicas convencionais. (De A. Dato et al., *Chem. Commun.* 40:6095–6097, 2009. Com permissão de The Royal Society of Chemistry.)

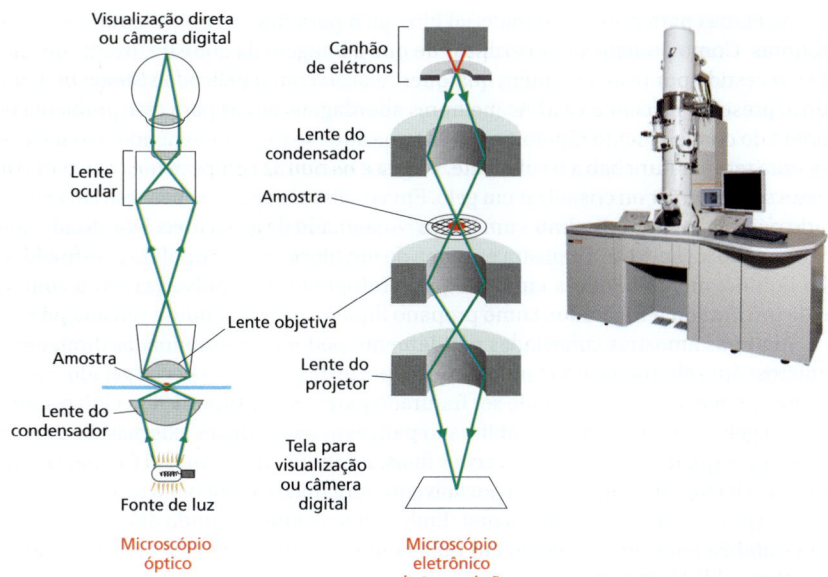

Figura 9-41 As principais características de um microscópio óptico e de um microscópio eletrônico de transmissão. Estas ilustrações enfatizam as semelhanças entre eles. Enquanto as lentes do microscópio óptico são feitas de vidro, as do microscópio eletrônico são bobinas magnéticas. O microscópio eletrônico exige que a amostra seja colocada no vácuo. A fotografia mostra um microscópio eletrônico de transmissão em uso. (Fotografia cortesia de JEOL Ltd.)

e "invertido" (**Figura 9-41**). A fonte de iluminação é um filamento ou cátodo que emite elétrons do topo de uma coluna cilíndrica de cerca de 2 m de altura. Como os elétrons são espalhados por colisões com moléculas de ar, o ar precisa primeiro ser bombeado para fora da coluna para criar vácuo. Os elétrons são então acelerados a partir do filamento, por um ânodo próximo, e atravessam um pequeno orifício para formar um feixe de elétrons que desce pela coluna. Bobinas magnéticas, colocadas em intervalos ao longo da coluna, convergem o feixe de elétrons, assim como as lentes de vidro convergem a luz no microscópio óptico. A amostra é colocada no vácuo, por meio de uma câmara de compressão, na trajetória do feixe de elétrons. Como na microscopia óptica, a amostra em geral é corada – neste caso, com material *eletrodenso*. Alguns dos elétrons que atravessam a amostra são espalhados pelas estruturas coradas com material eletrodenso; o restante é focado para formar uma imagem de maneira análoga ao processo de formação de uma imagem no microscópio óptico. A imagem pode ser observada em uma tela fosforescente ou gravada com uma câmera digital de alta resolução. Como os elétrons dispersos são desviados do feixe, as regiões densas da amostra são destacadas como áreas de fluxo reduzido de elétrons, que parecem escuras.

Amostras biológicas exigem preparação especial para microscopia eletrônica

No início de sua aplicação a materiais biológicos, o microscópio eletrônico revelou muitas estruturas nunca antes imaginadas nas células. Mas antes que tais descobertas pudessem ser feitas, os microscopistas eletrônicos tiveram que desenvolver novos processos para fixar, cortar e corar os tecidos.

Como a amostra é exposta a alto vácuo no microscópio eletrônico, o tecido vivo normalmente é morto e preservado pela fixação – inicialmente com *glutaraldeído*, que faz as moléculas de proteína formarem ligações covalentes cruzadas com moléculas adjacentes, e depois com *tetróxido de ósmio*, que se liga e estabiliza as bicamadas lipídicas, assim como as proteínas (**Figura 9-42**). Como os elétrons têm poder de penetração muito baixo, os tecidos fixados em geral devem ser cortados em secções extremamente finas (25 a 100 nm de espessura, cerca de 1/200 da espessura de uma única célula) antes de serem visualizados. Isso é alcançado desidratando a amostra, permeando-a com uma resina monomérica que polimeriza para formar um bloco sólido de plástico, então cortando o bloco com uma faca de vidro muito fino, ou diamante, em um micrótomo especial. As *secções finas* resultantes, livres de água e outros solventes voláteis, são colocadas em uma pequena grade de metal para serem visualizadas ao microscópio (**Figura 9-43**).

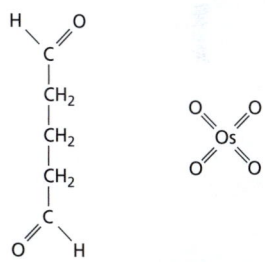

Glutaraldeído   Tetróxido de ósmio

Figura 9-42 Dois fixadores químicos comuns utilizados para microscopia eletrônica. Os dois grupos aldeído reativos do glutaraldeído permitem a formação de ligação cruzada com vários tipos de moléculas, formando ligações covalentes entre elas. O tetróxido de ósmio forma complexos intercruzados com vários compostos orgânicos e fica reduzido durante o processo. Esta reação é especialmente útil para a fixação de membranas celulares, uma vez que ligações duplas C=C presentes em vários ácidos graxos reagem com o tetróxido de ósmio.

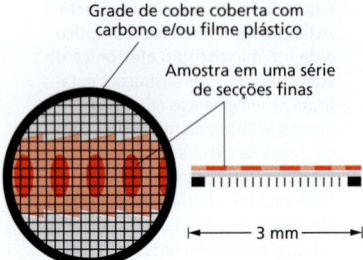

Figura 9-43 A grade de metal que suporta as finas secções de uma amostra em um microscópio eletrônico de transmissão.

As etapas para preparar o material biológico para microscopia eletrônica são desafiadoras. Como podemos nos certificar de que a imagem da amostra, fixada, desidratada e revestida por resina mantém qualquer relação com o delicado sistema biológico aquoso presente na célula viva? As melhores abordagens atuais para esse problema dependem do congelamento rápido. Se um sistema aquoso é resfriado rápido o suficiente e para uma temperatura baixa o suficiente, a água e os outros componentes não têm tempo para se rearranjar ou cristalizar em gelo. Em vez disso, a água é super-resfriada em um estado rígido, mas não cristalino – um "vidro" – chamado de gelo vítreo. Esse estado pode ser alcançado jogando-se a amostra em cima de um bloco de cobre polido e resfriado por hélio líquido, mergulhando-a em um líquido refrigerador ou pulverizando-a com um jato de um líquido refrigerador, como propano líquido, ou resfriando-a sob alta pressão.

Algumas amostras congeladas rapidamente podem ser examinadas diretamente ao microscópio eletrônico utilizando-se um suporte de amostra especial gelado. Em outros casos, o bloco congelado pode ser fraturado para revelar superfícies celulares internas, ou o gelo ao redor pode ser sublimado para expor superfícies externas. Entretanto, muitas vezes queremos examinar secções finas. Portanto, um consenso é congelar rapidamente o tecido, substituir a água por solventes orgânicos, embeber o tecido em resina plástica e por fim cortar secções e corar. Embora tecnicamente ainda difícil, tal abordagem estabiliza e preserva o tecido em uma condição muito semelhante ao seu estado original em vida (**Figura 9-44**).

A clareza da imagem em uma micrografia eletrônica depende de se ter densidades de elétrons contrastantes dentro da amostra. A densidade de elétrons, por sua vez, depende do número atômico dos átomos que estão presentes: quanto mais alto o número atômico, mais elétrons são espalhados e mais escura é aquela parte da imagem. Os tecidos biológicos são compostos, em sua maior parte, de átomos de número atômico muito baixo (principalmente carbono, oxigênio, nitrogênio e hidrogênio). Para torná-los visíveis, os tecidos costumam ser impregnados (antes ou depois do seccionamento) com sais de metais pesados como urânio, chumbo e ósmio. O grau de impregnação, ou "coloração", com esses sais varia para diferentes constituintes celulares. Os lipídeos, por exemplo, tendem a corar mais forte após a fixação com ósmio, revelando a localização das membranas celulares.

Macromoléculas específicas podem ser localizadas por microscopia eletrônica de imunolocalização com ouro

Vimos como os anticorpos podem ser utilizados em conjunto com a microscopia de fluorescência para localizar macromoléculas específicas. Um método análogo – **micros-**

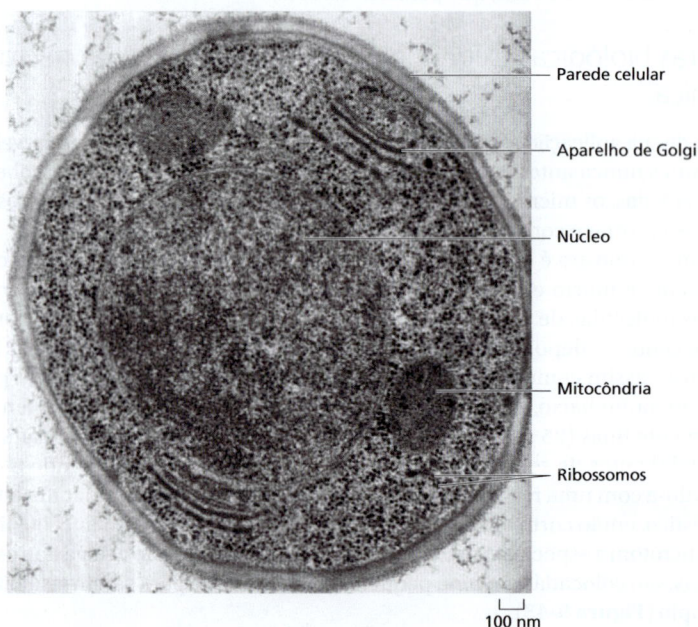

Figura 9-44 Secção fina de uma célula. Esta secção fina pertence a uma célula de levedura que foi rapidamente congelada e teve seu gelo vítreo substituído por solventes orgânicos e então por resina plástica. Núcleo, mitocôndrias, parede celular, aparelho de Golgi e ribossomos podem ser todos prontamente visualizados em um estado que provavelmente seja o mais parecido possível com o real. (Cortesia de Andrew Staehelin.)

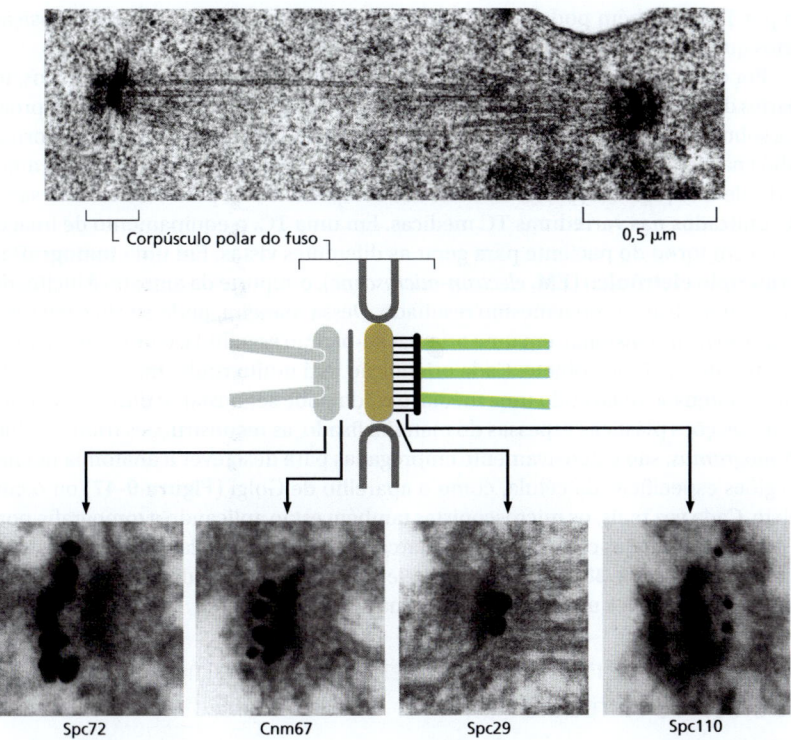

Figura 9-45 **Localização de proteínas na microscopia eletrônica.** A microscopia eletrônica de imunolocalização com ouro é aqui utilizada para encontrar a localização específica de quatro componentes proteicos diferentes dentro do corpúsculo polar do fuso de levedura. No topo está um fino corte de um fuso mitótico de levedura mostrando os microtúbulos do fuso que atravessam o núcleo e se conectam a cada extremidade aos corpúsculos polares do fuso, embebidos no envelope nuclear. Um diagrama dos componentes de um único corpúsculo polar do fuso é mostrado abaixo. Em secções separadas, são usados anticorpos contra quatro proteínas diferentes do corpúsculo polar do fuso, junto com partículas de ouro coloidal (*pontos pretos*) para revelar onde, dentro da estrutura complexa, cada proteína está localizada. (Cortesia de John Kilmartin.)

copia eletrônica de imunolocalização com ouro – pode ser utilizado no microscópio eletrônico. O procedimento habitual é incubar uma secção fina primeiro com um anticorpo primário específico e depois com um anticorpo secundário ao qual foi acoplada uma partícula de ouro coloidal. A partícula de ouro é eletrodensa e pode ser vista como um ponto preto ao microscópio eletrônico (**Figura 9-45**). Diferentes anticorpos podem ser conjugados a partículas de ouro de diferentes tamanhos, de modo que múltiplas proteínas podem ser localizadas em uma única amostra.

Uma complicação para a marcação por imunolocalização com ouro é que os anticorpos e as partículas de ouro coloidal não penetram a resina utilizada para fixação da amostra; assim, eles somente detectam antígenos na superfície do corte. Isso significa que a sensibilidade do método é baixa, uma vez que moléculas de antígeno em partes mais profundas da secção não são detectadas. Além disso, podemos ter uma falsa impressão sobre quais estruturas contêm o antígeno e quais não têm. Uma solução é realizar a marcação antes da fixação da amostra com plástico, quando as células e os tecidos ainda estão totalmente acessíveis aos reagentes de marcação. As partículas de ouro extremamente pequenas, cerca de 1 nm em diâmetro, funcionam melhor para esse procedimento. Essas pequenas partículas de ouro em geral não são facilmente visíveis nos cortes finais, de modo que prata ou ouro adicionais são nucleados em torno de partículas de ouro de 1 nm em um processo químico muito semelhante à revelação fotográfica.

Imagens diferentes de um único objeto podem ser combinadas para produzir reconstruções tridimensionais

Secções finas muitas vezes falham em transmitir o arranjo tridimensional dos componentes celulares observados em um TEM, e a imagem pode ser bastante enganadora: por exemplo, uma estrutura linear como um microtúbulo pode aparecer como um objeto em forma de ponto na secção, e uma secção por partes protuberantes de um corpo sólido de formato irregular pode ter a aparência de dois ou mais objetos separados (**Figura 9-46**). A terceira dimensão pode ser reconstruída a partir de cortes em série, mas este é um processo longo e tedioso. Entretanto, mesmo secções finas possuem uma profundidade significativa comparada com a resolução do microscópio eletrônico, de forma que a ima-

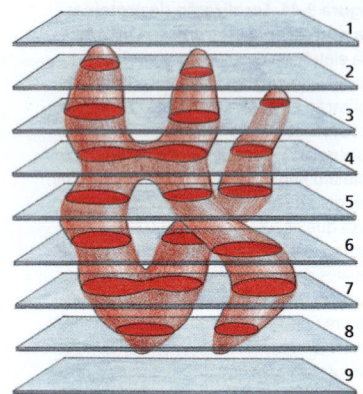

Figura 9-46 **Reconstrução tridimensional a partir de cortes em série.** Finas secções individuais no microscópio eletrônico às vezes levam a uma impressão errônea. Neste exemplo, a maioria dos cortes através de uma célula contendo uma mitocôndria ramificada parece conter duas ou três mitocôndrias individuais (compare com a Figura 9-44). Além disso, os cortes 4 e 7 podem ser interpretados como uma mitocôndria em processo de divisão. A forma tridimensional real pode ser reconstruída a partir de um conjunto completo de cortes em série.

gem por TEM também pode ser enganadora de maneira oposta, pela sobreposição de objetos que se localizam em diferentes profundidades.

Por causa da grande profundidade de campo dos microscópios eletrônicos, todas as partes da amostra tridimensional estão focadas, e a imagem resultante é uma projeção (uma sobreposição de camadas) da estrutura ao longo da direção de visão. A informação perdida na terceira dimensão pode ser recuperada se tivermos vistas da mesma amostra a partir de direções diferentes. Os métodos computacionais para essa técnica são bastante utilizados nas varreduras TC médicas. Em uma TC, o equipamento de imagem é movido em torno do paciente para gerar as diferentes vistas. Em uma **tomografia por microscópio eletrônico** (**EM**, *electron-microscope*), o suporte da amostra é inclinado no microscópio, alcançando o mesmo resultado. Dessa maneira, pode-se chegar a uma reconstrução tridimensional, em uma orientação-padrão escolhida, combinando-se vistas diferentes de um único objeto. Cada orientação terá muito ruído, mas combinando-as em três dimensões e fazendo uma média, o ruído pode ser bastante diminuído. Iniciando com secções plásticas espessas do material fixado, as reconstruções tridimensionais, ou *tomogramas*, são extensivamente empregadas para descrever a anatomia detalhada de regiões específicas da célula, como o aparelho de Golgi (**Figura 9-47**) ou o citoesqueleto. Cada vez mais, os microscopistas também estão aplicando a tomografia por EM em secções hidratadas congeladas não marcadas, e mesmo células ou organelas inteiras congeladas (**Figura 9-48**). A microscopia eletrônica é uma metodologia robusta desde a escala de uma simples molécula até a de uma célula inteira.

Imagens de superfícies podem ser obtidas por microscopia eletrônica de varredura

Um **microscópio eletrônico de varredura** (**SEM**, *scanning electron microscope*) produz diretamente uma imagem da estrutura tridimensional da superfície de uma amostra. O SEM costuma ser menor, mais simples e mais barato do que um microscópio eletrôni-

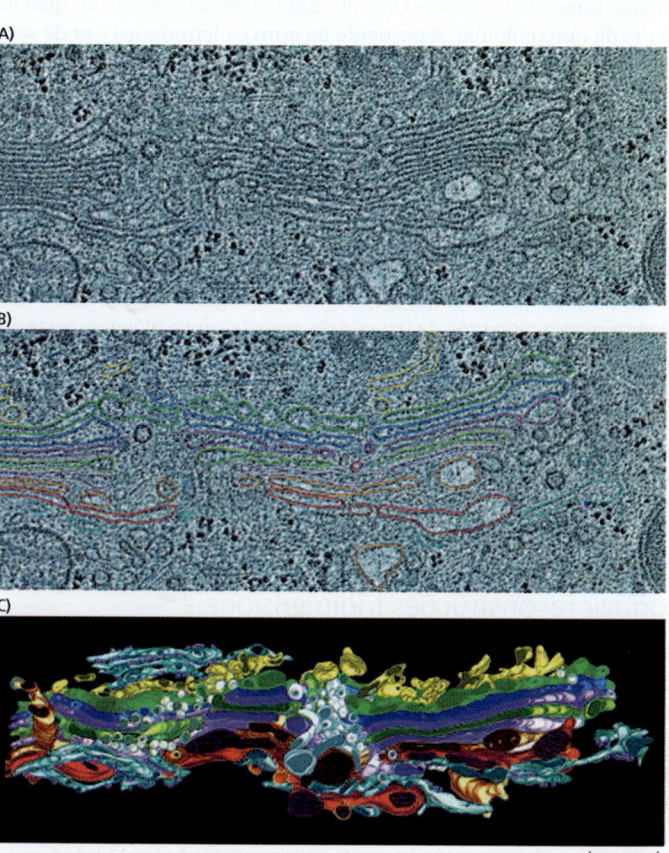

Figura 9-47 **Tomografia por microscópio eletrônico (EM).** Amostras que foram rapidamente congeladas e então tiveram suas partes congeladas substituídas e fixadas em plástico preservam sua estrutura em uma condição que é muito semelhante ao seu estado original em vida (Animação 9.2). Este exemplo mostra a estrutura tridimensional do aparelho de Golgi de uma célula de rim de rato. Várias secções espessas (250 nm) da célula foram posicionadas em um microscópio eletrônico de alta voltagem, ao longo de dois eixos diferentes, e cerca de 160 ângulos diferentes foram armazenados. Os dados digitais permitem que finas secções individuais do conjunto completo de dados tridimensional, ou tomograma, sejam visualizadas; por exemplo, secções em série, cada uma de apenas 4 nm de espessura, são mostradas em (A) e (B). Há pouquíssimas variações de uma secção para outra, mas usando-se o conjunto de todos os dados e corando-se as membranas manualmente (B), pode-se obter uma reconstrução tridimensional, em uma resolução de cerca de 7 nm, do aparelho de Golgi completo e de suas vesículas associadas (C). (De M.S. Ladinsky et al., *J.Cell Biol.* 144:1135–1149, 1999. Com permissão dos autores.)

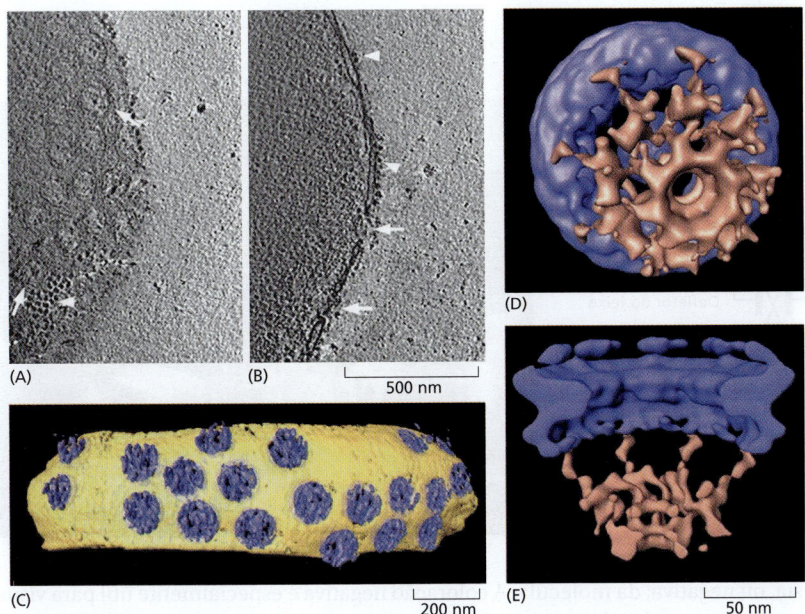

Figura 9-48 Combinação da tomografia crioeletrônica e reconstrução de partículas simples. Pequenas amostras rapidamente congeladas, não fixadas, podem ser examinadas enquanto ainda congeladas. Neste exemplo, os pequenos núcleos da ameba *Dictyostelium* foram gentilmente isolados e então rapidamente congelados antes que uma série inclinada de imagens fosse registrada com a ajuda de um estágio de inclinação do microscópio. Estas imagens digitais são combinadas por tomografia por EM para produzir um tomograma tridimensional. Duas secções digitais finas (10 nm) mostram, por meio deste tomograma, vistas de cima (A) e vistas laterais (B) de poros nucleares individuais (*setas brancas*). (C) No modelo tridimensional (C), a superfície dos poros (*azul*) pode ser visualizada embebida no envelope nuclear (*amarelo*). A partir de uma série de tomogramas, foi possível extrair grupos de dados para aproximadamente 300 poros nucleares individuais, cujas estruturas puderam então ser unificadas usando-se técnicas de reconstrução de partículas simples. A vista da superfície obtida de um desses poros reconstruídos é mostrada (D) a partir da face nuclear e (E) na secção transversal (compare com a Figura 12-8). O complexo do poro está corado em *azul* e o revestimento nuclear em *marrom*. (De M. Beck et al., *Science* 306:1387-1390, 2004. Com permissão de AAAS.)

co de transmissão. Enquanto o TEM utiliza os elétrons que atravessaram a amostra para formar uma imagem, o SEM usa os elétrons que são espalhados ou emitidos a partir da superfície da amostra. A amostra a ser examinada é fixada, desidratada e coberta com uma camada fina de metal pesado. De modo alternativo, ela pode ser congelada rapidamente e então transferida para uma câmara resfriada de amostra, para exame direto no microscópio. Muitas vezes, uma planta inteira ou um pequeno animal podem ser colocados no microscópio com pouca preparação (**Figura 9-49**). A amostra é escaneada com um feixe muito estreito de elétrons. A quantidade de elétrons espalhados ou emitidos quando esse feixe primário bombardeia cada ponto sucessivo da superfície metálica é medida e utilizada para controlar a intensidade de um segundo feixe, que se movimenta em sincronia com o primeiro e forma a imagem em uma tela de computador. Por fim, é constituída uma imagem bastante ampliada da superfície como um todo (**Figura 9-50**).

A técnica do SEM propicia uma grande profundidade de foco; além disso, como a quantidade de dispersão de elétrons depende do ângulo da superfície relativa ao feixe, a imagem tem partes claras e sombras que lhe conferem uma aparência tridimensional (ver Figura 9-49 e **Figura 9-51**). Entretanto, apenas as características da superfície podem ser examinadas e, na maioria das formas de SEM, a resolução alcançável não é muito alta (cerca de 10 nm, com uma magnificação efetiva de até 20 mil vezes). Como resultado, a técnica costuma ser utilizada para estudar células e tecidos intactos, em vez de organelas subcelulares (ver **Animação 21.3**). No entanto, SEMs com alta resolução foram desenvolvidos recentemente com um canhão de emissão de campo luminoso como fonte de elétrons. Esse tipo de SEM pode produzir imagens que competem com a resolução possível com um TEM (**Figura 9-52**).

A coloração negativa e a microscopia crioeletrônica permitem que as macromoléculas sejam visualizadas com alta resolução

Se forem revestidas com um metal pesado para proporcionar contraste, macromoléculas isoladas como DNA ou grandes proteínas podem ser visualizadas prontamente em um microscópio eletrônico, mas a **coloração negativa** permite que detalhes mais delicados sejam visualizados. Nessa técnica, as moléculas são sustentadas por um filme delgado de carbono e misturadas com uma solução concentrada de um sal de metal pesado, como acetato de uranila. Após a amostra ter secado, uma camada muito fina do sal do metal cobre todo o filme de carbono, exceto onde ele foi excluído pela presença de uma macromolécula adsorvida. Como as macromoléculas permitem que os elétrons passem muito mais facilmente do que a coloração de metal pesado circundante, é criada uma imagem

Figura 9-49 Flor – ou espiga – de trigo em desenvolvimento. Esta delicada flor foi congelada rapidamente, coberta com um fino filme de metal e examinada no seu estado congelado com um SEM. Esta micrografia de baixa magnitude demonstra a grande profundidade de foco de um SEM. (Cortesia de Kim Findlay.)

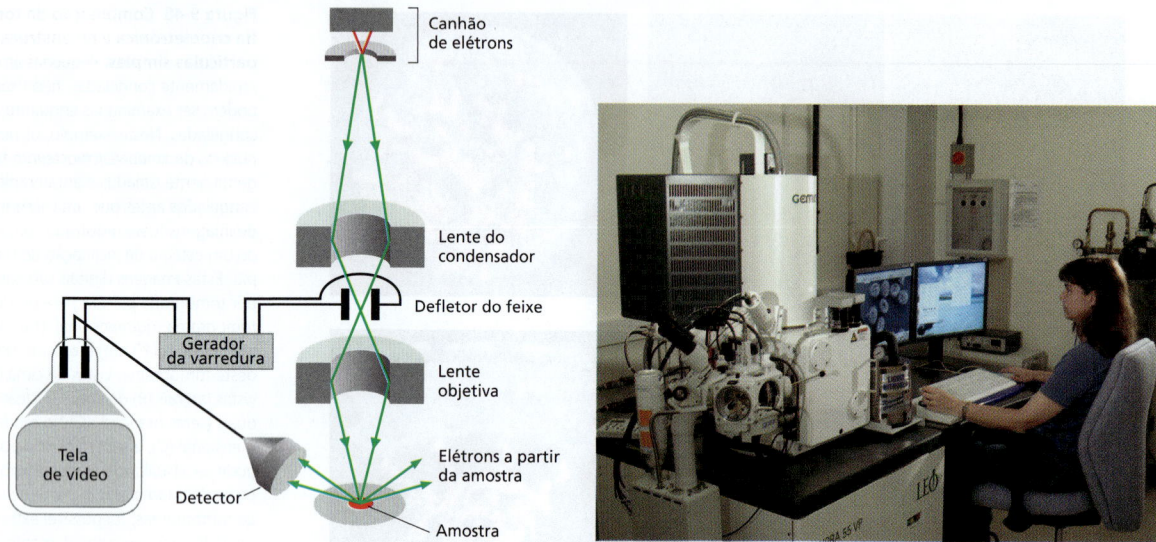

Figura 9-50 Microscópio eletrônico de varredura. Em um SEM, a amostra é varrida por um feixe de elétrons trazido a um foco na amostra pelas bobinas eletromagnéticas que agem como lentes. O detector mede a quantidade de elétrons espalhados ou emitidos quando o feixe bombardeia cada ponto sucessivo na superfície da amostra e controla a intensidade dos pontos sucessivos em uma imagem construída em uma tela. O SEM cria imagens extraordinárias de objetos tridimensionais com grande profundidade de foco e uma resolução entre 3 nm e 20 nm, dependendo do instrumento. (Fotografia cortesia de Andrew Davies.)

oposta, ou negativa, da molécula. A coloração negativa é especialmente útil para visualizar grandes agregados de macromoléculas, como vírus ou ribossomos, e para visualizar a estrutura da subunidade dos filamentos de proteína (**Figura 9-53**).

O sombreamento e a coloração negativa são capazes de produzir uma visão de superfície, com alto contraste, de pequenos agrupamentos de macromoléculas, mas ambas as técnicas são limitadas em termos de resolução devido ao tamanho da menor partícula do metal ou coloração utilizada. Uma alternativa que nos permite visualizar diretamente com uma alta resolução até mesmo as características interiores das estruturas tridimensionais como vírus e organelas é a **microscopia crioeletrônica**, na qual o congelamento rápido para formar o gelo vítreo é novamente a chave. Um filme muito fino (cerca de 100 nm) de uma suspensão aquosa de vírus ou complexo macromolecular purificado é preparado em uma grade de microscópio e é então congelado rapidamente, sendo mergulhado em um fluido refrigerante. Um suporte especial mantém a amostra hidratada a –160°C no vácuo do

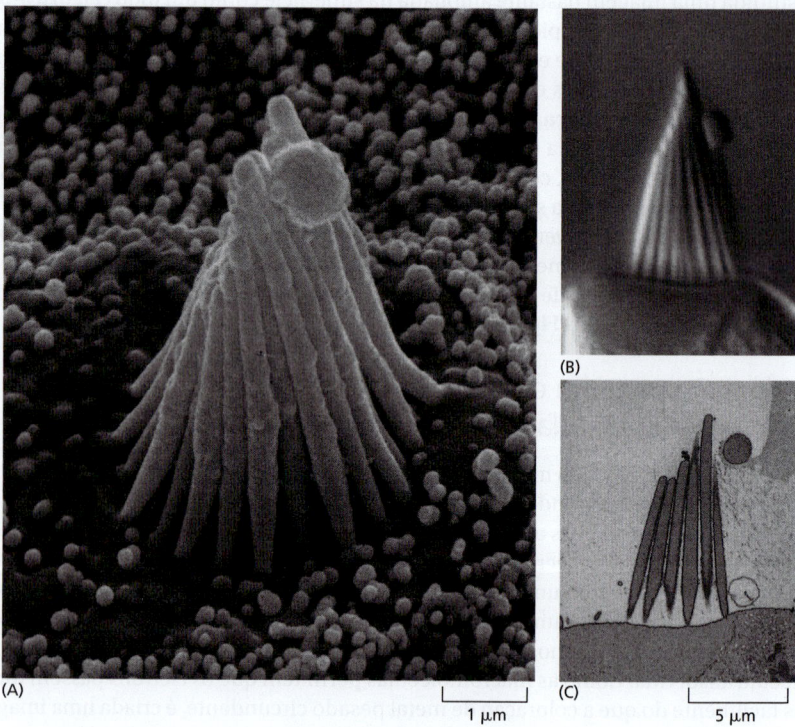

Figura 9-51 Microscopia eletrônica de varredura. (A) Uma micrografia eletrônica de varredura dos estereocílios que se projetam de uma célula ciliada do ouvido interno de um sapo-boi. Para comparação, a mesma estrutura é mostrada em (B) por microscopia óptica de contraste de interferência diferencial (Animação 9.3) e em (C) por microscopia eletrônica de transmissão a partir de secções finas. (Cortesia de Richard Jacobs e James Hudspeth.)

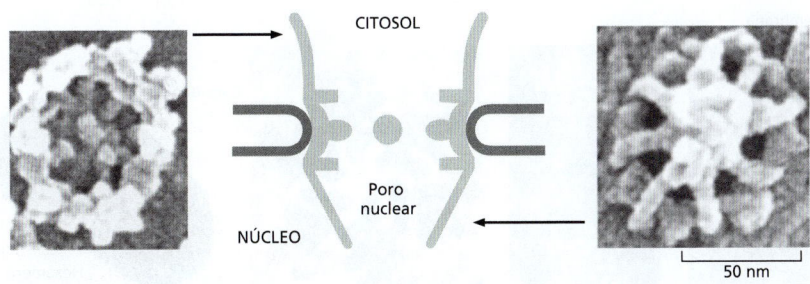

Figura 9-52 **Poro nuclear.** Imagens de envelopes nucleares rapidamente congelados foram obtidas em um SEM com alta resolução, equipado com um canhão de emissão de campo como fonte de elétrons. Estas imagens de cada lado do poro nuclear representam o limite de resolução do SEM (compare com a Figura 12-8). (Cortesia de Martin Goldeberg e Terry Allen.)

microscópio, onde ela pode ser visualizada diretamente sem fixação, coloração ou secagem. Ao contrário da coloração negativa, na qual o que é visto é o contorno de exclusão de coloração em torno da partícula, a microscopia crioeletrônica hidratada produz uma imagem da própria estrutura macromolecular. Entretanto, o contraste nessa imagem é bastante baixo, e, para extrair a maior quantidade de informação estrutural, técnicas especiais de processamento de imagem devem ser usadas, como descreveremos a seguir.

Imagens múltiplas podem ser combinadas para aumentar a resolução

Como vimos anteriormente (p. 532), o ruído é importante na microscopia óptica em níveis baixos de luz, mas é um problema particularmente grave para a microscopia eletrônica de macromoléculas não coradas. Uma molécula de proteína pode tolerar uma dose de apenas algumas dezenas de elétrons por nanômetro quadrado sem ser danificada, e essa dose é de uma ordem de magnitude abaixo da que é necessária para definir uma imagem de resolução atômica.

A solução é obter imagens de várias moléculas idênticas – possivelmente dezenas de milhares de imagens individuais – e combiná-las para produzir uma média das imagens, revelando detalhes estruturais que estão escondidos pelo ruído na imagem original. Esse processo é chamado de **reconstrução de partículas simples**. Contudo, antes de combinar todas as imagens individuais, elas devem ser alinhadas umas com as outras. Às vezes é possível induzir proteínas e complexos a formar arranjos cristalinos, nos quais cada molécula é mantida na mesma orientação em uma rede regular. Nesse caso, o problema do alinhamento é facilmente resolvido, e várias estruturas de proteínas foram determinadas com resolução atômica por esse tipo de cristalografia eletrônica. Em princípio, no entanto, os arranjos cristalinos não são absolutamente necessários. Com o auxílio de um computador, as imagens digitais das moléculas distribuídas de modo aleatório e não alinhadas podem ser processadas e combinadas para gerar reconstruções de alta resolução (ver **Animação 13.1**). Embora estruturas que têm alguma simetria intrínseca tornem a tarefa do alinhamento mais fácil e mais exata, essa técnica também tem sido utilizada para objetos sem simetria, como ribossomos. A **Figura 9-54** mostra a estrutura

O QUE NÃO SABEMOS

- Conhecemos os detalhes de vários processos celulares, como replicação de DNA e transcrição e tradução de RNA, mas seremos capazes algum dia de visualizar tal processo molecular em ação nas células?

- Seremos capazes algum dia de visualizar estruturas intracelulares a uma resolução do microscópio eletrônico em células vivas?

- Como podemos melhorar a cristalização e as técnicas de microscopia crioeletrônica de partículas individuais para obter estruturas de alta resolução de todos os canais de membrana e transportadores importantes? Que novos conceitos essas estruturas podem revelar?

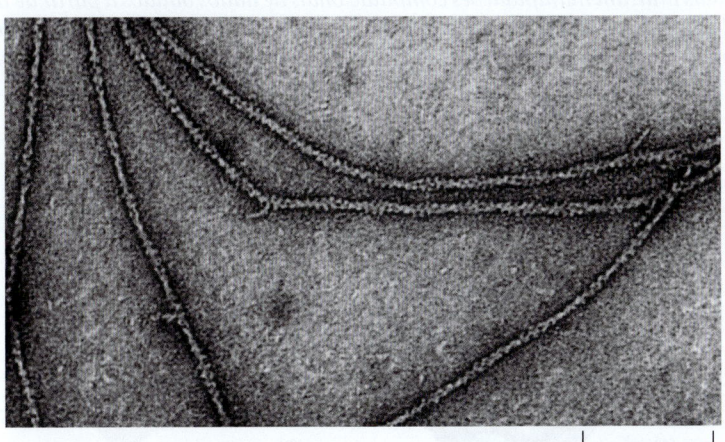

Figura 9-53 **Filamentos de actina corados negativamente.** Nesta micrografia eletrônica de transmissão, cada filamento tem cerca de 8 nm de diâmetro e, visto em detalhe, parece ser composto por uma cadeia helicoidal de moléculas. (Cortesia de Roger Craig.)

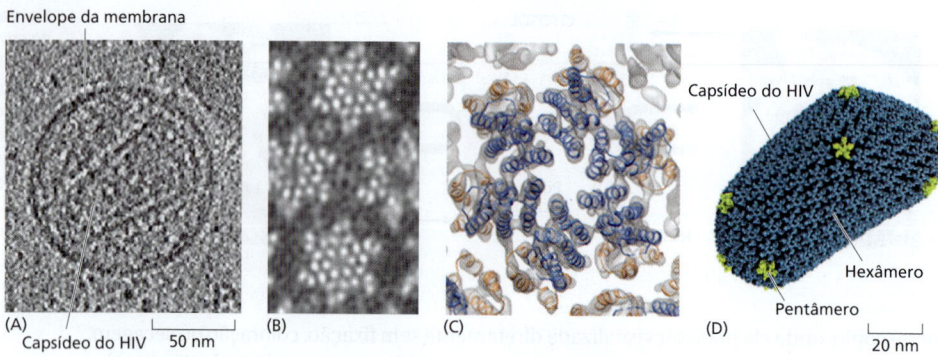

Figura 9-54 Reconstrução de partículas simples. A estrutura de um capsídeo completo do vírus da imunodeficiência humana (HIV) foi determinada por uma combinação de microscopia crioeletrônica, determinação da estrutura proteica e modelagem. (A) Uma única secção de 4 nm de um modelo tomográfico por EM (ver também Figura 9-48) de uma partícula intacta de HIV com seu envelope externo de membrana e seu capsídeo proteico irregular interno que abriga seu genoma de RNA. (B) A microscopia eletrônica de subunidades de capsídeo que se associam em um tubo helicoidal pode ser usada para derivar um mapa de densidade de elétrons a uma resolução de 8 nm, na qual detalhes dos hexâmeros podem ser claramente visualizados. (C) Usando as coordenadas atômicas conhecidas de uma única subunidade de hexâmero, a estrutura foi modelada em um mapa de densidade de elétrons a partir de (B). (D) Reconstrução molecular de todo o capsídeo do HIV com base nas estruturas detalhadas mostradas em (A) e (C). Este capsídeo contém 216 hexâmeros (azul) e 12 pentâmeros (amarelo). (Adaptada de G. Zhao et al., Nature 497:643–646, 2013. Com permissão de Macmillan Publishers Ltd. C, código PDB: 3J34.)

do capsídeo proteico dentro do vírus da imunodeficiência humana (HIV) que foi determinada a uma alta resolução por meio de combinação de várias partículas, múltiplas imagens e modelagem molecular.

Uma resolução de 0,3 nm foi conseguida por microscopia eletrônica – o suficiente para se começar a ver arranjos atômicos internos em uma proteína e competir com a cristalografia de raios X em resolução. Embora a microscopia eletrônica provavelmente não substitua a cristalografia de raios X (discutida no Capítulo 8) como método para determinar estruturas macromoleculares, ela tem algumas vantagens muito claras. Primeiro, ela absolutamente não requer amostras cristalinas. Segundo, ela pode lidar com complexos extremamente grandes – estruturas que podem ser muito grandes ou muito variáveis para cristalizar satisfatoriamente. Terceiro, ela permite a análise rápida de diferentes conformações de complexos proteicos.

A análise de estruturas macromoleculares complexas e grandes é facilitada consideravelmente se a estrutura atômica de uma ou mais subunidades é conhecida, por exemplo a partir da cristalografia de raios X. Modelos moleculares podem então ser "encaixados" matematicamente no envelope da estrutura determinada a uma resolução menor usando o microscópio eletrônico (ver Figuras 16-16D e 16-46). A **Figura 9-55** mostra a estrutura de um ribossomo com a localização de um fator de liberação ligado determinada dessa forma (ver também Figura 6-72).

Resumo

Revelar a estrutura detalhada das membranas e das organelas requer a mais alta resolução alcançável em um microscópio eletrônico de transmissão. Macromoléculas específicas podem ser identificadas após serem marcadas com ouro coloidal ligado a anticorpos. Imagens tridimensionais das superfícies das células e dos tecidos podem ser obtidas por microscopia eletrônica de varredura. As formas de moléculas isoladas podem ser prontamente determinadas por técnicas de microscopia eletrônica envolvendo o congelamento rápido ou coloração negativa. A tomografia eletrônica e a reconstrução de partículas individuais utilizam manipulações computacionais de dados obtidos a partir de imagens múltiplas e ângulos de visão múltiplos para produzir reconstruções detalhadas dos complexos macromoleculares e moleculares. A resolução obtida com esses modelos significa

Figura 9-55 Reconstrução de partículas simples e ajuste da modelagem molecular. Ribossomos bacterianos, com e sem o fator de liberação necessário para a liberação do peptídeo a partir do ribossomo, foram usados aqui para derivar mapas de microscopia crioeletrônica tridimensionais de alta resolução a uma resolução melhor do que 1 nm. Imagens de aproximadamente 20 mil ribossomos individuais, preservados em gelo, foram usadas para produzir as reconstruções de partículas simples. (A) A subunidade ribossômica 30S (amarelo) e a subunidade 50S (azul) podem ser distinguidas da densidade de elétrons adicional que pode ser atribuída ao fator de liberação RF2 (roxo). (B) A estrutura molecular conhecida de RF2 modelada na densidade de elétrons de (A). (De U.B.S. Rawat et al., Nature 421:87–90, 2003. Com permissão de Macmillan Publishers Ltd.)

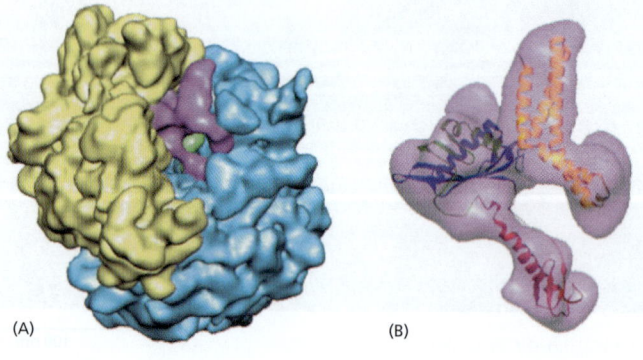

que as estruturas atômicas de macromoléculas individuais muitas vezes podem ser "encaixadas" nas imagens derivadas por microscopia eletrônica. Dessa forma, o TEM é cada vez mais capaz de preencher a lacuna entre estruturas determinadas por cristalografia de difração de raios X e aquelas determinadas com o microscópio óptico.

TESTE SEU CONHECIMENTO

Quais afirmativas estão corretas? Justifique.

9-1 Como a dupla-hélice de DNA tem apenas 2 nm de largura – muito abaixo do limite da resolução do microscópio óptico –, é impossível ver cromossomos em células vivas sem colorações especiais.

9-2 Uma molécula fluorescente, tendo absorvido um único fóton de luz em um comprimento de onda, sempre o emite em um comprimento maior.

Discuta as questões a seguir.

9-3 Os diagramas na **Figura Q9-1** mostram os caminhos dos raios de luz passando por uma amostra com uma lente seca e com uma lente de imersão no óleo. Ofereça uma explicação para o motivo pelo qual as lentes de imersão no óleo deveriam resultar em uma resolução melhor. Ar, vidro e óleo têm índices de refração de 1,00, 1,51 e 1,51, respectivamente.

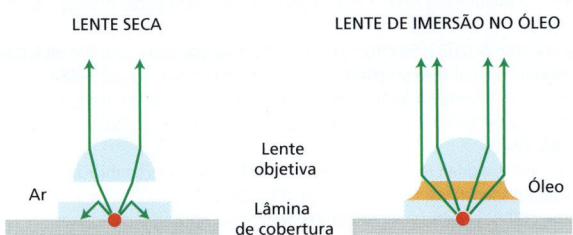

Figura Q9-1 Caminhos dos raios de luz pelas lentes seca e de imersão no óleo. O *círculo vermelho* na origem dos raios de luz é a amostra.

9-4 A **Figura Q9-2** mostra um diagrama do olho humano. Os índices de refração dos componentes no caminho da luz são: córnea 1,38, humor aquoso 1,33, lentes cristalinas 1,41 e humor vítreo 1,38. Onde a refração principal – o foco principal – ocorre? Qual o papel que você supõe para as lentes?

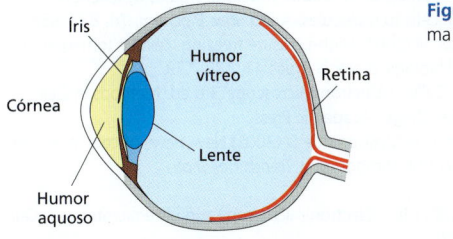

Figura Q9-2 Diagrama do olho humano.

9-5 Por que os humanos enxergam tão pouco embaixo da água? E por que óculos de proteção ajudam?

9-6 Explique a diferença entre resolução e magnificação.

9-7 Anticorpos que se ligam a proteínas específicas são ferramentas importantes para definir a localização de moléculas nas células. A sensibilidade do anticorpo primário – o anticorpo que reage com a molécula-alvo – muitas vezes é aumentada pelo uso de anticorpos secundários marcados que se ligam a ele. Quais são as vantagens e desvantagens de usar anticorpos secundários ligados a marcadores fluorescentes *versus* aqueles ligados a enzimas?

9-8 A **Figura Q9-3** mostra uma série de proteínas de fluorescência modificadas que emitem luz em uma variedade de cores. Como você supõe que o mesmo cromóforo possa fluorescer em tantos comprimentos de onda diferentes?

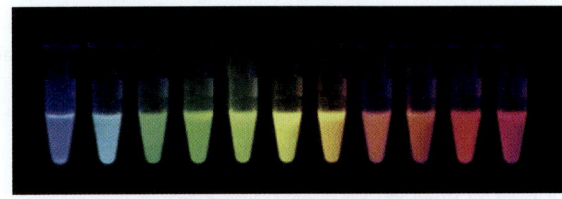

Figura Q9-3 Um arco-íris de cores produzido por proteínas de fluorescência modificadas. (Cortesia de Nathan Shaner, Paul Steinbach e Roger Tsien.)

9-9 Considere um detector de fluorescência projetado para determinar a localização celular de proteínas tirosinas-cinase ativas. Uma proteína azul (ciano) fluorescente (azul-esverdeado) (CFP) e uma proteína amarela fluorescente (YFP) foram fusionadas a cada extremidade do domínio proteico híbrido. O segmento da proteína híbrida possui um peptídeo substrato reconhecido pela proteína tirosina-cinase Abl e um domínio de ligação da fosfotirosina (**Figura Q9-4A**). A estimulação do domínio CFP não causa a emissão pelo domínio YFP quando os domínios estão separados. Entretanto, quando os domínios CFP e YFP são aproximados, a transferência de energia por ressonância de fluorescência (FRET) permite a excitação de CFP para estimular a emissão por YFP. A FRET destaca-se experimentalmente como um

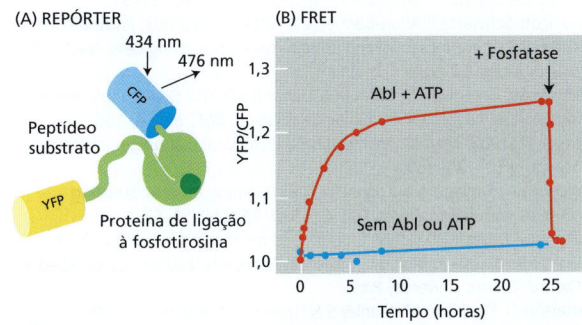

Figura Q9-4 Proteína-repórter fluorescente projetada para detectar a fosforilação da tirosina. (A) Estrutura do domínio da proteína-repórter. Quatro domínios estão indicados: CFP, YFP, peptídeo substrato de tirosina-cinase e um domínio de ligação à fosfotirosina. (B) Ensaio de FRET. YFP/CFP é normalizado para 1,0 no tempo zero. A proteína-repórter foi incubada na presença (ou ausência) de Abl e ATP pelos tempos indicados. A *seta* indica o momento da adição de uma tirosina-fosfatase. (De A.Y. Ting, K.H. Kain, R.L. Klemke e R.Y. Tsien, *Proc. Natl Acad. Sci. USA* 98:15003–15008, 2001. Com permissão de National Academy of Sciences.)

aumento na relação entre emissão a 526 nm *versus* 476 nm (YFP/CFP) quando CFP é excitada por uma luz 434 de nm.

A incubação da proteína-repórter com a proteína tirosina-cinase Abl na presença de ATP produziu um aumento na emissão de YFP/CFP (**Figura Q9-4B**). Na ausência de ATP ou da proteína Abl, não ocorreu FRET. A FRET também foi eliminada pela adição de uma tirosina-fosfatase (Figura Q9-4B). Descreva da melhor forma que você puder como a proteína-repórter detecta a proteína tirosina-cinase Abl ativa.

REFERÊNCIAS

Gerais

Celis JE, Carter N, Simons K et al. (eds) (2005) Cell Biology:
A Laboratory Handbook, 3rd ed. San Diego: Academic Press. (Volume 3 of this four-volume set covers the practicalities of most of the current light and electron imaging methods that are used in cell biology.)

Pawley BP (ed) (2006) Handbook of Biological Confocal Microscopy, 3rd ed. New York: Springer Science.

Wayne R (2014) Light and Video Microscopy. San Diego: Academic Press.

Visualização de células ao microscópio óptico

Adams MC, Salmon WC, Gupton SL et al. (2003) A high-speed multispectral spinning-disk confocal microscope system for fluorescent speckle microscopy of living cells. *Methods* 29, 29–41.

Agard DA, Hiraoka Y, Shaw P & Sedat JW (1989) Fluorescence microscopy in three dimensions. In Methods in Cell Biology, Vol. 30: Fluorescence Microscopy of Living Cells in Culture, part B

(DL Taylor, Y-L Wang eds). San Diego: Academic Press.

Burnette DT, Sengupta P, Dai Y et al. (2011) Bleaching/blinking assisted localization microscopy for superresolution imaging using standard fluorescent molecules. *Proc. Natl Acad. Sci. USA* 108, 21081–21086.

Chalfie M, Tu Y, Euskirchen G et al. (1994) Green fluorescent protein as a marker for gene expression. *Science* 263, 802–805.

Giepmans BN, Adams SR, Ellisman MH & Tsien RY (2006) The fluorescent toolbox for assessing protein location and function. *Science* 312, 217–224.

Harlow E & Lane D (1998) Using Antibodies: A Laboratory Manual. Cold Spring Harbor, NY: Cold Spring Harbor Laboratory Press.

Hell S (2009) Microscopy and its focal switch. *Nat. Methods* 6, 24–32.

Huang B, Babcock H & Zhuang X (2010) Breaking the diffraction barrier: super-resolution imaging of cells. *Cell* 143, 1047–1058.

Huang B, Bates M & Zhuang X (2009) Super-resolution fluorescence microscopy. *Annu. Rev. Biochem.* 78, 993–1016.

Jaiswai JK & Simon SM (2004) Potentials and pitfalls of fluorescent quantum dots for biological imaging. *Trends Cell Biol.* 14, 497–504.

Klar TA, Jakobs S, Dyba M et al. (2000) Fluorescence microscopy with diffraction resolution barrier broken by stimulated emission. *Proc. Natl Acad. Sci. USA* 97, 8206–8210.

Lippincott-Schwartz J & Patterson GH (2003) Development and use of fluorescent protein markers in living cells. *Science* 300, 87–91.

Lippincott-Schwartz J, Altan-Bonnet N & Patterson G (2003) Photobleaching and photoactivation: following protein dynamics in living cells. *Nat. Cell Biol.* 5(Suppl), S7–S14.

McEvoy AL, Greenfield D, Bates M & Liphardt J (2010) Q&A: Single-molecule localization microscopy for biological imaging. *BMC Biol.* 8, 106.

Minsky M (1988) Memoir on inventing the confocal scanning microscope. *Scanning* 10, 128–138.

Miyawaki A, Sawano A & Kogure T (2003) Lighting up cells: labelling proteins with fluorophores. *Nat. Cell Biol.* 5(Suppl), S1–S7.

Parton RM & Read ND (1999) Calcium and pH imaging in living cells. In Light Microscopy in Biology. A Practical Approach, 2nd ed. (Lacey AJ ed.). Oxford: Oxford University Press.

Patterson G, Davidson M, Manley S & Lippincott-Schwartz J (2010) Superresolution imaging using single-molecule localization. *Annu. Rev. Phys. Chem.* 61, 345–367.

Rust MJ, Bates M & Zhuang X (2006) Sub-diffraction-limit imaging by stochastic optical reconstruction microscopy (STORM). *Nat. Methods* 3, 793–795.

Sako Y & Yanagida T (2003) Single-molecule visualization in cell biology. *Nat. Rev. Mol. Cell Biol.* 4(Suppl), SS1–SS5.

Schermelleh L, Heintzmann R & Leonhardt H (2010) A guide to super-resolution fluorescence microscopy. *J. Cell Biol.* 190, 165–175.

Shaner NC, Steinbach PA & Tsien RY (2005) A guide to choosing fluorescent proteins. *Nat. Methods* 2, 905–909.

Sluder G & Wolf DE (2007) Digital Microscopy, 3rd ed: Methods in Cell Biology, Vol 81. San Diego: Academic Press.

Stephens DJ & Allan VJ (2003) Light microscopy techniques for live cell imaging. *Science* 300, 82–86.

Tsien RY (2008) Constructing and exploiting the fluorescent protein paintbox. Nobel Prize Lecture. www.nobelprize.org

White JG, Amos WB & Fordham M (1987) An evaluation of confocal versus conventional imaging of biological structures by fluorescence light microscopy. *J. Cell Biol.* 105, 41–48.

Zernike F (1955) How I discovered phase contrast. *Science* 121, 345–349.

Visualização de células e moléculas ao microscópio eletrônico

Allen TD & Goldberg MW (1993) High-resolution SEM in cell biology. *Trends Cell Biol.* 3, 205–208.

Baumeister W (2002) Electron tomography: towards visualizing the molecular organization of the cytoplasm. *Curr. Opin. Struct. Biol.* 12, 679–684.

Böttcher B, Wynne SA & Crowther RA (1997) Determination of the fold of the core protein of hepatitis B virus by electron cryomicroscopy. *Nature* 386, 88–91.

Dubochet J, Adrian M, Chang J-J et al. (1988) Cryo-electron microscopy of vitrified specimens. *Q. Rev. Biophys.* 21, 129–228.

Frank J (2003) Electron microscopy of functional ribosome complexes. *Biopolymers* 68, 223–233.

Frank J (2009) Single-particle reconstruction of biological macromolecules in electron microscopy—30 years. *Quart. Rev. Biophys.* 42, 139–158.

Hayat MA (2000) Principles and Techniques of Electron Microscopy, 4th ed. Cambridge: Cambridge University Press.

Heuser J (1981) Quick-freeze, deep-etch preparation of samples for 3-D electron microscopy. *Trends Biochem. Sci.* 6, 64–68.

Liao M, Cao E, Julius D & Cheng Y (2014) Single particle electron cryo-microscopy of a mammalian ion channel. *Curr. Opin. Struct. Biol.* 27, 1–7.

Lucic V, Förster F & Baumeister W (2005) Structural studies by electron tomography: from cells to molecules. *Annu. Rev. Biochem.* 74, 833–865.

McDonald KL & Auer M (2006) High-pressure freezing, cellular tomography, and structural cell biology. *Biotechniques* 41, 137–139.

McIntosh JR (2007) Cellular Electron Microscopy. 3rd ed: Methods in Cell Biology, Vol 79. San Diego: Academic Press.

McIntosh R, Nicastro D & Mastronarde D (2005) New views of cells in 3D: an introduction to electron tomography. *Trends Cell Biol.* 15, 43–51.

Pease DC & Porter KR (1981) Electron microscopy and ultramicrotomy. *J. Cell Biol.* 91, 287s–292s.

Unwin PNT & Henderson R (1975) Molecular structure determination by electron microscopy of unstained crystalline specimens. *J. Mol. Biol.* 94, 425–440.

Zhou ZH (2008) Towards atomic resolution structural determination buy single particle cryo-electron microscopy. *Curr. Opin. Struct. Biol.* 18, 218–228.

PARTE IV
ORGANIZAÇÃO INTERNA DA CÉLULA

CAPÍTULO

10

Estrutura da membrana

As membranas celulares são cruciais para a vida da célula. A **membrana plasmática** circunda a célula, define seus limites e mantém as diferenças essenciais entre o citosol e o ambiente extracelular. No interior das células eucarióticas, as membranas do núcleo, do retículo endoplasmático (RE), do aparelho de Golgi, da mitocôndria e de outras organelas circundadas por membranas mantêm as diferenças características entre o conteúdo de cada organela e o citosol. Os gradientes iônicos que atravessam a membrana, estabelecidos pelas atividades das proteínas especializadas da membrana, podem ser usados para sintetizar ATP, coordenar o transporte de solutos selecionados através da membrana ou, como nos músculos e nervos, produzir e transmitir impulsos elétricos. Em todas as células, a membrana plasmática também contém proteínas que atuam como sensores de sinais externos, permitindo que as células mudem seu comportamento em resposta aos sinais ambientais, incluindo aqueles de outras células. Essas proteínas sensoriais, ou *receptoras*, transferem informação, em vez de moléculas, através da membrana.

    Apesar de suas funções distintas, todas as membranas biológicas possuem uma estrutura geral comum: cada uma é constituída por uma fina película de moléculas de lipídeos e proteínas unidas principalmente por interações não covalentes (**Figura 10-1**). As membranas celulares são estruturas dinâmicas, fluidas e a maioria de suas moléculas move-se no plano da membrana. As moléculas lipídicas são organizadas como

NESTE CAPÍTULO

BICAMADA LIPÍDICA

PROTEÍNAS DE MEMBRANA

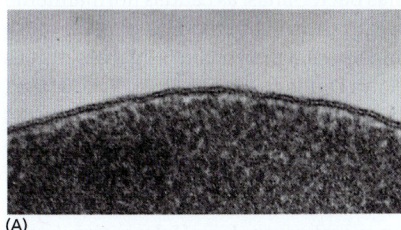

(A)

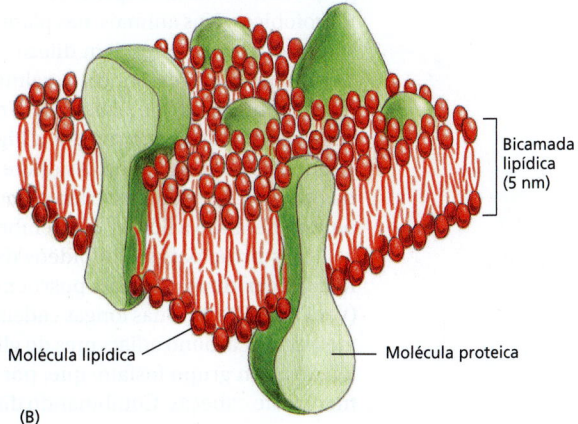

(B)

Figura 10-1 Duas visões de uma membrana celular. (A) Micrografia eletrônica de um segmento da membrana plasmática de uma hemácia humana observada em corte transversal mostrando a estrutura de sua bicamada. (B) Representação esquemática tridimensional de uma membrana celular e a distribuição geral de seus componentes lipídicos e proteicos. (A, cortesia de Daniel S. Friend.)

uma camada dupla contínua de cerca de 5 nm de espessura. Essa *bicamada lipídica* proporciona a estrutura fluida básica da membrana e atua como uma barreira relativamente impermeável à passagem da maioria das moléculas solúveis em água. A maioria das *proteínas de membrana* atravessam a bicamada lipídica e medeiam quase todas as funções da membrana, incluindo o transporte de moléculas específicas através dessa bicamada e a catálise de reações associadas à membrana, como a síntese de ATP. Na membrana plasmática, algumas proteínas transmembrana atuam como ligações estruturais que conectam o citoesqueleto através da bicamada lipídica à matriz extracelular ou a uma célula adjacente, enquanto outras atuam como receptores para detectar e transduzir sinais químicos do ambiente celular. Existem muitas proteínas de membrana diferentes que permitem que a célula funcione e interaja com seu ambiente, e estima-se que cerca de 30% das proteínas codificadas pelo genoma de uma célula animal sejam proteínas de membrana.

Neste capítulo, estudaremos a estrutura e a organização dos dois principais constituintes das membranas biológicas, os lipídeos e as proteínas. Embora salientemos principalmente a membrana plasmática, a maioria dos conceitos discutidos também é aplicável às várias membranas internas de células eucarióticas. As funções das membranas celulares serão consideradas nos últimos capítulos: seu papel na conversão de energia e síntese de ATP, por exemplo, será discutido no Capítulo 14; seu papel no transporte transmembrana de pequenas moléculas, no Capítulo 11; seu papel na sinalização celular e adesão celular, nos Capítulos 15 e 19 respectivamente. Nos Capítulos 12 e 13, discutiremos as membranas internas das células e o tráfego de proteínas através delas e entre elas.

BICAMADA LIPÍDICA

A **bicamada lipídica** forma a estrutura básica de todas as membranas celulares. Ela é facilmente observada por microscopia eletrônica, e sua estrutura de camada dupla é atribuível exclusivamente a propriedades especiais das moléculas lipídicas, as quais se reúnem espontaneamente em bicamadas mesmo sob condições artificiais simples. Nesta seção, discutiremos os diferentes tipos de moléculas lipídicas encontradas nas membranas celulares e as propriedades gerais das bicamadas lipídicas.

Fosfoglicerídeos, esfingolipídeos e esterois são os principais lipídeos das membranas celulares

As moléculas lipídicas constituem cerca de 50% da massa da maioria das membranas das células animais, e quase todo o restante são proteínas. Há aproximadamente 5×10^6 moléculas lipídicas em uma área de 1 μm × 1 μm de bicamada lipídica, ou cerca de 10^9 moléculas lipídicas na membrana plasmática de uma pequena célula animal. Todas as moléculas lipídicas da membrana plasmática são **anfifílicas**, isto é, possuem uma extremidade **hidrofílica** ("que ama água") ou *polar*, e uma extremidade **hidrofóbica** ("que teme a água") ou *apolar*.

Os mais abundantes lipídeos da membrana são os **fosfolipídeos**. Eles possuem um grupamento da cabeça polar contendo um grupo fosfato e duas *caudas hidrocarbonadas* hidrofóbicas. Nos animais, nas plantas e nas células bacterianas, as caudas normalmente são ácidos graxos e podem diferir em comprimento (normalmente elas contêm entre 14 e 24 átomos de carbono). Geralmente, uma cauda possui uma ou mais ligações duplas *cis*-atuantes (i.e., ela é *insaturada*), enquanto a outra cauda não possui essa ligação (i.e., ela é *saturada*). Como mostra a **Figura 10-2**, cada ligação dupla *cis*-atuante cria uma pequena dobra na cauda. As diferenças no comprimento e na saturação das caudas e dos ácidos graxos influenciam como as moléculas fosfolipídicas encaixam-se umas nas outras, afetando a fluidez da membrana, como discutiremos mais adiante.

Os principais fosfolipídeos da maioria das membranas das células animais são **fosfoglicerídeos**, os quais possuem uma cadeia principal de *glicerol* de três carbonos (ver Figura 10-2). Duas longas cadeias de ácidos graxos são unidas por pontes ésteres aos átomos de carbono adjacentes do glicerol, e o terceiro átomo de carbono do glicerol está ligado a um grupo fosfato, que, por sua vez, é ligado a um entre vários tipos de grupamentos de cabeças. Combinando diferentes ácidos graxos e grupamentos de cabeças, as

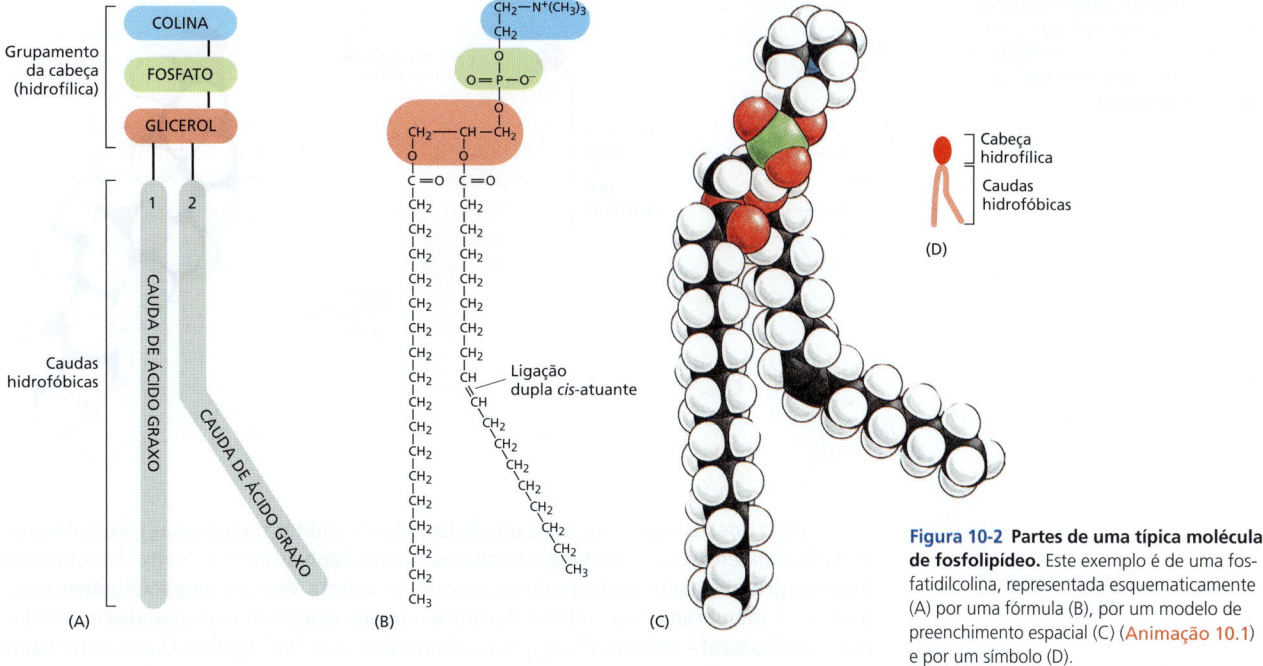

Figura 10-2 Partes de uma típica molécula de fosfolipídeo. Este exemplo é de uma fosfatidilcolina, representada esquematicamente (A) por uma fórmula (B), por um modelo de preenchimento espacial (C) (Animação 10.1) e por um símbolo (D).

células produzem diferentes fosfoglicerídeos. A *fosfatidiletanolamina*, a *fosfatidilserina* e a *fosfatidilcolina* são os mais abundantes fosfoglicerídeos das membranas das células de mamíferos (**Figura 10-3A-C**).

Outra importante classe de fosfolipídeos são os *esfingolipídeos*, que são constituídos por *esfingosina* no lugar do glicerol (**Figura 10-3D-E**). A esfingosina é uma longa cadeia acil com um grupo amino (NH_2) e dois grupos hidroxila (OH) em uma extremidade. Na esfingomielina, o esfingolipídeo mais comum, uma cauda de ácido graxo é ligada ao grupo amino e um grupo fosfocolina é ligado ao grupo hidroxila terminal. Juntos, os fosfolipídeos fosfatidilcolina, fosfatidiletanolamina, fosfatidilserina e esfingomielina constituem mais da metade da massa de lipídeos da maioria das membranas celulares de mamíferos (ver Tabela 10-1, p. 571).

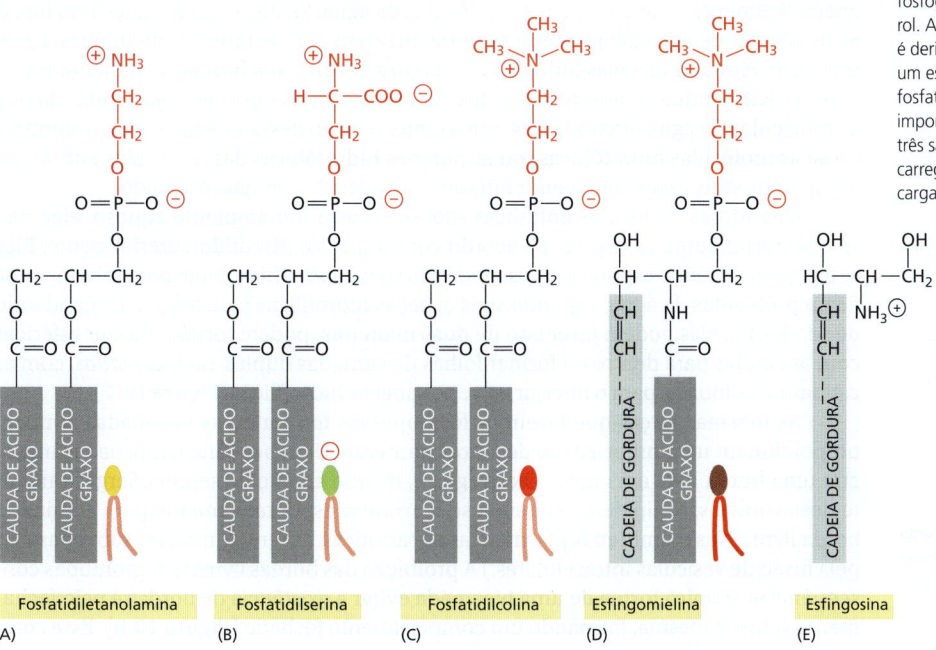

Figura 10-3 Os quatro principais fosfolipídeos das membranas plasmáticas de mamíferos. Observe que os diferentes grupamentos de cabeças estão representados em cores diferentes. As moléculas lipídicas mostradas em (A-C) são fosfoglicerídeos, os quais são derivados do glicerol. A molécula em (D) é a esfingomielina, a qual é derivada da esfingosina (E), sendo, portanto, um esfingolipídeo. Observe que somente a fosfatidilserina possui carga total negativa, cuja importância discutiremos mais adiante; os outros três são eletricamente neutros em pH fisiológico, carregando, portanto, uma carga negativa e uma carga positiva.

Figura 10-4 Estrutura do colesterol.
O colesterol está representado em (A) por uma fórmula química, em (B) por um esquema e em (C) por um modelo de preenchimento espacial.

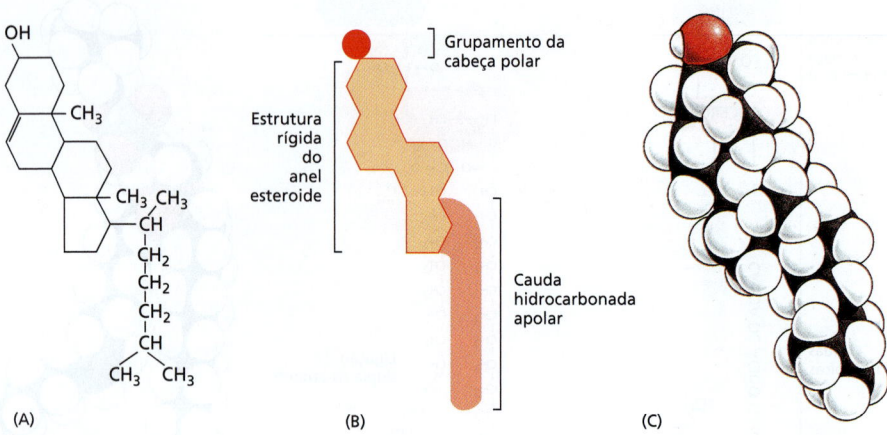

Além dos fosfolipídeos, a bicamada lipídica de muitas membranas celulares contém *glicolipídeos* e *colesterol*. Os glicolipídeos assemelham-se aos esfingolipídeos, mas no lugar do grupo fosfato ligado à cabeça, possui um açúcar. Veremos os glicolipídeos mais adiante. A membrana plasmática eucariótica contém, especialmente, grandes quantidades de **colesterol** – até 1 molécula para cada molécula de fosfolipídeo. O colesterol é um esterol. Ele contém uma estrutura em anel rígida a qual se liga a um único grupo hidroxila polar e a uma pequena cadeia de hidrocarbono apolar (**Figura 10-4**). As moléculas de colesterol orientam-se na bicamada com seu grupo hidroxila próximo aos grupamentos de cabeças polares das moléculas de fosfolipídeos adjacentes (**Figura 10-5**).

Os fosfolipídeos formam bicamadas espontaneamente

A forma e a natureza anfifílica das moléculas de fosfolipídeos causam a formação de bicamadas de forma espontânea em ambientes aquosos. Como discutido no Capítulo 2, as moléculas hidrofílicas dissolvem-se facilmente em água, porque contêm grupos polares carregados ou não carregados que podem formar interações eletrostáticas favoráveis ou ligações de hidrogênio com as moléculas de água (**Figura 10-6A**). As moléculas hidrofóbicas, por outro lado, são insolúveis em água porque todos ou quase todos os seus átomos são apolares e não carregados e, portanto, não podem formar interações energeticamente favoráveis com as moléculas de água. Se dispersos na água, irão forçar as moléculas de água adjacentes a se reorganizarem em estruturas semelhantes a gelo que envolvem as moléculas hidrofóbicas (**Figura 10-6B**). Sua formação aumenta com a energia livre porque essas estruturas de cadeias de cristais são mais organizadas do que as moléculas de água circundantes. Entretanto, o custo dessa energia livre é minimizado se as moléculas hidrofóbicas (ou as porções hidrofóbicas das moléculas anfifílicas) agruparem-se, e, assim, um menor número de moléculas de água é afetado.

Quando as moléculas anfifílicas são expostas a um ambiente aquoso, elas irão se comportar como se espera, de acordo com o que foi discutido anteriormente. Elas se agregam de modo espontâneo, escondendo suas caudas hidrofóbicas no interior onde ficam protegidas da água, expondo suas cabeças hidrofílicas para a água. Dependendo de sua forma, elas podem fazer isso de duas maneiras: podem formar *micelas* esféricas com as caudas para dentro ou formar folhas de camadas duplas, ou *bicamadas*, com as caudas hidrofóbicas para o interior entre as cabeças hidrofílicas (**Figura 10-7**).

As mesmas forças que fazem os fosfolipídeos formarem as bicamadas também proporcionam uma propriedade de autosselamento. Uma pequena fenda na bicamada cria uma borda livre em contato com água e, devido ao fato de serem energeticamente desfavoráveis, os lipídeos tendem a se rearranjar espontaneamente para eliminar a borda livre. (Nas membranas plasmáticas eucarióticas, as fendas maiores são reparadas pela fusão de vesículas intracelulares.) A proibição das bordas livres tem profundas consequências: a única forma de uma bicamada evitar a existência de bordas é pelo fechamento sobre si mesma, formando um compartimento fechado (**Figura 10-8**). Esse com-

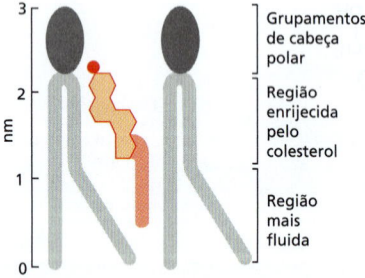

Figura 10-5 O colesterol em uma bicamada lipídica. Representação esquemática (em escala) de uma molécula de colesterol interagindo com duas moléculas de fosfolipídeo em uma monocamada de uma bicamada lipídica.

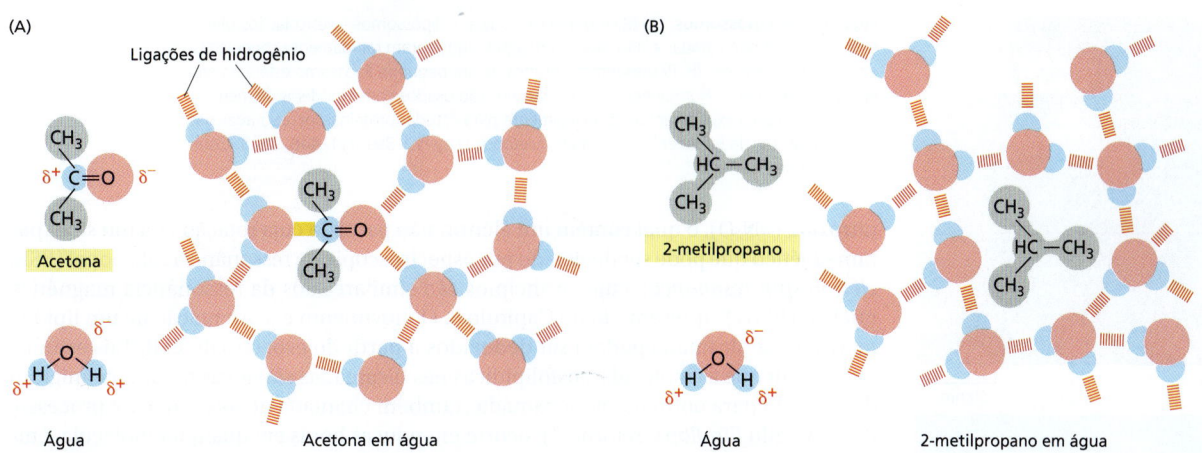

Figura 10-6 **Como as moléculas hidrofílicas e hidrofóbicas interagem de modo diferente com a água.** (A) Como a acetona é polar, ela pode formar ligações de hidrogênio (*vermelho*) e favorecer as interações eletrostáticas (*amarelo*) com as moléculas de água, as quais também são polares. Assim, a acetona se dissolve imediatamente em água. (B) Ao contrário, o 2-metilpropano é completamente hidrofóbico. Como não pode formar interações favoráveis com a água, força as moléculas de água adjacentes a se reorganizarem em estruturas semelhantes ao gelo, as quais aumentam a energia livre. Portanto, esse composto é praticamente insolúvel em água. O símbolo δ^- indica uma carga parcialmente negativa, e δ^+ indica uma carga parcialmente positiva. Os átomos polares estão representados em cores, e os grupos apolares, em *cinza*.

portamento excepcional, fundamental para a formação de células vivas, é decorrente da forma e da natureza anfifílica das moléculas de fosfolipídeos.

A bicamada lipídica também tem outras características que a tornam uma estrutura ideal para membranas celulares. Uma das mais importantes entre elas é a sua fluidez, que é crucial para muitas das funções da membrana (**Animação 10.2**).

A bicamada lipídica é um fluido bidimensional

Por volta de 1970, pesquisadores reconheceram pela primeira vez que moléculas lipídicas individuais são capazes de se difundir livremente no plano de uma bicamada lipídica. A primeira demonstração foi obtida de estudos com bicamadas lipídicas sintéticas (artificiais), as quais podem ser produzidas na forma de vesículas esféricas denominadas **lipossomos** (**Figura 10-9**) ou na forma de bicamadas planas formadas através de um furo em divisória entre dois compartimentos aquosos ou em um suporte sólido.

Várias técnicas têm sido usadas para medir o movimento das moléculas lipídicas individuais e seus componentes. Por exemplo, pode-se construir uma molécula lipídica com um corante fluorescente ou uma pequena partícula de ouro ligada à sua cabeça polar e seguir a difusão de cada molécula individual na membrana. Alternativamente, pode-se modificar a cabeça lipídica para carregar uma "marca da rotação", como um grupo

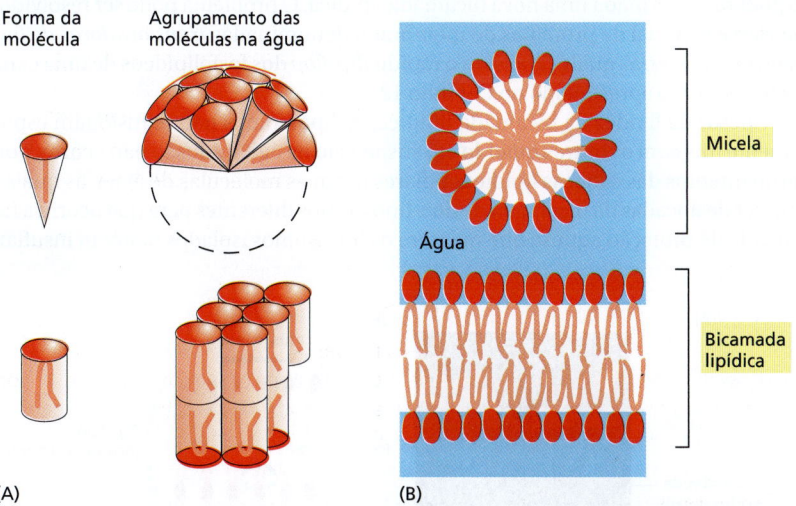

Figura 10-7 **Arranjo do agrupamento das moléculas anfifílicas em um ambiente aquoso.** (A) Essas moléculas formam micelas ou bicamadas em água espontaneamente, dependendo de sua forma. As moléculas anfifílicas em forma de cone (*acima*) formam micelas, ao passo que as moléculas anfifílicas em forma de cilindro, como os fosfolipídeos (*abaixo*), formam bicamadas. (B) Uma micela e uma bicamada lipídica observadas em um corte transversal. Acredita-se que as micelas das moléculas anfifílicas sejam muito mais irregulares do que aqui apresentadas (ver Figura 10-26C).

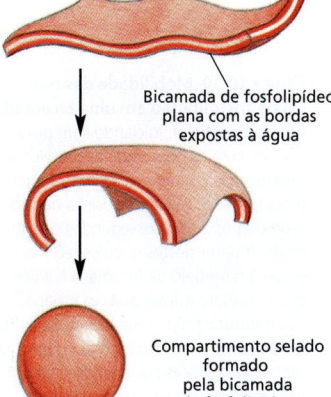

Figura 10-8 **Fechamento espontâneo de uma bicamada lipídica para formar um compartimento selado.** A estrutura fechada é estável porque evita a exposição de caudas hidrocarbonadas hidrofóbicas à água, que seriam energeticamente desfavoráveis.

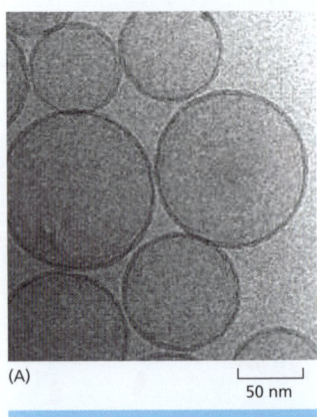

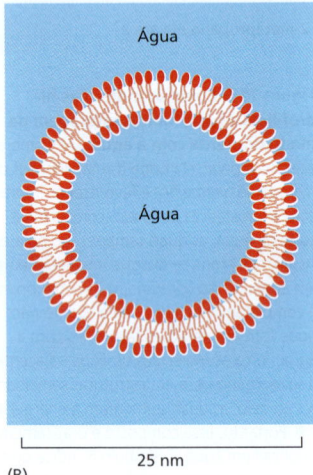

Figura 10-9 **Lipossomos.** (A) Micrografia eletrônica de lipossomos – vesículas fosfolipídicas sintéticas não coradas e não fixadas em água – que foram rapidamente congeladas em nitrogênio líquido. (B) Representação gráfica de um pequeno lipossomo esférico visto em corte transversal. Normalmente, os lipossomos são usados como modelos de membrana em estudos experimentais, principalmente para estudar proteínas incorporadas nas membranas. (A, de P. Frederik e D. Hubert, *Methods Enzymol.* 391:431–448, 2005. Com permissão de Elsevier.)

nitróxido (=N-O), o qual contém um elétron não pareado cuja rotação cria um sinal paramagnético que pode ser detectado por espectroscopia de ressonância rotacional (ESR, *eletron spin resonance*), cujos princípios são similares aos da ressonância magnética nuclear (RMN), apresentado no Capítulo 8. O movimento e a orientação de um lipídeo marcado na bicamada podem ser deduzidos a partir do espectro de ESR. Tais estudos mostraram que as moléculas fosfolipídicas nas bicamadas sintéticas raramente migram de um lado para outro da monocamada (também chamada de *folheto*). Esse processo, denominado *flip-flop* ("retornar"), ocorre em poucas horas em qualquer molécula, embora o colesterol seja uma exceção a essa regra e pode "retornar" rapidamente. Por outro lado, moléculas lipídicas trocam de lugar rapidamente com suas vizinhas *dentro* de uma mesma monocamada (cerca de 10^7 vezes por segundo). Isso origina uma rápida difusão lateral, com um coeficiente de difusão (D) de cerca de 10^{-8} cm^2/s, que significa que uma molécula lipídica média difunde o comprimento de uma célula bacteriana grande (~2 μm) em cerca de 1 segundo. Esses estudos também mostraram que moléculas lipídicas giram rapidamente ao redor de seu eixo maior e suas cadeias de hidrocarbonos são flexíveis. Simulações em computador mostraram que as moléculas lipídicas são muito desorganizadas nas bicamadas sintéticas, apresentando uma superfície irregular, com espaços variáveis e as cabeças orientadas para a fase aquosa de um lado da bicamada (**Figura 10-10**).

Estudos similares de mobilidade foram realizados com moléculas de lipídeos marcadas em membranas biológicas isoladas e em células vivas e apresentaram resultados similares àqueles obtidos nas bicamadas sintéticas. Foi demonstrado que o componente lipídico de uma membrana biológica é um líquido bidimensional no qual as moléculas constituintes estão livres para se mover lateralmente. Como em uma bicamada sintética, moléculas individuais de fosfolipídeos normalmente estão confinadas à sua própria monocamada. Esse confinamento cria um problema para sua síntese. As moléculas de fosfolipídeos são manufaturadas em apenas uma monocamada de uma membrana, principalmente na monocamada citosólica da membrana do RE. Se nenhuma dessas moléculas recém-formadas migra imediatamente para a monocamada não citosólica, não poderá ser formada uma nova bicamada lipídica. O problema pode ser resolvido por uma classe especial de proteínas de membrana denominadas *translocadoras de fosfolipídeos*, ou *flipases*, as quais catalisam o rápido *flip-flop* dos fosfolipídeos de uma camada para outra, como apresentado no Capítulo 12.

Apesar da fluidez da bicamada lipídica, os lipossomos não se fusionam espontaneamente uns com os outros quando em suspensão na água. A fusão não ocorre, porque os grupamentos das cabeças lipídicas polares ligam as moléculas de água, as quais precisam ser deslocadas da bicamada de dois lipossomos diferentes para que ocorra a fusão. A camada de proteção aquosa que mantém os lipossomos isolados também insuflam as

Figura 10-10 **Mobilidade das moléculas de fosfolipídeo em uma bicamada lipídica artificial.** Iniciando com um modelo de cem moléculas de fosfatidilcolina organizadas em uma bicamada regular, o computador calcula a posição de cada átomo após 300 picossegundos de estímulo. A partir destes cálculos teóricos, surge um modelo de bicamada lipídica que considera quase todas as propriedades mensuráveis de uma bicamada lipídica sintética, incluindo espessura, número de moléculas lipídicas por área de membrana, profundidade de penetração na água e irregularidades das duas superfícies. Observe que as caudas em uma monocamada podem interagir com as da outra monocamada se forem longas o suficiente. (B) As diferentes movimentações de uma molécula lipídica em uma bicamada. (A, baseado em S.W. Chiu et al., *Biophys. J.* 69:1230–1245, 1995. Com permissão da Biophysical Society.)

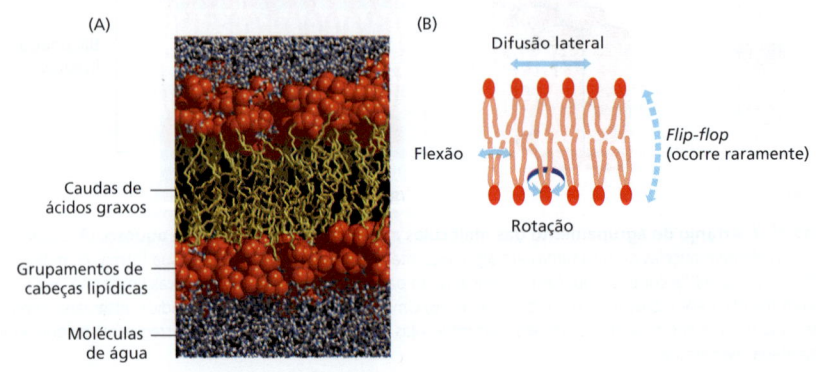

membranas internas das células eucarióticas impedindo a fusão descontrolada, mantendo a integralidade da compartimentalização das organelas circundadas por membranas. Todos os eventos de fusão de membrana celular são catalisados por proteínas de fusão rigidamente controladas que forçam a aproximação das membranas adequadas, expulsando a camada de água que mantém as bicamadas distantes umas das outras, como veremos no Capítulo 13.

A fluidez de uma bicamada lipídica depende de sua composição

A fluidez das membranas celulares tem que ser precisamente regulada. Por exemplo, certos processos de transporte através das membranas e atividades enzimáticas cessam quando a viscosidade é aumentada experimentalmente acima de um nível limítrofe.

A fluidez de uma bicamada lipídica depende de sua composição e de sua temperatura, como é facilmente demonstrado em estudos de bicamadas lipídicas sintéticas. Uma bicamada sintética feita de um único tipo de fosfolipídeo muda do estado líquido para um estado cristalino rígido (ou gel) bidimensional em uma temperatura característica. Essa mudança de estado é denominada *transição de fase*, e a temperatura na qual isso ocorre é mais baixa (i.e., a membrana torna-se mais difícil de congelar) se as cadeias de hidrocarbonos forem curtas ou possuírem ligações duplas. Uma cadeia curta reduz a tendência das caudas hidrocarbonadas de interagirem umas com as outras, na mesma camada ou na monocamada oposta, e as ligações duplas *cis*-atuantes produzem torções nas cadeias que as tornam mais difíceis de se agruparem, de modo que a membrana se torna mais fluida a baixas temperaturas (**Figura 10-11**). As bactérias, leveduras e outros organismos cujas temperaturas flutuam com a do ambiente ajustam a composição de ácidos graxos das suas membranas lipídicas para manter uma fluidez relativamente constante. Quando a temperatura baixa, por exemplo, as células desses organismos sintetizam ácidos graxos com mais ligações duplas *cis*-atuantes, evitando, assim, a redução da fluidez da bicamada que, de outra forma, ocorreria devido à queda na temperatura.

O colesterol modula as propriedades da bicamada lipídica. Quando misturado com fosfolipídeos, aumenta a propriedade de barreira permeável da bicamada lipídica. O colesterol se insere na bicamada com o grupo hidroxila próximo às cabeças polares dos fosfolipídeos, de modo que seus rígidos anéis esteroides interajam e parcialmente imobilizem aquelas regiões de hidrocarbonos próximas aos grupamentos de cabeças polares (ver Figura 10-5 e **Animação 10.3**). Reduzindo a mobilidade dos primeiros grupos CH_2 das cadeias das moléculas de fosfolipídeos, o colesterol torna a bicamada lipídica menos deformável nesta região, reduzindo a permeabilidade da bicamada a pequenas moléculas solúveis em água. Embora o colesterol aumente o empacotamento dos lipídeos na bicamada, isto não torna as membranas menos fluidas. Às altas concentrações encontradas na maioria das membranas plasmáticas dos eucariotos, o colesterol também impede que as cadeias de hidrocarbonos agrupem-se e cristalizem.

A **Tabela 10-1** compara a composição lipídica de várias membranas biológicas. Observe que a membrana plasmática bacteriana é composta, com frequência, por um tipo principal de fosfolipídeo e não contém colesterol. Normalmente, nas arqueias, os

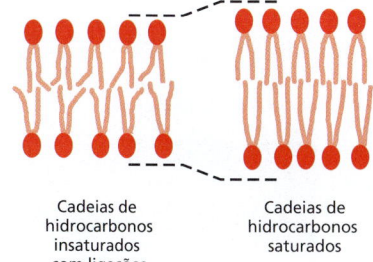

Cadeias de hidrocarbonos insaturados com ligações duplas *cis*-atuantes

Cadeias de hidrocarbonos saturados

Figura 10-11 A influência de ligações duplas *cis*-atuantes nas cadeias de hidrocarbonos. As ligações duplas dificultam o agrupamento das cadeias tornando mais difícil de congelar a bicamada lipídica. Além disso, devido às cadeias de hidrocarbonos de lipídeos insaturados estarem mais distantes, as bicamadas lipídicas por eles formadas são mais delgadas do que as bicamadas formadas por lipídeos saturados.

TABELA 10-1 Composição aproximada dos lipídeos de diferentes membranas celulares

Lipídeo	Porcentagem total de lipídeos por peso					
	Membrana plasmática de um hepatócito	Membrana plasmática de um eritrócito	Mielina	Mitocôndria (membranas interna e externa)	Retículo endoplasmático	Bactéria *E. coli*
Colesterol	17	23	22	3	6	0
Fosfatidiletanolamina	7	18	15	28	17	70
Fosfatidilserina	4	7	9	2	5	Traços
Fosfatidilcolina	24	17	10	44	40	0
Esfingomielina	19	18	8	0	5	0
Glicolipídeos	7	3	28	Traços	Traços	0
Outros	22	14	8	23	27	30

lipídeos contêm cadeias de prenil com 20-25 carbonos de comprimento no lugar dos ácidos graxos. As cadeias de prenil e de ácidos graxos são similarmente hidrofóbicas e flexíveis (ver Figura 10-20F). Nas arqueias termofílicas, as longas cadeias lipídicas atravessam os dois folhetos tornando a membrana estável ao calor. Assim, as bicamadas lipídicas podem ser constituídas de moléculas com características similares, mas desenhos moleculares diferentes. As membranas plasmáticas da maioria das células eucarióticas são mais variáveis do que as dos procariotos e das arqueias, não somente por conterem grandes quantidades de colesterol, mas também por possuírem uma mistura de diferentes fosfolipídeos.

A análise das membranas lipídicas por espectrometria de massas revelou que a composição de lipídeos de uma membrana celular eucariótica típica é muito mais complexa do que se pensava originalmente. Essas membranas contêm uma variedade impressionante de talvez 500 a 2.000 diferentes espécies de lipídeos, mesmo na mais simples membrana plasmática, como a de uma hemácia, na qual há mais de 150. Enquanto parte dessa complexidade reflete a variação combinatória das cabeças, o comprimento das cadeias de hidrocarbonos e a desnaturação das principais classes de fosfolipídeos, algumas membranas também contêm muitos lipídeos secundários estruturalmente distintos, sendo alguns com funções importantes. Os *fosfolipídeos inositol*, por exemplo, estão presentes em pequenas quantidades nas membranas das células animais e possuem funções cruciais na orientação do tráfego de membrana e sinalização celular (como veremos nos Capítulos 13 e 15, respectivamente). Sua síntese e destruição local são reguladas por um grande número de enzimas, que criam pequenas moléculas de sinalização intracelular e sítios de ancoragem lipídicos nas membranas que recrutam proteínas específicas do citosol, como será discutido mais adiante.

Apesar de sua fluidez, as bicamadas lipídicas podem formar domínios de composições distintas

Espera-se que a maioria dos tipos das moléculas lipídicas esteja distribuída ao acaso na própria monocamada devido ao fato de ser uma bicamada lipídica fluida bidimensional. As forças de van der Waals entre as caudas vizinhas de hidrocarbonos não são seletivas o suficiente para manter unidos os grupos de moléculas de fosfolipídeos. Entretanto, em certas misturas lipídicas nas bicamadas artificiais, pode-se observar uma segregação de fase onde determinados lipídeos se agrupam formando domínios separados (**Figura 10-12**).

Houve um longo debate entre os biólogos celulares acerca de se as moléculas lipídicas da membrana plasmática das células vivas segregam em domínios especializados, denominados **balsas lipídicas**. Embora muitos lipídeos e proteínas de membrana não estejam uniformemente distribuídos, a segregação da fase lipídica em grande escala é raramente observada nas membranas das células vivas. Em vez disso, lipídeos e proteínas específicos de membrana estão concentrados de maneira dinâmica e temporária por interações proteína-proteína, permitindo a formação provisória de regiões especializadas da membrana (**Figura 10-13**). Tais agrupamentos podem ser pequenos nanogrupos, contendo poucas moléculas, ou grandes agrupamentos que podem ser vistos por microscopia eletrônica como a *caveola*, envolvida na endocitose (discutido no Capítulo 13). A tendência das misturas dos lipídeos que sofrem segregação, como ocorre nas bicamadas artificiais (ver Figura 10-12), pode auxiliar na formação de balsas nas membranas

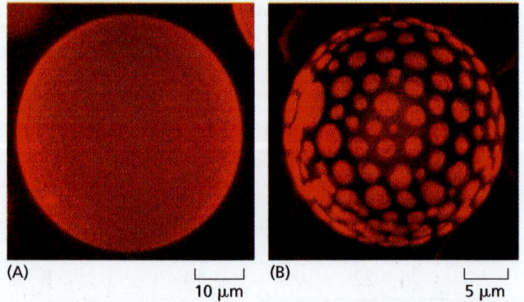

Figura 10-12 Separação de fase lateral em uma bicamada lipídica artificial. (A) Lipossomos gigantes produzidos por uma mistura 1:1 de fosfatidilcolina e esfingomielina formam bicamadas uniformes. (B) Por outro lado, lipossomos produzidos por uma mistura 1:1:1 de fosfatidilcolina, esfingomielina e colesterol formam bicamadas com duas fases separadas. Os lipossomos são corados com concentrações – traço de um corante fluorescente que preferencialmente divide uma das duas fases. O tamanho médio dos domínios formados nesses lipossomos artificiais gigantes são muito maiores do que o esperado nas membranas celulares, nas quais as "balsas lipídicas" (ver o texto) podem ter poucos nanômetros de diâmetro. (A, de N. Kahya et al., *J. Struct. Biol.* 147:77–89, 2004. Com permissão de Elsevier; B, cortesia de Petra Schwille.)

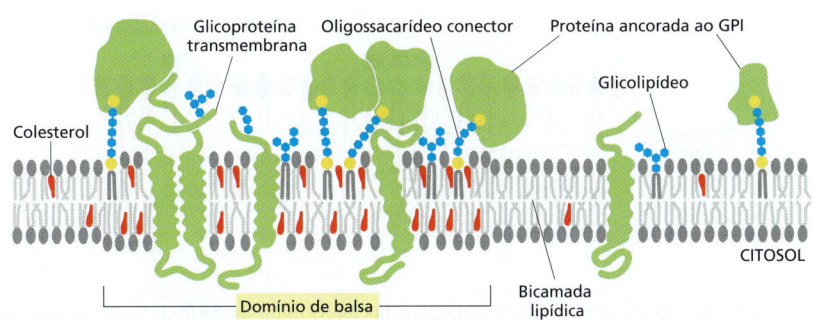

Figura 10-13 **Modelo de um domínio de balsa.** As interações fracas proteína--proteína, proteína-lipídeo e lipídeo-lipídeo se reforçam mutuamente distribuindo os componentes em domínios de balsas. O colesterol, esfingolipídeos, glicolipídeos, proteínas ancoradas ao glicosilfosfatidilinositol (GPI) e algumas proteínas transmembrana estão concentradas nesses domínios. Observe que devido a sua composição, os domínios de balsas apresentam um espessamento da membrana. Mais adiante, veremos os glicolipídeos, as proteínas ancoradas ao GPI e os oligossacarídeos conectores. (Adaptada de D. Lingwood and K. Simons, *Science* 327:46–50, 2010.)

das células vivas, organizando e concentrando as proteínas de membrana para o transporte nas vesículas (discutido no Capítulo 13) ou para trabalharem juntas na reunião das proteínas, quando convertem sinais extracelulares em intracelulares (discutido no Capítulo 15).

As gotas lipídicas são circundadas por uma monocamada fosfolipídica

A maioria das células armazena um excesso de lipídeos como **gotas lipídicas**, de onde pode ser obtida a matéria-prima para a síntese de membranas ou uma fonte de alimento. As células de gordura, também denominadas *adipócitos*, são especializadas no armazenamento de lipídeos. Elas contêm grandes gotas lipídicas que preenchem quase todo o citoplasma. A maioria dos outros tipos celulares possuem muitas gotas lipídicas pequenas, com tamanho e quantidades variáveis conforme seu estado metabólico. Os ácidos graxos podem ser liberados das gotas lipídicas quando necessário e exportados para outras células pela corrente sanguínea. As gotas lipídicas armazenam lipídeos neutros como triacilglicerídeos e ésteres de colesterol, os quais são sintetizados de ácidos graxos e colesterol por enzimas na membrana do RE. Elas são moléculas exclusivamente hidrofóbicas e agregam-se em gotas tridimensionais em vez de em bicamadas, pois esses lipídeos não contêm grupamentos de cabeças hidrofílicas.

As gotas lipídicas são organelas únicas, pois são circundadas por uma única camada de fosfolipídeos, a qual contém uma grande variedade de proteínas. Algumas dessas proteínas são enzimas envolvidas no metabolismo dos lipídeos, mas a função da maioria delas é desconhecida. As gotas lipídicas se formam rapidamente quando as células são expostas a altas concentrações de ácidos graxos. Acredita-se que elas se formem de regiões discretas na membrana do RE onde estão concentradas muitas enzimas do metabolismo dos lipídeos. A **Figura 10-14** mostra um modelo de como as gotas lipídicas podem formar e adquirir sua monocamada circundante de fosfolipídeos e proteínas.

A assimetria da bicamada lipídica é funcionalmente importante

As composições de lipídeos das duas monocamadas da bicamada lipídica de muitas membranas são surpreendentemente distintas. Na membrana dos glóbulos vermelhos

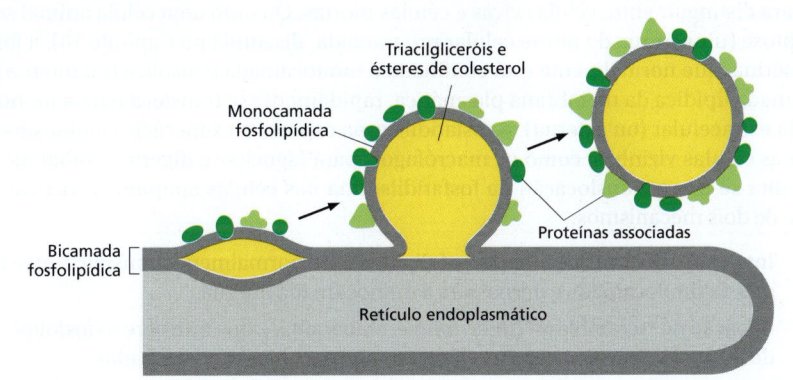

Figura 10-14 **Modelo para a formação de gotas lipídicas.** Os lipídeos neutros são depositados entre as duas monocamadas da membrana do RE. Ali eles se agregam em gotas tridimensionais que brotam e se destacam da membrana do RE com uma única organela circundada por uma monocamada fosfolipídica e proteínas associadas. (Adaptada de S. Martin e R.G. Parton, *Nat. Rev. Mol. Cell Biol.* 7:373–378, 2006. Com permissão de Macmillan Publishers Ltd.)

Figura 10-15 Distribuição assimétrica de fosfolipídeos e glicolipídeos na bicamada lipídica de eritrócitos humanos. As cores usadas para os grupamentos de cabeças polares dos fosfolipídeos são as mesmas introduzidas na Figura 10-3. Além disso, os glicolipídeos estão representados com os grupamentos de cabeças polares em forma hexagonal (*azul*). O colesterol (não mostrado) se distribui da mesma forma nas duas monocamadas.

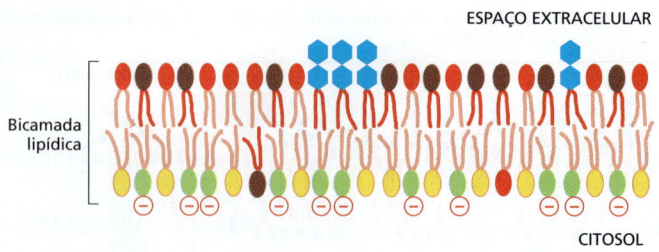

humanos (eritrócitos), por exemplo, quase todas as moléculas de fosfolipídeos que possuem colina – $(CH_3)_3N^+CH_2CH_2OH$ – em seu grupamentos de cabeças (fosfatidilcolina e esfingomielina) estão na monocamada externa, enquanto quase todas que contêm um grupo amino primário terminal (fosfatidiletanolamina e fosfatidilserina) estão na monocamada interna (**Figura 10-15**). Há uma significativa diferença nas cargas entre as duas metades da bicamada, porque a fosfatidilserina, negativamente carregada, está localizada na monocamada interna. No Capítulo 12, discutiremos como os fosfolipídeos translocadores ligados à membrana produzem e mantêm a assimetria lipídica.

A assimetria lipídica é funcionalmente importante, em especial na conversão de sinais extracelulares em sinais intracelulares (discutido no Capítulo 15). Muitas proteínas citosólicas se ligam a grupamentos de cabeças lipídicas específicos encontrados na monocamada do citosol da bicamada lipídica. A enzima *proteína-cinase C* (*PKC*), por exemplo, que é ativada em resposta a vários sinais extracelulares, liga-se à porção citoplasmática da membrana plasmática onde a fosfatidilserina está concentrada e requer esses fosfolipídeos negativamente carregados para sua atividade.

Em outros casos, grupamentos de cabeças lipídicas específicos primeiramente devem ser modificados para criar sítios de ligação de proteínas em regiões e em momentos determinados. Um exemplo é o *fosfatidilinositol* (PI), um dos fosfolipídeos secundários que estão concentrados na monocamada citosólica da membrana celular (ver Figura 13-10A-C). Várias cinases lipídicas podem adicionar grupos fosfato em posições distintas no anel inositol, criando sítios de ligação que recrutam proteínas específicas do citosol para a membrana. Um exemplo importante de tal cinase lipídica é a *fosfoinositídeo 3-cinase (PI 3-cinase)*, a qual é ativada em resposta a sinais extracelulares e auxilia no recrutamento de proteínas sinalizadoras intracelulares para a porção citosólica da membrana plasmática (ver Figura 15-53). Cinases lipídicas similares fosforilam os fosfolipídeos inositol na membrana intracelular auxiliando no recrutamento de proteínas que guiam o transporte de membrana.

Os fosfolipídeos na membrana plasmática ainda são usados de outra forma para converter sinais extracelulares em intracelulares. A membrana plasmática contém várias *fosfolipases* que são ativadas por sinais extracelulares para clivar moléculas fosfolipídicas específicas, gerando fragmentos dessas moléculas que atuam como mediadores celulares de vida curta. Por exemplo, a *fosfolipase C* cliva um fosfolipídeo inositol da monocamada citosólica da membrana plasmática para gerar dois fragmentos, um dos quais permanece na membrana e auxilia a ativação da PKC, enquanto o outro é liberado para o citosol e estimula a liberação da Ca^{2+} do RE (ver Figura 15-28).

Os animais exploram a assimetria dos fosfolipídeos de sua membrana plasmática para distinguir entre células vivas e células mortas. Quando uma célula animal sofre apoptose (uma forma de morte celular programada, discutida no Capítulo 18), a fosfatidilserina, que normalmente está confinada à monocamada citosólica (ou interna) da bicamada lipídica da membrana plasmática, rapidamente se transloca para a monocamada extracelular (ou externa). A fosfatidilserina exposta na superfície celular sinaliza para as células vizinhas, como os macrófagos, para fagocitar e digerir a célula morta. Acredita-se que a translocação da fosfatidilserina nas células apoptóticas ocorra por meio de dois mecanismos:

1. Inativação do translocador de fosfolipídeo, que normalmente transporta esse lipídeo da monocamada externa para a monocamada interna.

2. Ativação da "scramblase" (de *scramble*, embaralhar), que transfere os fosfolipídeos de forma inespecífica nas duas direções entre as duas monocamadas.

Os glicolipídeos são encontrados na superfície de todas as membranas plasmáticas eucarióticas

As moléculas lipídicas que contêm açúcar, denominadas **glicolipídeos,** possuem uma simetria exagerada em sua distribuição na membrana. Essas moléculas, seja na membrana plasmática ou nas membranas intracelulares, são encontradas exclusivamente na monocamada mais distante do citosol. Nas células animais, elas são constituídas de esfingosina, exatamente como a esfingomielina (ver Figura 10-3). Essas intrigantes moléculas tendem a se associar parcialmente através de ligações de hidrogênio entre seus açúcares e parcialmente através de forças de van der Waals entre suas longas e retas cadeias de hidrocarbonos, as quais fazem se dividirem em fases de balsas lipídicas (ver Figura 10-13). A distribuição assimétrica dos glicolipídeos na bicamada resulta da adição de grupos de açúcares às moléculas lipídicas no lúmen do aparelho de Golgi. Assim, o compartimento no qual eles são produzidos é topologicamente equivalente ao exterior da célula (discutido no Capítulo 12). Assim que são liberados na membrana plasmática, os grupos de açúcares são expostos na superfície celular (ver Figura 10-15), onde desempenham importantes papéis nas interações da célula com suas vizinhas.

Os glicolipídeos provavelmente ocorrem em todas as membranas plasmáticas das células eucarióticas, nas quais geralmente constituem cerca de 5% das moléculas lipídicas da monocamada externa. Eles também são encontrados em algumas membranas intracelulares. O mais complexo dos glicolipídeos, os **gangliosídeos**, contém oligossacarídeos com uma ou mais porção de ácido siálico, que confere aos gangliosídeos uma carga negativa (**Figura 10-16**). O mais abundante, entre os mais de 40 diferentes gangliosídeos já identificados, está localizado na membrana plasmática das células nervosas, na qual os gangliosídeos constituem 5 a 10% da massa total de lipídeo. Também são encontrados em menores quantidades nos outros tipos celulares.

As sugestões com relação à função dos glicolipídeos provêm de sua localização. Na membrana plasmática das células epiteliais, por exemplo, os glicolipídeos estão confinados na superfície apical exposta, onde podem auxiliar a proteger a membrana contra as graves condições frequentemente ali encontradas (como baixo pH e altas concentrações de enzimas degradantes). Os glicolipídeos carregados, como os gangliosídeos, podem ser importantes devido aos seus efeitos elétricos. Sua presença altera o campo elétrico através da membrana e a concentração de íons, principalmente Ca^{2+}, na superfície da membrana. Os glicolipídeos também atuam nos processos de reconhecimento celular, nos quais as proteínas ligadoras de carboidratos ligadas à membrana (*lectinas*)

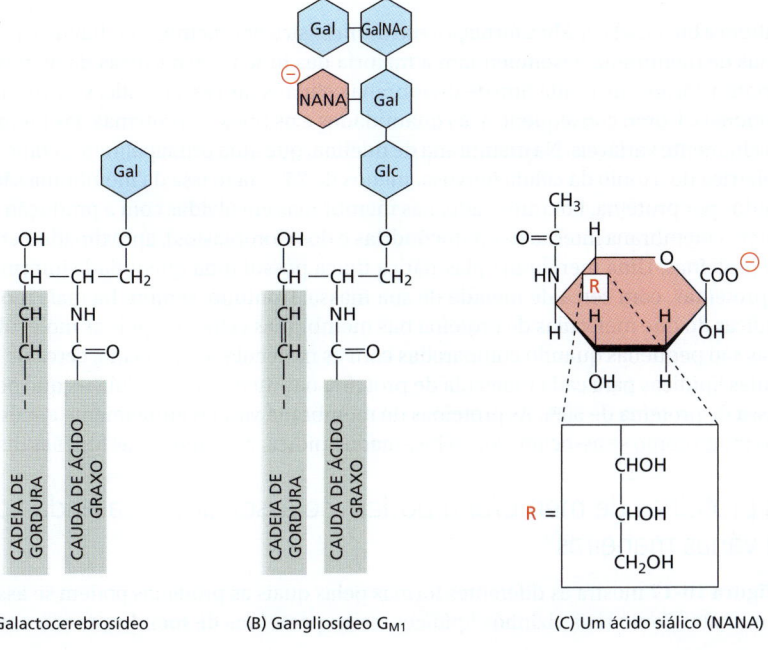

Figura 10-16 Moléculas de glicolipídeos. (A) O galactocerebrosídeo é considerado um *glicolipídeo neutro*, porque o açúcar que forma o grupamento da sua cabeça não é carregado. (B) Um gangliosídeo sempre contém uma porção ou mais de ácido siálico com carga negativa. Há vários tipos de ácido siálico; nas células humanas, grande parte é ácido *N*-acetilneuramínico, ou NANA, cuja estrutura está apresentada em (C). Enquanto em bactérias e plantas quase todos os glicolipídeos são derivados do glicerol, como a maioria dos fosfolipídeos, nas células animais quase todos os glicolipídeos têm como base a esfingosina, como é o caso da esfingomielina (ver Figura 10-3). Gal, galactose, Glc, glicose; GalNAc, *N*-acetilgalatosamina; estes três açúcares não são carregados.

se ligam aos grupos de açúcares de glicolipídeos e glicoproteínas no processo de adesão célula-célula (discutido no Capítulo 19). Camundongos mutantes deficientes de todos os gangliosídeos complexos apresentam anormalidades no sistema nervoso, incluindo degeneração axonal e redução da mielinização.

Alguns glicolipídeos são a porta de entrada para determinadas toxinas bacterianas e vírus. O gangliosídeo G_{M1} (ver Figura 10-16), por exemplo, atua como um receptor de superfície celular para a toxina bacteriana que causa a diarreia debilitante da cólera. As toxinas da cólera se ligam e entram somente naquelas células que possuem G_{M1} em sua superfície, incluindo as células epiteliais intestinais. Sua entrada na célula causa um aumento na concentração do AMP cíclico intracelular (discutido no Capítulo 15) que, por sua vez, provoca um grande efluxo de Cl^-, levando a secreção de Na^+, K^+, HCO_3^- e água no intestino. O poliomavírus também entra na célula após inicialmente se ligar aos gangliosídeos.

Resumo

As membranas biológicas consistem em uma camada dupla contínua de moléculas lipídicas onde as proteínas de membrana ficam embebidas. Essa bicamada lipídica é fluida, com moléculas lipídicas individuais capazes de difundirem-se rapidamente dentro de sua própria monocamada. As moléculas lipídicas de membrana são anfifílicas. Quando colocadas em água, elas se reúnem espontaneamente em bicamadas, as quais formam um compartimento fechado.

Embora as membranas celulares contenham centenas de espécies diferentes de lipídeos, a membrana plasmática das células animais contém três classes principais: os fosfolipídeos, o colesterol e os glicolipídeos. Os fosfolipídeos são classificados em duas categorias de acordo com sua cadeia principal: os fosfoglicerídeos e os esfingolipídeos. A composição de lipídeos das monocamadas interna e externa são diferentes, refletindo as distintas funções das duas faces da membrana celular. Diferentes misturas de lipídeos são encontradas na membrana das células de diferentes tipos, bem como nas várias membranas de uma única célula eucariótica. Os fosfolipídeos inositol são uma classe secundária de fosfolipídeos, os quais, no folheto citosólico da bicamada lipídica da membrana plasmática, desempenham uma importante função na sinalização intracelular: em resposta a sinais extracelulares, cinases lipídicas específicas fosforilam os grupamentos de cabeças desses lipídeos para formar sítios de ancoragem para proteínas sinalizadoras citosólicas, enquanto fosfolipases específicas clivam determinados fosfolipídeos inositol para gerar pequenas moléculas de sinalização intracelular.

PROTEÍNAS DE MEMBRANA

Embora a bicamada lipídica forneça a estrutura básica das membranas biológicas, as proteínas de membrana desempenham a maioria das funções específicas da membrana e, portanto, fornecem a cada tipo de membrana celular suas características e propriedades funcionais. Como consequência, as quantidades e os tipos de proteínas das membranas são altamente variáveis. Na membrana de mielina, que atua principalmente como isolante elétrico do axônio da célula nervosa, menos de 25% da massa da membrana são constituídos por proteína. Por outro lado, nas membranas envolvidas com a produção de ATP (como a membrana interna das mitocôndrias e dos cloroplastos), aproximadamente 75% são proteínas. Uma membrana plasmática típica possui uma quantidade intermediária de proteínas, com cerca de metade de sua massa. Contudo, sempre há mais moléculas lipídicas do que moléculas de proteína nas membranas celulares, pois as moléculas lipídicas são pequenas quando comparadas com as moléculas de proteína, cerca de 50 moléculas lipídicas para cada molécula de proteína nas membranas celulares que possuem massa de proteína de 50%. As proteínas de membrana variam amplamente em estrutura e no modo como se associam com a bicamada lipídica, refletindo suas funções distintas.

As proteínas de membrana podem se associar à bicamada lipídica de várias maneiras

A **Figura 10-17** mostra as diferentes formas pelas quais as proteínas podem se associar à membrana. Como seus vizinhos lipídicos, essas **proteínas de membrana** são anfifílicas,

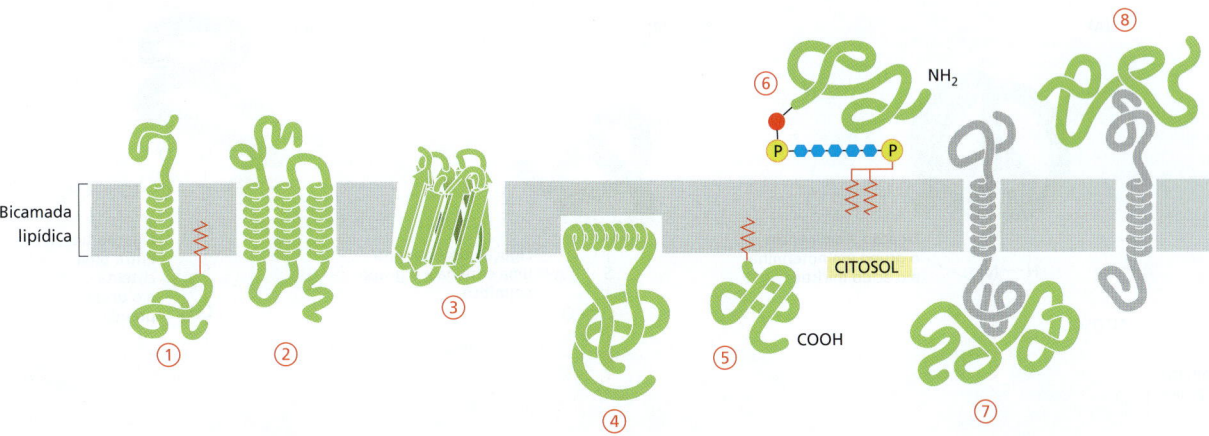

possuindo uma região hidrofóbica e uma hidrofílica. Muitas proteínas de membrana atravessam a bicamada lipídica e, portanto, são denominadas **proteínas transmembrana**, com uma porção em cada um dos lados (Figura 10-17, exemplos 1, 2 e 3). Suas regiões hidrofóbicas passam pela membrana e interagem com as caudas hidrofóbicas das moléculas lipídicas do interior da bicamada, onde são mantidas fora da água. Suas regiões hidrofílicas estão expostas à água nos dois lados da membrana. A ligação covalente da cadeia de ácidos graxos que se inserem na monocamada citosólica da bicamada lipídica aumenta a hidrofobicidade de algumas dessas proteínas transmembrana (ver Figura 10-17, exemplo 1).

Outras proteínas de membrana estão localizadas inteiramente no citosol e estão anexadas à monocamada citosólica da bicamada lipídica, tanto por uma α-hélice anfifílica exposta na superfície da proteína (Figura 10-17, exemplo 4) quanto por uma ou mais cadeias lipídicas covalentemente ligadas (Figura 10-17, exemplo 5). Ainda, outras proteínas de membrana estão totalmente expostas na superfície externa da célula, ligada à bicamada lipídica somente por uma ligação covalente (por meio de um oligossacarídeo específico) à um lipídeo de ancoragem na monocamada externa da membrana plasmática (Figura 10-17, exemplo 6).

As proteínas ligadas aos lipídeos, no exemplo 5 da Figura 10-17, são constituídas de proteínas solúveis no citosol e estão subsequentemente ancoradas às membranas por uma ligação covalente ao grupo lipídico. Entretanto, as proteínas do exemplo 6 são constituídas de proteínas que passam uma única vez pela membrana, produzidas no RE. Quando ainda no RE, o segmento transmembrana da proteína é liberado por clivagem e uma **âncora de glicosilfosfatidilinositol** (**GPI**) é adicionada, deixando a proteína ligada à superfície não citosólica da membrana do RE somente por essa âncora (discutida no Capítulo 12). Finalmente, as vesículas de transporte levam a proteína para a membrana plasmática (discutido no capítulo 13).

As **proteínas associadas à membrana** não se estendem para o interior hidrofóbico da bicamada lipídica, ao contrário desses exemplos, elas ficam ligadas a uma das faces da membrana por meio de interações não covalentes com outras proteínas da membrana (Figura 10-17, exemplos 7 e 8). Muitas das proteínas deste tipo podem ser liberadas da membrana por procedimentos de extração suaves, como a exposição a forças iônicas muito altas ou muito baixas ou a pH extremo, que interferem nas interações proteína-proteína, mas deixam a bicamada lipídica intacta. Essas proteínas normalmente são referidas como *proteínas periféricas de membrana*. As proteínas transmembrana e muitas proteínas mantidas na bicamada lipídica por grupos lipídicos ou regiões de polipeptídeos hidrofóbicos que se inserem no centro hidrofóbico da bicamada lipídica não podem ser liberadas dessa forma.

As âncoras lipídicas controlam a localização de algumas proteínas de sinalização na membrana

O modo como as proteínas de membrana estão associadas à bicamada lipídica reflete a função da proteína. Somente as proteínas transmembrana podem atuar nos dois lados

Figura 10-17 Várias maneiras pelas quais as proteínas se associam à bicamada lipídica. Acredita-se que a maioria das proteínas de membrana atravesse a bicamada como uma única α-hélice (1), como múltiplas α-hélices (2) ou como uma folha β (um barril β) (3). Algumas dessas proteínas de "passagem única" e "passagem múltipla" possuem cadeias de ácidos graxos covalentemente ligadas inseridas na monocamada lipídica citosólica (1). Outras proteínas de membrana estão expostas em apenas um lado da membrana (4). Algumas delas estão ancoradas na superfície citosólica por uma α-hélice anfifílica que divide a monocamada citosólica da bicamada lipídica através da face hidrofóbica da hélice. (5) Outras estão ligadas à bicamada apenas por uma cadeia lipídica covalentemente ligada – uma camada de ácido graxo ou um grupo prenila (ver Figura 10-18) – à monocamada citosólica ou, por meio de um oligossacarídeo ligante ao fosfatidilinositol, à monocamada não citosólica – denominado âncora de GPI. (7,8) Finalmente, proteínas associadas à membrana são ligadas à membrana somente por interações não covalentes com outras proteínas da membrana. A maneira como essa estrutura (5) é formada está ilustrada na Figura 10-18, enquanto o modo como a âncora de GPI (6) é formada é mostrada na Figura 12-52. Os detalhes de como as proteínas da membrana associam-se à bicamada lipídica serão discutidos no Capítulo 12.

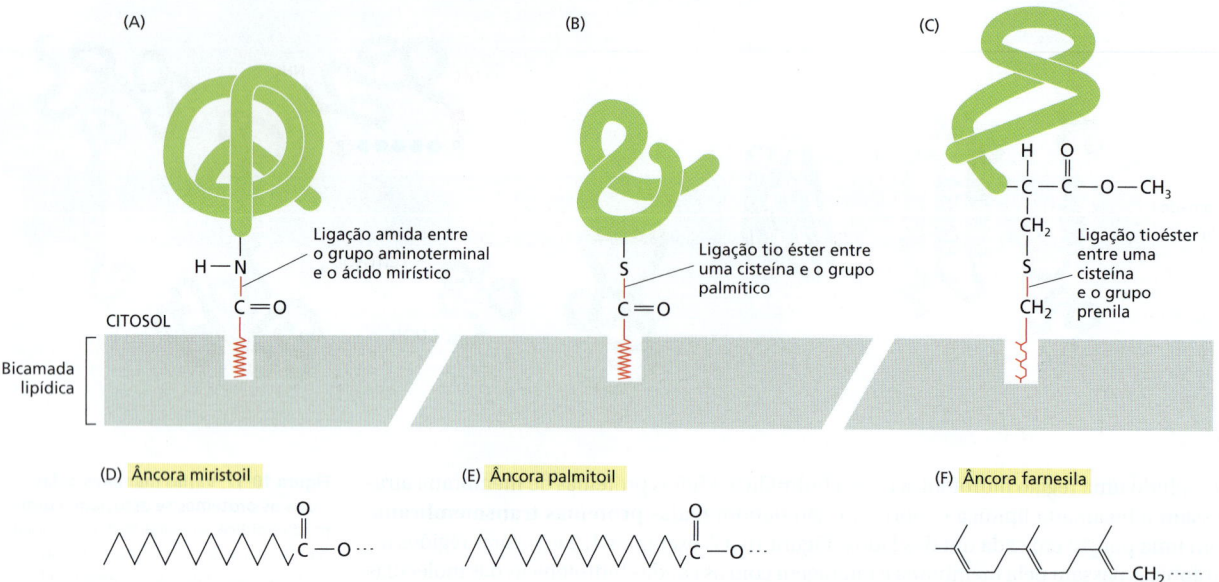

Figura 10-18 Ligação de proteínas de membrana por meio de uma cadeia de ácido graxo ou de um grupo prenila.
A ligação covalente de um dos tipos de lipídeos pode auxiliar na localização de proteínas solúveis em água para a membrana, após sua síntese no citosol.
(A) Uma das cadeias de ácido graxo (ácido mirístico) é ligada a uma glicina N-terminal por uma ligação amida. (B) Uma cadeia de ácido graxo (ácido palmítico) é ligada por uma ligação tioéster a uma cisteína.
(C) Um grupo prenila (farnesila ou um mais longo, o geranilgeranila) é ligado por uma ligação tioéster a um resíduo de cisteína inicialmente localizado a quatro resíduos da extremidade C-terminal da proteína. Após a prenilação, os três últimos aminoácidos são clivados e o novo C-terminal é metilado antes da inserção da âncora na membrana (não mostrado). A estrutura das âncoras lipídicas são apresentadas abaixo: (D) uma âncora miristoil (derivada de uma cadeia de ácido graxo saturado com 14 carbonos), (E) uma âncora palmitoil (uma cadeia de ácido graxo saturado com 16 carbonos) e (F) uma âncora farnesila (uma cadeia hidrocarbonada de 15 carbonos insaturados).

da bicamada ou transportar moléculas através dela. Os receptores de superfície celular, por exemplo, são geralmente proteínas transmembrana que ligam moléculas sinalizadoras do espaço extracelular e geram sinais intracelulares diferentes do lado oposto da membrana plasmática. Para transferir uma pequena molécula hidrofílica através da membrana, uma proteína de transporte de membrana deve proporcionar uma via para a molécula atravessar a barreira permeável hidrofóbica da bicamada lipídica. A arquitetura molecular de proteínas que cruzam a membrana várias vezes (Figura 10-17, exemplos 2 e 3) é ideal para essa função, como será discutido no Capítulo 11.

Por outro lado, proteínas que atuam em um único lado da bicamada lipídica com frequência estão associadas exclusivamente a um dos lados da monocamada lipídica ou a um domínio da proteína daquele lado. Algumas proteínas de sinalização intracelular, por exemplo, que auxiliam na transmissão dos sinais extracelulares para o interior das células são ligadas à porção citosólica da membrana plasmática por um ou mais grupos lipídicos ligados covalentemente, os quais podem ser cadeias de ácidos graxos ou *grupos prenila* (**Figura 10-18**). Em alguns casos, o ácido mirístico, um ácido graxo saturado de 14 carbonos, é adicionado na porção N-terminal do grupo amino da proteína durante sua síntese em um ribossomo. Todos os membros da *família Src* de tirosinas-cinase citoplasmáticas (discutido no Capítulo 15) são miristoilados dessa forma. A ligação à membrana, através de uma única âncora de lipídeo, não é muito forte, então um segundo grupo lipídico frequentemente é adicionado, ancorando a proteína mais firmemente à membrana. Para a maioria das cinases Src, uma segunda modificação lipídica é a ligação de um ácido palmítico, um ácido graxo saturado de 16 carbonos, a uma cadeia lateral de cisteína da proteína. Essa modificação ocorre em resposta a um sinal extracelular que auxilia a recrutar a cinase para a membrana plasmática. Quando a via de sinalização é desligada, o ácido palmítico é removido, permitindo que a cinase volte ao citosol. Outras proteínas de sinalização intracelular, como as pequenas GTPases da família Ras (discutida no Capítulo 15), usam uma combinação de ligação de grupo prenila e ácido palmítico para recrutar as proteínas para a membrana plasmática.

Muitas proteínas se ligam temporariamente à membrana. Algumas são as clássicas proteínas periféricas de membrana que se associam às membranas por interações reguladas proteína-proteína. Outras passam por uma transição de proteína solúvel para proteína de membrana por meio de uma alteração conformacional que expõe um peptídeo hidrofóbico ou lipídeo de ancoragem covalentemente ligado. Muitas das pequenas GTPases da família de proteínas Rab que regulam o tráfego de membrana intracelular (discutido no Capítulo 13), por exemplo, mudam dependendo do nucleotídeo que está ligado à proteína. No seu estado ligado à GDP, elas são solúveis e livres no citosol, ao passo que, no seu estado ligado à GTP, sua âncora lipídica fica exposta e as prende nas membranas. Em um

Figura 10-19 Segmento de uma cadeia polipeptídica que atravessa a membrana na bicamada lipídica como uma α-hélice. Está apresentado somente a cadeia principal de carbono α da cadeia polipeptídica, com os aminoácidos hidrofóbicos em *verde* e *amarelo*. O segmento polipeptídico mostrado é parte de um centro reativo fotossintético bacteriano, cuja estrutura foi determinada por difração de raios X. (Dados baseados em J. Deisenhofer et al., *Nature* 318:618–624, 1985, e H. Michel et al., *EMBO J.* 5:1149–1158, 1986.)

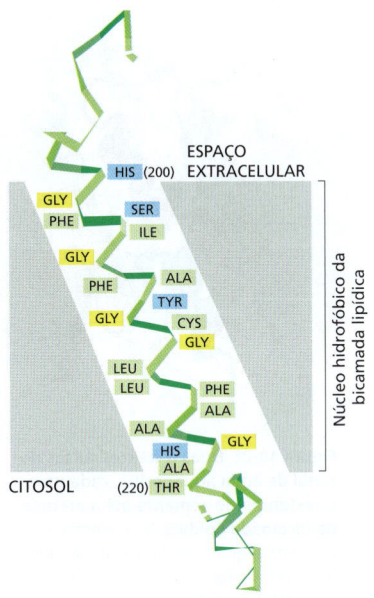

momento, elas são proteínas de membrana e, no outro, são proteínas solúveis. Essas interações dinâmicas expandem muito o repertório das funções da membrana.

A cadeia polipeptídica cruza a bicamada lipídica em uma conformação de α-hélice na maioria das proteínas transmembrana

Uma proteína transmembrana sempre possui uma orientação única na membrana. Isso reflete a maneira assimétrica como ela se insere na bicamada lipídica no RE durante sua biossíntese (discutido no Capítulo 12) e as diferentes funções de seus domínios citosólicos e não citosólicos. Esses domínios são separados por segmentos de cadeias polipeptídicas que atravessam a membrana, os quais contatam o ambiente hidrofóbico da bicamada lipídica e são compostos principalmente por aminoácidos com cadeias laterais apolares. Todas as ligações peptídicas da bicamada são dirigidas para a formação de ligações de hidrogênio, pois as ligações peptídicas são polares e há ausência de água. As ligações de hidrogênio entre as ligações peptídicas são maximizadas se a cadeia polipeptídica formar uma α-hélice irregular na região que cruza a bicamada, e esta é a forma como a maioria dos segmentos de cadeias polipeptídicas que cruzam a membrana atravessam a bicamada (**Figura 10-19**).

Nas **proteínas transmembrana de passagem única**, a cadeia polipeptídica cruza apenas uma vez (ver Figura 10-17, exemplo 1), enquanto, nas **proteínas transmembrana de passagem múltipla**, a cadeia polipeptídica cruza a membrana várias vezes (ver Figura 10-17, exemplo 2). Uma alternativa para que as ligações peptídicas da bicamada lipídica supram suas necessidades de ligações de hidrogênio é o arranjo das cadeias polipeptídicas em múltiplas fitas transmembrana ordenadas como folhas β em forma de cilindro (por isso denominadas *barris β*; ver Figura 10-17, exemplo 3). Essa arquitetura proteica é observada nas *proteínas porinas* que iremos discutir mais adiante.

O progresso da cristalografia por raios X de proteínas de membrana permitiu determinar a estrutura tridimensional de muitas dessas proteínas. As estruturas confirmaram que frequentemente é possível predizer, a partir da sequência de aminoácidos da proteína, qual parte da cadeia polipeptídica se estende através da bicamada lipídica. Segmentos contendo 20 a 30 aminoácidos com alto grau de hidrofobicidade são longos o suficiente para atravessar a bicamada como uma α-hélice e frequentemente podem ser identificados em *gráficos de hidropatia* (**Figura 10-20**). A partir desses gráficos, estima-

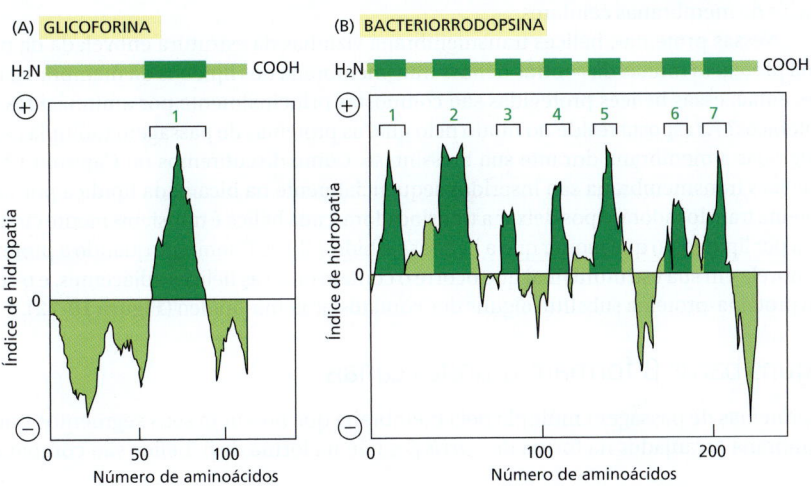

Figura 10-20 Gráfico de hidropatia para localizar possíveis segmentos de α-hélice em uma cadeia polipeptídica que atravessa a membrana. A energia livre necessária para transferir segmentos sucessivos de uma cadeia polipeptídica de um solvente apolar para a água é calculada a partir da composição de aminoácidos de cada segmento, usando-se os dados obtidos a partir de modelos compostos. Esses cálculos são feitos para segmentos de um tamanho fixo (normalmente cerca de 10 a 20 aminoácidos), cada um deles iniciando no aminoácido imediatamente sucessivo da cadeia. O "índice de hidropatia" do segmento é plotado no eixo Y como uma função de sua localização na cadeia. Um valor positivo indica que existe a necessidade de energia livre para transferir o segmento para a água (i.e., o segmento é hidrofóbico), e o valor marcado é um índice da quantidade de energia necessária. No índice de hidropatia aparecem picos nas regiões de segmentos hidrofóbicos da sequência de aminoácidos. (A e B) Gráficos de hidropatia para duas proteínas de membrana que serão apresentadas mais adiante neste capítulo. A glicoforina (A) possui uma única α-hélice que atravessa a membrana e um pico correspondente no gráfico de hidropatia. A bacteriorrodopsina (B) possui sete α-hélices transmembrana e sete picos correspondentes no gráfico de hidropatia. (A, adaptada de D. Eisenberg, *Annu. Rev. Biochem.* 53:595–624, 1984. Com permissão de Annual Reviews.)

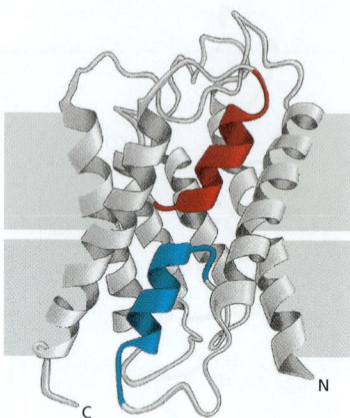

Figura 10-21 Duas α-hélices curtas do canal de água aquaporina, cada uma se estendendo somente até a metade da bicamada lipídica. Na membrana plasmática, quatro monômeros, um dos quais está representado aqui, formam um tetrâmero. Cada monômero possui um poro hidrofílico em seu centro, o que permite que as moléculas de água atravessem a membrana em uma única fila (ver Figura 11-20 e Animação 11.6). As duas pequenas hélices coloridas estão imersas em uma interface formada por interações proteína-proteína. O mecanismo pelo qual o canal permite a passagem de moléculas de água é discutido com mais detalhes no Capítulo 11.

-se que cerca de 30% das proteínas de um organismo sejam transmembrana, enfatizando sua importância. Os gráficos de hidropatia não podem identificar os segmentos transmembrana em forma de barril β, pois 10 aminoácidos ou menos já são suficientes para atravessar a bicamada lipídica como uma fita β estendida, e somente alguns aminoácidos das cadeias laterais são hidrofóbicos.

A força para maximizar as ligações de hidrogênio na ausência de água significa que uma cadeia polipeptídica que entra na bicamada lipídica provavelmente passe inteiramente através dela antes de mudar de direção, pois a flexão da cadeia requer a perda de interações regulares das ligações de hidrogênio. As proteínas transmembrana de passagem múltipla também podem conter regiões que se enovelam na membrana, de qualquer lado, encaixando-se nos espaços entre as α-hélices da membrana sem fazer contato com o centro hidrofóbico da bicamada lipídica. Devido ao fato de tais regiões interagirem somente com outras regiões polipeptídicas, elas não precisam maximizar as ligações de hidrogênio e, portanto, podem formar várias estruturas secundárias, incluindo hélices que se estendem somente parcialmente através da bicamada lipídica (**Figura 10-21**). Tais regiões são importantes para a função de algumas proteínas transmembrana, incluindo as proteínas que formam os canais de água e canais iônicos, cujas regiões contribuem para as paredes dos poros que atravessam a membrana e conferem a especificidade de substrato nesses canais, como discutido no Capítulo 11. Essas regiões não podem ser identificadas nos gráficos de hidropatia e são somente observadas por cristalografia de raios X ou cristalografia eletrônica (uma técnica similar à difração de raios X, mas realizada em um arranjo bidimensional de proteínas) da estrutura tridimensional da proteína.

As α-hélices transmembrana frequentemente interagem umas com as outras

As α-hélices transmembrana de muitas proteínas de membrana de passagem única não contribuem para o enovelamento dos domínios das proteínas nos dois lados da membrana. Como consequência, frequentemente é possível planejar células para produzir apenas domínios citosólicos ou extracelulares dessas proteínas como moléculas solúveis em água. Esta estratégia tem sido valiosa para o estudo das estruturas e funções desses domínios, principalmente dos domínios das proteínas receptores transmembrana (discutido no capítulo 15). Uma α-hélice transmembrana, mesmo de proteínas de passagem única, frequentemente faz mais do que apenas ancorar a proteína à bicamada lipídica. Muitas proteínas de uma única passagem transmembrana formam homo ou heterodímeros, que são unidos por fortes interações não covalentes e altamente específicas entre as duas α-hélices transmembrana. A sequência de aminoácidos hidrofóbicos dessas hélices contém a informação que coordena a interação proteína-proteína.

Igualmente, as α-hélices transmembrana nas proteínas transmembrana de passagem múltipla ocupam posições específicas na estrutura enovelada da proteína que são determinadas pelas interações entre as hélices vizinhas. Essas interações são cruciais para a estrutura e a função de muitos canais e transportadores que movem as moléculas através de membranas celulares.

Nessas proteínas, hélices transmembrana vizinhas da estrutura enovelada da proteína protegem muitas das outras hélices transmembrana dos lipídeos da membrana. Por que, então, essas hélices protegidas são compostas principalmente por aminoácidos hidrofóbicos? A resposta reside no modo pelo qual as proteínas de passagem múltipla estão integradas à membrana durante sua biossíntese. Como discutiremos no Capítulo 12, as α-hélices transmembrana são inseridas sequencialmente na bicamada lipídica por uma proteína translocadora. Após deixar a translocadora, cada hélice é transientemente circundada por lipídeos, o que requer que a hélice seja hidrofóbica. É somente quando a proteína se enovela em sua estrutura final que ocorre o contato entre as hélices adjacentes, e o contato proteína-proteína substitui alguns dos contatos proteína-lipídeo (**Figura 10-22**).

Alguns barris β formam grandes canais

As proteínas de passagem múltipla pela membrana que possuem seus segmentos transmembrana arranjados na forma de *barris β* e não na forma de α-hélice são comparati-

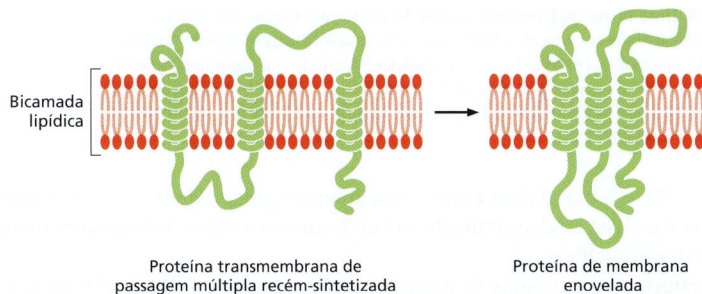

Figura 10-22 **Etapas do enovelamento de uma proteína transmembrana de passagem múltipla.** Quando uma α-hélice transmembrana recém-sintetizada é liberada na bicamada lipídica, ela é inicialmente circundada por moléculas lipídicas. Com o enovelamento da proteína, o contato entre as hélices desloca algumas moléculas lipídicas que circundam as hélices.

vamente rígidas e, portanto tendem a formar cristais facilmente quando isoladas. Assim, algumas delas estão entre as primeiras estruturas de proteínas de passagem múltipla transmembrana a serem determinadas por cristalografia de raios X. O número de fitas nos barris β variam amplamente, entre 8 e 22 fitas (**Figura 10-23**).

As proteínas na forma de barris β são abundantes na membrana externa das bactérias, mitocôndrias e cloroplastos. Algumas são proteínas formadoras de poros, os quais criam canais cheios de água permitindo que pequenas moléculas hidrofílicas selecionadas atravessem a membrana. As porinas são exemplos bem estudados (exemplo 3 da Figura 10-23C). Muitos barris de porinas são formados por 16 fitas antiparalelas de folhas β enroladas em uma estrutura cilíndrica. As cadeias laterais de aminoácidos polares revestem o canal aquoso na região interna, enquanto as cadeias laterais apolares projetam-se para o exterior do barril para interagirem com o centro hidrofóbico da bicamada lipídica. As alças da cadeia polipeptídica frequentemente projetam-se para o **lúmen** do canal, estreitando-o de modo que somente determinados solutos podem passar. Algumas porinas são, portanto, altamente seletivas: a *maltoporina*, por exemplo, preferencialmente permite que a maltose ou os oligômeros de maltose atravessem a membrana externa da *E. coli*.

A *proteína FepA* é um exemplo mais complexo de uma proteína de transporte de barril β (Figura 10-23D). Ela transporta íons ferro através da membrana externa bacteriana. Ela é formada por 22 fitas β e um grande domínio globular que preenche completamente o interior do barril. Os íons ferro se ligam a esse domínio por meio de um mecanismo desconhecido que move ou altera sua conformação para transferir o ferro através da membrana.

Nem todas as proteínas de barril β são proteínas de transporte. Algumas formam pequenos barris completamente preenchidos por cadeias laterais de aminoácidos que se projetam para o centro. Essas proteínas atuam como receptores ou enzimas (Figu-

Figura 10-23 **Barris β formados por diferentes números de fitas β.**
(A) A proteína OmpA de *E. coli* atua como um receptor para um vírus bacteriano. (B) A proteína OMPLA de *E. coli* é uma enzima (uma lipase) que hidrolisa moléculas lipídicas. Os aminoácidos que catalisam a reação enzimática (apresentados em *vermelho*) projetam-se para fora da superfície do barril. (C) A porina da bactéria *Rhodobacter capsulatus* forma um poro através da membrana repleto de água. O diâmetro do canal é restrito pelas alças (apresentadas em *azul*) que se posicionam para o interior do canal. (D) A proteína FepA de *E. coli* transporta íons ferro. O interior do barril é preenchido por um domínio de uma proteína globular (apresentada em *azul*) que contém o sítio de ligação do íon ferro (não mostrado).

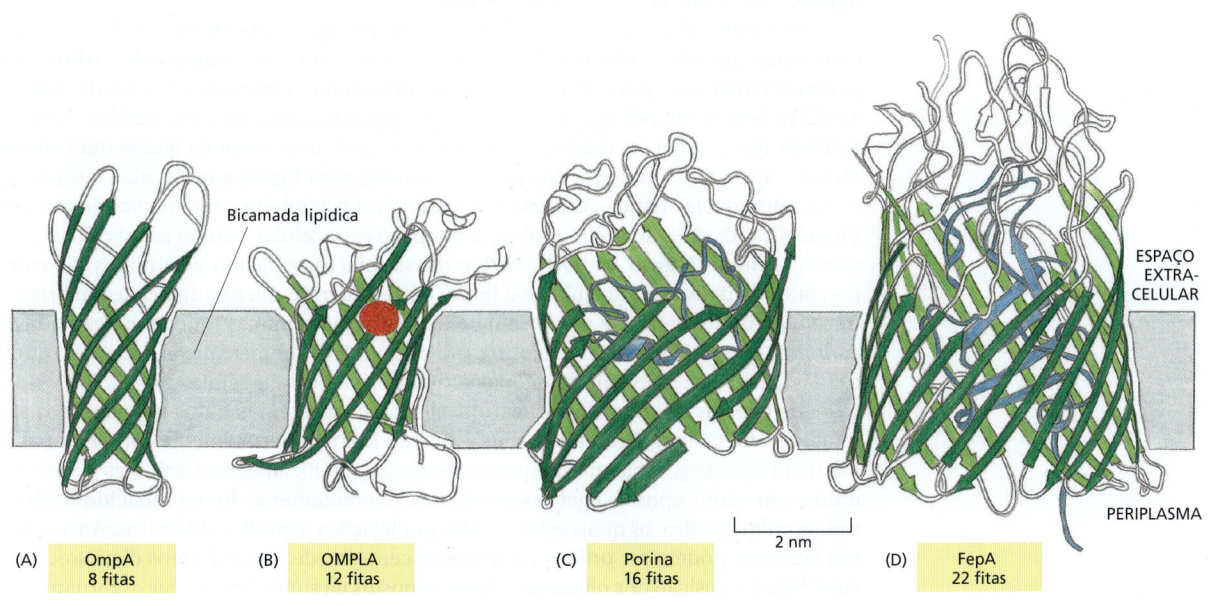

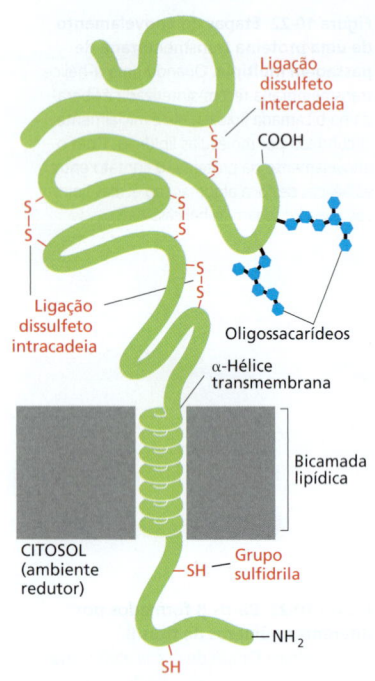

Figura 10-24 Uma proteína transmembrana de passagem única. Observe que a cadeia polipeptídica atravessa a bicamada lipídica como uma α-hélice em sentido horário, e as cadeias de oligossacarídeos e as ligações dissulfeto estão todas na superfície não citosólica da membrana. Os grupos sulfidrila do domínio citosólico da proteína normalmente não formam ligações dissulfeto devido ao ambiente redutor do citosol que mantém esses grupos em sua forma reduzida (–SH).

ra 10-23A e B), e o barril atua como uma âncora rígida, a qual mantém a proteína na membrana e orienta as alças citosólicas que formam os sítios de ligação para moléculas intracelulares específicas.

A maioria das proteínas de membrana de passagem múltipla das células eucarióticas e na membrana plasmática bacteriana é formada por α-hélices transmembrana. As hélices podem deslizar umas contra as outras, permitindo mudanças conformacionais na proteína que podem abrir e fechar os canais iônicos, transportar solutos ou transduzir sinais extracelulares em intracelulares. Por outro lado, nas proteínas de barris β, as ligações de hidrogênio ligam cada fita β rigidamente a sua vizinha, tornando pouco provável a ocorrência de mudanças conformacionais na parede do barril.

Muitas proteínas de membrana são glicosiladas

A maioria das proteínas transmembrana das células animais é glicosilada. Como nos glicolipídeos, os resíduos de açúcar são adicionados no lúmen do RE e no aparelho de Golgi (discutido nos Capítulos 12 e 13). Por essa razão, as cadeias de oligossacarídeos estão sempre presentes na porção não citosólica da membrana. Uma outra diferença importante entre as proteínas (ou partes das proteínas) dos dois lados da membrana resulta do ambiente redutor do citosol. Esse ambiente diminui a chance de que ligações dissulfeto (S-S) inter e intracadeias se formem entre cisteínas da porção citosólica da membrana. Essas ligações formam-se na porção não citosólica, onde podem auxiliar na estabilização da estrutura enovelada da cadeia polipeptídica ou na sua associação com outras cadeias polipeptídicas (**Figura 10-24**).

Os carboidratos revestem a superfície de todas as células eucarióticas, pois a parte extracelular da maioria das proteínas da membrana plasmática é glicosilada. Esses carboidratos ocorrem como cadeias de oligossacarídeos covalentemente ligadas às proteínas da membrana (glicoproteínas) e aos lipídeos (glicolipídeos); também ocorrem como cadeias de polissacarídeos das moléculas de *proteoglicanos* integrais de membrana. Os proteoglicanos, que consistem em longas cadeias polissacarídicas ligadas de forma covalente ao centro da proteína, são encontrados principalmente no exterior da célula, como parte da matriz extracelular (discutida no Capítulo 19). No entanto, em alguns proteoglicanos, as proteínas do centro se estendem através da bicamada lipídica ou estão ligadas à bicamada por uma âncora de GPI.

Os termos glicocálice ou revestimento celular algumas vezes são usados para descrever uma zona da superfície celular rica em carboidratos. Essa **camada de carboidrato** pode ser visualizada por meio de vários corantes, como o vermelho de rutênio (**Figura 10-25A**), bem como por sua afinidade por proteínas ligadoras de carboidratos, como as **lectinas**, que podem ser marcadas com um corante fluorescente ou outros marcadores visíveis. Apesar de a maioria dos grupos açúcares estar ligada a moléculas intrínsecas de membrana plasmática, a camada de carboidratos também contém glicoproteínas e proteoglicanos que são secretados para o espaço extracelular e então adsorvidos na superfície celular (**Figura 10-25B**). Muitas dessas macromoléculas adsorvidas são componentes da matriz extracelular, e o limite entre a membrana plasmática e a matriz extracelular frequentemente não é bem definido. Uma das muitas funções da camada de carboidrato é proteger a célula contra danos químicos ou mecânicos e manter outras células a distância, prevenindo interações indesejáveis célula-célula.

As cadeias laterais oligossacarídicas das glicoproteínas e dos glicolipídeos são muito diversas na organização de seus açúcares. Embora normalmente contenham menos de 15 açúcares, as cadeias frequentemente são ramificadas, e os açúcares podem ser unidos por vários tipos de ligações covalentes, diferentemente dos aminoácidos de uma cadeia polipeptídica, os quais estão unidos por ligações peptídicas idênticas. Até mesmo três açúcares podem ser unidos para formar centenas de trissacarídeos distintos. A diversidade e a posição dos oligossacarídeos expostos na superfície celular os tornam ade-

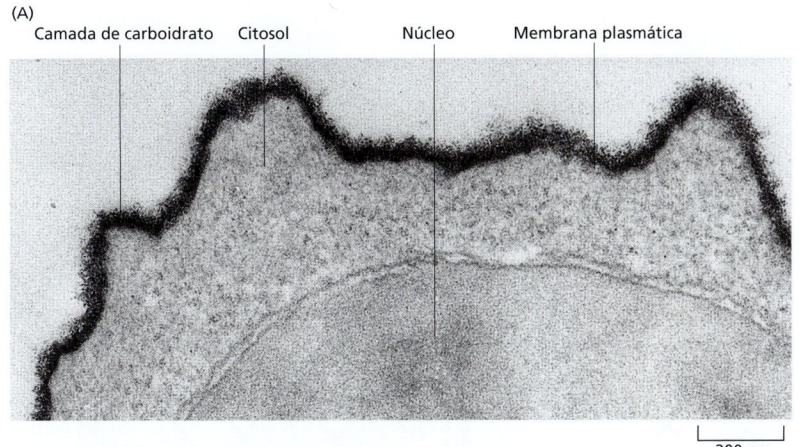

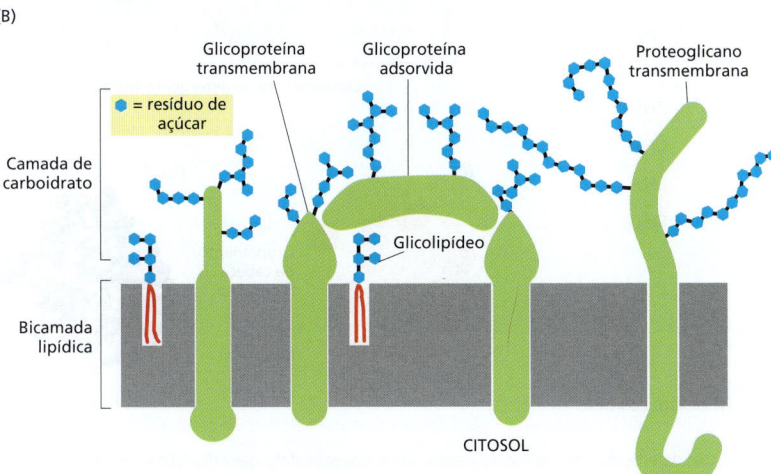

Figura 10-25 A camada de carboidrato da superfície celular. (A) Esta micrografia eletrônica da superfície de um linfócito corado com vermelho de rutênio enfatiza a espessa camada rica em carboidrato que reveste a célula. (B) A camada de carboidrato é formada pelas cadeias laterais dos oligosssacarídeos dos glicolipídeos e das glicoproteínas de membrana e das cadeias de polissacarídeos dos proteoglicanos da membrana. Além disso, as glicoproteínas e os proteoglicanos adsorvidos (não mostrados) contribuem para a camada de carboidratos em muitas células. Observe que todos os carboidratos estão na superfície não citosólica da membrana. (A, cortesia de Audrey M. Glauert e G.M.W. Cook.)

quados para atuar no processo de reconhecimento celular. Como discutimos no Capítulo 19, as lectinas ligadas à membrana plasmática que reconhecem oligossacarídeos específicos nas glicoproteínas e glicolipídeos da superfície celular medeiam diversos processos temporários de adesão célula-célula, incluindo aqueles que ocorrem nas respostas inflamatórias e recirculação dos linfócitos (ver Figura 19-28).

As proteínas de membrana podem ser solubilizadas e purificadas em detergentes

Em geral, somente os agentes que rompem as associações hidrofóbicas e destroem a bicamada lipídica podem solubilizar proteínas de membrana. Os agentes mais úteis entre eles são os **detergentes**, que são pequenas moléculas anfifílicas de estrutura variável (**Animação 10.4**). Os detergentes são mais solúveis em água do que os lipídeos. Suas extremidades polares (hidrofílicas) podem ser carregadas (iônicas), como no *dodecilsulfato de sódio* (*SDS, sodium dodecyl sulfate*), ou não carregadas (não iônicas), como no *octilglicosídeo* e no Triton (**Figura 10-26A**). Em baixas concentrações, os detergentes são monoméricos em solução, mas quando suas concentrações são aumentadas acima do limiar, o que é denominado *concentração micelar crítica* (*CMC*), eles se agregam formando micelas (**Figura 10-26B-D**). Acima da CMC, as moléculas de detergente difundem-se de forma rápida para dentro e para fora das micelas, mantendo a concentração do monômero em solução constante, independentemente do número de micelas presentes. Tanto a CMC quanto o número médio de moléculas de detergente em uma micela são propriedades características de cada detergente, mas também dependem da temperatura, do pH e da concentração de sais. As soluções de detergente são, portanto, sistemas complexos e difíceis de serem estudados.

584 PARTE IV   Organização interna da célula

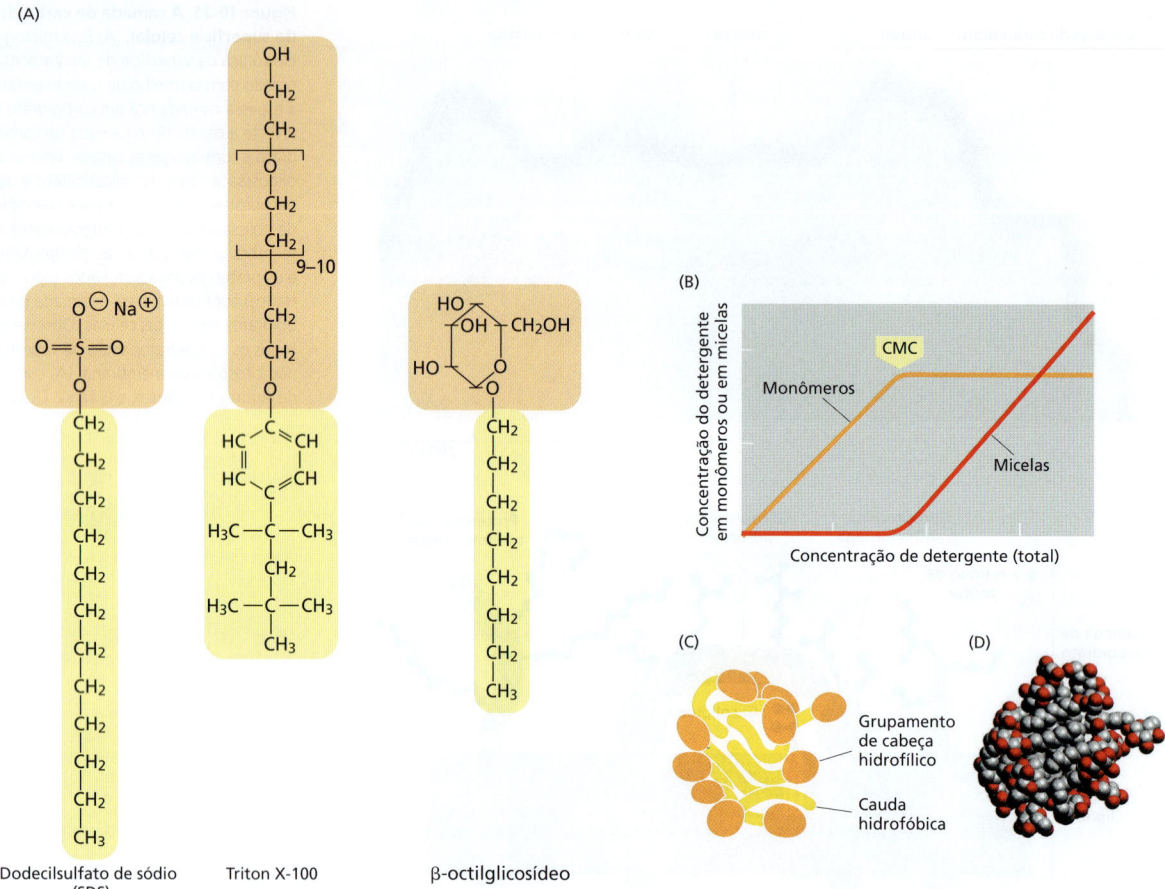

Figura 10-26 Estrutura e função dos detergentes. (A) Os três detergentes normalmente usados são o dodecilsulfato de sódio (SDS), um detergente aniônico, o Triton X-100 e o β-octilglicosídeo, esses últimos não iônicos. O Triton X-100 é uma mistura de compostos nos quais a região entre colchetes está repetida 9 a 10 vezes. A porção hidrofóbica de cada detergente está representada em *amarelo*, e a porção hidrofílica em *laranja*. (B) Em baixas concentrações, as moléculas de detergente são monoméricas em solução. Com o aumento da concentração acima da concentração micelar crítica (CMC), algumas moléculas do detergente formam micelas. Observe que a concentração do monômero de detergente permanece constante acima da CMC. (C) Devido ao fato de possuírem extremidades polares e apolares, as moléculas de detergente são anfifílicas, e por possuírem a forma de cone, formam micelas em vez de bicamadas (ver Figura 10-7). Acredita-se que as micelas de detergente possuam formas irregulares, e devido às restrições de empacotamento, as caudas hidrofílicas ficam parcialmente expostas à água. (D) O modelo de preenchimento espacial mostra a estrutura da micela composta por 20 moléculas de β-octilglicosídeo, preditas pelos cálculos de dinâmica molecular. Os grupamentos de cabeças estão apresentados em *vermelho* e as caudas hidrofóbicas em *cinza*. (B, adaptada de G. Gunnarsson, B. Jönsson e H. Wennerström, *J. Phys. Chem.* 84:3114–3121, 1980; C, de S. Bogusz, R.M. Venable e R.W. Pastor, *J. Phys. Chem. B* 104:5462–5470, 2000.)

Quando misturadas às membranas, as extremidades hidrofóbicas dos detergentes se ligam às regiões hidrofóbicas das proteínas das membranas, onde deslocam as moléculas lipídicas como um colar de moléculas de detergente. Como a outra extremidade da molécula de detergente é polar, esta ligação tende a colocar as proteínas de membrana em solução como complexos proteína-detergente (**Figura 10-27**). Normalmente, algumas moléculas lipídicas também permanecem ligadas à proteína.

Os detergentes iônicos fortes como o SDS podem solubilizar mesmo a mais hidrofóbica das proteínas de membrana. Isso permite que as proteínas sejam analisadas por *eletroforese em gel de poliacrilamida-SDS* (discutido no Capítulo 8), um procedimento que revolucionou o estudo das proteínas. Tais detergentes fortes, entretanto, desenovelam (desnaturam) as proteínas, ligando-se aos "centros hidrofóbicos" internos, tornando as proteínas inativas e incapacitando-as para estudos funcionais. Entretanto, as proteínas podem ser facilmente separadas e purificadas na forma desnaturada em SDS. Em alguns casos, a remoção do SDS permite a renaturação da proteína, recuperando a atividade funcional.

Muitas proteínas de membrana podem ser solubilizadas e então purificadas em uma forma ativa pelo uso de detergentes brandos. Esses detergentes cobrem as regiões hidrofóbicas nos segmentos que atravessam a membrana que se tornam expostos após

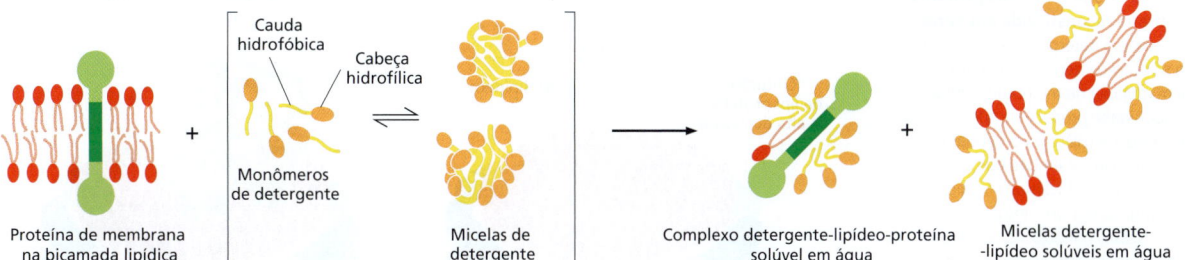

a remoção dos lipídeos, mas não desenovelam as proteínas. Se a concentração de detergente de uma solução de proteínas de membrana solubilizadas é reduzida (p. ex., por diluição), as proteínas de membrana não permanecem solúveis. Na presença de um excesso de moléculas de fosfolipídeos em tal solução, contudo, as proteínas de membrana incorporam-se em pequenos lipossomos, que se formam espontaneamente. Dessa forma, sistemas de proteínas de membrana funcionalmente ativas podem ser reconstituídos de componentes purificados, proporcionando um poderoso meio para a análise da atividade dos transportadores de membrana, canais iônicos, receptores de sinalização, e assim por diante (**Figura 10-28**). Tal reconstituição funcional, por exemplo, fornece provas da hipótese de que as enzimas que produzem ATP (ATP sintase) usam os gradientes de H^+ nas mitocôndrias, cloroplastos e membranas bactérias para produzir ATP.

Figura 10-27 **Solubilização de uma proteína de membrana com um detergente não iônico suave.** O detergente rompe a bicamada lipídica e solubiliza as proteínas como complexos detergente-lipídeo-proteína. Os fosfolipídeos da membrana também são solubilizados pelo detergente, como as micelas detergente-lipídeo.

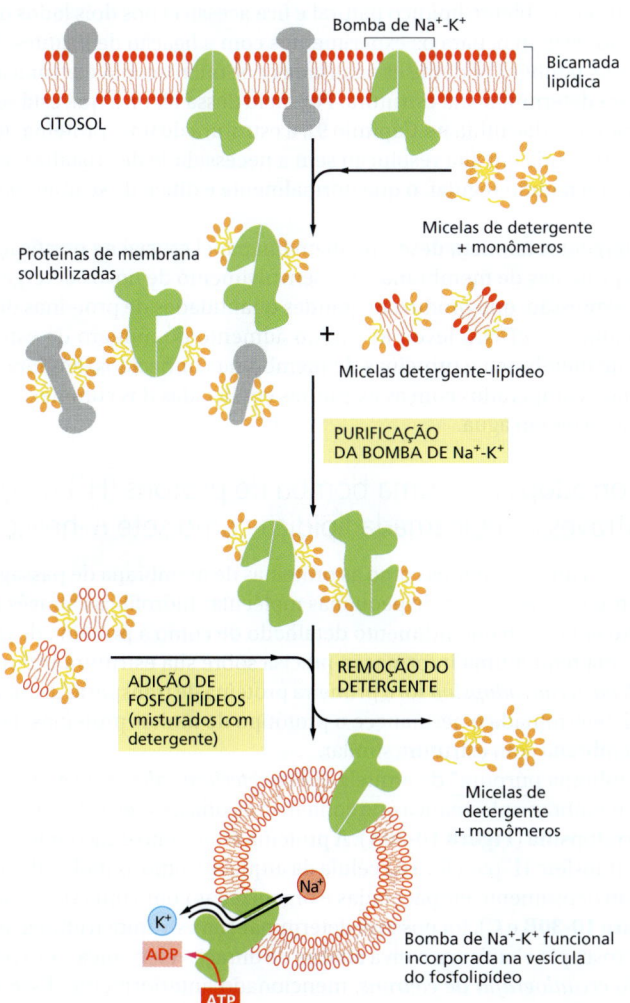

Figura 10-28 **Uso de detergentes não iônicos suaves para solubilizar, purificar e reconstituir sistemas de proteínas de membranas funcionais.** Neste exemplo, as moléculas da bomba de Na^+-K^+ são purificadas e incorporadas em vesículas de fosfolipídeos. Essa bomba está presente na membrana plasmática da maioria das células animais onde usa a energia da hidrólise do ATP para expulsar o Na^+ da célula e deixar o K^+ entrar, como discutido no Capítulo 11.

Figura 10-29 Modelo de uma proteína de membrana reconstituída em nanodisco. Quando o detergente é removido de uma solução contendo proteínas de passagem múltipla na membrana, lipídeos e uma subunidade proteica da lipoproteína de alta densidade (HDL), as proteínas da membrana tornam-se embebidas em uma pequena mancha da bicamada lipídica, que é circundada por um cinturão da proteína HDL. Nesses nanodiscos, as bordas hidrofóbicas da mancha da bicamada são protegidas por esse cinturão de proteínas, que os torna solúveis em água.

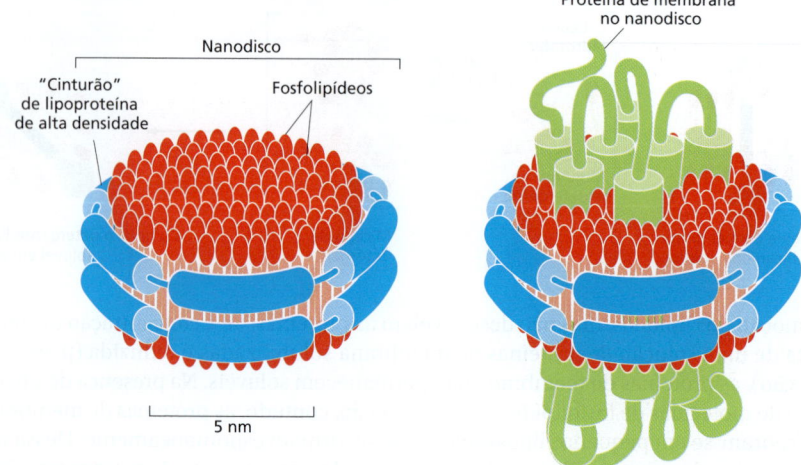

As proteínas de membrana também podem ser reconstituídas a partir de detergente em solução em nanodiscos, que são pequenos segmentos de membrana de tamanho uniforme circundados por um cinturão de proteínas, que cobre as bordas expostas da bicamada para manter o segmento em solução (**Figura 10-29**). O cinturão é derivado de lipoproteínas de alta densidade (HDLs), que mantêm os lipídeos solúveis para o transporte no sangue. Nos nanodiscos, as proteínas de membrana de interesse podem ser estudadas em seu ambiente lipídico natural e fica acessível nos dois lados da bicamada, o que é útil, por exemplo, para os experimentos com a ligação de ligantes. As proteínas dos nanodiscos também podem ser analisadas por microscopia eletrônica de partículas únicas para determinar sua estrutura. Por meio dessa técnica que está sendo rapidamente aprimorada (discutida no Capítulo 9), a estrutura de uma proteína de membrana pode ser determinada em alta resolução sem a necessidade de cristalizar a proteína de interesse em um padrão regular, o que normalmente é difícil de se obter para proteínas de membrana.

Os detergentes também desempenham um papel crucial na purificação e na cristalização de proteínas de membrana. O desenvolvimento de novos detergentes e novos sistemas de expressão, que produzem grandes quantidades de proteínas de membrana a partir de clones de cDNA, levou ao rápido aumento do número de estruturas tridimensionais de membrana e proteínas de membrana conhecidos, embora ainda sejam poucos quando comparados com as estruturas conhecidas dos complexos de proteínas e proteínas solúveis em água.

A bacteriorrodopsina é uma bomba de prótons (H^+) dirigida por luz que atravessa a bicamada lipídica como sete α-hélices

No Capítulo 11, consideraremos como as proteínas de membrana de passagem múltipla medeiam o transporte seletivo de pequenas moléculas hidrofílicas através da membrana celular. No entanto, o entendimento detalhado de como a proteína de transporte de membrana atua requer uma informação precisa sobre sua estrutura tridimensional na bicamada. A *bacteriorrodopsina* foi a primeira proteína de transporte de membrana cuja estrutura foi determinada e permanece o protótipo de muitas proteínas de multipassagem pela membrana com estrutura similar.

A "membrana púrpura" da arqueia *Halobacterium salinarum* é uma região especializada da membrana plasmática que contém uma única espécie de molécula proteica, a **bacteriorrodopsina** (**Figura 10-30A**). A proteína atua como uma bomba de H^+ ativada pela luz que transfere H^+ para fora da célula da arqueia. Como as moléculas da bacteriorrodopsina são densamente empacotadas e organizadas como um cristal bidimensional planar (**Figura 10-30B** e **C**), foi possível determinar sua estrutura tridimensional combinando a microscopia eletrônica com a análise da difração eletrônica – um procedimento denominado *cristalografia de elétrons*, mencionado anteriormente. Esse método tem

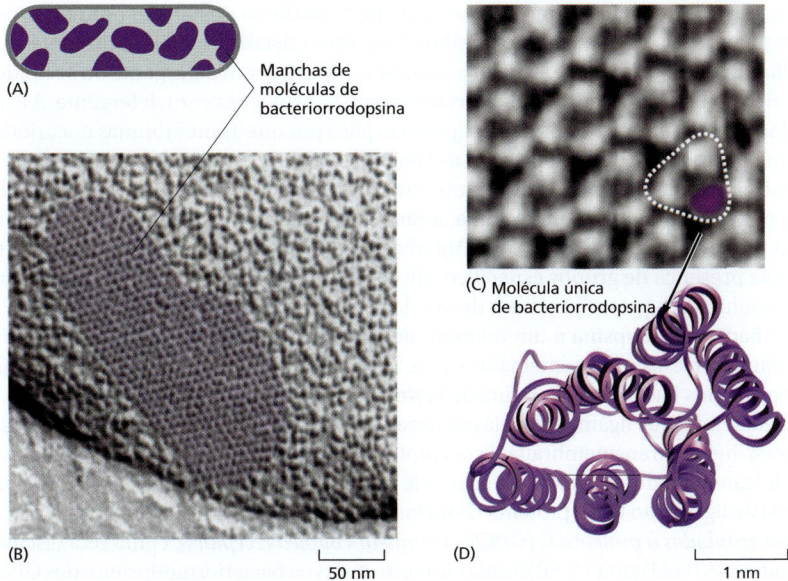

Figura 10-30 Manchas da membrana púrpura, a qual contém bacteriorrodopsina na arqueia *Halobacterium salinarum*. (A) Essas arqueias vivem em poças de água salgada, onde estão expostas à luz solar. Elas desenvolveram uma variedade de proteínas ativadas pela luz, incluindo a bacteriorrodopsina, a qual é uma bomba de H^+ da membrana plasmática ativada pela luz. (B) As moléculas de bacteriorrodopsina das manchas da membrana púrpura são bem empacotadas em arranjos cristalinos bidimensionais. (C) Detalhe da superfície de moléculas visualizado por microscopia de força atômica. Com essa técnica, podem-se observar as moléculas de bacteriorrodopsina individuais. (D) Esboço da localização aproximada do monômero de bacteriorrodopsina e das α-hélices na imagem apresentada em (C). (B–C, cortesia de Dieter Oesterhelt; D, PDB código: 2BRD.)

permitido visualizar as primeiras estruturas de muitas proteínas de membrana que eram difíceis de cristalizar a partir de soluções com detergentes. Depois disso, a estrutura da bacteriorrodopsina foi confirmada e aprimorada para altíssima resolução por cristalografia de raios X.

Cada molécula de bacteriorrodopsina é enovelada em sete α-hélices transmembrana bastante próximas e contém um único grupo de absorção de luz, ou cromóforo (neste caso, o *retinal*), que confere a cor púrpura à proteína. O retinal é a vitamina A na forma de aldeído, idêntico ao cromóforo encontrado na *rodopsina* das células fotorreceptoras dos olhos dos vertebrados (discutido no Capítulo 15). O retinal está covalentemente ligado à cadeia lateral de uma lisina da proteína bacteriorrodopsina. Quando ativado por um único fóton de luz, o cromóforo excitado muda sua forma e causa uma série de mudanças conformacionais na proteína, resultando na transferência de um H^+ do interior para o exterior da célula (**Figura 10-31A**). Sob luz intensa, cada molécula de bacteriorrodopsina pode bombear várias centenas de prótons por segundo. A transferência de prótons estimulada pela luz estabelece um gradiente de H^+ através da membrana plasmática que, por sua vez, estimula a produção de ATP por uma segunda proteína da membrana plasmática da célula. A energia armazenada no gradiente de H^+ também conduz outros processos que requerem energia na célula. Assim, a bacteriorrodopsina converte a energia solar em um gradiente de prótons, o qual fornece energia para a arqueia.

A estrutura cristalina de alta resolução da bacteriorrodopsina revelou muitas moléculas lipídicas ligadas em locais específicos na superfície da proteína (**Figura 10-31B**).

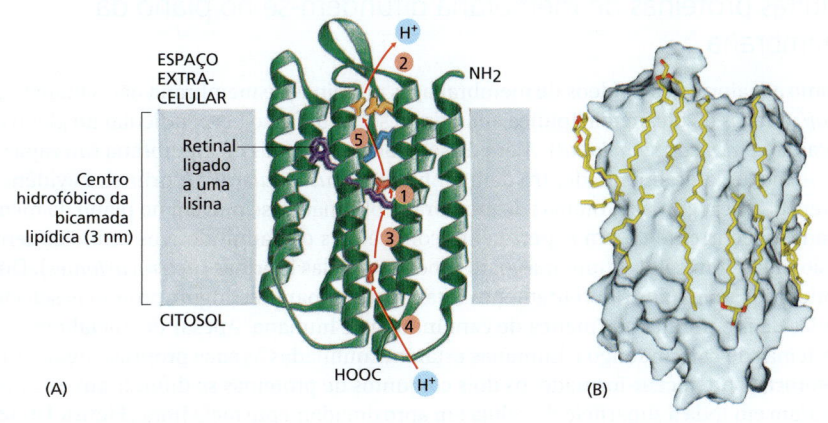

Figura 10-31 Estrutura tridimensional da molécula de bacteriorrodopsina. (**Animação 10.5**). (A) A cadeia polipeptídica atravessa a bicamada lipídica sete vezes como uma α-hélice. São mostrados a localização do cromóforo retinal (*roxo*) e o provável caminho percorrido pelos H^+ durante o ciclo de bombeamento ativado pela luz. A primeira e fundamental etapa é a passagem do H^+ do cromóforo pela cadeia lateral do ácido aspártico 85 (*vermelho*, localizado adjacente ao cromóforo) que ocorre quando da absorção de um fóton pelo cromóforo. Subsequentemente, outras transferências de H^+, indicadas em ordem numérica e utilizando as cadeias laterais dos aminoácidos hidrofílicos que formam uma passagem através da membrana, completam o ciclo de bombeamento e a enzima retorna ao seu estado inicial. Código de cores: ácido glutâmico (*laranja*), ácido aspártico (*vermelho*), arginina (*azul*). (B) Estrutura cristalina em alta resolução da bacteriorrodopsina mostra muitas moléculas de lipídeos (*amarelo* com as cabeças *vermelhas*) que estão fortemente ligadas a locais específicos na superfície da proteína. (A, adaptada de H. Luecke et al., *Science* 286:255–261, 1999. Com permissão de AAAS; B, de H. Luecke et al., *J. Mol. Biol.* 291:899–911, 1999. Com permissão de Academic Press.)

Acredita-se que interações com lipídeos específicos auxiliem a estabilizar muitas proteínas de membrana, as quais atuam melhor e às vezes cristalizam mais facilmente se alguns dos lipídeos permanecem ligados durante a extração com detergente ou se lipídeos específicos são novamente adicionados à proteína nas soluções com detergente. A especificidade dessas interações proteína-lipídeo explica por que as membranas eucarióticas contêm tal variedade de lipídeos com as cabeças diferindo em tamanho, forma e carga. Podemos imaginar os lipídeos de membrana como constituindo um solvente bidimensional para as proteínas na membrana, assim como a água é o solvente tridimensional para as proteínas em solução aquosa. Algumas proteínas de membrana podem atuar somente na presença de grupos específicos de cabeças lipídicas, assim como muitas enzimas em soluções aquosas precisam de um determinado íon para sua atividade.

A bacteriorrodopsina é um membro de uma grande superfamília de proteínas de membrana com estruturas semelhantes, mas funções e orientações distintas. Por exemplo, a rodopsina nos bastonetes da retina de vertebrados e de muitas proteínas receptoras de superfície celular que ligam moléculas sinalizadoras extracelulares também são compostas por sete α-hélices transmembrana. Essas proteínas atuam como transdutoras de sinais ao invés de transportadoras: cada uma responde a um sinal extracelular pela ativação de uma proteína de ligação ao GTP (proteína G) no interior da célula e, portanto, são chamadas *receptores acoplados à proteína G (GPCRs, G-protein-coupled receptors)*, como será discutido no Capítulo 15 (ver Figura 15-6B). Embora as estruturas da bacteriorrodopsina e dos GPCRs sejam muito similares, eles não apresentam similaridade em sua sequência e, provavelmente, pertencem a dois ramos evolutivamente distintos de uma família proteica ancestral. Uma classe de proteínas de membrana relacionadas, as *rodopsinas de canais* que as algas verdes utilizam para detectar, formam canais iônicos quando absorvem um fóton. Quando projetadas para serem expressas no cérebro de animais, elas tornam-se ferramentas valiosas na neurobiologia porque permitem que neurônios específicos sejam estimulados experimentalmente ao serem iluminados, como veremos no Capítulo 11 (Figura 11-32).

As proteínas de membrana frequentemente atuam como grandes complexos

Muitas proteínas de membrana atuam como parte de complexos com múltiplos componentes, muitos dos quais tem sido estudado por cristalografia de raios X. Um deles é o *centro de reação fotossintética* bacteriano, que foi o primeiro complexo de proteínas de membrana a ser cristalizado e analisado por difração de raios X. No Capítulo 14, discutiremos como tal complexo fotossintético atua para capturar a energia da luz usando-a para bombear prótons através da membrana. Muitos dos complexos proteicos de membrana envolvidos na fotossíntese, na bomba de prótons e no transporte de elétrons são centros de reação ainda maiores do que o fotossintético. O enorme complexo fotossistema II da cianobactéria, por exemplo, contém 19 subunidades proteicas e mais de 60 hélices transmembrana (ver Figura 14-49). As proteínas de membrana são frequentemente organizadas em grandes complexos, não somente para captar várias formas de energia, mas também para a transdução de sinais extracelulares em sinais intracelulares (discutido no Capítulo 15).

Muitas proteínas de membrana difundem-se no plano da membrana

Como a maioria dos lipídeos de membrana, as proteínas de membrana não saltam (*flip-flop*) através da bicamada lipídica, mas giram sobre um eixo perpendicular ao plano da bicamada (*difusão rotacional*). Além disso, muitas proteínas de membrana são capazes de se mover lateralmente dentro da membrana (*difusão lateral*). A primeira evidência direta de que algumas proteínas de membrana plasmática se movem no plano da membrana é decorrente de um experimento com células de camundongos artificialmente fusionadas com células humanas para produzir células híbridas (*heterocariontes*). Dois anticorpos marcados diferentemente foram usados para distinguir proteínas selecionadas da membrana plasmática de camundongo e humana. Apesar de inicialmente as proteínas de camundongo e humanas estarem confinadas às suas próprias metades no heterocarionte recém-formado, os dois conjuntos de proteínas se difundiram e se misturaram em toda a superfície da célula em aproximadamente meia hora (**Figura 10-32**).

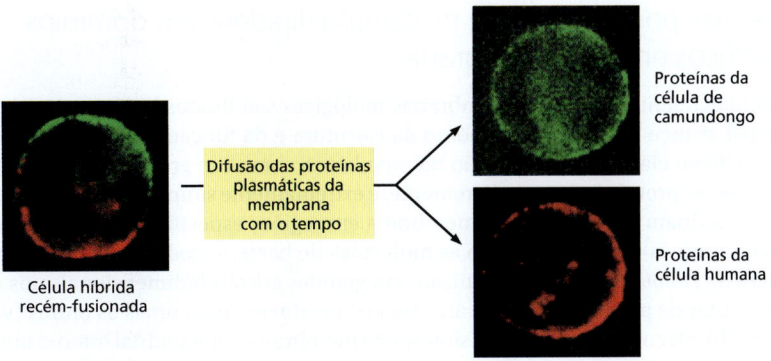

Figura 10-32 Experimento demonstrando a mistura de proteínas da membrana plasmática em células híbridas de camundongo-humanas. Neste experimento, uma célula humana e uma célula de camundongo são fusionadas para criar uma célula híbrida que foi corada com dois anticorpos marcados com fluoróforos. Um anticorpo (marcado com *corante verde*) detecta proteína da membrana plasmática de camundongo e o outro anticorpo (marcado com *corante vermelho*) detecta proteínas da membrana plasmática humana. Quando as células são coradas imediatamente após a fusão, as proteínas da membrana plasmática humana e de camundongos ainda estão nos domínios originais da célula humana e de camundongo, respectivamente. Entretanto, após um curto período, as proteínas da membrana plasmática se difundem por toda a superfície celular e se misturam completamente. (De L.D. Frye e M. Edidine, *J. Cell Sci.* 7:319–335, 1970. Com permissão de The Company of Biologists.)

As taxas de difusão lateral das proteínas de membrana podem ser medidas utilizando-*se* a técnica de *recuperação da fluorescência após fotoclareamento* (*FRAP, fluorescence recovery after photobleaching*). O método normalmente envolve a marcação da proteína de membrana de interesse com um grupamento fluorescente específico. Isso pode ser feito tanto com um ligante fluorescente, como um anticorpo marcado com um fluoróforo que se liga à proteína de interesse, quanto com a tecnologia do DNA recombinante para expressar a proteína fusionada a uma proteína fluorescente como a proteína verde fluorescente (GFP, *green fluorescent protein*) (discutido no Capítulo 9). Então, o grupamento fluorescente é clareado em uma pequena área da membrana por um feixe de *laser*, e mede-se o tempo que as proteínas de membrana adjacentes, carregando ligantes não clareados ou a GFP, levam para se difundir para dentro da área clareada (**Figura 10-33**). A partir das análises por FRAP, podemos estimar o coeficiente de difusão de uma proteína de superfície celular marcada. As medições de proteínas cuja difusão seja minimamente impedida indicam que as membranas celulares possuem uma viscosidade semelhante ao azeite de oliva.

Uma desvantagem da técnica de FRAP é que ela monitora o movimento de grandes populações de moléculas em uma área relativamente grande da membrana, e não é possível seguir moléculas de proteínas individuais. Por exemplo, se a proteína não migra para a área clareada, não é possível afirmar se a molécula é imóvel ou se seus movimentos estão restritos a uma pequena região da membrana, talvez por proteínas do citoesqueleto. Técnicas de *rastreamento de uma única partícula* resolvem esse problema marcando moléculas de membrana individuais com anticorpos ligados a corantes fluorescentes ou a pequenas partículas de ouro e seguindo seu movimento por vídeo microscopia. Utilizando-se o rastreamento de uma única partícula, pode-se registrar a via de difusão de uma única molécula de proteína de membrana por um determinado período de tempo. Os resultados obtidos usando-se todas estas técnicas indicaram que as proteínas de membrana plasmática diferem amplamente com relação a suas características de difusão, como veremos a seguir.

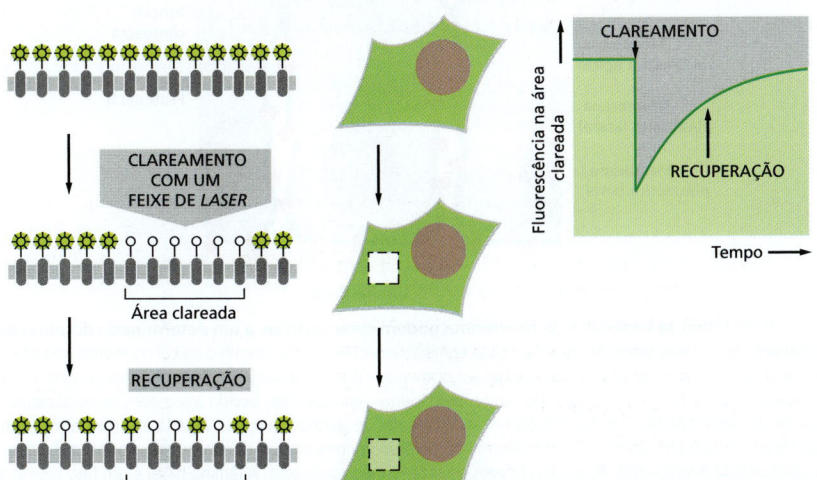

Figura 10-33 Medindo a taxa de difusão lateral de uma proteína de membrana por recuperação da fluorescência após clareamento. Uma proteína de interesse específica pode ser expressa como uma proteína de fusão com a proteína verde fluorescente (GFP), que é intrinsecamente fluorescente. As moléculas fluorescentes são clareadas em uma pequena área usando um feixe de *laser*. A intensidade da fluorescência é recuperada à medida que as moléculas clareadas difundem-se para fora e as moléculas não clareadas difundem-se para dentro da área irradiada (aqui apresentadas como uma vista lateral e superior). O coeficiente de difusão é calculado com base em um gráfico da taxa de recuperação: quanto maior o coeficiente de difusão da proteína de membrana, mais rápida a recuperação (Animação 10.6).

As células podem confinar proteínas e lipídeos em domínios específicos em uma membrana

O reconhecimento de que as membranas biológicas são fluidos bidimensionais foi o principal avanço para o entendimento da estrutura e da função das membranas. Entretanto, ficou claro que a descrição da membrana como um grande mar de lipídeos, onde todas as proteínas flutuam livremente, é extremamente simplificada. A maioria das células confinam as proteínas de membrana em regiões específicas na bicamada lipídica contínua. Já discutimos como as moléculas de bacteriorrodopsina da membrana púrpura da *Halobacterium* se organizam em grandes cristais bidimensionais nos quais as moléculas de proteínas individuais estão relativamente fixas umas às outras (ver Figura 10-30). Os complexos das ATP sintases da membrana mitocondrial interna também se associam em longas linhas duplas como veremos no Capítulo 14 (ver Figura 14-32). Grandes agregados desse tipo se difundem lentamente.

Em células epiteliais, como aquelas que revestem o intestino ou os túbulos renais, determinadas enzimas e proteínas de transporte da membrana plasmática estão confinadas na superfície apical da célula, enquanto outras estão confinadas na superfície lateral e basal (**Figura 10-34**). Essa distribuição assimétrica das proteínas de membrana frequentemente é essencial para as funções do epitélio, como será discutido no Capítulo 11 (ver Figura 11-11). A composição de lipídeos desses dois domínios de membrana também é diferente, demonstrando que as células epiteliais podem impedir a difusão dos lipídeos e de moléculas de proteína entre os domínios. Acredita-se que as barreiras formadas por um tipo específico de junção intercelular (denominada *junção compacta*, discutida no Capítulo 19; ver Figura 19-18) mantenham a separação das moléculas de proteína e de lipídeos. Claramente, as proteínas de membrana que formam essas junções intercelulares não podem se difundir lateralmente nas membranas que interagem.

Uma célula também pode criar domínios de membrana sem usar as junções intercelulares. Como já vimos, acredita-se que a regulação das interações proteína-proteína na membrana cria domínios de balsas em nanoescala que atuam na sinalização e tráfego de membrana. Um exemplo extremo é observado no espermatozoide de mamíferos, uma célula única formada por várias partes distintas estrutural e funcionalmente, coberta por uma membrana plasmática contínua. Quando um espermatozoide é examinado por meio de microscopia de fluorescência com vários anticorpos, cada um reagindo com uma determinada molécula da superfície, observa-se que a membrana consiste em pelo menos três domínios distintos (**Figura 10-35**). Algumas das moléculas da membrana são capazes de se difundir livremente dentro dos limites do seu próprio domínio. A natureza molecular da "barreira" que impede que as moléculas deixem seus domínios não é conhecida. Várias outras células possuem barreiras similares na membrana que restrin-

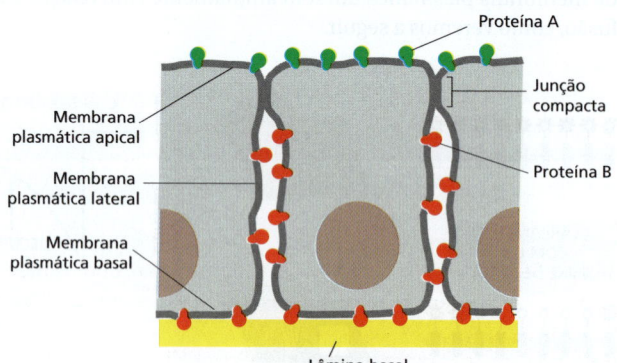

Figura 10-34 Como as moléculas de membrana podem estar restritas a um determinado domínio de membrana. Nesta representação de uma célula epitelial, a proteína A (no domínio apical da membrana plasmática) e a proteína B (nos domínios laterais e basais) podem se difundir lateralmente em seu próprio domínio, mas são impedidas de entrarem nos outros domínios, pelo menos parcialmente, devido às junções especializadas célula-célula denominadas junções compactas. As moléculas de lipídeos da monocamada externa da membrana plasmática (extracelular) são igualmente capazes de se difundir entre os dois domínios; entretanto, os lipídeos na monocamada interna (citosólica) são capazes de fazê-lo (não mostrado). A lâmina basal é um fino tapete de matriz extracelular que separa as camadas epiteliais dos outros tecidos (discutido no Capítulo 19).

CAPÍTULO 10 Estrutura da membrana 591

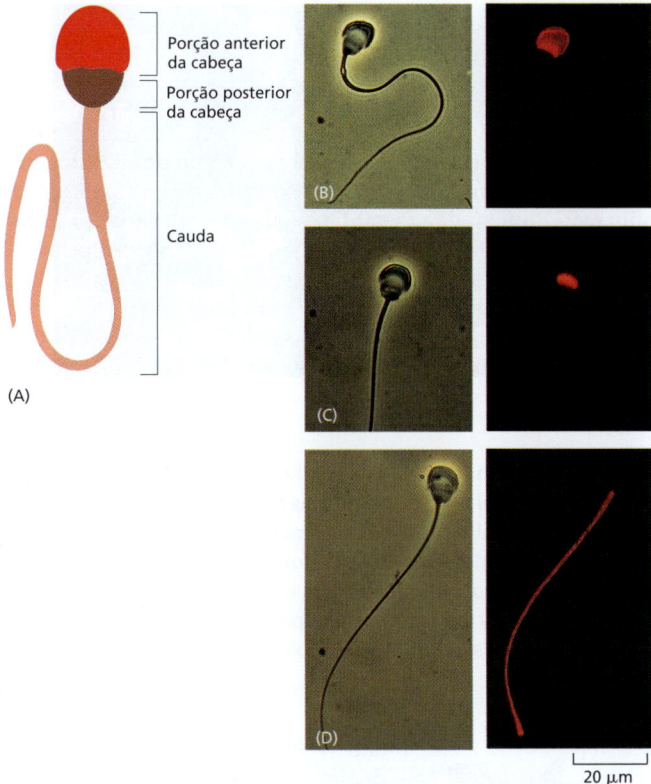

Figura 10-35 Três domínios da membrana plasmática de um espermatozoide de cobaia. (A) Representação esquemática do espermatozoide de cobaia. (B-D) Nos três pares de micrografias, à *esquerda* estão as micrografias de contraste de fase e à *direita* a mesma célula é mostrada com coloração de imunofluorescência da superfície celular. Diferentes anticorpos monoclonais marcam seletivamente as moléculas de superfície celular na porção anterior da cabeça (B), na porção posterior da cabeça (C) e na cauda (D). (Micrografia cortesia de Selena Carroll e Diana Myles.)

gem a difusão das proteínas de membrana em determinados domínios da membrana. A membrana plasmática das células nervosas, por exemplo, contém um domínio que circunda o corpo celular e os dendritos, e outro que circunda o axônio. Acredita-se que um cinturão de filamentos de actina fortemente associado com a membrana plasmática na junção axônio-corpo celular forma parte de uma barreira.

A **Figura 10-36** apresenta quatro maneiras comuns de imobilização de proteínas de membrana específicas por meio de interações proteína-proteína.

O citoesqueleto cortical proporciona força mecânica e restringe a difusão das proteínas de membrana

Como ilustrado na Figura 10-36B e C, uma maneira comum pela qual a célula restringe a mobilidade lateral de proteínas específicas de membrana é prendê-las a grupos de moléculas dos dois lados da membrana. Por exemplo, a forma bicôncava característica dos glóbulos vermelhos (eritrócitos) (**Figura 10-37**) é resultante das interações entre as proteínas da membrana plasmática com o *citoesqueleto* adjacente, o qual consiste, principalmente, em uma rede de proteína filamentosa, a **espectrina**. A espectrina é uma longa proteína fina em forma de bastão flexível com cerca de 100 nm de comprimento. Por ser o principal componente do citoesqueleto dos eritrócitos, ela mantém a integridade estrutural e a forma da membrana plasmática, a qual é a única membrana dessas células, pois não possuem núcleo ou organelas. O citoesqueleto de espectrina é fixado na membrana através de várias proteínas de membrana. O resultado é uma malha flexível em forma de rede que cobre toda a superfície citosólica da membrana do eritrócito (**Figura 10-38**). Esse citoesqueleto composto basicamente por espectrina permite que os eritrócitos suportem a pressão sobre a sua membrana quando passam através de capilares muito finos. Os camundongos e os seres humanos com anormalidades genéticas na espectrina são anêmicos e possuem eritrócitos esféricos (em vez de côncavos) e frágeis. A gravidade da anemia aumenta com o grau de deficiência de espectrina.

Uma rede de citoesqueleto análoga, porém mais elaborada e altamente dinâmica, é encontrada abaixo da membrana plasmática da maioria das outras células do nosso or-

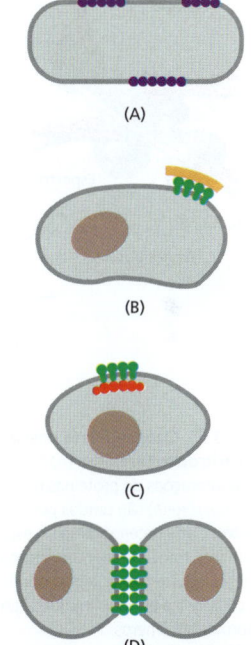

Figura 10-36 Quatro maneiras de restringir a mobilidade lateral de proteínas específicas da membrana plasmática. (A) As proteínas podem se auto-organizar em grandes agregados (como a bacteriorrodopsina na membrana púrpura da *Halobacterium salinarum*); elas podem ser presas por interações com grupos de macromoléculas de dentro (B) ou de fora (C) das células, ou (D) podem interagir com as proteínas de superfície celular de outra célula.

Figura 10-37 Eletromicrografia de varredura de eritrócitos humanos. As células possuem uma forma bicôncava e não possuem núcleo e outras organelas (Animação 10.7). (Cortesia de Bernadette Chailley.)

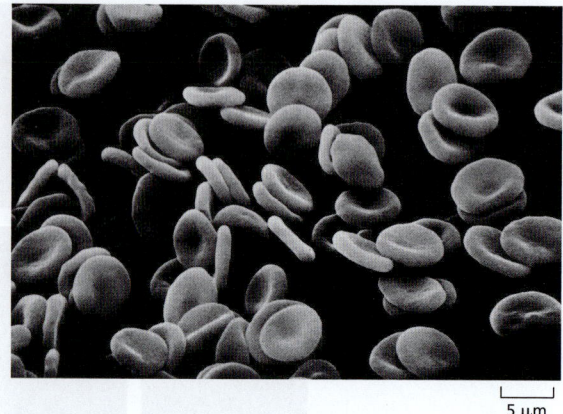

ganismo. Essa rede, que forma o **córtex** da célula, é rica em filamentos de actina, os quais estão ligados à membrana plasmática de várias maneiras. A remodelagem dinâmica da rede de actina cortical permite que a célula desempenhe muitas funções essenciais, incluindo o movimento celular, a endocitose e a formação temporária de estruturas móveis da membrana plasmática, como os filopódios e lamelopódios, vistos no Capítulo 16. O córtex das células nucleadas também contém proteínas que são estruturalmente análogas à espectrina e aos outros componentes do citoesqueleto dos eritrócitos. Discutire-

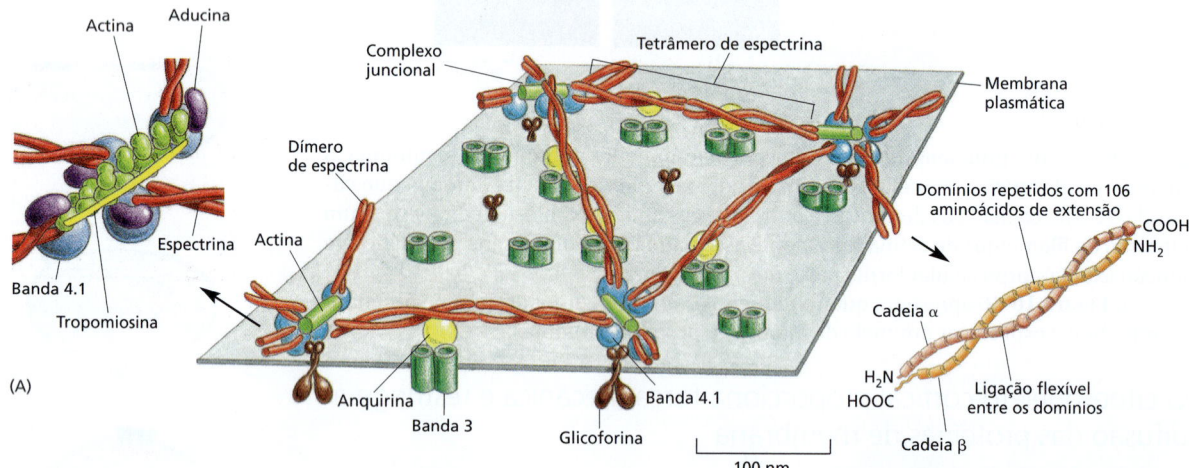

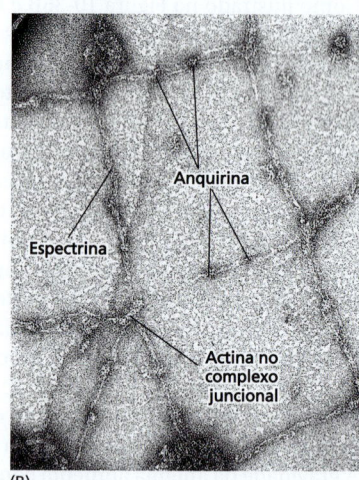

Figura 10-38 Citoesqueleto baseado em espectrina na porção citosólica da membrana plasmática de um eritrócito humano. (A) O arranjo mostrado na ilustração foi deduzido principalmente de estudos sobre as interações de proteínas purificadas *in vitro*. Os heterodímeros de espectrina (em maior aumento na ilustração à *direita*) são unidos por uma rede de "complexos juncionais" (em maior aumento na ilustração à *esquerda*). Cada heterodímero de espectrina consiste em duas cadeias antiparalelas polipeptídicas flexíveis frouxamente trançadas denominadas α e β. As duas cadeias de espectrina estão ligadas de forma não covalente uma à outra em múltiplos pontos, incluindo as duas extremidades. Tanto a cadeia α quanto a cadeia β são compostas por domínios repetidos. Dois heterodímeros de espectrina são unidos pelas extremidades para formar tetrâmeros.

Os complexos juncionais são compostos por curtos filamentos de actina (contendo 13 monômeros de actina) e essas proteínas, a *banda 4.1*, *aducina* e uma molécula de *tropomiosina* que provavelmente determina o tamanho dos filamentos de actina. O citoesqueleto é ligado à membrana por duas proteínas transmembrana, uma proteína de passagem múltipla denominada *banda 3* e uma proteína de passagem única denominada *glicoforina*. Os tetrâmeros de espectrina ligam-se a algumas proteínas banda 3 por moléculas de *anquirina*, e as glicoforinas e banda 3 (não mostrada) pelas proteínas banda 4.1.

(B) Micrografia eletrônica mostrando o citoesqueleto na porção citosólica da membrana de eritrócito após fixação e coloração negativa. A rede de espectrina foi propositalmente esticada para permitir a visualização dos detalhes de sua estrutura. Em células normais, a rede apresenta-se mais compacta e ocupa cerca de um décimo desta área. (B, cortesia de T. Byers e D. Branton, *Proc. Natl Acad. Sci. USA* 82:6153–6157, 1985. Com permissão The National Academy of Sciences.)

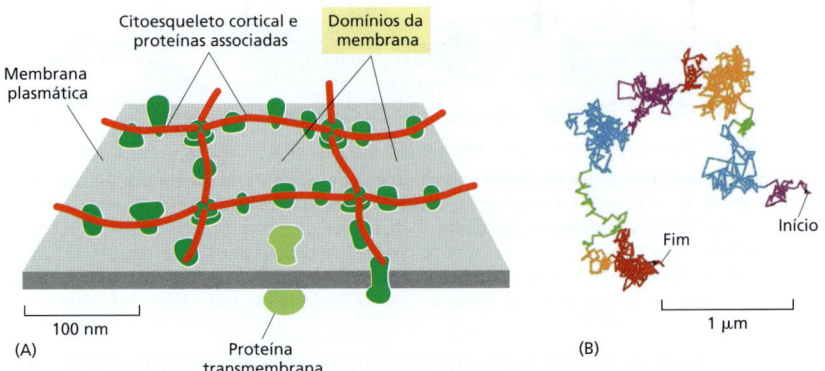

Figura 10-39 Currais das proteínas da membrana plasmática formados pelos filamentos do citoesqueleto cortical. (A) Os filamentos proporcionam uma barreira de difusão que divide a membrana em pequenos domínios (currais). (B) O rastreamento de uma única partícula em alta velocidade foi usado para seguir o caminho de uma única proteína de membrana marcada com um tipo de fluoróforo por um determinado tempo. O traço mostra que as moléculas de cada proteína (o movimento de cada uma delas é mostrado em cores diferentes) se difundem em domínios bem delimitados da membrana e poucas vezes escapam para os domínios vizinhos. (Adaptada de A. Kusumi et al., *Annu. Rev. Biophys. Biomol. Struct.* 34:351–378, 2005. Com permissão de Annual Reviews.)

mos o citoesqueleto cortical das células nucleadas e suas interações com a membrana plasmática no Capítulo 16.

A rede cortical do citoesqueleto restringe a difusão, não somente das proteínas da membrana plasmática que estão diretamente ancoradas a ele. Como os filamentos do citoesqueleto estão frequentemente localizados próximos à porção citoplasmática da membrana plasmática, eles podem formar barreiras mecânicas que obstruem a livre difusão das proteínas na membrana. Essas barreiras dividem a membrana em pequenos domínios ou *currais* (**Figura 10-39A**), os quais podem ser permanentes, como nos espermatozoides (ver Figura 10-35), ou transitórios. As barreiras podem ser detectadas quando a difusão das proteínas individuais da membrana é seguida por rastreamento de uma única partícula em alta velocidade. As proteínas difundem-se rapidamente, mas ficam confinadas em seus currais individuais (**Figura 10-39B**). Entretanto, ocasionalmente, alterações térmicas fazem alguns filamentos corticais se desligarem transitoriamente da membrana, permitindo que a proteína escape para um curral adjacente.

O grau de restrição da proteína transmembrana a um curral depende de sua associação com outras proteínas e do tamanho de seu domínio citoplasmático. As proteínas com grandes domínios citosólicos terão maior dificuldade de passar por essas barreiras do citoesqueleto. Por exemplo, quando o receptor de superfície celular se liga à sua molécula sinalizadora extracelular, ocorre a formação de grandes complexos de proteínas no domínio citosólico do receptor, tornando mais difícil que o receptor escape de seu curral. Acredita-se que o cercamento auxilie a concentrar tais complexos de sinalização, aumentando a velocidade e eficiência do processo de sinalização (discutido no Capítulo 15).

As proteínas de curvatura da membrana deformam as bicamadas

As membranas celulares assumem muitas formas diferentes, como ilustrado pelas estruturas variadas e elaboradas das protrusões da superfície celular e das organelas circundadas por membrana das células eucarióticas. Folhas planas, túbulos estreitos, vesículas circulares, folhas fenestradas e cisternas chatas e arredondadas fazem parte desse repertório. Com frequência, várias formas estarão presentes em diferentes regiões da uma mesma bicamada contínua. A forma da membrana é controlada de modo dinâmico, pois muitos processos celulares essenciais, incluindo o brotamento de vesículas, movimentos celulares e divisão celular, requerem deformações transitórias da membrana muito elaboradas. Em muitos casos, a forma da membrana é influenciada por movimentos dinâmicos de puxar e empurrar exercidos pelo citoesqueleto ou estruturas extracelulares, como apresentado no Capítulo 13 e 16. As **proteínas de curvatura da membrana** são cruciais na produção dessas deformações que controlam a curvatura local da membrana. Muitas vezes, a dinâmica do citoesqueleto e as forças das proteínas de curvatura da membrana atuam em conjunto. As proteínas de curvatura da membrana se ligam a regiões específicas da membrana quando necessário e atuam por um ou mais destes três principais mecanismos:

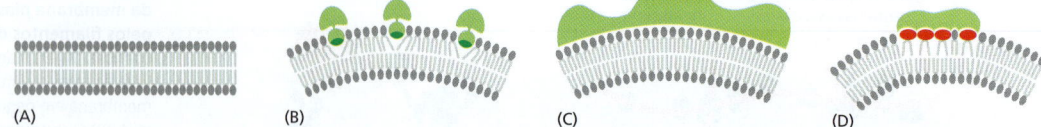

Figura 10-40 Três maneiras pelas quais as membranas são moldadas pelas proteínas de curvatura da membrana. As bicamadas lipídicas estão em *cinza*, e as proteínas, em *verde*. (A) Bicamada sem proteína ligada. (B) Uma região hidrofóbica da proteína pode se inserir como uma cunha em uma monocamada, separando os grupamentos das cabeças lipídicas. Tais regiões podem ser hélices anfifílicas, como apresentado na figura, ou grampos hidrofóbicos. (C) A superfície curva de proteínas pode se ligar aos grupamentos das cabeças lipídicas e deformar a membrana ou estabilizar a curvatura. (D) Uma proteína pode se ligar a um grupo de lipídeos que possuem grupamentos de cabeças grandes, portanto dobrando a membrana. (Adaptada de W.A. Prinz e J.E. Hinshaw, *Crit. Rev. Biochem. Mol. Biol.* 44:278–291, 2009.)

O QUE NÃO SABEMOS

- Devido à alta complexidade da composição lipídica das membranas celulares, quais são as variações das diferentes membranas das organelas das células animais? Quais são as consequências funcionais dessas diferenças e qual a função das espécies de lipídeos menos frequentes?

- A tendência biofísica dos lipídeos é de se dividirem em fases separadas dentro da bicamada lipídica funcionalmente utilizada nas membranas celulares? Se sim, como isso é regulado e quais funções da membrana são controladas?

- Como as moléculas lipídicas específicas se associam com as proteínas de membrana para regular sua função?

- Considerando que foram determinadas as estruturas de apenas uma pequena fração de todas as proteínas de membrana, que novos princípios da estrutura de membranas ainda precisam ser descobertos?

1. Algumas inserem domínios proteicos hidrofóbicos ou ligam âncoras lipídicas em um dos folhetos da bicamada lipídica. O aumento da área de somente um dos folhetos da bicamada causa uma curvatura na membrana (**Figura 10-40B**). Acredita-se que as proteínas que moldam a sinuosa rede dos estreitos túbulos do RE atuem dessa maneira.

2. Algumas proteínas de curvatura da membrana formam rígidos arcabouços que deformam a membrana ou estabilizam uma membrana já curvada (**Figura 10-40C**). As proteínas de revestimento que moldam as vesículas que brotam no transporte intracelular pertencem a essa classe.

3. Algumas proteínas de curvatura da membrana causam agregação dos lipídeos de membrana, induzindo uma curvatura. A capacidade de um lipídeo em induzir uma curvatura positiva ou negativa na membrana é determinada por áreas relativamente transversais de seus grupamentos de cabeça e suas caudas hidrocarbonadas. Por exemplo, o grande grupamento de cabeça dos fosfoinositídeos torna essas moléculas lipídicas em forma de cunha e seu acúmulo em um domínio de um folheto da bicamada e, portanto, induzindo a curvatura positiva (**Figura 10-40D**). Ao contrário, as fosfolipases que removem os grupamentos das cabeças lipídicas produzem uma forma inversa induzindo uma curvatura negativa.

Com frequência, diferentes proteínas de curvatura da membrana contribuem para atingir uma determinada curvatura, como no modelamento das vesículas de transporte em brotamento, como veremos no Capítulo 13.

Resumo

Enquanto a bicamada lipídica determina a estrutura básica das membranas biológicas, as proteínas são responsáveis pela maioria das funções da membrana, servindo como receptores específicos, enzimas, transportadores, e assim por diante. As proteínas transmembrana atravessam a bicamada lipídica. Algumas dessas proteínas de membrana são proteínas de passagem única, nas quais a cadeia polipeptídica atravessa a bicamada como uma única α-hélice. Outras são proteínas de passagem múltipla, nas quais a cadeia polipeptídica cruza a bicamada múltiplas vezes, seja como uma série de α-hélices ou como folhas β arranjadas na forma de um barril. Todas as proteínas responsáveis pelo transporte de íons e de pequenas moléculas solúveis em água pela membrana são de passagem múltipla. Algumas proteínas de membrana não atravessam a bicamada, mas se ligam em um dos lados da membrana. Algumas estão ligadas na porção citosólica por uma α-hélice anfipática na proteína de superfície ou por uma ligação covalente de uma ou mais cadeias lipídicas, outras estão ligadas na porção não citosólica por uma âncora GPI. Algumas proteínas associadas à membrana estão ligadas por meio de interações não covalentes com as proteínas transmembrana. Na membrana plasmática de todas as células eucarióticas, a maioria das proteínas expostas na superfície celular e algumas moléculas de lipídeos da monocamada externa possuem cadeias de oligossacarídeos covalentemente ligadas a elas. Como as moléculas de lipídeo da bicamada, muitas proteínas de membrana são capazes de se difundir rapidamente no plano da membrana. Entretanto, as células possuem maneiras de imobilizar proteínas específicas da membrana, bem como formas de manter confinadas tanto as proteínas da membrana quanto as moléculas lipídicas, em domínios específicos na bicamada lipídica contínua. A associação dinâmica das proteínas de curvatura da membrana conferem suas características e formas tridimensionais.

TESTE SEU CONHECIMENTO

Quais afirmativas estão corretas? Justifique.

10-1 Embora as moléculas lipídicas sejam livres para se difundirem no plano da bicamada, elas não podem girar (*flip-flop*) através da bicamada a não ser que enzimas catalisadoras, denominadas translocadoras de fosfolipídeos, estejam presentes na membrana.

10-2 Todos os carboidratos da membrana plasmática posicionam-se para fora da superfície externa da célula e todos os carboidratos da membrana interna posicionam-se para o citosol.

10-3 Embora os domínios de membrana sejam bem conhecidos, não há exemplos até o momento de domínios de membrana que se diferenciem em sua composição de lipídeos.

Discuta as questões a seguir.

10-4 Quando a bicamada lipídica é rompida, por que ela não se recupera formando uma hemimicela protegendo suas extremidades, como mostra a **Figura Q10-1**?

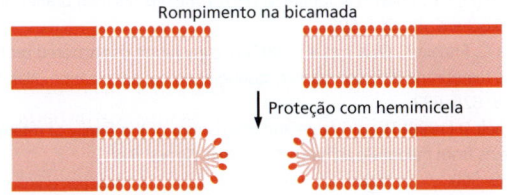

Figura Q10-1 Rompimento da bicamada lipídica fechado com uma possível proteção de "hemimicela".

10-5 A margarina é produzida com óleo vegetal por um processo químico. Você acredita que esse processo converta ácido graxo saturado em ácido graxo insaturado, ou vice-versa? Justifique sua resposta.

10-6 Se uma balsa lipídica normalmente possui 70 nm de diâmetro e cada molécula lipídica possui um diâmetro de 0,5 nm, quantas moléculas lipídicas deverão estar presentes em uma balsa lipídica composta somente por lipídeos? A uma taxa de 50 moléculas lipídicas por molécula de proteína (50% de proteína por massa), quantas proteínas deverão estar presentes em uma balsa lipídica típica? (Ignore a perda de lipídeos da balsa necessária para acomodar as proteínas.)

10-7 As proteínas de membrana monoméricas de passagem única atravessam a membrana como uma única α-hélice que possui propriedades químicas características na região da bicamada. Qual das três sequências de 20 aminoácidos descritas a seguir é a candidata mais provável para tal segmento de membrana? Explique a razão da sua escolha. (Ver no final do livro o código de uma letra para os aminoácidos; FAMILY VW é um mnemônico conveniente para os aminoácidos hidrofóbicos.)

A. I T L I Y F G V M A G V I G T I L L I S
B. I T P I Y F G P M A G V I G T P L L I S
C. I T E I Y F G R M A G V I G T D L L I S

10-8 Você está estudando a ligação das proteínas na porção citoplasmática de células cultivadas de neuroblastoma e encontrou um método que fornece uma boa quantidade de vesículas do avesso da membrana plasmática. Infelizmente, sua preparação estava contaminada com quantidades variáveis de vesículas da forma normal. Nada que você tenha tentado evitou esse problema. Um amigo sugeriu que você passasse suas vesículas em uma coluna de afinidade constituída por lectina ligada a contas sólidas. Qual a razão para a sugestão de seu amigo?

10-9 A glicoporina, uma proteína da membrana plasmática dos eritrócitos, existe normalmente como um homodímero unido por interações entre seus domínios transmembrana. Como os domínios transmembrana são hidrofóbicos, como podem se associar entre si tão especificamente?

10-10 Três mecanismos pelos quais as proteínas que se ligam à membrana curvam a membrana estão ilustrados na **Figura Q10-2A, B** e **C**. Como apresentado, cada uma dessas proteínas citosólicas de curvatura da membrana irão induzir uma invaginação na membrana plasmática. Tipos similares de proteínas citosólicas podem induzir uma protrusão da membrana plasmática (**Figura Q10-2D**)? Quais? Explique como elas atuam.

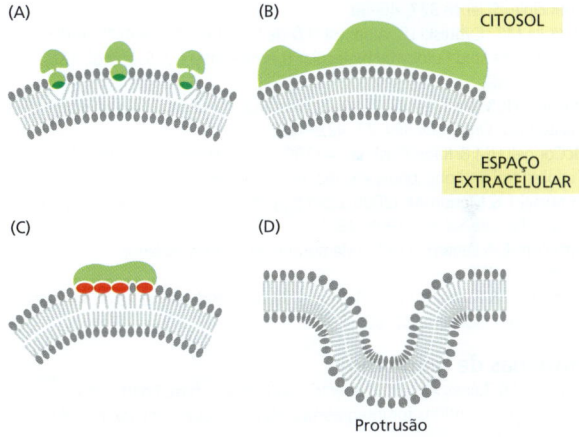

Figura Q10-2 A curvatura da membrana plasmática pelas proteínas citosólicas. (A) Inserção de um "dedo" da proteína no folheto citosólico da membrana. (B) A ligação dos lipídeos na superfície curvada de uma proteína de ligação à membrana. (C) A ligação de proteínas de membrana aos lipídeos da membrana com grupamentos de cabeças grandes. (D) Segmento da membrana plasmática mostrando uma protrusão.

REFERÊNCIAS

Gerais

Bretscher MS (1973) Membrane structure: some general principles. *Science* 181, 622–629.

Edidin M (2003) Lipids on the frontier: a century of cell-membrane bilayers. *Nat. Rev. Mol. Cell Biol.* 4, 414–418.

Goñi FM (2014) The basic structure and dynamics of cell membranes: an update of the Singer-Nicolson model. *Biochim. Biophys. Acta* 1838, 1467–1476.

Lipowsky R & Sackmann E (eds) (1995) Structure and Dynamics of Membranes. Amsterdam: Elsevier.

Singer SJ & Nicolson GL (1972) The fluid mosaic model of the structure of cell membranes. *Science* 175, 720–731.

Tanford C (1980) The Hydrophobic Effect: Formation of Micelles and Biological Membranes. New York: Wiley.

Bicamada lipídica

Bevers EM, Comfurius P, Dekkers DW & Zwaal RF (1999) Lipid translocation across the plasma membrane of mammalian cells. *Biochim. Biophys. Acta* 1439, 317–330.

Brügger B (2014) Lipidomics: analysis of the lipid composition of cells and subcellular organelles by electrospray ionization mass spectrometry. *Annu. Rev. Biochem.* 83, 79–98.

Contreras FX, Sánchez-Magraner L, Alonso A & Goñi FM (2010) Transbilayer (flip-flop) lipid motion and lipid scrambling in membranes. *FEBS Lett.* 584, 1779–1786.

Hakomori SI (2002) The glycosynapse. *Proc. Natl Acad. Sci. USA* 99, 225–232.

Ichikawa S & Hirabayashi Y (1998) Glucosylceramide synthase and glycosphingolipid synthesis. *Trends Cell Biol.* 8, 198–202.

Klose C, Surma MA & Simons K (2013) Organellar lipidomics—background and perspectives. *Curr. Opin. Cell Biol.* 25, 406–413.

Kornberg RD & McConnell HM (1971) Lateral diffusion of phospholipids in a vesicle membrane. *Proc. Natl Acad. Sci. USA* 68, 2564–2568.

Lingwood D & Simons K (2010) Lipid rafts as a membrane-organizing principle. *Science* 327, 46–50.

Mansilla MC, Cybulski LE, Albanesi D & de Mendoza D (2004) Control of membrane lipid fluidity by molecular thermosensors. *J. Bacteriol.* 186, 6681–6688.

Maxfield FR & van Meer G (2010) Cholesterol, the central lipid of mammalian cells. *Curr. Opin. Cell Biol.* 22, 422–429.

McConnell HM & Radhakrishnan A (2003) Condensed complexes of cholesterol and phospholipids. *Biochim. Biophys. Acta* 1610, 159–173.

Pomorski T & Menon AK (2006) Lipid flippases and their biological functions. *Cell. Mol. Life Sci.* 63, 2908–2921.

Rothman JE & Lenard J (1977) Membrane asymmetry. *Science* 195, 743–753.

Walther TC & Farese RV Jr (2012) Lipid droplets and cellular lipid metabolism. *Annu. Rev. Biochem.* 81, 687–714.

Proteínas de membrana

Bennett V & Baines AJ (2001) Spectrin and ankyrin-based pathways: metazoan inventions for integrating cells into tissues. *Physiol. Rev.* 81, 1353–1392.

Bijlmakers MJ & Marsh M (2003) The on-off story of protein palmitoylation. *Trends Cell Biol.* 13, 32–42.

Branden C & Tooze J (1999) Introduction to Protein Structure, 2nd ed. New York: Garland Science.

Bretscher MS & Raff MC (1975) Mammalian plasma membranes. *Nature* 258, 43–49.

Buchanan SK (1999) Beta-barrel proteins from bacterial outer membranes: structure, function and refolding. *Curr. Opin. Struct. Biol.* 9, 455–461.

Chen Y, Lagerholm BC, Yang B & Jacobson K (2006) Methods to measure the lateral diffusion of membrane lipids and proteins. *Methods* 39, 147–153.

Curran AR & Engelman DM (2003) Sequence motifs, polar interactions and conformational changes in helical membrane proteins. *Curr. Opin. Struct. Biol.* 13, 412–417.

Deisenhofer J & Michel H (1991) Structures of bacterial photosynthetic reaction centers. *Annu. Rev. Cell Biol.* 7, 1–23.

Drickamer K & Taylor ME (1993) Biology of animal lectins. *Annu. Rev. Cell Biol.* 9, 237–264.

Drickamer K & Taylor ME (1998) Evolving views of protein glycosylation. *Trends Biochem. Sci.* 23, 321–324.

Frye LD & Edidin M (1970) The rapid intermixing of cell surface antigens after formation of mouse-human heterokaryons. *J. Cell Sci.* 7, 319–335.

Helenius A & Simons K (1975) Solubilization of membranes by detergents. *Biochim. Biophys. Acta* 415, 29–79.

Henderson R & Unwin PN (1975) Three-dimensional model of purple membrane obtained by electron microscopy. *Nature* 257, 28–32.

Kyte J & Doolittle RF (1982) A simple method for displaying the hydropathic character of a protein. *J. Mol. Biol.* 157, 105–132.

Lee AG (2003) Lipid-protein interactions in biological membranes: a structural perspective. *Biochim. Biophys. Acta* 1612, 1–40.

Marchesi VT, Furthmayr H & Tomita M (1976) The red cell membrane. *Annu. Rev. Biochem.* 45, 667–698.

Nakada C, Ritchie K, Oba Y et al. (2003) Accumulation of anchored proteins forms membrane diffusion barriers during neuronal polarization. *Nat. Cell Biol.* 5, 626–632.

Oesterhelt D (1998) The structure and mechanism of the family of retinal proteins from halophilic archaea. *Curr. Opin. Struct. Biol.* 8, 489–500.

Popot J-L (2010) Amphipols, nanodiscs, and fluorinated surfactants: three nonconventional approaches to studying membrane proteins in aqueous solution. *Annu. Rev. Biochem.* 79, 737–775.

Prinz WA & Hinshaw JE (2009) Membrane-bending proteins. *Crit. Rev. Biochem. Mol. Biol.* 44, 278–291.

Rao M & Mayor S (2014) Active organization of membrane constituents in living cells. *Curr. Opin. Cell Biol.* 29, 126–132.

Reig N & van der Goot FG (2006) About lipids and toxins. *FEBS Lett.* 580, 5572–5579.

Sharon N & Lis H (2004) History of lectins: from hemagglutinins to biological recognition molecules. *Glycobiology* 14, 53R–62R.

Sheetz MP (2001) Cell control by membrane-cytoskeleton adhesion. *Nat. Rev. Mol. Cell Biol.* 2, 392–396.

Shibata Y, Hu J, Kozlov MM & Rapoport TA (2009) Mechanisms shaping the membranes of cellular organelles. *Annu. Rev. Cell Dev. Biol.* 25, 329–354.

Steck TL (1974) The organization of proteins in the human red blood cell membrane. A review. *J. Cell Biol.* 62, 1–19.

Subramaniam S (1999) The structure of bacteriorhodopsin: an emerging consensus. *Curr. Opin. Struct. Biol.* 9, 462–468.

Viel A & Branton D (1996) Spectrin: on the path from structure to function. *Curr. Opin. Cell Biol.* 8, 49–55.

Vinothkumar KR & Henderson R (2010) Structures of membrane proteins. *Q. Rev. Biophys.* 43, 65–158.

von Heijne G (2011) Membrane proteins: from bench to bits. *Biochem. Soc. Trans.* 39, 747–750.

White SH & Wimley WC (1999) Membrane protein folding and stability: physical principles. *Annu. Rev. Biophys. Biomol. Struct.* 28, 319–365.

Transporte de membrana de pequenas moléculas e propriedades elétricas das membranas

CAPÍTULO 11

Devido ao seu interior hidrofóbico, a bicamada lipídica das membranas celulares serve como uma barreira à passagem da maioria das moléculas polares. Essa função de barreira permite que a célula mantenha concentrações de solutos no citosol que são diferentes daquelas no líquido extracelular e em cada um dos compartimentos intracelulares delimitados por membranas. No entanto, para fazer uso dessa barreira, as células tiveram que desenvolver meios para transferir moléculas hidrossolúveis específicas e íons através das suas membranas para ingerir nutrientes essenciais, excretar produtos metabólicos tóxicos e regular concentrações intracelulares de íons. As células utilizam *proteínas de transporte de membrana* especializadas para desempenhar tais funções. A importância do transporte de pequenas moléculas é evidenciada pelo grande número de genes existente em todos os organismos que codificam as proteínas envolvidas no transporte através da membrana, correspondendo a 15 a 30% das proteínas de membrana em todas as células. Algumas células de mamíferos, como neurônios e células renais, empregam até dois terços de seu consumo de energia metabólica nesses processos de transporte.

As células também podem transferir macromoléculas ou mesmo grandes partículas através de suas membranas, mas os mecanismos envolvidos na maioria desses casos são diferentes daqueles usados para transferir pequenas moléculas, sendo discutidos nos Capítulos 12 e 13.

Começamos este capítulo examinando alguns princípios gerais de como pequenas moléculas hidrossolúveis atravessam membranas celulares. A seguir, consideraremos, uma de cada vez, as duas principais classes de proteínas de membrana que mediam esse tráfego transmembrana: *transportadoras*, que sofrem alterações sequenciais de conformação para o transporte de moléculas pequenas específicas através das membranas, e *de canal*, que formam poros estreitos que permitem o movimento passivo transmembrana, predominantemente de água e de pequenos íons inorgânicos. Proteínas transportadoras podem estar acopladas a uma fonte de energia para catalisar transporte ativo, que, junto à permeabilidade passiva seletiva, gera grandes diferenças na composição do citosol quando comparada à composição dos fluidos extra ou intracelulares (**Tabela 11-1**) ou dos fluidos existentes no interior das organelas delimitadas por membrana. Pelo fato de gerarem diferenças na concentração iônica inorgânica através da bicamada lipídica, as membranas celulares podem armazenar energia potencial na forma de gradientes eletroquímicos, os quais são utilizados para acionar vários processos de transporte, para enviar sinais elétricos em células eletricamente excitáveis e (nas mitocôndrias, nos cloroplastos e nas bactérias) para produzir a maior parte do ATP celular. Concentraremos nossa discussão sobretudo no transporte através da membrana plasmática, mas mecanismos semelhantes operam através das outras membranas das células eucarióticas, como discutido em capítulos subsequentes.

Na última parte do capítulo, concentramo-nos principalmente nas funções dos canais iônicos em neurônios (células nervosas). Nessas células, os canais proteicos se encontram em seu mais alto nível de sofisticação, permitindo o estabelecimento das redes de neurônios que levam a cabo todas as impressionantes tarefas das quais seu cérebro é capaz.

PRINCÍPIOS DO TRANSPORTE DE MEMBRANA

Começamos esta seção descrevendo as propriedades das permeabilidade das bicamadas lipídicas sintéticas, livres de proteínas. A seguir, apresentamos alguns dos termos

NESTE CAPÍTULO

PRINCÍPIOS DO TRANSPORTE DE MEMBRANA

PROTEÍNAS TRANSPORTADORAS E O TRANSPORTE ATIVO DE MEMBRANA

PROTEÍNAS DE CANAL E AS PROPRIEDADES ELÉTRICAS DAS MEMBRANAS

TABELA 11-1	Comparação da concentração de íons inorgânicos no interior e no exterior de células mamíferas típicas*	
Componente	Concentração citoplasmática (mM)	Concentração extracelular (mM)
Cátions		
Na^+	5-15	145
K^+	140	5
Mg^{2+}	0,5	1-2
Ca^{2+}	10^{-4}	1-2
H^+	7×10^{-5} ($10^{-7,2}$ M ou pH 7,2)	4×10^{-5} ($10^{-7,4}$ M ou pH 7,4)
Ânions*		
Cl^-	5-15	110

*A célula deve conter quantidades iguais de cargas positivas e negativas (i.e., ser eletricamente neutra). Assim, além do Cl^-, a célula contém muitos outros ânions não listados nesta tabela. De fato, a maioria dos constituintes celulares é negativamente carregada (HCO_3^-, PO_4^{3-}, ácidos nucleicos, metabólitos portando fosfato e grupos carboxila, etc.). As concentrações de Ca^{2+} e Mg^{2+} fornecidas referem-se a íons livres: apesar de existir um total de cerca de 20 mM de Mg^{2+} e 1 a 2 mM de Ca^{2+} nas células, ambos os íons estão em geral ligados a outras substâncias (como proteínas, nucleotídeos livres, RNA, etc.) e, no caso do Ca^{2+}, estocados no interior de diversas organelas.

empregados para descrever as diversas formas de transporte de membrana e algumas estratégias usadas para caracterizar as proteínas e os processos envolvidos.

As bicamadas lipídicas livres de proteínas são impermeáveis a íons

Se fornecido tempo suficiente, praticamente qualquer molécula se difundirá através de uma bicamada lipídica livre de proteínas a favor de seu gradiente de concentração. A taxa em que acontece essa difusão, todavia, varia muito, dependendo em parte do tamanho da molécula, mas, sobretudo, da sua hidrofobicidade relativa (solubilidade em lipídeos). Em geral, quanto menores e mais hidrofóbicas, ou apolares, mais facilmente as moléculas se difundirão através da bicamada lipídica. As moléculas pequenas apolares, como O_2 e CO_2, facilmente dissolvem-se em bicamadas lipídicas e, portanto, difundem-se rapidamente através delas. As pequenas moléculas polares sem carga, como água ou ureia, também se difundem através da bicamada, embora muito mais lentamente (**Figura 11-1** e ver **Animação 10.3**). Em contraste, as bicamadas lipídicas são essencialmente impermeáveis a moléculas carregadas (íons), não importando o tamanho: a carga e o alto grau de hidratação de tais moléculas impedem-nas de penetrar a fase hidrocarbônica da bicamada (**Figura 11-2**).

Existem duas classes principais de proteínas de transporte de membrana: transportadoras e de canal

Semelhante às bicamadas lipídicas sintéticas, as membranas celulares permitem a passagem de pequenas moléculas apolares por difusão. As membranas celulares, todavia, também devem permitir a passagem de várias moléculas polares, como íons, açúcares, aminoácidos, nucleotídeos, água e muitos metabólitos celulares que atravessam muito lentamente bicamadas lipídicas sintéticas. Algumas **proteínas de transporte de membrana** especiais são responsáveis pela transferência de tais solutos através das membranas celulares. Essas proteínas ocorrem em muitas formas e em todos os tipos de membranas biológicas. Cada proteína costuma transportar apenas um tipo específico de molécula ou, algumas vezes, uma classe de moléculas (como íons, açúcares ou aminoácidos). A especificidade das proteínas de transporte de membrana foi demonstrada na década de 1950 por estudos que indicaram que bactérias com uma mutação em um único gene eram incapazes de transportar açúcares através da sua membrana plasmática. Hoje sabemos que seres humanos com mutações semelhantes sofrem de vários tipos de doenças hereditárias que afetam o transporte de solutos específicos ou classes de solutos no rim, no intestino ou em muitos outros tipos celulares. Os indivíduos com a doença genética *cistinúria*, por exemplo, são incapazes de transportar certos aminoácidos (incluindo a cistina, o dímero de cisteína ligado por dissulfeto) da urina ou do intestino para o sangue; o acúmulo de cistina resultante na urina leva à formação de cálculos renais de cistina.

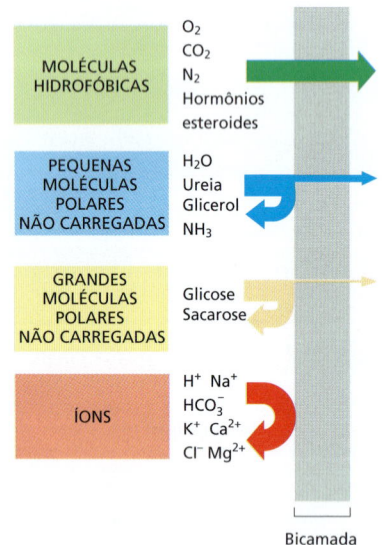

Figura 11-1 Permeabilidade relativa de uma bicamada lipídica sintética a diferentes classes de moléculas. Quanto menor a molécula e, mais importante, quanto menos fortemente ela se associa à água, mais rápido a molécula difunde-se através da bicamada.

Figura 11-2 Coeficientes de permeabilidade para a passagem de diferentes moléculas através de bicamadas lipídicas sintéticas. A taxa de fluxo de um soluto através da bicamada é diretamente proporcional à diferença na sua concentração em ambos os lados da membrana. A multiplicação dessa diferença de concentração (em mol/cm^3) pelo coeficiente de permeabilidade (em cm/s) dá o fluxo de um soluto em mols por segundo por centímetro quadrado de membrana. Uma diferença de concentração de triptofano de 10^{-4} mol/cm^3 (10^{-4} mol / 10^{-3} L = 0,1 M), por exemplo, levará a um fluxo de 10^{-4} mol/cm^3 × 10^{-7} cm/s = 10^{-11} mol/s através de 1 cm^2 de membrana bicamada, ou 6 × 10^4 moléculas/s através de 1 μm^2 de bicamada.

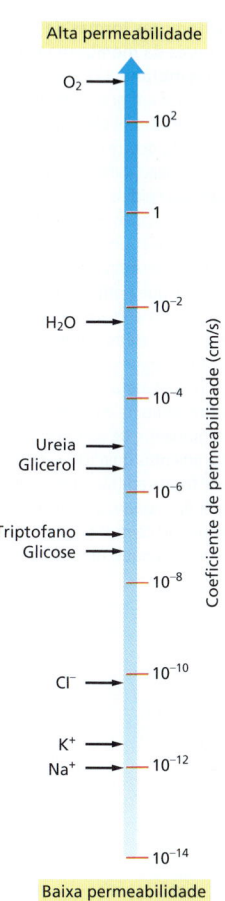

Todas as proteínas de transporte de membrana que foram estudadas em detalhe são proteínas de membrana de passagem múltipla – isto é, sua cadeia polipeptídica atravessa múltiplas vezes a bicamada lipídica. Pelo fato de formarem uma passagem revestida por proteínas através da membrana, tais proteínas permitem que solutos hidrofílicos específicos atravessem a membrana sem que entrem em contato direto com o interior hidrofóbico da bicamada lipídica.

As proteínas transportadoras e as proteínas de canal são as duas principais classes de proteínas de transporte de membrana (**Figura 11-3**). As **proteínas transportadoras** (também chamadas de *carreadoras*, ou *permeases*) ligam-se ao soluto específico a ser transportado e sofrem uma série de alterações de conformação que levam à exposição alternada dos sítios de ligação ao soluto em um dos lados da membrana e, a seguir, no outro lado, para transferir o soluto através desta. As **proteínas de canal**, em contraste, interagem muito mais fracamente com o soluto a ser transportado. Elas formam poros contínuos e que atravessam a bicamada lipídica. Quando abertos, esses poros permitem a passagem de solutos específicos (como íons inorgânicos de tamanho e carga adequados e, em alguns casos, de pequenas moléculas como água, glicerol e amônia) através da membrana. Não é surpreendente que o transporte por meio de proteínas de canal ocorra a uma velocidade muito mais rápida do que o transporte mediado por proteínas transportadoras. Apesar de a água ser capaz de difundir-se lentamente através de bicamadas lipídicas sintéticas, as células usam proteínas de canais específicas (denominadas *canais de água*, ou *aquaporinas*) que aumentam enormemente a permeabilidade de suas membranas à água, como será discutido adiante.

O transporte ativo é mediado por proteínas transportadoras acopladas a uma fonte de energia

Todas as proteínas de canal e muitas proteínas transportadoras somente permitem a passagem passiva dos solutos pela membrana ("morro abaixo"), um processo denominado **transporte passivo**. No caso de transporte de uma única molécula sem carga, é a diferença na sua concentração nos dois lados da membrana – seu *gradiente de concentração* – que conduz o transporte passivo e determina sua direção (**Figura 11-4A**). Se, no entanto, o soluto porta uma carga líquida, tanto seu gradiente de concentração como a diferença de potencial elétrico através da membrana, o *potencial de membrana*, influenciarão seu transporte. O gradiente de concentração e o gradiente elétrico podem ser combinados para formar uma força motriz líquida, o **gradiente eletroquímico**, para cada soluto carregado (**Figura 11-4B**). Discutiremos gradientes eletroquímicos com mais detalhes no Capítulo 14. De fato, quase todas as membranas plasmáticas apresentam um potencial elétrico (i.e., uma voltagem) através delas, com o interior geralmente negativo em relação ao exterior. Esse potencial favorece a entrada de íons carregados positivamente na célula, mas se opõe à entrada de íons carregados negativamente (ver Figura 11-4B); ele também se opõe ao efluxo de íons carregados positivamente.

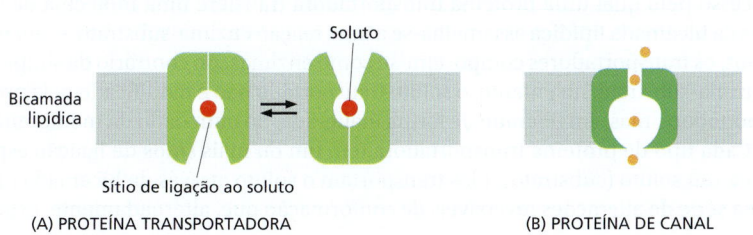

Figura 11-3 Proteínas transportadoras e proteínas de canal. (A) Uma proteína transportadora alterna entre duas conformações, de tal forma que o sítio de ligação ao soluto sequencialmente é acessível em um lado da bicamada e então no outro. (B) Em contraste, uma proteína de canal forma um poro através da bicamada para poder difundir solutos específicos de forma passiva.

Figura 11-4 Diferentes formas de transporte através da membrana e a influência da membrana. O transporte passivo na direção de um gradiente de concentração (ou gradiente eletroquímico – ver abaixo em B) ocorre de maneira espontânea, por difusão, diretamente através da bicamada lipídica ou via canais ou transportadoras passivas. Em contraste, o transporte ativo requer uma entrada de energia metabólica e é sempre mediado por transportadoras que bombeiam o soluto em sentido contrário ao gradiente de concentração ou eletroquímico. (B) O gradiente eletroquímico de um soluto com carga (um íon) afeta seu transporte. Esse gradiente combina o potencial de membrana e o gradiente de concentração do soluto. Os gradientes químico e elétrico podem atuar de forma aditiva, aumentando as forças que direcionam um íon através da membrana (*no centro*) ou podem trabalhar um contra o outro (à direita).

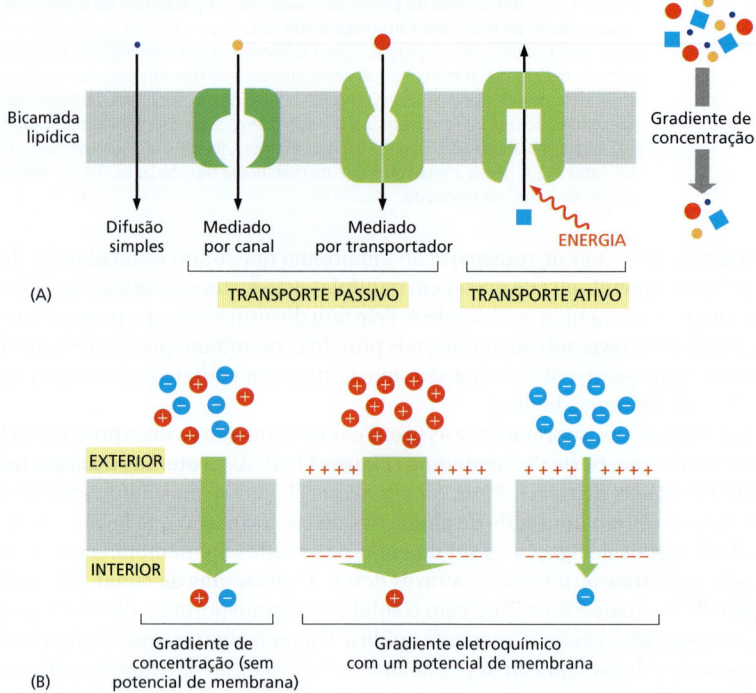

Como ilustrado na Figura 11-4A, além do transporte passivo, as células precisam ser capazes de bombear ativamente determinados solutos através da membrana "morro acima", em sentido contrário a seus gradientes eletroquímicos. Este **transporte ativo** é mediado por transportadoras cuja capacidade de bombeamento é direcional por serem fortemente acopladas a uma fonte de energia metabólica, como um gradiente iônico ou a hidrólise de ATP, conforme será discutido mais adiante. O movimento de pequenas moléculas através de membranas mediado por transportadoras pode ser tanto ativo quanto passivo, ao passo que o movimento mediado por canais será sempre passivo (ver Figura 11-4A).

Resumo

As bicamadas lipídicas são praticamente impermeáveis à maioria das moléculas polares. Para transportar pequenas moléculas hidrossolúveis para o interior ou para o exterior das células, ou para os compartimentos intracelulares envoltos por membrana, as membranas celulares contêm várias proteínas de transporte, cada qual responsável pela transferência de um soluto ou de uma classe de solutos em particular através da membrana. Existem duas classes de proteínas de transporte de membrana – transportadoras e de canal. Ambas formam caminhos proteicos através da bicamada lipídica. Enquanto o transporte por transportadores pode ser ativo ou passivo, o fluxo de soluto pelas proteínas de canal é sempre passivo. Tanto o transporte de íons ativo quanto o passivo é influenciado pelo gradiente de concentração desses íons e pelo potencial de membrana – ou seja, pelo seu gradiente eletroquímico.

PROTEÍNAS TRANSPORTADORAS E O TRANSPORTE ATIVO DE MEMBRANA

O processo pelo qual uma proteína transportadora transfere uma molécula de soluto através da bicamada lipídica assemelha-se a uma reação enzima-substrato, e, em muitos aspectos, os transportadores comportam-se como enzimas. Ao contrário da simples reação enzima-substrato, no entanto, o soluto transportado não é modificado pela proteína transportadora, mas sim liberado de forma inalterada, no outro lado da membrana.

Cada tipo de proteína transportadora tem um ou mais sítios de ligação específicos para seu soluto (substrato). Elas transportam o soluto através da bicamada lipídica via uma série de alterações reversíveis de conformação que, alternadamente, expõem o

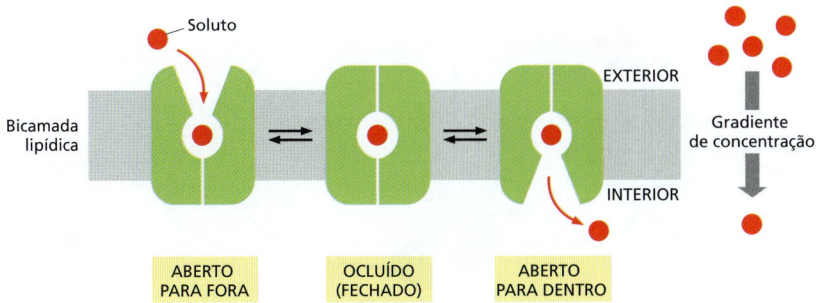

Figura 11-5 Um modelo de como uma alteração de conformação em um transportador medeia o movimento passivo de um soluto. O transportador está ilustrado em três estados conformacionais: no estado aberto para fora, os sítios de ligação ao soluto estão expostos para a parte externa da membrana; no estado ocluído, esses sítios estão inacessíveis (independentemente do lado da membrana considerado); e no estado aberto para dentro, os sítios ficam expostos para o lado interno da membrana. As transições entre os estados ocorrem de modo aleatório. Elas são completamente reversíveis e não dependem do fato de o sítio de ligação ao soluto estar ocupado. Dessa forma, se a concentração de soluto for maior na parte externa da bicamada, uma quantidade maior de soluto se ligará ao transportador na conformação aberta para o exterior em comparação à conformação aberta para o interior, e, como consequência, ocorrerá um balanço resultando em transporte de soluto no sentido de seu gradiente de concentração (ou, se o soluto for um íon, no sentido de seu gradiente eletroquímico).

sítio de ligação ao soluto em um lado e em outro da membrana – mas nunca em ambos os lados ao mesmo tempo. A transição ocorre via um estado intermediário, no qual o soluto encontra-se inacessível, ou ocluído, em relação a ambos os lados da membrana (**Figura 11-5**). Quando o transportador está saturado (ou seja, quando todos os sítios de ligação ao soluto estão ocupados), a velocidade (ou taxa) de transporte é máxima. Essa taxa, denominada $V_{máx}$ (V referindo-se à velocidade), é característica para cada carreador específico. A $V_{máx}$ indica a taxa na qual um carreador pode alternar entre seus estados conformacionais. Além disso, cada proteína transportadora tem uma afinidade característica por seu soluto, refletida no K_m da reação, que é igual à concentração do soluto quando a taxa de transporte é metade do seu valor máximo (**Figura 11-6**). Como ocorre com as enzimas, a ligação do soluto pode ser bloqueada por inibidores competitivos (que competem pelo mesmo sítio de ligação, podendo ou não ser transportados) ou por inibidores não competitivos (que se ligam em qualquer outra parte do transportador e alteram sua estrutura).

Como discutido brevemente, é necessária apenas uma modificação relativamente pequena do modelo mostrado na Figura 11-5 para ligar uma proteína transportadora a uma fonte de energia visando bombear um soluto "morro acima", contra seu gradiente eletroquímico. As células realizam tal transporte ativo de três principais formas (**Figura 11-7**):

1. Os *transportadores acoplados* vinculam a energia estocada em gradientes de concentração para acoplar o transporte através da membrana de um soluto na direção de seu gradiente ao transporte de outro soluto no sentido contrário ao seu.

2. As *bombas dirigidas por ATP* acoplam o transporte contra o gradiente à hidrólise de ATP.

3. As *bombas dirigidas por luz ou reações redox*, encontradas em bactérias, arqueias, mitocôndrias e cloroplastos, acoplam o transporte no sentido do gradiente à energia obtida da luz, como no caso da bacteriorrodopsina (discutida no Capítulo 10), ou obtida de uma reação redox, como no caso da citocromo *c* oxidase (discutida no Capítulo 14).

Comparações entre sequências de aminoácidos e estruturas tridimensionais sugerem que, em muitos casos, existem fortes semelhanças na estrutura entre proteínas transportadoras que medeiam transporte ativo e aquelas que medeiam transporte passivo. Alguns transportadores bacterianos, por exemplo, que utilizam energia armazenada no gradiente de H^+ através da membrana plasmática para sustentar a captação ativa de diversos açúcares são estruturalmente semelhantes aos transportadores que medeiam o transporte passivo de glicose na maioria das células animais. Isso sugere a existência de uma relação evolutiva entre diferentes proteínas transportadoras. Dada a importância de pequenos metabólitos e açúcares como fonte de energia, não é de se surpreender que a superfamília de transportadores seja antiga.

Iniciaremos nossa discussão a respeito do transporte ativo através da membrana considerando uma classe de transportadores acoplados direcionados por gradientes de concentrações iônicas. Essas proteínas desempenham um papel essencial no transporte de pequenos metabólitos através de membranas em todas as células. Discutiremos, então, bombas dirigidas por ATP, incluindo a bomba de Na^+-K^+, encontrada na membrana plasmática da maioria das células animais. Exemplos da terceira classe de bombas de transporte ativo – dirigidas por luz ou reações redox – são apresentados e discutidos no Capítulo 14.

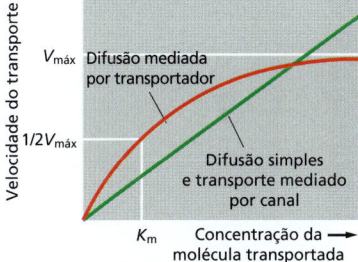

Figura 11-6 A cinética da difusão simples comparada à difusão mediada por transportador. Enquanto a taxa de difusão no transporte mediado por canais é diretamente proporcional à concentração do soluto (dentro dos limites físicos impostos pela área de superfície total ou pela disponibilidade total de canais), a taxa de difusão mediada por transportadores alcança um máximo ($V_{máx}$) quando o transportador chega à saturação. A concentração do soluto, quando a taxa de transporte está na metade do seu valor máximo, aproxima-se da constante de ligação (K_m) do transportador para o soluto e é análoga ao K_m de uma enzima para o seu substrato. O gráfico se aplica a um transportador que carrega um único soluto; a cinética do transporte acoplado ou do transporte de dois ou mais solutos é mais complexa e exibe um comportamento cooperativo.

Figura 11-7 Três maneiras de dirigir o transporte ativo. A molécula ativamente transportada é ilustrada em *laranja*, e a fonte de energia é mostrada em *vermelho*. O transporte ativo mediado pelas reações redox é apresentado no Capítulo 14 (ver Figuras 14-18 e 14-19).

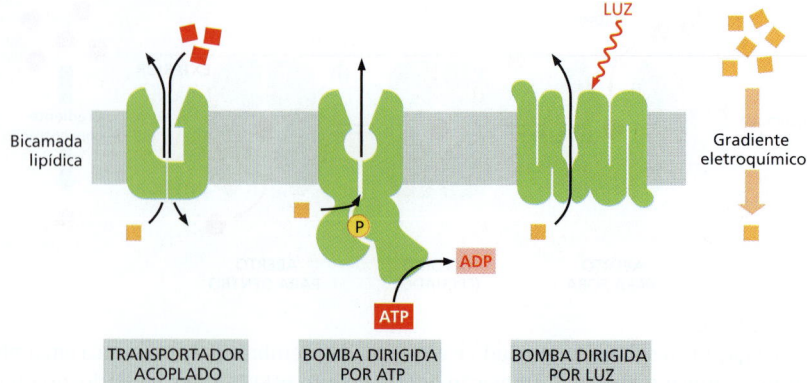

O transporte ativo pode ser dirigido por gradientes de concentração de íons

Algumas proteínas transportadoras simples e passivamente transportam um único soluto de um lado a outro da membrana sob uma taxa determinada por seus $V_{máx}$ e K_m; elas são denominadas **uniportes**. Outras atuam como *transportadores acoplados*, nos quais a transferência de um soluto é estritamente dependente do transporte de um segundo. O transporte acoplado envolve a transferência simultânea de um segundo soluto na mesma direção, realizado pelos **simportes** (também chamados de *cotransportadores*), ou a transferência de um segundo soluto na direção oposta, realizado por **antiportes** (também chamados de *permutadores*) (**Figura 11-8**).

A forte associação entre o transporte de dois solutos permite a esses transportadores acoplados captar a energia armazenada no gradiente eletroquímico de um soluto, em geral um íon inorgânico, para transportar o outro. Dessa forma, a energia livre liberada durante o movimento de um íon inorgânico a favor de um gradiente eletroquímico é utilizada como a força motriz para bombear outros solutos "morro acima", contra seus gradientes eletroquímicos. Essa estratégia pode atuar em duas direções: alguns transportadores acoplados atuam como simportes, outros, como antiportes. Na membrana plasmática de células animais, o Na^+ é o íon habitualmente cotransportado, porque o seu gradiente eletroquímico fornece uma grande força motriz para o transporte ativo de uma segunda molécula. O Na^+ que entra na célula durante o transporte acoplado é subsequentemente bombeado para fora por uma bomba de Na^+-K^+ dirigida por ATP na membrana plasmática (como discutiremos adiante), a qual, por manter o gradiente de Na^+, indiretamente controla o transporte acoplado. Diz-se de transportadores acoplados mediados por íons, como o que acabamos de descrever, que eles mediam o *transporte ativo secundário*. Em contraste, diz-se que as bombas dirigidas por ATP mediam o *transporte ativo primário*, pois nestas a energia livre da hidrólise de ATP é usada diretamente para dirigir o transporte de um soluto contra seu gradiente de concentração.

As células epiteliais intestinais e renais contêm uma ampla variedade de sistemas simporte dirigidos pelo gradiente de Na^+ através da membrana plasmática. Cada simporte dirigido por Na^+ é específico em relação à importação de um pequeno grupo de açúcares ou aminoácidos relacionados para o interior da célula. Devido ao fato de que o Na^+ tende a mo-

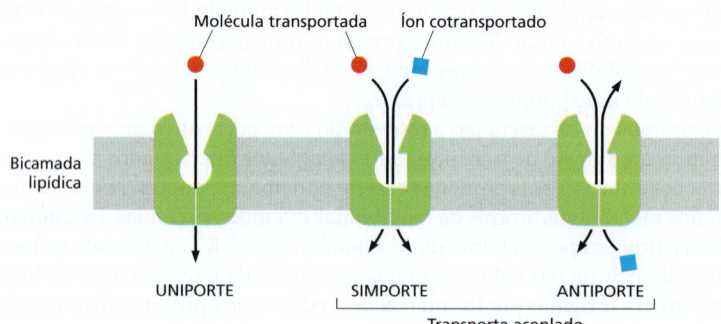

Figura 11-8 Este diagrama esquemático mostra proteínas transportadoras atuando como uniportes, simportes e antiportes (Animação 11.1).

CAPÍTULO 11 Transporte de membrana de pequenas moléculas e propriedades elétricas das membranas

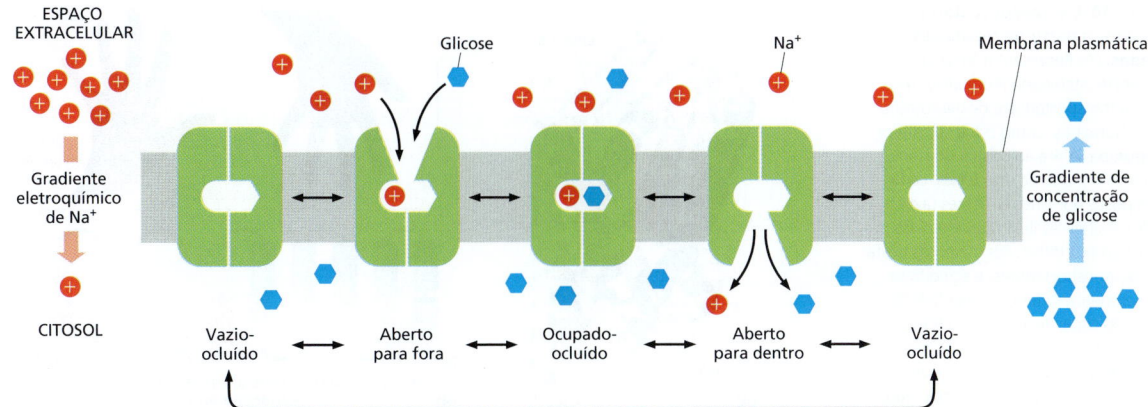

Figura 11-9 Mecanismo do transporte de glicose direcionado por um gradiente de Na⁺. Como no modelo ilustrado na Figura 11-5, o transportador alterna entre os estados aberto para fora e aberto para dentro, via um estado intermediário ocluído. A ligação de Na⁺ e glicose é cooperativa – ou seja, a ligação de qualquer uma das moléculas aumenta a afinidade da proteína pela outra. Visto que a concentração de Na⁺ é muito maior no espaço extracelular em comparação ao citosol, a chance de que a glicose se ligue ao transportador no estado aberto voltado para o exterior é maior. A transição para o estado ocluído ocorre apenas quando tanto o Na⁺ quanto a glicose estão ligados; suas interações precisas nos sítios de ligação do soluto estabilizam ligeiramente o estado ocluído e, como resultado, tornam essa transição energeticamente favorável. Flutuações estocásticas provocadas por energia térmica direcionam aleatoriamente o transportador para uma conformação aberta para fora ou aberta para dentro. Se o complexo se abrir para fora, nada acontecerá. No entanto, caso o complexo se abra para dentro da membrana, o Na⁺ rapidamente se dissociará no ambiente de baixa concentração de Na⁺ do citosol. Quando o Na⁺ é perdido, a dissociação de glicose será favorecida, devido à cooperatividade da ligação entre os dois solutos. O resultado geral é o transporte líquido de Na⁺ e de glicose para dentro da célula. Visto que o estado ocluído não é formado quando apenas um dos solutos está ligado, o transportador só alterará sua conformação quando estiver totalmente ocupado ou completamente vazio, assegurando dessa forma um acoplamento total do transporte de Na⁺ e glicose.

ver-se para o interior da célula a favor do seu gradiente eletroquímico, o açúcar ou o aminoácido é, de certa forma, "arrastado" para dentro da célula com ele. Quanto maior o gradiente eletroquímico de Na⁺, mais soluto será bombeado para dentro da célula (**Figura 11-9**). Os neurotransmissores (liberados por neurônios como sinalização nas sinapses – conforme discutido a seguir) são recuperados por simportes de Na⁺ após sua liberação. Estes transportadores de neurotransmissores são importantes alvos para drogas: estimulantes, como a cocaína e antidepressivos, os inibem e, consequentemente, prolongam a sinalização mediada pelos neurotransmissores, os quais não são removidos de maneira eficiente.

Apesar de sua grande diversidade, os transportadores compartilham características estruturais que podem explicar seu funcionamento e sua evolução. Os transportadores em geral são formados por feixes de 10 ou mais α-hélices que atravessam a membrana. Os sítios de ligação para íons e para os solutos estão localizados a meio caminho, dentro da membrana, onde algumas hélices apresentam quebras ou distorções, e cadeias laterais de aminoácidos e átomos da cadeia principal polipeptídica os formam. Nas conformações aberta para o exterior e aberta para o interior, os sítios de ligação estão acessíveis via uma passagem que os conecta com um dos lados da membrana, mas não com o outro. Ao alternar entre as duas conformações, a proteína transportadora adota transitoriamente uma conformação fechada, na qual ambas as passagens para o exterior estão fechadas; isso impede que o íon direcionador e que o soluto transportado atravessem desacompanhados a membrana, o que representaria uma depleção desnecessária de energia celular. Visto que apenas transportadores com ambos os sítios de ligação adequadamente ocupados conseguem alterar sua conformação, é assegurado um acoplamento estrito entre o transporte do íon e do soluto.

Assim como as enzimas, os transportadores podem atuar no sentido reverso se os gradientes de íons e solutos forem ajustados experimentalmente de forma adequada. Essa simetria química está espelhada em sua estrutura física. Análises cristalográficas revelaram que transportadores são construídos a partir de *repetições invertidas*: o empacotamento das α-hélices transmembrana em uma das metades do feixe de hélices é estruturalmente similar ao empacotamento da outra metade, mas ambas as porções estão invertidas na membrana, uma em relação à outra. Assim, diz-se que os transportadores são pseudossimétricos, e as passagens que se abrem e fecham para cada um dos lados da membrana possuem uma geometria bastante semelhante, permitindo que os sítios centrais de ligação ao íon e ao soluto estejam acessíveis alternadamente em relação ao lado da membrana (**Figura 11-10**). Acredita-se que ambas as porções do transportador tenham evoluído por duplicação gênica a partir de uma proteína ancestral menor.

Figura 11-10 Os transportadores são construídos a partir de repetições invertidas. (A) Representação de LeuT, um simporte bacteriano leucina/Na$^+$ relacionado a transportadores de neurotransmissores humanos, como o transportador da serotonina. A região central do transportador é formada de dois feixes, cada um composto por cinco α-hélices (*azul* e *amarelo*). As hélices ilustradas em *cinza* são distintas nos diferentes membros desta família de transportadores, e acredita-se que desempenhem funções reguladoras, as quais são específicas para um transportador em particular. (B) As regiões centrais dos feixes estão empacotadas sob um arranjo similar (ilustrado como uma mão, sendo o polegar a representação da hélice interrompida), mas o segundo feixe está invertido em relação ao primeiro. A pseudossimetria estrutural do transportador reflete sua simetria funcional: o transportador pode atuar em ambas as direções, dependendo do sentido do gradiente iônico. (Adaptada de K.R. Vinothkumar e R. Henderson, Q. *Rev. Biophys.* 43:65–158, 2010. Com permissão de Cambridge University Press. Código PDB: 3F3E.)

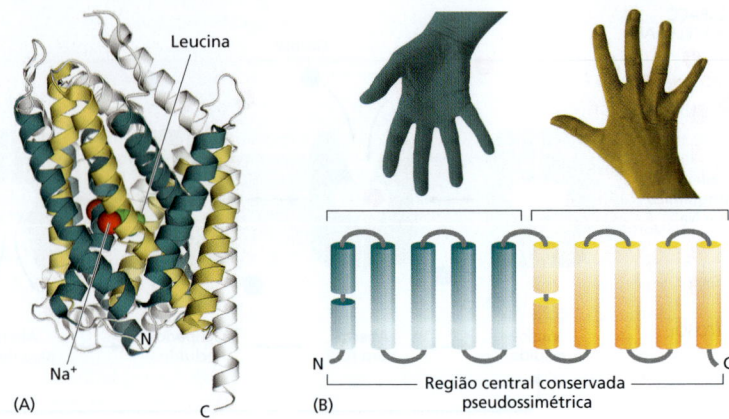

Alguns outros tipos de importantes proteínas de transporte de membrana também são formados a partir de repetições invertidas. Os exemplos também incluem proteínas de canal, como o canal de água aquaporina (discutido mais adiante) e o canal Sec61 através do qual polipeptídeos recém-sintetizados são transportados para o interior do retículo endoplasmático (discutido no Capítulo 12). Acredita-se que esses canais tenham evoluído a partir de transportadores acoplados, nos quais o sistema de controle da abertura foi perdido, permitindo que eles permanecessem abertos simultaneamente para ambos os lados da membrana, o que resultou na existência de um caminho contínuo através da membrana.

Em bactérias, leveduras e plantas, assim como em diversas organelas envoltas por membranas de células animais, a maioria dos sistemas de transporte acionados por íons depende de gradientes de H$^+$, e não de gradientes de Na$^+$, refletindo a predominância de bombas de H$^+$ nessas membranas. Um gradiente eletroquímico de H$^+$ através da membrana plasmática bacteriana, por exemplo, dirige o transporte ativo de diversos açúcares e aminoácidos para o interior da membrana.

As proteínas transportadoras na membrana plasmática regulam o pH citosólico

A maioria das proteínas opera de forma excelente em um pH específico. As enzimas lisossômicas, por exemplo, funcionam melhor no pH baixo (cerca de 5) encontrado nos lisossomos, enquanto as enzimas citosólicas atuam melhor no pH próximo ao neutro (em torno de 7,2) encontrado no citosol. É, portanto, fundamental que as células sejam capazes de controlar o pH de seus compartimentos intracelulares.

A maioria das células possui um ou mais tipos de antiportes dirigidos por Na$^+$ na sua membrana plasmática que auxiliam na manutenção do pH citosólico em torno de 7,2. Essas proteínas transportadoras utilizam a energia armazenada no gradiente de Na$^+$ para bombear para fora o excesso de H$^+$ que tenha penetrado na célula ou que tenha sido produzido por meio de reações formadoras de ácido. Dois mecanismos são usados: ou o H$^+$ é diretamente transportado para fora da célula, ou HCO$_3^-$ é internalizado para neutralizar o H$^+$ no citosol (seguindo a reação HCO$_3^-$ + H$^+$ → H$_2$O + CO$_2$). Um dos antiportes que utiliza o primeiro mecanismo é o *permutador Na$^+$-H$^+$*, que acopla um influxo de Na$^+$ a um efluxo de H$^+$. Outro que emprega uma combinação dos dois mecanismos é um *permutador Cl$^-$-HCO$_3^-$ dirigido por Na$^+$* que acopla um influxo de Na$^+$ e HCO$_3^-$ a um efluxo de Cl$^-$ e H$^+$ (de tal forma que NaHCO$_3$ entra e HCl sai). O permutador Cl$^-$-HCO$_3^-$ dirigido por Na$^+$ é duas vezes mais efetivo do que o permutador Na$^+$-H$^+$, visto que ele bombeia um H$^+$ para fora e neutraliza outro para cada Na$^+$ que entra na célula. Se HCO$_3^-$ está disponível, como costuma ser o caso, este antiporte é a proteína transportadora mais importante na regulação do pH citosólico. O pH do interior da célula regula ambos os permutadores; quando o pH citosólico diminui, ambos os permutadores aumentam suas atividades.

Um *permutador Cl$^-$-HCO$_3^-$ independente de Na$^+$* ajusta o pH citosólico na direção reversa. Assim como os transportadores dependentes de Na$^+$, o permutador Cl$^-$-HCO$_3^-$ independente de Na$^+$ é regulado pelo pH, mas a atividade permutadora aumenta com o

CAPÍTULO 11 Transporte de membrana de pequenas moléculas e propriedades elétricas das membranas

aumento da alcalinidade citosólica. O movimento de HCO_3^-, nesse caso, normalmente é para fora da célula, a favor do seu gradiente eletroquímico, o que diminui o pH do citosol. Um permutador Cl^-–HCO_3^- independente de Na^+ presente na membrana de eritrócitos (denominado proteína banda 3; ver Figura 10-38) facilita a descarga rápida de CO_2 (e de HCO_3^-) conforme as células passam pelos capilares no pulmão.

O pH intracelular não é inteiramente regulado por transportadores na membrana plasmática: bombas de H^+ dirigidas por ATP são usadas para controlar o pH de diversos compartimentos intracelulares. Como discutido no Capítulo 13, bombas de H^+ mantêm o pH baixo nos lisossomos, bem como nos endossomos e nas vesículas secretoras. Essas bombas de H^+ utilizam a energia de hidrólise de ATP para bombear H^+ do citosol para o interior dessas organelas.

Uma distribuição assimétrica de proteínas transportadoras nas células epiteliais está por trás do transporte transcelular de solutos

Em células epiteliais, como aquelas envolvidas na absorção de nutrientes no intestino, as proteínas transportadoras estão distribuídas de maneira não uniforme na membrana plasmática e, portanto, contribuem para o **transporte transcelular** dos solutos absorvidos. Por meio das ações das proteínas transportadoras nessas células, os solutos são transportados pela camada de células epiteliais para o líquido extracelular, a partir de onde passarão à corrente sanguínea. Como mostrado na **Figura 11-11**, os simportes ligados a Na^+ localizados no domínio apical (de absorção) da membrana plasmática transportam ativamente nutrientes para a célula, formando gradientes de concentração substanciais para esses solutos através da membrana plasmática. Uniportes nos domínios basal e lateral (basolateral) permitem que nutrientes saiam passivamente da célula seguindo esses gradientes de concentração.

Em muitas dessas células epiteliais, a área de membrana plasmática é extremamente aumentada pela formação de milhares de microvilosidades, que se estendem como finas projeções em forma de dedo a partir da superfície apical de cada célula. Tais microvilosidades podem aumentar a área total de absorção de uma célula em mais de 25 vezes, aumentando, portanto, sua capacidade de transporte.

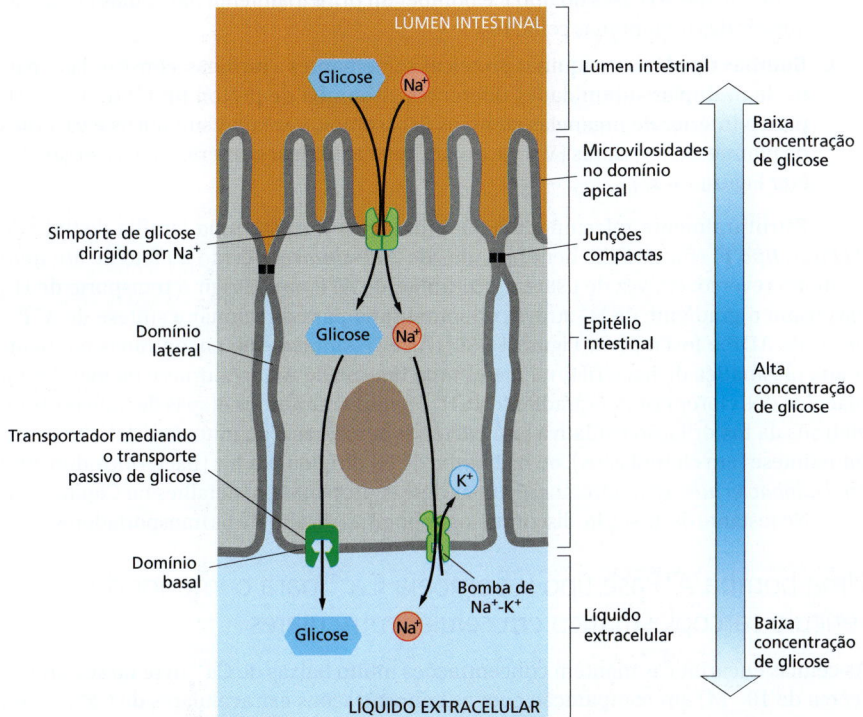

Figura 11-11 Transporte transcelular. O transporte transcelular de glicose através de uma célula epitelial intestinal depende da distribuição não uniforme das proteínas de transporte na membrana plasmática celular. O processo mostrado aqui resulta no transporte de glicose do lúmen intestinal para o líquido extracelular (a partir de onde passa para o sangue). A glicose é bombeada para o interior da célula através do domínio apical da membrana por um simporte de glicose movido por Na^+. A glicose sai da célula (seguindo seu gradiente de concentração) por movimento passivo através de um uniporte de glicose nos domínios de membrana basal e laterais. O gradiente de Na^+ que dirige o simporte de glicose é mantido por uma bomba de Na^+-K^+ nos domínios de membrana basal e lateral, os quais mantêm baixas as concentrações internas de Na^+ (Animação 11.2). As células adjacentes são conectadas por junções compactas impermeáveis que possuem uma dupla função no processo de transporte ilustrado: elas impedem a passagem de solutos pelo epitélio entre as células, permitindo a manutenção de um gradiente de concentração de glicose através da camada de células (ver Figura 19-18). Elas também atuam como barreiras (cercas) de difusão dentro da membrana plasmática, auxiliando a limitar as várias proteínas transportadoras aos seus respectivos domínios na membrana (ver Figura 10-34).

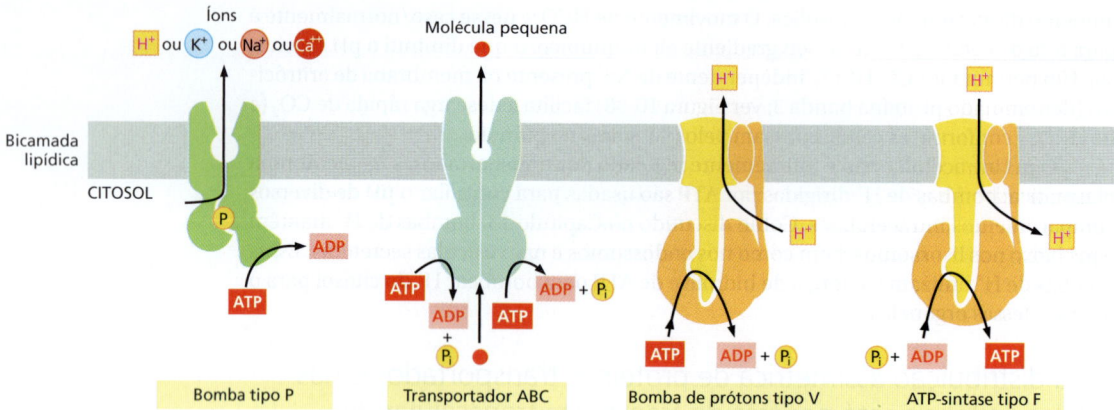

Figura 11-12 Três tipos de bombas dirigidas por ATP. Da mesma forma que uma enzima, todas as bombas dirigidas por ATP podem atuar em ambas as direções, dependendo dos gradientes eletroquímicos de seus solutos e da razão entre ATP/ADP. Quando a razão ATP/ADP é alta, elas hidrolisam ATP; quando a razão ATP/ADP é baixa, elas podem sintetizar ATP. A ATPase tipo F da mitocôndria normalmente atua em seu modo "reverso" para fazer a maior parte do ATP celular.

Como vimos, os gradientes de íons desempenham um papel fundamental conduzindo vários processos essenciais de transporte nas células. As bombas de íons que utilizam a energia de hidrólise de ATP estabelecem e mantêm esses gradientes, como discutiremos a seguir.

Existem três classes de bombas dirigidas por ATP

As bombas dirigidas por ATP frequentemente são denominadas *ATPases transportadoras*, pois hidrolisam ATP em ADP e fosfato e usam a energia liberada para bombear íons ou outros solutos através de uma membrana. Existem três principais classes de bombas dirigidas por ATP (**Figura 11-12**), e representantes de cada uma dessas classes são encontrados em todas as células de eucariotos e procariotos.

1. **Bombas tipo P** são estrutural e funcionalmente relacionadas a proteínas transmembrana de passagem múltipla. Elas são denominadas "tipo P" pois se autofosforilam (do inglês, *phosphorylate*) durante o ciclo de bombeamento. Essa classe inclui diversas bombas de íons que são responsáveis pelo estabelecimento e pela manutenção de gradientes de Na^+, K^+, H^+ e Ca^{2+} através das membranas celulares.

2. **Transportadores ABC** (ATP-*b*inding *c*assette *transporters*) distinguem-se estruturalmente das ATPases do tipo P e bombeiam principalmente moléculas pequenas através das membranas celulares.

3. **Bombas tipo V** são máquinas proteicas semelhantes a turbinas, construídas a partir de múltiplas subunidades diferentes. A bomba de próton tipo V transfere H^+ para o interior de organelas como os lisossomos, vesículas sinápticas e vacúolos de plantas ou leveduras (V = vacuolar), para acidificar o interior dessas organelas (ver Figura 13-37).

Estruturalmente relacionada às bombas tipo V, existe uma família distinta de *ATPases tipo F*, comumente denominadas de *ATP-sintases* devido ao fato de atuarem de modo reverso: em vez de usarem a hidrólise de ATP para dirigir o transporte de H^+, elas usam o gradiente de H^+ através da membrana para direcionar a síntese de ATP a partir de ADP e fosfato (ver Figura 14-30). As ATP-sintases são encontradas na membrana plasmática de bactérias, na membrana interna de mitocôndrias e na membrana tilacoide dos cloroplastos. O gradiente de H^+ é gerado durante as etapas de transporte de elétrons da fosforilação oxidativa (em bactérias aeróbicas e na mitocôndria), durante a fotossíntese (em cloroplastos), ou na bomba de H^+ dirigida por luz (bacteriorrodopsina) em *Halobacterium*. Discutiremos algumas dessas proteínas em detalhes no Capítulo 14.

No restante desta seção, discutiremos as bombas do tipo P e os transportadores ABC.

Uma bomba ATPase tipo P bombeia Ca^{2+} para o interior do retículo sarcoplasmático em células musculares

As células eucarióticas mantêm concentrações muito baixas de Ca^{2+} livre no seu citosol (cerca de 10^{-7} M) em comparação com as concentrações extracelulares de Ca^{2+}, muito mais altas (em torno de 10^{-3} M). Assim, mesmo um pequeno influxo de Ca^{2+} aumenta de modo significativo a concentração de Ca^{2+} livre no citosol, e o fluxo de Ca^{2+} a favor do seu gradiente acentuado de concentração em resposta a sinais extracelulares é uma maneira de transmitir esses sinais rapidamente através da membrana plasmática (discutido no Capítulo 15). A manutenção de um gradiente acentuado de Ca^{2+} através da membrana plasmática é, portanto, importante para a célula. O gradiente de Ca^{2+} é mantido por transportadores de Ca^{2+} na membrana plasmática que bombeiam Ca^{2+} ativamente para fora da célula. Um desses transportadores é uma ATPase de Ca^{2+} do tipo P; o outro é um antiporte (denominado *permutador Na^+–Ca^{2+}*), que é dirigido pelo gradiente eletroquímico de Na^+ (discutido no Capítulo 15).

A **bomba de Ca^{2+}**, ou **Ca^{2+}ATPase**, na membrana do *retículo sarcoplasmático* (RS) de células da musculatura esquelética, é uma ATPase de transporte tipo T bastante conhecida. O RS é um tipo especializado de retículo endoplasmático que forma uma rede de sacos tubulares no citoplasma de células musculares e serve como um estoque intracelular de Ca^{2+}. Quando um potencial de ação despolariza a membrana plasmática da célula muscular, o Ca^{2+} é liberado do RS para o citosol por meio de *canais de liberação de Ca^{2+}*, estimulando a contração muscular (discutido nos Capítulos 15 e 16). A bomba de Ca^{2+}, que responde por cerca de 90% das proteínas de membrana do RS, é responsável pela movimentação de Ca^{2+} do citosol de volta ao RS. O retículo endoplasmático de células não musculares contém uma bomba de Ca^{2+} semelhante, porém em menores quantidades.

Estudos enzimáticos e análises das estruturas tridimensionais de intermediários do transporte da bomba de Ca^{2+} do RS e de bombas relacionadas revelaram o mecanismo molecular das ATPases do tipo P em detalhes. Todas elas possuem estruturas similares, com 10 α-hélices transmembrana conectadas a três domínios citosólicos (**Figura 11-13**). Na bomba de Ca^{2+}, cadeias laterais de aminoácidos que se projetam a partir das hélices transmembrana formam dois sítios de ligação para Ca^{2+} centralmente posicionados. Como ilustrado na **Figura 11-14**, no estado da bomba não fosforilada, ligada a ATP, esses sítios de ligação são acessíveis apenas a partir do lado citosólico da membrana do RS. A ligação de Ca^{2+} dispara uma série de alterações conformacionais que fecha a passagem para o citosol e ativa uma reação de fosfotransferência na qual o fosfato terminal do ATP é transferido para um aspartato, que é altamente conservado entre todas as ATPases do tipo P. A seguir, o ADP se dissocia e é substituído por um ATP novo, provocando outra alteração na conformação que abre a passagem para o lúmen do RS, através da qual os dois íons de Ca^{2+} saem. Eles são substituídos por dois íons de H^+ e por uma molécula de água que estabilizam os sítios de ligação a Ca^{2+} vazios e fecham a passagem para o lúmen do RS. A hidrólise de uma ligação fraca aspartato-fosforil faz a bomba retornar à sua conformação inicial, e o ciclo pode ser reiniciado. A autofosforilação transitória da bomba durante seu ciclo é uma característica essencial de todas as bombas do tipo P.

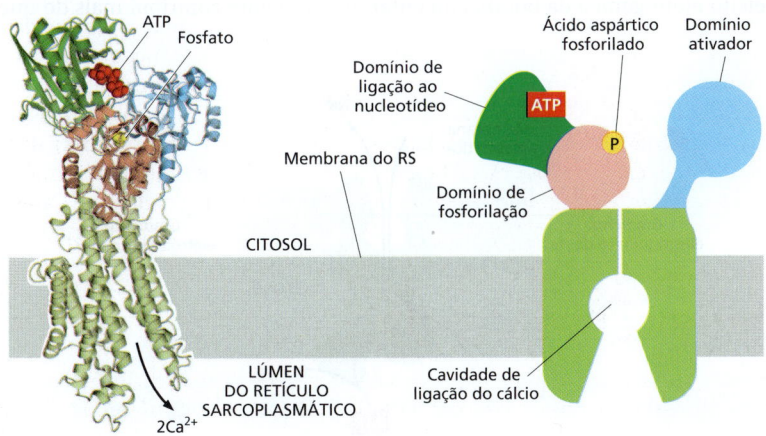

Figura 11-13 A estrutura da bomba de Ca^{2+} do retículo sarcoplasmático. O modelo em fitas (*à esquerda*), derivado de uma análise cristalográfica de raios X, mostra a bomba em seu estado fosforilado, ligado a ATP. Os três domínios citosólicos globulares da bomba – o domínio de ligação a nucleotídeo (*verde-escuro*), o domínio ativador (*azul*) e o domínio de fosforilação (*vermelho*), também ilustrados esquematicamente à *direita* – sofrem uma dramática alteração de conformação durante o ciclo de bombeamento. Tais alterações, por sua vez, alteram o arranjo das hélices transmembrana, o que permite a liberação do Ca^{2+} a partir de sua cavidade de ligação para o lúmen do RS (**Animação 11.3**). (Código PDB: 3B9B.)

Figura 11-14 O ciclo de bombeamento da bomba de Ca²⁺ do retículo sarcoplasmático. O bombeamento de íons ocorre ao longo de uma série de passos compostos por alterações conformacionais, na qual movimentos dos três domínios citosólicos da bomba (o domínio de ligação a nucleotídeo [N], o domínio de fosforilação [P] e o domínio ativador [A]) estão mecanicamente acoplados aos movimentos das α-hélices transmembrana. O movimento das hélices abre e fecha passagens através das quais o Ca²⁺ penetra a partir do citosol e se liga a dois sítios de ligação a Ca²⁺ centralmente posicionados. A seguir, os dois Ca²⁺ saem para o lúmen do RS e são substituídos por dois H⁺, os quais são transportados na direção oposta. A fosforilação dependente de Ca²⁺ e a desfosforilação dependente de H⁺ do ácido aspártico são etapas universalmente conservadas no ciclo da reação de todas as bombas tipo P: elas fazem as transições de conformação ocorrerem de modo ordenado, permitindo que as proteínas realizem trabalho útil. (Adaptada de C. Toyoshima et al., *Nature* 432:361–368, 2004 and J.V. Møller et al., *Q. Rev. Biophys.* 43:501–566, 2010.)

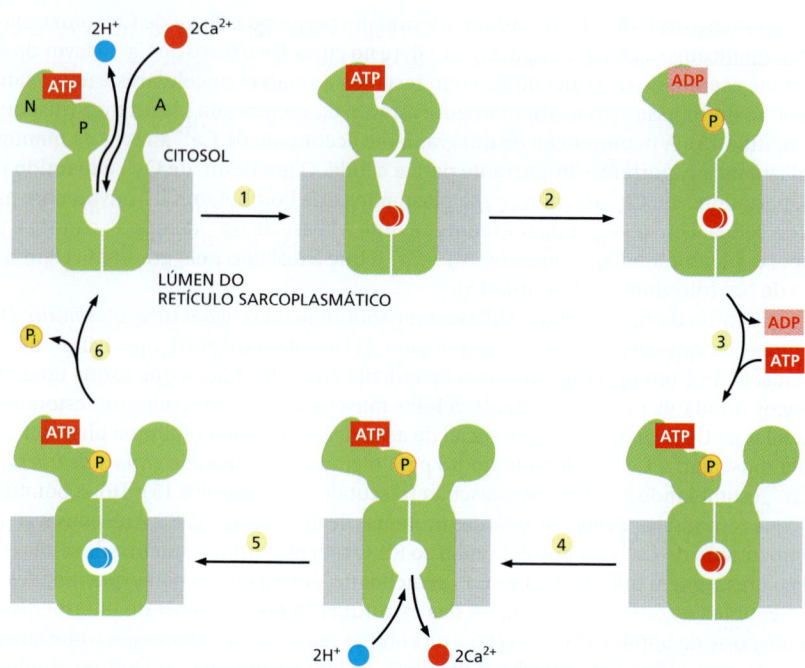

A bomba de Na⁺-K⁺ da membrana plasmática estabelece gradientes de Na⁺ e K⁺ através da membrana plasmática

A concentração de K⁺ costuma ser 10 a 30 vezes maior no interior celular do que no exterior, enquanto o contrário é verdadeiro para o Na⁺ (ver Tabela 11-1, p. 598). Uma **bomba de Na⁺-K⁺**, ou **ATPase Na⁺-K⁺**, encontrada na membrana plasmática de praticamente todas as células animais mantém essas diferenças de concentração. Assim como a bomba de Ca²⁺, a bomba de Na⁺-K⁺ pertence à família das ATPases do tipo P e opera como um antiporte dirigida por ATP, bombeando ativamente Na⁺ para fora da célula, em sentido contrário a seu gradiente eletroquímico, e bombeando o K⁺ para o interior da célula (**Figura 11-15**).

Mencionamos antes que o gradiente de Na⁺ produzido pela bomba de Na⁺-K⁺ controla o transporte da maioria dos nutrientes para células animais e também desempenha um papel fundamental na regulação do pH citosólico. Uma célula animal típica direciona cerca de um terço de sua energia para o funcionamento dessa bomba, e a bomba consome ainda mais energia em células neuronais e em células dedicadas a processos de transporte, como as células que formam os túbulos renais.

Visto que a bomba de Na⁺-K⁺ leva três íons positivamente carregados para fora da célula a cada dois íons que ela internaliza, ela é *eletrogênica*: ela induz a formação de uma corrente elétrica líquida através da membrana, com tendência de criação de um potencial elétrico, onde o interior da célula apresenta-se negativo em relação ao exterior. Esse efeito eletrogênico da bomba, no entanto, raramente contribui mais do que 10%

Figura 11-15 O funcionamento da bomba de Na⁺-K⁺. Esta ATPase do tipo P bombeia Na⁺ ativamente para fora da célula e K⁺ para dentro, em sentido contrário a seus gradientes eletroquímicos. Ela é estruturalmente bastante similar à ATPase Ca²⁺, diferindo, entretanto, em relação à sua seletividade por íons: para cada molécula de ATP hidrolisada pela bomba, três Na⁺ são bombeados para fora e dois K⁺ são bombeados para dentro. Assim como a bomba de Ca²⁺, um aspartato é fosforilado e desfosforilado durante o ciclo de bombeamento (Animação 11.4).

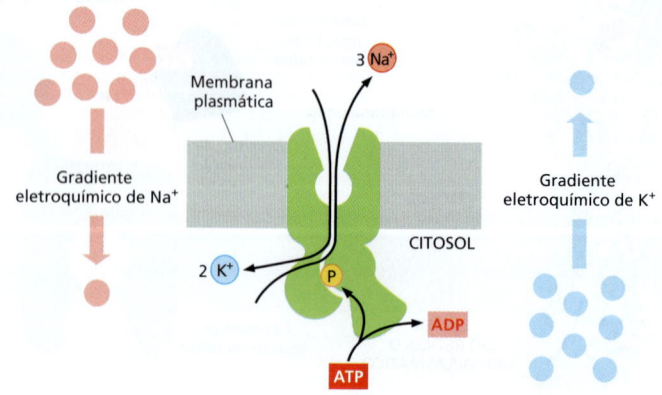

para o potencial de membrana. Os 90% restantes, como discutiremos adiante, dependem apenas indiretamente da bomba de Na^+-K^+.

Os transportadores ABC constituem a maior família de proteínas de transporte de membrana

O último tipo de transportador ATPase que iremos discutir corresponde à família dos transportadores ABC, assim denominada pelo fato de cada um de seus membros conter dois domínios ATPase altamente conservados, ou "cassetes" de ligação ao ATP (*ATP-binding cassettes*), na face citosólica da membrana. A ligação de ATP aproxima os dois domínios ATPase, e a hidrólise de ATP leva à sua dissociação (**Figura 11-16**). Esses movimentos dos domínios citosólicos são transmitidos para os segmentos transmembrana, dando origem a ciclos de alterações na conformação que expõem alternadamente os sítios de ligação a soluto em uma face da membrana e, a seguir, na face oposta, da mesma forma que vimos para as outras transportadoras. Assim, os transportadores ABC recolhem a energia liberada pela ligação e hidrólise de ATP para coordenar o transporte de solutos através da bicamada. O transporte é direcional, rumo ao interior ou ao exterior, dependendo da ocorrência de uma alteração de conformação específica no sítio de ligação ao soluto, que está associada à hidrólise de ATP (ver Figura 11-16).

Os transportadores ABC constituem a maior das famílias de proteínas de transporte de membrana e têm grande importância clínica. A primeira dessas proteínas a ser caracterizada foi encontrada em bactérias. Já mencionamos que as membranas plasmáticas de todas as bactérias contêm transportadores que utilizam o gradiente de H^+ através da membrana para ativamente transportar uma ampla variedade de nutrientes para o interior da célula. Além disso, as bactérias usam transportadores ABC para a importação de algumas moléculas pequenas. Em bactérias como *E. coli*, que possui membranas duplas (**Figura 11-17**), os transportadores ABC estão localizados na membrana interna, e um mecanismo auxiliar opera para a captura e entrega dos nutrientes aos transportadores (**Figura 11-18**).

Em *E. coli*, 78 genes (o que representa incríveis 5% dos genes bacterianos) codificam transportadores ABC, e os genomas de animais possuem um número ainda maior desses genes. Apesar de se acreditar que cada transportador seja específico em relação a uma molécula ou classe de moléculas em particular, a variedade de substratos transpor-

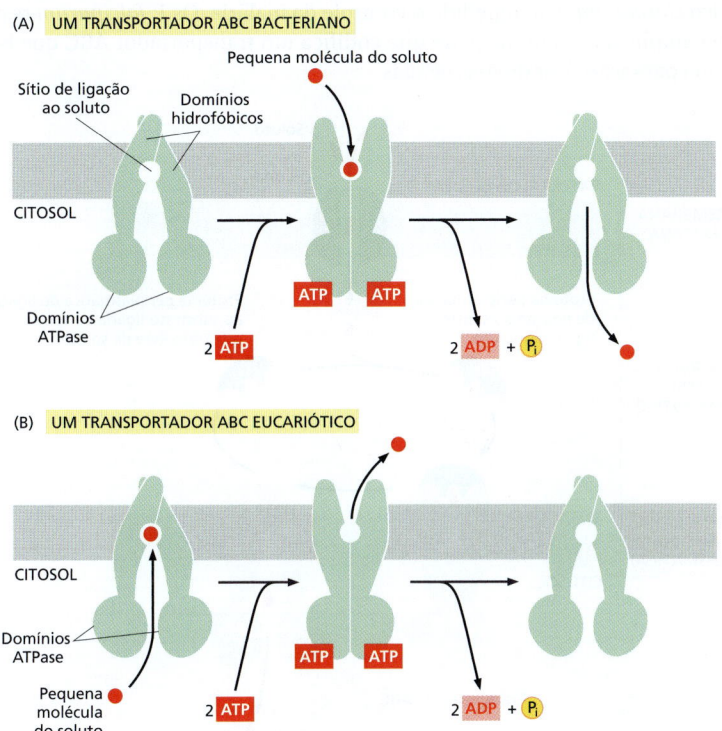

Figura 11-16 O transporte de pequenas moléculas por um típico transportador ABC. Os transportadores ABC são constituídos por múltiplos domínios. Em geral, dois domínios hidrofóbicos, cada um dos quais formado a partir de seis α-hélices que atravessam a membrana, formam, em conjunto, uma via para a translocação e determinam a especificidade do soluto. Dois domínios ATPase mergulham no citosol. Em alguns casos, as duas metades do transportador são formadas por um único polipeptídeo, ao passo que, em outros casos, elas são formadas a partir de dois ou mais polipeptídeos distintos que se organizam sob uma estrutura similar. Sem a ligação de um ATP, o transportador expõe o sítio de ligação ao soluto em uma das faces da membrana. A ligação de ATP induz uma alteração na conformação que expõe o sítio de ligação ao soluto à face oposta da membrana; a hidrólise de ATP seguida pela dissociação do ADP faz o transportador retornar à conformação original. A maior parte dos transportadores ABC atua de forma unidirecional. (A) Tanto transportadores ABC de importação quanto de exportação são encontrados em bactérias; um ABC de importação está ilustrado nesta figura. A estrutura cristalográfica de um transportador ABC bacteriano está ilustrada na Figura 3-76. (B) Em eucariotos, a maioria dos transportadores ABC exporta substâncias: do citosol para o espaço extracelular ou do citosol para compartimentos intracelulares ligados a membranas, como o retículo endoplasmático; ou da matriz mitocondrial para o citosol.

Figura 11-17 Pequena secção da membrana dupla de uma bactéria *E. coli*. A membrana interna é a membrana plasmática celular. Entre as membranas interna e externa há uma camada de peptidoglicano rígido, fortemente poroso, composta de proteína e de polissacarídeo, que constituem a parede celular bacteriana. Ela está aderida a moléculas de lipoproteína na membrana externa e preenche o *espaço periplasmático* (somente uma pequena porção da camada de peptidoglicanos é mostrada). Esse espaço contém também vários tipos de moléculas de proteínas solúveis. As linhas tracejadas (mostradas em *verde*) na parte superior representam as cadeias polissacarídicas das moléculas lipopolissacarídicas especiais que formam a monocamada externa da membrana externa; para maior clareza, são mostradas apenas algumas dessas cadeias. As bactérias com membranas duplas são denominadas *Gram-negativas*, pois não retêm o corante azul-escuro utilizado na coloração de Gram. As bactérias com membranas únicas (mas com paredes celulares de peptidoglicanos espessas), como estafilococos e estreptococos, retêm o corante azul e, portanto, são denominadas *Gram-positivas*; sua membrana única é análoga à membrana interna (plasmática) das bactérias Gram-negativas.

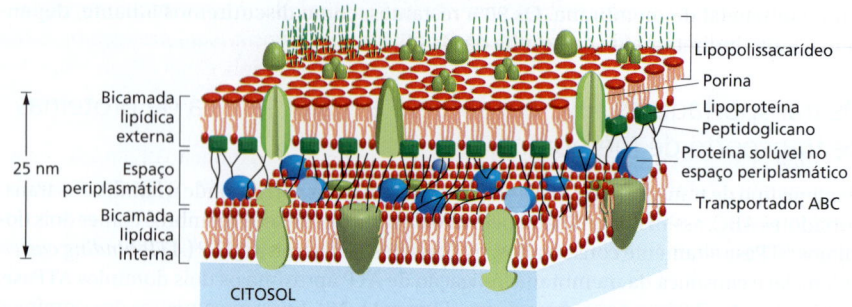

tados por essa superfamília é ampla e inclui íons inorgânicos, aminoácidos, mono e polissacarídeos, peptídeos, lipídeos, drogas e, em alguns casos, mesmo proteínas maiores do que as próprias transportadoras.

Os primeiros transportadores ABC eucarióticos identificados foram descobertos devido à sua habilidade em bombear drogas hidrofóbicas para fora do citosol. Um desses transportadores é a **proteína de resistência a múltiplas drogas (MDR)**, também chamada de glicoproteína P. Ela está presente em níveis elevados em diversas células cancerosas humanas e torna as células resistentes simultaneamente a uma variedade de fármacos citotóxicos quimicamente não relacionados que são bastante usados na quimioterapia contra o câncer. O tratamento com qualquer um desses fármacos pode resultar na sobrevivência seletiva e no crescimento exacerbado das células cancerosas que superexpressam a proteína transportadora MDR. Essas células são capazes de bombear de maneira eficiente o fármaco para o exterior da célula e são, portanto, relativamente resistentes aos efeitos tóxicos dos fármacos (**Animação 11.5**). A seleção de células cancerosas resistentes a um fármaco pode, como resultado, levar à resistência a uma ampla variedade de fármacos anticancerígenos. Alguns estudos indicam que até 40% dos cânceres humanos desenvolvem resistência a múltiplos fármacos, sendo este um grande obstáculo na batalha contra o câncer.

Um fenômeno relacionado e igualmente sinistro ocorre no protista *Plasmodium falciparum*, que causa a malária. Mais de 200 milhões de pessoas em todo o mundo estão infectadas com esse parasita, que continua a ser uma causa principal de morte, matando quase 1 milhão de pessoas a cada ano. O desenvolvimento de resistência ao fármaco antimalárico *cloroquina* tem impedido o controle da malária. Os *P. falciparum* resistentes têm uma amplificação em um gene que codifica um transportador ABC que bombeia cloroquina para o exterior de suas células.

Figura 11-18 O sistema auxiliar de transporte associado a transportadoras ATPases em bactérias com membranas duplas. O soluto difunde-se através de canais proteicos (porinas) na membrana externa e liga-se à *proteína periplasmática de ligação ao substrato* que o entrega ao transportador ABC, que, por sua vez, bombeia o substrato através da membrana plasmática. O peptidoglicano está omitido para simplificação; sua estrutura porosa permite que as proteínas de ligação a substrato e solutos hidrossolúveis movam-se através dele por difusão.

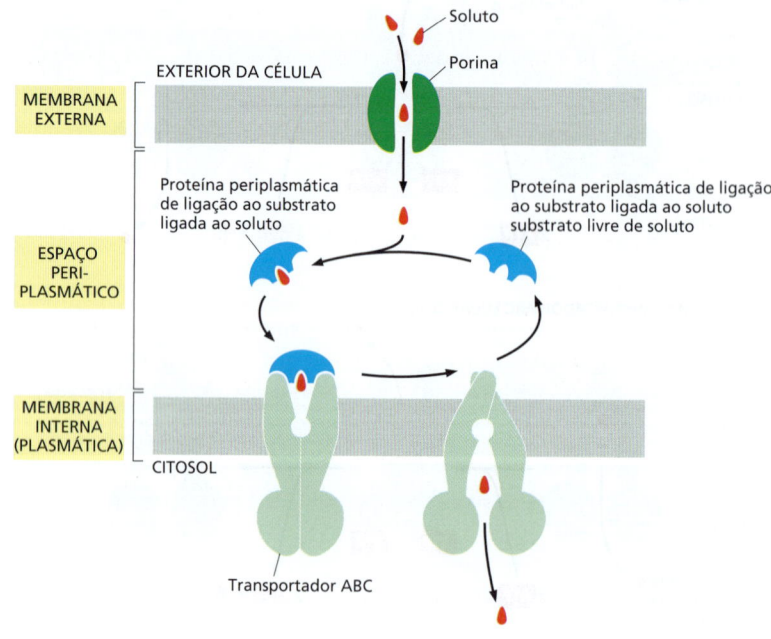

CAPÍTULO 11 Transporte de membrana de pequenas moléculas e propriedades elétricas das membranas

Na maioria das células de vertebrados, um transportador ABC na membrana do retículo endoplasmático (RE) (denominado *transportador associado ao processamento de antígeno*, ou *transportador TAP*) bombeia ativamente uma ampla gama de peptídeos do citosol para o lúmen do RE. Esses peptídeos são produzidos mediante degradação proteica nos proteassomos (discutido no Capítulo 6). Eles são transportados a partir do RE para a superfície celular, onde são exibidos para reconhecimento pelos linfócitos T citotóxicos, os quais matam a célula se os fragmentos derivarem de um vírus ou de outros microrganismos que estejam escondidos no citosol de uma célula infectada (discutido no Capítulo 24).

Outro membro da família de transportadores ABC é o *regulador da condutância transmembrana da fibrose cística* (CFTR, do inglês *cystic fibrosis transmembrane conductance regulator*), que foi descoberto por meio de estudos da doença genética comum *fibrose cística*. Essa doença é causada por uma mutação no gene que codifica o CFTR, uma proteína transportadora de Cl^- da membrana plasmática de células epiteliais. O CFTR regula as concentrações iônicas em líquidos extracelulares, especialmente nos pulmões. Um em cada 27 indivíduos brancos é portador de um gene que codifica uma forma mutante dessa proteína; em 1 a cada 2.900 pessoas, ambas as cópias do gene apresentam a mutação, causando a doença. Ao contrário de outros transportadores ABC, a ligação e a hidrólise de ATP na proteína CFTR não controlam o processo de transporte. Em vez disso, elas controlam a abertura e o fechamento de um canal contínuo, que fornece um conduto passivo para que o Cl^- possa se mover no sentido do seu gradiente eletroquímico. Assim, algumas proteínas ABC podem atuar como transportadoras, e outras, como canais controlados.

Resumo

As proteínas transportadoras ligam solutos específicos e os transferem através da bicamada lipídica sofrendo mudanças conformacionais que alternadamente expõem o sítio de ligação a soluto em um lado da membrana e então em outro. Algumas proteínas transportadoras transportam um único soluto "morro abaixo", enquanto outras podem atuar como bombas para transportar um soluto "morro acima" contra seu gradiente eletroquímico, utilizando energia fornecida pela hidrólise de ATP, por um fluxo a favor do gradiente de outro soluto (como Na^+ ou H^+), ou pela luz, para coordenar a série de mudanças conformacionais necessárias de maneira ordenada. As proteínas transportadoras pertencem a um pequeno número de famílias. Cada família evoluiu a partir de uma proteína ancestral comum, e todos os seus membros operam mediante um mecanismo semelhante. A família de ATPases transportadoras do tipo P, que inclui a bomba de Ca^{2+} e a bomba de Na^+-K^+, é um exemplo importante; cada uma dessas ATPases sequencialmente fosforila e desfosforila a si própria durante o ciclo de bombeamento. A superfamília de transportadores ABC é a maior família de proteínas de transporte de membrana e apresenta grande importância clínica. Nessa família estão incluídas as proteínas responsáveis pela fibrose cística, pela resistência a fármacos em células cancerosas e em parasitas que causam a malária, e pelo bombeamento de peptídeos derivados de patógenos no RE para que os linfócitos citotóxicos reconheçam a superfície de células infectadas.

PROTEÍNAS DE CANAL E AS PROPRIEDADES ELÉTRICAS DAS MEMBRANAS

Diferentemente das proteínas transportadoras, os canais formam poros que atravessam a membrana. Uma classe de proteínas de canal encontrada em quase todos os animais forma *junções do tipo fenda* (*gap junctions*) entre células adjacentes; cada membrana plasmática contribui igualmente para a formação do canal, que conecta o citoplasma das duas células. Esses canais são discutidos no Capítulo 19 e não serão mais considerados aqui. Tanto as junções do tipo fenda quanto as *porinas*, os canais nas membranas externas de bactérias, de mitocôndrias e de cloroplastos (discutidos no Capítulo 10), apresentam poros relativamente grandes e permissivos, e seria desastroso se conectassem diretamente o interior de uma célula com o espaço extracelular. De fato, muitas toxinas bacterianas fazem exatamente isso para matar outras células (discutido no Capítulo 24).

Em contraste, a maioria dos canais na membrana plasmática de células animais e vegetais que conectam o citosol ao exterior celular possui, necessariamente, poros estreitos fortemente seletivos que podem abrir e fechar rapidamente. Uma vez que essas proteínas estão envolvidas de modo específico no transporte de íons inorgânicos, elas são referidas como **canais iônicos**. No caso de eficiência do transporte, os canais iônicos apresentam uma vantagem sobre as proteínas transportadoras: até 100 milhões de íons podem passar através de um canal aberto a cada segundo – uma velocidade 10^5 vezes maior do que a maior velocidade de transporte conhecida para uma proteína transportadora. Entretanto, como discutido antes, os canais não podem ser acoplados a uma fonte de energia para realizar transporte ativo, logo o transporte que é mediado por eles é sempre passivo ("morro abaixo"). Assim, a função dos canais iônicos é permitir a difusão rápida de íons inorgânicos específicos – sobretudo Na^+, K^+, Ca^{2+} ou Cl^- – a favor dos seus gradientes eletroquímicos através da bicamada lipídica. Nesta seção, veremos que a habilidade de controlar o fluxo de íons por esses canais é essencial para muitas funções celulares. As células nervosas (neurônios), em particular, são especialistas no uso de canais iônicos, e consideraremos como elas utilizam muitos canais diferentes para receber, conduzir e transmitir sinais. Antes de discutirmos os canais iônicos, no entanto, consideraremos brevemente os canais de água, aquaporinas, já mencionados.

As aquaporinas são permeáveis à água, mas impermeáveis a íons

Visto que as células são constituídas predominantemente por água (em geral cerca de 70% de seu peso), o movimento da água através das membranas celulares é de vital importância. As células também contêm uma concentração alta de solutos, incluindo numerosas moléculas orgânicas carregadas negativamente confinadas no interior celular (chamados *ânions fixos*) e os cátions que as acompanham e que são necessários para o balanço de cargas. Isso cria um gradiente osmótico, que é majoritariamente balanceado por um gradiente osmótico oposto devido à alta concentração de íons inorgânicos – sobretudo Na^+ e Cl^- – no líquido extracelular. A pequena força osmótica remanescente tende a "puxar" água para o interior da célula, fazendo esta inchar até que as forças alcancem um equilíbrio. Visto que todas as membranas biológicas são moderadamente permeáveis à água (ver Figura 11-2), o volume celular alcança o equilíbrio em poucos minutos, ou menos, em resposta a um gradiente osmótico. Na maioria das células animais, no entanto, a osmose desempenha apenas um pequeno papel na regulação do volume celular. Isso ocorre porque a maior parte do citoplasma está sob um estado semelhante a um gel e resiste a grandes alterações em seu volume em resposta a alterações na osmolaridade.

Além da difusão direta da água através da bicamada lipídica, algumas células procarióticas e eucarióticas possuem **canais de água**, ou **aquaporinas**, inseridos em suas membranas plasmáticas para permitir um movimento mais rápido da água. As aquaporinas são particularmente abundantes em células de animais que devem transportar água em taxas elevadas, como células epiteliais do rim ou células exócrinas que devem transportar ou secretar, respectivamente, grandes volumes de fluidos (**Figura 11-19**).

As aquaporinas devem resolver um problema que é o oposto daquele enfrentado pelos canais iônicos. Para evitar a disrupção de gradientes iônicos através das membranas, elas devem permitir a rápida passagem de moléculas de água ao mesmo tempo em que devem impedir completamente a passagem de íons. A estrutura tridimensional da aquaporina revela como ela atinge essa incrível seletividade. Os canais possuem um poro estreito que permite que as moléculas de água atravessem em fila única, seguindo o caminho de oxigênios carbonila que revestem um dos lados do poro (**Figura 11-20**A e B). Aminoácidos hidrofóbicos revestem o outro lado do poro. O poro é demasiadamente estreito para que qualquer íon hidratado possa penetrar, e o custo energético de desidratação de

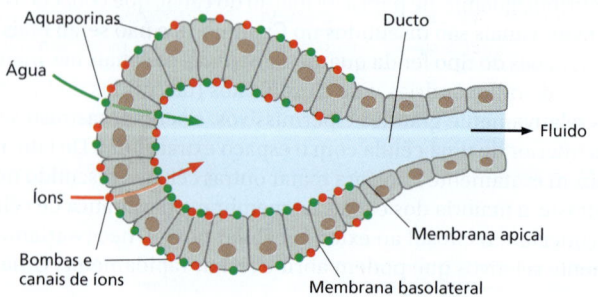

Figura 11-19 O papel das aquaporinas na secreção de fluidos. As células que revestem os ductos de glândulas exócrinas (como as encontradas no pâncreas e no fígado, e nas glândulas mamárias, sudoríparas e salivares) secretam grandes volumes de fluidos corporais. Essas células estão organizadas nas camadas epiteliais de tal forma que a membrana plasmática de sua cabeça esteja voltada para o lúmen do ducto. Bombas de íons e canais situados na membrana plasmática apical e basolateral movem íons (sobretudo Na^+ e Cl^-) para o lúmen do ducto, criando um gradiente osmótico entre o tecido adjacente e o ducto. As moléculas de água rapidamente seguem o gradiente osmótico através das aquaporinas que estão presentes em grande densidade tanto na membrana apical quanto na basolateral.

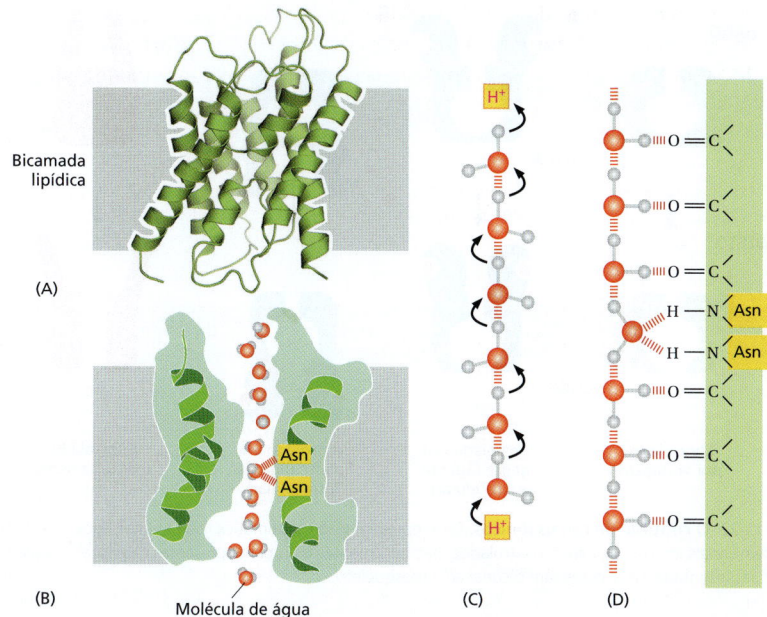

Figura 11-20 **A estrutura das aquaporinas.** (A) Diagrama em fitas de um monômero de aquaporina. Na membrana, as aquaporinas formam tetrâmeros, e cada monômero contém um poro aquoso em sua região central (não mostrado). Cada canal individual de aquaporina é capaz de permitir a passagem de 10^9 moléculas de água por segundo. (B) Um corte longitudinal através de um monômero de aquaporina, mostrando em plano o centro do poro. Uma das faces do poro é revestida por aminoácidos hidrofílicos, que fornecem ligações de hidrogênio transitórias para as moléculas de água; essas ligações auxiliam no estabelecimento de uma fila linear de moléculas de água que transitam orientadas através do poro. (C e D) Um modelo que explica por que as aquaporinas são impermeáveis a H^+. (C) Na água, o H^+ se difunde de forma extremamente rápida por meio de sua passagem de uma molécula de água para a outra. (D) Grupamentos carbonila (C=O) revestem a face hidrofílica do poro e alinham as moléculas de água, e duas asparaginas estrategicamente posicionadas no centro ajudam a "sustentar" a molécula de água central de tal forma que ambas as valências de seu oxigênio estão ocupadas. Esse arranjo bipolariza as moléculas da coluna de água como um todo, cada molécula de água atuando como aceptora de uma ligação de hidrogênio em relação à sua vizinha mais próxima (Animação 11.6). (A e B, adaptadas de R.M. Stroud et al., *Curr. Opin. Struct. Biol.* 13:424–431, 2003. Com permissão de Elsevier.)

um íon é enorme, pois a parede hidrofóbica do poro não pode interagir com um íon desidratado para compensar a perda de água. Esse desenho estrutural explica facilmente por que as aquaporinas são incapazes de transportar íons K^+, Na^+, Ca^{2+} ou Cl^-. Esses canais são também impermeáveis à H^+, que está predominantemente presente nas células sob a forma de H_3O^+. Esses íons hidrônios difundem-se extremamente rápido através da água, usando um mecanismo de "revezamento" molecular que requer a formação e a quebra de ligações de hidrogênio entre moléculas adjacentes de água (Figura 11-20C). As aquaporinas contêm duas asparaginas estrategicamente posicionadas, que se ligam ao átomo de oxigênio da molécula central da fila de moléculas de água que estão atravessando o poro, impondo uma bipolaridade sobre a coluna de moléculas de água como um todo (Figura 11-20C e D). Isso torna impossível que uma sequência de "formação e quebras" de ligações de hidrogênio (ilustrada na Figura 11-20C) passe através da molécula central de água ligada à asparagina. Visto que ambas as valências desse oxigênio central estão indisponíveis para ligações de hidrogênio, a molécula central de água não pode participar do "revezamento" do H^+, tornando o poro impermeável ao H^+.

Agora nos concentraremos nos canais iônicos, o assunto do restante deste capítulo.

Os canais iônicos são íon-seletivos e alternam entre os estados aberto e fechado

Duas propriedades importantes distinguem os canais iônicos dos poros aquosos. Primeiro, eles mostram *seletividade a íons*, permitindo a passagem de alguns íons inorgânicos, mas não de outros. Isso sugere que seus poros devam ser estreitos o suficiente em determinados pontos para forçar os íons permeáveis a um contato íntimo com as paredes do canal de tal forma que somente os íons de tamanho e carga apropriados possam passar. Os íons permeáveis devem perder todas ou a maioria das moléculas de água associadas a eles para passar, geralmente em fila única, através da parte mais estreita do canal, a qual é chamada de *filtro de seletividade*, o que limita sua taxa de passagem (**Figura 11-21**).

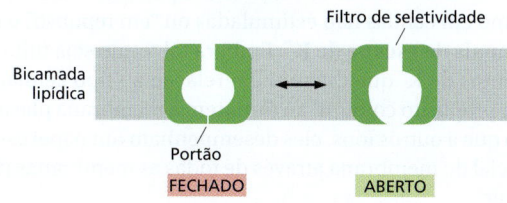

Figura 11-21 **Canal iônico típico que alterna entre as conformações aberta e fechada.** O canal iônico aqui ilustrado em corte forma um poro através da bicamada lipídica apenas quando se encontra na conformação "aberta". O poro afunila para dimensões atômicas em uma região (o filtro de seletividade) em que a seletividade iônica do canal é basicamente determinada. Outra região do canal forma o "portão" controlador.

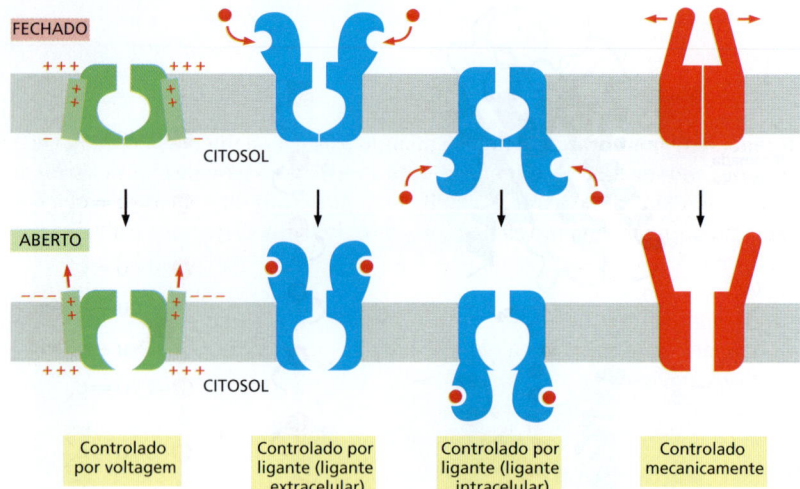

Figura 11-22 O controle de canais iônicos. Esta representação esquemática ilustra vários tipos de estímulos que abrem canais iônicos. Os canais controlados mecanicamente costumam apresentar extensões citoplasmáticas (não representadas) que conectam o canal ao citoesqueleto.

Assim, conforme as concentrações iônicas aumentam, o fluxo de íons através de um canal aumenta de maneira proporcional e, então, estabiliza (saturação) em uma taxa máxima.

A segunda distinção importante entre os canais iônicos e os poros aquosos é que os canais iônicos não estão continuamente abertos. Em vez de estarem sempre abertos, eles são *controlados* (*gated*), o que lhes permite abrir por um breve tempo e, então, fechar novamente. Além disso, sob estímulo (químico ou elétrico) prolongado, a maioria dos canais iônicos passa para um estado fechado "dessensibilizado" ou "inativado", onde eles permanecem refratários para posterior abertura até a remoção do estímulo, como discutido adiante. Na maioria dos casos, o canal se abre em resposta a um estímulo específico. Como ilustrado na **Figura 11-22**, os principais tipos de estímulos conhecidos por provocar a abertura de canais iônicos são uma mudança na voltagem através da membrana (*canais controlados por voltagem*), um estresse mecânico (*canais controlados mecanicamente*) ou a ligação de um ligante (*canais controlados por ligante*). O ligante pode ser tanto um mediador extracelular – especificamente um neurotransmissor (*canais controlados por transmissor*) – quanto um mediador intracelular, como um íon (*canais controlados por íons*) ou um nucleotídeo (*canais controlados por nucleotídeos*). A atividade de muitos canais iônicos é regulada, além disso, por fosforilação e desfosforilação de uma proteína; esse tipo de regulação de canal é discutido no Capítulo 15, junto com canais iônicos controlados por nucleotídeos.

Mais de cem tipos de canais iônicos foram identificados até o momento, e novos tipos ainda estão sendo adicionados à lista, cada um deles caracterizado pelos íons que conduz, pelo mecanismo por meio do qual é controlado e por sua abundância e localização na célula e em células específicas. Os canais iônicos são responsáveis pela excitabilidade elétrica de células musculares e medeiam a maioria das formas de sinalização elétrica no sistema nervoso. Um único neurônio costuma conter dez ou mais tipos de canais iônicos localizados em diferentes domínios da sua membrana plasmática. Contudo, os canais iônicos não estão restritos a células excitáveis eletricamente. Eles estão presentes em todas as células animais e são encontrados em células vegetais e microrganismos: eles propagam a resposta de fechamento de folha da planta mimosa sensitiva, por exemplo (**Animação 11.7**), e permitem que o organismo unicelular *Paramecium* reverta sua direção após uma colisão.

Canais iônicos predominantemente permeáveis a K^+ são encontrados na membrana plasmática de quase todas as células. Um importante subconjunto de canais de K^+ está aberto mesmo em células não estimuladas ou "em repouso", e estes são, portanto, denominados **canais de escape de K^+**. Embora tal termo seja utilizado para nomear muitos canais distintos de K^+ que diferem em relação ao tipo celular, esses diferentes canais servem a um propósito comum: ao tornarem a membrana plasmática muito mais permeável ao K^+ do que a outros íons, eles desempenham um papel essencial para a manutenção do potencial de membrana através de todas as membranas plasmáticas, como discutiremos a seguir.

O potencial de membrana em células animais depende principalmente dos canais de escape de K^+ e do gradiente de K^+ através da membrana plasmática

Um **potencial de membrana** origina-se quando existe uma diferença na carga elétrica entre os dois lados de uma membrana, devido a um leve excesso de íons positivos sobre os negativos em um lado e a um leve déficit no outro. Tais diferenças de carga podem resultar tanto de bombeamento eletrogênico ativo (ver p. 608) quanto de difusão passiva de íons. Como discutido no Capítulo 14, a maior parte do potencial de membrana de uma mitocôndria é gerada por bombas eletrogênicas de H^+ na membrana mitocondrial interna. As bombas eletrogênicas também geram a maior parte do potencial elétrico através da membrana plasmática em plantas e em fungos. Em células animais típicas, entretanto, os movimentos passivos de íons contribuem com a maior parte do potencial elétrico através da membrana plasmática.

Como explicado antes, devido à atuação de uma bomba de Na^+-K^+, existe pouco Na^+ dentro da célula, e outros cátions inorgânicos extracelulares devem estar em abundância tal que ocorra um balanço da carga carreada pelos ânions celulares fixos – as moléculas orgânicas negativamente carregadas que estão confinadas no interior da célula. A manutenção do equilíbrio é realizada predominantemente pelo K^+, que é bombeado ativamente para dentro da célula pela bomba de Na^+-K^+ e que pode, também, mover-se livremente para o interior ou para o exterior pelos *canais de escape de K^+* na membrana plasmática. Por causa da presença desses canais, o K^+ quase alcança o equilíbrio, onde uma força elétrica exercida por um excesso de cargas negativas que atraem K^+ para a célula contrabalança a tendência de escape do K^+ para fora a favor do seu gradiente de concentração. O potencial de membrana (da membrana plasmática) é a manifestação dessa força elétrica, e seu valor de equilíbrio pode ser calculado a partir da magnitude do gradiente de concentração de K^+. A discussão a seguir pode auxiliar a compreensão desse mecanismo.

Suponha que não exista inicialmente um gradiente de voltagem através da membrana plasmática (o potencial de membrana é zero), mas que a concentração de K^+ é alta no interior e baixa no exterior celular. O K^+ tenderá a deixar a célula pelos canais de escape de K^+, movido pelo seu gradiente de concentração. Como o K^+ move-se para fora, cada íon deixa para trás uma carga negativa não equilibrada, criando, portanto, um campo elétrico, ou potencial de membrana, que tenderá a opor-se a mais efluxo de K^+. O efluxo líquido de K^+ é interrompido quando o potencial de membrana atinge um valor no qual essa força elétrica motriz no K^+ equilibra exatamente o efeito do seu gradiente de concentração – ou seja, quando o gradiente eletroquímico do K^+ é zero. Embora os íons Cl^- também se equilibrem através da membrana, o potencial de membrana deixa a maior parte desses íons no exterior celular, pois sua carga é negativa.

A condição de equilíbrio, na qual não existe fluxo líquido de íons através da membrana plasmática, define o **potencial de repouso de membrana** para essa célula idealizada. Uma fórmula simples, porém muito importante, a **equação de Nernst**, expressa quantitativamente a condição de equilíbrio e, como explicado no **Painel 11-1**, torna possível calcular o potencial de repouso de membrana teórico se a razão das concentrações interna e externa é conhecida. Como a membrana plasmática de uma célula real não é permeável exclusivamente a K^+ e Cl^-, entretanto o real potencial de repouso de membrana não é exatamente igual ao previsto pela equação de Nernst para K^+ ou Cl^-.

O potencial de repouso decai lentamente quando a bomba de Na^+-K^+ é interrompida

O movimento de apenas um número muito pequeno de íons através da membrana plasmática por canais iônicos é suficiente para estabelecer o potencial de membrana. Assim, pode-se pensar no potencial de membrana como formado de movimentos de carga que praticamente não afetam as *concentrações* de íons e que resulta em uma pequena diferença no número de íons positivos e negativos nos dois lados da membrana (**Figura 11-23**). Além disso, esses movimentos de carga em geral são rápidos, ocorrendo em poucos milissegundos ou menos.

PAINEL 11-1 A derivação da equação de Nernst

EQUAÇÃO DE NERNST E FLUXO IÔNICO

O fluxo de qualquer íon inorgânico por um canal da membrana é dirigido pelo gradiente eletroquímico do íon. Esse gradiente representa a combinação de duas influências: o gradiente de voltagem e o gradiente de concentração do íon através da membrana. Quando essas duas influências equilibram uma à outra, o gradiente eletroquímico para o íon é zero e não existe fluxo *líquido* do íon pelo canal. O gradiente de voltagem (potencial de membrana) no qual esse equilíbrio é atingido é chamado de potencial de equilíbrio para o íon. Ele pode ser calculado a partir da seguinte equação derivada, denominada equação de Nernst.

A equação de Nernst é
$$V = \frac{RT}{zF} \ln \frac{C_o}{C_i}$$

onde

V = potencial de equilíbrio em volts (potencial interno menos potencial externo)
C_o e C_i = concentrações externa e interna do íon, respectivamente
R = constante gasosa (8,3 J mol^{-1} K^{-1})
T = temperatura absoluta (K)
F = constante de Faraday (9,6 × 10^4 J V^{-1} mol^{-1})
z = valência (carga) do íon
ln = logaritmo na base e

A equação de Nernst é derivada como segue:

A molécula em solução (um soluto) tende a mover-se de uma região de alta concentração para uma região de baixa concentração simplesmente devido a movimentos aleatórios das moléculas, o que resulta em seu equilíbrio. Como consequência, o movimento a favor de um gradiente de concentração é acompanhado por uma mudança favorável de energia livre ($\Delta G < 0$), enquanto o movimento contra o gradiente de concentração é acompanhado por uma variação desfavorável de energia livre ($\Delta G > 0$). (A energia livre é introduzida no Capítulo 2 e discutida no contexto das reações redox no Painel 14-1, p. 765.)

A variação de energia livre por mol de soluto movido através da membrana plasmática (ΔG_{conc}) é igual a $-RT \ln C_o/C_i$.

Se o soluto é um íon, o seu deslocamento para uma célula através de uma membrana cujo interior apresenta uma voltagem V em relação ao exterior causará uma variação adicional de energia livre (por mol de soluto deslocado) de $\Delta G_{volt} = zFV$.

No ponto em que os gradientes de concentração e voltagem estão em equilíbrio,
$$\Delta G_{conc} + \Delta G_{volt} = 0$$
e a distribuição iônica está em equilíbrio através da membrana.

Assim,
$$zFV - RT \ln \frac{C_o}{C_i} = 0$$
e, consequentemente
$$V = \frac{RT}{zF} \ln \frac{C_o}{C_i}$$

ou, usando a constante que converte logaritmos naturais à base 10,
$$V = 2,3 \frac{RT}{zF} \log_{10} \frac{C_o}{C_i}$$

Para um cátion univalente,
$$2,3 \frac{RT}{F} = 58 \text{ mV a } 20°C \quad \text{e} \quad 61,5 \text{ mV a } 37°C.$$

Assim, para tal íon a 37°C,
$$V = +61,5 \text{ mV para } C_o/C_i = 10,$$
enquanto
$$V = 0 \text{ para } C_o/C_i = 1.$$

O potencial de equilíbrio de K$^+$ (V_K), por exemplo, é
$$61,5 \log_{10}([K^+]_o / [K^+]_i) \text{ milivolts}$$
(–89 mV para uma célula típica onde $[K^+]_o$ = 5 mM e $[K^+]_i$ = 140 mM).

No V_K, não existe fluxo líquido de K$^+$ através da membrana.

Semelhantemente, quando o potencial de membrana apresenta um valor de
$$61,5 \log_{10}([Na^+]_o/[Na^+]_i),$$
o potencial de equilíbrio de Na$^+$ (V_{Na}), não existe fluxo líquido de Na$^+$.

Para qualquer potencial de membrana, V_M, a força líquida que tende a mover um tipo particular de íon para o exterior celular é proporcional à diferença entre V_M e o potencial de equilíbrio para o íon; portanto,

para K$^+$ é $V_M - V_K$
e para Na$^+$ é $V_M - V_{Na}$.

Quando há um gradiente de voltagem através da membrana, os íons responsáveis pelo gradiente — os íons positivos de um lado e os íons negativos do outro — concentram-se em camadas finas em ambos os lados da membrana devido à atração entre cargas elétricas positivas e negativas. O número de íons que irá formar a camada de cargas adjacente à membrana é extremamente pequeno comparado ao número total no interior celular. Por exemplo, o movimento de 6 mil íons de Na$^+$ através de 1 μm^2 de membrana carregará carga suficiente para alterar o potencial de membrana em cerca de 100 mV.

Uma vez que existem cerca de 3 × 10^7 Na$^+$ em uma célula típica (1 μm^3 de citoplasma), tal movimento de carga irá gerar um efeito insignificante nos gradientes de concentração iônicos através da membrana.

CAPÍTULO 11 Transporte de membrana de pequenas moléculas e propriedades elétricas das membranas

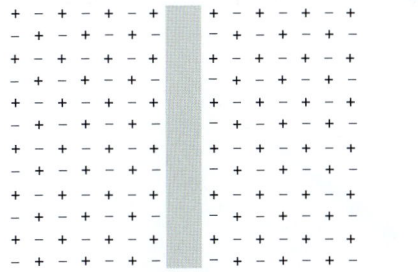

Balanço exato de cargas em cada lado da membrana; potencial de membrana = 0

Uma pequena porção dos íons positivos (em *vermelho*) cruza a membrana da direita para a esquerda, deixando seus contraíons (em *vermelho*) para trás; isso gera um potencial de membrana diferente de zero

Figura 11-23 As bases iônicas de um potencial de membrana. Um pequeno fluxo de íons inorgânicos através de um canal iônico carrega carga suficiente para provocar uma grande alteração no potencial de membrana. Os íons que dão origem ao potencial de membrana estão em uma fina camada (< 1 nm) superficial próxima à membrana, lá mantidos por atração elétrica aos seus contraíons com carga oposta do outro lado da membrana. Para uma célula típica, 1 microcoulomb de carga (6×10^{12} íons monovalentes) por centímetro quadrado de membrana, transferido de um lado para o outro da membrana, altera o potencial de membrana em aproximadamente 1 V. Isso significa, por exemplo, que em uma célula esférica de 10 μm de diâmetro, o número de íons K^+ que deve fluir para o exterior para alterar o potencial de membrana em 100 mV é de apenas cerca de 1/100.000 do número total de íons K^+ no citosol. Essa quantidade é tão pequena que as concentrações intracelulares de K^+ permanecem praticamente inalteradas.

Considere a alteração no potencial de membrana em uma célula real se a bomba de Na^+-K^+ for inativada de maneira brusca. Imediatamente ocorrerá uma leve queda no potencial de membrana. Isso ocorre porque a bomba é eletrogênica e, quando ativa, tem uma pequena contribuição direta para o potencial de membrana pelo bombeamento de três Na^+ para fora da célula para cada dois K^+ que são bombeados para o interior (ver Figura 11-15). No entanto, o desligamento da bomba não elimina o principal componente do potencial de repouso, que é gerado pelo mecanismo de equilíbrio de K^+ recém-descrito. Esse componente do potencial de membrana persiste enquanto a concentração de Na^+ estiver baixa no interior da célula e a concentração de K^+ estiver alta – em geral por vários minutos. Contudo, a membrana plasmática é relativamente permeável a todos os pequenos íons, incluindo o Na^+. Portanto, sem a bomba de Na^+-K^+, os gradientes de íons gerados pelo bombeamento por fim diminuirão, e o potencial de membrana estabelecido pela difusão através dos canais de escape de K^+ também diminuirá. Conforme o Na^+ penetra, a célula alcançará um novo estado de repouso, onde Na^+, K^+, e Cl^- estarão em equilíbrio através da membrana. O potencial de membrana nesse estado será muito menor do que era na célula normal com uma bomba de Na^+-K^+ ativa.

O potencial de repouso de uma célula animal varia entre -20 mV e -120 mV, dependendo do organismo e do tipo celular. Embora o gradiente de K^+ tenha sempre uma influência predominante nesse potencial, os gradientes de outros íons (e os efeitos de desequilíbrio das bombas de íons) também têm um efeito significativo: quanto mais permeável for a membrana a um determinado íon, mais fortemente o potencial de membrana tende a ser dirigido para o valor de equilíbrio desse íon. Como consequência, mudanças na permeabilidade de uma membrana a íons podem provocar mudanças significativas no potencial de membrana. Esse é um dos princípios-chave que relaciona a excitabilidade elétrica das células às atividades de canais iônicos.

Para compreender como os canais iônicos selecionam seus íons e como eles abrem e fecham, é necessário conhecer sua estrutura atômica. O primeiro canal iônico a ser cristalizado e estudado por difração de raios X foi um canal de K^+ bacteriano. Os detalhes da sua estrutura revolucionaram o nosso entendimento sobre os canais iônicos.

A estrutura tridimensional de um canal de K^+ bacteriano mostra como um canal iônico pode funcionar

A incrível habilidade dos canais iônicos de combinar seletividade iônica fina e uma alta condutância tem intrigado os cientistas. Os canais de escape de K^+, por exemplo, conduzem K^+ 10 mil vezes mais rápido do que Na^+, embora os dois íons sejam esferas sem características distintivas, com diâmetros similares (0,133 nm e 0,095 nm, respectivamente). Uma substituição de um único aminoácido no poro de um canal de K^+ de uma célula animal pode resultar em uma perda de seletividade iônica e morte celular. A seletividade normal pelo K^+ não pode ser explicada pelo tamanho do poro, pois o Na^+ é menor do que o K^+. Além disso, a alta velocidade de condutância é incompatível com a possibilidade de o canal ter sítios seletivos de ligação a K^+, com alta afinidade, uma vez que a ligação de íons K^+ em tais sítios tornaria muito lenta sua passagem.

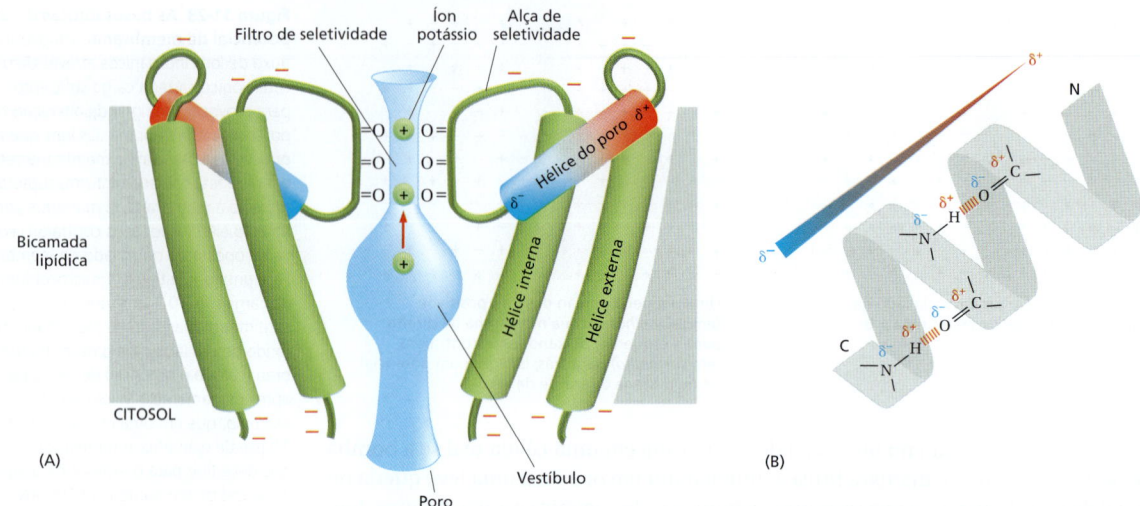

Figura 11-24 Estrutura de um canal de K⁺ bacteriano. (A) As α-hélices transmembrana de apenas duas das quatro subunidades idênticas estão representadas. A partir da face citosólica, o poro (esquematicamente sombreado em *azul*) abre-se para um vestíbulo no meio da membrana. O vestíbulo do poro facilita o transporte, permitindo que os íons K⁺ permaneçam hidratados, mesmo quando passam do meio caminho de atravessar a membrana. O estreito filtro de seletividade do poro conecta o vestíbulo ao exterior celular. Os oxigênios carbonila revestem as paredes do filtro de seletividade e formam sítios temporários de ligação para desidratar os íons K⁺. Dois íons K⁺ ocupam diferentes sítios no filtro de seletividade, enquanto um terceiro íon K⁺ está localizado no centro do vestíbulo, onde ele é estabilizado por interações elétricas com as extremidades mais negativamente carregadas das hélices do poro. As extremidades das quatro curtas "hélices do poro" (das quais apenas duas estão ilustradas) apontam precisamente para o centro do vestíbulo, guiando dessa forma os íons K⁺ no filtro de seletividade (Animação 11.8). (B) Ligações peptídicas possuem um dipolo elétrico, com mais carga negativa acumulada no oxigênio da ligação C=O e no nitrogênio da ligação N–H. Em uma α-hélice, ligações de hidrogênio (*vermelho*) alinham os dipolos. Como consequência, cada α-hélice possui um dipolo elétrico ao longo de seu eixo, resultante do somatório dos dipolos das ligações peptídicas individuais, sendo a extremidade C-terminal mais negativamente carregada (δ^-) e a extremidade N-terminal mais positivamente carregada (δ^+). (A, adaptada de D.A. Doyle et al., *Science* 280:69–77, 1998.)

Esse quebra-cabeça foi resolvido quando a estrutura de um *canal de K⁺ bacteriano* foi determinada por cristalografia de raios X. O canal é constituído por quatro subunidades transmembrana idênticas, que, em conjunto, compõem um poro central através da membrana. Cada subunidade contribui com duas α-hélices transmembrana que são inclinadas para o exterior na membrana e, juntas, formam um cone, cuja extremidade mais larga está voltada para o exterior da célula, onde íons K⁺ deixam o canal (**Figura 11-24**). A cadeia polipeptídica que conecta as duas hélices transmembrana forma uma curta α-hélice (*hélice do poro*) e uma alça essencial que forma uma projeção na seção larga do cone para formar o **filtro de seletividade**. As alças de seletividade das quatro subunidades formam um poro curto, estreito e rígido, revestido pelos átomos de oxigênio carbonila da sua cadeia principal de polipeptídeos. Visto que as alças de seletividade de todos os canais de K⁺ conhecidos apresentam sequências semelhantes de aminoácidos, é provável que elas formem estruturas bastante similares.

A estrutura do filtro de seletividade explica a seletividade iônica fina do canal. Um íon K⁺ deve perder quase todas as moléculas de água a ele ligadas para que penetre no filtro, onde ele deverá interagir com os oxigênios carbonila que revestem o filtro de seletividade. Os oxigênios estão rigidamente espaçados a uma distância exata para acomodar um íon K⁺. Um íon Na⁺, ao contrário, não pode entrar no filtro porque os oxigênios carbonila estão demasiadamente afastados para que o íon Na⁺, que é menor, consiga compensar o consumo de energia associado com a perda das moléculas de água necessária para a entrada (**Figura 11-25**).

Os estudos estruturais de canais de K⁺ e de outros canais iônicos também indicaram os princípios gerais que controlam a abertura e o fechamento desses canais. O controle envolve o movimento das hélices na membrana, de tal forma que elas fecham (obstruem) ou abrem o caminho para o movimento do íon. Dependendo do tipo de canal em particular, as hélices sofrem uma inclinação, uma rotação ou uma curvatura durante o processo de controle da abertura. A estrutura de um canal de K⁺ fechado mostra que, por meio da inclinação das hélices internas, o poro sofre uma constrição semelhante a um diafragma na sua extremidade citosólica (**Figura 11-26**). Embora o poro não se feche completamente, a pequena abertura que permanece é bloqueada pelas volumosas cadeias laterais de aminoácidos hidrofóbicos que bloqueiam a entrada dos íons.

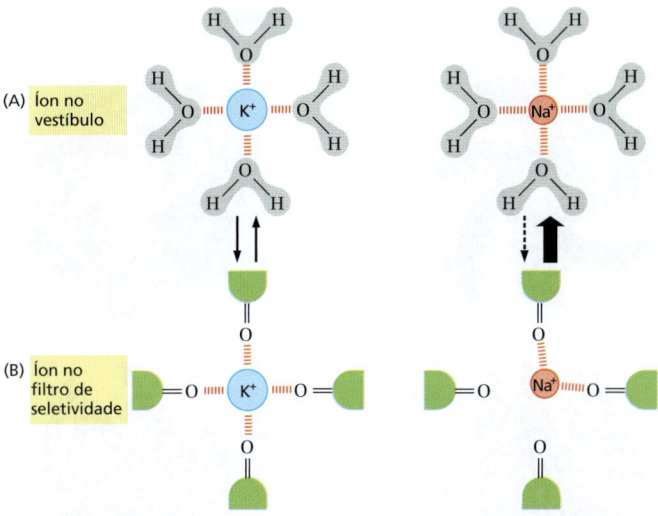

Figura 11-25 **Especificidade do filtro de seletividade ao K⁺ em um canal de K⁺.** As ilustrações mostram íons K⁺ e Na⁺ no vestíbulo (A) e no filtro de seletividade (B) do poro, visto em secção transversal. No vestíbulo, os íons estão hidratados. No filtro de seletividade, eles perderam a água, e os oxigênios carbonila estão posicionados para acomodar um íon K⁺ desidratado. A desidratação do íon K⁺ requer energia, que é precisamente balanceada pela energia obtida a partir da interação do íon com todos os oxigênios carbonila que servem como substitutos das moléculas de água. Pelo fato de os íons Na⁺ serem pequenos demais para interagir com os oxigênios, eles podem entrar no filtro de seletividade somente com grande gasto energético. Portanto, o filtro seleciona íons K⁺ com alta especificidade. (A, adaptada de Y. Zhou et al., *Nature* 414:43–48, 2001. Com permissão de Macmillan Publishers Ltd.)

Diversos outros canais iônicos operam usando princípios similares: as hélices que controlam os canais são acopladas alostericamente a domínios que formam a via condutora dos íons; e uma alteração na conformação do portão controlador – em resposta, por exemplo, à ligação de um ligante ou a um potencial de membrana alterado – provoca como efeito carona uma alteração na conformação da via condutora, abrindo-a ou bloqueando-a.

Canais mecanossensíveis protegem as células de bactérias contra pressões osmóticas extremas

Todos os organismos, de bactérias unicelulares a animais e plantas multicelulares, devem ser capazes de perceber e responder a forças mecânicas provenientes do ambiente externo (como som, toque, pressão, forças de estiramento e gravidade) e a forças provenientes de seu ambiente interno (como pressão osmótica e dobramento da membrana). Sabe-se que diversas proteínas são capazes de responder a tais forças mecânicas, e um amplo subconjunto dessas proteínas foi identificado como possíveis **canais mecanossensíveis**, apesar de poucas delas terem sido de fato associadas diretamente a canais de íons mecanicamente ativados. Uma das razões para essa lacuna em nosso conhecimento é que, em geral, esses canais são extremamente raros. Células ciliadas auditivas da cóclea, em humanos, por exemplo, contêm canais de íons controlados mecanicamente extremamente sensíveis, mas acredita-se que cada uma das cerca de 15 mil células ciliadas individuais tenha apenas de 50 a 100 desses canais (**Animação 11.9**). Dificuldades adicionais surgem do fato de que os mecanismos de controle dos vários tipos de canais mecanossensíveis requerem muitas vezes que o canal esteja inserido em arquiteturas e estruturas complexas que necessitam de uma conexão à matriz extracelular ou ao citoesqueleto, características estas difíceis de reconstituir em modelos experimentais. O estudo de receptores mecanossensíveis é um campo de ativa investigação.

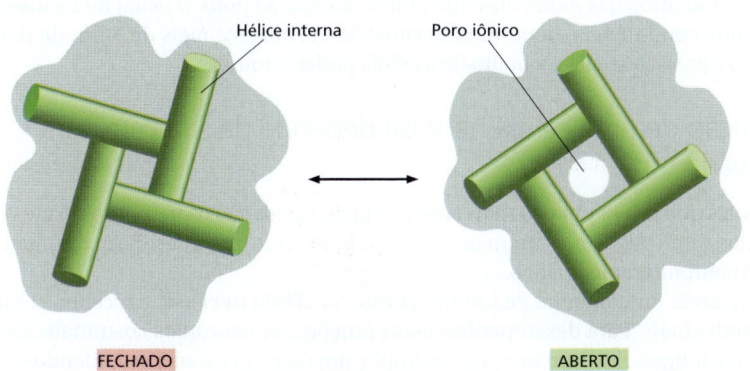

Figura 11-26 **Modelo para o controle de um canal de K⁺ bacteriano.** O canal é visto em secção transversal. Para adotar a conformação fechada, as quatro hélices transmembrana internas que revestem o poro na face citosólica do filtro de seletividade (ver Figura 11-24) rearranjam-se para fechar a entrada citosólica para o canal. (Adaptada de E. Perozo et al., *Science* 285:73–78, 1999.)

Figura 11-27 A estrutura de canais mecanossensíveis. Estão ilustradas as estruturas cristalográficas de MscS em sua conformação (A) fechada e (B) aberta. As vistas laterais (painéis inferiores) mostram a proteína inteira, incluindo o grande domínio intracelular. As vistas de cima (painéis superiores) mostram apenas os domínios transmembrana. A estrutura aberta ocupa mais espaço na bicamada lipídica e é favorecida energeticamente quando uma membrana é esticada. Isso pode explicar por que os canais MscS abrem-se quando pressão se acumula no interior da célula. (Códigos PDB: 2OAU, 2VV5.)

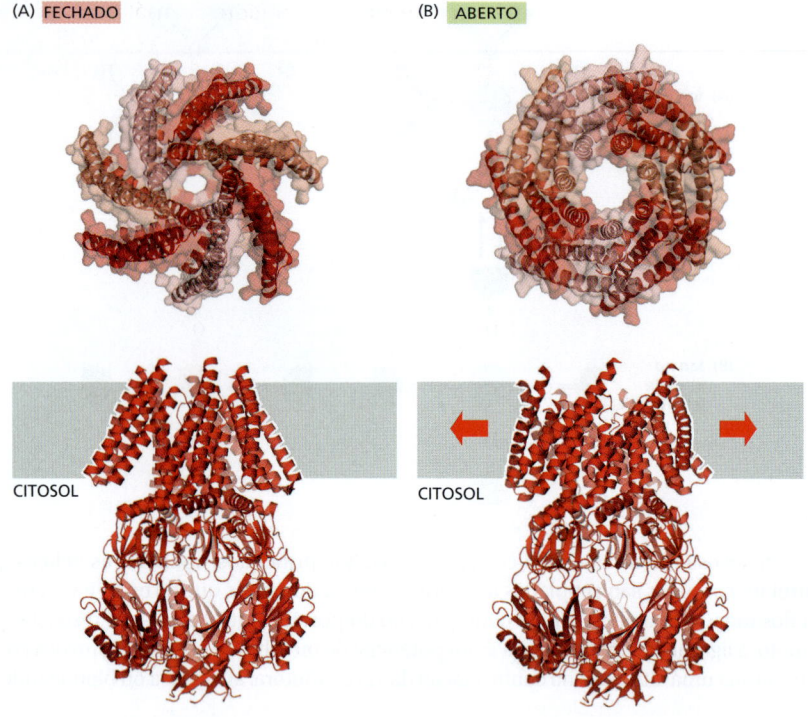

Uma classe de canais mecanossensíveis bastante estudada é encontrada na membrana plasmática de bactérias. Esses canais abrem em resposta ao estiramento mecânico da bicamada lipídica na qual estão inseridos. Quando uma bactéria vivencia um ambiente externo de baixa força iônica (condições hipotônicas), como a água da chuva, a célula incha conforme a água penetra nela, devido a um aumento na pressão osmótica. Se a pressão alcança níveis perigosamente elevados, a célula abre canais mecanossensíveis que permitem a saída de pequenas moléculas. Bactérias colocadas experimentalmente em água fresca podem rapidamente perder dessa maneira mais de 95% de suas moléculas pequenas, incluindo aminoácidos, açúcares e íons potássio. No entanto, elas mantêm suas macromoléculas internamente e em segurança e, dessa forma, podem rapidamente se recuperar após o retorno das condições ambientais à normalidade.

O controle por estímulos mecânicos foi demonstrado usando técnicas biofísicas nas quais a força era exercida sobre bicamadas lipídicas puras contendo canais mecanossensíveis bacterianos; aplicando, por exemplo, força de sucção com o uso de uma micropipeta. Essas medidas demonstraram que a célula possui vários canais diferentes que se abrem sob diferentes níveis de pressão. O canal mecanossensível de pequena condutância, denominado canal MscS, abre-se sob pressões baixas e moderadas (**Figura 11-27**). Ele é composto por sete subunidades idênticas, que, no estado aberto, formam um poro de aproximadamente 1,3 nm de diâmetro – grande o suficiente apenas para a passagem de moléculas pequenas e íons. Grandes domínios citoplasmáticos limitam o tamanho das moléculas que podem chegar ao poro. O canal mecanossensível de grande condutância, denominado canal MscL, alcança mais de 3 nm de diâmetro quando a pressão se eleva a ponto de a célula poder estourar.

A função de uma célula nervosa depende de sua estrutura alongada

As células que fazem um uso mais sofisticado de canais são os neurônios. Antes de discutirmos como tais células usam os canais, faremos uma breve descrição da organização de um neurônio característico.

A tarefa fundamental de um **neurônio**, ou **célula nervosa**, é receber, conduzir e transmitir sinais. Para desempenhar essas funções, os neurônios costumam ser extremamente longos. Em humanos, por exemplo, um único neurônio, estendendo-se desde

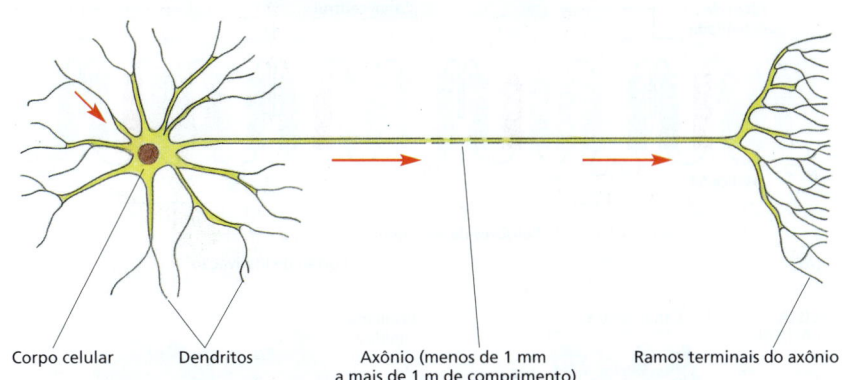

Figura 11-28 Um típico neurônio de vertebrado. As setas indicam a direção em que os sinais são transmitidos. O axônio único conduz sinais para longe do corpo celular, enquanto os múltiplos dendritos (e o corpo celular) recebem sinais dos axônios de outros neurônios. Os terminais axônicos findam nos dendritos ou no corpo celular de outros neurônios ou em outros tipos celulares, como células musculares ou glandulares.

a medula espinal até um músculo no pé, pode alcançar até 1 metro de comprimento. Cada neurônio consiste em um corpo celular (contendo o núcleo) e uma série de pequenos processos, protuberâncias finas, irradiando-se a partir do corpo. Em geral, um longo **axônio** conduz sinais do corpo celular para alvos distantes, e vários **dendritos** curtos e ramificados estendem-se do corpo celular como antenas, fornecendo uma grande área de superfície para a recepção de sinais dos axônios de outros neurônios (**Figura 11-28**), apesar de o próprio corpo celular também receber tais sinais. Um axônio típico divide-se na sua extremidade mais distante em muitas ramificações, passando sua mensagem para muitas células-alvo simultaneamente. Do mesmo modo, o grau de ramificação dos dendritos pode ser muito grande – em alguns casos, suficiente para receber mais de 100 mil sinais de *input* em um único neurônio.

Apesar dos diferentes significados dos sinais transmitidos pelas diferentes classes de neurônios, a forma do sinal é sempre a mesma, consistindo em mudanças no potencial elétrico através da membrana plasmática do neurônio. O sinal se propaga porque um distúrbio elétrico produzido em uma parte da membrana é transmitido para outras partes. Tal distúrbio torna-se mais fraco com o aumento da distância da sua fonte, a menos que seja despendida energia para amplificá-lo ao longo da sua trajetória. Em distâncias curtas, essa atenuação não é importante; de fato, muitos neurônios pequenos conduzem seus sinais passivamente, sem amplificação. Para comunicação a longa distância, entretanto, tal propagação passiva não é adequada. Assim, os neurônios maiores empregam um mecanismo de sinalização ativa, que é uma das suas características mais marcantes. Um estímulo elétrico que excede certo limiar de força desencadeia uma explosão de atividade elétrica que é propagada rapidamente ao longo da membrana plasmática do neurônio e é mantida, por amplificação automática, por todo o caminho. Essa onda de excitação elétrica, conhecida como **potencial de ação**, ou *impulso nervoso*, pode carregar uma mensagem, sem atenuação, de uma extremidade à outra de um neurônio a velocidades de 100 metros por segundo ou mais. Os potenciais de ação são a consequência direta das propriedades dos canais de cátions controlados por voltagem, como veremos agora.

Os canais de cátion controlados por voltagem geram potenciais de ação em células eletricamente excitáveis

A membrana plasmática de todas as células eletricamente excitáveis – não apenas dos neurônios, mas também das células musculares, endócrinas e dos óvulos – contém **canais de cátion controlados por voltagem**, responsáveis pela geração de potenciais de ação. Um potencial de ação é desencadeado por uma **despolarização** da membrana plasmática – ou seja, por uma alteração no potencial de membrana para um valor menos negativo em seu interior. (Veremos adiante como a ação de um neurotransmissor provoca despolarização.) Em células nervosas e musculoesqueléticas, um estímulo que cause suficiente despolarização prontamente provoca a abertura de **canais de Na^+ controlados por voltagem**, permitindo a entrada de uma pequena quantidade de Na^+ na célula a favor do seu gradiente eletroquímico. O influxo de cargas positivas despolariza ainda mais a membrana, abrindo, portanto, mais canais de Na^+, os quais admitem mais íons Na^+, desencadeando mais despolarização. Tal processo de autoamplificação

Figura 11-29 Modelos estruturais de canais de Na⁺ controlados por voltagem. (A) O canal em células animais é construído a partir de uma cadeia polipeptídica única que contém quatro domínios homólogos. Cada domínio contém duas α-hélices transmembrana (*verde*) que envolvem o poro condutor de íon central. Elas são separadas por sequências (*azul*) que formam o filtro de seletividade. Quatro α-hélices adicionais (*cinza* e *vermelho*) em cada domínio constituem o sensor de voltagem. As hélices S4 (*vermelho*) são características pelo fato de conterem argininas positivamente carregadas em abundância. Um portão de inativação que faz parte de uma alça flexível que conecta o terceiro e quarto domínios age como um tampão que obstrui o poro no estado inativado do canal, como ilustrado na Figura 11-30. (B) Vistas laterais e superior de uma proteína de canal bacteriana homóloga mostrando seu arranjo no interior da membrana. (C) Um corte transversal do domínio do poro do canal mostrado em (B) mostrando entradas laterais, através das quais a cavidade central é acessível a partir da região hidrofóbica da bicamada lipídica. Em cristais, foi observada a intrusão do poro por cadeias acil dos lipídeos. Esses acessos laterais são grandes o suficiente para permitir a entrada de pequenos fármacos hidrofóbicos bloqueadores de poro comumente usados como anestésicos e bloqueadores da condutância de íons. (Código PDB: 3RVZ.)

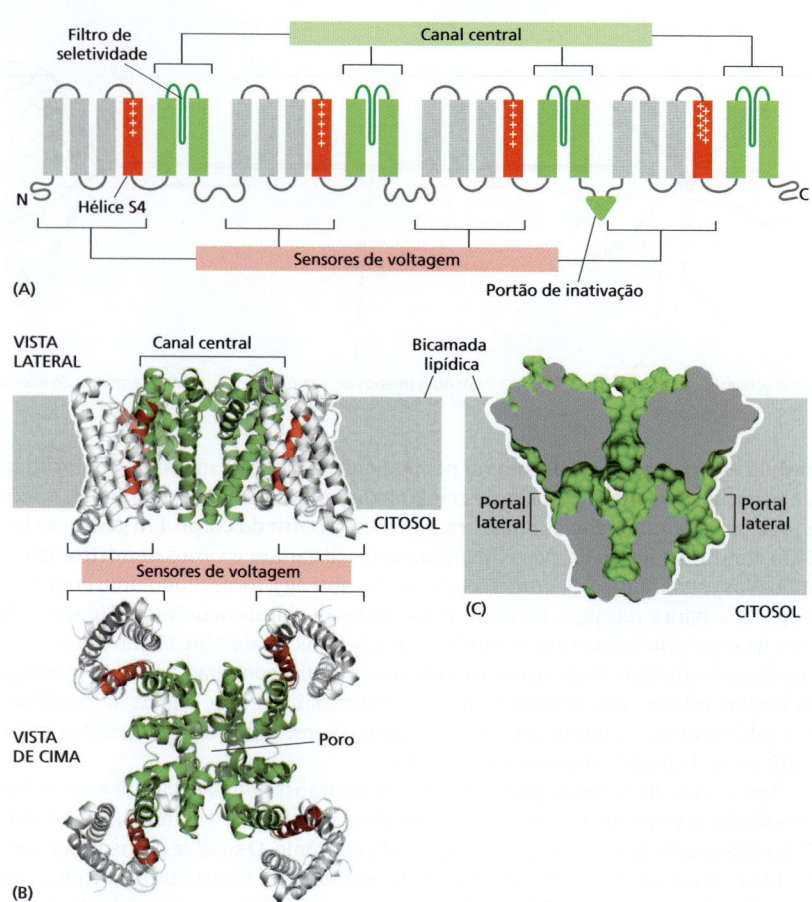

(um exemplo da *retroalimentação positiva*, discutida nos Capítulos 8 e 15) continua até que, em uma fração de milissegundos, o potencial elétrico local nessa região da membrana tenha se deslocado do seu valor de repouso de aproximadamente –70 mV (no axônio gigante de lula; cerca de –40 mV em humanos) para quase tanto quanto o potencial de equilíbrio do Na⁺ de aproximadamente +50 mV (ver Painel 11-1, p. 616). Nesse ponto, quando a força motriz eletroquímica líquida para o fluxo de Na⁺ é quase zero, a célula atingiria um novo estado de repouso, com todos os seus canais de Na⁺ permanentemente abertos, se a conformação de abertura do canal fosse estável. Dois mecanismos atuam em conjunto para salvar a célula de tal espasmo elétrico permanente: os canais Na⁺ são automaticamente inativados e **canais de K⁺ controlados por voltagem** abrem-se para restaurar o potencial de membrana ao seu valor negativo inicial.

O canal de Na⁺ é construído a partir de uma cadeia polipeptídica única que contém quatro domínios estruturalmente muito semelhantes. Acredita-se que esses domínios tenham evoluído por duplicação gênica, seguida de fusão em um único grande gene (**Figura 11-29A**). Em bactérias, de fato, o canal de Na⁺ é um tetrâmero de quatro cadeias polipeptídicas idênticas, apoiando tal ideia evolutiva.

Cada domínio contribui para o canal central, o que é bastante semelhante ao que acontece com o canal de K⁺. Cada domínio também contém um *sensor de voltagem* que se caracteriza por uma hélice transmembrana incomum, S4, que contém muitos aminoácidos positivamente carregados. Conforme a membrana se despolariza, as hélices S4 sofrem uma força de atração eletrostática que as atrai para o lado extracelular da membrana plasmática então negativamente carregado. A mudança conformacional resultante abre o canal. A estrutura de um canal de Na⁺ controlado por voltagem bacteriano fornece indicações de como os elementos estruturais são arranjados na membrana (**Figura 11-29B e C**).

Os canais de Na⁺ também possuem um mecanismo automático de inativação, que fecha rapidamente os canais, mesmo que a membrana ainda esteja despolarizada

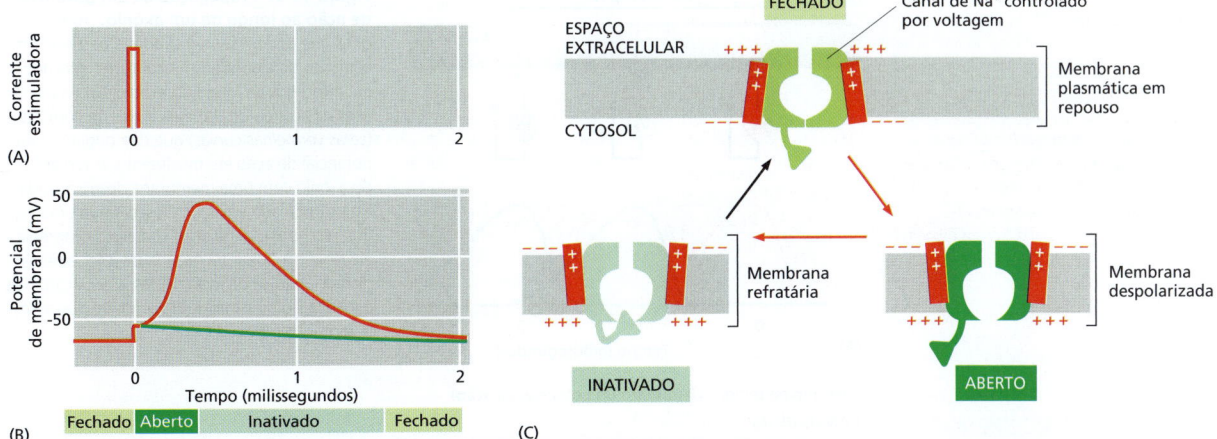

Figura 11-30 Canais de Na⁺ e um potencial de ação. (A) Um potencial de ação é desencadeado por um breve pulso de corrente, que (B) despolariza parcialmente a membrana, como mostrado no gráfico do potencial de membrana *versus* tempo. A *curva verde* mostra como o potencial de membrana poderia simplesmente ter relaxado novamente para o valor de repouso após o estímulo de despolarização inicial se não houvesse canais de Na⁺ controlados por voltagem na membrana. A *curva vermelha* mostra o curso do potencial de ação que é causado pela abertura e subsequente inativação dos canais de Na⁺ controlados por voltagem. Os estados dos canais de Na⁺ estão indicados em (B). A membrana não pode disparar um segundo potencial de ação enquanto o canal de Na⁺ não tiver retornado do estado inativado para a conformação fechada; até que isso aconteça, a membrana estará refratária ao estímulo. (C) Os três estados do canal de Na⁺. Quando a membrana está em repouso (fortemente polarizada), a conformação fechada do canal apresenta a menor energia livre, sendo, portanto, mais estável; quando a membrana é despolarizada, a energia da conformação *aberta* é menor, assim o canal apresenta uma alta probabilidade de abrir. No entanto, a energia livre da conformação *inativada* é ainda menor; portanto, após um período aleatoriamente variável gasto no estado aberto, o canal torna-se inativado. Assim, a conformação aberta corresponde a um estado metaestável que pode existir apenas transitoriamente quando a membrana despolariza (Animação 11.10).

(ver Figura 11-30). Os canais de Na⁺ permanecem nesse estado *inativado*, incapazes de reabrirem, até que o potencial de membrana retorne a seu valor negativo inicial. O tempo necessário para um número suficiente de canais de Na⁺ se recuperarem da inativação e darem suporte a um novo potencial de ação, denominado *período refratário*, limita a taxa de pulsos repetitivos de um neurônio. O ciclo desde o estímulo inicial até o retorno ao estado de repouso original leva poucos milissegundos. O canal de Na⁺ pode, portanto, existir em três estados distintos – fechado, aberto e inativado – que contribuem para a elevação e queda do potencial de ação (**Figura 11-30**).

Essa descrição de um potencial de ação aplica-se apenas a uma região pequena da membrana plasmática. A despolarização autoamplificante da região, entretanto, é suficiente para despolarizar regiões adjacentes da membrana, que, então, passam pelo mesmo ciclo. Dessa forma, o potencial de ação propaga-se como uma onda que viaja a partir do sítio inicial de despolarização para envolver a membrana plasmática inteira, como ilustrado na **Figura 11-31**.

O uso de canal-rodopsinas revolucionou o estudo dos circuitos neurais

As **canal-rodopsinas** são canais de íon fotossensíveis que se abrem em resposta à luz. Eles evoluíram como receptores sensoriais em algas verdes fotossintéticas para permitir que as algas migrassem em direção à luz. A estrutura da canal-rodopsina é bastante semelhante à da bacteriorrodopsina (ver Figura 10-31). Ela contém um grupo retinal ligado covalentemente que absorve luz e sofre uma reação de isomerização, que induz uma alteração na conformação da proteína, abrindo um canal iônico na membrana plasmática. Em contraste com a bacteriorrodopsina, que é uma bomba de prótons dirigida por luz, a canal-rodopsina é um canal catiônico dirigido por luz.

Com o uso de técnicas de engenharia genética, a canal-rodopsina pode ser expressa em praticamente qualquer tipo celular de vertebrados ou invertebrados. Os pesquisadores inicialmente introduziram o gene em neurônios em cultura e mostraram que pulsos (*flashes*) de luz eram capazes de levar à ativação da canal-rodopsina e induzir os neurônios a disparar potenciais de ação. Visto que a frequência dos *flashes* de luz determina a frequência dos potenciais de ação, é possível controlar a frequência dos pulsos neuronais com uma precisão de milissegundos.

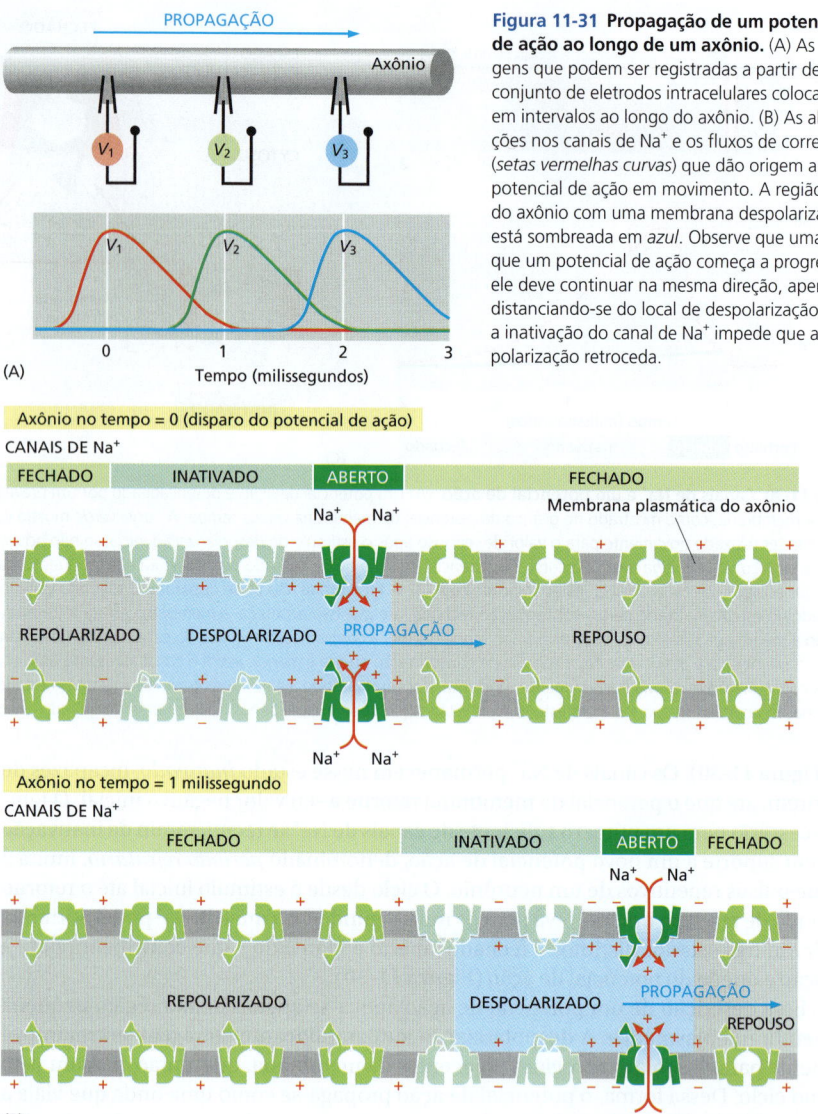

Figura 11-31 Propagação de um potencial de ação ao longo de um axônio. (A) As voltagens que podem ser registradas a partir de um conjunto de eletrodos intracelulares colocados em intervalos ao longo do axônio. (B) As alterações nos canais de Na⁺ e os fluxos de corrente (*setas vermelhas curvas*) que dão origem a um potencial de ação em movimento. A região do axônio com uma membrana despolarizada está sombreada em *azul*. Observe que uma vez que um potencial de ação começa a progredir, ele deve continuar na mesma direção, apenas distanciando-se do local de despolarização, pois a inativação do canal de Na⁺ impede que a despolarização retroceda.

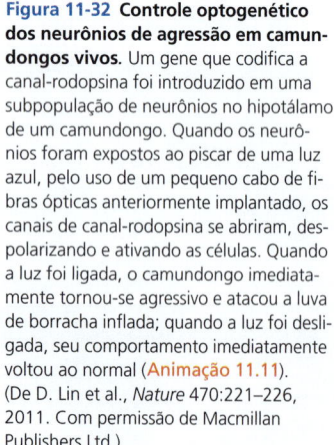

Figura 11-32 Controle optogenético dos neurônios de agressão em camundongos vivos. Um gene que codifica a canal-rodopsina foi introduzido em uma subpopulação de neurônios no hipotálamo de um camundongo. Quando os neurônios foram expostos ao piscar de uma luz azul, pelo uso de um pequeno cabo de fibras ópticas anteriormente implantado, os canais de canal-rodopsina se abriram, despolarizando e ativando as células. Quando a luz foi ligada, o camundongo imediatamente tornou-se agressivo e atacou a luva de borracha inflada; quando a luz foi desligada, seu comportamento imediatamente voltou ao normal (Animação 11.11). (De D. Lin et al., *Nature* 470:221–226, 2011. Com permissão de Macmillan Publishers Ltd.)

Logo, neurobiólogos usaram essa abordagem para ativar neurônios específicos do cérebro de animais-modelo usados em experimentos. Usando um minúsculo cabo de fibra óptica implantado próximo à região cerebral relevante, eles puderam pulsar luz para ativar especificamente os neurônios que continham canal-rodopsina induzindo-os a disparar seus potenciais de ação. Um grupo de pesquisadores expressou canal-rodopsina em um subgrupo de neurônios de camundongos que se acreditava estarem envolvidos em comportamentos de agressividade: quando essas células foram ativadas por luz, o camundongo imediatamente atacou toda e qualquer coisa presente em seu ambiente – inclusive outros camundongos e mesmo uma luva de látex inflada (**Figura 11-32**); quando a luz foi desligada, os neurônios silenciaram-se e o comportamento do camundongo retornou ao normal.

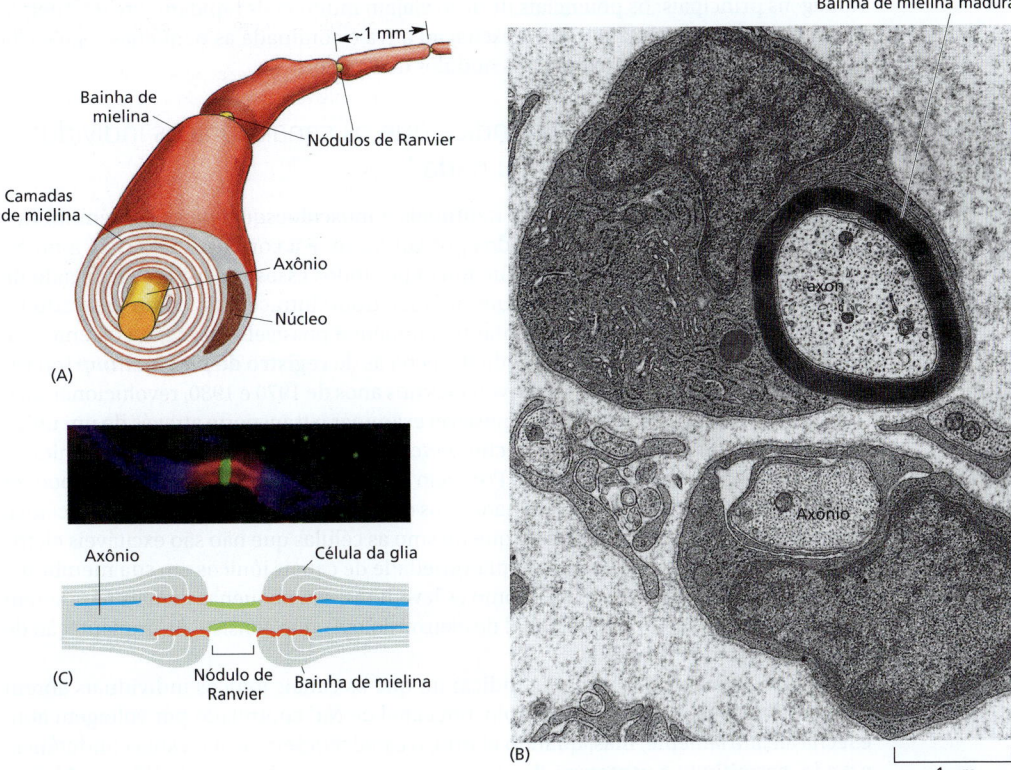

Após esses estudos pioneiros, os pesquisadores manipularam outros transportadores e canais iônicos responsivos à luz, inclusive alguns que podem inativar rapidamente neurônios específicos. Assim, hoje é possível ativar ou inibir transitoriamente neurônios específicos no cérebro de animais conscientes e acordados, com uma precisão espacial e temporal quase inacreditável. Dessa forma, um novo campo de estudos, denominado **optogenética**, está rapidamente se expandindo e revolucionando a neurobiologia, permitindo que os cientistas analisem os neurônios e circuitos subjacentes mesmo aos mais complexos comportamentos em modelos animais, inclusive primatas não humanos.

A mielinização aumenta a velocidade e a eficácia da propagação do potencial de ação em células nervosas

Os axônios de muitos neurônios de vertebrados são envolvidos por uma **bainha de mielina**, que aumenta muito a velocidade na qual um axônio pode conduzir um potencial de ação. A importância da mielinização é demonstrada dramaticamente pela doença desmielinizante *esclerose múltipla*, na qual o sistema imunológico destrói as bainhas de mielina em algumas regiões do sistema nervoso central; nas regiões afetadas, a propagação do impulso nervoso consideravelmente retarda, falha ou é ausente, muitas vezes com consequências neurológicas devastadoras.

A mielina é formada por células de suporte especializadas não neuronais, chamadas de **células da glia**. As **células de Schwann** são as células da glia que mielinizam axônios em nervos periféricos, e os **oligodendrócitos** mielinizam axônios no sistema nervoso central. Essas células da glia mielinizantes depositam camada sobre camada de sua própria membrana plasmática em uma espiral justa em torno do axônio (**Figura 11-33A** e **B**), isolando a membrana do axônio de tal forma que pouca corrente pode vazar através dela. A bainha de mielina é interrompida em espaçamento regular nos *nódulos de Ranvier* (ou *nós de Ranvier*), onde estão concentrados quase todos os canais de Na⁺ do axônio (**Figura 11-33C**). Tal arranjo permite que um potencial de ação se propague ao longo de um axônio mielinizado, saltando de um nó para outro nó, em um processo denominado *condução saltatória*. Esse tipo de condução apresenta duas

Figura 11-33 Mielinização. (A) Um axônio mielinizado de um nervo periférico. Cada célula de Schwann envolve sua membrana plasmática concentricamente em torno do axônio para formar um segmento de bainha de mielina de cerca de 1 mm de comprimento. Para maior clareza, as camadas de mielina não estão mostradas compactadas tão fortemente como são na realidade (ver parte B). (B) Uma fotomicrografia eletrônica de um nervo da perna de um rato jovem. Duas células de Schwann podem ser vistas: uma próxima à região inferior, apenas iniciando a mielinização do seu axônio; a outra, acima desta, com a bainha de mielina quase madura. (C) Fotomicrografia de fluorescência e diagrama de axônios individuais mielinizados e afastados em um nervo óptico de rato, ilustrando o confinamento dos canais de Na⁺ controlados por voltagem (*verde*) na membrana axonal em um nódulo de Ranvier. Uma proteína chamada de Caspr (*vermelha*) marca as junções onde a membrana plasmática da célula da glia de mielinização firmemente contata o axônio de cada lado do nódulo. Canais de K⁺ controlados por voltagem (*azul*) se posicionam em regiões da membrana plasmática do axônio distantes do nódulo. (B, de Cedric S. Raine, in Myelin [P. Morell, ed.]. New York: Plenum, 1976; C, de M.N. Rasband and P. Shrager, *J. Physiol.* 525:63–73, 2000. Com permissão de Blackwell Publishing.)

vantagens principais: os potenciais de ação viajam muito mais rapidamente e a energia metabólica é conservada porque a excitação ativa é confinada às pequenas regiões da membrana plasmática do axônio nos nódulos de Ranvier.

O registro de *patch-clamp* indica que os canais iônicos individuais abrem de maneira "tudo ou nada"

A membrana plasmática de células neuronais e musculoesqueléticas contém muitos milhares de canais de Na^+ controlados por voltagem, e a corrente que cruza a membrana é o somatório das correntes que fluem por todos esses canais. Esse agregado de correntes pode ser registrado com um microeletrodo intracelular, como ilustrado na Figura 11-31A. Incrivelmente, no entanto, também é possível registrar a corrente que flui através de um único canal individual. Técnicas de **registro de *patch-clamp*** (ou **registro de região grampeada**), desenvolvidas nos anos de 1970 e 1980, revolucionaram o estudo de canais iônicos e tornaram possível examinar o transporte através de um único canal em uma pequena região ou trecho (*patch*) da membrana cobrindo a extremidade de uma micropipeta (**Figura 11-34**). Por meio dessa técnica simples, mas eficaz, podem ser estudadas as propriedades detalhadas dos canais iônicos em qualquer tipo de célula. Esse trabalho levou à descoberta de que mesmo as células que não são excitáveis eletricamente em geral possuem uma ampla variedade de canais iônicos em sua membrana plasmática. Muitas dessas células, como as leveduras, são pequenas demais para serem investigadas pelo método tradicional de eletrofisiologia que consiste na implantação de um microeletrodo intracelular.

Os registros de *patch-clamp* indicaram que os canais iônicos individuais abrem de modo "tudo ou nada". Por exemplo, um canal de Na^+ controlado por voltagem abre e fecha aleatoriamente, mas, quando aberto, o canal tem sempre a mesma condutância grande, permitindo a passagem de mais de mil íons por milissegundo (**Figura 11-35**). Portanto, o agregado de correntes que passa pela membrana de uma célula não indica o *grau* de abertura de um canal individual típico, mas sim o *número total* de canais na membrana que estão abertos em um dado momento.

Alguns princípios físicos simples permitiram refinar nossa compreensão do controle por voltagem a partir da perspectiva de um único canal de Na^+. O interior de um neurônio ou de uma célula muscular em repouso apresenta potencial elétrico de cerca de 40 a 100 mV mais negativo do que o meio externo. Embora essa diferença de potencial pareça pequena, ela existe através de uma membrana plasmática de somente 5 nm de espessura, de tal maneira que o gradiente de voltagem resultante é de cerca de 100.000 V/cm. Proteínas carregadas na membrana como canais de Na^+ estão, portanto, sujeitas a um campo elétrico muito grande que pode afetar profundamente sua conformação. Cada conformação pode "alternar" para outra conformação se for suficientemente "sacudida" pelos movimentos térmicos aleatórios do meio circundante, e é a estabilidade relativa das conformações fechada, aberta e inativada em relação à alternância que é alterada por mudanças no potencial de membrana (ver Figura 11-30C).

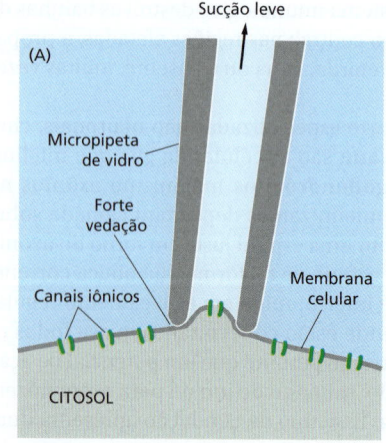
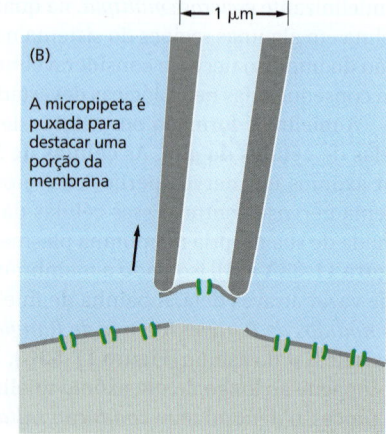

Figura 11-34 A técnica de registro de *patch-clamp*. Devido a uma vedação extremamente forte entre a micropipeta e a membrana, a corrente pode entrar ou sair da micropipeta somente passando pelos canais iônicos na região (*patch*) da membrana que cobre a ponta da pipeta. O termo grampo (*clamp*) é utilizado porque um dispositivo eletrônico é empregado para manter, ou "grampear", o potencial de membrana em um valor fixo enquanto registra a corrente iônica através dos canais individuais. O registro das correntes por esses canais pode ser feito com a região da membrana ainda aderida ao restante da célula como em (A) ou destacada como em (B). A vantagem da região destacada é a facilidade de se alterar a composição da solução em qualquer um dos lados da membrana para testar o efeito de diferentes solutos no comportamento do canal. Uma porção destacada também pode ser produzida com orientação oposta, de forma tal que a superfície citoplasmática da membrana fique voltada para o interior da pipeta.

Os canais de cátion controlados por voltagem são evolutiva e estruturalmente relacionados

Os canais de Na⁺ não são o único tipo de canal catiônico controlado por voltagem que pode gerar um potencial de ação. Os potenciais de ação em algumas células musculares, óvulos e células endócrinas, por exemplo, dependem de *canais de Ca²⁺ controlados por voltagem* em vez de canais de Na⁺.

Há uma quantidade surpreendente de diversidade estrutural e funcional dentro de cada uma das diferentes classes de canais de cátion controlados por voltagem, gerada tanto por múltiplos genes quanto pelo *splicing* alternativo de transcritos de RNA produzidos a partir de um mesmo gene. No entanto, as sequências de aminoácidos dos canais de Na⁺, K⁺ e Ca²⁺ conhecidos mostram fortes semelhanças, sugerindo que eles pertençam a uma grande superfamília de proteínas evolutiva e estruturalmente relacionadas e que compartilhem muitos princípios estruturais. Enquanto a levedura unicelular *S. cerevisiae* contém um único gene que codifica um canal de K⁺ controlado por voltagem, o genoma do nematódeo *C. elegans* contém 68 genes que codificam diferentes, embora relacionados, canais de K⁺. Essa complexidade indica que mesmo um sistema nervoso simples, composto de apenas 302 neurônios, utiliza um grande número de canais iônicos diferentes para computar suas respostas.

Os humanos que herdam genes mutantes para canais iônicos podem sofrer de diversas doenças neuronais, musculares, cardíacas ou que afetam o cérebro, dependendo do tipo de célula que normalmente conteria o canal expresso pelo gene mutante. As mutações em genes que codificam canais de Na⁺ controlados por voltagem em células musculoesqueléticas, por exemplo, podem causar *miotonia*, uma condição na qual o relaxamento muscular após uma contração voluntária é fortemente retardado, causando espasmos musculares dolorosos. Em alguns casos, isso ocorre devido a uma falha na inativação dos canais; como resultado, a entrada de Na⁺ persiste após o término do potencial de ação e reinicia repetidamente a despolarização da membrana e a contração muscular. De modo similar, mutações que afetam canais de Na⁺ ou de K⁺ no cérebro podem causar *epilepsia*, na qual pulsos excessivos e sincronizados de grandes grupos de células nervosas causam eventos epilépticos (convulsões ou desmaios).

A combinação particular de canais de íons condutores de Na⁺, K⁺ e Ca²⁺ expressos em um neurônio determina em grande parte como a célula dispara sequências repetitivas de potencial de ação. Algumas células nervosas podem repetir os potenciais de ação até 300 vezes por segundo; outros neurônios pulsam em rajadas curtas de potenciais de ação separadas por períodos de silêncio; outros, ainda, raramente pulsam mais do que um potencial de ação por vez. Há uma incrível diversidade de neurônios no cérebro.

Diferentes tipos de neurônios apresentam propriedades de disparo características e estáveis

Estima-se que o cérebro humano contenha cerca de 10^{11} neurônios e 10^{14} conexões sinápticas. Para tornar as coisas ainda mais complexas, os circuitos neurais são continuamente moldados em resposta às experiências, sendo modificados conforme aprendemos e armazenamos memórias, e irreversivelmente alterados pela gradual perda de neurônios e suas conexões à medida que envelhecemos. Como um sistema tão complexo pode ser sujeito a tantas alterações e ainda assim continuar a funcionar de forma estável? Uma teoria recente sugere que os neurônios individuais são dispositivos autoajustáveis, constantemente ajustando a expressão de canais iônicos e receptores de neurotransmissores a fim de manter um funcionamento estável. Como isso poderia funcionar?

Os neurônios podem ser classificados funcionalmente em diferentes tipos, em parte com base na sua propensão em disparar potenciais de ação e em seu padrão de pulso. Por exemplo, alguns neurônios disparam potenciais de ação frequentemente, enquanto outros pulsam raramente. As propriedades de pulso de cada tipo de neurônio são determinadas em grande parte pelos canais de íon que a célula expressa. O número de canais iônicos na membrana de um neurônio não é fixo: conforme as condições mudam, um neurônio pode modificar o número de canais despolarizantes (Na⁺ e Ca²⁺) e hiperpolarizantes (K⁺) e manter suas proporções ajustadas a fim de manter seu comportamento de pulso característico

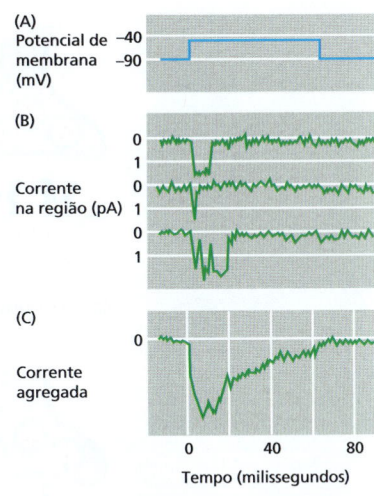

Figura 11-35 Medidas de *patch-clamp* para um único canal de Na⁺ controlado por voltagem. Uma região diminuta da membrana plasmática foi destacada de uma célula muscular embrionária de rato, como na Figura 11-34. (A) A membrana foi despolarizada por uma mudança abrupta de potencial de –90 para cerca de –40 mV. (B) Três registros de correntes de três experimentos realizados na mesma porção de membrana. Cada ciclo de corrente em (B) representa a abertura e o fechamento de um único canal. Uma comparação dos três registros mostra que, apesar de a duração de abertura e fechamento de canal variar muito, a taxa na qual a corrente flui através de um canal aberto (sua condutância) é praticamente constante. As pequenas flutuações observadas nos registros de correntes são, de modo geral, originárias de interferência elétrica no equipamento de registro. O fluxo de corrente na célula, medido em picoamperes (pA), é mostrado como uma deflexão descendente da curva. Por convenção, o potencial elétrico no exterior da célula é definido como igual a zero. (C) A soma das correntes medidas em 144 repetições do mesmo experimento. Essa corrente agregada é equivalente à corrente normal de Na⁺ que poderia ser observada fluindo por uma região de membrana relativamente grande contendo 144 canais. Uma comparação de (B) e (C) mostra que a cinética das correntes agregadas reflete a probabilidade de que qualquer canal individual esteja no estado aberto; essa probabilidade diminui com o tempo, à medida que os canais adotam sua conformação inativa na membrana despolarizada. (Dados de J. Patlak e R. Horn, *J. Gen. Physiol.* 79:333–351, 1982. Com permissão de The Rockefeller University Press.)

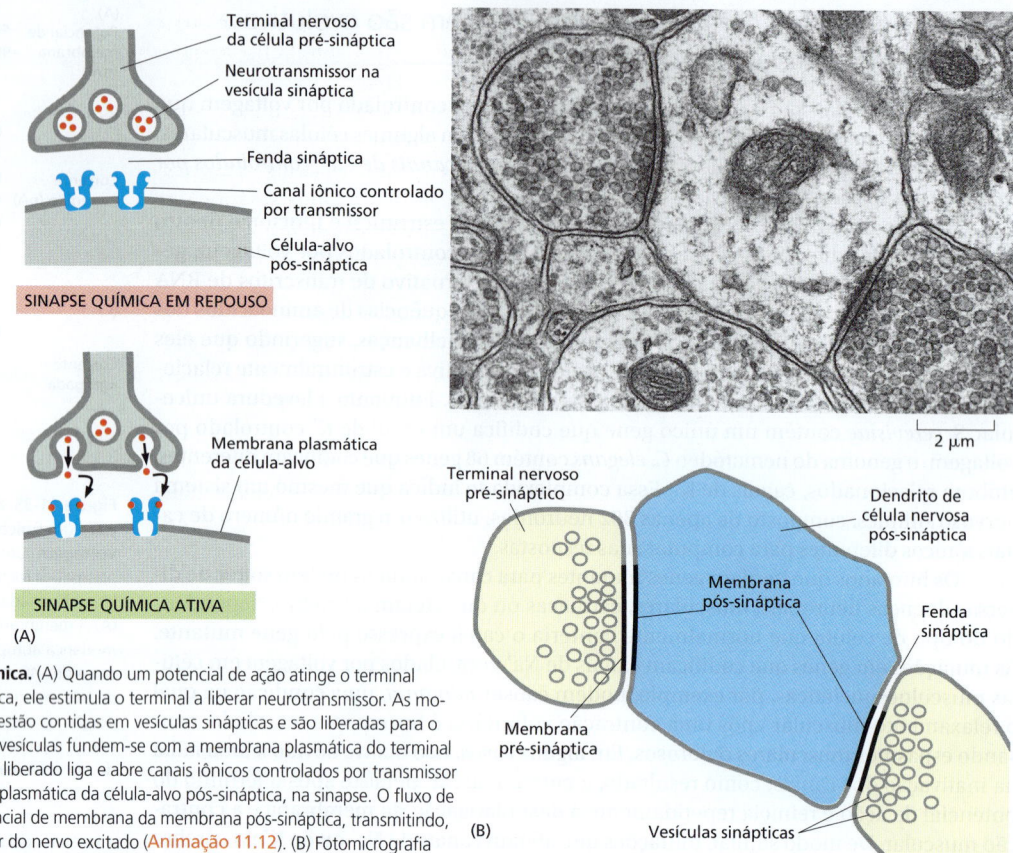

Figura 11-36 Sinapse química. (A) Quando um potencial de ação atinge o terminal nervoso na célula pré-sináptica, ele estimula o terminal a liberar neurotransmissor. As moléculas do neurotransmissor estão contidas em vesículas sinápticas e são liberadas para o exterior da célula quando as vesículas fundem-se com a membrana plasmática do terminal nervoso. O neurotransmissor liberado liga e abre canais iônicos controlados por transmissor concentrados na membrana plasmática da célula-alvo pós-sináptica, na sinapse. O fluxo de íons resultante altera o potencial de membrana da membrana pós-sináptica, transmitindo, desse modo, um sinal a partir do nervo excitado (Animação 11.12). (B) Fotomicrografia eletrônica de uma fina secção de duas sinapses terminais nervosas em um dendrito de uma célula pós-sináptica. (B, cortesia de Cedric Raine.)

– em um exemplo impressionante de controle homeostático. Os mecanismos moleculares envolvidos nesse controle permanecem um grande mistério.

Os canais iônicos controlados por transmissor convertem sinais químicos em sinais elétricos nas sinapses químicas

Os sinais neuronais são transmitidos de uma célula a outra em sítios especializados de contato conhecidos como **sinapses**. O mecanismo normal de transmissão é indireto. As células são isoladas eletricamente uma da outra, sendo a *célula pré-sináptica* separada da *célula pós-sináptica* por uma estreita *fenda sináptica*. Quando um potencial de ação chega ao sítio pré-sináptico, a despolarização da membrana abre canais de Ca^{2+} controlados por voltagem que estão agrupados na membrana pré-sináptica. O influxo de Ca^{2+} provoca a liberação, na fenda, de pequenas moléculas de sinal conhecidas como **neurotransmissores**, que são estocados em *vesículas sinápticas* delimitadas por membrana e liberados por exocitose (discutido no Capítulo 13). O neurotransmissor difunde-se rapidamente através da fenda sináptica e provoca uma mudança elétrica na célula pós-sináptica por ligação a *canais iônicos controlados por transmissor* e indução de sua abertura (**Figura 11-36**). O neurotransmissor é rapidamente removido após sua secreção: ele é destruído por enzimas específicas na fenda sináptica ou é captado pelo terminal nervoso pré-sináptico ou pelas células da glia adjacentes. A reabsorção é mediada por uma gama de neurotransmissores simporte dependentes de Na^+ (ver Figura 11-8); dessa forma, os neurotransmissores são reciclados, permitindo que as células trabalhem com altas taxas de liberação. A rápida remoção garante a precisão espacial e temporal da sinalização em uma sinapse. Esse mecanismo diminui as chances de um transmissor influenciar células vizinhas e limpa a fenda sináptica antes de o próximo pulso de neurotransmissor ser liberado, de tal forma que o intervalo dos eventos repetidos de sinalização rápida pode ser exatamente comunicado à célula pós-sináptica. Como veremos, a sinalização por meio dessas *sinapses químicas* é muito mais versátil e adaptável do que o acoplamento elétrico direto por junções do tipo fenda nas *sinapses elétricas* (discutido no Capítulo 19), as quais também são utilizadas pelos neurônios, porém em menor frequência.

Os **canais de íon controlados por transmissores**, também denominados **receptores ionotrópicos**, são construídos de forma a rapidamente converter sinais químicos extracelulares em sinais elétricos nas sinapses químicas. Os canais estão concentrados em uma região especializada da membrana plasmática pós-sináptica na sinapse e abrem transitoriamente em resposta à ligação de moléculas neurotransmissoras, dessa forma produzindo uma pequena mudança de permeabilidade na membrana (ver Figura 11-36A). Diferentemente dos canais controlados por voltagem responsáveis por potenciais de ação, os canais controlados por transmissor são relativamente insensíveis ao potencial de membrana e, portanto, não podem produzir uma excitação autoamplificável. Em vez disso, eles produzem aumentos de permeabilidade local e, portanto, mudanças de potencial de membrana, graduadas de acordo com a quantidade de neurotransmissor liberado na sinapse e o seu tempo de persistência na sinapse. Um potencial de ação poderá ser acionado apenas se a soma das pequenas despolarizações neste sítio for capaz de abrir um número suficiente de canais de cátion controlados por voltagem na proximidade. Isso pode exigir a abertura de canais iônicos controlados por transmissores em diversas sinapses nas proximidades do neurônio-alvo.

As sinapses químicas podem ser excitatórias ou inibitórias

Os canais iônicos controlados por transmissor diferem entre si de várias formas importantes. Primeiro, como receptores, eles apresentam sítios de ligação altamente seletivos para o neurotransmissor liberado a partir do terminal nervoso pré-sináptico. Segundo, como canais, eles são seletivos ao tipo de íon que cruzará a membrana plasmática; isso determina a natureza da resposta pós-sináptica. Os **neurotransmissores excitatórios** abrem canais de cátion provocando um influxo de Na^+ e, em muitos casos de Ca^{2+}, que despolariza a membrana pós-sináptica em direção ao potencial limiar para disparar um potencial de ação. Os **neurotransmissores inibitórios**, ao contrário, abrem canais de Cl^- ou canais de K^+, e isso suprime o pulso, pois dificulta que os neurotransmissores excitatórios despolarizarem a membrana pós-sináptica. Muitos transmissores podem ser excitatórios ou inibitórios, dependendo de onde são liberados, com quais receptores eles se ligam e das condições iônicas que encontram. A *acetilcolina*, por exemplo, pode excitar ou inibir, dependendo do tipo de receptores de acetilcolina aos quais se liga. Geralmente, entretanto, a acetilcolina, o *glutamato* e a *serotonina* são usados como transmissores excitatórios, e o *ácido γ-aminobutírico* (*GABA*) e a *glicina* são usados como transmissores inibitórios. O glutamato, por exemplo, medeia a maior parte da sinalização excitatória no cérebro dos vertebrados.

Já discutimos como a abertura de canais de Na^+ ou Ca^{2+} despolariza a membrana. A abertura de canais de K^+ tem o efeito oposto, pois o gradiente de concentração de K^+ está na direção contrária – alta concentração no interior da célula e baixa no exterior. A abertura dos canais de K^+ tende a manter a célula próxima ao potencial de equilíbrio para K^+, que, como discutido antes, é normalmente perto do potencial de repouso de membrana porque no repouso os canais de K^+ representam o principal tipo de canal aberto. Quando canais de K^+ adicionais são abertos, torna-se mais difícil afastar a célula do estado de repouso. Podemos entender o efeito da abertura de canais de Cl^- de modo similar. A concentração de Cl^- é muito maior no exterior celular de que no interior (ver Tabela 11-1, p. 598), mas seu influxo é contraposto pelo potencial de membrana. De fato, para muitos neurônios, o potencial de equilíbrio para o Cl^- é próximo ao potencial de repouso – ou ainda mais negativo. Por essa razão, a abertura de canais de Cl^- tende a tamponar o potencial de membrana; conforme a membrana começa a despolarizar, mais íons Cl^- carregados negativamente entram na célula e se contrapõem à despolarização. Assim, a abertura de canais de Cl^- torna mais difícil a despolarização da membrana e, como consequência, a excitação celular. Algumas toxinas poderosas agem bloqueando a ação de neurotransmissores inibitórios: a estricnina, por exemplo, liga-se aos receptores de glicina e impede sua ação inibitória provocando espasmos musculares, convulsões e morte.

No entanto, nem toda sinalização química no sistema nervoso opera por meio desses canais iônicos controlados por ligantes ionotrópicos. Na verdade, a maioria das moléculas de neurotransmissores secretadas por terminais nervosos, incluindo uma grande

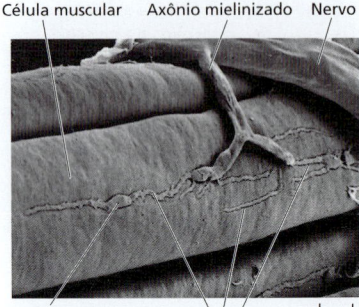

Figura 11-37 Fotomicrografia eletrônica de varredura de baixo aumento de uma junção neuromuscular em rã. É mostrada a terminação de um único axônio em uma célula musculoesquelética. (De J. Desaki e Y. Uehara, *J. Neurocytol.* 10:101–110, 1981. Com permissão de Kluwer Academic Publishers.)

variedade de neuropeptídeos, liga-se a **receptores metabotrópicos**, que regulam canais iônicos apenas indiretamente pela ação de pequenas moléculas de sinal intracelulares (discutido no Capítulo 15). Todos os receptores de neurotransmissores caem em uma ou outra dessas duas classes principais – ionotrópicos ou metabotrópicos – dependendo dos seus mecanismos de sinalização:

1. Receptores ionotrópicos são canais iônicos e atuam em sinapses químicas rápidas. Tanto a acetilcolina quanto a glicina, o glutamato e o GABA atuam em canais de íons controlados por transmissores, mediando sinalização excitatória ou inibitória que costuma ser imediata, simples e breve.

2. Receptores metabotrópicos são *receptores acoplados à proteína G* (discutidos no Capítulo 15) que se ligam a todos os outros neurotransmissores (e, confusamente, também à acetilcolina, ao glutamato e ao GABA). A sinalização mediada por ligação de ligantes a receptores metabotrópicos tende a ser muito mais lenta e mais complexa do que a mediada pelos receptores ionotrópicos e mais duradoura em suas consequências.

Os receptores de acetilcolina na junção neuromuscular são canais de cátion controlados por transmissores excitatórios

Um exemplo bem estudado de um canal iônico controlado por transmissor é o **receptor de acetilcolina** das células musculoesqueléticas. Esse canal é transitoriamente aberto pela liberação de acetilcolina pelo terminal nervoso na **junção neuromuscular** – a sinapse química especializada entre um neurônio motor e uma célula musculoesquelética (**Figura 11-37**). Essa sinapse foi bastante investigada por ser facilmente acessível a estudos eletrofisiológicos, ao contrário da maioria das sinapses do sistema nervoso central, ou seja, do cérebro e da medula espinal em vertebrados. Além disso, em uma junção neuromuscular os receptores de acetilcolina estão densamente empacotados na membrana plasmática de células musculares (cerca de 20 mil desses receptores por μm^2), com relativamente poucos receptores em outro lugar na mesma membrana.

Os receptores são compostos por cinco polipeptídeos transmembrana, dois de um tipo e três outros, codificados por quatro genes separados (**Figura 11-38A**). Os quatro genes apresentam sequências extremamente semelhantes, o que sugere que tenham evoluído de um único gene ancestral. Cada um dos dois polipeptídeos idênticos de cada pentâmero contribui com um sítio de ligação à acetilcolina. Quando duas moléculas de acetilcolina ligam-se ao complexo pentamérico, induzem uma mudança conformacional que abre o canal. Com o ligante ligado, o canal continua alternando entre estado aberto e fechado, mas com uma probabilidade de 90% de permanecer no estado aberto. Esse estado continua – com a acetilcolina ligando-se e desligando-se – até que a hidrólise da acetilcolina livre pela enzima *acetilcolinesterase* diminua suficientemente a sua concentração na junção neuromuscular. Uma vez livre de seu neurotransmissor, o receptor de acetilcolina reverte ao seu estado inicial de repouso. Se a presença de acetilcolina persiste por um período de tempo prolongado, como resultado de estimulação nervosa excessiva, o canal é inativado. Em geral, a acetilcolina é rapidamente hidrolisada, e o canal fecha-se em um intervalo de cerca de 1 milissegundo, bem antes de ocorrer uma dessensibilização significativa. A dessensibilização acontece após cerca de 20 milissegundos de presença continuada de acetilcolina.

As cinco subunidades do receptor de acetilcolina estão arranjadas em um anel, formando um canal transmembrana preenchido por água, que consiste em um estreito poro na bicamada lipídica, o qual se amplia em vestíbulos em ambas as extremidades. A ligação de acetilcolina abre o canal, pois provoca uma rotação para o exterior das hélices que revestem o poro, rompendo assim, um anel de aminoácidos hidrofóbicos que bloqueia o fluxo de íons no estado fechado. Os grupos de aminoácidos carregados negativamente em ambas as extremidades do poro auxiliam na exclusão de íons negativos e favorecem a passagem de íons positivos com menos de 0,65 nm de diâmetro (**Figura 11-38B**). O tráfego de passagem normal consiste sobretudo de Na^+ e K^+, junto a algum Ca^{2+}. Assim, diferentemente dos canais catiônicos controlados por voltagem, como o canal de K^+ discutido antes, existe pouca seletividade entre cátions, e as contribuições relativas dos diferentes cátions à corrente no interior do canal dependem sobremaneira das suas concentrações e das forças motrizes eletroquímicas. Quando a membrana da célula muscular está em potencial de re-

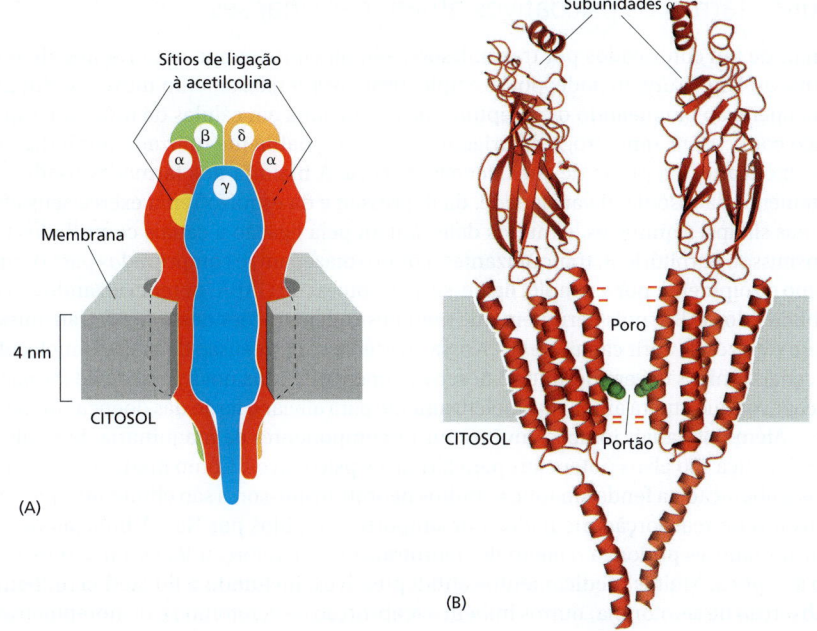

Figura 11-38 Um modelo da estrutura do receptor de acetilcolina no músculo esquelético. (A) Cinco subunidades homólogas (α, α, β, γ, δ) se combinam para formar um poro transmembrana. As duas subunidades α contribuem com um sítio de ligação à acetilcolina aninhado entre as subunidades adjacentes. (B) O poro é revestido por um anel de cinco α-hélices transmembrana, cada subunidade contribuindo com uma (apenas as duas subunidades α estão ilustradas). Na conformação fechada, o poro está obstruído pelas cadeias laterais hidrofóbicas de cinco leucinas (*verde*), uma de cada α-hélice, formando um portão próximo à região mediana da bicamada lipídica. Quando a acetilcolina se liga a ambas as subunidades α, o canal sofre uma alteração conformacional que abre o portão por uma rotação para fora das hélices que contêm as leucinas de oclusão. Cadeias laterais com cargas negativas (indicadas pelos sinais "–") em ambas as extremidades dos poros asseguram que apenas íons carregados positivamente passem através do canal. (Código PDB: 2BG9.)

pouso, a força diretriz líquida para o K^+ é próxima de zero, uma vez que o gradiente de voltagem quase equilibra o gradiente de concentração do K^+ através da membrana (ver Painel 11-1, p. 616). Para o Na^+, ao contrário, os gradientes de voltagem e de concentração atuam na mesma direção, a fim de conduzir o íon para o interior da célula. (Isso também ocorre com o Ca^{2+}, mas a concentração extracelular do Ca^{2+} é tão mais baixa do que a do Na^+, que o Ca^{2+} contribui pouco para a corrente total de entrada.) Portanto, a abertura de canais de receptores de acetilcolina leva a um grande influxo líquido de Na^+ (uma taxa no pico de cerca de 30 mil íons por canal a cada milissegundo). Esse influxo induz despolarização na membrana que sinaliza ao músculo para contrair, como discutido a seguir.

Os neurônios contêm muitos tipos de canais controlados por transmissores

Os canais iônicos que se abrem diretamente em resposta aos neurotransmissores acetilcolina, serotonina, GABA e glicina contêm subunidades que são estruturalmente semelhantes e provavelmente formam poros transmembrana da mesma forma que o receptor ionotrópico de acetilcolina, embora tenham especificidade de ligação ao neurotransmissor e seletividade de íons distintas. Todos esses canais são constituídos de subunidades polipeptídicas homólogas, arranjadas como um pentâmero. Canais controlados por glutamato são uma exceção, visto que são formados a partir de uma família distinta de subunidades e formam tetrâmeros que se assemelham aos canais de K^+ discutidos antes (ver Figura 11-24A).

Para cada classe de canal iônico controlado por transmissor, existem formas alternativas de cada tipo de subunidade, que podem ser codificadas por genes distintos ou então geradas por *splicing* alternativo do RNA de um único produto gênico. Essas subunidades reúnem-se em combinações variadas para formar um conjunto extremamente diverso de subtipos distintos de canais, com diferentes afinidades a ligantes, diferentes condutâncias de canal, diferentes taxas de abertura e fechamento e diferentes sensibilidades a fármacos e toxinas. Alguns neurônios de vertebrados, por exemplo, apresentam canais iônicos controlados por acetilcolina que diferem daqueles das células musculares, sendo formados por duas subunidades de um tipo e três de outro; no entanto, existem pelo menos nove genes codificadores para diferentes versões do primeiro tipo de subunidade e pelo menos três genes que codificam versões do segundo tipo de subunidade. Subconjuntos de neurônios que exercem funções diferentes no cérebro expressam diferentes combinações dos genes para essas subunidades. Em princípio e em certa medida, na prática, é possível projetar fármacos direcionados contra esses subconjuntos rigorosamente definidos, influenciando, assim, especificamente uma função cerebral em particular.

Muitos fármacos psicoativos atuam nas sinapses

Canais de íon controlados por transmissores são há muito tempo importantes alvos de fármacos. Um cirurgião pode, por exemplo, promover o relaxamento muscular durante uma operação bloqueando os receptores de acetilcolina em células de músculo esquelético com *curare*, uma droga de origem vegetal originalmente utilizada por indígenas sul-americanos na ponta de suas flechas de caça. A maioria dos fármacos usados no tratamento da insônia, da ansiedade, da depressão e da esquizofrenia exerce seus efeitos nas sinapses químicas, e muitos deles atuam pela ligação a canais controlados por transmissor. Barbitúricos, tranquilizantes (como o diazepam) e comprimidos para dormir (como o zolpidem), por exemplo, ligam-se a receptores de GABA, potencializando a ação inibitória do GABA, pois permitem que menores concentrações desse neurotransmissor sejam capazes de abrir canais de Cl⁻. Nossa crescente compreensão da biologia molecular de canais iônicos deverá permitir o desenvolvimento de uma nova geração de fármacos psicoativos que atuará ainda mais seletivamente para aliviar o fardo das doenças mentais.

Além dos canais iônicos, muitos outros componentes da maquinaria de sinalização sináptica são alvos potenciais para fármacos psicoativos. Como mencionado antes, após a liberação na fenda sináptica, muitos neurotransmissores são eliminados por mecanismos de reabsorção mediados por simportes dirigidos por Na^+. A inibição desses transportadores prolonga o efeito do neurotransmissor, reforçando, assim, a transmissão sináptica. Muitos medicamentos antidepressivos, incluindo a fluoxetina, inibem a reabsorção de serotonina; outros inibem a reabsorção de serotonina e de norepinefrina.

Os canais iônicos são as unidades moleculares básicas a partir das quais são construídos os dispositivos neuronais para sinalização e computação. Para vislumbrar quão sofisticados esses dispositivos podem ser, consideraremos vários exemplos que demonstram como a atividade coordenada de grupos de canais iônicos permite que você se mova, sinta ou tenha recordações.

A transmissão neuromuscular envolve a ativação sequencial de cinco conjuntos diferentes de canais iônicos

O processo descrito a seguir, no qual um impulso nervoso estimula a contração de uma célula muscular, ilustra a importância dos canais iônicos para células eletricamente excitáveis. Essa resposta aparentemente simples requer a ativação sequencial de, pelo menos, cinco conjuntos diferentes de canais iônicos em um intervalo de poucos milissegundos (**Figura 11-39**).

1. O processo é iniciado quando um impulso nervoso atinge o terminal nervoso e despolariza a membrana plasmática do terminal. A despolarização abre tempora-

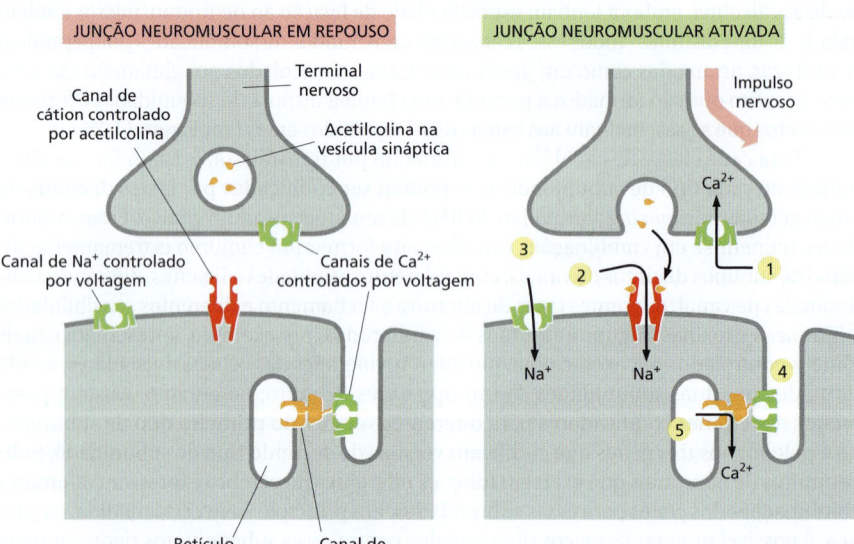

Figura 11-39 Sistema de canais iônicos em uma junção neuromuscular. Esses canais iônicos controlados são essenciais para o estímulo da contração muscular por um impulso nervoso. Os vários canais estão numerados na sequência na qual são ativados, como descrito no texto.

riamente canais de Ca^{2+} controlados por voltagem nessa membrana pré-sináptica. Como a concentração de Ca^{2+} no exterior celular é mais de mil vezes maior do que a concentração de Ca^{2+} livre no interior da célula, o Ca^{2+} flui para o terminal nervoso. O aumento na concentração de Ca^{2+} no citosol do terminal nervoso desencadeia a liberação local de acetilcolina por exocitose na fenda sináptica.

2. A acetilcolina liberada liga-se a receptores de acetilcolina na membrana plasmática da célula muscular, abrindo temporariamente os canais catiônicos a eles associados. O influxo de Na^+ resultante induz uma despolarização local da membrana.

3. A despolarização local abre canais de Na^+ controlados por voltagem nessa membrana, permitindo a entrada de mais Na^+, que despolariza ainda mais a membrana. Como consequência, os canais de Na^+ controlados por voltagem adjacentes abrem-se, e é provocada uma despolarização autopropagada (um potencial de ação) que se espalha, envolvendo a membrana plasmática inteira (ver Figura 11-31).

4. A despolarização generalizada da membrana plasmática da célula muscular ativa canais de Ca^{2+} controlados por voltagem nos túbulos transversais (túbulos T – discutidos no Capítulo 16) dessa membrana.

5. Isso, por sua vez, faz os *canais de liberação de Ca^{2+}* em uma região adjacente à membrana do retículo sarcoplasmático (RS) abrirem transitoriamente e liberarem o Ca^{2+} estocado no RS para o interior do citosol. O túbulo T e as membranas do RS estão proximamente associados com os dois tipos de canais unidos em uma estrutura especializada, na qual a ativação do canal de Ca^{2+} controlado por voltagem na membrana plasmática do túbulo T provoca uma mudança conformacional do canal que é transmitida mecanicamente para o canal de liberação de Ca^{2+} na membrana do RS, abrindo-o e permitindo que o Ca^{2+} flua do lúmen do RS para o citoplasma (ver Figura 16-35). Esse aumento repentino na concentração de Ca^{2+} citosólico provoca a contração das miofibrilas na célula muscular.

Se o início da contração muscular por um neurônio motor é complexo, uma interconexão de canais iônicos ainda mais sofisticada é necessária para um neurônio integrar um grande número de sinais recebidos nas sinapses e computar uma resposta apropriada, como discutiremos a seguir.

Neurônios individuais são dispositivos computacionais complexos

No sistema nervoso central, um único neurônio pode receber informação de milhares de outros neurônios e pode, por sua vez, formar sinapses com milhares de outras células. Vários milhares de terminais nervosos, por exemplo, fazem sinapses em um neurônio motor médio na medula espinal, cobrindo quase completamente seu corpo celular e dendritos (**Figura 11-40**). Algumas dessas sinapses transmitem sinais do cérebro ou da medula espinal; outras trazem informações sensoriais dos músculos ou da pele. O neurônio motor deve combinar a informação recebida de todas essas fontes e reagir disparando potenciais de ação ao longo do seu axônio ou permanecendo em repouso.

Das muitas sinapses em um neurônio, algumas tendem a excitá-lo, e outras, a inibi-lo. O neurotransmissor liberado em uma sinapse excitatória causa uma pequena despolarização na membrana pós-sináptica denominada *potencial pós-sináptico* (*PPS*), *excitatório* enquanto o neurotransmissor liberado na sinapse inibitória em geral causa uma pequena hiperpolarização denominada *PPS inibitório*. A membrana plasmática dos dendritos e do corpo celular da maioria dos neurônios contém relativamente baixa densidade de canais de Na^+ controlados por voltagem, e um PPS excitatório individual costuma ser muito pequeno para induzir um potencial de ação. Em vez disso, cada sinal recebido inicia um PPS local, que diminui com a distância relativa ao local da sinapse. Se os sinais chegam de forma simultânea em várias sinapses na mesma região da árvore dendrítica, o PPS total na região será aproximadamente a soma dos PPSs individuais, com PPSs inibitórios contribuindo negativamente no somatório. Os PPSs de cada região vizinha espalham-se passivamente e convergem no corpo celular. Para a transmissão de longa distância, a magnitude combinada do PPS é, então, traduzida, ou *codificada*, na *frequência* de pulsos do potencial de ação: quanto maior a estimulação (despolarização), maior será a frequência de potenciais de ação.

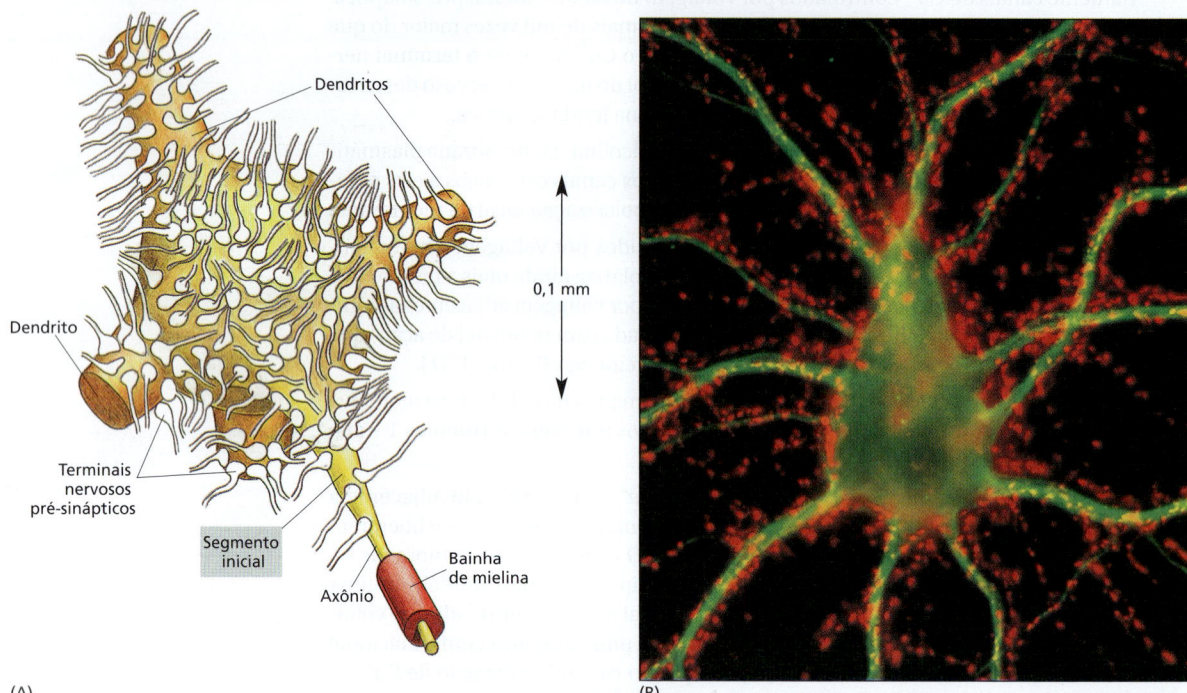

Figura 11-40 Um neurônio motor na medula espinal. (A) Milhares de terminais nervosos formam sinapses no corpo celular e nos dendritos. Eles trazem sinais de outras partes do organismo para controlar os pulsos (ou disparos) de potenciais de ação ao longo do axônio único dessa grande célula. (B) Fotomicrografia de fluorescência mostrando um corpo celular do neurônio e seus dendritos corados com um anticorpo fluorescente que reconhece uma proteína do citoesqueleto (*verde*) que não está presente nos axônios. Milhares de terminais de axônios (*vermelho*) de outras células nervosas (não visíveis) fazem sinapse no corpo celular e nos dendritos; os terminais estão corados com um anticorpo fluorescente que reconhece uma proteína nas vesículas sinápticas. (B, cortesia de Olaf Mundigl e Pietro de Camilli.)

A computação neuronal requer uma combinação de pelo menos três tipos de canais de K^+

A intensidade da estimulação que um neurônio recebe é codificada pelo neurônio em uma frequência do potencial de ação para transmissão de longa distância. A codificação ocorre em uma região especializada da membrana axonal conhecida como o **segmento inicial**, ou *cone axônico*, na junção do axônio e do corpo da célula (ver Figura 11-40). Essa membrana é rica em canais de Na^+ controlados por voltagem; mas ela também contém pelo menos quatro outras classes de canais iônicos – três seletivos para K^+ e um seletivo para Ca^{2+} – que contribuem para a função de codificação do cone axônico. As três variedades de canais de K^+ apresentam propriedades diferentes; vamos nos referir a esses canais como *canais de K^+ tardios, precoces* (ou *de rápida inativação*) e *ativados por Ca^{2+}*.

Para entender a necessidade de múltiplos tipos de canais, consideraremos primeiro o que poderia acontecer se os únicos canais iônicos controlados por voltagem presentes na célula nervosa fossem os canais de Na^+. Abaixo de um certo limiar de estimulação sináptica, a despolarização da membrana do segmento inicial seria insuficiente para gerar um potencial de ação. Com estimulação gradualmente crescente, o limiar seria ultrapassado, os canais de Na^+ se abririam e um potencial de ação dispararia. O potencial de ação poderia ser interrompido por inativação dos canais de Na^+. Antes que outro potencial de ação pudesse disparar, esses canais teriam que se recuperar de sua inativação. No entanto, isso exigiria um retorno da voltagem de membrana para um valor bastante negativo, o que não ocorreria enquanto o forte estímulo despolarizante (dos PPSs) fosse mantido. Um tipo adicional de canal é necessário, portanto, para repolarizar a membrana após cada potencial de ação, a fim de preparar a célula para um novo pulso.

Essa tarefa é realizada pelos **canais de K^+ tardios**, discutidos previamente em relação à propagação do potencial de ação (ver Figura 11-31). Eles são controlados por voltagem, mas, em função da sua cinética mais lenta, eles abrem apenas durante a fase de declínio do potencial de ação, quando os canais de Na^+ estão inativos. Sua abertura permite um efluxo de K^+, que faz a membrana retornar ao potencial de equilíbrio do K^+, o qual é tão negativo que os canais de Na^+ rapidamente se recuperam do estado inativado. A repolarização da membrana também causa o fechamento dos canais de K^+ tardios. O cone axonal (segmento inicial), agora, está reajustado, de modo que o estímulo despolarizante

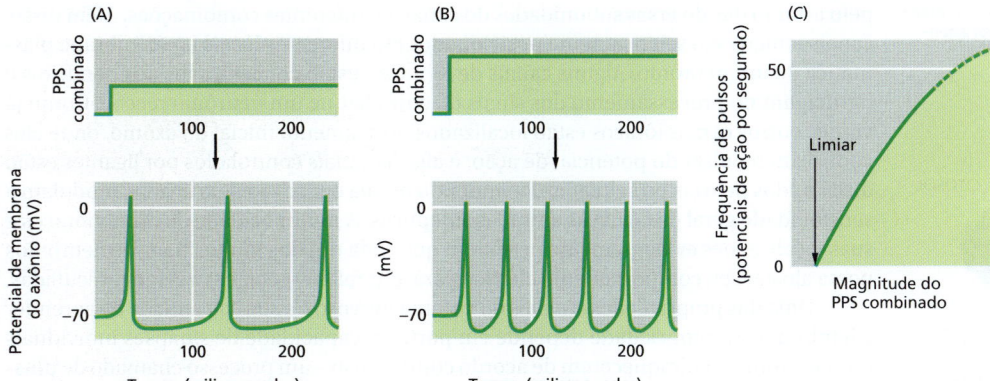

Figura 11-41 A magnitude do potencial pós-sináptico (PPS) combinado é refletida na frequência de pulsos de potencial de ação. A combinação de PPSs excitatórios e inibitórios produz um *PPS combinado* no segmento inicial. Uma comparação de (A) e (B) mostra como a frequência de pulsos de um axônio aumenta com um aumento do PPS combinado, enquanto (C) resume a relação geral.

dos sinais sinápticos recebidos pode disparar outro potencial de ação. Dessa forma, a estimulação sustentada dos dendritos e do corpo celular leva a pulsos repetitivos do axônio.

Entretanto, a simples emissão de pulsos repetitivos, por si só, não é suficiente. A frequência dos pulsos tem que refletir a intensidade do estímulo, e um sistema simples de canais de Na^+ e de canais de K^+ tardios é inadequado para esse propósito. Abaixo de um certo limiar de estímulo estável, a célula não pulsará; acima desse nível limiar, ela subitamente começará a pulsar sob frequência relativamente rápida. Os **canais de K^+ de rápida inativação** (ou **precoces**) resolvem esse problema. Eles também são controlados por voltagem e abrem quando a membrana é despolarizada, mas sua sensibilidade de voltagem específica e cinética de inativação são tais que eles atuam para reduzir a taxa de pulso em níveis de estímulo que estão pouco acima do limiar requisitado para o pulso. Assim, eles eliminam a descontinuidade na relação entre a taxa de pulsos e a intensidade do estímulo. O resultado é uma velocidade de pulsos proporcional à força do estímulo despolarizante em uma faixa muito ampla (**Figura 11-41**).

O processo de codificação é modulado ainda por outros dois tipos de canais iônicos do segmento inicial que já foram mencionados – canais de Ca^{2+} controlados por voltagem e canais de K^+ ativados por Ca^{2+}. Eles atuam em conjunto para diminuir a resposta da célula a um estímulo prolongado constante – um processo denominado **adaptação**. Esses canais de Ca^{2+} são semelhantes aos canais de Ca^{2+} que medeiam a liberação de neurotransmissores a partir dos terminais axônicos pré-sinápticos; eles abrem quando um potencial de ação dispara ou pulsa, transitoriamente permitindo que Ca^{2+} entre no citosol do axônio no segmento inicial.

O **canal de K^+ ativado por Ca^{2+}** abre em resposta a uma concentração elevada de Ca^{2+} na face citoplasmática do canal (**Figura 11-42**). Um estímulo despolarizante forte e prolongado irá desencadear uma longa série de potenciais de ação, cada um deles permitindo um breve influxo de Ca^{2+} através dos canais de Ca^{2+} controlados por voltagem, de tal forma que a concentração de Ca^{2+} local citosólica gradualmente se acumula a um nível alto o suficiente para abrir os canais de K^+ ativados por Ca^{2+}. Visto que o resultante aumento da permeabilidade da membrana ao K^+ torna a membrana mais difícil de despolarizar, o espaçamento entre um potencial de ação e o seguinte é aumentado. Dessa forma, um neurônio que é estimulado de modo contínuo por um período prolongado torna-se gradualmente menos responsivo ao estímulo constante.

Tal adaptação, que também pode ocorrer por outros mecanismos, permite que um neurônio – de fato, o sistema nervoso em geral – reaja sensivelmente a *mudanças*, mesmo que elas ocorram em uma situação de alto *background* de estímulo constante. Essa é uma das estratégias computacionais que nos auxilia, por exemplo, a sentir um leve toque no ombro e, no entanto, ignorar a pressão constante de nossas roupas. Discutiremos a adaptação como uma característica geral em processos de sinalização celular em mais detalhes no Capítulo 15.

Outros neurônios fazem considerações diferentes, reagindo de diversas formas às suas entradas sinápticas, de acordo com os distintos conjuntos de canais iônicos existentes em sua membrana. Há várias centenas de genes que codificam canais iônicos no genoma humano, dos quais cerca de 150 representam canais controlados por voltagem. Complexidade adicional é introduzida pelo *splicing* alternativo dos transcritos de RNA e

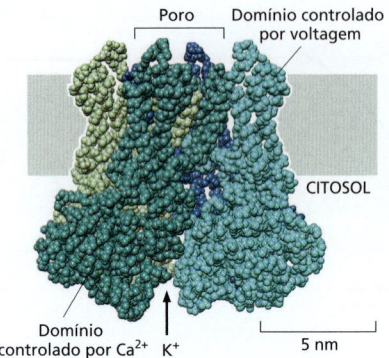

Figura 11-42 Estrutura de um canal de K⁺ ativado por Ca²⁺. O canal contém quatro subunidades idênticas (que são mostradas em cores diferentes, para maior clareza). Ele é controlado tanto por voltagem quanto por Ca²⁺. A estrutura mostrada é composta das porções citosólicas e de membrana do canal, cristalografadas separadamente. (Códigos PDB: 2R99, 1LNQ.)

pelo arranjo das diversas subunidades do canal em diferentes combinações. Além disso, canais iônicos são seletivamente posicionados em diferentes locais na membrana plasmática de um neurônio. Alguns canais de K⁺ e Ca²⁺ estão concentrados nos dendritos e participam no processamento dos sinais de entrada que um neurônio recebe. Como já vimos, outros canais iônicos estão localizados no segmento inicial do axônio, onde eles controlam o pulsar do potencial de ação; e alguns canais controlados por ligantes estão distribuídos pelo corpo celular e, dependendo de sua ocupação pelo ligante, modulam a sensibilidade geral da célula às entradas sinápticas. A multiplicidade de canais iônicos e suas localizações evidentemente permitem que cada um dos muitos tipos de neurônios possa ajustar seu comportamento elétrico para as tarefas específicas a serem executadas.

Uma das propriedades cruciais do sistema nervoso é a sua capacidade de aprender e lembrar. Essa propriedade depende em parte da capacidade de sinapses individuais fortalecerem ou enfraquecerem de acordo com seu uso – um processo chamado de **plasticidade sináptica**. Terminaremos este capítulo considerando um tipo incrível de canal iônico que tem um papel especial em algumas formas de plasticidade sináptica. Ele está localizado em muitas sinapses excitatórias no sistema nervoso central, onde é controlado tanto por voltagem quanto pelo neurotransmissor excitatório glutamato. Ele também é o sítio de ação do fármaco psicoativo fenciclidina, conhecido como "pó-de-anjo".

A potencialização de longo prazo (LTP) no hipocampo de mamíferos depende da entrada de Ca²⁺ pelos canais receptores NMDA

Quase todos os animais podem aprender, mas os mamíferos parecem aprender excepcionalmente bem (ou assim gostamos de pensar). No cérebro de um mamífero, a região denominada *hipocampo* apresenta um papel especial no aprendizado. Quando ela é destruída em ambos os lados do cérebro, a capacidade de formar novas memórias é praticamente perdida, embora a memória previamente estabelecida permaneça. Algumas sinapses no hipocampo mostram uma impressionante forma de plasticidade sináptica com uso repetido: enquanto potenciais de ação únicos ocasionais nas células pré-sinápticas não deixam um rastro duradouro, uma pequena explosão de pulsos repetitivos provoca **potencialização de longo prazo** (**LTP**, do inglês, *long-term potentiation*), de tal forma que potenciais de ação únicos subsequentes nas células pré-sinápticas evocam uma resposta bastante aumentada nas células pós-sinápticas. O efeito dura horas, dias ou semanas, de acordo com o número e a intensidade das sequências de pulsos repetitivos. Somente as sinapses que foram ativadas exibem LTP; as sinapses que permaneceram em repouso na mesma célula pós-sináptica não são afetadas. Entretanto, enquanto a célula está recebendo uma sequência de estimulação repetitiva via um conjunto de sinapses, se um potencial de ação isolado é liberado em *outra* sinapse na sua superfície, essa última sinapse também sofrerá LTP, mesmo considerando-se que um potencial de ação único liberado no mesmo local em outro momento não tenha deixado efeito duradouro.

A regra fundamental em tais eventos parece ser que *a LTP ocorre em qualquer ocasião quando uma célula pré-sináptica pulsa (uma ou mais vezes) em um momento em que a membrana pós-sináptica está fortemente despolarizada* (quer por pulsos repetitivos recentes da mesma célula pré-sináptica, quer por outros motivos). Essa regra reflete o comportamento de uma classe específica de canais iônicos na membrana pós-sináptica. O glutamato é o principal neurotransmissor excitatório no sistema nervoso central de mamíferos, e os canais iônicos controlados por glutamato são os mais comuns de todos os canais controlados por neurotransmissor no cérebro. No hipocampo, como em outras partes, a maioria das correntes despolarizantes responsáveis por PPSs excitatórios é carreada pelos canais iônicos controlados por glutamato, denominados **receptores AMPA**, que operam da forma-padrão (**Figura 11-43**). Mas a corrente possui, além disso, um segundo e mais intrigante componente, que é mediado por uma subclasse separada de canais iônicos controlados por glutamato, conhecidos como **receptores NMDA**, assim chamados porque são seletivamente ativados pelo análogo artificial de glutamato *N*-metil-D-aspartato. Os canais receptores NMDA são duplamente controlados, abrindo apenas quando duas condições são simultaneamente satisfeitas: o glutamato deve estar ligado ao receptor, e a membrana deve estar fortemente despolarizada. A segunda condição é necessária para a liberação do Mg²⁺ que, em geral, bloqueia o canal em repouso.

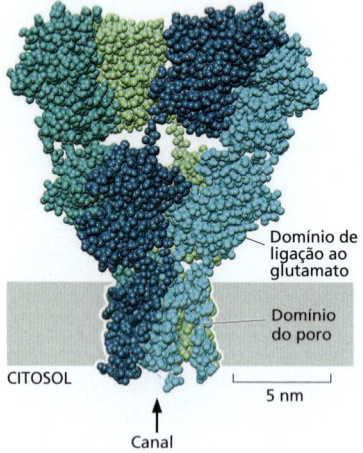

Figura 11-43 A estrutura do receptor AMPA. Este receptor de glutamato ionotrópico (nomeado a partir do análogo de glutamato ácido propiônico α-amino-3-hidróxi-5-metil-4--isoxazol) é o mediador mais comum da transmissão sináptica excitatória rápida no sistema nervoso central. (Código PDB: 3KG2.)

CAPÍTULO 11 Transporte de membrana de pequenas moléculas e propriedades elétricas das membranas

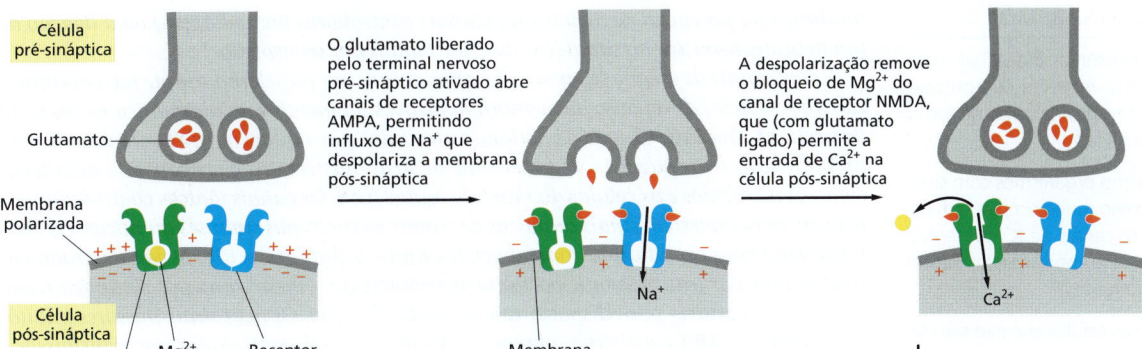

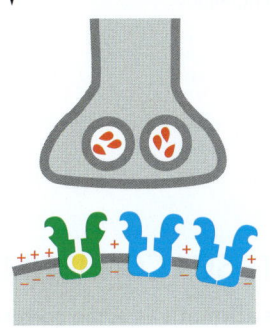

Figura 11-44 Eventos de sinalização na potencialização de longo prazo. Embora não estejam ilustradas, alterações de melhoria de transmissão também podem ocorrer nos terminais nervosos pré-sinápticos em LTP, os quais podem ser induzidos por sinais retrógrados da célula pós-sináptica.

Isso significa que os receptores NMDA normalmente são ativados apenas quando os receptores AMPA também são ativados e despolarizam a membrana. Os receptores NMDA são essenciais para a LTP. Quando eles são seletivamente bloqueados com um inibidor específico ou inativados geneticamente, a LTP não ocorre, embora a transmissão sináptica comum continue, indicando a importância dos receptores NMDA para indução de LTP. Esses animais apresentam déficits específicos nas suas capacidades de aprendizado, mas comportam-se quase normalmente quanto a outros aspectos.

Como os receptores NMDA medeiam a LTP? A resposta é que esses canais, quando abertos, são fortemente permeáveis ao Ca^{2+}, que atua como um sinal intracelular na célula pós-sináptica, acionando uma cascata de mudanças que são responsáveis pela LTP. Assim, a LTP é evitada quando os níveis de Ca^{2+} são mantidos artificialmente baixos na célula pós-sináptica, pela injeção do quelante de Ca^{2+} EGTA nessa célula, e pode ser induzida aumentando-se artificialmente os níveis de Ca^{2+} intracelular. Entre as mudanças de longo prazo que aumentam a sensibilidade da célula pós-sináptica ao glutamato, está a inserção de novos receptores AMPA na membrana plasmática (**Figura 11-44**). Em algumas formas de LTP, ocorrem alterações também na célula pré-sináptica, para que ela libere mais glutamato do que o normal, quando ela é ativada posteriormente.

Se as sinapses fossem capazes apenas de LTP, elas rapidamente tornar-se-iam saturadas e, portanto, teriam um valor limitado como um dispositivo de armazenamento de informações. Na verdade, elas também exibem **depressão de longo prazo** (**LTD**, do inglês, *long-term depression*), com efeito de longa duração na redução do número de receptores AMPA na membrana pós-sináptica. Isso é alcançado pela degradação dos receptores AMPA após sua endocitose seletiva. Surpreendentemente, a LTD também requer a ativação de receptores NMDA e a elevação de Ca^{2+}. Como o Ca^{2+} induz efeitos opostos em uma mesma sinapse? A verdade é que esse controle bidirecional da intensidade sináptica depende da magnitude da elevação dos níveis de Ca^{2+}: altos níveis de Ca^{2+} ativam proteínas-cinase e LTP, ao passo que níveis moderados de Ca^{2+} ativam proteínas-fosfatase e LTD.

Há evidências de que os receptores NMDA têm um importante papel na plasticidade sináptica e na aprendizagem em outras partes do cérebro, assim como no hipocampo. Além disso, eles têm um papel fundamental no ajuste de padrões anatômicos de conexões sinápticas à luz da experiência durante o desenvolvimento do sistema nervoso.

Assim, os neurotransmissores liberados nas sinapses, além de liberarem sinais elétricos temporários, também podem alterar as concentrações de mediadores intracelulares que causam mudanças duradouras na eficácia da transmissão sináptica. No entanto, ainda é incerto como essas mudanças perduram por semanas, meses ou uma vida inteira, em face da reposição normal dos constituintes celulares.

Resumo

Os canais iônicos formam poros aquosos através da bicamada lipídica e permitem que os íons inorgânicos de tamanho e carga apropriados cruzem a membrana a favor de seus gradientes eletroquímicos, em taxas em torno de mil vezes maiores do que aquelas atingidas por qualquer transportador conhecido. Os canais são "controlados" e em geral abrem temporariamente em resposta a uma perturbação específica na membrana, como uma

O QUE NÃO SABEMOS

- Como neurônios individuais estabelecem e mantêm sua propriedade intrínseca de pulso de forma característica?

- Até mesmo organismos com sistema nervoso muito simples têm dezenas de canais de K^+ diferentes. Por que é importante ter tantos tipos diferentes?

- Por que as células que não são eletricamente ativas contêm canais iônicos controlados por voltagem?

- Como as memórias são armazenadas durante tantos anos no cérebro humano?

mudança no potencial de membrana (canais controlados por voltagem) ou a ligação de um neurotransmissor ao canal (canais controlados por transmissor).

Os canais de escape seletivos a K^+ apresentam um papel importante na determinação do potencial de repouso de membrana através da membrana plasmática na maioria das células animais. Canais de cátion controlados por voltagem são responsáveis pela amplificação e propagação de potenciais de ação nas células eletricamente excitáveis, como os neurônios e as células do músculo esquelético. Os canais iônicos controlados por transmissor convertem sinais químicos em sinais elétricos nas sinapses químicas. Os neurotransmissores excitatórios, como a acetilcolina e o glutamato, abrem canais catiônicos controlados por transmissor e, portanto, despolarizam a membrana pós-sináptica rumo ao limiar necessário para disparar um potencial de ação. Os neurotransmissores inibitórios, como o GABA e a glicina, abrem canais de K^+ ou Cl^- controlados por transmissor e suprimem os pulsos mantendo a membrana pós-sináptica polarizada. Uma subclasse de canais iônicos controlados por glutamato, denominados canais receptores NMDA, é altamente permeável a Ca^{2+}, o que pode desencadear mudanças de longo prazo na eficácia da sinapse (plasticidade sináptica) como LTP e LTD que, acredita-se, estejam envolvidas em algumas formas de aprendizagem e memória.

Os canais iônicos atuam em conjunto de formas complexas para controlar o comportamento de células eletricamente excitáveis. Um neurônio típico, por exemplo, recebe milhares de sinais de entrada excitatórios e inibitórios, que somados espacial e temporalmente se combinam para produzir um potencial pós-sináptico (PPS) combinado no segmento inicial do seu axônio. A magnitude do PPS é traduzida na taxa de disparo (pulso) dos potenciais de ação por uma mistura de canais de cátion na membrana do segmento inicial.

TESTE SEU CONHECIMENTO

Quais afirmativas estão corretas? Justifique.

11-1 O transporte mediado por transportadores pode ser tanto ativo quanto passivo, ao passo que o transporte mediado por canais é sempre passivo.

11-2 Os transportadores sofrem saturação em altas concentrações das moléculas a serem transportadas quando todos os seus sítios de ligação estão ocupados; os canais, por outro lado, não se ligam aos íons que transportam e, dessa forma, o fluxo de íons através de canais não sofre saturação.

11-3 O potencial de membrana é gerado a partir de movimentos de carga que mantêm as concentrações iônicas praticamente inalteradas, ocasionando apenas discrepâncias muito pequenas no número de íons positivos e negativos entre os dois lados da membrana.

Discuta as questões a seguir.

11-4 De acordo com a capacidade de difusão através de uma bicamada lipídica, começando pela molécula que atravessa a bicamada mais facilmente, ordene: Ca^{2+}, CO_2, etanol, glicose, RNA e H_2O. Justifique seu ordenamento.

11-5 Como é possível que algumas moléculas estejam em equilíbrio através de uma membrana biológica apesar de não estarem sob a mesma concentração nos dois lados da membrana?

11-6 Os transportadores iônicos estão "ligados" uns aos outros – não fisicamente, mas como consequência de suas funções. Por exemplo, as células podem aumentar o pH interno, quando ele se torna demasiadamente ácido, por meio da troca de Na^+ externo por H^+ interno, usando um antiporte Na^+-H^+. A alteração de Na^+ interno é então reorganizada pela atuação da bomba de Na^+-K^+.

A. É possível que esses dois transportadores, atuando em conjunto, normalizem tanto a concentração de H^+ quanto a de Na^+ no interior de uma célula?

B. É possível que a ação conjunta dessas duas bombas provoque um desequilíbrio na concentração de K^+ ou no potencial de membrana? Justifique sua resposta.

11-7 As microvilosidades aumentam a área de superfície das células intestinais, levando a uma absorção mais eficiente de nutrientes. As microvilosidades são ilustradas em perfil e em corte transversal na **Figura Q11-1**. A partir das dimensões dadas na figura, estime o aumento na área de superfície devido à presença de microvilosidades (relativo à porção de membrana plasmática que está em contato com o lúmen do intestino) em comparação à superfície correspondente se a célula apresentasse uma membrana plasmática "plana".

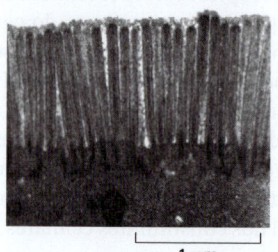 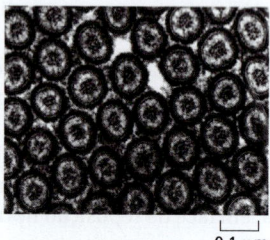

Figura Q11-1 As microvilosidades de células epiteliais intestinais em perfil e em corte transversal. (Painel da esquerda, de Rippel Electron Microscope Facility, Dartmouth College; painel da direita, de David Burgess.)

11-8 De acordo com as leis do movimento de Newton, um íon exposto a um campo elétrico no vácuo sofrerá uma aceleração constante referente à força motriz elétrica, semelhante à aceleração referente à gravidade, de um corpo em queda livre no vácuo. Na água, no entanto, um íon se move em velocidade constante dentro de um campo elétrico. Por que isso acontece?

11-9 Em um subgrupo de canais de K^+ controlados por voltagem, o N-terminal de cada subunidade age como uma bola amarrada à extremidade de uma corrente, que obstrui a extremidade citoplasmática dos poros logo depois que ele abre, inativando, assim, o canal. Esse modelo de "bola e corrente" para a rápida inativação de canais de K^+ controlados por voltagem foi elegantemente demonstrado pelo canal de K^+ *shaker* da *Drosophila melanogaster*. (O canal de K^+ *shaker* da *Drosophila* recebeu este nome a partir da forma mutante que apresenta comportamento excitável – mesmo moscas anestesiadas permanecem com tremores.) A deleção do aminoácido N-terminal do canal *shaker* normal dá origem a um canal que abre em resposta à despolarização da membrana, mas que permanece aberto em vez de fechar rapidamente como sua versão normal. Um peptídeo (MAAVAGLYGLGEDRQHRKKQ) que corresponde à porção N-terminal deletada pode inativar a abertura do canal se usado em concentração de 100 μM.

A concentração de peptídeo livre (100 μM) necessária para inativar o canal defeituoso de K^+ é, de alguma forma, semelhante à concentração local do peptídeo ligado à molécula (modelo de "bola e corrente") que normalmente existe no canal? Suponha que a bola acorrentada possa explorar uma semiesfera (volume = $[2/3]\pi r^3$) com um raio de 21,4 nm, que é o comprimento de uma "corrente" polipeptídica (**Figura Q11-2**). Calcule a concentração relativa a uma bola nessa semiesfera. Compare esse valor com a concentração de peptídeo livre necessária para inativar o canal.

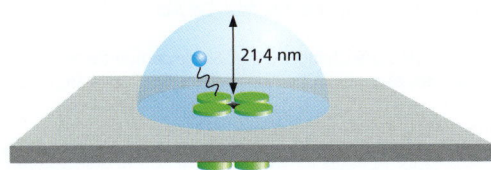

Figura Q11-2 Uma "bola" ligada por uma "corrente" a um canal de K^+ controlado por voltagem.

11-10 O axônio gigante da lula (**Figura Q11-3**) ocupa uma posição única na história da nossa compreensão do potencial de membrana celular e ação dos neurônios. Quando um eletrodo é inserido em um axônio gigante intacto, o potencial de membrana registra -70 mV. Quando o axônio, suspenso em uma solução de água do mar, é estimulado para a condução de impulso nervoso, o potencial de membrana é transitoriamente alterado de -70 mV para +40 mV.

Figura Q11-3 A lula *Loligo*. Esta lula tem aproximadamente 15 cm de comprimento.

TABELA Q11-1 Composição iônica da água do mar e do citosol em um axônio gigante de lula

Íon	Citosol	Água do mar
Na^+	65 mM	430 mM
K^+	344 mM	9 mM

Para íons univalentes e a 20°C (293 K), a equação de Nernst equivale a

$$V = 58 \text{ mV} \times \log(C_0/C_i)$$

onde C_0 e C_i correspondem às concentrações externas e internas, respectivamente.

Usando essa equação, calcule o potencial através da membrana em repouso (1) assumindo que ele é devido unicamente ao K^+ e (2) assumindo que ele é devido unicamente ao Na^+. (As concentrações de Na^+ e K^+ no citosol do axônio e na água do mar são indicadas na **Tabela Q11-1**.) Que resultado está mais próximo do potencial de repouso medido? Que resultado está mais próximo do potencial de ação medido? Explique por que seus resultados se aproximam dos potenciais de ação e repouso medidos.

11-11 Canais de cátion controlados por acetilcolina na junção neuromuscular abrem em resposta à acetilcolina liberada pelo terminal nervoso e permitem que íons Na^+ penetrem na célula muscular, o que provoca a despolarização da membrana e, consequentemente, leva à contração muscular.

A. Medidas de *patch-clamp* mostraram que os músculos de ratos jovens têm canais de cátion que respondem à acetilcolina (**Figura Q11-4**). Quantos tipos de canal existem ali? Como você pode afirmar isso?

B. Calcule, para cada tipo de canal, o número de íons que entram em 1 milissegundo. (1 ampere equivale a uma corrente de 1 coulomb por segundo; 1 pA é igual a 10^{-12} amperes. Um íon com uma única carga, como o Na^+, possui carga de $1,6 \times 10^{-9}$ coulombs.)

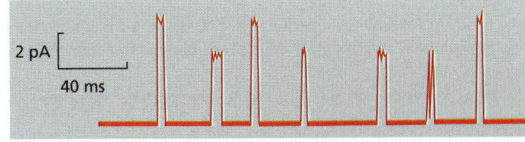

Figura Q11-4 Medidas de *patch-clamp* de canais de cátion controlados por acetilcolina em músculo de ratos jovens.

REFERÊNCIAS

Gerais
Engel A & Gaub HE (2008) Structure and mechanics of membrane proteins. *Annu. Rev. Biochem.* 77, 127–148.
Hille B (2001) Ionic Channels of Excitable Membranes, 3rd ed. Sunderland, MA: Sinauer.
Stein WD (2014) Channels, Carriers, and Pumps: An Introduction to Membrane Transport, 2nd ed. San Diego, CA: Academic Press.
Vinothkumar KR & Henderson R (2010) Structures of membrane proteins. *Q. Rev. Biophys.* 43, 65–158.

Princípios do transporte de membrana
Al-Awqati Q (1999) One hundred years of membrane permeability: does Overton still rule? *Nat. Cell Biol.* 1, E201–E202.
Forrest LR & Sansom MS (2000) Membrane simulations: bigger and better? *Curr. Opin. Struct. Biol.* 10, 174–181.
Gouaux E & MacKinnon R (2005) Principles of selective ion transport in channels and pumps. *Science* 310, 1461–1465.
Mitchell P (1977) Vectorial chemiosmotic processes. *Annu. Rev. Biochem.* 46, 996–1005.
Tanford C (1983) Mechanism of free energy coupling in active transport. *Annu. Rev. Biochem.* 52, 379–409.

Proteínas transportadoras e o transporte ativo de membrana
Almers W & Stirling C (1984) Distribution of transport proteins over animal cell membranes. *J. Membr. Biol.* 77, 169–186.
Baldwin SA & Henderson PJ (1989) Homologies between sugar transporters from eukaryotes and prokaryotes. *Annu. Rev. Physiol.* 51, 459–471.
Doige CA & Ames GF (1993) ATP-dependent transport systems in bacteria and humans: relevance to cystic fibrosis and multidrug resistance. *Annu. Rev. Microbiol.* 47, 291–319.
Forrest LR & Rudnick G (2009) The rocking bundle: a mechanism for ion-coupled solute flux by symmetrical transporters. *Physiology* 24, 377–386.
Gadsby DC (2009) Ion channels versus ion pumps: the principal difference, in principle. *Nat. Rev. Mol. Cell Biol.* 10, 344–352.
Higgins CF (2007) Multiple molecular mechanisms for multidrug resistance transporters. *Nature* 446, 749–757.
Kaback HR, Sahin-Tóth M & Weinglass AB (2001) The kamikaze approach to membrane transport. *Nat. Rev. Mol. Cell Biol.* 2, 610–620.
Kühlbrandt W (2004) Biology, structure and mechanism of P-type ATPases. *Nat. Rev. Mol. Cell Biol.* 5, 282–295.
Lodish HF (1986) Anion-exchange and glucose transport proteins: structure, function, and distribution. *Harvey Lect.* 82, 19–46.
Møller JV, Olesen C, Winther AML & Nissen P (2010) The sarcoplasmic Ca^{2+}-ATPase: design of a perfect chemi-osmotic pump. *Q. Rev. Biophys.* 43, 501–566.
Perez C, Koshy C, Yildiz O & Ziegler C (2012) Alternating-access mechanism in conformationally asymmetric trimers of the betaine transporter BetP. *Nature* 490, 126–130.
Rees D, Johnson E & Lewinson O (2009) ABC transporters: the power to change. *Nat. Rev. Mol. Cell Biol.* 10, 218–227.
Romero MF & Boron WF (1999) Electrogenic Na^+/HCO_3^- cotransporters: cloning and physiology. *Annu. Rev. Physiol.* 61, 699–723.
Rudnick G (2011) Cytoplasmic permeation pathway of neurotransmitter transporters. *Biochemistry* 50, 7462–7475.
Saier MH Jr (2000) Vectorial metabolism and the evolution of transport systems. *J. Bacteriol.* 182, 5029–5035.
Stein WD (2002) Cell volume homeostasis: ionic and nonionic mechanisms. The sodium pump in the emergence of animal cells. *Int. Rev. Cytol.* 215, 231–258.
Toyoshima C (2009) How Ca^{2+}-ATPase pumps ions across the sarcoplasmic reticulum membrane. *Biochim. Biophys. Acta* 1793, 941–946.
Yamashita A, Singh SK, Kawate T et al. (2005) Crystal structure of a bacterial homologue of Na^+/Cl^--dependent neurotransmitter transporters. *Nature* 437, 215–223.

Proteínas de canal e as propriedades elétricas das membranas
Armstrong C (1998) The vision of the pore. *Science* 280, 56–57.
Arnadóttir J & Chalfie M (2010) Eukaryotic mechanosensitive channels. *Annu. Rev. Biophys.* 39, 111–137.
Bezanilla F (2008) How membrane proteins sense voltage. *Nat. Rev. Mol. Cell Biol.* 9, 323–332.
Catterall WA (2010) Ion channel voltage sensors: structure, function, and pathophysiology. *Neuron* 67, 915–928.
Davis GW (2006) Homeostatic control of neural activity: from phenomenology to molecular design. *Annu. Rev. Neurosci.* 29, 307–323.
Greengard P (2001) The neurobiology of slow synaptic transmission. *Science* 294, 1024–1030.
Hodgkin AL & Huxley AF (1952) A quantitative description of membrane current and its application to conduction and excitation in nerve. *J. Physiol.* 117, 500–544.
Hodgkin AL & Huxley AF (1952) Currents carried by sodium and potassium ions through the membrane of the giant axon of *Loligo*. *J. Physiol.* 116, 449–472.
Jessell TM & Kandel ER (1993) Synaptic transmission: a bidirectional and self-modifiable form of cell–cell communication. *Cell* 72(Suppl), 1–30.
Julius D (2013) TRP channels and pain. *Annu. Rev. Cell Dev. Biol.* 29, 355–384.
Katz B (1966) Nerve, Muscle and Synapse. New York: McGraw-Hill.
King LS, Kozono D & Agre P (2004) From structure to disease: the evolving tale of aquaporin biology. *Nat. Rev. Mol. Cell Biol.* 5, 687–698.
Liao M, Cao E, Julius D & Cheng Y (2014) Single particle electron cryo-microscopy of a mammalian ion channel. *Curr. Opin. Struct. Biol.* 27, 1–7.
MacKinnon R (2003) Potassium channels. *FEBS Lett.* 555, 62–65.
Miesenböck G (2011) Optogenetic control of cells and circuits. *Annu. Rev. Cell Dev. Biol.* 27, 731–758.
Moss SJ & Smart TG (2001) Constructing inhibitory synapses. *Nat. Rev. Neurosci.* 2, 240–250.
Neher E & Sakmann B (1992) The patch clamp technique. *Sci. Am.* 266, 44–51.
Nicholls JG, Fuchs PA, Martin AR & Wallace BG (2000) From Neuron to Brain, 4th ed. Sunderland, MA: Sinauer.
Numa S (1987) A molecular view of neurotransmitter receptors and ionic channels. *Harvey Lect.* 83, 121–165.
Payandeh J, Scheuer T, Zheng N & Catterall WA (2011) The crystal structure of a voltage-gated sodium channel. *Nature* 475, 353–358.
Scannevin RH & Huganir RL (2000) Postsynaptic organization and regulation of excitatory synapses. *Nat. Rev. Neurosci.* 1, 133–141.
Snyder SH (1996) Drugs and the Brain. New York: WH Freeman/Scientific American Books.
Sobolevsky AI, Rosconi MP & Gouaux E (2009) X-ray structure, symmetry and mechanism of an AMPA-subtype glutamate receptor. *Nature* 462, 745–756.
Stevens CF (2004) Presynaptic function. *Curr. Opin. Neurobiol.* 14, 341–345.
Verkman AS (2013) Aquaporins. *Curr. Biol.* 23, R52–R55.

Compartimentos intracelulares e endereçamento de proteínas

CAPÍTULO 12

Diferentemente de uma bactéria, que em geral consiste em um único compartimento intracelular envolto por uma membrana plasmática, uma célula eucariótica é subdividida de forma elaborada em compartimentos funcionalmente distintos envoltos por membranas. Cada compartimento, ou **organela**, contém seu próprio conjunto característico de enzimas e outras moléculas especializadas, e sistemas de distribuição complexos transportam produtos específicos de um compartimento a outro. Para entender a célula eucariótica, é essencial conhecer como a célula cria e mantém esses compartimentos, o que ocorre em cada um deles e como as moléculas se movem entre eles.

As proteínas conferem características estruturais e propriedades funcionais a cada compartimento. Elas catalisam as reações que lá ocorrem e transportam seletivamente pequenas moléculas para dentro ou para fora do compartimento. Para organelas envoltas por membrana, as proteínas também servem como marcadores de superfície organela-específicos que direcionam novas remessas de proteínas e lipídeos para as organelas apropriadas.

Uma célula animal contém em torno de 10 bilhões (10^{10}) de moléculas proteicas de talvez 10 mil tipos, e a síntese de quase todas elas começa no **citosol**, o espaço do lado de fora das organelas delimitadas por membrana. Cada proteína recém-sintetizada é então entregue especificamente à organela que dela necessite. O transporte intracelular de proteínas é o tema central deste capítulo e do próximo. Ao acompanhar o tráfego das proteínas de um compartimento a outro, podemos começar a entender o labirinto confuso de membranas intracelulares.

COMPARTIMENTALIZAÇÃO DAS CÉLULAS

Neste breve resumo dos compartimentos celulares e das relações entre eles, organizamos conceitualmente as organelas em um pequeno número de famílias distintas, discutimos como as proteínas são direcionadas a organelas específicas e explicamos como as proteínas atravessam as membranas das organelas.

Todas as células eucarióticas têm o mesmo conjunto básico de organelas envoltas por membranas

Muitos processos bioquímicos vitais ocorrem dentro das membranas ou em sua superfície. Enzimas aderidas à membrana, por exemplo, catalisam o metabolismo de lipídeos, e tanto a fosforilação oxidativa como a fotossíntese necessitam de uma membrana para acoplar o transporte de H^+ à síntese de ATP. Além de proporcionar um aumento na área de membranas para abrigar reações bioquímicas, os sistemas de membranas intracelulares formam compartimentos fechados que são separados do citosol, criando assim espaços aquosos funcionalmente especializados dentro da célula. Nesses espaços, subconjuntos de moléculas (proteínas, reagentes, íons) são concentrados para otimizar as reações bioquímicas nas quais participam. Como a bicamada lipídica das membranas celulares é impermeável a muitas moléculas hidrofílicas, a membrana de uma organela deve conter proteínas de transporte de membrana para a importação e a exportação de metabólitos específicos. Cada membrana de organela deve ser dotada também de um mecanismo para a importação e a incorporação, na organela, de proteínas específicas que a tornam única.

A **Figura 12-1** ilustra os principais compartimentos intracelulares comuns às células eucarióticas. O *núcleo* contém o genoma (além do DNA mitocondrial e de cloroplastos) e é o sítio principal de síntese de DNA e RNA. O **citoplasma** circundante consiste no citosol e nas organelas citoplasmáticas nele imersas. O citosol, que representa um pouco mais da metade do volume total da célula, é o principal sítio de síntese e degradação de

NESTE CAPÍTULO

COMPARTIMENTALIZAÇÃO DAS CÉLULAS

TRANSPORTE DE MOLÉCULAS ENTRE O NÚCLEO E O CITOSOL

TRANSPORTE DE PROTEÍNAS PARA MITOCÔNDRIAS E CLOROPLASTOS

PEROXISSOMOS

RETÍCULO ENDOPLASMÁTICO

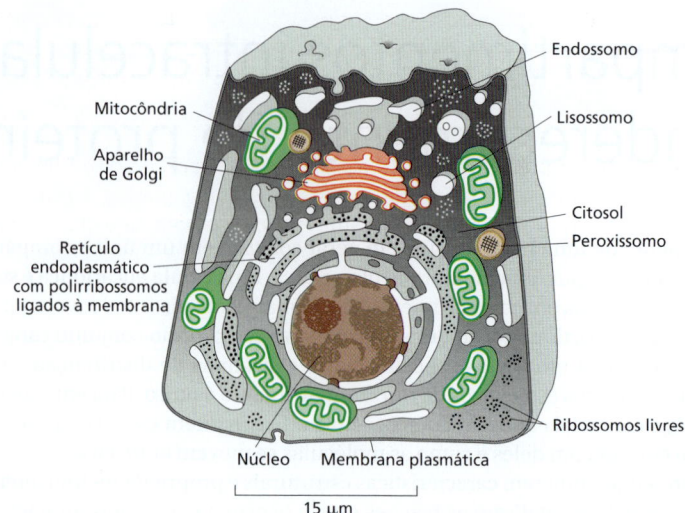

Figura 12-1 Principais compartimentos intracelulares de uma célula animal. O citosol, o retículo endoplasmático, o aparelho de Golgi, o núcleo, a mitocôndria, o endossomo, o lisossomo e o peroxissomo são diferentes compartimentos isolados do resto da célula por pelo menos uma membrana seletivamente permeável (ver **Animação 9.2**).

proteínas. Ele também desempenha a maior parte do *metabolismo intermediário* da célula – isto é, as muitas reações pelas quais algumas pequenas moléculas são degradadas e outras são sintetizadas para fornecer as unidades fundamentais das macromoléculas (discutido no Capítulo 2).

Cerca de metade da área total da membrana em uma célula eucariótica envolve os espaços labirínticos do *retículo endoplasmático* (*RE*). O *RE rugoso* possui muitos ribossomos ligados à sua superfície citosólica. Os ribossomos são organelas que não estão envoltas por membrana; eles sintetizam proteínas de membrana integrais e solúveis, muitas das quais são secretadas para o exterior da célula ou para outras organelas. Veremos que, enquanto as proteínas são translocadas para outras organelas envoltas por membranas somente depois de completada sua síntese, eles são translocados para o RE à medida que são sintetizados. Esse fato explica por que o RE é a única organela que tem ribossomos nela aderidos. O RE também produz a maioria dos lipídeos para o restante da célula e funciona como reserva de íons Ca^{2+}. Regiões do RE que não possuem ribossomos aderidos são chamadas de *RE liso*. O RE envia muitas de suas proteínas e lipídeos ao *aparelho de Golgi*, que, em geral, consiste em pilhas organizadas de compartimentos discoides chamados *cisternas de Golgi*. O aparelho de Golgi recebe lipídeos e proteínas do RE e os envia para vários destinos, com frequência modificando-os covalentemente *durante o trajeto*.

As *mitocôndrias* e os *cloroplastos* produzem grande parte do ATP que as células utilizam para realizar reações que requerem a entrada de energia livre; os cloroplastos são uma versão especializada dos *plastídios* (presentes em plantas, algas e alguns protozoários), os quais também possuem outras funções, como armazenamento de nutrientes ou moléculas de pigmento. *Os lisossomos* contêm enzimas digestivas que degradam organelas intracelulares mortas, bem como macromoléculas e partículas englobadas do exterior da célula por endocitose. A caminho dos lisossomos, o material endocitado deve passar primeiramente por uma série de organelas chamadas de *endossomos*. Por fim, os *peroxissomos* são pequenos compartimentos vesiculares que contêm enzimas usadas em várias reações oxidativas.

Em geral, cada organela envolta por membrana realiza o mesmo conjunto de funções básicas em todos os tipos celulares. Contudo, para servir a funções especializadas nas células, essas organelas variam em abundância e podem ter propriedades adicionais que diferem de um tipo celular para outro.

Em média, os compartimentos envoltos por membranas, juntos, ocupam quase metade do volume celular (**Tabela 12-1**), e uma grande quantidade de membrana intracelular é necessária para compô-los. Em células do fígado e do pâncreas, por exemplo, o RE tem uma área total de superfície de membrana que é, respectivamente, 25 vezes e 12 vezes a da membrana plasmática (**Tabela 12-2**). As organelas delimitadas por membrana são firmemente empacotadas no citoplasma e, em termos de massa e área, a membrana plasmática é apenas uma membrana menor na maioria das células eucarióticas (**Figura 12-2**).

A abundância e a forma das organelas envoltas por membrana são reguladas em função das necessidades da célula. Isso é particularmente aparente em células que são altamente especializadas e, como resultado, dependem de certas organelas específicas. As células plasmáticas, por exemplo, que secretam seu próprio peso continuamente em moléculas de anticorpos na corrente sanguínea, contêm uma quantidade enorme amplificada de RE rugoso, que é encontrado em enormes e achatadas camadas. Células especializadas na síntese de lipídeos também expandem seu RE, mas, nesse caso, a organela forma uma rede de túbulos contorcidos. Além disso, organelas envoltas por membrana costumam ser encontradas em posições características no citoplasma. Na maioria das células, por exemplo, o aparelho de Golgi está localizado próximo ao núcleo, enquanto a rede de túbulos do RE estende-se do núcleo por todo o citosol. Essas distribuições características dependem das interações das organelas com o citoesqueleto. A localização de ambos, RE e aparelho de Golgi, por exemplo, depende do conjunto intacto de microtúbulos; se os microtúbulos forem despolimerizados experimentalmente com um fármaco, o aparelho de Golgi fragmenta-se e é disperso pela célula, e a rede de RE colapsa para o centro da célula (discutido no Capítulo 16). O tamanho, a forma, a composição e a localização são igualmente importantes e regulam características que fundamentalmente contribuem para a função dessas organelas.

A origem evolutiva pode ajudar a explicar a relação topológica das organelas

Para entender a relação entre os compartimentos das células, é interessante entender como eles teriam evoluído. Os precursores das primeiras células eucarióticas são considerados células relativamente simples – parecidas com células bacterianas ou procarióticas – que possuem uma membrana plasmática, mas não membranas internas. Em tais células, a membrana plasmática realiza todas as funções dependentes de membrana, incluindo o bombeamento de íons, a síntese de ATP, a secreção de proteína e a síntese de lipídeos. As células eucarióticas atuais típicas são de 10 a 30 vezes maiores em dimensão linear e de 1.000 a 10.000 vezes maiores em volume do que uma bactéria típica, como *Escherichia coli*. A profusão de membranas internas pode ser vista, em parte, como uma adaptação a esse aumento de tamanho: a célula eucariótica tem uma razão muito

TABELA 12-1 Volumes relativos ocupados pelos principais compartimentos intracelulares em uma célula do fígado (hepatócito)

Compartimento intracelular	Percentual do volume celular total
Citosol	54
Mitocôndria	22
Cisternas do RE rugoso	9
Cisternas do RE liso mais cisterna de Golgi	6
Núcleo	6
Peroxissomos	1
Lisossomos	1
Endossomos	1

TABELA 12-2 Quantidades relativas de tipos de membranas em dois tipos de células eucarióticas

	Percentual da membrana celular total	
Tipo de membrana	Hepatócito*	Célula exócrina pancreática*
Membrana plasmática	2	5
Membrana do RE rugoso	35	60
Membrana do RE liso	16	< 1
Membrana do aparelho de Golgi	7	10
Mitocôndria		
Membrana externa	7	4
Membrana interna	32	17
Núcleo		
Membrana interna	0,2	0,7
Membrana das vesículas secretoras	Não determinado	3
Membrana do lisossomo	0,4	Não determinado
Membrana do peroxissomo	0,4	Não determinado
Membrana do endossomo	0,4	Não determinado

*Essas duas células têm tamanhos muito diferentes: um hepatócito médio tem volume de cerca de 5.000 μm^3 em comparação com 1.000 μm^3 da célula pancreática exócrina. As áreas de membrana celular total são estimadas em cerca de 110.000 μm^2 e 13.000 μm^2, respectivamente.

Figura 12-2 **Micrografia eletrônica de parte de uma célula do fígado vista em corte transversal.** Exemplos da maioria das principais organelas intracelulares estão indicados. (Cortesia de Daniel S. Friend.)

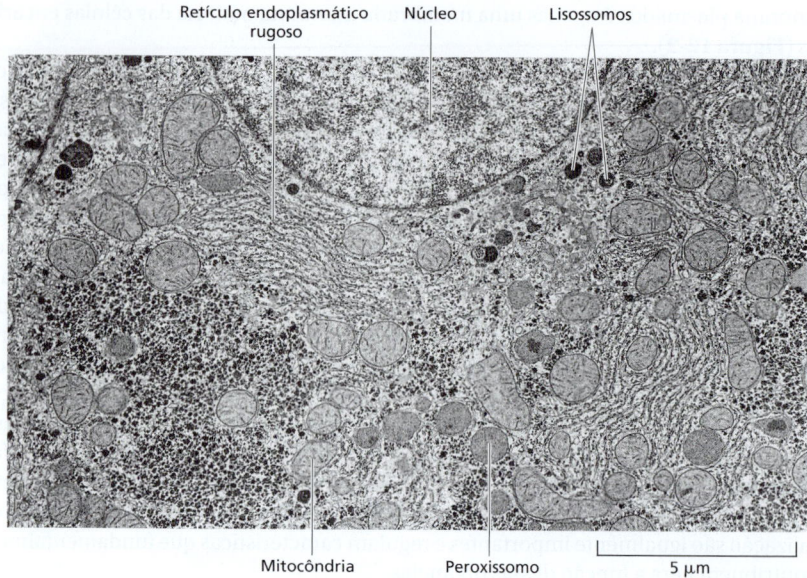

menor de área de superfície em relação ao volume, e sua área de membrana plasmática é, presumivelmente, pequena para sustentar as muitas funções vitais para as quais as membranas são necessárias. O extenso sistema interno de membranas de uma célula eucariótica ameniza esse desequilíbrio.

A evolução de membranas internas, evidentemente, acompanhou a especialização da função da membrana. Um esquema hipotético de como as primeiras células eucarióticas, com núcleo e RE, poderiam ter evoluído por meio de invaginação e dobramento da membrana plasmática de uma célula ancestral está ilustrado na **Figura 12-3**. Esse processo poderia criar organelas delimitadas por membrana com um interior ou **lúmen** que é topologicamente equivalente ao exterior de uma célula. Veremos que essa relação topológica é mantida para todas as organelas envolvidas em vias secretoras e endocíticas, incluindo o RE, o aparelho de Golgi, os endossomos, os lisossomos e os peroxissomos. Poder-se-ia pensar que todas essas organelas são membros do mesmo compartimento equivalente topologicamente. Como discutiremos em detalhes no capítulo seguinte, seus interiores comunicam-se extensivamente um com o outro e com o exterior da célula via *vesículas de transporte*, que se desprendem de uma organela e se fundem com outra (**Figura 12-4**).

Conforme descrito no Capítulo 14, as mitocôndrias e os plastídios diferem das outras organelas envoltas por membranas pelo fato de conterem seus próprios genomas. A natureza desses genomas e a forte semelhança das proteínas nessas organelas com aquelas em algumas bactérias atuais sugerem fortemente que as mitocôndrias e os plastídios evoluíram de bactérias que foram engolfadas por outras células com as quais elas inicialmente viveram em simbiose (ver Figuras 1-29 e 1-31): a membrana interna de mitocôndrias e plastídios presumivelmente corresponde à membrana plasmática original da bactéria, enquanto o lúmen dessas organelas evoluiu do citosol bacteriano. Assim como as bactérias das quais eles se derivaram, tanto as mitocôndrias quanto os plastídios são delimitados por uma dupla membrana e permanecem isolados do enorme tráfego vesicular que conecta os interiores da maioria das outras organelas delimitadas por membrana, conectando-os também ao exterior da célula.

Os esquemas evolutivos recém-descritos agrupam os compartimentos intracelulares das células eucarióticas em quatro famílias distintas: (1) o núcleo e o citosol, os quais se comunicam por meio dos *complexos do poro nuclear* e são, assim, topologicamente contínuos (embora funcionalmente distintos); (2) todas as organelas envolvidas em vias secretoras e endocíticas – incluindo o RE, o aparelho de Golgi, os endossomos, os lisossomos, as numerosas classes de intermediários de transporte, como vesículas de transporte que se movem entre elas, e os peroxissomos; (3) as mitocôndrias; e (4) os plastídios (somente em plantas).

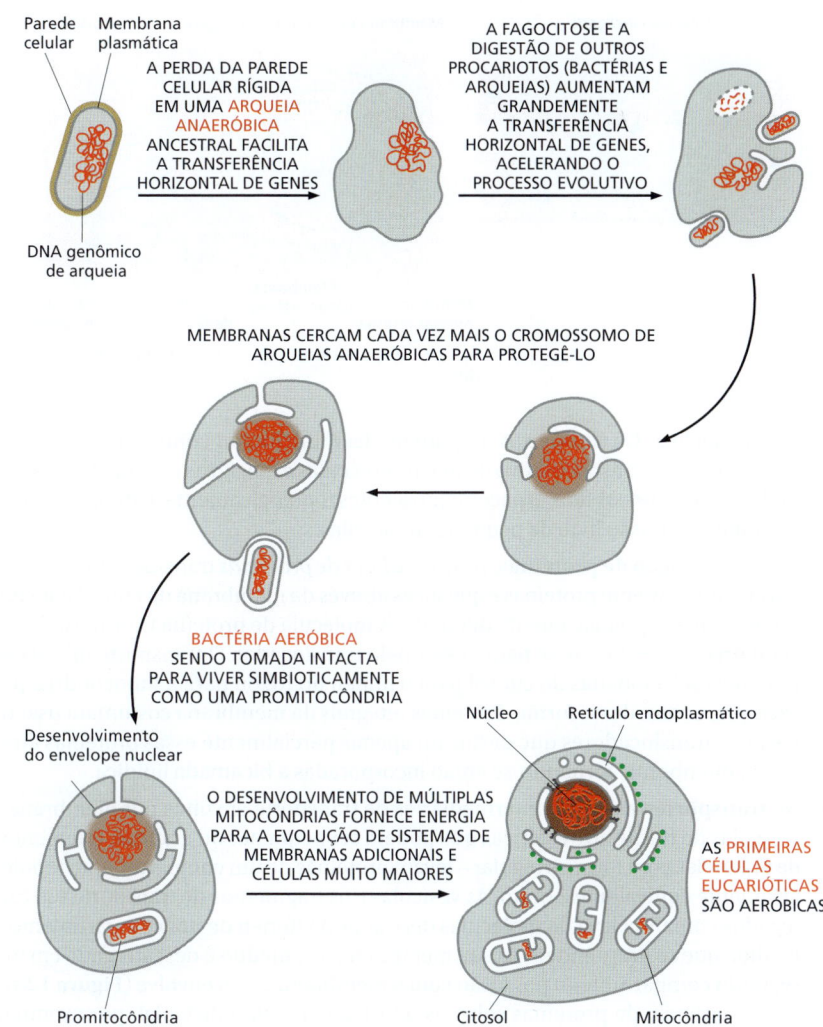

Figura 12-3 **Uma via sugerida para a evolução de células eucarióticas e suas membranas internas.** Como discutido no Capítulo 1, existem evidências de que o genoma nuclear em células eucarióticas evoluiu a partir de uma arqueia ancestral. Por exemplo, homólogos claros entre actinas, tubulinas, histonas e o sistema de replicação do DNA nuclear são encontrados em arqueias, mas não em bactérias. Então, acredita-se agora que as primeiras células eucarióticas surgiram quando uma arqueia anaeróbica ancestral uniu-se com uma bactéria aeróbica cerca de 1,6 bilhão de anos atrás. Tal como indicado, o envelope nuclear pode ter se originado a partir de uma invaginação da membrana plasmática dessa arqueia ancestral – uma invaginação que protegeu seu cromossomo, permitindo ainda o acesso do DNA ao citosol (conforme necessário para o DNA para dirigir a síntese de proteínas). Esse envelope pode ter sido mais tarde completamente comprimido para fora da membrana plasmática, de modo a produzir um compartimento nuclear separado, rodeado por uma dupla membrana. Visto que essa dupla membrana é atravessada por complexos de poro nuclear, o compartimento nuclear é topologicamente equivalente ao citosol. Em contrapartida, o lúmen do RE é contínuo com o espaço entre as membranas nucleares interna e externa e topologicamente equivalente ao espaço extracelular (ver Figura 12-4). (Adaptada de J. Martijn e T.J.G. Ettema, *Biochem. Soc. Trans.* 41-1 451–457, 2013.)

As proteínas podem mover-se entre os compartimentos de diferentes maneiras

A síntese de todas as proteínas começa em ribossomos no citosol, exceto as poucas proteínas que são sintetizadas nos ribossomos das mitocôndrias e dos plastídIos. Seu destino subsequente depende da sua sequência de aminoácidos, a qual pode conter **sinais de endereçamento** que direcionam seu envio a locais fora do citosol ou a superfícies de organelas. Algumas proteínas não possuem um sinal de endereçamento e, consequentemente, permanecem no citosol como residentes permanentes. Muitas outras, todavia, apresentam sinais de endereçamento específicos, que direcionam seu transporte do citosol ao núcleo, ao RE, às mitocôndrias, aos plastídios ou aos peroxissomos; os sinais de endereçamento também podem orientar o transporte de proteínas do RE a outros destinos na célula.

Para entender os princípios gerais pelos quais os sinais de endereçamento operam, é importante distinguir três caminhos fundamentalmente diferentes pelos quais as proteínas se movem de um compartimento a outro. Esses três mecanismos são descritos a seguir, e os passos de transporte nos quais eles operam são delineados na **Figura 12-5**. Discutimos os primeiros dois mecanismos (transporte fechado e transporte transmembrana) neste capítulo, e o terceiro (transporte vesicular, *setas verdes* na Figura 12-5), no Capítulo 13.

1. No **transporte controlado por comportas**, proteínas e moléculas de RNA se movimentam entre o citosol e o núcleo através de complexos do poro nuclear no en-

Figura 12-4 **Compartimentos topologicamente equivalentes nas vias secretora e endocítica em uma célula eucariótica.** Os compartimentos são tidos como *topologicamente equivalentes* se puderem comunicar-se uns com os outros no sentido de que as moléculas podem circular de um para outro sem precisar atravessar a membrana. Os espaços topologicamente equivalentes são mostrados em *vermelho*. (A) As moléculas podem ser transportadas de um compartimento para outro topologicamente equivalente por vesículas que brotam de um compartimento e se fundem com outro. (B) Em princípio, os ciclos de formação de membrana e fusão permitem ao lúmen de qualquer organela mostrada comunicar-se um com o outro e com o exterior celular por meio de vesículas de transporte. As *setas azuis* indicam a extensa rede de vias de tráfego para o exterior e para o interior (discutido no Capítulo 13). Algumas organelas, em particular as mitocôndrias e (em células vegetais) os plastídios, não estão envolvidas nessa comunicação e estão isoladas do tráfego vesicular entre as organelas aqui mostradas.

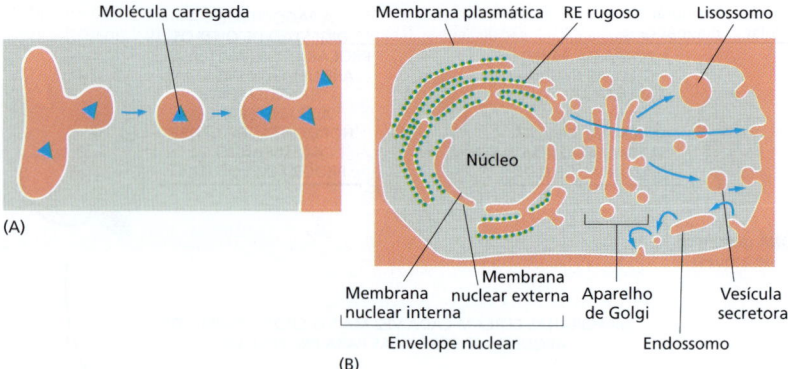

velope nuclear. Os complexos do poro nuclear funcionam como canais seletivos que auxiliam o transporte ativo de macromoléculas específicas e conjuntos macromoleculares entre os dois espaços equivalentes topologicamente, embora também permitam a difusão livre de pequenas moléculas.

2. Na **translocação de proteínas**, *translocadores de proteínas* transmembrana transportam diretamente proteínas específicas através da membrana do citosol para um espaço que é topologicamente diferente. A molécula de proteína transportada em geral precisa desdobrar-se para passar pelo translocador. O transporte inicial das proteínas selecionadas do citosol para o lúmen do RE ou para a mitocôndria, por exemplo, ocorre dessa forma. Proteínas integrais da membrana costumam usar os mesmos translocadores que deslocam apenas parcialmente essas proteínas através da membrana, tornando-se então incorporadas à bicamada lipídica.

3. No **transporte vesicular**, intermediários de transporte envoltos por membrana – vesículas de transporte esféricas que podem ser pequenas ou grandes, fragmentos de organelas com forma irregular – levam proteínas de um compartimento topologicamente equivalente a outro. As vesículas e os fragmentos de transporte são carregados com uma leva de moléculas derivadas do lúmen de um compartimento à medida que se desprendem da sua membrana; o conteúdo é descarregado em um segundo compartimento por fusão com a membrana que o envolve (**Figura 12-6**). A transferência de proteínas solúveis do RE ao aparelho de Golgi, por exemplo, ocorre dessa maneira. Devido ao fato de as proteínas transportadas não cruzarem uma membrana, o transporte vesicular pode mover proteínas somente entre compartimentos topologicamente equivalentes (ver Figura 12-4).

Cada uma das formas de transferência de proteínas normalmente é guiada por sinais de endereçamento na proteína transportada que são reconhecidos pelos *receptores de endereçamento* complementares. Se uma proteína grande deve ser importada pelo núcleo, por exemplo, ela deve possuir um sinal de endereçamento que é reconhecido por proteínas receptoras que a guiam ao longo do complexo do poro nuclear. Se uma proteína deve ser transferida diretamente através da membrana, ela deve ter

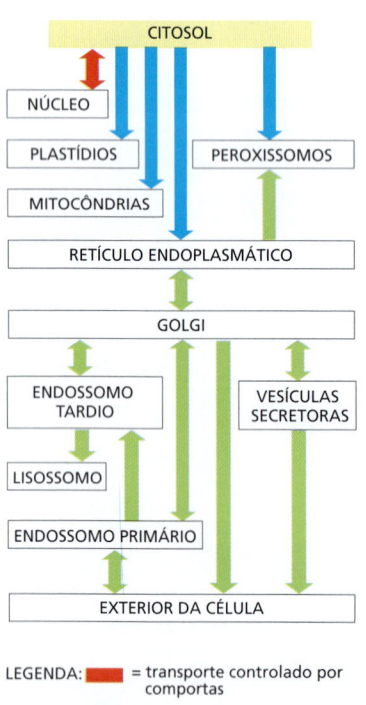

Figura 12-5 **Um roteiro simplificado do tráfego de proteínas em uma célula eucariótica.** As proteínas podem mover-se de um compartimento a outro por transporte controlado por comportas (*vermelho*), por translocação de proteínas (*azul*) ou por transporte vesicular (*verde*). Os sinais que direcionam o movimento de uma dada proteína ao longo do sistema e, portanto, determinam sua localização final na célula estão contidos na sequência de aminoácidos de cada proteína. A jornada começa com a síntese de uma proteína em um ribossomo no citosol e, para muitas proteínas, termina quando a proteína alcança seu destino final. Outras proteínas trafegam entre o núcleo e o citosol. Em cada estação intermediária (*retângulos*), uma decisão é tomada quanto à retenção da proteína naquele compartimento ou à continuação do seu transporte. Um sinal de endereçamento pode direcionar tanto a retenção como a saída de um compartimento.

Iremos nos referir a esta figura frequentemente como um guia neste capítulo e no próximo, destacando em cor a via particular sendo discutida.

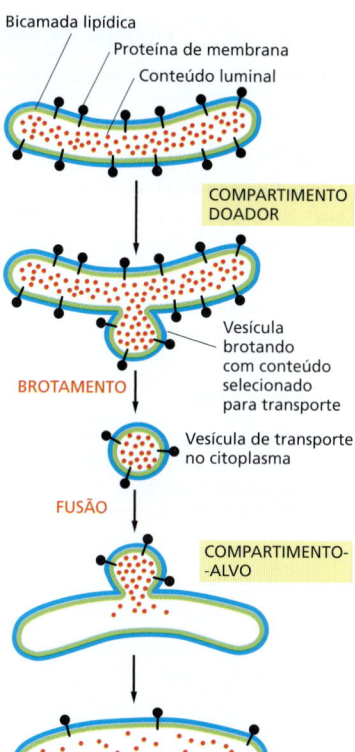

Figura 12-6 Brotamento e fusão de vesículas durante o transporte vesicular. As vesículas de transporte formam-se (brotam) em um compartimento (doador) e fundem-se com outro compartimento topologicamente equivalente (alvo). No processo, os componentes solúveis (*pontos vermelhos*) são transferidos de lúmen para lúmen. Note que a membrana também é transferida e que a orientação original tanto de proteínas como de lipídeos da membrana do compartimento doador é preservada na membrana do compartimento-alvo. Assim, as proteínas de membrana retêm sua orientação assimétrica, com os mesmos domínios sempre orientados para o citosol.

um sinal de endereçamento que é reconhecido pelo translocador. Da mesma forma, se uma proteína deve ser carregada em um certo tipo de vesícula ou retida em certas organelas, um receptor complementar na membrana apropriada deve reconhecer seu sinal de endereçamento.

As sequências-sinal e os receptores de endereçamento direcionam proteínas aos destinos celulares corretos

A maioria dos sinais de endereçamento de proteínas envolvidos no transporte transmembrana encontra-se em uma sequência de aminoácidos, em geral um trecho de 15 a 60 resíduos. Tais **sequências-sinal** são frequentemente encontradas na porção N-terminal da cadeia polipeptídica, e em muitos casos **peptidases-sinal** especializadas removem a sequência-sinal da proteína finalizada, uma vez que o processo de endereçamento está completo. Sequências-sinal também podem ser extensões internas de aminoácidos, as quais permanecem como parte da proteína. Tais sinais são usados em transportes controlados por comportas para dentro do núcleo. Os sinais de endereçamento podem ser compostos por múltiplas sequências de aminoácidos internas que formam um arranjo específico tridimensional de átomos na superfície das proteínas; tais **regiões-sinal** são algumas vezes usados para a importação nuclear e em transporte vesicular.

Cada sequência-sinal especifica um destino particular na célula. As proteínas destinadas para transferência ao RE em geral possuem uma sequência-sinal na sua região N-terminal, a qual inclui como característica uma sequência composta de cerca de 5 a 10 aminoácidos hidrofóbicos. Muitas dessas proteínas passarão do RE para o aparelho de Golgi, mas aquelas com uma sequência-sinal específica de quatro aminoácidos na sua região C-terminal são reconhecidas como residentes no RE e retornam a ele. As proteínas destinadas às mitocôndrias têm sequências-sinal de outro tipo ainda, nas quais aminoácidos carregados positivamente se alternam com aminoácidos hidrofóbicos. Por fim, muitas proteínas destinadas aos peroxissomos têm um peptídeo-sinal de três aminoácidos característicos na sua região C-terminal.

A **Tabela 12-3** apresenta algumas sequências-sinal específicas. Experimentos nos quais o peptídeo é transferido de uma proteína para outra por técnicas de engenharia genética têm demonstrado a importância de cada uma dessas sequências para a proteína-alvo. Colocando a sequência sinal N-terminal do RE no começo de uma proteína citosólica, por exemplo, a proteína é redirecionada para o RE; a remoção ou mutação na sequência-sinal de uma proteína do RE causa sua retenção no citosol. As sequências-sinal são, por conseguinte, tanto necessárias como suficientes para o endereçamento de proteínas. Embora suas sequências de aminoácidos possam variar muito, as sequências-sinal das proteínas que têm o mesmo destino são funcionalmente intercambiáveis; propriedades físicas, como a hidrofobicidade, em geral parecem ser mais importantes no processo de reconhecimento de sinal do que a exata sequência de aminoácidos.

As sequências-sinal são reconhecidas pelos receptores de endereçamento complementares que guiam proteínas ao seu destino apropriado, onde os receptores descarregam suas cargas. Os receptores funcionam cataliticamente: depois de completar uma rodada de entrega, eles retornam ao seu ponto de origem para serem reutilizados. Muitos receptores de endereçamento reconhecem classes de proteínas mais do que proteínas específicas. Eles podem, portanto, ser vistos como sistemas de transporte público, dedicados à entrega de numerosos componentes diferentes à sua localização correta dentro da célula.

TABELA 12-3 Algumas sequências-sinal típicas	
Função da sequência-sinal	Exemplo de sequência-sinal
Importar para o núcleo	-Pro-Pro-Lys-Lys-Lys-Arg-Lys-Val-
Exportar do núcleo	-Met-Glu-Glu-Leu-Ser-Gln-Ala-Leu-Ala-Ser-Ser-Phe-
Importar para a mitocôndria	^+H_3N-Met-Leu-Ser-Leu-Arg-Gln-Ser-Ile-Arg-Phe-Phe-Lys-Pro-Ala-Thr-Arg-Thr-Leu-Cys-Ser-Ser-Arg-Tyr-Leu-Leu-
Importar para o plastídio	^+H_3N-Met-Val-Ala-Met-Ala-Met-Ala-Ser-Leu-Gln-Ser-Ser-Met-Ser-Ser-Leu-Ser-Leu-Ser-Ser-Asn-Ser-Phe-Leu-Gly-Gln-Pro-Leu-Ser-Pro-Ile-Thr-Leu-Ser-Pro-Phe-Leu-Gln-Gly-
Importar para os peroxissomos	-Ser-Lys-Leu-COO^-
Importar para o RE	^+H_3N-Met-Met-Ser-Phe-Val-Ser-Leu-Leu-Leu-Val-Gly-Ile-Leu-Phe-Trp-Ala-Thr-Glu-Ala-Glu-Gln-Leu-Thr-Lys-Cys-Glu-Val-Phe-Gln-
Retornar ao RE	-Lys-Asp-Glu-Leu-COO^-

Alguns aspectos característicos das diferentes classes de sequências-sinal estão destacados em cores diferentes. Quando sua importância para a função da sequência-sinal é conhecida, os aminoácidos carregados positivamente são mostrados em *vermelho*, e os carregados negativamente, em *verde*. Do mesmo modo, os aminoácidos hidrofóbicos importantes são mostrados em *laranja*, e os aminoácidos hidroxilados, em *azul*. ^+H_3N indica a região N-terminal de uma proteína; COO^- indica a região C-terminal.

A maioria das organelas não pode ser construída *de novo*: elas necessitam de informações presentes na própria organela

Quando uma célula se reproduz por divisão, ela precisa duplicar suas organelas, além dos seus cromossomos. Em geral, as células realizam essa tarefa com um aumento das organelas existentes por incorporação de novas moléculas; as organelas aumentadas, então, dividem-se e são distribuídas às duas células-filhas. Assim, cada célula-filha herda de sua mãe um conjunto completo de membranas celulares especializadas. Essa herança é essencial, uma vez que a célula não produz tais membranas do zero. Se o RE fosse completamente removido da célula, por exemplo, como a célula poderia reconstruí-lo? Como discutiremos mais adiante, as proteínas de membrana que definem o RE e realizam muitas das suas funções são produto do RE. Um novo RE não pode ser feito sem um RE já existente ou, pelo menos, sem uma membrana que contenha especificamente as proteínas translocadoras requeridas para importar proteínas selecionadas do citosol ao RE (incluindo os próprios translocadores específicos do RE). O mesmo é verdade para mitocôndrias e plastídios.

Portanto, parece que as informações necessárias à construção de organelas não residem exclusivamente no DNA que especifica as proteínas das organelas. A informação na forma de, pelo menos, uma proteína distinta preexistente na membrana da organela também é necessária, e essa informação é passada da célula parental às células-filhas na forma da própria organela. Provavelmente, tal informação seja essencial à propagação da organização da célula em compartimentos, assim como a informação no DNA é essencial à propagação dos nucleotídeos e das sequências de aminoácidos da célula.

Como se discute em mais detalhes no Capítulo 13, no entanto, do RE brotam vesículas de transporte em um fluxo constante, que incorporam apenas um subconjunto de proteínas do RE, possuindo, portanto, uma composição diferente do próprio RE. De modo similar, da membrana plasmática constantemente brotam vários tipos de vesículas endocíticas especializadas. Assim, algumas organelas podem formar-se de outras organelas e não precisam ser herdadas no processo de divisão celular.

Resumo

As células eucarióticas contêm organelas delimitadas por membranas intracelulares que totalizam quase metade do volume total das células. As principais que estão presentes em todas as células eucarióticas são o retículo endoplasmático, o aparelho de Golgi, o núcleo, as mitocôndrias, os lisossomos, os endossomos e os peroxissomos; as células vegetais também contêm plastídios, como cloroplastos. Essas organelas contêm distintos conjuntos de proteínas, as quais medeiam cada função única das organelas.

Cada proteína organelar recém-sintetizada deve encontrar seu caminho a partir de um ribossomo no citosol, onde a proteína é sintetizada, até a organela onde exercerá sua função. A proteína segue uma via específica, guiada por sinais de endereçamento em sua sequência de aminoácidos, que funcionam como sequências-sinal, ou regiões-sinal. Os sinais de endereçamento são reconhecidos pelos receptores de endereçamento complementares que entregam a proteína à organela-alvo apropriada. As proteínas com função citosólica não contêm sinais de endereçamento e permanecem no citosol depois de serem sintetizadas.

Durante a divisão celular, as organelas como o RE e as mitocôndrias são distribuídas a cada célula-filha. Essas organelas contêm informações necessárias à sua montagem, e então não podem ser feitas de novo.

TRANSPORTE DE MOLÉCULAS ENTRE O NÚCLEO E O CITOSOL

O **envelope nuclear** encerra o DNA e define o *compartimento nuclear*. Esse envelope consiste em duas membranas concêntricas, penetradas pelos complexos do poro nuclear (**Figura 12-7**). Embora as membranas interna e externa sejam contínuas, elas mantêm composições proteicas distintas. A **membrana nuclear interna** contém proteínas que atuam como sítios de ligação para cromossomos e para a *lâmina nuclear*, uma malha proteica que fornece suporte estrutural para o envelope nuclear; a lâmina também atua como um sítio de ancoragem para cromossomos e citoesqueleto citoplasmático (via complexos proteicos que cruzam o envelope nuclear). A membrana interna é circundada pela **membrana nuclear externa**, a qual é contínua com a membrana do RE. Assim como a membrana do RE (discutida mais adiante), a membrana nuclear externa apresenta ribossomos envolvidos na síntese de proteínas. As proteínas sintetizadas nesses ribossomos são transportadas para o espaço entre as membranas nucleares interna e externa (o *espaço perinuclear*), o qual é contínuo com o lúmen do RE (ver Figura 12-7).

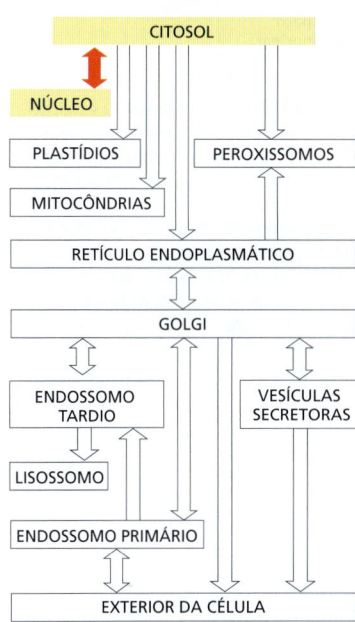

O tráfego bidirecional ocorre continuamente entre o citosol e o núcleo. As muitas proteínas com função nuclear – incluindo histonas, DNA-polimerases e RNA-polimerases, reguladores de transcrição e proteínas de processamento de RNA – são seletivamente importadas do citosol, onde são sintetizadas, para o compartimento nuclear. Ao mesmo tempo, quase todos os RNAs – incluindo mRNAs, rRNAs, tRNAs, miRNAs e snRNAs – são sintetizados no compartimento nuclear e então exportados para o citosol. Assim como o processo de importação, o processo de exportação é seletivo; os mRNAs, por exemplo, são exportados somente após sofrerem modificação apropriada pelas reações de processamento de RNA no núcleo. Em alguns casos, o processo de transporte é complexo. As proteínas ribossômicas, por exemplo, são sintetizadas no citosol e importadas para o núcleo, onde se ligam ao RNA ribossômico (rRNA) recém-transcrito, formando partículas. Essas partículas são então exportadas para o citosol, onde são ligadas aos ribossomos. Cada um desses passos requer transporte seletivo através do envelope nuclear.

Os complexos do poro nuclear perfuram o envelope nuclear

Os grandes e elaborados **complexos do poro nuclear** (**NPCs**, de *nuclear pore complexes*) perfuram o envelope nuclear em todas as células eucarióticas. Cada NPC é composto de um conjunto de cerca de 30 diferentes proteínas, ou **nucleoporinas**. Refletindo o alto grau de simetria interna, cada nucleoporina está presente em cópias múltiplas, resultando em 500 a 1.000 moléculas de proteínas no NPC totalmente montado, com uma massa estimada de 66 milhões de dáltons em leveduras e 125 milhões de dáltons em vertebrados (**Figura 12-8**). A maioria das nucleoporinas é composta de domínios proteicos repetitivos de poucos tipos diferentes, os quais evoluíram por meio de uma vasta duplicação gênica. Algumas das nucleoporinas de suporte (ver Figura 12-8) são estruturalmente relacionadas ao complexo de proteínas de revestimento da vesícula, como a clatrina e COPII do coatômero (discutido no Capítulo 13), que formam vesículas transportadoras; uma proteína é usada como uma

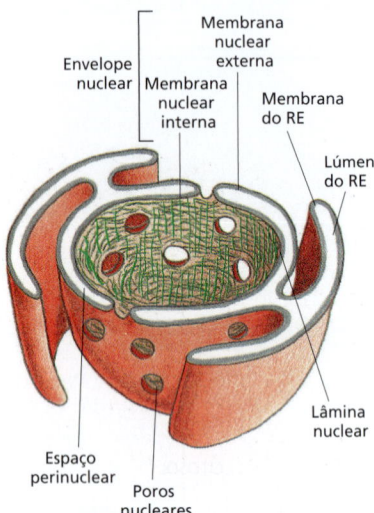

Figura 12-7 Envelope nuclear. O envelope de dupla membrana é atravessado por poros, nos quais os complexos do poro nuclear (não mostrados) são posicionados. A membrana nuclear externa é contínua com o retículo endoplasmático (RE). Os ribossomos, que em geral estão aderidos à superfície citosólica da membrana do RE e da membrana nuclear externa, não são mostrados. A lâmina nuclear é uma malha proteica fibrosa logo abaixo da membrana interna.

unidade fundamental comum tanto em NPCs quanto em revestimentos de vesículas. Essas semelhanças sugerem uma origem evolutiva comum para os NPCs e os revestimentos de vesículas: eles podem ter derivado de um módulo proteico primitivo de curvatura de membrana que ajudou a dar forma aos sistemas de membranas elaborados das células eucarióticas e que, nas células atuais, estabiliza as curvas acentuadas da membrana, necessárias para formar o poro nuclear.

O envelope nuclear de uma célula típica de mamífero contém 3 mil a 4 mil NPCs, embora o número varie grandemente, de poucas centenas em células da glia a quase 20 mil em neurônios de Purkinje. O tráfego total que passa através de cada NPC é enorme: cada NPC pode transportar até mil macromoléculas por segundo e em ambas as direções ao mesmo tempo. Não se sabe como o fluxo bidirecional de macromoléculas é coordenado para evitar congestionamento e colisões.

Cada NPC contém canais aquosos, através dos quais pequenas moléculas solúveis em água podem difundir-se passivamente. O tamanho efetivo desses canais foi determinado pela injeção no citosol de moléculas marcadas solúveis em água e de diferentes tamanhos e, então, pela medida de sua taxa de difusão para o núcleo. Pequenas moléculas (5 mil dáltons ou menos) difundem-se tão rapidamente que o envelope nuclear pode ser considerado livremente permeável a elas. Grandes proteínas, entretanto, difundem-se de maneira muito mais lenta, e quanto maior a proteína, mais lentamente ela passa através dos NPCs. Proteínas maiores do que 60 mil dáltons não podem entrar por difusão passiva. O tamanho-limite para difusão livre é resultado da estrutura do NPC (ver Figura 12-8). O canal de nucleoporinas com extensas regiões não estruturadas forma um emaranhado desordenado (muito parecido com uma cama de algas no oceano) que restringe a difusão de grandes macromoléculas enquanto permite a passagem de pequenas moléculas.

Uma vez que muitas proteínas celulares são demasiadamente grandes para passar por difusão através dos NPCs, o compartimento nuclear e o citosol podem manter diferentes composições de proteínas. Os ribossomos citosólicos maduros, por exemplo, possuem cerca de 30 nm de diâmetro e, assim, não podem difundir-se através dos canais de NPC, restringindo a síntese de proteína ao citosol. Contudo, de que forma o núcleo exporta subunidades ribossômicas recém-sintetizadas ou importa grandes moléculas, como DNA-polimerases e RNA-polimerases, que possuem subunidades de 100 mil a 200 mil dáltons? Como discutiremos a seguir, essas e muitas outras proteínas transportadoras e moléculas de RNA se ligam a proteínas receptoras específicas que ativamente passam grandes moléculas através de NPCs. Mesmo pequenas proteínas como histonas costumam usar mecanismos mediados por receptores para atravessar o NPC, aumentando, dessa maneira, a eficiência do transporte.

Sinais de localização nuclear direcionam as proteínas nucleares ao núcleo

Quando as proteínas são extraídas experimentalmente do núcleo e reintroduzidas no citosol, mesmo aquelas muito grandes se reacumulam de maneira eficiente no núcleo. Sinais de endereçamento chamados de **sinais de localização nuclear** (**NLSs**, de *nuclear localization signals*) são responsáveis pela seletividade desse processo nuclear de importação.

Utilizando a tecnologia do DNA recombinante, esses sinais foram definidos de modo preciso tanto para numerosas proteínas nucleares quanto para proteínas que entram apenas transitoriamente no núcleo (**Figura 12-9**). Em muitas proteínas nucleares, os sinais consistem em uma ou duas sequências curtas ricas em aminoácidos carregados positivamente, lisina e arginina (ver Tabela 12-3, p. 648), com a sequência exata variando para diferentes proteínas. Outras proteínas nucleares contêm diferentes sinais, alguns dos quais ainda não foram caracterizados.

Os sinais de localização nuclear podem estar situados praticamente em qualquer lugar na sequência de aminoácidos e, supostamente, formam alças ou regiões na superfície da proteína. Muitos funcionam mesmo quando estão ligados como curtos peptídeos a cadeias laterais de lisina na superfície da proteína citosólica, sugerindo que a localização exata do sinal dentro da sequência de aminoácidos de uma proteína nuclear não é importante. Além disso, contanto que uma das subunidades da proteína de um complexo multicomponente exponha um sinal de localização nuclear, o complexo inteiro será importado para o núcleo.

O transporte de proteínas nucleares através dos NPCs pode ser diretamente visualizado envolvendo-se partículas de ouro com um sinal de localização nuclear, injetando-se as partículas no citosol e, então, acompanhando-se seu destino por microscopia eletrônica (**Figura 12-10**). As partículas ligam-se às fibrilas como tentáculos que se estendem desde as nucleoporinas de suporte na borda do NPC para o citosol e, então, prosseguem através do centro do NPC. Provavelmente, as regiões não estruturadas das nucleoporinas formam uma barreira de difusão para grandes moléculas (conforme mencionado antes), que são empurradas, permitindo que as partículas cobertas com ouro passem.

O transporte macromolecular pelos NPCs é fundamentalmente diferente do transporte de proteínas pelas membranas das outras organelas, pois ocorre por um grande e expansível poro aquoso, em vez de usar uma proteína transportadora abrangendo uma ou mais bicamadas lipídicas. Por essa razão, as proteínas nucleares podem ser transpor-

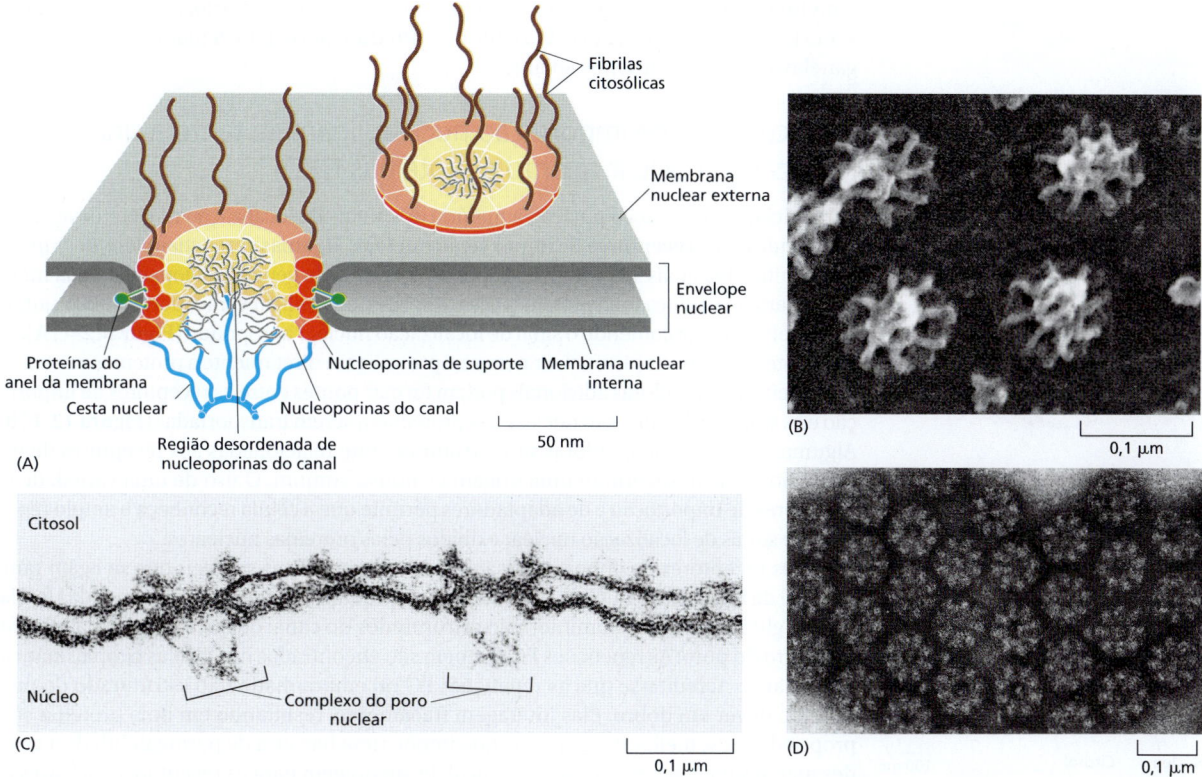

Figura 12-8 Arranjo dos NPCs no envelope nuclear. (A) Em um NPC de vertebrados, as nucleoporinas são organizadas com uma impressionante simetria rotacional óctupla. Além disso, estudos de localização utilizando técnicas de microscopia imunoeletrônica mostram que as proteínas que formam a porção central do NPC estão simetricamente orientadas ao longo do envelope nuclear de tal maneira que os lados citosólico e nuclear parecem idênticos. A simetria transversa duplicada e rotacional octuplicada explica como tais estruturas enormes podem se formar a partir de apenas 30 diferentes proteínas: muitas das nucleoporinas estão presentes em 8, 16 ou 32 cópias. Com base na sua localização aproximada na porção central do NPC, as nucleoporinas podem ser classificadas em (1) proteínas transmembrana do anel que atravessam o envelope nuclear e ancoram o NPC ao envelope; (2) nucleoporinas de suporte que formam arranjos em camadas de anéis. Algumas nucleoporinas de suporte são proteínas de curvatura da membrana que estabilizam a curvatura acentuada da membrana onde o envelope nuclear é penetrado; e (3) nucleoporinas do canal que delimitam o poro central. Além dos domínios dobrados que ancoram proteínas em locais específicos, muitas nucleoporinas do canal contêm extensivas regiões não estruturadas, onde as cadeias polipeptídicas são intrinsecamente desordenadas. O poro central é preenchido com uma malha emaranhada desses domínios desordenados que bloqueiam a difusão passiva de macromoléculas grandes. As regiões desordenadas contêm um grande número de repetições fenilalanina-glicina (FG). As fibrilas projetam-se tanto no lado citosólico quanto no lado nuclear do NPC. Ao contrário da simetria transversal dupla do centro do NPC, as fibrilas voltadas para o citosol e núcleo são diferentes: no lado nuclear, as fibras convergem nas suas extremidades distais para formar uma estrutura em forma de cesta de basquete. O arranjo preciso de nucleoporinas individuais no conjunto de NPC ainda é motivo de intenso debate, porque a análise de resolução atômica tem sido prejudicada pelo tamanho e natureza flexível do NPC e em função de dificuldades na purificação de quantidades suficientes de material homogêneo. Uma combinação de microscopia eletrônica, análises computacionais e estruturas cristalinas de subcomplexos de nucleoporina foi utilizada para desenvolver os modelos atuais da arquitetura de NPC. (B) Uma micrografia eletrônica de varredura do lado nuclear do envelope nuclear de um oócito (ver também Figura 9-52). (C) Uma micrografia eletrônica mostrando uma vista lateral de dois NPCs (*colchetes*); note que as membranas nucleares interna e externa são contínuas à margem do poro. (D) Uma micrografia eletrônica mostrando uma vista frontal dos NPCs corados negativamente. A membrana foi removida por extração com detergente. Note que alguns NPCs contêm materiais nos seus centros, que poderiam ser macromoléculas em trânsito através dos NPCs. (A, adaptada de A. Hoelz, E.W. Debler e G. Blobel, *Annu. Rev. Biochem.* 80:613–643, 2011. Com permissão de Annual Reviews; B, de M.W. Goldberg e T.D. Allen, *J. Cell Biol.* 119:1429–1440, 1992. Com permissão de The Rockefeller University Press; C, cortesia de Werner Franke e Ulrich Scheer; D, cortesia de Ron Milligan.)

Figura 12-9 Função de um sinal de localização nuclear. Micrografias de imunofluorescência mostrando a localização celular do antígeno T do vírus SV40 contendo ou não uma pequena sequência que serve como um sinal de localização nuclear. (A) A proteína antígeno T normal contém a sequência rica em lisina indicada e é importada ao seu sítio de ação no núcleo, como indicado por imunofluorescência com anticorpos contra o antígeno T. (B) O antígeno T com um sinal de localização nuclear alterado (uma treonina no lugar de uma lisina) permanece no citosol. (De D. Kalderon, B. Roberts, W. Richardson e A. Smith, *Cell* 39:499–509, 1984. Com permissão de Elsevier.)

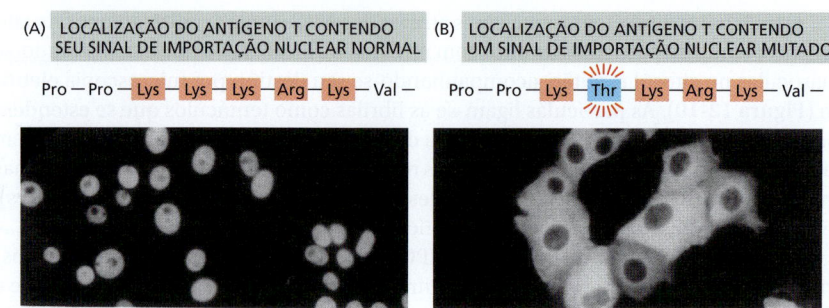

tadas para o núcleo por um NPC quando estão em conformação completamente enovelada. Da mesma forma, uma subunidade ribossômica recém-formada é transportada para fora do núcleo como uma partícula já montada. Ao contrário, as proteínas devem ser extensivamente desenoveladas durante seu transporte para a maioria das outras organelas, como discutiremos adiante.

Os receptores de importação nuclear ligam-se tanto a sinais de localização nuclear quanto a proteínas NPC

Para iniciar a importação nuclear, a maioria dos sinais de localização nuclear deve ser reconhecida pelos **receptores de importação nuclear**, algumas vezes chamados de *importinas*, muitos dos quais são codificados por uma família de genes relacionados. Cada membro da família codifica uma proteína receptora que pode se ligar e transportar subconjuntos de proteínas-carga contendo o sinal de localização nuclear apropriado (**Figura 12-11A**). Os receptores de importação nuclear nem sempre se ligam diretamente a proteínas nucleares. As proteínas adaptadoras adicionais podem formar pontes entre os receptores de importação e os sinais de localização nuclear nas proteínas a serem transportadas (**Figura 12-11B**). Algumas proteínas adaptadoras são estruturalmente relacionadas aos receptores de importação nuclear, sugerindo uma origem evolutiva comum. O uso de uma variedade de receptores de importação e de adaptadores permite que a célula reconheça o amplo repertório de sinais de localização nuclear exibidos pelas proteínas nucleares.

Os receptores de importação são proteínas citosólicas solúveis que se ligam tanto no sinal de localização nuclear da proteína-carga quanto nas sequências repetidas fenilalanina–glicina (FG) nos domínios não estruturados do canal de nucleoporinas alinhados no centro do poro. As repetições FG também são encontradas nas fibrilas citoplasmáticas e nucleares. Acredita-se que as repetições FG no emaranhado não estruturado do poro fazem o dever em dobro. Elas interagem fracamente, resultando em uma proteína com propriedades semelhantes a um gel que impõe uma barreira de permeabilidade a grandes macromoléculas e servem como local de ancoragem para os receptores nucleares de importação. Repetições FG alinham o caminho ao longo dos NPCs tomados pelos receptores de importação e suas proteínas-carga ligadas. De acordo com um modelo de transporte nuclear, complexos receptor-carga se movimentam ao longo da via de transporte, ligando-se, dissociando-se e então religando-se, repetidas vezes, às sequências adjacentes contendo repetições FG. Dessa forma, os complexos podem saltar de uma nucleoporina para outra para atravessar o interior emaranhado do NPC de maneira aleatória. Como os receptores de importação se ligam às repetições FG durante o caminho, eles poderiam interromper as interações entre as repetições e localmente dissolver o gel proteico do emaranhado que preenche os poros, permitindo a passagem do complexo receptor-carga. Uma vez no núcleo, os receptores de importação dissociam-se da sua carga e retornam ao citosol. Como veremos, essa dissociação ocorre apenas no lado nuclear do NPC, conferindo desse modo direcionalidade ao processo de importação.

A exportação nuclear funciona como a importação nuclear, mas de modo inverso

A exportação de grandes moléculas do núcleo, como novas subunidades ribossômicas e moléculas de RNA, ocorre por meio de NPCs e também depende de um sistema sele-

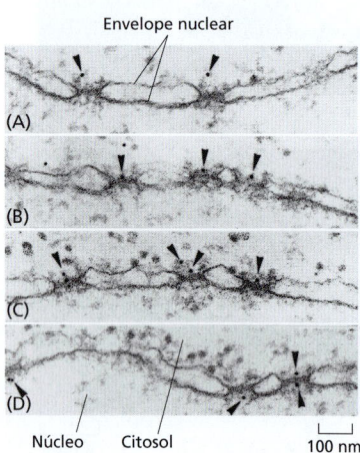

Figura 12-10 Visualização da importação ativa através dos NPCs. Esta série de micrografias eletrônicas mostra esferas coloidais de ouro (*pontas de setas*) envoltas por peptídeos contendo sinais de localização nuclear penetrando o núcleo pelos NPCs. As partículas de ouro foram injetadas no citosol de células vivas, as quais foram fixadas e preparadas para micrografia eletrônica em vários tempos após a injeção. (A) Nos momentos iniciais, as partículas de ouro são visualizadas nas proximidades das fibrilas citosólicas dos NPCs. (B, C) Elas são então visualizadas no centro dos NPCs, exclusivamente na face citosólica. (D) Elas então localizam-se na face nuclear. Essas partículas de ouro são muito maiores em diâmetro do que os canais de difusão no NPC e são importadas por transporte ativo. (De N. Panté e U. Aebi, *Science* 273:1729–1732, 1996. Com permissão de AAAS.)

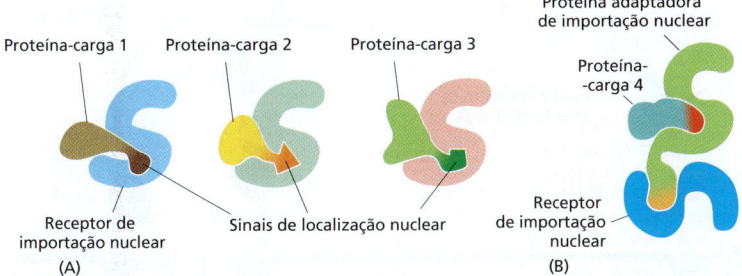

Figura 12-11 **Receptores de importação nuclear (importinas).** (A) Receptores de importação nuclear diferentes ligam-se a diferentes sinais de localização nuclear e, desse modo, a diferentes proteínas-carga. (B) A proteína-carga 4 requer uma proteína adaptadora para ligação ao seu receptor de importação nuclear. Os adaptadores são estruturalmente relacionados aos receptores de importação nuclear e reconhecem sinais de localização nuclear nas proteínas-carga. Eles também contêm um sinal de localização nuclear que os liga a um receptor de importação, mas esse sinal fica exposto somente quando eles são carregados com uma proteína-carga.

tivo de transporte. O sistema de transporte se baseia nos **sinais de exportação nuclear** nas macromoléculas a serem exportadas, assim como nos **receptores de exportação nuclear** complementares, ou *exportinas*. Esses receptores ligam-se tanto ao sinal de exportação quanto às proteínas NPC para guiar sua carga através do NPC ao citosol.

Muitos receptores de exportação nuclear são estruturalmente relacionados aos receptores de importação nuclear e são codificados pela mesma família de genes dos **receptores de transporte nuclear**, ou *carioferinas*. Em leveduras, existem 14 genes que codificam carioferinas; em células animais, o número é significativamente maior. Com base apenas na sequência de aminoácidos, em geral não é possível distinguir se um membro da família atua como um receptor de importação ou de exportação nuclear. Como poderia ser esperado, portanto, os sistemas de transporte de importação e de exportação funcionam de modo similar, mas em direções opostas: os receptores de importação ligam suas moléculas-carga no citosol, liberam-nas no núcleo e são então exportados ao citosol para serem reutilizados, enquanto os receptores de exportação funcionam de modo inverso.

A GTPase Ran impõe a direcionalidade no transporte através dos NPCs

A importação de proteínas nucleares através dos NPCs concentra proteínas específicas no núcleo, aumentando, portanto, a ordem na célula. A célula mantém esse processo de ordem pelo aproveitamento da energia armazenada em gradientes de concentração na forma ligada ao GTP da GTPase **Ran** monomérica, a qual é necessária tanto para a importação quanto para a exportação nuclear.

Assim como outras GTPases, a Ran é um interruptor molecular que pode existir em dois estados conformacionais, dependendo de o GDP ou o GTP estar ligado (discutido no Capítulo 3). A conversão entre os dois estados é desencadeada por duas proteínas reguladoras Ran-específicas: uma *proteína ativadora de GTPase* (GAP, *GTPase-activating protein*) citosólica, que aciona a hidrólise de GTP e, assim, converte Ran-GTP em Ran-GDP, e um *fator de troca de guanina* (GEF, *guanine exchange factor*) nuclear, que promove a troca de GDP para GTP e, assim, converte Ran-GDP em Ran-GTP. Visto que o *Ran-GAP* está localizado no citosol e o *Ran-GEF* está localizado no núcleo, ancorado à cromatina, o citosol contém principalmente Ran-GDP, e o núcleo contém sobretudo Ran-GTP (**Figura 12-12**).

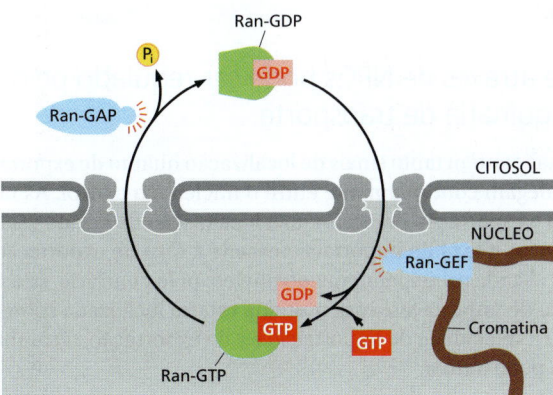

Figura 12-12 **Compartimentalização de Ran-GDP e de Ran-GTP.** A localização de Ran-GDP no citosol e Ran-GTP no núcleo resulta da localização das duas proteínas reguladoras Ran: proteína Ran ativadora de GTPase (Ran-GAP) localizada no citosol e fator Ran de troca de nucleotídeos de guanina (Ran-GEF) que se liga à cromatina e, portanto, está localizado no núcleo.

A Ran-GDP é importada para o núcleo por seu próprio receptor de importação, que é específico para a conformação de Ran ligada a GDP. O receptor Ran-GDP não é relacionado estruturalmente à principal família de receptores de transporte nuclear. Contudo, ele também se liga às repetições FG nas nucleoporinas do canal NPC.

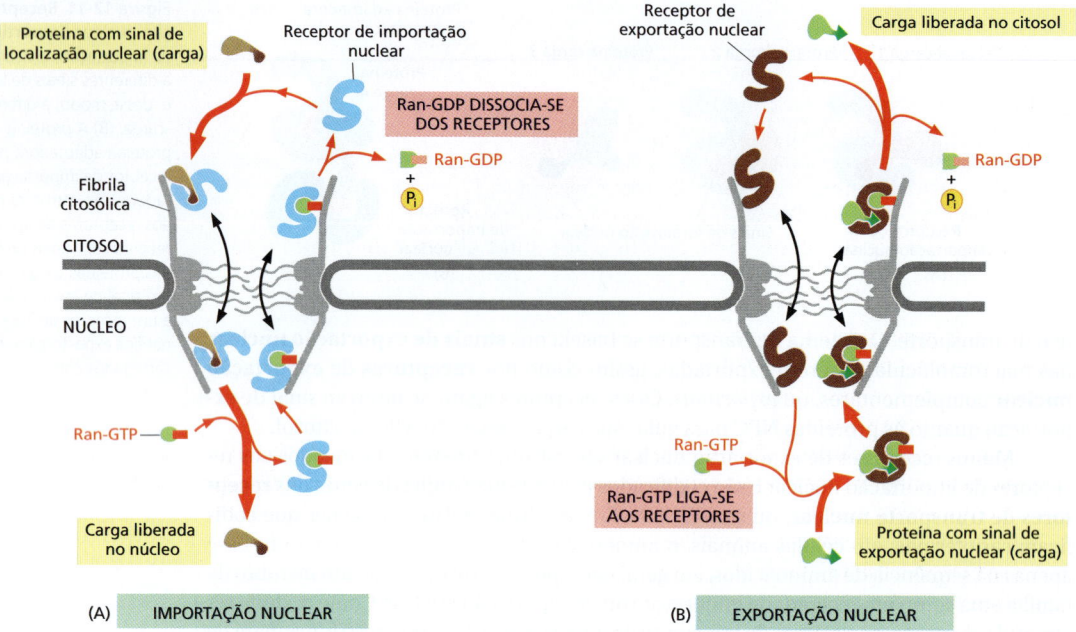

Figura 12-13 Como a hidrólise de GTP por Ran no citosol fornece direcionalidade para o transporte nuclear. O movimento de receptores de transporte nuclear carregados através do NPC pode ocorrer por difusão guiada ao longo das repetições FG presentes nas proteínas NPC. A localização diferencial de Ran-GTP no núcleo e de Ran-GDP no citosol propicia direcionalidade (*setas vermelhas*) tanto para a importação nuclear (A) quanto para a exportação nuclear (B). A hidrólise de GTP para produzir Ran-GDP é mediada por Ran-GAP no lado citosólico do NPC (ver Figura 12-12).

Esse gradiente das duas formas conformacionais de Ran dirige o transporte nuclear na direção apropriada. O acoplamento de receptores de importação nuclear nas repetições FG no lado citosólico do NPC, por exemplo, ocorre somente quando esses receptores estão ligados à carga proteica apropriada. Receptores de importação, facilitados pela ligação à repetição FG, entram então no canal. Se atingirem o lado nuclear do complexo do poro, Ran-GTP liga-se a eles, e se chegarem carregados com moléculas-carga, a ligação de Ran-GTP faz os receptores de importação liberarem sua carga (**Figura 12-13A**). Como Ran-GDP no citosol não se liga a receptores de importação (ou exportação), o descarregamento ocorre apenas no lado nuclear do NPC. Dessa maneira, a localização nuclear de Ran-GTP cria a direcionalidade do processo de importação.

Depois de descarregar sua carga no núcleo, o receptor de importação vazio com Ran-GTP ligado é transportado de volta ao citosol através do complexo do poro. Lá, Ran-GAP estimula Ran-GTP a hidrolisar seu GTP ligado, convertendo-o, assim, a Ran-GDP, o qual dissocia-se do receptor. O receptor está pronto, então, para outro ciclo de importação nuclear.

A exportação nuclear ocorre por um mecanismo similar, exceto pelo fato de que Ran-GTP no núcleo promove a ligação da carga ao receptor de exportação, ao invés de promover a dissociação da carga. Uma vez que o receptor de exportação se movimenta através do poro para o citosol, ele encontra Ran-GAP que induz o receptor a hidrolisar seu GTP a GDP. Como resultado, o receptor de exportação libera sua carga e Ran-GDP no citosol. Os receptores de exportação livres retornam ao núcleo para completar o ciclo (**Figura 12-13B**).

O transporte através de NPCs pode ser regulado pelo controle do acesso à maquinaria de transporte

Algumas proteínas contêm tanto sinais de localização quanto de exportação nuclear. Essas proteínas trafegam continuamente entre o núcleo e o citosol. As taxas relativas de suas importação e exportação determinam a localização do estado estacionário de tais *proteínas vaivém*: se a taxa de importação excede a taxa de exportação, uma proteína poderia estar localizada principalmente no núcleo; pelo contrário, se a taxa de exportação excede a taxa de importação, essa proteína estaria localizada sobretudo no citosol. Assim, alterando a velocidade de importação e a de exportação, ou ambas, a localização de uma proteína pode mudar.

Algumas proteínas vaivém movem-se continuamente para dentro e para fora do núcleo. Em outros casos, no entanto, o transporte é fortemente controlado. Como discutido no Capítulo 7, as células controlam a atividade de alguns reguladores de transcrição por meio da sua retenção fora do compartimento nuclear, até que sejam necessários no núcleo (**Figura 12-14**). Em muitos casos, as células controlam o transporte regulando a localização nuclear e os sinais de exportação – ligando e desligando-os, frequentemente por fosforilação de aminoácidos perto das sequências-sinal (**Figura 12-15**).

Outros reguladores de transcrição estão ligados a proteínas citosólicas inibitórias que os ancoram no citosol (por meio de interações com o citoesqueleto ou com organelas específicas) ou mascaram seus sinais de localização nuclear de tal modo que são incapazes de interagir com receptores de importação nuclear. Quando a célula recebe um estímulo apropriado, a proteína reguladora de genes é liberada de sua âncora citosólica e transportada para dentro do núcleo. Um exemplo importante é a proteína reguladora de genes latentes que controla a expressão de genes envolvidos no metabolismo do colesterol. A proteína é sintetizada e armazenada em uma forma inativa como uma proteína transmembrana no RE. Quando a célula é privada de colesterol, a proteína é transportada do RE para o aparelho de Golgi, onde encontra proteases específicas que clivam o domínio citosólico, liberando-o no citosol. Esse domínio é então importado para o núcleo, onde ativa a transcrição de genes necessários para a síntese e captação do colesterol (**Figura 12-16**).

Conforme discutido em detalhes no Capítulo 6, as células controlam a exportação de RNAs do núcleo de maneira similar. snRNAs, miRNAs e tRNAs ligam-se à mesma família de receptores de exportação nuclear recém-discutida e usam os mesmos gradientes de Ran-GTP para direcionar o processo de transporte. Por outro lado, a exportação de mRNAs para fora do núcleo usa um mecanismo diferente. Os mRNAs são exportados como grandes conjuntos, os quais podem ser tão grandes quanto 100 milhões de dáltons (ver Figura 6-37) e conter centenas de proteínas de algumas dezenas de tipos diferentes. Esses complexos ribonucleoproteicos contendo mRNAs (mRNPs) primeiro se ligam ao lado nuclear do NPC, onde são extensivamente remodelados. Embora Ran-GTP esteja indiretamente envolvido na exportação (porque ele importa proteínas que se ligam a moléculas de mRNA), acredita-se que a translocação através do NPC seja dirigida pela hidrólise de ATP. Não está claro de que forma a direcionalidade de exportação é assegurada. É provável que muitas proteínas acessórias presas aos NPCs nucleares e fibrilas citoplasmáticas tenham importantes papéis na remodelagem de mRNPs que saem para o lado citosólico do NPC, assegurando, dessa maneira, que o transporte seja unidirecional. Uma vez que tenham entrado no citosol, essas proteínas nucleares do mRNP são rapidamente devolvidas ao núcleo.

Figura 12-14 O controle do transporte nuclear no embrião inicial de Drosophila. O embrião nesse estágio é um sincício, mostrado aqui em corte transversal, com muitos núcleos em um citoplasma comum, organizados em torno da periferia, logo abaixo da membrana plasmática. A proteína reguladora da transcrição Dorsal é produzida uniformemente ao longo do citoplasma periférico, mas pode agir apenas quando está dentro do núcleo. A proteína Dorsal foi corada com um anticorpo acoplado a uma enzima que gera um produto marrom, revelando que a proteína é excluída dos núcleos no lado dorsal (*parte superior*) do embrião, mas está concentrada nos núcleos voltados para o lado ventral (*parte inferior*) dele. O tráfego regulado da proteína Dorsal nos núcleos controla o desenvolvimento diferencial entre a parte traseira e o ventre do animal. (Cortesia de Siegfried Roth.)

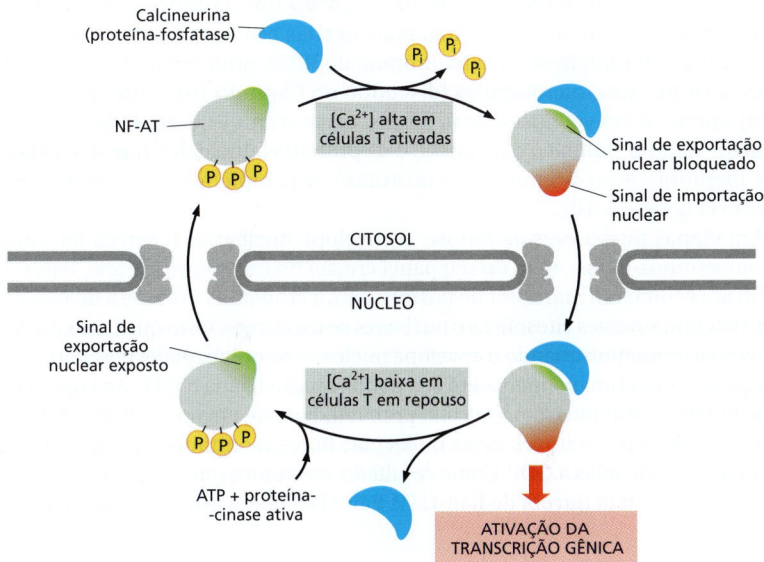

Figura 12-15 Controle de importação nuclear durante a ativação de células T. O fator nuclear de células T ativadas (NF-AT, *nuclear factor of activated T cells*) é uma proteína reguladora de transcrição que, na célula T inativa, é encontrada no citosol em um estado fosforilado. Quando as células T são ativadas por um antígeno (discutido no Capítulo 24), a concentração de Ca^{2+} intracelular aumenta. Em altas concentrações de Ca^{2+}, a proteína-fosfatase calcineurina liga-se ao NF-AT. A ligação de calcineurina desfosforila o NF-AT, expondo sinais de importação nuclear, e bloqueia um sinal de exportação nuclear. O complexo de NF-AT ligado à calcineurina é então importado ao núcleo, onde o NF-AT ativa a transcrição de numerosos genes necessários à ativação da célula T.

O desligamento da resposta ocorre quando os níveis de Ca^{2+} diminuem, liberando NF-AT da calcineurina. A refosforilação de NF-AT inativa o sinal de importação nuclear e reexpõe o sinal de exportação nuclear de NF-AT, levando-o a localizar-se novamente no citosol. Alguns dos mais potentes fármacos imunossupressores, como ciclosporina A e FK506, inibem a capacidade da calcineurina de desfosforilar NF-AT; esses fármacos, portanto, bloqueiam o acúmulo nuclear de NF-AT e a ativação de células T (**Animação 12.1**).

Figura 12-16 Regulação por retroalimentação da biossíntese do colesterol. A SREBP (proteína de ligação ao elemento de resposta ao esterol), um regulador da transcrição latente que controla a expressão das enzimas da biossíntese do colesterol, é inicialmente sintetizada como uma proteína de membrana do RE. Caso haja colesterol suficiente na membrana, ela se encontra ancorada no RE por meio de uma interação com outra proteína de membrana do RE, chamada SCAP (proteína de ativação da clivagem de SREBP), que se liga ao colesterol. Se o sítio de ligação ao colesterol na SCAP estiver vazio (em baixas concentrações de colesterol), a SCAP modifica sua conformação e é empacotada junto com SREBP em vesículas de transporte, que distribuem sua carga no aparelho de Golgi, onde duas proteases do Golgi clivam SREBP, liberando seus domínios citosólicos da membrana. O domínio citosólico se movimenta então para o núcleo, onde se liga ao promotor de genes que codificam proteínas envolvidas na biossíntese do colesterol e ativam sua transcrição. Desse modo, mais colesterol é produzido quando sua concentração desce abaixo de um limiar.

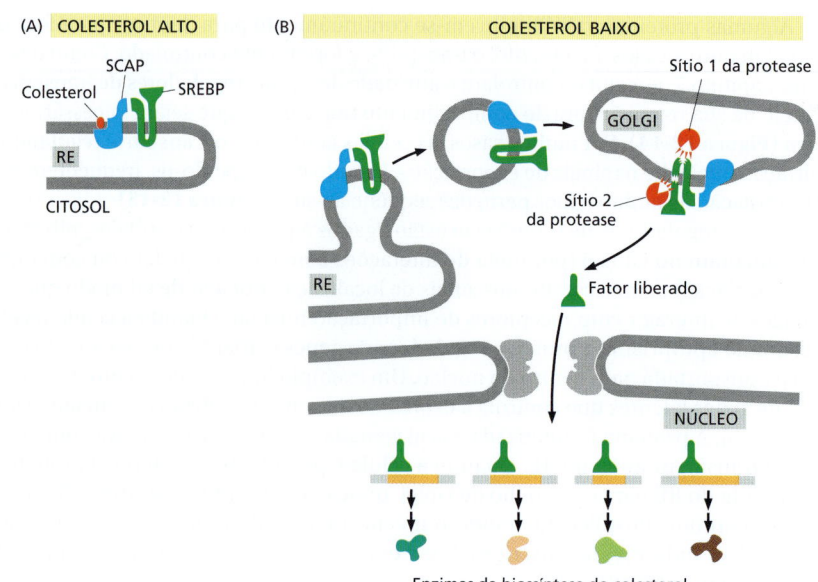

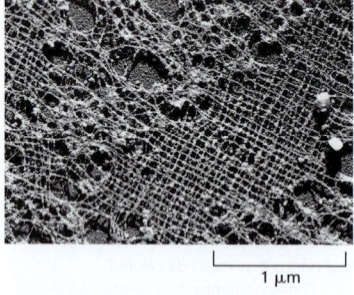

Figura 12-17 Lâmina nuclear. Uma micrografia eletrônica de uma porção da lâmina nuclear em um oócito de *Xenopus* preparado por criofratura e sombreamento metálico. A lâmina é formada por uma rede regular de filamentos intermediários especializados. Laminas estão presentes apenas em células de metazoários. Outras proteínas, ainda desconhecidas, podem servir para funções similares em espécies sem laminas. (Cortesia de Ueli Aebi.)

Durante a mitose, o envelope nuclear é desmontado

A **lâmina nuclear**, localizada no lado nuclear da membrana interna do núcleo, é uma malha de subunidades proteicas interconectadas chamadas de **laminas nucleares**. As laminas são uma classe especial de proteínas filamentosas intermediárias (como discutido no Capítulo 16) que polimerizam em uma rede bidimensional (**Figura 12-17**). A lâmina nuclear dá forma e estabilidade ao envelope nuclear, ao qual é ancorada pela ligação, tanto de NPCs quanto de proteínas transmembrana, ao interior da membrana nuclear. A lâmina também interage diretamente com a cromatina, que interage com proteínas transmembrana da membrana nuclear interna. Junto com a lâmina, essas proteínas de membrana interna fornecem ligações estruturais entre o DNA e o envelope nuclear.

Quando um núcleo é desmontado durante a mitose, os NPCs e a lâmina nuclear desmontam e o envelope nuclear se fragmenta. O processo de desmontagem é, ao menos parcialmente, uma consequência da fosforilação direta de nucleoporinas e laminas pela proteína-cinase dependente de ciclina (Cdk) que é ativada no início da mitose (discutido no Capítulo 17). Durante esse processo, algumas proteínas NPCs encontram-se ligadas a receptores de importação nuclear, os quais desempenham uma parte importante na montagem de NPCs no fim da mitose. As proteínas de membrana do envelope nuclear – não mais ligadas aos complexos do poro, lâmina ou cromatina – difundem-se pela membrana do RE. A proteína motora dineína, que se move ao longo dos microtúbulos (discutido no Capítulo 16), participa ativamente no rompimento do envelope nuclear. Juntos, esses eventos quebram as barreiras que costumam separar o núcleo e o citosol, e as proteínas nucleares que não estão aderidas a membranas ou cromossomos misturam-se completamente com as proteínas do citosol (**Figura 12-18**).

Em etapas posteriores da mitose, o envelope nuclear se reagrega na superfície dos cromossomos-filhos. Além do seu papel crucial no transporte nuclear, Ran-GTPase também atua como um marcador de posição para a cromatina durante a divisão celular, quando os componentes citosólicos e nucleares se misturam. Visto que Ran-GEF permanece ligada à cromatina quando o envelope nuclear é rompido, moléculas Ran próximas à cromatina estão principalmente em sua conformação ligada a GTP. Ao contrário, moléculas Ran mais distantes têm uma alta probabilidade de encontrar Ran-GAP, as quais estão distribuídas pelo citosol; essas moléculas Ran encontram-se principalmente na sua conformação ligadas a GDP. Como resultado, os cromossomos nas células mitóticas são rodeados por uma nuvem de Ran-GTP. Ran-GTP libera proteínas NPC na proximi-

CAPÍTULO 12 Compartimentos intracelulares e endereçamento de proteínas

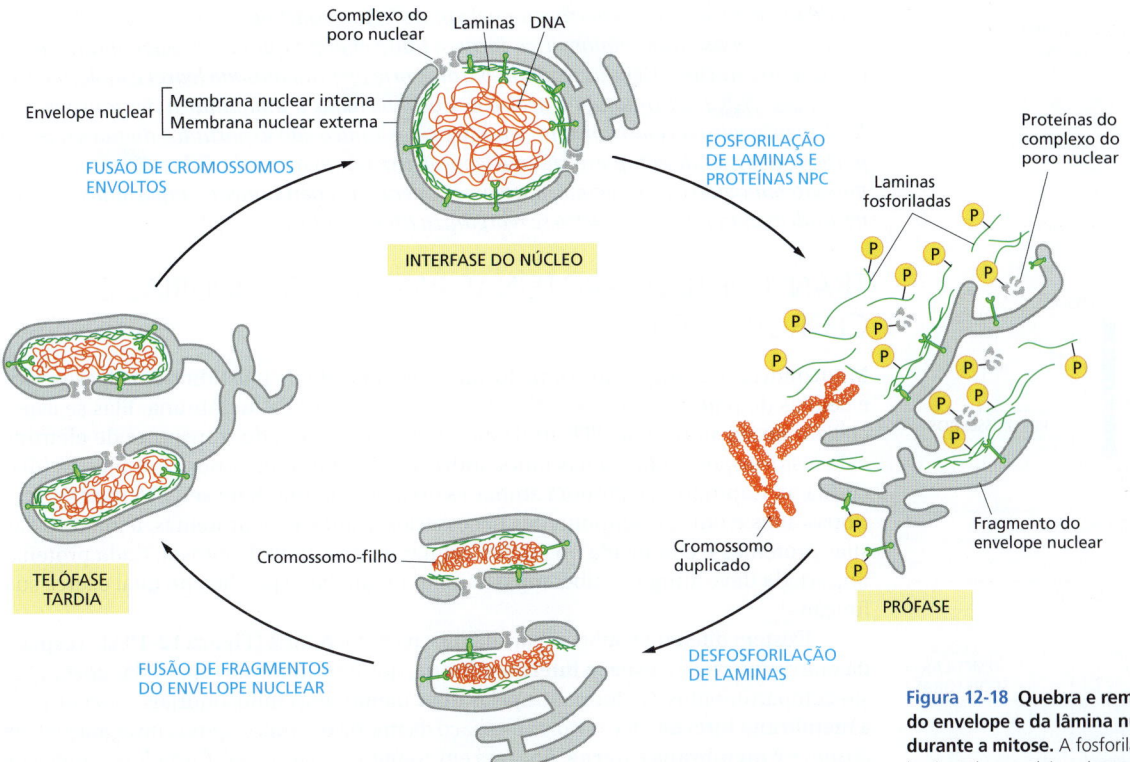

Figura 12-18 Quebra e remontagem do envelope e da lâmina nuclear durante a mitose. A fosforilação das laminas desencadeia a desagregação da lâmina nuclear, causando quebra do envelope nuclear. A desfosforilação das laminas reverte o processo. Um ciclo análogo de fosforilação e desfosforilação ocorre para algumas nucleoporinas e proteínas da membrana nuclear interna, e algumas dessas desfosforilações também estão envolvidas no processo de remontagem. Como indicado, o envelope nuclear inicialmente se remodela ao redor dos cromossomos-filho que estão se descondensando. Por fim, com o progresso da descondensação, essas estruturas fusionam-se para formar um único núcleo completo.

A quebra mitótica do envelope nuclear ocorre em todas as células de metazoários. Contudo, em muitas outras espécies, como leveduras, o envelope nuclear permanece intacto durante a mitose, e o núcleo se divide por fissão.

dade dos cromossomos de receptores de importação nuclear. Proteínas do NPC livres anexam-se à superfície cromossômica onde são incorporadas em novos NPCs. Ao mesmo tempo, proteínas da membrana nuclear interna e laminas desfosforiladas ligam-se à cromatina. Membranas do RE envolvem grupos de cromossomos até que formem um firme envelope nuclear (**Animação 12.2**). Durante esse processo, os NPCs iniciam ativamente a reimportação de proteínas que contêm sinais de localização nuclear. Uma vez que o envelope nuclear inicialmente está próximo à superfície dos cromossomos, o núcleo recém-formado exclui todas as proteínas, exceto aquelas primeiramente ligadas aos cromossomos mitóticos e aquelas que são seletivamente importadas através dos NPCs. Desse modo, todas as outras grandes proteínas, incluindo os ribossomos, são mantidas fora do núcleo recém-montado.

Como discutido no Capítulo 17, a nuvem de Ran-GTP ao redor da cromatina também é importante na montagem do eixo mitótico nas células em divisão.

Resumo

O envelope nuclear consiste em uma membrana interna e uma membrana externa que são contínuas uma com a outra e com a membrana do RE, e o espaço entre a membrana nuclear interna e externa é contínuo com o lúmen do RE. As moléculas de RNA, que são sintetizadas no núcleo, e as subunidades ribossômicas nele montadas são exportadas ao citosol; ao contrário, todas as proteínas com função no núcleo são sintetizadas no citosol e então importadas. O extenso tráfego de materiais entre o núcleo e o citosol ocorre através dos complexos do poro nuclear (NPCs), os quais constituem uma passagem direta pelo envelope nuclear. Pequenas moléculas se difundem passivamente através dos NPCs, porém grandes macromoléculas são ativamente transportadas.

Proteínas contendo sinais de localização nuclear são ativamente transportadas para o núcleo pelos NPCs, enquanto proteínas contendo sinais de exportação nuclear são transportadas para fora do núcleo, no citosol. Algumas proteínas, incluindo os recepto-

res de importação e de exportação nuclear, trafegam continuamente entre o citosol e o núcleo. A GTPase Ran monomérica fornece tanto energia quanto direcionalidade para o transporte nuclear. Células regulam o transporte de proteínas nucleares e moléculas de RNA pelos NPCs controlando o acesso dessas moléculas à maquinaria de transporte. O RNA mensageiro recém-transcrito e o RNA ribossômico são exportados do núcleo como parte de um grande complexo ribonucleoproteico. Como os sinais de localização nuclear não são removidos, as proteínas nucleares podem ser repetidamente importadas, como é necessário toda vez que o núcleo se reorganiza após a mitose.

TRANSPORTE DE PROTEÍNAS PARA MITOCÔNDRIAS E CLOROPLASTOS

Mitocôndrias e cloroplastos (uma forma especializada de plastídios em algas verdes e células de plantas) são organelas delimitadas por dupla membrana. Elas se especializaram na síntese de ATP, utilizando energia oriunda do transporte de elétrons e da fosforilação oxidativa nas mitocôndrias, e da fotossíntese nos cloroplastos (discutida no Capítulo 14). Embora ambas as organelas contenham seu próprio DNA, os ribossomos e outros componentes necessários à síntese de proteínas, a maioria das suas proteínas é codificada no núcleo celular e importada do citosol. Cada proteína importada deve atingir o subcompartimento organelar específico no qual exerce sua função.

Existem diferentes subcompartimentos na mitocôndria (**Figura 12-19A**): o **espaço da matriz** interna e o **espaço intermembrana**, que é contínuo ao espaço das cristas. Esses compartimentos são formados pelas duas membranas mitocondriais concêntricas: a **membrana interna**, que envolve o espaço da matriz e forma extensas invaginações, as *cristas*, e a **membrana externa**, que está em contato com o citosol. Complexos proteicos fornecem ligações nas junções onde as cristas invaginam e dividem a membrana interna em dois domínios: um domínio da membrana interna que envolve o espaço da crista e outro domínio que encosta na membrana externa. Os cloroplastos também têm uma membrana interna e externa, que delimita o espaço intermembrana e o estroma, que é o equivalente em cloroplastos ao espaço da matriz mitocondrial (**Figura 12-19B**). Eles possuem um subcompartimento adicional, o *espaço tilacoide*, que é circundado pela *membrana tilacoide*. A membrana tilacoide deriva da membrana interna, que, durante o desenvolvimento do plastídio, é comprimida, tornando-se descontínua. Cada um dos subcompartimentos nas mitocôndrias e nos cloroplastos contém um conjunto distinto de proteínas.

Novas mitocôndrias e cloroplastos são produzidos pelo crescimento de organelas preexistentes, seguidos de fissão (discutido no Capítulo 14). Seu crescimento depende principalmente da importação de proteínas do citosol. Isso requer que as proteínas sejam translocadas através de várias membranas sucessivas e terminem no local apropriado. O processo de movimento de proteínas através de membranas é chamado de *translocação de proteínas*. Esta seção explica como isso ocorre.

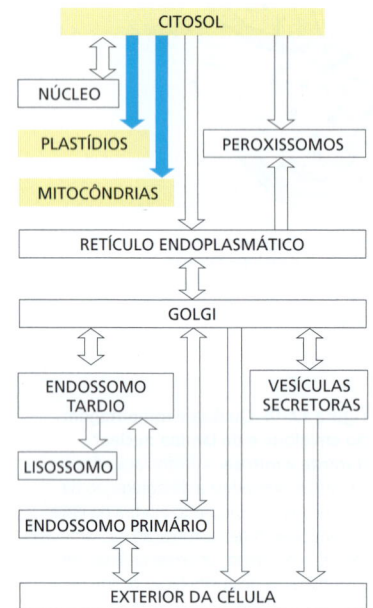

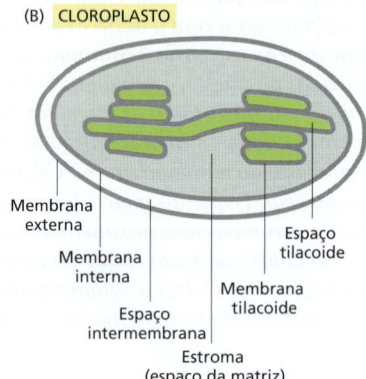

Figura 12-19 Subcompartimentos de mitocôndrias e de cloroplastos. Ao contrário das cristas mitocondriais (A), os tilacoides dos cloroplastos (B) não estão conectados à sua membrana interna e, por conseguinte, formam um compartimento vedado com um espaço interno separado.

A translocação para dentro da mitocôndria depende de sequências-sinal e de translocadores de proteína

As proteínas importadas para as **mitocôndrias** em geral são captadas do citosol dentro de segundos ou minutos após sua liberação pelos ribossomos. Então, ao contrário da translocação de proteínas para o RE, que com frequência ocorre simultaneamente com a tradução pelo ribossomo ancorado na membrana do RE rugoso (descrito mais adiante), proteínas mitocondriais são primeiro totalmente sintetizadas como **proteínas precursoras mitocondriais** no citosol e então translocadas para a mitocôndria por um mecanismo *pós-traducional*. Uma ou mais sequências-sinal dirigem todas as proteínas precursoras mitocondriais para o seu subcompartimento mitocondrial apropriado. Muitas proteínas que entram no espaço da matriz possuem uma sequência-sinal na sua região N-terminal que é rapidamente removida por uma peptidase após a importação. Outras proteínas importadas, incluindo todas as proteínas da membrana externa, muitas da membrana interna e proteínas do espaço intermembrana, possuem sequências-sinal internas que não são removidas. As sequências-sinal são necessárias e suficientes para a localização correta das proteínas: quando técnicas de engenharia genética são usadas para ligar tais sinais a proteínas citosólicas, esses sinais dirigirem a proteína ao subcompartimento mitocondrial correto.

As sequências-sinal que direcionam proteínas precursoras para dentro do espaço da matriz mitocondrial são mais bem entendidas. Elas formam uma α-hélice anfifílica, na qual resíduos carregados positivamente se agrupam em um lado da hélice, enquanto resíduos hidrofóbicos não carregados se agrupam no lado oposto. Proteínas receptoras específicas que iniciam a translocação de proteínas reconhecem essa configuração além da sequência precisa de aminoácidos da sequência-sinal (**Figura 12-20**).

Complexos proteicos com várias subunidades atuam como **translocadores de proteínas** fazendo a mediação do movimento de proteínas através das membranas mitocondriais. O **complexo TOM** transfere proteínas através da membrana externa, e dois **complexos TIM** (TIM23 e TIM22) transferem proteínas através da membrana interna (**Figura 12-21**). Esses complexos contêm alguns componentes que atuam como receptores para proteínas precursoras mitocondriais, e outros componentes que formam os canais de translocação.

O complexo TOM é necessário à importação de todas as proteínas mitocondriais codificadas no núcleo. Inicialmente ele transporta a sequência-sinal dessas proteínas para o espaço intermembrana e ajuda a inserir proteínas transmembrana na membrana externa. As proteínas barril β, que são particularmente abundantes na membrana externa, são então transferidas por um translocador adicional, o **complexo SAM**, que as auxilia no dobramento apropriado na membrana externa. O complexo TIM23 transporta algumas dessas proteínas para o espaço da matriz e auxilia na inserção de proteínas transmembrana na membrana interna. O complexo TIM22 medeia a inserção de uma subclasse de proteínas da membrana interna, incluindo a proteína transportadora que transporta ADP, ATP e fosfato para dentro e fora da mitocôndria. Ainda, um terceiro

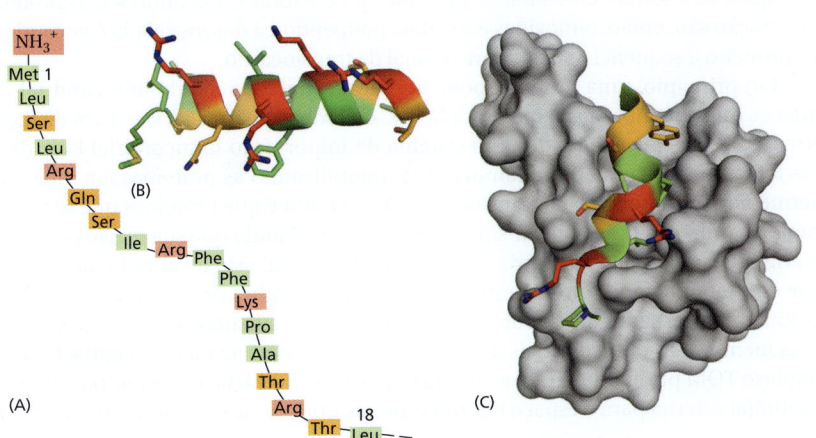

Figura 12-20 Sequência-sinal para importação de proteínas mitocondriais. A citocromo oxidase é um grande complexo multiproteico localizado na membrana mitocondrial interna, onde atua como enzima final na cadeia transportadora de elétrons (discutido no Capítulo 14). (A) Os primeiros 18 aminoácidos do precursor da subunidade IV dessa enzima servem como uma sequência-sinal para importação da subunidade na mitocôndria. (B) Quando a sequência-sinal é enovelada como uma α-hélice, os aminoácidos carregados positivamente (*vermelho*) são vistos agrupados em uma das faces da hélice, enquanto os apolares (*verde*) são agrupados predominantemente na face oposta. Aminoácidos polares não carregados são sombreados de *laranja*; átomos de nitrogênio na cadeia lateral de Arg e Gln são coloridos em *azul*. Sequências-sinal que dirigem proteínas para o espaço da matriz sempre têm o potencial de formar tais α-hélices anfifílicas, que são reconhecidas por proteínas receptoras específicas na superfície mitocondrial. (C) A estrutura da sequência-sinal (da álcool desidrogenase, outra enzima da matriz mitocondrial), ligada a um receptor de importação (*cinza*), foi determinada por meio de ressonância magnética nuclear. A α-hélice anfifílica liga-se com sua face hidrofóbica a uma fenda hidrofílica no receptor. (Código PDB: 1OM2.)

Figura 12-21 Proteínas translocadoras nas membranas mitocondriais. Os complexos TOM, TIM, SAM e OXA são agregados de proteínas multiméricas de membrana que catalisam a translocação de proteínas através das membranas mitocondriais. Os componentes proteicos dos complexos TIM22 e TIM23 que revestem o canal de importação são estruturalmente relacionados, sugerindo uma origem evolutiva comum dos dois complexos TIM. No lado da matriz, o complexo TIM23 está ligado a um complexo proteico multimérico contendo hsp70 mitocondrial, que atua como um importador de ATPase usando a hidrólise de ATP para empurrar proteínas através do poro. Em células animais, existem variações sutis na composição das subunidades dos complexos de translocação que adaptam a maquinaria de importação mitocondrial para as suas necessidades particulares de tipos celulares especializados. SAM, maquinaria montagem e endereçamento; OXA, atividade da citocromo oxidase; TIM, translocador da membrana mitocondrial interna; TOM, translocador da membrana mitocondrial externa.

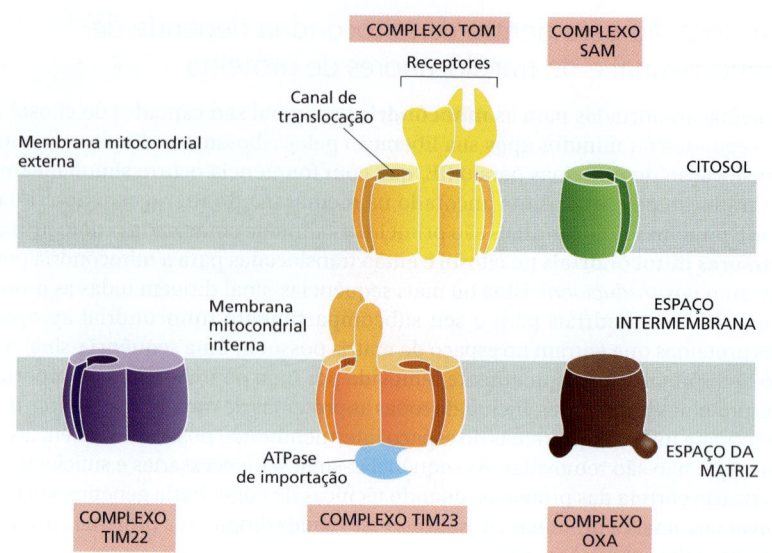

translocador de proteína na membrana mitocondrial interna, o **complexo OXA**, medeia a inserção de proteínas da membrana interna que são sintetizadas no interior das mitocôndrias. Ele também auxilia na inserção de algumas proteínas de membrana interna importadas que são, inicialmente, transportadas para o espaço da matriz por outros complexos.

As proteínas precursoras mitocondriais são importadas como cadeias polipeptídicas desenoveladas

Quase tudo o que conhecemos sobre mecanismos moleculares de importação de proteínas nas mitocôndrias foi obtido a partir de análises de sistemas de translocação reconstituídos livres de células, nos quais as mitocôndrias purificadas em um tubo teste importam proteínas precursoras mitocondriais radioativas. Trocando as condições de incubação, é possível estabelecer os requisitos bioquímicos para o transporte.

As proteínas precursoras mitocondriais não se enovelam em sua estrutura nativa logo depois de serem sintetizadas; em vez disso, elas permanecem desenoveladas por meio de interações com outras proteínas no citosol. Algumas dessas proteínas são *proteínas chaperonas* gerais pertencentes à *família hsp70* (conforme discutido no Capítulo 6), enquanto outras são dedicadas a proteínas precursoras mitocondriais e ligam-se diretamente em suas sequências-sinal. Todas essas proteínas de interação auxiliam na prevenção de agregação ou no enovelamento espontâneo das proteínas precursoras, antes da sua interação com o complexo TOM na membrana mitocondrial externa. Como um passo inicial no processo de importação, os receptores de importação do complexo TOM ligam-se a sequências-sinal de proteínas precursoras mitocondriais. As proteínas de interação são, então, removidas e a cadeia polipeptídica desenovelada é encaminhada – primeiro a sequência-sinal – para o canal de translocação.

Em princípio, uma proteína pode atingir o espaço da matriz mitocondrial cruzando as duas membranas, uma de cada vez, ou ambas de uma só vez. Para distinguir entre essas duas possibilidades, um sistema de importação mitocondrial livre de células foi resfriado a uma baixa temperatura, imobilizando as proteínas em uma etapa intermediária no processo de translocação. O resultado é que proteínas que se acumularam não tinham sua sequência-sinal N-terminal, indicando que sua região N-terminal deveria estar no espaço da matriz onde a peptidase-sinal está localizada, mas a maior parte da proteína pode sofrer ataque de fora da mitocôndria por enzimas proteolíticas adicionadas externamente. Claramente, as proteínas precursoras podem atravessar ambas as membranas mitocondriais de uma só vez para entrar na matriz (**Figura 12-22**). O complexo TOM primeiramente transporta o sinal de localização mitocondrial através da membrana externa para o espaço intermembrana, onde se liga ao complexo TIM, abrin-

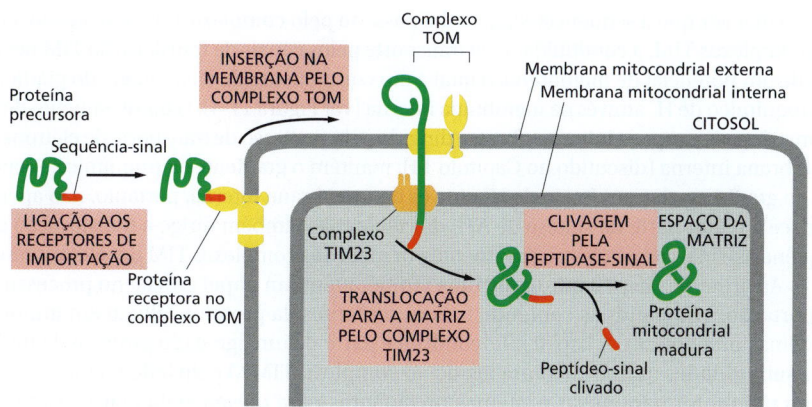

Figura 12-22 **Importação de proteína pelas mitocôndrias.** A sequência-sinal N-terminal da proteína precursora mitocondrial é reconhecida pelos receptores do complexo TOM. A proteína é então translocada através do complexo TIM23, atravessando transitoriamente ambas as membranas mitocondriais (Animação 12.3). A sequência-sinal é clivada por uma peptidase-sinal no espaço da matriz, para formar a proteína madura. A sequência-sinal livre é então rapidamente degradada (não mostrado).

do o canal no complexo. A cadeia polipeptídica é então translocada para o espaço da matriz ou inserida na membrana interna.

Embora as funções dos complexos TOM e TIM em geral sejam acopladas, para translocar proteínas através de ambas as membranas ao mesmo tempo, os dois tipos de proteínas translocadoras podem atuar independentemente. Em membranas externas isoladas, por exemplo, o complexo TOM pode translocar a sequência-sinal das proteínas precursoras através da membrana. Da mesma forma, as mitocôndrias com membranas externas desagregadas experimentalmente e, portanto, com o complexo TIM23 exposto na sua superfície importam proteínas precursoras para o espaço da matriz com eficiência.

A hidrólise de ATP e um potencial de membrana dirigem a importação de proteínas para o espaço da matriz

O transporte direcional requer energia, que, na maioria dos sistemas biológicos, é suprida pela hidrólise de ATP. A importação de proteínas para a mitocôndria é sustentada pela hidrólise de ATP em dois sítios diferentes, um fora da mitocôndria e um no espaço da matriz. Além disso, outra fonte de energia para importação de proteínas é necessária, que é o potencial de membrana através da membrana mitocondrial interna (**Figura 12-23**).

A primeira demanda de energia, ocorre no estágio inicial do processo de translocação, quando a proteína precursora desenovelada, associada a proteínas chaperonas, interage com os receptores de importação do complexo TOM. Como discutido no Capítulo 6, a ligação e a liberação de polipeptídeos recém-sintetizados das proteínas chaperonas necessita da hidrólise do ATP.

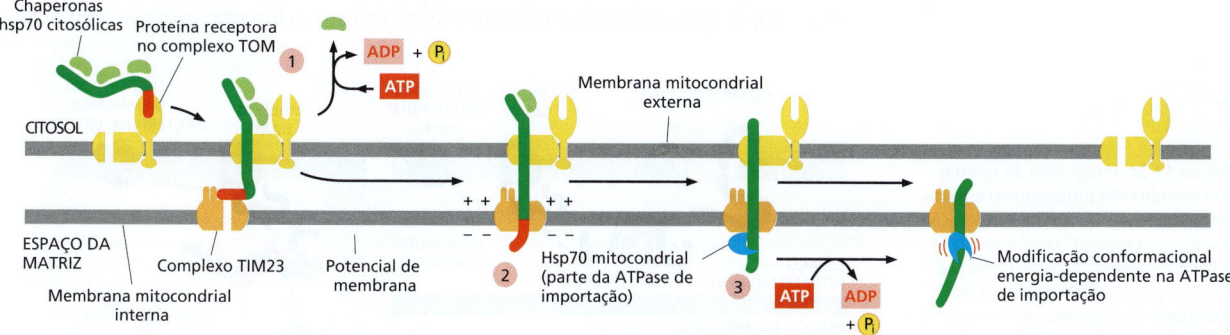

Figura 12-23 **Papel da energia na importação de proteínas para o espaço da matriz mitocondrial.** (1) A chaperona *hsp70 citosólica* ligada é liberada da proteína precursora em uma etapa que depende da hidrólise de ATP. Após a inserção inicial da sequência-sinal e das porções adjacentes da cadeia polipeptídica no canal de translocação do complexo TOM, a sequência-sinal interage com o complexo TIM. (2) A sequência-sinal é então translocada para o espaço da matriz em um processo que necessita da energia de um potencial de membrana através da membrana interna. (3) A *hsp70 mitocondrial*, que é parte de um importante complexo ATPase, liga-se a regiões da cadeia polipeptídica que ficam expostas no espaço da matriz, puxando a proteína através do canal de translocação, usando a energia da hidrólise do ATP.

Uma vez que a sequência-sinal tenha passado pelo complexo TOM e se ligado a um dos complexos TIM, a continuidade do transporte pelos canais de translocação TIM necessita de um potencial de membrana, o qual é um componente de eletricidade do gradiente eletroquímico de H^+ através da membrana interna (ver Figura 11-4). O bombeamento de H^+ da matriz para o espaço intermembrana, dirigido pelo processo de transporte de elétrons na membrana interna (discutido no Capítulo 14), mantém o gradiente eletroquímico. A energia do gradiente eletroquímico de H^+ através da membrana interna, portanto, não apenas fornece a maior parte da síntese de ATP da célula mas também dirige a translocação das sequências-sinal carregadas positivamente por meio dos complexos TIM por eletroforese.

As proteínas **hsp70 mitocondriais** também têm um papel crucial no processo de importação. Mitocôndrias contendo formas mutantes da proteína falham em importar proteínas precursoras. A hsp70 mitocondrial é parte de um agregado proteico de múltiplas subunidades que se encontra ligado ao complexo TIM23 pelo lado da matriz e age como um motor para puxar proteínas precursoras para o espaço da matriz. Como os "primos" citosólicos, as hsp70 mitocondriais têm uma alta afinidade pelas cadeias polipeptídicas desenoveladas e ligam-se firmemente a uma cadeia de proteína importada assim que ela emerge do translocador TIM no espaço da matriz. A hsp70 sofre então uma modificação conformacional e libera a cadeia proteica em uma etapa ATP-dependente, exercendo uma força do tipo arrancando/puxando na proteína a ser importada. Esse ciclo de ligação dirigido por energia e a sua subsequente liberação fornece a força motriz necessária para que a importação da proteína seja completada depois que esta tenha sido inicialmente inserida no complexo TIM23 (ver Figura 12-23).

Após a interação inicial com hsp70 mitocondriais, muitas proteínas importadas da matriz são transferidas para outra proteína chaperona, a *hsp60 mitocondrial*. Como discutido no Capítulo 6, as proteínas hsp60 auxiliam cadeias polipeptídicas desenoveladas a se enovelarem pela sua ligação e liberação por meio de ciclos de hidrólise de ATP.

Bactérias e mitocôndrias usam mecanismos similares para inserir porinas em suas membranas externas

A membrana mitocondrial externa, assim como a membrana externa de bactérias Gram-negativas (ver Figura 11-17), contém proteínas barril β em abundância denominadas **porinas**, sendo, portanto, livremente permeável a íons inorgânicos e metabólitos (mas não à maioria das proteínas). Ao contrário de outras proteínas de membranas externas, que são ancoradas na membrana por meio de regiões helicoidais transmembrana, o complexo TOM não pode integrar porinas na bicamada lipídica. Em vez disso, as porinas são primeiramente transportadas em sua forma desenovelada para o espaço intermembrana, onde se ligam transitoriamente a proteínas chaperonas especializadas, que as mantêm não agregadas (**Figura 12-24A**). Ambas se ligam então ao complexo SAM na membrana externa, inserindo a proteína na membrana externa, auxiliando o seu enovelamento apropriado.

Uma das subunidades centrais do complexo SAM é homóloga à proteína de membrana externa bacteriana que auxilia a inserir proteínas barril β na membrana externa do espaço periplasmático bacteriano (o equivalente do espaço intermembrana na mitocôn-

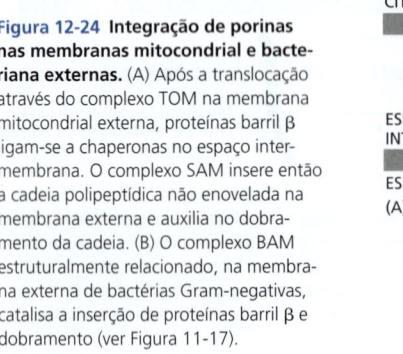

Figura 12-24 Integração de porinas nas membranas mitocondrial e bacteriana externas. (A) Após a translocação através do complexo TOM na membrana mitocondrial externa, proteínas barril β ligam-se a chaperonas no espaço intermembrana. O complexo SAM insere então a cadeia polipeptídica não enovelada na membrana externa e auxilia no dobramento da cadeia. (B) O complexo BAM estruturalmente relacionado, na membrana externa de bactérias Gram-negativas, catalisa a inserção de proteínas barril β e dobramento (ver Figura 11-17).

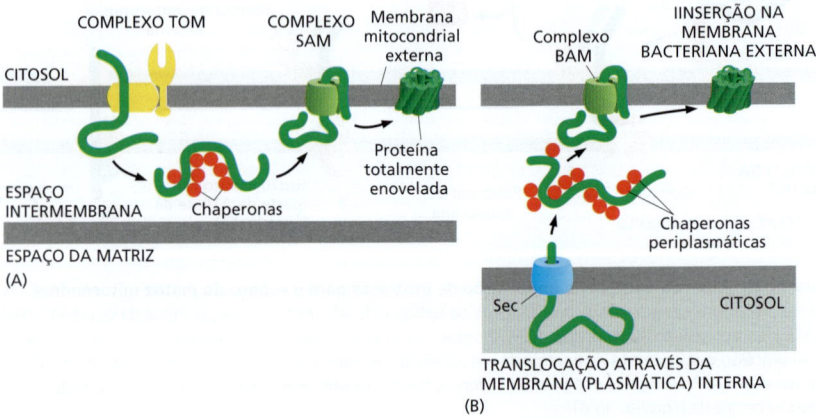

dria) (**Figura 12-24B**). Essa via conservada para inserção de proteínas barril β também ressalta a origem endossimbiótica da mitocôndria.

O transporte para a membrana mitocondrial interna e para o espaço intermembrana ocorre por meio de diversas vias

O mesmo mecanismo que transporta as proteínas para a matriz usando os transportadores TOM e TIM23 (ver Figura 12-22) também faz a mediação do transporte inicial de muitas proteínas destinadas à membrana mitocondrial interna ou ao espaço intermembrana. Na via de translocação mais comum, apenas a sequência-sinal na região N-terminal da proteína transportada realmente entra no espaço da matriz (**Figura 12-25A**). Uma sequência hidrofóbica de aminoácidos, colocada estrategicamente após a sequência-sinal N-terminal, atua como uma *sequência de parada de transferência*, impedindo a translocação adicional através da membrana interna. O restante da proteína atravessa então a membrana externa através do complexo TOM no espaço intermembrana; a sequência-sinal é clivada na matriz, e a sequência hidrofóbica, liberada de TIM23, permanece ancorada na membrana interna.

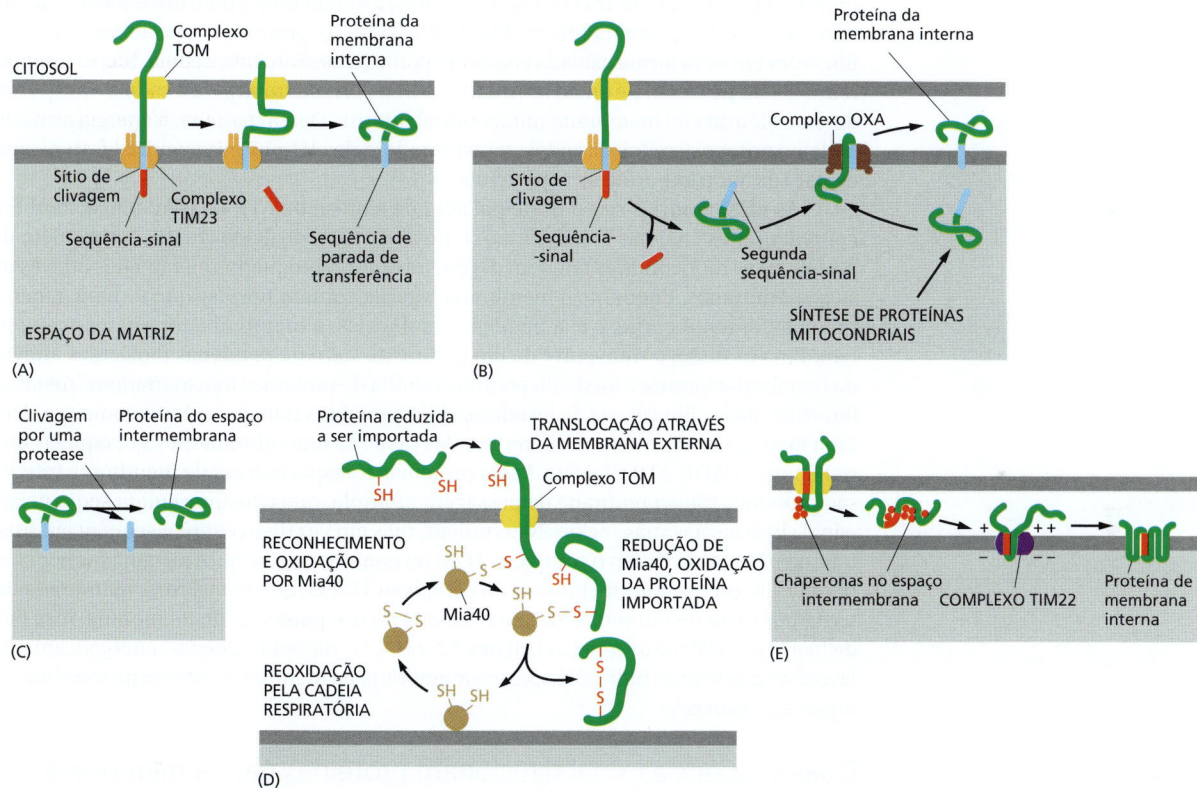

Figura 12-25 Importação de proteínas do citosol para a membrana mitocondrial interna ou para o espaço intermembrana. (A) A sequência-sinal N-terminal (*vermelho*) inicia a importação para o espaço da matriz (ver Figura 12-22). Uma sequência hidrofóbica (*azul*) que se sucede à sequência-sinal para a matriz liga-se ao translocador TIM23 (*laranja*) na membrana interna e interrompe a translocação. A proteína restante é então puxada para o espaço intermembrana através do translocador TOM na membrana externa, e a sequência hidrofóbica é liberada na membrana interna, ancorando aí a proteína. (B) Uma segunda via de integração de proteínas na membrana interna primeiro entrega a proteína completa no espaço da matriz. A clivagem da sequência-sinal (*vermelho*) usada para a translocação inicial expõe uma sequência-sinal hidrofóbica adjacente (*azul*) no novo N-terminal. Esse sinal dirige então a proteína para a membrana interna, usando a mesma via dependente de OXA, que insere proteínas que são codificadas pelo genoma de mitocôndrias e traduzidas no espaço da matriz. (C) Algumas proteínas solúveis do espaço intermembrana também podem utilizar as vias mostradas em (A) e (B) antes de serem liberadas no espaço intermembrana por uma segunda peptidase-sinal, que tem seu sítio ativo no espaço intermembrana e remove a sequência-sinal hidrofóbica. (D) Algumas proteínas solúveis do espaço intermembrana tornam-se oxidadas pela proteína Mia40 (do inglês, *mitochondrial intermembrane space assembly*; agregado do espaço intermembrana mitocondrial) durante a importação. Mia40 forma um intermediário covalente através de pontes dissulfeto intermoleculares, que ajudam a puxar a proteína transportada através do complexo TOM. A proteína Mia40 torna-se reduzida nesse processo, e então é reoxidada pela cadeia transportadora de elétrons, de modo que pode catalisar a próxima rodada de importação. (E) Proteínas de passagem múltipla na membrana interna que funcionam como transportadores de metabólitos contêm sequências-sinal internas e serpenteiam através do complexo TOM como uma alça. Eles ligam-se então a chaperonas no espaço intermembrana, guiando as proteínas ao complexo TIM22. O complexo TIM22 é especializado na inserção de proteínas de passagem múltipla da membrana interna.

Em outra via de transporte para a membrana interna ou o espaço intermembrana, o complexo TIM23 inicialmente transloca a proteína inteira para o espaço da matriz (**Figura 12-25B**). Uma vez que a sequência-sinal N-terminal foi removida pela peptidase-sinal da matriz, a sequência hidrofóbica permanece exposta no novo N-terminal. Essa sequência-sinal guia a proteína para o complexo OXA, que insere a proteína na membrana interna. Como mencionado antes, o complexo OXA é primeiramente utilizado para inserir proteínas codificadas e traduzidas na mitocôndria na membrana interna, e apenas poucas proteínas importadas usam essa via. Translocadores intimamente relacionados ao complexo OXA são encontrados nas membranas plasmáticas de bactérias e em membranas tilacoides de cloroplastos, onde inserem proteínas de membrana por um mecanismo similar.

Muitas proteínas que usam essas vias para a membrana interna permanecem ancoradas nas vias por meio de suas sequências-sinal hidrofóbicas (ver Figura 12-25A, B). Outras, entretanto, são liberadas no espaço intermembrana por uma protease que remove a âncora da membrana (**Figura 12-25C**). Muitas dessas proteínas clivadas permanecem ligadas na superfície externa da membrana interna como subunidades periféricas de complexos proteicos que também contêm proteínas transmembrana.

Certas proteínas do espaço intermembrana que contêm resíduos de cisteína são importadas ainda por outra via. Essas proteínas formam uma ponte dissulfeto covalente transitória com a proteína Mia40 (**Figura 12-25D**). As proteínas importadas são então liberadas em uma forma oxidada contendo pontes dissulfeto intracadeia. Mia40 torna-se reduzida no processo e é então reoxidada ao transferir elétrons para a cadeia transportadora de elétrons na membrana mitocondrial interna. Dessa maneira, a energia armazenada no potencial redox da cadeia transportadora de elétrons mitocondrial é aproveitada para dirigir a importação de proteínas.

As mitocôndrias são o principal sítio de síntese de ATP na célula, mas também contêm muitas enzimas metabólicas, como as do ciclo do ácido cítrico. Assim, além de proteínas, as mitocôndrias também devem transportar pequenos metabólitos através de suas membranas. Enquanto a membrana externa contém porinas que tornam a membrana livremente permeável a pequenas moléculas, a membrana interna não as contém. Em vez disso, o transporte de um grande número de pequenas moléculas através da membrana interna é mediado por uma família de proteínas transportadoras metabólito-específicas. Em células de levedura, essas proteínas transportadoras compreendem uma família de 35 proteínas diferentes, das quais as mais abundantes são aquelas que transportam ADP, ATP e fosfato. Essas proteínas transportadoras da membrana interna são proteínas transmembrana de passagem múltipla, que não apresentam sequências-sinal cliváveis nas suas regiões N-terminais, mas em vez disso contêm sequências-sinal internas. Elas atravessam o complexo TOM na membrana externa e são guiadas por chaperonas do espaço intermembrana ao complexo TIM22, que as insere na membrana interna por meio de um processo que necessita de um potencial de membrana, mas não de hsp70 ou ATP mitocondriais (**Figura 12-25E**). O "particionamento" energeticamente favorável das regiões hidrofóbicas transmembrana na membrana interna provavelmente dirige esse processo.

Duas sequências-sinal direcionam proteínas para a membrana tilacoide em cloroplastos

O transporte de proteínas para **cloroplastos** assemelha-se ao transporte para mitocôndrias. Ambos os processos ocorrem de modo pós-traducional, utilizam complexos de translocação separados em cada membrana, necessitam de energia e usam sequências-sinal N-terminais anfifílicas que são removidas após a utilização. Com exceção de algumas moléculas chaperonas, no entanto, os componentes proteicos que formam os complexos de translocação são diferentes. Além disso, enquanto as mitocôndrias utilizam o gradiente eletroquímico de H^+ através da sua membrana interna para dirigir o transporte, os cloroplastos, que apresentam um gradiente eletroquímico de H^+ através de suas membranas tilacoides, mas não em sua membrana interna, empregam a hidrólise de GTP e de ATP para importação através da sua membrana dupla. As semelhanças funcio-

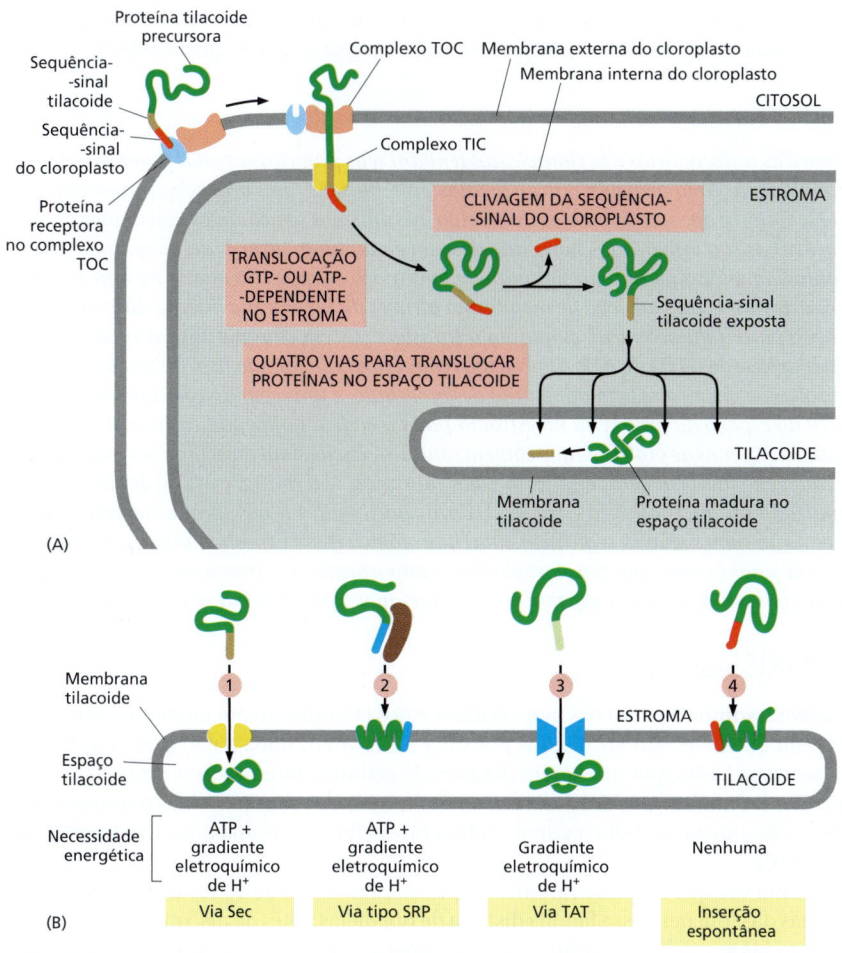

Figura 12-26 Translocação de uma proteína precursora no espaço tilacoide de cloroplastos. (A) A proteína precursora contém uma sequência-sinal do cloroplasto N-terminal (*vermelho*) imediatamente seguida de uma sequência-sinal tilacoide (*marrom*). A sequência-sinal do cloroplasto inicia a translocação no estroma por um mecanismo semelhante àquele usado por proteínas precursoras mitocondriais de translocação no espaço da matriz, embora os complexos translocadores, TOC e TIC, sejam diferentes. A sequência-sinal é clivada, expondo a sequência-sinal tilacoide, que inicia a translocação através da membrana tilacoide. (B) A translocação para o espaço tilacoide, ou membrana tilacoide, pode ocorrer por uma de pelo menos quatro vias: (1) uma *via Sec*, assim chamada porque utiliza componentes que são homólogos de proteínas Sec, que medeiam a translocação de proteínas através da membrana plasmática bacteriana (discutido adiante), (2) uma *via tipo SRP*, assim denominada porque usa uma partícula de reconhecimento de sinal homóloga de cloroplasto, ou SRP (discutido adiante), (3) uma *via TAT* (translocação de duas argininas, de *twin arginine translocation*), assim chamada porque duas argininas são cruciais nas sequências-sinal que dirigem proteínas nessa via, a qual depende de um gradiente de H^+ através da membrana tilacoide, e (4) uma *via de inserção espontânea*, que parece não necessitar de translocador de proteínas.

nais podem, portanto, ser resultado de evolução convergente, refletindo as necessidades comuns para a translocação pelo sistema de membrana dupla.

Embora as sequências-sinal para a importação em cloroplastos assemelhem-se superficialmente àquelas para a importação em mitocôndrias, tanto as mitocôndrias como os cloroplastos estão presentes nas mesmas células vegetais e, assim, as proteínas devem escolher entre as duas organelas de maneira apropriada. Em plantas, por exemplo, uma enzima bacteriana pode ser direcionada especificamente para mitocôndrias se ela for ligada, de forma experimental, a uma sequência-sinal N-terminal de uma proteína mitocondrial; a mesma enzima, unida a uma sequência-sinal N-terminal de uma proteína de cloroplasto, acumula-se em cloroplastos. As diferentes sequências-sinal podem, portanto, ser distinguidas pelos receptores de importação em cada organela.

Os cloroplastos apresentam um compartimento extra envolto por membranas, o **tilacoide**. Muitas proteínas de cloroplastos, incluindo as subunidades proteicas do sistema fotossintético e da ATP-sintase (discutido no Capítulo 14), são localizadas na membrana tilacoide. Assim como os precursores de algumas proteínas mitocondriais, os precursores dessas proteínas são translocados do citosol para o seu destino final em duas etapas. Primeiro, eles atravessam a dupla membrana para o espaço da matriz (chamado de **estroma** nos cloroplastos), e então eles ou integram a membrana tilacoide ou translocam-se para o espaço tilacoide (**Figura 12-26A**). Os precursores dessas proteínas possuem uma sequência-sinal tilacoide hidrofóbica seguindo a sequência-sinal N-terminal do cloroplasto. Após a sequência-sinal N-terminal ter sido utilizada para importar a proteína no estroma, ela é removida por uma peptidase-sinal do estroma, expondo a sequência-sinal tilacoide que inicia, então, o transporte através da membrana tilacoide. Existem pelo menos quatro vias por meio das quais as proteínas atravessam ou tornam-

-se integradas na membrana tilacoide, diferenciadas pelas suas necessidades por diferentes chaperonas do estroma ou pela fonte de energia usada (**Figura 12-26B**).

Resumo

Embora as mitocôndrias e os cloroplastos tenham seus próprios sistemas genéticos, eles produzem apenas uma pequena porção de suas proteínas. As duas organelas importam do citosol a maioria das suas proteínas utilizando mecanismos semelhantes. Em ambos os casos, as proteínas são importadas no estado desenovelado tanto através da membrana externa quanto da membrana interna simultaneamente para o espaço da matriz ou estroma. A hidrólise de ATP e um potencial de membrana através da membrana interna dirigem a translocação para a mitocôndria, enquanto a translocação em cloroplastos é dirigida somente pela hidrólise de GTP e de ATP. As proteínas chaperonas da família hsp70 citosólica mantêm as proteínas precursoras em um estado desenovelado, e um segundo conjunto de proteínas hsp70 no espaço da matriz ou no estroma puxa a cadeia polipeptídica importada para a organela. Apenas as proteínas que contêm uma sequência-sinal específica são translocadas. A sequência-sinal em geral está localizada na região N-terminal e é clivada depois de ser importada ou internalizada e retida. Os transportes para a membrana interna algumas vezes usam uma segunda sequência-sinal hidrofóbica que é exposta quando a primeira sequência-sinal é removida. Em cloroplastos, a importação do estroma para o tilacoide pode ocorrer por várias vias, que diferem pelas chaperonas e pela fonte de energia usadas.

PEROXISSOMOS

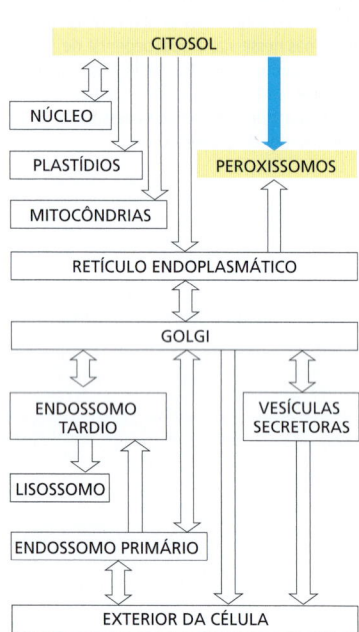

Os **peroxissomos** diferem das mitocôndrias e dos cloroplastos em muitos aspectos. Mais notavelmente, eles são envolvidos por uma única membrana e não possuem DNA ou ribossomos. Assim, por não serem dotados de genoma, todas as suas proteínas são codificadas no núcleo. Os peroxissomos obtêm muitas das suas proteínas por importação seletiva do citosol, embora algumas delas entrem na membrana dos peroxissomos por meio do RE.

Uma vez que não discutiremos os peroxissomos em outro local, consideraremos algumas das funções dessa família distinta de organelas antes de discutir sua biossíntese. Quase todas as células eucarióticas possuem peroxissomos. Eles contêm enzimas oxidativas, como *catalase* e *urato oxidase*, em concentrações tão elevadas que, em algumas células, os peroxissomos salientam-se em micrografias eletrônicas por causa da presença de um núcleo cristaloide (**Figura 12-27**).

Assim como as mitocôndrias, os peroxissomos são os principais sítios de utilização de oxigênio. Uma hipótese é que os peroxissomos sejam um vestígio de uma organela ancestral que realizava todo o metabolismo de oxigênio nos ancestrais primitivos das células eucarióticas. Quando o oxigênio produzido pelas bactérias fotossintéticas começou a se acumular na atmosfera, ele pode ter sido fortemente tóxico à maioria das células. Os peroxissomos podem ter servido para reduzir a concentração de oxigênio intracelular, enquanto também usavam sua reatividade química para fazer reações oxidativas úteis. De acordo com esse ponto de vista, o desenvolvimento posterior das mitocôndrias tornou os peroxissomos bastante obsoletos, porque muitas das mesmas reações – as quais foram inicialmente conduzidas nos peroxissomos sem produção de energia – foram agora acopladas com a formação de ATP, por meio da fosforilação oxidativa. As reações oxidativas realizadas pelos peroxissomos nas células atuais poderiam parcialmente ser, portanto, aquelas cujas funções importantes não foram incorporadas pelas mitocôndrias.

Os peroxissomos utilizam oxigênio molecular e peróxido de hidrogênio para realizar reações oxidativas

Os peroxissomos são assim denominados porque costumam conter uma ou mais enzimas que empregam oxigênio molecular para remover átomos de hidrogênio de substratos orgânicos específicos (designados aqui como R) em uma reação oxidativa que produz *peróxido de hidrogênio* (H_2O_2):

$$RH_2 + O_2 \rightarrow R + H_2O_2$$

A *catalase* utiliza o H_2O_2 gerado por outras enzimas na organela para oxidar uma variedade de outros substratos – incluindo ácido fórmico, formaldeído e álcool – pela reação "peroxidativa": $H_2O_2 + R'H_2 \rightarrow R' + 2H_2O$. Esse tipo de reação oxidativa é particularmente importante nas células do fígado e do rim, nas quais os peroxissomos destoxificam várias moléculas tóxicas que entram na corrente sanguínea. Cerca de 25% do etanol que bebemos é oxidado a acetaldeído dessa forma. Além disso, quando um excesso de H_2O_2 acumula-se na célula, a catalase o converte em H_2O por meio da reação:

$$2H_2O_2 \rightarrow 2H_2O + O_2$$

A principal função das reações oxidativas realizadas nos peroxissomos é a quebra de moléculas de ácido graxo. O processo denominado *β-oxidação* encurta as cadeias alquil dos ácidos graxos sequencialmente em blocos de dois átomos de carbono por vez, convertendo assim os ácidos graxos em acetil-CoA (acetil-coenzima A). Os peroxissomos exportam então acetil-CoA ao citosol para utilizá-la em reações biossintéticas. Nas células de mamíferos, a β-oxidação ocorre nas mitocôndrias e nos peroxissomos; em leveduras e nas células vegetais, entretanto, essa reação essencial ocorre exclusivamente nos peroxissomos.

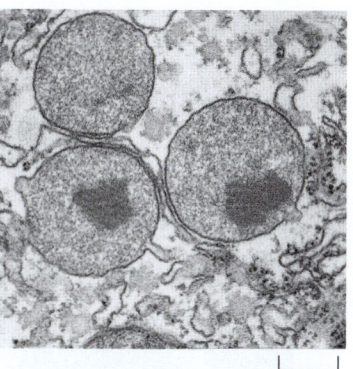

Figura 12-27 Micrografia eletrônica de três peroxissomos em uma célula de fígado de rato. As inclusões paracristalinas eletrodensas são compostas principalmente da enzima urato oxidase. (Cortesia de Daniel S. Friend.)

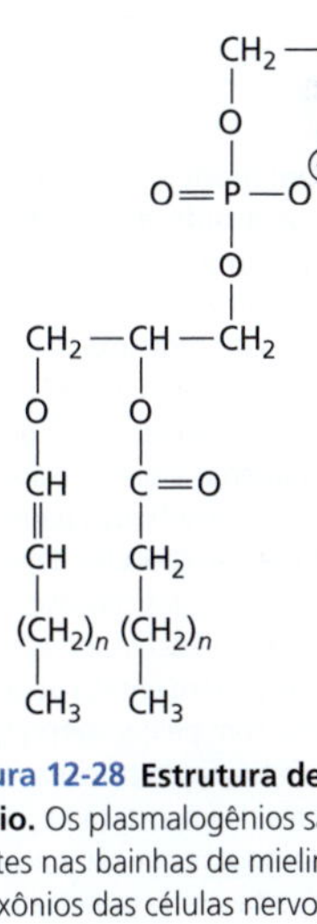

Uma função biossintética essencial dos peroxissomos animais é catalisar as primeiras reações na formação de *plasmalogênios*, que são a classe mais abundante de fosfolipídeos na mielina (**Figura 12-28**). A deficiência de plasmalogênios causa anomalias profundas na mielinização dos axônios das células nervosas, sendo essa uma das razões por que muitos distúrbios peroxissômicos levam a doenças neurológicas.

Os peroxissomos são organelas de grande diversidade e, mesmo em vários tipos celulares de um único organismo, podem conter diferentes conjuntos de enzimas. Eles também podem adaptar-se de forma notável a mudanças de condições. As células de levedura crescidas em açúcar, por exemplo, têm poucos peroxissomos pequenos. Mas, quando algumas leveduras são crescidas em metanol, numerosos e grandes peroxissomos são formados para oxidar o metanol; e quando crescem em ácidos graxos, elas desenvolvem numerosos e grandes peroxissomos que quebram os ácidos graxos em acetil-CoA pela β-oxidação.

Os peroxissomos são importantes também em plantas. Dois tipos de peroxissomos de plantas têm sido bastante estudados. Um tipo está presente nas folhas, onde participa na *fotorrespiração* (discutida no Capítulo 14) (**Figura 12-29A**). O outro tipo de peroxissomo está presente em sementes em germinação, nas quais ele converte os ácidos graxos armazenados nas sementes oleaginosas em açúcares necessários ao crescimento da planta jovem. Pelo fato de essa conversão de gorduras em açúcares ser realizada por uma série de reações conhecidas como o *ciclo glioxilato*, esses peroxissomos também são chamados de *glioxissomos* (**Figura 12-29B**). No ciclo glioxilato, duas moléculas de acetil-CoA produzidas por quebra do ácido graxo no peroxissomo são utilizadas para a síntese de ácido succínico, que é liberado do peroxissomo e convertido em glicose no citosol. O ciclo glioxilato não ocorre em células animais; portanto os animais são incapazes de converter ácidos graxos de gorduras em carboidratos.

Uma sequência-sinal curta direciona a importação de proteínas aos peroxissomos

Uma sequência específica de três aminoácidos (Ser-Lys-Leu) localizados na região C-terminal de muitas proteínas dos peroxissomos atua como um sinal de importação (ver Tabela 12-3, p. 648). Outras proteínas peroxissômicas contêm uma sequência-sinal próxima à região N-terminal. Se uma dessas sequências está ligada a uma proteína citosólica, a proteína é importada para peroxissomos. Os sinais de importação são primeiro reconhecidos pelos receptores solúveis de proteínas no citosol. Várias proteínas distintas, chamadas de **peroxinas**, participam no processo de importação, que é movido por hidrólise de ATP. Um complexo de pelo menos seis diferentes peroxinas forma uma proteína translocadora na membrana do peroxissomo. Mesmo proteínas oligoméricas não precisam ser desdobradas para que sejam importadas. Acredita-se que o poro formado pelo transportador seja dinâmico em suas dimensões, adaptando seu tamanho às moléculas-carga a serem transportadas, permitindo a passagem de cada molécula-

Figura 12-28 Estrutura de um plasmalogênio. Os plasmalogênios são bastante abundantes nas bainhas de mielina que envolvem os axônios das células nervosas. Eles correspondem a cerca de 80 a 90% dos fosfolipídeos da membrana de mielina. Além de uma cabeça de etanolamina e um ácido graxo de cadeia longa ligado à mesma cadeia principal de glicerol fosfato utilizado para fosfolipídeos, os plasmalogênios contêm um álcool graxo pouco comum que está ligado por uma ligação éter (*parte inferior à esquerda*).

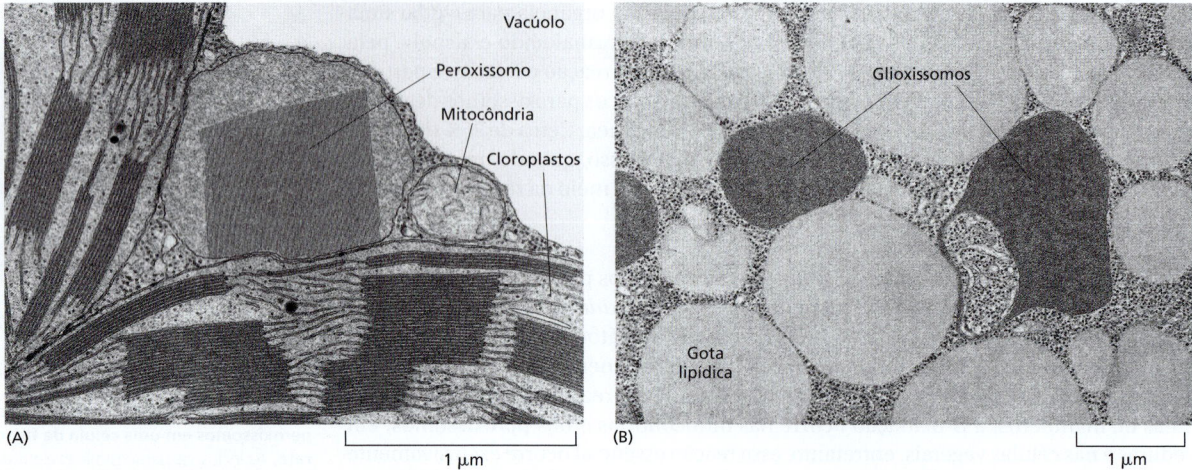

Figura 12-29 Micrografias eletrônicas de dois tipos de peroxissomos encontrados em células vegetais. (A) Um peroxissomo com um núcleo paracristalino em uma célula do mesófilo de folha de tabaco. Sua próxima associação com cloroplastos parece facilitar a troca de materiais entre essas organelas durante a fotorrespiração. O vacúolo em células de plantas é equivalente ao lisossomo em células animais. (B) Peroxissomos em uma célula cotiledonar armazenadora de gordura de semente de tomate, quatro dias após a germinação. Aqui, os peroxissomos (glioxissomos) estão associados a gotas lipídicas que armazenam gordura, refletindo seu papel central na mobilização de gorduras e na gliconeogênese durante a germinação de sementes. (A, de S.E. Frederick e E.H. Newcomb, *J. Cell Biol.* 43:343–353, 1969. Com permissão de The Rockefeller Press; B, de W.P. Wergin, P.J. Gruber e E.H. Newcomb, *J. Ultrastruct. Res.* 30:533–557, 1970. Com permissão de Academic Press.)

-carga compactamente dobrada. A esse respeito, o mecanismo difere daquele usado em mitocôndrias e cloroplastos. Um receptor de importação solúvel, a peroxina Pex5, reconhece o sinal de importação C-terminal peroxissômico. Ela acompanha sua carga até o interior dos peroxissomos e, após a liberação da carga, retorna ao citosol. Após a entrega de sua carga para o lúmen do peroxissomo, Pex5 sofre ubiquitinação. Essa modificação é necessária para liberar Pex5 no citosol novamente, onde a ubiquitina é removida. Uma ATPase composta de Pex1 e Pex6 aproveita a energia da hidrólise do ATP para ajudar na liberação de Pex5 dos peroxissomos.

A importância dos peroxissomos e desse processo de importação está demonstrada na *síndrome de Zellweger*, uma doença humana hereditária na qual um defeito na importação de proteínas para os peroxissomos leva a uma deficiência peroxissômica grave. Esses indivíduos, cujas células contêm peroxissomos "vazios", apresentam graves anomalias no cérebro, no fígado e nos rins, e morrem logo após o nascimento. Uma mutação no gene que codifica a peroxina Pex5 causa uma forma dessa doença. Uma doença peroxissômica hereditária moderada é causada por um defeito no Pex7, receptor defectivo para o sinal N-terminal de importação.

Há muito se discute se novos peroxissomos originam-se de outros preexistentes por crescimento e fissão da organela – como mencionado antes para mitocôndria e plastídios – ou derivam-se como um compartimento especializado do RE. Aspectos de ambos os pontos de vista são verdadeiros (**Figura 12-30**). Muitas das proteínas de

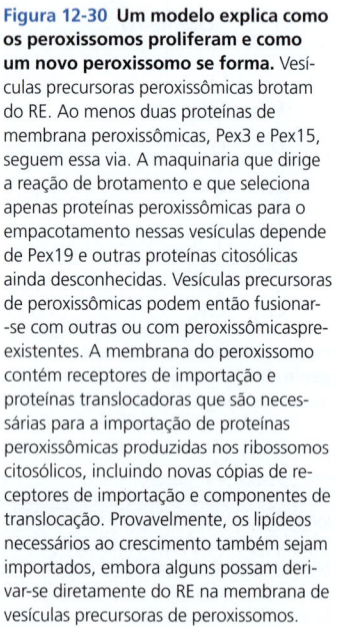

Figura 12-30 Um modelo explica como os peroxissomos proliferam e como um novo peroxissomo se forma. Vesículas precursoras peroxissômicas brotam do RE. Ao menos duas proteínas de membrana peroxissômicas, Pex3 e Pex15, seguem essa via. A maquinaria que dirige a reação de brotamento e que seleciona apenas proteínas peroxissômicas para o empacotamento nessas vesículas depende de Pex19 e outras proteínas citosólicas ainda desconhecidas. Vesículas precursoras de peroxissômicas podem então fusionar-se com outras ou com peroxissômicas preexistentes. A membrana do peroxissomo contém receptores de importação e proteínas translocadoras que são necessárias para a importação de proteínas peroxissômicas produzidas nos ribossomos citosólicos, incluindo novas cópias de receptores de importação e componentes de translocação. Provavelmente, os lipídeos necessários ao crescimento também sejam importados, embora alguns possam derivar-se diretamente do RE na membrana de vesículas precursoras de peroxissomos.

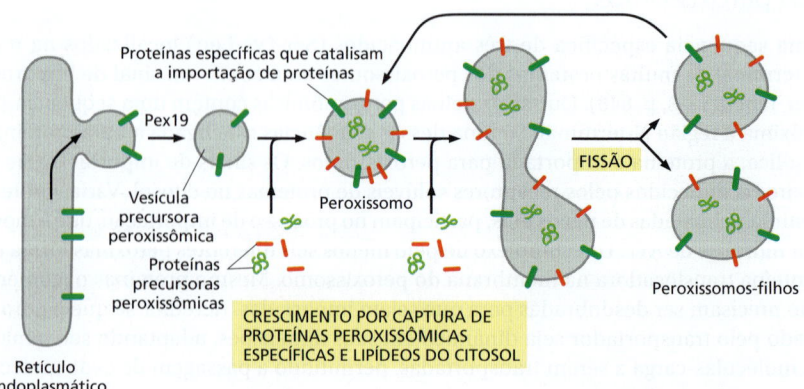

membrana peroxissômicas são feitas no citosol e inseridas na membrana de peroxissomos preexistentes, enquanto outras são primeiro integradas na membrana do RE, onde são empacotadas em vesículas precursoras peroxissômicas especializadas. Novas vesículas precursoras podem então se fundir umas com as outras e começar a importação de proteínas peroxissômicas adicionais, usando sua própria maquinaria de importação de proteínas para tornarem-se peroxissomos maduros, os quais podem sofrer ciclos de crescimento e fissão.

Resumo

Os peroxissomos são especializados em promover reações de oxidação usando oxigênio molecular. Eles geram peróxido de hidrogênio, que é empregado em reações oxidativas – e contêm catalases para destruir o excesso do mesmo. Assim como as mitocôndrias e os plastídios, os peroxissomos são organelas autorreplicativas. Pelo fato de não conterem DNA ou ribossomos, toda sua proteína é codificada no núcleo da célula. Algumas dessas proteínas são repassadas aos peroxissomos via vesículas precursoras peroxissômicas que brotam do RE, mas muitas são sintetizadas no citosol e importadas diretamente. Uma sequência específica de três aminoácidos próxima à região C-terminal de muitas proteínas funciona como um sinal de importação peroxissômica. O mecanismo de importação de proteínas difere daquele de mitocôndrias e cloroplastos, no qual mesmo proteínas oligoméricas são importadas do citosol sem estarem desenoveladas.

RETÍCULO ENDOPLASMÁTICO

Todas as células eucarióticas possuem **retículo endoplasmático (RE)**. Sua membrana em geral constitui mais do que a metade da membrana total de uma célula animal (ver Tabela 12-2, p. 643). O RE está organizado em um labirinto de túbulos ramificados e de vesículas achatadas que se estendem através do citosol (**Figura 12-31** e **Animação 12.4**). Os túbulos e sacos são interconectados, e suas membranas são contíguas com a membrana nuclear externa; o compartimento que elas encerram, portanto, também é contíguo com o espaço entre as membranas nuclear externa e interna. Dessa forma, o RE e as membranas nucleares formam uma folha contínua envolvendo um espaço interno único, chamado de **lúmen do RE** ou *espaço cisternal do RE*, que costuma ocupar mais de 10% do volume celular total (ver Tabela 12-1, p. 643).

Como mencionado no início deste capítulo, o RE tem um papel central na biossíntese de lipídeos e proteínas, servindo também como um local de armazenamento intracelular de Ca^{2+}, que é usado em muitas respostas de sinalização celular (discutido no Capítulo 15). A membrana do RE é o sítio de produção de todas as proteínas transmembrana e lipídeos para a maioria das organelas celulares, incluindo o próprio RE, o aparelho de Golgi, os lisossomos, os endossomos, as vesículas secretoras e a membrana plasmática. A membrana do RE é também o local onde é feita a maioria dos lipídeos para as membranas mitocondriais e peroxissômicas. Além disso, quase todas as proteínas que serão secretadas para o exterior celular – acompanhadas daquelas destinadas ao lúmen do RE, ao aparelho de Golgi ou aos lisossomos – são enviadas inicialmente ao lúmen do RE.

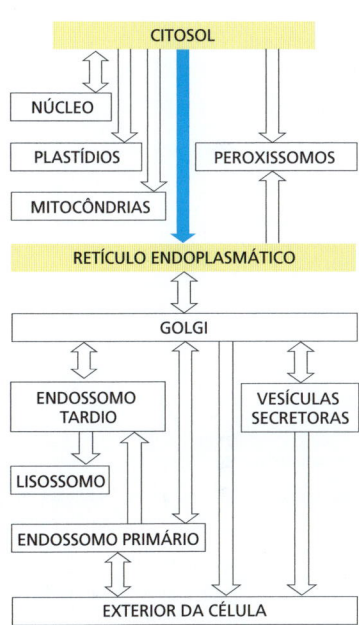

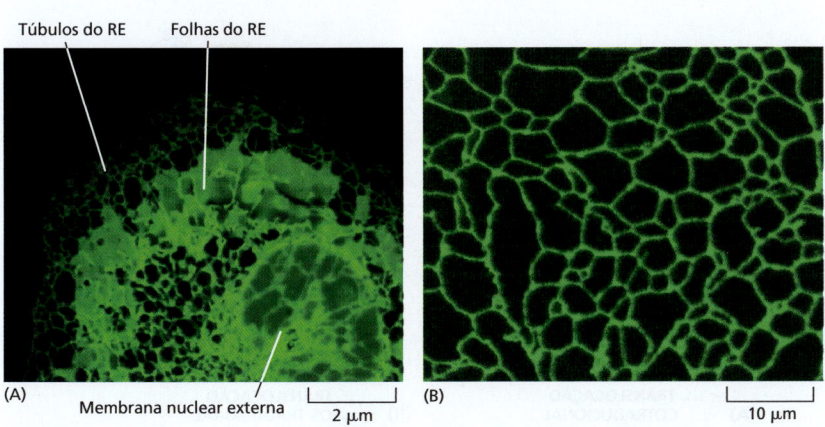

Figura 12-31 Micrografias fluorescentes do retículo endoplasmático. (A) Uma cultura de tecido de células animais foi geneticamente modificada para expressar uma proteína de membrana do RE fusionada a uma proteína fluorescente. O RE estende-se como uma rede de túbulos e folhas ao longo de todo o citosol, de modo que todas as regiões do citosol estão próximas a algumas porções da membrana do RE. A membrana nuclear externa, que é contínua com o RE, também é corada. (B) Parte de uma rede do RE em uma célula vegetal viva geneticamente modificada para expressar uma proteína fluorescente no RE. (A, cortesia de Patrick Chitwood e Gia Voeltz; B, cortesia de Petra Boevink e Chris Hawes.)

O RE é estrutural e funcionalmente diverso

Enquanto as várias funções do RE são essenciais para cada célula, suas importâncias relativas variam muito entre tipos celulares individuais. Para satisfazer demandas funcionais diferentes, regiões distintas de RE tornam-se altamente especializadas. Observamos tal especialização funcional como mudanças dramáticas na estrutura do RE, e diferentes tipos celulares podem, portanto, possuir caracteristicamente diversos tipos de membrana do RE. Uma das especializações mais notáveis é o *RE rugoso*.

As células de mamíferos começam a importação de proteínas para o RE antes da síntese completa da cadeia polipeptídica – isto é, a importação é um processo **cotraducional** (**Figura 12-32A**). Ao contrário, a importação de proteínas nas mitocôndrias, nos cloroplastos, no núcleo e nos peroxissomos é um processo **pós-traducional** (**Figura 12-32B**). No transporte cotraducional, o ribossomo que está sintetizando a proteína está diretamente aderido à membrana do RE, permitindo que uma ponta da proteína seja translocada para o RE enquanto o restante da cadeia polipeptídica está sendo sintetizado. Esses ribossomos ligados à membrana cobrem a superfície do RE, criando regiões chamadas **retículo endoplasmático rugoso**, ou **RE rugoso**; regiões do RE sem ribossomos ligados são chamadas de **retículo endoplasmático liso**, ou **RE liso** (**Figura 12-33**).

A grande maioria das células possui regiões limitadas de RE liso, e o RE é, com frequência, parcialmente liso e parcialmente rugoso. Áreas de RE liso a partir das quais vesículas carregando proteínas recém-sintetizadas e lipídeos se desprendem para transporte até o aparelho de Golgi são chamadas de *RE transicional*. Em certas células especializadas, o RE liso é abundante e tem funções adicionais. Ele é proeminente, por exemplo, em células que se especializam no metabolismo de lipídeos, como células que sintetizam hormônios esteroides a partir do colesterol; o RE liso expandido acomoda as enzimas que fazem o colesterol e o modificam a fim de formar os hormônios (ver Figura 12-33B).

Principal tipo celular no fígado, o *hepatócito* também possui uma quantidade significativa de RE liso. Ele é o principal sítio de produção de *partículas de lipoproteína*, que carregam lipídeos a outras partes do corpo via corrente sanguínea. As enzimas que sintetizam os componentes lipídicos das lipoproteínas estão localizadas na membrana do RE liso, a qual também contém enzimas que catalisam uma série de reações para destoxificar substâncias lipossolúveis e vários compostos danosos produzidos pelo metabolismo. As *reações de destoxificação* mais extensamente estudadas são realizadas pela família de enzimas *citocromo P450*, que catalisam uma série de reações nas quais substâncias insolúveis em água ou metabólitos que, de outra forma, poderiam ser acumulados em níveis tóxicos nas membranas celulares são transformados em solúveis em água o suficiente para deixarem a célula e serem excretados na urina. Uma vez que o RE rugoso sozinho não pode conter quantidades suficientes dessas e de outras enzimas necessárias, uma grande porção de membrana em um hepatócito normalmente consiste em RE liso (ver Tabela 12-2).

Outra função crucial do RE na maioria das células eucarióticas é sequestrar Ca^{2+} do citosol. A liberação de Ca^{2+} do RE para o citosol e sua subsequente recaptação estão envolvidas em muitas respostas rápidas a sinais extracelulares, como discutido no Ca-

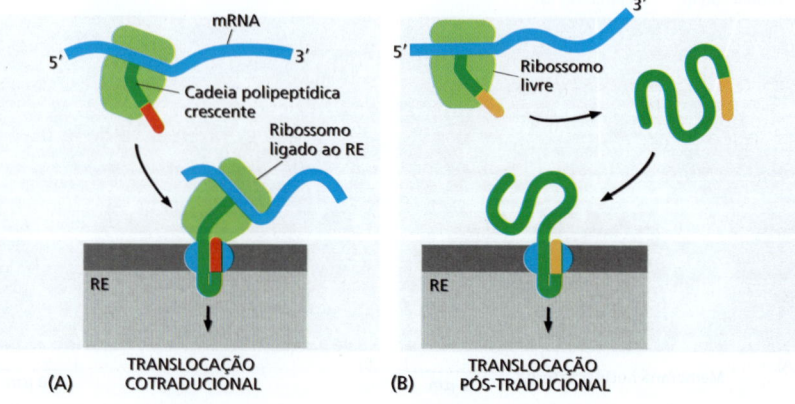

Figura 12-32 Translocação cotraducional e pós-traducional de proteínas. (A) Os ribossomos ligam-se à membrana do RE durante a translocação cotraducional. (B) Ao contrário, os ribossomos citosólicos completam a síntese de proteínas e as liberam antes da translocação pós-traducional. Em ambos os casos, a proteína é direcionada para o RE por uma sequência-sinal (*vermelho* e *laranja*).

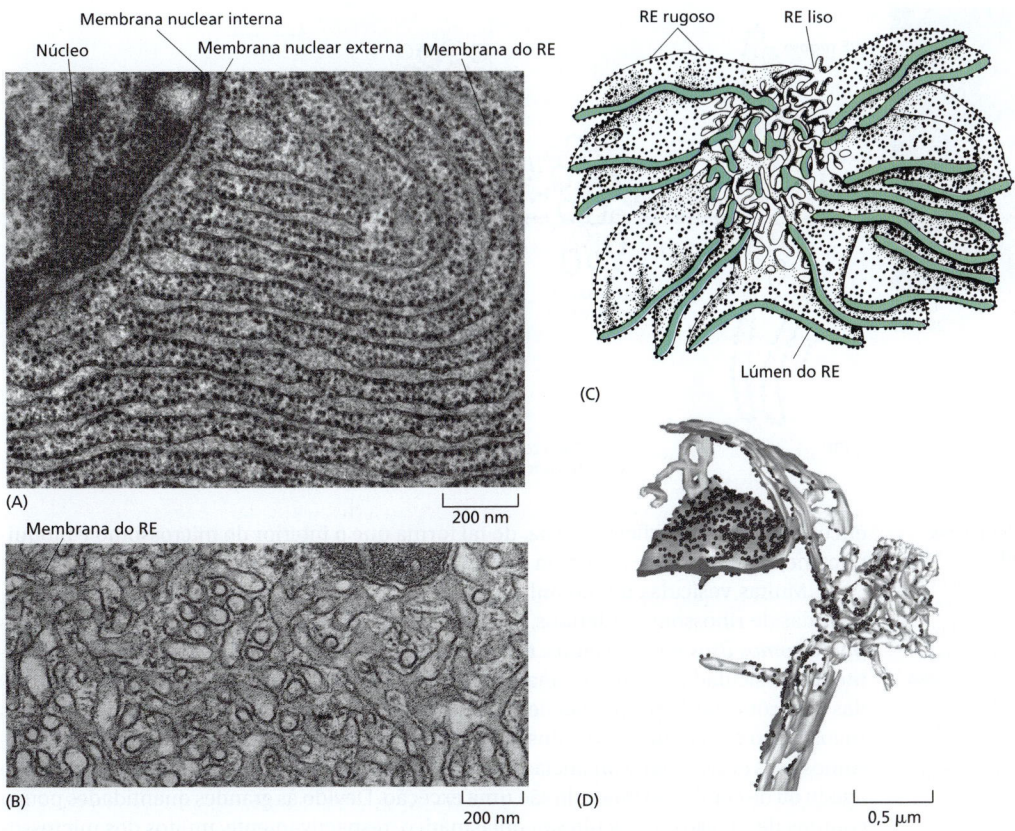

Figura 12-33 RE rugoso e liso. (A) Uma micrografia eletrônica de um RE rugoso em uma célula pancreática exócrina que produz e secreta diariamente grandes quantidades de enzimas digestivas. O citosol está preenchido com camadas empacotadas de membranas de RE que são ornadas com ribossomos. Em cima e à esquerda está mostrada uma porção do núcleo e seu envelope nuclear; note que a membrana nuclear externa, que é contínua com o RE, também está ornada com ribossomos. (B) RE liso abundante em uma célula secretora de hormônio esteroide. Esta micrografia eletrônica é de uma célula de Leydig secretora de testosterona em testículo humano. (C) Uma reconstrução tridimensional de uma região do RE liso e RE rugoso em uma célula de fígado. O RE rugoso forma pilhas orientadas de cisternas achatadas, cada uma possuindo um espaço luminal de 20 a 30 nm. A membrana do RE liso está conectada a estas cisternas e forma uma fina rede de túbulos de 30 a 60 nm de diâmetro. O lúmen do RE é de cor *verde*. (D) Uma reconstrução tomográfica de uma porção da rede do RE em uma célula de levedura. Ribossomos ligados à membrana (*pequenas esferas pretas*) são vistos tanto nas folhas achatadas quanto nas regiões tubulares de diâmetro irregular, demonstrando que os ribossomos se ligam a membranas do RE de diferentes curvaturas nessas células. (A, cortesia de Lelio Orci; B, cortesia de Daniel S. Friend; C, de R.V. Krstić, Ultrastructure of the Mammalian Cell. New York: Springer-Verlag, 1979; D, de M. West et al., *J. Cell Biol.* 193:333–346, 2011. Com permissão de Rockefeller University Press.)

pítulo 15. Uma bomba de Ca^{2+} transporta Ca^{2+} do citosol para o lúmen do RE. O armazenamento de Ca^{2+} no lúmen do RE é facilitado pelas altas concentrações de proteínas que se ligam a Ca^{2+} lá existentes. Em alguns tipos celulares, e talvez na maioria, regiões específicas do RE são especializadas no armazenamento de Ca^{2+}. As células musculares possuem um abundante RE liso modificado, denominado *retículo sarcoplasmático*. A liberação e a recaptação de Ca^{2+} pelo retículo sarcoplasmático disparam, respectivamente, a contração e o relaxamento das miofibrilas, durante cada ciclo de contração muscular (discutido no Capítulo 16).

Para estudar as funções e a bioquímica do RE, é necessário isolar sua membrana. Isso pode parecer uma tarefa inexequível, porque o RE é entremeado de forma intrincada com outros componentes do citosol. Felizmente, quando os tecidos ou as células são rompidos por homogeneização, o RE se quebra em fragmentos e recompõe-se na forma de muitas pequenas vesículas (cerca de 100 a 200 nm de diâmetro) denominadas **microssomos**. Os microssomos são relativamente fáceis de purificar. Para os bioquímicos, os microssomos representam pequenas versões autênticas do RE, ainda capazes de translocação de proteínas, glicosilação proteica (discutido adiante), captação e liberação de Ca^{2+}, bem como síntese de lipídeos. Os microssomos derivados do RE rugoso são crivados de ribossomos e denominados *microssomos rugosos*. Os ribossomos são sempre

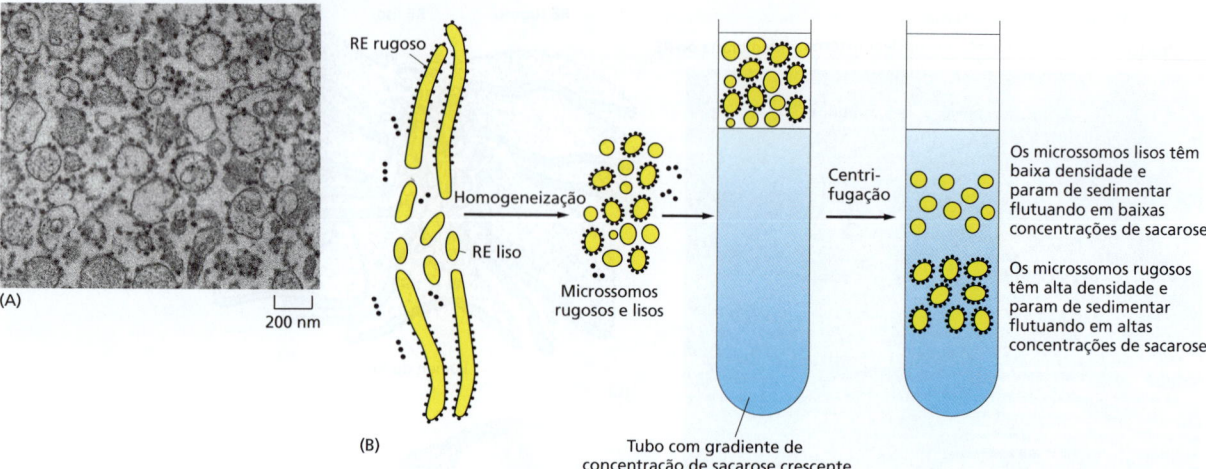

Figura 12-34 Isolamento dos microssomos rugosos e lisos do RE. (A) Uma micrografia eletrônica de secção fina de uma fração purificada do RE rugoso revela abundância de vesículas contendo ribossomos. (B) Quando sedimentados por meio de um gradiente de sacarose, os dois tipos de microssomos separam-se um do outro, de acordo com suas diferentes densidades. Note que a fração lisa também irá conter material não derivado do RE. (A, cortesia de George Palade.)

encontrados na superfície externa, de tal forma que o interior do microssomo é bioquimicamente equivalente ao lúmen do RE (**Figura 12-34A**).

Muitas vesículas de tamanho similar ao dos microssomos rugosos, porém desprovidas de ribossomos aderidos, também são encontradas nesses homogenados. Tais *microssomos lisos* são derivados, em parte, de porções lisas do RE e, em parte, de fragmentos vesiculados da membrana plasmática, do aparelho de Golgi, dos endossomos e das mitocôndrias (a proporção dependendo do tecido). Então, enquanto microssomos rugosos são claramente derivados de porções do RE rugoso, não é fácil separar microssomos lisos derivados de organelas diferentes. Os microssomos preparados de células do fígado ou de células do músculo são uma exceção. Devido às grandes quantidades pouco comuns de RE liso ou retículo sarcoplasmático, respectivamente, muitos dos microssomos lisos nos homogenados desses tecidos são derivados do RE liso ou do retículo sarcoplasmático. Os ribossomos aderidos à membrana tornam os microssomos rugosos mais densos do que os microssomos lisos. Como resultado, os microssomos lisos e rugosos podem ser separados uns dos outros por centrifugação de equilíbrio (**Figura 12-34B**). Os microssomos têm sido inestimáveis na elucidação de aspectos moleculares da função do RE, como discutiremos a seguir.

As sequências-sinal foram descobertas primeiro em proteínas importadas para o RE rugoso

O RE captura proteínas selecionadas do citosol assim que elas são sintetizadas. Essas proteínas são de dois tipos: *proteínas transmembrana*, que são apenas parcialmente translocadas através da membrana do RE e tornam-se "embutidas" na membrana, e *proteínas solúveis em água*, que são totalmente translocadas através da membrana do RE e liberadas no lúmen do RE. Algumas das proteínas transmembrana funcionam no RE, mas muitas são destinadas à membrana plasmática ou à membrana de outra organela. As proteínas solúveis em água são destinadas tanto à secreção quanto à residência no lúmen do RE ou de outra organela. Todas essas proteínas, apesar do seu subsequente destino, são dirigidas para a membrana do RE por uma **sequência-sinal do RE**, a qual inicia a sua translocação por um mecanismo comum.

As sequências-sinal (e a estratégia de sequência-sinal para endereçamento de proteínas) foram descobertas no início dos anos de 1970 em proteínas secretadas translocadas através da membrana do RE como um primeiro passo de sua liberação final da célula. No experimento-chave, o mRNA codificando a proteína secretada foi traduzido por ribossomos *in vitro*. Quando os microssomos foram omitidos desse sistema livre de células, a proteína sintetizada foi levemente maior do que a proteína normal secretada. Na presença de microssomos derivados do RE rugoso, todavia, foi produzida uma proteína de tamanho correto. De acordo com a *hipótese do sinal*, a diferença no tamanho reflete a presença inicial de uma sequência-sinal que direciona a proteína secretada à membrana do RE e é, então, clivada por uma *peptidase-sinal* na membrana do RE antes

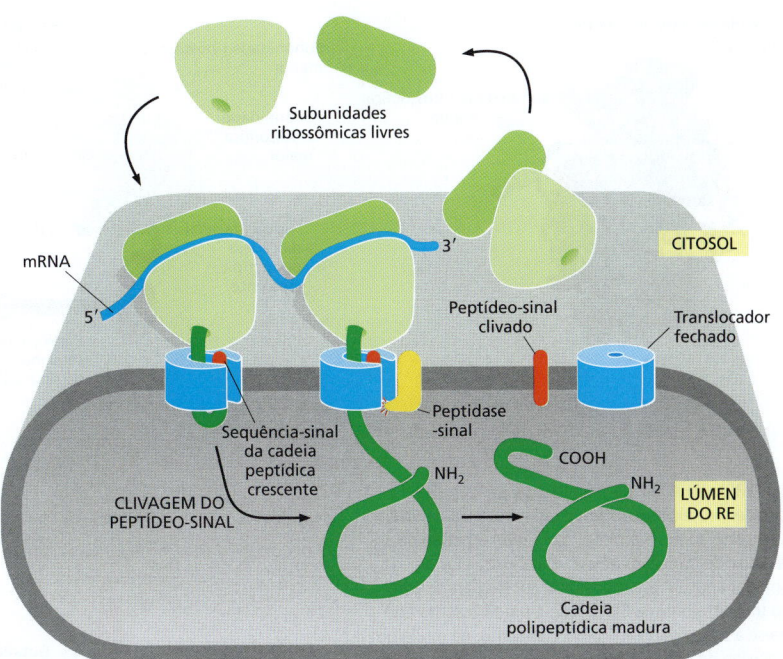

Figura 12-35 A hipótese do sinal.
Uma visão simplificada do transporte de proteínas através da membrana do RE, como proposto originalmente. Quando a sequência-sinal do RE emerge dos ribossomos, ela direciona os ribossomos para um translocador na membrana do RE, que forma um poro na membrana através do qual o polipeptídeo é translocado. A sequência-sinal é retirada durante a tradução por uma peptidase-sinal, e a proteína madura é liberada para o lúmen do RE imediatamente após ser sintetizada. O translocador permanece fechado até que o ribossomo tenha se ligado, mantendo a barreira de permeabilidade da membrana do RE em todos os momentos.

que a cadeia polipeptídica tenha sido completada (**Figura 12-35**). Os sistemas livres de células, nos quais as proteínas são importadas para os microssomos, oferecem procedimentos de análise eficazes para identificação, purificação e estudo de vários componentes da maquinaria molecular responsável pelos processos de importação do RE.

Uma partícula de reconhecimento de sinal (SRP) direciona a sequência-sinal do RE para um receptor específico na membrana do RE rugoso

A sequência-sinal do RE é guiada à membrana do RE por, pelo menos, dois componentes: uma **partícula de reconhecimento de sinal** (**SRP**, *signal-recognition particle*), que circula entre a membrana do RE e o citosol e liga-se à sequência-sinal, e um **receptor SRP** na membrana do RE. A SRP é um grande complexo; nas células animais ela consiste em seis diferentes cadeias polipeptídicas ligadas a uma única pequena molécula de RNA. Enquanto a SRP e seu receptor possuem poucas subunidades em bactérias, homólogos estão presentes em todas as células, indicando que esse mecanismo de proteína-alvo surgiu cedo na evolução e tem sido conservado.

As sequências-sinal do RE variam na sequência de aminoácidos, mas cada uma possui oito ou mais aminoácidos apolares no seu centro (ver Tabela 12-3, p. 648). Como a SRP pode ligar-se especificamente a tantas sequências diferentes? A resposta veio da estrutura cristalina da proteína SRP, a qual mostra que o sítio de ligação da sequência-sinal é uma grande cavidade hidrofóbica coberta por metioninas. Devido ao fato de as metioninas possuírem cadeias laterais flexíveis não ramificadas, a cavidade é suficientemente plástica para acomodar sequências-sinal hidrofóbicas de diferentes sequências, tamanhos e formas.

A SRP é uma estrutura do tipo haste, que envolve a subunidade ribossômica maior com uma ponta ligando a sequência-sinal do RE à medida que emerge do ribossomo como parte da cadeia polipeptídica recém-produzida; a outra ponta bloqueia o sítio de ligação do fator de elongamento na interface entre as subunidades grande e pequena do ribossomo (**Figura 12-36**). Esse evento provoca uma pausa na síntese proteica tão logo o peptídeo-sinal tenha emergido do ribossomo. A pausa transitória provavelmente dá tempo suficiente ao ribossomo para ligar-se à membrana do RE antes de completar a síntese da cadeia polipeptídica, garantindo, desse modo, que a proteína não seja liberada no citosol. Esse dispositivo de segurança pode ter importância especial para

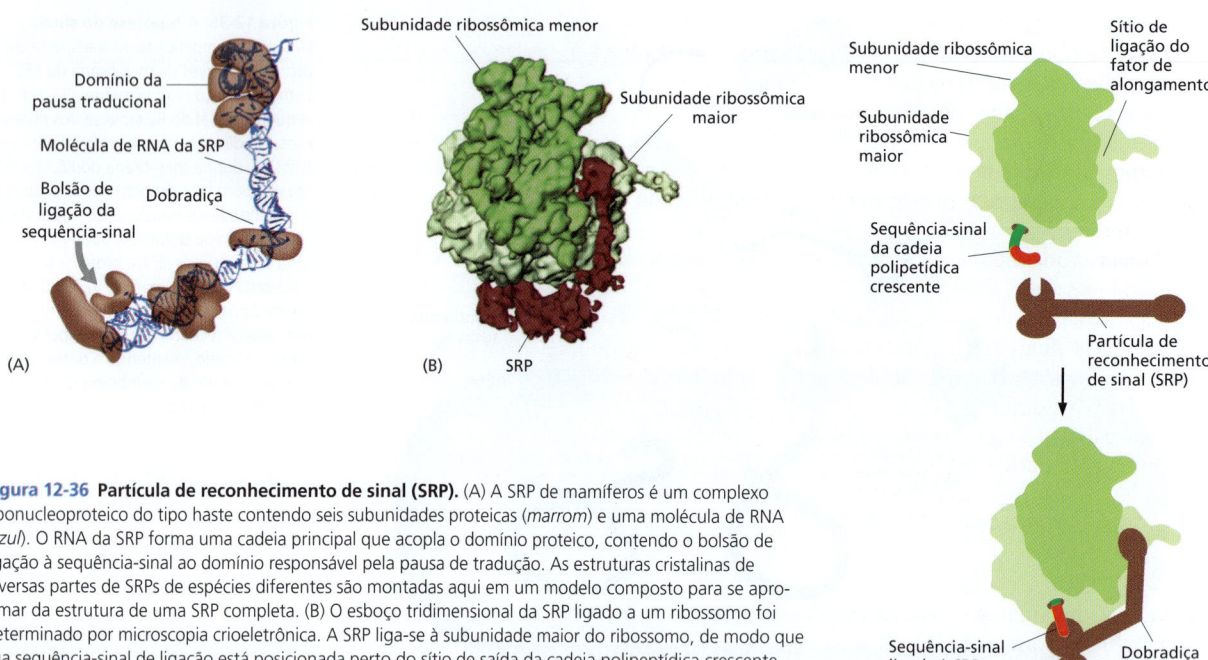

Figura 12-36 Partícula de reconhecimento de sinal (SRP). (A) A SRP de mamíferos é um complexo ribonucleoproteico do tipo haste contendo seis subunidades proteicas (*marrom*) e uma molécula de RNA (*azul*). O RNA da SRP forma uma cadeia principal que acopla o domínio proteico, contendo o bolsão de ligação à sequência-sinal ao domínio responsável pela pausa de tradução. As estruturas cristalinas de diversas partes de SRPs de espécies diferentes são montadas aqui em um modelo composto para se aproximar da estrutura de uma SRP completa. (B) O esboço tridimensional da SRP ligado a um ribossomo foi determinado por microscopia crioeletrônica. A SRP liga-se à subunidade maior do ribossomo, de modo que sua sequência-sinal de ligação está posicionada perto do sítio de saída da cadeia polipeptídica crescente e seu domínio de pausa traducional está posicionado na interface entre as subunidades ribossômicas, onde interfere na ligação do fator de alongamento. (C) Quando a sequência-sinal surge do ribossomo e se liga na SRP, uma modificação conformacional na SRP expõe um sítio de ligação para o receptor de SRP. (B, adaptada de M. Halic et al., *Nature* 427:808–814, 2004. Com permissão de Macmillan Publishers Ltd.)

hidrolases secretadas e lisossômicas que poderiam causar danos ao citosol; entretanto as células que secretam grandes quantidades de hidrolases tomam a precaução extra de possuir altas concentrações de inibidores de hidrolases no seu citosol. A pausa também assegura que grandes porções de proteína, que poderiam enovelar-se em uma estrutura compacta, não sejam originadas antes de chegarem ao translocador na membrana do RE. Então, ao contrário da importação pós-traducional de proteínas em mitocôndrias e cloroplastos, proteínas chaperonas não são necessárias para capturar proteínas não enoveladas.

Quando uma sequência-sinal se liga, a SRP expõe um sítio de ligação para o receptor SRP (ver Figura 12-36B, C), que é um complexo proteico transmembrana na membrana do RE rugoso. A ligação de SRP ao seu receptor traz o complexo ribossomo-SRP a um translocador proteico não ocupado na mesma membrana. A SRP e o receptor SRP são então liberados, e o translocador transfere a cadeia polipeptídica crescente através da membrana (**Figura 12-37**).

Figura 12-37 Como a sequência-sinal do RE e a SRP direcionam os ribossomos à membrana do RE. A SRP e seu receptor agem em conjunto. A SRP liga-se à sequência-sinal do RE exposta e ao ribossomo, induzindo, portanto, uma pausa na tradução. O receptor SRP na membrana do RE, que, nas células animais, é composto de duas cadeias polipeptídicas diferentes, liga-se ao complexo SRP-ribossomo e direciona-o ao translocador. Em uma reação pouco conhecida, a SRP e seu receptor são então liberados, deixando o ribossomo ligado ao translocador na membrana do RE. O translocador insere a cadeia polipeptídica na membrana e a transfere através da bicamada lipídica. Uma vez que uma das proteínas SRP e ambas as cadeias do receptor SRP contêm domínios de ligação a GTP, supõe-se que as mudanças conformacionais que ocorrem durante os ciclos de ligação e hidrólise do GTP (discutido no Capítulo 15) garantam que a liberação de SRP ocorra somente após o ribossomo estar adequadamente associado ao translocador na membrana do RE. O translocador permanece fechado até que o ribossomo tenha se ligado, mantendo a barreira de permeabilidade da membrana do RE em todos os momentos.

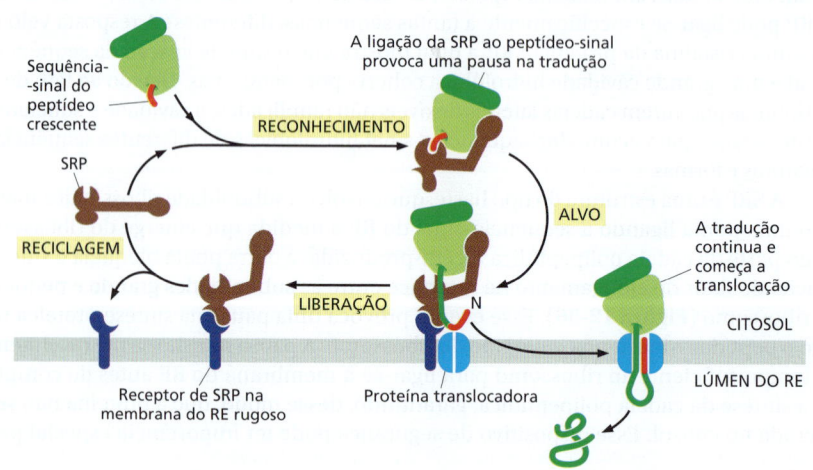

Esse processo de transferência cotraducional cria duas populações espacialmente separadas de ribossomos no citosol. Os **ribossomos ligados à membrana**, ligados ao lado citosólico da membrana do RE, estão empenhados na síntese de proteínas que estão sendo simultaneamente translocadas para o RE. Os **ribossomos livres**, não ligados a membranas, sintetizam todas as outras proteínas codificadas pelo genoma nuclear. Os ribossomos ligados à membrana e os livres são estrutural e funcionalmente idênticos. Eles diferem apenas quanto às proteínas que estão sendo produzidas por eles em um dado momento.

Uma vez que muitos ribossomos podem se ligar a uma única molécula de mRNA, um **polirribossomo** costuma ser formado. Se o mRNA codifica uma proteína com uma sequência-sinal, o polirribossomo torna-se anexado à membrana do RE, dirigindo-a pelas sequências-sinal em múltiplas cadeias polipeptídicas crescentes. Ribossomos individuais associados a tais moléculas de mRNA podem retornar ao citosol quando acabam a tradução e misturam-se com a população de ribossomos livres. O mRNA, no entanto, permanece ligado à membrana do RE por uma troca de populações ribossômicas, cada um mantido transitoriamente na membrana por translocadores (**Figura 12-38**).

A cadeia polipeptídica atravessa um canal aquoso no translocador

Debateu-se longamente se as cadeias polipeptídicas são transferidas através da membrana do RE em contato direto com a bicamada lipídica, ou através de um canal em uma proteína translocadora. O debate se encerrou com a identificação da proteína transportadora, que se mostrou capaz de formar um canal preenchido por água na membrana, pelo qual a cadeia polipeptídica cruza a membrana. O centro do translocador, deno-

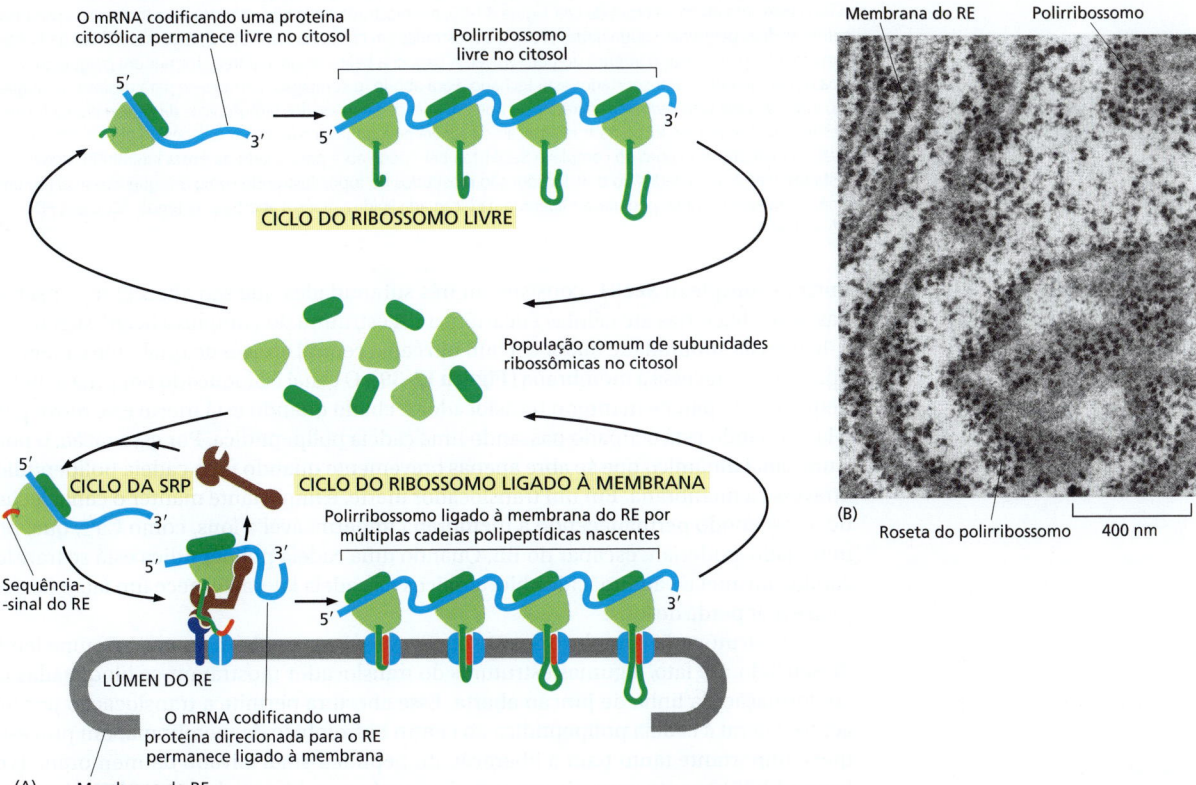

Figura 12-38 Polirribossomos livres e ligados à membrana. (A) Uma população comum de ribossomos sintetiza proteínas que permanecem no citosol e aquelas que são transportadas para o RE. A sequência-sinal do RE em uma cadeia polipeptídica recém-formada liga-se à SRP, que direciona ribossomos que iniciaram a tradução à membrana do RE. A molécula de mRNA se mantém permanentemente ligada ao RE como parte de um polirribossomo, enquanto os ribossomos que se movimentam ao longo do polirribossomo são reciclados; no fim de cada ciclo de síntese proteica, as subunidades ribossômicas são liberadas e reunidas na população comum no citosol. (B) Uma fina secção em micrografia eletrônica de polirribossomos ligados à membrana do RE. O plano da secção em alguns pontos corta o RE rugoso paralelamente à membrana, criando um padrão de roseta dos polirribossomos. (B, cortesia de George Palade.)

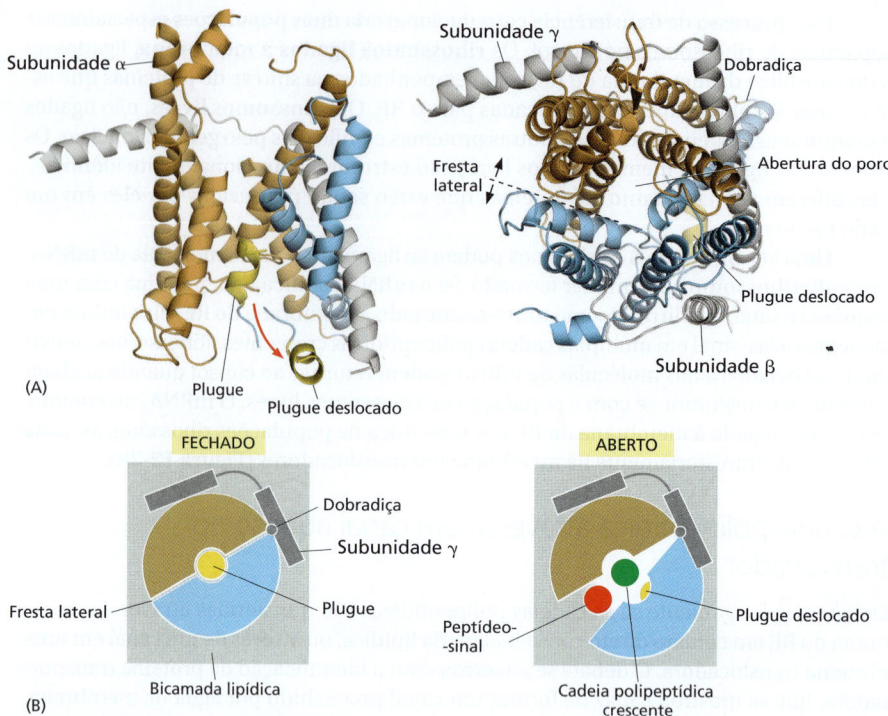

Figura 12-39 Estrutura do complexo Sec61. (A) Uma visão lateral (*esquerda*) e uma visão de cima (*direita*, a partir do citosol) da estrutura do complexo Sec61 da arqueia *Methanococcus jannaschii*. A subunidade α de Sec61 tem uma estrutura invertida repetida (ver Figura 11-10) e é mostrada em *azul* e *marrom* para indicar sua pseudos-simetria; as duas pequenas subunidades β e γ são mostradas em *cinza*. Na vista lateral, algumas hélices da frente foram omitidas para deixar o interior do poro visível. A pequena hélice *amarela* parece formar um plugue que tampa o poro quando o transportador está fechado. Para abri-lo, o complexo rearranja-se para deslocar o plugue, como indicado pela seta *vermelha*. Acredita-se que um anel de aminoácidos hidrofóbicos da cadeia lateral forme um estreito diafragma em torno da translocação da cadeia polipeptídica para evitar escapes de outras moléculas através da membrana. O poro do complexo Sec61 também pode abrir para o lado da fresta lateral. (B) Modelos de estados abertos e fechados do translocador são mostrados no topo, ilustrando como a sequência-sinal (ou um segmento transmembrana) poderia ser liberado na bicamada lipídica, após a abertura da fenda. (Códigos PDB: 1RH5 e 1RHZ.)

minado **complexo Sec61**, consiste em três subunidades que são altamente conservadas desde bactérias até células eucarióticas. A estrutura do complexo Sec61 sugere que α-hélices da subunidade maior cercam um canal central através do qual uma cadeia polipeptídica atravessa a membrana (**Figura 12-39**). O canal é bloqueado por uma α-hélice pequena que parece manter o translocador fechado quando está inerte e se move para o lado quando está ocupado passando uma cadeia polipeptídica. Por essa razão, o poro é um canal dinâmico que se abre apenas brevemente quando uma cadeia polipeptídica atravessa a membrana. Em um translocador inerte, é importante manter o canal fechado, desse modo permanecendo a membrana impermeável a íons, como Ca^{2+}, que, por outro lado, poderiam escapar do RE. Quando uma cadeia polipeptídica está se translocando, um anel de aminoácidos hidrofóbicos da cadeia lateral fornece um lacre flexível para evitar perda de íons.

A estrutura do complexo Sec61 sugere que o poro também possa abrir uma fenda do seu lado. De fato, algumas estruturas do translocador mostraram-se bloqueadas na conformação da linha de junção aberta. Essa abertura permite a translocação por um acesso lateral à cadeia polipeptídica ao centro hidrofóbico da membrana, um processo que é importante tanto para a liberação do peptídeo-sinal clivado da membrana (ver Figura 12-35) quanto para a integração de proteínas na bicamada, como discutiremos a seguir.

Em células eucarióticas, quatro complexos Sec61 formam um grande conjunto de translocadores que podem ser visualizados nos ribossomos ligados ao RE após a solubilização da membrana do RE com detergente (**Figura 12-40**). É provável que esse

CAPÍTULO 12 Compartimentos intracelulares e endereçamento de proteínas

Figura 12-40 Um ribossomo (*verde*) ligado a um translocador proteico do RE (*azul*). (A) Reconstrução da vista lateral do complexo a partir de imagens de microscopia eletrônica. (B) Uma visão do translocador observada do lúmen do RE. O translocador contém Sec61, proteínas acessórias e o detergente usado na preparação. Domínios de proteínas acessórias se estendem através da membrana e formam uma saliência. (C) Uma representação esquemática de um ribossomo aderido à membrana, ligado ao translocador, indicando a localização do túnel na subunidade ribossômica maior, pelo qual a cadeia polipeptídica crescente sai do ribossomo. O mRNA (não mostrado) poderia estar localizado entre as subunidades pequena e grande do ribossomo. (Adaptada de J.F. Ménétret et al., *J. Mol. Biol.* 348:445–457, 2005. Com permissão de Academic Press.)

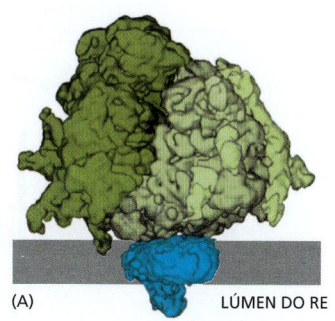

conjunto inclua outros complexos de membrana que se associam com o translocador, como enzimas que modificam a cadeia polipeptídica crescente, incluindo a transferase de oligossacarídeos e a peptidase-sinal. O conjunto de um translocador com esses componentes acessórios é chamado de **translócon**.

A translocação através da membrana do RE nem sempre necessita do alongamento da cadeia polipeptídica em andamento

Como vimos, a translocação de proteínas para as mitocôndrias, os cloroplastos e os peroxissomos ocorre de modo pós-traducional depois que a proteína foi sintetizada e liberada no citosol, enquanto a translocação através da membrana do RE em geral ocorre durante a tradução (cotraducionalmente). Esse fato explica por que os ribossomos são ligados ao RE, mas não são ligados a outras organelas.

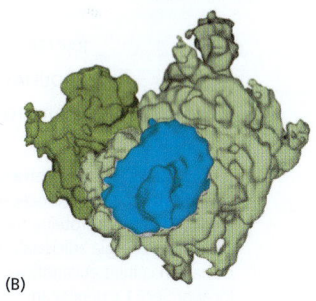

Algumas proteínas, no entanto, são importadas para o RE depois de completada sua síntese, demonstrando que o transporte nem sempre requer tradução em andamento. A translocação pós-traducional de proteínas é especialmente comum através da membrana do RE em células de levedura e através da membrana plasmática bacteriana (a qual se acredita ser evolutivamente relacionada ao RE). Para atuar na translocação pós-traducional, o translocador do RE necessita de proteínas acessórias que coloquem a cadeia polipeptídica no poro e sustentem o transporte (**Figura 12-41**). Em bactérias, uma proteína motriz de translocação, a *ATPase SecA*, liga-se ao lado citosólico do translocador, onde desencadeia mudanças conformacionais cíclicas sustentadas por hidrólise de ATP. Cada vez que um ATP é hidrolisado, uma porção da proteína SecA insere-se no poro do translocador, impelindo um curto segmento da proteína transportada com ela. Como resultado desse mecanismo de catraca, a ATPase SecA empurra a cadeia polipeptídica da proteína transportada através da membrana.

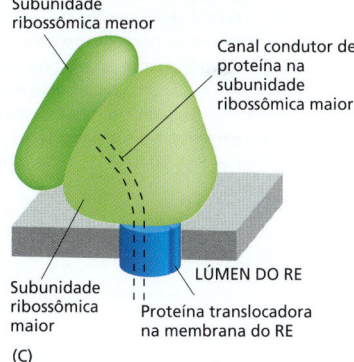

As células eucarióticas utilizam um conjunto diferente de proteínas acessórias que se associam ao complexo Sec61. Essas proteínas atravessam a membrana do RE e usam um pequeno domínio localizado no lado do lúmen da membrana do RE para depositar uma proteína chaperona do tipo hsp70 (denominada *BiP*, de ***b***inding ***p***rotein) na cadeia polipeptídica, à medida que esta emerge do poro para o lúmen do RE. Ciclos ATP-dependentes de ligação e liberação de BiP dirigem a translocação unidirecional, como já descrito para proteínas hsp70 mitocondriais que puxam proteínas através de membranas mitocondriais.

As proteínas que são transportadas para o RE por um mecanismo pós-traducional são primeiramente liberadas no citosol, onde se ligam a proteínas chaperonas, evitando o seu enovelamento por ligação, como discutido antes para as proteínas cujo destino são as mitocôndrias e os cloroplastos.

Em proteínas transmembrana de passagem única, somente uma sequência-sinal interna do RE permanece na bicamada lipídica como uma α-hélice que atravessa a membrana

A sequência-sinal RE da cadeia polipeptídica crescente parece disparar a abertura do poro na proteína translocadora Sec61: depois que a sequência-sinal é liberada da SRP e a cadeia crescente tenha alcançado um tamanho suficiente, a sequência-sinal liga-se a um sítio específico dentro do poro, abrindo dessa maneira o poro. Uma sequência-sinal do RE é portanto reconhecida duas vezes: primeiro por uma SRP no citosol e

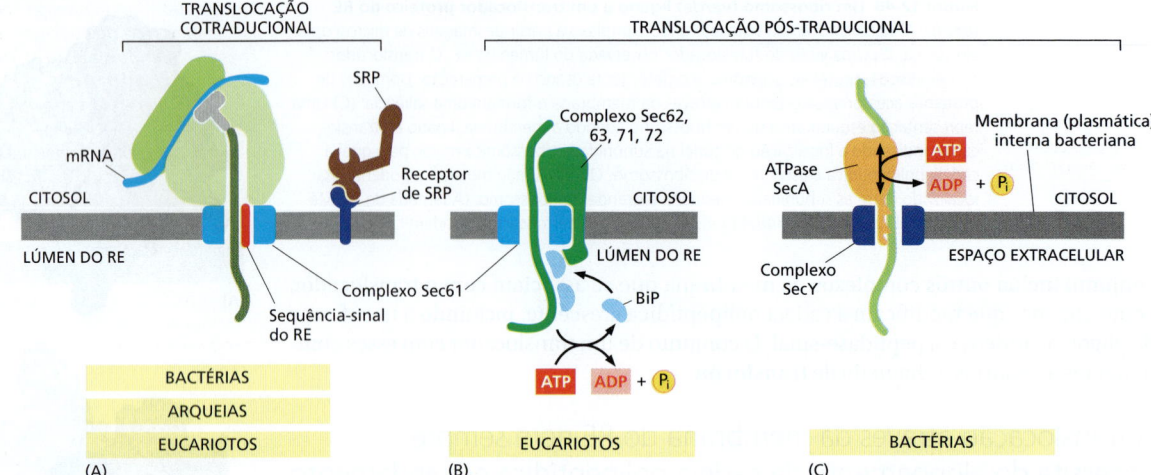

Figura 12-41 Três maneiras pelas quais a translocação de proteínas pode ser dirigida através de translocadores estruturalmente semelhantes. (A) Translocação cotraducional. O ribossomo é conduzido à membrana pela SRP e pelo receptor SRP e então estabelece uma forte associação com a proteína translocadora Sec61. A cadeia polipeptídica crescente é conduzida através da membrana assim que é sintetizada. Não é necessário energia adicional, uma vez que o único caminho disponível para a cadeia crescente é cruzar a membrana. (B) A translocação pós-traducional em células eucarióticas necessita de um complexo adicional, composto das proteínas Sec62, Sec63, Sec71 e Sec72, que são ligadas ao translocador Sec61 e depositam moléculas BiP na cadeia translocada assim que ela surge do translocador no lúmen do RE. Os ciclos de ligação de BiP e de liberação movidos por ATP puxam a proteína para o lúmen, um mecanismo que se assemelha ao modelo de catraca térmica para importação mitocondrial na Figura 12-23. (C) Translocação pós-traducional em bactérias. A cadeia polipeptídica completa é dirigida do lado citosólico para o homólogo bacteriano do complexo Sec61 (chamado complexo SecY na bactéria) na membrana plasmática pela ATPase SecA. As mudanças conformacionais possibilitadas pela hidrólise de ATP são responsáveis pelo movimento tipo pistão na SecA, cada ciclo impelindo cerca de 20 aminoácidos da cadeia proteica pelo poro do translocador. A via Sec usada para transporte de proteínas através da membrana tilacoide em cloroplastos utiliza um mecanismo semelhante (ver Figura 12-26B).

Enquanto o translocador Sec61, SRP e receptor de SRP são encontrados em todos os organismos, SecA é encontrado exclusivamente em bactérias, e o complexo Sec62, 63, 71 e 72 é encontrado exclusivamente em células eucarióticas. (Adaptada de P. Walter e A.E. Johnson, *Annu. Rev. Cell Biol.* 10:87–119, 1994. Com permissão de Annual Reviews.)

então por um sítio de ligação no poro da proteína translocadora, onde serve como um **sinal de início de transferência** (ou peptídeo de início de transferência) que abre o poro (p. ex., ver na Figura 12-35 como funciona para uma proteína solúvel). O reconhecimento duplo pode auxiliar assegurando que apenas proteínas apropriadas entrem no lúmen do RE.

Enquanto ligada no poro de translocação, a sequência-sinal está em contato não apenas com o complexo Sec61, que forma as paredes do poro, mas também ao longo da linha de junção lateral com o centro hidrofóbico da bicamada lipídica. Isso foi mostrado em experimentos de ligação química, nos quais a sequência-sinal e cadeias de hidrocarbonetos de lipídeos foram covalentemente unidas. Quando a cadeia polipeptídica nascente tiver crescido o suficiente, a peptidase-sinal do RE cliva a sequência-sinal e a libera do poro na membrana, onde é rapidamente degradada a aminoácidos por outras proteases na membrana do RE. Para liberar a sequência-sinal na membrana, o translocador abre lateralmente ao longo da junção (ver Figuras 12-35 e 12-39). O translocador pode então tomar duas direções: abrir-se para formar um poro através da membrana a fim de deixar porções hidrofílicas de proteínas na bicamada lipídica, e abrir-se lateralmente dentro da membrana para deixar porções hidrofóbicas de proteínas na bicamada lipídica. A saída lateral do poro é um passo essencial durante a integração de proteínas transmembrana.

A integração de proteínas de membrana exige que algumas partes da cadeia polipeptídica sejam transportadas através da bicamada lipídica, enquanto outras não. Apesar dessa complexidade adicional, todos os modos de inserção de proteínas de membrana podem ser considerados como simples variantes da sequência de eventos descrita antes para transferir uma proteína solúvel no lúmen do RE. Começaremos descrevendo as três maneiras pelas quais as **proteínas transmembrana de passagem única** (ver Figura 10-17) são inseridas na membrana do RE.

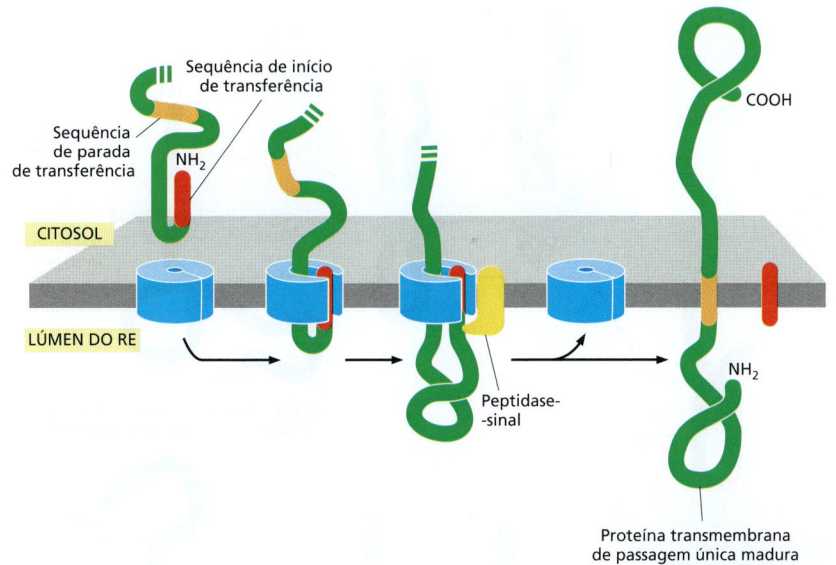

Figura 12-42 **Como uma proteína transmembrana de passagem única, com a sequência-sinal do RE clivada, é integrada na membrana do RE.** Nessa proteína, o processo de translocação cotraducional é iniciado pela sequência-sinal N-terminal do RE (*vermelho*) que funciona como um sinal de início de transferência, abrindo o translocador como na Figura 12-35. Além dessa sequência de início de transferência, contudo, a proteína também contém uma sequência de parada de transferência (*laranja*); quando essa sequência entra no translocador e interage com o sítio de ligação dentro do poro, o translocador abre na fenda e descarrega a proteína lateralmente na bicamada lipídica, onde a sequência de parada de transferência permanece para ancorar a proteína na membrana. (Nesta figura e nas duas figuras que seguem, os ribossomos foram omitidos para maior clareza.)

No caso mais simples, uma sequência-sinal N-terminal inicia a translocação, como para uma proteína solúvel, mas um segmento hidrofóbico adicional na cadeia polipeptídica interrompe o processo de transferência antes que a cadeia inteira seja transportada. Esse **sinal de parada da transferência** ancora a proteína na membrana depois que a sequência-sinal do RE (o sinal de início da transferência) tenha sido clivada e liberada do translocador (**Figura 12-42**). A sequência de parada da transferência é transferida para a bicamada pelo mecanismo de controle lateral, onde permanece como um único segmento α-hélice atravessando a membrana, com a região N-terminal da proteína no lado do lúmen da membrana e a região C-terminal no lado citosólico.

Nos outros dois casos, a sequência-sinal é interna, em vez de ser na extremidade N-terminal da proteína. Como uma sequência-sinal N-terminal do RE, a SRP liga-se a uma sequência-sinal interna mediante reconhecimento hidrofóbico de características da α-hélice. A SRP leva o ribossomo que está sintetizando a proteína para a membrana do RE, e a sequência-sinal do RE serve então como um sinal de início da transferência que inicia a translocação da proteína. Após a liberação do translocador, a sequência interna de início da transferência permanece na bicamada lipídica como uma α-hélice que atravessa a membrana uma única vez.

As sequências internas de início da transferência podem ligar-se ao aparato de transporte em uma de duas orientações; por sua vez, essa orientação da sequência de início de transferência determina qual segmento da proteína (aquele que precede ou o que segue a sequência de início da transferência) é movido através da membrana para o lúmen do RE. Em um caso, a proteína de membrana resultante tem sua região C-terminal no lado do lúmen (via A na **Figura 12-43**), enquanto, no outro, a região N-terminal está situada no lado do lúmen (via B na Figura 12-43). A orientação da sequência de início da transferência depende da distribuição dos aminoácidos carregados adjacentes, como descrito na legenda da figura.

As combinações de sinais de início e de parada da transferência determinam a topologia das proteínas transmembrana de passagem múltipla

Nas **proteínas transmembrana de passagem múltipla**, a cadeia polipeptídica passa para frente e para trás repetidamente ao longo da bicamada lipídica como uma α-hélice hidrofóbica (ver Figura 10-17). Acredita-se que uma sequência-sinal interna sirva como um sinal de início de transferência nessas proteínas para iniciar a translocação,

Figura 12-43 Integração de uma proteína de membrana de passagem única com uma sequência-sinal interna na membrana do RE. Uma sequência-sinal do RE interna que atua como um sinal de início da transferência pode ligar-se ao translocador em uma das duas vias, levando a uma proteína de membrana que possui tanto seu C-terminal (via A) quanto seu N-terminal (via B) no lúmen do RE. Proteínas são direcionadas às duas vias pelas características na cadeia polipeptídica que flanqueia a sequência interna de início da transferência: se existirem mais aminoácidos carregados positivamente logo *antes* do núcleo hidrofóbico da sequência de início da transferência do que após essa região, a proteína de membrana será inserida no translocador na orientação mostrada na via A; enquanto, se existirem mais aminoácidos carregados positivamente imediatamente *após* o núcleo hidrofóbico da sequência de início da transferência do que antes dessa região, a proteína de membrana será inserida no translocador na orientação mostrada na via B. Devido ao fato de o transporte não poder iniciar antes que uma sequência de início da transferência apareça na superfície do ribossomo, o transporte da porção N-terminal da proteína mostrada em (B) somente poderá ocorrer após ela ter sido completamente sintetizada.

Note que existem duas formas para inserir uma proteína transmembrana de passagem única cuja região N-terminal esteja localizada no lúmen do RE: aquela mostrada na Figura 12-42 e esta mostrada aqui em (B).

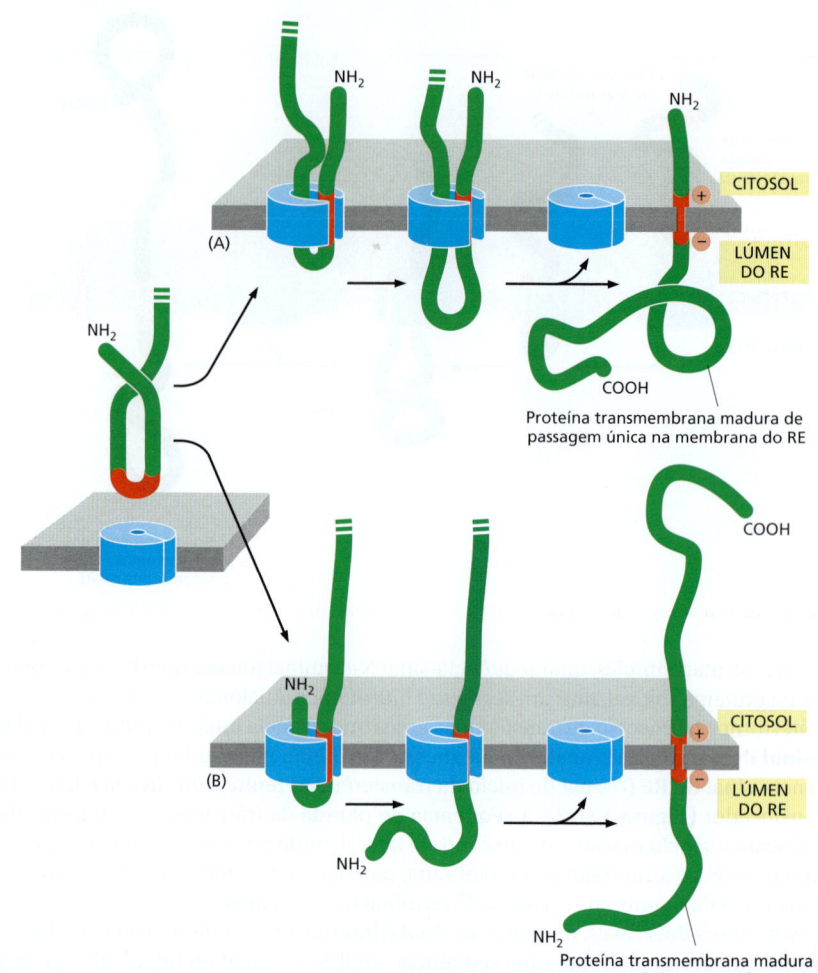

Proteína transmembrana madura de passagem única na membrana do RE

que continua até o translocador encontrar uma sequência de parada da transferência; em proteínas transmembrana de duas passagens, por exemplo, o polipeptídeo pode, em seguida, ser liberado na bicamada (**Figura 12-44**). Em proteínas de passagem múltipla mais complexas, nas quais muitas α-hélices hidrofóbicas atravessam a bicamada, uma segunda sequência de início da transferência reinicia a translocação mais adiante na cadeia polipeptídica, até a próxima sequência de parada do transporte induzir a liberação do polipeptídeo, e assim por diante, para posteriores sequências de início e de parada da transferência (**Figura 12-45** e **Animação 12.5**).

Sequências-sinal hidrofóbicas de início e de parada de transferência agem para corrigir a topologia da proteína na membrana, trancando-as como α-hélices que atravessam membrana; e elas podem fazê-lo em qualquer orientação. Sabe-se que uma dada sequência-sinal hidrofóbica atuará como uma sequência de início ou de parada da transferência, dependendo da sua localização na cadeia polipeptídica, uma vez que sua função pode ser trocada pela mudança da sua localização na proteína, utilizando técnicas de DNA recombinante. Assim, a distinção entre sequências de início e de parada da transferência resulta, principalmente, da sua ordem relativa na cadeia polipeptídica crescente. Parece que a SRP inicia procurando por segmentos hidrofóbicos na região N-terminal de uma cadeia polipeptídica desenovelada e prossegue em direção à região C-terminal, na direção em que a proteína é sintetizada. Reconhecendo o primeiro segmento hidrofóbico apropriado para emergir do ribossomo, a SRP ajusta a "matriz de leitura": se a translocação é iniciada, o próximo segmento hidrofóbico apropriado é reconhecido como uma sequência de parada da transferência, induzindo a região intermediária da cadeia polipeptídica a passar pela membrana. Um processo de varredura

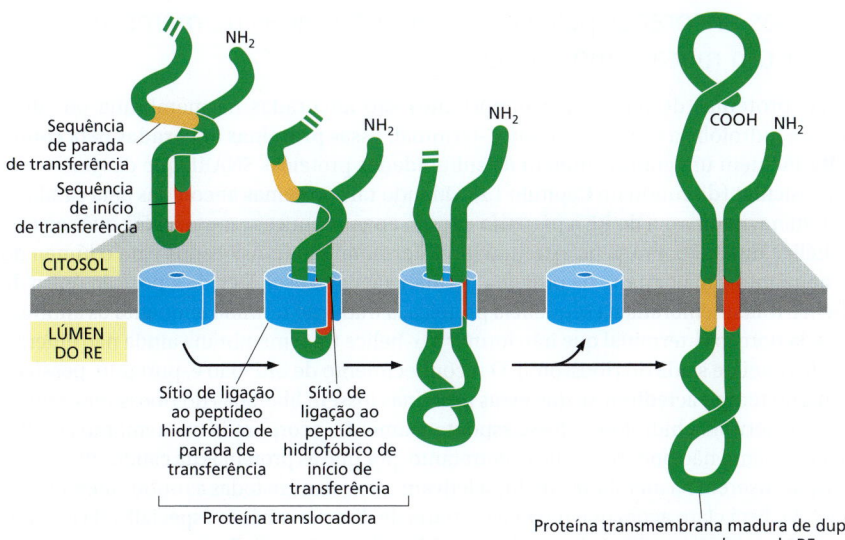

Figura 12-44 Integração de uma proteína de membrana de dupla passagem com uma sequência-sinal interna na membrana do RE. Nessa proteína, uma sequência-sinal interna do RE atua como um sinal de início da transferência (como na Figura 12-43) e inicia a transferência da porção C-terminal da proteína. No mesmo ponto, após uma sequência de parada da transferência ter penetrado o translocador, este libera a sequência lateralmente na membrana.

similar continua até que todas as regiões hidrofóbicas na proteína tenham sido inseridas na membrana como α-hélices transmembrana.

Uma vez que as proteínas de membrana sempre estão inseridas no lado citosólico do RE dessa maneira programada, todas as cópias da mesma cadeia polipeptídica terão a mesma orientação na bicamada lipídica. Esse mecanismo gera uma assimetria na membrana do RE, na qual os domínios proteicos expostos em um dos lados são diferentes dos domínios expostos do outro. Essa assimetria é mantida durante os muitos eventos de brotamento e de fusão que transportam as proteínas sintetizadas no RE a outras membranas celulares (discutido no Capítulo 13). Assim, a maneira que uma proteína recém-sintetizada é inserida na membrana do RE determina a orientação da proteína em todas as outras membranas.

Quando as proteínas são extraídas de uma membrana com detergente e, então, reconstituídas em vesículas lipídicas artificiais, costuma ocorrer uma mistura aleatória de proteínas com orientações com o lado correto para fora e com o lado interno para fora. Assim, a assimetria proteica observada em membranas celulares parece não ser uma propriedade inerente às proteínas, mas resulta somente do processo pelo qual as proteínas passam do citosol à membrana do RE.

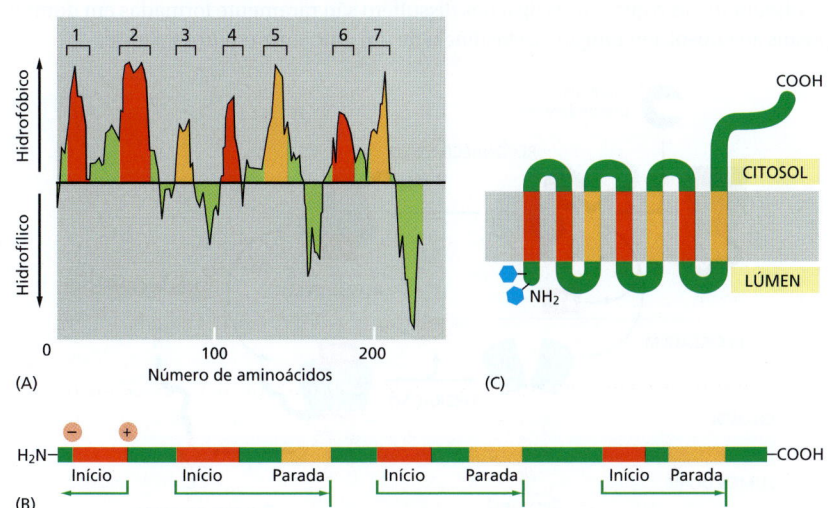

Figura 12-45 Inserção da proteína de membrana de passagem múltipla rodopsina na membrana do RE. As rodopsinas são proteínas sensíveis à luz nos bastonetes fotorreceptores na retina dos mamíferos (discutido no Capítulo 15). (A) Um gráfico de hidropatia (ver Figura 10-20) identifica sete pequenas regiões hidrofóbicas na rodopsina. (B) A região hidrofóbica mais próxima da região N-terminal serve como uma sequência de início da transferência que induz a porção anterior à região N-terminal da proteína a passar através da membrana do RE. As sequências hidrofóbicas subsequentes funcionam alternadamente como sequências de início e de parada da transferência. As *setas verdes* indicam as porções da proteína que são inseridas no translocador. (C) A rodopsina integrada final tem sua região N-terminal localizada no lúmen do RE e sua região C-terminal localizada no citosol. Os *hexágonos azuis* representam oligossacarídeos ligados covalentemente.

Proteínas ancoradas pela cauda são integradas na membrana do RE por um mecanismo especial

Muitas proteínas de membrana importantes são ancoradas na membrana por uma α-hélice hidrofóbica transmembrana C-terminal. Essas **proteínas ancoradas pela cauda no RE** incluem um grande número de subunidades proteicas SNARE que dirigem o tráfego vesicular (discutido no Capítulo 13). Quando tais proteínas ancoradas pela cauda se inserem na membrana do RE a partir do citosol, apenas poucos aminoácidos que seguem a α-hélice transmembrana na extremidade C-terminal são translocados para o lúmen do RE, enquanto a maior parte da proteína permanece no citosol. Devido à posição única da α-hélice transmembrana na sequência proteica, a tradução termina enquanto os aminoácidos da porção C-terminal que irão formar a α-hélice transmembrana ainda não emergiram do túnel de saída do ribossomo. O reconhecimento de SRP não é, portanto, possível. Por muito tempo acreditou-se que essas proteínas fossem liberadas do ribossomo e que a porção C-terminal hidrofóbica fosse espontaneamente incorporada na membrana do RE. Tal mecanismo não poderia explicar, entretanto, por que as proteínas da cauda, ancoradas no RE, se inserem na membrana do RE seletivamente e não em todas as outras membranas da célula. Está claro agora que uma maquinaria de direcionamento especializada está envolvida e que é abastecida pela hidrólise de ATP (**Figura 12-46**). Embora os componentes e detalhes difiram, esse mecanismo de direcionamento pós-traducional é conceitualmente semelhante ao do direcionamento de proteínas dependente de SRP (ver Figura 12-37).

Nem todas as proteínas ancoradas com cauda são inseridas no RE. Algumas proteínas contêm uma âncora de membrana C-terminal que possui uma informação adicional de endereçamento que direciona a proteína para mitocôndrias ou peroxissomos. Ainda não se sabe como essas proteínas são endereçadas.

As cadeias polipeptídicas transportadas enovelam-se e são montadas no lúmen do RE rugoso

Muitas das proteínas no lúmen do RE estão em trânsito, *en route* a outros destinos; outras, contudo, residem lá normalmente e estão presentes em altas concentrações. Essas **proteínas residentes no RE** contêm um **sinal de retenção no RE** de quatro aminoácidos na sua região C-terminal que são responsáveis pela retenção da proteína no RE (ver Tabela 12-3, p. 648; discutido no Capítulo 13). Algumas dessas proteínas atuam cataliticamente para auxiliar as muitas proteínas que são transportadas para o lúmen do RE a enovelar-se e montar-se corretamente.

Uma importante proteína residente no RE é a *proteína dissulfeto isomerase* (*PDI*), que catalisa a oxidação de grupos sulfidrila (SH) livres nas cisteínas para formar ligações dissulfeto (S-S). Quase todas as cisteínas nos domínios proteicos expostos no espaço extracelular ou no lúmen das organelas em vias secretoras e endocíticas são ligadas por ligações dissulfeto. Ao contrário, as ligações dissulfeto são raramente formadas em domínios expostos ao citosol, em função da existência de um ambiente redutor no local.

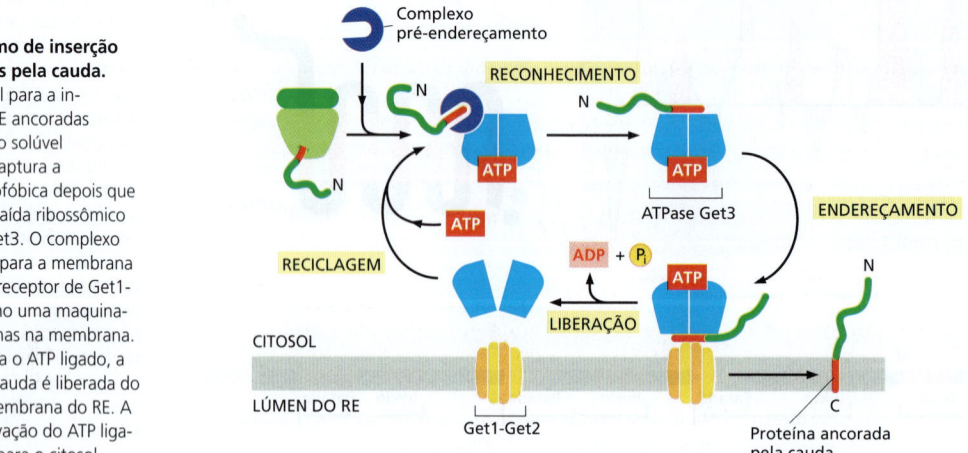

Figura 12-46 Mecanismo de inserção de proteínas ancoradas pela cauda. Nessa via pós-traducional para a inserção de proteínas do RE ancoradas pela cauda, um complexo solúvel de pré-endereçamento captura a α-hélice C-terminal hidrofóbica depois que ela emerge do túnel de saída ribossômico e a carrega na ATPase Get3. O complexo resultante é direcionado para a membrana do RE pela interação do receptor de Get1-Get2, que funciona como uma maquinaria de inserção de proteínas na membrana. Depois que Get3 hidrolisa o ATP ligado, a proteína ancorada pela cauda é liberada do receptor e inserida na membrana do RE. A liberação de ADP e renovação do ATP ligado recicla Get3 de volta para o citosol.

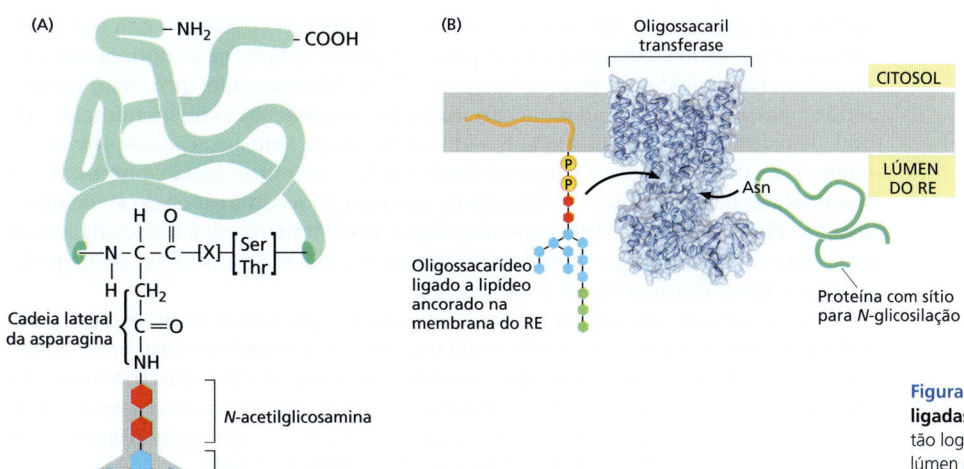

Figura 12-47 Glicosilação de proteínas ligadas ao N no RE rugoso. (A) Quase tão logo a cadeia polipeptídica penetre o lúmen do RE, ela é glicosilada em resíduos de asparagina-alvo. O oligossacarídeo precursor (mostrado em cor) está ligado apenas a asparaginas nas sequências Asn-X-Ser e Asn-X-Thr (onde X é qualquer aminoácido exceto prolina). Essas sequências ocorrem em uma frequência muito menor em glicoproteínas do que em proteínas citosólicas não glicosiladas. Evidentemente essas sequências foram selecionadas durante a evolução de proteínas, presumivelmente porque a glicosilação em muitos sítios poderia interferir com o dobramento das proteínas. Os cinco açúcares na caixa cinza formam a "região central" desse oligossacarídeo. Para muitas glicoproteínas, somente os açúcares centrais sobrevivem ao extenso processo de acabamento com oligossacarídeos que ocorre no aparelho de Golgi. (B) O oligossacarídeo precursor é transferido de um lipídeo dolicol para uma aspargina como uma unidade intacta em uma reação catalisada por uma enzima transmembrana *oligossacaril transferase*. Uma cópia dessa enzima encontra-se associada a cada proteína translocadora na membrana do RE. (O translocador não é mostrado.) A oligossacaril transferase contém 13 α-hélices transmembrana e um enorme domínio luminal do RE que contém seus sítios de ligação ao substrato. A asparagina liga-se ao túnel que penetra o interior da enzima. Ali, o grupo amino da asparagina é torcido para fora do plano que estabiliza as ligações amida pobremente reativas, ativando-o para a reação com o oligossacarídeo dolicol. A estrutura mostrada é de um homólogo procarioto que se assemelha à subunidade catalítica da oligossacaril transferase de eucariotos. (Código PDB: 3RCE.)

Outra proteína residente no RE é a proteína chaperona **BiP**. Já discutimos como a BiP atua para puxar proteínas de modo pós-traducional para o RE por meio do translocador do RE Sec61. Como outras chaperonas (discutidas no Capítulo 13), a BiP reconhece proteínas enoveladas incorretamente, bem como subunidades proteicas que ainda não se agregaram aos seus complexos oligoméricos finais. Para isso, ela liga-se à sequência de aminoácidos exposta, que estaria, de modo normal, oculta no interior das cadeias polipeptídicas corretamente enoveladas ou agregadas. Um exemplo de sítio de ligação a BiP é uma faixa de aminoácidos hidrofílicos e hidrofóbicos alternados que normalmente estariam embaixo de uma folha β com seu lado hidrofóbico orientado na direção do centro hidrofóbico da proteína enovelada. A BiP ligada impede a agregação da proteína e auxilia na manutenção da proteína no RE (e, assim, fora do aparelho de Golgi e das etapas posteriores da via secretora). Como alguns outros membros da família de proteínas chaperonas hsp70, que se ligam a proteínas não dobradas e facilitam sua importação para mitocôndrias e cloroplastos, a BiP hidrolisa ATP para alternar entre estados de alta e baixa afinidade de ligação, que lhe permitem segurar e soltar suas proteínas de substrato em um ciclo dinâmico.

A maioria das proteínas sintetizadas no RE rugoso é glicosilada pela adição de um oligossacarídeo comum ligado ao N

A adição covalente de oligossacarídeos às proteínas é uma das principais funções biossintéticas do RE. Cerca de metade das proteínas solúveis e ligadas à membrana que são processadas no RE – incluindo aquelas destinadas ao transporte para o aparelho de Golgi, lisossomos, membrana plasmática ou espaço extracelular – são **glicoproteínas** que sofrem modificações nesse caminho. Muitas proteínas no citosol e núcleo são também glicosiladas, mas não com oligossacarídeos; elas carregam uma modificação com açúcar muito mais simples, na qual um único grupo N-acetilglicosamina é adicionado a uma serina ou treonina da proteína.

Durante a forma mais comum de **glicosilação da proteína** no RE, um *oligossacarídeo precursor* pré-formado (composto de N-acetilglicosamina, manose e glicose e contendo um total de 14 açúcares) é transferido em bloco para proteínas. Esse oligossacarídeo é transferido ao grupo NH₂ da cadeia lateral de um aminoácido asparagina na proteína, sendo, por isso, considerado *ligado ao N* ou *ligado à asparagina* (**Figura 12-47A**). A transferência é catalisada por uma enzima ligada à membrana, uma *oligossacaril transferase*, que tem seu sítio ativo exposto no lado do lúmen da membrana do RE; esse fato explica por que as proteínas citosólicas não são glicosiladas dessa forma. Uma molécula lipídica especial denominada **dolicol** abriga o oligossacarídeo precursor na membrana do RE. O oligossacarídeo precursor é transferido para a asparagina-alvo em um único passo enzimático imediatamente depois de o aminoácido ter alcançado o lúmen durante a translocação da proteína. O oligossacarídeo precursor é ligado ao lipídeo dolicol por uma ligação pirofosfato de alta energia, que providencia a energia de ativação para conduzir a reação de glicosilação (**Figura 12-47B**). Uma cópia da oligossacaril transferase é associada a cada proteína translocadora, permitindo a ela procurar e glicosilar as cadeias polipeptídicas que entram de maneira eficiente.

O oligossacarídeo precursor é construído açúcar por açúcar no lipídeo dolicol ligado à membrana e então transferido para uma proteína. Os açúcares são primeiro ativados no citosol pela formação de um *intermediário açúcar-nucleotídeo* (*UDP* ou *GDP*), que, então, doa seu açúcar (direta ou indiretamente) ao lipídeo em uma sequência ordenada. Ao longo desse processo, o oligossacarídeo ligado ao lipídeo é movido do lado citosólico para o lado do lúmen da membrana do RE (**Figura 12-48**).

Toda a diversidade de estruturas de oligossacarídeos ligados ao *N* em glicoproteínas maduras resulta da modificação tardia do oligossacarídeo precursor original. Enquanto ainda no RE, três glicoses (ver Figura 12-47) e uma manose são rapidamente removidas dos oligossacarídeos da maioria das glicoproteínas. Retornaremos à importância da retirada rápida de glicoses. Essa "poda" ou "processamento" do oligossacarídeo continua no aparelho de Golgi, como discutido no Capítulo 13.

Os oligossacarídeos ligados ao *N* são de longe os mais comuns encontrados em 90% das glicoproteínas. Com menos frequência, os oligossacarídeos são ligados ao grupo hidroxila na cadeia lateral dos aminoácidos serina, treonina ou hidroxilisina. Um primeiro açúcar desses *oligossacarídeos O-ligados* é adicionado no RE e o oligossacarídeo é, então, mais estendido no aparelho de Golgi (ver Figura 13-32).

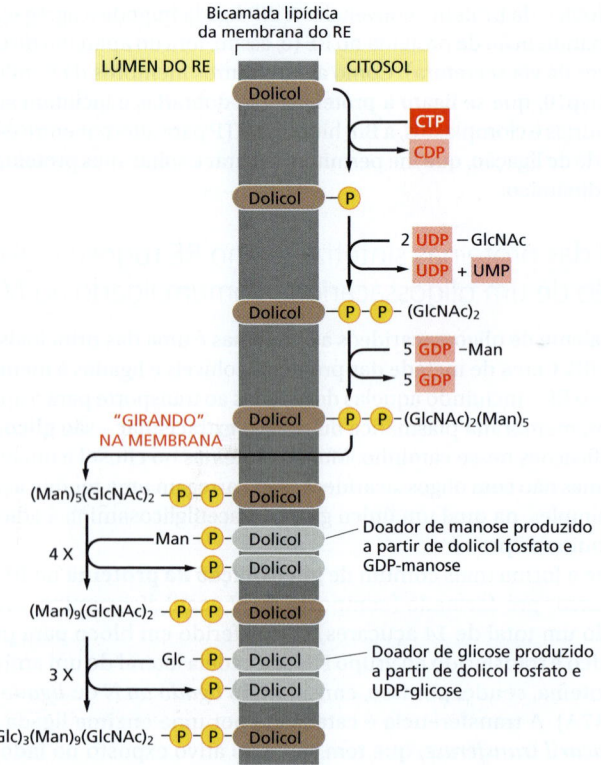

Figura 12-48 Síntese do oligossacarídeo precursor ligado a lipídeo na membrana do RE rugoso. O oligossacarídeo é montado açúcar por açúcar no carregador lipídico dolicol (um poli-isoprenoide; ver Painel 2-5, p. 98-99). O dolicol é longo e muito hidrofóbico: suas 22 unidades de cinco carbonos podem atravessar mais de três vezes a espessura de uma bicamada lipídica. Assim, o oligossacarídeo aderido é firmemente ancorado na membrana. O primeiro açúcar é ligado ao dolicol por uma ponte pirofosfato. Essa ponte de alta energia ativa o oligossacarídeo para sua eventual transferência do lipídeo para uma cadeia lateral da asparagina de um polipeptídeo crescente no lado do lúmen do RE rugoso. Como indicado, a síntese do oligossacarídeo inicia-se no lado citosólico da membrana do RE e continua na face do lúmen após o lipídeo intermediário (Man)$_5$(GlcNAc)$_2$ ser invertido através da bicamada por uma proteína translocadora (que não é mostrada). Todas as reações subsequentes de transferência de glicosil no lado do lúmen do RE envolvem transferência de dolicol-P-glicose e dolicol-P-manose; esses monossacarídeos ativados ligados a lipídeo são sintetizados a partir de dolicol fosfato e de UDP-glicose ou de GDP-manose (quando apropriado) no lado citosólico do RE e, então, são invertidos através da membrana do RE. GlcNAc, *N*-acetilglicosamina; Man, manose; Glc, glicose.

Os oligossacarídeos são utilizados como "rótulos" para marcar o estado de enovelamento da proteína

Tem sido longamente debatido por que a glicosilação é uma modificação comum das proteínas que entram no RE. Uma observação particularmente intrigante reside no fato de que algumas proteínas necessitam de glicosilação ligada ao *N* para o enovelamento adequado no RE, ainda que a localização precisa dos oligossacarídeos aderidos na superfície da proteína não pareça ser importante. Um indício para o papel da glicosilação no enovelamento da proteína deriva de estudos de duas proteínas chaperonas do RE denominadas **calnexina** e **calreticulina**, pois necessitam de Ca^{2+} para suas atividades. Essas chaperonas são proteínas de ligação de carboidratos, ou *lectinas*, que se ligam a oligossacarídeos nas proteínas que não estão completamente enoveladas e as retêm no RE. Como outras chaperonas, elas impedem que as proteínas enoveladas incompletamente sofram agregação irreversível. Tanto a calnexina quanto a calreticulina também promovem a associação de proteínas incompletamente enoveladas com outra chaperona do RE, que se liga a cisteínas que ainda não formaram ligações dissulfeto.

Calnexina e calreticulina reconhecem oligossacarídeos ligados ao *N* que contêm uma única glicose terminal e, portanto, elas se ligam a proteínas apenas depois que duas das três glicoses do oligossacarídeo precursor tenham sido removidas durante o corte de glicose por glicosidases do RE. Quando a terceira glicose é removida, a glicoproteína dissocia-se da sua chaperona e pode deixar o RE.

Como, então, a calnexina e a calreticulina distinguem proteínas enoveladas das incompletamente enoveladas? A resposta está, ainda, em outra enzima do RE, a glicosil transferase, que continua adicionando uma glicose àqueles oligossacarídeos que perderam sua última glicose. Ela adiciona a glicose, entretanto, somente a oligossacarídeos que estão associados a proteínas desenoveladas. Assim, uma proteína desenovelada sofre ciclos contínuos de retirada de glicose (por glicosidase) e de adição (pela glicosil transferase) e mantém uma afinidade por calnexina e calreticulina, até alcançar seu estado de completo enovelamento (**Figura 12-49**).

As proteínas enoveladas inadequadamente são exportadas do RE e degradadas no citosol

Apesar de todo o auxílio das chaperonas, muitas moléculas proteicas (mais de 80% em algumas proteínas) transportadas para o RE falham na tentativa de alcançar seu enovelamento adequado ou seu estado oligomérico. Tais proteínas são exportadas de volta do RE para o citosol, onde são degradadas em proteassomos (discutido no Capítulo 6). Em muitas vias, o mecanismo de retrotranslocação é similar a outros modos de translocação

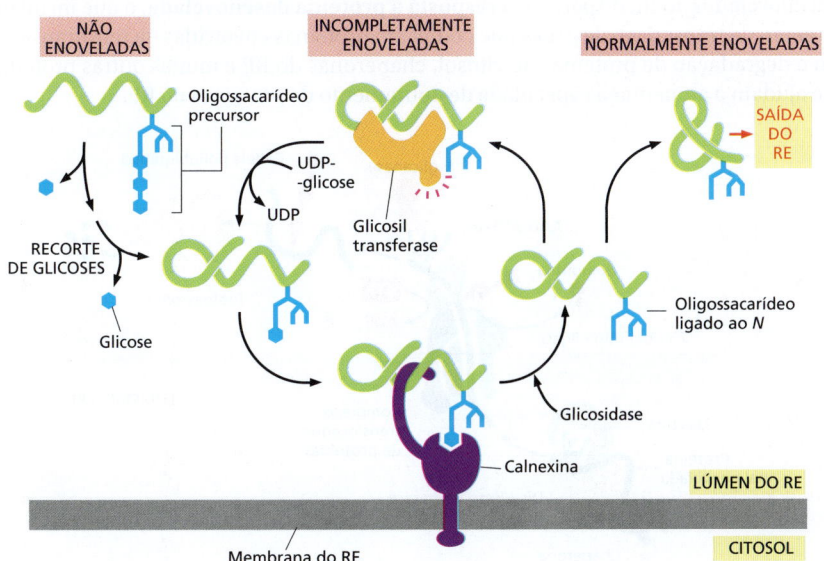

Figura 12-49 Papel da glicosilação ligada ao *N* no enovelamento da proteína do RE. A proteína chaperona ligada à membrana do RE, calnexina, liga-se a proteínas incompletamente enoveladas contendo uma glicose terminal nos oligossacarídeos ligados ao *N*, mantendo a proteína no RE. A remoção da glicose terminal por uma glicosidase libera a proteína da calnexina. Uma glicosil transferase é a enzima fundamental que determina se a proteína está enovelada de forma adequada ou não: se a proteína ainda está incompletamente enovelada, a enzima transfere uma nova glicose da UDP-glicose para o oligossacarídeo ligado ao *N*, renovando a afinidade da proteína pela calnexina e retendo-a no RE. O ciclo se repete até a proteína ter se enovelado completamente. A calreticulina atua de modo semelhante, exceto pelo fato de que é uma proteína solúvel residente no RE. Outra chaperona do RE, a ERp57 (não mostrada), colabora com a calnexina e a calreticulina na retenção de proteínas enoveladas incompletamente no RE. A ERp57 reconhece grupos sulfidrila livres, que são um sinal de formação de pontes dissulfeto incompletas.

pós-traducional. Por exemplo, assim como a translocação para mitocôndrias ou cloroplastos, proteínas chaperonas são necessárias para manter a cadeia polipeptídica em um estado desenovelado antes e durante a translocação. De maneira semelhante, a fonte de energia é necessária para dar direcionalidade ao transporte e para puxar a proteína para o citosol. Enfim, um translocador é necessário.

A seleção de proteínas do RE para degradação é um processo desafiador: proteínas mal enoveladas ou subunidades proteicas não montadas devem ser degradadas, mas intermediários de dobramento de proteínas recém-formadas não. Os oligossacarídeos ligados ao N ajudam a fazer essa distinção, o que serve como cronômetro da medida de quanto tempo uma proteína deve permanecer no RE. O recorte de uma manose lenta, em particular no núcleo do oligossacarídeo, por uma enzima (uma manosidase) no RE cria uma nova estrutura de oligossacarídeos que as lectinas do RE luminal do aparelho de retrotranslocação reconhecem. As proteínas que se dobram e saem do RE mais rápido do que a manosidase podem remover sua manose-alvo, escapando, portanto, da degradação.

Além das lectinas no RE que reconhecem os oligossacarídeos, chaperonas e proteínas dissulfeto isomerase (enzimas mencionadas antes, que catalisam a formação e a quebra de ligações S-S) se associam a proteínas que devem ser degradadas. As chaperonas impedem a agregação de proteínas mal enoveladas, e as dissulfeto isomerases quebram ligações dissulfeto que podem ter sido formadas incorretamente, e assim uma cadeia polipeptídica linear pode ser translocada de volta para o citosol.

Múltiplos complexos translocadores movimentam diferentes proteínas da membrana ou lúmen do RE para o citosol. Uma característica comum é que eles contêm uma enzima E3 ubiquitina-ligase, que anexa etiquetas de poliubiquitina nas proteínas desenoveladas assim que elas emergem para o citosol, marcando-as para destruição. Alimentada pela energia derivada da hidrólise de ATP, uma ATPase hexamérica da família de AAA-ATPases (ver Figura 6-85) puxa a proteína mal enovelada através do translocador para o citosol. Uma N-glicanase remove as cadeias de oligossacarídeos em bloco. Guiado pela sua etiqueta de ubiquitina, o polipeptídeo deglicosilado é rapidamente direcionado aos proteassomos, onde é degradado (**Figura 12-50**).

As proteínas mal enoveladas no RE ativam uma resposta à proteína desenovelada

As células monitoram cuidadosamente a quantidade de proteínas mal enoveladas contidas em vários compartimentos. Um acúmulo dessas proteínas no citosol, por exemplo, desencadeia uma *resposta ao choque térmico* (*heat-shock response*, discutido no Capítulo 6), que estimula a transcrição de genes que codificam chaperonas citosólicas que auxiliam no reenovelamento das proteínas. De maneira similar, um acúmulo de proteínas mal enoveladas no RE dispara uma **resposta à proteína desenovelada**, o que inclui um aumento na transcrição de genes que codificam proteínas envolvidas na retrotranslocação e degradação de proteínas no citosol, chaperonas do RE e muitas outras proteínas que ajudam a aumentar a capacidade de dobramento de proteínas no RE.

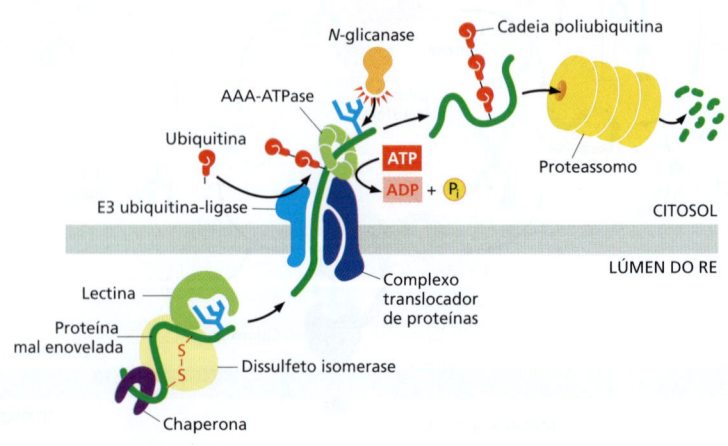

Figura 12-50 Exportação e degradação de proteínas do RE mal enoveladas. Proteínas solúveis mal enoveladas no lúmen do RE são reconhecidas e marcadas para um complexo translocador na membrana do RE. Elas primeiro interagem com chaperonas no lúmen do RE, dissulfeto isomerases e lectinas. Elas são então exportadas para o citosol através do translocador. No citosol elas são ubiquitinadas, deglicosiladas e degradadas nos proteassomos. Proteínas de membrana mal enoveladas seguem uma via similar, mas usam um translocador diferente.

CAPÍTULO 12   Compartimentos intracelulares e endereçamento de proteínas

Como as proteínas mal enoveladas no RE sinalizam ao núcleo? Existem três vias paralelas que executam a resposta à proteína desenovelada (**Figura 12-51A**). A primeira via, inicialmente descoberta em células de levedura, é notável. Uma proteína-cinase transmembrana no RE, chamada de IRE1, é ativada por proteínas mal enoveladas, que induzem a sua oligomerização e autofosforilação. (Alguns receptores-cinase de superfície na membrana plasmática são ativados de forma semelhante, como discutido no Capítulo 15.) A oligomerização e autofosforilação de IRE1 ativa um domínio da endorribonuclease na porção citosólica da mesma molécula, que cliva uma molécula de mRNA citosólica específica em duas posições, excisando um

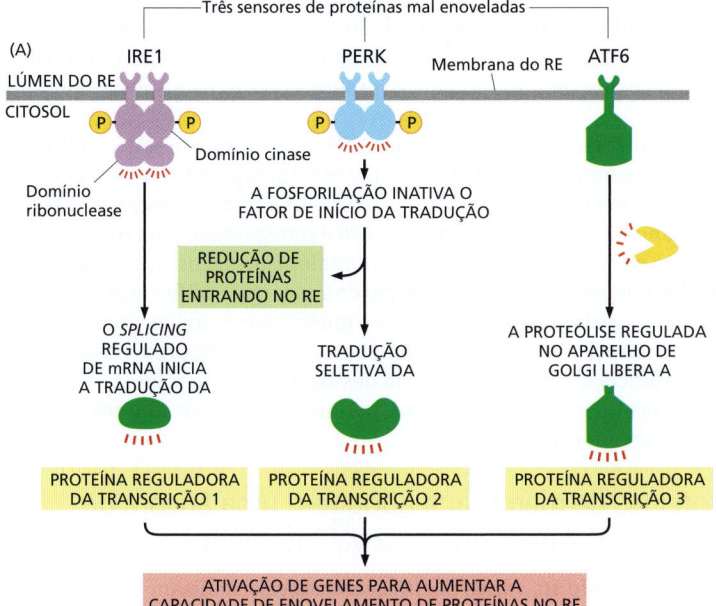

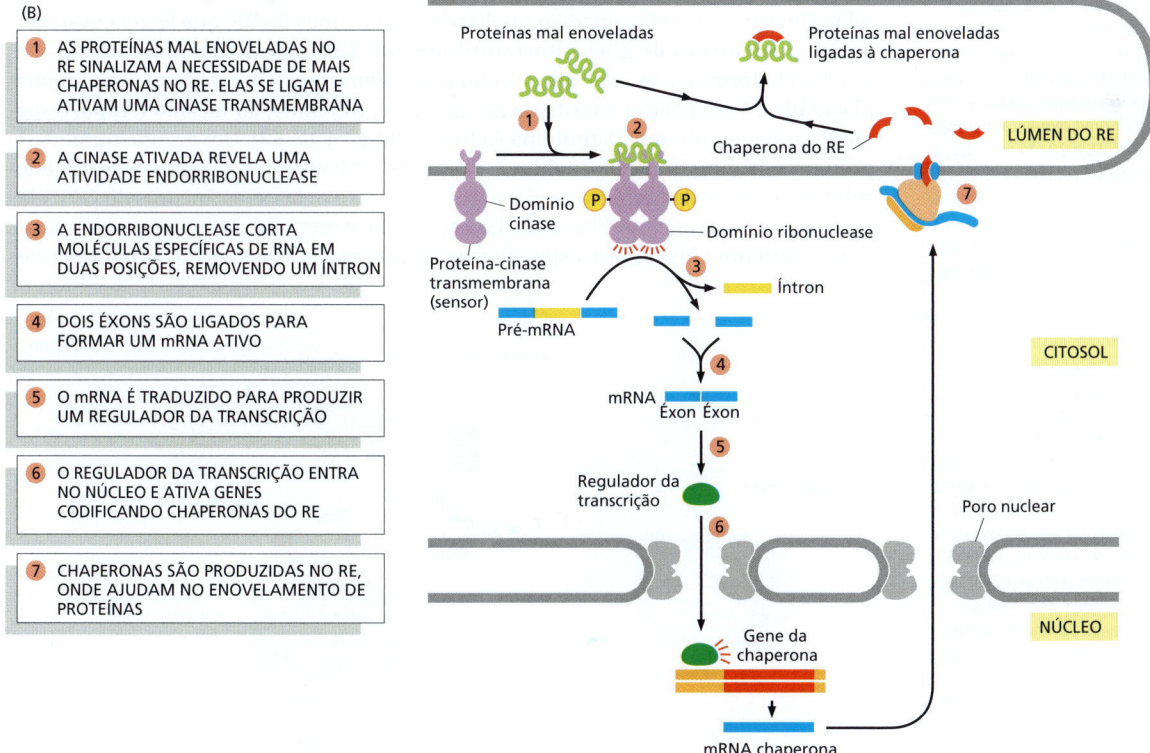

Figura 12-51 A resposta à proteína desenovelada. (A) Por três vias de sinalização intracelular, o acúmulo de proteínas mal enoveladas no lúmen do RE sinaliza ao núcleo para ativar a transcrição de genes que codificam proteínas que auxiliam a célula a conter as proteínas mal enoveladas no RE. (B) O *splicing* regulado de RNA é o controle-chave de regulação na via 1 de resposta à proteína desenovelada (Animação 12.6).

íntron. (Essa é a única exceção à regra de que os íntrons sofrem *splicing* enquanto o RNA ainda está no núcleo). Os éxons separados são então unidos por uma RNA-ligase, gerando um mRNA processado, que é traduzido nos ribossomos para produzir uma proteína reguladora de transcrição. A proteína migra ao núcleo e ativa a transcrição de genes codificadores de proteínas que ajudam a mediar a resposta à proteína desenovelada (**Figura 12-51B**).

Proteínas mal enoveladas também ativam uma segunda cinase transmembrana no RE, PERK, que inibe um fator de início da tradução pela sua fosforilação e redução da síntese de novas proteínas na célula. Uma consequência da redução da síntese de proteínas é a redução do fluxo de proteínas no RE, reduzindo então o carregamento de proteínas que precisam ser enoveladas lá. Algumas proteínas, entretanto, são preferencialmente traduzidas quando os fatores de início da tradução são escassos (discutido no Capítulo 7, p. 424), e uma dessas é um regulador de transcrição que auxilia a ativação da transcrição de genes que codificam proteínas ativas na resposta à proteína desenovelada.

Por fim, o terceiro regulador transcricional, ATF6, é inicialmente sintetizado como uma proteína transmembrana do RE. Uma vez que está incorporada na membrana do RE, ela não pode ativar a transcrição de genes no núcleo. Quando proteínas mal enoveladas acumulam-se no RE, contudo, a proteína ATF6 é transportada para o aparelho de Golgi, onde encontra proteases que clivam seus domínios citosólicos, que podem agora migrar para o núcleo e ajudar a ativar a transcrição de genes que codificam proteínas envolvidas na resposta à proteína desenovelada. (Esse mecanismo é similar àquele descrito na Figura 12-16 para ativação do regulador da transcrição que controla a biossíntese do colesterol.) A importância relativa de cada uma dessas três vias na resposta à proteína desenovelada difere em tipos celulares distintos, permitindo que cada tipo celular possa adequar a resposta à proteína desenovelada.

Algumas proteínas de membrana adquirem uma âncora de glicosilfosfatidilinositol (GPI) ligada covalentemente

Como discutido no Capítulo 10, várias enzimas citosólicas catalisam a adição covalente de uma única cadeia de ácido graxo ou grupo prenila a proteínas selecionadas. Os lipídeos anexados ajudam a direcionar e ancorar essas proteínas à membrana celular. Um processo relacionado é catalisado por enzimas do RE, que ligam covalentemente uma **âncora de glicosilfosfatidilinositol** (**GPI**, *glycosylphosphatidylinositol*) à região C-terminal de algumas proteínas de membrana com destino à membrana plasmática. Essa ligação é formada no lúmen do RE, onde, ao mesmo tempo, o segmento transmembrana da proteína é clivado (**Figura 12-52**). Um grande número de proteínas da membrana plasmática é modificado dessa forma. Uma vez que são aderidas ao exterior da membrana plasmática somente pelas suas âncoras de GPI, elas podem, em princípio, ser liberadas das células na forma solúvel, em resposta a sinais que ativam uma fosfolipase específica na membrana plasmática. Os tripanossomos

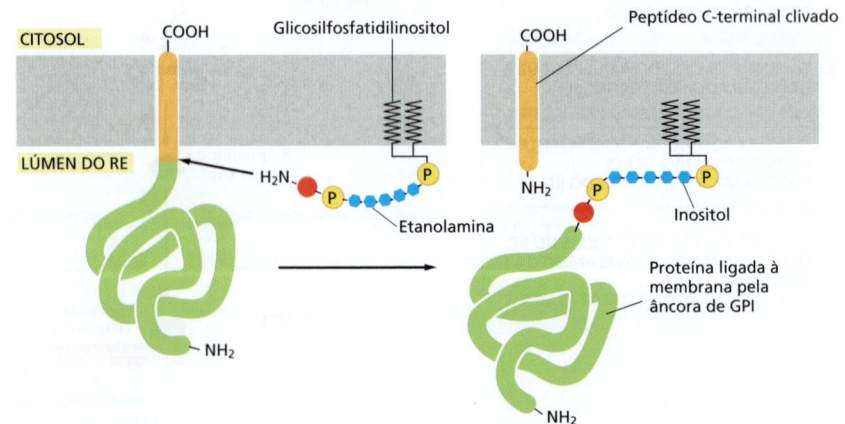

Figura 12-52 Adesão de uma âncora de GPI a uma proteína no RE. Proteínas ancoradas a GPI são direcionadas à membrana do RE por uma sequência-sinal N-terminal (não mostrado), que é removida (ver Figura 12-42). Imediatamente após o término da síntese da proteína, a proteína precursora permanece ancorada na membrana do RE por uma sequência hidrofóbica C-terminal de 15 a 20 aminoácidos; o restante da proteína está no lúmen do RE. Em um intervalo de menos de 1 minuto, uma enzima no RE excisa a proteína da sua região C-terminal ligada à membrana e, simultaneamente, adere a sua nova região C-terminal a um grupo amino em uma GPI intermediária pré-sintetizada. A cadeia de açúcar contém um inositol aderido ao lipídeo do qual a âncora de GPI deriva seu nome. Ela é seguida por uma glicosamina e três manoses. A manose terminal liga-se a uma fosfoetanolamina que fornece o grupo amino para a ligação da proteína. O sinal que especifica essa modificação está contido na sequência hidrofóbica C-terminal e em uns poucos aminoácidos adjacentes a ela no lado do lúmen da membrana do RE; se esse sinal é adicionado a outras proteínas, elas também se modificam dessa forma. Devido ao fato de a âncora de lipídeo estar covalentemente ligada, a proteína permanece aderida à membrana, com todos os seus aminoácidos expostos inicialmente no lúmen do RE e, por fim, no exterior da membrana plasmática.

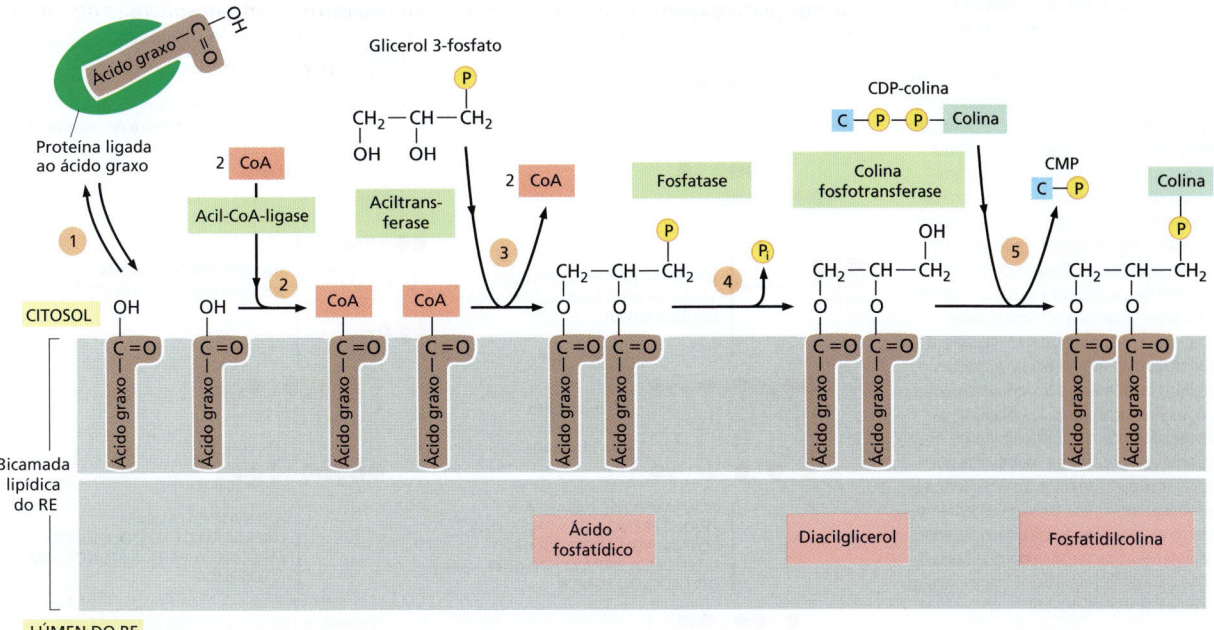

Figura 12-53 Síntese de fosfatidilcolina. Como ilustrado, este fosfolipídeo é sintetizado a partir de glicerol-3-fosfato, citidina-difosfocolina (CDP-colina) e ácidos graxos entregues ao RE por proteínas citosólicas ligadas a ácidos graxos.

parasitas, por exemplo, caso sejam atacados pelo sistema imune, utilizam esse mecanismo para liberar seu revestimento de proteínas de superfície GPI-ancoradas. As âncoras de GPI também são usadas para direcionar proteínas de membrana plasmática para *balsas lipídicas* e, assim, segregar as proteínas de outras proteínas de membrana (ver Figura 10-13).

A maioria das bicamadas lipídicas é montada no RE

A membrana do RE é o local de síntese de quase todas as principais classes de lipídeos da célula, incluindo fosfolipídeos e colesterol necessários à produção de novas membranas celulares. O principal fosfolipídeo sintetizado é a *fosfatidilcolina* (também chamada de *lecitina*), que pode ser formada em três etapas a partir de colina, de dois ácidos graxos e de glicerol fosfato (**Figura 12-53**). Cada etapa é catalisada por enzimas na membrana do RE que têm seus sítios ativos voltados para o citosol, onde são encontrados todos os metabólitos necessários. Assim, a síntese de fosfolipídeos ocorre exclusivamente no folheto citosólico da membrana do RE. Devido ao fato de os ácidos graxos não serem solúveis em água, eles são conduzidos dos seus sítios de síntese ao RE por proteínas de ligação a ácidos graxos no citosol. Depois de chegarem na membrana do RE e serem ativados com coenzima A (CoA), aciltransferases adicionam dois ácidos graxos sucessivamente ao glicerol fosfato para produzir ácido fosfatídico. O ácido fosfatídico é suficientemente insolúvel em água para permanecer na bicamada lipídica, e não pode ser extraído dela por proteínas de ligação a ácidos graxos. Esse é, então, o primeiro passo para que a bicamada lipídica seja aumentada. As etapas posteriores determinam o grupo da cabeça de uma molécula de lipídeo recém-formada e, portanto, a natureza química da bicamada, mas não resultam em crescimento líquido da membrana. Os outros dois principais fosfolipídeos – fosfatidilserina e fosfatidiletanolamina (ver Figura 10-3) –, assim como o menor fosfolipídeo fosfatidilinositol (PI), são todos sintetizados nessa via.

Como a síntese de fosfolipídeo ocorre no folheto citosólico da bicamada lipídica do RE, é necessário que exista um mecanismo que transfira algumas das moléculas de fosfolipídeos recém-formados para o folheto do lado do lúmen da bicamada. Em bicamadas lipídicas sintéticas, lipídeos não se movem da forma *flip-flop* (ver Figura 10-10). No RE, todavia, os fosfolipídeos equilibram-se através da membrana em minutos, o que é quase cem mil vezes mais rápido do que o *flip-flop* (retorno) espontâneo. Esse movimento transbicamada rápido é mediado por um translocador de fosfolipídeos pobremente

Figura 12-54 Papel dos translocadores de fosfolipídeos na síntese da bicamada lipídica. (A) Uma vez que novas moléculas de lipídeos são adicionadas somente à metade citosólica da bicamada da membrana do RE e que as moléculas de lipídeos não se movem de maneira espontânea de uma monocamada à outra, o translocador de fosfolipídeo transmembrana (chamado de "misturador") é necessário para transferir moléculas de lipídeo da metade citosólica à metade do lúmen, de modo que a membrana desenvolva-se como uma bicamada. O "misturador" não é específico para grupos da cabeça de fosfolipídeo em particular e, portanto, equilibra os diferentes fosfolipídeos entre as duas monocamadas. (B) Alimentada pela hidrólise de ATP, uma flipase grupo da cabeça-específica na membrana plasmática move ativamente fosfatidilserina e fosfatidiletanolamina direcionalmente do folheto extracelular ao citosólico, criando a assimetria característica da bicamada lipídica da membrana plasmática de células animais (ver Figura 10-15).

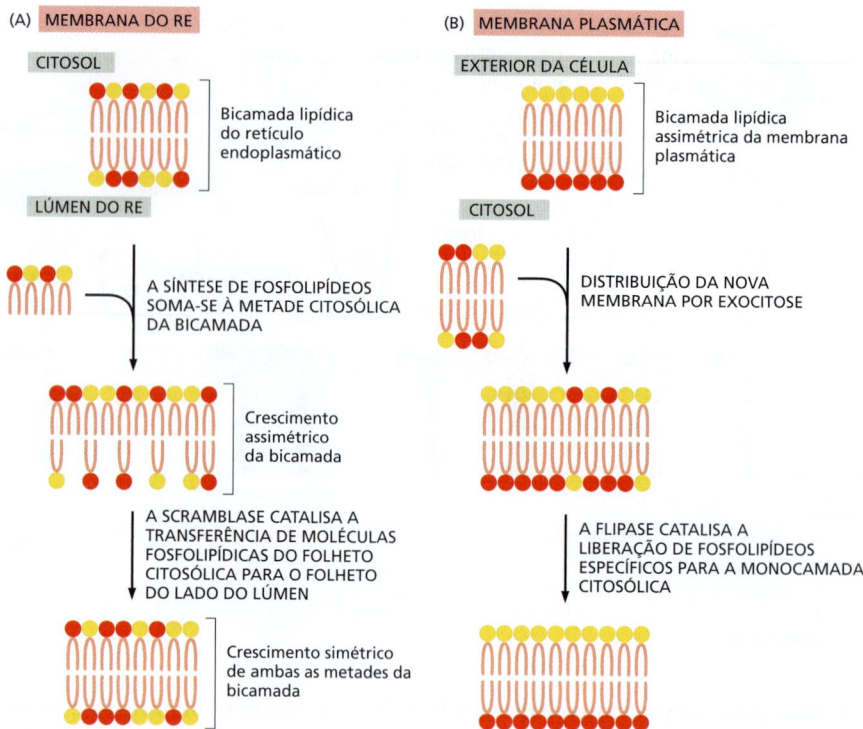

caracterizado, denominado *embaralhador* (*scramblase*) que, de maneira não seletiva, equilibra fosfolipídeos entre os dois folhetos da bicamada lipídica (**Figura 12-54**). Assim, os diferentes tipos de fosfolipídeos parecem ser igualmente distribuídos entre os dois folhetos da membrana do RE.

A membrana plasmática contém um tipo diferente de translocador fosfolipídico que pertence à família de transportadores de absorção do tipo P (discutido no Capítulo 11). Essas *flipases* reconhecem especificamente fosfolipídeos que contêm grupos amino livres nos seus grupos da cabeça (fosfatidilserina e fosfatidiletanolamina – ver Figura 10-3) e os transfere a partir do meio extracelular para o folheto citosólico, utilizando a energia da hidrólise do ATP. A membrana plasmática, portanto, apresenta uma composição fosfolipídica altamente assimétrica, que é ativamente mantida por flipases (ver Figura 10-15). A membrana plasmática também contém um misturador, mas, ao contrário do misturador do RE, que é sempre ativo, a enzima da membrana plasmática é regulada e ativada apenas em algumas situações, como em apoptose e em plaquetas ativadas, onde age para cancelar a assimetria da bicamada lipídica; a exposição resultante de fosfatidilserina na superfície de células apoptóticas serve como um sinal para células fagocíticas ingerirem e degradarem a célula morta.

O RE também produz colesterol e ceramida (**Figura 12-55**). A *ceramida* é sintetizada pela condensação do aminoácido serina com um ácido graxo para formar o aminoálcool *esfingosina* (ver Figura 10-3); um segundo ácido graxo é então adicionado covalentemente para formar a ceramida. A ceramida é exportada ao aparelho de Golgi, onde serve como um precursor para a síntese de dois tipos de lipídeos: as cadeias oligossacarídicas são adicionadas para formar *glicoesfingolipídeos* (glicolipídeos; ver Figura 10-16), e os grupos da cabeça de fosfocolina são transferidos da fosfatidilcolina a outras moléculas de ceramida para formar *esfingomielina* (discutido no Capítulo 10). Assim, tanto os glicolipídeos quanto a esfingomielina são produzidos tardiamente no processo de síntese de membrana. Pelo fato de serem produzidos por enzimas que têm seus sítios ativos expostos ao lúmen do Golgi e não serem substratos para transportadores de lipídeos, são encontrados exclusivamente no folheto não citosólico da bicamada lipídica que os contém.

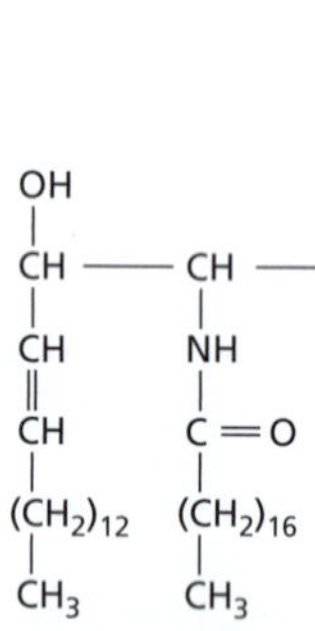

Figura 12-55 A estrutura da ceramida.

CAPÍTULO 12 Compartimentos intracelulares e endereçamento de proteínas

Como discutido no Capítulo 13, a membrana plasmática e as membranas do aparelho de Golgi, os lisossomos e os endossomos fazem parte de um sistema de membranas que se comunica com o RE por meio do transporte de vesículas que transferem proteínas e lipídeos. As mitocôndrias e os plastídios, todavia, não pertencem a esse sistema e requerem, portanto, mecanismos diferentes para a importação de proteínas e lipídeos para o crescimento. Já vimos que a maioria das proteínas nessas organelas é importada do citosol. Embora as mitocôndrias modifiquem alguns dos lipídeos que importam, não sintetizam lipídeos *de novo*; antes, seus lipídeos devem ser importados do RE, direta ou indiretamente, por meio de outras membranas celulares. Em ambos os casos, são necessários mecanismos especiais para a transferência.

Os detalhes de como a distribuição dos lipídeos entre diferentes membranas é catalisada e regulada não são conhecidos. Proteínas carreadoras solúveis em água chamadas de *proteínas de troca de fosfolipídeos* (ou *proteínas de transferência de fosfolipídeos*) transferem moléculas individuais de fosfolipídeos entre as membranas, funcionando como proteínas de ligação a ácidos graxos que guiam os ácidos graxos através do citosol (ver Figura 12-54). Além disso, as mitocôndrias são frequentemente vistas em estreita justaposição a membranas do RE em micrografias eletrônicas, e complexas junções específicas têm sido identificadas, as quais mantêm o RE e as membranas mitocondriais externas em forte proximidade. Acredita-se que esses complexos junctionais forneçam mecanismos específicos de transferência de lipídeos dependentes de contato que operam entre essas membranas adjacentes.

Resumo

A extensa rede do RE serve como uma fábrica para a produção de quase todos os lipídeos das células. Além disso, a maior porção da síntese de proteínas celulares ocorre na superfície citosólica do RE rugoso: quase todas as proteínas destinadas à secreção ou ao próprio RE, o aparelho de Golgi, os lisossomos, os endossomos e a membrana plasmática são importadas, primeiramente, do citosol para o RE. No lúmen do RE, as proteínas enovelam-se e se oligomerizam; ligações dissulfeto são formadas, e oligossacarídeos ligados ao N são adicionados. A glicosilação ligada ao N é utilizada para indicar o grau do enovelamento proteico, de tal modo que as proteínas deixam o RE apenas quando estão adequadamente enoveladas. As proteínas que não se enovelam ou oligomerizam corretamente são transportadas de volta ao citosol, onde são desglicosiladas, poliubiquitinadas e degradadas em proteassomos. Se as proteínas mal enoveladas acumularem-se extensivamente no RE, elas desencadeiam uma resposta à proteína desenovelada, que ativa genes apropriados no núcleo para auxiliar o RE a contornar o problema.

Apenas as proteínas que portam uma sequência-sinal especial do RE são importadas para ele. A sequência-sinal é reconhecida por uma partícula de reconhecimento de sinal (SRP), que se liga à cadeia polipeptídica crescente e ao ribossomo e os direciona a uma proteína receptora na superfície citosólica da membrana do RE rugoso. Essa ligação à membrana do RE inicia o processo de translocação que força uma alça da cadeia polipeptídica através da membrana do RE, pelo poro hidrofílico de uma proteína translocadora.

As proteínas solúveis – destinadas ao lúmen do RE para secreção ou transferência ao lúmen de outras organelas – passam completamente para o lúmen do RE. As proteínas transmembrana destinadas ao RE ou a outras membranas celulares são transportadas parcialmente através da membrana do RE e permanecem lá ancoradas por um ou mais segmentos de α-hélice em sua cadeia polipeptídica que atravessam a membrana. Essas porções hidrofóbicas da proteína podem atuar como sinais de início ou de parada da transferência durante o processo de translocação. Quando um polipeptídeo contém múltiplos sinais alternantes de início e de parada da transferência, ele passará múltiplas vezes para trás e para a frente através da bicamada como uma proteína transmembrana de passagem múltipla.

A assimetria da inserção da proteína e da glicosilação no RE estabelece a assimetria das membranas de todas as outras organelas que o RE supre com proteínas de membrana.

O QUE NÃO SABEMOS

- Como os receptores de importação nuclear lidam com o interior emaranhado semelhante a um gel do complexo de poro nuclear de maneira tão eficiente?

- O complexo de poro nuclear é uma estrutura rígida ou ela pode ser expandida e contraída dependendo da carga transportada?

- Comparações de sequências mostram que as sequências-sinal para uma proteína individual como a insulina são extremamente conservadas entre as espécies, muito mais do que seria esperado a partir do nosso entendimento atual de que tudo o que importa para a sua função são características estruturais gerais, como hidrofobicidade. Que outras funções podem sinalizar sequências que poderiam contribuir para a conservação evolutiva da sequência?

- Como são arranjados os polirribossomos na membrana do retículo endoplasmático para que o próximo ribossomo inicial possa encontrar um translocador desocupado?

- Por que a partícula de reconhecimento do sinal possui uma subunidade de RNA indispensável?

TESTE SEU CONHECIMENTO

Quais afirmativas estão corretas? Justifique.

12-1 Assim como o lúmen do RE, o interior do núcleo é topologicamente equivalente ao exterior da célula.

12-2 Os ribossomos ligados ao RE e livres, que são estrutural e funcionalmente idênticos, diferem apenas quanto às proteínas sintetizadas em um determinado momento.

12-3 Para evitar as colisões inevitáveis que poderiam ocorrer se um tráfego de duas vias passasse em um único poro, complexos do poro nuclear especializados fazem a mediação da importação, enquanto outros fazem a mediação da exportação.

12-4 Os peroxissomos são encontrados em apenas poucos tipos especializados de células eucarióticas.

Discuta as questões a seguir.

12-5 Qual o destino de uma proteína sem sinal de endereçamento?

12-6 O RE rugoso é o local de síntese de muitas classes de proteínas de membrana. Algumas dessas proteínas permanecem no RE, enquanto outras são distribuídas para compartimentos como o aparelho de Golgi, os lisossomos e a membrana plasmática. Uma medida da dificuldade do problema da distribuição é o grau de "purificação" que deve ser alcançado durante o transporte do RE. As proteínas a serem enviadas à membrana plasmática são comuns ou raras entre todas as proteínas de membrana do RE?

Algumas considerações permitem responder a essa questão. Em uma célula em crescimento típica, que está se dividindo uma vez a cada 24 horas, o equivalente a 1 nova membrana plasmática deve transitar no RE a cada dia. Se a membrana do RE é 20 vezes a área de uma membrana plasmática, qual é a razão das proteínas da membrana plasmática com relação a outras proteínas de membrana no RE? (Suponha que todas as proteínas nas suas vias da membrana plasmática permanecem no RE por 30 minutos em média antes de saírem e que a razão entre proteínas e lipídeos no RE e membranas do plasma é a mesma.)

12-7 Antes de os complexos do poro nuclear serem bem entendidos, não estava claro se as proteínas nucleares difundiam-se passivamente para o núcleo e acumulavam-se lá pela ligação a "residentes" do núcleo, como cromossomos, ou se eram ativamente importadas e acumuladas apesar da sua afinidade pelos componentes nucleares.

Um experimento clássico que se voltou a esse problema usou muitas formas de nucleoplasmina radioativa, que é uma proteína pentamérica grande, envolvida na agregação da cromatina. Nesse experimento, tanto a proteína intacta quanto cabeças, caudas ou cabeças com uma única cauda de nucleoplasmina foram injetadas no citoplasma de um oócito ou núcleo de uma rã (**Figura Q12-1**). Todas as formas de nucleoplasmina, exceto cabeças, acumularam-se no núcleo quando injetadas no citoplasma, e todas as formas foram retidas no núcleo quando injetadas nele.

A. Que porção da molécula de nucleoplasmina é responsável pela localização no núcleo?

B. Como esses experimentos distinguem entre transporte ativo, no qual um sinal de localização nuclear dispara o transporte pelo complexo do poro nuclear, e difusão passiva, na qual o sítio de ligação para um componente nuclear permite o acúmulo no núcleo?

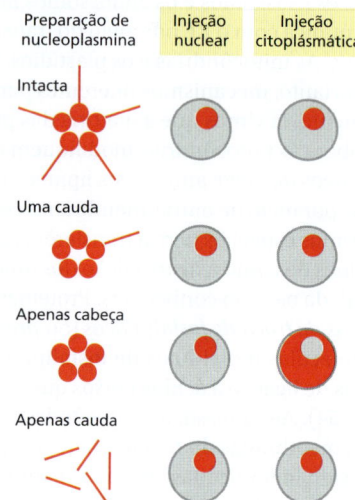

Figura Q12-1 Localização celular de nucleoplasmina e componentes de nucleoplasmina injetados. Diagramas esquemáticos de autorradiografias mostram o citoplasma e o núcleo com a localização da nucleoplasmina indicada pelas áreas *vermelhas*.

12-8 Supondo que 32 milhões de octâmeros de histonas são necessários para empacotar o genoma humano, quantas moléculas de histonas devem ser transportadas, a cada segundo, por complexo do poro nuclear, em células cujo núcleo contém 3 mil poros nucleares e estão se dividindo uma vez por dia?

12-9 O complexo do poro nuclear (NPC) cria uma barreira para a troca livre de moléculas entre o núcleo e o citosol, mas de uma forma que permanece misteriosa. Em leveduras, por exemplo, o poro central de NPC tem 35 nm de diâmetro e 30 nm de comprimento, que é, de certa forma, menor que seu homólogo vertebrado. Mesmo assim, é grande o suficiente para acomodar praticamente todos os componentes do citosol. Além disso, o poro permite a difusão passiva de moléculas até 40 kD; a entrada de alguma molécula maior precisa da ajuda de um receptor de importação nuclear. A permeabilidade seletiva é controlada pelos componentes proteicos do NPC que têm a cauda polar não estruturada se estendendo para o poro central. Essas caudas são caracterizadas por repetições dos aminoácidos hidrofóbicos fenilalanina (F) e glicina (G) periodicamente.

Em altas concentrações (cerca de 50 mM), domínios de repetições FG (*FG-repeats*) dessas proteínas podem formar um gel, com uma malha de interações entre repetições de FG hidrofóbicas (**Figura Q12-2A**). Essas malhas permitem a lenta difusão passiva de pequenas moléculas, mas impedem a entrada de proteínas grandes, como a proteína fluorescente mCherry fusionada com a proteína de ligação à maltose (MBP) (**Figura Q12-2B**). (A fusão com MBP torna a proteína mCherry muito grande para entrar no núcleo por difusão passiva.) Contudo, se o receptor de importação nuclear, importina, é fusionado com uma proteína similar, MBP-GFP, a proteína fusionada importina-MBP-GFP facilmente entra no gel (Figura Q12-2B).

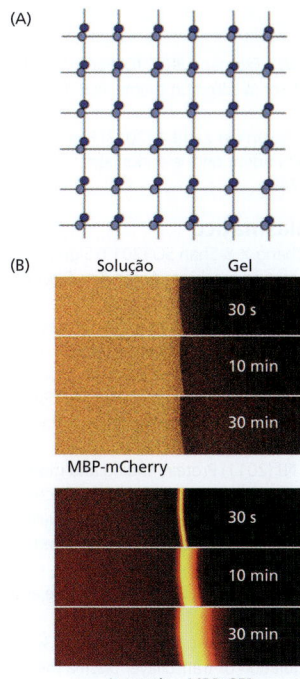

Figura Q12-2 Gel de repetições FG e a entrada de proteínas no núcleo. (A) Desenhe a malha (gel) formada por interações emparelhadas entre as repetições FG hidrofóbicas. Para repetições FG separadas por 17 aminoácidos, como é típico, a rede formada pelas cadeias laterais de aminoácidos estendidos poderia corresponder a cerca de 4 nm de um lado, que poderia ser largo o suficiente para explicar a difusão passiva característica de proteínas através de poros nucleares. (B) Difusão de MBP-mCherry e importina-MBP-GFP para o gel de repetições FG. Em cada grupo, a solução é mostrada à esquerda e o gel à direita. As áreas mais claras indicam as regiões que contêm as proteínas fluorescentes.

A. As repetições FG formam malhas *in vitro* apenas em concentrações relativamente altas (50 mM). Seria essa a concentração razoável para as repetições FG no centro do NPC? Em leveduras, existem ao redor de 5 mil repetições FG em cada NPC. Dadas as dimensões do poro nuclear de levedura (35 nm de diâmetro e 30 nm de comprimento), calcule a concentração de repetições de FG no volume cilíndrico do poro. Essa concentração é comparável àquela usada *in vitro*?

B. Uma segunda questão é se a difusão de importina-MBP-GFP por meio da malha de repetições FG é rápida o bastante para a estimativa da eficiência do fluxo de materiais entre o núcleo e o citosol. A partir de experimentos do tipo mostrado na Figura Q12-2B, determinou-se que o coeficiente de difusão (D) de importina-MBP-GFP através do gel de repetições FG teria cerca de 0,1 $\mu m^2/s$. A equação para difusão é $t = x^2/2D$, onde t é o tempo e x, a distância. Calcule o tempo que a difusão de importina-MBP-GFP levaria para se difundir através do poro nuclear de levedura (30 nm) se o poro consistisse de um gel de repetições FG. Será rápido o suficiente para as necessidades de uma célula eucariótica?

12-10 Os componentes dos complexos TIM, proteínas translocadoras de múltiplas subunidades na membrana interna da mitocôndria, são muito menos abundantes do que aqueles do complexo TOM. Eles foram inicialmente identificados pelo uso de "truques" genéticos.

O gene *Ura3* de levedura, cujo produto é uma enzima que normalmente está localizada no citosol, onde é essencial para a síntese da uracila, foi modificado, de modo que a proteína carrega um sinal de importação para a matriz mitocondrial. Uma população de células carregando o gene *Ura3* modificado em vez do gene normal foi então cultivada na ausência de uracila. Muitas células morreram, mas as raras células que cresceram mostraram um defeito para a importação mitocondrial. Explique como essa seleção identifica células com defeitos nos componentes necessários para a importação da matriz mitocondrial. Por que células normais com o gene *Ura3* modificado não cresceram na ausência de uracila? Por que células que são defectivas para a importação mitocondrial crescem na ausência de uracila?

12-11 Se a enzima di-hidrofolato redutase (DHFR), que normalmente está localizada no citosol, foi modificada geneticamente para carregar uma sequência-alvo mitocondrial na sua porção N-terminal, ela é importada de maneira eficiente para a mitocôndria. Se a DHFR modificada é primeiro incubada com metotrexato, que se liga fortemente ao sítio ativo, a enzima permanece no citosol. Como você supõe que a ligação do metotrexato interfere na importação mitocondrial?

12-12 Por que as mitocôndrias necessitam de um translocador especial para importar proteínas através da membrana externa quando a membrana já possui grandes poros formados por porinas?

12-13 Examine a proteína transmembrana de passagem múltipla mostrada na **Figura Q12-3**. Qual seria o efeito se o primeiro segmento hidrofóbico transmembrana fosse convertido em um segmento hidrofílico? Esboce a disposição da proteína modificada na membrana do RE.

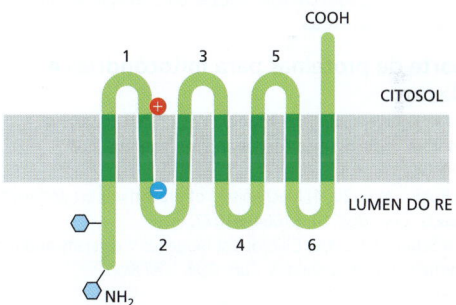

Figura Q12-3 Disposição de uma proteína transmembrana de passagem múltipla na membrana do RE. Os *hexágonos azuis* representam oligossacarídeos ligados covalentemente. As posições dos aminoácidos carregados positiva e negativamente flanqueiam o segundo segmento transmembrana, como mostrado.

12-14 Todos os novos fosfolipídeos são adicionados ao folheto citosólico da membrana do RE, ainda que essa membrana tenha uma distribuição simétrica de diferentes fosfolipídeos em seus dois folhetos. Em contrapartida, a membrana plásmatica, que recebe todos os seus componentes de membrana do RE, tem uma distribuição muito assimétrica dos fosfolipídeos nos dois folhetos da bicamada lipídica. Como essa simetria é gerada na membrana do RE, e como a assimetria é gerada e mantida na membrana plasmática?

REFERÊNCIAS

Gerais
Palade G (1975) Intracellular aspects of the process of protein synthesis. *Science* 189, 347–358.

Compartimentalização das células
Blobel G (1980) Intracellular protein topogenesis. *Proc. Natl Acad. Sci. USA* 77, 1496–1500.

Devos DP, Gräf R & Field MC (2014) Evolution of the nucleus. *Curr. Opin. Cell Biol.* 28, 8–15.

Warren G & Wickner W (1996) Organelle inheritance. *Cell* 84, 395–400.

Transporte de moléculas entre o núcleo e o citosol
Adam SA & Gerace L (1991) Cytosolic proteins that specifically bind nuclear location signals are receptors for nuclear import. *Cell* 66, 837–847.

Burke B & Stewart CL (2013) The nuclear lamins: flexibility in function. *Nat. Rev. Mol. Cell Biol.* 14, 13–24.

Cole CN & Scarcelli JJ (2006) Transport of messenger RNA from the nucleus to the cytoplasm. *Curr. Opin. Cell Biol.* 18, 299–306.

Güttinger S, Laurell E & Kutay U (2009) Orchestrating nuclear envelope disassembly and reassembly during mitosis. *Nat. Rev. Mol. Cell Biol.* 10, 178–191.

Hetzer MW & Wente SR (2009) Border control at the nucleus: biogenesis and organization of the nuclear membrane and pore complexes. *Dev. Cell* 17, 606–616.

Hoelz A, Debler EW & Blobel G (2011) The structure of the nuclear pore complex. *Annu. Rev. Biochem.* 80, 613–643.

Hülsmann BB, Labokha AA & Görlich D (2012) The permeability of reconstituted nuclear pores provides direct evidence for the selective phase model. *Cell* 150, 738–751.

Köhler A & Hurt E (2007) Exporting RNA from the nucleus to the cytoplasm. *Nat. Rev. Mol. Cell Biol.* 8, 761–773.

Rothballer A & Kutay U (2013) Poring over pores: nuclear pore complex insertion into the nuclear envelope. *Trends Biochem. Sci.* 38, 292–301.

Strambio-De-Castilla C, Niepel M & Rout MP (2010) The nuclear pore complex: bridging nuclear transport and gene regulation. *Nat. Rev. Mol. Cell Biol.* 11, 490–501.

Tran EJ & Wente SR (2006) Dynamic nuclear pore complexes: life on the edge. *Cell* 125, 1041–1053.

Transporte de proteínas para mitocôndrias e cloroplastos
Chacinska A, Koehler CM, Milenkovic D et al. (2009) Importing mitochondrial proteins: machineries and mechanisms. *Cell* 138, 628–644.

Jarvis P & Robinson C (2004) Mechanisms of protein import and routing in chloroplasts. *Curr. Biol.* 14, R1064–R1077.

Kessler F & Schnell DJ (2009) Chloroplast biogenesis: diversity and regulation of the protein import apparatus. *Curr. Opin. Cell Biol.* 21, 494–500.

Prakash S & Matouschek A (2004) Protein unfolding in the cell. *Trends Biochem. Sci.* 29, 593–600.

Schleiff E & Becker T (2011) Common ground for protein translocation: access control for mitochondria and chloroplasts. *Nat. Rev. Mol. Cell Biol.* 12, 48–59.

Peroxissomos
Dimitrov L, Lam SK & Schekman R (2013) The role of the endoplasmic reticulum in peroxisome biogenesis. *Cold Spring Harb. Perspect. Biol.* 5, a013243.

Fujiki Y, Yagita Y & Matsuzaki T (2012) Peroxisome biogenesis disorders. *Biochim. Biophys. Acta* 1822, 1337–1342.

Schliebs W, Girzalsky W & Erdmann R (2010) Peroxisomal protein import and ERAD: variations on a common theme. *Nat. Rev. Mol. Cell Biol.* 11, 885–890.

Tabak HF, Braakman I & van der Zand A (2013) Peroxisome formation and maintenance are dependent on the endoplasmic reticulum. *Annu. Rev. Biochem.* 82, 723–744.

Retículo endoplasmático
Akopian D, Shen K, Zhang X & Shan SO (2013) Signal recognition particle: an essential protein-targeting machine. *Annu. Rev. Biochem.* 82, 693–721.

Blobel G & Dobberstein B (1975) Transfer of proteins across membranes. I. Presence of proteolytically processed and unprocessed nascent immunoglobulin light chains on membrane-bound ribosomes of murine myeloma. *J. Cell Biol.* 67, 835–851.

Borgese N, Mok W, Kreibich G & Sabatini DD (1974) Ribosomal-membrane interaction: *in vitro* binding of ribosomes to microsomal membranes. *J. Mol. Biol.* 88, 559–580.

Braakman I & Bulleid NJ (2011) Protein folding and modification in the mammalian endoplasmic reticulum. *Annu. Rev. Biochem.* 80, 71–99.

Brodsky JL & Skach WR (2011) Protein folding and quality control in the endoplasmic reticulum: recent lessons from yeast and mammalian cell systems. *Curr. Opin. Cell Biol.* 23, 464–475.

Chen S, Novick P & Ferro-Novick S (2013) ER structure and function. *Curr. Opin. Cell Biol.* 25, 428–433.

Clark MR (2011) Flippin' lipids. *Nat. Immunol.* 12, 373–375.

Daleke DL (2003) Regulation of transbilayer plasma membrane phospholipid asymmetry. *J. Lipid Res.* 44, 233–242.

Deshaies RJ, Sanders SL, Feldheim DA & Schekman R (1991) Assembly of yeast Sec proteins involved in translocation into the endoplasmic reticulum into a membrane-bound multisubunit complex. *Nature* 349, 806–808.

Gething MJ (1999) Role and regulation of the ER chaperone BiP. *Semin. Cell Dev. Biol.* 10, 465–472.

Görlich D, Prehn S, Hartmann E et al. (1992) A mammalian homolog of SEC61p and SECYp is associated with ribosomes and nascent polypeptides during translocation. *Cell* 71, 489–503.

Hegde RS & Ploegh HL (2010) Quality and quantity control at the endoplasmic reticulum. *Curr. Opin. Cell Biol.* 22, 437–446.

Hegde RS & Keenan RJ (2011) Tail-anchored membrane protein insertion into the endoplasmic reticulum. *Nat. Rev. Mol. Cell Biol.* 12, 787–798.

Levine T & Loewen C (2006) Inter-organelle membrane contact sites: through a glass, darkly. *Curr. Opin. Cell Biol.* 18, 371–378.

López-Marqués RL, Holthuis JCM & Pomorski TG (2011) Pumping lipids with P4-ATPases. *Biol. Chem.* 392, 67–76.

Mamathambika BS & Bardwell JC (2008) Disulfide-linked protein folding pathways. *Annu. Rev. Cell Dev. Biol.* 24, 211–235.

Marciniak SJ & Ron D (2006) Endoplasmic reticulum stress signaling in disease. *Physiol. Rev.* 86, 1133–1149.

Milstein C, Brownlee GG, Harrison TM & Mathews MB (1972) A possible precursor of immunoglobulin light chains. *Nat. New Biol.* 239, 117–120.

Park E & Rapoport TA (2012) Mechanisms of Sec61/SecY-mediated protein translocation across membranes. *Annu. Rev. Biophys.* 41, 21–40.

Römisch K (2005) Endoplasmic reticulum-associated degradation. *Annu. Rev. Cell Dev. Biol.* 21, 435–456.

Rowland AA & Voeltz GK (2012) Endoplasmic reticulum-mitochondria contacts: function of the junction. *Nat. Rev. Mol. Cell Biol.* 13, 607–625.

Trombetta ES & Parodi AJ (2003) Quality control and protein folding in the secretory pathway. *Annu. Rev. Cell Dev. Biol.* 19, 649–676.

Tsai B, Ye Y & Rapoport TA (2002) Retro-translocation of proteins from the endoplasmic reticulum into the cytosol. *Nat. Rev. Mol. Cell Biol.* 3, 246–255.

Walter P & Ron D (2011) The unfolded protein response: from stress pathway to homeostatic regulation. *Science* 334, 1081–1086.

von Heijne G (2011) Introduction to theme "membrane protein folding and insertion". *Annu. Rev. Biochem.* 80, 157–160.

Tráfego intracelular de vesículas

CAPÍTULO 13

Toda célula deve alimentar-se, comunicar-se com o mundo que a circunda e responder rapidamente às mudanças em seu ambiente. Para auxiliar na realização dessas tarefas, as células ajustam continuamente a composição da sua membrana plasmática e de seus compartimentos internos mediante respostas rápidas à necessidade. Elas utilizam um elaborado sistema interno de membranas para adicionar e remover proteínas da superfície celular, como receptores, canais iônicos e transportadores (**Figura 13-1**). Por meio do processo de *exocitose*, a via secretora distribui proteínas recém-sintetizadas, carboidratos e lipídeos para a membrana plasmática ou para o espaço extracelular. Pelo processo inverso de *endocitose*, as células removem componentes da membrana plasmática e os largam em compartimentos internos denominados *endossomos*, de onde eles podem ser reciclados para as mesmas regiões ou para regiões diferentes da membrana plasmática, ou podem ser entregues aos lisossomos para degradação. As células também usam a endocitose para capturar nutrientes importantes, como vitaminas, colesterol e ferro; estes são recolhidos junto com as macromoléculas às quais se ligam e são, então, movidos para os endossomos e lisossomos, de onde podem ser transportados para dentro do citoplasma para uso em vários processos biossintéticos.

O espaço interior, ou **lúmen**, de cada compartimento envolto por membrana ao longo das vias secretora e endocítica é equivalente ao lúmen da maioria dos outros compartimentos envolvidos por membranas e ao exterior da célula, no sentido de que as proteínas podem transitar nesse espaço sem ter de atravessar uma membrana quando elas são passadas de um compartimento ao outro por meio de numerosos pacotes envoltos por membranas. Esses pacotes são formados pelo compartimento do doador e são *vesículas* pequenas e esféricas, vesículas maiores e irregulares ou túbulos. Utilizaremos o termo **vesícula transportadora** para todas as formas desses pacotes.

Dentro de uma célula eucariótica, as vesículas transportadoras brotam continuamente de uma membrana e se fundem com outra, carregando componentes de membrana e moléculas solúveis do lúmen, que são referidos como **carga** (**Figura 13-2**). Esse tráfego de vesículas flui ao longo de vias altamente organizadas e direcionadas, que permitem que a célula secrete, alimente-se e remodele sua membrana plasmática e organelas. A *via secretora* direciona-se para fora, a partir do retículo endoplasmático (RE) na direção do aparelho de Golgi e da superfície celular, com uma via lateral levando aos lisossomos, enquanto a *via endocítica* direciona-se para dentro, a partir da membrana plasmática. Em cada caso, *vias de recuperação* fazem o balanço do fluxo de membranas entre os compartimentos na direção oposta, trazendo membranas e proteínas selecionadas de volta ao compartimento de origem (**Figura 13-3**).

NESTE CAPÍTULO

MECANISMOS MOLECULARES DO TRANSPORTE DE MEMBRANA E MANUTENÇÃO DA DIVERSIDADE DE COMPARTIMENTOS

TRANSPORTE DO RE ATRAVÉS DO APARELHO DE GOLGI

TRANSPORTE DA REDE *TRANS* DE GOLGI PARA OS LISOSSOMOS

TRANSPORTE DA MEMBRANA PLASMÁTICA PARA DENTRO DA CÉLULA: ENDOCITOSE

TRANSPORTE DA REDE *TRANS* DE GOLGI PARA O EXTERIOR DA CÉLULA: EXOCITOSE

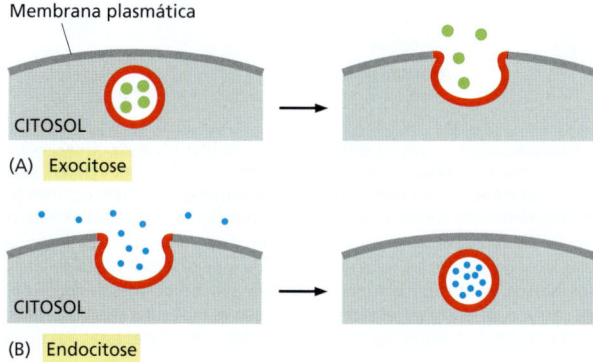

Figura 13-1 Exocitose e endocitose. (A) Na exocitose, uma vesícula transportadora se funde à membrana plasmática. Seu conteúdo é liberado no espaço extracelular, enquanto a membrana da vesícula (*vermelho*) torna-se contínua à membrana plasmática. (B) Na endocitose, um fragmento da membrana plasmática (*vermelho*) é internalizado, formando uma vesícula transportadora. Seu conteúdo é derivado do espaço extracelular.

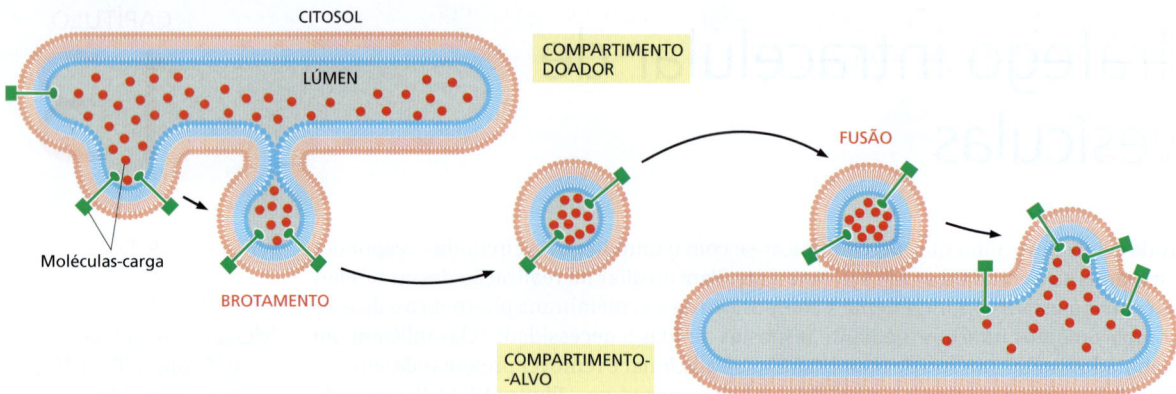

Figura 13-2 Transporte por vesícula. Vesículas transportadoras brotam de um compartimento e se fundem a outro. À medida que fazem isso, elas carregam materiais como carga a partir do *lúmen* (espaço dentro de um compartimento envolto por membrana) e membrana do compartimento doador para o lúmen e membrana do compartimento-alvo, como mostrado.

Para executar a sua função, cada vesícula transportadora que brota de um compartimento deve ser seletiva. Ela deve captar apenas as moléculas apropriadas e deve se fundir somente com a membrana-alvo apropriada. Uma vesícula carregando carga do RE para o aparelho de Golgi, por exemplo, deve excluir a maioria das proteínas que devem ficar no RE, e deve se fundir apenas com o aparelho de Golgi e não com qualquer outra organela.

Iniciamos este capítulo considerando os mecanismos moleculares de brotamento e de fusão que fundamentam todo o transporte de vesículas. Discutimos, então, o problema fundamental de como, no âmbito desse transporte, a célula mantém as diferenças moleculares e funcionais entre seus compartimentos. Finalmente, consideramos a função do aparelho de Golgi, dos lisossomos, das vesículas secretoras e dos endossomos, à medida que traçamos as vias que conectam essas organelas.

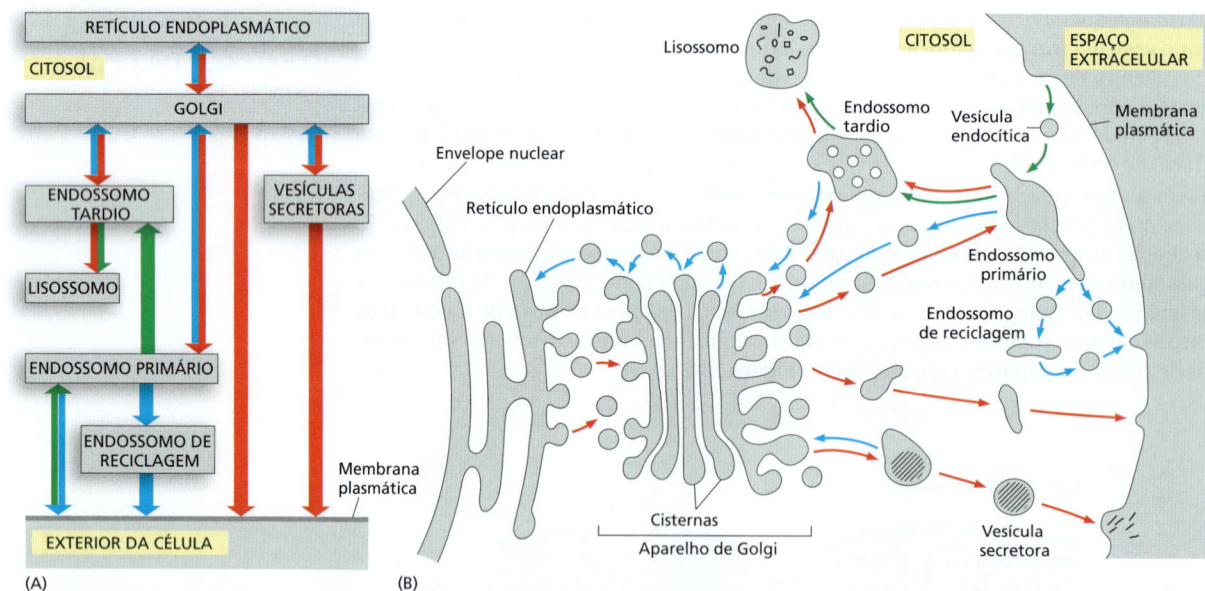

Figura 13-3 Roteiro das vias secretora e endocítica. (A) No roteiro esquematizado, que foi introduzido no Capítulo 12, as vias endocítica e secretora estão ilustradas com *setas verdes* e *vermelhas*, respectivamente. Além disso, as *setas azuis* indicam vias de recuperação para o fluxo retrógrado de componentes selecionados. (B) Os compartimentos da célula eucariótica envolvidos no transporte vesicular. O lúmen de cada compartimento envolto por membrana é topologicamente equivalente ao lado externo da célula. Todos os compartimentos mostrados comunicam-se uns com os outros e com o lado externo da célula por meio de vesículas transportadoras. Na via secretora (*setas vermelhas*), as moléculas proteicas são transportadas do RE para a membrana plasmática ou (via endossomos) para os lisossomos. Na via endocítica (*setas verdes*), as moléculas são ingeridas em vesículas endocíticas derivadas da membrana plasmática e entregues para endossomos primários, e então (via endossomos tardios) para os lisossomos. Muitas moléculas endocitadas são recuperadas de endossomos primários e devolvidas (algumas via endossomos de reciclagem) para a superfície celular para reúso; semelhantemente, algumas moléculas são recuperadas dos endossomos primário e tardio e devolvidas ao aparelho de Golgi, e algumas são recuperadas do aparelho de Golgi e devolvidas ao RE. Todas essas vias de recuperação estão mostradas com *setas azuis*, como em (A).

MECANISMOS MOLECULARES DO TRANSPORTE DE MEMBRANA E MANUTENÇÃO DA DIVERSIDADE DE COMPARTIMENTOS

O transporte vesicular medeia uma troca contínua de componentes entre os dez ou mais compartimentos envoltos por membranas quimicamente distintos que, coletivamente, constituem as vias secretora e endocítica. Com essa troca massiva, como cada compartimento pode manter o seu caráter especializado? Para responder a essa questão, devemos considerar primeiro o que define o caráter de um compartimento. Acima de tudo, é a composição da membrana circundante: marcadores moleculares dispostos na superfície citosólica da membrana servem como sinais de orientação para o tráfego de entrada para garantir que as vesículas transportadoras se fundam somente ao compartimento correto. Muitos desses marcadores de membrana, entretanto, são encontrados em mais de um compartimento, e é a combinação específica de moléculas marcadoras que atribui a cada compartimento o seu endereço molecular.

Como esses marcadores de membrana são mantidos em altas concentrações em um compartimento e em baixas concentrações em outro? Para responder a essa questão, precisamos considerar como porções de membrana, enriquecidas ou destituídas de componentes específicos de membrana, desprendem-se de um compartimento e se transferem para outro.

Começamos discutindo como as células segregam proteínas em domínios de membrana separados pela montagem de um revestimento proteico especial na face citosólica da membrana. Consideramos como os revestimentos se formam, de que são feitos e como são usados para extrair componentes específicos da carga de uma membrana e um compartimento luminal para entregar em outro compartimento. Por fim, discutimos como as vesículas transportadoras se ancoram na membrana-alvo apropriada e então se fundem a ela para entregar suas cargas.

Existem vários tipos de vesículas revestidas

A maioria das vesículas transportadoras se forma a partir de regiões revestidas especializadas das membranas. Elas brotam como **vesículas revestidas** que possuem grades distintas de proteínas cobrindo as suas superfícies citosólicas. Antes de as vesículas se fusionarem com uma membrana-alvo, elas descartam seu revestimento, conforme é requerido para que as duas superfícies citosólicas das membranas interajam diretamente e se fundam.

O revestimento desempenha duas funções principais que são refletidas em uma estrutura comum de duas camadas. Primeiro, uma camada interna do revestimento concentra proteínas específicas de membrana em uma porção, que então dá origem à membrana da vesícula. Dessa maneira, a camada interna seleciona as moléculas de membrana apropriadas para o transporte. Segundo, uma camada externa do revestimento se arranja como uma treliça curva, com formato de cesta, que deforma a porção da membrana, e assim dá forma à vesícula.

Há três tipos bem caracterizados de vesículas revestidas, distinguidos pelas suas principais proteínas de revestimento: *vesículas revestidas por clatrina, revestidas por COPI e revestidas por COPII* (Figura 13-4). Cada tipo é utilizado para diferentes etapas de transporte. As vesículas revestidas por clatrina, por exemplo, medeiam o transporte a partir do aparelho de Golgi e da membrana plasmática, ao passo que as vesículas revestidas por COPI e COPII medeiam, com mais frequência, o transporte a partir do RE e das cisternas de Golgi (Figura 13-5). Há, no entanto, muito mais variedade de vesículas revestidas e de funções do que esta pequena lista sugere. Como discutiremos a seguir, há vários tipos de vesículas revestidas por clatrina, cada uma delas especializada para uma etapa diferente de transporte, e as vesículas revestidas por COPI e COPII podem ser semelhantemente diversas.

A montagem do revestimento de clatrina direciona a formação de vesículas

As **vesículas revestidas por clatrina**, as primeiras vesículas revestidas a serem descobertas, transportam material originado na membrana plasmática e entre os compar-

Figura 13-4 Micrografias eletrônicas de vesículas revestidas por clatrina, COPI e COPII. Todas são apresentadas como micrografias eletrônicas na mesma escala. (A) Vesículas revestidas por clatrina. (B) Vesículas revestidas por COPI e cisternas de Golgi (*setas vermelhas*) de um sistema sem células em que as vesículas revestidas por COPI se formam em tubo de ensaio. (C) Vesículas revestidas por COPII. (A e B, de L. Orci, B. Glick e J. Rothman, *Cell* 46:171–184, 1986. Com permissão de Elsevier; C, cortesia de Charles Barlowe e Lelio Orci.)

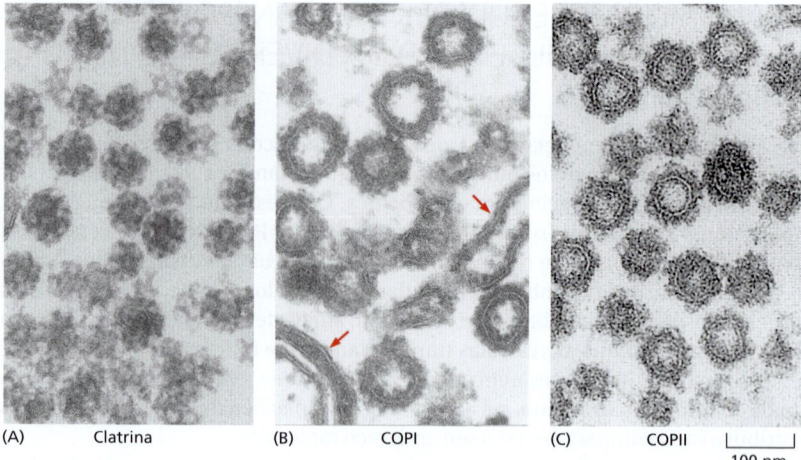

timentos endossômicos e de Golgi. As **vesículas revestidas por COPI** e **COPII** transportam material no início da via secretora: as vesículas revestidas por COPI brotam dos compartimentos de Golgi, e as vesículas revestidas por COPII brotam do RE (ver Figura 13-5). Discutiremos as vesículas revestidas por clatrina primeiro, já que fornecem um bom exemplo de como as vesículas se formam.

O principal componente proteico das vesículas revestidas por clatrina é a própria **clatrina**, que forma a camada externa do revestimento. Cada subunidade de clatrina consiste em três cadeias polipeptídicas grandes e três pequenas que, juntas, formam uma estrutura de três pernas chamada de *trískele* (**Figura 13-6A,B**). Os trísceles de clatrina se arranjam como uma rede de hexágonos e pentágonos em formato de cesta para formar fossas (brotos) revestidas na superfície citosólica das membranas (**Figura 13-7**). Sob condições apropriadas, os trísceles isolados se auto-organizam de maneira espontânea em gaiolas poliédricas características em tubo de ensaio, mesmo na ausência das vesículas de membrana que tais cestas normalmente envolvem (**Figura 13-6C,D**). Portanto, os trísceles de clatrina determinam a geometria da grade de clatrina (**Figura 13-6E**).

Proteínas adaptadoras selecionam a carga para as vesículas revestidas por clatrina

As **proteínas adaptadoras**, outro componente principal do revestimento das vesículas revestidas por clatrina, formam uma discreta camada interna no revestimento, posicionada entre a grade de clatrina e a membrana. Elas ligam o revestimento de clatrina à membrana e aprisionam várias proteínas transmembrana, incluindo os receptores transmembrana que capturam moléculas-carga solúveis para dentro das vesículas – os

Figura 13-5 Uso de diferentes revestimentos para etapas diferentes do transporte de vesículas. Diferentes proteínas de revestimento selecionam diferentes cargas e dão forma às vesículas de transporte que medeiam as várias etapas das vias biossintética secretora e endocítica. Quando os mesmos revestimentos funcionam em diferentes locais da célula, eles normalmente incorporam diferentes subunidades proteicas que modificam as suas propriedades (não mostrado). Muitas células diferenciadas possuem vias adicionais além das mostradas aqui, incluindo uma via de classificação/distribuição a partir da rede *trans* de Golgi até a superfície apical das células epiteliais, e uma via especializada na reciclagem das proteínas das vesículas sinápticas nas terminações nervosas de neurônios (ver Figura 11-36). As setas estão coloridas como na Figura 13-3.

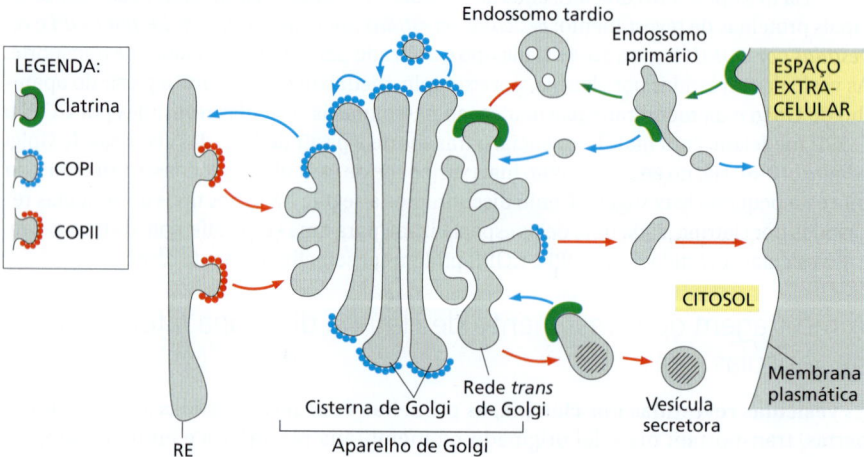

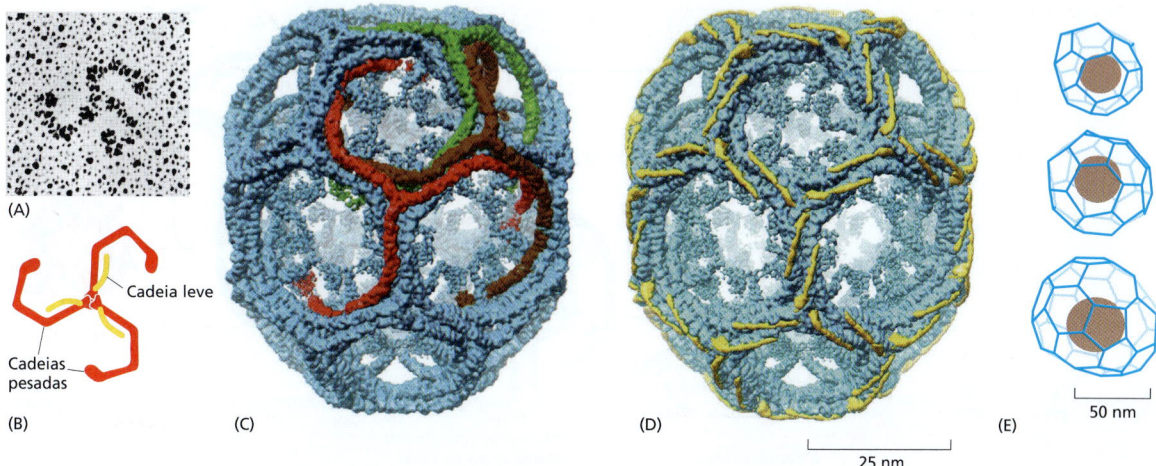

Figura 13-6 Estrutura de um revestimento de clatrina. (A) Micrografia eletrônica de um tríscele de clatrina contrastada com platina. (B) Cada tríscele é composto de três cadeias pesadas e três cadeias leves de clatrina, como mostrado no diagrama. (C e D) Uma criomicrografia eletrônica obtida de um revestimento de clatrina composto de 36 trísceles organizados em uma rede de 12 pentágonos e 6 hexágonos, com algumas cadeias pesadas (C) e cadeias leves (D) destacadas (Animação 13.1). As cadeias leves se ligam ao citoesqueleto de actina, que ajuda a gerar força para o brotamento da membrana e movimento da vesícula, e a sua fosforilação regula a montagem do revestimento de clatrina. As pernas entrelaçadas dos trísceles de clatrina formam uma casca externa a partir da qual os domínios N-terminais dos trísceles se projetam para dentro. Esses domínios se ligam às proteínas adaptadoras mostradas na Figura 13-8. O revestimento mostrado foi bioquimicamente arranjado a partir de trísceles de clatrina pura e é muito pequeno para conter uma vesícula de membrana. (E) Imagens de vesículas revestidas por clatrina isoladas de cérebro bovino. Os revestimentos de clatrina estão construídos de forma semelhante, porém menos regular, a partir de pentágonos, um número maior de hexágonos e, às vezes, heptágonos, lembrando o formato de bolas de futebol deformadas. As estruturas foram determinadas por criomicroscopia eletrônica e reconstrução tomográfica. (A, de E. Ungewickell e D. Branton, *Nature* 289:420–422, 1981; C e D, de A. Fotin et al., *Nature* 432:573–579, 2004. Todos com permissão de Macmillan Publishers Ltd; E, de Y. Cheng et al., *J. Mol. Biol.* 365:892–899, 2007. Com permissão de Elsevier.)

chamados *receptores de carga*. Desse modo, as proteínas adaptadoras selecionam um conjunto específico de proteínas transmembrana, junto com as proteínas solúveis que interagem com elas, e as empacotam dentro de cada vesícula de transporte revestida por clatrina recém-formada (**Figura 13-8**).

Existem vários tipos de proteínas adaptadoras. A mais bem caracterizada possui quatro subunidades proteicas diferentes; outras são proteínas de cadeia única. Cada tipo de proteína adaptadora é específico para um diferente conjunto de receptores de carga. As vesículas revestidas por clatrina que brotam de diferentes membranas utilizam diferentes proteínas adaptadoras e, portanto, empacotam diferentes receptores e moléculas-carga.

A montagem das proteínas adaptadoras sobre a membrana é controlada rigidamente, em parte pela interação cooperativa das proteínas adaptadoras com outros componentes do revestimento. A proteína adaptadora AP2 serve como um exemplo bem conhecido. Quando ela se liga a um lipídeo fosfatidilinositol fosforilado (um *fosfoinositídeo*), ela altera a sua conformação expondo os sítios de ligação para os receptores de carga na membrana. A ligação simultânea aos receptores de carga e aos grupos de cabeça lipídica estimula bastante a ligação da AP2 à membrana (**Figura 13-9**).

Dado que vários requisitos devem ser cumpridos simultaneamente para ligar as proteínas AP2 de forma estável na membrana, as proteínas agem como *detectores de coincidência* que se arranjam somente no momento e no local certos. Com a ligação, elas induzem a curvatura da membrana, o que torna a ligação de proteínas AP2 adicionais mais provável nas proximidades. A montagem cooperativa da camada de revestimento de AP2 é, então, amplificada adicionalmente pela ligação da clatrina, que leva à formação e ao brotamento da vesícula de transporte.

As proteínas adaptadoras encontradas em outros revestimentos também se ligam a fosfoinositídeos, que não apenas possuem uma função principal em direcionar quan-

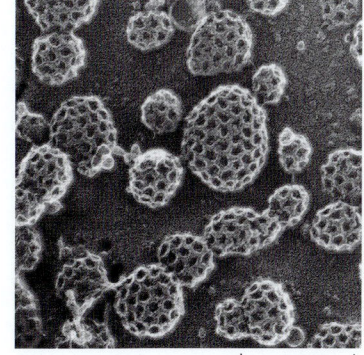

Figura 13-7 Fossas e vesículas revestidas por clatrina. Esta micrografia eletrônica criorrelevo por congelamento rápido mostra numerosas fossas e vesículas revestidas por clatrina na superfície interna da membrana plasmática de fibroblastos cultivados. As células foram rapidamente congeladas em hélio líquido, fraturadas e reveladas para expor a superfície citoplasmática da membrana plasmática. (Cortesia de John Heuser.)

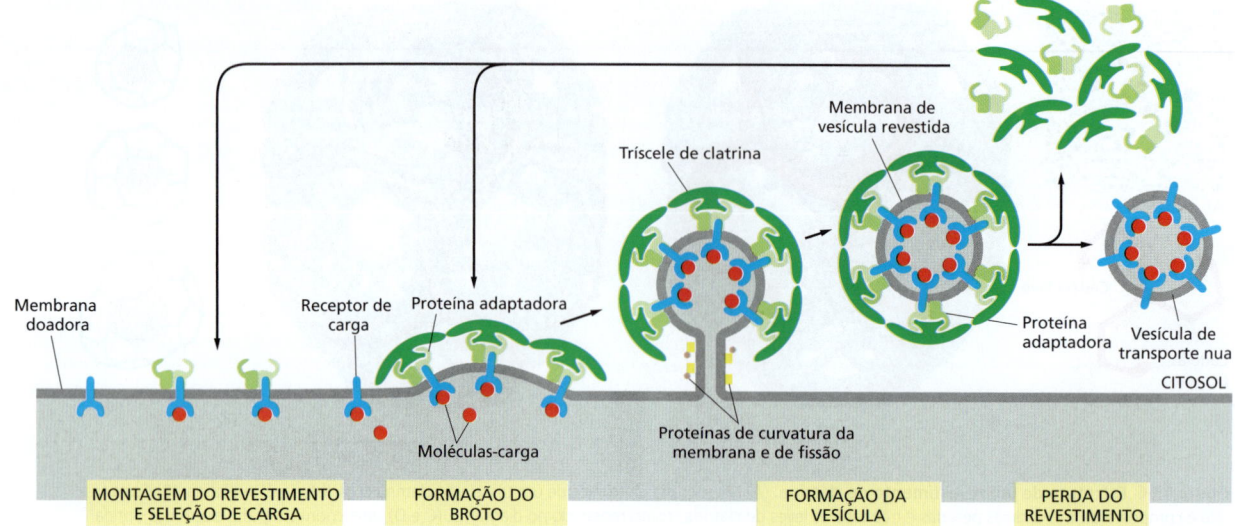

Figura 13-8 Montagem e desmontagem do revestimento de clatrina. A montagem do revestimento introduz uma curvatura para dentro da membrana, que leva, por sua vez, à formação de um broto revestido (chamado de fossa revestida se estiver na membrana plasmática). As proteínas adaptadoras se ligam nos trísceles de clatrina e nos receptores de carga ligados à membrana, mediando, assim, o recrutamento seletivo tanto de moléculas-carga de membrana quanto de moléculas solúveis para dentro da vesícula. Outras proteínas de curvatura e de fissão da membrana são recrutadas para o pescoço da vesícula em brotamento, onde a curvatura acentuada da membrana é introduzida. O revestimento é rapidamente perdido logo após a separação dos brotos de vesículas.

Figura 13-9 Alteração de conformação de AP2 induzida por lipídeo. O complexo de proteína adaptadora AP2 tem quatro subunidades (α, β2, μ2 e σ2). Em interação com o fosfoinositídeo PI(4,5)P$_2$ (ver Figura 13-10) no folheto citosólico da membrana plasmática, a AP2 se rearranja para que os sítios de ligação para os receptores de carga fiquem expostos. Cada complexo AP2 liga quatro moléculas PI(4,5)P$_2$ (para simplificar, somente um está mostrado). No complexo AP2 aberto, as subunidades μ2 e σ2 se ligam às caudas citosólica dos receptores de carga que apresentam os sinais apropriados para endocitose. Esses sinais consistem em motivos de sequências de aminoácidos curtas. Quando a AP2 se liga fortemente à membrana, ela induz a curvatura, que favorece a ligação de complexos adicionais de AP2 na vizinhança.

do e onde os revestimentos se arranjam na célula, mas também são utilizados muito mais amplamente como marcadores moleculares para a identificação de compartimentos. Isso ajuda a controlar o tráfego vesicular, como discutiremos agora.

Os fosfoinositídeos marcam organelas e domínios de membrana

Embora os fosfolipídeos de inositol em geral compreendam menos de 10% do total de fosfolipídeos de uma membrana, eles possuem funções reguladoras importantes. Eles podem sofrer ciclos rápidos de fosforilação e desfosforilação nas posições 3', 4' e 5' dos seus grupos com cabeças de açúcar inositol para produzir vários tipos de **fosfoinositídeos** (**fosfatidilinositol fosfatos**, ou **PIPs** – do inglês *phosphatidylinositol phosphates*). A interconversão de fosfatidilinositol (PI) e PIPs é altamente compartimentalizada: diferentes organelas das vias endocítica e secretora possuem conjuntos distintos de PI, PIP-cinases e PIP-fosfatases (**Figura 13-10**). A distribuição, a regulação e o balanço local dessas enzimas determinam a distribuição basal de cada espécie de PIP. Como consequência, a distribuição dos PIPs varia de organela para organela e, frequentemente, dentro de uma membrana contínua de uma região para outra, definindo, desse modo, domínios de membrana especializados.

Muitas proteínas envolvidas em diferentes etapas do transporte vesicular contêm domínios que se ligam com alta especificidade aos grupos de cabeça de determinados PIPs, distinguindo uma forma fosforilada de outra (ver Figura 13-10E e F). O controle local de PI, PIP-cinases e PIP-fosfatases pode, então, ser usado para controlar rapidamente a ligação de proteínas a uma membrana ou domínio de membrana. A produção de um tipo particular de PIP recruta proteínas portadoras de domínios de ligação a PIP. As proteínas ligadoras de PIP ajudam, então, a regular a formação da vesícula e outras etapas no controle do tráfego vesicular (**Figura 13-11**). A mesma estratégia é amplamente uti-

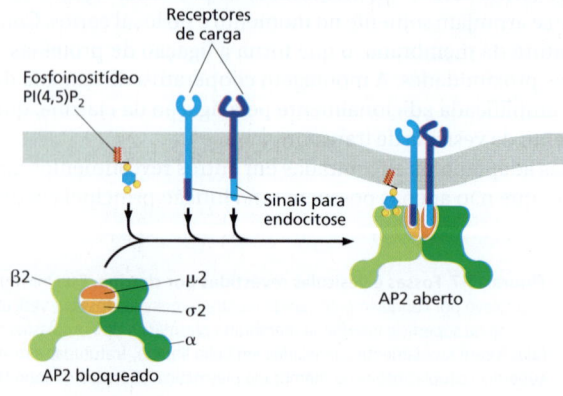

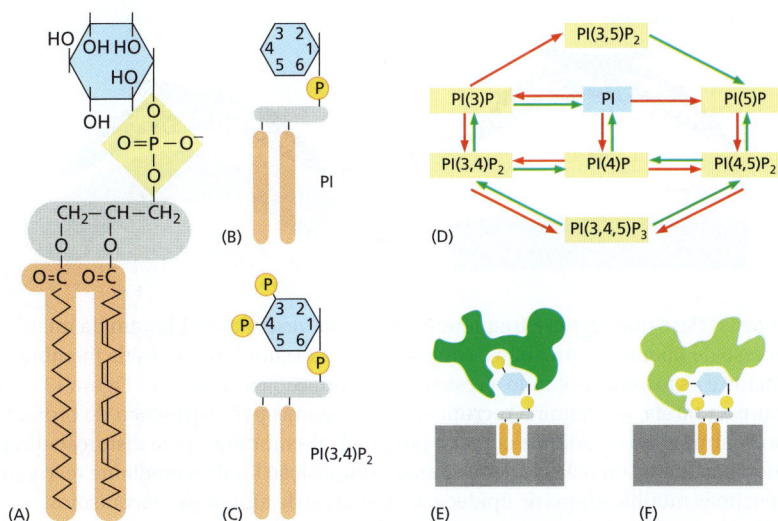

Figura 13-10 Fosfatidilinositol (PI) e fosfoinositídeos (PIPs). (A, B) A estrutura do PI mostra os grupos hidroxila livres no açúcar inositol, que podem, em princípio, ser modificados. (C) A fosforilação de um, dois ou três dos grupos hidroxila do PI, por PI ou PIP-cinases, produz uma variedade de espécies de PIP. Elas são designadas de acordo com a posição do anel (entre parênteses) e o número de grupos fosfato (subscrito) adicionados ao PI. O PI(3,4)P_2 está representado. (D) As células animais possuem várias PI e PIP-cinases e um número semelhante de PIP-fosfatases, que estão localizadas em diferentes organelas, onde são reguladas para catalisar a produção de determinados PIPs. As *setas vermelhas* e *verdes* representam as reações da cinase e da fosfatase, respectivamente. (E, F) Os grupos de cabeça de fosfoinositídeos são reconhecidos por domínios proteicos que discriminam as diferentes formas. Dessa maneira, grupos selecionados de proteínas portando tais domínios são recrutados às regiões da membrana nas quais esses fosfoinositídeos estejam presentes. PI(3)P e PI(4,5)P_2 estão mostrados. (D, modificada de M.A. de Matteis e A. Godi, *Nat. Cell Biol.* 6:487–492, 2004. Com permissão de Macmillan Publishers Ltd.)

lizada para recrutar proteínas de sinalização intracelular específicas para a membrana plasmática em resposta aos sinais extracelulares (discutido no Capítulo 15).

Proteínas de curvatura da membrana ajudam a deformar a membrana durante a formação da vesícula

As forças geradas somente pela montagem do revestimento de clatrina não são suficientes para formar e destacar a vesícula da membrana. Outras proteínas de curvatura da membrana e geradoras de força participam de cada estágio do processo. As proteínas de curvatura da membrana que contêm os domínios na forma de crescente, chamados *domínios BAR*, ligam-se e impõem sua forma sobre a membrana subjacente via interações eletrostáticas com os grupos de cabeça lipídica (**Figura 13-12**; ver também Figura 10-40). Acredita-se que tais proteínas com domínio BAR ajudem a AP2 a formar o núcleo da endocitose mediada por clatrina dando forma à membrana para permitir a formação do broto revestido por clatrina. Algumas dessas proteínas também contêm hélices anfifílicas que induzem a curvatura da membrana depois de serem inseridas como cunhas no folheto citoplasmático da membrana. Outras proteínas com domínio BAR são importantes para formar o pescoço de uma vesícula em brotamento, onde a estabilização de curvaturas acentuadas na membrana é essencial. Por fim, a maquinaria de clatrina agrupa o arranjo local de filamentos de actina que introduzem tensão para ajudar a destacar e propelir a vesícula em formação para longe da membrana.

Proteínas citoplasmáticas regulam a liberação e a remoção do revestimento das vesículas

À medida que um broto revestido por clatrina cresce, proteínas citoplasmáticas solúveis, incluindo a **dinamina**, arranjam-se no pescoço de cada broto (**Figura 13-13**). A dinamina contém um domínio de ligação ao PI(4,5)P_2 que ancora a proteína à membrana, e um do-

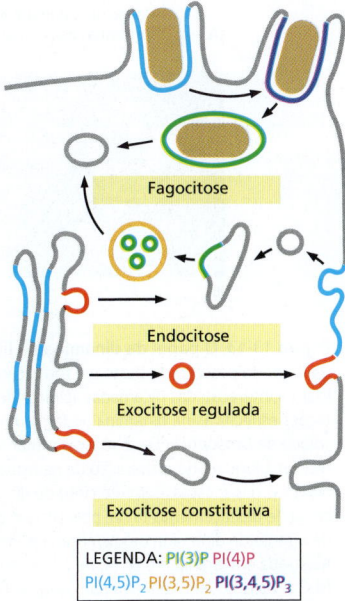

Figura 13-11 Localização intracelular dos fosfoinositídeos. Diferentes tipos de PIPs estão localizados em diferentes membranas e domínios de membrana, onde eles estão frequentemente associados a eventos de transporte vesicular específicos. A membrana das vesículas secretoras, por exemplo, contém PI(4)P. Quando as vesículas fusionam-se à membrana plasmática, uma PI 5-cinase ali localizada converte o PI(4)P em PI(4,5)P_2. O PI(4,5)P_2, por sua vez, auxilia no recrutamento de proteínas adaptadoras, que iniciam a formação de uma fossa revestida por clatrina, como na primeira etapa da endocitose mediada por clatrina. Uma vez que a vesícula revestida por clatrina destaca-se da membrana plasmática, uma PI(5)P-fosfatase hidrolisa PI(4,5)P_2, o que enfraquece a ligação das proteínas adaptadoras, promovendo a remoção do revestimento da vesícula. Discutiremos fagocitose e a diferença entre exocitose regulada e constitutiva mais adiante neste capítulo. (Modificada de M.A. de Matteis e A. Godi, *Nat. Cell Biol.* 6:487–492, 2004. Com permissão de Macmillan Publishers Ltd.)

Figura 13-12 Estrutura dos domínios BAR. As proteínas de domínio BAR são diversas e permitem muitos processos de curvatura de membrana na célula. Os domínios BAR são construídos a partir de super-hélices que se dimerizam em moléculas com uma superfície interna carregada positivamente que interage de preferência com os grupos de cabeças lipídicas negativamente carregados para curvar as membranas. As deformações locais da membrana causadas pelas proteínas de domínio BAR facilitam a ligação de proteínas de domínio BAR adicionais, gerando, assim, um ciclo de retroalimentação positiva para a propagação da curvatura. Proteínas de domínio BAR individuais contêm uma curvatura distinta e muitas vezes têm características adicionais que as adaptam às suas tarefas específicas: algumas têm hélices anfifílicas curtas que causam deformação adicional na membrana por inserção de cunhas; outras são flanqueadas por domínios PIP que as direcionam para as membranas enriquecidas de fosfoinositídeos cognatos.

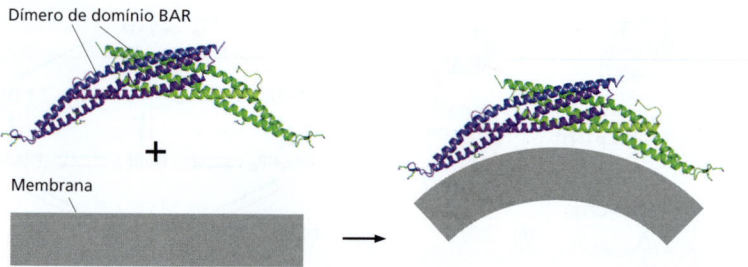

mínio de GTPase que regula a frequência na qual as vesículas se liberam da membrana. O processo de liberação aproxima os dois folhetos não citoplasmáticos da membrana intimamente e os fusiona, isolando a vesícula em formação para fora (ver Figura 13-2). Para realizar essa tarefa, a dinamina recruta outras proteínas para o pescoço do broto. Junto com a dinamina, elas ajudam a curvar a porção da membrana – pela distorção direta da estrutura bicamada, ou pela mudança da sua composição lipídica mediante recrutamento de enzimas modificadoras de lipídeos, ou por meio de ambos os mecanismos.

Uma vez liberada da membrana, a vesícula rapidamente perde seu revestimento de clatrina. Uma PIP-fosfatase que é coempacotada nas vesículas revestidas por clatrina esgota os $PI(4,5)P_2$ da membrana, o que enfraquece a ligação das proteínas adaptadoras. Além disso, uma proteína chaperona hsp70 (ver Figura 6-80) funciona como uma ATPase de remoção do revestimento, utilizando a energia da hidrólise de ATP para remover o revestimento de clatrina. Acredita-se que a *auxilina*, outra proteína de vesícula, ative a ATPase. A liberação do revestimento, entretanto, não pode acontecer prematuramente, de modo que mecanismos adicionais de controle devem impedir, de alguma forma, que a clatrina seja removida antes que uma vesícula completa tenha se formado (discutido adiante).

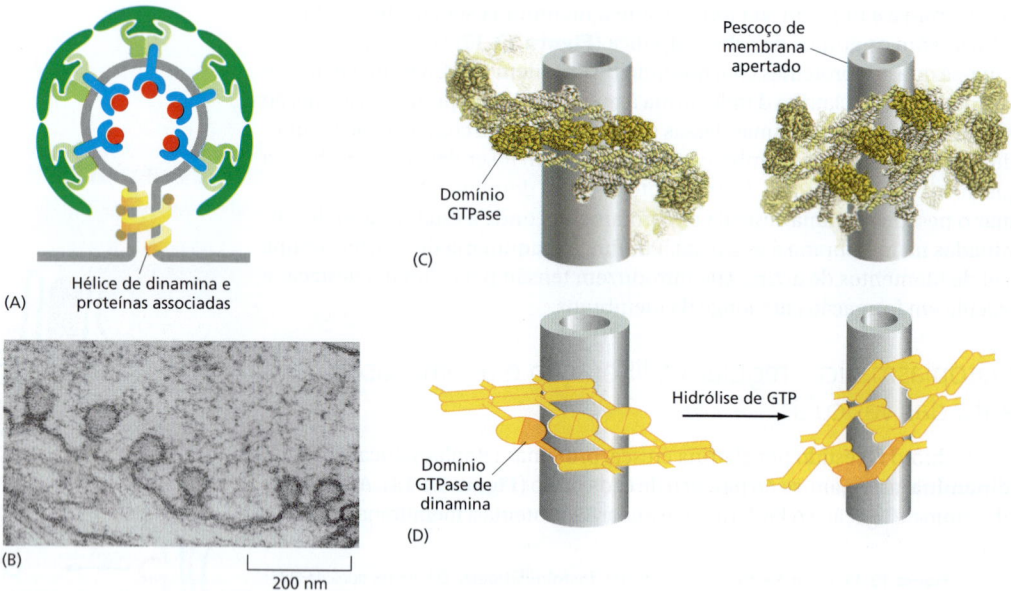

Figura 13-13 O papel da dinamina na liberação das vesículas revestidas por clatrina. (A) Múltiplas moléculas de dinamina se arranjam em uma espiral ao redor do pescoço do broto em formação. Acredita-se que a espiral recrute outras proteínas para o pescoço do broto, que, junto com a dinamina, desestabilizam a interação das bicamadas lipídicas de forma que os folhetos não citoplasmáticos se unam. A vesícula recém-formada se libera então da membrana. Mutações específicas na dinamina podem aumentar ou bloquear o processo de liberação. (B) A dinamina foi descoberta como a proteína defeituosa dos mutantes *shibire* de *Drosophila*. Essas moscas mutantes ficam paralisadas porque a endocitose mediada por clatrina cessa e a membrana da vesícula sináptica falha em se reciclar, bloqueando a liberação de neurotransmissor. Fossas revestidas por clatrina profundamente invaginadas formam-se nas terminações nervosas das células nervosas das moscas, com um cinto de dinamina mutante estruturado ao redor do pescoço, como mostrado nesta micrografia eletrônica de secção fina. O processo de destacamento falha, pois a fusão de membranas necessária não ocorre. (C, D) Um modelo de como mudanças conformacionais nos domínios GTPase de arranjo de dinamina na membrana podem gerar uma mudança conformacional que constringe o pescoço do broto. Uma única molécula de dinamina está mostrada em *laranja* em D. (B, de J.H. Koenig e K. Ikeda, *J. Neurosci.* 9:3844–3860, 1989. Com permissão de Society of Neuroscience; C e D, adaptada de M.G.J. Ford, S. Jenni e J. Nunnari, *Nature* 477:561–566, 2011. Com permissão de Macmillan Publishers.)

GTPases monoméricas controlam a montagem do revestimento

Para equilibrar o tráfego de vesículas de um compartimento para outro, as proteínas de revestimento devem se arranjar somente onde e quando elas forem necessárias. Enquanto a produção local de PIPs desempenha um papel principal em regular a montagem dos revestimentos de clatrina na membrana plasmática e no aparelho de Golgi, as células sobrepõem maneiras adicionais de regular a formação do revestimento. As *GTPases recrutadoras de revestimento*, por exemplo, controlam a montagem dos revestimentos de clatrina nos endossomos e dos revestimentos de COPI e COPII nas membranas de Golgi e RE.

Muitas etapas do transporte de vesículas dependem de uma variedade de proteínas de ligação ao GTP que controlam tanto os aspectos espaciais quanto temporais da formação e fusão de vesículas. Como discutido no Capítulo 3, as proteínas de ligação ao GTP regulam a maioria dos processos nas células. Elas atuam como interruptores moleculares que alternam entre um estado ativo ligado a GTP e um estado inativo ligado a GDP. Duas classes de proteínas regulam a alternância: os *fatores de troca do nucleotídeo guanina* (*GEFs* – do inglês *guanine nucleotide exchange factors*) ativam as proteínas catalisando a troca de GDP por GTP, e as *proteínas ativadoras de GTPases* (*GAPs* – do inglês *GTPase-activating proteins*) inativam as proteínas por ativar a hidrólise do GTP ligado ao GDP (ver Figuras 3-68 e 15-7). Embora tanto as proteínas de ligação ao GTP monoméricas (GTPases monoméricas) quanto as proteínas de ligação ao GTP triméricas (proteínas G) tenham papéis importantes no transporte de vesículas, os papéis das GTPases monoméricas são mais bem entendidos, e nos concentraremos neles aqui.

As **GTPases recrutadoras de revestimento** são membros de uma família de GTPases monoméricas. Elas incluem as **proteínas ARF**, que são responsáveis pela montagem dos revestimentos de COPI e clatrina nas membranas de Golgi, e a **proteína Sar1**, que é responsável pela montagem dos revestimentos COPII na membrana do RE. As GTPases recrutadoras de revestimento normalmente são encontradas em altas concentrações no citosol em estado inativo, ligado a GDP. Quando uma vesícula revestida por COPII está para brotar da membrana do RE, por exemplo, uma GEF específica para Sar1, incorporada na membrana do RE, liga-se à Sar1 citosólica levando a Sar1 a liberar o GDP e ligar GTP em seu lugar. (Lembre que o GTP está presente em uma concentração muito maior no citosol do que o GDP e, portanto, se ligará espontaneamente depois de o GDP ser liberado.) No seu estado ligado a GTP, a Sar1 expõe uma hélice anfifílica que se insere no folheto citoplasmático da bicamada lipídica da membrana do RE. A Sar1 fortemente ligada agora recruta subunidades de proteínas de revestimento adaptadoras para a membrana do RE, para iniciar o brotamento (**Figura 13-14**). Outras GEFs e GTPases recrutadoras do revestimento funcionam de forma semelhante em outras membranas.

As GTPases recrutadoras de revestimento também exercem um papel na desmontagem do revestimento. A hidrólise do GTP ligado em GDP leva a GTPase a modificar sua conformação de modo que a sua cauda hidrofóbica se solte da membrana, fazendo o revestimento da vesícula se desmontar. Embora não se saiba o que desencadeia a hidrólise do GTP, foi proposto que as GTPases funcionem como cronômetros, que hidrolisam o GTP a taxas lentas, mas previsíveis, para garantir que a formação da vesícula seja sincronizada com as necessidades do momento. Os revestimentos de COPII aceleram a hidrólise do GTP pela Sar1, e uma vesícula completamente formada será produzida somente quando a formação do broto ocorrer mais rápido do que o processo cronometrado de desmontagem; caso contrário, a desmontagem será desencadeada antes que a vesícula se solte e o processo terá de ser iniciado mais uma vez, talvez em um momento ou local mais apropriado. Uma vez que a vesícula se destaca, a hidrólise do GTP libera Sar1, mas o revestimento selado é suficientemente estabilizado por diversas interações cooperativas, incluindo a ligação a receptores de carga na membrana, que ela pode ficar na vesícula até a vesícula se ancorar na membrana-alvo. Ali, uma cinase fosforila as proteínas do revestimento, o que completa a desmontagem do revestimento e prepara a vesícula para fusão.

As vesículas revestidas por clatrina e COPI, ao contrário, perdem seu revestimento logo depois de se desligarem. Para as vesículas COPI, a curvatura da membrana da vesícula serve como gatilho para iniciar a retirada do revestimento. Uma ARF-GAP é recrutada para o revestimento de COPI quando este se forma. Ela interage com a membrana e detecta a densidade de empacotamento lipídico. Ela se torna ativada quando a curvatura da membrana se equipara à da vesícula de transporte. Ela então desativa a ARF, causando a desmontagem do revestimento.

Figura 13-14 Formação de vesículas revestidas por COPII. (A) A Sar1-GDP inativa solúvel liga-se a uma Sar1-GEF na membrana do RE, levando a Sar1 a liberar o GDP e ligar o GTP. Uma mudança conformacional ativada por GTP na Sar1 expõe uma hélice anfifílica que se insere dentro do folheto citoplasmático da membrana do RE iniciando a curvatura da membrana (que não está mostrada). (B) A Sar1 ligada a GTP se liga ao complexo de duas proteínas de revestimento de COPII adaptadoras chamadas Sec23 e Sec24, que formam o revestimento interno. A Sec24 possui vários sítios de ligação diferentes para as caudas citosólicas dos receptores de carga. Toda a superfície do complexo que se fixa à membrana é suavemente curvada, coincidindo com o diâmetro das vesículas revestidas por COPII. (C) Um complexo de duas proteínas de revestimento COPII adicionais, denominado Sec13 e Sec31, forma a camada externa do revestimento. À semelhança da clatrina, elas podem montar-se sozinhas em gaiolas simétricas com dimensões apropriadas para abrigar uma vesícula revestida por COPII. (D) Ligada à membrana, a Sar1-GTP ativa recruta proteínas adaptadoras de COPII para a membrana. Elas selecionam certas proteínas transmembrana e levam a membrana a se deformar. As proteínas adaptadoras recrutam, então, as proteínas de revestimento externo que ajudam a formar o broto. Um evento subsequente de fusão de membrana libera a vesícula revestida. Acredita-se que outras vesículas revestidas formem-se de maneira semelhante. (C, modificada de S.M. Stagg et al., *Nature* 439:234–238, 2006. Com permissão de Macmillan Publishers Ltd.)

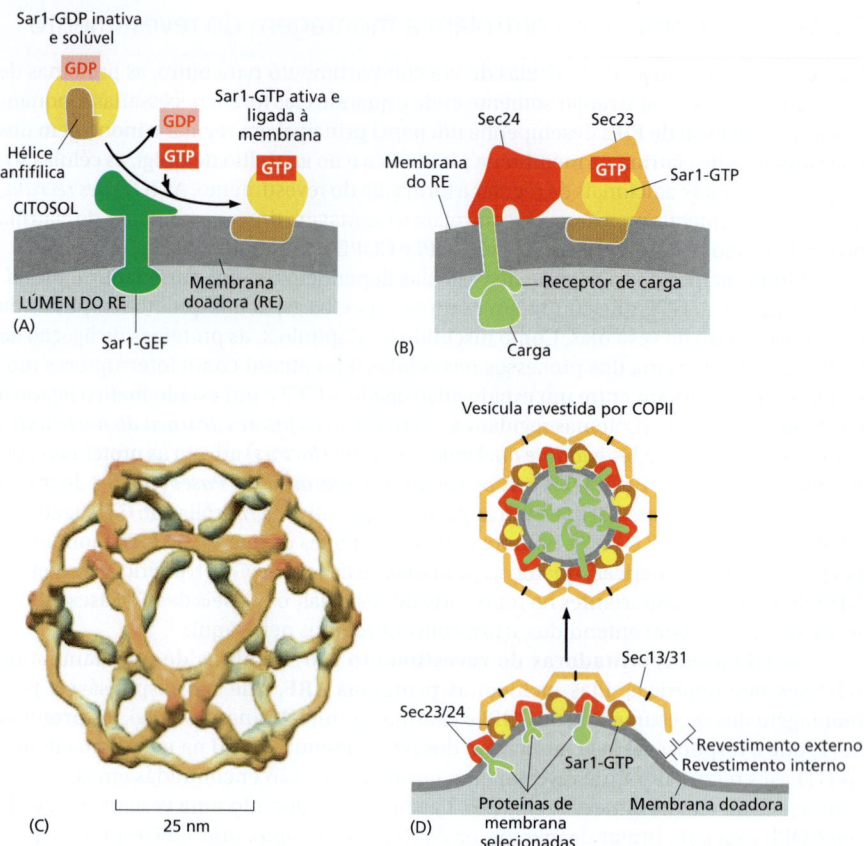

Nem todas as vesículas de transporte são esféricas

Embora o brotamento vesicular seja semelhante em vários locais na célula, cada membrana celular enfrenta seus próprios desafios especiais. A membrana plasmática, por exemplo, é comparativamente achatada e rígida devido à sua composição lipídica rica em colesterol e ao córtex subjacente rico em actina. Assim, a ação coordenada do revestimento de clatrina e das proteínas de curvatura da membrana deve produzir força suficiente para introduzir a curvatura, sobretudo no pescoço do broto onde curvaturas acentuadas são necessárias para os processos de destacamento. Ao contrário, o brotamento de vesículas de muitas membranas intracelulares ocorre preferencialmente em regiões onde as membranas já estão curvadas, como nas bordas das cisternas de Golgi ou nas terminações dos túbulos da membrana. Nesses locais, a função primária dos revestimentos é mais de capturar as proteínas-carga apropriadas do que deformar a membrana.

As vesículas de transporte também ocorrem em vários tamanhos e formas. Diversas vesículas COPII são necessárias para o transporte de moléculas-carga grandes. O colágeno, por exemplo, é montado no RE como bastões rígidos de procolágeno de 300 nm de comprimento que são, então, secretados da célula onde são clivados por proteases a colágeno, que é incorporado na matriz extracelular (discutido no Capítulo 19). Os bastões de procolágeno não cabem dentro das vesículas de COPII normalmente observadas com 60 a 80 nm. Para contornar tal problema, as moléculas-carga do procolágeno se ligam a *proteínas empacotadoras* transmembrana no RE, que controlam a montagem dos componentes do revestimento de COPII (**Figura 13-15**). Esses eventos direcionam a montagem local de vesículas de COPII muito maiores para acomodar a carga grande demais. Mutações em humanos nos genes codificadores de tais proteínas empacotadoras resultam em defeitos no colágeno com consequências graves, como anormalidades esqueléticas e outros defeitos do desenvolvimento. Mecanismos semelhantes devem regular o tamanho das vesículas necessárias para secretar outros complexos macromoleculares, incluindo partículas lipoproteicas que transportam lipídeos para fora das células.

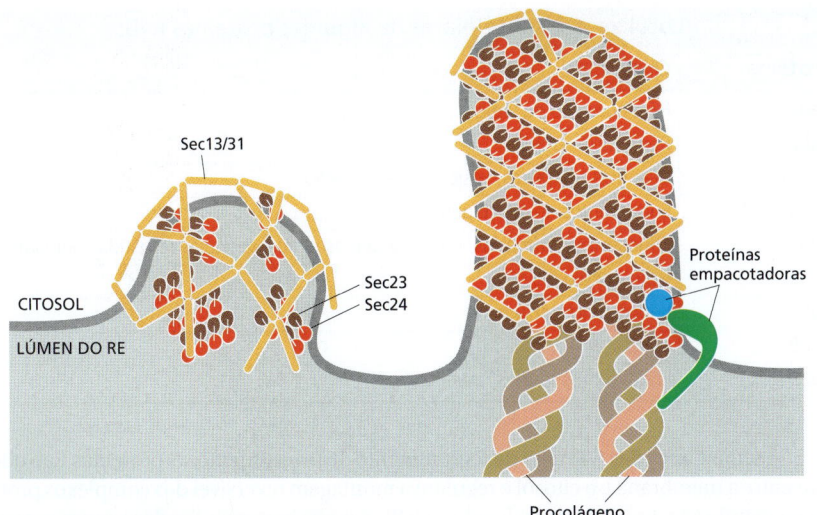

Figura 13-15 Empacotamento de procolágeno em grandes vesículas tubulares revestidas por COPII. As ilustrações mostram modelos para dois modos de montagem do revestimento de COPII. Os modelos são baseados em imagens de tomografia crioeletrônica de vesículas COPII reconstituídas. Em uma membrana esférica (*esquerda*), as proteínas de revestimento interno Sec23/24 se arranjam em porções que ancoram a gaiola de proteína de revestimento externo Sec13/31. Os bastões de Sec13/31 montam uma gaiola de triângulos, quadrados e pentágonos. Quando o procolágeno precisa ser empacotado (*direita*), proteínas empacotadoras especiais detectam a carga e modificam o processo de montagem do revestimento. Essa interação recruta a proteína Sec24 do revestimento interno de COPII e melhora localmente a taxa com a qual a Sar1 alterna entre liga e desliga da membrana (não mostrado). Além disso, a monoubiquitina é adicionada à proteína Sec31, mudando as propriedades do arranjo da gaiola externa. As proteínas Sec23/24 se montam em arranjos maiores, e as Sec13/31 se arranjam em uma grade regular em formato de diamante. Como resultado, uma vesícula tubular grande que pode acomodar as moléculas-carga maiores é formada. As proteínas de empacotamento não fazem parte da vesícula em brotamento e permanecem no RE. (Modificada de G. Zanetti et al., *eLife* 2:e00951, 2013.)

Muitos outros eventos de brotamento de vesículas envolvem, da mesma forma, variações dos mecanismos comuns. Quando células vivas são modificadas por engenharia genética para expressar componentes de membrana fluorescentes, os endossomos e a rede *trans* de Golgi são vistos, ao microscópio de fluorescência, continuamente extravasando longos túbulos. As proteínas de revestimento estruturam-se sobre os túbulos da membrana e auxiliam a recrutar cargas específicas. Os túbulos, então, recolhem-se ou destacam-se com o auxílio de proteínas semelhantes à dinamina para formar vesículas de transporte de diferentes tamanhos e formas.

Os túbulos têm uma razão superfície/volume maior do que as organelas maiores a partir das quais eles se formam. Portanto, eles são relativamente enriquecidos em proteínas de membrana comparados às proteínas-carga solúveis. Como discutimos mais adiante, tal propriedade dos túbulos é uma característica importante para classificar as proteínas nos endossomos.

As proteínas Rab guiam as vesículas de transporte para suas membranas-alvo

Para assegurar um fluxo ordenado no tráfego de vesículas, as vesículas de transporte devem ser altamente precisas no reconhecimento da membrana-alvo correta com a qual se fundirão. Devido à diversidade e à população de sistemas de membranas no citoplasma, uma vesícula irá, provavelmente, encontrar muitas membranas-alvo potenciais antes de encontrar a correta. A especificidade para o alvo é assegurada porque todas as vesículas de transporte exibem marcadores de superfície que as identificam de acordo com sua origem e o seu tipo de carga, e as membranas-alvo exibem receptores complementares que reconhecem os marcadores apropriados. Esse processo crucial ocorre em duas etapas. Primeiro as *proteínas Rab* e *efetoras de Rab* direcionam a vesícula a locais específicos na membrana-alvo correta. Segundo, *proteínas SNARE* e *reguladores SNARE* intercedem na fusão das bicamadas lipídicas.

As **proteínas Rab** desempenham um papel central na especificidade do transporte vesicular. Como as GTPases de recrutamento de revestimento discutidas antes (ver Figura 13-14), as proteínas Rab também são GTPases monoméricas. Com mais de 60 membros conhecidos, a subfamília Rab é a maior das subfamílias de GTPases monoméricas. Cada proteína Rab está associada a uma ou mais organelas envoltas por membrana das vias secretora ou endocítica, e cada uma dessas organelas possui, pelo menos, uma proteína Rab em sua superfície citosólica (**Tabela 13-1**). Sua distribuição altamente seletiva nesses sistemas de membrana torna as proteínas Rab marcadores moleculares ideais para identificar cada tipo de membrana e guiar o tráfego de vesículas entre elas. As proteínas Rab podem atuar nas vesículas de transporte, nas membranas-alvo ou em ambas.

TABELA 13-1 Localizações subcelulares de algumas proteínas Rab	
Proteína	Organela
Rab1	RE e aparelho de Golgi
Rab2	Rede *cis* de Golgi
Rab3A	Vesículas sinápticas, vesículas de secreção
Rab4/Rab11	Endossomos de reciclagem
Rab5	Endossomos primários, membrana plasmática, vesículas revestidas por clatrina
Rab6	Golgi médio e *trans*
Rab7	Endossomos tardios
Rab8	Cílios
Rab9	Endossomos tardios, *trans* Golgi

À semelhança das GTPases de recrutamento de revestimento, as proteínas Rab alternam entre a membrana e o citosol e regulam a montagem reversível dos complexos proteicos da membrana. Em seu estado ligado a GDP, elas são inativas e ligadas a outra proteína (*inibidor de dissociação Rab-GDP*, ou *GDI*) que as mantêm solúveis no citosol; em seu estado ligado a GTP, elas são ativas e intimamente associadas à membrana de uma organela ou vesícula de transporte. As Rab-GEFs ligadas à membrana ativam as proteínas Rab tanto nas membranas de vesícula de transporte quanto nas membranas-alvo; para alguns eventos de fusão de membrana, as moléculas Rab ativadas são necessárias em ambos os lados da reação. Uma vez no estado ligado a GTP e ligado a membrana por uma âncora lipídica, agora exposta, as proteínas Rab se ligam a outras proteínas, chamadas de **efetoras de Rab**, que são mediadores a jusante do transporte vesicular, entrelaçamento da membrana e fusão da membrana (**Figura 13-16**). A taxa de hidrólise de GTP determina a concentração de Rab ativa e, como consequência, a concentração de suas efetoras na membrana.

Ao contrário da estrutura altamente conservada das proteínas Rab, as estruturas e funções das efetoras de Rab variam bastante, e as mesmas proteínas Rab muitas vezes podem se ligar a vários efetores diferentes. Algumas efetoras de Rab são *proteínas motoras* que propulsionam as vesículas ao longo de filamentos de actina ou de microtúbulos para as suas membranas-alvo. Outros são *proteínas de aprisionamento*, algumas das quais têm longos domínios filamentosos que servem como "linhas de pesca" que podem se estender para ligar duas membranas que estão separadas por mais de 200 nm; outras proteínas de aprisionamento são complexos proteicos grandes que unem duas membranas que estão mais próximas e interagem com uma ampla variedade de outras proteínas que facilitam a etapa de fusão da membrana. O complexo de aprisionamento que ancora as vesículas revestidas por COPII, por exemplo, contém uma proteína-cinase que fosforila as proteínas do revestimento para completar o processo de retirada do revestimento. Acoplar a retirada do

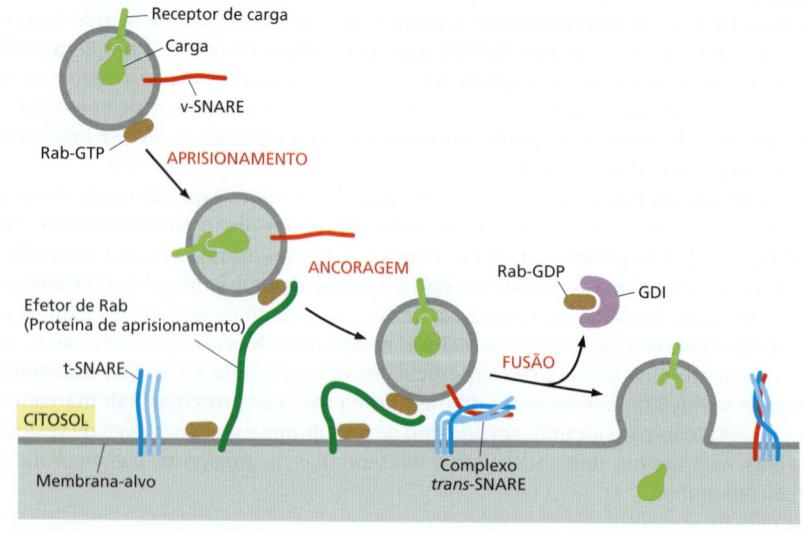

Figura 13-16 Aprisionamento de uma vesícula de transporte a uma membrana-alvo. As proteínas efetoras de Rab interagem com proteínas Rab ativas (Rab-GTPs, *amarelo*), localizadas na membrana-alvo, na membrana da vesícula ou em ambas, para estabelecer a primeira conexão entre duas membranas que irão se fundir. No exemplo mostrado aqui, o efetor de Rab é uma proteína filamentosa de aprisionamento (*verde-escuro*). A seguir, proteínas SNARE nas duas membranas (*vermelho* e *azul*) se pareiam, ancorando a vesícula à membrana-alvo e catalisando a fusão das duas bicamadas lipídicas sobrepostas. Durante a ancoragem e fusão, um Rab-GAP (não mostrado) induz a proteína Rab a hidrolisar seu GTP ligado a GDP, levando a Rab a se dissociar da membrana e retornar ao citosol como Rab-GDP, onde é ligado a uma proteína GDI que mantém a Rab solúvel e inativa.

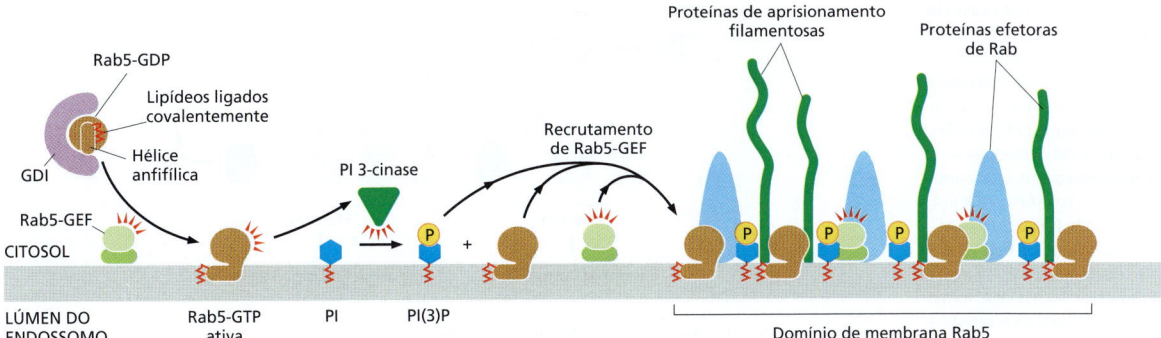

revestimento com a entrega da vesícula ajuda a garantir a direcionalidade do processo de transporte e fusão com a membrana apropriada. As efetoras de Rab também podem interagir com SNAREs para acoplar o aprisionamento da membrana à fusão (ver Figura 13-16).

A montagem das proteínas Rab e de suas efetoras sobre uma membrana é cooperativa e resulta na formação de fragmentos de membrana grandes e especializados. A Rab5, por exemplo, agrega-se a endossomos e intercede na captura de vesículas endocíticas oriundas da membrana plasmática. A depleção experimental de Rab5 causa o desaparecimento do sistema inteiro de membranas endossômica e lisossômica, destacando o papel crucial das proteínas Rab na biogênese e manutenção de organelas.

Um domínio Rab5 concentra proteínas de aprisionamento que pegam as vesículas que estão chegando. Sua montagem nas membranas endossômicas começa quando o complexo Rab5-GDP/GDI encontra um Rab-GEF. O GDI é liberado e o Rab5-GDP é convertido a Rab5-GTP. O Rab5-GTP ativo se ancora à membrana e recruta mais Rab5-GEF ao endossomo, estimulando, dessa forma, o recrutamento de mais Rab5 para o mesmo lugar. Além disso, a Rab5 ativada ativa uma PI3-cinase, que converte, localmente, PI em PI(3)P, que, por sua vez, se liga a algumas das efetoras de Rab, incluindo proteínas de aprisionamento, e estabiliza sua ligação local à membrana (**Figura 13-17**). Esse tipo de retroalimentação positiva amplifica o processo de montagem e ajuda a estabelecer domínios de membrana funcionalmente distintos dentro de uma membrana contínua.

A membrana endossômica é um ótimo exemplo de como diferentes proteínas Rab e suas efetoras ajudam a criar múltiplos domínios de membrana especializados, cada um preenchendo um conjunto particular de funções. Assim, enquanto o domínio de membrana Rab5 recebe as vesículas endocíticas que chegam da membrana plasmática, os domínios distintos Rab11 e Rab4 na mesma membrana organizam o brotamento de vesículas recicladoras que devolvem proteínas do endossomo para a membrana plasmática.

Cascatas de Rab podem alterar a identidade de uma organela

Um domínio Rab pode ser desmontado e substituído por um domínio Rab diferente, mudando a identidade de uma organela. Tal recrutamento ordenado de proteínas Rab atuando de forma sequencial é chamado de **cascata de Rab**. Com o tempo, por exemplo, os domínios Rab5 são substituídos por domínios Rab7 nas membranas endossômicas. Isso converte um endossomo primário, marcado por Rab5, em um endossomo tardio, marcado por Rab7. Uma vez que o conjunto de efetoras de Rab recrutado pela Rab7 é diferente do recrutado pela Rab5, essa mudança reprograma o compartimento: como discutimos adiante, ela altera a dinâmica da membrana, incluindo o tráfego de chegada e de partida, e reposiciona a organela longe da membrana plasmática em direção ao interior celular. Toda a carga contida no endossomo primário que não foi reciclada para a membrana plasmática agora faz parte do endossomo tardio. Esse processo também é referido como *maturação do endossomo*. A natureza autoamplificadora dos domínios Rab torna o processo de maturação do endossomo unidirecional e irreversível (**Figura 13-18**).

SNAREs são mediadoras da fusão de membranas

Uma vez que uma vesícula de transporte tenha sido amarrada à sua membrana-alvo, ela descarrega a sua carga pela fusão de membranas. A fusão de membranas requer a

Figura 13-17 Formação de um domínio Rab5 na membrana do endossomo. Uma Rab5-GEF na membrana do endossomo se liga a uma proteína Rab5 e a induz a trocar GDP por GTP. O GDI é perdido e a ligação do GTP altera a conformação da proteína Rab, expondo uma hélice anfifílica e um grupo lipídico ligado covalentemente, que, juntos, ancoram o Rab5-GTP à membrana. A Rab5 ativada ativa a PI 3-cinase, que converte PI em PI(3)P. Em conjunto, o PI(3)P e a Rab5 ativa se ligam a uma variedade de proteínas efetoras de Rab que contêm sítios de ligação a PI(3)P, incluindo proteínas de aprisionamento filamentosas que capturam vesículas endocíticas revestidas por clatrina que chegam da membrana plasmática. Com a ajuda de outro efetor, a Rab5 ativa também recruta mais Rab5-GEF, aumentando ainda mais a montagem do domínio Rab5 na membrana.

Ciclos controlados de hidrólise de GTP e trocas de GDP-GTP regulam dinamicamente o tamanho e a atividade de tais domínios Rab. Diferentemente das SNAREs, que são proteínas integrais de membrana, o ciclo GDP/GTP, acoplado ao ciclo de translocação membrana/citosol, confere à maquinaria Rab a capacidade de sofrer montagem e desmontagem na membrana. (Adaptada de M. Zerial e H. McBride, *Nat. Rev. Mol. Cell Biol.* 2:107–117, 2001. Com permissão de Macmillan Publishers Ltd.)

Figura 13-18 Modelo de uma cascata de Rab genérica. A ativação local de um RabA-GEF leva à montagem de um domínio de membrana RabA. A RabA ativa recruta suas proteínas efetoras, uma das quais é a GEF para a RabB. O RabB-GEF então recruta RabB para a membrana, que por sua vez começa a recrutar suas efetoras, entre elas uma GAP para RabA. O RabA-GAP ativa a hidrólise do RabA--GTP levando à inativação de RabA e à desmontagem do domínio RabA à medida que o domínio RabB cresce. Dessa forma, o domínio RabA é irreversivelmente substituído pelo domínio RabB. A princípio, tal sequência pode ser continuada pelo recrutamento de um próximo GEF pela RabB. (Adaptada de A.H. Hutagalung e P.J. Novick, *Physiol. Rev.* 91:119–149, 2011. Com permissão de *The American Physiological Society*.)

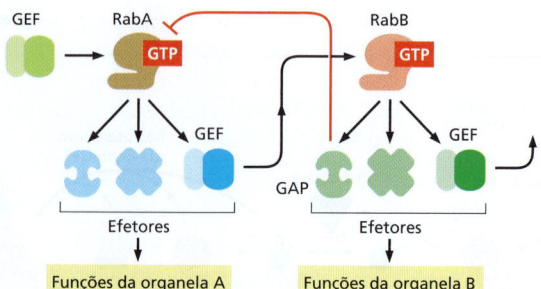

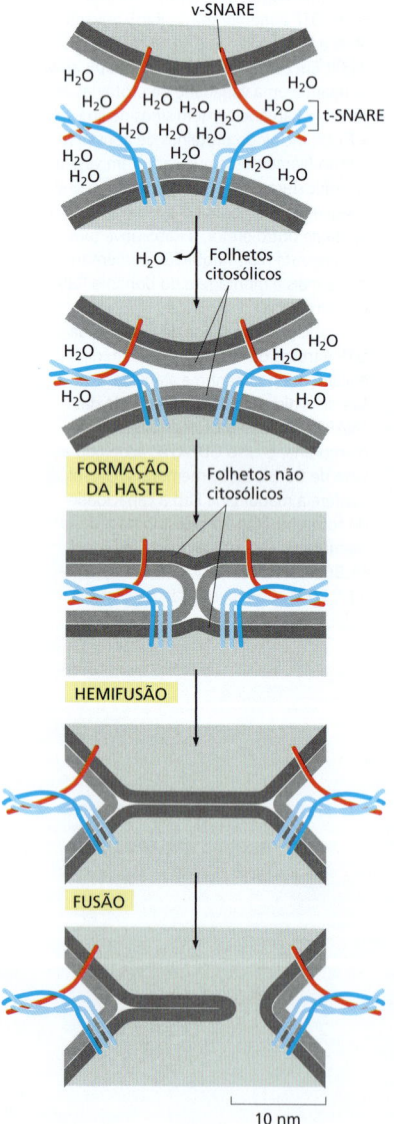

aproximação das bicamadas lipídicas de duas membranas a 1,5 nm uma da outra para que possam se juntar. Quando as membranas estão com tal proximidade, os lipídeos podem fluir de uma bicamada para a outra. Para tal aproximação estreita, a água deve ser deslocada da superfície hidrofílica da membrana – um processo que é energeticamente muito desfavorável e requer *proteínas de fusão* especializadas que superam essa barreira energética. Já discutimos o papel da dinamina em uma tarefa relacionada durante o destacamento de vesículas revestidas por clatrina (ver Figura 13-13).

As **proteínas SNARE** (também chamadas de **SNAREs**, para abreviar) catalisam as reações de fusão das membranas no transporte vesicular. Existem, pelo menos, 35 SNAREs diferentes em uma célula animal, cada uma associada a uma organela particular nas vias secretora ou endocítica. Essas proteínas transmembrana existem como conjuntos complementares, sendo que as **v-SNAREs** em geral são encontradas nas membranas das vesículas, e as **t-SNAREs** costumam ser encontradas nas membranas-alvo (ver Figura 13-16). Uma v-SNARE é uma cadeia polipeptídica única, enquanto uma t-SNARE geralmente é composta de três proteínas. As v-SNAREs e as t-SNAREs possuem domínios helicoidais característicos, e, quando uma v-SNARE interage com uma t-SNARE, os domínios helicoidais de uma envolvem os domínios da outra para formar um feixe estável de quatro hélices. Os *complexos trans-SNARE* resultantes prendem as duas membranas juntas. Ensaios bioquímicos de fusão de membranas com todas as diferentes combinações de SNARE mostram que o pareamento das v e t-SNAREs é altamente específico. Assim, as SNAREs proporcionam uma etapa adicional de especificidade no processo de transporte, ajudando a garantir que as vesículas se fusionem somente com a membrana-alvo correta.

Os complexos trans-SNARE catalisam a fusão de membranas ao utilizar a energia que é liberada quando as hélices participantes se enrolam uma na outra para juntar as faces das membranas, enquanto expelem as moléculas de água para fora da interface (**Figura 13-19**). Quando os lipossomos contendo v-SNAREs purificadas são misturados a lipossomos contendo as t-SNAREs complementares, as suas membranas fundem-se, embora lentamente. Na célula, outras proteínas recrutadas para o sítio de fusão, presumivelmente efetoras de Rab, cooperam com as SNAREs para acelerar a fusão. A fusão nem sempre ocorre logo após o pareamento de v-SNAREs e t-SNAREs. Conforme discutiremos adiante, no processo de exocitose regulada, a fusão é retardada até que a secreção seja desencadeada por um sinal extracelular específico.

As proteínas Rab, que podem regular a disponibilidade das proteínas SNARE, exercem uma barreira adicional de controle. As t-SNAREs em membranas-alvo estão frequentemente associadas a proteínas inibitórias que devem ser liberadas antes que a t-SNARE possa funcionar. As proteínas Rab e suas efetoras desencadeiam a liberação de tais proteínas inibidoras de SNARE. Dessa forma, as proteínas SNARE são concentradas e ativadas no local correto da membrana, onde as proteínas de aprisionamento capturam as vesículas que entram. As proteínas Rab, então, aceleram o processo pelo qual as proteínas SNARE apropriadas de duas membranas se encontram.

Figura 13-19 Modelo de como as proteínas SNARE podem catalisar fusões de membrana. A fusão de bicamadas ocorre em múltiplas etapas. Um pareamento apertado de v-SNAREs e t-SNAREs força as bicamadas lipídicas à justaposição estreita e expele as moléculas de água da interface. Moléculas lipídicas dos dois folhetos (citosólicos) participantes da bicamada então fluem entre as membranas para formar uma haste conectora. Os lipídeos dos dois folhetos não citosólicos então entram em contato uns com os outros, formando uma nova bicamada, que alarga a zona de fusão (*hemifusão*, ou meia fusão). A ruptura da nova bicamada completa a reação de fusão.

Para que o transporte vesicular funcione normalmente, as vesículas de transporte devem incorporar as proteínas SNARE e Rab apropriadas. Não é surpresa, portanto, que muitas vesículas de transporte serão formadas somente se incorporarem o complemento apropriado de proteínas SNARE e Rab em suas membranas. De que forma esse processo de controle crucial opera durante o brotamento da vesícula ainda permanece um mistério.

SNAREs atuantes precisam ser afastadas antes que possam funcionar novamente

A maioria das proteínas SNARE nas células já participou de turnos múltiplos de transporte vesicular e, algumas vezes, estão presentes em uma membrana como complexos estáveis com SNAREs parceiras. Os complexos devem ser desmontados antes que as SNAREs possam mediar novos turnos de transporte. Uma proteína crucial, chamada de **NSF**, alterna-se entre as membranas e o citosol e catalisa o processo de desmontagem. A NSF é uma ATPase hexamérica da família das AAA-ATPases (ver Figura 6-85) que usa a energia da hidrólise do ATP para resolver as interações estreitas entre os domínios helicoidais das proteínas SNAREs (**Figura 13-20**). A necessidade da reativação das SNAREs mediada por NSF pela desmontagem dos complexos de SNAREs ajuda a evitar que as membranas se fundam indiscriminadamente: se as t-SNAREs de uma membrana-alvo estivessem sempre ativas, qualquer membrana contendo uma v-SNAREs apropriada poderia se fusionar sempre que as duas membranas fizessem contato. Não se sabe como a atividade da NSF é controlada de forma que a maquinaria da SNARE seja ativada no momento e local corretos. Também não se sabe como as v-SNAREs são seletivamente recuperadas e devolvidas ao seu compartimento de origem para que possam ser reutilizadas em vesículas transportadoras recém-formadas.

A fusão da membrana é importante em outros processos além do transporte vesicular. As membranas plasmáticas de um espermatozoide e de um óvulo se fusionam durante a fertilização, e os mioblastos se fusionam um com o outro durante o desenvolvimento de fibras musculares multinucleadas (discutido no Capítulo 22). Da mesma forma, a rede do RE e as mitocôndrias se fundem e se fragmentam de forma dinâmica (discutido nos Capítulos 12 e 14). Todas as fusões de membranas celulares demandam proteínas especiais e são reguladas rigidamente para garantir que somente as membranas apropriadas se fusionem. Os controles são cruciais para a manutenção da identidade das células e da individualidade de cada tipo de compartimento intracelular.

As fusões de membranas catalisadas por proteínas de fusão virais são bem conhecidas. Tais proteínas têm papel crucial ao permitir a entrada de vírus envelopados (que possuem um revestimento de membrana baseado em bicamada lipídica) nas células que eles infectam (discutido nos Capítulos 5 e 23). Por exemplo, os vírus como o vírus da imunodeficiência humana (HIV), que causa a Aids, ligam-se a receptores da superfície celular e, então, fundem-se com a membrana plasmática da célula-alvo (**Figura 13-21**). Esse evento de fusão permite que o ácido nucleico viral dentro do nucleocapsídeo entre no citosol, onde se replica. Outros vírus, como o vírus da gripe (influenzavírus), primeiro entram na célula por endocitose mediada por receptores (discutido adiante) e são entregues aos endossomos; o baixo pH dos endossomos ativa uma proteína de fusão do envelope viral que catalisa a fusão das membranas viral e endossômica, liberando o ácido nucleico viral no citosol. As proteínas de fusão virais e as SNAREs promovem a fusão de bicamadas lipídicas de maneiras semelhantes.

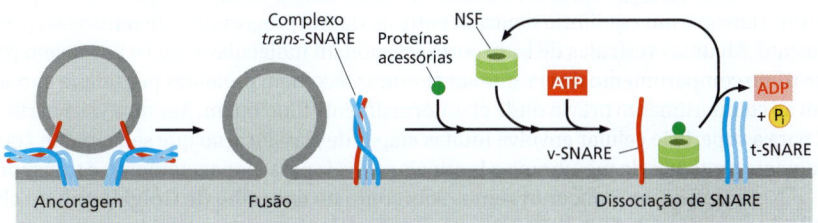

Figura 13-20 Dissociação de pares de SNARE por NSF após um ciclo de fusão da membrana. Após uma v-SNARE e uma t-SNARE terem mediado a fusão de uma vesícula de transporte com uma membrana-alvo, a NSF se liga ao complexo SNARE e, com a ajuda de proteínas acessórias, hidrolisa ATP para dissociar as SNAREs.

Figura 13-21 Entrada de vírus envelopados nas células. Micrografias eletrônicas mostrando como o HIV entra em uma célula pela fusão de sua membrana com a membrana plasmática da célula. (De B.S. Stein et al., *Cell* 49:659–668, 1987. Com permissão de Elsevier.)

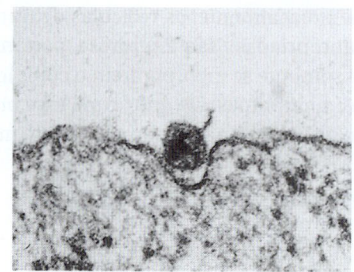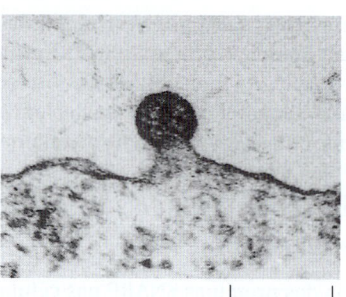

200 nm

Resumo

O transporte direto e seletivo de componentes particulares de membrana de um compartimento enclausurado por membrana a outro em uma célula eucariótica mantém as diferenças entre esses compartimentos. As vesículas de transporte, que podem ser esféricas, tubulares ou de formatos irregulares, brotam de regiões revestidas especializadas da membrana doadora. A montagem do revestimento ajuda a coletar membranas específicas e moléculas-carga solúveis para o transporte e para a formação da vesícula.

Existem vários tipos de vesículas revestidas. As mais bem caracterizadas são as revestidas por clatrina, que medeiam o transporte a partir da membrana plasmática e da rede trans de Golgi, e as revestidas por COPI e COPII, que medeiam o transporte entre as cisternas de Golgi e entre o RE e o aparelho de Golgi. Os revestimentos têm uma estrutura comum de duas camadas: uma camada interna formada de proteínas adaptadoras une a camada externa (ou gaiola) à membrana da vesícula e também aprisiona moléculas-carga específicas para empacotá-las na vesícula. O revestimento é desfeito antes que a vesícula se fusione com a membrana-alvo apropriada.

A síntese local de fosfoinositídeos específicos cria sítios de ligação que desencadeiam a montagem do revestimento de clatrina e o brotamento da vesícula. Além disso, as GTPases monoméricas ajudam a regular várias etapas do transporte vesicular, incluindo o brotamento e a ancoragem de vesículas. As GTPases de recrutamento de revestimento, incluindo Sar1 e as proteínas ARF, regulam a montagem e a desmontagem do revestimento. Uma grande família de proteínas Rab funciona como GTPases de direcionamento de vesículas. As proteínas Rab são recrutadas tanto nas vesículas de transporte em formação quanto nas membranas-alvo. A montagem e desmontagem das proteínas Rab e suas efetoras em domínios de membrana especializados são controladas dinamicamente pela ligação e hidrólise de GTP. As proteínas Rab ativas recrutam as efetoras de Rab, como proteínas motoras, que transportam as vesículas ao longo de filamentos de actina ou microtúbulos, e proteínas de aprisionamento filamentosas, que ajudam a garantir que as vesículas entreguem seu conteúdo somente à membrana-alvo apropriada. As proteínas complementares v-SNARE das vesículas de transporte e as t-SNARE da membrana-alvo formam complexos trans-SNAREs estáveis que forçam as duas membranas em justaposição estreita para que suas bicamadas lipídicas possam fusionar-se.

TRANSPORTE DO RE ATRAVÉS DO APARELHO DE GOLGI

Conforme discutido no Capítulo 12, as proteínas recém-sintetizadas atravessam a membrana do RE, a partir do citosol, para entrar na via secretora. Durante o seu transporte subsequente, do RE para o aparelho de Golgi e do aparelho de Golgi para a superfície celular ou outro local, essas proteínas são sucessivamente modificadas à medida que passam através de uma série de compartimentos. A transferência de um compartimento para o próximo envolve um equilíbrio delicado entre as vias de progressão e de retrocesso (recuperação). Algumas vesículas de transporte selecionam moléculas-carga e as movem para o próximo compartimento da via, enquanto outras recolhem proteínas perdidas e as retornam ao compartimento prévio onde elas normalmente funcionam. Assim, a via a partir do RE para a superfície celular envolve muitas etapas de classificação que selecionam continuamente proteínas de membrana e luminais solúveis para empacotamento e transporte.

Nesta seção, nos concentraremos sobretudo no **aparelho de Golgi** (também chamado de **complexo de Golgi**). É um local principal de síntese de carboidratos, bem como uma estação de classificação e de destinação de produtos do RE. A célula produz muitos polissacarídeos no aparelho de Golgi, incluindo a pectina e a hemicelulose da parede celular de vegetais, e a maioria dos glicosaminoglicanos da matriz extracelular de animais (discutido no Capítulo 19). O aparelho de Golgi também se posiciona na rota de saída do RE, e uma grande proporção dos carboidratos que ele produz é conectada como cadeias laterais de oligossacarídeos em muitas proteínas e lipídeos que o RE envia para ele. Um subconjunto desses oligossacarídeos serve como rótulo para direcionar proteínas específicas a vesículas que, então, as transportam para os lisossomos. Mas a maioria das proteínas e lipídeos, uma vez que tenham adquirido os seus oligossacarídeos apropriados no aparelho de Golgi, são reconhecidos em outras vias e direcionados para dentro de vesículas de transporte que vão para outros destinos.

Proteínas deixam o RE em vesículas de transporte revestidas por COPII

Para iniciar a sua jornada ao longo da via secretora, as proteínas que entraram no RE e que são destinadas ao aparelho de Golgi ou além são primeiramente empacotadas em vesículas de transporte revestidas por COPII. Essas vesículas brotam de regiões especializadas do RE chamadas de *sítios de saída do RE*, cujas membranas não possuem ribossomos ligados. A maioria das células animais possui sítios de saída dispersos pela rede do RE.

A entrada em vesículas que saem do RE pode ser um processo seletivo ou pode acontecer por padrão. Muitas proteínas de membrana são recrutadas ativamente para dentro de tais vesículas, onde elas ficam concentradas. Essas proteínas-carga de membrana apresentam sinais de saída (transporte) na sua superfície citosólica que as proteínas adaptadoras do revestimento interno de COPII reconhecem (**Figura 13-22**); alguns desses componentes agem como receptores de carga e são reciclados de volta para o RE depois que entregarem sua carga no aparelho de Golgi. As proteínas-carga solúveis no lúmen do RE, ao contrário, possuem sinais de saída que as ligam aos receptores de carga transmembrana. Proteínas sem sinais de saída também podem entrar nas vesículas de transporte, incluindo moléculas proteicas que em geral funcionam no RE (assim chamadas *proteínas residentes no RE*), algumas das quais vazam lentamente para fora do RE e são entregues no aparelho de Golgi. Proteínas-carga diferentes entram nas vesículas de transporte a velocidades e eficiências substancialmente diferentes, que podem resultar de diferenças em sua eficiência de enovelamento e oligomerização e cinética, assim como os fatores já discutidos. A etapa de saída do RE é o principal ponto de verificação no qual o controle de qualidade é exercido sobre as proteínas que a célula secreta ou dispõe na sua superfície, como discutido no Capítulo 12.

Os sinais de saída que direcionam as proteínas solúveis para fora do RE para serem transportadas para o aparelho de Golgi e além dele não são bem conhecidos. Algumas proteínas transmembrana que servem como receptores de carga para empacotar algumas proteínas de secreção dentro de vesículas revestidas por COPII são lectinas que se ligam a oligossacarídeos nas proteínas secretadas. Uma dessas lectinas, por exemplo, se

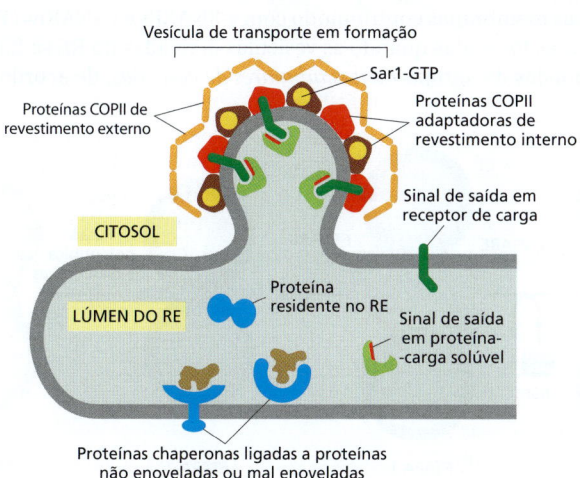

Figura 13-22 Recrutamento de moléculas-carga de membrana e solúveis para dentro de vesículas de transporte do RE. As proteínas de membrana são empacotadas em vesículas de transporte em brotamento por interações dos sinais de saída nas suas caudas citosólicas com as proteínas adaptadoras no revestimento interno de COPII. Algumas dessas proteínas de membrana funcionam como receptores de carga, ligando-se a proteínas solúveis no lúmen do RE e ajudando a empacotá-las em vesículas. Outras proteínas podem entrar na vesícula por fluxo em massa. Uma vesícula de transporte de 50 nm típica contém cerca de 200 proteínas de membrana, que podem ser de muitos tipos diferentes. Como indicado, proteínas não enoveladas ou enoveladas de forma incompleta são ligadas a chaperonas e retidas transitoriamente no compartimento do RE.

liga à manose em dois fatores de coagulação sanguíneos (fator V e fator VIII), empacotando, dessa forma, as proteínas em vesículas de transporte no RE; seu papel no transporte de proteínas foi identificado porque os humanos que não a possuem em função de uma mutação hereditária têm níveis reduzidos de fatores V e VIII no soro, e eles, como consequência, sangram excessivamente.

Apenas as proteínas que são enoveladas e montadas adequadamente podem deixar o RE

Para sair do RE, as proteínas devem ser enoveladas de forma adequada e, se forem subunidades de complexos multiproteínas, elas precisam ser completamente montadas. Aquelas que forem enoveladas incorretamente ou montadas de forma incompleta permanecem temporariamente no RE, onde são ligadas a proteínas chaperonas (discutido no Capítulo 6), como *BiP* ou *calnexina*. As chaperonas podem encobrir os sinais de saída ou, de alguma forma, ancorar as proteínas no RE. Tais proteínas deficientes são por fim transportadas de volta ao citosol, onde são degradadas por proteassomos (discutidos nos Capítulos 6 e 12). Essa etapa de controle de qualidade evita o transporte subsequente de proteínas inadequadamente enoveladas ou montadas, que poderiam potencialmente interferir com as funções das proteínas. Tais falhas são surpreendentemente comuns. Mais de 90% das subunidades de receptores de células T recém-sintetizadas (discutidas no Capítulo 24) e do receptor de acetilcolina (discutido no Capítulo 11), por exemplo, costumam ser degradadas sem sequer alcançar a superfície celular onde funcionam. Portanto, as células devem produzir um grande excesso de algumas moléculas proteicas para selecionar as poucas que se conformam, montam e funcionam de modo apropriado.

Algumas vezes, entretanto, existem desvantagens para o mecanismo de controle preciso. As mutações predominantes que causam a fibrose cística, uma doença hereditária comum, resultam na produção de uma forma levemente mal enovelada de uma proteína da membrana plasmática importante para o transporte de Cl$^-$. Embora a proteína mutante funcionasse normalmente se chegasse à membrana plasmática, ela é retida no RE, sendo então degradada pelos proteassomos. A doença devastadora resulta, então, não porque a mutação inativa a proteína, mas porque a proteína ativa é descartada antes que ela alcance a membrana plasmática.

Agrupamentos tubulares de vesículas são mediadores do transporte do RE para o aparelho de Golgi

Depois de as vesículas de transporte terem brotado dos sítios de saída do RE e terem perdido seu revestimento, elas começam a se fundir uma com a outra. A fusão de membranas do mesmo compartimento é chamada de *fusão homotípica*, para distingui-la da *fusão heterotípica*, na qual uma membrana de um compartimento fusiona-se à membrana de um compartimento diferente. Assim como a fusão heterotípica, a homotípica requer um conjunto de SNAREs pareáveis. Nesse caso, entretanto, a interação é simétrica, com ambas as membranas contribuindo com v-SNAREs e t-SNAREs (**Figura 13-23**).

As estruturas formadas quando as vesículas derivadas do RE se fundem umas às outras são chamadas de *agrupamentos tubulares de vesículas*, de acordo com sua apa-

Figura 13-23 Fusão homotípica de membranas. Na etapa 1, a NSF afasta os pares idênticos de v-SNAREs e t-SNAREs de ambas as membranas (ver Figura 13-20). Nas etapas 2 e 3, o par separado de SNAREs de membranas adjacentes e idênticas interage, o que leva à fusão de membranas e à formação de um compartimento contínuo. Subsequentemente, o compartimento cresce por fusão homotípica posterior com vesículas do mesmo tipo de membrana, exibindo SNAREs pareáveis. A fusão homotípica ocorre quando as vesículas de transporte derivadas do RE se fundem umas com as outras, mas também quando os endossomos se fundem para gerar endossomos maiores. As proteínas Rab ajudam a regular a extensão da fusão homotípica e, assim, o tamanho dos compartimentos em uma célula (não mostrado).

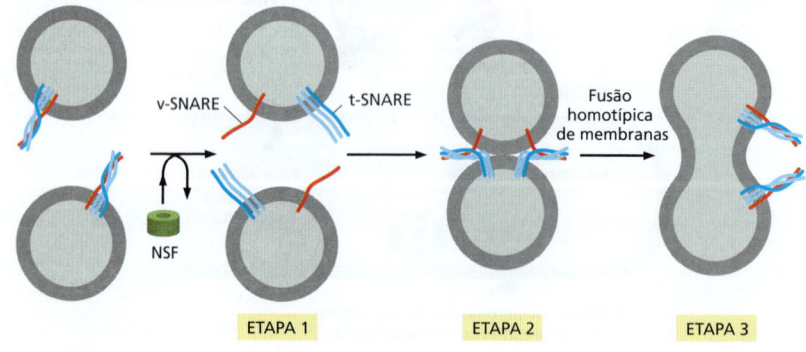

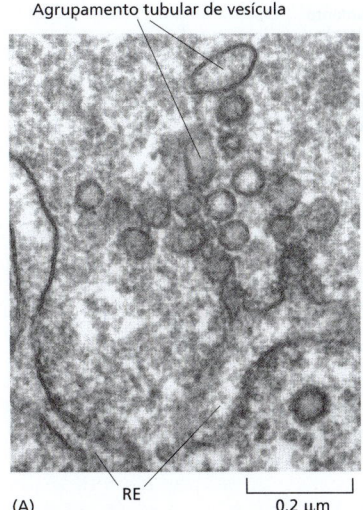
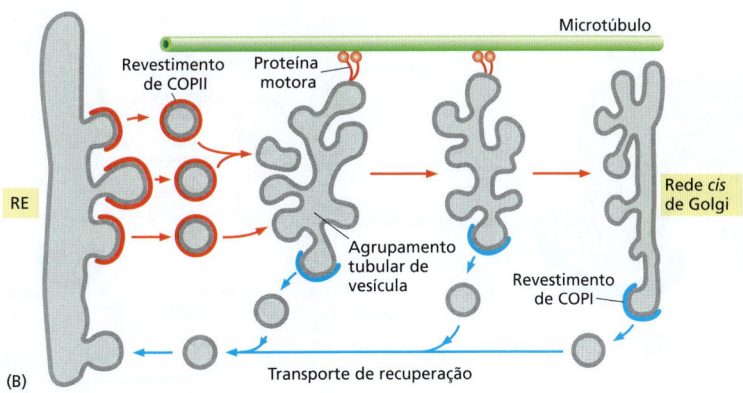

Figura 13-24 Agrupamentos tubulares de vesículas. (A) Uma micrografia eletrônica de agrupamentos tubulares de vesículas se formando ao redor de um sítio de saída. Muitas das estruturas semelhantes a vesículas vistas na micrografia são cortes transversais de túbulos que se estendem acima e abaixo do plano deste corte fino e estão interconectados. (B) Os agrupamentos tubulares de vesículas movem-se ao longo de microtúbulos para carregar proteínas do RE para o aparelho de Golgi. Vesículas revestidas por COPI medeiam o brotamento de vesículas que retornam para o RE desses agrupamentos (e do aparelho de Golgi). (A, cortesia de William Balch.)

rência ondulada observada ao microscópio eletrônico (**Figura 13-24A**). Esses agrupamentos constituem um compartimento separado do RE e que não possui muitas das proteínas que funcionam no RE. Eles são gerados continuamente e funcionam como pacotes de transporte que trazem material do RE para o aparelho de Golgi. Os agrupamentos se movem rapidamente ao longo dos microtúbulos para o aparelho de Golgi com o qual se fundem (**Figura 13-24B** e **Animação 13.2**).

Logo que os agrupamentos tubulares de vesículas se formam, eles começam a brotar suas próprias vesículas. Diferentemente das vesículas revestidas por COPII que brotam do RE, essas vesículas são revestidas por COPI (ver Figura 13-24A). As vesículas revestidas por COPI são únicas no sentido de que os componentes que formam as camadas de revestimento interna e externa são recrutados como um complexo pré-montado chamado *coatômero*. Eles funcionam como uma *via de recuperação*, trazendo de volta proteínas residentes no RE que tenham escapado, assim como proteínas como receptores de carga e SNAREs que participaram no brotamento do RE e nas reações de fusão de vesículas. Esse processo de recuperação demonstra os mecanismos de controle peculiares que regulam as reações de montagem de revestimento. A montagem do revestimento COPI começa apenas segundos depois que os revestimentos de COPII tenham sido desprendidos, e permanece sendo um mistério como tal alternância na montagem do revestimento é controlada.

O transporte de recuperação (ou retrógrado) continua à medida que os agrupamentos tubulares de vesículas se movem em direção ao aparelho de Golgi. Assim, os agrupamentos amadurecem de maneira contínua, mudando gradualmente as suas composições conforme as proteínas selecionadas são devolvidas para o RE. A recuperação continua a partir do aparelho de Golgi depois que os agrupamentos tubulares de vesículas tenham entregado as suas cargas.

A via de recuperação para o RE utiliza sinais de seleção

A via de recuperação para trazer de volta ao RE as proteínas que escaparam depende dos *sinais de recuperação do RE*. As proteínas de membrana residentes no RE, por exemplo, contêm sinais que se ligam diretamente aos revestimentos de COPI e são, assim, empacotadas nas vesículas de transporte revestidas por COPI para a entrega retrógrada ao RE. O sinal de recuperação deste tipo mais bem caracterizado consiste em duas lisinas, seguidas por quaisquer outros dois aminoácidos, na extremidade C-terminal das proteínas de membrana do RE. Esse sinal é chamado de *sequência KKXX*, baseado no código de aminoácidos de uma letra.

As proteínas solúveis residentes no RE, como BiP, também contêm um curto sinal de recuperação do RE nas suas extremidades C-terminais, mas este é diferente: ele consiste em uma sequência de Lys-Asp-Glu-Leu ou uma sequência semelhante. Se esse sinal (chamado

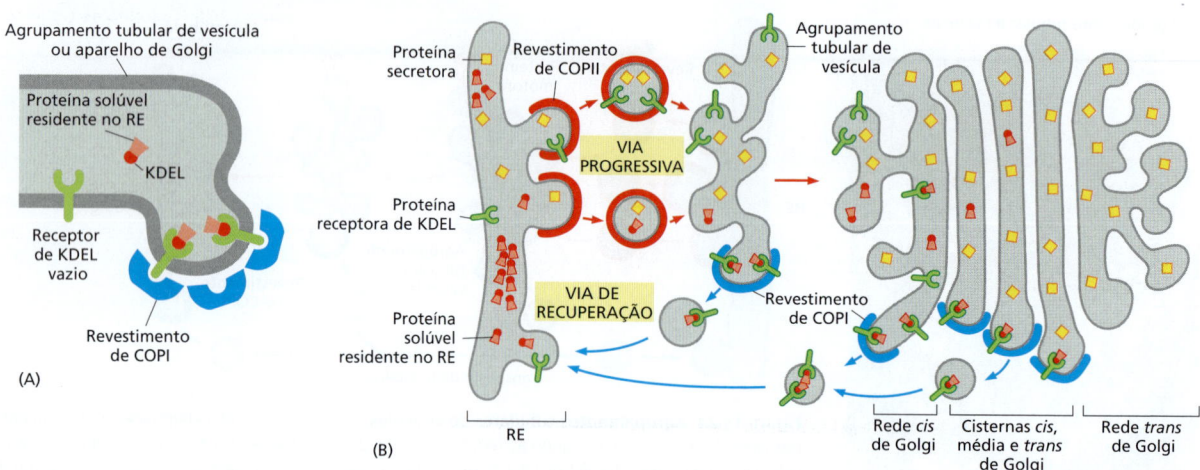

Figura 13-25 Recuperação de proteínas solúveis residentes no RE. As proteínas residentes que escapam do RE são devolvidas pelo transporte vesicular. (A) O receptor de KDEL presente em agrupamentos tubulares de vesículas e no aparelho de Golgi captura as proteínas solúveis residentes no RE e as carrega em vesículas transportadoras revestidas por COPI de volta ao RE. (Lembre que as vesículas revestidas por COPI perdem seu revestimento logo que são formadas.) Após a ligação dos seus ligantes no agrupamento tubular ou Golgi, o receptor de KDEL pode mudar a conformação, de forma a facilitar seu recrutamento para dentro das vesículas COPI em brotamento. (B) A recuperação das proteínas do RE começa em agrupamentos tubulares de vesículas e continua a partir das últimas partes do aparelho de Golgi. No ambiente do RE, as proteínas do RE dissociam-se do receptor de KDEL, que é, então, devolvido ao aparelho de Golgi para reutilização. Os diferentes compartimentos do aparelho de Golgi estão sendo discutidos abreviadamente.

de *sequência KDEL*) for removido da BiP por engenharia genética, a proteína é secretada lentamente da célula. Se o sinal for transferido para uma proteína que normalmente seria secretada, a proteína passa a ser devolvida de maneira eficiente para o RE, onde se acumula.

Diferentemente dos sinais de recuperação das proteínas de membrana do RE, que podem interagir diretamente com o revestimento de COPI, as proteínas residentes no RE solúveis devem se ligar a proteínas receptoras especializadas, como o *receptor de KDEL* – uma proteína transmembrana de passagem múltipla que se liga à sequência KDEL e empacota qualquer proteína que apresente tal sequência nas vesículas de transporte retrógrado revestidas por COPI (**Figura 13-25**). Para executar essa tarefa, o próprio receptor de KDEL deve alternar entre o RE e o aparelho de Golgi, e a sua afinidade por sequências KDEL deve ser diferente nesses dois compartimentos. O receptor deve ter uma alta afinidade pela sequência KDEL nos agrupamentos tubulares de vesículas e no aparelho de Golgi, de forma a capturar proteínas solúveis residentes no RE que escaparam e que estejam presentes em baixas concentrações nesses locais. Ele deve ter uma baixa afinidade pela sequência KDEL no RE, entretanto, para descarregar a carga apesar da concentração muito alta de proteínas solúveis residentes no RE que contêm KDEL.

Como a afinidade do receptor de KDEL muda dependendo do compartimento onde ele reside? A resposta provavelmente está relacionada ao baixo pH nos compartimentos do Golgi, que é regulado por bombas de H^+. Como discutiremos adiante, as interações proteína-proteína sensíveis a pH formam a base para muitas das etapas de seleção de proteínas na célula.

A maioria das proteínas de membrana que funcionam na interface entre o RE e o aparelho de Golgi, incluindo as v e as t-SNAREs e alguns receptores de carga, também entra na via de recuperação para o RE.

Muitas proteínas são seletivamente retidas nos compartimentos onde atuam

A via de recuperação de KDEL explica apenas parcialmente como as proteínas residentes no RE são mantidas no RE. Como mencionado, as células que expressam proteínas residentes no RE geneticamente modificadas, das quais a sequência KDEL foi experimentalmente removida, secretam essas proteínas. Contudo, a taxa de secreção é muito mais lenta do que para uma proteína secretora normal. Parece que um mecanismo que é independente do sinal KDEL retém normalmente as proteínas residentes no RE e que apenas aquelas proteínas que escaparam dessa retenção são capturadas e devolvidas via receptores de KDEL. Um mecanismo de retenção sugerido é que as proteínas residentes no RE se ligam umas às outras, formando, assim, complexos que são grandes demais para entrarem nas vesículas de transporte de maneira eficiente. Como as proteínas residentes no RE estão presentes no RE em concentrações muito altas (estimadas em milimolar), interações de afinidades relativamente baixas seriam suficientes para reter a maioria das proteínas presas em tais complexos.

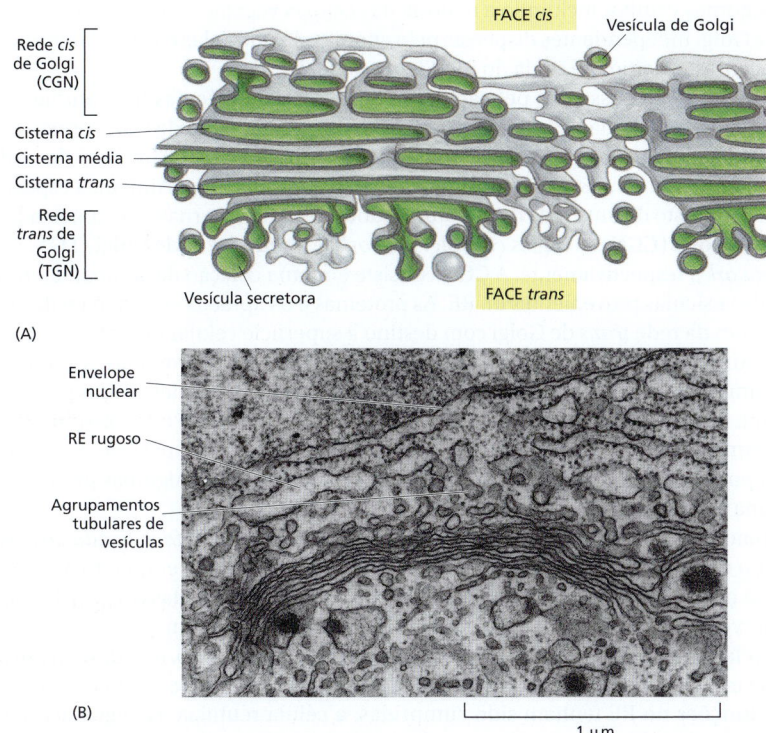

Figura 13-26 Aparelho de Golgi. (A) Reconstrução tridimensional a partir de micrografias eletrônicas do aparelho de Golgi em uma célula secretora animal. A face *cis* das pilhas de Golgi é aquela mais próxima ao RE. (B) Uma micrografia eletrônica de secção fina de uma célula animal. Em células vegetais, o aparelho de Golgi costuma ser mais distinto e mais claramente separado das outras membranas intracelulares do que nas células animais. (A, redesenhado de A. Rambourg e Y. Clermont, *Eur. J. Cell Biol.* 51:189–200, 1990. Com permissão de *Wissenschaftliche Verlagsgesellschaft*; B, cortesia de Brij J. Gupta.)

A agregação de proteínas que funcionam no mesmo compartimento é um mecanismo geral que os compartimentos usam para organizar e reter as suas proteínas residentes. As enzimas do Golgi que funcionam juntas, por exemplo, também se ligam umas às outras e são, como resultado, impedidas de entrar em vesículas de transporte que deixam o aparelho de Golgi.

O aparelho de Golgi consiste em uma série ordenada de compartimentos

Por ser seletivamente visualizado com marcação com prata, o aparelho de Golgi foi uma das primeiras organelas descritas pelos primeiros microscopistas ópticos. Ele consiste em uma coleção de compartimentos achatados definidos por membranas, chamados de *cisternas*, que se assemelham um pouco a uma pilha de panquecas. Cada uma dessas pilhas de Golgi consiste normalmente em 4 a 6 cisternas (**Figura 13-26**), embora alguns flagelados unicelulares possam ter mais de 20. Em células animais, conexões tubulares entre cisternas correspondentes ligam muitas pilhas, formando, assim, um único complexo que costuma estar localizado próximo ao núcleo celular e junto ao centrossomo (**Figura 13-27A**). Essa localização depende dos microtúbulos. Se os microtúbulos forem experimentalmente despolimerizados, o aparelho de Golgi reorganiza-se em pilhas individuais que são encontradas espalhadas pelo citoplasma, adjacentes aos sítios de saída

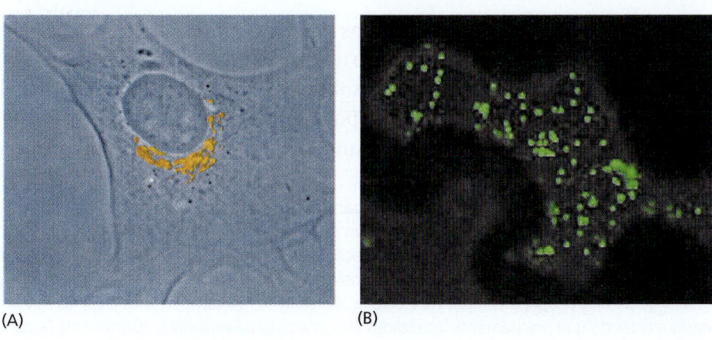

Figura 13-27 Localização do aparelho de Golgi em células animais e vegetais. (A) Aparelho de Golgi em um fibroblasto cultivado, marcado com um anticorpo fluorescente que reconhece uma proteína residente no Golgi (*laranja brilhante*). O aparelho de Golgi está polarizado, voltado para a direção na qual a célula estava se movendo antes da fixação. (B) O aparelho de Golgi de uma célula vegetal que está expressando uma proteína de fusão consistente de uma enzima residente no Golgi fusionada à proteína de fluorescência verde. (A, cortesia de John Henley e Mark McNiven; B, cortesia de Chris Hawes.)

do RE. Algumas células, incluindo a maioria das células vegetais, possuem centenas de pilhas de Golgi independentes dispersas pelo citoplasma onde elas costumam se encontrar adjacentes aos sítios de saída do RE (**Figura 13-27B**).

Durante a sua passagem pelo aparelho de Golgi, as moléculas transportadas sofrem uma série ordenada de modificações covalentes. Cada pilha de Golgi possui duas faces distintas: uma **face *cis*** (ou face de entrada) e uma **face *trans*** (ou face de saída). Ambas as faces, *cis* e *trans*, estão intimamente associadas a compartimentos especiais, cada um composto de uma rede de estruturas tubulares e de cisternas interconectadas: a **rede *cis* de Golgi** (**CGN**, do inglês *cis Golgi network*) e a **rede *trans* de Golgi** (**TGN**, *trans Golgi network*), respectivamente. A CGN consiste em uma coleção de agrupamentos tubulares de vesículas provenientes do RE. As proteínas e os lipídeos entram na rede *cis* de Golgi e saem da rede *trans* de Golgi com destino à superfície celular ou a outro compartimento. Ambas as redes são importantes para a distribuição de proteínas: as proteínas que entram na CGN podem ir adiante no aparelho de Golgi ou ser devolvidas para o RE. Da mesma forma, as proteínas que saem da TGN podem ir adiante e ser distribuídas de acordo com seus destinos: endossomos, vesículas secretoras ou superfície celular. Elas também podem ser devolvidas para um compartimento anterior. Algumas proteínas de membrana são retidas na parte do aparelho de Golgi onde atuam.

Como descrito no Capítulo 12, um único tipo de *oligossacarídeo ligado ao N* está conectado em bloco a muitas proteínas no RE e depois é aparado enquanto a proteína ainda está no RE. Os intermediários de oligossacarídeos gerados pelas reações de aparamento servem para auxiliar no enovelamento de proteínas e no transporte de proteínas mal enoveladas ao citosol para degradação nos proteassomos. Logo, eles desempenham um papel importante controlando a qualidade das proteínas que saem do RE. Uma vez que tais funções no RE tenham sido cumpridas, a célula reutiliza os oligossacarídeos para novas funções. Isso começa no aparelho de Golgi, que produz as estruturas heterogêneas de oligossacarídeos vistas nas proteínas maduras. Depois da chegada na CGN, as proteínas entram no primeiro dos compartimentos de processamento do Golgi (cisternas *cis* de Golgi). Elas se deslocam, então, para o próximo compartimento (cisternas médias) e, finalmente, para as cisternas *trans*, onde a glicosilação é completada. Acredita-se que o lúmen das cisternas *trans* seja contínuo à TGN, local onde as proteínas são segregadas em diferentes pacotes de transporte e expedidas para seus destinos finais.

As etapas de processamento de oligossacarídeos ocorrem em uma sequência organizada nas pilhas de Golgi, com cada cisterna contendo uma mistura característica de enzimas de processamento. As proteínas são modificadas em estágios sucessivos à medida que se movem de cisterna a cisterna através da pilha, de maneira que a pilha forma uma unidade de processamento de múltiplos estágios.

Pesquisadores descobriram as diferenças funcionais entre as subdivisões *cis*, média e *trans* do aparelho de Golgi por meio da localização das enzimas envolvidas no processamento de oligossacarídeos ligados ao *N* em regiões distintas da organela, tanto por fracionamento físico da organela como por marcação com anticorpos em secções para microscopia eletrônica (**Figura 13-28**). A remoção da manose e a adição de *N*-acetilglicosamina, por exemplo, ocorrem nas cisternas *cis* e média, enquanto a adição de galactose e ácido siálico ocorre na cisterna *trans* e na rede *trans* de Golgi. A **Figura 13-29** resume a compartimentalização funcional do aparelho de Golgi.

Cadeias de oligossacarídeos são processadas no aparelho de Golgi

Enquanto o lúmen do RE é cheio de proteínas e enzimas residentes luminais solúveis, as proteínas residentes no aparelho de Golgi são todas ligadas à membrana, já que as reações enzimáticas parecem ocorrer inteiramente sobre as superfícies de membrana. Todas as glicosidases e glicosiltransferases do Golgi, por exemplo, são proteínas transmembrana de passagem única, muitas das quais são organizadas em complexos multienzimáticos.

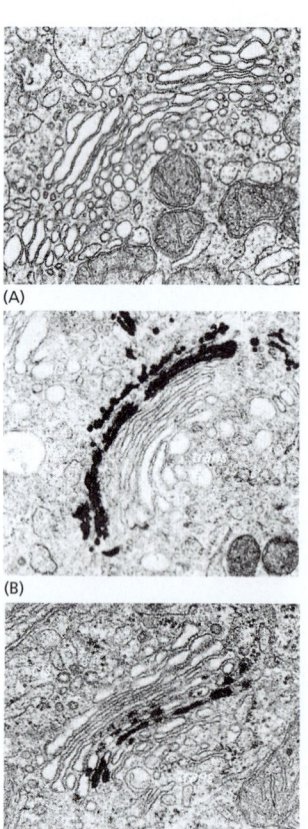

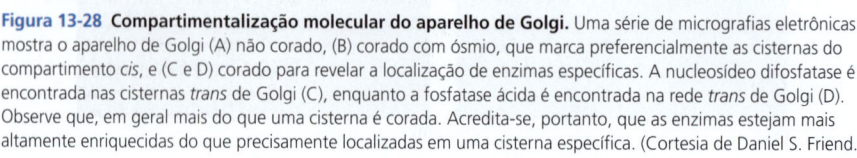

Figura 13-28 Compartimentalização molecular do aparelho de Golgi. Uma série de micrografias eletrônicas mostra o aparelho de Golgi (A) não corado, (B) corado com ósmio, que marca preferencialmente as cisternas do compartimento *cis*, e (C e D) corado para revelar a localização de enzimas específicas. A nucleosídeo difosfatase é encontrada nas cisternas *trans* de Golgi (C), enquanto a fosfatase ácida é encontrada na rede *trans* de Golgi (D). Observe que, em geral mais do que uma cisterna é corada. Acredita-se, portanto, que as enzimas estejam mais altamente enriquecidas do que precisamente localizadas em uma cisterna específica. (Cortesia de Daniel S. Friend.)

CAPÍTULO 13 Tráfego intracelular de vesículas 717

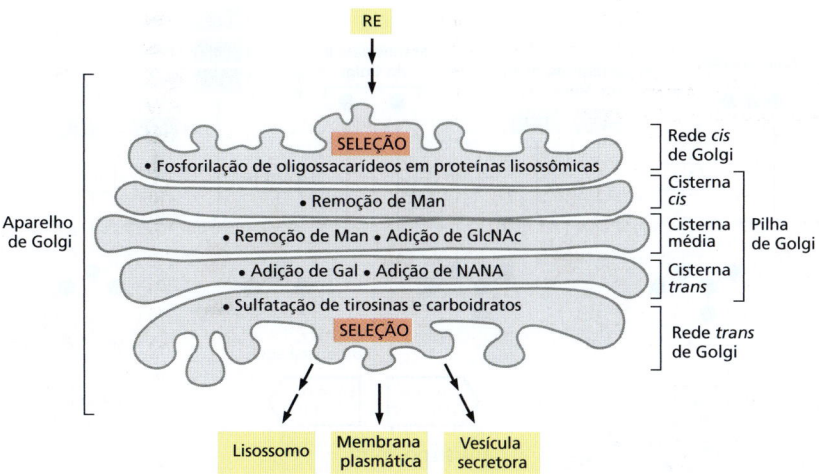

Figura 13-29 Processamento de oligossacarídeos nos compartimentos de Golgi. A localização de cada etapa de processamento apresentada foi determinada por uma combinação de técnicas, incluindo subfracionamento bioquímico das membranas do aparelho de Golgi e microscopia eletrônica após coloração com anticorpos específicos para algumas das enzimas de processamento. As enzimas de processamento não estão restritas a uma cisterna em particular; ao contrário, sua distribuição é gradual ao longo das pilhas, de forma que as enzimas que atuam primeiro estejam presentes principalmente em cisternas *cis* de Golgi e as que atuam mais tarde estejam presentes sobretudo nas cisternas *trans* de Golgi. Man, manose; GlcNAc, *N*-acetilglicosamina; Gal, galactose; NANA, ácido *N*-acetilneuramínico (ácido siálico).

Duas amplas classes de oligossacarídeos ligados ao *N*, os **oligossacarídeos complexos** e os **oligossacarídeos ricos em manose**, são anexadas às glicoproteínas de mamíferos. Algumas vezes, ambos os tipos são anexados (em diferentes locais) à mesma cadeia polipeptídica. Os oligossacarídeos complexos são gerados quando o oligossacarídeo ligado ao *N* original adicionado no RE é aparado e açúcares complementares são adicionados; ao contrário, os oligossacarídeos ricos em manose são aparados mas não recebem adição de novos açúcares no aparelho de Golgi (**Figura 13-30**). Os ácidos siálicos dos oligossacarídeos complexos têm importância especial porque carregam uma carga negativa. O fato de um dado oligossacarídeo permanecer rico em manose ou ser

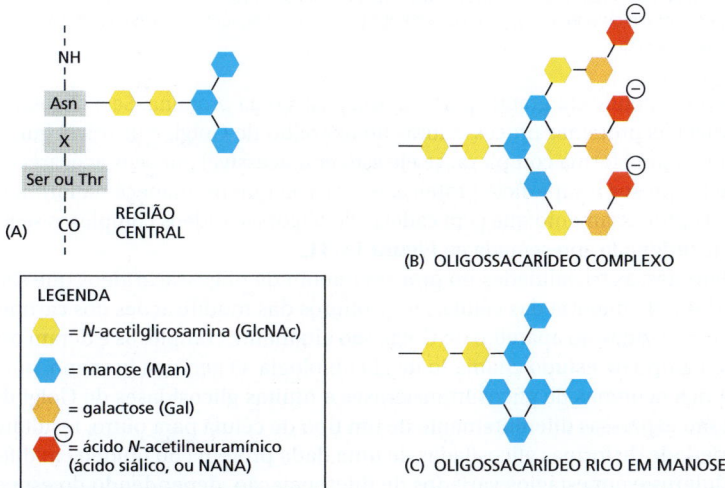

Figura 13-30 As duas principais classes de oligossacarídeos ligados à asparagina (ligados ao *N*) encontradas em glicoproteínas maduras de mamíferos. (A) Tanto os oligossacarídeos complexos quanto os ricos em manose compartilham uma *região central* comum derivada do oligossacarídeo ligado ao *N* original adicionado no RE (ver Figura 12-50) e contendo em geral duas *N*-acetilglicosaminas (GlcNAc) e três manoses (Man). (B) Cada oligossacarídeo complexo consiste em uma *região central*, junto com uma *região terminal* que contém um número variável de cópias de uma unidade trissacarídica especial (*N*-acetilglicosamina-galactose-ácido siálico*) ligada às manoses centrais. Frequentemente, a região terminal é truncada e contém somente GlcNAc e galactose (Gal), ou apenas GlcNAc. Além disso, uma fucose pode ser adicionada, normalmente à GlcNAc central anexada à asparagina (Asn). Assim, embora as etapas de processamento e subsequente adição de açúcares sejam rigidamente ordenadas, os oligossacarídeos complexos podem ser heterogêneos. Ademais, embora o oligossacarídeo complexo apresentado tenha três ramificações terminais, duas ou quatro ramificações também são comuns, dependendo da glicoproteína e da célula onde é produzido. (C) Os oligossacarídeos ricos em manose não são aparados totalmente até a região central e contêm manoses adicionais. Os oligossacarídeos híbridos com uma ramificação de Man e uma ramificação de GlcNAc e Gal também são encontrados (não mostrado).

Os três aminoácidos indicados em (A) constituem a sequência reconhecida pela enzima oligossacariltransferase que adiciona o oligossacarídeo inicial à proteína. Ser, serina; Thr, treonina; X, qualquer aminoácido, exceto prolina.

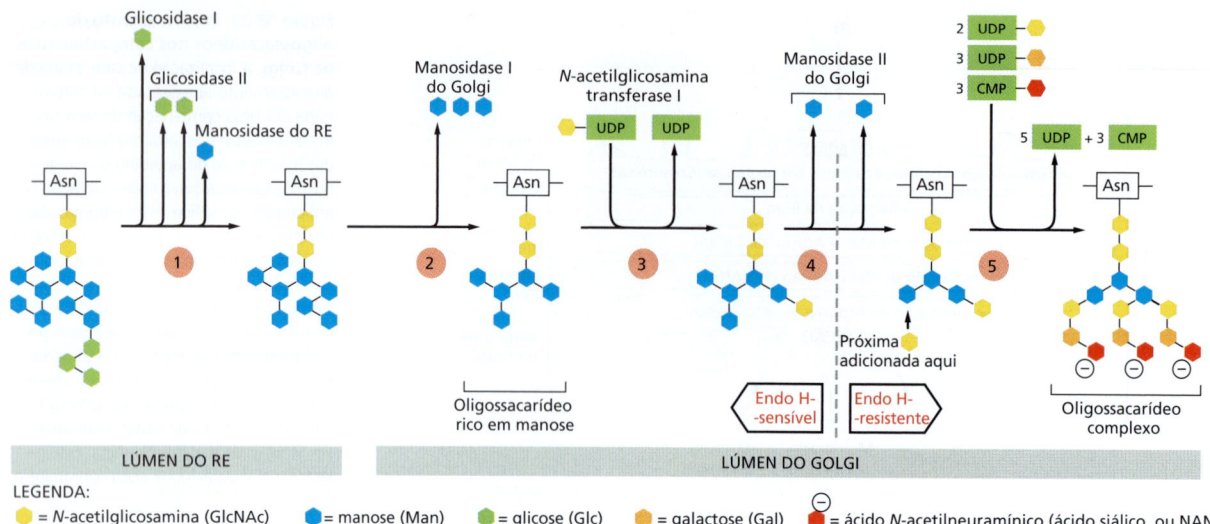

Figura 13-31 Processamento de oligossacarídeos no RE e no aparelho de Golgi. A via de processamento é altamente ordenada, de forma que cada etapa apresentada depende da etapa anterior. Etapa 1: o processamento começa no RE com a remoção das glicoses do oligossacarídeo inicialmente transferido à proteína. Então, uma manosidase da membrana do RE remove uma manose específica. As etapas remanescentes ocorrem na pilha de Golgi. Etapa 2: a Golgi manosidase I remove mais três manoses. Etapa 3: a N-acetilglicosamina transferase I adiciona, então, uma N-acetilglicosamina. Etapa 4: a manosidase II remove duas manoses adicionais. Isso resulta em um núcleo central, com três manoses, presente em um oligossacarídeo complexo. Nesse estágio, a ligação entre as duas N-acetilglicosaminas do núcleo torna-se resistente ao ataque de uma endoglicosidase (*Endo H*) altamente específica. Uma vez que todas as últimas estruturas da via também são Endo H-resistentes, o tratamento com essa enzima é amplamente utilizado para distinguir oligossacarídeos complexos de oligossacarídeos ricos em manoses. Etapa 5: por fim, como representado na Figura 13-30, as N-acetilglicosaminas, as galactoses e os ácidos siálicos adicionais são acrescentados. Essas etapas finais na síntese de um oligossacarídeo complexo ocorrem nos compartimentos de cisterna do aparelho de Golgi: três tipos de enzima glicosiltransferase agem sequencialmente, usando substratos de açúcar que foram ativados por ligação ao nucleotídeo indicado; as membranas das cisternas de Golgi contêm proteínas carreadoras específicas que permitem que cada nucleotídeo de açúcar entre em troca de nucleosídeos fosfatos que são liberados depois que o açúcar é ligado à proteína na face luminal.

Note que, como uma organela biossintética, o aparelho de Golgi se diferencia do RE: todos os açúcares no Golgi são montados dentro do lúmen do nucleotídeo de açúcar, enquanto no RE o oligossacarídeo ligado ao *N* precursor é montado parcialmente no citosol e parcialmente no lúmen, e a maioria das reações luminais usam açúcares ligados a dilicol como seus substratos (ver Figura 12-51).

processado depende em grande parte de sua posição na proteína. Se o oligossacarídeo for acessível às proteínas processadoras no aparelho de Golgi, é provável que ele seja convertido a uma forma complexa; se ele estiver inacessível por seus açúcares estarem firmemente presos à superfície proteica, é provável que permaneça na forma rica em manose. O processamento que gera cadeias de oligossacarídeos complexos segue a via altamente ordenada apresentada na **Figura 13-31**.

Além dessas trivialidades no processamento de oligossacarídeos que são compartilhadas pela maioria das células, os produtos das modificações dos carboidratos, que são conduzidas no aparelho de Golgi, são altamente complexos e deram origem a um novo campo de estudo chamado de glicobiologia. O genoma humano, por exemplo, codifica centenas de glicosiltransferases e muitas glicosidases de Golgi diferentes, que são expressas diferentemente de um tipo de célula para outro, resultando em uma variedade de formas glicosiladas de uma dada proteína ou lipídeo em diferentes tipos celulares e em estágios variados de diferenciação, dependendo do espectro de enzimas expressas pela célula. A complexidade das modificações não está limitada aos oligossacarídeos ligados ao *N*, mas também ocorre em *açúcares ligados ao O*, como discutiremos a seguir.

Os proteoglicanos são montados no aparelho de Golgi

Além das alterações de oligossacarídeos ligados ao *N* feitas nas proteínas à medida que passam pelas cisternas de Golgi em rota do RE para os seus destinos finais, muitas proteínas são modificadas também no aparelho de Golgi de outras maneiras. Algumas proteínas têm açúcares adicionados a grupos hidroxila de serinas e treoninas selecionadas, ou, em alguns casos – como os colágenos – a cadeias laterais de prolina e lisina hidroxiladas. Essa **glicosilação ligada ao O** (**Figura 13-32**), como a extensão das cadeias oligossacarídicas ligadas ao *N*, é catalisada por uma série de enzimas do tipo glicosiltransferases que utilizam os nucleotídeos de açúcar do lúmen do aparelho de Golgi para adicionar

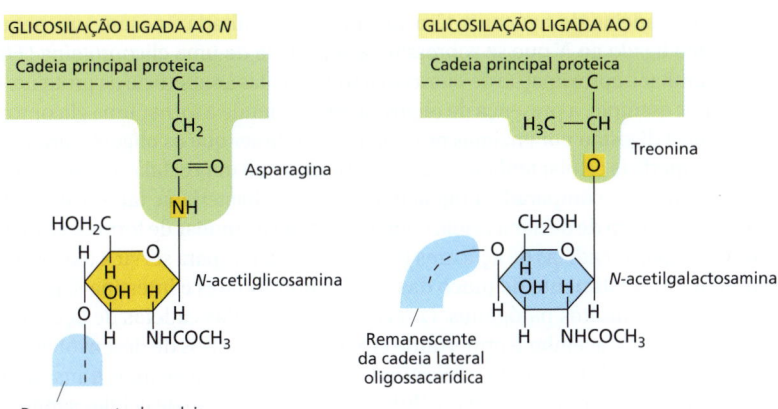

Figura 13-32 **Glicosilação ligada ao *N* e ligada ao *O*.** Em cada caso, apenas um único grupo açúcar que está ligado diretamente à proteína é mostrado.

açúcares a uma proteína, um de cada vez. Em geral, a *N*-acetilglicosamina é adicionada primeiro, seguida por um número variável de açúcares adicionais, variando de apenas alguns poucos até dez ou mais.

O aparelho de Golgi confere a glicosilação ligada ao *O* mais forte de todas às *mucinas*, as glicoproteínas das secreções de muco, e às *proteínas-núcleo de proteoglicanos*, que ele modifica para produzir **proteoglicanos**. Como discutido no Capítulo 19, esse processo envolve a polimerização de uma ou mais *cadeias de glicosaminoglicanos* (longos polímeros não ramificados compostos de unidades dissacarídicas repetidas; ver Figura 19-35) sobre serinas da proteína-núcleo. Muitos proteoglicanos são secretados e se tornam componentes da matriz extracelular, enquanto outros permanecem ancorados na face extracelular da membrana plasmática. Outros, ainda, formam um componente principal de materiais viscosos, como o muco que é secretado para formar um revestimento protetor sobre a superfície de muitos epitélios.

Os açúcares incorporados em glicosaminoglicanos são fortemente sulfatados no aparelho de Golgi logo após estes polímeros serem produzidos, somando-se, assim, uma porção significativa da sua grande carga negativa característica. Algumas tirosinas das proteínas também se tornam sulfatadas logo após elas saírem do aparelho de Golgi. Em ambos os casos, a sulfatação depende do doador de sulfato 3'-fosfoadenosina-5'-fosfossulfato (PAPS, do inglês *3'-phosphoadenosine-5'-phosphosulfate*) (**Figura 13-33**), que é transportado do citosol para dentro do lúmen da rede *trans* de Golgi.

Qual é o propósito da glicosilação?

Há uma diferença importante entre a construção de um oligossacarídeo e a síntese de outras macromoléculas, como DNA, RNA e proteína. Enquanto os ácidos nucleicos e as proteínas são copiados a partir de um molde em uma série repetitiva de etapas idênticas usando a mesma enzima ou um conjunto de enzimas, os carboidratos complexos requerem uma enzima diferente para cada etapa, em que cada produto é reconhecido como um substrato exclusivo para a próxima enzima da série. A vasta abundância de glicoproteínas e as vias complexas que evoluíram para sintetizá-las enfatizam que os oligossacarídeos existentes em glicoproteínas e em glicoesfingolipídeos possuem funções muito importantes.

A glicosilação ligada ao *N*, por exemplo, é prevalente em todos os eucariotos, incluindo as leveduras. Os oligossacarídeos ligados ao *N* também ocorrem de forma muito similar em proteínas da parede celular de arqueias, sugerindo que toda a maquinaria necessária para sua síntese seja evolutivamente antiga. A glicosilação ligada ao *N* promove o enovelamento das proteínas de duas maneiras. Primeiro, ela possui um papel direto produzindo intermediários de enovelamento mais solúveis, impedindo, portanto, sua agregação. Segundo, as modificações sequenciais do oligossacarídeo ligado ao *N* estabelecem um "glicocódigo", que marca a progressão do enovelamento da proteína e media a ligação da proteína a chaperonas (discutido no Capítulo 12) e lectinas – por exemplo, direcionando o transporte do RE para o Golgi. Como discutiremos adiante, as lectinas também participam na distribuição das proteínas na rede *trans* de Golgi.

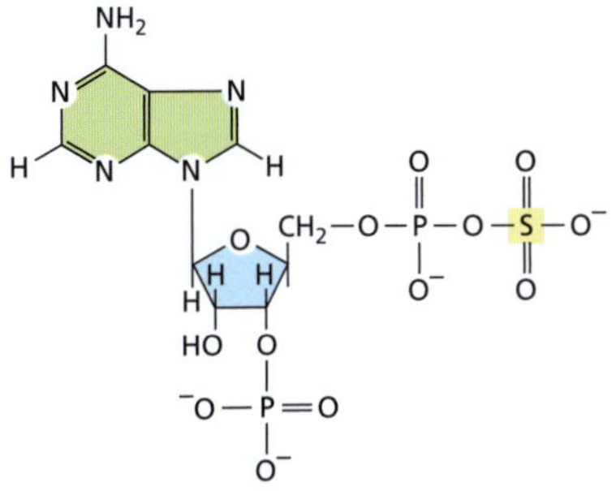

3'-fosfoadenosina-5'-fosfossulfato (PAPS)

Figura 13-33 **Estrutura do PAPS.**

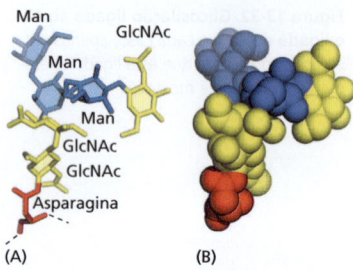

Figura 13-34 Estrutura tridimensional de um pequeno oligossacarídeo ligado ao N. A estrutura foi determinada pela análise cristalográfica de raios X de uma glicoproteína. Este oligossacarídeo contém somente seis açúcares, enquanto há 14 açúcares no oligossacarídeo ligado ao N que é inicialmente transferido às proteínas no RE (ver Figura 12-47). (A) Um modelo de cadeia principal mostrando todos os átomos exceto os hidrogênios; apenas a asparagina da proteína é mostrada. (B) Um modelo de preenchimento de espaço, com a asparagina e os açúcares indicados usando o mesmo esquema de cores que em (A). (B, cortesia de Richard Feldmann.)

Como as cadeias de açúcares têm flexibilidade limitada, mesmo um pequeno oligossacarídeo ligado ao N que se sobressai da superfície de uma glicoproteína (**Figura 13-34**) pode limitar a aproximação de outras macromoléculas à superfície da proteína. Dessa maneira, por exemplo, a presença de oligossacarídeos tende a tornar uma glicoproteína mais resistente à digestão por enzimas proteolíticas. Pode ser que os oligossacarídeos das proteínas da superfície celular tenham originalmente provido uma célula ancestral com um revestimento protetor; comparado à rígida parede celular bacteriana, tal revestimento de açúcar tem a vantagem de deixar a célula com a liberdade de mudar de forma e se mover.

Desde então, as cadeias de açúcares foram modificadas para servir a outros propósitos também. O revestimento de muco das células pulmonares e intestinais, por exemplo, protege contra muitos patógenos. O reconhecimento das cadeias de açúcar pelas *lectinas* no espaço extracelular é importante em muitos processos de desenvolvimento e no reconhecimento célula-célula: as *selectinas*, por exemplo, são lectinas transmembrana que funcionam na adesão de célula-célula durante a migração de células sanguíneas, como discutido no Capítulo 19. A presença de oligossacarídeos pode modificar as propriedades antigênicas e funcionais de uma proteína, fazendo da glicosilação um importante fator na produção de proteínas com propósitos farmacêuticos.

A glicosilação também pode ter importantes papéis de regulação. A sinalização por meio do receptor sinalizador de superfície celular Notch, por exemplo, é um fator importante para determinar o destino da célula no desenvolvimento (discutido no Capítulo 21). O Notch é uma proteína transmembrana O-glicosilada pela adição de uma única fucose a algumas serinas, treoninas e hidroxilisinas. Alguns tipos celulares expressam uma glicosiltransferase adicional que adiciona uma N-acetilglicosamina em cada uma dessas fucoses no aparelho de Golgi. Tal adição muda a especificidade do Notch para as proteínas sinalizadoras na superfície celular que o ativam.

O transporte através do aparelho de Golgi pode ocorrer pela maturação das cisternas

Ainda não se sabe como o aparelho de Golgi alcança e mantém sua estrutura polarizada e como as moléculas se movem de uma cisterna para a outra, e é provável que mais de um mecanismo esteja envolvido em cada caso. Uma hipótese, chamada de **modelo de maturação de cisternas**, considera as cisternas de Golgi como estruturas dinâmicas que maturam de primária a tardia adquirindo e depois perdendo proteínas específicas residentes no Golgi. De acordo com essa visão, as cisternas *cis* se formam continuamente à medida que agrupamentos tubulares de vesículas chegam do RE e progressivamente amadurecem para se tornar uma cisterna média e depois uma cisterna *trans* (**Figura 13-35A**). Uma cisterna, então, move-se através da pilha de Golgi com carga em seu lúmen. O transporte retrógrado das enzimas de Golgi pelo brotamento de vesículas de COPI explica sua distribuição característica. Como discutiremos a seguir, quando uma cisterna finalmente se move adiante para se tornar parte da rede *trans* de Golgi, vários tipos de vesículas revestidas brotam dela até a rede desaparecer, para ser substituída por uma cisterna em maturação posicionada logo atrás. Ao mesmo tempo, outras vesículas de transporte estão continuamente recuperando membranas de compartimentos posicionados após o Golgi e devolvendo-as à rede *trans* de Golgi.

O modelo de maturação de cisternas é sustentado por estudos utilizando enzimas de Golgi de diferentes cisternas que foram marcadas com diferentes colorações de fluorescência. Tais estudos realizados com células de levedura onde as cisternas de Golgi não são empilhadas revelam que cisternas determinadas mudam sua cor, demonstrando, desse modo, que elas mudam seu suplemento de enzimas residentes à medida que elas maturam, ainda que não sejam empilhadas. Também sustentando tal modelo, observações de micrografias eletrônicas revelaram que grandes estruturas como os bastões de procolágeno em fibroblastos e escamas de certas algas se movem progressivamente através da pilha de Golgi.

Uma visão alternativa sustenta que as cisternas de Golgi são estruturas duradouras que mantêm seu conjunto característico de proteínas residentes de Golgi firmemente no lugar, e as proteínas-carga são transportadas de uma cisterna para a próxima pelo transporte de vesículas (**Figura 13-35B**). De acordo com esse **modelo de transporte vesicular**, o fluxo retrógrado de vesículas recupera as proteínas que escaparam do RE e do Golgi e as devolve aos compartimentos anteriores no fluxo. O fluxo direcional pode ser

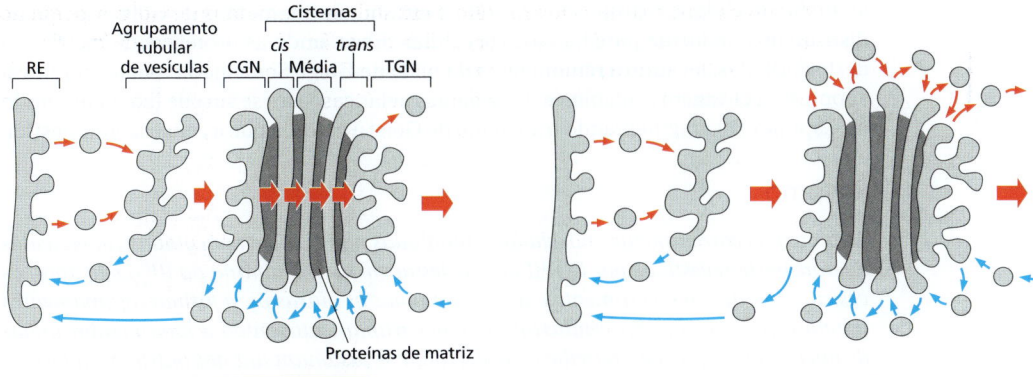

(A) MODELO DE MATURAÇÃO DE CISTERNAS (B) MODELO DE TRANSPORTE VESICULAR

Figura 13-35 Dois modelos possíveis explicando a organização do aparelho de Golgi e como as proteínas se movem através dele. É provável que o transporte através do aparelho de Golgi na direção progressiva (*setas vermelhas*) envolva elementos de ambos os modelos. (A) De acordo com o modelo da maturação de cisternas, cada cisterna de Golgi amadurece à medida que migra através de uma pilha. Em cada estágio, as proteínas residentes no Golgi que são carregadas adiante em uma cisterna em maturação são levadas de volta para um compartimento anterior em vesículas revestidas por COPI. Quando uma cisterna recém-formada se move para uma posição média, por exemplo, as enzimas do *cis* Golgi "remanescentes" seriam extraídas e transportadas de volta para uma nova cisterna *cis* posicionada anteriormente. De forma semelhante, as enzimas da região média seriam recebidas pelo transporte retrógrado das cisternas localizadas logo à frente. Dessa forma, uma cisterna *cis* se amadureceria em uma cisterna média e então em uma cisterna *trans* à medida que se move para fora. (B) No modelo do transporte vesicular, as cisternas de Golgi são compartimentos estáticos que contêm um suplemento característico de enzimas residentes. A passagem de moléculas de *cis* para *trans* através do Golgi é obtida pelo movimento progressivo de vesículas de transporte, que brotam de uma cisterna e se fundem com a próxima, em uma direção *cis*-para-*trans*.

alcançado porque as moléculas de carga que avançam são seletivamente empacotadas em vesículas que se movem adiante. Embora tanto as vesículas que avançam quanto as que retrocedem sejam provavelmente revestidas por COPI, os revestimentos podem conter diferentes proteínas adaptadoras que conferem seletividade no empacotamento das moléculas-carga. De maneira alternativa, o deslocamento das vesículas de transporte entre as cisternas de Golgi pode não ser de todo direcional, transportando carga aleatoriamente para trás e para frente; o fluxo direcional ocorreria, então, por causa da entrada contínua na cisterna *cis* e saída na cisterna *trans*.

O modelo de transporte de vesículas é sustentado por experimentos que mostram que as moléculas-carga estão presentes em pequenas vesículas revestidas por COPI e que tais vesículas podem entregá-las às cisternas de Golgi por grandes distâncias. Além disso, quando proteínas de membrana agregadas experimentalmente são introduzidas dentro das cisternas de Golgi, elas podem ser vistas permanecendo no lugar, enquanto a carga solúvel, mesmo se presente em grandes agregados, atravessa o Golgi em ritmos normais.

É provável que aspectos de ambos os modelos sejam verdadeiros. Um núcleo estável de cisternas duradouras pode existir no centro de cada cisterna de Golgi, enquanto as regiões ao redor podem sofrer contínua maturação, talvez usando as cascatas de Rab que mudam sua identidade. À medida que partes de cisternas maduras são formadas, elas podem se partir e se fusionar com cisternas seguintes no fluxo por mecanismos de fusão homotípica, carregando grandes moléculas-carga com elas. Além disso, pequenas vesículas revestidas por COPI poderiam transportar pequenas cargas na direção para frente e recuperar enzimas que escaparam do Golgi e devolvê-las à sua cisterna retrógrada apropriada.

Proteínas da matriz do Golgi ajudam a organizar a pilha

A arquitetura única do aparelho de Golgi depende tanto do citoesqueleto de microtúbulos, como já mencionado, como de proteínas citoplasmáticas da matriz do Golgi, que formam um arcabouço entre cisternas adjacentes e conferem às pilhas de Golgi a sua integridade estrutural. Algumas das proteínas de matriz, chamadas *golginas*, formam longas amarras compostas de domínios super-hélices rígidos com regiões articuladas intercaladas. As golginas formam uma floresta de tentáculos que pode se estender de 100 a 400 nm a partir da superfície da pilha de Golgi. Acredita-se que elas ajudam a manter o transporte de vesículas de Golgi perto da organela mediante interações com as proteínas Rab (**Figura 13-36**). Quando a célula se prepara para a divisão, as proteínas-cinase mitóticas fosforilam as proteínas da matriz do Golgi, determinando a fragmentação do

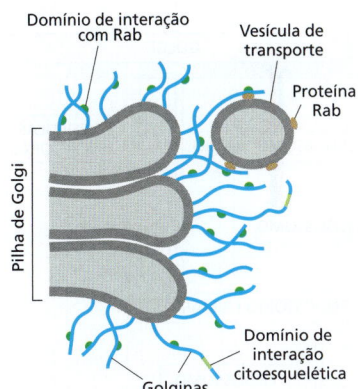

Figura 13-36 Modelo de funcionamento da golgina. Golginas filamentosas ancoradas às membranas de Golgi capturam as vesículas de transporte por ligação às proteínas de Rab sobre a superfície da vesícula.

aparelho de Golgi e a dispersão por todo o citosol. Os fragmentos de Golgi são, então, distribuídos de forma parelha às duas células-filhas, onde as proteínas de matriz são desfosforiladas, levando à remontagem da pilha de Golgi. Semelhantemente, durante a apoptose, a clivagem proteolítica das golginas pelas caspases se sucede (como discutido no Capítulo 18), fragmentando o aparelho de Golgi à medida que a célula se autodestrói.

Resumo

As proteínas corretamente enoveladas e montadas no RE são empacotadas em vesículas de transporte revestidas por COPII que se destacam da membrana do RE. Logo após, as vesículas perdem o revestimento e se fundem umas às outras para formar agrupamentos tubulares de vesículas. Em células animais, os agrupamentos então se movem sobre linhas de microtúbulos para o aparelho de Golgi, onde se fusionam uns aos outros para formar a rede cis de Golgi. Qualquer proteína residente no RE que escape do RE é devolvida para lá pelos agrupamentos tubulares de vesículas e do aparelho de Golgi pelo transporte retrógrado em vesículas revestidas por COPI.

O aparelho de Golgi, diferentemente do RE, contém muitos nucleotídeos de açúcares, que as enzimas glicosiltransferases utilizam para glicosilar moléculas de lipídeo e proteína à medida que passam através do aparelho de Golgi. As manoses dos oligossacarídeos ligados ao N que são adicionados às proteínas no RE são frequentemente removidas no início, e açúcares adicionais são acrescentados. Além disso, o aparelho de Golgi é o local onde ocorre a glicosilação ligada ao O e onde as cadeias de glicosaminoglicanos são adicionadas a proteínas-núcleo para formar proteoglicanos. A sulfatação de açúcares em proteoglicanos e de tirosinas selecionadas de proteínas também ocorre em um compartimento de Golgi tardio.

O aparelho de Golgi modifica as várias proteínas e lipídeos que recebe do RE e, então, os distribui para a membrana plasmática, os lisossomos e as vesículas secretoras. O aparelho de Golgi é uma organela polarizada, que consiste em uma ou mais pilhas de cisternas em forma de disco. Cada pilha é organizada como uma série de pelo menos três compartimentos funcionalmente distintos, chamados cisternas cis, média e trans. As cisternas cis e trans são conectadas a estações especiais de seleção, chamadas de rede cis de Golgi e rede trans de Golgi respectivamente. As proteínas e os lipídeos movem-se através da pilha de Golgi em uma direção cis-para-trans. Esse movimento pode ocorrer por transporte vesicular, pela maturação progressiva das cisternas cis à medida que migram de modo contínuo através das pilhas ou, mais provavelmente, por uma combinação dos dois mecanismos. Acredita-se que o transporte vesicular retrógrado contínuo de cisternas de cima para cisternas mais abaixo mantém as enzimas concentradas onde são necessárias. As novas proteínas concluídas terminam na rede trans de Golgi, que as empacota em vesículas de transporte para despachá-las a seus destinos específicos na célula.

TRANSPORTE DA REDE *TRANS* DE GOLGI PARA OS LISOSSOMOS

A rede *trans* de Golgi seleciona todas as proteínas que passam através do aparelho de Golgi (exceto aquelas que são retidas ali como residentes permanentes) de acordo com seus destinos finais. O mecanismo de classificação é especialmente bem conhecido para as proteínas destinadas ao lúmen dos lisossomos, e, nesta seção, consideraremos esse processo de transporte seletivo. Iniciamos com uma breve apresentação da estrutura e da função dos lisossomos.

Os lisossomos são os principais sítios de digestão intracelular

Os **lisossomos** são organelas envoltas por membranas preenchidas com enzimas hidrolíticas solúveis que digerem macromoléculas. Os lisossomos contêm cerca de 40 tipos de enzimas hidrolíticas, incluindo proteases, nucleases, glicosidases, lipases, fosfolipases, fosfatases e sulfatases. Todas são **hidrolases ácidas**, ou seja, hidrolases que funcionam melhor em pH ácido. Para uma atividade ótima, elas precisam ser ativadas por clivagem proteolítica, que também pode exigir um ambiente ácido. O lisossomo proporciona tal acidez, mantendo um pH interior de cerca de 4,5 a 5,0. Com esse arranjo, os conteúdos do citosol são duplamente protegidos contra o ataque do sistema digestivo da própria célula: a membrana do lisossomo mantém as enzimas digestivas fora do citosol, mas, mesmo que elas escapem, elas causarão poucos danos com o pH citosólico de cerca de 7,2.

Assim como todas as outras organelas envolvidas por membranas, o lisossomo não apenas contém uma coleção única de enzimas, mas também uma membrana circundante única. A maioria das proteínas de membrana do lisossomo, por exemplo, são altamente glicosiladas, o que ajuda a protegê-las das proteases dos lisossomos no lúmen. O transporte de proteínas na membrana do lisossomo carrega os produtos finais da digestão de macromoléculas – como os aminoácidos, açúcares e nucleotídeos – para o citosol, onde a célula pode tanto reutilizá-los quanto excretá-los.

Uma *H⁺ ATPase vacuolar* na membrana do lisossomo usa a energia da hidrólise de ATP para bombear H⁺ para dentro do lisossomo, mantendo, assim, o lúmen em seu pH ácido (**Figura 13-37**). A bomba de H⁺ do lisossomo pertence à *família das ATPases tipo V* e possui uma arquitetura similar à das ATP-sintases de mitocôndrias e cloroplastos (ATPases do tipo F), que convertem a energia armazenada em gradientes de H⁺ em ATP (ver Figura 11-12). Diferentemente dessas enzimas, no entanto, a ATPase H⁺ vacuolar trabalha exclusivamente ao contrário, bombeando H⁺ para dentro da organela. ATPases semelhantes ou idênticas às do tipo V acidificam todas as organelas endocíticas e exocíticas, incluindo os lisossomos, os endossomos, alguns compartimentos do aparelho de Golgi e muitas vesículas de transporte e de secreção. Além de proporcionar um ambiente de baixo pH que é adequado para as reações que ocorrem no lúmen da organela, o gradiente de H⁺ fornece a fonte de energia que conduz o transporte de pequenos metabólitos através da membrana da organela.

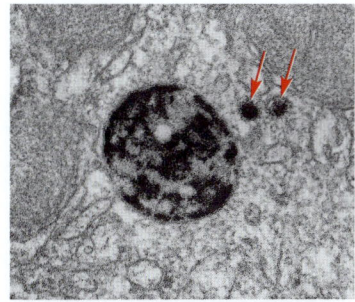

Figura 13-37 Lisossomos. As hidrolases ácidas são enzimas hidrolíticas que são ativadas sob condições ácidas. Uma ATPase H⁺ na membrana bombeia H⁺ para dentro do lisossomo, mantendo seu lúmen em pH ácido.

Os lisossomos são heterogêneos

Os lisossomos são encontrados em todas as células eucarióticas. Eles foram inicialmente descobertos pelo fracionamento bioquímico de extratos celulares; somente mais tarde eles foram observados de forma clara em microscópio eletrônico. Embora extraordinariamente diversos em formato e tamanho, a sua coloração com anticorpos específicos mostra que são membros de uma única família de organelas. Eles também podem ser identificados por técnicas histoquímicas que revelam quais organelas contêm hidrolase ácida (**Figura 13-38**).

A morfologia heterogênea dos lisossomos contrasta com as estruturas relativamente uniformes de muitas outras organelas celulares. A diversidade reflete a ampla variedade de funções digestivas mediadas pelas hidrolases ácidas, incluindo a quebra de restos intra e extracelulares, a destruição de microrganismos fagocitados e a produção de nutrientes para a célula. A sua diversidade morfológica, entretanto, também reflete como os lisossomos se formam. Os endossomos tardios contendo material recebido da membrana plasmática por endocitose e hidrolases lisossômicas recém-sintetizadas se fundem com lisossomos preexistentes para formar estruturas que algumas vezes são referidas como *endolisossomos*, que então se fundem um com outro (**Figura 13-39**). Quando a maior parte do material endocitado dentro de um endolisossomo foi digerida de modo que somente resíduos resistentes ou de digestão lenta permanecem, essas organelas se tornam endossomos "clássicos". Estes são relativamente densos, arredondados e pequenos, mas podem entrar no ciclo outra vez ao se fusionar com endossomos tardios ou endolisossomos. Assim, não há distinção real entre endolisossomos e lisossomos: eles são os mesmos, exceto pelo fato de que eles estão em diferentes estágios do ciclo de maturação. Por essa razão, os lisossomos são, algumas vezes, vistos como uma coleção

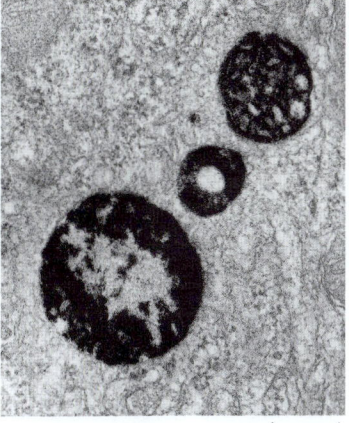

Figura 13-38 Visualização histoquímica de lisossomos. Estas micrografias eletrônicas mostram dois cortes de uma célula corada para revelar a localização de fosfatase ácida, uma enzima marcadora dos lisossomos. As organelas envoltas por membranas maiores, contendo precipitados densos de fosfato de chumbo, são os lisossomos. A sua morfologia diversa reflete as variações na quantidade e na natureza do material que estão digerindo. Os precipitados são produzidos quando o tecido fixado por glutaraldeído (para fixar a enzima no lugar) é incubado com um substrato para fosfatase na presença de íons de chumbo. As *setas vermelhas* no quadro superior indicam duas vesículas pequenas que, acredita-se, estejam carregando hidrolases ácidas do aparelho de Golgi. (Cortesia de Daniel S. Friend.)

Figura 13-39 Modelo de maturação de lisossomos. Os endossomos tardios se fundem com lisossomos preexistentes (*seta de baixo*) ou endolisossomos preexistentes (*seta de cima*). Por fim, os endolisossomos amadurecem em lisossomos à medida que as hidrolases completam a digestão dos seus conteúdos, que pode incluir vesículas intraluminais. Os lisossomos também se fundem com fagossomos, como discutiremos adiante.

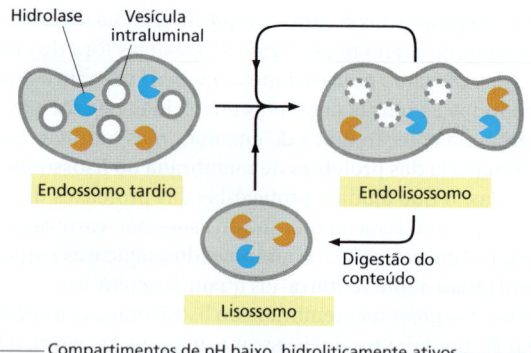

heterogênea de organelas distintas, cuja característica em comum é um alto conteúdo de enzimas hidrolíticas. É especialmente difícil de aplicar uma definição mais precisa do que esta para as células vegetais, como discutiremos a seguir.

Os vacúolos de vegetais e de fungos são lisossomos surpreendentemente versáteis

A maioria das células vegetais e fúngicas (incluindo leveduras) contém uma ou mais vesículas muito grandes e preenchidas de fluido, denominadas **vacúolos**. Eles costumam ocupar mais de 30% do volume celular, chegando a até 90% em alguns tipos celulares (**Figura 13-40**). Os vacúolos estão relacionados aos lisossomos das células animais, contendo várias enzimas hidrolíticas, mas as suas funções são nitidamente diversas. O vacúolo vegetal pode atuar como uma organela de armazenamento tanto para os nutrientes quanto para os resíduos, como um compartimento degradativo, como uma forma econômica de aumentar o tamanho celular e como um controlador da *pressão de turgescência* (a pressão osmótica exercida de dentro para fora sobre a parede celular e que impede que a planta murche) (**Figura 13-41**). A mesma célula pode ter vacúolos diferentes com funções diferentes, como digestão e armazenamento.

O vacúolo é importante como um instrumento de homeostase, permitindo que as células vegetais suportem grandes variações no seu ambiente. Quando o pH do ambiente cai, por exemplo, o fluxo de H^+ para o citosol é balanceado, pelo menos em parte, por um transporte aumentado de H^+ para o vacúolo, que tende a manter o pH do citosol constante. De forma semelhante, muitas células vegetais mantêm uma pressão de turgescência praticamente constante apesar das amplas variações de tonicidade dos fluidos dos seus ambientes próximos. Elas fazem isso mudando a pressão osmótica do citosol e do vacúolo – em parte

Figura 13-40 Vacúolo de célula vegetal. (A) Imagem confocal de células de um embrião de *Arabidopsis* que expressa uma proteína de fusão aquaporina-YFP (proteína amarela fluorescente) em seu tonoplasto, ou membrana do vacúolo (*verde*); as paredes celulares foram coloridas falsamente de *laranja*. Cada célula contém muitos vacúolos grandes. (B) Esta micrografia eletrônica de células de uma folha jovem de tabaco mostra o citosol como uma camada fina, contendo cloroplastos, pressionado contra a parede celular pelo enorme vacúolo. (A, cortesia de C. Carroll e L. Frigerio, baseada em S. Gattolin et al., *Mol. Plant* 4:180–189, 2011. Com permissão de Oxford University Press; B, cortesia de J. Burgess.)

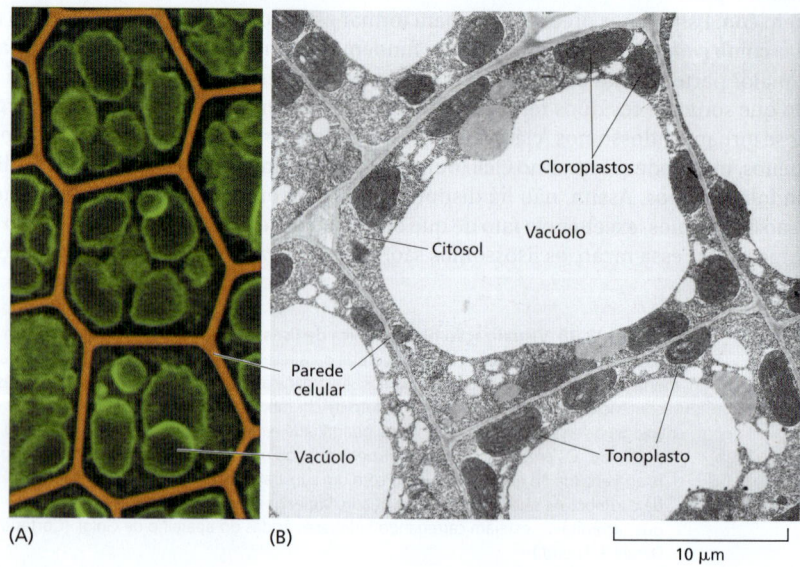

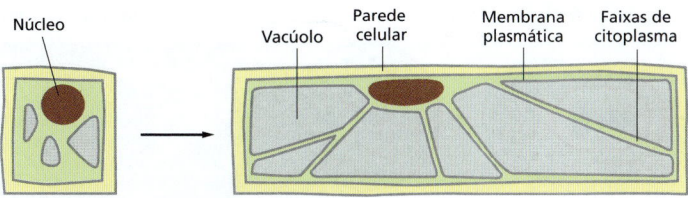

Figura 13-41 **Papel do vacúolo no controle do tamanho das células vegetais.** Uma célula vegetal pode alcançar um grande aumento do volume celular sem aumentar o volume do citosol. Enfraquecimentos localizados na parede celular orientam o alargamento celular dirigido pela turgescência que acompanha a captação de água para dentro do vacúolo em expansão. O citosol acaba sendo confinado a uma camada fina periférica, que é conectada à região nuclear por faixas de citosol estabilizadas por feixes de filamentos de actina (não mostrados).

pela quebra e ressíntese controladas de polímeros, como polifosfatos no vacúolo, e em parte pela alteração da taxa de transporte de açúcares, aminoácidos e outros metabólitos através da membrana plasmática e da membrana vacuolar. A pressão de turgescência regula as atividades de distintos transportadores em cada membrana para controlar esses fluxos.

Os seres humanos frequentemente recolhem substâncias armazenadas nos vacúolos de plantas – da borracha ao ópio e ao aroma do alho. Muitos produtos estocados possuem uma função metabólica. As proteínas, por exemplo, podem ser preservadas por anos nos vacúolos de células de estocagem de muitas sementes, como as de ervilhas e feijões. Quando as sementes germinam, essas proteínas são hidrolisadas, e os aminoácidos resultantes fornecem um suprimento alimentar para o embrião em desenvolvimento. Os pigmentos antocianinas armazenados nos vacúolos colorem as pétalas de muitas flores para atrair insetos polinizadores, enquanto as moléculas tóxicas liberadas dos vacúolos, quando uma planta é consumida ou danificada, promovem uma forma de defesa contra predadores.

Múltiplas vias entregam materiais para os lisossomos

Os lisossomos são locais de encontro para onde várias vias de tráfego intracelular convergem. Uma rota que leva para fora do RE pelo aparelho de Golgi entrega a maioria das enzimas digestivas do lisossomo, enquanto pelo menos quatro vias de fontes diferentes alimentam os lisossomos de substâncias para digestão.

A mais estudada dessas vias de degradação é aquela seguida pelas macromoléculas captadas do líquido extracelular pela *endocitose*. Uma via semelhante, encontrada nas células fagocíticas, como os macrófagos e neutrófilos em vertebrados, é dedicada ao engolfamento, ou *fagocitose*, de grandes partículas e microrganismos para formar os *fagossomos*. Uma terceira via, chamada de *macropinocitose*, é especializada na captação não específica de fluidos, membrana e partículas anexadas à membrana plasmática. Voltaremos a discutir essas vias mais adiante no capítulo. Uma quarta via chamada de *autofagia* se origina no citoplasma da própria célula e é utilizada para digerir organelas do citosol e deterioradas, como discutido a seguir. As quatro vias de degradação nos lisossomos estão ilustradas na **Figura 13-42**.

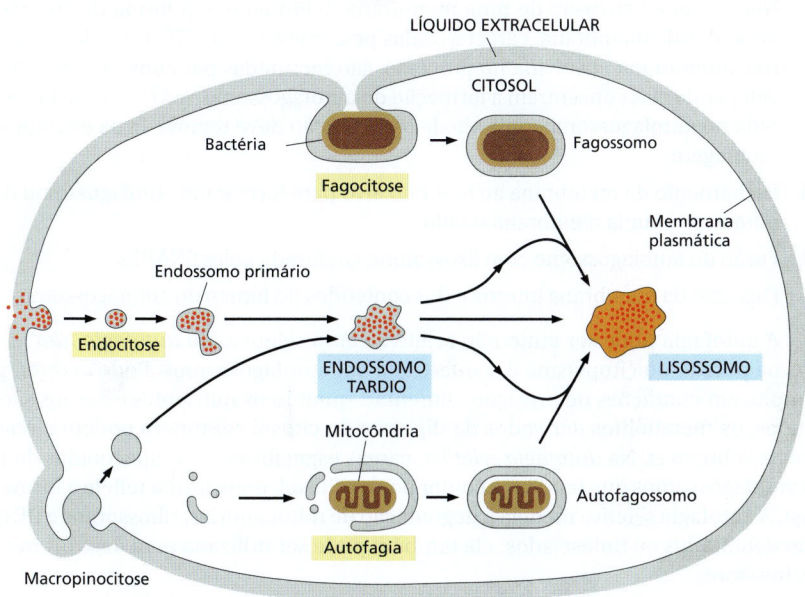

Figura 13-42 **As quatro vias de degradação nos lisossomos.** Os materiais de cada via são derivados de uma fonte diferente. Observe que o autofagossomo possui uma membrana dupla. Em todos os casos, a etapa final é a fusão com os lisossomos.

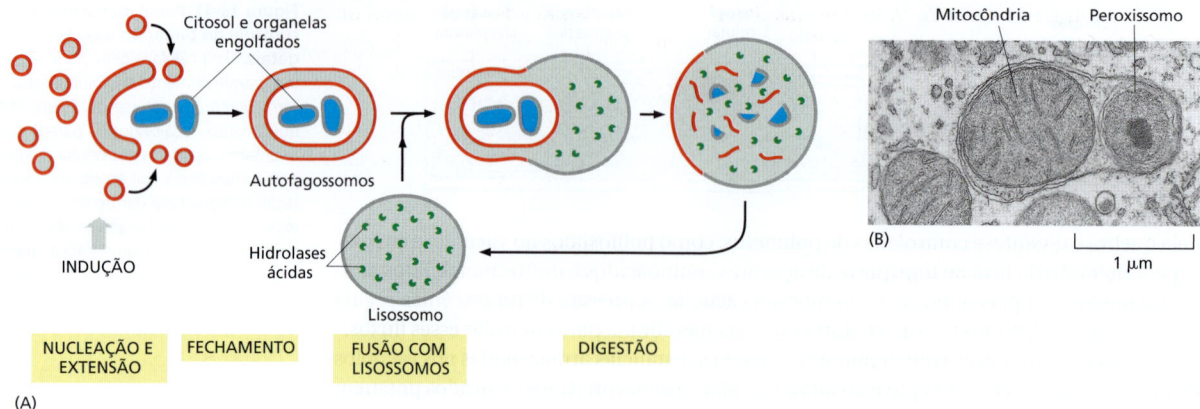

Figura 13-43 Modelo de autofagia.
(A) A ativação de uma via sinalizadora inicia o evento de nucleação no citoplasma. Uma membrana autofagossômica na forma de crescente cresce por fusão de vesículas de origem desconhecida e, por fim, funde-se para formar um autofagossomo envolto por membrana dupla, que sequestra uma porção do citoplasma. Então, o autofagossomo se fusiona a lisossomos portadores de hidrolases ácidas que digerem seu conteúdo. Durante a formação da membrana do autofagossomo, uma proteína semelhante à ubiquitina se torna ativada pela ligação covalente de uma âncora lipídica fosfatidiletanolamina. Essas proteínas, então, intervêm no aprisionamento e fusão da vesícula, levando à formação de uma estrutura de membrana em forma de crescente que se arranja ao redor do seu alvo (não mostrado). (B) Uma micrografia eletrônica de um autofagossomo contendo uma mitocôndria e um peroxissomo. (B, cortesia de Daniel S. Friend, de D.W. Fawcett, *A Textbook of Histology*, 12th ed. New York: *Chapman and Hall*, 1994. Com permissão de Kluwer.)

A autofagia degrada proteínas e organelas indesejadas

Todos os tipos celulares descartam partes obsoletas por um processo dependente do lisossomo chamado de **autofagia**. O processo de degradação é importante durante o crescimento normal da célula e no desenvolvimento, quando ajuda a reestruturar células em diferenciação, mas também nas respostas adaptativas a estresses como privação alimentar e infecção. A autofagia pode remover grandes objetos – macromoléculas, grandes agregados proteicos e até mesmo organelas – com os quais outros mecanismos de descarte, como a degradação proteossômica, não conseguem lidar. Defeitos na autofagia podem impedir que as células se liberem de micróbios, agregados de proteínas indesejadas e proteínas anormais e, assim, contribuir para doenças desde distúrbios infecciosos a neurodegeneração e câncer.

Nos estágios iniciais de autofagia, a carga citoplasmática fica cercada por uma membrana dupla que se forma pela fusão de vesículas pequenas de origem desconhecida, formando um **autofagossomo** (**Figura 13-43**). Foram identificadas algumas dezenas de proteínas diferentes em células de levedura e de animais que participam no processo, que deve ser regulado rigorosamente: um pouco a mais ou um pouco a menos já pode ser deletério. Todo o processo ocorre na seguinte sequência de etapas:

1. Indução por ativação de moléculas sinalizadoras: proteínas-cinase (incluindo o complexo mTOR 1, discutido no Capítulo 15) que retransmitem informação sobre a condição metabólica da célula se tornam ativadas e sinalizam para a maquinaria autofágica.

2. Nucleação e expansão de uma membrana delimitante em forma de crescente: Vesículas de membrana, caracterizadas pela presença de ATG9, a única proteína transmembrana envolvida no processo, são recrutadas para um sítio de montagem, onde elas concentram a formação do autofagossomo. A ATG9 não é incorporada no autofagossomo: uma via de recuperação deve removê-la da estrutura de montagem.

3. Fechamento da membrana ao redor do alvo para formar um autofagossomo delimitado por dupla membrana selado.

4. Fusão do autofagossomo com lisossomos, catalisada pelas SNAREs.

5. Digestão da membrana interna e dos conteúdos do lúmen do autofagossomo.

A autofagia pode ser tanto não seletiva como seletiva. Na *autofagia não seletiva*, uma porção do citoplasma é sequestrada em autofagossomos. Pode ocorrer, por exemplo, em condições de privação alimentar: quando os nutrientes externos são limitados, os metabólitos derivados da digestão do citosol capturado podem ajudar a célula a sobreviver. Na *autofagia seletiva*, cargas específicas são empacotadas dentro dos autofagossomos que tendem a conter pouco citosol, e sua forma reflete a forma da carga. A autofagia seletiva medeia a degradação de mitocôndrias, ribossomos e RE que estão debilitados ou indesejados; ela também pode ser utilizada para destruir micróbios invasores.

A autofagia seletiva de mitocôndrias deterioradas ou danificadas é chamada de *mitofagia*. Como discutido nos Capítulos 12 e 14, quando as mitocôndrias funcionam normalmente, a membrana interna mitocondrial é energizada por um gradiente eletroquímico de H^+ que direciona a síntese de ATP e a importação de proteínas precursoras mitocondriais e de metabólitos. As mitocôndrias danificadas não podem manter o gradiente, então a importação de proteínas é bloqueada. Como consequência, uma proteína-cinase chamada Pink1, que, em geral, é importada para as mitocôndrias, fica retida sobre a superfície mitocondrial onde recruta a ubiquitina-ligase Parkin do citosol. A Parkin realiza a ubiquitinação das proteínas da membrana mitocondrial externa, o que marca a organela para destruição seletiva nos autofagossomos. Mutações na Pink1 ou Parkin causam uma forma de aparecimento precoce da doença de Parkinson, uma doença degenerativa do sistema nervoso central. Não se sabe por que os neurônios que morrem prematuramente nessa doença são particularmente dependentes da mitofagia.

Um receptor de manose-6-fosfato seleciona hidrolases lisossômicas na rede *trans* de Golgi

Consideremos, agora, a via que entrega hidrolases lisossômicas da TGN para os lisossomos. As enzimas são primeiro entregues nos endossomos em vesículas de transporte que brotam da TGN, antes que eles se movam adiante para os endolisossomos e lisossomos (ver Figura 13-39). As vesículas que deixam a TGN incorporam as proteínas lisossômicas e excluem as várias outras proteínas que são empacotadas em diferentes vesículas de transporte para destiná-las a outros locais.

Como as hidrolases lisossômicas são reconhecidas e selecionadas na TGN com a precisão necessária? Em células animais, elas carregam um marcador único na forma de grupos de *manose-6-fosfato* (*M6P*), que são exclusivamente adicionados aos oligossacarídeos ligados ao *N* dessas enzimas lisossômicas solúveis, à medida que elas passam através do lúmen da rede *cis* de Golgi (**Figura 13-44**). As **proteínas receptoras de M6P** transmembrana, que estão presentes na TGN, reconhecem os grupos M6P e se ligam às hidrolases lisossômicas na face luminal da membrana e a proteínas adaptadoras para montar os revestimentos de clatrina na face citosólica. Dessa forma, os receptores ajudam a empacotar as hidrolases em vesículas revestidas por clatrina que brotam da TGN e entregar seu conteúdo aos endossomos primários.

O receptor M6P se liga ao M6P em pH de 6,5 a 6,7 no lúmen da TGN e o libera em pH 6, que é o pH no lúmen dos endossomos. Assim, depois que o receptor é liberado, as hidrolases lisossômicas se dissociam dos receptores M6P, que são recuperados para dentro de vesículas de transporte que brotam dos endossomos. Essas vesículas são revestidas por *retrômero*, um complexo de proteína de revestimento especializado no transporte de endossomo para TGN, que devolvem os receptores para a TGN para reúso (**Figura 13-45**).

O transporte em qualquer das direções requer sinais na cauda citoplasmática do receptor de M6P que direciona essa proteína para o endossomo ou de volta à TGN. Esses sinais são reconhecidos pelo complexo retrômero que recruta os receptores de M6P para as vesículas de transporte que brotam dos endossomos. A reciclagem do receptor de M6P se parece com a reciclagem do receptor de KDEL discutida antes, embora difira no tipo de vesículas revestidas que medeiam o transporte.

Nem todas as moléculas de hidrolase que carregam M6P chegam aos lisossomos. Algumas escapam do processo de empacotamento normal na rede *trans* de Golgi e são transportadas, "por padrão", à superfície celular, onde são secretadas no líquido extracelular. Alguns receptores de M6P, entretanto, também fazem um desvio para a membrana plasmática, onde recapturam as hidrolases lisossômicas que escaparam e as devolvem por *endocitose mediada por receptores* (discutido adiante) aos lisossomos por intermédio dos endossomos primários e tardios. Como as hidrolases lisossômicas necessitam de um ambiente ácido para funcionar, elas não podem causar muitos danos no líquido extracelular, que geralmente tem pH neutro de 7,4.

Para o sistema de seleção que segrega hidrolases lisossômicas e as despacha até os endossomos para agir, os grupos M6P devem ser adicionados somente nas glicoproteínas apropriadas no aparelho de Golgi. Isso exige o reconhecimento específico das hidrolases por parte das enzimas do Golgi responsáveis pela adição de M6P. Uma vez

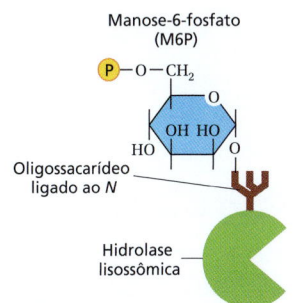

Figura 13-44 Estrutura da manose-6-fosfato em uma hidrolase lisossômica.

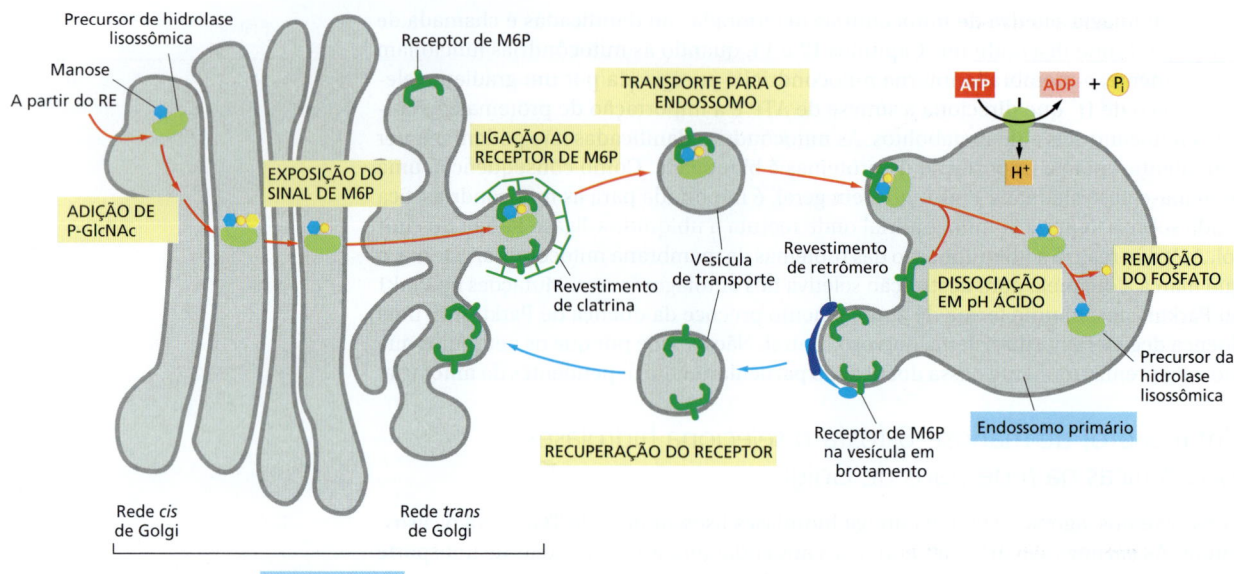

Figura 13-45 Transporte de hidrolases lisossômicas recém-sintetizadas para os endossomos. A ação sequencial de duas enzimas nas redes *cis* e *trans* de Golgi adiciona grupos de manose-6-fosfato (M6P) aos precursores das enzimas lisossômicas (ver Figura 13-46). As hidrolases carregando os M6P então se separam de todos os outros tipos de proteínas na TGN porque as proteínas adaptadoras do revestimento de clatrina (não mostrado) se ligam aos receptores de M6P, que, por sua vez, se ligam às hidrolases lisossômicas modificadas por M6P. As vesículas revestidas por clatrina brotam da TGN, soltam seu revestimento e se fundem com os endossomos tardios. Com o pH mais baixo do endossomo, as hidrolases se dissociam dos receptores M6P, e os receptores vazios são recuperados nas vesículas revestidas por retrômeros para a TGN para novas rodadas de transporte. Nos endossomos, o fosfato é removido do M6P ligado às hidrolases, que podem garantir ainda mais que as hidrolases não retornem à TGN com o receptor.

que todas as glicoproteínas deixam o RE com cadeias de oligossacarídeos ligados ao *N* idênticas, o sinal para a adição das unidades de M6P aos oligossacarídeos deve residir em algum lugar da cadeia polipeptídica de cada hidrolase. Experimentos de engenharia genética revelaram que o sinal de reconhecimento é um agrupamento de aminoácidos vizinhos em cada superfície proteica, conhecido como *região-sinal* (**Figura 13-46**). Uma vez que a maioria das hidrolases lisossômicas contém múltiplos oligossacarídeos, elas necessitam de muitos grupos de M6P, fornecendo um sinal de alta afinidade para o receptor de M6P.

Defeitos na GlcNAc-fosfotransferase causam uma doença de depósito lisossômico em humanos

Os defeitos genéticos que afetam uma ou mais hidrolases lisossômicas causam diversas **doenças de depósito lisossômico**. Os defeitos resultam em um acúmulo de substratos não digeridos nos lisossomos, com sérias consequências patológicas, mais frequentemente no sistema nervoso. Na maioria dos casos, há uma mutação em um gene estrutural que codifica uma hidrolase lisossômica específica. Isso ocorre na *síndrome de Hurler*, por exemplo, na qual a enzima necessária para a quebra de certos tipos de glicosaminoglicanos está defeituosa ou ausente. A forma mais grave das doenças de depósito lisossômico, entretanto, é um distúrbio metabólico hereditário muito raro chamado de *doença de inclusão celular*. Nessa condição, quase todas as enzimas hidrolíticas estão ausentes nos lisossomos de muitos tipos celulares, e os seus substratos não digeridos se acumulam nesses lisossomos, o que, como resultado, forma grandes *inclusões* nas células. A patologia consequente é complexa, afetando todos os sistemas de órgãos, a integridade esquelética e o desenvolvimento mental; os indivíduos raramente vivem além de 6 ou 7 anos.

A doença de inclusão celular é causada por um único defeito gênico e, como a maioria das deficiências enzimáticas genéticas, é recessiva – ou seja, ocorre apenas em indivíduos que têm duas cópias do gene defeituoso. Nos pacientes portadores da doença da célula I, todas as hidrolases ausentes dos lisossomos são encontradas no sangue: por elas não serem selecionadas apropriadamente no aparelho de Golgi, elas são secretadas em vez de transportadas aos lisossomos. A classificação errônea foi traçada a uma fosfotransferase GlcNAc ausente ou defeituosa. Como as enzimas lisossômicas não são fosforiladas na rede *cis* de Golgi, os receptores de M6P não as separam para dentro das vesículas de transporte apropriadas na TGN. Em vez disso, as hidrolases lisossômicas são carregadas para a superfície celular e secretadas.

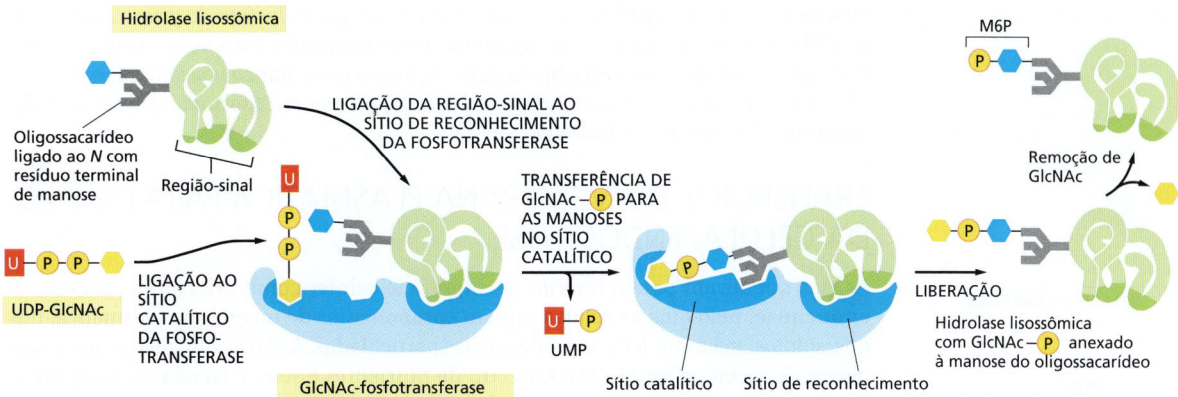

Figura 13-46 **Reconhecimento de uma hidrolase lisossômica.** Uma fosfotransferase GlcNAc reconhece as hidrolases lisossômicas no aparelho de Golgi. A enzima possui sítios catalíticos e de reconhecimento diferentes. O sítio catalítico liga tanto os oligossacarídeos ligados ao N ricos em manose quanto a UDP-GlcNAc. O sítio de reconhecimento liga-se a uma região-sinal que está presente somente na superfície das hidrolases lisossômicas. Uma segunda enzima corta fora a GlcNAc, deixando a manose-6-fosfato exposta.

Na doença de inclusão celular, os lisossomos de alguns tipos celulares, como os hepatócitos, contêm um suplemento normal de enzimas lisossômicas, significando que há outra via para direcionamento das hidrolases para os lisossomos que é utilizada por alguns tipos celulares, mas não por outros. Receptores de seleção alternativos funcionam nessas vias independentes de M6P. De forma semelhante, uma via independente de M6P em todas as células seleciona as proteínas de membrana dos lisossomos da TGN para transportar aos endossomos tardios, e tais proteínas são normais na doença da inclusão celular.

Alguns lisossomos e corpos multivesiculares sofrem exocitose

O direcionamento de materiais para os lisossomos não é, necessariamente, o fim da via. A *secreção lisossômica* do conteúdo não digerido permite que todas as células eliminem os restos indigeríveis. Para a maioria das células, essa parece ser uma via de menor importância, utilizada somente quando as células estão estressadas. Alguns tipos celulares, entretanto, contêm lisossomos especializados que adquiriram a maquinaria necessária para a fusão com a membrana plasmática. Os *melanócitos* da pele, por exemplo, produzem e armazenam pigmentos em seus lisossomos. Esses *melanossomos* que contêm pigmentos liberam o seu conteúdo no espaço extracelular da epiderme por exocitose. O pigmento é, então, capturado por queratinócitos, levando à pigmentação normal da célula. Em alguns distúrbios genéticos, defeitos na exocitose dos melanossomos bloqueiam esse processo de transferência, levando a formas de hipopigmentação (albinismo). Em certas condições, corpos multivesiculares também podem se fundir com a membrana plasmática. Se isso ocorre, suas vesículas intraluminais são liberadas das células. Pequenas vesículas circulantes, também chamadas de *exossomos*, foram observadas no sangue e podem ser usadas para transportar componentes entre células, embora a importância de tal mecanismo de comunicação em potencial entre células distantes seja desconhecida. Alguns exossomos podem derivar direto de eventos de brotamento de vesículas na membrana plasmática, que é um processo topologicamente equivalente (ver Figura 13-57).

Resumo

Os lisossomos são especializados para a digestão intracelular de macromoléculas. Eles contêm proteínas de membrana únicas e uma ampla variedade de enzimas hidrolíticas que funcionam melhor em pH 5, que é o pH interno dos lisossomos. Uma bomba de H^+ dirigida por ATP da membrana lisossômica mantém esse pH baixo. Proteínas lisossômicas recém-sintetizadas são transportadas a partir do lúmen do RE através do aparelho de Golgi; elas são, então, carregadas da rede trans de Golgi para os endossomos por vesículas de transporte revestidas por clatrina antes de se moverem adiante para os lisossomos.

As hidrolases lisossômicas contêm oligossacarídeos ligados ao N que são modificados covalentemente de forma única no cis de Golgi de forma que suas manoses são fosforiladas. Os grupos de manose-6-fosfato (M6P) são reconhecidos por uma proteína receptora de M6P na rede trans de Golgi que separa as hidrolases e ajuda a empacotá-las em vesículas de transporte em brotamento que entregam seus conteúdos aos endossomos. Os receptores de M6P transitam para trás e para frente entre a rede trans de Golgi e os endossomos. O baixo pH nos endossomos e a remoção do fosfato do grupo M6P levam as hidrolases lisossômicas a se dissociarem desses receptores, tornando o transporte das hidrolases unidirecional. Um sistema de transporte à parte utiliza vesículas revestidas por clatrina para entregar proteínas de membrana residentes nos lisossomos provenientes da rede trans de Golgi aos endossomos.

TRANSPORTE DA MEMBRANA PLASMÁTICA PARA DENTRO DA CÉLULA: ENDOCITOSE

As vias que levam para o interior da superfície celular começam com o processo de **endocitose**, pelo qual as células captam componentes de membrana plasmática, fluidos, solutos, macromoléculas e substâncias particuladas. A carga endocitada inclui complexos de receptor-ligante, um espectro de nutrientes e seus carreadores, componentes de matriz extracelular, restos celulares, bactérias, vírus e, em casos especializados, até mesmo outras células. Por meio da endocitose, a célula regula a composição da sua membrana plasmática em resposta a mudanças nas condições extracelulares.

Na endocitose, o material a ser ingerido é progressivamente circundado por uma pequena porção da membrana plasmática, que primeiro se invagina e, então, destaca-se para formar uma **vesícula endocítica** contendo a substância ou a partícula ingerida. A maioria das células eucarióticas constantemente forma vesículas endocíticas, um processo chamado de *pinocitose* ("célula bebendo"); além disso, algumas células especializadas contêm vias dedicadas que captam partículas grandes sob demanda, um processo chamado de *fagocitose* ("célula comendo"). As vesículas endocíticas se formam na membrana plasmática por múltiplos mecanismos que diferem tanto na maquinaria molecular utilizada quanto na maneira como a maquinaria é regulada.

Uma vez geradas na membrana plasmática, a maioria das vesículas endocíticas se funde com um compartimento receptor comum, o *endossomo primário*, onde a carga internalizada é selecionada: algumas moléculas-carga são devolvidas à membrana plasmática, seja diretamente ou via *endossomo de reciclagem*, e outras são designadas para degradação por inclusão em um *endossomo tardio*. Os endossomos tardios se formam de uma porção vacuolar bulbosa dos endossomos primários por um processo chamado de *maturação de endossomos*. Tal processo de conversão muda a composição proteica da membrana do endossomo, sendo que regiões dela se invaginam e se tornam incorporadas nas organelas como *vesículas intraluminais*, enquanto o próprio endossomo se move da periferia celular para uma localização próxima ao núcleo. À medida que um endossomo amadurece, ele interrompe a reciclagem de material para a membrana plasmática e envia irreversivelmente seus conteúdos remanescentes para degradação: os endossomos tardios se fundem um com o outro e com os lisossomos para formar endolisossomos, que agregam seus conteúdos, como já discutido (**Figura 13-47**).

Cada um dos estágios de maturação do endossomo – do endossomo primário ao endolisossomo – é conectado por vias de transporte de vesículas bidirecionais para a

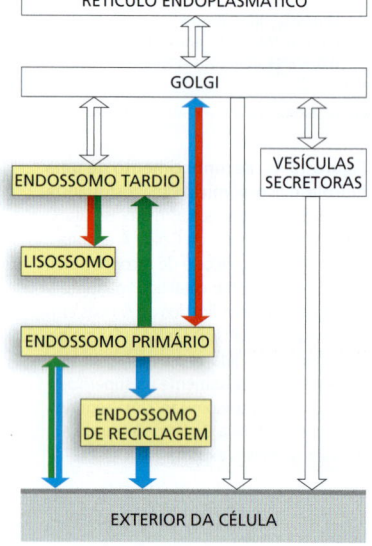

Figura 13-47 Maturação do endossomo: a via endocítica da membrana plasmática aos endossomos. As vesículas endocíticas se fundem perto da periferia celular com um endossomo primário, que é a estação de seleção primária. De porções tubulares do endossomo primário brotam vesículas que reciclam cargas endocitadas de volta para a membrana plasmática – tanto direta quanto indiretamente via endossomos de reciclagem. Os endossomos de reciclagem podem armazenar proteínas até que elas sejam necessárias. A conversão de um endossomo primário em endossomo tardio é acompanhada pela perda das projeções tubulares. As proteínas de membrana destinadas à degradação são internalizadas em vesículas intraluminais. O endossomo tardio em desenvolvimento, ou corpo multivesicular, move-se sobre microtúbulos para o interior celular. Os endossomos tardios completamente maduros não mandam mais vesículas para a membrana plasmática e se fundem um com o outro e com os endolisossomos e lisossomos para degradar seus conteúdos. Cada estágio da maturação dos endossomos está conectado via transporte de vesículas com a TGN, proporcionando um suprimento contínuo de proteínas lisossômicas recém-sintetizadas.

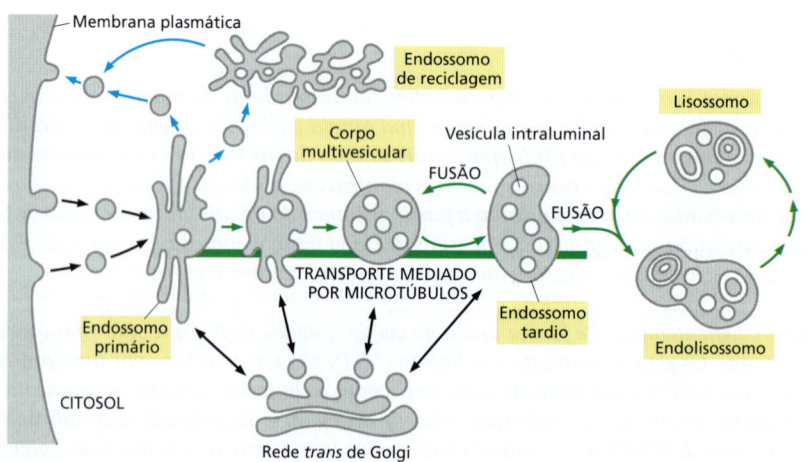

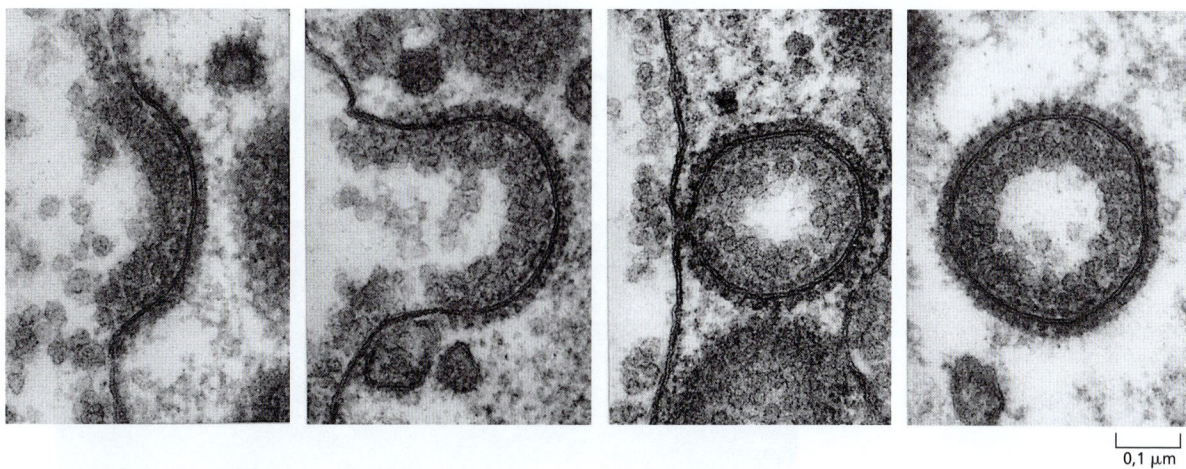

Figura 13-48 **Formação de vesículas revestidas por clatrina a partir da membrana plasmática.** Estas micrografias eletrônicas ilustram a sequência provável de eventos na formação de uma vesícula revestida por clatrina a partir de uma fossa revestida. As fossas revestidas por clatrina e as vesículas mostradas são maiores do que aquelas vistas em células de tamanho normal; elas pertencem a um oócito muito grande de ave e captam partículas lipoproteicas para formar a gema. As partículas de lipoproteína ligadas aos seus receptores de membrana aparecem como uma camada densa de aparência felpuda na superfície extracelular da membrana plasmática – que é a superfície interna da fossa e da vesícula revestidas. (Cortesia de M.M. Perry e A.B. Gilbert, *J. Cell Sci.* 39:257–272, 1979. Com permissão de *The Company of Biologists*.)

TGN. Essas vias permitem a inserção de materiais recém-sintetizados, como enzimas lisossômicas que chegam do RE, e a recuperação de componentes, como o receptor de M6P, de volta para as partes iniciais da via secretora. A seguir discutimos como a célula usa e controla vários padrões do tráfego endocítico.

As vesículas pinocíticas se formam a partir de fossas revestidas na membrana plasmática

Quase todas as células eucarióticas ingerem continuamente porções de sua membrana plasmática na forma de pequenas vesículas pinocíticas (endocíticas). A velocidade com que a membrana plasmática é internalizada nesse processo de **pinocitose** varia entre os tipos celulares, mas em geral é surpreendentemente alta. Um macrófago, por exemplo, ingere 25% do seu próprio volume em fluidos a cada hora. Isso significa que ele deve ingerir 3% da sua membrana plasmática a cada minuto, ou 100% em cerca de meia hora. Os fibroblastos endocitam a uma razão mais baixa (1% por minuto), enquanto algumas amebas ingerem as suas membranas plasmáticas ainda mais rápido. Uma vez que a área superficial e o volume da célula permanecem inalterados durante esse processo, fica claro que a mesma quantidade de membrana sendo removida por endocitose está sendo adicionada à superfície celular pelo processo contrário de *exocitose*. Nesse sentido, a endocitose e a exocitose são processos interligados, que constituem o *ciclo endocítico-exocítico*. O acoplamento entre exocitose e endocitose é particularmente preciso em estruturas especializadas caracterizadas por alto *turnover* (renovação) da membrana, como, por exemplo, uma terminação nervosa.

A parte endocítica do ciclo, de modo geral, começa com as **fossas revestidas por clatrina**. Essas regiões especializadas normalmente ocupam cerca de 2% da área total da membrana plasmática. O tempo de vida de uma fossa revestida por clatrina é curto: dentro de um minuto ou pouco mais depois ter sido formada, ela se invagina na célula e destaca-se para formar uma vesícula revestida por clatrina (**Figura 13-48**). Cerca de 2.500 vesículas revestidas por clatrina se destacam da membrana plasmática de fibroblastos em cultura a cada minuto. As vesículas revestidas são ainda mais transitórias do que as fossas revestidas: dentro de segundos desde que foram formadas, elas perdem os seus revestimentos e se fundem com endossomos primários.

Nem todas as vesículas pinocíticas são revestidas por clatrina

Além das fossas e vesículas revestidas por clatrina, as células podem formar outros tipos de vesículas pinocíticas, como as **cavéolas** (do latim, "cavernas pequenas"), originalmente reconhecidas por sua capacidade de transportar moléculas através das células endoteliais que formam a camada interna dos vasos sanguíneos. As cavéolas, algumas vezes vistas por microscopia eletrônica como frascos profundamente invaginados, estão presentes na membrana plasmática da maioria dos tipos celulares de vertebrados (**Figura 13-49**). Acredita-se que elas formem *balsas lipídicas* na membrana plasmática (dis-

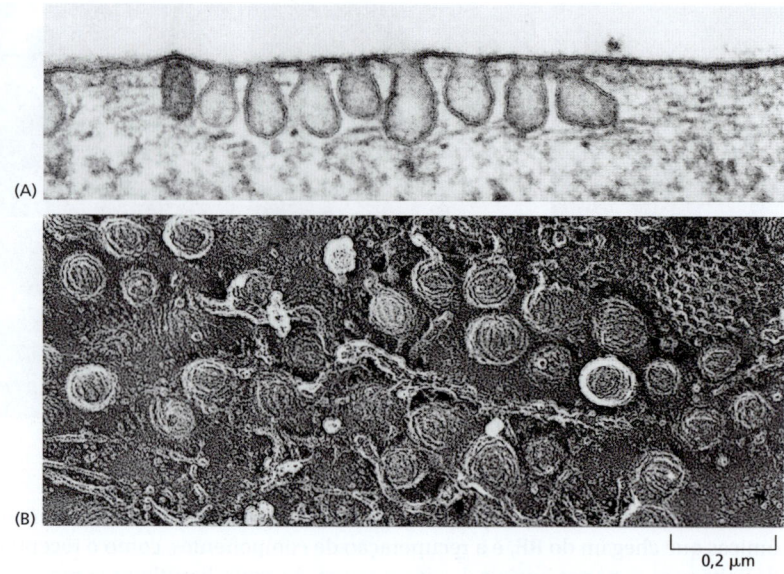

Figura 13-49 Cavéolas na membrana plasmática de um fibroblasto. (A) Esta micrografia eletrônica mostra uma membrana plasmática com uma densidade muito alta de cavéolas. (B) A imagem de microscopia eletrônica de criorrelevo por congelamento rápido demonstra a textura característica de "couve-flor" da face citosólica da membrana caveolar. Acredita-se que essa textura característica resulte de agregados de caveolinas e cavinas. Uma fossa revestida por clatrina também está visível na região superior, à direita. (Cortesia de R.G.W. Anderson, de K.G. Rothberg et al., *Cell* 68:673–682, 1992. Com permissão de Elsevier.)

cutido no Capítulo 10), que são proteínas ancoradas na membrana especialmente ricas em colesterol, glicoesfingolipídeos e glicosilfosfatidilinositol (GPI) (ver Figura 10-13). As principais proteínas estruturais das cavéolas são as **caveolinas**, uma família de proteínas integrais de membrana incomuns em que cada uma insere uma alça hidrofóbica no lado citosólico da membrana, mas que não se estende através da membrana. Na sua face citosólica, as caveolinas estão ligadas a grandes complexos proteicos de proteínas cavinas, que supostamente estabilizam a curvatura da membrana.

Ao contrário das vesículas revestidas por clatrina e COPI ou COPII, as cavéolas costumam ser estruturas estáticas. No entanto, elas podem ser induzidas a se destacar, servindo como vesículas de transporte endocítico para transportar carga até os endossomos primários ou até a membrana plasmática no lado oposto de uma célula polarizada (em um processo chamado de *transcitose*, que discutiremos adiante). Alguns vírus que infectam animais, como o SV40 e o papilomavírus (causador das verrugas), entram nas células em vesículas derivadas de cavéolas. Os vírus são entregues primeiro aos endossomos primários e se movem de lá em vesículas de transporte para o lúmen do RE. O genoma viral sai através da membrana do RE para dentro do citosol, de onde é importado para dentro do núcleo para iniciar o ciclo de infecção. A toxina colérica (discutida nos Capítulos 15 e 19) também entra na célula através de cavéolas e é transportada ao RE antes de entrar no citosol.

A **macropinocitose** é outro mecanismo endocítico independente de clatrina que pode ser ativado em quase todas as células animais. Na maioria dos tipos celulares, ela não opera continuamente e é induzida por um tempo limitado em resposta à ativação do receptor de superfície celular por cargas específicas, incluindo fatores de crescimento, ligantes de integrinas, remanescentes de células apoptóticas e alguns vírus. Esses ligantes ativam uma via de sinalização complexa, resultando em uma mudança na dinâmica da actina e na formação de protrusões da superfície celular, chamadas de *ondas* (protrusões) (discutido no Capítulo 16). Quando as ondas colapsam de volta sobre as células, formam-se grandes vesículas endocíticas cheias de fluido, denominadas *macropinossomos* (**Figura 13-50**), que aumentam transitoriamente a captação bruta de fluido em até dez vezes. A macropinocitose é uma via degradativa dedicada: os macropinossomos se acidificam e então se fundem aos endossomos tardios ou endolisossomos, sem reciclar sua carga de volta à membrana plasmática.

As células utilizam endocitose mediada por receptores para importar macromoléculas extracelulares selecionadas

Na maioria das células animais, as fossas e as vesículas revestidas por clatrina fornecem uma via eficiente de captação de macromoléculas específicas do líquido extracelular. Nesse processo, chamado de **endocitose mediada por receptores**, as macromoléculas

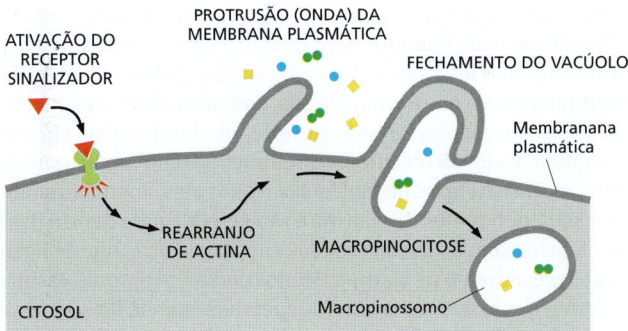

Figura 13-50 Representação esquemática da macropinocitose. Os eventos de sinalização celular levam a uma reprogramação da dinâmica da actina, que, por sua vez, desencadeia a formação de protrusões na superfície celular. Quando as protrusões se colapsam sobre a superfície celular, elas aprisionam, de forma não específica, fluido e macromoléculas extracelulares, e as partículas neles contidas, formando grandes vacúolos, ou macropinossomos, conforme mostrado.

ligam-se às proteínas receptoras transmembrana complementares, que se acumulam em fossas revestidas e, então, entram na célula como complexos receptor-macromolécula em vesículas revestidas por clatrina (ver Figura 13-48). Como os ligantes são seletivamente capturados pelos receptores, a endocitose mediada por receptores fornece um mecanismo seletivo de concentração que aumenta a eficiência de internalização de determinados ligantes em mais de cem vezes. Dessa forma, até mesmo os componentes minoritários do líquido extracelular podem ser captados de maneira eficiente em grandes quantidades. Um exemplo fisiologicamente importante e particularmente bem conhecido é o processo que as células de mamíferos usam para importar colesterol.

Muitas células animais captam o colesterol por meio da endocitose mediada por receptores e, dessa maneira, conseguem a maior parte do colesterol necessário para produzir novas membranas. Se a captação é bloqueada, o colesterol se acumula no sangue e pode contribuir para a formação, nas paredes dos vasos sanguíneos (artérias), de *placas ateroscleróticas*, depósitos de lipídeos e tecidos fibrosos que podem causar derrames e ataques cardíacos por bloqueio do fluxo sanguíneo arterial. De fato, foi pelo estudo em humanos com uma forte predisposição genética à *aterosclerose* que o mecanismo da endocitose mediada por receptores foi revelado pela primeira vez.

A maior parte do colesterol é transportada no sangue como ésteres de colesteril, na forma de partículas lipoproteicas conhecidas como **lipoproteínas de baixa densidade** (**LDLs**, em inglês, *low-density lipoproteins*) (**Figura 13-51**). Quando uma célula necessita de colesterol para a síntese de membranas, ela produz proteínas receptoras transmembrana para LDL e as insere na membrana plasmática. Uma vez na membrana plasmática, os *receptores de LDL* difundem-se até que se associem a fossas revestidas por clatrina em processo de formação. Ali, um sinal para endocitose na cauda citoplasmática dos receptores de LDL se liga à proteína adaptadora ligada à membrana AP2 depois que sua conformação tenha sido localmente desbloqueada pela ligação ao PI(4,5)P$_2$ na membrana plasmática. A detecção coincidente, como já discutido, confere, assim, eficiência e seletividade ao processo (ver Figura 13-9). A AP2, então, recruta a clatrina para iniciar a endocitose.

Uma vez que as fossas revestidas destacam-se constantemente para formar vesículas revestidas, quaisquer partículas de LDL ligadas aos receptores de LDL das fossas revestidas serão rapidamente internalizadas em vesículas revestidas. Depois de perder seus revestimentos de clatrina, as vesículas entregam seu conteúdo aos endossomos primários. Quando LDLs e seus receptores encontram o pH baixo dos endossomos primários, a LDL é liberada de seu receptor e entregue aos lisossomos pelos endossomos tardios. Nos lisossomos, os ésteres de colesteril das partículas de LDL são hidrolisados em colesterol livre, que fica disponível na célula para a síntese de novas membranas (**Animação 13.3**). Se um excesso de colesterol livre se acumular na célula, esta interrompe tanto a sua própria produção de colesterol como a síntese das proteínas receptoras de LDL, de modo a cessar tanto a fabricação quanto a importação de colesterol.

Tal via regulada para a captação de colesterol está interrompida em indivíduos que herdam genes codificadores das proteínas receptoras de LDL defeituosos. Os altos níveis de colesterol sanguíneo resultantes predispõem esses indivíduos a desenvolver aterosclerose prematuramente, e muitos morrem jovens por ataques cardíacos devidos à doença da artéria coronária se não forem tratados com fármacos como as estatinas, que baixam o nível de colesterol no sangue. Em alguns casos, o receptor está totalmente ausente. Em outros, os receptores são defeituosos – tanto no sítio de ligação à LDL extracelular como no

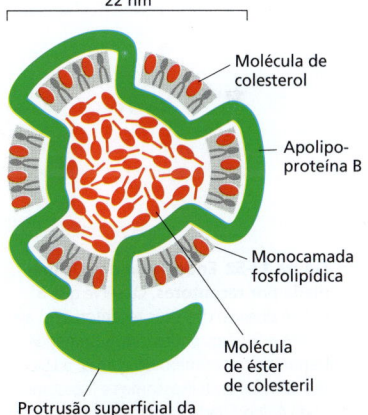

Figura 13-51 Partícula de lipoproteína de baixa densidade (LDL). Cada partícula esférica tem uma massa de 3 x 10^6 dáltons. Ela contém um núcleo com cerca de 1.500 moléculas de colesterol esterificado em longas cadeias de ácidos graxos. Uma monocamada lipídica composta de cerca de 800 fosfolipídeos e 500 moléculas de colesterol não esterificado envolve o núcleo dos ésteres de colesteril. Uma única molécula de apolipoproteína B, uma proteína de 500 mil dáltons na forma de cinturão, organiza a partícula e medeia a ligação específica de LDL aos receptores de LDL na superfície celular.

sítio intracelular que se liga ao receptor da proteína adaptadora AP2 nas fossas revestidas por clatrina. No último caso, números normais de receptores de LDL estão presentes, mas falham em se localizar nas fossas revestidas por clatrina. Embora a LDL se ligue à superfície dessas células mutantes, ela não é internalizada, demonstrando diretamente a importância das fossas revestidas por clatrina na endocitose de colesterol mediada por receptores.

Sabe-se que mais de 25 receptores diferentes participam na endocitose mediada por receptores de diversos tipos de moléculas. Todos eles, aparentemente, utilizam vias de internalização dependentes de clatrina e são guiados para dentro das fossas revestidas por clatrina pelos sinais em suas caudas citoplasmáticas que se ligam às proteínas adaptadoras no revestimento de clatrina. Muitos desses receptores, assim como o receptor de LDL, entram nas fossas revestidas independentemente de estarem ou não ligados aos seus ligantes específicos. Outros entram, de preferência, quando ligados a um ligante específico, sugerindo que uma mudança conformacional induzida pelo ligante é necessária para que eles ativem a sequência-sinal que os guia para dentro das fossas. Visto que a maioria das proteínas da membrana plasmática não é capaz de se concentrar nas fossas revestidas por clatrina, as fossas servem como filtros moleculares, coletando preferencialmente certas proteínas da membrana plasmática (receptores) em vez de outras.

Estudos de microscopia eletrônica de células cultivadas expostas simultaneamente a ligantes marcados diferentemente demonstram que muitos tipos de receptores podem agrupar-se na mesma fossa revestida, enquanto alguns outros receptores agrupam-se em fossas revestidas por clatrina diferentes. A membrana plasmática de uma fossa revestida por clatrina pode acomodar mais de cem receptores variados.

Proteínas específicas são recuperadas dos endossomos primários e devolvidas para a membrana plasmática

Os endossomos primários são a principal estação de sortimento da via endocítica, assim como as redes *cis* e *trans* de Golgi realizam essa função na via secretora. No ambiente levemente ácido dos endossomos primários, muitas proteínas receptoras internalizadas modificam as suas conformações e liberam os seus ligantes, como já discutido para os receptores de M6P. Esses ligantes endocitados que se dissociam dos seus receptores nos endossomos primários são comumente condenados à destruição nos lisossomos (apesar de o colesterol ser uma exceção, como discutido antes), junto com outros conteúdos solúveis dos endossomos. Alguns outros ligantes endocitados, entretanto, permanecem ligados aos seus receptores e, assim, compartilham o destino dos receptores.

No endossomo primário, o receptor de LDL se dissocia de seu ligante, LDL, e é reciclado de volta à membrana plasmática para reúso, deixando que a LDL descarregada seja carregada para os lisossomos (**Figura 13-52**). As vesículas transportadoras de reciclagem brotam a partir de túbulos estreitos e longos que se estendem dos endossomos primários. É provável que a geometria desses túbulos ajude no processo de distribuição: como os túbulos possuem uma grande área de membrana circundando um pequeno volume, as proteínas de membrana se tornam enriquecidas em relação às proteínas solúveis. As vesículas de transporte devolvem o receptor de LDL diretamente para a membrana plasmática.

O **receptor de transferrina** segue uma via de reciclagem semelhante à do receptor de LDL, mas, ao contrário deste, o seu ligante também é reciclado. A transferrina é uma proteína solúvel que carrega o ferro no sangue. Os receptores de transferrina da superfície

Figura 13-52 Endocitose de LDL mediada por receptores. Observe que a LDL se dissocia dos seus receptores no ambiente ácido dos endossomos primários. Depois de um número de etapas, a LDL termina nos endolisossomos e lisossomos, onde é degradada e liberada como colesterol livre. Ao contrário, os receptores de LDL são devolvidos para a membrana plasmática por meio de vesículas de transporte que brotam da região tubular do endossomo primário, como representado. Para simplificar, somente um receptor de LDL entrando na célula e voltando à membrana plasmática está ilustrado. Independentemente de estar ou não ocupado, um receptor de LDL costuma realizar um turno de viagem para dentro da célula e retornar à membrana plasmática a cada 10 minutos, totalizando várias centenas de viagens no seu período de vida de 20 horas.

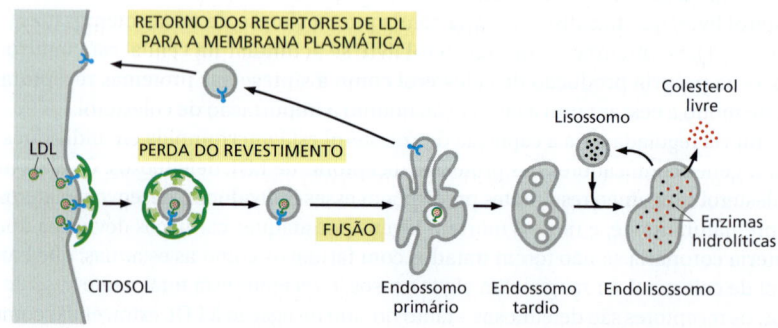

celular entregam a transferrina com o seu ferro ligado para os endossomos primários por meio da endocitose mediada por receptores. O baixo pH do endossomo induz a transferrina a liberar o seu ferro ligado, mas a própria transferrina sem o ferro (chamada de apotransferrina) permanece ligada ao seu receptor. O complexo receptor-apotransferrina entra nas extensões tubulares do endossomo primário e dali é reciclado de volta à membrana plasmática. Quando a apotransferrina retorna ao pH neutro do líquido extracelular, ela se dissocia do receptor e fica livre para captar mais ferro e iniciar o ciclo novamente. Assim, a transferrina realiza um movimento de vaivém entre o líquido extracelular e os endossomos primários, evitando os lisossomos e entregando o ferro ao interior celular à medida que é necessário para o crescimento e a proliferação das células.

Receptores de sinalização na membrana plasmática são regulados negativamente pela degradação nos lisossomos

Uma segunda via que os receptores endocitados podem seguir a partir dos endossomos é utilizada por vários receptores de sinalização, incluindo os receptores de opioides e os receptores que ligam o *fator de crescimento epidérmico* (*EGF, epidermal growth factor*). O EGF é uma pequena proteína sinalizadora extracelular que estimula a divisão das células epidérmicas e de várias outras. Diferentemente dos receptores de LDL, os receptores de EGF acumulam-se nas fossas revestidas por clatrina somente depois de ligarem-se aos seus ligantes, e a maioria não é reciclada, mas degradada nos lisossomos, junto com o EGF ingerido. A ligação de EGF, portanto, ativa primeiro as vias intracelulares de sinalização e, então, leva a uma redução da concentração de receptores de EGF na superfície celular, um processo chamado de *regulação negativa de receptores* que reduz a sensibilidade celular ao EGF subsequente (ver Figura 15-20).

A regulação negativa do receptor é realizada de maneira rigorosa. Os receptores ativados são, em primeiro lugar, modificados covalentemente na sua face citosólica com a pequena proteína ubiquitina. Ao contrário da *poliubiquitinação*, que adiciona uma cadeia de ubiquitinas que, em geral, marca uma proteína para degradação nos proteassomos (discutido no Capítulo 6), a marcação com ubiquitina para a classificação dentro da via endocítica dependente de clatrina adiciona apenas uma ou poucas moléculas de ubiquitina avulsas à proteína – processo denominado *monoubiquitinação* ou *multiubiquitinação* respectivamente. As proteínas que se ligam à ubiquitina a reconhecem e ajudam a direcionar os receptores modificados para dentro das fossas revestidas por clatrina. Depois de entregues ao endossomo primário, outras proteínas ligantes de ubiquitina que fazem parte dos *complexos ESCRT* (do inglês, *endosome sorting complex required for transport*, complexo de sortimento do endossomo necessário para o transporte) reconhecem e selecionam os receptores ubiquitinados para vesículas intraluminais que são retidas na maturação do endossomo tardio (ver Figura 13-47). Dessa forma, a adição de ubiquitina bloqueia a reciclagem do receptor para a membrana plasmática e direciona os receptores para a via de degradação, como discutiremos a seguir.

Endossomos primários amadurecem até endossomos tardios

Os compartimentos endossômicos podem ser vistos ao microscópio eletrônico adicionando-se uma molécula marcadora prontamente detectável, como a enzima peroxidase, ao meio extracelular e permitindo tempos variáveis para a célula realizar a endocitose do marcador. A distribuição da molécula depois de sua captação revela a sequência de eventos. Dentro de 1 minuto ou pouco mais após a adição do marcador, ela começa a aparecer nos **endossomos primários**, logo abaixo da membrana plasmática (**Figura 13-53**). Em 5 a 15 minutos, ela se move para os **endossomos tardios**, perto do aparelho de Golgi e próximo ao núcleo.

Ainda não se sabe completamente o quão cedo os endossomos aparecem, mas suas membranas e volumes são derivados sobretudo de vesículas endocíticas que chegam e se fundem umas com as outras (**Animação 13.4**). Os endossomos primários são relativamente pequenos e patrulham o citoplasma subjacente à membrana plasmática em movimentos irregulares de vaivém ao longo dos microtúbulos, capturando as vesículas que entram. Em geral, um endossomo primário recebe vesículas que estão chegando por aproximadamente 10 minutos, período durante o qual a membrana e o fluido são rapida-

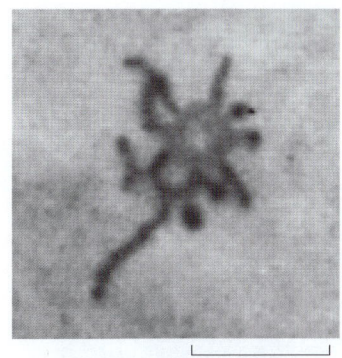

Figura 13-53 Micrografia eletrônica de um endossomo primário. O endossomo está marcado com HRP (do inglês, *horseradish peroxidase*), uma enzima marcadora bastante utilizada, detectada, neste caso, por um produto de reação eletrodenso. Muitas extensões tubulares se sobressaem do espaço vacuolar central do endossomo primário, que depois serão amadurecidas para originar o endossomo tardio. (De J. Tooze e M. Hollinshead, *J. Cell Biol.* 118:813–830, 1992.)

mente reciclados para a membrana plasmática. Algumas das cargas que entram, entretanto, acumulam-se durante o tempo de existência do endossomo primário, sendo, por fim, incluídas no endossomo tardio.

Os endossomos primários possuem domínios tubulares e vacuolares (ver Figura 13-53). A maioria da superfície de membrana está nos túbulos, e a maioria do volume está no domínio vacuolar. Durante a **maturação do endossomo**, os dois domínios têm destinos diferentes: as porções vacuolares do endossomo primário são retidas e transformadas em endossomos tardios; as porções tubulares encolhem. Os endossomos em maturação, também chamados de *corpos multivesiculares*, migram ao longo dos microtúbulos em direção ao interior celular, largando túbulos e vesículas de membranas que reciclam material para a membrana plasmática e a TGN, e recebem proteínas lisossômicas recém-sintetizadas. À medida que eles se concentram em uma região perinuclear na célula, os corpos multivesiculares se fundem uns com os outros e, finalmente, com os endolisossomos e os lisossomos (ver Figura 13-47).

Muitas mudanças ocorrem durante o processo de maturação. (1) O endossomo muda sua forma e localização à medida que os domínios tubulares são perdidos e os domínios vacuolares são completamente modificados. (2) Proteínas Rab, lipídeos fosfoinositídeos, maquinaria de fusão (SNAREs e apresamento) e proteínas motoras de microtúbulos, todos participam de uma reforma molecular na face citosólica da membrana do endossomo, mudando as características funcionais da organela. (3) Uma V-ATPase na membrana do endossomo bombeia H^+ do citosol para dentro do lúmen do endossomo e acidifica a organela. De forma crucial, o aumento da acidez que acompanha a maturação torna as hidrolases lisossômicas mais ativas, influenciando muitas interações receptor-ligante, controlando, assim, o carregamento e descarregamento de receptores. (4) As vesículas intraluminais sequestram receptores sinalizadores endocitados para dentro do endossomo, parando, portanto, a atividade sinalizadora do receptor. (5) As proteínas lisossômicas são entregues pela TGN para o endossomo em maturação. A maioria desses eventos ocorre de forma gradual, mas eles acabam levando a uma transformação completa do endossomo em um endolisossomo primário.

Além de enviar cargas selecionadas para degradação, o processo de maturação é importante para a manutenção do lisossomo. A entrega contínua de componentes do lisossomo da TGN para os endossomos em maturação garante um suprimento basal de novas proteínas lisossômicas. Os materiais endocitados se misturam com hidrolases ácidas recém-chegadas nos endossomos primários. Embora alguma digestão possa começar aqui, muitas hidrolases são sintetizadas e entregues como proenzimas, chamadas *zimógenos*, que contêm domínios inibitórios extras que mantêm as hidrolases inativas até que esses domínios seja proteoliticamente removidos em estágios posteriores da maturação do endossomo. Além disso, o pH dos endossomos primários não é baixo o suficiente para ativar as hidrolases lisossômicas de maneira otimizada. Por esses meios, as células podem recuperar proteínas de membrana intactas dos endossomos primários e reciclá-las de volta à membrana plasmática.

Os complexos proteicos *ESCRT* são mediadores da formação de vesículas intraluminais nos corpos multivesiculares

À medida que os endossomos amadurecem, regiões da sua membrana invaginam para dentro do lúmen do endossomo e destacam-se para formar as vesículas intraluminais. Devido à sua aparência ao microscópio eletrônico, tais endossomos em maturação também são chamados de **corpos multivesiculares** (**Figura 13-54**).

Os corpos multivesiculares carregam proteínas de membrana endocitadas que serão degradadas. Como parte desse processo de seleção de proteínas, receptores destinados à degradação, como os receptores EGF ocupados descritos antes, seletivamente se distribuem nas membranas que se invaginam dos corpos multivesiculares. Assim, tanto receptores quanto quaisquer proteínas sinalizadoras ligadas fortemente a eles são sequestrados do citosol onde poderiam, de outra forma, continuar sinalizando. Eles também se tornam totalmente acessíveis às enzimas digestivas que por fim irão degradá-los (**Figura 13-55**). Além das proteínas de membrana endocitadas, os corpos multivesiculares incluem o conteúdo solúvel dos endossomos primários destinados aos endossomos tardios e à digestão nos lisossomos.

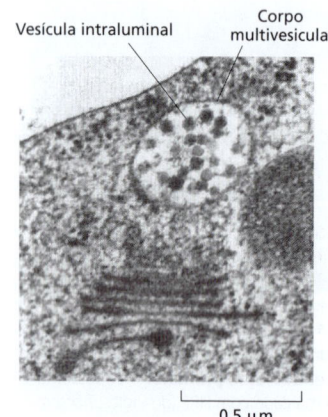

Figura 13-54 Micrografia eletrônica de um corpo multivesicular. A grande quantidade de membranas internas será entregue ao lisossomo para digestão. (Cortesia de Andrew Staehelin, de A. Driouich, A. Jauneau e L.A. Staehelin; *Plant Physiol.* 113:487–492, 1997. Com permissão de American Society of Plant Biologists.)

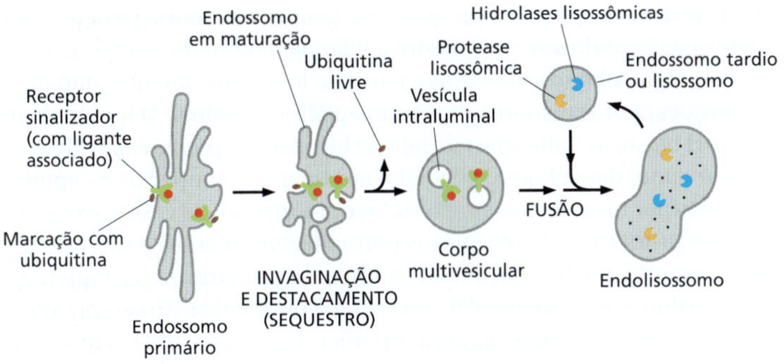

Figura 13-55 Sequestro de proteínas endocitadas em vesículas intraluminais de corpos multivesiculares. Proteínas de membrana ubiquitinadas são separadas em domínios na membrana do endossomo, que se invagina e se destaca para formar as vesículas luminais. A marcação de ubiquitina é removida e devolvida ao citosol para reúso antes que a vesícula intraluminal se feche. Finalmente, as proteases e as lipases nos lisossomos digerem todas as membranas internas. Os processos de invaginação são essenciais para a digestão completa das proteínas de membrana endocitadas: porque a membrana externa do corpo multivesicular se torna contínua com a membrana do lisossomo, que é resistente às hidrolases lisossômicas; as hidrolases, por exemplo, não poderiam digerir os domínios citosólicos das proteínas de membrana endocitadas, como os receptores de EGF mostrados aqui, se as proteínas não estivessem localizadas nas vesículas intraluminais.

Como já discutido, a seleção para entrada nas vesículas luminais exige uma ou mais marcações com ubiquitina, que são adicionadas aos domínios citosólicos das proteínas de membrana. No início, essas marcações ajudam a guiar as proteínas para dentro de vesículas revestidas por clatrina na membrana plasmática. Uma vez entregues na membrana endossômica, as marcações de ubiquitina são novamente reconhecidas, dessa vez por uma série de **complexos proteicos ESCRT** citosólicos (*ESCRT-0, I, II e III*), que se ligam de forma sequencial e por fim são mediadores do processo de sortimento para o interior das vesículas intraluminais. A invaginação da membrana em corpos multivesiculares também depende de uma cinase lipídica que fosforila fosfatidilinositol para produzir PI(3)P, que serve como um sítio de ancoragem adicional para os complexos ESCRT; esses complexos requerem tanto PI(3)P como a presença das proteínas-carga ubiquitinadas para se ligarem à membrana endossômica. O ESCRT-III forma grandes arranjos multiméricos sobre a membrana que a curvam (**Figura 13-56**).

Células mutantes comprometidas com o funcionamento do ESCRT apresentam defeitos na sinalização. Nessas células, os receptores ativados não podem ser regulados negativamente por endocitose e empacotados nos corpos multivesiculares. Os receptores ainda ativos, assim, medeiam sinalização prolongada, que pode levar à proliferação celular descontrolada e ao câncer.

Os processos que dão forma às membranas em geral usam maquinaria semelhante. Devido a fortes similaridades nas sequências de suas proteínas, os pesquisadores acreditam que os complexos ESCRT sejam evolutivamente relacionados aos componentes mediadores da deformação da célula/membrana na citocinese em arqueias. Semelhantemente, a maquinaria ESCRT que direciona o brotamento interno da membrana do endossomo para formar as vesículas intraluminais também é usada na citocinese de células animais e no brotamento de vírus, que são topologicamente equivalentes, já que ambos os processos envolvem brotamento a partir da superfície citosólica da membrana (**Figura 13-57**).

Endossomos de reciclagem regulam a composição da membrana plasmática

Os destinos dos receptores endocitados – e de quaisquer ligantes remanescentes ligados a eles – variam de acordo com o tipo específico de receptor. Como discutido, a maioria dos receptores é reciclada e devolvida ao mesmo domínio de membrana do qual eles vieram; alguns procedem para um domínio diferente da membrana plasmática, mediando, desse modo, a **transcitose**; e alguns progridem para os lisossomos, onde eles são degradados.

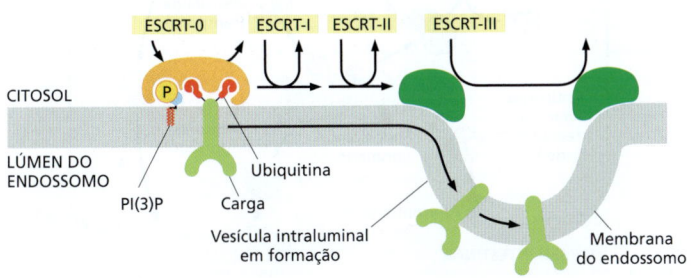

Figura 13-56 Distribuição de proteínas de membrana endocitadas para dentro de vesículas intraluminais de um corpo multivesicular. Uma série de eventos de ligação complexos transfere as proteínas-carga ubiquitinadas sequencialmente de um complexo ESCRT (ESCRT-0) para o próximo, por fim concentrando-as em áreas da membrana que brotam para o interior do lúmen do endossomo para formar as vesículas intraluminais. O ESCRT-III se arranja em estruturas multiméricas expansivas que são mediadoras da invaginação. Os mecanismos de como as moléculas-carga são conduzidas para dentro das vesículas e como as vesículas são formadas sem a inclusão dos próprios complexos ESCRT permanecem desconhecidos. Os complexos ESCRT são solúveis no citosol, sendo recrutados sequencialmente para a membrana à medida que são necessários e, então, liberados de volta ao citosol como vesículas que se destacam.

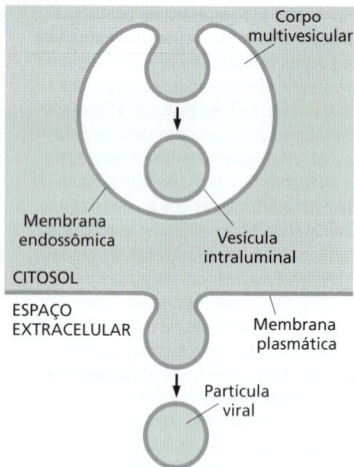

Figura 13-57 Mecanismo conservado na formação de corpo multivesicular e no brotamento de vírus. Nos dois processos topologicamente equivalentes indicados pelas setas, os complexos ESCRT (não mostrados) moldam a membrana em brotos que se soltam do citosol.

Os receptores nas superfícies de células epiteliais polarizadas podem transferir macromoléculas específicas de um espaço extracelular para outro por transcitose. Um recém-nascido, por exemplo, obtém anticorpos a partir do leite materno (que ajudam a protegê-lo contra infecções) por transporte através do epitélio intestinal. O lúmen do intestino é ácido e, nesse pH baixo, os anticorpos do leite se ligam a receptores específicos da superfície apical (absorvente) das células do epitélio intestinal. Os complexos receptor-anticorpo são internalizados por meio de fossas revestidas por clatrina e de vesículas e são entregues aos endossomos primários. Os complexos permanecem intactos e são recuperados em vesículas de transporte que brotam de um endossomo primário e, subsequentemente, fusionam-se com o domínio basolateral da membrana plasmática. Ao serem expostos ao pH neutro do líquido extracelular que banha a superfície basolateral das células, os anticorpos dissociam-se dos seus receptores e acabam por entrar na corrente sanguínea do bebê.

A via transcitótica do endossomo primário de volta para a membrana plasmática não é direta. Primeiro os receptores se movem do endossomo primário para o **endossomo de reciclagem**. A variedade de vias que diferentes receptores seguem a partir dos endossomos primários implica que, além dos sítios de ligação para seus ligantes e sítios de ligação para as fossas revestidas, muitos receptores também possuem sinais de seleção que os guiam para a via de transporte apropriada (**Figura 13-58**).

As células podem regular a liberação de proteínas de membrana dos endossomos de reciclagem, ajustando, assim, o fluxo de proteínas pela via transcitótica de acordo com a necessidade. Tal regulação, cujo mecanismo é incerto, permite que os endossomos de reciclagem desempenhem um papel importante no ajuste da concentração de proteínas específicas na membrana plasmática. As células adiposas e musculares, por exemplo, contêm grandes estoques intracelulares de transportadores de glicose que são responsáveis pela captação de glicose através da membrana plasmática. Essas proteínas de transporte de membrana são estocadas em endossomos de reciclagem especializados até que o hormônio *insulina* estimule a célula a aumentar sua taxa de captação de glicose. Em resposta ao sinal da insulina, as vesículas de transporte brotam rapidamente do endossomo de reciclagem e entregam grandes quantidades de transportadores de glicose para a membrana plasmática, como resultado aumentando enormemente a razão de captação de glicose para dentro da célula (**Figura 13-59**). De modo semelhante, as células dos rins regulam a inserção de aquaporinas e V-ATPases na membrana plasmática para aumentar a excreção de água e de ácido respectivamente, ambos em resposta a hormônios.

Células fagocíticas especializadas podem ingerir grandes partículas

A **fagocitose** é uma forma especial de endocitose na qual uma célula utiliza grandes vesículas endocíticas chamadas de **fagossomos** para ingerir grandes partículas como microrganismos e células mortas. A fagocitose é diferente da macropinocitose, discutida

Figura 13-58 Destinos possíveis para os receptores transmembrana que foram endocitados. Três vias partindo do compartimento endossômico primário de uma célula epitelial são mostradas. Receptores recuperados são retornados (1) para o mesmo domínio da membrana plasmática de onde vieram (*reciclagem*) ou (2) via um endossomo de reciclagem para um domínio diferente da membrana plasmática (*transcitose*). (3) Receptores que não são especialmente recuperados dos endossomos primário ou de reciclagem seguem a via do compartimento endossômico para os lisossomos, onde eles são degradados (*degradação*). Se o ligante que é endocitado com o seu receptor permanecer ligado ao receptor no ambiente ácido do endossomo, ele seguirá o mesmo destino do seu receptor; caso contrário, ele é entregue aos lisossomos. Os endossomos de reciclagem são uma estação de direcionamento na via transcitótica. No exemplo de transcitose mostrado aqui, um receptor Fc de anticorpo sobre uma célula epitelial do intestino se liga ao anticorpo e é endocitado, por fim carregando o anticorpo para a membrana plasmática basolateral. O receptor é chamado de receptor de Fc porque ele se liga à parte Fc do anticorpo (discutido no Capítulo 24).

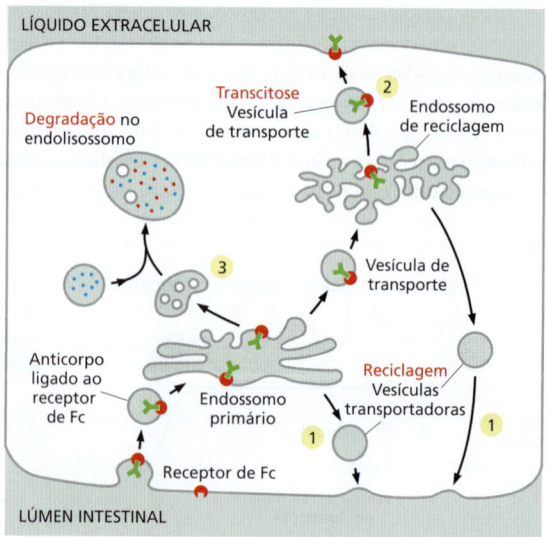

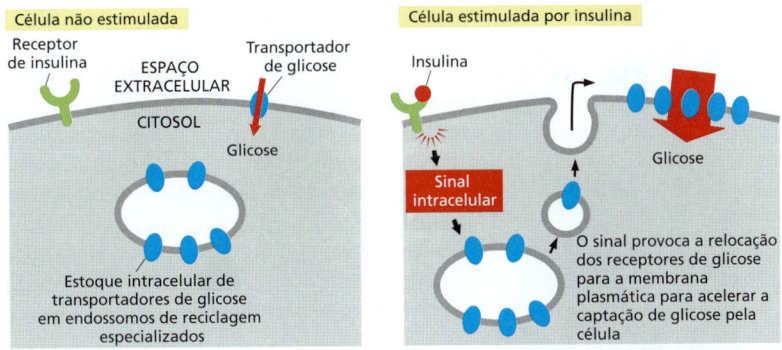

Figura 13-59 **Armazenamento de proteínas da membrana plasmática em endossomos de reciclagem.** Os endossomos de reciclagem podem servir como sítios de armazenamento intracelular para proteínas da membrana plasmática especializadas que podem ser mobilizadas quando necessárias. No exemplo mostrado, a ligação da insulina ao seu receptor desencadeia uma via de sinalização intracelular que leva à rápida inserção de transportadores de glicose na membrana plasmática de uma célula adiposa ou muscular, aumentando intensamente a captação de glicose.

antes, tanto em propósito como em mecanismo. Nos protozoários, a fagocitose é uma forma de alimentação: grandes partículas capturadas por fagossomos terminam nos lisossomos, e os produtos dos processos digestivos subsequentes passam para o citosol para serem usados como alimento. Entretanto, poucas células em organismos multicelulares são capazes de ingerir, de maneira eficiente, partículas tão grandes. No intestino dos animais, por exemplo, processos extracelulares quebram as partículas de alimento e as células importam os pequenos produtos da hidrólise.

A fagocitose é importante para a maioria dos animais por outros propósitos além da nutrição e é realizada principalmente por células especializadas – chamadas *fagócitos profissionais*. Nos mamíferos, duas classes de glóbulos brancos (leucócitos) que atuam como fagócitos profissionais são os **macrófagos** e os **neutrófilos** (**Animação 13.5**). Tais células desenvolvem-se a partir das células-tronco hematopoiéticas (discutido no Capítulo 22) e ingerem microrganismos invasores para nos defender de infecções. Os macrófagos também possuem um papel importante limpando células senescentes e células que morreram por apoptose (discutido no Capítulo 18). Em termos quantitativos, a limpeza de células senescentes e de células mortas é, de longe, a mais importante: nossos macrófagos, por exemplo, fagocitam mais de 10^{11} glóbulos vermelhos (eritrócitos) senescentes em cada um de nós todos os dias.

O diâmetro de um fagossomo é determinado pelo tamanho de suas partículas ingeridas, e essas partículas podem ser quase tão grandes quanto a própria célula fagocítica (**Figura 13-60**). Os fagossomos fundem-se com os lisossomos, e o material ingerido é, então, degradado. Substâncias indigestíveis permanecem nos lisossomos, formando *corpos residuais* que podem ser excretados das células por exocitose, como já mencionado. Alguns dos componentes da membrana plasmática internalizados nunca alcançam o lisossomo, pois são recuperados dos fagossomos em vesículas transportadoras e retornam à membrana plasmática.

Algumas bactérias patogênicas desenvolveram mecanismos elaborados para evitar a fusão fagossomo-lisossomo. A bactéria *Legionella pneumophila*, por exemplo, que causa a doença dos legionários (discutida no Capítulo 23), injeta em seu desventurado hospedeiro uma enzima modificadora de Rab que leva certas proteínas Rab a desorientarem o tráfego de membranas, evitando, dessa forma, a fusão fagossomo-lisossomo. A bactéria, assim poupada da degradação lisossômica, permanece no fagossomo modificado, crescendo e se dividindo como um patógeno intracelular, protegido do sistema imune adaptativo do hospedeiro.

A fagocitose é um processo desencadeado por carga. Ou seja, ela necessita da ativação de receptores na superfície celular que transmitem sinais para o interior da célula. Assim, para serem fagocitadas, as partículas devem primeiro ligar-se à superfície do fagócito (embora nem todas as partículas que se ligam sejam ingeridas). Os fagócitos têm vários tipos de receptores de superfície celular que estão funcionalmente ligados à maquinaria fagocítica da célula. Os anticorpos são os gatilhos para a fagocitose mais bem caracterizados; eles nos protegem ligando-se na superfície de microrganismos infecciosos (patógenos) e iniciando uma série de eventos que culminam com a fagocitose do invasor. Quando os anticorpos atacam um patógeno inicialmente, eles os revestem com moléculas de anticorpo que se ligam aos *receptores de Fc* na superfície de macrófagos e neutrófilos, ativando os receptores para induzir a célula fagocítica a estender pseudópodos, que engolfam a partícula e fundem-se nas suas pontas para formar um fagossomo (**Figura 13-61A**).

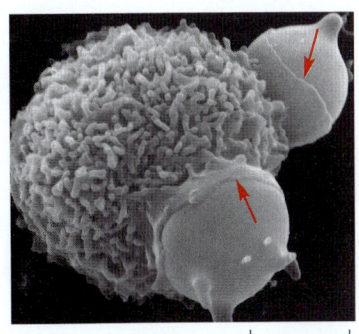

Figura 13-60 **Fagocitose por um macrófago.** Uma micrografia eletrônica de varredura de um macrófago de camundongo fagocitando dois eritrócitos quimicamente alterados. As *setas vermelhas* apontam para as bordas de processos finos (pseudópodos) do macrófago que estão estendendo-se como colares para engolfar os eritrócitos. (Cortesia de Jean Paul Revel.)

Figura 13-61 **Neutrófilo remodelando sua membrana plasmática durante a fagocitose.** (A) Uma micrografia eletrônica de um neutrófilo fagocitando uma bactéria que está em processo de divisão. (B) A extensão do pseudópodo e a formação do fagossomo são guiadas pela polimerização e reorganização da actina, que responde ao acúmulo de fosfoinositídeos específicos na membrana do fagossomo em formação: o PI(4,5)P$_2$ estimula a polimerização da actina, que promove a formação do pseudópodo, e então o PI(3,4,5)P$_3$ despolimeriza os filamentos de actina na base (A, cortesia de Dorothy F. Bainton, Phagocytic Mechanisms in Health and Disease. New York: Intercontinental Medical Book Corporation, 1971.)

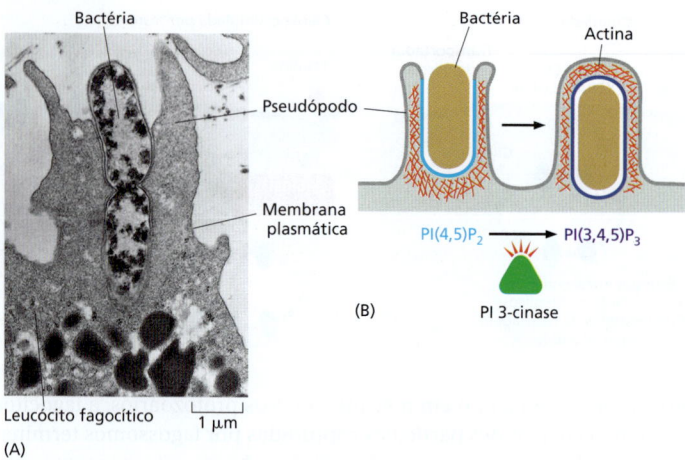

A polimerização localizada de actina, iniciada por GTPases da família Rho e seus ativadores Rho-GEFs (discutido nos Capítulos 15 e 16), forma os pseudópodos. As Rho GTPases ativadas acionam a atividade cinase das PI-cinases locais para produzir PI(4,5)P$_2$ na membrana (ver Figura 13-11), que estimula a polimerização da actina. Para selar o fagossomo e completar o engolfamento, a actina é despolimerizada por uma PI 3-cinase que converte o PI(4,5)P$_2$ em PI(3,4,5)P$_3$, que é necessário para o fechamento do fagossomo e também pode contribuir para remodelar a rede de actina, ajudando a direcionar a invaginação dos fagossomos em formação (**Figura 13-61B**). Dessa forma, a geração e o consumo ordenados de fosfoinositídeos específicos guiam as etapas sequenciais na formação dos fagossomos.

Muitas outras classes de receptores que promovem a fagocitose foram caracterizadas. Algumas reconhecem os componentes do *complemento*, que colaboram com os anticorpos ao sinalizar os micróbios para a destruição (discutido no Capítulo 24). Outras reconhecem diretamente os oligossacarídeos da superfície de certos patógenos. Outras, ainda, reconhecem as células que morreram por apoptose. As células apoptóticas perdem a distribuição assimétrica de fosfolipídeos nas suas membranas plasmáticas. Como consequência, a fosfatidilserina carregada negativamente, que costuma ser restrita ao folheto citosólico da bicamada lipídica, passa a ser exposta no lado externo da célula, onde ajuda a desencadear a fagocitose da célula morta.

Notavelmente, os macrófagos também fagocitarão uma variedade de partículas inanimadas – como vidro, grânulos de látex e fibras de asbesto –, ainda que eles não fagocitem células vivas em seu próprio corpo. As células vivas exibem sinais do tipo "não me coma" na forma de proteínas de superfície celular que se ligam a receptores inibitórios na superfície dos macrófagos. Os receptores inibitórios recrutam tirosinas-fosfatase que antagonizam os eventos de sinalização intracelular requeridos para iniciar a fagocitose, inibindo desse modo o processo fagocítico localmente. Assim, a fagocitose, como vários outros processos celulares, depende de um equilíbrio entre os sinais positivos que ativam o processo e os sinais negativos que o inibem. Acredita-se que as células apoptóticas possam tanto ganhar sinais do tipo "me coma" (como a fosfatidilserina exposta extracelularmente), quanto perder seus sinais "não me coma", levando rapidamente à sua fagocitose pelos macrófagos.

Resumo

As células ingerem fluidos, moléculas e partículas por endocitose, em que regiões localizadas da membrana plasmática invaginam-se e destacam-se para formar vesículas endocíticas. Na maioria das células, a endocitose internaliza uma grande fração da membrana plasmática a cada hora. As células permanecem com o mesmo tamanho porque a maior parte dos componentes da membrana plasmática (proteínas e lipídeos) que são endocitados são continuamente devolvidos para a superfície celular por exocitose. Esse ciclo endocítico-exocítico em larga escala é mediado sobretudo pelas fossas e vesículas revestidas por clatrina, mas vias endocíticas independentes de clatrina também contribuem.

Enquanto muitas das moléculas endocitadas são rapidamente recicladas para a membrana plasmática, outras, por fim, acabam nos lisossomos, onde são degradadas. A maioria dos ligantes que são endocitados com seus receptores se dissocia dos seus receptores no ambiente ácido do endossomo e acaba terminando nos lisossomos, enquanto a maioria dos receptores é reciclada via vesículas transportadoras de volta à superfície celular para reutilização. Muitos receptores de sinalização de superfície celular ficam marcados com ubiquitina quando ativados por ligação aos seus ligantes extracelulares. A ubiquitinação guia os receptores ativados para dentro das fossas revestidas por clatrina; eles e seus ligantes são internalizados e entregues de maneira eficiente para os endossomos primários.

Os endossomos primários rapidamente amadurecem em endossomos tardios. Durante a maturação, regiões da membrana endossômica contendo receptores ubiquitinados invaginam-se e destacam-se para formar vesículas intraluminais. Esse processo é mediado por complexos ESCRT e sequestra os receptores para fora do citosol, o que termina sua atividade sinalizadora. Os endossomos tardios migram ao longo de microtúbulos em direção ao interior da célula, onde se fundem uns com os outros e com os lisossomos para formar os endolisossomos, onde ocorre a degradação.

Em alguns casos, tanto o receptor quanto o ligante são transferidos para um domínio diferente da membrana plasmática, levando à liberação do ligante em uma superfície diferente da qual se originou, um processo chamado de transcitose. Em algumas células, as proteínas e lipídeos da membrana plasmática endocitados podem ser armazenados em endossomos de reciclagem, por quanto tempo for preciso, até que sejam necessários.

TRANSPORTE DA REDE *TRANS* DE GOLGI PARA O EXTERIOR DA CÉLULA: EXOCITOSE

Tendo considerado os sistemas endocítico e digestivo interno, e os vários tipos de tráfego de membrana que entram e convergem nos lisossomos, retornamos agora ao aparelho de Golgi e examinamos as vias secretoras que levam na direção de fora para o exterior celular. Normalmente, as vesículas de transporte destinadas à membrana plasmática deixam a TGN em um fluxo basal como túbulos de formato irregular. As proteínas e os lipídeos nessas vesículas fornecem novos componentes para a membrana plasmática da célula, enquanto as proteínas solúveis dentro das vesículas são secretadas no espaço extracelular. A fusão das vesículas com a membrana plasmática é chamada de **exocitose**. Essa é a rota pela qual, por exemplo, as células secretam a maioria dos proteoglicanos e glicoproteínas da *matriz extracelular*, como discutido no Capítulo 19.

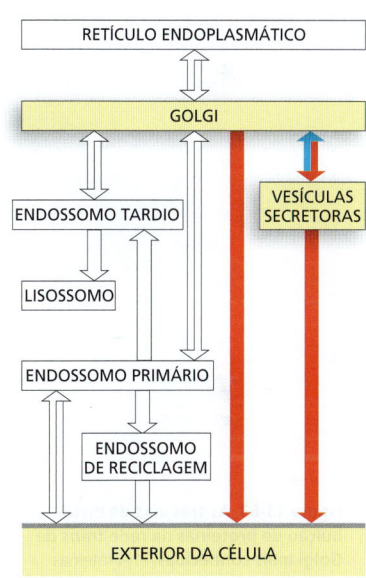

Todas as células necessitam dessa **via secretora constitutiva**, que opera continuadamente (**Animação 13.6**). As células secretoras especializadas, entretanto, possuem uma segunda via secretora na qual proteínas solúveis e outras substâncias são inicialmente armazenadas em *vesículas secretoras* para liberação posterior por exocitose. Essa é a **via secretora regulada**, encontrada sobretudo em células especializadas para a secreção de produtos de demanda rápida – como hormônios, neurotransmissores ou enzimas digestivas (**Figura 13-62**). Nesta seção, consideramos o papel do aparelho de Golgi em ambas as vias e comparamos os dois mecanismos de secreção.

Muitas proteínas e lipídeos são automaticamente carregados da rede *trans* de Golgi (TGN) para a superfície celular

Uma célula com capacidade de secreção regulada deve separar pelo menos três classes de proteínas antes que estas deixem a TGN – aquelas destinadas aos lisossomos (via endossomos), aquelas destinadas às vesículas secretoras e aquelas destinadas à entrega imediata para a superfície celular (**Figura 13-63**). Já discutimos como as proteínas destinadas aos lisossomos são marcadas com M6P para o empacotamento em vesículas de partida específicas, e acredita-se que sinais análogos direcionem as *proteínas secretoras* para dentro de vesículas secretoras. A via secretora constitutiva não seletiva transporta a maioria das outras proteínas diretamente à superfície celular. Como a entrada nessa via não requer um sinal específico, ela também é chamada de **via padrão**. Assim, em uma célula não polarizada, como um leucócito ou um fibroblasto, parece que qualquer proteína no lúmen do aparelho de Golgi é automaticamente carregada pela via constitutiva para a superfície celular, a menos que ela seja especificamente devolvida ao RE, retida como uma proteína residente do próprio aparelho de Golgi, ou selecionada para

Figura 13-62 As vias secretoras constitutiva e regulada. As duas vias divergem na TGN. A via secretora constitutiva funciona em todas as células. Muitas proteínas solúveis são continuamente secretadas da célula por essa via, que também fornece lipídeos e proteínas recém-sintetizados para a membrana plasmática. As células secretoras especializadas também possuem uma via secretora regulada, pela qual proteínas selecionadas na TGN são desviadas para vesículas secretoras, onde as proteínas são concentradas e estocadas até que um sinal extracelular estimule a sua secreção. A secreção regulada de moléculas pequenas, como histamina e neurotransmissores, ocorre por uma via semelhante; essas moléculas são transportadas ativamente do citosol para dentro de vesículas secretoras pré-formadas. Elas costumam estar ligadas a macromoléculas específicas (proteoglicanos, para a histamina) para que possam ser armazenadas em altas concentrações sem gerar uma pressão osmótica excessivamente alta.

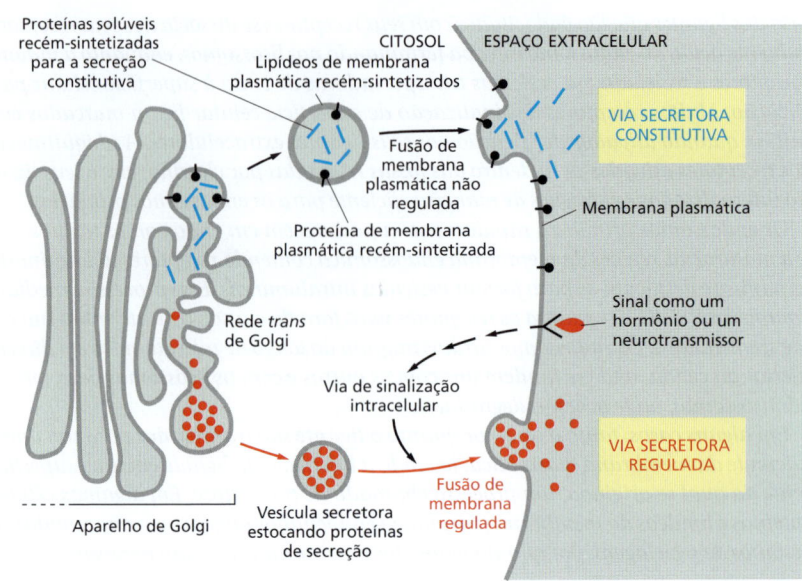

as vias que levam à secreção regulada, ou aos lisossomos. Em células polarizadas, onde diferentes produtos devem ser entregues a domínios diferentes da superfície celular, veremos que as opções são mais complexas.

Vesículas secretoras brotam da rede *trans* de Golgi

As células especializadas para secretar alguns dos seus produtos rapidamente por demanda concentram e estocam esses produtos em **vesículas secretoras** (muitas vezes chamadas de *grânulos secretores de núcleos densos* porque possuem a região central densa, quando visualizadas ao microscópio eletrônico). As vesículas secretoras formam-se a partir da TGN e liberam os seus conteúdos ao exterior celular por exocitose em resposta a sinais específicos. O produto secretado pode ser uma pequena molécula (como a histidina ou um neuropeptídeo) ou uma proteína (como um hormônio ou uma enzima digestiva).

As proteínas destinadas às vesículas secretoras (chamadas de *proteínas de secreção* ou *secretoras*) são empacotadas em vesículas apropriadas na TGN por um mecanismo que envolve a agregação seletiva das proteínas de secreção. Grumos de material agregado eletrodensos podem ser detectados por microscopia eletrônica no lúmen da TGN. Os sinais que direcionam as proteínas de secreção para tais agregados não são bem definidos e podem ser muito diversos. Quando um gene codificador de uma proteína de secreção é artificialmente expresso em uma célula secretora que em geral não produz a proteína, a proteína externa é empacotada de forma apropriada em vesículas de se-

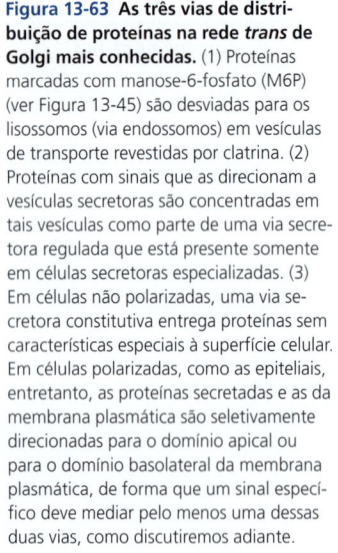

Figura 13-63 As três vias de distribuição de proteínas na rede *trans* de Golgi mais conhecidas. (1) Proteínas marcadas com manose-6-fosfato (M6P) (ver Figura 13-45) são desviadas para os lisossomos (via endossomos) em vesículas de transporte revestidas por clatrina. (2) Proteínas com sinais que as direcionam a vesículas secretoras são concentradas em tais vesículas como parte de uma via secretora regulada que está presente somente em células secretoras especializadas. (3) Em células não polarizadas, uma via secretora constitutiva entrega proteínas sem características especiais à superfície celular. Em células polarizadas, como as epiteliais, entretanto, as proteínas secretadas e as da membrana plasmática são seletivamente direcionadas para o domínio apical ou para o domínio basolateral da membrana plasmática, de forma que um sinal específico deve mediar pelo menos uma dessas duas vias, como discutiremos adiante.

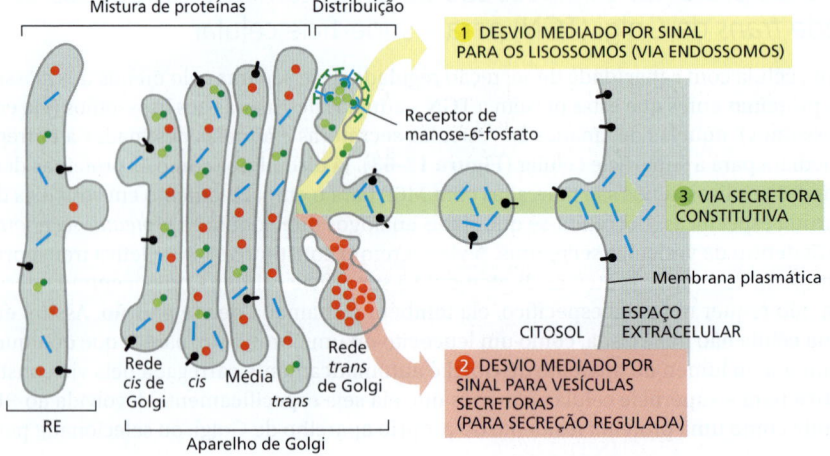

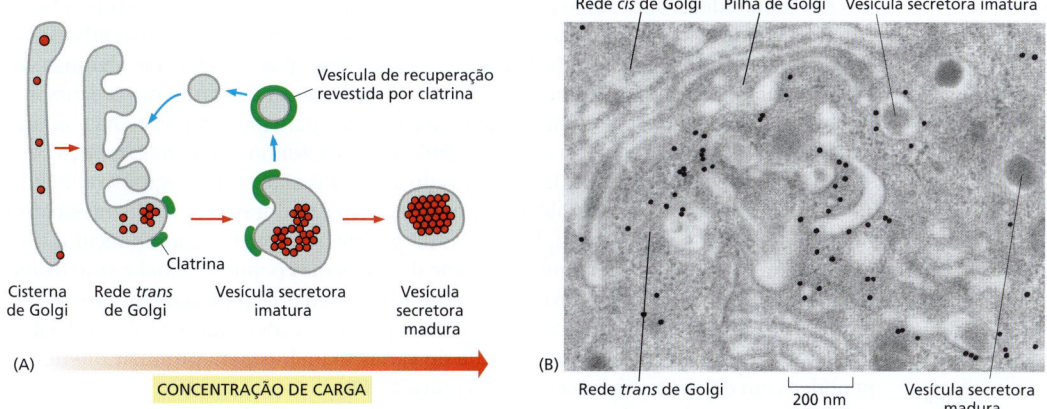

Figura 13-64 Formação de vesículas secretoras. (A) As proteínas secretoras são separadas e altamente concentradas nas vesículas secretoras por dois mecanismos. Primeiro, elas agregam-se no ambiente iônico da TGN; muitas vezes, os agregados tornam-se mais condensados à medida que as vesículas secretoras amadurecem e os seus lumens tornam-se mais ácidos. Segundo, vesículas revestidas por clatrina recuperam o excesso de membranas e de conteúdo luminal presentes em vesículas secretoras imaturas conforme as vesículas secretoras amadurecem. (B) Esta micrografia eletrônica mostra vesículas secretoras se formando a partir da TGN em uma célula β secretora de insulina do pâncreas. Anticorpos anticlatrina conjugados a esferas de ouro (*pontos pretos*) foram utilizados para localizar as moléculas de clatrina. As vesículas secretoras imaturas, que contêm proteína precursora de insulina (proinsulina), contêm regiões com clatrina, que não são mais vistas na vesícula secretora madura. (B, cortesia de Lelio Orci.)

creção. Tal observação mostra que, embora as proteínas que uma célula em particular expressa e empacota em vesículas secretoras sejam diferentes, elas contêm sinais de distribuição comuns, que funcionam de maneira apropriada mesmo quando as proteínas são expressas em células que não as produzem normalmente.

Não está claro como os agregados de proteínas de secreção são separados para dentro das vesículas secretoras. As vesículas secretoras possuem proteínas únicas em suas membranas, algumas das quais podem servir como receptores para proteínas agregadas na TGN. Os agregados são grandes demais, entretanto, para que cada molécula da proteína secretada seja ligada pelo seu próprio receptor de carga, como ocorre para o transporte de enzimas lisossômicas. A captação dos agregados em vesículas secretoras pode, portanto, assemelhar-se mais à captação de partículas por fagocitose na superfície celular, onde a membrana plasmática engolfa grandes estruturas.

No início, a maior parte da membrana das vesículas secretoras que deixam a TGN está apenas frouxamente ligada ao redor dos grumos de proteínas de secreção agregadas. Morfologicamente, essas *vesículas secretoras imaturas* se parecem com cisternas dilatadas de *trans* de Golgi que se destacaram das pilhas de Golgi. À medida que as vesículas amadurecem, elas se fundem umas às outras e seus componentes se tornam concentrados (**Figura 13-64A**), provavelmente como resultado tanto da recuperação contínua de membrana que é reciclada para a TGN, como da acidificação progressiva do lúmen da vesícula que resulta da concentração crescente de ATPases do tipo V na membrana da vesícula que acidifica todas as organelas endocíticas e exocíticas (ver Figura 13-37). O grau de concentração de proteínas durante a formação e a maturação das vesículas de secreção é apenas uma pequena parte da concentração total de 200 a 400 vezes que ocorre após elas deixarem o RE. As proteínas de secreção e de membrana se tornam concentradas à medida que se movem do RE através do aparelho de Golgi devido a um extenso processo retrógrado de recuperação mediado por vesículas transportadoras revestidas por COPI que carregam proteínas solúveis residentes do RE de volta ao RE, enquanto excluem as proteínas de secreção e de membrana (ver Figura 13-25).

A reciclagem de membranas é importante para o retorno de componentes do Golgi ao aparelho de Golgi, bem como para a concentração dos conteúdos das vesículas secretoras. As vesículas que são mediadoras desta recuperação se originam como brotos revestidos por clatrina sobre a superfície imatura das vesículas secretoras, frequentemente sendo vistas até mesmo em brotos de vesículas secretoras que ainda não se destacaram da pilha de Golgi (**Figura 13-64B**).

Devido ao fato de as vesículas secretoras maduras finais estarem tão densamente cheias de conteúdo, a célula secretora pode expelir grandes quantidades de material por exocitose prontamente, quando for estimulada a fazê-lo (**Figura 13-65**).

Precursores de proteínas secretoras são proteoliticamente processados durante a formação das vesículas secretoras

A concentração não é o único processo ao qual as proteínas secretoras estão sujeitas à medida que as vesículas secretoras amadurecem. Muitos hormônios proteicos e peque-

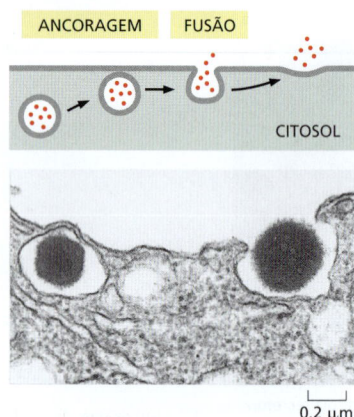

Figura 13-65 Exocitose de vesículas secretoras. O processo está ilustrado esquematicamente (*acima*) e em uma micrografia eletrônica que mostra a liberação de insulina de uma vesícula secretora de uma célula β pancreática. (Cortesia de Lelio Orci, de L. Orci, J.-D. Vassalli e A. Perrelet, *Sci. Am.* 259:85–94, 1988.)

nos neuropeptídeos, bem como muitas enzimas hidrolíticas secretadas, são sintetizados como precursores inativos. A proteólise é necessária para liberar as moléculas ativas dessas proteínas precursoras. As clivagens ocorrem nas vesículas secretoras e, algumas vezes, no líquido extracelular depois da secreção. Além disso, muitas proteínas precursoras possuem um *propeptídeo* N-terminal que é cortado fora para formar a proteína madura. Essas proteínas são sintetizadas como *pré-pró-proteínas*, sendo que o *pré-peptídeo* consiste no peptídeo-sinal para o RE que é clivado anteriormente no RE rugoso (ver Figura 12-36). Em outros casos, as moléculas peptídicas sinalizadoras são produzidas como *poliproteínas* que contêm múltiplas cópias da mesma sequência de aminoácidos. Em casos ainda mais complexos, uma variedade de moléculas peptídeo-sinal é sintetizada como parte de uma única poliproteína que atua como um precursor para múltiplos produtos finais, que são individualmente clivados a partir da cadeia polipeptídica inicial. A mesma poliproteína pode ser processada de várias maneiras para produzir diferentes peptídeos em diferentes tipos celulares (**Figura 13-66**).

Por que o processamento proteolítico é tão comum na via secretora? Alguns dos peptídeos produzidos dessa maneira, como as *encefalinas* (neuropeptídeos de cinco aminoácidos com atividade semelhante à da morfina), são, sem dúvida, muito pequenos nas suas formas maduras para que sejam transportados à medida que são traduzidos para o lúmen do RE, ou para que sejam incluídos os sinais necessários ao empacotamento em vesículas secretoras. Além disso, para as enzimas hidrolíticas secretadas – ou qualquer outra proteína cuja atividade possa ser danosa no interior da célula que a produz –, o retardamento da ativação da proteína até que esta alcance a vesícula secretora, ou até que tenha sido secretada, apresenta uma vantagem clara: evita que ela atue prematuramente dentro da célula em que foi sintetizada.

As vesículas secretoras esperam próximo à membrana plasmática até que sejam sinalizadas para liberar os seus conteúdos

Uma vez carregadas, as vesículas secretoras devem chegar ao sítio de secreção, o qual se localiza, em algumas células, longe da TGN. As células nervosas representam o exemplo mais extremo. Proteínas de secreção, como peptídeos neurotransmissores (neuropeptídeos), que serão liberados das terminações nervosas no final do axônio, são produzidos e empacotados em vesículas secretoras no corpo celular. Elas, então, viajam ao longo do axônio para as terminações nervosas, que podem estar a um metro ou mais de distância. Como discutido no Capítulo 16, as proteínas motoras propelem as vesículas ao longo de microtúbulos axônicos, cuja orientação uniforme guia as vesículas na direção apropriada. Os microtúbulos também guiam as vesículas de transporte à superfície celular para a exocitose constitutiva.

Enquanto as vesículas de transporte contendo materiais para a liberação constitutiva se fundem com a membrana plasmática assim que chegam a ela, as vesículas secretoras da via regulada esperam junto à membrana plasmática até que a célula receba um sinal para secretar para, então, se fundirem. O sinal pode ser um impulso nervoso elétrico (um potencial de ação) ou uma molécula sinalizadora extracelular, como um hormônio: em ambos os casos, ele leva a um aumento transitório da concentração de Ca^{2+} livre no citosol.

Para a exocitose rápida, as vesículas sinápticas são aprontadas na membrana plasmática pré-sináptica

As células nervosas (e algumas células endócrinas) contêm dois tipos de vesículas secretoras. Como todas as células secretoras, essas células empacotam proteínas e neu-

Figura 13-66 Vias de processamento alternativo para o pré-hormônio poliproteína pró-opiomelanocortina. As clivagens iniciais são realizadas por proteases que cortam próximo a pares de aminoácidos positivamente carregados (pares Lys-Arg, Lys-Lys, Arg-Lys ou Arg-Arg). As reações de desbaste, então, geram os produtos finais secretados. Diferentes tipos celulares produzem diferentes concentrações das enzimas de processamento individuais, de forma que o mesmo pró-hormônio precursor é clivado para produzir distintos hormônios peptídicos. No lobo anterior da glândula hipofisária, por exemplo, somente a corticotrofina (ACTH) e a β-lipotrofina são produzidas a partir da pró-opiomelanocortina (POMC), enquanto, no lobo intermediário da hipófise, são produzidos principalmente hormônio estimulante de α-melanócitos (α-MSH), γ-lipotrofina, β-MSH e β-endorfina – α-MSH a partir de ACTH, e as outras três a partir de β-lipotrofina.

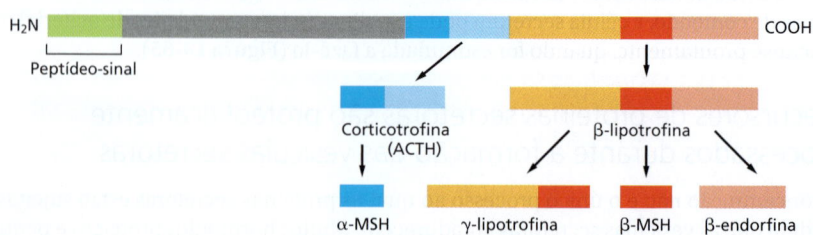

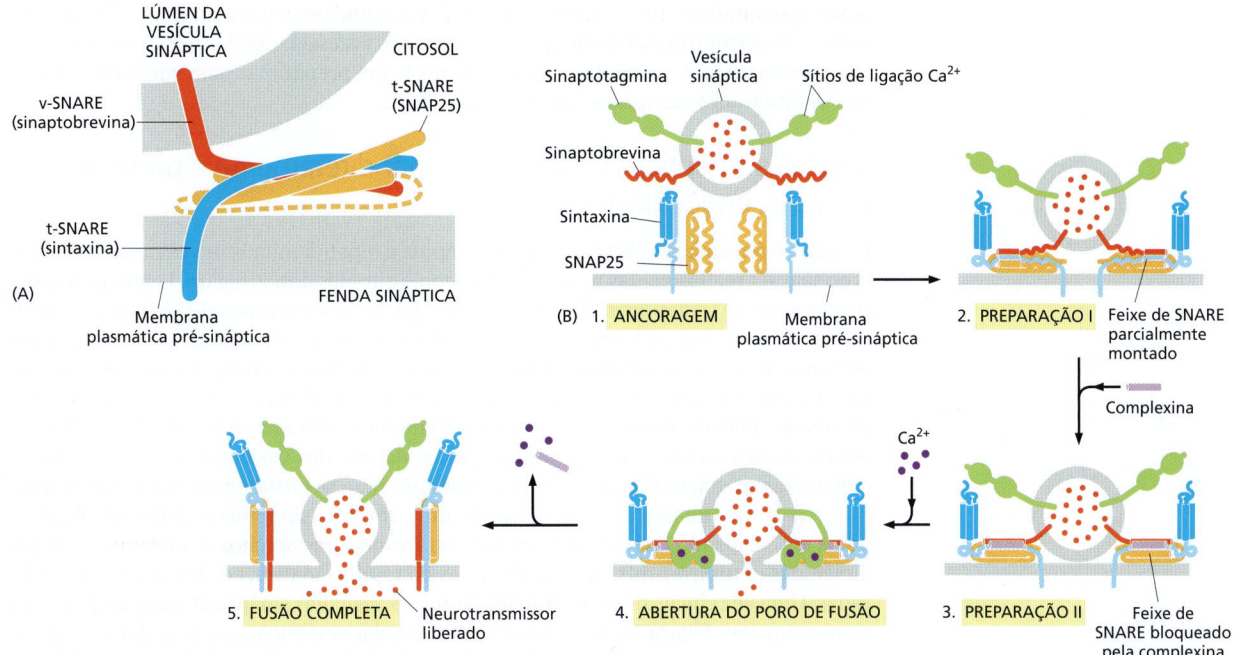

Figura 13-67 Exocitose de vesículas sinápticas. Para a orientação em uma sinapse, ver Figura 11-36. (A) O complexo trans-SNARE responsável pela ancoragem das vesículas sinápticas à membrana plasmática dos terminais nervosos consiste em três proteínas. Tanto a v-SNARE *sinaptobrevina* quanto a t-SNARE *sintaxina* são proteínas transmembrana, e cada uma contribui com uma α-hélice ao complexo. Ao contrário das outras SNAREs discutidas antes, a t-SNARE *SNAP25* é uma proteína de membrana periférica que contribui com duas α-hélices ao feixe de quatro hélices; as duas hélices são conectadas por uma alça (*linha tracejada*) que se estende em paralelo à membrana e possui cadeias de acil graxos (não mostrado) que a ancoram ali. As quatro α-hélices estão representadas na forma de bastões, para simplificar. (B) Na sinapse, a maquinaria básica da SNARE é modulada pelo sensor de Ca^{2+} *sinaptotagmina* e uma proteína adicional denominada *complexina*. As vesículas sinápticas primeiro se ancoram na membrana (etapa 1), e o feixe de SNARE se monta parcialmente (etapa 2), resultando em uma "vesícula preparada" que já foi puxada para perto da membrana. O feixe de SNARE é adicionalmente montado, mas a ligação adicional de complexina evita sua fusão (etapa 3). Com a chegada de um potencial de ação, o Ca^{2+} entra na célula e se liga à sinaptotagmina, que libera o bloqueio e abre um poro de fusão (etapa 4). Rearranjos posteriores completam a reação de fusão (etapa 5) e liberam a maquinaria de fusão, que agora pode ser reutilizada. Tal arranjo elaborado permite que a maquinaria de fusão responda na escala de milissegundos, o que é essencial para a sinalização sináptica rápida e repetitiva. (A, adaptada de R.B. Sutton et al., *Nature* 395:347–353, 1998. Com permissão de Macmillan Publishers Ltd.; B, adaptada de Z.P. Pang e T.C. Südhof, *Curr. Opin. Cell Biol.* 22:496–505, 2010. Com permissão de Elsevier.)

ropeptídeos em vesículas secretoras de núcleos densos da maneira padrão para a liberação pela via secretora regulada. Adicionalmente, entretanto, elas fazem uso de outra classe especializada de vesículas secretoras minúsculas (com cerca de 50 nm de diâmetro) chamadas de **vesículas sinápticas**. Tais vesículas armazenam pequenas *moléculas neurotransmissoras* como acetilcolina, glutamato, glicina e ácido γ-aminobutírico (GABA), que são mediadoras da rápida sinalização da célula nervosa para sua célula-alvo nas sinapses químicas. Quando um potencial de ação chega a um terminal nervoso, ele causa um influxo de Ca^{2+} através dos canais de Ca^{2+} dependentes de voltagem, o que aciona as vesículas sinápticas a se fundirem com a membrana plasmática e liberar seu conteúdo ao espaço extracelular (ver Figura 11-36). Alguns neurônios disparam mais de mil vezes por segundo, liberando neurotransmissores a cada vez.

A velocidade da liberação dos transmissores (levando apenas milissegundos) indica que as proteínas que medeiam a reação de fusão não sofrem rearranjos complexos e de múltiplas etapas. Em vez disso, após as vesículas terem se ancorado à membrana plasmática pré-sináptica, elas sofrem uma etapa de preparação, que as apronta para a rápida fusão. No estado de preparação, as SNAREs estão parcialmente pareadas; suas hélices não estão completamente inseridas dentro do feixe de quatro hélices necessário para a fusão (**Figura 13-67**). Proteínas denominadas *complexinas* congelam os complexos SNARE nesse estado metaestável. A parada imposta pelas complexinas é liberada por outra proteína de vesícula sináptica, a sinaptotagmina, que contém domínios de ligação ao Ca^{2+}. Um aumento no Ca^{2+} citosólico desencadeia a ligação de sinaptotagminas a fosfolipídeos e a SNAREs, deslocando as complexinas. À medida que o feixe da SNARE se fecha completamente, um poro de fusão se abre e os neurotransmissores são liberados. Em uma sinapse típica, apenas um pequeno número de vesículas ancoradas são aprontadas e preparadas para a exocitose. O uso de somente um pequeno número de vesículas a cada vez permite que cada sinapse dispare várias vezes em rápida sucessão. A cada disparo, novas vesículas sinápticas se ancoram e ficam preparadas para substituir aquelas que se fundiram e liberaram seu conteúdo.

Vesículas sinápticas podem se formar diretamente a partir de vesículas endocíticas

Para que a terminação nervosa responda rápida e repetidamente, as vesículas sinápticas precisam ser reabastecidas muito rápido depois que elas descarregam. Portanto, a maioria das vesículas sinápticas são geradas não a partir da membrana de Golgi no corpo da célula nervosa, mas pela reciclagem local da membrana plasmática pré-sináptica nas terminações nervosas (**Figura 13-68**). De modo semelhante, componentes de membrana recém-sintetizados das vesículas sinápticas são inicialmente entregues à membrana plasmática pela via secretora constitutiva e então recuperados por endocitose. Mas em vez de se fusionarem com os endossomos, a maioria das vesículas endocíticas é imediatamente preenchida com neurotransmissores para se tornarem vesículas sinápticas.

Os componentes de membrana de uma vesícula sináptica incluem transportadores especializados na captação de neurotransmissores do citosol, onde as pequenas moléculas neurotransmissoras mediadoras da rápida sinalização sináptica são sintetizadas. Uma vez cheias de neurotransmissores, as vesículas sinápticas podem ser usadas novamente (ver Figura 13-68). Visto que as vesículas sinápticas são abundantes e de tamanho relativamente uniforme, elas podem ser purificadas em grandes quantidades e, como consequência, são as organelas mais bem caracterizadas da célula, já que todos os seus componentes de membrana foram identificados por análise proteômica quantitativa (**Figura 13-69**). Estendendo-se tal análise para um terminal pré-sináptico completo, podemos ter um exemplo do ambiente populoso no qual as reações ocorrem.

Os componentes de membrana das vesículas secretoras são rapidamente removidos da membrana plasmática

Quando uma vesícula secretora se funde à membrana plasmática, o seu conteúdo é descarregado da célula por exocitose, e a sua membrana torna-se parte da membrana plasmática. Embora isso devesse aumentar muito a área superficial da membrana plasmática, tal fato ocorre apenas de forma transitória, porque os componentes de membrana são removidos da superfície por endocitose quase tão rápido quanto são adicionados pela exocitose, em um processo que lembra o ciclo de exocitose-endocitose discutido antes. Após sua remoção da membrana plasmática, as proteínas das membranas das vesículas secretoras são reci-

Figura 13-68 Formação das vesículas sinápticas em uma célula nervosa. Estas vesículas minúsculas e uniformes são encontradas somente nas células nervosas e em algumas células endócrinas, onde elas estocam e secretam pequenas moléculas neurotransmissoras. A entrada de neurotransmissores diretamente para dentro das pequenas vesículas endocíticas que se formam a partir da membrana plasmática é mediada por transportadores de membrana que funcionam como antiportes e são conduzidos por um gradiente de H^+ mantido pelas bombas de H^+ V-ATPase na membrana da vesícula (discutido no Capítulo 11).

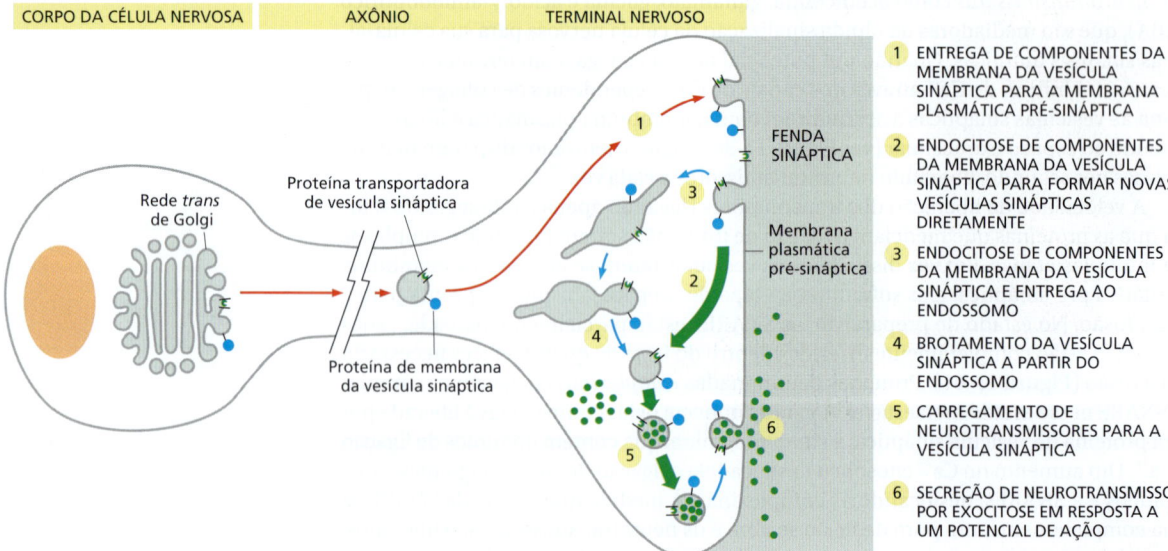

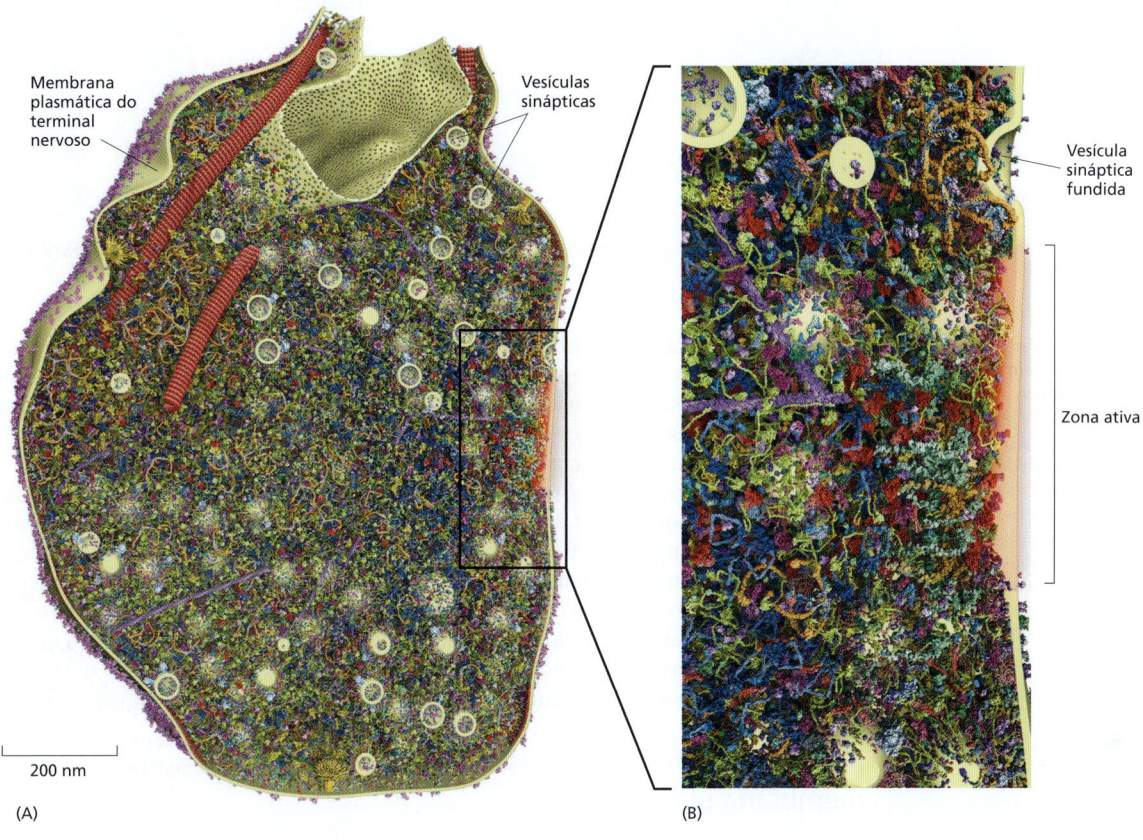

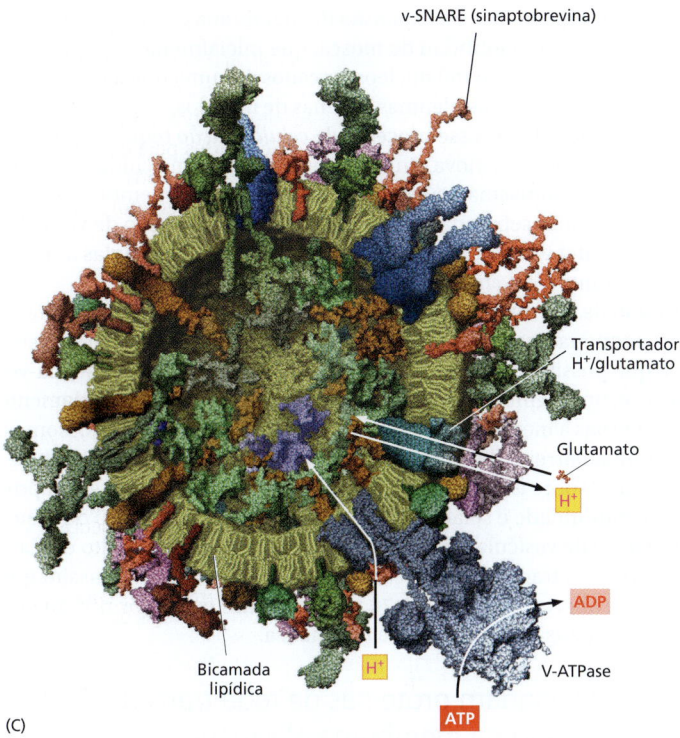

Figura 13-69 Modelos em escala de um terminal pré-sináptico e de uma vesícula sináptica cerebrais. As ilustrações mostram secções através de um terminal pré-sináptico (A; aumentado em B) e de uma vesícula sináptica (C) nas quais proteínas e lipídeos são desenhados em escala com base na sua estequiometria conhecida e estruturas conhecidas ou aproximadas. A localização relativa das moléculas proteicas em diferentes regiões do terminal pré-sináptico foi inferida a partir de imagens de microscopia eletrônica de super-resolução. O modelo em (A) contém 300 mil proteínas de 60 tipos diferentes que variam em abundância de 150 cópias a 20 mil cópias. No modelo em (C), somente 70% das proteínas de membrana presentes na membrana são mostradas; um modelo completo mostraria, assim, uma membrana que seria ainda mais populosa do que esta imagem sugere (Animação 13.7). Cada membrana de vesícula sináptica contém 7 mil moléculas de fosfolipídeos e 5.700 moléculas de colesterol. Cada uma também contém cerca de 50 moléculas de proteínas integrais de membrana, que variam amplamente em sua abundância relativa e, juntas, contribuem com cerca de 600 α-hélices transmembrana. A v-SNARE sinaptobrevina transmembrana é a proteína mais abundante na vesícula (cerca de 70 cópias por vesícula). Ao contrário, a V-ATPase, que utiliza a hidrólise de ATP para bombear H^+ para dentro do lúmen da vesícula, está presente com 1 a 2 cópias por vesícula. O gradiente de H^+ fornece a energia para a importação dos neurotransmissores por um antiporte H^+/neurotransmissor, que carrega cada vesícula com 1.800 moléculas de neurotransmissores, como o glutamato, um dos quais está representado em escala. (A e B, de B.G. Wilhelm et al., *Science* 344:1023–1028, 2014. Com permissão de AAAS; C, adaptada de S. Takamori et al., *Cell* 127:831–846, 2006. Com permissão de Elsevier.)

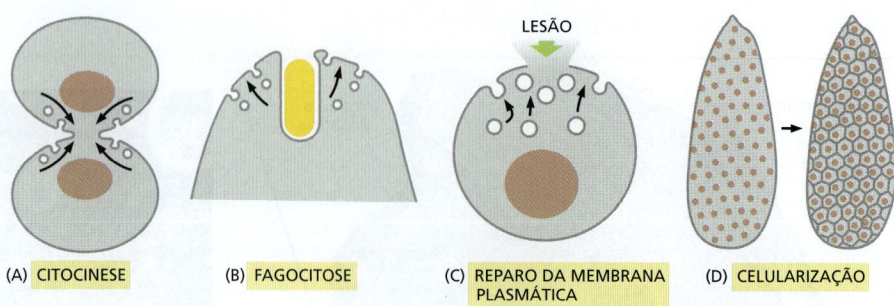

Figura 13-70 Quatro exemplos de exocitose regulada que levam à expansão da membrana plasmática. Acredita-se que as vesículas em fusão com a membrana plasmática durante a citocinese (A) e a fagocitose (B) sejam derivadas dos endossomos, ao passo que aquelas envolvidas no reparo de lesões (C) sejam derivadas das membranas plasmáticas. A vasta quantidade de membrana plasmática nova inserida durante a celularização em um embrião de mosca ocorre por fusão citoplasmática de vesículas (D).

cladas ou transportadas aos lisossomos para degradação. A quantidade de membrana de vesículas secretoras que é temporariamente adicionada à membrana plasmática pode ser enorme: em uma célula pancreática acinar que descarrega enzimas digestivas para o lúmen intestinal, cerca de 900 μm^2 de membrana de vesículas são inseridos na membrana plasmática apical (cuja área é de somente 30 μm^2) quando a célula é estimulada a secretar.

O controle do tráfego de membranas realiza, portanto, um papel principal na manutenção da composição das várias membranas da célula. Para manter cada compartimento envolto por membranas nas vias secretora e endocítica com tamanho constante, o balanço entre os fluxos de membranas para fora e para dentro necessita ser precisamente regulado. Para que as células cresçam, contudo, o fluxo progressivo deve ser maior do que o fluxo retrógrado, de modo que a membrana possa aumentar em área. Para que as células mantenham um tamanho constante, os fluxos progressivo e retrógrado devem ser equivalentes. Ainda sabemos pouco acerca dos mecanismos que coordenam esses fluxos.

Alguns eventos de exocitose regulada servem para aumentar a membrana plasmática

Uma tarefa importante da exocitose regulada é entregar mais membrana para aumentar a área de superfície da membrana plasmática de uma célula quando essa necessidade aparece. Um exemplo espetacular é a expansão da membrana que ocorre durante o processo de celularização em um embrião de mosca, que inicialmente é um sincício – uma única célula contendo cerca de 6 mil núcleos cercados por uma única membrana plasmática (ver Figura 21-15). Dentro de algumas dezenas de minutos, o embrião é convertido no mesmo número de células. Esse processo de *celularização* requer uma vasta quantidade de membrana plasmática nova, que é adicionada por uma cuidadosa e orquestrada fusão de vesículas citoplasmáticas que acaba por formar as membranas plasmáticas que delimitam as células separadas. Eventos semelhantes de fusão de vesículas são necessários para aumentar a membrana plasmática quando outras células animais ou vegetais se dividem durante a *citocinese* (discutido no Capítulo 17).

Várias células animais, em especial aquelas sujeitas a estresse mecânico, muitas vezes experimentam pequenas rupturas em sua membrana plasmática. Em um surpreendente processo que possivelmente envolva tanto a fusão homotípica vesícula-vesícula quanto a exocitose, um segmento temporário da superfície celular é rapidamente modelado por fontes internas à membrana localmente disponíveis, como os lisossomos. Além de proporcionar uma barreira de emergência contra vazamentos, o segmento reduz a tensão da membrana sobre a área lesada, permitindo que a bicamada se reaproxime para restaurar a continuidade e selar a ruptura. Esse processo de reparo de membrana, a fusão e a exocitose de vesículas, é desencadeado pelo aumento súbito de Ca^{2+}, que é abundante no espaço extracelular e apressa-se para o interior celular assim que a membrana plasmática é aberta. A **Figura 13-70** mostra quatro exemplos nos quais a exocitose regulada leva à expansão da membrana plasmática.

Células polarizadas direcionam proteínas da rede *trans* de Golgi para o domínio apropriado da membrana plasmática

A maioria das células nos tecidos é *polarizada*, com dois ou mais domínios de membrana plasmática molecular e funcionalmente diferentes. Isso levanta o problema genérico de como é organizada a entrega de membranas do aparelho de Golgi de forma a manter as diferenças entre um domínio superficial celular e outro. Uma célula epitelial típica, por exemplo, possui um *domínio apical*, que está face a uma cavidade interna ou ao mundo exterior e em geral possui características especiais como cílios ou uma borda em escova de microvilosidades. Também há um *domínio basolateral*, que cobre o resto da célula. Os dois domínios são separados por um anel de *junções compactas* (ver Figura 19-21), que evita que as proteínas e lipídeos (no folheto externo da bicamada lipídica) se difundam entre os dois domínios, de forma que as diferenças estre os dois domínios sejam mantidas.

Em princípio, as diferenças entre os domínios da membrana plasmática não precisam depender da entrega direcionada dos componentes apropriados de membrana. Ao contrário, os componentes de membrana poderiam ser entregues a todas as regiões da superfície celular de modo indiscriminado, para então serem seletivamente estabilizados em algumas localizações e seletivamente eliminados de outras. Embora essa estratégia de entrega aleatória seguida da retenção ou da remoção seletivas pareça ser utilizada em certos casos, as entregas costumam ser direcionadas de forma específica para o domínio de membrana apropriado. As células epiteliais que revestem o intestino, por exemplo, secretam enzimas digestivas e muco pela sua superfície apical e componentes da membrana basal pela sua superfície basolateral. Tais células devem ser dotadas de maneiras de direcionar vesículas que carreguem diferentes cargas para os diferentes domínios da membrana plasmática. As proteínas do RE destinadas a diferentes domínios deslocam-se juntas até alcançarem a TGN, onde são separadas e despachadas nas vesículas secretoras ou de transporte para o domínio de membrana plasmática apropriado (**Figura 13-71**).

A membrana plasmática apical da maioria das células epiteliais é altamente enriquecida de glicoesfingolipídeos, que ajudam a proteger essa superfície exposta contra danos – por exemplo, das enzimas digestivas e do baixo pH em locais como o intestino e o estômago respectivamente. De modo semelhante, as proteínas de membrana plasmática que são ligadas à bicamada lipídica por uma âncora de GPI (ver Figura 12-52) são encontradas predominantemente na membrana plasmática apical. Se técnicas de DNA recombinante forem utilizadas para anexar uma âncora de GPI à proteína que normalmente seria entregue à superfície basolateral, a proteína geralmente será entregue à superfície apical, em vez da basolateral. Acredita-se que as proteínas ancoradas por GPI sejam direcionadas à membrana apical porque se associam a glicoesfingolipídeos em balsas lipídicas que se formam na membrana da TGN. Como discutido no Capítulo 10, balsas lipídicas se formam na TGN e na membrana plasmática quando moléculas de glicoesfingolipídeos e colesterol se associam (ver Figura 10-13). Tendo selecionado um único conjunto de moléculas-carga, as plataformas, então, brotam da TGN em vesículas

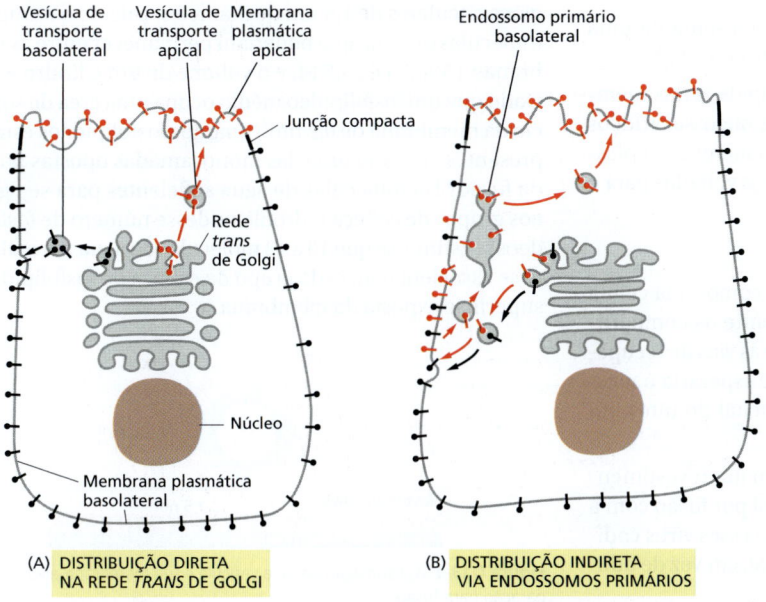

Figura 13-71 Duas vias de distribuição de proteínas de membrana plasmática em uma célula epitelial polarizada.
(A) Na via direta, as proteínas destinadas a diferentes domínios da membrana plasmática são selecionadas e empacotadas em diferentes vesículas de transporte. O sistema de entrega dependente de balsa lipídica para o domínio apical descrito no texto é um exemplo de via direta.
(B) Na via indireta, uma proteína é retirada do domínio inapropriado da membrana plasmática por endocitose e transportada para o domínio correto por meio de endossomos primários – isto é, por transcitose. A via indireta, por exemplo, é usada em hepatócitos do fígado para entregar proteínas ao domínio apical que reveste os ductos biliares.

O QUE NÃO SABEMOS

- De que forma as proteínas de direcionamento e fusão, como as SNAREs, são reguladas para que possam ser devolvidas aos seus respectivos compartimentos doadores no estado inativo?

- Como uma célula realiza o balanço dos eventos exocítico e endocítico para manter a membrana plasmática com tamanho constante?

- As células-filhas recém-formadas podem gerar um aparelho de Golgi de *novo* ou elas precisam herdá-lo?

- Como os lisossomos evitam a digestão de suas próprias membranas?

- Como uma célula mantém a quantidade certa de cada componente (organelas, moléculas) e como ela muda essas quantidades quando necessário (p. ex., para expandir exacerbadamente o retículo endoplasmático quando a célula precisa produzir grandes quantidades de proteínas de secreção)?

de transporte destinadas à membrana plasmática apical. Esse processo é semelhante à partição seletiva de algumas proteínas de membrana para os domínios lipídicos especializados em cavéolas na membrana plasmática, antes discutido.

As proteínas de membrana destinadas à membrana basolateral contêm sinais de distribuição em suas caudas citosólicas. Quando presentes em um contexto estrutural apropriado, esses sinais são reconhecidos por proteínas de revestimento que as empacotam em vesículas de transporte apropriadas na TGN. Os mesmos sinais basolaterais que são reconhecidos na TGN também funcionam nos endossomos primários para redirecionar as proteínas de volta à membrana plasmática basolateral depois de terem sido endocitadas.

Resumo

As células podem secretar moléculas por exocitose de maneira constitutiva ou regulada. Enquanto as vias reguladas operam somente em células secretoras especializadas, a via secretora constitutiva funciona em todas as células eucarióticas, sendo caracterizada por um contínuo transporte vesicular da TGN para a membrana plasmática. Nas vias reguladas, as moléculas são estocadas tanto em vesículas secretoras como em vesículas sinápticas, que não se fundem à membrana plasmática para liberar os seus conteúdos até que recebam um sinal apropriado. As vesículas secretoras contendo proteínas para secreção brotam da rede trans de Golgi. As proteínas de secreção se concentram durante a formação e a maturação das vesículas secretoras. As vesículas sinápticas, que são limitadas às terminações nervosas e algumas células endócrinas, formam-se tanto a partir de vesículas endocíticas como de endossomos, e elas são mediadoras da secreção regulada de pequenas moléculas neurotransmissoras nos terminais axônicos das células nervosas.

As proteínas são entregues da TGN para a membrana plasmática pela via constitutiva, a menos que sejam desviadas para outras vias ou retidas no aparelho de Golgi. Em células polarizadas, as vias de transporte da TGN para a membrana plasmática operam seletivamente para assegurar que diferentes conjuntos de proteínas de membrana, proteínas secretadas e lipídeos sejam entregues a diferentes domínios da membrana plasmática.

TESTE SEU CONHECIMENTO

Quais afirmativas estão corretas? Justifique.

13-1 Em todos os eventos envolvendo fusão de uma vesícula à membrana-alvo, os folhetos citosólicos da vesícula e das bicamadas-alvo sempre se fundem, assim como fazem os folhetos que não estão em contato com o citosol.

13-2 Existe uma exigência rigorosa para a saída de uma proteína do RE: ela deve estar corretamente enovelada.

13-3 Todas as glicoproteínas e os glicolipídeos das membranas intracelulares possuem cadeias de oligossacarídeos voltadas para o lúmen, e todos aqueles da membrana plasmática possuem cadeias de oligossacarídeos voltadas para o exterior celular.

Discuta as questões a seguir.

13-4 Em uma célula que não se divide, como uma célula hepática, por que o fluxo de membrana entre os compartimentos deve ser balanceado, de modo que as vias de recuperação e de saída sejam equivalentes? Você esperaria o mesmo fluxo balanceado em uma célula epitelial do intestino que está se dividindo ativamente?

13-5 Os vírus envelopados, que possuem um revestimento de membrana, ganham acesso ao citosol por fusão com a membrana celular. Por que você supõe que esses vírus codificam sua própria proteína de fusão especial, em vez de utilizarem as SNAREs da célula?

13-6 Para que ocorra a fusão de uma vesícula com sua membrana-alvo, as membranas devem ser aproximadas a uma distância de 1,5 nm, de modo que as duas bicamadas possam se juntar (**Figura Q13-1**). Assumindo que as porções relevantes das duas membranas no local de fusão sejam regiões circulares de 1,5 nm de diâmetro, calcule o número de moléculas de água que poderiam permanecer entre as membranas. (A água é 55,5 M, e o volume de um cilindro é $\pi r^2 a$.) Dado que um fosfolipídeo médio ocupa uma área de superfície da membrana de 0,2 nm², quantos fosfolipídeos estariam presentes em cada uma das monocamadas opostas no local da fusão? Há moléculas de água suficientes para se ligarem aos grupos de cabeça hidrofílicos desse número de fosfolipídeos? (Estima-se que 10 a 12 moléculas de água normalmente se associem com cada grupo de cabeça de fosfolipídeo na superfície exposta da membrana.)

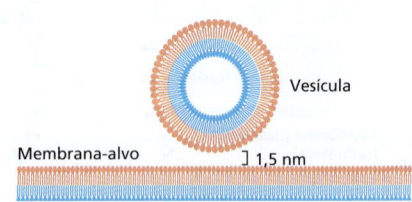

Figura Q13-1 Aproximação de uma vesícula e sua membrana-alvo em preparação para fusão.

13-7 As SNAREs existem como parceiros complementares que conduzem as fusões de membrana entre vesículas apropriadas e suas membranas-alvo. Dessa forma, uma vesícula com uma variedade particular de v-SNARE se fundirá somente com a membrana que carregar a t-SNARE complementar. Em alguns casos, no entanto, sabe-se que ocorrem fusões de membranas idênticas (fusões homotípicas). Por exemplo, quando uma célula de levedura forma um broto, as vesículas derivadas do vacúolo da célula-mãe movem-se para dentro do broto onde se fundem umas com as outras para formar um novo vacúolo. Essas vesículas carregam tanto v-SNAREs quanto t-SNAREs. Os dois tipos de SNAREs são essenciais para esse evento de fusão homotípica?

Para testar essa circunstância, você desenvolveu um engenhoso ensaio para fusão de vesículas vacuolares. Você prepara vesículas de duas linhagens mutantes diferentes de leveduras: a linhagem B possui um gene defeituoso para a fosfatase alcalina nuclear (Pase); a linhagem A é defeituosa na protease que converte o precursor da fosfatase alcalina (pró-Pase) em sua forma ativa (Pase) (**Figura Q13-2A**). Nenhuma das linhagens possui fosfatase alcalina ativa, porém, quando os extratos das linhagens são misturados, a fusão de vesículas produz uma fosfatase alcalina ativa, que pode ser facilmente mensurada (Figura Q13-2).

Agora você deleta os genes da v-SNARE vacuolar, da t-SNARE ou de ambas em cada uma das duas linhagens de levedura. Você prepara vesículas vacuolares de cada uma e as testa quanto à capacidade de fusão, pela medida da atividade da fosfatase alcalina (**Figura Q13-2B**).

O que esses dados dizem sobre as necessidades das v-SNAREs e t-SNAREs na fusão de vesículas vacuolares? Importa qual é o tipo de SNARE presente em cada vesícula?

13-8 Se você fosse remover o sinal de recuperação para o RE da proteína dissulfeto isomerase (PDI), que normalmente é uma residente solúvel no lúmen do RE, onde você esperaria que a PDI modificada se localizasse?

13-9 O receptor de KDEL deve ir e voltar entre o RE e o aparelho de Golgi para cumprir sua tarefa de assegurar que proteínas solúveis do RE fiquem retidas no lúmen do RE. Em qual compartimento o receptor de KDEL liga seus ligantes mais fortemente? Em qual compartimento ele liga seus ligantes mais fracamente? O que se supõe ser a base para suas afinidades diferentes de ligação nos dois compartimentos? Se você fosse projetar o sistema, em qual compartimento você teria a maior concentração de receptores de KDEL? Você diria que o receptor de KDEL, que é uma proteína transmembrana, possuiria um sinal de recuperação para RE nele próprio?

13-10 Como o baixo pH dos lisossomos protege o resto da célula das enzimas lisossômicas no caso de rupturas dos lisossomos?

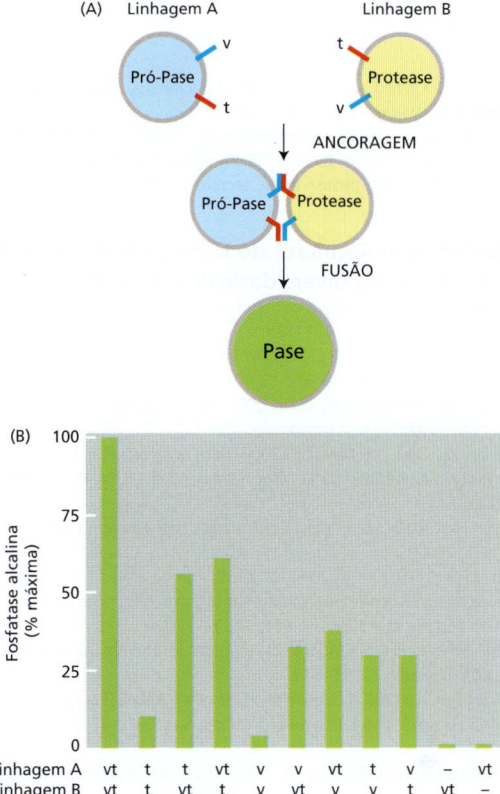

Figura Q13-2 Condições das SNAREs para fusão de vesículas. (A) Esquema para medir a fusão de vesículas vacuolares. (B) Resultados das fusões de vesículas com diferentes combinações de v-SNAREs e t-SNAREs. As SNAREs presentes nas vesículas das duas linhagens estão indicadas como v (v-SNARE) e t (t-SNARE).

13-11 Os melanossomos são lisossomos especializados que armazenam pigmentos para a liberação eventual por exocitose. Várias células, como células da pele e do cabelo, capturam, então, o pigmento, o que contribui para suas pigmentações características. Mutantes de camundongo que possuem melanossomos defeituosos frequentemente possuem cores pálidas ou incomuns de pelagem. Um desses camundongos de cor clara, o camundongo *Mocha* (**Figura Q13-3**), possui um defeito no gene de uma das subunidades do complexo de proteínas adaptadoras AP3, que está associado ao brotamento de vesículas revestidas a partir da rede *trans* de Golgi. Como a perda de AP3 pode causar um defeito nos melanossomos?

Figura Q13-3 Um camundongo normal e um camundongo *Mocha*. Além de sua cor clara de pelagem, o camundongo *Mocha* tem mau senso de equilíbrio. (Cortesia de Margit Burmeister.)

REFERÊNCIAS

Geral

Harrison SC & Kirchhausen T (2010) Structural biology: Conservation in vesicle coats. *Nature* 466, 1048–1049.
Pfeffer SR (2013) A prize for membrane magic. *Cell* 155, 1203–1206.
Thor F, Gautschi M, Geiger R & Helenius A (2009) Bulk flow revisited: transport of a soluble protein in the secretory pathway. *Traffic* 10, 1819–1830.

Mecanismos moleculares do transporte de membrana e manutenção da diversidade de compartimentos

Antonny B (2011) Mechanisms of membrane curvature sensing. *Annu. Rev. Biochem.* 80, 101–123.
Ferguson SM & De Camilli P (2012) Dynamin, a membrane-remodelling GTPase. *Nat. Rev. Mol. Cell Biol.* 13, 75–88.
Frost A, Unger VM & De Camilli P (2009) The BAR domain superfamily: membrane-molding macromolecules. *Cell* 137, 191–196.
Grosshans BL, Ortiz D & Novick P (2006) Rabs and their effectors: achieving specificity in membrane traffic. *Proc. Natl Acad. Sci. USA* 103, 11821–11827.
Hughson FM (2010) Copy coats: COPI mimics clathrin and COPII. *Cell* 142, 19–21.
Jackson LP, Kelly BT, McCoy AJ et al. (2010) A large-scale conformational change couples membrane recruitment to cargo binding in the AP2 clathrin adaptor complex. *Cell* 141, 1220–1229.
Jahn R & Scheller RH (2006) SNAREs—engines for membrane fusion. *Nat. Rev. Mol. Cell Biol.* 7, 631–643.
Jean S & Kiger AA (2012) Coordination between RAB GTPase and phosphoinositide regulation and functions. *Nat. Rev. Mol. Cell Biol.* 13, 463–470.
Jin L, Pahuja KB, Wickliffe KE et al. (2012) Ubiquitin-dependent regulation of COPII coat size and function. *Nature* 482, 495–500.
Martens S & McMahon HT (2008) Mechanisms of membrane fusion: disparate players and common principles. *Nat. Rev. Mol. Cell Biol.* 9, 543–556.
McNew JA, Parlati F, Fukuda R et al. (2000) Compartmental specificity of cellular membrane fusion encoded in SNARE proteins. *Nature* 407, 153–159.
Miller EA & Schekman R (2013) COPII – a flexible vesicle formation system. *Curr. Opin. Cell Biol.* 25, 420–427.
Pfeffer SR (2013) Rab GTPase regulation of membrane identity. *Curr. Opin. Cell Biol.* 25, 414–419.
Saito K, Chen M, Bard F et al. (2009) TANGO1 facilitates cargo loading at endoplasmic reticulum exit sites. *Cell* 136, 891–902.
Seaman MN (2005) Recycle your receptors with retromer. *Trends Cell Biol.* 15, 68–75.

Transporte do RE através do aparelho de Golgi

Ellgaard L & Helenius A (2003) Quality control in the endoplasmic reticulum. *Nat. Rev. Mol. Cell Biol.* 4, 181–191.
Emr S, Glick BS, Linstedt AD et al. (2009) Journeys through the Golgi—taking stock in a new era. *J. Cell Biol.* 187, 449–453.
Farquhar MG & Palade GE (1998) The Golgi apparatus: 100 years of progress and controversy. *Trends Cell Biol.* 8, 2–10.
Ladinsky MS, Mastronarde DN, McIntosh JR et al. (1999) Golgi structure in three dimensions: functional insights from the normal rat kidney cell. *J. Cell Biol.* 144, 1135–1149.
Munro S (2011) The golgin coiled-coil proteins of the Golgi apparatus. *Cold Spring Harb. Perspect. Biol.* 3, a005256.
Pfeffer S (2010) How the Golgi works: a cisternal progenitor model. *Proc. Natl Acad. Sci. USA* 107, 19614–19618.
Varki A (2011) Evolutionary forces shaping the Golgi glycosylation machinery: why cell surface glycans are universal to living cells. *Cold Spring Harb. Perspect. Biol.* 3, a005462.

Transporte da rede *trans* de Golgi para os lisossomos

Andrews NW (2000) Regulated secretion of conventional lysosomes. *Trends Cell Biol.* 10, 316–321.
Bonifacino JS & Rojas R (2006) Retrograde transport from endosomes to the *trans*-Golgi network. *Nat. Rev. Mol. Cell Biol.* 7, 568–579.
de Duve C (2005) The lysosome turns fifty. *Nat. Cell Biol.* 7, 847–849.
Futerman AH & van Meer G (2004) The cell biology of lysosomal storage disorders. *Nat. Rev. Mol. Cell Biol.* 5, 554–565.
Kraft C & Martens S (2012) Mechanisms and regulation of autophagosome formation. *Curr. Opin. Cell Biol.* 24, 496–501.
Mizushima N, Yoshimori T & Ohsumi Y (2011) The role of Atg proteins in autophagosome formation. *Annu. Rev. Cell Dev. Biol.* 27, 107–132.
Parzych KR & Klionsky DJ (2014) An overview of autophagy: morphology, mechanism, and regulation. *Antioxid. Redox Signal.* 20, 460–473.

Transporte da membrana plasmática para dentro da célula: endocitose

Bonifacino JS & Traub LM (2003) Signals for sorting of transmembrane proteins to endosomes and lysosomes. *Annu. Rev. Biochem.* 72, 395–447.
Brown MS & Goldstein JL (1986) A receptor-mediated pathway for cholesterol homeostasis. *Science* 232, 34–47.
Conner SD & Schmid SL (2003) Regulated portals of entry into the cell. *Nature* 422, 37–44.
Doherty GJ & McMahon HT (2009) Mechanisms of endocytosis. *Annu. Rev. Biochem.* 78, 857–902.
Howes MT, Mayor S & Parton RG (2010) Molecules, mechanisms, and cellular roles of clathrin-independent endocytosis. *Curr. Opin. Cell Biol.* 22, 519–527.
Huotari J & Helenius A (2011) Endosome maturation. *EMBO J.* 30, 3481–3500.
Hurley JH & Hanson PI (2010) Membrane budding and scission by the ESCRT machinery: it's all in the neck. *Nat. Rev. Mol. Cell Biol.* 11, 556–566.
Kelly BT & Owen DJ (2011) Endocytic sorting of transmembrane protein cargo. *Curr. Opin. Cell Biol.* 23, 404–412.
Maxfield FR & McGraw TE (2004) Endocytic recycling. *Nat. Rev. Mol. Cell Biol.* 5, 121–132.
McMahon HT & Boucrot E (2011) Molecular mechanism and physiological functions of clathrin-mediated endocytosis. *Nat. Rev. Mol. Cell Biol.* 12, 517–533.
Mercer J & Helenius A (2012) Gulping rather than sipping: macropinocytosis as a way of virus entry. *Curr. Opin. Microbiol.* 15, 490–499.
Sorkin A & von Zastrow M (2009) Endocytosis and signalling: intertwining molecular networks. *Nat. Rev. Mol. Cell Biol.* 10, 609–622.
Tjelle TE, Lovdal T & Berg T (2000) Phagosome dynamics and function. *BioEssays* 22, 255–263.

Transporte da rede *trans* de Golgi para o exterior da célula: exocitose

Burgess TL & Kelly RB (1987) Constitutive and regulated secretion of proteins. *Annu. Rev. Cell Biol.* 3, 243–293.
Li F, Pincet F, Perez E et al. (2011) Complexin activates and clamps SNAREpins by a common mechanism involving an intermediate energetic state. *Nat. Struct. Mol. Biol.* 18, 941–946.
Martin TF (1997) Stages of regulated exocytosis. *Trends Cell Biol.* 7, 271–276.
Mellman I & Nelson WJ (2008) Coordinated protein sorting, targeting and distribution in polarized cells. *Nat. Rev. Mol. Cell Biol.* 9, 833–845.
Mostov K, Su T & ter Beest M (2003) Polarized epithelial membrane traffic: conservation and plasticity. *Nat. Cell Biol.* 5, 287–293.
Pang ZP & Südhof TC (2010) Cell biology of Ca^{2+}-triggered exocytosis. *Curr. Opin. Cell Biol.* 22, 496–505.
Schuck S & Simons K (2004) Polarized sorting in epithelial cells: raft clustering and the biogenesis of the apical membrane. *J. Cell Sci.* 117, 5955–5964.

Conversão de energia: mitocôndrias e cloroplastos

CAPÍTULO 14

Como explicamos no Capítulo 2, para manter seu alto grau de organização em um universo que está constantemente se dirigindo rumo ao caos, as células apresentam uma necessidade contínua de um suprimento abundante de ATP. Nas células eucarióticas, a maior parte do ATP que fornece energia para os processos vitais é produzida por *organelas conversoras de energia*, estruturas especializadas e delimitadas por membrana. Existem dois tipos distintos. As **mitocôndrias**, que ocorrem em quase todas as células de animais, plantas e fungos, "queimam" moléculas do alimento para produzir ATP pela *fosforilação oxidativa*. Os **cloroplastos**, que ocorrem somente em plantas e algas verdes, aproveitam a energia solar para produzir ATP pela *fotossíntese*. Em micrografias eletrônicas, as características mais marcantes de mitocôndrias e cloroplastos são seus vastos sistemas de membranas internas. Essas membranas internas contêm conjuntos de complexos de proteínas que atuam em grupo para produzir a maior parte do ATP celular. Nas bactérias, versões simplificadas de complexos proteicos essencialmente idênticos produzem ATP, mas eles estão localizados na membrana plasmática da célula (**Figura 14-1**).

Comparações das sequências de DNA indicam que as organelas conversoras de energia dos eucariotos atuais foram originadas de células procarióticas que sofreram endocitose durante a evolução dos eucariotos (discutido no Capítulo 1). Isso explica o motivo pelo qual mitocôndrias e cloroplastos contêm seu próprio DNA, que ainda codifica um subconjunto das suas proteínas. Com o tempo, essas organelas perderam a maior parte dos seus genomas e se tornaram altamente dependentes de proteínas codificadas por genes do núcleo, sintetizadas no citosol e, por fim, importadas para a organela. E as células eucarióticas hoje dependem dessas organelas não somente para a produção do ATP necessário para biossíntese, transporte de solutos e movimento, mas também para muitas reações biossintéticas importantes que ocorrem dentro dessas organelas.

A origem evolutiva comum da maquinaria de conversão de energia em mitocôndrias, cloroplastos e procariotos (arqueias e bactérias) está refletida no mecanismo fundamental que elas compartilham para aproveitar a energia. Esse mecanismo é conhecido como **acoplamento quimiosmótico**, referindo-se a um acoplamento entre as reações de formação de ligações químicas que produzem ATP ("quimio") e processos de transporte através da membrana ("osmótico"). Os processos quimiosmóticos ocorrem em duas etapas acopladas, ambas desempenhadas pelos complexos proteicos em uma membrana.

NESTE CAPÍTULO

MITOCÔNDRIA

BOMBAS DE PRÓTONS DA CADEIA TRANSPORTADORA DE ELÉTRONS

PRODUÇÃO DE ATP NAS MITOCÔNDRIAS

CLOROPLASTOS E FOTOSSÍNTESE

SISTEMAS GENÉTICOS DE MITOCÔNDRIAS E CLOROPLASTOS

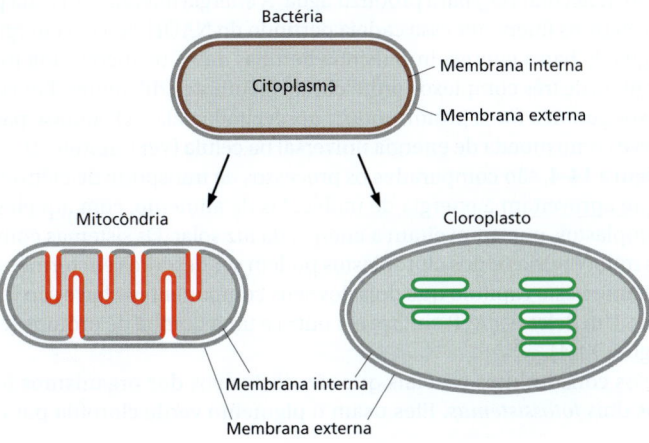

Figura 14-1 Os sistemas de membrana de bactérias, mitocôndrias e cloroplastos são relacionados. As mitocôndrias e os cloroplastos são organelas celulares que se originaram de bactérias e retiveram os mecanismos de conversão de energia bacterianos. Tal qual seus ancestrais bacterianos, as mitocôndrias e os cloroplastos possuem uma membrana externa e outra interna. Cada uma das membranas coloridas neste diagrama contém cadeias transportadoras de elétrons coletoras de energia. As invaginações profundas da membrana mitocondrial interna e o sistema de membranas interno dos cloroplastos abrigam a maquinaria para a respiração celular e a fotossíntese respectivamente.

Figura 14-2 Etapa 1 do acoplamento quimiosmótico. A energia da luz solar ou a oxidação de compostos do alimento é capturada para gerar um gradiente eletroquímico de prótons através de uma membrana. O gradiente eletroquímico serve como um estoque versátil de energia e é utilizado para dirigir uma série de reações nas mitocôndrias, nos cloroplastos e nas bactérias.

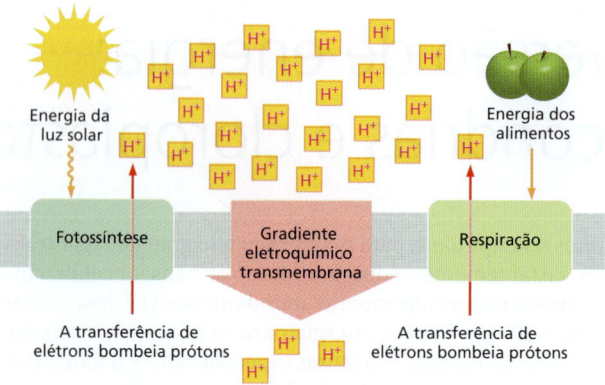

Etapa 1: os elétrons de alta energia (derivados da oxidação de moléculas do alimento, de pigmentos excitados pela luz solar ou de outras fontes descritas adiante) são transferidos ao longo de uma série de complexos proteicos transportadores de elétrons que formam uma *cadeia transportadora de elétrons* embebida em uma membrana. Cada elétron transferido libera uma pequena quantidade de energia que é usada para bombear prótons (H^+) e desse modo gerar um grande *gradiente eletroquímico* através da membrana (**Figura 14-2**). Como discutido no Capítulo 11, esse gradiente eletroquímico fornece uma forma de armazenar energia e pode ser aproveitado para realizar trabalho útil quando íons fluem de volta através da membrana.

Etapa 2: os prótons fluem de volta a favor do seu gradiente eletroquímico por meio de uma elaborada máquina proteica de membrana denominada *ATP-sintase*, que catalisa a produção de ATP a partir de ADP e fosfato inorgânico (P_i). Essa enzima ubíqua funciona como uma turbina na membrana que, impulsionada por prótons, sintetiza ATP (**Figura 14-3**). Desse modo, a energia derivada do alimento ou da energia solar na etapa 1 é convertida em energia química de uma ligação de um fosfato no ATP.

Os elétrons se movem através de complexos proteicos em sistemas biológicos por meio de íons metálicos firmemente ligados ou por meio de outros carreadores que capturam e liberam elétrons facilmente, ou ainda por intermédio de pequenas moléculas especiais que recolhem elétrons em um local e os entregam em outro. Para as mitocôndrias, o primeiro desses carreadores de elétrons é o NAD^+, uma pequena molécula hidrossolúvel que captura dois elétrons e um H^+ derivado das moléculas do alimento (gorduras e carboidratos) para se tornar NADH. O NADH transfere esses elétrons de locais onde as moléculas do alimento são degradadas para a membrana mitocondrial interna. Lá, os elétrons do NADH rico em energia são transferidos de um complexo proteico de membrana para o seguinte, sendo transferido, em cada passo, para um composto com um nível energético mais baixo, até alcançar um complexo final no qual ele se combina com oxigênio molecular (O_2) para produzir água. A energia liberada em cada passo à medida que os elétrons fluem por essa cadeia partindo do NADH rico em energia até a molécula de água de baixa energia impulsiona bombas de H^+ na membrana mitocondrial interna por meio de três complexos proteicos de membrana diferentes. Em conjunto, esses complexos geram a força próton-motriz aproveitada pela ATP-sintase para produzir ATP que serve como moeda de energia universal na célula (ver Capítulo 2).

Na **Figura 14-4**, são comparados os processos de transporte de elétrons nas mitocôndrias, que aproveitam a energia de moléculas de alimento, com aqueles encontrados nos cloroplastos, que aproveitam a energia da luz solar. Os sistemas conversores de energia das mitocôndrias e dos cloroplastos podem ser descritos em termos similares, e veremos adiante neste capítulo que dois dos seus componentes-chave são intimamente relacionados. Um deles é a ATP-sintase e o outro é uma bomba de prótons (colorida em verde na Figura 14-4).

Entre os constituintes cruciais que são exclusivos dos organismos fotossintéticos estão os dois *fotossistemas*. Eles usam o pigmento verde clorofila para capturar a

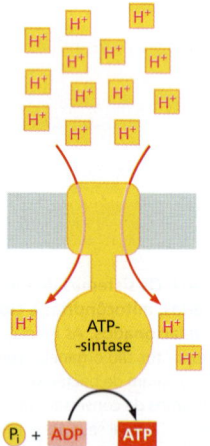

Figura 14-3 Etapa 2 do acoplamento quimiosmótico. Uma ATP-sintase (*amarelo*) embebida na bicamada lipídica de uma membrana aproveita o gradiente eletroquímico de prótons através da membrana, usando-o com uma reserva de energia local para impulsionar a síntese de ATP. As *setas vermelhas* mostram a direção do movimento de prótons através da ATP-sintase.

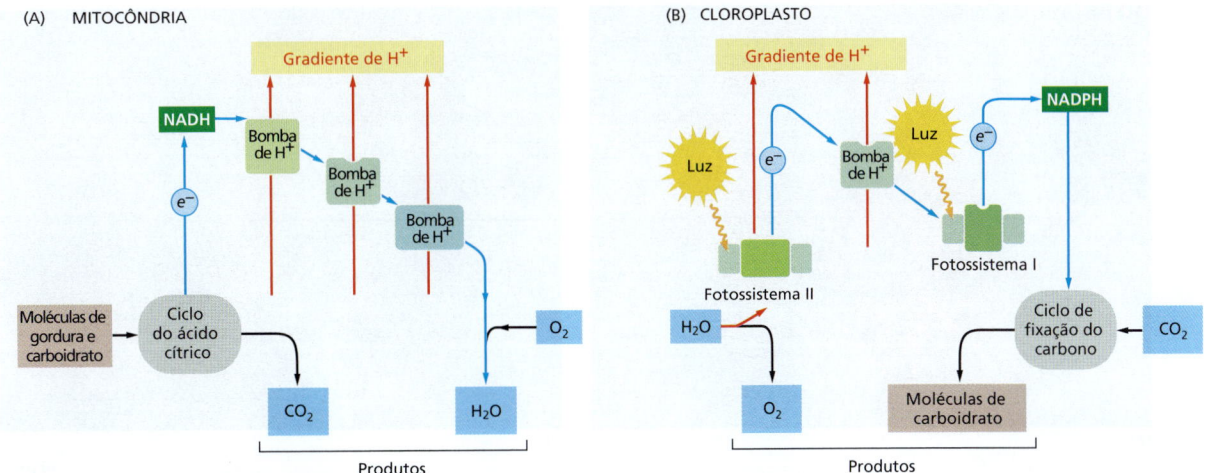

Figura 14-4 Processos de transporte de elétrons. (A) A mitocôndria converte a energia de combustíveis químicos. (B) O cloroplasto converte a energia da luz solar. Em ambos os casos, o fluxo de elétrons está indicado por *setas azuis*. Cada um dos complexos proteicos (*verde*) está embebido em uma membrana. Dentro da mitocôndria, gorduras e carboidratos das moléculas do alimento são usados no ciclo do ácido cítrico e fornecem elétrons para gerar o composto rico em energia NADH a partir de NAD$^+$. Esses elétrons fluem a favor de um gradiente de energia à medida que passam de um complexo para o seguinte na cadeia transportadora de elétrons, até se combinarem com O$_2$ molecular no último complexo para produzir água. A energia liberada em cada passo é aproveitada para bombear H$^+$ através da membrana. No cloroplasto, por sua vez, os elétrons são extraídos da água por meio da ação da luz no complexo do fotossistema II e O$_2$ molecular é liberado. Os elétrons passam para o complexo seguinte na cadeia, que usa parte da sua energia para bombear prótons através da membrana, antes de passar para o fotossistema I, onde a luz solar gera elétrons de alta energia que se combinam com NADP$^+$ para produzir NADPH. O NADPH entra então no *ciclo de fixação de carbono* junto com o CO$_2$ para gerar carboidratos.

energia luminosa e impulsionar a transferência de elétrons, não diferente de uma fotocélula em um painel solar. Os cloroplastos impulsionam a transferência de elétrons na direção oposta à das mitocôndrias: elétrons são capturados da água para produzir O$_2$, e esses elétrons são usados (via NADPH, uma molécula muito semelhante ao NADH utilizado nas mitocôndrias) para sintetizar carboidratos a partir de CO$_2$ e água. Esses carboidratos servem então como fonte para todos os outros compostos que uma célula vegetal necessita.

Assim, tanto as mitocôndrias como os cloroplastos usam a cadeia transportadora de elétrons para produzir um gradiente de H$^+$ que fornece energia às reações que são críticas para a célula. Entretanto, os cloroplastos geram O$_2$ e capturam CO$_2$, enquanto as mitocôndrias consomem O$_2$ e liberam CO$_2$ (ver Figura 14-4).

MITOCÔNDRIA

As **mitocôndrias** ocupam até 20% do volume citoplasmático de uma célula eucariótica. Ainda que sejam muitas vezes representadas como corpos pequenos semelhantes a bactérias, com um diâmetro de 0,5 a 1 μm, de fato elas são extremamente dinâmicas e plásticas, movendo-se pela célula, mudando constantemente de forma, dividindo-se e fusionando-se (**Animação 14.1**). As mitocôndrias costumam estar associadas ao citoesqueleto microtubular (**Figura 14-5**), o que determina sua orientação e distribuição em diferentes tipos celulares. Portanto, em células altamente polarizadas como os neurônios, as mitocôndrias podem se mover por longas distâncias (até 1 metro ou mais em axônios estendidos de neurônios), sendo propelidas ao longo de trilhas de citoesqueleto microtubular. Em outras células, as mitocôndrias permanecem fixas em locais de alta demanda energética; por exemplo, em células musculares esqueléticas ou cardíacas, elas se empacotam entre miofibrilas e, nos espermatozoides, elas se enrolam firmemente ao redor do flagelo (**Figura 14-6**).

As mitocôndrias também interagem com outros sistemas de membranas na célula, sobretudo com o retículo endoplasmático (RE). Contatos entre as mitocôndrias e o RE definem domínios especializados que supostamente facilitam a troca de lipídeos entre os dois sistemas de membranas. Esses contatos também parecem induzir fissão mitocondrial, o que, como discutido adiante, está envolvido na distribuição e no particionamento das mitocôndrias dentro das células (**Figura 14-7**).

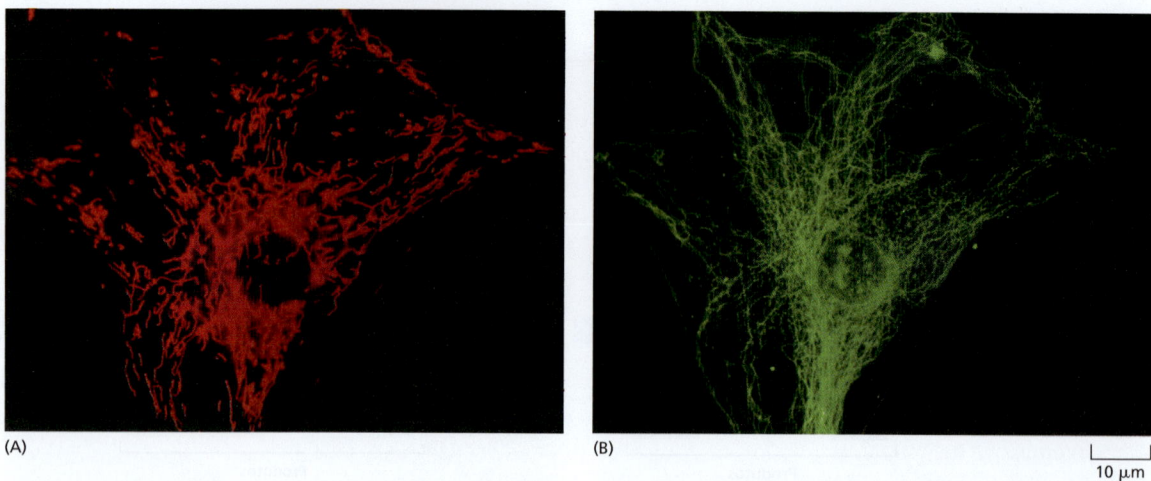

Figura 14-5 Relação entre mitocôndrias e microtúbulos. (A) Fotomicrografia óptica das cadeias de mitocôndrias alongadas em uma célula viva de mamífero em cultura. A célula foi corada com um corante fluorescente (rodamina 123) que marca especificamente as mitocôndrias em células vivas. (B) Fotomicrografia por imunofluorescência da mesma célula corada (após a fixação) com anticorpos fluorescentes que se ligam a microtúbulos. Note que as mitocôndrias tendem a se alinhar ao longo dos microtúbulos. (Cortesia de Lan Bo Chen.)

A aquisição de mitocôndrias foi um pré-requisito para a evolução de animais complexos. Sem as mitocôndrias, as células dos animais modernos teriam de produzir todo o seu ATP por meio da glicólise anaeróbica. Quando a glicose é convertida em piruvato pela glicólise, apenas uma pequena fração de toda a energia livre potencialmente disponível é liberada (ver Capítulo 2). Nas mitocôndrias, o metabolismo de açúcares é completo: o piruvato é importado para dentro da mitocôndria e em última instância oxidado pelo O_2 em CO_2 e H_2O, o que possibilita a produção de 15 vezes mais ATP do que o produzido apenas pela glicólise. Como explicaremos adiante, isso se tornou possível somente quando foi acumulada uma quantidade suficiente de oxigênio molecular na atmosfera terrestre para permitir que organismos pudessem aproveitar completamente, por meio da respiração, as grandes quantidades de energia potencialmente disponíveis a partir da oxidação de compostos orgânicos.

As mitocôndrias são grandes o suficiente para visualização ao microscópio óptico e foram identificadas pela primeira vez no século XIX. Entretanto, avanços reais na compreensão de sua estrutura interna e função dependeram de procedimentos bioquímicos desenvolvidos em 1948 para o isolamento de mitocôndrias intactas e da microscopia eletrônica, que foi primeiramente usada para observar células mais ou menos na mesma época.

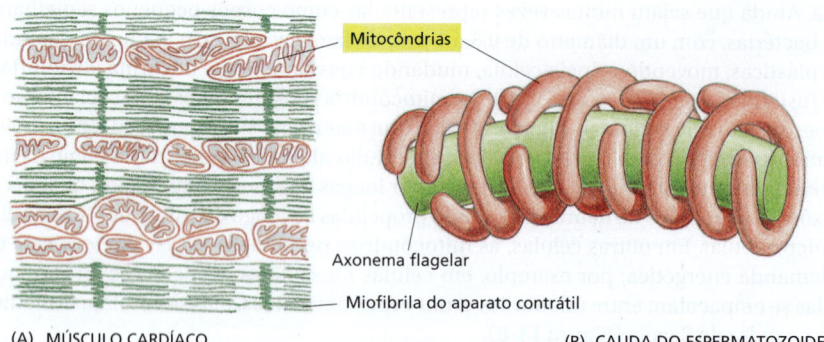

(A) MÚSCULO CARDÍACO

(B) CAUDA DO ESPERMATOZOIDE

Figura 14-6 Localização das mitocôndrias na proximidade dos sítios de alta demanda de ATP no músculo cardíaco e na cauda de um espermatozoide. (A) O músculo cardíaco na parede do coração é o músculo mais exigido do corpo, e suas contínuas contrações requerem uma fonte confiável de energia. Ele próprio possui um estoque limitado de energia e depende de uma fonte constante de ATP de um número enorme de mitocôndrias alinhadas intimamente às miofibrilas contráteis (ver Figura 16-32). (B) Durante o desenvolvimento do espermatozoide, os microtúbulos se torcem na forma de uma hélice ao redor do axonema flagelar, onde se supõe que auxiliem a localizar as mitocôndrias na cauda para produzir a estrutura mostrada.

Figura 14-7 Interação das mitocôndrias com o retículo endoplasmático. (A) Microscopia óptica de fluorescência mostrando que túbulos do RE (*verde*) se enrolam ao redor de partes da rede mitocondrial (*vermelho*) nas células de mamíferos. As mitocôndrias então se dividem nos sítios de contato. Após o contato ser estabelecido, a fissão ocorre em menos de 1 minuto, como indicado por microscopia de lapso de tempo. (B) Representação esquemática de um túbulo de RE enrolado ao redor de parte de um retículo mitocondrial. Supõe-se que os contatos RE-mitocôndrias também estejam envolvidos nas trocas de lipídeos entre os dois sistemas de membranas. (A, adaptada de J.R. Friedman et al., *Science* 334:358–362, 2011.)

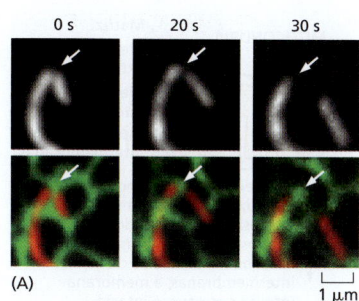

A mitocôndria tem uma membrana externa e uma membrana interna

Assim como as bactérias a partir das quais elas se originaram, as mitocôndrias possuem uma membrana externa e outra interna. As duas membranas possuem funções e propriedades distintas, e delineiam compartimentos separados dentro da organela. A membrana interna, que delimita o compartimento da **matriz mitocondrial** interna (**Figura 14-8**), é altamente enovelada para formar invaginações conhecidas como **cristas**, que contêm nas suas membranas as proteínas da cadeia transportadora de elétrons. Onde a membrana interna dispõe-se em paralelo com a membrana externa, entre as cristas, ela é denominada *membrana de limite interno*. O espaço estreito (20 a 30 nm) entre a membrana de limite interno e a membrana externa é conhecido como **espaço intermembranas**. As cristas são discos ou túbulos de membrana de 20 nm de largura que se projetam profundamente na matriz e delimitam o *espaço da crista*. A *membrana da crista* é contínua com a membrana de limite interno, e onde suas membranas se unem, formam-se tubos ou fendas, conhecidos como *junções da crista*.

Assim como a membrana externa bacteriana, a **membrana mitocondrial externa** é livremente permeável a íons e a moléculas pequenas de até 5 mil dáltons. Isso ocorre porque ela contém muitas moléculas de porinas, uma classe especial de proteínas de membrana do tipo barril β que cria poros aquáticos através da membrana (ver Figura 10-23). Como consequência, o espaço intermembranas entre a membrana interna e ex-

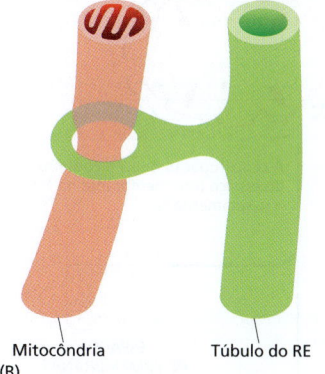

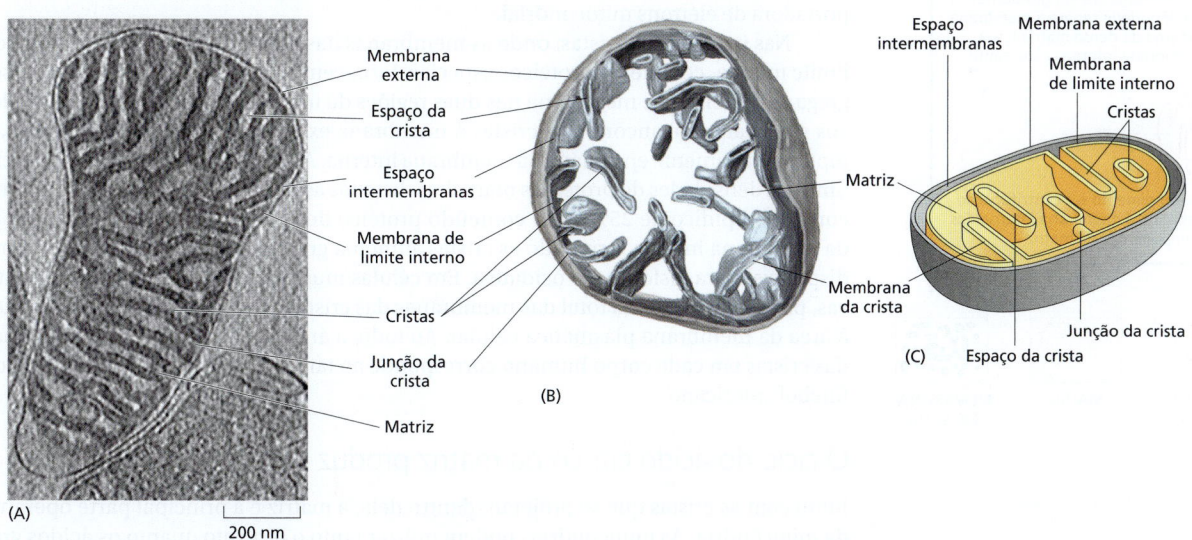

Figura 14-8 Estrutura de uma mitocôndria. (A) Fatia tomográfica de um mapa tridimensional de uma mitocôndria cardíaca de camundongo determinada por tomografia por microscopia eletrônica. A membrana externa circunda a membrana de limite interno. A membrana interna é altamente enovelada em cristas lamelares e tubulares, que se entrecruzam na matriz. A matriz densa, que contém a maioria das proteínas mitocondriais, aparece escura na microscopia eletrônica, enquanto o espaço intermembranas e o espaço da crista parece claro devido ao baixo conteúdo de proteínas. A membrana de limite interno acompanha a membrana externa a uma distância de cerca de 20 nm. A membrana interna curva-se bruscamente nas junções das cristas, onde as cristas se unem à membrana de limite interno. (B) Tomografia de porção de uma mitocôndria de levedura reconstruída por superfície, mostrando como as cristas achatadas se projetam para dentro da matriz a partir da membrana interna (Animação 14.2). (C) Representação esquemática de uma mitocôndria mostrando a membrana externa (*cinza*) e a membrana interna (*amarelo*). Observe que a membrana interna é compartimentalizada em membrana de limite interno e membrana da crista. Existem três espaços distintos: o espaço da membrana interna, o espaço da crista e a matriz. (A, cortesia de Tobias Brandt; B, de K. Davies et al., *Proc. Natl Acad. Sci. USA* 109:13602–13607, 2012. Com permissão da National Academy of Sciences.)

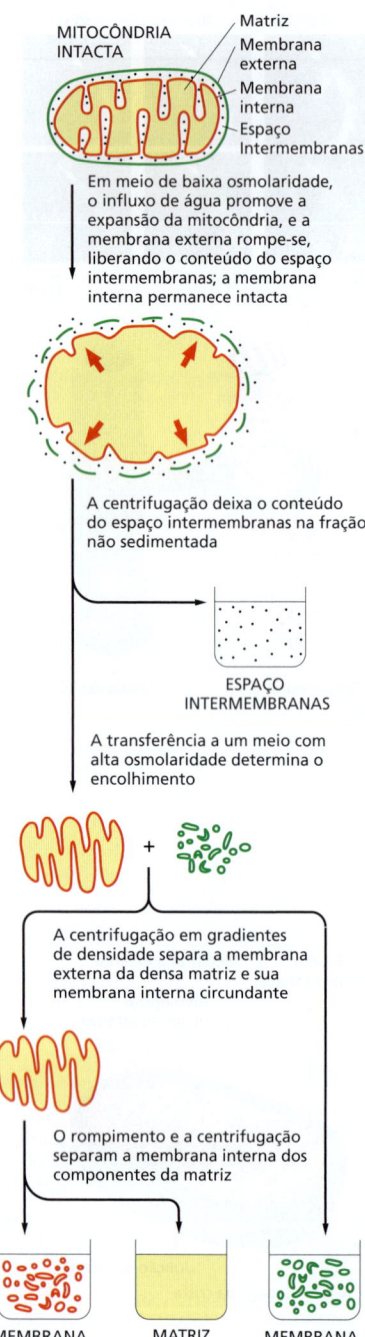

Figura 14-9 Fracionamento bioquímico de mitocôndrias purificadas em componentes separados. Um grande número de mitocôndrias é isolado por centrifugação a partir de tecido homogeneizado e suspenso em um meio de baixa força osmótica. Em tal meio, a água flui para dentro das mitocôndrias e expande grandemente o espaço da matriz (*amarelo*). Enquanto as cristas da membrana interna se desenovelam para acomodar o inchaço, a membrana externa – que não possui enovelamentos – quebra-se, liberando estruturas compostas pela membrana interna circundando a matriz. Essas técnicas tornaram possível o estudo da composição proteica da membrana interna (compreendendo uma mistura de cristas, membranas limite e junções das cristas), a membrana externa e a matriz.

terna tem o mesmo pH e composição iônica do citoplasma, e não existe um gradiente eletroquímico através da membrana externa.

Se mitocôndrias purificadas são suavemente rompidas e então fracionadas (**Figura 14-9**), a composição bioquímica das membranas e compartimentos mitocondriais pode ser determinada.

As cristas da membrana interna contêm a maquinaria para o transporte de elétrons e a síntese de ATP

Diferentemente da membrana mitocondrial externa, a **membrana mitocondrial interna** é uma barreira para a difusão de íons e moléculas pequenas, de modo similar à membrana interna bacteriana. Entretanto, íons selecionados, em particular prótons e íons fosfato, assim como metabólitos essenciais como ATP e ADP, podem passar através dela por intermédio de proteínas transportadoras especiais.

A membrana mitocondrial interna é altamente diferenciada em regiões funcionais distintas com diferentes composições proteicas. Como discutido no Capítulo 10, a segregação lateral de regiões de membrana com diferentes composições lipídicas e proteicas é uma característica-chave das células. Na membrana mitocondrial interna, supõe-se que a região de limite de membrana interna contenha a maquinaria para importar proteínas, novas inserções de membrana e a montagem dos complexos da cadeia respiratória. As membranas das cristas, que são contínuas com a membrana de limite interna, contêm a enzima ATP-sintase que produz a maior parte do ATP celular; elas também contêm os grandes complexos proteicos da **cadeia respiratória** – o nome dado para a cadeia transportadora de elétrons mitocondrial.

Nas junções das cristas, onde as membranas das cristas se unem à membrana de limite interna, complexos proteicos especiais fornecem uma barreira de difusão que segrega as proteínas de membrana nas duas regiões da membrana interna; esses complexos supostamente ancoram as cristas à membrana externa, mantendo, desse modo, a topologia altamente enovelada da membrana interna. As membranas das cristas contêm uma das densidades de proteínas mais altas de todas as membranas biológicas, com um conteúdo lipídico de 25% e um conteúdo proteico de 75% por peso. O enovelamento da membrana interna formando as cristas aumenta grandemente a área de membrana disponível para fosforilação oxidativa. Em células musculares cardíacas altamente ativas, por exemplo, a área total das membranas das cristas pode ser até 20 vezes superior à área da membrana plasmática celular. Ao todo, a área de superfície das membranas das cristas em cada corpo humano corresponde ao tamanho de cerca de um campo de futebol americano.

O ciclo do ácido cítrico na matriz produz NADH

Junto com as cristas que se projetam dentro dela, a matriz é a principal parte operante da mitocôndria. As mitocôndrias podem utilizar tanto o piruvato quanto os ácidos graxos como combustível. O piruvato é derivado da glicose e de outros açúcares, enquanto os ácidos graxos são derivados das gorduras. Ambas as moléculas de combustível são transportadas através da membrana mitocondrial interna por proteínas transportadoras especializadas, e elas podem ser convertidas no intermediário metabólico crucial *acetil-CoA* por enzimas localizadas na matriz mitocondrial (ver Capítulo 2).

Os grupos acetil na acetil-CoA são oxidados na matriz via *ciclo do ácido cítrico*, também denominado ciclo de Krebs (ver Figura 2-57 e **Animação 2.6**). A oxidação desses átomos de carbono da acetil-CoA produz CO_2, que se difunde para fora da mitocôn-

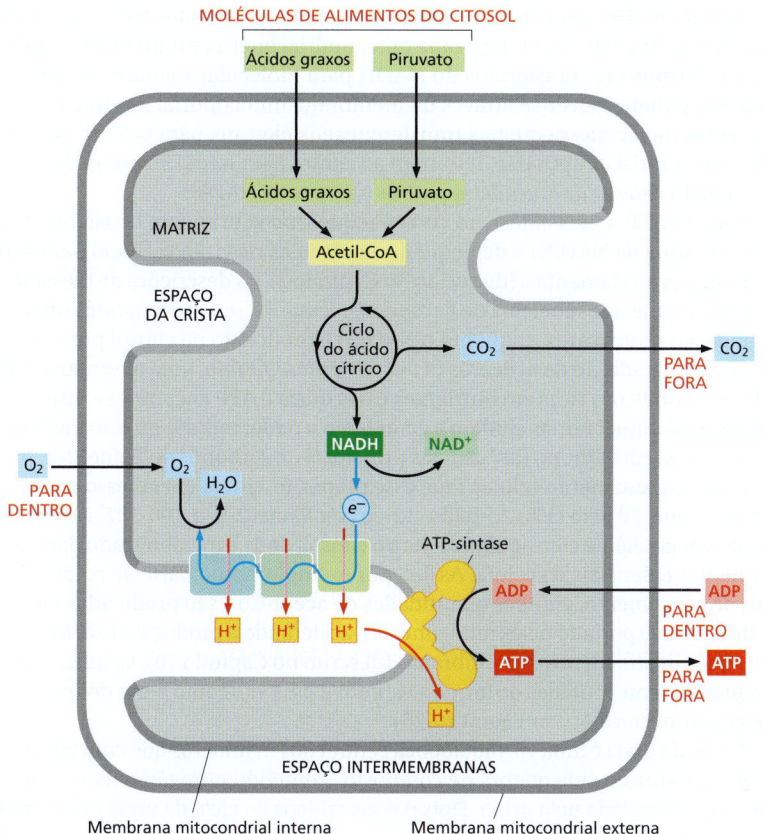

Figura 14-10 Um resumo do metabolismo de conversão de energia nas mitocôndrias. O piruvato e os ácidos graxos entram na mitocôndria (*parte superior da figura*) e são convertidos em acetil-CoA. A acetil-CoA é metabolizada pelo ciclo do ácido cítrico, que reduz NAD^+ a NADH, que então transfere seus elétrons de alta energia ao primeiro complexo da cadeia transportadora de elétrons. No processo de fosforilação oxidativa, esses elétrons são transferidos ao longo da cadeia transportadora de elétrons nas cristas da membrana interna até o oxigênio (O_2). Esse transporte de elétrons gera um gradiente de prótons, que é utilizado para direcionar a produção de ATP pela ATP-sintase (ver Figura 14-3). Elétrons provenientes da oxidação do succinato, um intermediário de reação no ciclo do ácido cítrico (ver Painel 2-9, p. 106-107), seguem um caminho separado para entrar nessa cadeia transportadora de elétrons (não mostrado, ver p. 772).

As membranas que compreendem a membrana interna mitocondrial – membrana de limite interno e membrana da crista – contêm diferentes conjuntos de proteínas e são portanto marcadas diferentemente neste diagrama.

dria para ser liberado no ambiente como resíduo. E, mais importante, o ciclo do ácido cítrico captura uma grande parte da energia de ligação liberada por essa oxidação na forma de elétrons carreados pelo NADH. Esse NADH transfere seus elétrons da matriz para a cadeia transportadora de elétrons na membrana mitocondrial interna, onde – por meio do processo de *acoplamento quimiosmótico* descrito previamente (ver Figuras 14-2 e 14-3) – a energia carreada pelos elétrons do NADH é convertida em energia de ligação de fosfato no ATP. A **Figura 14-10** esboça essa sequência de reações de modo esquemático.

A matriz contém o sistema genético da mitocôndria, incluindo o DNA mitocondrial e os ribossomos. O DNA mitocondrial (ver seção sobre sistemas genéticos, p. 800) está organizado em corpos compactos – os nucleoides – por proteínas de armação especiais que também funcionam como reguladores transcricionais. O grande número de enzimas necessário para a manutenção do sistema genético mitocondrial, assim como para muitas outras reações essenciais que serão consideradas a seguir, explica a concentração muito alta de proteínas na matriz; estando acima de 500 mg/mL, essa concentração se aproxima daquela encontrada em um cristal de proteína.

As mitocôndrias têm muitos papéis essenciais no metabolismo celular

As mitocôndrias não somente geram a maior parte do ATP celular; elas também fornecem muitos dos recursos essenciais para biossíntese e crescimento celular. Antes de descrevermos em mais detalhes a maquinaria notável da cadeia respiratória, desviaremos brevemente desse assunto para considerar alguns desses outros papéis importantes.

As mitocôndrias são críticas para o tamponamento do potencial redox no citosol. As células necessitam de suprimentos constantes do aceptor de elétrons NAD^+ para as reações centrais da glicólise que convertem gliceraldeído-3-fosfato em 1,3-bifosfoglicerato (ver Figura 2-48). Esse NAD^+ é convertido em NADH no processo, e o NAD^+ precisa ser regenerado pela transferência dos elétrons de alta energia do NADH em outro local.

Os elétrons do NADH por fim serão utilizados para dirigir a fosforilação oxidativa dentro da mitocôndria. Porém, a membrana mitocondrial interna é impermeável ao NADH. Assim, os elétrons são transferidos do NADH para moléculas menores no citosol que, por sua vez, podem mover-se através da membrana mitocondrial interna. Uma vez na matriz, essas moléculas pequenas transferem seus elétrons para o NAD^+ para formar NADH mitocondrial, e, após isso, retornam ao citosol para serem recarregadas – criando o denominado *sistema de lançadeira* para os elétrons de NADH.

Além do ATP, a biossíntese no citosol requer um suprimento constante de poder redutor na forma de NADPH e de pequenas moléculas ricas em carbono para servirem como unidades fundamentais (discutido no Capítulo 2). As descrições de biossíntese em geral afirmam que os esqueletos de carbono necessários são provenientes diretamente da degradação de açúcares, enquanto o NADPH é produzido no citosol por uma via paralela para a degradação de açúcares (a *via da pentose-fosfato*, uma alternativa à glicólise). Mas em condições ricas em nutrientes e nas quais o ATP encontra-se disponível em abundância, as mitocôndrias ajudam a gerar tanto o poder redutor quanto unidades fundamentais ricas em carbono (as "cadeias principais de carbono" no Painel 2-1, p. 90-91) necessários ao crescimento celular. Para esse propósito, citrato em excesso produzido na matriz mitocondrial pelo ciclo do ácido cítrico (ver Painel 2-9, p. 106-107) é transportado a favor do seu gradiente eletroquímico para o citosol, onde é metabolizado para produzir componentes essenciais da célula. Assim, por exemplo, como parte da resposta celular a sinais de crescimento, grandes quantidades de acetil-CoA são produzidas no citosol a partir do citrato exportado pelas mitocôndrias, acelerando a produção de ácidos graxos e esteróis que constroem novas membranas (descrito no Capítulo 10). Células cancerosas são frequentemente mutadas de forma a estimular essa via, como parte do seu programa de crescimento anormal (ver Figura 20-26).

O ciclo da ureia é uma via metabólica central nos mamíferos que convertem a amônia (NH_4^+) produzida pela quebra de compostos contendo nitrogênio (como aminoácidos) na ureia excretada pela urina. Dois passos críticos do ciclo da ureia ocorrem dentro das mitocôndrias das células hepáticas, enquanto os passos restantes ocorrem no citosol. As mitocôndrias também desempenham uma parte essencial na adaptação metabólica das células às diferentes condições nutricionais. Por exemplo, em condições de inanição, proteínas do nosso corpo são degradadas em aminoácidos, e os aminoácidos são importados para as mitocôndrias e oxidados para produzir NADH destinado à produção de ATP.

A biossíntese dos *grupos heme* – que, como veremos na próxima seção, desempenha uma parte central na transferência de elétrons – é outro processo crítico compartilhado entre a mitocôndria e o citoplasma. Grupos ferro-enxofre, que são essenciais não apenas para a transferência de elétrons na cadeia respiratória (ver p. 766), mas também para a manutenção e estabilidade do genoma nuclear, são produzidos nas mitocôndrias (e cloroplastos). A instabilidade do genoma nuclear, uma marca característica do câncer, pode algumas vezes estar associada à função diminuída de proteínas celulares que contêm grupos ferro-enxofre.

As mitocôndrias também desempenham um papel central na biossíntese de membranas. A cardiolipina é um fosfolipídeo de "duas cabeças" (**Figura 14-11**) restrito à membrana mitocondrial interna, onde ele também é produzido. Mas as mitocôndrias são também uma das principais fontes de fosfolipídeos para a biogênese de outras membranas celulares. Fosfatidiletanolamina, fosfatidilglicerol e ácido fosfatídico são sintetizados na mitocôndria, enquanto fosfatidilinositol, fosfatidilcolina e fosfatidilserina são sintetizados primariamente no retículo endoplasmático (RE). Como descrito no Capítulo 12, a maioria das membranas celulares são montadas no RE. Supõe-se que a troca de lipídeos entre o RE e as mitocôndrias ocorra em sítios especiais de contato íntimo (ver Figura 14-7) por um mecanismo ainda desconhecido.

Por fim, as mitocôndrias são importantes como tampões de cálcio, capturando cálcio do RE e retículo sarcoplasmático em junções de membrana especiais. Os níveis de cálcio celulares controlam a contração muscular (ver Capítulo 16), e alterações nesse processo estão implicadas na neurodegeneração e apoptose. Claramente, as células e organismos dependem das mitocôndrias de muitas maneiras diferentes.

Retornaremos agora à função central da mitocôndria na geração de ATP pela respiração.

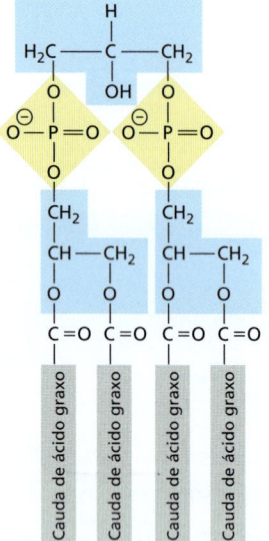

Figura 14-11 A estrutura da cardiolipina. A cardiolipina consiste em duas unidades de fosfolipídeos ligadas covalentemente, com um total de quatro cadeias de ácidos graxos, em vez das duas usuais (ver Figura 10-3). A cardiolipina é produzida somente na membrana mitocondrial interna, onde ela interage intimamente com proteínas de membrana envolvidas na fosforilação oxidativa e no transporte de ATP. Nas cristas, seus dois grupos fosfato justapostos podem atuar como uma armadilha local de prótons na superfície da membrana.

Um processo quimiosmótico acopla energia de oxidação à produção de ATP

Ainda que o ciclo do ácido cítrico que ocorre na matriz mitocondrial seja considerado parte do metabolismo aeróbico, ele mesmo não usa oxigênio. Somente a etapa final do metabolismo oxidativo consome oxigênio molecular (O_2) diretamente (ver Figura 14-10). Quase toda a energia disponível a partir de carboidratos, gorduras e outros alimentos metabolizados nas etapas iniciais é armazenada na forma de compostos ricos em energia que fornecem elétrons para a cadeia respiratória na membrana mitocondrial interna. Esses elétrons, a maioria dos quais carregados pelo NADH, por fim combinam-se como O_2 no final da cadeia respiratória para formar água. A energia liberada durante a série complexa de transferências de elétrons do NADH para o O_2 é aproveitada na membrana interna para gerar um gradiente eletroquímico que impulsiona a conversão de ADP + P_i a ATP. Por essa razão, o termo **fosforilação oxidativa** é usado para descrever esta série final de reações (**Figura 14-12**).

A quantidade total de energia liberada pela oxidação biológica na cadeia respiratória é equivalente àquela liberada pela combustão explosiva do hidrogênio quando, em um único passo, se combina ao oxigênio para produzir água. Mas a combustão do hidrogênio em uma reação química que ocorre em uma única etapa, que possui um ΔG fortemente negativo, libera essa grande quantidade de energia de modo não produtivo como calor. Na cadeia respiratória, a mesma reação energeticamente favorável $H_2 + \frac{1}{2} O_2 \rightarrow H_2O$ é dividida em pequenos passos (**Figura 14-13**). Esse processo passo a passo possibilita à célula armazenar quase metade da energia total que é liberada em uma forma útil. A cada passo, os elétrons, que podemos considerar como tendo sido removidos de uma molécula de hidrogênio para produzir dois prótons, passam por uma série de carreadores de elétrons na membrana mitocondrial interna. A cada um de três passos distintos ao longo do caminho (marcados pelos três complexos transportadores de elétrons da cadeia respiratória, ver adiante), muito da energia é usada para bombear prótons através da membrana. Ao final da cadeia transportadora de elétrons, os elétrons e prótons recombinam-se com oxigênio molecular para formar água.

A água é uma molécula de energia muito baixa e, portanto, muito estável; ela pode servir como um doador de elétrons somente quando uma grande quantidade de energia de uma fonte externa é gasta para dividi-la em prótons, elétrons e oxigênio molecular.

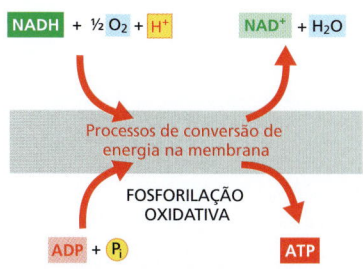

Figura 14-12 A principal conversão de energia catalisada na mitocôndria. No processo de fosforilação oxidativa, a membrana mitocondrial interna serve como um dispositivo que transforma uma forma de energia química em outra, convertendo uma parte importante da energia da oxidação do NADH em energia de ligações de fosfato no ATP.

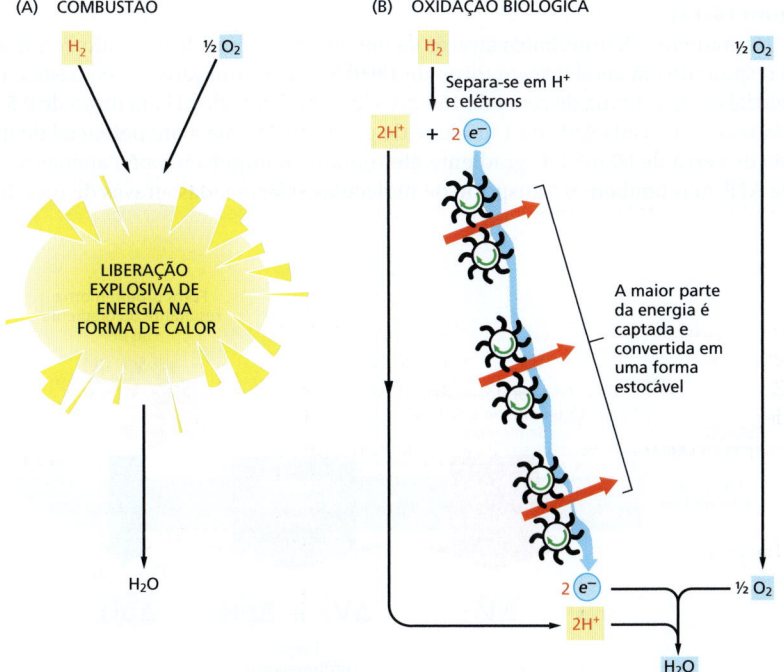

Figura 14-13 Comparação entre as oxidações biológicas e a combustão.
(A) Se o hidrogênio fosse simplesmente queimado, quase toda a energia seria liberada na forma de calor. (B) Nas reações de oxidação biológicas, cerca de metade da energia liberada é armazenada em uma forma útil para a célula por meio da cadeia transportadora de elétrons (a cadeia respiratória) na membrana das cristas da mitocôndria. Apenas o restante da energia é liberado como calor. Na célula, os prótons e os elétrons mostrados aqui são removidos dos átomos de hidrogênio que estão covalentemente ligados às moléculas de NADH.

Isso é exatamente o que ocorre na fotossíntese oxigênica, onde a fonte de energia externa é o sol, conforme veremos adiante na seção sobre os cloroplastos (p. 782).

A energia derivada da oxidação é armazenada como um gradiente eletroquímico

Nas mitocôndrias, o processo de transporte de elétrons inicia-se quando dois elétrons e um próton são removidos do NADH (para regenerar NAD^+). Esses elétrons são passados para o primeiro de uma série de cerca de 15 carreadores de elétrons diferentes da cadeia respiratória. Os elétrons iniciam em um potencial redox altamente negativo (ver Painel 14-1, p. 765) – ou seja, em um alto nível de energia – que decai de modo gradual à medida que eles passam ao longo da cadeia. As proteínas envolvidas são agrupadas em três grandes *complexos de enzimas respiratórias*, cada um composto por subunidades proteicas que se acomodam na membrana mitocondrial interna. Cada complexo na cadeia possui uma afinidade maior pelos elétrons que o seu antecessor, e os elétrons passam sequencialmente de um complexo para o seguinte até que sejam por fim transferidos para o oxigênio molecular, que tem a afinidade mais alta por elétrons entre todos.

O resultado líquido é o bombeamento de H^+ para fora da matriz através da membrana interna, impulsionado pelo fluxo de elétrons energeticamente favorável. Esse movimento transmembrana de H^+ tem duas consequências principais:

1. Gera um gradiente de pH através da membrana mitocondrial interna, com um pH maior na matriz (próximo a 8) e um pH mais baixo no espaço intermembranas. Uma vez que íons e pequenas moléculas equilibram-se livremente através da membrana mitocondrial externa, o pH no espaço intermembranas é o mesmo do citosol (em geral em torno de 7,4).

2. Gera um gradiente de voltagem através da membrana mitocondrial interna, criando um *potencial de membrana* com o lado da matriz negativo e o lado do espaço das cristas positivo.

O gradiente de pH (ΔpH) reforça o efeito do potencial de membrana (ΔV), porque o último atua para atrair qualquer íon positivo para dentro da matriz e expulsar qualquer íon negativo para fora. Em conjunto, ΔpH e ΔV constituem o **gradiente eletroquímico**, que é medido em unidades de milivolts (mV). Esse gradiente exerce uma **força próton-motriz**, que tende a impulsionar os íons H^+ de volta para a matriz (**Figura 14-14**).

O gradiente eletroquímico através da membrana interna de uma mitocôndria que está respirando em geral fica em torno de 180 mV (interior negativo) e consiste em um potencial de membrana de cerca de 150 mV e um gradiente de pH em torno de 0,5 a 0,6 unidades de pH (cada ΔpH de 1 unidade de pH é equivalente a um potencial de membrana de cerca de 60 mV). O gradiente eletroquímico impulsiona não apenas a síntese de ATP, mas também o transporte de moléculas selecionadas através da membrana

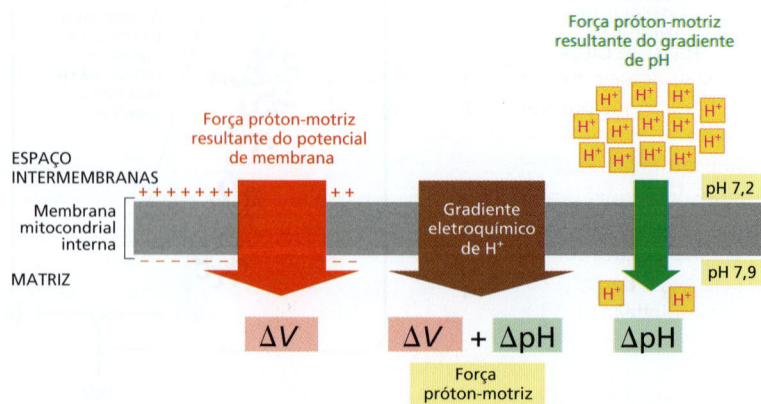

Figura 14-14 **O gradiente eletroquímico de prótons através da membrana mitocondrial interna.** Esse gradiente é composto de uma força maior decorrente do potencial de membrana (ΔV) e de uma força menor devido ao gradiente de concentração de H^+ – ou seja, o gradiente de pH (ΔpH). Ambas as forças se combinam para gerar a força próton-motriz, que impulsiona os íons H^+ de volta para a matriz mitocondrial. A relação exata entre essas forças é expressa pela equação de Nernst (ver Painel 11-1, p. 616).

mitocondrial interna, incluindo a importação de proteínas selecionadas do citoplasma (discutido no Capítulo 12).

Resumo

A mitocôndria realiza a maior parte das oxidações celulares e produz a massa de ATP das células animais. Uma mitocôndria possui duas membranas separadas: a membrana externa e a membrana interna. A membrana interna circunda o espaço mais interno (a matriz) da mitocôndria e forma as cristas, que se projetam para dentro da matriz. A matriz e as cristas da membrana interna são as principais partes funcionais da mitocôndria. As membranas que formam as cristas correspondem a uma das principais partes da área de superfície de membrana na maioria das células, e elas contêm as cadeias transportadoras de elétrons mitocondriais (a cadeia respiratória).

A matriz mitocondrial contém uma grande variedade de enzimas, incluindo aquelas que convertem piruvato e ácidos graxos a acetil-CoA e aquelas que oxidam essa acetil-CoA a CO_2 por meio do ciclo do ácido cítrico. Essas reações de oxidação produzem grandes quantidades de NADH, cujos elétrons de alta energia são transferidos para a cadeia respiratória. A cadeia respiratória então usa a energia derivada do transporte de elétrons do NADH para o oxigênio molecular para bombear H^+ para fora da matriz. Isso produz um grande gradiente eletroquímico de prótons através da membrana mitocondrial interna, composto de contribuições tanto do potencial de membrana quanto da diferença de pH. Esse gradiente eletroquímico exerce uma força para impulsionar os íons H^+ de volta para a matriz. Essa força próton-motriz é aproveitada tanto para produzir ATP quanto para o transporte seletivo de metabólitos através da membrana mitocondrial interna.

BOMBAS DE PRÓTONS DA CADEIA TRANSPORTADORA DE ELÉTRONS

Tendo considerado em termos gerais como uma mitocôndria usa o transporte de elétrons para gerar uma força próton-motriz, voltar-nos-emos agora para os mecanismos moleculares subjacentes a esse processo de conversão de energia baseado em membranas. Ao descrever a cadeia respiratória das mitocôndrias, atingiremos a meta maior de explicar como um processo de transporte de elétrons pode bombear prótons através de uma membrana. Como afirmado no início deste capítulo, são empregados mecanismos quimiosmóticos muito similares por mitocôndrias, cloroplastos, arqueias e bactérias. De fato, esses mecanismos fundamentam as funções de todos os seres vivos – incluindo seres anaeróbios que derivam toda a sua energia da transferência de elétrons entre duas moléculas inorgânicas, como veremos adiante.

Iniciaremos com alguns dos princípios básicos dos quais todos esses processos dependem.

O potencial redox é uma medida das afinidades eletrônicas

Nas reações químicas, quaisquer elétrons removidos de uma molécula são transferidos para outra, de modo que a oxidação de uma molécula determina a redução de outra. Assim como em qualquer outra reação química, a tendência de tais **reações redox** prosseguirem espontaneamente depende da mudança de energia livre (ΔG) para a transferência de elétrons, que por sua vez depende das afinidades relativas das duas moléculas por elétrons.

Como as transferências de elétrons fornecem a maior parte da energia para a vida, é importante despender um pouco mais de tempo para entendê-las. Como discutido no Capítulo 2, ácidos doam prótons e bases os aceitam (ver Painel 2-2, p. 93). Os ácidos e as bases existem em pares conjugados ácido-base, onde o ácido é prontamente convertido na base pela perda de um próton. Por exemplo, o ácido acético (CH_3COOH) é convertido na sua base conjugada, o íon acetato (CH_3COO^-), na reação:

$$CH_3COOH \rightleftharpoons CH_3COO^- + H^+$$

De modo exatamente análogo, pares de compostos como NADH e NAD⁺ são denominados **pares redox**, uma vez que NADH é convertido em NAD⁺ pela perda de elétrons na reação:

$$NADH \rightleftharpoons NAD^+ + H^+ + 2e^-$$

O NADH é um forte doador de elétrons: como dois dos seus elétrons estão engajados em uma ligação covalente que libera energia quando quebrada, a mudança de energia livre para transferir esses elétrons para muitas outras moléculas é favorável. A energia é requerida para formar essa ligação a partir do NAD⁺, dois elétrons e um próton (a mesma quantidade de energia que foi liberada quando a ligação foi quebrada). Portanto NAD⁺, o parceiro redox do NADH, é necessariamente um aceptor de elétrons fraco.

A tendência de transferir elétrons em qualquer par redox pode ser medida experimentalmente. Tudo o que se requer é a formação de um circuito elétrico que ligue uma mistura 1:1 (equimolar) de pares redox a um segundo par redox selecionado arbitrariamente como padrão de referência, de forma que a diferença de voltagem possa ser medida entre eles (**Painel 14-1**). Essa diferença de voltagem é definida como um **potencial redox**; elétrons movem-se de forma espontânea de um par redox como NADH/NAD⁺ com um potencial redox mais baixo (uma menor afinidade por elétrons) para um par redox como O_2/H_2O com um potencial redox mais alto (maior afinidade por elétrons). Portanto, o NADH é uma boa molécula para doar elétrons para a cadeia respiratória, enquanto o O_2 é apropriado para atuar como "ralo" de elétrons ao final da cadeia. Como explicado no Painel 14-1, a diferença no potencial redox, $\Delta E'_0$, é uma medida direta da variação de energia livre padrão ($\Delta G°$) para a transferência de um elétron de uma molécula para outra.

As transferências de elétrons liberam grandes quantidades de energia

Como foi discutido, aqueles pares de compostos que possuem os potenciais redox mais negativos têm as afinidades mais fracas por elétrons e, portanto, são úteis como carreadores com uma forte tendência para doar elétrons. Reciprocamente, aqueles pares que possuem os potenciais redox mais positivos têm as maiores afinidades por elétrons e, portanto, são úteis como carreadores com uma forte tendência a aceitar elétrons. Uma mistura 1:1 de NADH e NAD⁺ tem um potencial redox de -320 mV, indicando que o NADH tem uma forte tendência a doar elétrons; uma mistura 1:1 de H_2O e ½O_2 possui um potencial redox de +820 mV, indicando que o O_2 possui uma forte tendência a aceitar elétrons. A diferença do potencial redox é de 1.140 mV, ou seja, a transferência de cada elétron do NADH para o O_2 sob condições padrão é enormemente favorável, uma vez que $\Delta G° = -109$ kJ/mol, e o dobro dessa quantidade de energia é ganha pelos dois elétrons transferidos por molécula de NADH (ver Painel 14-1). Se compararmos essa mudança de energia livre com aquela para a formação das ligações fosfoanídricas no ATP, onde $\Delta G° = 30,6$ kJ/mol (ver Figura 2-50), veremos que, sob condições padrão, a oxidação de uma molécula de NADH libera energia mais do que suficiente para sintetizar sete moléculas de ATP a partir de ADP e P_i. (Na célula, o número de moléculas de ATP geradas será menor porque as condições padrão são distantes das fisiológicas; além disso, pequenas quantidades de energia são inevitavelmente dissipadas como calor ao longo do caminho.)

Íons metálicos de transição e quinonas aceitam e liberam elétrons prontamente

As propriedades de transporte de elétrons dos complexos proteicos de membrana na cadeia respiratória dependem de *cofatores* carreadores de elétrons, a maioria dos quais são *metais de transição* como Fe, Cu, Ni e Mn, ligados a proteínas nos complexos. Esses metais possuem propriedades especiais que lhes permitem promover tanto a catálise enzimática quanto reações de transferência de elétrons. O mais relevante aqui é o fato de que seus íons existem em vários estados de oxidação diferentes com potenciais redox proximamente espaçados, o que os habilita a aceitar e ceder elétrons prontamente; essa propriedade é explorada pelos complexos proteicos de membrana na cadeia respiratória para mover elétrons tanto dentro quanto entre complexos.

PAINEL 14-1 Potenciais redox

COMO OS POTENCIAIS REDOX SÃO MEDIDOS

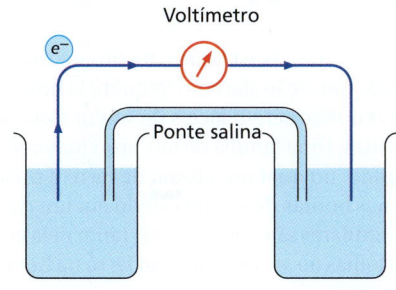

$A_{reduzido}$ e $A_{oxidado}$ em quantidades equimolares

H^+ 1M e gás H_2 a 1 atmosfera

Um béquer (*esquerda*) contém a substância A com uma mistura equimolar dos membros reduzidos ($A_{reduzido}$) e oxidados ($A_{oxidado}$) desse par redox. O outro béquer contém o padrão de referência de hidrogênio ($2H^+ + 2e^- \rightleftharpoons H_2$), cujo potencial redox é arbitrariamente definido pelo valor de zero por convenção internacional. (Uma ponte salina formada a partir de uma solução concentrada de KCl possibilita que os íons K^+ e Cl^- movam-se entre os béqueres, como necessário para neutralizar as cargas quando os elétrons fluem entre os béqueres). O fio metálico (*azul-escuro*) fornece um caminho livre de resistência para os elétrons, e um voltímetro então mede o potencial redox da substância A. Se os elétrons fluem de $A_{reduzido}$ para H^+, como indicado aqui, diz-se que o par redox formado pela substância A tem um potencial redox negativo. Se eles, em vez disso, fluírem do H_2 to $A_{oxidado}$, diz-se que o par redox tem um potencial redox positivo.

O POTENCIAL REDOX PADRÃO, E'_0

O potencial redox padrão para um par redox, definido como E_0, é medido para um estado padrão no qual todos os reagentes estão a uma concentração de 1M, incluindo H^+. Uma vez que as reações biológicas ocorrem a pH 7, os biólogos definem o estado padrão como $A_{reduzido} = A_{oxidado}$ e $H^+ = 10^{-7}$ M. Esse potencial redox padrão é designado pelo símbolo E'_0, no lugar de E_0.

Exemplos de reações redox	Potencial redox padrão E'_0
$NADH \rightleftharpoons NAD^+ + H^+ + 2e^-$	–320 mV
Ubiquinona reduzida $\rightleftharpoons$ Ubiquinona oxidada $+ 2H^+ + 2e^-$	+30 mV
Citocromo *c* reduzido $\rightleftharpoons$ Citocromo *c* oxidado $+ e^-$	+230 mV
$H_2O \rightleftharpoons \frac{1}{2}O_2 + 2H^+ + 2e^-$	+820 mV

CÁLCULO DO $\Delta G°$ A PARTIR DOS POTENCIAIS REDOX

Para determinar a mudança de energia para uma transferência de elétrons, o $\Delta G°$ da reação (kJ/mol) é calculado como segue:

$\Delta G° = -n(0,096) \Delta E'_0$, onde n é o número de elétrons transferidos mediante uma mudança de potencial redox de $\Delta E'_0$ millivolts (mV), e

$\Delta E_0 = E'_0$(aceptor) $- E'_0$(doador)

EXEMPLO:

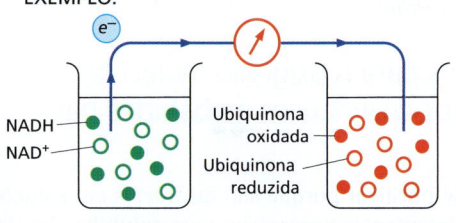

Mistura 1:1 de NADH e NAD^+ — Mistura 1:1 de ubiquinona oxidada e reduzida

Para a transferência de um elétron do NADH para a ubiquinona:

$\Delta E'_0 = +30 - (-320) = +350$ mV

$\Delta G° = -n(0,096) \Delta E'_0 = -1(0,096)(350) = -34$ kJ/mol

O mesmo cálculo revela que a transferência de um elétron da ubiquinona para o oxigênio possui um $\Delta G°$ ainda mais favorável de –76 kJ/mol. O valor de $\Delta G°$ para a transferência de um elétron do NADH para o oxigênio é a soma desses dois valores, –110 kJ/mol.

EFEITO DE MUDANÇAS NA CONCENTRAÇÃO

Como explicado no Capítulo 2 (ver p. 60), a mudança de energia livre real para uma reação, ΔG, depende da concentração dos reagentes e geralmente será diferente da mudança de energia livre padrão, $\Delta G°$. Os potenciais redox padrão são válidos para uma mistura 1:1 do par redox. Por exemplo, o potencial redox padrão de -320 mV é válido para uma mistura 1:1 de NADH e NAD^+. Mas quando existe um excesso de NADH sobre NAD^+, a transferência de elétrons do NADH para um aceptor de elétrons torna-se mais favorável. Isso fica refletido em um potencial redox mais negativo e um ΔG mais negativo para a transferência de elétrons.

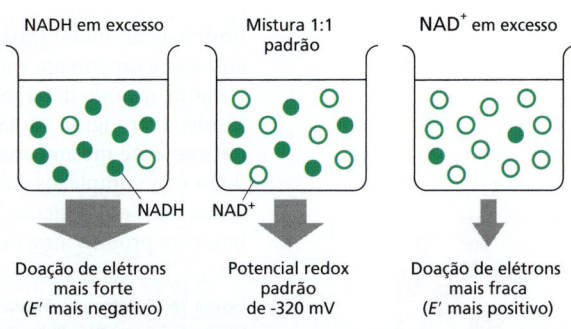

NADH em excesso — Doação de elétrons mais forte (E' mais negativo)

Mistura 1:1 padrão — Potencial redox padrão de -320 mV

NAD^+ em excesso — Doação de elétrons mais fraca (E' mais positivo)

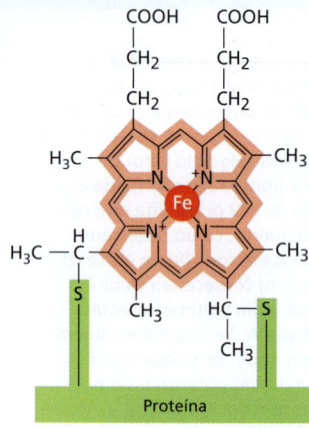

Figura 14-15 Estrutura do grupo heme unido covalentemente a citocromo c. O anel de porfirina do heme é mostrado em *vermelho*. Há seis citocromos diferentes na cadeia respiratória. Como os hemes em diferentes citocromos possuem estruturas ligeiramente diferentes e são mantidos em diferentes ambientes locais pelas suas respectivas proteínas, cada um possui uma afinidade diferente por um elétron, e uma assinatura espectroscópica ligeiramente diferente.

Diferentemente dos átomos sem cores H, C, N e O que constituem a maior parte das moléculas biológicas, íons metálicos de transição são com frequência brilhantemente coloridos, fazendo as proteínas que os contêm serem fáceis de serem estudadas com métodos espectroscópicos usando luz visível. Uma família de tais proteínas coloridas, os **citocromos**, contém um *grupo heme* ligado, no qual um átomo de ferro é preso firmemente por quatro átomos de nitrogênio nas bordas de um quadrado em um *anel de porfirina* (**Figura 14-15**). Anéis de porfirina similares são responsáveis tanto pela cor vermelha do sangue quanto pela cor verde das folhas ao se ligarem a um ferro na hemoglobina ou um magnésio na clorofila, respectivamente.

As proteínas ferro-enxofre correspondem a outra importante família de cofatores de transferência de elétrons. Nesse caso, dois ou quatro átomos de ferro são ligados ao mesmo número de átomos de enxofre e a cadeias laterais de cisteína, formando **grupos ferro-enxofre** na proteína (**Figura 14-16**). Como os hemes dos citocromos, esses grupos carreiam um elétron de cada vez.

O mais simples dos cofatores de transferência de elétrons na cadeia respiratória – e o único que não está sempre ligado a uma proteína – é uma quinona (denominada *ubiquinona*, ou *coenzima Q*). A **quinona (Q)** é uma pequena molécula hidrofóbica que se movimenta livremente na bicamada lipídica. Esse *carreador de elétrons* pode aceitar ou doar um ou dois elétrons. Quando reduzidos (observe que quinonas reduzidas são denominadas quinóis), ela captura um próton da água junto com cada elétron (**Figura 14-17**).

Na cadeia transportadora de elétrons mitocondrial, seis hemes diferentes de citocromos, oito grupos ferro-enxofre, três átomos de cobre, um mononucleotídeo de flavina (outro cofator de transferência de elétrons) e a ubiquinona operam em uma sequência definida para carrear elétrons do NADH para o O_2. Ao todo, essa via envolve mais de 60 polipeptídeos diferentes arranjados em três grandes complexos de proteínas de membrana, cada um dos quais se liga a vários dos cofatores carreadores de elétrons recém-citados.

Como seria esperado, os cofatores de transferência de elétrons possuem afinidades crescentes por elétrons (potenciais redox mais altos) à medida que os elétrons se movem ao longo da cadeia respiratória. Os potenciais redox têm sofrido um ajuste fino durante a evolução no ambiente proteico de cada cofator, que altera a afinidade normal do cofator pelos elétrons. Como grupos ferro-enxofre têm uma afinidade relativamente baixa por elétrons, eles predominam na primeira metade da cadeia respiratória; ao contrário, os citocromos contendo heme predominam mais ao final da cadeia, onde é necessária uma afinidade mais alta por elétrons.

O NADH transfere seus elétrons para o oxigênio molecular por meio de grandes complexos enzimáticos embebidos na membrana interna

Proteínas de membrana são difíceis de purificar porque são insolúveis em soluções aquosas e facilmente rompidas pelos detergentes necessários para solubilizá-las. Entretanto, usando detergentes não iônicos suaves, como octilglicosídeo ou dodecilmaltosídeo (ver Figura 10-28), elas podem ser solubilizadas e purificadas nas suas formas nativas, e até mesmo cristalizadas para determinação das estruturas. Cada um dos três diferentes complexos da cadeia respiratória, solubilizados com detergentes, podem ser reinseridos em vesículas formadas por bicamadas lipídicas artificiais e são capazes de bombear prótons através da membrana à medida que elétrons passam por eles.

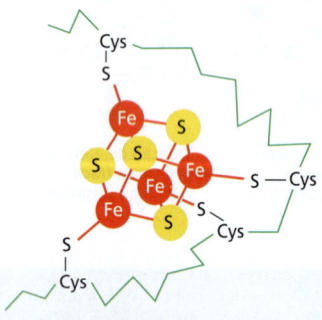

Figura 14-16 Estrutura de um grupo ferro-enxofre. Esses grupos marrom-escuros consistem em quatro átomos de ferro e quatro de enxofre, como mostrado aqui, ou dois átomos de ferro e dois de enxofre associados a cisteínas na cadeia polipeptídica por meio de pontes covalentes de enxofre, ou associados a histidinas. Ainda que contenham vários átomos de ferro, cada grupo ferro-enxofre pode carrear somente um elétron de cada vez. Nove grupos ferro-enxofre diferentes participam no transporte de elétrons na cadeia respiratória.

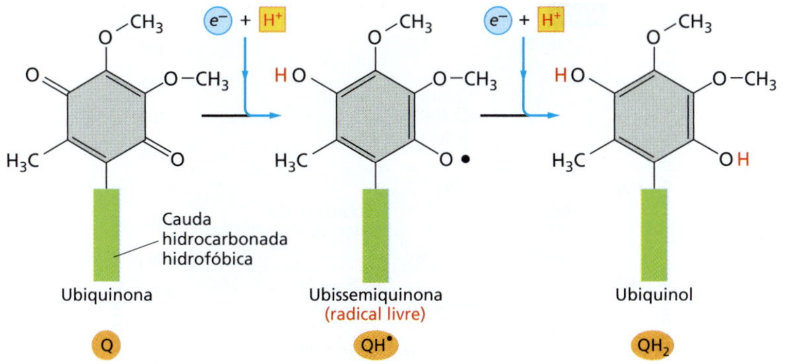

Figura 14-17 Quinonas carreadoras de elétrons. A ubiquinona na bicamada lipídica captura um H⁺ (*vermelho*) do ambiente aquoso para cada elétron (*azul*) que aceita, em dois passos, a partir de complexos da cadeia respiratória. O primeiro passo envolve a aquisição de um próton e um elétron e converte a ubiquinona em um radical ubissemiquinona instável. No segundo passo, ela se torna uma ubiquinona completamente reduzida (denominada ubiquinol), que se movimenta livremente como um carreador de elétrons na bicamada lipídica da membrana. Quando o ubiquinol doa seus elétrons para o complexo seguinte na cadeia, os dois prótons são liberados. A longa cadeia hidrofóbica (*verde*) que confina a ubiquinona à membrana consiste em 6 a 10 unidades de isopreno de cinco carbonos, dependendo do organismo. O carreador de elétrons correspondente nas membranas fotossintéticas dos cloroplastos é a plastoquinona, que possui quase a mesma estrutura e funciona do mesmo modo. Para simplificar, a ubiquinona e a plastoquinona normalmente serão referidas como quinona (abreviadas por Q) neste capítulo.

Na mitocôndria, os três complexos estão associados em série, funcionando como bombas de H⁺ impulsionadas pelo transporte de elétrons que bombeiam prótons para fora da matriz, acidificando o espaço das cristas mitocondriais (**Figura 14-18**):

1. O **complexo da NADH-desidrogenase** (frequentemente referido como *Complexo I*) é o maior desses complexos enzimáticos respiratórios. Ele aceita elétrons do NADH e os transfere através de um mononucleotídeo de flavina e oito grupos ferro-enxofre para o carreador lipossolúvel de elétrons ubiquinona. O ubiquinol reduzido então transfere seus elétrons para a citocromo *c* redutase.

2. A **citocromo *c* redutase** (também conhecida como *complexo citocromo b-c₁*) é uma grande associação de proteínas de membrana que funciona como um dímero. Cada monômero contém três hemes e um grupo ferro-enxofre. O complexo recebe elétrons do ubiquinol e os transfere para a pequena proteína citocromo *c* solúvel, que está localizada no espaço das cristas mitocondriais e carrega os elétrons, um de cada vez, para a citocromo *c* oxidase.

3. O **complexo da citocromo *c* oxidase** contém dois hemes e três átomos de cobre. O complexo recebe elétrons, um de cada vez, da citocromo *c* e os transfere para o oxigênio molecular. Ao todo, quatro elétrons e quatro prótons são necessários para converter uma molécula de oxigênio em água.

Discutimos previamente como o potencial redox reflete as afinidades eletrônicas. Uma visão geral dos potenciais redox medidos ao longo da cadeia respiratória está apresentada na **Figura 14-19**. Esses potenciais mudam em três grandes etapas, ao longo de cada um dos complexos respiratórios responsáveis pela translocação de prótons. A variação de potencial redox entre dois carreadores de elétrons quaisquer é diretamente proporcional à energia livre liberada por uma transferência de elétrons entre eles. Cada complexo atua como uma máquina conversora de energia, aproveitando essa diferença de energia livre para bombear H⁺ através da membrana interna e, como consequência, criar um gradiente eletroquímico de prótons à medida que os elétrons fluem pelo complexo.

Figura 14-18 O caminho dos elétrons ao longo das três bombas de prótons da cadeia respiratória (Animação 14.3). A forma e o tamanho relativos de cada complexo são mostrados. Durante a transferência de elétrons do NADH para o oxigênio (*setas azuis*), a ubiquinona e a citocromo *c* servem de carreadores móveis que transportam os elétrons de um complexo para o próximo. Durante as reações de transferência de elétrons, os prótons são bombeados através da membrana ao longo de cada um dos complexos de enzimas respiratórias, como indicado (*setas vermelhas*).

Por motivos históricos, as três bombas de prótons da cadeia respiratória são por vezes referidas como Complexo I, Complexo III e Complexo IV, de acordo com a ordem na qual os elétrons, partindo do NADH, passam através delas. Os elétrons provenientes da oxidação do succinato pela succinato desidrogenase (designada como Complexo II) são introduzidos na cadeia transportadora de elétrons na forma de ubiquinona reduzida. Ainda que embebidas nas membranas das cristas, a succinato desidrogenase não bombeia prótons e portanto não contribui para a força próton-motriz; não é, portanto, considerada uma parte integral da cadeia respiratória.

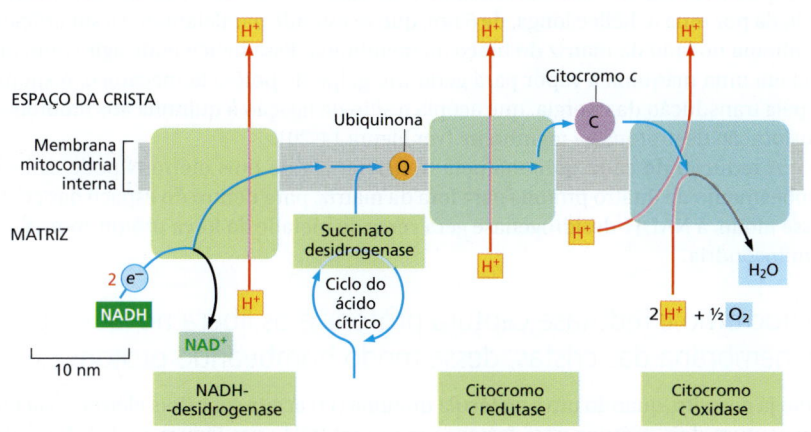

Figura 14-19 Variações de potenciais redox ao longo da cadeia transportadora de elétrons mitocondrial. O potencial redox (designado por E'_0) aumenta à medida que os elétrons fluem através da cadeia respiratória para o oxigênio. A mudança de energia livre padrão em quilojoules, $\Delta G°$, para a transferência de cada um dos dois elétrons doados por uma molécula de NADH pode ser obtida a partir da ordenada do lado esquerdo [$\Delta G° = -n(0,096) \Delta E'_0$, onde n é o número de elétrons transferidos mediante uma diferença de potencial elétrico de $\Delta E'_0$ mV]. Os elétrons fluem através de um complexo enzimático respiratório ao passar, em sequência, pelos múltiplos carreadores de elétrons de cada complexo (*setas azuis*). Como indicado, parte da variação de energia livre favorável é aproveitada por todo complexo enzimático para bombear H^+ através da membrana mitocondrial interna (*setas vermelhas*). A NADH-desidrogenase bombeia até quatro H^+ por elétron, o complexo da citocromo c redutase bombeia dois, enquanto o complexo da citocromo c oxidase bombeia um H^+ por elétron.

Deve-se perceber que o NADH não é a única fonte de elétrons para a cadeia respiratória. A flavina $FADH_2$, que é gerada por meio da oxidação de ácidos graxos (ver Figura 2-56) e pela succinato desidrogenase no ciclo do ácido cítrico (ver Figura 2-57), também contribui com elétrons. Seus dois elétrons são transferidos diretamente para a ubiquinona, contornando a NADH-desidrogenase.

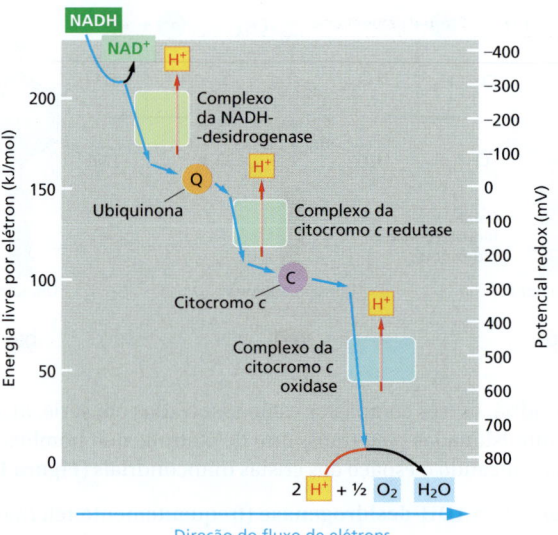

A cristalografia de raios X elucidou a estrutura de cada um dos três complexos da cadeia respiratória em grandes detalhes; e a seguir, examinaremos cada um deles para entender como funcionam.

O complexo da NADH-desidrogenase contém módulos separados para transporte de elétrons e bombeamento de prótons

O complexo da NADH-desidrogenase é um aglomerado enorme de proteínas de membrana e de proteínas que não se associam à membrana que recebe elétrons do NADH e os transfere para a ubiquinona. Nas mitocôndrias de animais, esse complexo consiste em mais de 40 subunidades proteicas diferentes, com uma massa molecular de quase 1 milhão de dáltons. As estruturas de raios X do complexo da NADH-desidrogenase de fungos e bactérias mostram que ela assume uma forma em "L", com um braço hidrofóbico associado à membrana e um braço hidrofílico que se projeta na matriz mitocondrial (**Figura 14-20**).

A transferência de elétrons e o bombeamento de prótons são separados fisicamente no complexo da NADH-desidrogenase, com a transferência de elétrons ocorrendo no braço da matriz e o bombeamento de prótons no braço da membrana. O NADH associa-se à extremidade do braço da matriz, onde transfere seus elétrons, por meio de um mononucleotídeo de flavina ligado, para uma cadeia de agrupamentos ferro-enxofre que se estende ao longo do braço, atuando como um fio de arame para conduzir os elétrons para uma molécula de ubiquinona ligada à proteína. Supõe-se que a transferência de elétrons para a quinona dispare a translocação de prótons em um conjunto de bombas de prótons no braço da membrana, e, para que isso ocorra, os dois processos devem estar acoplados energética e mecanicamente. Acredita-se que uma conexão mecânica seja mediada por uma α-hélice longa, de 6 nm, que se estende paralelamente à superfície da membrana no lado da matriz do braço da membrana. Essa hélice pode agir como uma biela em uma máquina a vapor para gerar um golpe de potência mecânico, responsável pela transdução da energia, que acopla o sítio de ligação à quinona aos módulos de translocação de prótons na membrana (ver Figura 14-20).

A redução de cada quinona pela transferência de dois elétrons pode causar o bombeamento de quatro prótons para fora da matriz, para dentro do espaço das cristas. Desse modo, a NADH-desidrogenase gera cerca de metade da força próton-motriz total na mitocôndria.

A citocromo c redutase captura prótons e os libera no lado oposto da membrana das cristas, desse modo bombeando prótons

Como já descrito, quando uma molécula quinona (Q) aceita seus dois elétrons, ela também captura dois prótons para formar um quinol (QH_2; ver Figura 14-17). Na cadeia

CAPÍTULO 14 Conversão de energia: mitocôndrias e cloroplastos

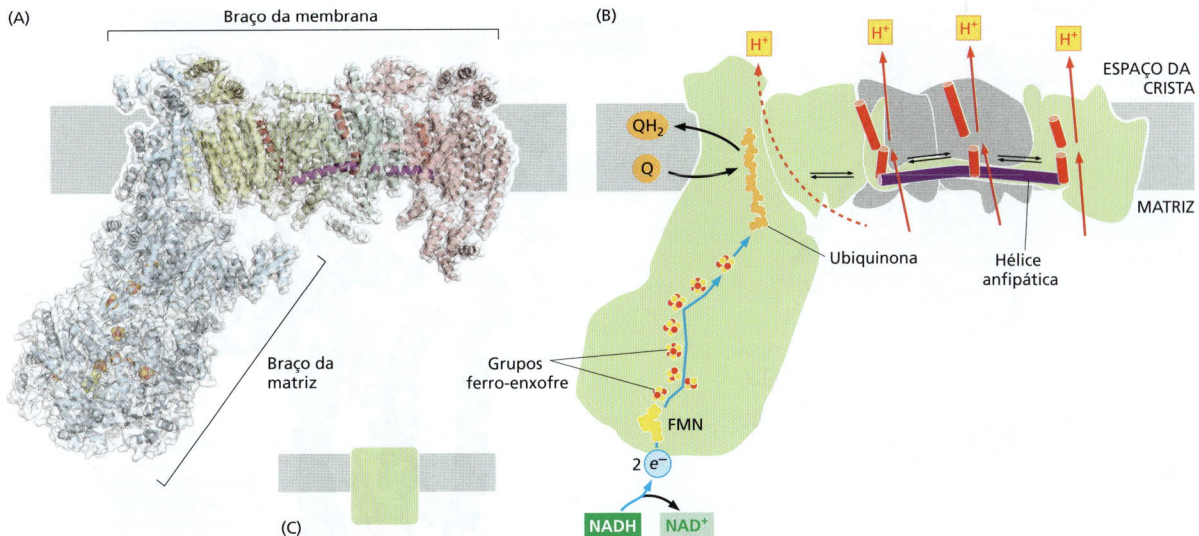

Figura 14-20 A estrutura da NADH-desidrogenase. (A) O modelo do complexo mitocondrial mostrado aqui é baseado na estrutura de raios X do complexo bacteriano menor, que funciona da mesma maneira. O braço da matriz da NADH-desidrogenase (também conhecido como Complexo I) contém oito grupos ferro-enxofre (FeS) que parecem participar no transporte de elétrons. A membrana contém mais de 70 hélices transmembrana, formando três módulos distintos de bombeamento de prótons, enquanto o braço da matriz contém os cofatores de transporte de elétrons. (B) O NADH doa dois elétrons, por meio de um mononucleotídeo de flavina ligado (FMN; *amarelo*), para uma cadeia de sete grupos ferro-enxofre (*esferas vermelhas e amarelas*). A partir do grupo ferro-enxofre terminal, os elétrons são transferidos para a ubiquinona (*laranja*). A transferência de elétrons resulta em mudanças conformacionais (*setas pretas*) que supostamente são transmitidas para uma longa α-hélice anfipática (*roxo*) no lado da matriz do braço da membrana, que puxa hélices transmembrana descontínuas (*vermelho*) em três subunidades de membrana, cada uma se assemelhando a um antiporte (ver Capítulo 11). Supõe-se que esse movimento mude a conformação de resíduos carregados em três canais de prótons, resultando na translocação de três prótons para fora da matriz. Um quarto próton pode ser translocado na interface do dois braços (*linha tracejada*). (C) Símbolo para NADH-desidrogenase usado ao longo deste capítulo. (Adaptada de R.G. Efremov, R. Baradaran e L.A. Sazanov, *Nature* 465:441–445, 2010. Código PDB: 3M9S.)

respiratória, o ubiquinol transfere elétrons da NADH-desidrogenase para a citocromo *c* redutase. Como os prótons nessa molécula de QH_2 são capturados da matriz e liberados no lado oposto da membrana das cristas, dois prótons são transferidos da matriz para dentro do espaço das cristas por par de elétrons transferido (**Figura 14-21**). Essa transferência vetorial de prótons suplementa o gradiente eletroquímico de prótons que é criado pelo bombeamento de prótons da NADH-desidrogenase recém-discutido.

A citocromo *c* redutase é um grande complexo de subunidades de proteínas de membrana. Três subunidades formam um cerne catalítico que transfere elétrons do ubiquinol para a citocromo *c*, com uma estrutura herdada de ancestrais bacterianos que se manteve altamente conservada (**Figura 14-22**). Ela bombeia prótons por meio de uma transferência vetorial de prótons que envolve um sítio de ligação para uma segunda molécula de ubiquinona; o elaborado mecanismo de alça redox usado é denominado *ciclo Q* porque, enquanto um dos elétrons recebidos de cada molécula QH_2 é transferido da ubiquinona por meio do complexo para a proteína carreadora citocromo *c*, o outro elétron é reciclado de volta no conjunto de quinonas. Por meio do mecanismo ilustrado na **Figura 14-23**, o ciclo Q aumenta a quantidade total de energia redox que pode ser armazenada no gradiente eletroquímico de prótons. Como resultado, para cada elétron que é transferido da NADH-desidrogenase para a citocromo *c*, dois prótons são bombeados através da membrana das cristas para dentro do espaço das cristas.

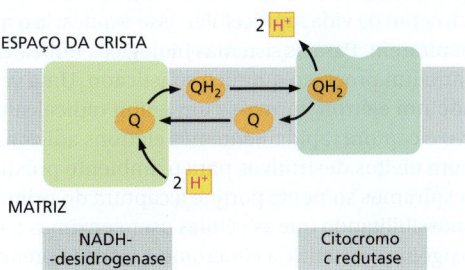

Figura 14-21 Como a captura e liberação direcional de prótons por uma quinona bombeia prótons através de uma membrana. Dois prótons são capturados no lado da matriz da membrana mitocondrial interna quando a reação $Q + 2e^- + 2H^+ \rightarrow QH_2$ é catalisada pelo complexo da NADH-desidrogenase. Essa molécula de ubiquinol (QH_2) se difunde rapidamente no plano da membrana, ligando-se à citocromo *c* redutase pelo lado da crista. Quando sua oxidação pela citocromo *c* redutase gera dois prótons e dois elétrons (ver Figura 14-17), os dois prótons são liberados dentro do espaço das cristas. O fluxo de elétrons não é mostrado neste diagrama.

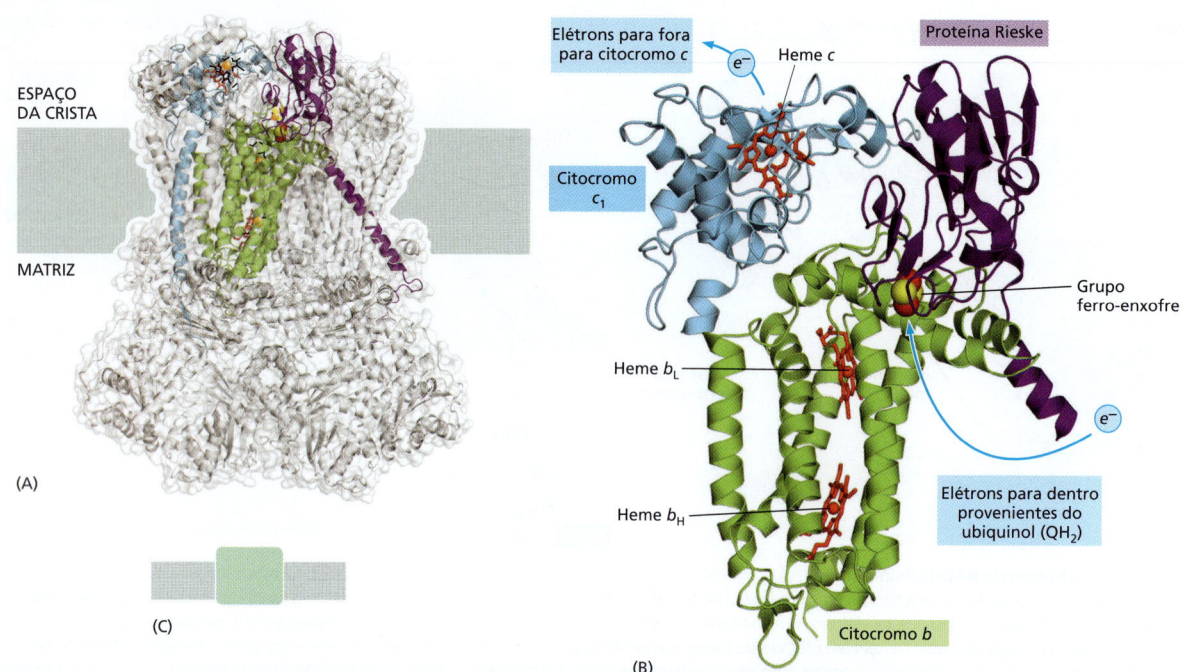

Figura 14-22 A estrutura da citocromo c redutase. A citocromo c redutase (também conhecida como complexo citocromo b-c_1) é um dímero de duas metades idênticas de 240 mil dáltons, cada uma composta por 11 moléculas proteicas diferentes nos mamíferos. (A) Um gráfico da estrutura de um dímero inteiro, mostrando em cores as três proteínas que formam o cerne funcional do complexo enzimático: a citocromo b (*verde*) e a citocromo c_1 (*azul*) estão coloridos em uma metade, e a proteína Rieske (*roxo*) contendo um grupo ferro-enxofre Fe_2S_2 (*vermelho* e *amarelo*) está colorida na outra. Essas três subunidades proteicas interagem através das duas metades. (B) Transferência de elétrons da citocromo c redutase para a pequena e solúvel proteína carreadora citocromo c. Os elétrons que entram a partir do ubiquinol próximo do lado da matriz da membrana são capturados pelo grupo ferro-enxofre da proteína Rieske, que move seu grupo ferro-enxofre para a frente e para trás para transferir esses elétrons para o heme c (*vermelho*). O heme c os transfere então para a molécula carreadora citocromo c.
Como detalhado na Figura 14-23, somente um dos dois elétrons de cada ubiquinol é transferido por este caminho. Para aumentar o bombeamento de prótons, o segundo elétron do ubiquinol é transferido para uma molécula de ubiquinona ligada à citocromo c redutase no lado oposto da membrana – próximo da matriz. (C) Símbolo para a citocromo c redutase usado ao longo deste capítulo. (Código PDB: 1EZV).

O complexo da citocromo c oxidase bombeia prótons e reduz O_2 usando um centro ferro-cobre catalítico

A conexão final na cadeia transportadora de elétrons mitocondrial é a citocromo *c* oxidase. O complexo da citocromo *c* oxidase aceita elétrons do carreador de elétrons solúvel citocromo *c* e usa um terceiro mecanismo distinto para bombear prótons através da membrana mitocondrial interna. A estrutura do complexo encontrado nos mamíferos está ilustrada na **Figura 14-24**. As estruturas com resolução atômica, combinada com estudos do efeito de mutações introduzidas na enzima por engenharia genética de proteínas bacterianas e de levedura, revelaram os mecanismos detalhados dessa bomba de prótons elétron-motriz.

Como o oxigênio tem grande afinidade por elétrons, uma grande quantidade de energia livre pode ser liberada quando ele é reduzido para formar água. Portanto, a evolução da respiração celular, na qual o O_2 é convertido em água, permitiu aos organismos aproveitar muito mais energia do que poderia ser obtida pelo metabolismo anaeróbio. Como discutiremos adiante, supõe-se que a disponibilidade de uma grande quantidade de energia liberada pela redução do oxigênio molecular para formar água tenha sido essencial para o aparecimento da vida multicelular: isso explicaria o motivo de todos os organismos grandes respirarem. Para os sistemas biológicos utilizarem O_2 dessa maneira, entretanto, é necessário um processo químico sofisticado. Uma vez que uma molécula de O_2 tenha capturado um elétron, forma-se um ânion radical superóxido ($O_2^{\bullet-}$) que é perigosamente reativo e captura rapidamente três elétrons adicionais de onde quer que ele possa obtê-los, com efeitos destrutivos para o ambiente próximo. Podemos tolerar oxigênio no ar que respiramos somente porque a captura do primeiro elétron pela molécula de O_2 é lenta, possibilitando que as células usem enzimas para controlar a captura de elétrons pelo oxigênio. Portanto, a citocromo *c* oxidase prende-se ao oxigênio em

CAPÍTULO 14 Conversão de energia: mitocôndrias e cloroplastos

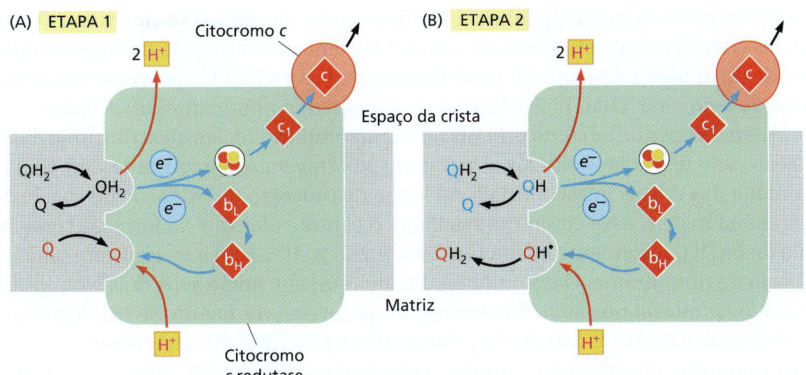

Figura 14-23 O mecanismo de duas etapas do ciclo Q da citocromo c redutase. (A) Na etapa 1, o ubiquinol reduzido pela NADH-desidrogenase associa-se ao complexo da citocromo c redutase. A oxidação do quinol produz dois prótons e dois elétrons. Os prótons são liberados no espaço da crista. Um elétron passa via um grupo ferro-enxofre do heme c_1, sendo então transferido para a proteína carreadora de elétrons solúvel citocromo c na superfície da membrana. O segundo elétron passa por meio dos hemes b_L e b_H para uma ubiquinona (Q vermelho) ligada em um sítio separado próximo do lado da matriz da proteína. A captura de um próton da matriz produz um radical ubissemiquinona (ver Figura 14-17), que permanece ligado a esse sítio (QH• vermelho em B).

(B) Na etapa 2, um segundo ubiquinol (QH_2 azul) associa-se e libera dois prótons e dois elétrons, como descrito na etapa 1. Um elétron é transferido para uma segunda molécula de citocromo c, enquanto o outro é aceito pela ubissemiquinona. A ubissemiquinona, então, captura um próton da matriz e é liberada na bicamada lipídica como ubiquinol completamente reduzido (QH_2 vermelho).

Em um balanço final, a oxidação de um ubiquinol no ciclo Q bombeia dois prótons através da membrana por meio de uma captura e liberação direcionada de prótons (ver Figura 14-21), liberando outros dois no espaço da crista. Além disso, em cada uma das etapas (A) e (B), um elétron é transferido para uma proteína carreadora citocromo c (Animação 14.4).

um centro bimetálico especial, onde ele fica preso entre um átomo de ferro ligado a um heme e um íon de cobre até que ele tenha capturado um total de quatro elétrons. Apenas então os dois átomos de oxigênio da molécula de oxigênio são seguramente liberados na forma de duas moléculas de água (**Figura 14-25**).

Estima-se que a reação da citocromo c oxidase seja responsável por 90% da captação total de oxigênio da maioria das células. Este complexo proteico é, portanto, crucial para todas as formas de vida aeróbica. Cianeto e azida são extremamente tóxicos porque se ligam aos átomos de ferro do heme na citocromo c oxidase de modo muito mais firme do que o oxigênio, reduzindo grandemente, dessa maneira, a produção de ATP.

A cadeia respiratória forma um supercomplexo na membrana da crista

Por meio do uso de microscopia crioeletrônica para examinar proteínas que tenham sido isoladas de forma muito leve, pode-se mostrar que os três complexos proteicos que formam a cadeia respiratória associam-se em um *supercomplexo* ainda maior na membrana das cristas. Como ilustrado na **Figura 14-26**, supõe-se que essa estrutura auxilie

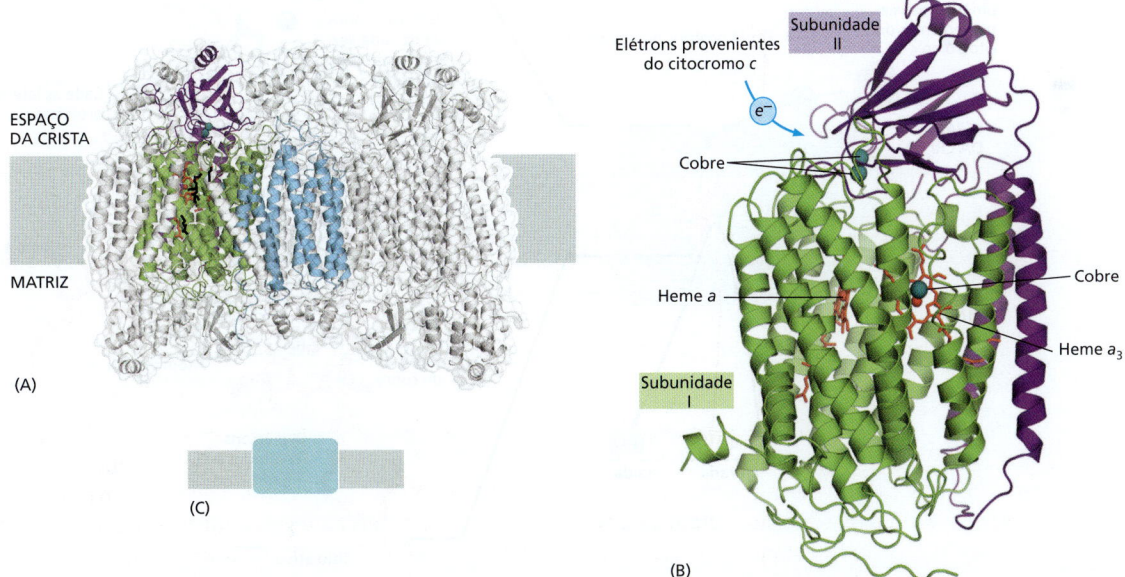

Figura 14-24 A estrutura da citocromo c oxidase. O complexo final na cadeia transportadora de elétrons mitocondrial consiste em 13 subunidades proteicas diferentes, com uma massa total de 204 mil dáltons. (A) O complexo dimérico completo é mostrado, posicionado na membrana das cristas. As subunidades I (*verde*), II (*roxo*) e III (*azul*) altamente conservadas são codificadas pelo genoma mitocondrial e formam o cerne funcional da enzima. (B) O cerne funcional do complexo. Os elétrons passam por essa estrutura partindo da citocromo c, passando por íons de cobre (*esferas azuis*) e hemes (*vermelho*) até uma molécula de O_2 ligada entre o heme a_3 e um íon de cobre. Os quatro prótons necessários para reduzir O_2 a água são capturados da matriz; ver também Figura 14-25. (C) Símbolo para citocromo c oxidase usado ao longo do capítulo. (Código PDB: 2OCC.)

os carreadores de elétrons ubiquinona (na membrana das cristas) e citocromo *c* (no espaço das cristas) a transferir elétrons com alta eficiência. A formação do supercomplexo depende do lipídeo mitocondrial cardiolipina (ver Figura 14-11), que presumivelmente funciona como uma "cola" hidrofóbica que mantém os componentes associados.

Além das três bombas de prótons no supercomplexo recém-descrito, uma das enzimas do ciclo dos ácidos cítricos, a *succinato desidrogenase*, encontra-se embebida na membrana das cristas mitocondriais. Ao longo do processo de oxidação do succinato a fumarato na matriz, esse complexo enzimático captura elétrons na forma de uma molécula de $FADH_2$ fortemente ligada (ver Painel 2-9, p. 106-107) e os transfere para uma molécula de ubiquinona. O ubiquinol reduzido transfere então seus dois elétrons para a cadeia respiratória por meio da citocromo *c* redutase (ver Figura 14-18). A succinato desidrogenase não é uma bomba de prótons, e não contribui diretamente para o potencial eletroquímico usado para a produção de ATP na mitocôndria. Portanto, ela não é considerada como parte integrante da cadeia respiratória.

Prótons podem mover-se rapidamente ao longo de caminhos predefinidos

Os prótons na água são altamente móveis: ao se dissociarem rapidamente de uma molécula de água e se associarem com uma molécula de água vizinha, eles podem se deslocar rapidamente ao longo de uma rede de moléculas de água conectadas por ligações de hidrogênio (ver Figura 2-5). Mas como pode um próton se mover através do interior hidrofóbico de uma proteína embebida em uma bicamada lipídica? Proteínas translocadoras de prótons contêm *fios condutores de prótons* que são filas de cadeias laterais polares ou iônicas, ou ainda moléculas de água dispostas a curtas distâncias umas das outras, de modo que os prótons possam saltar de uma para a seguinte (**Figura 14-27**). Ao longo de tais caminhos predefinidos, os prótons podem se mover até 40 vezes mais rapidamente do que através da água livre. A estrutura tridimensional da citocromo *c* oxidase sugere a existência de duas vias de captura de prótons diferentes. Essa observação confirmou estudos de mutagênese prévios, que mostraram que, ao se substituir as cadeias laterais de

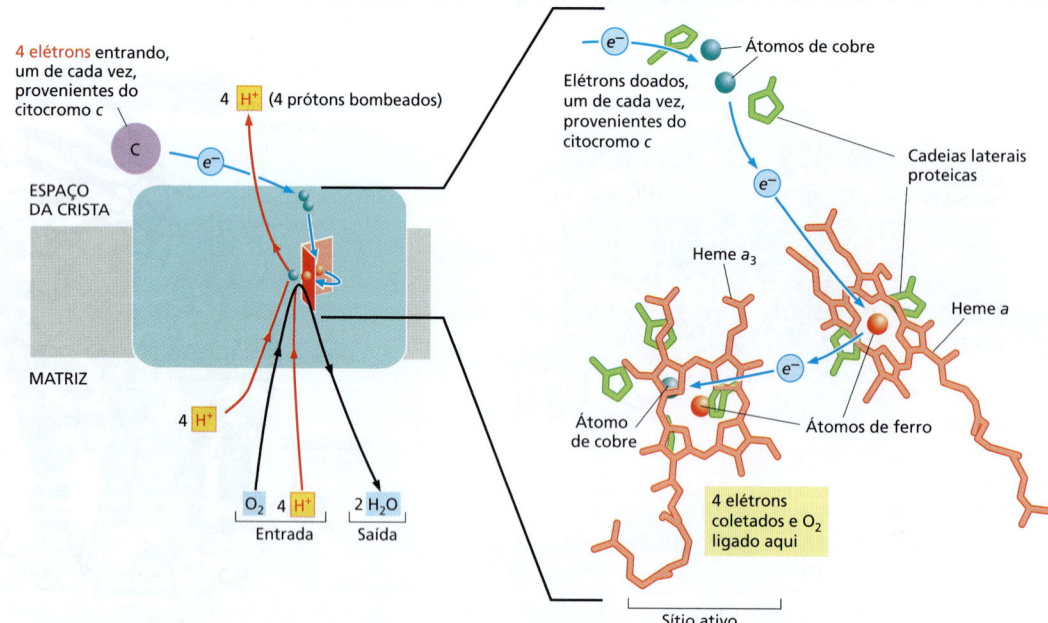

Figura 14-25 Reação do O_2 com elétrons na citocromo *c* oxidase. Elétrons da citocromo *c* passam através do complexo por meio de íons de cobre ligados (*esferas azuis*) e hemes (*vermelho*) para uma molécula de O_2 ligada entre o heme a_3 e um íon de cobre. Íons de ferro são mostrados como *esferas vermelhas*. O átomo de ferro no heme *a* atua como uma fila de espera onde os elétrons são mantidos, de tal forma que possam ser liberados para uma molécula de O_2 (não mostrada) que é mantida no centro bimetálico do sítio ativo, formado por um ferro central de outro heme (heme a_3) e um átomo de cobre justaposto. Os quatro prótons necessários para reduzir O_2 a água são removidos da matriz. Para cada molécula de O_2 que passa pela reação $4e^- + 4H^+ + O_2 \rightarrow 2H_2O$, outros quatro prótons são bombeados para fora da matriz por mecanismos que são impulsionados por mudanças alostéricas na conformação de proteínas (ver Figura 14-28).

CAPÍTULO 14 Conversão de energia: mitocôndrias e cloroplastos

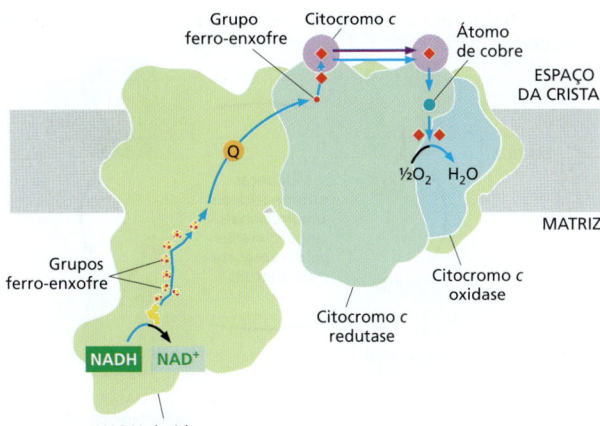

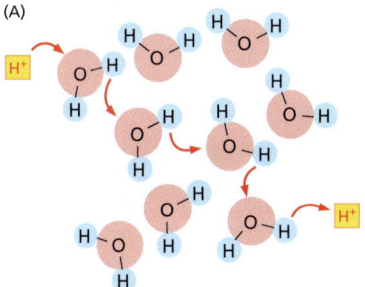

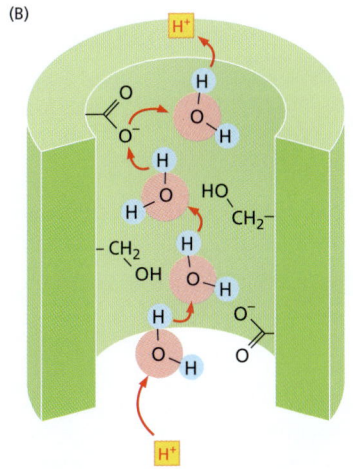

Figura 14-26 **O supercomplexo da cadeia respiratória de mitocôndrias de coração bovino.** Os três complexos bombeadores de prótons da cadeia respiratória de mitocôndrias de mamíferos associam-se em supercomplexos maiores na membrana das cristas. Supercomplexos podem ser isolados tratando mitocôndrias com detergentes suaves, e suas estruturas têm sido elucidadas por meio de microscopia crioeletrônica de partículas isoladas. O supercomplexo de coração bovino possui uma massa total de 1,7 megadáltons. Uma representação esquemática de tal complexo é mostrada, que consiste em NADH-desidrogenase, citocromo c redutase e citocromo c oxidase, como indicado. Os sítios ligadores de quinol da NADH-desidrogenase e da citocromo c redutase, orientados face a face, e a pequena distância entre os sítios ligadores de citocromo c na citocromo c redutase e citocromo c oxidase facilitam a transferência de elétrons rápida e eficiente. Cofatores ativos no transporte de elétrons estão marcados como um *ponto amarelo* (flavina mononucleotídeo), *pontos vermelhos e amarelos* (grupos ferro-enxofre), Q (quinona), *quadrados vermelhos* (hemes) e um *ponto azul* (átomo de cobre). Somente os cofatores que participam no fluxo linear de elétrons do NADH para a água estão mostrados. *Setas azuis* indicam a trajetória dos elétrons ao longo do supercomplexo. (Adaptada de T. Athoff et al., *EMBO J.* 30:4652–4664, 2011.)

resíduos específicos de aspartato ou arginina, cujas cadeias laterais podem ligar e liberar prótons, a citocromo *c* oxidase tornou-se uma bomba de prótons menos eficiente.

Mas como pode o transporte de elétrons causar modificações alostéricas nas conformações das proteínas que levem ao bombeamento de prótons? Do ponto de vista mais básico, se o transporte de elétrons impulsiona mudanças alostéricas sequenciais na conformação proteica que alterem o estado redox dos seus componentes, essas mudanças conformacionais podem estar conectadas aos fios condutores de prótons que possibilitam à proteína bombear H^+ através da membrana das cristas. Esse tipo de bombeamento de H^+ requer pelo menos três conformações distintas para a proteína bombeadora, como ilustrado esquematicamente na **Figura 14-28**.

Resumo

A cadeia respiratória embebida na membrana mitocondrial interna contém três complexos enzimáticos respiratórios principais através dos quais os elétrons fluem do NADH para o O_2. Nesses complexos, os elétrons são transferidos ao longo de uma série de carreadores de elétrons ligados a proteínas, incluindo hemes e grupos ferro-enxofre. A energia liberada à medida que os elétrons se movem para níveis de energia mais baixos é usada para bombear prótons por diferentes mecanismos nos três complexos enzimáticos respiratórios, cada um dos quais acoplando o transporte de elétrons lateral com o transporte de prótons vetorial através da membrana. Os elétrons são transferidos entre complexos enzimáticos pelos carreadores móveis de elétrons ubiquinona e citocromo c para completar a cadeia transportadora de elétrons. O caminho do fluxo de elétrons é NADH → complexo da NADH-desidrogenase → ubiquinona → citocromo c redutase → citocromo c → complexo da citocromo c oxidase → oxigênio molecular (O_2).

PRODUÇÃO DE ATP NAS MITOCÔNDRIAS

Como já discutimos, as três bombas de prótons da cadeia respiratória contribuem para a formação de um gradiente eletroquímico de prótons através da membrana mitocondrial interna. Esse gradiente impulsiona a síntese de ATP pela ATP-sintase, um grande complexo proteico ligado à membrana que realiza a façanha extraordinária de converter a energia contida nesse gradiente eletroquímico em energia química biologicamente útil, na forma de ATP (ver Figura 14-10). Prótons fluem a favor dos seus gradientes eletro-

Figura 14-27 **Movimento dos prótons através da água e de proteínas.** (A) Prótons movem-se rapidamente através da água, saltando de uma molécula de H_2O para a seguinte por meio da formação e dissociação contínua de íons hidrônio, H_3O^+ (ver Capítulo 2). Neste diagrama, os saltos dos prótons estão indicados como *setas vermelhas*. (B) Prótons podem se mover ainda mais rápido através de uma proteína ao longo de "fios condutores de prótons". Esses caminhos de prótons predefinidos consistem em cadeias laterais de aminoácidos espaçadas adequadamente que capturam e liberam prótons facilmente (Asp, Glu) ou carregam um grupo hidroxila semelhante a água (Ser, Thr), junto com moléculas de água presas no interior da proteína.

Figura 14-28 Um modelo geral para o bombeamento de H⁺ acoplado ao transporte de elétrons. Supõe-se que esse mecanismo para o bombeamento de H⁺ por uma proteína transmembrana seja usado pela NADH-desidrogenase, pela citocromo c oxidase e por muitas outras bombas de prótons. A proteína passa por um ciclo de três conformações. Em uma dessas conformações, a proteína apresenta uma alta afinidade por H⁺, fazendo ela capturar um H⁺ no lado interno da membrana. Em outra conformação, a proteína possui uma baixa afinidade por H⁺, o que a leva a liberar o H⁺ no lado externo da membrana. Como indicado, as transições de uma conformação para a outra ocorrem somente em uma direção, pois elas são estimuladas pelo processo acoplado energeticamente favorável de transporte de elétrons (discutido no Capítulo 11).

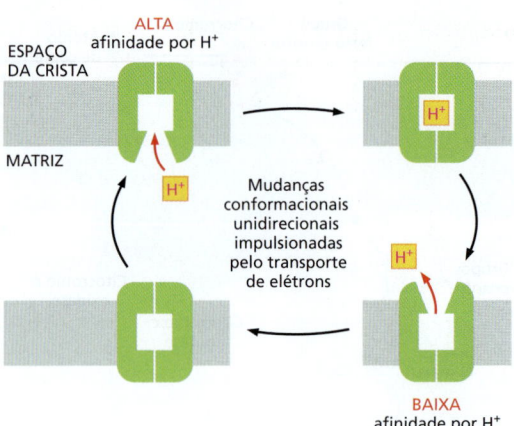

químicos através da porção associada à membrana dessa turbina de prótons, impulsionando, desse modo, a síntese de ATP a partir de ADP e P_i na porção extramembrana do complexo. Como discutido no Capítulo 2, a formação de ATP a partir de ADP e fosfato inorgânico é altamente desfavorável do ponto de vista energético. Como veremos, a ATP-sintase pode produzir ATP somente devido às mudanças alostéricas de forma desse complexo proteico, que diretamente acoplam a síntese de ATP ao fluxo energeticamente favorável de prótons através da membrana.

O alto valor negativo de ΔG para a hidrólise do ATP torna o ATP útil para a célula

Uma pessoa média consome cerca de 50 kg de ATP por dia. Em atletas participando de uma maratona, esse valor pode chegar a várias centenas de quilogramas. O ATP produzido nas mitocôndrias é derivado da energia disponível nos intermediários NADH, $FADH_2$ e GTP. Esses compostos ricos em energia são produzidos pela oxidação da glicose (**Tabela 14-1A**) e pela oxidação de gorduras (**Tabela 14-1B**; ver também Figura 2-56).

A glicólise sozinha pode produzir somente duas moléculas de ATP para cada molécula de glicose que é metabolizada, e esse é o total de energia obtido em processos fermentativos que ocorrem na ausência de O_2 (discutidos no Capítulo 2). Na fosforilação oxidativa, cada par de elétrons doado pelo NADH produzido nas mitocôndrias pode fornecer energia para a formação de cerca de 2,5 moléculas de ATP. A fosforilação oxidativa também produz 1,5 molécula de ATP para cada par de elétrons provenientes do $FADH_2$ produzido pela succinato desidrogenase na matriz mitocondrial, e das moléculas de NADH produzidas pela glicólise no citosol. Considerando os rendimentos de produtos da glicólise e do ciclo do ácido cítrico, podemos calcular que a oxidação completa de uma molécula de glicose – iniciando na glicólise e terminando na fosforilação oxidativa – resulta em um rendimento líquido de 30 moléculas de ATP. Quase todo esse ATP é produzido pela ATP-sintase mitocondrial.

No Capítulo 2, foi discutido o conceito de energia livre (G). A variação de energia livre para uma reação, ΔG, determina se essa reação ocorrerá em uma célula. Mostramos, nas p. 60-63, que a ΔG para uma dada reação pode ser escrita como a soma de duas partes: a primeira, chamada de variação de energia livre padrão, $\Delta G°$, depende apenas das características intrínsecas das moléculas reagentes; a segunda depende somente das suas concentrações. Para a reação simples A → B,

$$\Delta G = \Delta G° + RT \ln \frac{[B]}{[A]}$$

onde [A] e [B] denotam as concentrações de A e B, e ln é o logaritmo natural. $\Delta G°$ é o valor de referência padrão, que é equivalente ao valor de ΔG quando as concentrações molares de A e B são iguais (uma vez que ln 1 = 0).

No Capítulo 2, discutimos como mudanças de energia livre grandes e favoráveis (ΔG altamente negativo) para a hidrólise do ATP são usadas, por meio de reações acopla-

TABELA 14-1	Rendimentos dos produtos obtidos a partir da oxidação de açúcares e gorduras
A. Produtos líquidos a partir da oxidação de uma molécula de glicose	

No citosol (glicólise)
 1 glicose → 2 piruvato + 2 NADH + 2 ATP

Na mitocôndria (piruvato desidrogenase e ciclo do ácido cítrico)
 2 piruvato → 2 acetil-CoA + 2 NADH
 2 acetil-CoA → 6 NADH + 2 FADH$_2$ + 2 GTP

Resultado líquido na mitocôndria
 2 piruvato → 8 NADH + 2 FADH$_2$ + 2 GTP

B. Produtos líquidos a partir da oxidação de uma molécula de palmitoil-CoA (forma ativada do palmitato, um ácido graxo)

Na mitocôndria (oxidação de ácidos graxos e ciclo do ácido cítrico)
 1 palmitoil-CoA → 8 acetil-CoA + 7 NADH + 7 FADH$_2$
 8 acetil-CoA → 24 NADH + 8 FADH$_2$ + 8 GTP

Resultado líquido na mitocôndria
 1 palmitoil-CoA → 31 NADH + 15 FADH$_2$ + 8 GTP

das, para impulsionar muitas outras reações químicas na célula que, de outro modo, não ocorreriam (ver p. 65-66). A reação de hidrólise do ATP produz dois produtos, ADP e P$_i$, sendo portanto do tipo A → B + C, onde, como demonstrado na **Figura 14-29**,

$$\Delta G = \Delta G° + RT \ln \frac{[B][C]}{[A]}$$

Quando ATP é hidrolisado a ADP e P$_i$ sob condições que normalmente existem em uma célula, a mudança de energia livre é de cerca de –46 a –54 kJ/mol (–11 a –13 kcal/mol). Esse ΔG extremamente favorável depende da manutenção de uma alta concentração de ATP quando comparada com as concentrações de ADP e P$_i$. Quando ATP, ADP e P$_i$ estão todos presentes na mesma concentração de 1 mol/litro (condições-padrão), o ΔG para hidrólise do ATP cai para o valor de mudança de energia livre padrão ($\Delta G°$), que é de somente –30,5 kJ/mol (–7,3 kcal/mol). Em concentrações muito mais baixas de ATP relativas às concentrações de ADP e de P$_i$, a ΔG se torna zero. Nesse ponto, a razão em que ADP e P$_i$ irão juntar-se para formar ATP será equivalente à razão em que ATP será hidrolisado para formar ADP e P$_i$. Em outras palavras, quando $\Delta G = 0$, a reação está em *equilíbrio* (ver Figura 14-29).

É a ΔG, e não a $\Delta G°$, que indica o quão distante uma reação está do equilíbrio e determina se ela pode direcionar outras reações. Devido ao fato de a conversão eficiente de ADP em ATP nas mitocôndrias manter uma alta concentração de ATP em relação às concentrações de ADP e P$_i$, a reação de hidrólise do ATP nas células é mantida muito longe do equilíbrio, e a ΔG é, correspondentemente, muito negativa. Na ausência desse grande desequilíbrio, a hidrólise do ATP não poderia ser usada para impulsionar reações na célula. A baixas concentrações de ATP, muitas reações biossintéticas iriam ocorrer no sentido contrário e a célula iria morrer.

A ATP-sintase é uma nanomáquina que produz ATP por catálise rotatória

A **ATP-sintase** é uma nanomáquina finamente ajustada composta de 23 ou mais subunidades proteicas separadas, com uma massa total de cerca de 600 mil dáltons. A ATP-sintase pode funcionar tanto na direção direta, produzindo ATP a partir de ADP e fosfato em resposta a um gradiente eletroquímico, quanto na direção reversa, gerando um gradiente eletroquímico por meio da hidrólise do ATP. Para distingui-la de outras enzimas que hidrolisam ATP, ela é também denominada F$_1$F$_o$ ATP-sintase ou ATPase do tipo F.

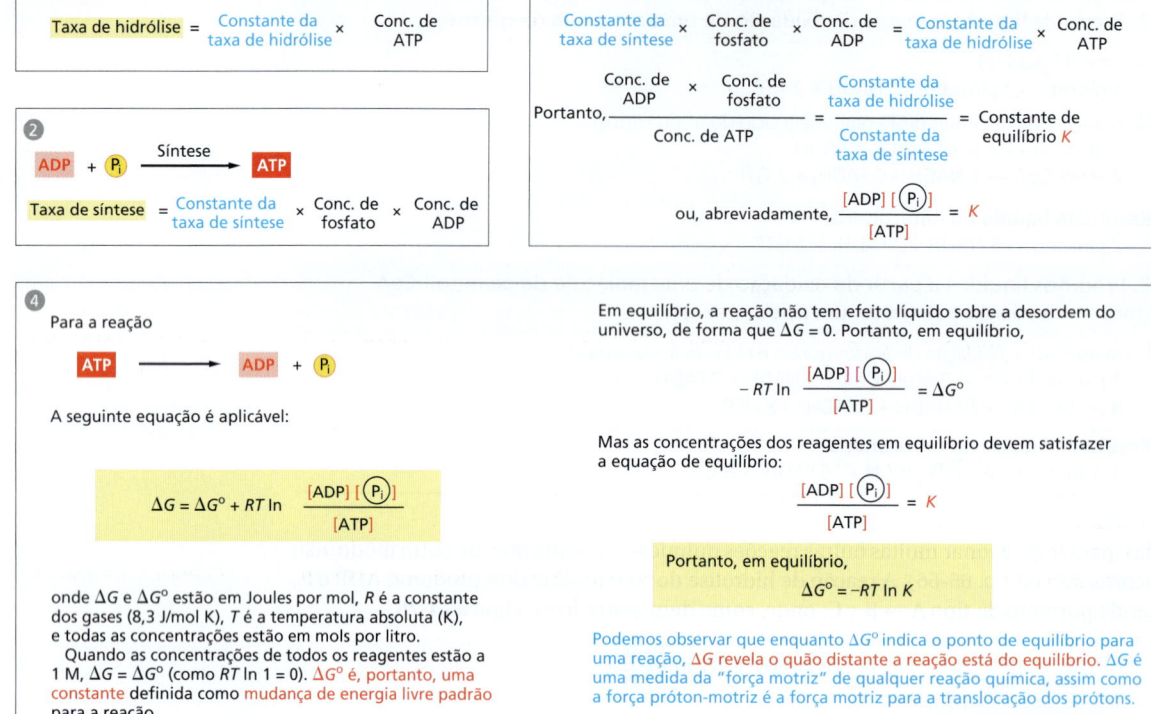

Figura 14-29 Relação básica entre a variação de energia livre e o equilíbrio na reação de hidrólise do ATP. O valor das constantes nos quadros 1 e 2 é determinado a partir de experimentos nos quais o acúmulo de produtos é medido em função do tempo (Conc., concentração). A constante de equilíbrio aqui apresentada, K, está em unidades de mols por litro. (Ver Painel 2-7, p. 102-103 para uma discussão sobre a energia livre e Figura 3-44 para uma discussão sobre a constante de equilíbrio.)

Assemelhando-se a uma turbina, a ATP-sintase é composta por um rotor e um estator (**Figura 14-30**). Para impedir a rotação da cabeça catalítica, uma haste localizada na periferia do complexo (a haste do estator) conecta a cabeça às subunidades do estator embebidas na membrana. Uma segunda haste no centro do complexo (a haste do rotor) é conectada ao anel do rotor na membrana, que gira à medida que os prótons fluem por ele, impulsionados pelo gradiente eletroquímico através da membrana. Como resultado, o fluxo de prótons causa o giro da haste do rotor dentro da cabeça estacionária onde os sítios catalíticos que sintetizam ATP a partir de ADP e P_i estão localizados. Três subunidades α e três subunidades β de estrutura similar alternam para formar a cabeça. Cada uma das três subunidades β possui um sítio catalítico de ligação a nucleotídeos na interface α/β. Esses sítios catalíticos estão todos em conformações diferentes, dependendo das suas interações com a haste do rotor. Essa haste atua como um eixo de comando, o dispositivo que abre e fecha válvulas em um motor à combustão. À medida que ela gira dentro da cabeça estacionária, a haste muda as conformações das subunidades β sequencialmente. Uma das conformações possíveis dos sítios catalíticos possui alta afinidade por ADP e Pi, e uma vez que a haste do rotor "empurra" o sítio de ligação para uma conformação diferente, esses dois substratos são propelidos a formar ATP. Desse modo, a força mecânica exercida pela haste central do rotor é diretamente convertida na energia química da ligação fosfato no ATP.

Funcionando como uma turbina impulsionada por prótons, a ATP-sintase é impelida pelo fluxo de H^+ para dentro da matriz a girar a cerca de 8 mil revoluções por minuto, gerando três moléculas de ATP por volta. Desse modo, cada ATP-sintase pode produzir em torno de 400 moléculas de ATP por segundo.

Turbinas impulsionadas por prótons são de origem muito antiga

Os rotores embebidos em membranas das ATP-sintases consistem em um anel de subunidades c idênticas (**Figura 14-31**). Cada subunidade c é um grampo de duas α-hélices transmembrana que contém um sítio de ligação a prótons definido por um glutamato ou aspartato no meio da bicamada lipídica. A subunidade a, que é parte do estator (ver

Figura 14-30), forma dois canais estreitos na interface entre o rotor e o estator, cada um se estendendo até metade da membrana e convergindo no sítio de ligação a prótons no meio da subunidade do rotor. Os prótons fluem através dos dois meio-canais a favor do gradiente eletroquímico, partindo do espaço da crista de volta para a matriz. Uma cadeia lateral carregada negativamente no sítio de ligação captura um próton proveniente do espaço da crista através do primeiro meio-canal, no momento em que ela gira e passa pela subunidade *a*. O próton ligado dá então uma volta completa no anel, onde então se supõe que ele seja deslocado por uma arginina carregada positivamente na subunidade *a*, e escapa através de um segundo meio-canal para dentro da matriz. Portanto, o fluxo de prótons promove a rotação do anel do rotor contra o estator como uma turbina impulsionada por prótons.

A ATP-sintase mitocondrial é de origem muito antiga: essencialmente a mesma enzima é encontrada em cloroplastos de plantas e na membrana plasmática de bactérias ou arqueias. A diferença principal entre elas reside no número de subunidades *c* no anel do rotor. Nas mitocôndrias de mamíferos, o anel possui oito subunidades. Nas mitocôndrias de levedura, o número é de 10; nas bactérias e arqueias, esse número varia de 11 a 13; nos cloroplastos de plantas, existem 14; e os anéis de algumas cianobactérias contêm 15 subunidades *c*.

As subunidades *c* no anel do rotor podem ser vistas como dentes nas engrenagens de uma bicicleta. Uma engrenagem de "marcha alta", com um pequeno número de dentes, é vantajosa quando o suprimento de prótons é limitado, como no caso das mitocôndrias, mas uma engrenagem de "marcha baixa", com um grande número de dentes na roda, é preferível quando o gradiente de prótons é alto. Esse é o caso nos cloroplastos e cianobactérias, onde os prótons produzidos por meio da ação da luz solar são abundantes. Como cada rotação produz três moléculas de ATP na cabeça, a síntese de um ATP requer cerca de três prótons nas mitocôndrias, mas até cinco nos organismos fotossintéticos. É o número de subunidades *c* no anel que define quantos prótons precisam passar por esse dispositivo maravilhoso para produzir cada molécula de ATP, e, desse modo, quão alta pode ser mantida uma razão ATP para ADP pela ATP-sintase.

Em princípio, a ATP-sintase também pode funcionar no sentido reverso como uma bomba de prótons impulsionada por ATP que converte a energia do ATP de volta

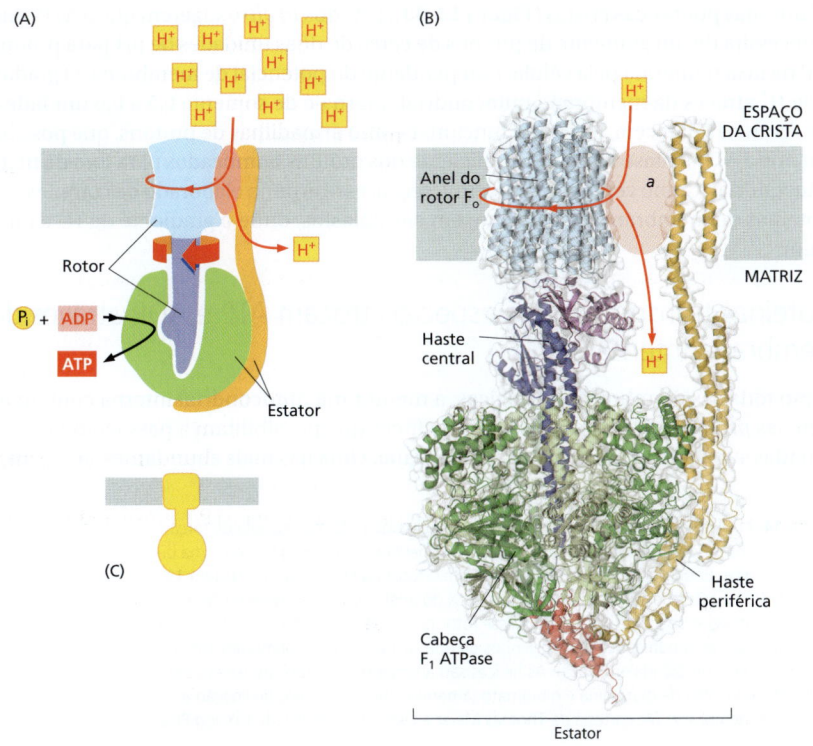

Figura 14-30 ATP-sintase. Estrutura tridimensional da ATP-sintase F_1F_o, determinada por cristalografia de raios X. Também conhecida como uma ATPase do tipo F, ela consiste em uma parte F_o (de "fator sensível a oligomicina") na membrana e de uma grande cabeça catalítica F_1 na matriz. Sob condições de dissociação leves, esse complexo separa-se nos componentes F_o e F_1, que podem ser isolados e estudados individualmente. (A) Diagrama do complexo enzimático mostrando como sua cabeça globular (*verde*) é mantida em estado estacionário enquanto o fluxo de prótons através da membrana impulsiona o rotor (*azul*) que gira dentro dela. (B) Em mitocôndrias de coração bovino, o anel do rotor F_o na membrana (*azul-claro*) possui oito subunidades *c*. Ele se encontra preso à subunidade γ da haste central (*azul-escuro*) pela subunidade ε (*roxo*). A cabeça F_1 catalítica consiste em um anel de três subunidades α e de três subunidades β (*verde-claro e verde-escuro*), e ela converte energia mecânica diretamente em energia de ligações químicas no ATP, como descrito no texto. A haste periférica alongada da haste do estator (*laranja*) é conectada à cabeça F_1 pela pequena subunidade δ (*vermelho*) em uma extremidade, e pela subunidade *a* na membrana (*oval rosa*) na outra extremidade. (C) Símbolo para ATP-sintase usado ao longo deste livro.

As ATP-sintases intimamente relacionadas de mitocôndrias, cloroplastos e bactérias sintetizam ATP aproveitando a força próton-motriz através de uma membrana. Isso impulsiona a rotação do rotor contra o estator em uma direção anti-horária, como visto para a cabeça F_1. O mesmo complexo enzimático pode também bombear prótons contra os seus gradientes de concentração por meio da hidrólise de ATP, o que então impulsiona a rotação no sentido horário do rotor. A direção de operação depende da mudança de energia livre líquida (Δ*G*) para os processos acoplados de translocação de H⁺ através da membrana e a síntese de ATP a partir de ADP e P_i (Animação 14.5 e Animação 14.6).

A medida do torque que a ATP-sintase pode produzir pela hidrólise de ATP revelou que a ATP-sintase é 60 vezes mais eficiente do que um motor a diesel de dimensões equivalentes. (B, cortesia de K. Davies. Códigos PDB: 2WPD, 2CLY, 2WSS, 2BO5.)

em um gradiente de prótons através da membrana. Em muitas bactérias, o rotor da ATP-sintase na membrana plasmática muda de direção rotineiramente, do modo de síntese de ATP na respiração aeróbica, para o modo de hidrólise de ATP no metabolismo anaeróbico. Nesse último caso, a hidrólise do ATP serve para manter o gradiente de prótons através da membrana plasmática, que é usado para impulsionar muitas funções celulares essenciais incluindo o transporte de nutrientes e a rotação do flagelo bacteriano. As ATPases do tipo V que acidificam certas organelas celulares são arquiteturalmente similares às ATP-sintases do tipo F, mas em geral funcionam no sentido reverso (ver Figura 13-37).

As cristas mitocondriais ajudam a tornar a síntese de ATP eficiente

Com o uso do microscópio eletrônico, os complexos de ATP-sintase mitocondriais podem ser vistos projetando-se como pirulitos no lado da matriz das membranas das cristas. Estudos recentes por microscopia crioeletrônica e tomografia mostraram que esse grande complexo não se encontra distribuído aleatoriamente na membrana, mas forma longas fileiras de dímeros ao longo dos cumes das cristas (**Figura 14-32**). As fileiras de dímeros induzem ou estabilizam essas regiões de alta curvatura de membrana, que, caso contrário, seriam energeticamente desfavoráveis. De fato, a formação dos dímeros de ATP-sintase e suas associações em fileiras são necessárias para a formação das cristas e têm consequências de longo alcance para o desempenho da célula. Diferentemente das ATP-sintases de cloroplastos e bacterianas, que não formam dímeros, o complexo mitocondrial contém subunidades adicionais, localizadas sobretudo próximas à porção da membrana da haste do estator. Várias dessas subunidades são dímero-específicas. Se essas subunidades forem mutadas em leveduras, a ATP-sintase na membrana permanece monomérica, as mitocôndrias deixam de possuir cristas, a respiração celular cai pela metade, e as células crescem de forma mais lenta.

Estudos de tomografia eletrônica sugerem que as bombas de prótons da cadeia respiratória estejam localizadas nas regiões de membrana em cada um dos lados das fileiras de dímeros. Supõe-se que os prótons bombeados para dentro do espaço das cristas por esses complexos da cadeia respiratória difundam-se muito rapidamente ao longo da superfície da membrana, com as fileiras de ATP-sintase criando um "escoadouro" de prótons nas pontas das cristas (**Figura 14-33**). Estudos *in vitro* sugerem que a ATP-sintase necessita de um gradiente de prótons de cerca de duas unidades de pH para produzir ATP na taxa requerida pela célula, independente do potencial de membrana. O gradiente de H^+ através da membrana mitocondrial interna é de somente 0,5 a 0,6 unidade de pH. As cristas parecem, portanto, funcionar como armadilhas de prótons, que possibilitam que a ATP-sintase faça um uso eficiente dos prótons bombeados para fora da matriz mitocondrial. Como veremos na próxima seção, esse arranjo elaborado de complexos de proteínas de membrana está ausente em cloroplastos, onde o gradiente de H^+ é muito maior.

Proteínas transportadoras especiais trocam ATP e ADP através da membrana interna

Como todas as membranas biológicas, a membrana mitocondrial interna contém numerosas *proteínas transportadoras* específicas que possibilitam a passagem de determinadas substâncias através dessa membrana. Uma das mais abundantes nessa mem-

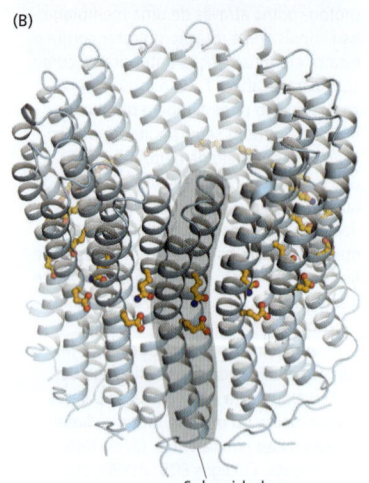

Figura 14-31 Anéis do rotor da ATP-sintase F_o. (A) Imagem de microscopia de força atômica de rotores de ATP-sintase da cianobactéria *Synechococcus elongatus* em uma bicamada lipídica. Enquanto 8 subunidades c formam o rotor na Figura 14-30, existem 13 subunidades c neste anel. (B) A estrutura de raios X do anel F_o da ATP-sintase de *Spirulina platensis*, outra cianobactéria, mostra que esse rotor possui 15 subunidades c. Em todas as ATP-sintases, as subunidades c são grampos de duas α-hélices transmembrana (uma subunidade está destacada em *cinza*). As hélices são altamente hidrofóbicas, exceto por duas cadeias laterais de glutamina e glutamato (*amarelo*) que criam sítios de ligação a prótons na membrana. (A, cortesia de Thomas Meier e Denys Pogoryelov; B, Código PDB: 2WIE.)

Subunidade c

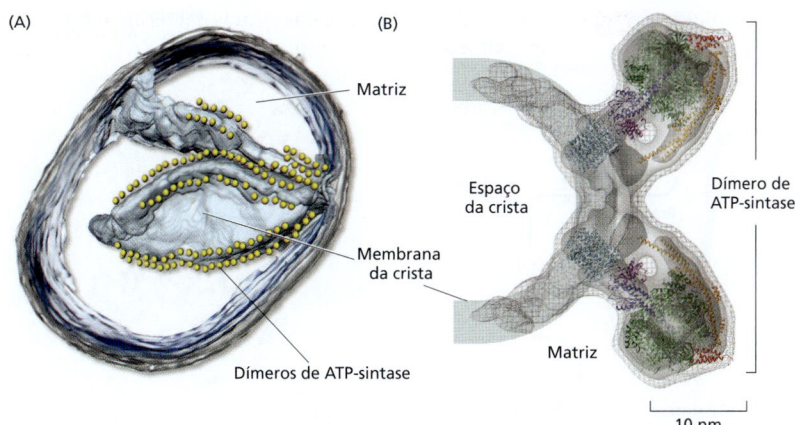

Figura 14-32 **Dímeros da ATP-sintase mitocondrial nas membranas das cristas.** (A) Um mapa tridimensional de uma pequena mitocôndria obtido por tomografia com microscopia eletrônica mostra que as ATP-sintases formam longas fileiras pareadas ao longo das pontas das cristas. A membrana externa está representada em *cinza*; a membrana interna e as membranas das cristas foram coloridas em *azul-claro*. Cada cabeça de uma ATP-sintase se encontra indicada por uma *esfera amarela*. (B) Um mapa tridimensional de um dímero de uma ATP-sintase mitocondrial na membrana da crista obtido pela média de subtomogramas, com o ajuste de estruturas de raios X (Animação 14.7). (A, de K. Davies et al., *Proc. Natl Acad. Sci. USA* 108:14121–14126, 2011. Com permissão da National Academy of Sciences; B, de K. Davies et al., *Proc. Natl Acad. Sci. USA* 109:13602–13607, 2012. Com permissão da National Academy of Sciences.)

brana é a *proteína carreadora de ADP/ATP* (**Figura 14-34**). Esse carreador lança o ATP produzido na matriz através da membrana interna para o espaço intermembranas, a partir do qual ele se difunde ao longo da membrana mitocondrial externa para o citosol. Em troca, o ADP passa do citosol para a matriz para ser reciclado em ATP. ATP^{4-} possui uma carga negativa a mais do que ADP^{3-}, e a troca de ATP por ADP é impulsionada pelo gradiente eletroquímico através da membrana mitocondrial interna, de tal forma que o ATP, que é mais carregado negativamente, é lançado para fora da matriz, e o ADP, menos carregado negativamente, é lançado para dentro. O carreador de ADP/ATP é apenas um membro de uma *família de carreadores mitocondriais*: a membrana mitocondrial interna contém cerca de 20 proteínas carreadoras relacionadas que trocam vários outros metabólitos, incluindo o fosfato que é necessário junto com o ADP para a síntese de ATP.

Em algumas células adiposas especializadas, a respiração mitocondrial é desacoplada da síntese de ATP por *proteínas desacopladoras*, outro membro da família de carreadores mitocondriais. Nessas células, conhecidas como células adiposas marrons, a maior parte da energia de oxidação é dissipada preferencialmente na forma de calor e não pela conversão em ATP. Nas membranas internas das grandes mitocôndrias encontradas nessas células, a proteína desacopladora possibilita que os prótons se movam ladeira abaixo do gradiente eletroquímico sem passar pela ATP-sintase. Esse processo é ativado quando a geração de calor é necessária, levando as células a oxidarem suas reservas lipídicas a uma taxa rápida e produzirem calor em vez de ATP. Os tecidos que contêm a gordura marrom servem, portanto, como "blocos de aquecimento", capazes de reanimar animais em hibernação e proteger do frio os humanos recém-nascidos.

Mecanismos quimiosmóticos surgiram primeiro nas bactérias

As bactérias utilizam fontes bastante variadas de energia. Algumas, assim como as células animais, são aeróbicas e sintetizam ATP a partir dos açúcares que oxidam a CO_2 e a

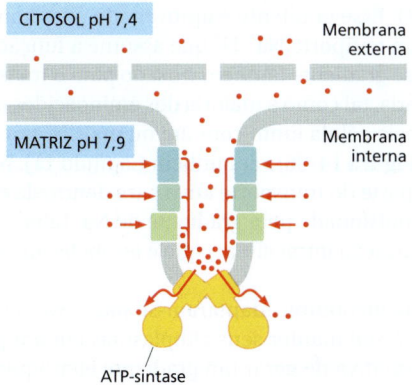

Figura 14-33 **Dímeros de ATP-sintase nas pontas das cristas e a produção de ATP.** Nas pontas das cristas, as ATP-sintases (*amarelo*) formam um escoadouro para os prótons (*vermelho*). As bombas de prótons da cadeia transportadora de elétrons (*verde*) estão localizadas nas regiões de membrana em cada lado da crista. Como ilustrado, os prótons tendem a se difundir ao longo da membrana, partindo de sua fonte para os escoadouros de prótons criados pela ATP-sintase. Isso possibilita uma produção eficiente de ATP, a despeito do pequeno gradiente de H^+ existente entre o citosol e a matriz. *Setas vermelhas* mostram a direção do fluxo dos prótons.

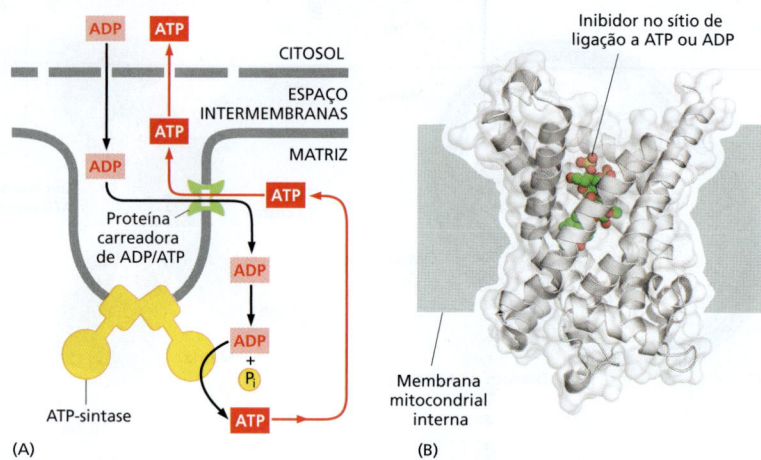

Figura 14-34 A proteína carreadora de ADP/ATP. (A) A proteína carreadora de ADP/ATP é uma pequena proteína de membrana que carreia o ATP produzido no lado da matriz da membrana interna para o espaço intermembrana, e o ADP que é necessário para a síntese de ATP para dentro da matriz. (B) No carreador de ADP/ATP, seis α-hélices transmembrana definem uma cavidade que liga ADP ou ATP. Nesta estrutura de raios X, o substrato é substituído por um inibidor firmemente ligado (*colorido*). Quando o ADP se liga a partir do lado externo da membrana interna, ele dispara uma mudança conformacional que resulta na sua liberação dentro da matriz. Em contrapartida, uma molécula de ATP liga-se rapidamente no lado da matriz do carreador e é transportada para o espaço intermembrana. A partir daí o ATP se difunde através da membrana mitocondrial externa para o citoplasma, onde ele impulsiona processos que requerem energia dentro da célula. (B, Código PDB: 1OKC.)

H_2O pela glicólise e pelo ciclo do ácido cítrico, por meio de uma cadeia respiratória nas suas membranas plasmáticas, semelhante àquela da membrana mitocondrial interna. Outras são anaeróbicas estritas, derivando a sua energia somente pela glicólise (por fermentação, ver Figura 2-47) ou, adicionalmente, a partir de uma cadeia transportadora de elétrons que emprega outra molécula que não o oxigênio como aceptor final de elétrons. O aceptor alternativo de elétrons pode ser um composto nitrogenado (nitrato ou nitrito), um composto sulfurado (sulfato ou sulfito), ou um composto carbonado (fumarato ou carbonato), por exemplo. Os elétrons são transferidos para esses aceptores por uma série de carreadores de elétrons da membrana plasmática que são comparáveis àqueles das cadeias respiratórias mitocondriais.

Apesar dessa diversidade, a membrana plasmática da vasta maioria das bactérias contém uma ATP-sintase muito semelhante àquela presente em mitocôndrias (e em cloroplastos). Em bactérias que utilizam uma cadeia transportadora de elétrons para captar energia, o transporte de elétrons bombeia H^+ para fora da célula e estabelece, em consequência, uma força próton-motriz que direciona a ATP-sintase para a realização de ATP. Em outras bactérias, a ATP-sintase trabalha reversamente, utilizando o ATP produzido pela glicólise para bombear H^+ e estabelecer um gradiente de prótons através da membrana plasmática.

As bactérias, incluindo os anaeróbios estritos, mantêm um gradiente de prótons através das suas membranas plasmáticas que é aproveitado para impulsionar muitos outros processos. Ele pode ser usado para fornecer energia para um motor flagelar, por exemplo (**Figura 14-35**). Esse gradiente é aproveitado para bombear Na^+ para fora da bactéria por meio de um antiporte Na^+-H^+ que assume a função da bomba Na^+-K^+ das células eucarióticas. Esse gradiente também é usado para o transporte ativo de nutrientes para dentro da bactéria, tal como a maioria dos aminoácidos e muitos açúcares: cada nutriente é absorvido pela célula junto com um ou mais H^+ por meio de um carreador (simporte) específico (**Figura 14-36**; ver também Capítulo 11). Nas células animais, em contrapartida, a maior parte do transporte ativo para dentro da célula, através da membrana plasmática, é impulsionada pelo gradiente de Na^+ (alta concentração de Na^+ extracelular, baixa concentração intracelular) que é estabelecido pela bomba Na^+-K^+ (ver Figura 11-15).

Algumas bactérias incomuns adaptaram-se para viver em ambientes muito alcalinos e, no entanto, devem manter seus citoplasmas em um pH fisiológico. Para essas células, qualquer tentativa de gerar um gradiente eletroquímico de H^+ receberia a

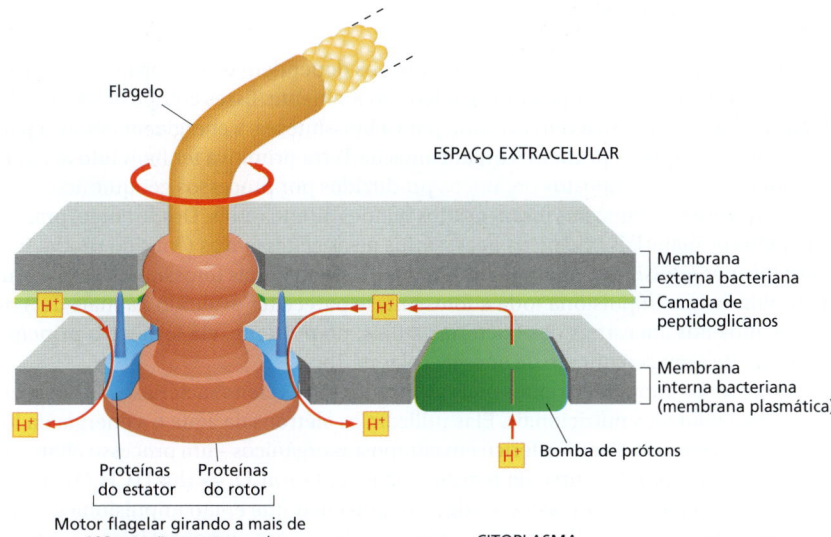

Figura 14-35 A rotação do flagelo bacteriano promovida pelo fluxo de H⁺. O flagelo está ligado a uma série de anéis proteicos (*rosa*), os quais estão embebidos nas membranas externa e interna e giram com o flagelo. A rotação é promovida por um fluxo de prótons através de um anel externo de proteínas (o estator) por mecanismos semelhantes àqueles utilizados pela ATP-sintase. Todavia, o fluxo de prótons no motor flagelar é sempre em direção ao citosol, tanto durante a rotação em sentido horário quanto em sentido anti-horário, enquanto na ATP-sintase esse fluxo reverte com a direção de rotação (Animação 14.8).

oposição de um alto gradiente de concentração de H⁺ na direção inversa (H⁺ em maior abundância dentro do que fora). Presumivelmente por essa razão, algumas dessas bactérias substituem H⁺ por Na⁺ em todos os seus mecanismos quimiosmóticos. A cadeia respiratória bombeia Na⁺ para fora da célula, os sistemas de transporte e o motor flagelar são dirigidos por um fluxo de Na⁺ para dentro, e uma ATP-sintase direcionada por Na⁺ sintetiza ATP. A existência de tais tipos de bactérias demonstra um ponto crítico: o princípio da quimiosmose é mais fundamental do que a força próton-motriz na qual ela normalmente está embasada.

Como discutiremos a seguir, uma ATP-sintase acoplada a processos quimiosmóticos é também uma característica central das plantas, onde ela desempenha papéis críticos nas mitocôndrias e nos cloroplastos.

Resumo

A grande quantidade de energia livre liberada quando H⁺ flui de volta para dentro da matriz a partir das cristas fornece a base para a produção de ATP no lado da matriz das membranas das cristas mitocondriais por uma máquina proteica notável – a ATP-sintase. A ATP-sintase funciona com uma turbina em miniatura, e ela é um dispositivo reversível que pode acoplar o fluxo de prótons à síntese ou à hidrólise de ATP. O gradiente eletroquímico transmembrana que impulsiona a produção de ATP nas mitocôndrias também impulsiona o transporte ativo de metabólitos selecionados através da membrana mitocondrial interna, incluindo uma troca de ADP por ATP eficiente entre a mitocôndria e o citosol que mantém a reserva de ATP celular muito alta. A alta concentração de ATP celular resultante torna a diferença de energia livre para a hidrólise do ATP extremamente favorável, possibilitando que essa reação de hidrólise impulsione um número muito grande de processos que requerem energia no interior da célula. A presença universal da ATP-sintase em bactérias, mitocôndrias e cloroplastos comprova a importância central dos mecanismos quimiosmóticos nas células.

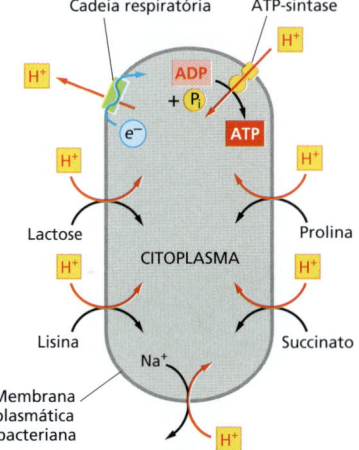

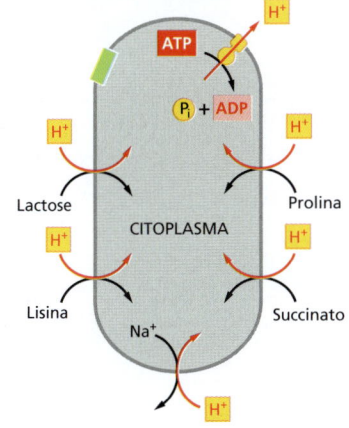

Figura 14-36 A importância do transporte dirigido por H⁺ em bactérias. Uma força próton-motriz gerada através da membrana plasmática bombeia nutrientes para dentro da célula e expele Na⁺. (A) Em uma bactéria aeróbica, uma cadeia respiratória alimentada pela oxidação dos substratos produz um gradiente eletroquímico de prótons através da membrana plasmática. Esse gradiente é então aproveitado para sintetizar ATP, assim como para transportar nutrientes (prolina, succinato, lactose e lisina) para dentro da célula e para bombear Na⁺ para fora da célula. (B) Quando a mesma bactéria cresce sob condições anaeróbicas, ela obtém o seu ATP da glicólise. Como indicado, a ATP-sintase na membrana plasmática então hidrolisa parte desse ATP para estabelecer um gradiente eletroquímico de prótons que impulsiona os mesmos processos de transporte que dependem do bombeamento de prótons resultante da cadeia respiratória, como mostrado em (A).

CLOROPLASTOS E FOTOSSÍNTESE

Todos os animais e a maioria dos microrganismos dependem da captação contínua de grandes quantidades de compostos orgânicos do ambiente. Esses compostos fornecem unidades fundamentais ricas em carbono para a biossíntese e a energia metabólica para a vida. É provável que os primeiros organismos na Terra primitiva tenham tido acesso a uma abundância de compostos orgânicos produzidos por processos geoquímicos, mas está claro que esses compostos foram usados bilhões de anos atrás. Desde então, praticamente todos os materiais orgânicos necessários pelas células vivas têm sido produzidos por *organismos fotossintetizantes*, incluindo plantas e bactérias fotossintéticas. O cerne da maquinaria que impulsiona toda a fotossíntese parece ter evoluído há mais de 3 bilhões de anos nos ancestrais das bactérias atuais; no presente, ela fornece o principal mecanismo de armazenamento de energia solar na Terra.

As bactérias fotossintetizantes mais avançadas são as cianobactérias, que possuem mínimas necessidades nutricionais. Elas utilizam os elétrons da água e a energia da luz solar para converter o CO_2 atmosférico em compostos orgânicos – um processo chamado de *fixação de carbono*. No curso da reação global $nH_2O + nCO_2 \rightarrow$ (luz) $(CH_2O)_n + nO_2$, elas também liberam na atmosfera o oxigênio molecular que então impulsiona a fosforilação oxidativa. Desse modo, supõe-se que a evolução das cianobactérias a partir de bactérias fotossintetizantes mais primitivas acabou tornando possível o desenvolvimento de muitas formas de vida aeróbicas diferentes que povoam a Terra nos dias de hoje.

Os cloroplastos assemelham-se às mitocôndrias, mas possuem um compartimento tilacoide separado

As plantas (incluindo as algas) se desenvolveram muito depois das cianobactérias, e sua fotossíntese ocorre em uma organela intracelular especializada – o **cloroplasto** (**Figura 14-37**). Os cloroplastos realizam as suas interconversões energéticas por mecanismos quimiosmóticos de maneira muito semelhante àquela utilizada pelas mitocôndrias. Embora muito maiores do que as mitocôndrias, eles são organizados conforme os mesmos princípios. São dotados de uma membrana externa altamente permeável, uma membrana interna muito menos permeável, na qual proteínas de membrana transportadoras estão embebidas, e um espaço intermembranas muito estreito. Juntas, essas duas membranas formam o envelope do cloroplasto (Figura 14-37D). A membrana interna do cloroplasto cerca um grande espaço denominado **estroma**, que é análogo à matriz mitocondrial. O estroma contém muitas enzimas metabólicas e, do mesmo modo que a matriz mitocondrial, é o local onde o ATP é sintetizado pela cabeça de uma ATP-sintase. De forma semelhante à mitocôndria, o cloroplasto possui seu próprio genoma e sistema genético. O estroma, portanto, também contém um conjunto especial de ribossomos, de RNAs e o DNA cloroplastídico.

Uma diferença importante entre a organização das mitocôndrias e dos cloroplastos é destacada na **Figura 14-38**. A membrana interna dos cloroplastos não é enovelada em cristas e não contém cadeias transportadoras de elétrons. Em vez disso, as cadeias transportadoras de elétrons, os sistemas fotossintetizantes que absorvem luz e uma ATP-sintase estão contidos na **membrana tilacoide**, uma membrana separada e distinta que forma um conjunto de sacos achatados, os *tilacoides*. A membrana dos tilacoides é altamente enovelada em numerosas pilhas locais de vesículas achatadas denominadas *grana*, interconectada por tilacoides que não se encontram empilhados. O lúmen de cada tilacoide é conectado com o lúmen de outros tilacoides, definindo desse modo um terceiro compartimento interno denominado *espaço tilacoide*. Esse espaço representa um compartimento separado em cada cloroplasto que não é conectado ao espaço intermembrana e tampouco ao estroma.

Os cloroplastos capturam energia da luz solar e a utilizam para fixar carbono

Podemos agrupar as reações que ocorrem durante a fotossíntese nos cloroplastos em duas grandes categorias:

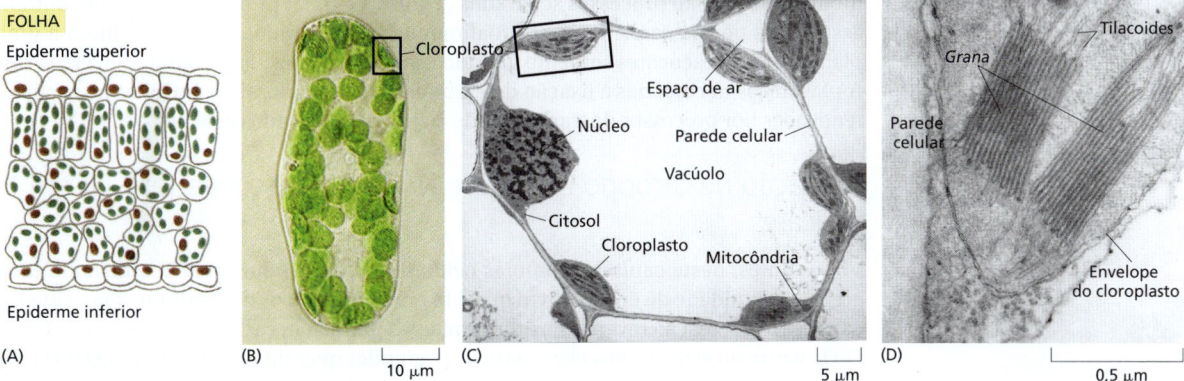

Figura 14-37 Cloroplastos na célula.
(A) Corte transversal da folha de uma planta verde. (B) Microscopia óptica de uma célula da folha de uma planta – aqui, uma célula mesofílica de *Zinnia elegans* – mostra os cloroplastos como corpos verdes brilhantes, medindo vários micrômetros de lado a lado, no interior de uma célula transparente. (C) Eletromicrografia de um corte fino e corado de uma célula de folha de trigo mostra uma margem fina de citoplasma, contendo cloroplastos, o núcleo e mitocôndrias – cercando um grande vacúolo preenchido de água. (D) Em maior magnificação, a microscopia eletrônica revela a membrana do envelope do cloroplasto e a membrana tilacoide dentro do cloroplasto que é altamente enovelado em pilhas de *grana* (Animação 14.9). (B, cortesia de John Innes Foundation; C e D, cortesia de K. Plaskitt.)

1. As **reações de transferência de elétrons fotossintéticas** (também denominadas "reações da fase clara") ocorrem em dois grandes complexos proteicos, denominados *centros de reação*, embebidos na membrana tilacoide. Um fóton (um quantum de luz) abstrai um elétron da molécula de pigmento verde *clorofila* no primeiro centro de reação, criando um íon de clorofila positivamente carregado. Esse elétron move-se então ao longo da cadeia transportadora de elétrons e através de um segundo centro de reação de modo muito similar a um elétron que se move ao longo da cadeia respiratória nas mitocôndrias. Durante o processo de transporte de elétrons, o H^+ é bombeado através da membrana tilacoide, e o gradiente eletroquímico de prótons resultante direciona a síntese de ATP no estroma. Como etapa final nessa série de reações, elétrons são adicionados (junto com H^+) no $NADP^+$, convertendo-o na molécula de NADPH rica em energia. Como a clorofila positivamente carregada no primeiro centro de reação rapidamente readquire seus elétrons da água (H_2O), o gás O_2 é produzido como um subproduto. Todas essas reações estão confinadas ao cloroplasto.

2. As **reações de fixação de carbono** não requerem luz solar. O ATP e NADPH gerados pelas reações da fase clara servem como fonte de energia e poder redutor, respectivamente, para impulsionar a conversão de CO_2 a carboidrato. Essas reações de fixação de carbono iniciam-se no estroma do cloroplasto, onde geram o açúcar de três carbonos *gliceraldeído-3-fosfato*. Esse açúcar simples é exportado para o citosol, onde é usado para produzir sacarose e muitos outros metabólitos orgânicos nas folhas da planta. A sacarose é então exportada para atender às necessidades metabólicas dos tecidos vegetais não fotossintetizantes, servindo como uma fonte de carbono e energia para o crescimento.

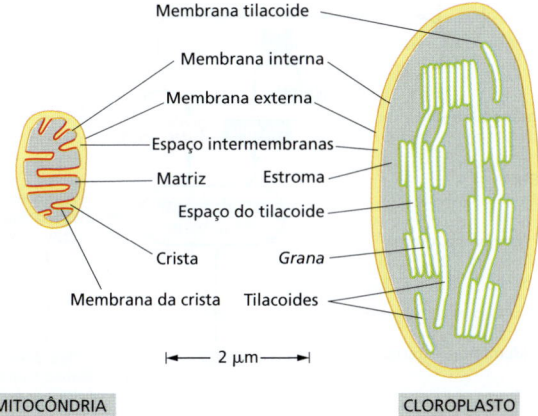

Figura 14-38 Comparação entre uma mitocôndria e um cloroplasto. Os cloroplastos costumam ser maiores do que as mitocôndrias. Além das membranas interna e externa do envelope, eles contêm a membrana tilacoide com o seu espaço tilacoide interno. A membrana tilacoide do cloroplasto, que é o sítio de conversão de energia solar em plantas e algas, corresponde às cristas mitocondriais, que são os sítios de conversão de energia pela respiração celular. Diferentemente da membrana das cristas, que é contínua com a membrana mitocondrial interna nas junções das cristas, a membrana tilacoide não está conectada à membrana interna do cloroplasto em nenhum ponto.

Portanto, a formação de ATP, NADPH e O_2 (que requerem diretamente energia luminosa) e a conversão de CO_2 a carboidrato (que requer energia luminosa apenas de modo indireto) são processos separados (**Figura 14-39**). Entretanto, eles se encontram associados por mecanismos de retroalimentação elaborados que possibilitam a uma planta produzir açúcares somente quando é apropriado fazê-lo. Várias das enzimas cloroplastídicas necessárias à fixação do carbono, por exemplo, são inativadas no escuro e reativadas por processos de transporte de elétrons estimulados pela luz.

A fixação de carbono usa ATP e NADPH para converter CO_2 em açúcares

Vimos antes, neste capítulo, como as células animais produzem ATP utilizando uma grande quantidade de energia livre que é liberada quando os carboidratos são oxidados a CO_2 e H_2O. A reação reversa, na qual as plantas produzem carboidrato a partir de CO_2 e H_2O, ocorre no estroma dos cloroplastos. As grandes quantidades de ATP e NADPH produzidas pelas reações de transferência de elétrons fotossintéticas são necessárias para impulsionar essa reação energeticamente desfavorável.

A **Figura 14-40** ilustra a reação central de **fixação de carbono**, na qual um átomo de carbono inorgânico é convertido em carbono orgânico: CO_2 atmosférico combina-se com o composto de 5 carbonos ribulose 1,5-bifosfato e água para produzir duas moléculas do composto de três carbonos 3-fosfoglicerato. Essa reação de carboxilação é catalisada no estroma do cloroplasto por uma grande enzima denominada *ribulose bisfosfato carboxilase*, ou *Rubisco*. Como a reação é muito lenta (cada molécula de Rubisco converte somente cerca de três moléculas de substrato por segundo, em comparaçãoo com mil moléculas por segundo para uma enzima típica), é necessário um número incomumente grande de moléculas da enzima. A Rubisco costuma corresponder a mais de 50% da massa proteica do cloroplasto, e supõe-se que seja a proteína mais abundante da Terra. Em um contexto global, a Rubisco também mantém em um baixo nível o gás CO_2, responsável pelo efeito estufa.

Ainda que a produção de carboidratos a partir de CO_2 e H_2O seja energeticamente desfavorável, a fixação do CO_2 catalisada pela Rubisco é uma reação energeticamente favorável. A fixação de carbono é energeticamente favorável porque um suprimento contínuo de ribulose 1,5-bisfosfato rico em energia é introduzido no processo. Esse composto é consumido pela adição de CO_2, devendo ser restabelecido. A energia e o poder redutor necessários para regenerar ribulose 1,5-bisfosfato devem vir do ATP e NADPH produzidos pelas reações de fase clara fotossintéticas.

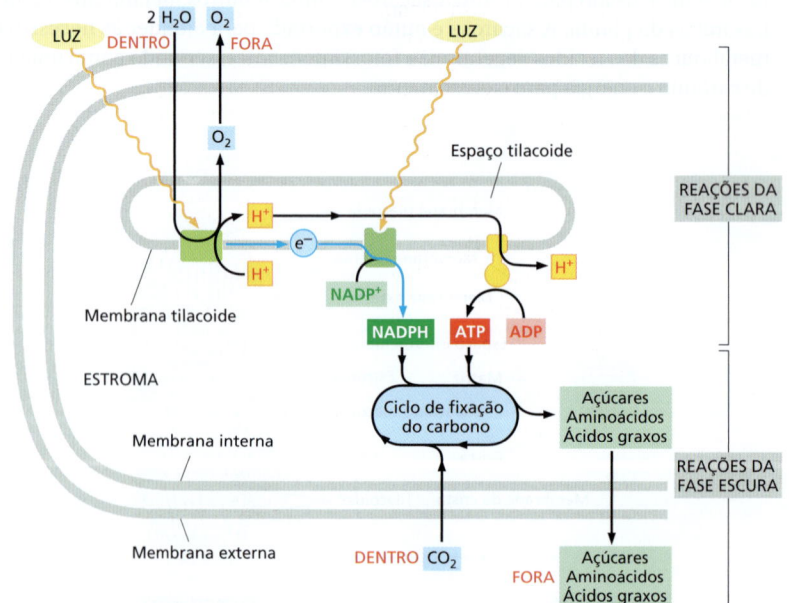

Figura 14-39 Um resumo do metabolismo de conversão de energia nos cloroplastos. Os cloroplastos requerem somente água e dióxido de carbono como substratos para suas reações de fotossíntese estimuladas pela luz, e eles produzem os nutrientes para a maioria dos outros organismos do planeta. Cada reação de oxidação de duas moléculas de água por um centro de reação fotoquímica na membrana tilacoide produz uma molécula de oxigênio, que é liberada na atmosfera. Ao mesmo tempo, prótons são concentrados no interior dos tilacoides. Esses prótons criam um grande gradiente eletroquímico através da membrana tilacoide, que é usado pela ATP-sintase do cloroplasto para produzir ATP a partir de ADP e fosfato. Os elétrons subtraídos da água são transferidos para um segundo tipo de centro de reação fotoquímica para produzir NADPH a partir de NADP⁺. Como indicado, o NADPH e o ATP são usados no *ciclo de fixação de carbono* para reduzir dióxido de carbono, produzindo desse modo os precursores para açúcares, aminoácidos e ácidos graxos. O CO_2 que é capturado da atmosfera nesse processo é a fonte de átomos de carbono para a maioria das moléculas orgânicas da Terra.

Em uma célula vegetal, vários metabólitos produzidos no cloroplasto são exportados para o citoplasma para biossínteses. Parte do açúcar produzido é armazenada na forma de grânulos de amido no cloroplasto, mas o restante é transportado através da planta como sacarose ou convertido a amido em tecidos de armazenamento especiais. Esses tecidos de armazenamento representam a principal fonte de alimento dos animais.

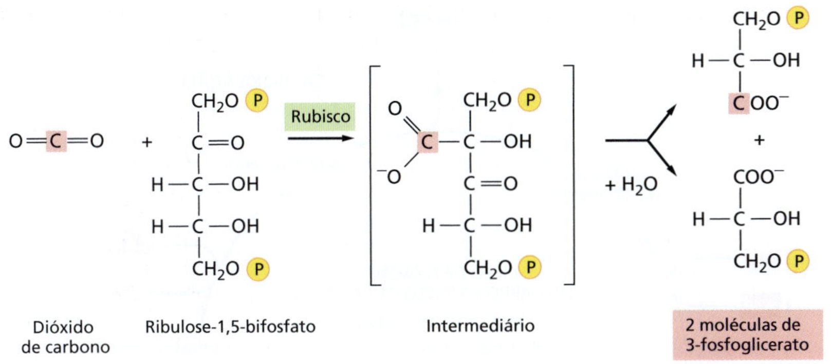

Figura 14-40 Reação inicial de fixação do carbono. Esta reação de carboxilação possibilita que uma molécula de dióxido de carbono e uma de água sejam incorporadas em moléculas carbonadas orgânicas. Ela é catalisada no estroma do cloroplasto pela enzima abundante ribulose bisfosfato carboxilase, ou Rubisco. Como indicado, são produzidas duas moléculas de 3-fosfoglicerato.

A série elaborada de reações nas quais CO_2 combina-se com ribulose 1,5-bisfosfato para produzir um açúcar simples – uma porção do qual é usado para regenerar ribulose 1,5-bisfosfato – forma um ciclo, denominado *ciclo de fixação do carbono* ou ciclo de Calvin (**Figura 14-41**). Esse ciclo foi uma das primeiras vias metabólicas a serem elucidadas por meio do uso de radioisótopos como traçadores na bioquímica. Como indicado, cada volta no ciclo converte seis moléculas de 3-fosfoglicerato em três moléculas de ribulose 1,5-bisfosfato e uma molécula de gliceraldeído 3-fosfato. O *gliceraldeído-3-fosfato*, o açúcar de três carbonos produzido pelo ciclo, fornece então o material de partida para a síntese de muitos outros açúcares e para todas as outras moléculas orgânicas que formam a planta.

Açúcares gerados pela fixação de carbono podem ser armazenados como amido ou consumidos para produzir ATP

O gliceraldeído-3-fosfato gerado pela fixação de carbono no estroma do cloroplasto pode ser usado de algumas formas, dependendo das necessidades do vegetal. Durante os períodos de excesso de atividade fotossintetizante, muito deste é retido no estroma do cloroplasto e convertido em *amido*. Como o glicogênio nas células animais, o amido é um polímero grande de glicose que serve como uma reserva de carboidratos e é armazenado em grandes grânulos no estroma do cloroplasto. O amido forma uma parte importante da dieta de todos os animais que se alimentam de vegetais. Outras moléculas de gliceraldeído-3-fosfato são convertidas em gordura no estroma. Esse material, que se acumula como gotículas de gordura, serve, da mesma forma, como uma reserva de energia. À noite, o amido e a gordura armazenados podem ser quebrados a açúcares e ácidos graxos, que são exportados para o citosol para dar suporte às necessidades metabólicas da planta. Parte do açúcar exportado entra na via glicolítica (ver Figura 2-46), onde é convertido em piruvato. Tanto esse piruvato como os ácidos graxos podem entrar na mitocôndria da célula vegetal e alimentar o ciclo do ácido cítrico, levando, finalmente, à produção de grandes quantidades de ATP pela fosforilação oxidativa (**Figura 14-42**). As plantas utilizam este ATP da mesma forma que as células animais e outros organismos não fotossintetizantes o utilizam, para fornecer energia a uma variedade de reações metabólicas.

O gliceraldeído-3-fosfato exportado dos cloroplastos para dentro do citosol também pode ser convertido em muitos outros metabólitos, incluindo o dissacarídeo *sacarose*. A sacarose é a principal forma na qual o açúcar é transportado entre as células de uma planta: a sacarose é exportada das folhas para fornecer carboidratos para o resto da planta, justamente como a glicose é transportada no sangue dos animais.

As membranas tilacoides dos cloroplastos contêm os complexos proteicos necessários para a fotossíntese e a geração de ATP

Precisamos agora explicar como as grandes quantidades de ATP e NADPH necessárias para a fixação do carbono são geradas nos cloroplastos. Os cloroplastos são muito maiores e menos dinâmicos do que as mitocôndrias, mas eles se valem da conversão da energia quimiosmótica quase da mesma forma. Como vimos na Figura 14-38, os cloroplastos e as mitocôndrias são organizados sob os mesmos princípios, embora o cloro-

Figura 14-41 O ciclo de fixação do carbono. Esta via metabólica central possibilita que moléculas orgânicas sejam produzidas a partir de CO_2 e H_2O. Na primeira etapa do ciclo (carboxilação), o CO_2 é adicionado à ribulose 1,5-bifosfato, como mostrado na Figura 14-40. Na segunda etapa (redução), ATP e NADPH são consumidos para produzir moléculas de gliceraldeído-3-fosfato. Na etapa final (regeneração), parte do gliceraldeído 3-fosfato produzido é usado para regenerar ribulose 1,5-bifosfato. A outra parte é convertida em amido e gordura no estroma do cloroplasto ou transportada para fora do cloroplasto, indo para o citosol. O número de átomos de carbono para cada tipo de molécula está indicado em *amarelo*. Há muitos intermediários entre o gliceraldeído-3-fosfato e a ribulose-5-fosfato, mas eles foram omitidos aqui para maior clareza. A entrada de água no ciclo também não está mostrada (porém, ver Figura 14-40).

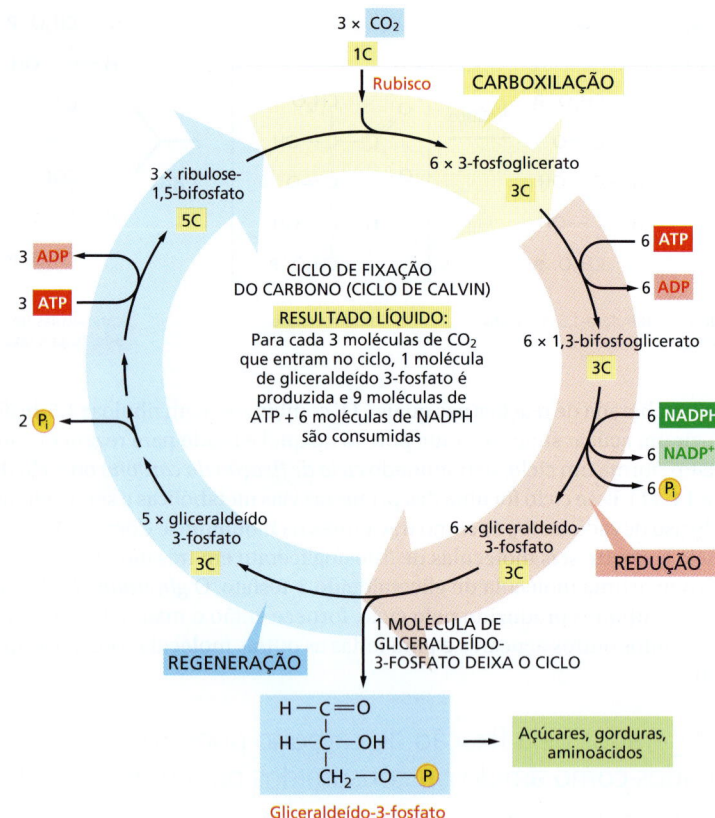

plasto contenha um sistema de membrana tilacoide separado no qual seus mecanismos quimiosmóticos ocorrem. As membranas tilacoides contêm dois grandes complexos proteicos de membrana, chamados *fotossistemas*, que dotam as plantas e os outros organismos fotossintetizantes da habilidade de capturar e converter a energia solar para seu próprio uso. Dois outros complexos proteicos na membrana tilacoide que trabalham junto com os fotossistemas na fotofosforilação – geração de ATP com luz solar – possuem equivalentes mitocondriais. Estes são o complexo citocromo b_6-f contendo heme, que, tanto funcional como estruturalmente, parece com a citocromo c redutase na cadeia respiratória; e a ATP-sintase do cloroplasto, que se parece muito com a ATP-sintase mitocondrial e funciona da mesma forma.

Complexos clorofila-proteína podem transferir energia excitatória ou elétrons

Os fotossistemas da membrana tilacoide são arranjos multiproteicos de uma complexidade comparável à dos complexos de proteínas da cadeia transportadora elétrons das mitocôndrias. Eles contêm grandes números de moléculas de clorofila especificamente ligadas, além de cofatores que serão familiares por nossa discussão sobre as mitocôndrias (heme, agrupamentos ferro-enxofre e quinonas). A **clorofila**, o pigmento verde dos organismos fotossintetizantes, possui uma longa cauda hidrofóbica que a faz comportar-se como um lipídeo, mais um anel porfirínico que tem um átomo de Mg central e um extenso sistema de elétrons deslocalizados em ligações duplas conjugadas (**Figura 14-43**). Quando uma molécula de clorofila absorve um quantum de luz solar (um fóton), a energia do fóton provoca o movimento de um destes elétrons de um orbital molecular de baixa energia para outro orbital de maior energia.

O elétron excitado de uma molécula de clorofila tende a retornar rapidamente ao seu estado basal, o que pode ocorrer de uma de três formas:

1. Pela conversão da energia extra em calor (movimento molecular) ou em alguma combinação de calor e luz a um comprimento de onda maior (fluorescência); isso

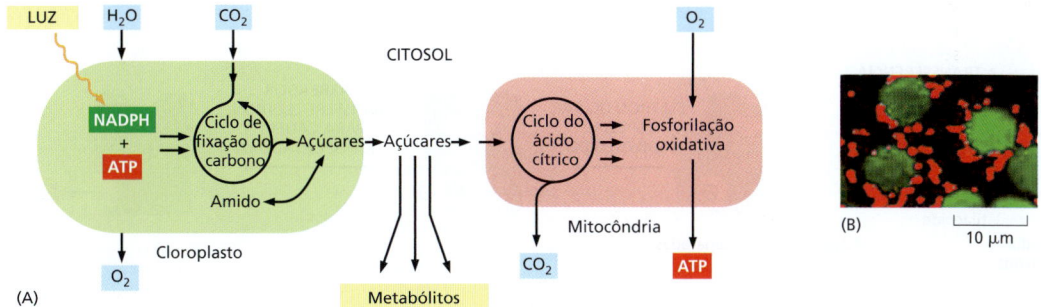

Figura 14-42 Como os cloroplastos e as mitocôndrias colaboram para suprir as células com metabólitos e ATP. (A) A membrana interna do cloroplasto é impermeável ao ATP e ao NADH que são produzidos no estroma durante as reações da fase clara da fotossíntese. Estas moléculas são, portanto, canalizadas para dentro do ciclo da fixação de carbono, onde são utilizadas para a produção de açúcares. Os açúcares resultantes e os seus metabólitos são tanto armazenados dentro dos cloroplastos – na forma de amido ou gordura – como exportados para o resto da célula vegetal. Lá eles podem entrar na via geradora de energia que termina na síntese de ATP ligada à fosforilação oxidativa dentro da mitocôndria. Diferente do cloroplasto, as membranas mitocondriais contêm um transportador específico que as torna permeáveis ao ATP (ver Figura 14-34). Note que o O_2 liberado para a atmosfera pela fotossíntese nos cloroplastos é utilizado para a fosforilação oxidativa na mitocôndria; semelhantemente, o CO_2 liberado pelo ciclo do ácido cítrico na mitocôndria é utilizado para a fixação do carbono nos cloroplastos. (B) Em uma folha, as mitocôndrias (*vermelho*) tendem a se agrupar próximas aos cloroplastos (*verde*), como visto nesta micrografia óptica (B, cortesia de Olivier Grandjean.)

é o que costuma acontecer quando a luz é absorvida por uma molécula de clorofila isolada em solução.

2. Pela transferência da energia – mas não do elétron – diretamente a uma molécula de clorofila vizinha por um processo chamado de *transferência de energia ressonante*.

3. Pela transferência do elétron excitado com sua carga negativa para outra molécula próxima, um *aceptor de elétrons*, depois do que a clorofila carregada positivamente retorna ao seu estado original pela captação de um elétron de alguma outra molécula, um *doador de elétrons*.

Os últimos dois mecanismos ocorrem quando as clorofilas estão ligadas a proteínas em um *complexo clorofila-proteína*. A proteína coordena o átomo de Mg central na porfirina da clorofila, mais frequentemente por meio de uma cadeia lateral de histidina localizada no interior hidrofóbico da membrana, levando cada uma das clorofilas em um complexo com proteína a ser deixada a distâncias e orientações definidas com exatidão. O fluxo da energia de excitação ou de elétrons, então, depende tanto do arranjo espacial preciso quanto do ambiente proteico local das clorofilas ligadas a proteínas.

Quando excitadas por um fóton, a maioria das clorofilas ligadas a proteína simplesmente transmitem a energia absorvida a outra clorofila próxima pelo processo de transferência de energia ressonante. Entretanto, em algumas clorofilas especialmente posicionadas, a diferença de energia entre o estado basal e o estado excitado é justamente a necessária para que o fóton desencadeie uma reação química induzida pela luz. O estado especial de tais moléculas de clorofila deriva de sua interação estreita com uma segunda molécula de clorofila no mesmo complexo clorofila-proteína. Juntas, essas duas clorofilas formam um *par especial*.

O processo de transferência fotossintética de elétrons começa quando um fóton com energia adequada ioniza uma molécula de clorofila de tal par especial, dissociando-o em um elétron e um íon de clorofila carregado positivamente. O elétron energizado é passado rapidamente para uma quinona no mesmo complexo proteico, evitando sua reassociação improdutiva com o íon de clorofila. Essa transferência de um elétron de uma clorofila para um carreador de elétrons móvel induzida pela luz é a etapa central

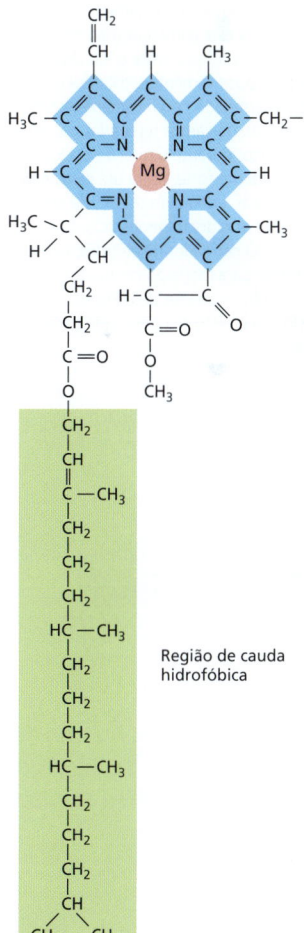

Figura 14-43 Estrutura da clorofila. Um átomo de magnésio é mantido por um anel porfirínico, que está relacionado ao anel porfirínico que se liga ao ferro no grupo heme (ver Figura 14-15). Os elétrons estão deslocalizados nas ligações sombreadas em *azul*.

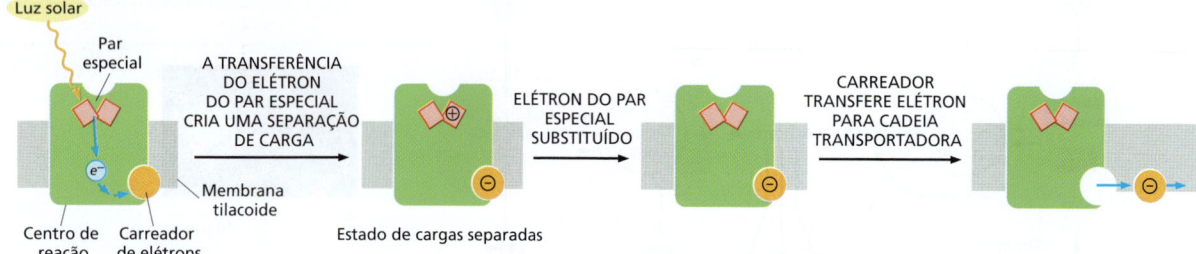

Figura 14-44 Esquema geral para a etapa de separação de carga no centro de reação fotossintética. No centro de reação, a energia luminosa é aproveitada para gerar elétrons que são mantidos em um alto nível de energia por carreadores de elétrons móveis de uma membrana. A energia luminosa é, dessa forma, convertida em energia química. O processo começa quando um fóton absorvido pelo par especial de clorofilas no centro de reação retira um elétron de uma das clorofilas. O elétron é captado por um carreador móvel (*laranja*) ligado na superfície oposta da membrana. Um conjunto de carreadores intermediários incorporados no centro de reação proporciona o caminho do par especial para este carreador (não mostrado). A distância física entre o íon clorofila carregado positivamente e o carreador de elétrons carregado negativamente estabiliza o estado de cargas separadas por um tempo curto, durante o qual o íon clorofila, um oxidante forte, retira um elétron de um composto adequado (p. ex., da água, um evento que discutiremos adiante em detalhes). O carreador de elétrons, então, se difunde para longe do centro de reação como um forte doador de elétrons que irá transferir seu elétron a uma cadeia transportadora de elétrons.

de **separação de carga** da fotossíntese, na qual a clorofila se torna carregada positivamente e um carreador de elétrons se torna carregado negativamente (**Figura 14-44**). O íon de clorofila é um oxidante muito forte capaz de retirar um elétron de um substrato de baixa energia; no primeiro passo da fotossíntese oxigênica, esse substrato de baixa energia é a água.

Mediante a transferência a um carreador móvel na cadeia transportadora de elétrons, o elétron é estabilizado como parte de um forte doador de elétrons e se torna disponível para as reações subsequentes. Essas reações subsequentes requerem mais tempo para se completar e resultam em compostos ricos em energia gerados por luz.

Um fotossistema consiste em um complexo antena e um centro de reação

Existem dois tipos diferentes de complexos clorofila-proteína na membrana fotossintetizante. Um tipo, chamado de *centro de reação fotoquímica*, contém o par especial de clorofilas recém-descrito. O outro tipo se engaja exclusivamente na absorção de luz e na transferência de energia ressonante, e é chamado de *complexo antena*. Juntos, os dois tipos de complexo formam um **fotossistema** (**Figura 14-45**).

O papel do **complexo antena** no fotossistema é coletar energia em um número suficiente de fótons para a fotossíntese. Sem ele, o processo seria lento e ineficiente, já que cada clorofila do centro de reação absorveria somente cerca de 1 quantum de luz por segundo, mesmo em plena luz do dia, enquanto centenas por segundo são necessárias para a fotossíntese efetiva. Quando a luz excita a molécula de clorofila no complexo antena, a energia passa rapidamente de uma clorofila ligada a proteína a outra por transferência de energia ressonante até que alcance o par especial no centro de reação. O complexo antena também é conhecido como *complexo coletor de luz*, ou LHC (do inglês, *light-harvesting complex*). Além de muitas moléculas de clorofila, um LHC contém pigmentos carotenoides laranja. Os carotenoides coletam luz de um comprimento de onda diferente da absorvida pelas clorofilas, ajudando a tornar o complexo antena mais eficiente. Eles também têm um importante papel protetor de prevenir a formação de radicais de oxigênio prejudiciais na membrana fotossintetizante.

A membrana tilacoide contém dois fotossistemas diferentes trabalhando em série

A energia de excitação coletada pelo complexo antena é entregue ao par especial no **centro de reação fotoquímica**. O centro de reação é um complexo clorofila-proteína transmembrana que fica no coração da fotossíntese. Ele ancora o par especial de moléculas de clorofila, que age como uma armadilha irreversível para a energia de excitação (ver Figura 14-45).

Os cloroplastos contêm dois fotossistemas funcionalmente diferentes, embora estruturalmente relacionados, e cada qual alimenta uma cadeia de transferência de elétrons com elétrons gerados pela ação da luz solar. Na membrana tilacoide do cloroplasto, o *fotossistema I* se limita aos tilacoides não empilhados do estroma, enquanto os tilacoides empilhados do grana contêm o *fotossistema II*. Os dois sistemas foram nomeados na ordem de sua descoberta, não das suas ações na via fotossintetizante, e os elétrons são primeiro ativados no fotossistema II antes de serem transferidos ao fotossistema I (**Figura 14-46**). O caminho de um elétron ao longo dos dois fotossistemas pode ser des-

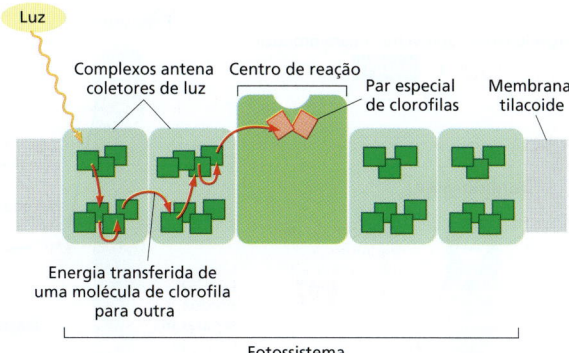

Figura 14-45 **Um fotossistema.** Cada fotossistema consiste em um centro de reação mais um número de complexos antena coletores de luz. A energia solar para a fotossíntese é coletada pelos complexos antena, que são responsáveis pela maior parte da clorofila em uma célula vegetal. A energia salta aleatoriamente por transferência de energia ressonante (*setas vermelhas*) de uma molécula de clorofila a outra, até alcançar o complexo do centro de reação, onde ioniza uma clorofila do par especial. O par especial de clorofilas mantém seus elétrons em um nível de energia mais baixo do que a clorofila dos complexos antena, levando a energia transferida para ele do complexo antena a ficar presa ali. Note que é somente a energia que se move de uma molécula a outra no complexo antena, não os elétrons (Animação 14.10).

crito como uma trajetória em Z e é conhecido como *esquema Z*. No esquema Z, o centro de reação do *fotossistema II* primeiro retira um elétron da água. O elétron passa via uma cadeia transportadora de elétrons (composta do carreador de elétrons plastoquinona, o complexo citocromo b_6-f e a proteína plastocianina) para o *fotossistema I*, que propele o elétron através da membrana em uma segunda reação de separação de carga dirigida pela luz que leva à produção de NADPH.

O esquema Z é necessário para preencher a lacuna muito grande de energia entre a água e o NADPH (**Figura 14-47**). Um único quantum de luz visível não contém energia suficiente nem para retirar os elétrons da água, que mantém seus elétrons fortemente (potencial redox de +820 mV) e portanto é um doador de elétrons muito fraco, nem para forçá-los sobre o $NADP^+$, que é um aceptor de elétrons muito fraco (potencial redox de –320 mV). O esquema Z evoluiu primeiro em cianobactérias para capacitá-las a usar a água como uma fonte de elétrons universalmente disponível. Outras bactérias fotossintetizantes mais simples possuem apenas um fotossistema. Como devemos ver, elas não podem utilizar a água como uma fonte de elétrons e precisam, em vez disso, depender de outros substratos mais ricos em energia, dos quais os elétrons são mais prontamente retirados. A habilidade de extrair elétrons da água (e como consequência produzir oxigênio molecular) foi adquirida pelas plantas quando seus ancestrais incorporaram cianobactérias endossimbióticas que depois evoluíram para cloroplastos (ver Figura 1-31).

O fotossistema II usa um grupo do manganês para retirar os elétrons da água

Na biologia, somente o fotossistema II é capaz de retirar elétrons da água e gerar oxigênio molecular como um produto residual. Essa notável especialização do fotossistema II é conferida pelas propriedades únicas de uma das duas moléculas de clorofila do seu par especial e pelo *grupo do manganês* ligado à proteína. Essas moléculas de clorofila e o grupo do manganês formam o núcleo catalítico do centro de reação do fotossistema II, cujo mecanismo está esboçado na **Figura 14-48**.

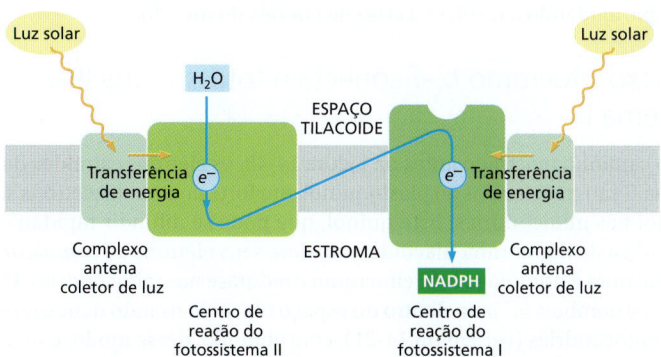

Figura 14-46 **Esquema Z para fotossíntese.** Os tilacoides das plantas e das cianobactérias contêm dois tipos diferentes de fotossistemas, conhecidos como fotossistema I e fotossistema II, que funcionam em série. Cada centro de reação dos fotossistemas I e II recebe energia de excitação de seu próprio conjunto de complexos antena firmemente associados, conhecidos como LHC-I e LHC-II, por transferência de energia ressonante. Note que, por motivos históricos, os dois fotossistemas são nomeados de forma oposta à ordem na qual eles atuam, com o fotossistema II passando seus elétrons para o fotossistema I.

Figura 14-47 Variações do potencial redox durante a fotossíntese.
O potencial redox para cada molécula está indicado por sua posição no eixo vertical. O fotossistema II passa os elétrons derivados da água para o fotossistema I, que, por sua vez, os passa para o NADP⁺ através da ferredoxina -NADP⁺ redutase. O fluxo líquido de elétrons pelos dois fotossistemas é da água para o NADP⁺, e produz NADPH assim como um gradiente eletroquímico de prótons. Esse gradiente de prótons é utilizado pela ATP-sintase para produzir ATP. Detalhes nessa figura serão explicados no texto subsequente.

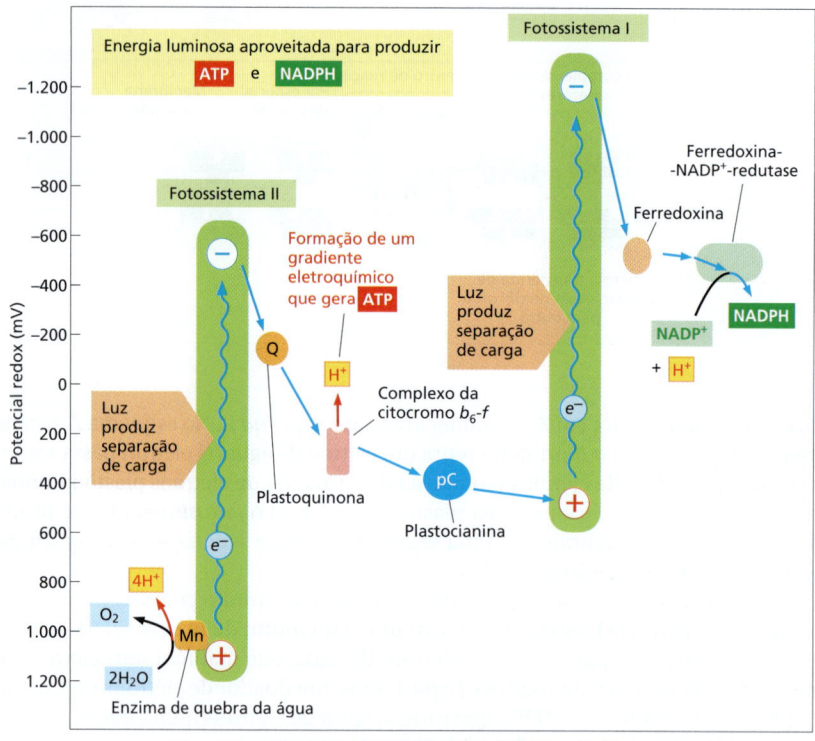

A água é uma fonte inesgotável de elétrons, mas também é extremamente estável; portanto, é necessária uma grande quantidade de energia para ela ceder seus elétrons. O único composto nos seres vivos que é capaz de realizar tal feito depois de sua ionização pela luz é o par especial de clorofilas chamado P_{680} (potencial redox P_{680}/P_{680}^{+} = +1.270 mV). A reação $2H_2O + 4$ fótons $\rightarrow 4H^+ + 4e^- + O_2$ é catalisada pelo seu grupo do manganês adjacente. Os intermediários permanecem firmemente presos ao grupo do manganês até que duas moléculas de água tenham sido completamente oxidadas a O_2, garantindo, assim, que nenhum radical de oxigênio perigoso seja liberado à medida que a reação procede. Os prótons liberados pelas duas moléculas de água são descarregados no espaço tilacoide, contribuindo com o gradiente de prótons através da membrana tilacoide (pH mais baixo no espaço tilacoide do que no estroma). O ambiente proteico único que dota a vida com essa habilidade tão importante de oxidar a água permanece essencialmente sem mudanças ao longo de bilhões de anos de evolução (**Figura 14-49**).

Todo o oxigênio da atmosfera da Terra foi gerado dessa forma. Embora os detalhes exatos da reação de oxidação da água no fotossistema II ainda não sejam completamente entendidos, cientistas estão tentando construir um sistema artificial que mimetiza o processo. Se for bem-sucedido, isso poderia fornecer um suprimento quase interminável de energia limpa, ajudando a resolver a crise de energia do mundo.

O complexo citocromo b_6-f conecta o fotossistema II ao fotossistema I

Seguindo o caminho mostrado antes na Figura 14-48, os elétrons extraídos da água pelo fotossistema II são transferidos ao plastoquinol, um forte doador de elétrons semelhante ao ubiquinol nas mitocôndrias. Este quinol, que pode se difundir rapidamente na bicamada lipídica da membrana tilacoide, transfere seus elétrons ao *complexo citocromo b_6-f*, cuja estrutura é homóloga à da citocromo *c* redutase nas mitocôndrias. O complexo citocromo b_6-f bombeia H^+ para dentro do espaço tilacoide usando o mesmo ciclo Q utilizado nas mitocôndrias (ver Figura 14-21), contribuindo, desse modo, com o gradiente de prótons através da membrana tilacoide.

CAPÍTULO 14 Conversão de energia: mitocôndrias e cloroplastos   791

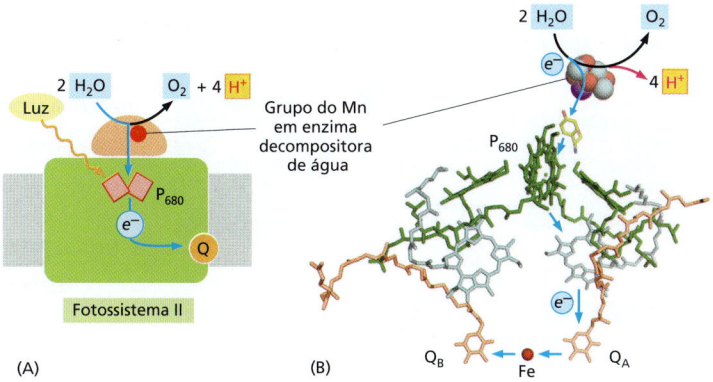

Figura 14-48 Conversão de energia luminosa em energia química no complexo fotossistema II. (A) Diagrama esquemático do centro de reação do fotossistema II, cujo par especial de moléculas de clorofila é designado P_{680} com base no comprimento de onda de sua máxima absorbância (680 nm). (B) Cofatores e pigmentos no núcleo do centro de reação. Estão mostrados o grupo do manganês (Mn), a cadeia lateral de tirosina que o liga ao par especial P_{680}, quatro clorofilas (*verde*), duas feofitinas (*azul-claro*), duas plastoquinonas (*rosa*) e um átomo de ferro (*vermelho*). O caminho dos elétrons é mostrado por *setas azuis*. No grupo do manganês, quatro átomos de manganês (*azul-claro*), um átomo de cálcio (*roxo*) e cinco átomos de oxigênio (*vermelho*) funcionam juntos para catalisar a oxidação da água. A reação de quebra da água ocorre em quatro etapas sucessivas, cada uma precisando da energia de um fóton. Cada fóton torna a clorofila do centro de reação em um íon clorofila carregado positivamente. Através de uma cadeia lateral de tirosina ionizada (*amarelo*), este íon clorofila afasta um elétron de uma molécula de água ligada no grupo do manganês. Dessa forma, um total de quatro elétrons são retirados de duas moléculas de água para gerar oxigênio molecular, que é liberado na atmosfera.

O complexo citocromo b_6-f forma o elo conector entre os fotossistemas II e I na cadeia transportadora de elétrons do cloroplasto. Ele passa seus elétrons, um de cada vez, para o carreador de elétrons móvel plastocianina (uma pequena proteína contendo cobre que toma o lugar da citocromo *c* nas mitocôndrias), que os irá transferir para o fotossistema I (**Figura 14-50**). Como discutiremos a seguir, o fotossistema I, então, atrela um segundo fóton de luz para energizar ainda mais os elétrons que ele recebe.

O fotossistema I executa a segunda etapa de separação de carga no esquema Z

O fotossistema I recebe os elétrons da plastocianina no espaço tilacoide e os transfere, via uma segunda reação de separação de cargas, para a pequena proteína ferredoxina na superfície oposta da membrana (**Figura 14-51**). Então, em uma etapa final, a ferredoxina alimenta, com seus elétrons, um complexo enzimático associado à membrana, a *ferredoxina-$NADP^+$ redutase*, que utiliza os elétrons para produzir NADPH a partir de $NADP^+$ (ver Figura 14-50).

O potencial redox do par $NADP^+$/NADPH (–320 mV) já é bastante baixo, e a redução do $NADP^+$, portanto, necessita de um composto com um potencial redox ainda mais baixo. Este acaba por ser uma molécula de clorofila próxima à superfície estrômica da membrana do fotossistema I que tem um potencial redox de –1.000 mV (clorofila A_0), o que o torna o mais forte doador de elétrons conhecido na biologia. O NADPH reduzido é liberado no estroma do cloroplasto, onde é usado para a biossíntese de gliceraldeído

Cada elétron que é energizado pela luz passa do par especial ao longo de uma cadeia de transferência de elétrons dentro do complexo, ao longo do caminho indicado para as plastoquinonas Q_A permanentemente ligadas e, então, para as plastoquinonas Q_B como aceptoras de elétrons. Quando a Q_B pegar dois elétrons (mais dois prótons; ver Figura 14-17), ela se dissocia de seu sítio de ligação no complexo e entra na bicamada lipídica como um carreador de elétrons móvel, sendo logo substituída por uma nova molécula de plastoquinona não reduzida. Note que as clorofilas e as feofitinas formam dois ramos simétricos de uma cadeia de transporte de potencial eletrônico. Somente um ramo é ativo, garantindo, assim, que as plastoquinonas se tornem completamente reduzidas em tempo mínimo.

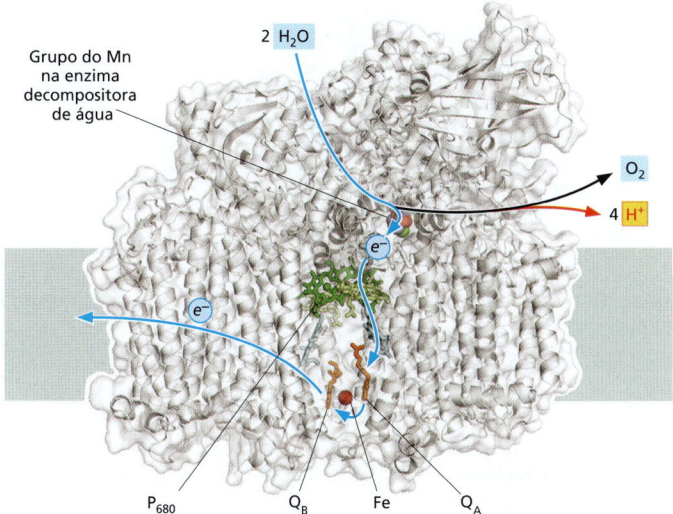

Figura 14-49 Estrutura do complexo fotossistema II completo. Este fotossistema contém, pelo menos, 16 subunidades proteicas, junto com 36 clorofilas, duas feofitinas, dois hemes e um número de carotenoides protetores (*colorido*). A maioria desses pigmentos e cofatores estão profundamente enterrados e firmemente complexados à proteína (*cinza*). O caminho dos elétrons é indicado pelas *setas azuis* e explicado na Figura 14-48B. O complexo fotossistema II apresentado aqui é o complexo cianobacteriano, mais simples e mais estável do que o complexo das plantas, que funciona da mesma forma. (Código PDB: 3ARC.)

Figura 14-50 Fluxo de elétrons através do complexo citocromo b_6-f para o NADPH. O complexo citocromo b_6-f é o equivalente funcional da citocromo c redutase (o complexo citocromo b-c_1) das mitocôndrias (ver Figura 14-22). Como seu homólogo mitocondrial, o complexo b_6-f recebe seus elétrons de uma quinona e se engaja em um complicado ciclo Q que bombeia dois prótons através da membrana (detalhes não mostrados). Ele fornece seus elétrons, um de cada vez, para a plastocianina (pC). A plastocianina se difunde ao longo da superfície da membrana para o fotossistema I e transfere os elétrons via ferredoxina (Fd) para a ferredoxina-NADP$^+$-redutase (FNR), onde são utilizados para produzir NADPH. O P_{700} é um par especial de clorofilas que absorve luz em um comprimento de onda de 700 nm.

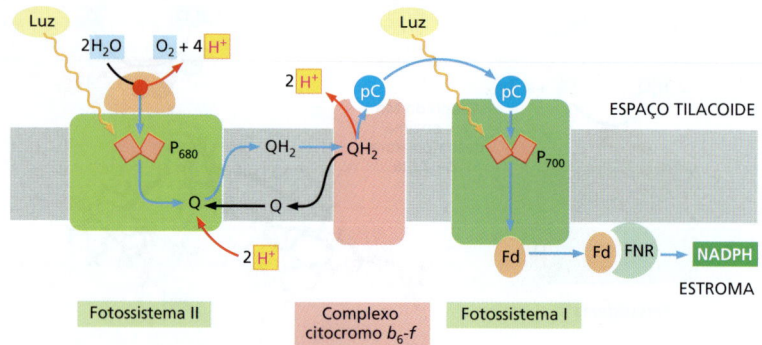

3-fosfato, precursores de aminoácidos e ácidos graxos, e grande parte para ser exportado para o citoplasma.

A ATP-sintase de cloroplasto utiliza o gradiente de prótons gerado pelas reações fotossintetizantes luminosas para produzir ATP

A sequência de eventos que resulta na produção de ATP e de NADPH dirigida pela luz nos cloroplastos e nas cianobactérias está resumida na **Figura 14-52**. Começando pela retirada de elétrons da água, as etapas de separação de cargas dirigidas pela luz nos fotossistemas I e II possibilitam o fluxo de elétrons, energeticamente desfavorável da água para o NADPH (ver Figura 14-47). Três pequenos carreadores móveis de elétrons – a plastoquinona, a plastocianina e a ferredoxina – participam do processo. Junto com a bomba de prótons direcionada por elétrons do complexo citocromo b_6-f, os fotossistemas geram um grande gradiente de prótons através da membrana tilacoide. As moléculas de ATP-sintase embebidas nas membranas tilacoides utilizam esse gradiente de prótons para produzir grandes quantidades de ATP no estroma do cloroplasto, mimetizando a síntese de ATP na matriz mitocondrial.

    O esquema Z linear para a fotossíntese, conforme discutido até aqui, pode alternar para um modo circular de fluxo de elétrons através do fotossistema I e o complexo b_6-f. Aqui, a ferredoxina reduzida se difunde de volta para o complexo b_6-f para reduzir a plastoquinona, em vez de passar seus elétrons para o complexo enzimático ferredoxina-NADP$^+$ redutase. Isso, de fato, transforma o fotossistema I em uma bomba de prótons guiada pela luz, aumentando, assim, o gradiente de prótons e consequentemente a

Figura 14-51 Estrutura e função do fotossistema I. No coração do arranjo do complexo do fotossistema I está a cadeia de transferência de elétrons mostrada. Em uma extremidade está o par especial de clorofilas chamado P_{700} (porque absorve luz em comprimento de onda de 700 nm), recebendo os elétrons da plastocianina (pC). Na outra extremidade estão as clorofilas A_0, que passam os elétrons para a ferredoxina via duas plastoquinonas (PQ; *roxo*) e três grupos ferro-enxofre. Embora os papéis dos fotossistemas I e II sejam bem diferentes, suas cadeias de transferência de elétrons são estruturalmente semelhantes, indicando uma origem evolutiva comum (ver Figura 14-53). Note que no fotossistema I, ambos os ramos da cadeia de transferência de elétrons são ativos, ao contrário do fotossistema II (ver Figura 14-48). (Código PDB: 3LW5.)

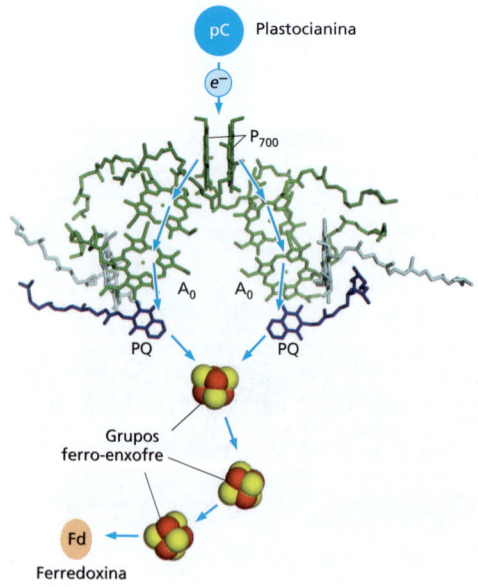

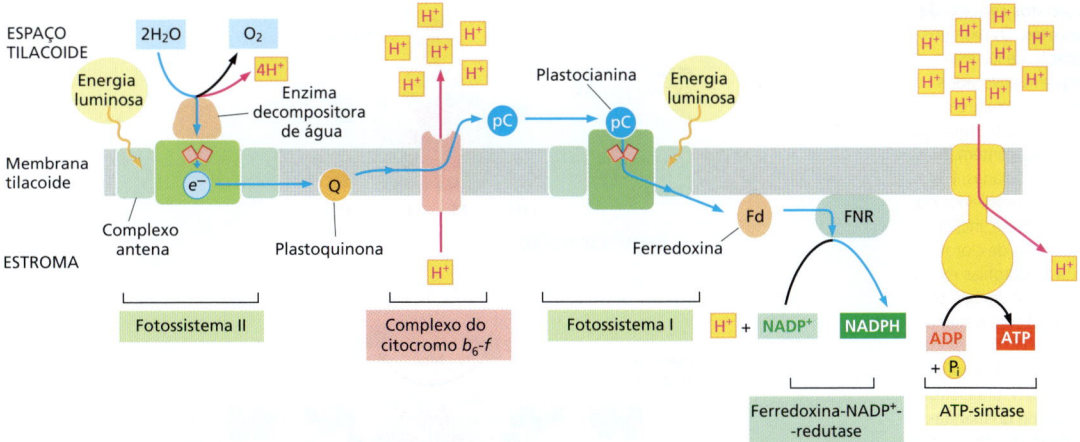

Figura 14-52 Resumo dos movimentos de elétrons e prótons durante a fotossíntese na membrana tilacoide. Os elétrons são retirados, mediante ação da energia luminosa, de uma molécula de água que é mantida pelo grupo do manganês no fotossistema II. Os elétrons passam adiante para a plastoquinona, que os entrega para o complexo citocromo b_6-f que se parece com a citocromo c redutase das mitocôndrias e o complexo b-c das bactérias. Eles então são carregados ao fotossistema I pelo carreador de elétrons solúvel plastocianina, o equivalente funcional da citocromo c nas mitocôndrias. Do fotossistema I eles são transferidos para a ferredoxina-NADP+-redutase (FNR) pela carreadora solúvel ferredoxina (Fd; uma proteína pequena contendo um centro ferro-enxofre). Os prótons são bombeados para dentro do espaço tilacoide pelo complexo citocromo b_6-f, da mesma maneira que os prótons são bombeados para dentro da crista mitocondrial pela citocromo c redutase (ver Figura 14-21). Além disso, o H+ liberado dentro do espaço tilacoide pela oxidação da água e o H+ consumido durante a formação do NADPH no estroma contribuem para a geração do gradiente eletroquímico de H+ através da membrana tilacoide. Como ilustrado, tal gradiente direciona a síntese de ATP por uma ATP-sintase situada na mesma membrana (ver Figura 14-47).

quantidade de ATP produzida pela ATP-sintase. Um conjunto elaborado de mecanismos reguladores controla tal alternância, que habilita o cloroplasto a gerar ainda mais NADPH (modo linear) ou mais ATP (modo circular), dependendo das necessidades metabólicas da célula.

Todos os centros de reação fotossintéticos evoluíram a partir de um ancestral comum

As evidências para as origens procarióticas das mitocôndrias e dos cloroplastos são abundantes em seus sistemas genéticos, como veremos na próxima seção. Mas evidências fortes e diretas para as origens evolutivas dos cloroplastos também podem ser encontradas nas estruturas moleculares dos centros de reação fotossintetizante reveladas por cristalografia recentemente. As posições das clorofilas no par especial e dos dois ramos da cadeia de transferência de elétrons são basicamente as mesmas no fotossistema I, no fotossistema II e nos centros de reação fotoquímica das bactérias fotossintetizantes (**Animação 14.11**). Como resultado, pode-se concluir que todos evoluíram a partir de um ancestral comum. Evidentemente, a arquitetura molecular do centro de reação fotossintetizante originou-se apenas uma vez e permaneceu essencialmente inalterada durante a evolução. Ao contrário, os sistemas antena, menos críticos, evoluíram de várias formas diferentes e são correspondentemente diversos nos organismos fotossintetizantes atuais (**Figura 14-53**).

A força próton-motriz para a produção de ATP nas mitocôndrias e nos cloroplastos é essencialmente a mesma

O gradiente de prótons através da membrana tilacoide depende tanto da atividade de bombear prótons do complexo citocromo b_6-f como da atividade fotossintetizante dos dois fotossistemas, que, por sua vez, dependem da intensidade da luz. Nos cloroplastos expostos à luz, o H+ é bombeado para fora do estroma (pH perto de 8, semelhante ao da matriz mitocondrial) no espaço tilacoide (pH 5 a 6), criando um gradiente de 2 a 3 unidades de pH através da membrana tilacoide, representando uma força motriz protônica de cerca de 180 mV. Isso é muito semelhante à força motriz de prótons na respiração mitocondrial. Entretanto, o potencial de membrana através da membrana mitocondrial interna realiza a maior contribuição para a força motriz protônica que leva a ATP-sintase a produzir ATP, enquanto um gradiente de H+ predomina para os cloroplastos.

Ao contrário da ATP-sintase mitocondrial, que forma extensas linhas de dímeros ao longo das cristas, a ATP-sintase dos cloroplastos é monomérica e localizada nas regiões lisas da membrana (**Figura 14-54**). Evidentemente, o gradiente de H+ através da membrana tilacoide é alto o suficiente para a síntese de ATP sem a necessidade dos arranjos elaborados de ATP-sintase vistos nas mitocôndrias.

Figura 14-53 Evolução dos centros de reação fotossintetizantes. Os pigmentos envolvidos na captação de luz estão coloridos em *verde*; aqueles envolvidos nos eventos fotoquímicos centrais, em *vermelho*. (A) O centro de reação fotoquímica primitivo das bactérias roxas contém duas subunidades proteicas relacionadas, L e M, que ligam os pigmentos envolvidos no processo central da fotossíntese, incluindo um par especial de moléculas de clorofila. Um citocromo alimenta as clorofilas excitadas com os elétrons. O LH1 é um complexo antena bacteriano. (B) O fotossistema II contém as proteínas D_1 e D_2, homólogas às subunidades L e M em (A). A clorofila P_{680} excitada do par especial retira elétrons da água mantida pelo grupo do manganês. O LHC-II é o complexo de captação de luz que alimenta com energia as proteínas do núcleo da antena. (C) O fotossistema I contém as proteínas Psa A e B, cada uma delas equivalente à fusão das proteínas D_1 ou D_2 a uma proteína antena central do fotossistema II. A plastocianina (pC) ligada fracamente fornece os elétrons para o par de clorofilas excitado. Como indicado, no fotossistema I, os elétrons são passados de uma quinona ligada (Q) por uma série de três centros ferro-enxofre (*círculos vermelhos*). (Modificada de K. Rhee, E. Morris, J. Barber e W. Kühlbrandt, *Nature* 396:283–286, 1998; and W. Kühlbrandt, *Nature* 411:896–899, 2001. Com permissão de Macmillan Publishers Ltd.)

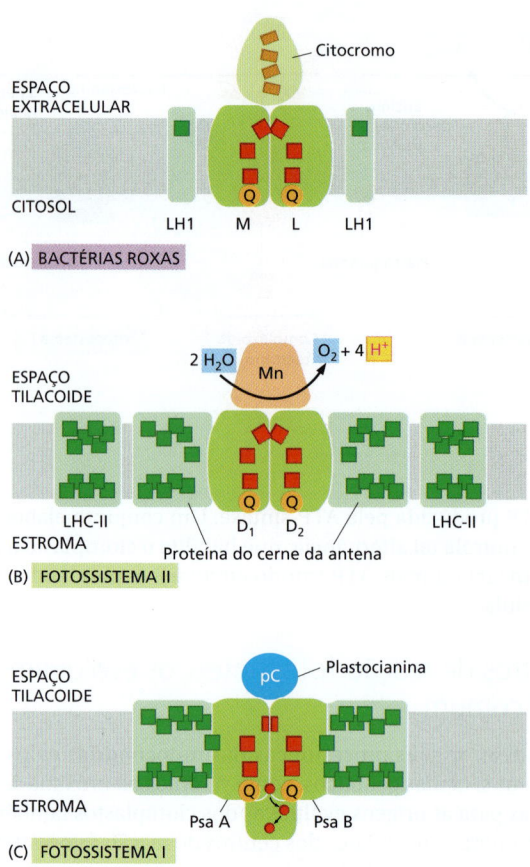

Os mecanismos quimiosmóticos evoluíram em estágios

As primeiras células vivas da Terra podem ter consumido moléculas orgânicas produzidas geoquimicamente e gerado seu ATP por fermentação. Pelo fato de o oxigênio ainda não estar presente na atmosfera, tais reações de fermentação anaeróbica teriam despejado ácidos orgânicos – como ácidos lático ou fórmico, por exemplo – no ambiente (ver Figura 2-47). É possível que tais ácidos tenham baixado o pH do ambiente, favorecendo a sobrevivência de células que tenham desenvolvido proteínas transmembrana que pudessem bombear o H^+ para fora do citosol, impedindo, dessa forma, que a célula se tornasse ácida demais (estágio 1 na **Figura 14-55**). Uma dessas bombas pode ter usado a energia disponível da hidrólise do ATP para ejetar H^+ da célula; tal bomba de próton poderia ser o ancestral das ATP-sintases de hoje.

À medida que o suprimento de nutrientes produzidos geoquimicamente na Terra começou a decair, os organismos que puderam encontrar uma forma de bombear o H^+ sem consumir ATP estariam em vantagem: eles poderiam guardar as pequenas quantidades de ATP que obtêm da fermentação de suprimentos alimentares cada vez mais escassos para abastecer outras atividades importantes. Essa necessidade de conservar os recursos pode ter levado à evolução de proteínas transportadoras de elétrons que permitiram às células usar o movimento dos elétrons entre as moléculas de diferentes potenciais redox como uma fonte de energia para bombear o H^+ através da membrana plasmática (estágio 2 na Figura 14-55). Algumas dessas células podem ter usado ácidos orgânicos não fermentáveis que as células vizinhas tenham excretado como resíduo para fornecer os elétrons necessários para alimentar o sistema de transporte de elétrons. Algumas bactérias dos dias de hoje crescem em ácido fórmico, por exemplo, usando a pequena quantidade de energia redox, derivada da transferência de elétrons do ácido fórmico para o fumarato, para bombear o H^+.

Por fim, algumas bactérias teriam desenvolvido sistemas de transporte de elétrons bombeadores de H^+ que foram tão eficientes que elas puderam captar mais energia re-

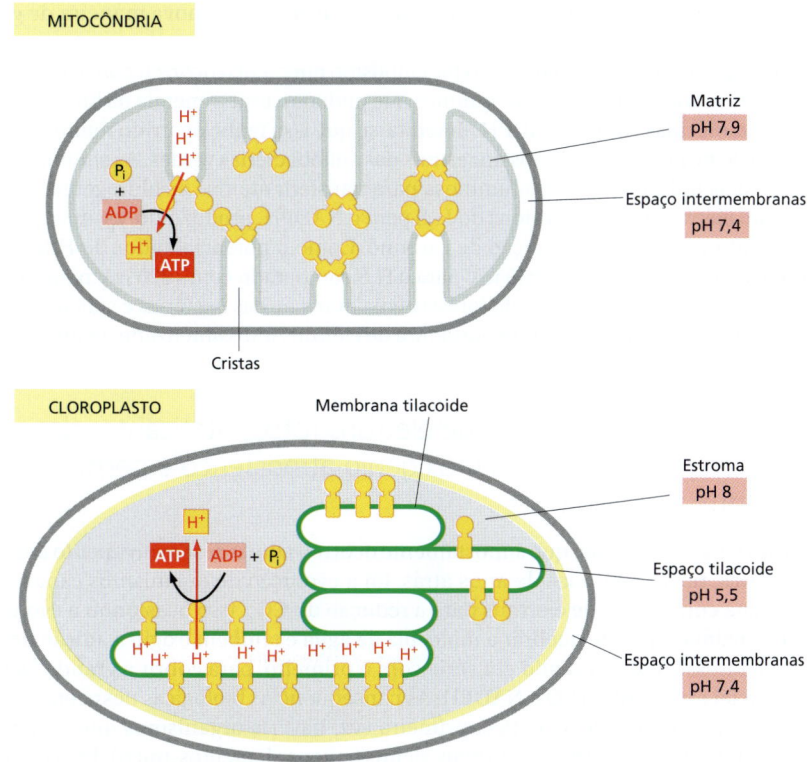

Figura 14-54 Uma comparação das concentrações de H⁺ e o arranjo de ATP-sintase nas mitocôndrias e nos cloroplastos. Nas duas organelas, o pH no espaço intermembranas é 7,4, como no citoplasma. Tanto o pH da matriz mitocondrial quanto o pH do estroma do cloroplasto ficam em torno de 8 (*cinza-claro*). O pH no espaço tilacoide é de cerca de 5,5, dependendo da atividade fotossintetizante. Isso resulta em uma alta força motriz de prótons através da membrana tilacoide, consistindo principalmente no gradiente de H⁺ (uma alta permeabilidade dessa membrana aos íons Mg^{2+} e Cl^- permite que o fluxo desses íons dissipe a maior parte do potencial de ação).

Diferentemente dos cloroplastos, o gradiente de H⁺ através da membrana mitocondrial interna é insuficiente para a produção de ATP, e as mitocôndrias precisam de um potencial de membrana que traga a força motriz de prótons ao mesmo nível que nos cloroplastos. O arranjo da ATP-sintase mitocondrial em linhas de dímeros ao longo das cristas (ver Figura 14-32) e próximos às bombas de prótons da cadeia respiratória pode ajudar o fluxo de prótons ao longo da superfície da membrana na direção da ATP-sintase, já que a disponibilidade de prótons é limitante para a produção de ATP. No cloroplasto, a ATP-sintase está distribuída aleatoriamente nas membranas tilacoides.

dox do que necessitavam para manter o seu pH interno. Tais células provavelmente teriam gerado grandes gradientes eletroquímicos de prótons, que elas, então, poderiam usar para produzir ATP. Os prótons poderiam vazar de volta para a célula através de bombas de H⁺ dirigidas por ATP, fazendo-as funcionar ao inverso, essencialmente, para que sintetizem ATP (estágio 3 na Figura 14-55). Como tais células necessitariam muito menos do suprimento decadente de nutrientes fermentáveis, elas teriam proliferado à custa de suas vizinhas.

Ao proporcionar uma fonte inesgotável de força redutora, as bactérias fotossintetizantes superaram um grande obstáculo na evolução

A depleção gradual de nutrientes do ambiente na Terra primitiva significou que os organismos tiveram que encontrar alguma fonte alternativa de carbono para produzir os açúcares que servem como precursores para muitos componentes celulares. Apesar de o CO_2 da atmosfera proporcionar uma potencial fonte de carbono abundante, para convertê-lo em uma molécula orgânica, como um carboidrato, é necessário reduzir o CO_2 fixo com um forte doador de elétrons, como o NADPH, que pode gerar unidades de (CH_2O) a partir do CO_2 (ver Figura 14-41). Cedo na evolução celular, agentes redutores fortes (doadores de elétrons) foram considerados abundantes. Mas uma vez que uma ATP-sintase ancestral tenha começado a gerar a maioria do ATP, te-

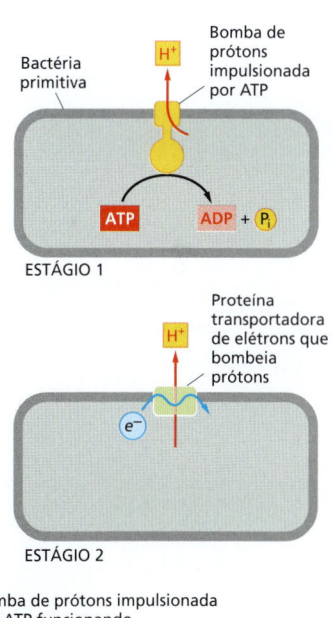

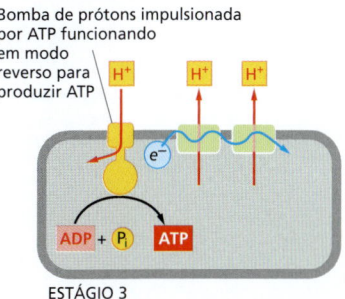

Figura 14-55 Como a síntese de ATP por quimiosmose pode ter evoluído em estágios. O primeiro estágio poderia ter envolvido a evolução de uma ATPase que bombeasse prótons para fora da célula usando a energia da hidrólise do ATP. O estágio 2 poderia ter envolvido a evolução de uma bomba de prótons diferente, direcionada por uma cadeia transportadora de elétrons. O estágio 3 poderia, então, ter ligado esses dois sistemas juntos para gerar uma ATP-sintase primitiva que usasse os prótons bombeados pela cadeia transportadora de elétrons para sintetizar ATP. Uma bactéria primitiva com este sistema final poderia ter tido uma vantagem seletiva sobre as bactérias com nenhum desses sistemas ou apenas um deles.

ria se tornado imperativo para as células desenvolverem uma nova maneira de gerar agentes redutores fortes.

Um grande avanço evolutivo no metabolismo energético ocorreu com o desenvolvimento dos centros de reação fotoquímica que puderam usar a energia da luz solar para produzir moléculas como o NADPH. Acredita-se que isso tenha ocorrido muito cedo no processo de evolução celular nos ancestrais das sulfobactérias verdes. As sulfobactérias verdes atuais utilizam a energia luminosa para transferir átomos de hidrogênio (na forma de um elétron mais um próton) do H_2S para o NADPH, produzindo, assim, a grande força redutora necessária à fixação de carbono. Como o potencial redox do H_2S é bem mais baixo do que o da H_2O (–230 mV para o H_2S comparado com +820 mV para a H_2O), um quantum de luz absorvida pelo fotossistema único nestas bactérias é suficiente para gerar NADPH via uma cadeia transportadora de elétrons fotossintetizante relativamente simples.

As cadeias transportadoras de elétrons fotossintetizantes das cianobactérias produziram o oxigênio atmosférico e permitiram novas formas de vida

A próxima etapa evolutiva, que supostamente ocorreu com o desenvolvimento das cianobactérias, talvez 3 bilhões de anos atrás, foi a evolução de organismos capazes de usar a água como fonte de elétrons para a redução do CO_2. Isso ocasionou a evolução de uma enzima capaz de quebrar a molécula da água e também exigiu a adição de um segundo fotossistema, atuando em série com o primeiro, para cobrir a grande lacuna do potencial redox entre H_2O e NADPH. As consequências biológicas dessa etapa evolutiva tiveram grande alcance. Pela primeira vez, haveria organismos que poderiam sobreviver de água, CO_2 e luz solar (mais alguns poucos elementos-traço). Essas células teriam sido capazes de se espalhar e evoluir de maneiras não permitidas às bactérias fotossintetizantes anteriores, que precisavam de H_2S ou ácidos orgânicos como fontes de elétrons. Como resultado, grandes quantidades de materiais orgânicos reduzidos e biologicamente sintetizados se acumularam, e o oxigênio entrou na atmosfera pela primeira vez.

O oxigênio é altamente tóxico porque a oxidação de moléculas biológicas altera sua estrutura e suas propriedades de maneira indiscriminada e irreversível. Muitas das bactérias anaeróbicas, por exemplo, são rapidamente mortas quando expostas ao ar. Portanto, os organismos da Terra primitiva tiveram de desenvolver medidas de proteção contra os crescentes níveis de O_2 do ambiente. Os organismos evolutivamente recentes, como nós mesmos, dispõem de numerosos mecanismos desintoxicantes que protegem as nossas células dos efeitos nocivos do oxigênio. Mesmo assim, postula-se que um acúmulo de dano oxidativo às nossas macromoléculas contribua para o envelhecimento humano, como discutiremos na próxima seção.

O aumento do O_2 atmosférico foi muito lento no início e permitiu uma evolução gradual dos mecanismos de proteção. Por exemplo, os mares primordiais continham grandes quantidades de ferro no seu estado ferroso reduzido (Fe^{2+}), e quase todo o O_2 produzido pelas bactérias fotossintetizantes primordiais seria usado na oxidação do Fe^{2+} ao estado férrico Fe^{3+}. Essa conversão causou a precipitação de grandes quantidades de óxidos estáveis, e as extensas formações de bandas de ferro nas rochas sedimentares, começando cerca de 2,7 bilhões de anos atrás, ajudam a datar a disseminação das cianobactérias. Há cerca de 2 bilhões de anos, o suprimento de Fe^{2+} se esgotou, e a deposição de precipitados adicionais de ferro cessou. A evidência geológica revela como os níveis de O_2 mudaram ao longo de bilhões de anos, aproximando-se aos níveis atuais somente há cerca de 0,5 bilhão de anos (**Figura 14-56**).

A disponibilidade de O_2 possibilitou a ascensão de bactérias que desenvolveram um metabolismo aeróbico para produzir seu ATP. Esses organismos poderiam aproveitar a grande quantidade de energia liberada pela degradação completa de carboidratos e outras moléculas orgânicas a CO_2 e H_2O, como explicado quando discutimos as mitocôndrias. Componentes dos complexos transportadores de elétrons preexistentes foram modificados para produzir uma citocromo oxidase, de forma que os elétrons ob-

CAPÍTULO 14   Conversão de energia: mitocôndrias e cloroplastos

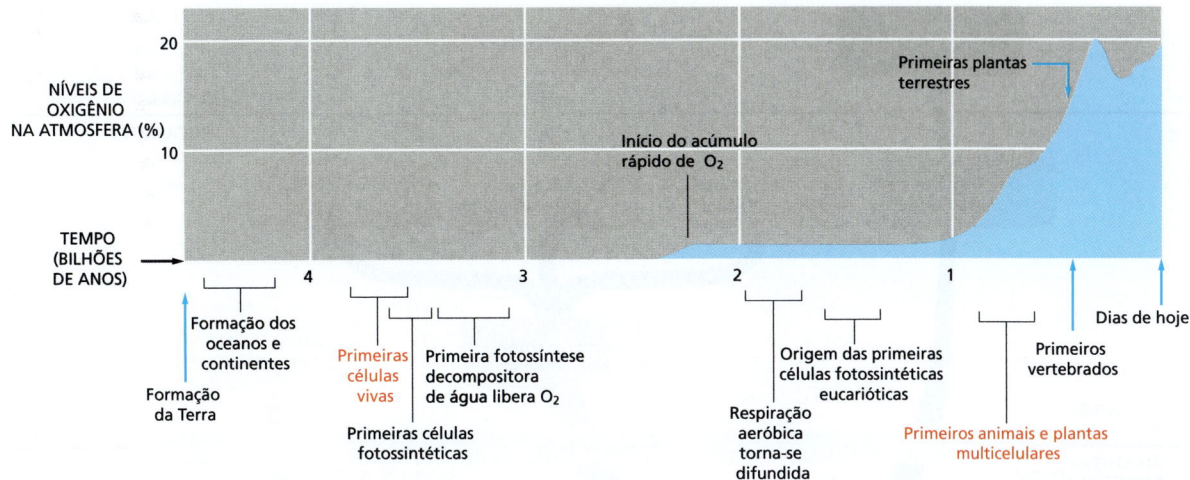

Figura 14-56 Principais eventos durante a evolução dos organismos vivos na Terra. Com a evolução do processo de fotossíntese com base em membranas, os organismos puderam produzir as suas próprias moléculas orgânicas a partir do gás CO_2. Acredita-se que o atraso de mais de 10^9 anos entre o aparecimento de bactérias que quebravam água e liberavam O_2 durante a fotossíntese e o acúmulo de altos níveis de O_2 na atmosfera seja devido à reação inicial do oxigênio com o abundante ferro no estado ferroso (Fe^{2+}) que estava dissolvido nos oceanos primitivos. Somente quando o ferro ferroso foi utilizado é que o oxigênio teria começado a acumular-se na atmosfera. Em resposta aos níveis crescentes de oxigênio, os organismos não fotossintetizantes consumidores de oxigênio evoluíram, e a concentração de oxigênio na atmosfera se equilibrou aos níveis atuais.

tidos de substratos orgânicos ou inorgânicos podiam ser transportados para o O_2 como aceptor final de elétrons. Algumas bactérias roxas fotossintetizantes atuais podem alternar entre fotossíntese e respiração, dependendo da disponibilidade de luz e de O_2, com apenas reorganizações relativamente pequenas de suas cadeias transportadoras de elétrons.

Na **Figura 14-57**, relacionamos essas vias evolutivas postuladas para diferentes tipos de bactérias. Por necessidade, a evolução é sempre conservadora, tomando elementos do que é antigo e construindo, a partir deles, alguma coisa nova. Assim, partes das cadeias transportadoras de elétrons, que foram derivadas para servir bactérias anaeróbicas 3 a 4 bilhões de anos atrás, sobrevivem, de forma alterada, nas mitocôndrias e nos cloroplastos dos eucariotos superiores dos dias de hoje. Um bom exemplo é a semelhança geral na estrutura e na função da citocromo *c* redutase que bombeia H^+ no segmento central da cadeia respiratória mitocondrial e o complexo análogo citocromo *b-f* nas cadeias de transporte de elétrons tanto em bactérias quanto em cloroplastos, revelando a sua origem evolutiva comum (**Figura 14-58**).

Resumo

Os cloroplastos e as bactérias fotossintetizantes possuem a habilidade única de utilizar a energia da luz solar para produzir compostos ricos em energia. Isso é alcançado pelos fotossistemas, nos quais moléculas de clorofila ligadas a proteínas são excitadas quando atingidas por um fóton. Os fotossistemas são compostos de um complexo antena, que coleta a energia solar, e um centro de reação fotoquímica, no qual a energia coletada é canalizada a uma molécula de clorofila mantida em uma posição especial, permitindo que ela retire elétrons de um doador de elétrons. Os cloroplastos e as cianobactérias possuem dois fotossistemas diferentes. Os dois fotossistemas estão normalmente ligados em série em um esquema Z, e eles transferem elétrons da água para o $NADP^+$ para formar NADPH, gerando um potencial eletroquímico transmembrana. Um dos dois fotossistemas – o fotossistema II – pode quebrar a água pela remoção de elétrons deste composto ubíquo de baixa energia. Todo o oxigênio molecular (O_2) na nossa atmosfera é um subproduto da reação de quebra da água nesse fotossistema. As estruturas tridimensionais dos fotossistemas I e II são impressionantemente semelhantes aos fotossistemas das bactérias roxas fotossintetizantes, demonstrando um grau notável de conservação por bilhões de anos de evolução.

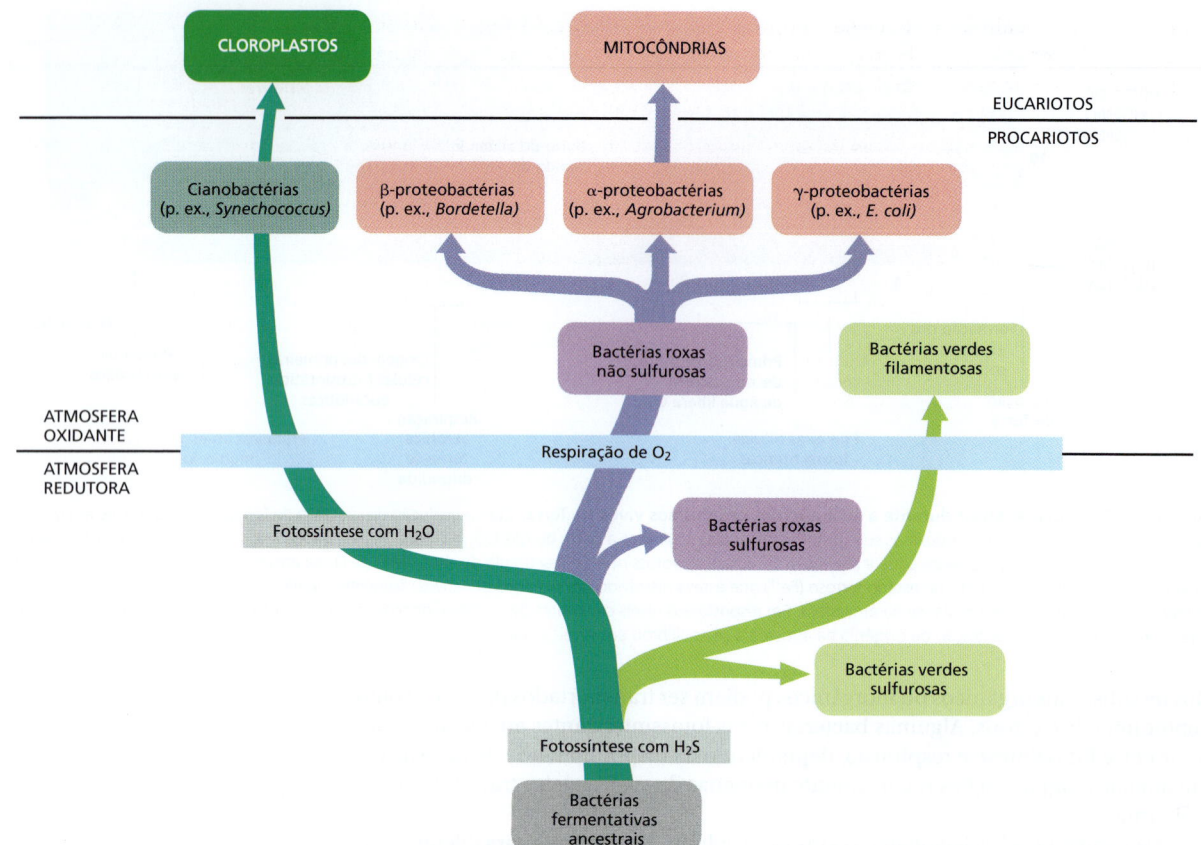

Figura 14-57 Esquema evolutivo mostrando as origens postuladas para as mitocôndrias e os cloroplastos e os seus ancestrais bacterianos. Acredita-se que o consumo de oxigênio pela respiração tenha inicialmente se desenvolvido há cerca de 2 bilhões de anos. Análises de sequências de nucleotídeos sugerem que uma cianobactéria endossimbiótica com complexo de evolução de oxigênio (*ciano*) tenha originado os cloroplastos (*verde-escuro*), enquanto as mitocôndrias originaram-se de uma α-proteobactéria. Os parentes mais próximos das mitocôndrias (*rosa*) são os membros de três grupos intimamente relacionados de α-proteobactérias – rizobactérias, agrobactérias e riquétsias – conhecidas por formar associações íntimas com células eucarióticas atuais. As proteobactérias estão em *rosa*, as bactérias roxas fotossintetizantes estão em *roxo*, e as outras bactérias fotossintetizantes estão em *verde-claro*.

Os dois fotossistemas e o complexo citocromo b_6-f residem na membrana tilacoide, um sistema de membranas separado, no compartimento central do estroma do cloroplasto, que é diferenciado em tilacoides grana empilhados e estromas não empilhados. Os processos de transporte de elétrons na membrana tilacoide provocam a liberação dos prótons dentro do espaço tilacoide. O fluxo retrógrado de prótons através da ATP-sintase de cloroplasto gera, então, ATP. Esse ATP é utilizado em conjunto com o NADPH, produzido pelos fotossistemas, para direcionar um grande número de reações biossintéticas no estroma do cloroplasto, incluindo o ciclo de fixação do carbono, que gera grandes quantidades de carboidratos a partir de CO_2.

No início da evolução da vida, as cianobactérias superaram um grande obstáculo, criando uma forma de utilizar a luz solar para quebrar a água e fixar o dióxido de carbono. As cianobactérias produziram tanto nutrientes orgânicos como oxigênio molecular abundantes, permitindo o crescimento de uma multidão de formas de vida aeróbicas. Os cloroplastos das plantas evoluíram de uma cianobactéria que foi endocitada muito tempo atrás por um organismo hospedeiro eucariótico aeróbico.

SISTEMAS GENÉTICOS DE MITOCÔNDRIAS E CLOROPLASTOS

Como discutimos no Capítulo 1, acredita-se que as mitocôndrias e os cloroplastos tenham evoluído a partir de bactérias endossimbióticas (ver Figuras 1-29 e 1-31). Ambos os tipos de organelas ainda contêm seus próprios genomas (**Figura 14-59**). Como discutiremos brevemente, eles também mantêm sua própria maquinaria biossintética para produzir RNA e proteínas de organelas.

Assim como as bactérias, as mitocôndrias e os cloroplastos proliferam pelo crescimento e pela divisão de uma organela preexistente. Nas células ativamente em divisão, cada tipo de organela deve dobrar em massa em cada geração celular e então ser distribuída para cada célula-filha. Além disso, as células que não sofrem divisão devem repor as organelas que são degradadas como parte de um processo contínuo de renovação de organelas, ou produzir organelas adicionais quando houver necessidade. O crescimento e a proliferação da organela são, portanto, cuidadosamente controlados. O processo é complicado, pois as proteínas das mitocôndrias e dos cloroplastos são codificadas em dois lugares: o genoma nuclear e o genoma separado, abrigado nas próprias organelas. A biogênese das mitocôndrias e dos cloroplastos requer, assim, contribuições de dois sistemas genéticos separados, que devem estar intimamente coordenados.

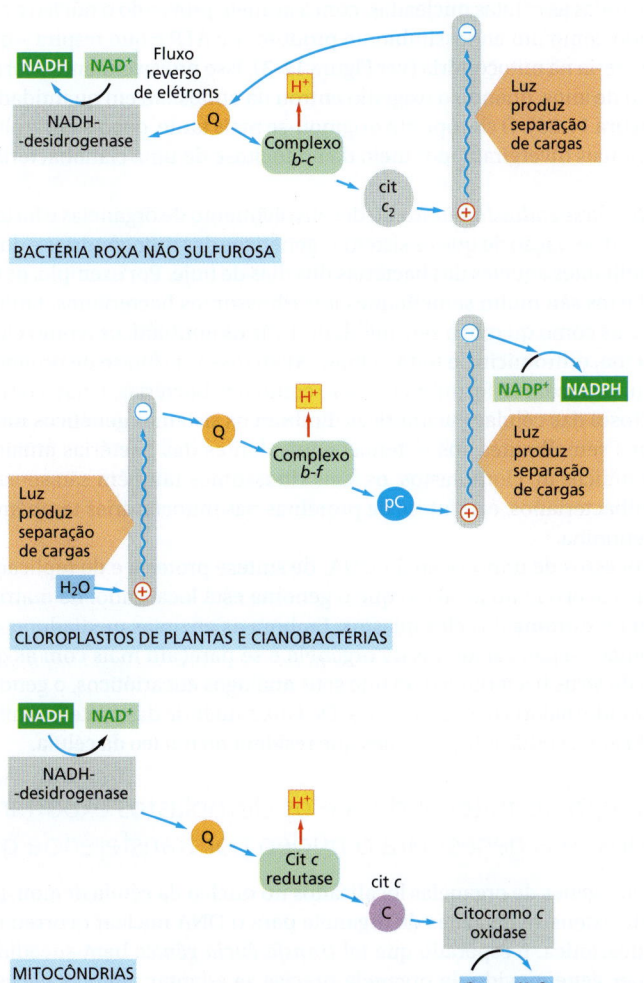

Figura 14-58 Comparação entre as três cadeias transportadoras de elétrons discutidas neste capítulo. As bactérias, os cloroplastos e as mitocôndrias contêm, todos, um complexo enzimático ligado à membrana que se parece com a citocromo c redutase das mitocôndrias. Todos esses complexos aceitam elétrons de uma quinona carreadora (Q) e bombeiam H^+ através das suas respectivas membranas. Além disso, em sistemas reconstituídos *in vitro*, os diferentes complexos podem substituir uns aos outros, e as estruturas de seus componentes proteicos revelam que eles são evolutivamente relacionados. Note que as bactérias roxas não sulfurosas usam um fluxo cíclico de elétrons para produzir um grande gradiente eletroquímico de prótons que direciona o *fluxo reverso de elétrons* através da NADH desidrogenase para produzir NADH a partir de $NAD^+ + H^+ + e^-$.

Muitas das proteínas das organelas são codificadas pelo DNA nuclear. A organela importa essas proteínas do citosol, depois que tenham sido sintetizadas pelos ribossomos citosólicos, através de proteínas translocases mitocondriais das membranas mitocondriais externas e internas – TOM (do inglês, *translocase of the outer membrane*) e TIM (do inglês, *translocase of the inner membrane*). No Capítulo 12, discutimos como isso acontece. Aqui, descrevemos os genomas e os sistemas genéticos das organelas e consideramos as consequências de genomas de organelas separados para a célula e o organismo como um todo.

Os sistemas genéticos de mitocôndrias e cloroplastos assemelham-se àqueles dos procariotos

Como discutido no Capítulo 12, acredita-se que as células eucarióticas tenham se originado de uma relação simbiótica entre uma arqueia e uma bactéria aeróbica (uma proteobactéria). Postula-se que os dois organismos tenham se fundido para formar o ancestral de todas as células nucleadas, com a arqueia provendo o núcleo e a proteobactéria servindo como um endossimbionte produtor de ATP e que respira – que, por fim, desenvolver-se-ia na mitocôndria (ver Figura 12-3). Isso provavelmente ocorreu há cerca de 1,6 bilhão de anos, quando o oxigênio entrou na atmosfera em quantidades substanciais (ver Figura 14-56). O cloroplasto originou-se mais tarde, depois que as linhagens de plantas e animais divergiram, por meio da endocitose de uma cianobactéria produtora de oxigênio.

Essa *hipótese endossimbiótica* do desenvolvimento de organelas é fortemente sustentada pela observação de que os sistemas genéticos das mitocôndrias e dos cloroplastos são semelhantes àqueles das bactérias dos dias de hoje. Por exemplo, os ribossomos dos cloroplastos são muito semelhantes aos ribossomos bacterianos, tanto quanto às suas estruturas como quanto à sensibilidade a vários antibióticos (como cloranfenicol, estreptomicina, eritromicina e tetraciclina). Além disso, a síntese de proteínas nos cloroplastos começa com *N*-formilmetionina, como nas bactérias, e não com metionina, como no citosol das células eucarióticas. Embora os sistemas genéticos mitocondriais sejam menos semelhantes aos sistemas equivalentes das bactérias atuais do que os sistemas genéticos de cloroplastos, os seus ribossomos também são sensíveis a antibióticos antibacterianos, e a síntese de proteínas nas mitocôndrias também inicia com *N*-formilmetionina.

Os processos de transcrição do DNA, de síntese proteica e de replicação do DNA das organelas ocorrem no local em que o genoma está localizado: na matriz das mitocôndrias ou no estroma dos cloroplastos. Embora as enzimas mediadoras desses processos genéticos sejam exclusivas da organela e se pareçam mais com as de bactérias (ou mesmo de vírus bacterianos) do que seus análogos eucarióticos, o genoma nuclear codifica a grande maioria dessas enzimas. De fato, a maioria das proteínas mitocondriais e de cloroplastos é codificada por genes que residem no núcleo da célula.

Com o tempo, as mitocôndrias e os cloroplastos exportaram a maioria dos seus genes para o núcleo por transferência gênica

A natureza dos genes de organelas localizados no núcleo da célula demonstra que uma transferência extensiva de genes da organela para o DNA nuclear ocorreu no curso da evolução eucariótica. É esperado que tal *transferência gênica* bem-sucedida seja rara, pois qualquer gene movido da organela precisa se adaptar tanto às necessidades da

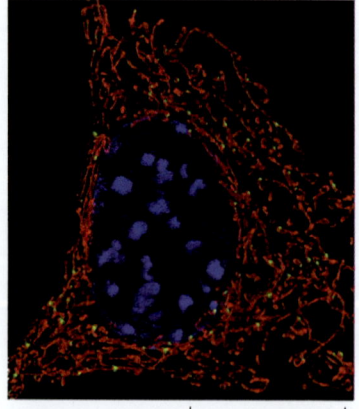

Figura 14-59 Coloração de DNA nuclear e mitocondrial. Nesta micrografia confocal de uma única célula de fibroblasto, o DNA nuclear está corado com um corante fluorescente (*azul*), enquanto o DNA mitocondrial é visualizado indiretamente utilizando-se um fator transcricional mitocondrial marcado (*verde*). A rede mitocondrial está corada com um marcador de matriz mitocondrial fluorescente (*vermelho*). A imagem foi adquirida com auxílio de microscopia de iluminação estruturada (SIM), que fornece cerca do dobro da resolução de um microscópio confocal. Numerosas cópias do genoma mitocondrial podem ser vistas distribuídas em nucleoides distintos pelas mitocôndrias que serpenteiam pelo citoplasma. (Cortesia de Uri Manor e J. Lippincott-Schwartz.)

transcrição nuclear como da tradução citoplasmática. Além disso, a proteína precisa adquirir uma sequência-sinal que a direcione para a organela correta depois de sua síntese no citosol. Pela comparação de genes nas mitocôndrias de diferentes organismos, podemos inferir que algumas das transferências gênicas para o núcleo ocorreram há relativamente pouco tempo. Os genomas mitocondriais menores e presumivelmente mais evoluídos, por exemplo, codificam apenas algumas proteínas hidrofóbicas da membrana interna da cadeia transportadora de elétrons, mais RNA ribossômicos (rRNAs) e RNAs transportadores (tRNAs). Outros genomas mitocondriais que permaneceram mais complexos tendem a conter este mesmo subconjunto de genes junto com outros (**Figura 14-60**). Os genomas mitocondriais mais complexos incluem genes que codificam os componentes do sistema genético mitocondrial, como subunidades de RNA polimerase e proteínas ribossômicas; esses mesmos genes são encontrados no núcleo celular de leveduras e de todas as células animais.

As proteínas que são codificadas pelos genes no DNA organelar são sintetizadas nos ribossomos dentro da organela, usando RNA mensageiro (mRNA) produzido na organela para especificar sua sequência de aminoácidos (**Figura 14-61**). O tráfego de proteínas entre o citosol e essas organelas parece ser unidirecional: proteínas normalmente não são exportadas das mitocôndrias ou dos cloroplastos para o citosol. Uma importante exceção ocorre quando uma célula está prestes a sofrer apoptose. Como será discutido em detalhes no Capítulo 18, durante a apoptose a mitocôndria libera proteínas (sobretudo citocromo *c*) do espaço da crista através da membrana mitocondrial externa, como parte de uma via de sinalização elaborada que é desencadeada para levar as células a sofrerem a morte celular programada.

A fissão e a fusão de mitocôndrias são processos topologicamente complexos

Nas células de mamíferos, o DNA mitocondrial contribui com menos de 1% do DNA celular total. Em outras células, no entanto, como as folhas das plantas superiores ou os óvulos extremamente grandes dos anfíbios, uma fração muito maior do DNA celular pode estar presente nas mitocôndrias ou nos cloroplastos (**Tabela 14-2**), e grande parte da síntese total de RNA e de proteínas ocorre nestas organelas.

As mitocôndrias e os cloroplastos são grandes o suficiente para serem vistos por microscopia óptica de células vivas. Por exemplo, as mitocôndrias podem ser visua-

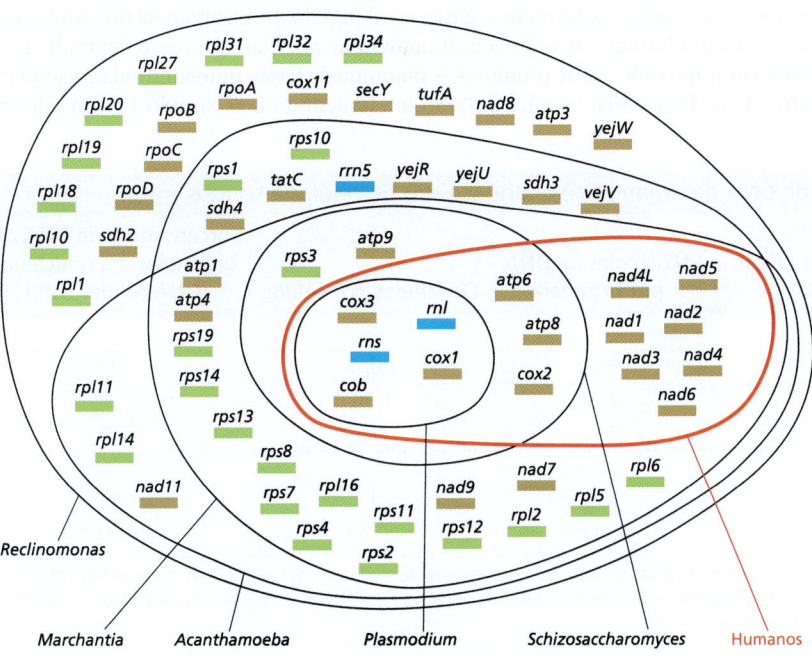

Figura 14-60 **Comparação entre genomas mitocondriais.** Genomas mitocondriais menos complexos codificam subconjuntos de proteínas e de RNAs ribossômicos que são codificados por genomas mitocondriais maiores. Nesta comparação, há somente cinco genes que são compartilhados pelos seis genomas mitocondriais; estes codificam RNAs ribossômicos (*rns* e *rnl*), citocromo *b* (*cob*) e duas subunidades citocromo oxidase (*cox1* e *cox3*). Azul indica RNAs ribossômicos; verde, proteínas ribossômicas; e marrom, componentes da cadeia respiratória e outras proteínas. (Adaptada de M.W. Gray, G. Burger e B.F. Lang, *Science* 283:1476–1481, 1999.)

Figura 14-61 Biogênese das proteínas da cadeia respiratória nas mitocôndrias humanas. A maioria dos componentes proteicos da cadeia respiratória mitocondrial é codificada por DNA nuclear, com somente um pequeno número codificado pelo DNA mitocondrial (mtDNA). A transcrição do mtDNA produz 13 mRNAs, todos os quais codificam subunidades do sistema de fosforilação oxidativa, e os 24 RNAs (22 RNAs mensageiros e 2 RNAs ribossômicos) necessários para a tradução desses mRNAs nos ribossomos mitocondriais (*marrom*).

Os mRNAs produzidos pela transcrição dos genes nucleares são traduzidos nos ribossomos citoplasmáticos (*verde*), que são diferentes dos ribossomos mitocondriais. As proteínas mitocondriais codificadas pelo núcleo (*verde-escuro*) são importadas para dentro das mitocôndrias através de duas proteínas translocases denominadas TOM e TIM, e constituem a vasta maioria das aproximadamente 1.000 espécies de proteínas diferentes presentes nas mitocôndrias de mamíferos. As proteínas mitocondriais codificadas pelo núcleo em humanos incluem a maioria das subunidades do sistema de fosforilação oxidativa, todas as proteínas necessárias para a expressão e manutenção do mtDNA, e todas as proteínas dos ribossomos mitocondriais.

As subunidades codificadas pelo mtDNA (*laranja*) se arranjam junto com as subunidades nucleares para formar um sistema de fosforilação oxidativa funcional. (Adaptada de N.G. Larsson, *Annu. Rev. Biochem.* 79:683–706, 2010.)

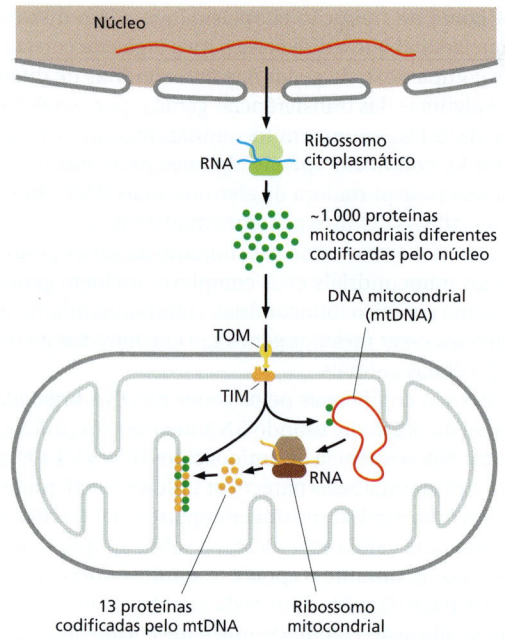

lizadas pela expressão celular de uma proteína mitocondrial ligada a uma proteína fluorescente (GFP) por fusão por engenharia genética, ou as células podem ser incubadas com um corante fluorescente que é especificamente captado pelas mitocôndrias por causa do seu potencial de membrana. Tais imagens demonstram que as mitocôndrias das células vivas são dinâmicas – muitas vezes se dividindo por fissão, se fundindo e mudando de forma (**Figura 14-62** e **Animação 14.12**). A fissão das mitocôndrias pode ser necessária para que pequenas partes da rede possam destacar-se e alcançar regiões remotas da célula – por exemplo, nos finos e extensos dendritos e axônio de um neurônio.

A fissão e a fusão das mitocôndrias são processos topologicamente complexos que devem garantir a integridade dos compartimentos mitocondriais separados definidos pelas membranas interna e externa. Esses processos controlam o número e a forma das mitocôndrias, que podem variar dramaticamente em tipos celulares diferentes, variando de múltiplas organelas de formato esférico ou alongado a uma organela única altamente ramificada com formato de rede denominada *retículo*. Cada processo depende de seu próprio conjunto especial de proteínas. A máquina de fissão mitocondrial funciona pelo arranjo de GTPases relacionadas à dinamina (discutido no Capítulo 13) em oligôme-

TABELA 14-2 Quantidades relativas de DNA de organelas em alguns tipos de células e tecidos

Organismo	Tipo tecidual ou celular	Moléculas de DNA por organela	Organelas por célula	Porcentagem de DNA das organelas em relação ao DNA celular total
DNA mitocondrial				
Camundongo	Fígado	5-10	1.000	1
Levedura*	Vegetativo	2-50	1-50	15
Rã	Óvulo	5-10	10^7	99
DNA de cloroplastos				
Chlamydomonas	Vegetativo	80	1	7
Milho	Folhas	0-300**	20-40	0-15**

*A grande variação no número e no tamanho das mitocôndrias por célula, em leveduras, deve-se à fusão e à fissão das mitocôndrias. **No milho, a quantidade de DNA de cloroplastos diminui acentuadamente nas folhas maduras, após o término das divisões celulares: o DNA dos cloroplastos é degradado, e moléculas estáveis de mRNA se mantêm para prover a síntese de proteínas.

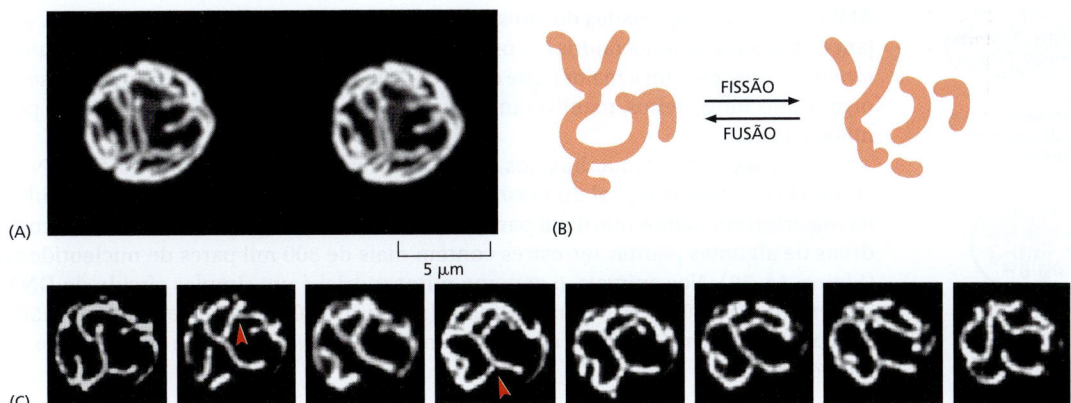

Figura 14-62 O retículo mitocondrial é dinâmico. (A) Nas células de levedura, as mitocôndrias formam um retículo contínuo no lado citoplasmático da membrana plasmática (par estéreo). (B) Um equilíbrio entre fissão e fusão determina o arranjo das mitocôndrias em diferentes células. (C) A microscopia de fluorescência em intervalos de tempo mostra o comportamento dinâmico da rede mitocondrial em uma célula de levedura. Além das variações na forma, a rede é constantemente remodelada por fissão e fusão (*setas vermelhas*). Estas imagens foram coletadas em intervalos de 3 minutos. (A e C, de J. Nunnari et al., *Mol. Biol. Cell* 8:1233–1242, 1997. Com permissão de American Society for Cell Biology.)

ros helicoidais que causam constrições locais nas mitocôndrias tubulares. A hidrólise do GTP gera, então, a força mecânica que corta as membranas mitocondriais interna e externa de uma só vez (**Figura 14-63**). A fusão mitocondrial requer duas maquinarias separadas, uma para a membrana externa e uma para a interna (**Figura 14-64**). Além da hidrólise do GTP para a geração de força, ambos os mecanismos também dependem da força motriz de prótons por motivos ainda desconhecidos.

As mitocôndrias animais possuem o mais simples sistema genético conhecido

Comparações das sequências de DNA em diferentes organismos revelam que nos vertebrados (incluindo nós mesmos) a taxa de mutação durante a evolução foi cerca de cem vezes maior no genoma mitocondrial do que no genoma nuclear. Tal diferença provavelmente se deve à menor fidelidade de replicação do DNA mitocondrial, reparo de DNA ineficiente, ou ambos, dado que os mecanismos que realizam esses processos na organela são relativamente simples comparados àqueles do núcleo. Como discutido no Capítulo 4, a taxa relativamente alta de evolução dos genes mitocondriais de animais torna as comparações das sequências de DNA mitocondrial especialmente úteis para estimar as datas de eventos evolutivos recentes, como as etapas da evolução dos primatas.

Existem 13 genes codificadores de proteínas no DNA mitocondrial humano (**Figura 14-65**). Eles codificam componentes hidrofóbicos dos complexos da cadeia respiratória e ATP-sintase. Ao contrário, cerca de mil proteínas mitocondriais são codificadas no núcleo, produzidas nos ribossomos citosólicos e importadas pela maquinaria de importação de proteínas nas membranas externa e interna (discutido no Capítulo 12). Foi sugerido que a produção citosólica de proteínas de membrana hidrofóbicas e sua importação para a organela poderiam representar um problema para a célula, e que esta seria a razão para seus genes terem permanecido na mitocôndria. Entretanto, algumas das proteínas mitocondriais mais hidrofóbicas, como a subunidade *c* do anel rotor da

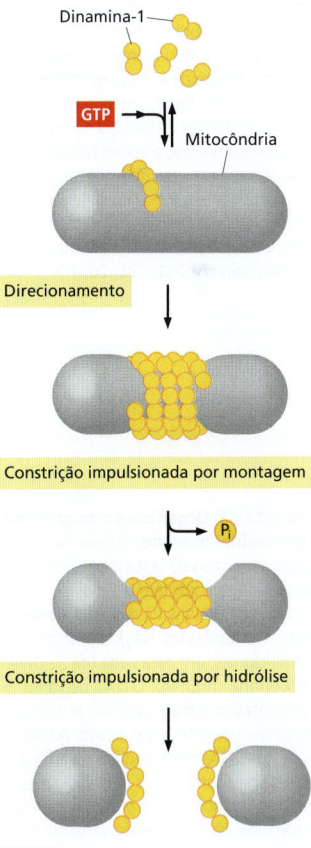

Figura 14-63 Um modelo de divisão mitocondrial. A dinamina-1 (*amarelo*) ocorre como dímeros no citosol, que formam grandes estruturas oligoméricas em um processo que demanda a hidrólise de GTP. Os arranjos de dinamina interagem com a membrana mitocondrial externa através de proteínas adaptadoras especiais, formando uma espiral de dinamina e GTP ao redor da mitocôndria, o que causa uma constrição. Acredita-se que um evento combinado de hidrólise de GTP nas subunidades de dinamina produza as mudanças conformacionais que resultam na fissão. (Adaptada de S. Hoppins, L. Lackner e J. Nunnari, *Annu. Rev. Biochem.* 76:751–780, 2007.)

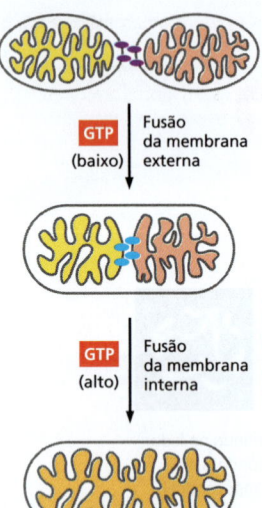

Figura 14-64 Um modelo de fusão mitocondrial. As fusões das membranas mitocondriais externa e interna são eventos sequenciais coordenados, e cada um deles requer um conjunto separado de fatores proteicos. A fusão da membrana externa é causada por uma GTPase de membrana externa (*roxo*), que forma um complexo oligomérico que inclui subunidades ancoradas nas duas membranas a serem fundidas. A fusão das membranas externas requer GTP e um gradiente de H$^+$ através da membrana interna. Para a fusão da membrana interna, uma proteína relacionada à dinamina forma um complexo de aprisionamento oligomérico (*azul*) que inclui subunidades ancoradas nas duas membranas internas a serem fundidas. A fusão das membranas internas requer GTP e o componente elétrico do potencial através da membrana interna. (Adaptada de S. Hoppins, L. Lackner e J. Nunnari, *Annu. Rev. Biochem.* 76:751–780, 2007.)

ATP-sintase, são importadas do citosol em algumas espécies (embora, em outras, sejam codificadas na mitocôndria). E os parasitas *Plasmodium falciparum* e *Leishmania tarentolae*, que passam a maior parte dos seus ciclos de vida dentro das células dos seus organismos hospedeiros, mantiveram somente duas ou três proteínas codificadas por mitocôndrias.

A variação dos tamanhos dos DNAs mitocondriais é semelhante à dos DNAs virais. O DNA mitocondrial do *Plasmodium falciparum* (parasita humano causador da malária) tem menos que 6 mil pares de nucleotídeos, enquanto os DNAs mitocondriais de algumas plantas terrestres contêm mais de 300 mil pares de nucleotídeos (**Figura 14-66**). Nos animais, o genoma mitocondrial é um simples círculo de DNA de cerca de 16.600 pares de nucleotídeos (menos que 0,001% do genoma nuclear), e é quase do mesmo tamanho em organismos tão diferentes como a *Drosophila* e os ouriços-do-mar.

As mitocôndrias fazem uso flexível dos códons e podem ter um código genético variante

O genoma mitocondrial humano possui muitas características surpreendentes que o distinguem do nuclear, do cloroplasto e dos genomas bacterianos:

1. *Empacotamento gênico denso.* Diferentemente de outros genomas, o genoma mitocondrial humano parece conter quase nenhum DNA não codificador: praticamente cada nucleotídeo é parte de uma sequência codificadora, seja para uma proteína ou para um dos rRNAs ou tRNAs. Como as sequências se dispõem diretamente umas após as outras, há pouco espaço disponível para sequências de DNA regulador.

2. *Uso flexível dos códons.* Enquanto 30 ou mais tRNAs especificam aminoácidos no citosol e nos cloroplastos, somente 22 tRNAs são necessários para a síntese mitocondrial das proteínas. As regras normais do pareamento códon-anticódon são mais flexíveis nas mitocôndrias, de forma que muitas moléculas de tRNA reconhecem qualquer um dos quatro nucleotídeos da terceira posição. Tal pareamento de "2 de 3" permite que um tRNA faça par com qualquer um de quatro códons e permite a síntese de proteínas com um número menor de moléculas de tRNA.

3. *Código genético variante.* Talvez mais surpreendentemente, comparações entre as sequências dos genes mitocondriais e as sequências de aminoácidos das proteínas correspondentes indiquem que o código genético é diferente: 4 dos 64 códons têm "significados" diferentes daqueles mesmos códons em outros genomas (**Tabela 14-3**).

A grande similaridade do código genético em todos os organismos proporciona forte evidência de que todos eles evoluíram a partir de um ancestral comum. Como, então, explicamos diferenças encontradas no código genético de muitas mitocôndrias? Uma pista vem do achado de que o código genético mitocondrial em diferentes organismos não é o mesmo. Na mitocôndria com o maior número de genes, na Figura 14-60,

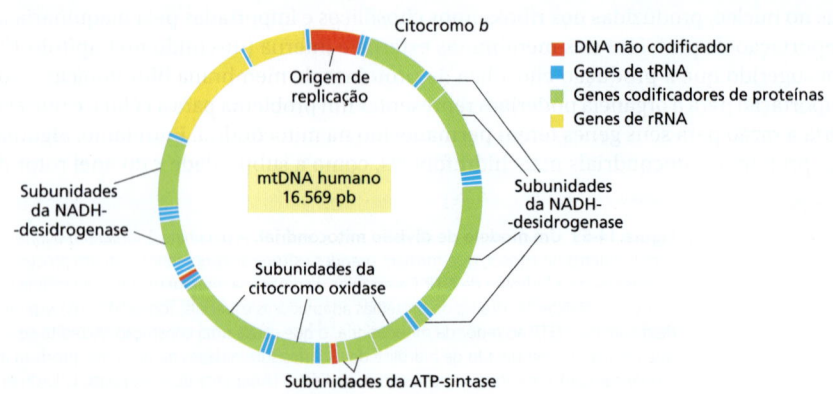

Figura 14-65 Organização do genoma mitocondrial humano. O genoma mitocondrial humano de cerca de 16.600 pares de nucleotídeos contêm 2 genes de rRNA, 22 genes de tRNA e 13 sequências codificadoras de proteínas. Há dois promotores transcricionais, um para cada fita de DNA mitocondrial (mtDNA). O DNA de vários outros genomas mitocondriais de animais foi completamente sequenciado. A maioria desses DNAs mitocondriais de animais codifica precisamente os mesmos genes que os humanos, com a ordem dos genes sendo idêntica nos animais, variando de peixes a mamíferos.

CAPÍTULO 14 Conversão de energia: mitocôndrias e cloroplastos

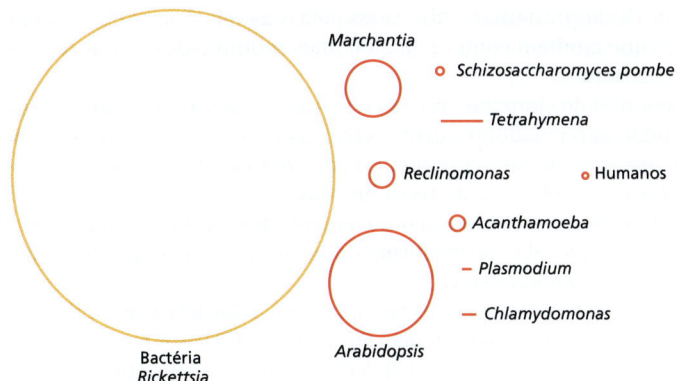

Figura 14-66 **Comparação de vários tamanhos de genomas mitocondriais com o genoma de ancestrais bacterianos.** As sequências completas de DNA para milhares de genomas mitocondriais foram determinadas. Os comprimentos de alguns desses DNAs mitocondriais estão mostrados em escala – em círculos para os genomas circulares e em linhas para os genomas lineares. O círculo maior representa o genoma de *Rickettsia prowazekii*, uma pequena bactéria patogênica cujo genoma mais se assemelha ao das mitocôndrias. O tamanho dos genomas mitocondriais não se correlaciona bem ao número de proteínas codificadas por eles: enquanto o DNA mitocondrial humano codifica 13 proteínas, o DNA mitocondrial de *Arabidopsis thaliana*, 22 vezes maior, codifica somente 32 proteínas – isto é, cerca de 2,5 vezes o DNA mitocondrial humano. O DNA extra que é encontrado em *Arabidopsis*, *Marchantia* e em mitocôndrias de outras plantas pode ser "DNA lixo" (do inglês, *junk* DNA) – ou seja, DNA não codificador e sem função aparente. O DNA mitocondrial do protozoário *Reclinomonas americana* tem 98 genes. (Adaptada de M.W. Gray, G. Burger e B.F. Lang, *Science* 283:1476–1481, 1999.)

correspondente ao protozoário *Reclinomonas*, o código genético não apresenta modificações em relação ao código genético padrão do núcleo celular. No entanto, UGA, um códon de terminação para a maioria dos genomas, é lido como triptofano nas mitocôndrias de mamíferos, fungos e invertebrados. De forma semelhante, o códon AGG em geral codifica arginina, mas codifica para *parada* nas mitocôndrias de mamíferos e codifica uma serina nas mitocôndrias de *Drosophila* (ver Tabela 14-3). Tal variação sugere que modificações aleatórias possam ocorrer no código genético das mitocôndrias. Possivelmente, o número extraordinariamente pequeno de proteínas codificadas pelo genoma mitocondrial permita que uma mudança ocasional no significado de um códon raro seja tolerável, enquanto tal mudança em um genoma maior alteraria a função de muitas proteínas e, como consequência, destruiria a célula.

De modo interessante, em muitas espécies, um ou dois tRNAs para a síntese de proteínas mitocondriais são codificados no núcleo. Alguns parasitas, por exemplo, tripanossomos, não mantiveram nenhum gene de tRNA no seu DNA mitocondrial. Ao contrário, os tRNAs necessários são todos produzidos no citosol, e acredita-se que sejam importados para dentro da mitocôndria por translocases de tRNA especiais que são distintas do sistema de importação de proteínas mitocondriais.

Cloroplastos e bactérias compartilham muitas semelhanças impressionantes

Os genomas dos cloroplastos das plantas terrestres variam em tamanhos que vão de 70 mil a 200 mil pares de nucleotídeos. Mais de 300 genomas de cloroplastos foram sequenciados até o presente momento. Muitos são surpreendentemente semelhantes, mesmo em plantas distantemente relacionadas (como tabaco e hepática), e até mesmo aqueles das algas verdes, que são de relação próxima (**Figura 14-67**). Os genes de cloroplastos estão envolvidos em três processos principais: transcrição, tradução e fotossíntese. Os genomas dos cloroplastos vegetais em geral codificam de 80 a 90 proteínas e cerca de 45 RNAs, incluindo 37 ou mais tRNAs. Como nas mitocôn-

TABELA 14-3 Algumas diferenças entre o código "universal" e os códigos genéticos mitocondriais*

Códon	Código "universal"	Códigos mitocondriais			
		Mamíferos	Invertebrados	Leveduras	Plantas
UGA	DE PARADA	*Trp*	*Trp*	*Trp*	DE PARADA
AUA	Ile	*Met*	*Met*	*Met*	Ile
CUA	Leu	Leu	Leu	*Thr*	Leu
AGA AGG	Arg	*DE PARADA*	*Ser*	Arg	Arg

*Vermelho itálico indica que o código difere do código "universal".

drias, a maioria das proteínas codificadas pela organela é parte de complexos proteicos maiores que também contêm uma ou mais subunidades codificadas no núcleo e importadas do citosol.

Os genomas de cloroplastos e bactérias apresentam semelhanças surpreendentes. As sequências reguladoras básicas, como as promotoras e terminadoras de transcrição, são quase idênticas. As sequências de aminoácidos das proteínas codificadas nos cloroplastos são claramente reconhecidas como bacterianas, e vários grupos de genes com funções relacionadas (como aqueles que codificam proteínas ribossômicas) estão organizados da mesma forma nos genomas de cloroplastos, da bactéria *Escherichia coli* e de cianobactérias.

Os mecanismos pelos quais os cloroplastos e as bactérias se dividem também são semelhantes. Ambos utilizam proteínas *FtsZ*, que são GTPases relacionadas a tubulinas e que se autoassociam (ver Capítulo 16). A FtsZ bacteriana é uma proteína solúvel que se agrega em um anel dinâmico de protofilamentos ligados à membrana abaixo da membrana plasmática no meio da célula em divisão. O anel de FtsZ age como uma plataforma de recrutamento de outras proteínas de divisão celular e gera a força contrátil que resulta na constrição da membrana e, por fim, na divisão celular. Presumivelmente, os cloroplastos se dividem do mesmo modo. Embora ambos utilizem GTPases que interagem com a membrana, os mecanismos pelos quais as mitocôndrias e os cloroplastos se dividem são fundamentalmente diferentes. A maquinaria para a divisão do cloroplasto age a partir de dentro, como nas bactérias, enquanto a GTPase semelhante à dinamina divide a mitocôndria por fora (ver Figura 14-63). Os cloroplastos permaneceram mais perto das suas origens bacterianas do que as mitocôndrias, uma vez que os mecanismos eucarióticos de constrição da membrana e formação de vesículas foram adaptados para a fissão das mitocôndrias.

A edição de RNA e o processamento de RNA que prevalecem nos cloroplastos se devem totalmente a seus hospedeiros eucarióticos. Esse processamento de RNA inclui a geração dos terminais de transcrição 5′ e 3′ e a clivagem de transcritos policistrônicos. Além disso, um processo de edição de RNA converte resíduos C especificamente em U e pode mudar a especificidade do aminoácido pelo códon editado. Estes e outros processos baseados em RNA são catalisados por famílias de proteínas que não são encontradas em procariotos. Pode-se perguntar por que a expressão de tão poucos genes de cloroplastos precisa ser tão complexa. Uma explicação é que a expressão dos genes do cloroplasto e do núcleo devem ser estreitamente coordenadas. Genericamente, o conceito bacteriano de um óperon como um conjunto de genes corregulador em uma única unidade de transcrição foi amplamente abandonado para os cloroplastos. Os transcritos

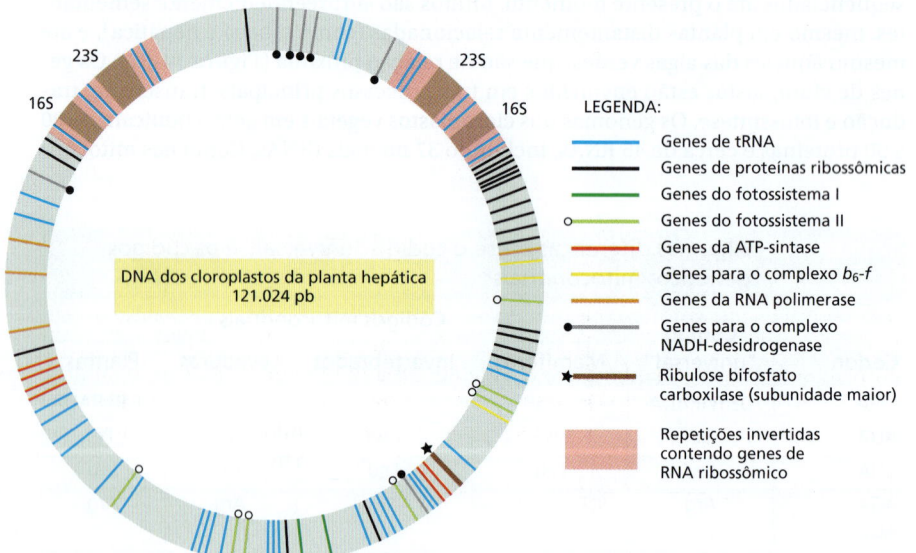

Figura 14-67 Organização do genoma dos cloroplastos da planta hepática. A organização do genoma do cloroplasto é semelhante em todos os vegetais superiores, embora o tamanho varie de espécie para espécie – dependendo de quanto DNA circundante dos genes codificadores dos RNAs ribossômicos 16S e 23S do cloroplasto esteja presente em duas cópias.

policistrônicos são clivados em fragmentos menores, que então requerem *splicing* ou edição do RNA para se tornarem funcionais.

Os genes das organelas são herdados por herança materna em animais e plantas

Em *Saccharomyces cerevisiae* (fermento [levedura] de pão), quando duas células haploides se unem, elas são iguais em tamanho e contribuem com quantidades iguais de DNA mitocondrial para o zigoto diploide. A herança mitocondrial nas leveduras é, assim, *biparental*: ambos os progenitores contribuem igualmente para o conjunto de genes mitocondriais. Entretanto, durante o curso do crescimento assexuado e vegetativo subsequente, as mitocôndrias começam a ser distribuídas mais ou menos aleatoriamente para as células-filhas. Depois de algumas gerações, as mitocôndrias de uma dada célula contêm apenas o DNA de uma ou de outra célula parental, pois somente uma pequena amostra de DNA mitocondrial passa da célula-mãe para o broto da célula-filha. Esse processo é conhecido como *segregação mitótica* e origina uma forma distinta de herança que é chamada de não mendeliana, ou *herança citoplasmática*, ao contrário da herança mendeliana dos genes nucleares.

A herança das mitocôndrias nos animais e nas plantas é bastante diferente. Nesses organismos, o óvulo contribui com muito mais citoplasma para o zigoto do que o gameta masculino (espermatozoide nos animais e pólen nos vegetais). Por exemplo, um ovócito humano típico contém cerca de 100 mil cópias de DNA mitocondrial materno, enquanto o espermatozoide contém apenas algumas. Além disso, um processo ativo garante que as mitocôndrias do espermatozoide não entrem em competição com as do óvulo. Com a maturação dos espermatozoides, o DNA é degradado nas suas mitocôndrias. As mitocôndrias dos espermatozoides também são especificamente reconhecidas e, então, eliminadas do óvulo fertilizado por autofagia de maneira quase igual à que as mitocôndrias danificadas são removidas (por ubiquitinação seguida pela entrega aos lisossomos como discutido no Capítulo 13). Por causa desses dois processos, a herança mitocondrial tanto em animais como em plantas é *uniparental*. Mais precisamente, o DNA mitocondrial passa de uma geração para a próxima por **herança materna**.

Em cerca de dois terços das plantas superiores, os precursores de cloroplastos do progenitor macho (contidos nos grãos de pólen) são incapazes de entrar no zigoto, de modo que o DNA dos cloroplastos, como o das mitocôndrias, é herdado maternalmente. Em outras plantas, os precursores dos cloroplastos dos grãos de pólen entram no zigoto, tornando a herança do cloroplasto biparental. Nessas plantas, os cloroplastos defeituosos são uma causa de variegação: uma mistura de cloroplastos normais e defeituosos em um zigoto pode ser selecionada pela segregação mitótica, durante o crescimento e o desenvolvimento vegetal, produzindo como consequência um padrão de manchas verdes e brancas alternadas nas folhas. As células da folha nas regiões verdes contêm cloroplastos normais, enquanto aquelas nas regiões brancas contêm cloroplastos defeituosos (**Figura 14-68**).

Mutações no DNA mitocondrial podem causar doenças hereditárias graves

Em humanos, como explicamos, todo o DNA mitocondrial de um óvulo fertilizado é herdado da mãe. Algumas mães carregam uma população mista tanto de genomas mitocondriais mutantes quanto normais. Os seus filhos e suas filhas herdarão essa mistura de DNAs mitocondriais mutantes e normais e serão saudáveis, a menos que o processo de segregação mitótica resulte em uma predominância de mitocôndrias defeituosas em um tecido em especial. Os sistemas muscular e nervoso estão em maior risco. Como elas precisam de particularmente grandes quantidades de ATP, as células musculares e nervosas são particularmente dependentes do funcionamento completo das mitocôndrias.

Numerosas doenças humanas são causadas por mutações no DNA mitocondrial. Tais doenças são reconhecidas pela sua transmissão de mães afetadas tanto para as

Figura 14-68 Uma folha variegada. Nas manchas brancas, as células da planta herdaram cloroplastos defeituosos. (Cortesia de John Innes Foundation.)

suas filhas quanto para os seus filhos, com as filhas, mas não os filhos, gerando crianças com a mesma doença. Como esperado pela natureza aleatória da segregação mitótica, os sintomas dessas doenças variam muito entre diferentes membros da família – incluindo não somente a gravidade e a idade da manifestação, mas também o tipo de tecido afetado. Também há doenças mitocondriais que são causadas por mutações em proteínas mitocondriais codificadas no núcleo; essas doenças são herdadas da forma mendeliana regular.

O acúmulo de mutações no DNA mitocondrial é um contribuinte para o envelhecimento

As mitocôndrias são maravilhas de eficiência na conversão de energia, e elas suprem as células do nosso corpo com fonte de energia prontamente disponível na forma de ATP. Porém, em animais altamente desenvolvidos e de vida longa, como nós, as células do corpo envelhecem e, por fim, morrem. Um fator nesse processo inevitável é o acúmulo de deleções e mutações pontuais no DNA mitocondrial. Danos oxidativos à célula causados pelas *espécies reativas de oxigênio* (*ROS*, do inglês, *reactive oxigen species*) como H_2O_2, superóxido ou radicais hidroxila, também aumentam com a idade. A cadeia respiratória mitocondrial é a principal fonte de ROS nas células animais, e os animais nos quais a superóxido dismutase – a principal limpadora de ROS – foi suprimida morrem prematuramente.

Os sistemas de replicação e reparo de DNA menos complexos nas mitocôndrias significam que acidentes são corrigidos com menos eficiência. Isso resulta em uma ocorrência de deleções e mutações pontuais cem vezes mais alta do que no DNA nuclear. A modelagem matemática sugere que a maioria dessas mutações e lesões sejam adquiridas na infância ou início da vida adulta, e então se proliferam por *expansão clonal* posteriormente na vida. Devido à segregação mitótica, algumas células acumularão níveis mais altos de DNA mitocondrial defeituoso do que outras. Acima de um limiar, deficiências graves na função da cadeia respiratória se desenvolverão, produzindo células que são *senescentes*. Em muitos órgãos do corpo humano, as células senescentes com altos níveis de dano no DNA mitocondrial estão misturadas com as células normais, resultando em um mosaico de células com e sem deficiência na cadeia respiratória.

O papel principal da fusão mitocondrial na fisiologia celular é, provavelmente, garantir uma distribuição parelha de DNA mitocondrial por todo o retículo mitocondrial e prevenir o acúmulo de DNA danificado em uma parte da rede. Quando a maquinaria de fusão está defeituosa, o DNA de um subconjunto de mitocôndrias na célula é perdido. A perda de DNA mitocondrial leva a uma perda da função da cadeia respiratória e pode causar doença.

Todas as considerações recém-discutidas sugeriram, para alguns cientistas, que as alterações em nossas mitocôndrias sejam grandes contribuintes do envelhecimento humano. Entretanto, há muitos outros processos que tendem a dar errado à medida que as células e tecidos envelhecem, como se pode esperar, dada a incrível complexidade da biologia celular humana. Apesar de intensa pesquisa, a questão permanece sem resolução.

Por que as mitocôndrias e os cloroplastos mantêm um sistema separado dispendioso para a transcrição e tradução do DNA?

Por que as mitocôndrias e os cloroplastos necessitam de sistemas genéticos próprios e separados, enquanto outras organelas que dividem o mesmo citoplasma, como peroxissomos e lisossomos, não? A questão não é simples, pois a manutenção de um sistema genético separado é dispendiosa: mais de 90 proteínas – incluindo muitas proteínas ribossômicas, aminoacil-tRNA sintetases, DNA-polimerase, RNA-polimerase e enzimas de processamento e de modificação de RNA – devem ser codificadas por genes nucleares especificamente para tal propósito. Além disso, como vimos, o sistema genético mitocondrial ocasiona o risco de envelhecimento e doença.

Uma possível razão para a manutenção desse arranjo custoso e potencialmente perigoso é a natureza altamente hidrofóbica das proteínas não ribossômicas codificadas pelos genes das organelas. Isso pode deixar sua produção no citoplasma e importação simplesmente difícil demais e com consumo de energia excessivo. Também é possível que a evolução (e eventual eliminação) de sistemas genéticos organelares ainda esteja em andamento, mas, até o momento, não há alternativa para a célula a não ser manter sistemas genéticos separados para seus genes nucleares, mitocondriais e de cloroplastos.

Resumo

As mitocôndrias são organelas que permitem que os eucariotos realizem a fosforilação oxidativa, enquanto os cloroplastos são organelas que permitem que os vegetais realizem a fotossíntese. Presumivelmente como resultado de suas origens procarióticas, cada organela se mantém e se reproduz por um processo altamente coordenado que requer a contribuição de dois sistemas genéticos separados – um na organela e outro no núcleo. A grande maioria das proteínas nessas organelas é codificada pelo DNA nuclear, sintetizada no citosol e, então, individualmente importada para as organelas. Outras proteínas da organela, assim como os RNAs ribossômico e transportadores das organelas, são codificados pelo DNA da organela; estes são sintetizados na própria organela.

Os ribossomos dos cloroplastos se parecem muito com os ribossomos bacterianos, ao passo que a origem dos ribossomos mitocondriais é mais difícil de traçar. Semelhanças proteicas extensas, entretanto, sugerem que ambas as organelas se originaram quando uma célula primitiva eucariótica entrou em uma relação endossimbiótica estável com uma bactéria. Embora alguns dos genes desta bactéria precedente ainda funcionem para produzir as proteínas e o RNA da organela, a maioria dos genes foi transferida para dentro do genoma nuclear, onde eles codificam enzimas semelhantes às de bactérias que são sintetizadas nos ribossomos citosólicos e, então, importadas para dentro da organela. Os processos de replicação e reparo do DNA mitocondrial são substancialmente menos efetivos do que os processos correspondentes no núcleo celular. Os danos, dessa forma, acumulam-se no genoma das mitocôndrias com o tempo; tais danos podem contribuir de maneira substancial para o envelhecimento das células e dos organismos, podendo causar doenças graves.

O QUE NÃO SABEMOS

- Que estruturas são necessárias para formar as barreiras que separam e mantêm domínios de membrana diferenciados em uma única membrana contínua – como para a crista e o limite interno da membrana nas mitocôndrias?

- Como uma célula eucariótica regula as diversas funções da mitocôndria, incluindo a produção de ATP?

- Quais são as origens e a história evolutiva dos complexos fotossintetizantes? Existem tipos de fotossíntese não descobertos na Terra para ajudar a responder esta questão?

- Por que a taxa de mutação é tão maior nas mitocôndrias do que no núcleo (e cloroplastos)? Essa alta taxa poderia ter sido útil para a célula?

- Que mecanismos e vias foram utilizados durante a evolução para transferir genes das mitocôndrias para o núcleo?

TESTE SEU CONHECIMENTO

Quais afirmativas estão corretas? Justifique.

14-1 Os três complexos enzimáticos respiratórios na membrana interna da mitocôndria tendem a se associar um com o outro de maneiras que facilitam a transferência correta de elétrons entre os complexos apropriados.

14-2 O número de subunidades *c* no anel rotor de ATP-sintase define quantos prótons precisam passar pela turbina para produzir cada molécula de ATP.

14-3 As mutações que são herdadas de acordo com as regras mendelianas afetam os genes nucleares; mutações cuja herança viola as regras mendelianas provavelmente afetam genes de organelas.

Discuta as questões a seguir.

14-4 Na década de 1860, Louis Pasteur observou que, quando adicionava O_2 a uma cultura de leveduras em crescimento anaeróbico com glicose, a velocidade de consumo de glicose diminuía drasticamente. Explique a base para esse resultado, que é conhecido como efeito Pasteur.

14-5 O músculo cardíaco consegue a maior parte do ATP necessário para dar força às suas contrações contínuas por meio da fosforilação oxidativa. Quando oxida glicose para CO_2, o músculo cardíaco consome O_2 a uma velocidade de 10 μmol/min por grama de tecido para repor o ATP usado na contração e ficar com uma concentração de ATP em estado basal de 5 μmol/g de tecido. Nessa velocidade, quantos segundos o coração levaria para consumir uma quantidade de ATP igual aos seus níveis do estado basal? (A oxidação completa de uma molécula de glicose para CO_2 gera 30 ATPs, 26 dos quais são derivados da fosforilação oxidativa usando os 12 pares de elétrons capturados nos carreadores de elétrons NADH e $FADH_2$.)

14-6 Tanto H^+ quanto Ca^{2+} são íons que se movem pelo citosol. Por que o movimento dos íons H^+ é tão mais rápido do que os íons Ca^{2+}? Como você supõe que a velocidade desses dois íons seja afetada pelo congelamento da solução? Você esperaria que eles se movessem mais rápido ou mais devagar? Explique a sua resposta.

14-7 Se mitocôndrias isoladas são incubadas com uma fonte de elétrons como o succinato, mas sem oxigênio, os elétrons entram na cadeia respiratória, reduzindo cada um dos carreadores de elétrons quase completamente. Quando o oxigênio é então introduzido, os carreadores tornam-se oxidados em diferentes velocidades (**Figura Q14-1**). Como esse resultado permite a você ordenar os carreadores de elétrons na cadeia respiratória? Qual é a sua ordem?

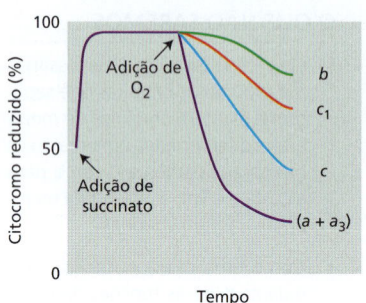

Figura Q14-1 Análise espectrofotométrica rápida das velocidades de oxidação dos carreadores de elétrons na cadeia respiratória. Os citocromos a e a_3 não podem ser distinguidos e por isso estão listados como citocromo $(a + a_3)$.

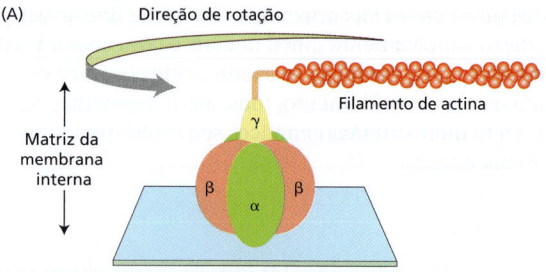

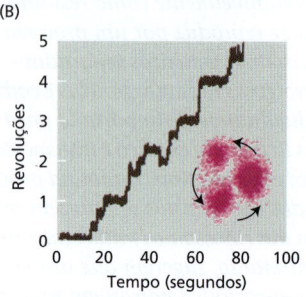

Figura Q14-2 Montagem experimental para observar a rotação da subunidade γ da ATP-sintase. (A) Complexo $\alpha_3\beta_3\gamma$ imobilizado. As subunidades β são ancoradas a um suporte sólido, e um filamento fluorescente de actina é ligado à subunidade γ. (B) Revolução em etapas do filamento de actina. O traço indicado é um exemplo típico de um experimento. A inserção mostra as posições no giro onde o filamento de actina pausa. (B, de R. Yasuda et al., *Cell* 93:1117–1124, 1998. Com permissão de Elsevier.)

14-8 Em geral, o fluxo de elétrons para O_2 está estritamente ligado à produção de ATP via gradiente eletroquímico. Se a ATP-sintase for inibida, por exemplo, os elétrons não fluem para a cadeia transportadora de elétrons e a respiração cessa. Desde os anos de 1940, diversas substâncias – como 2,4-dinitrofenol – são conhecidas por desacoplar o fluxo de elétrons da síntese de ATP. O dinitrofenol já foi prescrito como fármaco para auxiliar na perda de peso. Como um desacoplador da fosforilação oxidativa promove a perda de peso? Que explicação você daria para o dinitrofenol não ser mais prescrito?

14-9 Em mitocôndrias do fígado, respirando ativamente, o pH na matriz é cerca de meia unidade de pH mais alta do que no citosol. Assumindo que o citosol tem pH 7 e a matriz é uma esfera com um diâmetro de 1 μm ($V = [4/3]\pi r^3$), calcule o número total de prótons na matriz das mitocôndrias respirando no fígado. Se a matriz inicia com um pH 7 (igual ao do citosol), quantos prótons teriam que ser bombeados para fora para estabilizar a matriz em pH 7,5 (uma diferença de 0,5 unidade de pH)?

14-10 A ATP-sintase é o menor motor rotativo do mundo. A passagem de íons H^+ pela porção da ATP-sintase embebida na membrana (componente F_o) causa rotação da subunidade γ semelhante a um eixo central e única dentro do grupo cabeça. A cabeça tripartida é composta de três dímeros αβ, cuja subunidade β é responsável pela síntese de ATP. A rotação da subunidade γ induz mudanças conformacionais nos dímeros αβ que permitem que ADP e Pi sejam convertidos em ATP. Várias evidências indiretas sugeriram a catálise rotativa pela ATP-sintase, mas é preciso ver para crer.

Para demonstrar o movimento rotativo, uma forma modificada do complexo $\alpha_3\beta_3\gamma$ foi utilizada. As subunidades β foram modificadas para serem firmemente ancoradas a um suporte sólido, e a subunidade γ foi modificada (na terminação que em geral se insere no componente F_o na membrana interna) para poder-se anexar um filamento de actina com marcação fluorescente prontamente visível (**Figura Q14-2A**). Este arranjo permite que as rotações da subunidade γ sejam visualizadas como revoluções do longo filamento de actina. Nesses experimentos, a ATP-sintase foi estudada pelo reverso do seu mecanismo normal por permitir que ela hidrolisasse ATP. Em baixas concentrações de ATP, foi observado que o filamento de actina gira em passos de 120° e então pausa por períodos variados de tempo, como mostrado na **Figura Q14-2B**.

A. Por que cada filamento de actina gira em passos com pausas no meio? A que essa rotação corresponde em termos da estrutura do complexo $\alpha_3\beta_3\gamma$?

B. Em seu modo de operação normal dentro da célula, quantas moléculas de ATP você supõe que são sintetizadas para cada rotação completa de 360° da subunidade γ? Explique a sua resposta.

14-11 Quanta energia está disponível na luz visível? Quanta energia a luz solar emite sobre a Terra? Quão eficientes são as plantas na conversão de energia luminosa em energia química? As respostas para essas questões fornecem um importante cenário para o assunto de fotossíntese.

Cada quantum ou fóton de luz tem energia $h\nu$, onde h é a constante de Planck ($6,6 \times 10^{-37}$ kJ s/fóton) e ν é a frequência em s^{-1}. A frequência da luz é igual a c/λ, onde c é a velocidade da luz ($3,0 \times 10^{17}$ nm/s) e λ é o comprimento de onda em nm. Assim, a energia (E) do fóton é

$$E = h\nu = hc/\lambda$$

A. Calcule a energia de um mol de fótons (6×10^{23} fótons/mol) a 400 nm (luz violeta), a 680 nm (luz vermelha) e a 800 nm (infravermelho próximo).

B. A luz do sol atinge a Terra a uma velocidade de cerca de 1,3 kJ/s por metro quadrado. Assumindo, para propósito de cálculo, que a luz do sol consiste em luz monocromática com comprimento de onda de 680 nm, quantos segundos levaria para que 1 mol de fótons atingisse 1 metro quadrado?

C. Assumindo que fossem necessários oito fótons para fixar uma molécula de CO_2 como carboidrato sob condições ótimas (8 a 10 fótons é o valor aceito atualmente), calcule quanto tempo levaria para um tomateiro, com uma área de folhas de 1 metro quadrado, fazer 1 mol de glicose a partir de CO_2. Suponha que os fótons atingem as folhas na velocidade calculada acima e que todos os fótons são absorvidos e usados para fixar CO_2.

D. Se são usados 468 kJ/mol para fixar 1 mol de CO_2 em carboidrato, qual é a eficiência da conversão de energia luminosa em energia química após a captação dos fótons? Suponha novamente que oito fótons de luz vermelha (680 nm) são necessários para fixar uma molécula de CO_2.

14-12 Nos cloroplastos, os prótons são bombeados para fora do estroma através da membrana tilacoide, enquanto nas mitocôndrias eles são bombeados para fora da matriz através da membrana da crista. Explique como esse arranjo permite que os cloroplastos gerem um gradiente de prótons pela membrana tilacoide maior do que as mitocôndrias podem gerar através da membrana interna.

14-13 Examine a folha variegada mostrada na **Figura Q14-3**. Manchas amarelas circundadas por verde são normais, mas não existem manchas verdes circundadas por amarelo. Proponha uma explicação para tal fenômeno.

Figure Q14–3 Uma folha variegada de *Aucuba japonica* com manchas verdes e amarelas.

REFERÊNCIAS

Gerais
Cramer WA & Knaff DB (1990) Energy Transduction in Biological Membranes: A Textbook of Bioenergetics. New York: Springer-Verlag.
Mathews CK, van Holde KE & Ahern K-G (2012) Biochemistry, 4th ed. San Francisco: Benjamin Cummings.
Nicholls DG & Ferguson SJ (2013) Bioenergetics, 4th ed. New York: Academic Press.
Schatz G (2012) The fires of life. *Annu. Rev. of Biochem.* 81, 34–59.

Mitocôndria
Ernster L & Schatz G (1981) Mitochondria: a historical review. *J. Cell Biol.* 91, 227s–255s.
Friedman JR & Nunnari J (2014) Mitochondrial form and function. *Nature* 505, 335–43.
Mitchell P (1961) Coupling of phosphorylation to electron and hydrogen transfer by a chemi-osmotic type of mechanism. *Nature* 191, 144–148.
Pebay-Peyroula E & Brandolin G (2004) Nucleotide exchange in mitochondria: insight at a molecular level. *Curr. Opin. Struct. Biol.* 14, 420–425.
Scheffler IE (1999) Mitochondria. New York/Chichester: Wiley-Liss.

Bombas de prótons da cadeia transportadora de elétrons
Althoff T, Mills DJ, Popot J-L & Kühlbrandt W (2011) Arrangement of electron transport chain components in bovine mitochondrial supercomplex $I_1III_2IV_1$. *EMBO J.* 30, 4652–4664.
Baradaran R, Berrisford JM, Minhas GS & Sazanov LA (2013) Crystal structure of the entire respiratory complex I. *Nature* 494, 443–448.
Beinert H, Holm RH & Münck E (1997) Iron-sulfur clusters: nature's modular, multipurpose structures. *Science* 277, 653–659.
Berry EA, Guergova-Kuras M, Huang LS & Crofts AR (2000) Structure and function of cytochrome *bc* complexes. *Annu. Rev. Biochem.* 69, 1005–1075.
Brandt U (2006) Energy converting NADH:quinone oxidoreductase (complex I). *Annu. Rev. Biochem.* 75, 69–92.
Chance B & Williams GR (1955) A method for the localization of sites for oxidative phosphorylation. *Nature* 176, 250–254.
Cooley JW (2013) Protein conformational changes involved in the cytochrome bc_1 complex catalytic cycle *Biochim. Biophys. Acta.* 1827, 1340–45.
Gottschalk G (1997) Bacterial Metabolism, 2nd ed. New York: Springer.
Gray HB & Winkler JR (1996) Electron transfer in proteins. *Annu. Rev. Biochem.* 65, 537–561.
Hirst J (2013) Mitochondrial complex I. *Ann. Rev. Biochem.* 82, 551–75.
Hosler JP, Ferguson-Miller S & Mills DA (2006) Energy transduction: proton transfer through the respiratory complexes. *Annu. Rev. Biochem.* 75, 165–187.
Hunte C, Zickermann V & Brandt U (2010) Functional modules and structural basis of conformational coupling in mitochondrial complex I. *Science* 329, 448–451.
Keilin D (1966) The History of Cell Respiration and Cytochromes. Cambridge, UK: Cambridge University Press.
Rouault TA, Tracey A & Tong WH (2008) Iron–sulfur cluster biogenesis and human disease. *Trends Genet.* 24, 398–407.
Trumpower BL (2002) A concerted, alternating sites mechanism of ubiquinol oxidation by the dimeric cytochrome bc_1 complex. *Biochim. Biophys. Acta.* 1555, 166–173.
Tsukihara T, Aoyama H, Yamashita E et al. (1996) The whole structure of the 13-subunit oxidized cytochrome *c* oxidase at 2.8 Å. *Science* 272, 1136–1144.

Produção de ATP nas mitocôndrias
Abrahams JP, Leslie AG, Lutter R & Walker JE (1994) Structure at 2.8 Å resolution of F_1-ATPase from bovine heart mitochondria. *Nature* 370, 621–628.
Berg HC (2003) The rotary motor of bacterial flagella. *Annu. Rev. Biochem.* 72, 19–54.
Boyer PD (1997) The ATP synthase—a splendid molecular machine. *Annu. Rev. Biochem.* 66, 717–749.
Meier T, Polzer P, Diederichs K et al. (2005) Structure of the rotor ring of F-type Na^+-ATPase from *Ilyobacter tartaricus*. *Science* 308, 659–662.
Stock D, Gibbons C, Arechaga I et al. (2000) The rotary mechanism of ATP synthase. *Curr. Opin. Struct. Biol.* 10, 672–679.
von Ballmoos C, Wiedenmann A & Dimroth P (2009) Essentials for ATP synthesis by F_1F_0 ATP synthases. *Annu. Rev. Biochem.* 78, 649–672.

Cloroplastos e fotossíntese
Barber J (2013) Photosystem II: the water-splitting enzyme of photosynthesis. *Cold Spring Harbor Symp. Quant. Biol.* 77, 295–307.
Bassham JA (1962) The path of carbon in photosynthesis. *Sci. Am.* 206, 89–100.
Blankenship RE (2002) Molecular Mechanisms of Photosynthesis. Oxford, UK: Blackwell Scientific.
Blankenship RE & Bauer CE (eds) (1995) Anoxygenic Photosynthetic Bacteria. Dordrecht: Kluwer.

Deisenhofer J & Michel H (1989) Nobel lecture. The photosynthetic reaction centre from the purple bacterium *Rhodopseudomonas viridis*. *EMBO J.* 8, 2149–2170.

De Las Rivas J, Balsera M & Barber J (2004) Evolution of oxygenic photosynthesis: genome-wide analysis of the OEC extrinsic proteins. *Trends Plant Sci.* 9:18–25.

Hohmann-Marriott MF & Blankenship RE (2011) Evolution of photosynthesis. *Annu. Rev. Plant Biol.* 62, 515–548.

Jordan P, Fromme P, Witt HT et al. (2001) Three-dimensional structure of cyanobacterial photosystem I at 2.5 Å resolution. *Nature* 411, 909–917.

Kühlbrandt W, Wang DN & Fujiyoshi Y (1994) Atomic model of plant light-harvesting complex by electron crystallography. *Nature* 367, 614–621.

Lane N & Martin WF (2012) The origin of membrane bioenergetics. *Cell* 151, 1406–1416.

Lyons TW, Reinhard CT & Planavsky NJ (2014) The rise of oxygen in earth's early ocean and atmosphere. *Nature* 506, 307–15.

Nelson N & Ben-Shem A (2004) The complex architecture of oxygenic photosynthesis. *Nat. Rev. Mol. Cell Biol.* 5, 971–982.

Orgel LE (1998) The origin of life—a review of facts and speculations. *Trends Biochem. Sci.* 23, 491–495.

Tang K-H, Tang YJ & Blankenship RE (2011) Carbon metabolic pathways in phototrophic bacteria and their broader evolutionary implications. *Front. Microbiol.* 2, 165.

Umena Y, Kawakami K, Shen J-R & Kamiya N (2011) Crystal structure of oxygen-evolving photosystem II at a resolution of 1.9 Å. *Nature* 473, 55–60.

Vinyard DJ, Ananyev GM & Dismukes GC (2013) Photosystem II: the reaction center of oxygenic photosynthesis. *Annu. Rev. Biochem.* 82, 577–606.

Yano J, Kern J, Sauer K et al. (2006) Where water is oxidized to dioxygen: structure of the photosynthetic Mn4Ca cluster. *Science* 314, 821–25.

Yoon HS (2004) A molecular timeline for the origin of photosynthetic eukaryotes. *Mol. Biol. Evol.* 21, 809–18.

Sistemas genéticos de mitocôndrias e cloroplastos

Anderson S, Bankier AT, Barrell BG et al. (1981) Sequence and organization of the human mitochondrial genome. *Nature* 290, 457–465.

Bendich AJ (2004) Circular chloroplast chromosomes: the grand illusion. *Plant Cell* 16, 1661–1666.

Birky CW Jr (1995) Uniparental inheritance of mitochondrial and chloroplast genes: mechanisms and evolution. *Proc. Natl Acad. Sci. USA* 92, 11331–11338.

Bullerwell CE & Gray MW (2004) Evolution of the mitochondrial genome: protist connections to animals, fungi and plants. *Curr. Opin. Microbiol.* 7, 528–534.

Chen XJ & Butow RA (2005) The organization and inheritance of the mitochondrial genome. *Nat. Rev. Genet.* 6, 815–825.

Clayton DA (2000) Vertebrate mitochondrial DNA—a circle of surprises. *Exp. Cell Res.* 255, 4–9.

Daley DO & Whelan J (2005) Why genes persist in organelle genomes. *Genome Biol.* 6, 110.

de Duve C (2007) The origin of eukaryotes: a reappraisal. *Nat. Rev. Genet.* 8, 395–403.

Dyall SD, Brown MT & Johnson PJ (2004) Ancient invasions: from endosymbionts to organelles. *Science* 304, 253–257.

Falkenberg M, Larsson NG & Gustafsson CM (2007) DNA replication and transcription in mammalian mitochondria. *Annu. Rev. Biochem.* 76, 679–699.

Harel A, Bromberg Y, Falkowski PG & Bhattacharya D (2014) Evolutionary history of redox metal-binding domains across the tree of life. *Proc. Natl Acad. Sci. USA* 111, 7042–47.

Hoppins S, Lackner L & Nunnari J (2007) The machines that divide and fuse mitochondria. *Annu. Rev. Biochem.* 76, 751–780.

Larsson NG (2010) Somatic mitochondrial DNA mutations in mammalian aging. *Annu. Rev. Biochem.* 79, 683–706.

Ma H, Xu H & O'Farrell PH (2014) Transmission of mitochondrial mutations and action of purifying selection in *Drosophila melanogaster*. *Nat. Genet.* 46, 393–97.

Neupert W & Herrmann JM (2007) Translocation of proteins into mitochondria. *Annu. Rev. Biochem.* 76, 723–749.

Rawi A, Louvet-Vallee SS, Djeddi D et al. (2011) Postfertilization autophagy of sperm organelles prevents paternal mitochondrial DNA transmission. *Science* 334, 1144–47.

Taylor RW, Barron MJ, Borthwick GM et al. (2003) Mitochondrial DNA mutations in human colonic crypt stem cells. *J. Clin. Invest.* 112, 1351–60.

Wallace DC (1999) Mitochondrial diseases in man and mouse. *Science* 283, 1482–1488.

Williams TA, Foster PG, Cox CJ & Embley TM (2014) An archaeal origin of eukaryotes supports only two primary domains of life. *Nature* 504, 231–36.

CAPÍTULO 15

Sinalização celular

Quando o ambiente muda, as células respondem. Cada célula, desde a bactéria mais simples à célula eucariótica mais sofisticada, monitora seu meio interno e externo, processa a informação adquirida e responde de forma adequada. Os organismos unicelulares, por exemplo, alteram seu comportamento em resposta a alterações nos nutrientes ou a toxinas. As células dos organismos multicelulares detectam e respondem a incontáveis sinais intra e extracelulares que controlam seu crescimento, divisão e diferenciação durante o desenvolvimento, bem como seu comportamento em tecidos adultos. No centro de todos esses sistemas de comunicação, estão proteínas que produzem sinais químicos, que são enviados de um lugar a outro no corpo ou dentro de uma célula, sendo geralmente processados ao longo do trajeto e integrados com outros sinais para realizar uma comunicação clara e efetiva.

O estudo da sinalização celular está tradicionalmente focado nos mecanismos pelos quais as células eucarióticas se comunicam umas com as outras pelo uso de *moléculas de sinalização extracelular*, como hormônios e fatores de crescimento. Neste capítulo, descreveremos as características de alguns desses sistemas de comunicação célula-célula e os usaremos para ilustrar os princípios gerais pelos quais qualquer sistema regulador, fora ou dentro da célula, é capaz de gerar, processar e responder a sinais. Nosso foco principal são as células animais, mas encerraremos considerando as características especiais da sinalização nas plantas.

NESTE CAPÍTULO

PRINCÍPIOS DA SINALIZAÇÃO CELULAR

SINALIZAÇÃO POR MEIO DE RECEPTORES ACOPLADOS À PROTEÍNA G

SINALIZAÇÃO POR MEIO DE RECEPTORES ACOPLADOS A ENZIMAS

VIAS ALTERNATIVAS DE SINALIZAÇÃO NA REGULAÇÃO GÊNICA

SINALIZAÇÃO EM PLANTAS

PRINCÍPIOS DA SINALIZAÇÃO CELULAR

Muito tempo antes de os seres multicelulares circularem na Terra, os organismos unicelulares já haviam desenvolvido mecanismos para responder às mudanças físicas e químicas no seu ambiente. Estes certamente incluem mecanismos de resposta à presença de outras células. As evidências provêm de estudos dos organismos unicelulares atuais, como bactérias e leveduras. Apesar de essas células terem vidas quase totalmente independentes, elas podem se comunicar e influenciar seu comportamento de forma mútua. Muitas bactérias, por exemplo, respondem a sinais químicos que são secretados por suas vizinhas e se acumulam em densidade populacional mais alta. Esse processo, chamado de *percepção do número de células*, permite às bactérias coordenar seu comportamento, incluindo mobilidade, produção de antibióticos, formação de esporos e conjugação sexual. Similarmente, as células de leveduras se comunicam umas com as outras na preparação para o acasalamento. A levedura *Saccharomyces cerevisiae* constitui um exemplo bem documentado: quando um indivíduo haploide está pronto para acasalar, ele secreta um *fator de acasalamento* peptídico que sinaliza para as células do "sexo" oposto pararem de proliferar e se prepararem para o acasalamento. A fusão subsequente de duas células haploides de sexo oposto produz um zigoto diploide.

A comunicação intercelular alcançou um nível de complexidade surpreendente durante a evolução dos organismos multicelulares. Esses organismos são comunidades de células firmemente unidas nas quais o bem-estar das células individuais é frequentemente posto de lado em benefício do organismo como um todo. Os sistemas complexos de comunicação intercelular evoluíram para permitir a colaboração e a coordenação de diferentes tipos de células e tecidos. Os complexos arranjos de sistemas de sinalização controlam todas as características concebíveis da função das células e dos tecidos durante o desenvolvimento e no indivíduo adulto.

A comunicação entre as células em organismos multicelulares é mediada, principalmente, por **moléculas de sinalização extracelular**. Algumas delas atuam a longas distâncias, sinalizando para células distantes; outras sinalizam apenas para células vizinhas. A maioria das células em um organismo multicelular emite e recebe sinais. A

Figura 15-1 Via de sinalização intracelular simples, ativada por uma molécula de sinalização extracelular. A molécula de sinalização geralmente se liga a uma proteína receptora que está inserida na membrana plasmática da célula-alvo. O receptor ativa uma ou mais vias de sinalização intracelular, envolvendo uma série de proteínas de sinalização. No final, uma ou mais dessas proteínas alteram a atividade de proteínas efetoras, modificando, assim, o comportamento da célula.

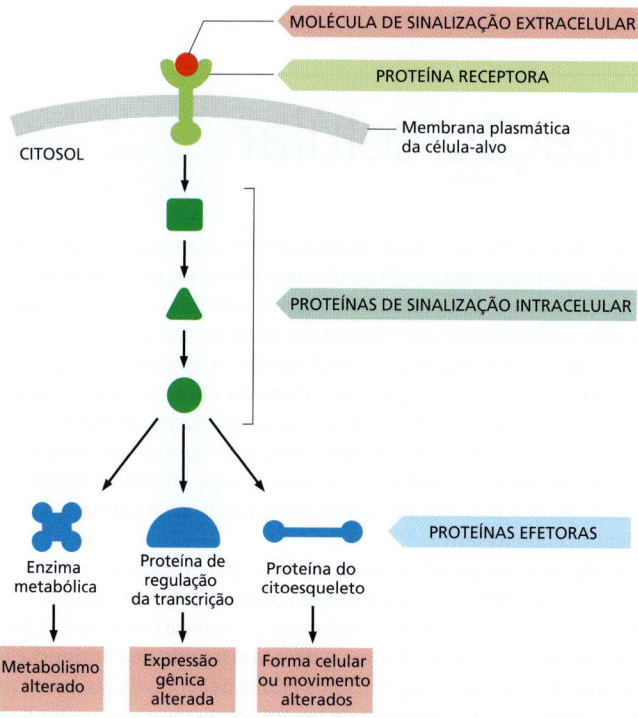

recepção dos sinais depende das *proteínas receptoras*, geralmente (mas nem sempre) localizadas na superfície celular, às quais as moléculas de sinalização se ligam. A ligação ativa o receptor, o qual, por sua vez, ativa uma ou mais *vias* ou *sistemas de sinalização intracelular*. Esses sistemas dependem de *proteínas sinalizadoras intracelulares*, que processam o sinal dentro da célula receptora e o distribuem para os alvos intracelulares apropriados. Os alvos localizados na porção final das vias de sinalização geralmente são denominados *proteínas efetoras,* as quais são, de alguma forma, alteradas pelo sinal recebido e implementam a alteração adequada no comportamento celular. Dependendo do sinal, do tipo e do estado da célula que o recebe, esses efetores podem ser reguladores de transcrição, canais iônicos, componentes de uma via metabólica ou partes do citoesqueleto (**Figura 15-1**).

As características fundamentais da sinalização celular foram conservadas ao longo da evolução dos eucariotos. Nas leveduras, por exemplo, a resposta ao fator de acasalamento depende de proteínas receptora na superfície celular, das proteínas intracelulares de ligação a GTP e das proteínas-cinase que estão relacionadas a proteínas com função similar nas células animais. Contudo, devido à duplicação e à divergência gênicas, os sistemas de sinalização das células animais tornaram-se muito mais elaborados do que os das leveduras; o genoma humano, por exemplo, contém mais de 1.500 genes que codificam proteínas receptoras, e o número de proteínas receptoras diferentes é ainda mais aumentado pelo *splicing* alternativo do RNA e por modificações pós-traducionais.

Os sinais extracelulares podem atuar em distâncias curtas ou longas

Muitas moléculas de sinalização extracelulares permanecem ligadas à superfície das células e influenciam somente as células que estabelecem contato (**Figura 15-2A**). Essa **sinalização dependente de contato** é importante, especialmente durante o desenvolvimento e na resposta imune. Durante o desenvolvimento, essa sinalização às vezes pode atuar em distâncias relativamente longas se as células que se comunicam estenderem longos prolongamentos finos para fazer contato umas com as outras.

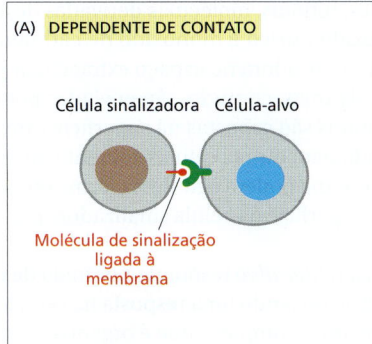
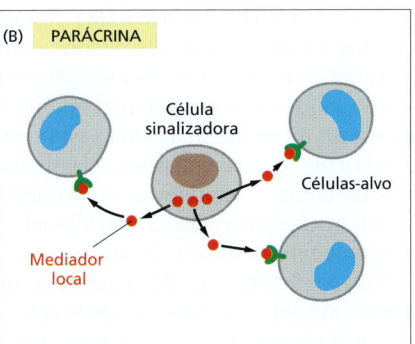
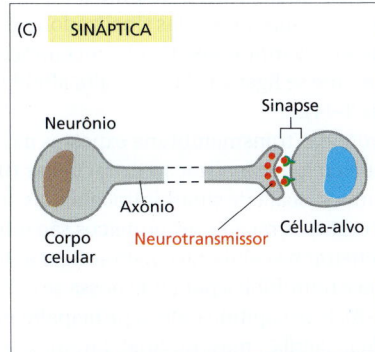
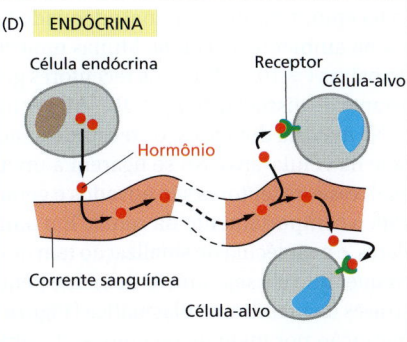

Figura 15-2 Quatro formas de sinalização intercelular. (A) A sinalização dependente de contato requer que as células estejam em contato direto membrana-membrana. (B) A sinalização parácrina depende de mediadores locais que são liberados no espaço extracelular e agem sobre as células vizinhas. (C) A sinalização sináptica é realizada por neurônios que transmitem sinais elétricos ao longo de seus axônios e liberam neurotransmissores nas sinapses, que frequentemente estão localizadas longe do corpo celular neuronal. (D) A sinalização endócrina depende das células endócrinas que secretam hormônios para a corrente sanguínea, de onde são distribuídos para todo o corpo. Muitas moléculas sinalizadoras de um mesmo tipo participam nas sinalizações parácrina, sináptica e endócrina: as diferenças básicas estão na velocidade e na seletividade com que os sinais são enviados para seus alvos.

Na maioria dos casos, contudo, as células sinalizadoras secretam moléculas para o fluido extracelular. Com frequência, as moléculas secretadas são **mediadores locais**, que atuam somente sobre as células no ambiente da célula sinalizadora. Isso se chama **sinalização parácrina** (Figura 15-2B). Geralmente, nessa sinalização, as células sinalizadoras e as células-alvo são de tipos celulares diferentes, mas também podem produzir sinais aos quais elas mesmas respondem: a isso se denomina *sinalização autócrina*. As células cancerosas, por exemplo, frequentemente produzem sinais extracelulares que estimulam sua própria sobrevivência e proliferação.

Os organismos multicelulares grandes como os humanos requerem mecanismos de sinalização de longo alcance para coordenar o comportamento de células em partes distantes do corpo. Assim, desenvolveram tipos celulares especializados na comunicação intercelular a grandes distâncias. Os mais sofisticados são as células nervosas, ou neurônios, que estendem longos prolongamentos (axônios) que lhes permitem entrar em contato com células-alvo distantes, onde os prolongamentos terminam em sítios de transmissão de sinais especializados conhecidos como *sinapses químicas*. Quando um neurônio é ativado por estímulos de outras células nervosas, ele envia impulsos elétricos (potenciais de ação) ao longo do seu axônio; quando o impulso desse tipo alcança a sinapse na extremidade do axônio, desencadeia a secreção de um sinal químico que atua como **neurotransmissor**. A estrutura altamente organizada da sinapse assegura que o neurotransmissor seja liberado especificamente aos receptores na célula-alvo pós-sináptica (Figura 15-2C). Os detalhes desse processo de **sinalização sináptica** são discutidos no Capítulo 11.

Uma estratégia bem diferente de sinalização a longas distâncias utiliza as **células endócrinas**, que secretam suas moléculas sinalizadoras, chamadas **hormônios**, na corrente sanguínea. Esta se encarrega de transportá-las por todo o corpo, permitindo que atuem sobre as células-alvo que podem estar em qualquer lugar do corpo (Figura 15-2D).

As moléculas de sinalização extracelular se ligam a receptores específicos

Nos animais multicelulares, as células se comunicam por meio de centenas de tipos diferentes de moléculas de sinalização extracelular. Estas incluem proteínas, peptídeos

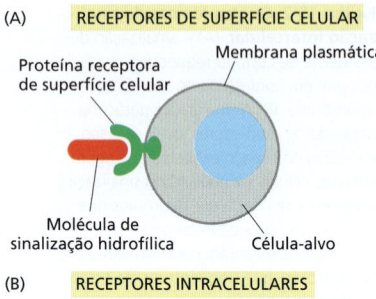

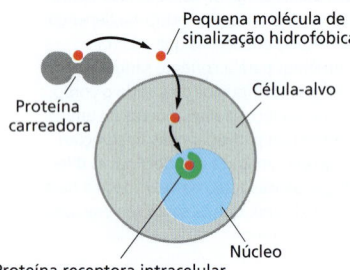

Figura 15-3 Ligação de moléculas de sinalização extracelular aos receptores de superfície e intracelulares. (A) A maioria das moléculas de sinalização é hidrofílica e, por isso, incapaz de atravessar a membrana da célula-alvo; elas se ligam a receptores de superfície que, por sua vez, geram sinais no interior da célula-alvo (ver Figura 15-1). (B) Em contraste, algumas moléculas de sinalização pequenas se difundem através da membrana plasmática e se ligam a proteínas receptoras no interior da célula-alvo – no citosol ou no núcleo (conforme mostrado na figura). Muitas dessas moléculas pequenas são hidrofóbicas e pouco solúveis em soluções aquosas; por isso, são transportadas, na corrente sanguínea ou em outros fluidos extracelulares, ligadas a proteínas carreadoras, das quais se dissociam antes de entrar na célula-alvo.

pequenos, aminoácidos, nucleotídeos, esteroides, retinóis, moléculas derivadas de ácidos graxos, e mesmo gases dissolvidos, como óxido nítrico e monóxido de carbono. A maioria dessas moléculas é liberada pela célula sinalizadora no espaço extracelular por exocitose, conforme discutido no Capítulo 13. Algumas, contudo, são enviadas por difusão através da membrana celular, enquanto outras são expostas na superfície externa da célula e permanecem ligadas a ela, sinalizando para outras células somente quando entram em contato. As proteínas-sinal transmembrana podem agir dessa forma ou, seus domínios extracelulares podem ser liberados da superfície da célula sinalizadora por clivagem proteolítica e atuar à distância.

Independentemente da natureza do sinal, a *célula-alvo* responde por meio de um **receptor**, ao qual a molécula de sinalização se liga, iniciando uma resposta na célula-alvo. O sítio de ligação do receptor possui uma estrutura complexa que é organizada para reconhecer, com alta especificidade, a molécula de sinalização, ajudando a assegurar que o receptor responda ao sinal adequado e não às muitas moléculas sinalizadoras presentes no ambiente da célula. Muitas moléculas sinalizadoras agem em concentrações muito baixas ($\leq 10^{-8}$ M) e seus receptores geralmente se ligam a elas com alta afinidade (constante de dissociação $K_d \leq 10^{-8}$ M; ver figura 3-44).

Na maioria dos casos, os receptores são proteínas transmembrana expostas na superfície da célula-alvo. Ao se ligarem a uma molécula de sinalização extracelular (um *ligante*), esses receptores são ativados e geram uma cascata de sinais intracelulares, que alteram o comportamento da célula. Em outros casos, os receptores proteicos são intracelulares, e a molécula de sinalização tem que penetrar na célula-alvo para se ligar a eles: isso requer que ela seja suficientemente pequena e hidrofóbica para que possa se difundir através da membrana plasmática (**Figura 15-3**). Este capítulo enfoca principalmente a sinalização por meio de receptores de superfície celular, mas, no final, faremos uma breve descrição da sinalização por meio de receptores intracelulares.

Cada célula está programada para responder a combinações específicas de sinais extracelulares

Uma célula típica em um organismo multicelular está exposta a centenas de moléculas de sinalização diferentes em seu ambiente. Essas moléculas podem ser solúveis, ligadas à matriz extracelular ou, ainda, ligadas à superfície de uma célula vizinha; elas podem ser estimuladoras ou inibidoras; podem atuar em inumeráveis combinações diferentes; e podem influenciar praticamente qualquer aspecto do comportamento celular. A célula responde a essa gama de sinais de modo seletivo, em grande parte por expressar somente aqueles receptores e sistemas de sinalização intracelular que respondem aos sinais que são necessários para a regulação dessa célula.

A maioria das células responde a muitos sinais diferentes do ambiente, e alguns deles podem influenciar a resposta a outros sinais. Um dos grandes desafios da biologia celular consiste em determinar como uma célula integra todas essas informações para tomar suas decisões – dividir-se, locomover-se, diferenciar-se, e assim por diante. Muitas células, por exemplo, exigem uma combinação específica de fatores extracelulares de sobrevivência para permitir que continuem vivas; uma vez privadas desses sinais, as células ativam um programa suicida e se matam – normalmente por *apoptose*, uma forma de *morte celular programada,* conforme discutido no Capítulo 18. A proliferação depende, com frequência, de uma combinação de sinais que promovem a divisão celular e a sobrevivência, bem como de sinais que estimulem o crescimento celular (**Figura 15-4**). Por outro lado, a diferenciação para um estado de não divisão (chamado de *diferenciação terminal*) com frequência exige uma combinação diferente de sinais de sobrevivência e diferenciação que deve suplantar qualquer sinal para divisão celular.

Em princípio, as centenas de moléculas de sinalização que os animais produzem podem ser usadas para criar um número quase ilimitado de combinações para controlar de uma maneira altamente específica os diferentes comportamentos de suas células. Um número relativamente pequeno de tipos de moléculas de sinalização e de receptores é suficiente. A complexidade encontra-se nas maneiras pelas quais as células respondem às combinações dos sinais que recebem.

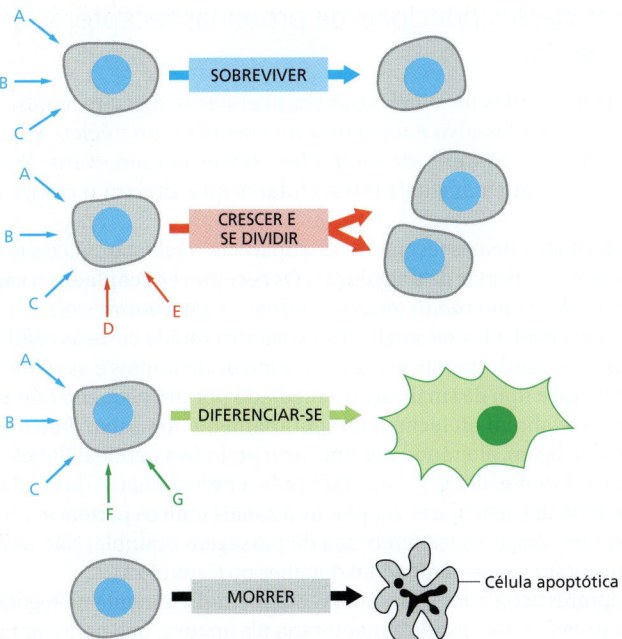

Figura 15-4 A célula animal depende de múltiplos sinais extracelulares. Cada tipo celular exibe um conjunto de receptores que o torna capaz de responder a um conjunto correspondente de moléculas de sinalização produzidas por outras células. Essas moléculas de sinalização agem em várias combinações para regular o comportamento da célula. Como está mostrado na figura, uma célula requer múltiplos sinais para sobreviver (*setas azuis*), e sinais adicionais para crescer e se dividir (*setas vermelhas*) ou se diferenciar (*setas verdes*). Se a célula for privada dos sinais de sobrevivência apropriados, ela sofre uma forma de suicídio, conhecido como apoptose. A situação real é ainda mais complexa. Apesar de não mostrado, algumas moléculas de sinalização extracelular atuam na inibição destes e de outros comportamentos celulares, ou mesmo na indução da apoptose.

Uma molécula de sinalização normalmente tem diferentes efeitos sobre diferentes tipos de células-alvo. O neurotransmissor acetilcolina (**Figura 15-5A**), por exemplo, diminui a velocidade do potencial de ação das células cardíacas (**Figura 15-5B**) e estimula a produção de saliva pelas glândulas salivares (**Figura 15-5C**) apesar dos receptores em ambas as células serem os mesmos. No músculo esquelético, a acetilcolina causa a contração das células por se ligar a uma proteína receptora diferente (**Figura 15-5D**). Os diferentes efeitos da acetilcolina nesses tipos celulares são o resultado de diferenças nas proteínas de sinalização intracelular, proteínas efetoras e genes que são ativados. Assim, o próprio sinal extracelular tem pouco conteúdo de informação; ele simplesmente induz a célula a responder de acordo com seu estado predeterminado, que depende da história do desenvolvimento da célula e dos genes específicos que ela expressa.

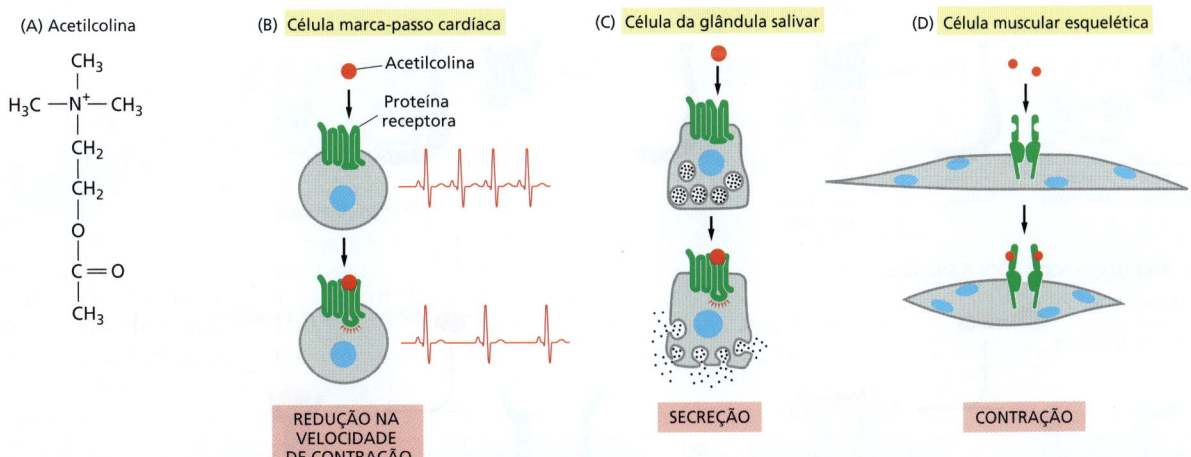

Figura 15-5 Diferentes respostas induzidas pelo neurotransmissor acetilcolina. (A) A estrutura química da acetilcolina. (B-D) Tipos celulares diferentes são especializados para responder de maneiras diferentes à acetilcolina. Em alguns casos, (B e C), a acetilcolina se liga a proteínas receptoras similares (receptores acoplados à proteína G; ver Figura 15-6), mas os sinais intracelulares produzidos são interpretados de forma diferente por células especializadas em diferentes funções. Em outros casos (D), a proteína receptora também é diferente (aqui, um receptor acoplado a um canal iônico; ver Figura 15-6).

Existem três classes principais de proteínas receptoras de superfície celular

A maioria das moléculas de sinalização extracelular se liga a receptores específicos na superfície das células-alvo e não entra no citosol ou no núcleo. Esses receptores funcionam como *transdutores de sinal*. Eles convertem um evento extracelular de interação com o ligante em sinais intracelulares que alteram o comportamento da célula-alvo.

A maioria das proteínas receptoras de superfície celular pertence a três classes, definidas por seus mecanismos de transdução. Os **receptores acoplados a canais iônicos**, também conhecidos como *canais iônicos controlados por transmissores* ou *receptores ionotrópicos*, estão envolvidos na sinalização sináptica rápida entre as células nervosas e outras células-alvo eletricamente excitáveis, como os neurônios e as células musculares (**Figura 15-6A**). Esse tipo de sinalização é mediado por um pequeno número de neurotransmissores que abrem ou fecham temporariamente um canal iônico formado pela proteína à qual se ligam, alterando por um curto período a permeabilidade da membrana plasmática aos íons e, dessa forma, alterando a excitabilidade da célula-alvo pós-sináptica. A maioria dos receptores acoplados a canais iônicos pertence à grande família das proteínas homólogas transmembrana de passagem múltipla. Não os discutiremos aqui, visto que foram apresentados com detalhes no Capítulo 11.

Os receptores acoplados à proteína G atuam indiretamente na regulação da atividade de uma proteína-alvo ligada à membrana plasmática, que pode ser tanto uma enzima como um canal iônico. A interação entre o receptor e essa proteína-alvo é mediada por uma terceira proteína, chamada de *proteína trimérica de ligação a GTP (proteína G)* (**Figura 15-6B**). A ativação da proteína-alvo altera a concentração de uma ou mais moléculas sinalizadoras intracelulares pequenas (se a proteína-alvo for uma enzima) ou

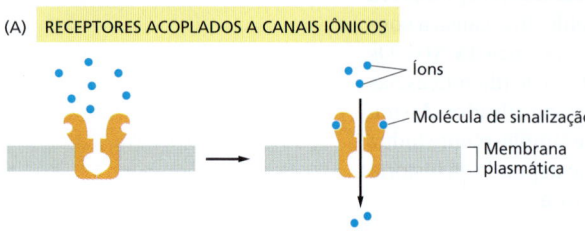

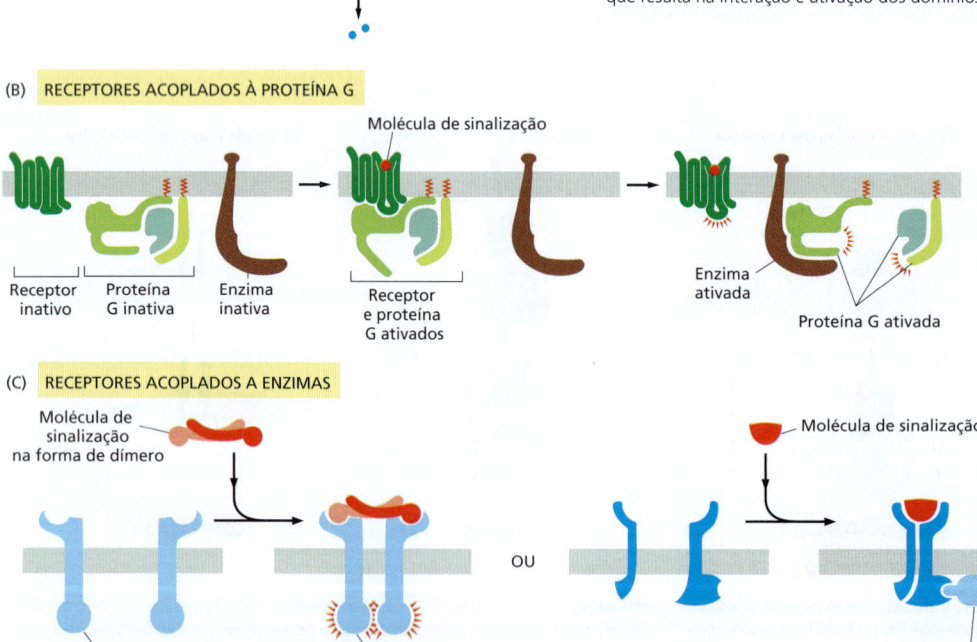

Figura 15-6 Três classes de receptores de superfície celular. (A) Receptores acoplados a canais iônicos (também chamados de canais iônicos controlados por transmissores), (B) receptores acoplados à proteína G e (C) receptores acoplados a enzimas. Apesar de muitos receptores acoplados a enzimas terem atividade enzimática intrínseca, como mostrado à esquerda em (C); muitos outros contam com enzimas associadas, como mostrado à direita em (C). Os ligantes ativam a maioria dos receptores acoplados a enzimas por promover sua dimerização, o que resulta na interação e ativação dos domínios citoplasmáticos.

altera a permeabilidade da membrana plasmática aos íons (se a proteína-alvo for um canal iônico). As pequenas moléculas sinalizadoras intracelulares afetadas, por sua vez, alteram o comportamento de outras proteínas de sinalização na célula.

Os receptores acoplados a enzimas, quando ativados, funcionam como enzimas, ou estão associados diretamente a enzimas ativadas por eles (**Figura 15-6C**). Geralmente, são proteínas transmembrana de passagem única, cujo sítio de interação com o ligante está do lado de fora da célula e cujo sítio catalítico, ou de ligação à enzima, está do lado de dentro. Os receptores acoplados a enzimas apresentam estrutura heterogênea em comparação às outras duas classes; a grande maioria, contudo, é representada por cinases ou é a elas associada e, quando ativados, fosforilam grupos específicos de proteínas na célula-alvo.

Existem alguns receptores de superfície celular que não se enquadram facilmente em nenhuma das classes citadas anteriormente, mas têm funções importantes no controle da especialização de diferentes tipos celulares durante o desenvolvimento e na renovação ou regeneração de tecidos em adultos. Estes serão discutidos em uma seção posterior, após a explicação detalhada de como funcionam os receptores acoplados à proteína G e os receptores acoplados a enzimas. Inicialmente continuaremos com a discussão geral sobre os princípios da sinalização através de receptores de superfície celular.

Os receptores de superfície celular transmitem os sinais através de moléculas sinalizadoras intracelulares

Numerosas moléculas sinalizadoras intracelulares transmitem no interior da célula sinais recebidos pelos receptores de superfície celular. A cadeia de eventos de sinalização intracelular resultante altera proteínas-alvo que serão responsáveis pela modificação do comportamento da célula (ver Figura 15-1).

Algumas moléculas sinalizadoras intracelulares são substâncias químicas pequenas chamadas de **segundos mensageiros** (os "primeiros mensageiros" seriam os sinais extracelulares). Eles são gerados em grande quantidade em resposta à ativação do receptor e se difundem rapidamente para longe de sua fonte de produção, transmitindo o sinal para outras partes da célula. Alguns, como o *AMP cíclico* e o Ca^{2+}, são hidrossolúveis e se difundem no citosol, enquanto outros, como o *diacilglicerol*, são lipossolúveis e se difundem no plano da membrana plasmática. Em ambos os casos, eles transmitem o sinal por se ligarem a proteínas de sinalização ou efetoras específicas e alterarem seu comportamento.

A maioria das moléculas sinalizadoras intracelulares são proteínas que auxiliam na transmissão do sinal pela geração de segundos mensageiros ou pela ativação da proteína seguinte na via sinalizadora ou efetora. Muitas dessas se comportam como *comutadores moleculares*. Quando recebem um sinal, elas passam do estado inativo para o ativo, até que outro processo as inative, retornando-as ao seu estado original. A inativação é tão importante quanto a ativação. Para que uma via de sinalização, após transmitir um sinal, possa se recuperar e ficar preparada para transmitir outro sinal, cada molécula ativada deve retornar ao seu estado inativo inicial.

A maior classe de comutadores moleculares consiste em proteínas que são ativadas ou inativadas por **fosforilação** (discutido no Capítulo 3). No caso dessas proteínas, elas são, por um lado, fosforiladas por uma **proteína-cinase**, que adiciona um ou mais grupos fosfato de modo covalente, e, por outro lado, desfosforiladas por uma **proteína-fosfatase**, que remove os grupos fosfato da molécula (**Figura 15-7A**). A atividade de qualquer proteína regulada por fosforilação depende do equilíbrio entre a atividade das cinases que a fosforilam e a das fosfatases que a desfosforilam. Cerca de 30 a 50% das proteínas humanas contêm fosfato ligado de modo covalente, e o genoma humano codifica em torno de 520 proteínas-cinase e em torno de 150 proteínas-fosfatase. Uma célula típica de mamífero utiliza centenas de tipos distintos de proteínas-cinase em qualquer momento.

As proteínas-cinase adicionam fosfato ao grupo hidroxila de aminoácidos específicos na proteína-alvo. Existem dois tipos principais de proteínas-cinase. A grande maioria delas consiste em **serinas/treoninas-cinase** que fosforilam os grupos hidroxila de serinas e treoninas nos seus alvos. Outras são as **tirosinas-cinase**, que fosforilam resíduos

Figura 15-7 Dois tipos de proteínas sinalizadoras intracelulares que atuam como comutadores moleculares.
(A) Uma proteína-cinase adiciona covalentemente um fosfato do ATP à proteína sinalizadora, e uma proteína-fosfatase remove o fosfato. Apesar de não estarem representadas na figura, diversas proteínas são ativadas por desfosforilação e não por fosforilação. (B) Uma proteína de ligação a GTP é induzida a trocar seu GDP por GTP, o que a ativa; esta proteína é autoinativada quando hidrolisa seu GTP a GDP.

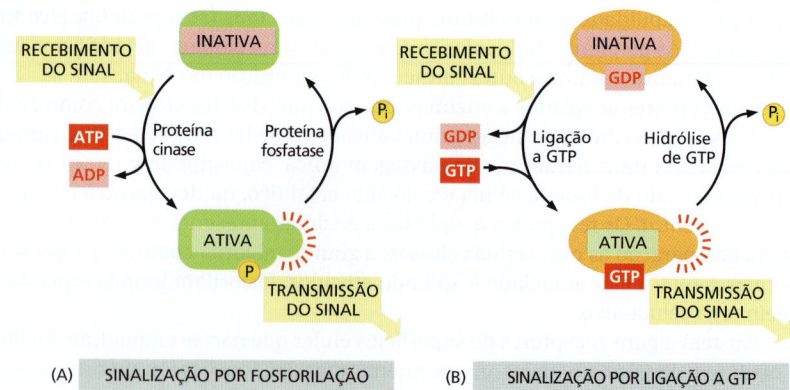

de tirosina. Os dois tipos são membros intimamente relacionados de uma grande família, diferindo principalmente na estrutura dos seus sítios de ligação ao substrato.

Várias proteínas sinalizadoras intracelulares controladas por fosforilação também são proteínas-cinase e, com frequência, estão organizadas em **cascatas de cinases**. Em tais cascatas, uma cinase, ativada por fosforilação, fosforila a próxima cinase na sequência, e assim por diante, transmitindo adiante o sinal e, em alguns casos, amplificando-o ou distribuindo-o para outras vias.

Outra classe importante de comutadores moleculares são as **proteínas de ligação a GTP** (discutido no Capítulo 3). Elas passam de um estado "ativado" (sinalizando ativamente), quando o GTP está ligado, para um estado "inativado", quando o GDP está ligado a elas. Quando ativadas, geralmente possuem atividade GTPase intrínseca e inativam a si mesmas, hidrolisando o GTP em GDP (**Figura 15-7B**). Existem dois tipos principais de proteínas de ligação a GTP. As grandes *proteínas triméricas de ligação a GTP* (também chamadas de *proteínas G*) ajudam a transmitir sinais a partir dos receptores acoplados à proteína G que as ativam (ver Figura 15-6B). As pequenas **GTPases monoméricas** (também chamadas de *proteínas monoméricas de ligação a GTP*) auxiliam na transmissão de sinais de muitas classes de receptores de superfície celular.

As proteínas reguladoras específicas controlam ambos os tipos de proteínas de ligação a GTP. As **proteínas de ativação da GTPase** (**GAPs**) convertem as proteínas a um estado "inativado" pelo aumento da taxa de hidrólise do GTP. Ao contrário, os **fatores de troca de nucleotídeos de guanina** (**GEFs**) ativam as proteínas de ligação a GTP por estimular a liberação do GDP, o que permite a ligação de um novo GTP. No caso das proteínas G triméricas, o receptor ativado atua como a GEF. A **Figura 15-8** ilustra a regulação das GTPases monoméricas.

Nem todos os comutadores moleculares em sistemas de sinalização dependem de fosforilação ou de ligação a GTP. Veremos mais tarde que algumas proteínas de sinalização são ativadas ou inativadas pela ligação de outra proteína sinalizadora ou de um segundo mensageiro como AMP cíclico ou Ca^{2+} ou, por outras modificações covalentes diferentes da fosforilação e desfosforilação, como ubiquitinação (discutido no Capítulo 3).

Para simplificar, com frequência representamos uma via de sinalização como uma série de etapas de ativação (ver Figura 15-1). É importante observar, contudo, que a maioria das vias de sinalização contém etapas inibidoras e, uma sequência de duas etapas de inibição pode ter o mesmo efeito de uma etapa de ativação (**Figura 15-9**). Essa ativação *dupla-negativa* é muito comum nos sistemas de sinalização, conforme veremos mais tarde neste capítulo, ao descrevermos vias específicas.

Os sinais intracelulares devem ser precisos e específicos em um citoplasma repleto de moléculas sinalizadoras

De preferência, uma molécula sinalizadora intracelular ativada deve interagir somente com seus alvos apropriados e, da mesma forma, os alvos devem ser ativados somente

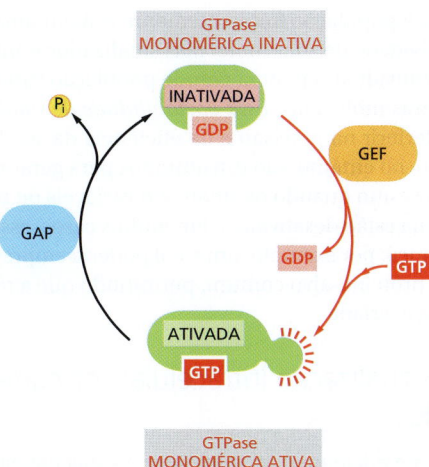

Figura 15-8 **Regulação de uma GTPase monomérica.** As proteínas de ativação da GTPase (GAPs) inativam a proteína por estimularem a hidrólise de seu GTP a GDP, o qual permanece ligado com alta afinidade à GTPase inativada. Os fatores de troca de nucleotídeos de guanina (GEFs) a ativam por estimularem a liberação do GDP; como a concentração citosólica do GTP é 10 vezes maior do que a do GDP, a proteína liga GTP e torna-se, assim, ativa.

pelo sinal apropriado. Na realidade, contudo, as moléculas sinalizadoras intracelulares compartilham o citoplasma com um grande número de moléculas sinalizadoras intimamente relacionadas que controlam conjuntos de processos celulares diferentes. É inevitável que uma molécula sinalizadora ocasional se ligue ou modifique o parceiro errado, potencialmente criando conexão e interferência entre sistemas de sinalização. De que forma um sinal permanece forte, preciso e específico com todo esse ruído?

A primeira linha de defesa vem da alta afinidade e especificidade das interações entre as moléculas sinalizadoras e seus parceiros corretos quando comparadas com a afinidade relativamente baixa entre parceiros inapropriados. A ligação de uma molécula sinalizadora ao alvo correto é determinada pelas interações complexas e precisas entre superfícies complementares nas duas moléculas. As proteínas-cinase, por exemplo, contêm sítios ativos que reconhecem uma sequência específica de aminoácidos ao redor do sítio de fosforilação na proteína-alvo correta e, com frequência, contêm *sítios de ancoragem* adicionais que promovem uma interação específica e de alta afinidade com o alvo. Além desses, mecanismos relacionados atuam no estabelecimento de uma interação forte e persistente entre os parceiros corretos, reduzindo a probabilidade de interações inapropriadas com outras proteínas.

Outra importante maneira das células evitarem respostas a sinais não desejados depende da capacidade de muitas proteínas-alvo de simplesmente ignorar tais sinais. Essas proteínas respondem somente quando o sinal alcança uma alta concentração ou um certo nível de atividade. Considere uma via de sinalização na qual uma proteína-cinase ativa alguma proteína-alvo por fosforilação. Se a resposta for desencadeada somente quando a metade das proteínas-alvo estiver fosforilada, haverá pouco dano se um pequeno número delas for fosforilado ocasionalmente por alguma proteína-cinase inapropriada. Além disso, proteínas-fosfatase constitutivamente ativas reduzirão o impacto dessas fosforilações pela remoção rápida da maior parte delas. Dessa e de outras maneiras, os sistemas de sinalização intracelular ignoram o ruído, gerando uma resposta pequena ou nenhuma resposta a baixos níveis de estímulo.

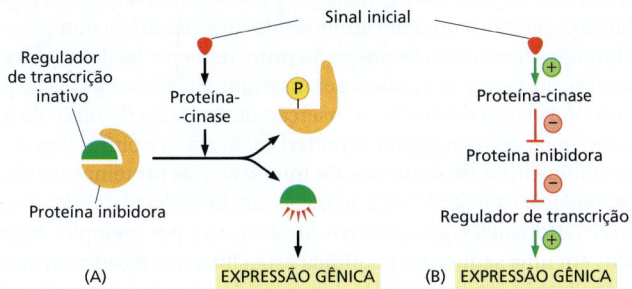

Figura 15-9 **Uma sequência de dois sinais inibidores produz um sinal positivo.** (A) Neste sistema de sinalização simples, um regulador de transcrição é mantido em um estado inativo pela ligação de uma proteína inibidora. Em resposta a algum sinal, uma proteína-cinase é ativada e fosforila o inibidor, causando sua dissociação do regulador de transcrição ativando, dessa forma, a expressão gênica. (B) Esta via de sinalização pode ser representada como uma sequência de quatro etapas, incluindo duas etapas sequenciais inibidoras que são equivalentes a uma única etapa ativadora.

As células em uma população frequentemente exibem uma variação aleatória na concentração ou na atividade de suas moléculas sinalizadoras intracelulares. De forma similar, as moléculas individuais em uma grande população variam nas suas atividades ou interações com outras moléculas. *Essa variabilidade de sinal* introduz outra forma de ruído que pode interferir na precisão e na eficiência da sinalização. A maioria dos sistemas de sinalização, no entanto, são estruturados para gerar respostas notavelmente intensas e precisas mesmo quando os sinais são variáveis ou mesmo quando alguns componentes do sistema estão desativados. Em muitos casos, essa *robustez* depende de mecanismos de segurança: por exemplo, um sinal poderia empregar duas vias paralelas para ativar uma única proteína-alvo comum, permitindo que a resposta ocorra mesmo que uma das vias esteja avariada.

Os complexos de sinalização intracelular formam-se em receptores ativados

Uma estratégia simples e eficiente para aumentar a especificidade das interações entre moléculas sinalizadoras consiste em localizá-las na mesma região da célula ou mesmo dentro de grandes complexos proteicos, assegurando desta forma que interajam somente umas com as outras e não com parceiros inapropriados. Às vezes, esses mecanismos envolvem **proteínas de suporte**, que organizam grupos de proteínas sinalizadoras em *complexos de sinalização*, frequentemente antes que o sinal seja recebido (**Figura 15-10A**). Uma vez que a proteína de suporte mantém as demais proteínas muito próximas, elas podem interagir em concentrações locais altas e podem ser ativadas sequencialmente, de forma rápida, eficiente e seletiva, em resposta a um sinal extracelular apropriado, evitando a comunicação cruzada indesejada com outras vias.

Em outros casos, esses complexos de sinalização se formam somente transitoriamente em resposta a um sinal extracelular e se dissociam de forma rápida quando o sinal cessa. Eles geralmente se reúnem ao redor de um receptor, após a ativação deste por uma molécula de sinalização extracelular. Em muitos desses casos, a cauda citoplasmática do receptor é fosforilada durante o processo de ativação, e os aminoácidos fosforilados servem como sítios de ancoragem para a reunião de outras proteínas sinalizadoras (**Figura 15-10B**). Em outros casos ainda, a ativação do receptor leva à produção, na membrana plasmática adjacente, de moléculas de fosfolipídeos modificadas (chamadas de fosfoinositídeos), que recrutam, para essa região da membrana, proteínas sinalizadoras intracelulares específicas, onde elas são ativadas (**Figura 15-10C**).

As interações entre as proteínas de sinalização intracelular são mediadas por domínios de interação modulares

Muitas vezes, simplesmente reunir as proteínas de sinalização intracelular é suficiente para ativá-las. Assim, a *proximidade induzida,* na qual um sinal desencadeia a associação de um complexo de sinalização, comumente é utilizada na transmissão de sinais de uma proteína para outra ao longo de uma via de sinalização. A associação de tais complexos depende de vários **domínios de interação** pequenos e altamente conservados, que são encontrados em muitas proteínas de sinalização intracelular. Cada um desses módulos proteicos compactos se liga a um motivo estrutural específico na proteína ou no lipídeo. O motivo reconhecido na proteína de interação pode ser uma sequência peptídica curta, uma modificação covalente (como um aminoácido fosforilado) ou outro domínio proteico. O uso de domínios modulares de interação provavelmente facilitou a evolução de novas vias de sinalização; como eles podem ser inseridos em muitos locais na proteína sem perturbar sua conformação ou função, a inserção de um novo domínio de interação em uma proteína de sinalização preexistente poderia conectá-la a outras vias de sinalização.

Existem muitos tipos de domínios de interação nas proteínas de sinalização. *Os domínios de homologia com Src 2 (SH2;* do inglês, *Src homology) e os domínios de ligação à fosfotirosina (PTB;* do inglês, *phosphotyrosine-binding),* por exemplo, ligam-se a tirosinas fosforiladas em uma sequência peptídica específica nos receptores ativados ou nas proteínas de sinalização intracelular. Os domínios de *homologia com Src 3* (*SH3;* do inglês, *Src homology 3*) se ligam a sequências curtas ricas em prolina. Alguns domínios de

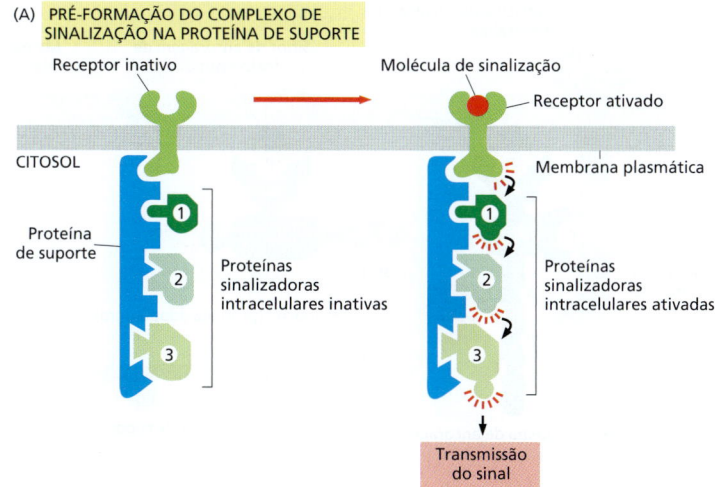

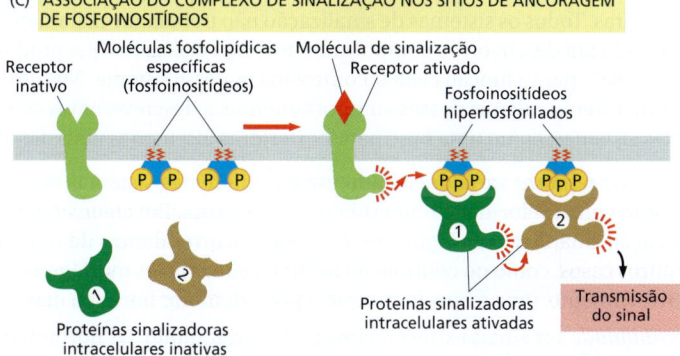

Figura 15-10 Três tipos de complexos de sinalização intracelular. (A) Um receptor e algumas proteínas sinalizadoras intracelulares, que são ativadas sequencialmente por ele, são pré-associados em uma grande proteína de suporte, formando um complexo de sinalização com o receptor inativo. (B) Um complexo de sinalização é organizado sobre o receptor somente após sua ativação pela ligação de uma molécula de sinalização extracelular; aqui o receptor ativado faz autofosforilação em múltiplos sítios, que atuam, então, como sítios de ancoragem para proteínas sinalizadoras intracelulares. (C) A ativação de um receptor leva ao aumento da fosforilação de fosfolipídeos específicos (fosfoinositídeos) na membrana plasmática adjacente, os quais servem como sítios de ancoragem para proteínas sinalizadoras intracelulares específicas, que podem agora interagir entre si.

homologia com plequistrina (*PH*; do inglês, *pleckstrin homology*) se ligam a grupos carregados de fosfoinositídeos específicos, produzidos na membrana plasmática em resposta a um sinal extracelular; eles permitem que a proteína, da qual fazem parte, ancore na membrana e interaja com outras proteínas sinalizadoras recrutadas da mesma maneira (ver Figura 15-10C). Algumas proteínas de sinalização consistem somente em dois ou mais domínios de interação e funcionam somente como **adaptadores** para reunir duas ou mais proteínas em uma via.

Os domínios de interação permitem que as proteínas se liguem umas às outras em combinações múltiplas. Como peças de brinquedos de encaixar (tipo Lego®), as proteínas podem formar cadeias lineares ou ramificadas, ou redes tridimensionais de interações que determinam o caminho seguido pela via de sinalização. Como exemplo, a **Figura 15-11** ilustra como alguns domínios de interação mediam a formação de um grande complexo de sinalização ao redor do receptor para o hormônio *insulina*.

Figura 15-11 Complexo de sinalização específico formado pelo uso de domínios de interação modulares. Este exemplo tem como base o receptor de insulina, um receptor acoplado a enzima (um receptor tirosina-cinase, apresentado mais adiante). Inicialmente, o receptor ativado sofre autofosforilação em suas tirosinas, e uma delas recruta uma proteína de ancoragem chamada substrato 1 do receptor de insulina (IRS1) via um domínio PTB IRS1; o domínio PH do IRS1 também se liga a fosfoinositídeos específicos sobre a superfície interna da membrana plasmática. Então, o receptor ativado fosforila as tirosinas da IRS1, e uma delas se liga ao domínio SH2 da proteína adaptadora Grb2. A seguir a Grb2 usa um dos seus dois domínios SH3 para se ligar a uma região rica em prolinas de uma proteína chamada Sos, que transmite o sinal adiante por sua ação como uma GEF (ver Figura 15-8), ativando uma GTPase monomérica chamada Ras (não mostrado). A Sos se liga também aos fosfoinositídeos na membrana plasmática via seu domínio PH. A Grb2 usa seu segundo domínio SH3 para se ligar a uma sequência rica em prolinas na proteína de suporte. Esta liga várias outras proteínas sinalizadoras, e as outras tirosinas fosforiladas no IRS1 recrutam proteínas sinalizadoras adicionais com domínios SH2 (não mostrado).

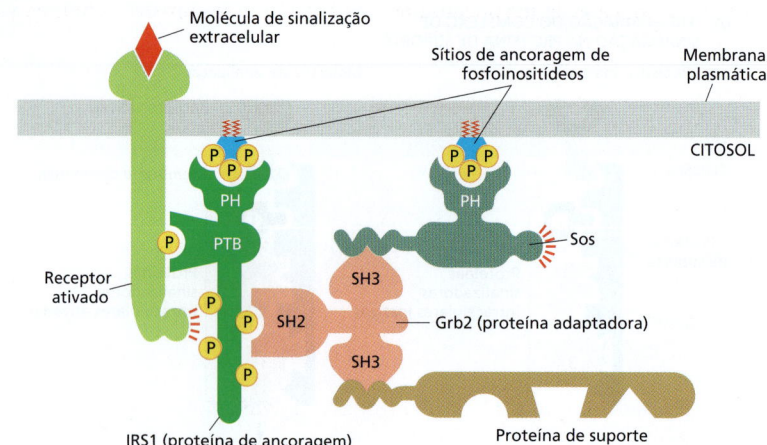

Outra maneira de reunir receptores e proteínas de sinalização intracelular é concentrá-los em uma região específica da célula. Um exemplo importante é o **cílio primário** que se projeta como uma antena da superfície da maioria das células de vertebrados (discutido no Capítulo 16). Ele geralmente é curto, imóvel, possui microtúbulos no seu interior e contém uma alta concentração de receptores de superfície e proteínas de sinalização. Veremos, mais tarde, que os receptores para luz e os receptores olfatórios também estão altamente concentrados em cílios especializados.

A relação entre o sinal e a resposta varia nas diferentes vias de sinalização

A função de um sistema de sinalização intracelular é a de detectar e quantificar um estímulo específico em uma região da célula e gerar uma resposta no tempo certo e na medida certa em outra região. O sistema realiza esta tarefa pelo envio de informação na forma de "sinais" moleculares do sensor para o alvo, com frequência por meio de uma série de intermediários que não passam o sinal adiante simplesmente, mas o processam de várias maneiras. Todos os sistemas de sinalização não trabalham exatamente da mesma maneira: cada um desenvolveu comportamentos especializados que produzem uma resposta apropriada para a função celular controlada por esse sistema. Nos próximos parágrafos enumeraremos alguns desses comportamentos e descreveremos como variam em diferentes sistemas, como uma base para posteriores discussões mais detalhadas.

1. O *tempo de resposta* varia drasticamente em diferentes sistemas de sinalização, de acordo com a velocidade requerida para a resposta. Em alguns casos, como na sinalização sináptica (ver Figura 15-2C), pode ocorrer dentro de milissegundos. Em outros casos, como no controle do destino celular pelos morfógenos durante o desenvolvimento, uma resposta completa pode demorar horas ou dias.

2. A *sensibilidade* aos sinais extracelulares pode variar muito. Os hormônios tendem a agir em concentrações muito baixas nas suas células-alvo distantes, as quais são altamente sensíveis a baixas concentrações do sinal. Os neurotransmissores, por outro lado, atuam em concentrações muito mais altas nas sinapses, reduzindo a necessidade de uma alta sensibilidade dos receptores pós-sinápticos. A sensibilidade é frequentemente controlada por alterações no número ou na afinidade dos receptores na célula-alvo. Um mecanismo particularmente importante para aumentar a sensibilidade de um sistema de sinalização é a *amplificação* do sinal, pelo qual um pequeno número de receptores de superfície celular evoca uma resposta intracelular grande por produzir grandes quantidades de um segundo mensageiro ou por ativar várias cópias de uma proteína sinalizadora adiante na via.

3. A *variação dinâmica* de um sistema de sinalização está relacionada com sua sensibilidade. Alguns sistemas, como aqueles envolvidos em decisões simples de desenvolvimento, são responsivos em uma variação pequena de concentrações do sinal extracelular. Outros sistemas, como aqueles que controlam a visão ou a res-

posta metabólica a alguns hormônios, são altamente responsivos em uma variação muito mais ampla de intensidades do sinal. Veremos que a variação dinâmica ampla é frequentemente alcançada por mecanismos de *adaptação* que ajustam a receptividade do sistema de acordo com a quantidade predominante do sinal.

4. A *persistência* de uma resposta pode variar muito. Por exemplo, uma resposta transitória de menos de um segundo é apropriada em algumas respostas sinápticas, enquanto uma resposta prolongada ou mesmo permanente é requerida em decisões do destino celular durante o desenvolvimento. Numerosos mecanismos, incluindo retroalimentação positiva, podem ser usados para alterar a reversibilidade e a duração de uma resposta.

5. O *processamento do sinal* pode reverter um sinal simples em uma resposta complexa. Em muitos sistemas, por exemplo, um aumento gradual de um sinal extracelular é convertido em uma resposta abrupta do tipo "tudo ou nada". Em outros casos, um sinal simples de entrada é convertido em uma resposta oscilatória, produzida por uma série repetida de sinais intracelulares transitórios. A retroalimentação geralmente está no centro dos comutadores e osciladores bioquímicos, como descreveremos mais tarde.

6. A *integração* permite que uma resposta seja controlada pelo recebimento de múltiplos sinais. Conforme discutido anteriormente, por exemplo, combinações específicas de sinais extracelulares geralmente são necessários para estimular comportamentos celulares complexos tais como sobrevivência e proliferação (ver Figura 15-4). A célula, portanto, tem que integrar a informação oriunda de sinais múltiplos, os quais, com frequência, dependem dos *detectores de coincidência* intracelulares; estas proteínas são o equivalente às portas "E" no microprocessador de um computador, visto que elas somente são ativadas se receberem sinais múltiplos convergentes (**Figura 15-12**).

7. A *coordenação* de respostas múltiplas em uma célula pode ser alcançada por um único sinal extracelular. Algumas moléculas de sinalização extracelular, por exemplo, estimulam tanto o crescimento como a divisão celular. Essa coordenação geralmente depende dos mecanismos de distribuição de um sinal para efetores múltiplos, com a criação de ramificações na via de sinalização. Em alguns casos, a ramificação das vias de sinalização pode permitir que um sinal *module* a intensidade de resposta a outros sinais.

Devido à complexidade que surge de comportamentos como integração, distribuição e retroalimentação de um sinal, é evidente que esses sistemas de sinalização raramente dependem de uma sequência de etapas linear simples, porém são frequentemente mais semelhantes a uma rede, na qual a informação flui não somente para a frente, mas em múltiplas direções – e às vezes até mesmo para trás. O principal desafio na pesquisa é entender a natureza destas redes e os comportamentos de resposta que elas podem alcançar.

A velocidade de uma resposta depende da reposição das moléculas sinalizadoras

A velocidade de qualquer resposta sinalizadora depende da natureza das moléculas de sinalização intracelular que executam a resposta da célula-alvo. Quando a resposta envolve somente mudanças em proteínas já existentes na célula, ela pode ocorrer muito rapidamente: por exemplo, uma mudança alostérica em um canal iônico controlado por neurotransmissor pode alterar, em milissegundos, o potencial elétrico da membrana plasmática, e as respostas que dependem somente de fosforilação de proteínas podem ocorrer em segundos. Contudo, quando a resposta envolve mudanças na expressão gênica e na síntese de novas proteínas, ela normalmente demora muitos minutos ou horas, não importando o mecanismo de liberação do sinal (**Figura 15-13**).

É natural pensar nos sistemas de sinalização intracelulares em termos das mudanças produzidas quando o sinal extracelular é recebido. No entanto, é importante considerar também o que acontece quando o sinal é removido. Durante o desenvolvimento, os sinais transitórios com frequência produzem efeitos permanentes: eles podem de-

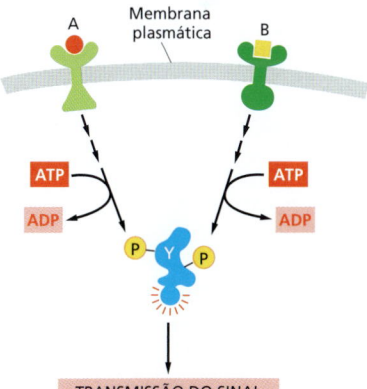

Figura 15-12 Integração do sinal. Os sinais extracelulares A e B ativam diferentes vias de sinalização intracelulares, que levam à fosforilação de diferentes sítios da proteína Y. Esta é ativada somente quando ambos os sítios forem fosforilados, ou seja, é ativada somente quando os sinais A e B estiverem presentes de forma simultânea. Tais proteínas são chamadas de detectores de coincidência.

Figura 15-13 Respostas lentas e rápidas a um sinal extracelular. Determinados tipos de respostas celulares induzidas por um sinal, como o aumento do crescimento e divisão celular, envolve mudanças na expressão gênica e a síntese de novas proteínas; portanto elas ocorrem lentamente, iniciando, com frequência, 1 hora ou mais após a chegada do sinal. Outras respostas – como mudanças no movimento, na secreção, ou no metabolismo celular – não requerem o envolvimento de alterações na transcrição de genes e por isso são muito mais rápidas, tendo início em segundos ou minutos; estas podem envolver, por exemplo, a fosforilação rápida de proteínas efetoras no citoplasma. As respostas sinápticas mediadas por mudanças no potencial de membrana são ainda mais rápidas e ocorrem em milissegundos (não mostrado). Alguns sistemas de sinalização geram tanto respostas lentas quanto rápidas conforme mostrado aqui, permitindo que a célula responda rapidamente a um sinal enquanto, simultaneamente, inicia uma resposta mais persistente e de longa duração.

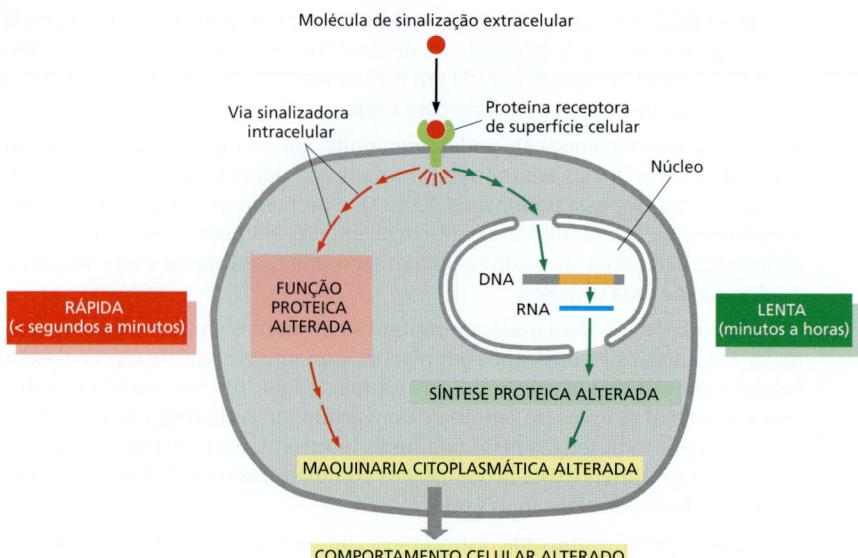

sencadear uma mudança no desenvolvimento da célula que persiste indefinidamente por meio de mecanismos de memória celular, como será discutido mais tarde (e nos Capítulos 7 e 22). Na maioria dos casos de tecidos adultos, contudo, a resposta desaparece quando o sinal cessa. O efeito é transitório, porque o sinal exerce seu efeito pela alteração de um grupo de moléculas de vida curta (instáveis), que sofrem reposição contínua. Assim, quando o sinal extracelular é removido, a degradação das moléculas velhas rapidamente elimina todos os vestígios de sua ação. O resultado é que a velocidade com a qual a célula responde à remoção do sinal depende da velocidade de degradação ou de reposição das moléculas afetadas por ele.

É também verdade, embora muito menos óbvio, que a velocidade dessa reposição também determina a rapidez da resposta quando um sinal é emitido. Considere, por exemplo, duas moléculas sinalizadoras intracelulares, X e Y, cada uma sendo mantida a uma concentração de 1.000 moléculas por célula. A molécula Y é sintetizada e degradada a uma velocidade de 100 moléculas por segundo, tendo cada molécula uma vida média de 10 segundos. A molécula X tem uma velocidade de reposição 10 vezes menor do que a Y: ela é sintetizada e degradada a uma velocidade de 10 moléculas por segundo, de forma que cada molécula tem uma vida média de 100 segundos. Se um sinal atuando na célula aumentar em 10 vezes a velocidade de síntese de ambas as moléculas, sem mudança nas suas vidas médias, ao final de 1 segundo a concentração de Y terá aumentado para aproximadamente 900 moléculas por célula ($10 \times 100 - 100$), enquanto a concentração de X terá aumentado para somente 90 moléculas por célula. De fato, após o aumento ou a diminuição abrupta da velocidade de síntese da molécula, o tempo necessário para que metade das moléculas mude da concentração de equilíbrio antiga para a nova é igual à sua meia-vida normal, isto é, igual ao tempo necessário para que a sua concentração diminua à metade, se a síntese parar completamente (**Figura 15-14**).

Os mesmos princípios se aplicam às proteínas e às pequenas moléculas, quer elas estejam no espaço extracelular ou no interior da célula. Muitas proteínas intracelulares têm meia-vida curta, algumas sobrevivem por menos de 10 minutos. Na maioria dos casos, existem proteínas com funções reguladoras chave, cujas concentrações intracelulares são reguladas rapidamente por mudanças na sua velocidade de síntese.

Como já vimos, muitas respostas celulares aos sinais extracelulares dependem mais da conversão das proteínas sinalizadoras intracelulares de uma forma inativa para uma forma ativa, do que da sua síntese ou degradação. A fosforilação ou a ligação de GTP, por exemplo, comumente ativa as proteínas sinalizadoras. Mesmo nesses casos, contudo, a ativação deve ser rápida e continuamente revertida (por desfosforilação ou por hidrólise do GTP a GDP, respectivamente, nesses exemplos) para tornar possível a sinalização rápida. Esses processos de inativação são críticos na determinação da magnitude, rapidez e duração da resposta.

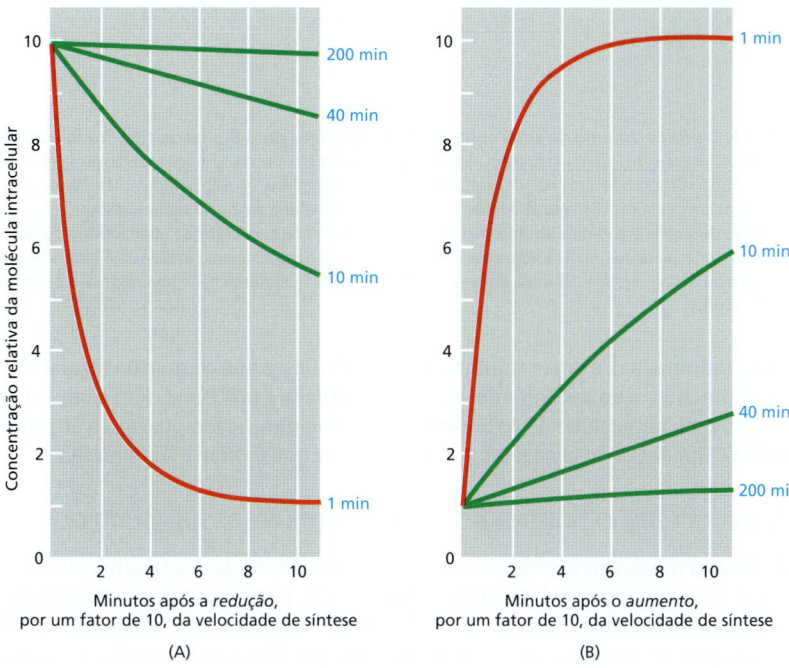

Figura 15-14 A importância da reposição rápida. Os gráficos mostram as velocidades relativas previstas de mudança na concentração intracelular de moléculas com diferentes tempos de reposição quando suas velocidades de síntese são (A) reduzidas ou (B) aumentadas repentinamente, por um fator de 10. Em ambos os casos, as concentrações das moléculas que sofrem degradação rápida dentro da célula (*curvas em vermelho*) são alteradas de forma rápida, enquanto as concentrações daquelas que normalmente são degradadas lentamente (*curvas em verde*) são alteradas, proporcionalmente, de forma mais lenta. Os números à direita (em *azul*) correspondem às meias-vidas presumidas para cada uma das diferentes moléculas.

As células podem responder de forma abrupta a um sinal que aumenta gradualmente

Alguns sistemas de sinalização são capazes de gerar uma resposta moderadamente gradual a uma variação ampla nas concentrações do sinal extracelular (**Figura 15-15**, linha *azul*); tais sistemas são uteis, por exemplo, no ajuste de precisão de processos metabólicos por alguns hormônios. Outros sistemas de sinalização geram respostas significativas somente quando a concentração do sinal aumentar acima de um valor limiar. Essas respostas abruptas são de dois tipos. Uma delas é uma resposta *sigmoide*, na qual baixas concentrações do estímulo não têm muito efeito quando então a resposta aumenta abrupta e continuamente em níveis intermediários de estímulo (Figura 15-15, linha *vermelha*). Tais sistemas fornecem um filtro para reduzir respostas inapropriadas a baixas concentrações basais de uma molécula de sinalização, mas respondem com alta sensibilidade quando o estímulo está dentro de uma pequena variação das concentrações do sinal fisiológico. Um segundo tipo de resposta abrupta consiste na resposta *descontínua* ou "*tudo ou nada*", na qual a resposta é inteiramente ativada (e com frequência de forma irreversível) quando o sinal alcança certa concentração limiar (Figura 15-15, linha *verde*). Tais respostas são particularmente úteis para controlar a escolha entre dois estados celulares alternativos, e geralmente envolvem retroalimentação positiva, conforme descreveremos em mais detalhes em breve.

As células usam uma grande variedade de mecanismos moleculares para produzir uma resposta sigmoide a aumentos na concentração de moléculas de sinalização. Em um dos mecanismos, deve haver a ligação de mais de uma molécula de sinalização intracelular à sua proteína-alvo para induzir a resposta. Conforme discutiremos mais adiante, por exemplo, quatro moléculas do segundo mensageiro AMP cíclico se ligam de forma simultânea a cada molécula de *proteína-cinase dependente de AMP cíclico* (*PKA*) para ativar a cinase. Uma resposta abrupta similar é observada quando a ativação de uma proteína de sinalização intracelular exige a fosforilação em mais de um sítio. Tais respostas tornam-se mais agudas à medida que aumenta o número de moléculas ou de grupos fosfato e, se o número for suficientemente grande, as respostas se tornam praticamente do tipo "tudo ou nada" (**Figura 15-16**).

As respostas também são mais abruptas quando uma molécula sinalizadora intracelular ativa uma enzima, e também inibe outra que catalisa a reação oposta. A estimulação da degradação do glicogênio nas células musculares esqueléticas, induzida pelo hormônio

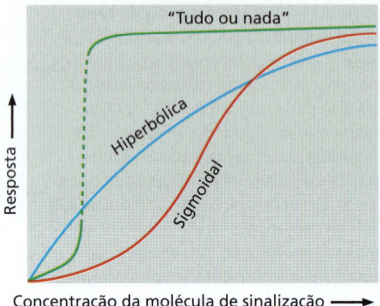

Figura 15-15 **O processamento do sinal pode produzir respostas graduais ou do tipo "tudo ou nada".** Algumas respostas celulares aumentam gradualmente com o aumento da concentração da molécula de sinalização extracelular, alcançando, no final, um platô quando a via de sinalização está saturada, resultando em uma curva de resposta *hiperbólica (linha azul)*. Em outros casos, o sistema de sinalização reduz a resposta em baixas concentrações do sinal e então produz uma resposta brusca em alguma concentração intermediária do sinal – resultando em uma curva de resposta *sigmoidal (linha vermelha)*. Em outros casos, a resposta é mais abrupta e do tipo "tudo ou nada"; a célula permuta entre uma resposta baixa e alta, sem nenhuma resposta intermediária estável *(linha verde)*.

epinefrina (adrenalina), é um exemplo bem estudado desse tipo comum de regulação. A ligação da epinefrina a um receptor de superfície acoplado à proteína G leva a um aumento na concentração intracelular de AMP cíclico, o que, ao mesmo tempo, ativa a enzima que promove a degradação do glicogênio e inibe a enzima que promove sua síntese.

A retroalimentação positiva pode gerar uma resposta "tudo ou nada"

Semelhantemente às vias metabólicas intracelulares (discutidas no Capítulo 2) e aos sistemas que controlam a atividade gênica (Capítulo 7), a maioria dos produtos sistemas de sinalização intracelular incorporam ciclos de retroalimentação, nas quais o produto final de um processo atua na regulação desse processo. Discutimos a análise matemática dos ciclos de retroalimentação no Capítulo 8. Na *retroalimentação positiva*, o produto estimula sua própria produção; na *retroalimentação negativa*, o produto inibe sua própria produção (**Figura 15-17**). Os ciclos de retroalimentação são muito importantes em biologia, regulando diversos processos químicos e físicos na célula. Os que regulam a sinalização celular podem atuar exclusivamente dentro da célula-alvo ou envolver a secreção de sinais extracelulares. Focaremos aqui os ciclos de retroalimentação que ocorrem totalmente dentro da célula-alvo; mesmo os mais simples deles podem produzir efeitos complexos e interessantes.

A retroalimentação positiva em uma via de sinalização pode transformar o comportamento da célula-alvo. Se a retroalimentação positiva tiver intensidade apenas moderada, seu efeito será simplesmente o aumento abrupto da resposta ao sinal, gerando uma resposta sigmoide como as descritas anteriormente; mas se for suficientemente forte, pode produzir uma resposta "tudo ou nada" (ver Figura 15-15). Essa resposta está conectada a outra propriedade: uma vez que o sistema de resposta está no

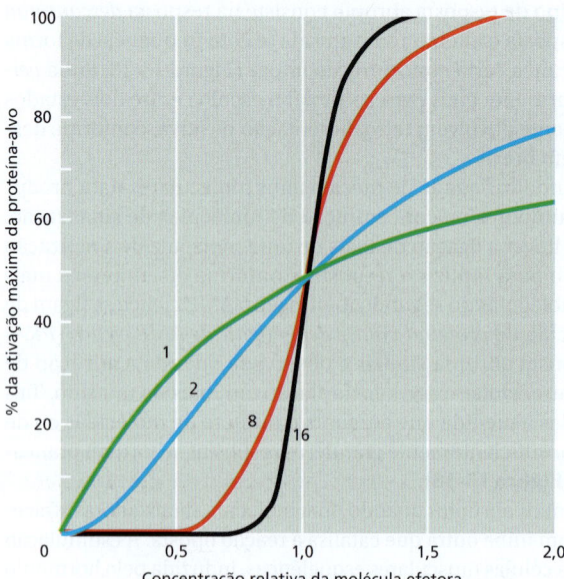

Figura 15-16 **Curvas de ativação de uma proteína alostérica como uma função da concentração da molécula efetora.** As curvas mostram como a velocidade de resposta aumenta com o aumento do número de moléculas efetoras que devem se ligar simultaneamente para ativar a proteína-alvo. As curvas mostradas são as esperadas se a ativação exigir a ligação simultânea de 1, 2, 8 ou 16 moléculas efetoras.

seu nível mais alto de ativação, essa condição geralmente é autossustentada e pode persistir mesmo depois que a intensidade do sinal tenha diminuído abaixo do seu valor crítico. Em tal caso, diz-se que o sistema é *biestável*: ele pode existir no estado "inativado" ou no estado "ativado", e um estímulo transiente pode alterá-lo de um estado para o outro (**Figura 15-18A** e **B**).

Por meio da retroalimentação positiva, um sinal extracelular transitório pode induzir mudanças de longa duração nas células e na sua progênie, as quais podem persistir por toda a vida do organismo. Os sinais que desencadeiam a diferenciação da célula muscular, por exemplo, ativam a transcrição de uma série de genes que codificam proteínas reguladoras de transcrição específicas de músculo, as quais estimulam a transcrição dos seus próprios genes, bem como de genes que codificam várias outras proteínas de célula muscular; dessa forma, a decisão de se tornar uma célula muscular passa a ser permanente. Esse tipo de memória celular, dependente de retroalimentação positiva, é uma das maneiras básicas pelas quais a célula pode sofrer uma mudança permanente de características sem nenhuma alteração na sequência de seu DNA.

Os estudos das respostas de sinalização em grandes populações de células podem dar a falsa impressão de que a resposta aumenta gradualmente, mesmo quando uma retroalimentação positiva forte estiver causando uma troca abrupta e descontínua na resposta nas células individuais. Somente com o estudo da resposta em células isoladas é possível determinar seu caráter "tudo ou nada" (**Figura 15-19**). A resposta gradual enganosa em uma população celular deve-se à variabilidade aleatória intrínseca dos sistemas de sinalização descritos anteriormente; todas as células em uma população não respondem de forma idêntica à mesma concentração do sinal extracelular, especialmente em concentrações intermediárias nas quais o receptor está somente parcialmente ocupado.

A retroalimentação negativa é um motivo comum nos sistemas de sinalização

Em contraste à retroalimentação positiva, a retroalimentação negativa neutraliza o efeito de um estímulo e, dessa forma, abrevia e limita o nível da resposta, tornando o sistema menos sensível a perturbações (ver Capítulo 8). No entanto, como no caso da retroali-

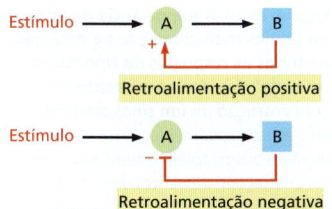

Figura 15-17 Retroalimentação positiva e negativa. Nestes exemplos simples, um estímulo ativa a proteína A, que, por sua vez, ativa a proteína B. Esta atua retroativamente sobre A, aumentando ou diminuindo sua atividade.

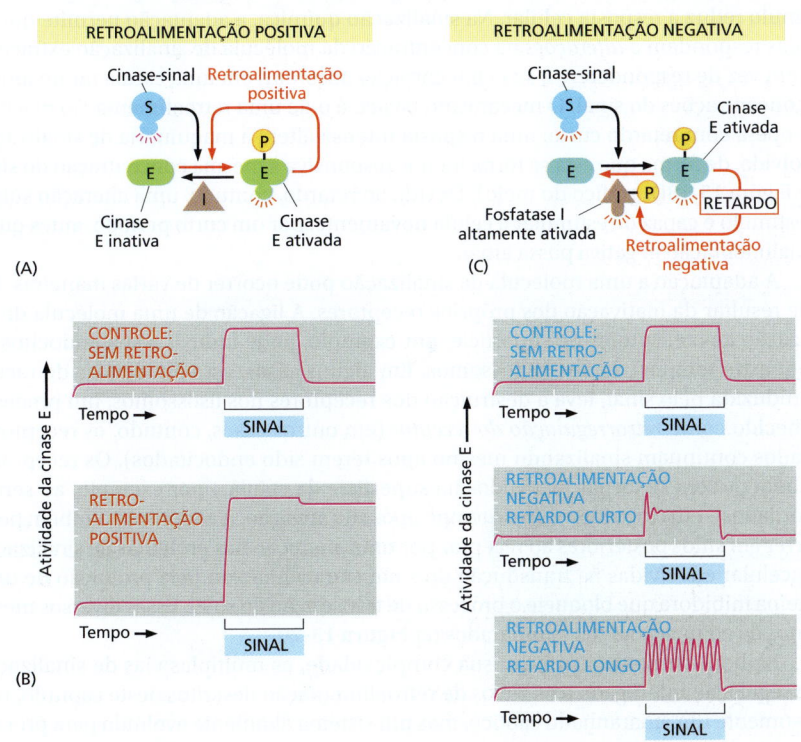

Figura 15-18 Alguns efeitos da retroalimentação simples. Os gráficos mostram os efeitos de ciclos simples de retroalimentação positiva e negativa (ver Capítulo 8). Em cada caso, o sinal inicial é uma proteína-cinase ativada (S) que ativa, por fosforilação, outra proteína-cinase (E); uma proteína-fosfatase (I) inativa, por desfosforilação, a cinase E. Nos gráficos, a linha *vermelha* indica a atividade da cinase E ao longo do tempo. A barra *azul* indica o tempo durante o qual o sinal inicial está presente (cinase S ativada). (A) Diagrama do ciclo de retroalimentação positiva, no qual a cinase E ativada atua retroativamente promovendo a sua própria fosforilação e ativação; a atividade basal da fosfatase I desfosforila a cinase E em uma taxa baixa e constante. (B) O gráfico superior mostra que, sem retroalimentação, a atividade da cinase E é simplesmente proporcional (com um pequeno retardo) ao nível de estimulação pela cinase S. O gráfico inferior mostra que, com o ciclo de retroalimentação positiva, a estimulação transitória pela cinase S troca o sistema de um estado "inativado" para um estado "ativado", o qual persiste mesmo após a remoção do estímulo. (C) Diagrama do ciclo de retroalimentação negativa, no qual a cinase E ativada fosforila e ativa a fosfatase I, aumentando, dessa forma, a taxa na qual a fosfatase desfosforila e inativa a cinase E. (D) O gráfico superior mostra novamente a resposta da atividade da cinase E sem retroalimentação. Os outros gráficos mostram os efeitos, sobre a atividade da cinase E, da retroalimentação negativa agindo após curtos ou longos períodos de retardo. No retardo curto, o sistema mostra uma resposta intensa e curta quando o sinal é alterado abruptamente, e a retroalimentação conduz a resposta de volta a um nível mais baixo. No retardo longo, a retroalimentação produz oscilações sustentadas enquanto o estímulo estiver presente.

Figura 15-19 A importância da análise de células individuais para a detecção de todas as respostas do tipo "tudo ou nada" devidas ao aumento de concentração de um sinal extracelular. Nestes experimentos, ovos imaturos de rã (ovócitos) foram estimulados com concentrações crescentes do hormônio progesterona. A resposta foi avaliada pela análise da ativação da *MAP-cinase* (discutida adiante), uma das enzimas ativadas por fosforilação na resposta à estimulação. A quantidade de MAP-cinase fosforilada (ativada) nos extratos dos ovócitos foi avaliada bioquimicamente. Em (A), foram analisados extratos de populações de ovócitos estimulados, e observa-se que a ativação da MAP-cinase aumenta progressivamente com o aumento da concentração da progesterona. Existem duas explicações possíveis para esse resultado: (B) a MAP-cinase ativada aumentou gradualmente com o aumento da concentração do hormônio, em cada célula individualmente; ou (C) cada célula pode ter respondido individualmente de uma forma "tudo ou nada", e o aumento gradual na ativação total da MAP-cinase refletiria o aumento do número de células que estaria respondendo ao incremento na concentração da progesterona. Quando os extratos dos ovócitos foram analisados individualmente, observou-se que as células apresentavam concentrações muito baixas, ou muito altas, da cinase ativada, sem concentrações intermediárias, indicando que, no nível das células individuais, a resposta foi do tipo "tudo ou nada", conforme representado em (C). Estudos subsequentes revelaram que esta resposta "tudo ou nada" deve-se, em parte, à forte retroalimentação positiva no sistema de sinalização da progesterona. (Adaptada de J.E. Ferrell e E.M. Machleder, *Science* 280:895–898, 1998. Com permissão de AAAS.)

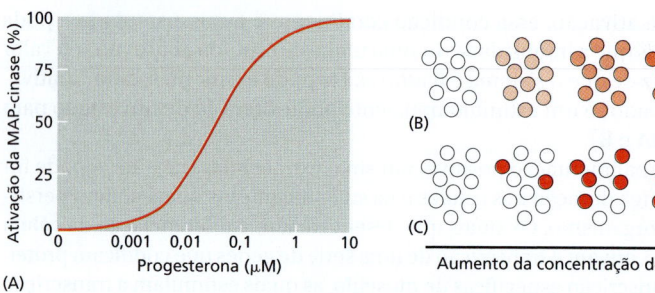

mentação positiva, podem ser obtidas respostas qualitativamente diferentes quando a retroalimentação atua de forma mais vigorosa. Uma retroalimentação negativa com um retardo suficientemente longo pode produzir respostas oscilantes. As oscilações podem persistir enquanto o estímulo estiver presente (**Figura 15-18C** e **D**) ou podem mesmo ser geradas de forma espontânea, sem a necessidade de um sinal externo. Muitos desses osciladores também contêm ciclos de retroalimentação positiva que geram oscilações mais abruptas. Mais adiante, neste capítulo, encontraremos exemplos específicos de comportamento oscilatório na resposta intracelular a sinais extracelulares; todas dependem de retroalimentação negativa, geralmente acompanhada por retroalimentação positiva.

Se a retroalimentação negativa opera com um retardo curto, o sistema se comporta como um detector de mudança. Ele dá uma resposta forte ao estímulo, mas ela decai rapidamente mesmo com a persistência do estímulo; se o estímulo for aumentado de forma súbita, contudo, o sistema responde de novo de forma intensa, mas novamente a resposta decai com rapidez. Esse é o fenômeno de *adaptação* que discutiremos a seguir.

As células podem ajustar sua sensibilidade ao sinal

As células e os organismos são capazes de detectar a mesma porcentagem de variações de um sinal em uma escala muito ampla de intensidade do estímulo em resposta a muitos tipos de estímulos. As células-alvo conseguem isso por meio de um processo reversível de **adaptação**, ou **dessensibilização**, pelo qual uma exposição prolongada a um estímulo reduz a resposta celular. Na sinalização química, a adaptação permite que as células respondam a *alterações* na concentração da molécula de sinalização extracelular (em vez de responderem a sua concentração absoluta) em uma escala muito ampla de concentrações do sinal. O mecanismo básico é o de uma retroalimentação negativa que opera com retardo curto: uma resposta intensa altera a maquinaria de sinalização envolvida, de forma que esta se torna menos responsiva à mesma concentração do sinal (ver Figura 15-18D, gráfico do meio). Devido ao retardo, contudo, uma alteração súbita no estímulo é capaz de estimular a célula novamente, por um curto período, antes que a retroalimentação negativa possa atuar.

A adaptação a uma molécula de sinalização pode ocorrer de várias maneiras. Ela pode resultar da inativação dos próprios receptores. A ligação de uma molécula de sinalização aos receptores de superfície, por exemplo, pode induzir a sua endocitose e o sequestro temporário nos endossomos. Em alguns casos, essa endocitose do receptor, induzida pelo sinal, leva à destruição dos receptores nos lisossomos, um processo conhecido como *retrorregulação do receptor* (em outros casos, contudo, os receptores ativados continuam sinalizando mesmo após terem sido endocitados). Os receptores também podem se tornar inativados na superfície da célula – por exemplo, ao serem fosforilados – em curto intervalo de tempo após sua ativação. A adaptação também pode ocorrer em sítios posteriores ao receptor por uma alteração nas proteínas de sinalização intracelular envolvidas na transdução do sinal extracelular, ou pela produção de uma proteína inibidora que bloqueie o processo de transdução do sinal. Esses diversos mecanismos de adaptação estão comparados na **Figura 15-20**.

Embora desconcertante em sua complexidade, as múltiplas vias de sinalização com regulação interligada e os ciclos de retroalimentação descritos neste capítulo, não são somente um emaranhado caótico, mas um sistema altamente evoluído para proces-

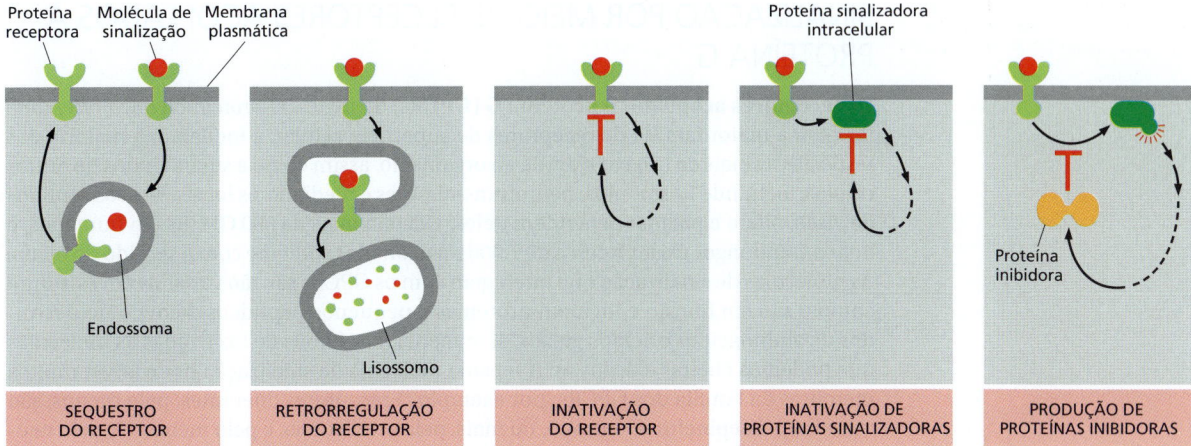

Figura 15-20 Algumas formas pelas quais as células-alvo podem se tornar adaptadas (dessensibilizadas) a uma molécula de sinalização extracelular. Os mecanismos mostrados aqui, relacionados ao receptor, com frequência envolvem fosforilação ou ubiquitinação das proteínas receptoras.

sar e interpretar o vasto número de sinais recebidos pelas células animais. Toda a rede de controle molecular, que vai desde os receptores na superfície da célula até os genes no núcleo, pode ser comparada a um computador; e, tal como outro computador biológico, o cérebro, ela representa um dos mais difíceis problemas em biologia. Podemos identificar os componentes e descobrir como funcionam individualmente. Podemos entender como pequenos subgrupos de componentes atuam em conjunto como módulos reguladores, filtros de ruído ou mecanismos de adaptação, conforme vimos. Contudo, é uma tarefa muito mais difícil entender de que forma o sistema trabalha como um todo. Não somente porque o sistema é complexo, mas também porque a maneira como ele se comporta é extremamente dependente dos detalhes quantitativos das interações moleculares, e para muitas células animais temos apenas informações qualitativas aproximadas. O principal desafio para o futuro da pesquisa sobre sinalização é o desenvolvimento de métodos computacionais e quantitativos mais sofisticados para a análise dos sistemas de sinalização, conforme descrito no Capítulo 8.

Resumo

Cada célula de um animal multicelular é programada para responder a um conjunto específico de sinais extracelulares produzidos por outras células. As moléculas sinalizadoras atuam pela ligação a um conjunto complementar de proteínas receptoras expressadas pelas células-alvo. A maioria das moléculas de sinalização extracelular ativam proteínas receptoras de superfície celular, que atuam como transdutores de sinal, convertendo o sinal extracelular em sinais intracelulares que modificam o comportamento da célula-alvo. Os receptores ativados transmitem o sinal para o interior da célula pela ativação de proteínas sinalizadoras intracelulares. Algumas dessas proteínas transduzem, amplificam ou propagam o sinal à medida que o transmitem, enquanto outras integram os sinais de diferentes vias de sinalização. Alguns funcionam como comutadores, ativados transitoriamente por fosforilação ou por ligação de GTP. Os grandes complexos de sinalização funcionais se formam por meio de domínios modulares de interação nas proteínas sinalizadoras, que permitem a formação de redes de sinalização funcionais.

As células-alvo usam uma variedade de mecanismos, incluindo ciclos de retroalimentação para ajustar as maneiras pelas quais respondem aos sinais extracelulares. Os ciclos de retroalimentação positiva podem ajudar as células a responder de uma forma "tudo ou nada" a aumentos graduais na concentração de um sinal extracelular e para converter um sinal de curta duração em uma resposta de longa duração ou mesmo irreversível. A retroalimentação negativa permite a adaptação das células à molécula de sinalização, o que as torna capazes de responder a pequenas mudanças na concentração desta molécula em uma escala muito ampla de concentrações.

SINALIZAÇÃO POR MEIO DE RECEPTORES ACOPLADOS À PROTEÍNA G

Os **receptores acoplados à proteína G (GPCRs;** do inglês, *G-protein-coupled receptors*) formam a maior família de receptores de superfície celular, e medeiam a maioria das respostas a sinais de origem externa ao organismo, assim como a sinais vindos de outras células, incluindo hormônios, neurotransmissores e mediadores locais. Nossos sentidos da visão, olfato e paladar dependem deles. Existem mais de 800 GPCRs em humanos, e nos camundongos existem cerca de 1.000 relacionados somente com o sentido do olfato. As moléculas de sinalização que interagem com os GPCRs são tão variadas em estrutura como o são em função e incluem proteínas e pequenos peptídeos, bem como derivados de aminoácidos e ácidos graxos, sem mencionar fótons de luz e todas as moléculas que podemos cheirar e degustar. A mesma molécula de sinalização pode ativar muitos membros da família dos GPCRs; por exemplo, 9 receptores diferentes, pelo menos, são ativados pela epinefrina, outros 5, ou mais, pela acetilcolina, e pelo menos 14, pelo neurotransmissor serotonina. Os diferentes receptores para um mesmo sinal geralmente são expressos em tipos celulares diferentes e induzem respostas diferentes.

A despeito da diversidade química e funcional das moléculas de sinalização que os ativam, todos os GPCRs têm uma estrutura semelhante. Consistem em uma única cadeia peptídica que atravessa a bicamada lipídica sete vezes, formando uma estrutura cilíndrica, frequentemente com um sítio de interação com o ligante localizado no seu centro (**Figura 15-21**). Além de sua orientação característica na membrana plasmática, todos usam as proteínas G para transmitir o sinal para o interior da célula.

A superfamília dos GPCRs inclui a *rodopsina*, uma proteína ativada pela luz no olho dos vertebrados, bem como os numerosos receptores olfatórios nas fossas nasais dos vertebrados. Outros membros da família são encontrados em organismos unicelulares: um exemplo são os receptores que reconhecem fatores de acasalamento nas leveduras. É provável que os GPCRs que medeiam a sinalização célula-célula nos organismos multicelulares tenham evoluído dos receptores sensoriais dos eucariotos unicelulares ancestrais.

É extraordinário que quase metade dos fármacos conhecidos atue por meio dos GPCRs ou pelas vias de sinalização ativadas por eles. Das muitas centenas de genes no genoma humano que codificam GPCRs, cerca de 150 codificam receptores órfãos, para os quais não se conhecem os ligantes. Muitos deles são prováveis alvos para novos fármacos que ainda não foram descobertos.

As proteínas G triméricas transmitem os sinais a partir dos receptores associados à proteína G

Quando uma molécula de sinalização extracelular se liga a um GPCR, o receptor sofre uma mudança conformacional que o permite ativar uma **proteína trimérica de ligação a GTP** (**proteína G**), que acopla o receptor a enzimas ou canais iônicos na membrana. Em alguns casos, a proteína G está associada fisicamente ao receptor antes da ativação deste, enquanto em outros ela se liga somente após a ativação do receptor. Existem vários tipos de proteínas G, cada uma específica para um conjunto particular de receptores associados e para um conjunto particular de proteínas-alvo na membrana plasmática. Todas têm, contudo, uma estrutura semelhante e funcionam de modo similar.

As proteínas G são formadas por três subunidades – α, β e γ. No estado não estimulado, a subunidade α está ligada ao GDP, e a proteína G está inativa (**Figura 15-22**). Quando um receptor associado é ativado, ele atua como um fator de troca de nucleotídeos de guanina (GEF) e induz a subunidade α a dissociar o GDP, permitindo que o GTP se ligue no seu lugar. Esta ligação causa uma mudança conformacional ativadora na subunidade Gα, liberando a proteína G do seu receptor e desencadeando a dissociação da subunidade Gα do par G$\beta\gamma$ – ambos interagem então com vários alvos, tais como enzimas e canais iônicos na membrana plasmática, a qual transmite o sinal adiante (**Figura 15-23**).

A subunidade α é uma GTPase que se inativa ao hidrolisar o GTP ligado a ela em GDP. O tempo necessário para a hidrólise do GTP é curto porque a atividade de GTPase é grandemente aumentada pela ligação da subunidade α a uma segunda proteína, que pode ser a proteína-alvo ou um **regulador da sinalização da proteína G (RGS)** específico.

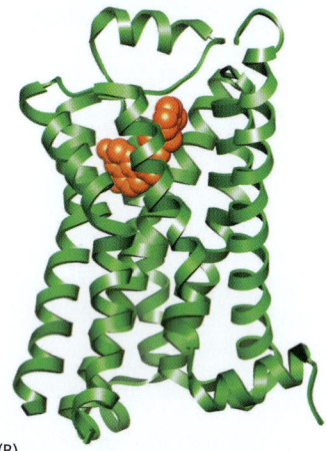

Figura 15-21 Receptor acoplado à proteína G (GPCR). (A) Os GPCRs que interagem com ligantes pequenos, tais como a epinefrina, têm domínios extracelulares pequenos, e o ligante geralmente interage profundamente dentro do plano da membrana em um sítio formado por aminoácidos de vários segmentos transmembrana. Os GPCRs que interagem com ligantes proteicos têm um domínio extracelular grande (não mostrado aqui) que contribui na interação com o ligante. (B) A estrutura do receptor adrenérgico β_2, um receptor do neurotransmissor epinefrina, ilustra o arranjo cilíndrico das hélices transmembrana de sete passagens, típico de um GPCR. O ligante (*laranja*) interage com um bolsão entre as hélices, resultando em mudanças de conformação na superfície citosólica do receptor que promove a ativação da proteína G (não mostrado). (Código PDB: 3POG.)

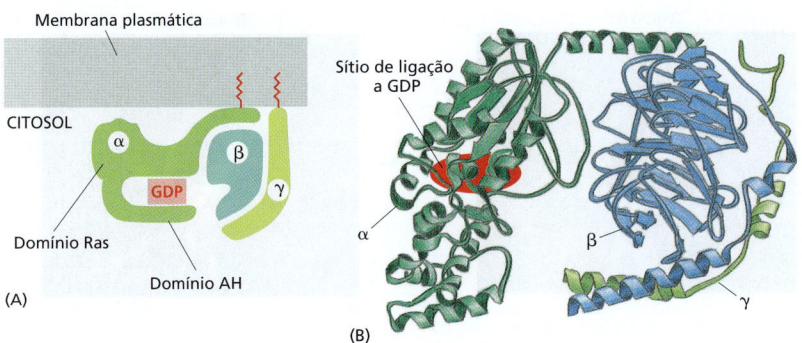

Figura 15-22 A estrutura de uma proteína G inativa. (A) Observe que as subunidades α e γ possuem moléculas de lipídeos covalentemente ligadas (*caudas vermelhas*) que as ajudam na ligação à membrana plasmática, e a subunidade α tem um GDP ligado. (B) A estrutura tridimensional da forma inativa da proteína G ligada a GDP chamada G_s, que interage com muitos GPCRs, incluindo o receptor $β_2$-adrenérgico mostrado nas Figuras 15-21 e 15-23. A subunidade α contém o domínio GTPase e se liga de um lado da subunidade β. A subunidade γ se liga ao lado oposto da subunidade β e as duas subunidades juntas formam uma unidade funcional única. O domínio GTPase da subunidade α contém dois subdomínios principais: o domínio "Ras", que se relaciona com outras GTPases e fornece uma face do bolsão de ligação ao nucleotídeo; e o domínio em hélice α ou "AH", que fixa o nucleotídeo no lugar. (B, baseada em D.G. Lombright et al., *Nature* 379:311–319, 1996. Com permissão de Macmillan Publishers Ltd.)

As proteínas RGS agem como proteínas ativadoras específicas da subunidade α da GTPase (GAPs) (ver Figura 15-8) e atuam na interrupção de respostas mediadas pela proteína G em todos os eucariotos. Existem 25 proteínas RGS codificadas no genoma humano e cada uma delas interage com um conjunto particular de proteínas G.

Algumas proteínas G regulam a produção de AMP cíclico

O **AMP cíclico (cAMP)** atua como um segundo mensageiro em algumas vias de sinalização. Um sinal extracelular pode aumentar a concentração do cAMP mais de 20 vezes em

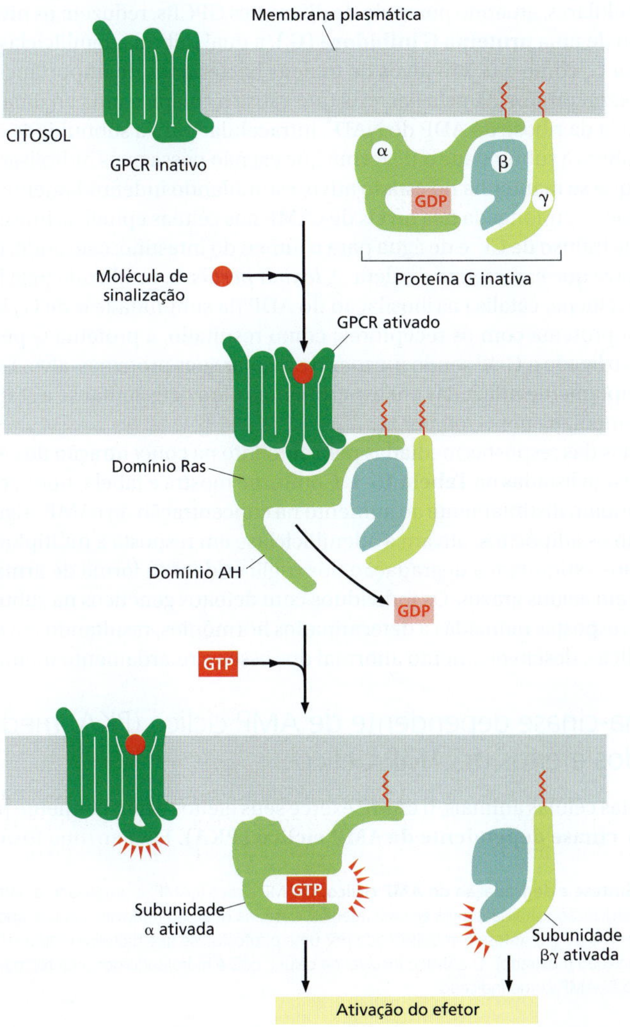

Figura 15-23 Ativação de uma proteína G por um GPCR ativado. A ligação de uma molécula de sinalização extracelular a um GPCR altera a conformação do receptor, o que permite que ele se ligue e altere a conformação de uma proteína G trimérica. O domínio AH da subunidade α da proteína G se move para o exterior para abrir o sítio de ligação ao nucleotídeo, promovendo, assim, a dissociação do GDP. A ligação do GTP promove, então, o fechamento do sítio de ligação ao nucleotídeo, desencadeando as mudanças de conformação que provocam a dissociação da subunidade α do receptor e do complexo βγ. A subunidade α ligada ao GTP e o complexo βγ regulam as atividades das moléculas de sinalização em etapas posteriores da via (não mostrado). O receptor permanece ativo enquanto a molécula de sinalização extracelular estiver ligada a ele, e pode, por isso, catalisar a ativação de muitas moléculas de proteína G (Animação 15.1).

Figura 15-24 Aumento da concentração de AMP cíclico em resposta a um sinal extracelular. Esta célula nervosa em cultura responde ao neurotransmissor serotonina, que atua por meio de um GPCR e causa um rápido aumento na concentração intracelular de AMP cíclico. Para acompanhar o nível de AMP cíclico, a célula recebeu uma proteína fluorescente que tem sua fluorescência alterada quando ligada ao cAMP. *Azul* indica um nível baixo, *amarelo*, um nível intermediário, e *vermelho*, um nível alto de AMP cíclico. (A) Na célula em repouso, o nível é de 5×10^{-8} M. (B) Vinte segundos após a adição de serotonina ao meio de cultura, o nível intracelular de AMP cíclico subiu para mais de 10^{-6} M nas partes relevantes da célula, um aumento de mais de 20 vezes. (De B.J. Bacskai et al., *Science* 260:222–226, 1993. Com permissão de AAAS.)

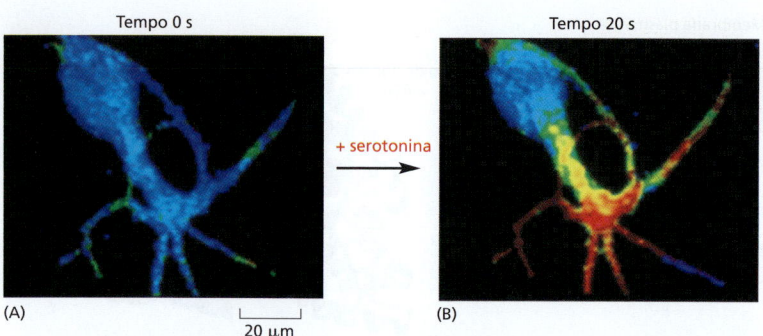

segundos (**Figura 15-24**). Conforme explicado anteriormente (ver Figura 15-14), uma resposta em tão pouco tempo requer que a síntese rápida da molécula seja equilibrada por sua rápida degradação ou remoção. O AMP cíclico é sintetizado a partir do ATP por uma enzima chamada **adenililciclase**, e é rápida e continuamente destruído pelas **fosfodiesterases de cAMP** (**Figura 15-25**). A adenililciclase é uma proteína transmembrana de passagem múltipla grande, com o seu domínio catalítico no lado citosólico da membrana. Nos mamíferos existem pelo menos oito isoformas, sendo a maioria delas regulada por proteínas G e íons Ca^{2+}.

Diversos sinais extracelulares agem pelo aumento das concentrações de cAMP no interior da célula. Esses sinais ativam os GPCRs que estão acoplados a uma **proteína G estimuladora (G_s)**. A subunidade α ativada da G_s se liga e ativa a adenililciclase. Outros sinais extracelulares, atuando por meio de diferentes GPCRs, reduzem os níveis de cAMP pela ativação de uma **proteína G inibidora (G_i)**, a qual inibe a adenililciclase.

Tanto a G_s como a G_i são alvos de toxinas bacterianas de importância médica. A *toxina da cólera*, produzida pela bactéria que causa a cólera, é uma enzima que catalisa a transferência da ribose do ADP do NAD^+ intracelular para a subunidade α da G_s. Essa ribosilação altera a subunidade α de forma que ela não possa mais hidrolisar seu GTP, fazendo com que se mantenha no estado ativo, estimulando indefinidamente a adenililciclase. A elevação prolongada nos níveis de cAMP nas células epiteliais intestinais provoca um grande influxo de Cl^- e de água para o lúmen do intestino, causando, dessa forma, a diarreia grave que caracteriza a cólera. A *toxina pertússis,* produzida pela bactéria que causa a coqueluche, catalisa a ribosilação do ADP da subunidade α de G_i, impedindo a interação da proteína com os receptores; como resultado, a proteína G permanece no estado inativo ligado a GDP sendo incapaz de regular suas proteínas-alvo. Essas duas toxinas são amplamente utilizadas em experimentos para determinar se a resposta celular a um sinal é mediada por G_s ou por G_i.

Algumas das respostas mediadas pelo aumento na concentração de cAMP estimulado por G_s estão listadas na **Tabela 15-1**. Conforme mostra a tabela, tipos celulares diferentes respondem distintamente ao aumento na concentração do cAMP. Alguns tipos celulares, como os adipócitos, ativam a adenililciclase em resposta a múltiplos hormônios e, assim, todos estimulam a degradação dos triglicerídeos (a forma de armazenamento de gordura) em ácidos graxos. Os indivíduos com defeitos genéticos na subunidade α da G_s mostram respostas reduzidas a determinados hormônios, resultando em anormalidades metabólicas, desenvolvimento anormal dos ossos e retardamento mental.

A proteína-cinase dependente de AMP cíclico (PKA) medeia a maioria dos efeitos do AMP cíclico

Na maioria das células animais, o cAMP exerce seus efeitos principalmente pela ativação da **proteína-cinase dependente de AMP cíclico (PKA)**. Essa enzima fosforila serinas

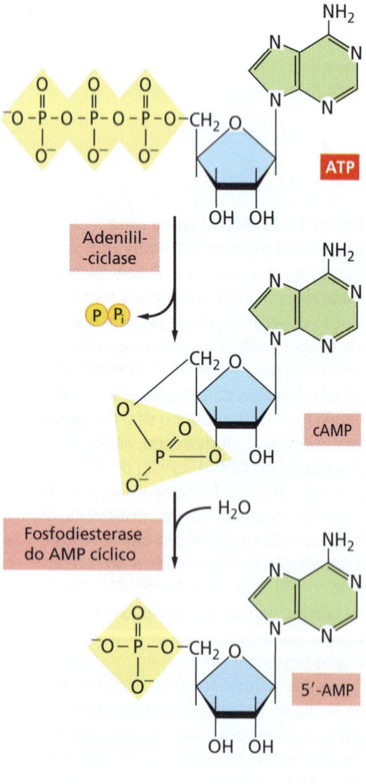

Figura 15-25 Síntese e degradação do AMP cíclico. O AMP cíclico (cAMP) é sintetizado a partir do ATP por uma reação de ciclização, catalisada pela enzima adenililciclase, na qual são removidos dois grupos fosfato na forma de pirofosfato (PP_i); a síntese é impulsionada por uma pirofosfatase que hidrolisa o pirofosfato formado, liberando fosfato (não mostrado). O cAMP é instável na célula, pois é hidrolisado por uma fosfodiesterase específica, formando 5'-AMP, como indicado.

CAPÍTULO 15 Sinalização celular

TABELA 15-1 Algumas respostas celulares induzidas por hormônios mediadas por AMP cíclico

Tecido-alvo	Hormônio	Resposta principal
Tireoide	Hormônio estimulador da tireoide (TSH)	Síntese e secreção do hormônio da tireoide
Córtex suprarrenal	Hormônio adrenocorticotrófico (ACTH)	Secreção de cortisol
Ovário	Hormônio luteinizante (LH)	Secreção de progesterona
Músculo	Epinefrina	Degradação do glicogênio
Osso	Paratormônio	Reabsorção óssea
Coração	Epinefrina	Aumento da frequência cardíaca e da força de contração
Fígado	Glucagon	Degradação do glicogênio
Rim	Vasopressina	Reabsorção de água
Tecido adiposo	Epinefrina, ACTH, glucagon, TSH	Degradação de triglicerídeos

ou treoninas específicas em determinadas proteínas-alvo, inclusive proteínas de sinalização intracelular e proteínas efetoras, regulando suas atividades. As proteínas-alvo distinguem-se nos diferentes tipos celulares, o que explica por que os efeitos do cAMP variam tanto dependendo do tipo celular (ver Tabela 15-1).

No seu estado inativo, a PKA consiste em um complexo de duas subunidades catalíticas e de duas subunidades reguladoras. A ligação do cAMP às subunidades reguladoras altera a conformação dessas subunidades, provocando sua dissociação do complexo. As subunidades catalíticas liberadas são, assim, ativadas e fosforilam substratos proteicos específicos (**Figura 15-26**). As subunidades reguladoras da PKA (também chamada de cinase A) são importantes para localizar a enzima dentro da célula: *proteínas de ancoragem à cinase A* (*AKAPs, A-kinase anchoring proteins*) especiais se ligam simultaneamente às subunidades reguladoras e a componentes do citoesqueleto ou à membrana de uma organela, confinando o complexo enzimático a um determinado compartimento subcelular. Algumas dessas proteínas de ancoragem também se ligam a outras proteínas sinalizadoras, formando um complexo de sinalização. Uma AKAP localizada ao redor do núcleo das células musculares cardíacas, por exemplo, liga-se à PKA e a uma fosfodiesterase que hidrolisa cAMP. Nas células não estimuladas, a fosfodiesterase mantém baixa a concentração local de cAMP, de forma que a PKA associada está inativa; nas células estimuladas, a concentração de cAMP aumenta rapidamente, suplantando a fosfodiesterase e ativando a PKA. Entre as proteínas-alvo fosforiladas e ativadas por PKA nestas células está a fosfodiesterase adjacente, a qual reduz de novo, rapidamente, a concentração de cAMP. Esse arranjo de retroalimentação negativa converte o que seria uma resposta prolongada à PKA em um pulso curto e localizado de atividade da PKA.

Enquanto algumas respostas mediadas pelo cAMP ocorrem em segundos (ver Figura 15-24), outras dependem de mudanças na transcrição de genes específicos e levam horas para ocorrer totalmente. Nas células que secretam o hormônio peptídico *soma-

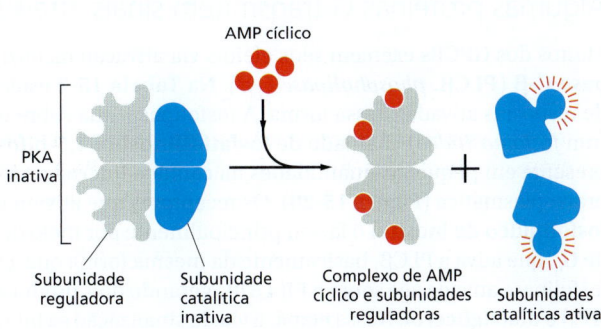

Figura 15-26 Ativação da proteína-cinase dependente de AMP cíclico (PKA). A ligação do cAMP às subunidades reguladoras do tetrâmero da PKA induz uma mudança de conformação, causando sua dissociação das subunidades catalíticas e ativando, dessa forma, a função cinásica dessas subunidades. A liberação das subunidades catalíticas requer a ligação de mais de duas moléculas de cAMP às subunidades reguladoras no tetrâmero. Essa exigência aumenta muito a definição da resposta da cinase a alterações na concentração do cAMP, conforme discutido anteriormente (ver Figura 15-16). As células de mamíferos possuem, pelo menos, dois tipos de PKA: o tipo I está principalmente no citosol, enquanto o tipo II está ligado, por meio de suas subunidades reguladoras e de proteínas de ancoragem especiais, às membranas plasmática, nuclear, mitocondrial externa e aos microtúbulos. Em ambos os tipos, contudo, quando as subunidades catalíticas estão livres e ativas, elas migram para o núcleo (onde fosforilam proteínas reguladoras de genes), enquanto as subunidades reguladoras permanecem no citoplasma.

Figura 15-27 Como o aumento na concentração intracelular de AMP cíclico altera a transcrição gênica. A ligação de uma molécula de sinalização extracelular ao seu GPCR ativa a adenililciclase via G_s e aumenta a concentração de cAMP no citosol. Esse aumento ativa a PKA, e suas subunidades catalíticas liberadas entram no núcleo, onde fosforilam a proteína reguladora CREB. Após a fosforilação, esta proteína recruta o coativador CBP, que estimula a transcrição gênica. Pelo menos em alguns casos a CREB inativa está ligada ao elemento de resposta ao AMP cíclico (CRE) no DNA antes deste ser fosforilado (não mostrado). Ver Animação 15.2.

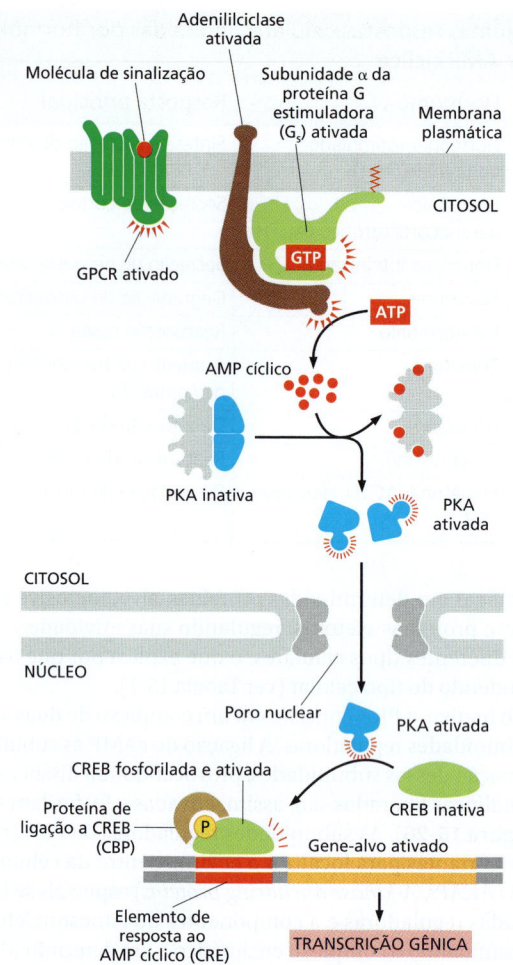

tostatina, por exemplo, o cAMP ativa o gene que codifica esse hormônio. A região reguladora do gene da somatostatina contém uma sequência reguladora *cis* curta, chamada *elemento de resposta ao cAMP (CRE)* que é encontrado também na região reguladora de muitos outros genes ativados por cAMP. Um regulador de transcrição específico denominado **proteína de ligação a CRE** (**CREB**; do inglês, *CRE-binding*) reconhece essa sequência. Quando a PKA está ativada pelo cAMP, ela fosforila a CREB em uma única serina; então, a CREB fosforilada recruta o coativador de transcrição chamado de *proteína de ligação a CREB (CBP, CREB-binding protein)*, que estimula a transcrição dos genes-alvo (**Figura 15-27**). Assim, a CREB pode transformar um sinal curto de cAMP em uma mudança de longa duração na célula, um processo que se acredita ter uma função importante em algumas formas de aprendizado e memória no cérebro.

Algumas proteínas G transmitem sinais através de fosfolipídeos

Muitos dos GPCRs exercem seus efeitos via ativação da enzima de membrana **fosfolipase C-β** (**PLCβ**, *phospholipase C-β*). Na **Tabela 15-2** estão citados alguns exemplos de respostas ativadas dessa forma. A fosfolipase atua sobre um fosfolipídeo de inositol (um *fosfoinositídeo*) chamado de **fosfatidilinositol 4,5-bifosfato** (**PI[4,5]P_2**), que está presente em pequenas quantidades na camada interna da bicamada lipídica da membrana plasmática (**Figura 15-28**). Os receptores que ativam essa **via de sinalização do fosfolipídeo de inositol** o fazem principalmente por meio de uma proteína G chamada de G_q, que ativa a PLCβ, basicamente da mesma forma que a G_s ativa a adenililciclase. A fosfolipase ativada age sobre o PI(4,5)P_2, gerando dois produtos: **inositol 1,4,5-trifosfato** (**IP$_3$**) e **diacilglicerol**. Nessa etapa, a via de sinalização se bifurca.

TABELA 15-2	Algumas respostas celulares nas quais receptores associados à proteína G ativam a PLCβ	
Tecido-alvo	Molécula de sinalização	Resposta principal
Fígado	Vasopressina	Degradação do glicogênio
Pâncreas	Acetilcolina	Secreção de amilase
Músculo liso	Acetilcolina	Contração muscular
Plaquetas	Trombina	Agregação plaquetária

A IP_3 é uma molécula hidrossolúvel que sai da membrana e se difunde rapidamente no citosol. Quando alcança o retículo endoplasmático (RE), liga-se aos **canais de liberação de Ca^{2+} controlados por IP_3** (também chamados de **receptores de IP_3**) na membrana do RE, abrindo-os. O Ca^{2+} estocado no RE é liberado através dos canais abertos, aumentando rapidamente sua concentração no citosol (**Figura 15-29**). O aumento no Ca^{2+} citosólico atua na propagação do sinal pela influência da atividade das proteínas intracelulares sensíveis ao íon, como descreveremos em breve.

Ao mesmo tempo em que o IP_3 produzido pela hidrólise do $PI(4,5)P_2$ aumenta a concentração do Ca^{2+} no citosol, o outro produto da clivagem do $PI(4,5)P_2$, diacilglicerol, exerce diferentes efeitos. Ele também atua como um segundo mensageiro, mas permanece na membrana plasmática, onde tem vários papéis potenciais na sinalização. Uma de suas funções principais é a de ativar uma proteína-cinase chamada **proteína-cinase C (PKC)**, assim denominada porque é dependente de Ca^{2+}. O aumento inicial no Ca^{2+} citosólico, induzido por IP_3, altera a PKC de forma que ela se desloca do citosol para a face citoplasmática da membrana. Aí ela é ativada pela combinação de Ca^{2+}, diacilglicerol e do fosfolipídeo de membrana carregado negativamente, fosfatidilserina (ver Figura 15-29). Uma vez ativada, a PKC fosforila proteínas-alvo que variam dependendo do tipo celular. Os princípios são os mesmos já apresentados anteriormente para a PKA, embora a maioria das proteínas-alvo seja diferente.

O diacilglicerol pode ser clivado e liberar ácido araquidônico, que pode agir como um mensageiro ou ser usado na síntese de outras moléculas de sinalização lipídicas pequenas, chamadas de *eicosanoides*. A maioria das células de vertebrados produz eicosanoides, incluindo as *prostaglandinas*, as quais têm muitas atividades biológicas. Essas moléculas participam nas respostas inflamatórias e na resposta à dor, e muitos dos fármacos anti-inflamatórios (como ácido acetilsalicílico, ibuprofeno e cortisona) atuam, em parte, inibindo sua síntese.

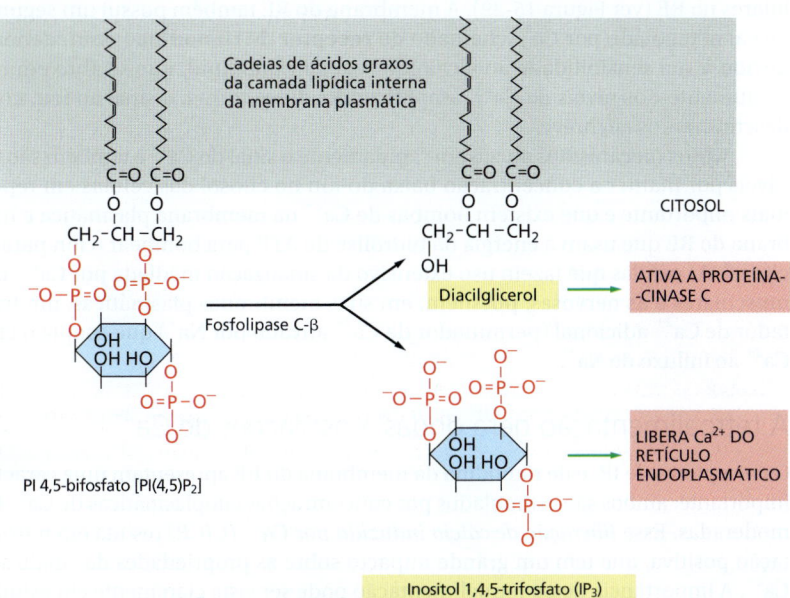

Figura 15-28 A hidrólise do $PI(4,5)P_2$ pela fosfolipase C-β. Dois segundos mensageiros são produzidos pela hidrólise do $PI(4,5)P_2$: inositol 1,4,5-trifosfato (IP_3), que se difunde pelo citosol e libera Ca^{2+} do retículo endoplasmático, e o diacilglicerol, que permanece na membrana e ajuda na ativação da proteína-cinase C (PKC; ver Figura 15-29). Existem várias classes de PKC, incluindo a classe β, que é ativada por GPCRs; veremos mais adiante que a classe γ é ativada por uma classe de receptores acoplados a enzimas chamados de receptores tirosinas-cinase (RTKs).

Figura 15-29 Como os GPCRs aumentam o Ca²⁺ citosólico e ativam a proteína-cinase C. O GPCR ativado estimula a fosfolipase C-β (PLCβ) ligada à membrana plasmática via uma proteína G chamada G_q. A subunidade α e o complexo βγ da G_q estão envolvidos nessa ativação. Dois segundos mensageiros são produzidos quando o PI(4,5)P$_2$ é hidrolisado pela PLCβ ativada. O inositol 1,4,5-trifosfato (IP$_3$) se difunde pelo citosol e se liga aos canais de Ca²⁺ controlados por IP$_3$ na membrana do retículo endoplasmático, abrindo-os e liberando Ca²⁺. O gradiente eletroquímico de Ca²⁺ através da membrana do retículo faz com que o íon saia para o citosol quando os canais de liberação estão abertos. O diacilglicerol permanece na membrana plasmática e, juntamente com a fosfatidilserina (não mostrada) e o Ca²⁺, auxilia na ativação da proteína-cinase C, a qual é recrutada do citosol para a face citosólica da membrana plasmática. Do total de mais de 10 isoformas diferentes da enzima em humanos, pelo menos quatro são ativadas pelo diacilglicerol. (Animação 15.3)

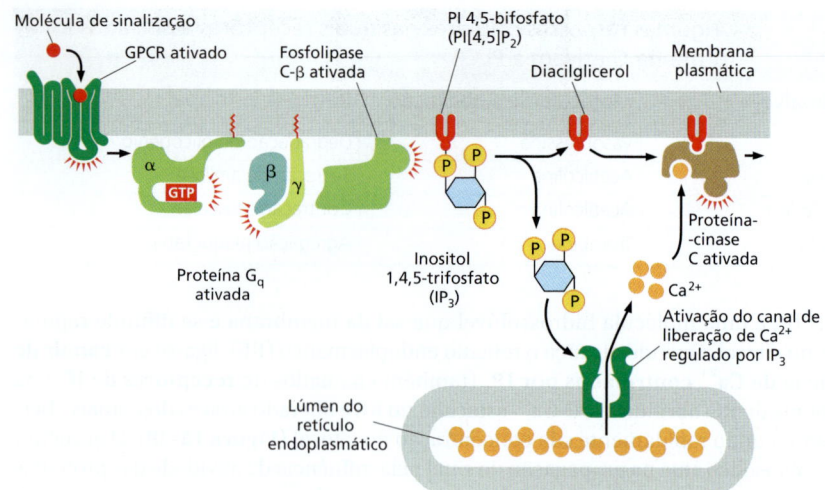

O Ca²⁺ funciona como um mediador intracelular ubíquo

Muitos sinais extracelulares, e não somente aqueles que atuam via proteínas G, desencadeiam um aumento na concentração citosólica de Ca²⁺. Nas células musculares, o Ca²⁺ promove a contração e também a secreção em diversas células secretoras, incluindo as células nervosas. O Ca²⁺ tem numerosas outras funções em uma grande variedade de tipos celulares. Esse íon é um mediador efetivo de sinalização porque sua concentração no citosol é normalmente muito baixa (~10^{-7} M), enquanto sua concentração no fluido extracelular (~10^{-3} M) e no lúmen do retículo endoplasmático (RE) (e no retículo sarcoplasmático [RS] no músculo) é alta. Assim, existe um grande gradiente através da membrana plasmática e da membrana do RE e do RS, tendendo a conduzir o íon para o citosol. Quando um sinal abre transitoriamente os canais de Ca²⁺ nessas membranas, o íon flui para o citosol, e o aumento resultante de 10 a 20 vezes na concentração local do Ca²⁺ ativa, na célula, proteínas responsivas ao íon.

Alguns estímulos, incluindo a despolarização da membrana, distensão da membrana e determinados sinais extracelulares, ativam os canais de Ca²⁺ na membrana plasmática, resultando em um influxo do íon a partir do exterior da célula. Outros sinais, incluindo os mediados por GPCR descritos anteriormente, atuam principalmente por meio dos receptores de IP$_3$ para estimular a liberação do Ca²⁺ dos estoques intracelulares no RE (ver Figura 15-29). A membrana do RE também possui um segundo tipo de canal regulado por Ca²⁺ chamado de **receptor de rianodina** (assim denominado devido à sua sensibilidade ao alcaloide vegetal rianodina), que se abre em resposta ao aumento dos níveis de Ca²⁺, amplificando, dessa forma, o sinal ao íon, conforme descreveremos em breve.

Vários mecanismos encerram rapidamente o sinal do Ca²⁺ e também são responsáveis por manter a concentração baixa do íon no citosol das células em repouso. O mais importante é que existem bombas de Ca²⁺ na membrana plasmática e na membrana do RE que usam a energia da hidrólise do ATP para bombear o íon para fora do citosol. As células que fazem uso extensivo da sinalização mediada por Ca²⁺, como as musculares e as nervosas, possuem, em suas membranas plasmáticas, um transportador de Ca²⁺ adicional (permutador de Ca²⁺ ativado por Na⁺) que acopla o efluxo de Ca²⁺ ao influxo de Na⁺.

A retroalimentação gera ondas e oscilações de Ca²⁺

Os receptores de IP$_3$ e de rianodina da membrana do RE apresentam uma característica importante: ambos são estimulados por concentrações citoplasmáticas de Ca²⁺ baixas a moderadas. Essa *liberação de cálcio induzida por Ca²⁺ (CICR)* resulta em retroalimentação positiva, que tem um grande impacto sobre as propriedades da sinalização por Ca²⁺. A importância dessa retroalimentação pode ser vista claramente em estudos com

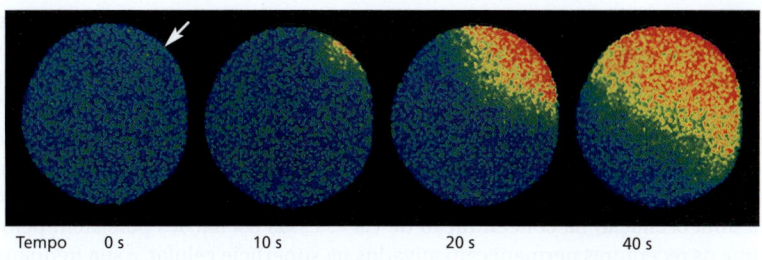

Figura 15-30 Fertilização de um óvulo por um espermatozoide desencadeia uma onda de Ca^{2+} citosólico. Este óvulo de estrela-do-mar foi injetado com um corante fluorescente sensível ao Ca^{2+} antes de ser fertilizado. Pode-se observar uma onda de Ca^{2+} citosólico (*vermelho*), proveniente do retículo endoplasmático, movendo-se através do ovo a partir do local de entrada do espermatozoide (*seta*). Esta onda provoca uma alteração na superfície do ovo, impedindo a entrada de outros espermatozoides e iniciando o desenvolvimento embrionário (Animação 15.5). Acredita-se que o aumento inicial no Ca^{2+} seja causado por uma forma de fosfolipase (PLCζ) específica do espermatozoide, liberada por ele no citoplasma do ovo no momento da fusão; a PLCζ hidrolisa $PI(4,5)P_2$ e produz IP_3, que libera Ca^{2+} do retículo endoplasmático do ovo. O Ca^{2+} estimula a liberação de mais Ca^{2+} do RE, produzindo a onda que se propaga, conforme explicado na Figura 15-31. (Cortesia de Stephen A. Stricker.)

indicadores fluorescentes sensíveis ao Ca^{2+}, tais como *aequorina* ou *fura-2* (discutidos no Capítulo 9), que permitem aos pesquisadores monitorar o Ca^{2+} citosólico em células individuais sob o microscópio (**Figura 15-30** e **Animação 15.4**).

Quando as células que possuem um indicador de Ca^{2+} são tratadas com uma pequena quantidade de uma molécula sinalizadora extracelular que estimula a produção de IP_3, minúsculos picos de Ca^{2+} são vistos em uma ou mais regiões discretas da célula. Essas faíscas ou picos de Ca^{2+} refletem a abertura local de pequenos grupos de canais de liberação de Ca^{2+} controlados por IP_3 no RE. Como várias proteínas de ligação ao Ca^{2+} atuam como tampões de Ca^{2+} e restringem a difusão do íon, o sinal frequentemente permanece no sítio de entrada do Ca^{2+} no citosol. Se o sinal extracelular for suficientemente forte e persistente, contudo, a concentração local de Ca^{2+} pode alcançar um nível suficiente para ativar receptores de IP_3 e de rianodina adjacentes, resultando em uma onda regenerativa de liberação de Ca^{2+} que se move pelo citosol (**Figura 15-31**), muito semelhante ao potencial de ação em um axônio.

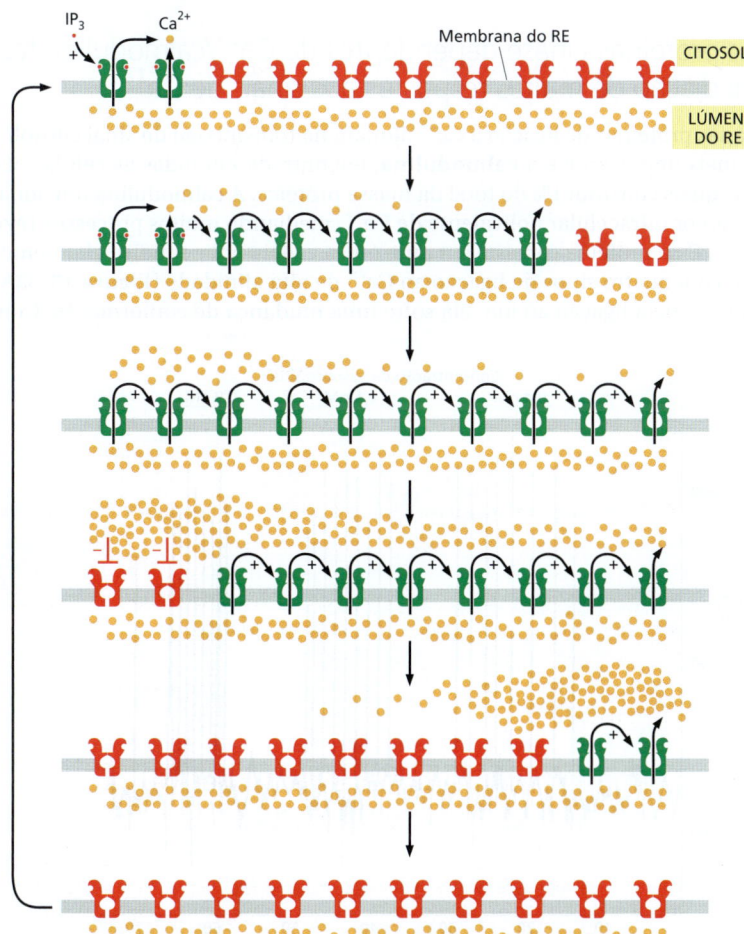

Figura 15-31 Retroalimentação positiva e negativa produz oscilações e ondas de Ca^{2+}. Este diagrama mostra os receptores de IP_3 e de rianodina em um segmento da membrana do RE: os receptores ativos estão em *verde*; os inativos estão em *vermelho*. Quando uma pequena quantidade do IP_3 citosólico ativa um grupo de receptores de IP_3 em um sítio na membrana do RE (*parte superior*), a liberação local de Ca^{2+} promove a abertura dos receptores de IP_3 e de rianodina, resultando em mais liberação de Ca^{2+}. Esta retroalimentação positiva (indicada por sinais +) produz uma onda regenerativa de liberação de Ca^{2+} que se propaga pela célula (ver Figura 15-30). Essas ondas de liberação de Ca^{2+} se movem mais rapidamente por toda a célula do que seria possível por difusão simples. Também, ao contrário de uma difusão explosiva de íons Ca^{2+}, que se torna mais diluída conforme se propaga, a onda regenerativa produz uma alta concentração do íon na célula inteira. No final, a concentração local inativa os receptores de IP_3 e de rianodina (*parte central*; indicado por sinais – *vermelhos*), encerrando a liberação de Ca^{2+}. As bombas de Ca^{2+} reduzem a concentração local citosólica do íon ao seu nível normal, baixo. O resultado é um pico de Ca^{2+}: a retroalimentação positiva leva a um aumento rápido no Ca^{2+} citosólico, e a retroalimentação negativa o baixa novamente. Os canais de Ca^{2+} permanecem refratários a uma estimulação adicional por um período de tempo, retardando a geração de outro pico (*parte inferior*). No final, contudo, a retroalimentação negativa se esgota, permitindo que IP_3 desencadeie outra onda de Ca^{2+}. O resultado são oscilações repetidas do íon (ver Figura 15-32). Sob determinadas condições, essas oscilações podem ser vistas como ondas de Ca^{2+} repetitivas movendo-se por toda a célula.

Outra propriedade importante dos receptores de IP_3 e rianodina consiste na sua inibição, após um determinado intervalo de tempo, por altas concentrações de Ca^{2+} (uma forma de retroalimentação negativa). Assim, o aumento do Ca^{2+} em uma célula estimulada leva à inibição de sua liberação; como as bombas removem o Ca^{2+} citosólico, sua concentração cai (ver Figura 15-31). Esse declínio eventualmente elimina a retroalimentação negativa, permitindo que o Ca^{2+} citosólico aumente outra vez. Assim como em outros casos de retroalimentação negativa com retardo (ver Figura 15-18), o resultado é uma oscilação na concentração de Ca^{2+}. Essas oscilações persistem pelo tempo em que os receptores permanecem ativados na superfície celular, e sua frequência reflete a intensidade do estímulo extracelular (**Figura 15-32**). A frequência, a amplitude e o ritmo das oscilações também podem ser modulados por outros mecanismos de sinalização, como a fosforilação, que influencia a sensibilidade dos canais de cálcio ao íon ou afeta outros componentes do sistema de sinalização.

A frequência das oscilações de Ca^{2+} pode ser traduzida em uma resposta celular dependente de frequência. Em alguns casos, essa resposta também é oscilatória: nas células da hipófise, por exemplo, a estimulação por um sinal extracelular induz repetidos picos de Ca^{2+}, sendo cada um deles associado a um aumento repentino na secreção de hormônio. Em outros casos, a resposta dependente de frequência não é oscilatória: em alguns tipos de células, por exemplo, uma determinada frequência de picos de Ca^{2+} ativa a transcrição de um determinado conjunto de genes, enquanto uma frequência mais alta ativa a transcrição de um conjunto diferente. Como as células percebem a frequência de picos e alteram suas respostas? O mecanismo depende, presumivelmente, de proteínas sensíveis ao Ca^{2+} que alteram sua atividade em função da frequência de picos. Uma proteína-cinase que atua como um dispositivo de memória molecular parece possuir essa admirável propriedade, conforme discutiremos a seguir.

As proteínas-cinase dependentes de Ca^{2+}/calmodulina fazem a mediação de muitas respostas aos sinais de Ca^{2+}

Várias proteínas de ligação a Ca^{2+} ajudam na transmissão do sinal citosólico de Ca^{2+}. A mais importante é a **calmodulina**, encontrada em todas as células eucarióticas, nas quais constitui 1% do total da massa proteica. A calmodulina funciona como um receptor intracelular polivalente de Ca^{2+}, mediando muitos processos regulados por Ca^{2+}. Essa proteína consiste em uma única cadeia polipeptídica altamente conservada, com quatro sítios de ligação ao Ca^{2+} de alta afinidade (**Figura 15-33A**). Quando ativada pela ligação ao íon, ela sofre uma mudança de conformação. Como dois ou

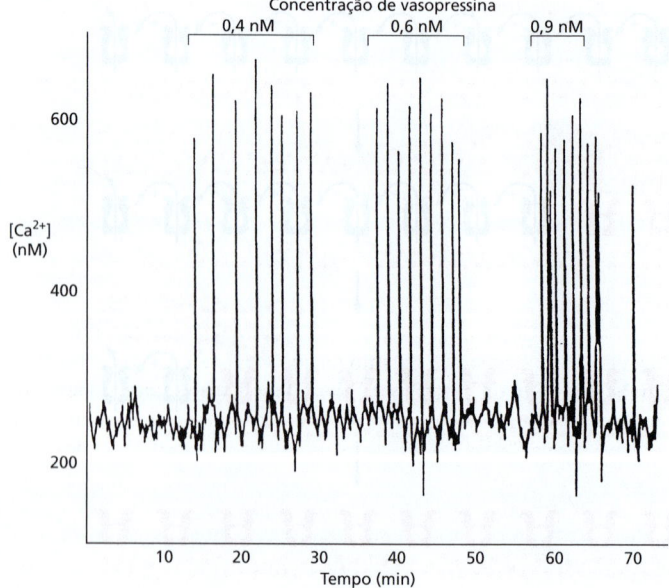

Figura 15-32 Oscilações de Ca^{2+} induzidas pela vasopressina em uma célula hepática. As células foram carregadas com a aequorina, uma proteína sensível ao Ca^{2+}, e expostas a concentrações crescentes de *vasopressina*, que ativa um GPCR e, dessa forma, a PLCβ (ver Tabela 15-2). Observe que a frequência dos picos de Ca^{2+} aumenta com o aumento da concentração da vasopressina, mas a amplitude dos picos não é afetada. Cada pico tem a duração de 7 segundos. (Adaptada de N.M. Woods, K.S.R. Cuthbertson e P.H. Cobbold, *Nature* 319:600–602, 1986. Com permissão de Macmillan Publishers Ltd.)

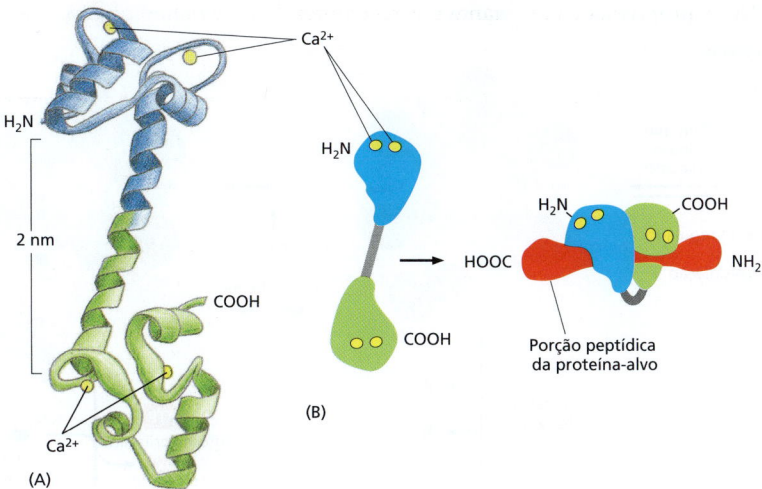

Figura 15-33 A estrutura da Ca²⁺/calmodulina. (A) A molécula tem a forma de um haltere, com duas extremidades globulares que se ligam a diversas proteínas-alvo. As extremidades globulares são conectadas por uma hélice α longa e exposta, que permite à proteína adotar um grande número de conformações diferentes, dependendo da proteína-alvo com a qual está interagindo. Cada uma das cabeças globulares possui dois domínios de ligação ao Ca²⁺(Animação 15.6). (B) Está ilustrada a principal mudança estrutural que ocorre no complexo Ca²⁺/calmodulina ao se ligar a uma proteína-alvo (neste exemplo, um peptídeo que forma o domínio de ligação de uma proteína-cinase dependente de Ca²⁺/calmodulina). Observe que o complexo Ca²⁺/calmodulina forma uma espécie de "foice" que envolve o peptídeo. Ele pode adotar diferentes conformações quando se liga a outros alvos. (A, baseado em dados de cristalografia por difração de raios X obtidos por Y.S. Babu et al., *Nature* 315:37–40, 1985. Com permissão de Macmillan Publishers Ltd; B, baseado em dados de cristalografia por difração de raios X obtidos por W.E. Meador, A.R. Means, e F.A. Quiocho, *Science* 257:1251–1255, 1992, e dados de espectroscopia por ressonância magnética nuclear (RMN) obtidos por M. Ikura et al., *Science* 256:632–638, 1992.)

mais íons de Ca²⁺ devem se ligar antes que a calmodulina adote sua conformação ativa, a proteína mostra uma resposta sigmoide a concentrações aumentadas de Ca²⁺ (ver Figura 15-16).

A ativação alostérica da calmodulina pelo Ca²⁺ é análoga à ativação da PKA pelo cAMP, exceto pelo fato de o complexo Ca²⁺/calmodulina não ser dotado, ele próprio, de atividade enzimática: o complexo atua ligando-se a outras proteínas. Em alguns casos, a calmodulina serve como uma subunidade reguladora permanente de um complexo enzimático, mas, na maioria das vezes, a ligação do Ca²⁺ permite a ligação da proteína a várias outras proteínas-alvo na célula, alterando suas atividades.

O complexo Ca²⁺/calmodulina ativado sofre uma acentuada mudança de conformação quando se liga à sua proteína-alvo (**Figura 15-33B**). Entre os alvos regulados pela calmodulina estão muitas enzimas e proteínas de transporte de membrana. Como exemplo, Ca²⁺/calmodulina ativa uma bomba de Ca²⁺ da membrana plasmática que usa a hidrólise do ATP para transportar o íon para fora da célula. Assim, sempre que a concentração intracelular do Ca²⁺ aumenta, a bomba é ativada, auxiliando no retorno do íon aos níveis citosólicos normais.

Contudo, muitos dos efeitos do Ca²⁺ são indiretos e mediados por fosforilações catalisadas pela família de **proteínas-cinase dependentes de Ca²⁺/calmodulina (CaM-cinases)**. Algumas fosforilam reguladores de transcrição, como a CREB (ver Figura 15-27), ativando ou inibindo a transcrição de genes específicos.

Uma das CaM-cinases mais bem estudadas é a **CaM-cinase II**, que é encontrada na maioria das células animais, mas é especialmente significativa no sistema nervoso. Constitui 2% do total da massa proteica em algumas regiões do cérebro, e está altamente concentrada nas sinapses. A CaM-cinase II possui várias propriedades notáveis. Essa enzima possui uma estrutura quaternária espetacular: 12 cópias da enzima estão organizadas em um par de anéis empilhados, com os domínios cinase no exterior unidos a um eixo central (**Figura 15-34**). Essa estrutura ajuda a enzima a funcionar como um dispositivo de memória molecular, tornando-se ativa quando exposta ao complexo Ca²⁺/calmodulina e permanecendo ativa mesmo após a extinção do sinal de Ca²⁺. Isso porque as subunidades cinase adjacentes podem fosforilar umas às outras (processo denominado *autofosforilação*) quando a Ca²⁺/calmodulina as ativa (Figura 15-34). Uma vez que uma subunidade cinase é autofosforilada, ela permanece ativa mesmo na ausência de Ca²⁺, prolongando, dessa forma, a duração da atividade da cinase para além da ativação inicial do sinal de Ca²⁺. A enzima mantém sua atividade até que uma proteína-fosfatase remova a autofosforilação e inative a cinase. A ativação da CaM-cinase II pode, dessa forma, servir como um sinal de memória de um pulso de Ca²⁺ prévio, e parece ter um papel importante nos mecanismos de memória e de aprendizagem no sistema nervoso dos vertebrados. Os camundongos mutantes sem uma subunidade específica presente normalmente no cérebro apresentam defeitos específicos na sua capacidade de memória espacial.

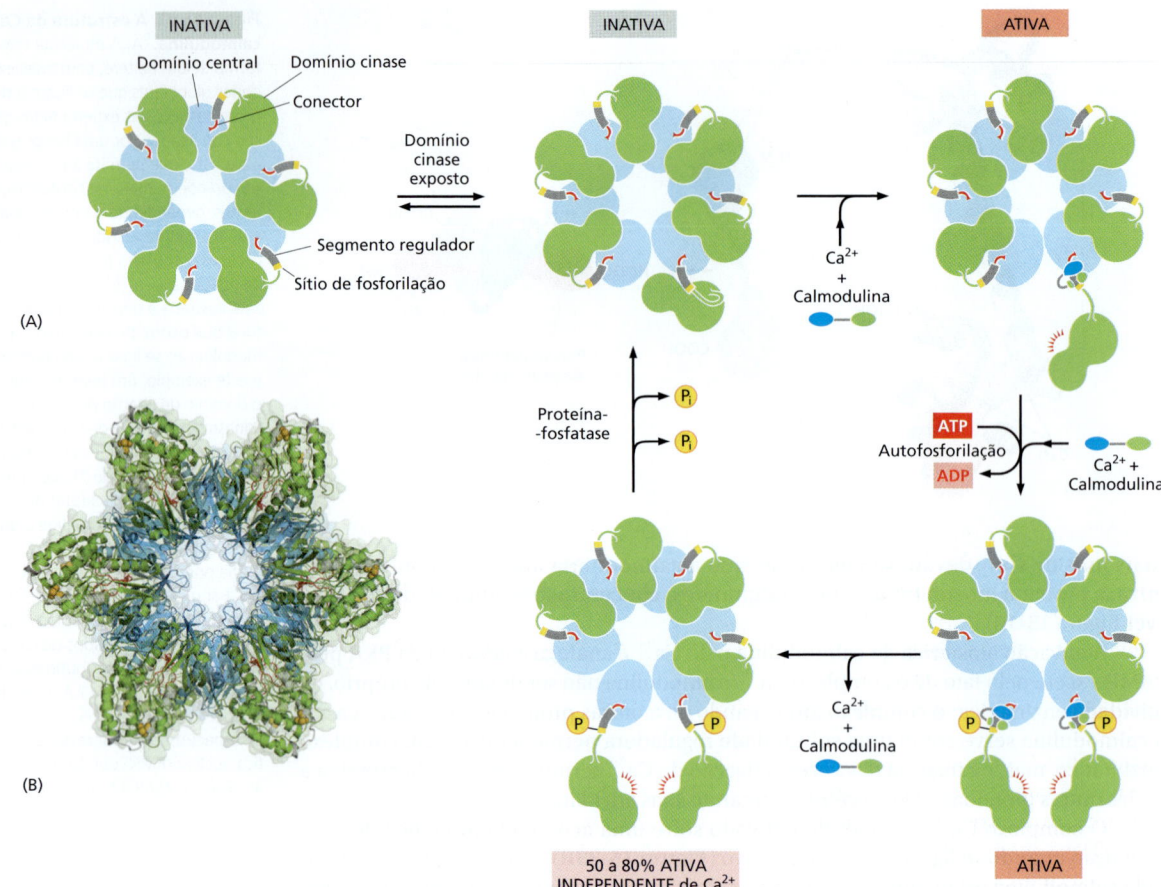

Figura 15-34 Ativação gradual da CaM-cinase II. (A) Cada CaM-cinase II possui dois domínios principais: um domínio cinase aminoterminal (*verde*) e um domínio central carboxiterminal (*azul*), unidos por um segmento regulador. Seis CaM-cinases II estão organizadas formando um anel gigante no qual os domínios centrais interagem com alta afinidade, produzindo uma estrutura central rodeada pelo domínio cinase. A enzima completa contém dois anéis empilhados, com um total de 12 cinases, mas somente um anel está mostrado aqui. Quando a enzima está inativa, o anel existe em um equilíbrio dinâmico entre dois estados. O primeiro (*superior, à esquerda*) está em um estado compacto, no qual o domínio cinase interage com o domínio central, de forma que o segmento regulador está escondido no sítio ativo da cinase, bloqueando a atividade catalítica. No segundo estado inativo (*superior, central*), um domínio cinase está exposto e unido ao domínio central por seu segmento regulador, o que continua a inibir a cinase, mas agora está acessível à Ca^{2+}/calmodulina que, se estiver presente, se ligará ao segmento regulador impedindo-o de inibir a cinase, dessa forma mantendo a cinase em um estado ativo (*canto superior direito*). Se a subunidade cinase adjacente também for exposta, ela também será ativada pela Ca^{2+}/calmodulina, e as duas cinases serão fosforiladas mutuamente nos seus segmentos reguladores (*canto inferior direito*). Essa autofosforilação ativa a enzima. Também prolonga a atividade da enzima por dois motivos. Em primeiro lugar, ela captura a Ca^{2+}/calmodulina de forma que esta só se dissocia da enzima quando os níveis de Ca^{2+} citosólico retornam aos valores basais por, pelo menos, 10 segundos (não mostrado). Em segundo lugar, ela converte a enzima em uma forma independente de Ca^{2+}, de maneira que a cinase permanece ativa mesmo após a dissociação da Ca^{2+}/calmodulina (*canto inferior esquerdo*). Essa atividade continua até que a ação de uma proteína-fosfatase anule a autofosforilação da CaM-cinase II. (B) Este modelo estrutural da enzima está baseado em análise de cristalografia por difração de raios X.

A notável estrutura dodecamérica da enzima permite que ela alcance uma variação ampla de estados intermediários de atividade, em resposta a frequências diferentes de oscilações de Ca^{2+}: frequências mais altas tendem a fazer com que mais subunidades da enzima alcancem o estado fosforilado ativo (ver Figura 15-35). O comportamento da CaM-cinase II também é controlado pelo comprimento do segmento de ligação entre o domínio central e o da cinase. O segmento de ligação é mais longo em algumas isoformas da enzima; nessas isoformas, o domínio cinase tende a estar exposto com mais frequência, tornando-o mais sensível ao Ca^{2+}. Este e outros mecanismos permitem que a célula module a capacidade de resposta da enzima às necessidades dos diferentes tipos de neurônios. (Adaptada de L.H. Chao et al., *Cell* 146:732–745, 2011. Código PDB: 3SOA.)

Outra propriedade notável da CaM-cinase II consiste em que a enzima pode usar seu mecanismo de memória intrínseca para decodificar a frequência das oscilações do Ca^{2+}. Acredita-se que essa propriedade seja importante especialmente nas sinapses, onde as mudanças dos níveis intracelulares de Ca^{2+} em uma célula pós-sináptica ativada

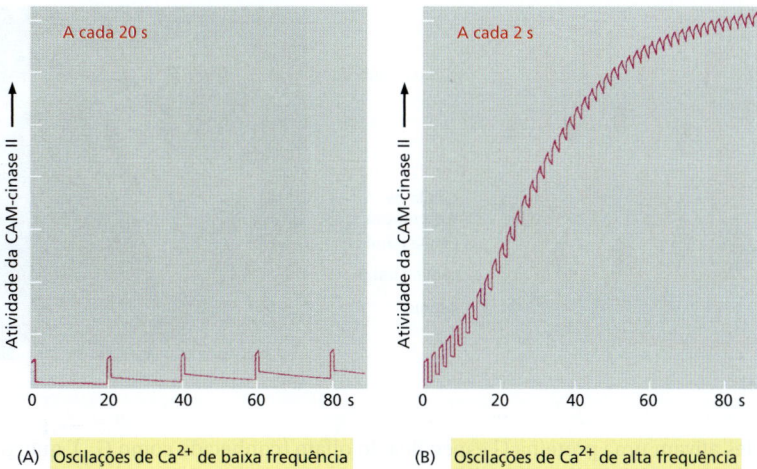

Figura 15-35 **CAM-cinase II como um decodificador de frequência das oscilações de Ca^{2+}.** (A) Em presença de baixa frequência de picos de Ca^{2+}, a enzima se torna inativa após cada pico, uma vez que a autofosforilação induzida pela ligação de Ca^{2+}/calmodulina não mantém a atividade da enzima pelo tempo suficiente até que surja o pico seguinte. (B) Em presença de alta frequência de picos, no entanto, a enzima não consegue se inativar completamente no intervalo entre os picos, de forma que ela aumenta progressivamente a atividade com cada pico. Se a frequência de picos for suficientemente alta, esse aumento progressivo da atividade da enzima terá continuidade até que seja autofosforilada em todas as suas subunidades, alcançando, assim, a ativação máxima. Embora não esteja mostrado, uma vez que um número suficiente de subunidades seja autofosforilado, a enzima pode ser mantida em um estado altamente ativo, mesmo com uma frequência relativamente baixa de picos de Ca^{2+} (uma forma de memória celular). A ligação da Ca^{2+}/calmodulina à enzima é aumentada pela autofosforilação da CaM-cinase II (uma forma adicional de retroalimentação positiva), ajudando a gerar uma resposta semelhante ao tipo "tudo ou nada" após picos repetidos de Ca^{2+}. (Dados de P.I. Hanson, T. Meyer, L. Stryer, e H. Schulman, *Neuron* 12:943–956, 1994. Com permissão de Elsevier.)

podem resultar em mudanças de longa duração na eficiência subsequente dessa sinapse (discutido no Capítulo 11). Quando a enzima é exposta, ao mesmo tempo, a uma fosfatase e a pulsos repetitivos de Ca^{2+}/calmodulina de diferentes frequências, que mimetizam os pulsos observados nas células estimuladas, a atividade da enzima aumenta, proporcionalmente, como uma função da frequência do pulso (**Figura 15-35**).

Algumas proteínas G regulam canais iônicos diretamente

As proteínas G não atuam exclusivamente na regulação da atividade das enzimas de membrana que alteram a concentração de cAMP ou de Ca^{2+} no citosol. A subunidade α de um tipo de proteína G (chamada de G_{12}), por exemplo, ativa um GEF que converte uma GTPase monomérica da *família Rho* (discutida mais adiante e no Capítulo 16) em sua forma ativa capaz de regular o citoesqueleto de actina.

Em alguns outros casos, as proteínas G ativam ou inativam diretamente os canais iônicos na membrana plasmática da célula-alvo, alterando, dessa forma, a permeabilidade aos íons e, por conseguinte, a excitabilidade da membrana. A acetilcolina, liberada pelo nervo vago, por exemplo, reduz a frequência cardíaca (ver Figura 15-5B). Uma classe especial de receptores de acetilcolina que ativam a proteína G_i, discutida anteriormente, medeia esse efeito. A subunidade α da proteína G_i, uma vez ativada, inibe a adenililciclase (conforme descrito previamente), enquanto as subunidades βγ se ligam aos canais de K^+ da membrana plasmática das células musculares cardíacas, abrindo-os. A abertura desses canais dificulta a despolarização da célula, o que contribui para o efeito inibitório da acetilcolina no coração. (Os receptores de acetilcolina que são ativados pelo alcaloide fúngico muscarina são chamados de *receptores muscarínico de acetilcolina*, para distingui-los dos *receptores nicotínicos de acetilcolina*, bem diferentes, que são acoplados a canais iônicos nas células musculoesqueléticas e nas células nervosas e ativados por nicotina e por acetilcolina.)

Outras proteínas G regulam a atividade de canais iônicos de forma mais indireta, pela estimulação da fosforilação dos canais (p. ex., por PKA, PKC ou CaM-cinase) ou pela produção ou degradação de nucleotídeos cíclicos que ativam ou inativam diretamente esses canais. Esses *canais iônicos controlados por nucleotídeos cíclicos* têm um papel crítico no olfato e na visão, conforme discutiremos a seguir.

O olfato e a visão dependem de receptores associados à proteína G que regulam canais iônicos

Os humanos são capazes de distinguir mais de 10 mil odores, detectados por neurônios olfatórios especializados localizados na mucosa nasal. Essas células reconhecem odores por meio de GPCRs específicos, chamados de **receptores olfatórios;** os receptores estão localizados na superfície dos cílios modificados que se projetam das células (**Figura 15-36**). Os receptores agem por meio de cAMP. Quando estimulados pela ligação de um odorante,

Figura 15-36 Neurônios receptores olfatórios. (A) Representação esquemática de um corte do epitélio olfatório da cavidade nasal. Os neurônios olfatórios possuem cílios modificados que se projetam na superfície do epitélio e contêm os receptores olfatórios, além da maquinaria de transdução de sinal. Quando a célula é ativada por um odorante, o axônio, que se estende a partir da extremidade oposta do receptor, envia sinais elétricos para o cérebro para gerar um potencial de ação. Pelo menos nos roedores, as células basais atuam como células-tronco, produzindo, ao longo da vida do animal, novos neurônios receptores para substituir os que morrem. (B) Micrografia eletrônica de varredura dos cílios na superfície de um neurônio olfatório. (B, de E.E. Morrison e R.M. Costanzo, *J. Comp. Neurol.* 297:1–13, 1990. Com permissão de Wiley-Liss.)

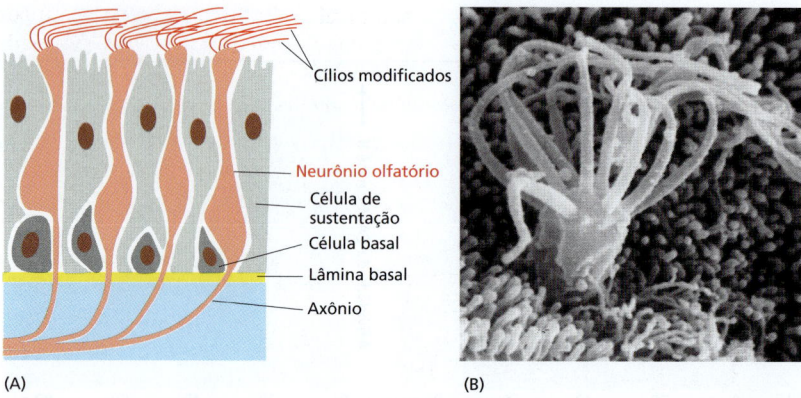

eles ativam uma proteína G específica do olfato (conhecida como G_{olf}), que, por sua vez, ativa uma adenililciclase. O aumento resultante no cAMP abre os *canais catiônicos controlados por cAMP*, permitindo um influxo de Na^+, o que despolariza a membrana do neurônio olfatório e inicia um impulso nervoso que percorre o axônio até o cérebro.

Existem, em camundongos, cerca de mil receptores olfatórios diferentes, e cerca de 350 em humanos, cada um codificado por um gene diferente e reconhecendo um grupo diferente de odorantes. Cada neurônio olfatório produz um único tipo de receptor; o neurônio responde a um grupo específico de odorantes por meio do seu respectivo receptor específico, e cada odorante ativa seu próprio grupo de neurônios olfatórios. O mesmo receptor tem um papel crucial no direcionamento do prolongamento axonal de cada neurônio olfatório em desenvolvimento para os neurônios-alvo cerebrais específicos com os quais será conectado. Um grupo diferente de GPCRs atua de forma semelhante em alguns vertebrados na mediação da resposta aos *feromônios*, sinais químicos detectados em uma parte diferente da cavidade nasal e que são utilizados na comunicação entre os membros de uma mesma espécie. Os humanos, contudo, parecem não possuir receptores funcionais para feromônios.

A visão dos vertebrados envolve um processo de detecção de sinal altamente sensível e tão elaborado quanto o do olfato. Também estão envolvidos canais iônicos controlados por nucleotídeos cíclicos, mas, nesse caso, o nucleotídeo envolvido é o **GMP cíclico** (**Figura 15-37**). Da mesma forma que para o cAMP, a concentração de GMP cíclico no citosol é controlada pela sua síntese rápida (pela *guanililciclase*) e pela sua rápida degradação (pela *fosfodiesterase de GMP cíclico*).

Nas respostas de transdução visual, que são, entre as mediadas pelas proteínas G, as mais rápidas conhecidas nos vertebrados, a ativação do receptor pela luz resulta em redução no nível de GMP cíclico e não em aumento. A via tem sido bem estudada nos **fotorreceptores dos bastonetes** (**bastonetes**) da retina de vertebrados. Os bastonetes são responsáveis pela visão monocromática no escuro, enquanto os **fotorreceptores dos cones** (**cones**) são responsáveis pela visão colorida na presença de luz. O bastonete é uma célula altamente especializada, com um segmento externo e um interno, um corpo celular e uma região sináptica por meio da qual o sinal químico é transmitido para a célula nervosa da retina (**Figura 15-38**). Esta transmite o sinal para outra célula nervosa na retina, que, por sua vez, o transmite para o cérebro.

O sistema de fototransdução está no segmento externo do bastonete, que contém uma pilha de *discos* cada um deles formado por um saco membranoso fechado cheio de moléculas fotossensíveis de **rodopsina**. A membrana plasmática que envolve o segmento externo possui *canais de Na^+ controlados por GMP cíclico*. O GMP cíclico ligado aos canais os mantém abertos no escuro. Paradoxalmente, a luz causa uma hiperpolarização da membrana plasmática (o que inibe a sinalização sináptica) ao invés de uma despolarização (o que estimularia a sinalização sináptica). A hiperpolarização (ou seja, o potencial de membrana se torna mais negativo – discutido no Capítulo 11) acontece porque a ativação pela luz das moléculas de rodopsina na membrana do disco provoca uma queda na concentração de GMP cíclico e o fechamento dos canais de cátions na membrana plasmática que envolve o conjunto dos discos (**Figura 15-39**).

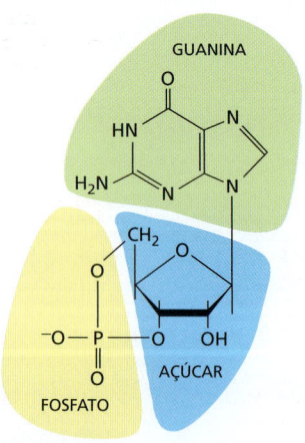

Figura 15-37 GMP cíclico.

Figura 15–38 Um bastonete fotorreceptor. Existem cerca de mil discos no segmento externo. As membranas dos discos não estão conectadas com a membrana plasmática. Os segmentos externo e interno são partes especializadas de um *cílio primário* (discutido no Capítulo 16). Os cílios primários se estendem a partir da superfície da maioria das células de vertebrados, nas quais servem como uma organela de sinalização.

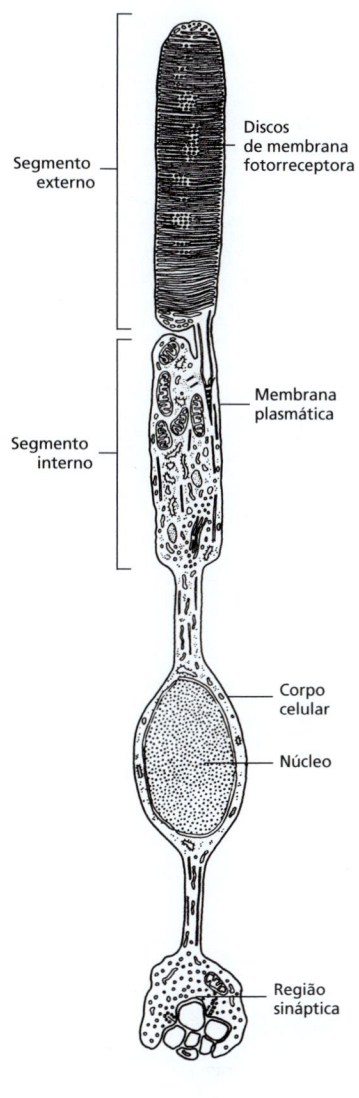

A rodopsina é um membro da família de GPCRs, porém o sinal extracelular ativador não é uma molécula, mas sim um fóton de luz. Cada molécula de rodopsina possui um cromóforo, o 11-*cis* retinal, ligado covalentemente e que isomeriza quase de maneira instantânea para retinal na forma *trans* quando absorve um único fóton. A isomerização altera a forma do retinal, forçando uma mudança conformacional na proteína (opsina). A rodopsina ativada altera a conformação da proteína G *transducina* (G_t), fazendo com que sua subunidade α ative a **fosfodiesterase do GMP cíclico**. A enzima hidrolisa o GMP cíclico, reduzindo, assim, seus níveis no citosol. Essa queda na concentração leva a uma redução na quantidade de GMP cíclico ligado aos canais de cátions na membrana plasmática, provocando o fechamento deles. Dessa forma, o sinal é transmitido rapidamente da membrana do disco para a membrana plasmática, e o sinal luminoso é convertido em sinal elétrico, por meio da hiperpolarização da membrana plasmática do bastonete.

Os bastonetes utilizam vários ciclos de retroalimentação negativa para permitir que as células retornem rapidamente a um estado escuro de repouso que se segue a um sinal luminoso, uma exigência para que a brevidade do sinal seja percebida. Uma proteína-cinase específica da rodopsina, chamada de *rodopsina-cinase* (*RK*), fosforila várias serinas na cauda citosólica da rodopsina ativada, inibindo parcialmente sua capacidade de ativar a transducina. Uma proteína inibitória chamada de *arrestina* (discutida adiante no capítulo) liga-se, então, à rodopsina fosforilada, inibindo sua atividade. Se o gene que codifica RK, em camundongos ou em humanos, for inativado por mutação, a resposta dos bastonetes à luz é prolongada.

Ao mesmo tempo em que a rodopsina é inativada pela arrestina, uma proteína RGS (discutida anteriormente) liga-se à transducina ativada, estimulando a hidrólise do GTP ligado a ela a GDP, fazendo-a retornar ao seu estado inativo. Além disso, os canais de cátions que se fecham em resposta à luz são permeáveis também ao Ca^{2+}, bem como ao Na^+, de forma que, quando fecham, inibem o influxo normal de Ca^{2+}, fazendo diminuir a concentração do íon no citosol. Essa queda na concentração estimula a guani-

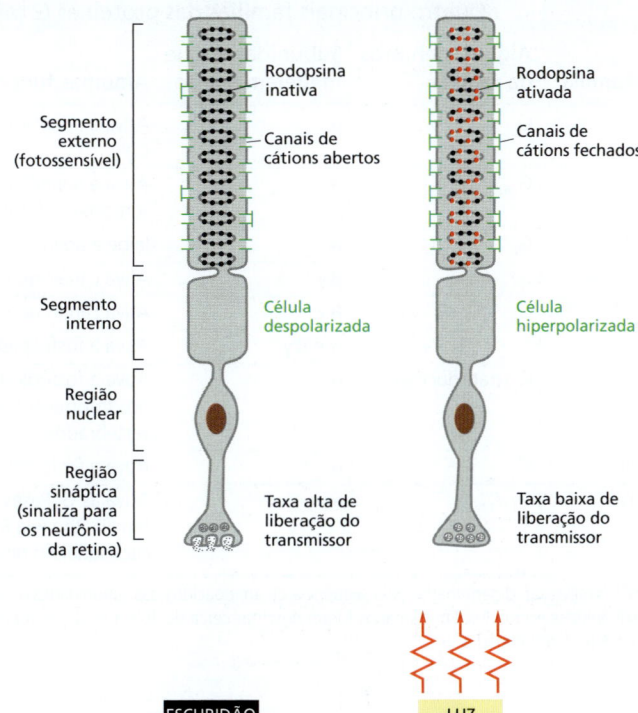

Figura 15-39 Resposta do bastonete ao estímulo luminoso. Os fótons são absorvidos pelas moléculas de rodopsina nos discos do segmento externo. Isso leva ao fechamento dos canais de cátions na membrana plasmática, o que a hiperpolariza e reduz a taxa de liberação do neurotransmissor na região sináptica. Como o neurotransmissor inibe muitos neurônios pós-sinápticos da retina, a luz serve para reverter a inibição e, assim, excitá-los. As conexões neurais da retina ficam entre a fonte de luz e o segmento externo, e a luz deve passar por toda a sinapse e pelo núcleo do bastonete para alcançar os sensores de luz.

lilciclase, que repõe rapidamente o GMP cíclico, fazendo seu nível retornar àquele de antes do estímulo luminoso. A ativação da guanililciclase é mediada por uma proteína específica sensível ao Ca^{2+} que responde à queda dos níveis do íon. Em contraste com a calmodulina, essa proteína está inativa quando tem Ca^{2+} ligado a ela e está ativa na ausência do íon. Por isso, ela estimula a ciclase quando os níveis de Ca^{2+} diminuem em consequência de uma resposta à luz.

Os mecanismos de retroalimentação negativa fazem mais do que levar o bastonete a um estado de repouso após um estímulo luminoso; eles também auxiliam na *adaptação* do fotorreceptor, reduzindo sua resposta, quando exposto continuamente à luz. A adaptação, conforme discutido anteriormente, permite que a célula receptora funcione como um detector sensível de *mudanças* na intensidade do estímulo, abrangendo uma enorme variação de níveis basais de estimulação. Por isso podemos ver estrelas fracas em um céu escuro ou o *flash* de uma câmera fotográfica em um dia de sol.

A Tabela 15-3 mostra um resumo das quatro principais famílias às quais pertencem as várias proteínas G triméricas apresentadas neste capítulo.

O óxido nítrico é um mediador de sinalização gasoso que passa entre as células

As moléculas sinalizadoras como o cálcio e os nucleotídeos cíclicos são pequenas moléculas hidrofílicas que geralmente atuam no interior das células nas quais são produzidas. Algumas moléculas sinalizadoras, contudo, são suficientemente pequenas e hidrofóbicas, ou ambas, para atravessar facilmente a membrana plasmática e levar sinais para as células mais próximas. Um importante e extraordinário exemplo é o gás **óxido nítrico** (**NO**; do inglês, *nitric oxide*), que funciona como molécula de sinalização em vários tecidos de animais e plantas.

Nos mamíferos, uma das muitas funções do NO é a de relaxar a musculatura lisa nas paredes de vasos sanguíneos. O neurotransmissor acetilcolina estimula a síntese do NO pela ativação de um GPCR na membrana das células endoteliais que revestem o interior do vaso. O receptor ativado desencadeia a síntese de IP_3 e a liberação de Ca^{2+} (ver Figura 15-29), levando à estimulação de uma enzima que sintetiza NO. Como o óxi-

TABELA 15-3 Quatro principais famílias das proteínas G triméricas*

Família	Alguns membros da família	Subunidades que medeiam a ação	Algumas funções
I	G_s	α	Ativa a adenililciclase; ativa canais de Ca^{2+}
	G_{olf}	α	Ativa a adenililciclase nos neurônios sensoriais olfatórios
II	G_i	α	Inibe a adenililciclase
		βγ	Ativa canais de K^+
	G_o	βγ	Ativa canais de K^+; inativa canais de Ca^{2+}
		α e βγ	Ativa a fosfolipase C-β
	G_t (transducina)	α	Ativa a fosfodiesterase de GMP cíclico nos fotorreceptores dos bastonetes de vertebrados
III	G_q	α	Ativa a fosfolipase C-β
IV	$G_{12}/_{13}$	α	Ativa as GTPases monoméricas da família Rho (via Rho-GEF) para regular o citoesqueleto de actina

*As famílias são determinadas pela sequência de aminoácidos das subunidades α. São mostrados somente exemplos selecionados. Em humanos foram descritas cerca de 20 subunidades α e, pelo menos, seis subunidades β e 11 subunidades γ.

do nítrico dissolvido atravessa facilmente membranas, difunde-se para fora da célula onde é produzido e para as células musculares lisas adjacentes, onde causa relaxamento muscular e, com isso, dilatação dos vasos saguíneos (**Figura 15-40**). Ele atua apenas localmente, porque tem uma meia-vida curta, de 5 a 10 segundos no espaço extracelular, antes de se converter em nitratos e nitritos pela ação do oxigênio e da água.

O efeito do NO sobre os vasos sanguíneos explica o mecanismo de ação da nitroglicerina, que tem sido usada por 100 anos no tratamento de pacientes com angina (dor resultante do fluxo sanguíneo inadequado do músculo cardíaco). A nitroglicerina é convertida em NO, o que relaxa os vasos sanguíneos. Isso reduz a carga de trabalho do coração e, como consequência, reduz a necessidade de oxigênio do músculo cardíaco.

O gás NO é produzido pela desaminação do aminoácido arginina, catalisada pelas enzimas chamadas óxido **NO sintase** (**NOS**) (ver Figura15-40). A NOS das células endoteliais é chamada de *eNOS*, enquanto a das células nervosas e musculares é chamada de *nNOS*. Tanto eNOS como nNOS são estimuladas por Ca^{2+}. Os macrófagos, ao contrário, produzem ainda outra NOS, chamada de NOS induzível (*iNOS*), ativada constitutivamente, mas sintetizada somente quando as células são ativadas, geralmente em resposta a uma infecção.

Em algumas células-alvo, incluindo as da musculatura lisa, o NO se liga reversivelmente ao ferro no sítio ativo da guanililciclase e estimula a síntese de GMP cíclico. O NO pode aumentar o GMP cíclico no citosol em segundos, porque a velocidade normal de reposição do GMP cíclico é alta: a degradação rápida a GMP, por ação de uma fosfodiesterase, constantemente equilibra a produção de GMP cíclico por guanilil-ciclase. O medicamento Viagra® e outros similares inibem a fosfodiesterase de GMP cíclico no pênis, aumentando, dessa forma, o tempo no qual os níveis de GMP cíclico permanecem elevados nas células musculares lisas dos vasos sanguíneos penianos depois que a produção de NO é induzida por terminais nervosos locais. O GMP cíclico, por sua vez, mantém os vasos sanguíneos relaxados e o pênis ereto. O NO também pode agir independentemente do GMP cíclico. Ele pode, por exemplo, alterar a atividade de uma proteína intracelular pela nitrosilação covalente de grupos tiol (–SH) em cisteínas específicas da proteína.

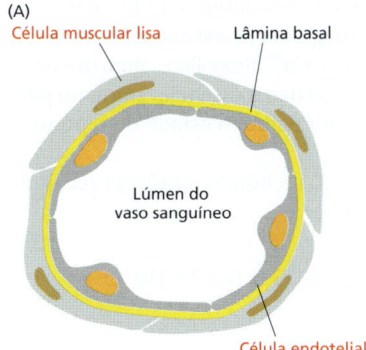

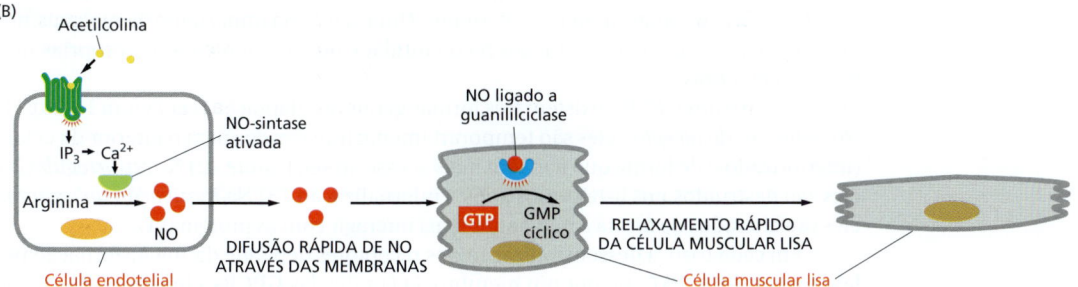

Figura 15-40 Papel do óxido nítrico (NO) no relaxamento do músculo liso da parede de um vaso sanguíneo. (A) Corte transversal simplificado de um vaso sanguíneo, mostrando as células endoteliais revestindo o lúmen e as células musculares lisas em volta delas. (B) O neurotransmissor acetilcolina estimula a dilatação do vaso pela ativação de um GPCR – o *receptor muscarínico de acetilcolina* – na superfície das células endoteliais. Esse receptor ativa uma proteína G, G_q, estimulando, assim, a síntese de IP_3 e a liberação de Ca^{2+} pelos mecanismos mostrados na Figura 15-29. O Ca^{2+} ativa a óxido nítrico sintase, induzindo a produção de NO pelas células endoteliais a partir da arginina. O NO se difunde para fora das células endoteliais e para dentro das células musculares subjacentes, onde ativa a guanililciclase para produzir GMP cíclico. Este desencadeia uma resposta que causa o relaxamento das células musculares, aumentando o fluxo de sangue pelo vaso.

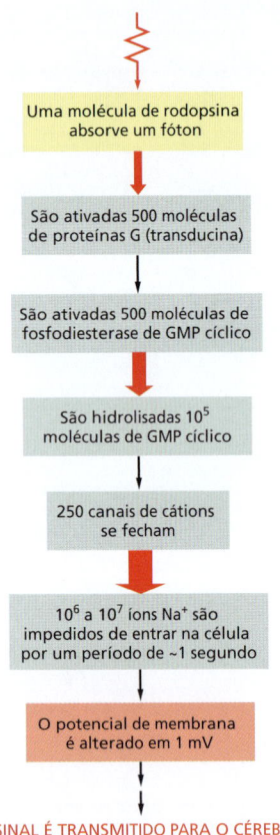

Figura 15-41 Amplificação da cascata catalítica, induzida pela luz, nos bastonetes de vertebrados. As *setas vermelhas* indicam onde ocorrem as etapas de amplificação, e a espessura das setas indica a magnitude aproximada da amplificação.

Os segundos mensageiros e as cascatas enzimáticas amplificam os sinais

Apesar das diferenças nos detalhes moleculares, os sistemas de sinalização desencadeados pelos GPCRs compartilham determinadas características e são controlados por princípios gerais semelhantes. Eles dependem de cadeias de transmissão de proteínas sinalizadoras intracelulares e segundos mensageiros. Essas cadeias fornecem numerosas oportunidades de amplificação das respostas aos sinais extracelulares. Por exemplo, na cascata de transdução visual descrita anteriormente, uma única molécula de rodopsina ativada catalisa a ativação de centenas de moléculas de transducina em uma velocidade de 1.000 moléculas por segundo. Cada uma delas ativa uma molécula de fosfodiesterase de GMP cíclico, cada uma das quais hidrolisa 4 mil moléculas de GMP cíclico por segundo. Essa cascata catalítica demora cerca de 1 segundo e resulta na hidrólise de mais de 10^5 moléculas de GMP cíclico para cada quantum de luz absorvido, e a consequente queda na concentração de GMP cíclico promove o fechamento transitório de centenas de canais de cátions na membrana plasmática (**Figura 15-41**). Como resultado, um bastonete responde a um único fóton de luz de uma forma altamente reprodutível no tempo de duração e na magnitude.

Da mesma maneira, quando uma molécula de sinalização extracelular se liga a um receptor que ativa indiretamente a adenililciclase via G_s, cada proteína receptora pode ativar muitas moléculas de G_s, e cada uma delas ativa uma molécula de ciclase. Cada ciclase, por sua vez, catalisa a conversão de um grande número de moléculas de ATP em cAMP. Na via do IP_3 acontece uma amplificação semelhante. Nessas vias, uma mudança nanomolar (10^{-9} M) na concentração de um sinal extracelular pode induzir mudanças micromolares (10^{-6} M) na concentração de um segundo mensageiro como cAMP ou Ca^{2+}. Como esses mensageiros funcionam como efetores alostéricos na ativação de enzimas ou de canais iônicos específicos, uma única molécula de sinalização extracelular pode causar a alteração de milhares de moléculas proteicas dentro da célula-alvo.

Qualquer uma dessas cascatas amplificadoras de sinais estimuladores requer mecanismos de regulação em cada etapa, a fim de restabelecer o estado de repouso do sistema quando o sinal cessa. Conforme enfatizado anteriormente, a resposta à estimulação será rápida somente se os mecanismos de inativação também forem rápidos. Para isso, as células são dotadas de mecanismos eficientes para degradar (e ressintetizar) nucleotídeos cíclicos de forma rápida, para tamponar e remover o Ca^{2+} citosólico e para desativar enzimas e canais iônicos que tenham sido ativados. Isso não é essencial somente para desativar uma resposta, mas também é importante para definir o estado de repouso a partir do qual ela inicia.

Cada proteína na cadeia de transmissão do sinal, incluindo o próprio receptor, pode ser um alvo para regulação, como veremos a seguir.

A dessensibilização dos receptores associados à proteína G depende da fosforilação do receptor

Como discutido anteriormente, quando as células-alvo são expostas, por um longo período, a altas concentrações de um ligante estimulador, elas se tornam *dessensibilizadas*, ou *adaptadas*, de várias maneiras diferentes. Uma categoria importante de mecanismos de adaptação depende de alterações na quantidade ou nas condições das próprias moléculas receptoras.

No caso dos GPCRs, existem três formas gerais de adaptação (ver Figura 15-20): (1) No *sequestro do receptor,* eles são temporariamente transferidos para o interior da célula (interiorizados) de forma que não têm mais acesso ao seu ligante. (2) Na *retrorregulação,* eles são destruídos nos lisossomos após a internalização. (3) Na *inativação do receptor,* eles são alterados de forma a não poder mais interagir com as proteínas G.

Em cada caso, a dessensibilização dos receptores depende da sua fosforilação pelas enzimas PKA, PKC, ou por um membro da família das **GPCRs-cinases (GRKs)**, que incluem a cinase específica da rodopsina, RK, envolvida na dessensibilização dos bastonetes, discutida anteriormente. As GRKs fosforilam várias serinas e treoninas do recep-

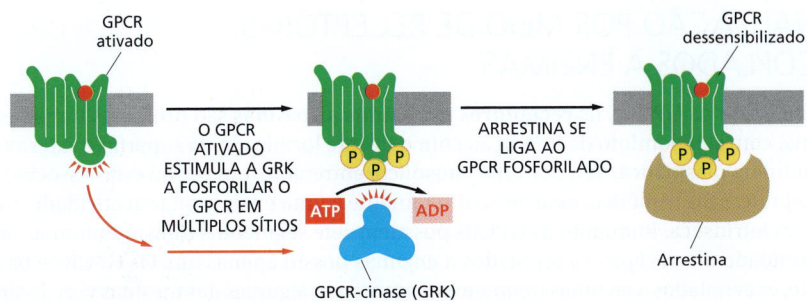

Figura 15-42 Funções das GPCR-cinases (GRKs) e das arrestinas na dessensibilização desses receptores. Uma GRK fosforila somente os receptores ativados porque são estes que a ativam. A ligação de uma arrestina ao receptor fosforilado impede a ligação deste à proteína G e controla também sua endocitose (não mostrado). Camundongos deficientes em uma forma de arrestina, por exemplo, não são dessensibilizados em resposta à morfina, atestando a importância das arrestinas no processo.

tor, mas isso só acontece após sua ativação pelo ligante. Como no caso da rodopsina, tão logo o receptor seja fosforilado, ele se liga com alta afinidade a um membro da família das **arrestinas** (**Figura 15-42**).

A arrestina ligada ao receptor contribui de duas formas, pelo menos, com o processo de dessensibilização. Na primeira, ela impede a interação do receptor ativado com as proteínas G. Na segunda, ela serve como uma proteína adaptadora que acopla o receptor à maquinaria endocítica dependente da clatrina (discutida no Capítulo 13), induzindo endocitose mediada por receptor. O destino do complexo GPCR-arrestina internalizado depende de outras proteínas do complexo. Em alguns casos, o receptor é desfosforilado e reciclado para a membrana plasmática, para ser reutilizado. Em outros, ele é ubiquitinado, endocitado e degradado nos lisossomos (discutido mais adiante).

A endocitose de receptores não necessariamente faz o receptor parar de sinalizar. Em alguns casos, a arrestina ligada recruta outras proteínas sinalizadoras para transmitir o sinal adiante, a partir dos GPCRs internalizados, ao longo de novas vias.

Resumo

Indiretamente, os GPCRs ativam ou inativam, via proteínas G, as enzimas ligadas à membrana plasmática e aos canais iônicos. Quando um receptor ativado estimula uma proteína G, esta sofre uma mudança conformacional que ativa sua subunidade α, desencadeando, dessa forma, a liberação de um complexo βγ. Cada componente pode, então, regular diretamente a atividade das proteínas-alvo na membrana plasmática. Alguns GPCRs ativam ou inativam a adenililciclase, alterando assim a concentração intracelular do segundo mensageiro AMP cíclico. Outros inativam uma fosfolipase C específica de fosfoinositídeos (PLCβ), a qual gera dois segundos mensageiros. Um deles é o inositol 1,4,5-trifosfato (IP_3), que libera Ca^{2+} do RE, aumentando, dessa forma, a concentração do íon no citosol. O outro é o diacilglicerol, que permanece na membrana plasmática e ativa a proteína-cinase C (PKC). Um aumento nos níveis de AMP cíclico ou de Ca^{2+} citosólicos afeta as células principalmente por estimular uma proteína-cinase dependente de cAMP (PKA) e as proteínas-cinase dependentes de Ca^{2+}/calmodulina (CaM-cinases), respectivamente.

A PKC, a PKA e a CaM-cinase fosforilam proteínas-alvo específicas, alterando, assim, a atividade dessas proteínas. Cada tipo de célula possui seu conjunto característico de proteínas-alvo que é regulado dessa maneira, permitindo que a célula construa sua resposta característica própria aos segundos mensageiros. As cascatas de sinalização intracelulares ativadas pelos GPCRs permitem que as respostas sejam bastante amplificadas, de forma que diversas proteínas-alvo são alteradas para cada molécula de sinalização extracelular ligada ao seu receptor. As respostas mediadas pelos GPCRs são rapidamente desligadas quando o sinal extracelular é removido, e os GPCRs ativos são inativados por fosforilação e associação com arrestinas.

SINALIZAÇÃO POR MEIO DE RECEPTORES ACOPLADOS A ENZIMAS

Assim como os GPCRs, os **receptores acoplados a enzimas** são proteínas transmembrana, com seu domínio de interação com o ligante localizado na superfície externa da membrana plasmática. Seu domínio citosólico, entretanto, em vez de estar associado a uma proteína G trimérica, associa-se diretamente a uma enzima ou tem atividade enzimática intrínseca. Enquanto os GPCRs possuem sete segmentos transmembrana, cada subunidade dos receptores acoplados a enzimas possui apenas um. Os GPCRs e os receptores acoplados a enzimas frequentemente ativam algumas das mesmas vias de sinalização. Nesta seção, descreveremos algumas das características importantes da sinalização pelos receptores acoplados a enzimas, com ênfase na classe mais comum dessas proteínas, o *receptor tirosina-cinase*.

Os receptores tirosinas-cinase ativados se autofosforilam

Diversas proteínas de sinalização extracelular atuam por meio dos **receptores tirosinas-cinase (RTKs)**. Estas incluem proteínas secretadas e ligadas à superfície celular que controlam o comportamento celular nos animais em desenvolvimento e em adultos. Algumas dessas proteínas e seus RTKs estão na **Tabela 15-4**.

Existem 60 RTKs humanos, que podem ser classificados em 20 subfamílias estruturais, cada uma delas destinada à sua família complementar de ligantes proteicos. A **Figura 15-43** mostra as características estruturais básicas de algumas das famílias que atuam nos mamíferos. Em todos os casos, a ligação da proteína de sinalização ao domínio de interação com o ligante na face extracelular do receptor ativa o domínio tirosina-cinase na face citosólica. Isso leva à fosforilação das cadeias laterais da tirosina na parte citosólica do receptor, criando sítios de ancoragem para várias proteínas de sinalização intracelular que transmitem o sinal.

De que forma a interação com um ligante extracelular ativa o domínio de cinase, do outro lado da membrana plasmática? Acredita-se que, no caso de um GPCR, a ligação altere a orientação relativa de várias α-hélices transmembrana, alterando, dessa forma, a posição relativa das alças citoplasmáticas. Contudo, é improvável que uma mudança conformacional se propague através da bicamada lipídica por meio de uma única α-hélice transmembrana. Em vez disso, para a maioria dos RTKs, a interação com o ligante pro-

TABELA 15-4 Algumas proteínas de sinalização que atuam via receptores tirosinas-cinase		
Família de proteínas de sinalização	Família de receptores	Algumas respostas representativas
Fator de crescimento epidérmico (EGF)	Receptores EGF	Estimula sobrevivência, crescimento, proliferação, ou diferenciação de vários tipos celulares; atua como sinal indutor no desenvolvimento
Insulina	Receptor de insulina	Estimula a utilização de carboidratos e de síntese proteica
Fator de crescimento semelhante à insulina (IGF1)	Receptor IGF-1	Estimulam o crescimento celular e a sobrevivência em muitos tipos celulares
Fator de crescimento neural (NGF)	Receptores Trk	Estimula a sobrevivência e o crescimento de alguns neurônios
Fator de crescimento derivado de plaquetas (PDGF)	Receptores PDGF	Estimula a sobrevivência, o crescimento, a proliferação e a migração de vários tipos celulares
Fator estimulador de colônia de macrófagos (MCSF)	Receptor de MCSF	Estimula a proliferação e a diferenciação de monócitos/macrófagos
Fator de crescimento de fibroblastos (FGF)	Receptores FGF	Estimula a proliferação de vários tipos celulares; inibe a diferenciação de algumas células precursoras; atua como sinal indutor no desenvolvimento
Fator de crescimento endotelial vascular (VEGF)	Receptor de VEGF	Estimula a angiogênese
Efrina	Receptores Eph	Estimula a angiogênese; guia a migração de células e de axônios

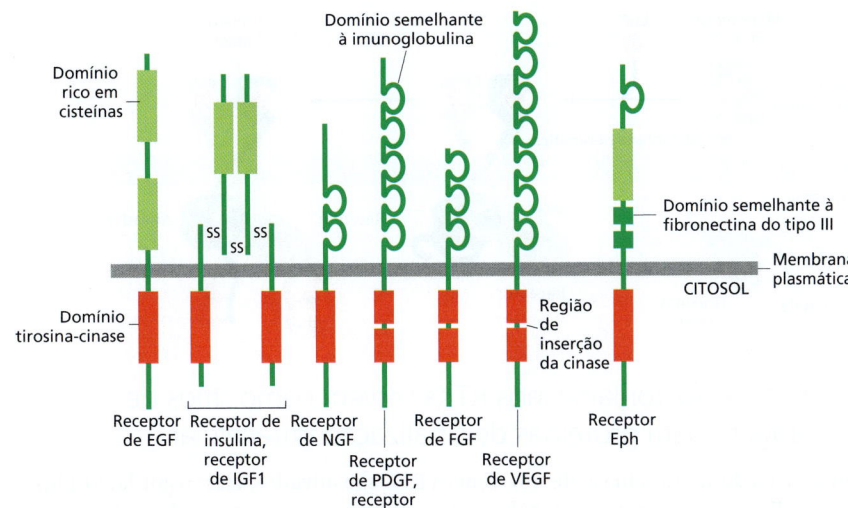

Figura 15-43 Algumas subfamílias de receptores tirosinas-cinase. Estão indicados somente um ou dois membros de cada subfamília. Observe que em alguns casos, o domínio tirosina-cinase é interrompido por uma "região de inserção de cinase" que é um segmento extra que emerge do domínio cinase enovelado. Não estão mostradas as funções da maioria dos domínios ricos em cisteínas, dos domínios semelhantes à imunoglobulina e dos domínios semelhantes à fibronectina do tipo III. Na Tabela 15-4, estão listados alguns dos ligantes desses receptores, juntamente com alguns exemplos das respostas mediadas por eles.

voca a dimerização dos receptores, unindo os dois domínios citoplasmáticos da cinase, promovendo, dessa forma, sua ativação (**Figura 15-44**).

A dimerização estimula a atividade da cinase por uma variedade de mecanismos. Em muitos casos, como no do receptor da insulina, a dimerização simplesmente aproxima os domínios cinase em uma orientação que permite que fosforilem um ao outro em tirosinas específicas nos sítios ativos da cinase, promovendo, desse modo, mudanças conformacionais que ativam ambos os domínios cinase. Em outros casos, como no do receptor do *fator de crescimento epidérmico* (*EGF*), a cinase não é ativada por fosforilação, mas por mudanças conformacionais resultantes de interações entre os dois domínios cinase fora dos seus sítios ativos (**Figura 15-45**).

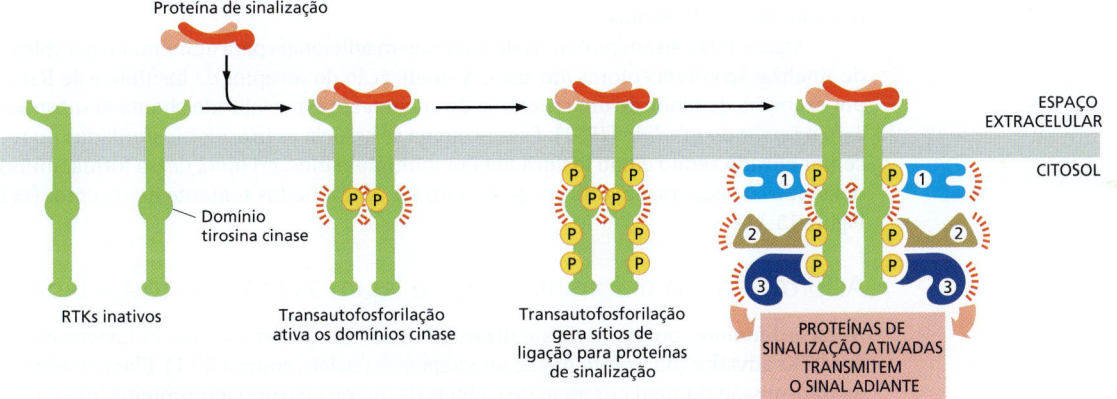

Figura 15-44 Ativação dos receptores tirosinas-cinase por dimerização. Na ausência de sinais extracelulares, a maioria dos RTKs existem como monômeros, nos quais o domínio cinase interno está inativo. A interação com o ligante reúne dois monômeros para formar um dímero. Na maioria dos casos, a grande proximidade dos domínios cinase no dímero causa sua fosforilação mútua, o que tem dois efeitos: Primeiro, a fosforilação de algumas tirosinas no domínio cinase provoca a ativação completa destes. Segundo, a fosforilação de algumas tirosinas em outras partes do receptor gera sítios de ancoragem para proteínas de sinalização intracelular, resultando na formação de grandes complexos de sinalização que podem, então, transmitir o sinal ao longo de múltiplas vias.

Os mecanismos de dimerização variam amplamente entre os diferentes membros da família dos RTKs. Em alguns casos, como mostrado aqui, o próprio ligante é um dímero e promove a ligação de dois receptores simultaneamente. Em outros casos, um ligante monomérico pode interagir com dois receptores simultaneamente mediando sua ligação, ou dois ligantes podem interagir independentemente com dois receptores para promover a dimerização. Em alguns RTKs – principalmente naqueles da família dos receptores da insulina – o receptor é sempre um dímero (ver Figura 15-43), e a interação com o ligante causa uma mudança de conformação que promove a associação de dois domínios cinase internos. Embora muitos RTKs sejam ativados por transautofosforilação, como mostrado aqui, existem algumas exceções importantes, incluindo o receptor de EGF ilustrado na Figura 15-45.

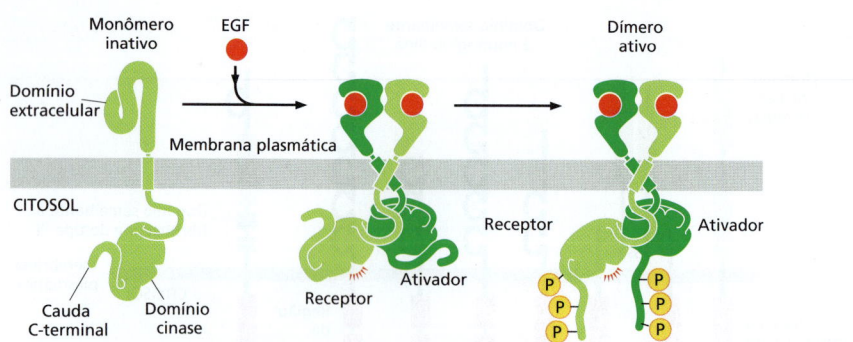

Figura 15-45 Ativação do receptor de EGF. Na ausência do ligante, o receptor de EGF é fundamentalmente um monômero inativo. A ligação de EGF resulta em uma mudança de conformação que promove a dimerização dos domínios externos. O domínio cinase, ao contrário de muitos RTKs, não é ativado por transautofosforilação. Em vez disso, a dimerização orienta os domínios cinase internos a formar um dímero assimétrico, no qual um domínio cinase (o "ativador") pressiona contra o outro domínio (o "receptor") causando, assim, uma mudança conformacional ativadora no "receptor". Esse domínio ativo fosforila múltiplas tirosinas nas caudas C-terminais de ambos os receptores, gerando sítios de ancoragem para as proteínas de sinalização intracelular (ver Figura 15-44).

As tirosinas fosforiladas nos RTKs servem como sítios de ancoragem para proteínas de sinalização intracelular

Quando os domínios cinase de um dímero RTK são ativados, eles fosforilam múltiplos sítios adicionais nas partes citosólicas dos receptores, em regiões desordenadas fora do domínio cinase (ver Figura 15-44). Essa fosforilação cria sítios de ancoragem de alta afinidade para proteínas de sinalização intracelular. Cada uma delas se liga a um sítio fosforilado específico nos receptores ativados, porque contém um domínio específico de ligação à fosfotirosina, o qual reconhece, além da fosfotirosina, outras características adicionais da cadeia polipeptídica.

Uma vez ligada ao RTK ativado, a proteína sinalizadora pode ser fosforilada em algumas tirosinas, tornando-se ativa. Em muitos casos, contudo, a ligação por si só é suficiente para ativar a proteína sinalizadora, tanto por induzir uma mudança na conformação da proteína, como simplesmente por aproximá-la da proteína seguinte na via de sinalização. Assim, a fosforilação do receptor serve como um comutador para deflagrar a associação de um complexo de sinalização intracelular, que pode transmitir o sinal adiante, frequentemente ao longo de múltiplas vias, para vários destinos na célula. Diferentes RTKs desencadeiam diferentes respostas, pois se ligam a diferentes combinações de proteínas sinalizadoras.

Alguns RTKs usam proteínas de ancoragem adicionais para aumentar o complexo de sinalização em receptores ativados. A sinalização do receptor de insulina e de IGF1, por exemplo, depende de uma proteína de ancoragem especializada chamada *substrato 1 do receptor da insulina* (*IRS1*). Essa proteína se associa às tirosinas fosforiladas no receptor ativado sendo então fosforilada em múltiplos sítios, criando, dessa forma, muito mais sítios de ancoragem dos que poderiam ser acomodados somente no receptor (ver Figura 15-11).

As proteínas com domínios SH2 se ligam às tirosinas fosforiladas

As mais diferentes proteínas de sinalização intracelular podem se ligar às fosfotirosinas dos RTKs ativados (ou a proteínas de ancoragem especiais, como a IRS1). Elas participam da transmissão do sinal por meio de cadeias de interações proteína-proteína, mediadas por *domínios de interação* modulares, conforme discutido anteriormente. Algumas das proteínas de ancoragem são enzimas, como a **fosfolipase C-γ** (**PLCγ**, *phospholipase C-γ*), que age da mesma forma que a PLCβ, ou seja, ativando a via de sinalização do fosfolipídeo de inositol, discutida anteriormente, junto com os GPCRs (ver Figuras 15-28 e 15-29). É através dessa via que os RTKs podem aumentar os níveis citosólicos de Ca^{2+} e ativam a PKC. A tirosina-cinase citoplasmática *Src* é outra enzima que ancora nesses receptores e fosforila tirosinas de outras proteínas sinalizadoras. Outra, ainda, é a *fosfatidilinositídeo 3-cinase* (*PI 3-cinase*), que fosforila lipídeos em vez de proteínas; como será discutido mais adiante, os lipídeos fosforilados servem, então, como sítios de ancoragem que atraem várias proteínas sinalizadoras para a membrana plasmática.

As proteínas de sinalização intracelular que se ligam a fosfotirosinas apresentam estrutura e função variadas. Contudo, elas geralmente compartilham domínios de ligação à fosfotirosina altamente conservados. Esses podem ser tanto os **domínios SH2** (denominação derivada de *região de homologia com Src*, por terem sido encontrados pela primeira vez nessa proteína) ou, menos comumente, os *domínios PTB* (ligação à fosfotirosina). Pelo fato de reconhecerem tirosinas fosforiladas específicas, esses pequenos domínios de interação permitem que as proteínas que os possuem liguem-se a RTKs ativados, bem como a muitas outras proteínas sinalizadoras intracelulares que tenham suas tirosinas fosforiladas temporariamente (**Figura 15-46**). Conforme mencionado anteriormente, várias proteínas sinalizadoras possuem outros domínios que possibilitam a sua interação específica com outras proteínas como parte do processo de sinalização. Entre eles está o *domínio SH3*, que se liga a motivos ricos em prolinas nas proteínas intracelulares (ver Figura 15-11).

Nem todas as proteínas que se ligam aos RTKs ativados via domínios SH2 auxiliam na transmissão de sinais. Algumas agem inibindo o processo, promovendo uma retroalimentação negativa. Um exemplo é a *proteína c-Cbl*, que pode se ligar a alguns receptores ativados e catalisar sua ubiquitinação, por adição covalente de uma ou mais moléculas de ubiquitina a sítios específicos no receptor. Isso promove a endocitose e a degradação dos receptores nos lisossomos – um processo chamado de retrorregulação do receptor (ver Figura 15-20). As proteínas endocíticas que contêm *motivos de interação com ubiquitina* (*UIMs*; do inglês, *ubiquitin-interaction motifs*) reconhecem os receptores ubiquitinados e os direcionam para vesículas revestidas por clatrina e, por fim, para os lisossomos (discutido no Capítulo 13). As mutações que inativam a degradação dos RTKs, dependente de c-Cbl, prolongam a sinalização dos receptores e promovem, dessa forma, o desenvolvimento de câncer.

Como no caso dos GPCRs, a endocitose dos RTKs nem sempre inibe a sinalização. Em alguns casos, esses receptores são endocitados juntamente com suas proteínas sinalizadoras e continuam atuando a partir de endossomos ou de outros compartimentos intracelulares. Esse mecanismo permite, por exemplo, que o *fator de crescimento neural* (*NGF*) se ligue ao seu RTK específico (chamado de TrkA) na extremidade de um longo axônio e sinalize para o corpo celular da mesma célula a uma longa distância. Aqui, as vesículas endocíticas de sinalização contendo TrkA, com o NGF ligado na face luminal

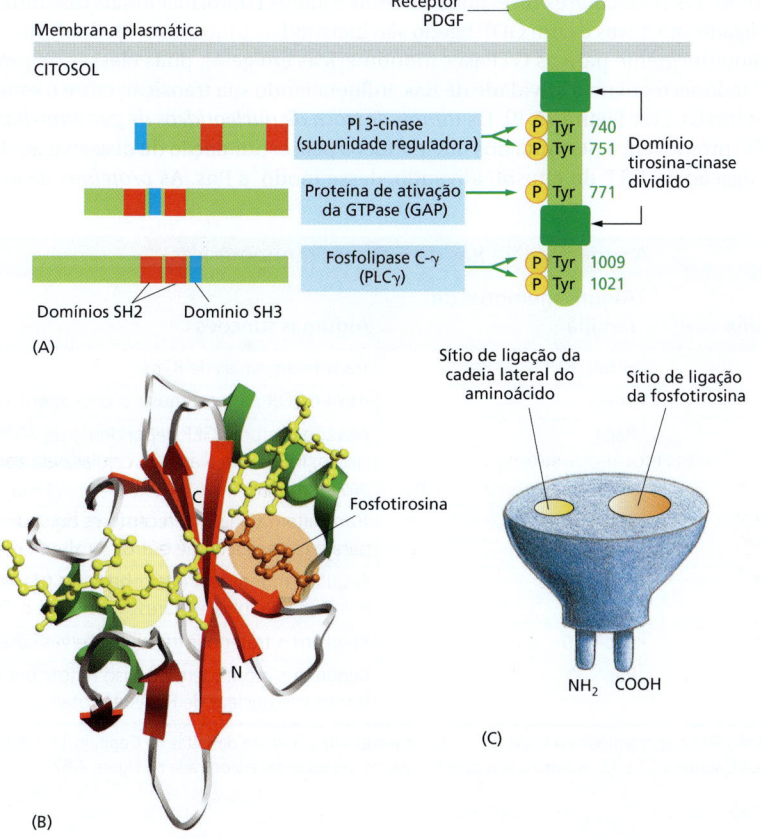

Figura 15-46 Ligação de proteínas de sinalização intracelular contendo SH2 a um RTK ativado. (A) Esta representação de um receptor do *fator de crescimento derivado de plaquetas (PDGF)* mostra cinco sítios de ancoragem, três na região de inserção da cinase e dois na cauda C-terminal, à qual se ligam as três proteínas de sinalização, como indicado. Os números à direita indicam as posições das tirosinas na cadeia polipeptídica. Esses sítios foram identificados utilizando-se a tecnologia do DNA recombinante para alterar tirosinas específicas no receptor. As mutações nas tirosinas 1.009 e 1.021, por exemplo, impedem a ligação e a ativação da PLCγ, de forma que a ativação do receptor não estimula mais a via de sinalização do fosfolipídeo de inositol. A localização dos domínios SH2 (*vermelho*) e SH3 (*azul*) nas três proteínas sinalizadoras está indicada. (Não estão mostrados os sítios de ancoragem de fosfotirosinas nesse receptor, como aqueles que servem como sítios de ligação para a tirosina-cinase citoplasmática Src e para as proteínas adaptadoras Grb2 e de Shc, discutidos mais adiante.) Ainda não está claro como ocorre a ligação simultânea de várias proteínas sinalizadoras a um único RTK. (B) A estrutura tridimensional de um domínio SH2, conforme determinado por cristalografia de difração de raios X. O bolsão de ligação para a fosfotirosina está colorido em *laranja* à direita, e um bolsão para ligação de uma cadeia lateral de um aminoácido específico (neste caso, a isoleucina) está colorido em *amarelo*, à esquerda. O segmento polipeptídico do RTK que se liga ao domínio SH2 está mostrado em *amarelo* (ver também Figura 3-40) (C) O domínio SH2 é um módulo compacto que pode ser inserido em praticamente qualquer lugar na proteína, sem perturbar sua estrutura ou sua função (discutido no Capítulo 3). Uma vez que cada domínio possui sítios distintos para o reconhecimento da fosfotirosina e para o reconhecimento da cadeia lateral de um aminoácido específico, diferentes domínios SH2 reconhecem as fosfotirosinas no contexto de diferentes sequências de aminoácidos adjacentes. (B, baseado em dados de G. Waksman et al., *Cell* 72:779–790, 1993. Com permissão de Elsevier. Código PDB: 2SRC.)

e as proteínas sinalizadoras ancoradas na face citosólica, são transportadas ao longo do axônio para o corpo celular, onde sinalizam para que as células sobrevivam.

Algumas proteínas sinalizadoras são formadas, quase exclusivamente, por domínios SH2 e SH3 e funcionam como *adaptadoras* no acoplamento de proteínas fosforiladas com outras proteínas que não possuem seus próprios domínios SH2 (ver Figura 15-11). Essas proteínas adaptadoras auxiliam o acoplamento de receptores ativados para a importante proteína sinalizadora *Ras*, uma GTPase monomérica que, por sua vez, pode ativar várias vias de sinalização, como discutiremos a seguir.

A GTPase Ras medeia a sinalização da maior parte dos RTKs

A **superfamília Ras** consiste em várias famílias de GTPases monoméricas, mas somente a família Rho e a família Ras estão envolvidas na transmissão de sinais dos receptores de superfície (**Tabela 15-5**). Um único membro da família Ras ou Rho pode propagar coordenadamente o sinal ao longo de várias vias de sinalização diferentes, pois interage com diferentes proteínas de sinalização intracelular, atuando, assim, como um *centro de sinalização*.

Existem, em humanos, três principais proteínas Ras intimamente relacionadas: H-, K- e N-Ras (ver Tabela 15-5). Embora tenham funções discretamente diferentes, acredita-se que todas funcionem praticamente da mesma forma, e serão denominadas simplesmente **Ras**. Como muitas GTPases monoméricas, as proteínas Ras possuem um ou mais grupos lipídicos, ligados covalentemente, que auxiliam na ancoragem da proteína à face citoplasmática da membrana, de onde a proteína transmite sinais para outras partes da célula. Ela é utilizada, por exemplo, quando os RTKs enviam sinais ao núcleo para estimular a proliferação ou a diferenciação por alteração da expressão gênica. Se a função de Ras for inibida por várias abordagens experimentais, as respostas de proliferação e diferenciação celular, normalmente induzidas pelos RTKs ativados, não ocorrem. Ao contrário, 30% dos tumores em humanos expressam formas mutantes hiperativas de Ras, o que contribui para a proliferação descontrolada das células cancerosas.

Assim como outras proteínas de ligação a GTP, as proteínas Ras funcionam como comutadores moleculares revezando em dois estados conformacionais distintos – com GTP ligado são ativas e com GDP ligado são inativas (**Animação 15.7**). Conforme discutido anteriormente para as GTPases monoméricas em geral, duas classes de proteínas sinalizadoras regulam a atividade de Ras, influenciando sua transição entre o estado ativo e o inativo (ver Figura 15-8). Os *fatores de troca de nucleotídeos de guanina-Ras* (**Ras-GEFs**) promovem a permuta dos nucleotídeos pela estimulação da dissociação do GDP e da ligação do GTP do citosol, ativando, desse modo, a Ras. As *proteínas de ativação*

TABELA 15-5 A superfamília Ras de GTPases monoméricas

Família	Alguns membros da família	Algumas funções
Ras	H-Ras, K-Ras, N-Ras	Transmitem sinais de RTKs
	Rheb	Ativa mTOR para estimular o crescimento celular
	Rap1	Ativado por uma GEF dependente de AMP cíclico; influencia a adesão celular pela ativação das integrinas
Rho*	Rho, Rac, Cdc42	Transmitem sinais dos receptores de superfície para o citoesqueleto e outros locais
ARF*	ARF1-ARF6	Regula a montagem das coberturas proteicas nas vesículas intracelulares
Rab*	Rab1-60	Regulam o tráfego intracelular de vesículas
Ran*	Ran	Regulam a montagem do fuso mitótico e o transporte nuclear de RNAs e proteínas

*A família Rho é apresentada no Capítulo 16, as proteínas ARF e Rab são descritas no Capítulo 13, e Ran é descrita nos Capítulos 12 e 17. A estrutura tridimensional de Ras pode ser encontrada na Figura 3-67.

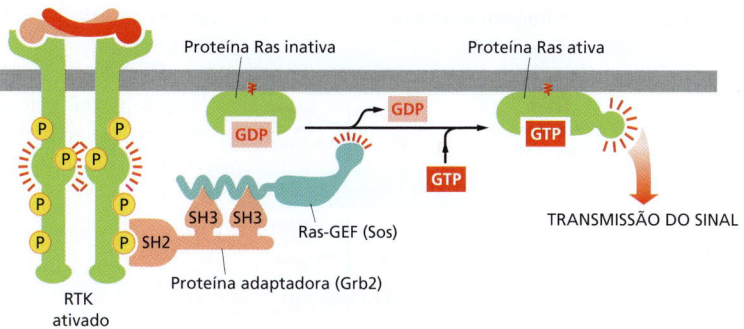

Figura 15-47 Como um RTK ativa Ras. A Grb2 reconhece uma tirosina específica fosforilada no receptor ativado por meio de um domínio SH2 e recruta Sos por meio de dois domínios SH3. A Sos estimula a Ras inativada a substituir seu GDP por um GTP, o que a ativa promovendo a transmissão do sinal.

de Ras-GTPase (**Ras-GAPs**) aumentam a taxa de hidrólise do GTP pela Ras, inativando, dessa forma, Ras. As formas de Ras mutantes hiperativas são resistentes à estimulação da GTPase mediada por GAP e são permanentemente mantidas no estado ativo ligado a GTP, o que explica porque promovem o desenvolvimento de câncer.

Contudo, de que forma os RTKs ativam Ras? Em princípio, eles podem ativar Ras-GEF ou inibir Ras-GAP. Mesmo que algumas GAPs se liguem diretamente (através de seus domínios SH2) aos RTKs ativados (ver Figura 15-46A), o acoplamento indireto do receptor com Ras-GEF é o responsável pela ativação de Ras. A perda da função de uma Ras-GEF específica tem efeito similar ao da perda de função de Ras. A ativação de outras proteínas da superfamília Ras, bem como as da família Rho, também ocorre por meio da ativação de GEFs. O GEF é quem determina em qual membrana a GTPase está ativada e, atuando como um suporte, pode determinar também quais as proteínas são ativadas pela GTPase.

O GEF que medeia a ativação pelos RTKs foi descoberto nos estudos genéticos do desenvolvimento ocular de *Drosophila*, no qual um RTK chamado *Sevenless (Sev)* é necessário para a formação de um fotorreceptor chamado R7. Rastreamentos genéticos para identificar componentes dessa via de sinalização levaram à descoberta de uma Ras-GEF chamada de *Son-of-sevenless (Sos)*. Rastreamentos adicionais descobriram outra proteína, chamada *Grb2*, que consiste em uma proteína adaptadora que liga o receptor Sev à proteína Sos; o domínio SH2 do adaptador se liga ao receptor ativado, enquanto seus dois domínios SH3 se ligam a Sos. Esta promove, então, a ativação de Ras. Estudos bioquímicos e de biologia celular têm mostrado que Grb2 e Sos também ligam RTKs ativados a Ras nas células de mamíferos, indicando que esse é um mecanismo altamente conservado na sinalização por RTK (**Figura 15-47**). Uma vez ativada, Ras ativa várias outras proteínas sinalizadoras para que o sinal seja transmitido ao longo de diferentes vias, como discutiremos a seguir.

Ras ativa um módulo de sinalização de MAP-cinase

Tanto as fosforilações das tirosinas como a ativação de Ras, desencadeada pelos RTKs ativados, têm curta duração (**Figura 15-48**). As *proteínas-fosfatase específicas para tirosina* (discutidas mais tarde) revertem as fosforilações rapidamente, e as GAPs induzem a Ras ativada a se autoinativar pela hidrólise do GTP ligado que é convertido em GDP. Para estimular a proliferação ou a diferenciação celular, esses eventos sinalizadores de curta dura-

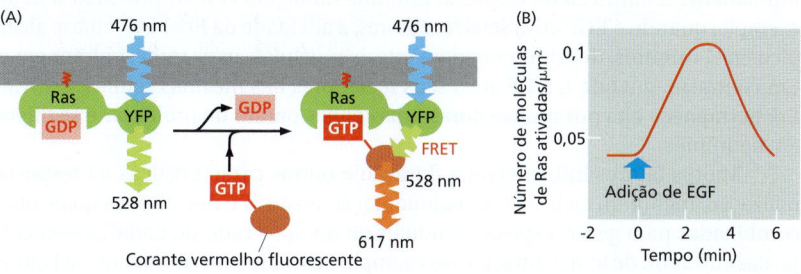

Figura 15-48 Ativação transiente de Ras, detectada por transferência de energia de ressonância fluorescente de molécula única (FRET; do inglês, *fluorescence resonance energy transfer***).** (A) Representação esquemática da estratégia experimental. As células de uma linhagem de câncer humano foram geneticamente modificadas para expressar uma proteína Ras ligada covalentemente a uma proteína amarela fluorescente (YFP; do inglês, *yellow fluorescent protein*). O GTP marcado com uma proteína vermelha fluorescente foi microinjetado em algumas células. As células foram, então, estimuladas com uma proteína sinalizadora extracelular EGF, e as moléculas fluorescentes de Ras-YFP na superfície interna da membrana de células individuais foram observadas por videomicroscopia de fluorescência. Quando uma molécula Ras-YFP fluorescente se torna ativada ela troca seu GDP não marcado por GTP marcado com fluorescência; a energia emitida pela YFP ativa o GTP fluorescente a emitir luz vermelha (chamada de transferência de energia de ressonância fluorescente, ou FRET; ver Figura 9-26). Dessa forma, a ativação de moléculas individuais de Ras pode ser observada pela emissão de luz vermelha, a partir de um ponto na membrana plasmática que emitia previamente fluorescência amarelo-esverdeada. Conforme mostrado em (B), as moléculas de Ras ativadas podem ser detectadas em 30 segundos após a estimulação com EGF. O sinal vermelho atinge o máximo em cerca de 3 minutos e decresce, atingindo a linha basal em 6 minutos. Uma vez que a Ras-GAP é recrutada para os mesmos pontos que Ras na membrana plasmática, presume-se que sua participação seja fundamental na supressão rápida do sinal fluorescente da proteína. (Modificada de H. Murakoshi et al., *Proc. Natl Acad. Sci. USA* 101:7317–7322, 2004. Com permissão de National Academy of Sciences.)

Figura 15-49 Módulo de MAP-cinase ativado por Ras. O módulo de três componentes inicia com a MAP-cinase-cinase-cinase, chamada de *Raf*. A Ras recruta a Raf para a membrana plasmática e ajuda na sua ativação. A Raf, então, ativa a MAP-cinase-cinase *Mek*, que, por sua vez, ativa a MAP-cinase *Erk*. Esta fosforila várias proteínas, incluindo outras cinases, bem como reguladores nucleares de transcrição. As alterações resultantes nas atividades proteicas e na expressão gênica causam mudanças complexas no comportamento celular.

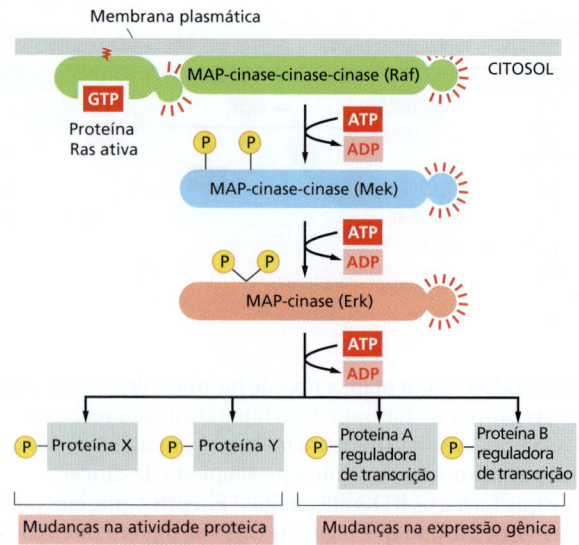

ção precisam ser convertidos em eventos de longa duração, que possam manter o sinal e transmiti-lo para o núcleo, onde irão alterar o padrão de transcrição gênica. Um dos mecanismos-chave utilizado para esse propósito é um sistema de proteínas chamado de *módulo proteína-cinase ativado por mitógenos* (**módulo MAP-cinase**; do inglês, *mitogen-activated protein kinase module*) (**Figura 15-49**). Os três componentes desse sistema formam um modulo de sinalização funcional extremamente bem conservado ao longo da evolução e é utilizado, com algumas variações, em muitos contexto diferentes de sinalização.

Todos os três componentes são proteínas-cinase. A última da série é chamada simplesmente de MAP-cinase (MAPK). A penúltima é a MAP-cinase-cinase (MAPKK), ela fosforila a MAP-cinase e, dessa forma, a ativa. A seguinte é a MAP-cinase-cinase-cinase (MAPKKK), que recebe um sinal de ativação diretamente da Ras. Ela fosforila e ativa a MAPKK. Na **via de sinalização da Ras-MAP-cinase**, nos mamíferos, estas três cinases são conhecidas por nomes mais curtos: Raf (= MAPKKK), Mek (= MAPKK) e Erk (= MAPK).

A MAP-cinase, quando ativada, transmite o sinal pela fosforilação de várias proteínas na célula, entre elas reguladores de transcrição e outras proteínas-cinase (ver Figura 15-49). A Erk, por exemplo, penetra no núcleo e fosforila um ou mais componentes de um complexo regulador de transcrição. Isso ativa a transcrição de um grupo de *genes precoces imediatos*, assim denominados porque são ativados poucos minutos após a recepção de um sinal extracelular por um receptor proteína-cinase, mesmo que a síntese proteica tenha sido experimentalmente bloqueada com fármacos. Alguns desses genes codificam outros reguladores de transcrição que ativam outros genes, em um processo que requer síntese proteica e de mais tempo. Dessa forma, a via de sinalização da Ras-MAP-cinase transporta sinais desde a superfície celular até o núcleo e altera o padrão de expressão gênica. Entre os genes ativados dessa forma estão aqueles necessários à proliferação celular, como os que codificam as *ciclinas* G_1 (apresentadas no Capítulo 17).

As MAP-cinases são, de modo geral, ativadas transitoriamente, em resposta aos sinais extracelulares, e o período de tempo em que permanecem ativas influencia profundamente a natureza da resposta. Em uma linhagem celular precursora neural, por exemplo, quando o EGF ativa seus receptores, a atividade da Erk MAP-cinase alcança um pico em 5 minutos, decaindo rapidamente, e as células, mais tarde, entram em divisão. Em contraste, quando o NGF ativa seus receptores nas mesmas células, a atividade da Erk permanece alta por muitas horas, e as células param de proliferar e se diferenciam em neurônios.

Muitos fatores influenciam a duração e outras características da resposta de sinalização, incluindo ciclos de retroalimentação positiva e negativa, as quais podem ser combinadas para gerar respostas graduais ou do tipo "tudo ou nada", assim como respostas curtas ou de longa duração. No exemplo ilustrado anteriormente, na Figura 15-19,

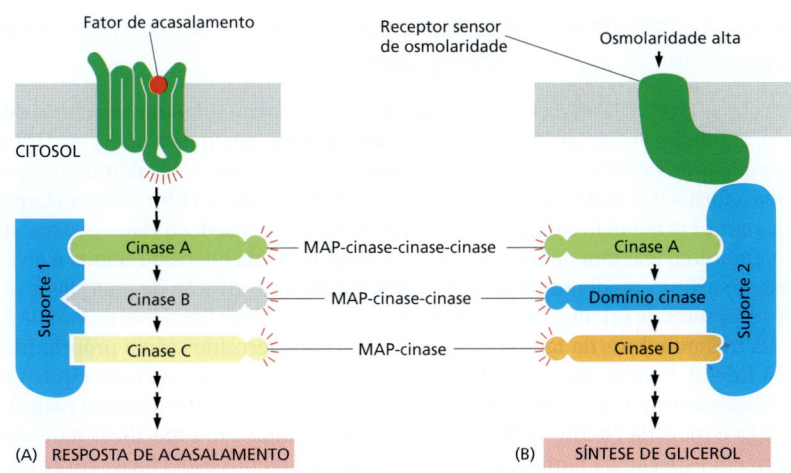

Figura 15-50 Organização dos dois módulos MAP-cinase envolvendo proteínas de suporte em leveduras de brotamento. As leveduras possuem, pelo menos, seis módulos de MAP-cinase de três componentes envolvidos em vários processos biológicos, incluindo as duas respostas exemplificadas aqui – a resposta de acasalamento e a resposta à osmolaridade alta. (A) A resposta de acasalamento é desencadeada quando um fator de acasalamento secretado por uma levedura de sexo oposto se liga a um GPCR. Isso ativa uma proteína G, cujo complexo βγ ativa indiretamente a MAPKKK (cinase A), que retransmite o sinal adiante. A MAP-cinase (cinase C) ativada fosforila várias proteínas que medeiam a resposta de acasalamento, ativando-as. A levedura, então, para de se dividir e se prepara para a fusão. As três cinases desse módulo estão ligadas à proteína de suporte 1. (B) Na segunda resposta, uma levedura exposta a um meio hiperosmótico é induzida a sintetizar glicerol para aumentar sua osmolaridade interna. Essa resposta é mediada por um osmorreceptor e por um módulo de MAP-cinase diferente ligado a uma segunda proteína de suporte. (Observe que o domínio de cinase da proteína de suporte 2 possui a atividade de MAPKK desse módulo.) Embora ambas as vias utilizem a mesma MAPKKK (cinase A, em *verde*), não existe cruzamento entre elas, porque as cinases estão firmemente ligadas a diferentes proteínas de suporte, e o sensor osmótico está ligado à mesma proteína de suporte que a cinase ativada por ele.

a MAP-cinase ativa um ciclo de retroalimentação positiva complexo para produzir uma resposta "tudo ou nada" irreversível quando a maturação dos ovócitos de rã é estimulada por uma breve exposição à molécula de sinalização extracelular progesterona. Em muitas células, as MAP-cinases ativam um ciclo de retroalimentação negativa pelo aumento da concentração de uma proteína-fosfatase que remove o fosfato da enzima. O aumento da fosfatase é resultado tanto de um aumento na transcrição do gene da enzima como da estabilização desta contra a degradação. Na via Ras-MAP-cinase mostrada na Figura 15-49, a Erk também fosforila e ativa a Raf, provendo outro ciclo de retroalimentação negativa que atua na inativação do módulo da MAP-cinase.

Proteínas de suporte ajudam a prevenir erros de sinalização entre módulos paralelos de MAP-cinases

Os módulos de sinalização de três componentes da MAP-cinase ocorrem em todas as células eucarióticas, com módulos diferentes mediando respostas diferentes em uma mesma célula. Nas leveduras, por exemplo, um módulo medeia a resposta ao feromônio do acasalamento, enquanto outro medeia a resposta ao jejum, e um terceiro, a resposta ao choque osmótico. Alguns desses módulos usam uma ou mais de uma cinase do mesmo tipo, conseguindo mesmo assim ativar diferentes proteínas efetoras e desencadeando, consequentemente, respostas diferentes. Conforme discutido anteriormente, uma maneira pela qual as células evitam intercomunicação entre as diferentes vias de sinalização paralelas para garantir respostas específicas é pelo uso de proteínas de suporte (ver Figura 15-10A). Em células de levedura, tais suportes ligam todas ou algumas das cinases em cada módulo da MAP-cinase formando um complexo e, dessa forma, asseguram a especificidade da resposta (**Figura 15-50**).

As células de mamíferos também usam essa estratégia para evitar intercomunicação entre as vias de sinalização das MAP-cinases. Nessas células existem, pelo menos, cinco módulos de MAP-cinase paralelos. Esses módulos fazem uso de, pelo menos, 12 MAP-cinases, 7 MAPKKs e 7 MAPKKKs. Dois deles (terminando nas MAP-cinases chamadas de JNK e p38) são ativados por diferentes tipos de estresse celular, como irradiação ultravioleta (UV), choque térmico, estresse osmótico e estimulação por citocinas inflamatórias; outros medeiam principalmente respostas a sinais oriundos de outras células.

Embora a estratégia de suporte confira precisão e evite erros de sinalização entre as vias, ela reduz as possibilidades de amplificação e de disseminação do sinal para diferentes partes da célula que exigem que, pelo menos, alguns dos componentes sejam difusíveis. Não está claro se os componentes individuais dos módulos de MAP-cinases são capazes de se dissociar do suporte durante o processo de ativação para permitir a amplificação.

GTPases da família Rho acoplam, funcionalmente, os receptores de superfície celular ao citoesqueleto

A outra classe das GTPases da superfamília Ras que transmite sinais de receptores de superfície, além das proteínas Ras, é a grande **família Rho** (ver Tabela 15-5). As GTPases monoméricas da família Rho regulam o citoesqueleto de actina e os microtúbulos, controlando a forma da célula, a polaridade, a mobilidade e a adesão (discutido no Capítulo 16); elas também regulam a progressão no ciclo celular, a transcrição gênica e o transporte de membrana. Elas têm uma papel-chave na orientação da migração celular e no crescimento do axônio, mediando respostas citoesqueléticas à ativação de uma classe especial de receptores de orientação. Aqui focaremos nesse aspecto funcional da família Rho.

Os três membros da família Rho mais bem caracterizados são a própria **Rho**, a **Rac** e a **Cdc42**, e todas afetam múltiplas proteínas-alvo. Da mesma forma que para a Ras, os GEFs ativam e as GAPs inativam as GTPases da família Rho; existem mais de 80 Rho-GEFs e mais de 70 Rho-GAPs em humanos. Algumas são específicas para algum membro em especial da família, enquanto outras são menos específicas. Ao contrário de Ras, que estão associadas à membrana mesmo na forma inativa (com GDP ligado), as GTPases da família Rho inativas estão ligadas a *inibidores de dissociação de nucleotídeos de guanina (GDIs*; do inglês, *guanine nucleotide dissociation inhibitors*) no citosol, que impedem a interação das GTPases com suas Rho-GEFs na membrana plasmática.

A sinalização por proteínas sinalizadoras extracelulares da família das **efrinas** é um exemplo de como os RTKs podem ativar a Rho-GTPase. As efrinas se ligam a RTKs membros da família *Eph*, ativando-os (ver Figura 15-43). Um membro dessa família encontra-se na superfície dos neurônios motores e ajuda a guiar a extremidade migradora do axônio (chamada de *cone de crescimento*) para seu músculo-alvo. A ligação de uma proteína *efrina* de superfície celular ativa o receptor Eph, causando o colapso dos cones de crescimento, repelindo-os, assim, de regiões inapropriadas e mantendo-os no caminho certo. A resposta depende de uma Rho-GEF chamada de *efexina*, associada de modo estável à cauda citosólica do receptor Eph. Quando a ligação da efexina ativa o receptor, este ativa uma tirosina-cinase citoplasmática que fosforila uma tirosina da efexina, intensificando a capacidade da efexina de ativar a proteína RhoA. Esta proteína ativada (RhoA-GTP) regula, então, várias proteínas-alvo, inclusive algumas proteínas efetoras que controlam o citoesqueleto de actina, causando o colapso do cone de crescimento (**Figura 15-51**).

Após as considerações sobre como os RTKs usam os GEFs e as GTPases monoméricas para transmitir sinais para o interior da célula, consideraremos agora uma segunda estratégia importante empregada por esses receptores, que depende de um mecanismo de transmissão intracelular completamente diferente.

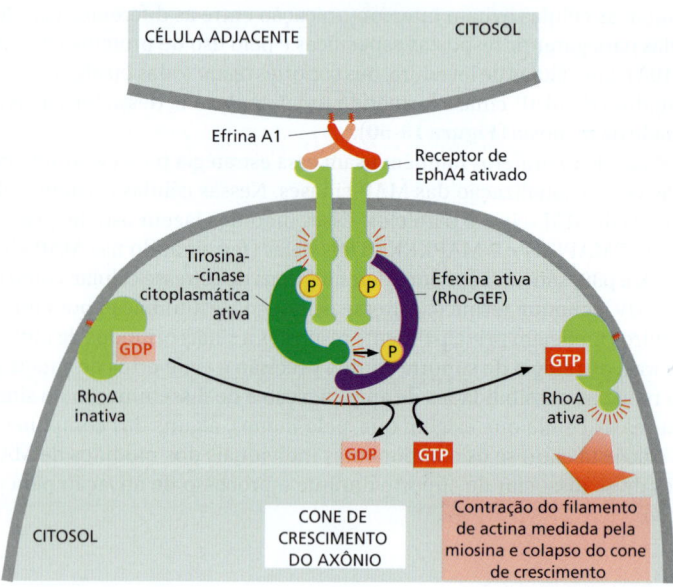

Figura 15-51 **Colapso do cone de crescimento mediado pelas GTPases da família Rho.** A ligação das proteínas efrina A1 a uma célula adjacente ativa os RTKs de EphA4 no cone de crescimento. As fosfotirosinas dos receptores Eph ativados recrutam e ativam uma tirosina-cinase citoplasmática para fosforilar uma tirosina da efexina Rho-GEF associada ao receptor. Isso aumenta a capacidade da efexina de ativar a RhoA. Esta, então, induz o colapso do cone de crescimento por estimular a contração do citoesqueleto de actina dependente de miosina.

A PI 3-cinase produz sítios lipídicos de ancoragem na membrana plasmática

Conforme mencionado anteriormente, uma das proteínas que se ligam à cauda intracelular das moléculas dos RTKs é a enzima **fosfoinositídeo 3-cinase** (**PI 3-cinase**), ligada à membrana plasmática. Essa cinase fosforila principalmente fosfolipídeos de inositol, sendo ativada tanto por RTKs como por GPCRs. Ela tem uma função central na promoção da sobrevivência celular e no crescimento.

O *fosfatidilinositol* (*PI*) é exclusivo entre os lipídeos de membrana, porque pode ser fosforilado reversivelmente em múltiplos sítios, gerando uma grande variedade de diferentes fosfolipídeos de inositol, chamados de **fosfoinositídeos**. A PI 3-cinase, quando ativada, catalisa a fosforilação na posição 3 do anel do inositol, gerando vários fosfoinositídeos (**Figura 15-52**). A produção de PI(3,4,5)P$_3$ é a mais importante, porque ele pode servir de sítio de ancoragem para várias proteínas de sinalização intracelular, que se organizam em complexos de sinalização que transmitem o sinal para dentro da célula a partir da face citosólica da membrana plasmática (ver Figura 15-10C).

Perceba a diferença entre essa função dos fosfoinositídeos e aquela que já foi descrita, na qual o PI(3,4)P$_2$ era hidrolisado pela PLCβ (no caso de GPCRs) ou pela PLCγ (no caso dos RTKs), gerando IP$_3$ solúvel e diacilglicerol ligado à membrana (ver Figuras 15-28 e 15-29). Em contraste, o PI(3,4,5)P$_3$ não é clivado pela PLC. Ele é formado a partir de PI(4,5)P$_2$ e permanece na membrana plasmática até ser desfosforilado por *fosfatases de fosfoinositídeos* específicas. Uma desas é a fosfatase *PTEN*, que desfosforila a posição 3 do anel inositol. As mutações na PTEN são encontradas em muitos tipos de cânceres: elas promovem crescimento celular descontrolado, porque prolongam a sinalização pela PI 3-cinase.

Existem vários tipos de PI 3-cinases. As ativadas por RTKs e GPCRs pertencem à classe I. São heterodímeros formados por uma subunidade catalítica comum e subunidades reguladoras diferentes. Os RTKs ativam as *PI 3-cinases de classe Ia,* nas quais a subunidade reguladora é uma proteína adaptadora que se liga, por meio de seus dois domínios SH2, a duas fosfotirosinas dos receptores ativados (ver Figura 15-46A). Os GPCRs ativam as *PI 3-cinases da classe Ib,* que possuem uma subunidade reguladora que se liga ao complexo βγ de uma proteína G trimérica ativada (G$_q$) quando os GPCRs são ativados por seu ligante extracelular. A ligação direta de uma Ras ativada também pode ativar a subunidade catalítica comum de classe I.

As proteínas de sinalização intracelular se ligam ao PI(3,4,5)P$_3$ produzido pela PI 3-cinase ativada, via um domínio de interação específico, como um **domínio de**

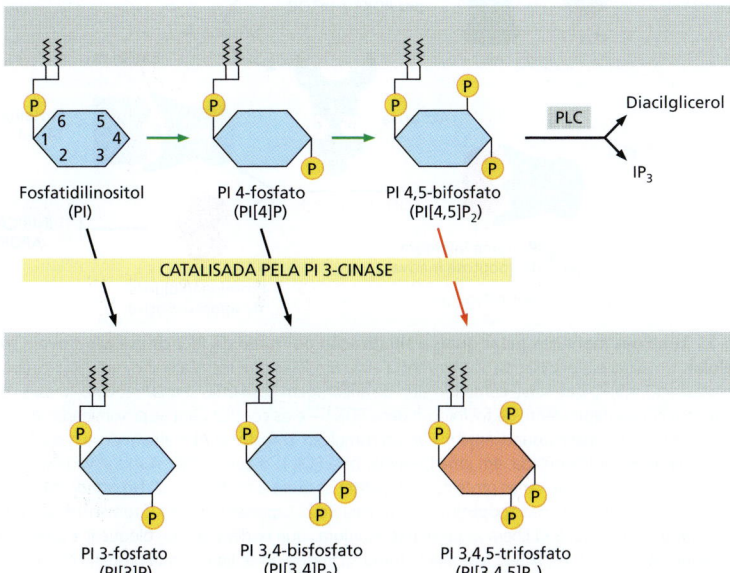

Figura 15-52 Geração de sítios de ancoragem de fosfoinositídeos pela PI 3-cinase. A PI 3-cinase fosforila o carbono 3 do anel do inositol gerando fosfoinositídeos, mostrados na parte inferior da figura (desviando-os da via que produz IP$_3$ e diacilglicerol; ver Figura 15-28). A fosforilação mais importante (indicada em *vermelho*) é a do PI(4,5)P$_2$ a PI(3,4,5)P$_3$, o qual pode servir como um sítio de ancoragem para proteínas sinalizadoras com domínios PH de ligação a PI(3,4,5)P$_3$. As fosforilações indicadas pelas *setas verdes* são catalisadas por outras cinases de fosfolipídeos de inositol (não mostradas).

homologia à proteína pleqstrina (PH), identificado pela primeira vez na proteína de plaquetas. Os domínios PH intracelulares atuam principalmente como domínios de interação proteína-proteína, e somente um pequeno grupo deles se liga ao $PI(3,4,5)P_3$; pelo menos alguns deles também reconhecem uma proteína de membrana específica assim como o $PI(3,4,5)P_3$, o que aumenta muito a especificidade da ligação e ajuda a explicar por que as proteínas sinalizadoras com domínios PH de ligação a $PI(3,4,5)P_3$ não ancoram em todos os sítios de $PI(3,4,5)P_3$. Os domínios PH são encontrados em aproximadamente 200 proteínas humanas, entre elas a Ras-GEF Sos apresentada anteriormente (ver Figura 15-11).

Uma proteína especialmente importante que contém domínio PH é a serina/treonina-cinase *Akt*. A *via de sinalização PI 3-cinase-Akt* é a principal via ativada pelo hormônio *insulina*. Ela também tem uma função-chave na promoção da sobrevivência e no crescimento de muitos tipos celulares, tanto nos invertebrados como nos vertebrados, como veremos a seguir.

A via de sinalização PI 3-cinase-Akt estimula a sobrevivência e o crescimento das células animais

Os sinais extracelulares são necessários para que as células cresçam e se dividam, além de sobreviverem, conforme discutido anteriormente (ver Figura 15-4). Os membros da família dos *fatores de crescimento semelhantes à insulina (IGFs)* de proteínas-sinal, por exemplo, estimulam o crescimento e a sobrevivência de muitos tipos de células animais. Eles se ligam a RTKs (ver Figura 15-43), os quais ativam a PI 3-cinase para que produza $PI(3,4,5)P_3$. O $PI(3,4,5)P_3$ recruta duas proteínas-cinase da membrana plasmática via seu domínio PH – **Akt** (também chamada *proteína-cinase B,* ou *PKB*) e a *proteína-cinase 1 dependente de fosfoinositídeos (PDK1)*, o que leva à ativação da Akt (**Figura 15-53**). Após ativada, ela fosforila várias proteínas-alvo na membrana plasmática, bem como

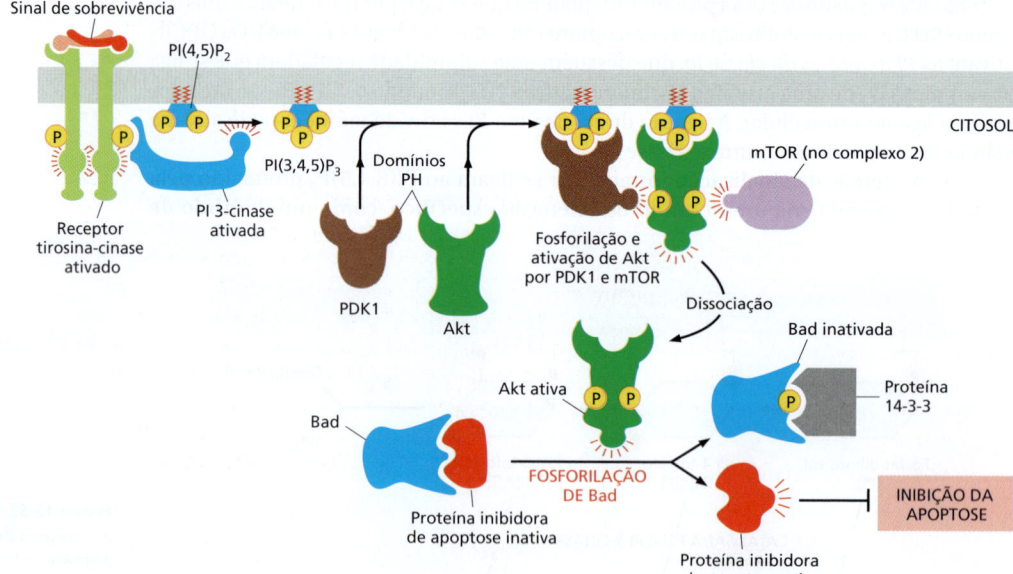

Figura 15-53 Uma das maneiras pelas quais a sinalização por meio da PI 3-cinase promove a sobrevivência celular. Um sinal extracelular de sobrevivência ativa um RTK, que recruta e ativa uma PI 3-cinase. A PI 3-cinase produz $PI(3,4,5)P_3$, que serve como um sítio de ancoragem para duas serina/treonina-cinases com domínios PH – Akt e a cinase dependente de fosfoinositídeos PDK1 – e as conduz para as proximidades da membrana plasmática. Uma terceira cinase (usualmente mTOR no complexo 2) fosforila Akt, alterando sua conformação, de forma que ela pode ser fosforilada, em uma treonina, pela PDK1, o que a ativa. A Akt ativada se dissocia da membrana plasmática e fosforila várias proteínas-alvo, entre as quais a proteína Bad. No estado não fosforilado, Bad mantém uma ou mais proteínas apoptóticas (da família Bcl2 – apresentadas no Capítulo 18) em estado inativo. No estado fosforilado, Bad libera as proteínas inibidoras que podem, agora, bloquear a apoptose e assim promover a sobrevivência celular. A Bad fosforilada torna-se inativa ao se ligar a uma proteína citosólica ubíqua denominada *14-3-3*, o que a mantém inativada.

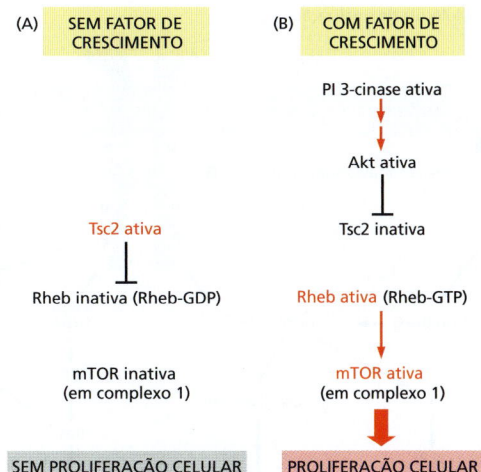

Figura 15-54 Ativação de mTOR pela via de sinalização PI 3-cinase-Akt.
(A) Na ausência de fatores de crescimento extracelulares, Tsc2 (uma Rheb-GAP) mantém Rheb inativa; mTOR no complexo 1 é inativo, e não há proliferação celular.
(B) Na presença de fatores de crescimento, Akt ativada fosforila e inibe Tsc2, promovendo, assim, a ativação de Rheb. A Rheb ativada (Rheb-GTP) auxilia na ativação de mTOR no complexo 1, o qual, por sua vez, estimula a proliferação celular. A Figura 15-53 mostra como os fatores de crescimento (ou sinais de sobrevivência) ativam Akt. A MAP-cinase Erk (ver Figura 15-49) também pode fosforilar e inibir Tsc2 e, dessa forma, ativar mTOR. Assim, as vias de sinalização da PI 3-cinase-Akt e da Ras-MAP-cinase convergem sobre mTOR no complexo 1, na estimulação da proliferação celular.
A Tsc2 é abreviatura de *proteína 2 de esclerose tuberosa* (*tuberous sclerosis protein 2*) e é um componente do heterodímero formado por Tsc1 e Tsc2 (não mostrado); essas proteínas têm esta denominação porque mutações em ambos os genes que as codificam causam a doença genética *esclerose tuberosa*, que está associada a tumores benignos que contenham células anormalmente grandes.

no citosol e no núcleo. O efeito na maioria dos alvos conhecidos é o de inativá-los; mas os alvos são tais que todas essas ações da Akt conspiram para um aumento do crescimento e sobrevivência celular, conforme está ilustrado na Figura 15-53, em uma via de sobrevivência celular.

O controle do crescimento celular pela **via da PI 3-cinase-Akt** depende em parte de uma grande proteína-cinase chamada **TOR** (denominada como o alvo da *rapamicina*, uma toxina bacteriana que inativa a cinase e é usada clinicamente como imunossupressor e anticâncer). A TOR foi originalmente identificada em leveduras, em rastreamentos genéticos para identificar resistência à rapamicina; em células de mamíferos é chamada **mTOR** e existe em dois complexos multiproteicos funcionalmente distintos. O *complexo 1 mTOR* contém a proteína *raptor*; esse complexo é sensível à rapamicina e estimula o crescimento celular – promovendo a produção dos ribossomos e a síntese proteica, além da inibição da degradação das proteínas. O complexo 1 também promove o crescimento e a sobrevivência celular pela estimulação do metabolismo e da captação de nutrientes. O *complexo 2 mTOR* contém a proteína *rictor* e é insensível à rapamicina. Ele ajuda na ativação da Akt (ver Figura 15-53) e regula o citoesqueleto de actina via GTPases da família Rho.

O mTOR no complexo 1 integra informações de várias fontes, inclusive de proteínas-sinal extracelulares conhecidas como *fatores de crescimento* e de nutrientes, como aminoácidos, ambos ajudando na ativação de mTOR e promovendo o crescimento celular. Os fatores de crescimento ativam mTOR principalmente por meio da via da PI 3-cinase-Akt. Esta ativa mTOR no complexo 1 indiretamente, pela fosforilação e consequente inativação de uma GAP chamada de Tsc2. Esta atua sobre uma GTPase monomérica relacionada com Ras chamada **Rheb** (ver Tabela 15-5). A Rheb em sua forma ativada (Rheb-GTP) ativa mTOR no complexo 1. O resultado líquido é que Akt ativa mTOR e, dessa forma, promove o crescimento celular (**Figura 15-54**). No Capítulo 17, discutiremos como mTOR estimula a produção dos ribossomos e a síntese proteica (ver Figura 17-64).

Os RTKs e os GPCRs ativam vias de sinalização que se sobrepõem

Os RTKs e os GPCRs ativam algumas vias de sinalização intracelular comuns, conforme mencionado anteriormente. Ambos, por exemplo, podem ativar a via do fosfolipídeo de inositol desencadeada pela fosfolipase C. Além disso, mesmo quando ativam diferentes vias, estas convergem nas mesmas proteínas-alvo. A **Figura 15-55** ilustra esse tipo de sinalização sobreposta: a figura resume as cinco vias de sinalização intracelular paralelas discutidas até o momento – uma desencadeada pelos GPCRs, duas pelos RTKs e duas por ambos os tipos de receptores. As interações entre essas vias permitem que moléculas de sinalização extracelular diferentes modulem e coordenem os efeitos de ambas.

Figura 15-55 Cinco vias de sinalização intracelulares paralelas, ativadas por receptores associados à proteína G e/ou por receptores tirosinas-cinase. Neste exemplo simplificado, as cinco cinases (marcadas em *amarelo*) fosforilam proteínas-alvo no final de cada via (marcadas em *vermelho*), muitas das quais são fosforiladas por mais de uma cinase. A fosfolipase C ativada pelos dois tipos de receptores é diferente: os GPCRs ativam PLCβ, enquanto os RTKs ativam PLCγ (não mostrado). Embora não seja mostrado, alguns GPCRs também podem ativar Ras, mas o fazem de forma independente de Grb2, via uma Ras-GEF, que é ativada por Ca^{2+} e diacilglicerol.

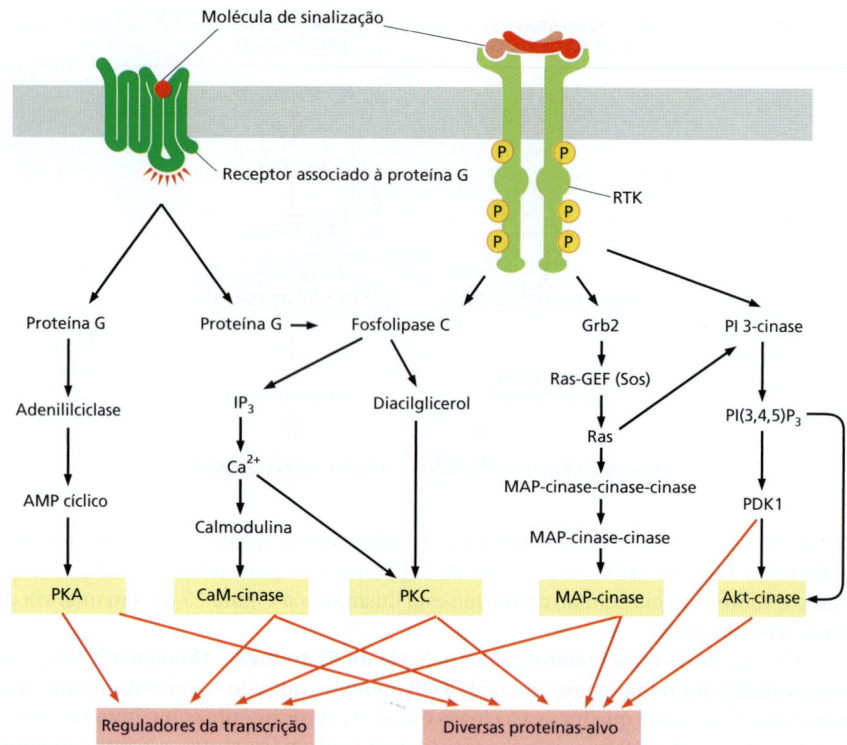

Alguns receptores acoplados a enzimas interagem com tirosinas-cinase citoplasmáticas

Muitos receptores de superfície celular dependem da fosforilação de tirosinas para sua atividade, mas carecem de um domínio de tirosina-cinase conspícuo. Esses receptores agem por meio de **tirosinas-cinase citoplasmáticas**, que estão associadas a eles e fosforilam várias proteínas-alvo, incluindo, com frequência, os próprios receptores, quando eles interagem com seus ligantes. Esses **receptores associados a tirosinas-cinase** funcionam de forma muito semelhante aos RTKs, exceto que seu domínio de cinase é codificado por um gene independente e está ligado à cadeia polipeptídica do receptor de forma não covalente. Uma grande variedade de classes de receptores pertence à esta categoria, incluindo os receptores de antígenos e interleucinas nos linfócitos (apresentados no Capítulo 24), integrinas (apresentadas no Capítulo 19) e receptores para várias citocinas e alguns hormônios. Tal qual os receptores associados a tirosinas-cinase, muitos destes são dímeros pré-formados ou dimerizam pela interação com o ligante.

Alguns desses receptores dependem de membros da maior família de tirosinas-cinase citoplasmáticas dos mamíferos, a **família Src** (ver Figuras 3-10 e 3-64), os quais incluem *Src*, *Yes*, *Fgr*, *Fyn*, *Lck*, *Lyn*, *Hck* e *Blk*. Todas essas enzimas possuem domínios SH2 e SH3 e estão localizadas no lado citoplasmático da membrana plasmática, onde são parcialmente fixadas por interação com proteínas receptoras transmembrana e parcialmente por cadeias lipídicas ligadas de modo covalente. Diferentes membros da família estão associados a receptores diferentes e fosforilam grupos de proteínas-alvo que se sobrepõem, porém distintos. Por exemplo, Lyn, Fyn e Lck estão associadas a diferentes grupos de receptores em linfócitos. Em cada caso, a cinase é ativada quando uma proteína receptora apropriada interage com um ligante extracelular. A Src pode, assim como vários outros membros da família, ligar-se a RTKs ativados; nesses casos, o receptor e a cinase citoplasmática estimulam mutuamente suas atividades catalíticas, dessa forma fortalecendo e prolongando o sinal (ver Figura 15-51). Existem algumas proteínas G (G_s e G_i) que ativam Src, sendo este um dos caminhos pelos quais a ativação dos GPCRs pode levar à fosforilação de tirosinas de proteínas de sinalização intracelular e de proteínas efetoras.

Um outro tipo de tirosina-cinase citoplasmática se associa a *integrinas*, a principal família de receptores usados pelas células para se ligar à matriz extracelular (discutido no Capítulo 19). A ligação dos componentes da matriz às integrinas ativa as vias de sinalização intracelular que influenciam o comportamento da célula. Quando as integrinas se agrupam em sítios de contato na matriz, elas promovem a formação das junções célula-matriz, chamadas de *adesões focais*. Entre as muitas proteínas recrutadas para essas junções está a tirosina-cinase citoplasmática denominada **cinase de adesão focal** (**FAK**; do inglês, *focal adhesion kinase*), que se liga à cauda citosólica de uma das subunidades da integrina com a ajuda de outras proteínas. As moléculas FAK agrupadas fosforilam umas às outras, criando sítios de ancoragem de fosfotirosinas, onde as Srcs se ligam. Src e FAK fosforilam, então, uma à outra, além de fosforilar outras proteínas que se agrupam na junção, inclusive muitas das proteínas sinalizadoras usadas pelos RTKs. Dessa forma, as duas cinases sinalizam à célula que ela está aderida a um substrato adequado onde pode sobreviver, crescer, dividir-se, migrar e assim por diante.

A maior e a mais diversificada classe de receptores que utilizam tirosinas-cinase citoplasmáticas para transmitir sinais para o interior das células é a dos *receptores de citocinas*, apresentados a seguir.

Receptores de citocinas ativam a via de sinalização JAK-STAT

A grande família dos **receptores de citocinas** inclui receptores para muitos tipos de mediadores locais (coletivamente chamados de *citocinas)*, bem como receptores para alguns hormônios, como o *hormônio de crescimento* e a *prolactina* (**Animação 15.8**). Esses receptores estão associados, de forma estável, a uma classe de tirosinas-cinase citoplasmáticas denominadas **Janus-cinase** (**JAKs**) (em homenagem ao deus romano de duas faces), que ativam reguladores de transcrição chamados de **STATs** (transdutoras de sinal e ativadoras de transcrição; do inglês, *signal transducers e activators of transcription*). Essas proteínas localizam-se no citosol e são referidas como *reguladores de transcrição latentes,* porque migram para o núcleo e regulam a transcrição gênica somente após serem ativadas.

Apesar de muitas vias de sinalização intracelular irem dos receptores de superfície para o núcleo, onde alteram a transcrição gênica (ver Figura 15-55), a **via de sinalização JAK-STAT** é uma das mais diretas. Os receptores de citocinas são dímeros ou trímeros e estão associados a uma ou duas das quatro JAKs conhecidas (JAK1, JAK2, JAK3 e Tyk2). A ligação da citocina altera a organização, causando a aproximação de duas JAKs para que possam fazer fosforilação, aumentando, assim, a atividade de seus domínios de tirosina-cinase. As JAKs fosforilam as tirosinas nas caudas citoplasmáticas dos receptores de citocinas, criando sítios de fosfotirosina de ancoragem para as STATs (**Figura 15-56**). Algumas proteínas adaptadoras podem também se ligar a alguns desses sítios e acoplar os receptores de citocinas à via de sinalização Ras-MAP-cinase, discutida anteriormente, mas essas proteínas não serão discutidas aqui.

Pelo menos seis STATs são conhecidas nos mamíferos. Cada uma delas possui um domínio SH2 que realiza duas funções. A primeira consiste na mediação da ligação da proteína STAT a um sítio de ancoragem de fosfotirosina em um receptor de citocina ativado. Uma vez ligada, suas tirosinas são fosforiladas pelas JAKs, o que provoca sua dissociação do receptor. A segunda consiste na mediação, pelo domínio SH2 da STAT livre, da ligação desta a uma fosfotirosina de outra STAT, formando um homo ou um heterodímero de STAT. O dímero de STAT se transloca para o núcleo, onde, em combinação com outras proteínas reguladoras da transcrição, se liga a uma sequência específica reguladora *cis* em vários genes e estimula sua transcrição (ver Figura 15-56). Por exemplo, a STAT5 ativada estimula a transcrição de genes que codificam proteínas do leite, em resposta ao hormônio prolactina, estimulando a produção de leite pelas células da mama. A **Tabela 15-6** relaciona algumas das mais de 30 citocinas e hormônios que ligam-se a receptores de citocinas e ativam a via JAK-STAT.

As respostas mediadas pelas STATs são reguladas por retroalimentação negativa. Além da ativação de genes que codificam proteínas que medeiam a resposta induzida pelas citocinas, os dímeros de STAT também ativam genes que codificam proteínas inibidoras que atuam na inibição da resposta. Algumas dessas proteínas se ligam às JAKs fosforiladas, inativando-as, bem como os seus receptores associados; outras se ligam aos

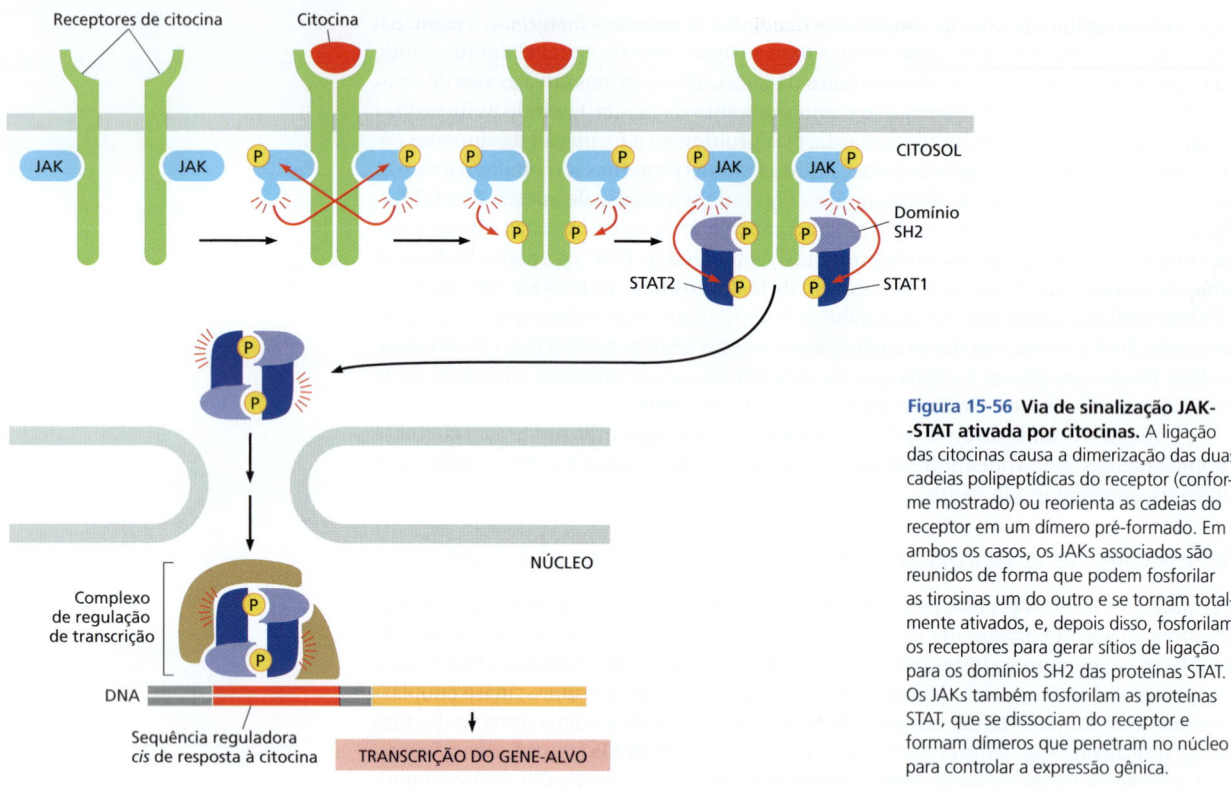

Figura 15-56 Via de sinalização JAK-STAT ativada por citocinas. A ligação das citocinas causa a dimerização das duas cadeias polipeptídicas do receptor (conforme mostrado) ou reorienta as cadeias do receptor em um dímero pré-formado. Em ambos os casos, os JAKs associados são reunidos de forma que podem fosforilar as tirosinas um do outro e se tornam totalmente ativados, e, depois disso, fosforilam os receptores para gerar sítios de ligação para os domínios SH2 das proteínas STAT. Os JAKs também fosforilam as proteínas STAT, que se dissociam do receptor e formam dímeros que penetram no núcleo para controlar a expressão gênica.

dímeros de STAT fosforilados e os impedem de se ligar aos seus DNAs-alvo. Contudo, somente esses mecanismos de retroalimentação negativa não são suficientes para inibir uma resposta. A inativação das JAKs e das STATs requer a desfosforilação de suas fosfotirosinas.

As proteínas tirosinas-fosfatase revertem as fosforilações das tirosinas

Em todas as vias de sinalização que usam fosforilação de tirosinas, estas são revertidas por **proteínas tirosinas-fosfatase**. Essas enzimas são tão importantes nos processos de sinalização quanto as tirosinas-cinase que adicionam os fosfatos. Enquanto existem somente poucos tipos de subunidades catalíticas de *serinas-treoninas fosfatase* responsáveis pela remoção de grupos fosfato de serinas e treoninas, existem cerca de 100 tirosinas-fosfatase codificadas no genoma humano, inclusive algumas *fosfatases biespecíficas* que também desfosforilam serinas e treoninas.

Semelhantemente às tirosinas-cinase, as tirosinas-fosfatase ocorrem tanto na forma transmembrana como citoplasmática. Ao contrário das serinas-treoninas fos-

TABELA 15-6 Algumas proteínas de sinalização extracelular que atuam por meio de receptores de citocina e a via de sinalização JAK-STAT

Proteína-sinal	JAKs associadas a receptores	Ativadas por STATs	Algumas respostas
Interferon-γ (IFN-γ)	JAK1 e JAK2	STAT1	Ativa macrófagos
Interferon-α (IFN-α)	Tyk2 e JAK2	STAT1 e STAT2	Aumenta resistência celular à infecção viral
Eritropoietina	JAK2	STAT5	Estimula a produção de eritrócitos
Prolactina	JAK1 e JAK2	STAT5	Estimula a produção de leite
Hormônio de crescimento	JAK2	STAT1 e STAT5	Estimula o crescimento pela indução da produção de IGF1
Fator de estimulação de colônias de granulócitos-macrófagos (GMCSF)	JAK2	STAT5	Estimula a produção de granulócitos e macrófagos

fatase, que geralmente apresentam uma especificidade ampla, a maioria das tirosinas-fosfatase exibe especificidade refinada por seus substratos, removendo grupos fosfato somente de fosfotirosinas de um determinado subgrupo de proteínas. Essas fosfatases asseguram que as fosforilações sejam de curta duração e que o nível de tirosinas fosforiladas seja muito baixo nas células em repouso. No entanto, elas não revertem simplesmente os efeitos das tirosinas-cinase; elas estão programadas para agir somente na hora apropriada.

Tendo discutido o papel crítico da fosforilação e da desfosforilação de tirosinas nas vias de sinalização intracelular ativadas por muitos receptores acoplados a enzimas, apresentaremos agora outra classe de receptores acoplados a enzimas que contam com a fosforilação de serinas e de treoninas. Esses *receptores serina-treonina-cinase* ativam uma via de sinalização para o núcleo ainda mais direta do que a via JAK-STAT, discutida anteriormente. Essas cinases fosforilam reguladores de transcrição latentes denominados *Smads*, que migram para o núcleo e controlam a transcrição gênica.

As proteínas sinalizadoras da superfamília TGFβ atuam por meio de receptores serina-treonina-cinase e Smads

A **superfamília fator de crescimento transformador β** (**TGFβ**; do inglês, *transforming growth factor-β superfamily*) consiste em um grande número (33 em humanos) de proteínas diméricas de secreção estruturalmente relacionadas. Elas atuam como hormônios ou, mais frequentemente, como mediadores locais, regulando uma ampla gama de funções biológicas em todos os animais. Durante o desenvolvimento, elas regulam o padrão de formação e influenciam vários comportamentos celulares, como proliferação, diferenciação, produção de matriz extracelular e morte celular. Nos adultos, estão envolvidas com reparo de tecidos e regulação imune, assim como em muitos outros processos. A superfamília é composta pela família TGFβ/*ativina* e pela família maior de *proteínas morfogênicas ósseas* (*BMPs;* do inglês, *bone morphogenetic proteins*).

Todas essas proteínas atuam por meio de receptores acoplados a enzimas que são proteínas transmembrana de passagem única, com um domínio serina/treonina-cinase na face citosólica da membrana plasmática. Existem duas classes desses **receptores serinas/treoninas-cinase** – *tipo I* e *tipo II* – que são homodímeros com estrutura semelhante. Os membros da superfamília TGFβ ligam-se aos receptores dímeros tipo I e tipo II quando em uma combinação característica, aproximando os domínios de cinase de forma que o receptor tipo II fosforila e ativa o receptor tipo I, formando um complexo receptor tetramérico ativo.

Quando ativado, o complexo receptor envia rapidamente o sinal para o núcleo, usando uma estratégia muito semelhante à utilizada pela JAK-STAT no caso dos receptores de citocinas. O receptor tipo I ativado se liga a um regulador de transcrição latente da **família Smad** (denominação derivada dos primeiros membros da família identificados, Sma em *C. elegans* e Mad em *Drosophila*) e o fosforila. Os receptores TGFβ/ativina ativados fosforilam Smad2 ou Smad3, enquanto os receptores BMP ativados fosforilam Smad1, Smad5 ou Smad8. Uma vez que uma dessas *Smads ativadas por receptores* (*R-Smads*) tenha sido fosforilada, ela se dissocia do receptor e se liga à Smad4 (chamada de *co-Smad*), que pode formar um complexo com qualquer uma das cinco R-Smads. Esse complexo se desloca para o núcleo, onde se associa a outros reguladores de transcrição e controla a transcrição de genes-alvo específicos (**Figura 15-57**). Os genes afetados variam porque as proteínas nucleares associadas variam dependendo do tipo celular e das condições da célula.

Os receptores TGFβ ativados e seus ligantes são internalizados por endocitose, por duas vias distintas, uma que leva a mais ativação e a outra que leva à inativação. A via de ativação depende de vesículas revestidas por clatrina e conduz aos endossomos iniciais (discutido no Capítulo 13), onde ocorre a maior parte da ativação de Smad. Uma proteína de ancoragem denominada *SARA* (âncora de Smad para ativação do receptor; do inglês, *Smad anchor for receptor activation*) tem um papel importante nessa via; ela está concentrada nos endossomos primários e se liga tanto aos receptores TGFβ ativados quanto às Smads, aumentando a eficiência da fosforilação do receptor mediada pela

Figura 15-57 A via de sinalização dependente de Smad ativada por TGFβ. O dímero de TGFβ promove a formação de um complexo receptor tetramérico contendo duas cópias dos receptores do tipo I e do tipo II. Os receptores do tipo II fosforilam sítios específicos nos receptores do tipo I, ativando, assim, seus domínios cinase e levando à fosforilação de R-Smads como a Smad2 e Smad3. As Smads se abrem para expor uma superfície de dimerização quando são fosforiladas, levando à formação de um complexo trimérico contendo duas R-Smads e a co-Smad, Smad4. O complexo Smad fosforilado penetra no núcleo e colabora com outros reguladores de transcrição para controlar a transcrição de genes-alvo específicos.

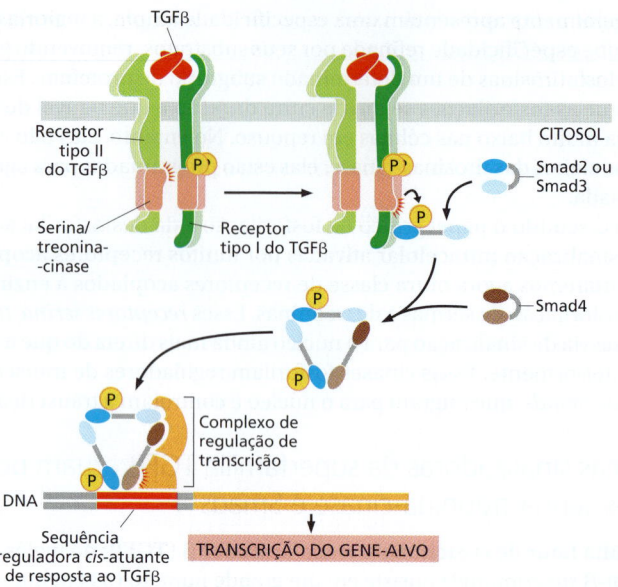

Smad. A via de inativação depende de *cavéolos* (apresentadas no Capítulo 13) e conduz à ubiquitinação do receptor e degradação nos proteassomos.

As Smads transitam de forma contínua entre o citoplasma e o núcleo durante a resposta à sinalização: elas são desfosforiladas no núcleo e exportadas para o citoplasma, onde podem ser refosforiladas por receptores ativados. Dessa forma, o efeito exercido sobre os genes-alvo reflete a concentração do sinal extracelular e o tempo em que o sinal continua agindo sobre os receptores de superfície celular (frequentemente por várias horas). As células expostas a um morfógeno em alta concentração, ou por um longo tempo, ou ambos, ativarão um conjunto de genes, enquanto as células que receberem uma exposição mais baixa, ou mais transitória, ativarão um outro conjunto.

A retroalimentação negativa regula a via da Smad, como acontece em outros sistemas de sinalização. Entre os genes-alvo ativados pelos complexos Smad estão aqueles que codificam *Smads inibidoras*, como Smad6 e Smad7. A Smad7 (e, possivelmente, Smad6) se liga à cauda citosólica do receptor ativado e inibe sua capacidade de sinalização de, pelo menos, três maneiras: (1) compete com as R-Smads pelos sítios de ligação no receptor, reduzindo a fosforilação da R-Smad; (2) recruta uma ubiquitina-ligase chamada de *Smurf*, a qual ubiquitina o receptor, levando à sua internalização e degradação (elas são chamadas de Smurfs, *fatores reguladores de ubiquitinação de Smads*, de *Smad ubiquitylation regulatory factors*, porque também promovem a ubiquitinação e a degradação das Smads); e (3) recruta uma proteína-fosfatase que desfosforila e inativa o receptor. Além disso, as Smads inibidoras se ligam à co-Smad, Smad4, inibindo-a, tanto por impedir sua ligação às R-Smads como por promover sua ubiquitinação e degradação.

Embora os receptores serina/treonina-cinase atuem principalmente por meio da via Smad recém-descrita, eles também podem estimular outras proteínas sinalizadoras intracelulares como as MAP-cinases e a PI 3-cinase. Reciprocamente, as proteínas de sinalização de outras vias podem fosforilar as Smads e, dessa forma, influenciar a sinalização ao longo dessa via.

Resumo

Existem várias classes de receptores acoplados a enzimas, e os mais comuns são receptores tirosinas-cinase (RTKs), receptores associados a tirosinas-cinase e receptores serina-treonina-cinase.

A interação do ligante com os RTKs causa sua dimerização, o que leva à ativação de seus domínios cinase. Esses domínios ativados fosforilam múltiplas tirosinas nos receptores, produzindo um conjunto de fosfotirosinas que servem como sítios de ancoragem para um conjunto de proteínas de sinalização intracelular, que se ligam através de seus domínios SH2 (ou PTB). Uma proteína desse tipo serve como adaptador para acoplar alguns receptores ativados a uma Ras-GEF (Sos), a qual, por sua vez, ativa a GTPase monomérica Ras; esta, por sua vez, ativa um módulo de sinalização de MAP-cinase de três componentes, o qual transmite o sinal para o núcleo por meio da fosforilação de proteínas reguladoras de transcrição. Outra proteína sinalizadora importante que ancora em RTKs ativados é a PI 3-cinase, que fosforila fosfoinositídeos específicos e gera, na membrana plasmática, sítios lipídicos de ancoragem para as proteínas sinalizadoras com domínios PH de ligação a fosfoinositídeos, entre elas a serina/treonina-cinase Akt (PKB), a qual tem uma função-chave no controle do crescimento e da sobrevivência celular. Muitas classes de receptores, incluindo alguns RTKs, ativam as GTPases monoméricas da família Rho, que acoplam funcionalmente os receptores ao citoesqueleto.

Os receptores associados a tirosinas-cinase dependem, para sua atividade, de várias tirosinas-cinase citoplasmáticas. Entre elas estão os membros da família Src, que se associam a muitos tipos de receptores, e a cinase de adesão focal (FAK), que se associa a integrinas nas adesões focais. Então, as tirosinas-cinase citoplasmáticas fosforilam uma grande variedade de proteínas sinalizadoras para que o sinal seja transmitido. A maior família dessa classe é a dos receptores de citocinas. Quando estimulados pela interação com o ligante, esses receptores ativam tirosinas-cinase citoplasmáticas JAK, que fosforilam STATs. Como consequência, as STATs dimerizam, migram para o núcleo e ativam a transcrição de genes específicos. Os receptores serina-treonina-cinase, ativados por proteínas-sinal da superfamília TGFβ, atuam de modo similar: fosforilam e ativam Smads, que oligomerizam com outra Smad, migram para o núcleo e regulam a transcrição gênica.

VIAS ALTERNATIVAS DE SINALIZAÇÃO NA REGULAÇÃO GÊNICA

As principais mudanças no comportamento de uma célula tendem a depender de mudanças na expressão de um grande número de genes. Desse modo, muitas moléculas de sinalização extracelular exercem seus efeitos, total ou parcialmente, por iniciarem vias de sinalização que alteram as atividades de reguladores de transcrição. Existem numerosos exemplos de regulação gênica nas vias dos GPCR e dos receptores acoplados a enzimas (ver Figuras 15-27 e 15-49). Nesta seção, descreveremos alguns dos mecanismos de sinalização menos comuns pelos quais a expressão gênica pode ser controlada. Iniciaremos com várias vias que dependem de *proteólise regulada* para controlar a localização e a atividade de reguladores de transcrição latentes. Descreveremos também uma classe de moléculas de sinalização extracelular que não utilizam receptores de superfície celular, mas, para exercer suas funções, entram na célula e interagem diretamente com reguladores de transcrição. No final, discutiremos brevemente alguns dos mecanismos pelos quais a expressão gênica é controlada pelo *ritmo circadiano:* o ciclo diário de luz e escuridão.

O receptor Notch é uma proteína reguladora latente da transcrição

A sinalização por meio da proteína receptora **Notch** é amplamente utilizada no desenvolvimento animal. Conforme será discutido no Capítulo 22, ela tem uma atuação geral no controle da escolha do destino das células e na regulação do padrão de formação durante o desenvolvimento da maioria dos tecidos, bem como na renovação contínua de tecidos, como o revestimento do intestino. Contudo, ela é mais conhecida pelo seu papel na formação das células nervosas na *Drosophila*, as quais geralmente surgem isoladas dentro de uma camada epitelial de células precursoras. Durante esse processo, quando as células precursoras se comprometem com o desenvolvimento em células nervosas, elas sinalizam para suas vizinhas mais próximas para que não se desenvolvam da mesma forma; a células inibidas se diferenciam em células epiteliais. Esse processo, conhecido como *inibição lateral*, depende de um mecanismo de sinalização dependente de contato mediado por uma proteína-sinal transmembrana de passagem única chamada de **Delta**, exposta na superfície da futura célula neural. Delta liga-se a Notch na célula adjacente

Figura 15-58 Inibição lateral mediada por Notch e Delta durante o desenvolvimento das células nervosas em *Drosophila*. Quando determinadas células do epitélio iniciam sua diferenciação em células neurais, elas sinalizam para as células adjacentes para que não façam o mesmo. Esta sinalização inibidora, dependente de contato, é mediada pelo ligante Delta, que aparece na superfície da futura célula nervosa e se liga às proteínas Notch das células adjacentes. Em muitos tecidos, todas as células de um agrupamento inicialmente expressam Delta e Notch. Então, ocorre uma competição, e uma célula surge como vencedora, expressando Delta em grande quantidade e impedindo a sua expressão nas demais células. Em outros casos, fatores adicionais interagem com Delta ou com Notch, tornando algumas células suscetíveis e outras resistentes ao sinal de inibição lateral.

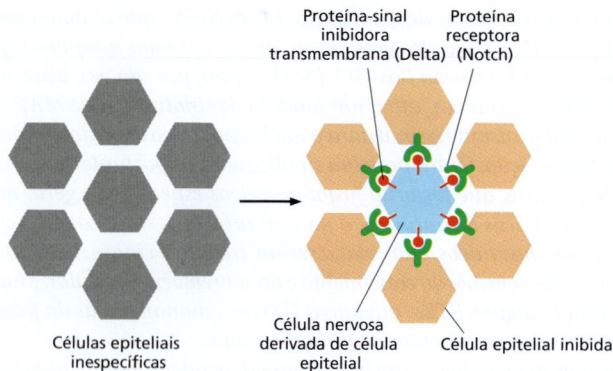

e sinaliza para que ela não se transforme em célula neural (**Figura 15-58**). Quando esse processo de sinalização está defeituoso, é produzido um grande excesso de células neurais às expensas de células epidérmicas, o que é letal.

Notch é uma proteína transmembrana de passagem única que necessita de processamento proteolítico para funcionar. Ela atua como regulador latente de transcrição e produz a via de sinalização mais simples e mais direta de um receptor de superfície celular para o núcleo. Quando ativada pela ligação de Delta de outra célula, a cauda citoplasmática de Notch é hidrolisada por uma protease ligada à membrana e se desloca para o núcleo, onde ativa a transcrição de um grupo de genes que respondem a Notch. A cauda interage com uma proteína de ligação ao DNA, convertendo-a de repressor em ativador da transcrição.

O receptor Notch sofre três clivagens proteolíticas sucessivas, mas somente as duas últimas dependem da ligação de Delta. Como parte de sua biossíntese, ele é hidrolisado no aparelho de Golgi, formando um heterodímero, que é então transportado para a superfície celular como receptor maduro. A ligação de Delta a Notch induz uma segunda hidrólise no domínio extracelular, mediada por uma protease extracelular. Segue-se uma hidrólise final, liberando a cauda citoplasmática do receptor ativado (**Figura 15-59**). Observe que, ao contrário da maioria dos receptores, a ativação de Notch é irreversível; uma vez ativada pela interação com o ligante, a proteína não pode ser utilizada outra vez.

A hidrólise final da cauda de Notch ocorre dentro do segmento transmembrana, sendo mediada por um complexo proteolítico chamado de *secretase* γ, que também é responsável pela hidrólise intramembrana de várias outras proteínas. Uma de suas subunidades essenciais é a *Presenilina*, chamada dessa forma porque mutações no gene que a codifica são causas frequentes da doença de Alzheimer familiar precoce, uma forma de demência pré-senil. Acredita-se que o complexo proteolítico contribua para esta e outras formas da doença de Alzheimer por gerar fragmentos peptídicos extracelulares de uma proteína transmembrana neuronal; os fragmentos se acumulam em grande quantidade, formando agregados de proteínas malformadas chamadas de placas amiloides, que danificam as células nervosas, contribuindo para sua degeneração e perda.

Notch e Delta são glicoproteínas, e sua interação é regulada por glicosilação de Notch. A *família Fringe* de glicosiltransferases adiciona açúcares extras ao oligossacarídeo de ligações O (discutido no Capítulo 13) de Notch, o que altera sua especificidade pelos ligantes. Esse é o primeiro exemplo de modulação de sinalização ligante-receptor por glicosilação diferencial do receptor.

As proteínas Wnt interagem com os receptores Frizzled e inibem a degradação de β-catenina

As **proteínas Wnt** são moléculas de sinalização secretadas que agem como mediadores locais e morfógenos no controle de muitos aspectos do desenvolvimento em todos os animais nos quais foram estudadas. Essas proteínas foram descobertas independentemente em moscas e em camundongos: na *Drosophila*, o gene *Wingless* (*Wg*) foi

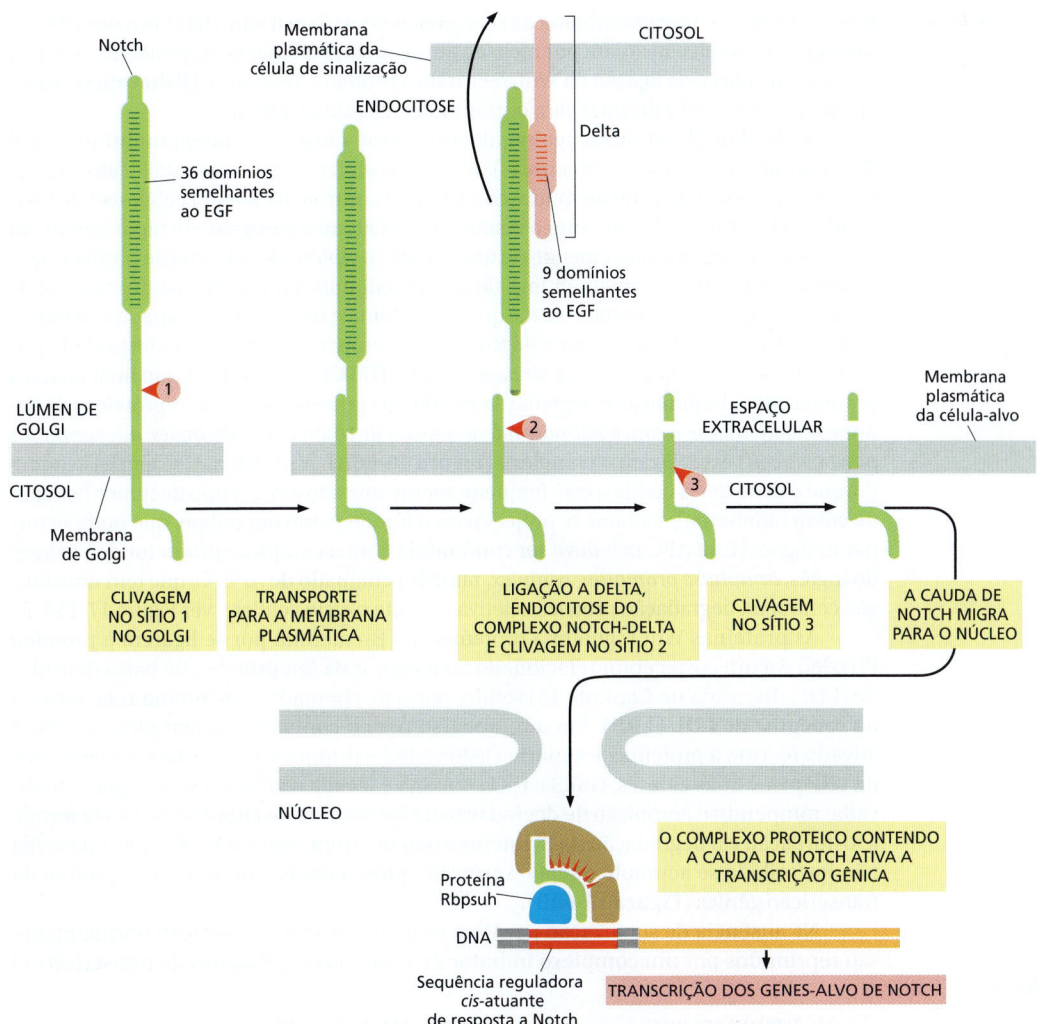

Figura 15-59 Processamento e ativação de Notch por clivagem proteolítica. As *setas vermelhas numeradas* indicam os sítios de processamento proteolítico. A primeira etapa do processamento ocorre dentro da rede *trans* Golgi e gera um receptor Notch heterodimérico maduro que é exposto na superfície celular. A ligação a Delta em uma célula adjacente, desencadeia as duas etapas proteolíticas seguintes: o complexo de Delta e do fragmento Notch ao qual ela está ligada são endocitados pela célula que está expressando Delta, expondo o sítio de clivagem extracelular na subunidade Notch transmembrana. Observe que Notch e Delta interagem por meio dos seus domínios repetidos similares a EGF. A cauda de Notch liberada migra para o núcleo, onde se liga à proteína Rbpsuh e a converte de repressor em ativador de transcrição.

descoberto devido ao seu papel como morfógeno no desenvolvimento das asas, enquanto, em camundongos, o gene *Int1* foi identificado porque promovia o desenvolvimento de tumores de mama quando ativado pela integração de um vírus próximo a ele. Ambos os genes codificam proteínas Wnt. Essas proteínas são incomuns como proteínas secretadas pelo fato de terem uma cadeia de ácido graxo ligada covalentemente à sua extremidade N-terminal, o que aumenta sua ligação com a superfície celular. Existem 19 Wnts em humanos, cada uma com funções distintas, mas frequentemente sobrepostas.

As Wnts ativam, pelo menos, dois tipos de vias de sinalização intracelular. Nosso foco principal aqui é a *via Wnt/β-catenina* (também conhecida como *via Wnt canônica)*, que está centralizada no regulador latente de transcrição *β-catenina*. Uma segunda via, chamada de *via de polaridade planar,* coordena a polarização das células no plano do epitélio em desenvolvimento e depende das GTPases da família Rho. Ambas as vias iniciam com a ligação das Wnts aos receptores de superfície celular da família **Frizzled**, que são proteínas transmembrana de sete passagens, cuja estrutura lembra a dos GPCRs, mas que, em geral, não atuam por meio da ativação de proteínas G. As proteínas Frizzled, quando ativadas pela ligação da Wnt, recrutam a proteína de suporte **Dishevelled**, a qual ajuda na transmissão do sinal para outras moléculas sinalizadoras.

A **via Wnt/β-catenina** age regulando a proteólise da proteína multifunctional **β-catenina** (ou *Armadillo* em moscas). A porção celular da proteína está localizada nas junções célula-célula e, desse modo, contribui no controle da adesão célula-célula (discutido no Capítulo 19), enquanto o restante da β-catenina é degradado rapidamente no citoplasma. A degradação depende de um grande *complexo de degradação* proteico, que se liga à β-catenina e a mantém fora do núcleo enquanto promove sua degradação. O complexo contém pelo menos outras quatro proteínas: uma cinase chamada *caseína cinase 1 (CK1)* fosforila uma serina da β-catenina, preparando-a para ser fosforilada por outra cinase chamada *glicogênio-sintase-cinase-3 (GSK3);* essa fosforilação final marca a proteína para ubiquinação e degradação rápida nos proteassomos. Duas proteínas de suporte, chamadas de *axina* e *polipose adenomatosa de cólon (APC; do inglês, adenomatous polyposis coli)* estabilizam o complexo (**Figura 15-60A**). A proteína APC tem esse nome porque o gene que a codifica está frequentemente mutado em um tipo de tumor benigno de cólon (adenoma); o tumor se projeta para o lúmen como um pólipo, que pode se tornar maligno. (Esta APC não deve ser confundida com o complexo promotor de anáfase; do inglês, *anaphase promoting complex*, também chamado de APC/C, que tem uma função central na degradação proteica seletiva durante o ciclo celular – ver Figura 17-15A.)

As proteínas Wnt regulam a proteólise da β-catenina por se ligarem à proteína Frizzled e a um correceptor relacionado ao receptor da lipoproteína de baixa densidade (LDL, discutido no Capítulo 13) sendo, por isso, chamada de **proteína relacionada ao receptor de LDL (LRP)**. Em um processo pouco conhecido, o complexo receptor ativado recruta a proteína de suporte Dishevelled e promove a fosforilação do receptor de LRP pelas duas cinases, GSK3 e CK1. A Axina é levada ao complexo receptor e inativada, rompendo o complexo de degradação da β-catenina no citoplasma. Dessa forma, a fosforilação e a degradação da β-catenina não ocorrem, o que permite que a proteína não fosforilada se acumule e seja translocada para o núcleo, onde altera o padrão da transcrição gênica (**Figura 15-60B**).

Na ausência de sinalização por Wnt, os genes-alvo da sinalização normalmente são reprimidos por um complexo inibidor de proteínas reguladoras de transcrição. O

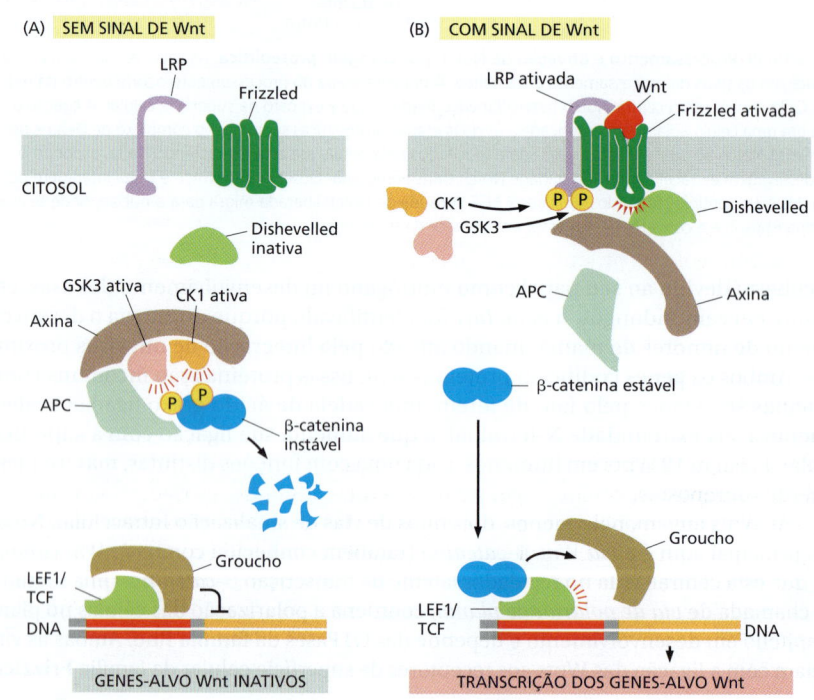

Figura 15-60 Via de sinalização Wnt/β-catenina. (A) Na ausência de um sinal de Wnt, a β-catenina, que não está ligada às junções aderentes célula-célula (não mostrado), interage com um complexo de degradação que contém APC, axina, GSK3 e CK1. Neste complexo, a β-catenina é fosforilada pela CK1 e pela GSK3, o que desencadeia sua ubiquitinação e degradação nos proteassomos. Os genes que respondem a Wnt são mantidos inativos pela ligação da proteína correpressora Groucho ao regulador de transcrição LEF1/TCF. (B) A Wnt se liga a Frizzled e LRP agrupa os dois correceptores, e a cauda citosólica de LRP é fosforilada por GSK3 e por CK1. A Axina se liga à LRP fosforilada e é inativada e/ou degradada, resultando na dissociação do complexo de degradação. A fosforilação da β-catenina é, assim, prevenida, e a proteína não fosforilada se acumula e penetra no núcleo, onde se liga a LEF1/TCF, desloca o correpressor Groucho, e atua como um coativador na ativação dos genes-alvo de Wnt. A proteína de suporte Dishevelled é necessária para que a via de sinalização opere; ela se liga a Frizzled e torna-se fosforilada (não mostrado), no entanto sua função específica não é conhecida.

complexo inclui proteínas da família *LEF1/TCF* ligados a uma proteína correpressora da família *Groucho* (ver Figura 15-60A). A β-catenina entra no núcleo, em resposta a um sinal de Wnt, e se liga às proteínas LEF1/TCF, deslocando Groucho. Dessa forma, a β-catenina funciona como um coativador, induzindo a transcrição dos genes-alvo de Wnt (ver Figura 15-60B). Assim, a sinalização por Wnt/β-catenina desencadeia uma mudança de repressão para ativação da transcrição, tal como acontece na sinalização por Notch.

Entre os genes ativados pela β-catenina está *Myc*, que codifica uma proteína (Myc) que é um importante regulador do crescimento e da proliferação celular (discutido no Capítulo 17). O gene *Apc* está mutado em 80% dos cânceres de cólon humano (discutido no Capítulo 20). Essas mutações inibem a capacidade da proteína de se ligar à β-catenina, provocando o acúmulo da proteína no núcleo e a consequente estimulação da transcrição de *c-Myc* e de outros genes-alvo de Wnt, mesmo na ausência do sinal específico. O crescimento e a proliferação celular descontrolados resultantes promovem o desenvolvimento do câncer.

Várias proteínas inibidoras secretadas regulam a sinalização por Wnt durante o desenvolvimento. Algumas se ligam aos receptores LRP e promovem sua retrorregulação, enquanto outras competem com os receptores Frizzled pelas Wnt secretadas. Pelo menos em *Drosophila*, a Wnt ativa ciclos de retroalimentação negativa, nos quais os genes-alvo de Wnt codificam proteínas que ajudam a inativar a resposta; algumas dessas proteínas inibem Dishevelled, e outras são inibidores secretados.

As proteínas Hedgehog se ligam a Patched, liberando a inibição mediada por Smoothened

As proteínas Hedgehog e as proteínas Wnt atuam de maneira similar. Ambas são moléculas de sinalização secretadas que atuam como mediadores locais e morfógenos em muitos tecidos em desenvolvimento, tanto em invertebrados como em vertebrados. Ambas são modificadas pela ligação covalente de lipídeos, dependem, para sua ação, de proteoglicanos secretados ou ligados à membrana (discutidos no Capítulo 19) e ativam reguladores latentes de transcrição pela inibição de sua degradação. Elas também desencadeiam uma mudança de repressão da transcrição para ativação, e a sinalização excessiva ao longo de ambas as vias nas células adultas pode levar ao câncer. Elas usam algumas das mesmas proteínas de sinalização intracelular e às vezes colaboram na mediação da resposta.

As **proteínas Hedgehog** foram descobertas em *Drosophila*, onde esta família proteica tem somente um membro. A mutação do gene *Hedgehog* produz uma larva coberta por prolongamentos pontiagudos (dentículos) lembrando um ouriço (em inglês, *hedgehog*, daí o nome). Pelo menos três genes codificam a proteína Hedgehog nos vertebrados – *Sonic*, *Desert* e *Indian*. As formas ativas de todas as proteínas Hedgehog estão covalentemente ligadas ao colesterol, bem como a cadeias de ácidos graxos. O colesterol é adicionado durante um processamento incomum, no qual uma proteína precursora sofre autoproteólise e produz uma proteína-sinal menor contendo colesterol. A maior parte do que se conhece sobre a via de sinalização da Hedgehog foi derivado de estudos genéticos em moscas, e é a via nas moscas que resumiremos aqui.

Os efeitos da Hedgehog são mediados por um regulador latente de transcrição chamado **Cubitus interruptus** (**Ci**), cuja regulação lembra a da β-catenina pelas Wnts. Na ausência do sinal de Hedgehog, Ci é ubiquitinada e sofre proteólise nos proteassomos. Contudo, em vez de ser totalmente degradada, ela é processada, gerando um fragmento menor, que se acumula no núcleo, onde atua como um repressor da transcrição, ajudando a manter reprimidos alguns dos genes que respondem a Hedgehog. O processamento proteolítico da Ci depende de sua fosforilação por três proteínas-cinase – PKA e mais duas cinases também utilizadas na via da Wnt, chamadas de GSK3 e CK1. Como na via de Wnt, o processamento proteolítico ocorre em um complexo multiproteico. Esse inclui a proteína-cinase *Fused* e uma proteína de suporte *Costal2*, a qual faz uma associação estável com Ci, recruta as outras três cinases e liga o complexo aos microtúbulos, mantendo, assim, fora do núcleo a Ci não processada (**Figura 15-61A**).

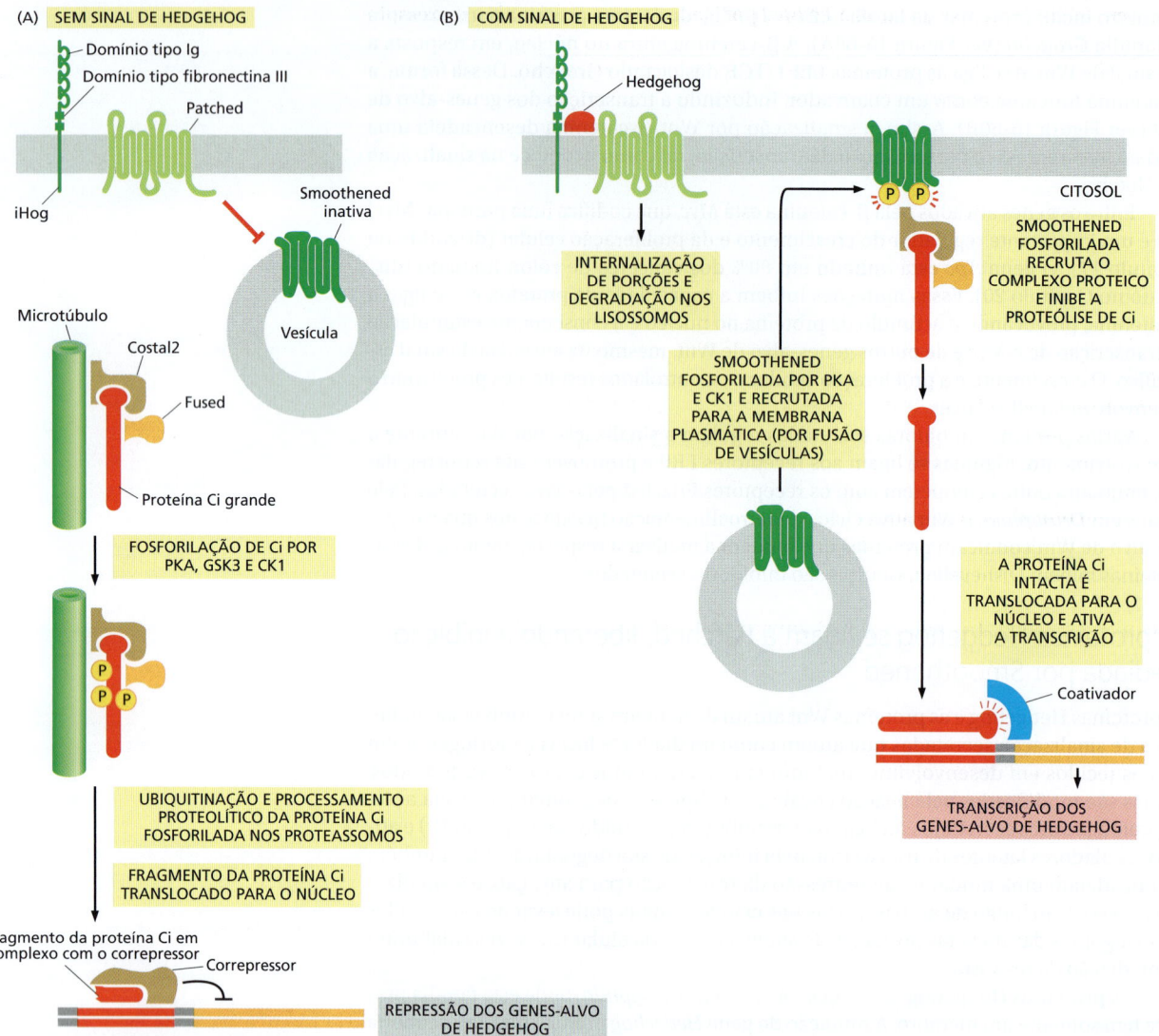

Figura 15-61 Sinalização por Hedgehog em Drosophila. (A) Na ausência de Hedgehog, a maioria da Patched está dentro de vesículas intracelulares (não mostrado) onde ela mantém a Smoothened sequestrada e inativa. A proteína Ci está ligada a um complexo proteico de degradação citosólico, que inclui a proteína-cinase Fused e a proteína de suporte Costal2. Esta recruta outras três proteína-cinase (PKA, GSK3 e CK1; não mostradas), que fosforilam Ci. A Ci fosforilada é ubiquitinada e hidrolisada nos proteassomos (não mostrado), formando um repressor de transcrição, que se acumula no núcleo e ajuda a manter inativos os genes-alvo de Hedgehog. (B) A ligação de Hedgehog a iHog e a Patched remove a inibição do receptor Smoothened. A Smoothened é fosforilada por PKA e CK1 e é translocada para a membrana plasmática, onde recruta o complexo formado por Fused, Costal2 e Ci. Costal2 libera Ci não processada, que se acumula no núcleo e ativa a transcrição dos genes-alvo da Hedgehog. Muitos dos eventos dessa via são pouco conhecidos, inclusive o papel da proteína Fused.

A Hedgehog atua no bloqueio do processamento proteolítico da Ci, transformando-a em um regulador de transcrição. Ela o faz por um processo de sinalização intrincado que depende de três proteínas transmembrana: Patched, iHog e Smoothened. A **Patched** atravessa 12 vezes a membrana, e apesar de muitas delas estarem em vesículas intracelulares, algumas estão na superfície da célula onde podem se ligar à proteína Hedgehog. A **iHog** também está na superfície celular e supõe-se que sirva como um correceptor para Hedgehog. A **Smoothened** é uma proteína transmembrana de sete passagens com uma estrutura muito semelhante à de um GPCR, mas não parece agir como um receptor de Hedgehog ou mesmo como um ativador de proteínas G; é controlada por Patched e iHog.

Na ausência de um sinal de Hedgehog, a Patched utiliza um mecanismo desconhecido para manter a Smoothened sequestrada em vesículas intracelulares e inativa (ver Figura 15-61A). Essa inibição é removida quando uma Hedgehog se liga a uma Patched e a uma iHog, induzindo a endocitose e a degradação de Patched. Como resultado, a Smoothened é liberada da inibição e se transloca para a membrana plasmática, onde recruta o complexo proteico contendo Ci, Fused e Costal2. Esta última não é mais capaz de se ligar às outras três cinases, e por isso Ci não é clivada, podendo agora entrar no núcleo e ativar a transcrição dos genes-alvo de Hedgehog (**Figura 15-61B**). O próprio *Patched* está entre os genes ativados por Ci; o aumento resultante na proteína Patched na superfície celular inibe a sinalização adicional por Hedgehog – o que é mais um exemplo de retroalimentação negativa.

Muitas lacunas permanecem no nosso entendimento sobre a via de sinalização de Hedgehog. Não se sabe, por exemplo, como Patched mantém Smoothened intracelular e inativa. Já que a estrutura de Patched lembra a de uma proteína transportadora transmembrana, tem sido proposto que ela deva transportar uma pequena molécula para dentro da célula que manteria a Smoothened sequestrada nas vesículas.

Muito menos ainda se sabe sobre essa via nas células dos vertebrados. Além de existirem, pelo menos, três tipos de proteínas Hedgehog nessas células, existem três reguladores de transcrição semelhantes a Ci (*Gli1*, *Gli2* e *Gli3*) na região 3' do DNA de Smoothened. Gli2 e Gli3 são mais semelhantes à Ci em estrutura e função, e tem sido mostrado que Gli3 sofre processamento proteolítico como Ci e que age tanto como um repressor como um ativador da transcrição. Além disso, em vertebrados, a Smoothened ativada, localiza-se na superfície do cílio primário (discutido no Capítulo 16), onde também estão concentradas as proteínas Gli, aumentando, dessa forma, a velocidade e a eficiência da sinalização.

A sinalização por Hedgehog promove proliferação celular, e a sinalização excessiva pode levar ao câncer. Por exemplo, as mutações que inativam um dos dois genes *Patched* em humanos, que resultam na sinalização excessiva por Hedgehog, ocorrem com frequência nos *carcinomas basocelulares* da pele, a forma mais comum de câncer em caucasianos. Uma pequena molécula chamada de *ciclopamina*, sintetizada por um lírio do campo, tem sido utilizada no tratamento de cânceres associados à sinalização excessiva por Hedgehog. Ela bloqueia essa sinalização por se ligar firmemente à Smoothened e inibir sua atividade. Ela foi originalmente identificada por causar defeitos graves no desenvolvimento da progênie de ovelhas que se alimentam destas plantas; entre os defeitos se encontra a presença de um único olho central (condição chamada de *ciclopia*), o que se observa também em camundongos deficientes na sinalização por Hedgehog.

Múltiplos estímulos estressantes e inflamatórios atuam por meio de uma via de sinalização dependente de NFκB

As **proteínas NFκB** são reguladores de transcrição latentes presentes na maioria das células animais e estão envolvidas na maioria das respostas estressantes, inflamatórias e inatas do sistema imune. Essas respostas fazem parte das reações a infecções ou a lesões e ajudam a proteger os organismos multicelulares estressados e suas células (discutido no Capítulo 24). No entanto, quando excessivas ou inapropriadas, essas respostas podem danificar os tecidos e causar muita dor, e a inflamação crônica pode levar ao câncer; como acontece na sinalização por Wnt e Hedgehog, a sinalização excessiva por NFκB é encontrada em um grande número de cânceres humanos. As proteínas NFκB têm também importante papel durante o desenvolvimento animal normal: o membro *Dorsal* da família NFκB de *Drosophila*, por exemplo, tem um papel decisivo no estabelecimento do eixo dorsal-ventral no embrião em desenvolvimento (discutido no Capítulo 22).

Vários receptores de superfície celular ativam a via de sinalização da NFκB nas células animais. Os *receptores Toll* na *Drosophila* e os *receptores tipo Toll* nos vertebrados, por exemplo, reconhecem patógenos e ativam esta via no desencadeamento das respostas imunes inatas (discutido no Capítulo 24). Os receptores do *fator α de necrose tumoral (TNF-α)* e da *interleucina-1 (IL-1)*, que são citocinas de vertebrados muito importantes na indução de respostas inflamatórias, também ativam essa via de sinalização. Os receptores Toll, tipo Toll e IL-1 pertencem à mesma família de proteínas, enquanto o receptor TNF-α pertence a uma família diferente; todos eles, no entanto, atuam de forma semelhante na ativação da NFκB. Quando ativados, desencadeiam uma ubiquitinação multiproteica e uma cascata de fosforilações que libera a NFkB de um complexo proteico inibidor, possibilitando sua translocação para o núcleo, onde ativa centenas de genes que participam nas respostas imunes inflamatórias e inatas.

Existem cinco proteínas NFκB em mamíferos (*RelA*, *RelB*, *c-Rel*, *NFκB1* e *NFκB2*), e formam uma grande variedade de homo e heterodímeros sendo que cada um deles ativa seu próprio conjunto de genes. As proteínas inibidoras chamadas de **IκB** ligam-

Figura 15-62 Ativação da via de NFκB por TNF-α. A TNF-α e seus receptores são trímeros. A ligação de TNF-α induz o rearranjo das caudas citosólicas dos receptores, que recrutam um grande número de proteínas sinalizadoras intracelulares, resultando na ativação de uma proteína-cinase que fosforila e ativa uma IκB-cinase-cinase (IKK). IKK é um heterotrímero formado por duas subunidades cinase (IKKα e IKKβ) e uma subunidade reguladora chamada de NEMO. A IKKβ fosforila duas serinas de IκB, marcando a proteína para ser ubiquitinada e degradada nos proteassomos. A NFκB livre é translocada para o núcleo onde, em colaboração com proteínas coativadoras, estimula a transcrição dos seus genes-alvo.

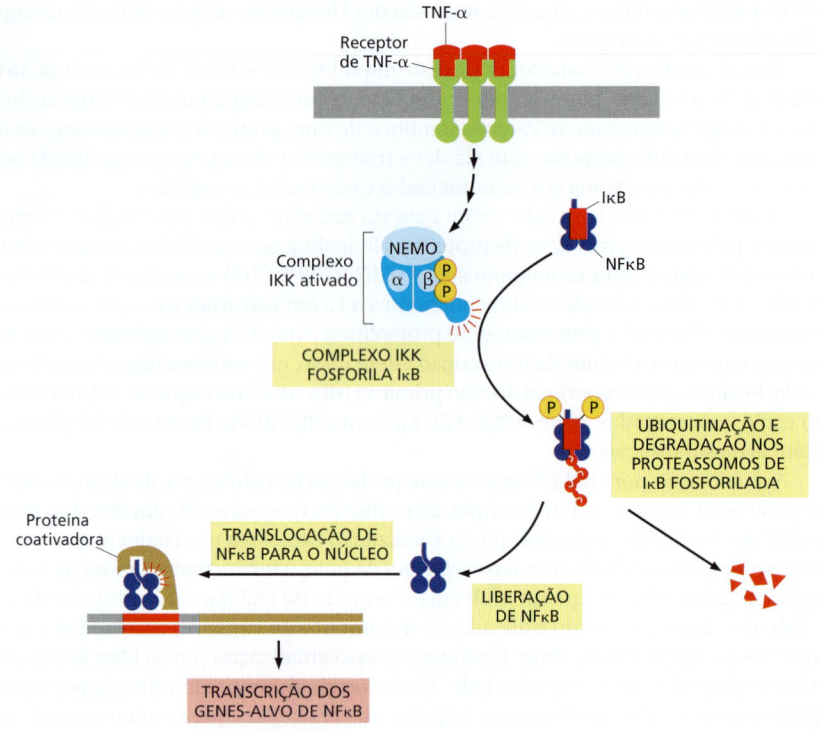

-se com alta afinidade aos dímeros e os mantém inativos no citoplasma das células não estimuladas. Existem três proteínas IκB principais em mamíferos (IκBα, β e ε), e os sinais que liberam os dímeros de NFκB o fazem porque desencadeiam uma via de sinalização que promove a fosforilação, a ubiquitinação e a posterior degradação das proteínas IκB (**Figura 15-62**).

Entre os genes ativados pela NFκB liberada está o que codifica IκBα. Essa ativação leva a uma síntese aumentada da proteína IκBα, que se liga à NFκB inativando-a, criando assim um ciclo de retroalimentação negativa (**Figura 15-63A**). Os experimentos com respostas induzidas por TNF-α, assim como estudos de modelagem computacional das respostas, indicam que a retroalimentação negativa produz dois tipos de respostas à NFκB, dependendo da duração do estímulo por TNF-α; mais importante, os dois tipos de respostas induzem padrões diferentes de expressão gênica (**Figura 15-63B, C e D**). A retroalimentação negativa por meio de IκBα é requerida em ambos os tipos de resposta: em células deficientes em IκBα, mesmo uma exposição curta ao TNF-α induz uma ativação de NFκB sustentada, sem oscilações, e todos os seus genes-alvo são ativados.

Até agora, focamos nos mecanismos pelos quais as moléculas de sinalização extracelular usam receptores de superfície celular para iniciar mudanças na expressão gênica. Vamos agora apresentar uma classe de sinais extracelulares que desviam totalmente da membrana plasmática e controlam, da maneira mais direta possível, as proteínas reguladoras de transcrição no interior da célula.

Os receptores nucleares são reguladores de transcrição modulados por ligantes

Várias moléculas de sinalização pequenas e hidrofóbicas se difundem através da membrana plasmática das células-alvo e se ligam a receptores intracelulares que são reguladores de transcrição. Entre essas moléculas estão os hormônios esteroides, os hormônios tireoides, os retinóis e a vitamina D. Embora essas moléculas sejam muito diferentes entre si tanto em estrutura química (**Figura 15-64**) como em função, seu mecanismo de ação é similar. Elas se ligam às suas respectivas proteínas receptoras intracelulares e

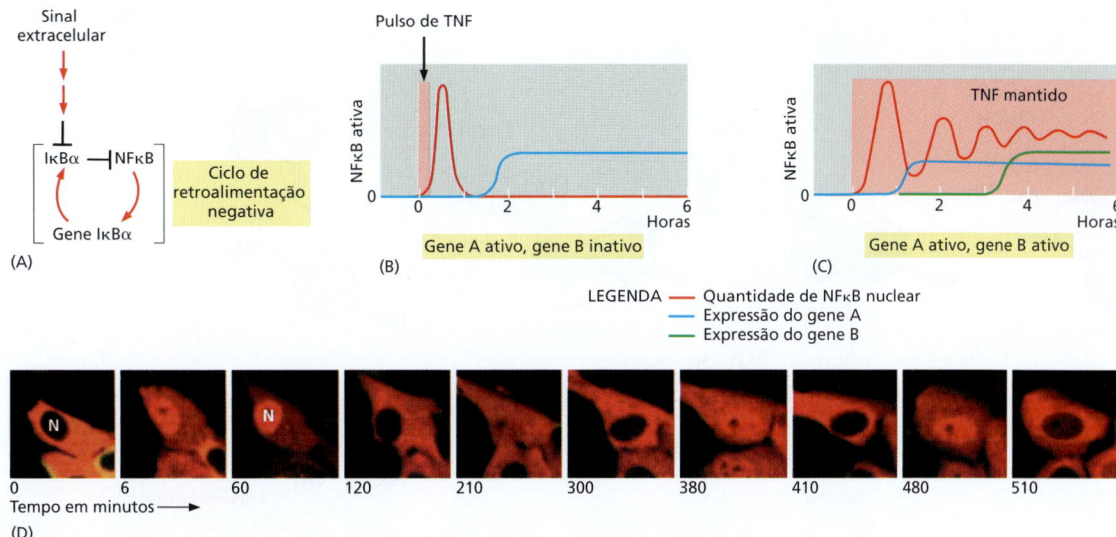

Figura 15-63 A retroalimentação negativa na via de sinalização de NFκB induz oscilações na ativação da proteína NFκB. (A) O esquema mostra como NFκB ativada estimula a transcrição de IκBα, cujo produto proteico atua, retroativamente, no sequestro e inibição de NFκB no citoplasma; se o estímulo for persistente, as novas moléculas de IκBα sintetizadas serão ubiquitinadas e degradadas, liberando NFκB ativa novamente, que poderá retornar ao núcleo e ativar a transcrição (ver Figura 15-62). (B) Uma exposição curta a TNF-α produz um único pulso curto de ativação de NFκB, começando em minutos e terminando em 1 hora. Essa resposta induz a transcrição do gene A, mas não do gene B. (C) Uma exposição a TNFα, mantida durante o período de 6 horas do experimento, produz oscilações na ativação de NFκB que se extinguem ao longo do tempo. Essa resposta induz a transcrição de ambos os genes; o gene B é induzido somente após várias horas, indicando que sua transcrição requer ativação prolongada de NFκB, por razões ainda desconhecidas. (D) Estas micrografias de fluorescência confocal em intervalos de tempo, obtidas em um outro experimento de estimulação de TNF-α, mostram as oscilações de NFκB em uma célula em cultura, como indica o seu movimento periódico para dentro do núcleo (N) de uma proteína de fusão composta por NFκB mais uma proteína vermelha fluorescente. Na célula mostrada no centro da micrografia, NFκB está ativa e dentro do núcleo, nos tempos de 6, 60, 210, 380 e 480 minutos, mas está exclusivamente no citoplasma nos tempos de 0, 120, 300, 410 e 510 minutos. (A–C, baseado em dados de A. Hoffmann et al., *Science* 298:1241–1245, 2002, e adaptado de A.Y. Ting e D. Endy, *Science* 298:1189–1190, 2002; D, oriundo de D.E. Nelson et al., *Science* 306:704–708, 2004. Todos com permissão de AAAS.)

alteram a capacidade delas de controlar a transcrição de genes específicos. Assim, essas proteínas servem, ao mesmo tempo, como receptores e efetores intracelulares do sinal.

Os receptores são estruturalmente semelhantes, fazendo parte de uma **superfamília de receptores nucleares**. Muitos membros da família têm sido identificados somente por sequenciamento de DNA, e seus ligantes ainda não são conhecidos; eles são por isso denominados *receptores nucleares órfãos* e constituem uma grande fração dos receptores nucleares codificada no genoma de humanos, *Drosophila*, e do nematódeo *C. elegans*. Alguns receptores nucleares de mamíferos são regulados por metabólitos intracelulares e não por moléculas de sinalização secretadas; os *receptores ativados pela proliferação de peroxissomos (PPARs;* do inglês, *peroxisome proliferation-activated receptors*), por exemplo, ligam-se a metabólitos lipídicos intracelulares e regulam a transcrição dos genes envolvidos com o metabolismo dos lipídeos e com a diferenciação de células adiposas. É provável que os receptores nucleares de hormônios tenham evoluído desses receptores de metabólitos, o que explicaria sua localização intracelular.

Os **hormônios esteroides** – que incluem o cortisol, os hormônios sexuais esteroides, a vitamina D (nos vertebrados) e a *ecdisona*, ou hormônio da muda (nos insetos) – são derivados do colesterol. O *cortisol* é produzido no córtex das glândulas suprarrenais e influencia o metabolismo de muitos tipos de células. Os *hormônios sexuais esteroides* são sintetizados nos testículos e nos ovários e são responsáveis pelas características sexuais secundárias que distinguem machos de fêmeas. A *vitamina D* é sintetizada na pele em resposta à luz solar; após ser convertida em sua forma ativa no fígado e nos rins, ela regula o metabolismo do Ca^{2+}, promovendo sua captação pelo intestino e reduzindo sua excreção pelos rins. Os *hormônios da tireoide,* produzidos a partir do aminoácido tiro-

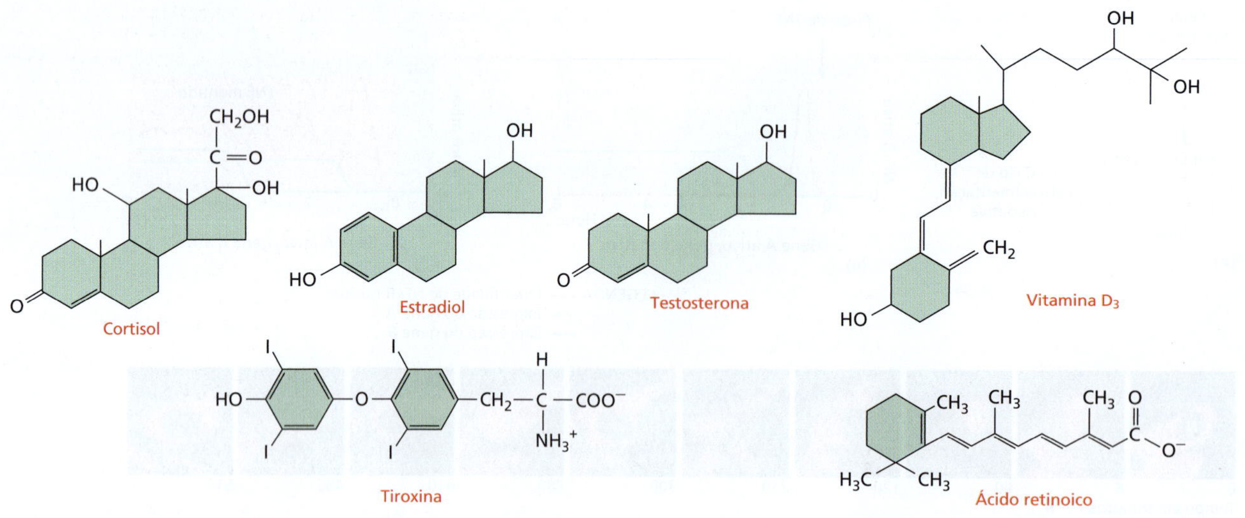

Figura 15-64 Algumas moléculas de sinalização que se ligam a receptores intracelulares. Observe que todas elas são pequenas e hidrofóbicas. A vitamina D₃ está representada em sua forma ativa hidroxilada. O estradiol e a testosterona são hormônios sexuais esteroides.

sina, atuam aumentando a taxa metabólica de uma ampla variedade de tipos celulares, enquanto os *retinoides*, como o ácido retinoico, são produzidos a partir da vitamina A e têm papel importante como mediadores locais no desenvolvimento dos vertebrados. Embora todas essas moléculas de sinalização sejam relativamente insolúveis em água, são transportadas na corrente sanguínea e em outros fluidos extracelulares, ligadas a proteínas carreadoras que as tornam solúveis e das quais se dissociam antes de entrar nas células-alvo (ver Figura 15-3B).

Os receptores nucleares se ligam a sequências específicas de DNA adjacentes aos genes regulados pelo ligante. Alguns deles, como os do cortisol, localizam-se inicialmente no citosol e entram no núcleo somente após a interação com o ligante; outros, como os receptores do hormônio tireóideo ou do retinol, ligam-se ao DNA no núcleo, mesmo na ausência do ligante. Em ambos os casos, o receptor inativo está ligado a complexos proteicos inibidores. A interação com o ligante altera a conformação do receptor, causando a dissociação do complexo inibidor e a ligação do receptor a proteínas coativadoras que estimulam a transcrição gênica (**Figura 15-65**). Em outros casos, contudo, a interação do ligante com um receptor nuclear inibe a transcrição: alguns receptores dos hormônios tireóideos, por exemplo, atuam como ativadores de transcrição na ausência de seus hormônios e tornam-se repressores da transcrição quando os hormônios estão ligados a eles.

Até agora, focamos no controle da expressão gênica por moléculas de sinalização extracelular produzidas por outras células. Estudaremos agora a regulação gênica por um sinal ambiental mais global: o ciclo de luz e escuridão que resulta do movimento de rotação da Terra.

Os relógios circadianos contêm ciclos de retroalimentação negativa que controlam a expressão gênica

A vida na Terra evoluiu na presença de um ciclo de dia e noite, e muitos dos organismos atuais (desde arqueobactérias a plantas e humanos) apresentam um ritmo interno que dita diferentes comportamentos, em diferentes momentos do dia. Esses comportamentos podem variar de uma mudança metabólica cíclica nas atividades metabólicas de uma bactéria aos elaborados ciclos de dormir-acordar dos humanos. Os osciladores internos que controlam tais ritmos diurnos são chamados de **relógios circadianos**.

Ter um relógio circadiano permite a um organismo antecipar as alterações regulares diárias no seu ambiente e realizar as ações apropriadas de forma antecipada. É obvio que o relógio interno não pode ser perfeitamente acurado; ele deve ser capaz de ser readequado por informações externas, como a luz do dia. Dessa forma, os relógios circadianos continuam funcionando mesmo quando as informações do ambiente (mudanças entre luz e escuridão) são removidas, mas o período desse ritmo de trabalho livre geralmente é um pouco menor ou maior do que 24 horas. Os sinais externos, indicando

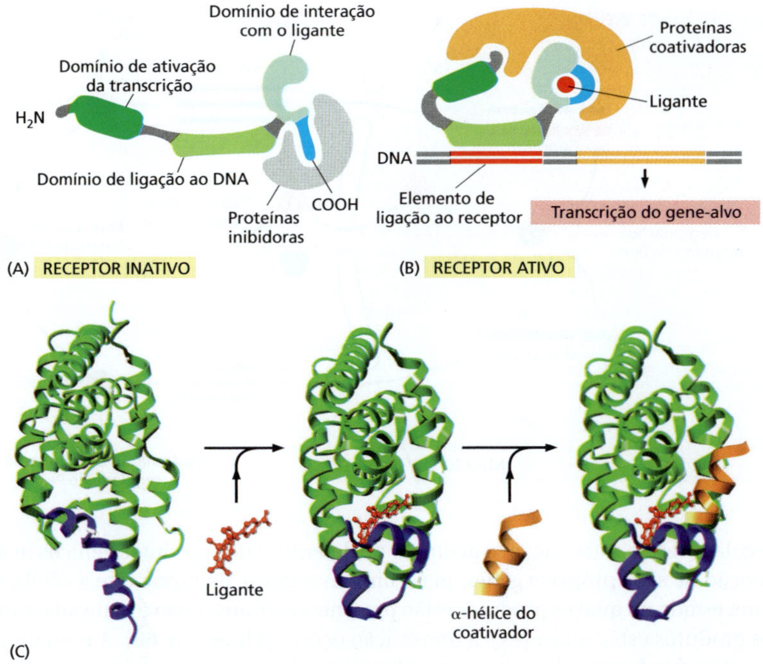

Figura 15-65 A ativação dos receptores nucleares. Todos os receptores nucleares se ligam ao DNA na forma de homodímeros ou de heterodímeros, mas, para simplificar, estão representados como monômeros. (A) Todos os receptores possuem uma estrutura relacionada, que inclui três domínios principais, como mostrado. Um receptor no seu estado inativo ligado a proteínas inibidoras. (B) A interação do ligante com o receptor provoca o fechamento do domínio de ligação do receptor ao redor do ligante, como uma pinça, provocando, também, a dissociação das proteínas inibidoras e a ligação das proteínas coativadoras ao domínio de ativação da transcrição no receptor, aumentando, assim, a transcrição gênica. Em outros casos, a interação com o ligante tem o efeito oposto, causando a ligação de proteínas correpressoras ao receptor, reduzindo a transcrição (não mostrado). (C) A estrutura do domínio de interação com o ligante no receptor do ácido retinoico está mostrado na ausência (*à esquerda*) e na presença (*no centro*) do ligante (mostrado em *vermelho*). Quando o ligante interage, a α-hélice *azul* atua como uma tampa que se fecha repentinamente, prendendo o ligante no lugar. A mudança na conformação do receptor pela interação com o ligante também cria um sítio de ligação para uma α-hélice pequena (*laranja*) da superfície das proteínas coativadoras (Códigos PDB: 1LBD, 2ZYO e 2ZXZ.)

a hora do dia, promovem pequenos ajustes no funcionamento do relógio, de maneira a manter o organismo em sincronia com o seu ambiente. Com mudanças mais drásticas, os ciclos circadianos tornam-se gradualmente reprogramados por um novo ciclo de luz e escuridão, como qualquer um que tenha experimentado uma rápida troca de fuso horário pode atestar.

Poderíamos supor que o relógio circadiano seria um mecanismo multicelular complexo, com diferentes grupos de células responsáveis por diferentes partes do mecanismo de oscilação. É surpreendente, entretanto, que, na maioria dos organismos multicelulares, incluindo os humanos, os marcadores de tempo sejam células individuais. Assim, um relógio que opera em cada membro de um grupo especializado de células do cérebro (as células SCN do núcleo supraquiasmático do hipotálamo; do inglês, SCN, *suprachiamatic nucleus*) controla nossos ciclos diurnos de dormir e acordar, da temperatura corporal e da liberação de hormônios. Mesmo que essas células sejam removidas do cérebro e colocadas em um meio de cultura, elas continuam a oscilar individualmente, mostrando um padrão cíclico de expressão gênica com um período de aproximadamente 24 horas. No corpo intacto, as células SCN recebem informações neuronais da retina, direcionando-as ao ciclo de luz e escuridão; elas também mandam informações a respeito da hora do dia para outra área do cérebro, a glândula pineal, que retransmite o sinal temporal para o resto do corpo pela liberação do hormônio melatonina em concomitância com o relógio.

Embora as células do sistema nervoso central tenham um papel decisivo como cronômetros nos mamíferos, quase todas as outras células do corpo possuem um ritmo circadiano interno com a capacidade de se reprogramar em resposta à luz. De modo semelhante, na *Drosophila*, muitos tipos diferentes de células possuem um relógio circadiano similar, que continua funcionando mesmo quando é removido do restante do corpo da mosca e pode ser reprogramado pela exposição a ciclos externos de luz e escuridão.

O funcionamento dos relógios circadianos é, dessa forma, um problema fundamental na biologia celular. Embora ainda não conheçamos todos os detalhes, os estudos em uma ampla variedade de organismos revelaram princípios básicos e dos componentes moleculares. O princípio-chave é o de que os relógios circadianos geralmente dependem de *ciclos de retroalimentação negativa*. Conforme discutido anteriormente, as oscilações na atividade de uma proteína de sinalização intracelular podem ocorrer se essa proteína inibir sua própria atividade com um longo retardo (ver Figura 15-18C e D). Na *Drosophila* e em muitos outros animais, incluindo humanos, o principal componente do relógio circadiano é um ciclo de retroalimentação negativa com retardo, baseado

Figura 15-66 Esboço do mecanismo do relógio circadiano nas células de Drosophila. A característica central do relógio é a acumulação periódica e a degradação de duas proteínas de regulação de transcrição, Tim (abreviatura para eterno [*timeless*], com base no fenótipo de uma mutação gênica) e Per (abreviatura para período). Os mRNAs que codificam essas proteínas aumentam gradualmente durante o dia e são traduzidos no citosol, onde as duas proteínas se associam para formar um heterodímero. Após um tempo de retardo, o heterodímero se dissocia e Tim e Per são transportadas para o núcleo, onde Per reprime os genes *Tim* e *Per*, resultando em retroalimentação negativa que causa a queda dos níveis destas proteínas. Além dessa retroalimentação na transcrição, o relógio depende de várias outras proteínas. Por exemplo, a degradação controlada de Per, indicada no diagrama, impõe retardos na acumulação de Tim e Per, as quais são fundamentais para o funcionamento do relógio. As etapas nas quais os retardos específicos são impostos estão mostradas em *vermelho*.

O ajuste (ou a reprogramação) do relógio ocorre em resposta a novos ciclos de luz-escuridão. Embora a maioria das células de *Drosophila* não possua fotorreceptores verdadeiros, a luz é sentida por flavoproteínas intracelulares, também chamadas de criptocromos. Na presença de luz, essas proteínas associam-se à proteína Tim e induzem a sua degradação, reprogramando, dessa maneira, o relógio. (Adaptada de J.C. Dunlap, *Science* 311:184–186, 2006.)

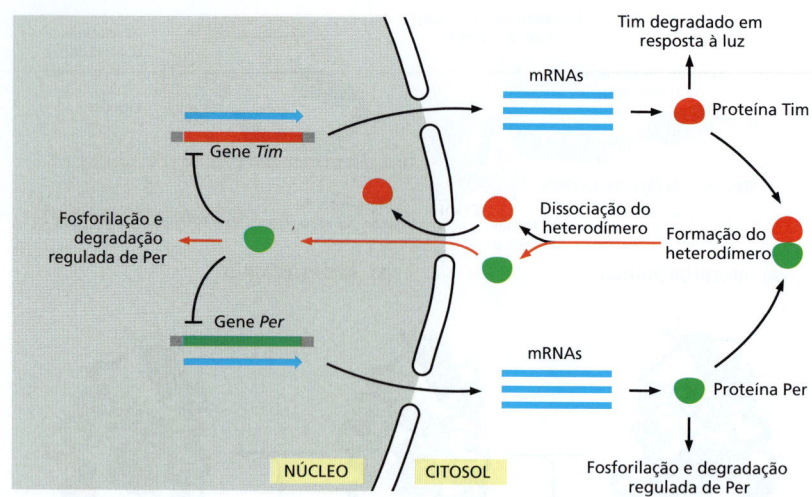

nos reguladores de transcrição: o acúmulo de determinados produtos gênicos inativa a transcrição de seus próprios genes, mas com um retardo, de forma que a célula oscila entre um estado no qual os produtos estão presentes e a transcrição é inativada, e um em que os produtos estão ausentes e a transcrição ocorre (**Figura 15-66**). A retroalimentação negativa fundamental ao ritmo circadiano não deve estar baseada nos reguladores de transcrição. Em alguns tipos celulares, o relógio circadiano é constituído por proteínas que controlam suas próprias atividades por meio de mecanismos de pós-tradução, conforme discutiremos a seguir.

Três proteínas em um tubo de ensaio podem reconstituir um relógio circadiano de cianobactérias

O relógio circadiano mais bem conhecido é encontrado na cianobactéria fotossintética *Synechococcus elongatus*. O oscilador central desse organismo é notavelmente simples, sendo composto por três proteínas – *KaiA, KaiB,* e *KaiC*. O elemento central é a KaiC, uma enzima multifuncional que catalisa sua própria fosforilação e desfosforilação, em um ciclo de 24 horas: ela se autofosforila gradual e sequencialmente em dois sítios durante o dia e se desfosforila durante a noite. Essa cronometragem depende de interações com as outras duas proteínas Kai: KaiA se liga a KaiC não fosforilada e estimula a autofosforilação de KaiC, primeiro em um sítio e, depois de algum tempo, no outro. A segunda fosforilação promove as ligações da terceira proteína, KaiB, a qual bloqueia o efeito estimulador de KaiA e, dessa forma, permite a autodesfosforilação de KaiC. Esse relógio depende de um ciclo de retroalimentação negativa: KaiC conduz a sua própria fosforilação até que, depois de algum tempo, ela recruta um inibidor, KaiB, que estimula a autodesfosforilação de KaiC. Surpreendentemente, quando as três proteínas Kai são purificadas e incubadas em um tubo de ensaio contendo ATP, ocorrem a fosforilação e a desfosforilação de KaiC em um ritmo aproximado de 24 horas, por um período de vários dias (**Figura 15-67**).

As oscilações circadianas na fosforilação de KaiC leva a ritmos paralelos na expressão de um grande número de genes envolvidos no controle das atividades metabólicas e na divisão celular (ver Figura 15-67). Como resultado, muitos aspectos do comportamento celular estão sincronizados com o ciclo circadiano.

Mesmo em escuridão contínua, as cianobactérias geram oscilações de livre curso da fosforilação de KaiC com períodos aproximados de 24 horas. Como em outros relógios circadianos, o das cianobactérias é conduzido pelo ciclo ambiental de luz e escuridão. Cogita-se que a luz afete de forma indireta o relógio circadiano: as atividades das proteínas Kai são influenciadas por mudanças no potencial redox intracelular, as quais ocorrem como resultado da atividade fotossintética aumentada durante o dia.

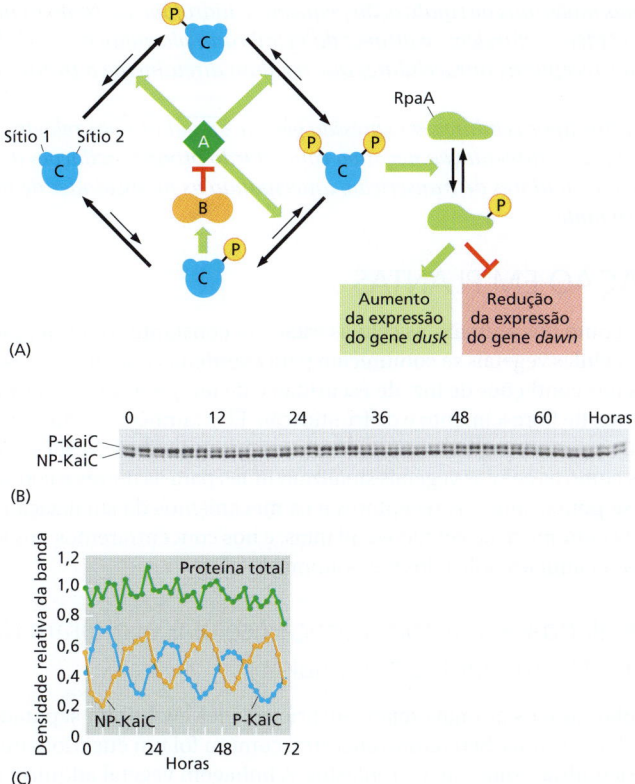

Figura 15-67 O oscilador circadiano central em cianobactérias. (A) KaiC é uma combinação de cinase e fosfatase que se autofosforila e autodesfosforila em dois sítios adjacentes. Na ausência de outras proteínas, a atividade de fosfatase é dominante, e a proteína geralmente não está fosforilada. A ligação de KaiA a KaiC suprime a atividade de fosfatase e promove a de cinase, levando à fosforilação de KaiC, primeiro no sítio 1 e depois no sítio 2, resultando na KaiC bifosforilada. Esta, então, se autodesfosforila lentamente no sítio 1, mesmo na presença de KaiA, de forma que KaiC permanece fosforilada somente no sítio 2. Esta forma da proteína interage com KaiB, que bloqueia os efeitos estimuladores de KaiA, reduzindo, assim, a taxa de fosforilação de KaiC, e permitindo que ocorra a desfosforilação. A quantidade de KaiC bifosforilada aumenta durante o dia e mostra um pico ao anoitecer. Ela ativa outras proteínas que fosforilam um regulador de transcrição (RpaA), o qual estimula a expressão de alguns genes (os genes *dusk* que mostram um pico no início da noite) e inibe a expressão de outros genes (os genes *dawn* que mostram um pico pela manhã). Quando a desfosforilação de KaiC ocorre gradualmente durante a noite, esses efeitos são revertidos: os genes *dusk* são inativados e os genes *dawn* são ativados.

(B) Neste experimento, as três proteínas Kai foram purificadas e misturadas em um tubo de ensaio com ATP (que é necessário para a atividade da KaiC-cinase). A cada 2 horas durante três dias, a proteína KaiC foi analisada por eletroforese em gel de poliacrilamida, no qual a forma fosforilada da proteína migra mais lentamente (*banda superior*, P-KaiC) do que a forma não fosforilada (*banda inferior*, NP-KaiC). As três diferentes formas fosforiladas da KaiC não são distinguíveis por esse método. A fosforilação da KaiC oscila dentro de um período aproximado de 24 horas. (C) A quantidade de KaiC fosforilada e desfosforilada do experimento B está representada neste gráfico, bem como a quantidade total de proteína. (B e C são dados de M. Nakajima et al., *Science* 308:414–415, 2005. Com permissão de AAAS.)

Resumo

Algumas vias de sinalização importantes no desenvolvimento animal dependem de proteólise para controlar a atividade e a localização de proteínas reguladoras de transcrição latentes. Os receptores Notch pertencem a esse tipo de proteínas e são ativados por proteólise, após a ligação de Delta de outra célula; a cauda citosólica liberada migra para o núcleo, onde estimula a transcrição de genes de resposta a Notch. Na via de sinalização Wnt/β-catenina, ao contrário, a proteólise da proteína reguladora de transcrição β-catenina é inibida quando as proteínas Wnt secretadas se ligam às proteínas receptoras Frizzled e LRP; como resultado, a β-catenina se acumula no núcleo e ativa a transcrição dos genes-alvo de Wnt.

A sinalização pela proteína Hedgehog em moscas funciona de forma semelhante à de Wnt. Na ausência do sinal, o regulador de transcrição citoplasmático bifuncional Ci é processado proteoliticamente, formando um repressor de transcrição que mantém reprimidos os genes-alvo de Hedgehog. A ligação de Hedgehog aos seus receptores (Patched e iHog) inibe o processamento proteolítico de Ci; como resultado, a proteína Ci intacta se acumula no núcleo e ativa a transcrição dos genes que respondem a Hedgehog. Na sinalização por Notch, Wnt e Hedgehog, o sinal extracelular desencadeia a troca de repressão para ativação da transcrição.

A sinalização por meio do regulador latente de transcrição NFκB também depende de proteólise. Essa proteína normalmente é mantida inativa, no citoplasma, por proteínas inibidoras IκB. Uma grande variedade de estímulos extracelulares, entre os quais as citocinas pró-inflamatórias, inicia uma cascata de fosforilação e ubiquitinação de IκB, marcando-a para degradação; isso permite a translocação de NFκB para o núcleo e a ativação da transcrição dos seus genes-alvo. NFκB também ativa a transcrição dos genes que codificam IκBα, criando um ciclo de retroalimentação negativa, o que pode produzir, com a sinalização extracelular sustentada, oscilações prolongadas na atividade de NFκB.

Algumas moléculas de sinalização pequenas e hidrofóbicas, como os hormônios esteroides e tireóideos, difundem-se através da membrana plasmática da célula-alvo e ativam proteínas receptoras intracelulares que regulam diretamente a transcrição de genes específicos.

Em muitos tipos celulares, a expressão gênica é regulada por relógios circadianos, nos quais uma retroalimentação negativa com retardo produz oscilações de 24 horas na atividade dos reguladores de transcrição, antecipando as necessidades de mudança durante o dia e a noite.

SINALIZAÇÃO EM PLANTAS

Nas plantas, como nos animais, as células estão em constante comunicação umas com as outras. As células vegetais se comunicam para coordenar suas atividades em resposta a mudanças nas condições de luz, de escuridão e de temperatura que orientam o ciclo de crescimento, de florescimento e de frutificação. Elas também se comunicam para coordenar o que acontece em suas raízes, seus ramos e suas folhas. Nesta seção final, consideraremos como as células vegetais sinalizam umas para as outras e como respondem à luz. Sabe-se pouco sobre os receptores e os mecanismos de sinalização intracelular envolvidos na comunicação celular em plantas, e nos concentraremos nos aspectos que os diferenciam daqueles utilizados pelos animais.

A multicelularidade e a comunicação celular evoluíram de modo independente em plantas e animais

Embora as plantas e os animais sejam eucariotos, eles evoluíram separadamente por mais de 1 bilhão de anos. Seu último ancestral comum foi um eucarioto unicelular que possuía mitocôndrias, mas não cloroplastos. A linhagem vegetal adquiriu cloroplastos depois que as plantas e os animais divergiram. Os primeiros fósseis de animais e de plantas multicelulares datam de aproximadamente 600 milhões de anos. Assim, parece que a multicelularidade nas plantas e nos animais evoluiu de forma independente entre 1,6 e 0,6 bilhão de anos atrás, cada um a partir de um eucarioto unicelular diferente (**Figura 15-68**).

Se a multicelularidade evoluiu de forma independente nas plantas e nos animais, as moléculas e os mecanismos usados para a comunicação também devem ter evoluído separadamente, e espera-se que sejam diferentes. Contudo, deve haver algum grau de semelhança, já que os genes das plantas e dos animais divergiram a partir daqueles existentes no último ancestral unicelular comum a ambos. Assim, enquanto o óxido nítrico, o GMP cíclico, o Ca^{2+} e as GTPases da família Rho são amplamente utilizados para sinalização tanto nas plantas como nos animais, não existem homólogos para a família dos receptores nucleares Ras, JAK, STAT, TGFβ, Notch, Wnt ou Hedgehog codificados

Figura 15-68 Divergência proposta para as linhagens animais e vegetais a partir de um ancestral eucarioto unicelular comum. Após a divergência, a linhagem vegetal adquiriu cloroplastos. Ambas as linhagens originaram, independentemente, organismos multicelulares – plantas e animais. (As imagens à direita são cortesia de John Innes Foundation.)

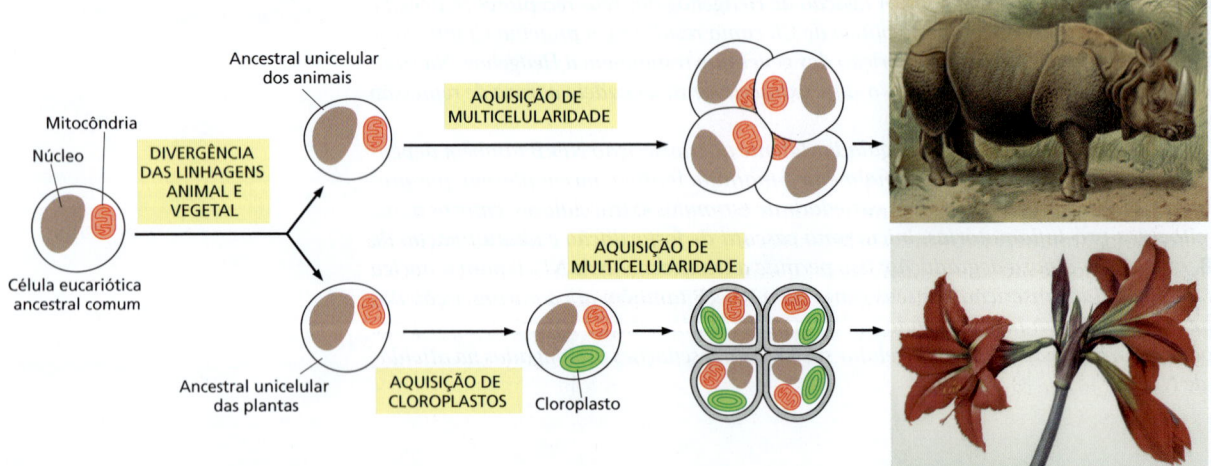

pelo genoma completamente sequenciado da pequena planta *Arabidopsis thaliana*. Da mesma forma, as plantas não usam o cAMP na sinalização intracelular. Não obstante, as estratégias gerais básicas da sinalização são, com frequência, muito semelhantes em animais e em plantas. Por exemplo, os receptores de superfície acoplados a enzimas são utilizados por ambos, como veremos a seguir.

A classe dos receptores serina-treonina-cinase é a maior entre os receptores de superfície celular nas plantas

A maioria dos receptores de superfície celular em plantas estão acoplados a enzimas. Contudo, enquanto nos animais a maior classe de receptores acoplados a enzimas é a dos RTKs, esse tipo de receptor é extremamente raro em plantas. As plantas utilizam uma grande diversidade de *receptores serina-treonina-cinase* transmembrana, os quais possuem um domínio citoplasmático típico de serina-treonina-cinase e um domínio extracelular de interação com o ligante. Os tipos mais numerosos desses receptores possuem um arranjo extracelular em sequência de estruturas repetidas ricas em leucina e por isso são chamados de **cinases receptoras com repetições ricas em leucina** (**LRR**, de *leucine-rich repeat*).

O genoma de *Arabidopsis* possui cerca de 175 genes para os receptores LRR. Estes incluem uma proteína chamada *Bri1*, que faz parte de um receptor de superfície celular para hormônio esteroide. As plantas sintetizam uma classe de esteroides chamados de **brassinosteroides**, porque foram identificados originalmente na família *Brassicaceae*, da qual a *Arabidopsis* é um representante. Essas moléculas de sinalização regulam o crescimento e a diferenciação da planta por todo o seu ciclo de vida. A ligação de um brassinosteroide a um receptor Bri1 na superfície celular inicia uma cascata de sinalização intracelular que usa uma cinase GSK3 e uma fosfatase para regular a fosforilação e a desfosforilação de proteínas reguladoras de transcrição específicas no núcleo, regulando, dessa forma, a transcrição gênica específica. As plantas mutantes deficientes no receptor Bri1 são insensíveis aos brassinosteroides e por isso são anãs.

Os receptores LRR são apenas uma das muitas classes de receptores serinas-treoninas cinase transmembrana em plantas. Existem, pelo menos, mais seis famílias, cada uma com seu próprio conjunto de domínios extracelulares. Os *receptores de lectinas*, por exemplo, possuem domínios extracelulares que interagem com moléculas de sinalização do tipo carboidrato. O genoma de *Arabidopsis* codifica mais de 300 receptores serina-treonina-cinase, sendo essa a maior família de receptores conhecida em plantas. Muitos desses receptores estão envolvidos em respostas de defesa contra patógenos.

O etileno bloqueia a degradação de proteínas específicas reguladoras de transcrição no núcleo

Vários **reguladores de crescimento em plantas** (também chamados de **hormônios vegetais**) auxiliam na coordenação do desenvolvimento das plantas. Entre eles estão o *etileno*, a *auxina*, as *citocinas*, as *giberelinas* e o *ácido abscísico*, bem como os brassinosteroides. Todos os reguladores de crescimento são moléculas pequenas produzidas pela maioria das células vegetais. Todos se difundem facilmente através da parede celular, podendo agir localmente ou serem transportados para agir sobre células mais distantes. Cada regulador de crescimento pode ter múltiplos efeitos. O efeito específico depende das condições ambientais, do estado nutricional da planta, da capacidade de resposta da célula-alvo e da atuação de outros reguladores de crescimento.

O **etileno** é um exemplo importante. Essa pequena molécula gasosa (**Figura 15-69A**) influencia o desenvolvimento da planta de várias maneiras; ela pode, por exemplo, promover a maturação dos frutos, a queda das folhas e a senescência. Ela também atua como um sinal de estresse em resposta a dano, à infecção, à inundação, etc. Quando o broto de uma plântula em germinação, por exemplo, encontra um obstáculo, o etileno promove uma resposta complexa que permite que a plântula contorne o obstáculo (**Figura 15-69B** e **C**).

As plantas possuem vários receptores para o etileno, com estrutura semelhante e localizados no RE. Esses receptores são proteínas transmembrana diméricas com um domínio de ligação ao etileno contendo um átomo de cobre, e um domínio que interage

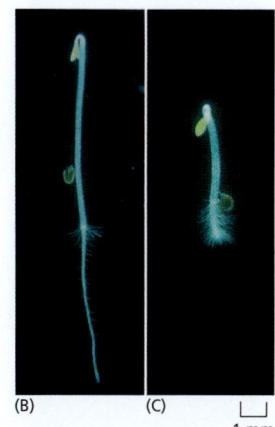

Figura 15-69 Resposta tripla, mediada pelo etileno, que acontece quando o caule de uma plântula recém-germinada encontra um obstáculo no solo. (A) Estrutura do etileno. (B) Na ausência de obstáculos, a raiz cresce para cima e é longa e fina. (C) Se a raiz encontrar um obstáculo, como um cascalho no solo, a plântula responde ao encontro de três formas. Primeiro, o caule torna-se espessado, o que permite que exerça mais força sobre o obstáculo. Em segundo lugar, a plântula protege a ponta do caule (*parte superior*), aumentando a curvatura de uma estrutura especializada em forma de gancho. Em terceiro lugar, ela reduz a tendência do caule de crescer contra a gravidade, para evitar o obstáculo. (Cortesia de Melanie Webb.)

com uma proteína citoplasmática chamada de *CTR1*, cuja sequência está intimamente relacionada com a MAP-cinase-cinase-cinase Raf, discutida anteriormente (ver Figura 15-49). Surpreendentemente, os receptores não ligados é que são ativos e mantêm a CRT1 ativa. Por um mecanismo de sinalização desconhecido, a CRT1 ativa estimula a ubiquitinação e a degradação nos proteossomos de um regulador de transcrição nuclear chamado de *EIN3*, requerido para a transcrição dos genes de resposta ao etileno. Dessa forma, os receptores não ligados, porém ativos, mantêm esses genes inativados. A ligação do etileno inativa os receptores, alterando sua conformação de forma que eles não ativam mais a CTR1. A proteína EIN3 não é mais ubiquitinada e degradada e pode, agora, ativar a transcrição de um grande número de genes de resposta ao etileno (**Figura 15-70**).

A distribuição controlada dos transportadores de auxina afeta o crescimento das plantas

O hormônio vegetal **auxina**, que corresponde ao ácido 3-indolacético (**Figura 15-71A**), liga-se a proteínas receptoras no núcleo. Ele ajuda as plantas a crescerem para cima e na direção da luz, em vez de ramificarem, e garante o crescimento das raízes para baixo. Ele também regula a iniciação e o posicionamento dos órgãos, além de ajudar na floração e na produção de frutos. À semelhança do etileno (e de algumas das moléculas de sinalização dos animais que foram descritas neste capítulo), a auxina influencia a expressão gênica pelo controle da degradação dos reguladores de transcrição. Ela atua na estimulação da ubiquitinação e na degradação de proteínas repressoras que bloqueiam a transcrição de genes-alvo da auxina em células não estimuladas (**Figura 15-71B** e **C**).

A auxina é única na maneira como é transportada. Ao contrário dos hormônios animais, que em geral são secretados por um órgão endócrino específico e transportados

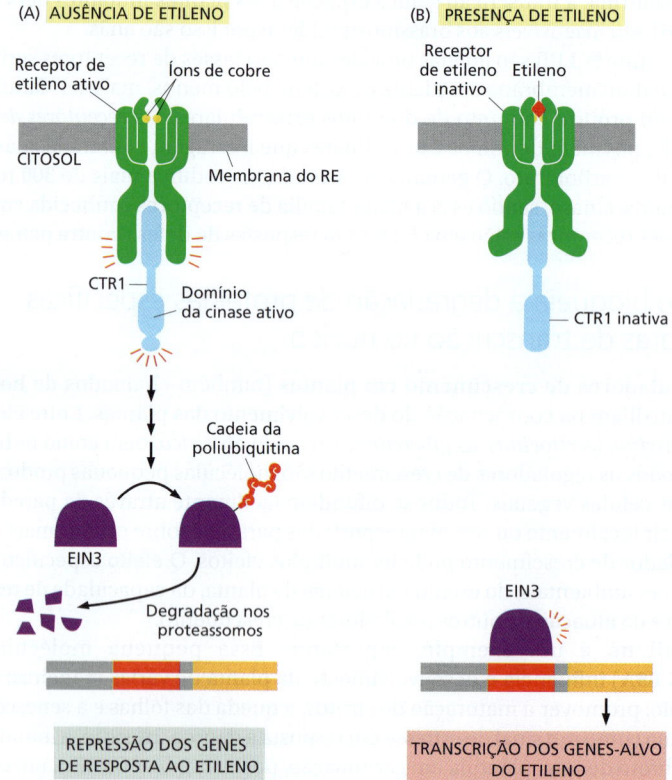

Figura 15-70 A via de sinalização do etileno. (A) Na ausência de etileno, os receptores e CTR1 estão ativos, causando a ubiquitinação e destruição de EIN3, a proteína reguladora de transcrição no núcleo que é responsável pela transcrição dos genes de resposta ao etileno (B) A ligação do etileno inativa os receptores e destrói a ativação de CTR1. A proteína EIN3 não é degradada e, portanto, ativa a transcrição dos genes de resposta ao etileno.

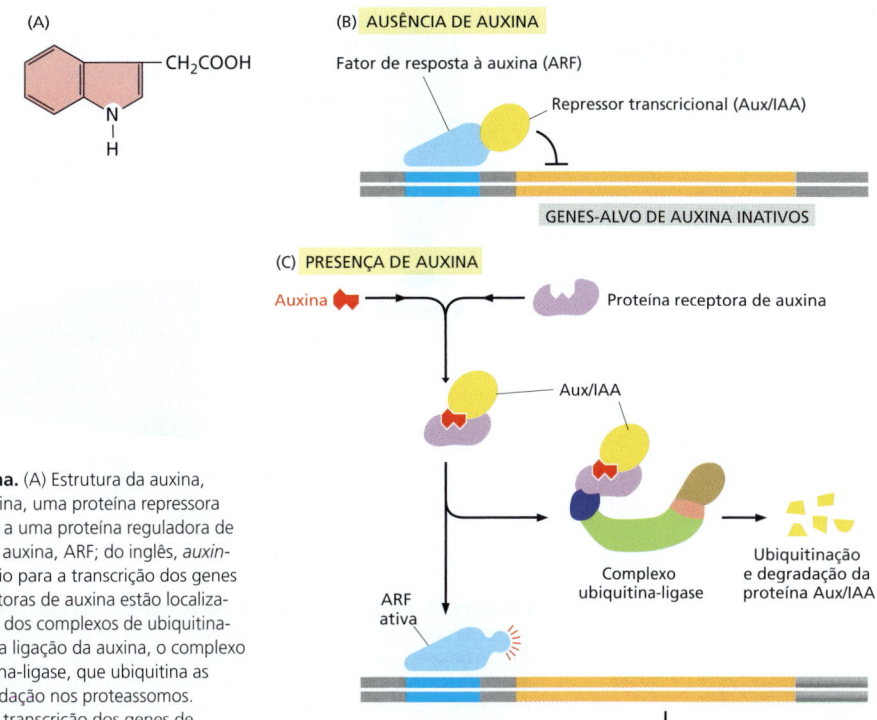

Figura 15-71 Via de sinalização da auxina. (A) Estrutura da auxina, ácido 3-indolacético. (B) Na ausência de auxina, uma proteína repressora de transcrição (chamada de Aux/IAA) se liga a uma proteína reguladora de transcrição (chamada de fator de resposta à auxina, ARF; do inglês, *auxin-response factor*) e a inibe, o que é necessário para a transcrição dos genes de resposta à auxina. (C) As proteínas receptoras de auxina estão localizadas principalmente no núcleo e fazem parte dos complexos de ubiquitina-ligase (não mostrado). Uma vez ativado pela ligação da auxina, o complexo receptor-auxina recruta o complexo ubiquitina-ligase, que ubiquitina as proteínas Aux/IAA, marcando-as para degradação nos proteassomos. A proteína ARF agora está livre para ativar a transcrição dos genes de resposta à auxina. Existem muitas proteínas ARF, Aux/IAA e receptores de auxina que atuam conforme mostra a figura.

pelo sistema circulatório para as células-alvo, a auxina tem seu próprio sistema de transporte. As *proteínas transportadoras de influxo* e as *proteínas transportadoras de efluxo* específicas ligadas à membrana plasmática movem a auxina, respectivamente, para dentro e para fora das células vegetais. Os transportadores de efluxo podem ser distribuídos assimetricamente na membrana plasmática para direcionar o efluxo da auxina. Uma fileira de células com seus transportadores de efluxo confinados na membrana basal, por exemplo, transportará auxina do topo da planta para a base.

Em algumas regiões da planta, a localização dos transportadores de auxina e, portanto, a direção do fluxo do hormônio são altamente dinâmicas e reguladas. Uma célula pode redistribuir rapidamente os transportadores pelo controle do tráfego das vesículas que os contêm. Os transportadores de efluxo, por exemplo, normalmente variam sua localização entre as vesículas intracelulares e a membrana plasmática. Uma célula pode redistribuir esses transportadores na sua superfície, pela inibição da sua endocitose em um domínio da membrana plasmática, fazendo com que se acumulem nesse local. Um exemplo acontece na raiz, onde a gravidade influencia a direção do crescimento. Os transportadores de efluxo normalmente são distribuídos de forma simétrica nas células da extremidade da raiz. No entanto, passados alguns minutos após uma mudança de direção do vetor de gravidade, os transportadores de efluxo se redistribuem para um dos lados das células, e a auxina é bombeada para fora na direção da raiz que está voltada para baixo. Uma vez que a auxina inibe o alongamento da célula da raiz, esta redistribuição do transporte do hormônio causa a reorientação da ponta da raiz, de forma que ela cresce de novo voltada para baixo (**Figura 15-72**).

Os fitocromos detectam a luz vermelha e os criptocromos detectam a luz azul

O desenvolvimento das plantas é bastante influenciado pelas condições ambientais. Ao contrário dos animais, as plantas não podem mudar de ambiente quando as condições se tornam desfavoráveis; elas têm que se adaptar ou morrem. A influência ambiental mais importante é a luz, que é a fonte de energia das plantas e tem o papel mais im-

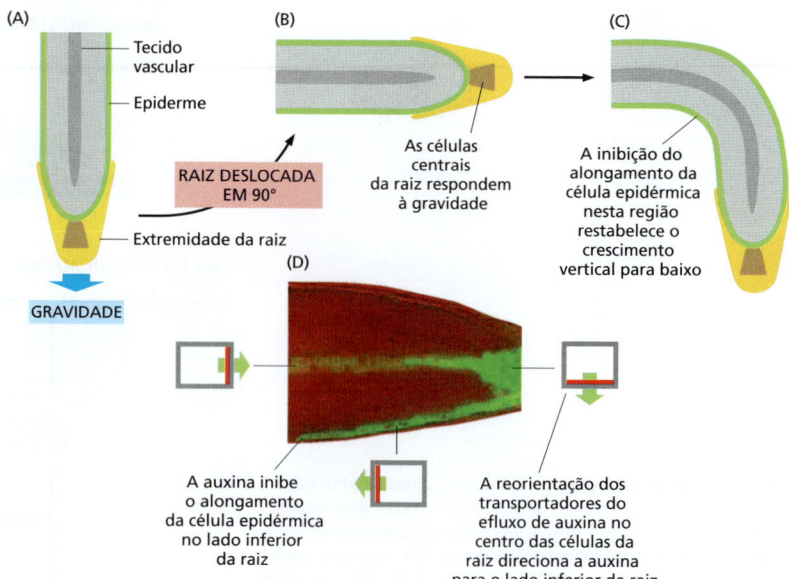

Figura 15-72 Transporte de auxina e gravitropismo da raiz. (A-C) As raízes respondem a uma mudança de 90° na orientação gravitacional e ajustam sua direção de crescimento de forma que voltam a crescer na direção descendente. As células que respondem à gravidade estão no centro da extremidade da raiz, enquanto as células epidérmicas localizadas mais internamente (no lado inferior) reduzem sua taxa de alongamento para restaurar o crescimento descendente. (D) As células que respondem à gravidade na extremidade da raiz redistribuem seus transportadores de efluxo de auxina em resposta ao deslocamento da raiz. Isso redireciona o fluxo de auxina principalmente para a parte inferior da raiz, onde inibe o alongamento das células epidérmicas. A distribuição assimétrica de auxina resultante na ponta da raiz de *Arabidopsis*, mostrada aqui, é determinada indiretamente, pelo uso de um gene-repórter responsivo à auxina que codifica uma proteína fusionada à proteína verde fluorescente (GFP, *green fluorescent protein*); as células epidérmicas do lado inferior da raiz são verdes, enquanto as células localizadas no lado superior não são, refletindo a distribuição assimétrica da auxina. A distribuição dos transportadores de efluxo de auxina na membrana plasmática das células em diferentes regiões da raiz (mostrado como *retângulos cinza*) está indicada em *vermelho*, e a direção do efluxo de auxina está indicada por uma *seta verde*. (A fotografia de fluorescência em D é de T. Paciorek et al., *Nature* 435:1251-1256, 2005. Com permissão de Macmillan Publishers Ltd.)

portante ao longo de todo o seu ciclo de vida – desde a germinação, passando pelo desenvolvimento da plântula, ao florescimento e senescência. As plantas selecionaram um grande conjunto de proteínas sensíveis à luz para monitorar a quantidade, a qualidade, a direção e a duração da luz. Essas proteínas em geral são referidas como *fotorreceptores*. No entanto, como o termo fotorreceptor também é usado para as células sensíveis à luz na retina dos animais (ver Figura 15-38), usaremos aqui o termo *fotoproteína*.

Todas as fotoproteínas detectam a luz por meio de um cromóforo, ligado covalentemente, que altera sua forma ao absorver a luz, induzindo uma mudança na conformação da proteína. Os **fitocromos** são as fotoproteínas mais conhecidas das plantas, estando presentes em todas as plantas e em algumas algas. São as serinas-treoninas-cinase diméricas citoplasmáticas que respondem à luz vermelha e à luz infravermelha de forma diferencial e reversível: enquanto a luz vermelha geralmente ativa a cinase do fitocromo, a infravermelha a inativa. Acredita-se que o fitocromo, quando ativado pela luz, sofra autofosforilação, para depois fosforilar uma ou várias proteínas na célula. Em algumas respostas à luz, os fitocromos ativados migram para o núcleo, onde interagem com reguladores de transcrição e alteram a transcrição de alguns genes (**Figura 15-73**). Em outros casos, os fitocromos ativam, no citoplasma, um regulador latente da transcrição, que migra para o núcleo onde regula a transcrição gênica. Em outros casos ainda, a fitoproteína dá início, no citosol, a vias de sinalização que alteram o comportamento da célula, sem o envolvimento do núcleo.

As plantas detectam luz azul usando dois tipos de fotoproteínas, a fototropina e os criptocromos. A **fototropina** está associada à membrana plasmática, sendo parcialmente responsável pelo *fototropismo*, ou seja, a tendência das plantas de cresce-

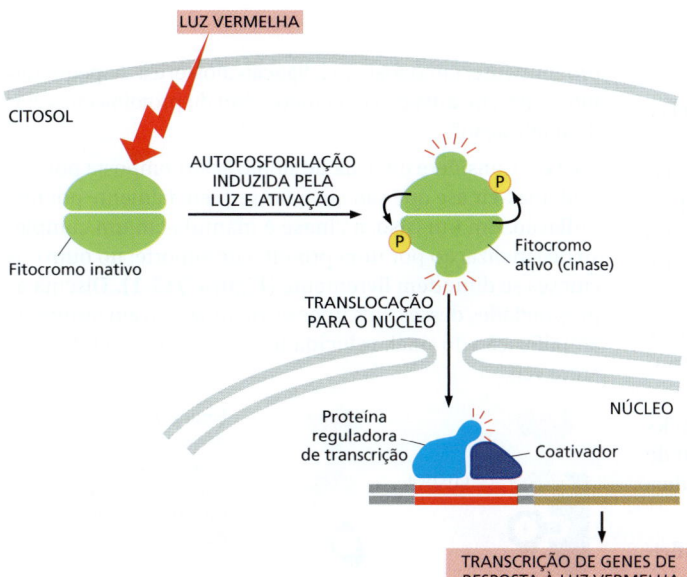

Figura 15-73 Forma pela qual os fitocromos mediam a resposta à luz nas células vegetais. O fitocromo, que é um dímero, sofre autofosforilação quando ativado pela luz vermelha e migra para o núcleo, onde ativa as proteínas reguladoras de transcrição que estimulam a transcrição de genes específicos de resposta à luz vermelha.

rem em direção à luz. O fototropismo ocorre pelo alongamento celular direcionado, que é estimulado pela auxina, mas não se conhecem as ligações entre a fototropina e a auxina.

Os **criptocromos** são flavoproteínas sensíveis à luz azul. São relacionados, estruturalmente, a enzimas sensíveis à luz azul, chamadas de *fotoliases*, envolvidas no reparo de danos ao DNA induzidos por irradiação ultravioleta em quase todos os organismos, com exceção da maioria dos mamíferos. Ao contrário dos fitocromos, os criptocromos são encontrados também em, animais, nos quais têm um papel importante nos relógios circadianos (ver Figura 15-66). Embora se acredite que os criptocromos tenham evoluído a partir das fotoliases, eles não apresentam atividade de reparo do DNA.

Resumo

Acredita-se que a multicelularidade e os mecanismos de comunicação celular tenham evoluído de modo independente nas plantas e nos animais, cada um a partir de um eucarioto unicelular diferente que, por sua vez, evoluiu de um ancestral eucarioto unicelular comum. Por esse motivo, não é surpreendente que os mecanismos de sinalização das células animais e vegetais tenham semelhanças e diferenças entre si. Enquanto os animais contam principalmente com GPCRs e RTKs, as plantas contam basicamente com os receptores acoplados a enzimas do tipo serina-treonina-cinase, especialmente aqueles com repetições extracelulares ricas em leucina. Vários hormônios vegetais, ou reguladores de crescimento, entre eles o etileno e a auxina, participam no controle do desenvolvimento das plantas. O etileno atua por meio de receptores intracelulares para interromper a degradação de reguladores de transcrição nucleares específicos, que ativam a transcrição dos genes de resposta ao etileno. Os receptores para alguns outros hormônios vegetais, incluindo a auxina, também regulam a degradação de reguladores de transcrição específicos, embora os detalhes sejam variáveis. A sinalização pela auxina é incomum, pois esse hormônio possui seu próprio sistema de transporte altamente regulado, no qual o posicionamento dinâmico dos transportadores controla a direção do fluxo de auxina e, portanto, a direção do crescimento da planta. A luz tem um papel importante na regulação do desenvolvimento nos vegetais. As respostas à luz são mediadas por uma variedade de fotoproteínas, como os citocromos, que respondem à luz vermelha, e os criptocromos e a fototropina, sensíveis à luz azul.

O QUE NÃO SABEMOS

- Como a célula integra a informação recebida por seus muitos receptores de superfície celular para tomar decisões do tipo "tudo ou nada"?

- Muito do que sabemos sobre a sinalização celular é derivado de estudos bioquímicos de proteínas isoladas em tubos de ensaio. Qual é o comportamento quantitativo exato das redes de sinalização intracelular na célula intacta, ou em um animal intacto, nos quais outros incontáveis sinais e componentes celulares podem influenciar a especificidade e força da sinalização?

- Como os circuitos de sinalização intracelular geram padrões de sinalização específicos e dinâmicos tais como oscilações e ondas, e como esses padrões são percebidos e interpretados pela célula?

- As proteínas de suporte e os receptores tirosina-cinase ativados desencadeiam a reunião de grandes complexos de sinalização intracelular. Qual é o comportamento dinâmico desses complexos, e como esse comportamento influencia a continuidade da sinalização?

TESTE SEU CONHECIMENTO

Quais afirmativas estão corretas? Justifique.

15-1 Todos os segundos mensageiros são hidrossolúveis e se difundem livremente pelo citosol.

15-2 Com relação à regulação dos comutadores moleculares, as proteínas-cinase e os fatores de troca de nucleotídeos de guanina (GEFs) sempre ativam as proteínas, enquanto as proteínas-fosfatase e as proteínas ativadoras de GTPase (GAPs) sempre inibem as proteínas.

15-3 A maioria das vias de sinalização intracelular fornece numerosas oportunidades para a amplificação das respostas aos sinais extracelulares.

15-4 A interação de ligantes extracelulares com os RTKs ativa o domínio catalítico intracelular, pela propagação de uma mudança de conformação através da bicamada lipídica através de uma única α-hélice transmembrana.

15-5 As tirosinas-fosfatase apresentam uma alta especificidade fina por seus substratos, ao contrário da maioria das serinas-treoninas-fosfatase, que apresentam uma especificidade ampla.

15-6 Apesar de plantas e animais terem evoluído a multicelularidade de modo independente, todos eles usam praticamente as mesmas proteínas de sinalização e os mesmos segundos mensageiros na comunicação célula-célula.

Discuta as questões a seguir.

15-7 Suponha que a concentração circulante de um hormônio seja de 10^{-10} M e o K_d da ligação ao seu receptor seja de 10^{-8} M. Que fração de receptores estará ocupada com o hormônio? Se uma resposta fisiológica significativa ocorrer quando 50% dos receptores estiverem ocupados com as moléculas do hormônio, qual deverá ser o aumento da concentração do hormônio para provocar a resposta? A fração de receptores (R) ligados ao hormônio (H) para formar um complexo receptor-hormônio (R-H) é $[R\text{-}H]/([R] + [R\text{-}H]) = [R\text{-}H]/[R]_{total} = [H]/([H] + K_d)$.

15-8 As células se comunicam de maneiras que lembram a comunicação humana. Decida quais das seguintes formas de comunicação humana são análogas às sinalizações celulares autócrina, parácrina, endócrina e sináptica.

A. Conversa telefônica
B. Conversa com pessoas em um coquetel
C. Um anúncio pelo rádio
D. Falar consigo mesmo

15-9 Por que as respostas de sinalização que envolvem alterações em proteínas já presentes nas células ocorrem em milissegundos, enquanto as respostas que requerem mudanças na expressão gênica precisam de minutos ou horas para ocorrer?

15-10 Como é que células diferentes podem responder de diferentes formas às mesmas moléculas sinalizadoras mesmo que elas tenham receptores idênticos?

15-11 Por que você supõe que a fosforilação/desfosforilação, por exemplo, tenha evoluído para ter um papel tão proeminente, em oposição à ligação alostérica de pequenas moléculas, na ativação e na inativação de proteínas nas vias de sinalização?

15-12 Considere uma via de sinalização composta por três proteínas-cinase que são ativadas sequencialmente por fosforilação. Em um caso, a cinase é mantida em um complexo de sinalização por uma proteína de suporte; no outro, as cinases se difundem livremente (**Figura Q15-1**). Discuta as propriedades desses dois tipos de organização em termos de amplificação do sinal, velocidade e potencial para interação entre vias.

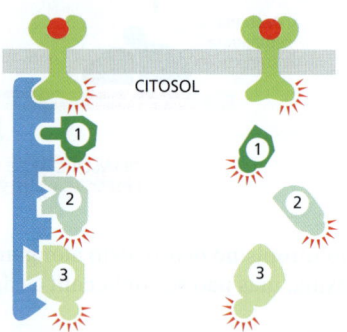

Figura Q15-1 Uma cascata de cinases organizada por meio de uma proteína de suporte ou composta por componentes que se difundem livremente.

15-13 Descreva três maneiras pelas quais um aumento em um sinal extracelular pode ser acentuado pela célula-alvo para produzir uma resposta abrupta do tipo "tudo ou nada".

15-14 A ativação ("maturação") de ovócitos de rã é sinalizada por meio de um módulo de sinalização da MAP-cinase. Um aumento na progesterona ativa o módulo por estimular a tradução do RNA mensageiro da Mos, que é a MAP-cinase-cinase-cinase da rã (**Figura Q15-2**). A maturação é facilmente identificada visualmente pela presença de um ponto branco no centro da superfície marrom do ovócito (ver Figura Q15-2). Para determinar a curva de dose-dependência da ativação da MAP-cinase induzida pela progesterona, coloque 16 ovócitos em cada uma de seis placas plásticas e adicione diferentes concentrações de progesterona. Após uma incubação de 18 horas, rompa os ovócitos, prepare um extrato e determine o estado de fosforilação (e, portanto, de ativação) da MAP-cinase por meio de uma eletroforese em gel de poliacrilamida-SDS (**Figura Q15-3A**). Essa análise mostra uma resposta gradual da MAP-cinase ao aumento da concentração da progesterona.

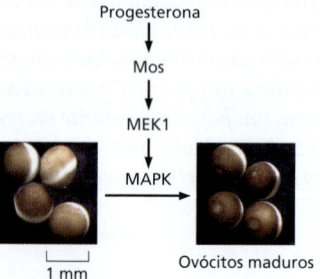

Figura Q15-2 Ativação da MAP-cinase induzida por progesterona, levando à maturação do ovócito. (Cortesia de Helfrid Hochegger.)

CAPÍTULO 15 Sinalização celular

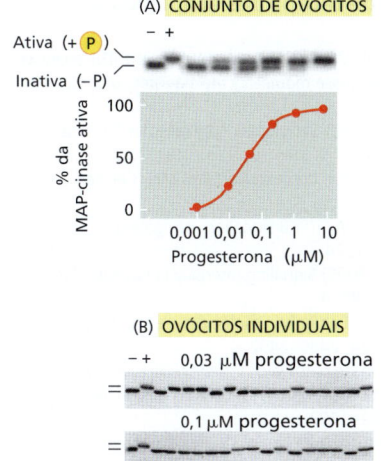

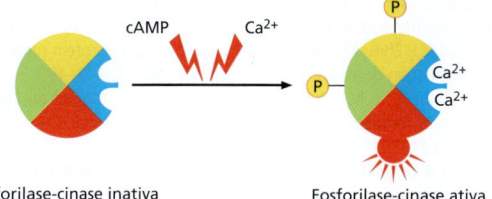

Figura Q15-3 Ativação de ovócitos de sapo. (A) Fosforilação de MAP-cinase em um conjunto de ovócitos. (B) Fosforilação da MAP-cinase em ovócitos individuais. A enzima foi detectada por imunoensaio usando um anticorpo específico. As duas primeiras canaletas de cada gel contêm MAP-cinase inativa não fosforilada (−) e ativa fosforilada (+). (De J.E. Ferrell, Jr., e E.M. Machleder, *Science* 280:895–898, 1998. Com permissão de AAAS.)

Figura Q15-4 Integração das vias de sinalização dependentes de cAMP e das dependentes de Ca^{2+} pela fosforilase-cinase nas células do fígado e do músculo.

Antes de romper os ovócitos, perceba que nem todos eles apresentam pontos brancos. Será que alguns deles atingiram ativação parcial e ainda não alcançaram o estágio com pontos brancos? Para responder a essa pergunta, repita o experimento, mas desta vez analise a ativação da MAP-cinase em ovócitos individuais. Você se surpreenderá ao constatar que os ovócitos terão sua MAP-cinase totalmente ativada ou completamente inativa (**Figura Q15-3B**). Como uma resposta "tudo ou nada" nos ovócitos individuais pode se traduzir em uma resposta gradual na população?

15-15 Proponha tipos específicos de mutações no gene da subunidade reguladora da PKA que poderia resultar em uma enzima permanentemente ativa ou permanentemente inativa.

15-16 A fosforilase-cinase integra sinais das vias de sinalização dependentes de cAMP e das dependentes de Ca^{2+}, que controlam a degradação do glicogênio nas células do fígado e do músculo (**Figura Q15-4**). A fosforilase-cinase é composta por quatro subunidades. Uma delas é a proteína-cinase que catalisa a adição de fosfato à glicogênio fosforilase, tornando-a ativa para degradar glicogênio. As outras três subunidades são proteínas reguladoras que controlam a atividade da subunidade catalítica. Duas delas contêm sítios para a fosforilação pela PKA, que é ativada pelo cAMP. A subunidade remanescente é a calmodulina, que liga Ca^{2+} quando a concentração citosólica do íon aumenta. As subunidades reguladoras controlam o equilíbrio entre as conformações ativa e inativa da subunidade catalítica, com o fosfato e o Ca^{2+} deslocando o equilíbrio em direção à conformação ativa. De que forma esse arranjo permite que a fosforilase-cinase desempenhe seu papel como uma proteína integradora nas múltiplas vias que estimulam a degradação do glicogênio?

15-17 A polaridade planar da via de sinalização de Wnt normalmente assegura que cada célula da asa da *Drosophila* tenha um único pelo. A superexpressão do gene *Frizzled* a partir de um promotor de choque térmico (hs-*Fz*) induz o crescimento de múltiplos pelos em diversas células (**Figura Q15-5A**). Esse fenótipo é suprimido se hs-*Fz* for combinado com uma deleção heterozigótica (*Dsh*^Δ) do gene *Dishevelled* (**Figura Q15-5B**). Esses resultados permitem a você ordenar a ação de Frizzled e de Dishevelled na via de sinalização? Em caso afirmativo, qual é a ordem? Explique seu raciocínio.

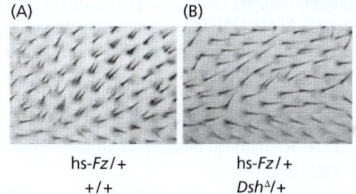

Figura Q15-5 Padrão de crescimento de pelos nas células da asa na *Drosophila* geneticamente modificada. (De C.G. Winter et al., *Cell* 105:81–91, 2001. Com permissão da Elsevier.)

REFERÊNCIAS

Gerais
Marks F, Klingmüller U & Müller-Decker K (2009) Cellular Signal Processing: An Introduction to the Molecular Mechanisms of Signal Transduction. New York: Garland Science.
Lim W, Mayer B & Pawson T (2015) Cell Signaling: Principles and Mechanisms. New York: Garland Science.

Princípios da sinalização celular
Alon U (2007) Network motifs: theory and experimental approaches. *Nat. Rev. Genet.* 8, 450–461.
Ben-Shlomo I, Yu Hsu S, Rauch R et al (2003) Signaling receptome: a genomic and evolutionary perspective of plasma membrane receptors involved in signal transduction. *Sci. STKE* 187, RE9.
Endicott JA, Noble ME & Johnson LN (2012) The structural basis for control of eukaryotic protein kinases. *Annu. Rev. Biochem.* 81, 587–613.

Ferrell JE, Jr (2002) Self-perpetuating states in signal transduction: positive feedback, double-negative feedback and bistability. *Curr. Opin. Cell Biol.* 14, 140–148.
Good MC, Zalatan JG & Lim WA (2011) Scaffold proteins: hubs for controlling the flow of cellular information. *Science* 332, 680–686.
Ladbury JE & Arold ST (2012) Noise in cellular signaling pathways: causes and effects. *Trends Biochem. Sci.* 37, 173–178.
Mehta S & Zhang J (2011) Reporting from the field: genetically encoded fluorescent reporters uncover signaling dynamics in living biological systems. *Annu. Rev. Biochem.* 80, 375–401.
Pires-daSilva A & Sommer RJ (2003) The evolution of signalling pathways in animal development. *Nature Rev. Genet.* 4, 39–49.
Rosse C, Linch M, Kermorgant S, Cameron AJ et al. (2010) PKC and the control of localized signal dynamics. *Nat. Rev. Mol. Cell Biol.* 11, 103–112.

Scott JD & Pawson T (2009) Cell signaling in space and time: where proteins come together and when they're apart. *Science* 326, 1220–1224.

Seet BT, Dikic I, Zhou MM & Pawson T (2006) Reading protein modifications with interaction domains. *Nat. Rev. Mol. Cell Biol.* 7, 473–483.

Tyson JJ, Chen KC & Novak B (2003) Sniffers, buzzers, toggles and blinkers: dynamics of regulatory and signaling pathways in the cell. *Curr. Opin. Cell Biol.* 15, 221–231.

Ubersax JA & Ferrell JE, Jr (2007) Mechanisms of specificity in protein phosphorylation. *Nat. Rev. Mol. Cell Biol.* 8, 530–541.

Wittinghofer A & Vetter IR (2011) Structure-function relationships of the G domain, a canonical switch motif. *Annu. Rev. Biochem.* 80, 943–971.

Sinalização por meio de receptores acoplados à proteína G

Audet M & Bouvier M (2012) Restructuring G-protein-coupled receptor activation. *Cell* 151, 14–23.

Berridge MJ, Bootman MD & Roderick HL (2003) Calcium signalling: dynamics, homeostasis and remodelling. *Nat. Rev. Mol. Cell Biol.* 4, 517–529.

Breer H (2003) Sense of smell: recognition and transduction of olfactory signals. *Biochem. Soc. Trans.* 31, 113–116.

Hoeflich KP & Ikura M (2002) Calmodulin in action: diversity in target recognition and activation mechanisms. *Cell* 108, 739–742.

Kamenetsky M, Middelhaufe S, Bank EM et al. (2006) Molecular details of cAMP generation in mammalian cells: a tale of two systems. *J. Mol. Biol.* 362, 623–639.

McConnachie G, Langeberg LK & Scott JD (2006) AKAP signaling complexes: getting to the heart of the matter. *Trends Mol. Med.* 12, 317–323.

Murad F (2006) Shattuck Lecture. Nitric oxide and cyclic GMP in cell signaling and drug development. *N. Engl. J. Med.* 355, 2003–2011.

Parker PJ (2004) The ubiquitous phosphoinositides. *Biochem. Soc. Trans.* 32, 893–898.

Rasmussen SG, DeVree BT, Zou Y et al. (2011) Crystal structure of the beta2 adrenergic receptor-Gs protein complex. *Nature* 477, 549–555.

Rhee SG (2001) Regulation of phosphoinositide-specific phospholipase C. *Annu. Rev. Biochem.* 70, 281–312.

Robishaw JD & Berlot CH (2004) Translating G protein subunit diversity into functional specificity. *Curr. Opin. Cell Biol.* 16, 206–209.

Rosenbaum DM, Rasmussen SG & Kobilka BK (2009) The structure and function of G-protein-coupled receptors. *Nature* 459, 356–363.

Shenoy SK & Lefkowitz RJ (2011) beta-Arrestin-mediated receptor trafficking and signal transduction. *Trends Pharmacol. Sci.* 32, 521–533.

Sorkin A & von Zastrow M (2009) Endocytosis and signalling: intertwining molecular networks. *Nat. Rev. Mol. Cell Biol.* 10, 609–622.

Stratton MM, Chao LH, Schulman H & Kuriyan J (2013) Structural studies on the regulation of Ca^{2+}/calmodulin dependent protein kinase II. *Curr. Opin. Struct. Biol.* 23, 292–301.

Sung CH & Chuang JZ (2010) The cell biology of vision. *J. Cell Biol.* 190, 953–963.

Willoughby D & Cooper DM (2008) Live-cell imaging of cAMP dynamics. *Nat. Methods* 5, 29–36.

Sinalização por meio de receptores acoplados a enzimas

Jura N, Zhang X, Endres NF et al. (2011) Catalytic control in the EGF receptor and its connection to general kinase regulatory mechanisms. *Mol. Cell* 42, 9–22.

Lemmon MA & Schlessinger J (2010) Cell signaling by receptor tyrosine kinases. *Cell* 141, 1117–1134.

Massagué J (2012) TGFβ signalling in context. *Nat. Rev. Mol. Cell Biol.* 13, 616–630.

Manning BD & Cantley LC (2007) AKT/PKB signaling: navigating downstream. *Cell* 129, 1261–1274.

Mitin N, Rossman KL & Der CJ (2005) Signaling interplay in Ras superfamily function. *Curr. Biol.* 15, R563–R574.

Pitulescu ME & Adams RH (2010) Eph/ephrin molecules—a hub for signaling and endocytosis. *Genes Dev.* 24, 2480–2492.

Qi M & Elion EA (2005) MAP kinase pathways. *J. Cell Sci.* 118, 3569–3572.

Rawlings JS, Rosler KM & Harrison DA (2004) The JAK/STAT signaling pathway. *J. Cell Sci.* 117, 1281–1283.

Roskoski R, Jr (2004) Src protein-tyrosine kinase structure and regulation. *Biochem. Biophys. Res. Commun.* 324, 1155–1164.

Schwartz MA & Madhani HD (2004) Principles of MAP kinase signaling specificity in *Saccharomyces cerevisiae*. *Annu. Rev. Genet.* 38, 725–748.

Shaw RJ & Cantley LC (2006) Ras, PI(3)K and mTOR signalling controls tumour cell growth. *Nature* 44, 424–430.

Zoncu R, Efeyan A & Sabatini DM (2011) mTOR: from growth signal integration to cancer, diabetes and ageing. *Nat. Rev. Mol. Cell Biol.* 12, 21–35.

Vias alternativas de sinalização na regulação gênica

Bray SJ (2006) Notch signalling: a simple pathway becomes complex. *Nat. Rev. Mol. Cell Biol.* 7, 678–689.

Briscoe J & Therond PP (2013) The mechanisms of Hedgehog signalling and its roles in development and disease. *Nat. Rev. Mol. Cell Biol.* 14, 416–429.

Hoffmann A & Baltimore D (2006) Circuitry of nuclear factor κB signaling. *Immunol. Rev.* 210, 171–186.

Huang P, Chandra V & Rastinejad F (2010) Structural overview of the nuclear receptor superfamily: insights into physiology and therapeutics. *Annu. Rev. Physiol.* 72, 247–272.

Markson JS & O'Shea EK (2009) The molecular clockwork of a protein-based circadian oscillator. *FEBS Lett.* 583, 3938–3947.

Mohawk JA, Green CB & Takahashi JS (2012) Central and peripheral circadian clocks in mammals. *Annu. Rev. Neurosci.* 35, 445–462.

Niehrs C (2012) The complex world of WNT receptor signalling. *Nat. Rev. Mol. Cell Biol.* 13, 767–779.

Sinalização em plantas

Chen M, Chory J & Fankhauser C (2004) Light signal transduction in higher plants. *Annu. Rev. Genet.* 38, 87–117.

Dievart A & Clark SE (2004) LRR-containing receptors regulating plant development and defense. *Development* 131, 251–261.

Kim TW & Wang ZY (2010) Brassinosteroid signal transduction from receptor kinases to transcription factors. *Annu. Rev. Plant Biol.* 61, 681–704.

Mockaitis K & Estelle M (2008) Auxin receptors and plant development: a new signaling paradigm. *Annu. Rev. Cell Dev. Biol.* 24, 55–80.

Stepanova AN & Alonso JM (2009) Ethylene signaling and response: where different regulatory modules meet. *Curr. Opin. Plant Biol.* 12, 548–555.

CAPÍTULO 16

Citoesqueleto

Para que as células funcionem de forma adequada, elas devem se organizar no espaço e interagir mecanicamente uma com a outra e com o ambiente ao seu redor. Elas devem apresentar uma conformação correta, ser fisicamente robustas e estar estruturadas de forma adequada internamente. Muitas células também devem ser capazes de modificar sua forma e migrar para outros locais. Além disso, toda célula deve ser capaz de reorganizar seus componentes internos como decorrência dos processos de crescimento, divisão e/ou adaptação a mudanças no ambiente. Essas funções espaciais e mecânicas dependem de um incrível sistema de filamentos chamado **citoesqueleto** (**Figura 16-1**).

As diversas funções do citoesqueleto dependem da atuação das três famílias de proteínas de filamento – *filamentos de actina, microtúbulos* e *filamentos intermediários*. Cada tipo de filamento possui funções biológicas, propriedades mecânicas e dinâmicas distintas; no entanto certas características fundamentais são comuns a todos eles. Da mesma forma que necessitamos da ação conjunta de nossos tendões, ossos e músculos, os três sistemas de filamentos do citoesqueleto devem atuar coletivamente para fornecer a uma determinada célula sua resistência, forma e capacidade de locomoção.

Neste capítulo, descrevemos a função e a conservação dos três principais sistemas de filamentos. Vamos explicar os princípios básicos subjacentes à associação e dissociação dos filamentos, e como outras proteínas interagem com os filamentos alterando a sua dinâmica, permitindo que a célula estabeleça e mantenha sua organização interna, para dar forma e remodelar a sua superfície e para mover organelas de forma controlada de um lugar para outro. Finalmente, discutiremos como a integração e a regulação do citoesqueleto permite que uma célula mova-se para outros locais.

NESTE CAPÍTULO

FUNÇÃO E ORIGEM DO CITOESQUELETO

ACTINA E PROTEÍNAS DE LIGAÇÃO À ACTINA

MIOSINA E ACTINA

MICROTÚBULOS

FILAMENTOS INTERMEDIÁRIOS E SEPTINAS

POLARIZAÇÃO E MIGRAÇÃO CELULAR

FUNÇÃO E ORIGEM DO CITOESQUELETO

Os três principais filamentos do citoesqueleto são responsáveis por diferentes aspectos da organização espacial e propriedades mecânicas da célula. Os filamentos de actina determinam a forma da superfície da célula e são necessários para a locomoção das células como um todo; eles também conduzem a divisão de uma célula em duas. Os microtúbulos determinam o posicionamento das organelas delimitadas por membrana, promovem o transporte intracelular e formam o fuso mitótico que segrega os cromossomos durante a divisão celular. Os filamentos intermediários proporcionam resistência mecânica. Todos esses filamentos do citoesqueleto interagem com centenas de proteínas acessórias que regulam e ligam os filamentos uns aos outros e a outros componentes da célula. As proteínas acessórias são essenciais para a polimerização controlada dos filamentos do citoesqueleto em locais específicos, e incluem as *proteínas motoras*, incríveis máquinas moleculares que convertem a energia da hidrólise de ATP em força mecânica e que podem mover organelas ao longo dos filamentos ou mover os próprios filamentos.

Nesta seção, discutiremos as características gerais das proteínas que formam os filamentos do citoesqueleto. Focaremos na sua capacidade para formar estruturas intrinsecamente polarizadas e auto-organizadas que são altamente dinâmicas, permitindo que a célula modifique rapidamente a estrutura e a função do citoesqueleto sob diferentes condições.

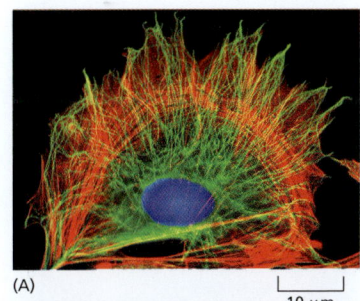
(A) 10 μm

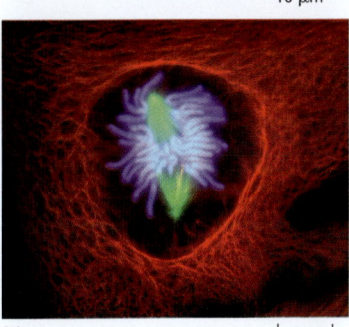
(B) 20 μm

Figura 16-1 O citoesqueleto. (A) Uma célula em cultura foi fixada e marcada para mostrar seus arranjos citoplasmáticos de microtúbulos (*verde*) e de filamentos de actina (*vermelho*). (B) Esta célula em divisão foi marcada para mostrar seus microtúbulos do fuso (*verde*) e a rede de filamentos intermediários (*vermelho*). O DNA de ambas as células está marcado em *azul*. (A, cortesia de Albert Tousson; B, cortesia de Conly Rieder.)

Filamentos do citoesqueleto adaptam-se para formar estruturas estáveis ou dinâmicas

Os sistemas do citoesqueleto são dinâmicos e adaptáveis, organizados de tal forma que podem ser melhor comparados a uma trilha de formigas do que a uma grande via expressa. Uma trilha de formigas pode persistir por várias horas do ninho até um delicioso local de piquenique, mas, considerando-se uma única formiga nessa trilha, teremos certamente que afirmar que ela não se encontra estática. Se as formigas de reconhecimento encontrarem uma nova e melhor fonte de alimento, ou se os turistas limparem o local e terminarem seu piquenique, a estrutura dinâmica adaptar-se-á a uma velocidade estonteante. De modo semelhante, grandes estruturas citoesqueléticas podem persistir ou sofrer modificações de acordo com as necessidades, podendo apresentar uma duração que varia de menos de um minuto ao período total de vida da célula. No entanto, os componentes macromoleculares individuais que compõem estas estruturas encontram-se sob um fluxo constante. Assim, da mesma forma que ocorre quando existe uma alteração na trilha das formigas, o rearranjo estrutural em uma célula requer uma quantidade de energia extra relativamente pequena quando as condições sofrem alteração.

A regulação do comportamento dinâmico e a polimerização dos filamentos do citoesqueleto permitem que a célula eucariótica construa uma enorme variedade de estruturas a partir dos três sistemas básicos de filamentos. As fotomicrografias do **Painel 16-1** ilustram algumas dessas estruturas. Os filamentos de actina revestem a face interna da membrana plasmática de células animais, conferindo resistência e forma a essa fina bicapa lipídica. Eles também formam diversos tipos de projeções na superfície das células. Algumas dessas são estruturas dinâmicas, como os *lamelipódios* e os *filopódios* que as células usam para explorar o território e para se movimentarem. Arranjos mais estáveis permitem que as células fiquem aderidas a um substrato subjacente e permitem a contração dos músculos. Os feixes regulares do *estereocílio* na superfície de células do ouvido interno contêm feixes de filamentos de actina que vibram como hastes rígidas em resposta ao som, e as *microvilosidades*, organizadas de modo semelhante na superfície de células epiteliais intestinais, ampliam enormemente a área de superfície apical para aumentar a absorção de nutrientes. Em plantas, filamentos de actina promovem a rápida corrente de citoplasma no interior das células.

Os microtúbulos, que são frequentemente encontrados em arranjos citoplasmáticos que se estendem para a periferia da célula, podem rapidamente reorganizar-se para formar um *fuso mitótico* bipolar durante a divisão celular. Eles podem também formar *cílios*, que funcionam como chicotes de impulsão ou dispositivos sensoriais na superfície das células, ou feixes firmemente alinhados que servem como pistas para o transporte de materiais sobre longos axônios neuronais. Em células vegetais, arranjos organizados de microtúbulos ajudam a controlar o padrão da síntese da parede celular e, em muitos protozoários, eles formam a estrutura sobre a qual é construída toda a célula.

Os filamentos intermediários revestem a face interna do envelope nuclear, formando uma espécie de gaiola protetora para o DNA da célula; no citosol, esses filamentos são trançados sob a forma de fortes cabos que mantêm as camadas das células epiteliais unidas ou que auxiliam a extensão dos longos e fortes axônios das células neuronais. Eles também permitem a formação de determinados apêndices resistentes, como os pelos e as unhas.

Um importante e dramático exemplo da rápida reorganização do citoesqueleto ocorre durante a divisão celular, como ilustrado na **Figura 16-2**, que mostra o crescimento de um fibroblasto em uma placa de cultura. Após a replicação dos cromossomos, o arranjo de microtúbulos da interface que se espalha por todo o citoplasma é reconfigurado para formar o *fuso mitótico* bipolar, que segrega as duas cópias de cada cromossomo cada uma para um dos núcleos das células-filhas. Ao mesmo tempo, as estruturas especializadas de actina que permitem que o fibroblasto rasteje sobre a superfície da placa se reorganizam para que a célula pare de se mover e assuma uma forma mais esférica. A actina e sua proteína motora associada, miosina, formam uma faixa em torno da região central da célula, o *anel contrátil*, que sofre constrição como se fosse um minúsculo músculo e separa a célula em duas. Quando a divisão está completa, os citoesqueletos dos dois fibroblastos-filhos se organizam em estruturas de interfase e convertem as duas células-filhas arredondadas em versões menores da célula-mãe, achatadas e com capacidade de deslizamento.

Diversas células requerem rápidos rearranjos para que funcionem mesmo durante o período de interfase. Por exemplo, os *neutrófilos*, um tipo de leucócito, perseguem

PAINEL 16-1   Os três principais tipos de filamentos proteicos que formam o citoesqueleto

FILAMENTOS DE ACTINA

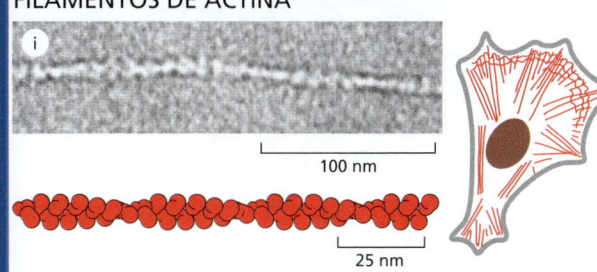
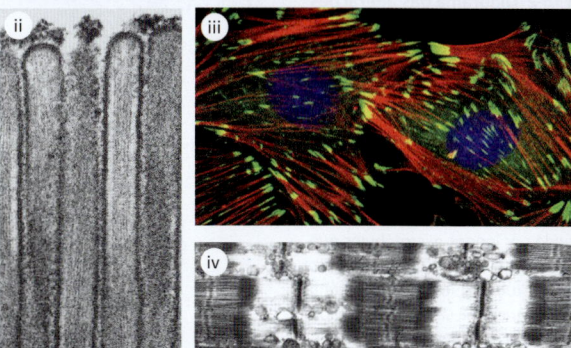

Os filamentos de actina (também conhecidos como *microfilamentos*) são polímeros helicoidais da proteína actina. São estruturas flexíveis com diâmetro de 8 nm que se organizam sob uma ampla variedade de feixes lineares, redes bidimensionais e géis tridimensionais. Apesar dos filamentos de actina estarem dispersos nas células, eles encontram-se predominantemente concentrados no córtex, subjacentes à membrana plasmática. (i) Filamento individual de actina; (ii) microvilosidade; (iii) fibras de tração (*vermelho*) terminando em adesões focais (*verde*); (iv) músculo estriado.

Fotomicrografias cortesia de R. Graig (i e iv); P.T. Matsudaira e D.R. Burgess (ii); K. Burridge (iii).

MICROTÚBULOS

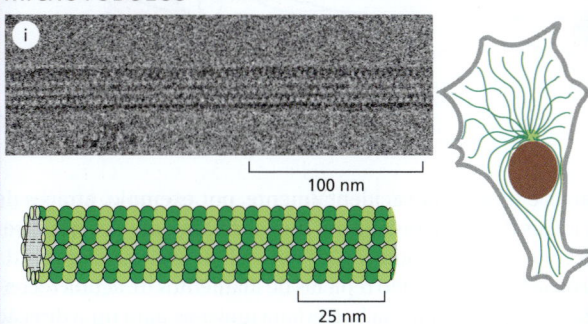
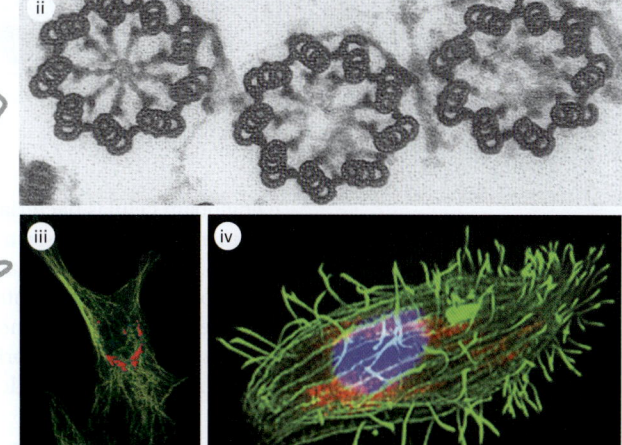

Os microtúbulos são cilindros longos e ocos formados pela proteína tubulina. Apresentando um diâmetro externo de 25 nm, são bem mais rígidos que os filamentos de actina. Os microtúbulos são longos e retilíneos, e frequentemente apresentam uma extremidade ligada a um centro organizador de microtúbulos (MTOC) denominado *centrossomo*. (i) Microtúbulo individual; (ii) secção transversal da base de três cílios mostrando os trios de microtúbulos; (iii) arranjo interfásico de microtúbulos (*verde*) e organelas (*vermelho*); (iv) protozoário ciliado.

Fotomicrografias cortesia de R. Wade (i); D.T. Woodrow (ii); D. Shima (iii); D. Burnette (iv).

FILAMENTOS INTERMEDIÁRIOS

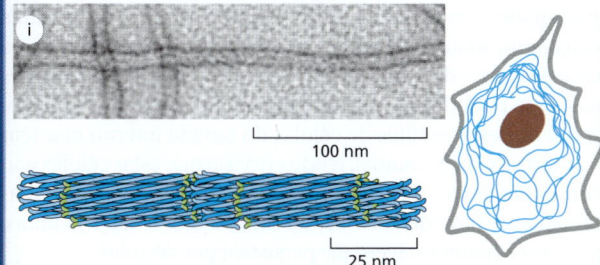
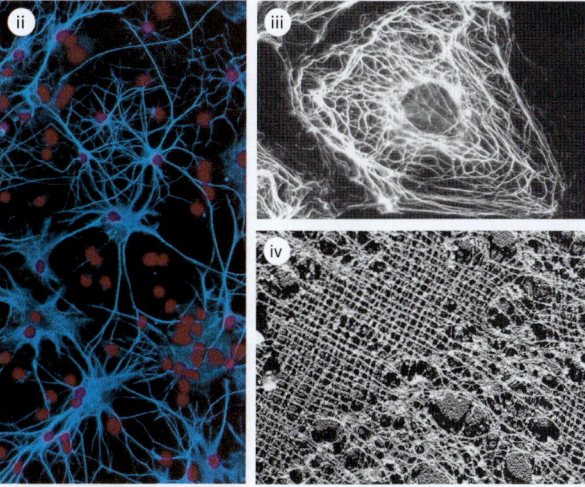

Os filamentos intermediários são fibras semelhantes a cabos com um diâmetro aproximado de 10 nm; eles são compostos por proteínas de filamentos intermediários, as quais pertencem a uma família grande e heterogênea. Um tipo de filamento intermediário forma uma rede denominada lâmina nuclear logo abaixo da membrana nuclear interna. Outros tipos estendem-se ao longo do citoplasma, conferindo resistência mecânica às células. Nos tecidos epiteliais, eles atravessam o citoplasma, de uma junção célula-célula a outra, fortalecendo, dessa forma, o epitélio como um todo. (i) Filamentos intermediários individuais; (ii) filamentos intermediários (*azul*) em neurônios e (iii) células epiteliais; (iv) lâmina nuclear.

Fotomicrografias cortesia de R. Quinlan (i); N.L. Kedersha (ii); M. Osborn (iii); U. Aebi (iv).

Figura 16-2 Diagrama das alterações na organização do citoesqueleto associadas à divisão celular. O fibroblasto rastejante representado tem um citoesqueleto dinâmico de actina polarizada, (mostrado em *vermelho*) que reune lamelipódios e filopódios para deslocar sua borda anterior para a direita. A polarização do citoesqueleto de actina é auxiliada pelos microtúbulos do citoesqueleto (*verde*), constituído por longos microtúbulos que emanam de um único centro de organização de microtúbulos, localizado na frente do núcleo. Quando a célula se divide, o arranjo polarizado de microtúbulos é reorganizado para a formação de um fuso mitótico bipolar, o qual é responsável pelo alinhamento e pela posterior segregação dos cromossomos duplicados (*marrom*). Os filamentos de actina formam um anel contrátil no centro da célula que divide a célula em duas após a segregação dos cromossomos. Após a completa divisão da célula, ambas as células-filhas reorganizam seus citoesqueletos de actina e de microtúbulos em versões menores daquelas que se encontravam na célula-mãe, permitindo que estas se arrastem em direções opostas.

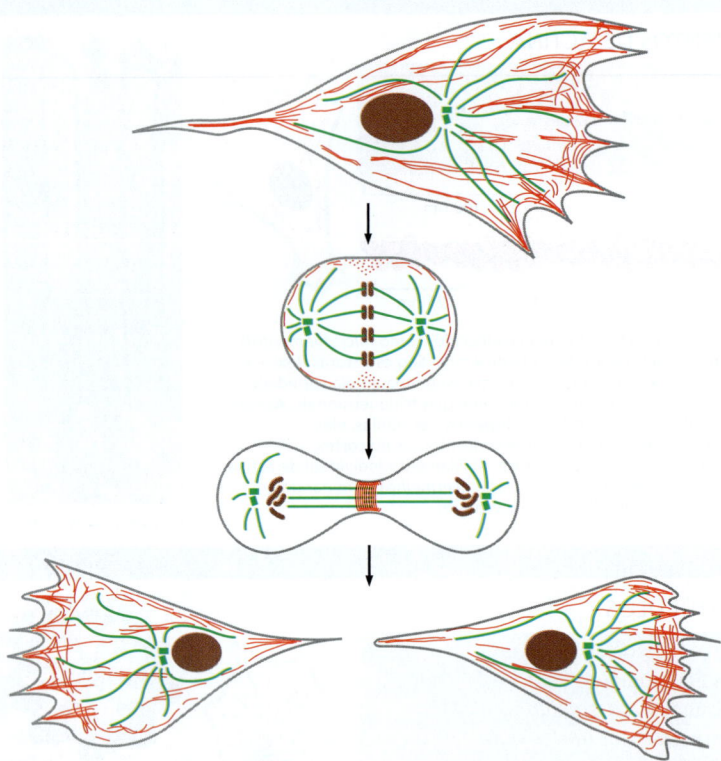

e englobam células bacterianas e fungos que acidentalmente, por exemplo, através de cortes na pele, têm acesso a locais de nosso organismo que normalmente deveriam ser estéreis. Como a maioria das células com locomoção, os neutrófilos avançam através da emissão de estruturas e protrusões, as quais estão repletas de filamentos de actina recentemente sintetizados. Quando uma possível presa bacteriana move-se para uma direção diferente, o neutrófilo é obrigado a reorganizar suas estruturas protrusivas polarizadas em uma questão de segundos (**Figura 16-3**).

O citoesqueleto determina a organização e a polaridade celular

Nas células que adquiriram uma morfologia diferenciada e estável, como é o caso dos neurônios ou das células epiteliais maduras, os elementos dinâmicos do citoesqueleto também devem prover estruturas grandes e estáveis para a organização celular. Nas células epiteliais especializadas que revestem orgãos como o intestino e os pulmões, as protrusões da superfície celular formadas pelo citoesqueleto, como as microvilosidades e os cílios, são capazes de manter o posicionamento, o comprimento e o diâmetro constantes ao longo de todo o tempo de vida da célula. No caso dos feixes de actina da região central das microvilosidades de células epiteliais intestinais, esse período se restringe a uns poucos dias. No entanto, feixes de actina da região central dos estereocílios de células do ouvido interno mantêm sua organização estável durante toda a vida do animal, tendo em vista que estas células não sofrem reposição. Não obstante, os filamentos de actina individuais permanecem extremamente dinâmicos e são continuamente remodelados, sendo substituídos a cada 48 horas, mesmo em estruturas de superfície celulares estáveis que persistem por décadas.

Figura 16-3 Um neutrófilo perseguindo uma bactéria. Nesta preparação de sangue humano, um agregado de bactérias (*seta branca*) está prestes a ser capturado por um neutrófilo. Conforme as bactérias se movimentam, o neutrófilo rapidamente reorganiza sua densa rede de actina na sua borda anterior (destacada em *vermelho*) para se movimentar em direção à bactéria (Animação 16.1). A rápida associação e dissociação do citoesqueleto de actina nesta célula permitem que ela altere a orientação e a direção de seu movimento em um intervalo de poucos minutos. (Obtida de um vídeo registrado por David Rogers.)

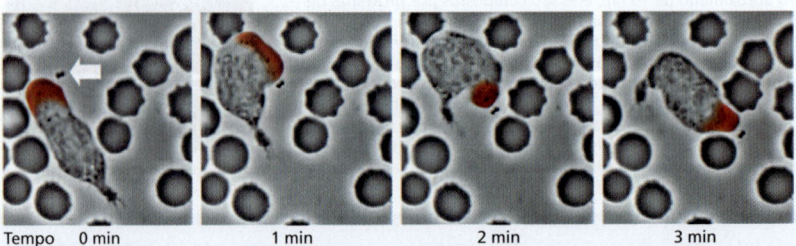

Tempo 0 min   1 min   2 min   3 min

Além de formar protrusões estáveis na superfície das células especializadas, o citoesqueleto também é responsável pela polarização geral das células, permitindo que elas apresentem diferenças entre suas regiões superiores e inferiores ou anteriores e posteriores. A informação de polaridade em grande escala transmitida pela organização do citoesqueleto é muitas vezes mantida durante toda a vida útil da célula. As células epiteliais polarizadas usam arranjos organizados de microtúbulos, filamentos de actina e filamentos intermediários para manter as diferenças essenciais entre a *superfície apical* e a *superfície basolateral*. As células também devem manter uma forte aderência entre si para permitir que esta camada única de células atue de maneira eficiente como barreira física (**Figura 16-4**).

Filamentos são polimerizados a partir de subunidades proteicas que lhes conferem propriedades físicas e dinâmicas específicas

Os filamentos do citoesqueleto podem se estender de uma extremidade da célula a outra, abrangendo dezenas ou mesmo centenas de micrômetros. No entanto, as moléculas individuais das proteínas que formam os filamentos possuem tamanho de apenas alguns nanômetros. A célula constrói os filamentos organizando um grande número dessas subunidades pequenas, como se fossem tijolos na construção de um enorme arranha-céu. Visto que essas subunidades são pequenas, elas podem difundir rapidamente pelo citosol, enquanto os filamentos organizados não podem. Assim, as células podem promover uma reorganização estrutural rápida, pela dissociação de filamentos em uma determinada região e reassociação em uma região bastante afastada.

Os filamentos de actina e os microtúbulos são formados por subunidades compactas e globulares – *subunidades de actina* no caso dos filamentos de actina e *subunidades de tubulina* no caso dos microtúbulos –, enquanto os filamentos intermediários são formados a partir de subunidades menores que são elas próprias alongadas e fibrilares. Esses três tipos principais de filamentos do citoesqueleto formam arranjos helicoidais de subunidades (ver Figura 3-22) que se autoassociam através da combinação de contatos proteicos entre extremidades ou lateralmente. As diferenças entre as estruturas destas subunidades e da resistência das forças de atração existente entre elas são as principais responsáveis pelas diferenças marcantes e características de estabilidade e propriedades mecânicas de cada tipo de filamento. Enquanto ligações covalentes entre suas subunidades mantêm coesa a cadeia principal de vários polímeros biológicos – como o DNA, o RNA e as proteínas – são

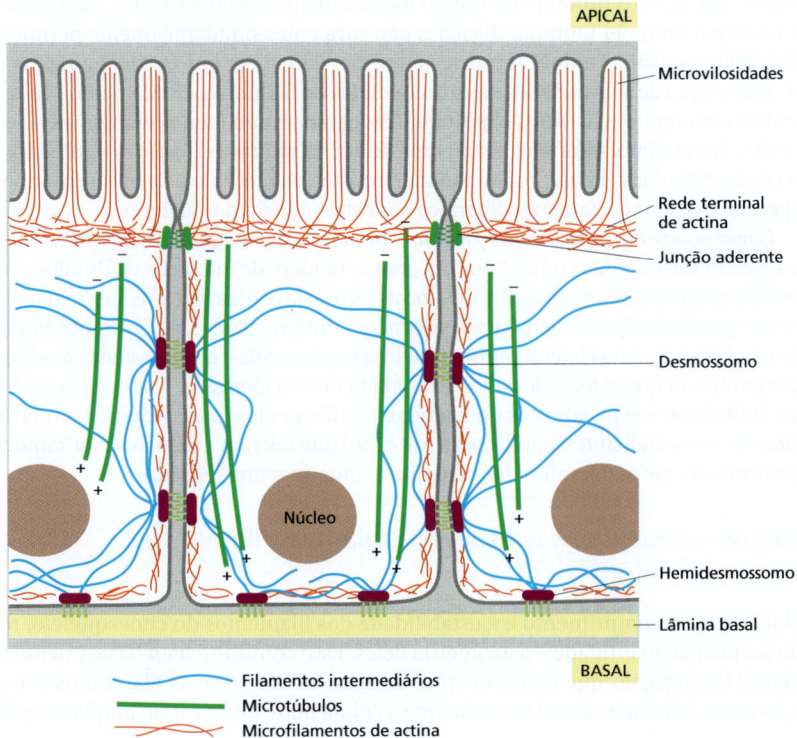

Figura 16-4 **Organização do citoesqueleto em células epiteliais polarizadas.** Todos os componentes do citoesqueleto cooperarem para produzir as formas características de células especializadas, incluindo as células epiteliais que revestem o intestino delgado, aqui ilustradas. Na superfície apical (superior), que se volta para o lúmen do intestino, feixes de filamentos de actina (em *vermelho*) formam microvilosidades que aumentam a área de superfície celular disponível para a absorção de nutrientes a partir dos alimentos. Abaixo das microvilosidades, uma faixa ao longo da circunferência da célula composta por filamentos de actina é conectada às junções aderentes célula-célula que ancoram as células umas às outras. Os filamentos intermediários (*azul*) estão ancorados a outros tipos de estruturas adesivas, como desmossomos e hemidesmossomos, que conectam as células epiteliais em uma camada rija e as conectam à matriz extracelular subjacente; estas estruturas são discutidas no Capítulo 19. Os microtúbulos (em *verde*) projetam-se verticalmente do alto da célula até sua base e fornecem um sistema coordenado geral que permite que a célula distribua componentes recém-sintetizados aos seus locais adequados.

interações não covalentes fracas que mantêm a estrutura dos três tipos de polímeros do citoesqueleto. Consequentemente, sua associação e dissociação podem ocorrer de forma rápida, sem que ligações covalentes sejam formadas ou quebradas.

As subunidades dos filamentos de actina e microtúbulos são assimétricas e ligam-se umas às outras em um sistema cabeça-e-cauda, de tal forma que todas apontam para a mesma direção. Essa polaridade das subunidades confere aos filamentos uma polaridade estrutural ao longo de seu comprimento e faz as duas extremidades de cada polímero terem comportamentos diferentes. Além disso, subunidades de actina e tubulina são ambas capazes de catalisar a hidrólise de um nucleosídeo trifosfato – ATP e GTP respectivamente. Como discutiremos adiante, a energia derivada da hidrólise de nucleotídeos permite que os filamentos sofram uma rápida remodelagem. Ao controlar quando e onde a actina e os microtúbulos são organizados, a célula vincula as propriedades polares e dinâmicas destes filamentos à geração de força em uma direção específica, para avançar a borda anterior de uma célula em migração, por exemplo, ou para segregar os cromossomos durante a divisão celular. Em contraste, as subunidades de filamentos intermediários são simétricas e, portanto, não formam filamentos polarizados com duas extremidades diferentes. As subunidades de filamentos intermediários também não catalisam a hidrólise de nucleotídeos. Não obstante, os filamentos intermediários podem se dissociar rapidamente quando necessário. Na mitose, por exemplo, cinases fosforilam as subunidades, levando à sua dissociação.

Os filamentos do citoesqueleto nas células vivas não são formados simplesmente encadeando subunidades em fila única, uma atrás da outra. Por exemplo, 1.000 subunidades de tubulina alinhadas extremidade-a-extremidade ocupariam o equivalente ao diâmetro de uma célula eucariótica pequena, mas um filamento formado desta maneira não teria força para evitar a ruptura provocada pela energia térmica do ambiente, a menos que cada subunidade no filamento estivesse firmemente ligada às duas subunidades vizinhas adjacentes. Um sistema que utilizasse fortes associações entre as subunidades adjacentes limitaria a taxa de dissociação do filamento, fazendo o citoesqueleto ser uma estrutura estática e bem menos útil do que na realidade é. Para fornecer tanto força quanto adaptabilidade, os microtúbulos são constituídos por 13 **protofilamentos** – cadeias lineares de subunidades unidas extremidade-à-extremidade – que se associam umas às outras lateralmente para formar um cilindro oco. A adição ou perda de uma subunidade na extremidade final de um protofilamento forma ou rompe um número pequeno de ligações. Por outro lado, a perda de uma subunidade da região central do filamento requer o rompimento de muito mais ligações, enquanto a ruptura do filamento em dois requer o rompimento de múltiplas ligações dos protofilamentos ao mesmo tempo (**Figura 16-5**). A maior energia necessária para romper múltiplas ligações não covalentes simultaneamente permite aos microtúbulos resistir à ruptura térmica, ao mesmo tempo em que permite a rápida adição e dissociação de subunidades nas extremidades do filamento. Os filamentos de actina helicoidais são muito mais finos e, portanto, requerem muito menos energia para serem rompidos. No entanto, múltiplos filamentos de actina muitas vezes estão agrupados em feixes no interior das células, proporcionando resistência mecânica, ao mesmo tempo em que permitem o comportamento dinâmico das extremidades dos filamentos.

Como ocorre em outras interações entre proteínas, as subunidades dos filamentos do citoesqueleto são mantidas unidas por um grande número de interações hidrofóbicas e ligações não covalentes (ver Figura 3-4). Os locais e tipos de contato entre as subunidades são diferentes para cada tipo de filamento. Os filamentos intermediários, por exemplo, unem-se formando fortes contatos laterais entre α-hélices supertorcidas, que se estendem ao longo do comprimento quase total de cada subunidade fibrosa alongada. Visto que as subunidades individuais são justapostas no filamento, os filamentos intermediários formam estruturas fortes, semelhantes a uma corda (ou cabo) que toleram muito mais estiramento e dobramento do que os microtúbulos ou os filamentos de actina (**Figura 16-6**).

Proteínas acessórias e motoras regulam os filamentos do citoesqueleto

A célula regula o comprimento e a estabilidade dos filamentos do citoesqueleto, regulando também a quantidade e a geometria deles. Esse controle é feito basicamente pela regulação das ligações que ocorrem entre os filamentos e entre os filamentos e outros componentes celulares, de tal maneira que a célula pode formar uma ampla variedade

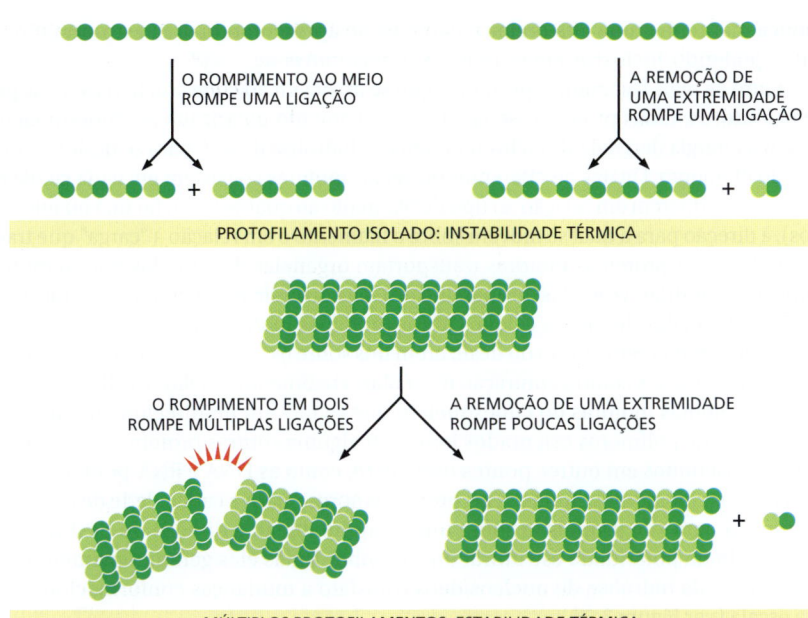

Figura 16-5 Estabilidade térmica de filamentos do citoesqueleto com extremidades dinâmicas. Um protofilamento consistindo de uma única fita de subunidades é termicamente instável, uma vez que o rompimento de uma única ligação entre as subunidades é suficiente para quebrar o filamento. Em contraste, a formação de um filamento do citoesqueleto a partir de mais de um protofilamento permite que as extremidades sejam dinâmicas, ao mesmo tempo em que permite que os filamentos sejam resistentes à ruptura térmica. Em um microtúbulo, por exemplo, a remoção de um único dímero de subunidades da extremidade do filamento exige o rompimento de ligações não covalentes entre um máximo de três outras subunidades, ao passo que a quebra do filamento ao meio requer o rompimento das ligações não covalentes em todos os 13 protofilamentos.

de estruturas macromoleculares. A modificação covalente direta das subunidades do filamento regula algumas propriedades do filamento, mas a maior parte da regulação é realizada por centenas de proteínas acessórias que determinam a distribuição espacial e o comportamento dinâmico dos filamentos, convertendo a informação recebida através de vias de sinalização em ações do citoesqueleto. Essas proteínas acessórias ligam-se aos filamentos ou às suas subunidades para determinar o local de polimerização de novos filamentos, para regular a distribuição das proteínas poliméricas entre as formas filamento ou subunidade, para modificar a cinética da polimerização e da dissociação dos filamentos, para acoplar a energia para gerar força e para ligar os filamentos uns aos outros ou a estruturas celulares, como as organelas ou a membrana plasmática. Nesses processos, as proteínas acessórias mantêm a estrutura do citoesqueleto sob o controle de sinais intra e extracelulares, entre os quais se incluem aqueles que determinam as drásticas transformações que o citoesqueleto sofre durante cada uma das etapas do ciclo celular. Atuando de forma conjunta, as proteínas acessórias permitem que a célula eu-

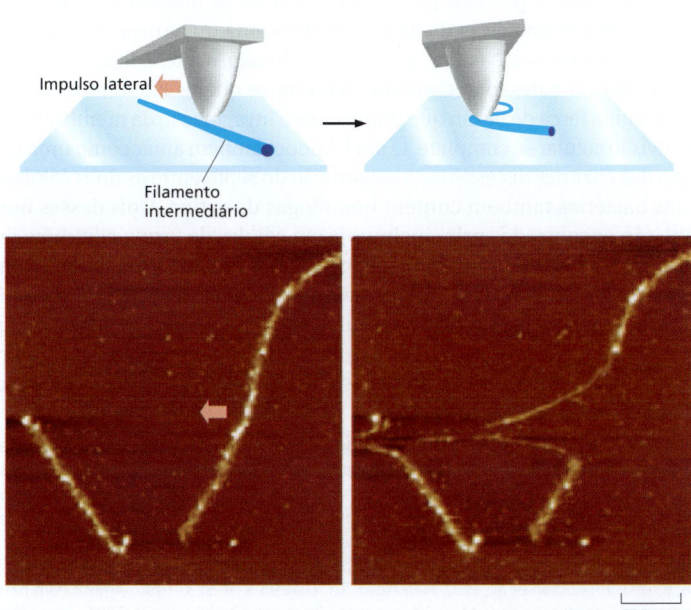

Figura 16-6 Flexibilidade e estiramento em um filamento intermediário. Os filamentos intermediários são formados a partir de subunidades fibrosas alongadas com fortes contatos laterais, o que resulta em resistência às forças de estiramento. Quando uma minúscula sonda mecânica é arrastada sobre um filamento intermediário, o filamento é esticado mais de três vezes o seu comprimento antes de se romper, como ilustrado pelos filamentos marcados com fluorescência nestas fotomicrografias. Essa técnica é denominada microscopia de força atômica (ver Figura 9-33). (Adaptada de L. Kreplak et al., *J. Mol. Biol.* 354:569–577, 2005. Com permissão de Elsevier.)

cariótica mantenha uma alta organização mesmo apresentando uma estrutura interna flexível, podendo, inclusive, em muitos casos, locomover-se.

Entre as mais fascinantes proteínas que se associam ao citoesqueleto estão as **proteínas motoras**. Essas proteínas se ligam a um filamento polarizado do citoesqueleto e utilizam a energia derivada de ciclos repetidos de hidrólise de ATP para se deslocarem ao longo do filamento. Dúzias de diferentes proteínas motoras coexistem em cada célula eucariótica. Elas diferem em relação ao tipo de filamento ao qual se ligam (actina ou microtúbulos), à direção para a qual se movem sobre o filamento e em relação à "carga" que transportam. Diversas proteínas motoras transportam organelas delimitadas por membrana – como mitocôndrias, vesículas do aparelho de Golgi ou vesículas secretoras – rumo a suas posições adequadas dentro da célula. Outras proteínas motoras fazem os filamentos do citoesqueleto exercerem tensão ou deslizarem uns sobre os outros, gerando a força necessária para fenômenos como a contração muscular, o batimento de cílios e a divisão celular.

As proteínas motoras do citoesqueleto que se movem unidirecionalmente sobre um caminho de polímeros orientados lembram algumas outras proteínas e complexos proteicos discutidos em outros pontos deste livro, como as DNA e RNA-polimerases, as helicases e os ribossomos. Todas essas proteínas apresentam a capacidade de usar energia química para sua propulsão sobre um caminho linear, a direção do deslizamento dependendo da polaridade estrutural do caminho. Todas elas geram movimento pelo acoplamento da hidrólise de nucleosídeos trifosfato a mudanças conformacionais em larga escala (ver Figura 3-75).

A organização e a divisão da célula bacteriana dependem de proteínas homólogas às proteínas do citoesqueleto eucarióticas

Ao passo que as células eucarióticas geralmente são grandes e morfologicamente complexas, as células de bactérias em geral possuem um tamanho de poucos micrômetros e assumem uma morfologia simples, em forma de esferas ou bastões. As bactérias também não possuem redes elaboradas de organelas intracelulares delimitadas por membrana. Historicamente, os biólogos assumiram que um citoesqueleto não seria necessário em células assim tão simples. Agora sabemos, no entanto, que as bactérias contêm homólogos de todos os três tipos de filamentos do citoesqueleto eucariótico. Além disso, tubulinas e actinas bacterianas são mais diversificadas do que suas versões eucarióticas, tanto nos tipos de arranjos que formam quanto nas funções que desempenham.

Quase todas as bactérias e diversas arqueobactérias contêm um homólogo da tubulina, denominado FtsZ, que pode polimerizar em filamentos e organizar-se em um anel (denominado anel Z) na região em que é formado o **septo**, durante a divisão celular (**Figura 16-7**). Apesar de o anel Z persistir por muitos minutos, os filamentos individuais dentro dele são altamente dinâmicos, cada filamento apresenta uma meia-vida média de cerca de 30 segundos. Conforme a bactéria procede sua divisão, o anel Z torna-se menor até sua completa dissociação e desaparecimento. Acredita-se que os filamentos FtsZ no anel Z deem origem a uma força de flexão que impulsiona a invaginação da membrana necessária para que a divisão celular se complete. O anel Z pode também atuar como uma região para a localização das enzimas necessárias à construção do septo entre as duas células-filhas.

Muitas bactérias também contêm homólogos da actina. Dois desses homólogos, MreB e Mbl, são encontrados principalmente em células de forma cilíndrica ou em forma espiral, onde eles se agrupam para formar regiões dinâmicas que se movem circunferencialmente ao longo do comprimento da célula (**Figura 16-8A**). Essas proteínas contribuem para a determinação da forma celular, servindo como um molde que promove a síntese dos peptidoglicanos da parede celular, semelhantemente à forma como os microtúbulos auxiliam a organização da síntese da parede celular de celulose, nas células

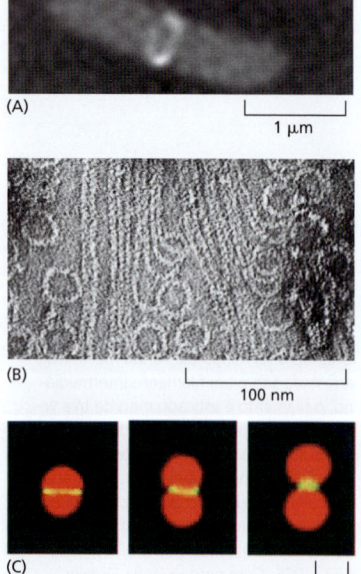

Figura 16-7 A proteína bacteriana FtsZ, um homólogo da tubulina em procariotos. (A) Uma faixa de proteína FtsZ forma um anel em uma célula bacteriana em divisão. Este anel foi marcado pela fusão da proteína FtsZ à proteína verde fluorescente (GFP), o que permite a sua observação em células de *E. coli* vivas com microscópio de fluorescência. (B) Filamentos e círculos FtsZ, formados *in vitro*, visualizados por microscopia eletrônica. (C) Cloroplastos de uma alga vermelha em divisão (*vermelho*) também se dividem usando um anel de proteína composto por FtsZ (*amarelo*). (A, de X. Ma, D.W. Ehrhardt e W. Margolin, *Proc. Natl Acad. Sci. USA* 93:12998–13003, 1996; B, de H.P. Erickson et al., *Proc. Natl Acad. Sci. USA* 93:519–523, 1996. Ambos com permissão de National Academy of Sciences; C, de S. Miyagishima et al., *Plant Cell* 13:2257–2268, 2001, com permissão de American Society of Plant Biologists.)

Figura 16-8 Homólogos da actina determinam a forma das células em bactérias. (A) A proteína MreB forma diversas regiões compostas por filamentos lineares ou helicoidais curtos, entrelaçados, que são vistos movendo-se em círculos ao longo do comprimento da bactéria e estão associados com os locais de síntese de parede celular. (B) A bactéria comum do solo *Bacillus subtilis* normalmente forma células com forma regular em bastonete quando visualizada por microscopia eletrônica de varredura (*esquerda*). Em contraste, células de *B. subtilis* que não possuem o homólogo de actina MreB ou Mbl crescem sob formas irregulares ou torcidas e acabam por morrer (*no centro* e *à direita*). (A, de P. Vats e L. Rothfield, *Proc. Natl Acad. Sci. USA* 104:17795–17800, 2007. Com permissão de National Academy of Sciences; B, de A. Chastanet e R. Carballido-Lopez, *Front. Biosci.* 4S:1582–1606, 2012. Com permissão de Frontiers in Bioscience.)

dos vegetais superiores (ver Figura 19-65). Como acontece com FtsZ, os filamentos de MreB e Mbl são altamente dinâmicos, com meia-vida de alguns minutos, e a hidrólise de nucleotídeos acompanha o processo de polimerização. As mutações que interrompem a expressão de MreB ou Mbl causam anomalias extremas relativas à forma da célula e defeitos na segregação dos cromossomos (**Figura 16-8B**).

As moléculas relacionadas a MreB e Mbl desempenham funções mais especializadas. Um homólogo da actina em bactérias particularmente intrigante é ParM, que é codificado por um gene em certos plasmídeos bacterianos que também contêm genes responsáveis por resistência a antibióticos e levam à disseminação de resistência a múltiplos fármacos em epidemias. Os plasmídeos bacterianos normalmente codificam todos os produtos gênicos necessários à sua própria segregação, presumivelmente como estratégia para garantir sua herança e propagação em hospedeiros bacterianos após a replicação do plasmídeo. ParM se organiza sob a forma de filamentos que, por sua vez, associam-se em cada extremidade com uma cópia do plasmídeo, e o crescimento do filamento ParM empurra as cópias replicadas do plasmídeo separando-as (**Figura 16-9**). Essa estrutura semelhante ao fuso aparentemente surge da estabilização seletiva de filamentos que se ligam a proteínas especializadas recrutadas para as origens de replicação dos plasmídeos. Um parente distante da tubulina e do FtsZ, chamado de TubZ, tem uma função similar em outras espécies bacterianas.

Assim, a autoassociação de proteínas de ligação a nucleotídeos em filamentos dinâmicos é usada em todas as células, e as famílias da actina e da tubulina são muito antigas, pré-datando a separação entre o reinos eucariótico e as bactérias.

Pelo menos uma espécie bacteriana, *Caulobacter crescentus*, parece conter uma proteína com similaridade estrutural significante com a última das três principais classes de filamentos do citoesqueleto encontradas em células animais, ou seja, com os filamentos intermediários. Uma proteína chamada crescentina forma uma estrutura filamentosa que influencia o incomum formato em semicírculo dessa espécie; quando o gene que codifica a crescentina é interrompido, as células de *Caulobacter* crescem como hastes retas (**Figura 16-10**).

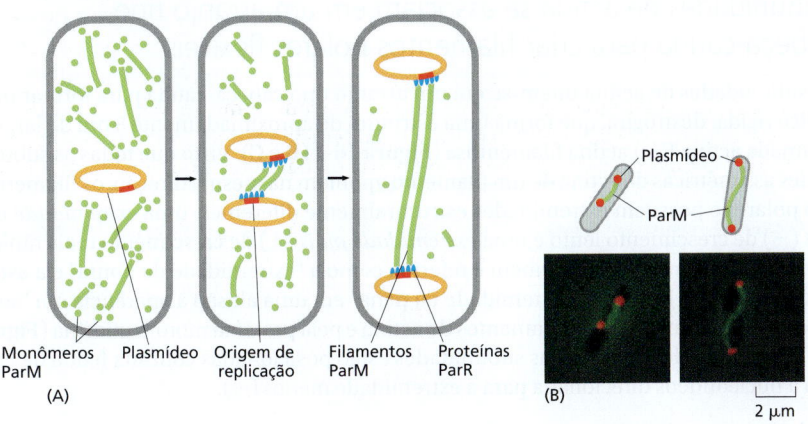

Figura 16-9 Papel do homólogo de actina ParM na segregação de plasmídeos em bactérias. (A) Alguns plasmídeos bacterianos de resistência a fármacos (em *laranja*) codificam um homólogo da actina, ParM, que sofre nucleação espontânea formando pequenos filamentos dinâmicos (em *verde*) no interior do citoplasma da bactéria. Uma segunda proteína codificada no plasmídeo chamada ParR (em *azul*) se liga a sequências específicas de DNA sobre o plasmídeo, além de estabilizar as extremidades dinâmicas dos filamentos de ParM. Quando o plasmídeo se duplica, ambas as extremidades dos filamentos ParM tornam-se estabilizadas, e os filamentos de ParM crescentes empurram os plasmídeos duplicados para extremidades opostas da célula. (B) Nestas células bacterianas, que possuem um plasmídeo de resistência a fármacos, os plasmídeos estão corados em *vermelho*, e a proteína ParM, em *verde*. À esquerda, um pequeno feixe de filamentos ParM conecta os plasmídeos-filhos logo após sua duplicação. À direita, filamentos ParM totalmente polimerizados empurram os plasmídeos duplicados para os pólos da célula. (A, adaptada de E.C. Garner, C.S. Campbell e R.D. Mullins, *Science* 306:1021–1025, 2004; B, de J. Møller-Jensen et al., *Mol. Cell* 12:1477–1487, 2003. Com permissão de Elsevier.)

Figura 16-10 Caulobacter e crescentina. A bactéria *Caulobacter crescentus*, que apresenta um formato de foice, expressa uma proteína, a crescentina, que possui uma série de domínios supertorcidos similares em tamanho e organização aos domínios dos filamentos intermediários eucarióticos. (A) A proteína crescentina forma uma fibra (*vermelho*) que se distribui ao longo da superfície interna da parede celular curva da bactéria. (B) Quando o gene é interrompido, as bactérias crescem como hastes retas (*embaixo*). (De N. Ausmees, J.R. Kuhn e C. Jacobs-Wagner, *Cell* 115:705–713, 2003. Com permissão de Elsevier.)

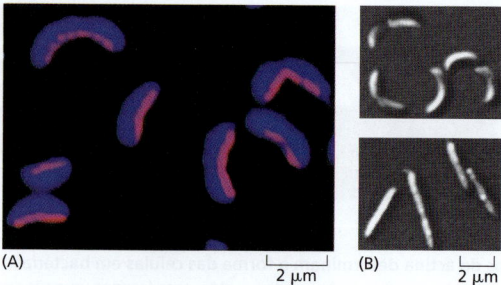

Resumo

O citoplasma das células eucarióticas é organizado espacialmente em uma rede de proteínas filamentosas conhecida como citoesqueleto. Essa rede contém três tipos principais de filamentos: filamentos de actina, microtúbulos e filamentos intermediários. Todos esses três tipos de filamentos se organizam em arranjos helicoidais a partir de subunidades que se autoassociam usando uma combinação de contatos proteicos extremidade-extremidade e laterais-laterais. As diferenças na estrutura das subunidades e na maneira pela qual elas se autoassociam conferem aos diferentes filamentos propriedades mecânicas diversas. A dissociação e associação das subunidades remodelam constantemente todos os três tipos de filamentos do citoesqueleto. A actina e a tubulina (as subunidades dos filamentos de actina e dos microtúbulos, respectivamente) ligam e hidrolisam nucleosídeos trifosfato (ATP e GTP respectivamente) e se organizam cabeça-cauda formando filamentos polarizados capazes de gerar força. Em células vivas, as proteínas acessórias modulam a dinâmica e a organização dos filamentos do citoesqueleto, resultando em eventos complexos como a divisão ou a migração celular, e dando origem a uma elaborada arquitetura celular para a formação de tecidos polarizados como os epitélios. As células bacterianas também contêm homólogos da actina, da tubulina e dos filamentos intermediários que formam estruturas dinâmicas que ajudam a controlar o formato e a divisão das células.

ACTINA E PROTEÍNAS DE LIGAÇÃO À ACTINA

O citoesqueleto de actina desempenha uma ampla gama de funções em diferentes tipos de células. Cada subunidade de actina, chamada às vezes de actina globular ou actina G, é um polipeptídeo de 375 aminoácidos firmemente associado a uma molécula de ATP ou ADP (**Figura 16-11A**). A actina é extraordinariamente conservada entre os eucariotos. As sequências de aminoácidos da actina de diferentes espécies de eucariotos geralmente têm similaridade na ordem de 90%. As pequenas variações na sequência de aminoácidos da actina podem gerar diferenças funcionais significativas. Nos vertebrados, por exemplo, existem três isoformas de actina, denominadas α, β, e γ, que diferem ligeiramente em suas sequências de aminoácidos e têm funções distintas. A α-actina é expressa apenas nas células musculares, enquanto a β e a γ-actina são encontradas, em conjunto, em quase todas as células não musculares.

Subunidades de actina se associam em um arranjo tipo cabeça-cauda para criar filamentos polares flexíveis

As subunidades de actina unem-se em um arranjo tipo cabeça-cauda para formar uma hélice rígida, destrógira, que forma uma estrutura de aproximadamente 8 nm de largura chamada actina F ou actina filamentosa (**Figura 16-11B e C**). Visto que todas as subunidades assimétricas de actina de um filamento apontam na mesma direção, os filamentos são polares e possuem extremidades estruturalmente diferentes: uma *extremidade menos* (−) de crescimento lento e uma *extremidade mais* (+) de crescimento mais rápido. A extremidade menos (−) também é referida como a "extremidade da ponta", e a extremidade mais (+), como a "extremidade da pena" em uma alusão à aparência em "seta" do complexo formado pelos filamentos de actina e pela proteína motora miosina (**Figura 16-12**). Dentro do filamento, as subunidades estão posicionadas com sua fenda de ligação a nucleotídeos direcionada para a extremidade menos (−).

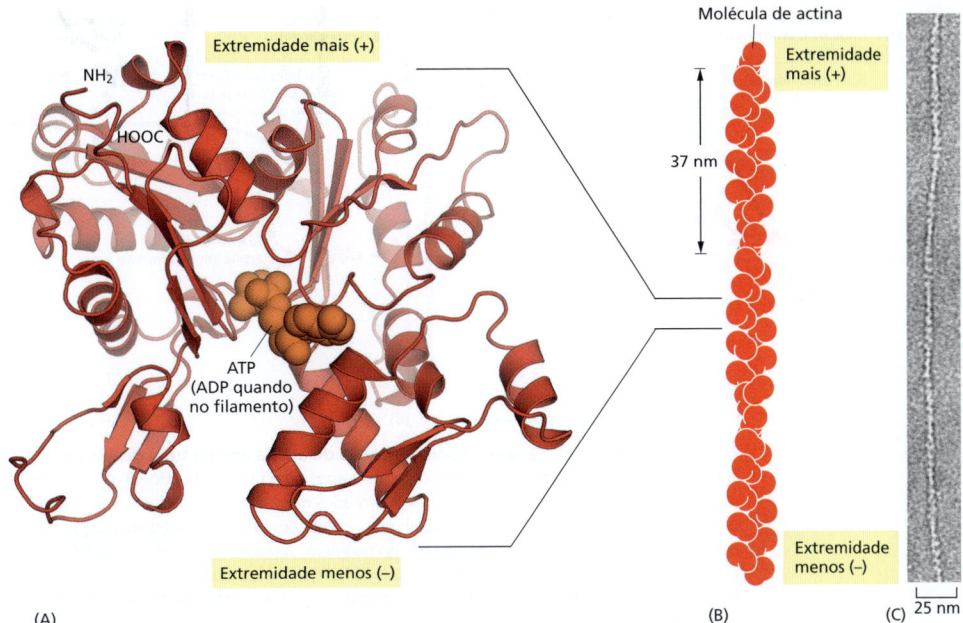

Figura 16-11 Estruturas de um monômero de actina e de um filamento de actina. (A) O monômero de actina possui um nucleotídeo (ATP ou ADP) ligado a uma profunda fenda no centro da molécula. (B) Arranjo de monômeros em um filamento constituído por dois protofilamentos, mantidos juntos por contatos laterais, e que se enrolam um ao outro como duas fitas paralelas de uma hélice, com uma torção repetida a cada 37 nm. Todas as subunidades de um filamento apresentam a mesma orientação. (C) Fotomicrografia eletrônica de filamento de actina em coloração negativa. (C, cortesia de Roger Craig.)

Os filamentos de actina individualmente são bastante flexíveis. A rigidez de um filamento pode ser caracterizada por seu *comprimento de persistência*, o comprimento mínimo do filamento no qual flutuações térmicas aleatórias são suscetíveis de provocar sua curvatura. O comprimento de persistência de um filamento de actina é de apenas algumas dezenas de micrômetros. Em uma célula viva, no entanto, as proteínas acessórias provocam interligações e agrupam os filamentos em feixes, originando estruturas de actina de maior escala que são muito mais rígidas do que os filamentos individuais de actina.

A nucleação é a etapa limitante na formação dos filamentos de actina

A regulação da formação dos filamentos de actina é um importante mecanismo pelo qual as células controlam sua forma e movimento. Pequenos oligômeros de subunidades de actina podem formar arranjos de forma espontânea, mas eles são instáveis e se dissociam facilmente, pois cada monômero é ligado a apenas um ou dois outros monômeros. Para que um novo filamento de actina seja formado, as subunidades devem associar-se em um agregado inicial, ou núcleo, o qual será estabilizado por vários contatos entre as subunidades e, só então, poderá sofrer um rápido crescimento pela adição de novas subunidades. Esse processo é chamado de *nucleação* do filamento.

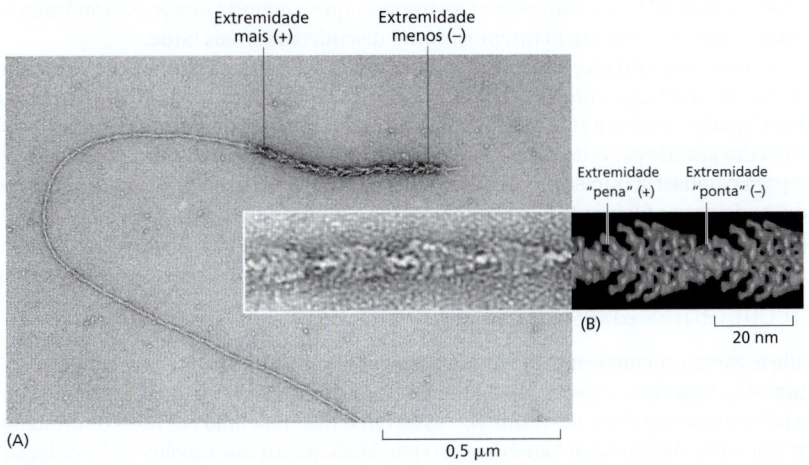

Figura 16-12 Polaridade estrutural do filamento de actina. (A) Esta fotomicrografia eletrônica mostra um filamento de actina polimerizado a partir de um filamento inicial curto de actina associado a domínios motores da miosina, resultando em um padrão de seta. O filamento cresceu muito mais rapidamente na extremidade "pena" (+) que na extremidade "ponta" (−). (B) Imagem ampliada e modelo mostrando o padrão "seta". (A, cortesia de Tom Pollard; B, adaptado de M. Whittaker, B.O. Carragher e K.A. Milligan, *Ultramicro.* 54:245–260, 1995.)

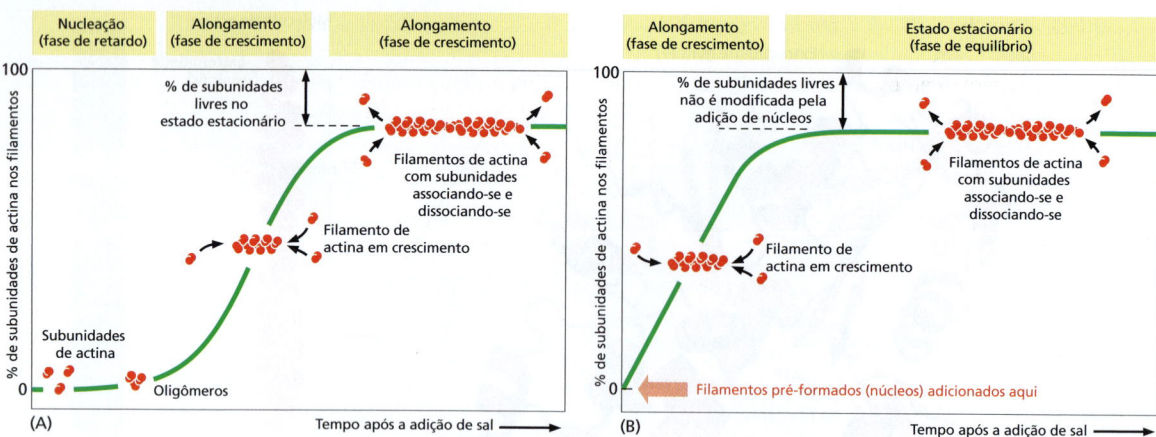

Figura 16-13 Curva de tempo da polimerização de actina em um tubo de ensaio. (A) A polimerização de subunidades de actina puras em filamentos ocorre após uma fase de retardo. (B) A polimerização ocorre mais rapidamente na presença de fragmentos pré-formados de filamentos de actina, que atuam como núcleos para o crescimento do filamento. A porcentagem de subunidades livres após a polimerização reflete a concentração crítica (C_c), em que não há mudança líquida no polímero. A polimerização de actina é frequentemente estudada através da observação da mudança na emissão de luz de uma sonda fluorescente, chamada pireno, que foi covalentemente ligada à actina. O pireno-actina fluoresce mais intensamente quando está incorporado a filamentos de actina.

Muitas características da nucleação e da polimerização de actina foram estudadas com actina purificada em tubos de ensaio (**Figura 16-13**). A instabilidade dos pequenos agregados de actina cria uma barreira cinética para a nucleação. Quando a polimerização é iniciada, essa barreira resulta em uma fase de retardo, durante a qual não são formados filamentos. Durante essa fase de retardo, no entanto, alguns dos pequenos agregados instáveis conseguem fazer a transição para uma forma mais estável que se assemelha a um filamento de actina. Isso leva a uma fase de alongamento rápido do filamento, durante a qual subunidades são rapidamente adicionadas às extremidades dos filamentos nucleados (Figura 16-13A). Finalmente, conforme a concentração de monômeros de actina diminui, o sistema se aproxima de um estado estacionário no qual a taxa de adição de novas subunidades na extremidade do filamento alcança um equilíbrio exato com a taxa de dissociação de subunidades. A concentração de subunidades livres que permanece em solução nesse momento é chamada de *concentração crítica*, C_c. Como explicado no **Painel 16-2**, o valor da concentração crítica é igual à constante de velocidade para perda de subunidades dividida pela velocidade constante da adição de subunidades – ou seja, $C_c = k_{off}/k_{on}$, que é igual à constante de dissociação, K_d, e o inverso da constante de equilíbrio, K (ver Figura 3-44). Em um tubo de ensaio, a C_c para a polimerização de actina – ou seja, a concentração de monômeros de actina livres na qual a fração de actina no polímero para de aumentar – é de aproximadamente 0,2 μM. Dentro da célula, a concentração de actina não polimerizada é muito maior do que isso, e a célula desenvolveu mecanismos para impedir que a maioria dos seus monômeros de actina sejam arranjados em filamentos, como discutiremos mais tarde.

A fase de retardo no crescimento do filamento é eliminada se filamentos-base preexistentes (como fragmentos de filamentos de actina que foram quimicamente interligados) são adicionados à solução no início da reação de polimerização (Figura 16-13B). A célula tira grande proveito dessa necessidade de nucleação: ela utiliza proteínas especiais para catalisar a nucleação de filamentos em regiões específicas, definindo, desse modo, onde novos filamentos de actina deverão ser formados.

Os filamentos de actina possuem duas extremidades distintas com diferentes taxas de crescimento

Devido à orientação uniforme das subunidades assimétricas de actina no filamento, as estruturas das duas extremidades são diferentes. Essa orientação faz as duas extremidades de cada polímero serem diferentes entre si, e estas diferenças refletirão nas taxas de crescimento do filamento. As constantes cinéticas de velocidade para a associação e a dissociação de subunidades de actina – k_{on} e k_{off}, respectivamente – são muito maiores para a extremidade mais do que para a extremidade menos. Isso pode ser visto quando se permite o arranjo de uma solução extremamente concentrada de monômeros de actina purificados sobre filamentos marcados de acordo com a polaridade – a extremidade mais do filamento se alonga até dez vezes mais rápido (ver Figura 16-12). Se os filamentos são rapidamente diluídos, de tal modo que a concentração de subunidades livres venha a situar-se abaixo da concentração crítica, a extremidade mais (+) também sofrerá uma dissociação mais rápida.

É importante observar, no entanto, que as duas extremidades de um filamento de actina têm a mesma afinidade líquida pelas subunidades de actina, se todas as subunidades estiverem no mesmo estado de nucleotídeo. A adição de uma subunidade a qualquer uma das extremidades de um filamento com n subunidades resultará em um filamento de $n + 1$ subunidades. Então, a diferença de energia livre e, como consequência, a constante de equilíbrio (e a concentração crítica) devem ser as mesmas para a adição de subunidades em qualquer uma das duas extremidades do polímero. Nesse caso, a razão das constantes de velocidade, k_{off}/k_{on}, deve ser idêntica nas duas extremidades, mesmo que os valores absolutos das constantes de velocidade sejam muito diferentes em cada extremidade (ver Painel 16-2).

A célula aproveita-se da dinâmica e da polaridade dos filamentos de actina para realizar trabalho mecânico. O crescimento do filamento ocorre de forma espontânea quando o equilíbrio de energia livre (ΔG) para a adição de subunidades solúveis é menor que zero. Esse é o caso quando a concentração de subunidades em solução excede a concentração crítica. Uma célula pode acoplar um processo energeticamente desfavorável a esse processo espontâneo; assim, a célula pode usar a energia livre liberada durante a polimerização espontânea do filamento para mover uma carga associada. Por exemplo, ao orientar as extremidades mais (+), de rápido crescimento, dos filamentos de actina em direção à sua borda anterior, uma célula com capacidade de movimento pode empurrar a sua membrana plasmática para a frente, como discutiremos mais tarde.

A hidrólise de ATP nos filamentos de actina induz o comportamento de rolamento em estado estacionário

Até agora, em nossa discussão da dinâmica dos filamentos de actina, ignoramos o fato crítico que a actina pode catalisar a hidrólise do nucleosídeo trifosfato ATP. No caso das subunidades de actina livres, essa hidrólise ocorre de forma bastante lenta; no entanto o processo é acelerado quando as subunidades estão incorporadas nos filamentos. Logo após ocorrer a hidrólise de ATP, o grupo fosfato livre é liberado de cada subunidade, mas o ADP permanece preso na estrutura do filamento. Assim, dois tipos diferentes de estruturas de filamento podem existir, um sob a "forma T" referente ao nucleotídeo ligado (ATP) e outro sob a "forma D" também referente ao nucleotídeo ligado (ADP).

Quando o nucleotídeo é hidrolisado, grande parte da energia livre liberada pela clivagem da ligação fosfato-fosfato é armazenada no polímero. Isso faz a alteração de energia livre para a dissociação de uma subunidade de polímero da forma D mais negativa que a alteração de energia livre para a dissociação de uma subunidade de polímero na forma T. Consequentemente, a razão de k_{off}/k_{on} para o polímero sob a forma forma D, que é numericamente igual à sua concentração crítica $C_c(D)$, é maior do que a razão correspondente para o polímero sob a forma T. Dessa forma, $C_c(D)$ é maior do que $C_c(T)$. Em determinadas concentrações de subunidades livres, os polímeros de forma D sofrerão encurtamento, enquanto os polímeros de forma T estarão em crescimento.

Em células vivas, a maioria das subunidades de actina solúveis está sob a forma T, visto que a concentração livre de ATP é aproximadamente dez vezes maior que a de ADP. No entanto, quanto mais tempo as subunidades estiverem nos filamentos de actina, mais provavelmente terão seu ATP hidrolisado. A velocidade de hidrólise em comparação com a velocidade de adição de subunidades define se a subunidade em cada extremidade de um filamento estará sob a forma T ou D. Se a concentração de monômeros de actina é maior que a concentração crítica para ambas as forma T e D do polímero, então serão adicionadas subunidades ao polímero em ambas as extremidades antes que os nucleotídeos nas subunidades adicionados anteriormente tenham sido hidrolisados; como resultado, as pontas dos filamentos de actina permanecerão sob a forma T. Por outro lado, se a concentração de subunidades é menor do que as concentrações críticas para ambas as formas T e D do polímero, então a hidrólise poderá ocorrer antes que a próxima subunidade seja

PAINEL 16-2 A polimerização de actina e tubulina

TAXAS DE ADIÇÃO E TAXAS DE REMOÇÃO

Um polímero linear de moléculas proteicas, como um filamento de actina ou um microtúbulo, associa-se (polimeriza) e dissocia-se (despolimeriza) pela adição ou remoção de subunidades nas extremidades do polímero. A taxa de adição dessas subunidades (chamadas de monômeros) é dada pela taxa constante k_{on}, expressa em $M^{-1} s^{-1}$. A taxa de remoção é dada por k_{off} (unidades de s^{-1}).

Polímero (com n subunidades)   subunidade

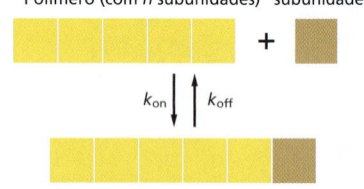

Polímero (com $n + 1$ subunidades)

NUCLEAÇÃO

Um polímero helicoidal é estabilizado por múltiplos contatos entre as subunidades adjacentes. No caso da actina, duas moléculas de actina sofrem ligação relativamente fraca, uma em relação à outra, mas a adição de um terceiro monômero de actina formando um trímero torna este grupo mais estável.

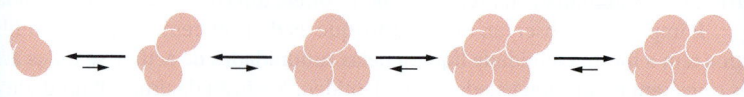

Adições subsequentes de monômeros podem ocorrer sobre este trímero, que atuará como um núcleo para a polimerização. No caso da tubulina, o núcleo é maior e tem uma estrutura mais complicada (possivelmente sendo feito de um anel com 13 ou mais moléculas de tubulina), mas o princípio básico é o mesmo.

A associação de um núcleo é relativamente lenta, o que explica a fase de retardo observada durante a polimerização. Essa fase de retardo pode ser reduzida ou inteiramente abolida se núcleos pré-formados, como fragmentos de microtúbulos ou filamentos de actina já polimerizados, forem adicionados.

CONCENTRAÇÃO CRÍTICA

O número de monômeros que são adicionados ao polímero (filamento de actina ou microtúbulo) por segundo será proporcional à concentração de subunidades livres ($k_{on}C$); no entanto, as subunidades deixarão a extremidade livre sob uma taxa constante (k_{off}), a qual não depende de C. Conforme o polímero cresce, as subunidades são utilizadas, e C diminui até alcançar um valor constante, chamado de concentração crítica (C_c). Nessa concentração, a taxa de adição de subunidades se iguala à taxa de dissociação de subunidades.

Neste equilíbrio,
$$k_{on} C = k_{off}$$

de tal forma que
$$C_c = \frac{k_{off}}{k_{on}} = K_d$$

(onde K_d é a constante de dissociação; ver Figura 3-44).

CURVA DE TEMPO DA POLIMERIZAÇÃO

A polimerização de proteínas sob a forma de um longo polímero helicoidal como um filamento do citoesqueleto ou um flagelo de bactéria apresenta, caracteristicamente, a seguinte curva de tempo:

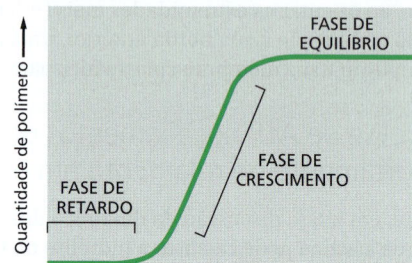

A fase de retardo corresponde ao tempo necessário à nucleação.

A fase de crescimento ocorre enquanto os monômeros são adicionados às extremidades do filamento, levando ao aumento do seu comprimento.

A fase de equilíbrio, ou estado estacionário, é alcançada quando o crescimento do polímero devido à adição de monômeros é exatamente equilibrado pelo encurtamento do polímero devido à dissociação de monômeros.

EXTREMIDADES MAIS (+) E EXTREMIDADES MENOS (–)

As duas extremidades de um filamento de actina ou de microtúbulo polimerizam sob diferentes taxas. A extremidade de crescimento mais rápido é denominada extremidade mais (+), enquanto a extremidade que apresenta crescimento mais lento é chamada de extremidade menos (–). A diferença entre as taxas de crescimento das duas extremidades se deve a alterações conformacionais que ocorrem em cada subunidade conforme elas se integram ao polímero.

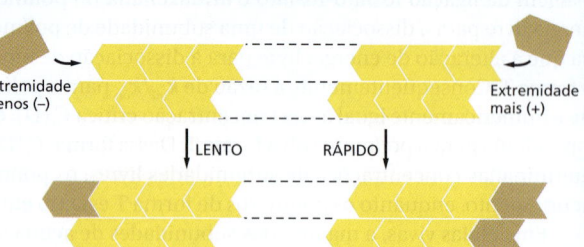

Essa alteração conformacional afeta a velocidade na qual as subunidades se ligam às duas extremidades.

Mesmo se k_{on} e k_{off} tiverem valores diferentes para as extremidades mais e menos do polímero, a relação k_{on}/k_{off} – e desse modo C_c – deverá ser a mesma em ambas as extremidades no caso de uma reação de polimerização simples (sem hidrólise de ATP ou GTP). Isso ocorre porque exatamente as mesmas interações de subunidade são quebradas quando uma subunidade é perdida em qualquer uma das extremidades, e o estado final da subunidade após a dissociação é idêntico em ambos os casos. Desse modo, o ΔG para a perda de subunidades, o qual determina a constante de equilíbrio para a sua associação com a extremidade, é idêntico em ambas as extremidades: se a extremidade mais (+) cresce quatro vezes mais rapidamente do que a extremidade menos (–), ela também sofre encurtamento quatro vezes mais rápido. Assim, para $C > C_c$ ambas as extremidades crescem; para $C < C_c$, ambas as extremidades sofrem encurtamento.

A hidrólise de nucleosídeo trifosfato que acompanha a polimerização de actina e de tubulina elimina essa restrição.

HIDRÓLISE DE NUCLEOTÍDEOS

Cada molécula de actina apresenta uma molécula de ATP ligada com alta afinidade e que é hidrolisada em uma molécula de ADP ligada com alta afinidade logo após sua adição ao polímero. De forma semelhante, cada molécula de tubulina apresenta uma molécula de GTP ligada com alta afinidade que é convertida em uma molécula de GDP fortemente associada logo após sua adição ao polímero.

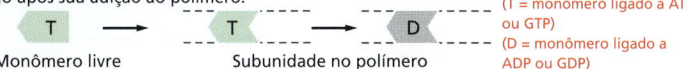

Monômero livre — Subunidade no polímero

(T = monômero ligado a ATP ou GTP)
(D = monômero ligado a ADP ou GDP)

A hidrólise do nucleotídeo associado reduz a afinidade de ligação da subunidade pelas subunidades adjacentes e torna mais provável a dissociação desta subunidade na extremidade do filamento (ver Figura 16-44 para um modelo desse mecanismo).
É geralmente a forma T que é adicionada ao filamento e a forma D que sofre dissociação.
Considerando apenas os eventos na extremidade mais (+):

Como anteriormente, o polímero crescerá até $C = C_c$. Para fins ilustrativos, podemos ignorar k^D_{on} e k^T_{off} uma vez que eles geralmente são muito pequenos, de tal modo que o crescimento do polímero cessará quando

$$k^T_{on} C = k^D_{off} \quad \text{ou} \quad C_c = \frac{k^D_{off}}{k^T_{on}}$$

Esse é um estado estacionário e não um equilíbrio verdadeiro, pois o ATP ou o GTP que é hidrolisado deverá ser reposto por reações de troca de nucleotídeos de subunidades livres
(D → T).

CAPAS ATP E CAPAS GTP

A taxa de adição de subunidades em um filamento de actina ou microtúbulo em crescimento pode ser mais rápida do que a taxa na qual seus nucleotídeos associados são hidrolisados. Sob essas condições, a extremidade possuirá uma "capa" de subunidades contendo o nucleosídeo trifosfato – uma capa de ATP no caso de filamentos de actina ou uma capa de GTP no caso de microtúbulos.

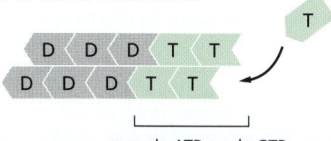

capa de ATP ou de GTP

INSTABILIDADE DINÂMICA e ROLAMENTO são dois comportamentos observados em polímeros do citoesqueleto. Ambos estão associados à hidrólise de nucleotídeos trifosfato. Acredita-se que a instabilidade dinâmica predomine em microtúbulos e que o rolamento deva predominar em filamentos de actina.

ROLAMENTO (OU MOVIMENTO ESTACIONÁRIO)

Uma consequência da hidrólise de nucleotídeos que acompanha a formação do polímero é a mudança da concentração crítica em ambas as extremidades do polímero.
Considerando que k^D_{off} e k^T_{on} referem-se a diferentes reações, sua relação k^D_{off}/k^T_{on} não precisa ser a mesma em ambas as extremidades do polímero, de modo que:

C_c (*extremidade menos*) > C_c (*extremidade mais*)

Desse modo, se ambas as extremidades de um polímero estão expostas, a polimerização prossegue até que a concentração do monômero livre alcance um valor que seja acima de C_c para a extremidade mais (+) e abaixo de C_c para a extremidade menos (–). Neste estado estacionário, as subunidades estarão sendo, na média, associadas à extremidade mais (+) e, na média, dissociadas da extremidade menos (–) sob taxas idênticas. O polímero manterá um tamanho constante, mesmo considerando-se que existe um fluxo líquido de subunidades através do polímero, denominado rolamento ou movimento estacionário.

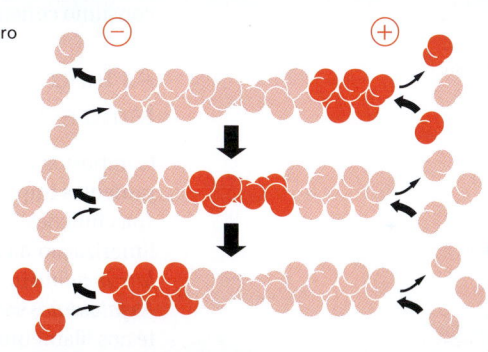

INSTABILIDADE DINÂMICA

Os microtúbulos se dissociam aproximadamente cem vezes mais rápido de extremidades que contêm tubulina GDP do que extremidades que contêm tubulina GTP. Um quepe de GTP favorece o crescimento, mas, se for perdido, ocorrerá despolimerização.

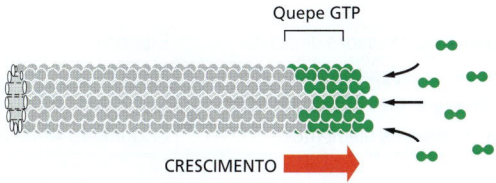
CRESCIMENTO

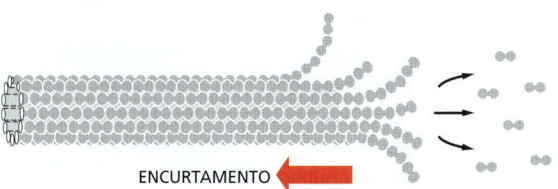
ENCURTAMENTO

Quepe GTP

Microtúbulos isolados podem, portanto, alternar períodos de lento crescimento e períodos de rápida dissociação, um processo conhecido como instabilidade dinâmica.

Figura 16-14 O rolamento de um filamento de actina é possível devido à hidrólise de ATP após a adição de subunidades. (A) Explicação para as diferentes concentrações críticas (C_c) nas extremidades mais (+) e menos (−). As subunidades com ATP ligado (subunidades na forma T) sofrem polimerização em ambas as extremidades do filamento crescente e, em seguida, passam por hidrólise de nucleotídeos dentro do filamento. Conforme o filamento cresce, o alongamento é mais rápido que a hidrólise na extremidade mais (+) neste exemplo, e as subunidades terminais desta extremidade estão, portanto, sempre sob a forma T. No entanto, a hidrólise é mais rápida do que o alongamento na extremidade menos (−), de tal forma que as subunidades terminais nesta extremidade estão sob a forma D. (B) O rolamento ocorre em concentrações intermediárias de subunidades livres. A concentração crítica para polimerização em uma extremidade do filamento sob a forma T é menor do que em uma extremidade do filamento sob a forma D. Se a concentração real de subunidades está em algum ponto entre esses dois valores, a extremidade mais (+) cresce, enquanto a extremidade menos (−) diminui, resultando no rolamento.

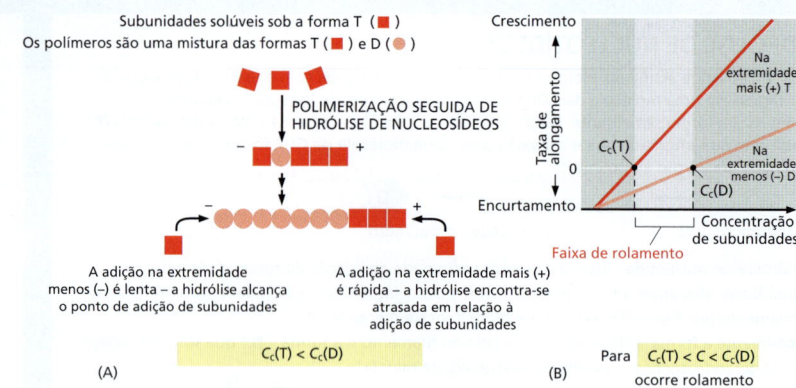

adicionada, e ambas as extremidades do filamento estarão sob a forma D e encurtarão. Sob concentrações intermediárias das subunidades de actina, é possível que a velocidade de adição de subunidades seja mais rápida do que a hidrólise de nucleotídeos na extremidade mais (+), porém mais lenta do que a hidrólise de nucleotídeos na extremidade menos (−). Nesse caso, a extremidade mais (+) do filamento permanecerá na conformação T, enquanto a extremidade menos (−) adotará a conformação D. O filamento, então, sofre uma adição líquida de subunidades na extremidade mais (+), enquanto simultaneamente perde subunidades na extremidade menos (−). Isso leva a uma propriedade característica do filamento denominada **rolamento** (**Figura 16-14**; ver Painel 16-2).

Sob uma concentração intermediária particular de subunidades, o crescimento do filamento na extremidade mais (+) se encontra exatamente balanceado pela dissociação de subunidades da extremidade menos (−). Nessas condições, as subunidades alternam rapidamente entre os estados livre ou ligado ao filamento, enquanto o comprimento total do filamento permanece inalterado. Esse ponto de "rolamento de repouso" requer consumo constante de energia sob a forma de hidrólise de ATP.

As funções dos filamentos de actina são inibidas por químicos tanto estabilizadores quanto desestabilizadores do polímero

Compostos químicos que estabilizam ou desestabilizam os filamentos de actina são ferramentas importantes para o estudo do comportamento dinâmico dos filamentos e de suas funções nas células. As *citocalasinas* são produtos de fungos que impedem a polimerização da actina pela ligação à extremidade mais (+) dos filamentos de actina. A *latrunculina* impede a polimerização da actina pela sua ligação a subunidades de actina. As *faloidinas* são toxinas isoladas do cogumelo *Amanita* que se ligam firme e lateralmente aos filamentos da actina estabilizando-os e evitando a despolimerização. Todos esses compostos causam mudanças dramáticas no citoesqueleto de actina e são tóxicos para as células, indicando que a função dos filamentos de actina depende de um equilíbrio dinâmico entre os filamentos e os monômeros de actina (**Tabela 16-1**).

TABELA 16-1 Compostos químicos inibidores da actina e dos microtúbulos			
Composto químico	Efeito nos filamentos	Mecanismo	Fonte original
Actina			
Latrunculina	Despolimeriza	Liga-se a subunidades de actina	Esponjas
Citocalasina B	Despolimeriza	Promove o capeamento da extremidade mais (+) do filamento	Fungos
Faloidina	Estabiliza	Liga-se sobre os filamentos	Cogumelos *Amanita*
Microtúbulos			
Paclitaxel	Estabiliza	Liga-se sobre os filamentos	Teixo
Nocodazol	Despolimeriza	Liga-se a subunidades de tubulina	Sintético
Colchicina	Despolimeriza	Promove o capeamento das extremidades do filamento	Crocus

Proteínas de ligação à actina influenciam a dinâmica e a organização dos filamentos

Em um tubo de ensaio, a polimerização da actina é controlada simplesmente pela sua concentração, como descrito anteriormente, pelo pH e pela concentração de sais e ATP. Dentro de uma célula, no entanto, o comportamento da actina é também regulado por numerosas proteínas acessórias que se ligam aos monômeros ou filamentos da actina (resumido no **Painel 16-3**). No estado estacionário, *in vitro*, quando a concentração do monômero é igual a 0,2 μM, a meia-vida do filamento, uma medida referente a quanto tempo um monômero de actina individual gasta em um filamento em rolamento, é de aproximadamente 30 minutos. Em uma célula não muscular de vertebrados, a meia-vida da actina nos filamentos é de apenas 30 segundos, demonstrando que fatores celulares modificam o comportamento dinâmico dos filamentos de actina. As proteínas de ligação à actina alteram drasticamente a dinâmica e a organização dos filamentos da actina por meio de controle espacial e temporal da disponibilidade do monômero, da nucleação do filamento, do alongamento e da despolimerização. Nas seções a seguir, descreveremos como essas proteínas acessórias modificam a função da actina na célula.

A disponibilidade de monômeros controla a polimerização dos filamentos de actina

Na maioria das células não musculares dos vertebrados, aproximadamente 50% da actina estão em filamentos, e 50%, em solução – e, mesmo assim, a concentração do monômero em solução é de 50 a 200 μM, bem acima da concentração crítica. Por que tão pouco da actina polimeriza em filamentos? A razão é que as células contêm proteínas que se ligam aos monômeros de actina e tornam a polimerização muito menos favorável (uma ação semelhante à droga latrunculina). A mais abundante dessas proteínas é uma pequena proteína chamada de *timosina*. Os monômeros de actina ligados à timosina estão em um estado de bloqueio, não podendo associar-se nem à extremidade mais (+) nem à extremidade menos (−) dos filamentos de actina, e não são capazes de hidrolisar ou modificar o nucleotídeo ao qual estão ligados.

Como, então, as células recrutam monômeros de actina a partir desse conjunto bloqueado para utilizá-los para a polimerização? A resposta depende de uma outra proteína de ligação a monômeros chamada de *profilina*. A profilina liga-se à face do monômero de actina que é oposta à fenda de ligação ao ATP, bloqueando a lateral do monômero que normalmente se associaria à extremidade menos (−) do filamento, ao mesmo tempo em que deixa exposto o sítio do monômero que se liga à extremidade mais (+) (**Figura 16-15**). Quando o complexo de profilina-actina liga-se a uma extremidade mais (+) livre, uma mudança conformacional na actina reduz a sua afinidade pela profilina e ela é liberada, tornando o filamento de actina uma subunidade mais longa. A profilina compete com a timosina pela ligação a monômeros de actina individuais. Assim, regulando a atividade local da profilina, as células podem controlar o movimento de subunidades de actina sequestradas ligadas à timosina para as extremidades mais (+) dos filamentos.

Vários mecanismos regulam a atividade da profilina, entre eles a fosforilação da profilina e sua ligação a fosfolipídeos inositol. Esses mecanismos podem definir as regiões onde a profilina atuará. Por exemplo, a profilina é necessária para a polimerização do filamento na membrana plasmática, onde ela é recrutada por uma interação com fosfolipídeos acídicos da membrana. Nesse ponto, sinais extracelulares podem ativar a profilina de modo a produzir polimerização localizada de actina, provocando também a extensão de estruturas de locomoção ricas em actina como filopódios e lamelipódios.

Fatores de nucleação de actina aceleram a polimerização e geram filamentos lineares ou ramificados

Além da disponibilidade de subunidades de actina ativas, um segundo pré-requisito para a polimerização da actina celular é a nucleação do filamento. As proteínas que contêm motivos de ligação a monômeros de actina ligados em sequência mediam o mais simples dos mecanismos de nucleação do filamento. Essas proteínas de nucleação de actina aproximam

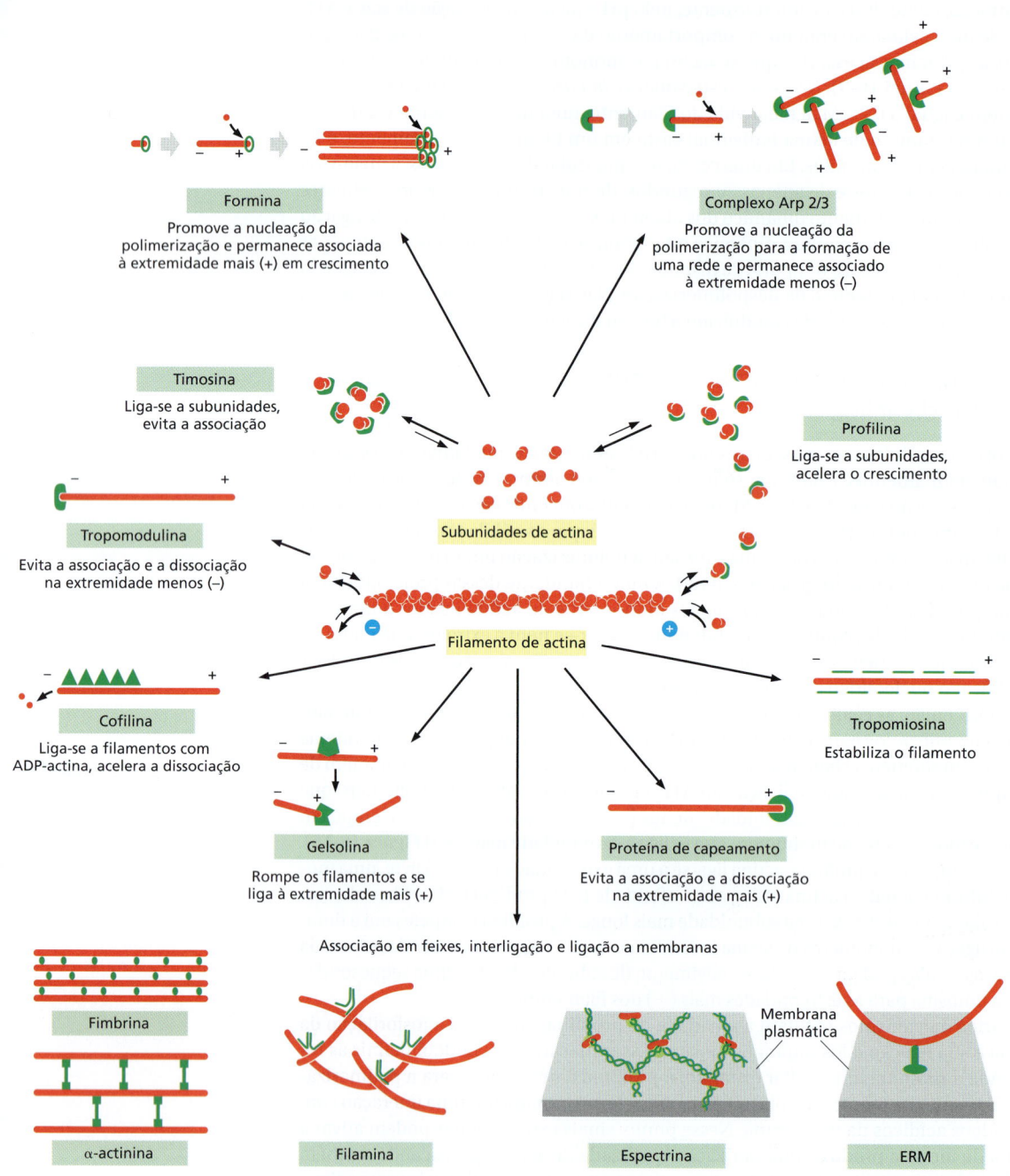

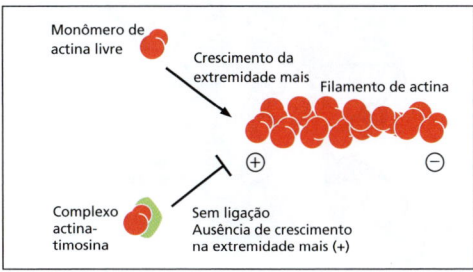
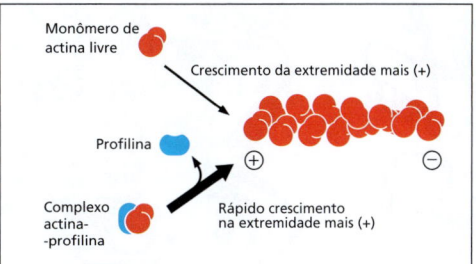
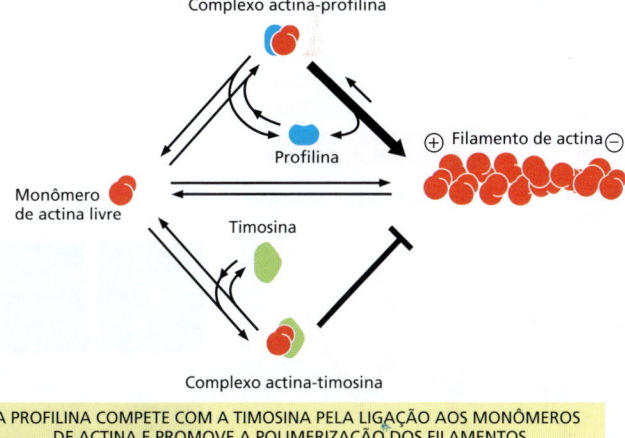

A PROFILINA COMPETE COM A TIMOSINA PELA LIGAÇÃO AOS MONÔMEROS DE ACTINA E PROMOVE A POLIMERIZAÇÃO DOS FILAMENTOS

Figura 16-15 Efeitos da timosina e da profilina na polimerização da actina. Um monômero de actina ligado à timosina é estericamente impedido de ligar-se e alongar a extremidade mais (+) de um filamento de actina (*esquerda*). Um monômero de actina ligado à profilina, por outro lado, é capaz de prolongar um filamento (*direita*). A timosina e a profilina não podem, ambas, ligarem-se a um único monômero de actina ao mesmo tempo. Em uma célula na qual a maioria dos monômeros de actina está ligado à timosina, a ativação de uma pequena quantidade de profilina pode produzir uma rápida organização dos filamentos. Como indicado (*imagem inferior*), a profilina se liga a monômeros de actina que são transitoriamente liberados do conjunto de monômeros ligados à timosina, encaminha-os para as extremidades mais (+) dos filamentos de actina, e é então liberada e reciclada para novos ciclos de alongamento do filamento.

várias subunidades de actina para formar um ponto de nucleação. Na maioria dos casos, a nucleação da actina é catalisada por um de dois tipos diferentes de fatores: pelo complexo Arp 2/3 ou pelas forminas. O primeiro desses fatores é um complexo de proteínas que inclui duas *proteínas relacionadas à actina* (*ARPs, actin-related proteins*), cada uma apresentando aproximadamente 45% de similaridade com a actina. O **complexo Arp 2/3** provoca a nucleação do crescimento do filamento de actina na extremidade menos (−), permitindo rápido alongamento na extremidade mais (+) (**Figura 16-16A** e **B**). Esse complexo pode se ligar lateralmente a um outro filamento de actina, ainda permanecendo ligado à extremidade menos (−) do filamento que inicialmente nucleou, dessa forma dando origem a filamentos individuais organizados em uma rede ramificada (**Figura 16-16C** e **D**).

As **forminas** são proteínas diméricas que promovem a nucleação do crescimento de filamentos não ramificados, lineares, que podem ser interligados a outras proteínas para formar feixes paralelos. Cada subunidade de formina possui um sítio de ligação à actina monomérica, e o dímero de formina parece ser capaz de nuclear a polimerização de um filamento de actina pela captura de dois monômeros. Enquanto ocorre o crescimento do filamento recém-nucleado, o dímero de formina permanece associado à extremidade mais (+), de rápido crescimento e, ao mesmo tempo, permite a adição de novas subunidades a essa extremidade (**Figura 16-17**). Esse mecanismo de polimerização do filamento é nitidamente diferente daquele usado pelo complexo Arp 2/3, que permanece estavelmente ligado à extremidade menos (−) do filamento, impedindo a adição ou a perda de subunidades nessa extremidade. O crescimento do filamento de actina dependente de formina é fortemente reforçado pela associação dos monômeros de actina com a profilina (**Figura 16-18**).

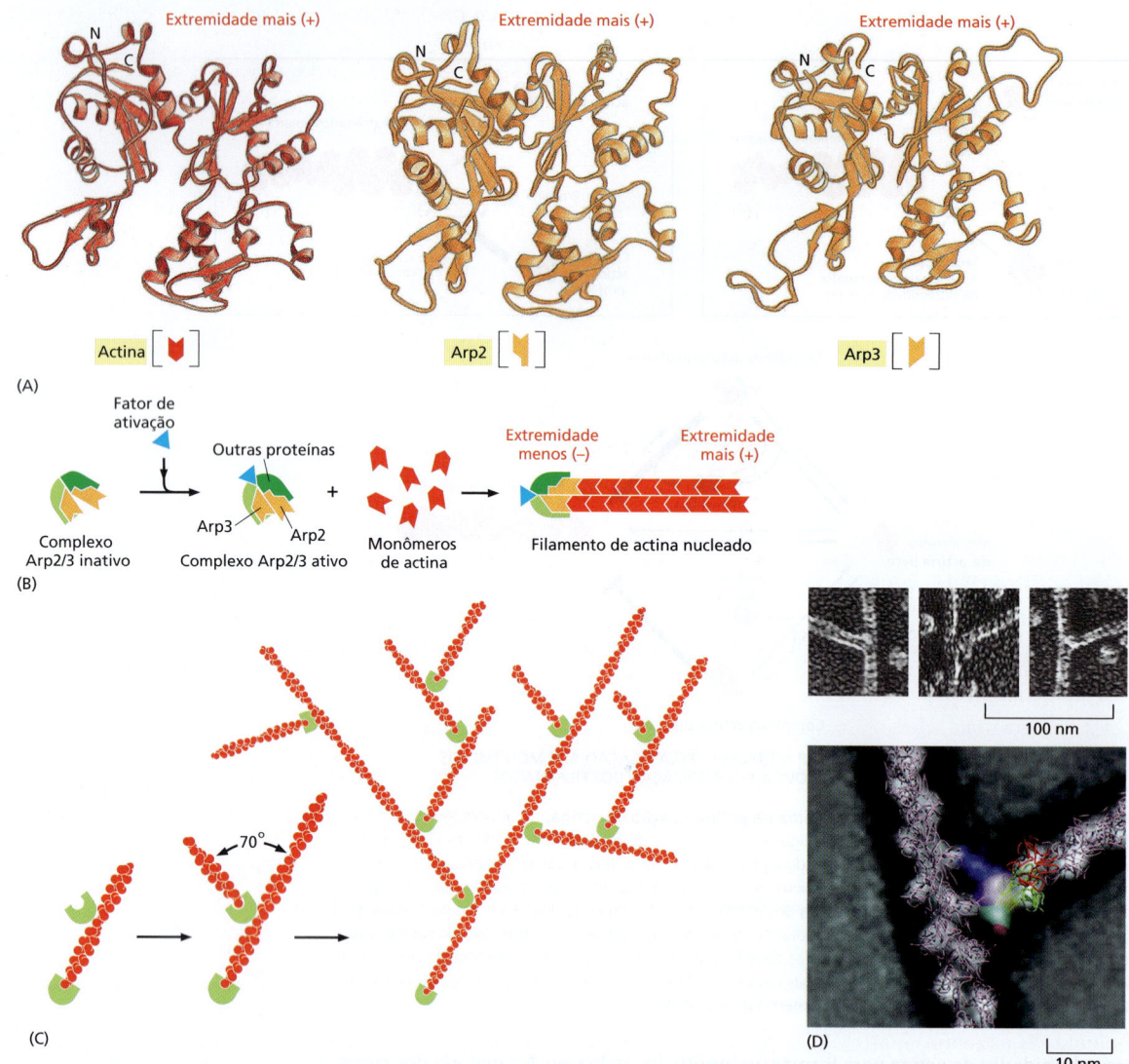

Figura 16-16 Nucleação e formação da rede de actina pelo complexo Arp 2/3. (A) As estruturas de Arp2 e Arp3, comparadas à estrutura da actina. Apesar de a face da molécula equivalente à extremidade mais (+) (*superior*) tanto em Arp2 quanto em Arp3 ser bastante similar à extremidade mais (+) da actina, as diferenças nas laterais e na extremidade menos (−) evitam que essas proteínas relacionadas à actina possam formar filamentos associando-se entre si ou coassociando-se no interior dos filamentos à actina. (B) Um modelo para a nucleação do filamento de actina pelo complexo Arp 2/3. Na ausência de um fator de ativação, Arp2 e Arp3 são posicionadas por suas proteínas acessórias em uma orientação que evita induzirem a nucleação de um novo filamento de actina. Quando um fator de ativação (indicado pelo *triângulo azul*) liga-se ao complexo, Arp2 e Arp3 são posicionadas em uma nova conformação, a qual se assemelha à extremidade mais (+) de um filamento de actina. As subunidades de actina podem, então, ser adicionadas sobre esta estrutura, o que supera a etapa limitante da nucleação do filamento. (C) O complexo Arp 2/3 promove a nucleação de filamentos de maneira mais eficiente quando este se liga à lateral de um filamento de actina preexistente. O resultado é uma ramificação que cresce em ângulo de 70° em relação ao filamento original. Ciclos repetidos de nucleação ramificada geram uma rede ramificada de filamentos de actina. (D) Em cima, fotomicrografias eletrônicas de filamentos de actina ramificados formados a partir da mistura de subunidades purificadas de actina com complexos Arp 2/3 purificados. Embaixo, imagem reconstruída de uma ramificação onde a estrutura cristalizada da actina (*rosa*) e do complexo Arp 2/3 foram sobrepostas à densidade eletrônica. O filamento-mãe está direcionado de cima para baixo, e o filamento-filho se ramifica à direita, no ponto em que o complexo Arp 2/3 se liga a três subunidades de actina sobre o filamento-mãe. (D, superior, de R.D. Mullins et al., *Proc. Natl Acad. Sci. USA* 95:6181–6186, 1998, com permissão de National Academy of Sciences; inferior, de N. Volkmann et al., *Science* 293:2456–2459, 2001, com permissão de AAAS.)

Assim como no caso da ativação pela profilina, a nucleação dos filamentos de actina por complexos Arp 2/3 e forminas ocorre principalmente na membrana plasmática, e a maior densidade de filamentos de actina na maioria das células está presente na periferia da célula. A camada logo abaixo da membrana plasmática é denominada **córtex celular**, e os filamentos de actina nessa região determinam a forma e o movimento da superfície celular, permitindo que a célula altere sua conformação e rigidez rapidamente em resposta a mudanças no seu ambiente externo.

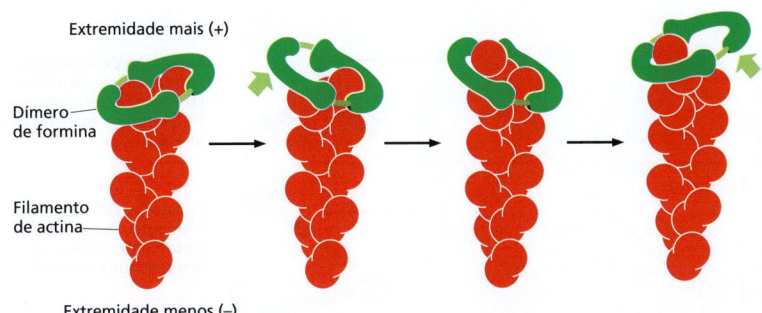

Figura 16-17 **Alongamento da actina mediado por forminas.** As proteínas formina (em *verde*) formam um complexo dimérico capaz de nuclear a formação de um novo filamento de actina (em *vermelho*) e que permanece associado à extremidade mais (+), de rápido crescimento, durante o processo de extensão. A proteína formina mantém sua ligação a uma das duas subunidades de actina expostas na extremidade mais (+) ao mesmo tempo em que permite que uma nova subunidade seja acrescida. Apenas uma parte da grande molécula dimérica de formina está ilustrada. Outras regiões regulam sua atividade e a ligam a estruturas específicas na célula. Diversas forminas estão indiretamente conectadas à membrana plasmática celular e auxiliam a polimerização insercional do filamento de actina diretamente abaixo da superfície da membrana.

Proteínas de ligação ao filamento de actina alteram a dinâmica do filamento

O comportamento do filamento de actina é regulado por duas classes principais de proteínas de ligação: aquelas que se ligam lateralmente a um filamento e aquelas que se ligam às extremidades (ver Painel 16-3). Entre as proteínas que se ligam à lateral do filamento, está a *tropomiosina*, uma proteína alongada que se liga simultaneamente a seis ou sete subunidades de actina adjacentes, ao longo de cada um dos dois sulcos do filamento helicoidal da actina. Além de estabilizar e enrijecer o filamento, a ligação da tropomiosina pode impedir que o filamento de actina interaja com outras proteínas; essa característica da tropomiosina é importante no controle da contração muscular, como discutiremos mais tarde.

Um filamento de actina que para de crescer e não é especificamente estabilizado na célula sofrerá rápida despolimerização, especialmente em sua extremidade mais (+), uma vez que as moléculas de actina tenham hidrolisado seu ATP. A ligação de *proteínas de capeamento* (também denominadas *CapZ* devido à sua localização na banda Z dos músculos) à extremidade mais (+) estabiliza o filamento de actina em sua extremidade mais, pois torna-o inativo, reduzindo fortemente as taxas de crescimento e despolimerização do filamento (**Figura 16-19**). Na extremidade menos (−), um filamento de actina pode ser capeado pelo complexo Arp 2/3 que foi responsável pela sua nucleação, embora muitas extremidades menos (−) em uma célula típica se dissociam do complexo Arp 2/3 e não estão capeadas.

A *tropomodulina*, mais conhecida por sua função no capeamento dos filamentos de actina que exibem uma vida-média excepcionalmente longa, nos músculos, liga-se firmemente às extremidades menos (−) dos filamentos de actina que foram revestidas e, assim, estabilizadas pela tropomiosina. Ela também pode capear transitoriamente os filamentos de actina pura e significativamente reduzir sua velocidade de alongamento e despolimerização. Uma grande família de proteínas tropomodulina regula o comprimento e a estabilidade dos filamentos de actina em muitos tipos de células.

Para efeito máximo, as proteínas que se ligam lateralmente a filamentos de actina revestem completamente o filamento e, portanto, devem estar presentes em grande quantidade. Em contraste, as proteínas que se ligam às extremidades podem afetar a dinâmica do filamento mesmo quando estão presentes em níveis muito baixos. Visto que a associação e a adição de subunidades ocorrem principalmente nas extremidades dos filamentos, uma molécula de uma proteína de ligação à extremidade por filamento de actina (aproximadamente uma molécula para cada 200 a 500 subunidades de actina) pode ser suficiente para transformar a arquitetura de toda uma rede de filamentos de actina.

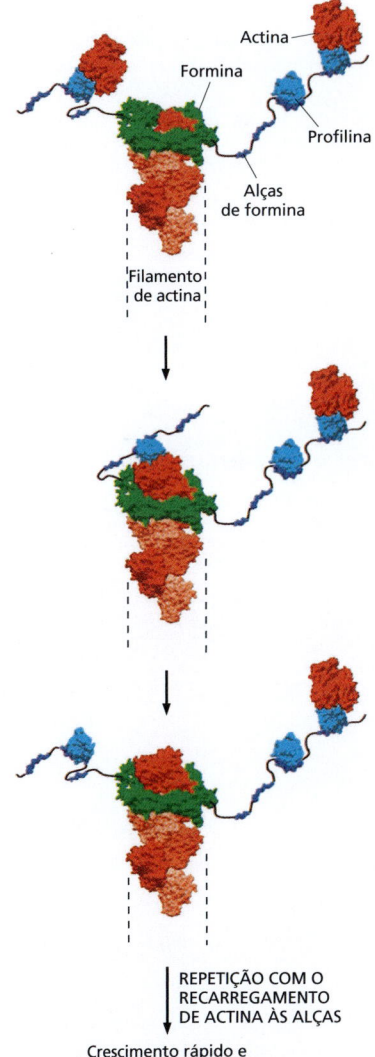

Figura 16-18 **Profilina e forminas.** Alguns membros da família de proteínas forminas possuem domínios não estruturados ou "alças" que contêm diversos sítios de ligação à profilina ou ao complexo actina-profilina. Esses domínios flexíveis atuam como uma área de apoio para a adição da actina à extremidade mais (+) em crescimento do filamento de actina quando a formina está ligada. Sob condições determinadas, isso pode acelerar a taxa de extensão do filamento de actina de tal forma que o crescimento do filamento será mais rápido do que seria esperado em uma reação controlada por difusão, e mais rápido na presença de formina e profilina do que a taxa apresentada somente para a actina pura (ver também Figura 3-78).

Figura 16-19 Capeamento e seu efeito na dinâmica dos filamentos. Uma população de filamentos que não sofreu capeamento adiciona e perde subunidades tanto na extremidade mais (+) quanto na extremidade menos (−), o que resulta em rápido crescimento ou encurtamento, dependendo da concentração disponível de monômeros livres (linha *verde*). Na presença de uma proteína que provoca capeamento na extremidade mais (+) (linha *vermelha*), apenas a extremidade menos (−) mantém a capacidade de adicionar ou perder subunidades; consequentemente, o crescimento do filamento será mais lento em todas as concentrações acima da concentração crítica, e o encurtamento do filamento será mais lento em todas as concentrações abaixo da concentração crítica. Além disso, a concentração crítica para a população se altera para aquela referente à extremidade menos (−) do filamento.

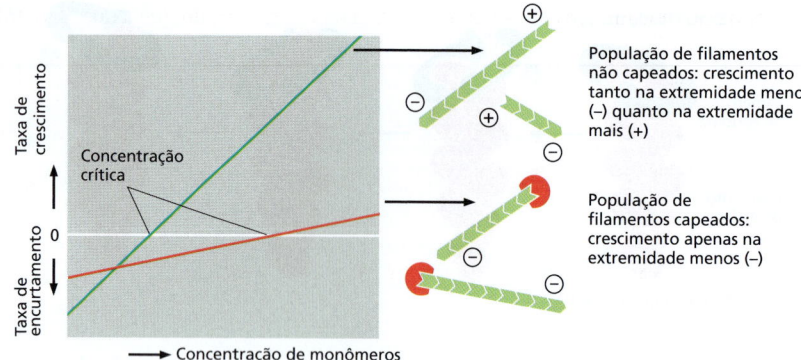

Proteínas de clivagem regulam a despolimerização do filamento de actina

Outro mecanismo importante da regulação dos filamentos de actina depende de proteínas que clivam um filamento de actina em muitos filamentos menores, gerando, assim, um grande número de novas extremidades do filamento. O destino dessas novas extremidades depende da presença de outras proteínas acessórias. Sob algumas condições, as extremidades recém-formadas são capazes de nuclear o alongamento do filamento, acelerando, assim, a polimerização de novas estruturas de filamento. Sob outras condições, a clivagem promoverá a despolimerização de filamentos antigos, acelerando a taxa de despolimerização em um fator de 10 ou mais. Além disso, a clivagem altera as propriedades mecânicas e físicas do citoplasma: grandes feixes e redes rijas tornam-se mais fluidos.

Uma classe de proteínas de quebra da actina é a *superfamília gelsolina*. Essas proteínas são ativadas por níveis elevados de Ca^{2+} citosólico. A gelsolina interage com a lateral do filamento de actina e contém subdomínios que se ligam a dois sítios diferentes: um que é exposto na superfície do filamento e um que está escondido entre subunidades adjacentes. De acordo com um modelo, a gelsolina liga-se à lateral de um filamento de actina até que uma flutuação térmica crie um pequeno espaçamento entre as subunidades vizinhas, nesse momento, a gelsolina penetra nessa lacuna para romper o filamento. Após o evento de clivagem, a gelsolina permanece ligada ao filamento de actina e capeia a nova extremidade mais (+).

Outra importante proteína de desestabilização de filamentos de actina, encontrada em todas as células eucarióticas é a *cofilina*. Também denominada *fator de despolimerização da actina*, a cofilina liga-se ao longo do comprimento do filamento de actina, forçando uma maior torção do filamento (**Figura 16-20**). Esse estresse mecânico enfraquece os contatos entre as subunidades de actina no filamento, tornando o filamento frágil e mais facilmente desestabilizado por movimentos térmicos, gerando extremidades do filamento que se dissociam rapidamente. Como resultado, a maioria dos filamen-

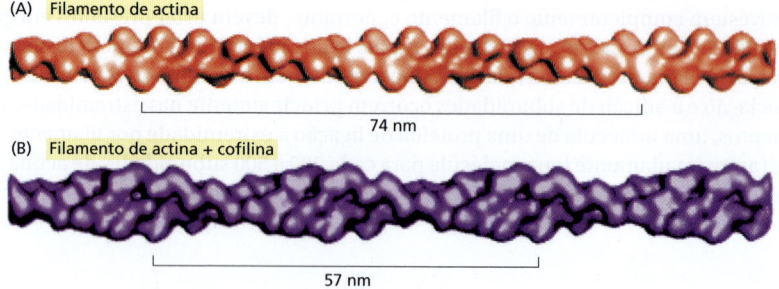

Figura 16-20 Torção de um filamento de actina induzida pela cofilina. (A) Reconstrução tridimensional de crioeletrofotomicrografias de filamentos formados a partir de actina pura. Os colchetes mostram a extensão de dois giros da hélice de actina. (B) Reconstrução de um filamento de actina recoberto por cofilina, que se liga em uma proporção estequiométrica de 1:1 às subunidades de actina ao longo do filamento. A cofilina é uma proteína pequena (14 kD) comparada à actina (43 kD), e, desse modo, o filamento apresenta-se apenas levemente mais espesso. A energia de ligação da cofilina atua na deformação do filamento de actina, aumentando a sua torção fortemente e reduzindo a distância ocupada por uma volta da hélice. (De A. McGough et al., *J. Cell Biol.* 138:771–781, 1997. Com permissão dos autores.)

tos de actina no interior das células tem uma vida média menor do que a dos filamentos formados a partir de actina pura em um experimento *in vitro*.

A cofilina liga-se preferencialmente a filamentos de actina contendo ADP, em detrimento a filamentos de actina contendo ATP. Visto que a hidrólise de ATP é em geral mais lenta do que a associação do filamento, os filamentos mais recentes de actina da célula ainda contêm ATP, em sua maioria, e são resistentes à despolimerização por cofilina. Portanto, a cofilina tende a desmanchar os filamentos mais velhos na célula. Como discutiremos mais tarde, a dissociação dos filamentos de actina antigos, mas não dos filamentos novos, mediada pela cofilina é crítica para o crescimento controlado e polarizado da rede de actina responsável pelo movimento celular unidirecional e pela motilidade intracelular de patógenos. Os filamentos de actina podem ser protegidos da ação da cofilina por ligação à tropomiosina. Assim, a dinâmica da actina em diferentes regiões subcelulares depende do equilíbrio entre as proteínas acessórias de estabilização e de desestabilização.

Arranjos de filamentos de actina de alta complexidade influenciam as propriedades mecânicas celulares e a sinalização

Os filamentos de actina em células animais estão organizados em vários tipos de arranjos: redes dendríticas, feixes e teias (redes semelhantes a géis) (**Figura 16-21**). Diferentes estruturas são iniciadas pela ação de proteínas de nucleação distintas: os filamentos de actina de redes dendríticas são nucleados pelo complexo Arp 2/3, ao passo que os feixes são formados a partir dos filamentos longos e lineares produzidos pelas forminas. As proteínas de nucleação dos filamentos nas redes gelatinosas (teias) ainda não estão bem definidas.

A organização estrutural das diferentes redes de actina depende de proteínas acessórias especializadas. Como explicado anteriormente, o complexo Arp 2/3 organiza os filamentos em redes dendríticas, unindo as extremidades menos (−) do filamento à lateral de outros filamentos. Outras estruturas de filamentos de actina são polimerizadas e mantidas por duas classes de proteínas: *proteínas de enfeixamento*, que associam os filamentos de actina em um arranjo paralelo, *proteínas formadoras de gel*, que mantém dois filamentos de actina unidos em um grande ângulo, um em relação ao outro, criando, assim, uma malha mais solta. Tanto as proteínas de enfeixamento quanto as de formação de gel têm dois sítios de ligação ao filamento de actina semelhantes, que podem ter se originado de uma cadeia única de polipeptídeos ou provir de duas cadeias polipeptídicas distintas, mantidas ligadas sob a forma de um dímero (**Figura 16-22**). O espaçamento e o arranjo desses dois domínios de ligação aos filamentos determina o tipo de estrutura de actina que será formado a partir de uma determinada proteína de interligação.

Cada tipo de proteína de enfeixamento também determina quais outras moléculas podem interagir com os filamentos de actina interligados. A miosina II é a proteína motora que permite a contração das fibras de tração e de outros arranjos contráteis. O

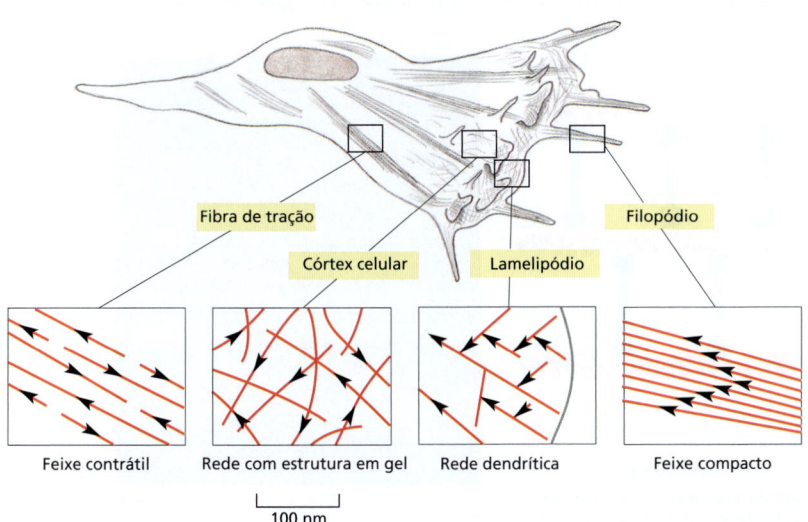

Figura 16-21 **Arranjos de actina em uma célula.** Um fibroblasto movendo-se sobre uma placa de cultura de tecidos é apresentado, destacando-se quatro áreas para mostrar os arranjos dos filamentos de actina. Os filamentos de actina estão apresentados em *vermelho*, com setas apontando em direção a suas extremidades menos (−). As fibras de tração são contráteis e exercem tensão. O córtex de actina localiza-se abaixo da membrana plasmática e consiste em redes semelhantes a gel ou redes de actina dendríticas que tornam possível a protrusão da membrana nos lamelipódios. Os filopódios são projeções finas da membrana citoplasmática semelhantes a espículas e permitem que a célula explore seu ambiente.

Figura 16-22 Estruturas em módulos de quatro proteínas de interligação com actina. Cada uma das proteínas apresentadas possui dois sítios de ligação com actina (em *vermelho*) com sequências similares. A fimbrina tem dois sítios de ligação com actina diretamente adjacentes, de tal forma que ela mantém seus dois filamentos de actina intimamente associados (distanciados em 14 nm) e alinhados com a mesma polaridade (ver Figura 16-23A). Os dois sítios de ligação com actina na α-actinina estão separados por um espaçador de aproximadamente 30 nm de comprimento, de tal forma que os feixes de actina formados serão menos compactos que os anteriores (ver Figura 16-23A). A filamina tem dois sítios de ligação com actina conectados por uma ligação em V, e, dessa maneira, os filamentos de actina interligados na rede estão orientados formando ângulos quase retos entre si (ver Figura 16-24). A espectrina é um tetrâmero de duas subunidades α e duas subunidades β e possui dois sítios de ligação com actina separados por uma distância de 200 nm (ver Figura 10-38).

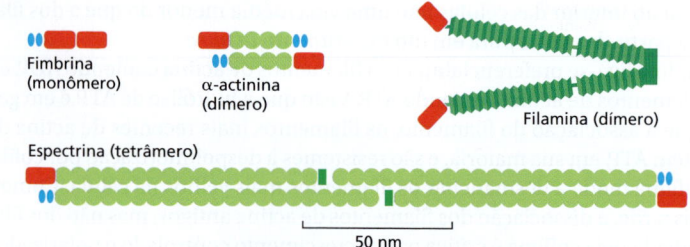

Figura 16-23 A formação de dois tipos de feixes de filamentos de actina. (A) A fimbrina interliga os filamentos de actina em feixes coesos, que excluem do arranjo a proteína motora miosina II. Em contraste, a α-actinina, que é um homodímero, interliga os filamentos de actina em feixes pouco compactos, permitindo que a miosina (não ilustrada) seja incorporada no feixe. A fimbrina e a α-actinina tendem a excluir-se mutuamente devido às grandes diferenças nos espaçamentos apresentados pelos feixes de filamentos de actina formados por essas proteínas. (B) Fotomicrografia eletrônica de moléculas de α-actinina. (B, cortesia de John Heuser.)

empacotamento extremamente firme dos filamentos de actina causado pela pequena proteína monomérica de enfeixamento *fimbrina* aparentemente exclui a miosina, e, assim, os filamentos paralelos de actina mantidos ligados pela fimbrina não são contráteis. Por outro lado, a α-actinina interliga filamentos de actina de polaridade oposta em feixes pouco compactos, permitindo a ligação da miosina e a formação de feixes de actina contráteis (**Figura 16-23**). Devido à grande diferença no espaçamento e à orientação dos filamentos de actina, a formação de feixes por fimbrina automaticamente desencoraja a formação de feixes por α-actinina e vice-versa, de tal forma que os dois tipos de arranjos proteicos são mutuamente excludentes.

As proteínas de feixe que foram apresentadas até o momento formam conexões rígidas e resistentes entre seus dois domínios de ligação e o filamento de actina. Outras proteínas de interligação de actina fazem ligações flexíveis ou em curvas rígidas, entre seus dois domínios de ligação, permitindo-lhes formar teias ou géis de filamentos de actina em vez de feixes de actina. A *filamina* (ver Figura 16-22) promove a formação de uma rede frouxa e extremamente viscosa pela união de dois filamentos de actina em ângulos praticamente retos (**Figura 16-24A**). Os géis de actina formados pela filamina são necessários para que a célula possa estender finas projeções planas de membrana chamadas de *lamelipódios*, as quais as auxiliam a se mover sobre superfícies sólidas. Nos seres humanos, mutações no gene da filamina A causam defeitos na migração de células nervosas durante o desenvolvimento embrionário precoce. As células na região periventricular do cérebro deixam de migrar para o córtex e formam nódulos, causando uma síndrome chamada heterotopia periventricular (**Figura 16-24B**). Curiosamente, sabe-se que, além de se ligarem à actina, filaminas interagem com um grande número de proteínas celulares de grande diversidade funcional, incluindo receptores de membrana para moléculas de sinalização, e que mutações de filamina também podem levar a defeitos no desenvolvimento dos ossos, do sistema cardiovascular e de outros órgãos. Assim, filaminas podem também funcionar como estruturas de sinalização, conectando e coordenando uma ampla variedade de processos celulares ao citoesqueleto de actina.

Uma proteína formadora de redes bastante diferente e muito estudada é a *espectrina*, inicialmente identificada em eritrócitos. A espectrina é uma proteína longa e flexível, composta por quatro cadeias polipeptídicas longas (duas subunidades α e duas

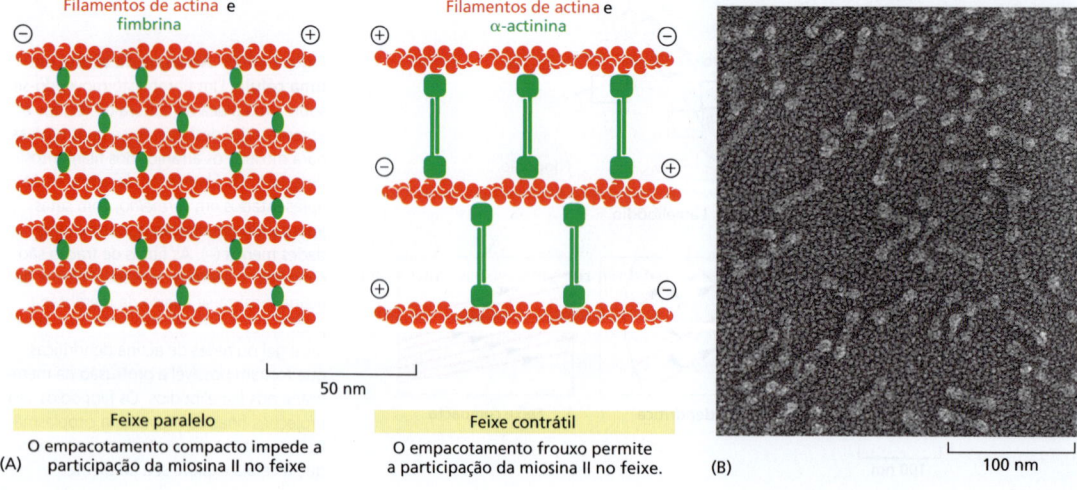

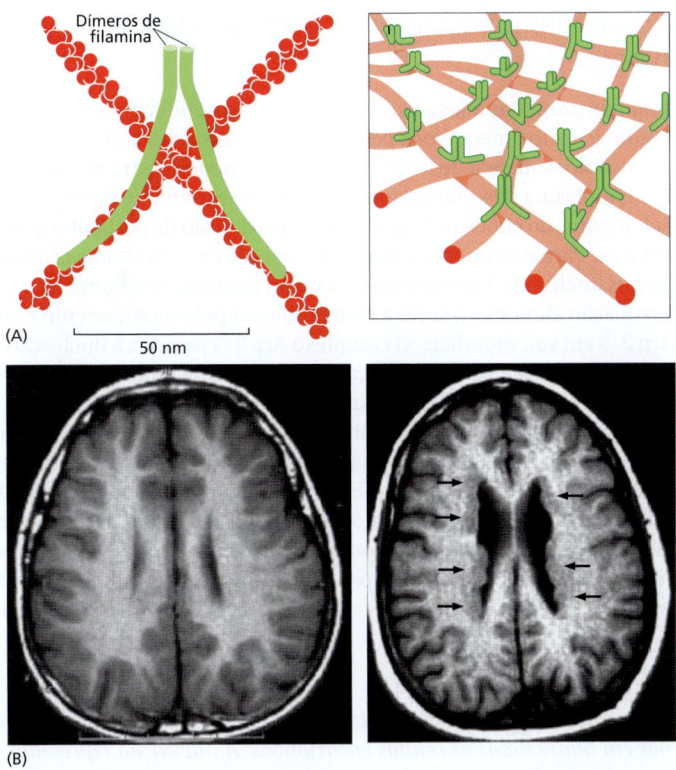

Figura 16-24 A filamina interliga os filamentos de actina em uma rede tridimensional e é necessária para a migração neuronal normal. (A) Cada homodímero de filamina tem aproximadamente 160 nm de comprimento quando completamente estendido e forma uma ligação flexível em ângulo reto entre dois filamentos adjacentes de actina. Um conjunto de filamentos de actina interligados por filamina forma uma rede ou gel mecanicamente forte. (B) Ressonância magnética de um cérebro humano normal (à *esquerda*) e de um paciente com heterotopia periventricular (à *direita*) provocada por uma mutação no gene da filamina A. Em contraste com a superfície lisa ventricular no cérebro normal, uma zona rugosa de neurônios corticais (setas) é vista ao longo das paredes laterais dos ventrículos e representa os neurônios que não migraram para o córtex durante o desenvolvimento do cérebro. Notavelmente, apesar de muitos neurônios não estarem no lugar adequado, a inteligência dos indivíduos afetados é frequentemente normal ou apenas levemente comprometida, e a principal síndrome clínica associada é a epilepsia, que, muitas vezes aparece na segunda década de vida. (B) adaptado de Y. Feng e C.A. Walsh, *Nat. Cell Biol.* 6:1034–1038, 2004. Com permissão de Macmillan Publishers Ltd.)

subunidades β), organizadas de tal forma que seus dois sítios de ligação a filamentos de actina encontram-se 200 nm distantes um do outro (comparados aos 14 nm da fimbrina e aos aproximadamente 30 nm para a α-actinina; ver Figura 16-23). Nos eritrócitos, a espectrina concentra-se logo abaixo da membrana plasmática, onde forma uma rede semelhante a uma teia bidimensional que se mantém unida por curtos filamentos de actina, cujos comprimentos exatos são estritamente regulados por proteínas de capeamento presentes em cada extremidade; a espectrina liga essa rede à membrana plasmática, pois tem sítios de ligação independentes para proteínas periféricas da membrana, que estão elas próprias posicionadas próximo à bicamada lipídica devido a proteínas integrais da membrana (ver Figura 10-38). A rede resultante cria um córtex celular forte, porém flexível, que fornece suporte mecânico para a membrana plasmática sobrejacente, permitindo que os eritrócitos retornem à sua forma original após espremerem-se através de um capilar. Proteínas bastante similares à espectrina são encontradas no córtex da maioria dos outros tipos celulares dos vertebrados, onde também auxiliam na manutenção e no estabelecimento da forma e na rigidez da membrana da superfície. Um exemplo particularmente notável da função das espectrinas na promoção da estabilidade mecânica é o longo e fino axônio de neurônios no verme nematódeo *Caenorhabditis elegans*, onde a espectrina é necessária para evitar o rompimento durante os movimentos de torção que os vermes fazem quando rastejam.

As conexões do córtex de actina do citoesqueleto à membrana plasmática ainda não estão totalmente compreendidas. Os membros da família *ERM* (nomeada a partir de seus três primeiros membros, ezrina, radixina e moesina), contribuem para a organização dos domínios de membrana devido à sua capacidade de interagir com proteínas transmembrana e com o citoesqueleto subjacente. Ao fazê-lo, eles não só fornecem ligações estruturais para fortalecer o córtex celular, mas também regulam a atividade das vias de transdução de sinal. A moesina também aumenta a rigidez cortical para promover o arredondamento da célula durante a mitose. As medições por microscopia de força atômica indicaram que o córtex celular permanece maleável durante a mitose quando há depleção da moesina. Acredita-se que proteínas ERM liguem-se e organizem o córtex de actina do citoesqueleto em diferentes contextos, afetando, assim, tanto a forma e a rigidez da membrana como a localização e a atividade de moléculas de sinalização.

As bactérias podem sequestrar o citoesqueleto de actina do hospedeiro

A importância das proteínas acessórias na geração de motilidade baseada em actina e força é ilustrada de forma inequívoca pelo estudo de certas bactérias e vírus que usam componentes do citoesqueleto de actina da célula hospedeira para mover-se através do citoplasma. O citoplasma das células dos mamíferos é extremamente viscoso, contendo organelas e elementos do citoesqueleto que inibem a difusão de partículas grandes como bactérias ou vírus. Para movimentarem-se em uma célula e invadir as células vizinhas, vários patógenos, incluindo *Listeria monocytogenes* (causadora de uma forma rara, mas grave, de intoxicação alimentar), supera esse problema pelo recrutamento e ativação do complexo Arp 2/3 em sua superfície. O complexo Arp 2/3 provoca a nucleação do arranjo de filamentos de actina e gera uma força substancial que empurra a bactéria através do citoplasma em velocidades de até 1 μm/s, deixando para trás uma longa "cauda de cometa" de actina (**Figura 16-25**; ver também Figuras 23-28 e 23-29). Esse movimento pode ser reconstituído em um tubo de ensaio, adicionando as bactérias em uma mistura de actina pura, complexo Arp 2/3, cofilina e proteínas de capeamento, ilustrando como a polimerização dinâmica de actina gera movimento através da regulação espacial da associação e dissociação dos filamentos. Como veremos adiante, esse tipo de movimento baseado em actina também está envolvido na protrusão da membrana na borda anterior das células móveis.

Resumo

A actina é uma proteína do citoesqueleto altamente conservada que está presente em altas concentrações em quase todas as células eucarióticas. A nucleação representa uma barreira cinética para a polimerização de actina, mas uma vez iniciados, os filamentos de actina apresentam um comportamento dinâmico devido à hidrólise do nucleotídeo ATP. Os filamentos de actina são polarizados e podem sofrer rolamento quando um filamento cresce na extremidade mais (+) e simultaneamente sofre despolimerização na extre-

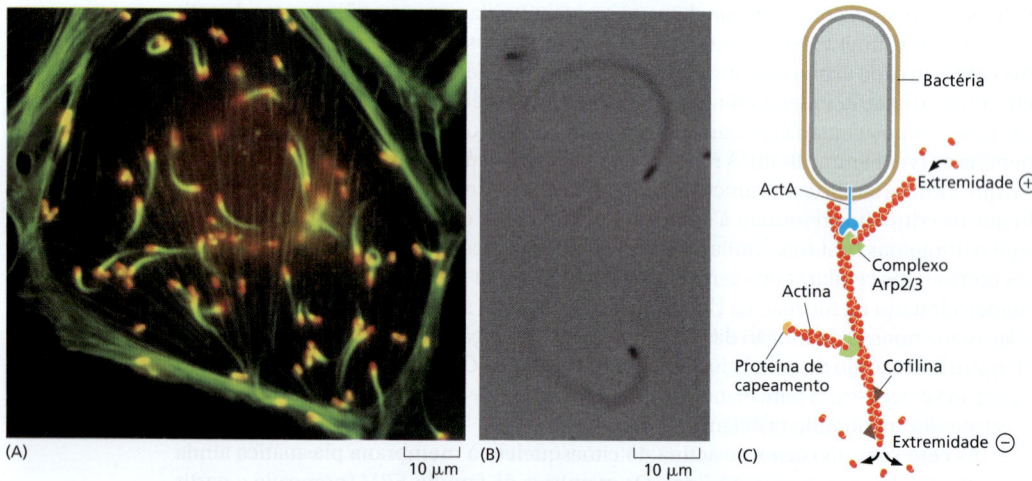

Figura 16-25 O movimento da *Listeria monocytogenes* é baseado em actina. (A) Fotomicrografia de fluorescência de uma célula infectada que foi corada para revelar as bactérias em *vermelho* e os filamentos de actina em *verde*. Observe a cauda semelhante a um cometa formada pelos filamentos de actina atrás de cada bactéria em movimento. As regiões de sobreposição das fluorescências verde e vermelha aparecem em *amarelo*. (B) A motilidade de *Listeria* pode ser reconstituída em um tubo de ensaio com ATP e apenas mais quatro proteínas purificadas: actina, o complexo Arp 2/3, a proteína de capeamento e a cofilina. Esta fotomicrografia mostra as densas caudas de actina atrás das bactérias (*preto*). (C) A proteína ActA na superfície bacteriana ativa o complexo Arp 2/3 para nuclear uma nova polimerização de filamentos na lateral dos filamentos já existentes. Os filamentos crescem na sua extremidade mais até serem revestidos pela proteína de capeamento. A actina é reciclada através da ação da cofilina, que aumenta a despolimerização nas extremidades menos (−) dos filamentos. Devido a esse mecanismo, a polimerização foca-se na superfície traseira da bactéria, propelindo-a para a frente (ver **Animação 23.7**). (A, cortesia de Julie Theriot e Tim Mitchison; B, de T.P. Loisel et al., *Nature* 401:613–616, 1999. Com permissão de Macmillan Publishers Ltd.)

midade menos (−). Nas células, a dinâmica dos filamentos de actina é regulada a cada etapa, e as diversas formas e funções da actina dependem de um repertório versátil de proteínas acessórias. Aproximadamente, metade da actina é mantida sob a forma monomérica através da associação com proteínas de sequestro como a timosina. Os fatores de nucleação, como o complexo Arp 2/3 e as forminas promovem a formação de filamentos ramificados e paralelos, respectivamente. As interações entre as proteínas que ligam ou capeiam filamentos de actina e aquelas que promovem o rompimento ou despolimerização dos filamentos podem retardar ou acelerar a cinética da associação e dissociação dos filamentos. Outras classes de proteínas acessórias agregam os filamentos em estruturas de maior magnitude por interligação dos filamentos uns aos outros em conformações geometricamente definidas. Conexões entre esses arranjos de actina e a membrana plasmática das células conferem resistência mecânica às células animais e permitem a formação de estruturas celulares corticais, tais como os lamelipódios, os filopódios e as microvilosidades. A indução da polimerização dos filamentos de actina na sua superfície, permite que patógenos intracelulares sequestrem o citoesqueleto da célula hospedeira, utilizando-o para movimentar-se dentro da célula.

MIOSINA E ACTINA

Uma característica fundamental do citoesqueleto de actina é que ele pode formar estruturas contráteis que se interligam promovem o deslizamento dos filamentos de actina, uns em relação aos outros, através da ação da proteína motora **miosina**. Além de conduzirem a contração muscular, os arranjos de actina e miosina desempenham funções importantes em células não musculares.

Proteínas motoras baseadas em actina são membros da superfamília da miosina

A primeira proteína motora identificada foi a miosina de músculo esquelético, que é responsável pela geração da força para a contração muscular. Essa proteína, atualmente conhecida como *miosina II*, é uma proteína alongada formada por duas cadeias pesadas e duas cópias de cada uma de duas cadeias leves. Cada uma das cadeias pesadas possui um domínio globular (cabeça) em sua extremidade N-terminal que contém a maquinaria geradora de força, seguido por uma longa sequência de aminoácidos que forma uma extensão supertorcida que medeia a dimerização da cadeia pesada (**Figura 16-26**). As duas cadeias leves ligam-se próximo ao domínio globular N-terminal, ao passo que a cauda supertorcida formará feixes através da ligação às caudas de outras moléculas de miosina. Essas interações cauda-cauda levam à formação de um grande "filamento espesso" bipolar que apresenta várias centenas de cabeças de miosina, orientadas em direções opostas nas duas extremidades do filamento espesso (**Figura 16-27**).

Cada cabeça de miosina se liga a ATP e é capaz de hidrolisá-lo, usando a energia dessa hidrólise para se deslocar rumo à extremidade mais (+) do filamento de actina (**Figura 16-28**). A orientação oposta das cabeças no filamento espesso torna eficiente o deslizamento, um em relação ao outro, dos pares de filamentos de actina em orienta-

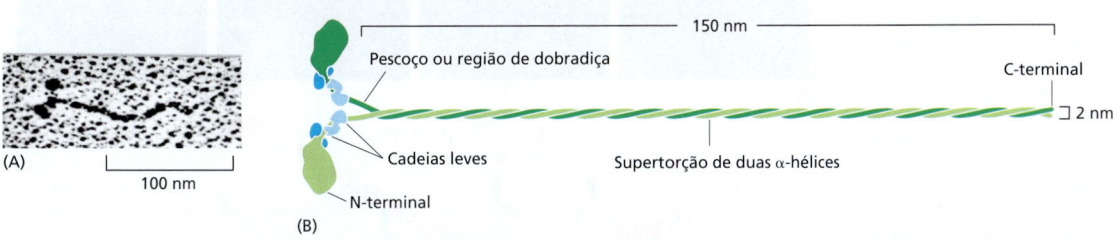

Figura 16-26 Miosina II. (A) As duas cabeças globulares e a longa cauda de uma molécula de miosina II coradas com platina podem ser vistas nesta fotomicrografia eletrônica. (B) A molécula de miosina II é composta por duas cadeias pesadas, cada uma com aproximadamente 2 mil aminoácidos (em *verde*) e quatro cadeias leves (em *azul*). As cadeias leves são de dois tipos distintos, e uma cópia de cada tipo está presente em cada cabeça de miosina. A dimerização ocorre quando as duas α-hélices das cadeias pesadas, enrolam-se formando uma estrutura supertorcida devido à associação de aminoácidos hidrofóbicos distribuídos de modo regular (ver Figura 3-9). O arranjo supertorcido produz uma extensão em forma de bastão na solução, e essa parte da molécula forma a cauda. (A, cortesia de David Shotton.)

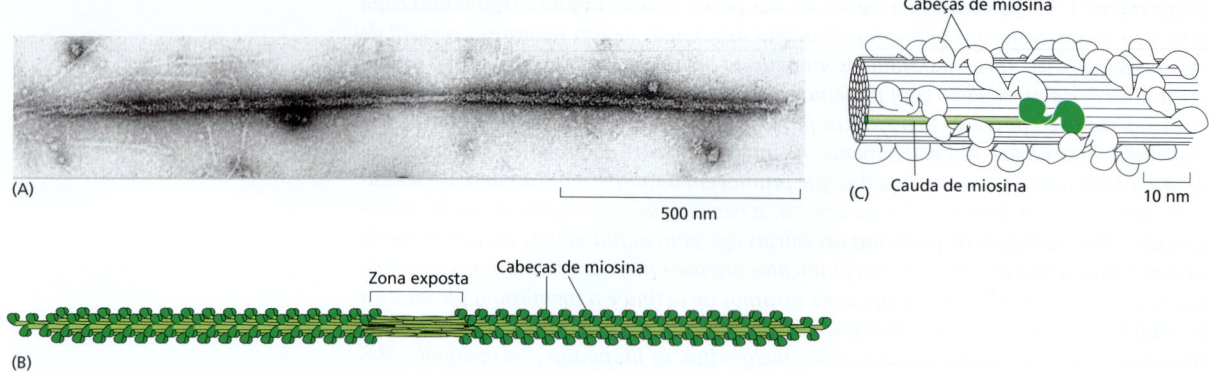

Figura 16-27 Filamento espesso bipolar de miosina II no músculo. (A) Fotomicrografia eletrônica de filamento espesso bipolar de miosina II isolado a partir de músculo de rã. Observe a zona central exposta, que se apresenta livre dos domínios globulares. (B) Diagrama esquemático, não representado em escala. As moléculas de miosina II se agregam através de suas caudas e projetam as cabeças para a região externa do filamento. A zona exposta no centro do filamento é constituída apenas por caudas de miosina II. (C) Uma pequena seção de filamentos de miosina II desenhada a partir de fotomicrografias eletrônicas. Uma molécula individual de miosina está realçada em *verde*. Os filamentos citoplasmáticos de miosina II em células não musculares são bem mais curtos, apesar de apresentarem organização semelhante (ver Figura 16-39). (A, cortesia de Murray Stewart; C, baseado em R.A. Crowther, R. Padrón e R. Craig, *J. Mol. Biol.* 184:429–439, 1985. Com permissão de Academic Press.)

ção oposta, contraindo o músculo. No músculo esquelético, em que filamentos de actina cuidadosamente arranjados estão alinhados em arranjos de "filamentos finos" em torno dos filamentos grossos de miosina, o deslizamento dos filamentos de actina, controlado por ATP resulta em uma poderosa contração. As células musculares cardíacas e lisas contêm moléculas de miosina II organizadas de modo semelhante, apesar de estas serem codificadas por genes diferentes.

A miosina gera força pelo acoplamento da hidrólise de ATP a alterações conformacionais

As proteínas motoras usam alterações estruturais em seus sítios de ligação ao ATP para produzir interações cíclicas com um filamento do citoesqueleto. Cada ciclo de ligação de ATP, hidrólise e liberação as impulsiona para frente em uma única direção em um novo sítio de ligação sobre o filamento. No caso da miosina II, cada passo do movimento ao longo da actina é gerado pela rotação de uma α-hélice de 8,5 nm de comprimento, chamada de *braço de alavanca*, a qual é estruturalmente estabilizada pela ligação a cadeias leves. Na base desse braço de alavanca, próximo à cabeça, existe uma hélice, semelhante a um pistão, que conecta os movimentos da fenda de ligação a ATP, na cabeça, com pequenas rotações do chamado domínio conversor. Uma pequena alteração nesse ponto

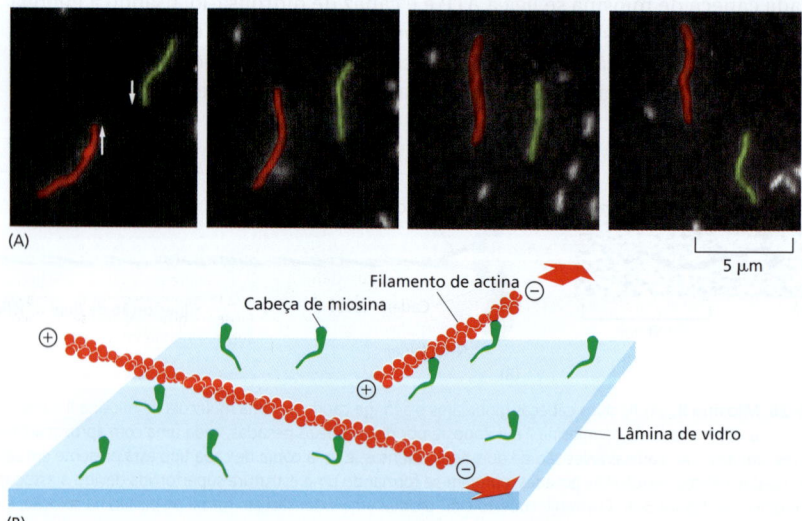

Figura 16-28 Evidência direta da atividade motora da cabeça de miosina. Neste experimento, cabeças de miosina purificadas foram aderidas a uma lâmina de vidro, e filamentos de actina corados com faloidina fluorescente foram adicionados a esta preparação para que se ligassem às cabeças de miosina. (A) Quando ATP foi adicionado, os filamentos de actina começaram a se mover sobre a superfície como consequência dos diversos movimentos individuais gerados por cada uma das muitas cabeças de miosina ligadas a cada filamento. As fotos mostradas nesta sequência foram obtidas em intervalos de 0,6 segundo, os dois filamentos de actina apresentados (um em *vermelho* e o outro em *verde*) movem-se em sentidos contrários, em velocidades de aproximadamente 4 μm/s. (B) Uma representação esquemática do experimento. As grandes setas vermelhas indicam a direção do movimento dos filamentos de actina (Animação 16.2). (A, cortesia de James Spudich.)

pode girar a hélice como uma longa alavanca, fazendo sua extremidade mais (+) distante mover-se cerca de 5,0 nm.

Essas alterações conformacionais da miosina estão acopladas a alterações na sua afinidade de ligação por actina, permitindo que a cabeça de miosina seja liberada do ponto de adesão ao filamento de actina e, a seguir, seja novamente ligada, aderindo a um novo ponto. Esse ciclo mecanoquímico completo de ligação do nucleotídeo, hidrólise do nucleotídeo e liberação do fosfato (que provoca o "movimento de potência") produz o movimento de um único passo (**Figura 16-29**). Em baixas concentrações de ATP, o intervalo entre a etapa de produção de força e a ligação do próximo ATP é longo o suficiente para que passos individuais possam ser observados (**Figura 16-30**).

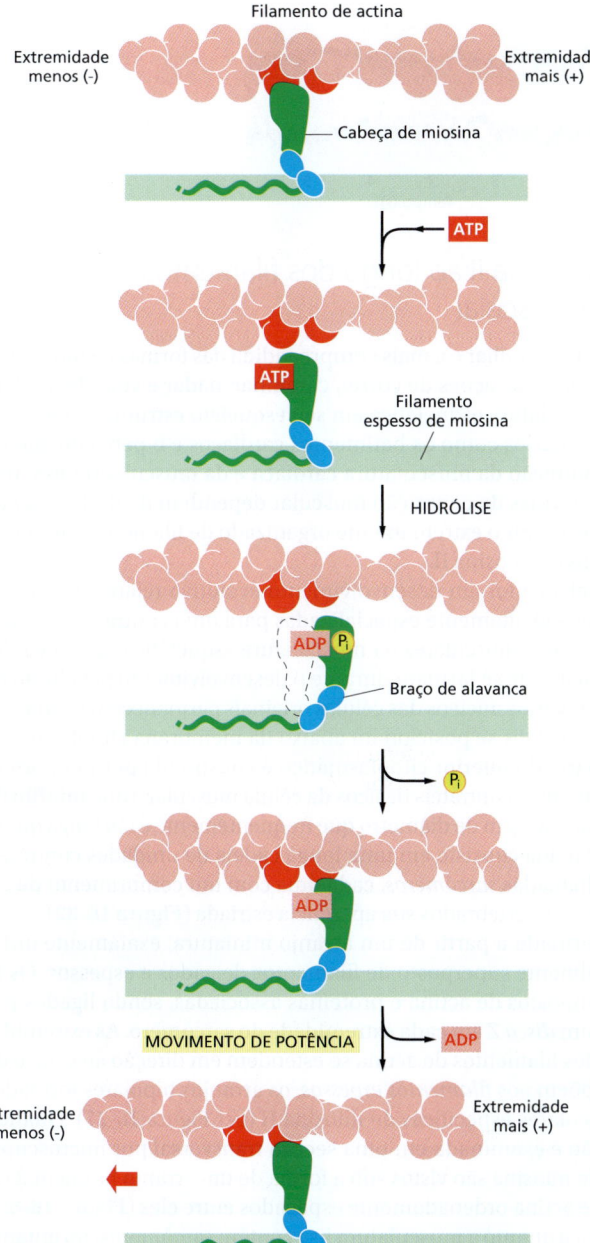

CONECTADA
No começo do ciclo apresentado nesta figura, uma cabeça de miosina não ligada a um nucleotídeo está firmemente presa a um filamento de actina em uma configuração de *rigor* (assim denominada por ser responsável pelo *rigor mortis*, a rigidez cadavérica). Em um músculo em contração ativa, este estado é de duração extremamente curta, sendo rapidamente terminado pela ligação de uma molécula de ATP.

LIBERADA
Uma molécula de ATP se liga a uma grande fenda existente na "parte posterior" da cabeça (ou seja, no lado mais distante do filamento de actina) e imediatamente provoca uma leve modificação na conformação do sítio de ligação à actina, o que reduz a afinidade da cabeça pela actina e permite seu deslizamento sobre o filamento. (O espaço representado no desenho entre a cabeça e a actina enfatiza essa mudança, embora seja provável que, na realidade, a cabeça permaneça muito mais próxima à actina.)

ENGATILHADA
A fenda se fecha, como as valvas de uma concha, sobre a molécula de ATP, desencadeando um movimento no braço de alavanca, que, por sua vez, faz a cabeça se deslocar sobre o filamento a uma distância de aproximadamente 5 nm. Ocorre hidrólise de ATP, mas o ADP e o fosfato inorgânico (P_i) produzidos permanecem firmemente ligados à proteína.

GERADORA DE FORÇA
Uma ligação fraca da cabeça de miosina a um novo sítio do filamento de actina provoca a liberação do fosfato inorgânico produzido pela hidrólise de ATP, concomitante à forte ligação da cabeça com a actina. Essa ligação desencadeia o movimento de potência – a modificação conformacional geradora de força durante a qual a cabeça retorna à sua conformação original. Durante o movimento de potência, a cabeça perde seu ADP, retornando, portanto, ao ponto do início para um novo ciclo.

CONECTADA
Ao final de um ciclo, a cabeça de miosina está mais uma vez firmemente presa em uma configuração de rigor. Observe que a cabeça se deslocou para uma nova posição sobre o filamento de actina.

Figura 16-29 O ciclo de alterações estruturais sofridas pela miosina II para se deslocar sobre um filamento de actina. A cabeça da miosina II permanece ligada ao filamento de actina por apenas aproximadamente 5% do período total do ciclo, permitindo que várias miosinas atuem em conjunto para mover um único filamento de actina (Animação 16.3). (Baseada em I. Rayment et al., *Science* 261:50–58, 1993.)

Figura 16-30 A força de uma única molécula de miosina se deslocando sobre um filamento de actina medida com uma armadilha óptica.
(A) Diagrama esquemático do experimento, mostrando um filamento de actina com esferas ligadas em ambas as extremidades e sendo mantido no lugar por feixes concentrados de luz denominados pinças ópticas (Animação 16.4). A pinça prende e move a esfera e também pode ser usada para medir a força exercida na esfera através do filamento. Neste experimento, o filamento foi posicionado sobre outra esfera na qual as proteínas motoras miosina II estavam ligadas, e a pinça óptica foi usada para determinar os efeitos da ligação de miosina sobre o movimento dos filamentos de actina. (B) Estes traços mostram os movimentos do filamento em dois experimentos independentes. Inicialmente, quando o filamento de actina não estava ligado à miosina, o movimento browniano do filamento produziu flutuações aleatórias na posição do filamento. Quando uma única miosina foi ligada ao filamento de actina, o movimento browniano diminuiu de forma abrupta e um deslocamento de aproximadamente 10 nm resultou do movimento do filamento mediado pela proteína motora. A proteína motora, então, libera o filamento. Visto que a concentração de ATP é muito baixa neste experimento, a miosina permanece ligada ao filamento de actina por muito mais tempo do que ocorreria em uma célula muscular. (Adaptada de C. Rüegg et al., *Physiology* 17:213–218, 2002. Com permissão da American Physiological Society.)

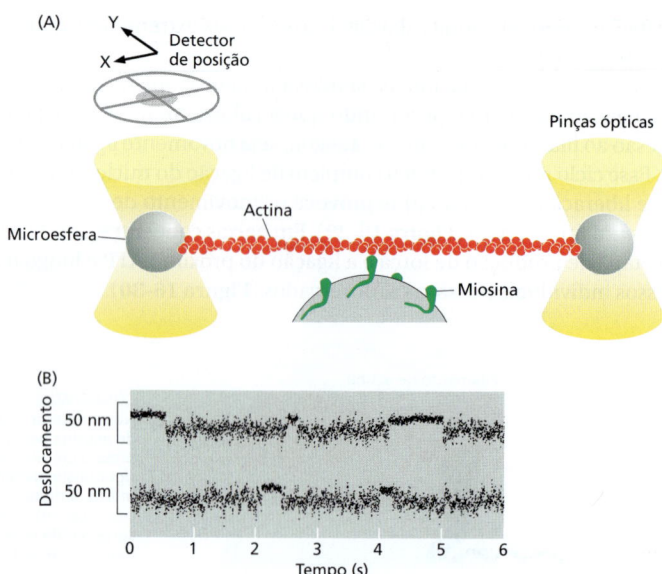

O deslizamento da miosina II ao longo dos filamentos de actina provoca a contração muscular

A contração muscular é a mais familiar e a mais compreendida das formas de movimento em animais. Em vertebrados, as ações de correr, caminhar, nadar e voar dependem da rápida contração da musculatura esquelética em seu esqueleto estrutural ósseo, enquanto movimentos involuntários como os batimentos cardíacos e o peristaltismo do intestino dependem da contração da musculatura cardíaca e da musculatura lisa, respectivamente. Todas essas formas de contração muscular dependem do deslizamento, controlado por ATP, de um conjunto extremamente organizado de filamentos de actina sobre arranjos de filamentos de miosina II.

A musculatura esquelética foi um desenvolvimento evolutivo relativamente tardio, e as células musculares são altamente especializadas para uma contração rápida e eficiente. As longas e finas fibras musculares da musculatura esquelética são na verdade grandes células individuais que se formam durante o desenvolvimento pela fusão de muitas células separadas. Os vários núcleos das células originais permanecem no interior dessa grande célula. Esses núcleos se posicionam abaixo da membrana citoplasmática (**Figura 16-31**). A maior parte do interior citoplasmático é constituída por miofibrilas, que é o nome dado aos elementos contráteis básicos da célula muscular. Uma **miofibrila** é uma estrutura cilíndrica de 1 a 2 μm de diâmetro que frequentemente é tão longa quanto a própria célula muscular. Ela consiste em uma longa cadeia de unidades contráteis pequenas e repetitivas – chamadas *sarcômeros*, cada uma com um comprimento de 2,2 μm – conferem à miofibrila dos vertebrados sua aparência estriada (**Figura 16-32**).

Cada sarcômero é formado a partir de um arranjo miniatura, exatamente ordenado em paralelo e parcialmente superposto de filamentos delgados e espessos. Os *filamentos delgados* são compostos de actina e proteínas associadas, sendo ligados por suas extremidades mais a um *disco Z* em cada extremidade do sarcômero. As extremidades menos (−) capeadas dos filamentos de actina se estendem em direção ao centro do sarcômero, onde se sobrepõem aos *filamentos espessos*, os arranjos bipolares formados a partir de isoformas musculares específicas de miosina II (ver Figura 16-27). Quando essa região de sobreposição é examinada em uma secção transversal por microscopia eletrônica, os filamentos de miosina são vistos sob a forma de um arranjo hexagonal regular, com os filamentos de actina ordenadamente espaçados entre eles (**Figura 16-33**). Tanto a musculatura cardíaca quanto a musculatura lisa contêm sarcômeros, no entanto a organização destes não é tão regular quanto a apresentada na musculatura esquelética.

O encurtamento do sarcômero é provocado pelo deslizamento dos filamentos de miosina sobre os filamentos delgados de actina, sem que ocorra modificação no tamanho de qualquer desses tipos de filamentos (ver Figura 16-32C e D). Os filamentos bipolares es-

Figura 16-31 Células musculares esqueléticas (também chamadas de fibras musculares). (A) Estas imensas células multinucleadas são formadas pela fusão de várias células musculares precursoras chamadas de mioblastos. Aqui, uma célula individual de músculo é ilustrada. Em seres humanos adultos, uma célula muscular geralmente apresenta um diâmetro de 50 μm e pode ter vários centímetros de comprimento. (B) Fotomicrografia de fluorescência de músculo de rato mostrando os núcleos localizados perifericamente (em *azul*) nestas células gigantes. As miofibrilas estão coradas em *vermelho*. (B, cortesia de Nancy L. Kedersha.)

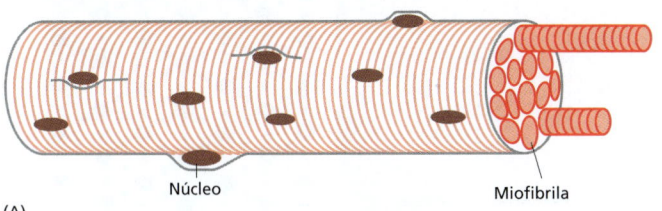
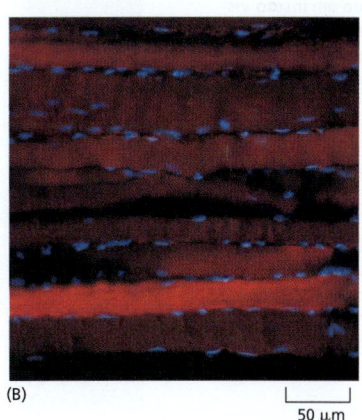

pessos deslizam em direção à extremidade mais (+) de dois conjuntos de filamentos delgados de orientação oposta, controlados por dúzias de cabeças de miosina independentes que se encontram posicionadas de tal forma a interagir com cada um dos filamentos delgados. Visto que não existe uma coordenação entre os movimentos das cabeças de miosina, é essencial que elas permaneçam fortemente ligadas ao filamento de actina apenas durante um curto período de cada ciclo de ATPase para que não interfiram umas nas outras a ponto de provocar recuos. Cada filamento espesso de miosina possui aproximadamente 300 cabeças (294 em músculo de rãs), e cada cabeça cicla aproximadamente cinco vezes por segundo no curso de uma contração rápida – o deslizamento dos filamentos de actina e miosina entre si apresenta taxas de até 15 μm/s e permite a um sarcômero encurtar até 10% de seu comprimento em menos de 1/50 avos de segundo. O rápido encurtamento sincronizado de milhares de sarcômeros alinhados entre si pelas extremidades, em cada miofibrila, dá à musculatura esquelética capacidade de contração suficientemente rápida para que atividades como correr e voar ou tocar piano sejam realizadas.

As proteínas acessórias controlam a impressionante uniformidade da organização do filamento, do seu comprimento e do espaçamento no sarcômero (**Figura 16-34**). As extremidades mais (+) dos filamentos de actina estão ancoradas no disco Z, o qual é constituído de CapZ e α-actinina; o disco Z cobre os filamentos (evitando a despolimerização), além de mantê-los associados em um feixe regularmente espaçado. O comprimento exato de cada filamento delgado é determinado por uma proteína-molde bastante grande denominada *nebulina*, a qual consiste quase que totalmente em repetições de um motivo de 35 aminoácidos com capacidade de ligação à actina. A nebulina estende-se do disco Z até a extremidade menos (−) de cada filamento delgado, que é capeado e estabilizado pela tropomodulina. Embora haja alguma troca lenta de subunidades de actina em ambas as extremidades do filamento delgado no músculo, de tal forma que os componentes do filamento delgado apresentam uma meia-vida de vários dias, os filamentos de actina nos sarcômeros são incrivelmente estáveis em comparação com aqueles encontrados na maioria dos outros tipos de células, cujos filamentos dinâmicos de actina apresentam uma meia-vida de apenas alguns poucos minutos ou menos.

Os filamentos espessos são posicionados a meio caminho entre os discos Z por pares opostos de uma proteína-molde ainda maior denominada *titina*. A titina age como uma mola molecular, contendo uma série de domínios semelhantes à imunoglobulina que podem desenovelar-se um a um quando é aplicado estresse a essa proteína. O enovelamento

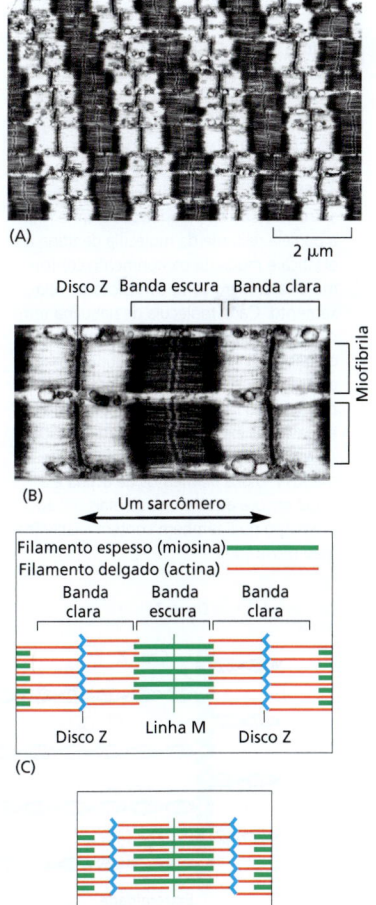

Figura 16-32 Miofibrilas musculares esqueléticas. (A) Fotomicrografia eletrônica de baixa magnitude de secção longitudinal de uma célula muscular esquelética de coelho, mostrando o padrão regular das estrias. A célula contém muitas miofibrilas alinhadas em paralelo (ver Figura 16-31). (B) Detalhe da musculatura esquelética mostrada em (A), mostrando porções de duas miofibrilas adjacentes e a definição de um sarcômero (seta *preta*). (C) Diagrama esquemático de um sarcômero isolado mostrando a origem das bandas claras e escuras vistas na fotomicrografia eletrônica. Os discos Z nas extremidades de cada sarcômero são sítios de ligação para as extremidades mais (+) dos filamentos de actina (filamentos delgados); a linha M, ou linha mediana, é o local das proteínas que ligam filamentos de miosina II adjacentes entre si (filamentos espessos). (D) Quando o sarcômero se contrai, os filamentos de actina e miosina deslizam uns sobre os outros sem encurtamento. (A e B, cortesia de Roger Craig.)

Figura 16-33 **Fotomicrografia eletrônica de músculo de voo de um inseto visto em secção transversal.** Os filamentos de miosina e de actina estão empacotados sob uma constância de regularidade quase cristalina. Diferentemente de seus homólogos em vertebrados, estes filamentos de miosina apresentam uma região central oca, como pode ser visto na fotografia em maior aumento à direita. A geometria do arranjo hexagonal difere levemente da que ocorre em músculos de vertebrados. (De J. Auber, *J. de Microsc.* 8:197–232, 1969. Com permissão da Societé Française de Microscopie Électronique.)

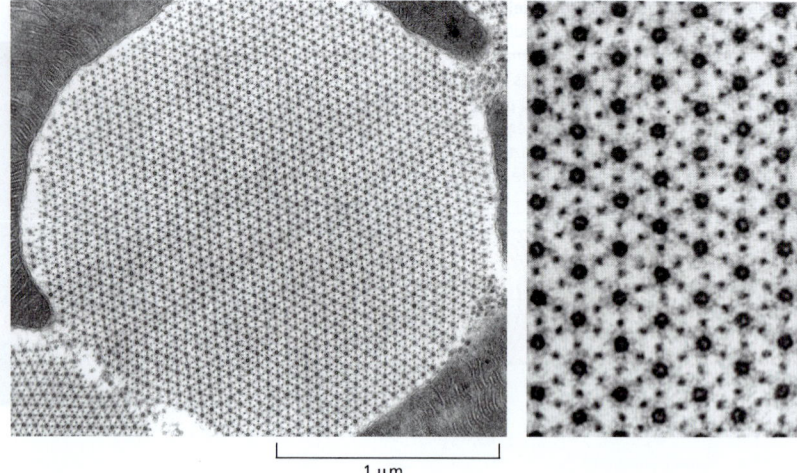

e o desenovelamento "tipo mola" desses domínios mantêm os filamentos espessos posicionados no centro do sarcômero e permitem que a fibra muscular se reestruture após ter sido fortemente espichada. Em *C. elegans*, cujos sarcômeros são mais longos do que os dos vertebrados, a titina é também mais longa, sugerindo que ela também sirva como uma régua molecular, determinando, neste caso, o comprimento total de cada sarcômero.

A contração muscular é iniciada por uma súbita elevação da concentração citosólica de Ca^{2+}

A interação molecular geradora de força entre os filamentos espessos de miosina e os filamentos delgados de actina ocorre somente quando um sinal é recebido pelo músculo esquelético proveniente do nervo que o estimula. Imediatamente após o recebimento do sinal, a célula deve ser capaz de sofrer uma rápida contração, pelo encurtamento simultâneo de todos os seus sarcômeros. Duas características principais das células musculares tornam possível esta contração extremamente rápida. Primeiro, como discutido anteriormente, as cabeças motoras das miosinas individuais gastam em cada filamento espesso apenas uma pequena fração do tempo relativo ao ciclo de ATP ligadas ao filamento e ativamente gerando força, de tal forma que várias cabeças de miosina podem atuar em rápida sucessão sobre o mesmo filamento delgado sem que uma interfira sobre a outra. Segundo, um sistema especializado de membranas transmite rapidamente o sinal que está chegando através de toda a célula. O sinal do nervo desencadeia um potencial de ação na membrana plasmática da célula muscular (discutido no Capítulo 11), e essa excitação elétrica se espalha rapidamente em uma série de dobras membranosas, os túbulos transversais, ou *túbulos T* – que se estendem para o interior da membrana plasmática em torno de cada miofibrila. O sinal é então transmitido através de uma pequena abertura para o *retículo sarcoplasmático*, uma estrutura adjacente, em forma de teia, que consiste em um retículo endoplasmático modificado e que envolve cada miofibrila como se fosse uma trama de tecido (**Figura 16-35A** e **B**).

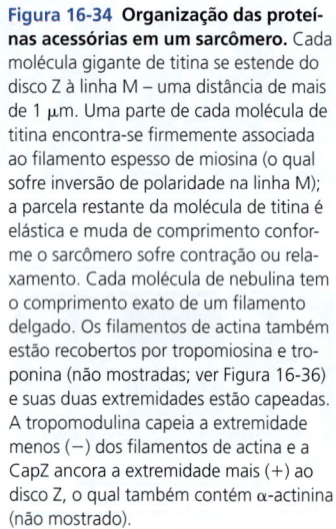

Figura 16-34 **Organização das proteínas acessórias em um sarcômero.** Cada molécula gigante de titina se estende do disco Z à linha M – uma distância de mais de 1 μm. Uma parte de cada molécula de titina encontra-se firmemente associada ao filamento espesso de miosina (o qual sofre inversão de polaridade na linha M); a parcela restante da molécula de titina é elástica e muda de comprimento conforme o sarcômero sofre contração ou relaxamento. Cada molécula de nebulina tem o comprimento exato de um filamento delgado. Os filamentos de actina também estão recobertos por tropomiosina e troponina (não mostradas; ver Figura 16-36) e suas duas extremidades estão capeadas. A tropomodulina capeia a extremidade menos (−) dos filamentos de actina e a CapZ ancora a extremidade mais (+) ao disco Z, o qual também contém α-actinina (não mostrado).

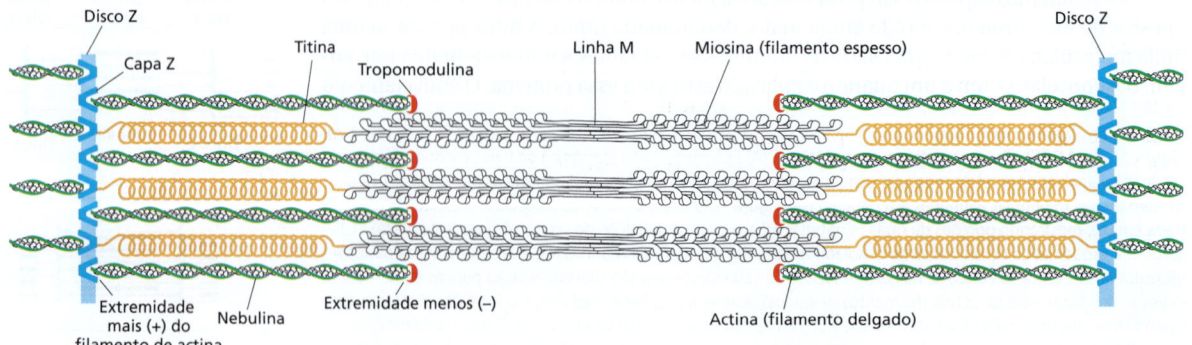

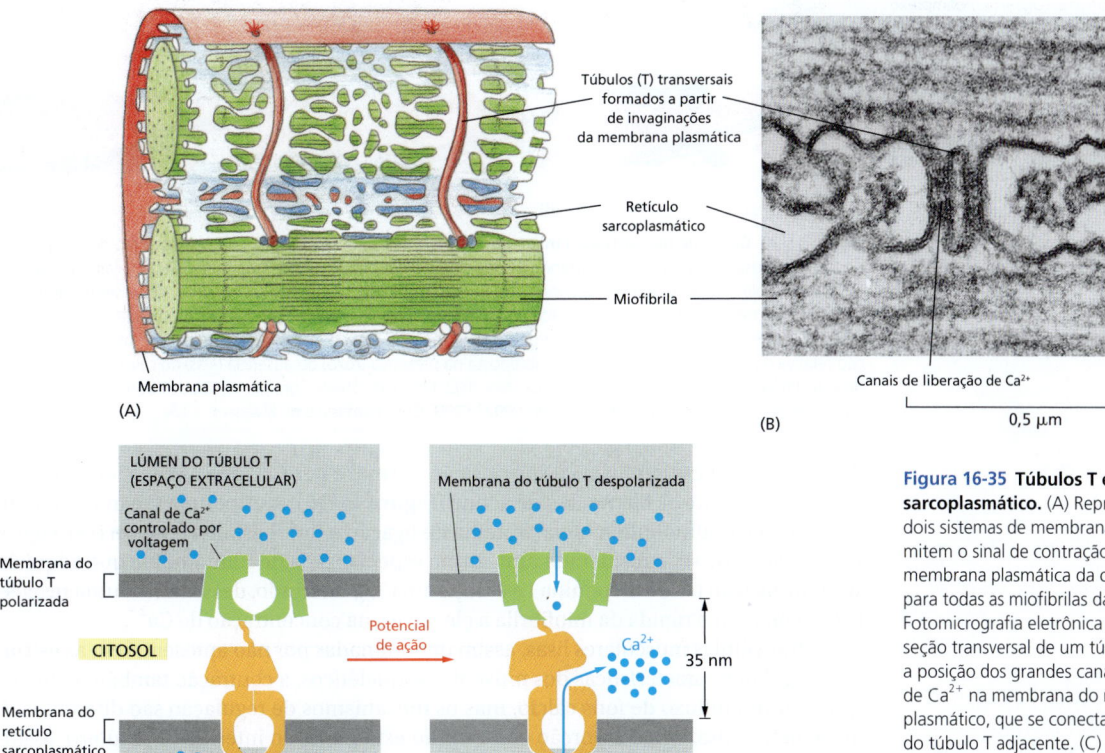

Figura 16-35 Túbulos T e o retículo sarcoplasmático. (A) Representação dos dois sistemas de membranas que transmitem o sinal de contração a partir da membrana plasmática da célula muscular para todas as miofibrilas da célula. (B) Fotomicrografia eletrônica mostrando uma seção transversal de um túbulo T. Observe a posição dos grandes canais de liberação de Ca^{2+} na membrana do retículo sarcoplasmático, que se conectam à membrana do túbulo T adjacente. (C) Diagrama esquemático mostrando como se sugere que um canal de liberação de Ca^{2+} da membrana do retículo sarcoplasmático se abra pela ativação de um canal de Ca^{2+} controlado por voltagem (Animação 16.5). (B, cortesia de Clara Franzini-Armstrong.)

Quando o potencial de ação resultante ativa um canal de Ca^{2+} na membrana de um túbulo T, um influxo de Ca^{2+} gera a abertura de canais de liberação de Ca^{2+} no retículo sarcoplasmático (**Figura 16-35C**). O Ca^{2+} que flui para o citosol dá início à contração de cada miofibrila. Tendo em vista que o sinal proveniente da membrana citoplasmática da célula muscular é transmitido em milissegundos (através dos túbulos T e do retículo sarcoplasmático) para cada um dos muitos sarcômeros da célula, todas as miofibrilas da célula contraem ao mesmo tempo. A elevação da concentração de Ca^{2+} é transitória, pois o Ca^{2+} é rapidamente bombeado de volta ao retículo sarcoplasmático por uma bomba de Ca^{2+} dependente de ATP (também chamada de Ca^{2+}-ATPase) abundante nessa membrana (ver Figura 11-13). Normalmente, a concentração citoplasmática de Ca^{2+} é restaurada aos níveis de repouso em 30 metros por segundo, permitindo o relaxamento das miofibrilas. Desse modo, a contração muscular depende de dois processos que consomem enormes quantidades de ATP: o deslizamento dos filamentos, conduzido pela ATPase do domínio motor da miosina, e o bombeamento de Ca^{2+}, regulado pela bomba de Ca^{2+}.

A dependência de Ca^{2+} na contração muscular esquelética de vertebrados, e sua consequente dependência de comandos transmitidos através de nervos, é o resultado da existência de um grupo de proteínas acessórias especializadas intimamente associadas aos filamentos delgados de actina. Uma dessas proteínas acessórias é uma forma muscular da *tropomiosina*, a proteína alongada que se liga ao longo do sulco da hélice dos filamentos de actina. Outra é a *troponina*, um complexo de três polipeptídeos, troponinas T, I e C (assim denominadas devido à sua ação respectiva de ligação à tropomiosina, inibição e ligação ao Ca^{2+}). A troponina I liga-se tanto à actina quanto à troponina T. Em um músculo em repouso, o complexo troponina I-T puxa a tropomiosina para fora da fenda normal de ligação, deixando-a em uma posição relativa ao filamento de actina que interfere na ligação das cabeças de miosina, impedindo, desse modo, qualquer interação geradora de força. Quando o nível de Ca^{2+} é elevado, a troponina C – que se liga a até quatro moléculas de Ca^{2+} – faz a troponina I se desconectar da actina. Isso permite o retorno

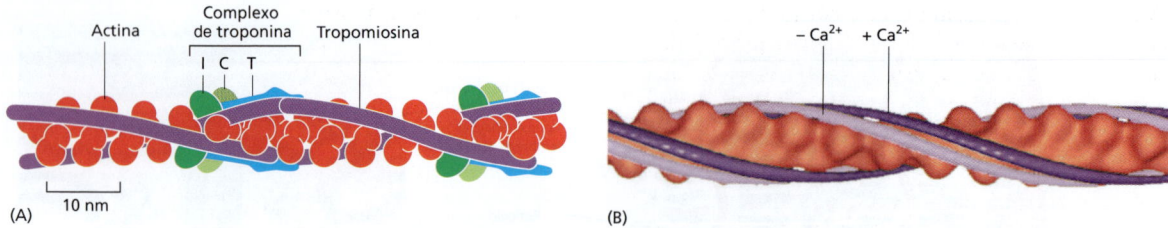

Figura 16-36 Controle da contração muscular esquelética pela troponina. (A) Um filamento delgado de uma célula muscular esquelética mostrando as posições da tropomiosina e da troponina sobre o filamento de actina. Cada molécula de tropomiosina possui sete regiões regularmente espaçadas com sequência semelhante de aminoácidos, tendo sido sugerido que cada uma possua capacidade de se ligar a uma subunidade de actina sobre o filamento. (B) Imagem de microscopia crioeletrônica reconstruída de um filamento de actina, mostrando a posição relativa de uma fita de tropomiosina sobreposta na presença (*roxo*) ou ausência (*lilás*) de cálcio. (A, adaptado de G.N. Phillips, J.P. Fillers e C. Cohen, *J. Mol. Biol.* 192:111–131, 1986. Com permissão de Academic Press; B, adaptado de C. Xu et al., *Biophys. J.* 77: 985–992, 1999. Com permissão de Elsevier.)

da molécula de tropomiosina à sua posição normal e permite que as cabeças de miosina deslizem sobre os filamentos de actina (**Figura 16-36**). A troponina C é intimamente relacionada à calmodulina, uma proteína de ligação a Ca^{2+} bastante comum (ver Figura 15-33); ela pode ser considerada uma forma especializada de calmodulina que adquiriu sítios de ligação para a troponina I e a troponina T, garantindo, desse modo, uma resposta extremamente rápida da miofibrila a elevações na concentração de Ca^{2+}.

Nas células musculares lisas, assim denominadas por não apresentarem as estriações regulares características dos músculos esqueléticos, a contração também é provocada por um influxo de íons cálcio, mas os mecanismos de regulação são diferentes. A musculatura lisa forma a porção contrátil do estômago, do intestino e do útero, assim como as paredes das artérias e diversas outras estruturas que requerem contrações lentas e por longos intervalos de tempo. O músculo liso é composto por camadas de células bastante longas e em formato de fuso, cada qual contendo um único núcleo. As células musculares lisas não expressam as troponinas. Em vez disso, níveis elevados de Ca^{2+} intracelular regulam a contração por um mecanismo dependente de calmodulina (**Figura 16-37**). A calmodulina ligada a Ca^{2+} ativa a cinase da cadeia leve da miosina

Figura 16-37 A contração do músculo liso. (A) Sob estimulação muscular devido à ativação de receptores de superfície, o Ca^{2+} liberado no citoplasma a partir do retículo sarcoplasmático (RS) liga-se à calmodulina (ver Figura 15-29). A calmodulina ligada ao Ca^{2+} liga-se, então, à cinase da cadeia leve da miosina (MLCK), que fosforila a cadeia leve da miosina, estimulando sua atividade. A miosina não muscular é regulada pelo mesmo mecanismo (ver Figura 16-39). (B) Células de músculo liso em uma seção transversal da parede intestinal de gato. A camada externa do músculo liso é orientada com o eixo longo de suas células, estendendo-se paralelamente ao longo do comprimento do intestino e, sob contração, provocará o encurtamento do intestino. A camada interna é orientada circularmente em torno do intestino e, quando contraída, fará o intestino se tornar mais estreito. A contração de ambas as camadas empurra o material através do intestino, em um movimento semelhante ao que ocorre ao apertarmos um tubo de pasta de dentes. (C) Um modelo para o aparelho contrátil em uma célula do músculo liso, com feixes de filamentos contráteis contendo actina e miosina (*vermelho*) orientados obliquamente em relação ao eixo longitudinal da célula. Sua contração encurta bastante a célula. Neste diagrama, os ângulos dos feixes estão exagerados para ilustrar esquematicamente o efeito da contração. Além disso, apenas alguns dos muitos feixes estão ilustrados. (B, cortesia de Gwen V. Childs.)

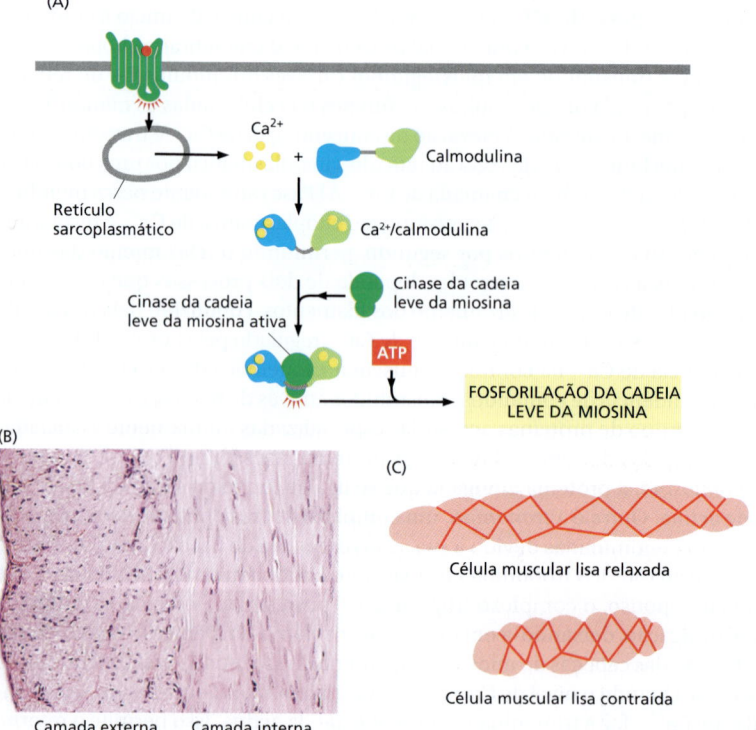

(MLCK), desse modo, induzindo a fosforilação de uma das duas cadeias leves da miosina do músculo liso. Quando a cadeia leve é fosforilada, a cabeça da miosina pode interagir com filamentos de actina e provocar a contração; quando ela é desfosforilada, as cabeças de miosina tendem a dissociar da actina, tornando-se inativas.

Os eventos de fosforilação que regulam a contração das células musculares lisas ocorrem de forma relativamente lenta, e a contração máxima frequentemente requer quase um segundo (em contraponto aos poucos milissegundos necessários à contração de uma célula muscular esquelética). No entanto, uma rápida ativação da contração não é importante para a musculatura lisa: sua miosina II hidrolisa ATP cerca de dez vezes mais lentamente que a miosina do músculo esquelético, produzindo um ciclo lento de alterações conformacionais da miosina que resulta em contração lenta.

O músculo cardíaco é uma delicada peça de engenharia

O coração é o músculo corporal que trabalha mais arduamente, contraindo cerca de 3 bilhões (3×10^9) de vezes ao longo da vida de um ser humano (**Animação 16.6**). Várias isoformas específicas de miosina muscular cardíaca e actina muscular cardíaca são expressas nas células do coração. Mesmo pequenas alterações nestas proteínas cardíacas contráteis específicas – alterações que não causariam quaisquer consequências visíveis em outros tecidos – podem causar doenças cardíacas graves (**Figura 16-38**).

O aparato contrátil cardíaco normal parece ser uma máquina tão delicada e finamente ajustada que uma mínima alteração em qualquer peça pode ser suficiente para levar a um gradual desgaste e destruição após vários anos de movimentos repetitivos. A *miocardiopatia hipertrófica familiar* é uma causa comum de morte súbita em atletas jovens. Ela é uma condição genética hereditária dominante que afeta aproximadamente dois em cada mil indivíduos e está associada ao aumento do tamanho do coração, vasos coronários anormalmente pequenos e distúrbios no ritmo cardíaco (arritmias cardíacas). A causa dessa condição é uma das mais de 40 pequenas mutações de ponto nos genes que codificam a cadeia pesada de miosina β cardíaca (quase todas provocando alterações no domínio motor ou próximo a ele) ou uma entre as aproximadamente 12 mutações descritas em outros genes que codificam proteínas contráteis – como as cadeias leves da miosina, a troponina cardíaca e a tropomiosina. As pequenas mutações troca de sentido no gene da actina cardíaca causam outro tipo de doença do coração, denominada *miocardiopatia dilatada*, que também pode resultar em insuficiência cardíaca precoce.

A actina e a miosina desempenham uma série de funções em células não musculares

A maioria das células não musculares contém pequenas quantidades de feixes de actina-miosina II contráteis que se formam transitoriamente sob condições específicas e são muito menos organizados do que as fibras musculares. Os feixes contráteis não musculares são regulados pela fosforilação da miosina, e não pelo mecanismo da troponina (**Figura 16-39**). Esses feixes contráteis fornecem suporte mecânico para as células, por exemplo, reunindo-se em **fibras de tração** corticais que conectam a célula à matriz extracelular através de *adesões focais* ou formando um *cinturão circunferencial* que envolve a célula epitelial e conecta-a às células adjacentes através de *junções aderentes* (discutidas no Capítulo 19). Conforme descrito no Capítulo 17, a actina e a miosina II presentes no *anel contrátil* geram a força para a citocinese, a fase final da divisão celular. Finalmente, como discutiremos adiante, os feixes contráteis também contribuem para a adesão e para o movimento de migração das células.

As células não musculares também expressam uma grande família de outras proteínas miosina, que têm diversas estruturas e funções na célula. Após a descoberta da miosina muscular convencional, um segundo membro da família foi encontrado na ameba de água doce *Acanthamoeba castellanii*. Essa proteína tinha uma estrutura de cauda diferente e parecia funcionar como um monômero e foi, portanto, nomeada *miosina I* (referência a uma cabeça). A miosina muscular convencional foi renomeada para *miosina II* (referência a duas cabeças). Subsequentemente, muitos outros tipos de miosinas foram descobertos. A cadeia pesada geralmente apresenta um domínio motor

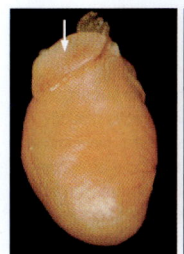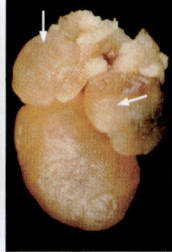

Figura 16-38 Efeito, no coração, de uma pequena mutação na miosina cardíaca. À *esquerda*, o coração normal de um camundongo com 6 dias de idade. À *direita*, o coração de um camundongo homozigoto para uma mutação pontual no gene da miosina cardíaca que provoca a mudança da Arg 403 para Gln. As setas indicam os átrios. No coração do camundongo com a mutação na miosina cardíaca, ambos os átrios estão bastante aumentados (hipertróficos). Este camundongo morre poucas semanas após seu nascimento. (De D. Fatkin et al., *J. Clin. Invest.* 103:147–153, 1999. Com permissão de The American Society for Clinical Investigation.)

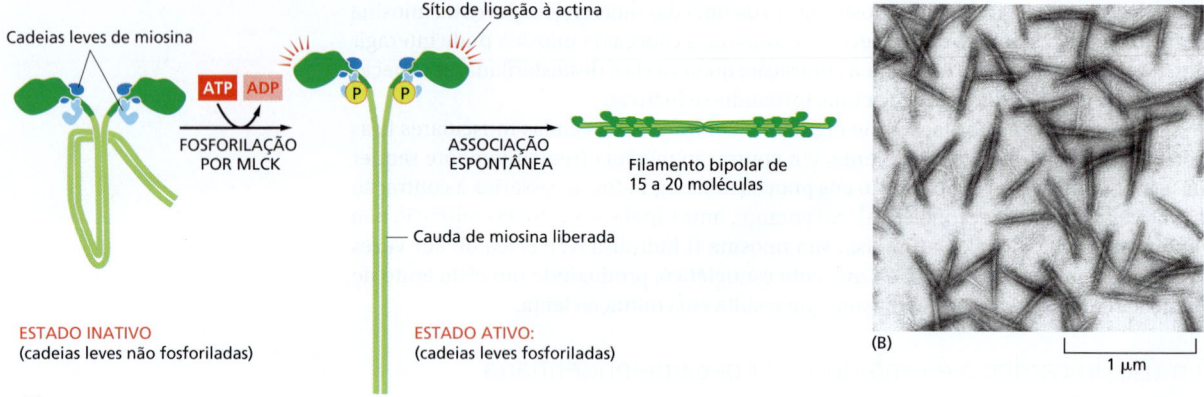

Figura 16-39 A fosforilação da cadeia leve e a regulação da polimerização da miosina II em filamentos espessos. (A) A fosforilação controlada pela enzima cinase da cadeia leve da miosina (MLCK) de uma das duas cadeias leves (a chamada cadeia leve reguladora, mostrada em *azul-claro*) em miosina II não muscular em um tubo de ensaio leva a, pelo menos, duas consequências: provoca uma mudança conformacional na cabeça da miosina, expondo seu sítio de ligação com actina, e libera a cauda de miosina de uma "placa de adesão" da cabeça da miosina, permitindo a associação das moléculas de miosina sob a forma de filamentos espessos, curtos e bipolares. O músculo liso é regulado pelo mesmo mecanismo (ver Figura 16-37). (B) Fotomicrografia eletrônica de filamentos curtos de miosina II corados negativamente que sofreram indução de associação *in vitro* pela fosforilação de suas cadeias leves. Esses filamentos de miosina II são muito menores do que os filamentos encontrados nas células musculares esqueléticas (ver Figura 16-27). (B, cortesia de John Kendrick-Jones.)

de miosina facilmente reconhecível na região N-terminal, e, então, diverge amplamente, apresentando uma grande variedade de domínios de cauda C-terminal (**Figura 16-40**). A família da miosina inclui uma série de membros de uma cabeça e de duas cabeças que são aproximadamente relacionados da mesma forma com a miosina I e com a miosina II, e a nomenclatura atual reflete aproximadamente a ordem de suas descobertas (da miosina III até pelo menos a miosina XVIII). As comparações entre as sequências de diversos eucariotos indicam que existem pelo menos 37 famílias distintas de miosina dentro dessa superfamília. Com uma única exceção, todas as miosinas se movem em direção à extremidade mais (+) do filamento de actina, no entanto suas velocidades de movimento são diferentes. A exceção é a miosina VI, que se move rumo à extremidade menos (−) do filamento. As caudas das miosinas (e as caudas das proteínas motoras em geral) aparentemente sofreram diversificação durante a evolução para permitir às proteínas a ligação a outras subunidades e para que possam interagir com diferentes cargas.

Algumas miosinas são encontradas apenas nas plantas, e algumas são encontradas apenas em vertebrados. A maioria, no entanto, está presente em todos os eucariotos, sugerindo que as miosinas surgiram cedo na evolução eucariótica. O genoma humano contém aproximadamente 40 genes da miosina. Nove das miosinas humanas são expressas predominante ou exclusivamente nas células pilosas do ouvido interno, e mutações em cinco delas são conhecidamente causadoras de surdez hereditária. Essas miosinas extremamente especializadas são importantes para a construção e função dos belos e complexos feixes de actina encontrados nos estereocílios que se estendem a partir da superfície apical destas células (ver Figura 9-51); essas protrusões celulares vibram em resposta ao som e convertem ondas sonoras em sinais elétricos.

Figura 16-40 Membros da superfamília da miosina. Uma comparação dos domínios estruturais das cadeias pesadas de alguns tipos de miosina. Todas as miosinas compartilham domínios motores similares (mostrados em *verde-escuro*), mas apresentam caudas C-terminais (em *verde-claro*) e extensões N-terminais (em *azul-claro*) muito diversas. À direita estão esquemas da estrutura molecular de membros desta família. Muitas miosinas formam dímeros, com dois domínios motores por molécula, mas algumas (como é o caso das miosinas I, III e XIV) parecem atuar como monômeros, contendo um único domínio motor. A miosina VI, apesar de se apresentar estruturalmente similar aos outros membros da família, é a única que se move em direção à extremidade menos (−) (em vez de mover-se em direção à extremidade mais [+]) sobre um filamento de actina. A pequena inserção existente no interior do seu domínio motor de cabeça, específica desta miosina, é provavelmente a responsável pela mudança de direção no movimento.

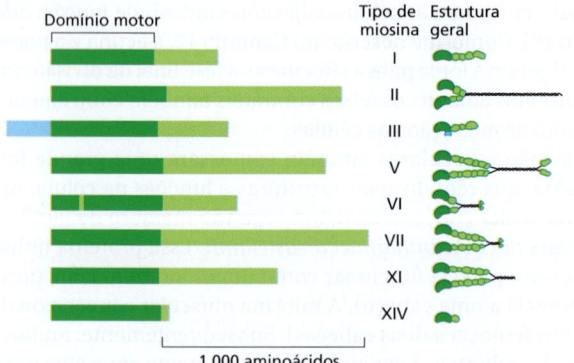

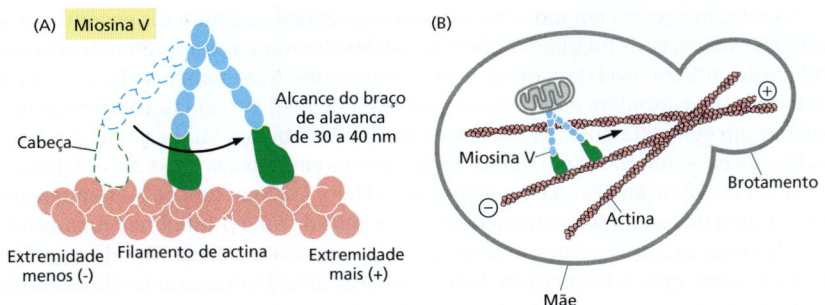

Figura 16-41 A miosina V transporta cargas sobre os filamentos de actina. (A) O braço de alavanca da miosina V é longo, permitindo-lhe dar um passo maior do que o dado pela miosina II, sobre o filamento de actina (ver Figura 16-29). (B) A miosina V transporta cargas e organelas ao longo dos filamentos de actina, neste exemplo, ela está transportando uma mitocôndria para o broto em crescimento de uma célula de levedura.

As funções da maioria das miosinas ainda não foram determinadas, mas várias dessas moléculas já foram bem caracterizadas. As proteínas miosina I frequentemente contêm um segundo sítio de ligação à actina ou um sítio de ligação à membrana em suas caudas, e estão geralmente envolvidas na organização intracelular – incluindo a protrusão de estruturas ricas em actina na superfície da célula, tais como as microvilosidades (ver Painel 16-1 e Figura 16-4), e a endocitose. A miosina V é uma miosina de duas cabeças que apresenta uma grande amplitude de passo (**Figura 16-41A**) e está envolvida no transporte das organelas ao longo dos filamentos de actina. Em contraste com as proteínas motoras de miosina II, que trabalham em conjunto e estão conectadas apenas transitoriamente aos filamentos de actina para não interferirem umas nas outras, a miosina V move-se continuamente, ou *processivamente*, ao longo dos filamentos de actina sem se dissociar. As funções da miosina V são bem estudadas na levedura *Saccharomyces cerevisiae*, que sofre um padrão de crescimento e divisão típico chamado de brotamento. Os filamentos de actina na célula-mãe apontam em direção ao broto, onde a actina está concentrada em regiões nas quais o crescimento da parede celular está ocorrendo. As proteínas motoras miosina V transportam uma vasta gama de cargas – incluindo mRNA, retículo endoplasmático e vesículas secretoras – ao longo dos filamentos de actina, para o interior dos brotos. Além disso, a miosina V medeia a distribuição correta das organelas, como peroxissomos e mitocôndrias, entre as células mãe e filha (ver **Figura 16-41B**).

Resumo

Usando o seu domínio do pescoço como um braço de alavanca, as miosinas convertem a hidrólise de ATP em trabalho mecânico possibilitando seu movimento gradual sobre os filamentos de actina. O músculo esquelético é composto por miofibrilas contendo milhares de sarcômeros formados a partir de arranjos altamente organizados de filamentos de actina e de miosina II, juntamente com diversas proteínas acessórias. A contração muscular é estimulada pelo cálcio, que provoca o movimento da proteína tropomiosina associada ao filamento de actina, revelando sítios de ligação à miosina e permitindo que os filamentos deslizem uns sobre os outros. O músculo liso e as células não musculares possuem feixes contráteis de actina e miosina menos organizados, que são regulados por fosforilação da cadeia leve da miosina. A miosina V transporta cargas se deslocando sobre os filamentos de actina.

MICROTÚBULOS

Os microtúbulos são estruturalmente mais complexos do que os filamentos de actina, mas eles também são altamente dinâmicos e desempenham funções comparativamente diversas e importantes para a célula. Os microtúbulos são polímeros da proteína **tubulina**. A subunidade de tubulina é, em si, um heterodímero formado por duas proteínas globulares intimamente relacionadas chamadas α-*tubulina* e β-*tubulina*, cada uma composta por 445 a 450 aminoácidos, sendo as subunidades firmemente unidas por ligações não covalentes (**Figura 16-42A**). Essas duas proteínas tubulina são encontradas apenas nesse heterodímero, e cada monômero α ou β tem um sítio de ligação para uma molécula de GTP. O GTP ligado à α-tubulina encontra-se fisicamente ligado à interface do dímero e nunca é hidrolisado ou substituído; ele pode, portanto, ser considerado parte integrante da estrutura do heterodímero de tubulina. O nucleotídeo na β-tubulina, em contraste, pode estar sob a forma de GTP ou GDP e é passível de substituição no dímero de tubulina solúvel (não polimerizado).

A tubulina ocorre em todas as células eucarióticas, podendo ser encontrada sob múltiplas isoformas. As tubulinas de levedura e de seres humanos apresentam uma similaridade de 75% em nível da sequência de aminoácidos. Nos mamíferos há pelo menos seis formas de α-tubulina e um número semelhante de β-tubulinas, cada uma codificada por um gene diferente. As diferentes formas de tubulina são bastante similares e geralmente copolimerizam em microtúbulos mistos em testes *in vitro*. No entanto, elas podem ter distribuição distinta nas células e tecidos e executar funções sutilmente diferentes. Como um exemplo, as mutações em um gene de uma β-tubulina humana específica dão origem a um transtorno de paralisia do movimento ocular devido à perda da função do nervo óptico. Numerosas doenças neurológicas humanas têm sido associadas a mutações específicas nos diferentes genes de tubulina.

Os microtúbulos são tubos ocos compostos a partir de protofilamentos

Um microtúbulo é uma estrutura cilíndrica oca construída a partir de 13 protofilamentos paralelos, cada um composto de heterodímeros de αβ-tubulina empilhados cabeça à cauda e enoveladas em forma de um tubo (**Figura 16-42B-D**). A polimerização do microtúbulo gera dois novos tipos de contatos entre proteínas. Ao longo do eixo longitudinal do microtúbulo, o "topo" de uma molécula de β-tubulina forma uma interface com a "base" de uma molécula de α-tubulina da subunidade heterodimérica adjacente. Essa interface assemelha-se bastante à interface que mantém os monômeros α e β unidos na subunidade dimérica e apresenta uma alta energia de ligação. Perpendicularmente a essas interações, são formados contatos laterais entre protofilamentos vizinhos. Nessa dimensão, os

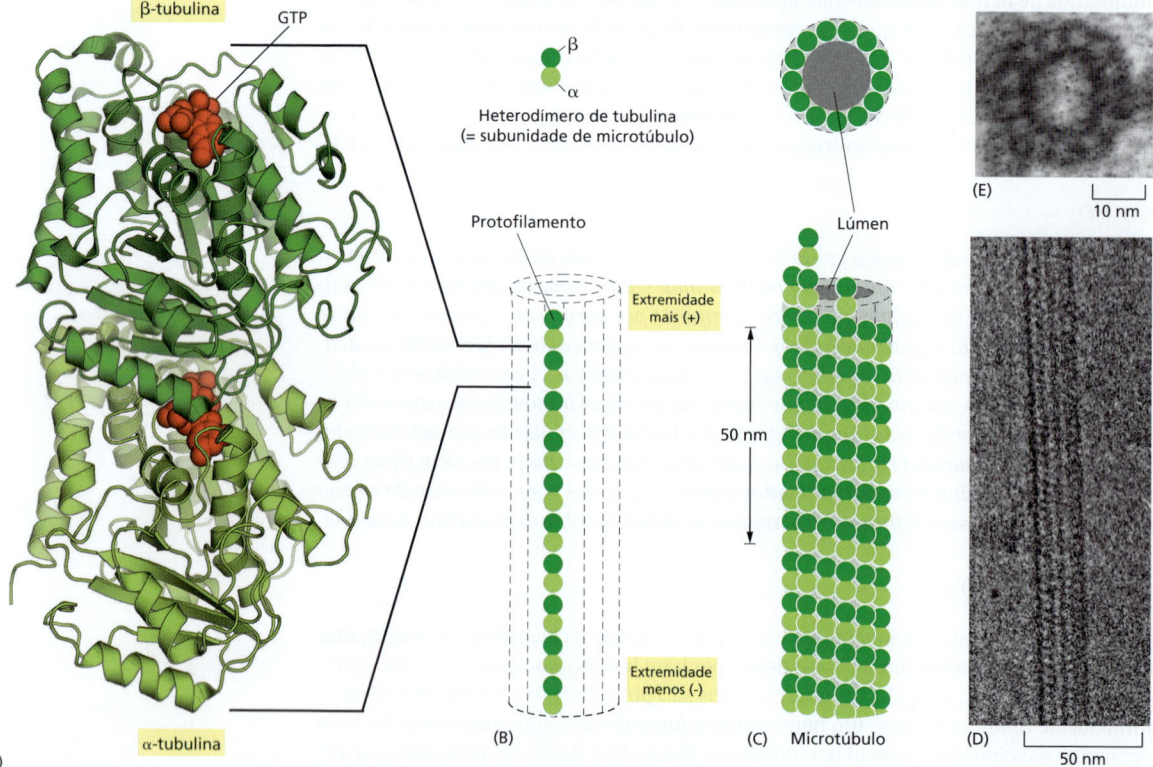

Figura 16-42 Estrutura de um microtúbulo e de suas subunidades. (A) A subunidade de cada protofilamento é um heterodímero de tubulina, formado por um par de monômeros de α e β-tubulina ligados com alta afinidade. A molécula de GTP no monômero de α-tubulina está tão fortemente associada que pode ser considerada como parte integrante da proteína. A molécula de GTP no monômero de β-tubulina, no entanto, apresenta uma associação de menor afinidade e desempenha papel importante na dinâmica do filamento. Ambos os nucleotídeos estão apresentados em *vermelho*. (B) Uma subunidade de tubulina (heterodímero αβ) e um protofilamento estão apresentados esquematicamente. Cada protofilamento consiste em diversas subunidades adjacentes com a mesma orientação. (C) O microtúbulo é um cilindro oco rígido formado por 13 protofilamentos alinhados paralelamente. (D) Um segmento curto de microtúbulo, visto em microscopia eletrônica. (E) Fotomicrografia eletrônica de uma secção transversal de um microtúbulo mostrando um anel de 13 protofilamentos distintos. (D, cortesia de Richard Wade; E, cortesia de Richard Linck.)

principais contatos laterais ocorrem entre monômeros de mesmo tipo (α–α e β–β). Como os contatos longitudinais e laterais são repetidos durante a polimerização, um leve desemparelhamento entre os contatos laterais dá origem à rede de microtúbulos helicoidal. Visto que múltiplos contatos nesse arranjo mantêm unidas a maior parte das subunidades de um microtúbulo, a adição ou a perda de subunidades ocorre quase exclusivamente nas extremidades do microtúbulo (ver Figura 16-5). Esses contatos múltiplos entre subunidades fazem os microtúbulos serem rígidos e difíceis de serem flexionados. O comprimento de persistência de um microtúbulo é de vários milímetros, o que os torna os elementos estruturais mais rijos e resistentes encontrados na maioria das células animais.

Cada um dos protofilamentos de um microtúbulo é polimerizado a partir de subunidades que apontam para a mesma direção, sendo os protofilamentos, eles próprios, alinhados paralelamente (ver Figura 16-42). Portanto, a própria rede de microtúbulos tem uma polaridade estrutural distinta, com as α-tubulinas expostas na extremidade menos e as β-tubulinas expostas na extremidade mais. Da mesma forma que para os filamentos de actina, a orientação regular e paralela de suas subunidades dá origem à polaridade estrutural e dinâmica dos microtúbulos (**Figura 16-43**), com as extremidades mais (+) crescendo e encolhendo mais rapidamente.

Microtúbulos sofrem instabilidade dinâmica

A dinâmica dos microtúbulos, como a dos filamentos de actina, é profundamente influenciada pela ligação e hidrólise de nucleotídeos – neste caso, GTP. A hidrólise do GTP ocorre apenas na subunidade de β-tubulina do dímero de tubulina. Ela procede muito lentamente em subunidades livres de tubulina, mas é acelerada quando essas subunidades estão incorporadas em microtúbulos. Após a hidrólise do GTP, o grupo fosfato livre é liberado e o GDP permanece ligado à β-tubulina na rede dos microtúbulos. Assim, como no caso dos filamentos de actina, dois tipos diferentes de estruturas de microtúbulos podem existir, uma com a "forma T" do nucleotídeo ligada (GTP) e uma com a "forma D" ligada (GDP). A energia da hidrólise de nucleotídeos é armazenada como deformação elástica na rede de polímero, tornando a variação de energia livre para a dissociação de uma subunidade a partir da forma D do polímero mais negativa do que a variação de energia livre para a dissociação de uma subunidade da forma T do polímero. Como consequência, a razão entre k_{off}/k_{on} da tubulina GDP (sua concentração crítica [$C_c(D)$]) é muito maior do que a da tubulina GTP. Desse modo, sob condições fisiológicas, a tubulina GTP tende a polimerizar e a tubulina GDP tende a despolimerizar.

As velocidades relativas de hidrólise de GTP e adição de tubulina definem se as subunidades de tubulina na extremidade de um microtúbulo estarão sob a forma T ou D. Se a taxa de adição de subunidades for alta – e, portanto, o filamento está crescendo rapidamente –, é provável que uma nova subunidade seja adicionada ao polímero antes que o nucleotídeo da subunidade anteriormente adicionada seja hidrolisado. Nesse caso, a extremidade do polímero permanecerá sob a forma T, originando uma *capa de GTP*. Entretanto, se a taxa de adição de subunidades é baixa, a hidrólise poderá ocorrer antes da adição da próxima subunidade, e a extremidade do filamento se apresentará sob a forma D. Se subunidades de tubulina GTP são adicionadas à extremidade do microtúbulo a uma taxa semelhante à taxa de hidrólise de GTP, a hidrólise poderá, eventualmente, "alcançar" a velocidade de adição de subunidades e transformar a extremidade em uma forma D. Essa transformação é súbita e aleatória, seguindo uma determinada probabilidade por unidade de tempo, que depende da concentração de subunidades livres de tubulina GDP.

Suponha que a concentração de tubulina livre seja intermediária entre a concentração crítica de uma extremidade de forma T e a concentração crítica de uma extremidade de forma D (i.e., acima da concentração necessária para a adição da forma T, mas abaixo daquela para a forma D). Nesse momento, qualquer extremidade que esteja sob a forma T sofrerá crescimento, ao passo que qualquer extremidade que esteja sob a forma D apre-

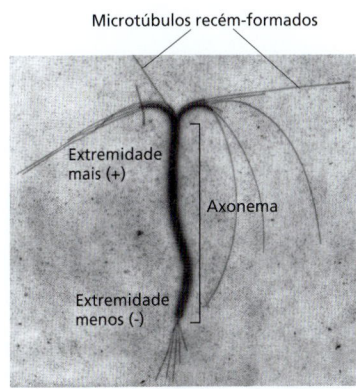

Figura 16-43 O crescimento preferencial de microtúbulos ocorre na extremidade mais (+). Os microtúbulos crescem mais rapidamente em uma das extremidades, em comparação à extremidade oposta. Um feixe estável de microtúbulos obtido a partir do núcleo de um cílio (chamado um axonema) foi incubado durante um curto período de tempo com subunidades de tubulina sob condições de polimerização. Os microtúbulos crescem mais rapidamente na extremidade mais (+) do feixe, a extremidade que se encontra na parte *superior* desta fotomicrografia. (Cortesia de Gary Borisy.)

sentará dissociação e consequente encurtamento. Em um determinado filamento, uma extremidade sob a forma T poderá crescer durante um dado período de tempo, mas então repentinamente mudar para a forma D e começar a encurtar de forma rápida, mesmo considerando que a concentração de subunidades livres tenha se mantido constante. Algum tempo depois, este filamento pode readquirir a forma T e começar a crescer novamente. Esta rápida interconversão entre um estado de crescimento e de encurtamento, sob uma concentração uniforme de subunidades livre, é chamada **instabilidade dinâmica** (**Figuras 16-44A** e **16-45**; ver Painel 16-2). A mudança do crescimento para o encurtamento é chamada de *catástrofe*, enquanto a mudança para o crescimento é chamada de *resgate*.

Em uma população de microtúbulos, em um dado instante, algumas extremidades estão sob a forma T ao passo que outras se encontram sob a forma D, em uma razão dependente da taxa de hidrólise e da concentração de subunidades. *In vitro*, a diferença estrutural entre as extremidades de forma T e as extremidades de forma D é marcante. As subunidades de tubulina com GTP ligado ao monômero β produzem protofilamentos retos que interagem entre si por contatos laterais fortes e regulares. A hidrólise de GTP para GDP está associada, no entanto, a uma discreta alteração conformacional na proteína, que provoca uma flexão nos protofilamentos (**Figura 16-44B**). Em um microtúbulo em rápido crescimento, a capa de GTP parece restringir a curvatura dos protofilamentos, e as extremidades parecem lineares. No entanto, quando as subunidades terminais têm seus nucleotídeos hidrolisados, essa restrição é abolida, e os protofilamentos curvos afastam-se. Essa liberação cooperativa da energia de hidrólise armazenada no arranjo de microtúbulos resulta em uma rápida dissociação dos protofilamentos curvos, podendo ser observados oligômeros curvos de tubulina contendo GDP nas proximidades dos microtúbulos em processo de despolimerização (**Figura 16-44C**).

As funções dos microtúbulos são inibidas por fármacos estabilizadores e desestabilizadores dos polímeros

Os compostos químicos que prejudicam a polimerização ou a despolimerização dos microtúbulos são ferramentas poderosas para a investigação do papel desses polímeros em células. Enquanto a *colchicina* e o *nocodazol* interagem com subunidades de tubulina e levam à despolimerização dos microtúbulos, o paclitaxel se liga aos microtúbulos estabilizando-os, o que leva a um aumento líquido da polimerização da tubulina (ver Tabela 16-1). Os fármacos desse tipo provocam um rápido e intenso efeito sobre a organização dos microtúbulos das células vivas. Tanto os fármacos de despolimerização dos microtúbulos (como o nocodazol) quanto os fármacos de polimerização de microtúbulos (como o paclitaxel) matam preferencialmente as células em divisão, visto que microtúbulos dinâmicos são essenciais para o correto funcionamento do fuso mitótico (discutido no Capítulo 17). Alguns desses fármacos matam de maneira eficiente certos tipos de células tumorais em pacientes humanos, apesar de apresentarem um determinado grau de toxicidade para as células normais que apresentam uma alta taxa de divisão, como é o caso das células da medula óssea, do intestino e dos folículos pilosos. O paclitaxel, especificamente, tem sido amplamente utilizado no tratamento de câncer de mama e de pulmão, com frequência atingindo sucesso no tratamento de tumores resistentes a outros agentes quimioterápicos.

Um complexo proteico contendo γ-tubulina promove a nucleação dos microtúbulos

Visto que a formação de um microtúbulo requer a interação de vários heterodímeros de tubulina, a concentração das subunidades de tubulina necessária para a nucleação espontânea de microtúbulos é muito alta. Portanto, a nucleação dos microtúbulos requer a ajuda de outros fatores. Enquanto α e β-tubulinas são unidades fundamentais dos microtúbulos, outro tipo de tubulina, chamado *γ-tubulina*, está presente em quantidades muito menores do que α e β-tubulina e está envolvido na nucleação do crescimento dos microtúbulos em diferentes organismos, que variam de leveduras a seres humanos. Os microtúbulos são geralmente nucleados a partir de uma localização intracelular específica conhecida como um **centro organizador dos microtúbulos (MTOC)** onde γ-tubulina é encontrada em maior concentração. A nucleação depende em muitos casos do **complexo do anel da γ-tubulina (γ-TuRC)**. Dentro desse complexo, duas proteínas

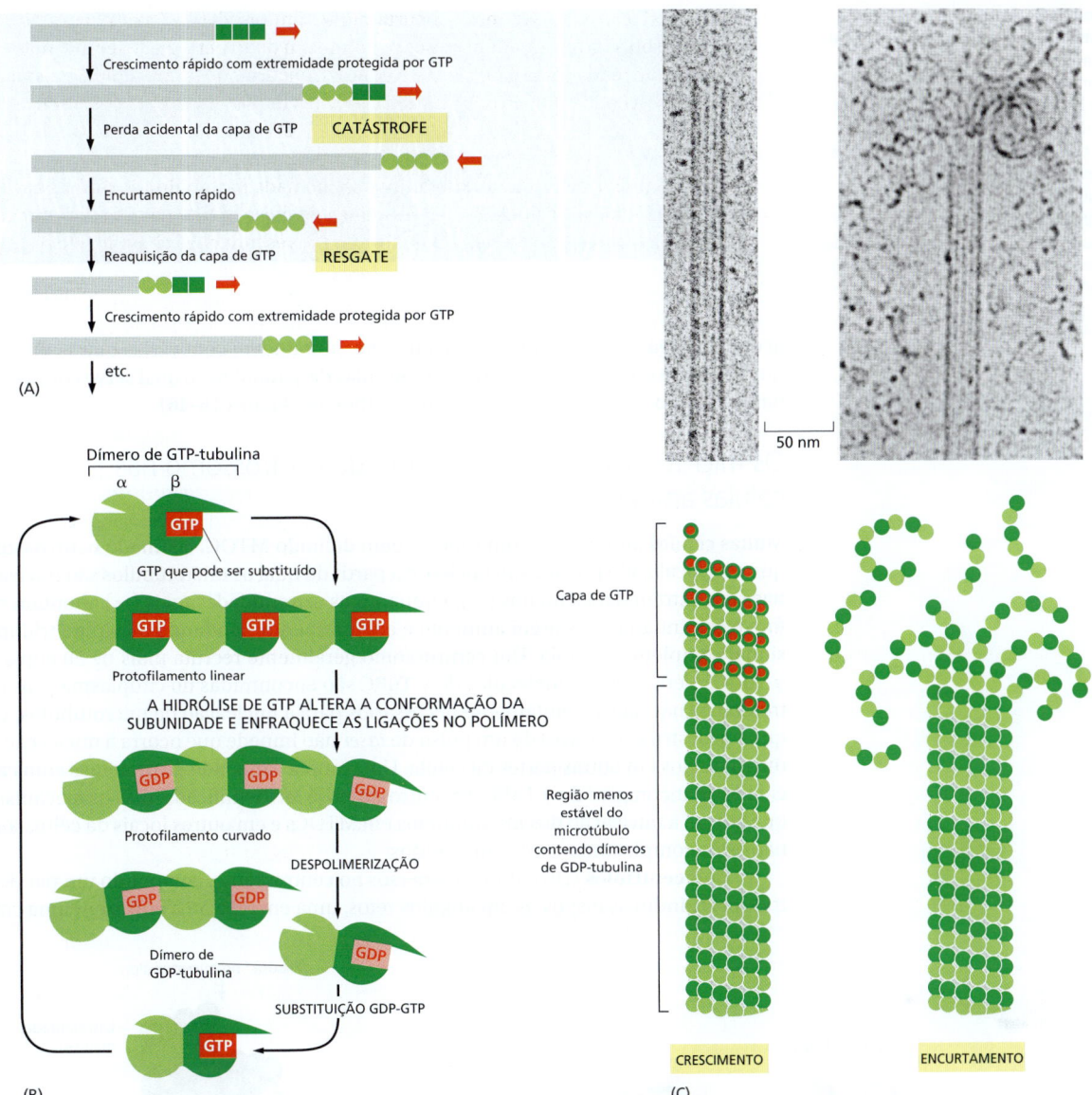

Figura 16-44 Instabilidade dinâmica devido a diferenças estruturais entre as extremidades do microtúbulo que estão sob crescimento e encurtamento. (A) Se a concentração de tubulina livre em solução está entre as concentrações críticas das formas ligadas a GTP e a GDP, uma extremidade individual de um microtúbulo pode sofrer transições entre um estado de crescimento e um estado de encurtamento. Um microtúbulo em crescimento possui subunidades com GTP em sua extremidade, formando uma proteção, ou capa, de GTP. Se a hidrólise de nucleotídeos ocorre mais rapidamente do que a adição de subunidades, essa proteção é perdida, e o microtúbulo começa a sofrer encurtamento, em um evento denominado "catástrofe". No entanto, subunidades com GTP ainda podem ser adicionadas à extremidade que está sob encurtamento e, se inseridas subunidades suficientes para formar uma nova capa, o microtúbulo retoma o crescimento em um evento chamado de "resgate". (B) Modelo para as consequências estruturais da hidrólise de GTP na estrutura do microtúbulo. A adição de subunidades de tubulina contendo GTP à extremidade de um protofilamento provoca o crescimento linear deste, que poderá facilmente adotar a forma da parede cilíndrica do microtúbulo. A hidrólise de GTP, após a polimerização, modifica a conformação das subunidades e tende a forçar uma flexão do protofilamento, tornando-o menos eficiente na formação da parede do microtúbulo. (C) Em um microtúbulo intacto, protofilamentos formados de subunidades com GDP são forçados a adotar uma conformação linear devido à existência de muitas ligações laterais dentro da parede do microtúbulo, o que leva à formação de uma capa estável de subunidades contendo GTP. A perda da capa de GTP, no entanto, permite o relaxamento dos protofilamentos com GDP que adquirem a conformação mais curvada. Isso leva a uma disrupção progressiva do microtúbulo. Acima dos desenhos que esquematizam microtúbulos em crescimento e em encurtamento, fotomicrografias eletrônicas mostram microtúbulos reais em cada um desses dois estados. Observe particularmente os protofilamentos curvados de subunidades de GDP que estão desintegrando-se na extremidade do microtúbulo em encurtamento. (C, de E.M. Mandelkow, E. Mandelkow e R.A. Milligan, *J. Cell Biol.* 114:977–991, 1991. Com permissão de The Rockefeller University Press.)

Figura 16-45 A observação direta da instabilidade dinâmica dos microtúbulos em uma célula viva. Microtúbulos em uma célula epitelial pulmonar de um tritão foram observados após a célula ter sido injetada com uma pequena quantidade de tubulina marcada com rodamina. Observe a instabilidade dinâmica dos microtúbulos na borda da célula. Quatro microtúbulos foram indicados individualmente para facilitar esta observação: cada um deles mostra padrões alternados de crescimento e encurtamento (Animação 16.1). (Cortesia de Wendy C. Salmon e Clare Waterman-Storer.)

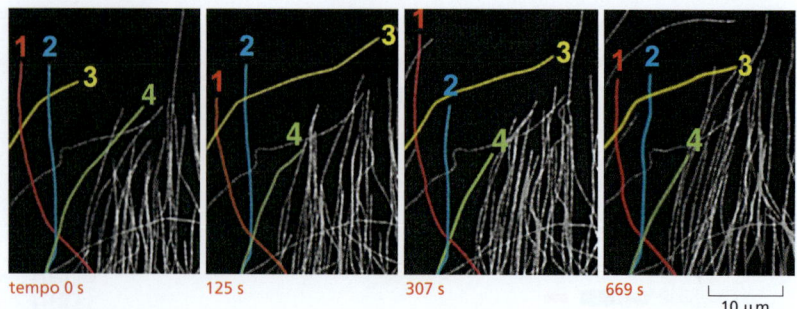

acessórias ligam-se diretamente à γ-tubulina, juntamente com várias outras proteínas que ajudam a criar um anel espiral de moléculas de γ-tubulina, o qual serve como molde para gerar um microtúbulo com 13 protofilamentos (Figura 16-46).

Os microtúbulos irradiam a partir do centrossomo nas células animais

Muitas células animais têm um único e bem definido MTOC, chamado **centrossomo**, que está localizado próximo ao núcleo, e a partir do qual os microtúbulos são nucleados nas suas extremidades menos (−), enquanto as extremidades mais (+) apontam para fora e continuamente sofrem aumento e encurtamento, sondando o volume tridimensional completo da célula. Um centrossomo geralmente recruta mais de 50 cópias de γ-TuRC. Além disso, as moléculas de γ-TuRC são encontradas no citoplasma, e os centrossomos não são absolutamente necessários para a nucleação de microtúbulos, visto que sua destruição através de um pulso de *laser* não impede que ocorra a nucleação dos microtúbulos em outras partes da célula. Uma ampla variedade de proteínas com capacidade de ancoragem do γ-TuRC no centrossomo já foi identificada, mas os mecanismos que ativam a nucleação dos microtúbulos em MTOCs e em outros locais da célula ainda não estão completamente compreendidos.

Dois **centríolos** encontram-se imersos no centrossomo, compondo um par de estruturas cilíndricas dispostas em ângulos retos, uma em relação à outra, em uma confi-

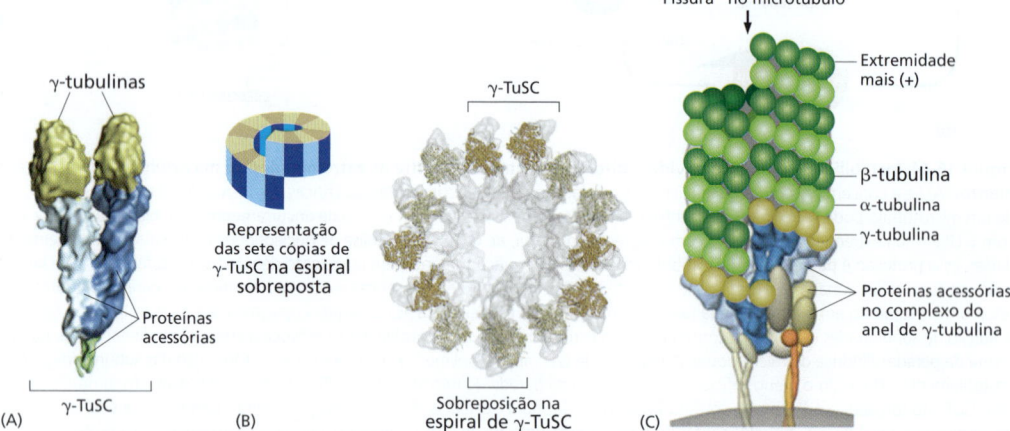

Figura 16-46 Nucleação de microtúbulos pelo complexo do anel da γ-tubulina. (A) Duas cópias de γ-tubulina associam-se a um par de proteínas acessórias para formar o complexo pequeno de γ-tubulina (γ-TuSC). Esta imagem foi gerada por microscopia eletrônica de alta resolução de complexos purificados individuais. (B) Sete cópias de γ-TuSC associam-se para formar uma estrutura em espiral em que a última γ-tubulina se encontra abaixo da primeira, resultando em 13 subunidades de γ-tubulina expostas em uma orientação circular que corresponde à orientação dos 13 protofilamentos em um microtúbulo. (C) Em muitos tipos de células, as espirais de γ-TuSC se associam a proteínas acessórias adicionais para formar o complexo do anel da γ-tubulina (γ-TuRC), que é capaz de promover a nucleação da extremidade menos (−) de um microtúbulo, como ilustrado. Observe a descontinuidade longitudinal entre dois protofilamentos, que resulta da orientação em espiral das subunidades de γ-tubulina. Os microtúbulos geralmente possuem uma dessas "fissuras", quebrando a uniformidade do empacotamento helicoidal de protofilamentos. (A e B, de J.M. Kollman et al., *Nature* 466:879–883, 2010. Com permissão de Macmillan Publishers Ltd.)

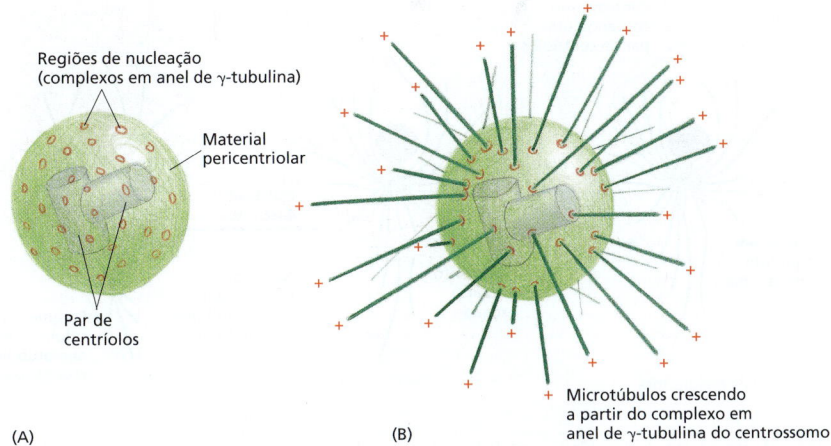
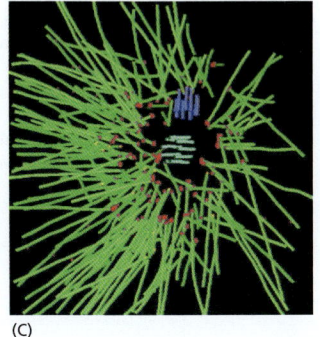

Figura 16-47 O centrossomo. (A) O centrossomo é o principal MTOC nas células animais. Localizado no citoplasma, próximo ao núcleo, ele consiste em uma matriz amorfa de proteínas fibrosas às quais os complexos em anel da γ-tubulina que irão nuclear o crescimento de microtúbulos estão ligados. Essa matriz é organizada por um par de centríolos, conforme descrito no texto. (B) Um centrossomo com microtúbulos ligados. A extremidade menos (−) de cada microtúbulo está inserida no centrossomo, tendo crescido a partir de um complexo em anel da γ-tubulina, ao passo que a extremidade mais (+) de cada microtúbulo encontra-se livre no citoplasma. (C) Em uma imagem reconstruída de MTOC de uma célula de *C. elegans*, pode ser observado um denso emaranhado de microtúbulos que emana de um centrossomo. (C, de E.T. O'Toole et al., *J. Cell Biol.* 163:451–456, 2003. Com permissão dos autores.)

guração em forma de L (**Figura 16-47**). Um centríolo consiste em um arranjo cilíndrico de microtúbulos curtos e modificados, dispostos em forma de barril e apresentando uma impressionante simetria nonamérica (**Figura 16-48**). Juntamente com um grande número de proteínas acessórias, os centríolos organizam o *material pericentriolar*, onde ocorre a nucleação dos microtúbulos. Conforme descrito no Capítulo 17, os centrossomos duplicam-se e dividem-se antes da mitose, cada metade contendo um par de centríolos duplicados. Os dois centrossomos se movem para lados opostos do núcleo no início da mitose e originam os dois pólos do fuso mitótico (ver Painel 17-1).

A organização dos microtúbulos varia muito entre diferentes espécies e tipos de células. Em leveduras de brotamento, os microtúbulos são nucleados em um MTOC que está inserido no envelope nuclear, sob a forma de uma pequena estrutura multicamada denominada *corpo polar do fuso*, que é também encontrada em outros fungos e diatomáceas. As células de plantas superiores parecem nuclear microtúbulos em locais distribuídos por todo o envelope nuclear e no córtex celular. Nem os fungos e nem a maioria

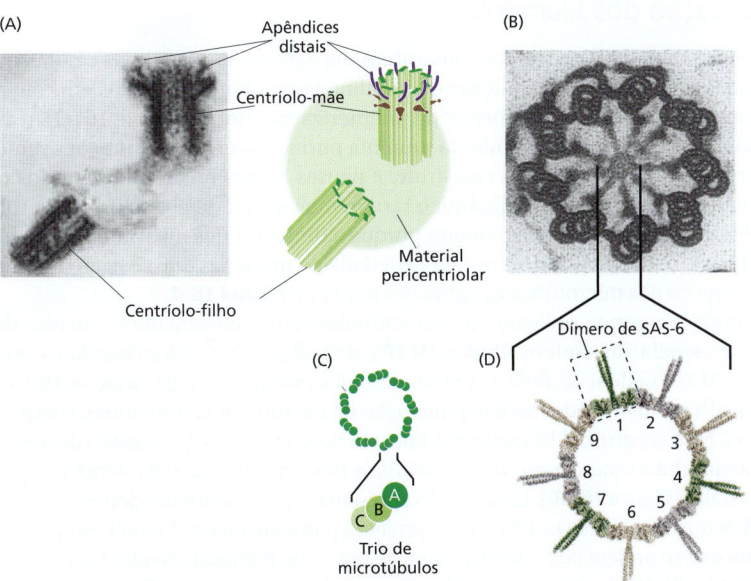

Figura 16-48 Um par de centríolos no centrossomo. (A) Uma fotomicrografia eletrônica de um corte fino de um centrossomo isolado mostrando o centríolo-mãe com seus apêndices distais e o centríolo-filho adjacente, que se formou através de um evento de duplicação durante a fase S (ver Figura 17-26). No centrossomo, um par de centríolos está rodeado por uma matriz densa de material pericentriolar a partir da qual ocorre a nucleação dos microtúbulos. Os centríolos também atuam como corpos basais para a nucleação dos axonemas ciliares (ver Figura 16-68). (B) Fotomicrografia eletrônica de um corte transversal através de um centríolo no córtex de um protozoário. Cada centríolo é composto por nove conjuntos de trios de microtúbulos dispostos sob a forma de um cilindro. (C) Cada trio contém um microtúbulo completo (um microtúbulo A) fusionado a dois microtúbulos incompletos (os microtúbulos B e C). (D) A proteína centriolar SAS-6 forma um dímero supertorcido. Nove dímeros SAS-6 podem associar-se para formar um anel. Localizado no núcleo da estrutura em forma de carretel, acredita-se que o anel SAS-6 seja responsável pela simetria nonamérica do centríolo. (A, de M. Paintrand, et al. *J. Struct. Biol.* 108:107, 1992. Com permissão de Elsevier; B, cortesia de Richard Linck; D, cortesia de Michel Steinmetz.)

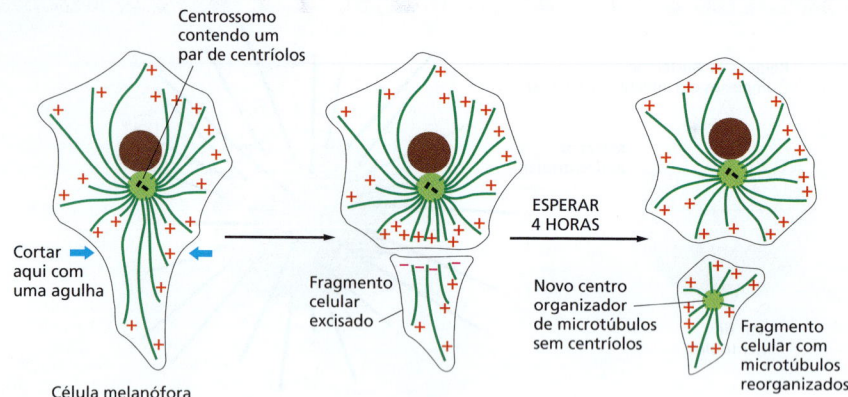

Figura 16-49 Um arranjo de microtúbulos pode localizar o centro de uma célula. Após a retirada, com o auxílio de uma agulha, de uma parte de uma célula pigmentar de peixe, os microtúbulos presentes no fragmento celular isolado reorganizam-se de tal modo que suas extremidades menos (−) se posicionam na sua região central, no interior de um novo centro organizador de microtúbulos.

das células vegetais contêm centríolos. Apesar dessas diferenças, todas essas células parecem usar γ-tubulina para nuclear seus microtúbulos.

Em células animais em cultura, a configuração semelhante a uma estrela dos microtúbulos é robusta, com extremidades mais (+), dinâmicas, apontando para a periferia da célula e extremidades menos (−), estáveis, recolhidas próximo ao núcleo. O sistema de microtúbulos que irradia a partir do centrossomo atua como um aparelho que vigia os limites celulares e posiciona o centrossomo na região central da célula. Mesmo em um fragmento isolado de células sem o centrossomo, microtúbulos dinâmicos organizam-se em um arranjo em forma de estrela com as extremidades menos dos microtúbulos agrupadas no centro do arranjo devido a proteínas de ligação à extremidade menos (**Figura 16-49**). Essa capacidade que o citoesqueleto dos microtúbulos possui de localizar o centro da célula estabelece um sistema geral coordenado, que é, então, utilizado para posicionar as diferentes organelas no interior da célula. As células altamente especializadas, com morfologias complexas, como os neurônios, as células musculares e as células epiteliais devem utilizar mecanismos adicionais de medida no estabelecimento de seus sistemas coordenados internos mais elaborados. Assim, por exemplo, quando uma célula epitelial forma junções célula-célula e torna-se altamente polarizada, as extremidades menos (−) dos microtúbulos são movidas para uma região próxima à membrana plasmática apical. A partir dessa localização assimétrica, um arranjo de microtúbulos se estende ao longo do eixo do comprimento da célula, com suas extremidades mais (+) voltadas para a superfície basal (ver Figura 16-4).

Proteínas de ligação aos microtúbulos modulam a dinâmica e a organização dos filamentos

A dinâmica da polimerização dos microtúbulos é muito diferente nas células quando comparada à dinâmica em soluções de tubulina pura. Os microtúbulos em células exibem uma velocidade muito superior de polimerização (normalmente 10 a 15 μm/min, em relação a cerca de 1,5 μm/min da tubulina purificada em concentrações semelhantes), uma frequência maior de catástrofe, e pausas longas no crescimento dos microtúbulos, um comportamento dinâmico raramente observado em soluções de tubulina pura. Essas e outras diferenças surgem porque a dinâmica dos microtúbulos no interior das células é regulada por uma ampla variedade de proteínas que se ligam aos dímeros de tubulina ou aos microtúbulos, como resumido no **Painel 16-4**.

As proteínas que se ligam aos microtúbulos são coletivamente chamadas de **proteínas de associação a microtúbulos** (**MAPs**; do inglês, *microtubule-associated proteins*). Algumas MAPs podem estabilizar os microtúbulos evitando sua dissociação. Um subgrupo de MAPs também pode mediar a interação de microtúbulos com outros componentes celulares. Esse subgrupo é bastante presente em neurônios, nos quais feixes de microtúbulos estabilizados formam o centro dos axônios e dos dendritos que se estendem a partir do corpo celular (**Figura 16-50**). Essas MAPs apresentam pelo menos um domínio de ligação à superfície do microtúbulo e outro que se projeta a partir do microtúbulo. O comprimento do domínio que se projeta pode determinar a distância de empacotamento dos microtúbulos associados pela MAP, como demonstrado em células que foram modificadas para a super-

PAINEL 16-4 Microtúbulos

MICROTÚBULOS

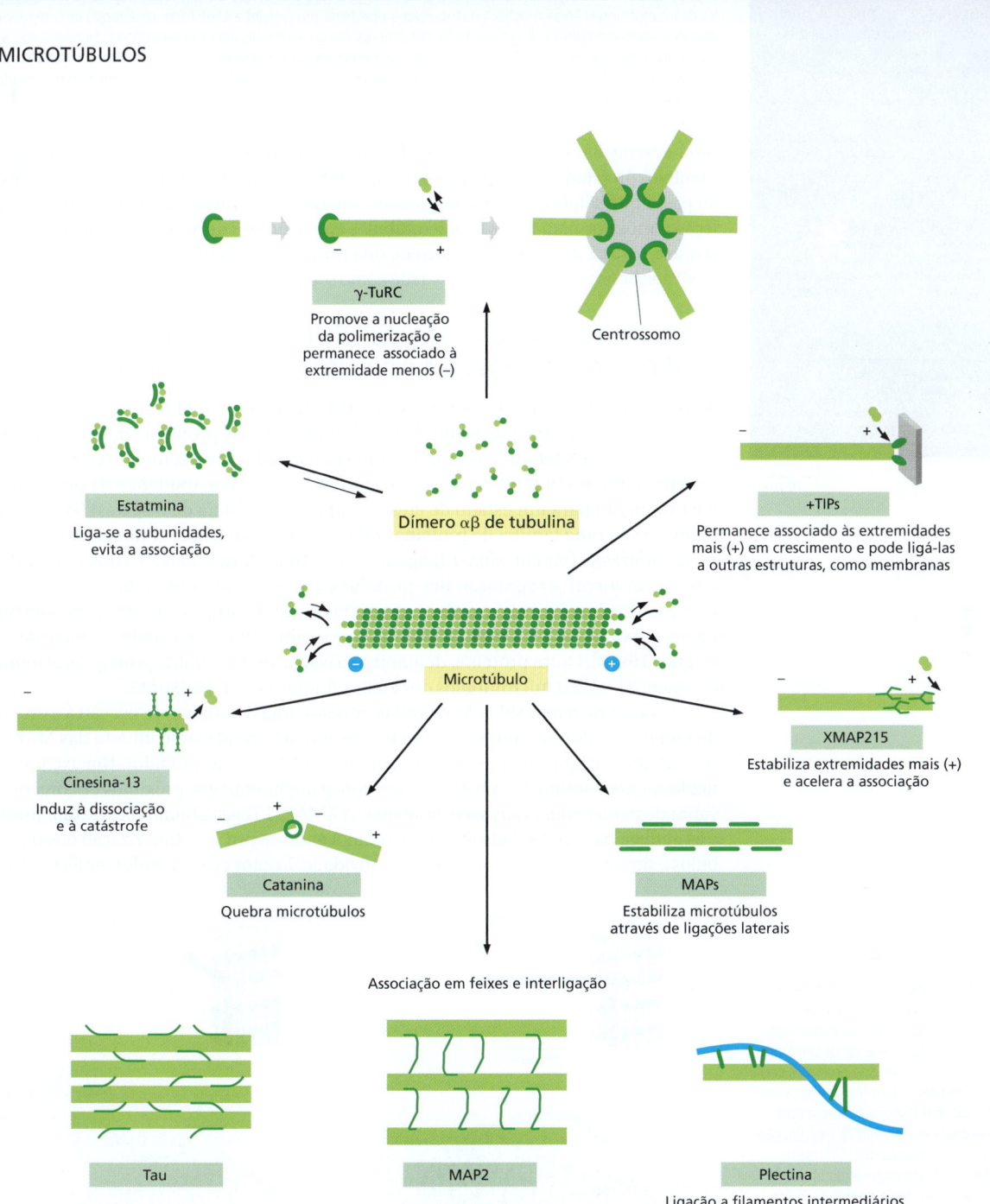

Algumas das principais proteínas acessórias do citoesqueleto de microtúbulos. Excetuando-se as duas classes de proteínas motoras, é ilustrado um exemplo para cada um dos principais tipos de proteínas acessórias. Cada um desses tipos é discutido no texto. No entanto, a maioria das células contém mais de uma centena de proteínas de ligação ao microtúbulo diferentes, e – como ocorre no caso de proteínas associadas à actina – provavelmente existam tipos importantes de proteínas de associação a microtúbulos que ainda não foram identificados.

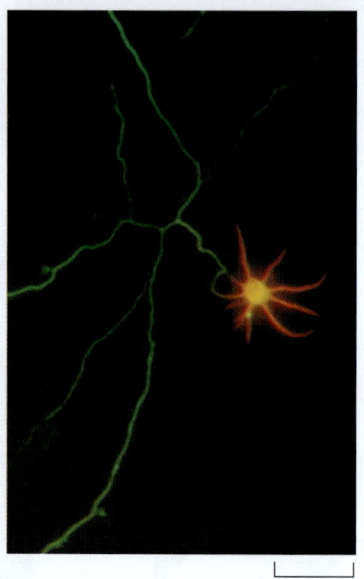

Figura 16-50 Posicionamento das MAPs no axônio e nos dendritos de um neurônio. Esta fotomicrografia de imunofluorescência mostra a distribuição da proteína tau (*verde*) e MAP2 (*cor de laranja*) em um neurônio do hipocampo em cultura. A coloração de tau está restrita ao axônio (longo e ramificado neste neurônio), ao passo que a coloração de MAP2 está confinada ao corpo celular e a seus dendritos. O anticorpo usado para a detecção de tau liga-se unicamente à tau não fosforilada; a tau fosforilada também está presente nos dendritos. (Cortesia de James W. Mandell e Gary A. Banker.)

produção de diferentes MAPs. As células que superexpressam MAP2, que apresenta longos domínios projetados, formam feixes de microtúbulos estáveis com um amplo espaçamento, ao passo que células que superexpressam tau, uma MAP que apresenta domínios de projeção curtos, formam feixes de microtúbulos empacotados de forma muito mais compacta (**Figura 16-51**). As MAPs são o alvo de diversas proteínas-cinase e a fosforilação de uma MAP pode controlar tanto sua atividade como seu posicionamento no interior das células.

Proteínas de ligação à extremidade mais (+) do microtúbulo modulam as conexões e a dinâmica dos microtúbulos

As células contêm inúmeras proteínas que se ligam às extremidades dos microtúbulos e, assim, influenciam sua estabilidade e dinâmica. Essas proteínas podem influenciar a velocidade na qual um microtúbulo muda do estado de crescimento para um estado de encurtamento (a frequência de catástrofes) ou a taxa de mudança de um estado de encurtamento para um estado de crescimento (a frequência de resgates). Por exemplo, membros de uma família de proteínas relacionadas à cinesina, conhecidos como *fatores de catástrofe* (ou cinesina-13) ligam-se às extremidades mais (+) dos microtúbulos e parecem forçar a separação dos protofilamentos, diminuindo a barreira normal de energia de ativação que impede que um microtúbulo adquira a forma característicamente curvada vista em protofilamentos que se encontram no estado de encurtamento (**Figura 16-52**). Outra proteína, denominada Nezha ou Patronina, protege as extremidades menos (−) dos microtúbulos dos efeitos dos fatores de catástrofe.

Apesar de terem sido identificadas pouquíssimas proteínas de ligação à extremidade menos (−) dos microtúbulos, foi identificado um grande subconjunto das MAPs que se encontra enriquecido nas extremidades mais (+) dos microtúbulos. Um exemplo particularmente comum é a *XMAP215*, que apresenta homólogos próximos em organismos variando das leveduras aos seres humanos. A XMAP215 liga subunidades de tubulina livre e as entrega na extremidade mais (+), promovendo, assim, a polimerização dos microtúbulos e simultaneamente combatendo a atividade do fator de catástrofe (ver Figura 16-52).

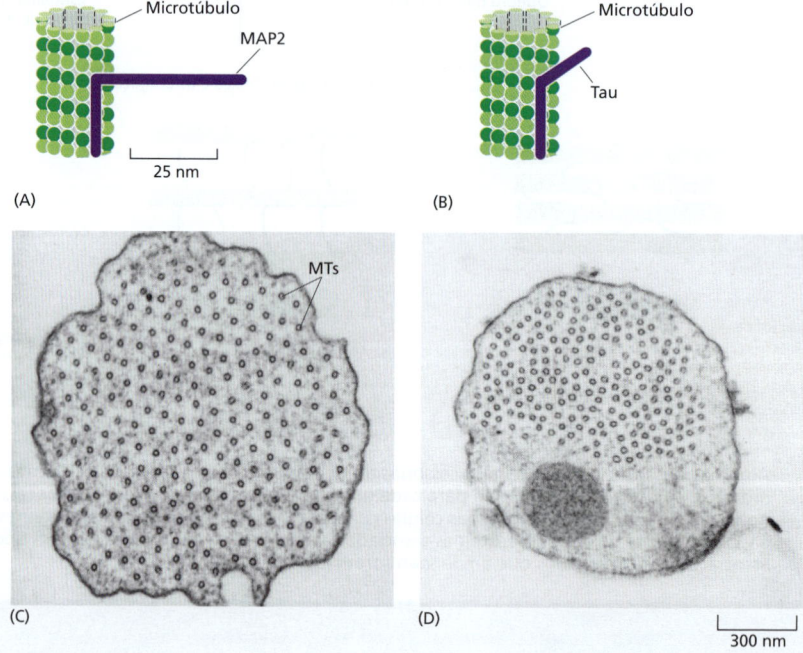

Figura 16-51 Organização dos feixes de microtúbulos pelas MAPs. (A) MAP2 liga-se à lateral do microtúbulo por uma de suas extremidades e estende um longo braço, sob a forma de uma projeção, contendo um segundo domínio de ligação ao microtúbulo, em sua outra extremidade. (B) Tau possui um domínio de interligação a microtúbulos mais curto. (C) Fotomicrografia eletrônica mostrando um corte transversal de um feixe de microtúbulos em uma célula com superexpressão de MAP2. O espaçamento regular dos microtúbulos (MTs) nesse feixe é consequência do comprimento constante dos braços da MAP2. (D) Corte transversal similar de um feixe de microtúbulos de uma célula superexpressando tau. Nesse caso, o espaçamento dos microtúbulos é menor e eles encontram-se mais próximos do que em (C), pois tau possui um braço relativamente menor. (C e D, cortesia de J. Chen et al., *Nature* 360:674–677, 1992. Com permissão de Macmillan Publishers Ltd.)

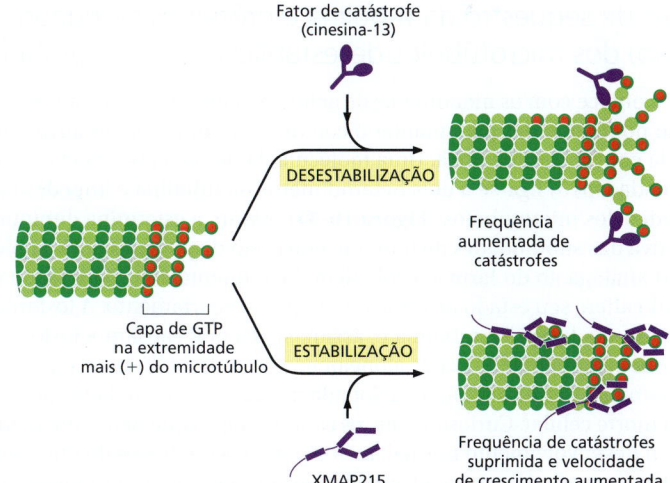

Figura 16-52 Efeitos das proteínas que se ligam às extremidades dos microtúbulos. A transição entre o crescimento e o encurtamento dos microtúbulos é controlada nas células por uma ampla variedade de proteínas. Os fatores de catástrofe, como a cinesina-13, um membro da superfamília de proteína motoras cinesina, ligam-se às extremidades dos microtúbulos afastando-os, e promovendo, assim, sua despolimerização. Por outro lado, uma MAP, como a XMAP215, estabiliza a extremidade de um microtúbulo em crescimento (XMAP refere-se à proteína associada a microtúbulos de *Xenopus*, do inglês *Xenopus microtubule-associated protein*, e o número refere-se à sua massa molecular em quilodáltons). A XMAP215 liga dímeros de tubulina e os entrega à extremidade mais do microtúbulo, aumentando, dessa forma, a velocidade de crescimento dos microtúbulos e suprimindo catástrofes.

A fosforilação da XMAP215 durante a mitose inibe sua atividade e altera o equilíbrio de sua competição com fatores de catástrofe. Esse redirecionamento leva ao aumento de até 10 vezes na instabilidade dinâmica de microtúbulos durante a mitose, uma transição que é essencial para a polimerização eficiente do fuso mitótico (discutido no Capítulo 17).

Em muitas células, as extremidades menos dos microtúbulos estão estabilizadas pela associação a uma proteína de capeamento ou ao centrossomo, ou então servem como locais de despolimerização dos microtúbulos. As extremidades mais (+), ao contrário, eficientemente sondam e exploram todo o espaço celular. As proteínas associadas a microtúbulos denominadas *proteínas de busca de extremidades mais* (+*TIPs*, do inglês *plus-end tracking proteins*) acumulam-se nessas extremidades e parecem ser rapidamente transportadas através da célula como passageiras sobre as extremidades de microtúbulos em crescimento rápido, dissociando-se delas assim que o microtúbulo começa a sofrer encurtamento (**Figura 16-53**).

Os fatores de catástrofes relacionados à cinesina e a XMAP215 mencionada anteriormente se comportam como +TIP e modulam o crescimento e o encurtamento da extremidade do microtúbulo a qual estão ligados. Outras +TIPs controlam o posicionamento dos microtúbulos, ajudando a capturar e estabilizar a extremidade em crescimento do microtúbulo em alvos celulares específicos, como as células do córtex ou do cinetocoro de um cromossomo mitótico. A EB1 e moléculas a ela relacionadas (pequenas proteínas diméricas altamente conservadas em animais, plantas e fungos) são participantes fundamentais nesse processo. As proteínas EB1 não se movem ativamente rumo às extremidades mais (+), porém reconhecem uma característica estrutural da extremidade mais (+) em crescimento (ver Figura 16-53). Vários dos +TIPs dependem das proteínas EB1 para o seu acúmulo na extremidade mais (+) e também interagem uns com os outros e com a estrutura dos microtúbulos. Ao ligarem-se à extremidade mais (+), esses fatores permitem que a célula aproveite a energia da polimerização dos microtúbulos para a geração de forças de impulso que podem ser usadas para o posicionamento do fuso, dos cromossomos ou das organelas.

Figura 16-53 Proteínas +TIP encontradas nas extremidades mais (+) dos microtúbulos em crescimento. (A) Quadros sucessivos de um filme de fluorescência mostrando a borda de uma célula expressando tubulina marcada por fluorescência que é incorporada em microtúbulos (*vermelho*), bem como a proteína +TIP EB1 marcada com uma cor diferente (*verde*). O mesmo microtúbulo é indicado (asterisco) em quadros sucessivos do filme. Quando o microtúbulo está em crescimento (quadros 1, 2), a EB1 está associada à extremidade. Quando o microtúbulo sofre uma catástrofe e começa a encurtar, a EB1 é perdida (quadros 3, 4). A EB1 marcada é readquirida quando o crescimento do microtúbulo é resgatado (quadro 5). Ver Animação 16.8. (B) Na levedura de fissão *Schizosaccharomyces pombe*, as extremidades mais (+) dos microtúbulos (em *verde*) estão associadas a um homólogo de EB1 (em *vermelho*), em ambos os polos das células em bastão. (A, cortesia de Anna Akhmanova e Ilya Grigoriev; B, cortesia de Takeshi Toda.)

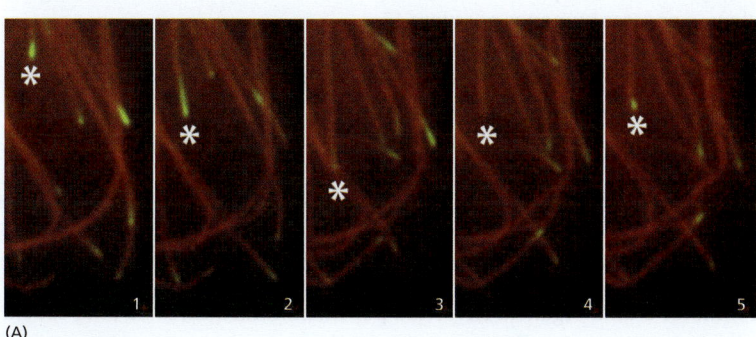
(A)

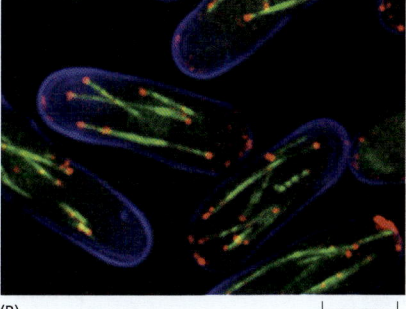
(B) 5 μm

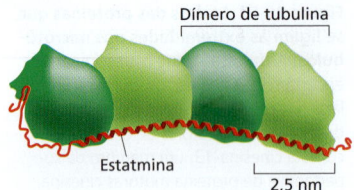

Figura 16-54 Sequestro da tubulina pela estatmina. Estudos estruturais com microscopia eletrônica e cristalografia sugerem que a proteína alongada estatmina liga-se lateralmente a dois heterodímeros de tubulina. (Adaptada de M.O. Steinmetz et al., *EMBO J.* 19:572–580, 2000. Com permissão de John Wiley e Sons.)

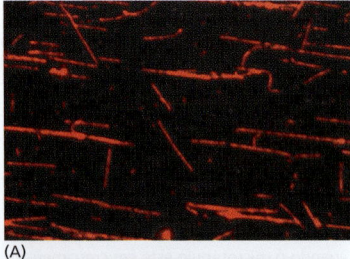

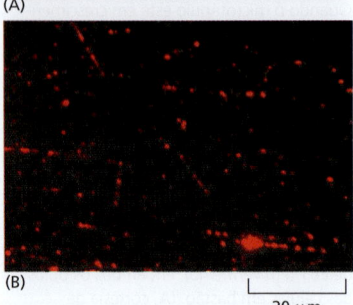

Figura 16-55 Rompimento de microtúbulos por catanina. Os microtúbulos corados com rodamina e estabilizados por paclitaxel foram adsorvidos na superfície de uma lâmina de vidro, e catanina purificada foi adicionada junto ao ATP. (A) Após 30 segundos da adição da catanina podem ser observadas umas poucas quebras nos microtúbulos. (B) O mesmo campo, 3 minutos após a adição de catanina. Os filamentos foram quebrados em vários pedaços, dando origem a uma série de pequenos fragmentos onde antes havia longos microtúbulos. (De J.J. Hartman et al., *Cell* 93:277–287, 1998. Com permissão de Elsevier.)

Proteínas de sequestro da tubulina e proteínas de quebra (ou fissão) dos microtúbulos desestabilizam os microtúbulos

Tal como acontece com os monômeros de actina, a célula sequestra subunidades de tubulina não polimerizadas para manter o conjunto de subunidades ativas em um nível próximo da concentração crítica. Uma molécula da pequena proteína *estatmina* (também chamada Op18) liga-se a dois heterodímeros de tubulina e impede sua adição às extremidades dos microtúbulos (**Figura 16-54**). Assim, a estatmina diminui a concentração efetiva das subunidades de tubulina que estão disponíveis para a polimerização (uma ação análoga ao do fármaco colchicina) e aumenta a probabilidade de que um microtúbulo altere seu estado de crescimento para encurtamento. A fosforilação de estatmina inibe sua ligação à tubulina e, assim, sinais que causam a fosforilação de estatmina podem aumentar a taxa de alongamento de microtúbulos e suprimir a instabilidade dinâmica. A estatmina foi relacionada à regulação tanto da proliferação celular quanto da morte celular. Curiosamente, os camundongos que não expressam estatmina apresentam desenvolvimento normal, mas são menos medrosos do que camundongos do tipo selvagem, refletindo o papel da estatmina nos neurônios da amígdala cerebelosa, nos quais ela é normalmente expressa em níveis elevados.

O rompimento, ou fissão, é outro mecanismo utilizado pela célula para desestabilizar os microtúbulos. Para partir um microtúbulo, 13 ligações longitudinais devem ser quebradas, uma referente a cada um dos protofilamentos. A proteína *catanina*, assim denominada a partir da palavra japonesa para "espada", consegue realizar esta tarefa (**Figura 16-55**). A catanina é constituída por duas subunidades, uma subunidade menor, que hidrolisa ATP e desempenha ativamente a tarefa de quebra, e uma subunidade maior, que direciona a catanina para o centrossomo. A catanina libera os microtúbulos de sua conexão ao centro organizador de microtúbulos e acredita-se que também contribua para a rápida despolimerização dos microtúbulos observada nos pólos dos fusos, durante a mitose. Ela também pode estar envolvida na liberação e na despolimerização dos microtúbulos que ocorre na interfase de células em proliferação e em células pós-mitóticas, como os neurônios.

Dois tipos de proteínas motoras movem-se sobre os microtúbulos

Da mesma forma que os filamentos de actina, os microtúbulos também usam proteínas motoras para o transporte de carga e para executarem uma série de outras funções no interior da célula. Existem duas classes principais de motores baseados em microtúbulos, as **cinesinas** e as **dineínas**. A cinesina-1, também chamada de "cinesina convencional", foi inicialmente purificada a partir de neurônios da lula, onde carrega organelas delimitadas por membrana do corpo celular em direção ao terminal do axônio, movendo-se na direção da extremidade mais (+) dos microtúbulos. A cinesina-1 é semelhante à miosina II, pois possui duas cadeias pesadas por motor ativo; essas cadeias formam dois domínios motores globulares de cabeça que são mantidos ligados por uma cauda alongada supertorcida que é responsável pela dimerização da cadeia pesada. Uma cadeia leve da cinesina-1 se associa com cada cadeia pesada através de seu domínio de cauda e medeia a ligação à carga. Assim como a miosina, a cinesina faz parte de uma grande superfamília de proteínas na qual o elemento em comum é o domínio motor (**Figura 16-56**). A levedura *Saccharomyces cerevisiae* possui seis cinesinas distintas. O nematódeo *C. elegans* tem 20 cinesinas, e os seres humanos possuem 45.

Existem pelo menos 14 famílias distintas na superfamília das cinesinas. A maioria delas possui o domínio motor localizado na região N-terminal da cadeia pesada e caminha em direção à extremidade mais (+) do microtúbulo. Uma família possui o domínio motor no C-terminal e caminha na direção oposta, rumo à extremidade menos (−) dos microtúbulos, ao passo que a cinesina-13 possui um domínio motor central e, apesar de não se deslocar, usa a energia da hidrólise do ATP para despolimerizar extremidades de microtúbulos, como descrito anteriormente (ver Figura 16-52). Algumas cadeias pesadas das cinesinas são homodímeros, e outras são heterodímeros. A maioria das cinesinas possui um sítio de ligação na cauda para outro microtúbulo; alternativamente, elas podem ligar o motor a uma organela envolvida por membrana através de uma cadeia

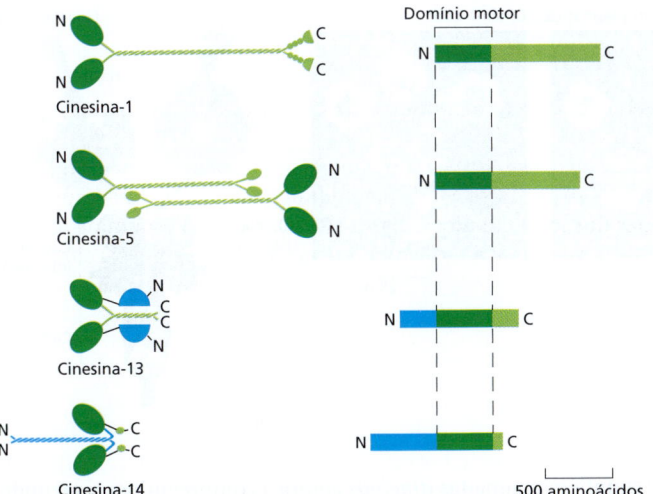

Figura 16-56 Cinesinas e proteínas relacionadas à cinesina. As estruturas de quatro membros da superfamília das cinesinas. Assim como na superfamília da miosina, apenas os domínios motores apresentam conservação. A cinesina-1 apresenta o domínio motor na extremidade N-terminal da cadeia pesada. O domínio central forma uma longa estrutura supertorcida, mediando a dimerização. O domínio C-terminal forma uma cauda que se liga ao material a ser transportado, como uma organela delimitada por membrana. A cinesina-5 forma tetrâmeros, em que dois dímeros se associam através das suas caudas. O tetrâmero de cinesina-5 bipolar é capaz de deslizar dois microtúbulos um em relação ao outro, de forma análoga à atividade dos filamentos espessos bipolares formados por miosina II. A cinesina-13 possui seu domínio motor localizado no meio da cadeia pesada. Ela é um membro de uma família de cinesinas que perdeu a atividade típica de motor e, em vez disso, liga-se às extremidades dos microtúbulos para promover a despolimerização (ver Figura 16-52). A cinesina-14 é uma cinesina C-terminal que inclui a proteína Ncd de *Drosophila* e a proteína Kar3 de leveduras. Essas cinesinas geralmente se movimentam em direção oposta a da maioria das cinesinas, rumo à extremidade menos (−), ao invés de rumo à extremidade mais (+), de um microtúbulo.

leve ou de uma proteína adaptadora. Muitos dos membros da superfamília das cinesinas desempenham funções específicas na formação do fuso mitótico e na segregação dos cromossomos durante a divisão celular.

Na cinesina-1, em vez do movimento de um braço de alavanca, pequenos movimentos no sítio de ligação ao nucleotídeo regulam a ligação e a dissociação do domínio motor de cabeça a uma região longa de ligação. Isso faz a segunda cabeça ser arremessada para frente ao longo do protofilamento sobre um sítio de ligação 8 nm mais perto da extremidade mais (+) do microtúbulo, o que corresponde a distância entre os dímeros de tubulina de um protofilamento. Os ciclos de hidrólise de nucleotídeos nas duas cabeças são altamente acoplados e coordenados, de tal forma que a ancoragem e a liberação da região ligante permitem que o motor de duas cabeças se mova passo a passo (ou cabeça a cabeça) sobre o filamento (**Figura 16-57**).

As **dineínas** são uma família de proteínas motoras de microtúbulo direcionadas para a extremidade menos (−) e não relacionadas às cinesinas. Elas são compostas por uma, duas ou três cadeias pesadas (que incluem o domínio motor) e um número grande e variável de cadeias intermediárias, cadeias intermediárias leves e cadeias leves associadas. A família das dineínas tem duas ramificações principais (**Figura 16-58**). O primeiro ramo contém as *dineínas citoplasmáticas*, as quais são homodímeros de duas cadeias pesadas. A dineína citoplasmática 1 é codificada por um único gene, em quase todas as células eucarióticas, mas está ausente de plantas com flores e de algumas algas. Ela é usada para o transporte de organelas e de mRNA, para o posicionamento do núcleo e do centrossomo durante a migração celular, e para a construção do fuso de microtúbulos na mitose e na meiose. A dineína citoplasmática 2 só é encontrada em organismos eucarióticos que possuem cílios e é utilizada para transportar material da extremidade para a base dos cílios, em um processo denominado transporte intraflagelar. As *dineínas*

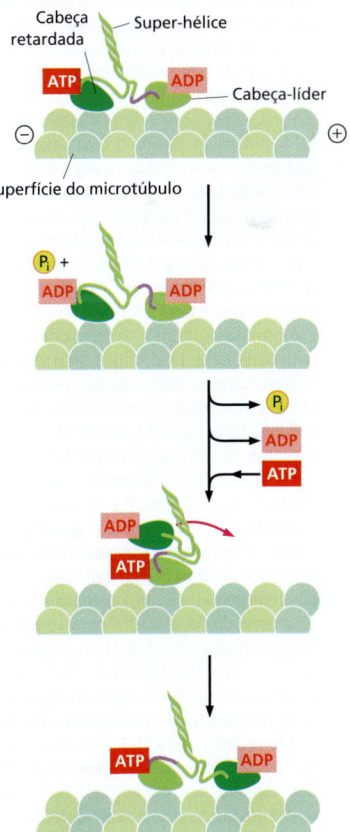

Figura 16-57 Ciclo mecanoquímico da cinesina. A cinesina-1 é um dímero composto por dois domínios motores de ligação a nucleotídeos (cabeças) que estão conectados à longa cauda torcida (ver Figura 16-56). Os dois domínios motores da cinesina atuam de modo coordenado; durante um "passo" da cinesina, a cabeça secundária se desliga do sítio de ligação à tubulina, ultrapassa o domínio motor parceiro e se liga ao próximo sítio de tubulina disponível. Utilizando esse movimento "mão a mão", o dímero de cinesina pode se deslocar por longas distâncias no microtúbulo sem se dissociar completamente do filamento.

No início de cada passo, uma das duas cabeças dos domínios motores da cinesina, a cabeça secundária ou retardada (*verde-escuro*), está ligada com alta afinidade ao microtúbulo e ao ATP, enquanto a cabeça primária, ou líder, está ligada com baixa afinidade ao microtúbulo e apresenta uma molécula de ADP no seu sítio ativo. A dissociação do domínio motor secundário é promovida pela dissociação do ADP e ligação do ATP na cabeça primária (painéis 2 e 3 nesta figura). A ligação do ATP a esse domínio motor faz um pequeno peptídeo, chamado "elo de conexão", passar de uma conformação voltada ao domínio secundário para uma conformação voltada ao domínio primário (o elo de conexão está representado em *lilás*, conectando o domínio motor primário e a cauda supertorcida). Essa alteração impulsiona o domínio primário para frente quando ele se dissocia do microtúbulo e está ligado ao ADP (a dissociação requer a hidrólise de ATP e liberação de fosfato [P_i]). A molécula de cinesina agora está pronta para o próximo passo, que ocorre pela repetição exata desse processo (Animação 16.9).

Figura 16-58 Dineínas. (A) Fotomicrografia eletrônica de criofratura de uma molécula de dineína citoplasmática e de uma molécula de dineína ciliar (axonemal). Assim como a miosina II e a cinesina-1, a dineína citoplasmática é uma molécula com dois domínios globulares. A dineína ciliar apresentada provém de um protozoário e possui três cabeças; dineínas ciliares de animais possuem duas cabeças. Observe que a cabeça da dineína é bastante grande quando comparada à cabeça tanto de miosina quanto da cinesina. (B) Representação esquemática da dineína citoplasmática mostrando as duas cadeias pesadas (*azul* e *cinza*) que contêm os domínios de ligação aos microtúbulos (MT) e de hidrólise do ATP, ligados por uma haste longa. Ligadas à cadeia pesada estão múltiplas cadeias intermediárias (*verde-escuro*) e cadeias leves (*verde-claro*) que auxiliam a mediar muitas das funções da dineína. (A, cortesia de John Heuser; B, adaptado de R. Vale, *Cell* 112:467–480, 2003. Com permissão de Cell Press.)

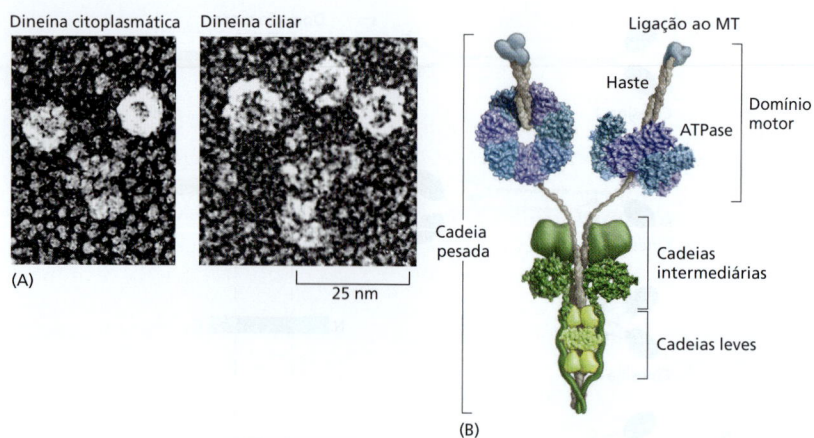

axonemais (também chamadas *dineínas ciliares*) compreendem o segundo ramo e incluem monômeros, heterodímeros e heterotrímeros, respectivamente com uma, duas ou três cadeias pesadas contendo o motor. Elas são altamente especializadas para o rápido e eficiente movimento de deslizamento dos microtúbulos que direciona o batimento de cílios e flagelos (discutido mais adiante).

As dineínas são as maiores proteínas motoras moleculares conhecidas, e estão também entre as mais rápidas: dineínas axonemais ligadas a uma lâmina de vidro podem mover microtúbulos à velocidade de 14 μm/s. A proteína motora dineína não possui relação estrutural com as miosinas ou com as cinesinas, no entanto segue a mesma regra geral do acoplamento de hidrólise do nucleotídeo com a ligação e dissociação ao microtúbulo, bem como a regra das alterações conformacionais geradoras de força (**Figura 16-59**).

Figura 16-59 Movimento de potência da dineína. (A) A organização dos domínios em cada cadeia pesada da dineína. Este é um polipeptídeo bastante grande que contém aproximadamente 4 mil aminoácidos. O número de cadeias pesadas em uma dineína é igual ao número de suas cabeças motoras. (B) Ilustração da dineína c, uma dineína axonemal monomérica encontrada na alga verde unicelular *Chlamydomonas reinhardtii*. A grande cabeça motora da dineína é composta por um anel plano que contém um domínio C-terminal (em *cinza*) e seis domínios AAA, quatro dos quais contendo sequência de ligação a ATP, mas um único deles (em *vermelho-escuro*) responsável principal pela atividade ATPase. Estendendo-se desde a cabeça pode-se observar uma haste em espiral longa com o sítio de ligação a microtúbulos na extremidade, e uma cauda que se liga a um microtúbulo adjacente no axonema. Sob o estado ligado a ATP, a haste está desconectada do microtúbulo, e a hidrólise de ATP provoca a ligação entre haste e o microtúbulo (à *esquerda*). A subsequente liberação de ADP e fosfato (P$_i$) leva à extensa alteração conformacional do "movimento de potência" envolvendo a rotação da cabeça e da haste em relação à cauda (à *direita*). Cada ciclo gera um passo de cerca de 8 nm, contribuindo, assim, para o batimento do flagelo (ver Figura 16-65). No caso da dineína citoplasmática, a cauda é ligada a uma carga, como uma vesícula, e um único movimento de potência transporta a carga sobre aproximadamente 8 nm do microtúbulo em direção a sua extremidade-menos (ver Figura 16-60). (C) Fotomicrografia eletrônica de dineínas monoméricas purificadas sob duas diferentes conformações representando diferentes etapas do ciclo mecanoquímico. (C, de S.A. Burgess et al., *Nature* 421:715–718, 2003. Com permissão de Macmillan Publishers Ltd.)

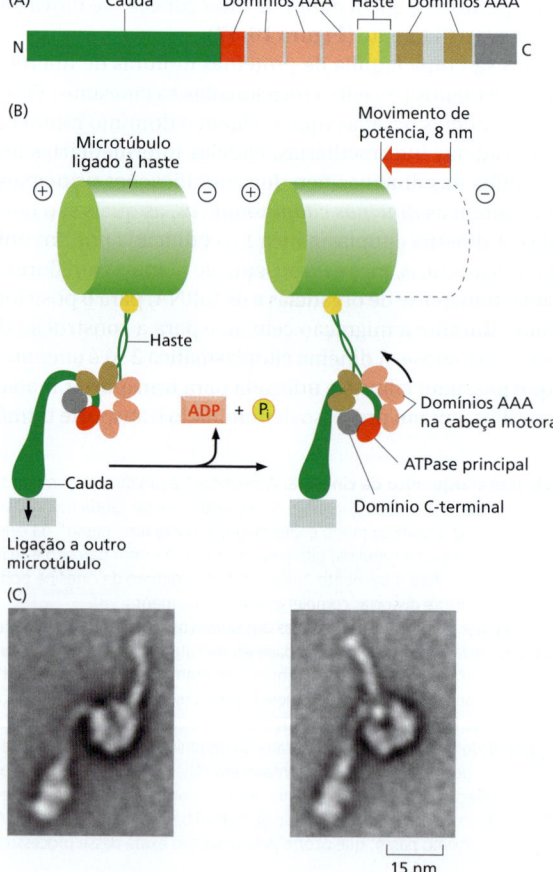

Microtúbulos e motores movem organelas e vesículas

Uma função primordial das proteínas motoras do citoesqueleto em células em interface é o transporte e o posicionamento de organelas delimitadas por membrana (**Animação 16.10**). A cinesina foi originalmente identificada como a proteína responsável pelo veloz *transporte axonal anterógrado*, pelo rápido movimento de mitocôndrias, de precursores de vesículas secretoras e diversos componentes sinápticos ao longo do grande caminho de microtúbulos do axônio em direção às distantes terminações nervosas. A dineína citoplasmática foi identificada como o motor responsável pelo transporte na direção oposta, o *transporte axonal retrógrado*. Apesar de as organelas da maioria das células não necessitarem percorrer distâncias tão longas, seu transporte polarizado é igualmente necessário. Um típico arranjo de microtúbulos em uma célula em interface está orientado com suas extremidades menos (−) próximas ao centro da célula, no centrossomo, e suas extremidades mais (+) estendendo-se para a periferia da célula. Assim, o movimento centrípeto de organelas ou vesículas, em direção ao centro da célula, requer a ação de dineínas motoras citoplasmáticas direcionadas para a extremidade menos (−), ao passo que o movimento centrífugo para a periferia exige cinesinas motoras direcionadas para a extremidade mais (+). Interessantemente, nas células animais, quase todo o transporte direcionado para a extremidade menos (−) é impulsionado unicamente pela proteína motora dineína citoplasmática 1, ao passo que 15 cinesinas diferentes são usadas para o transporte direcionado para a extremidade mais (+).

Um claro exemplo do efeito dos microtúbulos e dos motores de microtúbulos no comportamento das membranas intracelulares é a sua atuação na organização do retículo endoplasmático (RE) e do aparelho de Golgi. A rede de membranas tubulares do RE alinha-se com microtúbulos e se estende quase até a borda da célula (**Animação 16.11**), enquanto o aparelho de Golgi posiciona-se próximo ao centrossomo. Quando as células são tratadas com uma substância que despolimeriza microtúbulos, como a colchicina ou o nocodazol, o RE colapsa para o centro da célula e o aparelho de Golgi sofre fragmentação e dispersão pelo citoplasma. *In vitro*, as cinesinas podem guiar membranas derivadas do RE sobre segmentos pré-formados de microtúbulos e se deslocar para as extremidades mais (+) desses microtúbulos, arrastando as membranas do RE em protrusões tubulares e formando uma teia membranosa bastante semelhante ao RE de uma célula. Por outro lado, as dineínas são necessárias para o posicionamento do aparelho de Golgi perto do centro da célula em células animais; elas fazem isso movendo as vesículas do Golgi ao longo de trilhos de microtúbulos em direção às extremidades menos (−) dos microtúbulos, localizadas no centrossomo.

As diferentes caudas e suas cadeias leves associadas, em determinadas proteínas motoras, permitem que esses motores se liguem à organela a ser carregada de forma específica. Assim, receptores motores associados a membranas que são direcionados a compartimentos delimitados por membrana específicos interagem direta ou indiretamente com as caudas dos membros da família adequada das cinesinas. Muitos vírus tiram proveito de transporte baseado em motores de microtúbulos durante a infecção e utilizam a cinesina para moverem-se do seu local de replicação e de polimerização para a membrana plasmática, a partir da qual eles poderão infectar as células vizinhas. Uma proteína de membrana externa do vírus *Vaccinia*, por exemplo, contém um motivo de aminoácidos que medeia a sua ligação à cadeia leve da cinesina-1 e o seu transporte ao longo dos microtúbulos para a membrana plasmática. Curiosamente, esse motivo está presente em mais de 450 proteínas humanas, um terço das quais está associado com doenças humanas. Assim, a cinesina transporta um conjunto diversificado de cargas envolvidas em uma ampla gama de funções celulares importantes.

No caso da dineína, um grande arranjo macromolecular geralmente medeia a ligação às membranas. A dineína citoplasmática, que é por si só um enorme complexo proteico, requer a associação de um segundo grande complexo proteico conhecido por *dinactina* para a efetiva translocação de organelas. O complexo da dinactina inclui um filamento curto semelhante à actina formado a partir da proteína relacionada à actina Arp1 (distinta de Arp2 e Arp3, os componentes do complexo Arp 2/3 envolvido na nucleação dos filamentos convencionais de actina) (**Figura 16-60**). Várias outras proteínas também contribuem para a ligação da carga na dineína e para a regulação da proteína motora, e sua função é especialmente importante em neurônios: defeitos no transpor-

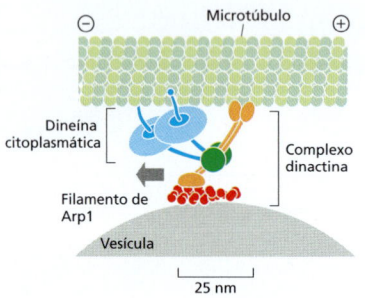

Figura 16-60 A dinactina medeia a ligação da dineína a organelas delimitadas por membrana. A dineína requer a presença de um grande número de proteínas acessórias para associar-se a organelas delimitadas por membrana. A dinactina é um grande complexo que inclui componentes que se ligam fracamente a microtúbulos, componentes que se ligam a própria dineína e componentes que formam pequenos filamentos semelhantes à actina compostos pela proteína relacionada à actina Arp1.

te baseado em microtúbulos têm sido associados a doenças neurológicas. Um exemplo impressionante é o chamado cérebro liso, ou lissencefalia, uma doença humana em que as células não migram para o córtex cerebral do cérebro em desenvolvimento. Um tipo de lissencefalia é causado por defeitos na Lis1, uma proteína de ligação à dineína necessária para a migração nuclear em várias espécies. No cérebro normal, a migração do núcleo dirige o corpo da célula neural em desenvolvimento para a sua posição correta no córtex. Na ausência de Lis1, no entanto, os núcleos de neurônios em migração não conseguem se ligar à dineína, resultando em defeitos de migração nuclear. A dineína é continuamente necessária para a função neuronal, visto que as mutações em uma subunidade dinactina ou na região da cauda citoplasmática da dineína levam à degeneração neuronal em seres humanos e em camundongos. Esses efeitos estão associados ao transporte axonal retrógrado diminuído e fornecem fortes evidências da importância de um transporte axonal robusto para a viabilidade neuronal.

A célula pode regular a atividade das proteínas motoras e, dessa forma, provocar alterações no posicionamento das organelas delimitadas por membrana e nos movimentos da célula como um todo. Um dos mais drásticos exemplos dessa regulação é dado pelos melanócitos dos peixes. Essas células gigantes, responsáveis por rápidas mudanças na coloração da pele de várias espécies de peixes, contêm grandes grânulos de pigmento que podem alterar sua localização em resposta a estímulos neuronais ou hormonais (**Figura 16-61**). Os grânulos de pigmento agregam ou dispersam movendo ao longo de uma extensa rede de microtúbulos ancorados no centrossomo por suas extremidades menos. O rastreamento de grânulos de pigmento individuais revela que o movimento para o interior é rápido e suave, enquanto o movimento para fora é irregular, com recuos frequentes. Ambos os motores de microtúbulos cinesina e dineína estão associados aos grânulos de pigmento. Os movimentos irregulares em direção à periferia provavelmente resultam de um cabo de guerra entre as duas proteínas motoras de microtúbulos, com as cinesinas mais fortes vencendo. Quando os níveis de AMP cíclico intracelular diminuem, a cinesina é inativada, deixando a dineína livre para arrastar os grânulos de pigmento rapidamente em direção ao centro da célula, alterando a coloração do peixe. Da mesma forma, o movimento de outras organelas revestidas por proteínas motoras específicas é controlado por um equilíbrio complexo entre os sinais competitivos que regulam tanto a ligação quanto a atividade dessas proteínas motoras.

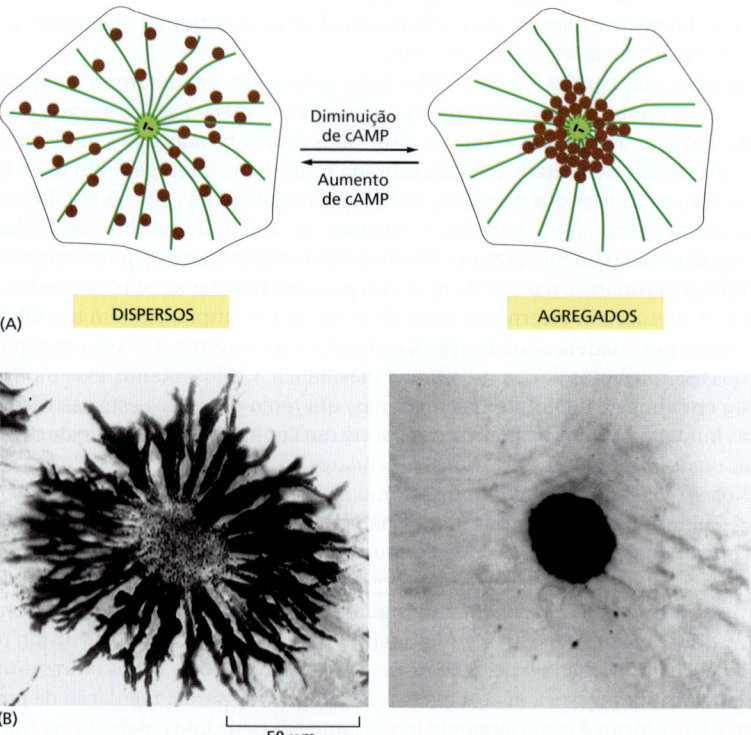

Figura 16-61 Os movimentos regulados dos melanossomos em células pigmentares de peixes. Estas células gigantes, responsáveis por mudanças na coloração da pele em diversas espécies de peixes, contêm grandes grânulos de pigmentos, ou melanossomos (em *marrom*). Os melanossomos podem mudar sua localização na célula em resposta a estímulos hormonais e neuronais. (A) Diagramas de uma célula pigmentar mostrando a dispersão e a agregação dos melanossomos em resposta, respectivamente, a um aumento ou a uma diminuição intracelular de AMP cíclico (cAMP). Essa redistribuição ocorre ao longo dos microtúbulos. (B) Imagens em campo claro de uma célula isolada a partir de uma escama de peixe ciclídio africano mostrando seus melanossomos dispersos no citoplasma (à *esquerda*) ou agregados no centro da célula (à *direita*). (B, cortesia de Leah Haimo.)

A polimerização dos arranjos complexos de microtúbulos requer microtúbulos dinâmicos e proteínas motoras

A polimerização do fuso mitótico e do citoesqueleto neuronal são exemplos impressionantes e fascinantes do poder de organização dos grupos de proteínas motoras que interagem com filamentos dinâmicos do citoesqueleto. Conforme descrito no Capítulo 17, a polimerização do fuso mitótico depende da reorganização do arranjo dos microtúbulos interfásicos para formar um novo arranjo bipolar de microtúbulos, com suas extremidades menos (−) concentradas nos polos e suas extremidades mais (+) sobrepostas no centro da célula ou conectadas aos cromossomos. A organização do fuso depende das ações coordenadas de várias proteínas motoras e de outros fatores que modulam a dinâmica da polimerização (ver Figuras 17-23 e 17-25).

Os neurônios também contêm estruturas citoesqueléticas complexas. Conforme se diferenciam, os neurônios enviam processos especializados que irão receber sinais elétricos (*dendritos*) ou transmitir sinais elétricos (*axônios*) (ver a Figura 16-50). A bela e elaborada morfologia ramificada dos axônios e dendritos permite aos neurônios formar redes de sinalização extremamente complexas, interagindo de forma simultânea com muitas outras células e tornando possível o complexo comportamento dos animais superiores. Tanto axônios quanto dendritos (coletivamente denominados *neuritos*) estão preenchidos por feixes de microtúbulos, que são essenciais tanto para a sua estrutura quanto para o seu funcionamento.

Nos axônios, todos os microtúbulos estão orientados na mesma direção, com suas extremidades menos (−) apontando para o interior do corpo celular e suas extremidades mais (+) direcionadas às terminações do axônio (**Figura 16-62**). Os microtúbulos não conseguem cobrir individualmente a distância entre o corpo celular e as terminações do axônio, pois geralmente têm poucos micrômetros de comprimento, mas grandes quantidades de microtúbulos sobrepostos formam um grande arranjo. Esses caminhos de microtúbulos alinhados funcionam como uma autoestrada para o transporte de proteínas específicas, vesículas contendo proteínas e mRNAs rumo aos terminais dos axônios, onde sinapses são construídas e mantidas. O axônio mais longo no corpo humano percorre da base da medula espinal ao pé e pode alcançar 1 metro de comprimento. Em comparação, os dendritos são geralmente muito mais curtos do que os axônios. Os microtúbulos nos dendritos se encontram paralelos uns aos outros, mas as suas polaridades estão misturadas, alguns direcionam a sua extremidade mais (+) rumo à extremidade do dendrito, enquanto outros a apontam para o corpo da célula, em uma formação reminiscente ao arranjo antiparalelo dos microtúbulos do fuso mitótico.

Cílios e flagelos motrizes são compostos por microtúbulos e dineínas

Assim como as miofibrilas são máquinas motrizes altamente especializadas e eficientes compostas por filamentos de actina e miosina, cílios e flagelos são estruturas motrizes eficientes compostas por microtúbulos e dineína. Tanto os cílios quanto os flagelos são apêndices celulares semelhantes a pelos que possuem um feixe de microtúbulos em seu interior. Os **flagelos** são encontrados nos espermatozoides e em vários protozoários. Por um movimento ondulatório permitem que a célula que os possui nade através de meios líquidos. Os **cílios** são organizados de forma semelhante, mas eles batem em um movimento semelhante ao de um chicote, que lembra o movimento do nado de peito. O batimento dos cílios tanto pode propelir uma célula única através de um fluido (como é o caso da locomoção do protozoário *Paramecium*) quanto movimentar fluidos sobre a superfície de um grupo de células em um tecido. No corpo humano, uma grande quantidade de cílios ($10^9/cm^2$ ou mais) reveste o trato respiratório, varrendo camadas de muco, partículas de poeira e bactérias até a boca, onde elas serão engolidas e finalmente eliminadas. Do mesmo modo, os cílios ao longo do oviduto auxiliam o percurso dos óvulos em direção ao útero.

O movimento de um cílio ou de um flagelo é produzido pela flexão de sua porção central, denominada **axonema**. O axonema é composto por microtúbulos e por suas proteínas associadas, organizados em um padrão regular e característico. Nove pares es-

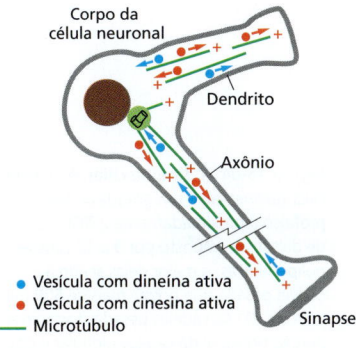

Figura 16-62 A organização dos microtúbulos em um neurônio. Em um neurônio, a organização dos microtúbulos é complexa. No axônio, todos os microtúbulos compartilham a mesma polaridade, tendo as extremidades mais (+) apontando em direção à extremidade terminal do axônio. Nenhum microtúbulo individual abrange o comprimento total do axônio, mas pequenos segmentos de microtúbulos paralelos se sobrepõem produzindo um caminho capaz de levar ao rápido transporte axonal. Nos dendritos, os microtúbulos apresentam polaridade mista, alguns com extremidades mais (+) direcionadas para a periferia da célula e outros para o interior. As vesículas podem associar-se com a cinesina ou com a dineína e serem movidas para qualquer direção sobre os microtúbulos nos axônios e nos dendritos, dependendo de qual motor que está ativo.

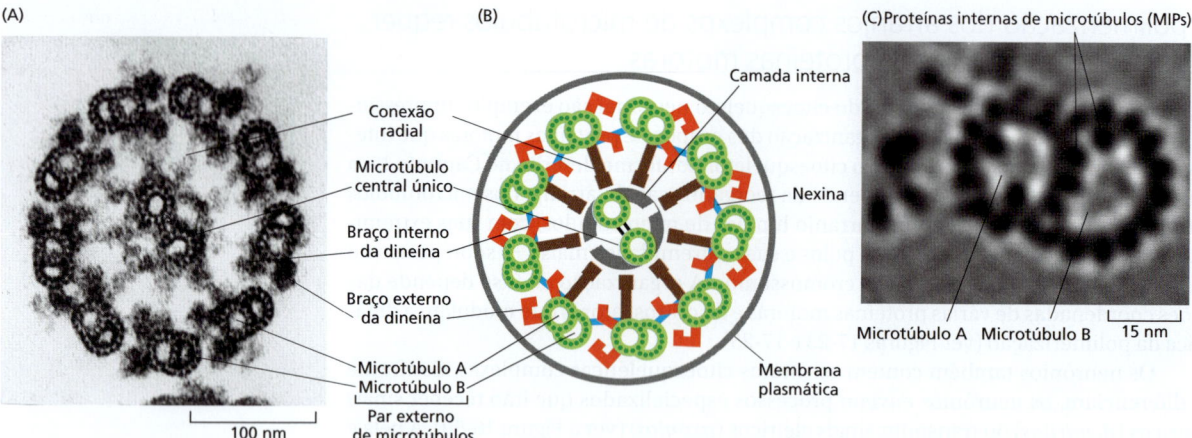

Figura 16-63 O arranjo dos microtúbulos em um flagelo ou em um cílio. (A) Fotomicrografia eletrônica de um flagelo de uma célula de alga verde (*Chlamydomonas*) mostrado em corte transversal, ilustrando a organização característica dos microtúbulos "9 + 2". (B) Diagrama das partes de um flagelo ou cílio. As várias projeções que partem dos microtúbulos ligam estas estruturas entre si e ocorrem em intervalos regulares em todo o comprimento do axonema. (C) Imagem de uma tomografia eletrônica de alta resolução de um par externo de microtúbulo mostrando detalhes estruturais e as características internas dos microtúbulos denominadas proteínas internas de microtúbulos (MIPs). (A, cortesia de Lewis Tilney; C, cortesia de Daniela Nicastro.)

peciais de microtúbulos (consistindo em um microtúbulo completo e um microtúbulo parcial fusionados de forma a compartilhar uma parede tubular entre si) encontram-se organizados em um anel ao redor de um par de microtúbulos simples (**Figura 16-63**). Quase todas as formas de cílios e flagelos eucarióticos móveis (dos protozoários aos seres humanos) apresentam esse arranjo característico. Os microtúbulos estendem-se de forma contínua por todo o comprimento do axonema, o qual pode apresentar de 10 a 200 μm. Em intervalos regulares, ao longo do comprimento dos microtúbulos, as proteínas acessórias interligam os microtúbulos.

As moléculas de *dineína axonemal* formam pontes entre os pares de microtúbulos adjacentes em torno da circunferência do axonema (**Figura 16-64**). Quando o domínio motor dessa dineína é ativado, as moléculas de dineína ligadas a um dos pares de microtúbulos (ver Figura 16-59) tentam movimentar-se sobre o par de microtúbulos adjacente, forçando o deslizamento de um sobre o outro de forma semelhante ao deslizamento dos filamentos delgados de actina durante a contração muscular. No entanto, a presença de outras conexões entre os pares de microtúbulos impede este deslizamento, e a força da dineína é convertida em um movimento de flexão (**Figura 16-65**).

Nos seres humanos, defeitos hereditários na dineína axonemal causam uma condição chamada de discinesia ciliar primária ou síndrome de Kartagener. Essa síndrome é caracterizada pela inversão da assimetria normal dos órgãos internos (*sinus inversus*) devido à disrupção do fluxo de fluidos no embrião em desenvolvimento, pela esterilidade masculina devido à imotilidade de espermatozoides e por uma elevada suscetibilidade a infecções pulmonares, considerando a incapacidade dos cílios paralisados de limpar o trato respiratório dos detritos e das bactérias.

As bactérias também podem mover-se em meio líquido usando estruturas de superfície celular chamadas de flagelos, mas estes não contêm microtúbulos ou dineína e não ondulam ou batem. Em vez disso, os *flagelos bacterianos* são filamentos helicoidais

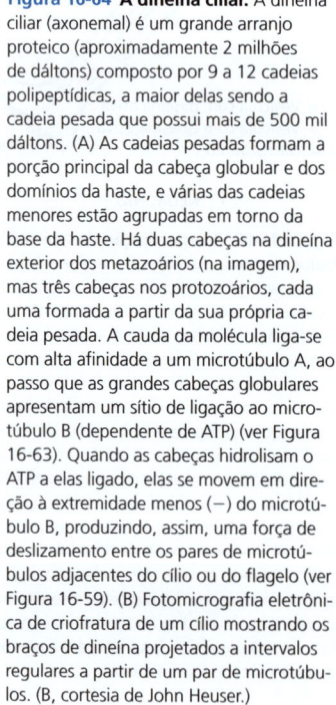

Figura 16-64 A dineína ciliar. A dineína ciliar (axonemal) é um grande arranjo proteico (aproximadamente 2 milhões de dáltons) composto por 9 a 12 cadeias polipeptídicas, a maior delas sendo a cadeia pesada que possui mais de 500 mil dáltons. (A) As cadeias pesadas formam a porção principal da cabeça globular e dos domínios da haste, e várias das cadeias menores estão agrupadas em torno da base da haste. Há duas cabeças na dineína exterior dos metazoários (na imagem), mas três cabeças nos protozoários, cada uma formada a partir da sua própria cadeia pesada. A cauda da molécula liga-se com alta afinidade a um microtúbulo A, ao passo que as grandes cabeças globulares apresentam um sítio de ligação ao microtúbulo B (dependente de ATP) (ver Figura 16-63). Quando as cabeças hidrolisam o ATP a elas ligado, elas se movem em direção à extremidade menos (−) do microtúbulo B, produzindo, assim, uma força de deslizamento entre os pares de microtúbulos adjacentes do cílio ou do flagelo (ver Figura 16-59). (B) Fotomicrografia eletrônica de criofratura de um cílio mostrando os braços de dineína projetados a intervalos regulares a partir de um par de microtúbulos. (B, cortesia de John Heuser.)

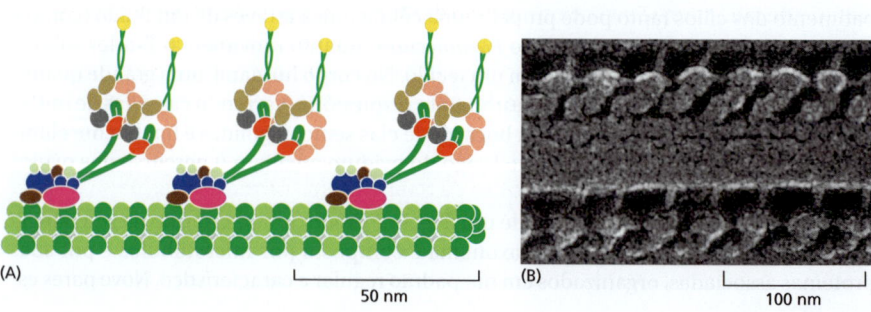

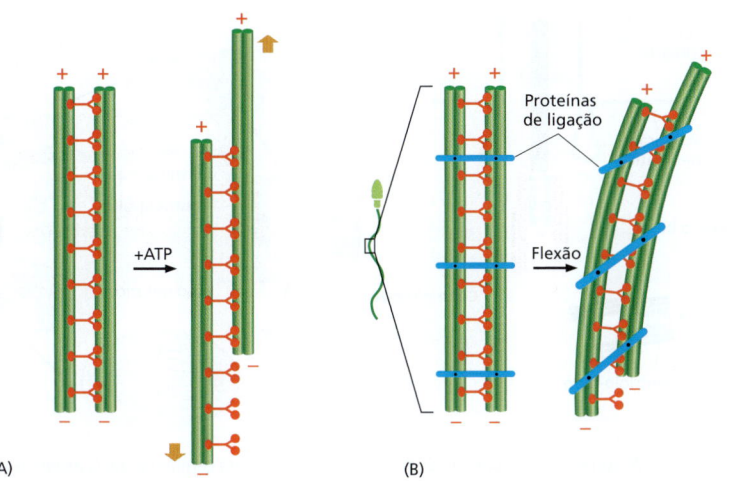

Figura 16-65 Flexão de um axonema. (A) Quando os axonemas são expostos à ação da enzima proteolítica tripsina, as ligações que mantêm os pares de microtúbulos unidos são rompidas. Nesse caso, a adição de ATP permite que a ação motora das cabeças de dineína provoque o deslizamento de um par de microtúbulos sobre o outro. (B) Em um axonema intacto (como no caso de um espermatozoide), o deslizamento dos pares de microtúbulos é impedido por ligações proteicas flexíveis. A ação motora causará, portanto, um movimento de flexão, criando ondas ou batimentos.

rígidos, longos, compostos por subunidades repetitivas da proteína flagelina. Os flagelos giram como propulsores, guiados por um motor rotatório especial inserido na parede celular bacteriana. O uso do mesmo nome para designar esses dois tipos de aparelhos para a natação é um infeliz acidente histórico.

Os cílios primários desempenham funções importantes de sinalização nas células animais

Muitas células possuem uma estrutura semelhante aos cílios e aos flagelos, porém mais curto e sem motilidade, chamado *cílio primário*. Os cílios primários podem ser vistos como compartimentos celulares especializados ou organelas, que realizam uma ampla gama de funções celulares, mas compartilham muitas características estruturais com os cílios móveis. Ambos os cílios móveis e aqueles sem motilidade são gerados durante a interfase em estruturas associadas à membrana plasmática chamadas de *corpos basais*, que os enraizam firmemente na superfície da célula. No núcleo de cada corpo basal existe um centríolo, a mesma estrutura encontrada nos centrossomos animais, com nove grupos de trios de microtúbulos fusionados com organização circular (ver Figura 16-48). Os centríolos são multifuncionais, eles contribuem para a polimerização do fuso mitótico em células em divisão, mas migram para a membrana plasmática de células em interfase para induzir a nucleação do axonema (**Figura 16-66**). Visto que não ocorre tradução proteica nos cílios, a construção do axonema exige transporte intraflagelar (IFT), um sistema de transporte descoberto na alga verde *Chlamydomonas*. De forma análoga ao axônio, motores movem cargas em ambas as direções anterógrada e retrógrada, neste caso mediado pela cinesina-2 e pela dineína citoplasmática 2, respectivamente.

Os cílios primários são encontrados na superfície de quase todos os tipos de células, onde eles percebem e respondem ao ambiente externo, funções mais bem compreendidas no contexto do olfato e da visão. No epitélio nasal, os cílios que protundem a partir dos dendritos de neurônios olfatórios são os locais da recepção e da amplificação do sinal olfatório. Da mesma forma, os bastonetes e cones da retina dos vertebrados possuem um cílio primário equipado com uma extremidade expandida chamada de segmento externo, especializada na conversão da luz em um sinal neural (ver Figura 15-38). A manutenção do segmento externo requer o contínuo transporte mediado por IFT de grandes quantidades de lípidos e de proteínas para o cílio, a taxas de até 2 mil moléculas por minuto. As ligações entre a função dos cílios e os sentidos da visão e olfato são salientadas pela síndrome de Bardet-Biedl, um conjunto de distúrbios associados a defeitos no IFT, no cílio, ou no corpo basal. Os pacientes com a síndrome de Bardet-Biedl não possuem olfato e sofrem de degeneração da retina. Outras características dessa doença multifacetada incluem a perda da audição, a doença policística dos rins, o diabetes, a obesidade e a polidactilia, sugerindo que os cílios primários desempenham múltiplas funções em diversos aspectos da fisiologia humana.

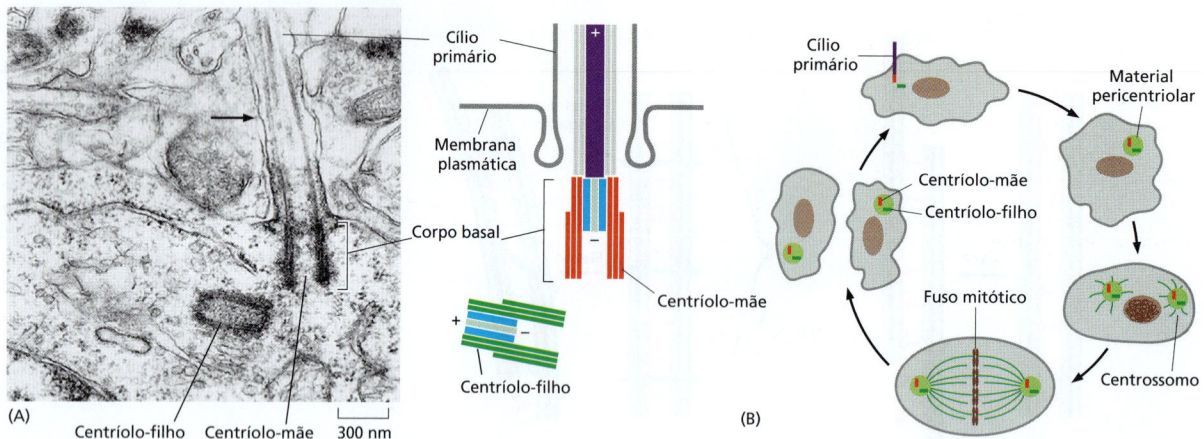

Figura 16-66 Cílios primários. (A) Eletromicrografia e diagrama do corpo basal de um cílio primário do neurônio de um camundongo. O axonema do cílio primário (*seta preta*) é nucleado pelo centríolo-mãe no corpo basal, que se localiza na membrana plasmática perto da superfície da célula. (B) Os centríolos funcionam alternadamente como corpos basais e como núcleo dos centrossomos. Antes de uma célula entrar no ciclo de divisão celular, o cílio primário é encoberto ou reabsorvido. Os centríolos recrutam material pericentriolar e duplicam durante a fase S, gerando dois centrossomos, cada um dos quais contém um par de centríolos. Os centrossomos promovem a nucleação dos microtúbulos e os posicionam nos pólos do fuso mitótico. Após a mitose, um cílio primário novamente cresce a partir do centríolo-mãe. (A, cortesia de Josef Spacek.)

Resumo

Os microtúbulos são polímeros rígidos de moléculas de tubulina. Eles se organizam pela adição de subunidades de tubulina ligadas a GTP à extremidade livre de um dos microtúbulos, com uma extremidade (a extremidade mais [+]) crescendo mais rapidamente do que a outra. A hidrólise do GTP ligado ocorre após a polimerização e enfraquece as ligações que mantêm os microtúbulos unidos. Os microtúbulos são dinamicamente instáveis e suscetíveis à dissociação catastrófica, mas podem ser estabilizados nas células pela associação a outras estruturas. Os centros organizadores de microtúbulos, como os centrossomos, protegem as extremidades menos (−) dos microtúbulos e continuamente promovem a nucleação da formação de novos microtúbulos. As proteínas associadas aos microtúbulos (MAPs) estabilizam os microtúbulos, e aquelas que se localizam na extremidade mais (+TIPS) podem alterar as propriedades dinâmicas do microtúbulo ou mediar suas interações com outras estruturas. Em contraponto à atividade de estabilização das MAPs, existem os fatores de catástrofe, como as proteínas cinesina-13, que atuam na dissociação das extremidades dos microtúbulos. Outros membros da família da cinesina usam, assim como a dineína, a energia da hidrólise de ATP para se mover unidirecionalmente sobre os microtúbulos. O motor de dineína move-se em direção à extremidade menos (−) dos microtúbulos, e seu deslizamento nos microtúbulos axonemais é responsável pela batida dos cílios e dos flagelos. Os cílios primários são órgãos sensoriais não móveis encontrados em muitos tipos de células.

FILAMENTOS INTERMEDIÁRIOS E SEPTINAS

Todas as células eucarióticas contêm actina e tubulina. No entanto, o terceiro tipo principal de proteínas do citoesqueleto, os *filamentos intermediários*, forma um filamento citoplasmático apenas em alguns metazoários, incluindo os vertebrados, nemátodeos e moluscos. Os filamentos intermediários estão particularmente presentes no citoplasma de células sujeitas a estresse mecânico e geralmente não são encontrados em animais que possuem exoesqueletos rígidos, como os artrópodes e os equinodermos. Aparentemente, os filamentos intermediários conferem resistência mecânica em animais que possuem tecidos moles ou maleáveis.

Os filamentos intermediários citoplasmáticos são intimamente relacionados aos seus antepassados, as *laminas nucleares*, muito mais prevalentes e amplamente encontradas nos eucariotos, mas ausentes em organismos unicelulares. As laminas nucleares formam uma rede que reveste a membrana interna do envelope nuclear, na qual fornece sítios de ancoragem para os cromossomos e para os poros nucleares. Aparentemente, os genes de lamina sofreram duplicação muitas vezes ao longo da evolução dos metazoários, e os genes duplicados evoluíram para produzir os filamentos intermediários citoplasmáti-

TABELA 16-2	Principais tipos de proteínas dos filamentos intermediários em células de vertebrados	
Tipos dos filamentos intermediários	Polipeptídeos componentes	Localização
Nuclear	Laminas A, B e C	Lâmina nuclear (revestimento interno do envelope nuclear)
Semelhantes à vimentina	Vimentina	Diversas células de origem mesenquimal
	Desmina	Músculo
	Proteína ácida glial fibrilar	Células da glia (astrócitos e algumas células de Schwann)
	Periferina	Alguns neurônios
Epitelial	Queratinas tipo I (ácidas)	Células epiteliais e seus derivados (p. ex., cabelos e unhas)
	Queratinas tipo II (neutras/básicas)	
Axonal	Proteínas de neurofilamento (NF-L, NF-M e NF-H)	Neurônios

cos, que apresentam estrutura semelhante a cabos. Em contraste às isoformas de actina e tubulina, que são altamente conservadas e codificadas por uns poucos genes, as diferentes famílias de filamentos intermediários são muito mais diversas e são codificadas por 70 genes humanos diferentes, com funções distintas em diferentes células (Tabela 16-2).

A estrutura dos filamentos intermediários depende do empacotamento lateral e do enrolamento da super-hélice

Embora os seus domínios amino e carboxiterminais sejam diferentes, todos os membros da família dos filamentos intermediários são proteínas alongadas com um domínio de α-hélice central conservado contendo 40 ou mais motivos heptâmeros repetidos que formam uma estrutura estendida supertorcida com outro monômero (ver Figura 3-9). Um par de dímeros paralelos associa-se de forma antiparalela produzindo um arranjo tetramérico (Figura 16-67). Diferentemente das subunidades de actina e de tubulina, as subunidades dos filamentos intermediários não contêm um sítio de ligação para um nucleotídeo. Além disso, tendo em vista que a subunidade tetramérica é composta por dois dímeros que apontam para direções opostas, suas duas extremidades são idênticas. Assim, o filamento intermediário organizado não apresenta uma estrutura polarizada, tão importante para os filamentos de actina e para os microtúbulos. Os tetrâmeros são empacotados lateralmente, formando um filamento que agrega oito protofilamentos paralelos, feitos a partir dos tetrâmeros. Cada filamento intermediário individual apresenta, consequentemente, uma secção transversal de 32 α-hélices enroladas. Esse grande número de polipeptídeos organizados em conjunto e unidos por interações hidrofóbicas laterais fortes, típicas das proteínas supertorcidas, confere aos filamentos intermediários sua característica semelhante a um cabo. Eles podem ser facilmente curvados, apresentando um comprimento de persistência de menos de um micrômetro (em comparação com os vários milímetros dos microtúbulos e cerca de 10 micrômetros da actina), mas eles são extremamente difíceis de serem rompidos e podem ser esticados alcançando até três vezes o seu comprimento (ver Figura 16-6).

Sabe-se menos a respeito do mecanismo de associação e dissociação dos filamentos intermediários do que se conhece a respeito dos filamentos de actina e microtúbulos. Em soluções de proteína pura, os filamentos intermediários são extremamente estáveis devido à forte associação das subunidades, mas alguns tipos de filamentos intermediários, incluindo *vimentina*, formam estruturas altamente dinâmicas em células como os fibroblastos. A fosforilação proteica regula sua dissociação provavelmente da mesma forma que o processo de fosforilação regula a dissociação das laminas nucleares na mitose (ver Figura 12-18). Como prova da rápida reciclagem, subunidades marcadas microinjetadas em células de cultura de tecidos são incorporadas nos filamentos intermediários em poucos minutos. A remodelagem da rede dos filamentos intermediários ocorre em eventos que requerem reorganização celular dinâmica, como a divisão, a migração e a diferenciação.

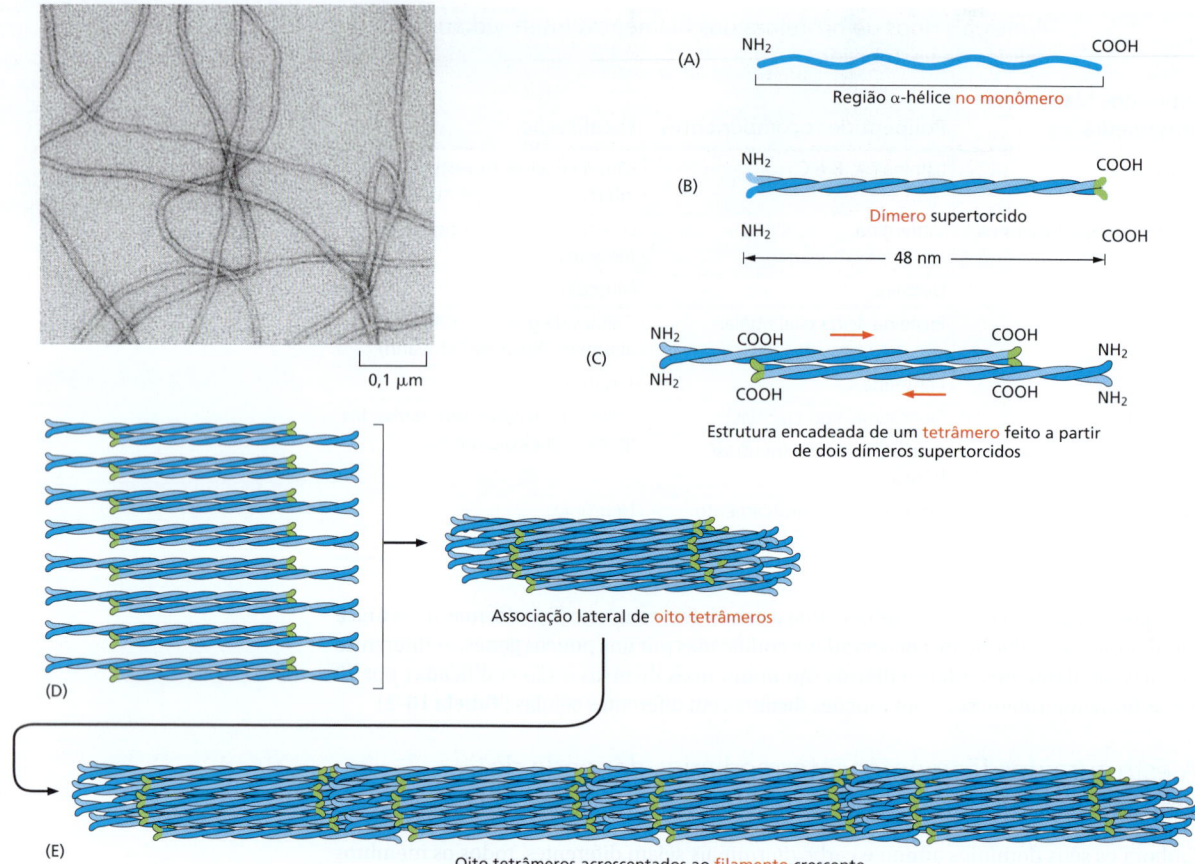

Figura 16-67 Modelo de polimerização dos filamentos intermediários. O monômero mostrado em (A) pareia com outro monômero para formar um dímero (B), no qual os domínios centrais em bastão estão alinhados em paralelo e enrolados entre si em supertorção. (C) A seguir, dois dímeros alinham-se lateralmente para formar um tetrâmero antiparalelo de quatro cadeias polipeptídicas. Os dímeros e tetrâmeros são as subunidades solúveis dos filamentos intermediários. (D) Dentro de cada tetrâmero, as extremidades de cada dímero estão desalinhadas em relação ao outro dímero, permitindo que este se associe a outro tetrâmero. (E) Nos 10 nm finais do filamento enrolado, os tetrâmeros são empacotados em um arranjo helicoidal composto por 16 dímeros (32 monômeros supertorcidos) em corte transversal. A metade desses dímeros aponta para cada direção. Uma fotomicrografia eletrônica de filamentos intermediários está apresentada no canto superior esquerdo (Animação 16.12). (Fotomicrografia eletrônica cortesia de Roy Quinlan.)

Filamentos intermediários conferem estabilidade mecânica às células animais

A família mais diversificada de filamentos intermediários é a das **queratinas**: existem aproximadamente 20 queratinas encontradas em diferentes tipos de células epiteliais humanas, além de aproximadamente 10 outras que são específicas do cabelo e das unhas; a análise do genoma humano revelou que existem 54 queratinas distintas. Cada filamento de queratina é composto por uma mistura de partes iguais de proteínas queratina do tipo I (acídica) e do tipo II (neutra/básica); o que forma uma subunidade do filamento heterodímero (ver Figura 16-67). As redes de queratina interligadas, unidas por ligações dissulfeto, podem sobreviver mesmo à morte das suas células, formando coberturas resistentes para animais, como ocorre nas camadas externas da pele e nos cabelos, nas unhas, nas garras e nas escamas. A diversidade das queratinas é utilizada clinicamente para o diagnóstico de cânceres epiteliais (carcinomas), pois a expressão de um grupo específico de queratinas fornece indicações sobre o tecido epitelial a partir do qual a célula cancerosa originou-se e, dessa maneira, pode contribuir para a escolha de um tratamento adequado.

Uma célula epitelial individual pode produzir diferentes tipos de queratinas, e estas podem copolimerizar, formando uma rede única (**Figura 16-68**). Os filamentos de queratina conferem resistência mecânica a tecidos epiteliais, em parte pela ancoragem dos filamentos intermediários em regiões de contato célula-célula, denominadas *desmosso-*

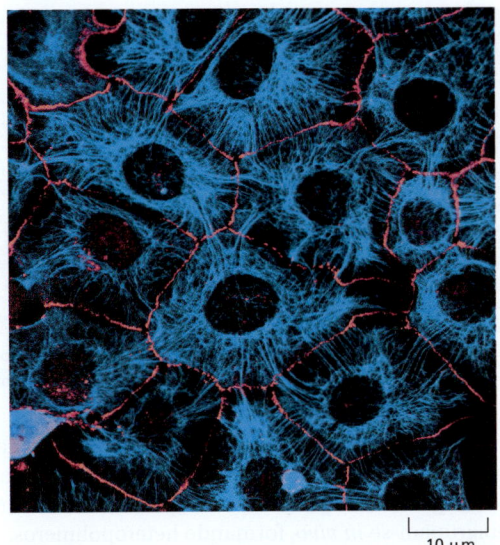

Figura 16-68 **Filamentos de queratina em células epiteliais.** Fotomicrografia de imunofluorescência de uma rede de filamentos de queratina (*azul*) em uma camada de células epiteliais em cultura. Os filamentos de cada célula estão indiretamente conectados aos das células vizinhas por desmossomos (discutidos no Capítulo 19). Uma segunda proteína (*vermelho*) foi corada para revelar a localização dos limites celulares. (Cortesia de Kathleen Green e Evangeline Amargo.)

mos, ou regiões de contato célula-matriz, denominadas *hemidesmossomos* (ver Figura 16-4). Discutiremos essas importantes estruturas de adesão no Capítulo 19. As proteínas acessórias, como a *filagrina*, agrupam em feixes os filamentos de queratina nas células em diferenciação da epiderme para conferir às camadas mais externas da pele sua resistência especial característica. Os indivíduos com mutações no gene que codifica a filagrina apresentam alta predisposição a doenças de pele carcterizadas por secura, como o eczema.

As mutações nos genes de queratina são a causa de diferentes doenças genéticas humanas. Por exemplo, a doença denominada *epidermólise bolhosa simples* ocorre quando queratinas defeituosas são expressas em células da camada basal da epiderme. Essa doença caracteriza-se pela formação de bolhas na pele mesmo em resposta a estresses mecânicos muito leves, que rompem as células basais (**Figura 16-69**). Outros tipos de doenças com formação de bolhas, incluindo doenças do revestimento da boca e esofaringe e da córnea nos olhos, são causados por mutações em diferentes tipos de queratina cuja expressão é específica para estes tecidos. Todas essas doenças apresentam como característica a ruptura de células em consequência de trauma mecânico e a desorganização ou o acúmulo do citoesqueleto de filamentos de queratina. Muitas das mutações específicas que causam essas doenças alteram as extremidades do domínio central em bastão, ressaltando a importância desta porção particular da proteína para uma correta polimerização do filamento.

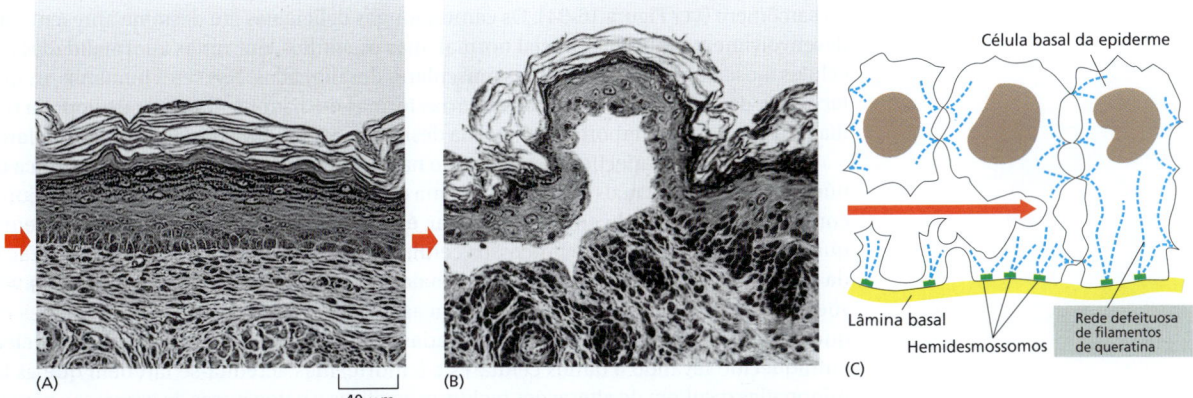

Figura 16-69 **Formação de bolhas na pele devido a uma mutação no gene de queratina.** Um gene mutante que codifica uma proteína queratina truncada (ausência dos domínios N-terminal e C-terminal) foi expresso em um camundongo transgênico. A proteína defectiva associa-se à queratina normal e causa a disrupção da rede dos filamentos de queratina das células basais da pele. A microscopia óptica de secções transversais de pele normal (A) e mutante (B) mostram que a formação de bolhas é resultado da ruptura de células na camada basal da epiderme mutante (seta *vermelha curta*). (C) Um esquema de três células na camada basal da epiderme mutante, a partir da observação em microscopia eletrônica. Como indicado pela seta *vermelha*, as células sofrem ruptura entre o núcleo e os hemidesmossomos (discutidos no Capítulo 19), os quais conectam os filamentos de queratina à lâmina basal inferior. (De P.A. Coulombe et al., *J. Cell Biol*. 115:1661–1674, 1991. Com permissão de The Rockefeller University Press.)

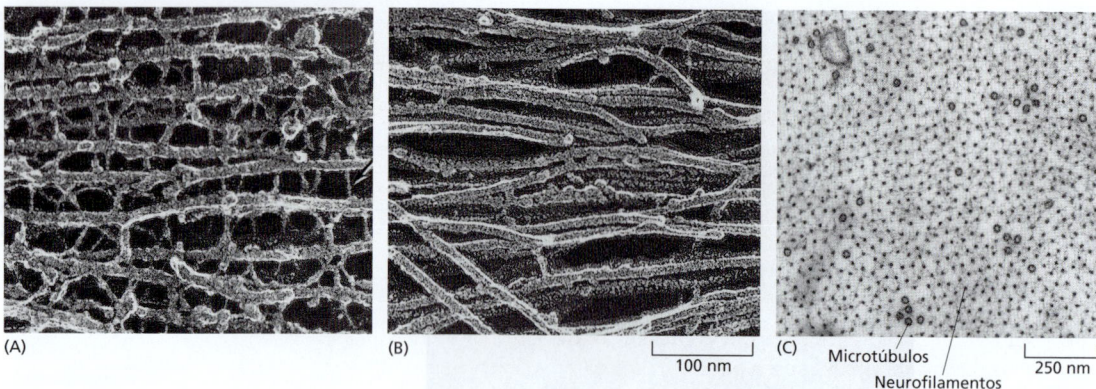

Figura 16-70 Dois tipos de filamentos intermediários nas células do sistema nervoso. (A) Imagem de microscopia eletrônica de criofratura de neurofilamentos no axônio de uma célula neuronal, mostrando a grande quantidade de interligações por pontes proteicas – uma organização que deve ser capaz de fornecer à célula grande resistência à tensão. As pontes são formadas pelas longas extensões não helicoidais da região C-terminal da maior das proteínas do neurofilamento (NF-H). (B) Imagem de criofratura de filamentos da glia em células da glia, mostrando que esses filamentos intermediários são lisos e possuem poucas interligações. (C) Fotomicrografia eletrônica de transmissão convencional de um corte transversal de um axônio mostrando o espaçamento regular lateral dos neurofilamentos, que estão em número muito maior que os microtúbulos. (A e B, cortesia de Nobutaka Hirokawa; C, cortesia de John Hopkins.)

Os membros de outra família de filamentos intermediários, chamados **neurofilamentos**, são encontrados em concentrações elevadas ao longo dos axônios dos neurônios dos vertebrados (**Figura 16-70**). Três tipos de proteínas do neurofilamento (NF-L, NF-M e NF-H) interagrupam-se *in vivo*, formando heteropolímeros. As proteínas NF-H e NF-M apresentam domínios C-terminais compridos que se ligam aos filamentos adjacentes dando origem a arranjos com espaçamento interfilamentar uniforme. Durante o crescimento do axônio, novas subunidades dos neurofilamentos são incorporadas ao axônio em um processo dinâmico que envolve tanto a adição de subunidades longitudinalmente ao comprimento do filamento quanto às extremidades. Após um axônio ter crescido e ter sido conectado à sua célula-alvo, o diâmetro do axônio poderá aumentar em até cinco vezes. O nível de expressão do gene de neurofilamento parece controlar diretamente o diâmetro do axônio, o qual, por sua vez, influencia a velocidade de transporte dos sinais elétricos pelo axônio. Além disso, os neurofilamentos fornecem resistência e estabilidade aos longos processos celulares dos neurônios.

A doença neurodegenerativa esclerose lateral amiotrófica (ELA), ou doença de Lou Gehrig, está associada ao acúmulo e à montagem anormal de neurofilamentos no corpo celular e nos axônios dos neurônios motores, alterações essas que podem interferir no transporte axonal normal. A degeneração dos axônios leva à fraqueza muscular e à atrofia, que frequentemente é fatal. A superexpressão de NF-L ou de NF-H humana em camundongos dá origem a animais que apresentam uma doença muito semelhante à ELA. No entanto, uma ligação causal entre uma patologia dos neurofilamentos e a ELA ainda não foi estabelecida.

Os filamentos semelhantes à vimentina correspondem a uma terceira família de filamentos intermediários. A *desmina*, um membro dessa família, é expressa na musculatura esquelética, cardíaca e lisa, onde forma uma estrutura de suporte em torno do disco Z do sarcômero (ver Figura 16-34). Os camundongos deficientes em desmina apresentam o desenvolvimento muscular inicial normal, mas os adultos têm várias anormalidades das células musculares, incluindo fibras musculares desalinhadas. Nos seres humanos, as mutações na desmina estão associadas a várias formas de distrofia muscular e miopatia cardíaca, o que ilustra o importante papel da desmina na estabilização das fibras musculares.

Além do seu papel bem estabelecido na manutenção da estabilidade mecânica do núcleo, está cada vez mais evidente que uma classe das laminas, a de tipo A, em conjunto com muitas proteínas do envelope nuclear, é necessária estruturalmente para proteínas que controlam uma série de processos celulares, incluindo a transcrição, a organização da cromatina e a transdução de sinal. A maioria das *laminopatias* está associada a versões mutantes da lamina A e inclui doenças tecido-específicas. As anormalidades esqueléticas e cardíacas podem ser explicadas pela ocorrência de um envelope nuclear enfraquecido levando a danos celulares e à morte, mas acredita-se também que as laminopatias resultem de alterações tecido-específicas e patogênicas da expressão gênica.

Proteínas de ligação conectam os filamentos do citoesqueleto e o envelope nuclear

A rede dos filamentos intermediários está ligada ao restante do citoesqueleto por membros de uma família de proteínas chamada *plaquina*. As plaquinas são grandes e modu-

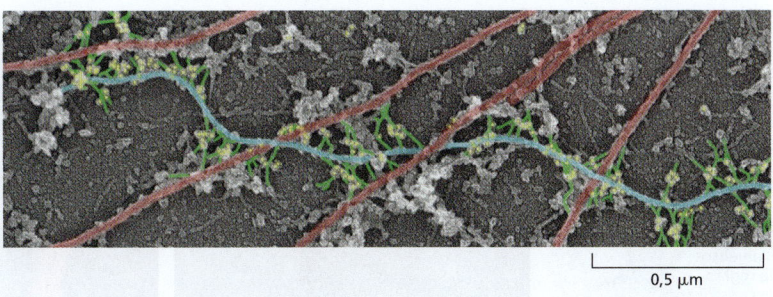

Figura 16-71 Interligação de diversos elementos do citoesqueleto pela plectina. A plectina (em *verde*) estabelece interligações entre os filamentos intermediários (em *azul*) e os microtúbulos (em *vermelho*). Nesta fotomicrografia eletrônica, os pontos (em *amarelo*) são partículas de ouro ligadas a anticorpos antiplectina. Toda a rede de filamentos de actina foi removida para revelar estas proteínas. (De T.M. Svitkina et al., *J. Cell Biol.* 135:991–1007, 1996. Com permissão de The Rockefeller University Press.)

lares, contendo múltiplos domínios que conectam os filamentos do citoesqueleto uns aos outros e aos complexos juncionais. A *plectina* é um exemplo particularmente interessante dessa família. Além de promover a agregação dos filamentos intermediários em feixes, ela liga os filamentos intermediários aos microtúbulos, aos feixes de filamentos de actina e aos filamentos da proteína motora miosina II; ela também auxilia a ligação dos feixes de filamentos intermédios a estruturas adesivas da membrana plasmática (**Figura 16-71**).

A plectina e outras plaquinas podem interagir com complexos de proteínas que conectam o citoesqueleto ao interior do núcleo. Estes complexos consistem em proteínas SUN da membrana nuclear interna e proteínas KASH (também chamadas nesprinas) da membrana nuclear externa (**Figura 16-72**). As proteínas SUN e KASH ligam-se umas às outras no interior do lúmen do envelope nuclear, formando uma ponte que conecta os citoesqueletos citoplasmáticos e nucleares. Dentro do núcleo, as proteínas SUN ligam-se à lâmina nuclear ou aos cromossomos, enquanto, no citoplasma, as proteínas KASH podem se ligar diretamente aos filamentos de actina e indiretamente aos microtúbulos e aos filamentos intermediários por meio da associação com proteínas motoras e plaquinas, respectivamente. Essa ligação serve para acoplar mecanicamente o núcleo ao citoesqueleto e está envolvida em diversas funções celulares, incluindo os movimentos dos cromossomos no interior do núcleo durante a meiose, o posicionamento nuclear e do centrossomo, a migração nuclear e a organização citoesquelética global.

As mutações no gene da plectina são responsáveis por uma doença devastadora em humanos que combina epidermólise bolhosa (causada pela disrupção dos filamentos de queratina da pele), distrofia muscular (causada pela disrupção dos filamentos de desmina) e neurodegeneração (causada pela disrupção dos neurofilamentos). Os camundongos que não apresentam gene de plectina funcional morrem poucos dias após o nascimento, apresentando bolhas na pele e anomalias esqueléticas e na musculatura cardíaca. Desse modo, apesar de a plectina poder ser dispensável durante a formação inicial e a associação dos filamentos intermediários, sua ação de interligação é necessária para conferir à célula a resistência de que ela necessita para enfrentar o estresse mecânico inerente à vida de um vertebrado.

Septinas formam filamentos que regulam a polaridade celular

As proteínas de ligação ao GTP chamadas *septinas* atuam como um sistema adicional de filamentos em todos os eucariotos, exceto nas plantas terrestres. As septinas organizam-

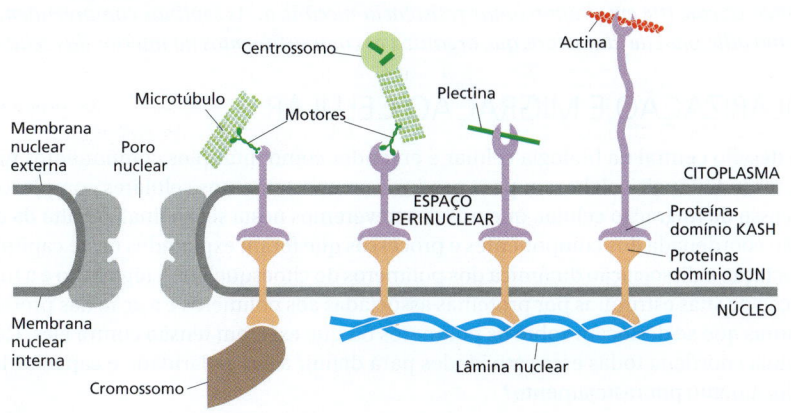

Figura 16-72 Complexos das proteínas SUN–KASH conectam o núcleo e o citoplasma através do envelope nuclear. O citoesqueleto citoplasmático está ligado através do envelope nuclear à lâmina nuclear ou aos cromossomos pelas proteínas SUN e KASH (*laranja* e *roxo* respectivamente). Os domínios SUN e KASH destas proteínas se ligam no lúmen do envelope nuclear. A partir do envelope nuclear interno, as proteínas SUN conectam-se à lâmina nuclear ou aos cromossomos. As proteínas KASH, no envelope nuclear externo, conectam-se ao citoesqueleto citoplasmático pela ligação a proteínas motoras dos microtúbulos, aos filamentos de actina ou à plectina.

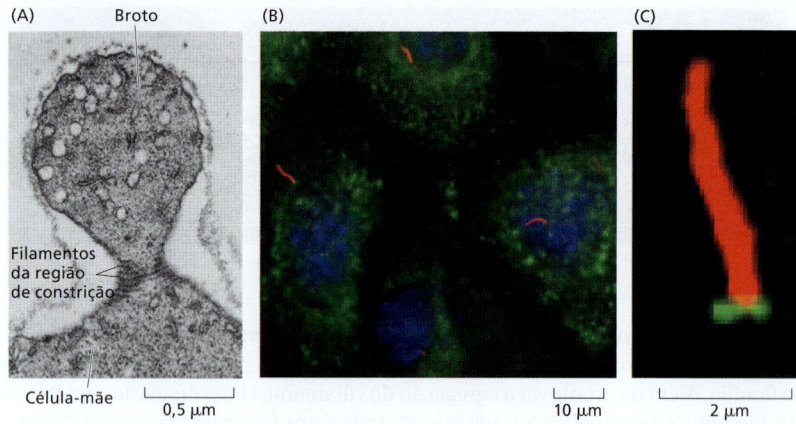

Figura 16-73 Compartimentalização celular mediada pelas septinas. (A) As septinas formam filamentos na região de constrição entre uma célula de levedura mãe e seu broto. (B) Nesta fotomicrografia de células humanas em cultura, o DNA está corado em *azul* e as septinas estão marcadas em *verde*. Os microtúbulos dos cílios primários estão marcados com um anticorpo que reconhece uma forma modificada (acetilada) da tubulina (*vermelho*) que está enriquecida no axonema. (C) Uma imagem ampliada revela um colar de septina na base do cílio. (A, de B. Byers e L. Goetsch, *J. Cell Biol.* 69:717–721, 1976. Com permissão de Rockefeller University Press. B e C, de Q. Hu et al., *Science* 329:436–439, 2010. Com permissão de AAAS.)

-se em filamentos apolares que formam anéis e estruturas semelhantes a gaiolas, que atuam na compartimentalização das membranas em domínios distintos, ou recrutam e organizam os filamentos de actina e os microtúbulos do citoesqueleto. Identificados inicialmente em leveduras, os filamentos da septina posicionam-se na região de constrição entre uma célula-mãe de levedura em divisão e seu broto nascente (**Figura 16-73A**). Nesse local, as septinas bloqueiam o movimento das proteínas para os diferentes lados do brotamento, concentrando, assim, o crescimento celular preferencialmente no broto. As septinas também recrutam a maquinaria da actina-miosina que forma o anel contrátil necessário para a citocinese. Nas células animais, as septinas atuam na divisão celular, na migração e no transporte das vesículas. Nos cílios primários, por exemplo, um anel de filamentos de septina é organizado na base do cílio e age como uma barreira de difusão na membrana plasmática, restringindo o movimento das proteínas da membrana e estabelecendo uma composição específica na membrana ciliar (Figura 16-73B e C). A redução dos níveis de septina prejudica a formação e a sinalização do cílio primário.

Há 7 genes de septina em levedura e 13 nos seres humanos, e as proteínas septina se enquadram em quatro grupos com base na similaridade de suas sequências. Em um tubo de ensaio, as septinas purificadas se organizam em hetero-hexâmeros ou hetero-octâmeros simétricos que formam filamentos pareados apolares (**Figura 16-74**). A ligação ao GTP é necessária para o enovelamento dos polipeptídeos da septina, mas o papel da hidrólise do GTP no funcionamento da septina ainda não está estabelecido. As estruturas de septina se associam e dissociam no interior das células, mas elas não são tão dinâmicas como os filamentos de actina e os microtúbulos.

Resumo

Apesar de a tubulina e a actina serem altamente conservadas em termos evolutivos, as proteínas dos filamentos intermediários são muito diversas. Existe uma grande variedade de formas tecido-específicas de filamentos intermediários no citoplasma de células animais, entre elas os filamentos de queratina das células epiteliais, os neurofilamentos das células nervosas e os filamentos de desmina das células musculares. A principal função desses filamentos consiste em proporcionar resistência mecânica. As septinas compreendem um sistema adicional de filamentos que organiza os compartimentos no interior das células.

POLARIZAÇÃO E MIGRAÇÃO CELULAR

Um desafio central na biologia celular é entender como múltiplos componentes moleculares individuais colaboram para produzir comportamentos celulares complexos. O processo de migração celular, que nós descreveremos nesta seção final, resulta da aplicação coordenada dos componentes e processos que foram explorados neste capítulo: a associação e dissociação dinâmica dos polímeros do citoesqueleto, a regulação e a modificação de suas estruturas por proteínas associadas aos polímeros e a ação das proteínas motoras que se deslocam sobre os polímeros ou que exercem tensão contra eles. Como a célula coordena todas essas atividades para definir a sua polaridade e capacitá-la ao deslocamento por rastejamento?

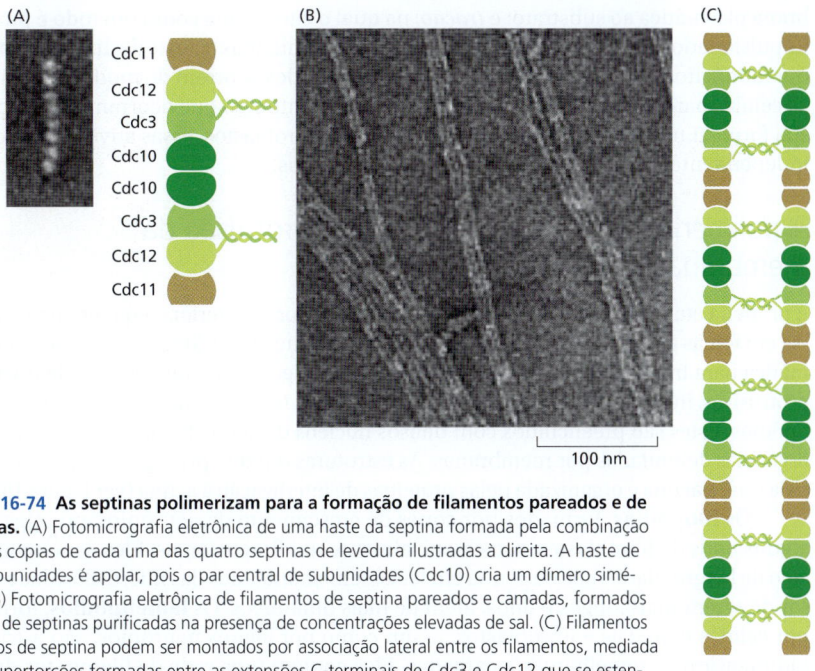

Figura 16-74 As septinas polimerizam para a formação de filamentos pareados e de camadas. (A) Fotomicrografia eletrônica de uma haste da septina formada pela combinação de duas cópias de cada uma das quatro septinas de levedura ilustradas à direita. A haste de oito subunidades é apolar, pois o par central de subunidades (Cdc10) cria um dímero simétrico. (B) Fotomicrografia eletrônica de filamentos de septina pareados e camadas, formados a partir de septinas purificadas na presença de concentrações elevadas de sal. (C) Filamentos pareados de septina podem ser montados por associação lateral entre os filamentos, mediada pelas supertorções formadas entre as extensões C-terminais de Cdc3 e Cdc12 que se estendem de cada filamento. (Imagens e esquemas adaptados de A. Bertin et al., *Proc. Natl Acad. Sci. USA* 105:8274–8279, 2008. Com permissão de The National Academy of Sciences.)

Diversas células podem deslizar sobre um substrato sólido

Muitas células se movem arrastando-se sobre superfícies em vez de utilizar cílios ou flagelos para nadar. As amebas predadoras rastejam continuamente em busca de comida e podem facilmente ser observadas atacando e devorando ciliados menores e flagelados em uma gota de água proveniente de poças (ver **Animação 1.4**). Em animais, a maior parte da locomoção celular ocorre por rastejamento, com exceção do nado dos espermatozoides. Durante a embriogênese, a estrutura de um animal é criada pela migração de células individuais para regiões-alvo específicas e pela ação coordenada de camadas epiteliais inteiras (discutido no Capítulo 21). Em invertebrados, as *células da crista neural* são extraordinárias quanto a suas migrações a longas distâncias, partindo da região de sua origem no tubo neural e dirigindo-se a uma ampla variedade de regiões em todo o embrião (ver **Animação 21.5**). Deslocamentos a grandes distâncias são essenciais para a organização do sistema nervoso completo: é por esse mecanismo que os cones de crescimento ricos em actina, nas extremidades de axônios em desenvolvimento, direcionam-se para seus eventuais alvos sinápticos, guiados por combinações de sinais solúveis e sinais ligados às superfícies da membrana das células e da matriz extracelular existente em seu caminho.

O animal adulto também está fervilhando de células em movimento. Os macrófagos e neutrófilos encaminham-se para as regiões de infecção e englobam invasores estranhos como parte essencial da resposta imunológica inata. Os osteoclastos perfuram o interior dos ossos, formando canais que são preenchidos pelos osteoblastos que os seguem, em um contínuo processo de remodelagem e renovação óssea. De forma semelhante, fibroblastos migram através de tecido conectivo, remodelando-o quando necessário e ajudando a reconstruir estruturas danificadas em regiões de lesão. Em uma procissão ordenada, as células do epitélio que reveste o intestino percorrem as laterais das vilosidades intestinais, substituindo células de absorção perdidas nas extremidades destas vilosidades. Infelizmente, células com capacidade de migrar também desempenham um importante papel em muitos tipos de câncer, quando células de um tumor primário invadem tecidos vizinhos e penetram nos vasos sanguíneos ou linfáticos para então emergir em outras regiões do corpo e formar metástases.

A migração celular é um processo complexo que depende do córtex rico em actina que existe abaixo da membrana plasmática. Três atividades distintas estão envolvidas nesse processo: *protrusão*, na qual a membrana plasmática é empurrada para frente na face anterior da célula; *ligação*, na qual o citoesqueleto de actina liga-se através da membrana plasmática ao substrato; e *tração*, na qual o citoplasma como um todo é puxado e impulsionado para frente (**Figura 16-75**). Em determinadas células deslizantes, como os queratinócitos da epiderme de peixes, estas atividades ocorrem de modo simultâneo, e as células parecem escorregar suavemente para frente sem que ocorram mudanças em sua forma. Em outras células, como é o caso dos fibroblastos, essas atividades são mais independentes, e a locomoção é irregular e em pulsos.

A polimerização da actina promove a protrusão da membrana plasmática

A primeira etapa da locomoção, a protrusão de uma borda anterior, frequentemente apoia-se em forças geradas pela polimerização da actina que impulsiona a membrana citoplasmática para frente. Diferentes tipos celulares dão origem a diferentes tipos de estruturas protrusivas, incluindo os filopódios (também conhecidos como microespículas) e os lamelipódios. Estes são preenchidos com densos núcleos de actina filamentosa, que excluem organelas delimitadas por membranas. As estruturas diferem principalmente na maneira pela qual a actina é organizada pelas proteínas de interligação à actina (ver Figura 16-22).

Os **filopódios**, formados por cones de crescimento de neurônios em migração e alguns tipos de fibroblastos, são essencialmente unidimensionais. Eles contêm um núcleo de longos filamentos de actina em feixe, semelhantes aos das microvilosidades, apesar de serem mais longos e finos, além de mais dinâmicos. Os **lamelipódios**, formados por células epiteliais e fibroblastos, assim como por alguns neurônios, são estruturas bidimensionais semelhantes a camadas. Eles contêm uma rede de filamentos de actina interligados, em sua maioria organizados em um plano paralelo ao substrato sólido. Os **invadopódios** e estruturas conhecidas como podossomos, representam um terceiro tipo de protrusões ricas em actina. Eles se estendem em três dimensões, e são importantes para as células atravessarem barreiras teciduais, como quando da invasão do tecido circundante pelas células cancerosas metastáticas. O invadopódio contém muitos dos componentes reguladores de actina presentes nos filopódios e nos lamelipódios, e ele também é capaz de degradar a matriz extracelular, o que requer a entrega de vesículas que contém proteases de degradação da matriz.

Uma forma distinta de protrusão da membrana chamada **formação de bolhas** (do inglês *blebbing*) é frequentemente observada *in vivo* ou quando as células são cultivadas em um substrato de matriz extracelular flexível. As bolhas formam-se quando a membrana plasmática se destaca localmente do córtex de actina subjacente, permitindo, assim, um fluxo citoplasmático que empurra a membrana para o exterior (**Figura 16-76**). A formação da bolha também depende da pressão hidrostática no interior da célula, que

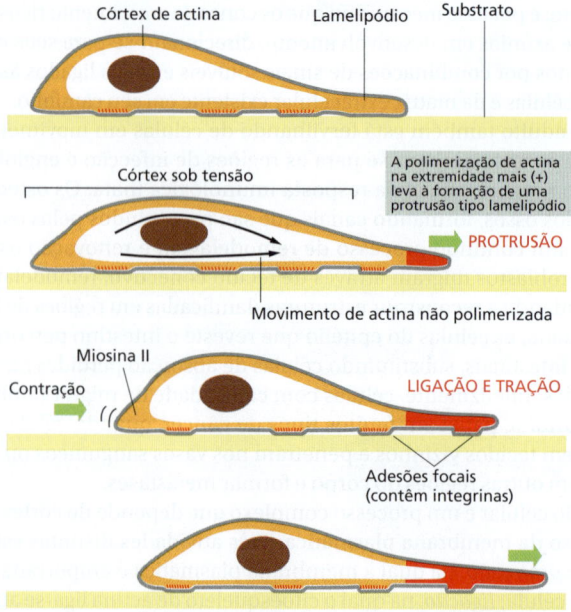

Figura 16-75 Modelo de como as forças geradas no córtex rico em actina impulsionam uma célula para frente. A protrusão dependente de polimerização de actina e a adesão firme de um lamelipódio na borda anterior impulsionam a célula para frente (setas *verdes* na frente da célula) e esticam o córtex de actina. Uma contração na parte posterior impele o corpo da célula para frente (seta *verde* na região posterior) para relaxar a tensão (tração). Conforme a célula avança, novos pontos de ancoragem (adesões focais) são estabelecidos na parte anterior, sendo os pontos de ancoragem antigos dissociados na região posterior. Esse mesmo ciclo pode ser repetido fazendo a célula movimentar-se passo a passo. Alternativamente, todos os passos podem estar fortemente coordenados, fazendo a célula deslizar suavemente. A actina cortical recentemente polimerizada está indicada em *vermelho*.

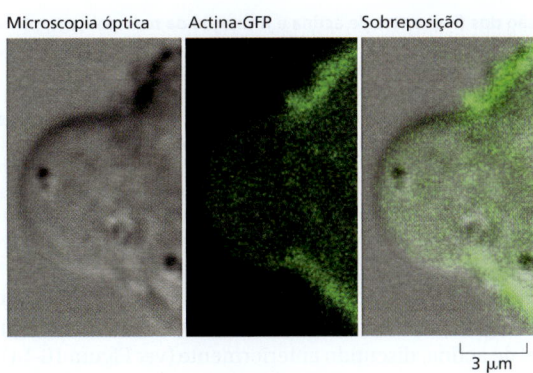

Figura 16-76 Bolha na membrana induzida pela disrupção do córtex de actina. À esquerda encontra-se uma fotomicrografia óptica que mostra uma protrusão esférica da membrana, ou bolha, induzida por ablação a *laser* de uma pequena região do córtex de actina. O córtex está corado em *verde* na imagem *central* por meio da expressão de actina GFP. (Cortesia de Ewa Paluch.)

é gerada pela contração dos arranjos de actina e de miosina. Uma vez formadas as bolhas, os filamentos de actina reorganizam-se sobre a membrana da bolha e formam um novo córtex de actina. O recrutamento da miosina II e a contração da actina e da miosina pode, então, promover a retração das bolhas da membrana. Em outra possibilidade, a extensão de novas bolhas sobre bolhas mais antigas pode conduzir a migração celular.

Os lamelipódios contêm toda a maquinaria necessária à locomoção celular

Os lamelipódios foram particularmente bem estudados nas células epiteliais da epiderme de peixes e rãs; essas células epiteliais são conhecidas como *queratinócitos* devido aos abundantes filamentos de queratina. Essas células normalmente recobrem o animal, formando uma camada epitelial, e são especializadas na rápida cicatrização de lesões, movendo-se a velocidades de até 30 µm/min. Quando cultivados individualmente, os queratinócitos assumem um formato característico, com um lamelipódio extremamente grande que arrasta um pequeno corpo celular que não está conectado ao substrato (**Figura 16-77**). Os fragmentos desse lamelipódio podem ser retirados com o auxílio de uma micropipeta. Apesar de geralmente ocorrer ausência de microtúbulos e de organelas delimitadas por membrana nestes fragmentos, eles continuam a mover-se normalmente, apresentando uma aparência de pequenos queratinócitos.

O comportamento dinâmico dos filamentos de actina nos lamelipódios dos queratinócitos pode ser estudado através da marcação de uma pequena região de actina e análise de seu destino. Esse sistema revelou que, enquanto o lamelipódio desloca-se para frente, os filamentos de actina permanecem estacionários em relação ao substrato. Os filamentos de actina presentes nesta rede se encontram em sua maioria orientados com suas extremidades mais (+) para frente. As extremidades menos (−) encontram-se frequentemente ligadas às laterais de outros filamentos de actina por complexos Arp 2/3 (ver Figura 16-16), auxiliando a formar a rede bidimensional (**Figura 16-78**). A rede como um todo está sob

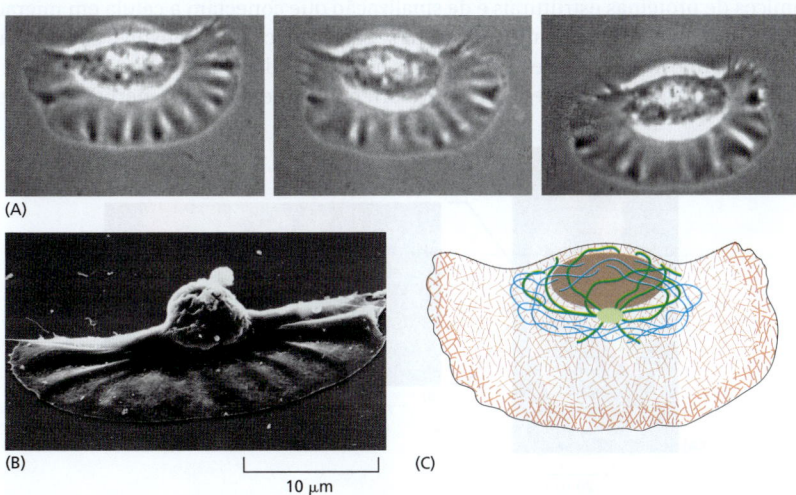

Figura 16-77 Queratinócitos migratórios da epiderme de peixes. (A) Fotomicrografias ópticas de um queratinócito em cultura obtidas em intervalos de 15 segundos. Esta célula está se movendo a aproximadamente 15 µm/min (Animação 16.13 e ver Animação 1.1). (B) Queratinócito observado em microscopia eletrônica de varredura, mostrando seu lamelipódio grande e plano arrastando sobre o substrato o seu pequeno corpo celular, no qual se encontra o núcleo. (C) A distribuição dos filamentos do citoesqueleto nesta célula. Os filamentos de actina (em *vermelho*) preenchem o grande lamelipódio e são responsáveis pelo rápido movimento da célula. Os microtúbulos (em *verde*) e os filamentos intermediários (em *azul*) estão restritos às regiões próximas ao núcleo. (A e B, cortesia de Juliet Lee.)

954 PARTE IV Organização interna da célula

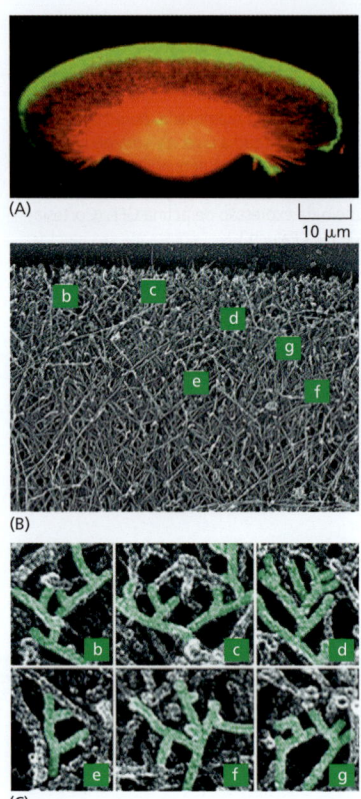

Figura 16-78 Nucleação dos filamentos de actina e formação da rede pelo complexo Arp 2/3 em lamelipódios. (A) Um queratinócito com filamentos de actina marcados em *vermelho* com faloidina fluorescente e o complexo Arp 2/3 marcado em *verde* com um anticorpo contra uma das suas subunidades. O complexo Arp 2/3 está altamente concentrado próximo à borda anterior do lamelipódio, onde a nucleação da actina é mais ativa. (B) Fotomicrografia eletrônica de uma borda anterior de um queratinócito sombreada por platina, mostrando a densa rede de filamentos de actina. Os quadros com letras denotam áreas ampliadas em (C). (C) Imagens em detalhe das regiões marcadas na rede de actina mostrada em (B). Numerosos filamentos ramificados podem ser vistos, com o característico ângulo em 70° formado quando o complexo Arp 2/3 promove a nucleação de um novo filamento de actina a partir da lateral de um filamento preexistente (ver Figura 16-16). (De T. Svitkina e G. Borisy, *J. Cell Biol.* 145:1009–1026, 1999. Com permissão dos autores.)

o efeito de rolamento, ou seja, associando novas subunidades na face anterior e sofrendo dissociação em sua região posterior, lembrando bastante o rolamento que ocorre nos filamentos individuais de actina, discutido anteriormente (ver Figura 16-14).

A manutenção de um movimento unidirecional pelo lamelipódio parece requerer cooperação e integração mecânica de diversos fatores. A nucleação dos filamentos ocorre na borda anterior dessa estrutura, com o crescimento dos filamentos novos de actina ocorrendo principalmente na região que impulsiona a membrana plasmática para frente. A maior parte do processo de despolimerização ocorre em regiões bastante afastadas da borda anterior. Tendo em vista que a *cofilina* (ver Figura 16-20) liga-se cooperativa e preferencialmente a filamentos de actina que contêm ADP-actina (a forma D), os filamentos em forma T recém-sintetizados na borda anterior devem ser resistentes à despolimerização mediada pela cofilina (**Figura 16-79**). Conforme ocorre o envelhecimento do filamento e a consequente hidrólise do ATP, a cofilina pode de maneira eficiente dissociar os filamentos mais antigos. Assim, acredita-se que a hidrólise de ATP retardada pela actina filamentosa proporcione a base para um mecanismo que mantém um processo eficiente de rolamento unidirecional no lamelipódio (**Figura 16-80**); isso também explica o movimento intracelular de agentes patogênicos bacterianos como a *Listeria* (ver Figura 16-25).

A contração da miosina e a adesão celular permitem que as células se impulsionem para frente

As forças geradas pela polimerização dos filamentos de actina na face anterior de uma célula em migração são transmitidas ao substrato subjacente para induzir o movimento celular. Para que a borda anterior de uma célula em migração avance, a protrusão da membrana deve ser seguida pela adesão ao substrato a sua frente. Por outro lado, para que o corpo da célula proceda, a contração deve ser acoplada à liberação da parte posterior da célula. Os processos que contribuem para a migração são, portanto, fortemente regulados no espaço e no tempo, e a polimerização da actina, as adesões dinâmicas e a contração da miosina são empregadas para coordenar o movimento. A miosina II atua pelo menos de duas maneiras para auxiliar a migração celular. A primeira é auxiliando a conectar o citoesqueleto de actina ao substrato através de adesões mediadas pela integrina. As forças geradas tanto pela polimerização da actina quanto pela atividade da miosina criam tensão nos sítios de fixação, promovendo a sua maturação em *adesões focais*, que são arranjos dinâmicos de proteínas estruturais e de sinalização que conectam a célula em migração à matriz extracelular (ver Figura 19-59). Um segundo mecanismo envolve os filamentos bipolares da miosina II, que se associam aos filamentos da actina na parte posterior do lamelipódio e os posicionam em uma nova orientação – entre quase perpendiculares a

Figura 16-79 A cofilina em lamelipódios. (A) Um queratinócito com filamentos de actina marcados em *vermelho* por faloidina fluorescente e a cofilina marcada em *verde* por um anticorpo fluorescente. Apesar da densa trama de actina abranger todo o lamelipódio, a cofilina não está presente na região da borda anterior. (B) Vista em detalhe da região delimitada pelo retângulo *branco* em (A). Os filamentos de actina mais próximos à borda anterior, que também são os que foram mais recentemente formados e mais prováveis de conter ATP-actina (em vez de ADP-actina), geralmente não estão associados à cofilina. (De T. Svitkina e G. Borisy, *J. Cell Biol.* 145:1009–1026, 1999. Com permissão dos autores.)

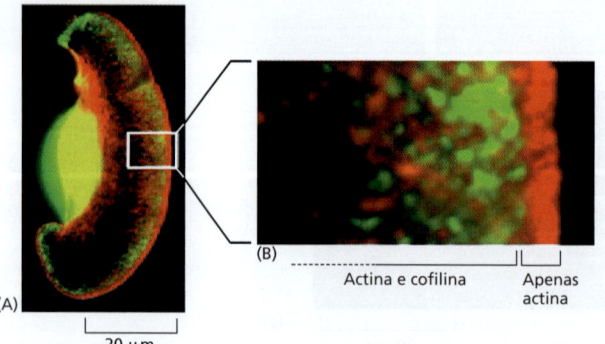

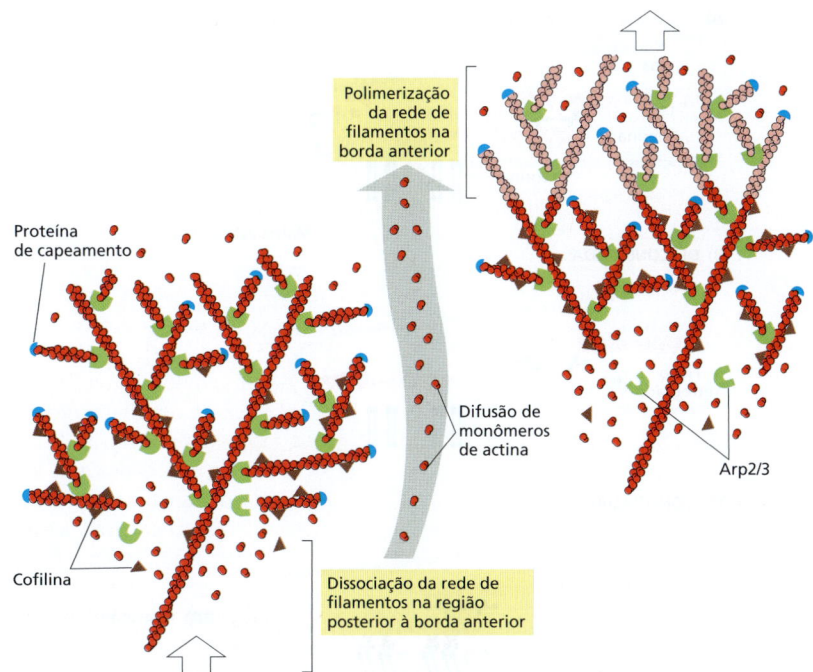

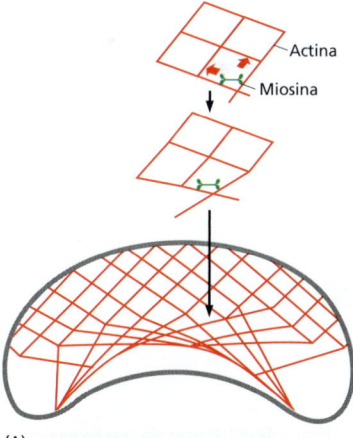

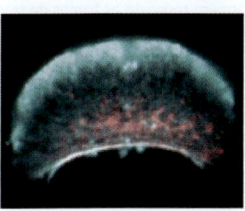

Figura 16-80 Modelo para o mecanismo de protrusão da rede de actina na borda anterior. Dois momentos durante o avanço de um lamelipódio estão ilustrados, sendo salientados em cores claras as estruturas organizadas no espaço de tempo decorrido entre os dois pontos. A nucleação é mediada por complexos Arp 2/3 na porção anterior. Os filamentos de actina recentemente nucleados são ligados às laterais de filamentos preexistentes, predominantemente em ângulos de 70°. Ocorre crescimento dos filamentos, impulsionando a membrana plasmática para frente devido a algum tipo de ancoragem existente na região posterior do arranjo. Sob uma taxa constante, as extremidades mais (+) dos filamentos de actina são capeadas. Após as novas subunidades de actina polimerizadas no arranjo hidrolisarem o ATP ligado a elas, os filamentos tornam-se suscetíveis à despolimerização pela cofilina. Este ciclo provoca uma separação espacial entre a polimerização da rede de filamentos na região anterior e a dissociação dos mesmos na região posterior, de tal forma que a trama de filamentos de actina, em conjunto, move-se para frente, mesmo se considerarmos que filamentos individuais permanecem em estado estacionário em relação ao substrato. Nem toda a actina é dissociada, no entanto, e a actina na parte posterior do lamelipódio contribui para os passos subsequentes da migração em conjunto com a miosina.

praticamente paralelos à borda anterior. Essa contração semelhante ao sarcômero impede a protrusão e espreme as laterais do lamelipódio locomotor, auxiliando a manutenção das superfícies laterais da célula conforme ela se move para frente (**Figura 16-81**).

As protrusões mediadas pela actina só podem impulsionar a borda anterior da célula para frente se existirem fortes interações entre a rede de actina e as adesões focais que ligam a célula ao substrato. Quando essas interações são desconectadas, a pressão da polimerização na borda anterior e a contração dependente da miosina fazem a rede de actina deslizar para trás, resultando em um fenômeno conhecido como fluxo retrógrado (**Figura 16-82**).

As forças de tração originadas por células em locomoção exercem um impulso significativo sobre o substrato. Ao crescer as células sobre uma superfície revestida com pequenos cilindros flexíveis, a força exercida sobre o substrato pode ser calculada medindo-se a deflexão de cada cilindro a partir da sua posição vertical (**Figura 16-83**). Em um animal vivo, a maioria das células se movimenta ao longo de um substrato semiflexível composto pela matriz extracelular, o qual pode ser deformado e rearranjado por essas forças celulares. Reciprocamente, a tensão mecânica ou de estiramento aplicada externamente a uma célula provocará a formação de fibras de estresse e de adesões focais, tornando a célula mais contrátil. Apesar de pouco compreendida, acredita-se que essa interação mecânica de duas vias entre as células e seu ambiente físico contribua para a auto-organização dos tecidos dos vertebrados.

A polarização celular é controlada por membros da família das proteínas Rho

A migração celular requer comunicação a longas distâncias e coordenação entre ambas as extremidades da célula. Durante uma migração direcionada, é importante que

Figura 16-81 Contribuição da miosina II para a polarização do movimento celular. (A) Filamentos bipolares de miosina II se ligam a filamentos de actina na rede do lamelipódio e provocam uma contração na rede. A reorientação dos filamentos de actina mediada pela miosina forma um feixe de actina que recruta mais miosina II e ajuda na geração das forças contráteis necessárias à retração da porção posterior da célula em movimento. (B) Um fragmento de um grande lamelipódio de um queratinócito pode ser separado do corpo celular principal por cirurgia com uma micropipeta ou pelo tratamento da célula com fármacos específicos. Muitos desses fragmentos continuam a se mover rapidamente, usando a mesma organização geral do citoesqueleto, como se fossem queratinócitos intactos. A actina (em *azul*) forma uma rede em protrusão na região anterior do fragmento. A miosina II (em *rosa*) está concentrada em uma linha, na região posterior. (De A. Verkhovsky et al., *Curr. Biol.* 9:11–20, 1999. Com permissão de Elsevier.)

Figura 16-82 O controle da adesão da célula ao substrato na borda anterior de uma célula em migração. (A) Os monômeros de actina são polimerizados na extremidade "pena" dos filamentos de actina na borda anterior. As proteínas integrinas transmembrana (azul) auxiliam a formação das adesões focais que conectam a membrana celular ao substrato. (B) Se não existir qualquer interação entre os filamentos de actina e as adesões focais, o filamento de actina será direcionado para trás pela actina recém-polimerizada. Os motores de miosina (verde) também contribuem para o movimento do filamento. (C) As interações entre as proteínas adaptadoras de ligação à actina (marrom) e as integrinas ligam o citoesqueleto de actina ao substrato. As forças contráteis mediadas pela miosina são, então, transmitidas através da adesão focal para gerar tração na matriz extracelular, e a nova polimerização de actina direciona a borda anterior para frente em uma protrusão.

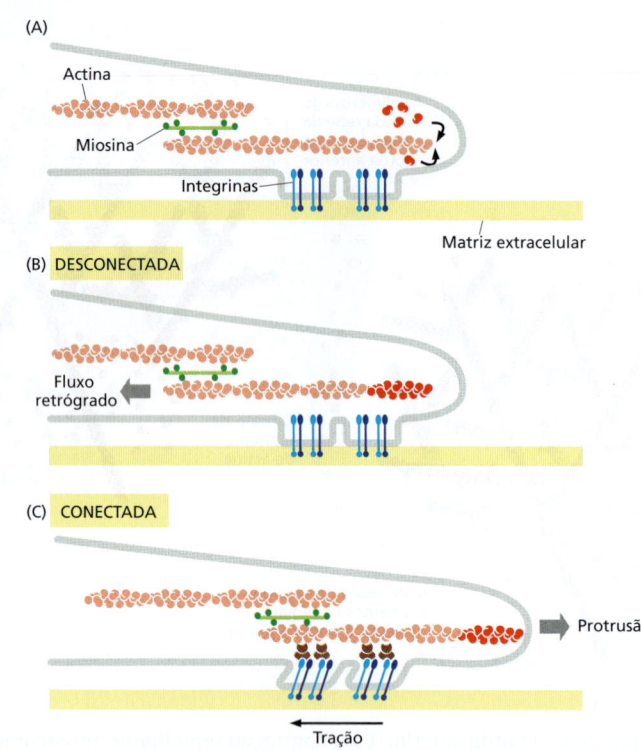

a extremidade anterior da célula permaneça estrutural e funcionalmente distinta da extremidade posterior. Além de promover os processos mecânicos localizados, como a protrusão na região anterior e a retração na região posterior da célula, o citoesqueleto é responsável pela coordenação da morfologia celular, pela sua organização e por propriedades mecânicas em toda a célula, uma extensão que geralmente envolve dezenas de micrômetros em células de animais.

Muitas vezes, inclusive na migração celular, mas não apenas nessa situação, a coordenação citoesquelética em larga escala se apresenta pelo estabelecimento de uma polarização celular, em que a célula constrói estruturas com componentes moleculares distintos em sua região anterior *versus* sua região posterior, ou em sua região apical *versus* sua região basal. Para que a locomoção celular seja iniciada ou terminada, é necessária uma polarização celular inicial. Os processos de polarização celular cuidadosamente controlados também são necessários para que ocorram as divisões celulares orientadas em tecidos e para a formação de uma estrutura multicelular coerente e organizada. Estudos genéticos em leveduras, moscas e nematódeos forneceram a maior parte das informações referentes ao conhecimento que possuímos sobre as bases moleculares da polaridade celular. Os mecanismos que geram a polaridade celular em vertebrados somente agora começam a ser estudados. No entanto, em todos os casos conhecidos até o momento, o citoesqueleto desempenha um papel essencial, e muitos componentes moleculares apresentam conservação evolutiva.

O estabelecimento de muitos tipos de polaridade celular depende da regulação local do citoesqueleto de actina por sinais externos. Muitos desses sinais parecem no interior da célula para um grupo de GTPases monoméricas relacionadas, membros da

Figura 16-83 Forças de tração exercidas por uma célula móvel. (A) Pequenos cilindros flexíveis ligados ao substrato curvam em resposta às forças de tração. (B) Fotomicrografia eletrônica de varredura de uma célula sobre um substrato revestido com cilindros de 6,1 μm de altura. As deflexões dos cilindros são utilizadas para calcular os vetores de força que correspondem às forças internas de impulso sobre o substrato subjacente. (Adaptada de J. Fu et al., Nat. Methods 7:733–736, 2010. Com permissão de Macmillan Publishers.)

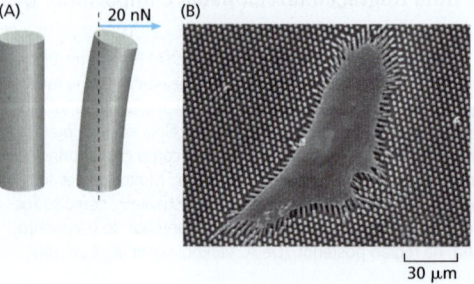

família de proteínas Rho – *Cdc42*, *Rac* e *Rho*. Como outras GTPases monoméricas, as proteínas Rho atuam como interruptores moleculares que ciclam entre um estado ligado à GTP ativo e um estado ligado à GDP inativo (ver Figura 3-66). A ativação da Cdc42 na superfície interna da membrana plasmática desencadeia a polimerização da actina e sua organização em feixes para formar os filopódios. A ativação da Rac promove a polimerização da actina na periferia das células, levando à formação de extensões planas do tipo lamelipódio. A ativação de Rho promove tanto a produção de feixes de filamentos de actina com filamentos de miosina II, sob a forma de fibras de estresse, quanto o agrupamento de integrinas e de proteínas associadas para a formação de adesões focais (**Figura 16-84**). Essas dramáticas e complexas alterações estruturais ocorrem devido à interação de cada um desses três interruptores moleculares com numerosas proteínas-alvo em cascata que afetam a organização e a dinâmica da actina.

Alguns alvos-chave de Cdc42 ativado são membros da família da **proteína WASp**. Nos seres humanos, os pacientes com deficiência da WASp sofrem da síndrome de Wiskott-Aldrich, uma forma grave de imunodeficiência onde as células do sistema imune apresentam motricidade com base em actina anormal, e as plaquetas não são adequadamente formadas. Apesar da WASp, *per se*, ser expressa unicamente em células sanguíneas e em células do sistema imunológico, outras versões mais ubíquas permitem que a Cdc42 ativada aumente a polimerização de actina em muitos tipos de células. As proteínas WASp podem ocorrer sob uma conformação enovelada inativa ou sob uma conformação aberta ativada. A associação Cdc42-GTP estabiliza a forma aberta da WASp, o que lhe permite ligar-se ao complexo Arp 2/3, aumentando bastante a sua atividade de nucleação da actina (ver Figura 16-16). Assim, a ativação de Cdc42 leva a um aumento na nucleação de actina.

A Rac-GTP também ativa membros da família da WASp. Além disso, ela ativa a atividade de interligação da proteína formadora de gel filamina e inibe a atividade contrátil da proteína motora miosina II. Dessa forma, ela estabiliza os lamelipódios e inibe a formação das fibras de estresse contráteis (**Figura 16-85A**).

A Rho-GTP possui um conjunto de alvos bastante distinto. Em vez de ativar o complexo Arp 2/3 para construir redes de actina, a Rho-GTP ativa as proteínas formina levando à formação de feixes paralelos de actina. Ao mesmo tempo, a Rho-GTP ativa uma proteína-cinase que inibe indiretamente a atividade da cofilina, resultando em estabilização do filamento de actina. A mesma proteína-cinase inibe uma fosfatase, atuando sobre as cadeias leves da miosina (ver Figura 16-39). O consequente aumento na quantidade média de fosforilação na cadeia leve de miosina aumenta a quantidade da atividade da proteína motora contrátil miosina na célula, aumentando a formação de estruturas dependentes de tensão, como é o caso das fibras de estresse (**Figura 16-85B**).

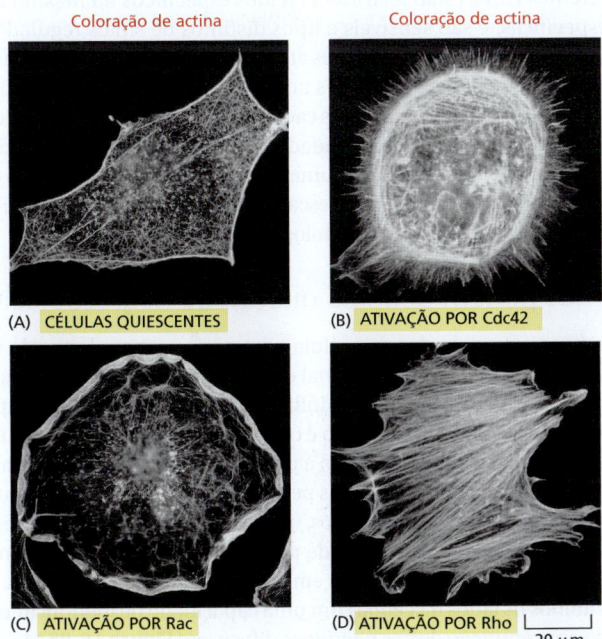

Figura 16-84 **Os drásticos efeitos de Cdc42, Rac e Rho na organização da actina em fibroblastos.** Em todos os casos, os filamentos de actina foram marcados com faloidina fluorescente. (A) Os fibroblastos cultivados na ausência de soro apresentam filamentos de actina predominantemente em seu córtex e relativamente poucas fibras de estresse. (B) A microinjeção de uma forma constitutivamente ativa de Cdc42 leva à protrusão de diversos filopódios longos na periferia da célula. (C) A microinjeção de uma forma constitutivamente ativa de Rac, uma GTPase monomérica intimamente relacionada, leva à formação de um enorme lamelipódio que se estende por toda a circunferência da célula. (D) A microinjeção de uma forma constitutivamente ativa de Rho provoca a rápida organização de diversas fibras de estresse proeminentes. (De A. Hall, *Science* 279:509–514, 1998. Com permissão de AAAS.)

Figura 16-85 Os diferentes efeitos da ativação mediada por Rac e Rho na organização da actina. (A) A ativação da pequena GTPase Rac leva a alterações nas proteínas acessórias da actina, as quais tendem a favorecer a formação de redes de actina, como nos lamelipódios. Várias vias diferentes contribuem independentemente. Rac-GTP ativa membros da família da proteína WASp, que, por sua vez, ativam a nucleação da actina e a formação de redes ramificadas pelo complexo Arp 2/3. Em uma via paralela, Rac-GTP ativa uma proteína-cinase, PAK, que possui diferentes alvos, incluindo a filamina, uma proteína que atua na interligação e na formação da rede e que é ativada por fosforilação, e a cinase da cadeia leve da miosina (MLCK), que é inibida por fosforilação. A inibição da MLCK resulta na diminuição da fosforilação da cadeia leve reguladora da miosina e leva à dissociação do filamento de miosina II e à diminuição da atividade contrátil. Em algumas células, PAK também inibe diretamente a atividade da miosina II pela fosforilação da cadeia pesada da miosina (MHC; do inglês, *myosin heavy chain*). (B) A ativação da GTPase Rho leva à nucleação dos filamentos de actina pelas forminas e aumenta a contração via miosina II, promovendo a formação de feixes contráteis de actina, como as fibras de estresse. A ativação da miosina II mediada por Rho requer uma proteína-cinase dependente de Rho denominada Rock. Essa cinase inibe a fosfatase que remove os grupos fosfato de ativação da cadeia leve da miosina II (MLC; do inglês, *myosin light chain*); ela também pode fosforilar diretamente as MLCs em alguns tipos de células. Rock também ativa outras proteínas-cinase, como a cinase LIM, que, por sua vez, contribui para a formação dos feixes de filamentos de actina contrátil estáveis pela inibição do fator de despolimerização de actina, cofilina. Uma via de sinalização similar é importante para a formação do anel contrátil necessário à citocinese (ver Figura 17-44).

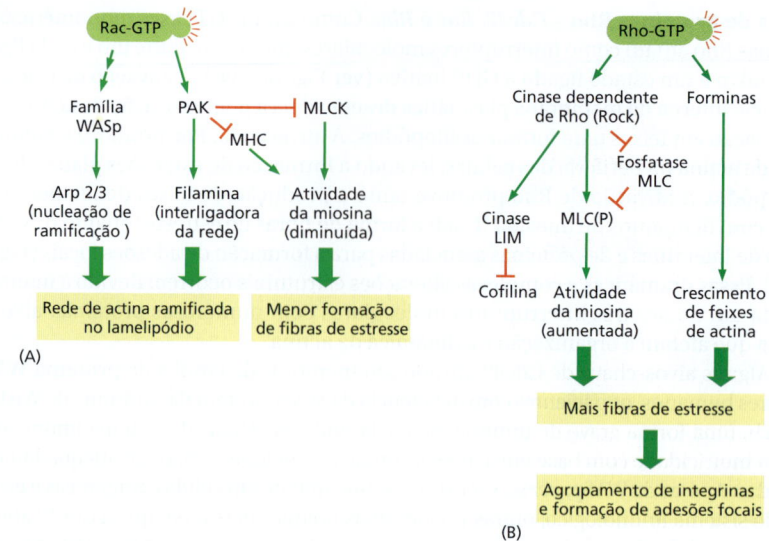

Em alguns tipos de células, a Rac-GTP ativa Rho, geralmente em uma velocidade inferior se comparada à taxa de ativação do complexo Arp 2/3 pela Rac. Isso permite que a célula use a via Rac para construir uma nova estrutura de actina e, subsequentemente, ative a via Rho para gerar contratibilidade que gera tensão sobre essa estrutura. Isso ocorre, por exemplo, durante a formação e a maturação de contatos entre as células. Como exploraremos em mais detalhes a seguir, a comunicação entre as vias Rac e Rho também favorece a manutenção das diferenças de larga escala entre as porções anteriores e posteriores da célula durante a migração.

Sinais extracelulares podem ativar os três membros da família da proteína Rho

A ativação das GTPases monoméricas Rho, Rac e Cdc42 ocorre pela troca de um GTP por uma molécula GDP fortemente ligada, troca esta catalisada por fatores de troca de nucleotídeos de guanina (GEFs; do inglês, *guanine nucleotide exchange factors*). Dos muitos GEFs identificados no genoma humano, alguns são específicos para um membro da família Rho de GTPases, ao passo que outros parecem atuar igualmente nos múltiplos membros da família. Diferentes GEFs estão restritos a tecidos específicos ou mesmo a localizações subcelulares específicas, e são sensíveis a tipos distintos de sinais reguladores. Os GEFs podem ser ativados por sinais extracelulares através de receptores de superfície celular, ou em resposta a sinais intracelulares. Os GEFs também podem atuar como proteínas-molde que ligam as GTPases a efetores localizados cadeia abaixo. Interessantemente, vários GEFs da família Rho podem se associar a extremidades dos microtúbulos em crescimento por ligação a uma ou mais +TIPs. Isso propicia uma conexão entre a dinâmica do citoesqueleto de microtúbulos e a organização em larga escala do citoesqueleto de actina; tal conexão é importante para a integração geral da morfologia e do movimento celular.

Sinais externos podem definir a direção da migração celular

A **quimiotaxia** é o movimento de uma célula para perto ou para longe de uma fonte de algum composto químico difusível. Esse sinal externo atua através da família proteica Rho para determinar a polaridade celular geral, influenciando a organização do aparato de motilidade celular. Um exemplo bem estudado é o movimento quimiotáxico de uma classe de glóbulos brancos, os *neutrófilos*, em direção a uma fonte de infecção bacteriana. As proteínas receptoras na superfície dos neutrófilos permitem a detecção de concentrações extremamente baixas dos peptídeos *N*-formilados, os quais são derivados de proteínas bacterianas (apenas procariotos iniciam a síntese de proteínas com *N*-formilmetionina). Usando esses receptores, os neutrófilos são guiados em direção aos alvos bacterianos, comparando o ambiente em ambos os lados da célula com uma capacidade de identificar uma diferença de apenas 1% na concentração destes peptídeos difusíveis (**Figura 16-86**A).

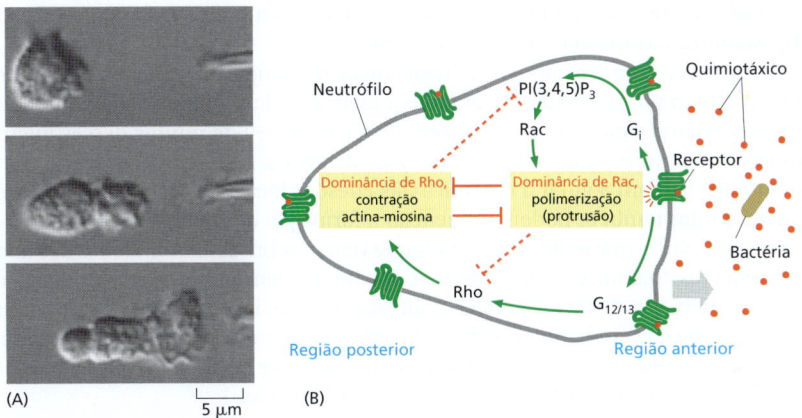

Figura 16-86 Polarização dos neutrófilos e quimiotaxia. (A) A ponta da pipeta à direita está liberando uma pequena quantidade do peptídeo bacteriano formil-Met-Leu-Phe, que é reconhecido pelos neutrófilos humanos como um produto derivado de um invasor externo. O neutrófilo rapidamente estende um novo lamelipódio em direção à fonte do peptídeo quimiotáxico (*acima*). Ocorre então a extensão deste lamelipódio e a polarização do citoesqueleto, de tal forma que a miosina II contrátil posiciona-se principalmente na região posterior, oposta à posição do lamelipódio (*centro*). Finalmente, a célula desliza em direção à fonte do peptídeo (*abaixo*). Se uma bactéria real fosse a fonte deste peptídeo, em vez da pipeta do investigador, o neutrófilo englobaria a bactéria e a destruiria (ver também Figura 16-3 e Animação 16.14). (B) A ligação das moléculas bacterianas a receptores acoplados à proteína G dos neutrófilos estimula a motilidade direcionada. Esses receptores são encontrados em toda a superfície, mas possuem maior probabilidade de se ligarem ao ligante bacteriano na parte anterior da célula. Duas vias distintas de sinalização contribuem para a polarização celular. Na região anterior da célula, a estimulação da via Rac leva, via proteína G trimérica G_i, ao crescimento de redes de actina protuberantes. Segundos mensageiros desta via possuem vida curta, e consequentemente a protrusão limita-se à região da célula intimamente em contato com o fator estimulador. O mesmo receptor também estimula uma segunda via de sinalização, pelas proteínas G triméricas G_{12} e G_{13}, que induzem a ativação de Rho. As duas vias são mutuamente antagônicas. Visto que a protrusão com base em Rac é ativa na região frontal da célula, Rho somente é ativada na região posterior da célula, estimulando a contração da célula nessa região e atuando diretamente sobre o direcionamento do movimento. (A, de O.D. Weiner et al., *Nat. Cell Biol.* 1:75–81, 1999. Com permissão de Macmillan Publishers Ltd.)

Neste caso e na quimiotaxia das amebas *Dictyostelium* rumo a uma fonte de AMP cíclico, a ligação do quimioatrator ao seu receptor acoplado à proteína G ativa a fosfoinositídeo 3-cinase (PI3K) (ver Figura 15-52), que gera uma molécula de sinalização (PI [3,4,5] P_3) que por sua vez ativa a Rac GTPase. A Rac, a seguir, ativa o complexo Arp 2/3 levando à protrusão do lamelipódio. Por um mecanismo ainda desconhecido, o acúmulo da rede de actina polarizada na borda anterior potencializa o aumento da atividade de PI3K em um sistema de retroalimentação positiva, reforçando a indução de uma protrusão. A PI(3,4,5)P_3 que ativa a Rac não é capaz de difundir a grandes distâncias de seu sítio de síntese, pois ela é rapidamente novamente convertida em PI(4,5)P_2 por uma fosfatase de lipídeos constitutivamente ativa. De forma simultânea, a ligação do ligante quimioatrator a seu receptor ativa outra via de sinalização que ativa Rho e aumenta a contratibilidade com base em miosina. Os dois processos se inibem diretamente, de tal forma que a ativação da Rac é dominante na parte frontal da célula ao passo que a ativação de Rho é dominante na região posterior (Figura 16-86B). Isso permite que a célula mantenha sua polaridade funcional com protrusões na borda anterior e contração na região posterior.

Os sinais químicos não difusíveis ligados à matriz extracelular ou à superfície das células também podem interferir no direcionamento da migração celular. Quando esses sinais ativam seus receptores, podem levar a um aumento da adesão celular e direcionar a polimerização de actina. A maioria das migrações de células animais a longas distâncias, incluindo a migração de células da crista neural e as viagens dos cones de crescimento neuronal, dependem de uma combinação de sinais difusíveis e não difusíveis para que as células em locomoção ou os cones de crescimento atinjam corretamente seu destino.

A comunicação entre os elementos do citoesqueleto coordena a polarização geral e a locomoção da célula

O citoesqueleto interconectado é essencial para a migração celular. Embora o movimento seja principalmente direcionado pela polimerização da actina e pela contração da miosina, as septinas e os filamentos intermediários também atuam neste processo. Por exemplo, as redes de filamentos intermediários de vimentina se associam a integrinas em adesões focais, e fibroblastos deficientes em vimentina exibem estabilidade mecânica, migração e capacidade contrátil prejudicadas. Além disso, a disrupção das proteínas de ligação que conectam os diferentes elementos do citoesqueleto, incluindo várias plaquinas e proteínas KASH, leva a defeitos da polarização e da migração celular. Assim, as interações entre os sistemas dos filamentos citoplasmáticos, bem como a sua ligação mecânica ao núcleo, são necessárias para o estabelecimento dos comportamentos complexos da célula, como a migração.

As células também usam os microtúbulos para ajudar a organizar um movimento persistente em uma direção específica. Em várias células em locomoção, a posição do centrossomo é influenciada pela localização da polimerização protrusiva de actina. A ativação dos receptores na extremidade frontal em protrusão de uma célula pode ativar localmente as proteínas motoras de dineína que movem o centrossomo puxando-o pelos microtúbulos. Várias proteínas efetoras posteriores a RAC e Rho modulam a dinâmica dos microtúbulos diretamente: por exemplo, uma proteína-cinase ativada por Rac é ca-

O QUE NÃO SABEMOS

- Como o córtex celular é regulado local e globalmente para coordenar suas atividades nos diferentes pontos da superfície celular? O que determina, por exemplo, onde será formado um filopódio?

- Como são controladas espacialmente no citoplasma as proteínas reguladoras de actina para que vários tipos diferentes de arranjos de actina sejam produzidos na mesma célula?

- Ocorrem processos biologicamente importantes no interior de um microtúbulo?

- Como podemos explicar o fato de existirem tantas cinesinas e miosinas diferentes no citoplasma, mas apenas uma dineína?

- As mutações nas proteínas da lamina nuclear causam um grande número de doenças denominadas laminopatias. O que falta aprender a respeito da lâmina nuclear para que possamos explicar esse fato?

paz de fosforilar (e, assim, inibir) a proteína de ligação à tubulina estatmina (ver Painel 16-4), estabilizando, dessa forma, os microtúbulos.

Por sua vez, os microtúbulos influenciam os rearranjos da actina e a adesão celular. Os centrossomos nucleiam um grande número de microtúbulos dinâmicos, e o seu reposicionamento significa que as extremidades mais (+) de muitos desses microtúbulos se estendem rumo à região de protrusão da célula. As interações diretas com os microtúbulos ajudam a guiar a dinâmica das adesões focais nas células em migração. Os microtúbulos também podem influenciar a formação dos filamentos de actina, entregando RAC-GEFs que se ligam às +TIPs que viajam sobre as extremidades dos microtúbulos em crescimento. Os microtúbulos também transportam cargas de e para as adesões focais, afetando, dessa forma, sua sinalização e dissociação. Assim, os microtúbulos reforçam a informação de polaridade que o citoesqueleto de actina recebe do mundo exterior, permitindo uma resposta sensível a sinais fracos e permitindo que a motilidade persista no mesmo sentido durante um período prolongado.

Resumo

Os movimentos da célula como um todo, a morfologia e a determinação geral da forma, assim como a estruturação das células, necessitam da atividade coordenada dos três sistemas básicos de filamentos em conjunto a uma série de proteínas acessórias do citoesqueleto, classe na qual se incluem as proteínas motoras. A migração celular – um comportamento celular comum e de grande importância para o desenvolvimento embrionário e também na cicatrização das lesões, na manutenção tecidual e no funcionamento do sistema imune em animais adultos – é outro exemplo clássico da complexa coordenação da ação do citoesqueleto. Para que uma célula migre, é necessário que ela estabeleça e mantenha uma polarização estrutural geral, a qual é influenciada por sinais externos. Além disso, a célula deve coordenar as protrusões na região da borda anterior (pela polimerização de novos filamentos de actina), a adesão da nova protuberância celular ao substrato e as forças geradas por motores moleculares para impulsionar o corpo celular para frente.

TESTE SEU CONHECIMENTO

Quais afirmativas estão corretas? Justifique.

16-1 A função da hidrólise de ATP na polimerização da actina é similar à função da hidrólise de GTP na polimerização da tubulina: ambas atuam no enfraquecimento das ligações no polímero e, como consequência, promovem despolimerização.

16-2 Os neurônios motores induzem potenciais de ação nas membranas de células musculares que abrem canais de voltagem sensíveis a Ca^{2+} nos túbulos T, permitindo a penetração de Ca^{2+} extracelular no citosol, sua ligação à troponina C e a rápida iniciação da contração muscular.

16-3 Na maioria das células animais, motores de microtúbulos direcionados para as extremidades menos (−) entregam sua carga na periferia da célula, ao passo que motores de microtúbulos direcionados para as extremidades mais (+) entregam sua carga no interior da célula.

Discuta as questões a seguir.

16-4 A concentração de actina nas células é 50 a 100 vezes maior do que a concentração crítica observada para a actina pura *in vitro*. Como isso é possível? O que evita que as subunidades de actina polimerizem nas células formando os filamentos? Por que é vantajoso para as células manter uma grande quantidade de subunidades de actina livre?

16-5 As medições detalhadas do comprimento e da tensão do sarcômero durante a contração isométrica no músculo estriado forneceram apoio inicial essencial para o modelo da contração muscular mediada pelo deslizamento dos filamentos. Com base em seus conhecimentos a respeito do modelo de deslizamento dos filamentos e da estrutura de um sarcômero, sugira uma explicação molecular para a relação entre a tensão e o comprimento do sarcômero nos pontos da **Figura Q16-1** marcados por I, II, III e IV. (Neste músculo, o comprimento do filamento de miosina é igual a 1,6 μm e o comprimento dos filamentos delgados de actina que se estendem a partir do disco Z é igual a 1,0 μm.)

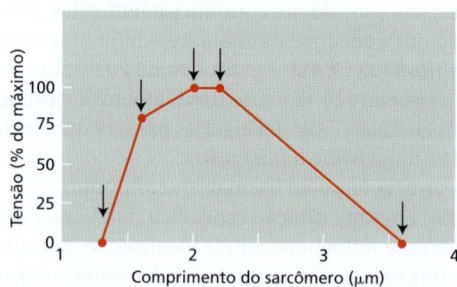

Figura Q16-1 A tensão em função do comprimento do sarcômero durante a contração isométrica.

16-6 Sob uma concentração de 1,4 mg/mL de tubulina pura, os microtúbulos crescem a uma velocidade de aproximadamente 2 μm/min. Nessa taxa de crescimento, quantos dímeros de αβ-tubulina (8 nm de comprimento) são adicionados às extremidades de um microtúbulo a cada segundo?

16-7 Acredita-se que uma solução pura de dímeros de αβ-tubulina possa nuclear microtúbulos pela formação de um protofilamento linear de aproximadamente sete dímeros de comprimento. Nesse ponto, a probabilidade de que o próximo dímero αβ ligue-se lateralmente ou à extremidade do protofilamento é praticamente idêntica. Acredita-se que o evento crítico para a formação do microtúbulo seja a primeira associação lateral (**Figura Q16-2**). Como a associação lateral promove a rápida formação subsequente de um microtúbulo?

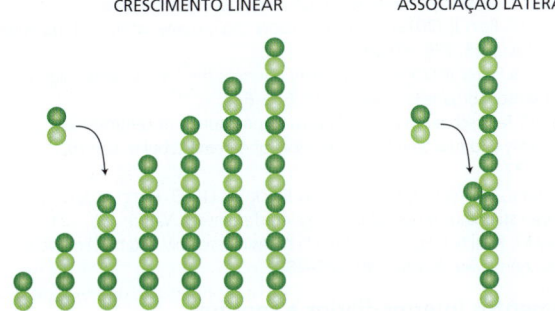

Figura Q16-2 Modelo de nucleação de microtúbulo a partir de dímeros puros de αβ-tubulina.

16-8 Como o centrossomo "sabe" que encontrou o centro da célula?

16-9 Os movimentos de uma molécula individual de proteína motora podem ser diretamente analisados. Por meio de polarização de *laser* é possível criar padrões de interferência que exercem uma força centralmente direcionada, variando de zero na região central até uns poucos piconewtons na periferia (aproximadamente 200 nm do centro). As moléculas individuais que penetram o padrão de interferência são rapidamente impulsionadas para o centro, permitindo que sejam capturadas e movidas conforme a vontade do pesquisador.

Usando esse sistema de "pinças ópticas", moléculas individuais de cinesina podem ser posicionadas sobre um microtúbulo que está fixado a uma lamínula de microscópio. Apesar de não ser possível a visualização óptica de uma molécula única de cinesina, esta pode ser marcada pela ligação a uma microesfera de sílica e pode ser seguida indiretamente pela visualização da microesfera (**Figura Q16-3A**). Na ausência de ATP, a molécula de cinesina permanece no centro do padrão de interferência, mas na presença de ATP ela se move rumo à extremidade mais (+) do microtúbulo. Conforme a cinesina se move sobre o microtúbulo, ela encontra a força do padrão de interferência, a qual simula a carga que a cinesina transporta quando ocorre sua real atuação na célula. Além disso, a pressão contra a microesfera contrapõe os efeitos do movimento browniano (térmico), de tal forma que a posição da microesfera reflete com exatidão a posição da molécula de cinesina sobre o microtúbulo.

O traçado referente aos movimentos de uma molécula de cinesina sobre um microtúbulo está ilustrado na **Figura Q16-3B**.

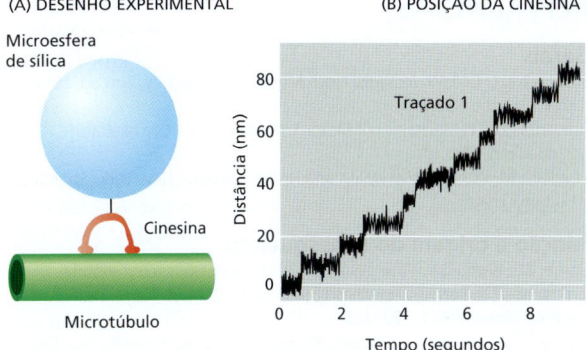

Figura Q16-3 Movimento da cinesina sobre um microtúbulo. (A) Desenho experimental com a cinesina ligada a uma microesfera de sílica, movendo-se sobre um microtúbulo. (B) Posições da cinesina (definidas pela posição da microesfera de sílica) em relação ao centro do padrão de interferência, em função do tempo de movimento sobre o microtúbulo. O padrão em zigue-zague do traçado é resultante do movimento browniano da microesfera.

A. Como ilustrado na Figura Q16-3B, todos os movimentos da cinesina são em uma direção (rumo à extremidade mais [+] do microtúbulo). O que fornece a energia livre necessária para assegurar um movimento unidirecional sobre o microtúbulo?

B. Qual é a velocidade média do movimento da cinesina sobre o microtúbulo?

C. Qual é o comprimento de cada passo que a cinesina dá ao movimentar-se sobre o microtúbulo?

D. Sabe-se, a partir de outros estudos, que a cinesina possui dois domínios globulares e que cada um deles pode ligar-se à β-tubulina. Sabe-se também que a cinesina se move sobre um único protofilamento em um microtúbulo. Em cada protofilamento, a subunidade de β-tubulina se repete em intervalos de 8 nm. Considerando-se o tamanho do passo e o espaçamento entre as subunidades de β-tubulina, como podemos inferir que a molécula de cinesina se movimente sobre um microtúbulo?

E. Existe alguma informação nos dados da Figura Q16-3B que possa nos indicar quantas moléculas de ATP são hidrolisadas a cada passo da cinesina?

16-10 Uma mitocôndria de 1 μm de comprimento pode viajar o comprimento de 1 metro do axônio da medula espinal até o dedão do pé em um dia. O recorde Olímpico masculino de nado livre de 200 metros é de 1,75 minuto. Em termos de comprimentos corporais por dia, quem está se movendo mais rápido: a mitocôndria ou o detentor do recorde olímpico? (Suponha que o nadador tenha 2 metros de altura.)

16-11 A cofilina liga-se preferencialmente a filamentos de actina mais antigos e promove a sua dissociação. Como a cofilina distingue os filamentos mais antigos dos mais recentes?

16-12 Por que os filamentos intermediários têm extremidades idênticas e ausência de polaridade, enquanto os filamentos de actina e os microtúbulos apresentam duas extremidades distintas com polaridades definidas?

16-13 Como é mantido o movimento unidirecional de um lamelipódio?

REFERÊNCIAS

Gerais

Bray D (2001) Cell Movements: From Molecules to Motility, 2nd ed. New York: Garland Science.

Howard J (2001) Mechanics of Motor Proteins and the Cytoskeleton. Sunderland, MA: Sinauer.

Kavallaris M (2012) Cytoskeleton and Human Disease. New York: Springer, Humana Press.

Função e origem do citoesqueleto

Garner EC, Bernard R, Wang W et al. (2011) Coupled, circumferential motions of the cell wall synthesis machinery and MreB filaments in *B. subtilis*. *Science* 333, 222–225.

Garner EC, Campbell CS & Mullins RD (2004) Dynamic instability in a DNA-segregating prokaryotic actin homolog. *Science* 306, 1021–1025.

Hill TL & Kirschner MW (1982) Bioenergetics and kinetics of microtubule and actin filament assembly-disassembly. *Int. Rev. Cytol.* 78, 1–125.

Jones LJ, Carballido-López R & Errington J (2001) Control of cell shape in bacteria: helical, actin-like filaments in *Bacillus subtilis*. *Cell* 104, 913–922.

Luby-Phelps K (2000) Cytoarchitecture and physical properties of cytoplasm: volume, viscosity, diffusion, intracellular surface area. *Int. Rev. Cytol.* 192, 189–221.

Oosawa F & Asakura S (1975) Thermodynamics of the Polymerization of Protein, pp. 41–55 and 90–108. New York: Academic Press.

Osawa M, Anderson DE & Erickson HP (2009) Curved FtsZ protofilaments generate bending forces on liposome membranes. *EMBO J.* 28, 3476–3484.

Pauling L (1953) Aggregation of globular proteins. *Discuss. Faraday Soc.* 13, 170–176.

Purcell EM (1977) Life at low Reynolds number. *Am. J. Phys.* 45, 3–11.

Theriot JA (2013) Why are bacteria different from eukaryotes? *BMC Biol.* 11, 119.

Actina e proteínas de ligação à actina

Fehon RG, McClatchey AI & Bretscher A (2010) Organizing the cell cortex: the role of ERM proteins. *Nat. Rev. Mol. Cell Biol.* 11, 276–287.

Mullins RD, Heuser JA & Pollard TD (1998) The interaction of Arp2/3 complex with actin: nucleation, high affinity pointed end capping, and formation of branching networks of filaments. *Proc. Natl Acad. Sci. U.S.A.* 95, 6181–6186.

Zigmond SH (2004) Formin-induced nucleation of actin filaments. *Curr. Opin. Cell Biol.* 16, 99–105.

Miosina e actina

Cooke R (2004) The sliding filament model: 1972–2004. *J. Gen. Physiol.* 123, 643–656.

Hammer JA 3rd & Sellers JR (2011) Walking to work: roles for class V myosins as cargo transporters. *Nat. Rev. Mol. Cell Biol.* 13, 13–26.

Howard J (1997) Molecular motors: structural adaptations to cellular functions. *Nature* 389, 561–567.

Rice S, Lin AW, Safer D et al. (1999) A structural change in the kinesin motor protein that drives motility. *Nature* 402, 778–784.

Vikstrom KL & Leinwand LA (1996) Contractile protein mutations and heart disease. *Curr. Opin. Cell Biol.* 8, 97–105.

Wells AL, Lin AW, Chen LQ et al. (1999) Myosin VI is an actin-based motor that moves backwards. *Nature* 401, 505–508.

Yildiz A, Forkey JN, McKinney SA et al. (2003) Myosin V walks hand-over-hand: single fluorophore imaging with 1.5-nm localization. *Science* 300, 2061–2065.

Microtúbulos

Aldaz H, Rice LM, Stearns T & Agard DA (2005) Insights into microtubule nucleation from the crystal structure of human gamma-tubulin. *Nature* 435, 523–527.

Brouhard GJ, Stear JH, Noetzel TL et al. (2008) XMAP215 is a processive microtubule polymerase. *Cell* 132, 79–88.

Dogterom M & Yurke B (1997) Measurement of the force-velocity relation for growing microtubules. *Science* 278, 856–860.

Doxsey S, McCollum D & Theurkauf W (2005) Centrosomes in cellular regulation. *Annu. Rev. Cell Dev. Biol.* 21, 411–434.

Galjart N (2010) Plus-end-tracking proteins and their interactions at microtubule ends. *Curr. Biol.* 20, R528–R537.

Hotani H & Horio T (1988) Dynamics of microtubules visualized by darkfield microscopy: treadmilling and dynamic instability. *Cell Motil. Cytoskeleton* 10, 229–236.

Howard J, Hudspeth AJ & Vale RD (1989) Movement of microtubules by single kinesin molecules. *Nature* 342, 154–158.

Kerssemakers JW, Munteanu EL, Laan L et al. (2006) Assembly dynamics of microtubules at molecular resolution. *Nature* 442, 709–712.

Kikkawa M (2013) Big steps toward understanding dynein. *J. Cell Biol.* 202, 15–23.

Mitchison T & Kirschner M (1984) Dynamic instability of microtubule growth. *Nature* 312, 237–242.

Reck-Peterson SL, Yildiz A, Carter AP et al. (2006) Single-molecule analysis of dynein processivity and stepping behavior. *Cell* 126, 335–348.

Sharp DJ & Ross JL (2012) Microtubule-severing enzymes at the cutting edge. *J. Cell Sci.* 125, 2561–2569.

Singla V & Reiter JF (2006) The primary cilium as the cell's antenna: signaling at a sensory organelle. *Science* 313, 629–633.

Stearns T & Kirschner M (1994) *In vitro* reconstitution of centrosome assembly and function: the central role of gamma-tubulin. *Cell* 76, 623–637.

Svoboda K, Schmidt CF, Schnapp BJ & Block SM (1993) Direct observation of kinesin stepping by optical trapping interferometry. *Nature* 365, 721–727.

Verhey KJ, Kaul N & Soppina V (2011) Kinesin assembly and movement in cells. *Annu. Rev. Biophys.* 40, 267–288.

Filamentos intermediários e septinas

Helfand BT, Chang L & Goldman RD (2003) The dynamic and motile properties of intermediate filaments. *Annu. Rev. Cell Dev. Biol.* 19, 445–467.

Isermann P & Lammerding J (2013) Nuclear mechanics and mechanotransduction in health and disease. *Curr. Biol.* 23, R1113–R1121.

Saarikangas J & Barral Y (2011) The emerging functions of septins in metazoans. *EMBO Rep.* 12, 1118–1126.

Polarização e migração celular

Abercrombie M (1980) The crawling movement of metazoan cells. *Proc. R. Soc. Lond. B* 207, 129–147.

Gardel ML, Schneider IC, Aratyn-Schaus Y & Waterman CM (2010) Mechanical integration of actin and adhesion dynamics in cell migration. *Annu. Rev. Cell Dev. Biol.* 26, 315–333.

Lo CM, Wang HB, Dembo M & Wang YL (2000) Cell movement is guided by the rigidity of the substrate. *Biophys. J.* 79, 144–152.

Madden K & Snyder M (1998) Cell polarity and morphogenesis in budding yeast. *Annu. Rev. Microbiol.* 52, 687–744.

Parent CA & Devreotes PN (1999) A cell's sense of direction. *Science* 284, 765–770.

Pollard TD & Borisy GG (2003) Cellular motility driven by assembly and disassembly of actin filaments. *Cell* 112, 453–465.

Rafelski SM & Theriot JA (2004) Crawling toward a unified model of cell mobility: spatial and temporal regulation of actin dynamics. *Annu. Rev. Biochem.* 73, 209–239.

Ridley A (2011) Life at the leading edge. *Cell* 145, 1012–1022.

Vitriol EA & Zheng JQ (2012) Growth cone travel in space and time: the cellular ensemble of cytoskeleton, adhesion, and membrane. *Neuron* 73, 1068–1081.

Weiner OD (2002) Regulation of cell polarity during eukaryotic chemotaxis: the chemotactic compass. *Curr. Opin. Cell Biol.* 14, 196–202.

CAPÍTULO 17

Ciclo celular

A única maneira de formar uma nova célula é duplicando uma célula já existente. Esse fato simples, inicialmente estabelecido na metade do século XIX, traz consigo uma profunda mensagem de continuidade da vida. Todos os organismos vivos, da bactéria unicelular ao mamífero multicelular, são produtos de repetidos ciclos de crescimento e divisão celular que remontam aos primórdios da vida na Terra, há mais de 3 bilhões de anos.

Uma célula se reproduz ao executar uma sequência organizada de eventos em que ela duplica seu conteúdo e, então, divide-se em duas. Esse ciclo de duplicação e divisão, conhecido como **ciclo celular**, é o mecanismo essencial pelo qual todos os seres vivos se reproduzem. Em espécies unicelulares, como bactérias e leveduras, cada divisão celular produz um novo organismo completo. Em espécies multicelulares, sequências longas e complexas de divisões celulares são necessárias à produção de um organismo funcional. Mesmo no indivíduo adulto, a divisão celular normalmente é necessária à substituição das células que morrem. Na verdade, cada um de nós deve fabricar milhões de células a cada segundo simplesmente para sobreviver: se toda a divisão celular fosse interrompida – por exposição a uma alta dose de raios X, por exemplo –, morreríamos em poucos dias.

Os detalhes do ciclo celular variam de organismo para organismo e em diferentes fases da vida de um organismo. Certas características, contudo, são universais. No mínimo, a célula deve executar sua tarefa fundamental: passar as informações genéticas para a próxima geração de células. Para produzir duas células-filhas geneticamente idênticas, o DNA de cada cromossomo deve primeiro ser fielmente replicado para produzir duas cópias completas. Os cromossomos replicados devem então ser acuradamente distribuídos (*segregados*) para as duas células-filhas, assim cada uma recebe uma cópia completa do genoma (**Figura 17-1**). Além da duplicação do genoma, a maioria das células também duplica suas outras organelas e macromoléculas; se não fosse assim, as células-filhas ficariam menores a cada divisão. Para manter seu tamanho, as células em divisão devem coordenar o crescimento (i.e., o aumento da massa celular) com a divisão.

Este capítulo descreve os eventos do ciclo celular e como eles são controlados e coordenados. Começaremos com um breve panorama geral do ciclo celular. Descreveremos o *sistema de controle do ciclo celular*, uma rede complexa de proteínas reguladoras que disparam diferentes eventos do ciclo. Na sequência, consideraremos de forma detalhada os principais estágios do ciclo celular, nos quais os cromossomos são duplicados e então segregados em duas células-filhas. Por fim, consideraremos como sinais extracelulares governam as taxas de crescimento e divisão celular e como esses dois processos são coordenados.

NESTE CAPÍTULO

VISÃO GERAL DO CICLO CELULAR

SISTEMA DE CONTROLE DO CICLO CELULAR

FASE S

MITOSE

CITOCINESE

MEIOSE

CONTROLE DA DIVISÃO E DO CRESCIMENTO CELULAR

VISÃO GERAL DO CICLO CELULAR

A função básica do ciclo celular é duplicar a imensa quantidade de DNA nos cromossomos e, então, segregar as cópias em duas células-filhas geneticamente idênticas. Esses processos definem as duas principais fases do ciclo celular. A duplicação dos cromossomos ocorre durante a *fase S (S* de síntese de DNA), que requer de 10 a 12 horas e ocupa cerca de metade do tempo do ciclo celular de uma célula típica de mamífero. Após a fase S, a segregação dos cromossomos e a divisão celular ocorrem na *fase M (M* de mitose), que requer muito menos tempo (menos de 1 hora em uma célula de mamífero). A fase M compreende dois eventos principais: a divisão nuclear, ou *mitose*, durante a qual os

Figura 17-1 O ciclo celular. A divisão de uma célula eucariótica hipotética com dois cromossomos (um *vermelho* e outro *preto*) é mostrada para ilustrar como duas células-filhas geneticamente idênticas são produzidas em cada ciclo. Em geral, cada uma das células-filhas continuará a se dividir, passando por ciclos celulares adicionais.

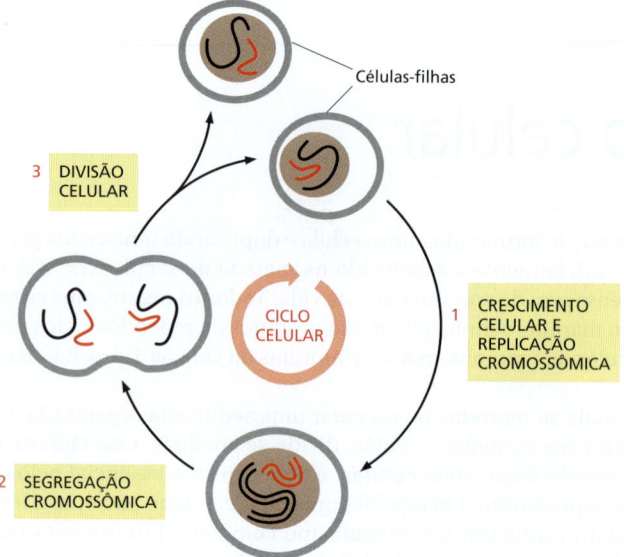

cromossomos copiados são distribuídos em um par de núcleos-filhos; e a divisão citoplasmática, ou *citocinese*, quando a própria célula se divide em duas (**Figura 17-2**).

Ao fim da fase S, as moléculas de DNA em cada par de cromossomos duplicados se entrelaçam e são mantidas fortemente unidas por ligações proteicas especializadas. No começo da mitose, em um estágio chamado de *prófase*, as duas moléculas de DNA são gradativamente desembaraçadas e condensadas em pares de bastonetes rígidos e compactos chamados de **cromátides-irmãs**, as quais permanecem ligadas por meio da *coesão de cromátides-irmãs*. Quando posteriormente o envelope nuclear se desfaz na mitose, os pares de cromátides-irmãs ficam ligados ao *fuso mitótico*, um gigantesco arranjo bipolar de microtúbulos (discutido no Capítulo 16). As cromátides-irmãs são fixadas a polos opostos do fuso, e, por fim, alinham-se na placa equatorial do fuso em um estágio chamado de *metáfase*. A destruição da coesão de cromátides-irmãs, no início da *anáfase*, separa as cromátides-irmãs, que são puxadas para polos opostos do fuso. Em seguida, o fuso se desfaz e os cromossomos segregados são empacotados em núcleos separados na *telófase*. Então, a citocinese cliva a célula em duas, de forma que cada célula-filha herde um dos dois núcleos (**Figura 17-3**).

O ciclo celular eucariótico geralmente é composto por quatro fases

A maioria das células requer muito mais tempo para crescer e duplicar sua massa de proteínas e organelas do que o necessário para duplicar seus cromossomos e se dividir. A fim de reservar, em parte, tempo para o crescimento, a maioria dos ciclos celulares possui *fases de intervalo* – a **fase G_1** entre a fase M e a fase S, e a **fase G_2** entre a fase S e a mitose. Assim, o ciclo celular eucariótico é tradicionalmente dividido em quatro fases sequenciais: G_1, S, G_2 e M. As fases G_1, S e G_2 são, em conjunto, chamadas de **interfase** (**Figura 17-4** e ver Figura 17-3). Em uma célula humana típica se proliferando em cultura, a interfase pode ocupar 23 horas de um ciclo celular de 24 horas, com 1 hora de fase M. O crescimento celular ocorre ao longo do ciclo celular, exceto durante a mitose.

As duas fases de intervalo são mais do que um simples retardo de tempo que garante o crescimento celular. Elas também dão tempo para que a célula monitore o ambiente interno e externo a fim de se assegurar de que as condições são adequadas e os preparativos estejam completos, antes que a célula se comprometa com as principais transformações

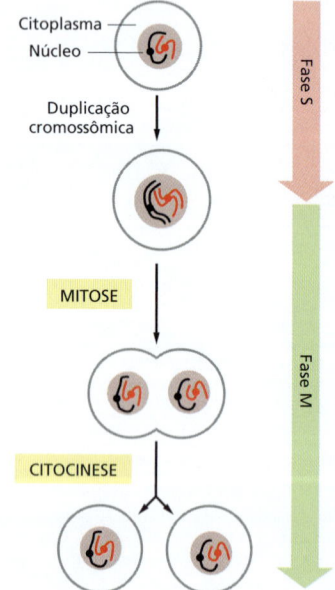

Figura 17-2 Os principais eventos do ciclo celular. Os principais eventos cromossômicos do ciclo celular ocorrem na fase S, quando os cromossomos são duplicados, e na fase M, quando os cromossomos duplicados são segregados em um par de núcleos-filhos (na mitose), após o que a própria célula se divide em duas (citocinese).

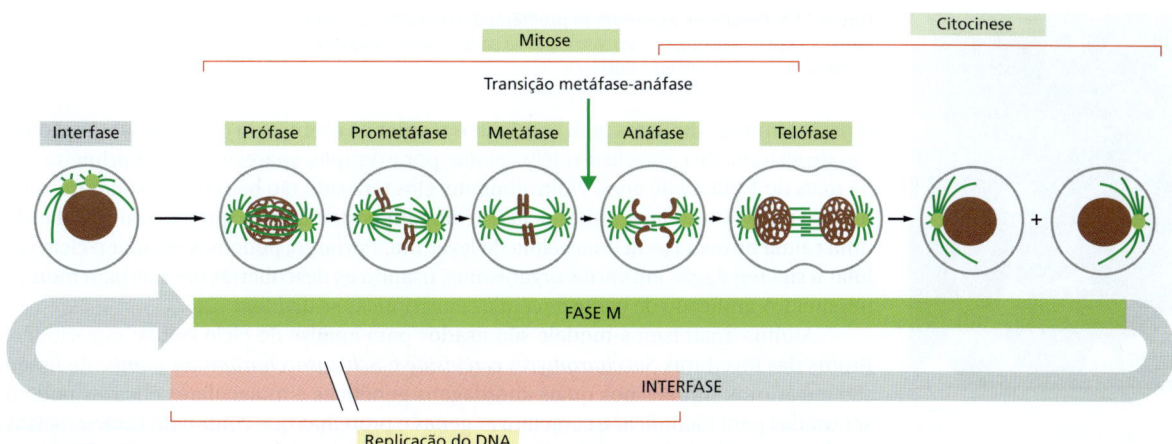

Figura 17-3 Os eventos da divisão celular eucariótica vistos sob o microscópio. Os processos facilmente visíveis de divisão nuclear (mitose) e divisão celular (citocinese), coletivamente chamados de fase M, normalmente ocupam somente uma pequena fração do ciclo celular. A outra parte do ciclo, muito mais longa, é conhecida como interfase, que inclui a fase S e as fases de intervalo (discutido no texto). Os cinco estágios da mitose são apresentados: uma mudança brusca no estado bioquímico da célula ocorre na transição da metáfase à anáfase. A célula pode fazer uma pausa antes desse ponto de transição, mas, uma vez ultrapassado esse ponto, a célula continua até o fim da mitose e atravessa a citocinese, chegando à interfase.

da fase S e da mitose. Nesse sentido, a fase G_1 é especialmente importante. Sua duração pode variar imensamente, dependendo das condições externas e de sinais extracelulares de outras células. Se as condições extracelulares forem desfavoráveis, por exemplo, as células retardam a progressão a G_1 e podem entrar em um estado de repouso especializado conhecido como G_0 (G zero), no qual podem permanecer por dias, semanas ou mesmo anos antes que a proliferação seja retomada. Na verdade, muitas células ficam permanentemente em G_0 até que elas ou o organismo morrem. Se as condições extracelulares são favoráveis e os sinais para crescer e se dividir estão presentes, as células no início de G_1 ou G_0 avançam até um ponto de comprometimento próximo ao fim de G_1 conhecido como **Início** (em leveduras) ou **ponto de restrição** (em células de mamíferos). Usaremos o termo Início tanto para células de leveduras como para células de animais. Uma vez passado esse ponto, as células se comprometem com a replicação do DNA, mesmo que os sinais extracelulares que estimulam o crescimento e a divisão celular sejam removidos.

O controle do ciclo celular é similar em todos os eucariotos

Algumas características do ciclo celular, inclusive o tempo necessário para completar certos eventos, variam muito de um tipo celular para o outro, mesmo no próprio organismo. Contudo, a organização básica do ciclo celular é essencialmente a mesma em todas as células eucarióticas, e todos os eucariotos parecem usar uma maquinaria e mecanis-

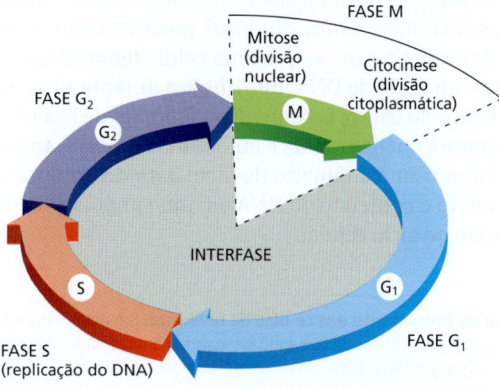

Figura 17-4 As quatro fases do ciclo celular. Em muitas células, fases de intervalo separam os principais eventos da fase S e fase M. G_1 é o intervalo entre a fase M e a fase S, enquanto G_2 é o intervalo entre a fase S e a fase M.

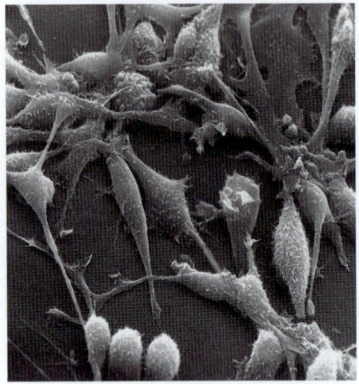

Figura 17-5 **Células de mamífero se proliferando em cultura.** As células nesta micrografia eletrônica de varredura são fibroblastos de rato. As células na parte inferior à esquerda são arredondadas e estão em mitose. (Cortesia de Guenter Albrecht-Buehler.)

10 μm

mos de controle similares para conduzir e regular os eventos do ciclo celular. As proteínas do sistema de controle do ciclo celular, por exemplo, apareceram pela primeira vez há mais de 1 bilhão de anos. Notavelmente, elas têm sido tão bem conservadas durante o curso da evolução que muitas delas funcionam perfeitamente quando transferidas de uma célula humana para uma célula de levedura. Portanto, podemos estudar o ciclo celular e sua regulação em vários organismos, usando as descobertas obtidas para montar um quadro unificado de como as células eucarióticas se dividem.

Muitos organismos-modelo são usados para análise do ciclo celular eucariótico. Brotos das leveduras *Saccharomyces cerevisiae* e *Schizosaccharomyces pombe* de fissão são eucariotos simples nos quais abordagens genéticas e moleculares eficazes podem ser usadas para identificar e caracterizar genes e proteínas que controlam características fundamentais da divisão celular. Os embriões iniciais de certos animais, particularmente os da rã *Xenopus laevis,* são excelentes ferramentas para dissecação bioquímica dos mecanismos do controle do ciclo celular, enquanto a mosca-das-frutas *Drosophila melanogaster* é útil para análise genética de mecanismos subjacentes do controle e coordenação da divisão e crescimento celular em organismos multicelulares. As culturas de células humanas fornecem um excelente sistema para a exploração microscópica e molecular de processos complexos pelos quais nossas próprias células se dividem.

A progressão do ciclo celular pode ser estudada de várias maneiras

Como podemos dizer que estágio uma célula alcançou no ciclo celular? Uma maneira é simplesmente observar as células vivas sob o microscópio. Uma olhada rápida em uma população de células de mamíferos se proliferando em cultura revela que uma fração das células assumiu uma forma arredondada e está em mitose (**Figura 17-5**). Outras podem ser observadas no processo de citocinese. Similarmente, a observação de brotos de células de levedura no microscópio é muito útil, porque o tamanho dos brotos fornece indicações do estágio do ciclo celular (**Figura 17-6**). Podemos ter indícios adicionais sobre a posição no ciclo celular ao corar as células com corantes fluorescentes que se ligam ao DNA (revelando a condensação dos cromossomos na mitose) ou com anticorpos que reconhecem componentes celulares específicos, como os microtúbulos (revelando o fuso mitótico). As células em fase S podem ser identificadas no microscópio pelo fornecimento de moléculas visualizáveis que são incorporadas na nova síntese de DNA, como a bromodesoxiuridina (BrdU) artificial, um análogo da timidina; os núcleos celulares que incorporaram BrdU são, então, revelados pela coloração com anticorpos anti-BrdU (**Figura 17-7**).

Normalmente, em uma população de células de mamíferos em cultura que está proliferando de modo rápido, porém de forma assíncrona, cerca de 30 a 40% estarão em fase S em qualquer instante e se tornam marcadas por um breve pulso de BrdU. Conforme a proporção de células em tal população que está marcada, podemos estimar a duração da fase S como uma fração da duração total do ciclo celular. Similarmente, a partir da proporção de células em mitose (*índice mitótico*), podemos estimar a duração da fase M.

Outra forma de avaliar o estágio que uma célula tenha alcançado no ciclo celular é pela medida do seu conteúdo de DNA, que duplica durante a fase S. Essa abordagem é grandemente facilitada pelo uso de corantes fluorescentes de ligação ao DNA e o *citômetro de fluxo*, que permite a análise rápida e automática de um grande número de células (**Figura 17-8**). Podemos usar o citômetro de fluxo para determinar a duração das fases G_1, S, e G_2 + M, medindo o conteúdo de DNA em uma população de células sincronizadas conforme avançam no ciclo celular.

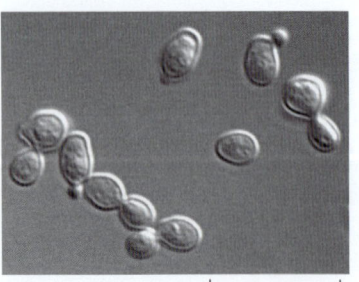

20 μm

Figura 17-6 **Morfologia do brotamento das células de levedura.** Em uma população normal de células de levedura em proliferação, os brotos variam de tamanho de acordo com o estágio do ciclo celular. As células sem brotamento estão em G_1. A progressão a partir do Início da transição, dispara a formação de um pequeno broto, que cresce em tamanho durante as fases S e M, até quase atingir o tamanho da célula-mãe. (Cortesia de Jeff Ubersax.)

Figura 17-7 **Marcação de células na fase S.** Micrografia de imunofluorescência de células epiteliais do intestino de peixe-zebra marcadas com BrdU. O peixe foi exposto à BrdU, após o tecido ser fixado e preparado para marcação com anticorpos fluorescentes anti-BrdU (*verde*). Todas as células estão coradas com um corante fluorescente *vermelho*. (Cortesia de Cécile Crosnier.)

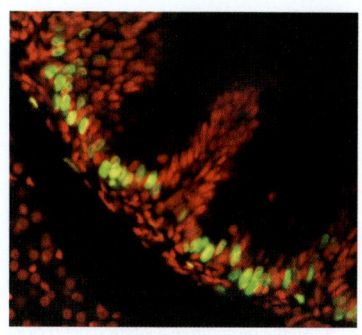

Resumo

A divisão celular normalmente começa com a duplicação do conteúdo da célula, seguida da distribuição desse conteúdo para duas células-filhas. A duplicação dos cromossomos ocorre durante a fase S do ciclo celular, enquanto a maioria dos outros componentes celulares é duplicada de forma contínua ao longo do ciclo. Durante a fase M, os cromossomos replicados são segregados em núcleos individuais (mitose), e a célula então se divide em duas (citocinese). A fase S e a fase M geralmente são separadas por fases de intervalo chamadas de G_1 e G_2, quando vários sinais intracelulares e extracelulares regulam a progressão do ciclo celular. A organização e o controle do ciclo celular têm sido altamente conservados durante a evolução, e estudos em um grande número de sistemas têm levado a uma visão unificada do controle do ciclo celular eucariótico.

SISTEMA DE CONTROLE DO CICLO CELULAR

Por muitos anos os biólogos celulares observaram os eventos de síntese de DNA, da mitose e da citocinese, mas não faziam ideia dos mecanismos de controle desses eventos. Não estava nem ao menos claro se havia um sistema de controle separado ou se os processos de síntese de DNA, mitose e citocinese de algum modo se autocontrolavam. Um avanço importante surgiu no final da década de 1980 com a identificação das principais proteínas do sistema de controle, juntamente com a percepção de que elas são distintas das proteínas que executam os processos de replicação do DNA, de segregação dos cromossomos, entre outros.

Nesta seção, primeiro consideraremos os princípios básicos sobre os quais o sistema de controle do ciclo celular opera. Em seguida, discutiremos os componentes proteicos do sistema e como eles trabalham em conjunto para sincronizar e coordenar os eventos do ciclo celular.

O sistema de controle do ciclo celular desencadeia os principais eventos do ciclo celular

O **sistema de controle do ciclo celular** opera de forma muito semelhante a um cronômetro que aciona os eventos do ciclo celular em uma sequência determinada (**Figura 17-9**). Em sua forma mais simples –, como visto no ciclo celular de embriões precoces de animais, por exemplo –, o sistema de controle é rigidamente programado para fornecer uma quantidade fixa de tempo para a realização de cada evento do ciclo celular. O sistema de controle nas divisões desses embriões precoces é independente dos eventos que ele controla, para que seus mecanismos continuem a operar mesmo que esses eventos falhem. Contudo, na maioria das células, o sistema de controle não responde a informações recebidas dos processos que controla. Se algum mau funcionamento impede a conclusão bem-sucedida da síntese de DNA, por exemplo, sinais são enviados ao sistema de controle para retardar a progressão da fase M. Tais atrasos fornecem tempo para a maquinaria ser reparada e também previnem o desastre que poderia resultar se o ciclo seguisse prematuramente ao próximo estágio – e cromossomos incompletamente replicados segregassem, por exemplo.

O sistema de controle do ciclo celular tem como base em uma série conectada de interruptores bioquímicos, cada um dos quais inicia um evento específico do ciclo celular. Esse sistema de interruptores possui muitas características importantes, as quais aumentam tanto a precisão como a confiabilidade da progressão do ciclo celular. Em primeiro lugar, os interruptores geralmente são *binários* (ativo/inativo) e desencadeiam eventos de maneira completa e irreversível. Seria claramente desastroso, por exemplo, se eventos como a condensação dos cromossomos ou a desintegração do envelope nuclear fossem iniciados apenas parcialmente ou começados e não completados. Em segundo lugar, o sistema de controle do ciclo celular é notavelmente intenso e confiável, em parte devido

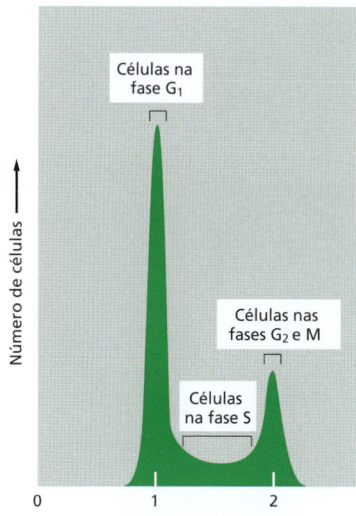

Figura 17-8 **Análise do conteúdo de DNA com um citômetro de fluxo.** Este gráfico mostra resultados típicos obtidos para uma população de células em proliferação, em que o conteúdo de DNA das células individuais é determinado em um citômetro de fluxo. (Um citômetro de fluxo, também chamado de separador de células ativado por fluorescência [FACS; do inglês, *fluorescence-activated cell sorter*], também pode ser usado para separar células de acordo com sua fluorescência – ver Figura 8-2.) As células aqui analisadas foram coradas com um corante que se torna fluorescente quando se liga ao DNA, de forma que a quantidade de fluorescência é diretamente proporcional à quantidade de DNA de cada célula. As células são divididas em três categorias: aquelas que têm um complemento não replicado de DNA e, portanto, estão em G_1, aquelas que possuem um complemento totalmente replicado de DNA (duas vezes o conteúdo de DNA de G_1) e estão em fase G_2 ou M, e aquelas que possuem uma quantidade intermediária de DNA e estão em fase S. A distribuição das células indica que elas estão em maior número de células em G_1 do que nas fases G_2 +M, mostrando que G_1 é maior do que G_2 + M nessa população.

Figura 17-9 O controle do ciclo celular. Um sistema de controle do ciclo celular desencadeia os processos essenciais do ciclo – como a replicação do DNA, a mitose e a citocinese. O sistema de controle é representado aqui como um braço central – o controlador – que gira no sentido horário, disparando processos essenciais quando alcança transições específicas no mostrador exterior (*caixas amarelas*). A informação sobre a realização dos eventos do ciclo celular, assim como os sinais oriundos do ambiente, pode levar o sistema de controle a interromper o ciclo nessas transições.

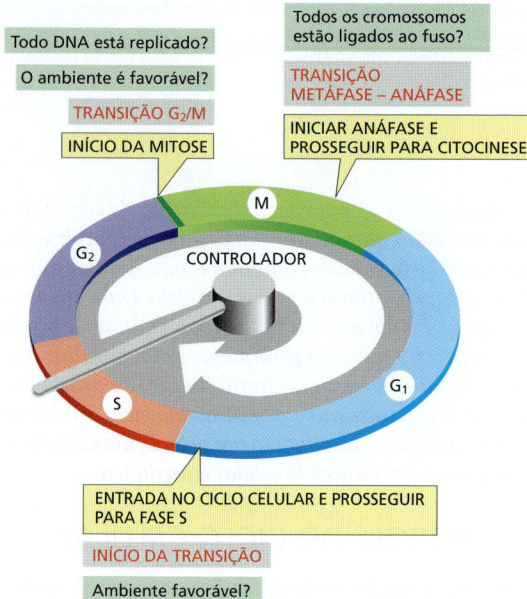

a mecanismos de reserva e outras características que permitem que o sistema opere de maneira eficiente sob várias condições, mesmo que alguns componentes falhem. Por fim, o sistema de controle é altamente adaptável e pode ser modificado para se adequar a tipos celulares específicos e para responder a sinais intracelulares ou extracelulares específicos.

Na maioria das células eucarióticas, o sistema de controle do ciclo celular controla a progressão do ciclo celular em três principais pontos de transição reguladora (ver Figura 17-9). O primeiro é o Início (ou ponto de restrição) no final de G_1, onde a célula se compromete à entrada no ciclo celular e à duplicação dos cromossomos. O segundo é a **transição de G_2/M**, onde o sistema de controle dispara um evento mitótico precoce que leva ao alinhamento de cromossomos no eixo mitótico na metáfase. O terceiro é a **transição entre metáfase e anáfase**, onde o sistema de controle estimula a separação das cromátides-irmãs, levando à conclusão da mitose e da citocinese. Se detecta problemas dentro ou fora da célula, o sistema de controle impede a progressão através de cada uma dessas transições. Se o sistema de controle identifica problemas na realização da replicação de DNA, por exemplo, isso manterá a célula na transição G_2/M até que esses problemas sejam resolvidos. Similarmente, se as condições extracelulares não são apropriadas à proliferação celular, o sistema de controle bloqueia a progressão ao Início, impedindo dessa forma a divisão celular até que as condições se tornem favoráveis.

O sistema de controle do ciclo celular depende de proteínas-cinase dependentes de ciclinas (Cdks) ciclicamente ativadas

Os componentes centrais do sistema de controle do ciclo celular são membros de uma família de cinases conhecidas como **cinases dependentes de ciclinas** (**Cdks**; do inglês, *cyclin-dependent kinases*). As atividades dessas cinases aumentam e diminuem à medida que a célula avança no ciclo, levando a mudanças cíclicas na fosforilação de proteínas intracelulares que iniciam ou regulam os principais eventos do ciclo celular. Um aumento na atividade de Cdk na transição G_2/M, por exemplo, aumenta a fosforilação de proteínas que controlam a condensação de cromossomos, o rompimento do envelope nuclear, agrupamento no eixo e outros eventos que ocorrem nas etapas iniciais da mitose.

As mudanças cíclicas na atividade das Cdks são controladas por um complexo arranjo de enzimas e outras proteínas. O mais importante desses reguladores das Cdks são proteínas conhecidas como **ciclinas**. As Cdks, como implica o nome, são dependentes de ciclinas para sua atividade: a menos que estejam fortemente ligadas a uma ciclina, elas não têm atividade de cinase (**Figura 17-10**). As ciclinas foram originalmente denominadas desse modo porque sofrem um ciclo de síntese e degradação a cada ciclo

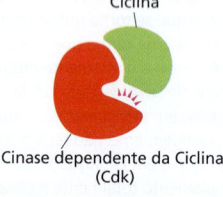

Figura 17-10 Dois componentes-chave do sistema de controle do ciclo celular. Quando uma ciclina forma um complexo com uma Cdk, a proteína-cinase é ativada e desencadeia eventos específicos do ciclo celular. Sem a ciclina, a Cdk é inativa.

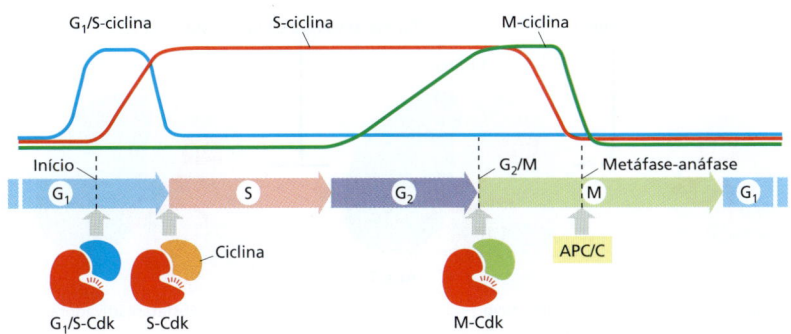

Figura 17-11 Complexos de ciclina-Cdk do sistema de controle do ciclo celular. As concentrações dos três principais tipos de ciclinas oscilam durante o ciclo celular, enquanto as concentrações das Cdks (não mostrado) não mudam e superam as quantidades de ciclinas. Na fase G_1 tardia, níveis crescentes de G_1/S-ciclina levam à formação de complexos G_1/S-Cdk que promovem a progressão através da transição de Início. Os complexos S-Cdk se formam no início da fase S e desencadeiam a replicação do DNA, assim como alguns eventos mitóticos iniciais. Os complexos M-Cdk se formam durante G_2, mas são mantidos em um estado inativo; eles são ativados no fim de G_2 e desencadeiam a entrada na mitose na transição G_2/M. Um complexo proteico separado, o APC/C, inicia a transição metáfase-anáfase, como discutiremos mais tarde.

celular. Os níveis de proteínas Cdk, ao contrário, são constantes. As modificações cíclicas nos níveis das proteínas ciclinas resultam no agrupamento e ativação cíclicos dos **complexos ciclina-Cdk** nos estágios específicos do ciclo celular.

Existem quatro classes de ciclinas, cada uma definida pelo estágio do ciclo celular no qual se ligam às Cdks e em que atuam. Todas as células eucarióticas necessitam de três dessas classes (**Figura 17-11**):

1. As **G_1/S-ciclinas** ativam Cdks no final de G1 e, com isso, ajudam a desencadear a progressão ao Início, resultando no comprometimento à entrada no ciclo celular. Seus níveis diminuem na fase S.

2. As **S-ciclinas** se ligam a Cdks logo após a progressão ao Início e ajudam a estimular a duplicação dos cromossomos. Os níveis das S-ciclinas permanecem elevados até a mitose, e essas ciclinas também contribuem ao controle de alguns eventos mitóticos iniciais.

3. As **M-ciclinas** ativam Cdks que estimulam a entrada na mitose na transição G_2/M. Os níveis de M-ciclinas diminuem na metade da mitose.

Na maioria das células, uma quarta classe de ciclinas, as **G_1-ciclinas**, ajuda a regular as atividades das G_1/S-ciclinas, as quais controlam, no final de G_1, a progressão ao Início.

Em células de leveduras, uma única proteína Cdk se liga a todas as classes de ciclinas e desencadeia diferentes eventos do ciclo celular, mudando de ciclina associada em diferentes estágios do ciclo. Por outro lado, em células de vertebrados, existem quatro Cdks. Duas interagem com ciclinas G_1, uma com ciclinas G_1/S e S, e uma com ciclinas S e M. Neste capítulo, referir-nos-emos simplesmente aos diferentes complexos de ciclina-Cdk como **G_1-Cdk**, **G_1/S-Cdk**, **S-Cdk** e **M-Cdk**. Na **Tabela 17-1** estão listados os nomes das Cdks e ciclinas individuais.

Como diferentes complexos de ciclina-Cdk desencadeiam diferentes eventos do ciclo celular? A resposta, ao menos em parte, parece ser que a proteína ciclina não somente ativa sua Cdk parceira, mas também a direciona para proteínas-alvo específicas. Como resultado, cada complexo de ciclina-Cdk fosforila um conjunto diferente de proteínas-substrato. O mesmo complexo de ciclina-Cdk também pode induzir diferentes

TABELA 17-1	As principais ciclinas e Cdks de vertebrados e da levedura de brotamento			
	Vertebrados		Levedura de brotamento	
Complexo de ciclina-Cdk	Ciclina	Parceiro de Cdk	Ciclina	Parceiro de Cdk
G_1-Cdk	Ciclina D*	Cdk4, Cdk6	Cln3	Cdk1**
G_1/S-Cdk	Ciclina E	Cdk2	Cln1, 2	Cdk1
S-Cdk	Ciclina A	Cdk2, Cdk1**	Clb5, 6	Cdk1
M-Cdk	Ciclina B	Cdk1	Clb1, 2, 3, 4	Cdk1

*Existem três ciclinas D em mamíferos (ciclinas D1, D2 e D3).
**O nome original da Cdk1 era Cdc2 em vertebrados e na levedura de fissão, e Cdc28 na levedura de brotamento.

Figura 17-12 Base estrutural da ativação das Cdks. Estas ilustrações são baseadas em estruturas tridimensionais de Cdk2 e ciclina A humanas, como determinadas em cristalografia por difração de raios X. A localização do ATP ligado está indicada. A enzima é mostrada em três estados. (A) No estado inativo, sem ciclina ligada, o sítio ativo está bloqueado por uma região da proteína denominada alça-T (*vermelho*). (B) A ligação da ciclina afasta a alça-T do sítio ativo, resultando na ativação parcial da Cdk2. (C) A fosforilação da Cdk2 (pela CAK) em um resíduo de treonina na alça-T ativa ainda mais a enzima ao mudar a forma da alça-T, melhorando a capacidade da enzima de se ligar a seus substratos proteicos. (Animação 17.1)

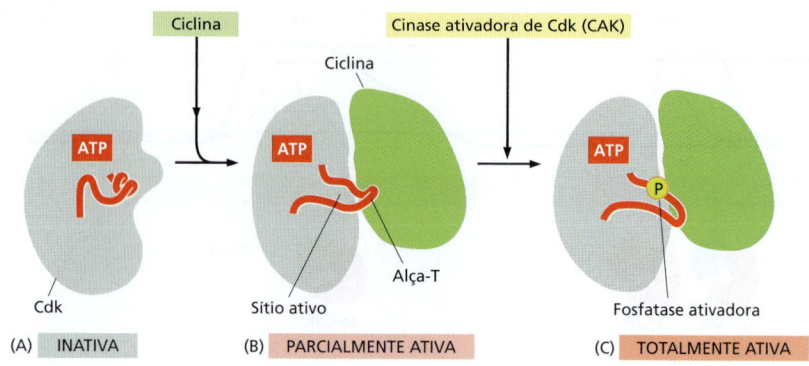

efeitos em diferentes tempos do ciclo, provavelmente porque a acessibilidade de alguns substratos das Cdks muda durante o ciclo celular. Certas proteínas que atuam na mitose, por exemplo, podem ser disponibilizadas à fosforilação somente em G_2.

Estudos estruturais em três dimensões de proteínas Cdk e ciclinas têm revelado que, na ausência de ciclinas, o sítio ativo na proteína Cdk é parcialmente obstruído por uma alça proteica, como uma pedra bloqueia a entrada de uma caverna (**Figura 17-12A**). A ciclina ligada faz a alça se mover do sítio ativo, resultando em uma ativação parcial da enzima Cdk (**Figura 17-12B**). A ativação total do complexo de ciclina-Cdk ocorre, então, quando uma outra cinase, a **cinase ativadora de Cdk** (**CAK**; do inglês, *Cdk-activating kinase*), fosforila um aminoácido próximo à entrada do sítio ativo da Cdk. Isso causa uma pequena mudança conformacional que aumenta ainda mais a atividade da Cdk, permitindo que a cinase fosforile de maneira eficiente suas proteínas-alvo e, desse modo, induza eventos específicos do ciclo celular (**Figura 17-12C**).

Atividade de Cdk pode ser suprimida pela fosforilação inibitória e por proteínas inibidoras Cdk (CKIs)

O aumento e a diminuição dos níveis de ciclinas são os determinantes primordiais da atividade das Cdks durante o ciclo celular. Contudo, vários mecanismos adicionais ajudam a controlar a atividade das Cdks em estágios específicos do ciclo.

A fosforilação de um par de aminoácidos na cavidade do sítio ativo da cinase inibe a atividade de um complexo de ciclina-Cdk. A fosforilação desses sítios por uma cinase conhecida como **Wee1** inibe a atividade das Cdks, enquanto a desfosforilação desses sítios por uma fosfatase conhecida como **Cdc25** aumenta a atividade das Cdks (**Figura 17-13**). Veremos posteriormente que esse mecanismo regulador é particularmente importante no controle da atividade das M-Cdks no início da mitose.

A ligação de **proteínas inibidoras Cdk** (**CKIs**) inativam complexos ciclina-Cdk. A estrutura tridimensional de um complexo de ciclina-Cdk-CKI revela que a ligação de CKI estimula um grande rearranjo na estrutura do sítio ativo da Cdk1, tornando-o inativo (**Figura 17-14**). As células usam as CKIs primordialmente para auxiliá-las na regulação das atividades de G_1/S-Cdks e S-Cdks no início do ciclo celular.

Proteólise regulada desencadeia a transição metáfase-anáfase

Enquanto a ativação de complexos específicos ciclina-Cdk controla a progressão através do Início e transições G_2/M (ver Figura 17-11), a progressão através da transição metáfase-anáfase é desencadeada não pela fosforilação proteica, mas pela degradação de proteínas, levando a estágios finais da divisão celular.

O principal regulador da transição entre metáfase e anáfase é o **complexo promotor da anáfase**, ou **ciclossomo** (**APC/C**), um membro da família enzimática de ubiquitinas-ligase. Como discutido no Capítulo 3, essas enzimas são usadas em numerosos processos celulares para estimular a degradação proteolítica de proteínas reguladoras específicas. Elas poliubiquitinam proteínas-alvo específicas, resultando na sua degradação em proteassomos. Outras ubiquitinas-ligase marcam proteínas para outros propósitos que não a degradação (discutido no Capítulo 3).

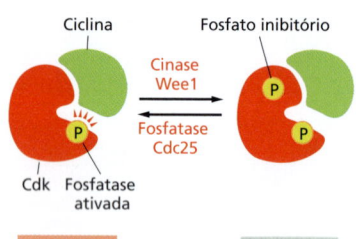

Figura 17-13 Regulação da atividade de Cdk por fosforilação. O complexo de ciclina-Cdk ativo é inativado quando a cinase Wee1 fosforila dois sítios próximos acima do sítio ativo. A remoção desses fosfatos pela fosfatase Cdc25 ativa o complexo de ciclina-Cdk. Por questão de simplicidade, somente um fosfato inibidor é mostrado. A CAK adiciona o fosfato ativador, como mostrado na Figura 17-12.

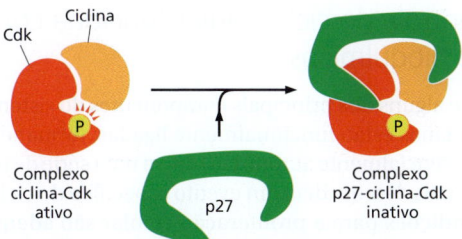

Figura 17-14 Inibição de um complexo de ciclina-Cdk por uma CKI. Esta ilustração é baseada em uma estrutura tridimensional de um complexo ciclina A-Cdk2 humana ligado a CKI p27, determinado por cristalografia de difração de raios X. A proteína p27 se liga a ambas, ciclina e Cdk, no complexo, deformando o sítio ativo de Cdk. Ela também se insere no sítio de ligação a ATP, inibindo ainda mais a atividade da enzima.

O APC/C catalisa a ubiquitinação e a destruição de dois tipos principais de proteínas. A primeira é a *securina*, que protege as ligações proteicas que mantêm os pares de cromátides-irmãs unidos no início da mitose. A destruição de securinas na metáfase ativa a protease que separa as cromátides-irmãs e desencadeia a anáfase, como descrito mais tarde. As S-ciclinas e as M-ciclinas são os segundos principais alvos do APC/C. A destruição dessas ciclinas inativa a maioria das Cdks da célula (ver Figura 17-11). O resultado é que muitas proteínas fosforiladas por Cdks da fase S ao início da mitose são desfosforiladas por várias fosfatases na célula em anáfase. Essa desfosforilação de alvos das Cdks é necessária para a conclusão da fase M, incluindo as etapas finais da mitose e citocinese. Seguindo sua ativação na metade da mitose, APC/C permanece ativa em G_1 para fornecer um período estável de Cdk inativa. Quando G_1/S-Cdk é ativada em G_1 tardio, APC/C é inativado, permitindo, desse modo, um acúmulo da ciclina no próximo ciclo celular.

O sistema de controle do ciclo celular também utiliza outra ubiquitina-ligase chamada **SCF** (ver Figura 3-71). Ela tem várias funções na célula, mas seu principal papel no ciclo celular é ubiquitinar certas proteínas CKI em G_1 tardio, ajudando, portanto, o controle da ativação de S-Cdks e replicação de DNA. SCF é também responsável pela destruição das ciclinas G_1/S na fase S inicial.

Tanto o APC/C como a SCF são grandes complexos de multissubunidades que possuem componentes em comum (Figura 3-71), mas que são diferencialmente regulados. As modificações na atividade de APC/C durante o ciclo celular, inicialmente como resultado das trocas nas suas associações com uma subunidade ativadora – tanto **Cdc20** na metade da mitose ou **Cdh1** a partir do final da mitose através de G_1 precoce. Tais subunidades ajudam o APC/C a reconhecer suas proteínas-alvo (**Figura 17-15A**). A atividade de SCF depende das subunidades ligadas ao substrato chamadas proteínas F-box. Contudo, diferentemente da atividade do APC/C, a atividade da SCF é constante durante o ciclo celular. Em vez disso, a ubiquitinação pela SCF é controlada por mudanças no estado de fosforilação de suas proteínas-alvo, uma vez que as subunidades de F-box reconhecem somente proteínas específicas fosforiladas (**Figura 17-15B**).

O controle do ciclo celular também depende de regulação transcricional

Nos ciclos celulares simples de embriões precoces de animais a transcrição de genes não ocorre. O controle do ciclo celular depende exclusivamente de mecanismos pós-transcricionais que envolvem a regulação de Cdks e ubiquitinas-ligase e de suas proteínas-alvo. Contudo, nos ciclos celulares mais complexos da maioria dos tipos celulares, o controle transcricional proporciona um nível adicional de regulação importante. As mudanças na transcrição dos genes de ciclinas, por exemplo, auxiliam o controle dos níveis de ciclinas na maioria das células.

Uma variedade de métodos discutidos no Capítulo 8 tem sido usados para analisar modificações na expressão de todos os genes do genoma conforme a célula progride através do ciclo celular. Os resultados desses estudos são surpreendentes. Na levedura de brotamento, por exemplo, cerca de 10% dos genes codificam mRNAs cujos níveis oscilam durante o ciclo celular. Alguns desses genes codificam proteínas de função conhecida no ciclo celular, mas as funções de muitas outras são desconhecidas.

O sistema de controle do ciclo celular funciona como uma rede de interruptores bioquímicos

A **Tabela 17-2** resume alguns dos principais componentes do sistema de controle do ciclo celular. Essas proteínas estão funcionalmente ligadas, formando uma intensa rede, que opera de forma essencialmente autônoma e ativa uma série de interruptores bioquímicos, cada um dos quais desencadeia um evento específico do ciclo celular.

Quando as condições para a proliferação celular são adequadas, vários sinais externos e internos estimulam a ativação de G_1-Cdk, que por sua vez estimula a expressão de genes que codificam G_1/S-ciclinas e S-ciclinas (**Figura 17-16**). Então, a ativação resultante de G_1/S-Cdk controla a progressão através do Início da transição. Por meio de mecanismos que discutiremos posteriormente, as G_1/S-Cdks desencadeiam uma onda de atividade das S-Cdks, que inicia a duplicação dos cromossomos na fase S e também contribui para alguns eventos iniciais da mitose. Então, a ativação de M-Cdk dispara a progressão através da transição de G_2/M e eventos da mitose inicial, levando ao alinhamento de pares de cromátides-irmãs na placa equatorial do

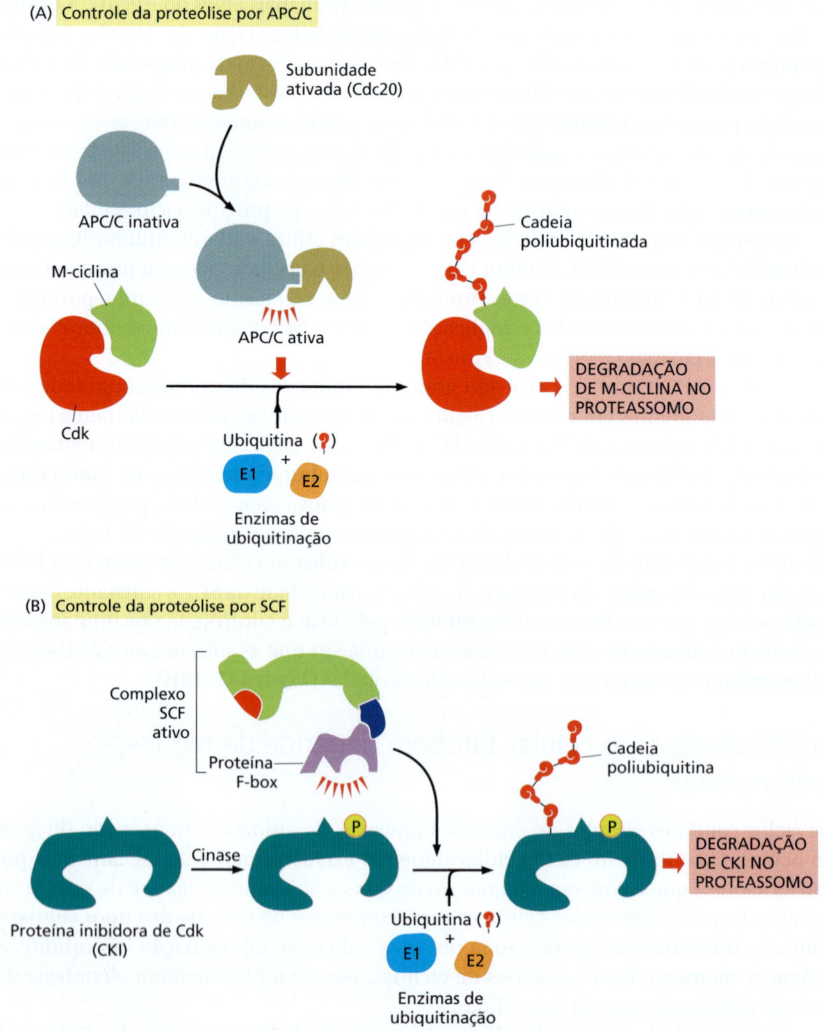

Figura 17-15 O controle da proteólise pelo APC/C e pela SCF durante o ciclo celular. (A) O APC/C é ativado na mitose por associação a Cdc20, que reconhece sequências específicas de aminoácidos na M-ciclina e em outras proteínas-alvo. Com a ajuda de duas proteínas adicionais chamadas E1 e E2, APC/C liga cadeias poliubiquitina à proteína-alvo. O alvo poliubiquitinado é, então, reconhecido e degradado em um proteassomo. (B) A atividade da ubiquitina-ligase SCF depende de subunidades de ligação ao substrato denominadas proteínas F-box, das quais existem muitos tipos diferentes. A fosforilação de uma proteína-alvo, como a CKI mostrada, permite que o alvo seja reconhecido por uma subunidade específica de F-box.

TABELA 17-2 Resumo das principais proteínas reguladoras do ciclo celular

Nome geral	Funções e comentários
Cinases e fosfatases que modificam Cdks	
Cinase ativadora de Cdk (CAK)	Fosforila um sítio ativador nas Cdks
Cinase Wee1	Fosforila sítios inibidores nas Cdks; primariamente envolvida na supressão da atividade de Cdk1 antes da mitose
Fosfatase Cdc25	Remove fosfatos inibidores das Cdks; três membros da família (Cdc25A, B, C) em mamíferos; primariamente envolvida no controle da ativação de Cdk1 no início da mitose
Proteínas inibidoras de Cdk (CKIs)	
Sic1 (levedura de brotamento)	Suprime a atividade de Cdk1 em G_1; a fosforilação por Cdk1 no final de G_1 aciona sua destruição
p27 (mamíferos)	Suprime as atividades de G_1/S-Cdk e S-Cdk em G_1; auxilia a saída das células do ciclo celular quando se diferenciam terminalmente; a fosforilação por Cdk2 aciona sua ubiquitinação por SCF
p21 (mamíferos)	Suprime as atividades de G_1/S-Cdk e S-Cdk após danos ao DNA
p16 (mamíferos)	Suprime a atividade de G_1-Cdk em G_1; frequentemente inativada no câncer
Ubiquitinas-ligase e seus ativadores	
APC/C	Catalisa a ubiquitinação de proteínas reguladoras primariamente envolvidas na saída da mitose, inclusive securina, S-ciclinas e M-ciclinas; regulada por associação com subunidades ativadoras Cdc20 ou Cdh1
Cdc20	Subunidade ativadora de APC/C em todas as células; aciona a ativação inicial de APC/C na transição entre metáfase e anáfase; estimulada pela atividade de M-Cdk
Cdh1	Subunidade ativadora de APC/C que mantém a atividade de APC/C após a anáfase e ao longo de G_1; inibida pela atividade de Cdk
SCF	Catalisa a ubiquitinação de proteínas reguladoras envolvidas no controle de G_1, inclusive algumas CKIs (Sic1 na levedura de brotamento, p27 em mamíferos); a fosforilação da proteína-alvo normalmente é necessária a essa atividade

eixo mitótico. Finalmente, APC/C, junto ao ativador Cdc20, dispara a degradação de securinas e ciclinas, desencadeando a separação de cromátides-irmãs e a segregação e finalização da mitose. Quando a mitose está completa, múltiplos mecanismos colaboram na supressão da atividade das Cdks, resultando em um período estável de G_1. Agora estamos prontos para discutir esses estágios do ciclo celular em maiores detalhes, começando com a fase S.

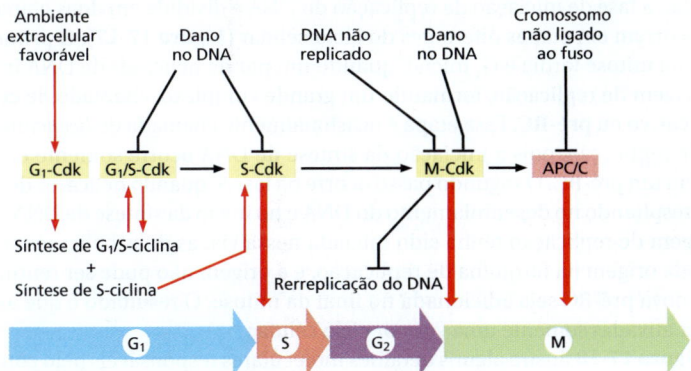

Figura 17-16 Visão geral do sistema de controle do ciclo celular. O componente central do sistema de controle do ciclo celular consiste em uma série de complexos de ciclina-Cdk (*amarelo*). A atividade de cada complexo também é influenciada por vários mecanismos inibidores, que fornecem informações sobre o ambiente extracelular, danos celulares e eventos incompletos do ciclo celular (*parte superior*). Esses mecanismos inibitórios não estão presentes em todos os tipos celulares; muitos não estão presentes nos ciclos celulares iniciais do embrião, por exemplo.

Resumo

O sistema de controle do ciclo celular desencadeia eventos do ciclo celular e assegura que eles sejam apropriados e coordenados. O sistema de controle responde a vários sinais intracelulares e extracelulares e interrompe o ciclo quando a célula falha em completar um processo essencial do ciclo celular ou encontra condições ambientais ou intracelulares desfavoráveis.

Os componentes centrais do sistema de controle são proteínas-cinase dependentes de ciclina (Cdks), que dependem de subunidades de ciclina para suas atividades. As oscilações nas atividades de diferentes complexos de ciclina-Cdk controlam vários eventos do ciclo celular. Dessa maneira, a ativação de complexos de ciclina-Cdk da fase S (S-Cdk) inicia a fase S, ao passo que a ativação de complexos de ciclina-Cdk da fase M (M-Cdk) desencadeia a mitose. Os mecanismos que controlam as atividades dos complexos de ciclina-Cdk incluem a fosforilação das subunidades das Cdks, a ligação de proteínas inibidoras de Cdk (CKIs), a proteólise de ciclinas e mudanças na transcrição de genes que codificam reguladores das Cdks. O sistema de controle do ciclo celular também depende decisivamente de dois complexos enzimáticos adicionais, o APC/C e as ubiquitinas-ligase SCF, que catalisam a ubiquitinação e a consequente degradação de proteínas reguladoras específicas que controlam eventos críticos do ciclo.

FASE S

Os cromossomos lineares das células eucarióticas são estruturas imensas e dinâmicas de DNA e proteína, e sua duplicação é um complexo processo que ocupa uma fração importante do ciclo celular. A longa molécula de DNA de cada cromossomo deve não apenas ser precisamente duplicada – um feito notável por si só –, mas o empacotamento das proteínas que cercam cada região daquele DNA também deve ser reproduzido, assegurando que as células-filhas herdem todas as características da estrutura cromossômica.

O evento central da duplicação do cromossomo – replicação do DNA – cria dois problemas para a célula. Em primeiro lugar, a replicação deve ocorrer com extrema precisão, a fim de minimizar o risco de mutações na próxima geração de células. Em segundo lugar, cada nucleotídeo do genoma deve ser copiado uma vez, e somente uma única vez, a fim de evitar os efeitos danosos da amplificação gênica. No Capítulo 5, discutimos a sofisticada maquinaria proteica que executa a replicação do DNA com incrível velocidade e precisão. Nesta seção, consideraremos os elegantes mecanismos pelos quais o sistema de controle do ciclo celular inicia o processo de replicação e, ao mesmo tempo, impede que ele ocorra mais de uma vez por ciclo.

A S-Cdk inicia a replicação do DNA uma vez por ciclo

A replicação do DNA inicia nas *origens de replicação*, que estão espalhadas por numerosos locais em cada cromossomo. Durante a fase S, a replicação do DNA é iniciada nessas origens quando a *helicase de DNA* desenrola a dupla-hélice e as enzimas da replicação de DNA se ligam às duas fitas-molde simples. Isso leva à fase de *alongamento* da replicação, quando a maquinaria de replicação se distancia da origem em duas *forquilhas de replicação* (discutido no Capítulo 5).

A fim de garantir que a duplicação dos cromossomos ocorra somente uma vez por ciclo celular, a fase de iniciação da replicação do DNA é dividida em duas etapas distintas, que ocorrem em etapas diferentes do ciclo celular (**Figura 17-17**). O primeiro passo ocorre na mitose tardia e G_1 inicial, quando um par de helicases de DNA inativas se ligam à origem de replicação, formando um grande complexo, chamado de **complexo pré-replicativo** ou **pré-RC**. Essa etapa é ocasionalmente chamada de *licenciamento* das origens de replicação, pois a iniciação da síntese de DNA ocorre somente em origens que contêm um pré-RC. O segundo passo ocorre na fase S, quando helicases de DNA são ativadas, resultando no desenrolamento do DNA e no início da síntese de DNA. Uma vez que a origem de replicação tenha sido iniciada nessa via, as duas helicases se movem para fora da origem na forquilha de replicação, e a origem não pode ser reutilizada até que uma nova pré-RC seja adicionada no final da mitose. O resultado é que as origens podem ser ativadas somente uma vez por ciclo celular.

A **Figura 17-18** ilustra alguns detalhes moleculares responsáveis pelo controle das duas etapas no início da replicação do DNA. Um fator fundamental é um grande com-

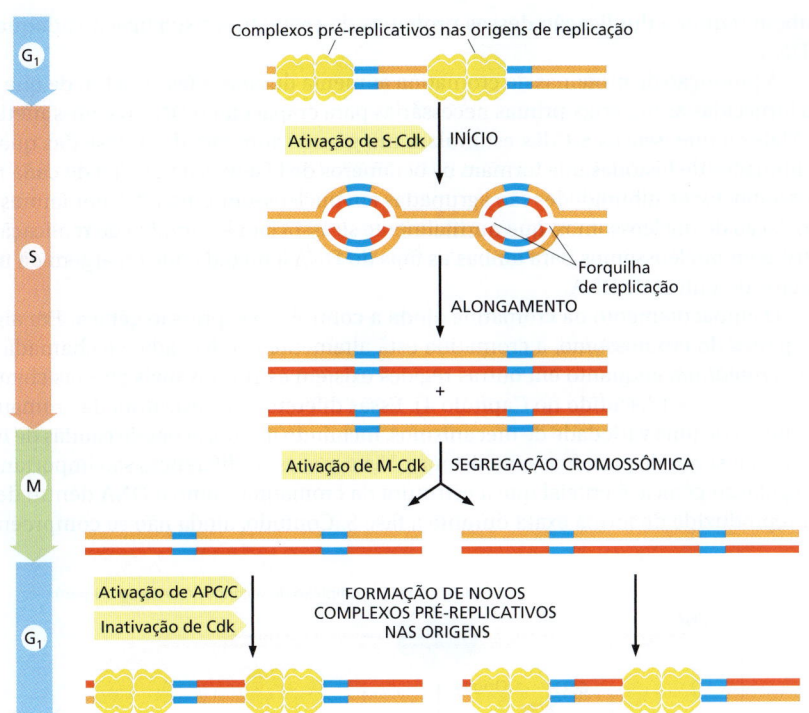

Figura 17-17 Controle da duplicação dos cromossomos. As preparações para a replicação de DNA começam na mitose tardia e G_1, quando as helicases de DNA se ligam a múltiplas proteínas na origem de replicação, formando o complexo pré-replicativo (pré-RC). A ativação de S-Cdk leva à ativação de helicases de DNA, que desenrolam o DNA nas origens para iniciar a sua replicação. Duas forquilhas de replicação partem e se afastam de cada origem, até que o cromossomo inteiro seja duplicado. Os cromossomos duplicados são, então, segregados na fase M. A ativação de S-Cdk na fase S também previne o agrupamento de novos pré-RCs em qualquer origem até o seguinte G_1 – assegurando, dessa forma, que cada origem seja ativada apenas uma vez em cada ciclo celular.

plexo multiproteico denominado **complexo de reconhecimento da origem** (**ORC**; do inglês, *origin recognition complex*), que se liga às origens de replicação no decorrer do ciclo celular. Na mitose tardia e em G_1 precoce, as proteínas **Cdc6** e **Cdt1** colaboram com ORC para ligar as helicases inativas ao DNA, perto da origem. O grande complexo resultante é o pré-RC, estando, então, a origem pronta para a replicação.

No início da fase S, S-Cdk desencadeia a ativação da origem pela fosforilação específica de proteínas iniciadoras, as quais promovem a formação de um grande complexo proteico que ativa a helicase de DNA e recruta a maquinaria para síntese de DNA. Outra proteína-cinase chamada DDK também é ativada na fase S e ajuda a desencadear a ativação da origem pela fosforilação específica de subunidades da helicase de DNA.

Ao mesmo tempo que S-Cdk inicia a replicação de DNA, muitos mecanismos previnem a ligação de novas pré-RCs. S-Cdk fosforila e dessa forma inibe proteínas ORC e Cdc6. A inativação do APC/C no final de G_1 também ajuda a evitar a formação do pré-RC. Na mitose tardia e G_1 precoce, APC/C desencadeia a degradação de um inibidor Cdt1 chamado **geminina**, permitindo, assim, que Cdt1 se torne ativa. Quando APC/C é inativada em G_1 tardia, ocorre o acúmulo de geminina e a inibição de Cdt1 que não está associada ao DNA. Também, a associação de Cdt1 com uma proteína na forquilha de replicação ativa, estimula a degradação de Cdt1. Nessas várias vias, a formação de pré-RC é impedida da fase S à mitose, assegurando, dessa forma, que cada origem seja ativada apenas uma vez por ciclo celular. Como, então, o sistema de controle do ciclo celular se recompõe, permitindo a replicação no próximo ciclo celular? No final da mitose, a ativação do APC/C leva à inativação das Cdks e à degradação da geminina. ORC e Cdc6 são desfosforiladas e Cdt1 é ativada, permitindo a formação do pré-RC para preparar a célula para a próxima fase S.

A duplicação cromossômica requer a duplicação da estrutura da cromatina

O DNA dos cromossomos é extensivamente empacotado em uma ampla variedade de componentes proteicos, incluindo histonas e várias proteínas reguladoras envolvidas no controle da expressão gênica (discutido no Capítulo 4). Assim, a duplicação de um cromossomo não é simplesmente uma questão de duplicar a sequência de DNA, mas também requer a duplicação dessas proteínas da cromatina e sua ligação adequada ao DNA.

A produção de proteínas da cromatina aumenta durante a fase S, a fim de que sejam fornecidas as matérias-primas necessárias para empacotar o DNA recém-sintetizado. Mais do que isso: as S-Cdks estimulam um grande aumento da síntese das quatro subunidades de histonas que formam os octâmeros de histonas no núcleo de cada nucleossomo. Essas subunidades são agrupadas em nucleossomos no DNA por fatores de associação de nucleossomos, que normalmente se associam à forquilha de replicação e distribuem nucleossomos para ambas as fitas do DNA à medida que emergem da maquinaria de síntese de DNA.

O empacotamento da cromatina ajuda a controlar a expressão gênica. Em algumas partes do cromossomo, a cromatina está altamente condensada e é chamada de *heterocromatina*, enquanto em outras regiões existem estruturas mais abertas chamadas *eucromatina* (discutido no Capítulo 4). Essas diferenças na estrutura da cromatina dependem de uma variedade de mecanismos, incluindo modificações de caudas de histona e a presença de proteínas não histonas. Visto que essas diferenças são importantes na regulação gênica, é crucial que a estrutura da cromatina, como o DNA dentro dela, seja reproduzida de forma exata durante a fase S. Contudo, ainda não se compreende

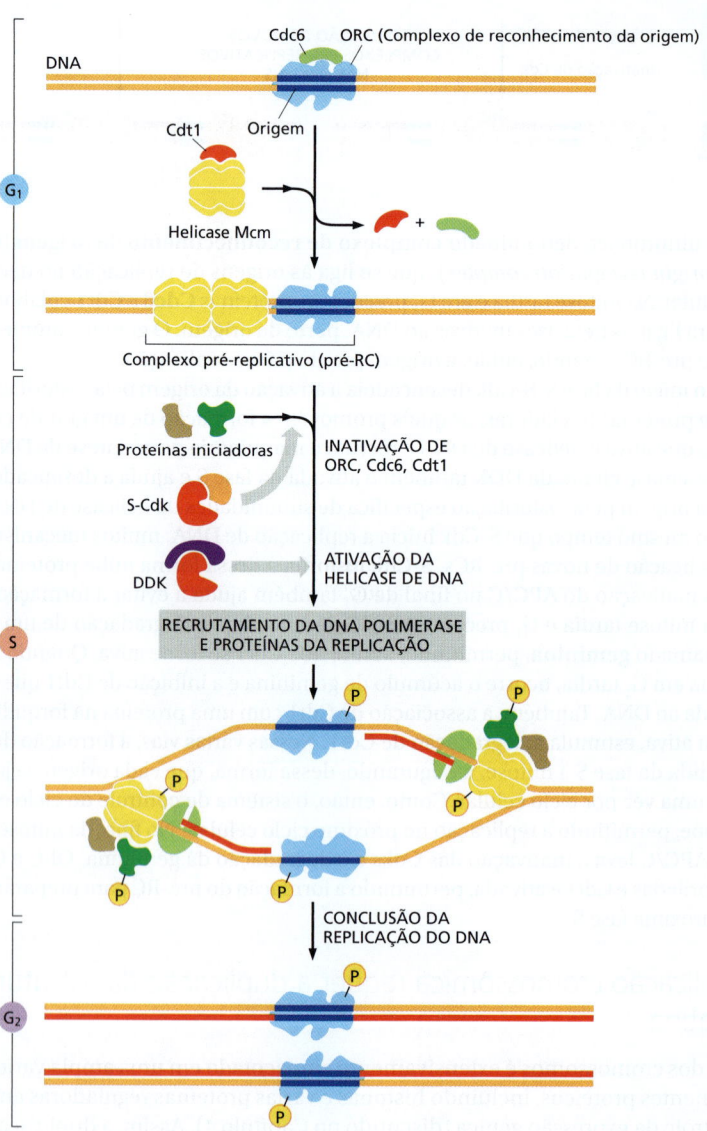

Figura 17-18 Controle da iniciação da replicação do DNA. A origem de replicação está ligada à ORC durante o ciclo celular. No início da fase G_1, Cdc6 se associa à ORC e essas proteínas ligam a helicase de DNA, a qual contém seis subunidades fortemente relacionadas, chamadas proteínas Mcm. A helicase também se associa com uma proteína chamada Cdt1. Usando a energia resultante da hidrólise de ATP, as proteínas ORC e Cdc6 se ligam a duas cópias de helicase de DNA, na sua forma inativa, ao redor do DNA próximo à origem, formando, assim, um complexo pré-replicativo (pré-RC). Durante a fase S, S-Cdk estimula a associação de muitas proteínas iniciadoras em cada helicase de DNA, enquanto outra proteína-cinase, DDK, fosforila subunidades de helicase. Como resultado, as helicases de DNA são ativadas e desenrolam o DNA. A DNA polimerase e outras proteínas de replicação são recrutadas para a origem e a replicação do DNA inicia. A proteína ORC é dissociada pela maquinaria de replicação e, então, religa-se. S-Cdk e outros mecanismos também inativam os componentes de pré-RC, ORC, Cdc6 e Cdt1, prevenindo, dessa maneira, a formação de novos pré-RC nas origens até o final da mitose (ver texto).

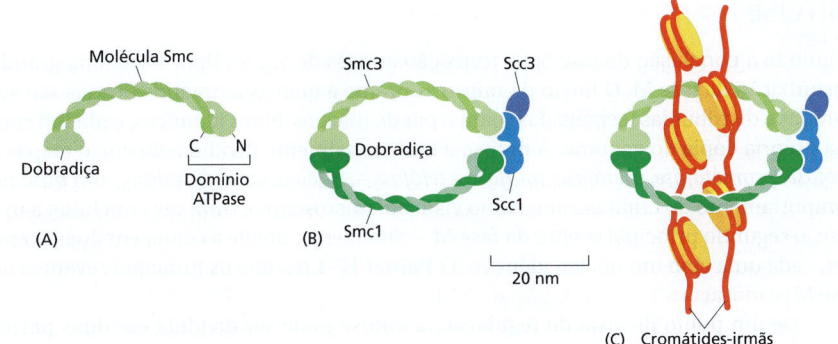

Figura 17-19 Coesina. A coesina é um complexo proteico com quatro subunidades. (A) Duas subunidades, Smc1 e Smc3 são proteínas super-hélice com um domínio ATPase em uma extremidade; (B) duas subunidades adicionais, Scc1 e Scc3 se conectam à cabeça do domínio da ATPase, formando uma estrutura em anel que pode circundar as cromátides-irmãs, como mostrado em (C). Os domínios de ATPase são necessários para a ligação da coesina ao DNA.

bem como a estrutura da cromatina é duplicada. Durante a síntese de DNA, enzimas de modificação de histonas e várias proteínas não histonas provavelmente se ligam às duas novas fitas de DNA à medida que emergem da forquilha de replicação, e acredita-se que tais proteínas reproduzam a estrutura local da cromatina do cromossomo parental (ver Figura 4-45).

As coesinas mantêm as cromátides-irmãs unidas

No final da fase S, cada cromossomo replicado consiste em um par de cromátides-irmãs idênticas, ligadas uma à outra ao longo de sua extensão. Essa coesão de cromátides-irmãs monta o palco para uma mitose bem-sucedida, pois facilita bastante a ligação das duas cromátides-irmãs a polos opostos do fuso mitótico. Imagine o quão difícil seria alcançar essa conexão bipolar se as cromátides-irmãs se separassem independentemente depois da fase S. Além disso, defeitos na coesão de cromátides-irmãs – em leveduras mutantes, por exemplo – causam inevitavelmente grandes erros na segregação dos cromossomos.

A coesão de cromátides-irmãs depende de um grande complexo de proteínas chamado **coesina**, que se liga a diversos locais ao longo do comprimento de cada cromátide-irmã assim que o DNA é replicado na fase S. Duas das subunidades da coesina são membros de uma grande família de proteínas chamada *proteínas SMC* (Manutenção Estrutural de Cromossomos; do inglês, *Structural Maintenance of Chromosomes*). A coesina forma gigantescas estruturas similares a anéis, e tem-se proposto que elas circundam as duas cromátides-irmãs (**Figura 17-19**).

A coesão de cromátides-irmãs também resulta, ao menos em parte, do *encadeamento de DNA*, o entrelaçamento de moléculas de DNA irmãs que ocorre quando duas forquilhas de replicação se encontram durante a síntese de DNA. A enzima topoisomerase II gradativamente desembaraça as moléculas-irmãs de DNA concatenadas entre a fase S e o início da mitose, cortando uma molécula de DNA, passando a outra através da quebra, e então resselando o DNA cortado (ver Figura 5-22). Uma vez removido o encadeamento, a coesão de cromátides-irmãs depende primariamente dos complexos de coesina. A súbita e sincronizada perda da coesão das irmãs na transição metáfase-anáfase, portanto, depende inicialmente da disrupção desses complexos, como descreveremos mais tarde.

Resumo

A duplicação dos cromossomos na fase S envolve a replicação exata de toda a molécula de DNA em cada cromossomo, assim como a duplicação das proteínas da cromatina que se associam ao DNA e controlam vários aspectos da função dos cromossomos. A duplicação dos cromossomos é desencadeada pela ativação da S-Cdk, que ativa as proteínas que desenrolam o DNA e iniciam sua replicação em origens de replicação. Uma vez ativada uma origem de replicação, a S-Cdk também inibe proteínas necessárias para que a origem inicie novamente a replicação do DNA. Assim, cada origem de replicação é ativada uma vez e somente uma vez em cada fase S, não podendo ser reutilizada até o próximo ciclo celular.

MITOSE

Seguindo a conclusão da fase S e a transição através de G_2, a célula sofre uma grande perturbação da fase M. O início da mitose, durante a qual as cromátides-irmãs são separadas e distribuídas (segregadas) para o par de núcleos-filhos idênticos, cada um com sua própria cópia do genoma. A mitose é tradicionalmente dividida em cinco etapas – *prófase, prometáfase, metáfase, anáfase e telófase* –, inicialmente definidas com base no comportamento do cromossomo como visto em microscópio. Uma vez concluída a mitose, o segundo principal evento da fase M – citocinese – divide a célula em duas metades, cada uma com um núcleo idêntico. O **Painel 17-1** resume os principais eventos da fase M (**Animações 17.2, 17.3, 17.4 e 17.5**).

De um ponto de vista de regulação, a mitose pode ser dividida em duas partes principais, cada uma influenciada por componentes distintos do sistema de controle do ciclo celular. Primeiro, um aumento abrupto na atividade de M-Cdk na transição G_2/M desencadeia eventos no início da mitose (prófase, prometáfase e metáfase). Durante esse período, a M-Cdk e várias outras cinases mitóticas fosforilam uma série de proteínas, levando à formação do fuso mitótico e à ligação deste aos pares de cromátides-irmãs. A segunda parte principal da mitose começa na transição entre metáfase e anáfase, quando o APC/C provoca a degradação da securina, liberando uma protease que cliva a coesina e, com isso, inicia a separação das cromátides-irmãs. O APC/C também promove a degradação de ciclinas, levando à inativação das Cdks e à desfosforilação de alvos das Cdks, o que é necessário a todos os eventos do final da fase M, inclusive a conclusão da anáfase, a dissociação do fuso mitótico e a divisão da célula por citocinese.

Nesta seção, descreveremos os principais eventos mecânicos da mitose e como a M-Cdk e o APC/C os orquestram.

A M-Cdk promove o início da mitose

Uma das características mais notáveis do controle do ciclo celular é que uma única proteína-cinase, a M-Cdk, ocasiona todos os diversos e complexos rearranjos celulares que ocorrem nos estágios iniciais da mitose. A M-Cdk deve, no mínimo, induzir a formação do fuso mitótico e assegurar que cada cromátide-irmã de um par esteja ligada ao polo oposto do fuso. Ela também desencadeia a *condensação dos cromossomos* – a reorganização em grande escala das cromátides-irmãs entrelaçadas em estruturas compactas, similares a um bastão. Em células animais, a M-Cdk também promove a desintegração do envelope nuclear e rearranjos do citoesqueleto de actina e do aparelho de Golgi. Acredita-se que cada um desses processos seja iniciado quando a M-Cdk fosforila proteínas específicas envolvidas no processo, embora a maioria dessas proteínas ainda não tenha sido identificada.

A M-Cdk não atua sozinha na fosforilação de proteínas-chave envolvidas no início da mitose. Duas famílias adicionais de cinases, as *cinases similares a Polo* e as *cinases Aurora*, também dão importantes contribuições ao controle dos eventos mitóticos iniciais. A cinase Plk similar a Polo, por exemplo, é necessária à formação normal de um fuso mitótico bipolar, em parte porque fosforila proteínas envolvidas na separação dos polos do fuso no início da mitose. A cinase Aurora A também ajuda a controlar proteínas que promovem a formação e a estabilidade do fuso, ao passo que a Aurora B controla a ligação das cromátides-irmãs ao fuso, como discutiremos a seguir.

A desfosforilação ativa a M-Cdk no início da mitose

A ativação da M-Cdk começa com o acúmulo de M-ciclina (ciclina B em células de vertebrados; ver Tabela 17-1). Em ciclos celulares embrionários, a síntese de M-ciclina é constante ao longo do ciclo celular, e o acúmulo de M-ciclina resulta da alta estabilidade da proteína na interfase. Contudo, na maioria dos tipos celulares, a síntese de M-ciclina aumenta durante G_2 e M, devido principalmente ao aumento da transcrição do gene M-ciclina. O aumento da proteína M-ciclina leva a um correspondente acúmulo da M-Cdk (o complexo de Cdk1 e M-ciclina) à medida que a célula se aproxima da mitose. Embora nesses complexos a Cdk seja fosforilada em um sítio ativador pela cinase ativadora

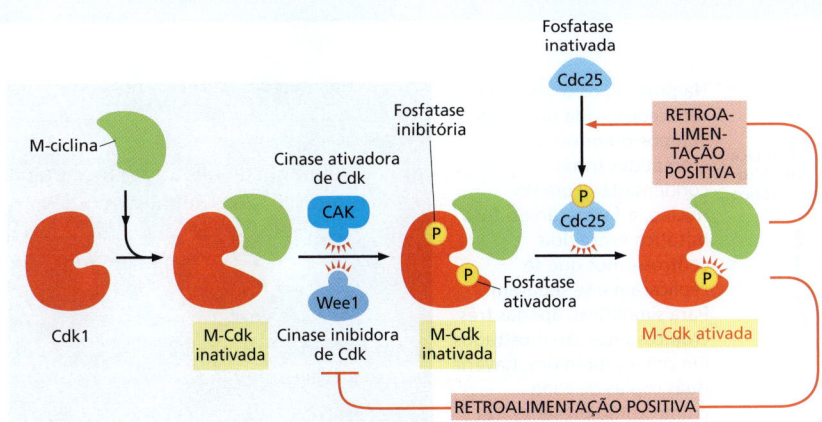

Figura 17-20 A ativação da M-Cdk. A Cdk1 se associa à M-ciclina conforme os níveis de M-ciclina gradativamente se elevam. O complexo de M-Cdk resultante é fosforilado em um sítio ativador pela cinase ativadora de Cdk (CAK) e em um par de sítios inibidores pela cinase Wee1. O complexo M-Cdk inativo resultante é, então, ativado ao fim de G_2 pela fosfatase Cdc25. A Cdc25 é ainda mais estimulada pela M-Cdk ativa, resultando em retroalimentação positiva. A retroalimentação é aumentada pela capacidade da M-Cdk de inibir Wee1.

de Cdk (CAK), como anteriormente discutido, a cinase Wee1 a mantém em um estado inativo, por meio de fosforilação inibidora em dois sítios adjacentes (ver Figura 17-13). Assim, no momento em que a célula chega o fim de G_2, ela contém um estoque abundante de M-Cdk, que está preparada e pronta para agir, mas está inibida por fosfatos que bloqueiam o sítio ativo da cinase.

O que então desencadeia a ativação do estoque de M-Cdk? O evento crucial é a ativação da proteína-fosfatase Cdc25, que remove os fosfatos inibidores que restringem a M-Cdk (**Figura 17-20**). Ao mesmo tempo, a atividade inibidora da cinase Wee1 é suprimida, assegurando ainda mais que a atividade da M-Cdk aumente. Os mecanismos que desencadeiam a atividade da Cdc25 no início da mitose não são bem entendidos. Uma possibilidade é que as S-Cdks que estão ativas em G_2 e no início da prófase estimulem a Cdc25.

Curiosamente, a Cdc25 também pode ser ativada, ao menos em parte, pelo seu alvo, a M-Cdk. A M-Cdk também pode inibir a cinase inibidora Wee1. A capacidade da M-Cdk de ativar seu próprio ativador (Cdc25) e inibir seu próprio inibidor (Wee1) sugere que a ativação da M-Cdk na mitose envolve ciclos de retroalimentação positiva (ver Figura 17-20). De acordo com esse modelo, a ativação parcial da Cdc25 (talvez pela S-Cdk) leva à ativação parcial de uma subpopulação de complexos de M-Cdk, que, então, fosforilam mais moléculas de Cdc25 e Wee1. Isso leva a uma maior ativação da M-Cdk, e assim por diante. Tal mecanismo rapidamente promoveria a ativação de todos os complexos de M-Cdk na célula. Como anteriormente mencionado, interruptores moleculares semelhantes operam em vários pontos do ciclo celular, a fim de promover a transição abrupta e completa de um estado do ciclo celular ao próximo.

A condensina ajuda a configurar os cromossomos duplicados para a separação

Ao fim da fase S, as moléculas de DNA extremamente longas das cromátides-irmãs estão emaranhadas em uma massa de DNA parcialmente concatenado e proteínas. Nesse estado, qualquer tentativa de separar bruscamente as irmãs levaria, indubitavelmente, a quebras nos cromossomos. Para evitar esse desastre, a célula dedica uma grande quantidade de energia no início da mitose a fim de gradativamente reorganizar as cromátides-irmãs em estruturas relativamente curtas e distintas, que podem ser separadas mais facilmente na anáfase. Essas mudanças cromossômicas envolvem dois processos: a *condensação dos cromossomos*, na qual as cromátides são dramaticamente compactadas; e a *resolução das cromátides-irmãs*, por meio da qual as duas irmãs são separadas em unidades distintas (**Figura 17-21**). A resolução é o resultado da separação das cromátides-irmãs, acompanhado pela remoção parcial de moléculas de coesina ao longo dos braços cromossômicos. Como resultado, quando a célula atinge a metáfase, as cromátides-irmãs aparecem no microscópio como estruturas compactas, semelhantes a um bastão e que estão fortemente unidas em suas regiões centroméricas e apenas frouxamente ao longo dos braços.

Figura 17-21 O cromossomo mitótico. Micrografia eletrônica de varredura de um cromossomo mitótico humano, consistindo em duas cromátides-irmãs unidas ao longo de sua extensão. As regiões comprimidas são os centrômeros. (Cortesia de Terry D. Allen.)

PAINEL 17-1 Os principais estágios da fase M (mitose e citocinese) em uma célula animal

1 PRÓFASE

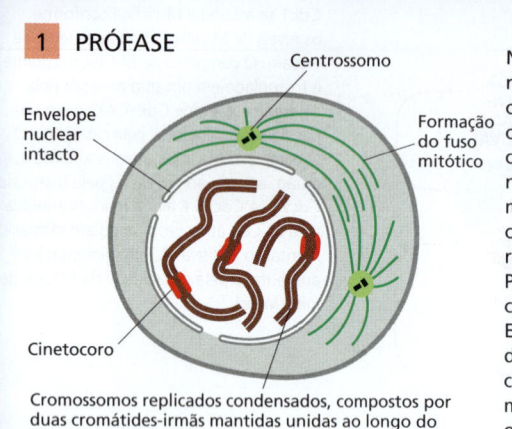
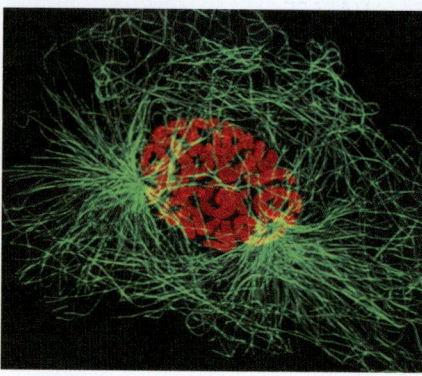

Na prófase, os cromossomos replicados, cada um deles composto por duas cromátides-irmãs condensadas. Fora do núcleo, a formação do fuso mitótico entre dois centrossomos que se replicaram e se separam. Para simplificar, apenas três cromossomos são mostrados. Em células diploides, haveria duas cópias de cada cromossomo presente. Na micrografia de fluorescência, os cromossomos são corados com *laranja* e microtúbulos com *verde*.

2 PROMETÁFASE

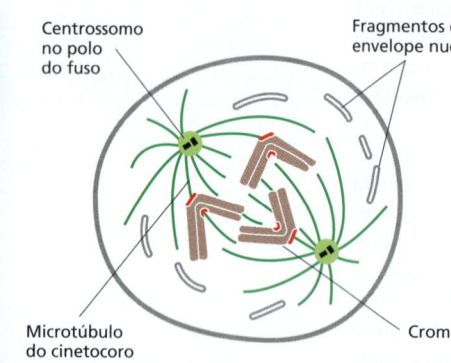
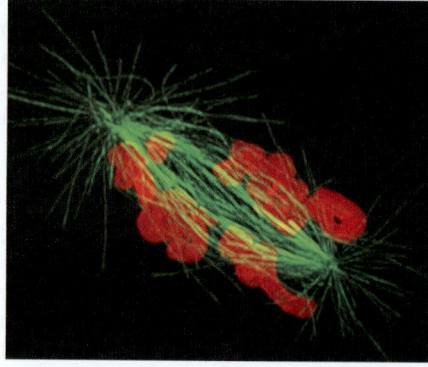

A prometáfase inicia de forma abrupta com a fragmentação do envelope nuclear. Os cromossomos podem, então, ligarem-se aos microtúbulos do fuso via seus cinetocoros e entrar em movimento ativo.

3 METÁFASE

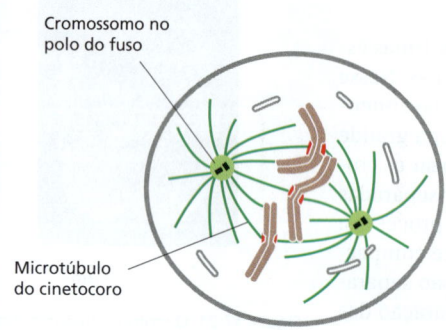
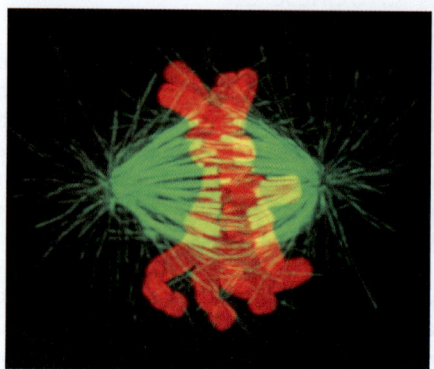

Na metáfase, os cromossomos são alinhados na placa equatorial do fuso, entre os polos do fuso. Os microtúbulos do cinetocoro ligam-se às cromátides-irmãs em polos opostos ao fuso.

4 ANÁFASE

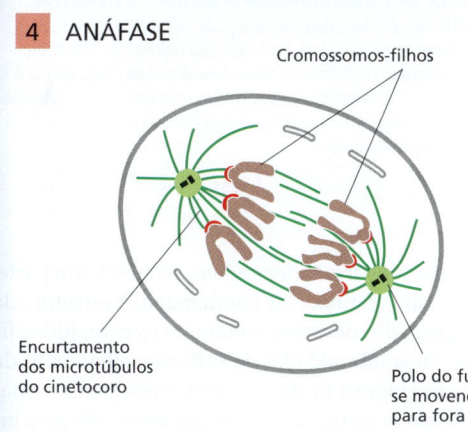

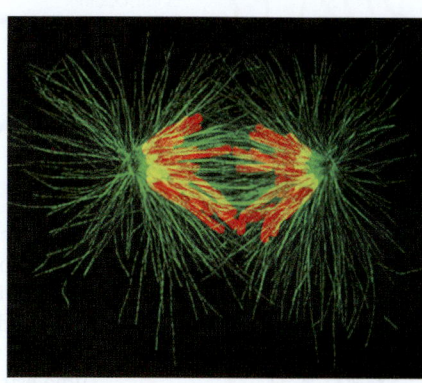

Na anáfase, as cromátides-irmãs separam-se de forma sincronizada para formar dois cromossomos-filhos, e cada um é puxado lentamente em direção ao polo do fuso. Os microtúbulos do cinetocoro ficam menores e os polos do fuso também se afastam; ambos os processos contribuem para a segregação cromossômica.

5 TELÓFASE

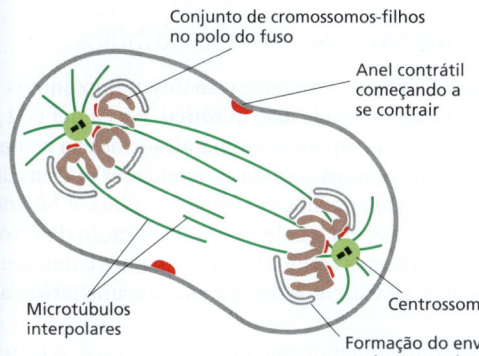

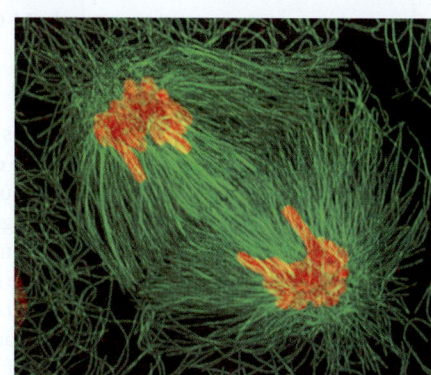

Durante a telófase, os dois conjuntos de cromossomos-filhos chegam aos polos do fuso e descondensam. Um novo envelope nuclear se forma ao redor de cada conjunto, completando a formação de dois núcleos e marcando o fim da mitose. A divisão do citoplasma começa com a contração do anel contrátil.

6 CITOCINESE

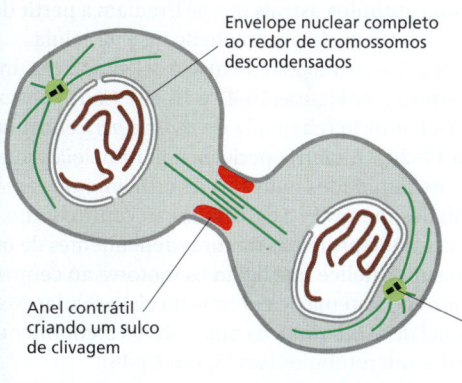

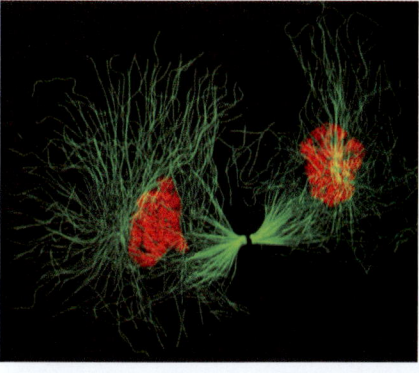

Durante a citocinese, o citoplasma é dividido em dois por um anel contrátil de actina e filamentos de miosina, que comprime a célula em duas partes para criar duas células-filhas, cada uma com um núcleo.

(Micrografias cortesia de Julie Canman e Ted Salmon.)

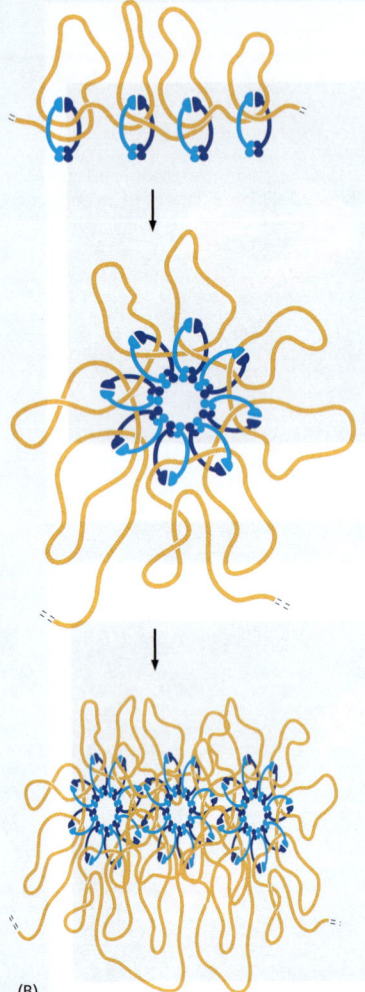

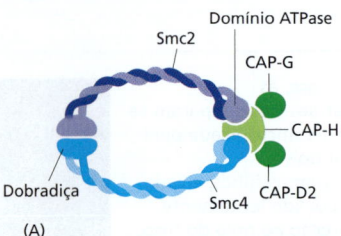

Figura 17-22 Condensina. (A) A condensina é um complexo proteico de cinco subunidades que se assemelha à coesina (ver Figura 17-19). Os domínios da cabeça de ATPase de suas duas subunidades principais, Smc2 e Smc4, são unidos por três subunidades adicionais. (B) Não está claro como a condensina catalisa a reestruturação e compactação do DNA do cromossomo, mas ela poderia formar uma estrutura em anel que circunda as alças de DNA de cada cromátide-irmã.

A condensação e a resolução das cromátides-irmãs dependem, ao menos em parte, de um complexo proteico de cinco subunidades chamado de **condensina**. A estrutura da condensina é relacionada àquela do complexo de coesina que mantém as cromátides-irmãs unidas (ver Figura 17-19). Ela contém duas subunidades de SMC, semelhantes às da coesina, mais três subunidades de não SMC (**Figura 17-22**). A condensina pode formar uma estrutura similar a um anel que, de alguma forma, usa a energia fornecida pela hidrólise de ATP para promover a compactação e a resolução das cromátides-irmãs. A condensina é capaz de modificar o enrolamento de moléculas de DNA em um tubo de ensaio, e acredita-se que essa atividade de enrolamento seja importante à condensação dos cromossomos durante a mitose. Curiosamente, a fosforilação de subunidades da condensina pela M-Cdk estimula essa atividade de enrolamento, propiciando um mecanismo pelo qual a M-Cdk pode promover a reestruturação dos cromossomos no início da mitose.

O fuso mitótico é uma máquina com base em microtúbulos

Em todos os eucariotos, o evento central da mitose – a segregação dos cromossomos – depende de uma máquina complexa e bela denominada **fuso mitótico** (ver Painel 17-1). O fuso é um arranjo bipolar de microtúbulos, que separa as cromátides-irmãs na anáfase, segregando, com isso, os dois conjuntos de cromossomos a extremidades opostas da célula, onde eles são empacotados em dois núcleos-filhos (**Animação 17.6**). A M-Cdk promove a formação do fuso no início da mitose, em paralelo à reestruturação dos cromossomos recém-descrita. Antes de considerarmos como o fuso é formado e como seus microtúbulos se ligam às cromátides-irmãs, revisaremos brevemente as características básicas da estrutura do fuso.

O núcleo do fuso mitótico é um arranjo bipolar de microtúbulos, no qual as extremidades menos ($-$) estão orientadas aos dois polos do fuso, e as extremidades mais ($+$) se irradiam para fora dos polos (**Figura 17-23**). As extremidades mais ($+$) de alguns microtúbulos – chamados **microtúbulos interpolares** – sobrepõem-se com as extremidades mais ($+$) de microtúbulos de outro polo, resultando em uma rede antiparalela na região média do fuso. As extremidades mais ($+$) de outros microtúbulos – os **microtúbulos do cinetocoro** – são ligadas aos pares de cromátides-irmãs em grandes estruturas proteicas chamadas de *cinetocoros*, que estão localizados no *centrômero* de cada cromátide-irmã. Por fim, muitos fusos também contêm **microtúbulos astrais** que se irradiam a partir dos polos e contatam o córtex da célula, ajudando no posicionamento do fuso na célula.

Na maioria das células somáticas animais, cada polo do fuso é orientado em uma organela proteica denominada **centrossomo** (ver Figuras 16-47 e 16-48). Cada centrossomo consiste em uma matriz de material amorfo (chamada de *matriz pericentriolar*) que cerca um par de *centríolos* (**Figura 17-24**). A matriz pericentriolar nucleia um arranjo radial de microtúbulos, com suas extremidades mais ($+$) de crescimento rápido projetando-se para fora e suas extremidades menos ($-$) associadas ao centrossomo. A matriz contém uma série de proteínas, incluindo proteínas motoras dependentes de microtúbulos, proteínas com estrutura em super-hélice que ligam os motores ao centrossomo, proteínas estruturais e componentes do sistema de controle do ciclo celular. Mais importante, ela contém *complexos em anel de γ-tubulina*, os quais são os componentes principais responsáveis pela nucleação dos microtúbulos (ver Figura 16-46).

Algumas células – especialmente as células de plantas superiores e os ovócitos de muitos vertebrados – não possuem centrossomos, e proteínas motoras dependentes de microtúbulos e outras proteínas associadas às extremidades menos ($-$) dos microtúbulos organizam e orientam os polos do fuso.

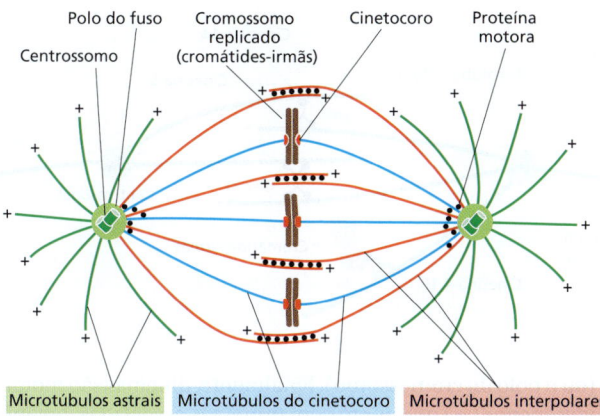

Figura 17-23 **O fuso na metáfase mitótica em célula animal.** As extremidades mais (+) dos microtúbulos se projetam do polo do fuso, enquanto as extremidades menos (−) estão ancoradas aos polos do fuso, as quais, neste exemplo, estão organizadas por centrossomos. Os microtúbulos do cinetocoro conectam os polos do fuso aos cinetocoros das cromátides-irmãs, enquanto os microtúbulos interpolares dos dois polos se interdigitam na placa equatorial do fuso. Os microtúbulos astrais irradiam-se dos polos para o citoplasma.

As proteínas motoras dependentes de microtúbulos controlam a formação e a função do fuso

A função do fuso mitótico depende de um grande número de proteínas motoras dependentes de microtúbulos. Como discutido no Capítulo 16, essas proteínas pertencem a duas famílias – as proteínas relacionadas à cinesina, que normalmente se movem em direção à extremidade mais (+) dos microtúbulos, e as dineínas, que se movem em direção à extremidade menos (−). No fuso mitótico, essas proteínas motoras geralmente operam nas extremidades dos microtúbulos ou perto delas. Quatro principais tipos de proteínas motoras – *cinesina-5, cinesina-1,4, cinesina-4/10 e dineína* – são particularmente importantes para a formação e função do fuso (**Figura 17-25**).

As proteínas cinesina-5 contêm dois domínios motores que interagem com as extremidades mais (+) de microtúbulos antiparalelos na zona média do fuso. Como os dois domínios motores se movem em direção às extremidades mais (+) dos microtúbulos, eles fazem os dois microtúbulos antiparalelos, ao passarem um sobre o outro, deslizarem em direção aos fusos mitóticos, forçando o afastamento dos polos. As proteínas cinesina-14, ao contrário, são motores orientados para extremidades menos (−) com um único domínio motor e outros domínios que podem interagir com um microtúbulo adjacente. Elas podem formar ligações cruzadas com microtúbulos interpolares antiparalelos na zona média do fuso e tendem a tracionar os polos conjuntamente. As proteínas cinesina-4 e cinesina-10, também chamadas de *cromocinesinas*, são motores orientados para a extremidade mais (+) que se associam aos braços cromossômicos e afastam o cromossomo

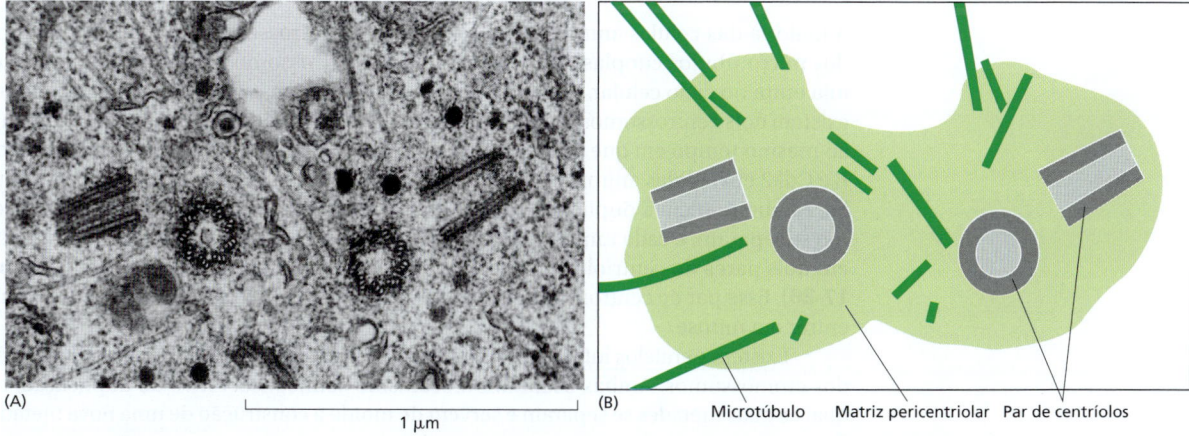

Figura 17-24 **O centrossomo.** (A) Micrografia eletrônica de uma célula cultivada de mamífero na fase S, mostrando um centrossomo duplicado. Cada centrossomo contém um par de centríolos; embora os centríolos tenham se duplicado, eles permanecem juntos em um único complexo, como mostrado na ilustração da micrografia em (B). Um centríolo de cada par de centríolos foi cortado em corte transversal, enquanto o outro foi cortado em corte longitudinal, indicando que os dois membros de cada par estão alinhados em ângulos retos um ao outro. As duas metades do centrossomo replicado, cada uma composta por um par de centríolos cercado por matriz pericentriolar, irão se dividir e migrar em separado a fim de iniciar a formação dos dois polos do fuso mitótico quando a célula entra na fase M. (A, de M. McGill, D.P. Highfield, T.M. Monahan, e B.R. Brinkley, *J. Ultrastruct. Res.* 57:43–53, 1976. Com permissão de Academic Press.)

Figura 17-25 Principais proteínas motoras do fuso. Quatro classes principais de proteínas motoras dependentes de microtúbulos (*retângulos amarelos*) contribuem para a formação e para o funcionamento do fuso (ver o texto). As setas coloridas indicam a direção do movimento da proteína motora ao longo de um microtúbulo – *azul* na direção da extremidade menos (−) e *vermelho* na direção da extremidade mais (+).

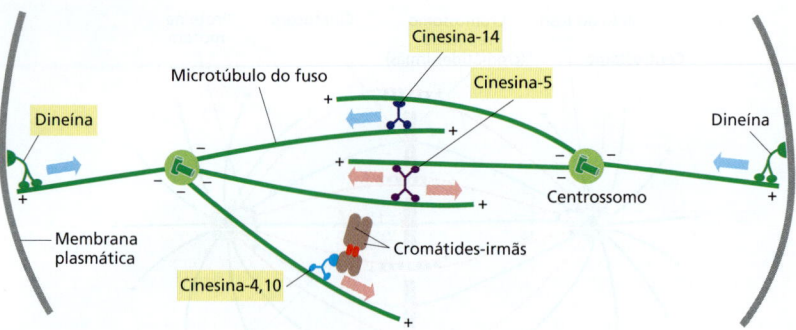

ligado do polo (ou o polo do cromossomo). Finalmente, dineínas são motores orientados para extremidades menos (−) que, junto com proteínas associadas, organizam microtúbulos em vários locais na célula. Elas ligam as extremidades mais (+) de microtúbulos astrais a componentes do citoesqueleto de actina no córtex celular, por exemplo; movendo-se em direção à extremidade menos (−) dos microtúbulos, os motores de dineína puxam o fuso mitótico em direção ao córtex celular e se afastam um do outro.

Múltiplos mecanismos colaboram para a formação do fuso mitótico bipolar

O fuso mitótico deve possuir dois polos a fim de segregar os dois conjuntos de cromátides-irmãs a polos opostos da célula em anáfase. Em muitas células animais, vários mecanismos asseguram a bipolaridade do fuso. Um deles depende de centrossomos. Uma célula animal típica entra em mitose com um par de centrossomos, cada um dos quais nucleia um arranjo radial de microtúbulos. Os dois centrossomos sustentam polos de fusos pré-formados que facilitam grandemente a formação do fuso bipolar. O outro mecanismo depende da habilidade de cromossomos mitóticos em nuclear e estabilizar microtúbulos e na habilidade de proteínas motoras de organizar microtúbulos em uma rede bipolar. Esses mecanismos de "auto-organização" podem produzir um fuso bipolar mesmo em células sem centrossomos.

Agora descreveremos as etapas de formação do fuso, começando com a formação dependente de centrossomos no início da mitose. Consideramos, então, os mecanismos de auto-organização que não requerem centrossomos e que são particularmente importantes após a fragmentação do envelope nuclear.

A duplicação do centrossomo ocorre no início do ciclo celular

A maioria das células animais contém um único centrossomo que nucleia a maioria dos microtúbulos citoplasmáticos da célula. O centrossomo se duplica quando a célula entra no ciclo celular, de forma que no momento em que a célula atinge a mitose existem dois centrossomos. A duplicação dos centrossomos começa aproximadamente ao mesmo tempo em que a célula entra em fase S. G_1/S-Cdk (um complexo de ciclina E e Cdk2 em células animais; ver Tabela 17-1) que desencadeia o início do ciclo celular, também inicia a duplicação dos centrossomos. Os dois centríolos do centrossomo se separam, e cada um nucleia a formação de um único centríolo novo, resultando em dois pares de centríolos dentro de uma matriz pericentriolar expandida (**Figura 17-26**). Esse par de centrossomos permanece unido em um lado do núcleo até a célula entrar em mitose.

Existem paralelos interessantes entre a duplicação do centrossomo e a duplicação dos cromossomos. Ambas usam um mecanismo semiconservativo de duplicação, no qual as duas metades se separam e servem de molde à construção de uma nova metade. Os centrossomos, como os cromossomos, devem se replicar uma e somente uma vez por ciclo celular, a fim de garantir que a célula entre em mitose com somente duas cópias: um número incorreto de centrossomos poderia levar a defeitos na formação do fuso e, como consequência, a erros na segregação dos cromossomos.

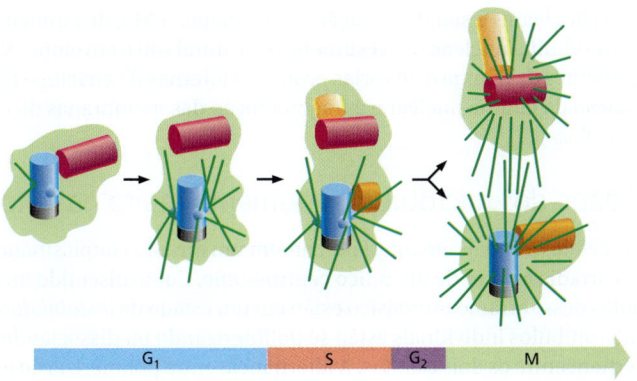

Figura 17-26 Replicação de centríolos. O centrossomo consiste em um par de centríolos e matriz pericentriolar associada (*verde*). Em um certo ponto em G_1, os dois centríolos do par se separam em alguns micrômetros. Durante a fase S, um centríolo-filho começa a crescer próximo à base de cada centríolo parental e em ângulo reto a ele. O alongamento do centríolo-filho normalmente é completado em G_2. Os dois pares de centríolos permanecem juntos em um único complexo centrossômico até o início da fase M, quando o complexo se divide em dois, e dois centrossomos-filhos começam a se separar. Agora, cada centrossomo nucleia sua própria matriz radial de microtúbulos (chamada de áster), principalmente a partir do centríolo parental.

Os mecanismos que limitam a duplicação do centrossomo a uma vez por ciclo celular são incertos. Em muitos tipos celulares, a inibição experimental da síntese de DNA bloqueia a duplicação do centrossomo, estabelecendo um mecanismo pelo qual o número de centrossomos é mantido sob controle. Contudo, outros tipos celulares, incluindo aqueles de embriões jovens de moscas, ouriços-do-mar e rãs, não contêm tal mecanismo, e a duplicação do centrossomo continua se a duplicação dos cromossomos for bloqueada. Não se sabe como tais células limitam a duplicação do centrossomo a uma vez por ciclo celular.

A M-Cdk inicia a formação do fuso na prófase

A formação do fuso começa no início da mitose, quando os dois centrossomos se separam ao longo do envelope nuclear, puxados por proteínas motoras dineínas que ligam microtúbulos astrais ao córtex celular (ver Figura 17-25). As extremidades mais (+) dos microtúbulos entre os centrossomos interdigitam para formar microtúbulos interpolares, e proteínas motoras cinesina-5 associam-se a esses microtúbulos separando-os (ver Figura 17-25). Também no início da mitose, o número de complexos de γ-tubulina em anel em cada centrossomo aumenta enormemente, ampliando assim a habilidade dos centrossomos em nuclear novos microtúbulos, um processo denominado *maturação do centrossomo*.

O equilíbrio de forças opostas geradas por diferentes tipos de proteínas motoras determina o comprimento final do fuso. Os motores de dineína e cinesina-5 geralmente promovem a separação dos centrossomos e aumentam o comprimento do fuso. As proteínas cinesina-14 fazem o oposto: elas tendem a puxar os polos para um mesmo ponto (ver Figura 17-25). Não está claro como a célula regula o equilíbrio de forças opostas para gerar o comprimento apropriado do fuso.

A M-Cdk e outras cinases mitóticas são necessárias à separação e maturação dos centrossomos. A M-Cdk e a Aurora-A fosforilam motores de cinesina-5 e nos estimulam a conduzir a separação dos centrossomos. A Aurora-A e a Plk também fosforilam componentes do centrossomo, promovendo, com isso, sua maturação.

A conclusão da formação do fuso em células animais requer a fragmentação do envelope nuclear

Os centrossomos e os microtúbulos das células animais estão localizados no citoplasma, separados dos cromossomos pela dupla barreira de membrana do envelope nuclear (discutido no Capítulo 12). Claramente, a ligação das cromátides-irmãs ao fuso requer a remoção dessa barreira. Além disso, muitas proteínas motoras e reguladores de microtúbulos que promovem a formação do fuso são associadas com cromossomos dentro do núcleo, e elas requerem a fragmentação do envelope nuclear para desempenharem suas funções.

A fragmentação do envelope nuclear é um processo complexo e de múltiplas etapas, que aparentemente inicia quando M-Cdk fosforila várias subunidades dos complexos de poros nucleares no envelope nuclear. A fosforilação inicia a dissociação dos complexos de poros nucleares e sua dissociação do envelope. A M-Cdk também fosforila os componentes da lâmina nuclear, o revestimento estrutural sob o envelope. A fosforilação desses componentes da lâmina e de várias proteínas internas do envelope nuclear leva à despolimerização da lâmina nuclear e à fragmentação das membranas do envelope em pequenas vesículas.

A instabilidade dos microtúbulos aumenta muito na mitose

A maioria das células animais em interfase contém um arranjo citoplasmático de microtúbulos que se irradia a partir de um único centrossomo. Como discutido no Capítulo 16, os microtúbulos desse arranjo interfásico estão em um estado de *instabilidade dinâmica*, em que os microtúbulos individuais estão se polimerizando ou dissociando e estocasticamente alternam entre os dois estados. A alternância entre polimerização e dissociação é chamada de *catástrofe*, e a alternância entre dissociação e polimerização é denominada *salvamento*. Os microtúbulos novos estão sendo continuamente polimerizados para compensar a perda daqueles que desaparecem completamente por despolimerização.

A entrada na mitose sinaliza uma mudança brusca nos microtúbulos da célula. A matriz de interfase, onde alguns longos microtúbulos irradiam a partir do centrossomo único, é convertida a um maior número de microtúbulos mais curtos e mais dinâmicos que emanam a partir de ambos os centrossomos. Durante a prófase, e particularmente na prometáfase e na anáfase (ver Painel 17-1), a meia-vida dos microtúbulos diminui dramaticamente. Esse aumento na instabilidade dos microtúbulos, acoplado com o aumento da capacidade dos centrossomos de nuclear microtúbulos, como anteriormente mencionado, resulta em arranjos notavelmente densos e dinâmicos de microtúbulos do fuso que são ideais para a ligação de cromátides-irmãs.

Os microtúbulos dinâmicos são controlados na célula por uma variedade de proteínas reguladoras, incluindo proteínas associadas a microtúbulos (MAPs) que promovem a estabilidade, e fatores catástrofe que desestabilizam as extremidades mais (+) dos microtúbulos. As modificações nas atividades dessas proteínas reguladoras são responsáveis pelas modificações na dinâmica dos microtúbulos que ocorrem durante a mitose. Muitas dessas modificações são resultado da fosforilação de proteínas específicas por M-Cdk e outras proteínas cinases mitóticas.

Os cromossomos mitóticos promovem a formação do fuso bipolar

Os cromossomos não são simples passageiros passivos no processo de formação do fuso. Ao criarem um ambiente local que favorece tanto a nucleação dos microtúbulos como a estabilização dos microtúbulos, eles desempenham um papel ativo na formação do fuso. A influência dos cromossomos pode ser demonstrada pelo uso de uma fina agulha de vidro que os reposiciona após o fuso ter se formado. Para algumas células em metáfase, se um único cromossomo é arrastado para fora do alinhamento, uma massa de novos microtúbulos do fuso rapidamente aparece ao redor do cromossomo recém-posicionado, ao passo que os microtúbulos do fuso na posição anterior do cromossomo se despolimerizam. Essa propriedade dos cromossomos parece depender, ao menos em parte, de um fator de troca de nucleotídeos de guanina (GEF; do inglês, *guanine-nucleotide exchange factor*) que está ligado à cromatina; o GEF estimula uma pequena GTPase no citosol chamada de *Ran* a ligar GTP em lugar de GDP. A Ran-GTP ativada, que também está envolvida em transporte nuclear (discutido no Capítulo 12), libera proteínas estabilizadoras de microtúbulos de complexos proteicos no citosol, estimulando, assim, tanto a nucleação como a estabilização local de microtúbulos em torno dos cromossomos (**Figura 17-27**). A estabilização do microtúbulo local também é promovida pela proteína-cinase Aurora-B, a qual se associa aos cromossomos mitóticos.

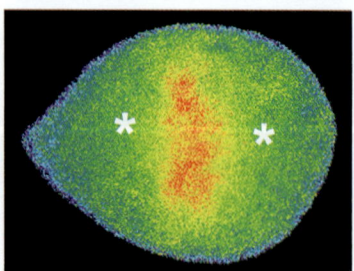

Figura 17-27 **Ativação de GTPase Ran ao redor de cromossomos mitóticos.** A proteína Ran, como outros membros da pequena família GTPase (discutido no Capítulo 15), pode existir em duas conformações dependendo se está ligada a GDP (estado inativo) ou GTP (estado ativo). A localização de Ran ativa na mitose foi determinada usando uma proteína que emite fluorescência em um comprimento de onda específico quando está ativada por Ran-GTP. Na metáfase da célula humana mostrada aqui, a atividade de Ran (*amarelo* e *vermelho*) é mais alta ao redor dos cromossomos, entre os polos do eixo mitótico (indicada por *asteriscos*). (De P. Kaláb et al., *Nature* 440:697–701, 2006. Com permissão de Macmillan Publishers Ltd.)

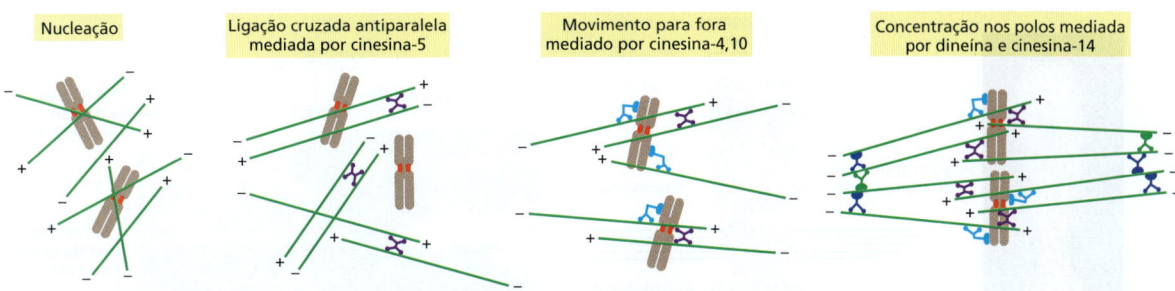

Figura 17-28 Auto-organização do fuso por proteínas motoras. Os cromossomos mitóticos estimulam a ativação local de proteínas que nucleiam e promovem a formação de microtúbulos na vizinhança dos cromossomos. As proteínas motoras cinesina-5 (ver Figura 17-25) organizam esses microtúbulos em feixes antiparalelos, enquanto as cinesinas-4 e 10 orientadas para as extremidades mais (+) ligam os microtúbulos aos braços cromossômicos e afastam as extremidades menos (−) dos cromossomos. Os motores de dineína e cinesina-14, juntamente com numerosas outras proteínas, orientam essas extremidades menos (−) em um par de polos do fuso.

A capacidade dos cromossomos de estabilizar e organizar microtúbulos permite às células formar fusos bipolares na ausência de centrossomos. Acredita-se que o conjunto do eixo acentrossômico começa com a formação de microtúbulos ao redor dos cromossomos. Várias proteínas motoras organizam os microtúbulos em um eixo bipolar, como ilustrado na **Figura 17-28**.

As células que normalmente não possuem centrossomos, como aquelas de plantas superiores e de vários ovócitos de animais, usam esse processo de auto-organização com base nos cromossomos para formar fusos. É também o processo usado para formar fusos em certos embriões de animais que foram induzidos a desenvolver óvulos sem fertilização (i.e., *partenogeneticamente*); uma vez que o espermatozoide normalmente fornece o centrossomo quando fertiliza um óvulo, os fusos mitóticos nesses embriões partenogenéticos se desenvolvem sem centrossomos (**Figura 17-29**). Mesmo em células que normalmente contêm centrossomos, os cromossomos ajudam a organizar os microtúbulos do fuso e, com o auxílio de várias proteínas motoras, podem promover a formação de um fuso mitótico bipolar se os centrossomos forem removidos. Embora o fuso acentrossômico resultante possa segregar cromossomos normalmente, ele carece de microtúbulos astrais, que são responsáveis pelo posicionamento do fuso em células animais; como resultado, com frequência o fuso é mal posicionado na célula.

Os cinetocoros ligam as cromátides-irmãs ao fuso

Após a formação de um arranjo bipolar de microtúbulos, a segunda etapa importante na formação do fuso é a sua ligação aos pares de cromátides-irmãs. Os microtúbulos do eixo se ligam a cada cromátide no seu **cinetocoro**, uma estrutura proteica gigante, de múltiplas camadas que é formada na região centromérica da cromátide (**Figura 17-30**; ver também Capítulo 4). Na metáfase, as extremidades mais (+) do cinetocoro dos microtúbulos são incorporadas aos sítios de ligação a microtúbulos especializados na região externa do cinetocoro, mais afastada do DNA. O cinetocoro de uma célula animal pode ligar de 10 a 40 microtúbulos, enquanto um cinetocoro de brotamento de levedura pode ligar apenas um microtúbulo. A fixação de cada microtúbulo depende de múltiplas cópias de um complexo proteico em forma de haste chamado de complexo Ndc80, que está ancorado no cinetocoro em uma extremidade e interage com as laterais de outro microtúbulo, ligando assim o microtúbulo ao cinetocoro, enquanto ainda permite a adição ou remoção de subunidades de tubulina nessa extremidade (**Figura 17-31**). A regulação da polimerização e da despolimerização da extremidade mais (+) no cinetocoro é crítica ao controle do movimento do cromossomo sobre o fuso, como discutiremos posteriormente.

A fixação do cinetocoro ao eixo ocorre por uma sequência complexa de eventos. No fim da prófase em células animais, os centrossomos do crescimento do eixo geralmente permanecem em lados opostos do envelope nuclear. Assim, quando o envelope se fragmenta, os pares de cromátides-irmãs são bombardeados por extremidades mais (+) de microtúbulos provenientes de duas direções. Porém, os cinetocoros não conse-

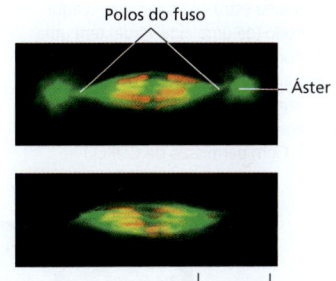

Figura 17-29 Formação de fuso bipolar sem centrossomos em embriões partenogenéticos do inseto *Sciara* (mosca-dos-fungos). Os microtúbulos estão corados em *verde*, e os cromossomos em *vermelho*. A micrografia de fluorescência *superior* mostra um fuso normal formado com centrossomos em um embrião de *Sciara* fertilizado normalmente. A micrografia *inferior* mostra um fuso formado sem centrossomos em um embrião que iniciou o desenvolvimento sem fertilização. Observe que o fuso com centrossomos tem um áster em cada polo, ao passo que o fuso formado sem centrossomos não. Os dois tipos de fusos são capazes de segregar os cromossomos replicados. (De B. de Saint Phalle e W. Sullivan, *J. Cell Biol.* 141:1383–1391, 1998. Com permissão de The Rockefeller University Press.)

988 PARTE IV Organização interna da célula

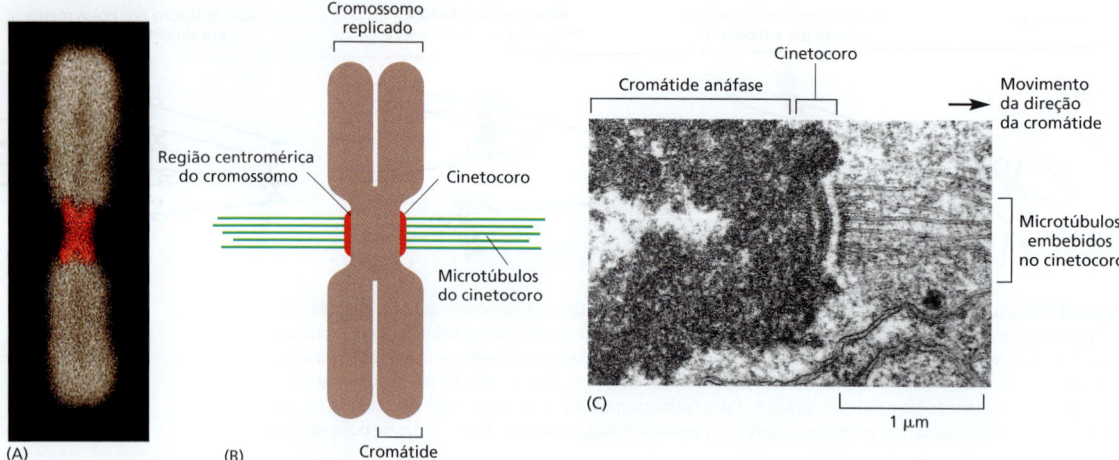

Figura 17-30 O cinetocoro. (A) Micrografia de fluorescência de um cromossomo metafásico corado com um corante fluorescente que se liga ao DNA e com autoanticorpos humanos que reagem com proteínas específicas do cinetocoro. Os dois cinetocoros, um associado a cada cromátide-irmã, estão corados em *vermelho*. (B) Ilustração de um cromossomo metafásico mostrando suas duas cromátides-irmãs ligadas às extremidades mais (+) dos microtúbulos do cinetocoro. Cada cinetocoro forma uma placa sobre a superfície do centrômero. (C) Micrografia eletrônica de uma cromátide anafásica com microtúbulos ligados a seu cinetocoro. Embora a maioria dos cinetocoros tenha uma estrutura trilaminar, o aqui mostrado (de uma alga verde) tem uma estrutura surpreendentemente complexa, com camadas adicionais. (A, cortesia de B.R. Brinkley; C, de J.D. Pickett-Heaps e L.C. Fowke, *Aust. J. Biol. Sci.* 23:71–92, 1970. Com permissão de CSIRO.)

guem de imediato a correta fixação do microtúbulo a ambos os polos do eixo. Em vez disso, estudos detalhados com microscopia de luz e eletrônica mostram que muitas fixações iniciais são fixações *laterais* instáveis, nas quais um cinetocoro se fixa ao lado de um dos microtúbulos, com a ajuda de uma proteína motora cinesina fora do cinetocoro. Rapidamente, entretanto, a extremidade mais (+) do microtúbulo dinâmico captura o cinetocoro na orientação correta (**Figura 17-32**).

Outro mecanismo de fixação também ocorre, particularmente na ausência de centrossomos. A análise microscópica cuidadosa sugere que microtúbulos pequenos na vizinhança dos cromossomos tornam-se incorporados nas extremidades mais (+) do cinetocoro. A polimerização nessas extremidades resulta, então, no crescimento dos microtúbulos a partir do cinetocoro. As extremidades menos (−) desses microtúbulos do cinetocoro são eventualmente ligadas em sentido transversal a outras extremidades menos (−) e orientadas por proteínas motoras no polo do fuso (ver Figura 17-28).

A biorientação é obtida por tentativa e erro

O sucesso da mitose demanda que as cromátides-irmãs de um par se liguem a polos opostos do fuso mitótico, de forma que se movam a extremidades opostas da célula quando se separam na anáfase. Como esse modo de ligação, denominado **biorientação**, é obtido? O que impede a ligação de ambos os cinetocoros ao mesmo polo do fuso ou a

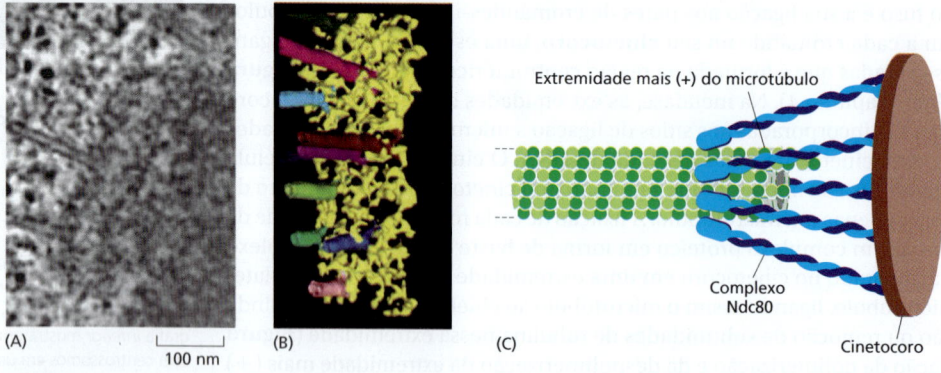

Figura 17-31 Locais de ligação de microtúbulos no cinetocoro. (A) Nessa micrografia eletrônica de um cinetocoro de mamífero, o cromossomo está à direita e as extremidades mais (+) de múltiplos microtúbulos estão incorporadas no exterior do cinetocoro à esquerda. (B) A tomografia eletrônica (discutida no Capítulo 9) foi usada para construir uma imagem tridimensional de baixa resolução no exterior do cinetocoro em (A). Vários microtúbulos (*em múltiplas cores*) são incorporadas em material fibroso do cinetocoro, que pensa-se ser composto do complexo Ndc80 e outras proteínas. (C) Cada microtúbulo está ligado ao cinetocoro por interações com múltiplas cópias do complexo Ndc80 (*azul*). Esse complexo liga-se nas laterais do microtúbulo perto da extremidade mais (+), permitindo que a polimerização e despolimerização ocorra enquanto o microtúbulo permanece ligado ao cinetocoro. (A e B, de T.Y. Dong et al., *Nature Cell Biol.* 9:516–522, 2007. Com permissão de Macmillan Publishers Ltd.)

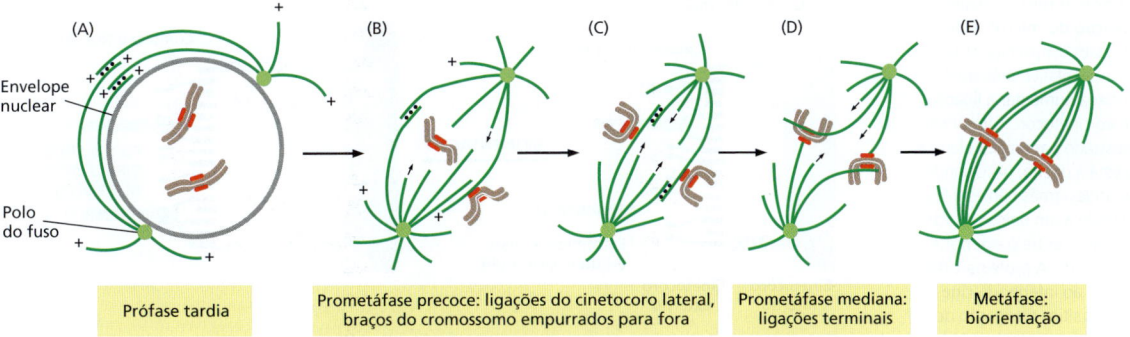

Figura 17-32 Ligação do cromossomo ao eixo mitótico em células animais. (A) Na prófase tardia de muitas células animais, os polos do eixo mitótico se movimentam para lados opostos do envelope nuclear, com uma matriz de sobreposição de microtúbulos entre eles. (B) Após a fragmentação do envelope nuclear, os pares de cromátides-irmãs são expostos a um grande número de extremidades mais (+) dinâmicas de microtúbulos que irradiam a partir dos polos do fuso. Em muitos casos, os cinetocoros são inicialmente ligados às laterais desses microtúbulos, enquanto ao mesmo tempo, os braços dos cromossomos são empurrados para fora a partir do interior do fuso, impedindo que os braços bloqueiem o acesso aos cinetocoros dos microtúbulos. (C) Por fim, as cromátides-irmãs lateralmente ligadas, estão arranjadas em um anel em torno do exterior do fuso. Muitos microtúbulos estão concentrados nesse anel, de modo que o eixo é relativamente oco por dentro. (D) Extremidades mais (+) de microtúbulos dinâmicos eventualmente encontram os cinetocoros em uma orientação final e são capturadas e estabilizadas. (E) Ligações finais estáveis em ambos os polos resultam em *biorientação*. Os microtúbulos adicionais são ligados ao cinetocoro, resultando em uma *fibra de cinetocoro* contendo de 10 a 40 microtúbulos.

ligação de um cinetocoro a ambos os polos do fuso? Parte da resposta é que os cinetocoros-irmãos são dispostos em uma orientação de costas um para o outro, que reduz a probabilidade de ambos os cinetocoros estarem voltados para o mesmo polo do fuso. Entretanto, ligações incorretas de fato ocorrem, e apurados mecanismos reguladores foram desenvolvidos para corrigi-las.

As ligações incorretas são corrigidas por um sistema de tentativa e erro que se baseia em um princípio simples: as ligações incorretas são altamente instáveis e de curta duração, ao passo que as ligações corretas são estabilizadas em seu devido lugar. Como o cinetocoro detecta uma ligação correta? A resposta parece ser a tensão (**Figura 17-33**). Quando um par de cromátides-irmãs está propriamente biorientado no fuso, os dois cinetocoros são puxados para direções opostas por forças fortes em direção aos polos. A coesão de cromátides-irmãs resiste a essas forças em direção aos polos, criando altos níveis de tensão dentro dos cinetocoros. Quando os cromossomos estão ligados de forma incorreta – quando ambas as cromátides-irmãs estão ligadas ao mesmo polo do fuso, por exemplo – a tensão é baixa, e o cinetocoro envia um sinal inibitório que relaxa o controle

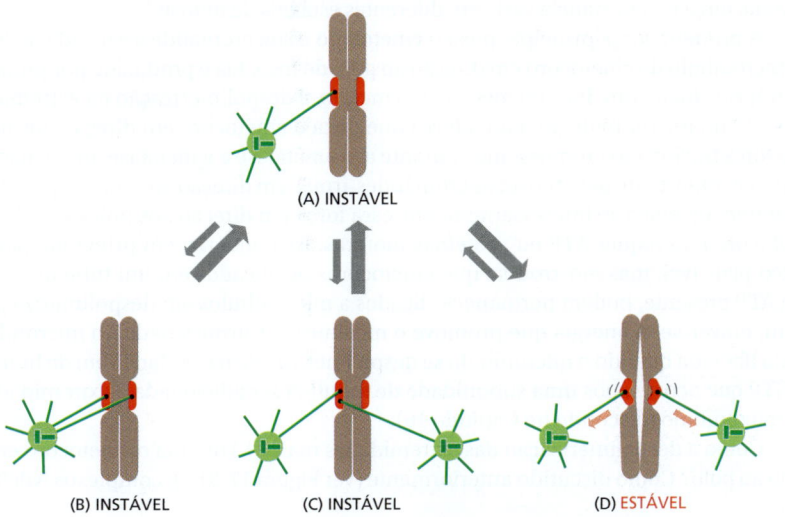

Figura 17-33 Formas alternativas de ligação do cinetocoro ao fuso dos polos. (A) Inicialmente, um único microtúbulo de um polo do fuso se liga a um cinetocoro em um par de cromátides-irmãs. Microtúbulos adicionais podem, então, ligar-se ao cromossomo de várias maneiras. (B) Um microtúbulo do mesmo polo do fuso pode se ligar ao outro cinetocoro-irmão, ou (C) microtúbulos de ambos os polos do fuso podem se ligar ao mesmo cinetocoro. Contudo, essas ligações incorretas são instáveis, de forma que um dos dois microtúbulos tende a se dissociar. (D) Quando um segundo microtúbulo do polo oposto se liga ao segundo cinetocoro, acredita-se que os cinetocoros-irmãos detectem a tensão através de seus sítios de ligação a microtúbulos. Isso desencadeia um aumento na afinidade de ligação no microtúbulo, estabilizado, dessa forma, a ligação correta.

Figura 17-34 Como a tensão pode aumentar a fixação do microtúbulo ao cinetocoro. Esses diagramas ilustram um mecanismo especulativo pelo qual a biorientação poderia aumentar a ligação do microtúbulo ao cinetocoro. Um único cinetocoro é mostrado para maior clareza; o polo do fuso está à direita. (A) Quando um par de cromátides-irmãs não está ligado ao fuso ou ligado a um único polo do fuso, há pouca tensão entre o exterior e interior dos cinetocoros. A proteína-cinase Aurora-B está presa ao interior do cinetocoro e fosforila os sítios de ligação do microtúbulo, incluindo o complexo Ndc80 (*azul*), no exterior do cinetocoro, como mostrado, reduzindo, assim, a afinidade de ligação do microtúbulo. Por conseguinte, os microtúbulos associam e dissociam rapidamente, e a ligação é instável. (B) Quando a biorientação é obtida, as forças de tração do cinetocoro em direção ao polo do fuso são repelidas por forças de tração de outro cinetocoro-irmão em direção ao polo oposto, e a tensão resultante puxa o cinetocoro exterior para longe do cinetocoro interior. Como resultado, Aurora-B não é capaz de chegar ao cinetocoro exterior, e os sítios de ligação do microtúbulo não são fosforilados. A afinidade de ligação do microtúbulo é, então, aumentada, resultando na ligação estável de múltiplos microtúbulos a ambos os cinetocoros. A desfoforilação de proteínas do cinetocoro exterior depende de uma fosfatase que não é mostrada aqui.

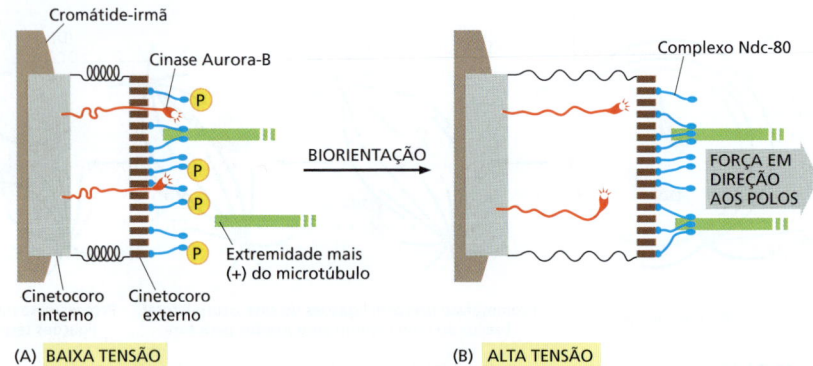

de seu sítio de ligação ao microtúbulo, permitindo que a dissociação ocorra. Quando a biorientação ocorre, a alta tensão no cinetocoro bloqueia o sinal inibidor, fortalecendo a ligação do microtúbulo. Em células animais, a tensão não somente aumenta a afinidade do sítio de ligação, mas também leva à ligação de microtúbulos adicionais ao cinetocoro. Isso resulta na formação de uma espessa *fibra de cinetocoro*, composta por múltiplos microtúbulos.

O mecanismo de tensão-detecção depende da proteína-cinase Aurora-B, que está associada ao cinetocoro e pensa-se gerar o sinal inibitório que reduz a força de ligação do microtúbulo na ausência de tensão. Ela fosforila vários componentes do sítio de ligação do microtúbulo, incluindo o complexo Ndc80, diminuindo a afinidade dos sítios para a extremidade mais (+) do microtúbulo. Quando a biorientação ocorre, a tensão resultante de alguma maneira reduz a fosforilação por Aurora-B, aumentando assim a afinidade do sítio de ligação (**Figura 17-34**).

Em seguida a sua ligação aos dois polos do fuso, os cromossomos são arrastados para trás e para frente, assumindo, por fim, uma posição equidistante entre os dois polos, uma posição chamada de **placa metafásica**. Em células de vertebrados, os cromossomos oscilam gentilmente na placa metafásica, aguardando o sinal para que as cromátides-irmãs se separem. O sinal é produzido com um tempo previsível de atraso, após a ligação biorientada do último cromossomo.

Múltiplas forças atuam em cromosomos no fuso

Múltiplos mecanismos geram forças que movem os cromossomos para frente e para trás após serem ligados ao fuso, e produzem a tensão que é tão importante para a estabilização da ligação correta. Na anáfase, forças similares puxam cromátides separadas para lados opostos do fuso. As três forças principais do fuso são particularmente críticas, embora sua força e importância varie em diferentes estágios da mitose.

A primeira força principal puxa o cinetocoro e sua cromátide associada ao longo do microtúbulo do cinetocoro em direção ao polo do fuso. Ela é produzida por proteínas do próprio cinetocoro. Por um mecanismo incerto, a despolimerização na extremidade mais (+) do microtúbulo gera uma força que puxa o cinetocoro em direção aos polos. Essa força traciona os cromossomos durante a prometáfase e a metáfase, mas é particularmente importante para mover as cromátides-irmãs em direção aos polos, após elas se separarem na anáfase. Interessantemente, essa força em direção aos polos gerada pelo cinetocoro não requer ATP ou proteínas motoras. Isso poderia, em princípio, parecer pouco plausível, mas mostrou-se que cinetocoros purificados em um tubo de ensaio, sem ATP presente, podem permanecer ligados a microtúbulos em despolimerização e, assim, mover-se. A energia que promove o movimento é armazenada no microtúbulo, sendo liberada quando o microtúbulo se despolimeriza; ela na verdade vem da hidrólise de GTP que ocorre após uma subunidade de tubulina ser adicionada à extremidade de um microtúbulo (discutido no Capítulo 16).

Como a despolimerização das extremidades mais (+) orienta o cinetocoro em direção ao polo? Como discutido anteriormente (ver Figura 17-31C), complexos Ndc80 no cinetocoro fazem múltiplas ligações de baixa afinidade ao longo da lateral do microtúbulo. Devido às ligações serem constantemente quebradas e refeitas em novos locais, o cinetocoro permanece ligado ao microtúbulo mesmo quando o microtúbulo despolimeriza. Em princípio, isso poderia movimentar o cinetocoro em direção ao polo do fuso.

Uma segunda força em direção aos polos é proporcionada, em alguns tipos celulares, pelo **fluxo de microtúbulos**, de tal modo que os próprios microtúbulos são puxados em direção aos polos do fuso e dissociados em suas extremidades menos (−). O mecanismo subjacente a esse movimento em direção aos polos não é claro, embora possa depender de forças geradas por proteínas motoras e despolimerização de extremidades menos (−) no polo do fuso. Na metáfase, a adição de tubulina nova à extremidade mais (+) de um microtúbulo contrabalança a perda de tubulina na extremidade menos (−), de forma que o comprimento do microtúbulo permanece constante, a despeito do movimento de microtúbulos em direção ao polo do fuso (**Figura 17-35**). Qualquer cinetocoro que esteja ligado a um microtúbulo sofrendo tal fluxo experimenta uma força em direção ao polo, que contribui à geração de tensão no cinetocoro na metáfase. Juntamente com as forças baseadas em cinetocoro descritas anteriormente, o fluxo também contribui para a força em direção aos polos que promove o deslocamento das cromátides-irmãs após a sua separação na anáfase.

A terceira força de ação dos cromossomos é a *força de ejeção polar*, ou *vento polar*. Os motores de cinesina-4 e 10 orientados para a extremidade mais (+) nos braços cromossômicos interagem com microtúbulos interpolares e transportam os cromossomos para longe dos polos do fuso (ver Figura 17-25). Essa força é particularmente importante na prometáfase e metáfase, quando ajuda a empurrar os braços dos cromossomos para fora do fuso. Essa força poderia também ajudar a alinhar os pares de cromátides-irmãs na metáfase (**Figura 17-36**).

Um dos aspectos mais extraordinários da mitose em células de vertebrados é o contínuo movimento oscilatório dos cromossomos em prometáfase e metáfase. Quando estudados por videomicroscopia em células pulmonares de tritão, observa-se a alternância dos movimentos entre dois estados – um estado em direção aos polos, quando os cromossomos são puxados em direção ao polo, e um estado em direção oposta aos polos, ou neutro, quando forças em direção ao polo são interrompidas e a força de ejeção

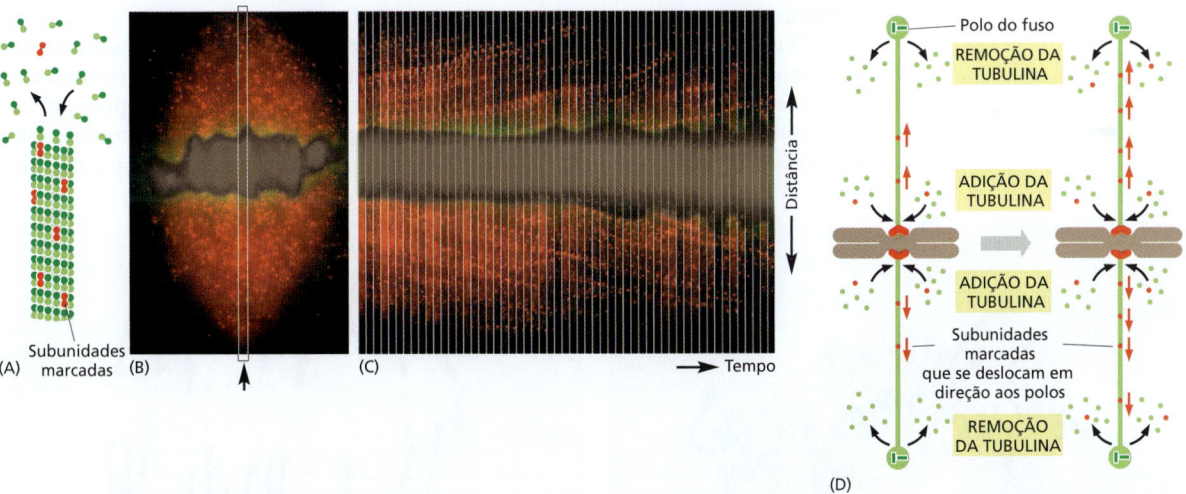

Figura 17-35 Fluxo de microtúbulos no fuso metafásico. (A) A fim de observar o fluxo de microtúbulos, uma quantidade muito pequena de tubulina fluorescente é injetada em células vivas, de modo que microtúbulos individuais se formam com uma proporção muito pequena de tubulina fluorescente. Tais microtúbulos podem ser visualizados por microscopia de fluorescência. (B) As micrografias de fluorescência de um fuso mitótico em uma célula epitelial pulmonar de tritão vivo. Os cromossomos são coloridos de *marrom* e a tubulina marcada em *vermelho*. (C) O movimento de subunidades individuais pode ser acompanhado por videomicroscopia em diferentes intervalos de tempo. As imagens da região fina vertical (*seta*) em (B), obtidas em tempos sequenciais, mostram que subunidades individuais se movem em direção aos polos em uma taxa de cerca de 0,75μm/min, indicando que os microtúbulos se deslocam em direção aos polos. (D) O comprimento dos microtúbulos no fuso metafásico não se altera de forma significativa, porque novas subunidades de tubulina são adicionadas à extremidade mais (+) do microtúbulo à mesma taxa que subunidades de tubulina são removidas da extremidade menos (−). (B e C, de T.J. Mitchison e E.D. Salmon, *Nat. Cell Biol.* 3:E17–21, 2001. Com permissão de Macmillan Publishers Ltd.)

Figura 17-36 Como forças opostas podem deslocar os cromossomos para a placa metafásica. (A) Evidência de uma força de ejeção polar que afasta os cromossomos dos polos do fuso em direção à placa equatorial do fuso. Neste experimento, um feixe de laser corta um cromossomo em prometáfase que está ligado a um único polo por um microtúbulo do cinetocoro. A parte do cromossomo cortado sem um cinetocoro rapidamente se afasta do polo, ao passo que a parte com o cinetocoro se move em direção ao polo, refletindo uma diminuição de repulsão. (B) Modelo de como duas forças opostas podem cooperar para mover os cromossomos para a placa metafásica. Acredita-se que proteínas motoras orientadas para a extremidade mais (+) (cinesina-4 e cinesina-10) nos braços cromossômicos interajam com microtúbulos e gerem a força de ejeção polar, que empurra os cromossomos em direção ao equador do fuso (ver Figura 17-25). Acredita-se que forças em direção aos polos geradas por despolimerização no cinetocoro, juntamente com o fluxo de microtúbulos, puxem os cromossomos em direção ao polo.

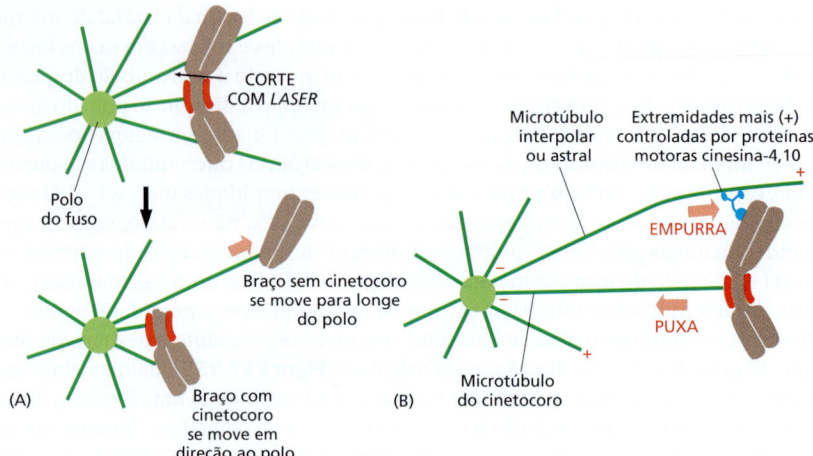

polar afasta os cromossomos do polo. A alternância entre os dois estados pode depender do grau de tensão presente no cinetocoro. Tem-se proposto, por exemplo, que à medida que os cromossomos se movem em direção ao polo do fuso, uma força de ejeção polar crescente gera tensão no cinetocoro mais próximo ao polo, provocando uma alternância ao estado em direção oposta aos polos e resultando, gradativamente, no acúmulo de cromossomos na placa equatorial do fuso.

O APC/C provoca a separação da cromátide-irmã e a conclusão da mitose

Após M-Cdk desencadearem um complexo processo que leva à metáfase, o ciclo celular chega ao clímax com a separação das cromátides-irmãs na transição metáfase-anáfase (**Figura 17-37**). Ainda que a atividade da M-Cdk monte o palco para esse evento, o complexo promotor da anáfase (APC/C) anteriormente discutido desencadeia o processo que inicia a separação das cromátides-irmãs, ao ubiquitinar várias proteínas reguladoras mitóticas e, com isso, promovendo sua degradação (ver Figura 17-15A).

Durante a metáfase, coesinas que mantêm as cromátides-irmãs unidas resistem às forças em direção aos polos que separam as cromátides-irmãs. A anáfase começa com a perda súbita da coesão de cromátides-irmãs, que permite às irmãs se separarem e se moverem a polos opostos do fuso. O APC/C inicia o processo ao marcar a proteína inibidora **securina** para a degradação. Antes da anáfase, a securina se liga e inibe a atividade

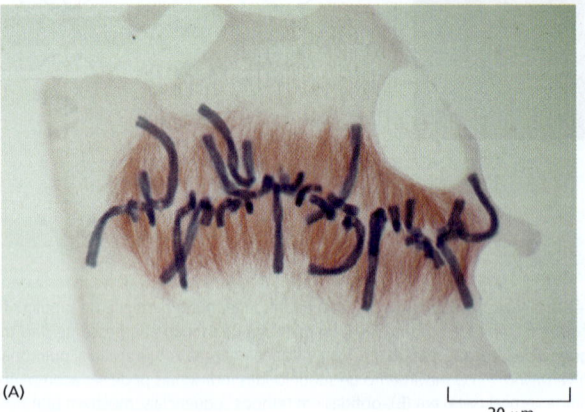
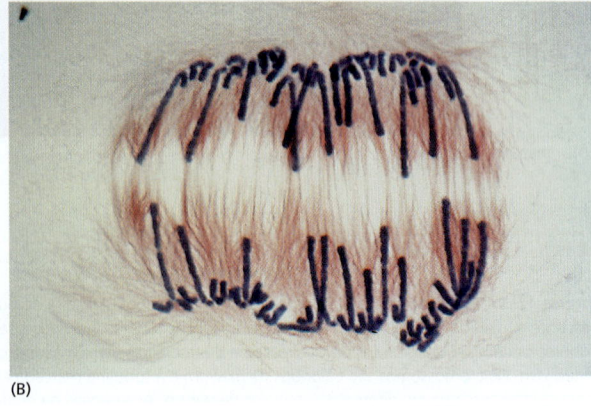

Figura 17-37 Separação de cromátides-irmãs na anáfase. Na transição da metáfase (A) para anáfase (B), as cromátides-irmãs se separam súbita e sincronicamente e se movem em direção a polos opostos do fuso mitótico – como mostrado nessas micrografias ópticas de células do endosperma de *Haemanthus* (lírio) que foram coradas com anticorpos marcados com ouro contra a tubulina. (Cortesia de Andrew Bajer.)

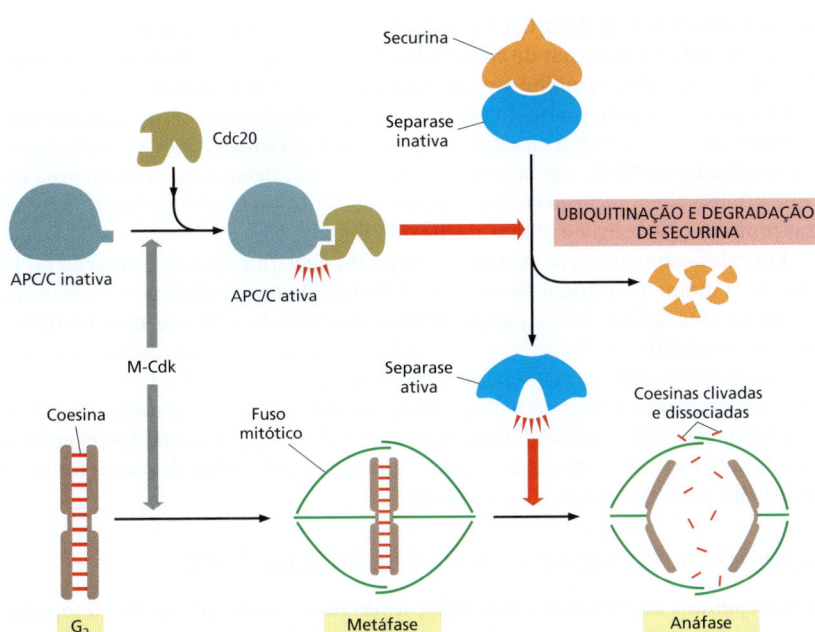

Figura 17-38 O início da separação das cromátides-irmãs pelo APC/C.
A ativação do APC/C pela Cdc20 leva à ubiquitinação e à destruição da securina, que normalmente mantém a separase em um estado inativo. A destruição da securina permite à separase clivar Scc1, uma subunidade do complexo de coesina que mantém as cromátides-irmãs unidas (ver Figura 17-19). As forças que tracionam o fuso mitótico separam, então, as cromátides-irmãs. Em células animais, a fosforilação por Cdks também inibe a separase (não mostrado). Assim, a inativação das Cdks na anáfase (resultante da degradação de ciclinas) também promove a ativação da separase, ao propiciar sua desfosforilação.

de uma protease chamada de **separase**. A destruição da securina, no final da metáfase, libera a separase, que então fica livre para clivar uma das subunidades de coesina. As coesinas perdem força, e as cromátides-irmãs se separam (**Figura 17-38**).

Além da securina, o APC/C também direciona as S-ciclinas e as M-ciclinas à destruição, levando à perda da maioria das atividades das Cdks na anáfase. A inativação das Cdks permite que fosfatases desfosforilem muitos dos substratos-alvo de Cdks na célula, como requerido à conclusão da mitose e da citocinese.

Se o APC/C desencadeia a anáfase, o que ativa o APC/C? Sabe-se apenas parte da resposta. Como mencionado anteriormente, a ativação de APC/C requer a ligação da proteína Cdc20 (ver Figura 17-15A). Ao menos dois processos regulam a Cdc20 e sua associação ao APC/C. Primeiro, a síntese de Cdc20 aumenta à medida que a célula se aproxima da mitose, devido a um aumento da transcrição de seu gene. Segundo, a fosforilação do APC/C auxilia a Cdc20 a se ligar ao APC/C, ajudando, com isso, a criar um complexo ativo. Entre as cinases que fosforilam e consequentemente ativam o APC/C está a M-Cdk. Portanto, a M-Cdk não somente desencadeia os eventos mitóticos iniciais que levam à metáfase, mas também monta o palco para a progressão à anáfase. A habilidade de M-Cdk promover a atividade de Cdc20-APC/C cria um ciclo de retroalimentação negativa: M-Cdk põe em movimento um processo regulador que leva à degradação da ciclina e assim à sua inativação.

Cromossomos não ligados bloqueiam a separação das cromátides-irmãs: ponto de verificação da formação do fuso

As substâncias que desestabilizam os microtúbulos, como a colchicina ou a vimblastina (discutido no Capítulo 16), sequestram as células em mitose por horas ou mesmo por dias. Essa observação levou à identificação de um mecanismo chamado **ponto de verificação da formação do fuso**, que é ativado pelo tratamento com substâncias e bloqueia a progressão à transição entre metáfase e anáfase. O mecanismo do ponto de verificação assegura que a célula não entre na anáfase até que todos os cromossomos estejam corretamente biorientados no fuso mitótico.

O ponto de verificação da formação do fuso depende de um mecanismo sensor que monitora a força de ligação do microtúbulo ao cinetocoro, possivelmente através da detecção de tensão como descrito anteriormente (ver Figura 17-34). Todo cinetocoro que não está propriamente ligado ao fuso envia um sinal negativo que se difunde e im-

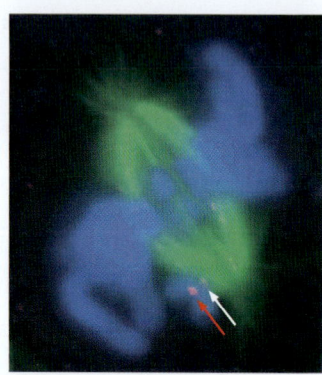

Figura 17-39 A proteína Mad2 em cinetocoros não ligados. Esta micrografia de fluorescência mostra uma célula de mamífero em prometáfase, com o fuso mitótico em *verde* e as cromátides-irmãs em *azul*. Um par de cromátides-irmãs está ligado a um único polo do fuso. A marcação colorida com anticorpos anti-Mad2 indica que a Mad2 está ligada ao cinetocoro da cromátide-irmã não ligada (*ponto vermelho*, indicado pela *seta vermelha*). Uma pequena quantidade de Mad2 se associa ao cinetocoro da cromátide-irmã que está ligada ao polo do fuso (*ponto claro*, indicado pela *seta branca*). (De J.C. Waters et al., *J. Cell Biol.* 141:1181–1191, 1998. Com permissão dos autores.)

pede a ativação de Cdc20-APC/C através da célula e assim impede a transição metáfase-anáfase. Quando o último par de cromátides-irmãs está apropriadamente biorientado, o bloqueio é removido permitindo que ocorra a separação das cromátides-irmãs.

O sinal negativo do ponto de verificação depende de várias proteínas, incluindo *Mad2*, que são recrutadas por cinetocoros não ligados (**Figura 17-39**). As análises estruturais detalhadas de Mad2 sugerem que cinetocoros não ligados agem como uma enzima que catalisa a modificação conformacional de Mad2, de modo que Mad2 junto com outras proteínas, pode ligar e inibir Cdc20-APC/C.

Em células somáticas de mamíferos, o ponto de verificação da formação do fuso determina o momento normal da anáfase. A destruição da securina nessas células começa momentos após o último par de cromátides-irmãs ficar biorientado no fuso, e a anáfase começa cerca de 20 minutos mais tarde. A inibição experimental do mecanismo do ponto de verificação causa a separação prematura das cromátides-irmãs e a anáfase. Surpreendentemente, o momento normal da anáfase não depende do ponto de verificação da formação do fuso em algumas células, como leveduras e as células de embriões jovens de rãs e moscas. Outros mecanismos, ainda desconhecidos, devem determinar o momento de início da anáfase nessas células.

Os cromossomos são segregados na anáfase A e B

A perda repentina da coesão de cromátides-irmãs no início da anáfase leva à separação das cromátides-irmãs, o que possibilita que as forças do fuso mitótico puxem as cromátides a polos opostos da célula – chamada de *segregação cromossômica*. Os cromossomos se movem por meio de dois processos independentes e que se sobrepõem. O primeiro, **anáfase A**, é o movimento inicial dos cromossomos em direção aos polos, que é acompanhado pelo encurtamento dos microtúbulos do cinetocoro. O segundo, **anáfase B**, é a separação dos próprios polos do fuso, que começa após as cromátides-irmãs terem se separado e os cromossomos terem se distanciado (**Figura 17-40**).

O movimento dos cromossomos na anáfase A depende de uma combinação das duas principais forças em direção aos polos anteriormente descritas. A primeira é a força gerada pela despolimerização dos microtúbulos no cinetocoro, que resulta na perda de subunidades de tubulina na extremidade mais (+) à medida que o cinetocoro se move em direção ao polo. A segunda é propiciada pelo fluxo de microtúbulos, que é o movimento dos microtúbulos em direção ao polo do fuso, onde ocorre a despolimerização da extremidade menos (−). A importância relativa dessas duas forças durante a anáfase varia em diferentes tipos celulares: em células embrionárias, por exemplo, o movimento dos cromossomos depende principalmente do fluxo de microtúbulos, ao passo que o movimento em células de leveduras e células somáticas de vertebrados resulta primariamente de forças geradas no cinetocoro.

A separação do polo do fuso durante a anáfase B depende de mecanismos controlados por motores, similares àqueles que separam os dois centrossomos no início da mitose. As proteínas motoras cinesina-5 orientadas para a extremidade mais (+), que ligam transversalmente as extremidades mais (+) sobrepostas dos microtúbulos interpolares, afastam os polos. Além disso, dineínas motoras que ancoram extremidades mais (+) de microtúbulos astrais às células do córtex puxam os polos opostos (ver Figura 17-25).

Embora a separação das cromátides-irmãs inicie os movimentos cromossômicos da anáfase A, outros mecanismos também asseguram movimentos corretos dos cromossomos na anáfase A e o alongamento do fuso na anáfase B. Mais do que isso, a conclusão de uma anáfase normal depende da desfosforilação de substratos das Cdks, que na maioria das células resulta da destruição, dependente de APC/C, de ciclinas. Se a destruição da M-ciclina é impedida – pela produção de uma forma mutante que não é reconhecida pelo APC/C, por exemplo – a separação das cromátides-irmãs geralmente ocorre, mas os movimentos cromossômicos e o comportamento dos microtúbulos da anáfase são anormais.

As contribuições relativas da anáfase A e da anáfase B à segregação cromossômica variam muito, dependendo do tipo celular. Em células de mamíferos, a anáfase B começa pouco depois da anáfase A e para quando o fuso tem aproximadamente o dobro de seu comprimento na metáfase; por outro lado, os fusos de leveduras e de certos protozoários

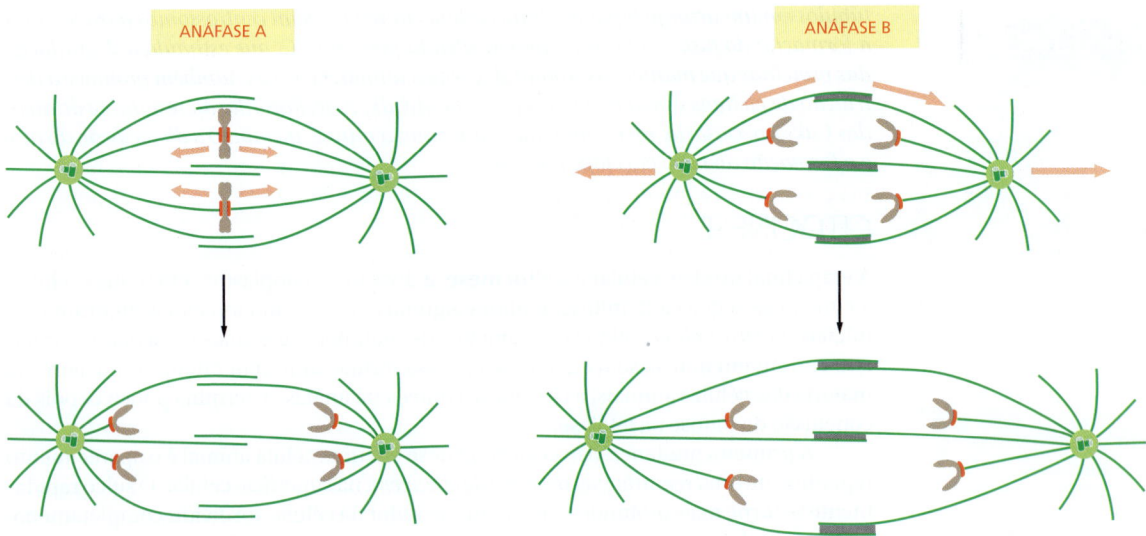

Figura 17-40 Os dois processos de anáfase em células de mamíferos. As cromátides-irmãs separadas se movem em direção aos polos na anáfase A. Na anáfase B, os dois polos dos fusos se afastam.

usam a anáfase B primariamente para separar os cromossomos em anáfase, e seus fusos se alongam até 15 vezes o comprimento da metáfase.

Os cromossomos segregados são empacotados em núcleos-filhos na telófase

No final da anáfase, os cromossomos-filhos se segregaram em dois grupos iguais em extremidades opostas da célula. Na **telófase**, o estágio final da mitose, os dois conjuntos de cromossomos são empacotados em um par de núcleos-filhos. O primeiro evento principal da telófase é a despolimerização do fuso mitótico, seguida pela formação do envelope nuclear. Inicialmente, fragmentos da membrana nuclear se associam à superfície de cromossomos individuais. Esses fragmentos de membrana se fundem para envolver parcialmente grupos de cromossomos, e depois coalescem para formar novamente o envelope nuclear completo. Os complexos de poros nucleares são incorporados ao envelope, a lâmina nuclear se forma novamente, e o envelope mais uma vez se torna contínuo com o retículo endoplasmático. Uma vez reformado o envelope nuclear, os complexos de poros bombeiam as proteínas nucleares para o interior, o núcleo se expande, e os cromossomos mitóticos são reorganizados em seu estado interfásico, possibilitando a retomada da transcrição gênica. Um novo núcleo foi criado, e a mitose está completa. Tudo o que resta à célula é concluir sua divisão em duas.

Vimos anteriormente que a fosforilação de várias proteínas pela M-Cdk promove a formação do fuso, a condensação dos cromossomos e a fragmentação do envelope nuclear no início da mitose. Portanto, não é surpreendente que a desfosforilação dessas mesmas proteínas seja necessária à despolimerização e à formação de núcleos-filhos na telófase. Em princípio, essas desfosforilações e a conclusão da mitose poderiam ser provocadas pela inativação de Cdks, pela ativação de fosfatases, ou por ambas. Embora a inativação de Cdks – resultante primariamente da degradação de ciclinas – seja a principal responsável na maioria das células, algumas células também dependem da ativação de fosfatases. Na levedura de brotamento, por exemplo, a conclusão da mitose depende da ativação de uma fosfatase chamada de *Cdc14*, que desfosforila um subconjunto de substratos de Cdks envolvido na anáfase e na telófase.

Resumo

A M-Cdk desencadeia os eventos do início da mitose, incluindo a condensação dos cromossomos, a formação do fuso mitótico e a ligação bipolar dos pares de cromátides-irmãs aos microtúbulos do fuso. Em células animais, a formação do fuso depende em grande parte da capacidade dos cromossomos mitóticos de estimular a nucleação local e a estabilidade de microtúbulos, assim como da capacidade de proteínas motoras de organizar os micro-

túbulos em um arranjo bipolar. Muitas células também usam centrossomos para facilitar a formação do fuso. A anáfase é desencadeada pelo APC/C, que estimula a degradação das proteínas que mantêm as cromátides-irmãs unidas. O APC/C também promove a destruição de ciclinas e, assim, a inativação da M-Cdk. A desfosforilação resultante de alvos das Cdks é necessária aos eventos que completam a mitose, incluindo a dissociação do fuso e a formação do novo envelope nuclear.

CITOCINESE

A etapa final do ciclo celular é a **citocinese**, a divisão do citoplasma. Em muitas células, a citocinese segue cada mitose, embora algumas delas, como as células embrionárias iniciais da *Drosophila* e alguns hepatócitos de mamíferos e células musculares cardíacas, entram em mitose sem citocinese e, dessa forma, adquirem múltiplos núcleos. Na maioria das células animais, a citocinese começa na anáfase e termina pouco depois da conclusão da mitose na telófase.

A primeira mudança visível da citocinese em uma célula animal é o aparecimento repentino de uma reentrância, ou *sulco de clivagem*, na superfície celular. O sulco rapidamente se torna mais profundo e se espalha ao redor da célula, até dividir completamente a célula em duas. A estrutura subjacente a esse processo é o *anel contrátil* – um agrupamento dinâmico composto por filamentos de actina, filamentos de miosina II e muitas proteínas estruturais e reguladoras. Durante a anáfase, o anel se forma logo abaixo da membrana plasmática (**Figura 17-41**; ver também Painel 17-1). O anel gradativamente se contrai, e, ao mesmo tempo, a fusão de vesículas intracelulares com a membrana plasmática insere novo material de membrana adjacente ao anel. Essa adição de membrana compensa o aumento na área de superfície que acompanha a divisão citoplasmática. Quando a contração do anel é concluída, a inserção e a fusão da membrana selam a lacuna entre as células-filhas.

A actina e a miosina II do anel contrátil geram força para a citocinese

Em células interfásicas, os filamentos de actina e miosina formam uma rede cortical subjacente à membrana plasmática. Em algumas células, eles também formam um grande feixe citoplasmático chamado de *fibras de estresse* (discutido no Capítulo 16). Quando as células entram na mitose, esses arranjos de actina e miosina se desestruturam; a maior parte da actina se reorganiza, e os filamentos de miosina são liberados. Quando as cromátides-irmãs se separam na anáfase, a actina e a miosina II começam a se acumular no **anel contrátil** (**Figura 17-42**) que está sendo rapidamente formado, que também contém numerosas outras proteínas que propiciam um suporte estrutural ou ajudam na formação do anel. A formação do anel contrátil é, em parte, resultante da polimerização

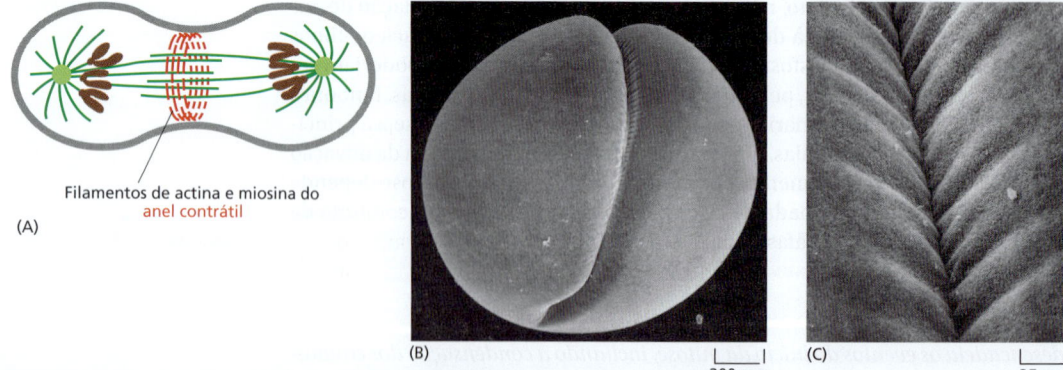

Figura 17-41 Citocinese. (A) Os feixes de actina-miosina do anel contrátil são orientados como mostrado, de forma que sua contração puxa a membrana para dentro. (B) Nesta micrografia eletrônica de varredura de baixo aumento de um ovo de rã em clivagem, o sulco de clivagem é particularmente proeminente, uma vez que a célula é surpreendentemente grande. O enrugamento da membrana celular é causado pela atividade do anel contrátil embaixo dela. (C) A superfície de um sulco em maior aumento. (B e C, de H.W. Beams e R.G. Kessel, *Am. Sci.* 64:279–290, 1976. Com permissão de Sigma Xi.)

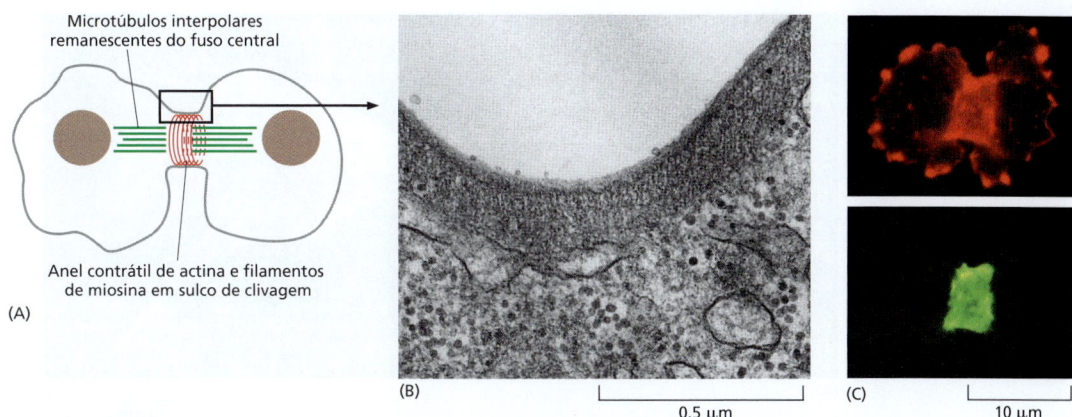

Figura 17-42 O anel contrátil. (A) Ilustração do sulco de clivagem em uma célula em divisão. (B) Uma micrografia eletrônica da borda, crescendo para dentro, de um sulco de clivagem de uma célula animal em divisão. (C) Micrografias de fluorescência de uma ameba em divisão corada para actina (*vermelho*) e miosina II (*verde*). Enquanto toda a miosina II visível se redistribuiu para o anel contrátil, somente uma parte da actina o fez; o resto permanece no córtex das células-filhas nascentes. (B, de H.W. Beams e R.G. Kessel, *Am. Sci.* 64:279–290, 1976. Com permissão de Sigma Xi; C, cortesia de Yoshio Fukui.)

local de novos filamentos de actina, a qual depende de proteínas *formina* que nucleiam a formação de arranjos paralelos de filamentos de actina lineares e não ramificados (discutido no Capítulo 16). Após a anáfase, os arranjos sobrepostos de filamentos de actina e miosina II se contraem para gerar a força que divide o citoplasma em dois. Uma vez iniciada a contração, o anel exerce uma força suficientemente grande capaz de dobrar uma fina agulha de vidro. À medida que o anel se comprime, mantém a mesma espessura, sugerindo que seu volume total e o número de filamentos que contém diminuem constantemente. Além disso, diferentemente da actina presente nos músculos, os filamentos de actina no anel são altamente dinâmicos, e seu arranjo muda continuamente durante a citocinese.

O anel contrátil é inteiramente desfeito quando a clivagem termina, uma vez que a membrana plasmática do sulco de clivagem se estreita para formar o **corpo mediano**. O corpo mediano subsiste como uma corrente entre as duas células-filhas e contém os restos do *fuso central*, uma grande estrutura proteica derivada dos microtúbulos interpolares antiparalelos da zona média do fuso, firmemente empacotados em conjunto dentro de um material denso de matriz (**Figura 17-43**). Após as células-filhas se separarem completamente, alguns dos componentes do corpo mediano residual geralmente permanecem do lado interno da membrana plasmática de cada célula, onde podem servir de ponto de referência no córtex e ajudar a orientar o fuso na divisão celular subsequente.

A ativação local da RhoA desencadeia a formação e a contração do anel contrátil

A *RhoA*, uma pequena GTPase da superfamília Ras (ver Tabela 15-5), controla a formação e o funcionamento do anel contrátil no sítio de clivagem. A RhoA é ativada no córtex celular no futuro sítio de divisão, onde promove a formação de filamentos de actina, a associação da miosina II e a contração do anel. Ela estimula a formação de filamentos de actina pela ativação de forminas, e promove a associação e as contrações da miosina II pela ativação de múltiplas proteínas-cinase, incluindo a cinase ativada por Rho Rock (**Figura 17-44**). Essas cinases fosforilam a cadeia leve da miosina reguladora, uma subunidade da miosina II, estimulando dessa forma a formação do filamento bipolar da miosina II e atividade motora.

Acredita-se que RhoA seja ativada pelo fator de troca de nucleotídeo guanina (RhoGEF), que é encontrada no córtex da célula no local da divisão futura e estimula a liberação de GDP e ligação do GTP ao RhoA (ver Figura 17-44). Sabe-se pouco sobre como o RhoGEF está localizado ou é ativado no sítio de divisão, embora os microtúbulos do fuso da anáfase pareçam estar envolvidos, como discutiremos a seguir.

Os microtúbulos do fuso mitótico determinam o plano de divisão da célula animal

O problema central da citocinese é como garantir que a divisão ocorra na hora certa e no lugar certo. A citocinese deve ocorrer somente após os dois conjuntos de cromos-

Figura 17-43 O corpo mediano.
(A) Uma micrografia eletrônica de varredura de uma célula animal cultivada em divisão; o corpo mediano ainda une as duas células-filhas. (B) Uma micrografia eletrônica convencional do corpo mediano de uma célula animal em divisão. A clivagem está quase completa, porém as células-filhas permanecem ligadas por esse fino filamento de citoplasma, contendo os restos do fuso central. (A, cortesia de Guenter Albrecht-Buehler; B, cortesia de J.M. Mullins.)

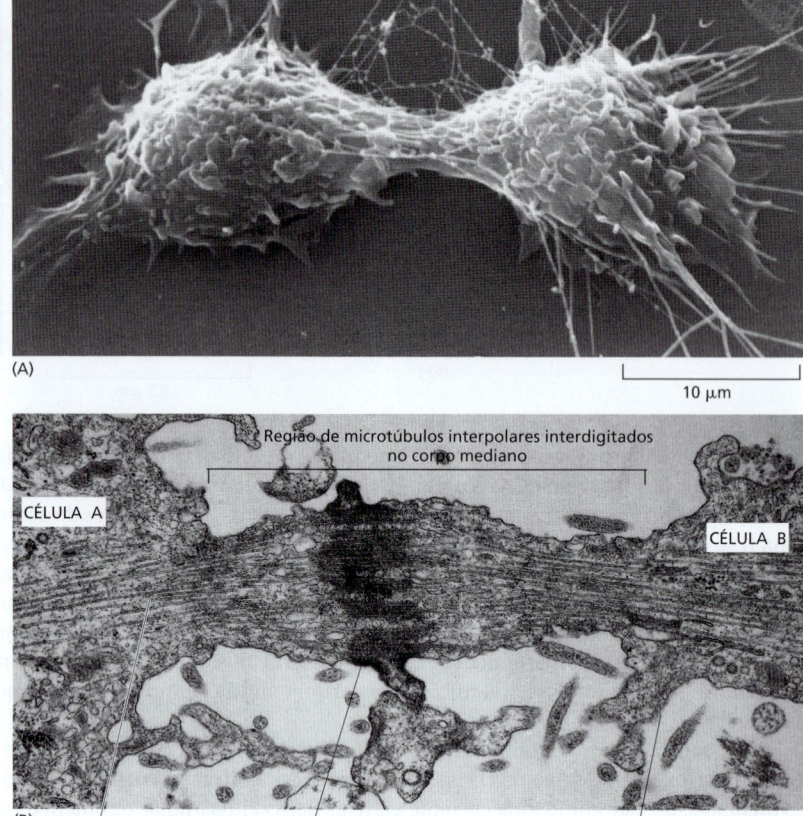

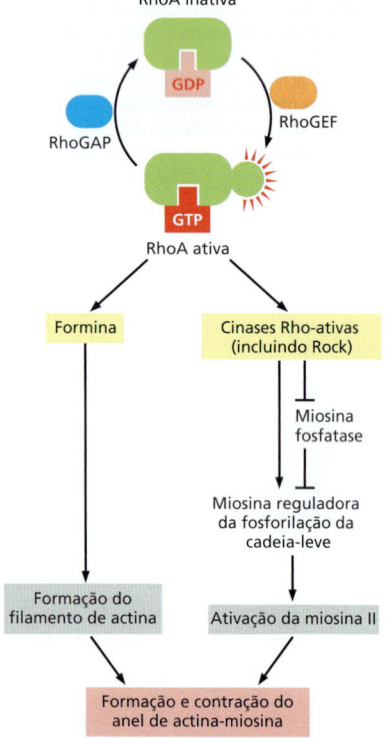

Figura 17-44 Regulação do anel contrátil pela GTPase RhoA. Como outra GTPase da família Rho, RhoA é ativada pela proteína RhoGEF e inativada por uma proteína de ativação Rho GTPase (RhoGAP). A forma ativa (ligada a GTP) da RhoA é orientada no futuro sítio de clivagem. Ao se ligar a forminas, a RhoA ativada promove a formação de filamentos de actina no anel contrátil. Ao ativar proteínas-cinase ativadas por RhoA, como a Rock, estimula a formação e a atividade de filamentos de miosina II, promovendo, assim, a contração do anel.

somos terem sido totalmente segregados um do outro, e o sítio de divisão deve ser posicionado entre os dois conjuntos de cromossomos-filhos, assegurando, com isso, que cada célula-filha receba um conjunto completo. A escolha do momento e o posicionamento correto da citocinese em células animais ocorrem por meio de mecanismos que dependem do fuso mitótico. Durante a anáfase, o fuso gera sinais que iniciam a formação do sulco em uma posição a meio caminho entre os polos do fuso, assegurando, desse modo, que a divisão ocorra entre os dois conjuntos de cromossomos separados. Como esses sinais se originam no fuso da anáfase, esse mecanismo também contribui para a escolha do momento correto da citocinese no final da mitose. A citocinese também ocorre na hora correta, porque a desfosforilação de substratos das Cdks, que depende da degradação de ciclinas na metáfase e na anáfase, inicia a citocinese. Descreveremos agora esses mecanismos reguladores em maior detalhe, com ênfase na citocinese em células animais.

Os estudos com os óvulos fertilizados de invertebrados marinhos revelaram, pela primeira vez, a importância dos microtúbulos do fuso na determinação da disposição do anel contrátil. Após a fertilização, esses embriões se dividem rapidamente, sem períodos intervenientes de crescimento. Dessa maneira, o ovo original é progressivamente dividido em células cada vez menores. Como o citoplasma é transparente, o fuso pode ser observado em tempo real com um microscópio. Se, no início da anáfase, o fuso for puxado com força para uma nova posição com uma fina agulha de vidro, o sulco de clivagem incipiente desaparece, e um novo se desenvolve de acordo com o novo sítio do fuso – substanciando a ideia de que sinais gerados pelo fuso induzem a formação local do sulco.

Como o fuso mitótico especifica o sítio de divisão? Três mecanismos gerais têm sido propostos, e a maioria das células parece empregar uma combinação desses mecanismos (**Figura 17-45**). O primeiro é chamado de *modelo de estimulação astral*, no

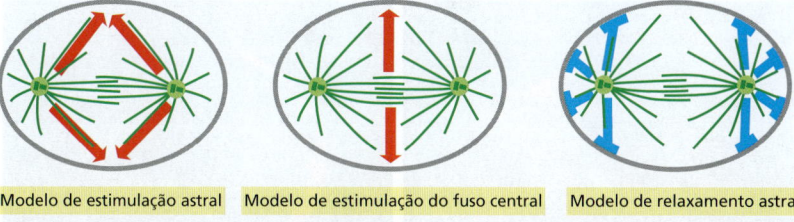

Figura 17-45 Três modelos atuais de como os microtúbulos do fuso da anáfase geram sinais que influenciam o posicionamento do anel contrátil. Nenhum modelo único explica todas as observações, e o posicionamento do sulco é provavelmente determinado pela combinação desses mecanismos, com a importância de diferentes mecanismos variando em diferentes organismos. Ver texto para mais detalhes.

qual microtúbulos astrais carregam sinais indutores de sulco, que são, de alguma forma, concentrados em um anel no córtex celular, a meio caminho entre os polos do fuso. As evidências para esse modelo provêm de experimentos engenhosos com células embrionárias grandes, que demonstram que um sulco de clivagem se forma a meio caminho entre dois ásteres, mesmo quando os dois centrossomos que nucleiam os ásteres não estão conectados um ao outro por um fuso mitótico (**Figura 17-46**).

Uma segunda possibilidade, chamada de *modelo de estimulação do fuso central*, é que a zona média do fuso, ou fuso central, gera um sinal indutor do sulco que especifica o sítio de formação do sulco no córtex celular (ver Figura 17-45). Os microtúbulos interpolares que se sobrepõem no fuso central se associam a numerosas proteínas de sinalização, incluindo proteínas que podem estimular a RhoA (**Figura 17-47**). Defeitos no funcionamento dessas proteínas (p. ex., em mutantes de *Drosophila*) resultam no insucesso da citocinese.

Um terceiro modelo propõe que, em alguns tipos celulares, os microtúbulos astrais promovem o relaxamento local de feixes de actina-miosina no córtex celular. De acordo com esse *modelo de relaxamento astral*, o relaxamento cortical é mínimo na placa equatorial do fuso, promovendo, desse modo, a contração cortical naquele sítio (ver Figura 17-45). Nos embriões jovens de *Caenorhabditis elegans*, por exemplo, tratamentos que resultam na perda dos microtúbulos astrais levam ao aumento da atividade contrátil por todo o córtex celular, consistente com esse modelo.

Em alguns tipos celulares, o sítio de formação do anel é escolhido antes da mitose. Em leveduras de brotamento, por exemplo, um anel de proteínas chamadas de septinas se agrupa no final de G_1 no futuro sítio de divisão. Acredita-se que as septinas formem uma estrutura sobre a qual outros componentes do anel contrátil, incluindo a miosina II, associam-se. Em células vegetais, uma faixa organizada de microtúbulos e filamentos de actina, denominada **faixa da pré-prófase**, forma-se pouco antes da mitose e marca o sítio onde a parede celular será formada e dividirá a célula em duas, como discutiremos a seguir.

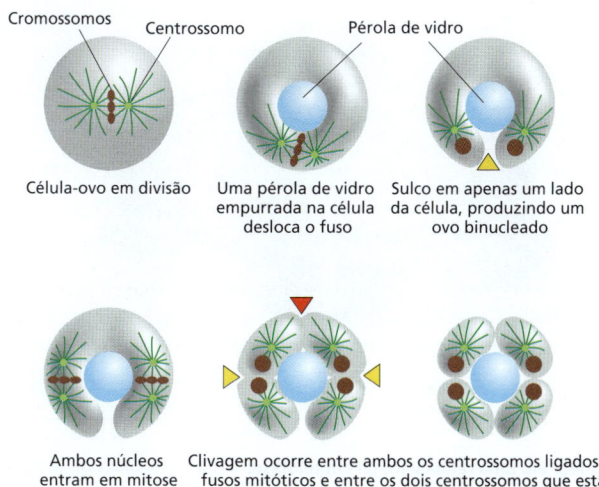

Figura 17-46 Experimento demonstrando a influência da posição dos ásteres dos microtúbulos sobre o subsequente plano de clivagem em uma célula-ovo grande. Se o fuso mitótico é mecanicamente empurrado para um lado da célula com uma pérola de vidro, a formação do sulco na membrana é incompleta, não ocorrendo no lado oposto da célula. Clivagens subsequentes ocorrem não somente na zona média de cada um dos dois fusos mitóticos subsequentes (*setas amarelas*), mas também entre os dois ásteres adjacentes que não estão ligados por um fuso mitótico – mas que, nesta célula anormal, compartilham o mesmo citoplasma (*setas vermelhas*). Aparentemente, o anel contrátil que produz o sulco de clivagem nessas células sempre se forma na região a meio caminho entre os dois ásteres, sugerindo que os ásteres de alguma maneira alteram a região adjacente do córtex celular, a fim de induzir a formação do sulco.

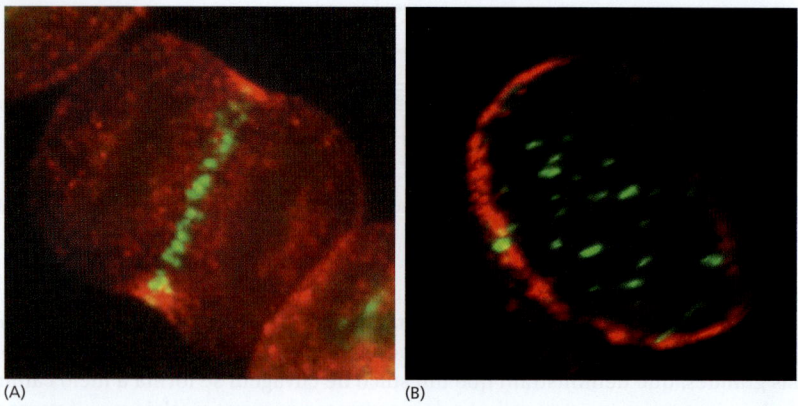

Figura 17-47 Localização de reguladores da citocinese no fuso central da célula humana. (A) No centro está uma cultura de células humanas no início da citocinese, mostrando as localizações de GTPase RhoA (*vermelho*) e uma proteína chamada Cyk4 (*verde*), que é uma das muitas proteínas reguladoras que formam complexos com as extremidades mais (+) sobrepostas, além de microtúbulos interpolares. Acredita-se que essas proteínas gerem sinais que ajudam a controlar a atividade da RhoA no córtex celular. (B) Quando a mesma imagem tridimensional é vista em um plano de anel contrátil, como mostrado aqui, RhoA (*vermelho*) é vista como um anel abaixo da superfície celular, enquanto a proteína Cyc4 (*verde*) do fuso central está associada com feixes de microtúbulos espalhados por todo o plano equatorial da célula. (Cortesia de Alisa Piekny e Michael Glotzer.)

O fragmoplasto orienta a citocinese nas plantas superiores

Na maioria das células animais, o movimento interno do sulco de clivagem depende de um aumento da área de superfície da membrana plasmática. O material de membrana novo é adicionado à borda interna do sulco de clivagem, sendo em geral fornecido por pequenas vesículas de membrana que são transportadas em microtúbulos do aparelho de Golgi ao sulco.

A deposição de membrana é particularmente importante à citocinese em células de plantas superiores. Essas células são circundadas por uma *parede celular* semirrígida. Em vez de um anel contrátil dividindo o citoplasma de fora para dentro, o citoplasma da célula vegetal é repartido de dentro para fora pela construção de uma nova parede celular, chamada de **placa celular**, entre os dois núcleos-filhos (**Figura 17-48**). A formação da placa celular começa no final da anáfase e é orientada por uma estrutura denominada **fragmoplasto**, que contém microtúbulos derivados do fuso mitótico. As proteínas motoras transportam pequenas vesículas ao longo desses microtúbulos do aparelho de Golgi para o centro da célula. Essas vesículas, cheias de polissacarídeos e glicoproteínas necessárias à síntese da nova parede celular, fundem-se e formam uma estrutura em forma de disco delimitada por membrana, denominada *placa celular inicial*. A placa se expande para fora por meio da fusão de mais vesículas, até alcançar a membrana plasmática e a parede celular original, dividindo a célula em duas. Posteriormente, microfibrilas de celulose são depositadas dentro da matriz da placa celular, completando a formação da nova parede celular (**Figura 17-49**).

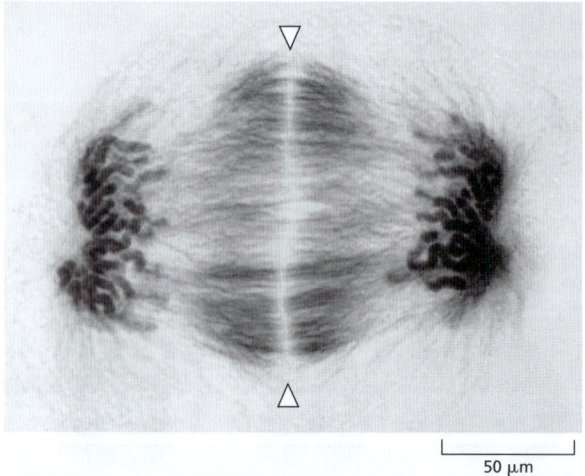

Figura 17-48 Citocinese em uma célula vegetal em telófase. Nesta micrografia óptica, a placa celular inicial (entre as duas *setas*) se formou em um plano perpendicular ao plano da página. Os microtúbulos do fuso estão corados com anticorpos marcados com ouro contra a tubulina, e o DNA nos dois conjuntos de cromossomos-filhos está corado com um corante fluorescente. Observe que não há microtúbulos astrais, pois não existem centrossomos em células de plantas superiores. (Cortesia de Andrew Bajer.)

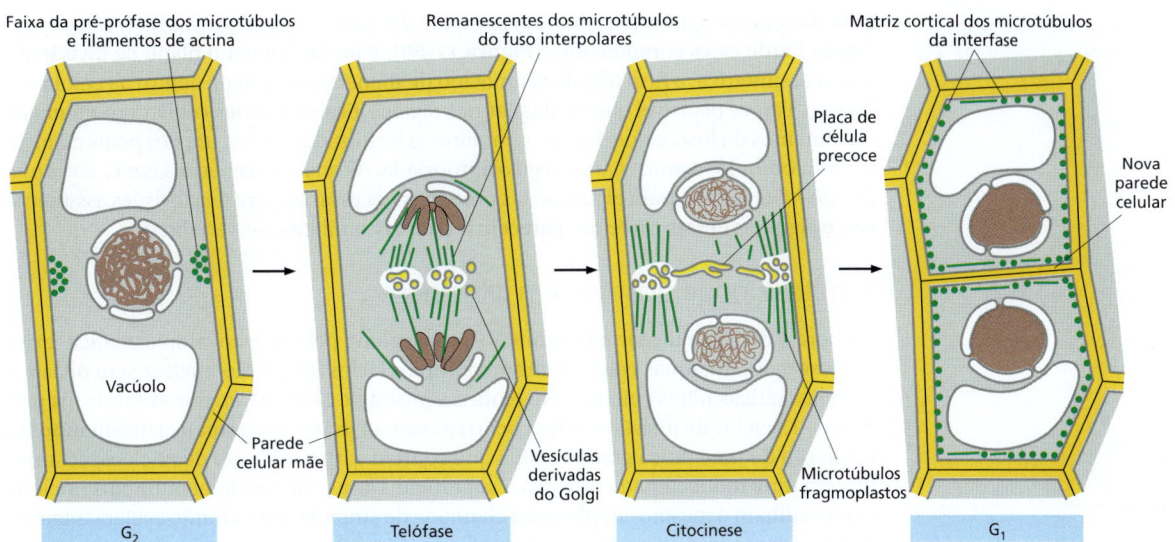

Figura 17-49 Características especiais da citocinese em uma célula de planta superior. O plano de divisão é estabelecido antes da fase M por uma faixa de microtúbulos e filamentos de actina (a faixa da pré-prófase) no córtex celular. No início da telófase, após os cromossomos terem se segregado, uma nova parede celular começa a ser formada dentro da célula na região equatorial do fuso antigo. Os microtúbulos interpolares do fuso mitótico remanescente na telófase formam o fragmoplasto. As extremidades mais (+) desses microtúbulos não mais se sobrepõem, terminando no equador da célula. As vesículas derivadas do aparelho de Golgi, cheias de material da parede celular, são transportadas ao longo desses microtúbulos e se fundem, formando uma nova parede celular, que cresce para fora até alcançar a membrana plasmática e a parede celular original. A membrana plasmática e a membrana que cerca a nova parede celular se fundem, separando as duas células-filhas.

Organelas delimitadas por membrana devem ser distribuídas entre as células-filhas durante a citocinese

O processo de mitose garante que cada célula-filha receba um complemento inteiro de cromossomos. Contudo, quando uma célula eucariótica se divide, cada célula-filha também deve herdar todos os outros componentes celulares essenciais, incluindo as organelas delimitadas por membrana. Como discutido no Capítulo 12, organelas como mitocôndrias e cloroplastos não podem ser formadas *de novo* a partir de seus componentes individuais; elas podem se originar somente pelo crescimento e pela divisão de organelas preexistentes. Similarmente, as células não podem formar um novo retículo endoplasmático (RE), a menos que uma parte dele já esteja presente.

Como, então, as várias organelas delimitadas por membrana são segregadas quando uma célula se divide? As organelas como mitocôndrias e cloroplastos normalmente estão presentes em números suficientemente grandes para serem herdadas sem problema se, em média, seu número aproximadamente dobrar a cada ciclo. O RE em células interfásicas é contínuo à membrana nuclear e se encontra organizado pelo citoesqueleto de microtúbulos. Após a entrada na fase M, a reorganização dos microtúbulos e a fragmentação do envelope nuclear liberam o RE. Na maioria das células, o RE permanece em grande parte intacto, sendo dividido em dois durante a citocinese. O aparelho de Golgi é reorganizado e fragmentado durante a mitose. Os fragmentos do aparelho de Golgi se associam aos polos do fuso e são, desse modo, distribuídos a polos opostos do fuso, garantindo que cada célula-filha herde os materiais necessários para reconstruir o aparelho na telófase.

Algumas células reposicionam seu fuso para se dividirem de forma assimétrica

A maioria das células animais se divide simetricamente: o anel contrátil se forma em volta da região equatorial da célula-mãe, produzindo duas células-filhas de tamanho igual e com os mesmos componentes. Essa simetria resulta da disposição do fuso mitótico, que na maioria dos casos tende a se centralizar no citoplasma. Os microtúbulos astrais e as proteínas motoras que empurram ou puxam esses microtúbulos contribuem para o processo de centralização.

Contudo, existem muitos exemplos no desenvolvimento, quando as células se dividem assimetricamente para produzir duas células que diferem quanto ao tamanho, ao conteúdo citoplasmático herdado ou a ambos os aspectos. Normalmente, as duas células-filhas diferentes são destinadas a se desenvolverem ao longo de diferentes vias. A fim de criar células-filhas com diferentes destinos dessa maneira, a célula-mãe deve primeiro segregar certos componentes (denominados *determinantes de destino celular*) para um lado da célula e, então, posicionar o plano de divisão de forma que a célula-filha apropriada herde esses componentes (**Figura 17-50**). Para posicionar o plano de divisão de forma assimétrica, o fuso tem de ser movido de maneira controlada dentro da célula em divisão. Parece plausível que mudanças nas regiões locais do córtex celular orientem tais movimentos do fuso, e que proteínas motoras lá localizadas puxem um dos polos do fuso, via microtúbulos astrais, para a região apropriada. As análises genéticas em *C. elegans* e *Drosophila* identificaram algumas das proteínas necessárias para tais divisões assimétricas, e algumas dessas proteínas parecem ter papéis similares nos vertebrados.

A mitose pode ocorrer sem citocinese

Embora a divisão nuclear normalmente seja seguida pela divisão citoplasmática, existem exceções. Algumas células sofrem múltiplos ciclos de divisão nuclear sem divisões citoplasmáticas intervenientes. No embrião jovem de *Drosophila*, por exemplo, os primeiros 13 ciclos de divisão nuclear ocorrem sem divisão citoplasmática, resultando na formação de uma única grande célula que contém vários milhares de núcleos, arranjados em uma monocamada próxima à superfície. Uma célula na qual múltiplos núcleos compartilham o mesmo citoplasma é chamada de **sincício**. Esse arranjo acelera imensamente o desenvolvimento inicial, na medida em que as células não têm de gastar tempo passando por todas as etapas da citocinese a cada divisão. Após essas rápidas divisões nucleares, membranas são criadas em volta de cada núcleo em um ciclo de citocinese coordenada denominado *celularização*. A membrana plasmática se estende para dentro e, com a ajuda de um anel de actina-miosina, se contrai com força para envolver cada núcleo (**Figura 17-51**).

A divisão nuclear sem citocinese também ocorre em alguns tipos de células de mamíferos. Os megacariócitos, que produzem as plaquetas sanguíneas, e alguns hepatócitos e células musculares cardíacas, por exemplo, tornam-se multinucleados dessa maneira.

Após a citocinese, a maioria das células entra em G_1, na qual as Cdks estão predominantemente inativas. Encerraremos esta seção discutindo como esse estado é atingido no final da fase M.

A fase G_1 é um estado estável de inatividade das Cdks

Um evento regulador-chave no final da fase M é a inativação das Cdks, que é primariamente promovido pela degradação de ciclinas dependentes do APC/C. Como anteriormente descrito, a inativação das Cdks no final da fase M tem muitas funções: desencadeia os eventos do final da mitose, promove a citocinese e possibilita a síntese de complexos pré-replicativos nas origens de replicação do DNA. Ela também proporciona um mecanismo de recomposição do sistema de controle do ciclo celular a um estado de inatividade das Cdks, à medida que a célula se prepara para entrar em um novo ciclo

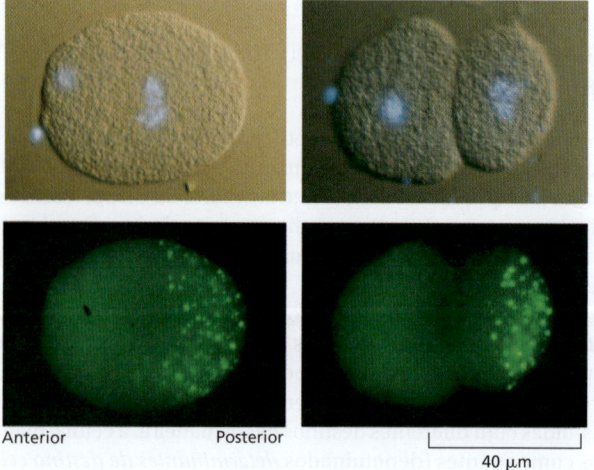

Figura 17-50 Uma divisão celular assimétrica segregando componentes citoplasmáticos somente para uma célula-filha. Estas micrografias ópticas ilustram a segregação assimétrica controlada de componentes citoplasmáticos específicos para uma célula-filha durante a primeira divisão de um óvulo fertilizado do nematódeo *C. elegans*. O ovo fertilizado está mostrado à *esquerda* e as duas células-filhas à *direita*. As células na *parte superior* foram coradas com um corante fluorescente *azul* que se liga ao DNA, mostrando o núcleo (e os corpúsculos polares); elas são visualizadas tanto por microscopia de contraste de interferência diferencial como por microscopia de fluorescência. As células na *parte inferior* são as mesmas células coradas com um anticorpo contra grânulos P e visualizadas por microscopia de fluorescência. Esses pequenos grânulos são compostos por RNA e proteínas e determinam quais células se tornarão as células germinativas. Eles se distribuem ao acaso por todo o citoplasma do óvulo não fertilizado (não mostrado), mas ficam restritos ao polo posterior do óvulo fertilizado. O plano de clivagem é orientado a fim de assegurar que, quando o ovo se dividir, somente a célula-filha posterior receba os grânulos P. O mesmo processo de segregação é repetido em várias divisões celulares subsequentes, de forma que os grânulos P estarão presentes apenas nas células que irão dar origem a óvulos e espermatozoides. (Cortesia de Susan Strome.)

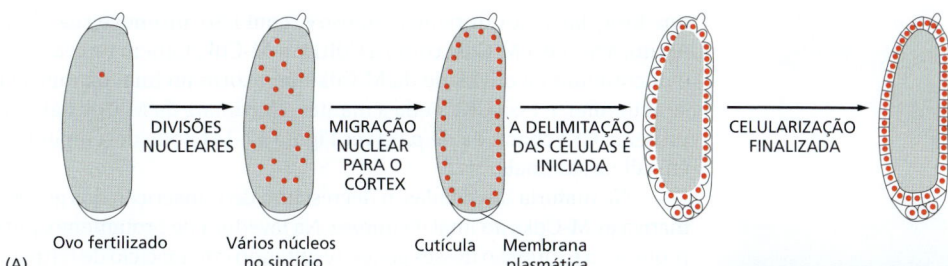

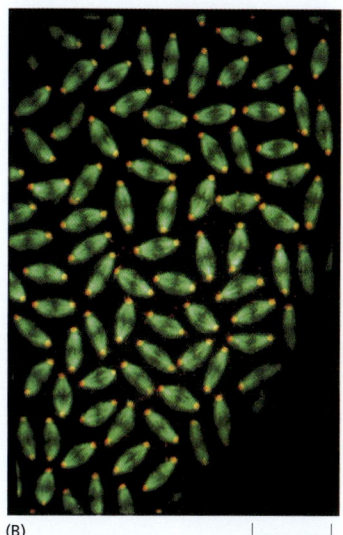

Figura 17-51 Mitose sem citocinese no embrião jovem de *Drosophila*. (A) As primeiras 13 divisões nucleares ocorrem sincronicamente e sem divisão citoplasmática, criando um grande sincício. A maioria dos núcleos migra para o córtex, e a membrana plasmática se estende para dentro e se contrai com força, envolvendo cada núcleo e formando células individuais, em um processo chamado de celularização. (B) Micrografia de fluorescência de múltiplos fusos mitóticos em um embrião de *Drosophila* antes da celularização. Os microtúbulos estão corados em *verde* e os centrômeros em *vermelho*. Observe que todos os núcleos entram no ciclo sincronicamente; aqui, eles estão todos em metáfase, com cromossomos não marcados vistos como uma faixa escura na placa equatorial do fuso. (B, cortesia de Kristina Yu e William Sullivan.)

celular. Na maioria das células, esse estado de inatividade das Cdks gera uma fase de intervalo G_1, durante a qual a célula cresce e monitora seu ambiente antes de se comprometer com uma nova divisão.

Em embriões jovens de animais, a inativação da M-Cdk no final da mitose se deve quase que inteiramente à ação do Cdc20-APC/C, discutida anteriormente. Recorde-se, contudo, que a M-Cdk estimula a atividade do Cdc20-APC/C. Como consequência, a destruição da M-ciclina no final da mitose leva prontamente à inativação de toda a atividade do APC/C em uma célula embrionária. Essa inativação do APC/C imediatamente após a mitose é especialmente útil em ciclos celulares embrionários rápidos, uma vez que permite à célula rapidamente começar a acumular M-ciclina nova para o próximo ciclo (**Figura 17-52A**).

O rápido acúmulo de ciclina imediatamente após a mitose não é proveitoso, porém, é necessário para células nas quais a fase G_1 permite o controle de entrada no próximo ciclo celular. Essas células empregam vários mecanismos para impedir a reativação das Cdks após a mitose. Um mecanismo usa outra proteína de ativação APC/C chamada Cdh1, mencionada anteriormente como fortemente relacionada com Cdc20 (ver Tabela 17-2). Embora tanto a Cdh1 como a Cdc20 se liguem e ativem o APC/C, elas diferem em um ponto importante. Enquanto o complexo do Cdc20-APC/C é ativado pela M-Cdk, o complexo do Cdh1-APC/C é inibido por ela, por fosforilação direta da Cdh1. O resultado dessa relação é que a atividade do Cdh1-APC/C aumenta no final da mitose após o complexo do Cdc20-APC/C ter iniciado a destruição da M-ciclina. Portanto, a destruição da M-ciclina continua após a mitose: embora a atividade do Cdc20-APC/C tenha decaído, a atividade do Cdh1-APC/C é alta (**Figura 17-52B**).

Um segundo mecanismo que suprime a atividade das Cdks em G_1 depende do aumento da produção de CKIs, as proteínas inibidoras de Cdk anteriormente discutidas. As células de leveduras de brotamento, nas quais esse mecanismo é mais bem compreendido, contêm uma proteína CKI chamada de *Sic1*, que se liga e inativa a M-Cdk no final da mitose e de G_1 (ver Tabela 17-2). Como a Cdh1, a Sic1 é inibida pela M-Cdk,

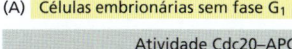

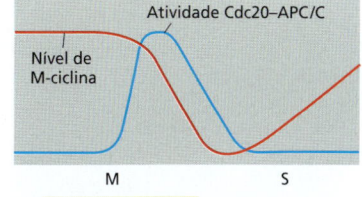

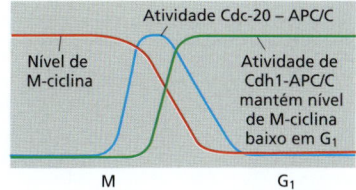

Figura 17-52 Estabelecimento da fase G_1 pela inibição estável das Cdks após a mitose. (A) Em ciclos celulares de embriões jovens, a atividade do Cdc20-APC/C aumenta no final da metáfase, provocando a destruição da M-ciclina. Como a atividade da M-Cdk estimula a atividade do Cdc20-APC/C, a perda da M-ciclina leva à inativação do APC/C após a mitose, permitindo que as M-ciclinas comecem novamente a se acumular. (B) Em células que apresentam uma fase G_1, a queda na atividade da M-Cdk no final da mitose leva à ativação do Cdh1-APC/C (assim como o acúmulo de proteínas inibidoras das Cdks; não mostrado). Isso garante a supressão contínua da atividade das Cdks após a mitose, necessária a uma fase G_1.

que fosforila a Sic1 durante a mitose e, com isso, promove sua ubiquitinação por SCF. Assim, a Sic1 e a M-Cdk, como a Cdh1 e a M-Cdk, inibem uma à outra. Como resultado, o decréscimo na atividade da M-Cdk que ocorre no final da mitose faz a proteína Sic1 se acumular, e essa CKI ajuda a manter a atividade da M-Cdk baixa após a mitose. Uma proteína CKI chamada de *p27* (ver Figura 17-14) pode desempenhar funções similares em células animais.

Na maioria das células, o decréscimo da transcrição dos genes M-ciclina também inativa as M-Cdks no final da mitose. Na levedura de brotamento, por exemplo, a M-Cdk promove a expressão desses genes, resultando em um ciclo de retroalimentação positiva. Esse circuito é inativado quando as células saem da mitose: a inativação da M-Cdk por Cdh1 e Sic1 leva à diminuição da transcrição do gene da M-ciclina e, assim, à diminuição da síntese de M-ciclina. As proteínas de regulação gênicas que promovem a expressão de G_1/S-ciclinas e S-ciclinas também são inibidas durante G_1.

Assim, a ativação do Cdh1-APC/C, o acúmulo de CKIs e a diminuição da expressão dos genes de ciclinas atuam em conjunto para garantir que o início da fase G_1 seja um período em que essencialmente toda a atividade das Cdks está suprimida. Como muitos outros aspectos do controle do ciclo celular, o uso de mecanismos múltiplos reguladores permite que o sistema opere com razoável eficiência, mesmo se um dos mecanismos falhar. Então, como a célula escapa desse estado estável de G_1 para iniciar um novo ciclo celular? A resposta é que a atividade G_1/S-Cdk, que aumenta em G_1 tardia, libera todos os mecanismos de travagem que suprimem a atividade de Cdk, como descreveremos mais tarde, na última seção deste capítulo.

Resumo

Após a mitose concluir a formação de um par de núcleos-filhos, a citocinese finaliza o ciclo celular, dividindo a própria célula. A citocinese depende de um anel de filamentos de actina e miosina que se contrai no final da mitose em um sítio a meio caminho entre os cromossomos segregados. Em células animais, o posicionamento do anel contrátil é determinado por sinais liberados pelos microtúbulos do fuso da anáfase. A desfosforilação de alvos das Cdks, resultante da inativação das Cdks na anáfase, desencadeia a citocinese no momento correto após a anáfase. Depois da citocinese, a célula entra em um estado estável de G_1 de baixa atividade das Cdks, onde aguarda por sinais para entrar em um novo ciclo celular.

MEIOSE

A maioria dos organismos eucarióticos se reproduz de forma sexuada: os genomas de dois pais se misturam para gerar uma descendência geneticamente distinta de ambos os progenitores. Em geral, as células desses organismos são *diploides*, isto é, contêm duas cópias ligeiramente diferentes, ou *homólogas*, de cada cromossomo, uma de cada progenitor. A reprodução sexuada depende de um processo especializado de divisão nuclear chamado de *meiose*, que produz células *haploides* que portam somente uma única cópia de cada cromossomo. Em muitos organismos, as células haploides se diferenciam em células reprodutivas especializadas chamadas de *gametas* – óvulos e espermatozoides na maioria das espécies. Nessas espécies, o ciclo reprodutivo termina quando um espermatozoide e um óvulo se fundem para formar um *zigoto* diploide, que tem potencial de formar um novo indivíduo. Nesta seção, consideraremos os mecanismos básicos e a regulação da meiose, enfatizando como eles se comparam àqueles da mitose.

A meiose inclui dois ciclos de segregação cromossômica

A meiose reduz o número de cromossomos pela metade usando muitas das mesmas maquinarias moleculares e controle dos sistemas que operam a mitose. Como o ciclo celular mitótico, a célula começa o programa pela duplicação dos cromossomos na fase meiótica S, resultando em pares de cromátides-irmãs que são finamente ligadas ao longo de todo seu comprimento por complexos de coesina. Ao contrário da mitose, contudo, dois ciclos sucessivos de segregação cromossômica ocorrem (**Figura 17-53**). A primeira dessas divisões (**meiose I**) resolve o problema, exclusivo da meiose, de segregar os homólogos. Os homólogos maternal e paternal duplicados emparelham-se um ao lado do outro e tornam-se fisicamente ligados por um processo genético de recombinação. Esses pares de homólogos, cada um contendo um par de cromátides-irmãs, em seguida alinham-se no primeiro fuso meiótico. Na primeira anáfase meiótica, os homólogos duplicados em vez de cromátides-irmãs são separados e segregados em dois núcleos-filhos. Apenas na segunda divisão (**meiose II**), que ocorre sem mais replicação do DNA, as cromátides-irmãs são separadas e segregadas (como na mitose) para produzir núcleos-filhos haploides. Desse modo, cada um dos núcleos diploides que entra em meiose produz quatro núcleos haploides, cada um dos quais contém ou a cópia materna ou paterna de cada cromossomo, mas não ambas (**Animação 17.7**).

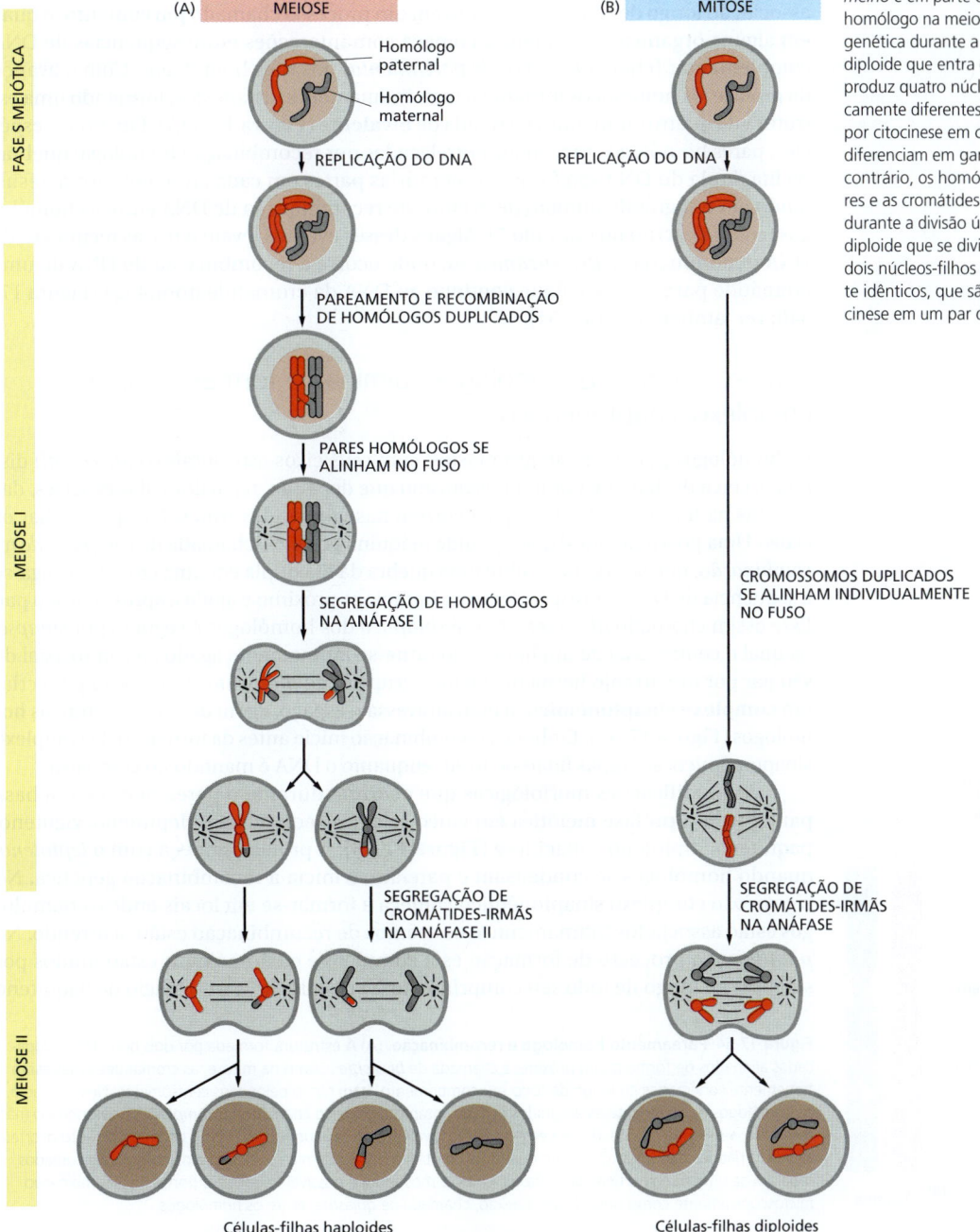

Figura 17-53 Comparação da meiose e da mitose. Para maior clareza, somente um par de cromossomos (homólogos) é mostrado. (A) A meiose é uma forma de divisão nuclear na qual um único ciclo de duplicação dos cromossomos (fase S meiótica) é seguido por dois ciclos de segregação dos cromossomos. Os homólogos duplicados, cada um consistindo de cromátides-irmãs firmemente ligadas, emparelham-se e são segregados em diferentes núcleos-filhos na meiose I; cromátides-irmãs são segregadas na meiose II. Como indicado pela formação de cromossomos que são em parte *vermelho* e em parte *cinza*, o pareamento homólogo na meiose leva à recombinação genética durante a meiose I. Cada célula diploide que entra em meiose, portanto, produz quatro núcleos haploides geneticamente diferentes, que são distribuídos por citocinese em células haploides que se diferenciam em gametas. (B) Na mitose, ao contrário, os homólogos não formam pares e as cromátides-irmãs são segregadas durante a divisão única. Assim, cada célula diploide que se divide por mitose produz dois núcleos-filhos diploides geneticamente idênticos, que são distribuídos por citocinese em um par de células-filhas.

Par de homólogos duplicados durante a prófase meiótica

Durante a mitose em muitos organismos, os cromossomos homólogos comportam-se independentemente uns dos outros. Durante a meiose I, contudo, é crucial que cada homólogo se reconheça e se associe fisicamente com o objetivo de que os homólogos maternais e paternais sejam biorientados no primeiro fuso meiótico. Mecanismos especiais medeiam essas interações.

A justaposição gradual de homólogos ocorre durante o período prolongado chamado de prófase meiótica (ou prófase I), que pode levar horas em leveduras, dias em camundongos e semanas em plantas superiores. Da mesma forma que na mitose, os cromossomos duplicados na prófase da meiose aparecem como estruturas delgadas longas, nas quais as cromátides-irmãs estão unidas firmemente e tão próximas que parecem apenas uma. É durante a prófase I inicial que os homólogos começam a se associar ao longo de seu comprimento em um processo chamado **pareamento**, o qual, em alguns organismos ao menos, começa com interações entre sequências de DNA complementar (chamadas *sítios de pareamento*) nos dois homólogos. Com o avanço da prófase, os homólogos tornam-se mais intimamente justapostos, formando uma estrutura de quatro cromátides chamada de **bivalente** (**Figura 17-54**A). Em muitas espécies, pares homólogos são, então, entrelaçadas por recombinação homóloga: quebras na fita dupla do DNA são formadas em várias partes em cada cromátide-irmã, resultando em um grande número de eventos de recombinação de DNA entre os homólogos (como descrito no Capítulo 5). Alguns desses eventos levam a trocas recíprocas de DNA denominadas *entrecruzamentos*, onde ocorre a recombinação do DNA de uma cromátide para que este fique contínuo ao DNA da cromátide homóloga (Figura 17-54B; ver também Figura 5-54).

O pareamento dos homólogos culmina na formação de um complexo sinaptonêmico

Os homólogos pareados são justapostos, com seus eixos estruturais (*centro axial*) distantes cerca de 400 nm, por um mecanismo que depende, na maioria das espécies, das quebras na fita dupla de DNA que ocorrem nas cromátides-irmãs. Por que alinhar os eixos? Uma possibilidade é que a grande máquina proteica, chamada de *complexo de recombinação*, que se organiza sobre uma quebra da fita dupla em uma cromátide, liga-se à sequência de DNA correspondente no homólogo próximo e ajuda a aproximar seu par. Esse assim chamado *alinhamento pré-sináptico* dos homólogos é seguido por *sinapse*, na qual o centro axial de um homólogo torna-se intimamente ligado ao centro axial de seu par por um arranjo hermeticamente agrupado de *filamentos transversos* para criar um **complexo sinaptonêmico**, o qual atravessa o espaço, agora de 100 nm, entre os homólogos (**Figura 17-55**). Embora a recombinação inicie antes da formação do complexo sinaptonêmico, as etapas finais ocorrem enquanto o DNA é mantido no complexo.

As modificações morfológicas que ocorrem durante o pareamento são a base para dividir a prófase meiótica em cinco estágios sequenciais – leptoteno, zigoteno, paquiteno, diploteno e diacinese (**Figura 17-56**). A prófase começa com o *leptoteno*, quando homólogos se condensam e pareiam, e inicia a recombinação genética. No *zigoteno*, o complexo sinaptonêmico começa a formar-se em locais onde os homólogos estão associados intimamente e os eventos de recombinação estão ocorrendo. No *paquiteno*, o processo de formação está completo e os homólogos estão unidos por sinapses ao longo de todo seu comprimento (ver Figura 9-35). O estágio de paquiteno

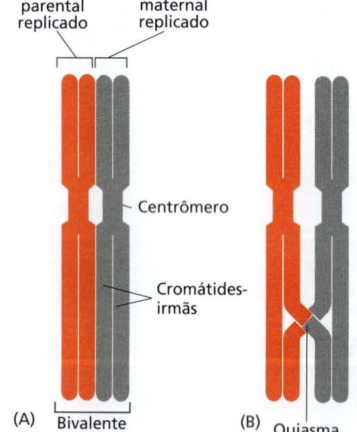

Figura 17-54 Pareamento homólogo e recombinação. (A) A estrutura formada por dois homólogos duplicados alinhados de forma muito próxima é chamada de *bivalente*. Como na mitose, as cromátides-irmãs estão firmemente conectadas ao longo de todo seu comprimento, bem como pelos seus centrômeros. Nesse estágio, os homólogos normalmente estão unidos por um complexo proteico chamado de *complexo sinaptonêmico* (não mostrado; ver Figura 17-55). (B) Um estágio tardio bivalente no qual um único evento de recombinação ocorreu entre cromátides não irmãs. Somente quando o complexo sinaptonêmico se desfaz e os homólogos pareados separam-se um pouco no final da prófase I, como é mostrado, é possível visualizar o ponto de recombinação microscopicamente como uma tênue conexão, chamada de *quiasma*, entre os homólogos.

CAPÍTULO 17   Ciclo celular   1007

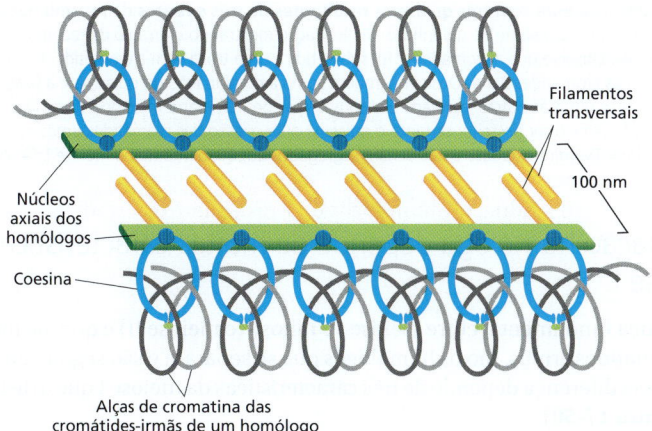

Figura 17-55 Representação esquemática simplificada de um complexo sinaptonêmico. Cada homólogo está organizado em torno de um núcleo axial de proteínas, e os complexos sinaptonêmicos se formam quando esses eixos homólogos são ligados por fios transversais em forma de filamentos. O núcleo axial de cada homólogo também interage com os complexos coesina que seguram as cromátides-irmãs juntas (ver Figura 9-35). (Modificada de K. Nasmyth, *Annu. Rev. Genet.* 35:673-745, 2001.)

pode persistir por dias ou mais tempo, até a separação iniciar no *diploteno* com a desorganização dos complexos sinaptonêmicos e a concomitante condensação e o encurtamento dos cromossomos. É somente nesse estágio, depois dos complexos terem se desfeito, que os eventos individuais de recombinação por entrecruzamento entre cromátides não irmãs podem ser vistos como conexões inter-homólogas chamadas de **quiasmas**, que agora desempenham um papel crucial na manutenção dos homólogos juntos de forma compacta (**Figura 17-57**). Os homólogos agora estão prontos para iniciar o processo de segregação.

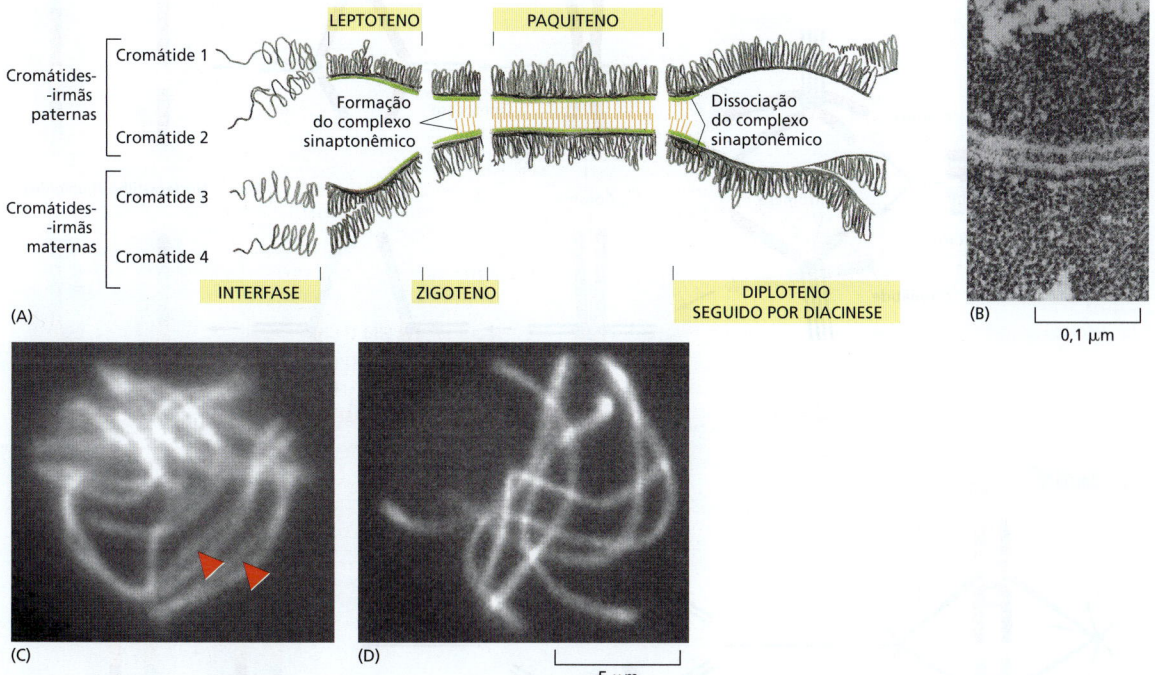

Figura 17-56 Sinapse e separação dos homólogos durante os diferentes estágios da prófase I. (A) Um único bivalente é representado de forma esquemática. Em leptoteno, as duas cromátides-irmãs ligam-se, e suas alças de cromatina se estendem juntas para fora a partir de um centro axial comum. A formação do complexo sinaptonêmico começa no zigoteno inicial e é completada no paquíteno. O complexo se desfaz no diploteno. (B) Uma eletromicrografia de um complexo sinaptonêmico de uma célula meiótica em paquiteno em uma flor de lírio. (C e D) As fotomicrografias de imunofluorescência de células em prófase I do fungo *Sordaria*. Bivalentes parcialmente em sinapse no zigoteno são mostrados em (C) e bivalentes totalmente em sinapse são mostrados em (D). *Setas vermelhas* em (C) apontam para as regiões onde a sinapse ainda está incompleta. (B, cortesia de Brian Wells; C e D, de A. Storlazzi et al., *Genes Dev.* 17:2675-2687, 2003. Com permissão de Cold Spring Harbor Laboratory Press.)

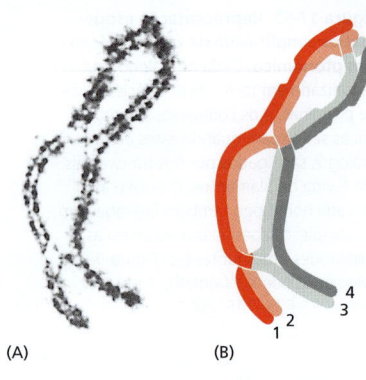

Figura 17-57 Um bivalente com três quiasmas resultantes de três eventos de recombinação. (A) Fotomicrografia de luz de um bivalente de gafanhoto. (B) Ilustração mostrando o arranjo da recombinação por entrecruzamento em (A). Observe que a cromátide 1 foi submetida a uma troca com a cromátide 3, e a cromátide 2 sofreu trocas com as cromátides 3 e 4. Observe também como a combinação do quiasma e a fixação dos braços das cromátides-irmãs umas às outras (mediada por complexos coesina) mantém os dois homólogos juntos após o complexo sinaptonêmico ser desfeito; se tanto o quiasma ou a coesão das cromátides-irmãs não se formam, os homólogos iriam divergir nesta fase e não seriam segregados adequadamente na meiose I. (A, cortesia de Bernard John.)

A segregação homóloga depende de muitas características únicas da meiose I

Uma diferença fundamental entre meiose I e mitose (e meiose II) é que, na meiose I, em vez das cromátides-irmãs, são os homólogos que se separam e são segregados (ver Figura 17-53). Essa diferença depende de três características da meiose I que a distinguem da mitose (**Figura 17-58**).

Primeiro, ambos os cinetocoros-irmãos em um homólogo devem se ligar de forma estável ao mesmo polo do fuso. Esse tipo de ligação normalmente é evitada durante a mitose (ver Figura 17-33). Contudo, na meiose I, os dois cinetocoros-filhos são fusionados em uma única unidade de ligação a microtúbulos, a qual se liga a um polo (ver Figura 17-58A). A fusão dos cinetocoros-irmãos é alcançada por um complexo de proteínas que está localizado nos cinetocoros na meiose I, mas não se sabe em detalhes como essas proteínas atuam. Elas são removidas dos cinetocoros após a meiose I, portanto, na meiose II, os pares das cromátides-irmãs podem ser biorientados no fuso como elas são na mitose.

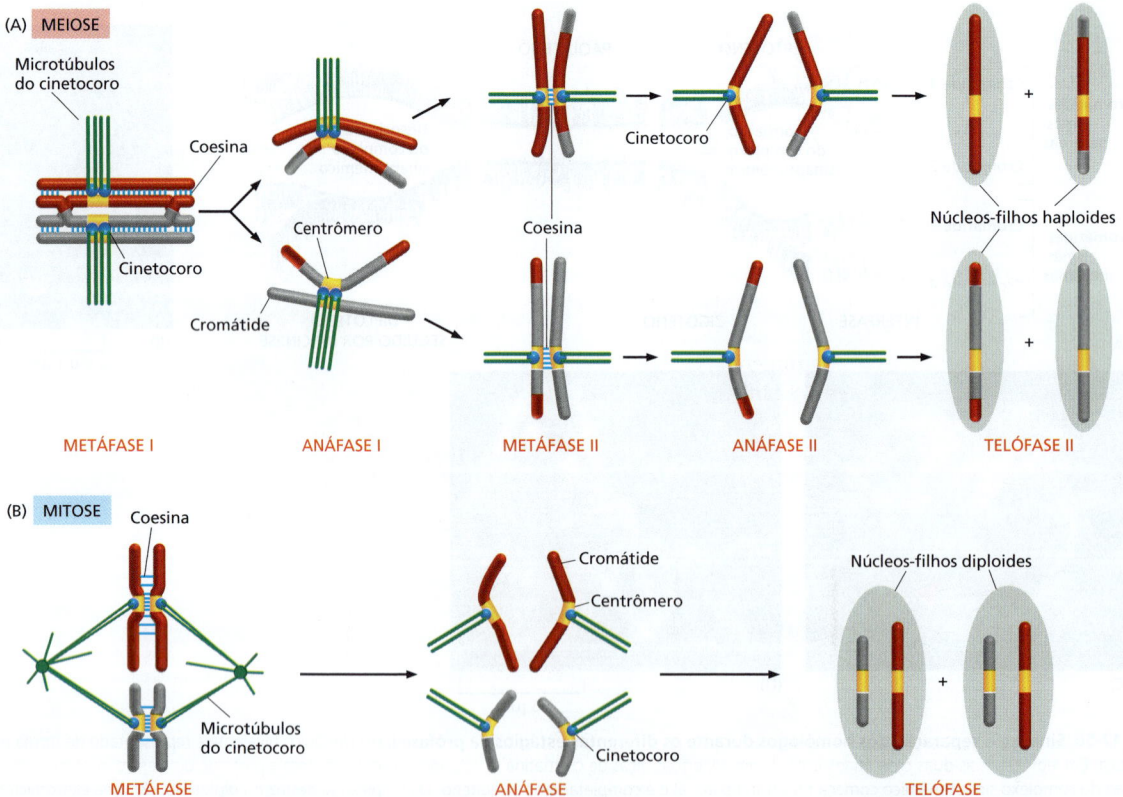

Figura 17-58 Comparação do comportamento do cromossomo em meiose I, meiose II e mitose. Os cromossomos comportam-se de modo similar na mitose e na meiose II, mas diferente na meiose I. (A) Na meiose I, os dois cinetocoros-irmãos estão localizados lado a lado em cada homólogo e ligados a microtúbulos do mesmo polo do fuso. A clivagem proteolítica da coesina ao longo dos braços das cromátides-irmãs separa os braços e finaliza a recombinação, permitindo que os homólogos duplicados se separem na anáfase I, enquanto a coesina residual nos centrômeros mantém juntas as irmãs. A clivagem da coesina centromérica permite às cromátides-irmãs se separarem na anáfase II. (B) Na mitose, ao contrário, os dois cinetocoros-irmãos ligam-se aos microtúbulos de diferentes polos do fuso, e as duas cromátides-irmãs se dissociam no início da anáfase e segregam em núcleos-filhos individuais..

Segundo, a recombinação por entrecruzamento gera uma forte ligação física entre homólogos, permitindo sua biorientação na placa equatorial do fuso, bem como a coesão entre cromátides-irmãs é importante para sua biorientação na mitose (e meiose II). Os entrecruzamentos mantêm unidos os pares de homólogos somente porque os braços das cromátides-irmãs estão conectados pela coesão de cromátides-irmãs (ver Figura 17-58A).

Terceiro, a coesão é removida na anáfase I apenas dos braços dos cromossomos e não das regiões perto dos centrômeros, onde os cinetocoros estão localizados. A perda da coesão nos braços desencadeia a separação homóloga no início da anáfase I. Esse processo depende da ativação de APC/C, que leva à degradação da securina, ativação da separase e clivagem da coesina ao longo dos braços (ver Figura 17-38).

As coesinas perto dos centrômeros são protegidas das separases na meiose I por uma proteína associada ao cinetocoro, chamada *shugoshin* (do japonês, "espírito guardião"). A shugoshin age recrutando uma proteína-fosfatase que remove fosfatos das coesinas centroméricas. A fosforilação da coesina é normalmente necessária para a separase clivar a coesina; assim, a remoção dessa fosforilação perto do centrômero, previne a clivagem da coesina. Portanto, os pares de cromátides-irmãs permanecem ligados durante a meiose I, possibilitando sua biorientação correta no fuso na meiose II. A shugoshin é inativada após a meiose I. No início da anáfase II, a ativação de APC/C desencadeia a clivagem da coesina centromérica e a separação das cromátides-irmãs – assim como na mitose. Seguindo a anáfase II, envelopes nucleares se formam em torno dos cromossomos para produzir quatro núcleos haploides, após o que, a citocinese e outros processos de diferenciação levam à produção de gametas haploides.

A recombinação por entrecruzamento é altamente regulada

A recombinação por entrecruzamento tem duas funções distintas na meiose: ele ajuda a manter os homólogos juntos até que sejam segregados de forma adequada para as duas células-filhas produzidas pela meiose I e contribui para a diversidade genética dos gametas que, finalmente, são produzidos. No entanto, como poderia ser esperado, essa recombinação é altamente regulada: o número e a localização das quebras na fita dupla ao longo de cada cromossomo são controlados, assim como a probabilidade que uma quebra seja convertida em um ponto de entrecruzamento. Em média, o resultado dessa regulação é que cada par de homólogos humanos está ligado por dois ou três pontos de recombinação (**Figura 17-59**).

Embora as quebras nas fitas duplas que ocorrem na meiose I possam ser localizadas em quase qualquer lugar ao longo do cromossomo, elas não estão uniformemente distribuídas: elas aglomeram-se em "locais de alta probabilidade", onde o DNA é acessível, e ocorrem apenas de forma rara em "locais de baixa probabilidade", como as regiões de heterocromatina ao redor dos centrômeros e telômeros.

Pelo menos dois tipos de regulação influenciam a localização e o número de entrecruzamentos que se formam, nenhum deles sendo bem compreendido. Ambos funcionam antes do complexo sinaptonêmico se organizar. Um assegura que pelo menos um entrecruzamento se forme entre os membros de cada par homólogo, como é necessário para a segregação normal dos homólogos em meiose I. No outro, chamado de *interferên-*

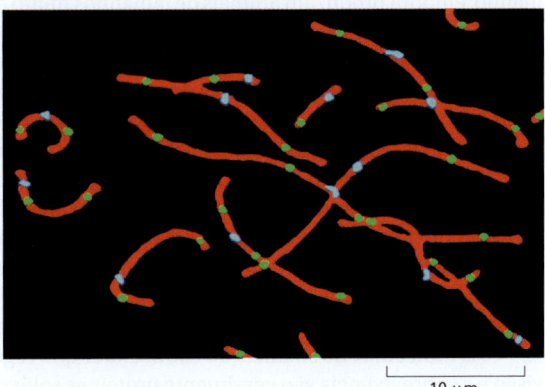

Figura 17-59 **Recombinação por entrecruzamento entre homólogos no testículo humano.** Nesta fotomicrografia de imunofluorescência, anticorpos foram usados para corar os complexos sinaptonêmicos (*vermelho*), os centrômeros (*azul*) e os locais de recombinação (*verde*). Observe que todos os bivalentes têm ao menos um ponto de entrecruzamento e nenhum tem mais que quatro. (Modificada de A. Lynn et al., *Science* 296:2222–2225, 2002. Com permissão de AAAS.)

cia de entrecruzamento, a presença de um evento de recombinação inibe a formação de outro próximo a ele, talvez pela depleção local das proteínas necessárias para converter uma quebra na fita dupla de DNA em um entrecruzamento estável.

A meiose frequentemente funciona mal

A distribuição dos cromossomos que ocorre durante a meiose é uma façanha extraordinária de contabilidade intracelular. Em humanos, cada meiose necessita que a célula inicial não perca de vista 92 cromátides (46 cromossomos, cada um duplicado), distribuindo um conjunto completo de cada tipo de autossomo para cada um dos quatro haploides descendentes. Não surpreende que podem ocorrer erros na distribuição dos cromossomos durante esse processo complicado. Os erros são especialmente comuns na meiose em mulheres, a qual é interrompida após o diploteno durante anos: a meiose I só é completada no momento da *ovulação*, e a meiose II somente após o oócito ser fecundado. Na verdade, tais erros na segregação de cromossomos durante o desenvolvimento do oócito são as causas mais comuns tanto de aborto espontâneo quanto de retardo mental em humanos.

Quando homólogos falham em se separar de forma adequada – um fenômeno chamado **não disjunção** –, o resultado é que alguns gametas haploides resultantes não têm um cromossomo particular, enquanto outros tem mais de uma cópia deles. Na fecundação, esses gametas formam embriões anormais, a maioria dos quais morre. No entanto, alguns sobrevivem. Por exemplo, em humanos, a *síndrome de Down*, que é a principal causa de retardo mental, é causada por uma cópia extra do cromossomo 21, normalmente resultante da não disjunção durante a meiose I no ovário da fêmea. Erros de segregação durante a meiose I aumentam muito à medida que a idade materna avança.

Resumo

Os gametas haploides são produzidos por meiose, na qual um núcleo diploide entra em duas divisões celulares sucessivas após uma rodada de replicação do DNA. A meiose é dominada por uma prófase prolongada. No início da prófase, os cromossomos estão replicados e consistem em duas cromátides-irmãs unidas. Então, os cromossomos homólogos pareiam e tornam-se, de forma progressiva, mais justapostos à medida que a prófase I prossegue. Os homólogos alinhados entram em recombinação genética formando pontos de entrecruzamento que ajudam a manter cada par de homólogos juntos durante a metáfase I. As proteínas associadas ao cinetocoro específicas da meiose auxiliam a garantir que ambas as cromátides-irmãs em um homólogo liguem-se ao mesmo polo do fuso; outras proteínas associadas ao cinetocoro asseguram que os homólogos permaneçam conectados em seus centrômeros durante a anáfase I, de maneira que os homólogos, em vez das cromátides-irmãs, sejam segregados na meiose I. Depois da longa meiose I, a meiose II ocorre rapidamente, sem replicação de DNA, em um processo que lembra a mitose, no qual cromátides-irmãs são separadas na anáfase.

CONTROLE DA DIVISÃO E DO CRESCIMENTO CELULAR

Um óvulo fertilizado de camundongo e um óvulo fertilizado humano são similares em tamanho, embora produzam animais de tamanhos muito diferentes. Que fatores no controle do comportamento celular em humanos e camundongos são responsáveis por essas diferenças de tamanho? A mesma questão fundamental pode ser feita para cada órgão e tecido do corpo de um animal. Que fatores determinam o comprimento da tromba de um elefante ou o tamanho de seu cérebro ou do fígado? Essas questões são, em grande parte, sem respostas, mas, apesar disso, é possível dizer quais componentes uma resposta deve ter.

O tamanho de um órgão ou organismo, depende da sua massa total de células, que depende de ambos, número total de células e seu tamanho. Por sua vez, o número de células depende da quantidade de divisões celulares e mortes celulares. Portanto, o tamanho de órgãos e do corpo é determinado por três processos celulares fundamentais: crescimento, divisão e sobrevivência. Cada um é fortemente regulado – tanto por programas intracelulares como por moléculas-sinal extracelulares que controlam esses programas.

As moléculas de sinalização extracelular que regulam o crescimento celular, a divisão e a sobrevivência são geralmente proteínas solúveis secretadas, proteínas ligadas à superfície celular ou componentes da matriz extracelular. Elas podem ser operacionalmente divididas em três classes principais:

1. *Mitógenos*, que estimulam a divisão celular, fundamentalmente desencadeando uma onda de atividade de G_1/S-Cdk que atenua controles intracelulares negativos que, de outra maneira, bloqueariam a progressão ao ciclo celular.
2. *Fatores de crescimento*, que estimulam o crescimento celular (aumento da massa celular) ao promover a síntese de proteínas e outras macromoléculas e ao inibir sua degradação.
3. *Fatores de sobrevivência*, que promovem a sobrevivência celular ao suprimir a forma de morte celular programada conhecida como *apoptose*.

Muitas moléculas de sinalização extracelular promovem todos esses processos, enquanto outras promovem um ou dois. Na verdade, o termo *fator de crescimento* é frequentemente usado de forma inapropriada para descrever um fator que possui qualquer uma dessas atividades. Ainda pior: o termo *crescimento celular* muitas vezes é usado no sentido de aumento do número de células ou de *proliferação celular*.

Além dessas três classes de sinais estimuladores, existem moléculas de sinalização extracelular que suprimem a proliferação celular, o crescimento celular, ou ambos; em geral, sabe-se menos a respeito delas. Existem também moléculas de sinaização extracelular que ativam a apoptose.

Nesta seção, enfocaremos principalmente como os mitógenos e outros fatores, como danos ao DNA, controlam a taxa de divisão celular. Em seguida, nos voltaremos a um problema importante, porém muito pouco compreendido: como uma célula em proliferação coordena o crescimento com a divisão celular, de forma a manter seu tamanho adequado. Discutiremos o controle da sobrevivência celular e da morte celular por apoptose no Capítulo 18.

Os mitógenos estimulam a divisão celular

Os organismos unicelulares tendem a crescer e se dividir tão rápido quanto possível e sua taxa de proliferação depende em grande parte da disponibilidade de nutrientes no ambiente. Contudo, as células de um organismo multicelular se dividem somente quando o organismo necessita de mais células. Assim, para que uma célula animal se prolifere, ela deve receber sinais extracelulares estimuladores, sob a forma de **mitógenos**, de outras células, geralmente suas vizinhas. Os mitógenos superam os mecanismos intracelulares de freagem que bloqueiam a progressão ao ciclo celular.

Um dos primeiros mitógenos identificados foi o *fator de crescimento derivado de plaquetas* (*PDGF*; do inglês, *platelet-derived growth factor*), sendo característico de muitos outros descobertos desde então. A via para seu isolamento começou com a observação de que fibroblastos em uma placa de cultura se proliferam quando é fornecido *soro*, mas não quando é fornecido *plasma*. O plasma é preparado pela remoção das células do sangue sem que ocorra a coagulação; o soro é preparado permitindo que o sangue coagule e coletando o líquido livre de células que resta. Quando o sangue coagula, as plaquetas incorporadas ao coágulo são estimuladas a liberar o conteúdo de suas vesículas secretoras (**Figura 17-60**). A capacidade superior do soro de manter a proliferação celular sugeriu que as plaquetas contêm um ou mais mitógenos. Essa hipótese foi confirmada pela demonstração de que, em vez de soro, extratos de plaquetas podiam agir na estimulação da proliferação de fibroblastos. Demonstrou-se que o fator crítico nos extratos era uma proteína, que foi subsequentemente purificada e denominada PDGF. No organismo, a PDGF liberada dos coágulos sanguíneos ajuda a estimular a divisão celular durante a cicatrização de feridas.

A PDGF é apenas uma das mais de 50 proteínas que, sabe-se, atuam como mitógenos. A maioria dessas proteínas tem uma especificidade ampla. A PDGF, por exemplo, pode estimular muitos tipos de células a se dividirem, incluindo fibroblastos, células musculares lisas e células da neuroglia. Similarmente, o *fator de crescimento epidérmico* (*EGF*; do inglês, *epidermal growth factor*) age não somente em células epidérmicas, mas também em muitos outros tipos celulares, incluindo células epiteliais e não epiteliais. Contudo, alguns mitógenos têm uma especificidade restrita; a *eritropoietina*, por exem-

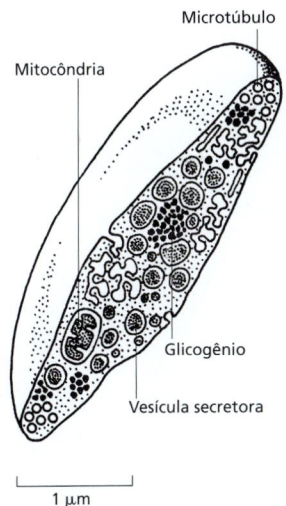

Figura 17-60 Uma plaqueta. As plaquetas são células em miniatura e sem núcleo. Elas circulam no sangue e ajudam a estimular a coagulação sanguínea em locais onde houve danos teciduais, impedindo, com isso, o sangramento excessivo. Elas também liberam vários fatores que estimulam a cicatrização. A plaqueta mostrada aqui foi cortada ao meio para mostrar suas vesículas secretoras, algumas das quais contêm o fator de crescimento derivado de plaquetas (PDGF).

plo, induz somente a proliferação de precursores dos eritrócitos. Muitos mitógenos, incluindo PDGF, também têm ações além da estimulação da divisão celular: elas podem estimular crescimento celular, sobrevivência, diferenciação ou migração, dependendo das circunstâncias e do tipo celular.

Em alguns tecidos, proteínas de sinalização extracelular inibidoras se opõem aos reguladores positivos e, desse modo, inibem o crescimento de órgãos. As proteínas-sinal inibidoras mais bem caracterizadas são os fatores β de crescimento transformador (TGFβ) e proteínas relacionadas. O TGFβ inibe a proliferação de vários tipos celulares, principalmente bloqueando a progressão do ciclo celular em G_1.

As células podem entrar em um estado especializado de não divisão

Na ausência de um sinal mitogênico para a proliferação, a inibição das Cdks em G_1 é mantida pelos múltiplos mecanismos anteriormente discutidos, e a progressão a um novo ciclo celular é bloqueada. Em alguns casos, as células parcialmente desmontam seu sistema de controle do ciclo celular e saem do ciclo para um estado especializado de não divisão, chamado **G_0**.

A maioria das células em nosso organismo está em G_0, porém as bases moleculares e a reversibilidade desse estado variam em diferentes tipos celulares. A maioria de nossos neurônios e células musculares esqueléticas, por exemplo, está em um estado de G_0 *terminalmente diferenciado*, no qual seu sistema de controle do ciclo celular está completamente ausente: a expressão dos genes que codificam várias Cdks e ciclinas está permanentemente inativada, e a divisão celular raramente ocorre. Alguns tipos celulares não possuem ciclo celular apenas de forma transitória e retêm a capacidade de remontar o sistema de controle do ciclo celular rapidamente e de entrar em ciclo novamente. A maioria das células hepáticas, por exemplo, está em G_0, mas pode ser estimulada a se dividir se o fígado sofrer danos. Já outros tipos celulares, incluindo fibroblastos e linfócitos, retiram-se e entram em ciclo celular repetidamente ao longo de sua vida.

Quase todas as variações na duração do ciclo celular no organismo adulto ocorrem durante o espaço de tempo que a célula passa em G_1 ou G_0. Por outro lado, o tempo que uma célula leva para progredir do início da fase S à mitose normalmente é breve (em geral, de 12 a 24 horas em mamíferos) e relativamente constante, independentemente do intervalo existente entre as divisões.

Os mitógenos estimulam as atividades de G_1-Cdk e G_1/S-Cdk

Na grande maioria das células animais, os mitógenos controlam a taxa de divisão celular agindo na fase G_1 do ciclo celular. Como discutido anteriormente, múltiplos mecanismos agem durante G_1 para suprimir a atividade Cdk. Os mitógenos liberam esses inibidores na atividade Cdk, permitindo, assim, a entrada em um novo ciclo celular.

Como discutimos no Capítulo 15, os mitógenos interagem com receptores de superfície celular a fim de acionar múltiplas vias de sinalização intracelular. Uma via principal age através de GTPase **Ras** monomérica, a qual leva à ativação de uma *cascata da proteína-cinase mitógeno-ativada (MAP-cinase)* (ver Figura 15-49). Isso leva a um aumento da produção de proteínas reguladoras de transcrição, incluindo a **Myc**. Acredita-se que a Myc promova a entrada no ciclo celular por meio de vários mecanismos, um dos quais é o aumento da expressão de genes que codificam G_1-ciclinas (ciclinas D), aumentando, com isso, a atividade da G_1-Cdk (ciclina D-Cdk4). A Myc também tem um importante papel na estimulação da transcrição de genes que aumentam o crescimento celular.

A função-chave dos complexos de G_1-Cdk em células animais é ativar um grupo de fatores reguladores gênicos denominados **proteínas E2F**, que se ligam a sequências específicas de DNA nos promotores de uma grande variedade de genes que codificam proteínas necessárias à entrada na fase S, incluindo G_1/S-ciclinas, S-ciclinas e proteínas envolvidas na síntese de DNA e na duplicação dos cromossomos. Na ausência de estimulação mitogênica, a expressão gênica dependente de E2F é inibida por uma interação entre E2F e membros da família de **proteínas do retinoblastoma** (**Rb**). Quando as células são estimuladas a se dividir pelos mitógenos, a G_1-Cdk ativa se acumula e fosforila membros da família Rb, reduzindo sua ligação a E2F. As proteínas E2F liberadas ativam, então, a expressão de seus próprios genes-alvo (**Figura 17-61**).

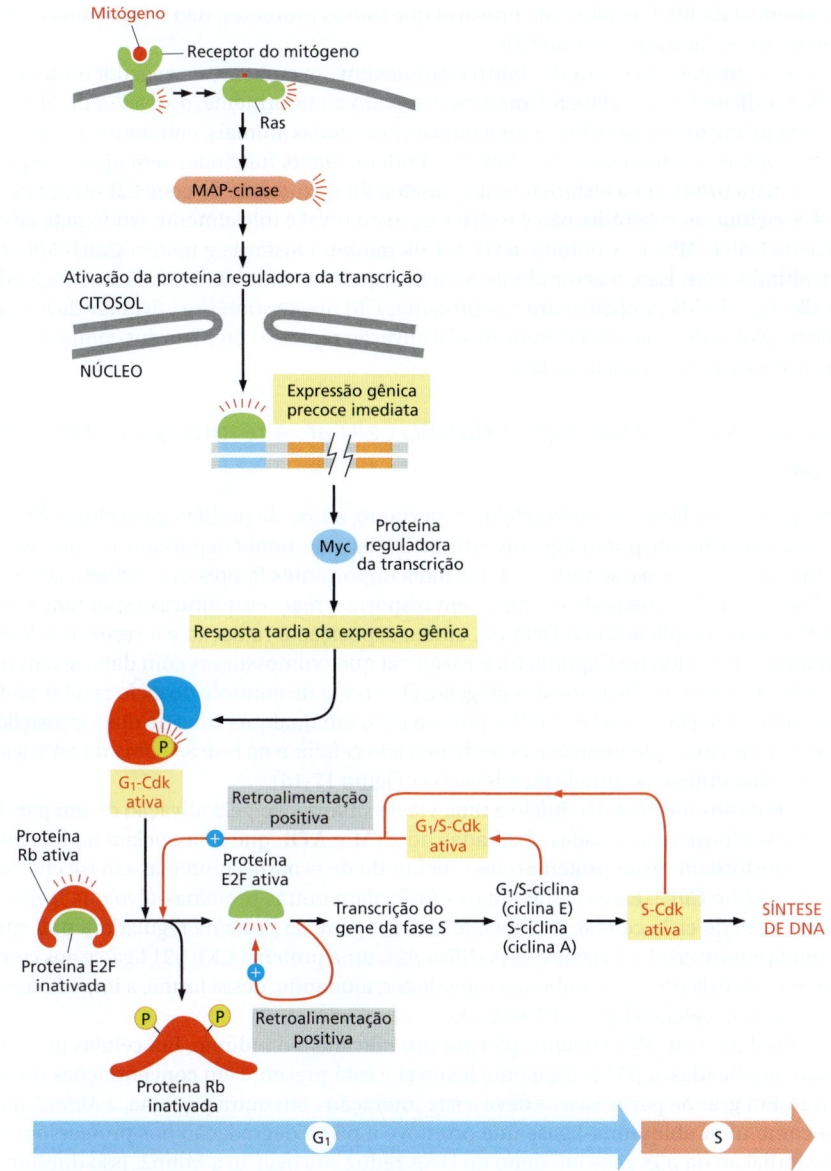

Figura 17-61 **Estímulo mitogênico da entrada no ciclo celular.** Como discutido no Capítulo 15, os mitógenos se ligam a receptores de superfície celular para dar início a vias de sinalização intracelular. Uma das principais vias envolve a ativação da GTPase Ras, que ativa uma cascada de MAP-cinases, levando ao aumento da expressão de diversos genes *precoces imediatos*, incluindo o gene que codifica a proteína reguladora de transcrição Myc. A Myc aumenta a expressão de muitos genes de *resposta tardia*, incluindo alguns que levam ao aumento da atividade da G_1-Cdk (ciclina D-Cdk4), que aciona a fosforilação de membros da família de proteínas Rb. Isso inativa as proteínas Rb, liberando a proteína reguladora gênica E2F para ativar a transcrição de genes de G_1/S, incluindo os genes de uma G_1/S-ciclina (ciclina E) e de uma S-ciclina (ciclina A). As atividades resultantes da G_1/S-Cdk e da S-Cdk estimulam ainda mais a fosforilação da proteína Rb, formando um ciclo de retroalimentação positiva. As proteínas E2F também estimulam a transcrição de seus próprios genes, formando outro ciclo de retroalimentação positiva.

Esse sistema de controle transcricional, como outros tantos sistemas de controle que regulam o ciclo celular, inclui ciclos de retroalimentação que garantem que a entrada no ciclo celular seja completa e irreversível. As proteínas E2F liberadas, por exemplo, aumentam a transcrição de seus próprios genes. Além disso, a transcrição dependente de E2F dos genes da G_1/S-ciclina (ciclina E) e da S-ciclina (ciclina A) leva ao aumento das atividades da G_1/S-Cdk e da S-Cdk, que, por sua vez, aumentam a fosforilação da proteína Rb e promovem a liberação de mais E2F (ver Figura 17-61).

O membro central da família Rb, a própria proteína Rb, foi originalmente identificado por meio de estudos de uma forma hereditária de câncer de olho em crianças, conhecido como *retinoblastoma* (discutido no Capítulo 20). A perda de ambas as cópias do gene *Rb*, leva à excessiva proliferação de algumas células no desenvolvimento da retina, sugerindo que a proteína Rb é particularmente importante para controlar a divisão celular nesse tecido. A perda completa da Rb não causa imediatamente o aumento da proliferação de células da retina ou de outros tipos celulares, em parte porque a Cdh1 e as CKIs também ajudam a inibir a progressão a G_1, e em parte porque outros tipos celulares contêm proteínas relacionadas à Rb que funcionam como uma cópia de segurança na ausência da Rb. É igualmente provável que outras proteínas, não relacionadas à Rb, ajudem a regular a atividade de E2F.

As camadas adicionais de controle promovem um aumento esmagador na atividade de S-Cdk no início da fase S. Como mencionado anteriormente, o ativador de APC/C, Cdh1 suprime níveis de ciclina após a mitose. Em células animais, entretanto, as ciclinas G_1 e G_1/S são resistentes a Cdh1-APC/C e podem, então, funcionar sem oposição pela APC/C para promover a fosforilação da proteína Rb e expressão do gene E2F-dependente. A S-ciclina, ao contrário, não é resistente, e seu nível é inicialmente retido pela atividade de Cdh1-APC/C. Contudo, a G1/S-Cdk também fosforila e inativa Cdh1-APC/C, permitindo, com isso, o acúmulo de S-ciclina, promovendo ainda mais a ativação da S-Cdk. A G_1/S-Cdk também inativa as proteínas CKI que reprimem a atividade da S-Cdk. O efeito global de todas essas interações é a ativação rápida e completa dos complexos de S-Cdk necessários ao início da fase S.

Danos no DNA impedem a divisão celular: a resposta a danos no DNA

A progressão ao longo do ciclo celular, e, portanto, a taxa de proliferação celular, é controlada não somente por mitógenos extracelulares, mas também por outros sinais extra e intracelulares. Nesse sentido, um dos mais importantes fatores que influenciam são os danos ao DNA, que podem ocorrer em resposta a reações químicas espontâneas no DNA, erros na replicação do DNA ou, ainda, exposição à radiação e a certos produtos químicos (discutido no Capítulo 5). É essencial que cromossomos com dano sejam reparados antes da duplicação ou segregção. O sistema de controle do ciclo celular pode facilmente detectar danos no DNA e parar o ciclo em qualquer uma de duas transições – uma no Início, o que impede a entrada no ciclo celular e na fase S, e uma na transição G_2/M, o que impede a entrada na mitose (ver Figura 17-16).

Os danos no DNA dão início a uma via de sinalização pela ativação de um par de proteínas-cinase relacionadas chamadas de **ATM** e **ATR**, que se associam ao local do dano e fosforilam várias proteínas-alvo, incluindo duas outras proteínas-cinase chamadas de *Chk1* e *Chk2*. Essas várias cinases fosforilam outras proteínas-alvo que levam à interrupção do ciclo celular. O principal alvo é o gene da proteína reguladora **p53**, que estimula a transcrição do gene que codifica *p21*, uma proteína CKI; p21 liga-se aos complexos G_1/S-Cdk e S-Cdk e inibe suas atividades, ajudando, dessa forma, a impedir a entrada no ciclo celular (**Figura 17-62** e **Animação 17.8**).

Os danos no DNA ativam a p53 por um mecanismo indireto. Em células que não foram danificadas, a p53 é altamente instável e está presente em concentrações muito baixas. Em grande parte, isso se deve a sua interação com outra proteína, a *Mdm2*, que age como uma ubiquitina-ligase que promove a p53 à degradação nos proteassomos. A fosforilação da p53 após um dano no DNA reduz sua ligação à Mdm2. Isso diminui a degradação da p53, o que resulta em um aumento marcante da concentração de p53 na célula. Além disso, a diminuição da ligação à Mdm2 aumenta a capacidade da p53 de estimular a transcrição gênica (ver Figura 17-62).

As proteínas-cinase Chk1 e Chk2 também bloqueiam a progressão do ciclo celular pela fosforilação de membros da família de fosfatases proteicas Cdc25, inibindo, dessa maneira, sua função. Como anteriormente descrito, essas fosfatases são particularmente importantes à ativação da M-Cdk no início da mitose (ver Figura 17-20). Chk1 e Chk2 fosforilam Cdc25 em sítios inibitórios que são diferentes dos sítios de fosforilação que estimulam a atividade de Cdc25. A inibição da atividade da Cdc25 por danos no DNA ajuda a bloquear a entrada na mitose (ver Figura 17-16).

A resposta ao dano do DNA pode também ser ativada por problemas que surgem quando uma forquilha de replicação falha durante a replicação do DNA. Quando há depleção de nucleotídeos, por exemplo, as forquilhas param durante a fase de alongamento da síntese de DNA. A fim de impedir que a célula tente segregar cromossomos parcialmente replicados, os mesmos mecanismos que respondem a danos no DNA detectam as forquilhas paradas e bloqueiam a entrada na mitose até que os problemas estejam resolvidos.

Um baixo nível de danos no DNA ocorre durante a vida normal de toda célula, e esses danos se acumulam na progênie da célula, se a resposta a danos ao DNA não estiver

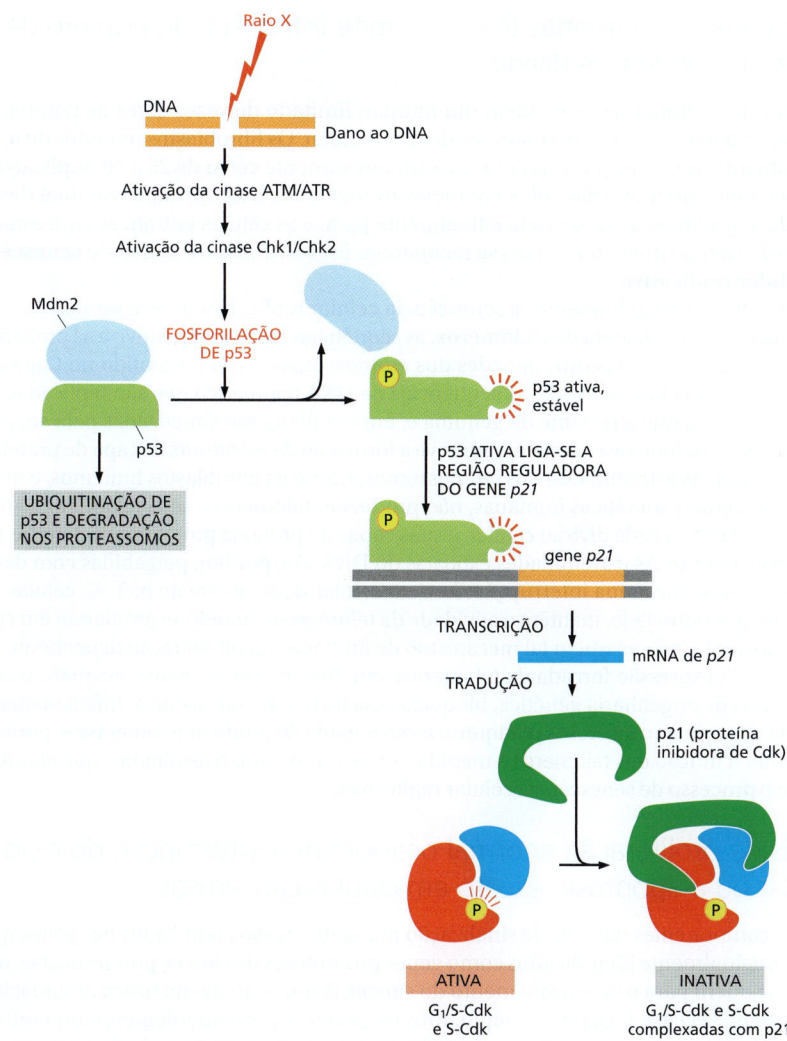

Figura 17-62 Como um dano no DNA interrompe o ciclo celular em G_1. Quando o DNA é lesionado, várias proteínas-cinase são recrutadas ao local do dano e dão início a uma via de sinalização que provoca a interrupção do ciclo celular. A primeira cinase no local do dano é a ATM ou a ATR, dependendo do tipo de dano. Outras proteínas-cinase, denominadas Chk1 e Chk2, são, em seguida, recrutadas e ativadas, resultando na fosforilação da proteína reguladora de transcrição p53. A Mdm2 normalmente se liga à p53 e promove sua ubiquitinação e degradação nos proteassomos. A fosforilação da p53 bloqueia sua ligação à Mdm2; o resultado é o acúmulo de altos níveis de p53, estimulando a transcrição de vários genes, incluindo o gene que codifica a proteína CKI p21. A p21 se liga e inativa os complexos de G_1/S-Cdk e S-Cdk, parando a célula em G_1. Em alguns casos, os danos no DNA também induzem a fosforilação da Mdm2 ou um decréscimo na produção da Mdm2, o que ocasiona um aumento ainda maior da p53 (não mostrado).

funcionando. Em longo prazo, o acúmulo de lesões genéticas em células que não possuem a resposta a danos leva a um aumento da frequência de mutações que promovem o câncer. Na verdade, as mutações no gene *p53* ocorrem em pelo menos metade de todos os cânceres humanos (discutido no Capítulo 20). Essa perda de função da p53 permite à célula cancerosa acumular mutações mais facilmente. Similarmente, uma doença genética rara, conhecida como *ataxia telangiectasia*, é ocasionada por um defeito na ATM, uma das proteínas-cinase ativada em resposta a danos no DNA induzidos por raios X; os pacientes com essa doença são muito sensíveis a raios X e sofrem de taxas elevadas de câncer.

O que acontece se uma lesão no DNA é tão grave que o reparo não é possível? A resposta é diferente para diferentes organismos. Os organismos unicelulares, como a levedura de brotamento, interrompem seu ciclo celular para tentar reparar o dano, mas o ciclo prossegue mesmo que o reparo não tenha sido concluído. Para um organismo de célula única, uma vida com mutações é aparentemente melhor que nenhuma vida. Em organismos multicelulares, porém, a saúde do organismo tem prioridade sobre a vida de uma célula individual. As células que se dividem com danos graves no DNA constituem uma ameaça à vida do organismo, uma vez que danos genéticos podem muitas vezes levar ao câncer e a outras doenças. Assim, células animais com danos graves no DNA não tentam continuar a divisão e, em vez disso, cometem suicídio, sofrendo apoptose. Assim, a menos que o dano no DNA seja reparado, a resposta a danos no DNA pode levar ou à interrupção do ciclo celular ou à morte celular. A apoptose induzida por danos no DNA depende, muitas vezes, da ativação da p53. Na verdade, é exatamente essa função promotora de apoptose da p53 que é aparentemente mais importante na nossa proteção contra o câncer.

Muitas células humanas têm um limite intrínseco do número de vezes que podem se dividir

Muitas células humanas se dividem um número limitado de vezes antes de pararem e sofrerem uma interrupção permanente do ciclo celular. Os fibroblastos retirados de tecidos humanos normais, por exemplo, passam por somente cerca de 25 a 50 duplicações populacionais quando cultivados em meios mitogênicos padronizados. Ao final desse período, a proliferação desacelera e finalmente para, e as células entram em um estado de não divisão do qual nunca mais se recuperam. Esse fenômeno é chamado **senescência celular replicativa**.

Em fibroblastos humanos, a senescência celular replicativa parece ser ocasionada por mudanças na estrutura dos **telômeros**, as sequências de DNA repetitivo e as proteínas associadas presentes nas extremidades dos cromossomos. Como discutido no Capítulo 5, quando uma célula se divide, as sequências de DNA telomérico não são replicadas da mesma maneira que o restante do genoma e, em vez disso, são sintetizadas pela enzima **telomerase**. A telomerase também promove a formação de estruturas de capa de proteína que protegem as extremidades dos cromossomos. Como os fibroblastos humanos, e muitas outras células somáticas humanas, não produzem telomerase, seus telômeros se tornam mais curtos a cada divisão celular, e suas capas de proteína protetoras se deterioram progressivamente. As extremidades expostas do DNA são, por fim, percebidas com dano ao DNA, o que ativa uma interrupção de ciclo celular dependente de p53. As células de roedores, por outro lado, mantêm a atividade da telomerase quando se proliferam em cultura e, portanto, não possuem tal mecanismo de limitação da proliferação dependente de telômeros. A expressão forçada da telomerase em fibroblastos humanos normais, usando técnicas de engenharia genética, bloqueia essa forma de senescência. Infelizmente, a maioria das células cancerosas readquiriu a capacidade de produzir telomerase e, portanto, manter a função dos telômeros à medida que se proliferam; o resultado é que elas não sofrem o processo de senescência celular replicativa.

Sinais de proliferação anormal ocasionam a interrupção do ciclo celular ou a apoptose, exceto em células cancerosas

Muitos componentes das vias de sinalização mitogênicas são codificados por genes que foram originalmente identificados como genes promotores de câncer, pois mutações neles contribuem para o desenvolvimento do câncer. A mutação de um único aminoácido na pequena GTPase Ras, por exemplo, torna a proteína permanentemente hiperativa, levando à constante estimulação das vias de sinalização dependentes de Ras, mesmo na ausência de estimulação mitogênica. Similarmente, mutações que causam a superexpressão da proteína Myc estimulam o crescimento e a proliferação celular em excesso, promovendo, desse modo, o desenvolvimento do câncer (discutido no Capítulo 20).

Surpreendentemente, contudo, quando uma forma hiperativada de Ras ou Myc é experimentalmente superproduzida na maioria das células normais, o resultado não é a proliferação excessiva, mas o oposto: as células sofrem a interrupção do ciclo celular permanente ou apoptose. A célula normal parece ser capaz de detectar a estimulação mitogênica anormal, e responde impedindo divisões adicionais. Tais respostas ajudam a impedir tanto a sobrevivência como a proliferação de células com várias mutações que promovem o câncer.

Embora não se saiba como uma célula detecta a estimulação mitogênica excessiva, tal estimulação muitas vezes leva à produção de uma proteína inibidora do ciclo celular chamada de *Arf*, que se liga e inibe a Mdm2. Como discutido anteriormente, a Mdm2 normalmente promove a degradação da p53. A ativação da Arf faz, portanto, os níveis de p53 se elevarem, induzindo a interrupção do ciclo celular ou apoptose (**Figura 17-63**).

Como as células cancerosas podem se originar se esses mecanismos bloqueiam a divisão ou a sobrevivência de células mutantes com sinais de proliferação hiperativa? A resposta é que o sistema protetivo é frequentemente inativado em células de câncer por mutações nos genes que codificam componentes essenciais dos mecanismos de bloqueio, tais como Arf ou p53 ou proteínas que ajudam a ativá-las.

A proliferação celular é acompanhada por crescimento celular

Se as células se proliferassem sem crescer, ficariam progressivamente menores e não haveria aumento líquido da massa celular total. Portanto, na maioria das populações de células

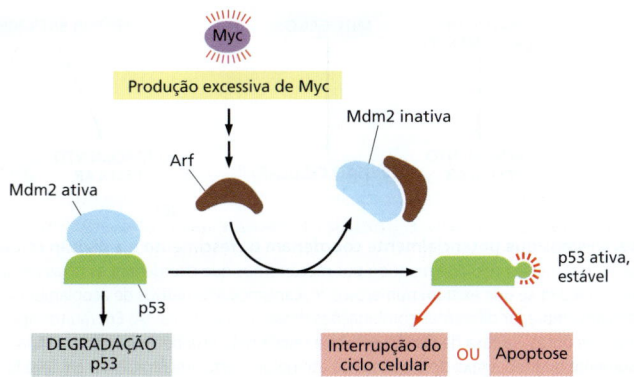

Figura 17-63 Interrupção do ciclo celular ou apoptose induzida pela estimulação excessiva de vias mitogênicas. Níveis anormalmente altos de Myc ocasionam a ativação da Arf, que se liga e inibe a Mdm2, aumentando, com isso, os níveis de p53 (ver Figura 17-62). Dependendo do tipo celular e das condições extracelulares, a p53 ocasiona, então, a interrupção do ciclo celular ou apoptose.

em proliferação, o crescimento celular acompanha a divisão celular. Em organismos de célula única, como as leveduras, tanto o crescimento celular como a divisão celular requerem somente nutrientes. Em animais, por outro lado, tanto o crescimento celular como a divisão celular dependem de moléculas de sinalização extracelular, produzidas por outras células, que denominamos **fatores de crescimento** e mitógenos respectivamente.

Como os mitógenos, os fatores de crescimento extracelulares que estimulam o crescimento das células animais se ligam a receptores na superfície celular e ativam vias de sinalização intracelular. Essas vias estimulam o acúmulo de proteínas e outras macromoléculas, e o fazem tanto aumentando sua taxa de síntese como diminuindo sua taxa de degradação. Elas também aumentam a absorção de nutrientes e a produção do ATP necessário para promover a síntese de proteínas. Uma das mais importantes vias de sinalização intracelular ativada por receptores de fatores de crescimento envolve a enzima fosfoinositídeo 3-cinase (*PI 3-cinase*), que adiciona um fosfato do ATP à posição 3´do fosfolipídeo inositol na membrana do plasma (discutido no Capítulo 15). A ativação da PI 3-cinase leva à ativação de uma cinase chamada de *TOR*, que está no núcleo de vias reguladoras de crescimento em todos os eucariotos. TOR ativa muitos alvos na célula que estimula processos metabólicos, incluindo a síntese proteica. Um alvo é uma proteína-cinase chamada de *S6-cinase* (*S6K*), que fosforila a proteína ribossômica S6, aumentando a capacidade dos ribossomos de traduzir um subconjunto de mRNAs que predominantemente codificam componentes ribossômicos. TOR indiretamente também ativa o fator de iniciação da tradução chamado *eIF4E* e, diretamente, ativa reguladores da transcrição que promovem o aumento da expressão de genes que codificam subunidades ribossômicas (**Figura 17-64**).

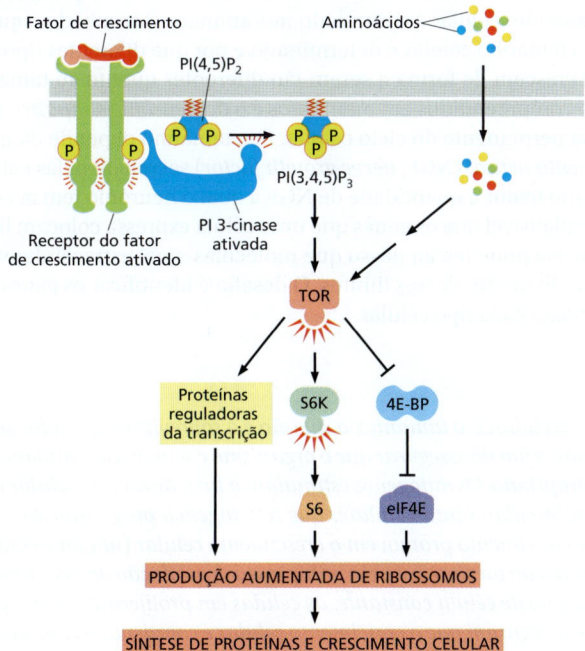

Figura 17-64 Estimulação do crescimento celular por fatores de crescimento extracelulares e nutrientes. A ocupação dos receptores de superfície celular por fatores de crescimento leva à ativação da PI 3-cinase, que promove a síntese de proteínas por uma complexa via de sinalização que leva à ativação da proteína-cinase TOR; nutrientes celulares, como aminoácidos, também auxiliam na ativação da TOR. TOR fosforila múltiplas proteínas para estimular a síntese de proteínas, como mostrado; ela também inibe a degradação de proteínas (não mostrado). Os fatores de crescimento também estimulam o aumento da produção da proteína reguladora de transcrição Myc (não mostrado), que ativa a transcrição de vários genes que promovem o metabolismo e o crescimento celular. A 4E-BP é um inibidor do fator de iniciação da tradução eIF4E. PI(4,5)P$_2$, fosfatidilinositol 4,5-bifosfato; PI(3,4,5)P$_3$, fosfatidilinositol 3,4,5-trisfosfato.

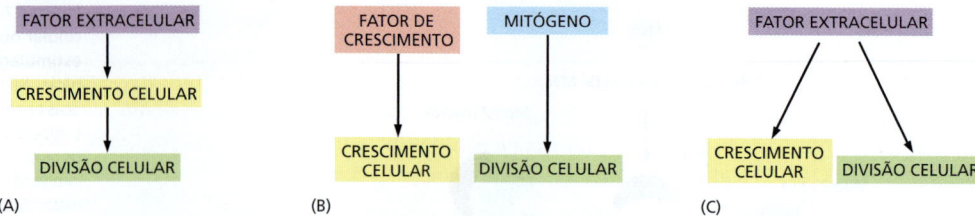

Figura 17-65 Mecanismos que potencialmente coordenam o crescimento e a divisão celular. Em células em proliferação, o tamanho celular é mantido por mecanismos que coordenam as taxas de divisão e de crescimento celular. Acredita-se que existam numerosos mecanismos alternativos de acoplamento, e distintos tipos celulares parecem empregar diferentes combinações desses mecanismos. (A) Em muitos tipos celulares – particularmente nas leveduras – a taxa de divisão celular é regida pela taxa de crescimento celular, de forma que a divisão ocorre somente quando a taxa de crescimento atinge um certo limiar mínimo; em leveduras, são principalmente os níveis de nutrientes extracelulares que regulam a taxa de crescimento e, desse modo, a taxa de divisão celular. (B) Em alguns tipos de células animais, o crescimento e a divisão podem, cada um, ser controlados por fatores extracelulares independentes (fatores de crescimento e mitógenos, respectivamente), e o tamanho celular depende dos níveis relativos desses dois tipos de fatores. (C) Alguns fatores extracelulares podem estimular tanto o crescimento como a divisão celular pela ativação simultânea de vias de sinalização que promovem o crescimento e outras vias que promovem a progressão do ciclo celular.

O QUE NÃO SABEMOS

- A progressão através do ciclo celular depende da fosforilação de centenas de diferentes proteínas por complexos ciclina-Cdk. Quais são os mecanismos moleculares que asseguram que essas proteínas são fosforiladas precisamente no tempo e local justos?

- Durante a fase S, como são controladas as histonas e suas enzimas modificadoras para replicar a estrutura da cromatina no DNA duplicado?

- Qual a base estrutural da condensação do cromossomo e como é estimulado o processo durante a mitose?

- Quais são os mecanismos pelos quais a fixação e tensão dos microtúbulos são detectados no cinetocoro por componentes do ponto de verificação da formação do fuso?

- Como é coordenado o crescimento celular com a divisão celular para assegurar que o tamanho da célula permaneça constante?

Células em proliferação geralmente coordenam o crescimento com a divisão

Para que células em proliferação mantenham um tamanho constante, elas devem coordenar o crescimento com a divisão celular, a fim de garantir que o tamanho celular dobre a cada divisão: se as células crescerem muito lentamente, ficarão menores a cada divisão, e se crescerem muito rapidamente, ficarão maiores a cada divisão. Não está claro como as células executam essa coordenação, mas é provável que múltiplos mecanismos estejam envolvidos, os quais variam em diferentes organismos e mesmo em diferentes tipos celulares de um mesmo organismo (**Figura 17-65**).

Entretanto, o crescimento e a divisão das células animais nem sempre são coordenados. Em muitos casos, eles são completamente desacoplados, a fim de permitir o crescimento sem divisão ou a divisão sem crescimento. As células musculares e as células nervosas, por exemplo, podem crescer dramaticamente após terem se retirado de forma permanente do ciclo celular. Similarmente, os óvulos de muitos animais crescem até um tamanho extremamente grande sem se dividirem; contudo, após a fertilização, essa relação é invertida, e muitos ciclos de divisão ocorrem sem crescimento.

Em comparação à divisão celular, existem, curiosamente, poucos estudos acerca de como o tamanho celular é controlado nos animais. O resultado é que ainda é um mistério como o tamanho celular é determinado e por que diferentes tipos celulares no mesmo animal crescem de forma a serem tão diferentes quanto ao tamanho. Um dos casos mais bem compreendidos em mamíferos é o do *neurônio simpático* adulto, que se retirou de forma permanente do ciclo celular. Seu tamanho depende da quantidade de *fator de crescimento neural* (NGF, *nerve growth factor*) secretado pelas células-alvo que ele enerva; quanto maior a quantidade de NGF à qual o neurônio tem acesso, maior ele se torna. Parece plausível que os genes que uma célula expressa colocam limites quanto ao tamanho que ela pode ter, ao passo que moléculas-sinal extracelulares e nutrientes regulam o tamanho dentro desses limites. O desafio é identificar os genes e as moléculas-sinal relevantes a cada tipo celular.

Resumo

Em animais multicelulares, o tamanho, a divisão e a sobrevivência celular são cuidadosamente controlados, a fim de assegurar que o organismo e seus órgãos atinjam e mantenham um tamanho apropriado. Os mitógenos estimulam a taxa de divisão celular ao removerem os mecanismos moleculares intracelulares que restringem a progressão do ciclo celular em G_1. Os fatores de crescimento promovem o crescimento celular (um aumento da massa celular) pela estimulação da síntese e pela inibição da degradação de macromoléculas. Para manter um tamanho de célula constante, as células em proliferação empregam múltiplos mecanismos que asseguram que o crescimento celular é coordenado com a divisão celular.

TESTE SEU CONHECIMENTO

Quais afirmativas estão corretas? Justifique.

17-1 Uma vez que existem cerca de 10^{13} células em um humano adulto, e cerca de 10^{10} células morrem e são substituídas todos os dias, a cada três anos nos tornamos novas pessoas.

17-2 A fim de que as células em proliferação mantenham um tamanho relativamente constante, a duração do ciclo celular deve condizer com o tempo que a célula leva para dobrar de tamanho.

17-3 Ao passo que outras proteínas vêm e vão durante o ciclo celular, as proteínas do complexo de reconhecimento da origem permanecem ligadas ao DNA o tempo inteiro.

17-4 Os cromossomos são posicionados na placa metafásica por forças iguais e opostas que os puxam em direção aos dois polos do fuso.

17-5 A meiose segrega homólogos paternos em espermatozóides e homólogos maternos em óvulos.

17-6 Se pudéssemos estimular a atividade da telomerase em todas as nossas células, poderíamos impedir o envelhecimento.

Discuta as questões a seguir.

17-7 Muitos genes do ciclo celular de células humanas funcionam perfeitamente bem quando expressos em células de levedura. Por que você supõe que isso é considerado importante? Afinal, muitos genes humanos que codificam enzimas de reações metabólicas também funcionam em leveduras, e ninguém considera isso extraordinário.

17-8 Hoechst 33342 é um corante membrana-permeável fluorescente quando está ligado ao DNA. Quando a população de células é incubada brevemente com o corante Hoechst e submetida à citometria de fluxo, que mede a fluorescência de cada uma delas, as células apresentam vários níveis de fluorescência, como mostrado na **Figura Q17-1**.

A. Que células na Figura Q17-1 estão nas fases G_1, S, G_2 e M do ciclo celular? Explique sua resposta.

B. Esboce as distribuições de classificação que seriam de se esperar para as células que foram tratadas com inibidores que bloqueiam o ciclo celular nas fases G_1, S, ou M. Explique seu raciocínio.

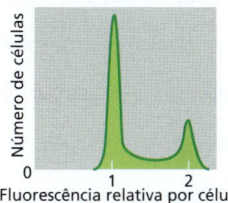

Figura Q17–1 A análise da fluorescência de Hoechst 33342 na população de células separadas em um citômetro de fluxo.

17-9 A subunidade Scc1 da coesina de levedura, que é essencial para a coesão das cromátides-irmãs, pode ser artificialmente regulada para expressão em um ponto no ciclo celular. Se a expressão é ativada no começo da fase S, todas as células se dividem razoavelmente e sobrevivem. Por outro lado, se a expressão de Scc1 está ativada apenas após a fase S estar completa, as células deixam de se dividir e morrem, ainda que a Scc1 se acumule no núcleo e interaja de maneira eficiente com os cromossomos. Por que você supõe que a coesina deve estar presente durante a fase S para que as células se dividam normalmente?

17-10 Altas doses de cafeína interferem na resposta ao dano do DNA em células de mamífero. Por que, então, você supõe que os médicos ainda não emitiram um aviso apropriado para bebedores de café forte e bebidas à base de cola? Uma xícara de café típica (150 mL) contém 100 mg de cafeína (196 g/mol). Quantas xícaras de café você teria que beber para alcançar a dose (10 mM) necessária para interferir na resposta ao dano do DNA? (Um adulto típico contém cerca de 40 litros de água.)

17-11 Quantos cinetocoros existem em uma célula humana em mitose?

17-12 Uma célula viva a partir do epitélio pulmonar de um tritão é mostrada em diferentes estágios da fase M na **Figura Q17-2**. Ordene estas micrografias na sequência correta e identifique o estágio em fase M que cada um representa.

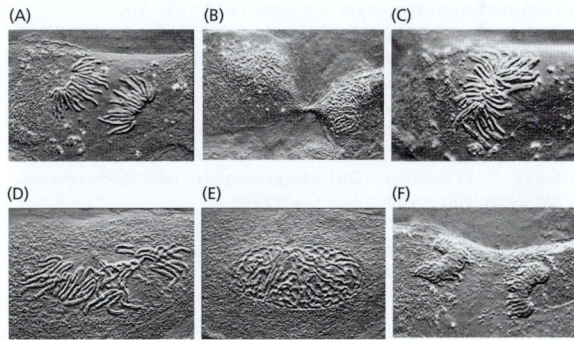

Figura Q17-2 Micrografias ópticas de uma única célula em diferentes estágios da fase M. (Cortesia de Conly L. Rieder.)

17-13 A síndrome de Down (trissomia do 21) e a síndrome de Edwards (trissomia do 18) são as trissomias autossômicas mais comuns em humanos. Isso significa que esses cromossomos são os mais difíceis de serem segregados adequadamente durante a meiose?

17-14 O genoma humano consiste em 23 pares de cromossomos (22 pares de autossomos e um par de cromossomos sexuais). Durante a meiose, conjuntos de pares homólogos maternos e paternos são separados em gametas, assim cada um contém 23 cromossomos. Se você assume que os cromossomos homólogos pareados são distribuídos de modo aleatório em células-filhas, quantas combinações potenciais de homólogos paternos e maternos podem ser geradas durante a meiose? (Para propósitos de cálculo, assuma que não ocorre recombinação).

REFERÊNCIAS

Visão geral do ciclo celular
Morgan DO (2007) The Cell Cycle: Principles of Control. London: New Science Press.
Murray AW & Hunt T (1993) The Cell Cycle: An Introduction. New York: WH Freeman and Co.

Sistema de controle do ciclo celular
Evans T, Rosenthal ET, Youngblom J et al. (1983) Cyclin: a protein specified by maternal mRNA in sea urchin eggs that is destroyed at each cleavage division. Cell 33, 389–396.
Hartwell LH, Culotti J, Pringle JR et al (1974) Genetic control of the cell division cycle in yeast. Science 183, 46–51.
Holt LJ, Tuch BB, Villen J et al. (2009) Global analysis of Cdk1 substrate phosphorylation sites provides insights into evolution. Science 325, 1682–1686.
Nurse P, Thuriaux P & Nasmyth K (1976) Genetic control of the cell division cycle in the fission yeast Schizosaccharomyces pombe. Mol. Gen. Genet. 146, 167–178.
Pavletich NP (1999) Mechanisms of cyclin-dependent kinase regulation: structures of Cdks, their cyclin activators, and CIP and Ink4 inhibitors. J. Mol. Biol. 287, 821–828.
Primorac I & Musacchio A (2013) Panta rhei: The APC/C at steady state. J. Cell Biol. 201, 177–189.
Wittenberg C & Reed SI (2005) Cell cycle-dependent transcription in yeast: promoters, transcription factors, and transcriptomes. Oncogene 24, 2746–2755.

Fase S
Arias EE & Walter JC (2007) Strength in numbers: preventing rereplication via multiple mechanisms in eukaryotic cells. Genes Dev. 21, 497–518.
Bell SP & Kaguni JM (2013) Helicase loading at chromosomal origins of replication. Cold Spring Harb. Perspect. Biol. 5, a010124.
Groth A, Rocha W, Verreault A et al. (2007) Chromatin challenges during DNA replication and repair. Cell 128, 721–733.
Masai H, Matsumoto S, You Z et al. (2010) Eukaryotic chromosome DNA replication: where, when, and how? Annu. Rev. Biochem. 79, 89–130.
Siddiqui K, On KF & Diffley JF (2013) Regulating DNA replication in eukarya. Cold Spring Harb. Perspect. Biol. 5, a012930.
Tanaka S & Araki H (2013) Helicase activation and establishment of replication forks at chromosomal origins of replication. Cold Spring Harb. Perspect. Biol. 5, a010371.

Mitose
Alushin G & Nogales E (2011) Visualizing kinetochore architecture. Curr. Opin. Struct. Biol. 21, 661–669.
Cuylen S & Haering CH (2011) Deciphering condensin action during chromosome segregation. Trends Cell Biol. 21, 552–559.
Gonczy P (2012) Towards a molecular architecture of centriole assembly. Nat. Rev. Mol. Cell Biol. 13, 425–435.
Hirano T (2012) Condensins: universal organizers of chromosomes with diverse functions. Genes Dev. 26, 1659–1678.
Joglekar AP, Bloom KS & Salmon ED (2010) Mechanisms of force generation by end-on kinetochore-microtubule attachments. Curr. Opin. Cell Biol. 22, 57–67.
Lampson MA & Cheeseman IM (2011) Sensing centromere tension: Aurora B and the regulation of kinetochore function. Trends Cell Biol. 21, 133–140.
Magidson V, O'Connell CB, Loncarek J et al. (2011) The spatial arrangement of chromosomes during prometaphase facilitates spindle assembly. Cell 146, 555–567.
Musacchio A & Salmon ED (2007) The spindle-assembly checkpoint in space and time. Nat. Rev. Mol. Cell Biol. 8, 379–393.
Nasmyth K & Haering CH (2009) Cohesin: its roles and mechanisms. Annu. Rev. Genet. 43, 525–558.
Nigg EA & Stearns T (2011) The centrosome cycle: Centriole biogenesis, duplication and inherent asymmetries. Nat. Cell Biol. 13, 1154–1160.
Rago F & Cheeseman IM (2013) The functions and consequences of force at kinetochores. J. Cell Biol. 200, 557–565.
Wadsworth P & Khodjakov A (2004) E pluribus unum: towards a universal mechanism for spindle assembly. Trends Cell Biol. 14, 413–419.
Walczak CE, Cai S & Khodjakov A (2010) Mechanisms of chromosome behaviour during mitosis. Nat. Rev. Mol. Cell Biol. 11, 91–102.

Citocinese
Fededa JP & Gerlich DW (2012) Molecular control of animal cell cytokinesis. Nat. Cell Biol. 14, 440–447.
Green RA, Paluch E & Oegema K (2012) Cytokinesis in animal cells. Annu. Rev. Cell Dev. Biol. 28, 29–58.
Jurgens G (2005) Plant cytokinesis: fission by fusion. Trends Cell Biol. 15, 277–283.
Oliferenko S, Chew TG & Balasubramanian MK (2009) Positioning cytokinesis. Genes Dev. 23, 660–674.
Pollard TD (2010) Mechanics of cytokinesis in eukaryotes. Curr. Opin. Cell Biol. 22, 50–56.
Rappaport R (1986) Establishment of the mechanism of cytokinesis in animal cells. Int. Rev. Cytol. 105, 245–281.
Schiel JA & Prekeris R (2013) Membrane dynamics during cytokinesis. Curr. Opin. Cell Biol. 25, 92–98.

Meiose
Bhalla N & Dernburg AF (2008) Prelude to a division. Annu. Rev. Cell Dev. Biol. 24, 397–424.
Gerton JL & Hawley RS (2005) Homologous chromosome interactions in meiosis: diversity amidst conservation. Nat. Rev. Genet. 6, 477–487.
Hall H, Hunt P & Hassold T (2006) Meiosis and sex chromosome aneuploidy: how meiotic errors cause aneuploidy; how aneuploidy causes meiotic errors. Curr. Opin. Genet. Dev. 16, 323–329.
Jordan P (2006) Initiation of homologous chromosome pairing during meiosis. Biochem. Soc. Trans. 34, 545–549.
Lake CM & Hawley RS (2012) The molecular control of meiotic chromosomal behavior: events in early meiotic prophase in Drosophila oocytes. Annu. Rev. Physiol. 74, 425–51.
Watanabe Y (2012) Geometry and force behind kinetochore orientation: lessons from meiosis. Nat. Rev. Mol. Cell Biol. 13, 370–382.

Controle da divisão e do crescimento celular
Adhikary S & Eilers M (2005) Transcriptional regulation and transformation by Myc proteins. Nat. Rev. Mol. Cell Biol. 6, 635–645.
Bertoli C, Skotheim JM & de Bruin RA (2013) Control of cell cycle transcription during G1 and S phases. Nat. Rev. Mol. Cell Biol. 14, 518–528.
Dick FA & Rubin SM (2013) Molecular mechanisms underlying RB protein function. Nat. Rev. Mol. Cell Biol. 14, 297–306.
Jackson SP & Bartek J (2009) The DNA-damage response in human biology and disease. Nature 461, 1071–1078.
Jorgensen P & Tyers M (2004) How cells coordinate growth and division. Curr. Biol. 14, R1014–R1027.
Shimobayashi M & Hall MN (2014) Making new contacts: the mTOR network in metabolism and signalling crosstalk. Nat. Rev. Mol. Cell Biol. 15, 155–162.
Turner JJ, Ewald JC & Skotheim JM (2012) Cell size control in yeast. Curr. Biol. 22, R350–R359.
van den Heuvel S & Dyson NJ (2008) Conserved functions of the pRB and E2F families. Nat. Rev. Mol. Cell Biol. 9, 713–724.
Vousden KH & Lu X (2002) Live or let die: the cell's response to p53. Nat. Rev. Cancer 2, 594–604.
Zoncu R, Efeyan A & Sabatini DM (2011) mTOR: from growth signal integration to cancer, diabetes and ageing. Nat. Rev. Mol. Cell Biol. 12, 21–35.

CAPÍTULO 18

Morte celular

O crescimento, o desenvolvimento e a manutenção de organismos multicelulares dependem não apenas da produção de células, mas também de mecanismos que as destroem. A manutenção do tamanho do tecido, por exemplo, requer que as células morram na mesma taxa em que são produzidas. Durante o desenvolvimento, padrões cuidadosamente orquestrados de morte celular ajudam a determinar o tamanho e a forma dos membros e de outros tecidos. As células também morrem quando se tornam danificadas ou infectadas, que é uma forma de assegurar que elas sejam removidas antes que ameacem a saúde do organismo. Nesses e em muitos outros casos, a morte celular não é um processo aleatório, mas ocorre por uma sequência de eventos moleculares programados, nos quais a célula se autodestrói sistematicamente e é fagocitada por outras células, não deixando traços. Na maioria dos casos, essa **morte celular programada** ocorre por um processo chamado **apoptose** – do grego, "cair", como as folhas de uma árvore.

As células que morrem por apoptose sofrem modificações morfológicas características. Elas se encolhem e condensam, o citoesqueleto colapsa, o envelope nuclear se desfaz, e a cromatina nuclear se condensa e se quebra em fragmentos (**Figura 18-1A**). A superfície da célula frequentemente abaula para o exterior e, se a célula for grande, rompe-se em fragmentos fechados por uma membrana, chamados *corpos apoptóticos*. A superfície da célula ou dos corpos apoptóticos torna-se quimicamente alterada, sendo rapidamente engolfada por uma célula vizinha ou um macrófago (uma célula fagocítica especializada, discutida no Capítulo 22), antes que ela possa liberar seus conteúdos (**Figura 18-1B**). Dessa maneira, a célula morre de forma ordenada e é rapidamente eliminada, sem causar uma resposta inflamatória prejudicial. Pelo fato de as células serem fagocitadas e digeridas rapidamente, em geral existem poucas células mortas para serem vistas, mesmo quando um grande número de células tenha morrido por apoptose. Talvez tenha sido por isso que os biólogos ignoraram a apoptose por tantos anos e ainda podem subestimar sua extensão.

Ao contrário da apoptose, as células animais que morrem em resposta a um dano agudo, como um trauma ou uma falta de suprimento sanguíneo, geralmente morrem por um processo chamado de *necrose celular*. As células necrosadas se expandem e explodem, liberando seus conteúdos sobre as células adjacentes e provocando uma resposta inflamatória (**Figura 18-1C**). Em muitos casos, a necrose provavelmente é causada pela depleção energética, que leva a defeitos metabólicos e perda de gradientes iônicos que normalmente ocorrem através da membrana celular. Uma forma de necrose, chamada *necroptose*, é uma forma de morte celular programada disparada por um sinal regulador específico de outras células, embora estejamos apenas começando a entender seus mecanismos básicos.

Algumas formas de morte celular programada ocorrem em muitos organismos, mas a apoptose é encontrada primeiramente em animais. Este capítulo se concentra nas principais funções da apoptose, seu mecanismo e regulação, e como a apoptose excessiva ou insuficiente pode contribuir para doenças humanas.

Apoptose elimina células indesejadas

A quantidade de morte celular apoptótica que ocorre no desenvolvimento e tecido animal adulto é surpreendente. No sistema nervoso de vertebrados em desenvolvimento, por exemplo, mais da metade de tipos distintos de células nervosas normalmente morrem assim que são formados. Parece um grande desperdício que muitas células tenham que morrer, especialmente sendo a maioria perfeitamente saudável no momento em que se matam. Para que propósito serve essa morte celular massiva?

Figura 18-1 Duas formas distintas de morte celular. Essas micrografias eletrônicas mostram células que morreram por apoptose (A e B) ou por necrose (C). As células em (A) ou (C) morreram em uma placa de cultura, enquanto a célula em (B) morreu em um tecido em desenvolvimento e foi engolfada por uma célula fagocítica. Observe que as células em (A) e (B) estão condensadas, mas parecem relativamente intactas, enquanto a célula em (C) parece ter explodido. Os grandes vacúolos visíveis no citoplasma da célula em (A) são uma característica variável da apoptose. (Cortesia de Julia Burne.)

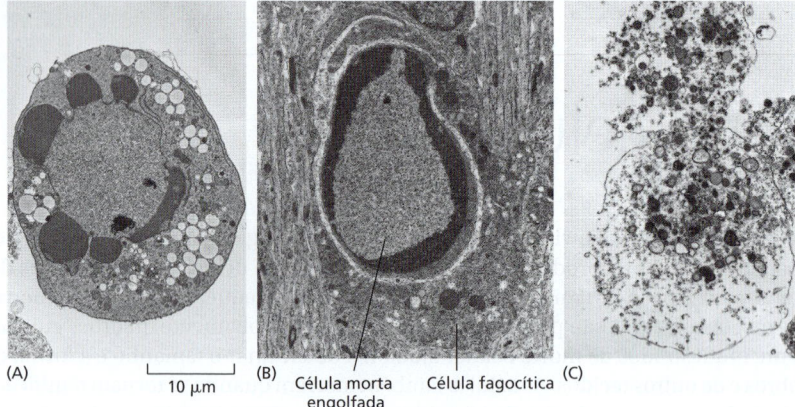

Em alguns casos, a resposta é clara. A morte celular ajuda a esculpir mãos e pés durante o desenvolvimento embrionário: eles começam como estruturas em forma de pá, e os dedos individuais se separam apenas quando as células entre eles morrem, como ilustrado para uma pata de camundongo na **Figura 18-2**. Em outros casos, as células morrem quando a estrutura formada por elas não é mais necessária. Quando um girino se transforma em rã na metamorfose, as células da cauda morrem, e a cauda, que não é necessária para a rã, desaparece. A apoptose também funciona como um processo de controle de qualidade no desenvolvimento, eliminando células que são anormais, posicionadas de forma incorreta, não funcionais ou potencialmente perigosas ao animal. Exemplos surpreendentes ocorrem no sistema imune adaptativo de vertebrados, onde a apoptose elimina o desenvolvimento de linfócitos T e B que falham tanto em produzir receptores antígeno-específicos potencialmente utilizáveis quanto em produzir receptores autorreativos que originam células potencialmente perigosas (discutido no Capítulo 24); ela também elimina muitos dos linfócitos ativados por uma infecção, depois que tenham ajudado a destruir os micróbios responsáveis.

Em tecidos adultos que não estão crescendo nem condensando, a morte celular e a divisão celular devem ser firmemente reguladas para assegurar que estejam em exato equilíbrio. Se parte do fígado é removida em um rato adulto, por exemplo, a proliferação de células do fígado aumenta para compensar a perda. Ao contrário, se o rato é tratado com fenobarbital – que estimula a divisão de células do fígado (e, consequentemente, o aumento do fígado) – e então o tratamento é finalizado, a apoptose no fígado aumenta bastante até que o fígado tenha retornado ao seu tamanho original, geralmente dentro de uma semana. Então, o fígado é mantido em um tamanho constante por meio da regulação da taxa de morte e de nascimento celular. Os mecanismos de controle responsáveis por essa regulação são em grande parte desconhecidos.

As células animais podem reconhecer dano em suas várias organelas e, se o dano for grande o suficiente, elas podem matar a si mesmas entrando em apoptose. Um exemplo importante é o dano no DNA, que pode produzir mutações que promovem câncer se não forem reparadas. As células possuem várias vias de detecção de danos no DNA e entram em apoptose caso não possam repará-los.

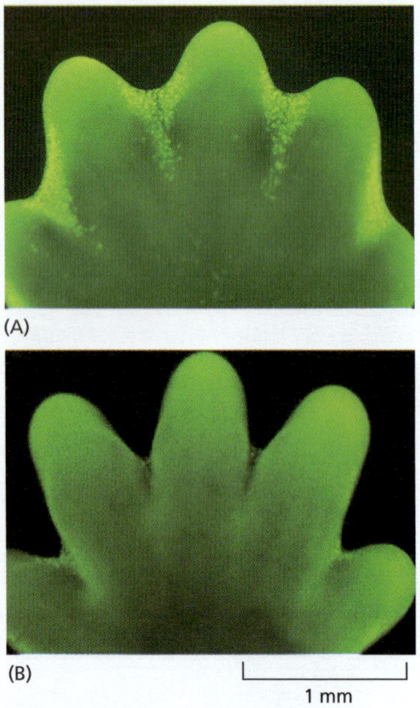

A apoptose depende de uma cascata proteolítica intracelular mediada por caspases

A apoptose é disparada por membros de uma família de proteases intracelulares especializadas, que clivam sequências específicas em numerosas proteínas dentro da célula, proporcionando, assim, mudanças dramáticas que levam à morte celular e ao engolfamento. Essas proteases têm uma cisteína no seu sítio ativo e clivam suas proteínas-alvo em ácidos aspárticos específicos; elas são então chamadas de **caspases** (c para cisteína e asp para ácido aspártico). As caspases são sintetizadas na célula como precursores inativos e são ativadas apenas durante a apoptose. Existem duas principais classes de caspases apoptóticas: caspases *inciadoras* e caspases *executoras*.

Figura 18-2 Formação dos dedos na pata do camundongo em desenvolvimento por apoptose. (A) A pata, nesse feto de camundongo, foi marcada com um corante que marca especificamente as células que sofreram apoptose. As células apoptóticas aparecem como *pontos verdes brilhantes* entre os dedos em desenvolvimento. (B) A morte de células interdigitais eliminou o tecido entre os dedos em desenvolvimento, como visto um dia mais tarde, quando existem poucas células apoptóticas. (De W. Wood et al., *Development* 127:5245–5252, 2000. Com permissão de The Company of Biologists.)

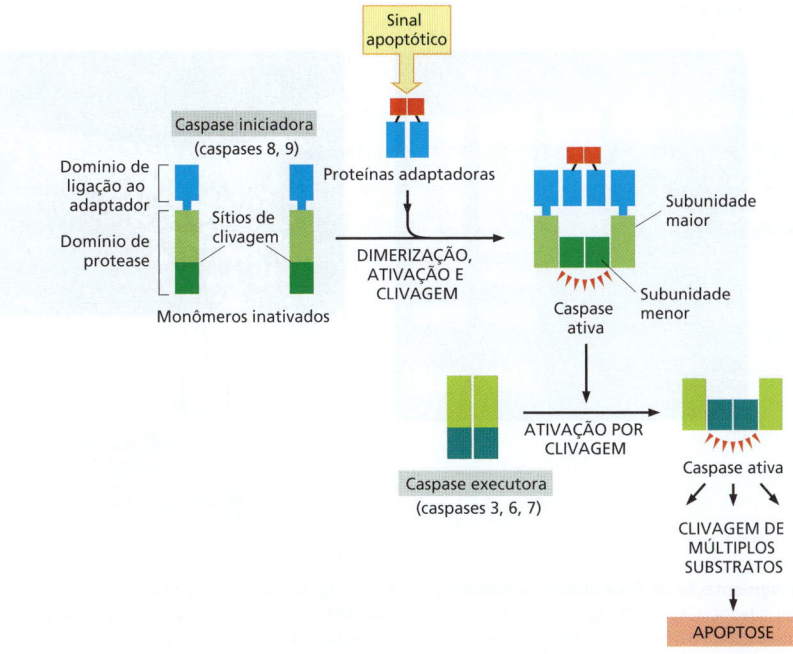

Figura 18-3 Ativação da caspase durante a apoptose. Uma caspase iniciadora contém um domínio de protease na sua região carboxiterminal e um pequeno domínio de interação com uma proteína perto do seu aminoterminal. Os sinais apoptóticos disparam um conjunto de proteínas adaptadoras, carregando múltiplos sítios de ligação para o domínio aminoterminal da caspase. Uma vez que as proteínas adaptadoras tenham se ligado, as caspases iniciadoras dimerizam e são, desse modo, ativadas, levando à clivagem de um sítio específico nos seus domínios de protease. Cada domínio de protease é assim rearranjado em uma subunidade maior e uma menor. Em alguns casos (não mostrado), o domínio de ligação ao adaptador da caspase iniciadora é também clivado (ver Figura 18-5). As caspases executoras são inicialmente formadas como dímeros inativos. Após a clivagem em um sítio do domínio da protease por uma caspase iniciadora, o dímero de caspase executora sofre uma mudança conformacional que o ativa. Então, a caspase executora cliva uma variedade de proteínas-chave, levando à morte controlada da célula.

As **caspases iniciadoras**, como indica seu nome, iniciam o processo apoptótico. Elas normalmente existem como monômeros solúveis e inativos no citosol. Um sinal apoptótico dispara a montagem de grandes plataformas proteicas que congregam múltiplas caspases iniciadoras em grandes complexos. Dentro desses complexos, pares de caspases se associam para formar dímeros, resultando na ativação da protease (**Figura 18-3**). Cada caspase no dímero, então, cliva seu parceiro em um sítio específico no domínio de protease, o que estabiliza o complexo ativo e é requerido para o funcionamento apropriado da enzima na célula.

A principal função das caspases iniciadoras é ativar as **caspases executoras**. Estas normalmente existem como dímeros inativos. Quando são clivadas por uma caspase iniciadora no sítio no domínio da protease, o sítio ativo é rearranjado de uma conformação inativa para uma ativa. Um complexo de caspase iniciadora pode ativar muitas capases executoras, resultando em uma amplificação da cascata proteolítica. Uma vez ativada, caspases executoras catalisam os diversos eventos de clivagem de proteínas que matam a célula.

Várias abordagens experimentais têm levado à identificação de mais de 1.000 proteínas que são clivadas por caspases durante a apoptose. Apenas algumas dessas proteínas têm sido estudadas em detalhe. Estas incluem as laminas nucleares, cuja clivagem provoca a degradação irreversível da lâmina nuclear (discutido no Capítulo 12). Outro alvo é uma proteína que normalmente detém uma endonuclease que degrada DNA em uma forma inativa; sua clivagem libera a endonuclease para fragmentar o DNA no núcleo da célula (**Figura 18-4**). Outras proteínas-alvo incluem componentes do citoesqueleto e proteínas de adesão célula-célula que ligam as células às suas vizinhas; a clivagem dessas proteínas ajuda a célula apoptótica a arredondar-se e desligar-se das suas vizinhas, tornando mais fácil para uma célula vizinha engolfá-la, ou, no caso de uma célula epitelial, para a célula vizinha retirar a célula apoptótica da camada celular. A cascata da caspase não é apenas destrutiva e autoamplificável, mas também é irreversível; assim, uma vez que a célula começa a via para a destruição, ela não pode voltar atrás.

Como a primeira caspase inciadora é ativada em resposta a um sinal apoptótico? Os dois mecanismos de ativação mais bem entendidos em células de mamíferos são chamados de *via extrínseca* e *via intrínseca* ou *mitocondrial*. Cada uma usa a sua própria caspase iniciadora e sistema de ativação, como vamos discutir.

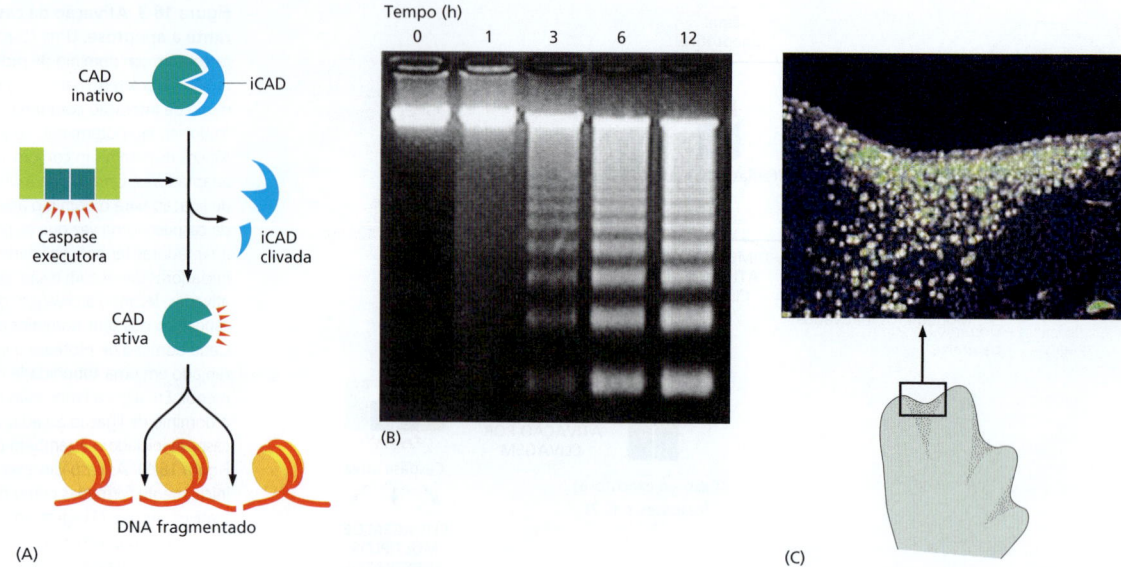

Figura 18-4 Fragmentação do DNA durante a apoptose. (A) Em células saudáveis, a endonuclease CAD se associa com seu inibidor, iCAD. A ativação de caspases executoras na célula leva à clivagem de iCAD, que libera a nuclease. CAD ativada corta o DNA cromossômico entre nucleossomos, resultando na produção de fragmentos de DNA que formam um padrão em escada (*ladder*) (veja B) na eletroforese em gel. (B) Os linfócitos de timo de camundongo foram tratados com um anticorpo contra o receptor de morte Fas, de superfície celular (discutido no texto), induzindo as células a entrarem em apoptose. O DNA foi extraído nos tempos indicados na figura e os fragmentos foram separados por tamanho por eletroforese em gel de agarose e corados com brometo de etídio. Como as clivagens ocorrem nas regiões de ligação entre os nucleossomos, os fragmentos se separam em um padrão característico de escada no gel. Observe que na eletroforese em gel, pequenas moléculas são mais amplamente separadas na parte de baixo do gel, dessa forma a remoção de um único nucleossomo tem um enorme efeito aparente na sua mobilidade em gel. (C) Os núcleos apoptóticos podem ser detectados usando uma técnica que adiciona uma marca fluorescente nas extremidades do DNA. Na imagem mostrada aqui, essa técnica foi usada em um corte de tecido de um broto de perna de pinto em desenvolvimento; esse corte transversal através da pele e do tecido subjacente é de uma região entre dois dígitos em desenvolvimento, tal como indicado na ilustração da parte inferior da figura. O procedimento é chamado de TUNEL (<u>T</u>dT-*mediated* <u>d</u>UTP <u>n</u>ick <u>e</u>nd <u>l</u>abeling), porque a enzima desoxinucleotidiltransferase terminal (TdT) adiciona cadeias do desoxinucleotídeo (dUTP) marcado à terminação 3'-OH do fragmento de DNA. A presença de um grande número de fragmentos de DNA resulta, dessa forma, em pontos fluorescentes brilhantes em células apoptóticas. (B, de D. McIlroy et al., *Genes Dev.* 14:549–558, 2000. Com permissão de Cold Spring Harbor Laboratory Press; C, de V. Zuzarte-Luís e J.M. Hurlé, *Int. J. Dev. Biol.* 46:871–876, 2002. Com permissão de UBC Press.)

Receptores de morte na superfície celular ativam a via extrínseca da apoptose

A ligação de proteínas de sinalização extracelular a **receptores de morte** na superfície celular dispara a **via extrínseca** da apoptose. Os receptores de morte são proteínas transmembrana contendo um domínio extracelular de ligação ao ligante, um domínio transmembrana único e um *domínio de morte* intracelular, o qual é requerido pelos receptores para ativar o programa apoptótico. Os receptores são homotrímeros e pertencem à família de receptores do *fator de necrose tumoral* (*TNF, tumor necrosis factor*), o qual inclui um receptor para o próprio TNF e o receptor de morte *Fas*. Os ligantes que ativam os receptores de morte também são homotrímeros; eles são estruturalmente relacionados e pertencem à *família TNF* de proteínas sinalizadoras.

Um exemplo bem entendido de como os receptores de morte disparam a via extrínseca da apoptose é a ativação de **Fas** na superfície da célula-alvo pelo **ligante Fas** na superfície de um linfócito (citotóxico) matador. Quando ativado pela ligação do ligante Fas, domínios de morte na cauda citosólica dos receptores de morte Fas, ligam-se a proteínas adaptadoras intracelulares, que, por sua vez, ligam caspases iniciadoras (caspase-8 principalmente), formando um **complexo de sinalização indutor de morte (DISC)**. Uma vez dimerizada e ativada em DISC, as caspases iniciadoras clivam seus parceiros e então ativam caspases executoras a jusante (*downstream*) para induzir apoptose (**Figura 18-5**). Em algumas células a via extrínseca recruta a via apoptótica intrínseca para amplificar a cascata da caspase e matar a célula.

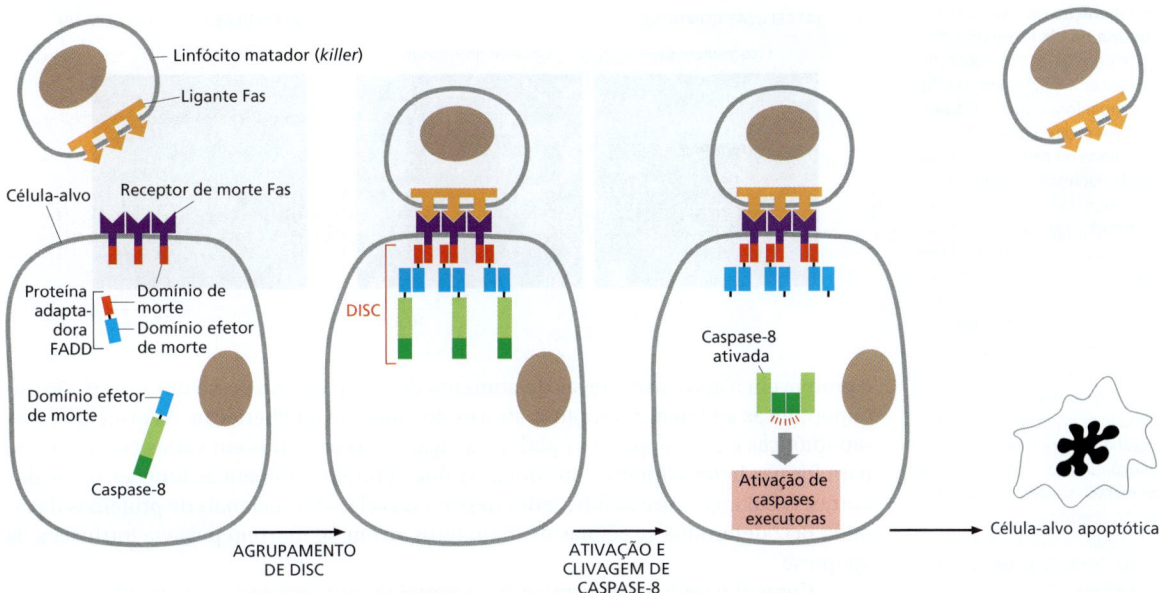

Figura 18-5 **A via extrínseca da apoptose ativada por meio de receptores de morte Fas.** Ligantes triméricos Fas na superfície de linfócitos *killer* interagem com receptores Fas triméricos na superfície da célula-alvo, levando a um agrupamento de muitos receptores triméricos de ligação ao ligante (para maior clareza, apenas um trímero é mostrado aqui). O agrupamento dos receptores ativa domínios de morte nas caudas dos receptores, que interagem com domínios similares na proteína adaptadora FADD (FADD de domínio de morte associado a Fas; do inglês: *Fas-associated death domain*). Então, cada proteína FADD recruta uma caspase iniciadora (caspase-8) por meio de um domínio efetor de morte em ambos, FADD e caspase, formando um complexo de sinalização indutor de morte (DISC). No DISC, duas caspases iniciadoras adjacentes interagem e clivam uma a outra para formar um dímero de protease ativo, que então se autocliva na região de ligação da protease ao domínio efetor de morte. Isso estabiliza e libera o dímero ativo da caspase no citosol, que então ativa caspases executoras, clivando-as.

Muitas células produzem proteínas inibidoras que agem para controlar a via extrínseca. Algumas células, por exemplo, produzem a proteína *FLIP* que se assemelha à caspase iniciadora mas não possui atividade de protease, porque falta a cisteína-chave no seu sítio ativo. FLIP dimeriza-se com caspase-8 no complexo DISC; embora a caspase-8 pareça ser ativa nesses heterodímeros, ela não é clivada no sítio requerido para sua ativação estável e o sinal apoptótico é bloqueado. Tais mecanismos inibidores ajudam a prevenir a ativação inapropriada da via extrínseca da apoptose.

A via intrínseca da apoptose depende da mitocôndria

As células podem ativar também seus programas de apoptose de dentro da célula, frequentemente em resposta ao estresse, tal como o dano do DNA ou em resposta a sinais de desenvolvimento. Em células de vertebrados, essas respostas são governadas por **vias apoptóticas intrínsecas** ou **mitocondriais**, que dependem da liberação de proteínas mitocondriais no citosol, que normalmente residem no espaço intermembrana dessas organelas (ver Figura 12-19). Algumas das proteínas liberadas ativam a cascata proteolítica de caspases no citoplasma, levando à apoptose.

Uma proteína-chave na via intrínseca é o **citocromo *c***, um componente solúvel em água da cadeia transportadora de elétrons da mitocôndria. Quando liberada no citosol (**Figura 18-6**), ela assume uma nova função: liga-se a uma proteína adaptadora chamada **Apaf1** (*fator 1 de ativação da protease apoptótica*), promovendo a oligomerização de Apaf1 em um heptâmero tipo roda, chamado **apoptossomo**. Então as proteínas Apaf1 no apoptossomo recrutam as proteínas caspase-9 inciadoras, que, acredita-se serem ativadas pela proximidade no apoptossomo, tal como a caspase-8 é ativada em DISC. As moléculas caspases-9 ativadas ativam então caspases executoras para induzir apoptose (**Figura 18-7**).

Proteínas Bcl2 regulam a via intrínseca da apoptose

A via intrínseca da apoptose é firmemente regulada para assegurar que células cometam suicídio apenas quando for apropriado. A principal classe de reguladores intracelulares da via intrínseca é a **família de proteínas Bcl2**, as quais, como a família das caspases, são conservadas de vermes a humanos ao longo da evolução; a proteína Bcl2 humana, por exemplo, pode suprimir a apoptose quando expressa em vermes *Caenorhabditis elegans*.

As proteínas da família Bcl2 de mamíferos regulam a via intrínseca da apoptose, principalmente controlando a liberação, no citosol, de citocromo *c* e de outras proteínas mitocondriais intermembrana. Algumas proteínas da família Bcl2 são *pro-apoptóticas*

Figura 18-6 Liberação do citocromo c da mitocôndria na via intrínseca da apoptose. Micrografias de fluorescência de células de câncer humanas em cultura. (A) Células-controle foram transfectadas com um gene que codifica uma proteína de fusão consistindo no citocromo c ligado à proteína verde fluorescente (citocromo c-GFP); elas também foram tratadas com um corante vermelho que se acumula na mitocôndria. A distribuição sobreposta de *verde* e *vermelho* indica que o citocromo c-GFP está localizado na mitocôndria. (B) As células que expressam o citocromo c-GFP foram irradiadas com luz ultravioleta (UV) para induzir a via intrínseca da apoptose e foram fotografadas 5 horas mais tarde. As seis células na metade inferior dessa micrografia liberaram seus citocromos c da mitocôndria no citosol, enquanto as células da metade superior da micrografia ainda não liberaram (Animação 18.1). (De J.C. Goldstein et al., *Nat. Cell Biol.* 2:156–162, 2000. Com permissão de Macmillan Publishers Ltd.)

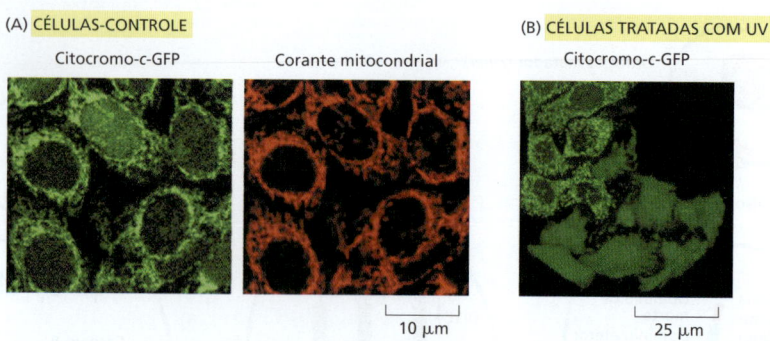

e promovem a apoptose através do aumento da libertação, ao passo que outras são antiapoptóticas e inibem a apoptose através do bloqueio da libertação. As proteínas pró-apoptóticas e antiapoptóticas podem se ligar umas às outras em várias combinações para formar heterodímeros, nos quais as duas proteínas inibem as funções umas das outras. O balanço entre as atividades dessas duas classes funcionais de proteínas da família Bcl2 determina se células de mamíferos vivem ou morrem pela via intrínseca da apoptose.

Como ilustrado na **Figura 18-8**, as proteínas antiapoptóticas da família Bcl2, incluindo a própria *Bcl2* (membro fundador da família Bcl2) e *BclX*$_L$, compartilham quatro *domínios (BH1-4) homólogos (BH) característicos de Bcl2*. As proteínas pró-apoptóticas da família Bcl2 consistem em duas subfamílias – as *proteínas efetoras da família Bcl2* e as *proteínas BH3-apenas*. As proteínas efetoras principais são *Bax* e *Bak*, que são estruturalmente similares a Bcl2 sem o domínio BH4. As proteínas BH3–apenas compartilham homologia de sequência com Bcl2 somente no domínio BH3.

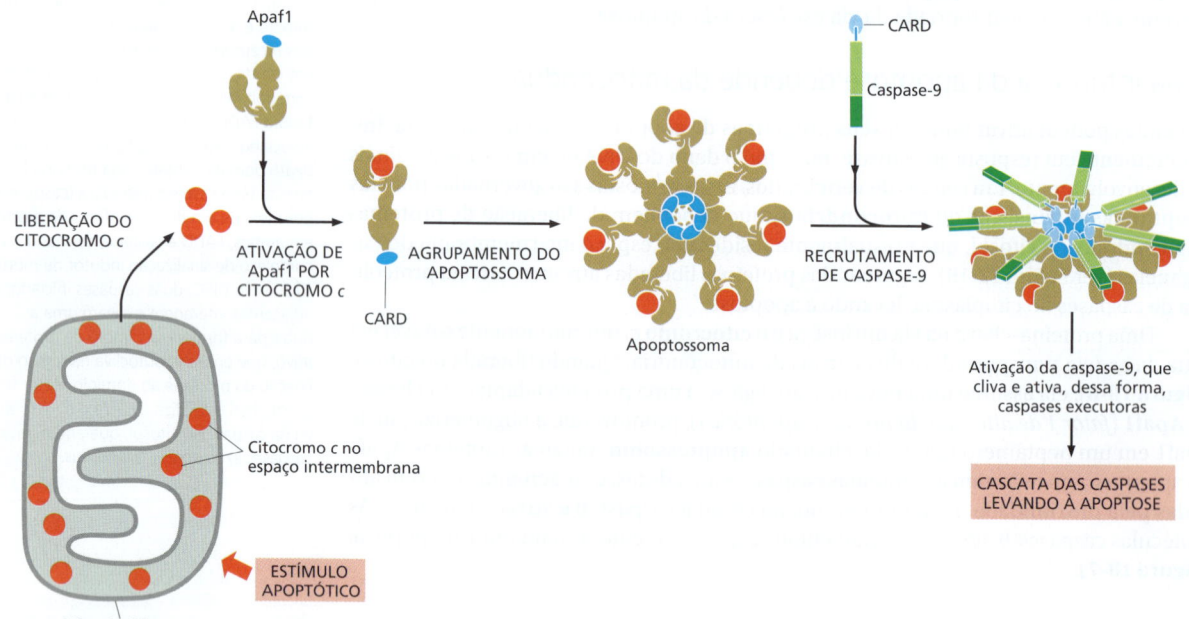

Figura 18-7 A via intrínseca da apoptose. Estímulos apoptóticos intracelulares provocam a liberação do citocromo c na mitocôndria, que interage com Apaf1. A ligação do citocromo c induz Apaf1 a se desenovelar parcialmente, expondo um domínio que interage com o mesmo domínio em outras moléculas de Apaf1 ativadas. Sete proteínas Apaf1 ativadas formam um grande complexo na forma de um anel chamado apoptossoma. Cada proteína Apaf1 contém um domínio de recrutamento da caspase (CARD), e esses são agrupados acima do eixo central do apoptossoma. CARDs ligam-se em domínios similares em múltiplas moléculas de caspase-9, que são então recrutadas para o apoptossoma e ativadas. O mecanismo de ativação da caspase-9 ainda não é bem entendido: provavelmente resulta da dimerização e clivagem de proteínas caspase-9 adjacentes, mas poderia também depender de interações entre caspase-9 e Apaf1. Uma vez ativada, a caspase-9 cliva, ativando, dessa forma, as caspases executoras a jusante. Observe que CARD está relacionada em estrutura e função com o domínio efetor de morte da caspase-8 (ver Figura 18-5). Alguns cientistas usam o termo "apoptossoma" para se referir ao complexo contendo caspase-9.

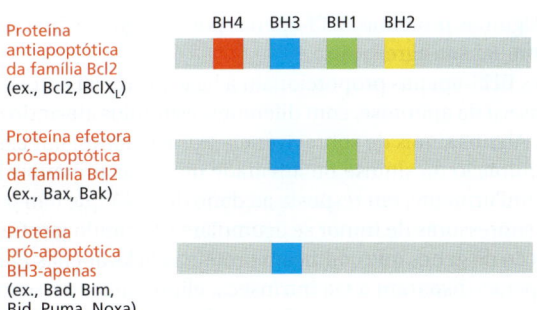

Figura 18-8 **As três classes de proteínas da família Bcl2.** Observe que o domínio BH3 é o único domínio BH compartilhado por todos os membros da família Bcl2; ele medeia interações diretas entre membros das famílias pró-apoptótica e antiapoptótica.

Quando um estímulo apoptótico dispara a via intrínseca, **proteínas efetoras da família Bcl2** pró-apoptóticas tornam-se ativadas e se agregam para formar oligômeros na membrana externa da mitocôndria, induzindo a liberação do citocromo *c* e outras proteínas intermembranas por um mecanismo desconhecido (**Figura 18-9**). Em células de mamíferos, **Bax** e **Bak** são as principais proteínas efetoras da família Bcl2, e ao menos uma delas é necessária para a via intrínseca de apoptose funcionar: as células de camundongo mutantes sem ambas as proteínas são resistentes a todos os sinais pró-apoptóticos que normalmente ativam essa via. Enquanto Bak está ligada à membrana externa mitocondrial, mesmo na ausência de um sinal apoptótico, Bax está principalmente localizada no citosol e se transloca para a mitocôndria apenas depois que um sinal apoptótico a ativa. Como discutido a seguir, a ativação de Bax e Bak geralmente depende de proteínas pró-apoptóticas BH3-apenas ativadas.

As **proteínas da família Bcl2 antiapoptóticas**, como **Bcl2** e **BclX$_L$**, também estão localizadas na superfície citosólica da membrana mitocondrial externa, onde ajudam a impedir a liberação inapropriada de proteínas intermembrana. As proteínas da família Bcl2 antiapoptóticas inibem a apoptose principalmente pela ligação e inibição de proteínas da família Bcl2 pró-apoptóticas – tanto na membrana mitocondrial como no citosol. Na membrana mitocondrial externa, por exemplo, elas ligam-se a Bak e impedem a sua oligomerização, consequentemente inibindo a liberação de citocromo *c* e outras proteínas intermembranas. Existem ao menos cinco proteínas da família Bcl2 antiapoptóticas em mamíferos, e cada célula de mamífero requer ao menos uma para sobreviver. Entretanto, um número dessas proteínas deve ser inibido para que a via intrínseca induza apoptose; as proteínas BH3-apenas fazem a mediação da inibição.

As **proteínas BH3-apenas** são a maior subclasse de proteínas da família Bcl2. A célula tanto as produz como as ativa em resposta a um estímulo apoptótico, e elas são conhecidas por promoverem a apoptose principalmente pela inibição de proteínas antiapoptóticas. Seus domínios BH3 ligam-se a uma fenda hidrofóbica longa nas proteínas da família Bcl2 antiapoptóticas, neutralizando sua atividade. Essa ligação e a inibição permitem o agregamento de Bax e Bak na superfície da mitocôndria, a qual dispara a liberação de proteínas mitocondriais intermembranas que induzem a apoptose

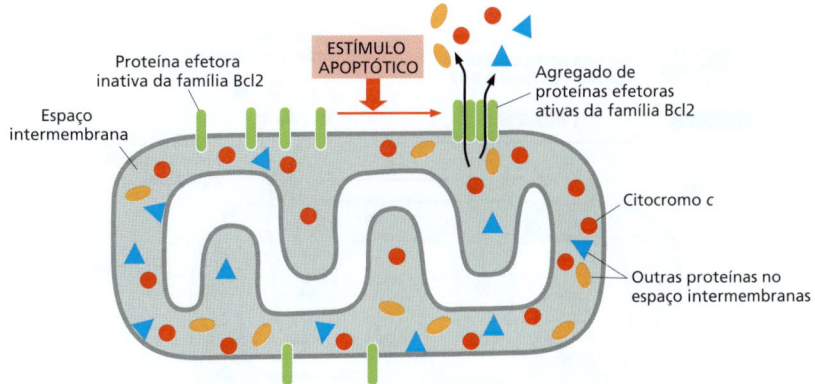

Figura 18-9 **O papel de proteínas efetoras pró-apoptóticas da família Bcl2 (principalmente Bax e Bak) na liberação de proteínas intermembrana mitocondriais na via intrínseca da apoptose.** Quando ativadas por um estímulo apoptótico, as proteínas efetoras da família Bcl2 se agregam na membrana externa mitocondrial e liberam citocromo *c* e outras proteínas do espaço intermembranas para o citosol, por um mecanismo desconhecido.

(**Figura 18-10**). Algumas proteínas BH3-apenas podem ligar-se diretamente a Bax e Bak para ajudar a estimular sua agregação.

As proteínas BH3-apenas proporcionam a ligação crucial entre estímulos apoptóticos e a via intrínseca da apoptose, com diferentes estímulos ativando diferentes proteínas BH3-apenas. Alguns sinais de sobrevivência extracelulares, por exemplo, impedem a apoptose pela inibição da síntese ou atividade de certas proteínas BH3-apenas (ver Figura 18-12B). Similarmente, em resposta ao dano do DNA que não pode ser reparado, as proteínas **p53** supressoras de tumor se acumulam (discutido nos Capítulos 17 e 20) e ativam a transcrição de genes que codificam proteínas BH3-apenas *Puma* e *Noxa*. Essas proteínas BH3-apenas disparam a via intrínseca, eliminando, desse modo, uma célula potencialmente perigosa, que, caso contrário, poderia se tornar cancerosa.

Como mencionado anteriormente, em algumas células, a via apoptótica extrínseca recruta a via intrínseca para amplificar a cascata de caspase para matar a célula. A proteína BH3-apenas *Bid* é a conexão entre as duas vias. Bid está normalmente inativa. Contudo, quando receptores de morte ativam a via extrínseca em algumas células, a caspase iniciadora, caspase-8, cliva Bid, produzindo uma forma ativa de Bid que se transloca para a membrana externa mitocondrial e inibe proteínas antiapoptóticas da família Bcl2, amplificando assim o sinal de morte.

IAPs ajudam no controle das caspases

Pelo fato de a ativação da cascata de caspases causar morte certa, as células empregam múltiplos mecanismos robustos para assegurar que essas proteases sejam ativadas apenas quando necessário. Uma linha de defesa é fornecida por uma família de pro-

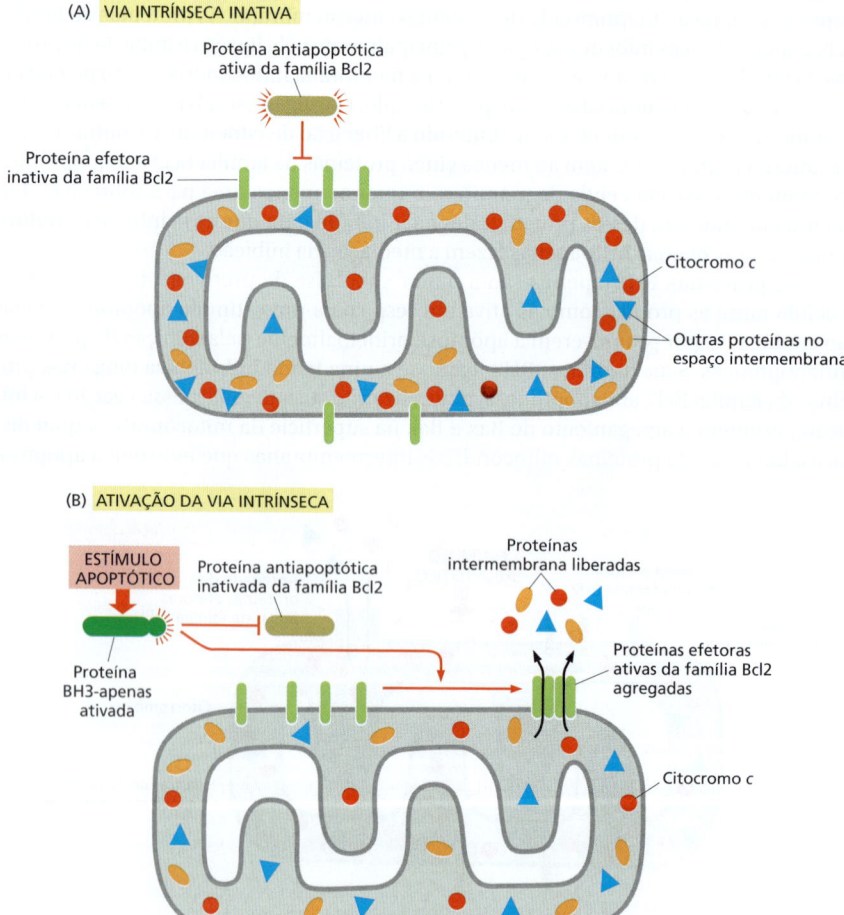

Figura 18-10 **Como as proteínas da família Bcl2 antiapoptóticas e BH3-apenas pró-apoptóticas regulam a via intrínseca da apoptose.** (A) Na ausência de estímulos apoptóticos, as proteínas antiapoptóticas da família Bcl2 se ligam e inibem proteínas efetoras da família Bcl2 na membrana externa mitocondrial (e no citosol – não mostrado). (B) Na presença de estímulos apoptóticos, as proteínas BH3-apenas são ativadas e se ligam a proteínas antiapoptóticas da família Bcl2, assim elas já não podem inibir proteínas efetoras da família Bcl2; essas últimas tornam-se ativadas, agregam-se na membrana externa da mitocôndria e promovem a liberação de proteínas intermembranas mitocondriais para o citosol. Algumas proteínas BH3-apenas ativadas podem estimular a liberação de proteínas mitocondriais de modo indireto por meio da ligação e ativação de proteínas efetoras da família Bcl2. Apesar de não mostrado, as proteínas antiapoptóticas da família Bcl2 estão ligadas à superfície mitocondrial.

teínas chamadas **inibidores de apoptose** (**IAPs**). Essas proteínas foram inicialmente identificadas em certos vírus de insetos (baculovírus), que codificam as proteínas IAP para evitar que a célula hospedeira infectada pelo vírus cometa suicídio por apoptose. Sabe-se atualmente que muitas células animais também produzem proteínas IAP.

Todas IAPs têm um ou mais domínios BIR (repetições IAP de baculovírus, de *baculovirus IAP repeat*), que permitem a elas ligarem-se e inibirem caspases ativadas. Algumas IAPs também fazem a poliubiquitinação das caspases, marcando as caspases para destruição pelos proteassomos. Dessa maneira, as IAPs estabelecem um limiar inibidor que caspases devem cruzar para disparar a apoptose.

Ao menos na *Drosophila*, a barreira inibidora proporcionada pelas IAPs pode ser neutralizada por proteínas **anti-IAP**, as quais são produzidas em resposta a vários estímulos apoptóticos. Existem numerosos anti-IAPs em moscas, incluindo Reaper, Grim e Hid, e sua única semelhança estrutural é o motivo pequeno, N-terminal de ligação a IAP, o qual liga o domínio BIR de IAPs, impedindo o domínio de se ligar a uma caspase. A deleção dos três genes que codificam Reaper, Grim e Hid bloqueia a apoptose em moscas. Inversamente, a inativação de um dos dois genes que codificam IAPs em *Drosophila* faz todas as células do embrião da mosca em desenvolvimento entrarem em apoptose. Claramente, o balanço entre IAPs e anti-IAPs é firmemente regulado, sendo crucial para o controle da apoptose em moscas.

O papel das proteínas IAP e anti-IAP na apoptose é menos claro. As anti-IAPs são liberadas do espaço intermembrana mitocondrial quando a via intrínseca da apoptose é ativada, bloqueando IAPs no citosol e, dessa maneira, promovendo a apoptose. Contudo, camundongos parecem se desenvolver normalmente caso percam a principal IAP de mamíferos (chamado XIAP) ou as duas anti-IAPs de mamíferos conhecidas (chamadas de Smac/Diablo e Omi). Vermes nem sempre contêm uma proteína IAP inibidora de caspase. Aparentemente, o firme controle da atividade da caspase é feito por distintos mecanismos em diferentes animais.

Fatores de sobrevivência extracelulares inibem a apoptose de vários modos

Sinais intercelulares regulam muitas atividades em células animais, incluindo a apoptose. Esses sinais extracelulares fazem parte dos controles "sociais" normais que asseguram que células individuais se comportem para o bem do organismo como um todo – e, nesse caso, pela sobrevivência quando são necessárias e se matando quando não são necessárias. Algumas moléculas de sinalização extracelular estimulam a apoptose, enquanto outras a inibem. Apresentamos proteínas-sinal como o ligante Fas que ativam receptores de morte e então disparam a via extrínseca da apoptose. Outras moléculas de sinalização extracelular que estimulam a apoptose são especialmente importantes durante o desenvolvimento de vertebrados: um pico do hormônio da tireoide no sangue, por exemplo, sinaliza células da cauda de girinos a entrarem em apoptose na metamorfose. Em camundongos, as proteínas sinalizadoras produzidas localmente estimulam células entre os dedos da mão e do pé a se matarem (ver Figura 18-2). Aqui, entretanto, enfocamos moléculas de sinalização extracelular que inibem a apoptose, que, juntas, são chamadas de **fatores de sobrevivência**.

Muitas células animais requerem sinalização contínua de outras células para evitar a apoptose. Essa surpreendente combinação aparentemente ajuda a assegurar que células sobrevivam apenas quando e onde são necessárias. As células nervosas, por exemplo, são produzidas em excesso no desenvolvimento do sistema nervoso e então competem por quantidades limitadas de fatores de sobrevivência que são secretados pelas células-alvo às quais elas normalmente se conectam (ver Figura 21-81). As células nervosas que recebem sinais de sobrevivência suficientes vivem, enquanto as outras morrem. Dessa maneira, o número de neurônios sobreviventes é automaticamente ajustado, sendo apropriado para o número de células-alvo conectadas (**Figura 18-11**). Uma competição similar por quantidades limitadas de fatores de sobrevivência produzidos por células vizinhas é conhecida por controlar o número celular em outros tecidos durante o desenvolvimento e a idade adulta.

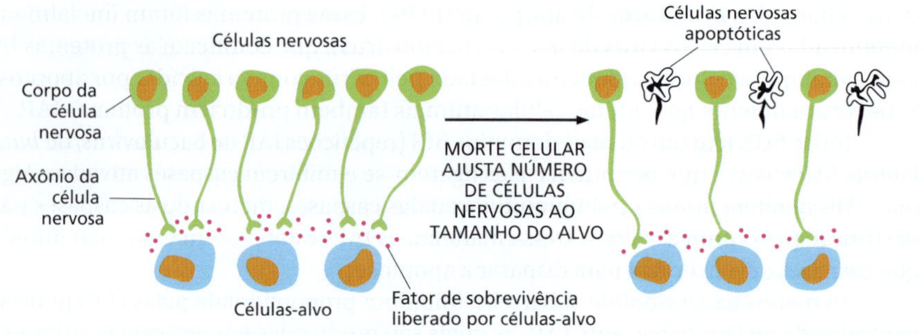

Figura 18-11 **O papel dos fatores de sobrevivência e morte celular no ajuste do número de células nervosas em desenvolvimento para a quantidade de tecido-alvo.** Mais células nervosas são produzidas do que podem ser mantidas pela quantidade limitada de fatores de sobrevivência liberados por células-alvo. Por conseguinte, algumas células nervosas recebem uma quantidade insuficiente de fatores de sobrevivência para evitar a apoptose. Essa estratégia de superprodução seguida por seleção ajuda a assegurar que todas as células-alvo sejam contatadas por células nervosas e que as células nervosas extras sejam automaticamente eliminadas.

Os fatores de sobrevivência geralmente se ligam a receptores da superfície celular, que ativam vias de sinalização intracelulares que suprimem o programa apoptótico, frequentemente por meio da regulação de proteínas da família Bcl2. Alguns fatores de sobrevivência, por exemplo, estimulam a síntese de proteínas antiapoptóticas da família Bcl2, tal como a própria Bcl2 ou $BclX_L$ (**Figura 18-12A**). Outros agem por inibição da função de proteínas pró-apoptóticas BH3-apenas, como *Bad* (**Figura 18-12B**). Em *Drosophila*, alguns fatores de sobrevivência agem fosforilando e inativando proteínas anti-IAP tal como Hid, permitindo assim que proteínas IAP suprimam apoptose (**Figura 18-12C**). Alguns neurônios em desenvolvimento, como aqueles ilustrados na Figura 18-11, usam uma abordagem alternativa engenhosa: receptores de fatores de sobrevivência estimulam apoptose – por um mecanismo desconhecido – quando não estão ocupados e, então, param de promover a morte quando fatores de sobrevivência estão ligados. O resultado em todos esses casos é o mesmo: a sobrevivência celular depende da ligação do fator de sobrevivência.

Fagócitos removem células apoptóticas

A morte da célula por apoptose é um processo extraordinariamente organizado: a célula apoptótica e seus fragmentos não se rompem e liberam seus conteúdos, mas em vez disso, permanecem intactas para serem eficientemente comidas – ou *fagocitadas* – por células vizinhas, não deixando traços e, portanto, sem disparar nenhuma resposta inflamatória (ver Figura 18-1B e **Animação 13.5**). Esse processo de engolfamento depende de modificações químicas na superfície das células apoptóticas, que disparam sinais de recrutamento de células fagocíticas. Uma modificação especialmente importante ocorre na distribuição de fosfolipídeos *fosfatidilserina* carregados negativamente na superfície celular. Esse fosfolipídeo normalmente está localizado exclusivamente na folha interna da bicamada lipídica da membrana plasmática (ver Figura 10-15), mas ele vira para a folha externa em células apoptóticas. O mecanismo subjacente é pobremente entendi-

Figura 18-12 **Três maneiras pelas quais os fatores de sobrevivência extracelulares podem inibir a apoptose.** (A) Alguns fatores de sobrevivência suprimem a apoptose estimulando a transcrição de genes que codificam proteínas antiapoptóticas da família Bcl2, tal como a própria Bcl2 ou $BclX_L$. (B) Muitos outros ativam a proteína serina/treonina-cinase Akt, que, entre muitos outros alvos, fosforila e inativa Bad, uma proteína pró-apoptótica BH3-apenas, (ver Figura 15-53). Quando não fosforilada, Bad promove a apoptose, ligando-se e inibindo Bcl2; uma vez fosforilada, Bad dissocia-se, liberando Bcl2 para suprimir a apoptose. A Akt também suprime a apoptose fosforilando e inativando proteínas reguladoras de transcrição que estimulam a transcrição de genes que codificam proteínas que promovem a apoptose (não mostrado). (C) Em *Drosophila*, alguns fatores de sobrevivência inibem a apoptose estimulando a fosforilação da proteína anti-IAP Hid. Quando não fosforilada, Hid promove a morte celular inibindo IAPs. Uma vez fosforilada, Hid não mais inibe as IAPs, que se tornam ativas e bloqueiam a apoptose. MAP-cinase (proteína-cinase ativada por mitógenos)

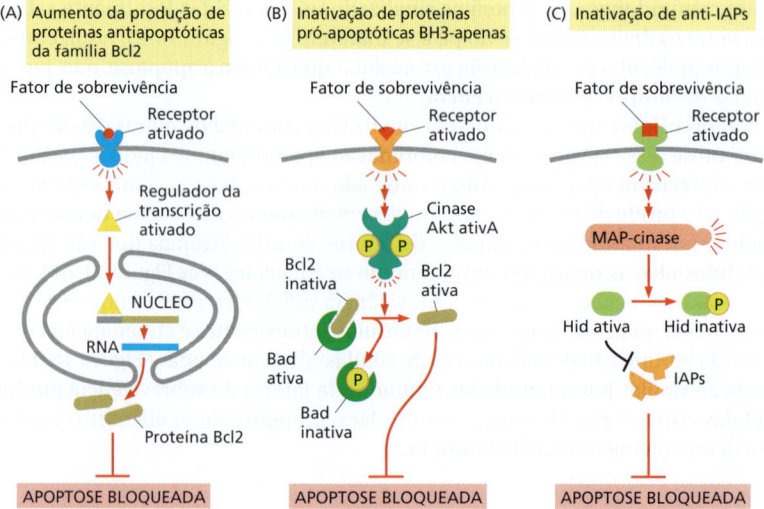

do, mas a exposição externa da fosfatidilserina provavelmente depende da clivagem pela caspase de algumas proteínas envolvidas na distribuição de fosfolipídeos na membrana. Uma variedade de proteínas "de ponte" solúveis interagem com fosfatidilserinas expostas em células apoptóticas. Essas proteínas de ponte também interagem com receptores específicos na superfície de células da vizinhança ou macrófagos, disparando modificações do citoesqueleto e outras mais que iniciam o processo de engolfamento.

Os macrófagos não fagocitam células saudáveis no animal – apesar do fato de células saudáveis normalmente exporem algumas fosfatidilserinas na sua superfície. As células saudáveis expressam proteínas-sinal na sua superfície, as quais interagem com receptores inibitórios nos macrófagos que bloqueiam a fagocitose. Assim, além de expressar sinais na superfície celular, tal como as fosfatidilserinas que estimulam a fagocitose, células apoptóticas devem perder ou inativar o sinal de "não me coma" que bloqueia a fagocitose.

Apoptose excessiva ou insuficiente pode contribuir para doenças

Existem muitas doenças humanas nas quais o número excessivo de células que entram em apoptose contribuem para o dano no tecido. Dentre os exemplos mais dramáticos estão os ataques do coração e derrames. Nessas condições agudas, muitas células morrem por necrose como resultado de isquemia (suprimento inadequado de sangue), mas algumas das células menos afetadas morrem por apoptose. Espera-se que, no futuro, drogas que bloqueiam a apoptose – como inibidores específicos de caspases – mostrem sua utilidade poupando tais células.

Existem outras circunstâncias onde poucas células morrem por apoptose. As mutações em camundongos e humanos, por exemplo, que inativam genes que codificam o receptor de morte Fas ou o ligante Fas, impedem a morte normal de alguns linfócitos, causando o acúmulo excessivo dessas células no baço e nas glândulas linfáticas. Em muitos casos, isso leva à doença autoimune, na qual os linfócitos reagem contra tecidos do próprio indivíduo.

A apoptose diminuída também faz uma importante contribuição a muitos tumores, visto que as células de câncer frequentemente regulam o programa apoptótico anormalmente. O gene *Bcl2*, por exemplo, foi primeiramente identificado em uma forma comum de linfócitos de câncer em humanos, onde uma translocação cromossômica causa uma produção excessiva da proteína Bcl2; de fato, Bcl2 recebeu seu nome desse *linfoma de célula B*. O alto nível da proteína Bcl2 em linfócitos que carregam a translocação promove o desenvolvimento de câncer pela inibição da apoptose, prolongando a sobrevivência de linfócitos e aumentando o seu número; isso também diminui a sensibilidade dessas células a fármacos anticâncer, que comumente funcionam levando as células de câncer a entrarem em apoptose.

Similarmente, o gene que codifica a proteína supressora de tumor p53 é mutado em cerca de 50% dos cânceres humanos, sendo que isso não promove mais a apoptose ou a parada do ciclo celular em resposta ao dano no DNA. A falta da função de p53 permite que a célula cancerosa sobreviva e prolifere mesmo quando seu DNA está danificado; dessa maneira, as células acumulam mais mutações, algumas das quais produzem câncer mais maligno (discutido no Capítulo 20). Como muitos fármacos anticâncer induzem a apoptose (e a parada do ciclo celular) por um mecanismo dependente de p53 (discutido nos Capítulos 17 e 20), a perda da função de p53 também produz células de câncer menos sensíveis a esses fármacos.

Se a diminuição da apoptose contribui para muitos cânceres, então se poderia tratar esses cânceres com drogas que estimulam a apoptose. Essa linha de pensamento recentemente levou ao desenvolvimento de pequenos produtos químicos que interferem na função de proteínas antiapoptóticas da família Bcl2, tais como Bcl2 e BclX$_L$. Esses agentes químicos ligam-se com alta afinidade à fenda hidrofóbica de proteínas antiapoptóticas da família Bcl2, bloqueando sua função, usando essencialmente a mesma via que proteínas BH3-apenas (**Figura 18-13**). A via intrínseca da apoptose é, então, estimulada, o que em certos tumores aumenta a quantidade de células mortas.

Muitos cânceres humanos surgem em tecidos epiteliais como no pulmão, no trato intestinal, na mama e na próstata. Tais células cancerosas exibem muitas anormalidades em seu comportamento, incluindo uma diminuição na habilidade de aderir

Figura 18-13 Como o produto químico ABT-737 inibe proteínas antiapoptóticas da família Bcl2. Como mostrado na Figura 18-10B, um sinal apoptótico resulta na ativação de proteínas BH3-apenas, as quais interagem com uma longa fenda hidrofóbica em proteínas antiapoptóticas da família Bcl2, evitando, assim, que elas bloqueiem a apoptose. Usando a estrutura em cristal da fenda, a droga mostrada em (A), chamada ABT-737, foi desenhada e sintetizada para se ligar firmemente na fenda, como mostrado para proteínas antiapoptóticas da família Bcl2, as BclX$_L$, em (B). Por inibição da atividade dessas proteínas, a droga promove a apoptose em qualquer célula que dependa delas para a sobrevivência. (Código PDB: 2YXJ.)

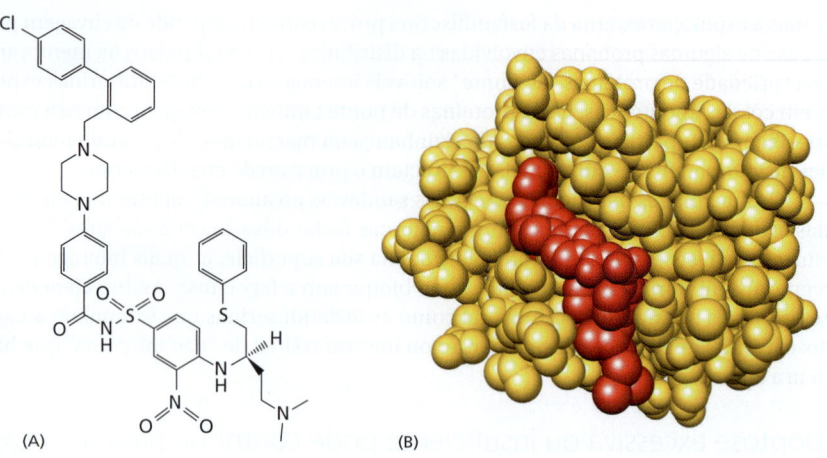

à matriz extracelular e umas às outras nas junções especializadas entre as células. No próximo capítulo, discutiremos notáveis estruturas e funções da matriz extracelular e das junções celulares.

Resumo

As células animais podem ativar um programa de morte celular e matar a si próprias em uma via controlada quando são irreversivelmente danificadas, não mais necessárias ou são uma ameaça para o organismo. Em muitos casos, essas mortes ocorrem por apoptose: a células se contraem, condensam-se, frequentemente se fragmentam, e células vizinhas ou macrófagos rapidamente fagocitam essas células ou fragmentos antes do vazamento do conteúdo citoplasmático. A apoptose é mediada por enzimas proteolíticas chamadas caspases, que clivam proteínas intracelulares específicas para ajudar a matar a célula. As caspases estão presentes em todas as células animais nucleadas como precursores inativos. As caspases iniciadoras são ativadas quando trazidas em proximidade a complexos de ativação: uma vez ativadas, elas clivam e, assim, ativam caspases executoras subsequentes na cascata, que então clivam várias proteínas-alvo na célula, produzindo e amplificando irreversivelmente a cascata proteolítica.

As células usam ao menos duas vias distintas para ativar caspases iniciadoras e disparar a cascata de caspase levando à apoptose: a via extrínseca é ativada pela ligação de ligantes extracelulares a receptores de morte na superfície celular; a via intrínseca é ativada por sinais intracelulares gerados quando as células são estressadas. Cada via usa suas próprias caspases iniciadoras, que são ativadas em complexos de ativação distintos: na via extrínseca, os receptores de morte recrutam caspase-8 via proteínas adaptadoras para formar DISC; na via intrínseca, o citocromo c liberado do espaço intermembrana de mitocôndrias, ativa Apaf1 que se agrupa em apoptossomas e recruta e ativa caspase-9.

As proteínas intracelulares da família Bcl2 e as proteínas IAPs regulam firmemente o programa apoptótico para assegurar que células cometam suicídio apenas quando isso beneficiar o animal. Tanto as proteínas da família Bcl2 antiapoptóticas quanto as pró-apoptóticas regulam a via intrínseca controlando a liberação de proteínas intermembranas mitocondriais, enquanto as proteínas IAP inibem caspases ativadas e promovem sua degradação.

O QUE NÃO SABEMOS

- Quantas formas de morte celular programada existem? Quais são os mecanismos fundamentais e os benefícios de cada uma?

- Milhares de substratos de caspases têm sido identificados. Quais são as proteínas críticas que devem ser clivadas para disparar os principais eventos de remodelagem celular inerentes da apoptose?

- Como a via intrínseca da apoptose evoluiu e qual a vantagem de ter mitocôndrias desempenhando um papel tão central na regulação da apoptose?

- Como os sinais "não me coma" são eliminados ou inativados durante a apoptose para permitir que células sejam fagocitadas?

TESTE SEU CONHECIMENTO

Quais afirmativas estão corretas? Justifique.

18-1 Em tecidos adultos normais, a morte celular em geral é contrabalanceada pela divisão celular.

18-2 As células de mamíferos que não possuem citocromo *c* deveriam ser resistentes à apoptose induzida por dano ao DNA.

Discuta as questões a seguir.

18-3 Um importante papel de Fas e do ligante Fas é medir a eliminação de células tumorais pelos linfócitos matadores. Em um estudo de 35 tumores primários de cólon e pulmão, metade deles possuía um gene que codifica uma proteína secretada que se liga ao ligante Fas amplificado e superexpresso. Como você supõe que a superexpressão dessa proteína poderia contribuir para a sobrevivência dessas células tumorais? Explique seu raciocínio.

18-4 O desenvolvimento do nematódeo *Caenorhabditis elegans* gera exatamente 959 células somáticas; ele também produz 131 células adicionais que são eliminadas mais tarde por apoptose. Experimentos de genética clássica em *C. elegans* isolaram mutantes que levaram à identificação dos primeiros genes envolvidos na apoptose. Das muitas mutações que afetam a apoptose em nematódeos, nenhuma jamais foi encontrada no gene para o citocromo *c*. Por que você supõe que uma molécula efetora central na apoptose não tenha sido encontrada nos muitos rastreamentos genéticos para genes de "morte" realizados em *C. elegans*?

18-5 Imagine que você possa microinjetar citocromo *c* no citosol de células de mamíferos do tipo selvagem e em células duplamente defeituosas para Bax e Bak. Você esperaria que um, ambos ou nenhum tipo celular entrasse em apoptose? Explique seu raciocínio.

18-6 Em contraste com suas anormalidades cerebrais similares, camundongos recém-nascidos deficientes em Apaf1 ou caspase-9 possuem diferentes anormalidades em suas patas. Os camundongos deficientes em Apaf1 falham em eliminar as membranas entre seus dedos em desenvolvimento, enquanto camundongos deficientes em caspase-9 têm dedos formados normalmente (**Figura Q18-1**). Se Apaf1 e caspase-9 funcionam na mesma via apoptótica, como é possível para esses camundongos deficientes mostrarem diferenças na célula da membrana em apoptose?

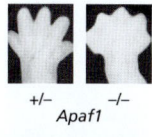
+/-   -/-
Apaf1

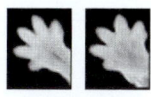
+/+   -/-
Casp9

Figura Q18–1 A aparência das patas em camundongos recém-nascidos $Apaf1^{-/-}$ e $Casp9^{-/-}$ comparada com a de camundongos recém-nascidos normais. (De H. Yoshida et al., *Cell* 94:739–750, 1998. Com permissão de Elsevier.)

18-7 Quando células de câncer humano são expostas à luz ultravioleta (UV) a 90 mJ/cm², muitas das células entram em apoptose dentro de 24 horas. A liberação do citocromo *c* de mitocôndrias pode ser detectada apenas 6 horas depois da exposição de uma população de células à luz UV, e ela continua aumentando por mais de 10 horas. Isso significa que células individuais lentamente liberam seu citocromo *c* nesse período de tempo? Ou, alternativamente, células individuais liberam seu citocromo *c* rapidamente, mas com diferentes células sendo disparadas em um período de tempo maior?

Para responder a essa questão fundamental, você fusiona o gene que codifica a *proteína verde fluorescente* (GFP, *green fluorescent protein*) ao gene que codifica o citocromo *c*, então você pode observar o comportamento de células individuais por microscopia confocal de fluorescência. Em células que estão expressando a fusão citocromo *c*-GFP, a fluorescência mostra um padrão pontual típico de proteínas mitocondriais. Você então irradia essas células com luz UV e observa as trocas no padrão pontual em células individuais. Duas dessas células (circuladas em branco) são mostradas na **Figura Q18-2A** e **B**. A liberação do citocromo *c*-GFP é detectada como uma troca do padrão de fluorescência pontual para difuso. O tempo após a exposição à UV está indicado em horas:minutos abaixo dos painéis individuais.

Que modelo para a liberação do citocromo *c* pode ser obtido a partir dessas observações? Explique seu raciocínio.

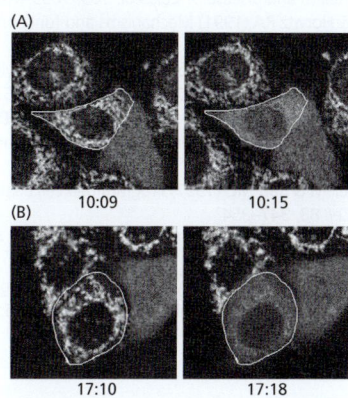

Figura Q18-2 Análise por microscopia de fluorescência com lapso de tempo da liberação do citocromo *c*-GFP de mitocôndrias de células individuais. (A) Células observadas por 6 minutos, 10 horas após a irradiação com luz UV. (B) Células observadas por 8 minutos, 17 horas após a irradiação com luz UV. Uma célula em (A) e uma célula em (B), cada uma *circulada em branco*, liberou seu citocromo *c*-GFP durante o tempo de observação, que é mostrado em horas:minutos abaixo de cada painel. (De J.C. Goldstein et al., *Nat. Cell Biol.* 2:156–162, 2000. Com permissão de Macmillan Publishers Ltd.)

18-8 O ligante Fas é uma proteína extracelular trimérica que liga-se a seu receptor Fas, que é composto por três subunidades transmembrana idênticas (**Figura Q18-3**). A ligação do ligante Fas altera a conformação de Fas e, desse modo, ele se liga a uma proteína adaptadora que então recruta e ativa caspase-8, disparando a cascata de caspase que leva à morte celular. Em humanos, a síndrome linfoproliferativa autoimune (SLPA) está associada a mutações dominantes em Fas, que incluem pontos de mutação e região C-terminal truncada. Em indivíduos que são heterozigotos para tais mutações, os linfócitos não morrem na sua taxa normal e são acumulados anormalmente em grande número, provocando uma variedade de problemas clínicos. Ao contrário desses pacientes, indivíduos que são heterozigotos para mutações que eliminam inteiramente a expressão de Fas, não possuem sintomas clínicos.

A. Assumindo que as formas dominante e normal de Fas são expressas no mesmo nível e ligam igualmente ligantes Fas, qual fração dos complexos Fas-Fas ligante no linfócito de um paciente SLPA heterozigoto se esperaria que fosse inteiramente composta por subunidades Fas normal?

B. Em um indivíduo heterozigoto para uma mutação que elimina a expressão de Fas, que fração de complexos Fas-Fas ligante se esperaria que fosse inteiramente composta por subunidades Fas normal?

C. Por que as mutações Fas são associadas a SLPA dominantes, enquanto aquelas que eliminam a expressão de Fas são recessivas?

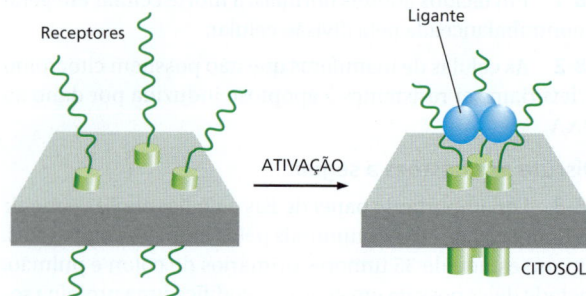

Figura Q18-3 Ligação do ligante Fas trimérico ao Fas.

REFERÊNCIAS

Crawford ED & Wells JA (2011) Caspase substrates and cellular remodeling. *Annu. Rev. Biochem.* 80, 1055–1087.

Czabotar PE, Lessene G, Strasser A et al. (2014) Control of apoptosis by the BCL-2 protein family: implications for physiology and therapy. *Nat. Rev. Mol. Cell Biol.* 15, 49–63.

Danial NN & Korsmeyer SJ (2004) Cell death: critical control points. *Cell* 116, 205–219.

Elliott MR & Ravichandran KS (2010) Clearance of apoptotic cells: implications in health and disease. *J. Cell Biol.* 189, 1059–1070.

Ellis RE, Yuan JY & Horvitz RA (1991) Mechanisms and functions of cell death. *Annu. Rev. Cell Biol.* 7, 663–698.

Fadok VA & Henson PM (2003) Apoptosis: giving phosphatidylserine recognition an assist—with a twist. *Curr. Biol.* 13, R655–R657.

Green DR (2011) Means to an End: Apoptosis and Other Cell Death Mechanisms. Cold Spring Harbor, New York: Cold Spring Harbor Laboratory Press.

Jacobson MD, Weil M & Raff MC (1997) Programmed cell death in animal development. *Cell* 88, 347–354.

Jiang X & Wang X (2004) Cytochrome C-mediated apoptosis. *Annu. Rev. Biochem.* 73, 87–106.

Kerr JF, Wyllie AH & Currie AR (1972) Apoptosis: a basic biological phenomenon with wide-ranging implications in tissue kinetics. *Brit. J. Cancer* 26, 239–257.

Kumar S (2007) Caspase function in programmed cell death. *Cell Death Differ.* 14, 32–43.

Lavrik I, Golks A & Krammer PH (2005) Death receptor signaling. *J. Cell Sci.* 118, 265–267.

Lessene G, Czabotar PE & Colman PM (2008) BCL-2 family antagonists for cancer therapy. *Nat. Rev. Drug Discov.* 7, 989–1000.

Mace PD & Riedl SJ (2010) Molecular cell death platforms and assemblies. *Curr. Opin. Cell Biol.* 22, 828–836.

Nagata S (2005) DNA degradation in development and programmed cell death. *Annu. Rev. Immunol.* 23, 853–875.

Raff MC (1999) Cell suicide for beginners. *Nature* 396, 119–122.

Tait SW & Green DR (2013) Mitochondrial regulation of cell death. *Cold Spring Harb. Perspect. Biol.* 5, a008706.

Vanden Berghe T, Linkermann A, Jouan-Lanhouet S et al. (2014) Regulated necrosis: the expanding network of non-apoptotic cell death pathways. *Nat. Rev. Mol. Cell Biol.* 15, 135–147.

Vousden KH (2005) Apoptosis. p53 and PUMA: a deadly duo. *Science* 309, 1685–1686.

Willis SN & Adams JM (2005) Life in the balance: how BH3-only proteins induce apoptosis. *Curr. Opin. Cell Biol.* 17, 617–625.

Yuan S & Akey CW (2013) Apoptosome structure, assembly, and procaspase activation. *Structure* 21, 501–515.

PARTE V

AS CÉLULAS EM SEU CONTEXTO SOCIAL

Junções celulares e matriz extracelular

CAPÍTULO 19

De todas as interações sociais que ocorrem entre as células de um organismo multicelular, as mais fundamentais são aquelas que mantêm as células unidas. As células podem ser mantidas unidas por interações diretas ou presas dentro da *matriz extracelular*, uma rede complexa de proteínas e cadeias polissacarídicas secretadas pelas próprias células. De um modo ou de outro, as células devem estar aderidas para formar uma estrutura multicelular organizada capaz de suportar e responder a várias forças externas que tentam separá-las.

O mecanismo de coesão controla a arquitetura do organismo, sua forma e o arranjo dos diferentes tipos celulares. A formação e a destruição das ligações entre as células e a modelagem da matriz extracelular regulam o modo como as células se movem no organismo, orientando-as durante o crescimento, o desenvolvimento e o reparo. A adesão às outras células e à matriz extracelular controla a orientação e o comportamento do citoesqueleto celular, permitindo que as células detectem e respondam às mudanças nas características mecânicas do seu ambiente. Assim, o aparato das junções celulares e a matriz extracelular são críticos para cada um dos aspectos da organização, função e dinâmica das estruturas multicelulares. Defeitos nesse aparato são responsáveis por uma grande variedade de doenças.

As principais características das junções celulares e da matriz extracelular podem ser mais bem descritas considerando-se duas grandes categorias de tecidos que são encontrados nos animais (**Figura 19-1**). Os **tecidos conectivos**, como os ossos e tendões, são formados a partir de uma matriz extracelular produzida pelas células que se encontram esparsamente distribuídas na matriz. É a matriz que sofre a maior parte do estresse mecânico ao qual o tecido está sujeito, e não as células. Ligações diretas entre as células são relativamente raras, mas as células apresentam importantes ligações à matriz. Essas *junções célula-matriz* conectam o citoesqueleto com a matriz, permitindo que as células se movam pela matriz e monitorem as alterações nas suas propriedades mecânicas.

No **tecido epitelial**, como aquele que reveste o intestino ou a epiderme, as células são fortemente ligadas em camadas chamadas de **epitélios**. A matriz extracelular é menos marcante, consistindo, sobretudo, em uma fina camada denominada *lâmina basal* (ou *membrana basal*) subjacente. No epitélio, as células estão ligadas umas às outras diretamente, por *junções célula-célula*, onde os filamentos do citoesqueleto estão ancorados, transmitindo o estresse pelo interior das células de um local de adesão a outro.

NESTE CAPÍTULO

JUNÇÕES CÉLULA-CÉLULA

A MATRIZ EXTRACELULAR DOS ANIMAIS

JUNÇÕES CÉLULA-MATRIZ

A PAREDE CELULAR DAS PLANTAS

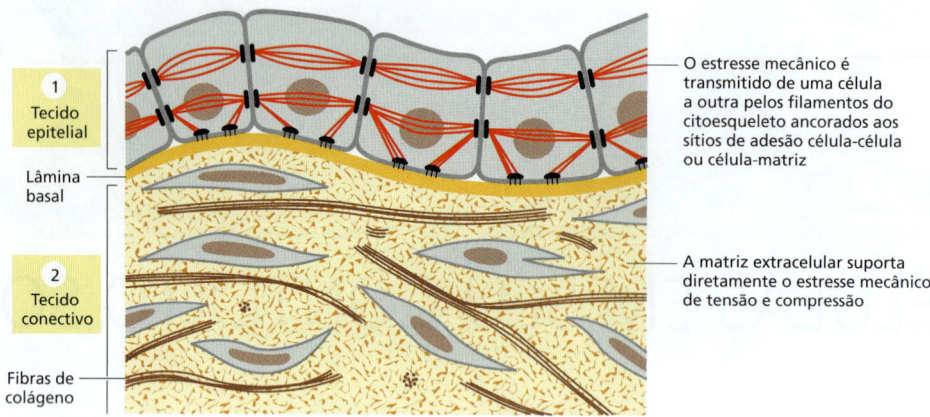

Figura 19-1 Duas principais maneiras pelas quais as células animais são unidas. No tecido conectivo, o principal componente que suporta o estresse é a matriz extracelular. No tecido epitelial, é o citoesqueleto das próprias células, ligado de uma célula à outra por junções de adesão. As adesões célula-matriz conectam o tecido epitelial ao tecido conectivo subjacente.

O citoesqueleto das células epiteliais também está ligado à lâmina basal por meio das junções célula-matriz.

A **Figura 19-2** apresenta um diagrama detalhado das células epiteliais ilustrando os principais tipos de junções célula-célula e célula-matriz que veremos neste capítulo. O diagrama mostra o arranjo de junções típico de um epitélio *colunar simples* como o revestimento do intestino delgado dos vertebrados. Nesta figura, uma única camada de células altas apoia-se sobre uma lâmina basal, com a superfície mais elevada da célula, ou *ápice*, livre e exposta ao meio extracelular. Nos seus lados, ou superfícies *laterais*, as células formam as junções umas com as outras. Dois tipos de **junções de ancoragem** ligam os citoesqueletos das células adjacentes: as **junções aderentes** são locais de ancoragem para os filamentos de actina. Os **desmossomos** são os locais de ancoragem para os filamentos intermediários. Dois tipos de junções de ancoragem adicionais ligam o citoesqueleto das células epiteliais à lâmina basal: as *junções célula-matriz ligadas* à *actina* que ancoram os filamentos de actina à matriz, e os *hemidesmossomos* que ancoram os filamentos intermediários à matriz.

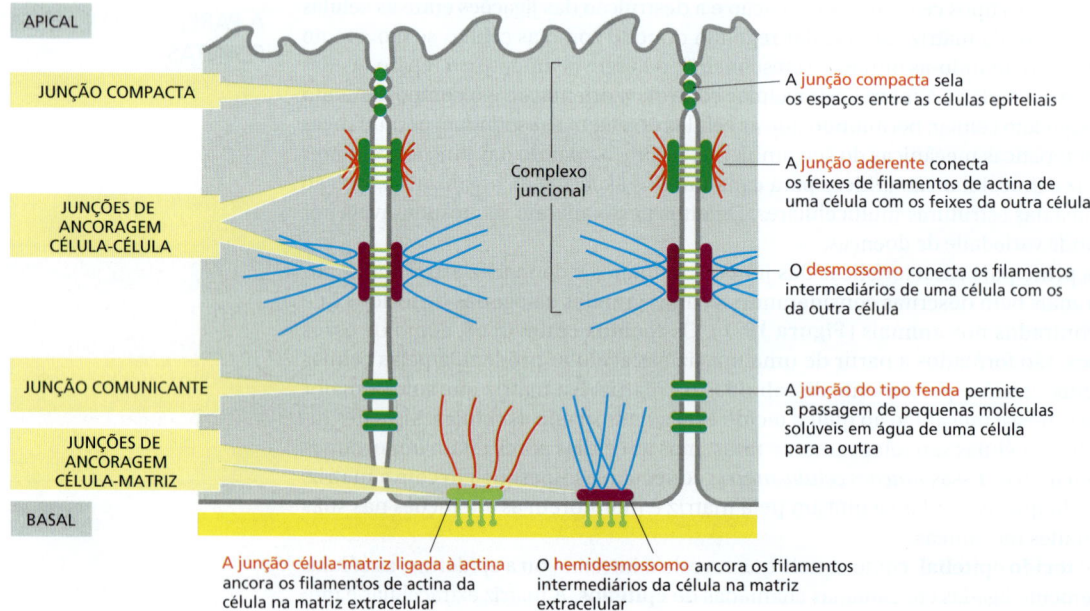

Figura 19-2 Resumo das várias junções celulares encontradas nas células epiteliais dos vertebrados, classificadas de acordo com sua função primária. Na porção mais apical da célula, a posição das junções é a mesma em praticamente todo o epitélio de vertebrados. As junções compactas ocupam a posição mais apical, seguidas pelas junções aderentes (cinturão de adesão), e então por uma linha paralela especial de desmossomos. Juntas, tais estruturas são denominadas complexo juncional. As junções do tipo fenda e os desmossomos adicionais são menos organizados. Dois tipos de junções de ancoragem matriz-célula prendem a superfície basal da célula à lâmina basal. A ilustração é baseada nas células epiteliais do intestino delgado.

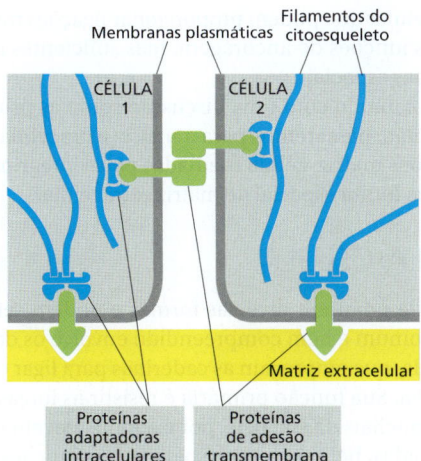

Figura 19-3 Proteínas de adesão transmembrana ligam o citoesqueleto a estruturas extracelulares. A ligação externa pode ser com outra célula (junções célula-célula, em geral mediadas pelas caderinas) ou com a matriz extracelular (junções célula-matriz, geralmente mediadas pelas integrinas). A ligação interna ao citoesqueleto costuma ser indireta, via proteínas adaptadoras intracelulares, conforme discutido mais adiante.

Dois outros tipos de junções célula-célula estão ilustrados na Figura 19-2. As *junções compactas* mantêm as células muito próximas perto do ápice, selando o espaço entre as células e, portanto, impedindo que moléculas vazem pelo epitélio. Próximo à porção basal das células, encontram-se as junções comunicantes, denominadas *junções do tipo fenda*, que criam passagens conectando citoplasmas adjacentes.

Cada um dos quatro principais tipos de junções de ancoragem depende das **proteínas de adesão transmembrana** que atravessam a membrana plasmática, com uma extremidade ligando o citoesqueleto dentro da célula e a outra extremidade ligando as estruturas do lado de fora da célula (**Figura 19-3**). Essas proteínas transmembrana ligadas ao citoesqueleto são classificadas em duas superfamílias, correspondendo aos dois tipos básicos de ligação externa. As proteínas da superfamília das **caderinas** medeiam a ligação célula-célula (**Animação 19.1**). As proteínas da família das **integrinas** medeiam a ligação da célula à matriz. Há especialização dentro de cada família: algumas caderinas ligam-se à actina e formam as junções aderentes, ao passo que outras se ligam aos filamentos intermediários e formam os desmossomos. Igualmente, algumas integrinas ligam-se à actina formando as junções célula-matriz ligadas à actina, enquanto outras se ligam aos filamentos intermediários e formam os hemidesmossomos (**Tabela 19-1**).

Existem algumas exceções a essas regras. Algumas integrinas, por exemplo, medeiam ligações célula-célula em vez de célula-matriz. Além disso, há outros tipos de

TABELA 19-1 Junções de ancoragem

Junção	Proteína de adesão transmembrana	Ligante extracelular	Ligação ao citoesqueleto intracelular	Proteína adaptadora intracelular
Célula-célula				
Junção aderente	Caderinas clássicas	Caderina clássica da célula vizinha	Filamentos de actina	α-catenina, β-catenina, placoglobina (γ-catenina), catenina p120, vinculina
Desmossomo	Caderinas não clássicas (desmogleína, desmocolina)	Desmogleína e desmocolina na célula vizinha	Filamentos intermediários	Placoglobina (γ-catenina), placofilina, desmoplaquina
Célula-matriz				
Junção célula-matriz ligada por actina	Integrina	Proteínas da matriz extracelular	Filamentos de actina	Talina, quindlina, vinculina, paxilina, cinase de adesão focal (FAK), várias outras
Hemidesmossomo	Integrina $\alpha_6\beta_4$, colágeno tipo XVII	Proteínas da matriz extracelular	Filamentos intermediários	Plectina, BP230

moléculas de adesão celular que podem proporcionar ligações transitórias célula-célula mais frouxas do que as junções de ancoragem, mas suficientes para manter as células unidas em circunstâncias especiais.

Começaremos o capítulo com uma discussão sobre as principais formas de junções célula-célula e, então, passaremos para a matriz extracelular dos animais, a estrutura e função das junções matriz-célula mediadas pelas integrinas e, por fim, a parede celular das plantas, uma forma especial de matriz extracelular.

JUNÇÕES CÉLULA-CÉLULA

As junções célula-célula possuem diversas formas e podem ser reguladas por vários mecanismos. O mais comum e bem compreendido envolve os dois tipos de junções de ancoragem célula-célula, que empregam as caderinas para ligar o citoesqueleto de uma célula com a sua vizinha. Sua função primária é resistir às forças externas que afastam as células. As células epiteliais da sua pele, por exemplo, devem permanecer fortemente unidas quando esticadas, beliscadas ou espetadas. As junções de ancoragem célula-célula também devem ser dinâmicas e adaptáveis de modo que possam ser alteradas ou reorganizadas quando os tecidos são removidos ou regenerados, ou quando ocorrem mudanças nas forças que atuam sobre eles.

Nesta seção, veremos principalmente as junções de ancoragem baseadas nas caderinas. Na sequência descreveremos rapidamente as junções compactas e as junções do tipo fenda e, por fim, veremos os mecanismos mais temporários de adesão célula-célula empregados por algumas células na circulação sanguínea.

As caderinas formam uma família distinta de moléculas de adesão

As caderinas estão presentes em todos os animais multicelulares cujos genomas já foram analisados. Elas também estão presentes nos coanoflagelados, que podem viver como organismos unicelulares de vida livre ou como colônias multicelulares e que supostamente representam o grupo dos protistas dos quais todos os animais evoluíram. Outros eucariotos, incluindo fungos e plantas, não possuem caderinas, e elas também estão ausentes nas arqueias e nas bactérias. Portanto, as caderinas parecem ser uma parte essencial do que é ser um animal.

As caderinas receberam esse nome por sua dependência de íons Ca^{2+}: a remoção do Ca^{2+} do meio extracelular causa a perda da adesão mediada pela caderina. As três primeiras caderinas descobertas receberam seu nome de acordo com o tecido no qual foram encontradas pela primeira vez: a *caderina-E* está presente em muitos tipos de células epiteliais; a *caderina-N* está presente nos nervos, músculos e células do cristalino; e a *caderina-P*, nas células da placenta e epiderme. Todas também são encontradas em outros tecidos. Essas e outras **caderinas clássicas** possuem sequências relacionadas nos seus domínios intra e extracelulares.

Há também um grande número de **caderinas não clássicas** com sequências mais distintas, sendo que mais de 50 são expressas somente no cérebro. As caderinas não clássicas incluem as proteínas com função de adesão conhecida, como as *protocaderinas*, encontradas no cérebro, e as *desmocolinas* e *desmogleínas*, que formam os desmossomos (ver Tabela 19-1). Outros membros da família estão envolvidos, principalmente, com a sinalização. Juntas, as caderinas clássicas e não clássicas formam a **superfamília das caderinas** (Figura 19-4), com mais de 180 membros em humanos.

As caderinas medeiam a adesão homofílica

As junções de ancoragem entre as células costumam ser simétricas: se a ligação é com a actina na célula de um lado da junção, também o será na célula do outro lado da junção. De fato, a ligação entre as caderinas é **homofílica** (entre iguais, Figura 19-5): as moléculas de caderina de um subtipo específico de uma célula se ligam a moléculas de caderina do mesmo subtipo ou de um subtipo muito semelhante na célula adjacente.

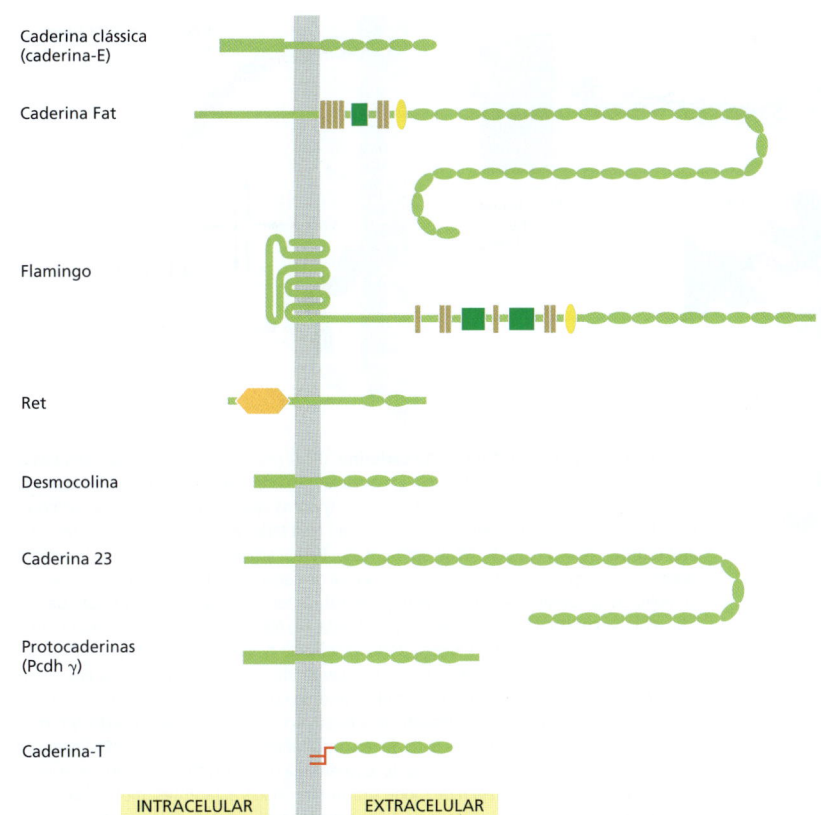

Figura 19-4 **A superfamília das caderinas.** O diagrama apresenta a diversidade entre os membros da superfamília das caderinas. Todas essas proteínas possuem porções extracelulares contendo múltiplas cópias do domínio extracelular das caderinas (*ovais verdes*). Nas caderinas clássicas de vertebrados, existem cinco desses domínios, e nas desmogleínas e desmocolinas existem 4 ou 5, mas algumas caderinas não clássicas possuem mais de 30. As porções intracelulares são mais variáveis, refletindo as interações com uma ampla variedade de ligantes intracelulares, incluindo as moléculas de sinalização e proteínas adaptadoras que conectam as caderinas com o citoesqueleto. Em alguns casos, como a caderina-T, o domínio transmembrana não está presente e a proteína se liga à membrana plasmática por uma âncora de glicosilfosfatidilinositol (GPI). Os motivos de cores diferentes em Fat, Flamingo e Ret representam domínios conservados também encontrados em outras famílias de proteínas.

O espaçamento entre as membranas celulares nas junções de ancoragem é precisamente definido e depende da estrutura das moléculas de caderina que participam da junção. Todos os membros da superfamília, por definição, possuem uma porção extracelular formada por várias cópias do *domínio de caderina extracelular* (*EC*). A ligação homofílica ocorre nas extremidades N-terminais das moléculas de caderina, nos domínios de caderina que se localizam mais distantes da membrana. Cada um desses domínios terminais forma uma protuberância e uma bolsa, e as moléculas de caderina protrundem da membrana celular oposta fazendo a ligação pela inserção da protuberância de um domínio na bolsa do outro domínio (**Figura 19-6A**).

Cada domínio de caderina forma uma unidade mais ou menos rígida, ligada ao próximo domínio de caderina por uma dobradiça. Íons Ca^{2+} se ligam aos sítios próximos a cada dobradiça, impedindo sua flexão, de modo que toda a série de domínios de caderina comporta-se como um bastão levemente curvo e rígido. Quando o Ca^{2+} é removido, as dobradiças podem se flexionar, e a estrutura torna-se flexível (**Figura 19-6B**). Ao mesmo tempo, acredita-se que a conformação na porção N-terminal mude levemente, enfraquecendo a afinidade de ligação com a molécula de caderina da célula oposta.

Diferentemente dos receptores para moléculas solúveis, os quais se ligam aos seus ligantes com alta afinidade, as caderinas (e a maioria das proteínas de adesão célula-célula) ligam-se em geral a seus parceiros com afinidade relativamente baixa. Uma forte ligação resulta da formação de muitas dessas ligações fracas em paralelo. Quando ligadas a parceiros que se dispõem em um padrão de orientação oposto na outra célula, as moléculas de caderina costumam se agregar lado a lado com muitas outras moléculas de caderina da mesma célula (**Figura 19-6C**). A força dessa junção é maior do que de qualquer ponte intermolecular isolada e, mesmo assim, mecanismos reguladores podem facilmente desfazer a junção por meio da separação sequencial das moléculas, da mesma forma que duas peças de tecido podem ser fortemente unidas por um velcro e separadas uma da outra. Um "princípio similar ao velcro" também atua nas adesões célula-célula e célula-matriz formadas por outros tipos de proteínas de adesão transmembrana.

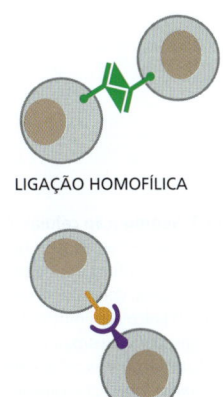

Figura 19-5 **Ligação homofílica *versus* heterofílica.** As caderinas, em geral, fazem ligações homofílicas. Outras moléculas de adesão se ligam heterofilicamente, como discutido mais adiante.

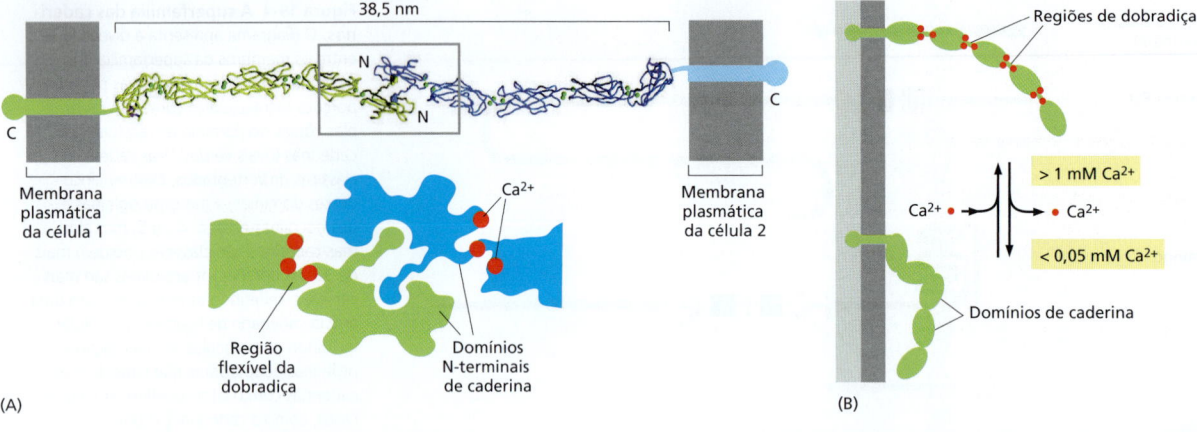

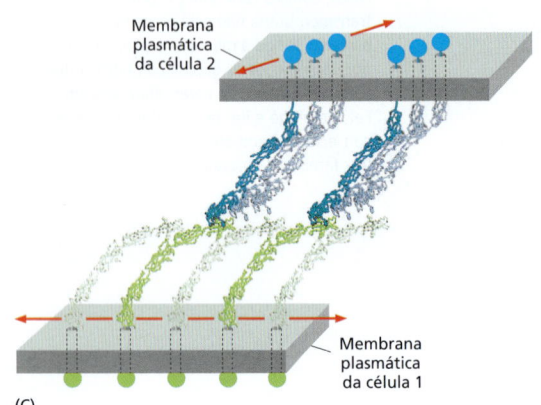

Figura 19-6 Estrutura e função da caderina. (A) A região extracelular das caderinas clássicas contém cinco cópias do domínio extracelular de caderina (ver Figura 19-4) separadas por regiões flexíveis de dobradiça. Os íons Ca^{2+} (*pontos vermelhos*) se ligam nas vizinhanças de cada dobradiça, impedindo sua flexão. Como resultado, as regiões extracelulares formam uma estrutura curva e rígida, aqui representada. Para a adesão célula-célula, o domínio da caderina na porção N-terminal de uma molécula de caderina se liga no domínio N-terminal da molécula de caderina da outra célula. A estrutura foi determinada por difração de raios X da região extracelular da C-caderina cristalizada. (B) Na ausência de Ca^{2+}, o aumento da flexibilidade nas regiões da dobradiça deixa a molécula flexível sem orientação adequada para interagir com a caderina da outra célula, perdendo a adesão. (C) Em uma típica junção célula-célula, uma rede organizada de caderinas atua como um velcro para manter as células unidas. Acredita-se que as caderinas de uma mesma célula se unam lado a lado por interações entre as regiões das cabeças N-terminais, resultando em uma organização linear como as caderinas *verde* e *verde-claro* na célula apresentada na parte inferior da figura. Acredita-se que esses arranjos interajam de modo similar nas células adjacentes (moléculas de caderinas em *azul* na célula apresentada na parte superior da figura). A organização linear em uma célula é perpendicular à organização das caderinas na outra célula, como indicado pelas *setas vermelhas*. Múltiplos arranjos perpendiculares em ambas as células interagem para formar uma rede coesa de proteínas caderina. (A, baseada em T.J. Boggon et al., *Science* 296:1308–1313, 2002; C, baseada em O.J. Harrison et al. *Structure* 19:244–256, 2011.)

A adesão célula-célula dependente de caderina coordena a organização dos tecidos em desenvolvimento

As caderinas formam ligações homofílicas específicas, e isso explica por que há tantos membros diferentes na família. As caderinas não são como colas que tornam a superfície das células pegajosas; ao contrário, elas medeiam um reconhecimento altamente seletivo, permitindo que as células de tipos similares se mantenham unidas e segregadas de outros tipos celulares.

A seletividade com que as células animais pareiam umas com as outras foi demonstrada pela primeira vez muito antes da descoberta das caderinas, nos anos de 1950, em experimentos de dissociação de embriões de anfíbios em células individuais. Essas células foram então misturadas e puderam se reassociar. Extraordinariamente, as células dissociadas costumavam se reassociar em estruturas que se assemelhavam ao embrião original (**Figura 19-7**). Esses experimentos, junto com numerosos experimentos mais recentes, mostraram que o sistema de reconhecimento seletivo célula-célula

Figura 19-7 Segregação celular. As células de diferentes camadas de um embrião jovem de anfíbio irão se separar por tipos, de acordo com suas origens. No experimento clássico aqui mostrado, as células da mesoderme (*verde*), as células da placa neural (*azul*) e as células epidérmicas (*vermelho*) foram desagregadas e em seguida reagregadas em uma mistura aleatória. Elas se separam por tipos em um arranjo que lembra o de um embrião normal, com um "tubo neural" interno, uma epiderme externa e uma mesoderme no meio. (Modificada de P.L. Townes e J. Holtfreter, *J. Exp. Zool.* 128:53–120, 1955. Com permissão de Wiley-Liss.)

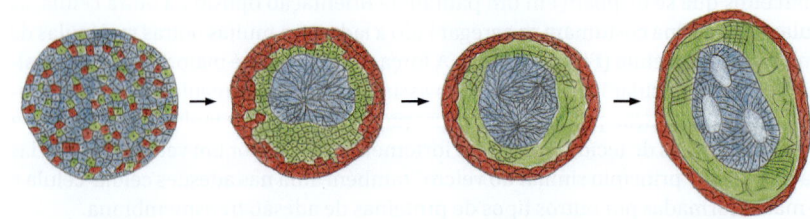

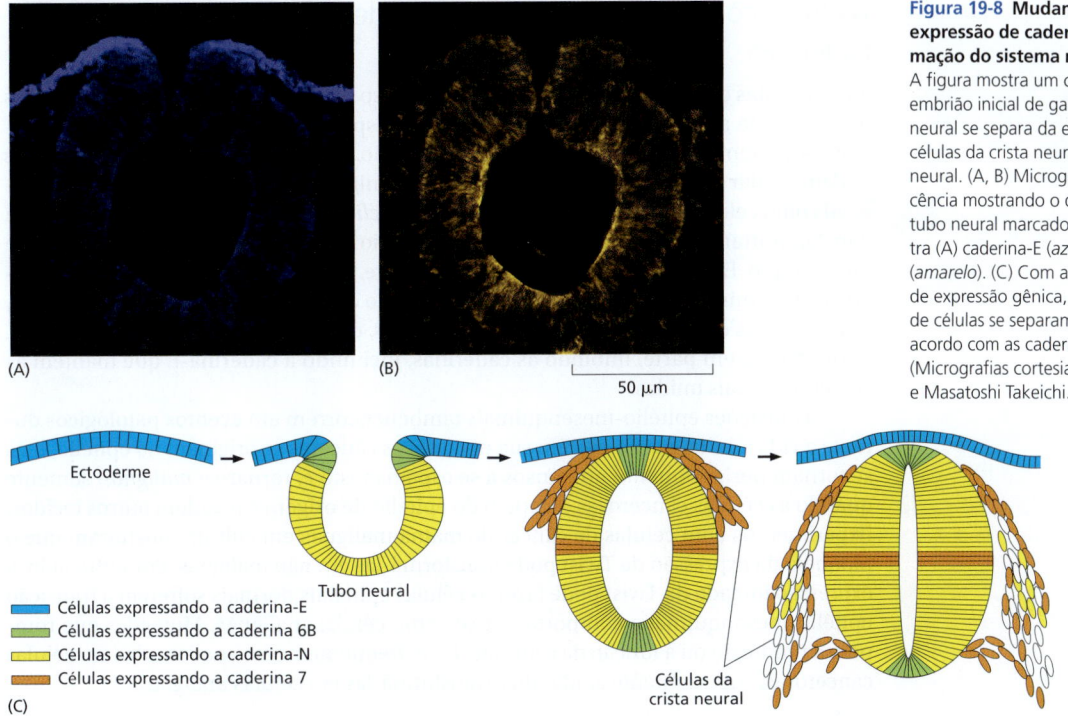

Figura 19-8 **Mudança no padrão de expressão de caderinas durante a formação do sistema nervoso vertebrado.** A figura mostra um corte transversal do embrião inicial de galinha quando o tubo neural se separa da ectoderme e então as células da crista neural se separam do tubo neural. (A, B) Micrografia de imunofluorescência mostrando o desenvolvimento do tubo neural marcado com anticorpos contra (A) caderina-E (*azul*) e (B) caderina-N (*amarelo*). (C) Com a alteração do padrão de expressão gênica, os diferentes grupos de células se separam uns dos outros de acordo com as caderinas que expressam. (Micrografias cortesia de Miwako Nomura e Masatoshi Takeichi.)

faz as células de um mesmo tecido diferenciado se unirem preferencialmente umas com as outras.

As caderinas desempenham uma função crucial neste processo de segregação de células durante o desenvolvimento. O aparecimento e o desaparecimento das caderinas específicas correlacionam-se às etapas do desenvolvimento embrionário onde as células se reagrupam e mudam seus contatos criando novas estruturas de tecidos. No embrião dos vertebrados, por exemplo, alterações na expressão das caderinas são observadas durante a formação do tubo neural e seu desprendimento da ectoderme subjacente: as células do tubo neural perdem a caderina-E e adquirem outras caderinas, incluindo a caderina-N, ao passo que as células da ectoderme que o revestem continuam expressando a caderina-E (**Figura 19-8A e B**). Quando as células da crista neural migram para fora do tubo neural, essas caderinas ficam fracamente detectáveis, e outras caderinas (caderina 7) parecem ajudar a manter as células migratórias unidas como um grupo de células frouxamente associadas (**Figura 19-8C**). Por fim, quando as células se agregam para formar um gânglio, elas voltam a expressar a caderina-N. A superexpressão da caderina-N nas células da crista neural emergentes impede que as células deixem o tubo neural.

Estudos com células em cultura apoiam a ideia de que as ligações homofílicas das caderinas controlam os processos de segregação de tecidos. Em uma linhagem de fibroblastos denominados *células L*, não há expressão de caderinas e, portanto, as células não se unem umas às outras. Quando essas células são transfectadas com DNA que codifica a caderina-E, as caderinas-E de uma célula se ligam às caderinas-E da outra célula, resultado em adesão célula-célula. Se as células L que expressam diferentes caderinas são misturadas, elas se separam e agregam indicando que diferentes caderinas ligam-se preferencialmente a caderinas de seu tipo (**Figura 19-9A**), simulando o que acontece quando as células derivadas de tecidos que expressam diferentes caderinas são misturadas. Uma segregação celular semelhante ocorre se as células L expressando diferentes quantidades da mesma caderina são misturadas (**Figura 19-9B**). Portanto, parece provável que as diferenças quantitativas e qualitativas na expressão das caderinas atuam na organização dos tecidos.

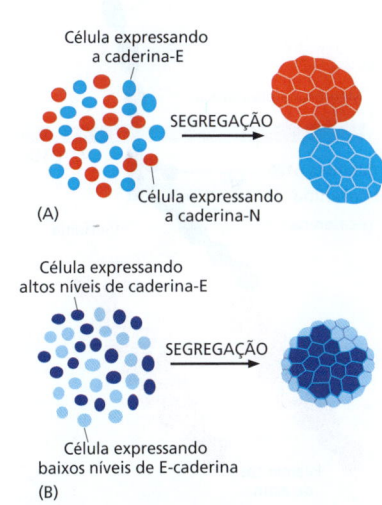

Figura 19-9 **Segregação celular dependente de caderina.** As células em cultura podem se organizar de acordo com seu tipo e os níveis de caderinas que expressam. Isso pode ser visto pela marcação de diferentes populações de células com corantes de cores distintas. (A) Células expressando a caderina-N separadas de células expressando caderina-E. (B) Células expressando altos níveis de caderina-E separadas de células expressando baixos níveis de caderina-E. Essas células que expressam altos níveis de caderina-E aderem mais fortemente e acabam localizando-se na porção interna.

As transições epitélio-mesenquimais dependem do controle das caderinas

A reunião das células em um epitélio é um processo reversível. Ao ativar a expressão das moléculas de adesão, as *células mesenquimais* dispersas não aderidas, como os fibroblastos, podem se associar para formar um epitélio. Por outro lado, as células epiteliais podem mudar suas características, dissociar-se e migrar para fora do tecido epitelial original como células individuais. Tais *transições epitélio-mesenquimais* desempenham um papel importante no desenvolvimento embrionário normal. A origem da crista neural é um exemplo. Essas transições dependem, em parte, das proteínas reguladoras de transcrição denominadas Slug, Snail e Twist. O aumento da expressão da Twist, por exemplo, transforma as células epiteliais em mesenquimais, e sua inibição causa o efeito oposto. A Twist atua, em parte, inibindo as caderinas, incluindo a caderina-E que mantém as células epiteliais unidas.

Transições epitélio-mesenquimais também ocorrem em eventos patológicos durante a vida adulta, no câncer. Em sua maioria, os cânceres se originam no epitélio, mas se tornam perigosamente propensos a se espalhar, isto é, tornar-se *malignos*, somente quando as células cancerosas escapam do epitélio de origem e invadem outros tecidos. Experimentos com células de câncer de mama malignas em cultura mostraram que o bloqueio da expressão da Twist pode transformá-las em não malignas. Por outro lado, a expressão forçada da Twist pode fazer as células epiteliais normais sofrerem a transição epitélio-mesenquimal e comportarem-se como células malignas. Mutações que rompem a produção ou a função da caderina-E são frequentemente encontradas em células cancerosas, supostamente ajudando a transformá-las em células malignas.

As cateninas ligam as caderinas clássicas ao citoesqueleto de actina

Os domínios extracelulares das caderinas medeiam as ligações homofílicas nas junções aderentes. Os domínios intracelulares das caderinas típicas, incluindo todas as caderinas clássicas e algumas não clássicas, interagem com os filamentos do citoesqueleto: a actina nas junções aderentes e os filamentos intermediários nos desmossomos (ver Tabela 19-1). Essas ligações ao citoesqueleto são essenciais para uma adesão célula-célula eficiente, uma vez que caderinas que não apresentam domínios citoplasmáticos não podem manter as células unidas de maneira estável.

A ligação das caderinas ao citoesqueleto é indireta e depende de proteínas adaptadoras que se reúnem na cauda citoplasmática da caderina. As caudas das caderinas se ligam a duas proteínas nas junções aderentes: *β-catenina* e a outra menos relacionada, *catenina p120*. Uma terceira proteína denominada *α-catenina* interage com a β-catenina e recruta várias proteínas que irão proporcionar uma ligação dinâmica aos filamentos de actina (**Figura 19-10**). Nos desmossomos, as caderinas se ligam aos filamentos intermediários por meio de outras proteínas adaptadoras, incluindo uma proteína relacionada com a β-catenina denominada *placoglobina*, que veremos mais adiante.

Na sua forma madura, as junções aderentes são enormes complexos de proteínas contendo centenas a milhares de moléculas de caderina, compactadas em uma densa rede regular ligadas ao lado extracelular por interações laterais entre os domínios das caderinas, como vimos antes (ver Figura 19-6C). Na porção citoplasmática, uma rede complexa de cateninas, reguladores de actina e feixes de actina contráteis unem os agrupamentos de caderina ligando-os ao citoesqueleto de actina. A montagem de uma estrutura com tal complexidade não é uma tarefa simples e envolve uma sequência complexa de eventos controlados pelas proteínas reguladoras de actina, como discutido no Capítulo 16. As características gerais do processo de montagem estão resumidas na **Figura 19-11**.

As junções aderentes respondem às forças geradas pelo citoesqueleto de actina

A maioria das junções aderentes é ligada por feixes contráteis de filamentos de actina e miosina II não muscular. Portanto, essas junções estão sujeitas a forças de tração produzidas pela actina ligada. Essas forças de tração são importantes para a formação e manutenção da

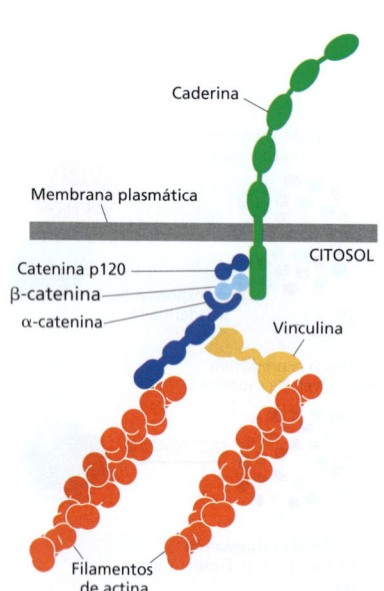

Figura 19-10 A ligação das caderinas clássicas aos filamentos de actina. As caderinas são ligadas diretamente aos filamentos de actina por meio de um complexo de proteínas adaptadoras contendo catenina p120, β-catenina e α-catenina. Outras proteínas, incluindo a vinculina, associam-se com a α-catenina e auxiliam na ligação com a actina. A β-catenina desempenha uma segunda função, muito importante, na sinalização intracelular, como veremos no Capítulo 15 (ver Figura 15-60). Para simplificar, a caderina da junção na célula adjacente não está representada neste diagrama.

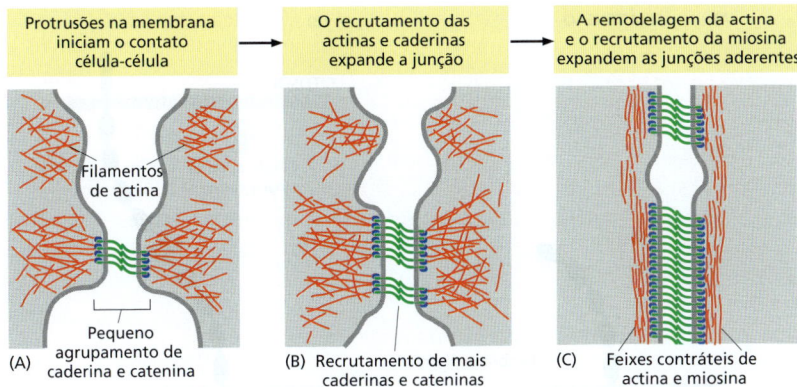

Figura 19-11 Formação de uma junção aderente. (A) A formação inicia-se quando duas células epiteliais precursoras não aderidas exploram sua vizinhança com protrusões na membrana produzidas por concentrações localizadas de uma rede de actina. Quando as células fazem contato, pequenos agrupamentos de caderina e cateninas se organizam no local de contato e se associam com a actina, levando à ativação da pequena GTPase Rac monomérica (não mostrada), um importante regulador da actina (ver Figura 16-85). (B) A Rac promove a formação de mais protrusões de actina nas vizinhanças, expandindo o tamanho da zona de contato e, portanto, promovendo mais recrutamento das caderinas e suas proteínas cateninas associadas. (C) Por fim, a Rac é inativada e substituída pela GTPase Rho (não mostrada) relacionada, que altera a remodelagem da actina em feixes lineares de filamentos contráteis. A Rho também promove a reunião dos filamentos de miosina II que se associam com os feixes de actina para executar sua atividade contrátil. Essa atividade contrátil produz tensão que estimula mais ainda o recrutamento de actina e expansão da junção, em parte por meio do mecanismo ilustrado na Figura 19-12.

junção. Por exemplo, o rompimento da atividade da miosina leva à dissociação de muitas junções aderentes. Além disso, as forças contráteis que atuam nas junções em uma célula são equilibradas pelas forças contráteis na junção da célula oposta, de modo que nenhuma célula empurra a outra e, portanto, não desfaz a distribuição uniforme das células no tecido.

Os mecanismos responsáveis pela manutenção desse equilíbrio ainda não são bem compreendidos. As junções aderentes parecem detectar as forças que atuam nelas modificando o comportamento da actina e miosina equilibrando as forças nos dois lados da junção. Evidências para esses mecanismos foram obtidas em estudos com pares de cultura de células de mamíferos conectadas por junções aderentes. Se a atividade contrátil em uma célula é aumentada experimentalmente, as junções aderentes que ligam as duas células aumentam em tamanho e a atividade contrátil da segunda célula aumenta para equilibrar a da primeira, resultando em um equilíbrio entre as forças da junção. Este e outros experimentos sugerem que as junções aderentes não são simplesmente locais passivos de ligação entre proteínas, mas são sensores dinâmicos da tensão que regula seu comportamento em resposta às alterações nas condições mecânicas. Essa capacidade de transduzir um sinal mecânico em uma alteração do comportamento juncional é um exemplo de *mecanotransdução*. Mais adiante veremos que isso também é importante nas junções célula-matriz.

Acredita-se que a mecanotransdução nas junções célula-célula dependa, pelo menos em parte, das proteínas nos complexos de caderina que alteram sua forma quando esticada pela tensão. A proteína α-catenina, por exemplo, é esticada de uma forma enovelada para uma conformação estendida quando a atividade contrátil é aumentada na junção. O desenovelamento expõe um sítio de ligação escondido para outra proteína, a vinculina, que promove o recrutamento de mais actina para a junção (**Figura 19-12**). Por meio de mecanismos desse tipo é que as forças de tração nas junções as tornam mais fortes. Além disso, como descrito antes, a tração na junção em uma célula irá aumentar a força contrátil gerada na célula ligada.

Em alguns tipos celulares, a contratilidade da actina reduz a adesão célula-célula, sobretudo se grandes forças contráteis estiverem envolvidas. Grandes forças contráteis baseadas na actina podem, em alguns tecidos, puxar as bordas das adesões célula-célula com força suficiente para separá-las, principalmente se a contração estiver associada com mecanismos reguladores adicionais que enfraqueçam a adesão. Tal mecanismo pode ser importante em determinadas formas de remodelagem dos tecidos durante o desenvolvimento, como descreveremos a seguir.

A remodelagem dos tecidos depende da coordenação da contração mediada pela actina com a adesão célula-célula

As junções aderentes são parte essencial da maquinaria para modelar a forma das estruturas dos organismos multicelulares do corpo de um animal. Ao ligar indiretamente os filamentos de actina de uma célula com os de células vizinhas, as junções aderentes possibilitam que as células dos tecidos usem seu citoesqueleto de actina de maneira coordenada.

As junções aderentes ocorrem de várias formas. Em muitos tecidos não epiteliais, elas se apresentam na forma de pequenos pontos ou linhas que conectam os filamen-

Figura 19-12 Mecanotransdução em uma junção aderente. (A) As junções célula-célula são capazes de detectar um aumento na tensão e responder fortalecendo as ligações da actina. Acredita-se que a detecção da tensão dependa em parte da α-catenina (ver Figura 19-10). (B) Quando os filamentos de actina são puxados de dentro da célula pela miosina II não muscular, as forças resultantes desenovelam um domínio na α-catenina, expondo um sítio de ligação, que estava escondido, da proteína adaptadora vinculina. Então, a vinculina promove um recrutamento adicional de actina, fortalecendo as ligações entre a junção e o citoesqueleto.

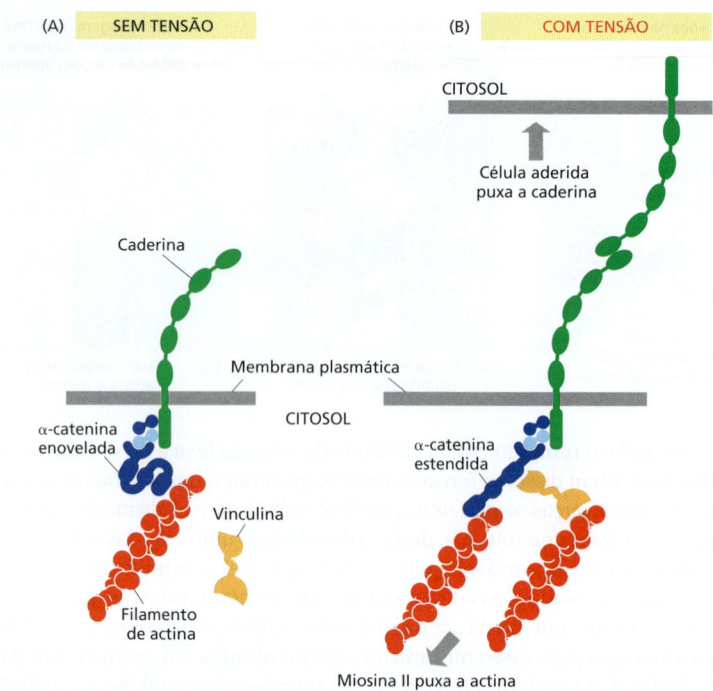

tos de actina cortical abaixo da membrana plasmática entre duas células vizinhas. No músculo cardíaco, elas ancoram os feixes de actina do aparelho contrátil e atuam em paralelo com os desmossomos para ligar as células contráteis de ponta a ponta. O modelo de junções aderentes ocorre no epitélio onde elas costumam formar um **cinturão de adesão** contínuo (ou *zona aderente*) logo abaixo da face apical do epitélio, circundando cada célula da camada (**Figura 19-13**). Em cada célula, um feixe contrátil de filamentos de actina e miosina II permanece adjacente ao cinturão de adesão, orientado paralelamente à membrana plasmática e preso a ela pelas caderinas e suas proteínas adaptadoras intracelulares associadas. Os feixes de actina-miosina são ligados pelas caderinas

Figura 19-13 Junções aderentes entre células epiteliais do intestino delgado. Essas células são especializadas na absorção de nutrientes. No seu ápice, voltado para o lúmen do intestino, elas possuem muitas microvilosidades (protrusões que aumentam a superfície da área de absorção). As junções aderentes tomam a forma de um *cinturão de adesão*, circulando cada uma das células. Sua característica mais óbvia é o feixe contrátil de actina, localizado na superfície citoplasmática da membrana plasmática juncional. Os feixes de filamentos de actina são presos por proteínas intracelulares às caderinas, que se ligam às caderinas nas células adjacentes. Dessa maneira, os feixes de filamentos de actina das células adjacentes são unidos. Esta ilustração não mostra muitas das junções célula-célula e célula-matriz das células epiteliais (ver Figura 19-2).

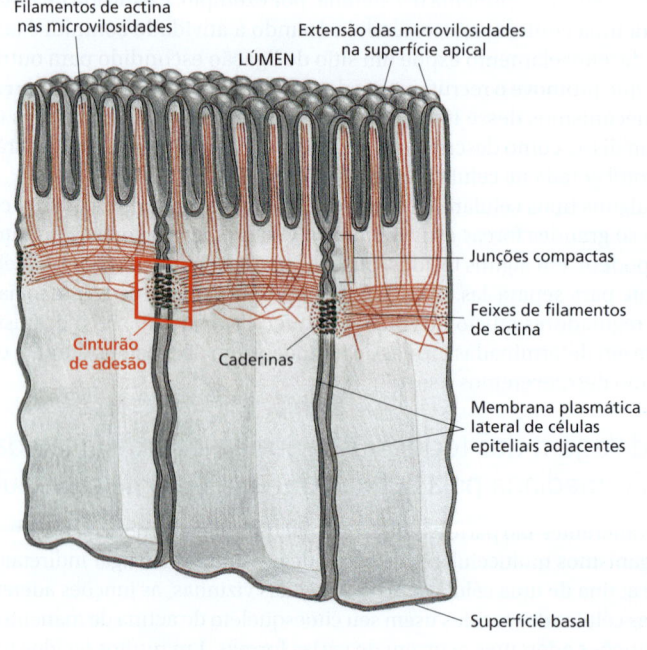

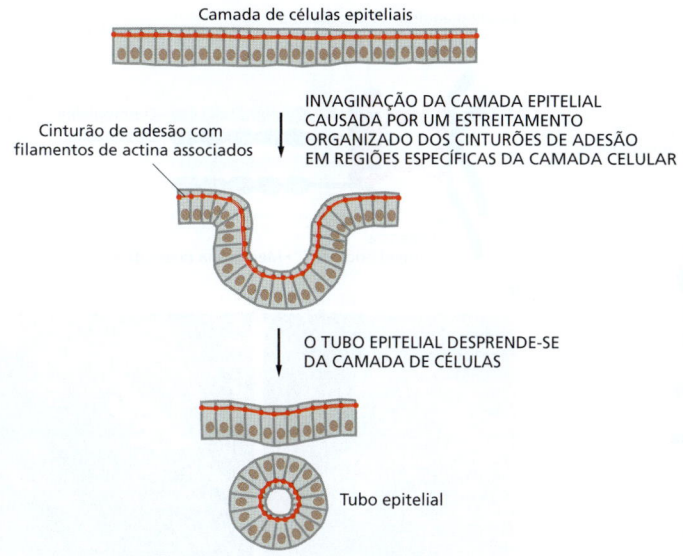

Figura 19-14 **O enovelamento de uma lâmina epitelial para formar um tubo epitelial.** Acredita-se que as contrações orientadas dos feixes de filamentos de actina e miosina ao longo dos cinturões de adesão provoquem o estreitamento do ápice das células epiteliais, ajudando a camada epitelial a formar o tubo. Um exemplo é a formação do tubo neural nos estágios iniciais do desenvolvimento dos vertebrados (ver Figura 19-8).

em uma extensa rede transcelular. A contração coordenada dessa rede proporciona as forças motoras para um processo fundamental na morfogênese animal, o enovelamento das camadas de células epiteliais em tubos, vesículas e outras estruturas relacionadas (**Figura 19-14**).

A coordenação da adesão célula-célula e a contratilidade da actina estão ricamente ilustradas pelos rearranjos celulares que ocorrem no início do desenvolvimento da *Drosophila melanogaster*, a mosca-das-frutas. Logo após a gastrulação, o epitélio externo do embrião é alongado por um processo denominado *extensão da banda germinativa*, no qual as células convergem para o interior do eixo dorsoventral e se estendem ao longo do eixo anteroposterior (**Figura 19-15**). A contração dependente de actina, ao longo dos limites de células específicas, é coordenada por uma perda de junções aderentes específicas para permitir que as células se insiram entre outras células (um processo denominado *intercalação*), resultando em um epitélio mais longo e estreito. Os mecanismos subjacentes à perda da adesão ao longo dos limites de células específicas não estão bem definidos, mas dependem, em parte, do aumento da degradação da β-catenina, devido à sua fosforilação por uma proteína-cinase que está localizada especificamente nestes limites.

Os desmossomos fornecem força mecânica ao epitélio

Os desmossomos são estruturalmente similares às junções aderentes, mas contêm caderinas especializadas que se ligam aos filamentos intermediários em vez de se ligarem aos filamentos de actina. Sua principal função é proporcionar força mecânica. Os desmossomos são importantes nos invertebrados, mas não são encontrados, por exemplo, na *Drosophila*. Eles estão presentes na maioria dos epitélios maduros de vertebrados e

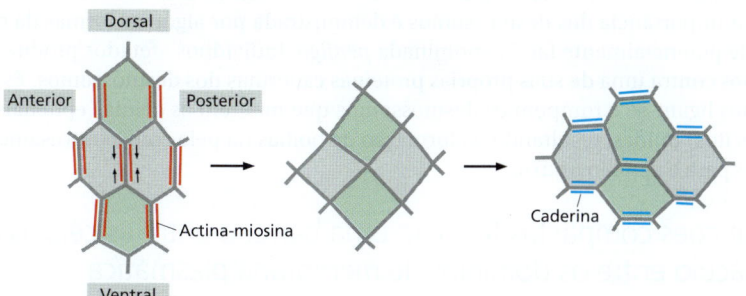

Figura 19-15 **Remodelagem das adesões célula-célula no epitélio embrionário de *Drosophila*.** À *esquerda* está representado um grupo de células do epitélio externo de um embrião de *Drosophila*. Durante a extensão da banda germinativa, as células convergem em direção umas das outras (*centro*) no eixo dorsoventral e então se estendem ao longo do eixo anteroposterior (*direita*). O resultado é a intercalação: células que estavam originalmente distantes ao longo do eixo dorsoventral (*verde*) são inseridas entre as células que as separavam (*cinza*). Esses rearranjos dependem da regulação espacial dos feixes contráteis de actina-miosina, que estão localizados sobretudo nos limites verticais das células (*vermelho, esquerda*). A contração desses feixes é acompanhada pela remoção da E-caderina (não mostrada) no mesmo limite celular, resultando em um encolhimento e perda da adesão ao longo do eixo vertical (*centro*). Então, novas adesões baseadas em caderinas (*azul, direita*) são formadas e se expandem ao longo dos limites horizontais, levando a uma extensão das células na orientação anteroposterior.

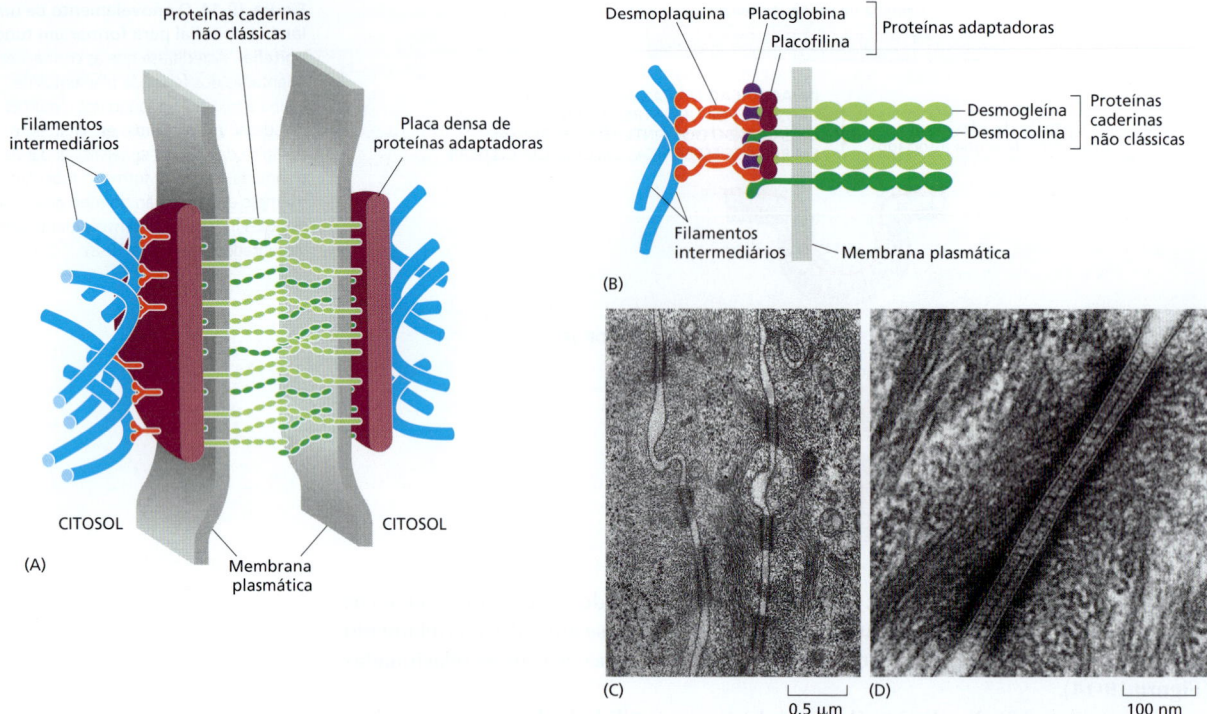

Figura 19-16 Desmossomos. (A) Componentes estruturais do desmossomo. Na superfície citoplasmática de cada membrana plasmática em interação há uma densa placa composta por uma mistura de proteínas adaptadoras intracelulares. Um feixe de filamentos de queratina é ligado à superfície de cada placa. As caderinas transmembrana não clássicas se ligam às placas e interagem por meio de seus domínios extracelulares para manter as membranas adjacentes unidas. (B) Alguns componentes moleculares dos desmossomos. A desmogleína e a desmocolina são caderinas não clássicas. Suas caudas citoplasmáticas se ligam à *placoglobina* (γ-catenina) e à *placofilina* (uma proteína com relação distante com a catenina p120), que, por sua vez, se liga a *desmoplaquina*. A desmoplaquina se liga às laterais dos filamentos intermediários, prendendo os desmossomos a esses filamentos. (C) Micrografia eletrônica da junção desmossômica entre três células epiteliais da pele de um filhote de camundongo. (D) Parte do mesmo tecido em maior aumento, mostrando um único desmossomo, com os filamentos intermediários ligados a ele. (C e D, de W. He, P. Cowin and D.L. Stokes, *Science* 302:109–113, 2003. Com permissão de AAAS.)

são particularmente abundantes nos tecidos sujeitos a altos níveis de estresse mecânico, como o musculo cardíaco e a epiderme, o epitélio que forma a camada externa da pele.

A **Figura 19-16A** apresenta a estrutura geral de um desmossomo, e a **Figura 19-16B** apresenta algumas de suas proteínas. Os desmossomos aparecem como pontos de contato em forma de botões que fixam as células (**Figura 19-16C**). Dentro da célula, os feixes de filamentos intermediários semelhantes a cordas que estão ancorados nos desmossomos formam uma rede estrutural de grande força de tensão (**Figura 19-16D**), com ligação aos feixes similares nas células adjacentes, criando uma rede que se estende por todo o tecido (**Figura 19-17**). Um tipo particular de filamento intermediário ligado aos desmossomos depende do tipo celular: por exemplo, eles são *filamentos de queratina* na maioria das células epiteliais, e *filamentos de desmina* nas células do musculo cardíaco.

A importância dos desmossomos é demonstrada por algumas formas da doença de pele potencialmente fatal denominada *pênfigo*. Indivíduos afetados produzem anticorpos contra uma de suas próprias proteínas caderinas dos desmossomos. Esses anticorpos ligam-se e rompem os desmossomos que mantêm as células epiteliais (queratinócitos) unidas, resultando na formação de bolhas na pele com extravasamento de fluidos para o epitélio frouxo.

As junções compactas formam uma barreira entre as células e um obstáculo entre os domínios de membrana plasmática

As camadas de células epiteliais englobam e dividem o corpo do animal, revestindo toda a sua superfície e cavidades, criando compartimentos internos onde ocorrem os processos especializados. As camadas epiteliais parecem ser uma invenção que remonta à origem da evolução animal, diversificando uma grande variedade de formas, mas conservando uma organização com base em um conjunto de mecanismos moleculares conservados.

Essencialmente, todos os epitélios são ancorados a outros tecidos em um lado, a porção **basal**, e livres de qualquer ligação no lado oposto, a porção **apical**. A lâmina basal localiza-se na interface com o tecido subjacente, mediando a ligação, enquanto a superfície apical do epitélio em geral é banhada por um líquido extracelular. Assim, todos os epitélios são estruturalmente **polarizados**, assim como suas células individuais: a porção basal da célula, aderida à lâmina basal abaixo, difere da porção apical, exposta ao meio.

Desse modo, todos os epitélios possuem pelo menos uma função em comum: eles atuam como uma barreira de permeabilidade seletiva, separando os fluidos que permeiam os tecidos na sua porção basal dos fluidos com diferente composição química na sua porção apical. Essa função de barreira requer que as células adjacentes sejam seladas por **junções compactas**, de modo que as moléculas não possam passar livremente pela camada celular.

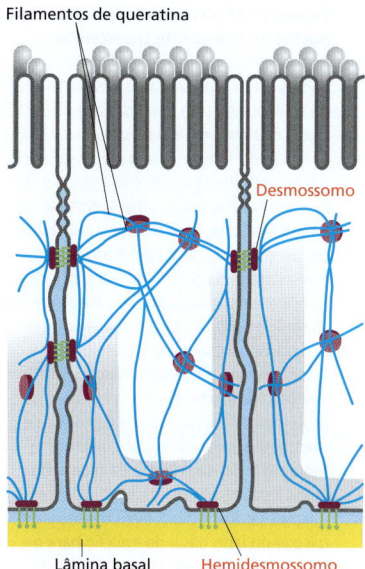

Figura 19-17 Desmossomos, hemidesmossomos e rede de filamentos intermediários. As redes de filamentos intermediários de queratina de células adjacentes – neste exemplo, células epiteliais do intestino delgado – são indiretamente conectadas umas às outras pelos desmossomos e à lâmina basal pelos hemidesmossomos.

O epitélio do intestino delgado fornece uma excelente ilustração da estrutura e função da junção compacta (ver Figura 19-2). Esse epitélio possui uma estrutura *colunar simples*, isto é, consiste em uma única camada de células altas (colunares). Elas são de diversos tipos diferenciados, mas em sua maioria são células absorventes, especializadas na absorção de nutrientes da cavidade interna, ou *lúmen*, do intestino. As células absorventes devem transportar nutrientes selecionados através do epitélio do lúmen para o líquido extracelular no outro lado. De lá, esses nutrientes serão difundidos para os pequenos vasos sanguíneos que irão nutrir o organismo. Esse *transporte transcelular* depende de dois grupos de proteínas de transporte na membrana plasmática de células de absorção. Um grupo está restrito à superfície apical da célula epitelial (a superfície que fica voltada para o lúmen) e transporta ativamente moléculas selecionadas do intestino para a célula. O outro grupo está restrito à superfície *basolateral* (basal e lateral), permitindo que a mesma molécula deixe a célula por difusão passiva para o líquido extracelular no outro lado do epitélio. Para manter esse transporte direcional, os espaços entre as células epiteliais devem ser selados, de modo que as moléculas transportadas não possam difundir novamente para o lúmen do intestino através desses espaços (**Figura 19-18**). Além disso, as proteínas de transporte devem estar corretamente distribuídas na membrana plasmática. Os transportadores apicais devem ser levados até o ápice da célula e não podem migrar para a membrana basolateral, e os transportadores basolaterais devem ser levados e mantidos na membrana basolateral. As junções compactas, além de selar os espaços entre as células, também atuam como "cercas" que ajudam a impedir que as proteínas apicais e basolaterais se difundam para as regiões erradas.

A função de barreira das junções compactas é facilmente demonstrada por meio de experimentos: uma proteína de baixo peso molecular marcada, adicionada em um lado do epitélio, não passará além da junção compacta (**Figura 19-19**). Porém, a selagem não é absoluta. Embora as junções compactas sejam impermeáveis a macromoléculas, sua permeabilidade a íons e outras pequenas moléculas varia em diferentes epitélios. As junções compactas no epitélio que reveste o intestino delgado, por exemplo, são 10 mil vezes mais permeáveis a íons inorgânicos, como o Na^+, do que as junções compactas no epitélio que reveste a bexiga. O movimento de íons e outras moléculas entre as células epiteliais é denominado *transporte paracelular*, e as diferenças tecido-específicas nas taxas de transporte resultam, em geral, das diferenças nas proteínas que formam as junções compactas.

As junções compactas contêm feixes de proteínas de adesão transmembrana

Quando as junções compactas são visualizadas por microscopia eletrônica de criofratura, elas são vistas como uma rede ramificada de *fitas selantes* que circundam completamente a extremidade apical de cada célula na camada epitelial (**Figura 19-20A** e **B**). Na micrografia eletrônica convencional, as folhas externas das duas membranas plasmáti-

Figura 19-18 O papel das junções compactas no transporte transcelular.
Para simplificar, somente as junções compactas estão representadas. As proteínas de transporte estão limitadas a regiões distintas da membrana plasmática nas células epiteliais do intestino delgado. Essa segregação permite a transferência vetorial de nutrientes através da camada epitelial do lúmen intestinal para o sangue. No exemplo apresentado, a glicose é ativamente transportada na célula por transportadores de glicose acionados por Na^+ presentes na superfície apical e deixa a célula por meio dos transportadores de glicose passivos localizados na membrana basolateral. As junções compactas parecem confinar as proteínas de transporte aos domínios de membrana apropriados, atuando como barreiras à difusão dentro da bicamada lipídica da membrana plasmática; essas junções também bloqueiam o refluxo de glicose do lado basal do epitélio para o lúmen intestinal (ver Animação 11.2).

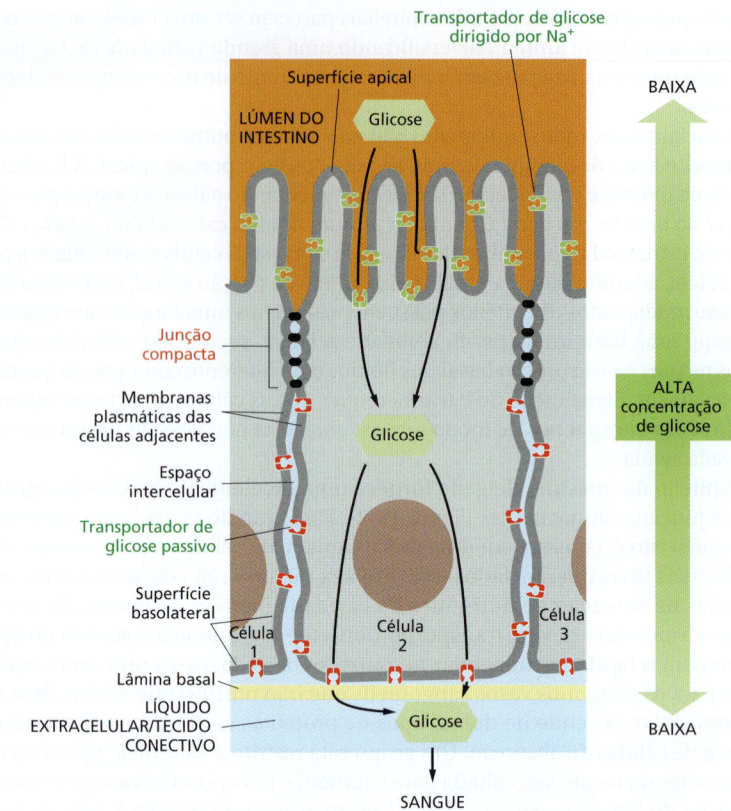

cas estão fortemente unidas na região das fitas (**Figura 19-20C**). Cada fita é composta por um longo segmento de proteínas de adesão transmembrana homofílicas embebidas em cada uma das duas membranas plasmáticas que estão interagindo. Os domínios extracelulares dessas proteínas ligam-se diretamente uns aos outros para bloquear o espaço intercelular (**Figura 19-21**).

As principais proteínas transmembrana da junção compacta que forma essas fitas são as *claudinas*, essenciais na formação e na função da junção compacta. Por exemplo, um camundongo que não possui o gene da *claudina-1* não forma junções compactas entre as células da camada epitelial da pele e, como resultado, as crias perdem água rapidamente por evaporação pela pele e morrem em poucos dias após o nascimento. Por outro lado, se células não epiteliais tais como os fibroblastos são artificialmente forçadas a expressar o gene da claudina, elas irão formar junções compactas umas com as outras. Junções compactas normais também contêm uma proteína transmembrana denominada *ocludina*, segunda em importância, a qual não é essencial para a montagem ou es-

Figura 19-19 As junções compactas permitem que o epitélio atue como barreira na difusão de solutos.
(A) Representação esquemática mostrando como uma pequena molécula traçadora adicionada em um lado do epitélio é impedida de atravessar o epitélio pelas junções compactas que selam as células adjacentes. Para simplificar, as junções aderentes e outras junções celulares não estão representadas. (B) Eletromicrografias de células em um epitélio onde uma pequena molécula traçadora eletrodensa extracelular foi adicionada à região apical (*esquerda*) ou à região basolateral (*direita*). As junções compactas bloqueiam a passagem da molécula traçadora em ambas as direções. (B, cortesia de Daniel Friend.)

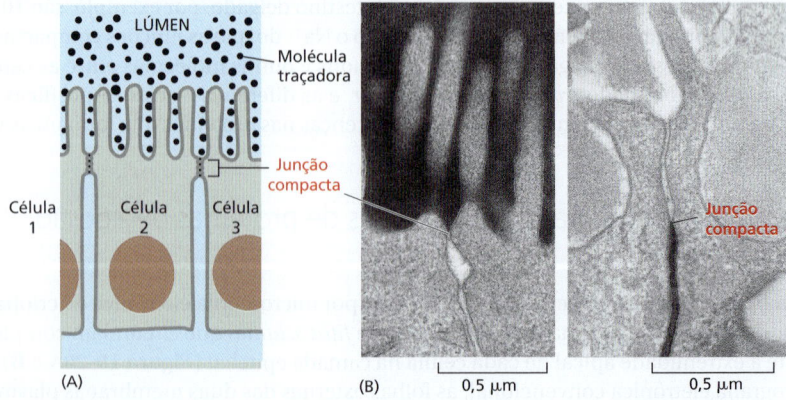

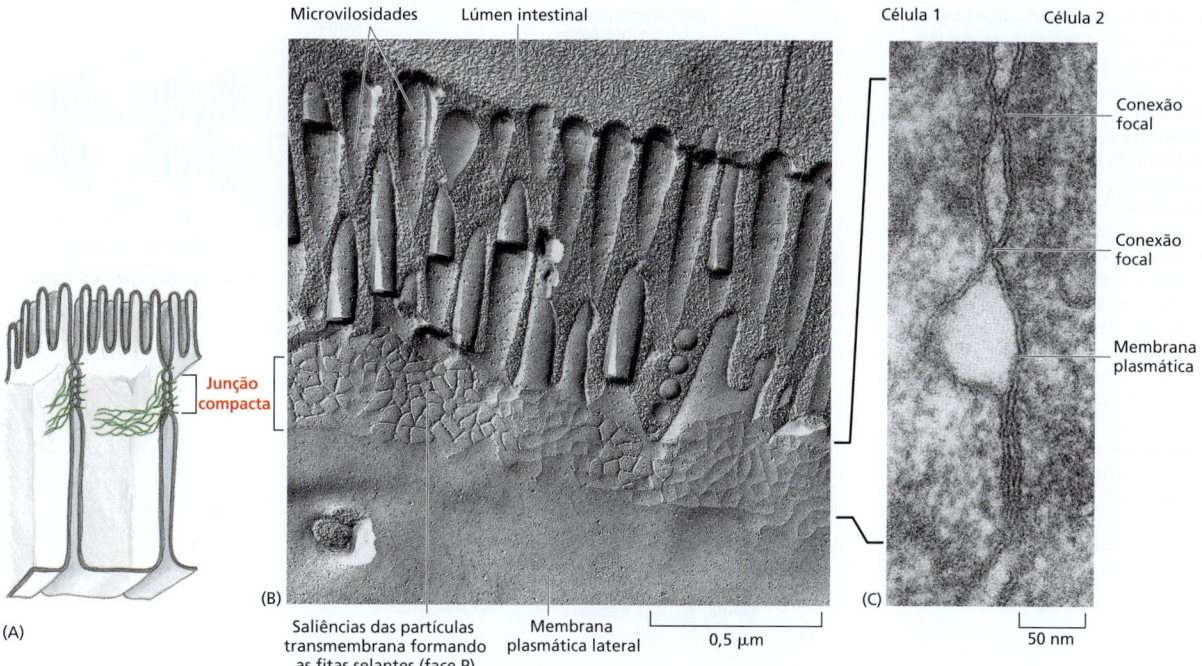

Figura 19-20 Estrutura de uma junção compacta entre células epiteliais do intestino delgado. As junções são mostradas esquematicamente em (A), em uma microscopia eletrônica de uma criofratura em (B) e em uma microscopia eletrônica convencional em (C). Em (B), o plano da micrografia é paralelo ao plano da membrana, e as junções compactas parecem com uma banda, semelhante a um cinturão de fitas selantes anastomosadas que circundam cada célula da camada (ver Figura 19-21A). Em (C), a junção é vista como uma série de conexões focais entre a camada externa de duas membranas plasmáticas interagindo, cada conexão correspondendo a uma fita selante em secção transversal. (B e C, de N.B. Gilula, in Cell Communication [R.P. Cox, ed.], pp. 1–29. New York: Wiley, 1974.)

trutura da junção compacta, mas é importante para limitar a permeabilidade juncional. Uma terceira proteína transmembrana, a *tricelulina*, é necessária para selar as membranas celulares e impedir o vazamento transepitelial nos locais de encontro de três células.

A família de proteínas claudinas possui muitos membros (24 nos humanos), e estes são expressos em diferentes combinações em diferentes epitélios para proporcionar propriedades específicas de permeabilidade às camadas epiteliais. Acredita-se que elas formem *poros paracelulares*, canais seletivos que permitem que íons específicos cruzem a barreira das junções compactas de um espaço extracelular para outro. Uma claudina específica encontrada nas células epiteliais do rim, por exemplo, é necessária para deixar o Mg^{2+} passar entre as células dos túbulos renais de modo que esse íon possa ser reabsorvido da urina para o sangue. Uma mutação no gene que codifica essa claudina resulta na perda excessiva de Mg^{2+} na urina.

As proteínas de suporte organizam os complexos de proteínas juncionais

Como as moléculas de caderina das junções aderentes, as claudinas e ocludinas das junções compactas interagem umas com as outras nas suas regiões extracelulares para promover a montagem da junção. A organização das proteínas de adesão nas junções compactas depende de proteínas adicionais que se ligam na porção citoplasmática das proteínas de adesão, como nas junções aderentes. As proteínas organizadoras fundamentais das junções compactas são as proteínas da *zona ocludente* (*ZO*). As três principais representantes da família ZO, ZO-1, ZO-2 e ZO-3, são grandes **proteínas de suporte** que fornecem o suporte estrutural onde a junção compacta é formada. Essas moléculas intracelulares consistem em cordas de domínios de ligação de proteínas, geralmente incluindo vários **domínios PDZ**, segmentos de cerca de 80 aminoácidos de comprimento

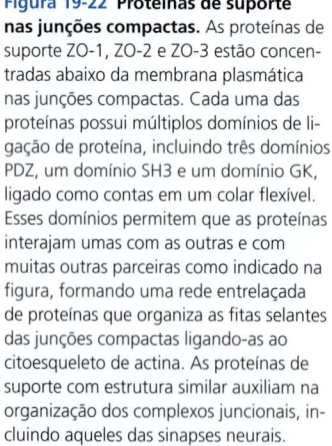

Figura 19-21 Modelo de uma junção compacta. (A) As fitas selantes mantêm as membranas plasmáticas adjacentes unidas. As fitas são compostas por proteínas transmembrana que fazem contato por meio do espaço intercelular, selando a membrana. (B) Composição molecular da fita selante. Os principais componentes extracelulares das junções compactas são membros de uma família de proteínas com quatro domínios transmembrana. Uma dessas proteínas, a claudina, é a mais importante para a montagem e estrutura das fitas selantes, enquanto a proteína ocludina desempenha uma função menos crítica na determinação da permeabilidade da junção. As duas terminações dessas proteínas estão na porção citoplasmática da membrana, onde interagem com grandes proteínas de suporte que organizam as fitas selantes e conectam as junções compactas com o citoesqueleto de actina (não apresentado aqui, mas pode ser visto na Figura 19-22).

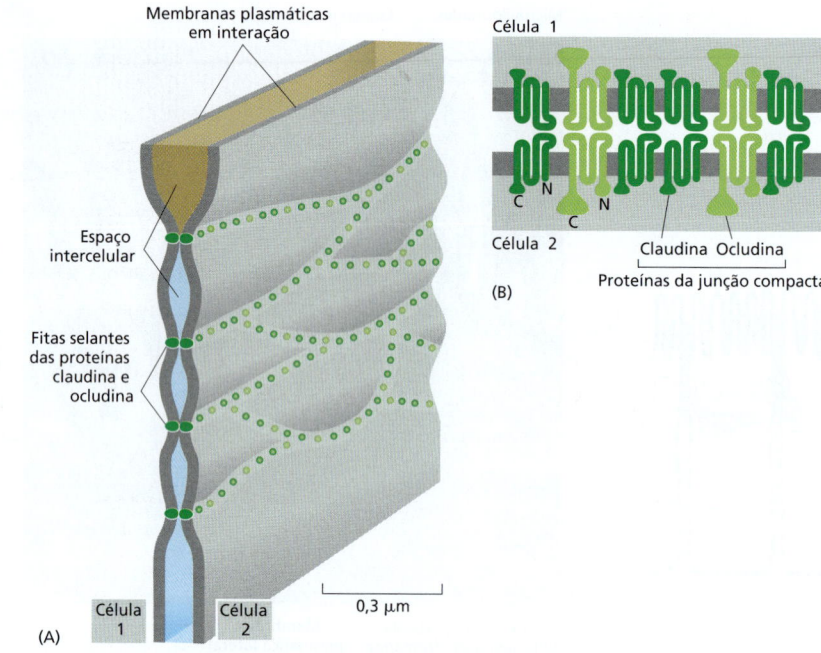

que podem reconhecer e ligar as caudas C-terminais de proteínas parceiras específicas (**Figura 19-22**). Um domínio dessas proteínas de suporte pode se ligar à proteína claudina, enquanto outros podem se ligar à ocludina ou ao citoesqueleto de actina. Além disso, uma molécula de proteína de suporte pode se ligar a outra. Desse modo, a célula pode reunir um tapete de proteínas intracelulares que organizam e posicionam as fitas selantes das junções compactas.

A rede de junções compactas das fitas selantes costuma localizar-se acima das junções aderentes e dos desmossomos que mantêm as células unidas mecanicamente. Toda essa rede é denominada *complexo juncional* (ver Figura 19-2). As partes desse complexo juncional dependem umas das outras para a sua formação. Por exemplo, anticorpos anticaderina que bloqueiam a formação das junções aderentes também bloqueiam a formação das junções compactas.

As junções do tipo fenda ligam as células de forma elétrica e metabólica

As junções compactas bloqueiam a passagem pelos espaços entre as células epiteliais, impedindo que moléculas extracelulares passem de um lado do epitélio para o outro. Outro tipo de estrutura juncional possui uma função radicalmente diferente: ele faz pontes entre células adjacentes criando canais diretos do citoplasma de uma célula para o de outra. Esses canais são denominados **junções do tipo fenda**.

Figura 19-22 Proteínas de suporte nas junções compactas. As proteínas de suporte ZO-1, ZO-2 e ZO-3 estão concentradas abaixo da membrana plasmática nas junções compactas. Cada uma das proteínas possui múltiplos domínios de ligação de proteína, incluindo três domínios PDZ, um domínio SH3 e um domínio GK, ligado como contas em um colar flexível. Esses domínios permitem que as proteínas interajam umas com as outras e com muitas outras parceiras como indicado na figura, formando uma rede entrelaçada de proteínas que organiza as fitas selantes das junções compactas ligando-as ao citoesqueleto de actina. As proteínas de suporte com estrutura similar auxiliam na organização dos complexos juncionais, incluindo aqueles das sinapses neurais.

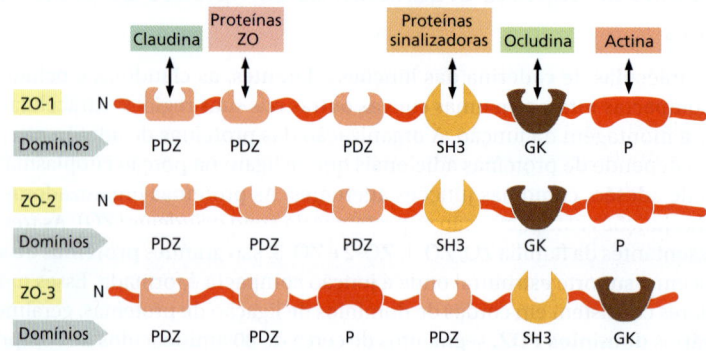

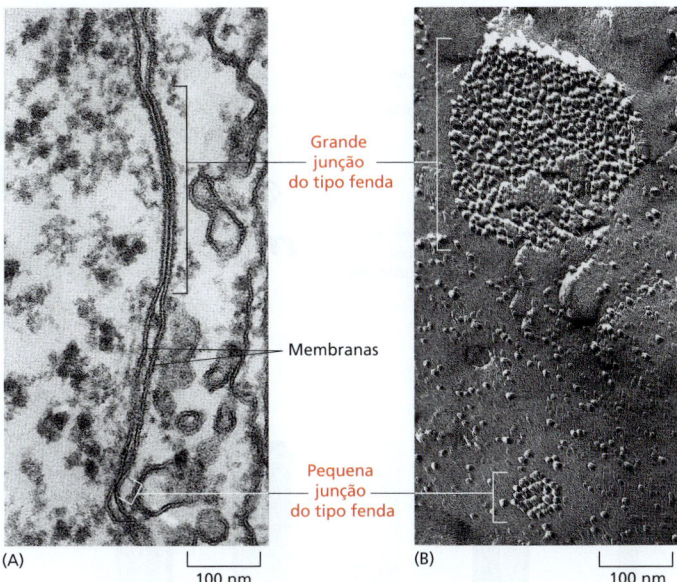

Figura 19-23 Junções do tipo fenda vistas ao microscópio eletrônico. Micrografia eletrônica de um corte fino (A) e de criofratura (B) de uma placa grande e pequena de junção tipo fenda entre fibroblastos em cultura. Em (B), cada junção é visualizada como um aglomerado de partículas intramembrana homogêneas. Cada partícula intramembrana corresponde a um conéxon (ver Figura 19-25). (De N.B. Gilula, in Cell Communication [R.P. Cox, ed.], pp. 1–29. New York: Wiley, 1974.)

As junções do tipo fenda estão presentes na maioria dos tecidos animais, incluindo tecido conectivo, bem como epitélio e músculo cardíaco. Cada junção do tipo fenda aparece nas micrografias eletrônicas convencionais como uma mancha onde as membranas das duas células adjacentes estão separadas por um espaço uniforme de cerca de 2 a 4 nm (Figura 19-23). A fenda é formada por proteínas formadoras de canais de duas famílias distintas denominadas *conexinas* e *inexinas*. As conexinas são as proteínas predominantes das junções do tipo fenda nos vertebrados, com 21 isoformas nos humanos. As inexinas são encontradas nas junções do tipo fenda nos invertebrados.

As junções do tipo fenda possuem um poro de tamanho de cerca de 1,4 nm, que permite a troca de íons e outras pequenas moléculas solúveis em água, mas não de macromoléculas como as proteínas ou ácidos nucleicos (Figura 19-24). Uma corrente elétrica injetada em uma célula com o auxílio de um microeletrodo causa um distúrbio elétrico na célula vizinha, devido ao fluxo de íons carregando a carga elétrica ao longo da junção do tipo fenda. Esse acoplamento elétrico por meio da junção do tipo fenda tem um propósito óbvio nos tecidos contendo células eletricamente excitáveis: os potenciais de ação podem se dispersar rapidamente de célula para célula, sem o atraso que ocorre nas sinapses químicas. Nos vertebrados, por exemplo, o acoplamento elétrico por meio das junções do tipo fenda sincroniza as contrações das células do músculo cardíaco e do músculo liso responsável pelos movimentos peristálticos do intestino. As junções do tipo fenda também ocorrem em muitos tecidos que não contêm células eletricamente excitáveis. Em princípio, compartilhar pequenos metabólitos e íons confere mecanismos para coordenar as atividades das células individuais em determinados tecidos e homogeneizar flutuações ao acaso na concentração de pequenas moléculas em diferentes células.

Um conéxon da junção do tipo fenda é constituído por seis subunidades de conexinas transmembrana

As **conexinas** são proteínas com quatro porções transmembrana, sendo que seis subunidades se unem para formar um *hemicanal*, ou **conéxon**. Quando os conéxons na membrana plasmática de duas células em contato são alinhados, eles formam um canal aquoso contínuo que conecta os dois interiores celulares (Figura 19-25). As junções do tipo fenda consistem em muitos conéxons em paralelo que formam um tipo de peneira molecular. Além de fornecer um canal de comunicação entre as células, essa peneira também proporciona uma forma de adesão célula-célula que suplementa as adesões mediadas pela claudina e caderina antes discutidas.

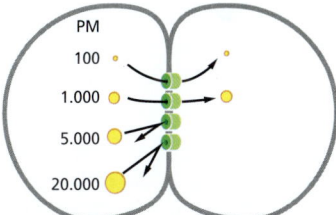

Figura 19-24 Determinação do tamanho de um canal de junção do tipo fenda. Quando moléculas fluorescentes de vários tamanhos são injetadas em uma das duas células ligadas por uma junção do tipo fenda, apenas as moléculas com peso molecular (PM) menor do que 1.000 dáltons podem passar para a outra célula; as moléculas maiores não passam. Assim, as células ligadas compartilham pequenas moléculas (como íons inorgânicos, açúcares, aminoácidos, nucleotídeos, vitaminas e moléculas sinalizadoras de AMP cíclico e inositol trifosfato), mas não macromoléculas (proteínas, ácidos nucleicos e polissacarídeos).

Figura 19-25 Junções do tipo fenda.
(A) Ilustração das membranas plasmáticas de duas células adjacentes interagindo. Cada bicamada lipídica é apresentada como um par de folhas. Os agrupamentos de proteínas chamados de conéxons (verde), cada um formado por seis subunidades de conexinas, penetram as bicamadas justapostas. Dois conéxons unem-se através do espaço intercelular, formando um canal aquoso contínuo que conecta as duas células. (B) A organização das conexinas em conéxons, e dos conéxons em canais intercelulares. Os conéxons podem ser heteroméricos ou homoméricos, e os canais intercelulares podem ser homotípicos ou heterotípicos. (C) Estrutura em alta resolução de um canal de junção do tipo fenda homomérico, determinada por cristalografia de raios X da conexina 26 humana. Nesta posição, temos uma visão de cima para baixo na direção do poro formado pelas seis subunidades de conexinas. A estrutura ilustra as características gerais do canal e sugere um poro com cerca de 1,4 nm, como previsto por estudos sobre a permeabilidade da junção do tipo fenda realizados com moléculas de vários tamanhos (ver Figura 19-24). (Código PDB: 2ZW3.)

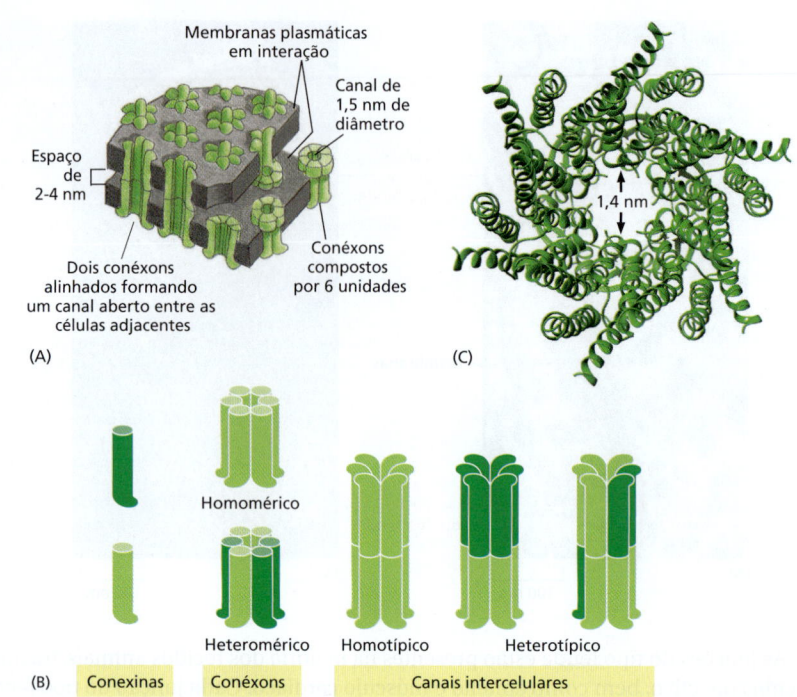

As junções do tipo fenda de diferentes tecidos podem ter propriedades distintas porque são formadas por combinações diversas de conexinas, criando canais que diferem em permeabilidade e regulação. A maioria dos tipos celulares expressa mais de um tipo de conexina, e duas proteínas conexinas diferentes podem se unir em uma conexão heteromérica com suas próprias propriedades distintas. Além disso, células adjacentes que expressam diferentes conexinas podem formar canais intercelulares nos quais os dois hemicanais alinhados são distintos (ver Figura 19-25B).

Assim como os canais iônicos convencionais (discutido no Capítulo 11), os canais das junções do tipo fenda individuais não permanecem abertos todo o tempo; em vez disso, eles abrem e fecham continuamente. Essas alterações são induzidas por vários estímulos, incluindo a diferença de voltagem entre as duas células conectadas, o potencial de membrana de cada célula e várias propriedades químicas do citoplasma, incluindo o pH e a concentração de Ca^{2+} livre. Alguns subtipos de junções do tipo fenda também podem ser regulados por sinais extracelulares como os neurotransmissores. Estamos apenas começando a entender as funções fisiológicas e as bases estruturais desses vários mecanismos de controle.

Cada placa de junção do tipo fenda é uma estrutura dinâmica que pode prontamente formar-se, dissociar-se ou ser remodelada, podendo ser formada por agrupamentos de poucos ou até centenas de conéxons (ver Figura 19-23B). Estudos com conexinas marcadas com fluoróforos em células vivas mostraram que novos conéxons são constantemente adicionados à periferia de uma placa juncional, enquanto os velhos conéxons são removidos do interior e destruídos (**Figura 19-26**). Esta renovação é rápida: as moléculas de conexinas têm meia-vida de poucas horas.

O mecanismo de remoção dos velhos conéxons do meio interior da placa não é conhecido, mas a via de liberação de novos conéxons para a periferia parece clara. Eles são inseridos na membrana plasmática por exocitose, como as outras proteínas integrais de membrana, e então se difundem no plano da membrana até chegarem à periferia de uma placa de conéxon e ficarem aprisionados. Como resultado, a membrana plasmática distante da junção do tipo fenda deve ter conéxons – hemicanais – que ainda não parearam com seus correspondentes na outra célula. Acredita-se que esses hemicanais ainda não pareados sejam mantidos em uma conformação muito próxima, impedindo que a célula perca suas pequenas moléculas pelo vazamento entre eles. Entretanto, também há evidências de que, em algumas circunstâncias, eles podem abrir e atuar como canais para a liberação de pequenas moléculas sinalizadoras.

Figura 19-26 Renovação das conexinas na junção do tipo fenda. As células foram transfectadas com um gene de conexina levemente modificado, que codifica uma conexina com uma pequena cauda de aminoácido contendo quatro cisteínas em sua sequência Cys-Cys-X-X-Cys-Cys (onde X significa qualquer aminoácido). Essa cauda de *tetracisteína* pode realizar uma ligação forte a determinadas moléculas pequenas de corantes fluorescentes que podem ser adicionadas ao meio de cultura e entrar facilmente na célula por difusão através da membrana plasmática. No início deste experimento, foi adicionado um corante verde para marcar as moléculas de conexina nas células e, a seguir, as células foram lavadas e incubadas por 4 a 8 horas. Após este período, foi adicionado um corante vermelho, e as células foram novamente lavadas e fixadas. As moléculas de conexina presentes no início do experimento eram marcadas em verde (e não absorviam corante vermelho porque suas caudas de tetracisteína já estavam saturadas com o corante verde), enquanto as conexinas sintetizadas subsequentemente, durante as 4 a 8 horas de incubação, eram marcadas em vermelho. As imagens de fluorescência mostram as junções do tipo fenda entre os pares de células tratadas dessa maneira. A porção central da junção do tipo fenda é *verde*, indicando que é formada por moléculas de conexinas antigas, enquanto a periferia é *vermelha*, indicando que é formada por moléculas de conexinas sintetizadas durante as últimas 4 ou 8 horas de incubação. Quanto maior o tempo de incubação, menor a mancha verde central das moléculas antigas e maior o anel vermelho das novas moléculas na periferia, recrutadas para substituir as antigas. (De G. Gaietta et al., *Science* 296:503–507, 2002. Com permissão de AAAS.)

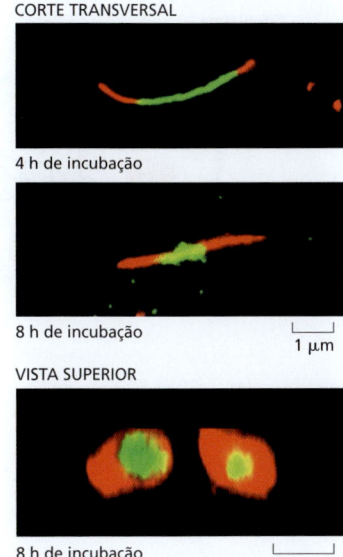

Nas plantas, os plasmodesmos realizam muitas das funções das junções do tipo fenda

Os tecidos de uma planta são organizados por princípios diferentes daqueles dos animais. Isso ocorre porque as células das plantas estão aprisionadas dentro de uma *parede celular* rígida composta por uma matriz extracelular rica em celulose e outros polissacarídeos, como veremos mais tarde. A parede celular das células adjacentes é firmemente fixada às suas vizinhas, eliminando a necessidade de as junções de ancoragem manterem as células no lugar. No entanto, a necessidade de contato célula-célula permanece. Assim, as células vegetais possuem apenas uma classe de junções intercelulares, os **plasmodesmos**. Como as junções do tipo fenda, eles conectam diretamente o citoplasma de duas células adjacentes.

Nas plantas, entretanto, a parede celular entre um típico par de células adjacentes tem pelo menos 0,1 μm de espessura, e assim uma estrutura muito diferente da junção do tipo fenda é necessária para mediar a comunicação através dela. Os plasmodesmos solucionam o problema. Com poucas exceções especializadas, cada célula viva em uma planta superior é conectada à sua vizinha por essas estruturas, as quais formam finos canais citoplasmáticos através da parede celular. Como mostrado na **Figura 19-27A**, a membrana plasmática de uma célula é contínua com a de sua vizinha em cada plasmodesmo, e o citoplasma das duas células é conectado por um canal mais ou menos cilíndrico, com um diâmetro de 20 a 40 nm.

No interior do canal da maioria dos plasmodesmos há uma estrutura cilíndrica mais estreita, o *desmotúbulo*, que é contínuo com o retículo endoplasmático (RE) liso de cada célula (**Figura 19-27B-D**). Entre a porção externa do desmotúbulo e a face interna do canal cilíndrico formado pela membrana plasmática, há um anel de citosol através do qual pequenas moléculas passam de uma célula a outra. Como cada parede celular é formada na fase de citocinese durante a divisão celular, os plasmodesmos também são criados nessa fase. Eles se formam ao redor do retículo endoplasmático liso que fica aprisionado na placa celular em desenvolvimento (discutido no Capítulo 17). Eles também podem se inserir *de novo* em paredes celulares preexistentes, onde normalmente são encontrados como agrupamentos denominados *campos minados*. Os plasmodesmos podem ser removidos quando não são mais necessários.

Apesar da diferença radical em estrutura entre os plasmodesmos e as junções do tipo fenda, eles parecem atuar de maneira semelhante. Evidências obtidas em experimentos onde são injetadas moléculas marcadoras de diferentes tamanhos sugerem que os plasmodesmos permitem a passagem de moléculas com peso molecular abaixo de 800, o que é similar ao tamanho permitido pelas junções do tipo fenda. O transporte através dos plasmodesmos é regulado como nas junções do tipo fenda. Experimentos com injeção de corantes mostram que pode haver barreiras à passagem mesmo de moléculas de baixo peso molecular entre certas células ou um grupo de células conectadas por plasmodesmos aparentemente normais. O mecanismo que restringe a comunicação nesses casos não é conhecido.

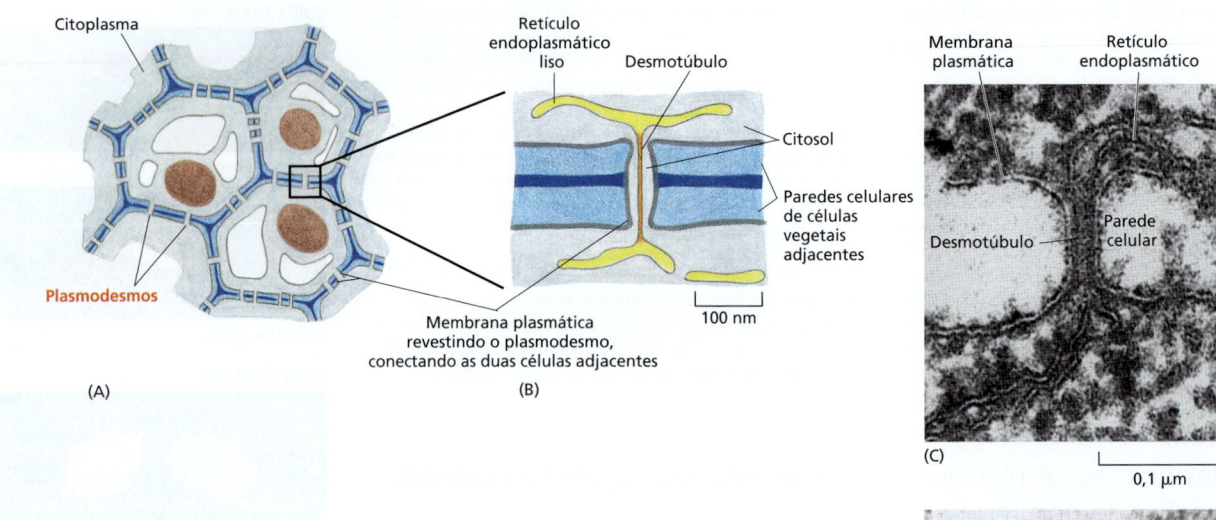
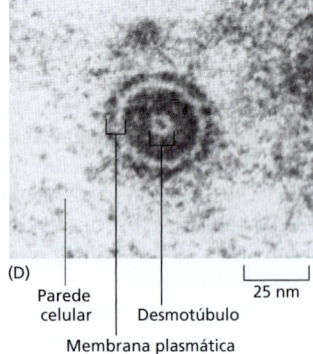

Figura 19-27 **Plasmodesmos.** (A) Os canais citoplasmáticos dos plasmodesmos furam a parede da célula vegetal e conectam as células da planta. (B) Cada plasmodesmo é revestido com uma membrana plasmática comum às duas células ligadas. Normalmente, o plasmodesmo também contém uma estrutura tubular fina, o desmotúbulo, derivado do retículo endoplasmático liso. (C) Eletromicrografia de uma secção longitudinal de um plasmodesmo de samambaia. A membrana plasmática reveste os poros e é contínua entre as células. Pode-se observar a associação do retículo endoplasmático com os desmotúbulos centrais. (D) Plasmodesmo similar visto em secção transversal. (C e D, de R. Overall, J. Wolfe e B.E.S. Gunning, em Protoplasma 111, pp. 134–150. Heidelberg: Springer-Verlag, 1982.)

As selectinas medeiam as adesões transitórias célula-célula na corrente sanguínea

Agora completamos nossa visão geral sobre as junções e adesões célula-célula descrevendo rapidamente alguns dos mecanismos de adesão mais especializados usados em alguns tecidos. Além daqueles já discutidos, pelo menos três outras superfamílias de proteínas de adesão célula-célula são importantes: as *integrinas*, as *selectinas* e os membros da *superfamília das imunoglobulinas* (*Ig*). Discutiremos com maiores detalhes as integrinas mais adiante: sua principal função ocorre na adesão célula-matriz, mas algumas delas medeiam a adesão célula-célula em circunstâncias especiais. A dependência de Ca^{2+} fornece uma maneira simples de distinguir experimentalmente as três classes de proteínas de adesão. As selectinas, como as caderinas e as integrinas, precisam de Ca^{2+} para suas funções de adesão, ao contrário dos membros da superfamília das Igs.

As **selectinas** são proteínas de superfície celular que se ligam a carboidratos (*lectinas*) que medeiam uma variedade de interações de adesão transitórias célula-célula na circulação sanguínea. Sua principal função, pelo menos nos vertebrados, é a coordenação do tráfego dos leucócitos entre os órgãos linfoides normais e qualquer tecido inflamado. Os leucócitos têm vida nômade, vagando entre a circulação sanguínea e os tecidos, o que requer um comportamento especial de adesão. As selectinas controlam a ligação dos leucócitos às células endoteliais que revestem os vasos sanguíneos, permitindo que as células sanguíneas migrem da circulação para os tecidos.

Cada selectina é uma proteína transmembrana com um domínio lectina altamente conservado que se liga a oligossacarídeos específicos em outra célula (**Figura 19-28A**). Há pelo menos três tipos de selectinas: a *L-selectina* nos leucócitos, a *P-selectina* nas plaquetas e nas células endoteliais que tenham sido localmente ativadas por uma resposta inflamatória, e a *E-selectina* nas células endoteliais ativadas. Em um órgão linfoide, como

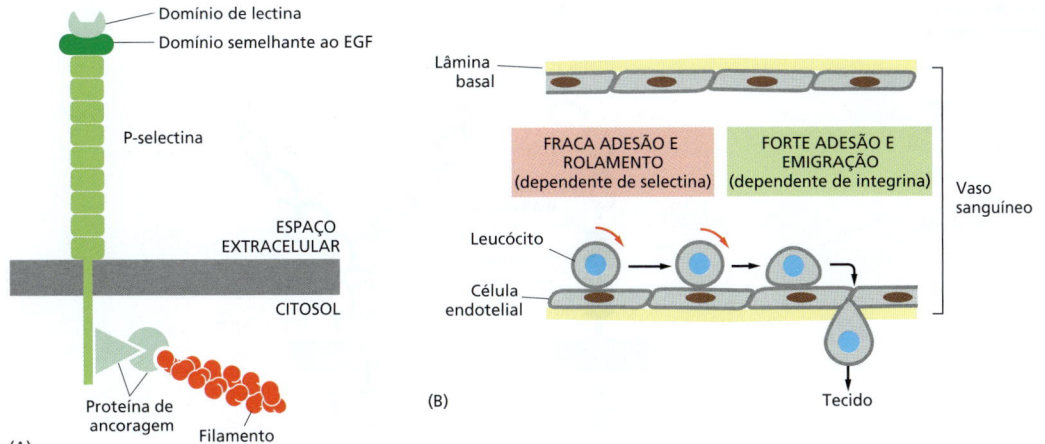

um linfonodo ou o baço, as células endoteliais expressam oligossacarídeos que são reconhecidos pelas L-selectinas dos linfócitos, tornando os linfócitos lentos e aprisionando-os. As células endoteliais, no local da inflamação, alteram a expressão das selectinas que reconhecem os oligossacarídeos nos leucócitos e nas plaquetas, marcando as células para que elas atuem no local da emergência. Contudo, as selectinas não atuam sozinhas; elas colaboram com as integrinas, que intensificam a ligação das células sanguíneas ao endotélio. As adesões célula-célula mediadas pelas selectinas e integrinas são *heterofílicas*, isto é, a ligação é a uma molécula diferente. As selectinas ligam-se a oligossacarídeos específicos nas glicoproteínas e nos glicolipídeos, enquanto as integrinas se ligam a proteínas específicas da família Ig.

As selectinas e as integrinas atuam em sequência permitindo que os leucócitos deixem a circulação e migrem para os tecidos (**Figura 19-28B**). As selectinas medeiam uma fraca adesão porque a ligação do domínio de lectina da selectina ao seu ligante carboidrato é de baixa afinidade. Isso permite que os leucócitos se associem de forma fraca e reversível ao endotélio, rolando na superfície dos vasos, impelidos pelo fluxo sanguíneo. O rolamento continua até que a célula sanguínea ative suas integrinas. Como veremos adiante, essas moléculas transmembrana podem ser alteradas para uma conformação adesiva que permite que elas se encaixem com macromoléculas específicas externas à célula – neste caso, com as proteínas da superfície das células endoteliais. Uma vez ligados dessa forma, os leucócitos escapam da circulação sanguínea para os tecidos, esgueirando-se entre as células endoteliais adjacentes e deixando a circulação sanguínea.

Figura 19-28 Estrutura e função das selectinas. (A) Estrutura da P-selectina. A selectina liga-se ao citoesqueleto de actina por meio de proteínas adaptadoras que ainda são pouco conhecidas. (B) Adesões célula-célula mediadas pelas selectinas e integrinas necessárias à migração dos leucócitos através dos vasos sanguíneos para os tecidos. Primeiramente, as selectinas das células endoteliais ligam-se aos oligossacarídeos dos leucócitos de modo que eles se tornam frouxamente aderidos e rolam sobre a parede do vaso. Então, o leucócito ativa uma integrina de superfície celular denominada LFA1, que se liga a uma proteína denominada ICAM1 (pertencente à superfamília de Igs) presente na membrana da célula endotelial. Os leucócitos se aderem à parede do vaso e se deslocam para fora do vaso por um processo que requer outro membro da superfamília de imunoglobulinas denominado PECAM1 (ou CD31), não apresentado (Animação 19.2). EGF, fator de crescimento epidérmico (do inglês: *epidermal growth fator*).

Membros da superfamília de imunoglobulinas fazem a mediação da adesão célula-célula independente de Ca^{2+}

As principais proteínas das células endoteliais reconhecidas pelas integrinas dos leucócitos são denominadas *moléculas de adesão de células intercelulares* (*ICAMs, intercellular cell adhesion molecules*) ou *moléculas de adesão de células vasculares* (*VCAM, vascular cell adhesion molecule*). Elas são membros de outra grande e antiga família de moléculas de superfície celular, a **superfamília de imunoglobulinas (Igs)**. Essas proteínas contêm um ou mais domínios extracelulares semelhantes às Igs, característicos das moléculas de anticorpos. Elas possuem várias funções fora do sistema imune que não estão relacionadas às defesas imunes.

Enquanto as ICAMs e as VCAMs das células endoteliais medeiam ligações heterofílicas às integrinas, muitos outros membros da superfamília de Igs parecem mediar ligações homofílicas. Um exemplo é a *molécula de adesão de células neural* (*NCAM, neural cell adhesion molecule*), a qual é expressa por uma variedade de tipos celulares, incluindo a maioria das células nervosas, e pode assumir diversas formas, geradas pelo processamento alternativo de um transcrito de RNA produzido por um único gene

Figura 19-29 **Dois membros da superfamília de Igs de moléculas de adesão célula-célula.** A NCAM é expressa em neurônios e outros tipos celulares e medeia uma ligação homofílica. A ICAM é expressa nas células endoteliais e em alguns outros tipos celulares, ligando-se heterofilicamente a uma integrina dos leucócitos. A NCAM e a ICAM são glicoproteínas, mas as cadeias de carboidratos ligadas não estão apresentadas.

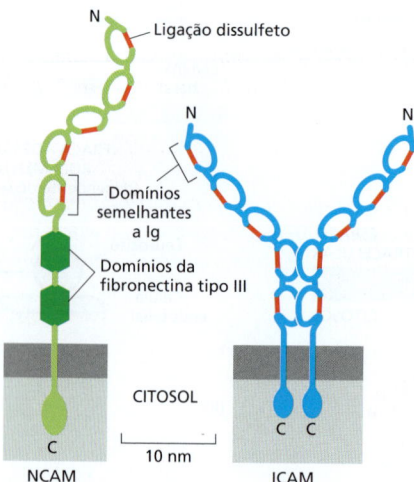

(**Figura 19-29**). Algumas formas de NCAM possuem uma quantidade incomumente grande de ácido siálico (com as cadeias contendo centenas de unidades repetidas de ácido siálico). Devido à sua carga negativa, as longas cadeias de ácido polissiálico podem interferir na adesão celular (porque cargas iguais se repelem); portanto essas formas de NCAM servem para inibir a adesão, e não para causá-la.

Uma célula de um determinado tipo em geral usa várias proteínas de adesão distintas para interagir com outras células, assim como cada célula usa vários receptores diferentes para responder a muitas moléculas sinalizadoras extracelulares solúveis em seu ambiente. Embora as caderinas e os membros da superfamília de Igs costumem ser expressos nas mesmas células, as adesões mediadas pelas caderinas são muito mais fortes e responsáveis por manterem as células unidas, segregando grupos de células e mantendo a integridade dos tecidos. Moléculas como a NCAM parecem contribuir para a regulação fina dessas interações adesivas durante o desenvolvimento e a regeneração, atuando em vários fenômenos de adesão como os discutidos para as células sanguíneas e endoteliais. Camundongos mutantes que não possuem caderina-N morrem logo no início do desenvolvimento, e mutantes que não possuem NCAM se desenvolvem normalmente, mas apresentam algumas anormalidades no desenvolvimento de determinados tecidos específicos, incluindo partes do sistema nervoso.

Resumo

No epitélio, bem como em outros tipos de tecidos, as células estão diretamente ligadas umas às outras por meio de fortes adesões célula-célula, mediadas por proteínas transmembrana denominadas caderinas, que estão ancoradas intracelularmente ao citoesqueleto. As caderinas em geral se ligam umas às outras homofilicamente: a cabeça de uma molécula de caderina se liga à cabeça de uma caderina similar na célula oposta. Essa seletividade permite que populações mistas de células de diferentes tipos selecionem-se de acordo com a caderina específica que expressam, auxiliando no controle do rearranjo celular durante o desenvolvimento.

As caderinas clássicas nas junções aderentes estão ligadas ao citoesqueleto de actina por meio de proteínas adaptadoras intracelulares denominadas cateninas. Estas formam um complexo de ancoragem na cauda intracelular da molécula de caderina e estão envolvidas não somente na ancoragem física, mas também na detecção e resposta à tensão e outros sinais reguladores na junção.

As junções compactas selam os espaços entre as células epiteliais, criando uma barreira contra a difusão das moléculas através da camada celular, ao mesmo tempo ajudando a separar as populações de proteínas nos domínios apicais e basolaterais da membrana plasmática das células epiteliais. As claudinas são as principais proteínas transmembrana que formam as junções compactas. As proteínas de suporte intracelular organizam as claudinas e outras proteínas juncionais em uma rede de proteínas complexa que está ligada ao citoesqueleto de actina.

As células de muitos tecidos animais são ligadas por junções do tipo fenda que possuem a forma de placas de agregados de conéxons, as quais permitem que moléculas menores que 1.000 dáltons passem diretamente do interior de uma célula para a célula vizinha. As células conectadas pelas junções do tipo fenda compartilham muito de seus íons inorgânicos e outras pequenas moléculas, estando, portanto, química e eletricamente conectadas.

Três classes adicionais de proteínas de adesão transmembrana medeiam uma adesão célula-célula passageira: as selectinas, os membros da superfamília de imunoglobulinas e as integrinas. As selectinas são expressas nos leucócitos, nas plaquetas e nas células endoteliais. Elas se ligam heterofilicamente aos grupos de carboidratos nas superfícies celulares, ajudando a mediar as interações de adesão entre essas células. As proteínas da superfamília de Igs também atuam nessas interações, bem como em outros processos de adesão. Algumas delas se ligam de maneira homofílica, e outras, de forma heterofílica. Embora as integrinas atuem sobremaneira na adesão das células na matriz extracelular, elas também medeiam a adesão célula-célula ao se ligarem especificamente às proteínas da superfamília de Igs.

A MATRIZ EXTRACELULAR DOS ANIMAIS

Os tecidos não são feitos somente de células. Eles também contêm uma extraordinária rede complexa e intrincada de macromoléculas que constituem a *matriz extracelular*. Essa matriz é composta por muitas proteínas diferentes e polissacarídeos que são secretados localmente e reunidos em uma rede organizada e em estreita associação com a superfície das células que os produzem.

As classes de macromoléculas que constituem a matriz extracelular nos diferentes tecidos animais são globalmente semelhantes, mas as variações nas quantidades relativas dessas diferentes classes de moléculas e no modo como elas estão organizadas dão origem a uma surpreendente diversidade de materiais. A matriz pode tornar-se calcificada para formar estruturas rígidas como os ossos e os dentes, ou pode formar a matriz transparente da córnea, ou ainda adotar a forma de cordões que originam os tendões e sua grande força tensora. Ela forma a gelatina das águas-vivas. Cobrindo o corpo de um besouro ou uma lagosta, forma uma rígida carapaça. Além disso, a matriz extracelular é mais do que uma sustentação passiva que fornece um suporte físico. Ela desempenha um papel complexo e ativo na regulação do comportamento das células que tocam, habitam e estendem-se por suas malhas, influenciando sua sobrevivência, desenvolvimento, migração, proliferação, forma e função.

Nesta seção, descreveremos as principais características da matriz extracelular dos tecidos animais, com ênfase nos vertebrados. Iniciaremos com uma visão geral das principais classes de macromoléculas da matriz e depois veremos a estrutura e função da *lâmina basal*, a fina camada de matriz extracelular especializada que se encontra abaixo das células epiteliais. Nas seções seguintes, descreveremos os diversos tipos de junções célula-matriz por meio das quais as células se conectam com a matriz.

A matriz extracelular é produzida e orientada pelas células

As macromoléculas que constituem a matriz extracelular são produzidas localmente pelas células na matriz. Como discutiremos adiante, essas células também ajudam a organizar a matriz. A orientação do citoesqueleto no interior da célula pode controlar a orientação da matriz do lado de fora. Na maioria dos tecidos conectivos, as macromoléculas da matriz são secretadas por células denominadas **fibroblastos** (**Figura 19-30**). Em certos tipos especializados de tecido conectivo, como osso e cartilagem, elas são secretadas por células da família dos fibroblastos que possuem nomes mais específicos: os *condroblastos*, por exemplo, formam a cartilagem, e os *osteoblastos*, o osso.

A matriz extracelular é formada por três principais classes de moléculas: (1) os glicosaminoglicanos (*GAGs*), que são grandes polissacarídeos altamente carregados, em geral covalentemente ligados às proteínas formando os *proteoglicanos*; (2) as proteínas fibrosas, que são, principalmente, membros da família do *colágeno*; e (3) uma grande classe de *glicoproteínas* não colagenosas, que possuem os oligossacarídeos ligados a asparagina convencionais (descritos no Capítulo 12). Todas as três classes de macromoléculas possuem muitos membros e apresentam várias formas e tamanhos (**Figura**

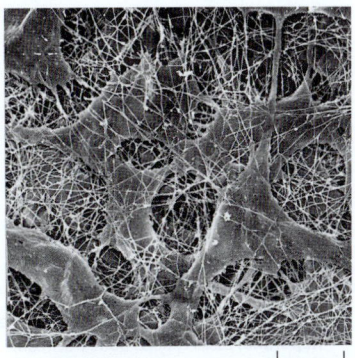

Figura 19-30 Fibroblastos no tecido conectivo. Esta micrografia eletrônica de varredura mostra o tecido da córnea de rato. A matriz extracelular circundando os fibroblastos é composta principalmente por fibrilas de colágeno. As glicoproteínas, as hialuronanas e os proteoglicanos, que costumam formar o gel hidratado preenchendo os interstícios da rede fibrosa, foram removidos por tratamento ácido e enzimático. (Cortesia de T. Nishida.)

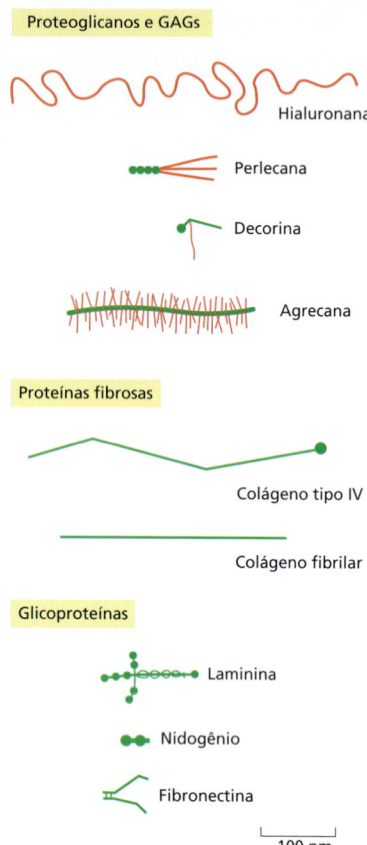

Figura 19-31 Comparação entre as formas e os tamanhos de algumas das principais macromoléculas da matriz extracelular. As proteínas são mostradas em *verde*, e os glicosaminoglicanos (GAG), em *vermelho*.

19-31). Acredita-se que os mamíferos possuam cerca de 300 proteínas de matriz, incluindo cerca de 36 proteoglicanos, 40 colágenos e mais de 200 glicoproteínas, as quais costumam conter múltiplos subdomínios e se autoassociam para formar multímeros. Acrescente-se a isso o grande número de proteínas e enzimas associadas à matriz que podem modificar o comportamento da matriz por meio da ligação cruzada, degradação ou outros mecanismos, e podemos começar a imaginar que a matriz é um material quase infinitamente variável. Cada tecido contém sua própria mistura única dos componentes da matriz, resultando em uma matriz extracelular que é especializada para as necessidades daquele tecido.

As moléculas de proteoglicanos no tecido conectivo formam uma "substância básica" semelhante a um gel, altamente hidratada, na qual o colágeno e as glicoproteínas estão embebidos. O gel de polissacarídeos resiste a forças de compressão na matriz ao mesmo tempo em que permite a rápida difusão dos nutrientes, metabólitos e hormônios entre o sangue e as células dos tecidos. As fibras colágenas fortalecem e ajudam a organizar a matriz, e as fibras de *elastina*, semelhantes à borracha, fornecem a resistência. Por fim, as diversas glicoproteínas da matriz auxiliam na migração, estabelecimento e diferenciação celular nos locais adequados.

As cadeias de glicosaminoglicanos (GAGs) ocupam grande parte do espaço e formam géis hidratados

Os **glicosaminoglicanos (GAGs)** são cadeias polissacarídicas não ramificadas compostas de unidades dissacarídicas repetidas. Um dos dois açúcares no dissacarídeo repetido é sempre um amino açúcar (*N*-acetilglicosamina ou *N*-acetilgalactosamina), o qual, na maioria das vezes, é sulfatado. O segundo açúcar normalmente é um ácido urônico (glicurônico ou idurônico). Grupos sulfato ou carboxila ocorrem na maioria dos açúcares, e por isso os GAGs são negativamente carregados (**Figura 19-32**). De fato, eles são as moléculas mais aniônicas produzidas pelas células animais. Quatros principais grupos de GAGs são distinguidos de acordo com seus açúcares, o tipo de ligação entre os açúcares e o número e localização dos grupos sulfato: (1) *hialuronana*, (2) *sulfato de condroitina* e *sulfato de dermatana*, (3) *sulfato de heparana* e (4) *sulfato de queratana*.

As cadeias polissacarídicas são muito rígidas para se enovelarem em estruturas globulares compactas e são muito hidrofílicas. Assim, os GAGs tendem a adotar uma conformação altamente estendida, que ocupa um grande volume com relação à sua massa (**Figura 19-33**), e formam géis hidratados mesmo a concentrações muito baixas. O peso dos GAGs no tecido conectivo costuma ser inferior a 10% do peso das proteínas, mas as cadeias de GAGs preenchem grande parte do espaço extracelular. Suas altas densidades de cargas negativas atraem uma nuvem de cátions, sobretudo Na^+, que são osmoticamente ativos, fazendo grande quantidade de água ser absorvida pela matriz. Isso cria uma pressão por inchaço, ou turgência, que permite que a matriz suporte forças de compressão (ao contrário das fibras colágenas, que resistem às forças de distensão). A matriz da cartilagem que forma as articulações dos joelhos, por exemplo, pode suportar pressões de centenas de atmosferas.

Defeitos na produção de GAGs podem afetar muitos sistemas do organismo. Por exemplo, em uma doença genética humana rara, há uma grave deficiência na síntese do dissacarídeo sulfato de dermatana. O indivíduo afetado possui baixa estatura, aparência prematuramente envelhecida e defeitos generalizados na pele, nas articulações, nos músculos e nos ossos.

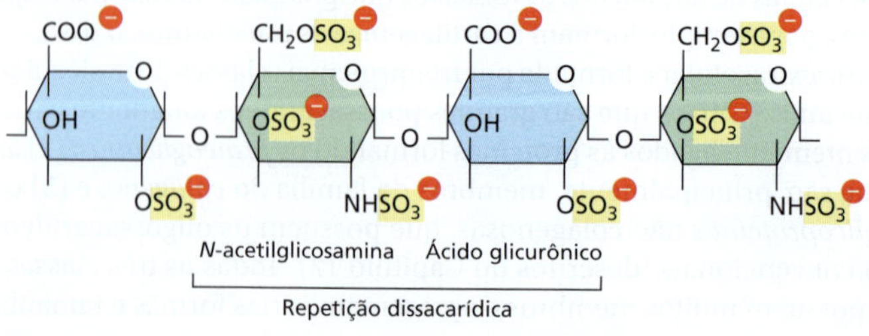

Figura 19-32 **Sequência repetida de dissacarídeos da cadeia de glicosaminoglicanos (GAGs) do grupo sulfato de heparana.** Essas cadeias podem ser compostas por até 200 moléculas de unidades de dissacarídeos, mas em geral têm metade desse tamanho. Há uma alta densidade de cargas negativas ao longo da cadeia, resultante da presença dos grupos sulfato e carboxila. A molécula é representada aqui com o número máximo de grupos sulfato. *In vivo*, a proporção de grupos sulfatados e não sulfatados é variável. A heparina geralmente possui > 70% de sulfatação, enquanto o sulfato de heparana possui < 50%.

A hialuronana atua como um preenchedor de espaços durante a morfogênese e o reparo

A **hialuronana** (também chamada de *ácido hialurônico* ou *hialuronato*) é o mais simples dos GAGs (**Figura 19-34**). Ela consiste em uma sequência repetida regular de até 25 mil unidades dissacarídicas não sulfatadas, encontrada em quantidades variáveis em todos os tecidos e fluidos adultos animais, sendo especialmente abundante no embrião no início do desenvolvimento. A hialuronana não é um GAG típico porque não contém açúcares sulfatados, todas as suas unidades dissacarídicas são idênticas, o tamanho de sua cadeia é enorme e em geral não está ligado covalentemente com qualquer proteína central. Além disso, enquanto outros GAGs são sintetizados dentro da célula e liberados por exocitose, a hialuronana é liberada diretamente da superfície celular por um complexo enzimático embebido na membrana plasmática.

A hialuronana possui uma função de resistência a forças de compressão nos tecidos e nas articulações. É também importante como preenchedor de espaço durante o desenvolvimento embrionário, quando pode ser usada para forçar a mudança da forma e da estrutura, pois pequenas quantidades se expandem com a água para ocupar um grande volume. A hialuronana sintetizada na porção basal do epitélio, por exemplo, frequentemente serve para criar um espaço livre de células para o qual as células irão migrar. Na formação do coração, por exemplo, a síntese de hialuronana auxilia na formação das válvulas e dos septos que separam as câmaras cardíacas. Um processo similar ocorre em vários outros órgãos. Quando a migração celular termina, o excesso de hialuronana em geral é degradado pela enzima *hialuronidase*. A hialuronana também é produzida em grandes quantidades durante a cicatrização, sendo um importante constituinte do fluido das articulações, onde atua como um lubrificante.

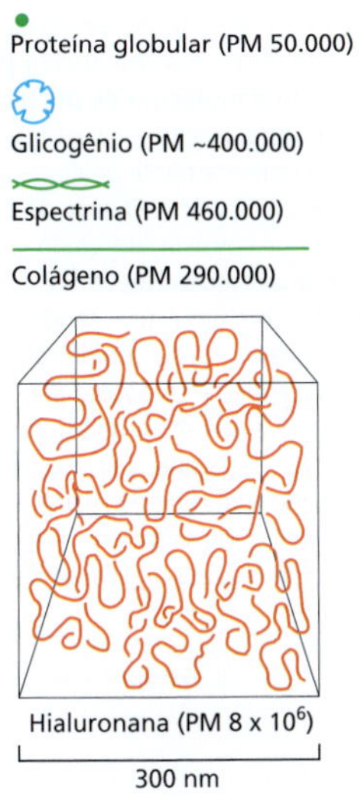

Os proteoglicanos são compostos de cadeias de GAGs covalentemente ligadas a um núcleo proteico

Com exceção da hialuronana, todos os GAGs são covalentemente ligados a uma proteína na forma de **proteoglicanos**, os quais são produzidos pela maioria das células animais. A cadeia polipeptídica, ou *núcleo proteico*, de um proteoglicano é produzida pelos ribossomos ligados à membrana e liberados no lúmen do retículo endoplasmático. As cadeias polissacarídicas são principalmente reunidas nesse núcleo proteico no aparelho de Golgi. Um *conector tetrassacarídico* especial é unido a uma serina na cadeia lateral do núcleo proteico para atuar como um iniciador para o crescimento do polissacarídeo, e então um açúcar é adicionado de cada vez por glicosiltransferases específicas (**Figura 19-35**). Ainda no aparelho de Golgi, muitos dos açúcares polimerizados são covalentemente modificados por uma série de reações sequenciais coordenadas. As epimerizações alteram a configuração dos substituintes ao redor de átomos de carbono individuais na molécula de açúcar, e a sulfatação aumenta a carga negativa.

Os proteoglicanos são facilmente distinguíveis das outras glicoproteínas pela natureza, quantidade e arranjo de suas cadeias laterais de açúcares. Por definição, pelo menos uma cadeia lateral de açúcar de um proteoglicano deve ser um GAG. Enquanto as glicoproteínas costumam apresentar cadeias de oligossacarídeos relativamente curtas e ramificadas

• Proteína globular (PM 50.000)

Glicogênio (PM ~400.000)

Espectrina (PM 460.000)

Colágeno (PM 290.000)

Hialuronana (PM 8 x 10⁶)

300 nm

Figura 19-33 Dimensões relativas e volumes ocupados por várias macromoléculas. Várias proteínas, um grânulo de glicogênio e uma molécula de hialuronana simples hidratada são mostrados.

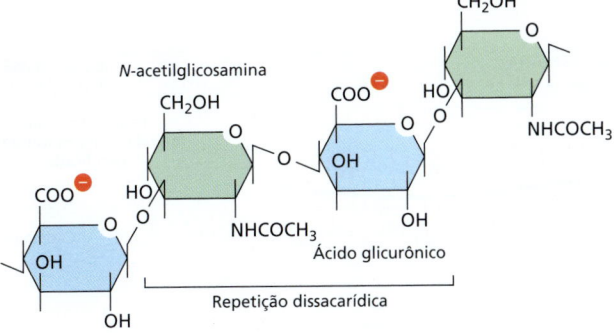

Figura 19-34 Sequência de dissacarídeo repetida na hialuronana, um GAG relativamente simples. Esta molécula ubíqua nos vertebrados consiste em uma única cadeia longa de até 25 mil monômeros de açúcar. Observe a ausência de grupos sulfato.

Figura 19-35 A conexão entre as cadeias de GAGs e o seu núcleo proteico em uma molécula de proteoglicano. Um tetrassacarídeo específico de conexão é primeiramente unido a uma cadeia lateral de serina. O resto da cadeia de GAGs, que consiste sobretudo em unidades de dissacarídeos repetidas, é, então, sintetizado, com um açúcar sendo adicionado a cada vez. No sulfato de condroitina, o dissacarídeo é composto por ácido D-glicurônico e N-acetil-D-galactosamina; no sulfato de heparana, é ácido D-glicurônico ou ácido L-idurônico e N-acetil-D--galactosamina; no sulfato de queratana é D-galactose e N-acetil-D-glicosamina.

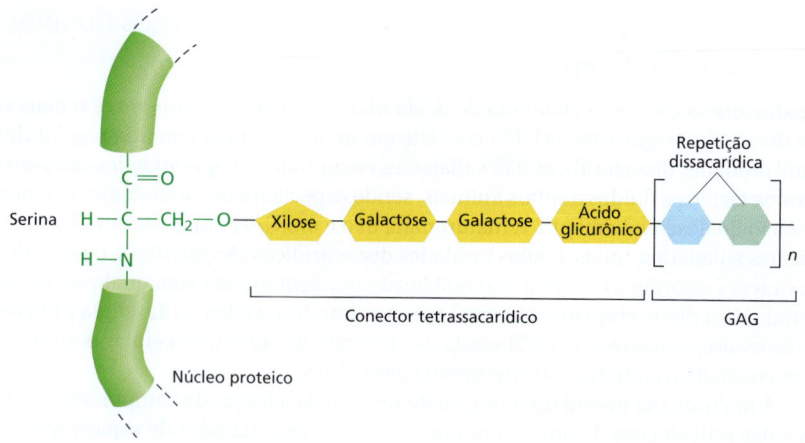

que contribuem para uma pequena fração do seu peso, os proteoglicanos podem conter até 95% de seu peso em carboidratos, sendo a grande maioria na forma de longas cadeias GAGs não ramificadas, cada uma em geral com cerca de 80 açúcares de comprimento.

Em princípio, os proteoglicanos possuem um potencial quase ilimitado de heterogeneidade. Mesmo um único tipo de núcleo proteico pode variar bastante no número e nos tipos de cadeias de GAGs a ele ligadas. Além disso, o padrão de repetição dos dissacarídeos em cada GAG pode ser modificado por um padrão complexo de grupos sulfato. Os núcleos proteicos também são diversos, embora muitos compartilhem alguns domínios característicos, como o domínio LINK envolvido na ligação dos GAGs.

Os proteoglicanos podem ser enormes. O proteoglicano *agrecana*, por exemplo, o principal componente da cartilagem, possui uma massa de 3×10^6 dáltons com mais de cem cadeias de GAGs. Outros proteoglicanos são muito menores e possuem somente 1 a 10 cadeias de GAGs. Um exemplo é a *decorina*, a qual é secretada por fibroblastos e possui apenas uma cadeia de GAGs (**Figura 19-36**). A decorina se liga às fibrilas de colágeno e regula a união e o diâmetro das fibrilas. Camundongos que não produzem decorinas possuem pele frágil com força tensora reduzida. Os GAGs e os proteoglicanos desses vários tipos podem se associar para formar complexos poliméricos ainda maiores na matriz extracelular. Moléculas de agrecana, por exemplo, unem-se à hialuronana na matriz da cartilagem para formar agregados do tamanho de uma bactéria (**Figura 19-37**). Além da associação de um com o outro, os GAGs e os proteoglicanos se associam a proteínas fibrosas da matriz como o colágeno, criando compostos extremamente complexos (**Figura 19-38**).

Nem todos os proteoglicanos são componentes secretados na matriz extracelular. Alguns são componentes integrais das membranas plasmáticas e possuem seu núcleo proteico inserido na bicamada lipídica ou ligado à bicamada lipídica ancorado pelo glicosilfosfatidilinositol (GPI). Entre os proteoglicanos de membrana plasmática mais bem caracterizados estão as *sindecanas*, as quais possuem um núcleo proteico que atravessa a membrana, cujo domínio intracelular supostamente interage com o citoesqueleto de actina e com moléculas sinalizadoras no córtex celular. As sindecanas estão localizadas na superfície de muitos tipos celulares, incluindo fibroblastos e células epiteliais. Nos fibroblastos, as sindecanas podem ser encontradas nas adesões focais, onde modulam a

Figura 19-36 Exemplos de um proteoglicano grande (agrecana) e um pequeno (decorina), encontrados na matriz extracelular. Eles são comparados a uma molécula secretada de glicoproteína típica, a ribonuclease B pancreática. Todos estão desenhados em escala. Os núcleos proteicos de ambos os proteoglicanos, agrecana e decorina, contêm cadeias de oligossacarídeos, bem como as cadeias de GAGs, mas as primeiraas não são mostradas. A agrecana consiste em cerca de cem cadeias de sulfato de condroitina e cerca de 30 cadeias de sulfato de queratana ligadas a um núcleo proteico rico em serina de aproximadamente 3 mil aminoácidos. A decorina "decora" a superfície das fibrilas de colágeno (daí o nome).

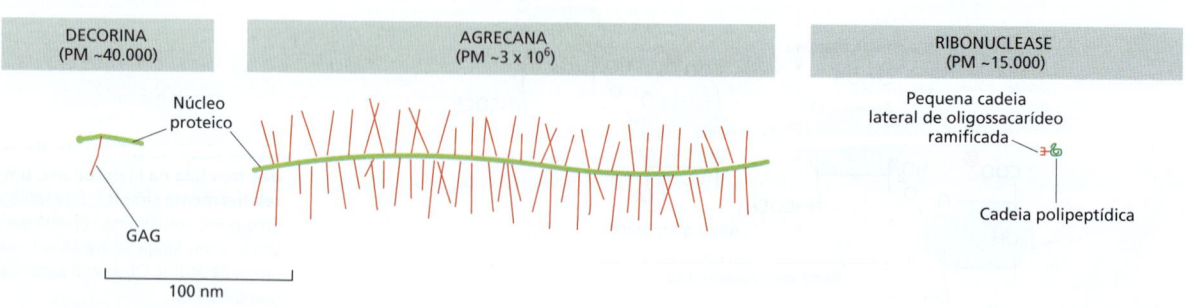

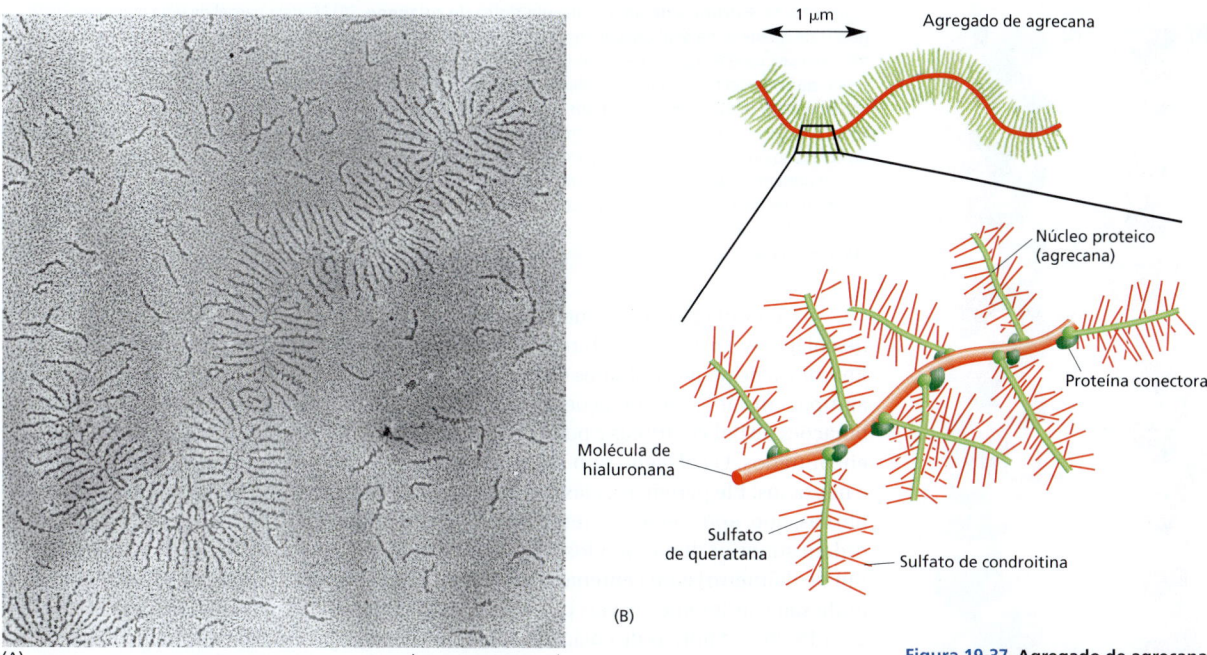

Figura 19-37 **Agregado de agrecana da cartilagem de um feto bovino.** (A) Micrografia eletrônica de um agregado de agrecana sombreado com platina. Várias moléculas de agrecana livres também são visualizadas. (B) Ilustração esquemática do agregado de agrecana gigante mostrado em (A). O agregado consiste em aproximadamente cem monômeros de agrecana (cada um como o mostrado na Figura 19-36) ligados não covalentemente pelo domínio N-terminal ao núcleo proteico de uma única cadeia de hialuronana. Uma proteína liga o núcleo proteico do proteoglicano com a cadeia de hialuronana, estabilizando o agregado. As proteínas de conexão são membros da família das proteínas de ligação de hialuronana, algumas das quais são proteínas de superfície celular. A massa molecular deste complexo pode ser de 10^8 dáltons ou mais e ocupa um volume equivalente ao de uma bactéria, que é cerca de 2×10^{-12} cm^3. (A, cortesia de Lawrence Rosenberg.)

função da integrina pela interação com a fibronectina na superfície celular e com o citoesqueleto e proteínas sinalizadoras do interior da célula. Como discutiremos adiante, as sindecanas e outros proteoglicanos também interagem com peptídeos solúveis de fatores de crescimento, influenciando seus efeitos no crescimento e na proliferação celular.

Os colágenos são as principais proteínas da matriz extracelular

A família dos **colágenos** é constituída pelas proteínas fibrosas encontradas em todos os animais multicelulares. Elas são secretadas pelas células do tecido conectivo e por uma variedade de outros tipos celulares. Como principal componente da pele e dos ossos, os colágenos são as proteínas mais abundantes nos mamíferos, constituindo 25% da massa proteica total desses animais.

A principal característica de uma molécula de colágeno típica é a estrutura longa e rígida de sua fita tripla helicoidal, na qual três cadeias polipeptídicas de colágeno, denominadas *cadeias α*, são enroladas umas nas outras formando uma super-hélice semelhante a uma corda (**Figura 19-39**). Os colágenos são extremamente ricos em prolina e glicina, importantes na formação da hélice de três fitas.

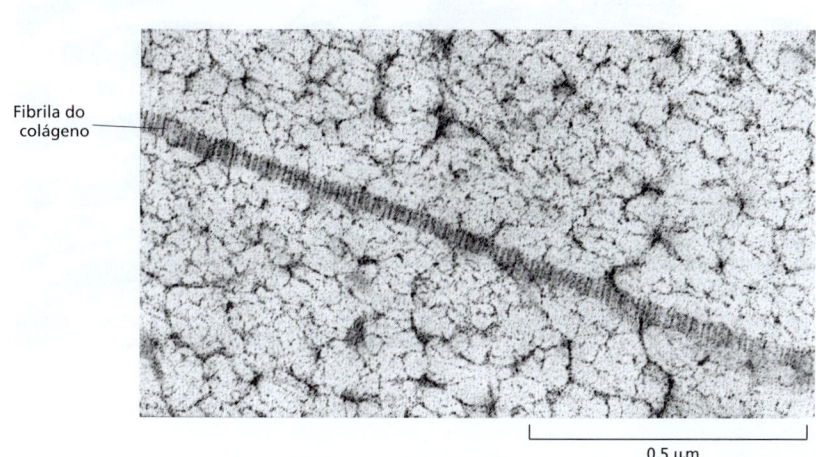

Figura 19-38 **Proteoglicanos na matriz extracelular da cartilagem de rato.** O tecido foi rapidamente congelado a −196°C, fixado e corado ainda congelado (por um processo chamado de criossubstituição) para evitar o colapso das cadeias de GAGs. Nesta eletromicrografia, as moléculas de proteoglicanos são vistas formando uma rede de filamentos finos, na qual uma única fibrila de colágeno estriado está embutida. As partes mais coradas (escuras) das moléculas de proteoglicanos são o núcleo proteico; os fios menos corados são as cadeias de GAGs. (Reproduzida de E.B. Hunziker e R.K. Schenk, *J. Cell Biol.* 98:277–282, 1984. Com permissão de The Rockefeller University Press.)

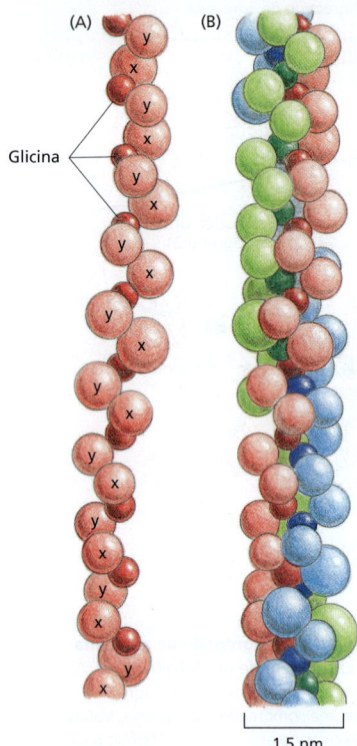

Figura 19-39 Estrutura de uma molécula típica de colágeno. (A) Modelo parcial de uma única cadeia α de colágeno na qual cada aminoácido é representado por uma esfera. A cadeia contém cerca de mil aminoácidos e é organizada como uma hélice para a esquerda, contendo três aminoácidos por volta, sendo que o terceiro é sempre uma glicina. Portanto, uma cadeia α é composta por uma série de trincas da sequência Gly-X-Y, onde X e Y podem ser qualquer aminoácido (embora, em geral, o X seja uma prolina e o Y uma hidroxiprolina, uma forma de prolina que é quimicamente modificada durante a síntese do colágeno na célula). (B) Modelo parcial de uma molécula de colágeno em que as três cadeias α, cada uma representada por uma cor diferente, são enroladas umas nas outras, formando a hélice de fita tripla em forma de bastão. A glicina é o único aminoácido pequeno o suficiente para ocupar o interior da tripla hélice. Apenas um curto segmento da molécula está representado; o comprimento total da molécula é de 300 nm. (A partir do modelo de B.L. Trus.)

O genoma humano contém 42 genes distintos que codificam diferentes cadeias α de colágeno. Diversas combinações desses genes são expressas em diferentes tecidos. Embora, a princípio, milhares de tipos de moléculas de colágeno de fita tripla possam se agrupar em várias combinações das 42 cadeias α, somente um número limitado de combinações de hélices triplas é possível, e cerca de 40 tipos de moléculas de colágeno foram encontrados. O colágeno tipo I é o mais comum, sendo o principal encontrado na pele e nos ossos. Ele pertence à classe dos **colágenos fibrilares**, ou colágenos formadores de fibrilas, que, após serem secretados no espaço extracelular, reúnem-se em polímeros de ordem superior denominados **fibrilas de colágeno**, que são estruturas finas (10 a 300 nm de diâmetro) com centenas de micrômetros de comprimento nos tecidos maduros, onde são claramente visíveis por micrografia eletrônica (**Figura 19-40**, ver também Figura 19-38). As fibrilas de colágeno costumam se agregar em feixes semelhantes a cabos, muito maiores, com vários micrômetros de diâmetro, os quais podem ser vistos ao microscópio óptico como *fibras colágenas*.

Os colágenos tipo IX e XII são denominados *colágenos associados a fibrilas* porque decoram a superfície das fibrilas de colágeno. Acredita-se que eles ligam essas fibrilas umas às outras e a outros componentes na matriz extracelular. O tipo IV é um *colágeno formador de rede*, constituindo a maior parte da lâmina basal, enquanto as moléculas do tipo VII formam dímeros que se reúnem em estruturas especializadas denominadas *fibrilas de ancoragem*. As fibrilas de ancoragem auxiliam a conexão da lâmina basal do epitélio de múltiplas camadas ao tecido conectivo subjacente e, portanto, são especialmente abundantes na pele. Há também inúmeras proteínas "tipo colágeno" contendo curtos segmentos semelhantes ao colágeno. Estas incluem o colágeno tipo XVII, que possui um domínio transmembrana e é encontrado nos hemidesmossomos, e o tipo XVIII, no núcleo proteico do proteoglicano da lâmina basal.

Muitas proteínas que contêm um padrão repetido de aminoácidos evoluíram de duplicações das sequências de DNA. Os colágenos fibrilares aparentemente surgiram dessa forma. Assim, os genes que codificam as cadeias α da maioria desses colágenos são muito grandes (até 44 quilobases de comprimento) e contêm cerca de 50 éxons. A maioria dos éxons possui 54 ou múltiplos de 54 nucleotídeos de comprimento, sugerindo que esses colágenos surgiram por duplicações múltiplas de um gene primor-

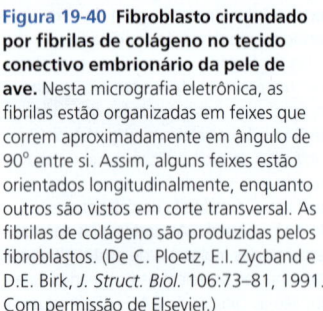

Figura 19-40 Fibroblasto circundado por fibrilas de colágeno no tecido conectivo embrionário da pele de ave. Nesta micrografia eletrônica, as fibrilas estão organizadas em feixes que correm aproximadamente em ângulo de 90° entre si. Assim, alguns feixes estão orientados longitudinalmente, enquanto outros são vistos em corte transversal. As fibrilas de colágeno são produzidas pelos fibroblastos. (De C. Ploetz, E.I. Zycband e D.E. Birk, *J. Struct. Biol.* 106:73–81, 1991. Com permissão de Elsevier.)

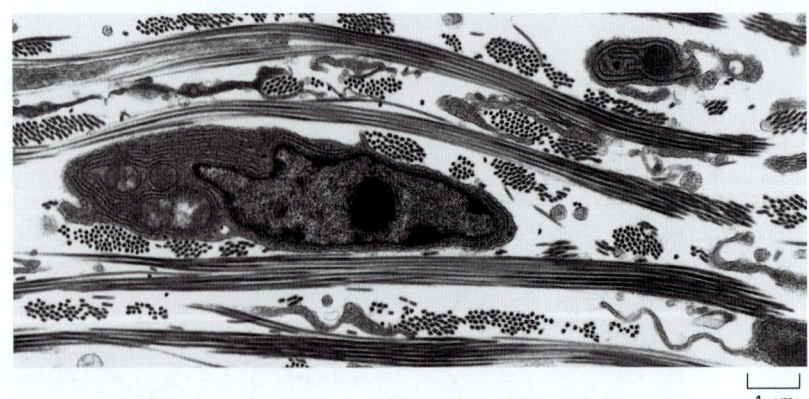

TABELA 19-2 Alguns tipos de colágeno e suas propriedades

	Tipo	Forma polimerizada	Distribuição nos tecidos	Fenótipo mutante
Formador de fibrila (fibrilar)	I	Fibrila	Ossos, pele, tendões, ligamentos, córnea, órgãos internos (constituem cerca de 90% do colágeno do corpo)	Graves defeitos ósseos, fraturas (*osteogenesis imperfecta*)
	II	Fibrila	Cartilagem, disco intervertebral, notocorda, humor vítreo do olho	Deficiência de cartilagem, nanismo (*condrodisplasia*)
	III	Fibrila	Pele, vasos sanguíneos, órgãos internos	Fragilidade cutânea, perda das articulações, suscetibilidade a ruptura dos vasos sanguíneos (*síndrome de Ehlers-Danlos*)
	V	Fibrila (com tipo I)	O mesmo para o tipo I	Pele frágil, articulações frouxas, vasos sanguíneos fáceis de romper
	XI	Fibrila (com tipo II)	O mesmo para o tipo II	Miopia, cegueira
Associado a fibrilas	IX	Associação lateral com fibrilas tipo II	Cartilagem	Osteoartrite
Formador de rede	IV	Rede em forma de camada	Lâmina basal	Doença renal (glomerulonefrite), surdez
	VII	Fibrilas ancoradouras	Abaixo do epitélio escamoso estratificado	Bolhas na pele
Transmembrana	XVII	Não fibrilar	Hemidesmossomos	Bolhas na pele
Núcleo proteico de proteoglicano	XVIII	Não fibrilar	Lâmina basal	Miopia, descolamento da retina, hidrocefalia

Note que os tipos I, IV, V, IX e XI são compostos de dois ou três tipos de cadeias α (distintas, grupos que não se sobrepõem em cada caso), enquanto os tipos II, III, VII, XVII e XVIII são compostos de apenas um tipo de cadeia α.

dial contendo 54 nucleotídeos e codificando exatamente seis repetições Gly-X-Y (ver Figura 19-39).

A **Tabela 19-2** apresenta detalhes adicionais de alguns tipos de colágeno discutidos neste capítulo.

Os colágenos secretados associados a fibrilas ajudam a organizá-las

Ao contrário dos GAGs, que resistem às forças compressoras, as fibrilas de colágeno formam estruturas que resistem às forças tensoras. As fibrilas possuem vários diâmetros e estão organizadas de diferentes formas em diferentes tecidos. Na pele dos mamíferos, por exemplo, elas estão entrelaçadas, como no vime, para resistir às tensões em múltiplas direções; o couro consiste desse material, adequadamente preservado. Nos tendões, as fibrilas de colágeno estão organizadas em feixes paralelos alinhados ao longo do eixo principal de tensão. No osso maduro e na córnea, elas estão arranjadas em camadas ordenadas como em madeira compensada, com as fibrilas de cada camada paralelas entre si e quase em ângulo reto com as fibrilas nas camadas dos dois lados. O mesmo arranjo ocorre na pele de girinos (**Figura 19-41**).

As próprias células do tecido conectivo devem determinar o tamanho e o arranjo das fibrilas de colágeno. As células podem expressar um ou mais genes para diferentes tipos de moléculas de colágeno fibrilares. Mesmo as fibrilas compostas pela mesma mistura de colágenos possuem diferentes arranjos em diferentes tecidos. Como isso é conseguido? Parte da resposta é que as células podem regular a disposição das moléculas de colágeno após a secreção, conduzindo a formação das fibrilas de colágeno próximo à membrana plasmática. Além disso, as células podem influenciar essa organização secretando, juntamente com os colágenos fibrilares, diferentes quantidades de

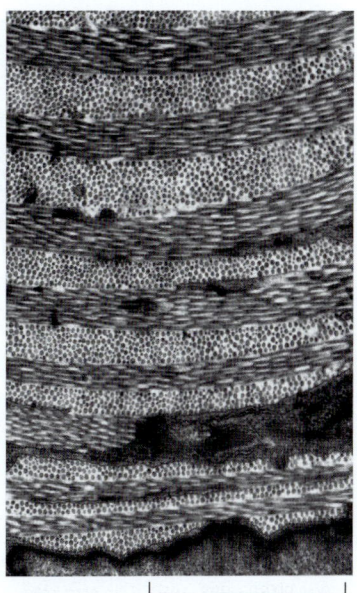

Figura 19-41 Fibrilas de colágeno da pele de um girino. Esta micrografia eletrônica mostra o arranjo contínuo e entrecruzado das fibrilas de colágeno: camadas sucessivas de fibrilas se posicionam, umas em relação às outras, em ângulos retos. Tal arranjo também é encontrado em ossos maduros e na córnea. (Cortesia de Jerome Gross.)

5 µm

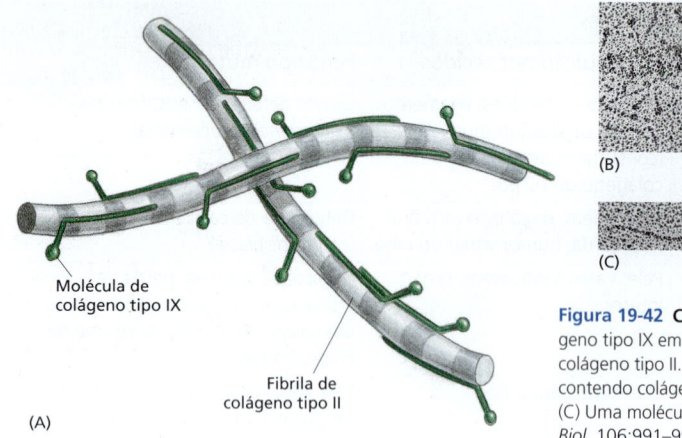
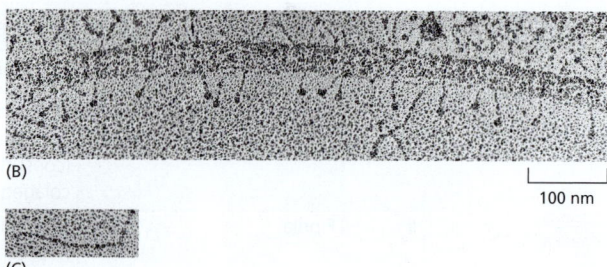

Figura 19-42 Colágeno tipo IX. (A) Ilustração esquemática de moléculas de colágeno tipo IX em padrão periódico, ligando-se à superfície de uma fibrila contendo colágeno tipo II. (B) Micrografia eletrônica com sombreamento rotatório de uma fibrila contendo colágeno tipo II de cartilagem, revestida com moléculas de colágeno tipo IX. (C) Uma molécula individual de colágeno tipo IX. (B e C, de L. Vaughan et al., *J. Cell Biol.* 106:991–997, 1988. Com permissão de The Rockefeller University Press.)

outras macromoléculas de matriz. Em particular, elas secretam a proteína fibrosa *fibronectina*, como veremos mais adiante, e essa secreção precede a formação das fibrilas de colágeno e ajuda na sua organização.

Acredita-se que os **colágenos associados a fibrilas**, como os colágenos tipo IX e XII, sejam especialmente importantes na organização das fibrilas de colágeno. Eles diferem do colágeno fibrilar nos seguintes aspectos. Primeiro, sua estrutura de hélice de fita tripla é interrompida por um ou dois pequenos domínios não helicoidais que tornam a molécula mais flexível do que as moléculas de fibrilas de colágeno. Segundo, eles não se agregam uns aos outros para formar fibrilas no espaço extracelular. Ao contrário, eles se ligam à superfície das fibrilas formadas pelo colágeno fibrilar de forma periódica. Moléculas do tipo IX ligam-se às fibrilas contendo colágeno tipo II nas cartilagens, na córnea e no humor vítreo (**Figura 19-42**), enquanto as moléculas do tipo XII ligam-se às fibrilas contendo colágeno tipo I nos tendões e em vários tecidos.

Os colágenos associados às fibrilas parecem mediar as interações das fibrilas de colágeno umas com as outras e com outras macromoléculas da matriz. Dessa forma, eles atuam na determinação da organização das fibrilas na matriz.

As células auxiliam na organização das fibrilas de colágeno que secretam, exercendo tensão na matriz

As células interagem mecânica e quimicamente com a matriz extracelular, e estudos em cultura sugerem que a interação mecânica pode ter efeitos dramáticos na arquitetura do tecido conectivo. Assim, quando os fibroblastos são misturados com uma malha de fibrilas de colágeno orientadas ao acaso que forma um gel nas placas de cultura de células, os fibroblastos puxam essa malha, extraindo colágeno das vizinhanças e, desse modo, fazendo com que o gel se contraia a uma pequena fração do seu volume inicial. Por atividades similares, um agrupamento de fibroblastos circunda a si mesmo com uma cápsula densa de fibras de colágeno orientadas ao seu redor.

Se dois pequenos pedaços de tecido embrionário contendo fibroblastos são colocados longe do gel de colágeno, o colágeno interveniente organiza-se em uma banda compacta de fibras alinhadas que conectam os dois explantes (**Figura 19-43**). Os fibroblastos migram, subsequentemente, para fora dos explantes junto com as fibras de colágeno alinhadas. Assim, os fibroblastos influenciam o alinhamento das fibras de colágeno, as quais, por sua vez, afetam a distribuição dos fibroblastos.

Os fibroblastos podem ter funções semelhantes na organização da matriz extracelular dentro do corpo. Primeiro, eles sintetizam as fibrilas de colágeno e as depositam na orientação correta. A seguir, trabalham na matriz que secretam, arrastando-se sobre ela e puxando para criar os tendões e os ligamentos e as duras e densas camadas de tecido conectivo que circundam e mantêm a maioria dos órgãos.

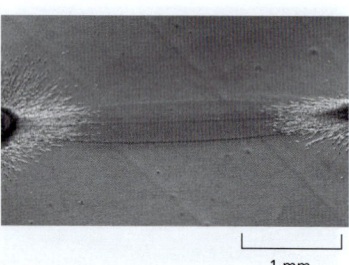

Figura 19-43 Organização da forma da matriz extracelular pelas células. Esta micrografia mostra uma região entre dois pedaços de coração embrionário de ave (rico em fibroblastos, como as células do músculo cardíaco) cultivados sobre um gel de colágeno, durante quatro dias. Um cordão denso de fibras de colágeno alinhadas foi formado entre os explantes, supostamente como resultado dos "puxões" dos fibroblastos do explante no colágeno. (De D. Stopak e A.K. Harris, *Dev. Biol.* 90:383–398, 1982. Com permissão de Academic Press.)

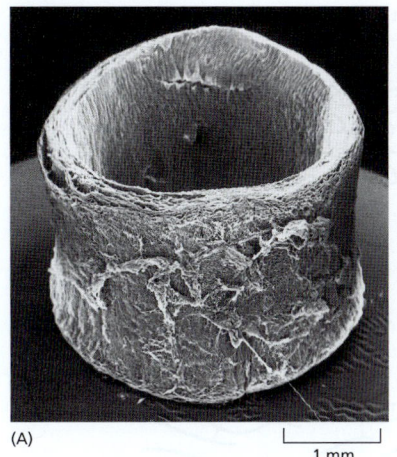
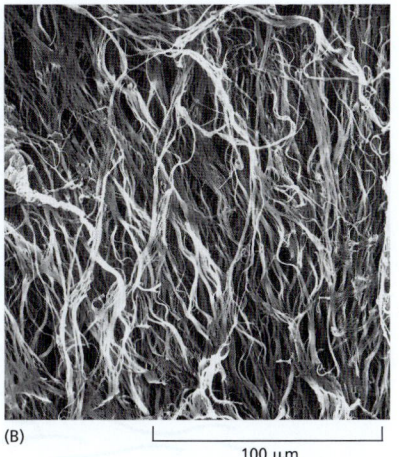

Figura 19-44 **Fibras elásticas.** Estas micrografias eletrônicas de varredura mostram uma parte de um segmento da aorta de cachorro em pequeno aumento (A), e uma vista em alta resolução da densa rede de fibras elásticas orientadas longitudinalmente na camada externa do mesmo vaso sanguíneo (B). Todos os outros componentes foram removidos pela ação de enzimas e ácido fórmico. (De K.S. Haas et al., *Anat. Rec.* 230:86–96, 1991. Com permissão de Wiley-Liss.)

A elastina confere elasticidade aos tecidos

Muitos tecidos de vertebrados, como a pele, os vasos sanguíneos e os pulmões, necessitam de força elástica para exercerem sua função. Uma rede de **fibras elásticas** da matriz extracelular desses tecidos lhes confere resistência para retorcer após um estiramento transitório (**Figura 19-44**). As fibras elásticas são, pelo menos, cinco vezes mais extensíveis do que uma tira de borracha com a mesma área transversal. As longas e inelásticas fibrilas de colágeno são entrelaçadas com as fibras elásticas para limitar a distensão e evitar que o tecido rasgue.

O principal componente das fibras elásticas é a **elastina**, uma proteína altamente hidrofóbica (com cerca de 750 aminoácidos de comprimento), a qual, como o colágeno, é rica em prolina e glicina, mas, ao contrário do colágeno, não é glicosilada. A *tropoelastina* solúvel (o precursor biossintético da elastina) é secretada no espaço extracelular e reunida em fibras elásticas próximo à membrana plasmática, em geral em invaginações da superfície celular. Após a secreção, as moléculas da tropoelastina tornam-se altamente intercruzadas umas às outras, formando uma extensa rede de fibras e camadas de elastina.

A proteína elastina é composta, principalmente, de dois tipos de pequenos segmentos que se alternam ao longo da cadeia polipeptídica: os segmentos hidrofóbicos, que são responsáveis pelas propriedades elásticas da molécula, e os segmentos de α-hélices ricas em lisina e alanina, os quais são ligados de maneira cruzada às moléculas adjacentes por ligações covalentes dos resíduos de lisina. Cada segmento é codificado por um éxon independente. Ainda há controvérsias a respeito da conformação das moléculas de elastina nas fibras elásticas, e de como a estrutura dessas fibras confere tais propriedades de elasticidade. Para alguns, a cadeia polipeptídica de elastina, como as cadeias de polímeros na borracha comum, adota uma conformação frouxa e aleatória, sendo esta estrutura de mola das moléculas componentes com ligação cruzada nas fibras elásticas da rede que permite que toda a rede se distenda e volte à forma original como uma borracha (**Figura 19-45**).

A elastina é a proteína de matriz extracelular predominante nas artérias e compreende 50% do peso seco da maior artéria, a aorta (ver Figura 19-44). Mutações no gene da elastina causam deficiência da proteína em camundongos e no homem, resultando em um estreitamento da aorta e de outras artérias como resultado da proliferação excessiva das células do músculo liso na parede arterial. Aparentemente, a elasticidade da artéria normal é necessária para frear a proliferação dessas células.

As fibras de elastina não são compostas somente de elastina. O núcleo de elastina é coberto por uma camada de *microfibrilas*, cada uma apresentando um diâmetro de cerca de 10 nm. Elas são produzidas, durante o desenvolvimento dos tecidos, antes da elastina e parecem formar um suporte no qual as moléculas de elastina secretadas são depositadas. Arranjos de microfibrilas são elásticos e em alguns locais persistem na ausência de elastina: eles mantêm o cristalino dos olhos no lugar, por exemplo. As microfi-

Figura 19-45 Distensão de uma rede de moléculas de elastina. As moléculas são unidas por ligações covalentes (*vermelho*), produzindo uma rede entrecruzada. No modelo mostrado, cada molécula de elastina da rede pode expandir-se e contrair-se aleatoriamente, como uma mola, de modo que toda a estrutura pode ser distendida e retornar à forma original, como uma fita elástica.

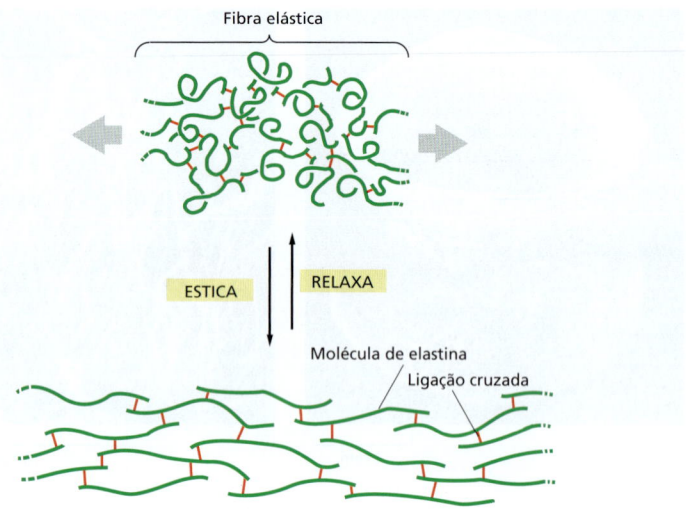

Figura 19-46 Complexo das glicoproteínas da matriz extracelular. Muitas glicoproteínas da matriz são grandes proteínas de suporte contendo múltiplas cópias de domínios específicos de interação com proteínas. Cada domínio é enovelado em discretas estruturas globulares, e muitos desses domínios estão distribuídos ao longo da proteína como contas em um colar. Este diagrama mostra quatro proteínas representativas entre as cerca de 200 glicoproteínas de matriz encontradas em mamíferos. Cada proteína contém múltiplos domínios repetidos, com seus nomes descritos na legenda da figura. A fibronectina, por exemplo, contém numerosas cópias de três diferentes *repetições de fibronectina* (tipos I a III, descritos como FN1, FN2 e FN3). Duas repetições do tipo III próximas à extremidade C-terminal contêm sítios de ligação importantes para as integrinas de superfície celular, ao passo que outras repetições FN estão envolvidas na ligação da fibrina, colágeno e heparina, como indicado no diagrama (ver Figura 19-47). Outras proteínas de matriz contêm sequências repetidas que se assemelham àquelas do fator de crescimento epidérmico (EGF), o principal regulador do crescimento e proliferação celular. Essas repetições podem desempenhar uma função de sinalização similar nas proteínas da matriz. Outras proteínas contêm domínios, como as repetições da proteína de ligação do fator de crescimento semelhante à insulina (IGFBP), que se liga e regula a função de fatores de crescimento solúveis. Para acrescentar maior diversidade estrutural, muitas dessas proteínas são codificadas por transcritos de RNA que podem ser processados de diferentes maneiras, adicionando ou removendo éxons, como aqueles na fibronectina. Finalmente, as funções reguladoras e de sustentação de muitas proteínas de matriz são expandidas ainda mais por meio da reunião em formas multiméricas, como apesentado à direita da figura. A fibronectina forma dímeros ligados na porção C-terminal, ao passo que a tenascina e a trombospondina formam hexâmeros e trímeros ligados na porção N-terminal, respectivamente. Outros domínios incluem quatro repetições de trombospondina (TSPN, TSP1, TSP3, TSP_C). VWC, von Willebrand tipo C (do inglês, *von Willebrand type C*); FBG, semelhante ao fibrinogênio (do inglês, *fibrinogen-like*). (Adaptada de R.O. Hynes e A. Naba, *Cold Spring Harb. Perspect. Biol.* 4:a004903, 2012.)

brilas são compostas de uma série de glicoproteínas distintas, incluindo uma grande glicoproteína, a *fibrilina*, a qual se liga à elastina e é essencial para a integridade das fibras elásticas. Uma mutação no gene da fibrilina resulta na *síndrome de Marfan*, uma doença humana relativamente comum. Nos indivíduos mais afetados, a aorta está sujeita a rupturas; outro efeito comum é o deslocamento do cristalino e anormalidades no esqueleto e nas articulações. Os indivíduos afetados costumam ser altos e magros. Suspeita-se de que Abraham Lincoln apresentasse tal alteração.

A fibronectina e outras glicoproteínas multidomínios auxiliam na organização da matriz

Além dos proteoglicanos, colágenos e fibras elásticas, a matriz extracelular contém muitos tipos variados de glicoproteínas que em geral possuem múltiplos domínios, cada um com um sítio de ligação específico para outra macromolécula da matriz e para os receptores de superfície celular (**Figura 19-46**). Essas proteínas contribuem para a organização da matriz, auxiliando a ligação das células. Como os proteoglicanos, elas também guiam o movimento celular nos tecidos em desenvolvimento, servindo como trilhos, ao longo dos

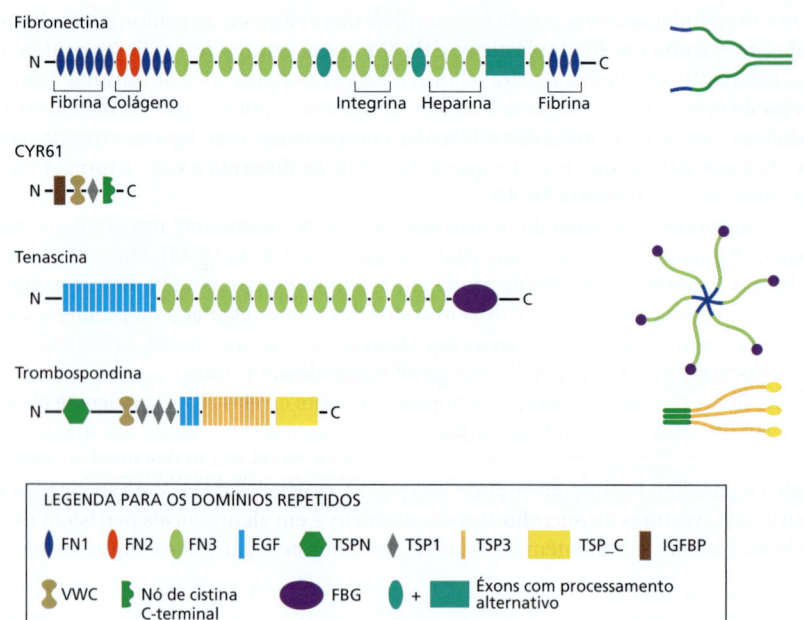

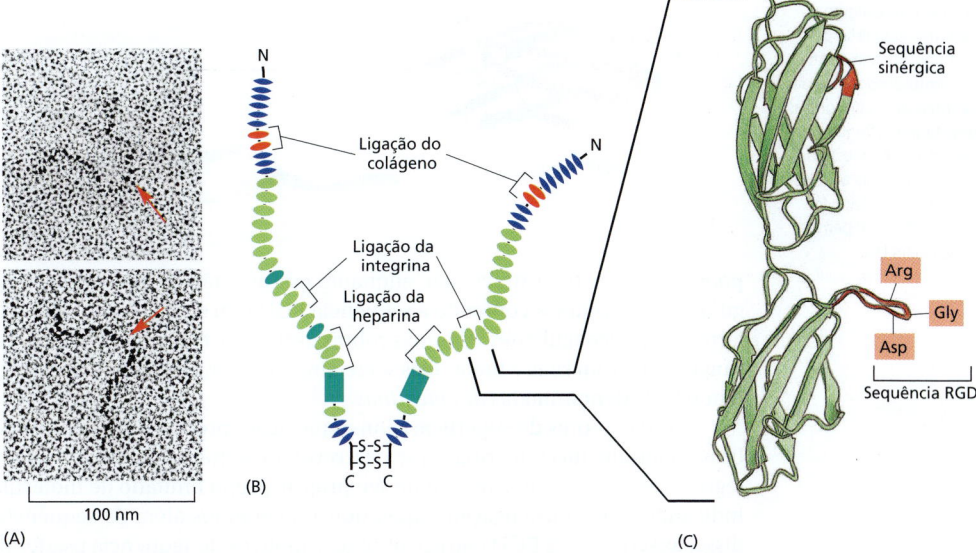

Figura 19-47 Estrutura do dímero de fibronectina. (A) Micrografia eletrônica de moléculas de dímeros de fibronectina sombreadas com platina; as *setas vermelhas* marcam as uniões C-terminais. (B) As duas cadeias polipeptídicas são similares, mas geralmente não idênticas (codificadas pelo mesmo gene, mas com distintos processamentos dos mRNAs). Elas são ligadas por duas ligações dissulfeto próximas ao C-terminal. Cada cadeia possui cerca de 2.500 aminoácidos de comprimento e é enovelada em múltiplos domínios (ver Figura 19-46). Como indicado, alguns domínios são especializados para se ligarem a uma determinada molécula. Para simplificar, nem todos os sítios de ligação conhecidos estão apresentados. (C) Estrutura tridimensional da nona e décima repetição de fibronectina tipo III, como determinado por cristalografia de raios X. A Arg-Gly-Asp (RGD) e a sequência de "sinergia" representada em *vermelho* são importantes para a ligação das integrinas na superfície celular. (A, de J. Engel et al., *J. Mol. Biol.* 150:97–120, 1981. Com permissão de Academic Press; C, de Daniel J. Leahy, *Annu. Rev. Cell Dev. Biol.* 13:363–393, 1997. Com permissão de Annual Reviews.)

quais as células podem migrar, ou como repelentes, mantendo as células longe das áreas proibidas. Elas também podem se ligar e, portanto, influenciar a função dos peptídeos de fatores de crescimento e outras pequenas moléculas produzidas pelas células vizinhas.

O membro mais bem conhecido desta classe de proteínas de matriz é a **fibronectina**, uma grande glicoproteína encontrada em todos os vertebrados e importante para muitas interações célula-matriz. Camundongos mutantes incapazes de produzir fibronectina morrem no início da embriogênese, pois suas células endoteliais não formam vasos sanguíneos adequados. Acredita-se que esse defeito resulte de anormalidades nas interações dessas células com a matriz extracelular circundante, a qual, normalmente, contém fibronectina.

A fibronectina é um dímero composto de duas grandes subunidades unidas por pontes de dissulfeto nas suas extremidades C-terminais. Cada subunidade contém uma série de pequenos domínios repetidos, ou módulos, separados por pequenos segmentos de cadeias polipeptídicas flexíveis (**Figura 19-47**). Cada domínio é, normalmente, codificado por um éxon separado, sugerindo que o gene da fibronectina, como os genes que codificam muitas proteínas da matriz, evoluiu pela duplicação de múltiplos éxons. No genoma humano, há apenas um gene de fibronectina, contendo cerca de 50 éxons de tamanhos semelhantes, mas os transcritos podem ser processados de diferentes maneiras para produzir múltiplas isoformas de fibronectina (ver Figura 19-46). O principal domínio de repetição da fibronectina é denominado **repetição de fibronectina tipo III**, que contém cerca de 90 aminoácidos de tamanho e ocorre pelo menos 15 vezes em cada subunidade. Essa repetição está entre os mais comuns de todos os domínios proteicos de vertebrados.

A fibronectina se liga a integrinas

Uma forma de analisar uma molécula de proteína multifuncional complexa como fibronectina é sintetizar cada região da proteína e testar sua capacidade de se ligar a outras proteínas. Com esse e outros métodos, foi possível mostrar que uma região da fibronectina se liga ao colágeno, outra se liga a proteoglicanos, e outras se ligam a integrinas específicas na superfície de vários tipos de células (ver Figura 19-47B). Peptídeos sintéticos correspondendo a diferentes segmentos do domínio de ligação da integrina foram usados para mostrar que a ligação depende de uma sequência específica de tripeptídeos (*Arg-Gly-Asp* ou *RGD*) que é encontrada em uma das repetições do tipo III (ver Figura 19-47C). Mesmo peptídeos muito pequenos contendo essa **sequência RGD** podem competir com a fibronectina pelo sítio de ligação à célula e, portanto, inibir a ligação da célula com a fibronectina da matriz.

Várias proteínas extracelulares, além da fibronectina, também possuem uma sequência RGD que medeia a ligação à superfície celular. Muitas dessas proteínas são com-

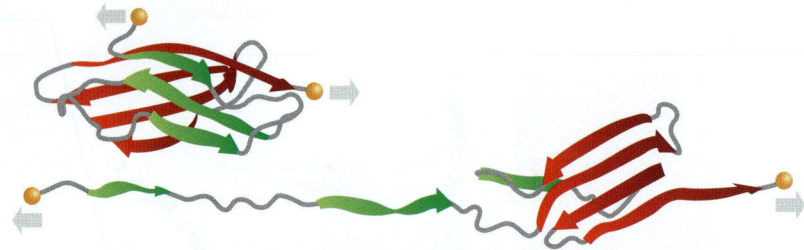

Figura 19-48 **Detecção da tensão pela fibronectina.** Acredita-se que algumas repetições de fibronectina tipo III se desenovelam quando a fibronectina é esticada. O desenovelamento expõe sítios de ligação ocultos que interagem com outras moléculas de fibronectina resultando na formação de filamentos de fibronectina como aqueles mostrados na Figura 19-49. (De V. Vogel e M. Sheetz, *Nat. Rev. Mol. Cell Biol.* 7:265–275, 2006. Com permissão de Macmillan Publishers Ltd.)

ponentes da matriz extracelular, enquanto outras estão envolvidas na coagulação sanguínea. Os peptídeos contendo a sequência RGD têm sido úteis no desenvolvimento de fármacos anticoagulantes. Algumas cobras usam uma estratégia semelhante para causar sangramento em suas vítimas: elas secretam, no veneno, proteínas anticoagulantes contendo RGD denominadas *desintegrinas*.

Os receptores de superfície celular que ligam proteínas contendo RGD são membros da família das integrinas, que descreveremos mais adiante em detalhes. Cada integrina reconhece especificamente seu próprio grupo limitado de moléculas da matriz, indicando que a forte ligação requer outros elementos além da sequência RGD. Além disso, as sequências RGD não são os únicos motivos de sequência usados para a ligação das integrinas: muitas integrinas reconhecem e se ligam a outros motivos.

A tensão exercida pelas células regula a reunião das fibrilas de fibronectina

As fibronectinas podem existir na forma solúvel, circulando no sangue e em outros fluidos corporais, e na forma insolúvel, como *fibrilas de fibronectina*, onde os dímeros de fibronectina são ligados um ao outro de maneira cruzada por ligações dissulfeto adicionais e formam parte da matriz extracelular. Diferentemente das moléculas de colágeno fibrilares, as quais podem se autoassociar em fibrilas em tubos de ensaio, as moléculas de fibronectina reúnem-se em fibrilas somente na superfície de certas células. Isso ocorre porque proteínas adicionais são necessárias à formação das fibrilas, em especial as integrinas de ligação à fibronectina. As integrinas fornecem uma ligação da fibronectina de fora da célula com o citoesqueleto de actina do interior da célula. Essa ligação transmite tensão às moléculas de fibronectina, desde que elas também tenham se ligado a alguma estrutura, e distendem a molécula, expondo os sítios de ligação ocultos da molécula de fibronectina (**Figura 19-48**). Isso permite que elas se liguem diretamente uma à outra e recrutem moléculas de fibronectina adicionais para formar a fibrila (**Figura 19-49**). Essa dependência de tensão e interação com a superfície celular assegura que as fibrilas de fibronectina reúnam-se onde há necessidade mecânica delas, e não em locais inadequados como a corrente sanguínea.

Muitas proteínas na matriz extracelular contêm múltiplas cópias de repetições de fibronectina tipo III (ver Figura 19-46), e é possível que a tensão exercida em uma dessas proteínas também exponha sítios de ligação ocultos e, portanto, influencie seu comportamento.

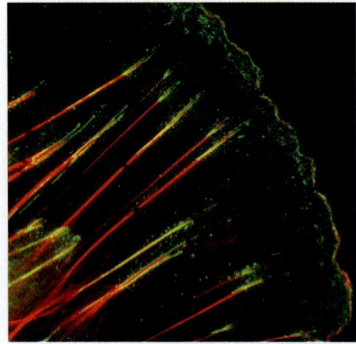

Figura 19-49 **Organização da fibronectina em fibrilas na superfície celular.** Esta micrografia de fluorescência mostra a extremidade posterior de um fibroblasto de camundongo em migração. A fibronectina extracelular está corada em *verde*, e os filamentos de actina intracelulares estão corados em *vermelho*. Inicialmente, a fibronectina está presente como um agregado de pequenos pontos próximos à extremidade frontal da célula. Eles se acumulam nas adesões focais (sítios de ancoragem dos filamentos de actina, discutidos mais tarde) e organizam-se em fibrilas paralelas aos filamentos de actina. As moléculas de integrina atravessam a membrana celular, ligando a fibronectina de fora da célula com os filamentos de actina do interior da célula (ver Figura 19-55). Acredita-se que a tensão exercida por essa ligação nas moléculas de fibronectina estique a molécula, expondo seus sítios de ligação e promovendo a formação da fibrila. (Cortesia de Roumen Pankov e Kenneth Yamada.)

A lâmina basal é uma forma de matriz extracelular especializada

Até aqui, nesta seção, revisamos os princípios gerais sobre a estrutura e função das principais classes dos componentes da matriz extracelular. Agora descreveremos como esses componentes são reunidos em um tipo especializado de matriz extracelular denominada **lâmina basal** (também conhecida como **membrana basal**). Essa camada extremamente fina, embora flexível, de moléculas de matriz é o suporte de todo o epitélio. Embora tenha pouco volume, ela apresenta uma função fundamental na arquitetura corporal. Assim como as caderinas, ela parece ser uma das características comuns que define todos os animais multicelulares, e parece ter surgido bem cedo na evolução. Os principais componentes da lâmina basal estão entre as macromoléculas mais ancestrais da matriz extracelular.

A lâmina basal possui de 40 a 120 nm de espessura. A camada da lâmina basal não se situa apenas abaixo das células epiteliais, mas também circunda as células musculares, adiposas e células de Schwann (que se enrolam ao redor do axônio das células

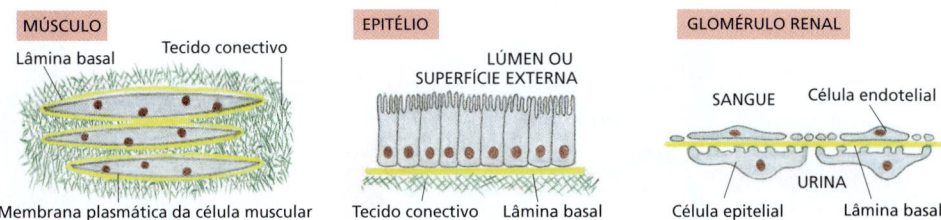

dos nervos periféricos para formar a mielina) individualmente. A lâmina basal separa essas células e o epitélio das camadas celulares do tecido conectivo subjacente. Em outras localizações, como o glomérulo renal, a lâmina basal situa-se entre duas camadas celulares e atua como um filtro altamente seletivo (**Figura 19-50**). As lâminas basais, no entanto, possuem outras atividades além das funções estruturais e filtrantes. Elas são capazes de determinar a polaridade celular, influenciar o metabolismo celular, organizar as proteínas nas membranas plasmáticas adjacentes, promover a sobrevivência, a proliferação ou a diferenciação celular, além de servirem como vias para a migração celular.

Contudo, o papel mecânico é essencial. Na pele, por exemplo, a camada externa do epitélio – a epiderme – depende da força da lâmina basal para mantê-lo ligado ao tecido conectivo subjacente, a derme. Em pessoas com defeito genético em determinadas proteínas da lâmina basal ou em um tipo especial de colágeno que ancora a lâmina basal ao tecido conectivo subjacente, a epiderme se descola da derme. Isso causa a formação de bolhas, uma doença denominada *epidermólise bolhosa juncional*, uma condição grave e algumas vezes letal.

Figura 19-50 Três modos de organização das lâminas basais. A lâmina basal (*amarelo*) circunda certas células (como células musculares), localiza-se abaixo do epitélio e está interposta entre duas camadas celulares (como nos glomérulos renais). Observe que nos glomérulos renais ambas as camadas celulares possuem fendas, de modo que a lâmina basal atua como um filtro e como um suporte, determinando quais moléculas passarão do sangue para a urina. A filtração também depende de outras estruturas com base em proteínas, denominadas *fendas do diafragma*, que se estendem pelas fendas intercelulares na camada epitelial.

A laminina e o colágeno tipo IV são os principais componentes da lâmina basal

A lâmina basal é sintetizada pelas células de ambos os seus lados. As células epiteliais contribuem com uma série de componentes da lâmina basal, enquanto as células da camada de tecido conectivo subjacente (denominado *estroma* – do grego, "lençóis") contribuem com outra série (**Figura 19-51**). Embora a composição precisa da lâmina basal madura varie de tecido para tecido, e até de região para região na mesma lâmina, a maior parte da lâmina basal madura contém as glicoproteínas *laminina*, *colágeno tipo IV* e *nidogênio*, junto com o proteoglicano *perlecana*. Outro componente comum da lâmina basal são as fibronectinas e o *colágeno tipo XVIII* (um membro atípico da família dos colágenos que forma a proteína central de um proteoglicano).

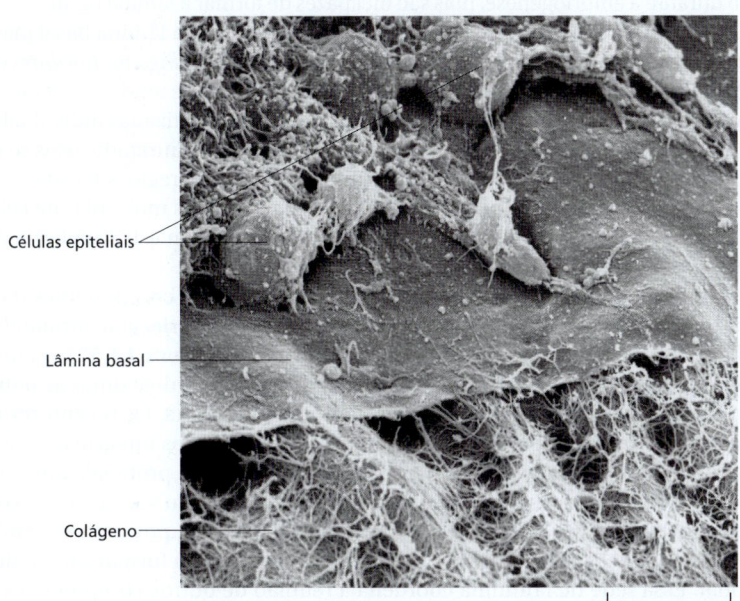

Figura 19-51 Lâmina basal da córnea de um embrião de galinha. Nesta micrografia eletrônica de varredura, algumas das células epiteliais foram removidas para expor a superfície superior da lâmina basal. Uma rede de fibrilas de colágeno no tecido conectivo subjacente interage com a face inferior da lâmina. (Cortesia de Robert Trelstad.)

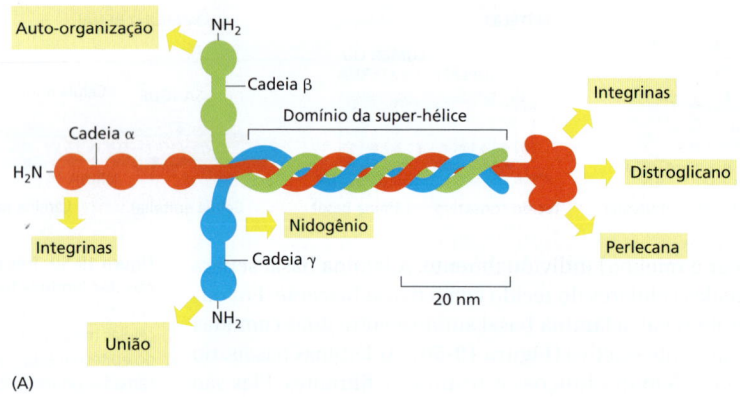

Figura 19-52 Estrutura da laminina. (A) O membro mais conhecido da família é a laminina-111, aqui representada com seus sítios de ligação para outras moléculas (*retângulos amarelos*). As lamininas são glicoproteínas com múltiplos domínios compostas por três polipeptídeos (α, β e γ) ligados por pontes de dissulfeto em uma estrutura semelhante a uma cruz assimétrica. Cada cadeia polipeptídica possui mais de 1.500 aminoácidos. São conhecidos cinco tipos de cadeias α, quatro tipos de cadeias β e três tipos de cadeias γ, e várias combinações dessas unidades podem se unir para formar uma grande variedade de diferentes lamininas, as quais recebem sua denominação conforme o número de cada uma de suas três subunidades: a laminina-111, por exemplo, contém as subunidades α1, β1 e γ1. Cada isoforma é distribuída em tecidos específicos: a laminina-332 é encontrada na pele, a laminina-211 no músculo e a laminina-411 nas células endoteliais dos vasos sanguíneos. Por meio de seus sítios de ligação para outras proteínas, as moléculas de laminina desempenham uma função fundamental na organização da lâmina basal, ancorando essas outras proteínas às células. (B) Micrografia eletrônica das moléculas de laminina sombreadas com platina. (B, de J. Engel et al., *J. Mol. Biol.* 150:97–120, 1981. Com permissão de Academic Press.)

A **laminina** é o organizador primário da estrutura de camadas, e logo no início do desenvolvimento a lâmina basal consiste principalmente em moléculas de laminina. As lamininas compreendem uma grande família de proteínas, cada uma composta de três longas cadeias polipeptídicas (α, β e γ) unidas por pontes de dissulfeto e organizadas na forma de um ramalhete assimétrico, como um molho de três flores cujos galhos estão torcidos na base mas cujas cabeças permanecem separadas (**Figura 19-52**). Esses heterotrímeros podem se autoassociar *in vitro* em uma rede, sobretudo por interações entre as cabeças, embora as interações com as células sejam necessárias para organizar a rede em camadas ordenadas. Como há várias isoformas de cada tipo de cadeia, e que podem associar-se em diferentes combinações, diferentes lamininas podem ser produzidas, criando lâminas basais com propriedades distintas. A cadeia de laminina γ1 é um componente da maioria dos heterotrímeros de laminina, e camundongos que não produzem essa cadeia morrem durante a embriogênese, pois são incapazes de formar a lâmina basal.

O **colágeno tipo IV** é o segundo componente essencial da lâmina basal madura e também existe em várias isoformas. Do mesmo modo que os *colágenos fibrilares* constituem grande parte da proteína do tecido conectivo como ossos e tendões, a molécula de colágeno tipo IV consiste em três longas cadeias proteicas sintetizadas individualmente que se unem na forma de uma super-hélice como uma corda. Entretanto, elas se distinguem dos colágenos fibrilares por interrupções em mais de 20 regiões na sua estrutura helicoidal de três fitas, permitindo múltiplos locais de flexão. As moléculas de colágeno tipo IV interagem com seus domínios terminais para se unirem extracelularmente em uma rede como um feltro que proporciona resistência à tração.

A laminina e o colágeno tipo IV interagem com outros componentes da lâmina basal, como a glicoproteína nidogênio e o proteoglicano perlecana, formando uma rede altamente reticulada de proteínas e proteoglicanos (**Figura 19-53**). As moléculas de laminina que produzem a camada inicial primeiro ligam-se umas às outras e a receptores de superfície das células que produzem a laminina. Os receptores de superfície celular são, principalmente, os membros da família das integrinas, mas outro importante tipo de receptor de laminina é o *distroglicano*, um proteoglicano com um núcleo proteico que atravessa a membrana celular, pendendo suas cadeias GAG no espaço extracelular. Elas prendem as moléculas de laminina por uma extremidade, deixando suas cabeças posicionadas para interagir de modo a formar uma rede bidimensional. Essa rede de laminina coordena a reunião de outros componentes da lâmina basal.

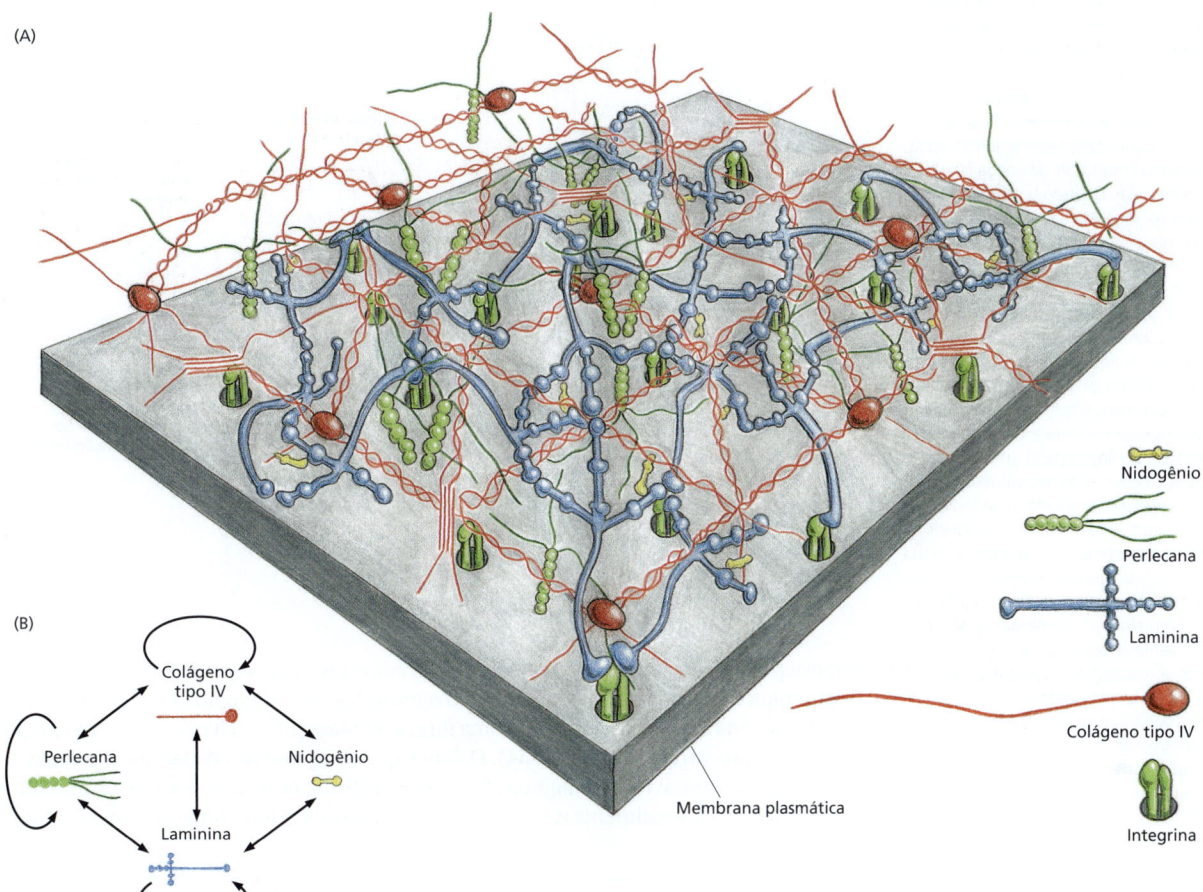

Figura 19-53 **Modelo da estrutura molecular da lâmina basal.** (A) A lâmina basal é formada por interações específicas entre as proteínas colágeno tipo IV, laminina e nidogênio (B) e o proteoglicano perlecana. As *setas* em (B) conectam moléculas que podem ligar-se diretamente uma à outra. Há várias isoformas de colágeno tipo IV e laminina, cada uma com distribuição distinta nos tecidos. Os receptores de laminina transmembrana (integrinas e distroglicano) na membrana plasmática organizam a reunião da lâmina basal. Somente as integrinas são apresentadas. (Baseada em H. Colognato e P.D. Yurchenco, *Dev. Dyn.* 218:213–234, 2000. Com permissão de Wiley-Liss.)

As lâminas basais realizam diversas funções

Nos glomérulos renais, uma lâmina basal mais espessa atua como um filtro molecular, impedindo a passagem de macromoléculas do sangue para a urina quando a urina é formada (ver Figura 19-50). O proteoglicano da lâmina basal é importante para essa função. Quando as suas cadeias de GAG são removidas por enzimas específicas, as propriedades filtrantes da lâmina basal são destruídas. O colágeno tipo IV também possui uma função, como na doença renal hereditária humana (*síndrome de Alport*) que resulta da mutação em um gene do colágeno tipo IV, causando um espessamento irregular e disfuncional do filtro glomerular. As mutações na laminina também impedem as funções dos filtros renais, mas de maneira distinta, interferindo com a diferenciação das células que fazem contato e que sustentam sua estrutura.

A lâmina basal também pode atuar como uma barreira seletiva ao movimento das células. A lâmina basal abaixo do epitélio, por exemplo, impede que os fibroblastos, localizados no tecido conectivo adjacente, façam contato com as células epiteliais. Entretanto, isso não impede que macrófagos, linfócitos ou processos nervosos passem através dela. A lâmina basal também é importante na regeneração do tecido após uma lesão. Quando os tecidos, como o muscular, o nervoso ou o epitelial, são danificados, a lâmina basal sobrevive e fornece a estrutura sobre a qual as células em regeneração poderão migrar. Dessa forma, a arquitetura original do tecido é facilmente reconstruída.

Um exemplo extraordinário do papel da estrutura da lâmina basal na regeneração vem de estudos das *junções neuromusculares*, o local onde os terminais nervosos de um neurônio motor formam uma sinapse química com a célula muscular esquelética (discutido no Capítulo 11). Em vertebrados, a lâmina basal que circunda a célula muscular separa a membrana plasmática do nervo e do músculo nas sinapses, e a lâmina basal na região da

Figura 19-54 Experimentos de regeneração indicam o caráter especial da lâmina basal juncional na junção neuromuscular. Se o músculo de rã e seu nervo motor forem destruídos, a lâmina basal ao redor de cada célula muscular permanece intacta, sendo ainda reconhecível nos locais da antiga junção neuromuscular. Quando o nervo, mas não o músculo, regenera (*acima à direita*), a lâmina basal juncional direciona o nervo em regeneração para o local original da sinapse. Quando o músculo, mas não o nervo, regenera (*abaixo à direita*), a lâmina basal juncional provoca o acúmulo dos receptores de acetilcolina (*azul*) recém-sintetizados no local da sinapse original. Esses experimentos mostram que a lâmina basal juncional controla a localização dos outros componentes da sinapse dos dois lados da lâmina. Algumas das moléculas responsáveis por esses efeitos já foram identificadas. Os axônios dos neurônios motores, por exemplo, depositam a agrina na lâmina basal juncional, onde ela ativa a reunião dos receptores de acetilcolina e outras proteínas na membrana plasmática juncional da célula muscular. Reciprocamente, as células musculares depositam uma determinada isoforma de laminina na lâmina basal juncional, e esta molécula, provavelmente, interage com canais iônicos específicos na membrana pré-sináptica do neurônio.

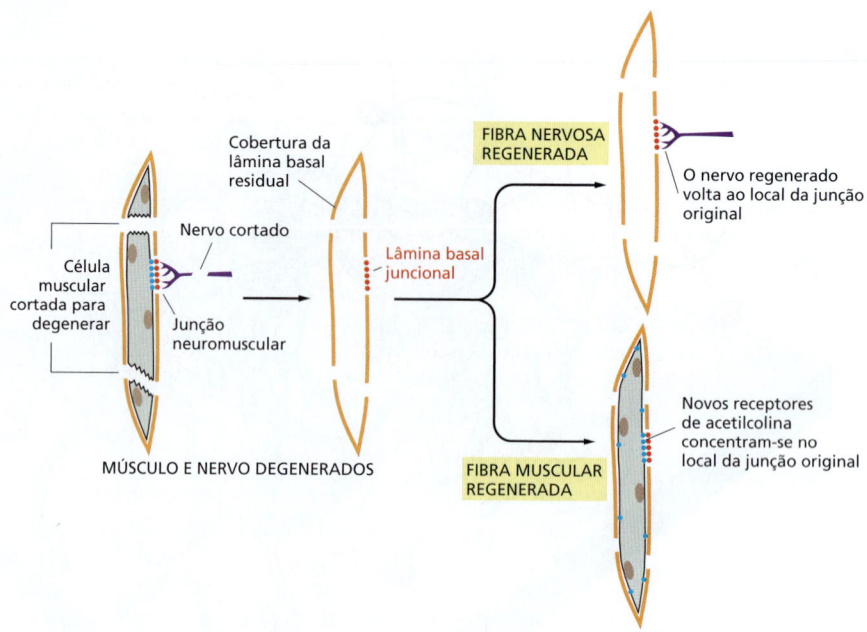

sinapse possui característica química distinta, com isoformas especiais de colágeno tipo IV, laminina e o proteoglicano denominado *agrina*. Após um dano no nervo ou músculo, a lâmina basal na sinapse desempenha uma função fundamental na reconstrução da sinapse na localização correta (**Figura 19-54**). Defeitos nos componentes da lâmina basal nas sinapses são responsáveis por algumas formas de distrofia muscular, em que os músculos se desenvolvem normalmente e, mais tarde na vida do indivíduo, começam a degenerar.

As células devem ser capazes de degradar e produzir matriz

A capacidade que as células têm de degradar e destruir a matriz extracelular é tão importante quanto a sua habilidade de produzi-la e ligar-se a ela. Uma rápida degradação da matriz é necessária em processos como o reparo de tecidos, e mesmo na matriz extracelular aparentemente estática dos animais adultos há uma renovação contínua com a degradação e a síntese das macromoléculas da matriz. Isso permite, por exemplo, que os ossos se remodelem, de modo a se adaptarem às pressões exercidas sobre eles.

Do ponto de vista das células individuais, a capacidade de passar através da matriz é crucial em duas situações: permite que elas se dividam enquanto embebidas na matriz e permite que passem por ela. As células do tecido conectivo geralmente precisam ser capazes de se esticar para se dividir. Se uma célula não possui as enzimas necessárias para degradar a matriz circundante, ela sofrerá uma forte inibição da divisão, bem como será impedida de migrar.

A degradação localizada dos componentes da matriz também é necessária sempre que as células precisem escapar do confinamento pela lâmina basal. Isso é necessário durante o crescimento ramificado normal do epitélio para formar as estruturas como as glândulas, para permitir que o epitélio aumente e também quando os leucócitos migram através da lâmina basal dos vasos sanguíneos para os tecidos em resposta a uma infecção ou dano. A degradação da matriz é importante para as células cancerosas se espalharem pelo corpo e para que possam proliferar nos tecidos invadidos (discutido no Capítulo 20).

Em geral, os componentes da matriz são degradados por enzimas proteolíticas (proteases) que atuam próximo às células que as produzem. Muitas dessas proteases pertencem a uma de duas classes gerais. O maior grupo, com cerca de 50 membros nos vertebrados, é o das **metaloproteases de matriz**, que dependem da ligação do Ca^{2+} ou Zn^{2+} para sua atividade. O segundo grupo é o das **serinas-protease**, que possuem uma serina altamente reativa no seu sítio ativo. Juntas, as metaloproteases e serinas-protease cooperam para degradar as proteínas de matriz, como o colágeno, a laminina e a fibronectina. Algumas metaloproteases, como a *colagenase*, são altamente específicas, clivando proteínas particulares em poucos locais. Dessa forma, a integridade estrutural da matriz é preservada, mas a migração celular pode ser facilitada pela pouca quantidade de proteólise. Outras metaloproteases podem ser menos específicas, mas, como estão ancoradas na membrana plasmática, elas podem agir exatamente onde são necessárias. É esse tipo de metaloprotease de matriz que é crucial para a capacidade da célula de se dividir quando embebida em uma matriz.

É evidente que as atividades das proteases que degradam a matriz devem ser precisamente controladas, pois de outra forma os tecidos do corpo podem desabar. Portanto, diversos mecanismos são empregados para assegurar que as proteases da matriz sejam ativadas apenas no momento e local adequados. Em geral, a atividade das proteases é restrita à superfície celular por proteínas de ancoragem específicas, por ativadores associados à membrana e pela produção de inibidores de proteases específicos nas regiões onde a atividade da protease não é necessária.

As glicoproteínas e os proteoglicanos da matriz regulam as atividades das proteínas secretadas

As propriedades físicas da matriz extracelular são importantes por sua função fundamental como sustentação para a estrutura do tecido e como substrato para ancoragem e migração celular. A matriz também desempenha um impacto importante na sinalização celular. As células se comunicam umas com as outras por meio da secreção de moléculas sinalizadoras que se difundem no líquido extracelular influenciando outras células (discutido no Capítulo 15). Na direção de seus alvos, as moléculas sinalizadoras encontram uma rede de malha firmemente entrelaçada da matriz extracelular que contém uma alta densidade de cargas negativas e domínios de interação de proteínas que podem interagir com as moléculas sinalizadoras, alterando sua função de várias formas.

As cadeias de sulfato de heparana altamente carregadas de proteoglicanos, por exemplo, interagem com numerosas moléculas sinalizadoras secretadas, incluindo *fatores de crescimento de fibroblasto* (*FGFs*, do inglês: *fibroblast growth factors*) e *fator de crescimento do endotélio vascular* (*VEGF*, do inglês: *vascular endothelial growth factor*), que, entre outros efeitos, estimulam a proliferação de vários tipos celulares. Acredita-se que os proteoglicanos produzam grande reservatórios localizados desses fatores por proporcionarem uma densa rede de sítios de ligação para os fatores de crescimento, limitando sua difusão e focalizando suas ações nas células vizinhas. Igualmente, os proteoglicanos podem auxiliar no aumento brusco de gradientes de fator de crescimento no embrião, o que pode ser importante na distribuição dos padrões dos tecidos durante o desenvolvimento. A atividade do FGF também pode ser intensificada por proteoglicanos, que oligomerizam as moléculas de FGF, permitindo que elas façam a ligação cruzada e ativem seus receptores de superfície celular.

A importância dos proteoglicanos como reguladores da distribuição e atividade das moléculas sinalizadoras é ilustrada por graves defeitos no desenvolvimento que podem ocorrer quando os proteoglicanos específicos são inativados por mutação. Por exemplo, na *Drosophila*, a função de diversas proteínas sinalizadoras é controlada por interações com os proteoglicanos associados à membrana *Dally* e *semelhante à Dally*. Acredita-se que esses membros da família dos *glipicanos* concentrem proteínas sinalizadoras em locais específicos e atuem como correceptores que colaboram com proteínas receptoras de superfície celular convencionais. Como resultado, eles promovem a sinalização na localização correta e impedem que se localizem em locais inadequados. No ovário de *Drosophila*, por exemplo, a Dally é parcialmente responsável pela localização e função restritas da proteína sinalizadora denominada Dpp, que bloqueia a diferenciação das células-tronco da linhagem germinativa. Quando o gene que codifica a Dally é mutado, a atividade da Dpp é intensamente reduzida, causando o desenvolvimento anormal do oócito.

Diversas proteínas da matriz também interagem com proteínas sinalizadoras. Por exemplo, o colágeno tipo IV da lâmina basal interage com a Dpp de *Drosophila*. A fibronectina contém repetições de fibronectina tipo III que interagem com o VEGF e outro domínio que interage com outro fator de crescimento denominado fator de crescimento de hepatócitos (HGF, do inglês: *hepatocyte growth factor*), promovendo a atividade desses fatores. Como discutido antes, muitas glicoproteínas de matriz contêm extensos arranjos de domínios de ligação e, provavelmente, a organização desses domínios influencia a apresentação das proteínas sinalizadoras às suas células-alvo (ver Figura 19-46).

Por fim, muitas glicoproteínas de matriz contêm domínios que se ligam diretamente a receptores de superfície celular específicos, produzindo sinais que influenciam o comportamento das células, como descreveremos na próxima seção.

Resumo

As células estão embebidas em uma matriz extracelular complexa que não somente liga as células umas às outras, mas também influencia a sobrevivência, o desenvolvimento, a forma, a polaridade e o comportamento migratório. A matriz contém várias proteínas fibrosas entrelaçadas em uma rede de cadeias de glicosaminoglicanos (GAGs). Os GAGs são cadeias polissacarídicas carregadas negativamente que (com exceção da hialuronana) são ligados covalentemente à proteína para formar moléculas de proteoglicanos. Os GAGs atraem a água e ocupam um grande volume do espaço extracelular. Os proteoglicanos também são encontrados na superfície das células, onde atuam como correceptores para auxiliar as células a responderem a proteínas-sinal secretadas. As proteínas formadoras de fibras conferem força e resistência à matriz. Os colágenos fibrilares (tipos I, II, III, V e XI) são moléculas helicoidais de três fitas semelhantes a cordas que se agregam em longas fibrilas no espaço extracelular, proporcionando resistência à tração. Elas também formam estruturas às quais as células podem se ancorar, frequentemente por meio de grandes glicoproteínas multidomínios, como a laminina e a fibronectina, que se ligam às integrinas na superfície celular. As moléculas de elastina formam uma extensa rede entrelaçada de fibras e camadas que podem ser estendidas e retraídas, concedendo elasticidade à matriz.

A lâmina basal é uma forma especializada de matriz extracelular que fornece apoio às células epiteliais ou envolve outros tipos celulares, como as células musculares. A lâmina basal está organizada em uma rede de moléculas de laminina, as quais são unidas por seus braços laterais e se ligam às integrinas e outros receptores na membrana plasmática basal das células epiteliais que a recobrem. As moléculas de colágeno tipo IV, junto com a proteína nidogênio e o grande proteoglicano sulfato de heparana perlecana, unem-se formando uma malha que é o componente essencial de qualquer lâmina basal madura. A lâmina basal proporciona o suporte mecânico para o epitélio; ela forma a interface e a ligação entre o epitélio e o tecido conectivo; atua como um filtro nos rins; age como barreira mantendo as células nos seus compartimentos adequados; influencia a polaridade e a diferenciação celular; e orienta a migração celular durante o desenvolvimento e a regeneração dos tecidos.

JUNÇÕES CÉLULA-MATRIZ

As células produzem, organizam e degradam a matriz extracelular. Por sua vez, a matriz exerce uma poderosa influência sobre as células. As influências são exercidas principalmente pelas proteínas de adesão celular transmembrana que atuam como *receptores de matriz*. Essas proteínas prendem a matriz do exterior da célula ao citoesqueleto do interior da célula, mas seu papel vai além dessa simples ligação mecânica passiva. Por meio deles, os componentes da matriz podem afetar qualquer aspecto do comportamento celular. Os receptores de matriz desempenham um papel fundamental nas células epiteliais, mediando a interação com a lâmina basal subjacente. Eles também são importantes nas células do tecido conectivo, mediando as interações entre as células com a matriz que as circunda.

Vários tipos de moléculas podem atuar como receptores de matriz ou correceptores, incluindo os proteoglicanos transmembrana. No entanto, os principais receptores das células animais para a ligação da maioria das proteínas de matriz extracelulares são as integrinas. Como as caderinas e os componentes-chave da lâmina basal, as integrinas são parte do conjunto de ferramentas característico dos animais multicelulares, que é responsável por sua arquitetura fundamental. Os membros dessa grande família de moléculas de adesão transmembrana homólogas possuem uma capacidade surpreendente de transmitir sinais em ambas as direções através da membrana plasmática. A ligação do componente da matriz com a integrina pode enviar uma mensagem para o interior da célula, e as condições no interior da célula podem enviar sinais para fora para controlar a ligação da integrina com a matriz. A tensão aplicada a uma integrina pode permitir que ela se fixe mais fortemente à estrutura intracelular e extracelular, e a perda da tensão pode soltá-la, de modo que complexos de sinalização molecular se dissociam nos dois lados da membrana. Desse modo, as integrinas podem servir não somente para transmitir sinais moleculares e mecânicos, mas também para transformar um tipo de sinal em outro.

As integrinas são heterodímeros transmembrana que ligam a matriz extracelular ao citoesqueleto

Há diversas integrinas, mas todas elas possuem um plano comum. Uma molécula de integrina é composta de duas subunidades de glicoproteínas transmembrana associadas não covalentemente, denominadas α e β. As duas subunidades atravessam a membrana celular, com uma pequena cauda C-terminal intracelular e um grande domínio extracelular N-terminal (**Figura 19-55**). Os domínios extracelulares se ligam a motivos de sequências de aminoácidos específicos nas proteínas da matriz extracelular ou, em alguns casos, nas proteínas de superfície de outras células. O sítio de ligação mais bem compreendido para as integrinas é a sequência RGD mencionada antes (ver Figura 19-47), que é encontrada na fibronectina e em outras proteínas da matriz extracelular. Algumas integrinas se ligam à sequência Leu-Asp-Val (LDV) na fibronectina e em outras proteínas. Sequências de ligação da integrina adicionais, ainda pouco definidas, existem nas lamininas e nos colágenos.

Os humanos têm 24 tipos de integrinas, formadas a partir dos produtos de oito genes de cadeia β e 18 genes de cadeia α distintos, dimerizados em diferentes combinações. Cada dímero de integrina possui propriedades e funções distintas. Além disso, como a mesma molécula de integrina em diferentes tipos celulares pode apresentar distintas especificidades de ligação a ligantes, parece que fatores adicionais específicos de tipos celulares podem interagir com as integrinas para modular sua atividade de ligação. A ligação da integrina aos seus ligantes na matriz também é afetada pela concentração de Ca^{2+} e Mg^{2+} do meio extracelular, refletindo a presença de domínios de ligação de cátions divalentes nas subunidades α e β. Os tipos de cátions divalentes podem influenciar a afinidade e a especificidade da ligação de uma integrina a seus ligantes extracelulares.

A porção intracelular de um dímero de integrina se liga a um complexo de várias proteínas diferentes, que juntas formam uma ligação ao citoesqueleto. Com exceção de uma entre as 24 variedades de integrinas humanas, sua ligação intracelular é nos filamentos de actina. Essas ligações dependem de proteínas que se reúnem nas curtas caudas citoplasmáticas das subunidades de integrina (ver Figura 19-55). Em muitos casos, uma grande proteína adaptadora denominada *talina* é um dos componentes da ligação, mas diversas proteínas adicionais também estão envolvidas. Como as junções célula-célula ligadas por actina formadas pelas caderinas, as junções célula-matriz ligadas pela actina formada pelas integrinas podem ser pequenas, imperceptíveis e transitórias, ou grandes, proeminentes e duradouras. Exemplos dessas últimas são as *adesões focais,* que

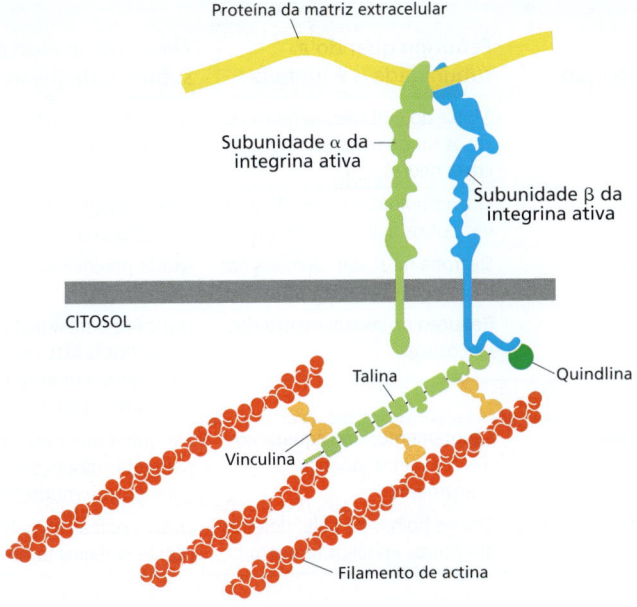

Figura 19-55 Estrutura da subunidade de uma molécula de integrina ativa, ligando a matriz extracelular ao citoesqueleto de actina. As cabeças N-terminais das cadeias de integrina se ligam diretamente a uma proteína extracelular como a fibronectina, e as caudas intracelulares C-terminais da subunidade β da integrina se ligam a proteínas adaptadoras que interagem com os filamentos de actina. A proteína adaptadora mais bem conhecida é uma proteína gigante denominada talina, que contém uma fita de múltiplos domínios para a ligação da actina e outras proteínas como a vinculina, que ajuda a reforçar e regular a ligação aos filamentos de actina. Uma extremidade da talina se liga a locais específicos na cauda citoplasmática da subunidade β da integrina; outras proteínas reguladoras, como a quindlina, ligam-se a outro local da cauda.

Figura 19-56 Hemidesmossomos.
(A) As células epiteliais são presas à lâmina basal pelos hemidesmossomos, ligando os filamentos de queratina do interior da célula à laminina do lado de fora da célula. (B) Componentes moleculares de um hemidesmossomo. Uma integrina especializada (integrina $\alpha_6\beta_4$) atravessa a membrana, ligando-se aos filamentos de queratina intracelulares por meio de proteínas adaptadoras denominadas pectina e BP230 e à laminina extracelular. O complexo adesivo também contém, em paralelo com a integrina, um membro pouco comum da família do colágeno, conhecido como colágeno tipo XVII, o qual possui um domínio que atravessa a membrana, ligado à sua porção colagenosa extracelular. Defeitos em qualquer um desses componentes podem dar origem a uma doença que causa bolhas na pele. Uma dessas doenças é o *pênfigo bolhoso*, uma distúrbio autoimune no qual o sistema imune produz anticorpos contra o colágeno XVII ou a BP230.

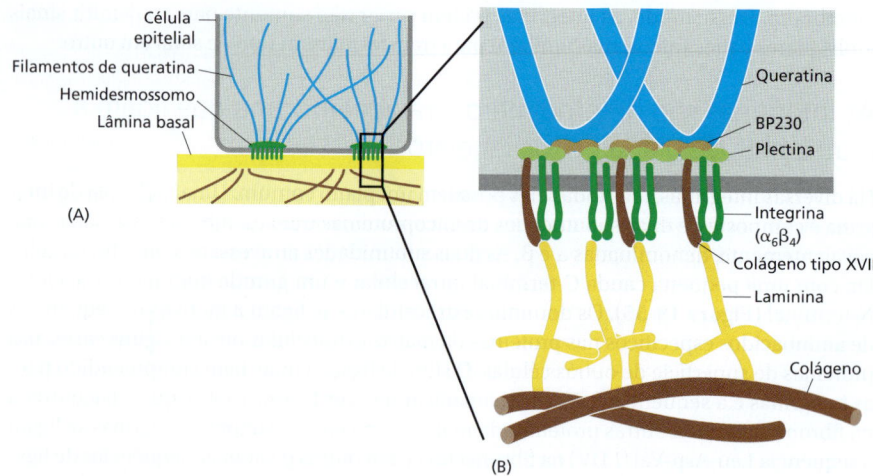

se formam quando os fibroblastos possuem tempo suficiente para estabelecer ligações fortes à superfície rígida dos recipientes de cultura, e as *junções miotendinosas*, que ligam as células musculares aos tendões.

No epitélio, os sítios de ligação célula-matriz mais proeminentes são os hemidesmossomos, onde um tipo específico de integrina ancora a célula à laminina da lâmina basal. Aqui, exclusivamente, a ligação intracelular é aos filamentos intermediários de queratina, por meio da proteína adaptadora plectina e BP230 (**Figura 19-56**).

Defeitos na integrina são responsáveis por muitas doenças genéticas

Embora exista uma sobreposição na atividade de diferentes integrinas – por exemplo, pelo menos cinco se ligam à laminina –, é a diversidade de função das integrinas que é mais marcante. A **Tabela 19-3** descreve algumas variedades de integrinas e os problemas resultantes quando as cadeias α ou β são defeituosas.

A subunidade β_1 forma dímeros com pelo menos 12 subunidades α distintas, sendo encontrada em quase todas as células dos vertebrados: a $\alpha_5\beta_1$ é um receptor de fibronectina, e a $\alpha_6\beta_1$ é um receptor de laminina em muitos tipos celulares. Camundongos

TABELA 19-3 Alguns tipos de integrinas

Integrina	Ligante*	Distribuição	Fenótipo quando a subunidade α é mutada	Fenótipo quando a subunidade β é mutada
$\alpha_5\beta_1$	Fibronectina	Ubiqua	Morte do embrião; defeitos nos vasos sanguíneos, somitos e crista neural	Morte precoce do embrião (na implantação)
$\alpha_6\beta_1$	Laminina	Ubiqua	Graves bolhas na pele; defeitos em outros epitélios também	Morte precoce do embrião (na implantação)
$\alpha_7\beta_1$	Laminina	Músculo	Distrofia muscular; defeitos nas junções miotendinosas	Morte precoce do embrião (na implantação)
$\alpha_L\beta_2$ (LFA1)	Contrarreceptores da superfamília de Igs (ICAM1)	Leucócitos	Redução no recrutamento dos leucócitos	Deficiência na adesão dos leucócitos (LAD); resposta inflamatória reduzida; infecções recorrentes com risco de morte
$\alpha_{IIb}\beta_3$	Fibrinogênio	Plaquetas	Sangramento; não agregação das plaquetas (doença de Glanzmann)	Sangramento; não agregação das plaquetas (doença de Glanzmann); osteoporose moderada
$\alpha_6\beta_4$	Laminina	Hemidesmossomos do epitélio	Graves bolhas na pele; defeitos em outros epitélios também	Graves bolhas na pele; defeitos em outros epitélios também

*Nem todos os ligantes estão listados.

mutantes que não podem produzir integrina β_1 morrem no início do desenvolvimento embrionário. Camundongos que não produzem a subunidade α_7 (a complementar da subunidade β_1 muscular) sobrevivem, mas desenvolvem distrofia muscular (assim como os camundongos que não produzem o ligante laminina para a integrina $\alpha_7\beta_1$).

A subunidade β_2 forma dímeros com pelo menos quatro tipos da subunidade α, sendo expressa exclusivamente na superfície dos leucócitos, onde desempenha uma função fundamental capacitando as células para o combate às infecções. As integrinas β_2 medeiam principalmente interações célula-célula, em vez de célula-matriz, ligando-se a ligantes específicos em outra célula, como uma célula endotelial. Os ligantes são membros da superfamília de Igs de moléculas de adesão célula-célula. Já descrevemos um exemplo antes neste capítulo: uma integrina dessa classe ($\alpha_L\beta_2$, também conhecida como LFA1) dos leucócitos permite que eles se liguem firmemente a uma proteína da família das Igs, a ICAM1 das células endoteliais vasculares nos locais de infecção (ver Figura 19-28B). Pessoas com a doença genética chamada de *deficiência da adesão de leucócitos* são incapazes de sintetizar subunidades β_2. Como consequência, seus leucócitos não possuem toda a família de receptores β_2 e sofrem repetidas infecções bacterianas.

As integrinas β_3 são encontradas nas plaquetas sanguíneas (bem como em várias outras células), e elas ligam várias proteínas de matriz, incluindo o fator de coagulação *fibrinogênio*. As plaquetas interagem com o fibrinogênio para mediar a coagulação normal, e pessoas com a *doença de Glanzmann*, que apresentam deficiência genética da integrina β_3, sofrem de coagulopatia e sangram em excesso.

As integrinas podem mudar de uma conformação ativa para uma conformação inativa

Uma célula deslizando em um tecido – um fibroblasto ou um macrófago, por exemplo, ou uma célula epitelial migrando sobre a lâmina basal – precisa ser capaz de fazer e desfazer ligações com a matriz, e fazer isso rapidamente no caso de ter que se movimentar ligeiro. Igualmente, um leucócito circulante precisa ser capaz de ativar e desativar sua tendência de se ligar às células endoteliais para sair do vaso sanguíneo nos locais de inflamação. Além disso, se uma força é aplicada no local necessário, a ligação e a quebra das interações extracelulares em todos esses casos devem estar ligadas à reunião e à dissociação rápida das ligações ao citoesqueleto no interior das células. As moléculas de integrina que atravessam a membrana e medeiam as ligações não podem simplesmente ser objetos passivos e rígidos com porções aderentes nas suas duas extremidades. Elas devem ser capazes de alternar de um estado ativo, em que facilmente formam ligações, para um estado inativo, quando não são capazes de se ligar.

Estudos estruturais, usando uma combinação de microscopia eletrônica e cristalografia de raios X, sugerem que as integrinas existem em múltiplas conformações estruturais que refletem os diferentes estados de atividade (**Figura 19-57**). No estado inativo, os segmentos externos dos dímeros de integrinas são enovelados em uma estrutura compacta que não pode se ligar às proteínas da matriz. Nesta forma, as caudas citoplasmáticas do dímero ficam enganchadas, impedindo sua interação com as proteínas de ligação

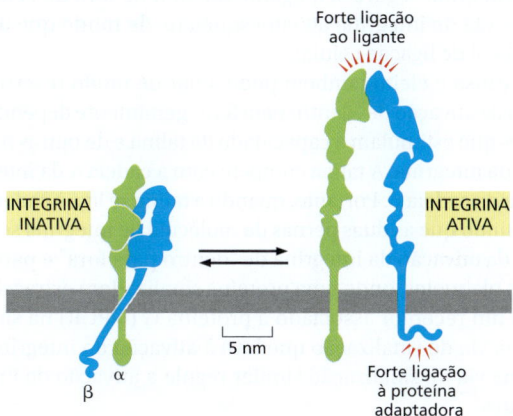

Figura 19-57 As integrinas podem se encontrar em dois principais estados de atividade. Estrutura de uma molécula de integrina inativa (enovelada) e ativa (estendida), baseada nos dados de cristalografia de raios X e outros métodos.

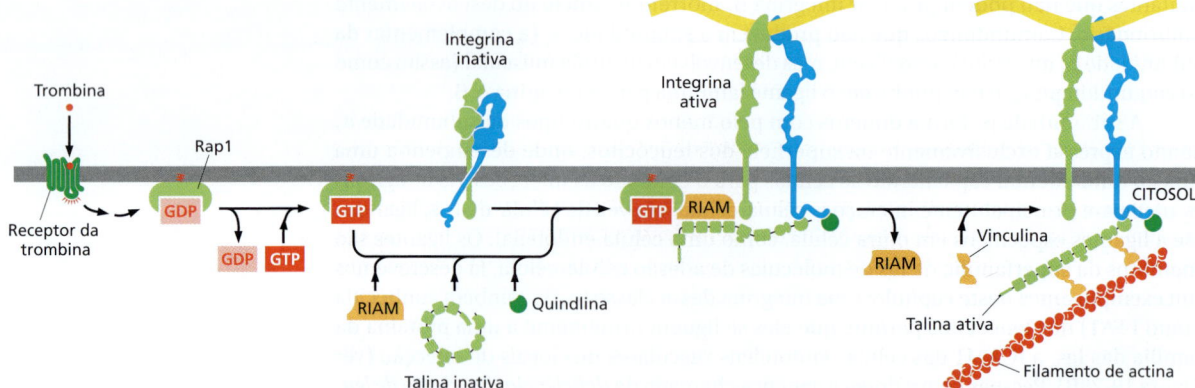

Figura 19-58 Ativação das integrinas por sinalização intracelular. Os sinais recebidos de fora da célula podem atuar por meio de vários mecanismos intracelulares para estimular a ativação da integrina. Nas plaquetas, como apresentado na figura, a proteína sinalizadora extracelular, a trombina, ativa um receptor acoplado à proteína G da superfície celular, iniciando uma via de sinalização que leva à ativação da Rap1, um membro da família da GTPase monomérica. A Rap1 ativada interage com a proteína RIAM, que, então, recruta a talina para a membrana plasmática. Junto com outra proteína denominada quindlina, a talina interage com a cadeia β da integrina para desencadear a ativação da integrina. Então, a talina interage com proteínas adaptadoras como a vinculina, resultando na formação de uma ligação com a actina (ver Figura 19-55).

A regulação da talina depende, em parte, da interação entre seu domínio flexível C-terminal em forma de bastão e seu domínio N-terminal em forma de cabeça que contém o sítio de ligação da integrina. Acredita-se que tal interação mantenha a talina em um estado inativo quando livre no citoplasma. Quando a talina é recrutada pela RIAM para a membrana plasmática, o domínio em forma de cabeça da talina interage com um fosfoinositídeo denominado $PI(4,5)P_2$ (não está apresentado nesta figura, mas ver Figura 15-28), resultando na dissociação do domínio em bastão. A talina se desenovela e expõe seus sítios de ligação para a integrina e outras proteínas.

ao citoesqueleto. No estado ativo, as duas subunidades da integrina estão liberadas na membrana para expor o sítio de ligação intracelular para as proteínas adaptadoras citoplasmáticas, e os domínios externos desenovelam e se estendem, como duas pernas, para expor o sítio de alta afinidade de ligação da matriz nas extremidades das subunidades. Assim, a troca do estado inativo para o ativo depende de importantes alterações conformacionais que expõem, simultaneamente, os sítios de ligação internos e externos nas extremidades das moléculas de integrinas. As ligações do citoesqueleto interno e da matriz externa ocorrem, portanto, acopladas.

A troca entre o estado inativo e ativo é regulada por vários mecanismos que variam, dependendo das necessidades da célula. Em alguns casos, a ativação ocorre por um mecanismo de "fora para dentro": a ligação de uma proteína de matriz externa, como a sequência RGD da fibronectina, pode direcionar algumas integrinas a mudar do estado inativo de baixa afinidade para o estado ativo de alta afinidade. Como resultado, os sítios de ligação da talina e de outras proteínas adaptadoras citoplasmáticas ficam expostos na cauda da cadeia β. A ligação dessas proteínas adaptadoras causa a ligação dos filamentos de actina à extremidade intracelular da molécula de integrina (ver Figura 19-55). Desse modo, quando a integrina segura seu ligante do lado de fora da célula, a célula reage prendendo a molécula de integrina ao citoesqueleto, de modo que uma força pode ser aplicada naquele local de ligação celular.

A cadeia de causa e efeito também pode atuar de modo reverso, de "dentro para fora". Esse processo de ativação de "dentro para fora" geralmente depende de sinais reguladores intracelulares que estimulam a capacidade da talina e de outras proteínas de interagir com a cadeia β da integrina. A talina compete com a cadeia α da integrina por seu sítio de ligação na cauda da cadeia β. Portanto, quando a talina se liga à cadeia β, ela bloqueia a ligação α-β, permitindo que as duas pernas da molécula de integrina se distanciem.

A regulação da ativação da integrina de "dentro para fora" é particularmente bem compreendida nas plaquetas, onde uma proteína sinalizadora extracelular denominada trombina se liga a um receptor associado à proteína G (GPCR) na superfície celular e, portanto, ativa uma via de sinalização que leva à ativação da integrina (**Figura 19-58**). É provável que uma via de sinalização similar regule a ativação da integrina em vários outros tipos celulares.

As integrinas se agregam para formar adesões fortes

As integrinas, assim como outras moléculas de adesão celular, diferem dos receptores de superfície celular para hormônios ou para outras moléculas sinalizadoras solúveis extracelulares porque costumam se ligar aos seus ligantes com baixa afinidade e estão presentes em concentrações 10 a 100 vezes maiores na superfície celular. O princípio do velcro, mencionado antes no contexto da adesão das caderinas (ver Figura 19-6C), também atua aqui. Após sua ativação, as integrinas agregam-se para criar uma densa placa na qual muitas moléculas de integrina estão ancoradas aos filamentos do citoesqueleto. A estrutura proteica resultante pode ser surpreendentemente grande e complexa, como observado nas adesões focais realizadas pelos fibroblastos nos frascos de cultura com a superfície revestida com fibronectina.

A reunião dos complexos juncionais célula-matriz depende do recrutamento de dezenas de diferentes proteínas de sinalização e sustentação. A talina é o principal componente de muitos complexos célula-matriz, mas várias outras proteínas também fazem importantes contribuições. Estas incluem a *cinase ligada* à *integrina* (*ILK*; do inglês, *integrin-linked kinase*) e suas parceiras de ligação *pinch* e *parvina*, que, juntas, formam um complexo trimérico que atua como um ponto central organizador em muitas junções. As junções célula-matriz também empregam várias proteínas de ligação à actina, como as vinculinas, *zixina*, *VASP* e *α-actinina*, para promover a reunião e organização dos filamentos de actina. Outro componente crítico de muitas junções célula-matriz é a *cinase de adesão focal* (*FAK*; do inglês, *focal adhesion kinase*), que interage com múltiplos componentes da junção e desempenha uma importante função na sinalização, como descreveremos a seguir.

A ligação à matriz extracelular através das integrinas controla a proliferação e a sobrevivência celular

Como outras proteínas de adesão celular transmembrana, as integrinas fazem mais do que somente ligação. Elas também ativam vias de sinalização intracelular, permitindo o controle de qualquer aspecto do comportamento celular de acordo com a natureza da matriz circundante e o estado de ligação da célula a essa matriz.

Muitas células não irão crescer ou proliferar em culturas a não ser que estejam ligadas à matriz extracelular, pois os nutrientes e os fatores de crescimento solúveis do meio de cultura não são suficientes. Para alguns tipos celulares, incluindo as células epiteliais, endoteliais e musculares, até mesmo a sobrevivência celular depende de tal ligação. Quando essas células perdem o contato com a matriz extracelular, elas sofrem apoptose. Tal dependência de adesão a um substrato para o crescimento, a proliferação e a sobrevivência celular é conhecida como **dependência de ancoragem**, sendo mediada principalmente por integrinas e pelos sinais intracelulares por elas gerados. Mutações que rompem ou dominam essa forma de controle, permitindo que as células escapem da dependência de ancoragem, ocorrem em células cancerosas e desempenham um importante papel no comportamento invasivo.

Nossa compreensão da dependência de ancoragem é decorrente de estudos de células em divisão em recipientes de cultura recobertos com matriz. Para as células de tecido conectivo que normalmente são circundadas pela matriz por todos os lados, isso é muito diferente de seu ambiente natural. Caminhar por um campo bidimensional é diferente de se esgueirar por uma mata tridimensional. Os tipos de contato realizados pelas células em um substrato rígido não são similares àqueles, menos conhecidos, que elas fazem com uma rede de fibras deformáveis da matriz extracelular, e há diferenças substanciais no comportamento celular nesses dois contextos. Apesar disso, é provável que os mesmos princípios básicos se apliquem. Tanto *in vivo* quanto *in vitro*, os sinais intracelulares produzidos nos locais de adesão célula-matriz são cruciais à proliferação e à sobrevivência celular.

As integrinas recrutam proteínas sinalizadoras intracelulares para os locais de adesão célula-matriz

Os mecanismos pelos quais as integrinas sinalizam para o interior da célula são complexos, envolvendo várias vias, e integrinas e receptores de sinalização convencionais

Figura 19-59 Fosforilação das tirosinas nas adesões focais. Cultura de fibroblasto em um substrato revestido com fibronectina e corada com anticorpo fluorescente: os filamentos de actina são corados em *verde*, e as proteínas ativadas que contêm fosfotirosina, em *vermelho*, conferindo uma coloração *laranja* à sobreposição dos dois componentes. Os filamentos de actina terminam nas adesões focais, onde as células aderem ao substrato por meio das integrinas. As proteínas contendo fosfotirosinas também estão concentradas nesses locais, refletindo a ativação local da FAK e de outras proteínas-cinase. A sinalização gerada nesses locais de adesão ajuda a regular a divisão, o crescimento e a sobrevivência celular. (Cortesia de Keith Burridge.)

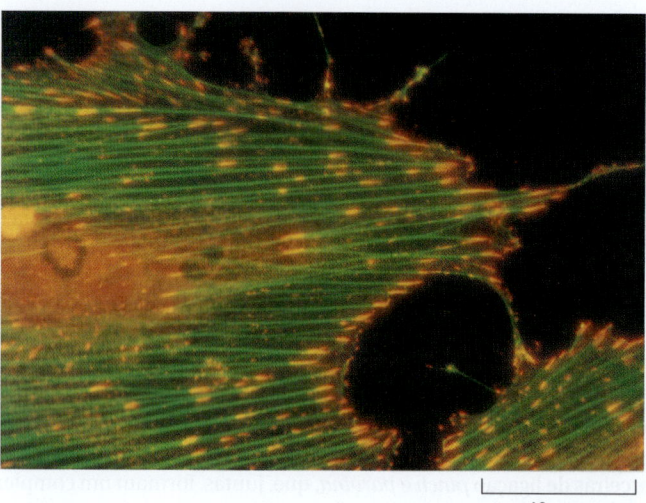

10 μm

frequentemente influenciam um ao outro e atuam juntos para regular o comportamento celular, como já enfatizado. A via das cinases Ras/MAP (ver Figura 15-49), por exemplo, pode ser ativada tanto pelos receptores de sinalização convencionais quanto pelas integrinas, mas as células costumam necessitar dos dois tipos de estímulo dessa via, ao mesmo tempo, para receber ativação suficiente para induzir a proliferação celular. As integrinas e os receptores de sinalização convencionais também cooperam para promover a sobrevivência celular (como discutido nos Capítulos 15 e 18).

Uma das maneiras mais bem estudadas da sinalização das integrinas depende de uma proteína tirosina-cinase denominada **cinase de adesão focal** (**FAK**; do inglês, *focal adhesion kinase*). Em estudos com culturas de células em placas plásticas, as adesões focais são frequentemente locais proeminentes de fosforilação de tirosinas (**Figura 19-59**), e a FAK é uma das principais proteínas fosforiladas em resíduos de tirosina encontradas nesses locais. Quando as integrinas agregam nos contatos célula-matriz, a FAK é recrutada para a subunidade β da integrina por proteínas adaptadoras intracelulares como a talina ou a *paxilina* (que se liga a um tipo de subunidade α da integrina). As moléculas FAK agregadas fazem a fosforilação umas das outras em tirosinas específicas, criando um sítio de encaixe para os membros da família Src de tirosinas-cinase citoplasmáticas. Essas cinases fosforilam as FAKs em tirosinas adicionais, criando sítios de encaixe para inúmeras proteínas sinalizadoras intracelulares. Desse modo, a sinalização de fora para dentro das integrinas, por meio da FAK e das cinases da família Src, é transmitida para a célula do mesmo modo que o receptor tirosina-cinase gera sinais (como discutido no Capítulo 15).

As adesões célula-matriz respondem a forças mecânicas

Assim como as junções celulares que descrevemos antes, as junções célula-matriz podem detectar e responder às forças mecânicas que atuam sobre elas. Por exemplo, muitas das junções célula-matriz estão conectadas a uma rede de actina que tende a puxar as junções para dentro afastando-se da matriz. Quando as células estão ligadas a uma matriz rígida que resiste às forças de tração, a junção célula-matriz é capaz de detectar a tensão resultante e desencadear a resposta que irá recrutar integrinas adicionais e outras proteínas para aumentar a estabilidade da junção para suportar a tensão. A adesão das células à matriz relativamente macia produz menos tensão e, portanto, uma resposta menos robusta. Esses mecanismos permitem que as células detectem e respondam a diferenças na rigidez da matriz extracelular de diferentes tecidos.

Já vimos que a mecanotransdução nas junções célula-célula baseada em caderinas provavelmente depende de proteínas juncionais que alteram sua estrutura quando a junção é estirada pela tensão (ver Figura 19-12). O mesmo é verdadeiro para as junções célula-matriz. As longas caudas do domínio C-terminal da talina, por exemplo, incluem um grande número de sítios de ligação para a proteína reguladora de actina, a vinculina. Muitos desses sítios estão escondidos dentro do domínio das dobras da proteína, mas

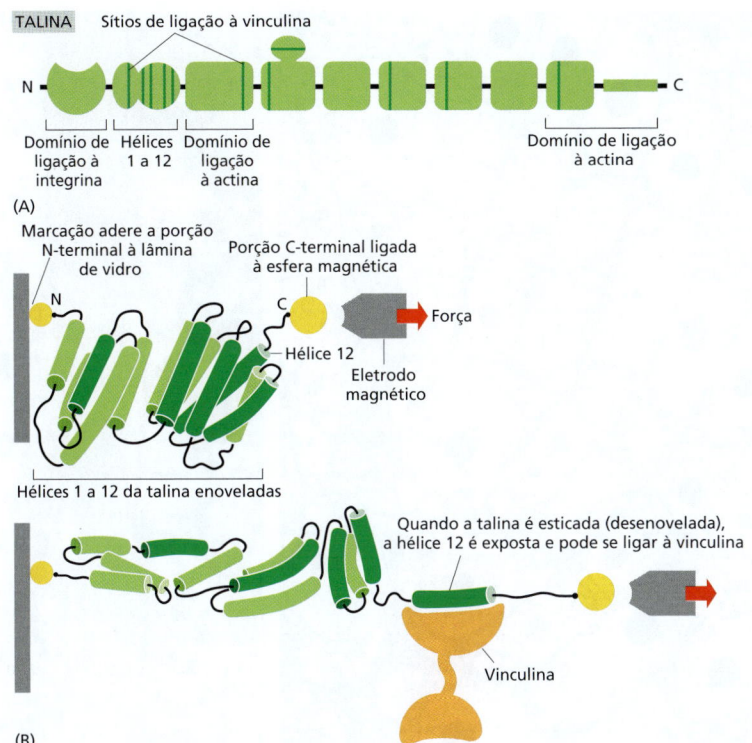

Figura 19-60 A talina é o sensor da tensão nas junções célula-matriz. A tensão nas junções célula-matriz estimula o recrutamento local da vinculina e de outras proteínas reguladoras de actina, fortalecendo a ligação das junções ao citoesqueleto. Os experimentos apresentados aqui testaram a hipótese de que a tensão é detectada pela proteína adaptadora talina que conecta a integrina aos filamentos de actina (ver Figura 19-55). (A) A longa e flexível região C-terminal da talina é dividida em uma série de domínios enovelados, alguns dos quais contêm sítios de ligação à vinculina (linhas verde-escuras) que supostamente estão escondidos e, portanto, inacessíveis. Um domínio próximo ao N-terminal, por exemplo, é composto por um grupo de 12 α-hélices contendo cinco sítios de ligação à vinculina. (B) Este experimento testou a hipótese de que a tensão estica os 12 domínios em hélices, expondo os sítios de ligação à vinculina. Um fragmento de talina contendo esse domínio foi ligado a um aparelho no qual o domínio pode ser esticado, como representado na figura. O fragmento foi marcado na sua extremidade N-terminal com uma marcação que se prende na superfície de uma lâmina de vidro em um microscópio. A extremidade C-terminal do fragmento foi ligada a uma pequena esfera magnética, de modo que o fragmento de talina pudesse ser esticado usando um pequeno eletrodo magnético. A solução ao redor da proteína continha proteínas vinculinas marcadas com um fluoróforo. A proteína talina foi esticada, e o excesso da solução de vinculina foi lavado. O microscópio foi usado para determinar se alguma proteína vinculina fluorescente estava ligada à proteína talina. Na ausência de tensão (acima), a maioria das moléculas de talina não se ligou à vinculina. Quando a proteína foi esticada (abaixo), duas ou três moléculas de vinculinas estavam ligadas (somente uma é apresentada na figura para simplificar). (Adaptada de A. del Rio et al., Science 323:638–641, 2009.)

são expostos quando esses domínios são desenovelados pelo alongamento da proteína (**Figura 19-60**). A extremidade N-terminal da talina se liga à integrina, e a extremidade C-terminal se liga à actina (ver Figura 19-55). Portanto, quando os filamentos de actina são puxados pelos motores de miosina dentro da célula, a tensão resultante estira o bastão da talina, expondo os sítios de ligação da vinculina. Então, as moléculas de vinculina recrutam e organizam filamentos de actina adicionais. Assim, a tensão aumenta a força da junção.

Resumo

As integrinas são os principais receptores de superfície celular usados pelas células animais para se ligarem à matriz extracelular. Elas atuam como ligantes transmembrana entre a matriz extracelular e o citoesqueleto. A maioria das integrinas conecta os filamentos de actina, enquanto aqueles dos hemidesmossomos ligam os filamentos intermediários. As moléculas de integrina são heterodímeros, e a ligação aos ligantes da matriz extracelular ou às proteínas ativadoras intracelulares, como a talina, causa uma dramática alteração conformacional do estado inativo para o estado ativo. Isso cria um acoplamento alostérico entre a ligação da matriz do lado de fora da célula e a ligação do citoesqueleto do lado de dentro da célula, permitindo que a integrina transmita sinais nas duas direções através da membrana plasmática. Um agrupamento complexo de proteínas organiza-se ao redor das caudas intracelulares das integrinas ativadas, produzindo sinais intracelulares que podem influenciar quase todos os aspectos do comportamento celular, desde a proliferação e a sobrevivência, como no fenômeno da dependência de ancoragem, até a polaridade celular e a orientação para a migração. As junções célula-matriz baseadas nas integrinas também são capazes de mecanotransdução: elas podem detectar e responder a forças mecânicas que atuam na junção.

A PAREDE CELULAR DAS PLANTAS

A *parede celular das plantas* é uma matriz extracelular elaborada que circunda cada célula da planta. Foi a parede celular espessa da cortiça, visível em um microscópio primitivo, que permitiu que Robert Hooke, em 1663, distinguisse e denominasse as células pela primeira vez. As paredes das células vizinhas das plantas são cimentadas para for-

Figura 19-61 Paredes das células vegetais. (A) Micrografia eletrônica da ponta da raiz de um junco, mostrando o padrão organizado de células que resultam de uma sequência ordenada de divisões celulares em células com parede celular rígida. Neste tecido em crescimento, a parede celular ainda está relativamente fina, parecendo como estreitas linhas pretas entre as células da micrografia. (B) Corte de uma parede celular típica separando duas células vegetais adjacentes. As duas bandas transversais escuras correspondem aos plasmodesmos distribuídos pela parede (ver Figura 19-27). (A, cortesia de C. Busby e B. Gunning, *Eur. J. Cell Biol.* 21:214–223, 1980. Com permissão de Elsevier; B, cortesia de Jeremy Burgess.)

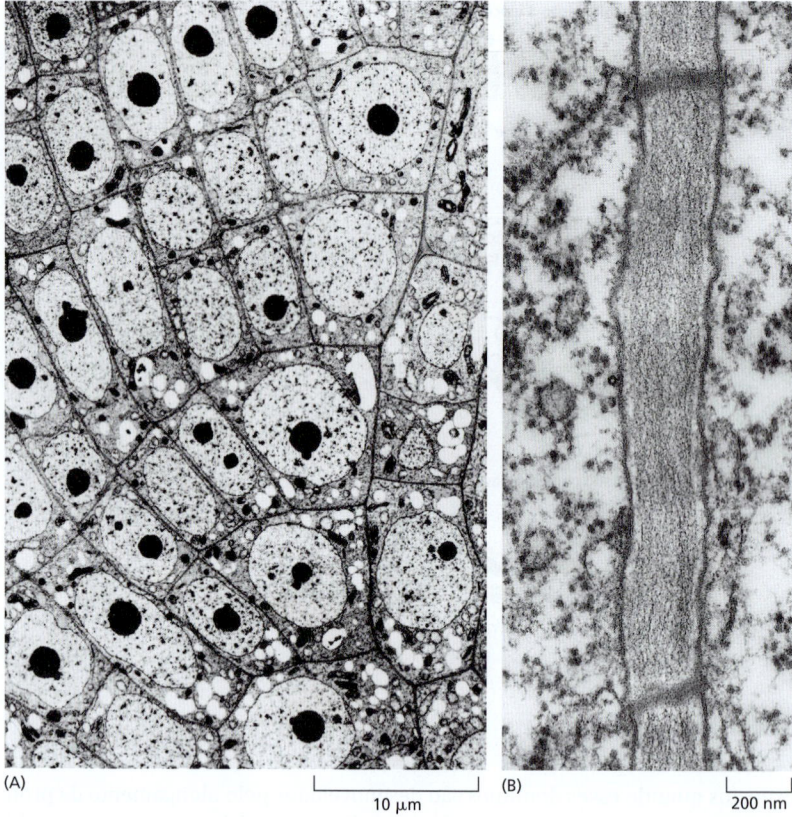

mar a planta intacta (**Figura 19-61**), costumam ser espessas e fortes, sendo mais importantes e mais rígidas do que a matriz extracelular das células animais. Ao evoluírem as paredes relativamente rígidas, que podem ter até alguns micrômetros de espessura, as células primitivas das plantas perderam a capacidade de movimento e adotaram uma vida sedentária, apresentada por todas as plantas atuais.

A composição da parede celular depende do tipo celular

Todas as paredes celulares das plantas originam-se das células em divisão, à medida que ocorre a formação da placa celular durante a citocinese para criar uma nova separação da parede entre as duas células-filhas (discutido no Capítulo 17). As novas células são produzidas em regiões especiais denominadas *meristemas*, sendo pequenas quando comparadas com seu tamanho final. Para acomodar o subsequente crescimento celular, suas paredes, denominadas **paredes celulares primárias**, são finas e extensíveis, embora rígidas. Uma vez que elas param de crescer, a parede celular não precisa mais ser extensível: algumas vezes, a parede celular primária é mantida sem modificações, porém, mais comumente, uma **parede celular secundária** rígida é produzida pela deposição de novas camadas no interior das antigas. Essas novas camadas em geral apresentam uma composição que é significativamente diferente daquela da parede primária. O polímero adicional mais comum da parede secundária é a **lignina**, uma rede complexa de compostos fenólicos encontrada na parede dos vasos do xilema e nas células fibrosas dos tecidos da madeira.

Embora as paredes celulares das plantas superiores variem em composição e organização, todas são formadas, como a matriz extracelular das células animais, por um princípio estrutural comum a todas as fibras compostas, incluindo a fibra de vidro e o concreto reforçado. Um componente fornece a força tensora e o outro, no qual o primeiro se encontra embebido, fornece a resistência à compressão. O princípio é o mesmo em plantas e animais, mas a química é diferente. Ao contrário da matriz extracelular das células animais, que é rica em proteínas e outros polímeros contendo nitrogênio, a parede celular das plantas é constituída quase inteiramente por polímeros que não contêm nitrogênio, incluindo a *celulose* e a lignina. Para um organismo sedentário que depende de CO_2, H_2O e luz solar, esses dois abundantes biopolímeros representam uma forma de baixo custo baseada em carbono de materiais estruturais, ajudando a conservar o nitrogênio escasso disponível no solo que em geral limita o crescimento da planta. Assim, as árvores, por exemplo, fazem um grande investimento em celulose e lignina que compreende grande parte de sua biomassa.

Na parede celular das plantas superiores, as fibras tensoras são formadas por um polissacarídeo de celulose, a macromolécula orgânica mais abundante da Terra, fortemente ligada em uma rede de *glicanos com ligação cruzada*. Na parede celular primária, a matriz na qual a rede de celulose é embebida é composta de *pectina*, uma rede de polissacarídeos altamente hidratada, rica em ácido galacturônico. As paredes celulares secundárias contêm componentes adicionais como a lignina, que é dura e ocupa os interstícios entre os outros componentes, tornando a parede rígida e permanente. Todas essas moléculas são mantidas juntas por uma combinação de ligações covalentes e não covalentes para formar uma estrutura altamente complexa, cuja composição, espessura e arquitetura dependem do tipo celular.

A parede celular das plantas possui uma função de sustentação da estrutura da planta como um todo, uma função protetora como um cercado ao redor de cada célula e uma função de transporte, auxiliando a formar os canais para o movimento dos fluidos da planta. Quando as células vegetais se tornam especializadas, elas costumam adotar uma forma específica e produzem paredes celulares especialmente adaptadas. Uma planta pode ser reconhecida e classificada conforme os diferentes tipos de células. Entretanto, concentrar-nos-emos aqui na parede celular primária e arquitetura molecular que fundamenta sua notável combinação de força, resistência e plasticidade observada nas partes em crescimento de uma planta.

A força tensora da parede celular permite que as células vegetais desenvolvam pressão de turgescência

O ambiente extracelular aquoso da célula vegetal consiste no fluido contido na parede celular que circunda a célula. Embora o fluido da parede celular da planta contenha mais solutos do que a água na parte externa do ambiente da planta (p. ex., o solo), ele ainda é hipotônico em comparação ao interior da célula. Esse desequilíbrio osmótico permite que a parede celular desenvolva uma grande pressão hidrostática, ou **pressão de turgescência**, empurrando a parede celular como a câmara empurra o pneu. A pressão de turgescência aumenta até o ponto em que a célula atinge o equilíbrio osmótico, com nenhum influxo de água apesar do desequilíbrio de sal. A pressão de turgescência gerada assim pode atingir 10 ou mais atmosferas, cerca de cinco vezes aquela de um pneu de automóvel comum. Essa pressão é vital às plantas porque é a principal força que dirige a expansão celular durante o crescimento e fornece grande parte da rigidez mecânica dos tecidos vivos das plantas. Compare a folha de uma planta desidratada, por exemplo, com a folha túrgida de uma planta bem hidratada. É a força mecânica da parede celular que permite que a célula vegetal mantenha essa pressão interna.

A parede celular primária é constituída por microfibrilas de celulose entrelaçadas com uma rede de polissacarídeos pectínicos

A **celulose** fornece a força tensora à parede celular primária. Cada molécula consiste em uma cadeia linear de pelo menos 500 resíduos de glicose covalentemente ligados uns aos outros para formar uma estrutura em forma de fita, a qual é estabilizada por ligações de hidrogênio intracadeias (**Figura 19-62**). Além disso, as ligações de hidrogênio intermoleculares, entre as moléculas de celulose adjacentes, causam uma forte adesão entre as moléculas sobrepostas e dispostas paralelamente, formando feixes de cerca de 40 cadeias de celulose, todas com a mesma polaridade. Esses agregados cristalinos altamente organizados, com muitos micrômetros de comprimento, são denominados **microfibrilas de celulose** e possuem uma resistência à tração comparável à do aço. Grupos de microfibrilas são arranjados em camadas, ou lamelas, com cada

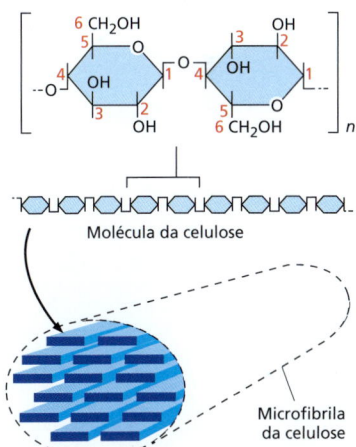

Figura 19-62 Celulose. As moléculas de celulose são longas, não ramificadas e constituídas por unidades de glicose com ligações β1,4. Cada resíduo de glicose é invertido com relação a seu vizinho, e as repetições dissacarídicas resultantes ocorrem centenas de vezes em uma única molécula de celulose. Cerca de 16 moléculas de celulose reúnem-se para formar uma forte microfibrila de celulose ligada por ligações de hidrogênio.

1084 PARTE V As células em seu contexto social

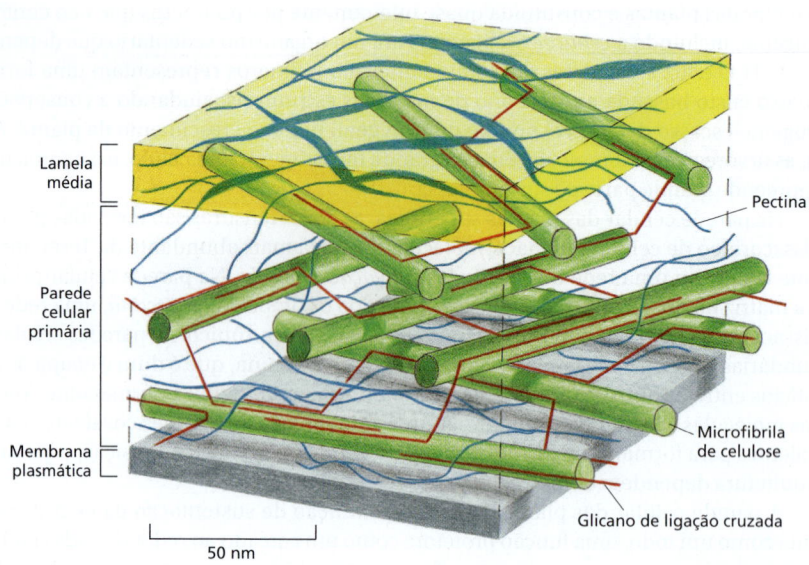

Figura 19-63 Modelo em escala de uma porção da parede celular primária, mostrando as duas redes principais de polissacarídeos. As camadas de microfibrilas de celulose (*verde*) em arranjo ortogonal são entrecruzadas por ligações de hidrogênio a uma rede de hemicelulose (*vermelho*). Essa rede é contínua com uma rede de polissacarídeos de pectina (*azul*). A rede de celulose e hemicelulose fornece força tensora, enquanto a rede de pectina resiste à compressão. A celulose, a hemicelulose e a pectina estão presentes em quantidades equivalentes na parede celular primária. A lamela média é rica em pectina e fixa as células adjacentes.

microfibrila a 20 a 40 nm de distância de sua vizinha e conectada a ela por ligações cruzadas das moléculas de glicano unidas por ligações de hidrogênio à superfície das microfibrilas. A parede celular primária consiste em várias lamelas organizadas em uma rede conglomerada (**Figura 19-63**).

Os **glicanos de ligação cruzada** são um grupo heterogêneo de polissacarídeos ramificados que se ligam fortemente à superfície de cada microfibrila de celulose, auxiliando na ligação cruzada das microfibrilas em uma rede complexa. Há muitas classes de glicanos, mas todas possuem uma longa cadeia principal linear composta de um tipo de açúcar (glicose, xilose ou manose) de onde saem as pequenas cadeias laterais de outros açúcares. São as moléculas de açúcar na cadeia principal que formam as ligações de hidrogênio com as microfibrilas de celulose. A cadeia principal e as cadeias laterais variam de acordo com a espécie da planta e o estágio de desenvolvimento.

Junto com essa rede de microfibrilas de celulose e glicanos de ligação cruzada há outra rede de polissacarídeos com ligações cruzadas com base em **pectinas** (ver Figura 19-63). As pectinas são um grupo heterogêneo de polissacarídeos ramificados que contêm muitas unidades de ácido galacturônico negativamente carregadas. Em função de sua carga negativa, as pectinas são altamente hidratadas e associadas a uma nuvem de cátions, de maneira semelhante aos glicosaminoglicanos das células animais devido ao grande espaço que ocupam (ver Figura 19-33). Quando o Ca^{2+} é adicionado à solução de moléculas de pectina, várias ligações cruzadas ocorrem, dando origem a um gel semirrígido (é a pectina que é adicionada ao suco de fruta para produzir geleias). Certas pectinas são particularmente abundantes na *lamela média*, uma região especializada que fixa as paredes celulares das células adjacentes (ver Figura 19-63), e as ligações cruzadas causadas pelo Ca^{2+} parecem ajudar a manter unidos os componentes da parede celular. Embora as pontes covalentes também sejam responsáveis por manterem juntos os componentes da parede celular, pouco se sabe sobre sua natureza. O controle da separação das células da lamela média está relacionado com o processo de amadurecimento do tomate e a queda das folhas no outono.

Além das duas redes de polissacarídeos, presentes em todas as paredes celulares primárias das plantas, há proteínas que podem contribuir com cerca de 5% da massa seca da parede. Muitas dessas proteínas são enzimas responsáveis pela renovação e remodelagem da parede, principalmente durante o crescimento. Outra classe de proteínas de parede contém grandes quantidades de hidroxiprolina, como no colágeno. Essas proteínas fortalecem a parede e são produzidas em quantidades aumentadas como resposta ao ataque por patógenos. Com base na sequência genômica de *Arabidopsis*, estimou-se que mais de 700 genes são necessários para sintetizar, reunir e remodelar a parede celular da planta.

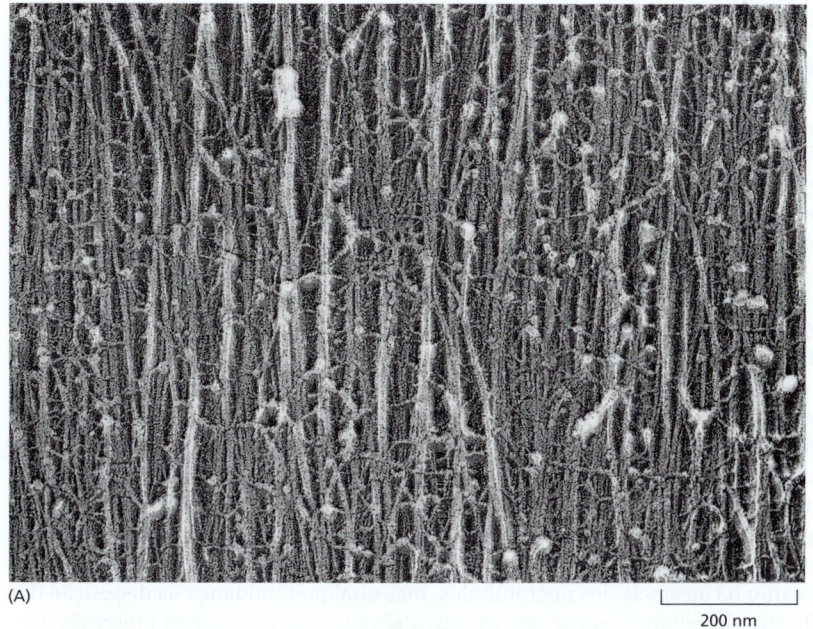
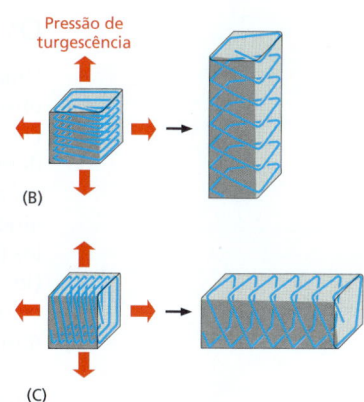

Figura 19-64 As microfibrilas de celulose influenciam a direção do alongamento celular. (A) A orientação das microfibrilas de celulose na parede celular primária de uma célula de cenoura durante o alongamento é mostrada nesta micrografia eletrônica de uma réplica sombreada de uma parede celular rapidamente congelada e copiada. As microfibrilas de celulose estão em disposição paralela, orientadas perpendicularmente ao eixo de alongamento celular. As microfibrilas são interligadas e entrelaçadas por uma rede complexa de moléculas da matriz (compare com a Figura 19-63). (B, C) As células em (B) e (C) iniciaram com formas idênticas (representadas como cubos), mas com diferentes orientações das microfibrilas de celulose da parede celular. Apesar de a pressão de turgescência ser uniforme em todas as direções, o enfraquecimento da parede celular provoca o alongamento de cada célula perpendicularmente à orientação das microfibrilas, que possuem uma força tensora bastante forte. A expansão celular ocorre junto com a inserção de material para uma nova parede. A forma final de um órgão, como um broto, é determinada pela direção na qual suas células se expandem. (A, cortesia de Brian Wells e Keith Roberts.)

A deposição orientada da parece celular controla o crescimento da planta

Uma vez que a planta deixou o meristema onde foi gerada, ela pode crescer consideravelmente, em geral mais de mil vezes o seu volume. Essa expansão determina a forma final de cada célula e, como consequência, a forma final da planta. A expansão ocorre em resposta à pressão de turgescência, mas é o comportamento da parede celular que governa sua extensão e direção. A atividade complexa de remodelagem da parede e a deposição de novo material de parede celular são necessárias. Devido à sua estrutura cristalina, as microfibrilas de celulose são incapazes de esticar, e isso lhes confere um papel fundamental nesse processo. Assim, a elasticidade e a deformação da parede celular devem envolver o deslizamento das microfibrilas umas sobre as outras, a separação das microfibrilas, ou ambos. A orientação das microfibrilas nas camadas mais internas da parede regula a direção na qual a célula se expande. As células, portanto, antecipam sua morfologia futura pelo controle da orientação das microfibrilas que elas depositam na parede (**Figura 19-64**).

Ao contrário da maioria das macromoléculas da matriz, que são produzidas no retículo endoplasmático e no Golgi e então secretadas, a celulose é secretada na superfície da célula por um complexo de enzimas ligadas à membrana plasmática (*celulose sintase*), que usa como substrato o nucleotídeo de açúcar UDP-glicose fornecido pelo citoplasma. Cada complexo enzimático, ou *roseta*, possui simetria sextavada (ver Figura 19-65) e contém os produtos proteicos de três genes separados de celulose sintase (*CESA*, do inglês *cellulose synthase*). Cada proteína CESA é essencial para a produção da microfibrila de celulose. Três genes *CESA* são necessários para a síntese da parede celular primária e outros três genes para a síntese da parede celular secundária.

À medida em que são sintetizadas, as cadeias nascentes de celulose reúnem-se em microfibrilas. Essas são dispostas na superfície extracelular da membrana plasmática, formando uma camada, ou lamela, na qual todas as microfibrilas apresentam mais ou menos o mesmo alinhamento (ver Figura 19-63). Cada nova lamela forma-se internamente à anterior, de modo que a parede consiste em camadas de lamelas concêntricas, sendo a mais velha localizada na porção mais externa. As microfibrilas depositadas mais recentemente em células que estão sendo alongadas costumam ser perpendiculares ao eixo do alongamento celular, embora a orientação das microfibrilas das lamelas externas depositadas anteriormente possa ser diferente (ver Figura 19-64B e C).

Os microtúbulos orientam a deposição da parede celular

Uma pista importante para o mecanismo que dita a orientação da microfibrila vem de observações dos microtúbulos nas células vegetais. Eles são arranjados no citoplasma cortical com a mesma orientação das microfibrilas de celulose que estão sempre sendo depositadas na parede celular. Esses microtúbulos corticais formam um *arranjo cortical* próximo à face citoplasmática da membrana plasmática, mantidos ali por proteínas ainda não caracterizadas. A orientação congruente do arranjo cortical dos microtúbulos (localizados logo abaixo da membrana plasmática) e das microfibrilas de celulose (localizadas do lado de fora da membrana) é encontrada em muitos tipos e formas de células vegetais, estando presente durante a deposição das paredes primária e secundária, sugerindo uma relação causal.

Tal sugestão pode ser testada tratando-se o tecido de uma planta com uma substância despolimerizadora de microtúbulos de modo que desfaça todo o sistema de microtúbulos corticais. Entretanto, as consequências para a deposição subsequente da celulose não são tão simples como esperado. O tratamento com a substância não tem efeito na produção de novas microfibrilas de celulose e, em alguns casos, a célula pode continuar a depositar novas microfibrilas na orientação preexistente. Qualquer mudança no padrão de microfibrilas, que normalmente ocorrem entre lamelas sucessivas, é bloqueada. Parece que uma orientação preexistente das microfibrilas pode ser propagada mesmo na ausência dos microtúbulos, mas qualquer mudança na deposição das microfibrilas de celulose requer que os microtúbulos intactos estejam presentes para determinar a nova orientação.

Essas observações são consistentes com o seguinte modelo. As rosetas que sintetizam celulose, embebidas na membrana plasmática, parecem produzir moléculas longas de celulose. Conforme a síntese de moléculas de celulose e seu autoagrupamento em microfibrilas se inicia, a extremidade distal de cada microfibrila forma ligações cruzadas indiretas com a camada prévia do material da parede, orientando a nova microfibrila em paralelo com as antigas, à medida que ela se torna integrada na textura da parede. Como a microfibrila é dura, a extremidade proximal da roseta precisa se mover durante sua produção, à medida que deposita o novo material. A roseta se move no plano da membrana, no sentido definido pela forma na qual a extremidade mais distante do microfibrilas está ancorada na parede existente. Dessa forma, cada camada de microfibrilas tenderia a se projetar para fora da membrana, na mesma orientação da camada depositada previamente, com as rosetas seguindo a direção das microfibrilas orientadas preexistentes, fora da célula. Entretanto, os microtúbulos orientados dentro da célula podem forçar uma alteração na direção em que as rosetas se movem: eles podem criar ligações na membrana plasmática que atuam como bancos de um canal para limitar o movimento das rosetas (**Figura 19-65**). Nessa visão, a síntese de celulose pode ocorrer independentemente dos microtúbulos, mas ela está limitada espacialmente quando os microtúbulos corticais estão presentes para definir os microdomínios da membrana dentro dos quais o complexo enzimático pode se movimentar.

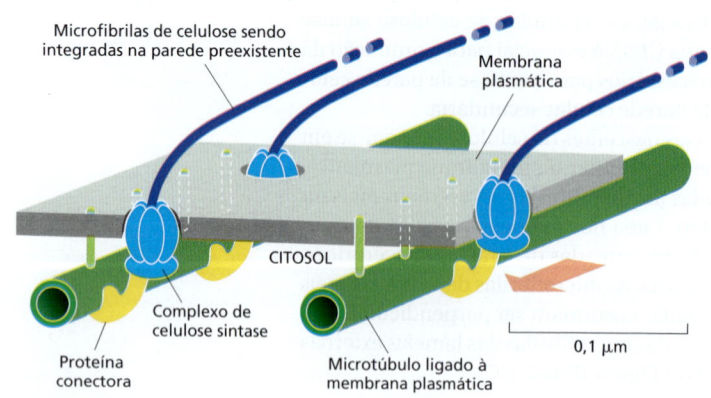
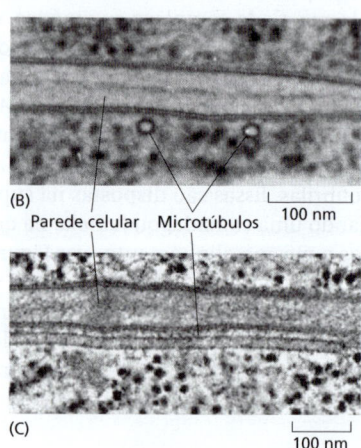

Figura 19-65 Modelo de como a orientação das microfibrilas de celulose recém-depositadas pode ser determinada pela orientação dos microtúbulos corticais. (A) Os grandes complexos de celulose sintase, ou *rosetas*, são proteínas integrais de membrana que sintetizam microfibrilas de celulose continuamente na face externa da membrana plasmática. As extremidades distais das microfibrilas rígidas integram-se à textura da parede, e seu alongamento na extremidade proximal empurra o complexo sintase ao longo do plano da membrana. Como a disposição cortical dos microtúbulos está conectada à membrana plasmática, de forma a restringir o complexo a canais definidos da membrana, a orientação dos microtúbulos, quando presentes, determina o eixo ao longo do qual as novas microfibrilas são depositadas. (B, C) Duas eletromicrografias mostrando a associação compacta dos microtúbulos corticais à membrana plasmática. Uma delas mostra a secção transversal dos microtúbulos, e a outra, um microtúbulo em secção longitudinal. Ambas enfatizam os espaços constantes de cerca de 20 nm entre a membrana e o microtúbulo. As moléculas responsáveis pela conexão ainda não são conhecidas. (B e C, cortesia de Andrew Staehelin.)

Dessa forma, as células vegetais podem mudar a direção de expansão por mudanças súbitas na orientação do feixe de microtúbulos corticais. Como as células vegetais não podem se movimentar (limitadas por sua parede), a morfologia da planta multicelular depende de um controle coordenado e altamente padronizado de orientação dos microtúbulos corticais durante o desenvolvimento. Não se sabe como tal orientação é controlada, embora já se tenha demonstrado que o microtúbulos podem se reorientar rapidamente em resposta a estímulos extracelulares, incluindo os reguladores do crescimento da planta como as auxinas e o etileno (discutido no Capítulo 15).

Os microtúbulos não são, entretanto, os únicos elementos do citoesqueleto que influenciam a deposição da parede. Filamentos de actina cortical e focal também podem direcionar a deposição da nova parede em locais específicos na superfície celular, contribuindo para a forma final elaborada de muitas células vegetais diferenciadas.

Resumo

As células vegetais são cercadas por uma matriz extracelular rígida na forma de parede celular, a qual é responsável por muitas das características típicas do estilo de vida vegetal. A parede celular é composta de uma rede de microfibrilas de celulose e glicanos de ligação cruzada, embebidos em uma matriz de polissacarídeos de pectina. Nas paredes celulares secundárias, a lignina pode ser depositada, tornando-as impermeáveis à água, duras e fibrosas. Um arranjo cortical de microtúbulos pode determinar a orientação da nova microfibrila de celulose recém-depositada, a qual, por sua vez, determina a direção da expansão celular e, portanto, a forma final da célula e da planta como um todo.

O QUE NÃO SABEMOS

- Quais são os mecanismos reguladores que controlam o rearranjo das junções célula-célula no epitélio no início do desenvolvimento? Qual é o papel das forças mecânicas e de tensão nesses rearranjos?

- Como as proteínas de matriz extracelular e os carboidratos influenciam a localização e a ação das moléculas sinalizadoras extracelulares ou de seus receptores de superfície celular?

- Como as proteínas adaptadoras intracelulares coordenam a ativação das proteínas integrinas e sua interação com os componentes do citoesqueleto e suas respostas às mudanças nas forças mecânicas que atuam nas junções célula-matriz?

- Considerando que as moléculas de matriz extracelular possuem a capacidade de apresentar arranjos ordenados de sinais para as células, a exata relação espacial entre tais sinais poderia transmitir uma mensagem além daquela dos próprios sinais individuais?

TESTE SEU CONHECIMENTO

Quais afirmativas estão corretas? Justifique.

19-1 Devido aos numerosos processos intracelulares regulados pelas alterações nas concentrações de Ca^{2+}, parece provável que as adesões célula-célula dependentes de Ca^{2+} também sejam reguladas por alterações nas concentrações de Ca^{2+}.

19-2 As junções compactas desempenham duas funções distintas: elas bloqueiam o espaço entre as células, restringindo o fluxo paracelular, e cercam os domínios da membrana plasmática, impedindo a mistura entre as proteínas de membrana da porção apical e basolateral.

19-3 A elasticidade da elastina deve-se ao seu alto conteúdo de α-hélices, as quais atuam como molas moleculares.

19-4 As integrinas podem converter sinais mecânicos em sinais moleculares intracelulares.

Discuta as questões a seguir.

19-5 Comente a seguinte citação de Warren Lewis (1922), um dos pioneiros da biologia celular. "Se os vários tipos de células perdessem sua capacidade adesiva uns com os outros e com a matriz extracelular, nossos corpos se desintegrariam e desmoronariam como um amontoado de células."

19-6 As moléculas de adesão celular foram originalmente identificadas com o uso de anticorpo contra componentes de superfície celular para bloquear a agregação celular. Neste ensaio de bloqueio da adesão, os pesquisadores acharam necessário usar fragmentos de anticorpos, cada um com um único sítio de ligação (denominados fragmentos Fab), em vez de anticorpos IgG intactos, os quais possuem a forma de Y com dois sítios de ligação idênticos. Os fragmentos Fab foram produzidos pela digestão de anticorpos IgG com papaína, uma protease, para separar os dois sítios de ligação (**Figura Q19-1**). Por que você acha que foi necessário usar os fragmentos Fab para bloquear a agregação celular?

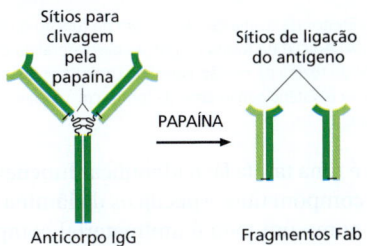

Figura Q19-1 Produção do fragmento Fab de anticorpos IgG pela digestão com papaína.

19-7 A bactéria responsável por intoxicações alimentares *Clostridium perfringens* produz uma toxina que se liga aos membros da família das claudinas, as quais são os principais constituintes das junções compactas. Quando a porção C-terminal da toxina se liga a uma claudina, a N-terminal pode se inserir na membrana da célula adjacente, formando buracos que matam a célula. A porção da toxina que se liga à claudina mostrou ser um valioso reagente para a investigação das propriedades das junções compactas. As células MDCK são a escolha comum para estudos das junções compactas, pois podem formar uma camada epitelial intacta com grande resistência transepitelial. As células MDCK expressam duas claudinas: a claudina-1, que não se liga à toxina, e a claudina-4, que se liga.

Quando uma camada epitelial intacta de células MDCK é incubada com o fragmento C-terminal da toxina, a claudina-4 desaparece, tornando-se indetectável após 24 horas. Na ausência da claudina-4, as células permanecem saudáveis, e a camada epitelial permanece intacta. O número médio de filamentos nas junções compactas que ligam as células também diminui de cerca de 4 para cerca de 2 após 24 horas, e eles são menos ramificados. Um ensaio funcional para integridade das junções compactas mostra que a resistência transepitelial é reduzida consideravelmente na presença da toxina, mas pode ser restaurada com lavagem da toxina (**Figura Q19-2A**). Curiosamente, a toxina produz esses efeitos somente quando é adicionada à porção basolateral da camada. Ela não tem efeito quando adicionada à superfície apical (**Figura Q19-2B**).

A. Como os dois filamentos da junção compacta podem permanecer mesmo que toda a claudina-4 tenha desaparecido?

B. Por que você acha que a toxina age quando adicionada à porção basolateral da camada epitelial, mas não à porção apical?

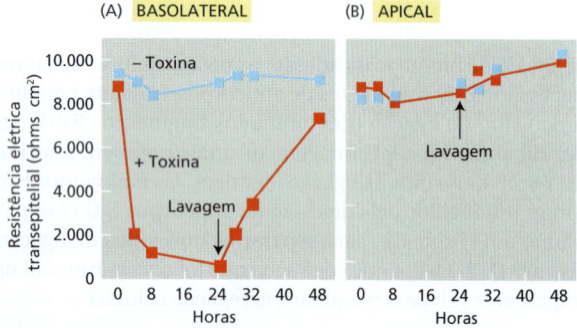

Figura Q19-2 Efeitos da toxina de *Clostridium* na função de barreira das células MDCK. (A) Adição da toxina na porção basolateral da camada epitelial. (B) Adição da toxina na porção apical da camada epitelial. Para uma dada tensão, uma resistência mais elevada (ohms cm²) fornece menos corrente paracelular.

19-8 Não é uma tarefa fácil identificar funções particulares para os componentes específicos da lâmina basal, pois a estrutura como um todo é um material composto complicado com propriedades mecânicas e de sinalização. O nidogênio, por exemplo, liga-se de forma cruzada a dois componentes centrais da lâmina basal, a laminina-γ1 e o colágeno tipo IV. Considerando tal função, é surpreendente que camundongos nocautes homozigotos para o gene do nidogênio-1 sejam saudáveis sem fenótipo anormal. Igualmente, camundongos nocautes homozigotos para o gene do nidogênio-2 também parecem completamente normais.

TABELA Q19-1 Fenótipos de camundongos com defeitos genéticos nos componentes da lâmina basal

Proteína	Defeito genético	Fenótipo
Nidogênio-1	Nocaute gênico (−/−)	Nenhum
Nidogênio-2	Nocaute gênico (−/−)	Nenhum
Laminina γ-1	Deleção no sítio de ligação do nidogênio (+/−)	Nenhum
Laminina γ-1	Deleção no sítio de ligação do nidogênio (−/−)	Morte ao nascer

+/− para heterozigoto, −/− para homozigoto.

Por outro lado, camundongos com uma mutação definida no gene da laminina-γ1, que elimina somente o sítio de ligação do nidogênio, morrem ao nascimento com defeitos graves na formação dos pulmões e dos rins. Acredita-se que a porção mutante da cadeia da laminina-γ1 não tenha outra função a não ser se ligar ao nidogênio e não afeta a estrutura da laminina ou sua capacidade de se reunir na lâmina basal. Como você explica as observações genéticas resumidas na **Tabela Q19-1**? O que você espera do fenótipo de camundongos nocautes homozigotos para os dois genes do nidogênio?

19-9 Discuta a seguinte afirmativa: "A lâmina basal das fibras musculares atua como um quadro de avisos no qual células podem colocar suas mensagens que dirigem a diferenciação e a função das células subjacentes."

19-10 A afinidade das integrinas pelos componentes da matriz pode ser modulada por mudanças nos seus domínios citoplasmáticos: um processo conhecido como sinalização de dentro para fora. Você identificou regiões-chave nos domínios citoplasmáticos da integrina $\alpha_{IIb}\beta_3$ que parecem ser necessárias à sinalização de dentro para fora (**Figura Q19-3**). A substituição de uma alanina por D723 na cadeia β ou R995 na cadeia α leva a altos níveis de ativação espontânea, sob condições nas quais o tipo normal está inativo. Seu orientador sugere que você converta o aspartato da cadeia β para uma arginina (D723R) e a arginina da cadeia α para um aspartato (R995D). Você compara as três cadeias α (R995, R995A e R995D) contra todas as três cadeias β (D723, D723A e D723R). Você observa que todos os pares possuem altos níveis de ativação espontânea, exceto D723 *versus* R995 (normal) e D723R *versus* R995D, os quais apresentam baixos níveis. Com base nesses resultados, como você acha que a integrina $\alpha_{IIb}\beta_3$ mantém seu estado inativo?

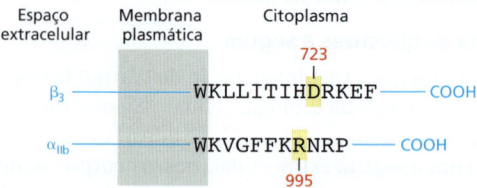

Figura Q19-3 Representação esquemática da integrina $\alpha_{IIb}\beta_3$. Os resíduos D723 e R995 estão indicados. (De P.E. Hughes et al., *J. Biol. Chem.* 271:6571–6574, 1996. Com permissão de American Society for Biochemistry and Molecular Biology.)

19-11 As cadeias polissacarídicas do glicosaminoglicano que são ligadas aos núcleos proteicos para formar os componentes do proteoglicano do espaço extracelular são altamente carregadas negativamente. Como você supõe que essas cadeias polissacarídicas negativamente carregadas ajudam a estabelecer um ambiente semelhante a um gel hidratado em torno da célula? Como as propriedades dessas moléculas iriam diferir se as cadeias de polissacarídeos não possuíssem cargas?

19-12 Em temperatura corporal, o L-aspartato racemiza em D-aspartato a uma taxa apreciável. A maioria das proteínas do organismo possui baixos níveis de D-aspartato, se é que ele pode ser detectado. Entretanto, a elastina possui níveis relativamente altos de D-aspartato. Além disso, a quantidade de D-aspartato aumenta na proporção direta com a idade da pessoa da qual a amostra foi colhida. Por que você acha que a maioria das proteínas tem pouco ou nenhum D-aspartato, enquanto a elastina possui níveis de D-aspartato que aumentam progressivamente com a idade?

19-13 Seu chefe aparece para jantar! Tudo o que você tem é uma alface murcha. Você lembra vagamente que há um truque para rejuvenescer uma alface murcha, mas não lembra qual é. Você deve mergulhar a alface em água salgada, água da torneira ou água com açúcar, ou talvez apenas colocá-la sob uma luz clara e intensa e esperar que a fotossíntese a recupere?

19-14 Uma planta deve ser capaz de responder a alterações na quantidade de água de seu ambiente. Isso é feito pelo fluxo de moléculas de água através de canais de água denominados aquaporinas. A condutividade hidráulica de uma única aquaporina é de $4,4 \times 10^{-22}$ m^3 por segundo por MPa (megapascal) de pressão. A que isso corresponde em termos de moléculas de água por segundo em pressão atmosférica? (A pressão atmosférica é 0,1 MPa [1 bar] e a concentração da água é 55,5 M.)

REFERÊNCIAS

Gerais
Beckerle M ed. (2002) Cell Adhesion. Oxford: Oxford University Press.
Hynes RO & Yamada KM (eds) (2011) Extracellular Matrix Biology (Cold Spring Harbor Perspectives in Biology). Cold Spring Harbor: Cold Spring Harbor Laboratory Press.

Junções célula-célula
Brasch J, Harrison OJ, Honig B & Shapiro L (2012) Thinking outside the cell: how cadherins drive adhesion. *Trends Cell Biol.* 22, 299–310.
Gomez GA, McLachlan RW & Yap AS (2011) Productive tension: force-sensing and homeostasis of cell-cell junctions. *Trends Cell Biol.* 21, 499–505.
Goodenough DA & Paul DL (2003) Beyond the gap: functions of unpaired connexon channels. *Nat. Rev. Mol. Cell Biol.* 4, 285–294.
Gumbiner BM (2005) Regulation of cadherin-mediated adhesion in morphogenesis. *Nat. Rev. Mol. Cell Biol.* 6, 622–634.
Harris TJ & Tepass U (2010) Adherens junctions: from molecules to morphogenesis. *Nat. Rev. Mol. Cell Biol.* 11, 502–514.
King N, Hittinger CT & Carroll SB (2003) Evolution of key cell signaling and adhesion protein families predates animal origins. *Science* 301, 361–363.
Leckband DE, le Duc Q, Wang N & de Rooij J (2011) Mechanotransduction at cadherin-mediated adhesions. *Curr. Opin. Cell Biol.* 23, 523–530.
Lecuit T, Lenne PF & Munro E (2011) Force generation, transmission, and integration during cell and tissue morphogenesis. *Annu. Rev. Cell Dev. Biol.* 27, 157–184.
Litjens SH, de Pereda JM & Sonnenberg A (2006) Current insights into the formation and breakdown of hemidesmosomes. *Trends Cell Biol.* 16, 376–383.
Maule AJ, Benitez-Alfonso Y & Faulkner C (2011) Plasmodesmata—membrane tunnels with attitude. *Curr. Opin. Plant Biol.* 14, 683–690.
McEver RP & Zhu C (2010) Rolling cell adhesion. *Annu. Rev. Cell Dev. Biol.* 26, 363–396.
Nakagawa S, Maeda S & Tsukihara T (2010) Structural and functional studies of gap junction channels. *Curr. Opin. Struct. Biol.* 20, 423–430.
Shin K, Fogg VC & Margolis B (2006) Tight junctions and cell polarity. *Annu. Rev. Cell Dev. Biol.* 22, 207–236.
Takeichi M (2007) The cadherin superfamily in neuronal connections and interactions. *Nat. Rev. Neurosci.* 8, 11–20.
Thomason HA, Scothern A, McHarg S & Garrod DR (2010) Desmosomes: adhesive strength and signalling in health and disease. *Biochem. J.* 429, 419–433.

A matriz extracelular dos animais
Aszodi A, Legate KR, Nakchbandi I & Fassler R (2006) What mouse mutants teach us about extracellular matrix function. *Annu. Rev. Cell Dev. Biol.* 22, 591–621.
Bulow HE & Hobert O (2006) The molecular diversity of glycosaminoglycans shapes animal development. *Annu. Rev. Cell Dev. Biol.* 22, 375–407.
Couchman JR (2010) Transmembrane signaling proteoglycans. *Annu. Rev. Cell Dev. Biol.* 26, 89–114.
Domogatskaya A, Rodin S & Tryggvason K (2012) Functional diversity of laminins. *Annu. Rev. Cell Dev. Biol.* 28, 523–553.
Hynes RO (2009) The extracellular matrix: not just pretty fibrils. *Science* 326, 1216–1219.
Hynes RO & Naba A (2012) Overview of the matrisome—an inventory of extracellular matrix constituents and functions. *Cold Spring Harb. Perspect. Biol.* 4, a004903.
Kielty CM, Sherratt MJ & Shuttleworth CA (2002) Elastic fibres. *J. Cell Sci.* 115, 2817–2828.
Larsen M, Artym VV, Green JA & Yamada KM (2006) The matrix reorganized: extracellular matrix remodeling and integrin signaling. *Curr. Opin. Cell Biol.* 18, 463–471.
Lu P, Takai K, Weaver VM & Werb Z (2011) Extracellular matrix degradation and remodeling in development and disease. *Cold Spring Harb. Perspect. Biol.* 3, a005058.
Ricard-Blum S (2011) The collagen family. *Cold Spring Harb. Perspect. Biol.* 3, a004978.
Sasaki T, Fässler R & Hohenester E (2004) Laminin: the crux of basement membrane assembly. *J. Cell Biol.* 164, 959–963.
Toole BP (2001) Hyaluronan in morphogenesis. *Semin. Cell Dev. Biol.* 12, 79–87.
Yurchenco PD (2011) Basement membranes: cell scaffoldings and signaling platforms. *Cold Spring Harb. Perspect. Biol.* 3, a004911.

Junções célula-matriz
Calderwood DA, Campbell ID & Critchley DR (2013) Talins and kindlins: partners in integrin-mediated adhesion. *Nat. Rev. Mol. Cell Biol.* 14, 503–517.
Campbell ID & Humphries MJ (2011) Integrin structure, activation, and interactions. *Cold Spring Harb. Perspect. Biol.* 3, a004994.
Hoffman BD, Grashoff C & Schwartz MA (2011) Dynamic molecular processes mediate cellular mechanotransduction. *Nature* 475, 316–323.
Hogg N, Patzak I & Willenbrock F (2011) The insider's guide to leukocyte integrin signalling and function. *Nat. Rev. Immunol.* 11, 416–426.

Kanchanawong P, Shtengel G, Pasapera AM et al. (2010) Nanoscale architecture of integrin-based cell adhesions. *Nature* 468, 580–584.

Luo BH & Springer TA (2006) Integrin structures and conformational signaling. *Curr. Opin. Cell Biol.* 18, 579–586.

Moser M, Legate KR, Zent R & Fässler R (2009) The tail of integrins, talin, and kindlins. *Science* 324, 895–899.

Ross TD, Coon BG, Yun S et al. (2013) Integrins in mechanotransduction. *Curr. Opin. Cell Biol.* 25, 613–618.

Shattil SJ, Kim C & Ginsberg MH (2010) The final steps of integrin activation: the end game. *Nat. Rev. Mol. Cell Biol.* 11, 288–300.

A parede celular das plantas

Albersheim P, Darvill A, Roberts K et al. (2011) Plant Cell Walls: From Chemistry to Biology. New York: Garland Science.

Braidwood L, Breuer C & Sugimoto K (2013) My body is a cage: mechanisms and modulation of plant cell growth. *New Phyto.* 210, 388–402.

Keegstra K (2010) Plant cell walls. *Plant Physiol.* 154, 483–486.

Li S, Lei L, Somerville C et al. (2011) Cellulose synthase interactive protein 1 (CSI1) links microtubules and cellulose synthase complexes. *Proc. Natl. Acad. Sci. USA* 109, 189–190.

Lloyd C (2011) Dynamic microtubules and the texture of plant cell walls. *Int. Rev. Cell Mol. Biol.* 287, 287–329.

McFarlane HE, Döring A & Perrson S (2014) The cell biology of cellulose synthesis. *Annu. Rev. Plant Biol.* 65, 69–94.

Somerville C (2006) Cellulose synthesis in higher plants. *Annu. Rev. Cell Dev. Biol.* 22, 53–78.

Szymanski DB & Cosgrove DJ (2009) Dynamic Coordination of cytoskeletal and cell wall systems during cell wall biogenesis. *Curr. Biol.* 19, R800–R811.

Wightman R & Turner SR (2008) The roles of the cytoskeleton during cellulose deposition at the secondary cell wall. *Plant J.* 54, 794–805.

Wolf S, Hématy K & Höfte H (2012) Growth control and cell wall signaling in plants. *Annu. Rev. Plant Biol.* 63, 381–407.

Câncer

CAPÍTULO 20

NESTE CAPÍTULO

O CÂNCER COMO UM PROCESSO MICROEVOLUTIVO

GENES CRÍTICOS PARA O CÂNCER: COMO SÃO ENCONTRADOS E O QUE FAZEM

TRATAMENTO E PREVENÇÃO DO CÂNCER: PRESENTE E FUTURO

Cerca de um quinto da espécie humana morrerá de câncer, porém essa não é a razão de dedicarmos um capítulo inteiro da presente edição à doença. As células cancerosas violam as regras mais básicas de comportamento celular pelas quais os organismos multicelulares são construídos e mantidos, e exploram todos os tipos de oportunidade para fazê-lo. Essas transgressões ajudam a revelar quais são as regras normais e como elas são mantidas. Como resultado, a pesquisa em câncer ajuda a compreender os princípios da biologia celular – em especial sinalização celular (Capítulo 15), ciclo e crescimento celular (Capítulo 17), morte celular programada (apoptose, Capítulo 18) e controle da arquitetura dos tecidos (Capítulos 19 e 22). Sabemos que, com um entendimento mais aprofundado desses processos normais, também adquirimos um melhor entendimento sobre a doença e melhores ferramentas para tratá-la.

Neste capítulo, vamos primeiramente considerar o que é o câncer e descrever o progresso natural da doença a partir da perspectiva celular; após, discutiremos as mudanças moleculares que tornam uma célula cancerosa; e fecharemos o capítulo considerando como nosso entendimento atual sobre as bases moleculares do câncer está aperfeiçoando os métodos para sua prevenção e tratamento.

O CÂNCER COMO UM PROCESSO MICROEVOLUTIVO

O corpo animal funciona como uma sociedade ou um ecossistema cujos integrantes são as células, que se reproduzem por divisão celular e organizam-se em conjuntos que colaboram entre si, chamados de *tecidos*. Esse ecossistema, no entanto, é muito peculiar, dado que o autossacrifício, em contraposição à sobrevivência do mais forte, é a regra. Essencialmente, todas as células das linhagens somáticas estão determinadas a morrer: elas não deixam descendentes e a sua existência é dedicada a manter as células germinativas, as únicas com chance de sobrevivência (discutido no Capítulo 21). Não há mistério algum nisso, pois o corpo é um clone derivado de um óvulo fertilizado, e o genoma das células somáticas é o mesmo das células germinativas que originam os espermatozoides e os óvulos. Graças a essa autoimolação em benefício das células germinativas, as células somáticas contribuem para a propagação das cópias de seus próprios genes.

Assim, ao contrário das células de vida livre, como as bactérias, que competem pela sobrevivência, as células de um organismo multicelular têm o compromisso de colaborar entre si. Para coordenar esse comportamento, as células enviam, recebem e interpretam um conjunto sofisticado de sinais extracelulares que servem como *controles sociais,* que ditam a cada uma como devem atuar (discutido no Capítulo 15). Disso resulta que cada célula comporta-se de uma forma socialmente responsável – repousando, dividindo-se, diferenciando-se ou morrendo – conforme o necessário para o bem-estar do organismo.

As alterações moleculares que perturbam essa harmonia são problemáticas para a sociedade multicelular. No corpo humano com mais de 10^{14} células, bilhões de células sofrem mutações que podem romper o controle social. Mais perigoso ainda, uma mutação pode dar certa vantagem seletiva a uma célula, possibilitando que ela cresça e se divida um pouco mais vigorosamente e sobreviva mais facilmente que suas vizinhas, vindo a se tornar, dessa maneira, a fundadora de um clone mutante que passe a crescer fora do contexto. Uma mutação que leve um dos indivíduos que participam da cooperação a ter esse tipo de comportamento egoísta pode comprometer o futuro de todo o conjunto. Com o tempo, os ciclos repetidos de mutação, competição e seleção natural, funcionando dentro de uma população de células somáticas, podem evoluir de uma situação não muito boa para uma pior. Esses são os ingredientes básicos do câncer: uma doença na qual um clone individual mutado passa a prosperar à custa das células vizinhas. Por fim – à medida que o clone cresce, evolui e se dissemina –, ele pode destruir toda a sociedade celular (**Animação 20.1**).

Nesta seção, discutiremos o desenvolvimento do câncer como um processo microevolutivo que compreende o curso de um período da vida humana em uma subpopulação de células do corpo. Esse processo, no entanto, depende dos mesmos princípios de mutação e seleção natural que governam a evolução dos organismos vivos na Terra há bilhões de anos.

As células cancerosas ignoram os controles normais de proliferação e colonizam outros tecidos

As células cancerosas são definidas por duas propriedades hereditárias: (1) reproduzem-se desobedecendo aos limites normais da divisão celular e (2) invadem e colonizam regiões normalmente destinadas a outras células. É a combinação dessas duas atividades que torna o câncer particularmente perigoso. Uma célula anormal que cresce (aumenta de massa) e prolifera (divide-se) fora de controle dará origem a um tumor, ou *neoplasia* – literalmente, "nova formação" crescimento novo. Contudo, enquanto as células neoplásicas ainda não se tornaram invasivas, diz-se que o tumor é **benigno**. Para a maioria dessas neoplasias, remover ou destruir a massa local em geral permite a cura completa. Um tumor é considerado um câncer verdadeiro se for **maligno**, ou seja, quando suas células tiverem adquirido a capacidade de invadir tecidos adjacentes. A invasividade é uma característica essencial das células cancerosas. Ela permite à célula maligna se desprender do tecido, penetrar a corrente sanguínea ou os vasos linfáticos e formar tumores secundários, denominados **metástases**, em outros locais do corpo (**Figura 20-1**). De forma geral, quanto mais amplamente o câncer se dissemina, mais difícil se torna erradicá-lo. São as metástases que costumam causar a morte do paciente com câncer.

Tradicionalmente, os cânceres são classificados de acordo com os tecidos e os tipos celulares dos quais eles derivam. Os cânceres derivados de células epiteliais são denominados **carcinomas** e são o tipo de câncer mais comum em humanos. Esse tipo de câncer chega a 80% dos casos, provavelmente porque, em adultos, a maior taxa de proliferação celular ocorra no epitélio. Além disso, os tecidos epiteliais estão mais expostos a diversas formas de danos físicos e químicos que favorecem o desenvolvimento do câncer. **Sarcomas** são os tumores derivados do tecido conectivo ou de células musculares. Os cânceres que não se enquadram em nenhuma dessas duas amplas categorias incluem as várias **leucemias** e **linfomas**, derivados de leucócitos ou de seus precursores (células hematopoiéticas), assim como os cânceres derivados de células do sistema nervoso. A **Figura 20-2** mostra os tipos de câncer mais comuns nos Estados Unidos, suas incidências e as respectivas taxas de mortalidade. Cada uma dessas grandes categorias tem muitas subdivisões, de acordo com os tipos específicos de células, a localização no corpo e a aparência microscópica do tumor.

Paralelamente ao conjunto de nomes para os tumores malignos, existem nomes apropriados para os tumores benignos. Um *adenoma*, por exemplo, é um tumor epitelial benigno com uma estrutura do tipo glandular, e o tipo de tumor maligno correspondente é um *adenocarcinoma* (**Figura 20-3**). Do mesmo modo, um *condrioma* e um *condriossarcoma* são tumores benigno e maligno do tecido cartilaginoso respectivamente.

A maioria dos cânceres tem características que refletem sua origem. Assim, por exemplo, as células de um *carcinoma de célula basal*, derivadas das células-tronco que originam os queratinócitos, em geral continuam a sintetizar os filamentos intermediários da citoqueratina, ao passo que as células de um *melanoma*, derivadas das células pigmentosas da pele, geralmente (mas nem sempre) continuam a produzir grânulos de pigmento. Os cânceres originados de tipos celulares distintos costumam ser doenças muito diferentes. Os carcinomas de célula basal, por exemplo, são apenas localmente invasivos e raras vezes formam metástases, enquanto os melanomas podem tornar-se muito mais malignos e costumam produzir metástases. Os carcinomas de célula basal são prontamente curados por cirurgia ou irradiação local, enquanto os melanomas malignos com metástases em geral são fatais.

Mais tarde, veremos que há também um modo diferente de classificarmos os cânceres, fugindo da classificação tradicional por local de origem: podemos classificá-los de acordo com as mutações que tornaram as células do tumor cancerosas. A seção final deste capítulo irá mostrar como tal informação pode ser crucial para a concepção e para a escolha do tratamento.

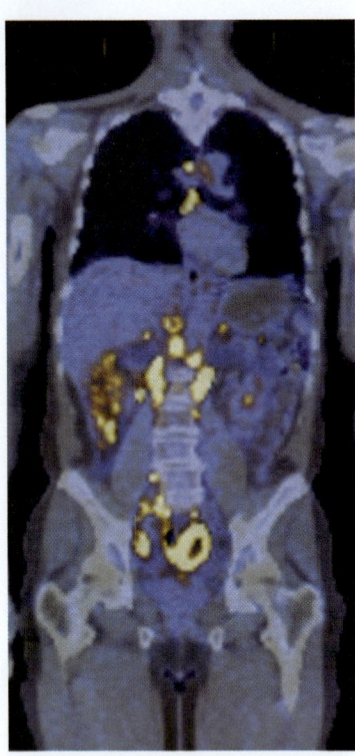

Figura 20-1 **Metástase.** Em geral, os tumores malignos desenvolvem metástases, tornando difícil a erradicação do câncer. A imagem composta mostra o corpo de um paciente com um linfoma metastático do tipo não Hodgkin (LNH). A imagem de fundo dos tecidos corporais foi obtida por TC (tomografia de raios X computadorizada). Sobreposta a essa imagem, um exame de PET (tomografia por emissão de pósitrons) revela o tecido tumoral (*amarelo*), detectado pela alta capacidade de absorção da fluorodesoxiglicose marcada radioativamente (FDG). Altos níveis de absorção de FDG ocorrem em células com um metabolismo e um consumo ativo de glicose inadequado, que é característico de células cancerosas (ver Figura 20-12). Os sinais amarelos na região abdominal revelam metástases múltiplas. (Cortesia de S. Gambhir.)

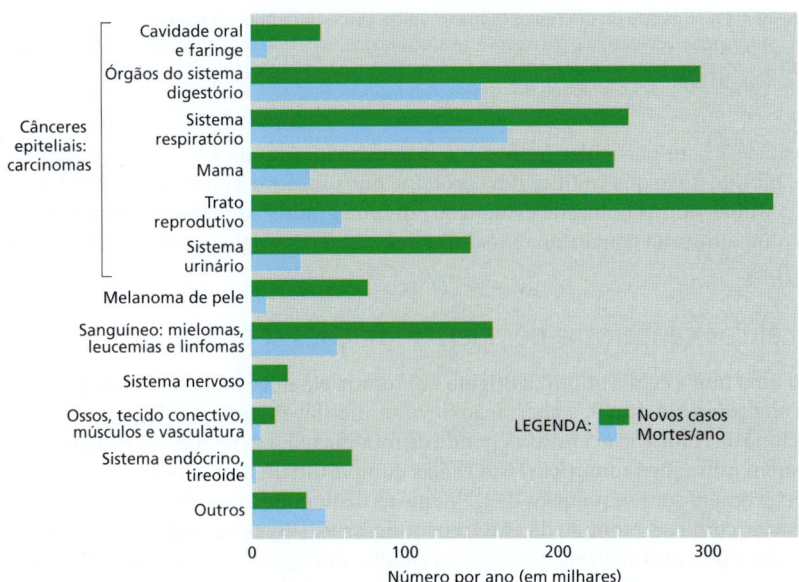

Figura 20-2 **Incidência e mortalidade de câncer nos Estados Unidos.** O total de novos casos diagnosticados nos Estados Unidos em 2012 foi de 1.665.540, e o total de mortes por câncer foi de 585.720. Note que os óbitos refletem casos diagnosticados em tempos diferentes e que menos da metade das pessoas que desenvolvem câncer morre da doença. No mundo todo, os cinco cânceres mais comuns são os de pulmão, estômago, mama, colorretal e colo do útero (incluídos na figura como câncer do trato reprodutivo). O total de novos casos de câncer registrados por ano é de pouco mais de 6 milhões. Os cânceres de pele que não os melanomas não estão incluídos nos dados, porque praticamente todos são curados com facilidade, e muitos nem são registrados.

Os dados de estimativa para o Reino Unido são semelhantes. Porém, as incidências são diferentes em algumas outras partes do mundo, refletindo a grande exposição a diferentes agentes infecciosos e toxinas do ambiente. (Dados da American Cancer Society, Cancer Facts and Figures, 2014.)

Muitos cânceres originam-se de uma única célula anormal

Mesmo após produzir metástase, as origens de um câncer podem ser traçadas até um único **tumor primário** existente em um órgão específico. Supõe-se que o tumor primário seja derivado da divisão celular de uma única célula que inicialmente sofreu alguma alteração hereditária. Subsequentemente, mudanças adicionais se acumulam em alguns dos descendentes da célula, determinando crescimento e divisão de maneira aberrante e muitas vezes permitindo que tais células sobrevivam à morte das vizinhas. No momento em que é detectado pela primeira vez, o câncer humano típico já terá se desenvolvido durante muitos anos e já terá bilhões de células cancerosas ou mais (**Figura 20-4**). Os tumores costumam possuir também uma variedade de outros tipos celulares; por exemplo, fibroblastos estarão presentes no tecido conectivo dando suporte ao carcinoma, junto com células inflamatórias e células endoteliais vasculares. Como podemos ter certeza de que as células cancerosas são descendentes clonais de uma única célula anormal?

Uma das formas de provar a origem clonal é por meio da análise molecular dos cromossomos das células tumorais. Em quase todos os pacientes com *leucemia mieloide crônica* (*LMC*), os glóbulos brancos leucêmicos podem ser distinguidos dos glóbulos normais devido a uma anomalia cromossômica específica: o assim denominado *cromossomo Filadélfia*, criado por uma translocação entre os braços longos dos cromossomos 9 e 22 (**Figura 20-5**). Quando o DNA de um sítio de translocação é clonado e sequenciado, verifica-se que o sítio de quebra e de religação dos fragmentos translocados é idêntico em todas as células leucêmicas de um paciente, apenas diferindo levemente (por somente algumas centenas ou milhares de pares de bases) entre um paciente e outro. Isso é o esperado em uma situação na qual cada caso de leucemia origina-se de um único acidente que tenha ocorrido em apenas uma célula. Mais tarde, será visto como essa

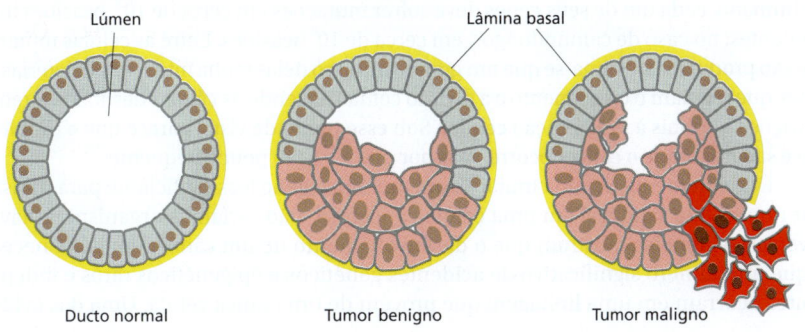

Figura 20-3 **Tumores benignos *versus* tumores malignos.** Um tumor glandular benigno (células *rosa*; um adenoma) permanece dentro da lâmina basal (*amarelo*) que marca o limite da estrutura normal (um ducto, neste exemplo). Em contraste, um tumor glandular maligno (células *vermelhas*, um adenocarcinoma) pode se desenvolver a partir de uma célula tumoral benigna, e ele destrói a integridade do tecido, como ilustrado. Esses tumores podem assumir muitas formas diferentes.

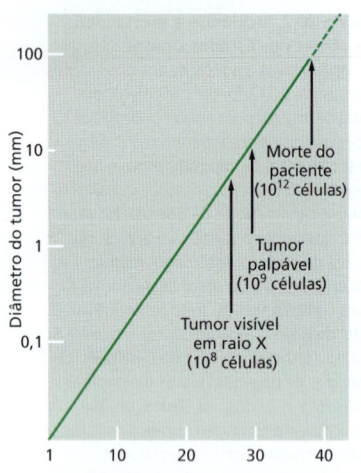

Figura 20-4 Crescimento de um tumor humano típico, como um tumor de mama. O diâmetro de um tumor está representado em um gráfico com escala logarítmica. Podem-se passar anos antes que um tumor seja notado. O tempo de duplicação de um tumor de mama típico, por exemplo, é de cerca de cem dias. Entretanto, tumores particularmente virulentos podem crescer mais rapidamente.

translocação em particular promove o desenvolvimento da LMC pela criação de um gene híbrido novo que codifica uma proteína que promove a proliferação celular.

Muitas outras linhas de evidência, em uma grande variedade de cânceres, apontam para a mesma conclusão: a maioria dos cânceres origina-se de uma única célula anormal.

As células cancerosas possuem mutações somáticas

Caso uma única célula anormal origine um tumor, ela deve transmitir essa anormalidade à sua progênie, isto é, a aberração deve ser herdável. Assim, o desenvolvimento de um clone de células cancerosas depende de modificações genéticas. As células tumorais possuem **mutações somáticas**, isto é, elas compartilham uma ou mais anormalidades detectáveis em suas sequências de DNA que as distinguem das células normais vizinhas ao tumor, como no exemplo da LMC recém-descrito. (Essas mutações são chamadas de *somáticas*, pois elas ocorrem no soma, ou células do corpo, e não na linhagem germinativa). Os cânceres também são gerados por *mudanças epigenéticas* – mudanças herdáveis e persistentes na expressão gênica que resultam de modificações na estrutura da cromatina sem nenhuma alteração na sequência de DNA da célula. Entretanto, mutações somáticas que alteram a sequência de DNA parecem ser características fundamentais e universais, sendo o câncer, nesse sentido, uma doença genética.

Fatores que causam modificações genéticas tendem a gerar o desenvolvimento de câncer. Assim, a **carcinogênese** (a geração de um câncer) pode estar relacionada com a *mutagênese* (produção de alterações na sequência de DNA). Essa relação é bastante clara no caso de duas classes de agentes externos: (1) *carcinógenos químicos* (que costumam causar uma alteração simples localizada na sequência de nucleotídeos) e (2) *radiação*, como os raios X (que caracteristicamente causam quebras cromossômicas e translocações), ou luz ultravioleta (UV) (que causa alterações específicas nas bases do DNA).

Como poderia ser esperado, pessoas que herdam um defeito genético em um dos diversos mecanismos de reparo ao DNA, fazendo suas células acumularem mutações em uma taxa elevada, possuem um grande risco de desenvolver câncer. Aquelas com a doença *xeroderma pigmentoso*, por exemplo, têm defeitos nos sistemas celulares de reparo de danos ao DNA induzidos por luz UV e estão sujeitas a uma incidência de câncer de pele extremamente aumentada.

Uma única mutação não é suficiente para transformar uma célula normal em uma célula cancerosa

Estima-se que durante toda a vida ocorrem cerca de 10^{16} divisões celulares em um organismo humano normal; no camundongo, com um número menor de células e uma longevidade menor, esse número é de cerca de 10^{12}. Mesmo em um ambiente isento de agentes mutagênicos, ocorrem mutações espontâneas a uma taxa que é estimada em cerca de 10^{-6} mutações por gene por divisão celular, isso devido às limitações intrínsecas da fidelidade da replicação e do reparo ao DNA (ver p. 237-238). Assim, durante o tempo de vida de cada ser humano, cada um de seus genes deve sofrer mutações em cerca de 10^{10} ocasiões independentes; no caso de camundongos, em cerca de 10^{6} ocasiões. Entre as células mutantes que são produzidas, estima-se que um grande número delas tenha mutações deletérias em genes que regulam o crescimento e a divisão celular, fazendo as células desobedecerem às restrições normais à proliferação celular. Sob esse ponto de vista, parece que o problema não é saber por que o câncer ocorre, mas por que ele é tão pouco frequente.

Evidentemente, se uma mutação em um único gene fosse suficiente para transformar uma célula saudável em uma célula cancerosa, não seríamos organismos viáveis. Diversas evidências mostram que o desenvolvimento de um câncer em geral necessita que um número significativo de acidentes genéticos e epigenéticos raros e independentes ocorram em uma linhagem que provém de uma única célula. Uma das eviden-

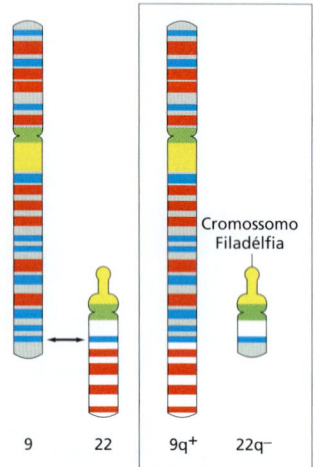

Figura 20-5 A translocação entre os cromossomos 9 e 22, responsáveis pela leucemia mieloide crônica. A estrutura normal dos cromossomos 9 e 22 é mostrada à esquerda. Quando ocorre uma translocação no sítio indicado, o resultado é o par aberrante visto à direita. O menor dos dois cromossomos anormais resultantes (22q⁻) é denominado cromossomo Filadélfia, com referência à cidade onde a anormalidade foi observada pela primeira vez.

Figura 20-6 Incidência de câncer em função da idade. O número de novos casos diagnosticados de câncer de cólon em mulheres na Inglaterra e no País de Gales em 1 ano está representado em função da idade ao diagnóstico com relação ao número total de indivíduos em cada faixa etária. A incidência de câncer aumenta de maneira acentuada em função da idade. Se apenas uma única mutação fosse necessária para desencadear o câncer, e tal mutação tivesse uma mesma chance de ocorrer a qualquer momento, a incidência desse câncer seria a mesma em todas as idades. Análises desse tipo sugerem que o desenvolvimento de um tumor sólido exige que 5 a 8 acidentes independentes ocorram aleatoriamente durante a vida. Esse cálculo assume que a taxa de mutação permanece constante conforme o câncer evolui, quando, na verdade, muitas vezes aumenta (ver p. 1097). (Dados de C. Muir et al., Cancer Incidence in Five Continents, Vol. V. Lyon: International Agency for Research on Cancer, 1987.)

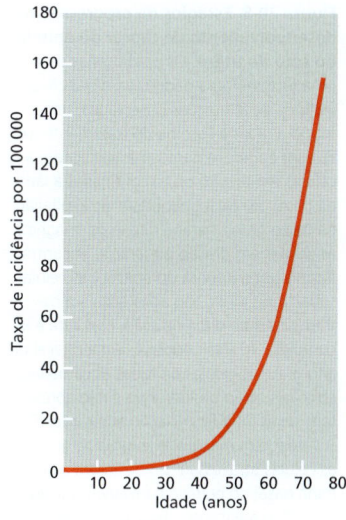

cias vem de estudos epidemiológicos sobre a incidência de câncer em função da idade (**Figura 20-6**). Se o responsável pelo câncer fosse uma única mutação que ocorresse com a probabilidade de uma vez por ano, a chance de desenvolver câncer em um determinado ano não dependeria da idade da pessoa. Na realidade, no caso de muitos tipos de câncer, a incidência aumenta gradativamente com a idade, o que corresponde ao esperado para o caso de o câncer ser causado pelo acúmulo progressivo e aleatório de um grande número de mutações em determinada linhagem celular.

Como discutido a seguir, esses argumentos indiretos têm sido confirmados pelo sequenciamento sistemático do genoma de células tumorais de pacientes com câncer e pela catalogação das mutações encontradas.

Os cânceres se desenvolvem gradualmente pelo aumento de células aberrantes

No caso dos cânceres que têm uma causa externa identificada, a doença em geral não é aparente até que tenha transcorrido um longo tempo após a exposição ao agente causal. A incidência do câncer de pulmão não inicia seu crescimento gradativo antes de décadas de tabagismo intenso (**Figura 20-7**). De maneira semelhante, a incidência de leucemias em Hiroshima e Nagasaki não apresentou crescimento acentuado até que se passassem cerca de cinco anos das explosões das bombas atômicas. Operários industriais expostos a carcinógenos químicos por apenas um período de tempo limitado não costumam desenvolver cânceres característicos de suas atividades a menos que tenham se passado 10, 20 ou mesmo mais anos após a exposição. Durante esse longo período de incubação, as potenciais células cancerosas sofrem uma sucessão de mudanças, e o mesmo se aplica a cânceres nos quais a lesão genética inicial não tem uma correlação direta com alguma causa externa.

O conceito que postula que o desenvolvimento de um câncer requer um acúmulo gradual de mutações em um número de genes diferentes ajuda a explicar o fenômeno bem conhecido da **progressão tumoral**, em que um distúrbio inicial pouco grave no comportamento celular evolui para um câncer com todas as suas consequências. Novamente, a LMC é um exemplo claro. Essa doença começa como um distúrbio caracterizado pela superprodução não letal de leucócitos, e assim continua ao longo dos anos antes de mudar para uma doença que progride mais rapidamente e, de modo geral, termina em óbito dentro de poucos meses. Na fase crônica precoce, as células leucêmicas no corpo são identificadas principalmente pela presença de uma translocação cromossômica

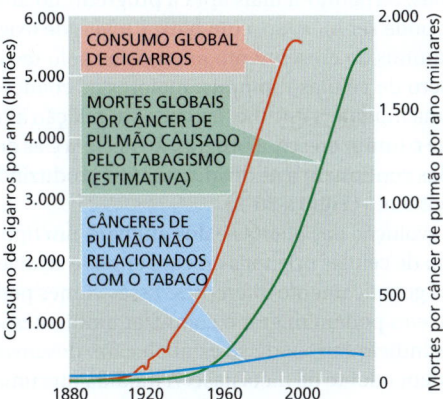

Figura 20-7 O tabagismo e o aparecimento do câncer de pulmão. Um grande aumento no consumo de cigarros (*linha vermelha*) causou um aumento drástico nas mortes por câncer de pulmão (*linha verde*), com um intervalo de tempo de aproximadamente 35 anos. Devido ao auge global do consumo de cigarros em 1990, as mortes por câncer de pulmão deverão diminuir em um intervalo de tempo semelhante. (Dados de R.N. Proctor, *Nat. Rev. Cancer* 1:82–86, 2001.)

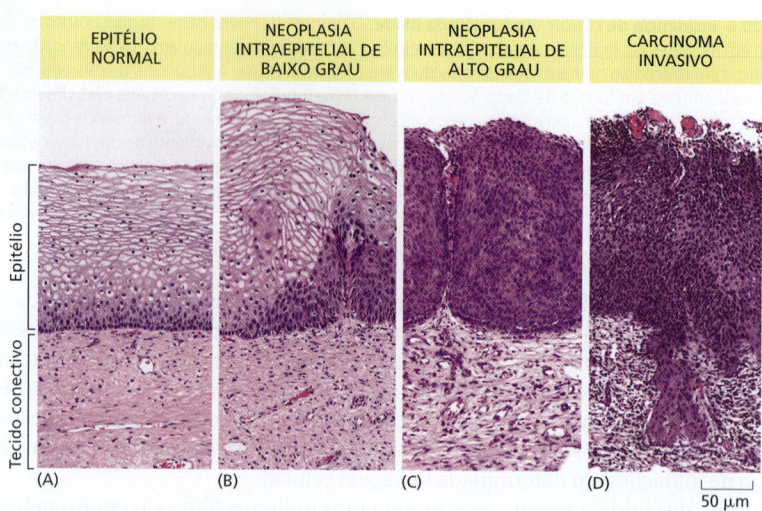

Figura 20-8 Estágios da progressão no desenvolvimento de câncer do epitélio do colo do útero. Os patologistas usam uma terminologia-padrão para classificar os tipos de alterações observados, de modo a guiar a escolha do tratamento. (A) Em um epitélio escamoso estratificado, as células em divisão estão confinadas à lâmina basal. (B) Nesta neoplasia intraepitelial de baixo grau (metade direita da imagem), as células em divisão podem ser encontradas no terço inferior do epitélio; as células superficiais ainda são achatadas e mostram sinais de diferenciação, mas esta é incompleta. (C) Na neoplasia intraepitelial de alto grau, as células de todas as camadas epiteliais estão proliferando e não apresentam sinais de diferenciação aberrante. (D) A verdadeira malignidade inicia-se quando as células atravessam ou destroem a lâmina basal do epitélio e invadem o tecido conectivo adjacente. (Fotografias cortesia de Andrew J. Connolly.)

(o cromossomo Filadélfia) mencionada antes, apesar de poderem existir outras alterações genéticas ou epigenéticas menos visíveis. Na fase aguda subsequente, as células que apresentam translocações e também outras aberrações cromossômicas suplantam o sistema hematopoiético (de formação do sangue). Isso mostra que células do clone mutante inicial foram submetidas a novas mutações que as tornaram ainda mais proliferativas, de modo que elas superam em número as células sanguíneas normais e suas antecessoras que possuíam a translocação cromossômica primária.

Os carcinomas e outros tumores sólidos progridem de forma similar (**Figura 20-8**). Embora muitos cânceres humanos não sejam diagnosticados até atingirem um estágio relativamente tardio, em alguns casos é possível observar os estágios iniciais, como mostraremos a seguir, e relacioná-los a mudanças genéticas específicas.

A progressão dos tumores envolve sucessivos ciclos de mutação hereditária aleatória e de seleção natural

Todas as evidências, portanto, indicam que os cânceres em geral se desenvolvem por um processo no qual uma população inicial de células levemente anormais – descendentes de uma célula ancestral com uma única mutação – evolui de mal a pior em ciclos sucessivos de mutação seguidos de seleção natural. Desse modo, o tumor torna-se mais adaptado, inicia seu crescimento e cresce vigorosamente à medida que surgem mais mutações vantajosas às células que as contêm. A evolução do tumor envolve um elemento importante de aleatoriedade e, em geral, leva muitos anos. Esse pode ser o motivo pelo qual a maioria das pessoas morre por outras causas antes que haja tempo para que algum tumor possa se desenvolver.

Em cada estágio da progressão, uma determinada célula individual adquire mais uma mutação ou mudança epigenética que lhe confere uma vantagem seletiva em relação às células vizinhas, tornando-a mais apta a progredir no ambiente: um ambiente que, dentro do tumor, pode ser inóspito, com baixos níveis de oxigênio, escassez de nutrientes e barreiras naturais ao crescimento antepostas pelo tecido normal adjacente. Quanto maior o número de células tumorais, maiores as chances de que pelo menos uma delas irá sofrer uma mudança que lhe favoreça em relação às células vizinhas. Dessa forma, à medida que o tumor cresce, a progressão acelera e as descendentes das células mais bem adaptadas continuam a se dividir, por fim produzindo clones dominantes na lesão em desenvolvimento (**Figura 20-9**).

Assim como na evolução das plantas e dos animais, um tipo de especiação costuma ocorrer: a linhagem de células originais do câncer pode se diversificar para gerar diversos clones celulares geneticamente diferentes. Esses clones podem coexistir na mesma massa tumoral; ou eles podem migrar e colonizar ambientes separados adequados às suas características individuais, onde se estabelecem, desenvolvem-se e progridem como um processo independente de metástase. À medida que uma nova mutação surge

Figura 20-9 Evolução clonal. O diagrama mostra o desenvolvimento tumoral a partir de ciclos repetitivos de mutação e proliferação, originando um clone de células cancerosas totalmente malignas. Em cada etapa, apenas uma única célula sofre alguma mutação que potencializa a proliferação celular ou diminui a morte celular, de modo que sua progênie torna-se o clone dominante no tumor. A proliferação desse clone, então, acelera a ocorrência da próxima etapa da evolução do tumor pelo aumento no tamanho da população de células que podem sofrer uma nova mutação. A etapa final mostrada no diagrama é a invasão através da membrana basal, etapa inicial da metástase. Na realidade, existem mais etapas do que as mostradas no diagrama, e uma combinação de mudanças genéticas e epigenéticas está envolvida. Uma das não representadas aqui é o fato de que vários subclones competidores se transformarão, ao longo do tempo, em um tumor. Como discutiremos adiante, essa heterogeneidade dificulta as terapias anticâncer (ver Figura 20-30).

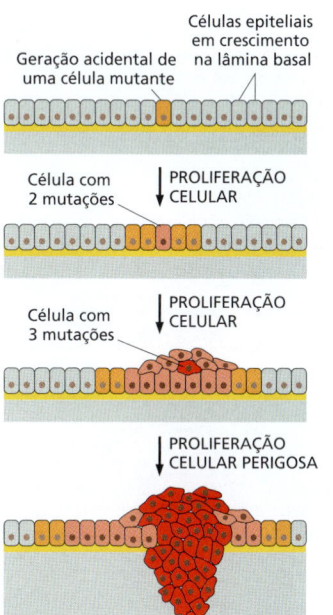

com cada massa tumoral, diferentes subclones podem adquirir vantagens e se tornarem predominantes, apenas para serem ultrapassados por outros ou superados por seus próprios subclones. O aumento da diversidade genética em relação à progressão do câncer é um dos principais fatores que tornam tão difícil a cura dessa doença.

As células cancerosas humanas são geneticamente instáveis

A maioria das células cancerosas humanas acumula alterações genéticas em uma taxa anormalmente rápida: diz-se que as células são **geneticamente instáveis**. A extensão dessa instabilidade e suas origens moleculares diferem de um câncer para outro e de paciente para paciente, como já discutimos. Esse fenômeno básico foi evidente mesmo antes das modernas análises moleculares. Por exemplo, as células de diversos cânceres mostram conjuntos de cromossomos altamente anormais, com duplicações, deleções e translocações que são visíveis durante a mitose (**Figura 20-10**). Quando as células são mantidas em cultura, esses padrões de erros cromossômicos podem ser vistos evoluindo rapidamente e de forma aleatória. Por muitos anos, os patologistas utilizaram o aspecto anormal do núcleo celular para identificar e classificar células cancerosas em biópsias de tumores; em particular, células cancerosas podem conter uma grande quantidade de heterocromatina – uma forma condensada da cromatina interfásica que silencia genes (ver p. 194-195). Isso sugere que mudanças epigenéticas da estrutura da cromatina também podem contribuir para o fenótipo de células cancerosas, como recentemente demonstrado por análises moleculares.

A instabilidade genética observada em células cancerosas pode surgir de defeitos na capacidade de reparar o DNA lesado ou corrigir erros de replicação de vários tipos. Essas alterações levam a mudanças na sequência de DNA e geram rearranjos no DNA como translocações e duplicações. Defeitos na segregação de cromossomos durante a mitose também são muito comuns, os quais proporcionam outras fontes possíveis de instabilidade cromossômica e mudanças no cariótipo.

De uma perspectiva evolutiva, nada disso deveria ser uma surpresa: qualquer coisa que eleve a probabilidade de mudanças aleatórias na função herdável dos genes de uma geração de células para a próxima – e que não seja muito deletério – tem chances de acelerar a evolução de um clone de células para a malignidade, permitindo, assim, que essa propriedade seja selecionada durante a progressão tumoral.

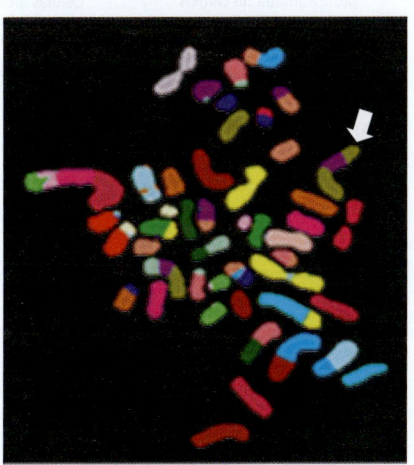

(A) (B)

Figura 20-10 Cromossomos de um tumor de mama mostrando anormalidades na estrutura e no número. Os cromossomos provenientes de células tumorais de mama em metáfase foram espalhados em uma lâmina de vidro e corados com (A) um corante comum de DNA ou (B) uma combinação de moléculas de DNA fluorescentemente marcadas que colorem cada cromossomo humano de forma diferente (ver Figura 4-10). A coloração (mostrada em cor falsa) mostra múltiplas translocações, incluindo um cromossomo duplamente translocado (*seta branca*) feito de duas porções do cromossomo 8 (*verde-marrom*) e uma porção do cromossomo 17 (*roxo*). O cariótipo também contém 48 cromossomos, em vez dos 46 (número normal). (Cortesia de Joanne Davidson e Paul Edwards.)

As células cancerosas apresentam um controle de crescimento alterado

A mutabilidade e um elevado número de populações celulares criam as oportunidades para que as mutações ocorram. Porém, o estímulo para o desenvolvimento de um câncer precisa vir de alguma vantagem seletiva por parte das células mutantes. Obviamente, uma mutação ou uma mudança epigenética pode conferir tal vantagem aumentando a taxa de proliferação celular ou permitindo que as células continuem a proliferar quando as células normais parariam. Células cancerosas que conseguem crescer em cultura ou células de cultivo modificadas artificialmente para conter os tipos de mutações encontradas em cânceres em geral apresentam um fenótipo **transformado**. Elas são anormais em sua forma, motilidade, resposta a fatores de crescimento do meio de cultura e, muito comum, no modo como reagem ao contato com a superfície onde estão aderidas e entre si. Células normais não se dividirão a menos que se encontrem aderidas à superfície; células alteradas se dividirão mesmo se mantidas em suspensão. As células normais se tornam inibidas quanto ao movimento e a divisão quando a cultura atinge a confluência (quando as células mantêm contato uma com a outra); as células alteradas continuam se movendo e se dividindo mesmo após a confluência, formando camadas na placa de cultura (**Figura 20-11**). Além disso, essas células não precisam mais de todos os sinais positivos do ambiente que as cerca como as células normais.

O comportamento em cultura dá um indício de como as células cancerosas podem se comportar de forma inadequada em seu ambiente natural, inseridas em um tecido. No entanto, as células cancerosas no corpo mostram outras peculiaridades que as distinguem das células normais, além daquelas já descritas aqui.

As células cancerosas possuem o metabolismo de açúcar alterado

Com quantidades suficientes de oxigênio, as células normais de um tecido adulto em geral oxidarão quase todo o carbono da glicose que ele ingeriu em CO_2, o qual é eliminado do corpo como um produto final. Um tumor em crescimento necessita de nutrientes em abundância para gerar as unidades fundamentais para fazer novas macromoléculas. Dessa forma, a maioria dos tumores possui um metabolismo mais parecido com o de um embrião em crescimento do que de um tecido normal adulto. As células tumorais consomem glicose avidamente, importando-a do sangue a uma taxa que pode chegar a ser cem vezes maior do que a das células normais vizinhas. Além disso, apenas uma pequena fração dessa glicose é utilizada para a produção de ATP por fosforilação oxidativa. Em vez disso, uma grande quantidade de lactato é produzida, e muitos dos átomos de carbono remanescentes da glicose são desviados para serem utilizados na síntese de proteínas, ácidos nucleicos e lipídeos necessários ao crescimento tumoral (**Figura 20-12**).

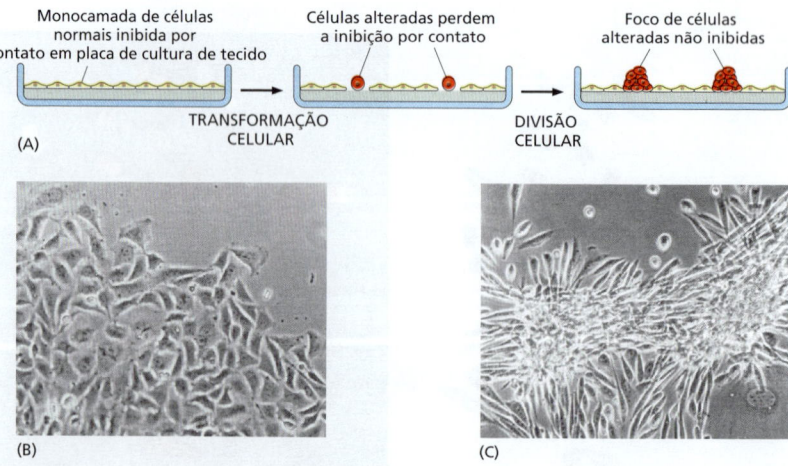

Figura 20-11 Perda da inibição de contato pelas células cancerosas em uma cultura celular. A maioria das células normais interrompe a proliferação assim que forma uma camada única de células na placa de cultivo: a proliferação, ao que parece, depende do contato com a placa, e, para ser inibida, depende do contato com outras células – fenômeno conhecido como "inibição de contato". As células cancerosas, no entanto, não cumprem tal preceito e continuam a crescer, formando camadas sobre camadas (Animação 20.2). (A) Representação esquemática. (B e C) Microscopia óptica de fibroblastos normais (B) e transformados (C). (B e C, cortesia de Lan Bo Chen.)

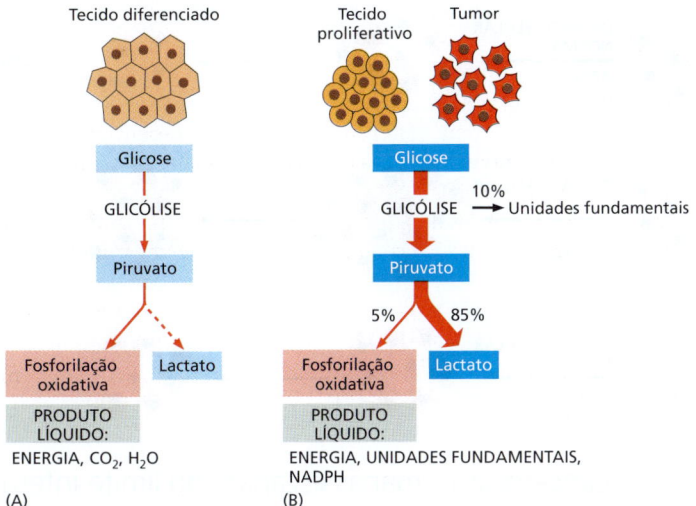

Figura 20-12 O efeito Warburg em células tumorais reflete uma mudança drástica no consumo de glicose e no metabolismo de açúcar. (A) Células que não estão proliferando irão oxidar normalmente toda a glicose que foi importada do sangue para produzir ATP por meio da fosforilação oxidativa em suas mitocôndrias. Apenas quando privadas de oxigênio é que essas células irão gerar a maior parte de seu ATP a partir da glicólise, convertendo o piruvato produzido em lactato para reestabelecer o NAD^+ necessário para a glicólise (ver Figura 2-47). (B) Ao contrário, células tumorais em geral produzirão lactato em abundância, mesmo na presença de oxigênio. Isso é resultado de um aumento da taxa de glicólise que é influenciada por um grande aumento na taxa de incorporação de glicose. Assim, as células tumorais se assemelham às células altamente proliferativas em embriões (e durante a reparação tecidual), as quais requerem um grande suprimento de pequenas moléculas como unidades fundamentais para a biossíntese, que podem ser geradas a partir da glicose adquirida (ver também Figura 20-26).

Foi mostrado que essa tendência que as células tumorais têm de desviar a ênfase da fosforilação oxidativa, mesmo quando o oxigênio é abundante, ao mesmo tempo em que consomem elevadas quantidades de glicose, resulta na promoção do crescimento dessas células cancerosas, tendo sido denominada *efeito Warburg*, em homenagem a Otto Warburg, o primeiro a identificar esse fenômeno no início do século XX. É essa grande absorção de glicose que permite que os tumores sejam identificados seletivamente em exames do corpo inteiro (ver Figura 20-1), promovendo, assim, uma forma de monitorar a progressão do câncer e a resposta ao tratamento.

As células cancerosas possuem uma capacidade anormal de sobreviver ao estresse e ao dano ao DNA

Em uma grande variedade de organismos multicelulares, há um excelente mecanismo de proteção contra problemas que podem ser causados por células danificadas e desequilibradas. Distúrbios internos, por exemplo, dão origem a sinais de perigo na célula danificada, ativando defesas de proteção que podem, por fim, levar à apoptose (ver Capítulo 18). Para sobreviver, as células cancerosas necessitam de mutações adicionais para evitar ou bloquear essas defesas contra o comportamento celular incorreto.

Sabe-se que as células cancerosas possuem mutações que levam à célula a um estado anormal, em que processos metabólicos podem estar desequilibrados e componentes celulares essenciais podem ser produzidos em proporções incorretas. Esse tipo de estado – no qual mecanismos homeostáticos celulares são inadequados para lidar com a perturbação imposta – é referido como estado de *estresse celular*. Quebras cromossômicas e outras formas de dano ao DNA, por exemplo, são comumente observadas durante o desenvolvimento do câncer, refletindo a instabilidade genética que as células cancerosas possuem. Assim, para sobreviver e se dividir de forma ilimitada, uma célula cancerosa deve acumular mutações que desarmem os mecanismos de defesa normais que induziriam a célula que está em estado de estresse à morte. De fato, uma das propriedades mais importantes de muitos tipos de células cancerosas é a capacidade de evitar a apoptose, o que, em uma mesma situação, uma célula normal faria normalmente (**Figura 20-13**).

Embora as células cancerosas tendam a evitar a apoptose, isso não significa que elas raramente morram. Pelo contrário, no interior de um tumor sólido, a morte celular ocorre em grande escala – as condições de sobrevivência são difíceis, com uma grande competição entre as células por oxigênio e nutrientes. Muitas morrem, em geral mais por necrose do que por apoptose (**Figura 20-14**). O tumor continua crescendo porque a taxa de geração de novas células é maior do que a taxa de morte celular, porém essa margem costuma ser pequena. Por essa razão, o tempo que um tumor leva para dobrar de tamanho é maior do que o tempo do ciclo celular das células tumorais.

Figura 20-13 O aumento na divisão e a diminuição na apoptose podem contribuir para a tumorigênese. Em tecidos normais, a apoptose compensa a divisão celular para manter a homeostase (ver Animação 18.1). Durante o desenvolvimento do câncer, o aumento da divisão celular ou a inibição da apoptose pode levar ao aumento do número de células, importante para a tumorigênese. As células destinadas à apoptose estão representadas em *cinza*. Tanto o aumento na divisão quanto a diminuição na apoptose normalmente contribuem para o crescimento do tumor.

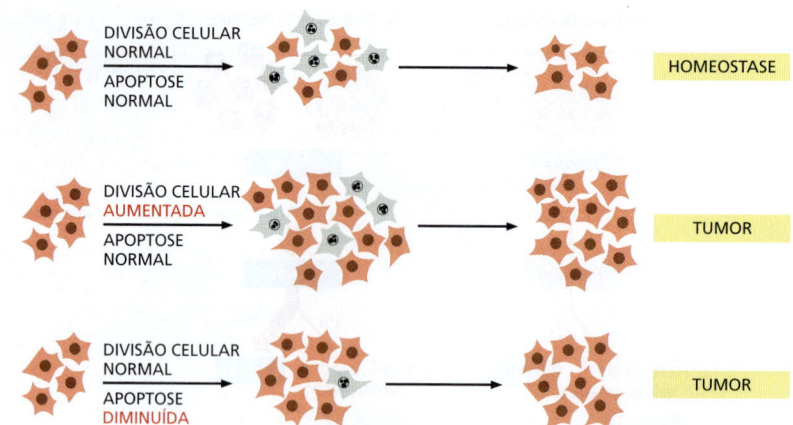

As células cancerosas humanas escapam do limite interno de proliferação celular

Muitas células humanas normais possuem um limite interno para o número de vezes que podem se dividir quando estimuladas a proliferar em cultura: elas param de se dividir permanentemente após certo número de ciclos (p. ex., 25 a 50 para fibroblastos humanos). Esse mecanismo de contagem de divisão celular é denominado **senescência celular replicativa** e costuma depender do encurtamento progressivo dos telômeros nas extremidades dos cromossomos, um processo que acaba mudando sua estrutura (discutido no Capítulo 17). Como discutido no Capítulo 5, a replicação do DNA telomérico durante a fase S depende da enzima *telomerase*, que mantém uma sequência telomérica especial que promove a formação de estruturas de quepe proteicas para proteger as extremidades dos cromossomos. Uma vez que muitas células humanas proliferativas (células-tronco são uma exceção) têm deficiência de telomerase, seus telômeros diminuem a cada divisão celular, e seus quepes protetores deterioram, gerando um sinal de dano ao DNA. Por fim, a extremidade cromossômica alterada pode desencadear uma parada permanente do ciclo celular, provocando a morte de uma célula normal.

As células cancerosas humanas evitam a senescência celular replicativa de duas maneiras. Elas podem manter a atividade de telomerase conforme proliferam e, assim, seus telômeros não diminuem ou ficam desprotegidos; ou elas podem desenvolver um mecanismo alternativo baseado na recombinação homóloga (chamado de ALT) para alongar as extremidades de seus cromossomos. Independentemente da estratégia usada, o resultado é que a célula cancerosa continua a proliferar sob condições em que as células normais não cresceriam.

Figura 20-14 Corte transversal de um adenocarcinoma de cólon que possui metástase no pulmão. O corte de tecido mostra células de câncer colorretal bem diferenciadas formando glândulas coesivas no pulmão. A metástase possui áreas centrais de necrose (*rosa*), onde células cancerosas morreram porque o crescimento celular superou o fornecimento de sangue. Tais regiões anóxicas são comuns no interior de grandes tumores. (Cortesia de Andrew J. Connolly.)

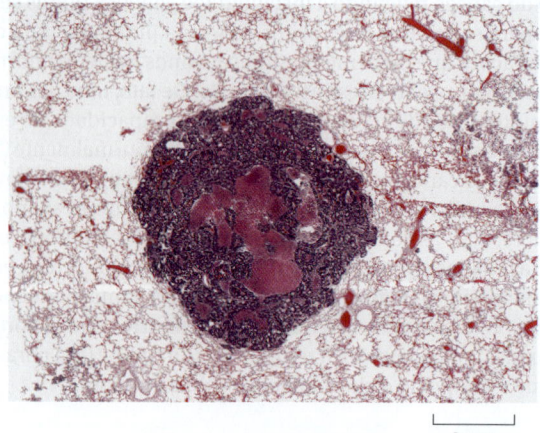

O microambiente tumoral influencia o desenvolvimento do câncer

Enquanto as células cancerosas em um tumor são as portadoras de mutações perigosas e costumam ser anormais, existem outras células no tumor – especialmente aquelas de suporte do tecido conectivo, ou **estroma** – que estão longe de serem espectadores passivos. O desenvolvimento de um tumor baseia-se em uma comunicação entre células tumorais e o estroma tumoral, assim como o desenvolvimento normal de órgãos epiteliais necessita da comunicação entre células epiteliais e células mesenquimais (discutido no Capítulo 22).

O estroma fornece uma estrutura para o tumor. Ele é composto de tecido conectivo normal contendo fibroblastos e leucócitos inflamatórios, assim como células endoteliais que formam vasos sanguíneos e linfáticos associadas a pericitos e células musculares lisas (**Figura 20-15**). Com a progressão do carcinoma, as células cancerosas induzem modificações no estroma pela secreção de proteínas de sinalização que alteram o comportamento das células do estroma e também enzimas proteolíticas que modificam a matriz extracelular. As células estrômicas, por sua vez, secretam proteínas de sinalização que estimulam o crescimento das células cancerosas e a divisão celular, assim como proteases que remodelam a matriz extracelular. Dessa forma, o tumor e seu estroma se desenvolvem juntos, como erva daninha no ecossistema que eles invadem, e o tumor se torna dependente das células do seu estroma. Experimentos utilizando camundongos indicam que o crescimento de alguns carcinomas transplantados depende dos fibroblastos associados ao tumor, e não dos fibroblastos normais. Essa necessidade ambiental ajuda a nos proteger do câncer, como discutiremos a seguir ao considerar um fenômeno crucial denominado metástase.

As células cancerosas devem sobreviver e proliferar em um ambiente inóspito

Em geral, as células cancerosas precisam migrar e se multiplicar para novos locais no corpo com o intuito de nos matar, processo chamado de metástase. Esse é o aspecto mais letal do câncer – e o menos compreendido –, responsável por 90% das mortes associadas a ele. A partir da disseminação pelo corpo, o câncer se torna quase impossível de erradicar, tanto por cirurgia como por radioterapia local. A **metástase** também é um processo de muitas etapas: primeiro, as células devem desprender-se do tumor primário, invadir o tecido local e os vasos, mover-se ao longo da circulação, deixar os vasos e, então, estabelecer uma nova colônia em locais distantes (**Figura 20-16**). Cada um dos eventos é complexo, e muitos dos mecanismos moleculares envolvidos não estão bem esclarecidos.

Para uma célula cancerosa tornar-se perigosa, ela deve se livrar dos freios que controlam a célula normal mantendo-a no seu local e não permitindo que invada tecidos vizinhos. Assim, a invasividade é uma das propriedades definidas de tumores malignos que se apresentam com um padrão de crescimento desorganizado, com bordas irregulares e com extensões nos tecidos circunvizinhos (ver exemplo na Figura 20-8). Apesar de os mecanismos moleculares não serem bem compreendidos, a invasividade certamente requer a ruptura dos mecanismos de adesão que em geral conservam as células unidas às suas vizinhas e à matriz extracelular. Para os carcinomas, essa mudança se assemelha

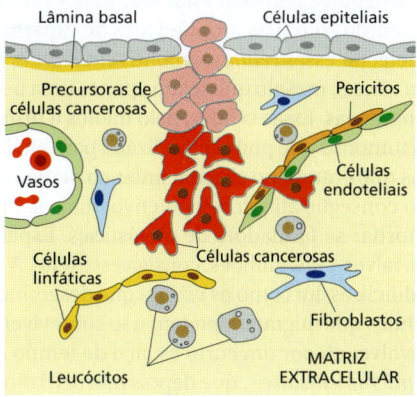

Figura 20-15 O microambiente tumoral tem um papel importante na tumorigênese. Os tumores são formados por muitos tipos celulares, incluindo células cancerosas, células endoteliais, pericitos (células musculares lisas vasculares), fibroblastos e leucócitos inflamatórios. A comunicação entre as células cancerosas com os outros tipos de células tem um importante papel no desenvolvimento do tumor. Observe, entretanto, que se acredita que apenas as células cancerosas são geneticamente anormais no tumor.

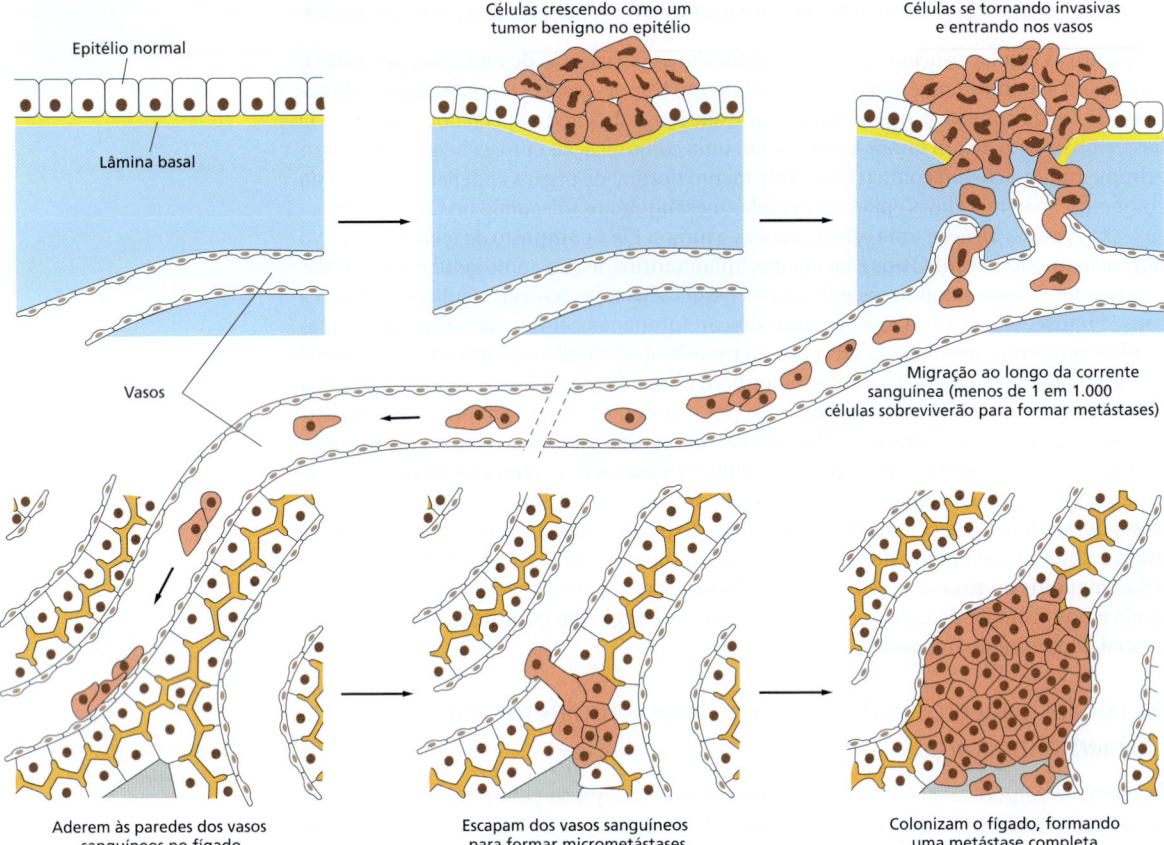

Figura 20-16 Etapas do processo de metástase. O exemplo ilustra a disseminação de um tumor de um órgão como a bexiga para o fígado. As células tumorais entram na corrente sanguínea de maneira direta, pela invasão da parede de um vaso sanguíneo, como mostra o diagrama, ou, mais comumente talvez, pela invasão da parede de um vaso linfático, cujo conteúdo (linfa) é despejado, por fim, na corrente sanguínea. As células tumorais que penetram o vaso linfático costumam ser segregadas no linfonodo e dão origem a metástases no linfonodo.

Estudos em animais mostraram que pouquíssimas células malignas – menos de uma a cada mil – que penetram a corrente sanguínea são capazes de estabelecer um tumor detectável no novo sítio.

à *transição epitelial-mesenquimal* (do inglês, *epitelial-mesenchymal transition, EMT*) que ocorre em alguns tecidos epiteliais durante o desenvolvimento normal (ver p. 1042).

A próxima etapa na metástase – o estabelecimento de colônias em órgãos distantes – inicia-se com a entrada de células tumorais na circulação: as células cancerosas invasivas devem penetrar a parede dos vasos sanguíneos e linfáticos. Os vasos linfáticos são maiores e têm paredes mais fracas do que os vasos sanguíneos, permitindo que as células cancerosas entrem em pequenos aglomerados; esses aglomerados podem ficar presos nos linfonodos, dando origem a metástases nos linfonodos. Ao contrário, as células cancerosas que entram na corrente sanguínea parecem estar sozinhas. Com técnicas modernas para separação de células de acordo com suas propriedades de superfície, tem se tornado possível, em alguns casos, detectar essas *células tumorais circulantes* (*CTCs*) em amostras de sangue de pacientes com câncer, mesmo que sejam apenas uma pequena fração em toda a população de células sanguíneas. Essas células, pelo menos a princípio, são uma amostra da população de células tumorais que pode ser utilizada para análise genética.

De todas as células que entram no sistema linfático ou na corrente sanguínea, apenas uma pequena fração consegue atingir seu objetivo final, alojar-se em um novo local, sobreviver, proliferar e tornar-se fundadora de metástases. Experimentos mostram que menos de 1 em milhares, talvez 1 em milhões, consiga esse feito. A etapa final da colonização aparenta ser a mais difícil: assim como os *vikings* que desembarcaram na costa inóspita da Groenlândia, as células que migraram podem não sobreviver no ambiente estranho; ou elas podem se desenvolver ali por um curto espaço de tempo enquanto formam uma pequena colônia – uma *micrometástase* –, que depois morre (**Animação 20.3**).

Muitos cânceres são descobertos antes de formarem colônias metastáticas e podem ser curados com a destruição do tumor primário. Porém, uma micrometástase não detectada permanecerá latente por muitos anos, para então revelar a sua presença mediante um grande crescimento, formando um tumor secundário bem distante do tumor primário que já havia sido retirado.

Diversas propriedades contribuem para o crescimento canceroso

Claramente, para produzir um câncer, a célula deve adquirir um conjunto de propriedades anormais – uma coleção de novas habilidades subversivas – à medida que se desenvolve. Diferentes cânceres requerem diferentes combinações dessas propriedades. Mesmo assim, todos os tipos de câncer compartilham algumas características comuns. Por definição, todos eles ignoram ou interpretam de forma errada controles sociais como de proliferação e migração, ao passo que as células normais não o fazem. Essas propriedades definidas são comumente combinadas com outras características que ajudam as células tumorais a surgirem e se desenvolverem. Em geral, uma lista de características-chave das células cancerosas compreende as seguintes (todas já discutidas):

1. Elas crescem (biossintetizam) quando não deveriam, principalmente por uma mudança no metabolismo de fosforilação oxidativa para glicólise aeróbica.
2. Elas entram em divisão celular quando não deveriam.
3. Elas escapam dos tecidos aos quais pertencem (ou seja, são invasivas) e sobrevivem e proliferam em sítios estranhos (i.e., formam metástase).
4. Elas apresentam respostas anormais ao estresse, permitindo que sobrevivam e continuem se dividindo em condições de estresse que iriam bloquear ou matar células normais, e elas são menos propensas à morte por apoptose do que as células normais.
5. Elas são genética e epigeneticamente instáveis.
6. Elas escapam da senescência celular replicativa, seja pela produção de telomerase ou pela aquisição de outros modos de estabilizar seus telômeros.

Na próxima seção deste capítulo, veremos as mutações e os mecanismos celulares por trás dessas e de outras propriedades das células cancerosas.

Resumo

As células cancerosas, por definição, crescem e proliferam desobedecendo aos controles normais (i.e., elas são neoplásicas) e são capazes de invadir e colonizar os tecidos circundantes (i.e., elas são malignas). Por originarem tumores secundários, ou metástases, fica difícil erradicá-las por cirurgia ou irradiação local. Sabe-se que a maioria dos cânceres origina-se de uma única célula que sofreu uma mutação inicial, mas a descendência dessa célula deve sofrer ainda outras alterações, precisando de mutações e eventos epigenéticos para tornar-se cancerosa. A progressão tumoral em geral leva muitos anos e reflete a atuação de um processo evolutivo darwiniano no qual células somáticas sofrem mutações e alterações epigenéticas acompanhadas de seleção natural.

As células cancerosas adquirem diversas propriedades especiais à medida que se desenvolvem, se multiplicam e se disseminam. Seus genomas mutados permitem que cresçam e se dividam na ausência de sinais que normalmente mantêm a proliferação celular sob um rígido controle. Como parte do processo evolutivo da progressão tumoral, as células cancerosas adquirem várias anormalidades adicionais, incluindo defeitos nos controles que interrompem permanentemente a divisão celular ou induzem a apoptose em resposta ao estresse ou ao dano ao DNA e na maquinaria, que, em geral, mantém as células no seu devido lugar. Todas essas mudanças aumentam a capacidade das células cancerosas de sobreviver, crescer e se dividir em seus tecidos originais e, em seguida, formar metástases, fundando novas colônias em ambientes estranhos. A evolução de um tumor também depende de outras células presentes no microambiente tumoral, coletivamente chamadas de células estrômicas, as quais o câncer recruta e manipula.

Como muitas mudanças são necessárias para que se instaure esse conjunto de comportamentos antissociais, não é surpresa que muitas células cancerosas sejam genética e/ou epigeneticamente instáveis. Acredita-se que tal instabilidade genética seja selecionada nos clones de células aberrantes, que são capazes de produzir tumores, pois aceleram bastante o acúmulo de outras alterações genéticas e epigenéticas necessárias para a progressão tumoral.

GENES CRÍTICOS PARA O CÂNCER: COMO SÃO ENCONTRADOS E O QUE FAZEM

Como vimos, o câncer depende do acúmulo de alterações hereditárias em células somáticas. Para compreendê-lo em nível molecular, é necessário identificar as mutações e as alterações epigenéticas envolvidas e descobrir como elas levam a um comportamento celular canceroso. Encontrar as células relevantes é fácil; elas são favorecidas pela seleção natural e chamam a atenção por originarem tumores. Porém, como identificar aqueles genes com as alterações promotoras de câncer entre todos os outros genes em uma célula cancerosa? Um câncer típico depende de uma gama de mutações e mudanças epigenéticas – normalmente há um conjunto um pouco diferente para cada paciente. Além disso, uma célula cancerosa irá conter também um grande número de mutações somáticas que são subprodutos acidentais – chamadas de *passageiras* em vez de *condutoras* – de sua instabilidade genética, e pode ser difícil distinguir essas mudanças insignificantes daquelas que têm um papel real na causa da doença. A respeito dessas dificuldades, ao longo dos últimos 40 anos muitos dos genes que são repetidamente alterados em cânceres humanos foram identificados. Chamaremos tais genes, para uma melhor definição, de **genes críticos para o câncer**, isto é, todos os genes cujas alterações contribuem para gerar ou desenvolver um câncer ao longo da tumorigênese.

Nesta seção, discutiremos primeiramente como são definidos os genes críticos para o câncer. Depois, examinaremos suas funções e em que parte eles atuam para conferir às células cancerosas as propriedades mencionadas na primeira parte do capítulo. A seção termina com a discussão sobre câncer de cólon como exemplo ampliado, mostrando como uma sucessão de alterações nos genes críticos para o câncer permite que o tumor evolua de um padrão ruim de comportamento para outro pior.

A identificação de mutações cancerosas para ganho e perda de função precisou de métodos diferentes

Os genes críticos para o câncer são agrupados em duas classes mais abrangentes segundo o risco de o câncer decorrer de uma atividade muito aumentada ou diminuída do produto do gene. Os genes da primeira classe, nos quais uma mutação que causa aumento de função leva a um câncer, são denominados **proto-oncogenes**; os seus mutantes, as formas hiperativas, são denominados **oncogenes**. Os genes da segunda categoria, nos quais as mutações que levam à perda de função podem contribuir para o câncer, são denominados **genes supressores de tumores**. Em ambos os casos, a mutação pode levar diretamente ao câncer (mediante proliferação celular quando ela não deveria ocorrer) ou indiretamente – gerando instabilidade genética ou epigenética, por exemplo, e levando ao aceleramento da ocorrência de outras mudanças inerentes que estimulam o crescimento tumoral de forma direta. Esses genes cujas alterações resultam em instabilidade genômica representam uma subclasse de genes críticos para o câncer, que são chamados, algumas vezes, de *genes de manutenção genômica*.

Como veremos, mutações em oncogenes e genes supressores de tumores podem ter efeitos semelhantes na promoção do desenvolvimento do câncer; a superprodução de um sinal para proliferação, por exemplo, pode resultar de ambos os tipos de mutação. Assim, do ponto de vista da célula cancerosa, os oncogenes e os supressores de tumor – e as mutações que os afetam – são dois lados da mesma moeda. Porém, as técnicas que levaram à descoberta dessas duas categorias de genes são distintas.

As mutações em uma única cópia de um proto-oncogene que o transformam em um oncogene podem ter um efeito dominante em promover o crescimento celular (**Figura 20-17**A). Assim, podemos identificar o oncogene pelo seu efeito quando é *adicionado* – por transfecção do DNA, por exemplo, ou por infecção com um vetor viral – ao genoma de uma célula-teste ou animal de experimento. Por outro lado, no caso do gene supressor de tumor, os alelos causadores de câncer produzidos pela alteração em geral são recessivos: com frequência (mas nem sempre), ambas as cópias do gene normal devem ser removidas ou inativadas na célula diploide somática antes que um efeito seja

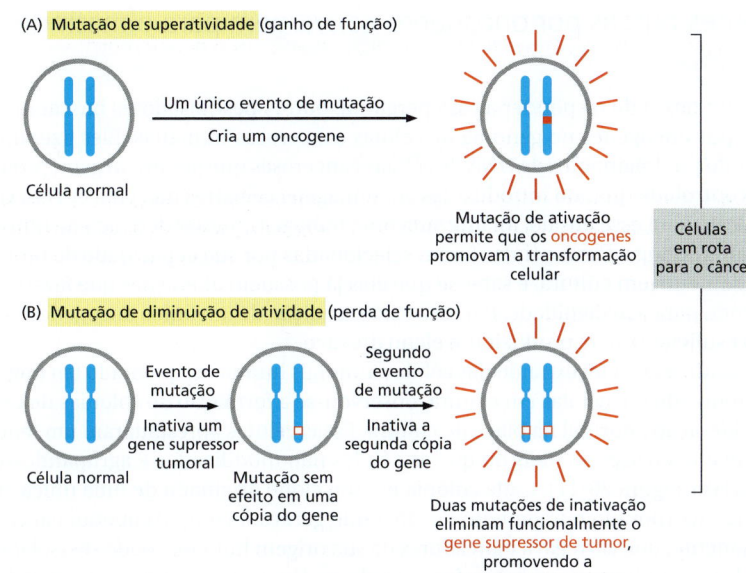

Figura 20-17 As mutações críticas do câncer situam-se em duas categorias completamente distintas – dominante e recessiva. No diagrama, mutações ativadoras são representadas por *caixas vermelhas preenchidas*, e mutações inativadoras, por *caixas vermelhas vazias*. (A) Os oncogenes agem de maneira dominante: uma mutação para ganho de função em uma das cópias do gene crítico para o câncer conduz a célula em direção à malignidade. (B) Por outro lado, mutações em genes supressores de tumor costumam agir de maneira recessiva: a função de ambos os alelos dos genes críticos para o câncer deve ser perdida para conduzir a célula em direção ao câncer. Apesar de o diagrama mostrar que o segundo alelo do gene supressor de tumor é inativado pela mutação, ele muitas vezes é inativado pela perda do segundo cromossomo. O fato de que a mutação de alguns genes supressores de tumor pode ter um efeito mesmo que apenas uma cópia de um dos dois genes seja lesionada não é mostrado aqui.

observado (Figura 20-17B). Isso exige uma abordagem experimental diferente, cujo foco é descobrir o que está *faltando* na célula cancerosa.

Começamos discutindo alguns exemplos de cada classe de genes críticos para o câncer com o objetivo de ilustrar princípios básicos. Esses exemplos também são escolhidos por sua relevância histórica: os experimentos que levaram às suas descobertas – em tempos diferentes e modos distintos – geraram mudanças importantes no entendimento do câncer.

Os retrovírus podem agir como vetores de oncogenes que alteram o comportamento celular

A busca por causas genéticas para o câncer humano tomou um caminho tortuoso, começando com pistas que vieram de estudos com **vírus tumorais**. Embora os vírus estejam envolvidos em uma minoria dos cânceres humanos, um grupo de vírus que infecta animais gerou ferramentas importantes para o estudo da doença.

Uma das primeiras viroses animais correlacionadas com o câncer foi descoberta há mais de 100 anos em galinhas, quando o agente infeccioso que causa tumores de tecido conectivo, ou sarcomas, foi caracterizado como um vírus – o *vírus do sarcoma de Rous*. Como todos os outros *vírus de RNA tumorais* descobertos desde então, ele é classificado como um **retrovírus**. Quando infecta uma célula, o seu genoma de RNA é transcrito no DNA por um processo de transcrição reversa, e o DNA é inserido no genoma celular, onde pode persistir e ser transmitido para gerações celulares subsequentes. Alguma coisa no DNA inserido pelo vírus do sarcoma de Rous torna as células hospedeiras cancerosas, mas o quê? A resposta foi surpreendente. Revelou-se que se tratava de uma porção de DNA desnecessário para a sobrevivência ou reprodução do vírus; em vez disso, era um gene chamado *v-Src*, um passageiro que o vírus havia apanhado em suas viagens. O *v-Src* era similar, mas não idêntico, ao gene – *c-Src* – que foi descoberto no genoma normal de vertebrados. O *c-Src*, evidentemente, tinha sido adquirido de forma acidental pelo retrovírus a partir do genoma de uma célula hospedeira previamente infectada e que tinha sofrido mutações no processo para se tornar um oncogene (*v-Src*).

Esse achado, vencedor do Prêmio Nobel, foi seguido por uma enxurrada de descobertas de outros oncogenes virais carregados por retrovírus que causam câncer em animais (não humanos). Cada um desses oncogenes acabou por ter um proto-oncogene correspondente no genoma dos vertebrados normais. Como foi o caso para o *Scr*, esses outros oncogenes em geral diferem de seus correspondentes normais em estrutura ou em nível de expressão. Mas como é que isso se relaciona com cânceres humanos típicos, a maioria dos quais não são infecciosos, e em quais deles os retrovírus não desempenham nenhum papel?

Diferentes buscas por oncogenes convergem para o mesmo gene – Ras

Em uma tentativa de responder a essa pergunta, outros pesquisadores buscaram diretamente por oncogenes no genoma de células cancerosas humanas. Eles fizeram isso procurando por fragmentos de DNA de células cancerosas que poderiam gerar proliferação descontrolada quando introduzidas em linhagens celulares não cancerosas. Como células-teste para esse ensaio, foi utilizada uma linhagem celular derivada de fibroblastos de camundongo. Essas células foram selecionadas por sua capacidade de proliferar indefinidamente em cultura, e sabe-se que elas já possuem alterações que fazem parte da trajetória para a malignidade. Por essa razão, a adição de um único oncogene pode, às vezes, ser suficiente para produzir um efeito drástico.

Quando o DNA foi extraído das células tumorais humanas, quebrado em fragmentos e introduzido em células em cultura, observou-se a formação de colônias de células com proliferação anormal na placa de cultura. Essas células apresentaram um fenótipo transformado, crescendo mais do que as células não modificadas e agrupando-se em camadas (ver Figura 20-11). Cada colônia era um clone originado de uma única célula que havia incorporado o fragmento de DNA que gerava o comportamento canceroso. Esse fragmento, que carregava marcadores de sua origem humana, pôde ser isolado das células de camundongo transformadas em cultura. Uma vez isolado e sequenciado, ele foi reconhecido: era uma versão humana de um gene já conhecido de estudos com retrovírus que causava tumores em ratos – um oncogene denominado *v-Ras*.

O novo oncogene descoberto era claramente proveniente de uma mutação de um gene humano normal, um gene de uma pequena família de proto-oncogenes chamada **Ras**. A descoberta, no início da década de 1980, do mesmo retrovírus em células tumorais humanas e em um vírus causador de tumor em animais foi muito importante. A implicação de que os cânceres são causados por mutações em um número limitado dos genes críticos para o câncer transformou completamente nosso entendimento da biologia molecular do câncer.

Como discutido no Capítulo 15, as proteínas Ras normais são GTPases monoméricas que ajudam a transmitir sinais dos receptores de superfície celular para o interior da célula (ver **Animação 15.7**). Os oncogenes *Ras* isolados de tumores humanos contêm mutações pontuais que criam uma hiperatividade nas proteínas Ras que não podem ser desligadas mesmo pela hidrólise do GTP ligado em GDP. Devido à hiperatividade da proteína, o efeito é dominante – isto é, apenas uma cópia das duas existentes do gene precisa ser alterada para o efeito ser produzido. Em quase 30% de todos os cânceres humanos, um ou mais dos três membros da família *Ras* humana está mutado. Os genes *Ras* estão entre os mais importantes de todos os genes críticos para o câncer.

Os genes mutados no câncer podem se tornar hiperativos de várias maneiras

A **Figura 20-18** resume os tipos de acidentes que podem transformar um proto-oncogene em um oncogene. (1) Uma pequena alteração da sequência de DNA, como uma

Figura 20-18 Tipos de acidentes que podem transformar um proto-oncogene em um oncogene.

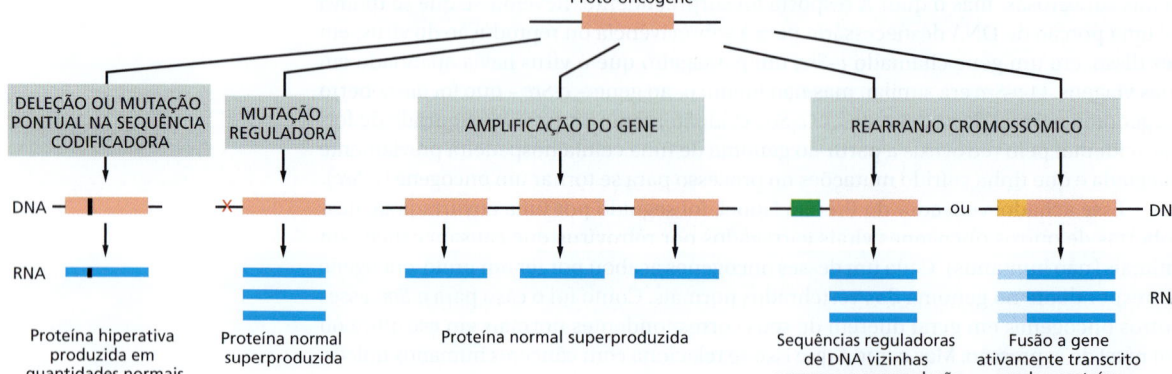

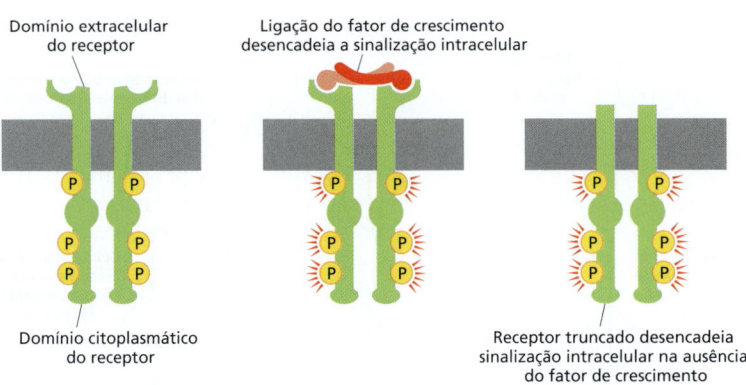

Figura 20-19 A mutação do receptor do fator de crescimento epidérmico (EGF) pode torná-lo ativo mesmo na ausência do EGF e, consequentemente, oncogênico. Apenas uma das possibilidades de mutação de ativação está ilustrada nesta figura.

mutação pontual ou uma deleção, pode produzir uma proteína hiperativa quando ocorre dentro de uma sequência codificadora ou levar à superprodução da proteína quando ocorre dentro de uma sequência reguladora do gene. (2) Os eventos da amplificação gênica, como os que podem ser causados por erros na replicação do DNA, podem produzir cópias extras do gene, e isso pode levar à superprodução da proteína. (3) Um rearranjo cromossômico – envolvendo a quebra e a junção das hélices do DNA – pode alterar a região codificadora da proteína, resultando em uma proteína de fusão hiperativa, ou alterar a região controladora do gene de modo que a proteína normal seja superproduzida.

Como exemplo, o receptor para a proteína sinalizadora extracelular *fator de crescimento epidérmico* (do inglês, *epidermal growth factor, EGF*) pode ser ativado por uma deleção que remove parte de seu domínio extracelular, gerando sua ativação mesmo na ausência do EGF (**Figura 20-19**). Isso pode produzir um sinal estimulatório inapropriado, do mesmo modo de uma campainha que toca mesmo sem que alguém esteja pressionando o botão. Mutações dessa espécie são encontradas frequentemente no tipo mais comum de tumor cerebral, chamado de glioblastoma.

Outro exemplo, a *proteína Myc*, que age no núcleo para estimular o crescimento e a divisão celular (ver Capítulo 17), costuma contribuir para o câncer por ser superproduzida em sua forma normal. Em alguns casos, o gene é amplificado – isto é, erros na replicação do DNA levam à criação de um grande número de cópias do gene em uma única célula. Além disso, uma mutação pontual pode estabilizar a proteína, que, em geral, recicla-se rapidamente. É comum que a superprodução pareça ocorrer devido a uma alteração em um elemento regulador que age no gene. Por exemplo, uma translocação cromossômica pode de maneira inapropriada trazer sequências reguladoras poderosas próximo da sequência codificadora da proteína *Myc* e, assim, produzir de forma incomum uma grande quantidade de RNA mensageiro (mRNA) *Myc*. Assim, no linfoma de Burkitt, uma translocação traz o gene *Myc* sob o controle de uma sequência que em geral dirige a expressão de genes de anticorpos em linfócitos B. Como resultado, as células B mutantes tendem a proliferar excessivamente e formar um tumor. Diferentes translocações específicas são comuns em outros cânceres.

Estudos de síndromes cancerosas hereditárias raras identificaram genes supressores de tumores

A identificação do gene que foi inativado exige uma estratégia diferente da usada para identificar um gene que tenha se tornado hiperativo. Não se pode, por exemplo, usar os testes de transformação de células para identificar algo que simplesmente não está presente. O raciocínio básico que levou à descoberta do primeiro gene supressor de tumores veio dos estudos de um tipo raro de câncer humano, denominado **retinoblastoma**, que surge de células da retina ocular que são convertidas ao estado canceroso por um pequeno número de mutações. Como costuma acontecer em biologia, a descoberta surgiu pelo exame de um caso especial, que revelou um gene de relevância amplamente difundida.

O retinoblastoma ocorre na infância, e o tumor desenvolve-se a partir de células precursoras neurais presentes na retina imatura. Cerca de 1 a cada 20 mil crianças são afetadas. Existem duas formas da doença, sendo apenas uma delas hereditária. Na forma hereditá-

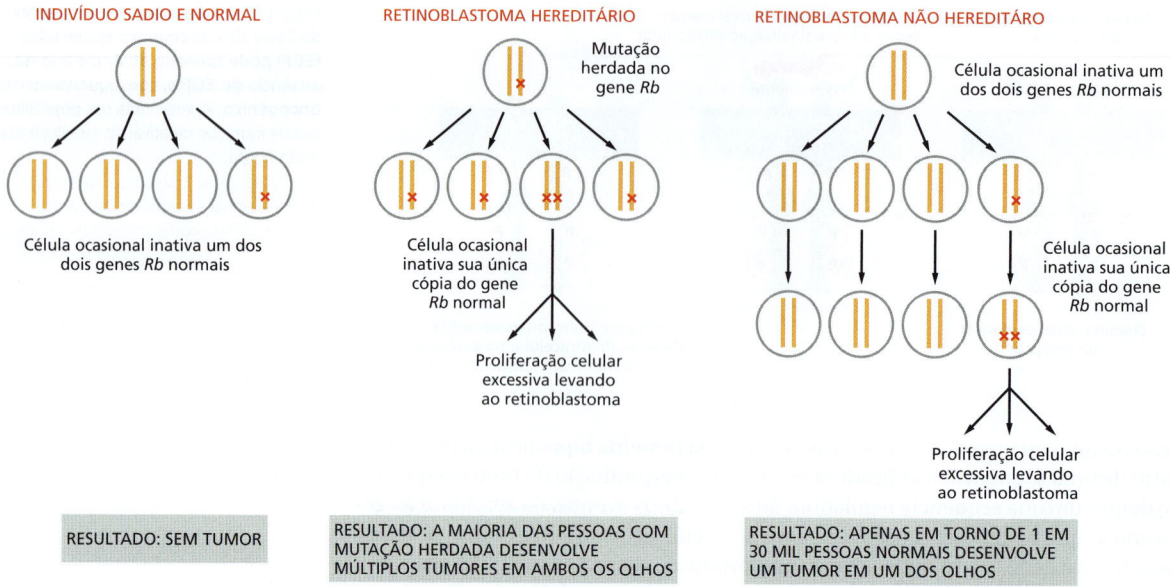

Figura 20-20 Os mecanismos genéticos que causam retinoblastoma. Na forma hereditária, todas as células do corpo perdem uma das duas cópias do gene supressor de tumores *Rb*, e os tumores ocorrem onde a cópia remanescente é perdida ou inativada por um evento somático (mutação ou silenciamento epigenético). Na forma não hereditária, todas as células inicialmente contêm duas cópias funcionais do gene, e o tumor surge porque ambas as cópias são perdidas ou inativadas pela coincidência de dois eventos somáticos em uma única linhagem celular.

ria, em geral há o aparecimento independente de múltiplos tumores, afetando ambos os olhos. Na forma não hereditária, apenas um olho é afetado e por apenas um tumor. Alguns indivíduos com retinoblastoma hereditário têm um cariótipo nitidamente anormal, com deleção em uma banda específica do cromossomo 13, que, se herdada, predispõe um indivíduo à doença. As deleções no mesmo lócus também são encontradas em células tumorais de alguns pacientes com a forma não hereditária da doença, indicando que o câncer pode ter sido causado pela perda de um gene crítico localizado naquela região do cromossomo.

Com o conhecimento da localização da deleção associada ao retinoblastoma, foi possível clonar e sequenciar o gene cuja perda parecia ser decisiva para o desenvolvimento do câncer, o **gene Rb**. Como previsto, nos indivíduos que sofrem da forma hereditária da doença, há uma deleção ou uma mutação que leva à perda da função em uma das cópias do gene *Rb* em cada uma das células somáticas. Assim, essas células estão predispostas a se tornarem cancerosas, entretanto, caso retenham a outra cópia normal do gene, essa conversão não será concretizada. As células da retina que se tornam cancerosas têm defeito em ambas as cópias do gene *Rb* pois o evento somático eliminou a função da cópia previamente boa.

Ao contrário, em pacientes com a forma não hereditária da doença, as células não cancerosas não mostram defeito algum em qualquer das cópias do *Rb*, ao passo que as células cancerosas novamente têm ambas as cópias defeituosas. Esses retinoblastomas não hereditários são muito raros porque, para que ambas as cópias do gene *Rb* sejam destruídas, é necessário que ocorram duas mutações somáticas coincidentes em uma única linhagem de células da retina (**Figura 20-20**).

O gene *Rb* também está faltando em vários tipos de câncer bastante comuns, incluindo os carcinomas de pulmão, mama e bexiga. Esses cânceres mais comuns, entretanto, são produzidos por uma série de mudanças genéticas muito mais complexas do que aquelas do retinoblastoma e aparecem em fases mais tardias da vida. Parece, no entanto, que, em todos eles, a perda do *Rb* frequentemente é um passo importante em direção à malignidade.

O gene *Rb* codifica a **proteína Rb**, que é uma reguladora universal do ciclo celular presente em quase todas as células do organismo (ver Figura 17-61). Ele age como um dos principais interruptores do progresso da divisão celular, e sua perda pode permitir que as células entrem inapropriadamente em ciclos de divisão celular, como será discutido adiante.

Os genes supressores de tumores podem ser inativados por mecanismos genéticos e epigenéticos

Para os genes supressores de tumores, é a sua inativação que é perigosa. Tal inativação pode ocorrer de várias maneiras, com diferentes combinações de infortúnios que

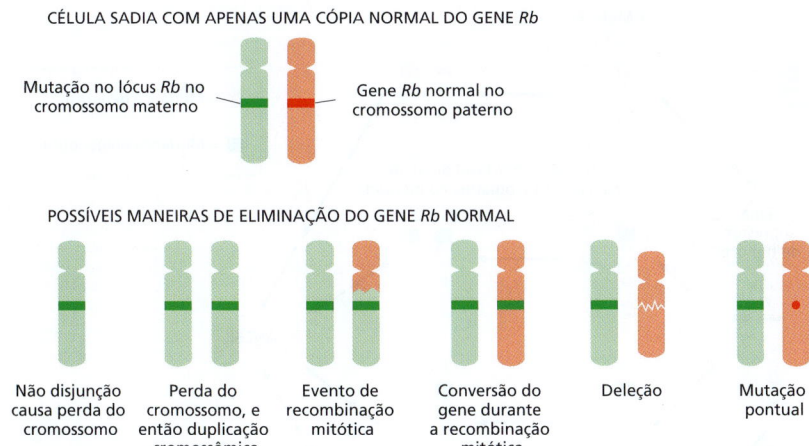

Figura 20-21 Seis vias de perda da cópia normal remanescente de um gene supressor de tumores por meio de uma alteração nas sequências de DNA. Uma célula defeituosa em apenas uma das suas duas cópias de um gene supressor de tumores – por exemplo, o gene *Rb* – normalmente se comporta como uma célula saudável normal; os diagramas a seguir mostram como essa célula também pode perder a função da outra cópia do gene e assim progredir para o câncer. Uma sétima possibilidade, em geral encontrada em alguns supressores tumorais, é de que o gene pode ser silenciado por uma alteração epigenética, sem alteração da sequência de DNA, como ilustrado na Figura 20-22. (Conforme W.K. Cavenee et al., *Nature* 305:779–784, 1983. Com permissão de Macmillan Publishers Ltd.)

servem para eliminar ou mutilar ambas as cópias do gene. A primeira cópia pode, por exemplo, ser perdida por uma pequena deleção cromossômica ou inativada por uma mutação pontual. A segunda cópia é normalmente eliminada por um mecanismo menos específico e mais provável: o cromossomo carregando a cópia normal remanescente pode ser perdido da célula em função de erros na segregação cromossômica; ou o gene normal, junto com o material genético vizinho, pode ser substituído por uma versão mutante mediante um evento de *recombinação mitótica* ou por *conversão gênica* (ver p. 286).

A **Figura 20-21** resume a gama de modos pelos quais a cópia normal remanescente de um gene supressor tumoral pode ser perdida devido a uma mudança na sequência de DNA, utilizando o gene *Rb* como exemplo. É importante salientar que, exceto pelo mecanismo de mutação pontual bem à direita da figura, essas vias produzem células que transportam somente um único tipo de sequência de DNA na região cromossômica contendo os seus genes *Rb* – uma sequência que é idêntica à sequência existente no cromossomo mutante original.

As alterações epigenéticas fornecem outro caminho importante para inativar permanentemente um gene supressor. Mais comumente, o gene pode ser empacotado na heterocromatina, e/ou o nucleotídeo C na sequência CG do seu promotor pode ser metilado de maneira herdável (ver p. 404-405). Tais mecanismos podem silenciar de modo irreversível o gene em uma célula e em sua progênie. As análises dos padrões de metilação nos genomas de células cancerosas mostram que o silenciamento epigenético de gene é um evento frequente na progressão tumoral, e acredita-se agora que os mecanismos epigenéticos auxiliam na inativação de diversos genes supressores de tumores distintos na maioria dos cânceres humanos (**Figura 20-22**).

O sequenciamento sistemático do genoma de células cancerosas transformou nosso entendimento sobre a doença

Métodos como os recém-descritos lançaram uma luz sobre o conjunto de genes críticos para o câncer que foram identificados de forma fragmentada. No entanto, o restante do genoma das células cancerosas permaneceu obscuro. Era um mistério quantas outras mutações poderiam esconder-se lá, que tipos, em que variedades de câncer, em qual frequência, com que variação de paciente para paciente e com quais consequências. Com o sequenciamento do genoma humano e os consideráveis avanços na tecnologia de sequenciamento de DNA (ver Painel 8-1, p. 478-481), tem se tornado possível uma visão geral – visualizar os genomas das células cancerosas em sua totalidade. Isso transforma nosso entendimento sobre a doença.

O genoma de células cancerosas pode ser sistematicamente monitorado de diferentes formas. Em um extremo – o mais caro, porém não de forma proibitiva –, é possível determinar a sequência completa do genoma de um tumor. Uma forma mais acessível pode concentrar-se apenas em cerca de 21 mil genes do genoma humano que codificam proteínas (o chamado *exoma*), procurando por mutações no DNA da célula

Figura 20-22 As vias que levam à perda de função do gene supressor de tumores no câncer envolvem alterações genéticas e epigenéticas. (A) Como indicado, as alterações que silenciam o gene supressor de tumores podem ocorrer em qualquer ordem. Tanto a metilação do DNA quanto o empacotamento de um gene na cromatina condensada podem impedir sua expressão de um modo que é herdado quando a células se dividem (ver Figura 4-44). (B) A frequência de silenciamento de um gene por hipermetilação observada em quatro diferentes tipos de câncer. Os cinco genes listados no topo atuam como genes supressores de tumores; BRCA1 e hMLH1 afetam a estabilidade genômica e encontram-se na subclasse conhecida como genes de manutenção do genoma. ND, não há dados. (Adaptada de M. Esteller et al., Cancer Res. 61:3225–3229, 2001.)

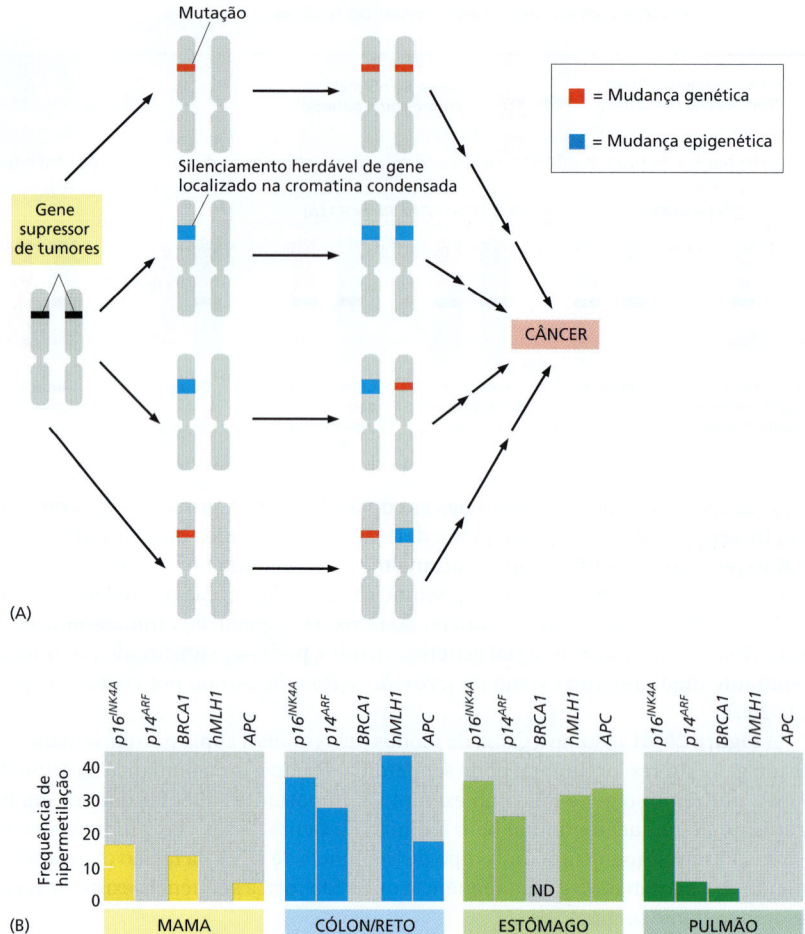

cancerosa que alterem a sequência de aminoácidos do produto ou evitem sua síntese (**Figura 20-23**). Existem também técnicas eficientes para o levantamento do genoma para regiões que possuem deleções ou duplicações sem a necessidade da informação de um sequenciamento completo. O genoma pode ser monitorado para mudanças epigenéticas. Por fim, alterações nos níveis de expressão gênica podem ser determinadas sistematicamente por análise de mRNAs (ver Figura 7-3). Essas abordagens costumam envolver a comparação entre células cancerosas e células normais como controle – de forma ideal, células não cancerosas originárias no mesmo tecido e do mesmo paciente.

Figura 20-23 Os tipos distintos de mudanças na sequência de DNA encontrados em oncogenes comparados a genes supressores de tumor. Neste diagrama, mutações que modificam um aminoácido são indicadas por setas *azuis*, enquanto mutações que truncam a cadeia polipeptídica estão marcadas por setas *amarelas*. (A) Como no exemplo, mutações em oncogenes podem ser detectadas pelo fato de que a mesma mudança de nucleotídeo é encontrada repetidamente ao longo das mutações sem sentido no gene. (B) Ao contrário, para genes supressores de tumores, predominam mutações sem sentido que interrompem a síntese proteica pela criação de códons de terminação. (Adaptada de B. Vogelstein et al., Science 339:1546–1558, 2013.)

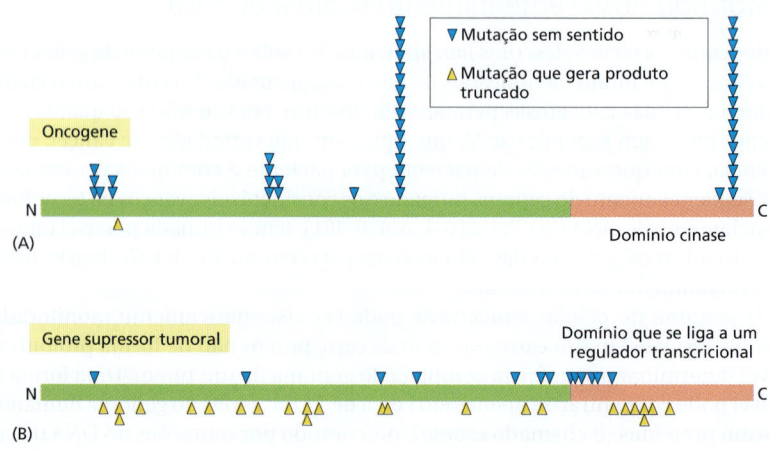

Muitos cânceres possuem um genoma extraordinariamente interrompido

Primeiramente, a análise do genoma do câncer revelou a escala bruta de disrupção gênica encontrada nas células cancerosas. Essa taxa varia muito de um tipo de câncer para outro e de paciente para paciente, tanto em relação à gravidade quanto às características. Em alguns casos, o cariótipo – conjunto de cromossomos como eles aparecem na mitose – é normal ou próximo disso, mas várias mutações pontuais são detectadas em genes individuais, sugerindo uma falha do mecanismo de reparo que em geral corrige erros localizados na replicação ou manutenção da sequência de DNA. Porém, muitas vezes o cariótipo é gravemente desordenado, com muitas quebras cromossômicas e rearranjos. Em alguns cânceres de mama, por exemplo, o sequenciamento do genoma revela uma cena de caos genético surpreendente (**Figura 20-24**), com centenas de quebras cromossômicas e translocações, resultando em diversas deleções, duplicações e amplificações de partes do genoma. Em tais células, a maquinaria normal para evitar ou corrigir quebras de fitas duplas de DNA está evidentemente defeituosa, desestabilizando o genoma por dar origem a cromossomos quebrados cujos fragmentos são rearranjados em combinações aleatórias. A partir do padrão de mudanças, podemos inferir que esse processo de interrupção tem ocorrido repetidamente durante a evolução do tumor, com um aumento progressivo dos distúrbios genéticos. Tumores de mama que apresentam distúrbios cromossômicos extremos costumam ser difíceis de tratar e têm um prognóstico muito ruim.

Uma pesquisa com mais de 3 mil amostras individuais de câncer mostrou que uma média de 24 blocos separados de material genético foram duplicados em cada tumor, correspondendo a 17% do genoma normal; 18 blocos foram deletados, correspondendo a 16% do genoma normal. Muitas dessas mudanças foram encontradas repetidamente, sugerindo que elas contêm genes críticos para o câncer cuja perda (genes supressores de tumores) ou ganho (oncogenes) confere uma vantagem seletiva.

A análise global do genoma também ajuda a explicar alguns casos de câncer que à primeira vista parecem ser exceções às regras gerais. Um exemplo é o retinoblastoma, com seu início precoce durante a infância. Se os cânceres em geral precisam acumular várias mudanças genéticas e são, assim, uma doença da velhice, o que torna o retinoblastoma diferente? O sequenciamento global do genoma confirma que, no retinoblastoma, as células tumorais contêm mutações com perda de função no gene *Rb*; mas, espantosamente, elas quase não contêm mutações ou rearranjos no genoma que afetam qualquer outro oncogene ou gene supressor tumoral. De fato, elas possuem diversas modificações epigenéticas que alteram o nível de expressão de muitos genes críticos para o câncer – chegando a 15 em um caso bem analisado.

Muitas mutações em células tumorais são meras passageiras

As células cancerosas em geral possuem diversas mutações além das anormalidades cromossômicas: mutações pontuais podem estar espalhadas ao longo do genoma como um todo a uma taxa de cerca de 1 milhão de pares de nucleotídeos, além das anorma-

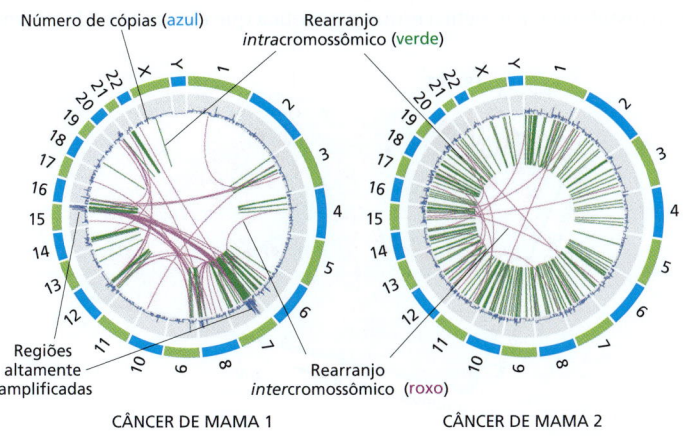

Figura 20-24 Os rearranjos cromossômicos em células de câncer de mama. Os resultados de uma extensa análise de sequenciamento de DNA realizada em dois diferentes tumores primários estão ilustrados como "gráficos de Circos". Em cada gráfico, as sequências de DNA referência dos 22 autossomos e de um único cromossomo sexual (X) de uma mulher normal (3,2 bilhões de pares de nucleotídeos) estão alinhadas de ponta a ponta para formar um círculo. As linhas coloridas dentro do círculo são utilizadas para as alterações encontradas nos cromossomos nesse tumor primário em particular. Como indicado, as linhas *roxas* conectam locais nos quais dois cromossomos diferentes se uniram para criar um rearranjo intercromossômico, enquanto as linhas *verdes* conectam os locais de rearranjo encontrados em um único cromossomo. Os rearranjos intracromossômicos podem ser vistos como predominantes, e a maioria une porções vizinhas de DNA que foram, originalmente, localizadas com 2 milhões de pares de nucleotídeos de cada um. O aumento no número de cópias mostrado em *azul* revela as sequências de DNA amplificadas (ver as regiões altamente amplificadas indicadas). (Adaptada de P.J. Stephens et al., *Nature* 462:1005–1010, 2009.)

lidades atribuídas a quebra e rearranjo cromossômicos. Estudos sistemáticos de genes codificadoras de proteínas em tumores sólidos comuns – como mama, cólon, cérebro ou pâncreas – revelaram que uma média de 33 a 66 genes adquiriram mutações somáticas que afetam a sequência de suas proteínas finais. Mutações em regiões não codificadoras do genoma são muito mais numerosas, como é de se esperar pelo fato de a maior fração do genoma ser representada por DNA não codificador. Porém, essas mutações são consideradas muito mais difíceis de serem interpretadas.

A alta frequência de mutações confirma a instabilidade genética de muitas células cancerosas, mas nos deixa com um difícil problema. Como podemos descobrir quais dessas mutações são **condutoras** para o câncer – isto é, fatores decisivos no desenvolvimento da doença – e quais são meras **passageiras** – mutações que aconteceram nas mesmas células das mutações condutoras, devido à instabilidade genética, mas que são irrelevantes para o desenvolvimento da doença? Um critério simples baseia-se na frequência de ocorrências. Mutações condutoras afetando genes que participam da doença serão vistas repetidamente, em diversos pacientes diferentes. Ao contrário, mutações passageiras, ocorrendo em locais mais ou menos aleatórios no genoma e não conferindo nenhuma vantagem seletiva para a célula cancerosa, pouco provavelmente serão encontradas nos mesmos genes em pacientes diferentes.

A **Figura 20-25** mostra os resultados de uma análise desse tipo para amostras de câncer colorretal. Os locais diferentes no genoma estão colocados em uma matriz bidimensional, com o número de série dos cromossomos ao longo de um eixo e a posição dentro de cada cromossomo ao longo do outro. A frequência com a qual as mutações foram encontradas é mostrada pela altura acima do plano, criando uma "paisagem" de mutações com montanhas (locais onde as mutações foram encontradas em grandes proporções nas amostras), colinas (locais onde as mutações foram encontradas com menor frequência porém maior do que seria esperado para uma distribuição aleatória no genoma) e lombas (locais de mutações ocasionais, ocorrendo a uma frequência não maior do que a esperada para mutações distribuídas de forma aleatória em cada tumor individual). As montanhas e as colinas são fortes candidatos a ser locais de mutações condutoras – em outras palavras, locais de genes críticos para o câncer; os morros são como as mutações passageiras. De fato, muitas das montanhas e das colinas acabam por ser locais de oncogenes conhecidos ou genes supressores de tumores, enquanto as lombas, em sua maioria, correspondem a genes que não possuem nenhum papel conhecido ou provável na geração de um câncer. É evidente que algumas lombas podem corresponder a genes que estão mutados em apenas alguns raros pacientes, mas que são, contudo, críticos para o câncer para eles.

Em torno de 1% dos genes no genoma humano são críticos para o câncer

A partir de estudos como os recém-descritos, estima-se que o número de mutações condutoras para um caso de câncer individual (a soma de mudanças epigenéticas e genéticas significantes tanto nas sequências codificadoras quanto nas regiões reguladoras) é da ordem de 10, explicando por que a progressão do câncer envolve, geralmente, um aumento na instabilidade genética e/ou epigenética que eleva a taxa de tais mudanças.

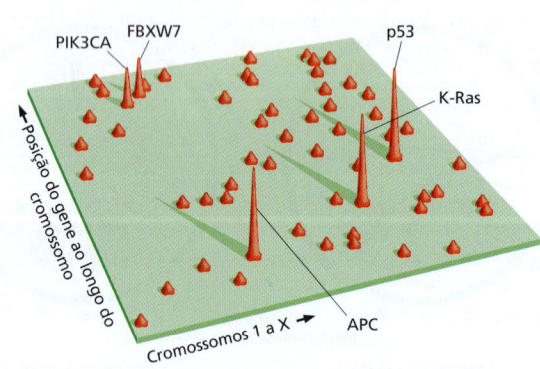

Figura 20-25 A paisagem de mutação no câncer colorretal. Nesta representação bidimensional do genoma humano, a superfície *verde* ilustra os 22 autossomos humanos mais o cromossomo sexual X sendo dispostos lado a lado em ordem numérica da esquerda para a direita, com a sequência de DNA de cada cromossomo de trás para frente. As montanhas representam os locais dos genes mutados com alta frequência em tumores diferentes e independentes. Como indicado, estas são mutações condutoras suspeitas na polipose adenomatosa do cólon (APC), K-Ras, p53, fosfoinositídeo-3-cinase (PIK3CA) e proteínas ubiquitina-ligase (FBXW7). (Adaptada de L.D. Wood et al., *Science* 318:1108–1113, 2007.)

Por meio da junção dos dados para diferentes tipos de câncer, cada um com sua própria gama de mutações condutoras identificadas, podemos desenvolver um amplo catálogo de genes que são fortes candidatos a serem críticos para o câncer. Estimativas atuais indicam um número total desses genes em torno de 300, o que corresponde a cerca de 1% dos genes no genoma humano. Esses genes críticos para o câncer são incrivelmente diversos. Seus produtos incluem proteínas de sinalização secretadas, receptores transmembrana, proteínas de ligação ao GTP, proteínas-cinase, reguladores transcricionais, modificadores de cromatina, enzimas de reparo ao DNA, moléculas de adesão célula-célula, controladores do ciclo celular, reguladores da apoptose, proteínas de ancoragem, enzimas metabólicas, componentes da maquinaria de *splicing* de RNA e outras mais. Todos esses genes são suscetíveis a mutações que possam contribuir, de um modo ou de outro, em um tecido ou em outro, para a evolução das células com propriedades cancerosas que estão listadas na página 1103.

Claramente, as mudanças moleculares que causam o câncer são complexas. Porém, como explicaremos agora, a complexidade não é tão assustadora como a princípio pode parecer.

Interrupções em algumas vias importantes são comuns em vários cânceres

Alguns genes, como o *Rb* e o *Ras*, estão mutados em diversos casos de câncer de diferentes tipos. O envolvimento de genes como o *Rb* e o *Ras* no câncer não é surpresa, agora que entendemos suas funções normais: eles controlam processos fundamentais de divisão e crescimento celular. Mas até mesmo esses genes comuns ao câncer aparecem em menos da metade dos casos individuais. O que está acontecendo com o controle desses processos em muitos tipos de cânceres onde, por exemplo, *Rb* está intacto e *Ras* não está mutado? Que papel as mutações nas centenas de outros genes críticos para o câncer têm no desenvolvimento da doença? Com o aumento do conhecimento sobre as funções normais dos genes no genoma humano, tem se tornado fácil perceber padrões nas mutações condutoras catalogadas e gerar algumas respostas simples a essas perguntas.

O *glioblastoma* – o tipo de tumor cerebral mais comum – é um bom exemplo. Análises dos genomas de células tumorais de 91 pacientes identificaram um total de pelo menos 79 genes que estavam mutados em mais de um indivíduo. As funções normais da maioria desses genes eram conhecidas ou poderiam ser sugeridas, permitindo que fossem atribuídos a vias bioquímicas ou reguladoras específicas. Três grupos funcionais se destacaram, representando um total de 21 dos genes recorrentemente mutados. Um desses grupos consiste em genes da *via Rb* (que compreende o próprio *Rb* e genes que o regulam diretamente); essa via controla o início do ciclo de divisão celular. Outro grupo consiste em genes na mesma sub-rede reguladora que *Ras* – um sistema de genes mais vagamente definido que se refere à *via RTK/Ras/PI3K*, depois de três de seus componentes principais; essa via serve para transmitir sinais para o crescimento celular e a divisão celular do exterior da célula para o interior. O terceiro grupo consiste em genes que fazem parte de uma via de respostas reguladoras ao estresse e ao dano ao DNA – a *via p53*. Mostraremos mais detalhes a respeito dessas vias a seguir.

De todos os tumores, 74% possuem mutações identificáveis nessas três vias. Se fosse para rastrear essas três vias mais à frente e incluir todos os componentes, conhecidos e desconhecidos, de que dependem, certamente esse percentual seria ainda maior. Em outras palavras, em quase todos os casos de glioblastoma existem mutações que interrompem cada um desses três controles fundamentais: o controle do crescimento celular, o controle da divisão celular e o controle da resposta ao estresse e ao dano ao DNA.

Incrivelmente, em qualquer clone de célula tumoral, há uma forte tendência para que não mais do que 1 gene seja mutado em cada via. Fica evidente que o importante para a evolução do tumor é a interrupção no mecanismo de controle, e não a genética pela qual isso ocorre. Portanto, por exemplo, em um paciente cujas células tumorais não possuem mutação no *Rb* em si, há geralmente uma mutação em algum outro componente da via Rb, produzindo um efeito biológico similar.

Padrões semelhantes são vistos em outros tipos de cânceres. Uma análise de várias amostras da principal variedade de câncer de ovário, por exemplo, identificou 67% dos pacientes como tendo mutações na via Rb, 45% na via Ras/PI3K (definida mais precisamente do que no estudo de glioblastoma) e mais de 96% na via p53. Permitindo componentes adicionais da via não incluídos na análise, parece que a maioria dos casos desse tipo de câncer possui mutações interrompendo os mesmos três controles, levando a uma regulação errada do crescimento celular, da proliferação celular e uma negligência anormal ao estresse e ao dano ao DNA. Parece que esses três controles fundamentais são subvertidos de uma forma ou de outra em praticamente qualquer tipo de câncer.

Dedicamos um capítulo inteiro ao ciclo celular e aos controles de crescimento (Capítulo 17). Alguns detalhes importantes das outras duas vias de controle são revisados a seguir.

Mutações na via PI3K/Akt/mTOR estimulam o crescimento das células cancerosas

A proliferação celular não é simplesmente uma questão de progredir ao longo do ciclo celular; ela também requer crescimento celular, o qual envolve processos anabólicos complexos por meio dos quais a célula sintetiza todas as macromoléculas necessárias a partir de pequenas moléculas precursoras. Caso uma célula se divida inapropriadamente sem crescer primeiro, ela chegará menor a cada divisão celular e irá morrer ou se tornar pequena demais para se dividir. As células parecem necessitar de dois sinais separados para crescer e se dividir (**Figura 20-26**). Como resultado, o câncer depende não apenas de uma perda dos controles de progressão do ciclo celular, mas também de uma falha no controle de crescimento celular.

A via de sinalização intracelular fosfoinositídeo 3-cinase (PI 3-cinase)/Akt/mTOR é crítica para o controle do crescimento celular. Como descrito no Capítulo 15, vários sinais

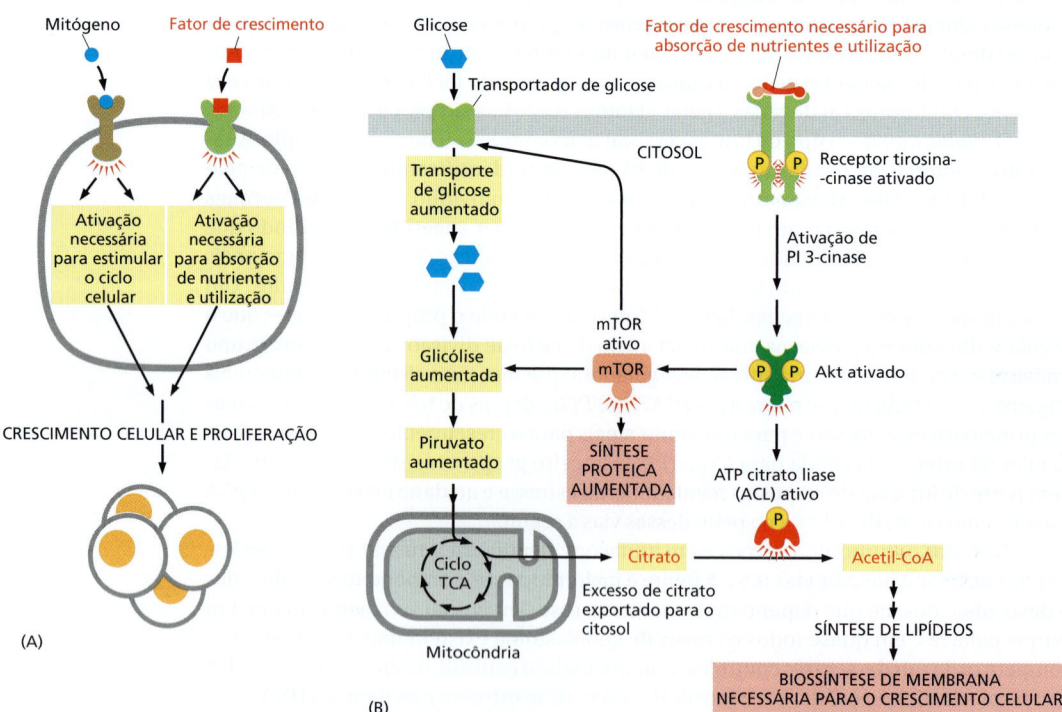

Figura 20-26 As células parecem necessitar de dois tipos de sinais para proliferar. (A) Com o intuito de se multiplicarem com sucesso, suspeita-se que a maioria das células normais precise tanto dos sinais extracelulares que estimulam a progressão do ciclo celular (mostrado aqui como o mitógeno *azul*) quanto dos sinais extracelulares que estimulam a célula a crescer (mostrado aqui como o fator de crescimento *vermelho*). A forma como os mitógenos ativam a sinalização pela via Rb para conduzir a entrada no ciclo celular está descrita na Figura 17-61. (B) Diagrama do sistema de sinalização contendo Akt, que dirige o crescimento celular pelo estímulo aumentado de incorporação e utilização de glicose, incluindo a conversão do excesso de ácido cítrico produzido por intermediários do açúcar na mitocôndria em acetil-CoA, necessária no citosol para a síntese de lipídeos e a produção de novas membranas. Como indicado, a síntese de proteína também aumenta. Este sistema torna-se ativado precocemente na progressão tumoral. O ciclo de TCA indica o ciclo do ácido tricarboxílico (ciclo do ácido cítrico).

extracelulares proteicos, incluindo insulina e fatores de crescimento semelhantes à insulina, normalmente ativam essa via de sinalização. Em células cancerosas, no entanto, a via é ativada por mutações, fazendo a célula crescer na ausência de tais sinais. A ativação anormal resultante da proteína-cinase Akt e mTOR não apenas estimula a síntese proteica (ver Figura 17-64), mas também eleva tanto a captação de glicose quanto a produção de acetil-CoA no citosol necessárias para a síntese de lipídeos, como ilustrado na Figura 20-26B.

A ativação anormal da via PI 3-cinase/Akt/mTOR, que em geral ocorre precocemente no processo de progressão tumoral, ajuda a explicar a excessiva taxa de glicólise observada em células tumorais, conhecida como efeito Warburg, conforme discutido antes (ver Figura 20-12). Como esperado a partir de nossas discussões anteriores, os cânceres conseguem ativar essa via de diferentes formas. Por exemplo, um receptor de fator de crescimento pode se tornar ativado de forma anormal, como na Figura 20-19. Muito comum no câncer também é a perda da fosfatase PTEN, uma enzima que normalmente suprime a via PI 3-cinase/Akt/mTOR mediante desfosforilação das moléculas de PI (3,4,5) P_3 formadas pela PI 3-cinase (ver p. 859-861). Portanto, *PTEN* é um gene supressor de tumores comum.

Claro que a mutação não é a única forma de superativar a via: elevados níveis de insulina na circulação podem ter um efeito semelhante. Isso pode explicar por que o risco de desenvolver câncer é significativamente elevado, por um fator de dois ou mais, em pessoas obesas ou com diabetes do tipo 2. Seus níveis de insulina são elevados de forma anormal, estimulando o crescimento das células cancerosas sem a necessidade de mutações na via PI 3-cinase/Akt/mTOR.

Mutações na via p53 permitem que as células cancerosas sobrevivam e proliferem apesar do estresse e do dano ao DNA

Que as células cancerosas devem quebrar as regras normais que regulam o crescimento e a divisão celular é óbvio: isso é parte da definição de câncer. Não é tão óbvio assim por que as células cancerosas também devem ser anormais em suas respostas ao estresse e ao dano ao DNA, e contudo essa também é uma característica quase universal. O gene que se encontra no centro dessa resposta, o gene *p53*, está mutado em torno de 50% de todos os tipos de câncer – uma proporção mais alta em relação a qualquer outro gene crítico para o câncer conhecido. Quando incluímos com a *p53* os outros genes que estão envolvidos na sua função, constatamos que a maioria dos casos de câncer ancoram mutações na via p53. Por que isso aconteceria? Para responder, devemos primeiro considerar a função normal dessa via.

Em contraste com a Rb, a maioria das células corporais em condições normais possui pouca proteína p53: apesar de sua síntese, ela é rapidamente degradada. Além do mais, a p53 não é essencial ao desenvolvimento normal. Camundongos com ambas as cópias do gene removidas ou inativadas parecem normais em todos os aspectos, exceto um – eles universalmente desenvolvem câncer antes dos 10 meses de idade. Tais observações sugerem que a p53 possui funções necessárias somente em circunstâncias especiais. De fato, as células atingem suas concentrações de proteína p53 em resposta a uma gama de condições que possuem apenas uma coisa em comum: elas são, do ponto de vista celular, patológicas, colocando a célula em perigo de morte ou dano grave. Essas condições incluem dano ao DNA, colocando a célula em risco de um genoma com falhas; perda ou encurtamento dos telômeros (ver p. 1016), também perigoso para a integridade do genoma; hipoxia, privando a célula do oxigênio de que necessita para manter seu metabolismo; estresse osmótico, causando à célula inchaço ou encolhimento; e estresse oxidativo, gerando níveis perigosos de radicais livres altamente reativos.

Outra forma de estresse que pode ativar a via p53 ocorre, ao que parece, quando os sinais reguladores são tão intensos ou descoordenados que conduzem a célula além de seus limites normais e para uma zona de perigo, onde seus mecanismos de controle e coordenação quebram, como um motor mal impulsionado ou muito rápido. A concentração de p53 aumenta, por exemplo, quando *Myc* está superexpresso a níveis oncogênicos.

Todas essas circunstâncias exigem ações desesperadas, as quais podem tomar uma de duas formas: a célula pode bloquear qualquer progresso adicional ao longo do ciclo de divisão para obter tempo para se reparar ou se recuperar da condição patológica; ou ela pode aceitar que deve morrer, fazendo isso como um modo de minimizar

Figura 20-27 Mecanismos de ação do supressor de tumor p53. A proteína p53 é um sensor do estresse celular. Em resposta a sinais hiperproliferativos, dano ao DNA, hipoxia, encurtamento dos telômeros e vários outros tipos de estresse, os níveis de p53 na célula aumentam. Como indicado, isso pode levar à parada do ciclo celular de um modo que permite que a célula se ajuste e sobreviva, desencadeando suicídio por apoptose ou gerando "senescência" celular – uma parada irreversível no ciclo celular que evita que as células danificadas se dividam.

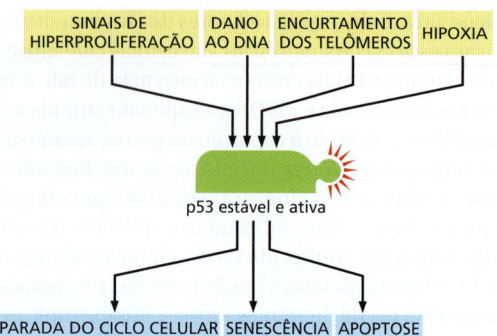

o dano ao organismo. Uma boa morte, desse ponto de vista, é a morte por apoptose. Na apoptose, a célula é fagocitada por suas vizinhas e seu conteúdo é reciclado de maneira eficiente. Uma morte ruim é uma morte por necrose. Na necrose, a célula se rompe ou desintegra e seu conteúdo é extravasado no meio extracelular, induzindo inflamação.

Assim, a via p53 se comporta como um tipo de radar, detectando a presença de uma vasta gama de condições perigosas, e quando alguma é detectada, ela desencadeia medidas apropriadas – parada temporária ou permanente do ciclo celular (senescência) ou suicídio por apoptose (**Figura 20-27**). Essas respostas servem para impedir a proliferação de células danificadas. De fato, as células cancerosas são geralmente danificadas, e sua sobrevivência e proliferação dependem da inativação da via p53. Caso a via p53 esteja ativa, elas terão sua evolução interrompida ou morrerão (**Animação 20.4**).

A proteína p53 realiza seu trabalho na maior parte das vezes agindo como um regulador de transcrição (ver **Animação 17.8**). Na verdade, as mutações mais comuns observadas na p53 em tumores humanos ocorrem no seu domínio ligador de DNA que destrói sua habilidade de ligar-se às sequências do DNA-alvo. Pelo fato de a p53 se ligar ao DNA como um tetrâmero, uma única subunidade mutada no complexo tetramérico pode ser suficiente para bloquear a sua função. Assim, mutações em *p53* têm um efeito dominante negativo, causando a perda da função da p53 mesmo quando a célula contém uma versão selvagem do gene. Por essa razão, ao contrário dos outros genes supressores de tumores como o *Rb*, o desenvolvimento do câncer não requer sempre que ambas as cópias do gene *p53* estejam nocauteadas.

Como discutido no Capítulo 17, a proteína p53 exerce seu efeito inibitório no ciclo celular, pelo menos em parte, mediante indução da transcrição de *p21*, que codifica uma proteína que se liga à cinase dependente de ciclina (Cdk) e a inibe. Por meio do bloqueio da atividade da cinase desse complexo de Cdk, a proteína p21 impede a progressão da célula para a fase S e a replicação do seu DNA.

O mecanismo pelo qual a p53 induz a apoptose inclui a estimulação da expressão de diversos genes pró-apoptóticos, descritos no Capítulo 18.

A instabilidade genômica possui diferentes formas em diferentes cânceres

Caso a via p53 esteja funcional, uma célula com um dano ao DNA não reparado irá parar de se dividir ou irá morrer; ela não pode proliferar. Dessa forma, mutações na via p53 estão geralmente presentes em células cancerosas que possuem instabilidade genômica – ou seja, a maioria. Porém, como essa instabilidade genômica se origina? Também aqui os estudos do genoma do câncer são esclarecedores.

Em cânceres de ovário, por exemplo, quebras, translocações e deleções cromossômicas são muito comuns, e tais aberrações correlacionam-se com a elevada frequência de mutações e silenciamento epigenético em genes necessários para o reparo de quebras na fita dupla de DNA mediante recombinação homóloga, em especial *Brca1* e *Brca2* (ver p. 281-282). Em um subgrupo de câncer colorretal com defeitos no reparo de pareamento incorreto do DNA, por outro lado, encontramos mutações pontuais distribuídas ao longo do genoma (ver p. 250-251). Em ambos os tipos de câncer, o genoma está comumente desestabilizado, porém tipos diferentes de mutações podem provocar isso.

Cânceres de tecidos especializados utilizam diferentes rotas para atingir as vias centrais comuns do câncer

Mutações em componentes centrais da maquinaria que regula o crescimento, a divisão e a sobrevivência celulares, como Rb, Ras, PTEN ou p53, não são o único modo de corromper o controle desses processos. Tecidos especializados dependem de uma variedade de vias, como discutido no Capítulo 15, para transmitir sinais ambientais para o controle central da maquinaria, e cada via coloca as células disponíveis à subversão de diferentes modos. Assim, em cânceres diferentes, podemos encontrar exemplos de mutações condutoras em praticamente todas as principais vias de sinalização por meio das quais as células se comunicam durante o desenvolvimento e a manutenção tecidual (discutido nos Capítulos 21 e 22).

No glioblastoma, por exemplo, a maioria dos pacientes possui mutações em um ou outro conjunto de receptores tirosina-cinase de superfície celular, sobretudo o receptor EGF mencionado antes (conectado com a via Ras/PI3K), sugerindo que as células das quais o câncer se originou são normalmente controladas por essa rota. As células da glândula da próstata, por outro lado, respondem ao hormônio andrógeno testosterona, e, no câncer de próstata, os componentes da via de sinalização pelo receptor de androgênio (uma variante da sinalização pelo receptor de hormônio nuclear; ver Capítulo 15) estão normalmente mutados. Na mucosa intestinal normal, a sinalização Wnt é fundamental, e mutações na via Wnt estão presentes na maioria dos cânceres colorretais. Em geral, cânceres pancreáticos possuem mutações na via de sinalização do fator de crescimento transformador β (TGFβ). Mutações de ativação na via Notch estão presentes em mais de 50% das células T em leucemias linfocíticas agudas, e assim por diante.

As células costumam ser reguladas por diferentes tipos de sinais externos que devem agir em conjunto, representando o mecanismo "à prova de falhas" que protege o organismo como um todo do câncer. Esses sinais são diferentes em diferentes tecidos. Como esperado, os cânceres correspondentes frequentemente possuem mutações em várias vias de sinalização concomitantemente. Isso é verdade para os exemplos que acabamos de citar, os quais em geral apresentam mutações em outras vias de sinalização além daquelas que já apontamos.

Estudos utilizando camundongos ajudam a definir as funções dos genes críticos para o câncer

O teste final do papel de um gene no câncer precisa vir de uma investigação no organismo intacto, maduro. O organismo mais favorável para estudos experimentais é o camundongo. Para explorar a função de um candidato a oncogene ou gene supressor de tumores, pode-se fazer um camundongo transgênico que o superexpressa ou um camundongo nocaute que não o possui. Utilizando as técnicas descritas no Capítulo 8, é possível manipular os camundongos nos quais a expressão errônea ou deleção do gene é restrita a um tipo específico de células, ou nos quais a expressão do gene possa ser ativada em um momento de tempo escolhido, ou ambos, para verificar se e como o tumor se desenvolve. Além disso, para acompanhar o crescimento de tumores dia a dia em um camundongo vivo, as células de interesse podem ser geneticamente marcadas e se tornarem visíveis pela expressão de um marcador fluorescente ou luminescente (**Figura 20-28**). Nesse sentido, pode-se começar a esclarecer a parte que cada gene crítico para o câncer possui no início e na progressão do câncer.

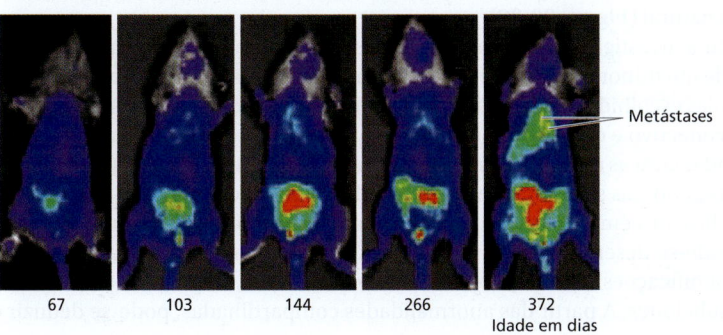

Figura 20-28 **O monitoramento do crescimento tumoral e de metástases em camundongos com um marcador luminescente.** Um camundongo foi geneticamente modificado de forma que ambas as cópias do seu gene supressor de tumores *PTEN* estivessem inativas na glândula da próstata, simultaneamente com a ativação específica na próstata de um gene modificado para produzir a enzima luciferase (derivada de vaga-lumes). Após a injeção de luciferina (o substrato para a luciferase) na corrente sanguínea do camundongo, as células na próstata emitiram luz e foi possível detectá-las por sua bioluminescência em um camundongo vivo, como visto no animal de 67 dias de idade à esquerda. Células sem a enzima fosfatase PTEN contêm elevadas quantidades de PI(3,4,5)P$_3$, ativador da Akt, e isso gera a proliferação anormal das células da próstata, progredindo ao longo do tempo para formar um câncer. Nesse sentido, o processo de metástase pode ser seguido no mesmo animal ao longo do curso de um ano. A intensidade da luz nesse experimento é proporcional ao número de descendentes das células da próstata, aumentando de *azul-claro* para *verde*, para *amarelo* e para *vermelho* nesta representação. (Adaptada de C.-P. Liao et al., *Cancer Res.* 67:7525–7533, 2007.)

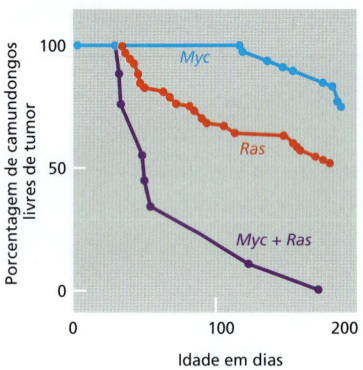

Figura 20-29 Colaboração de oncogenes em camundongos transgênicos. Os gráficos mostram a incidência de tumores em três linhagens de camundongos transgênicos, um portando o oncogene *Myc*, outro portando o oncogene *Ras* e um terceiro portando ambos os oncogenes. Para este experimento, duas linhagens de camundongos transgênicos foram geradas. Uma carrega uma cópia de um oncogene criado pela fusão do proto-oncogene *Myc* à sequência reguladora de DNA do vírus do tumor de mama em camundongos (que direciona para a superexpressão de *Myc* na glândula mamária). A outra linhagem possui uma cópia do gene *Ras* inserido e sob o controle do mesmo elemento regulador. Ambas as linhagens desenvolvem tumores com mais frequência do que a linhagem normal, e a maioria dos tumores surge nas glândulas mamárias ou salivares. Camundongos possuindo ambos os oncogenes são obtidos cruzando-se as duas linhagens. Tais híbridos desenvolvem tumores a taxas mais elevadas do que a soma das taxas para os oncogenes separadamente. Todavia, os tumores surgem somente após um retardo e mesmo assim em uma pequena proporção de células dos tecidos onde os dois genes são expressos. Alterações posteriores além da presença dos dois oncogenes são aparentemente necessárias para o desenvolvimento do câncer. (Conforme E. Sinn et al., *Cell* 49:465–475, 1987. Com permissão de Elsevier.)

Estudos com camundongos transgênicos confirmam, por exemplo, que um único oncogene em geral não é suficiente para transformar uma célula normal em uma célula cancerosa. Assim, em camundongos modificados geneticamente para expressar o transgene oncogenético *Myc* ou *Ras*, alguns tecidos que expressam o oncogene mostram aumento da proliferação celular e, ao longo do tempo, as células vão sofrer mudanças adicionais para dar origem ao câncer. A maioria das células expressando o oncogene, no entanto, não dá origem ao câncer. Todavia, do ponto de vista do animal como um todo, o oncogene herdado é uma séria ameaça, pois cria um risco enorme de surgimento de um câncer em algum lugar do corpo. Camundongos que expressam os oncogenes *Myc* e *Ras* simultaneamente (obtidos pelo cruzamento de um camundongo transgênico que porta o oncogene *Myc* com outro que porta o oncogene *Ras*) desenvolvem câncer mais cedo e em taxas mais altas do que as linhagens parentais (**Figura 20-29**); porém, novamente, os cânceres se originam como tumores espalhados entre células não cancerosas. Assim, mesmo as células expressando esses dois oncogenes devem gerar aleatoriamente outras alterações para se tornarem cancerosas. Isso sugere fortemente que múltiplas mutações são necessárias para a tumorigênese, conforme sustentado pelo grande número de evidências discutidas antes. Experimentos utilizando camundongos com deleções de genes supressores de tumores levaram a conclusões similares.

Os cânceres se tornam cada vez mais heterogêneos à medida que progridem

A partir de uma simples histologia, observando cortes de tecidos corados, fica evidente que alguns tumores contêm setores distintos, todos claramente cancerosos, porém diferentes em sua aparência, pois eles diferem geneticamente: a população de células cancerosas é heterogênea. Evidentemente, dentro do clone inicial de células cancerosas, mutações adicionais surgiram e prosperaram, criando diversos subclones. Hoje, a capacidade de analisar o genoma do câncer nos permite enxergar o processo com muito mais profundidade.

Uma estratégia envolve coletar amostras de diferentes regiões de um tumor primário e de metástases que tenham se disseminado. Com métodos modernos, é possível até mesmo coletar células únicas representativas e analisar seus genomas. Tais estudos revelaram um retrato clássico de evolução darwiniana, ocorrendo em uma escala de tempo de meses ou anos em vez de milhões de anos, porém governada pelas mesmas regras da seleção natural (**Figura 20-30**).

Uma investigação comparou genomas de cem células individuais de regiões diferentes de um tumor primário de mama. Uma grande fração – um pouco mais da metade – das células escolhidas era geneticamente normal ou próximo disso: estas eram células do tecido conectivo e outros tipos celulares, como aquelas do sistema imune, que estavam misturadas com as células cancerosas. As próprias células cancerosas foram distinguidas por seus genomas severamente desordenados. O padrão detalhado de genes deletados e amplificações em cada célula revelou o quão próximos estavam um do outro, e desse dado pode-se desenhar uma árvore genealógica (Figura 20-30B). Nesse caso, três principais ramificações da árvore foram identificadas; isto é, o câncer consiste em três principais subclones. A partir das anormalidades compartilhadas, pode-se deduzir que seu

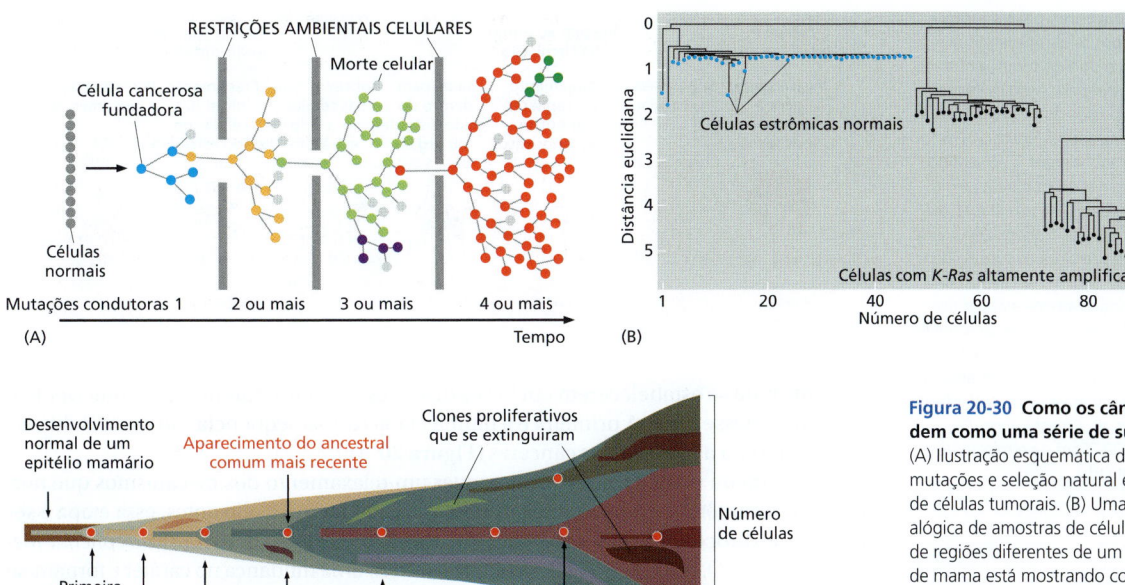

Figura 20-30 Como os cânceres progridem como uma série de subclones.
(A) Ilustração esquemática do padrão de mutações e seleção natural em um clone de células tumorais. (B) Uma árvore genealógica de amostras de células cancerosas de regiões diferentes de um único tumor de mama está mostrando como as células evoluíram e se diversificaram a partir de um ancestral comum, uma célula cancerosa fundadora. O genoma de cada uma das cem células indicadas de um tumor de mama humano foi sequenciado para gerar uma árvore evolutiva. Cerca de metade dessas células eram de células normais do estroma (células *azuis*). As células *vermelhas* possuem o seu gene *K-Ras* altamente amplificado. Note que muitos dos subclones parecem ter morrido, incluindo o que contém as células fundadoras dos três subclones que sobreviveram.
(C) Representação de como acredita-se que mutações condutoras causem a progressão do câncer ao longo de um período de tempo antes de produzirem um clone grande o suficiente de células proliferativas para ser detectado como um tumor. Os dados indicam que mutações condutoras ocorrem apenas raramente em um contexto de subclones de células de vida longa que continuamente acumulam mutações passageiras sem ganhar uma vantagem de crescimento. (A, adaptada de M. Greaves, *Semin. Cancer Biol.* 20:65–70, 2010; B, adaptada de N. Navin et al., *Nature* 472:90–94, 2011; C, adaptada de S. Nik-Zainal et al., *Cell* 149:994–1007, 2012.)

último ancestral comum – o fundador presumido do câncer – já era muito diferente de uma célula normal, porém a primeira separação da ramificação ocorreu precocemente, quando o tumor era pequeno. Isso foi seguido por uma gama de mudanças adicionais dentro de cada ramificação. Uma pista do futuro pode ser vista no menor dos três subclones: suas células foram distinguidas por uma amplificação massiva do oncogene *Ras*. Se houvesse mais tempo, talvez tivessem superado as outras células cancerosas e tomado todo o tumor.

Resultados similares foram obtidos com outros cânceres. Claramente, células cancerosas estão mutando, multiplicando, competindo, evoluindo e diversificando-se constantemente à medida que exploram novos nichos ecológicos e reagem a tratamentos que são utilizados contra elas (Figura 20-30C). A diversificação se acelera à medida que fazem metástase e colonizam novos territórios, onde encontram novas pressões de seleção. Conforme o processo evolutivo continua, mais difícil fica capturá-las todas na mesma rede e matá-las.

As alterações nas células tumorais que levam à metástase ainda são um grande mistério

Talvez a lacuna mais significativa em nosso entendimento sobre o câncer seja a que diz respeito à invasão e à metástase. De início, não está exatamente claro quais propriedades uma célula cancerosa deve adquirir para tornar-se metastática. Em alguns casos, é possível que a invasão e a metástase não precisem de mais mudanças genéticas além daquelas necessárias para violar os controles normais de crescimento celular, divisão celular e morte celular. Por outro lado, pode ser que, para alguns cânceres, a metástase exija um grande número de mutações adicionais e mudanças epigenéticas. As pistas estão vindo da comparação dos genomas das células dos tumores primários com as células das metástases que se disseminaram. Os resultados parecem complexos e variáveis de um câncer para outro. Mesmo assim, surgiram alguns princípios gerais.

Como já discutido, é interessante distinguir as três fases de progressão tumoral necessárias para que um carcinoma forme metástase (ver Figura 20-16). Primeiro, as células devem escapar do confinamento normal do epitélio parental e começar a invadir os tecidos imediatamente abaixo. Segundo, elas devem viajar pela corrente sanguínea ou

Figura 20-31 Barreiras para a metástase. Estudos com células tumorais marcadas deixando o sítio do tumor, entrando na circulação e estabelecendo metástases mostram quais passos do processo metastático, esquematizado na Figura 20-16, são difíceis ou "ineficientes", no sentido de serem etapas nas quais muitas células falham e são perdidas. Nessas etapas difíceis é que as células de tumores altamente metastáticos possuem maior sucesso do que as células de origem não metastática. Parece que a capacidade de escapar do tecido parental e a capacidade de sobreviver e crescer no tecido estranho são propriedades que as células precisam adquirir para se tornarem metastáticas. (Adaptada de Chambers et al., *Breast Cancer Res.* 2:400–407, 2000. Com a permissão de BioMed Central Ltd.)

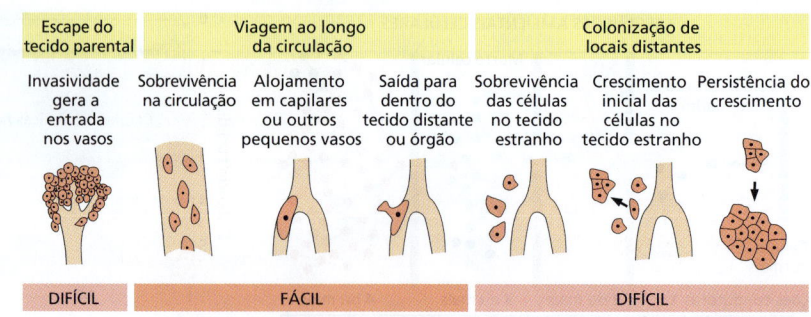

pela linfa para se estabelecerem em locais distantes. Terceiro, elas devem sobreviver e se multiplicar nesse local. A primeira e a última etapas dessa sequência são as mais difíceis de realizar para a maioria dos cânceres (**Figura 20-31**).

A primeira etapa, invasão local, requer um relaxamento dos mecanismos que normalmente mantêm as células epiteliais unidas. Como mencionado antes, essa etapa é semelhante ao processo de desenvolvimento normal conhecido como *transição epitelial-mesenquimal* (*EMT*), no qual as células epiteliais sofrem uma mudança no caráter e tornam-se menos aderentes e mais migratórias (discutido no Capítulo 19). Uma parte fundamental do processo EMT envolve desativar a expressão do gene *caderina-E*. A função primária da proteína transmembrana caderina-E é na adesão célula-célula, ligando células epiteliais em conjunto por meio de junções aderentes (ver Figura 19-13). Em alguns carcinomas de estômago e mama, a *caderina-E* foi identificada como um gene supressor tumoral, e a sua perda pode promover o desenvolvimento do câncer mediante facilitação da invasão local.

A entrada inicial das células tumorais na circulação é auxiliada pela presença de um denso aporte de vasos sanguíneos e alguns vasos linfáticos, os quais os tumores atraem para si próprios conforme crescem e ocorre hipoxia em seus interiores. Esse processo, chamado de *angiogênese*, é gerado pela secreção de fatores angiogênicos que promovem o crescimento de vasos sanguíneos, como o fator de crescimento endotelial vascular (VEGF, do inglês *vascular endothelial growth factor*; ver Figura 22-26). A fragilidade e a fraqueza dos novos vasos que foram formados podem ajudar as células que se tornaram invasivas a entrarem e depois se moverem ao longo da circulação com relativa facilidade.

Os passos remanescentes na metástase que envolvem a saída do vaso sanguíneo ou linfático para a colonização efetiva de um local distante do tumor primário são mais difíceis de estudar. Para descobrir qual dos últimos estágios da metástase traz mais dificuldades para a célula cancerosa, é possível marcar células com um corante fluorescente ou com a proteína verde fluorescente (GFP, do inglês *green fluorescent protein*), injetá-los na corrente circulatória de um camundongo e, então, monitorá-los (**Animação 20.5**). Nesse experimento, é possível observar que muitas células sobrevivem na circulação, alojam-se em pequenos vasos e penetram os tecidos subjacentes, não importando se são originárias de tumor metastático ou não. Algumas células morrem imediatamente após sua entrada em um tecido estranho; outras sobrevivem à entrada no tecido, mas não conseguem proliferar. Outras se dividem algumas poucas vezes e depois param, formando micrometástases contendo de dezenas a centenas de células. Muito poucas se estabelecem e geram uma metástase completa.

O que distingue as sobreviventes das que falharam? Uma pista pode vir do fato de que, em muitos tipos de tumores, as células cancerosas mostram certa heterogeneidade que se parece com a heterogeneidade observada entre as células desses tecidos normais que se renovam continuamente por uma estratégia de células-tronco, como discutiremos a seguir.

Uma pequena população de células-tronco tumorais pode manter diversos tumores

Tecidos que se autorrenovam, nos quais a divisão celular continua ao longo da vida, são um terreno fértil para a maioria dos cânceres humanos. Entre eles estão incluídos a epiderme (a barreira epitelial mais externa da pele), o revestimento do trato digestivo

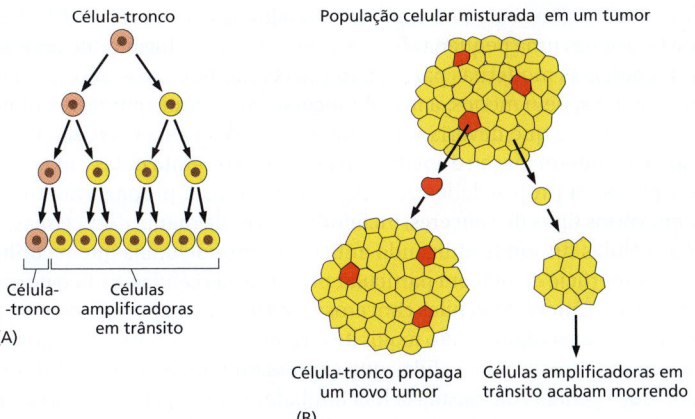

Figura 20-32 As células-tronco tumorais podem ser responsáveis pelo crescimento tumoral e ainda assim serem apenas uma pequena parte da população celular tumoral. (A) Como as células-tronco geram células amplificadoras em trânsito. (B) Como uma pequena proporção de células-tronco tumorais pode manter um tumor. Supõe-se, por exemplo, que cada célula-tronco tumoral filha tem uma probabilidade um pouco maior do que 50% de manter seu potencial de célula-tronco e uma probabilidade um pouco menor do que 50% de se tornar uma célula amplificadora em trânsito que é comprometida a um programa de divisão celular que para após 10 ciclos de divisão. Enquanto o número de células-tronco irá aumentar lentamente para gerar um crescimento tumoral, as células não tronco que elas originaram irão sempre superar as células-tronco por um grande valor – neste exemplo, por um valor em torno de 1.000. (Se o ciclo de divisão celular e o tempo de sobrevivência para duas classes de células for igual.)

e reprodutivo e a medula óssea, onde as células sanguíneas são geradas (ver Capítulo 22). Em quase todos esses tecidos, a renovação depende da presença de células-tronco, que se dividem para dar origem a células diferenciadas, que não se dividem. Isso cria uma mistura de células que são geneticamente idênticas e relacionadas estreitamente por linhagem, porém que estão em diferentes estados de diferenciação. Muitos tumores parecem consistir em células em estados de diferenciação variados, com capacidades diferentes para a divisão celular e a autorrenovação.

Para ver as implicações, é importante considerar como o sistema de células-tronco normais funciona. Quando uma célula-tronco normal se divide, cada célula-filha tem uma escolha – ela pode permanecer como uma célula-tronco ou ela pode se comprometer a uma via levando à diferenciação. Uma célula-tronco filha permanece no local para gerar mais células no futuro. Uma célula-filha comprometida sofre alguns ciclos de proliferação celular (como a chamada *célula amplificadora em trânsito*), mas depois para de se dividir, diferencia-se e, por fim, é descartada e substituída (ela pode morrer por apoptose, com reciclagem de seu material, ou ser expulsa do corpo). Normalmente, os dois destinos – célula-tronco ou célula diferenciada – ocorrem com probabilidades iguais, de modo que metade das células-filhas da divisão das células-tronco toma um caminho, e a outra metade toma o outro. Em um organismo saudável, controles de retroalimentação regulam o processo, ajustando esse balanço de escolhas de destino celular para corrigir quaisquer desvios em relação aos tamanhos adequados das populações de células. Assim, o número de células-tronco permanece aproximadamente constante e as células diferenciadas são substituídas continuamente em uma taxa constante. Por causa das divisões sofridas pelas células amplificadoras em trânsito, as células-tronco podem estar em número bem menor do que as células que estão comprometidas com a diferenciação e perdem a capacidade de autorrenovação. Porém, as células-tronco, embora poucas e distantes entre si e muitas vezes se dividindo de forma relativamente lenta, carregam toda a responsabilidade de manutenção do tecido a longo prazo.

Alguns cânceres parecem ser organizados de forma semelhante: eles consistem em **células-tronco tumorais** raras, capazes de se dividir indefinidamente, associadas a um número muito maior de células amplificadoras em trânsito em divisão, que são derivadas das células-tronco tumorais mas possuem uma capacidade limitada de autorrenovação (**Figura 20-32**). Em alguns tumores, essas células não tronco parecem constituir a grande maioria da população celular.

O fenômeno das células-tronco tumorais aumenta a dificuldade de cura do câncer

Evidências do fenômeno das células-tronco tumorais vêm primeiramente de experimentos nos quais células individuais de câncer são testadas para sua capacidade de gerar tumores novos: um ensaio-padrão é implantar as células em um camundongo imunodeficiente (**Figura 20-33**). Sabe-se, há meio século, que existe apenas uma pequena chance – em geral muito menor do que 1% – de que uma célula tumoral escolhida ao acaso e testada nesse modelo vá gerar um novo tumor. Isso, por si, só não prova que as células

Figura 20-33 Um camundongo imunodeficiente é utilizado em ensaios de transplantes para testar células cancerosas humanas e sua capacidade de gerar novos tumores. Esse camundongo *nude* possui uma mutação que bloqueia o desenvolvimento do timo e, como efeito colateral, ocorre queda do pelo. Devido ao fato de ele praticamente não possuir células T, ele tolera enxertos até mesmo de outras espécies. (Cortesia de Harlan Sprague Dawley.)

tumorais são heterogêneas: como sementes espalhadas em um solo difícil, cada uma delas pode ter apenas uma pequena chance de encontrar um lugar onde pode sobreviver e crescer. Tecnologias modernas para separação celular têm mostrado, no entanto, que em alguns cânceres, pelo menos, a taxa de sucesso encontrada em novos tumores é até mesmo mais baixa do que deveria ser, porque as células cancerosas são heterogêneas em seu estado de diferenciação e apenas um pequeno conjunto delas – as células-tronco tumorais – possuem propriedades especiais necessárias à propagação do tumor. Por exemplo, em vários tipos de cânceres, incluindo câncer de mama e leucemias, é possível fracionar as células tumorais utilizando anticorpos monoclonais que reconhecem um marcador de superfície celular em particular presente nas células-tronco normais no tecido de origem do câncer. As células cancerosas purificadas expressando esse marcador apresentam uma capacidade muito maior de formar novos tumores. E os novos tumores consistem em uma mistura de células que expressam o marcador e células que não o expressam, todas geradas da mesma célula fundadora que expressa o marcador.

Experimentos com células de câncer de mama revelaram que, em vez de seguirem um rígido programa de células-tronco para células amplificadoras em trânsito para células diferenciadas, essas células cancerosas podem alternar aleatoriamente para lá e para cá – com certa baixa probabilidade de transição – entre estados diferentes de diferenciação que expressam diferentes marcadores moleculares. Em um estado, elas permanecem como células-tronco, dividindo-se lentamente mas capazes de gerar novos tumores; em outros estados, elas permanecem como células amplificadoras em trânsito, dividindo-se rapidamente mas incapazes de gerar novos tumores em um ensaio-padrão de transplante. Porém, uma única célula em qualquer um desses estados – deixada em cultura ou em um ambiente propício no organismo – dará origem a uma população mista que inclui todos os outros estados também.

O fenômeno da célula-tronco tumoral, qualquer que seja sua base, implica que até mesmo quando as células tumorais são geneticamente semelhantes, elas são fenotipicamente diversas. Um tratamento que elimina aquelas em um estado tem probabilidade de permitir a sobrevivência de outras, que permanecem como um risco. A radioterapia ou os fármacos citotóxicos, por exemplo, podem matar seletivamente as células com alta taxa de divisão celular, reduzindo o volume do tumor a quase nada, e ainda assim poupar algumas células que se dividem lentamente e que vão ressuscitar a doença. Isso aumenta muito a dificuldade de terapias para o câncer e é parte do motivo pelo qual tratamentos que à primeira vista parecem bem-sucedidos acabam, diversas vezes, em recidivas e decepção.

Os cânceres colorretais se desenvolvem lentamente, mediante uma sucessão de alterações visíveis

No começo deste capítulo, vimos que a maioria dos cânceres se desenvolve gradualmente a partir de uma única célula aberrante, progredindo de tumores benignos para tumores malignos pelo acúmulo de um número independente de alterações genéticas e epigenéticas. Discutimos o que algumas das alterações são em termos moleculares e como elas contribuem para o comportamento canceroso. Agora, vamos examinar com mais detalhes um dos tipos mais comuns de câncer humano, usando-o para ilustrar e também expandir alguns dos princípios gerais e mecanismos moleculares apresentados. Tomaremos o **câncer colorretal** como nosso exemplo.

O câncer colorretal se origina do epitélio que reveste o cólon (o maior segmento do intestino) e o reto (o segmento terminal do aparelho digestivo). A organização tecidual é muito semelhante à do intestino delgado, discutido em detalhes no Capítulo 22 (p. 1217-1221). Tanto para o intestino delgado quanto para o intestino grosso, o epitélio é renovado a uma taxa extraordinariamente rápida, levando em torno de uma semana para que ocorra a substituição completa da maior parte da parede epitelial. Em ambas as regiões, a renovação depende de células-tronco que se situam em bolsas profundas do epitélio, chamadas de criptas intestinais. Os sinais que mantêm as células-tronco e controlam a organização normal e a renovação do epitélio começam a ser perfeitamente entendidos, como explicado no Capítulo 22. Mutações que rompem esses sinais começam o processo da progressão tumoral para a maioria dos cânceres colorretais (**Animação 20.6**).

Os cânceres colorretais são comuns, causando atualmente cerca de 60 mil mortes por ano nos Estados Unidos, ou cerca de 10% do total de mortes por câncer. Como a maioria dos cânceres, eles em geral são diagnosticados tardiamente na vida (90% ocorrem depois dos 55 anos de idade). Porém, exames de rotina em adultos normais usando colonoscopia (um dispositivo de fibra óptica para visualizar o interior do cólon e do reto) muitas vezes revelam um pequeno tumor benigno, ou adenoma, do epitélio do intestino na forma de uma massa de tecido protuberante chamada de *pólipo* (ver Figura 22-4). Acredita-se que esses pólipos adenomatosos sejam os precursores de uma ampla proporção de cânceres colorretais. Como a progressão da doença costuma ser muito lenta, existe um período de dez anos no qual o tumor de crescimento lento é detectável, porém ainda não se tornou maligno. Assim, quando pacientes são investigados por colonoscopia ao chegarem aos 50 anos e os pólipos são removidos pelo colonoscópio – um procedimento cirúrgico fácil e rápido –, a subsequente incidência de câncer colorretal é bem mais baixa: de acordo com alguns estudos, menos de um quarto do que seria.

Nas secções microscópicas dos pólipos com menos de 1 cm de diâmetro, as células e seus arranjos no epitélio em geral têm aparência quase normal. Quanto maior o pólipo, maior a probabilidade de conter células que parecem anormalmente indiferenciadas e de formar estruturas anormalmente organizadas. Algumas vezes, duas ou mais áreas distintas podem ser distinguidas dentro de um único pólipo, com as células em uma área parecendo relativamente normais e aquelas na outra área com aparência claramente cancerosa, como se tivessem surgido como um subclone mutante dentro do clone original de células adenomatosas. Em estágios tardios da doença, em uma pequena fração do pólipo, algumas células tumorais se tornam invasivas, rompendo, primeiramente, através da lâmina basal do epitélio e depois se disseminando pelas camadas musculares que circundam o intestino, até que por fim geram metástases nos linfonodos via vasos linfáticos, no fígado, no pulmão e em outros órgãos pela corrente sanguínea.

Algumas lesões genéticas chave são comuns a uma ampla parcela de cânceres colorretais

Quais são as mutações que se acumulam com o tempo para produzir essa cadeia de eventos? Dos genes descobertos até agora que estão envolvidos no câncer colorretal, três se destacam como os mais mutados: o proto-oncogene *K-Ras* (um membro da família do gene *Ras*), em torno de 40% dos casos; o gene *p53*, em torno de 60% dos casos; e o gene supressor tumoral *Apc* (discutido adiante), em mais de 80% dos casos. Outros genes estão envolvidos no câncer colorretal em números menores, e alguns deles estão listados na **Tabela 20-1**.

O papel do *Apc* surgiu, primeiramente, de estudos de certas famílias mostrando um tipo raro de predisposição hereditária para câncer colorretal, chamada de *coli polipose adenomatosa familiar* (PAF) *do cólon*. Nessa síndrome, centenas ou milhares de pó-

TABELA 20-1 Algumas anormalidades genéticas detectadas em cânceres colorretais

Gene	Classe	Via afetada	Cânceres de cólon humano (%)
K-Ras	Oncogene	Sinalização de receptor tirosina-cinase	40
β-Catenina[1]	Oncogene	Sinalização Wnt	5-10
Apc[1]	Supressor tumoral	Sinalização Wnt	> 80
p53	Supressor tumoral	Resposta ao estresse e a danos ao DNA	60
Receptor TGFβ II [2]	Supressor tumoral	Sinalização TGFβ	10
Smad4 [2]	Supressor tumoral	Sinalização TGFβ	30
MLH1 e outros genes de reparo de pareamento incorreto de DNA (normalmente silenciados por metilação do DNA)	Supressor tumoral (estabilidade genética)	Reparo de pareamento incorreto de DNA	15

[1,2]Os genes com o mesmo número sobrescrito agem na mesma via e, portanto, apenas um componente está mutado em um determinado câncer.

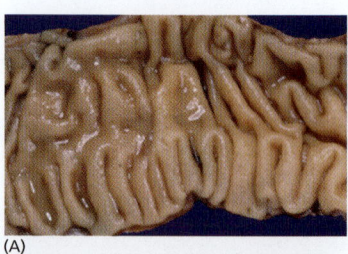

Figura 20-34 Cólon de um paciente com polipose adenomatosa familiar em comparação a um cólon normal. (A) A parede do cólon normal é ligeiramente ondulada com uma superfície lisa. (B) O cólon com polipose está completamente coberto por centenas de pólipos que se projetam, cada um parecendo uma couve-flor quando vistos a olho nu. (Cortesia de Andrew Wyllie e Mark Arends.)

lipos se desenvolvem ao longo do cólon (**Figura 20-34**). Esses pólipos começam a aparecer na vida adulta jovem e, se não forem removidos, um ou mais sempre progredirão para o estágio de malignidade; o tempo médio entre a primeira detecção de pólipos e o diagnóstico de câncer é de 12 anos. A doença pode ocorrer devido a uma deleção ou inativação do gene supressor de tumores *Apc*, que tem as iniciais da síndrome. Indivíduos com a síndrome possuem mutações inativantes ou deleções em uma cópia do gene *Apc* em todas as células e mostram a perda de heterozigosidade em tumores, mesmo nos pólipos benignos. A maioria dos pacientes com câncer colorretal não possui a condição hereditária. Entretanto, em mais de 80% dos casos, suas células cancerosas (mas não suas células normais) têm as duas cópias do gene *Apc* inativadas por mutações adquiridas durante a vida dos pacientes. Assim, por uma via semelhante àquela discutida para o retinoblastoma, mutações no gene *Apc* foram identificadas como um dos ingredientes do câncer colorretal.

A proteína Apc, como sabemos agora, é um componente inibitório da *via de sinalização Wnt* (discutida no Capítulo 15). Ela se liga à proteína β-catenina, outro componente da via Wnt, e ajuda a induzir a degradação de proteínas. Mediante inibição da β-catenina, a Apc impede que a β-catenina migre para o núcleo, onde iria atuar como um regulador transcricional para conduzir a proliferação celular e manter o estado de célula-tronco (ver Figura 15-60). A perda da Apc resulta em um excesso de *β-catenina* livre e, assim, leva a uma expansão descontrolada da população de células-tronco. Isso gera um aumento massivo no número e no tamanho das criptas intestinais (ver Figura 22-4).

Quando o gene da *β-catenina* foi sequenciado em uma coleção de tumores colorretais, descobriu-se que muitos dos tumores que não possuíam a mutação *Apc* tinham mutações de ativação na *proteína catenina*. Dessa forma, é a atividade excessiva da via de sinalização Wnt que é crítica para o início do câncer, mais do que qualquer oncogene ou gene supressor de tumores que faça parte da via.

Sendo assim, por que o gene *Apc* em particular é geralmente o grande responsável pelo câncer colorretal? A proteína Apc é grande e interage não apenas com a β-catenina, mas também com vários outros componentes, incluindo os microtúbulos. A perda de Apc, ao que parece, aumenta a frequência de defeitos no fuso mitótico, levando a anormalidades cromossômicas quando a célula se divide. Esse efeito promotor de câncer independente poderia explicar por que mutações em *Apc* são tão proeminentes como causa do câncer colorretal.

Alguns cânceres colorretais possuem defeitos na maquinaria de reparo de pareamento incorreto de DNA

Além da doença hereditária (PAF) associada a mutações no gene *Apc*, existe um segundo tipo de predisposição hereditária mais comum para carcinoma de cólon no qual o curso dos eventos difere do descrito para PAF. Na condição mais comum, que é denominada *câncer de cólon hereditário sem polipose* (*HNPCC*; do inglês, *hereditary nonpolyposis colorectal cancer*), a probabilidade de câncer no cólon está aumentada sem qualquer aumento no número de pólipos colorretais (adenomas). Além disso, as células cancerosas são diferentes e possuem um cariótipo normal (ou quase normal). A maioria dos tumores colorretais em pacientes não HNPCC, ao contrário, possui anormalidades grosseiras com múltiplas translocações, deleções e outras aberrações, assim como um número de cromossomos maior do que o normal (**Figura 20-35**).

As mutações que predispõem indivíduos HNPCC ao câncer colorretal ocorrem em um dos vários genes que codificam componentes centrais do *sistema de reparo de pareamento incorreto de DNA*. Esses genes são homólogos dos genes *MutL* e *MutS* de bactérias e leveduras em estrutura e função (ver Figura 5-19). Apenas uma das duas cópias existentes do gene envolvido está defeituosa, e o sistema de reparo ainda é capaz de remover os inevitáveis erros de replicação do DNA que ocorrem nas células dos pacien-

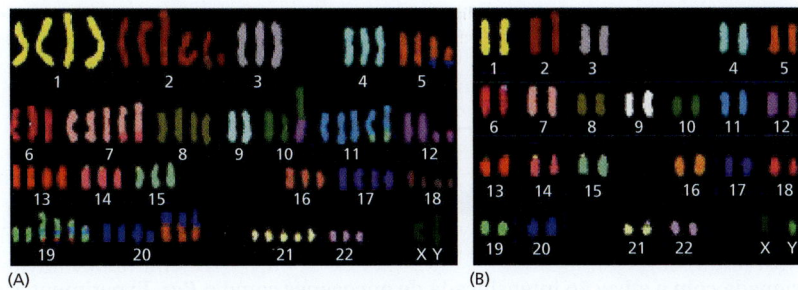

Figura 20-35 Complementos cromossômicos (cariótipos) do câncer de cólon mostrando diferentes tipos de instabilidade genética. (A) O cariótipo de câncer típico mostra muitas anormalidades grosseiras em número e estrutura de cromossomos. Variações consideráveis podem existir de célula para célula (não mostrado). (B) O cariótipo de um tumor que possui um complemento cromossômico estável com poucas anormalidades cromossômicas; as anormalidades genéticas são praticamente invisíveis, tendo sido geradas por defeitos no reparo de pareamento incorreto do DNA. Todos os cromossomos nesta figura foram corados como na Figura 4-10, o DNA de cada um dos cromossomos sendo marcado com uma combinação de diferentes corantes fluorescentes. (Cortesia de Wael Abdel-Rahman e Paul Edwards.)

tes. Entretanto, como já discutido, tais indivíduos estão em risco, pois a perda ou a inativação do outro gene imediatamente eleva a taxa espontânea de mutações em cem vezes ou mais (discutido no Capítulo 5). Essas células geneticamente instáveis podem então presumivelmente aumentar a velocidade dos processos-padrão de mutação e seleção natural que permitem a clones celulares progredir para a malignidade.

Esse tipo particular de instabilidade genética produz alterações invisíveis no cromossomo – mais notavelmente em nucleotídeos individuais e expansões ou contrações curtas de repetições de mononucleotídeos e dinucleotídeos como AAAA... ou CACACA.... Uma vez que o defeito em pacientes HNPCC foi reconhecido, o silenciamento epigenético ou mutação de genes de reparo de pareamento incorreto foi encontrado em torno de 15% dos cânceres colorretais em pessoas sem predisposição à mutação hereditária.

Assim, a instabilidade genética encontrada em muitos dos cânceres colorretais pode ser adquirida pelo menos de duas maneiras. A maioria dos cânceres mostra uma forma de instabilidade cromossômica que leva a alterações cromossômicas visíveis, enquanto outros ocorrem em escala muito menor e refletem defeito no sistema de reparo. Na verdade, muitos carcinomas mostram instabilidade cromossômica ou um sistema de reparo defeituoso – muito raramente ambos. Tais achados demonstram de forma clara que a instabilidade genética não é um subproduto acidental do comportamento maligno, mas uma causa contribuinte – e que as células cancerosas podem adquirir tal instabilidade de diversas maneiras.

As etapas da progressão tumoral frequentemente podem ser correlacionadas a mutações específicas

Em qual ordem *K-Ras*, *p53*, *Apc* e outros genes críticos identificados para o câncer colorretal mutam, e qual a contribuição de cada um deles para o comportamento antissocial da célula cancerosa? Não existe uma resposta simples, pois o câncer colorretal pode surgir por mais de uma via: assim, sabemos que, em alguns casos, a primeira mutação pode ocorrer em um gene do reparo de pareamento incorreto de DNA; em outros, pode ser um gene que regula a proliferação celular. Desse modo, como já discutido, uma característica geral como a instabilidade genética ou a tendência de proliferar anormalmente pode surgir de diversas maneiras a partir de mutações em diferentes genes.

Mesmo assim, certos conjuntos de mutações são particularmente comuns em cânceres colorretais, ocorrendo em uma ordem característica. Desse modo, na maioria dos casos, mutações que inativam o gene *Apc* parecem ser as primeiras, ou pelo menos parecem acontecer na etapa inicial, por serem detectadas com a mesma alta frequência em pequenos pólipos benignos ou em grandes tumores malignos. Alterações que levam à instabilidade genética ou epigenética parecem surgir nos primeiros passos da progressão tumoral, pois são necessárias para conduzir as etapas subsequentes.

Mutações ativadoras no gene *K-Ras* ocorrem tardiamente porque são raras em pequenos pólipos, porém muito comuns em pólipos grandes que mostram certa perturbação nos padrões de diferenciação celular e histológicos.

Acredita-se que mutações de inativação em *p53* também ocorram tardiamente por serem raras em pólipos, mas comuns em carcinomas (**Figura 20-36**). Temos percebido que a perda da função de *p53* permite que as células cancerosas tolerem o estresse e evitem a apoptose e a parada do ciclo celular. Além disso, a perda de *p53* está cor-

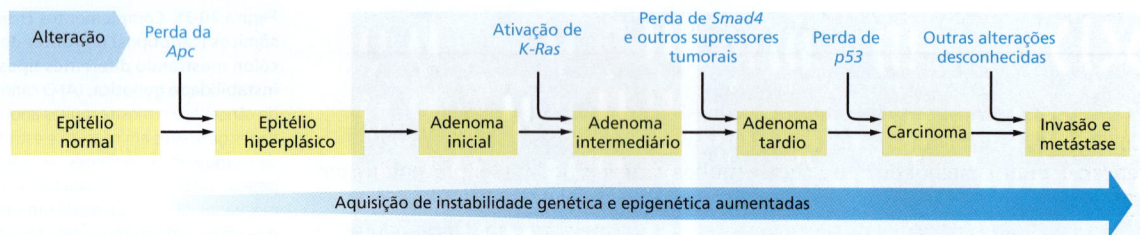

Figura 20-36 Sequência típica sugerida de alterações genéticas fundamentais para o desenvolvimento de um carcinoma colorretal. Este diagrama muito simplificado traz uma ideia geral do modo como as mutações e o desenvolvimento tumoral se relacionam. Porém, muitas outras mutações costumam estar envolvidas, e cânceres colorretais diferentes podem progredir por meio de diferentes sequências de mutações (e/ou mudanças epigenéticas).

relacionada com a ativação intensificada de oncogenes como o *Ras*. Experimentos em camundongos mostraram que baixos níveis iniciais de ativação de oncogenes podem originar um crescimento tumoral lento mesmo quando *p53* está funcional: genes como *Ras* são, afinal, parte de uma maquinaria normal de controle de crescimento, e a ativação moderada não é estressante para uma célula e não recruta a proteína p53. Porém, a progressão lenta de um tumor para um crescimento rápido e maligno envolve a ativação de oncogenes além dos limites fisiológicos normais, chegando a níveis estressantes. Caso a proteína p53 esteja presente e funcional, isso deve levar a uma parada do ciclo celular ou à morte. Apenas perdendo a funcionalidade da p53 é que as células cancerosas podem sobreviver e progredir com oncogenes superativos.

As etapas que acabamos de descrever são apenas uma parte do todo. É importante enfatizar que cada caso de câncer colorretal é diferente, com suas próprias combinações de mutações, e que até mesmo para mutações que são comuns, a sequência pela qual elas ocorrem pode variar. O mesmo vale para cânceres em geral.

Os avanços recentes na biologia molecular forneceram ferramentas para descobrir precisamente quais genes estão amplificados, deletados, mutados ou regulados de forma incorreta a partir de mecanismos epigenéticos nas células tumorais de qualquer paciente. Como discutiremos na próxima seção, tais informações promissoras estão se tornando importantes para o diagnóstico e tratamento do câncer, assim como foi a descoberta da possibilidade de identificar microrganismos para o tratamento de doenças infecciosas.

Resumo

A análise molecular das células cancerosas revela duas classes de genes críticos para o câncer: oncogenes e genes supressores de tumores. Um conjunto desses genes é alterado por uma combinação de acidentes genéticos e epigenéticos que conduzem à progressão tumoral. Muitos genes críticos para o câncer codificam componentes do controle social de vias que regulam quando as células crescem, se dividem, diferenciam ou morrem. Além disso, uma subclasse de supressores de tumores pode ser categorizada como "genes de manutenção do genoma", pois seus papéis normais estão relacionados com o auxílio da manutenção da integridade do genoma.

A inativação da via de p53, que ocorre em quase todos os cânceres humanos, permite que células geneticamente danificadas escapem da apoptose e continuem a proliferar. A inativação da via de Rb também ocorre na maioria dos cânceres humanos, ilustrando como cada uma das vias é fundamental para nossa proteção contra o câncer.

O sequenciamento do genoma de células cancerosas revelou que – exceto para cânceres infantis – muitos cânceres adquirem dez ou mais mutações condutoras ao longo do curso da progressão tumoral, juntamente com um número consideravelmente maior de mutações passageiras irrelevantes. Os mesmos métodos revelaram como subclones de células surgem e morrem conforme a idade do tumor. Os tumores, portanto, contêm uma mistura heterogênea de células, algumas – chamadas de células-tronco tumorais – sendo muito mais perigosas do que outras.

Podemos frequentemente correlacionar as etapas da progressão tumoral com mutações que ativam oncogenes específicos e inativam genes supressores de tumores específicos; o câncer de cólon é um bom exemplo. Contudo, combinações diferentes de mutações e alterações epigenéticas são encontradas em diferentes tipos de cânceres, e mesmo em diferentes pacientes com o mesmo tipo de câncer, refletindo a maneira ao acaso na qual tais alterações herdáveis ocorrem. Além disso, muitas das mesmas mudanças são encontradas repetidamente, sugerindo que há um número limitado de formas de burlar nossas defesas contra o câncer.

TRATAMENTO E PREVENÇÃO DO CÂNCER: PRESENTE E FUTURO

Podemos aplicar o crescente entendimento da biologia molecular do câncer para direcionar nosso ataque à doença em três níveis: prevenção, diagnóstico e tratamento. A prevenção é sempre melhor do que a cura, e muitos cânceres podem ser prevenidos, em especial evitando-se o tabagismo. Ensaios moleculares altamente sensíveis prometem novas oportunidades para diagnósticos mais precoces e mais precisos, com o objetivo de detectar tumores primários enquanto ainda são pequenos e não geraram metástases. Cânceres identificados nesses estágios iniciais podem ser eliminados com cirurgia e radioterapia, como vimos para os pólipos colorretais. No entanto, a doença maligna em desenvolvimento continuará sendo comum por muitos anos, e os tratamentos para o câncer continuarão sendo necessários.

Nesta seção, primeiramente examinaremos as causas evitáveis do câncer e depois consideraremos como os avanços dos nossos conhecimentos em nível molecular estão começando a transformar o tratamento da doença.

A epidemiologia revela que muitos casos de câncer podem ser prevenidos

Certa incidência-base irredutível de câncer é esperada independentemente das circunstâncias. Como discutido no Capítulo 5, mutações nunca podem ser absolutamente evitadas porque elas são uma consequência inevitável de limitações fundamentais na precisão da replicação e do reparo ao DNA. Caso uma pessoa possa viver tempo suficiente, é inevitável que pelo menos uma de suas células acabará acumulando um conjunto de mutações suficientes para desenvolver um câncer.

No entanto, fatores ambientais parecem contribuir grandemente para a determinação do risco de desenvolver um câncer. Isso é demonstrado com mais clareza comparando-se a incidência de câncer em diversos países. Para quase todo o câncer que é muito comum em um país, existe outro país onde essa incidência é muitas vezes menor. Essas diferenças parecem ser causadas mais por fatores ambientais do que por fatores genéticos, pois as populações de migrantes têm a tendência de adotar o padrão de incidência de câncer característico do novo país. Sugere-se, a partir desses dados, que de 80 a 90% dos cânceres poderiam ser evitados, ou ao menos postergados (**Figura 20-37**).

Infelizmente, os vários cânceres têm diferentes fatores de risco ambiental, e uma população que escapa de um perigo em geral fica exposta a outro. Isso, porém, não é inevitável. Existem alguns subgrupos cujos estilos de vida reduzem substancialmente a taxa de morte por câncer entre indivíduos de determinadas idades. Nos Estados Unidos e na Europa, nas condições atuais, cerca de 1 em cada 5 pessoas morre de câncer. Porém, a incidência de câncer entre mórmons extremistas em Utah – os quais evitam álcool, café, cigarros, drogas e sexo casual – é apenas a metade da incidência para membros não praticantes da mesma família ou para americanos em geral. A incidência de câncer também é baixa em certas populações africanas relativamente ricas.

Embora tais observações indiquem que o câncer pode ser evitado, é difícil, na maioria dos casos – com exceção do tabaco –, identificar fatores ambientais específicos responsáveis por essas grandes diferenças populacionais ou estabelecer como elas agem. Todavia, diversas classes importantes de fatores ambientais de risco para o câncer têm sido identificadas (Figura 20-37B). Pode-se pensar primeiro nos mutagênicos. Porém, existem também muitas outras influências – incluindo a quantidade de comida que ingerimos, os hormônios que circulam em nosso organismo e as irritações, infecções e danos aos quais expusemos nossos tecidos – que não são menos importantes e favorecem o desenvolvimento da doença de outras formas.

Ensaios sensíveis podem detectar agentes causadores de câncer que danificam o DNA

Muitas substâncias químicas diferentes mostraram-se carcinogênicas quando usadas para alimentar animais experimentais ou aplicadas repetidamente na pele. Os exemplos

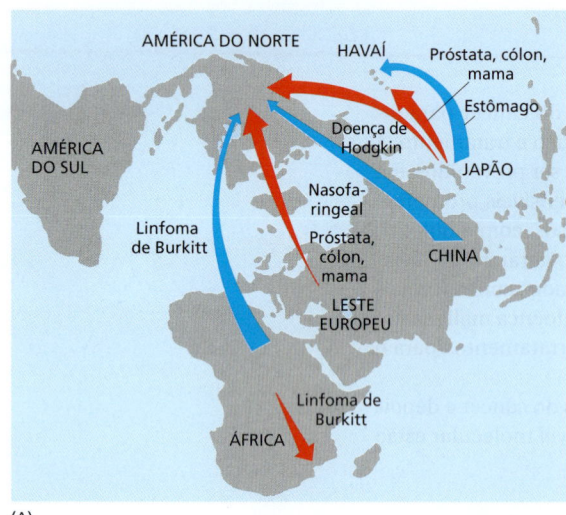

Causa	Cânceres gerados (porcentagem do total)	Número de mortes nos EUA (anualmente)	Magnitude da redução possível (porcentagem)
Tabagismo	33	189.000	75
Dieta, sobrepeso e obesidade	25	143.000	50
Sedentarismo	5	28.600	85
Vírus	5	28.600	100
Álcool	3	17.200	50
Radiação UV e ionizante	2	11.400	50
Carcinógenos ocupacionais	5	28.600	50

Figura 20-37 A incidência de câncer está relacionada a influências ambientais. (A) Este mapa do mundo mostra as taxas de câncer aumentando (*setas vermelhas*) ou diminuindo (*setas azuis*) quando populações específicas migram de um local para outro. Tais observações sugerem a importância dos fatores ambientais, incluindo a dieta, na determinação dos riscos de câncer. (B) Alguns efeitos estimados do ambiente e do estilo de vida nos Estados Unidos (EUA). A tabela mostra as mortes anuais nos EUA atribuídas a cada câncer e as porcentagens estimadas daquele tipo de câncer que poderia ser eliminado mediante prevenção. (B, dados de G.A. Colditz, K.Y. Wolin and S. Gehlert, *Sci. Transl. Med.* 4:127rv4, 2012.)

incluem diversos hidrocarbonetos aromáticos e seus derivados como aminas aromáticas, nitrosaminas e agentes alquilantes, como o gás de mostarda. Embora esses **carcinógenos químicos** possuam estrutura diversa, uma grande proporção deles compartilha ao menos uma propriedade – eles geram mutações. Em um teste comum para mutagenicidade (o *teste de Ames*), o carcinógeno é misturado com um extrato ativador preparado a partir de células de fígado de rato (para mimetizar o processo bioquímico que ocorre em um animal intacto). Após, a mistura é adicionada à cultura especialmente preparada para testar bactérias e medir a taxa de mutação bacteriana. A maioria dos compostos classificados como mutagênicos nesse rápido e conveniente teste em bactérias também causa mutações ou aberrações cromossômicas em testes realizados com células de mamíferos.

Alguns desses carcinógenos agem diretamente no DNA. Porém, em geral os mais potentes são relativamente inertes quimicamente; esses agentes químicos se tornam danosos apenas após terem sido convertidos a uma molécula mais reativa por processos metabólicos no fígado, catalisados por um conjunto de enzimas intracelulares conhecidas como *oxidases do citocromo P-450*. Essas enzimas costumam contribuir para converter as toxinas ingeridas em compostos menos perigosos e de fácil excreção. Infelizmente, suas atividades sobre determinadas substâncias químicas levam a produtos altamente mutagênicos. Exemplos de carcinógenos ativados desse modo incluem *benzo[a]pireno*, um agente químico causador de câncer presente no alcatrão de carvão e na fumaça de cigarros, e a toxina fúngica *aflatoxina B1* (**Figura 20-38**).

Cinquenta por cento dos cânceres podem ser evitados por mudanças no estilo de vida

No mundo atual, a fumaça do tabaco é o carcinógeno mais importante. Mesmo que muitos outros carcinógenos químicos tenham sido identificados, nenhum deles parece ser responsável por tantas mortes por câncer em humanos. Acredita-se, às vezes, que as principais causas ambientais do câncer sejam produto de um estilo de vida altamente industrializado – o crescimento da poluição, o crescente uso de aditivos nos alimentos, e assim por diante –, mas existem poucas evidências sustentando tal ponto de vista. Essa ideia deve ter surgido, ao menos em parte, da identificação de alguns materiais industriais altamente carcinogênicos, como a 2-naftilamina e o amianto. Exceto pelo aumento de cânceres causados pelo tabagismo, no entanto, as taxas de mortalidade ajustadas pela idade para os cânceres humanos mais comuns têm se mantido as mesmas ao longo da última metade de século, ou, em alguns casos, têm diminuído significativamente (**Figura 20-39**). Além disso, as taxas de sobrevida têm aumentado. Trinta anos atrás, menos de 50% dos pacientes viviam mais de cinco anos a partir do momento do diagnóstico; agora, são mais de dois terços.

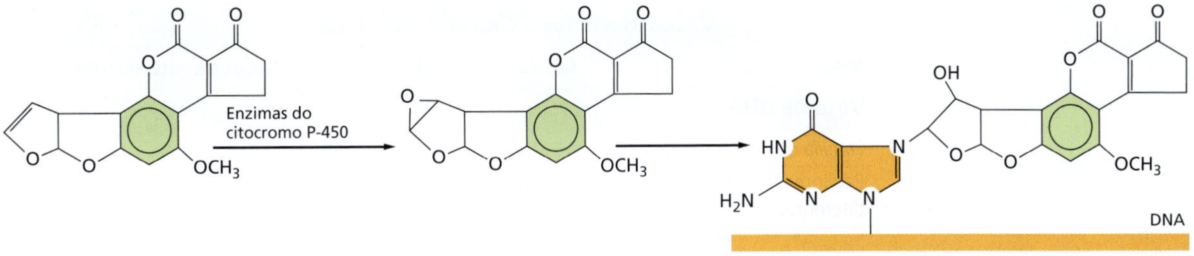

(A)   AFLATOXINA   AFLATOXINA-2,3-EPÓXIDO   CARCINÓGENO LIGADO À GUANINA NO DNA

Figura 20-38 Alguns carcinógenos conhecidos. (A) Ativação do carcinógeno. Uma transformação metabólica ativa muitos carcinógenos químicos antes de eles causarem mutações pela reação com o DNA. O composto ilustrado é a *aflatoxina B1*, uma toxina de um fungo (*Aspergillus flavus oryzae*) que cresce em grãos e no amendoim quando estocados sob condições tropicais úmidas. A aflotoxina é uma importante causa de câncer de fígado nos trópicos. (B) Diferentes carcinógenos causam diferentes tipos de câncer. (B, dados de Cancer and the Environment: Gene Environment Interactions, National Academies Press, 2002.)

- **CLORETO DE VINIL:**
  Angiossarcoma de fígado
- **BENZENO:**
  Leucemias agudas
- **ARSÊNICO:**
  Carcinomas de pele, câncer de bexiga
- **AMIANTO:**
  Mesotelioma
- **RÁDIO:**
  Osteossarcoma

(B)

Muitos dos fatores carcinogênicos sabidamente importantes não são, de modo algum, específicos do mundo moderno. O carcinógeno mais potente conhecido, por determinados experimentos pelo menos, é a aflotoxina B1 (ver Figura 20-38). Ela é produzida por um fungo que contamina naturalmente a comida como amendoins tropicais e é uma causa importante do câncer de fígado na África e na Ásia.

Exceto pelo tabaco, toxinas químicas e mutagênicos são os que menos contribuem para o câncer em relação a outros fatores que são mais uma escolha pessoal. Um fator importante é a quantidade de comida que ingerimos: como mencionado antes, o risco de câncer é bem mais elevado em pessoas obesas. De fato, estima-se que em torno de 50% de todos os cânceres podem ser evitados por simples mudanças no estilo de vida (ver Figura 20-37B).

Vírus e outras infecções contribuem para uma proporção significativa de cânceres humanos

O câncer em humanos não é uma doença infecciosa, e a maioria dos cânceres humanos não tem nenhuma causa infecciosa. Contudo, uma proporção pequena, porém significativa, de cânceres humanos, talvez cerca de 15%, considerando o mundo todo, aparece por mecanismos que envolvem a participação de vírus, bactérias e parasitas. As evidências de seu envolvimento vêm, em parte, da detecção de vírus em pacientes com câncer e, em parte, da epidemiologia. Dessa forma, o câncer de colo do útero é associado ao papilomavírus, enquanto o câncer de fígado é muito frequente em locais do mundo (África e Sul da Ásia) onde as infecções virais por hepatite B são muito comuns. A infecção crô-

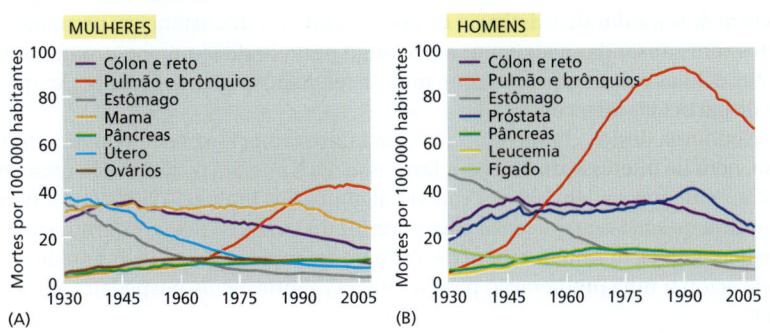

Figura 20-39 Taxas de mortalidade por câncer ajustadas pela idade nos Estados Unidos, 1930-2008. Taxas de mortalidade selecionadas da população dos Estados Unidos ajustadas pela distribuição etária, para mulheres (A) e homens (B). Note o considerável aumento do câncer de pulmão para ambos os sexos, seguindo o padrão do tabagismo, e a queda nas mortes por câncer de estômago, provavelmente relacionada com uma queda nas taxas de infecção por *Helicobacter pylori*. As recentes reduções nas taxas de mortalidade por outros cânceres podem corresponder aos avanços ocorridos na detecção e no tratamento do câncer. Dados ajustados por faixa etária são necessários para compensar o aumento inevitável do câncer à medida que a população vive mais, em média. (Adaptada de Cancer Facts and Figures, 2012. Dados de U.S. Mortality Volumes 1930 a 1959, U.S. Mortality Dados de 1960 a 2008, National Center for Health Statistics, Centers for Disease Control and Prevention. © 2012, American Cancer Society, Inc., Surveillance Research.)

TABELA 20-2 Vírus associados a cânceres humanos

Vírus	Câncer associado	Áreas de alta incidência
Vírus de DNA		
Família dos papovavírus		
Papilomavírus (muitas cepas diferentes)	Verrugas (benignas)	Mundo todo
	Carcinoma de colo do útero	Mundo todo
Família dos hepadnavírus		
Vírus da hepatite B	Câncer de fígado (carcinoma hepatocelular)	Sudeste da Ásia, África tropical
Família dos herpes-vírus		
Vírus Epstein-Barr	Linfoma de Burkitt (câncer de linfócitos B)	África Ocidental, Papua Nova Guiné
	Carcinoma nasofaríngeo	Sul da China, Groenlândia
Herpes-vírus humano 8	Sarcoma de Kaposi	Países do Sul e do Centro da África
Vírus de RNA		
Família dos retrovírus		
Vírus da leucemia das células T humanas tipo 1 (HTLV-1)	Leucemia/linfoma de célula T adulta	Japão, Antilhas
Vírus da imunodeficiência humana (HIV, o vírus da Aids)	Sarcoma de Kaposi (via herpes-vírus humano 8)	Países do Sul e do Centro da África
Família dos flavivírus		
Vírus da hepatite C	Câncer de fígado (carcinoma hepatocelular)	Mundo todo

No caso de todos os vírus acima, o número de pessoas infectadas é muito maior do que o número de cânceres que se desenvolvem. Os vírus devem atuar em conjunto com outros fatores. Como descrito no texto, diferentes vírus contribuem para o câncer de diferentes formas.

nica com o vírus da hepatite C, que infecta 170 milhões de pessoas no mundo, também está claramente associada ao desenvolvimento de câncer no fígado.

Os principais responsáveis, como mostrado na **Tabela 20-2**, são os vírus de DNA. Os **vírus tumorais de DNA** geram câncer por uma rota direta – interferindo no controle do ciclo celular e da apoptose. Para entender esse tipo de carcinogênese viral, é importante revisar a história da vida de um vírus. A maioria dos vírus de DNA usa a maquinaria de replicação do DNA celular para replicar seus genomas. Contudo, para produzir numerosas partículas infecciosas virais dentro de uma única célula, o vírus de DNA tem de comandar a maquinaria celular e dirigi-la de maneira rígida, quebrando as regras da replicação do DNA e em geral matando a célula no processo. A maioria dos vírus de DNA se reproduz somente dessa maneira. Mas alguns possuem uma segunda opção: eles conseguem propagar seus genomas como um passageiro calmo e bem comportado na célula hospedeira, replicando-se em paralelo junto com o DNA da célula hospedeira (integrando-se no genoma hospedeiro ou como um plasmídeo extracromossômico) no curso normal dos ciclos de divisão celular. Esses vírus comutam entre dois modos de existência de acordo com as circunstâncias, permanecendo latentes sem causar dano algum por um longo período de tempo ou proliferando em algumas células em um processo que mata a célula hospedeira e gera um grande número de partículas infecciosas.

Nenhuma dessas condições transforma uma célula hospedeira em um tipo canceroso, nem há interesse do vírus em fazer isso. Porém, para os vírus com uma fase de latência, acidentes podem ocorrer e ativar algumas das proteínas virais que o vírus em geral usaria na sua fase replicativa para permitir que o DNA viral se propague independentemente do ciclo celular. Como descrito no exemplo adiante, esse tipo de acidente pode acionar uma proliferação persistente na própria célula hospedeira, levando ao câncer.

Cânceres de colo do útero podem ser evitados por vacinação contra o papilomavírus humano

Os **papilomavírus** são o principal exemplo de vírus tumorais de DNA. Eles são responsáveis pelas verrugas humanas e têm especial importância como a causa do carcinoma de colo do útero: esse é o segundo tipo de câncer mais comum em mulheres no mundo todo, representando em torno de 6% de todos os cânceres humanos. Os papilomavírus humanos (**HPV**) infectam o epitélio cervical, onde se mantêm em uma fase latente na camada basal de células como plasmídeos extracromossômicos que se replicam concomitantemente com os cromossomos. Partículas virais infecciosas são geradas pela comutação para a fase replicativa nas camadas externas do epitélio no momento em que a progênie dessas células começa a se diferenciar antes de ser descamada da superfície. Aqui, a divisão celular normalmente deveria parar, porém o vírus interfere na parada do ciclo celular para permitir a replicação do seu genoma. Em geral, o efeito se restringe às camadas mais externas das células cervicais, sendo relativamente benigno, como nas verrugas. Às vezes, no entanto, um acidente genético provoca a integração dos genes virais que codificam as proteínas que impedem a parada do ciclo celular ao cromossomo da célula hospedeira, tornando-se ativos na camada basal, onde as células-tronco epiteliais residem (ver Figura 22-10). Isso leva ao câncer, com os genes virais agindo como oncogenes (**Figura 20-40**).

Todo o processo, desde a infecção até o câncer invasivo, é lento, levando muitos anos. Ele envolve um longo estágio intermediário quando a área afetada do epitélio cervical está visivelmente desordenada mas as células ainda não começaram a invadir o tecido conectivo subjacente – um fenômeno chamado *neoplasia intraepitelial*. Muitas dessas lesões regridem de forma espontânea. Além do mais, nesse estágio, ainda é fácil curar a patologia com remoção cirúrgica ou destruição dessas células usando radiação. Felizmente, a presença desse tipo de lesão pode ser detectada raspando-se uma amostra de células da superfície do colo do útero e analisando-a ao microscópio (exame de Papanicolau).

Ainda melhor, uma vacina foi desenvolvida para proteger contra a infecção de cepas relevantes de papilomavírus humano. Essa vacina, dada a meninas antes da puberdade e, assim, antes de estarem sexualmente ativas, tem mostrado uma redução significativa do risco de desenvolverem câncer de colo do útero. Pelo fato de o vírus se disseminar pela atividade sexual, agora é recomendado que jovens do sexo masculino e feminino sejam vacinados. Os programas de imunização em massa têm começado em vários países.

Agentes infecciosos podem gerar câncer de diversas maneiras

Nos papilomavírus, os principais genes virais responsáveis por causar câncer são chamados de *E6* e *E7*. As proteínas desses oncogenes virais interagem com muitas proteínas celulares e se ligam particularmente a duas proteínas supressoras de tumor da célula hospedeira, pondo-as fora de ação e permitindo à célula replicar o seu DNA e se dividir de maneira descontrolada. Uma dessas proteínas hospedeiras é a Rb; a outra é a p53. Outros vírus tumorais de DNA utilizam mecanismos similares para inibir Rb e p53, destacando a importância central da inativação de ambas as vias de supressão tumoral caso a célula esteja escapando dos controles normais de proliferação.

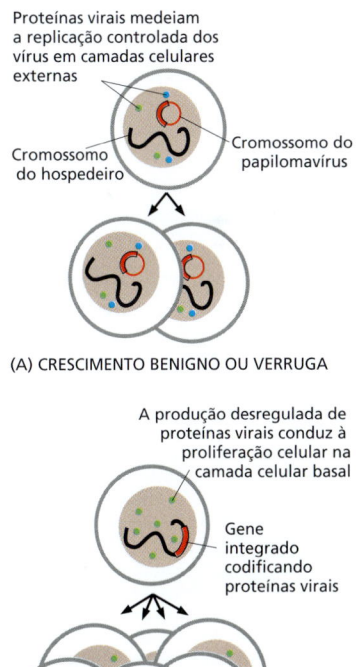

Figura 20-40 De que modo acredita-se que certos papilomavírus deem origem ao câncer de colo do útero. Os papilomavírus possuem cromossomos de DNA dupla fita circulares com cerca de 8 mil pares de nucleotídeos. Esses cromossomos costumam ser mantidos de maneira estável nas células basais do epitélio como plasmídeos (*círculos vermelhos*), cuja replicação é regulada para que eles se mantenham na mesma proporção dos cromossomos da célula hospedeira. (A) Normalmente, o vírus perturba o ciclo celular do hospedeiro apenas quando o vírus está programado para produzir progenitores infecciosos, nas camadas exteriores de um epitélio. Isso é relativamente inofensivo. (B) Acidentes, que são raros, podem causar a integração de um fragmento do plasmídeo no cromossomo do hospedeiro, alterando o ambiente dos genes virais nas células basais de um epitélio. Isso pode romper o controle normal da expressão gênica viral. A produção descontrolada de certas proteínas virais (E6 e E7) interfere no controle de divisão celular em células basais, contribuindo para gerar um câncer (*abaixo*).

Em outros cânceres, os vírus possuem ações de promoção tumoral indiretas. Os vírus da hepatite B e hepatite C, por exemplo, favorecem o desenvolvimento de câncer de fígado gerando uma inflamação crônica (hepatite), a qual estimula extensivamente a divisão celular no fígado que promove por fim o desenvolvimento de células tumorais. Na Aids, o vírus da imunodeficiência humana (HIV; do inglês, *human immunodeficiency virus*) promove o desenvolvimento de um câncer que, de outra maneira, seria muito raro, denominado sarcoma de Kaposi, ao destruir o sistema imunológico, permitindo, assim, a instalação de uma infecção secundária, como o herpes-vírus humano (HHV-8; do inglês, *human herpes virus*), que tem uma ação carcinogênica direta. Causando uma inflamação grave, as infecções crônicas por parasitas e bactérias também podem promover o desenvolvimento de alguns cânceres. Por exemplo, a infecção crônica do estômago pela bactéria *Helicobacter pylori*, que causa úlcera, parece ser a principal causa de câncer de estômago; uma queda considerável na incidência de câncer de estômago na última metade de século (ver Figura 20-39) está correlacionada com o declínio da incidência de infecções por *Helicobacter*.

A busca para a cura do câncer é difícil, mas não impossível

A dificuldade de curar um câncer é semelhante à dificuldade de nos livrarmos das ervas daninhas. As células cancerosas podem ser removidas cirurgicamente, ou destruídas mediante uso de compostos químicos tóxicos, ou ainda com radiação, porém é difícil erradicar todas elas. A cirurgia raras vezes pode eliminar todas as metástases, e os tratamentos que matam as células cancerosas em geral são tóxicos para as células normais. Além disso, diferentemente das células normais, as células cancerosas podem mutar rapidamente e desenvolver resistência a fármacos e à irradiação usados contra elas.

Apesar dessas dificuldades, a cura efetiva usando fármacos anticâncer (sozinhos ou em combinação com outros tratamentos) já foi encontrada para alguns cânceres letais no passado, incluindo o linfoma de Hodgkin, o câncer de testículos, o coriocarcinoma, algumas leucemias e outros cânceres da infância. Mesmo para os tipos de câncer para os quais a cura parece estar longe das nossas expectativas, existem tratamentos que prolongam a vida ou pelo menos aliviam o sofrimento. Porém, que prospecto existe em melhorar o tratamento e achar a cura para as formas mais comuns de câncer, que ainda causam grandes sofrimentos e muitas mortes?

As terapias tradicionais exploram a instabilidade genética e a perda da resposta dos pontos de verificação do ciclo celular em células cancerosas

As terapias anticâncer precisam tirar vantagem de algumas peculiaridades moleculares das células cancerosas que as distinguem das células normais. Uma propriedade é a instabilidade genética, refletindo deficiências na manutenção dos cromossomos, pontos de verificação do ciclo celular, e/ou reparo do DNA. Evidentemente, a terapia de câncer mais utilizada parece agir explorando essas anormalidades, embora isso não fosse de conhecimento dos cientistas que inicialmente desenvolveram os tratamentos. A radiação ionizante e a maioria dos fármacos anticâncer danificam o DNA ou interferem na segregação dos cromossomos na mitose, e eles matam preferencialmente as células cancerosas porque estas possuem uma capacidade diminuída de sobreviver ao dano. As células normais tratadas com radiação, por exemplo, param seus ciclos celulares até que tenham reparado o dano aos seus DNAs, graças às respostas dos pontos de verificação do ciclo celular discutidas no Capítulo 17. Pelo fato de as células cancerosas em geral possuírem defeitos nas suas respostas de verificação, elas podem continuar a se dividir após a radiação, para morrerem apenas alguns dias depois porque o dano genético permanece não reparado. A maioria das células cancerosas costuma ser fisiologicamente desequilibrada em relação ao estresse: elas vivem perigosamente. Mesmo que essas células tenham evoluído no tumor para serem tolerantes ao menor dano ao DNA, elas são hipersensíveis à maioria dos danos que podem ser gerados pela radiação ou por fármacos que causem dano ao DNA. Um pequeno aumento do dano genético pode ser suficiente para afetar o equilíbrio entre proliferação e morte.

Infelizmente, embora os defeitos moleculares presentes nas células cancerosas muitas vezes aumentem a sua sensibilidade aos agentes citotóxicos, eles também podem aumentar sua resistência. Por exemplo, onde uma célula normal morreria por apoptose em resposta a um dano ao DNA, graças à resposta ao estresse mediada pela p53, uma célula cancerosa pode escapar da apoptose por não possuir a p53. Os cânceres variam muito em relação à sua sensibilidade aos tratamentos citotóxicos, com alguns respondendo a um fármaco e alguns deles a outros, refletindo provavelmente os defeitos particulares que cada câncer possui no reparo ao DNA, pontos de verificação do ciclo celular e controles da apoptose.

Novos fármacos podem matar células cancerosas seletivamente atingindo mutações específicas

A radioterapia e os fármacos citotóxicos tradicionais são pouco seletivos: eles agem em células normais assim como em células tumorais, e a margem de segurança é pequena. A dose em geral não pode ser aumentada o suficiente para matar todas as células cancerosas, pois isso mataria o paciente, e os tratamentos curativos, quando possíveis, costumam exigir uma combinação de agentes citotóxicos. Os efeitos adversos podem ser difíceis e pesados de suportar. Como podemos melhorar isso?

O tratamento ideal é aquele letal para as células que possuam determinadas lesões, presentes nas células cancerosas, porém inofensivo onde essas lesões não existam. Esse tipo de tratamento é chamado de *letal-sintético* (do sentido original da palavra *síntese*, que significa "colocando junto"): ele mata apenas em parceria com a mutação específica do câncer. Como nos tornamos incrivelmente hábeis em identificar alterações específicas em células cancerosas que as fazem diferentes de suas células normais vizinhas, novas oportunidades para tratamentos precisamente direcionados estão surgindo. Terminamos este capítulo com alguns exemplos de novos tratamentos desse tipo que já estão sendo introduzidos na clínica.

Inibidores de PARP matam células cancerosas que possuem defeitos nos genes *Brca1* ou *Brca2*

Como já enfatizamos, a instabilidade das células cancerosas as torna perigosas e vulneráveis – perigosas por causa do aumento de sua capacidade de evoluir e proliferar, e vulneráveis porque o tratamento que provoca ainda mais perturbações genéticas pode levá-las além do limite e matá-las. Em alguns cânceres, a instabilidade genética resulta de uma falha identificada em um de vários dispositivos dos quais as células normais dependem para o reparo e a manutenção do DNA. Nesse caso, um fármaco que é feito sob medida para bloquear uma parte complementar da maquinaria de reparo ao DNA pode levar a danos genéticos tão graves que a célula cancerosa morre.

Estudos detalhados dos mecanismos de manutenção do DNA discutidos no Capítulo 5 revelam uma quantidade surpreendente de redundâncias aparentes. Assim, nocautear uma determinada via para o reparo do DNA costuma ser menos desastroso do que se poderia esperar, pois uma via alternativa de reparo deve existir. Por exemplo, a forquilha de replicação de DNA parada pode ocorrer quando a forquilha encontra uma quebra de fita simples de DNA na fita-molde, mas as células podem evitar o desastre que resultaria por meio do reparo direto dessa quebra na fita simples ou, se isso falhar, pelo reparo da forquilha quebrada resultante mediante recombinação homóloga (ver Figura 5-50). Suponha que as células em um tipo de câncer particular tornaram-se geneticamente instáveis adquirindo mutações que diminuem a capacidade de repararem forquilhas de replicação quebradas mediante recombinação homóloga. Seria possível erradicar o câncer tratando-o com um fármaco que iniba o reparo de quebra em uma das fitas, desse modo aumentando bastante o número de forquilhas paralisadas? As consequências esperadas de tal tratamento devem ser relativamente inofensivas para as células normais, porém letais para as células cancerosas.

Essa estratégia parece funcionar para matar as células em pelo menos uma classe de cânceres – aqueles que têm ambas as cópias inativadas dos genes supressores de tumores *Brca1* ou *Brca2*. Como descrito no Capítulo 5, Brca2 é uma proteína acessória

Figura 20-41 Como a instabilidade genética de um tumor pode ser explorada para a terapia do câncer. Como explicado no Capítulo 5, a manutenção das sequências de DNA é tão crítica para a vida que as células desenvolveram múltiplas vias para o reparo de lesões do DNA, reduzindo a replicação dos erros no DNA. Como ilustrado na figura, uma forquilha de replicação de DNA será paralisada toda vez que uma quebra na fita-molde for encontrada. Nesse exemplo, as células normais têm duas vias de reparo diferentes que as ajudam a evitar o problema, via 1 e via 2. Dessa maneira, elas não seriam afetadas por um fármaco que bloqueia a via de reparo 1. Porém, devido ao fato de a inativação da via de reparo 2 ter sido selecionada durante a evolução da célula tumoral, as células tumorais são mortas pelo mesmo tratamento.

No presente caso apontado nesse exemplo, a função da via de reparo 1 (necessitando da proteína PARP discutida no texto) é remover quebras persistentes e acidentais na fita simples de DNA antes de serem encontradas pela forquilha de replicação em movimento. A via 2 é um processo dependente de recombinação (necessitando das proteínas Brca1 e Brca2) para reparar forquilhas de replicação paralisadas ilustradas na Figura 5-50. Inibidores de PARP são promissores para o tratamento de cânceres com genes supressores tumorais *Brca1* e *Brca2* defeituosos.

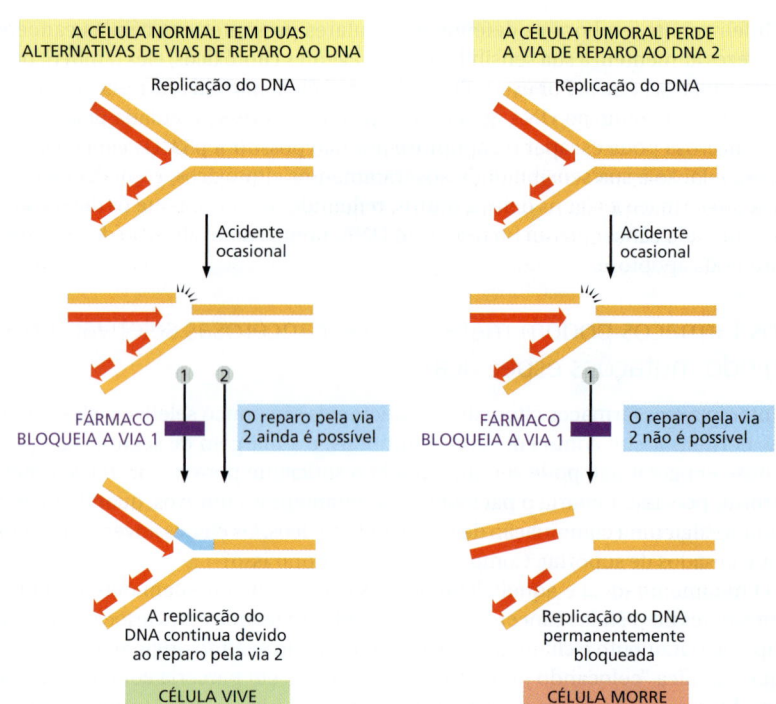

que interage com a proteína Rad51 (o análogo RecA em humanos) no reparo ao DNA fita dupla danificado por meio de recombinação homóloga. Brca1 é outra proteína necessária para o processo de reparo. Assim como o gene *Rb*, os genes *Brca1* e *Brca2* foram descobertos como mutações que predispõem os humanos ao câncer – nesse caso, principalmente câncer de mama e ovários (embora, ao contrário de *Rb*, eles pareçam estar envolvidos em uma pequena fração de tais cânceres). Indivíduos que herdam uma cópia mutada de *Brca1* ou *Brca2* desenvolvem tumores que inativaram a segunda cópia do mesmo gene, presumivelmente porque essa alteração torna as células geneticamente instáveis e aumenta a velocidade na progressão tumoral.

Enquanto Brca1 e Brca2 são necessárias para o reparo da quebra na fita dupla de DNA, quebras na fita simples de DNA são reparadas por outra maquinaria, envolvendo uma enzima chamada PARP (poli-ADP-ribose polimerase). O entendimento do mecanismo básico de reparo ao DNA levou a uma descoberta surpreendente: fármacos que bloqueiam a atividade da PARP matam células deficientes de *Brca* com uma seletividade extraordinária. Ao mesmo tempo, a inibição de PARP tem pouco efeito sobre células normais; de fato, camundongos geneticamente modificados para perder PARP1 – o principal membro da família PARP envolvido no reparo do DNA – permanecem saudáveis sob condições de laboratório. Esse resultado sugere que, enquanto a via de reparo necessitando de PARP proporciona a primeira linha de defesa contra quebras persistentes na fita de DNA, essas quebras podem ser reparadas de maneira eficiente por uma via de recombinação genética em células normais. Ao contrário, células tumorais que adquiriram instabilidade genética pela perda de Brca1 ou Brca2 perdem sua segunda linha de defesa e tornam-se, assim, sensíveis aos inibidores de PARP (**Figura 20-41**).

Os inibidores de PARP ainda se encontram em fase de testes clínicos, mas eles têm gerado alguns resultados promissores, causando a regressão do tumor em pacientes deficientes de Brca e atrasando a progressão da doença com relativamente menos efeitos adversos. Esses fármacos também parecem ser aplicáveis a cânceres com outras mutações que geram defeitos na maquinaria de recombinação homóloga da célula – uma fração pequena, porém significativa, dos casos de câncer.

A inibição de PARP fornece um exemplo do tipo de abordagem racional e altamente seletiva para a terapia do câncer que está começando a se tornar possível. Junto com outros novos tratamentos a serem discutidos adiante, ela aumenta as esperanças para o tratamento de outros cânceres.

Pequenas moléculas podem ser desenvolvidas para inibir proteínas oncogênicas específicas

Uma tática óbvia para tratar o câncer é atacar um tumor expressando um oncogene com um fármaco planejado para bloquear especificamente a função da proteína que o oncogene codifica. Mas como tal tratamento pode evitar prejudicar as células normais dependentes da função do proto-oncogene do qual o oncogene evoluiu, e por que o fármaco mata as células cancerosas em vez de simplesmente acalmá-las? Uma resposta pode estar no fenômeno da *dependência oncogênica*. Uma vez que uma célula cancerosa tenha adquirido uma mutação oncogênica, ela irá, muitas vezes, sofrer outras mutações, mudanças epigenéticas ou adaptações fisiológicas que as tornam dependentes da hiperatividade do oncogene inicial, assim como dependentes químicos dependem de doses cada vez maiores das drogas que usam. Bloquear a atividade da proteína oncogênica pode levar à morte da célula cancerosa sem dano significativo para as células normais vizinhas. Alguns sucessos notáveis têm sido alcançados dessa forma.

Como vimos antes, a LMC costuma estar associada a uma translocação cromossômica particular, visível na forma do cromossomo Filadélfia (ver Figura 20-5). Ele resulta de uma quebra cromossômica e uma rejunção nos sítios de dois genes específicos, *Abl* e *Bcr*. A fusão dos dois genes cria um gene híbrido, denominado *Bcr-Abl*, que codifica uma proteína quimérica, consistindo em um fragmento N-terminal de Bcr fusionado à porção C-terminal de Abl (**Figura 20-42**). A Abl é uma tirosina-cinase envolvida na sinalização celular. A substituição do fragmento Bcr pela porção N-terminal de Abl torna-a superativa, o que estimula a proliferação inapropriada das células precursoras hematopoiéticas que contêm a proteína e impede que essas células morram por apoptose – o que muitas delas fariam em situação normal. Como resultado, um número excessivo de células sanguíneas se acumula na corrente circulatória, produzindo a LMC.

A proteína quimérica Bcr-Abl é um alvo óbvio para um ataque terapêutico. Buscando moléculas sintéticas que possam inibir a atividade de tirosina-cinase, descobriu-se uma, chamada *imatinibe*, que bloqueia a Bcr-Abl (**Figura 20-43**). Quando o fármaco foi administrado a pacientes com LMC, quase todos mostraram uma melhora considerável, com um aparente desaparecimento das células portadoras do cromossomo Filadélfia em cerca de 80% deles. A resposta parece ser relativamente durável: após anos de tratamento contínuo, muitos pacientes não progrediram para estágios mais avançados da doença – embora cânceres resistentes ao imatinibe surjam com uma probabilidade em torno de 5% ao ano durante os primeiros anos.

Os resultados não foram tão bons para pacientes com progressão para a fase mais aguda da leucemia mieloide, conhecida como crise explosiva, quando a instabilidade genética se instala e a evolução da doença se torna muito mais rápida. Tais pacientes mostram uma resposta no começo do tratamento e então têm uma recaída, pois as células cancerosas se tornam resistentes ao imatinibe. Essa resistência em geral é associada a mutações secundárias na porção do gene *Bcr-Abl* que codifica o domínio cinase da proteína, rompendo a capacidade do imatinibe de se ligar à cinase Bcr-Abl. Tem se

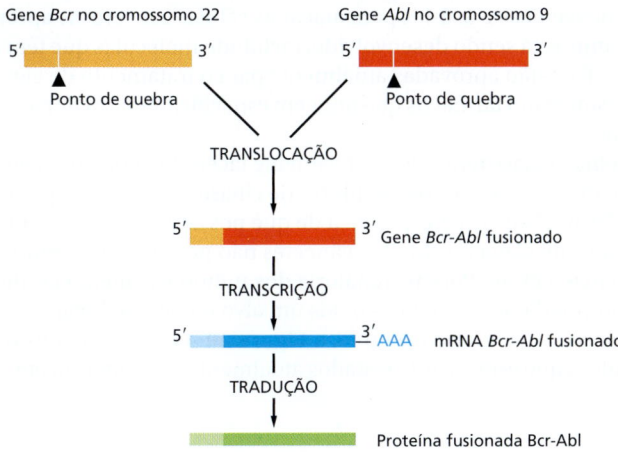

Figura 20-42 A conversão do proto-oncogene Abl em um oncogene em pacientes com leucemia mieloide crônica. A translocação cromossômica responsável junta o gene *Bcr* no cromossomo 22 ao gene *Abl* do cromossomo 9, gerando assim o cromossomo Filadélfia (ver Figura 20-5). A proteína fusionada resultante possui a porção N-terminal da proteína Bcr fusionada à porção C-terminal da proteína tirosina-cinase; como consequência, o domínio cinase de Abl torna-se inapropriadamente ativado, dirigindo a excessiva proliferação de um clone de células hematopoiéticas da medula óssea.

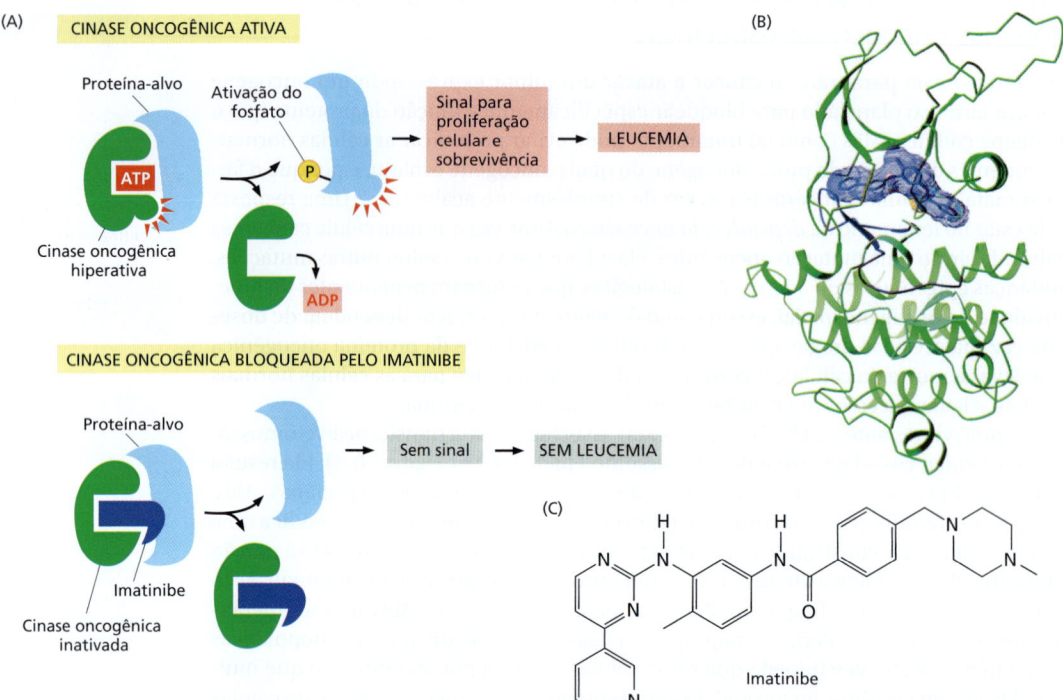

Figura 20-43 Como o imatinibe bloqueia a atividade da proteína Bcr-Abl e interrompe a leucemia mieloide crônica. (A) O imatinibe se liga ao sítio de ligação do ATP no domínio tirosina-cinase da Bcr-Abl e impede a Bcr-Abl de transferir um grupamento fosfato do ATP para o resíduo de tirosina em uma proteína-substrato. Isso bloqueia a transmissão do sinal para proliferação celular e sobrevivência. (B) Estrutura do complexo imatinibe (objeto sólido *azul*) com o domínio tirosina-cinase da proteína Abl (representação de fita), determinado por cristalografia de raios X. (C) Estrutura química do imatinibe. O fármaco pode ser administrado por via oral; ele tem efeitos colaterais que em geral são bem tolerados. (B, retirada de T. Schindler et al., *Science* 289:1938–1942, 2000. Com a permissão de AAAS.)

desenvolvido agora uma segunda geração de inibidores que funcionam efetivamente contra uma gama de mutantes resistentes ao imatinibe. Pela combinação de um ou mais desses novos inibidores junto com o imatinibe como terapia inicial (ver adiante), parece que a CML – ao menos no estágio crônico (inicial) – pode se tornar uma doença curável.

Apesar das complicações com a resistência, o sucesso extraordinário do imatinibe é suficiente para tornar claro um princípio importante: uma vez que entendemos precisamente quais lesões genéticas têm ocorrido no câncer, podemos começar a planejar métodos racionais efetivos para tratá-lo. Essa história de sucesso tem alimentado esforços para identificar pequenas moléculas inibitórias para outras proteínas-cinase oncogênicas e usá-las para atacar as células cancerosas apropriadas. Um número crescente está sendo desenvolvido, incluindo moléculas que têm como alvo o receptor de EGF e estão aprovadas atualmente para o tratamento de alguns cânceres de pulmão, assim como fármacos que atingem especificamente a oncoproteína B-Raf em melanomas.

As proteínas-cinase têm sido relativamente fáceis de inibir com pequenas moléculas como o imatinibe, e muitos inibidores de cinases estão sendo produzidos pelas companhias farmacêuticas na esperança de que possam ser efetivos como fármacos para alguns tipos de cânceres. Muitos cânceres não possuem uma mutação oncogênica em proteínas-cinase. Porém, a maioria dos tumores contém vias de sinalização ativadas inapropriadamente, para as quais um alvo em algum lugar pode ser encontrado (**Animação 20.7**). Como exemplo, a **Figura 20-44** ilustra alguns dos fármacos anticâncer e alvos que estão sendo testados atualmente para uma via em geral ativada em cânceres.

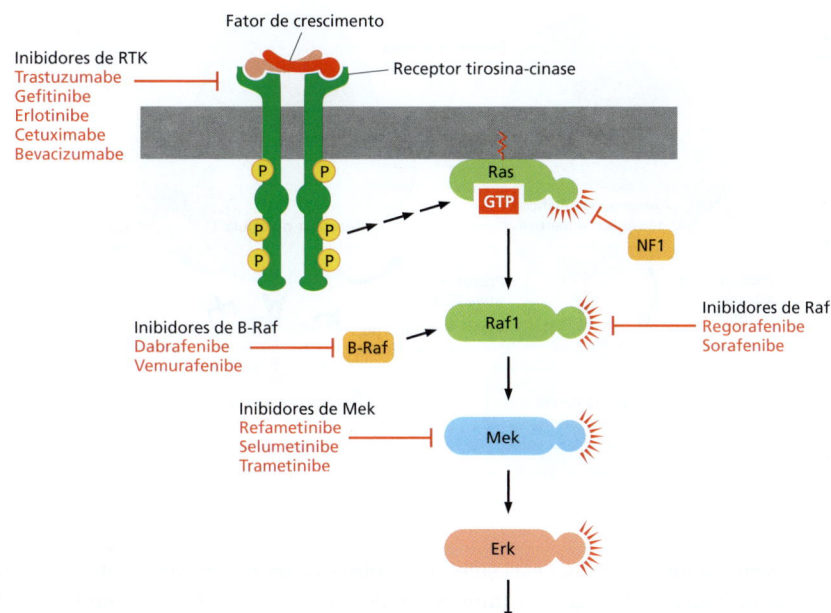

Figura 20-44 Alguns fármacos anticâncer e alvos de medicamentos na via de sinalização Ras-MAP-cinase. Cada uma das proteínas de sinalização nesta figura foi identificada como um produto de um gene crítico para o câncer, com exceção de Raf1 e Erk. Essa via de sinalização Ras-MAP-cinase é acionada por vários receptores tirosina-cinase (RTKs), incluindo o receptor EGF (ver Figuras 15-47 e 15-49). Os fármacos que são anticorpos terminam em "mabe", enquanto aqueles que são pequenas moléculas terminam em "nibe". (Adaptada de B. Vogelstein et al, *Science* 339:1546–1558, 2013.).

Muitos cânceres podem ser tratados pelo aumento da resposta imune contra um tumor específico

Os cânceres possuem interações complexas com o sistema imune, e seus vários componentes podem às vezes ajudar assim como dificultar a progressão tumoral. Porém, por mais de um século, o sonho dos pesquisadores do câncer é aproveitar de alguma maneira o sistema imune de uma forma controlada e eficiente para exterminar as células cancerosas, assim como ele elimina os organismos infecciosos. Finalmente, há sinais de que esse sonho pode vir a se realizar um dia, pelo menos para alguns tipos de câncer.

O tipo mais simples de terapia imunológica, ao menos conceitualmente, é injetar no paciente anticorpos que atinjam as células cancerosas. Essa abordagem tem tido algum sucesso. Em torno de 25% dos cânceres de mama, por exemplo, expressam níveis elevados da proteína Her2 (receptor 2 do fator de crescimento epidérmico humano), um receptor tirosina-cinase relacionado com o receptor EGF que desempenha um papel no desenvolvimento normal do epitélio mamário. Um anticorpo monoclonal chamado *trastuzumabe*, que se liga a Her2 e inibe sua função desacelera o crescimento de tumores de mama em humanos que superexpressam Her2, e é agora uma terapia aprovada para esses cânceres (ver Figura 20-44). Uma abordagem relacionada utiliza anticorpos para direcionar moléculas tóxicas às células cancerosas. Anticorpos contra proteínas que são abundantes na superfície de um tipo particular de células cancerosas, porém raras em células normais, podem ser conjugadas com moléculas tóxicas para matar essas células que se ligam à molécula de anticorpo.

Uma grande expectativa gira em torno de uma abordagem diferente, baseada em um reconhecimento relativamente novo de que o microambiente tumoral é altamente imunossupressor. Como resultado, o sistema imune da vítima com câncer é impedido de destruir as células tumorais. Lembre que, de milhares de sequências do genoma tumoral até agora determinadas, sabemos que uma célula cancerosa típica irá conter na ordem de 50 proteínas com mutações que alteram a sequência de aminoácidos, a maioria delas mutações "passageiras", como já explicado (ver p. 1104). Muitas dessas proteínas mutantes serão reconhecidas pelo sistema imune como estranhas, porém – para permitir que as células cancerosas sobrevivam ao longo do curso da progressão tumoral – as células cancerosas têm desenvolvido um conjunto de defesas anti-imunes. Essas defesas incluem a expressão de uma ou mais proteínas na superfície das células cancerosas que se ligam a receptores inibitórios em células T ativadas.

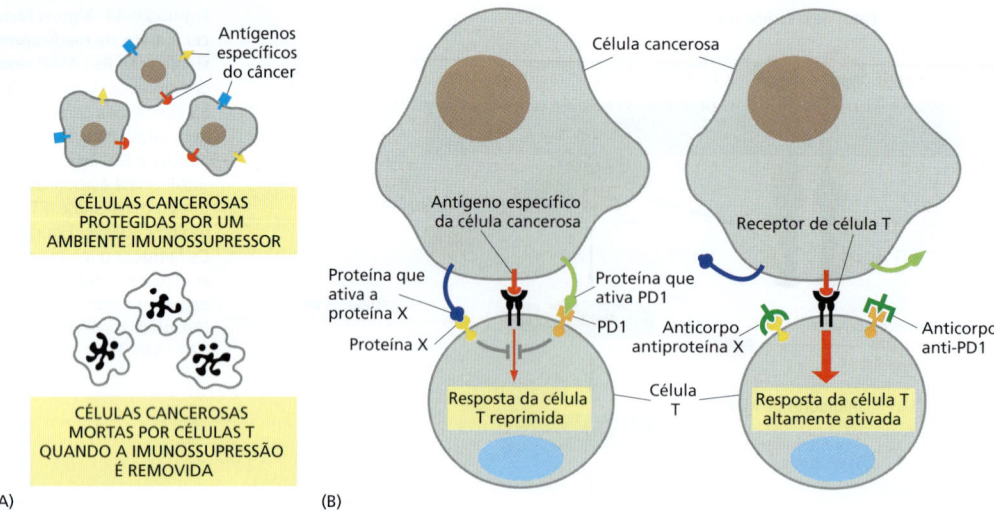

Figura 20-45 Terapias planejadas para remover o microambiente imunossupressor em tumores. (A) As células em um tumor produzirão diversas proteínas mutantes. Como descrito no Capítulo 24, peptídeos dessas proteínas serão apresentados em complexos de MHC na superfície da célula tumoral e em geral ativam uma resposta de células T que destrói esse tumor (ver Figura 24-42). Entretanto, como esquematicamente ilustrado, durante o curso da progressão tumoral, as células cancerosas desenvolveram mecanismos imunossupressores que as protegem da morte. (B) As células em um tumor geralmente protegem a si mesmas do ataque imune expressando proteínas em suas superfícies que se ligam e ativam receptores inibitórios nas células T. Como indicado, isso gera a suscetibilidade do tumor a terapias com anticorpos específicos. Nesse diagrama, dois receptores inibitórios estão ilustrados, PD1 e uma proteína hipotética X. Tumores diferentes protegem a si mesmos por meio da ativação de diferentes membros de um grande conjunto de receptores inibitórios das células T, alguns dos quais não estão bem caracterizados ainda.

O sistema imune normal está sujeito a controles complexos que mantêm sua atividade dentro de limites seguros e impedem o desenvolvimento de autoimunidade. Os receptores inibitórios que são expressos na superfície das células T ativadas possuem uma função normal importante: eles controlam a resposta imune mediante regulação negativa da resposta das células T em circunstâncias apropriadas. Porém, em um contexto tumoral, a regulação negativa é inapropriada, pois ela impede o organismo de matar células cancerosas que estão ameaçando sua sobrevivência.

Em seu ataque a organismos infecciosos, o sistema imune natural costuma eliminar cada traço de infecção e manter essa imunidade a longo prazo. O desafio é encontrar formas de recrutar o sistema imune para atacar o câncer com eficiência e especificidade semelhantes, caçando as células cancerosas a partir dos antígenos específicos expressos pelo tumor. Com esse objetivo, um novo tipo de terapia anticâncer tem se concentrado em superar o ambiente imunossupressor do tumor com o uso de anticorpos específicos que evitam que as células tumorais entrem em contato com os receptores inibitórios nas células T. Como ilustrado na **Figura 20-45A**, bloqueando a ação dos supressores imunes com tais tratamentos, deve ocorrer um ataque do sistema imune às células cancerosas. Múltiplos antígenos são reconhecidos como estranhos; assim, as células cancerosas não podem escapar pela perda mutacional de um único antígeno, tornando difícil para o tumor escapar do ataque das células T.

Essa é uma estratégia potencialmente perigosa. Se provocamos o sistema imune a reconhecer as células cancerosas como alvos para destruição, há um risco de efeitos adversos autoimunes com terríveis consequências para os tecidos normais do corpo, visto que células cancerosas e células normais são parentes próximas e compartilham a maioria de suas características moleculares. Entretanto, alguns sucessos recentes são uma grande promessa para o futuro.

Uma das muitas moléculas envolvidas na manutenção da atividade normal do sistema imune em níveis seguros é a proteína chamada CTLA4 (proteína 4 associada a linfócitos T citotóxicos), a qual funciona como um receptor inibitório na superfície das células T. Caso a função da CTLA4 seja bloqueada, as células T tornam-se mais reativas e podem atacar células que elas deveriam deixar em paz. Em particular, as células T podem atacar células tumorais que são reconhecidas como anormais, porém cuja presença foi tolerada previamente. Com isso em mente, imunologistas do câncer desenvolveram um anticorpo monoclonal, chamado de *ipilimumabe*, que se liga à CTLA4 e bloqueia sua ação. Injetado repetidamente em pacientes com melanoma metastático, esse anticorpo aumentou seu tempo de vida médio em alguns meses e, em um grande estudo clínico, permitiu que um quarto deles sobrevivesse por cinco anos ou mais – muito além das expectativas em comparação com pacientes sem esse tratamento. Ainda mais promissores são os estudos clínicos recentes utilizando a combinação de dois anticorpos, um contra CTLA4 e outro contra PD1, um segundo receptor de superfície das células T que em geral restringe sua atividade.

Em ensaios clínicos utilizando tais técnicas, uma fração substancial de pacientes respondeu de forma considerável, com seus cânceres permanecendo em remissão por anos, ao mesmo tempo em que o tratamento falhou em ajudar outros pacientes com o mesmo tipo de câncer. Uma explicação possível é que, enquanto a maioria dos tumores expressa proteínas que os protegem do ataque das células T, essas proteínas são diferentes em diferentes tumores. Assim, enquanto alguns tumores respondem notavelmente quando tratados com um anticorpo que bloqueia um agente imunossupressor particular, muitos outros não respondem. Se isso for verdade, podemos entrar na era da imunoterapia personalizada, em que cada paciente terá seu tumor molecularmente analisado para determinar seus mecanismos particulares de imunossupressão. O paciente será então tratado com um coquetel específico de anticorpos planejados para remover esse bloqueio (ver Figura 20-45).

Os cânceres desenvolvem resistência às terapias

Expectativas demasiadas têm de ser moderadas mediante realidades preocupantes. Vimos que a instabilidade genética pode gerar um calcanhar de Aquiles que as terapias para o câncer podem explorar, mas, ao mesmo tempo, isso pode tornar a erradicação da doença mais difícil por permitir que as células cancerosas desenvolvam resistência aos fármacos terapêuticos, muitas vezes em um ritmo alarmante. Isso se aplica até mesmo a fármacos que visam sua própria instabilidade genética. Assim, inibidores de PARP geram remissões valiosas da enfermidade, porém, a longo prazo, a doença costuma voltar. Por exemplo, cânceres deficientes de *Brca* podem desenvolver, às vezes, resistência a inibidores de PARP por adquirirem uma segunda mutação no gene *Brca* afetado que restaura a sua função. Até lá, o câncer já está fora de controle e pode ser tarde demais para afetar o curso da doença com tratamentos adicionais.

Existem diferentes estratégias pelas quais os cânceres podem desenvolver resistência a fármacos anticâncer. Muitas vezes, um câncer pode ser drasticamente reduzido em tamanho por um tratamento inicial com fármacos, com todas as células tumorais detectáveis aparentemente desaparecendo. Contudo, meses ou anos depois, o câncer reaparecerá em uma forma alterada que é resistente ao fármaco que havia sido bem-sucedido primeiramente. Nesses casos, fica evidente que o tratamento inicial falhou em destruir algumas pequenas frações de células na população de células tumorais originais. Essas células escaparam da morte pelo fato de carregarem uma mutação de proteção ou uma mudança epigenética, ou talvez porque simplesmente estavam à espreita em um ambiente protegido. Por fim, elas acabam regenerando o câncer porque continuam proliferando, mutando e evoluindo ainda mais.

Em alguns casos, células que são expostas a um fármaco anticâncer adquirem resistência não apenas àquele fármaco, mas também a outros fármacos aos quais elas nunca foram expostas. Esse fenômeno de **resistência a múltiplas drogas** está correlacionado, frequentemente, com a amplificação de uma parte do genoma que contém o gene chamado *Mdr1* ou *Abcb1*. Esse gene codifica uma ATPase de transporte localizada na membrana plasmática pertencente à superfamília de proteínas de transporte, denominada ABC (como discutido no Capítulo 11), que bombeia substâncias lipofílicas para fora da célula (ver **Animação 11.5**). A superprodução dessa proteína (ou de outros membros da família) por uma célula cancerosa pode impedir o acúmulo intracelular de muitos fármacos citotóxicos, tornando a célula insensível a eles.

Nessa batalha para frente e para trás entre o avanço do câncer metastático e a terapia, o câncer costuma vencer. Precisa ser assim? Como discutiremos a seguir, há uma razão para pensar que pode ser muito melhor atacar o câncer com diversas armas de uma vez só, ao invés de utilizar uma após a outra, cada uma até falhar.

Terapias combinadas podem ter sucesso onde tratamentos com um fármaco de cada vez falham

Hoje, cânceres descobertos em estágios iniciais muitas vezes podem ser curados com cirurgia, radioterapia ou medicamentos. Para a maioria dos cânceres que progridem e geram metástases, entretanto, a cura ainda está além de nós. Tratamentos como os

Figura 20-46 Por que o tratamento com múltiplos fármacos pode ser mais efetivo do que o tratamento sequencial para a terapia do câncer.
(A) Devido ao fato de as células tumorais serem hipermutáveis, o tratamento com dois medicamentos que são administrados sequencialmente em geral permite a seleção de clones de células mutantes que são resistentes aos dois fármacos.
(B) O tratamento simultâneo com ambos os fármacos pode ser mais efetivo.

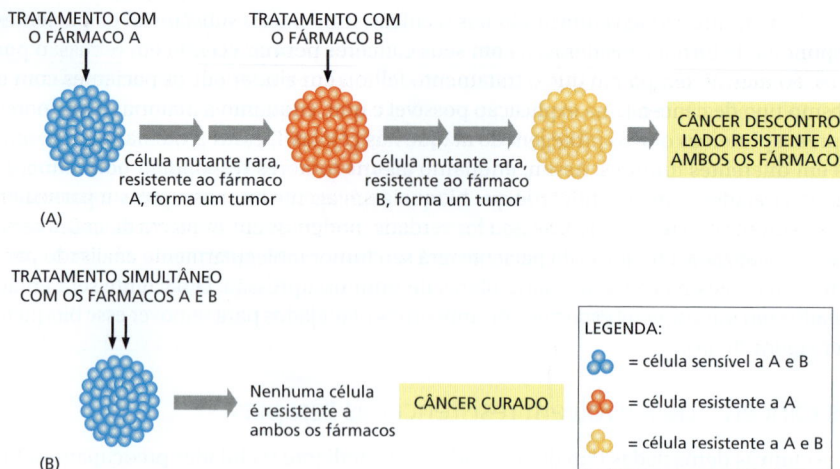

recém-descritos podem conceder remissões valiosas, porém cedo ou tarde eles são seguidos por uma recidiva.

Mesmo assim, para algumas formas relativamente raras de câncer avançado, terapias curativas têm sido desenvolvidas. Elas costumam envolver um coquetel de diferentes agentes anticâncer: por tentativa e erro, certas combinações de fármacos citotóxicos têm destruído completamente o câncer. Descobrir essas combinações, até então, era um busca longa e difícil. Mas agora, armados com nossas novas ferramentas para identificar lesões genéticas específicas que as células cancerosas possuem, o prognóstico é muito melhor.

A lógica das terapias combinadas é a mesma por trás do tratamento atual do HIV-Aids com um coquetel de três diferentes inibidores da protease: enquanto sempre pode haver algumas células na população inicial carregando uma mutação rara que confere resistência a qualquer medicamento do tratamento, não existem células transportando todo o conjunto de raras mutações que conferem resistência aos diferentes fármacos administrados simultaneamente. Ao contrário, tratamentos medicamentosos sequenciais irão permitir que algumas poucas células resistentes ao primeiro medicamento se multipliquem em grande número. Nessa numerosa população de células resistentes ao primeiro fármaco, um pequeno número de células resistentes ao próximo fármaco pode ter surgido; e assim sucessivamente (**Figura 20-46**).

Agora temos as ferramentas para gerar terapias combinadas adaptadas a cada paciente

A terapia combinada eficiente e racional precisa de três coisas. Primeiro, temos que identificar as múltiplas peculiaridades das células cancerosas que as tornam vulneráveis enquanto as células normais não. Segundo, temos que produzir fármacos (ou outros tratamentos) que sejam direcionados a cada uma dessas vulnerabilidades. Terceiro, precisamos combinar os fármacos com o conjunto de peculiaridades específicas presentes nas células cancerosas de cada paciente.

A primeira necessidade está parcialmente concluída: temos vastos catálogos de genes críticos para o câncer que são comumente mutados nas células cancerosas. O segundo item é mais difícil, porém atingível: descrevemos alguns recentes sucessos, e, para os pesquisadores, existe um clima de empolgação no ar. Está se tornando possível utilizar nosso crescente conhecimento celular e molecular para planejar novos fármacos contra alvos selecionados. Ao mesmo tempo, métodos automatizados eficientes de alto rendimento estão disponíveis para triar grandes bibliotecas de compostos químicos que pareçam ser efetivos contra células com um defeito relacionado ao câncer. Nessas buscas, o objetivo é a letalidade sintética: a morte celular que ocorre quando e apenas quando um fármaco em particular é colocado junto com uma anormalidade particular de uma célula cancerosa. Por meio dessas e de outras estratégias, o repertório de fármacos anticâncer para um alvo específico está aumentando rapidamente.

Isso nos traz à nossa terceira necessidade: a terapia – a escolha de fármacos para serem administrados em conjunto – deve ser adaptada a cada paciente. Também aqui, as perspectivas são promissoras. Os cânceres evoluem ao longo de um processo fundamentalmente aleatório, e cada paciente é diferente; porém, métodos modernos de análise do genoma nos permitem caracterizar células de uma biópsia com uma riqueza de detalhes que nos possibilita descobrir quais genes críticos para o câncer estão afetados em um caso particular. Evidentemente, isso não é tão simples: as células tumorais em um paciente são heterogêneas, e não são todas que possuem as mesmas lesões genéticas. Entretanto, com o grande conhecimento das vias de evolução do câncer e com a experiência adquirida a partir de diversos casos diferentes, será possível fazer bons palpites de terapias ideais para usar.

Da perspectiva do paciente, o ritmo de avanço das pesquisas sobre câncer parece ser frustrantemente lento. Cada novo medicamento precisa ser testado na clínica, primeiramente quanto à segurança e depois quanto à eficácia, antes que possa ser liberado para uso de todos. E caso o fármaco deva ser utilizado em combinação com outros, a terapia combinada deve passar pelo mesmo processo. Regras éticas rigorosas restringem a realização dos ensaios clínicos, ou seja, eles levam tempo – alguns anos, em geral. Porém, passos lentos e cautelosos, sendo executados sistematicamente na direção correta, podem levar a grandes avanços. Ainda há muito que caminhar, mas os exemplos que discutimos fornecem provas conceituais e fundamentos para o otimismo.

A partir dos esforços na pesquisa do câncer, temos aprendido muito sobre a biologia molecular das células normais. Agora, cada vez mais, estamos descobrindo como colocar esse conhecimento em uso na batalha contra o próprio câncer.

Resumo

Nosso crescente entendimento acerca da biologia celular dos cânceres já começou a levar a melhores maneiras de prevenir, diagnosticar e tratar essas doenças. Terapias anticâncer podem ser planejadas para destruir preferencialmente as células cancerosas, explorando as propriedades que as distinguem das células normais, incluindo a dependência, por parte das células cancerosas, de proteínas oncogênicas e os defeitos que possuem em seus mecanismos de reparo ao DNA. Agora temos boas evidências de que, por meio da crescente compreensão dos mecanismos de controle das células normais e de como exatamente elas são subvertidas em cânceres específicos, poderemos por fim desenvolver fármacos que matam cânceres precisamente mediante ataque das moléculas específicas necessárias para o crescimento e a sobrevivência das células cancerosas. Além disso, grandes progressos foram alcançados recentemente com o uso de abordagens imunológicas sofisticadas para a terapia do câncer. E, conforme nos tornamos mais capazes de determinar quais genes estão alterados nas células de um dado tumor, começamos a fazer tratamentos sob medida mais acurados para cada paciente.

O QUE NÃO SABEMOS

- O que é necessário para que uma célula cancerosa faça metástase?

- Como as análises moleculares de um tumor individual podem ser mais eficientemente utilizadas no planejamento de terapias efetivas para matá-lo?

- Podemos identificar características gerais comuns a todas as células cancerosas – como a produção de proteínas mutadas e enoveladas de forma incorreta – que venham a ser utilizadas na destruição direcionada de vários tipos diferentes de câncer?

- É possível desenvolver exames de sangue sensíveis e confiáveis para detectar cânceres de forma bem precoce, antes que tenham atingido um tamanho em que o tratamento com um único fármaco será geralmente frustrado pela sobrevivência de uma variante resistente preexistente?

- Como os efeitos ambientais observados nas taxas de câncer podem ser explorados para reduzir os cânceres evitáveis?

- Novas tecnologias podem ser produzidas para revelar exatamente como uma micrometástase quiescente torna-se um tumor metastático completo?

TESTE SEU CONHECIMENTO

Quais afirmativas estão corretas? Justifique.

20-1 O carcinógeno químico dimetilbenzen[a]antraceno (DMBA) deve ser um mutagênico específico extraordinário visto que 90% dos tumores de pele que ele causa possuem uma alteração de A para T no mesmo local no gene mutante *Ras*.

20-2 Na via reguladora celular que controla o crescimento e a proliferação celular, os produtos dos oncogenes são componentes estimuladores e os produtos dos genes supressores tumorais são componentes inibidores.

20-3 As terapias anticâncer direcionadas somente para matar as células que se dividem rapidamente e que são a parte principal do tumor provavelmente não eliminarão o câncer de muitos pacientes.

20-4 As principais causas ambientais do câncer são os produtos do nosso modo de vida altamente industrializado, como a poluição e os aditivos alimentares.

Discuta as questões a seguir.

20-5 Ao contrário do câncer de cólon, cuja incidência aumenta consideravelmente com a idade, a incidência do osteossarcoma – um tumor que ocorre mais nos ossos longos – tem seu pico na adolescência. Os osteossarcomas são relativamente raros em crianças jovens (até 9 anos) e em adultos (após 20 anos). Por que você supõe que a incidência de osteossarcoma não mostra o mesmo tipo de idade-dependência que o câncer de cólon?

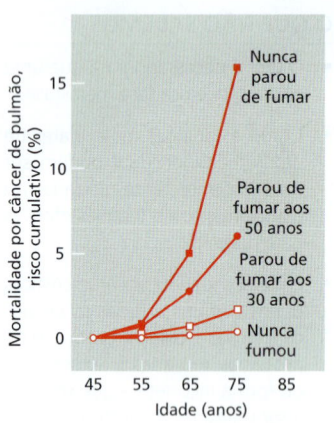

Figura Q20-1 Risco cumulativo da mortalidade por câncer de pulmão para não fumantes, fumantes e ex-fumantes. O risco cumulativo é o total de mortes, como porcentagem, para cada grupo. Assim, para os que continuam fumando, 1% morre de câncer de pulmão entre as idades de 45 e 55 anos; um adicional de 4% morre entre os 55 e os 65 anos (dando um risco cumulativo de 5%); e mais 11% morrem entre os 65 e os 75 anos (para um risco cumulativo de 16%).

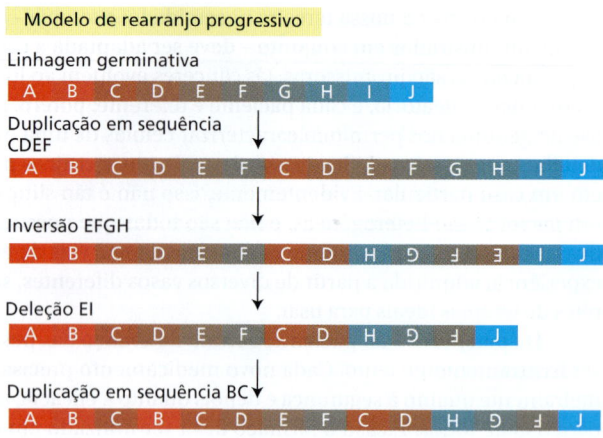

20-6 A mortalidade pelo câncer de pulmão foi acompanhada em grupos de homens no Reino Unido por 50 anos. A **Figura Q20-1** mostra o risco cumulativo de morte por câncer de pulmão como uma função da idade e do hábito de fumar para quatro grupos de homens: os que nunca fumaram, os que pararam na idade de 30 anos, os que pararam com 50 anos e os que continuaram fumando. Os dados mostram de maneira clara que os indivíduos podem reduzir substancialmente seu risco de morrer por câncer de pulmão ao pararem de fumar. Qual seria a base biológica para essa observação?

20-7 Uma pequena parcela – 2 a 3% – de todos os cânceres, em vários subtipos, exibe um fenômeno bastante notável: dezenas a centenas de rearranjos que primariamente envolvem um único cromossomo ou uma região cromossômica. As quebras podem ser bem agrupadas, com várias em algumas poucas quilobases; as junções dos rearranjos muitas vezes envolvem segmentos do DNA que não foram originalmente colocados próximos no cromossomo. O número de cópias de vários segmentos dentro do rearranjo cromossômico pode ser 0, indicando deleção, ou 1, indicando retenção.

Você pode imaginar duas formas nas quais múltiplos rearranjos localizados podem acontecer: um modelo de rearranjo progressivo com inversões, deleções ou duplicações contínuas envolvendo uma área localizada, ou um modelo de catástrofe no qual o cromossomo é quebrado em fragmentos que são unidos novamente em ordem aleatória por ligação não homóloga (**Figura Q20-2**).

A. Qual dos dois modelos na Figura Q20-2 corresponde mais prontamente às características desses cromossomos altamente rearranjados? Explique seu raciocínio.

B. Para o modelo que você escolheu, sugira como tais rearranjos múltiplos devem surgir. (O real mecanismo ainda não é conhecido.)

C. Você supõe que tais rearranjos são os prováveis eventos causadores nos cânceres onde eles são encontrados, ou eles são provavelmente apenas eventos passageiros que não têm relação com o câncer? Se você acredita que eles possam ser eventos condutores, sugira como tais rearranjos devem ativar um oncogene ou inativar um gene supressor tumoral.

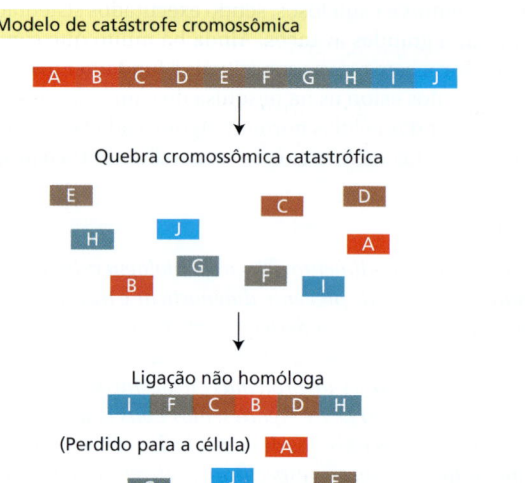

Figura Q20-2 Dois modelos para explicar os múltiplos rearranjos cromossômicos encontrados em alguns cânceres. O modelo de rearranjos progressivos mostra a sequência de rearranjos que interrompe o cromossomo, gerando configurações cromossômicas incrivelmente complexas. O modelo de catástrofe cromossômica mostra o cromossomo sendo fragmentado e depois reunido aleatoriamente, com algumas partes faltando.

20-8 Praticamente todos os tratamentos de câncer são desenvolvidos para matar as células cancerosas, em geral pela indução de apoptose. Entretanto, um câncer particular – leucemia pró-mielocítica aguda (LPA) – tem sido tratado com sucesso com ácido *trans*-retinoico, que permite que os pró-mielócitos se diferenciem em neutrófilos. Como uma alteração nos estados de diferenciação das células cancerosas da LPA poderia ajudar o paciente?

20-9 Um dos maiores objetivos da terapia anticâncer moderna é identificar pequenas moléculas – fármacos anticâncer – que podem ser usadas para inibir os produtos de um gene específico e crítico para o câncer. Caso você esteja procurando por tais moléculas, você planejaria inibidores para os produtos de oncogenes ou para os produtos de genes supressores tumorais? Explique por que você poderia (ou não) selecionar cada tipo de gene.

20-10 A poli-ADP-ribose polimerase (PARP) possui um papel fundamental no reparo de quebras de fitas simples de DNA. Na presença do inibidor de PARP, o olaparibe, as quebras de fita simples se acumulam. Quando uma forquilha de replicação encontra uma quebra de fita simples, ela a converte em uma quebra de fita dupla, na qual células normais são reparadas por meio de recombinação homóloga. Em células com a recombinação homóloga defeituosa, porém, a inibição de PARP desencadeia a morte celular.

Pacientes que possuem apenas uma cópia funcional do gene *Brca1*, que é necessário para a recombinação homóloga, têm um risco muito mais alto de desenvolver câncer de mama e ovário. Cânceres que surgem nos tecidos dessas pacientes podem ser tratados com sucesso com o olaparibe. Explique como esse tratamento com olaparibe mata as células cancerosas nessas pacientes, mas não afeta as células normais.

20-11 O diabo-da-tasmânia, um marsupial carnívoro da Austrália, está ameaçado de extinção pela disseminação de uma doença fatal na qual um tumor maligno orofacial interfere na capacidade do animal de se alimentar. Você é chamado para analisar a fonte desse câncer incomum. Parece claro para você que o câncer de alguma forma se propaga de animal para animal, por suas lutas frequentes, que são acompanhadas de dentadas na face e na boca. Para descobrir a fonte do câncer, você isola tumores de 11 animais capturados em regiões bem separadas e os examina. Como seria esperado, os cariótipos das células tumorais são altamente rearranjados em relação àqueles do animal do tipo selvagem (**Figura Q20-3**). Surpreendentemente, você observa que os cariótipos das 11 amostras de tumores eram muito semelhantes. Um dos animais possui uma inversão no cromossomo 5 que não está presente no seu tumor facial. Como você supõe que este câncer foi transmitido de animal para animal? Não é mais provável que tenha surgido como consequência de uma infecção por um vírus ou um microrganismo? Explique seu raciocínio.

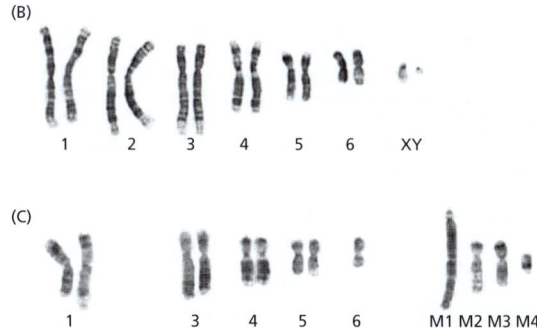

Figura Q20-3 Cariótipo das células do diabo-da-tasmânia. (A) Um diabo-da-tasmânia. (B) Cariótipo normal de um diabo-da-tasmânia macho. O cariótipo tem 14 cromossomos, incluindo XY. (C) Cariótipo de células cancerosas encontrado em cada um dos 11 tumores faciais estudados. O cariótipo possui 13 cromossomos, com ausência dos cromossomos sexuais, ausência do par de cromossomos 2, um cromossomo 6, dois cromossomos 1 com os braços longos deletados e quatro marcas cromossômicas rearranjadas (M1-M4). (A, cortesia do Museu Victoria; B e C de A.M. Pearse e K. Swift, *Nature* 439:549, 2006. Com permissão de Macmillan Publishers Ltd.)

REFERÊNCIAS

Gerais
Bishop JM (2004) How to Win the Nobel Prize: An Unexpected Life in Science. Cambridge, MA: Harvard University Press.
Hanahan D & Weinberg RA (2011) Hallmarks of cancer: the next generation. *Cell* 144, 646–674.
Vogelstein B, Papadopoulos N, Velculescu VE et al. (2013) Cancer genome landscapes. *Science* 339, 1546–1558.
Weinberg RA (2013) The Biology of Cancer, 2nd ed. Garland Science: New York.

O câncer como um processo microevolutivo
Brown JM & Attardi LD (2005) The role of apoptosis in cancer development and treatment response. *Nat. Rev. Cancer* 5, 231–237.
Chambers AF, Naumov GN, Vantyghem S & Tuck AB (2000) Molecular biology of breast cancer metastasis. Clinical implications of experimental studies on metastatic inefficiency. *Breast Cancer Res.* 2, 400–407.
Chi P, Allis CD & Wang GG (2010) Covalent histone modifications—miswritten, misinterpreted and mis-erased in human cancers. *Nat. Rev. Cancer* 10, 457–469.
Fidler IJ (2003) The pathogenesis of cancer metastasis: the 'seed and soil' hypothesis revisited. *Nat. Rev. Cancer* 3, 453–458.
Hoeijmakers JHJ (2001) Genome maintenance mechanisms for preventing cancer. *Nature* 411, 366–374.

Joyce JA & Pollard JW (2009) Microenvironmental regulation of metastasis. *Nat. Rev. Cancer* 9, 239–252.
Lowe SW, Cepero E & Evan G (2004) Intrinsic tumour suppression. *Nature* 432, 307–315.
Nowell PC (1976) The clonal evolution of tumor cell populations. *Science* 194, 23–28.
Stephens PJ, McBride DJ, Lin M-L et al. (2009) Complex landscapes of somatic rearrangement in human breast cancer genomes. *Nature* 462, 1005–1010.
Thiery JP (2002) Epithelial-mesenchymal transitions in tumour progression. *Nat. Rev. Cancer* 2, 442–454.
Vander Heiden MG, Cantley LC & Thompson CB (2009) Understanding the Warburg effect: the metabolic requirements of cell proliferation. *Science* 324, 1029–1033.
Zink D, Fischer AH & Nickerson JA (2004) Nuclear structure in cancer cells. *Nat. Rev. Cancer* 4, 677–687.

Genes críticos para o câncer: como são encontrados e o que fazem
Berdasco M & Esteller M (2010) Aberrant epigenetic landscape in cancer: how cellular identity goes awry. *Dev. Cell* 19, 698–711.

Brognard J & Hunter T (2011) Protein kinase signaling networks in cancer. *Curr. Opin. Genet. Dev.* 21, 4–11.
Eilers M & Eisenman R (2008) Myc's broad reach. *Genes Dev.* 22, 2755–2766.
Feinberg AP (2007) Phenotypic plasticity and the epigenetics of human disease. *Nature* 447, 433–440.
Garraway LA & Lander ES (2013) Lessons from the cancer genome. *Cell* 153, 17–37.
Greaves M & Maley CC (2012) Clonal evolution in cancer. *Nature* 481, 306–313.
Junttila MR & Evan GI (2009) p53—a Jack of all trades but master of none. *Nat. Rev. Cancer* 9, 821–829.
Levine AJ (2009) The common mechanisms of transformation by the small DNA tumor viruses: the inactivation of tumor suppressor gene products: p53. *Virology* 384, 285–293.
Lu P, Weaver VM & Werb Z (2012) The extracellular matrix: a dynamic niche in cancer progression. *J. Cell Biol.* 196, 395–406.
Mitelman F, Johansson B & Mertens F (2007) The impact of translocations and gene fusions on cancer causation. *Nat. Rev. Cancer* 7, 233–245.
Negrini S, Gorgoulis VG & Halazonetis TD (2010) Genomic instability—an evolving hallmark of cancer. *Nat. Rev. Mol. Cell Biol.* 11, 220–228.
Nguyen DX, Bos PD & Massagué J (2009) Metastasis: from dissemination to organ-specific colonization. *Nat. Rev. Cancer* 9, 274–284.
Radtke F & Clevers H (2005) Self-renewal and cancer of the gut: two sides of a coin. *Science* 307, 1904–1909.
Rowley JD (2001) Chromosome translocations: dangerous liaisons revisited. *Nat. Rev. Cancer* 1, 245–250.
Shaw RJ & Cantley LC (2006) Ras, PI(3)K and mTOR signalling controls tumour cell growth. *Nature* 441, 424–430.
Suvà ML, Riggi N & Bernstein BE (2013) Epigenetic reprogramming in cancer. *Science* 339, 1567–1570.
Weinberg RA (1995) The retinoblastoma protein and cell cycle control. *Cell* 81, 323–330.

Tratamento e prevenção do câncer: presente e futuro

Al-Hajj M, Becker MW, Wicha M et al. (2004) Therapeutic implications of cancer stem cells. *Curr. Opin. Genet. Dev.* 14, 43–47.
Ames B, Durston WE, Yamasaki E & Lee FD (1973) Carcinogens are mutagens: a simple test system combining liver homogenates for activation and bacteria for detection. *Proc. Natl Acad. Sci. USA* 70, 2281–2285.
Bozic I, Reiter JG, Allen B et al. (2013) Evolutionary dynamics of cancer in response to targeted combination therapy. *eLife* 2, e00747.
Doll R & Peto R (1981) The causes of cancer: quantitative estimates of avoidable risks of cancer in the United States today. *J. Natl Cancer Inst.* 66, 1191–1308.
Druker BJ & Lydon NB (2000) Lessons learned from the development of an Abl tyrosine kinase inhibitor for chronic myelogenous leukemia. *J. Clin. Invest.* 105, 3–7.
Huang P & Oliff A (2001) Signaling pathways in apoptosis as potential targets for cancer therapy. *Trends Cell Biol.* 11, 343–348.
Jain RK (2005) Normalization of tumor vasculature: an emerging concept in antiangiogenic therapy. *Science* 307, 58–62.
Jonkers J & Berns A (2004) Oncogene addiction: sometimes a temporary slavery. *Cancer Cell* 6, 535–538.
Kalos M & June CH (2013) Adoptive T cell transfer for cancer immunotherapy in the era of synthetic biology. *Immunity* 39, 49–60.
Loeb LA (2011) Human cancers express mutator phenotypes: origin, consequences and targeting. *Nat. Rev. Cancer* 11, 450–457.
Lord CJ & Ashworth A (2012) The DNA damage response and cancer therapy. *Nature* 481, 287–294.
Pardoll DM (2012) The blockade of immune checkpoints in cancer immunotherapy. *Nat. Rev. Cancer* 12, 252–264.
Peto J (2001) Cancer epidemiology in the last century and the next decade. *Nature* 411, 390–395.
Sawyers C (2004) Targeted cancer therapy. *Nature* 432, 294–297.
Schreiber RD, Old LJ & Smyth MJ (2011) Cancer immunoediting: integrating immunity's roles in cancer suppression and promotion. *Science* 331, 1565–1570.
Sliwkowski MX & Mellman I (2013) Antibody therapeutics in cancer. *Science* 341, 1192–1198.
Varmus H, Pao W, Politi K et al. (2005) Oncogenes come of age. *Cold Spring Harb. Symp. Quant. Biol.* 70, 1–9.
Ward RJ & Dirks PB (2007) Cancer stem cells: at the headwaters of tumor development. *Annu. Rev. Pathol.* 2, 175–189.

Desenvolvimento de organismos multicelulares

CAPÍTULO 21

Animais e plantas iniciam a sua vida como uma célula única – um óvulo fertilizado, ou **zigoto**. Durante o desenvolvimento, essa célula divide-se repetidamente para produzir diversos tipos de células diferentes, arranjadas em um padrão final de complexidade e precisão espetaculares. O objetivo da biologia celular do desenvolvimento é a compreensão dos mecanismos celulares e moleculares que controlam essas transformações fantásticas (**Animação 21.1**).

Plantas e animais possuem diferentes estilos de vida e utilizam diferentes estratégias de desenvolvimento; neste capítulo, vamos nos concentrar nos animais. Quatro processos são fundamentais para o desenvolvimento animal: (1) proliferação celular, com a produção de diversas células a partir de uma única célula inicial; (2) interações célula-célula, que coordenam o comportamento de cada célula com aqueles das suas vizinhas; (3) especialização celular, ou **diferenciação**, que dá origem a células com diferentes características em localizações distintas; e (4) movimento celular, que rearranja as células, formando tecidos organizados e órgãos (**Figura 21-1**). É no quarto processo que o desenvolvimento de plantas difere radicalmente: as células vegetais não são capazes de migrar ou de se mover de forma independente no embrião, pois cada célula está contida em uma parede celular, por meio da qual está conectada às células adjacentes, conforme discutido no Capítulo 19.

Em um embrião animal em desenvolvimento, os quatro processos fundamentais ocorrem em uma diversidade caleidoscópica de modos enquanto dão origem às diferentes partes do organismo. Assim como os membros de uma orquestra, as células de um embrião devem desempenhar seus papéis individuais de maneira altamente coordenada. No entanto, não há um regente no desenvolvimento embrionário – nenhuma autoridade central – controlando o processo. Ao contrário, o desenvolvimento é um processo de organização própria, onde as células, conforme crescem e proliferam, organizam-se em estruturas de complexidade crescente. Cada uma das milhões de células deve tomar a decisão de como se comportar, utilizando de modo seletivo as instruções genéticas contidas em seus cromossomos.

Em cada etapa do seu desenvolvimento, as células encontram um conjunto limitado de opções, de modo que sua via de desenvolvimento se ramifica repetidas vezes, refletindo um grande conjunto de escolhas sequenciais. Assim como as decisões que tomamos em nossas vidas, as escolhas feitas pelas células são baseadas em suas condições internas – que refletem a sua história – e na influência recebida de outras células, sobretudo as que se localizam próximas. Para compreender o desenvolvimento, precisamos saber como cada escolha é controlada, e isso depende das escolhas feitas previamente. Além disso, precisamos compreender como tais escolhas, uma vez feitas, influenciam a química e o comportamento da célula, e como o comportamento de diferentes células atua de modo sinérgico para determinar a estrutura e função do corpo.

Conforme as células se tornam especializadas, elas alteram não apenas a sua química, mas também sua forma e conexão com outras células e com a matriz extracelular. Elas se deslocam e se organizam, dando origem à arquitetura complexa do corpo, com todos os seus tecidos e órgãos, cada um estruturado de modo preciso e com tamanho

NESTE CAPÍTULO

VISÃO GERAL DO DESENVOLVIMENTO

MECANISMOS DE FORMAÇÃO DE PADRÕES

CONTROLE TEMPORAL DO DESENVOLVIMENTO

MORFOGÊNESE

CRESCIMENTO

DESENVOLVIMENTO NEURAL

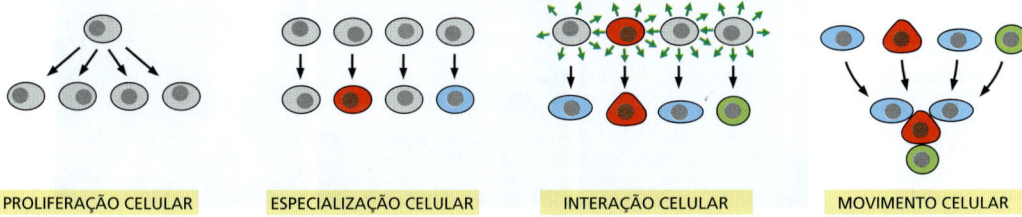

Figura 21-1 Os quatro processos celulares essenciais que possibilitam a construção de um organismo multicelular.

definido. Para compreender tal processo de origem da forma, ou *morfogênese*, devemos considerar as interações mecânicas e bioquímicas entre as células.

À primeira vista, ninguém espera que o verme, a mosca, a águia e a lula-gigante tenham sido gerados pelos mesmos mecanismos de desenvolvimento, assim como não se espera que os mesmos métodos tenham sido usados para fazer um sapato e um avião. De forma surpreendente, no entanto, pesquisas realizadas nos últimos 30 anos relevam que grande parte da maquinaria básica do desenvolvimento é essencialmente a mesma em todos os animais – não apenas nos vertebrados, mas também em todos os principais filos de invertebrados. As moléculas reconhecidamente semelhantes e evolutivamente relacionadas definem os tipos de células animais especializadas, marcam as diferenças entre as regiões do corpo e ajudam a criar o padrão corporal animal. As proteínas homólogas são, com frequência, funcionalmente intercambiáveis entre espécies muito diferentes. Dessa forma, uma proteína humana produzida artificialmente em uma mosca, por exemplo, pode desempenhar a mesma função que a versão dessa proteína produzida normalmente pela mosca (**Figura 21-2**). Graças à unidade subjacente dos mecanismos, pesquisadores do desenvolvimento celular têm feito grandes avanços em direção a um entendimento coerente do desenvolvimento animal.

Iniciaremos este capítulo com uma visão geral dos mecanismos básicos do desenvolvimento animal. Em seguida discutiremos como as células do embrião se diferenciam para dar origem a padrões espaciais, como a sequência de eventos do desenvolvimento é controlada, como os movimentos celulares contribuem para a morfogênese e como o tamanho dos animais é controlado. Encerraremos com o aspecto mais desafiador do desenvolvimento – os mecanismos que permitem a formação do sistema nervoso altamente complexo.

VISÃO GERAL DO DESENVOLVIMENTO

Os animais sobrevivem pela ingestão de outros organismos. Portanto, animais tão notavelmente distintos, como vermes, moluscos, insetos e vertebrados, compartilham características anatômicas que são essenciais a essa forma de vida. As células epidérmicas formam uma camada externa protetora; as células do trato digestivo absorvem nutrientes

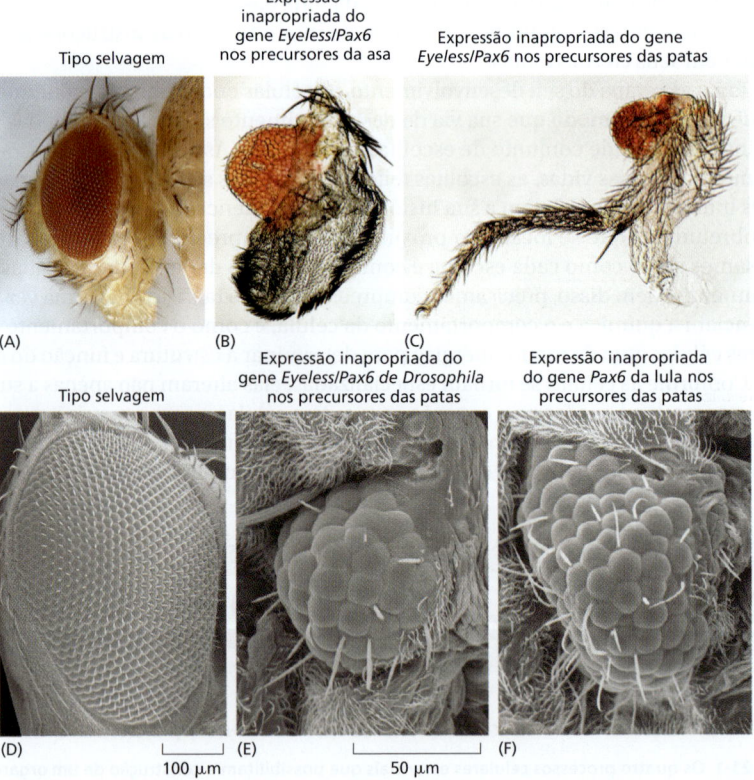

Figura 21-2 Proteínas homólogas podem funcionar de modo intercambiável. (A-C) A proteína Eyeless (também chamada de Pax6) controla o desenvolvimento ocular de *Drosophila* e, quando sua expressão é alterada durante o desenvolvimento, pode induzir a formação de um olho em um local anormal, como uma asa (B) ou uma pata (C). As micrografias eletrônicas de varredura mostram uma região de tecido ocular na perna de uma mosca, resultante da expressão alterada do gene *Eyeless* de *Drosophila* (E) e do gene *Pax6* de lula (F). A proteína homóloga humana e praticamente de qualquer animal dotado de olhos, quando apresenta uma expressão alterada, como na mosca transgênica, produz o mesmo efeito. O olho completo de uma *Drosophila* normal é mostrado para comparação em (A) e (D). (B-C, cortesia de Georg Halder; D-F, de S. I. Tomarev, et al. *Proc. Natl Acad. Sci. USA* 94:2421–2426, 1997. Com permissão da National Academy of Sciences.)

do alimento ingerido; as células musculares promovem o movimento; e os neurônios e células sensoriais controlam o comportamento. Esses diferentes tipos celulares estão organizados em tecidos e órgãos, formando a superfície da pele que reveste a porção externa, a boca para alimentação e o trato digestivo interno para a digestão de alimentos – com músculos, nervos e outros tecidos organizados no espaço entre a pele e o trato digestivo. Diversos animais apresentam um eixo definido – um eixo anteroposterior, com a boca e o cérebro na região anterior e com o ânus na região posterior; um eixo dorsoventral, com a região das costas na porção dorsal e o abdômen na região ventral; e ainda um eixo dextrógiro-levógiro. Nesta seção, discutiremos os mecanismos fundamentais responsáveis pelo desenvolvimento animal, iniciando com o estabelecimento do plano corporal básico.

Mecanismos conservados estabelecem o plano corporal básico

Características anatômicas compartilhadas de animais se desenvolvem por meio de mecanismos conservados. Após a fertilização, o zigoto costuma se desenvolver rapidamente ou passa por **clivagens**, dando origem a diversas células menores. Durante tais divisões, o embrião, que ainda não se alimenta, não aumenta em tamanho. Essa fase do desenvolvimento é, a princípio, completamente regulada e controlada pelo material genético materno depositado no ovo. O genoma do embrião se mantém inativo até o momento em que o mRNA e as proteínas maternas passam a ser abruptamente degradados. O genoma do embrião é ativado, e as células se unem para formar a **blástula** – em geral uma esfera sólida de células ou uma esfera oca de células preenchida por líquido. Um processo complexo de rearranjo celular, chamado de **gastrulação** (do grego, *gaster*, "ventre"), transforma a blástula em uma estrutura com múltiplas camadas contendo um trato digestivo rudimentar (**Figura 21-3**). Algumas células da blástula permanecem na face externa, formando a **ectoderme**, que dará origem à epiderme e ao sistema nervoso; outras células são invaginadas, formando a **endoderme**, que dará origem ao tubo digestivo e seus apêndices, como pulmões, pâncreas e fígado. Outro grupo de células se deslocará para o espaço entre a ectoderme e a endoderme e formará a **mesoderme**, que dará origem a músculos, tecido conectivo, sangue, rins e vários outros componentes. O deslocamento futuro de células e a consequente diferenciação celular originarão e refinarão a arquitetura embrionária.

A ectoderme, a mesoderme e a endoderme formadas durante a gastrulação constituem as três **camadas germinativas** do embrião inicial. Diversas transformações posteriores no processo do desenvolvimento darão origem à estrutura elaborada dos órgãos. No entanto, o plano e o eixo corporal básicos estabelecidos na escala reduzida do embrião durante a gastrulação são preservados na vida adulta, quando o organismo é bilhões de vezes maior (**Animação 21.2**).

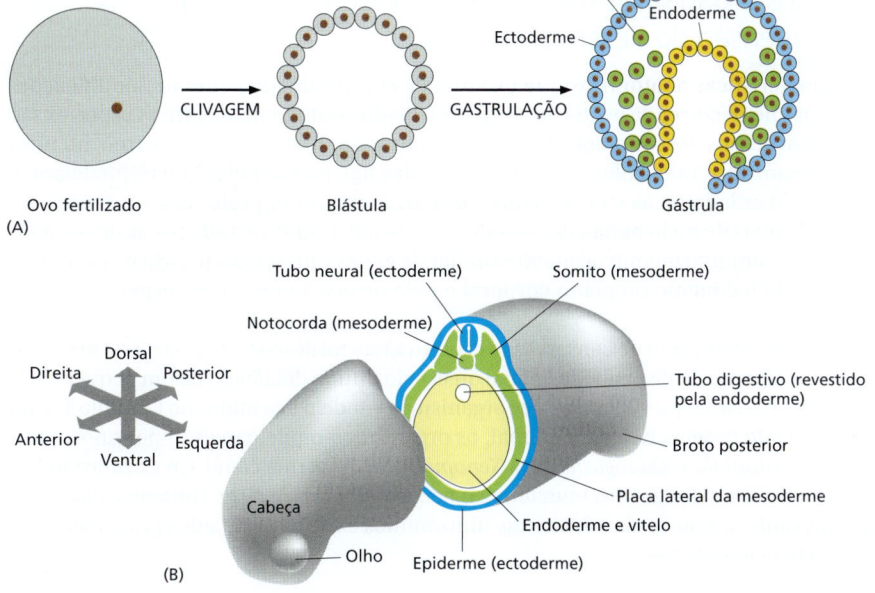

Figura 21-3 As etapas iniciais do desenvolvimento, exemplificadas em uma rã.
(A) Um ovo fertilizado se divide, dando origem à blástula – uma camada de células epiteliais circundando uma cavidade. Durante a gastrulação, algumas das células se deslocam para o interior, formando a mesoderme (*verde*) e a endoderme (*amarelo*). As células da ectoderme (*azul*) permanecem na face externa. (B) Um corte longitudinal de um embrião de anfíbio mostra o plano corporal animal básico, com uma camada de ectoderme na parte exterior, um tubo de endoderme na parte interna e a mesoderme localizada entre eles. A endoderme forma o revestimento epitelial do intestino, da boca ao ânus. Ela origina não somente a faringe, o esôfago, o estômago e o intestino, mas também muitas estruturas associadas. As glândulas salivares, o fígado, o pâncreas, a traqueia e os pulmões, por exemplo, desenvolvem-se a partir da parede do trato digestivo, multiplicando-se e tornando-se sistemas de tubos ramificados que se conectam ao intestino ou à faringe. A endoderme forma apenas os componentes epiteliais dessas estruturas – o revestimento do intestino e as células secretoras do pâncreas, por exemplo. A musculatura de suporte e os elementos fibrosos se originam da mesoderme.

A mesoderme dá origem aos tecidos conectivos – inicialmente ao grupo não coeso de células do embrião, conhecido como mesênquima e, por fim, à cartilagem, aos ossos e ao tecido fibroso, incluindo a derme (a camada mais interna da pele). A mesoderme também forma os músculos, todo o sistema vascular – incluindo o coração, os vasos sanguíneos e as células do sangue – e os túbulos, os ductos e os tecidos de suporte dos rins e das gônadas. A notocorda se forma a partir da mesoderme e formará a parte central do futuro sistema esquelético, e fonte dos sinais que coordenam o desenvolvimento dos tecidos adjacentes.

A ectoderme formará a epiderme (a camada epitelial mais externa da pele) e as estruturas acessórias da epiderme, como cabelos, glândulas sudoríparas e glândulas mamárias. Ela também originará todo o sistema nervoso, central e periférico, incluindo não apenas os neurônios e a glia, mas também as células sensoriais do nariz, dos ouvidos, dos olhos e de outros órgãos sensoriais. (B, de T. Mohun et al., *Cell* 22:9–15, 1980. Com permissão de Elsevier.)

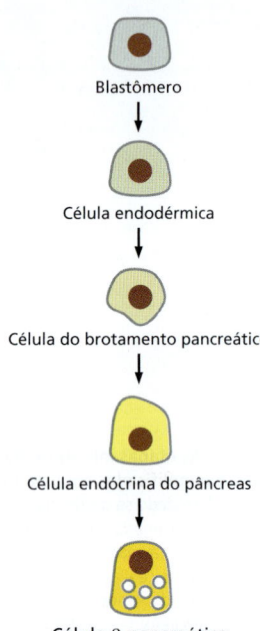

Figura 21-4 Via de desenvolvimento do blastômero até um tipo celular diferenciado. À medida que o desenvolvimento progride, as células tornam-se cada vez mais especializadas. Os blastômeros têm potencial de originar a maior parte dos tipos celulares. Sob a influência de moléculas de sinalização e de fatores reguladores genéticos, as células adotam destinos mais restritos até que se diferenciem em tipos celulares altamente especializados, como as células β das ilhotas pancreáticas que secretam o hormônio insulina.

O potencial de desenvolvimento das células se torna progressivamente restrito

De modo concomitante com o refinamento do plano corporal, as células individuais se tornam progressivamente restritas no seu potencial de desenvolvimento. Durante os estágios de blástula, as células em geral são **totipotentes**, ou **pluripotentes** – elas têm o potencial de dar origem a todos, ou quase todos, os tipos de células de um organismo adulto. A pluripotência é perdida durante a gastrulação: uma célula localizada na camada germinativa da endoderme, por exemplo, pode dar origem aos tipos celulares que irão revestir o trato digestivo, ou formar órgãos derivados do trato digestivo, como o fígado ou pâncreas, mas não tem mais o potencial de formar estruturas derivadas da mesoderme, como o esqueleto, coração, ou rins. Diz-se que essas células são *determinadas* para a linhagem endodérmica. Portanto, a **determinação das células** inicia cedo no desenvolvimento e progressivamente diminui as opções possíveis conforme a célula passa por uma série programada de etapas intermediárias – controlada em cada etapa pelo seu genoma, seu histórico e suas interações com as células adjacentes. Tal processo atinge seu limite quando a célula passa pela sua **diferenciação terminal**, originando um tipo celular altamente especializado no organismo adulto (**Figura 21-4**). Apesar de alguns tipos celulares do organismo adulto manterem certo grau de pluripotência, sua gama de opções costuma ser pequena (discutido no Capítulo 22).

A memória celular é responsável pelo processo de tomada de decisões da célula

Por trás da riqueza e da alta complexidade dos resultados do processo de desenvolvimento está a **memória celular** (ver p. 404). Os genes que uma célula expressa e a maneira como ela se comporta dependem do seu histórico e das suas circunstâncias presentes. As células do nosso corpo – as células musculares, os neurônios, as células da pele, as células do trato digestivo, etc. – mantêm suas características especializadas sobretudo por manterem um registro dos sinais extracelulares que suas células precursoras receberam durante o processo de desenvolvimento, e não pelo fato de receberem tais instruções continuamente, a partir do seu ambiente circundante. Apesar de seus fenótipos radicalmente distintos, essas células retêm o genoma completo presente no zigoto; as diferenças são originadas da expressão diferencial de genes. Já discutimos os mecanismos moleculares de regulação gênica, memória celular, divisão celular, sinalização celular e movimento celular em capítulos anteriores. Neste capítulo, veremos como tais processos básicos são empregados coletivamente para dar origem aos animais.

Diversos organismos-modelo foram essenciais para a compreensão do desenvolvimento

As características anatômicas que os animais compartilham sofreram modificações extremas no decorrer da evolução. Como resultado, as diferenças entre as espécies são mais visíveis aos nossos olhos humanos do que as similaridades. No entanto, no nível dos mecanismos moleculares subjacentes, e das macromoléculas que os mediam, o inverso é verdadeiro: as similaridades entre os animais são profundas e extensas. Ao longo de mais de meio bilhão de anos de divergência evolutiva, todos os animais mantiveram o conjunto inequivocamente similar de genes e proteínas que são responsáveis pelo estabelecimento do plano corporal e pela formação de células especializadas e órgãos.

Esse notável grau de conservação evolutiva não foi descoberto a partir de um grande levantamento da diversidade animal, mas pelo estudo detalhado de um pequeno número de espécies representativas – os organismos-modelo discutidos no Capítulo 1. Para a biologia do desenvolvimento animal, os organismos-modelo mais importantes são a mosca *Drosophila melanogaster*, a rã *Xenopus laevis*, o verme cilíndrico *Caenorhabditis elegans*, o camundongo *Mus musculus* e o peixe-zebra *Danio rerio*. Durante a discussão dos mecanismos do desenvolvimento, utilizaremos exemplos extraídos principalmente dessas poucas espécies.

Genes envolvidos na comunicação entre as células e no controle da transcrição são especialmente importantes para o desenvolvimento animal

Quais são os genes que os animais compartilham entre si, mas não com os demais reinos? Espera-se que esse conjunto inclua os genes especificamente necessários para o desenvolvimento animal, mas dispensáveis para a existência unicelular. A comparação dos genomas de animais com o genoma da levedura – um eucarioto unicelular – sugere que três classes de genes têm especial importância para a organização multicelular. A primeira classe inclui genes que codificam proteínas utilizadas na adesão entre células e na sinalização celular; centenas de genes humanos codificam proteínas de sinalização, receptores de superfície celular, proteínas de adesão celular, ou canais iônicos ausentes na levedura ou presentes em número bastante reduzido. A segunda classe inclui genes que codificam proteínas que regulam a transcrição e a estrutura da cromatina: mais de mil genes humanos codificam reguladores transcricionais, mas apenas cerca de 250 genes o fazem em leveduras. Conforme veremos, o desenvolvimento animal é controlado por interações célula-célula e pela expressão diferencial de genes. A terceira classe de RNAs não codificadores possui características mais incertas: essa classe inclui genes que codificam micro-RNAs (miRNAs), correspondendo a pelo menos 500 genes em humanos. Em conjunto com as proteínas reguladoras, essas moléculas são responsáveis por parte significativa do controle da expressão gênica durante o desenvolvimento animal, mas a extensão da sua importância ainda não é clara. A perda de genes específicos de miRNAs em *C. elegans*, onde a função dessas moléculas foi bem estudada, raramente resulta em fenótipos óbvios, sugerindo que o papel dos miRNAs durante o desenvolvimento animal é em muitos casos sutil, atuando na regulação fina da maquinaria de desenvolvimento, e não na formação de estruturas essenciais.

O DNA regulador parece ser o principal responsável pelas diferenças entre as espécies animais

Conforme discutido no Capítulo 7, cada gene em um organismo multicelular está associado a centenas de milhares de nucleotídeos de DNA não codificador que contém elementos reguladores. Esses elementos reguladores determinam quando, onde e com que intensidade um gene será expresso, de acordo com os reguladores de transcrição e estruturas da cromatina presentes em uma célula específica (**Figura 21-5**). Como consequência, uma alteração no DNA regulador, mesmo na ausência de alterações no DNA codificador, pode modificar a lógica de regulação gênica e o resultado final do processo de desenvolvimento.

Como discutido no Capítulo 4, quando comparamos o genoma de diferentes espécies de animais, observamos que o processo evolutivo alterou o DNA codificador e o DNA regulador de modos distintos. O DNA codificador, em sua maioria, é altamente conservado, e o DNA regulador não codificador nem tanto. As alterações no DNA regulador são amplamente responsáveis pelas diferenças notáveis entre as classes de animais (ver p. 227). Podemos considerar os produtos proteicos das sequências codificadoras como um conjunto comum conservado de componentes moleculares, e o DNA regulador como as instruções para a montagem desses componentes: com instruções diferentes, o mesmo conjunto de componentes pode ser utilizado para gerar uma ampla variedade de estruturas corporais. Retornaremos a esse importante conceito mais tarde.

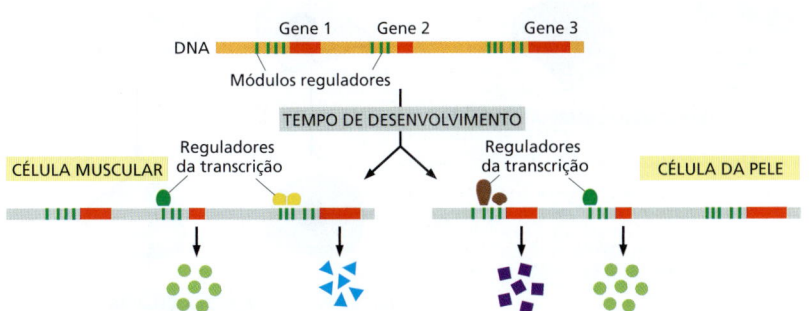

Figura 21-5 O DNA regulador define padrões de expressão gênica durante o desenvolvimento. O genoma é o mesmo nas células musculares e da pele, mas diferentes genes são ativados devido à expressão de diferentes reguladores da transcrição, que se ligam aos elementos de regulação dos genes. Por exemplo, os reguladores da transcrição das células da pele reconhecem os elementos de regulação do gene 1, induzindo a sua ativação, enquanto um conjunto diferente de reguladores está presente nas células musculares, ligando-se e ativando o gene 3. Reguladores da transcrição que ativam a expressão do gene 2 estão presentes nos dois tipos celulares.

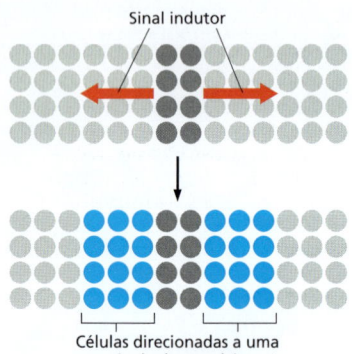

Figura 21-6 Sinalização indutiva.

Um pequeno número de vias de sinalização célula-célula conservadas coordena a formação de padrões espaciais

A formação de padrões espaciais em um animal em desenvolvimento requer a diferenciação de células de acordo com a sua posição no embrião, ou seja, as células devem responder a sinais extracelulares gerados por outras células, sobretudo células adjacentes. Em um processo que é, provavelmente, o modo mais comum de formação espacial de padrões, um grupo de células possui o mesmo potencial de desenvolvimento, e sinais recebidos de células não pertencentes a esse grupo induzem alterações nas características de um ou mais membros do grupo. Esse processo é denominado *sinalização indutiva*. Em geral, a sinalização indutiva é limitada no tempo e no espaço, de modo que apenas um subconjunto de células – as células mais próximas à fonte do sinal – responde ao sinal e adquire o caráter induzido (**Figura 21-6**). Alguns sinais indutivos dependem do contato entre as células; outros são capazes de atuar em um raio maior, e tal sinalização é mediada por moléculas que se difundem pelo meio extracelular, ou que são transportadas pela circulação sanguínea (ver Figura 15-2).

Muitos dos eventos de indução conhecidos no desenvolvimento animal são mediados por um pequeno número de vias de sinalização altamente conservadas, incluindo as vias do fator de crescimento transformador β (TGFβ), Wnt, Hedgehog, Notch e receptores tirosina-cinase (RTK) (discutidos no Capítulo 15). A descoberta, ao longo dos últimos 25 anos, do número limitado de vias de sinalização no desenvolvimento celular utilizadas para a comunicação entre as células é uma das principais características simplificadoras da biologia do desenvolvimento.

Sinais simples dão origem a padrões complexos por meio do controle combinatório e da memória celular

Como é possível que um pequeno número de vias de sinalização seja capaz de dar origem à imensa diversidade de células e padrões de organização? Três tipos de mecanismos são responsáveis. Primeiro, mediante duplicação gênica, os componentes básicos de uma via muitas vezes são codificados por pequenas famílias de genes homólogos relacionados. Isso confere diversidade à operação da via, de acordo com o membro dessa família que é utilizado em uma dada situação. A sinalização Notch, por exemplo, pode ser mediada por Notch1 em um tecido, e por seu homólogo, Notch4, em outro. Segundo, a resposta de uma célula a um determinado sinal proteico depende de outros sinais que a célula esteja recebendo simultaneamente (**Figura 21-7**A). Como resultado, diferentes combinações de sinais podem dar origem a respostas distintas. Terceiro, e mais importante, o efeito da ativação de uma via de sinalização depende das experiências prévias da célula que recebe o sinal: influências pregressas geram efeitos duradouros, registrados na conformação da

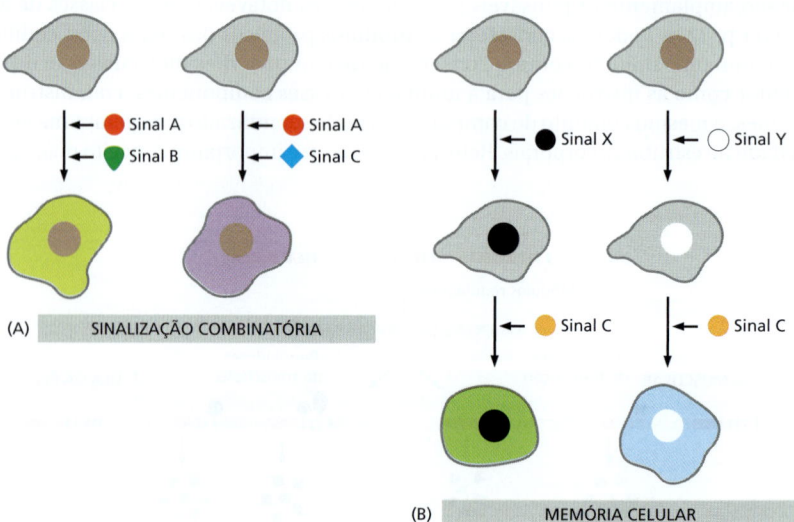

Figura 21-7 Dois mecanismos para a geração de diferentes respostas a partir de um mesmo sinal indutivo. (A) Na sinalização combinatória, o efeito do sinal depende da presença de outros sinais recebidos simultaneamente. (B) A partir da memória celular, sinais prévios (ou eventos) podem causar efeitos duradouros que alteram a resposta à sinalização atual (ver Figura 7-54). O efeito da memória celular é representado aqui pelas cores dos núcleos das células.

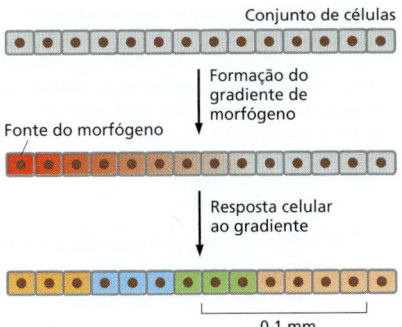

Figura 21-8 **Formação e interpretação do gradiente.** Um gradiente se forma pela produção localizada de um indutor – um morfógeno – que se difunde a partir da sua origem. Diferentes concentrações do morfógeno (ou diferentes tempos de exposição) induzem diferentes padrões de expressão gênica e diferentes destinos celulares nas células que respondem ao sinalizador. O transporte por difusão gera gradientes apenas em distâncias curtas, e os morfógenos geralmente atuam em distâncias equivalentes a 1 mm ou menos.

cromatina e no conjunto de proteínas reguladoras da transcrição e nas moléculas de RNA contidas na célula. Essa memória permite que células com diferentes históricos respondam de modo distinto a um mesmo sinal (Figura 21-7B). Assim, as mesmas poucas vias de sinalização podem ser utilizadas repetidamente em diferentes momentos e locais, com resultados distintos, gerando padrões de complexidade ilimitada.

Morfógenos são sinais indutivos de longo alcance que exercem efeitos gradativos

Moléculas de sinalização costumam controlar respostas simples do tipo sim ou não – um efeito quando sua concentração é alta, e outro efeito quando sua concentração é baixa. Em muitos casos, no entanto, as respostas têm um ajuste mais fino: uma alta concentração de uma molécula de sinalização pode, por exemplo, direcionar as células para uma via de desenvolvimento, uma concentração intermediária para outra via, e uma baixa concentração, à outra via ainda.

Uma forma comum de criar essas diferentes concentrações de uma molécula de sinalização é a difusão dessa molécula a partir de uma fonte localizada de sinal, o que origina um gradiente de concentração. As células a diferentes distâncias da fonte são direcionadas a comportarem-se de várias maneiras diferentes, de acordo com a concentração do sinal que elas recebem (**Figura 21-8**). Assim, uma molécula-sinal que impõe um padrão em um amplo campo de células é chamada de **morfógeno**. No caso mais simples, um grupo especializado de células produz o morfógeno em uma taxa contínua, e o morfógeno então se difunde a partir desta fonte. A velocidade de difusão e a meia-vida do morfógeno determinarão juntas o alcance e a extensão do gradiente resultante (**Figura 21-9**).

Esse mecanismo simples pode ser modificado de diversas maneiras. Receptores na superfície das células ao longo do caminho, por exemplo, podem capturar o morfógeno e promover a sua endocitose e degradação, diminuindo a sua meia-vida efetiva. Ou o morfógeno pode se ligar a moléculas da matriz extracelular, como o proteoglicano sulfato de heparana (discutido no Capítulo 19), reduzindo a sua taxa de difusão.

A inibição lateral pode originar padrões de diferentes tipos celulares

Gradientes de morfógenos, e outros tipos de sinais indutivos, utilizam a assimetria existente no embrião para gerar mais assimetria e diferenças entre as células: já no início, algumas células se especializam na produção do morfógenos e, portanto, impõem um

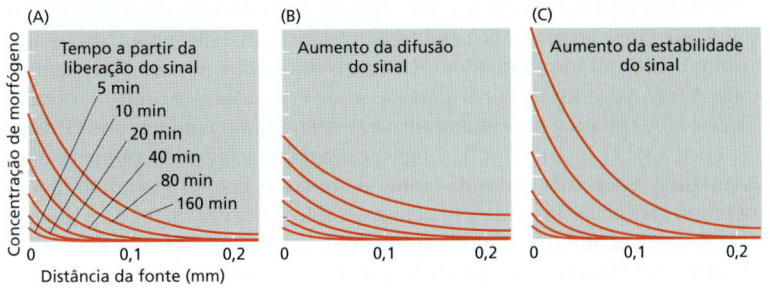

Figura 21-9 **Estabelecimento de um gradiente de sinal por difusão.** (A-C) Cada gráfico mostra seis estágios sucessivos do estabelecimento da concentração de uma molécula-sinal produzida a taxas constantes na origem, com a produção começando no tempo 0. Em todos os casos, a molécula sofre degradação conforme se difunde a partir da fonte, e os gráficos foram gerados assumindo que a difusão ocorre ao longo de dois eixos no espaço (p. ex., radialmente a partir de uma origem em uma camada epitelial). (A) Padrão de distribuição do morfógeno assumindo-se que a molécula tenha meia-vida de 170 minutos, e que se difunda em uma taxa de difusão constante, $D = 1\ \mu m^2\ s^{-1}$, em geral observada para pequenas moléculas proteicas em tecidos extracelulares. Observe que o gradiente já está próximo do estado de equilíbrio com o tempo de uma hora e que a concentração no estado de equilíbrio diminui exponencialmente com a distância. (B) Um aumento de três vezes na constante de difusão do morfógeno aumenta seu raio de alcance, mas diminui a sua concentração na região próxima à fonte, enquanto (C) um aumento de três vezes na meia-vida do morfógeno aumenta a sua concentração ao longo do tecido. O efeito do morfógeno irá depender não apenas da sua concentração em um determinado momento, mas também da maneira com que cada célula-alvo responde a esse sinal ao longo do tempo. (Cortesia de Patrick Müller.)

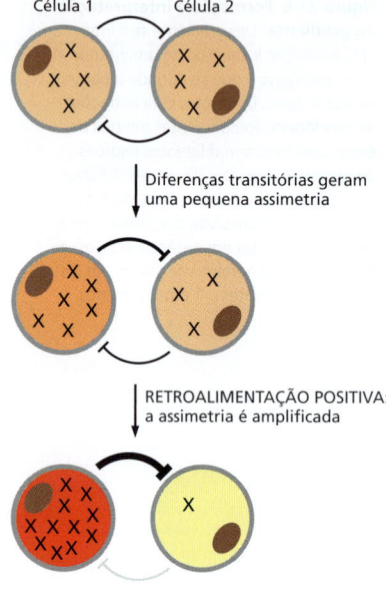

Figura 21-10 Estabelecimento de assimetria mediante inibição lateral e retroalimentação positiva. Neste exemplo, duas células interagem, cada uma produzindo uma molécula X que atua na outra célula, inibindo a produção de X, um efeito conhecido como inibição lateral. Um aumento na produção de X em uma das células leva a uma retroalimentação positiva que tende a aumentar a produção de X nesta mesma célula, enquanto diminui a quantidade de X na célula vizinha. Isso pode originar uma instabilidade crescente, tornando as duas células radicalmente distintas. Por fim, o sistema se estabiliza em um dos dois estados opostos. A escolha final do estado representa uma forma de memória: uma pequena influência que no início direcionou uma escolha não é mais necessária para manter o estado final estável.

padrão em outra classe de células que são sensíveis ao sinal. O que ocorreria na ausência de uma assimetria inicial óbvia? Um padrão regular pode se originar espontaneamente em um conjunto de células que a princípio é homogêneo?

A resposta é sim. O princípio fundamental em que se baseia a formação de padrões *de novo* é a retroalimentação positiva: as células podem enviar sinais umas às outras, de modo que qualquer pequena discrepância inicial entre as células em locais diferentes é amplificada, direcionando essas células a destinos distintos. Esse processo é mais claramente ilustrado no fenômeno da *inibição lateral*, uma forma de interação célula-célula que induz a diferenciação de células próximas, gerando padrões refinados de diferentes tipos celulares.

Considere um par de células adjacentes em um estado similar em um primeiro momento. Cada uma dessas células pode gerar e responder a uma dada molécula sinalizadora X, com a característica de que quanto mais forte o sinal recebido, menos sinalizador a célula produz (**Figura 21-10**). Se uma das células produzir mais X, a outra é induzida a produzir menos. Isso origina um processo de retroalimentação positiva que tende a amplificar qualquer diferença inicial entre as duas células adjacentes. Essa diferença pode ter origem em condições impostas por algum fator externo anterior ou presente, ou simplesmente em flutuações aleatórias espontâneas, ou "ruído" – uma característica inevitável do circuito do controle genético nas células (discutido no Capítulo 7). Em qualquer um dos casos, a inibição lateral significa que, se a célula 1 sintetizar um pouco mais de X, ela fará a célula 2 sintetizar menos; e como a célula 2 sintetiza menos X, ela causa uma inibição menor na célula 1, o que permite que a produção de X na célula 1 aumente ainda mais; e assim sucessivamente, até que um estado de equilíbrio seja atingido, onde a célula 1 produz grandes quantidades de X e a célula 2 produz muito pouco. No caso mais comum, a molécula sinalizadora X atua na célula-alvo por meio da regulação da transcrição gênica, e o resultado é a diferenciação dessas duas células em diferentes vias.

Em quase todos os tecidos, é necessária uma mistura balanceada de diferentes tipos celulares. A inibição lateral é um processo comum para a origem desses diferentes tipos celulares. Conforme veremos, a inibição lateral é frequentemente mediada pelo intercâmbio de sinais nos pontos de contato entre as células, pela via de sinalização Notch, permitindo que células individuais que expressem um dado conjunto de genes induzam a expressão de um conjunto de genes distinto em um grupo de células adjacentes, da mesma forma recém-descrita (ver também Figura 15-58).

A ativação de curto alcance e a inibição de longo alcance podem originar padrões celulares complexos

A inibição lateral mediada pela via Notch não é o único exemplo do estabelecimento de padrões mediado pela **retroalimentação positiva**: existem outras maneiras pelas quais um sistema homogêneo e simétrico, a partir do mesmo princípio, pode espontaneamente estabelecer padrões, mesmo na ausência de morfógenos externos. Ciclos de retroalimentação positiva mediados pela difusão de moléculas de sinalização podem atuar sobre um conjunto maior de células para dar origem a diversos padrões espaciais. Mecanismos deste tipo são chamados de *sistemas de reação e difusão*. Por exemplo, uma substância A (um ativador de curto alcance) pode estimular sua própria produção nas células que a contenham e nas células adjacentes, enquanto também pode estimulá-las a produzir um sinal I (um inibidor de longo alcance) que se difunde amplamente e inibe a produção de A nas células mais distantes. Se todas as células iniciarem igualmente, mas um grupo ganhar certa vantagem pela produção um tanto maior de A do que o restante das células, a assimetria pode ser autoamplificada (**Figura 21-11**). Essa ativação de curto alcance, combinada à inibição de longo alcance, pode colaborar para a formação

Figura 21-11 Estabelecimento de padrões por meio do sistema de reação e difusão. A partir de um conjunto uniforme de células (A), ciclos de retroalimentação positiva (B) e de inibição de longo alcance (C) podem gerar padrões (D) em uma região inicialmente homogênea. Os padrões podem ser complexos, semelhantes à pelagem de um leopardo (conforme ilustrado), ou às listras das zebras; ou podem ser simples, com a criação de um único conjunto especializado de células capazes, por exemplo, de atuar como fonte de um gradiente de morfógenos.

de grupos de células que se tornam especializados como **centros sinalizadores** localizados em um tecido a princípio homogêneo.

A divisão celular assimétrica também pode gerar diversidade

A diversificação celular não depende sempre de sinais extracelulares: em alguns casos, as células-filhas são distintas como resultado de uma **divisão celular assimétrica**, em que uma ou mais moléculas essenciais são distribuídas de maneira desigual entre as duas células. Essa herança assimétrica garante que as duas células se desenvolvam de modos distintos (**Figura 21-12**). A divisão assimétrica é um fenômeno comum nas etapas iniciais do desenvolvimento, quando o ovo fertilizado já apresenta padrões internos e a divisão dessa grande célula segrega diferentes determinantes em blastômeros individuais. Consideraremos como a divisão assimétrica também atua nas etapas posteriores dos processos de desenvolvimento.

Enquanto o embrião cresce, os padrões iniciais são estabelecidos em pequenos grupos de células e refinados por indução sequencial

Os sinais que organizam o padrão espacial de células em um embrião em geral atuam sobre distâncias curtas e controlam escolhas relativamente simples. Um morfógeno, por exemplo, em geral atua sobre uma distância de menos de 1 mm – uma distância efetiva para difusão – e direciona escolhas entre várias opções de desenvolvimento para as células nas quais ele atua. Contudo, os órgãos que por fim se desenvolvem são muito maiores e mais complexos do que isso.

A proliferação celular que se segue à especificação inicial é responsável pelo aumento em tamanho, enquanto o refinamento do padrão inicial é explicado por uma série de induções locais e outras interações que acrescentam níveis sucessivos de detalhes em uma estrutura inicialmente simples. Por exemplo, assim que dois tipos de células estão presentes em um tecido em desenvolvimento, uma delas pode produzir um sinal que induza um subconjunto de células vizinhas a se especializarem em uma terceira via. O terceiro tipo celular pode, por sua vez, sinalizar em resposta aos outros dois tipos celulares próximos, gerando um quarto e um quinto tipo celular, e assim por diante (**Figura 21-13**).

(A) Conjunto uniforme de células

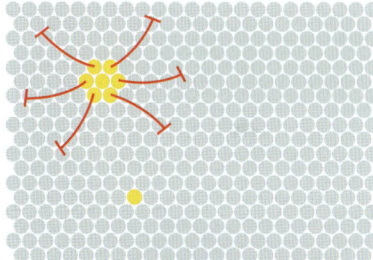
(B) Um ativador de curto alcance (*verde*) em uma célula estimula a sua própria produção

(C) Um inibidor de longo alcance (*vermelho*) bloqueia a produção do ativador nas células circundantes

Grupos especializados de células
(D)

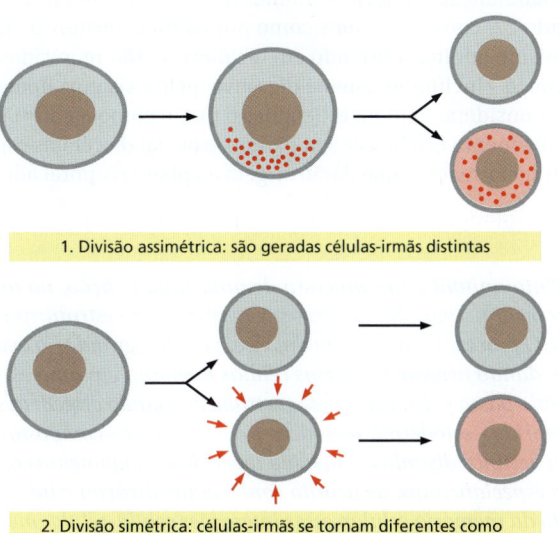

Figura 21-12 Os dois modos de tornar células-irmãs diferentes.

Figura 21-13 **Formação de padrões por indução sequencial.** Uma série de interações indutoras pode gerar muitos tipos celulares, iniciando a partir de alguns poucos.

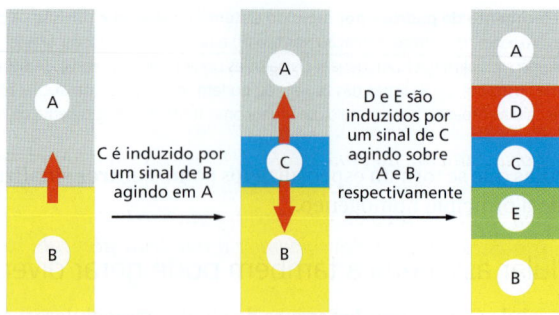

Essa estratégia para a geração de um padrão cada vez mais complicado é chamada de **indução sequencial**. É sobretudo por meio de induções sequenciais que a estrutura do corpo de um animal em desenvolvimento, após ser inicialmente esboçada em miniatura, torna-se elaborada em detalhes mais e mais finos, enquanto o desenvolvimento prossegue.

A biologia do desenvolvimento fornece evidências sobre doenças e manutenção de tecidos

O rápido progresso na compreensão do desenvolvimento animal é uma das principais histórias de sucesso na biologia ao longo das últimas décadas, e tem importantes aplicações práticas. Cerca de 2 a 5% dos bebês humanos nascem com alguma anomalia anatômica, como malformações cardíacas, membros truncados, palato fendido ou espinha bífida. Avanços na biologia do desenvolvimento ajudam a compreender as causas desses defeitos, mesmo que ainda não seja possível prevenir ou curar grande parte deles.

De forma menos óbvia, porém ainda mais importante do ponto de vista prático, a biologia do desenvolvimento fornece informações sobre o funcionamento de células e tecidos em um organismo adulto. Os processos de desenvolvimento não param no nascimento; eles continuam ao longo da vida, já que tecidos precisam de manutenção e reparo. Os mecanismos fundamentais de crescimento e divisão celular, sinalização célula-célula, memória celular, adesão celular e movimento celular estão envolvidos na manutenção e no reparo dos tecidos adultos – de maneira similar ao desenvolvimento embrionário.

Embriões são mais simples do que organismos adultos e nos permitem analisar processos elementares com maior facilidade. Estudos realizados em etapas iniciais do desenvolvimento de embriões de *Drosophila*, por exemplo, foram essenciais para a descoberta de diversas vias conservadas de sinalização, incluindo as vias Wnt, Hedgehog e Notch. Esses estudos também forneceram a chave para o entendimento do papel central dessas vias na manutenção dos tecidos adultos normais e em doenças como o câncer.

No Capítulo 22, consideraremos como outros mecanismos de desenvolvimento atuam no organismo adulto, sobretudo em tecidos que são renovados continuamente pelas células-tronco – incluindo sistema digestivo, pele e sistema hematopoiético. Mas, agora, devemos considerar com mais detalhes o modo como o embrião nas etapas iniciais do desenvolvimento estabelece seu padrão espacial de células especializadas, iniciando com as transformações que darão origem ao plano corporal adulto.

Resumo

O desenvolvimento animal é um processo de auto-organização, no qual as células do embrião se diferenciam umas das outras e se organizam em estruturas progressivamente mais complexas. O processo começa com uma única célula grande – o ovo fertilizado. Essa célula se divide, dando origem a diversas células menores, em uma estrutura chamada blástula. A blástula passa pelo processo de gastrulação, dando origem aos três folhetos germinativos do embrião – ectoderme, mesoderme e endoderme – compostos por células comprometidas com destinos distintos. À medida que o desenvolvimento continua, as células se tornam mais especializadas, de acordo com sua localização e interações com outras células. Por meio da memória celular, essas interações célula-célula, mesmo que transitórias, podem ter efeitos permanentes nas condições internas de cada célula. Dessa forma, a sucessão de sinais simples que a célula recebe em momentos distintos pode direcioná-la ao longo de uma complexa via de desenvolvimento. Em cada etapa, a gama de opções finais possíveis para a célula se torna progressivamente mais restrita. O processo atinge seu limite quando a célula se diferencia em um tipo celular especializado no organismo adulto.

As diferenças entre as células em desenvolvimento têm causas diversas e devem ser coordenadas apropriadamente no espaço. Em uma estratégia comum, células semelhantes em um primeiro momento, em um mesmo grupo, diferenciam-se pela exposição a diferentes níveis de um sinal indutivo ou morfógeno oriundo de uma fonte externa ao grupo de células. Células adjacentes também podem se diferenciar por inibição lateral, em que uma célula envia sinais às células adjacentes, impedindo que estas tenham o mesmo destino celular. Tais interações célula-célula são mediadas por um pequeno grupo de vias de sinalização altamente conservadas, que são utilizadas repetidas vezes em diferentes organismos e em diferentes etapas do desenvolvimento. No entanto, nem toda a diversidade celular é decorrente de interações célula-célula: células-filhas distintas podem resultar de divisões celulares assimétricas.

Reguladores da transcrição e da estrutura da cromatina se ligam ao DNA regulador e determinam o destino celular. As diferenças no plano corporal parecem surgir em grande parte de diferenças no DNA regulador associado a cada gene. Esse DNA desempenha uma função central na definição do programa sequencial de desenvolvimento, colocando genes em ação em tempos e em locais específicos, de acordo com o padrão de expressão gênica que estava presente em cada célula no estágio de desenvolvimento anterior.

O desenvolvimento foi estudado em mais detalhes em um conjunto de organismos-modelo. Porém, muitos dos genes e dos mecanismos assim identificados são utilizados em todos os animais e empregados repetidamente em diferentes etapas do desenvolvimento. Dessa forma, os resultados obtidos com o estudo de vermes, moscas, peixes, rãs e camundongos contribuem para o melhor entendimento da embriologia, dos defeitos congênitos e da manutenção de tecidos adultos em humanos.

MECANISMOS DE FORMAÇÃO DE PADRÕES

Um organismo multicelular em desenvolvimento precisa estabelecer padrões em conjuntos celulares desprovidos ou contendo um mínimo dos mesmos. Alguns dos primeiros microscopistas supunham que a forma e a estrutura completa do corpo humano já estavam presentes no espermatozoide na forma de um "homúnculo", um humano em miniatura, e que após a fertilização o homúnculo iria simplesmente crescer e dar origem a um humano adulto. Sabemos que tal suposição é incorreta e que o desenvolvimento é uma progressão do simples para o complexo, mediante refinamento gradual da anatomia animal. Para avaliar como a sequência completa de eventos de formação espacial de padrões e determinação celular é iniciada, devemos retornar ao ovo e às etapas embrionárias iniciais.

Diferentes animais utilizam diferentes mecanismos para estabelecer seu eixo primário de polarização

De modo surpreendente, as etapas mais iniciais do desenvolvimento animal estão entre as mais variáveis, mesmo dentro de um mesmo filo. Uma rã, uma galinha e um mamífero, por exemplo, mesmo que se desenvolvam de maneiras semelhantes mais tarde, produzem óvulos que diferem radicalmente em tamanho e em estrutura e começam o seu desenvolvimento com sequências diferentes de divisões e especializações celulares. A gastrulação ocorre em todos os embriões animais, mas os detalhes do desenvolvimento ao longo do tempo, do padrão associado de movimentos celulares, do tamanho e forma do embrião enquanto a gastrulação ocorre são altamente variáveis. De modo similar, há uma grande variação no momento e na maneira com que o eixo primário do corpo começa a ser determinado. No entanto, essa *polarização* do embrião em geral pode ser percebida em etapas iniciais, antes do início da gastrulação: essa é a primeira etapa da formação espacial de padrões.

Em geral, três eixos devem ser estabelecidos. O eixo *animal-vegetal* (*A-V*), na maioria das espécies, determina quais partes se tornarão internas (pelo movimento de gastrulação) e quais permanecerão externas. (O nome estranho data de um século atrás e não tem relação com os vegetais.) O eixo *anteroposterior* (*A-P*) define a localização das futuras cabeça e cauda. O eixo *dorsoventral* (*D-V*) estabelece os futuros dorso e ventre.

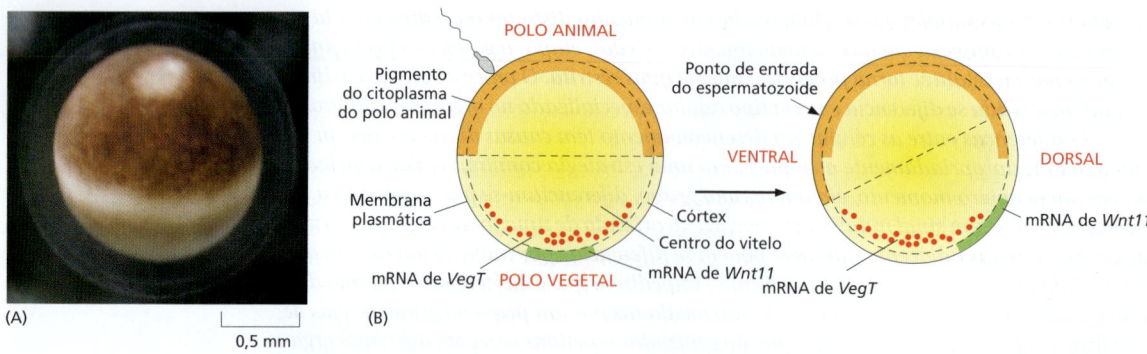

Figura 21-14 O óvulo de rã e suas assimetrias. (A) Visão lateral de um óvulo fotografado pouco antes da fertilização. (B) A distribuição assimétrica de moléculas dentro do óvulo, e como isso se altera após a fertilização para definir uma assimetria dorsoventral, assim como uma assimetria animal-vegetal. A fertilização, mediante reorganização dos microtúbulos do citoesqueleto, provoca uma rotação no córtex do ovo (uma camada com alguns μm de profundidade) de mais ou menos 30° em relação ao centro do ovo; a direção de rotação determinada pelo local de entrada do espermatozoide. Alguns componentes são transportados mais ainda para o futuro sítio dorsal mediante transporte ativo ao longo dos microtúbulos. A resultante concentração dorsal de mRNA de *Wnt11* leva à produção dorsal da proteína sinalizadora Wnt11 e define a polaridade dorsoventral do futuro embrião. A VegT, localizada no polo vegetal, determinará a fonte de sinais do polo vegetal que irão induzir a formação da endoderme e da mesoderme. (A, cortesia de Tony Mills.)

Em um extremo, o ovo é simetricamente esférico, e seus eixos se definem apenas durante a embriogênese. O camundongo é um bom exemplo, apresentando poucos sinais óbvios de polaridade no ovo. Como consequência, os **blastômeros** produzidos nas primeiras divisões celulares são bastante similares e apresentam notável capacidade de adaptação. Se o embrião de camundongo jovem for dividido em dois, um par de gêmeos idênticos pode ser produzido – dois indivíduos normais completos a partir de uma única célula. De maneira semelhante, se uma das células em um embrião de camundongo com duas células for destruída perfurando-a com uma agulha e o "meio embrião" resultante for colocado no útero de uma mãe adotiva para se desenvolver, em muitos casos um camundongo perfeitamente normal irá se formar.

No extremo oposto, a estrutura do ovo define os futuros eixos do corpo. Esse é o caso na maioria das espécies, incluindo insetos como *Drosophila*, conforme descreveremos em breve. Diversos outros organismos se encontram entre esses dois extremos. O ovo da rã *Xenopus*, por exemplo, apresenta claramente um eixo A-V definido mesmo antes da fertilização: o núcleo localizado na porção superior define o polo animal, enquanto o vitelo (fonte de alimento do embrião, que será incorporado ao sistema digestório) localizado na porção inferior define o polo vegetal. Diversos tipos de moléculas de mRNA já se encontram distribuídas no citoplasma vegetal do ovo, onde darão origem aos seus produtos proteicos. Após a fertilização, essas moléculas de mRNA e proteínas atuam nas células localizadas na porção inferior e mediana do embrião, conferindo características especializadas a essas células, por meio de efeitos diretos e pela estimulação da produção de proteínas externas de sinalização. Por exemplo, mRNA codificando o regulador da transcrição VegT é depositado no polo vegetal durante a oogênese. Após a fertilização, esse mRNA é traduzido, e a proteína VegT resultante ativa um conjunto de genes que codifica proteínas de sinalização que induzirão a formação da mesoderme e endoderme, conforme discutido adiante.

O eixo D-V do embrião de *Xenopus*, em contrapartida, é definido no momento da fertilização. Após a entrada do espermatozoide, o córtex externo do citoplasma do ovo sofre uma rotação em relação ao núcleo central do ovo, de forma que o polo animal do córtex torna-se ligeiramente deslocado para um lado (**Figura 21-14**). Tratamentos que bloqueiam a rotação permitem que a clivagem ocorra normalmente, mas produzem um embrião com um intestino central e sem estruturas dorsais ou assimetria dorsoventral. Portanto, a rotação cortical é necessária para definir o eixo D-V do futuro organismo adulto por meio da indução do eixo D-V no ovo.

O local de entrada do espermatozoide determina a direção da rotação cortical em *Xenopus* provavelmente através do centrossomo que o espermatozoide insere no ovo – já que a rotação está associada com a reorganização dos microtúbulos a partir do centrossomo presente no citoplasma do ovo. Tal reorganização dá origem a um transporte de componentes citoplasmáticos através dos microtúbulos, incluindo moléculas de mRNA que codificam Wnt11, um membro da família Wnt de proteínas de sinalização, deslocando-as em direção ao futuro lado dorsal (ver Figura 21-14). Essa molécula de mRNA é rapidamente traduzida, e a proteína Wnt11 é secretada pelas células que compõem esta região do embrião, ativando a via Wnt de sinalização (ver Figura 15-60). Essa ativação é essencial para o desencadeamento da cascata de eventos subsequentes que irá organizar o eixo dorsoventral do organismo. (O eixo A-P do embrião só se tornará claramente definido em etapas posteriores, durante o processo de gastrulação.)

Embora espécies animais diferentes utilizem diversos mecanismos para especificar seus eixos, o resultado é relativamente bem conservado no processo evolutivo: a cabeça se diferencia da cauda, o dorso se diferencia do ventre, e o sistema digestório se diferencia da pele, independentemente das estratégias que o embrião utiliza para modificar sua estrutura inicial simétrica em um plano corporal básico.

Estudos em *Drosophila* revelaram os mecanismos de controle genético responsáveis pelo desenvolvimento

A mosca *Drosophila*, mais do que qualquer outro organismo, forneceu informações essenciais para nossa atual compreensão acerca do modo como os genes controlam o desenvolvimento. Décadas de estudos genéticos resultaram em um rastreamento genético em grande escala, concentrado sobretudo nas etapas iniciais do embrião e na busca por mutações que perturbem seu padrão. Os resultados revelaram que os genes essenciais do desenvolvimento se agrupam em um conjunto relativamente pequeno de classes funcionais definidas pelos seus fenótipos mutantes. A descoberta desses genes, e a subsequente análise das suas funções, foi um grande esforço de pesquisa e teve impacto revolucionário em toda a biologia do desenvolvimento, garantindo um Prêmio Nobel aos cientistas envolvidos no trabalho. Algumas partes da maquinaria do desenvolvimento descoberta são conservadas em moscas e vertebrados, enquanto outras não o são. Porém, a lógica da abordagem experimental e as estratégias gerais do controle genético que ela revelou transformaram nossa compreensão acerca do desenvolvimento multicelular com um todo.

Para entender como a maquinaria das etapas iniciais do desenvolvimento funciona em *Drosophila*, é importante ressaltar uma peculiaridade do desenvolvimento da mosca. Assim como os ovos dos demais insetos, e ao contrário dos ovos da maioria dos vertebrados, o ovo de *Drosophila* – com formato similar a um pepino – inicia seu desenvolvimento com uma série extraordinariamente rápida de divisões nucleares na ausência de divisões celulares, originando um citoplasma único contendo múltiplos núcleos – um **sincício**. Os núcleos se deslocam para o córtex da célula, formando uma estrutura denominada *blastoderme sincicial*. Após a síntese de cerca de 6.000 núcleos, a membrana plasmática se invagina entre os núcleos, dividindo-os em células individuais, convertendo a blastoderme sincicial em uma *blastoderme celular* (**Figura 21-15**).

Veremos nas próximas seções que a formação inicial de padrões no embrião de *Drosophila* depende de sinais que se difundem pelo citoplasma na etapa de sincício, e que exercem seus efeitos nos genes dos núcleos em rápida divisão, antes da partição do ovo em células individuais. Nessa estrutura, não há necessidade das formas usuais de sinalização célula-célula; regiões adjacentes da blastoderme sincicial se comunicam por meio de proteínas de regulação da transcrição que se deslocam no citoplasma da gigante célula multinucleada.

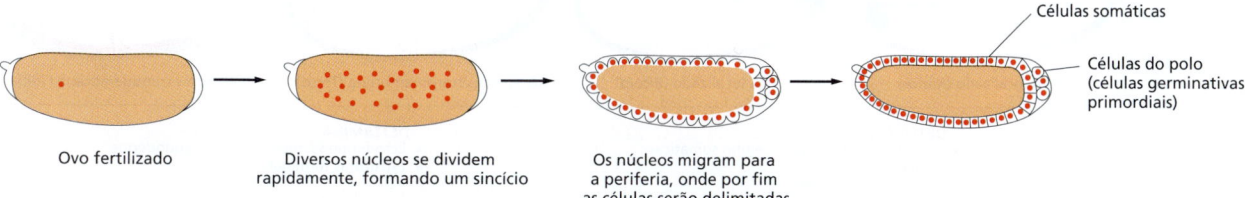

Figura 21-15 Desenvolvimento do ovo de *Drosophila*, da fertilização ao estágio de blastoderma celular.

(A) mRNA de *Bicoid*

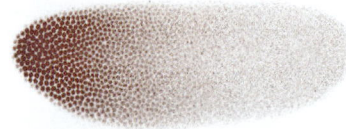

(B) Proteína Bicoid

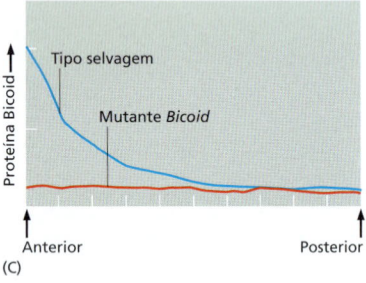

(C)

Figura 21-16 O gradiente da proteína Bicoid. (A) Moléculas de mRNA de *Bicoid* acumuladas no polo anterior durante a oogênese. (B) Tradução local, seguida pela difusão, estabelecendo o gradiente da proteína Bicoid. (C) Ausência de gradiente da proteína Bicoid em embriões com mães mutantes *Bicoid* homozigotas. (A e B, cortesia de Stephen Small.)

Figura 21-17 A organização dos quatro sistemas de gradiente de polaridade do ovo em *Drosophila*. Nanos é um repressor da tradução que controla a formação do abdome. Moléculas de mRNA de *Nanos* também são incorporadas em células germinativas durante a sua formação na parte posterior do embrião, e a proteína Nanos é necessária para o desenvolvimento da linhagem germinativa. A proteína Bicoid é um ativador da transcrição que estabelece a cabeça e regiões torácicas. Toll e Torso são proteínas receptoras distribuídas em toda a membrana, mas ativadas apenas nos locais indicados na figura, mediante exposição local aos ligantes extracelulares Spaetzle (ligante de Toll) e Trunk (ligante de Torso). A atividade de Toll estabelece a mesoderme, e a atividade de Torso determina a formação das estruturas terminais.

Genes de polaridade do ovo codificam macromoléculas depositadas no ovo para organizar os eixos do embrião primordial de *Drosophila*

Como na maioria dos insetos, os eixos principais do futuro corpo da *Drosophila* são definidos antes da fertilização por uma complexa troca de sinais entre o ovo em desenvolvimento, ou *oócito*, e as *células foliculares* que o circundam no ovário. Nas etapas anteriores à fertilização, os eixos anteroposterior e dorsoventral do futuro embrião começam a ser definidos por quatro sistemas de **genes de polaridade do ovo**, que geram marcadores – mRNA ou proteína – no oócito em desenvolvimento. Seguindo-se a fertilização, cada ponto de referência atua como uma baliza, fornecendo um sinal que organiza o processo de desenvolvimento na sua vizinhança.

O conhecimento acerca da natureza desses genes resulta de estudos em organismos mutantes apresentando formação alterada de padrões. Uma classe de mutações resulta em embriões sem polaridade – por exemplo, com estruturas da cauda nas duas extremidades do corpo e sem estruturas da cabeça. Essas mutações levaram à identificação dos genes de polaridade do ovo. O gene de polaridade do ovo responsável pelo sinal que organiza a extremidade anterior do embrião é chamado de gene **Bicoid**. O acúmulo de moléculas de mRNA *Bicoid* é local – na extremidade anterior do ovo, e ocorre em etapas anteriores à fertilização. Com a fertilização, o mRNA é traduzido e produz a proteína Bicoid. Essa proteína é um morfógeno intracelular e regulador da transcrição, e se difunde a partir da sua fonte estabelecendo um gradiente de concentração no citoplasma do sincício, com concentração máxima na extremidade da cabeça do embrião (**Figura 21-16**). A diferença na concentração de Bicoid ao longo do eixo A-P ajuda a determinar diferentes destinos celulares pela regulação da transcrição de genes no núcleo da blastoderme sincicial (discutido no Capítulo 7).

Dos demais três sistemas de genes de polaridade do ovo, dois contribuem para a formação de padrões no sincício nucleado ao longo do eixo A-P, e um para a formação de padrões ao longo do eixo D-V. Em conjunto com o grupo de genes *Bicoid* e atuando de modo em geral similar, seus produtos gênicos determinam três partições corporais fundamentais – cabeça *versus* ânus, dorso *versus* ventre e endoderme *versus* mesoderme – bem como uma quarta partição, também fundamental no plano corporal dos animais: a distinção entre as células germinativas e somáticas (**Figura 21-17**).

Os genes de polaridade do ovo possuem ainda uma característica especial adicional: eles são **genes de efeito materno**, ou seja, são derivados do genoma da mãe, e não do genoma do zigoto. Por exemplo, uma mosca cujos cromossomos são mutantes em ambas as cópias do gene *Bicoid*, mas que nasceu de uma mãe que possui uma cópia normal de Bicoid, desenvolve-se de maneira perfeitamente normal, sem nenhum defeito no padrão da cabeça. No entanto, se essa mosca for fêmea, ela não será capaz de depositar moléculas funcionais de mRNA *Bicoid* em seus próprios ovos, que irão se desenvolver em embriões sem cabeça, independente do genótipo paterno.

Os genes de polaridade do ovo atuam primeiro na hierarquia de sistemas de genes que definem padrões progressivamente mais detalhados nos componentes corporais. Nas próximas páginas, abordaremos os mecanismos moleculares responsáveis pela formação dos padrões no embrião e larva de *Drosophila* em desenvolvimento, ao longo do eixo A-P, e então passaremos a discutir a formação de padrões ao longo do eixo D-V.

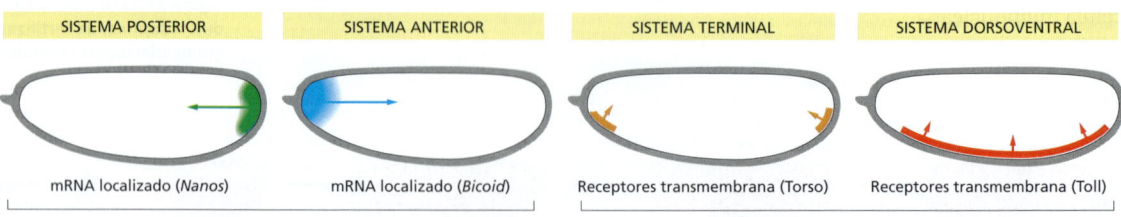

Figura 21-18 **A origem dos segmentos corporais da *Drosophila*.** (A) Em 3 horas, o embrião (representado em vista lateral) se encontra na etapa de blastoderme e segmentos não são visíveis, embora um mapa de destino celular possa ser identificado, indicando a futura região segmentada (colorida). (B) Em 10 horas, todos os segmentos estão claramente definidos (T1: primeiro segmento torácico; A1: primeiro segmento abdominal). Ver Animação 21.3. (C) Os segmentos da larva de *Drosophila* e as regiões correspondentes no embrião. (D) Os segmentos da *Drosophila* adulta, e as regiões correspondentes do embrião.

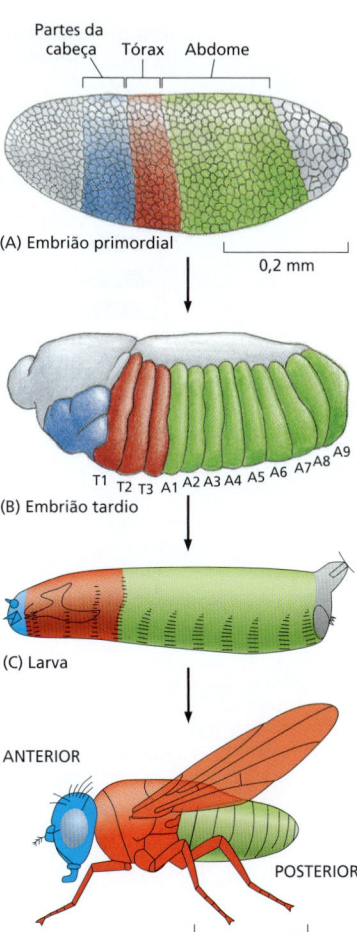

Três grupos de genes controlam a segmentação de *Drosophila* ao longo do eixo A-P

O corpo de um inseto é dividido ao longo do eixo A-P em uma série de **segmentos**. Os segmentos são repetições de um tema, com algumas variações: cada segmento possui estruturas altamente especializadas, mas todos são formados a partir de um plano fundamental similar (**Figura 21-18**). Gradientes de reguladores da transcrição, estabelecidos pelos genes de polaridade do ovo ao longo do eixo A-P nas etapas embrionárias iniciais, são necessários para a criação dos segmentos. Esses reguladores iniciam a transcrição ordenada de *genes de segmentação*, que estabelecem o padrão de expressão gênica que define os limites e a organização básica dos segmentos individuais. Os genes de segmentação são expressos em subconjuntos de células do embrião, e seus produtos são os primeiros componentes derivados do genoma do zigoto a contribuírem para o desenvolvimento embrionário; tais genes são denominados *genes de efeitos zigóticos*, para diferenciá-los dos genes de efeito materno, de ação inicial. Mutações nos genes de segmentação podem alterar o número de segmentos, ou sua organização interna básica.

Os **genes de segmentação** distribuem-se em três grupos, de acordo com seus fenótipos mutantes (**Figura 21-19**). É conveniente considerar os três grupos como se suas ações ocorressem em sequência, embora, na realidade, suas funções se sobreponham. O primeiro a ser expresso é um conjunto de pelo menos seis **genes *gap***, cujos produtos definem subdivisões A-P não refinadas do embrião. Mutações em um gene *gap* eliminam um ou mais segmentos adjacentes: em um mutante *Krüppel*, por exemplo, a larva perde oito segmentos. A seguir é expresso um conjunto de oito **genes da regra dos pares**. Mutações nesses genes causam uma série de deleções que afetam segmentos alternados, originando embriões com apenas metade do número normal de segmentos; embora todos os mutantes apresentem a periodicidade de dois segmentos, eles diferem no padrão específico de segmentos. Por fim, existem ao menos dez **genes de polaridade de segmento**, nos quais mutações dão origem ao número normal de segmentos, mas com a deleção de parte de cada segmento, substituída pela imagem especular da parte restante do segmento, ou com a duplicação de todo o segmento.

Simultaneamente ao processo de segmentação, outro conjunto de genes – os *seletores homeóticos*, ou *genes Hox* – atua na definição e preservação das diferenças entre segmentos adjacentes. Esses genes serão descritos em breve.

Os fenótipos dos vários mutantes de segmentação sugerem que os genes de segmentação formam um sistema coordenado que subdivide o embrião progressivamente em domínios cada vez menores ao longo do eixo A-P, cada um distinguido por um padrão diferente de expressão gênica. A genética molecular tem ajudado a revelar como esse sistema funciona.

A hierarquia das interações reguladoras genéticas promove a subdivisão do embrião de *Drosophila*

Assim como *Bicoid*, a maior parte dos genes de segmentação codifica proteínas reguladoras da transcrição. O controle dessas proteínas pelos genes de polaridade do ovo, e sua regulação umas sobre as outras, e sobre outros genes, pode ser determinado pela comparação da expressão gênica em embriões normais e mutantes. Pelo uso de sondas apropriadas para a detecção dos transcritos de RNA ou seus produtos proteicos, é possível observar genes sendo ativados e inativados nos padrões em alteração. A partir da comparação desses padrões em diferentes mutantes, é possível identificar a lógica de todo o sistema de controle gênico.

Os produtos dos genes de polaridade do ovo fornecem sinais globais de posição no embrião inicial (ver Figura 21-17). A proteína Bicoid, conforme visto antes, atua como

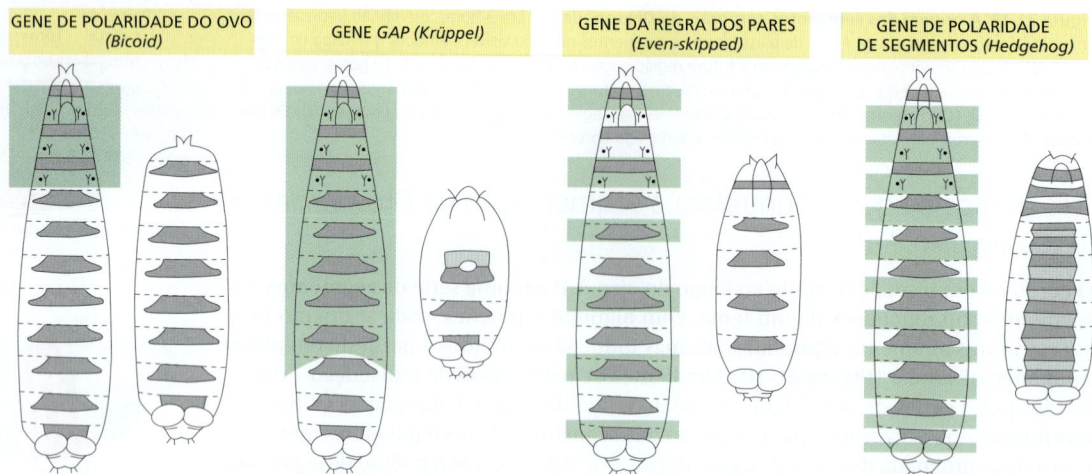

Figura 21-19 Exemplos dos fenótipos das mutações que afetam os genes de polaridade do ovo e de três tipos de genes de segmentação. Em cada caso, as áreas sombreadas em *verde* na larva normal (esquerda) estão ausentes no mutante ou foram substituídas por duplicações especulares das regiões não afetadas. (Modificada de C. Nüsslein-Volhard e E. Wieschaus, *Nature* 287:795–801, 1980. Com permissão de Macmillan Publishers Ltd.)

um morfógeno e ativa diferentes conjuntos de genes em diferentes locais ao longo do eixo A-P: alguns genes *gap* são ativados apenas em regiões com alta concentração de Bicoid, e outros são ativados na presença de baixa concentração de Bicoid. Depois de os produtos dos genes *gap* refinarem seus padrões de expressão mediante repressão mútua, eles fornecem uma segunda instância de sinais de posição espacial, que atuam de modo local, controlando os detalhes finos da formação de padrões. Os genes *gap* controlam a expressão de outro conjunto de genes, incluindo os genes da regra dos pares (do inglês, *pair-rule*). Os genes da regra dos pares, por sua vez, colaboram uns com os outros e com os genes *gap* para construir um padrão periódico de expressão dos genes de polaridade de segmentos, que colaboram uns com os outros para definir o padrão interno de cada segmento individual (**Figura 21-20**).

As etapas iniciais no estabelecimento de padrões de segmentação ocorrem antes da divisão celular da blastoderme sincicial e são controladas pelo efeito combinatório de reguladores da transcrição, conforme discutido em detalhes no Capítulo 7, para a regulação da expressão do gene da regra dos pares *Even-skipped* (ver p. 394-396). Após a divisão celular, os genes de polaridade de segmentos subdividem cada segmento em domínios menores. Um grande subconjunto de genes de polaridade de segmentos codificam os componentes de duas vias de sinalização – a via Wnt e a via Hedgehog, incluindo as proteínas de sinalização Wingless (primeiro membro nomeado na família Wnt) e Hedgehog, que serão secretadas. (A via Hedgehog foi inicialmente descoberta a partir do estudo da segmentação de *Drosophila*, e seu nome, que, em inglês, significa ouriço, deriva da aparência espinhosa da superfície do embrião *Hedgehog* mutante.) As proteínas Wingless e Hedgehog são sintetizadas em diferentes bandas de células que atuam como centros de sinalização em cada segmento. As duas proteínas mantêm mutuamente suas expressões, e ao mesmo tempo regulam a expressão de genes como *Engrailed*, por exemplo, em células adjacentes (**Figura 21-21**). Dessa forma, uma série de induções sequenciais refina o padrão de expressão gênica em cada segmento.

Genes de polaridade do ovo, *gap* e regra dos pares geram padrões transitórios que são fixados pelos genes de polaridade de segmentos e genes *Hox*

Os genes *gap* e regra dos pares são ativados algumas horas após a fertilização. Seus produtos de mRNA são distribuídos em padrões que apenas indicam o padrão final; em um curto período de tempo, esse padrão indefinido inicial se modifica em um sistema regular e bem definido de listras. Tal padrão, porém, é instável e transitório: conforme o

CAPÍTULO 21 Desenvolvimento de organismos multicelulares

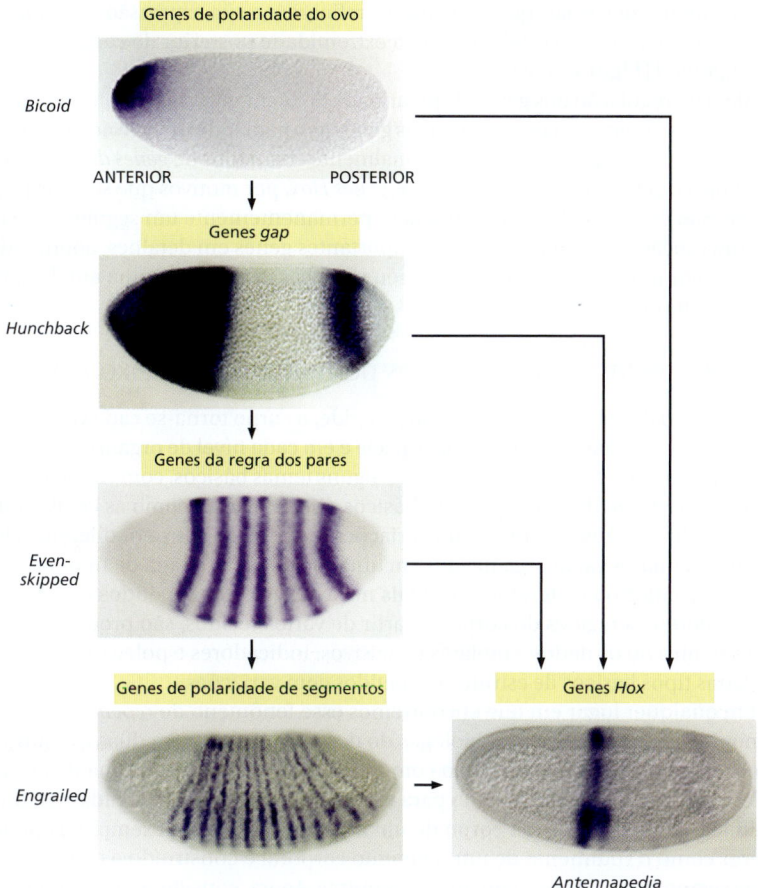

Figura 21-20 **Exemplo de hierarquia reguladora dos genes de polaridade do ovo, segmentação e genes *Hox*.** Conforme discutido no texto, existem três grupos de genes de segmentação. As imagens mostram os padrões de expressão de mRNA nos exemplos representativos de genes de cada grupo. (Cortesia de Stephen Small.)

embrião avança no processo de gastrulação em diante, o padrão desaparece. O efeito dos genes, no entanto, foi estabelecido como uma memória do seu padrão de expressão por meio da indução da expressão de determinados genes de polaridade de segmentos, assim como dos genes *Hox* (discutidos adiante). Após um período de refinamento do padrão estabelecido, mediado por interações célula-célula, os padrões de expressão desses novos grupos de genes são estabilizados por *marcadores de posição* que atuam na manutenção da organização de segmentos na larva e na mosca adulta.

O gene *Engrailed* de polaridade de segmentos fornece um bom exemplo. Seus transcritos de RNA formam uma série de 14 faixas na blastoderme celular, cada uma com a largura de aproximadamente uma célula. Essas faixas são adjacentes a um conjunto similar de faixas correspondentes à expressão de outro gene de polaridade do ovo, *Wingless*. Conforme as células do embrião em desenvolvimento continuam a crescer, se dividir e a se mover no embrião, sinais que mutualmente reforçam a expressão gênica entre as células expressando Wingless e as células expressando Engrailed mantêm essas estreitas faixas de células expressando cada um dos genes (ver Figura 21-21). Após três ciclos de divisão celular, a expressão de novos reguladores estabiliza o padrão de expressão de Engrailed, que será mantido ao longo de toda a vida da mosca, mesmo após o

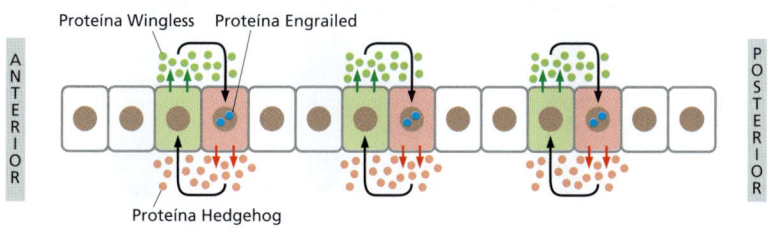

Figura 21-21 **Manutenção mútua da expressão de *Wingless* e *Hedgehog*.** O regulador da transcrição Engrailed (*azul*) controla a expressão de *Hedgehog*. *Hedgehog* codifica uma proteína de secreção (*vermelho*) que ativa sua via de sinalização em células adjacentes, induzindo a expressão do gene *Wingless* nessas células. Por sua vez, *Wingless* codifica uma proteína de secreção (*verde*) que atua nas células adjacentes às células que expressam *Wingless*, estimulando a expressão de *Engrailed* e *Hedgehog*. Conforme indicado, este circuito de controle se repete ao longo do eixo A-P da mosca. (Baseada em S. Dinardo et al., *Curr. Opin. Genet. Dev.* 4:529–534, 1994.)

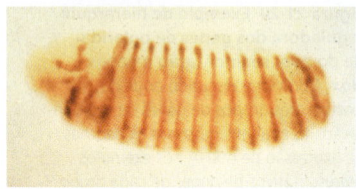

Embrião de 10 horas   100 μm

Adulto   500 μm

Figura 21-22 O padrão de expressão de *Engrailed*, um gene de polaridade de segmento. O padrão de *Engrailed* é mostrado em um embrião de 10 horas e em um adulto (cujas asas foram removidas nesta preparação). O padrão de expressão é revelado pela manipulação de uma cepa de *Drosophila* contendo as sequências de controle da expressão do gene *Engrailed* associadas à sequência codificadora do gene-repórter *LacZ*, cujo produto é detectado por técnicas de histoquímica mediante detecção de um produto marrom gerado por uma reação imuno-histoquímica contra LacZ (embrião de 10 horas), ou mediante detecção de um produto azul gerado pela reação catalisada por LacZ (adulto). Observe que o padrão de *Engrailed*, uma vez estabelecido, é preservado por toda a vida do animal. (Cortesia de Tom Kornberg.)

Figura 21-23 Mutação homeótica. *Ultrabithorax*, ou *Ubx*, é um dos três genes do complexo *Bithorax* (um conjunto de genes *Hox*). *Ubx* é responsável por todas as diferenças entre o segundo e o terceiro segmentos torácicos. (A, B) Mutações com perda de função de *Ubx* transformam um segmento contendo halteres (A) em um segmento contendo asas, originando moscas com quatro asas (B). (C) Uma mutação de ganho de função de *Ubx* no segundo segmento torácico transforma as asas deste segmento em um par de halteres, originando moscas sem asas. (Cortesia de Richard Mann.)

desaparecimento dos sinais que induziram e refinaram a sua expressão inicialmente. O limite dos segmentos será estabelecido na extremidade posterior de cada faixa expressando Engrailed (**Figura 21-22**).

Além da regulação dos genes de polaridade de segmento, os produtos dos genes da regra dos pares atuam em conjunto com os genes *gap* para induzir a ativação localizada e precisa de outro conjunto de genes – originalmente chamados de *genes de seleção homeótica*, e hoje com frequência denominados *genes Hox*, por motivos que serão explicados em breve. São os genes *Hox* que distinguem permanentemente um segmento de outro. Na próxima seção, examinaremos estes importantes genes em detalhes, abordando seu papel na memória celular; veremos que seu papel é essencial em uma ampla gama de animais, incluindo os seres humanos.

Genes *Hox* estabelecem padrões permanentes no eixo A-P

À medida que o desenvolvimento animal progride, o corpo torna-se cada vez mais complexo. Porém, repetidamente, em cada espécie e em cada nível de organização, as estruturas complexas são feitas pela repetição de alguns temas básicos, com variações. Assim, um número limitado de tipos celulares básicos diferenciados, como as células musculares ou os fibroblastos, ressurge com variações individuais sutis em diferentes locais. Esses tipos celulares estão organizados em uma variedade limitada de tipos de tecidos, como os músculos ou os tendões, os quais novamente estão repetidos com variações sutis em diferentes regiões do corpo. A partir de vários tecidos, são produzidos órgãos como os dentes ou os dedos – molares e incisivos, indicadores e polegares e dedos dos pés – alguns tipos básicos de estrutura, repetidos com variações.

Em qualquer lugar em que encontremos esse fenômeno de *repetição modulada*, podemos dividir o problema dos biólogos do desenvolvimento em duas questões: qual é o mecanismo básico de construção comum a todos os objetos de uma dada classe e como esse mecanismo é modificado para originar as variações observadas em diferentes animais? Os segmentos do corpo de um inseto são um bom exemplo. Já podemos visualizar como o rudimento de um segmento corporal é construído e como as células em cada segmento se diferenciam umas das outras. Agora, consideraremos como os segmentos se diferenciam, ou se *especializam*, distinguindo-se uns dos outros.

A primeira indicação de resposta a este problema foi obtida há mais de 80 anos, com a descoberta de um conjunto de mutações em *Drosophila* que induziam alterações extremas na organização da mosca adulta. No mutante *Antennapedia*, por exemplo, as pernas originam-se a partir da cabeça, no lugar das antenas, enquanto no mutante *Bithorax*, porções de um par de asas extras aparecem onde normalmente deveriam estar estruturas muito menores chamadas de halteres (**Figura 21-23**). Essas mutações transformam partes do corpo em estruturas que seriam corretas em outras posições, e são chamadas de mutações *homeóticas* (do grego, *homoios*, "similar"), pois tais transformações ocorrem entre estruturas de organização geral similar, alterando um tipo de membro, ou de segmento, em outro. Descobriu-se, por fim, que um conjunto de genes, os **genes de seleção homeótica**, ou **genes *Hox***, atuam na especificação permanente de caracteres A-P em todo o conjunto de segmentos de um animal. Esses genes estão relacionados entre si, constituindo uma família multigênica.

Existem oito genes *Hox* na mosca, adjacentes em dois conjuntos de genes conhecidos como **complexo *Bithorax*** e **complexo *Antennapedia***. Os genes no complexo *Bithorax* controlam as diferenças entre os segmentos abdominais e torácicos do corpo, e aqueles do complexo *Antennapedia* controlam as diferenças entre os segmentos to-

Tipo selvagem   Perda de *Ubx*   Ganho de *Ubx*

(A) Haltere   (B)   (C)

rácicos e os da cabeça. As comparações com outras espécies mostram que os mesmos genes estão presentes em essencialmente todos os animais, incluindo os humanos. Essas comparações também revelam que os complexos *Antennapedia* e *Bithorax* são as duas metades de uma única entidade, chamada de **complexo *Hox***, que se dividiu no curso da evolução da mosca e cujos membros funcionam de modo coordenado para exercer o seu controle sobre o padrão cabeça-cauda do corpo.

Os produtos dos genes *Hox*, as **proteínas Hox**, são reguladores da transcrição, e todos apresentam uma sequência altamente conservada de 60 aminoácidos de extensão, com função de ligação ao DNA, chamada *homeodomínio* (ver p. 376). O motivo correspondente na sequência de DNA é chamado "homeobox", cuja abreviação dá origem ao nome do complexo *Hox*. Existem diversos genes que contêm homeobox, mas apenas aqueles localizados no complexo *Hox* são genes *Hox*.

Proteínas Hox conferem individualidade a cada segmento

As proteínas Hox podem ser consideradas como marcadores de posição molecular das células de cada segmento: esses marcadores conferem às células um **valor posicional** em cada região – ou seja, características intrínsecas que diferem conforme a localização da célula. Se tais marcadores forem alterados em uma *Drosophila* em desenvolvimento, os segmentos se comportam como se estivessem localizados em uma posição diferente; se todos os genes *Hox* de um embrião forem removidos, todos os segmentos da larva terão aparência igual.

De modo geral, cada gene *Hox* costuma ser expresso naquelas regiões que se desenvolvem de modo anormal quando aquele gene está mutado ou ausente. Como cada proteína Hox confere a um segmento sua identidade permanente? Todas as proteínas Hox são similares em suas regiões de ligação ao DNA, mas são bastante diferentes nas regiões que interagem com outras proteínas, com as quais as proteínas Hox compõem complexos de regulação da transcrição. As proteínas Hox, e as diferentes proteínas que se ligam e elas, agem em conjunto para determinar quais sítios de ligação ao DNA serão reconhecidos, e também para determinar se o efeito na transcrição desses sítios de ligação será de ativação ou repressão. Atuando dessa maneira, as proteínas Hox modulam a ação de diversos outros reguladores de transcrição. Centenas de genes são submetidos a este tipo de controle modulado por Hox, incluindo genes para a sinalização célula-célula, reguladores da transcrição, genes da polaridade da célula, adesão celular, funcionamento do citoesqueleto, crescimento celular e morte celular, todos agindo em conjunto (de maneiras ainda não completamente compreendidas) para conferir caracteres distintos dependentes de Hox a cada segmento.

Os genes *Hox* são expressos de acordo com a sua ordem no complexo *Hox*

Como a expressão dos próprios genes *Hox* é regulada? As sequências codificadoras dos oito genes *Hox* nos complexos *Antennapedia* e *Bithorax* de *Drosophila* estão dispersas em uma quantidade muito maior de DNA regulador. Esse DNA inclui sítios de ligação para os produtos dos genes de polaridade do ovo e de segmentação, atuando como um intérprete dos múltiplos itens de informação espacial fornecidos por todos esses reguladores da transcrição. O resultado final é a transcrição apropriada de um determinado conjunto de genes *Hox* em cada região ao longo do eixo A-P do corpo.

O padrão de expressão de um gene *Hox* exibe uma regularidade notável, o que sugere formas adicionais de controle. A sequência na qual os genes estão ordenados ao longo do cromossomo, tanto no complexo *Antennapedia* quanto no *Bithorax*, corresponde quase exatamente à ordem na qual eles são expressos ao longo do eixo A-P do corpo (**Figura 21-24**). Isso sugere que alguns processos de ativação gênica, talvez dependentes da estrutura da cromatina que se propaga ao longo dos complexos *Hox*, ativem os genes *Hox* em sucessão, de acordo com sua ordem no cromossomo. De modo geral, o mais "posterior" dos genes *Hox* expressos em uma célula é o que domina, direcionando para uma diminuição da expressão e atividade dos genes "anteriores" e ditando a característica do segmento. Os mecanismos de regulação gênica subjacentes a esses fenômenos

Figura 21-24 Os padrões de expressão comparados às localizações cromossômicas dos genes do complexo Hox. O diagrama mostra a sequência dos genes em cada uma das duas subdivisões dos complexos cromossômicos. Esta ordem corresponde, com algumas pequenas exceções, à sequência espacial em que os genes são expressos, representados aqui na fotografia de um embrião de *Drosophila* na chamada etapa de retração das bandas germinativas, cerca de 10 horas após a fertilização. O embrião foi corado por hibridização *in situ* com diferentes sondas marcadas com cores distintas para detectar os produtos de mRNA de diferentes genes *Hox*. (Fotografia cortesia de William McGinnis, adaptada de D. Kosman et al., *Science* 305:846, 2004. Com permissão de AAAS.)

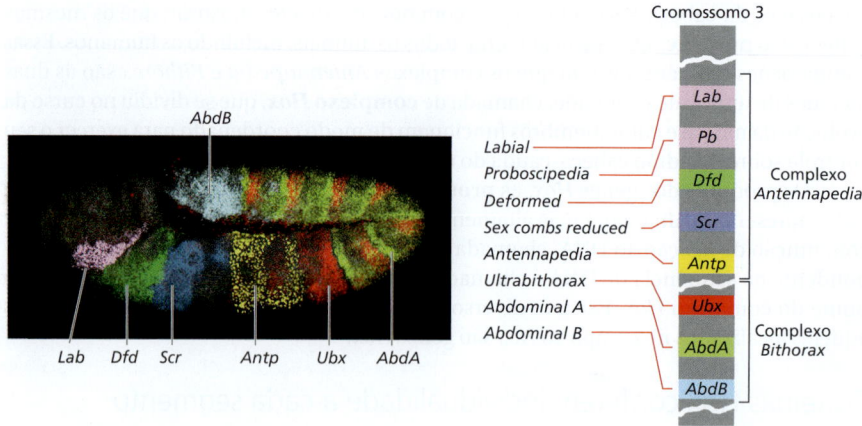

ainda não são compreendidos, mas as suas consequências são profundas. Veremos que a organização serial da expressão gênica no complexo *Hox* é uma característica fundamental que tem sido altamente conservada no curso da evolução animal.

Proteínas do grupo Trithorax e Polycomb permitem que os complexos *Hox* mantenham um registro permanente da informação posicional

O padrão espacial de expressão dos genes no complexo *Hox* é formado por sinais que atuam no início do desenvolvimento, mas as consequências são duradouras. Embora o padrão de expressão passe por ajustes complexos ao longo do desenvolvimento, os complexos *Hox* agem marcando cada célula e sua progênie com um registro permanente da posição A-P que essa célula ocupava no embrião inicial. Assim, as células de cada segmento estão equipadas com uma memória de longa duração da sua localização ao longo do eixo A-P do corpo. Essa memória é impressa nos complexos *Hox* e controla a identidade específica do segmento não apenas nos segmentos da larva, mas também nas estruturas corporais da mosca adulta.

O mecanismo molecular dessa memória de informação posicional conta com dois tipos de regulação. Um mecanismo corresponde aos próprios genes *Hox*: diversas proteínas Hox ativam a transcrição de seus próprios genes, colaborando para a manutenção indefinida da sua expressão. Outro mecanismo essencial são dois grandes conjuntos complementares de genes, chamados de **grupo Trithorax** e **grupo Polycomb**, que modificam a cromatina do complexo *Hox*, gerando um registro hereditário do estado embrionário da ativação e repressão desses genes. Tais grupos são reguladores gerais essenciais da estrutura da cromatina e comprovadamente necessários para a memória celular: se os genes do complexo *Trithorax* ou *Polycomb* são defeituosos, o padrão de expressão dos genes *Hox* é inicialmente estabelecido de modo correto, mas não é mantido corretamente à medida que o embrião se desenvolve.

Os dois conjuntos de reguladores atuam de maneiras opostas. As proteínas do grupo Trithorax são necessárias para manter a transcrição dos genes *Hox* nas células em que a transcrição já foi ativada. Ao contrário, as proteínas do grupo Polycomb formam complexos estáveis que se ligam à cromatina do complexo *Hox* e mantêm o estado reprimido nas células em que os genes *Hox* não foram ativados no seu momento crítico (**Figura 21-25**). O modo como essas alterações da cromatina armazenam a memória celular do desenvolvimento é discutido nos Capítulos 4 e 7.

Os genes de sinalização D-V estabelecem o gradiente do regulador da transcrição Dorsal

Assim como o estabelecimento do padrão ao longo do eixo A-P de *Drosophila* recém-discutido, a diferenciação ao longo do eixo dorsoventral (D-V) é iniciada com os produ-

Figura 21-25 O papel dos genes do grupo *Polycomb*. (A) Fotografia de um embrião tipo selvagem de *Drosophila*. (B) Fotografia de um embrião mutante defeituoso para o gene *Extra sex combs* (*Esc*) e derivado de uma mãe que também não apresentava esse gene. O gene pertence ao grupo *Polycomb*. Essencialmente todos os segmentos foram transformados assemelhando-se ao segmento abdominal mais posterior. No mutante, o padrão de expressão dos genes de seleção homeótica, que inicialmente é normal, torna-se tão instável que logo todos os genes estão ativados ao longo do eixo do corpo. (De G. Struhl, *Nature* 293:36–41, 1981. Com permissão de Macmillan Publishers Ltd.)

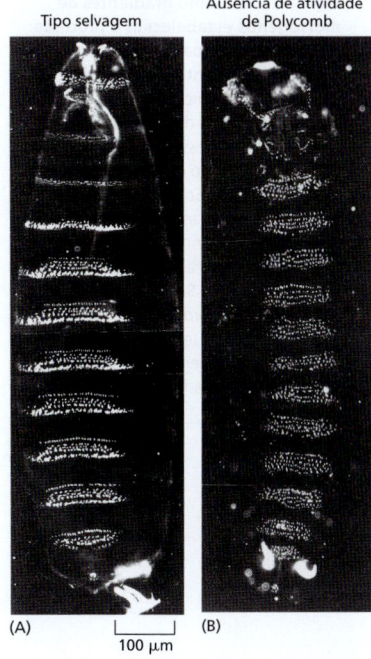

tos de genes maternos que definem esse eixo no ovo (ver Figura 21-17) e então progride para o uso dos produtos dos genes zigóticos para promover a subdivisão do eixo D-V no embrião.

Inicialmente, uma proteína que é produzida pelas células do folículo, abaixo da futura região ventral do embrião, induz a ativação local de um receptor de membrana, chamado **Toll**, no lado ventral da membrana do ovo. Os diversos genes maternos necessários para tal processo são chamados de *genes de polaridade D-V do ovo*. (De modo curioso, a proteína Toll de *Drosophila* e as proteínas semelhantes a Toll dos vertebrados também atuam nas respostas do sistema imune inato, conforme discutido no Capítulo 24). A ativação localizada de Toll controla a distribuição da proteína **Dorsal**, um regulador da transcrição da família NFκB, discutida no Capítulo 15. A atividade da proteína Dorsal, controlada por Toll, assim como de NFκB, depende da translocação de Dorsal para o citosol, onde é mantida em sua forma inativa, e para o núcleo, onde regula a expressão gênica (ver Figura 15-62). Em um ovo recém-depositado, o mRNA Dorsal e a proteína Dorsal estão distribuídos de modo uniforme no citosol. Após a migração dos núcleos para a superfície do embrião, na blastoderme sincicial, mas antes da formação das células individuais (ver Figura 21-15), a ativação dos receptores Toll na região ventral induz uma notável redistribuição da proteína Dorsal. Na região dorsal, a proteína permanece no citosol, mas na região ventral, ela se concentra nos núcleos, com um gradiente contínuo de localização nuclear entre esses dois extremos (**Figura 21-26**).

Uma vez no interior do núcleo, a proteína Dorsal age como um morfógeno e ativa ou inibe a expressão de diferentes conjuntos de genes, dependendo da sua concentração. A expressão de cada gene responsivo depende do seu DNA regulador – especificamente, do número e da afinidade dos sítios de ligação que este DNA contém para Dorsal e para outros reguladores de transcrição. Dessa maneira, o DNA regulador interpreta o sinal posicional fornecido pelo gradiente da proteína Dorsal nuclear, de maneira a definir uma série de territórios D-V – faixas distintas de células posicionadas ao longo do comprimento do embrião. Mais ventralmente – onde está a maior concentração da proteína Dorsal nuclear – ela ativa, por exemplo, a expressão do gene chamado *Twist*, que é específico para a mesoderme. Mais dorsalmente, onde a concentração da proteína Dorsal nuclear é menor, as células ativam o gene chamado *Decapentaplegic* (*Dpp*). E, em uma região intermediária, onde a concentração da proteína Dorsal nuclear é alta o suficiente para reprimir *Dpp*, porém muito baixa para ativar *Twist*; as células ativam outro conjunto de genes, incluindo um denominado *Short gastrulation* (*Sog*) (**Figura 21-27A**).

Os produtos dos genes regulados diretamente pela proteína Dorsal geram sinais locais que definem subdivisões ao longo do eixo D-V. Esses sinais atuam durante a celularização e assumem a forma de proteínas de sinalização extracelular convencionais. Em particular, *Dpp* codifica uma proteína de secreção da família TGFβ, que estabelece

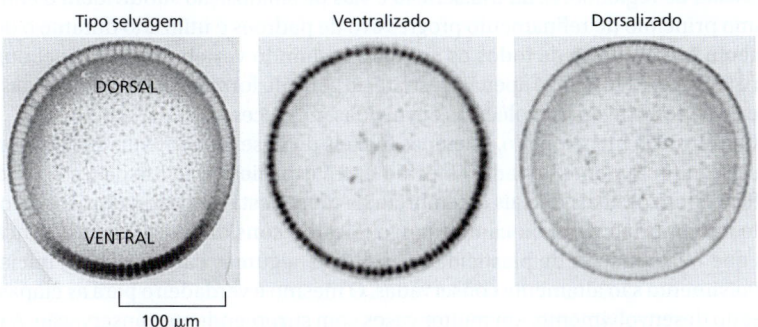

Figura 21-26 O gradiente de concentração da proteína Dorsal nos núcleos da blastoderme. Em embriões de *Drosophila* tipo selvagem, a proteína está presente na região dorsal do citoplasma e ausente nos núcleos dorsais; ventralmente, a proteína está ausente no citoplasma e concentrada nos núcleos. Em um mutante em que a via Toll está ativada em todo o embrião, e não apenas na região ventral, a proteína Dorsal estará concentrada em todos os núcleos, resultando em um embrião "ventralizado". De modo oposto, em um mutante em que a via Toll seja inativada, a proteína Dorsal permanecerá no citoplasma de todo o embrião, não se concentrará nos núcleos, e o resultado será um embrião "dorsalizado". (De S. Roth, D. Stein e C. Nüsslein-Volhard, *Cell* 59:1189–1202, 1989. Com permissão de Elsevier.)

Figura 21-27 Como gradientes de morfógenos estabelecem o processo de formação de padrões ao longo do eixo dorsoventral no embrião de Drosophila. (A) Inicialmente, o gradiente da proteína Dorsal define três amplos territórios de expressão gênica, marcados aqui pela expressão de três genes representativos – *Dpp*, *Sog* e *Twist*. (B) Um pouco mais tarde, as células expressando *Dpp* e *Sog* secretam, respectivamente, as proteínas de sinalização Dpp (um membro da família TGFβ) e Sog (um antagonista de Dpp). Essas duas proteínas se difundem e interagem entre si (e com outros fatores), estabelecendo as regiões dorsoventrais (D-V) mostradas na figura.

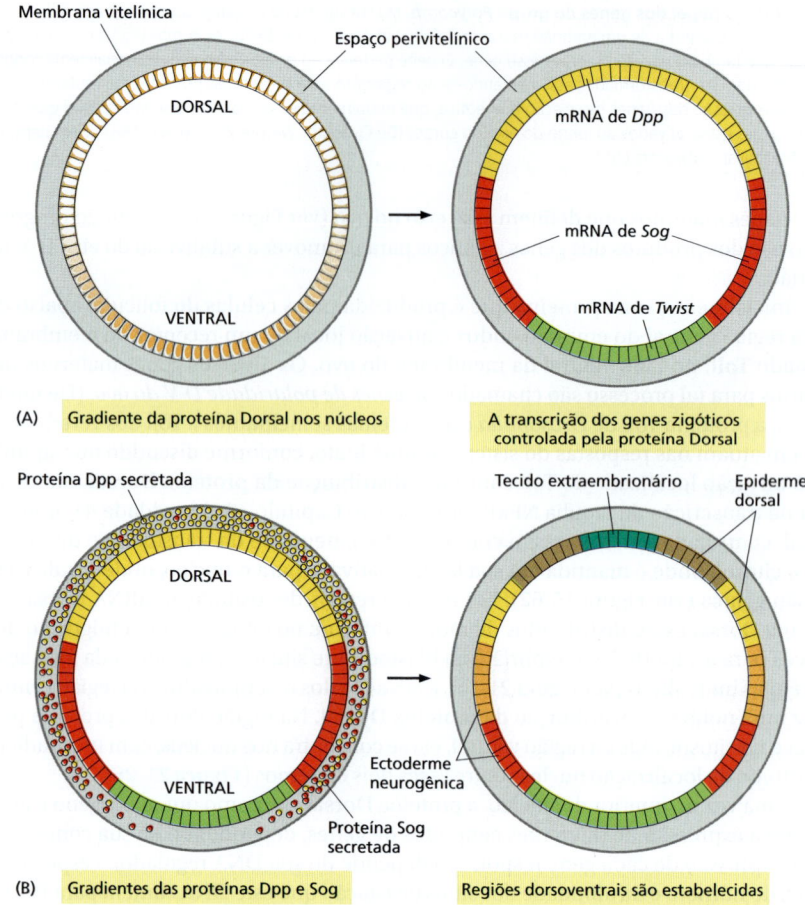

um gradiente local de morfógeno, na região dorsal do embrião. O gene *Sog* codifica outra proteína de secreção que é produzida pela *ectoderme neurogênica* (que dará origem ao sistema nervoso), e atua como antagonista da proteína Dpp. Os gradientes opostos de difusão dessas duas proteínas de sinalização estabelecem um gradiente de atividade Dpp: o nível mais elevado de atividade Dpp, combinado a outros fatores, induz o desenvolvimento do mais dorsal dos tecidos – a membrana extraembrionária. Níveis intermediários induzem o desenvolvimento da epiderme dorsal; e a ausência de atividade Dpp permite o desenvolvimento da ectoderme neurogênica (**Figura 21-27B**).

Uma hierarquia de interações indutoras promove a subdivisão do embrião dos vertebrados

Estudos da genética molecular do desenvolvimento de *Drosophila* elucidaram como uma cascata de reguladores da transcrição e vias de sinalização subdividem o embrião. O mesmo princípio de refinamento progressivo de padrões é utilizado durante o desenvolvimento embrionário de todos os animais, incluindo vertebrados. Notavelmente, a conservação não se restringe apenas à estratégia geral de formação de padrões, mas também se estende às diversas moléculas envolvidas no processo.

Conforme já mencionado, as etapas iniciais do desenvolvimento dos vertebrados são surpreendentemente variadas, mesmo entre espécies relacionadas, e é até difícil identificar como os eixos iniciais do embrião da mosca estão relacionados aos eixos iniciais de um embrião de rã ou camundongo. Mesmo considerando essa diferença, veremos que nesta mostra de plasticidade evolutiva, algumas características iniciais do desenvolvimento são altamente conservadas. O mesmo é verdadeiro para as etapas posteriores do desenvolvimento, em muitos casos com surpreendente conservação. A partir da nossa anatomia, fica claro que as aves e os peixes são nossos "primos". Considerando os mecanismos moleculares, no entanto, podemos incluir também as moscas e os vermes entre nossos primos.

Nas próximas páginas, discutiremos como a formação de padrões no embrião de vertebrados ocorre a partir do trabalho conjunto de moléculas de sinalização e reguladores da transcrição. Iniciaremos com a discussão do estabelecimento dos eixos e dos padrões em anfíbios, utilizando a rã *Xenopus* como exemplo. Esse tópico já foi abordado na parte inicial do capítulo. Agora, continuaremos o assunto e traçaremos comparações com o desenvolvimento da mosca.

Conforme já observado, a origem dos eixos embrionários e das três camadas germinativas na rã pode ser rastreada até a etapa de blástula (ver Figura 21-3A). Mediante marcação individual dos blastômeros, é possível identificar todas as suas divisões, transformações e migração, bem como visualizar o destino final das células e a sua origem. Os precursores da ectoderme, mesoderme e endoderme estão organizados ao longo do eixo animal-vegetal da blástula: a endoderme é derivada da maior parte dos blastômeros vegetais, a ectoderme deriva principalmente dos blastômeros animais, e a mesoderme é composta por um conjunto intermediário. Nessas regiões, todas as células apresentam destinos diferentes de acordo com a sua posição no eixo D-V nas etapas posteriores do desenvolvimento do embrião. Para a ectoderme, os precursores da epiderme estão localizados na porção ventral, e os futuros neurônios estão localizados na porção dorsal; para a mesoderme, precursores da notocorda, músculos, rins e sangue estão organizados na região dorsal para ventral. Essas características podem ser representadas por um **mapa de destino** celular que mostra quais tipos celulares derivam de cada região da blástula (**Figura 21-28**). O mapa de destino celular nos impõe uma questão central: como as células localizadas em diferentes posições são direcionadas até suas regiões de destino? Já explicamos como os fatores maternos depositados no ovo em desenvolvimento das rãs definem o eixo animal-vegetal, e como a rotação cortical desencadeada pela fertilização define a orientação do eixo dorsoventral (ver Figura 21-14). Como o estabelecimento dos eixos leva à subdivisão do embrião nas futuras partes corporais?

Os produtos dos genes maternos induzem a formação de centros de sinalização nas regiões vegetal e dorsal do embrião. O centro de sinalização dorsal, em particular, tem papel especial na história da biologia do desenvolvimento. Experimentos realizados no início do século XX identificaram um pequeno conjunto de células, localizado na face dorsal do embrião anfíbio, com uma propriedade extraordinária: quando as células eram transplantadas para a face oposta, elas desencadeavam uma reorganização radical do tecido adjacente, induzindo um segundo eixo corporal (**Figura 21-29**). A descoberta desse centro de sinalização, denominado **Organizador** (do inglês, *organizer*), abriu caminho para a análise pioneira da cadeia de interações indutoras que estabelecem a estrutura do corpo dos vertebrados.

Diferentemente do embrião sincicial de *Drosophila*, o ovo fertilizado da rã passa por divisões rápidas que dão origem a um embrião composto por milhares de células. O estabelecimento de padrões deve, portanto, ser mediado por moléculas de sinalização extracelular que se difundem pelo embrião de uma célula a outra, e não por meio de reguladores da

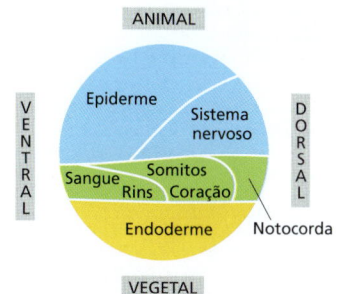

Figura 21-28 Mapa de destino da blástula em um embrião de rã. A endoderme deriva da maioria dos blastômeros vegetais (*amarelo*), a ectoderme, da maioria dos blastômeros animais (*azul*), e a mesoderme, de um conjunto intermediário (*verde*) que também contribui para a formação da endoderme e da ectoderme. Diferentes tipos celulares são derivados de diferentes regiões ao longo do eixo dorsoventral.

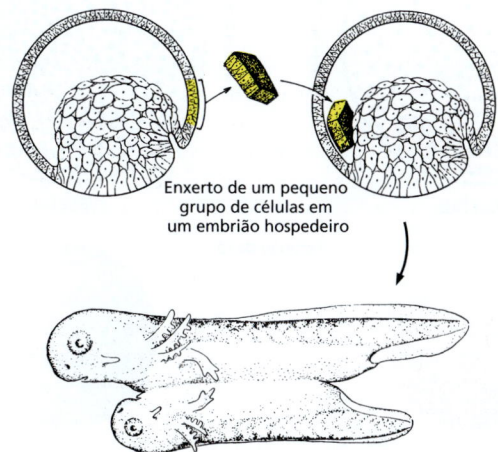

Figura 21-29 Indução de um eixo secundário pelo Organizador. Um embrião anfíbio recebe um enxerto de um pequeno conjunto de células retiradas de um local específico chamado de centro Organizador, na face dorsal de outro embrião na mesma etapa de desenvolvimento. Sinais derivados do enxerto induzem o comportamento das células adjacentes no hospedeiro, levando ao desenvolvimento de um par de gêmeos unidos (siameses). Ver Animação 21.4. [De J. Holtfreter e V. Hamburger, in Analysis of Development (B.H. Willier, P.A. Weiss e V. Hamburger, eds), p. 230–296. Philadelphia: Saunders, 1955.]

transcrição que se deslocam no citoplasma de um sincício. Não é surpresa que o Organizador é atualmente reconhecido como a principal fonte de proteínas sinalizadoras secretadas.

Uma competição entre proteínas de sinalização secretadas induz a formação de padrões nos embriões de vertebrados

As moléculas de sinalização que induzem a formação de padrões no embrião da rã ao longo do eixo animal-vegetal (A-V) pertencem à família TGFβ: elas são secretadas por um centro sinalizador localizado no polo vegetal e formam gradientes de concentração ao longo do eixo A-V. A proteína *Nodal* atua em distâncias relativamente curtas: células próximas ao polo vegetal são expostas a altos níveis da proteína e respondem com a ativação de genes que promovem o desenvolvimento da endoderme; células mais distantes são expostas a baixos níveis da proteína e ativam os genes que promovem a formação da mesoderme. As células do polo vegetal que produzem a proteína Nodal também produzem uma proteína similar à TGFβ chamada *Lefty*, de difusão mais rápida, e que antagoniza a ação de Nodal. Isso resulta em uma maior proporção de Lefty no polo animal, onde a sinalização mediada por Lefty é predominante e a sinalização mediada por Nodal é bloqueada; essa combinação induz o desenvolvimento dessas células em ectoderme (**Figura 21-30A**). Assim, a ativação de curto alcance mediada por Nodal, combinada à inibição de longo alcance mediada por Lefty, induz a formação dos padrões de progenitores das três camadas germinativas ao longo do eixo A-V – endoderme, mesoderme e ectoderme.

O sistema de sinalização dorsal em rãs utiliza um conjunto de sinais secretados diferente do sistema de sinalização vegetal para a subdivisão das camadas germinativas em territórios de acordo com a sua localização ao longo do eixo D-V do embrião. Esse sistema exerce sua influência pela secreção de duas proteínas de sinalização inibitórias, chamadas Cordina e Noguina (do inglês, *Chordin* e *Noggin*, respectivamente). Essas proteínas antagonizam a ação das *proteínas de morfogênese óssea* (*BMPs*, membros de outra subclasse da família TGFβ), que por sua vez são secretadas ao longo do embrião. Dessa forma, Cordina e Noguina formam um gradiente dorsoventral que bloqueia a sinalização BMP na face dorsal, mas permite sua ação na face ventral (**Figura 21-30B**). As células da ectoderme que são expostas à alta concentração de sinalizador BMP são diferenciadas em tecido epidérmico, enquanto as células expostas a baixos níveis de sinalização BMP, ou mesmo nenhum sinal BMP, continuam comprometidas com a diferenciação neural.

Conhecendo os sinais que especificam as três camadas germinativas e os diferentes tipos de tecidos do organismo vertebrado, é possível reproduzir tal especificação em placas de cultura. Células de rã retiradas do polo animal do embrião, por exemplo, irão

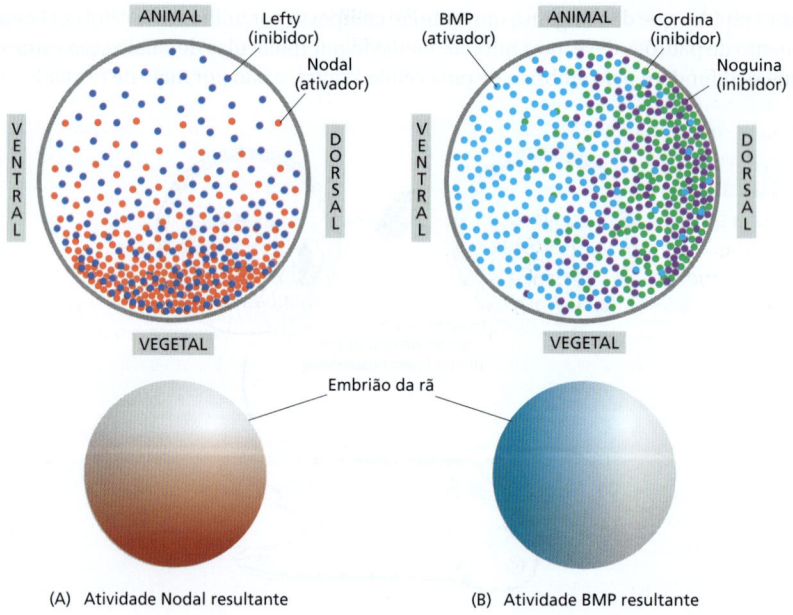

Figura 21-30 Como a sinalização da proteína Nodal e de morfogênese óssea (BMP) estabelecem padrões ao longo dos eixos embrionários. Nodal e sua antagonista, Lefty, estabelecem padrões ao longo do eixo animal-vegetal, enquanto BMP e suas antagonistas, Cordina e Noguina, estabelecem padrões ao longo do eixo dorsoventral. (A) Na região do polo animal, onde a concentração de Nodal é baixa quando comparada à concentração de Lefty, Lefty bloqueia a ligação de Nodal aos seus receptores. Na região vegetal, onde há excesso de Nodal, ocorre ativação da via mediada por Nodal. (B) Ao longo do eixo dorsoventral, BMP está distribuída de modo uniforme, mas Cordina e Noguina se concentram na face dorsal: nesta região, a ligação de BMP aos seus receptores é bloqueada. Os padrões resultantes da atividade Nodal e BMP estão ilustrados na parte inferior da figura.

se diferenciar em sangue (um tecido ventral mesodérmico) quando desviadas da sua via de especialização original mediante exposição a concentrações intermediárias de Nodal e a concentrações altas de BMP. De modo semelhante, células-tronco embrionárias de camundongos e humanas podem ser tratadas para se diferenciarem em tipos celulares específicos em cultura, com a combinação apropriada de moléculas de sinalização. Dessa maneira, o conhecimento adquirido com o estudo do desenvolvimento animal pode ser utilizado para gerar os tipos celulares necessários para a medicina regenerativa, conforme será discutido no próximo capítulo.

O eixo dorsoventral dos insetos corresponde ao eixo ventral-dorsal dos vertebrados

Os sistemas de sinalização que estabelecem padrões no eixo D-V de *Drosophila* e em vertebrados são similares. Em *Drosophila*, conforme já discutido, Dpp e seu inibidor, Sog, são os responsáveis; em vertebrados, BMP e seus inibidores, Cordina e Noguina, realizam a mesma atividade. Dpp faz parte da família BMP, e Sog é a proteína homóloga à Cordina. Na mosca e nas rãs, a alta atividade dos inibidores define a região neurogênica, e a alta atividade BMP/Dpp define a região não neurogênica. Essas e outras semelhanças sugerem a conservação dos mecanismos de estabelecimento de padrões corporais durante a evolução de insetos e vertebrados. Curiosamente, entretanto, o eixo está invertido: a parte dorsal na mosca corresponde à parte ventral no vertebrado (**Figura 21-31**). Em algum ponto da evolução, parece que o ancestral de uma dessas classes de animais optou por viver a vida de cabeça para baixo.

Os genes *Hox* controlam o eixo A-P nos vertebrados

A conservação dos mecanismos de desenvolvimento entre *Drosophila* e vertebrados se estende além do sistema de sinalização D-V. Os genes *Hox* estão presentes em quase todas as espécies animais estudadas, frequentemente agrupados em complexos similares ao complexo *Hox*. Em humanos e camundongos, por exemplo, existem quatro desses complexos – chamados de complexos *HoxA, HoxB, HoxC* e *HoxD* – cada um em um cromossomo diferente. Os genes individuais em cada complexo podem ser reconhecidos pelas suas sequências correspondentes de membros específicos do conjunto de genes de *Drosophila*. Na realidade, os genes *Hox* de mamíferos podem funcionar na *Drosophila* como substitutos parciais dos genes *Hox* correspondentes de *Drosophila*. Parece que cada um dos quatro complexos *Hox* de mamíferos é, grosseiramente falando, o equivalente a um complexo *Hox* completo de insetos (ou seja, o complexo *Antennapedia* mais o complexo *Bithorax*) (**Figura 21-32**).

A ordenação dos genes dentro de cada complexo *Hox* dos vertebrados é essencialmente a mesma do complexo *Hox* de insetos, sugerindo que todos os quatro complexos dos vertebrados se originaram por duplicações de um único complexo primordial e que preservaram sua organização básica. Mais surpreendentemente, quando os padrões de expressão dos genes *Hox* são examinados no embrião de vertebrados por hibridização *in situ*, percebe-se que os membros de cada complexo são expressos em uma série cabeça-cauda ao longo do eixo do corpo, assim como em *Drosophila*. Assim como na *Drosophila*, o padrão de expressão gênica dos genes *Hox* de vertebrados está muitas vezes relacionado com os segmentos dos vertebrados. Essa segmentação é particularmente clara na parte posterior do cérebro (ver Figura 21-32), onde os segmentos são chamados *rombômeros*.

Os produtos dos genes *Hox* de vertebrados, as proteínas Hox, parecem especificar valores posicionais que controlam o padrão A-P de partes do cérebro posterior, do pescoço e do tronco (assim como outras partes do corpo). Assim como em *Drosophila*, quando um gene *Hox* posterior é artificialmente expresso em uma região anterior, ele

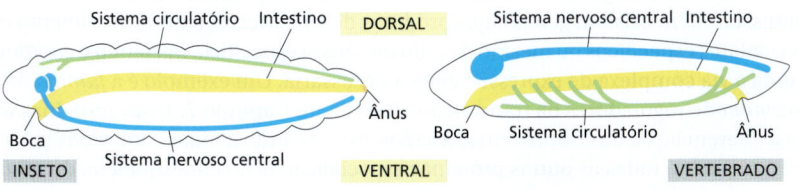

Figura 21-31 O plano corporal de vertebrados como uma inversão dorsoventral do plano corporal de insetos. Note a correspondência com relação ao sistema circulatório, ao intestino e ao sistema nervoso. Em insetos, o sistema circulatório é representado por um coração tubular e um vaso sanguíneo dorsal principal, que bombeia sangue para os espaços dos tecidos por meio de um conjunto de aberturas e recebe o sangue de volta dos tecidos por outro conjunto. Diferentemente dos vertebrados, os insetos não têm um sistema de vasos capilares para conter o sangue enquanto ele passa através dos tecidos. Entretanto, o desenvolvimento do coração depende de genes homólogos nos vertebrados e nos insetos, reforçando a relação entre os dois planos corporais. (De E.L. Ferguson, *Curr. Opin. Genet. Dev.* 6:424–431, 1996. Com permissão de Elsevier.)

Figura 21-32 Os complexos *Hox* de um inseto e de um mamífero, comparados e relacionados às regiões do corpo. Os genes dos complexos *Antennapedia* e *Bithorax* de *Drosophila* estão representados de acordo com sua ordem no cromossomo, na parte superior da figura. Os genes correspondentes nos quatro complexos *Hox* de mamíferos estão representados abaixo, também de acordo com sua ordem nos cromossomos. Os domínios de expressão gênica na mosca e no mamífero estão indicados em uma forma simplificada pelas cores nas ilustrações dos animais. As similaridades são notáveis. Entretanto, os detalhes dos padrões dependem do estágio do desenvolvimento e variam um pouco de um complexo *Hox* de mamífero para outro. Também, em muitos casos, os genes mostrados aqui como expressos em um domínio anterior são expressos mais posteriormente, sobrepondo-se aos domínios dos genes *Hox* posteriores.

Acredita-se que os complexos tenham evoluído como segue: primeiro, em algum ancestral comum de vermes, moscas e vertebrados, um único gene de seleção homeótica primordial sofreu duplicações repetidas para formar uma série destes genes em sequência – o complexo *Hox* ancestral. Na linhagem da *Drosophila*, esse complexo único se dividiu nos complexos *Antennapedia* e *Bithorax*. Enquanto isso, na linhagem que originou os mamíferos, todo o complexo foi duplicado repetidamente para originar os quatro complexos *Hox*. A comparação não é perfeita, pois alguns genes individuais foram duplicados e outros perdidos. Além disso, outros genes adquiriram funções diferentes (genes entre parênteses na parte superior) ao longo do tempo decorrido desde a divergência dos complexos. (Com base em um diagrama cortesia de William McGinnis.)

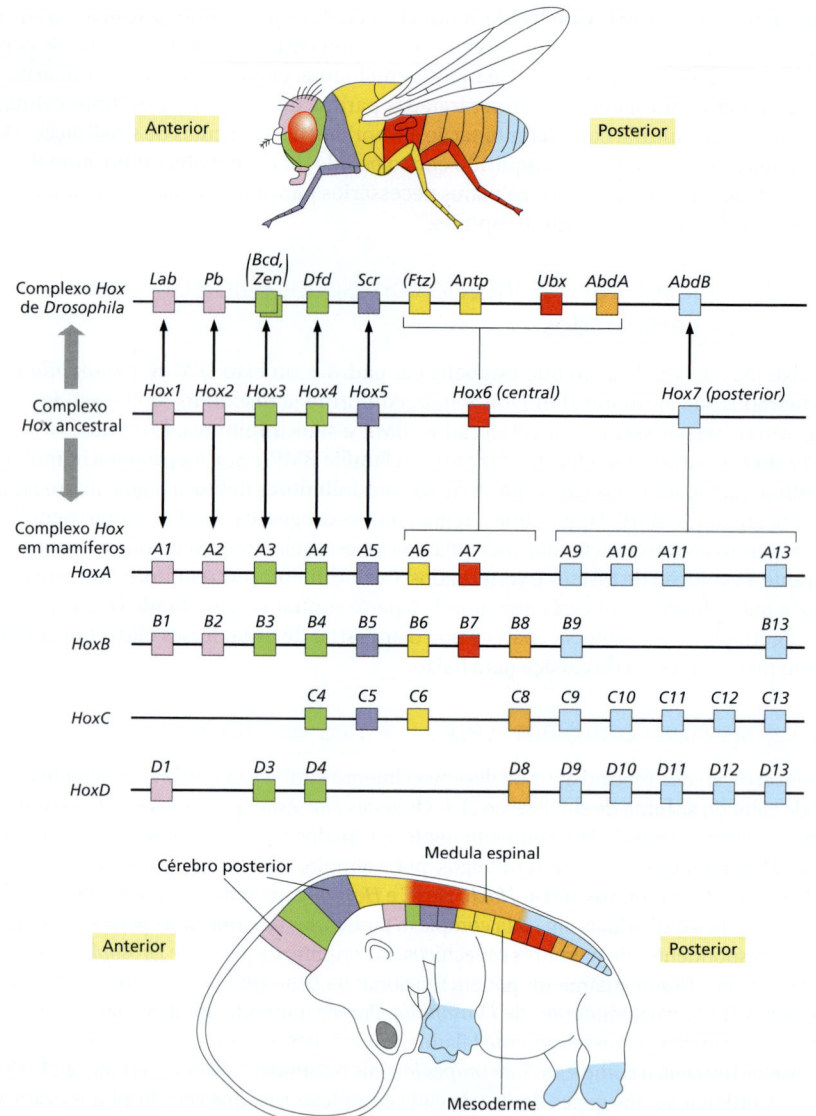

faz o tecido anterior apresentar características do tecido posterior. No entanto, a perda de um gene *Hox* posterior permite que o tecido posterior, onde ele normalmente seria expresso, adote uma característica anterior (**Figura 21-33**). Devido à redundância entre os genes nos quatro conjuntos de genes *Hox*, as transformações observadas nos camundongos mutantes *Hox* não são sempre óbvias como as mutações observadas nas moscas, e em geral são incompletas. Apesar disso, é aparente o fato de que a mosca e o camundongo utilizam essencialmente a mesma maquinaria para estabelecer as características individuais em regiões sucessivas ao longo de ao menos parte do eixo A-P.

Alguns reguladores da transcrição podem ativar vias que definem um tipo celular ou dão origem a um órgão inteiro

Assim como existem genes que regulam a formação de padrões e a identidade de segmentos, também existem genes cujos produtos desencadeiam o desenvolvimento de tipos celulares específicos ou mesmo de todo um órgão específico, iniciando e coordenando toda a via complexa de expressão gênica necessária. Um exemplo é a *família MyoD/miogenina* de reguladores da transcrição, descrita no Capítulo 7. Essas proteínas induzem a diferenciação das células em músculos, expressando actinas e miosinas musculares específicas e todas as outras proteínas especializadas do citoesqueleto, do metabo-

CAPÍTULO 21 Desenvolvimento de organismos multicelulares

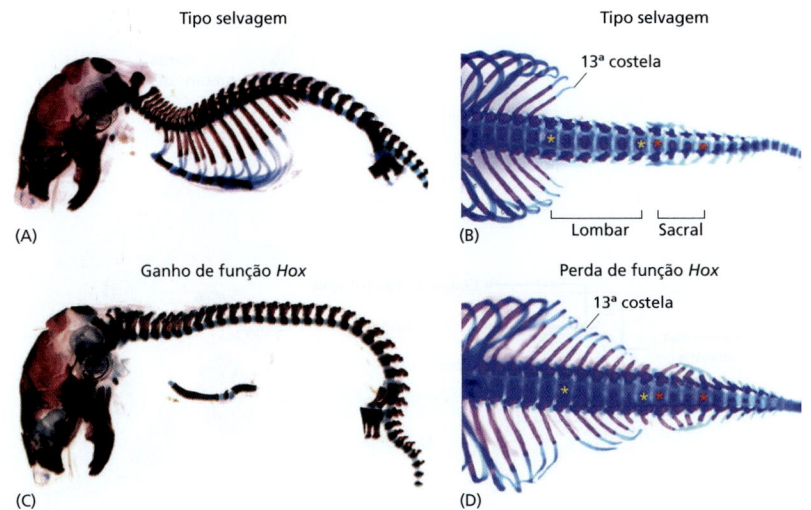

Figura 21-33 Controle da formação do padrão anteroposterior pelos genes *Hox* no camundongo. (A, B) Um camundongo normal (tipo selvagem) possui cerca de 65 vértebras, diferindo em suas estruturas de acordo com a sua posição ao longo do eixo do corpo: 7 vértebras cervicais (pescoço), 13 torácicas (com costelas), 6 lombares (marcadas pelos asteriscos *amarelos* em B), 4 sacrais (delimitadas pelos asteriscos *vermelhos* em B) e cerca de 35 caudais (cauda). (A) mostra a visão lateral e (B) mostra a visão dorsal; para maior clareza, os membros foram removidos em cada figura. (C) O gene *HoxA10* normalmente é expresso na região lombar (assim como seus parálogos *HoxC10* e *HoxD10*); aqui ele foi expresso artificialmente no tecido vertebral em desenvolvimento ao longo do eixo do corpo. Como resultado, as vértebras cervicais e torácicas foram todas convertidas a um caráter lombar. (D) Ao contrário, quando *HoxA10* é removido, assim como *HoxC10* e *HoxD10*, as vértebras que em geral teriam caráter lombar e sacral apresentam caráter torácico. (A e C, de M. Carapuço et al., *Genes Dev.* 19:2116–2121, 2005. Com permissão de Cold Spring Harbor Laboratory Press; B e D, de D.M. Wellik e M.R. Capecchi, *Science* 301:363–367, 2003.)

lismo e de membrana necessárias à célula muscular. De modo semelhante, membros da família Achaete/Scute de reguladores da transcrição induzem as células a se tornarem progenitores neurais. Nesses dois exemplos, as proteínas pertencem à classe hélice-alça-hélice básica (bHLH) de reguladores da transcrição (ver p. 377), e o mesmo é verdade para muitas das proteínas que induzem a diferenciação de tipos celulares específicos. Esses *reguladores mestres da transcrição* exercem sua poderosa atividade de diferenciação e indução por meio da ligação a diferentes sítios de regulação no genoma, controlando a expressão de um grande número de genes-alvo controlados por esses sítios. Em um exemplo bastante estudado, do membro da família Achaete/Scute chamado Atonal homólogo 1 (Atoh1), o número de genes-alvo controlados no genoma do camundongo é de mais de 600. É importante observar, no entanto, que mesmo esses poderosos controladores da diferenciação celular podem ter efeitos radicalmente distintos de acordo com o contexto e histórico das células em que atuam: Atoh1, por exemplo, controla a diferenciação de algumas classes de neurônios no cérebro, de células pilosas sensoriais no ouvido interno e de células secretoras no revestimento do intestino.

Outros genes codificam reguladores da transcrição que controlam a formação e associação de múltiplos tipos celulares que constituem todo um órgão. Um exemplo notável é o regulador da transcrição Eyeless. Quando esse regulador é expresso artificialmente em um conjunto de células precursoras de pata em *Drosophila*, uma estrutura bastante organizada, semelhante a um olho, desenvolve-se na pata, com diversos tipos celulares presentes nos olhos ordenados de modo correto (ver Figura 7-35B); de modo oposto, a perda do gene *Eyeless* resulta em uma mosca sem olhos. A perda do gene Pax6, homólogo à Eyeless, nos vertebrados também leva à perda das estruturas oculares. Proteínas similares de especialização de órgãos foram identificadas para o intestino delgado, coração, pâncreas e outros órgãos. Essas proteínas são reguladores mestres da transcrição e controlam diretamente centenas de genes-alvo cujos produtos especificam a organização de diferentes elementos em órgãos determinados. No entanto, assim como o exemplo Atoh1, tais reguladores exercem sua função específica apenas quando combinados às proteínas corretas, que são expressas apenas nas células previamente ativadas durante as etapas iniciais do desenvolvimento.

A inibição lateral mediada por Notch refina os padrões de espaçamento celular

Após o estabelecimento do plano corporal básico e da geração dos precursores de órgãos, diversas etapas adicionais de refinamento de padrões são necessárias para atingir o padrão presente em organismos adultos de células em diferenciação terminal como tecidos e órgãos. Conforme discutido antes, a inibição lateral mediada pela sinalização Notch é essencial para a diversificação celular e o refinamento de padrões na grande variedade de tecidos em todos os animais.

Figura 21-34 A estrutura básica da cerda mecanossensorial. A linhagem das quatro células da cerda – todas descendentes de uma única célula-mãe sensorial – é mostrada à esquerda. A célula-mãe sensorial, uma vez determinada, dá origem a este conjunto de células mediante uma curta sequência de divisões celulares. Em cada geração da progênie, a inibição lateral age novamente para diferenciar as novas células: parte da progênie resultante se diferenciará em um neurônio; outra na haste da cerda; outras se diferenciarão em variadas células de sustentação. Conforme a célula-mãe sensorial e suas células derivadas se multiplicam, algumas proteínas se concentram preferencialmente em uma célula de cada par de células-filhas, influenciando o resultado da inibição lateral competitiva mediada pela sinalização Notch.

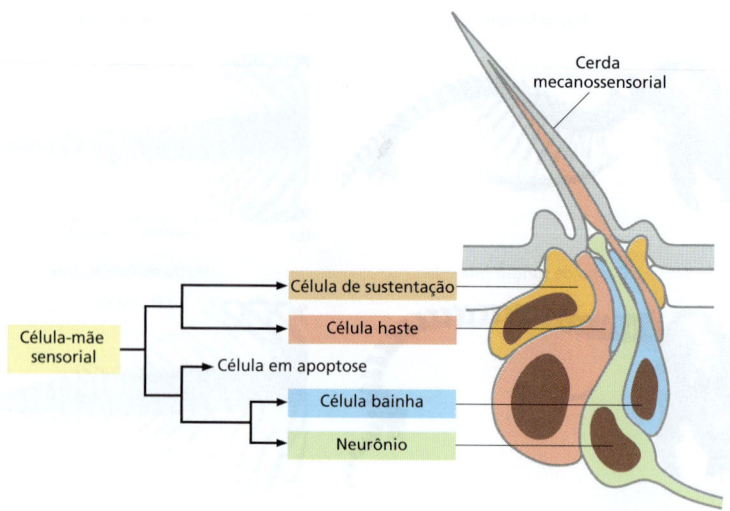

Um exemplo é o desenvolvimento das **cerdas sensoriais** em *Drosophila*, mais facilmente visualizadas na região dorsal da mosca, mas também presentes na maior parte de suas outras superfícies expostas. Cada uma dessas miniaturas de órgãos sensoriais é composta por um neurônio sensorial e um pequeno conjunto de células de sustentação. Algumas dessas estruturas respondem a estímulos químicos, outras a estímulos mecânicos, mas todas são organizadas de modo semelhante (**Figura 21-34**). Os genes pró-neurais *Achaete* e *Scute* já mencionados determinam as regiões da epiderme onde as cerdas sensoriais serão formadas. As mutações que eliminam a expressão desses genes em alguns dos locais comuns bloqueiam o desenvolvimento das cerdas somente naqueles locais, e as mutações que causam a expressão em locais anormais induzem a formação das cerdas em tais locais.

As primeiras células expressando os genes pró-neurais são denominadas células pró-neurais, e elas estão destinadas à via neurossensorial de diferenciação, mas interações competitivas entre essas células determinam quais irão se diferenciar de fato. No primeiro ciclo dessas interações, uma única célula dentro do pequeno grupo de células pró-neurais é escolhida para atuar como progenitora da cerda. Tal célula é chamada de *célula-mãe sensorial*. Ela começa a se diferenciar das demais células do grupo mediante inibição lateral mediada pela via de sinalização Notch. Essa via funciona da maneira descrita antes. Inicialmente todas as células do grupo pró-neural expressam o receptor transmembrana Notch e seu ligante transmembrana *Delta*, além das proteínas que regulam a atividade de sinalização de Delta. Quando Delta ativa Notch, é transmitido um sinal inibitório que diminui a tendência de as células ativadas por Notch se especializarem como uma célula-mãe sensorial. No início, todas as células do grupo inibem umas às outras. Entretanto, o recebimento do sinal em uma dada célula diminui a sua capacidade de responder por meio da liberação do sinal inibidor Delta. Isso cria uma situação de competição, em que apenas uma célula do grupo – a futura célula-mãe sensorial – surge por fim como vencedora, liberando um forte sinal inibidor às células adjacentes, não mais sendo inibida (**Figura 21-35**). Se uma célula que em geral se tornaria uma célula-mãe sensorial for geneticamente incapacitada de fazê-lo, uma célula pró-neural adjacente, libertada da inibição lateral, irá se tornar uma célula-mãe sensorial em seu lugar.

A célula-mãe sensorial passa por uma sequência curta de divisões celulares adicionais, dando origem às células que irão compor a cerda sensorial. A sinalização Notch atua repetidamente em etapas sucessivas a essas divisões iniciais, induzindo as células derivadas da célula-mãe sensorial ao longo de diferentes vias de desenvolvimento, atribuindo a tais células seus diferentes destinos celulares. A via Notch age nesses casos em conjunto com mecanismos adicionais que ajudam a determinar o resultado final da competição mediada pela inibição lateral. Tais mecanismos adicionais correspondem a fatores determinantes com distribuição assimétrica no interior das células em divisão que compõem a cerda sensorial. Esses determinantes também são importantes em diferentes contextos, conforme discutido a seguir.

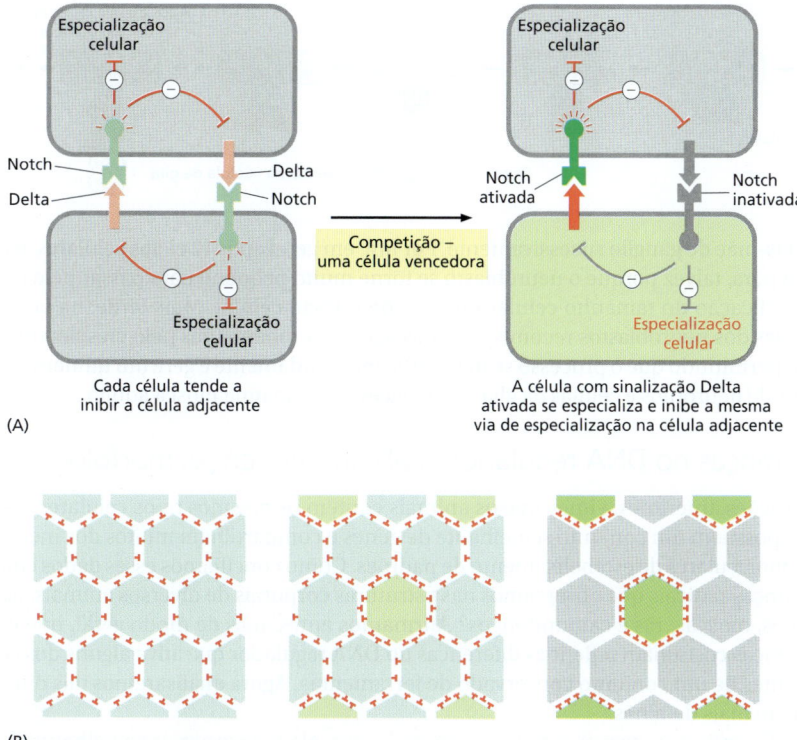

Figura 21-35 **Inibição lateral.**
(A) O mecanismo básico da inibição lateral competitiva mediada por Notch, ilustrado com somente duas células interagindo. Neste diagrama, a ausência de cor nas proteínas ou nas linhas efetoras indica inatividade. (B) O resultado do mesmo processo operando em um conjunto maior de células. Inicialmente, todas as células no conjunto são equivalentes, expressando tanto o receptor transmembrana Notch como o seu ligante transmembrana Delta. Cada célula tem a tendência a se especializar (como uma célula-mãe sensorial), e cada uma emite um sinal inibidor para os seus vizinhos para desencorajá-los a também se especializarem nessa via. Isso cria uma situação competitiva. Assim que uma célula individual ganha alguma vantagem na competição, essa vantagem é aumentada. A célula vencedora, conforme se torna mais comprometida a se diferenciar como uma célula-mãe sensorial, também inibe as suas vizinhas de maneira mais forte. Por outro lado, uma vez que essas vizinhas perdem a sua capacidade de se diferenciarem como células-mãe sensoriais, elas também perdem a capacidade de inibir outras células de fazer o mesmo. A inibição lateral, assim, induz as células adjacentes a seguirem destinos diferentes.

Embora se acredite que a interação normalmente seja dependente de contatos célula-célula, a futura célula-mãe sensorial pode ser capaz de emitir um sinal inibidor para as células que estão a uma distância maior que o diâmetro de uma célula – por exemplo, por meio da emissão de longas protrusões para alcançá-las.

Divisões celulares assimétricas diferenciam células-irmãs

A diversificação celular nem sempre precisa depender de sinais extracelulares: em alguns casos, células-irmãs nascem diferentes como resultado de uma divisão celular assimétrica, durante a qual conjuntos significativos de moléculas são divididos de maneira desigual entre as duas células no momento da divisão. Essa segregação assimétrica de moléculas (ou conjuntos de moléculas) atua como determinante para um dos destinos celulares pela alteração direta ou indireta do padrão de expressão gênica na célula-filha que a contém (ver Figura 21-12). Já discutimos a segregação assimétrica de moléculas no contexto do embrião inicial de rãs: o RNA de *VegT* se concentra na porção vegetal do ovo fertilizado. Na divisão celular seguinte, apenas a célula-filha vegetal irá herdar o RNA de *VegT*.

As divisões assimétricas costumam ocorrer no início do desenvolvimento, mas também ocorrem nas etapas posteriores. Conforme descrito para a cerda sensorial, essas divisões assimétricas podem estabelecer as condições para a troca de sinais Notch entre as células-filhas, com a sinalização ocorrendo após a separação das células, aumentando as diferenças entre elas. No sistema nervoso central, as divisões assimétricas têm papel fundamental na geração do grande número de neurônios de células da glia que são necessários. Uma classe especial de células se torna comprometida como precursores de neurônios, mas em vez de se diferenciarem diretamente em neurônios ou em células da glia, tais células passam por uma longa série de divisões assimétricas, adicionando neurônios e células da glia extras à população. Esse processo é mais bem compreendido na *Drosophila*, apesar de haver diversos indicativos de que algo semelhante ocorra na neurogênese dos vertebrados.

No sistema nervoso central embrionário de *Drosophila*, os precursores de células nervosas, ou *neuroblastos*, diferenciam-se inicialmente a partir da ectoderme neurogênica por um mecanismo típico de inibição lateral que depende de Notch. Cada neuroblasto então se divide repetidas vezes de maneira assimétrica (**Figura 21-36**). Em cada divisão, uma célula-filha se mantém como um neuroblasto, enquanto a outra, que é muito menor, torna-se especializada em uma *célula-mãe de gânglio*. Cada célula-mãe de gânglio irá se dividir apenas uma vez, dando origem a um par de neurônios, ou a um neurônio e uma célula da glia, ou a um par de células da glia, onde a sinalização Notch ajudará a determinar o destino das células-filhas em cada uma dessas vias. O próprio neuroblasto se torna menor a cada divisão, conforme ele divide seu conteúdo entre as

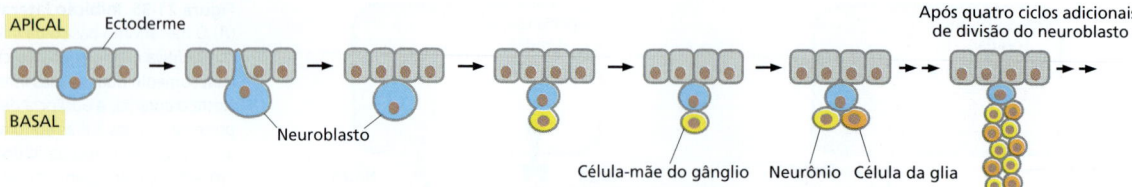

Figura 21-36 Neuroblastos e a divisão celular assimétrica no sistema nervoso central de um embrião de mosca. Os neuroblastos se originam como células especializadas da ectoderme. Eles se diferenciam pela inibição lateral e surgem da face basal (interna) da ectoderme. Os neuroblastos sofrem então uma série de ciclos repetidos de divisões celulares, dividindo-se assimetricamente para gerar séries de células-mãe de gânglios. Cada célula-mãe de gânglio se divide apenas uma vez para dar origem a um par de células-filhas diferenciadas (em geral um neurônio e uma célula da glia).

células-mãe de gânglio sucessivamente. Por fim, em geral após 12 ciclos celulares, o processo para, talvez porque o neuroblasto se torne muito pequeno para passar pelo ponto de verificação do tamanho celular no ciclo de divisão celular. Mais tarde, na larva, as divisões dos neuroblastos recomeçam, mas agora acompanhadas pelo crescimento celular, permitindo que o processo se mantenha indefinidamente e gere um número muito maior de neurônios e células da glia que o necessário em uma mosca adulta.

Diferenças no DNA regulador explicam diferenças morfológicas

Nas seções anteriores, vimos que os animais contêm os mesmos tipos celulares essenciais, possuem um conjunto semelhante de genes e compartilham muitos dos mecanismos moleculares de estabelecimento de padrões. Como conciliamos esses dados com as diferenças radicais que observamos nas estruturas corporais de diversos animais, como vermes, moscas, rãs e camundongos? Afirmamos antes, mas de modo geral, que essas diferenças costumam refletir as diferenças no DNA regulador que ativa alguns dos componentes de um conjunto conservado de ferramentas. Agora analisaremos tais diferenças com mais detalhes.

Quando comparamos espécies animais com planos corporais semelhantes – diferentes vertebrados, por exemplo, como peixes, aves e mamíferos – observamos que genes correspondentes em geral possuem os mesmos conjuntos de elementos de regulação: as sequências de DNA regulador são altamente conservadas e sua homologia é reconhecida em diferentes animais. O mesmo é verdade se compararmos diferentes espécies de vermes nematoides ou insetos. Contudo, quando comparamos regiões reguladoras de vertebrados com aquelas de vermes ou moscas, é difícil ver qualquer tipo de semelhança. As sequências codificadoras das proteínas são, sem dúvidas, similares, mas as sequências de DNA regulador correspondentes são bastante distintas, sugerindo que as diferenças nos planos corporais refletem sobretudo diferenças no DNA regulador. Embora variações nas próprias proteínas também contribuam para tais efeitos, as diferenças no DNA regulador são suficientes para dar origem a tecidos e estruturas corporais radicalmente distintos, mesmo sem alterações nas proteínas.

Ainda não é possível identificar todos os eventos genéticos que deram origem à espetacular diversidade de animais. Suas linhagens divergiram ao longo de centenas de milhares de anos, e, em muitos casos, as alterações ocorridas são muito numerosas para que seja possível estabelecer quais modificações resultam de quais mutações. Essas relações são mais claras para eventos evolutivos mais recentes. Estudos de populações animais relacionadas e de populações de plantas cujos membros possuem morfologia distinta revelam que efeitos notáveis no desenvolvimento podem ser o resultado de alterações sutis no DNA regulador.

Um exemplo bem estudado é a diversidade morfológica observada no peixe *Gasterosteus aculeatus* (conhecido popularmente como peixe esgana-gato). Após a última era glacial cerca de 10 mil anos atrás, essa espécie de peixe marinho colonizou diversos rios e lagos de água doce recém-formados. Populações marinhas desse peixe possuem espículas pontiagudas que se estendem a partir do seu esqueleto pélvico. Acredita-se que essas espículas ajudem a proteger o peixe contra a predação por outras espécies de peixes. Ao contrário, diversas populações de peixes esgana-gato de água doce perderam as espículas, geralmente em lagos onde não há predadores. As diferentes morfologias refletem as diferenças no controle da expressão do regulador da transcrição chamado Pitx1. Enquanto esgana-gatos marinhos expressam o gene *Pitx1* nas células precursoras dos ossos pélvicos que irão dar origem às espículas, os de água doce não apresentam tal expressão em decorrência de alterações no lócus *Pitx1*. Essas alterações não se encontram na sequência codificadora. Cada alteração identificada corresponde à deleção de

Figura 21-37 A diversidade morfológica do peixe *Gasterosteus aculeatus* (esgana-gato) é causada por alterações nos elementos reguladores do DNA. (A-D) Espículas pélvicas estão presentes na espécie marinha (A), mas ausentes na espécie de água doce (C). De modo correspondente, *Pitx1* é expresso na região pélvica da espécie marinha (B), e não na espécie de água doce (D). A ausência de expressão na região pélvica nas populações de água doce é causada por mutações no elemento estimulador. Outros estimuladores e sítios de expressão de *Pitx1* são conservados entre as duas populações. (Cortesia de Michael D. Shapiro.)

um conjunto de nucleotídeos adjacente ao DNA regulador que controla a expressão de *Pitx1* especificamente nas células pélvicas (**Figura 21-37**).

A proteína Pitx1 tem funções importantes em outros locais do corpo e, portanto, a sequência de DNA que codifica tal proteína deve ser conservada. O DNA regulador responsável pela expressão de *Pitx1* em outros locais do organismo também não apresenta alterações nas duas populações. A evolução do desenvolvimento da pelve nesses peixes mostra como a natureza modular dos elementos de regulação do DNA, descrita no Capítulo 7 (ver Figura 7-29), permite a modificação independente de diferentes partes do organismo, mesmo quando essas diferentes partes dependem da mesma proteína.

Na evolução recente das plantas, alterações na estrutura corporal podem ser rastreadas, de modo similar, até alterações no DNA regulador. Por exemplo, esse tipo de alteração é responsável por grande parte da notável diferença entre o teosinto e seu descendente moderno, o milho, ao longo de aproximadamente 10 mil anos de mutações e seleção realizada pela população nativa americana.

Resumo

A Drosophila tem sido o principal organismo-modelo para o estudo da genética do desenvolvimento animal. O estabelecimento de padrões no embrião é iniciado pelos produtos dos genes maternos chamados de genes de polaridade do ovo, cuja função é estabelecer a distribuição gradual de reguladores da transcrição no ovo e nas etapas embrionárias iniciais. O gradiente da proteína Bicoid ao longo do eixo A-P, por exemplo, ajuda a iniciar a expressão ordenada dos genes gap, genes da regra dos pares e genes de polaridade de segmentos. Essas três classes de genes de segmentação, por meio de interações hierárquicas, são expressas em determinadas regiões do embrião e não expressas em outras, subdividindo o embrião progressivamente ao longo do eixo A-P em um conjunto regular de unidades modulares repetidas, chamadas de segmentos.

Sobreposto ao padrão de expressão gênica que se repete em cada segmento, existe um padrão serial de expressão de genes Hox que confere a cada segmento uma identidade diferente. Esses genes estão agrupados em complexos e arranjados em uma sequência igual à sua sequência de expressão ao longo do eixo A-P do organismo.

Embora a expressão dos genes Hox seja iniciada no embrião, ela é mantida posteriormente pela ação de proteínas de ligação ao DNA pertencentes aos grupos Polycomb e Trithorax, que modificam a cromatina do complexo Hox em um registro hereditário do estado embrionário de repressão ou ativação dos genes, respectivamente. Complexos homólogos ao complexo Hox de Drosophila estão presentes em todos os animais, e também atuam no estabelecimento de padrões no eixo A-P do corpo.

Gradientes de sinalização também são estabelecidos ao longo do eixo dorsoventral (D-V). Inicialmente, a sinalização mediada por Toll gera um gradiente nuclear de proteína Dorsal, que induz a formação do gradiente de sinalização extracelular da proteína Dpp, da família TGFβ, e do seu antagonista, Sog. Isso estabelece o gradiente de atividade Dpp que ajuda a refinar as diferentes características de cada célula em diferentes locais do eixo D-V.

Em Xenopus, *a polaridade do ovo e o local de entrada do espermatozoide determinam os eixos embrionários. O gradiente estabelecido pela proteína Nodal, da família TGFβ, induz diferentes destinos celulares ao longo do eixo animal-vegetal, enquanto BMP e Cordina – proteínas homólogas às proteínas Dpp e Sog de* Drosophila, *respectivamente – controlam a formação de padrões ao longo do eixo D-V. Esse eixo está invertido, de maneira que a parte dorsal na mosca corresponde à parte ventral na rã.*

Reguladores da transcrição controlam a formação de tipos celulares específicos. Membros da família MyoD/miogenina controlam o processo de diferenciação das células musculares, coordenando os diversos componentes necessários, enquanto os reguladores da transcrição Achaete/Scute controlam a especialização neural. Outros genes codificam reguladores mestres da transcrição, que controlam a formação de órgãos completos. Eyeless, por exemplo, é necessário e suficiente para dar origem a estruturas oculares em Drosophila.

Para refinar o padrão anatômico em um órgão, as células interagem localmente, tanto por difusão de sinais indutores quanto por mecanismos de curto alcance. Muitas vezes as células competem entre si por inibição lateral. Esse processo resulta na ativação da via de sinalização Notch em uma célula, e sua inibição nas células adjacentes, gerando dois tipos celulares distintos. Divisões celulares assimétricas, nas quais as células-filhas herdam diferentes determinantes moleculares da célula-mãe, são mecanismos adicionais de organização da diversidade refinada de tipos celulares.

Evidências de eventos evolutivos recentes indicam que as alterações anatômicas são geralmente controladas por alterações na sequência de DNA regulador que determina quando e onde os genes do desenvolvimento são expressos. Ainda não está claro como a surpreendente diversidade entre as estruturas corporais evoluiu ao longo do tempo, mas acredita-se que essa diversidade esteja baseada em princípios similares aos aqui descritos.

CONTROLE TEMPORAL DO DESENVOLVIMENTO

Os processos de desenvolvimento ocorrem ao longo de minutos, horas, dias, semanas, meses e até mesmo anos, e cada organismo segue seu próprio ritmo. As cascatas de interações indutoras e os eventos de regulação da transcrição descritos antes requerem o tempo necessário para a transmissão de sinais, síntese dos reguladores da transcrição e sua ligação ao DNA para ativar ou reprimir seus genes-alvo. No início do capítulo, comparamos o desenvolvimento à apresentação de uma orquestra. Existem diversos músicos, e cada um deve realizar seu papel na hora certa; mesmo assim, não há um líder ou condutor para ajustar o tempo e coordenar a execução de todos os diferentes eventos. Cada processo do desenvolvimento deve ocorrer na velocidade correta, determinada pela evolução para se encaixar ao tempo de execução de outros processos ocorrendo no embrião ou no seu ambiente. Esse controle temporal é um dos problemas mais importantes na biologia do desenvolvimento, mas é um dos aspectos menos compreendidos.

O tempo de vida molecular desempenha um papel crítico no controle temporal do desenvolvimento

Os processos do desenvolvimento são complexos, mas são compostos por etapas simples. O desafio inicial é a compreensão do controle temporal dessas etapas. Quanto tempo é necessário, por exemplo, para ativar ou inibir a expressão de um gene? Esse processo não é simples como acender ou apagar uma lâmpada: ele requer tempo. Inicialmente, é necessário tempo para a síntese da molécula de mRNA: a RNA-polimerase deve percorrer a extensão do gene, o transcrito primário de RNA deve ser processado, e o mRNA resultante deve ser exportado do núcleo e transportado ao local onde será traduzido. Tais etapas adicionam tempo ao processo que pode ser chamado de *tempo de gestação* de uma molécula individual. Em um segundo momento, é preciso esperar que moléculas individuais de mRNA se acumulem para atingir sua concentração efetiva; conforme explicado no Capítulo 15, este *tempo de acumulação* é determinado pelo tempo de vida médio das moléculas – quando mais tempo elas se mantêm estáveis, mais alta será sua concentração final, e mais tempo será necessário para atingir essa concentração. Atrasos semelhantes podem ocorrer na próxima etapa, quando o mRNA é traduzido em proteína: a síntese de cada molécula proteica individual envolve um período de gestação, e a obtenção da concentração efetiva de moléculas de proteína envolve um pe-

CAPÍTULO 21 Desenvolvimento de organismos multicelulares 1177

ríodo de acumulação que depende do tempo de vida da proteína. O intervalo de tempo para todo o processo de ativação ou inativação gênica é equivalente à soma dos períodos de gestação e de acumulação (basicamente, meias-vidas das moléculas) para o mRNA e moléculas de proteína. De modo ligeiramente contraintuitivo, é o intervalo combinado desses processos, e não a taxa de síntese molecular (o número de moléculas sintetizadas por segundo), que determina o tempo de ativação/inativação.

O mesmo princípio aditivo se aplica às longas cascatas de ativação e inativação gênica, em que um gene A ativa um gene B, o gene B ativa um gene C, e assim sucessivamente. Também se aplica a outras circunstâncias, como nas vias de sinalização onde uma proteína regula diretamente a próxima. Em todos esses casos, os tempos de vida das moléculas, assim como os períodos de gestação, desempenham um importante papel na determinação da velocidade do processo de desenvolvimento. Os tempos de vida das moléculas de mRNA e proteínas são muito variáveis, de poucos minutos ou horas até dias ou mais, explicando muito da grande variedade observada na duração dos eventos de desenvolvimento.

O tempo de ativação e inativação de genes, no entanto, não é o evento determinante de controle temporal do desenvolvimento. O processo de desenvolvimento envolve outros eventos que contribuem para o controle temporal. A estrutura da cromatina requer tempo para ser remodelada (ver Figura 21-9). As células também necessitam de um intervalo de tempo para se deslocarem e se reorganizarem no espaço. Ainda assim, o tempo de ativação e inativação gênica desempenha um papel fundamental no controle temporal do desenvolvimento, o que é ilustrado de modo especialmente claro e efetivo pelos osciladores da expressão gênica que controlam a segmentação dos eixos do corpo de vertebrados, conforme veremos a seguir.

Um oscilador baseado em expressão gênica atua como um temporizador para controlar a segmentação em vertebrados

O eixo corporal principal de todos os vertebrados apresenta uma estrutura periódica, repetitiva, observada como séries de vértebras, costelas e segmentos musculares do pescoço, tronco e cauda. Tais estruturas segmentares se originam da mesoderme que se estende como uma longa chapa em cada um dos lados da linha média do embrião. Essa chapa passa a se dividir em séries repetitivas e regulares de blocos individuais, ou **somitos** – grupos coesos de células, separadas fisicamente (**Figura 21-38A**). Os somitos são formados (como pares bilaterais) uns após os outros, em um ritmo regular, a partir da

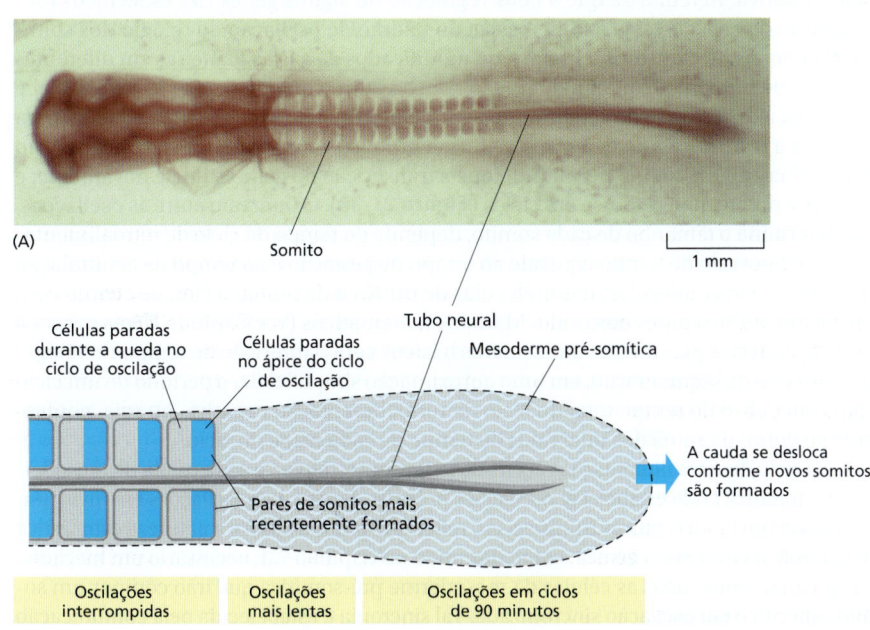

Figura 21-38 **Formação de somitos no embrião de galinha.** (A) Um embrião de galinha com 40 horas de incubação. (B) Modo como a oscilação temporal da expressão gênica na mesoderme pré--somítica se converte em um padrão de alternância espacial da expressão gênica nos somitos formados. Na parte posterior da mesoderme pré-somítica, cada célula oscila em ciclos de 90 minutos. À medida que as células amadurecem e emergem da região pré-somítica, sua oscilação é gradativamente diminuída e por fim interrompida, deixando-as em um estado que depende da fase do ciclo em que elas estejam no momento crítico. Dessa maneira, uma oscilação temporal da expressão gênica determina um padrão de alternância espacial. (A, de Y.J. Jiang, L. Smithers e J. Lewis, Curr. Biol. 8:R868–R871, 1998. Com permissão de Elsevier.)

cabeça até a cauda. Dependendo da espécie, o número final de somitos varia de menos de 40 (em uma rã ou um peixe-zebra) até mais de 300 (em uma cobra).

A parte posterior e mais imatura da camada mesodérmica, chamada de *mesoderme pré-somítica*, fornece as células necessárias: conforme as células proliferam, essa mesoderme se retrai em direção à cauda, alongando o embrião (**Figura 21-38B**). Nesse processo, uma série de somitos é depositada pela mesoderme, formada por células que se agrupam em blocos conforme emergem da extremidade anterior da região pré-somítica. A característica especial da mesoderme pré-somítica é mantida por uma combinação de fatores de crescimento de fibroblastos (FGF) e sinais Wnt, produzidos pelo centro de sinalização localizado na extremidade da cauda do embrião; e o alcance de cada um destes sinais parece definir a extensão da mesoderme pré-somítica. Os somitos são originados em um ritmo coordenado, mas o que determina o ritmo desse processo?

Na parte posterior da mesoderme pré-somítica, a expressão de certos genes oscila ao longo do tempo. Retratos da expressão gênica, retirados em diferentes intervalos de tempo do ciclo de oscilação mediante fixação de embriões, revelaram as alterações ao longo do tempo, e essas oscilações podem ser observadas em filmes em tempo real de embriões contendo marcadores fluorescentes individuais para genes osciladores. Um novo par de somitos é formado a cada ciclo de oscilação, e, nos mutantes incapazes de realizar a oscilação, os somitos são formados de modo irregular. Os osciladores de expressão gênica que controlam a segmentação regular são chamados de **relógio da segmentação**. A duração de um ciclo completo de oscilação depende da espécie: são 30 minutos no peixe-zebra, 90 minutos nas galinhas e 120 minutos nos camundongos.

Conforme as células emergem da mesoderme pré-somítica para dar origem aos somitos – em outras palavras, à medida que elas escapam da influência dos sinais FGF e Wnt – as oscilações são interrompidas. Algumas células são interrompidas em um estado, algumas em um estado distinto, de acordo com a fase do ciclo de oscilação no momento em que saem da região pré-somítica. Dessa forma, a oscilação temporal da expressão gênica na mesoderme pré-somítica deixa sua marca como um padrão periódico e espacial de expressão gênica na mesoderme em maturação; isso então determina como o tecido irá se diferenciar em blocos individuais modificando o padrão de adesão célula-célula (ver Figura 21-38B).

Como o relógio da segmentação atua? Os primeiros genes osciladores de somitos descobertos foram os genes *Hes*, componentes-chave da sinalização Notch. Eles são controlados diretamente pela forma ativada de Notch e codificam reguladores transcricionais inibitórios que inibem a expressão de outros genes, incluindo *Delta*. Além de regular a expressão de outros genes, os produtos dos genes *Hes* também podem regular diretamente a sua própria expressão, criando um ciclo bastante simples de retroalimentação negativa. Acredita-se que a autorregulação de alguns genes *Hes* específicos (dependendo da espécie) seja a fonte básica do padrão de oscilação do relógio dos somitos. Embora os mecanismos tenham sido modificados de várias maneiras em diferentes espécies, os princípios fundamentais são conservados. Quando o gene *Hes* essencial é transcrito, a quantidade do seu produto, a proteína Hes, aumenta até ser suficiente para bloquear a transcrição do gene *Hes*; a síntese proteica é interrompida; a concentração de proteína então diminui, permitindo que a transcrição do gene se inicie novamente; e assim por diante, repetindo-se em ciclos (**Figura 21-39**). O intervalo entre as oscilações, que determina o tamanho de cada somito, depende do tempo do ciclo de retroalimentação. Esse intervalo de tempo equivale ao tempo de gestação e ao tempo de acumulação (o tempo de vida molecular) das moléculas de mRNA e de proteína Hes, de acordo com o princípio aditivo antes discutido. Modelos matemáticos (ver Capítulo 8) permitem a correlação destes parâmetros moleculares básicos com o intervalo de tempo do relógio marca-passo da segmentação: em uma aproximação simplificada, o período de um ciclo é igual ao dobro do tempo total do ciclo de retroalimentação negativa, ou seja, equivalente ao dobro da soma dos intervalos de tempo de cada etapa do ciclo.

O ciclo de retroalimentação recém-descrito é intracelular, e cada célula da mesoderme pré-somítica pode estabelecer oscilações próprias. Porém, tais oscilações em nível unicelular são um tanto erráticas e imprecisas, refletindo o ruído basal e a natureza estocástica do controle da expressão gênica; como discutido no Capítulo 7. É necessário um mecanismo que mantenha todas as células da mesoderme pré-somítica que irão compor um somito específico em oscilação sincronizada. Tal sincronia é estabelecida pela comunicação célula-célula mediada pela via de sinalização Notch, à qual os genes *Hes* estão acoplados.

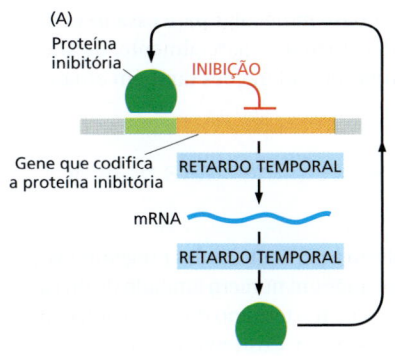
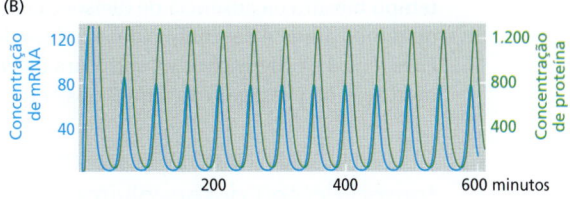

Figura 21-39 A retroalimentação negativa com retardo temporal dá origem à expressão gênica oscilante. (A) Um único gene, codificando um regulador da transcrição que inibe a sua própria expressão, pode atuar como um oscilador. Para que a oscilação ocorra, deve haver um (ou vários) retardos temporais no ciclo de retroalimentação, e os tempos de vida das moléculas de mRNA e proteína (que contribuem para esses retardos) devem ser breves em comparação ao intervalo total. O intervalo de tempo total determina o período de oscilação. Acredita-se que ciclos de retroalimentação como este, baseados em pares de genes de ação redundante, chamados de *Her1* e *Her7* no peixe-zebra – ou seus equivalentes, *Hes7*, em camundongos – sejam o relógio da segmentação que controla a formação de somitos. (B) A oscilação prevista do mRNA de *Her1* e *Her7* e da proteína correspondente, computada usando-se estimativas aproximadas dos parâmetros do ciclo de retroalimentação apropriados para este gene no peixe-zebra. As concentrações são medidas em número de moléculas por célula. O período previsto é próximo ao período observado, que é de 30 minutos por somito no peixe-zebra (dependendo da temperatura).

Esse mecanismo de regulação gênica está organizado de tal forma que a via de sinalização Notch não induz células adjacentes a se diferenciarem umas das outras, como no processo de inibição lateral, mas faz o oposto: mantém essas células em uníssono. Em mutantes onde a via de sinalização Notch não é funcional, incluindo mutantes defeituosos em Delta ou na própria proteína Notch, as células não estão sincronizadas e a segmentação de somitos é interrompida. Isso acarreta deformidades grosseiras da coluna vertebral – uma amostra extraordinária das consequências da ausência de controle temporal da expressão gênica no nível unicelular afetando a estrutura do organismo vertebrado como um todo.

Programas intracelulares de desenvolvimento ajudam a determinar o curso ao longo do tempo do desenvolvimento celular

Embora a sinalização entre as células desempenhe um papel essencial no controle do progresso do desenvolvimento, isso não significa que as células sempre precisem de sinais oriundos de outras células para induzi-las a alterar suas características à medida que o desenvolvimento prossegue. Algumas dessas alterações são intrínsecas à célula (como a marcação do tempo do relógio da segmentação) e dependem de *programas intracelulares de desenvolvimento* que permanecem ativos mesmo quando a célula é removida do seu ambiente original.

O exemplo mais bem compreendido é o desenvolvimento dos precursores das células neurais, os neuroblastos, no sistema nervoso central do embrião de *Drosophila*. Conforme já descrito, essas células inicialmente se diferenciam na ectoderme neurogênica do embrião por mecanismos típicos de inibição lateral dependente de Notch, e então passam por uma série previsível de divisões celulares assimétricas que dão origem a células-mãe ganglionares que se dividem em neurônios e células da glia (ver Figura 21-36). O neuroblasto altera suas condições internas à medida que passa por essa série programada de divisões, dando origem a diferentes tipos celulares em uma ordem e intervalo de tempos reprodutíveis. Essas alterações sucessivas na especificação do neuroblasto ocorrem a partir da expressão sequencial de reguladores específicos da transcrição. Por exemplo, a maior parte dos neuroblastos embrionários expressa sequencialmente os reguladores da transcrição Hunchback, Krüppel, Pdm e Cas, nessa ordem fixa (**Figura 21-40**). Quando um neuroblasto se divide, o conjunto de reguladores da transcrição expresso naquele momento é herdado pela célula-mãe de gânglio e por sua progênie neural; assim, destinos celulares diferenciados são estabelecidos com diferentes moléculas de acordo com o momento da divisão celular.

De modo surpreendente, quando neuroblastos são removidos do embrião e mantidos em cultura, isolados do seu meio original, eles mantêm o mesmo tipo de programa de desenvolvimento, como se ainda estivessem no tecido embrionário. Além disso, muitas dessas alterações nos neuroblastos ocorrem mesmo quando a divisão celular é interrompida. Os neuroblastos parecem ter um temporizador próprio que determina quando cada regulador da transcrição é expresso, e tal temporizador pode continuar a marcar o

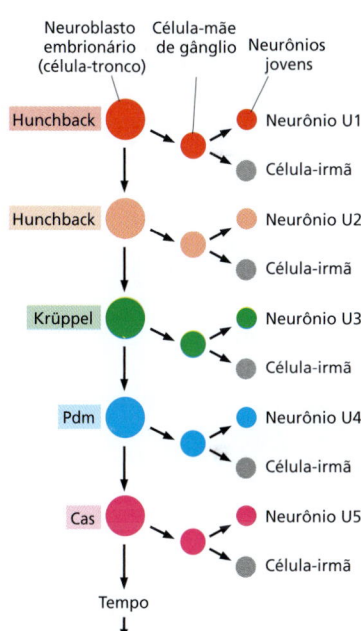

Figura 21-40 Formação do padrão temporal de destino celular dos neuroblastos na *Drosophila*. Hunchback, Krüppel, Pdm e Cas são reguladores da transcrição expressos consecutivamente na linhagem celular dos neuroblastos durante o desenvolvimento do sistema nervoso de *Drosophila*. Em intervalos de tempo sucessivos, correlacionados à divisão celular, os neuroblastos alteram seu padrão de expressão gênica. Cada divisão de um neuroblasto dá origem a uma célula-filha que se mantém como neuroblasto e expressa um conjunto modificado de genes, e a uma célula-mãe de gânglio que mantém a expressão desse conjunto de genes e se diferencia em um tipo celular específico correspondente ao conjunto de genes expresso. (De B.J. Pearson e C.Q. Doe, *Nature* 425:624–628, 2003. Com permissão de Macmillan Publishers.)

tempo mesmo na ausência de divisões celulares. A base molecular para essa marcação do tempo ainda é desconhecida; ela deve depender, ao menos parcialmente, de alterações lentas e progressivas na estrutura da cromatina. Tais alterações também atuam na marcação da passagem do tempo nos embriões.

As células raramente contam as divisões celulares para marcar o tempo do seu desenvolvimento

Diversas células animais especializadas se desenvolvem a partir de células progenitoras em proliferação que param de se dividir e se diferenciam após um número limitado de divisões celulares. Nesses casos, a diferenciação é coordenada com o término do ciclo celular, mas em geral não se sabe como essa coordenação é estabelecida. Costuma ser sugerido que o ciclo de divisão celular atua como um temporizador intracelular para o controle temporal da diferenciação celular. O ciclo celular seria o marca-passo que desencadeia os outros processos do desenvolvimento, e as alterações da expressão gênica relacionadas à maturidade celular seriam dependentes da progressão do ciclo celular. A maior parte das evidências experimentais, no entanto, indica que esta tentadora ideia é incorreta. Embora existam exemplos em que as células alteram seu estado de maturação com cada divisão celular e a alteração dependa da divisão celular, essa não é uma regra geral. Conforme visto antes para os neuroblastos do embrião de *Drosophila*, durante o desenvolvimento animal as células costumam seguir seu curso cronológico normal de maturação e diferenciação mesmo quando a divisão celular é artificialmente bloqueada; algumas anomalias necessariamente ocorrem, uma vez que a célula não dividida não pode se diferenciar em tipos celulares distintos de forma simultânea. No entanto, parece que a maior parte das células em desenvolvimento é capaz de alterar seu estado na ausência de divisões celulares. Genes de controle do desenvolvimento podem ativar e inativar a maquinaria do ciclo de divisão celular, e é a dinâmica desses genes, e não o ciclo celular, que estabelece o controle temporal do desenvolvimento.

Micro-RNAs frequentemente regulam as transições do desenvolvimento

Rastreamentos genéticos são úteis para a identificação dos genes envolvidos em quase qualquer processo biológico e têm sido usados para isolar mutações que afetem o controle temporal do desenvolvimento. Estudos como estes foram realizados no verme nematódeo *Caenorhabditis elegans* (**Figura 21-41**). Esse verme é pequeno, relativamente simples e organizado de modo preciso. A anatomia do seu desenvolvimento é altamente previsível e já foi descrita com extraordinário detalhamento, de modo que é possível mapear a linhagem celular exata de cada célula do seu corpo e identificar como o programa de desenvolvimento é alterado em organismos mutantes. Rastreamentos genéticos em *C. elegans* revelaram mutações que interrompem a cronologia do desenvolvimento de maneira notável: nestes mutantes, chamados de mutantes **heterocrônicos**, algumas células da larva em uma determinada etapa do desenvolvimento se comportam como se a larva estivesse em uma etapa diferente do processo de desenvolvimento, ou células de um verme adulto continuam a se dividir como se fizessem parte de uma larva (**Figura 21-42**).

Análises genéticas mostraram que os produtos dos genes heterocrônicos agem em série, formando cascatas reguladoras. De modo inesperado, dois genes no topo de suas

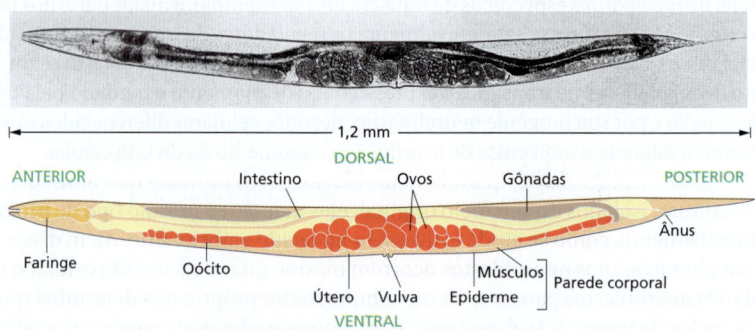

Figura 21-41 *Caenorhabditis elegans*. É mostrada uma visão lateral de um adulto hermafrodita. (De J.E. Sulston e H.R. Horvitz, *Dev. Biol.* 56:110–156, 1977. Com permissão de Academic Press.)

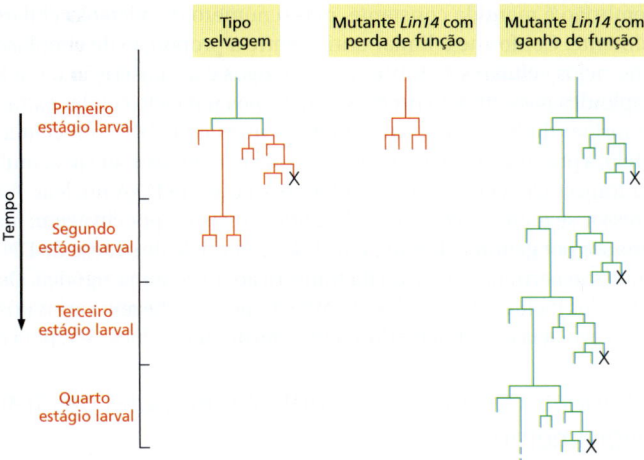

Figura 21-42 **Mutações heterocrônicas do gene *Lin14* de *C. elegans*.** São mostrados os efeitos em somente uma das muitas linhagens afetadas. Uma mutação com perda de função (recessiva) em *Lin14* causa uma ocorrência prematura do padrão de divisão e diferenciação celular característico da larva tardia, de maneira que o animal alcança o seu estágio final de modo prematuro e com um número anormalmente pequeno de células. A mutação com ganho de função (dominante) provoca o efeito oposto, induzindo as células a reiterarem os seus padrões de divisão celular característicos do primeiro estágio larval, continuando por cinco ou seis ciclos de mudas. A cruz denota uma morte celular programada. As *linhas verdes* representam as células que contêm a proteína Lin14 (que se liga ao DNA); as *linhas vermelhas* representam as células que não contêm essa proteína. (Adaptada de V. Ambros e H.R. Horvitz, *Science* 226:409–416, 1984. Com permissão dos autores; e P. Arasu, B. Wightman e G. Ruvkun, *Genes Dev.* 5:1825–1833, 1991. Com permissão dos autores.)

respectivas cascatas, denominados *Lin4* e *Let7*, não codificam proteínas, e sim moléculas de **micro-RNAs (miRNAs)** – pequenas moléculas reguladoras de RNA não traduzido, compostas por 21 ou 22 nucleotídeos. Essas moléculas atuam pela ligação a sequências complementares nas regiões não codificadoras das moléculas de mRNA transcritas de outros genes heterocrônicos, reprimindo, assim, sua tradução e promovendo a sua degradação, como discutido no Capítulo 7. O aumento da concentração do miRNA de *Lin4* controla a progressão do comportamento celular do primeiro estágio larval ao terceiro estágio larval. O aumento de concentração do miRNA *Let7* controla a progressão dos estágios tardios da larva para a fase adulta. Na realidade, *Lin4* e *Let7* foram os primeiros miRNAs a serem descritos nos animais: por meio de estudos da genética do desenvolvimento em *C. elegans*, foi descoberta a importância de toda essa classe de moléculas para a regulação gênica.

De modo geral, em diversos animais, moléculas de miRNA ajudam a regular as transições entre diferentes etapas do desenvolvimento. Por exemplo, em moscas, peixes e rãs, moléculas de mRNA materno são removidas durante as etapas iniciais do desenvolvimento, quando o genoma do embrião começa a ser transcrito; em tal etapa, o embrião passa a expressar moléculas específicas de miRNA que têm como alvo diversas moléculas de mRNA materno, marcando-as para a repressão da tradução e degradação.

Desse modo, moléculas de miRNA podem definir as transições das etapas do desenvolvimento pelo bloqueio e remoção de moléculas de mRNA que definem uma etapa anterior de desenvolvimento. Como o controle temporal da própria expressão do miRNA é estabelecido? No caso das moléculas de miRNA que inativam as moléculas de mRNA materno em rãs e peixes, a sua expressão é ativada ao final de uma série de rápidas divisões celulares sincronizadas que dividem o ovo fertilizado em células menores. Conforme a taxa de divisões destes blastômeros diminui, a transcrição generalizada do genoma do embrião é iniciada (**Figura 21-43**). Esse evento, em que o genoma do próprio embrião passa a ter controle sobre seu desenvolvimento, é chamado de **transição materno-zigótica (MZT)** e ocorre com um controle temporal bastante similar na maioria das espécies animais, com exceção dos mamíferos.

A proporção entre o volume do núcleo e do citoplasma parece ser um dos fatores que desencadeia o processo de MZT. Durante a clivagem, a quantidade total de cito-

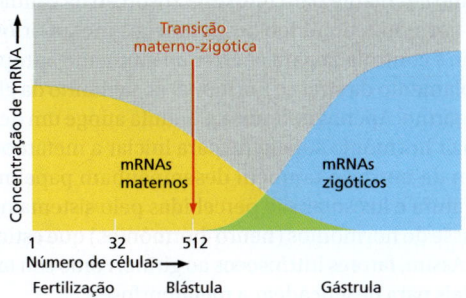

Figura 21-43 **A transição materno-zigótica no embrião do peixe-zebra.** Moléculas de mRNA materno são depositadas pela mãe no ovo e controlam as etapas iniciais do desenvolvimento. Essas moléculas são degradadas durante diferentes estágios da embriogênese, incluindo os estágios de blástula e gástrula, mas uma alteração abrupta ocorre durante a transição materno-zigótica (MZT). Antes dessa etapa, o genoma embrionário (zigótico) é inativo do ponto de vista transcricional após o evento de MZT, os genes zigóticos começam a ser transcritos. Em embriões de peixe-zebra, os genomas zigóticos passam a ser ativados na etapa de 512 células.

plasma do embrião é mantida constante, mas o número de núcleos celulares aumenta exponencialmente. Conforme o limiar crítico entre a proporção de citoplasma e DNA é alcançado, os ciclos celulares se tornam mais longos e a transcrição é iniciada. Assim, embriões haploides passam pelo processo MZT após um ciclo celular extra em comparação aos embriões diploides, que contêm duas vezes mais DNA por célula. De acordo com tal modelo, a proporção núcleo-citoplasma deve ser mensurada pela titulação de um repressor da transcrição contra quantidades crescentes de DNA nuclear. A quantidade total do repressor se mantém constante durante as divisões por clivagem, mas a quantidade de repressor por genoma diminui em 50% a cada ciclo de síntese de DNA, até que a perda da repressão permita a ativação da transcrição do genoma zigótico. Os transcritos recém-sintetizados incluem moléculas de miRNA que reconhecem vários dos transcritos depositados no ovo pela mãe, iniciando a repressão da sua tradução e rápida degradação.

Sinais hormonais coordenam o controle temporal das transições de desenvolvimento

Até o momento, enfatizamos os mecanismos de controle temporal que operam localmente e de modo individual em diferentes partes do embrião, ou em subsistemas específicos da maquinaria de controle molecular. A evolução ajustou cada um desses processos amplamente independentes para ocorrerem em taxas apropriadas, combinadas às necessidades do organismo como um todo. Para alguns propósitos, no entanto, isso não é suficiente: é necessária uma coordenação global de sinais. Isso é verdadeiro especialmente quando alterações devem ocorrer ao longo do organismo em resposta a estímulos que dependem do ambiente. Por exemplo, quando um inseto ou anfíbio passa pelo processo de *metamorfose* – a transição de larva a adulto –, quase todas as partes do seu corpo passam por uma transformação. O controle da metamorfose depende de fatores externos como fonte de alimentação, que determina quando o animal atingirá o tamanho adequado. Todas as alterações corporais devem ser desencadeadas no momento correto, mesmo que estejam ocorrendo em locais completamente independentes. Nesses casos, a coordenação de todos os eventos é mediada por **hormônios** – moléculas de sinalização que se espalham ao longo do corpo.

A metamorfose dos anfíbios é um exemplo espetacular. Durante essa transição do desenvolvimento, os anfíbios passam de uma vida aquática para uma vida terrestre. Órgãos específicos da larva, como guelras e cauda, desaparecem, e órgãos específicos da vida adulta, como patas, se formam. Essa transformação notável é desencadeada pelo hormônio tireóideo produzido pela glândula tireoide. Se a glândula é removida, ou se a ação do hormônio é bloqueada, a metamorfose não ocorre, embora o crescimento continue, gerando um girino gigante. De modo inverso, uma dose de hormônio tireóideo aplicada experimentalmente a um girino pode desencadear uma metamorfose prematura.

O hormônio tireóideo é distribuído pelo sistema vascular e induz alterações ao longo do animal pela ligação a receptores hormonais intracelulares localizados no núcleo, que regulam centenas de genes. Isso não significa, no entanto, que os tecidos-alvo respondem todos da mesma maneira ao hormônio: órgãos diferem não apenas na quantidade de receptores de hormônio tireóideo e nos níveis de proteínas extracelulares que regulam localmente a concentração de hormônio ativo, mas também nos conjuntos de genes responsivos à presença do hormônio. O hormônio tireóideo induz o crescimento dos músculos nos membros e a atrofia dos músculos da cauda. O controle temporal de tais respostas também varia: por exemplo, as patas se formam mais rapidamente em resposta a baixas concentrações de hormônio circulante, mas é necessária uma alta concentração de hormônio circulante para induzir a absorção da cauda.

A presença do hormônio tireóideo desencadeia a metamorfose, mas como a liberação desse hormônio é controlada para ocorrer no momento apropriado? Um mecanismo depende do acoplamento da síntese hormonal ao tamanho da glândula tireoide, que reflete o tamanho do girino. Apenas quando a glândula atinge um determinado tamanho ela é capaz de produzir hormônio suficiente para iniciar a metamorfose. Entretanto, sinais ambientais além da nutrição também desempenham papel nesse processo: condições como temperatura e luz solar são percebidas pelo sistema nervoso, que regula a secreção de outra classe de hormônios (neuro-hormônios) que estimulam a secreção do hormônio tireóideo. Assim, fatores intrínsecos ao girino, como seu tamanho, combinam-se a fatores ambientais para desencadear a metamorfose.

Sinais ambientais determinam o momento de florescimento

Outro exemplo notável de controle ambiental sobre a cronologia do desenvolvimento é a floração das plantas. A floração envolve a transformação do comportamento das células localizadas no broto de crescimento da planta – o *meristema apical*. Durante o crescimento vegetativo normal, essas células se comportam como células-tronco, dando origem a uma sucessão contínua de novas folhas e novos segmentos do caule. No florescimento, as células do meristema são modificadas para dar origem aos componentes das flores, com suas sépalas e pétalas, seus estames contendo o pólen, e ao ovário contendo os gametas femininos.

Para coordenar tal alteração de modo correto, a planta deve considerar as condições passadas e futuras. Um sinal importante, para muitas plantas, é a duração do dia. Para detectá-lo, a planta utiliza seu relógio circadiano – um ritmo endógeno de 24 horas da expressão gênica – para gerar um sinal positivo para o florescimento somente quando há luz na parte apropriada do dia. O próprio relógio é influenciado pela luz e, na realidade, a planta utiliza o relógio para comparar as condições luminosas passadas e presentes. Partes importantes dos mecanismos genéticos responsáveis por esse fenômeno já foram identificadas, incluindo fitocromos e criptocromos que atuam como receptores de luz solar (discutidos no Capítulo 15). O sinal para a floração que é transportado das folhas para as células-tronco pela via vascular é dependente do produto do *lócus T de florescimento* (*Ft*).

No entanto, esse sinal desencadeará o florescimento apenas se a planta se encontrar em uma condição receptiva decorrente de uma longa exposição anterior a temperaturas baixas. Diversas plantas precisam passar por uma estação de inverno antes de florescerem, um processo chamado de *vernalização*. A exposição ao frio por um período de semanas ou meses reduz progressivamente os níveis de expressão de um gene notável chamado *lócus C de florescimento* (*Flc*). O *Flc* codifica um repressor da transcrição que suprime a expressão do promotor de florescimento *Ft*.

Como a vernalização reprime *Flc* para que ele não possa mais impedir o florescimento? Seu efeito envolve o RNA não codificador chamado *Coolair*, que se sobrepõe ao gene *Flc* e que é produzido quando a planta está exposta a baixas temperaturas (**Figura 21-44**). Aliado aos modificadores de cromatina induzidos pelo frio, incluindo proteínas do grupo Polycomb, *Coolair* coordena a modificação da cromatina do gene *Flc* para um estado silenciado (discutido nos Capítulos 4 e 7). O grau de silenciamento depende do tempo de exposição ao frio, permitindo que a planta diferencie uma noite fria de uma estação de inverno.

O efeito na cromatina é duradouro, persistindo ao longo de diversos ciclos de divisão celular, mesmo quando as temperaturas se tornam mais quentes. A vernalização viabiliza o bloqueio persistente da produção de Flc, permitindo que o sinal Ft seja produzido quando os dias se tornarem suficientemente longos.

Mutações que afetam a regulação da expressão de *Flc* alteram o momento de florescimento e, assim, a capacidade de uma planta de florescer em um dado clima. Assim,

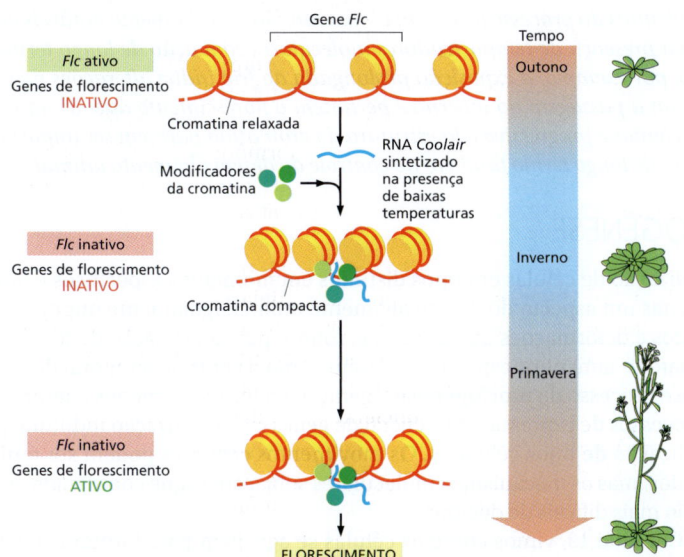

Figura 21-44 Controle temporal do florescimento de *Arabidopsis*. O gene *Flc* é ativado e bloqueia o florescimento quando as plantas crescem sem terem sido expostas a temperaturas de inverno. A exposição prolongada a períodos de frio leva à produção do RNA não codificador *Coolair*, que se sobrepõe ao gene *Flc*. Coolair induz alterações de longo termo na cromatina, inativando *Flc*. Essas alterações persistem após o término do inverno e permitem que as plantas floresçam quando as condições ambientais são favoráveis.

o sistema de controle global que dirige a ativação para a floração é de vital importância para a agricultura, sobretudo em uma época de rápidas mudanças climáticas.

O exemplo da vernalização sugere um ponto geral sobre o papel da modificação da cromatina no controle temporal do desenvolvimento. As plantas utilizam alterações na cromatina para registrar a experiência da exposição prolongada ao frio. É possível que em outros organismos – animais e plantas – as alterações lentas e progressivas da cromatina sejam utilizadas como temporizadores de longo termo para os processos de desenvolvimento que ocorrem lentamente ao longo de um período de dias, semanas, meses ou anos. Esses temporizadores de cromatina podem estar entre os controles temporais mais importantes do embrião, mas ainda sabemos muito pouco sobre tais mecanismos.

Resumo

O controle temporal do desenvolvimento ocorre em diferentes níveis. Necessita-se de tempo para ativar ou inativar um gene, e esse retardo temporal depende dos tempos de vida das moléculas envolvidas, que podem variar significativamente. Cascatas de regulação gênica envolvem cascatas de retardos temporais. Ciclos de retroalimentação dão origem a oscilações temporais da expressão gênica, e tais oscilações são a base da criação de estruturas espacialmente periódicas. Durante a formação de segmentos nos vertebrados, por exemplo, a expressão dos genes Hes *oscila, e um novo par de somitos é formado a cada ciclo de oscilação. Os genes* Hes *codificam proteínas repressoras da transcrição que atuam nos próprios genes* Hes. *Tal ciclo de retroalimentação negativa cria oscilações em períodos que refletem retardo temporal do ciclo de autorregulação desses genes. O período de oscilação desse "relógio de segmentação" controla o tamanho dos somitos. A sinalização Notch entre células próximas sincroniza as suas oscilações: quando a sinalização Notch falha, as células saem de sincronia devido ao funcionamento dos seus próprios relógios individuais, e a organização em segmentos da coluna vertebral é interrompida.*

O controle temporal nem sempre depende de interações célula-célula; diversas células animais em desenvolvimento possuem programas intrínsecos de desenvolvimento que são executados mesmo quando as células são isoladas em cultura. Neuroblastos em embriões de Drosophila, por exemplo, passam por divisões assimétricas programadas, dando origem a diferentes tipos celulares neurais a cada divisão, em uma sequência e cronologia previsíveis, como consequência de cascatas de ativação de genes. Estudos realizados em organismos vertebrados e invertebrados mostraram que essas programações raramente são controladas pelos processos de divisão celular, e podem ocorrer mesmo com o bloqueio da divisão celular. Moléculas de micro-RNA produzidas em pontos-chave marcam as transições do desenvolvimento pelo bloqueio da tradução e promoção da degradação de conjuntos específicos de mRNA. A coordenação cronológica global do desenvolvimento é realizada por hormônios: à medida que os girinos crescem, por exemplo, os níveis de hormônio tireóideo são aumentados, desencadeando a sua metamorfose em rã. Controladores ambientais do processo de desenvolvimento são especialmente notáveis em plantas e revelam a presença de temporizadores moleculares com ação de longo termo. Na vernalização, por exemplo, a exposição prolongada ao frio induz alterações na cromatina que marcam a passagem do inverno e permitem o florescimento apenas na primavera. Alterações lentas e progressivas da estrutura da cromatina parecem ser importantes temporizadores de longo termo também no controle do desenvolvimento animal.

MORFOGÊNESE

A especialização de células em tipos distintos em momentos específicos é importante, mas é apenas um aspecto do desenvolvimento animal. Igualmente importantes são os movimentos e deformações que as células sofrem para a formação de tecidos e órgãos com formatos e tamanhos específicos. Assim como o controle temporal do desenvolvimento, esse processo de **morfogênese** ("geração da forma") é menos compreendido do que os processos de expressão diferencial de genes e de sinalização indutora que levam à especialização de tipos celulares. Os movimentos celulares podem ser rapidamente identificados, mas os mecanismos moleculares subjacentes que coordenam esses movimentos são mais difíceis de decifrar.

No Capítulo 19, vimos como as células se agrupam para formar camadas epiteliais ou como se cercam de matriz extracelular para dar origem aos tecidos conectivos.

Também discutimos como as características básicas dos tecidos, como a polaridade dos epitélios, se originam a partir de propriedades das células individuais. Nesta seção consideraremos como o rearranjo das células durante o desenvolvimento animal dá origem à forma do embrião e a todos os órgãos e apêndices individuais do corpo.

Um pequeno número de processos celulares é essencial à morfogênese. Células individuais podem migrar ao longo do embrião por meio de rotas definidas. Elas podem deslizar umas sobre as outras de modo coordenado para alongar, contrair ou aumentar um tecido. Elas podem se segregar das células adjacentes e constituir grupos celulares fisicamente separados. As células podem ainda alterar sua forma deformando a camada epitelial em um tubo ou vesícula. Ao se alongarem enquanto permanecem ligadas às células adjacentes, camadas especializadas de células podem formar redes tubulares crescentes como o sistema de vasos sanguíneos e linfáticos. Migrações em massa, como as que ocorrem na gastrulação, podem transformar toda a topologia do embrião. As alterações no formato celular ou nos contatos com outras células ou com a matriz extracelular são responsáveis por todos esses processos. Iniciaremos esta seção considerando a migração de células individuais.

A migração celular é controlada por sinais presentes no ambiente da célula

O local de origem das células frequentemente é distante da sua localização final no organismo. Nossas células musculares, por exemplo, são derivadas de precursores de células musculares, ou *mioblastos*, localizados nos somitos de onde migram para os membros e outras regiões do corpo. As rotas de migração que as células seguem e a seleção dos locais que irão colonizar determinam o eventual padrão de músculos no corpo. Os tecidos conectivos embrionários formam a estrutura geral pela qual os mioblastos se deslocam, e esses tecidos fornecem sinais que controlam a distribuição dos mioblastos. Não importa de qual somito eles provêm, os mioblastos que migram para um broto de um membro anterior formarão o padrão de músculos apropriados para um membro anterior, e aqueles que migram para um broto de um membro posterior formarão o padrão apropriado para um membro posterior. É o tecido conectivo que fornece informações acerca da formação dos padrões.

Quando uma célula migrante percorre os tecidos embrionários, ela repetidamente estende projeções na superfície que sondam suas adjacências imediatas, testando a presença de sinais aos quais ela é particularmente sensível, em virtude de sua variedade específica de proteínas receptoras de superfície celular. No interior da célula, esses receptores estão conectados à cadeia principal cortical de actina e miosina, que promove o deslocamento da célula. Algumas moléculas da matriz extracelular, como a proteína fibronectina, propiciam sítios adesivos que ajudam a célula a avançar; outros, como o proteoglicano de sulfato de condroitina, inibem a locomoção e repelem a imigração. As células não migrantes localizadas ao longo da via de migração podem apresentar macromoléculas atraentes ou repelentes em sua superfície; outras podem ainda projetar filopódios para tornar sua presença conhecida.

Entre a grande quantidade de influências controladoras, algumas se sobressaem como especialmente importantes. Em particular, diversos tipos de células migrantes são guiadas por quimiotaxia que depende de um receptor acoplado à proteína G (chamado CXCR4), que é ativado por um ligante extracelular chamado CXCL12. As células que expressam esse receptor podem detectar seu caminho ao longo de trilhas marcadas por CXCL12 (**Figura 21-45**). A quimiotaxia em direção a fontes de CXCL12 de-

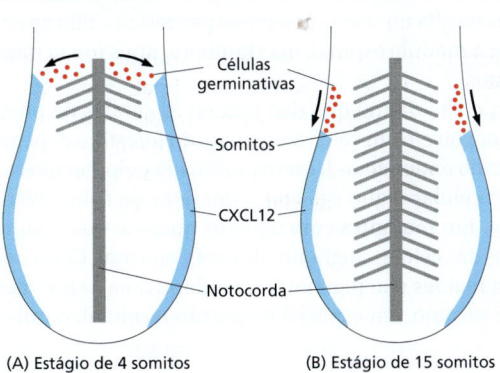

Figura 21-45 CXCL12 guia a migração de células germinativas. Células germinativas do peixe-zebra migram em direção aos domínios que expressam CXCL12. Conforme os locais de expressão são alterados, as células seguem a sinalização CXCL12 e são guiadas a regiões onde as gônadas irão se desenvolver em etapas posteriores do desenvolvimento. (A) No estágio de 4 somitos, as células germinativas se deslocam de uma posição próxima à linha central para regiões mais laterais, onde CXCL12 é expressa. (B) À medida que a expressão de CXCL12 se retrai, as células germinativas são guiadas a posições posteriores do embrião.

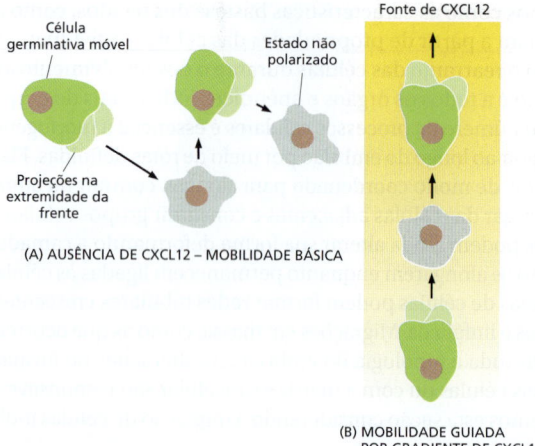

Figura 21-46 Migração direcionada pela formação local de projeções. As células germinativas migram ao longo de projeções que definem a extremidade da frente da célula. A persistência das projeções e sua localização são orientadas na direção de maior concentração de CXCL12. Dessa forma, as células germinativas migram a favor do gradiente de CXCL12.

sempenha um papel importante na orientação das migrações de linfócitos e de vários outros leucócitos; de neurônios no cérebro em desenvolvimento; de mioblastos que entram nos brotos dos membros; de células germinativas primordiais que se movem em direção às gônadas em desenvolvimento; e de células cancerosas quando se tornam metastáticas.

Estudos detalhados acerca da migração de células germinativas primordiais mostraram que a sinalização CXCL12 não induz a migração celular por si só, mas atua no controle da direção da migração. Na ausência da sinalização CXCL12, as células germinativas apresentam as projeções de membrana associadas à migração celular, mas a posição da região anterior da célula onde as projeções se formam é aleatória (**Figura 21-46**); se a sinalização CXCL12 está presente, a formação dessas projeções ocorre com maior frequência na região da célula que está voltada para a fonte de CXCL12, resultando em uma migração direcionada.

A distribuição das células migrantes depende de fatores de sobrevivência

A distribuição final das células migrantes depende não somente das vias que elas tomam, mas também do fato de sobreviverem ou não à jornada e de prosperarem ou não no ambiente que encontrarão no final da jornada. Sítios específicos fornecem os fatores de sobrevivência necessários para que cada tipo específico de célula migrante sobreviva.

O conjunto de células migrantes da **crista neural** é considerado um dos mais importantes no embrião de vertebrados. Essas células se originam na região fronteiriça entre a parte da ectoderme que formará a epiderme e a parte que formará o sistema nervoso central. Conforme a ectoderme neural se enrola para formar o tubo neural, as células da crista neural se separam da camada epitelial ao longo da região da borda e iniciam a sua longa migração (ver Figura 19-8 e **Animação 21.5**). Tais células irão se estabelecer em diferentes locais e darão origem a uma surpreendente diversidade de tipos celulares. Algumas se fixarão na pele e irão se especializar em células pigmentares; outras formarão o tecido esquelético na face. Outras ainda irão se diferenciar em neurônios e células da glia no sistema nervoso periférico – não apenas na glia sensorial localizada próxima à medula espinal, mas também, após longa migração, revestindo a parede dos intestinos.

As células da crista neural que dão origem às células de pigmentação da pele e aquelas que se desenvolvem em células nervosas do intestino dependem da secreção de um peptídeo chamado endotelina-3, que é produzido pelos tecidos localizados ao longo da via de migração celular e que age como um fator de sobrevivência para as células migrantes da crista. Em mutantes com defeitos no gene que codifica endotelina-3 ou seu receptor, muitas das células migrantes da crista morrem. Como resultado, indivíduos mutantes possuem regiões não pigmentadas (albinas) na pele e menor número de células nervosas no intestino, em especial na porção terminal, o intestino grosso, que se

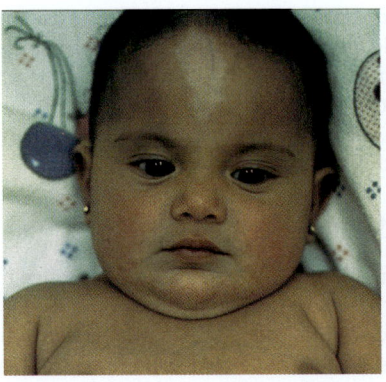

Figura 21-47 **Efeito de mutações no gene *Kit*.** Tanto o bebê como o camundongo são heterozigotos para uma mutação com perda de função que os deixa com somente a metade da quantidade normal do produto do gene *Kit*. Em ambos os casos, a pigmentação é defeituosa, porque as células pigmentares dependem do produto do gene como receptor para um fator de sobrevivência. (Cortesia de R.A. Fleischman, de R.A. Fleischman et al., *Proc. Natl Acad. Sci. USA* 88:10885–10889, 1991.)

torna anormalmente distendido pela falta de controle neural apropriado – uma condição potencialmente letal chamada megacólon.

Outro importante sinal de sobrevivência para diversos tipos migrantes de células, incluindo as células germinativas primordiais, células precursoras do sangue e células pigmentares derivadas da crista neural, depende de um receptor tirosina-cinase chamado *Kit*. Esse receptor é expresso na superfície das células migrantes, e a proteína ligante, chamada fator Steel, é produzida pelas células dos tecidos pelos quais as células migram e onde se instalam. Indivíduos com mutações nos genes para qualquer uma dessas proteínas possuem déficits de pigmentação, de células sanguíneas e de células germinativas (**Figura 21-47**).

A alteração do padrão de moléculas de adesão celular força a formação de novos arranjos de células

Os padrões de expressão gênica controlam os movimentos celulares embrionários de muitos modos. Eles regulam a motilidade celular, o formato da célula e a produção de proteínas que atuam como guias na migração celular. Também têm a importante função de determinar os conjuntos de moléculas de adesão que as células apresentam em suas superfícies. Por meio de alterações em suas moléculas de superfície, uma célula pode romper ligações antigas e produzir novas. As células em uma região podem desenvolver propriedades de superfície que promovem a sua adesão umas às outras e a segregação de um grupo de células vizinhas cuja superfície química é diferente.

Experimentos feitos há meio século em embriões jovens de anfíbios mostraram que os efeitos de adesão seletiva célula-célula podem ser tão eficazes a ponto de resultar em uma reconstrução aproximada da estrutura normal de um embrião jovem pós-gastrulação, após as células terem sido artificialmente dissociadas e misturadas. Quando as células são misturadas de modo aleatório, elas se organizam mais uma vez de acordo com a sua camada germinativa de origem (**Figura 21-48**). Conforme discutido no Capítulo 19, proteínas caderinas desempenham papel central nesse processo de separação seletiva (ver Figura 19-9). As caderinas pertencem a uma grande e variada família de proteínas de adesão célula-célula dependentes de Ca^{2+} e, assim como outras proteínas de adesão célula-célula, são expressas diferencialmente nos vários tecidos no embrião primordial. Anticorpos contra essas proteínas interferem com a adesão seletiva normal entre as células de tipos similares.

Alterações nos padrões de expressão das caderinas estão correlacionadas a alterações nos padrões de associação entre as células durante os vários processos de desenvolvimento, incluindo gastrulação, formação do tubo neural e formação de somitos. Esses rearranjos de célula são provavelmente regulados e organizados, em parte, pelo padrão

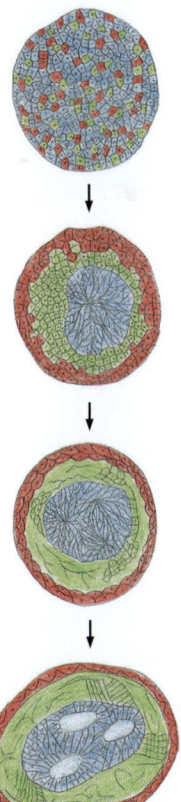

Figura 21-48 **Separação seletiva mediada pela adesão celular.** As células de diferentes partes de um embrião jovem de anfíbio irão se separar por tipos, de acordo com suas origens. No experimento clássico aqui mostrado, as células da mesoderme (*verde*), as células da placa neural (*azul*) e as células epidérmicas (*vermelho*) foram separadas e em seguida misturadas de modo aleatório. Elas se separam por tipos em um arranjo reminiscente ao de um embrião normal, com um "tubo neural" interno, uma epiderme externa e uma mesoderme no meio. (Modificada de P.L. Townes e J. Holtfreter, *J. Exp. Zool.* 128:53–120, 1955. Com permissão de Wiley-Liss.)

de caderinas. Em particular, as caderinas parecem desempenhar uma função importante no controle da formação e da dissolução de folhetos epiteliais e de agrupamentos de células (ver **Animação 19.1**). Elas não somente unem uma célula à outra, mas também propiciam ancoragem para os filamentos intracelulares de actina nos sítios de adesão célula-célula. Dessa maneira, o padrão de tensões e movimentos no tecido em desenvolvimento é regulado de acordo com o padrão de adesões celulares.

Interações de repulsão ajudam a delimitar os tecidos

Os diferentes tipos de caderinas permitem que tipos celulares distintos se associem de modo seletivo: células que expressam um tipo de caderina irão maximizar seus contatos com células que expressam o mesmo tipo de caderina, com a segregação de outros tipos celulares e delimitação de tecidos específicos. A mistura de células pode ser inibida e a delimitação de tecidos pode ser estabelecida também de outras formas: células de diferentes tipos podem se repelir ativamente. A ativação bidirecional dos receptores Eph e efrinas, discutida no Capítulo 15, costuma mediar tal repulsão, atuando na interface de diferentes grupos de células, evitando sua mistura, repelindo a invasão de células inadequadas. A sinalização efrina-Eph é ativa, por exemplo, no limite entre os rombômeros discutidos antes. Rombômeros adjacentes expressam combinações complementares de efrinas e receptores Eph, e isso mantém as células dos rombômeros adjacentes segregadas, e o limite entre eles é claramente estabelecido (**Figura 21-49**).

Conjuntos de células semelhantes podem realizar rearranjos coletivos notáveis

A separação seletiva de células mediada pela repulsão efrina-Eph exemplifica como diferentes propriedades da superfície celular podem promover o rearranjo das células, fazendo células que expressam conjuntos distintos de genes se separem umas das outras. No entanto, grupos de células semelhantes também podem sofrer rearranjos notáveis. Durante a gastrulação das rãs, por exemplo, as células de uma região da superfície do epitélio são invaginadas em conjunto para o interior do embrião, convergindo para a linha média embrionária. Esse movimento é desencadeado principalmente pelo rearranjo ativo das células migrantes, denominado **extensão convergente**. As células se deslocam umas sobre as outras de modo coordenado, deslocando as células adjacentes conforme migram, fazendo a camada de células se estreitar ao longo de um eixo (convergir) e se alongar ao longo de outro eixo (estender). De maneira surpreendente, pequenos fragmentos quadrados de tecido de regiões apropriadas do embrião, se isolados em cultura, irão espontaneamente se estreitar e alongar, assim como fariam no embrião (**Figura 21-50**). O alinhamento do movimento das células depende da mesma via de sinalização

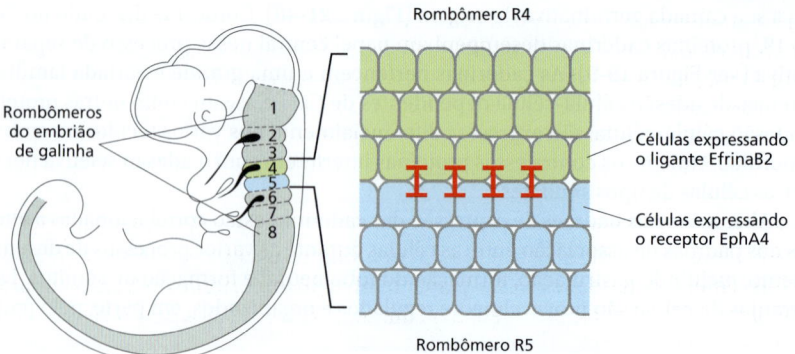

Figura 21-49 Separação seletiva mediada pela repulsão. A sinalização efrina-Eph na segmentação do cérebro posterior em um embrião de galinha. Cada par de rombômeros (segmentos do cérebro posterior) está associado a um arco braquial (um rudimento de guelras modificado) para o qual enviam inervações. Os rombômeros se distinguem uns dos outros pela expressão diferenciada de genes *Hox* (ver Figura 21-32). A repulsão mútua (*barras vermelhas*) entre as células que expressam EfrinaB2 no rombômero 4 e EphA4 no rombômero 5 estabelecem limites definidos.

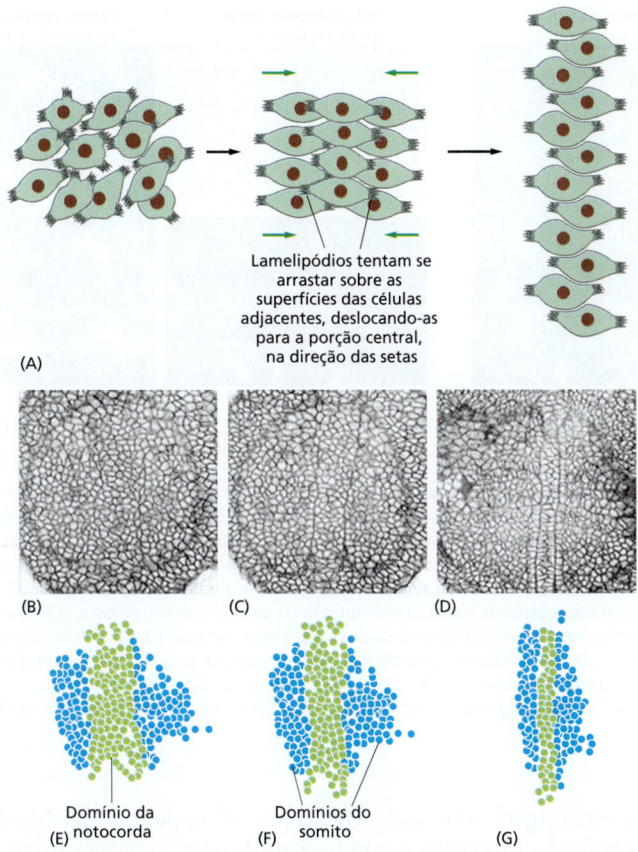

Figura 21-50 **Extensão convergente e sua base celular.** (A) Diagrama esquemático de comportamentos celulares que formam a base da extensão convergente. As células formam lamelipódios, com os quais tentam se arrastar umas sobre as outras. O alinhamento dos movimentos dos lamelipódios ao longo de um eixo comum leva à extensão convergente. Este processo depende da via de sinalização de polaridade celular planar Wnt-Frizzled e é cooperativo, provavelmente porque as células já alinhadas exercem forças que tendem a alinhar células adjacentes de modo semelhante.
(B-G) Padrão de extensão convergente da mesoderme dorsal durante a gastrulação em peixe-zebra em 8,8 (B, E), 9,3 (C, F) e 11,3 (D, G) horas após a fertilização. As células que darão origem à notocorda estão destacadas em *verde*, e as células que darão origem aos somitos e músculos estão representadas em *azul*. Os domínios da notocorda e dos somitos são separados espacialmente desde o início do registro do experimento (B, E), mas sua delimitação a princípio não é clara e só mais tarde se torna óbvia. A convergência estreita o domínio da notocorda a uma largura equivalente a duas células no último ponto registrado (D, G). (A, de J. Shih e R. Keller, *Development* 116:901–914, 1992; B–G, conforme N.S. Glickman et al., *Development* 130:873–887, 2003. Com permissão de The Company of Biologists.)

que está envolvida no estabelecimento da *polaridade celular planar* do desenvolvimento epitelial, discutido a seguir.

A polaridade celular planar ajuda a orientar a estrutura e o movimento celular no epitélio em desenvolvimento

As células em um epitélio sempre apresentam polaridade apical-basal (discutido no Capítulo 19), mas as células de diversos epitélios apresentam uma polaridade adicional nos ângulos localizados à direita do seu eixo: todas as células estão arranjadas como se uma seta interna estivesse voltada para um ângulo específico no plano do epitélio. Esse tipo de polaridade é denominado **polaridade celular planar**. Nas asas das moscas, por exemplo, cada célula epitelial possui uma pequena projeção assimétrica, denominada pelo da asa, em sua superfície, e os pelos todos apontam em direção à ponta da asa. De modo similar, no ouvido interno dos vertebrados, cada célula pilosa mecanossensorial apresenta um feixe assimétrico de protrusões preenchidas por actina, chamadas estereocílios, que se projetam a partir da membrana plasmática apical para a detecção de som e de forças como a gravidade. A inclinação destas estruturas em uma direção induz a abertura dos canais iônicos da membrana, ativando a célula eletricamente; a inclinação dos cílios na outra direção tem efeito oposto. Para que o ouvido funcione da forma correta, é preciso que suas células pilosas estejam orientadas corretamente. A polaridade celular planar também é importante no trato respiratório, onde cada célula ciliada deve orientar o batimento de seus cílios para deslocar o muco para cima, para fora dos pulmões.

O rastreamento de mutantes com alterações no pelo das asas em *Drosophila* permitiu a identificação de uma série de genes críticos à polaridade celular planar das moscas. Alguns desses genes codificam componentes da via de sinalização Wnt, outros codificam membros especializados na superfamília das caderinas, enquanto a função de outros genes ainda não é conhecida. Esses componentes da sinalização de polaridade

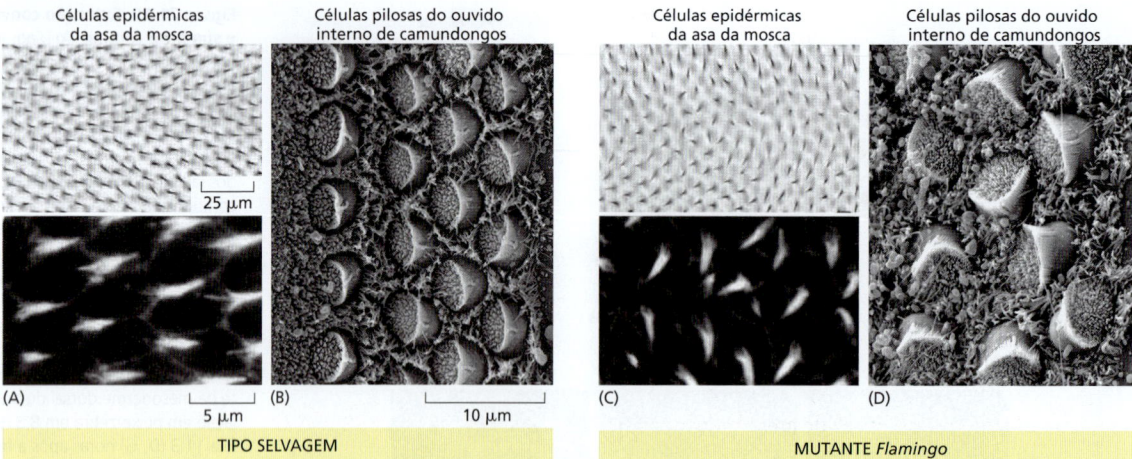

Figura 21-51 Polaridade celular planar. (A) Pelos na asa de uma mosca. Cada célula do epitélio piloso forma uma pequena protrusão, ou "pelo", no seu ápice, e todos os pelos posicionam-se em direção à ponta da asa. Isso reflete a polarização planar na estrutura de cada célula. (B) Células pilosas sensoriais do ouvido interno de camundongo também apresentam uma polaridade planar bem definida, por meio do padrão de orientação dos estereocílios (protrusões preenchidas com actina) em sua superfície. A detecção do som depende da orientação coordenada e correta das células pilosas. (C) Uma mutação no gene *Flamingo* da mosca, que codifica uma caderina não clássica, rompe o padrão de polaridade celular planar das asas. (D) Uma mutação em um gene homólogo ao *Flamingo*, em camundongo, randomiza a orientação vetorial da polaridade celular planar das células pilosas do ouvido. O animal mutante é surdo. (A e C, de J. Chae et al., *Development* 126:5421–5429, 1999. Com permissão de The Company of Biologists; B e D, de J.A. Curtin et al., *Curr. Biol.* 13:1129–1133, 2003. Com permissão de Elsevier.)

celular planar estão organizados nas junções célula-célula do epitélio de modo a que sua influência na polaridade da célula seja propagada de uma célula para a outra. O mesmo sistema de proteínas, essencialmente, controla a polaridade celular planar nos vertebrados; camundongos deficientes dos genes homólogos de polaridade planar de *Drosophila* apresentam uma variedade de defeitos, incluindo a orientação incorreta das células pilosas do ouvido interno, tornando-os surdos (**Figura 21-51**).

Interações entre um epitélio e um mesênquima geram estruturas tubulares ramificadas

Os animais requerem tipos especializados de superfícies epiteliais para diversas funções, incluindo excreção, absorção de nutrientes e trocas gasosas. Onde grandes superfícies são necessárias, tais superfícies epiteliais costumam estar organizadas em estruturas tubulares ramificadas. O pulmão é um exemplo. Ele se origina dos brotos epiteliais que se originam a partir do revestimento basal do intestino delgado (jejuno) e invade o mesênquima adjacente para dar origem aos brônquios, sistema de tubos que se ramifica repetidamente conforme se estende. As células endoteliais que compõem o revestimento dos vasos sanguíneos invadem o mesmo mesênquima, dando origem a um sistema fechado de vias aéreas e de vasos sanguíneos, conforme necessário para as trocas gasosas nos pulmões (**Figura 21-52**). Todo esse processo de *morfogênese de ramificação* depende de sinais que fluem em ambas as direções entre os brotos epiteliais em crescimento e o mesênquima. Estudos genéticos em camundongos indicaram que proteínas FGF e seus receptores tirosina-cinase desempenham papel central nestes processos de sinalização. A sinalização FGF têm vários papéis no desenvolvimento, mas é especialmente importante nas muitas interações que ocorrem entre um epitélio e um mesênquima em desenvolvimento.

No caso do desenvolvimento dos pulmões, FGF10 é expressa em conjuntos de células do mesênquima que se encontram próximas à extremidade do tecido epitelial tubular em crescimento, e seus receptores são expressos nas células epiteliais invasoras. Em camundongos mutantes deficientes de FGF10, o broto primordial do epitélio pulmo-

Figura 21-52 A via aérea pulmonar, mostrada como a árvore dos brônquios de um humano adulto. Resinas de diferentes cores foram injetadas em diferentes pontos de ramificação da via aérea. (De R. Warwick e P.L. Williams, Gray's Anatomy, 35th ed. Edinburgh: Longman, 1973.)

CAPÍTULO 21 Desenvolvimento de organismos multicelulares

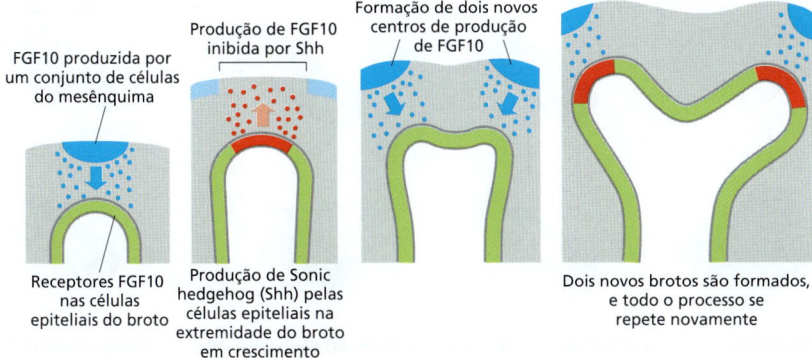

Figura 21-53 Morfogênese de ramificação nos pulmões. Modo pelo qual FGF10 e Sonic hedgehog induzem o crescimento e a ramificação dos brotos da árvore brônquica. Muitas outras moléculas-sinal, como BMP4, também são expressas neste sistema, e o mecanismo de ramificação sugerido é apenas uma das várias possibilidades.

Como indicado, a proteína FGF10 é expressa em agrupamentos de células mesenquimais próximas às extremidades dos tubos epiteliais em crescimento, e seu receptor é expresso nas próprias células epiteliais. O sinal Sonic hedgehog é enviado na direção oposta, a partir das células epiteliais nas extremidades dos brotos, de volta para o mesênquima. O padrão de expressão gênica e cronologia sugere que o sinal Sonic hedgehog atue inibindo a expressão de FGF10 nas células do mesênquima próximas à extremidade do broto em crescimento, dividindo o conjunto de células secretoras de FGF10 em dois conjuntos individuais, que induzem a ramificação do broto em dois.

nar é formado, mas não é capaz de crescer no mesênquima e dar origem às ramificações dos brônquios. De modo oposto, se uma esfera inerte microscópica contendo FGF10 for colocada próxima ao epitélio pulmonar embrionário em cultura, ela irá induzir a formação de um broto e o crescimento do epitélio na sua direção. Evidentemente, o epitélio invade o mesênquima apenas se estimulado, em resposta a FGF10.

O que induz a ramificação repetida do epitélio pulmonar tubular em crescimento durante a invasão do mesênquima? Esse processo depende de um sinal Sonic hedgehog que é enviado na direção oposta, a partir das células epiteliais nas extremidades dos brotos, de volta para o mesênquima, como mostrado na **Figura 21-53**. Em camundongos sem Sonic hedgehog, o epitélio dos pulmões cresce e se diferencia, mas forma um saco em vez de uma árvore ramificada de túbulos.

A sinalização FGF atua de modo notavelmente similar na formação do sistema de trocas gasosas dos insetos, que é composto por finos canais preenchidos por ar, chamados *traqueias* e *traquéolas*. Essas estruturas se formam a partir da epiderme que recobre a superfície do corpo e se estende para a parte interna, invadindo tecidos adjacentes, se ramificando e estreitando durante o processo (**Figura 21-54**). Sinais FGF atuam sobre as células localizadas na extremidade da traqueia em crescimento, induzindo a formação de filopódios e a sua migração em direção à fonte de sinal FGF. Como as extremidades das células permanecem ligadas ao restante do epitélio da traqueia, a força de tração gerada promove o alongamento do tubo da traqueia.

Inicialmente, o padrão de produção de FGF nos embriões de moscas é determinado pelos sistemas de formação de padrões D-V e A-P antes discutidos. Nas etapas posteriores do desenvolvimento, no entanto, a expressão de FGF é induzida pelos reguladores da transcrição chamados de *fatores induzidos por hipoxia* (*HIFs*) que são ativados por hipoxia (baixa concentração de oxigênio). Dessa forma, a hipoxia estimula a formação de uma traqueia cada vez mais fina e ramificada, até que o suprimento de oxigênio seja suficiente para interromper este processo. Hipoxia e HIFs apresentam funções semelhantes nos vertebrados, em especial no desenvolvimento dos vasos sanguíneos, como veremos no próximo capítulo.

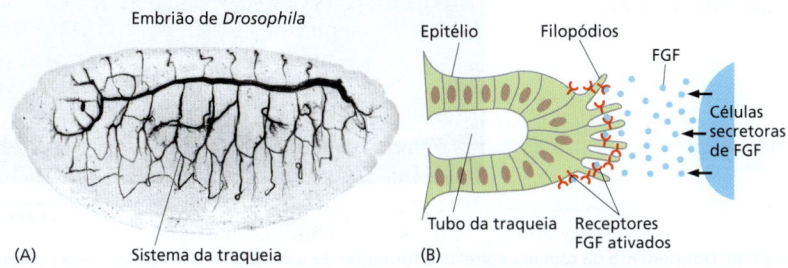

Figura 21-54 Morfogênese das ramificações nas vias aéreas da mosca. (A) Sistema embrionário da traqueia em *Drosophila*. (B) Sinais FGF (produzidos pelo gene *Branchless* em *Drosophila*) das células adjacentes ao epitélio da traqueia ativam seus receptores FGF, induzindo a formação de filopódios e o alongamento do tubo. [A, de G. Manning e M.A. Krasnow, in The Development of *Drosophila* (A. Martinez-Arias e M. Bate, eds), Vol. 1, p. 609–685. New York: Cold Spring Harbor Laboratory Press, 1993.]

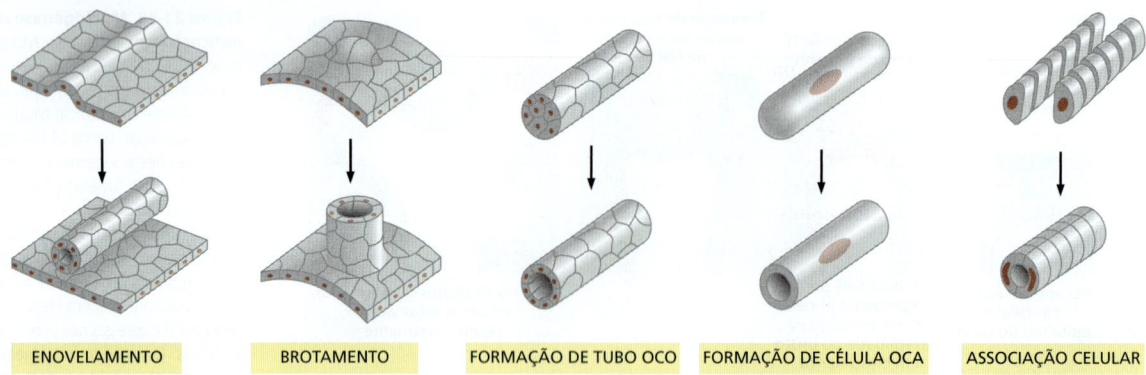

Figura 21-55 As variações de comportamento celular envolvidas na formação de tubos. O enovelamento dá origem ao tubo neural, o brotamento é responsável pela formação dos pulmões e da traqueia, a formação do tubo oco ocorre durante a gênese das glândulas salivares de mamíferos, a formação de células ocas está envolvida com a formação das células terminais dos tubos das traqueias, e a associação celular dá origem ao tubo cardíaco que se forma nas etapas iniciais do desenvolvimento cardíaco.

Um epitélio pode se curvar durante o desenvolvimento para dar origem a um tubo ou vesícula

A formação de um sistema de tubos como os vasos sanguíneos e as vias aéreas é um processo complexo e pode envolver diversas formas de comportamento celular, conforme ilustrado na **Figura 21-55**.

Conforme explicado no Capítulo 19, o processo que converte uma camada epitelial em um tubo depende da contração de feixes específicos de filamentos de actina. Com a ajuda da proteína motora miosina, os filamentos de actina podem se contrair, induzindo a contração das células epiteliais. Esses filamentos de actina estão conectados de uma célula à outra pelas junções aderentes, e se a sua contração é coordenada ao longo de um eixo específico, o resultado será a curvatura da camada epitelial e a formação de um tubo (**Figura 21-56**). O tubo neural vertebral, que será discutido na última seção deste capítulo, é formado dessa maneira.

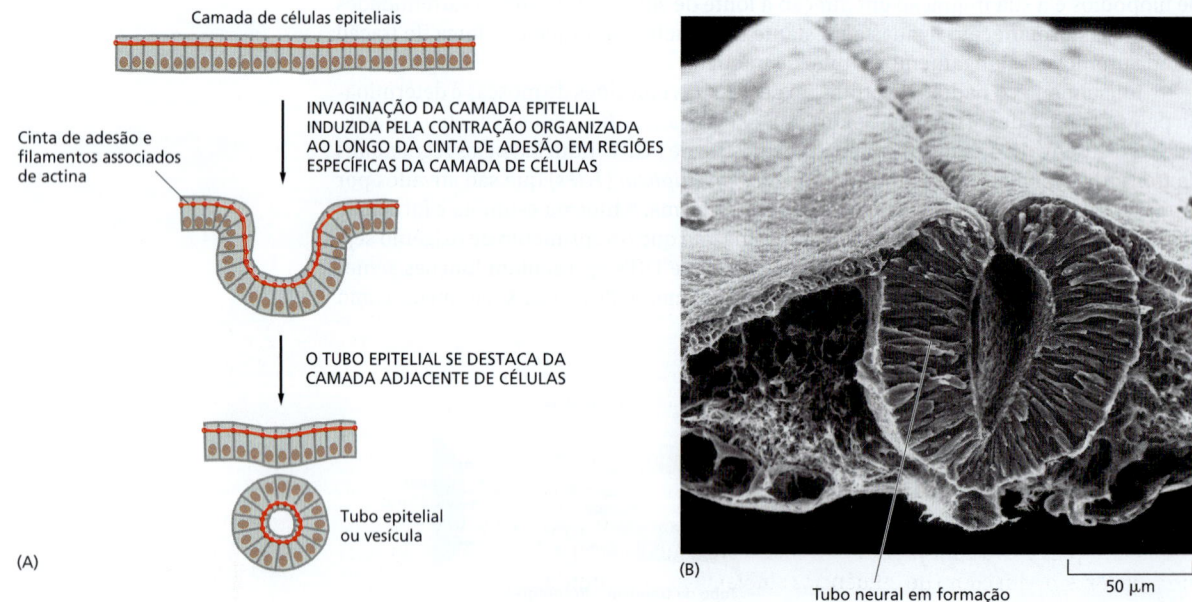

Figura 21-56 Dobramento da camada epitelial e formação de um tubo. A contração dos feixes apicais de filamentos de actina conectados entre as células pelas junções aderentes induz a contração da parte superior das células. Dependendo de como o movimento de contração está orientado ao longo de um dos eixos da camada, ou se ocorre com a mesma intensidade em todas as direções, o epitélio irá se dobrar em um tubo ou se invaginar para formar uma vesícula. (A) Esquema mostrando como a contração apical ao longo de um eixo de uma camada epitelial pode formar um tubo. (B) Micrografia eletrônica de varredura de uma secção de um embrião de galinha de dois dias, mostrando a formação do tubo neural mediante processo esquematizado em (A). (B, cortesia de Jean-Paul Revel.)

Resumo

O desenvolvimento animal envolve movimentos celulares notáveis, incluindo a migração guiada de células individuais, a adesão e repulsão de grupos de células e a complexa extensão, ramificação e enrolamento de tecidos epiteliais. Células migrantes, como as da crista neural, desprendem-se de seus vizinhos originais e percorrem o embrião para colonizar novos sítios. Diversas células migrantes, incluindo as células germinativas primordiais, são guiadas por quimiotaxia dependente do receptor CXCR4 e seu ligante CXCL12. Em geral, as células que apresentam moléculas de adesão similares em sua superfície se agrupam e tendem a segregar outros grupos celulares com diferentes características em sua superfície. A adesão seletiva célula-célula é frequentemente mediada pelas caderinas; a repulsão é, em muitos casos, promovida pela sinalização efrina-Eph. Em uma camada epitelial, as células podem se reorganizar para promover a convergência e extensão epitelial, como ocorre na gastrulação. Diversos movimentos são coordenados pela via de sinalização de polaridade planar dependente de Wnt, que também é responsável pela orientação correta de diversos tipos de epitélio. Estruturas tubulares ramificadas elaboradas, como as vias aéreas dos pulmões, têm origem na sinalização bidirecional entre o broto do epitélio e o mesênquima invadido, em um processo chamado morfogênese de ramificação. Tubos epiteliais e vesículas podem ser formados de diferentes maneiras, a mais simples sendo o enrolamento e separação de um segmento de epitélio, como na formação do tubo neural.

CRESCIMENTO

Surpreendentemente, sabemos muito pouco acerca de um dos aspectos mais fundamentais do desenvolvimento animal – como o tamanho de um animal ou órgão é determinado. Por que, por exemplo, crescemos e somos muito maiores do que um camundongo? Até em uma mesma espécie, o tamanho pode variar de modo significativo; um dogue alemão, por exemplo, pode pesar 40 vezes mais do que um *chihuahua* (**Figura 21-57**).

Três variáveis definem o tamanho de um órgão ou organismo: o número de células, o tamanho das células e a quantidade de material extracelular por célula. As diferenças de tamanho são resultantes da variação de qualquer um desses fatores (**Figura 21-58**). Se compararmos um camundongo e um ser humano, por exemplo, percebemos que a diferença de tamanho se baseia no número de células, sendo esse número 3 mil vezes maior nos humanos, correspondendo a um corpo com massa cerca de 3 mil vezes maior. Espécies selvagens e cultivadas de vegetais, por outro lado, geralmente diferem quanto ao tamanho de suas células.

O desafio, portanto, é compreender como o número de células, seu tamanho e a produção de matriz extracelular são regulados. Inicialmente, é preciso identificar os sinais que estimulam ou inibem o crescimento. Então é necessário estabelecer como esses sinais são regulados. Em diversos casos, o tamanho de um órgão ou de um organismo como um todo parece ser controlado por homeostasia, e o tamanho correto é atingido e mantido mesmo se submetidos a grandes perturbações. Isso sugere que a estrutura em formação percebe seu próprio tamanho e utiliza essa informação para regular os sinais que controlam seu próprio crescimento ou redução de tamanho. Na maioria dos casos, a natureza desse mecanismo de controle continua sendo um grande mistério.

Em outros casos, a duração da fase de crescimento e o tamanho final parecem ser controlados por uma programação intracelular que reconhece o tamanho da estrutura em desenvolvimento. Essas programações intracelulares também não são completamente compreendidas, como já foi discutido acerca do controle temporal do desenvolvimento. Muitas vezes, o tamanho e a proporção das partes corporais parecem depender de combinações de mecanismos de controle de mensuração de tamanho e de programas intracelulares, assim como de influências ambientais, como nutrição.

A variação nas estratégias de controle é ilustrada por alguns experimentos clássicos de transplantes. Se várias glândulas de timo de fetos forem transplantadas em um camundongo em desenvolvimento, cada uma irá crescer até atingir seu tamanho característico em adultos. Ao contrário, se diversos baços de fetos forem transplantados, cada um deles será menor do que o normal, mas coletivamente crescerão até atingir o tamanho de um baço adulto. Portanto, o crescimento do timo é controlado por mecanismos locais intrínsecos ao órgão, enquanto o crescimento do baço é controlado por mecanis-

Figura 21-57 Membros de uma mesma espécie podem apresentar tamanhos significativamente distintos. Um *chihuahua* pesa entre 2 e 5 quilos, e um dogue alemão pode pesar entre 45 e 90 quilos. (Cortesia de Deanne Fitzmaurice.)

Figura 21-58 Fatores determinantes do tamanho de um órgão.

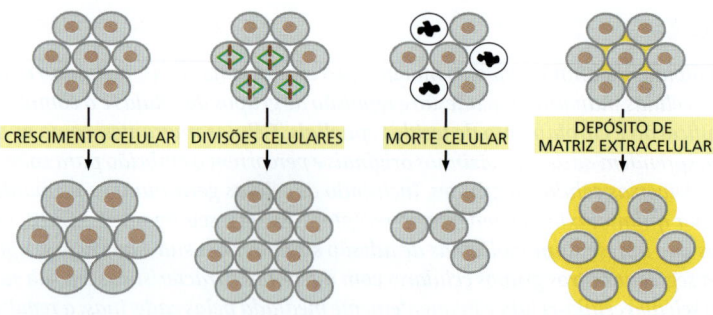

mos de retroalimentação que percebem a quantidade de tecido do baço presente em todo o organismo. Nos dois casos, esses mecanismos de controle não são conhecidos.

A proliferação, a morte e o tamanho das células determinam o tamanho dos órgãos

O verme nematódeo *C. elegans* ilustra as diferentes maneiras pelas quais o tamanho de um organismo ou órgão é determinado. Esse organismo apresenta um programa de desenvolvimento surpreendentemente preciso e previsível. Cada indivíduo de um dado sexo é gerado praticamente pela mesma sequência de divisões e mortes celulares, e como consequência apresenta precisamente o mesmo número de células somáticas – 959 em um adulto hermafrodita (o sexo da maioria desses animais) –, embora o número de células germinativas seja mais variável entre os indivíduos. Esse desenvolvimento estereotipado torna possível o rastreamento das células da linhagem somática em grandes detalhes. Mais de mil divisões celulares dão origem a 1.090 células somáticas durante o desenvolvimento hermafrodita, mas 131 dessas células passam pelo processo de morte celular programada. Assim, a regulação precisa da divisão e morte celular determina o número final de células somáticas do verme. De fato, rastreamentos genéticos em *C. elegans* identificaram os primeiros genes responsáveis pela apoptose e sua regulação – revolucionando nossa compreensão sobre os mecanismos moleculares que mediam essa forma de morte celular programada (discutido no Capítulo 18).

O número final de células somáticas em um verme adulto já está presente no momento da maturidade sexual (cerca de três dias após a fertilização), e, após esse momento, não ocorre a geração de mais células somáticas. Mesmo assim, o verme continua a crescer, dobrando seu tamanho entre a fase de maturidade sexual e morte, 2 a 3 semanas mais tarde. Tal aumento de tamanho é resultado do crescimento das células somáticas: embora as células não se dividam, elas continuam a crescer ao longo de ciclos de síntese de DNA; essa *replicação endógena* do genoma torna as células *poliploides*. Como em todos os organismos, o tamanho de uma célula é proporcional à sua ploidia – ou seja, ao número de cópias do genoma contido na célula: uma duplicação da ploidia resulta aproximadamente em uma duplicação do volume celular. Mediante manipulação artificial da ploidia em uma célula somática e, portanto, do tamanho desta célula, o tamanho do verme pode ser aumentado ou diminuído. Portanto, o tamanho final do verme nematódeo é estabelecido pela combinação de divisões e morte celular programada, assim como pela regulação do tamanho celular por meio de mudanças na ploidia.

Nas plantas, assim como nos animais, o tamanho das células aumenta com o aumento da ploidia (**Figura 21-59**). Esse efeito tem sido explorado na agricultura, mediante cruzamento de plantas de tamanho aumentado: a maior parte das frutas e vegetais que consumimos é poliploide.

Animais e órgãos são capazes de acessar e regular a massa celular total

O tamanho de um animal ou órgão depende do número e do tamanho das células – isto é, da massa celular total. De modo notável, diversos animais e órgãos são capazes de avaliar sua massa celular total e regulá-la, fornecendo evidências da ação de mecanismos de retroalimentação como os descritos na parte introdutória dos princípios gerais do con-

CAPÍTULO 21 Desenvolvimento de organismos multicelulares

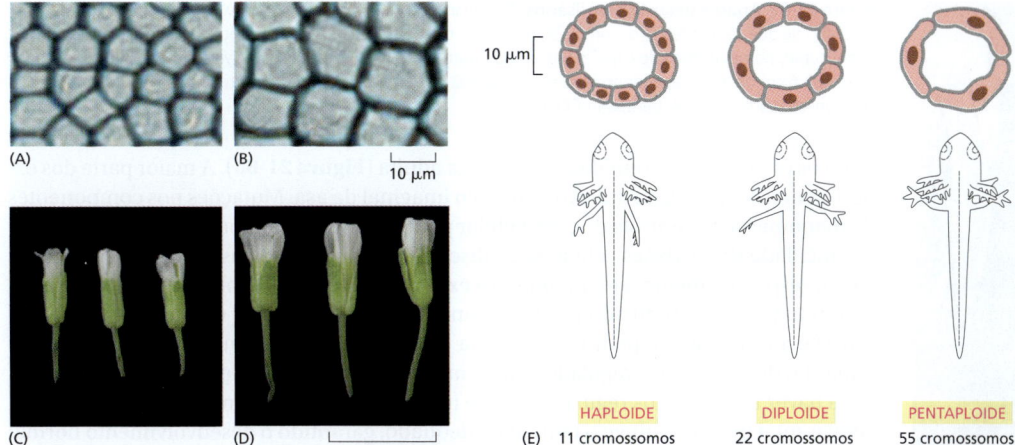

Figura 21-59 Efeitos da ploidia no tamanho das células e dos órgãos. Em todos os organismos, desde bactérias até humanos, o tamanho celular é proporcional à ploidia – o número de cópias do genoma por célula. Este fenômeno é ilustrado para (A-D) flores de *Arabidopsis* e (E) salamandras. Em cada caso, os painéis superiores mostram células de um tecido específico [uma pétala para *Arabidopsis* e um túbulo pró-nefrótico (rins) para a salamandra]; os painéis inferiores mostram a anatomia geral – as flores de *Arabidopsis* e o corpo da salamandra. No caso das flores de *Arabidopsis*, o aumento no tamanho das células causa o aumento do tamanho do órgão. Ao contrário, a salamandra e seus órgãos individuais mantêm seu tamanho normal independente da ploidia, pois o aumento do tamanho da célula é compensado com a diminuição do número de células. Este exemplo mostra como o tamanho de um organismo, ou órgão, nestas espécies não é controlado simplesmente pela quantificação das divisões celulares ou do número de células; o tamanho final é de alguma forma controlado pelo volume total de massa celular. (A–D, de C. Breuer et al., *Plant Cell* 19:3655–3668, 2007. Com permissão da American Society of Plant Biologists; E, adaptada de G. Fankhauser, em Analysis of Development [B.H. Willier, P.A. Weiss e V. Hamburger, eds], p. 126–150. Philadelphia: Saunders, 1955.)

trole de crescimento. Diferente do processo identificado em *C. elegans*, nesses casos, se o tamanho de uma célula for artificialmente aumentado ou diminuído, o número de células se ajusta para manter a massa total de células. Esse processo foi ilustrado em detalhes por experimentos realizados com salamandras, onde o tamanho das células pode ser manipulado pela alteração da ploidia do animal. Conforme ilustrado na Figura 21-59E, salamandras de diferentes ploidias apresentam o mesmo tamanho e número diferente de células. As células individuais em uma salamandra pentaploide, por exemplo, são cerca de cinco vezes maiores do que as células de uma salamandra haploide, mas o organismo apresenta apenas um quinto do número total de células. Essa adequação em escala não ocorre apenas no organismo como um todo, mas também nos órgãos individuais.

Os **discos imaginais** de *Drosophila* fornecem outro bom exemplo do controle homeostático do tamanho. Estas estruturas correspondem a grupos de células que crescem por proliferação celular durante o período de larva e que, durante a etapa de pupa, for-

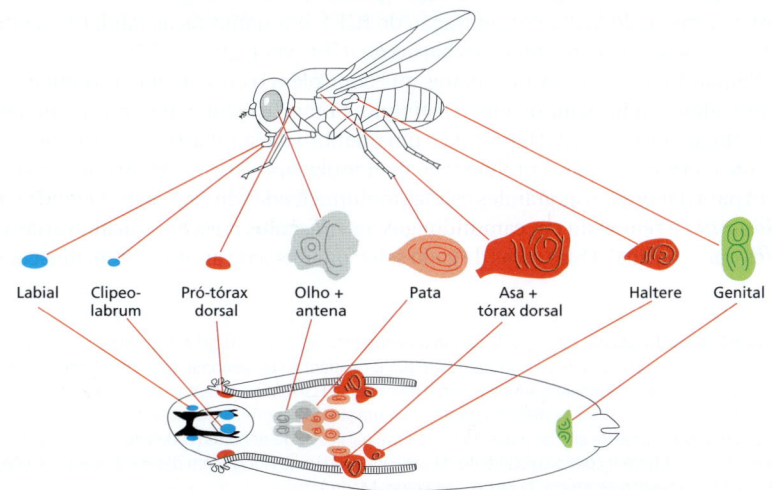

Figura 21-60 Os discos imaginais na larva de *Drosophila* (*abaixo*) e as estruturas do adulto (*acima*) que eles originam. (De J.W. Fristrom et al., in Problems in Biology: RNA in Development [E.W. Hanley, ed.], p. 382. Salt Lake City: University of Utah Press, 1969.)

Figura 21-61 **Anão e gigante hipofisários.** O "gigante" à direita é Robert Ladlow (1914-1940), o homem mais alto de que se tem registro, com 2,72 m, ao lado de seu pai, de 1,82 m. O anão à esquerda é o General Tom Thumb, nome artístico de Charles Sherwood Stratton (1838-1883). No seu aniversário de 18 anos, ele media 82,6 cm de altura e, quando faleceu, media 102 cm. (Imagens obtidas de http://en.wikipedia.org/wiki/File:Robert_Wadlow.jpg. © Bettmann/CORBIS.)

mam os órgãos e as extremidades da mosca adulta (**Figura 21-60**). A maior parte dos experimentos foi realizada utilizando o disco imaginal da asa. Mutações nos componentes da maquinaria do controle do ciclo celular podem ser utilizadas para acelerar ou reduzir a velocidade das divisões celulares do disco. Notavelmente, essas mutações podem resultar, respectivamente, em um número excessivo de células anormalmente pequenas, ou em um número reduzido de células anormalmente grandes, mantendo o tamanho (área) e a formação de padrões da asa da mosca adulta quase inalterados. Portanto, o tamanho do disco não é regulado pela manutenção do número de células. Ao contrário, deve haver mecanismos reguladores que interrompem o crescimento quando a massa celular total do disco atinge o tamanho adequado, garantido o desenvolvimento normal da asa do adulto em tamanho e formação de padrões. Os discos em desenvolvimento – ou mesmo fragmentos dos discos – retirados de seu contexto normal e transplantados no abdome de uma fêmea adulta irão crescer até atingir seu tamanho normal. Claramente, os mecanismos que controlam o tamanho do disco são intrínsecos às suas células.

Ainda não sabemos muito sobre como os organismos ou órgãos avaliam sua massa total, ou sobre como controlam seu próprio crescimento. Estamos apenas começando a compreender algumas das moléculas de sinalização que estimulam ou interrompem o crescimento em resposta aos estímulos que contêm as informações sobre o tamanho atingido.

Sinais extracelulares estimulam ou inibem o crescimento

Já vimos como alguns sinais atuam de modo sistêmico como hormônios que controlam o desenvolvimento dos animais como um todo. Alguns desses hormônios atuam na regulação do crescimento. Nos mamíferos, por exemplo, o **hormônio do crescimento (GH)** é secretado pela glândula hipofisária na circulação sanguínea e estimula o crescimento de todo o corpo: a produção excessiva do hormônio do crescimento leva ao gigantismo, e a falta desse hormônio causa o nanismo (**Figura 21-61**). Os anões hipofisários possuem corpo e órgãos proporcionalmente menores, ao contrário dos anões acondroplásticos, por exemplo, cujos membros são desproporcionais e curtos, em geral como resultado de uma mutação no gene que codifica um receptor FGF que interrompe o desenvolvimento normal das cartilagens (**Figura 21-62**).

O hormônio do crescimento estimula o crescimento pela indução da produção, no fígado e em outros órgãos, do fator de crescimento semelhante à insulina tipo 1 (IGF1), que atua principalmente como um sinalizador local em diversos tecidos aumentando a sobrevivência, o crescimento e a proliferação celulares, ou uma combinação destes fatores, dependendo do tipo celular. Raças grandes, como o dogue alemão, devem seu tamanho aumentado à alta concentração de IGF1, enquanto raças miniatura como os Chihuahuas possuem concentrações baixas de IGF1 (ver Figura 21-57).

Nem todos os sinais extracelulares que controlam o crescimento estimulam o seu aumento; alguns o inibem, seja pelo estímulo da morte celular, da inibição do crescimento celular, ou ambos. A *Miostatina* é um membro da família TGFβ que inibe especificamente o crescimento e a proliferação de mioblastos – as células precursoras que se fundem para dar origem às grandes células multinucleadas do esqueleto. Quando o gene da *Miostatina* é removido em camundongos, os músculos crescem e ficam várias vezes maiores que o normal. Duas raças de gado selecionadas para apresentarem musculatura

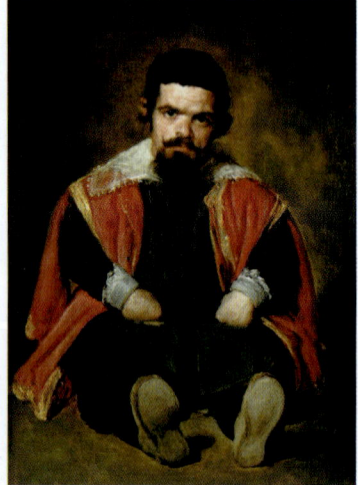

Figura 21-62 **Acondroplasia.** Este tipo de nanismo ocorre em um a cada 10 mil a 100 mil nascimentos; em mais de 99% dos casos, resulta de uma mutação em um local idêntico do genoma, que corresponde ao aminoácido 380 (uma glicina no domínio transmembrana) da proteína FGFR3, um receptor de FGF. A mutação é dominante, e quase todos os casos se devem a uma nova mutação que ocorre de forma independente, sugerindo uma taxa extraordinariamente alta de mutação neste local particular do genoma. O defeito na sinalização FGF causa nanismo por interferir com o crescimento da cartilagem em ossos longos em desenvolvimento. (Da pintura de Velasquez de Sebastian de Morra. © Museo del Prado, Madri.)

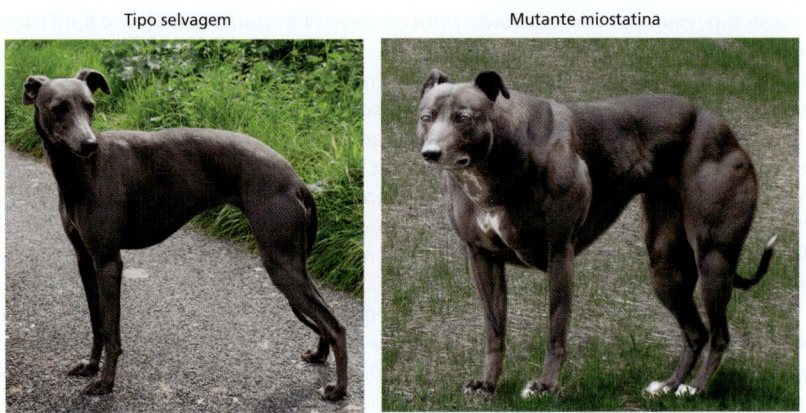

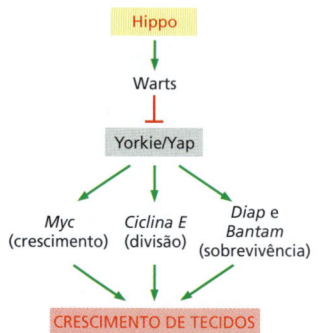

Figura 21-63 **A miostatina limita o crescimento muscular.** Um cão galgo tipo selvagem e um cão galgo com a mutação e o bloqueio da ação da miostatina. (A, de http://www.merlinanimalrescue.co.uk/dogs/?m=201211; B, de http://animalslook.com/schwarzenegger-dog/.)

Figura 21-64 Via de sinalização Hippo. Hippo, uma proteína-cinase, limita o crescimento mediante fosforilação e ativação da cinase Warts, que, por sua vez, fosforila e inativa o coativador da transcrição Yorkie (denominado Yap nos vertebrados). Na forma não fosforilada, Yorkie/Yap estimula o crescimento de tecidos: ele ativa a transcrição do gene *Myc*, estimulador do crescimento, do gene *Ciclina E*, que estimula a progressão do ciclo celular, do gene *Diap* antiapoptótico e do micro-RNA *Bantam*. A fosforilação de Yorkie/Yap induzida por Hippo inibe a sua ação.

aumentada apresentam mutações no gene da *Miostatina*; e cachorros galgos mutantes para *Miostatina* também se desenvolvem de modo semelhante (**Figura 21-63**).

Assim como a própria TGFβ, a miostatina atua a partir da via de sinalização intracelular Smad (ver Figura 15-57) para inibir especificamente o crescimento muscular. Outra via de sinalização intracelular, chamada *via Hippo*, inibe o crescimento de órgãos e organismos de modo mais geral. Essa via foi descoberta em *Drosophila*, mas também está presente nos vertebrados. Ela inibe o crescimento pelo estímulo da morte celular programada (mediante bloqueio dos inibidores da apoptose) e pela inibição da progressão do ciclo celular (mediante inibição da expressão do gene *Ciclina E* do ciclo celular). Alguns componentes da via presente em *Drosophila* estão representados na **Figura 21-64**. Os órgãos de animais anormalmente resistentes à repressão mediada por Hippo podem crescer até atingir tamanhos monstruosos (**Figura 21-65**).

É importante destacar que, em todas as espécies, a condição nutricional desempenha papel fundamental na regulação do ritmo e duração do crescimento, e nos animais o seu efeito é mediado pelas vias de sinalização hormonais que são altamente conservadas entre os vertebrados e invertebrados. Não discutiremos detalhes aqui, mas experimentos genéticos, sobretudo em *Drosophila*, começam a revelar a organização desses mecanismos de controle e indicam que eles atuam junto com outras maquinarias de controle, como a via Hippo, na determinação do tamanho final de um órgão ou organismo.

Resumo

O tamanho dos animais e de seus órgãos varia amplamente e depende principalmente da sua massa celular total. Essa massa total depende, por sua vez, do tamanho e número de células, que podem ser aumentados pelo crescimento celular e divisões celulares, respectivamente. O número de células é reduzido pela morte celular programada. Cada um desses processos depende de sinais intracelulares e extracelulares. Ainda não está claro como tais

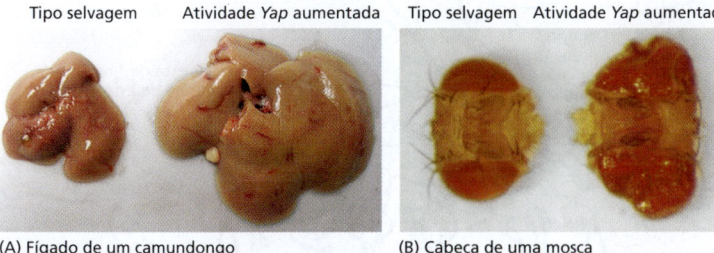

Figura 21-65 **A inibição da repressão Hippo aumenta o tamanho de órgãos.** (A) Fígados de camundongos controle e com superexpressão de *Yap*. Neste camundongo, a sinalização Hippo não é suficiente para bloquear Yap. (B) Cabeças de moscas adultas, controle e com superexpressão de *Yap*. Nas moscas mutantes, a sinalização Hippo não é capaz de bloquear Yap. (De J. Dong et al., *Cell* 130:1120–1133, 2007.Com permissão de Elsevier.)

processos são regulados e coordenados para estabelecer e manter o tamanho final característico de um órgão ou animal adulto.

Alguns sinais, como fatores de sobrevivência, fatores de crescimento e mitógenos, estimulam o crescimento pela promoção da sobrevivência celular, do crescimento celular e da divisão celular, respectivamente, enquanto outras moléculas de sinalização promovem a ação oposta. Embora a maioria desses sinais apresente ação local para ajudar na manutenção do tamanho e da forma de um animal, seus órgãos e apêndices, outros sinais atuam como hormônios na regulação do crescimento do animal como um todo. Nutrientes podem regular o crescimento mediante sinalização hormonal em todo o organismo.

Diversos animais e órgãos são capazes, a partir de mecanismos ainda não identificados, de avaliar sua massa celular total e regulá-la. Se, por exemplo, o tamanho das células for aumentado ou diminuído artificialmente, o número de células é ajustado para manter a massa total constante. Da mesma forma, se o número de células for aumentado ou diminuído artificialmente, o tamanho das células é ajustado de modo compensatório.

DESENVOLVIMENTO NEURAL

O desenvolvimento do sistema nervoso apresenta problemas pouco vistos em outros tecidos. Uma célula nervosa típica, ou neurônio, possui uma estrutura distinta das demais classes de células, com um longo axônio e dendritos ramificados, ambos estabelecendo conexões sinápticas com outras células (**Figura 21-66**). O desafio central no desenvolvimento neural é explicar como axônios e dendritos se desenvolvem, encontram seus parceiros corretos e realizam sinapses com esses parceiros de modo seletivo estabelecendo uma rede neural – um sistema de sinalização elétrica – que funciona corretamente para controlar o comportamento (**Figura 21-67**). O problema é formidável: o cérebro humano contém mais de 10^{11} neurônios, cada um dos quais, em média, deve fazer conexões com milhares de outros, de acordo com um plano de ligação previsível e regular. A precisão necessária não é tão grande como a existente em um computador artificial, pois o cérebro realiza suas computações de maneira diferente e é mais tolerante aos caprichos dos componentes individuais. No entanto, o cérebro supera todas as outras estruturas biológicas em sua complexidade organizada.

Os componentes de um sistema nervoso típico – as várias classes de neurônios, células da glia, células sensoriais e músculos – originam-se em diversos locais extensamente separados no embrião. Assim, na primeira fase do desenvolvimento neural, as diferentes partes do sistema nervoso se desenvolvem de acordo com seus programas de desenvolvimento locais: os neurônios são criados e têm características específicas de acordo com o local e momento da sua geração, sob o controle de sinais indutores e reguladores da transcrição, por meio dos mecanismos antes descritos. Na próxima fase, os neurônios recém-criados estendem axônios e dendritos ao longo de rotas específicas, em direção às suas células-alvo e guiados por sinais extracelulares de atração e repulsão. Na terceira fase, os neurônios estabelecem sinapses com outros neurônios ou células musculares, estabelecendo uma rede provisória, mas ordenada, de conexões. Na

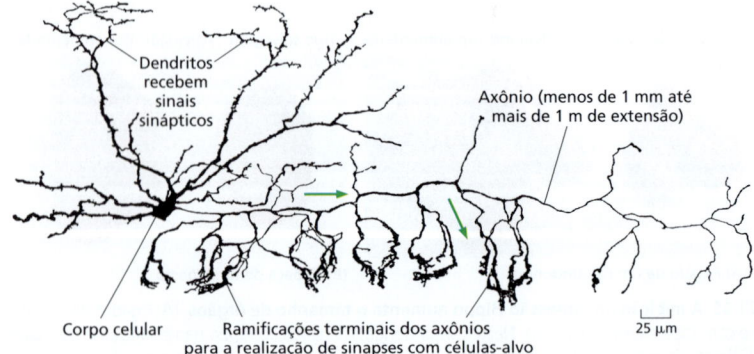

Figura 21-66 Um neurônio típico de um vertebrado. As setas indicam a direção em que os sinais são transmitidos. O neurônio mostrado é uma célula em cesto, um tipo comum de neurônio no cerebelo. (Adaptada de S. Ramón y Cajal, Histologie du Système Nerveux de l'Homme et des Vertébrés, 1909–1911. Paris: Maloine; reprinted, Madrid: C.S.I.C., 1972.)

Figura 21-67 A complexa organização das conexões das células nervosas. Esta ilustração representa uma secção transversal de uma pequena parte do cérebro de um mamífero – o bulbo olfatório de um cão, corado pela técnica de Golgi. Os objetos pretos são neurônios; as linhas finas são axônios e dendritos, por meio dos quais os vários grupos de neurônios são interconectados de acordo com regras precisas. (De C. Golgi, *Riv. sper. freniat. Reggio-Emilia* 1:405–425, 1875.)

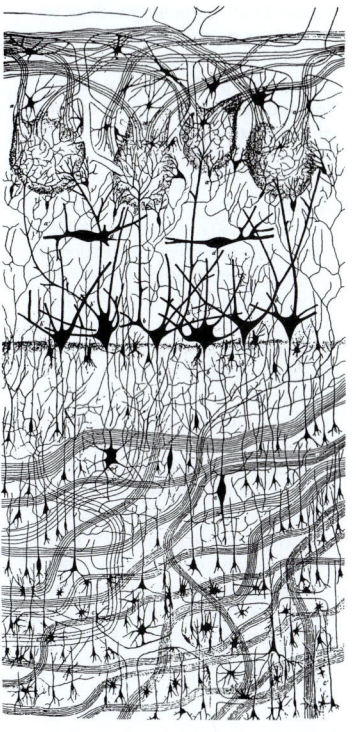

fase final, que se mantém durante a vida adulta, as conexões sinápticas são ajustadas e refinadas por mecanismos que geralmente dependem da sinalização sináptica entre as células envolvidas (**Figura 21-68**). Em todas as etapas, os neurônios estão em contato com várias células não neuronais de sustentação – as **células da glia**.

Os neurônios assumem diferentes características de acordo com o momento e o local da sua origem

Iniciaremos este tópico com a primeira fase do desenvolvimento neural: a geração dos progenitores neurais e sua diferenciação em centenas de subtipos distintos de neurônios e de um número menor de tipos de células da glia. Embora o sistema nervoso seja excepcional em diversidade celular, o processo depende dos mesmos princípios que dão origem aos diferentes tipos celulares em outros órgãos. Já discutimos alguns dos processos responsáveis pelo desenvolvimento do sistema nervoso de *Drosophila*. Agora discutiremos esses processos nos vertebrados.

Nos vertebrados, a medula espinal, o cérebro e a retina do olho constituem o sistema nervoso central (SNC). Todos são derivados de partes do **tubo neural**, cuja formação já foi descrita (ver Figura 21-56). O cérebro e os olhos se desenvolvem a partir do tubo neural anterior, e a coluna vertebral se desenvolve a partir do tubo neural posterior.

A anatomia do desenvolvimento é exemplificada do modo mais simples na **medula espinal**. Conforme se desenvolve, o epitélio que compõe as paredes da parte posterior do tubo neural se torna mais espesso à medida que as células se proliferam e diferenciam, dando origem à estrutura altamente organizada dos neurônios e células da glia, circundando um pequeno canal central. Feixes de neurônios com futuras funções distintas – com a expressão diferencial de genes – se organizam ao longo do eixo dorsoventral do tubo. Neurônios motores (que controlam os músculos) se localizam na parte ventral, enquanto neurônios que processam informações sensoriais se localizam na parte dorsal. Esse padrão é estabelecido por gradientes opostos de morfógenos. Esses morfógenos são secretados por grupos especializados de células dispostas ao longo da linha média ventral e dorsal do tubo neural (**Figura 21-69**). Os dois gradientes de morfógenos – a proteína Sonic hedgehog produzida pela fonte ventral e as proteínas BMP e Wnt produzidas pela fonte dorsal – ajudam a induzir diferentes grupos de células progenitoras neurais em proliferação e neurônios em diferenciação para que expressem diferentes combinações de reguladores. Tais reguladores podem então promover a produção de diferentes combina-

Figura 21-68 As quatro fases do desenvolvimento neural.

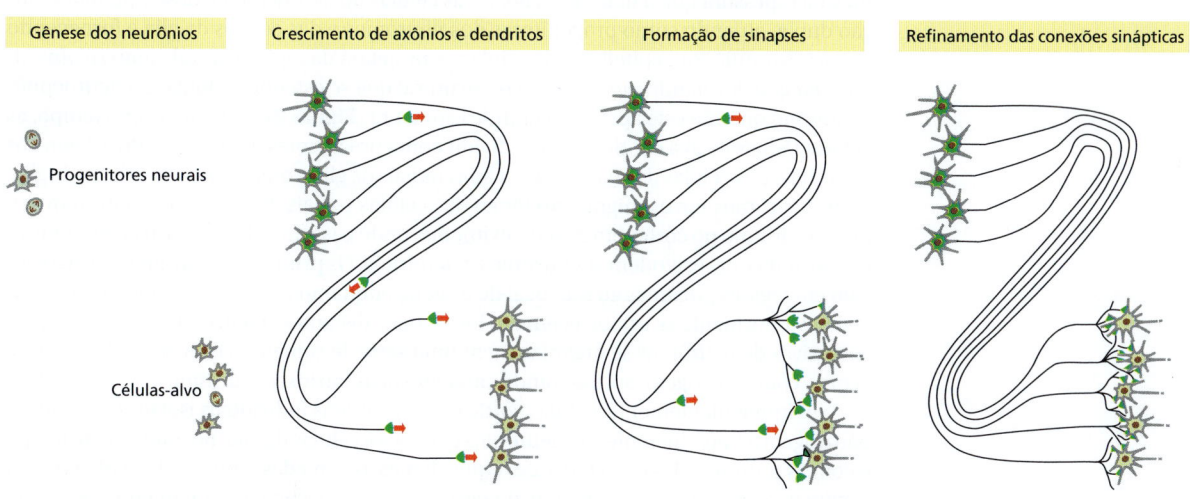

Figura 21-69 Corte longitudinal esquemático da medula espinal de um embrião de galinha, mostrando como as células em diferentes locais ao longo do eixo dorsoventral adquirem suas características distintas. (A) Sinais que determinam o padrão dorsoventral. A proteína Sonic hedgehog da notocorda e da placa do assoalho (a linha média ventral do tubo neural) e as proteínas BMP e Wnt da placa do teto (a linha média dorsal) agem como morfógenos, controlando a expressão gênica. (B) Os padrões resultantes de destinos celulares na medula espinal em desenvolvimento. Diferentes grupos de células progenitoras neurais em proliferação (na zona ventricular, próxima ao lúmen do tubo neural) e os neurônios em diferenciação (na zona do manto, mais externa) expressam diferentes combinações de reguladores da transcrição. Neurônios expressando diferentes reguladores da transcrição formarão conexões com diferentes parceiros e apresentarão diferentes combinações de neurotransmissores e receptores. As cores indicam diferentes tipos celulares e combinações de proteínas reguladoras.

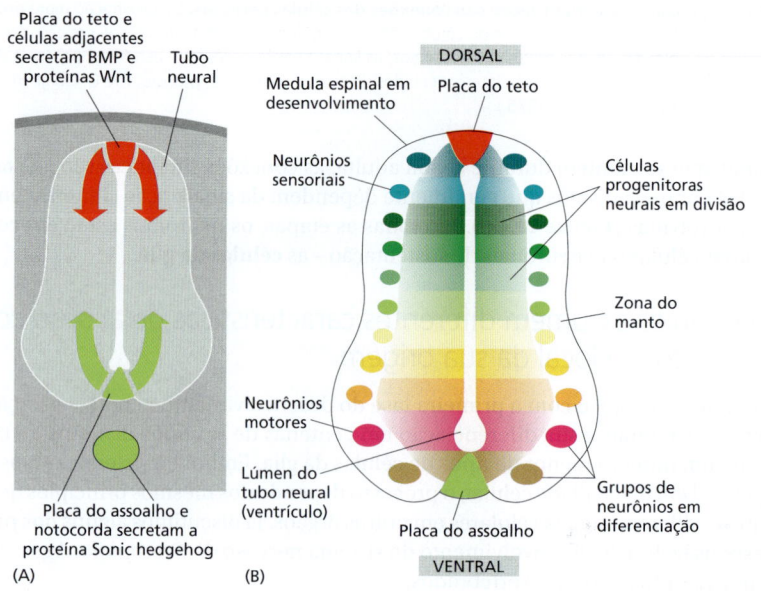

ções de neurotransmissores, receptores, proteínas de adesão célula-célula e outras moléculas, dando origem aos neurônios com diferenciação terminal que irão formar conexões sinápticas seletivas com os parceiros apropriados e realizar a troca de sinais com eles.

Gradientes extracelulares de morfógenos, no entanto, não são a única maneira de originar diversidade celular. Conforme visto antes para os neuroblastos de *Drosophila* (ver Figura 21-36), diferentes tipos celulares podem ser originados pela formação de padrões temporais, em que um programa intracelular altera as características da célula progenitora ao longo do tempo, dando origem a diferentes tipos celulares durante o processo de desenvolvimento. Esse mecanismo parece ser ativo também no processo de neurogênese dos vertebrados. O exemplo mais notável deriva de estudos de outra parte do SNC – o córtex cerebral de mamíferos.

Embora o **córtex cerebral** seja a estrutura mais complexa do corpo humano, sua origem é simples – a porção anterior do tubo neural. Assim como na medula espinal, as células que compõem as paredes do tubo se proliferam, e o neuroepitélio se espessa e expande conforme se divide. Em um padrão previsível, as divisões das células neuroepiteliais dão origem a uma série de células comprometidas em se diferenciar de modo terminal em neurônios. Esses futuros neurônios têm origem próxima ao lúmen (a cavidade central) do tubo. A partir desse local eles migram para a parte externa, desprendendo-se da superfície luminal e se deslocando para a região externa ao longo das células que ainda apresentam a mesma espessura que o neuroepitélio. Essas células do neuroepitélio desempenham função dupla, atuando como progenitores dos neurônios e das células da glia e fornecendo suporte à arquitetura epitelial. Tais células se projetam da região central como *células radiais da glia*, formando um arcabouço estrutural que se estende ao longo do neuroepitélio mesmo quando este apresenta grande espessura (**Figura 21-70**). Ao mesmo tempo, as células radiais da glia continuam a se dividir como precursores neurais, dando origem aos neurônios e às células da glia – novas células radiais da glia e outros tipos de células da glia. Esses neurônios novos migram ao longo das células radiais da glia até encontrarem seu local de destino no córtex em desenvolvimento, onde passam pelo processo de maturação e a partir do qual estendem seus axônios e dendritos. Os primeiros neurônios se estabelecem em regiões próximas ao seu local de origem, enquanto os neurônios que são originados posteriormente se estabelecem em locais mais distantes (**Figura 21-71**). As gerações sucessivas de neurônios se organizam em uma série de camadas corticais, ordenadas de acordo com sua origem, apresentando características intrínsecas distintas.

Surpreendentemente, células corticais progenitoras individuais isoladas em cultura dão origem a tipos diferentes de neurônios corticais e células da glia, no intervalo de tempo e com as propriedades características equivalentes às camadas corticais. Essa observação sugere que os progenitores neurais do córtex em desenvolvimento de mamíferos, assim

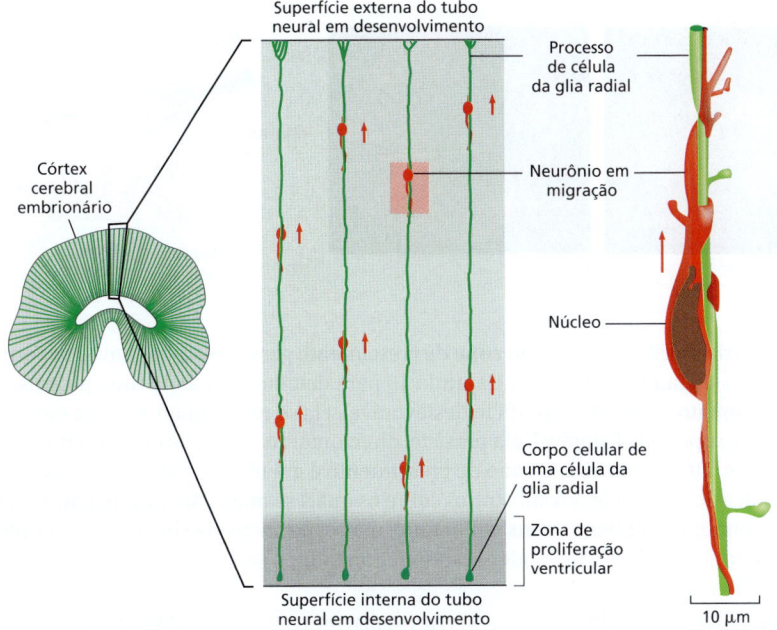

Figura 21-70 A migração de neurônios imaturos. Antes de projetar seus axônios e dendritos, os neurônios recém-originados frequentemente migram de seu local de origem e se estabelecem em outro local. As ilustrações são baseadas em reconstruções de secções transversais do córtex cerebral (parte do tubo neural) de macacos, utilizando técnicas de coloração específica para pequenos subconjuntos de células neuroepiteliais, entre as muitas células que compõem esta estrutura. Os neurônios passam pela sua divisão celular final na região próxima à face interna, luminal, do tubo neural (na zona proliferativa ventricular) e então migram para a região externa pelo deslocamento ao longo das células da glia radiais que estruturam o tubo neural. Cada uma dessas últimas células se estende a partir da superfície interna do tubo para a externa, uma distância que pode ser de até 2 cm no córtex cerebral do cérebro em desenvolvimento de um primata.

As células da glia radiais podem ser consideradas como células persistentes do epitélio colunar original do tubo neural que vêm a ser extraordinariamente distendidas à medida que a parede do tubo se espessa. Elas também atuam como células-tronco neurais: dependendo da etapa do desenvolvimento e do local em que se encontram, os novos neurônios podem ser originados a partir das células radiais da glia que passam pelo processo de mitose enquanto seus núcleos estão próximos à superfície interna do tubo; ou podem ser gerados a partir de uma classe de progenitores especializados localizados na zona proliferativa ventricular. (Conforme P. Rakic, *J. Comp. Neurol.* 145:61–84, 1972. Com permissão de John Wiley & Sons, Inc.)

como os neuroblastos de *Drosophila*, passam por um programa intracelular de desenvolvimento que dá origem a uma sucessão ordenada de diferentes tipos de células nervosas.

O cone de crescimento direciona o axônio ao longo de rotas específicas em direção aos seus alvos

De acordo com as características atribuídas a ele nas etapas iniciais do seu desenvolvimento, um neurônio irá estabelecer conexões com parceiros específicos. Essa fase do desenvolvimento neural envolve um tipo de morfogênese único ao sistema nervoso, em que axônios e dendritos se estendem ao longo de rotas específicas em direção aos seus alvos. Um neurônio típico formará um axônio e diversos dendritos, que são geralmente mais curtos. Os axônios se projetam em direção às células-alvo distantes, que por fim receberão sinais oriundos dos neurônios. Os dendritos irão receber sinais oriundos dos axônios terminais de outros neurônios. Axônios e dendritos se estendem pelo crescimento de suas extremidades, onde um alargamento irregular e pontiagudo pode ser identificado, sendo denominado **cone de crescimento** (**Figura 21-72** e **Animação 21.6**). O cone de crescimento é uma estrutura que produz o movimento de arraste e, ao mesmo tempo, a estrutura que direciona a extremidade em crescimento para seu local ideal. A

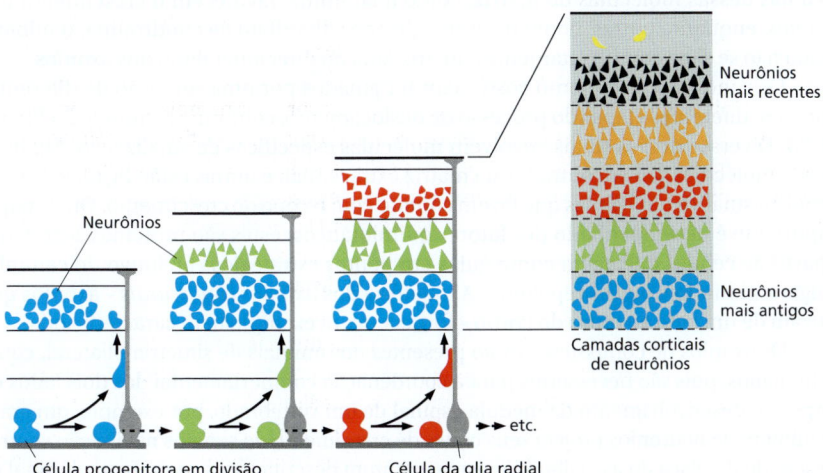

Figura 21-71 Produção programada de diferentes tipos de neurônios em diferentes momentos a partir de progenitores em divisão no córtex do cérebro de um mamífero. Na região próxima a uma das faces do neuroepitélio cortical, células progenitoras se dividem como células-tronco, dando origem a gerações sucessivas de neurônios (representados em *azul*, *verde*, *vermelho*, *laranja* e *preto*). Os neurônios migram para fora em direção à face oposta do epitélio, movendo-se lentamente ao longo das superfícies de células radiais da glia, como mostrado na Figura 21-70. Os primeiros neurônios originados se estabelecem mais perto de seu local de origem, enquanto os neurônios originados mais tarde se movem adiante e os ultrapassam, estabelecendo-se mais longe. Assim, gerações sucessivas de neurônios ocupam diferentes camadas no córtex e têm características intrínsecas diferentes, de acordo com sua origem.

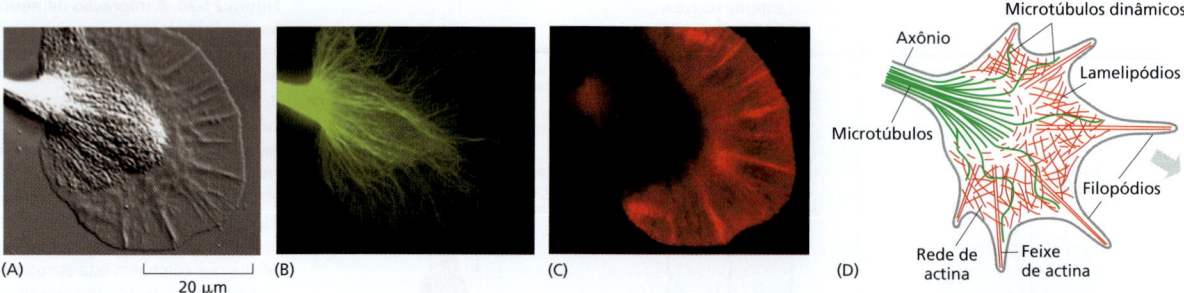

Figura 21-72 Arquitetura interna de um cone de crescimento neuronal, conforme visto em um substrato plano. O cone de crescimento se forma como uma expansão da extremidade do axônio em crescimento. (A) Imagem de microscopia de contraste de interferência. (B) Marcação imunológica mostrando os microtúbulos (*verde*). (C) Marcação imunológica mostrando os filamentos de actina (*vermelho*). (D) Representação esquemática da maquinaria do citoesqueleto. Os filopódios se formam e se deslocam mediante formação de filamentos de actina na borda frontal do cone de crescimento. Os microtúbulos estabilizam as estruturas formadas pelas protrusões ricas em actina. Os filopódios se aderem ao substrato plano e puxam o cone de crescimento para que se desloque adiante. (Imagens de Chi-Hung Lin, Laboratório Paul Forscher, Yale University, New Haven, CT.)

maquinaria do citoesqueleto no cone de crescimento gera protrusões ativas na forma de filopódios ou lamelipódios (ver Capítulo 16 para detalhes): quando uma protrusão entra em contato com uma superfície desfavorável, ela se retrai; quando entra em contato com uma superfície favorável, ela persiste, direcionando o cone de crescimento naquela superfície. Dessa maneira, o cone de crescimento é guiado por variações sutis nas propriedades de superfície dos substratos sobre os quais se move. Ao mesmo tempo, o cone de crescimento também é sensível a moléculas específicas de sinalização – conforme discutiremos a seguir – que podem estimular ou inibir o seu crescimento.

Uma variedade de sinais extracelulares guiam os axônios até seus alvos

Os cones de crescimento costumam se deslocar em direção aos seus alvos ao longo de rotas preestabelecidas, de acordo com programas armazenados na memória do neurônio particular ao qual pertencem (**Animação 21.7**). No caso mais simples, um cone de crescimento toma uma via que foi estabelecida por outros neuritos, os quais ele segue mediante orientação por contato. Como resultado, as fibras nervosas em um animal maduro se encontram normalmente agrupadas em feixes paralelos compactos (denominados fascículos ou sistemas de fibras). Esse deslocamento de cones de crescimento ao longo dos axônios é em parte mediado por moléculas de adesão homofílica célula-célula – glicoproteínas de membrana que ajudam as células em que se localizam a aderirem à outra célula que apresente as mesmas moléculas de superfície. Conforme discutido no Capítulo 19, diversas moléculas de adesão homofílica pertencem a uma de duas classes principais: podem ser parte da superfamília de imunoglobulinas, como *N-CAM*, ou da família de caderinas dependentes de Ca^{2+}, como as *caderinas-N*. Os membros de ambas as famílias geralmente estão presentes nas superfícies dos cones de crescimento, dos axônios e de vários outros tipos celulares sobre os quais os cones de crescimento se deslocam, incluindo as células da glia do sistema nervoso central e as células da musculatura periférica do corpo. Os cones de crescimento também migram sobre componentes da matriz extracelular. Quando testadas com neurônios crescendo em placas de cultura, algumas dessas moléculas de matriz, como a laminina, favorecem o crescimento dos axônios, enquanto outras, como os proteoglicanos de sulfato de condroitina, o inibem. Ainda não se sabe como exatamente a matriz atua no direcionamento dos axônios.

Os cones de crescimento costumam ser guiados por uma sucessão de diferentes sinais em diferentes etapas do processo de deslocamento, conforme resumido na **Figura 21-73**. Diversos desses sinais envolvem moléculas específicas de sinalização. Algumas dessas moléculas são encontradas na matriz extracelular, e outras estão ligadas à membrana plasmática das células que fazem contato com o cone de crescimento. Outro papel importante é desempenhado por fatores quimiotáticos; estes são proteínas secretadas a partir de células que agem como guias em pontos estratégicos ao longo do caminho – alguns atraindo e outros repelindo. A trajetória dos *axônios comissurais* – axônios que cruzam de um lado ao outro do corpo – fornecem um exemplo bem caracterizado.

Os axônios de comissurais estão presentes nos animais de simetria bilateral, como os humanos, pois são necessários para a coordenação comportamental dos dois lados do corpo. No desenvolvimento da medula espinal de um vertebrado, por exemplo, um grande número de neurônios projeta seus cones de crescimento de axônios na direção ventral, no sentido da placa do assoalho (a mesma estrutura descrita antes como fonte do sinal de

CAPÍTULO 21 Desenvolvimento de organismos multicelulares

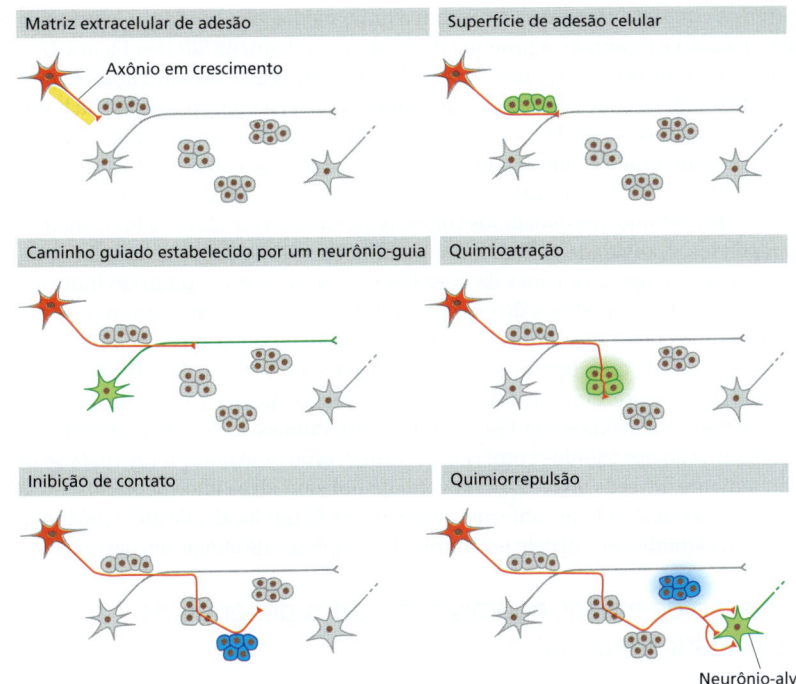

Figura 21-73 **Mecanismos de orientação dos cones de crescimento.** Os cones de crescimento utilizam uma variedade de sinais extracelulares para percorrer grandes distâncias. Eles podem se aderir à matriz extracelular ou à superfície de outras células, ou ser repelidos por essas células; eles podem se deslocar, por exemplo, por adesões homofílicas ao longo dos axônios de neurônios-guia; e eles podem ser atraídos ou repelidos por sinais de orientação solúveis. (Adaptada de E. Kandel et al., Principles of Neural Science, 5th ed., New York: McGraw Hill Medical, 2012.)

morfogênese Sonic hedgehog – ver Figura 21-69). Os cones de crescimento cruzam a placa do assoalho e então mudam de direção de forma abrupta, em ângulo reto, para seguir um caminho longitudinal para cima, em direção ao cérebro, paralelamente à placa do assoalho, mas nunca cruzando-a novamente (**Figura 21-74**). O primeiro estágio da jornada depende de um gradiente de concentração da proteína **Netrina**, secretada pelas células da placa do assoalho: os cones de crescimento comissurais farejam o caminho em direção à sua fonte.

Se os cones de crescimento comissurais são atraídos para a placa do assoalho, por que eles a atravessam e emergem no outro lado, em vez de permanecer no território atrativo? E, depois de a terem cruzado, por que eles nunca voltam? A resposta para essas questões é a alteração da responsividade dos cones de crescimento durante sua trajetória.

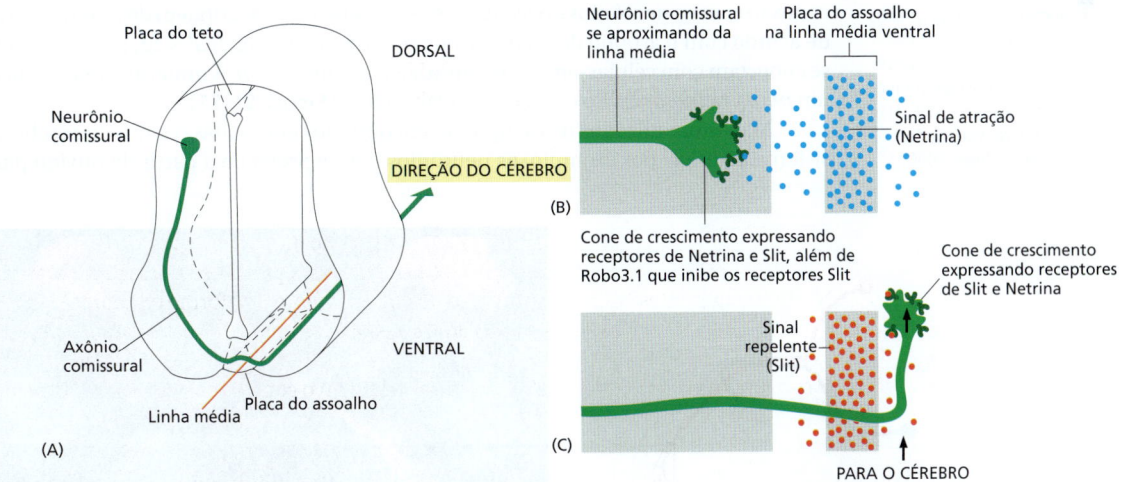

Figura 21-74 **A orientação dos axônios comissurais.** (A) O caminho tomado pelos axônios comissurais na medula espinal embrionária de um vertebrado. (B) Atração à linha média. O cone de crescimento é primeiramente atraído para a placa do assoalho pela Netrina, que é secretada pelas células da placa do assoalho e age sobre o receptor DCC na membrana do axônio. (C) Repulsão pela linha media após atingi-la. Conforme o cone de crescimento cruza a placa do assoalho, a sinalização mediada por Slit é ativada: ela se liga aos receptores Robo1 e Robo2 e age como um repelente para evitar que o cone de crescimento cruze a placa do assoalho novamente. Slit também bloqueia a resposta à sinalização de atração mediada por Netrina. Antes de cruzar a linha média, os neurônios comissurais expressam Robo3.1, uma forma de processamento alternativo de Robo3 relacionada às proteínas Robo, mas que promove a inibição da sinalização mediada por Slit. À medida que os neuritos cruzam a linha média, a ação de Robo3.1 é perdida e os cones de crescimento se tornam responsivos à Slit, sendo repelidos pela linha média.

Conforme os cones de crescimento cruzam a linha média, eles perdem a sensitividade à Netrina e passam a responder à proteína de sinalização chamada **Slit** (ver Figura 21-74). A Slit também é produzida pela placa do assoalho, mas sua ação é oposta à ação da proteína Netrina: ela repele os cones de crescimento, impedindo seu retorno à região da linha média. As respostas dos cones de crescimento dependem dos receptores que expressam: à medida que os neurônios comissurais se aproximam da placa do assoalho, os receptores Slit são mantidos inativos por uma proteína de inibição (Robo3.1) que se liga à mesma membrana, permitindo que os axônios comissurais cresçam até atingir a linha média, sem serem repelidos. A atividade de Robo3.1 é perdida quando os cones de crescimento cruzam a linha média; agora os cones de crescimento são sensíveis à repulsão induzida por Slit e portanto estão impedidos de cruzar a linha média novamente. Ao mesmo tempo, os sinais emitidos pelos receptores Slit interferem com os sinais dos receptores Netrina, tornando os cones de crescimento surdos ao sinal que os atraiu à placa do assoalho. Um mecanismo semelhante, empregando proteínas similares, parece controlar o cruzamento da linha média pelos axônios comissurais em outros animais, incluindo moscas e vermes.

A orientação dos axônios comissurais ilustra como os axônios raras vezes se deslocam diretamente até seus alvos. Eles na verdade utilizam alvos intermediários, ou guias, para alterar sua sensibilidade conforme se deslocam de um local guia até o próximo, percorrendo seu caminho ao longo de um ambiente complexo, até atingir seu destino distante.

A formação de mapas neurais ordenados depende da especificidade neuronal

Em diversos casos, os neurônios de tipo similar estão dispostos em um amplo arranjo em posições distintas, mas suas projeções de axônios se unem e atingem seu destino-alvo como um feixe. Uma vez no seu destino-alvo, os axônios se dispersam novamente, se estabelecendo em locais diferentes no território-alvo. Essa dispersão ocorre de modo ordenado, dando origem a um mapeamento regular de um local ao outro – o **mapa neural**.

A projeção do axônio a partir do olho para o cérebro constitui um exemplo importante. Os neurônios na retina que transmitem a informação visual para o cérebro são chamados de *células ganglionares da retina* (*RGCs*, de *retinal ganglion cells*). Existem mais de um milhão delas nos humanos, cada uma informando a respeito de uma parte diferente do campo visual. Seus axônios convergem na cabeça do nervo óptico atrás do olho e se deslocam juntos ao longo do nervo óptico em desenvolvimento para dentro do cérebro. O principal sítio de terminação, na maioria dos vertebrados que não são mamíferos, é o *tectum óptico* – uma ampla expansão de células no cérebro médio. Na sua conexão com os neurônios do *tectum*, os axônios RGCs se distribuem de modo ordenado de acordo com o arranjo dos seus corpos celulares na retina: RGCs adjacentes na retina se conectam com células-alvo também adjacentes no *tectum*. A projeção organizada cria um *mapa retinotópico* do espaço visual no *tectum* (**Figura 21-75**).

Mapas organizados desse tipo são encontrados em muitas regiões do cérebro. No sistema auditivo, por exemplo, os neurônios que se projetam a partir do ouvido para o

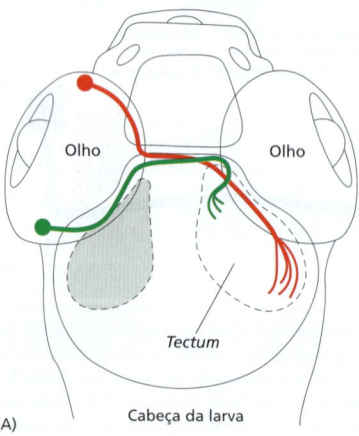
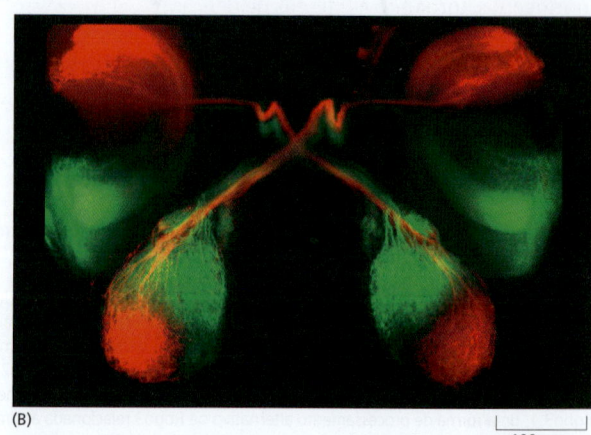

Figura 21-75 O mapa neural a partir do olho para o cérebro de um peixe-zebra jovem. (A) Representação esquemática, de cima para baixo, a partir do topo da cabeça. (B) Micrografia de fluorescência. Corantes fluorescentes sinalizadores foram injetados dentro de cada olho – *vermelho* na parte anterior, *verde* na parte posterior. As moléculas sinalizadoras foram absorvidas pelos neurônios da retina e transportadas ao longo de seus axônios, revelando os caminhos que eles tomam para o *tectum* óptico no cérebro e o mapa que formam. (Cortesia de Chi-Bin Chien, de D.H. Sanes, T.A. Reh e W.A. Harris, Development of the Nervous System. San Diego, CA: Academic Press, 2000.)

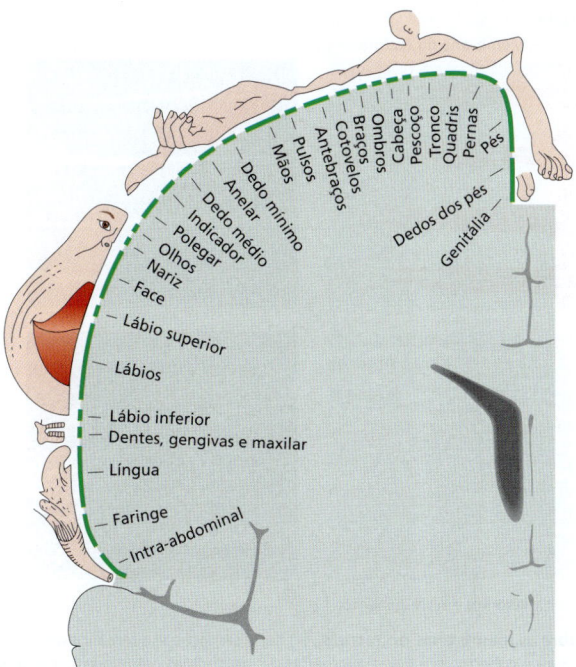

Figura 21-76 **Mapa da superfície do corpo no cérebro humano.** A superfície do corpo está mapeada na região somatossensorial do córtex cerebral por meio de um sistema ordenado de conexões nervosas que pareia as partes do corpo com as partes do cérebro que recebem sua informação sensorial. Isso significa que o mapa no cérebro é em grande parte fiel à topologia da superfície do corpo, mesmo que diferentes regiões do corpo estejam representadas em diferentes proporções, de acordo com sua densidade de inervação. O homúnculo (o "pequeno homem" no cérebro) tem lábios grandes, por exemplo, porque os lábios são uma fonte particularmente grande e importante de informações sensoriais. O mapa foi determinado pela estimulação de diferentes pontos no córtex de pacientes conscientes durante cirurgias de cérebro e pelo registro do que eles diziam estar sentindo. (Conforme W. Penfield e T. Rasmussen, The Cerebral Cortex of Man. New York: Macmillan, 1950.)

cérebro formam um mapa tonotópico, no qual as células cerebrais que recebem informações sobre sons de diferentes escalas estão ordenadas ao longo de uma linha, como as teclas de um piano. E, no sistema somatossensorial, os neurônios que transmitem informações a respeito do tato criam no córtex cerebral a representação de um "homúnculo" – uma pequena imagem bidimensional distorcida da superfície do corpo (**Figura 21-76**).

O mapa retinotópico do espaço visual no *tectum* óptico é o melhor de todos os mapas caracterizados. Como ele se origina? Um famoso experimento realizado em 1940, utilizando rãs como modelo, forneceu importantes informações. Se o nervo óptico de uma rã for cortado, ele irá se regenerar. Os axônios retinais crescem de volta ao *tectum* óptico, restaurando a visão normal. Se, além disso, o olho for girado em sua órbita no momento em que o nervo for cortado, de modo que as células da retina originalmente ventrais sejam colocadas na posição das células dorsais da retina, a visão ainda é restaurada, mas com um defeito incômodo: o animal se comporta como se estivesse vendo o mundo de cabeça para baixo e com os lados esquerdo e direito invertidos (**Figura 21-77**). Se comida for oferecida em frente à rã, por exemplo, ela irá saltar para trás. Isso ocorre porque as células da retina mal colocadas fazem as conexões apropriadas às suas posições originais, e não às suas posições reais. É como se as RGCs possuíssem propriedades bioquímicas representando valores de posição específicos, mantendo um registro da sua localização original na retina, provavelmente estabelecida por gradientes iniciais de morfógenos, tornando as células de diferentes faces da retina intrinsecamente distintas.

Essa não equivalência entre neurônios é referida como **especificidade neuronal**. É essa característica intrínseca que orienta os axônios retinais a seus sítios-alvo adequa-

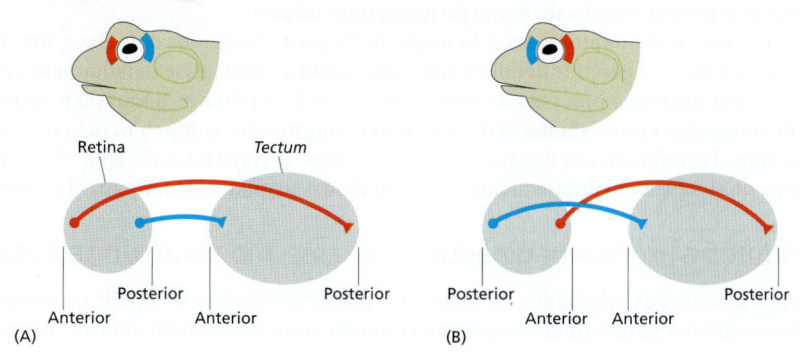

Figura 21-77 **Neurônios presentes em diferentes regiões da retina projetam seus axônios a diferentes regiões do *tectum*.** (A) Neurônios (RGCs) da parte anterior da retina projetam seus axônios ao *tectum* posterior (como indicado na Figura 21-75 para o peixe-zebra). (B) Experimentos de regeneração indicam que os neurônios da retina possuem preferência intrínseca pelas partes do *tectum* que normalmente conectam. Se o olho for cirurgicamente invertido quando o nervo óptico é cortado, os axônios da retina regenerados se conectam aos seus alvos originais, criando um mapa invertido. (Adaptada de E. Kandel et al., Principles of Neural Science, 5th ed., New York: McGraw Hill Medical, 2012.)

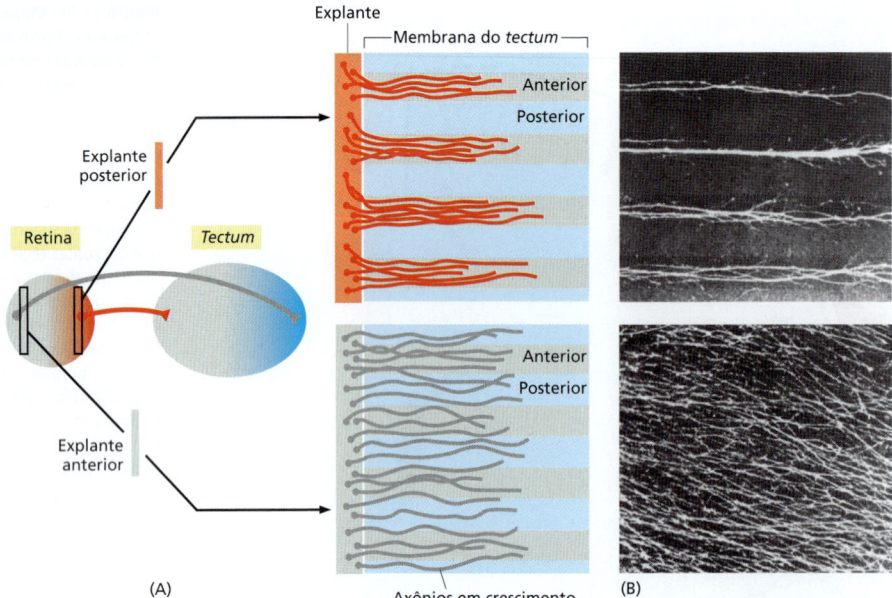

Figura 21-78 Seletividade dos axônios da retina crescendo sobre as membranas do *tectum*. (A) Representação esquemática de um experimento realizado com células de um embrião de galinha. O substrato da cultura é coberto com faixas alternadas de membranas preparadas tanto a partir do *tectum* posterior como do *tectum* anterior. Axônios derivados da retina posterior crescem sobre a membrana do *tectum* anterior, mas são repelidos pela membrana do *tectum* posterior. Axônios derivados da parte anterior da retina apresentam comportamento diferente (menos seletivo). (B) Fotografia dos resultados do experimento. Os axônios da retina, crescendo a partir do lado esquerdo da imagem, são visualizados por sua coloração com marcadores fluorescentes. O padrão seletivo de crescimento mostra que o *tectum* anterior é diferente do posterior, e que a retina anterior também é diferente da retina posterior. Nos organismos intactos, essa diferenciação atua na orientação do mapa retinotópico; o mapa é refinado pelas subsequentes interações competitivas entre os axônios da retina anterior e posterior, que deslocam as células anteriores da retina das regiões anteriores do *tectum*. (Adaptada de J. Walter et al., *Development* 101:685–696, 1987. Com permissão de Company of Biologists.)

dos no *tectum*. Os próprios sítios-alvo são distinguíveis pelos axônios da retina, pois as células do *tectum* também carregam marcas posicionais. Assim, o mapa neural depende de uma correspondência entre dois sistemas de marcadores posicionais, um na retina e outro no *tectum*.

Como esses marcadores são utilizados para compor o mapa? Quando se permite que axônios posteriores cresçam sobre um tapete de membranas do *tectum* anterior e posterior em uma placa de cultura, eles mostram seletividade. Os axônios posteriores mostram forte preferência pelas membranas anteriores do *tectum*, como ocorre *in vivo*, enquanto os axônios anteriores não apresentam preferência ou preferem as membranas posteriores do *tectum* (**Figura 21-78**). A principal diferença entre o *tectum* anterior e posterior não é um fator de atração presente no *tectum* anterior, e sim um fator de repulsão presente no *tectum* posterior, ao qual os axônios posteriores da retina são responsivos, mas não os axônios anteriores da retina. Se um cone de crescimento posterior da retina entra em contato com a membrana posterior do *tectum*, seus filopódios se contraem e se afastam.

Neste sistema, assim como em outros antes mencionados, as interações de repulsão são mediadas pela sinalização efrina-Eph – especificamente Efrina A-EphA no eixo anteroposterior (**Figura 21-79**). Um mecanismo análogo, baseado na sinalização EphB-Efrina B, orienta o eixo dorsoventral do mapa retinotópico.

Tais mecanismos atuam na orientação do mapa ao longo dos dois eixos, mas não são suficientes para garantir detalhes acurados ponto a ponto. Esse detalhamento é alcançado por um longo processo de ajuste que preenche e refina os dados do mapa mediante interações entre axônios RGC terminais conforme eles competem pelo território do *tectum*. Tal refinamento dos padrões de conexões envolve a sinalização elétrica do sistema de sinapses em desenvolvimento – um tópico ao qual retornaremos em breve.

Dendritos e axônios originados de um mesmo neurônio se evitam

Axônios e dendritos originados de neurônios diferentes podem se repelir ou se atrair; podem colaborar para formar sinapses ou competir entre si. De modo notável, axônios e

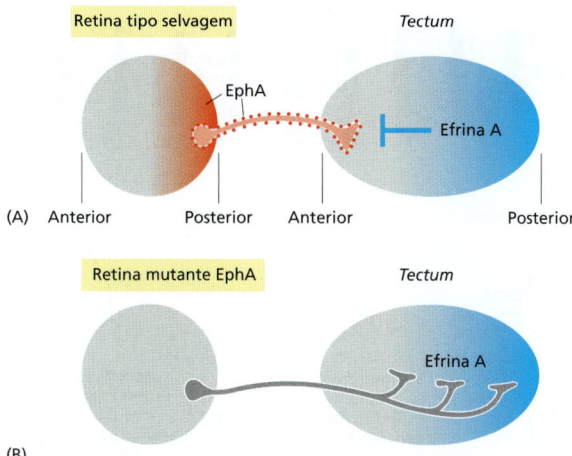

Figura 21-79 **A sinalização mediada por Efrina estabelece a orientação do mapa retinotópico.** (A) Os neurônios da região posterior da retina expressam EphA. Conforme seus axônios chegam ao *tectum*, eles são repelidos pela alta concentração da proteína Efrina A na região posterior do *tectum*, e se deslocam preferencialmente para a região anterior do *tectum*. (B) No camundongo mutante EphA, os axônios da parte posterior da retina não passam por esta repulsão e suas projeções estão dispersas pelas regiões do *tectum*. (Adaptada de E. Kandel et al., Principles of Neural Science, 5th ed., New York: McGraw Hill Medical, 2012.)

dendritos também são capazes de se repelir quando são originados de um mesmo neurônio. Essa repulsão evita a formação de sinapses sem sentido no neurônio com ele mesmo; também ajuda a disseminar seus processos celulares, inervando regiões maiores.

A autorrepulsão cria um problema. Se a mesma molécula de reconhecimento próprio for utilizada em qualquer neurônio, todos os neurônios do cérebro iriam se repelir. Algumas classes de neurônios apresentam este tipo de repulsão mútua, originando regiões solitárias – um fenômeno denominado *"tiling"**; mas na maior parte dos casos axônios e dendritos oriundos de diferentes neurônios se sobrepõem. Como então os processos celulares originados do mesmo neurônio distinguem processos de origem comum e de outros neurônios? Esse problema foi parcialmente resolvido pela descoberta de um notável conjunto de proteínas que marcam cada neurônio de forma distinta de suas células adjacentes. Essas proteínas são denominadas *DSCAM* em *Drosophila* e *protocaderinas* nos vertebrados. Conforme descrito no Capítulo 7, as proteínas DSCAM são extraordinárias pelo número de isoformas que podem ser geradas por processamento alternativo do RNA – mais de 30 mil variantes para DSCAM1 (ver Figura 7-57). A diversidade é consequência dos éxons alternativos que codificam três domínios de imunoglobulinas extracelulares altamente variáveis. Cada isoforma de DSCAM1 faz parte de ligações homofílicas (ver Figura 19-5), mas todos os seus domínios variáveis precisam ser idênticos para que a ligação ocorra. Assim, a superfície de uma célula irá se ligar a outra a partir de uma proteína DSCAM apenas se as duas superfícies celulares apresentarem formas idênticas da proteína. Essa ligação resulta em repulsão, embora os detalhes desse mecanismo não sejam completamente compreendidos.

Se o processamento alternativo ocorre de modo aleatório em cada célula, processos celulares adjacentes oriundos de neurônios distintos têm baixa probabilidade de expressarem a mesma variante da proteína DSCAM1, e apenas os processos oriundos de uma mesma célula irão se repelir. Neurônios deficientes em variantes da proteína DSCAM1 apresentam graves defeitos na autorrepulsão neuronal. *Drosophila* modificadas de maneira que todos os neurônios adjacentes produzam uma única isoforma da proteína tem a autorrepulsão restaurada, mas agora todos os processos celulares de neurônios adjacentes expressam a mesma isoforma da proteína e todos se repelem, gerando o fenômeno de *tiling* (**Figura 21-80**).

Neurônios de vertebrados utilizam estratégias similares de autorrepulsão para formarem os padrões de seus axônios e dendritos, mas, em vez das proteínas DSCAM, utilizam protocaderinas para a discriminação entre as células. O lócus *Protocaderina* codifica 58 proteínas transmembrana semelhantes às caderinas que são expressas em diferentes combinações em um mesmo neurônio. O reconhecimento homofílico induz a autorrepulsão dos dendritos que se originam de um mesmo neurônio; dendritos adjacentes oriundos de diferentes neurônios expressam diferentes protocaderinas e não se repelem. Embora as

---

*N. de T. Do inglês, *tile*, "azulejo", pois os neurônios maximizam sua área coberta com o menor número de neurônios por área.

Figura 21-80 Autorrepulsão dos dendritos mediada por proteínas DSCAM. (A) Neurônios sensoriais de *Drosophila* no sistema nervoso periférico projetam seus dendritos ao longo da parede celular da larva. As imagens mostram os dendritos de um arranjo regular de neurônios fotossensíveis (*vermelho*), que permitem a detecção e esquiva da luz. As células da epiderme posterior de cada *segmento* estão marcadas em *azul*. Essas regiões apresentam diversos neurônios, e aqueles representados aqui projetam seus dendritos em regiões que se sobrepõem. (B) Mutações no lócus *Dscam* perturbam o modo de interação destes vários dendritos, alterando as regras de autorrepulsão e da distribuição da inervação. (A, cortesia de Chun Han; B, conforme D. Hattori et al., *Annu. Rev. Cell Dev. Biol.* 24:597–620, 2008. Com permissão de Annual Reviews.)

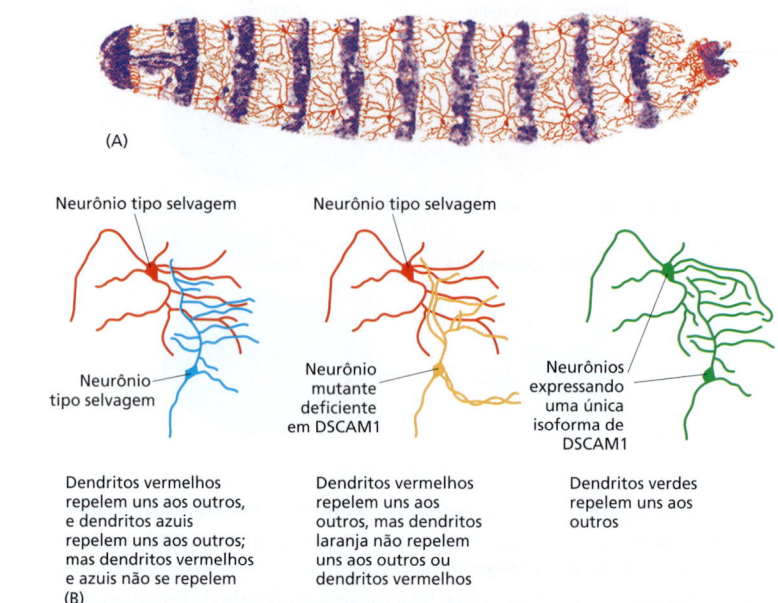

proteínas DSCAM de insetos e as protocaderinas dos vertebrados não apresentem homologia de sequências, elas medeiam estratégias semelhantes de autorrepulsão.

Os tecidos-alvo liberam fatores neurotróficos que controlam o crescimento e a sobrevivência das células nervosas

Finalmente, os cones de crescimento dos axônios alcançam a região-alvo em que devem se estabelecer e fazer sinapses. Essas sinapses se destinam a transmitir sinais neurais em uma direção, do axônio para a célula-alvo. O desenvolvimento das sinapses, no entanto, depende da sinalização bidirecional: sinais oriundos do tecido-alvo não apenas controlam o tipo de cone de crescimento das sinapses (como veremos a seguir), mas também regulam a quantidade de neurônios que sobreviverão.

Diversos tipos de neurônios de vertebrados são produzidos em excesso; cerca de 50% ou mais irão morrer no momento em que atingem seus alvos, mesmo que sejam perfeitamente normais e saudáveis até este ponto. Cerca de metade de todos os neurônios motores que enviam axônios para os músculos esqueléticos, por exemplo, morre dentro de alguns dias após ter feito contato com suas células musculares-alvo. Uma proporção semelhante dos neurônios sensoriais que fazem a inervação da pele morre depois que seus cones de crescimento chegaram lá.

Essa *morte de neurônios normais* em larga escala frequentemente parece ser resultado da competição, em que o tecido-alvo libera uma quantidade limitada de **fatores neurotróficos** específicos que os neurônios inervando o tecido necessitam para sobreviver; aqueles que não recebem quantidades suficientes passam pelo processo de morte celular programada. Se a quantidade de tecido-alvo é aumentada – enxertando um broto de um membro extra em um lado do embrião, por exemplo – mais neurônios inervando o membro sobrevivem; inversamente, se o broto do membro é cortado, todos esses neurônios morrem (**Figura 21-81**). Dessa maneira, embora os indivíduos possam variar quanto às suas proporções corporais, eles sempre manterão o número correto de neurônios motores para inervar todos os seus músculos e o número correto de neurônios sensoriais para inervar a sua superfície corporal. A estratégia de superprodução seguida pela morte das células adicionais pode parecer desperdício, mas é uma forma efetiva de ajustar o número de neurônios das inervações de acordo com a quantidade de tecido que deve ser inervado.

O primeiro fator neurotrófico a ser identificado, que continua sendo o mais bem caracterizado, é chamado de *fator de crescimento neural* (*NGF*, de *nerve growth factor*) – o membro fundador da família das **neurotrofinas** das proteínas de sinalização. Esse

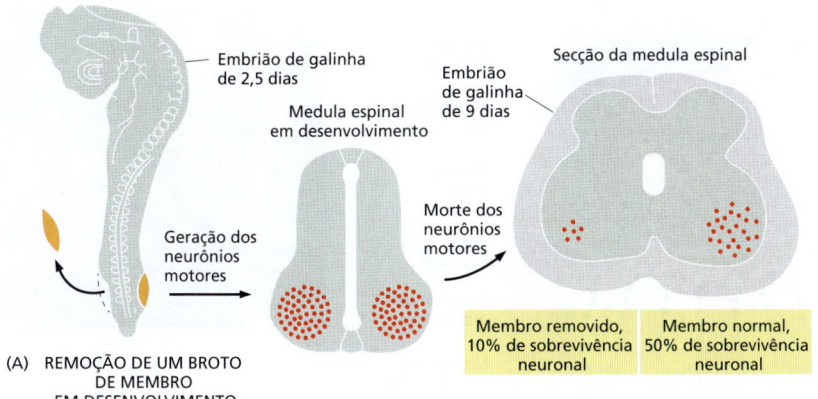

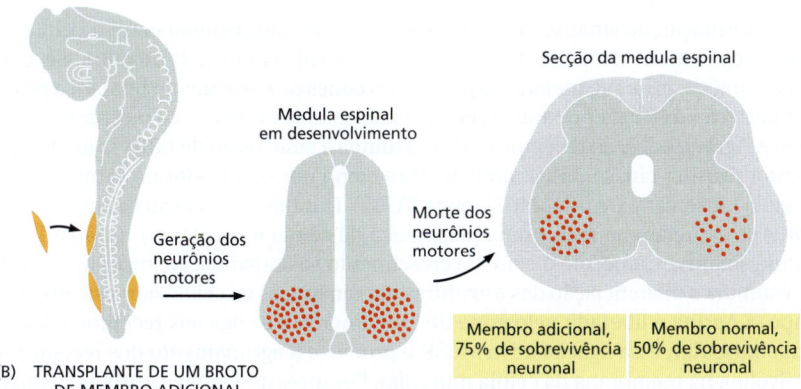

Figura 21-81 A sobrevivência dos neurônios motores depende de sinais fornecidos pelas células-alvo musculares. (A) A remoção de um broto de membro após o estabelecimento dos axônios motores resulta na morte dos neurônios motores na medula espinal no lado amputado. (B) O transplante de um broto de membro adicional aumenta a sobrevivência dos neurônios motores. (Adaptada de E. Kandel et al., Principles of Neural Science, 5th ed., New York: McGraw Hill Medical, 2012.)

fator promove a sobrevivência e o crescimento de uma classe específica de neurônios sensoriais e de neurônios simpáticos (uma subclasse de neurônios periféricos que controla as contrações da musculatura lisa e secreção das glândulas endócrinas). O NGF é produzido pelos tecidos que tais neurônios inervam. Quando NGF extra é fornecido, os neurônios sensoriais e simpáticos adicionais sobrevivem, como se o tecido-alvo extra estivesse presente. Inversamente, em um camundongo com uma mutação que inativa o gene NGF ou o gene de seu receptor (um receptor tirosina-cinase denominado TrkA), quase todos os neurônios simpáticos e os neurônios sensoriais dependentes de NGF são perdidos. Existem muitos fatores neurotróficos, mas apenas alguns pertencem à família das neurotrofinas, atuando em diferentes combinações para promover a sobrevivência e o crescimento de diferentes classes de neurônios.

A formação de sinapses depende da comunicação bidirecional entre os neurônios e suas células-alvo

Ao fim do processo, a tarefa do cone de crescimento é interromper seu crescimento e formar sinapses com células-alvo específicas. As sinapses foram descritas no Capítulo 11, onde discutimos os canais e propriedades elétricas das membranas. Duas principais classes de sinapses são observadas em vertebrados; as realizadas com células musculares e aquelas realizadas com outros neurônios. A formação de sinapses é mais bem compreendida no caso das conexões altamente especializadas entre neurônios motores e as células da musculatura esquelética – as chamadas **junções neuromusculares** (ver Figura 11-38). Durante a formação da sinapse, o cone de crescimento do axônio se diferencia em um *nervo terminal* que contém vesículas sinápticas preenchidas com o neurotransmissor acetilcolina, e receptores de acetilcolina se agrupam na membrana plasmática da célula muscular no local da formação da sinapse. A fenda sináptica separa as membranas pré e pós-sináptica, e uma fina camada de lâmina basal se encontra no espaço entre as membranas (**Figura 21-82**).

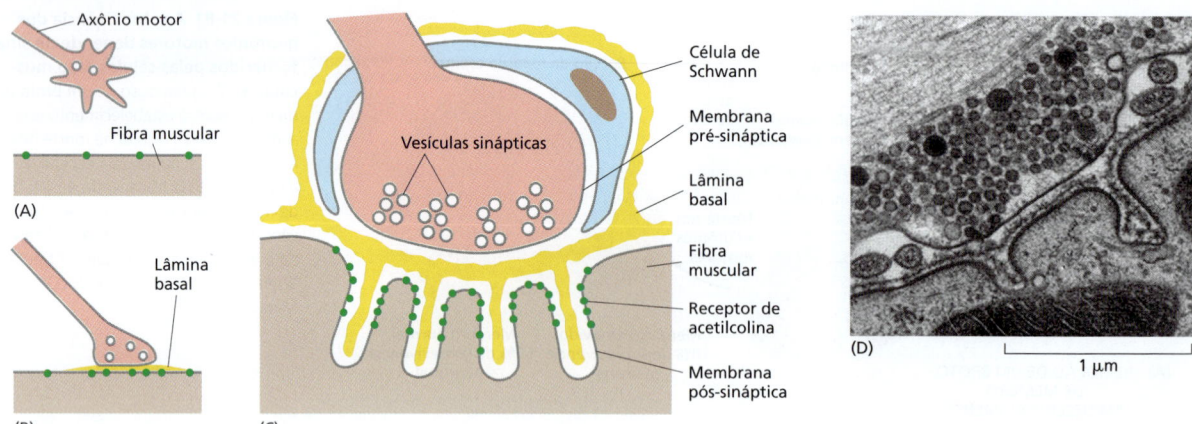

Figura 21-82 Formação de uma junção neuromuscular. (A) O cone de crescimento de um axônio motor se aproxima de uma fibra muscular. (B) A etapa inicial da formação da sinapse é caracterizada pelo acúmulo de vesículas sinápticas no axônio terminal e pela formação de uma lâmina basal especializada na fenda sináptica. (C) Conforme a junção neuromuscular amadurece, vesículas sinápticas são agrupadas nos sítios de liberação pré-sinápticos, e receptores de neurotransmissores se agrupam na membrana pós-sináptica. Células de Schwann (glia) acompanham o axônio motor e revestem a região terminal do contato sináptico. (D) Micrografia eletrônica de transmissão de uma região de contato sináptico. [D, cortesia de John Heuser, adaptada de *J. Electron Microsc.* 60 (Suppl 1), 2011. Com permissão de Oxford University Press.]

A formação da sinapse envolve a comunicação bidirecional entre a célula muscular e o cone de crescimento do axônio: cada um, sob a influência do outro, deve reconhecer moléculas na sua metade da junção. Os cones de crescimento liberam a proteína de sinalização **Agrina**, enquanto as células musculares expressam o receptor de Agrina LRP4. A Agrina se liga ao receptor LRP4 e estimula a associação de LRP4 com MuSK, um receptor tirosina-cinase. LRP4 também atua como um sinalizador no sentido inverso, da célula muscular para o axônio (**Figura 21-83**). Durante a formação da sinapse, MuSK e LRP4 se associam na membrana plasmática da célula muscular na região adjacente à futura sinapse. Conforme o cone de crescimento se aproxima, ele reconhece LRP4, o que estimula a diferenciação das estruturas pré-sinápticas na célula nervosa. Ao mesmo tempo, a Agrina é liberada pelo cone de crescimento e se liga aos receptores LRP4 na célula muscular; essa ligação ativa MuSK e promove a agrupamento dos receptores de acetilcolina na membrana da célula muscular. Por meio desses mecanismos, a sinalização recíproca de LRP4 do músculo para o cone de crescimento – e da Agrina do cone de crescimento para o músculo – induz a diferenciação coordenada e localizada das estruturas pré e pós-sinápticas.

A formação de sinapses entre neurônios no SNC é um processo mais complicado, tanto para os neurônios quanto para os cientistas tentando compreender os mecanismos moleculares para a especificidade, e continua sendo um processo pouco compreendido.

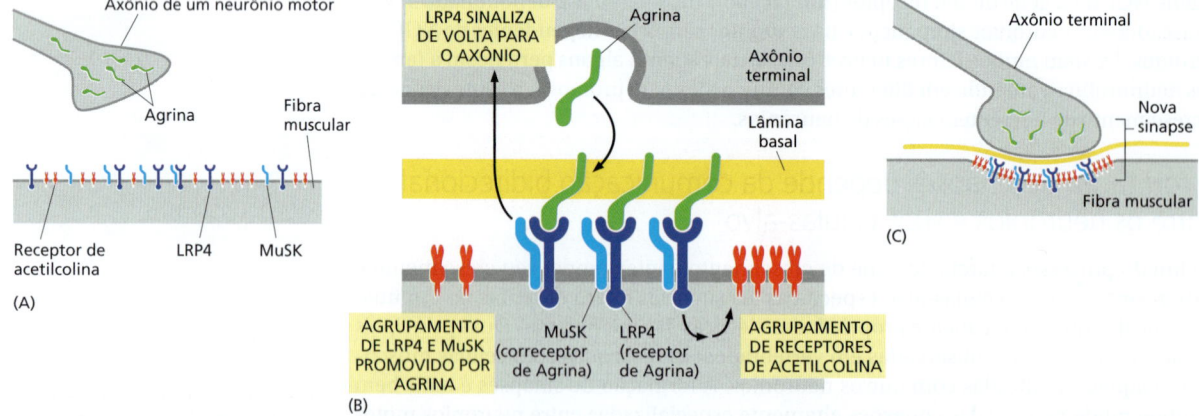

Figura 21-83 A sinalização recíproca durante a diferenciação da sinapse neuromuscular. (A) O receptor da Agrina LRP4 e seu correceptor, MuSK, se agrupam na membrana da célula muscular na região adjacente à futura sinapse. (B) Conforme o cone de crescimento se aproxima, ele reconhece LRP4, o que estimula a diferenciação das estruturas pré-sinápticas. De modo recíproco, a Agrina é liberada pelo axônio terminal e se liga ao complexo LRP4-MuSK na célula muscular e (C) promove a agrupamento adicional de LRP4 e receptores de acetilcolina na célula muscular. Embora a maquinaria Agrina/MuSK/LRP4 organize a sinapse, o processo também depende de sinalização elétrica pelos receptores de acetilcolina. Ainda não se sabe como ocorre a sinalização entre LRP4 e o axônio motor.

A poda sináptica depende da atividade elétrica e da sinalização sináptica

A troca bidirecional de sinais entre os cones de crescimento e as células musculares controla a formação inicial das junções neuromusculares, mas esta é apenas a primeira etapa no estabelecimento do padrão final de conexões sinápticas. Cada célula muscular inicialmente forma sinapses com vários neurônios motores, mas no final ela é inervada por apenas um. Esse processo de **eliminação de sinapses** depende da comunicação sináptica ativa e da atividade elétrica. Se a transmissão sináptica for bloqueada por uma toxina que se liga aos receptores de acetilcolina na membrana da célula muscular, ou se a atividade elétrica do axônio for bloqueada por uma toxina que se liga aos canais de sódio na membrana plasmática do axônio, a célula muscular mantém a inervação múltipla após o tempo normal de eliminação.

O fenômeno de *eliminação de sinapses dependente de atividade* é encontrado em quase todas as partes do sistema nervoso em desenvolvimento dos vertebrados (**Figura 21-84**). Esse processo é essencial, por exemplo, no refinamento do mapa retinotópico discutido antes. As sinapses são inicialmente formadas em abundância e distribuídas sobre uma ampla área-alvo; em seguida, o sistema de conexões é ajustado e remodelado por processos competitivos que dependem da atividade elétrica e da sinalização sináptica. Dessa maneira, a eliminação de sinapses é distinta da eliminação de neurônios excedentes por morte celular, ocorrendo após o período de morte neuronal normal ter acabado. A remodelagem das sinapses durante o desenvolvimento neural, no entanto, envolve mais do que a simples eliminação de sinapses; este processo também envolve o reforço de sinapses, discutido a seguir.

Neurônios que disparam juntos permanecem conectados

No sistema nervoso, e durante toda a vida, a eliminação dependente de atividade e o reforço de sinapses desempenham um papel fundamental no ajuste dos detalhes anatômicos da rede neural de acordo com as necessidades funcionais. A importância destes processos, e suas regras subjacentes, foi descoberta há meio século a partir de experimentos pioneiros acerca do desenvolvimento do sistema visual em mamíferos.

No cérebro da maioria dos mamíferos, os axônios que transmitem sinais visuais vindos dos dois olhos são unidos em uma camada neuronal específica na região visual do córtex cerebral. Aqui eles formam dois mapas sobrepostos do campo visual externo, um percebido pelo olho direito e o outro percebido pelo olho esquerdo. Embora possa haver certa tendência para que sinais recebidos dos olhos direito e esquerdo sejam segregados mesmo antes do início da comunicação sináptica, uma grande proporção dos axônios que carregam informações a partir dos dois olhos em estágios iniciais forma si-

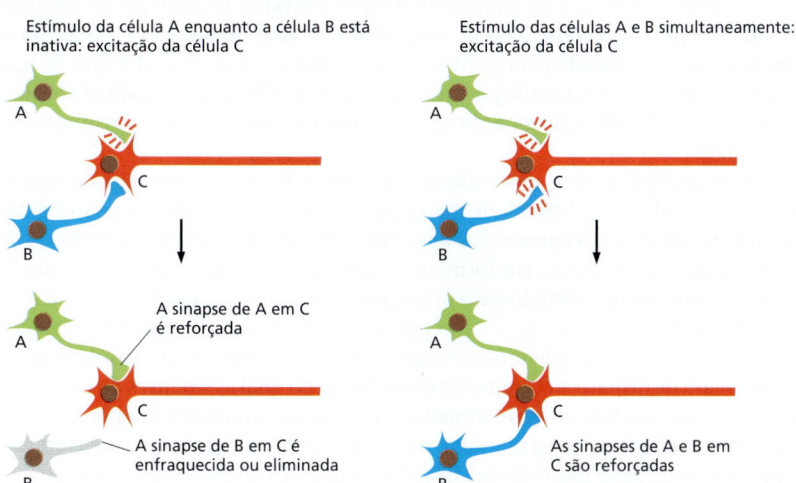

Figura 21-84 Modificação de sinapses e sua dependência da atividade elétrica. Experimentos em vários sistemas indicam que as sinapses são fortalecidas ou enfraquecidas pela atividade elétrica, de acordo com as regras mostradas no diagrama. O princípio subjacente parece ser que cada excitação de uma célula-alvo tende a enfraquecer qualquer sinapse em que o terminal do axônio pré-sináptico tenha estado desativado, mas a fortalecer qualquer sinapse em que o terminal do axônio pré-sináptico tenha sido recém-ativado. Como resultado, qualquer sinapse repetidamente enfraquecida e raramente fortalecida pode ser completamente eliminada.

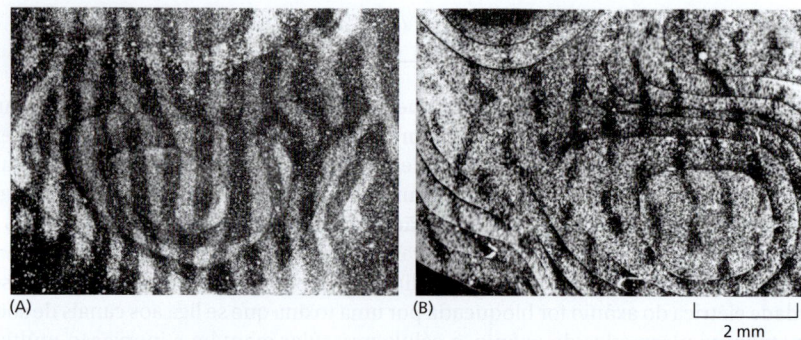

Figura 21-85 Colunas de dominância ocular no córtex visual do cérebro de um macaco e sua sensibilidade à experiência visual. (A) Normalmente, as faixas de células corticais controladas pelo olho direito se alternam com as faixas, de igual largura, controladas pelo olho esquerdo. As faixas, definidas antes do nascimento, são reveladas, aqui, injetando-se uma molécula de detecção radioativa em um olho, dando tempo para que esse detector seja transportado para o córtex visual e detectando a radioatividade por autorradiografia, em secções cortadas paralelamente à superfície cortical. (B) Se um olho for mantido coberto após o nascimento, durante o período sensível do desenvolvimento, sendo privado da experiência visual, suas faixas correspondentes de neurônios irão se retrair, e as faixas correspondentes ao olho estimulado irão se expandir. Dessa maneira, o olho privado pode perder o poder de visão quase inteiramente. (Adaptada de D.H. Hubel, T.N. Wiesel e S. LeVay, *Philos. Trans. R. Soc. Lond. B Biol. Sci.* 278:377–409, 1977. Com permissão de The Royal Society.)

napses conjuntamente em neurônios-alvo compartilhados no córtex visual. Um período inicial de atividade elétrica, no entanto, ocorrendo de modo simultâneo e independente em cada retina antes do nascimento induz a formação do padrão de *colunas de dominância ocular* no córtex visual: camadas de células estimuladas por sinais oriundos do olho direito, alternadas com camadas de células estimuladas por sinais oriundos do olho esquerdo (**Figura 21-85**).

A base desse fenômeno se tornou clara com os resultados de engenhosos experimentos que interferiram de modo artificial com a experiência visual e que alteraram a coordenação dos sinais elétricos nos dois olhos. Esses estudos e diversos outros posteriores salientaram um princípio simples, mas profundamente importante, que parece controlar o reforço e a eliminação de sinapses em todo o sistema nervoso. Quando dois (ou mais) neurônios formando sinapses com a mesma célula-alvo são disparados ao mesmo tempo, eles reforçam suas conexões com a célula-alvo; quando são disparados em momentos distintos, eles competem entre si, e um deles tende a ser eliminado. Essa **regra de disparo** é expressa na frase "neurônios que disparam juntos permanecem conectados".

Essa regra de disparo fornece uma simples interpretação do fenômeno de desenvolvimento descrito no sistema visual de mamíferos. Um par de axônios trazendo informações de sítios vizinhos no olho esquerdo irá frequentemente disparar ao mesmo tempo e, portanto, conectar-se ao mesmo tempo; o mesmo fará um par de axônios de sítios vizinhos no olho direito. Porém, um axônio do olho direito e um axônio do olho esquerdo raras vezes irão disparar juntos e, em vez disso, competirão. De fato, se a atividade dos dois olhos for silenciada pelo uso de toxinas que bloqueiam a atividade elétrica dos axônios, ou a sinalização sináptica, como descrito acima, a segregação dos sinais recebidos falha.

A segregação dos sinais recebidos dos dois olhos é apenas a primeira de uma série de ajustes dependentes de atividade das conexões visuais, cuja manutenção é extraordinariamente sensível às experiências das etapas iniciais de vida. Se, durante o *período de sensibilidade* (que termina em torno dos 5 anos de idade nos humanos), um olho é mantido coberto por um período para privação da estimulação visual, enquanto o outro olho é estimulado normalmente, o olho privado perde suas conexões sinápticas com o córtex e se torna quase completamente cego, de modo irreversível. De acordo com o que preveria a regra de disparo, ocorreu uma competição na qual as sinapses no córtex visual feitas por axônios inativos foram eliminadas, enquanto as sinapses feitas por axônios ativos foram consolidadas. Dessa maneira, o território cortical é alocado para axônios que carregam informações e não é desperdiçado com aqueles que são silenciosos.

As alterações sinápticas dependentes de atividade não se limitam às etapas iniciais da vida. Elas também ocorrem no cérebro adulto, onde diversas sinapses passam por modificações funcionais e morfológicas com o seu uso. Acredita-se que essa *plasticidade sináptica* tenha papel fundamental no aprendizado e na memória. É claro que para o sistema nervoso, assim como para outras partes do corpo, os processos de desenvolvimento não se encerram no nascimento, como será discutido no próximo capítulo.

Resumo

O desenvolvimento do sistema nervoso ocorre em quatro fases. Primeiro, os neurônios e as células da glia são originados por divisão de células progenitoras neurais. Então, os novos neurônios projetam seus axônios e dendritos em direção aos seus alvos. A seguir, eles estabelecem conexões sinápticas com as células-alvo apropriadas, de modo que a comunicação pode ser iniciada. Por fim, os neurônios em excesso são eliminados pela morte celular neuronal normal, após a qual o sistema de conexões sinápticas é refinado e remodelado de acordo com o padrão de atividade elétrica e sináptica da rede neural.

Os neurônios originados em diferentes momentos e locais se especializam mediante expressão diferencial de genes, e sua memória celular desempenha papel central na determinação das conexões que os neurônios formarão. A especialização dos neurônios não depende apenas da organização espacial mediada por morfógenos, mas também dos programas de desenvolvimento intrínsecos que são ativados conforme as células progenitoras neurais se proliferam. Axônios e dendritos se projetam dos neurônios ao longo dos cones de crescimento, que percorrem vias específicas determinadas por sinais de atração ou repelentes presentes ao longo da via, incluindo moléculas de superfície celular e da matriz extracelular, e proteínas solúveis de sinalização, aos quais os cones de crescimento de diferentes classes de neurônios respondem de diferentes maneiras. Mapas neurais estão presentes em diversas partes do sistema nervoso. Esses mapas são projeções ordenadas de um conjunto de neurônios em outro. No sistema retinotópico, o mapa tem como base a combinação de sistemas complementares de marcadores de superfície celular posição-específicos – efrinas e receptores Eph – presentes nos dois grupos de células. Outras moléculas de superfície celular, como as proteínas DSCAM de Drosophila, e as protocaderinas nos vertebrados, medeiam a autorrepulsão entre projeções de um mesmo neurônio, atuando na dispersão dos processos celulares.

A formação de sinapses envolve a sinalização bidirecional entre as células-alvo e o cone de crescimento. Depois que os cones de crescimento atingiram seus alvos e as conexões iniciais foram estabelecidas, sinapses individuais são eliminadas em alguns locais e reforçadas em outros por mecanismos que dependem da atividade sináptica e elétrica. Esses mecanismos ajustam a arquitetura da rede neuronal de acordo com seu uso.

O QUE NÃO SABEMOS

- O que regula o ritmo do desenvolvimento? Por que um embrião de camundongo se desenvolve mais rápido do que um embrião humano, por exemplo?

- Quais são os mecanismos que permitem o armazenamento da memória celular durante o desenvolvimento, explicando como o histórico de cada célula determina seu comportamento futuro?

- Como moléculas sinalizadoras se deslocam entre os tecidos? Quais são os papéis da matriz extracelular e das projeções celulares alongadas?

- Como uma célula sabe exatamente onde se encontra em um organismo multicelular? Como ela sabe que as células adjacentes a ela são corretas e, se não o forem, como ela decide se deve iniciar a morte celular programada ou se mover?

- Como as células respondem a pequenos gradientes de moléculas no seu ambiente, conforme o necessário para o reconhecimento da sua posição? Como os gradientes de morfógenos são interpretados de modo confiável?

- Quais são as alterações genéticas que permitem a alteração de função de partes corporais existentes durante a evolução? Por exemplo, como as asas dos morcegos evoluíram a partir dos braços?

- Como as células utilizam as instruções genéticas para estabelecer a forma de estruturas tão complexas como o nariz humano?

TESTE SEU CONHECIMENTO

Quais afirmativas estão corretas? Justifique.

21-1 Nas etapas iniciais de clivagem, quando o embrião ainda não é capaz de se alimentar, o programa de desenvolvimento é desencadeado e controlado inteiramente pelo material genético depositado no ovo pela mãe.

21-2 Devido às diversas transformações do desenvolvimento posteriores que dão origem aos órgãos de estrutura elaborada, o plano corporal estabelecido durante a gastrulação apresenta baixa semelhança com o plano corporal adulto.

21-3 Conforme o desenvolvimento progride, as células individuais se tornam mais restritas quanto ao número de tipos celulares a que podem dar origem.

21-4 Em diferentes etapas do desenvolvimento embrionário, os mesmos sinais são utilizados repetidamente por células distintas, porém originando diferentes resultados biológicos.

21-5 As diferenças entre as espécies resultam principalmente de alterações nas regiões codificadoras dos genes envolvidos no desenvolvimento.

21-6 O ciclo celular é um marca-passo que regula os processos de desenvolvimento, e as alterações no tempo de maturação da expressão gênica são dependentes da progressão do ciclo celular.

Discuta as questões a seguir.

21-7 Nomeie os quatro processos que são fundamentais para o desenvolvimento animal e descreva cada um deles em uma única frase.

21-8 Quais são as três camadas germinativas formadas durante a gastrulação e quais as principais estruturas do adulto originadas de cada camada?

21-9 Nas etapas iniciais do embrião de *Drosophila*, parece não haver necessidade para as formas usuais de sinalização célula-célula; em vez disso, reguladores da transcrição e moléculas de mRNA se deslocam livremente entre os núcleos. Como isso acontece?

21-10 Os morfógenos desempenham um papel-chave no desenvolvimento, estabelecendo gradientes de concentração que comunicam às células a sua posição e como se comportar. Observe os padrões simples representados pelas bandeiras na **Figura Q21-1**. Quais desses padrões podem ser estabelecidos pelo gradiente de um único morfógeno? Quais requerem o uso de dois morfógenos? Assumindo que tais padrões sejam estabelecidos em uma camada de células, explique como eles seriam organizados por morfógenos.

Japão França Noruega

Figura Q21-1 Bandeiras nacionais de três países.

21-11 Duas células adjacentes no verme nematódeo costumam se diferenciar em uma célula-âncora (AC) e uma célula ventral precursora uterina (VU), mas a decisão de qual célula se tornará uma AC e qual se tornará uma célula VU é completamente aleatória: as células têm chances iguais de se diferenciarem em cada tipo possível, mas sempre se diferenciam em tipos distintos. Mutações no gene *Lin12* alteram estas regras. Em mutantes hiperativos *Lin12*, as duas células se diferenciarão em VU, e em mutantes inativos *Lin12*, ambas as células irão se diferenciar em AC. Portanto, Lin12 é essencial no processo de tomada de decisão. Nos organismos mosaicos genéticos, onde uma célula precursora apresenta Lin12 hiperativa e outra célula apresenta Lin12 inativa, a célula com Lin12 hiperativa sempre se torna VU e a célula com Lin12 inativa sempre se torna AC. Assumindo que uma dessas células envia um sinal e a outra o recebe, explique como esses resultados podem sugerir que o gene *Lin12* codifique uma proteína necessária para a recepção deste sinal. Descreva como os destinos das duas células precursoras são normalmente decididos em vermes tipo selvagem.

21-12 Os estudos iniciais acerca do desenvolvimento deixaram claro que certas substâncias "morfogenéticas" estavam presentes no ovo e se segregavam de maneira assimétrica nas células do embrião em desenvolvimento. Um estudo em embriões de ascídia examinou a fosfatase alcalina endodérmica, que pode ser visualizada por marcação histoquímica. O tratamento de embriões com citocalasina B interrompe as divisões celulares, mas não bloqueia a expressão de fosfatase alcalina no momento habitual. O tratamento com puromicina, que bloqueia a tradução, elimina a expressão da fosfatase alcalina. Qual é a provável natureza da substância morfogenética que dá origem à fosfatase alcalina?

21-13 Os genes *HoxA3* e *HoxD3* de camundongos são parálogos que ocupam posições equivalentes nos seus respectivos conjuntos de genes *Hox* e compartilham cerca de 50% de identidade entre as suas sequências codificadoras de proteínas. Camundongos com *HoxA3* defeituoso apresentam deficiências nos tecidos da faringe, e camundongos com o gene *HoxD3* defeituoso apresentam deficiências no esqueleto axial, sugerindo funções diferentes para esses genes parálogos. Foi, portanto, surpreendente quando se observou que a reposição do gene *HoxD3* defeituoso por um gene *HoxA3* normal corrigia essas deficiências, assim como aconteceu no experimento recíproco de reposição de um gene *HoxA3* mutante por um gene *HoxD3* normal. Os genes transplantados, no entanto, não foram capazes de corrigir sua própria função, ou seja, um gene normal *HoxA3* no lócus *HoxD3* não pode corrigir a deficiência causada por um gene *HoxA3* mutante presente no lócus *HoxA3*. O mesmo ocorre para o gene *HoxD3*. Se os genes *HoxA3* e *HoxD3* são equivalentes, como eles desempenham papéis tão distintos durante o desenvolvimento? Por qual razão eles não são capazes de desempenhar sua função normal na nova localização?

21-14 Acredita-se que a segmentação dos somitos nos embriões dos vertebrados seja dependente das oscilações da expressão do gene *Hes7*. Modelos matemáticos explicam tais oscilações em termos de intervalos de tempo necessários para a produção da proteína instável Hes7, que atua como regulador da transcrição e inibe a sua própria expressão. A meia-vida de Hes7 é de cerca de 20 minutos, e quando sua concentração baixa, sua transcrição inicia-se novamente. Para testar este modelo, você decide reduzir o tempo necessário para a síntese de Hes7 pela remoção de um, dois ou todos os três íntrons presentes no gene *Hes7* de camundongos. Por que você espera que a remoção de íntrons possa reduzir o tempo de síntese de Hes7? O que acontecerá com o tempo de oscilação, e a formação de somitos, se o modelo for correto?

21-15 O controlador temporal oscilatório que desencadeia a formação de somitos nos vertebrados envolve três componentes essenciais: Her7 (um repressor instável da sua própria síntese), Delta (uma molécula de sinalização transmembrana) e Notch (receptor transmembrana de Delta). Notch se liga a Delta nas células adjacentes, ativando a via de sinalização Notch, que então ativa a transcrição de *Her7*. Em geral, esse sistema funciona sem falhas, dando origem a somitos bem definidos (**Figura Q21-2A**). No entanto, na ausência de Delta, apenas os primeiros cinco somitos se formam de modo normal, e os restantes são fracamente definidos (**Figura Q21-2B**). Se uma concentração de Delta for suplementada em etapas posteriores, a formação dos somitos retorna ao normal nas regiões em que Delta está presente (**Figura 21-2C**). A Figura **Q21-2D** mostra um diagrama das conexões entre os componentes do controlador temporal e como eles interagem em células adjacentes. Na ausência de Delta, por que as células não estão mais em sincronia? Como a presença de Delta mantém as células adjacentes em oscilação sincronizada?

21-16 O fator proteico extracelular Decapentaplégico (Dpp) é essencial para o desenvolvimento adequado das asas de *Drosophila* (**Figura Q21-3A**). Essa proteína é normalmente expressa em uma faixa estreita no meio da asa, ao longo do eixo anteroposterior. Moscas com Dpp defeituosa formam "asas" atrofiadas (**Figura Q21-3B**). Se uma cópia adicional do gene é colocada sob controle de um promotor ativo na parte anterior da asa, ou na parte posterior da asa, uma grande mas-

CAPÍTULO 21 Desenvolvimento de organismos multicelulares 1215

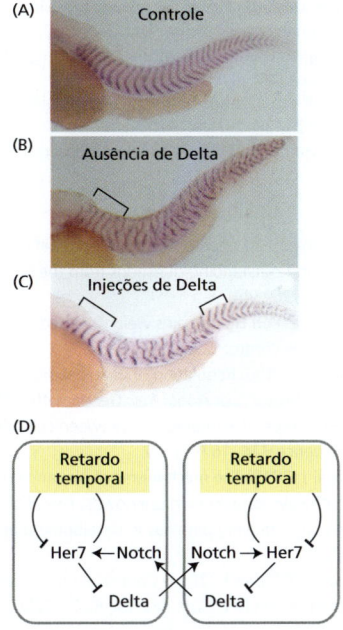

Figura Q21-2 Formação de somitos em embriões de peixe-zebra. (A) Embriões do tipo selvagem com somitos normais. (B) Formação de somitos em embriões sem expressão de Delta. O local de formação dos somitos de aparência normal está indicado. (C) Formação de somitos em embriões sem expressão de Delta, mas que recebem uma injeção de Delta nos locais indicados na imagem. (D) Interações entre os componentes do controlador temporal oscilatório em células adjacentes. (Adaptada de C. Soza-Ried et al., *Development* 141:1780–1788, 2014. Com permissão de The Company of Biologists.)

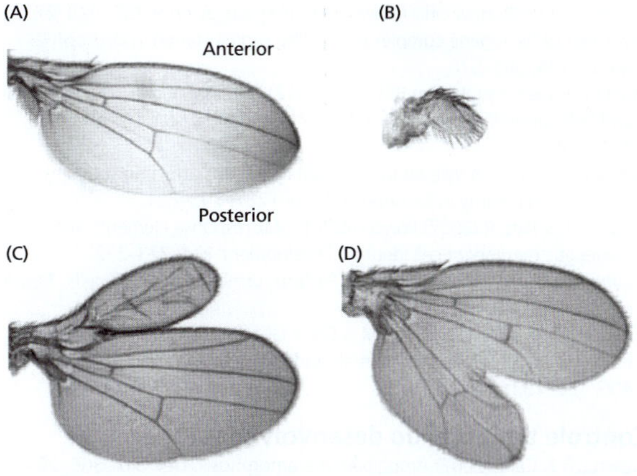

Figura Q21-3 Efeitos da expressão de Dpp na asa em desenvolvimento de *Drosophila*. (A) Expressão normal de Dpp. (B) Ausência de expressão de Dpp. (C) Expressão adicional de Dpp na região anterior da asa. (D) Expressão adicional de Dpp na região posterior da asa. (Adaptada de M. Zecca, K. Basler e G. Struhl, *Development* 121:2265–2278, 1995. Com permissão de The Company of Biologists.)

sa de tecido da asa, composta por células de aparência normal, é produzida no local de expressão de Dpp (**Figura Q21-3C e D**). Dpp estimula a divisão celular, crescimento celular, ou ambos? Como você pode definir isso?

21-17 As estruturas altamente ramificadas dos neurônios podem sugerir que é quase inevitável que eles realizem sinapses não produtivas consigo mesmos, e ainda assim essas células evitam, de modo efetivo, que isso ocorra. Como tal processo ocorre nos vertebrados?

REFERÊNCIAS

Gerais
Carroll SB (2006) Endless Forms Most Beautiful: The New Science of Evo Devo. New York: W.W. Norton & Co., Inc.
Gilbert SF (2013) Developmental Biology, 10th ed. Sunderland, MA: Sinauer Associates, Inc.
Wolpert L & Tickle C (2010) Principles of Development, 3rd ed. Oxford, UK: Oxford University Press.

Visão geral do desenvolvimento
Gurdon JB (2013) The egg and the nucleus: a battle for supremacy (Nobel Lecture). *Angew. Chem. Int. Ed. Engl.* 52, 13890–13899.
Istrail S & Davidson EH (2005) Logic functions of the genomic cis-regulatory code. *Proc. Natl Acad. Sci. USA* 102, 4954–4959.
Levine M (2010) Transcriptional enhancers in animal development and evolution. *Curr. Biol.* 20, R754–R763.
Lewis J (2008) From signals to patterns: space, time, and mathematics in developmental biology. *Science* 322, 399–403.
Meinhardt H & Gierer A (2000) Pattern formation by local self-activation and lateral inhibition. *Bioessays* 22, 753–760.
Rogers KW & Schier AF (2011) Morphogen gradients: from generation to interpretation. *Annu. Rev. Cell Dev. Biol.* 27, 377–407.
Shubin N, Tabin C & Carroll S (2009) Deep homology and the origins of evolutionary novelty. *Nature* 457, 818–823.

Mecanismos de formação de padrões
Andrey G & Duboule D (2014) SnapShot: Hox gene regulation. *Cell* 156, 856–856.e1.
Baker NE (2011) Proximodistal patterning in the *Drosophila* leg: models and mutations. *Genetics* 187, 1003–1010.

Chan YF, Marks ME, Jones FC et al. (2010) Adaptive evolution of pelvic reduction in sticklebacks by recurrent deletion of a Pitx1 enhancer. *Science* 327, 302–305.
Davis RL, Weintraub H & Lassar AB (1987) Expression of a single transfected cDNA converts fibroblasts to myoblasts. *Cell* 51, 987–1000.
De Robertis EM (2006) Spemann's organizer and self-regulation in amphibian embryos. *Nat. Rev. Mol. Cell Biol.* 4, 296–302.
DiNardo S, Heemskerk J, Dougan S & O'Farrrell PH (1994) The making of a maggot: patterning the *Drosophila* embryonic epidermis. *Curr. Opin. Genet. Dev.* 4, 529–534.
Driever W & Nüsslein-Volhard C (1988) A gradient of bicoid protein in *Drosophila* embryos. *Cell* 54, 83–93.
Fowlkes CC, Luengo CL, Keränen VE et al. (2008) A quantitative spatiotemporal atlas of gene expression in the *Drosophila* blastoderm. *Cell* 133, 364–74.
Furman DP & Bukharina TA (2008) How *Drosophila Melanogaster* forms its mechanoreceptors. *Curr. Genomics* 9, 312–323.
Gaudet J & Mango SE (2002) Regulation of organogenesis by the *Caenorhabditis elegans* FoxA protein PHA-4. *Science* 295, 821–825.
Halder G, Callaerts P & Gehring WJ (1995) Induction of ectopic eyes by targeted expression of the eyeless gene in *Drosophila*. *Science* 267, 1788–1792.
Kornberg TB & Roy S (2014) Cytonemes as specialized signaling filopodia. *Development* 141, 729–36.
Knoblich JA (2010) Asymmetric cell division: recent developments and their implications for tumour biology. *Nat. Rev. Mol. Cell Biol.* 11, 849–860.

Lander AD (2013) How cells know where they are. *Science* 339, 923–27.
Lewis EB (1978) A gene complex controlling segmentation in *Drosophila*. *Nature* 276, 565–570.
Müller P, Rogers KW, Jordan BM et al. (2012) Differential diffusivity of Nodal and Lefty underlies a reaction-diffusion patterning system. *Science* 336, 721–724.
Nüsslein-Volhard C & Wieschaus E (1980) Mutations affecting segment number and polarity in *Drosophila*. *Nature* 287, 795–801.
Ringrose L & Paro R (2007) Polycomb/Trithorax response elements and epigenetic memory of cell identity. *Development* 134, 223–232.
Shulman JM & St Johnston D (1999) Pattern formation in single cells. *Trends Cell Biol.* 9, M60–64.
von Dassow G, Meir E, Munro EM & Odell GM (2000) The segment polarity network is a robust developmental module. *Nature* 406, 188–192.

Controle temporal do desenvolvimento
Brown DD & Cai L (2007) Amphibian metamorphosis. *Dev. Biol.* 306, 20–33.
Giraldez AJ, Mishima Y, Rihel J et al. (2006) Zebrafish MiR-430 promotes deadenylation and clearance of maternal mRNAs. *Science* 312, 75–79.
Isshiki T, Pearson B, Holbrook S & Doe CQ (2001) *Drosophila* neuroblasts sequentially express transcription factors which specify the temporal identity of their neuronal progeny. *Cell* 106, 511–521.
Lee RC, Feinbaum RL & Ambros V (1993) The *C. elegans* heterochronic gene lin-4 encodes small RNAs with antisense complementarity to lin-14. *Cell* 75, 843–854.
Lewis J (2003) Autoinhibition with transcriptional delay: a simple mechanism for the zebrafish somitogenesis oscillator. *Curr. Biol.* 13, 1398–1408.
Pourquié O (2011) Vertebrate segmentation: from cyclic gene networks to scoliosis. *Cell* 145, 650–663.
Song J, Irwin J & Dean C (2013) Remembering the prolonged cold of winter. *Curr. Biol.* 23, R807–R811.
Wightman B, Ha I & Ruvkun G (1993) Posttranscriptional regulation of the heterochronic gene lin-14 by lin-4 mediates temporal pattern formation in *C. elegans*. *Cell* 75, 855–862.

Morfogênese
Green AA, Kennaway JR, Hanna AI et al. (2010) Genetic control of organ shape and tissue polarity. *PLoS Biol.* 8, e1000537.
Le Douarin NM & Kalcheim C (1999) The Neural Crest, 2nd ed. Cambridge, UK: Cambridge University Press.
Matis M & Axelrod JD (2013) Regulation of PCP by the fat signaling pathway. *Genes Dev.* 27, 2207–20.
Ochoa-Espinosa A & Affolter M (2012) Branching morphogenesis: from cells to organs and back. *Cold Spring Harb. Perspect. Biol.* 4, pii: a008243.
Raz E & Reichman-Fried M (2006) Attraction rules: germ cell migration in zebrafish. *Curr. Opin. Genet. Dev.* 16, 355–359.
Revenu C & Gilmour DE (2009) MT2.0: shaping epithelia through collective migration. *Curr. Opin. Genet. Dev.* 19, 338–342.
Simons M & Mlodzik M (2008) Planar cell polarity signaling: from fly development to human disease. *Annu. Rev. Genet.* 42, 517–540.
Solnica-Krezel L & Sepich DS (2012) Gastrulation: making and shaping germ layers. *Annu. Rev. Cell Dev. Biol.* 28, 687–717.
Takeichi M (2011) Self-organization of animal tissues: cadherin-mediated processes. *Dev. Cell* 21, 24–26.
Walck-Shannon E & Hardin J (2014) Cell intercalation from top to bottom. *Nature* 15, 34–48.

Crescimento
Andersen DS, Colombani J & Léopold P (2013) Coordination of organ growth: principles and outstanding questions from the world of insects. *Trends Cell Biol.* 23, 336–344.
Enderle L & McNeill H (2013) Hippo gains weight: added insights and complexity to pathway control. *Sci. Signal.* 6, re7.
Hariharan IK & Bilder D (2006) Regulation of imaginal disc growth by tumor-suppressor genes in *Drosophila*. *Annu. Rev. Genetics* 40, 335–61.
Johnston LA (2009) Competitive interactions between cells: death, growth, and geography. *Science* 324, 1679–1682.
Lawrence PA & Casal J (2013) The mechanisms of planar cell polarity, growth and the hippo pathway: some known unknowns. *Dev. Biol.* 377, 1–8.
Pan D (2010) The hippo signaling pathway in development and cancer. *Dev. Cell* 19, 491–505.
Restrepo S, Zartman JJ & Basler K (2014) Coordination of patterning and growth by the morphogen DPP. *Curr. Biol.* 24, R245–R255.

Desenvolvimento neural
Burden SJ, Yumoto N & Zhang W (2013) The role of MuSK in synapse formation and neuromuscular disease. *Cold Spring Harb. Perspect. Biol.* 5, a009167.
Dessaud E, McMahon AP & Briscoe J (2008) Pattern formation in the vertebrate neural tube: a sonic hedgehog morphogen-regulated transcriptional network. *Development* 135, 2489–2503.
Hubel DH & Wiesel TN (1965) Binocular interaction in striate cortex of kittens reared with artificial squint. *J. Neurophysiol.* 28, 1041–1059.
Kolodkin AL & Tessier-Lavigne M (2011) Mechanisms and molecules of neuronal wiring: a primer. *Cold Spring Harb. Perspect. Biol.* 3, pii: a001727.
Luo L & Flanagan JG (2007) Development of continuous and discrete neural maps. *Neuron* 56, 284–300.
Rakic P (1988) Specification of cerebral cortical areas. *Science* 241, 170–176.
Reichardt LF (2006) Neurotrophin-regulated signalling pathways. *Philos. Trans. R. Soc. Lond. B Biol. Sci.* 361, 1545–1564.
Sanes DH, Reh TA & Harris WA (2011) Development of the Nervous System, 3rd ed. San Diego, CA: Academic Press.
Sperry RW (1963) Chemoaffinity in the orderly growth of nerve fiber patterns and connections. *Proc. Natl Acad. Sci. USA* 50, 703–710.
Zipursky SL & Sanes JR (2010) Chemoaffinity revisited: dscams, protocadherins, and neural circuit assembly. *Cell* 143, 343–353.

Células-tronco e renovação de tecidos

CAPÍTULO
22

As células evoluíram originalmente como indivíduos de vida livre, e tais células ainda dominam a Terra e seus oceanos. Mas as células que têm maior importância para nós, como seres humanos, são membros especializados de uma comunidade multicelular. Elas perderam características necessárias à sobrevivência independente e adquiriram peculiaridades que servem às necessidades do organismo como um todo. Embora partilhem o mesmo genoma, elas são formidavelmente diferentes em sua estrutura, características químicas e comportamento. Há mais de 200 tipos diferentes reconhecidos de células no corpo humano, as quais colaboram umas com as outras para formar muitos tecidos diferentes, arranjadas em órgãos executando funções extremamente variadas. Para entendê-las, não basta analisá-las em uma placa de cultivo: também precisamos saber como elas vivem, funcionam e morrem em seu hábitat natural, o corpo intacto.

Nos Capítulos 7 e 21, vimos como os vários tipos de células tornam-se diferentes no embrião e como a memória celular e os sinais celulares de suas vizinhas lhes permitem permanecer diferenciados daí em diante. No Capítulo 19, discutimos a tecnologia de construção de tecidos multicelulares – os dispositivos que mantêm as células unidas e os materiais extracelulares que dão suporte a elas. Mas o corpo adulto não é estático: ele é uma estrutura em equilíbrio dinâmico, onde novas células estão continuamente sendo originadas, se diferenciando e morrendo. Mecanismos homeostáticos mantêm um equilíbrio adequado, de maneira que a arquitetura do tecido é preservada apesar da constante substituição de células velhas por novas. Neste capítulo, vamos nos concentrar sobre esses processos de desenvolvimento que continuam ao longo da vida. Ao fazê-lo, explicaremos alguns dos diversos tipos celulares especializados e veremos como eles trabalham juntos para realizar suas tarefas.

Examinaremos, em particular, a função desempenhada em muitos tecidos pelas *células-tronco* – células especializadas em fornecer um suprimento novo de células diferenciadas onde estas precisam ser substituídas continuamente, ou quando elas são necessárias em grande número com o objetivo de reparo ou regeneração. Veremos que, enquanto muitos tecidos se renovam e reparam a si mesmos, outros não o fazem; nestes, células perdidas estarão perdidas para sempre, causando surdez, cegueira, demência e outros males.

Na seção final do capítulo, discutimos como células-tronco podem ser geradas e manipuladas artificialmente, e confrontamos a questão prática subjacente ao atual enorme interesse na tecnologia de células-tronco: Como podemos utilizar nosso conhecimento dos processos de diferenciação celular e renovação de tecidos para que funcionem acima do normal e melhorar aquelas lesões e falhas do organismo humano que até agora parecem sem recuperação?

CÉLULAS-TRONCO E RENOVAÇÃO DE TECIDOS EPITELIAIS

Entre todos os tecidos autorrenováveis em um mamífero, o campeão – ao menos em velocidade – é o revestimento do intestino delgado: a longa e contorcida porção do tubo digestório que é o principal responsável pela absorção de nutrientes a partir do lúmen do intestino. Para introduzir as células-tronco, escolhemos o intestino delgado como nosso ponto de partida – não somente porque ele se renova a uma velocidade maior do que qualquer outro tecido no corpo, mas também porque os mecanismos moleculares que controlam sua organização são particularmente bem entendidos. Ele, portanto, oferece uma bela ilustração dos princípios dos sistemas de células-tronco que têm ampla aplicabilidade.

NESTE CAPÍTULO

CÉLULAS-TRONCO E RENOVAÇÃO DE TECIDOS EPITELIAIS

FIBROBLASTOS E SUAS TRANSFORMAÇÕES: A FAMÍLIA DE CÉLULAS DO TECIDO CONECTIVO

ORIGEM E REGENERAÇÃO DO MÚSCULO ESQUELÉTICO

VASOS SANGUÍNEOS, LINFÁTICOS E CÉLULAS ENDOTELIAIS

UM SISTEMA DE CÉLULAS-TRONCO HIERÁRQUICO: FORMAÇÃO DE CÉLULAS DO SANGUE

REGENERAÇÃO E REPARO

REPROGRAMAÇÃO CELULAR E CÉLULAS-TRONCO PLURIPOTENTES

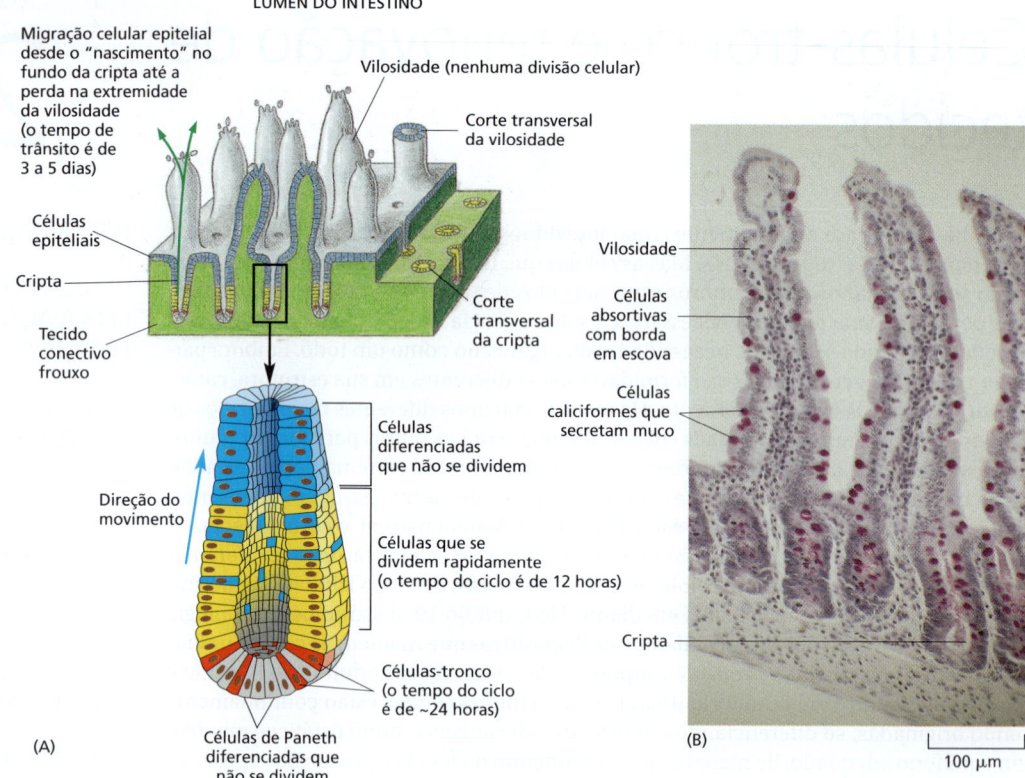

Figura 22-1 Renovação do revestimento do intestino. (A) O padrão de renovação e proliferação celular no epitélio que forma o revestimento do intestino delgado. As células-tronco (*vermelho*) se encontram na base da cripta, intercaladas entre as células diferenciadas que não se dividem (células de Paneth). A progênie das células-tronco migra principalmente para cima, a partir da cripta para as vilosidades; depois de algumas divisões rápidas, elas deixam de se dividir e se diferenciam – algumas delas enquanto ainda estão na cripta, a maioria delas à medida que emergem da cripta. As células de Paneth, como as outras células diferenciadas que não se dividem, são substituídas continuamente por uma progênie de células-tronco, mas elas migram para baixo em direção à base da cripta e sobrevivem lá por várias semanas. (B) Fotografia de um corte de parte do revestimento do intestino delgado, mostrando as vilosidades e as criptas. Note a mistura de tipos de células diferenciadas, todas produzidas de células-tronco; são principalmente células absortivas, com células caliciformes secretoras de muco (coradas em *vermelho*) intercaladas entre elas. As células enteroendócrinas (não indicadas) são menos numerosas e menos fáceis de identificar sem colorações especiais.

O revestimento do intestino delgado é renovado continuamente por meio da proliferação celular nas criptas

O revestimento do intestino delgado (e da maioria das outras regiões do tubo digestório) é um epitélio de camada única, com apenas uma célula de espessura. Esse epitélio recobre as superfícies das *vilosidades* que se projetam em direção ao lúmen e reveste as *criptas* que descem em direção ao tecido conectivo subjacente (**Figura 22-1**). Células em divisão estão restritas às criptas, e células diferenciadas, que não se dividem, difundem-se das criptas em um fluxo constante para as vilosidades. Há quatro tipos principais de células diferenciadas que não se dividem – uma absortiva e três secretoras (**Figura 22-2**):

1. *As células absortivas* (também chamadas de *células com borda em escova* ou *enterócitos*) têm microvilosidades densamente posicionadas sobre sua superfície exposta ao lúmen intestinal. Sua função é absorver os nutrientes a partir do lúmen. Para isso, elas também produzem enzimas hidrolíticas que realizam algumas das etapas finais da digestão extracelular. Elas são o tipo celular majoritário no epitélio.

2. *As células caliciformes* secretam no lúmen intestinal o muco que cobre o epitélio com uma camada protetora.

3. *As células de Paneth* fazem parte do sistema imune inato de defesa (discutido no Capítulo 24) e secretam proteínas que matam bactérias.

4. *As células enteroendócrinas*, com mais de 15 subtipos diferentes, secretam serotonina e hormônios peptídicos, que atuam sobre neurônios e outros tipos de células na parede do intestino e regulam o crescimento, a proliferação e as atividades digestivas de células do intestino e de outros tecidos.

Como se estivessem em uma esteira transportadora, as células absortivas, caliciformes e enteroendócrinas migram principalmente para cima a partir de seu local de origem na cripta, em um movimento de deslizamento ao longo da camada epitelial, para revestir as superfícies das vilosidades. Dentro de 3 a 5 dias (no camundongo) depois de saírem das criptas, as células alcançam as extremidades das vilosidades, onde sofrem apoptose e por fim são descartadas no lúmen intestinal (ver **Animação 20.6**). As célu-

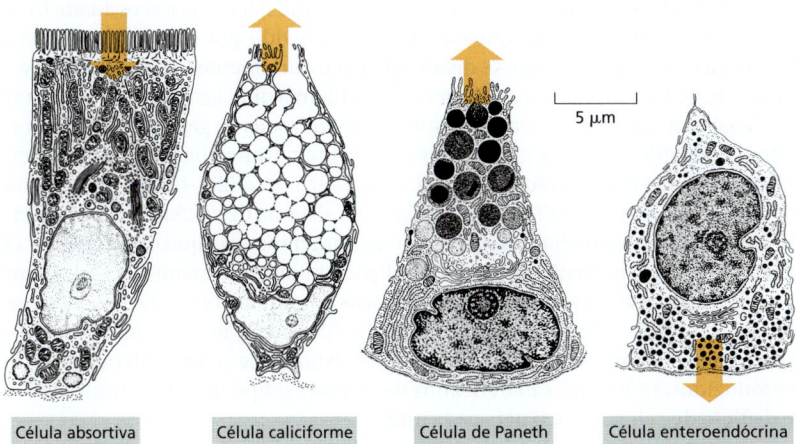

Figura 22-2 Os quatro principais tipos de células diferenciadas encontrados no revestimento epitelial do intestino delgado. Todas as células estão orientadas com o lúmen do intestino voltado para a *parte de cima*. As *setas laranjas* grossas indicam a direção da secreção ou da captação de materiais para cada tipo de célula. Todas essas células são geradas a partir de células-tronco indiferenciadas multipotentes que vivem próximas ao fundo das criptas (ver Figura 22-1). As *células absortivas* (*com borda em escova*) superam os outros tipos de células no epitélio na proporção de 10:1 ou mais. As microvilosidades sobre a sua extremidade apical proporcionam um aumento de área de superfície de 30 vezes, não somente para a absorção de nutrientes, mas também para a fixação das enzimas que realizam os estágios finais da digestão extracelular, degradando peptídeos pequenos e dissacarídeos em monômeros que podem ser transportados através da membrana celular. As *células caliciformes* secretam muco; esses são os tipos mais comuns de células secretoras. As *células de Paneth* secretam (junto com alguns fatores de crescimento) *criptidinas* – proteínas da família das defensinas que matam bactérias. Subtipos diferentes de *células enteroendócrinas* secretam serotonina e hormônios peptídicos na parede do intestino (e daí para o sangue). A colecistocinina é um hormônio liberado pelas células enteroendócrinas em resposta à presença de nutrientes no intestino. Ela se liga a receptores em terminações de nervos sensoriais próximos, que transmitem um sinal ao cérebro para parar a sensação de fome uma vez que se tenha comido o suficiente. (Conforme T.L. Lentz, Cell Fine Structure. Philadelphia: Saunders, 1971; R. Krstić, Illustrated Encyclopedia of Human Histology. Berlin: Springer-Verlag, 1984.)

las de Paneth são produzidas em número muito menor nas criptas e têm um padrão de migração diferente. Elas permanecem no fundo das criptas, onde também são continuamente substituídas, embora não tão rapidamente, persistindo por várias semanas (no camundongo) antes de sofrerem apoptose e serem fagocitadas por suas vizinhas.

O problema central é entender os processos que geram, na cripta, um fornecimento contínuo de todos esses tipos celulares definitivamente diferenciados que não se dividem.

As células-tronco do intestino delgado encontram-se na base ou próximas à base de cada cripta

O padrão geral de proliferação e migração celular no revestimento do intestino é revelado por um método de marcação simples que utiliza a injeção de pulsos de timidina tritiada (radioativa) ou de um análogo da timidina que pode ser detectado em cortes de tecido (cortes histológicos). Células que estão na fase S do ciclo de divisão incorporam a molécula marcadora em seu DNA, e seu destino pode então ser seguido ao longo das horas e dias subsequentes. Se uma célula divide-se após a incorporação do marcador, o marcador torna-se diluído, reduzindo para a metade a cada ciclo celular. Isso pode ser quantificado. Experimentos baseados nesse método de marcação confirmam, em primeiro lugar, que as células em divisão estão confinadas às criptas e que os tipos diferenciados de células listados acima não se dividem. Segundo, as células que se dividem mais rapidamente, com um ciclo de cerca de 12 horas no camundongo, estão localizadas nas partes médias e superiores das criptas, e tais células são todas destinadas a se diferenciar e parar de dividir (ver Figura 22-1A). Logo acima da base da cripta, intercaladas entre as células de Paneth, encontram-se células que se dividem mais lentamente. Estas são as **células-tronco**, que abastecem os níveis mais altos da cripta com algumas de suas descendentes destinadas à diferenciação, enquanto outras células de sua progênie permanecem na base da cripta para continuar o processo inteiro. As células que se dividem rapidamente acima dessas células-tronco são derivadas delas, mas já comprometidas com a diferenciação. Tais células são chamadas de **células precursoras comprometidas** ou **células amplificadoras em trânsito**, uma vez que suas divisões servem para amplificar o número de células diferenciadas que, em última análise, resulta de cada divisão da célula-tronco.

As duas células-filhas de uma célula-tronco enfrentam uma escolha

As células-tronco têm um papel crítico em uma variedade de tecidos, e é útil listar as propriedades que as definem:

1. Uma célula-tronco por si mesma não está **diferenciada terminalmente**: isto é, ela não está no final de uma via de diferenciação.
2. Ela pode se dividir sem limite (ou ao menos durante o tempo de vida de um animal).
3. Quando se divide, cada célula-filha tem uma alternativa: ela pode permanecer como uma célula-tronco ou pode começar um caminho que a compromete com a diferenciação terminal (**Figura 22-3**).

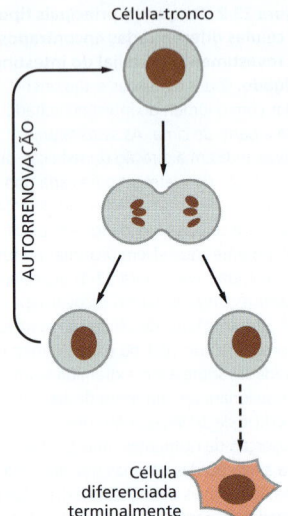

Figura 22-3 A definição de uma célula-tronco. Cada célula-filha produzida quando uma célula-tronco se divide pode permanecer como uma célula-tronco, ou pode vir a tornar-se diferenciada terminalmente. Em muitos casos, a célula-filha que opta pela diferenciação terminal é submetida a divisões celulares adicionais antes de a diferenciação terminal estar completada; tais células são chamadas de células amplificadoras em trânsito.

As células-tronco são necessárias onde quer que haja uma necessidade frequente de repor células diferenciadas que não possam se dividir por si próprias. Embora uma célula-tronco deva ser capaz de se dividir, ela necessariamente não tem de se dividir rapidamente; de fato, muitas células-tronco se dividem a uma taxa relativamente lenta.

As células-tronco são de muitos tipos, especializadas na geração de diferentes classes de células diferenciadas terminalmente – células-tronco intestinais para o epitélio intestinal, células-tronco epidérmicas para a epiderme, células-tronco hematopoiéticas para o sangue, e assim por diante. Contudo, cada sistema de célula-tronco levanta questões fundamentais semelhantes. Quais são as características que distinguem a célula-tronco em termos moleculares? Quais condições atuam para manter a célula-tronco em seu devido lugar e conservar suas características de célula-tronco? O que define se uma determinada célula-filha se compromete com a diferenciação ou permanece como uma célula-tronco? Em um tecido onde vários tipos distintos de células diferenciadas devem ser produzidos, todos eles são derivados de um único tipo de célula-tronco, ou há um tipo distinto de célula-tronco para cada um?

A sinalização Wnt mantém o compartimento de células-tronco do intestino

Com relação ao intestino, o início de uma resposta para essas questões surgiu a partir de estudos de câncer de cólon e reto (a porção final do intestino, também conhecida como intestino grosso). Algumas pessoas têm uma predisposição hereditária para câncer colorretal e, com a progressão da doença invasiva, desenvolvem um grande número de pequenos tumores pré-cancerosos (adenomas) no revestimento dessa parte do intestino (**Figura 22-4**). A aparência desses tumores sugere que eles tenham surgido de células da cripta intestinal que falharam em parar sua proliferação pela maneira normal. Como discutido no Capítulo 20, a causa foi relacionada a mutações do gene *Apc* (polipose adenomatosa do cólon, de *adenomatous polyposis coli*): os tumores surgem de células que perderam ambas as cópias do gene. Como o *Apc* codifica uma proteína que impede a ativação inapropriada da via de sinalização Wnt (ver Figura 15-60), presume-se que essa perda de Apc imite o efeito da exposição continua a um sinal Wnt. Portanto, a sugestão é que a sinalização Wnt normalmente mantém as células da cripta em um estado proliferativo, e que a interrupção da exposição à sinalização Wnt em geral as faz parar de se dividir enquanto elas deixam a cripta.

As células-tronco na base da cripta são multipotentes, originando a gama completa de tipos celulares intestinais diferenciados

Há muito tempo se suspeita de que todos os tipos celulares diferenciados no revestimento do intestino derivam de um único tipo de célula-tronco. Mas a prova firme estava faltando, e a natureza precisa e a localização das células-tronco foram contestadas.

Figura 22-4 Um adenoma no cólon humano, comparado com o tecido normal de uma região adjacente do cólon da mesma pessoa. A amostra é de um paciente com uma mutação hereditária em uma de suas duas cópias do gene *Apc*. Uma mutação na outra cópia do gene *Apc*, que ocorreu em uma célula epitelial do cólon durante a vida adulta, deu origem a um clone de células que se comportam como se a via de sinalização Wnt estivesse ativada permanentemente. Como resultado, as células desse clone formam um adenoma – uma massa enorme e firme de estruturas gigantes semelhantes a criptas, que se expande.

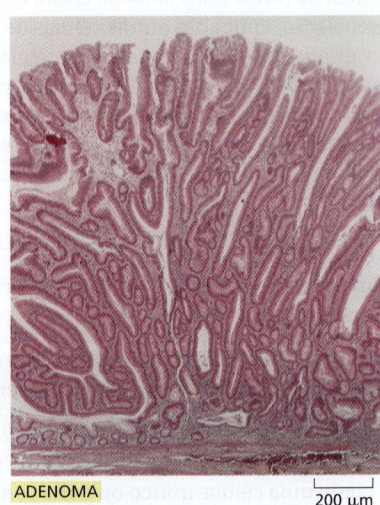
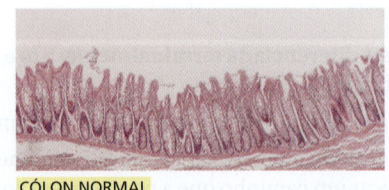

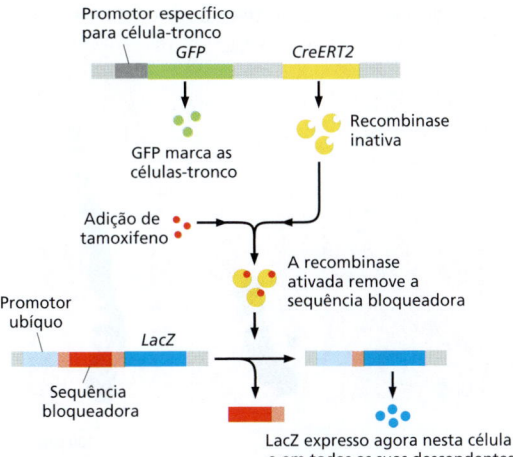

Figura 22-5 Análise clonal utilizando um marcador genético. Um método moderno para rastreamento de linhagem celular é a utilização de animais transgênicos que possuem dois transgenes, que juntos controlam a expressão de uma proteína marcadora herdável e de fácil detecção em um pequeno subgrupo de células-tronco. O primeiro transgene (*na parte superior*) carrega duas sequências adjacentes codificadoras de proteínas, *GFP* e *CreERT2*, ambas expressas sob o controle do promotor *Lgr* que é ativo apenas em células-tronco e não em suas progênies diferenciadas. *GFP* codifica uma proteína verde fluorescente (ver Capítulo 9), que é utilizada aqui simplesmente para confirmar a expressão na população inteira de células-tronco. O gene *CreERT2* codifica uma forma quimérica da recombinase Cre, chamada CreERT, que consiste em recombinase Cre ligada à proteína receptora de estrogênio; essa enzima torna-se ativa como recombinase somente quando se liga ao tamoxifeno, um análogo artificial de estrogênio.

O segundo transgene (*embaixo*) carrega um gene marcador, *LacZ*, sob o controle de um promotor que está ativo em todas as células. O gene *LacZ* codifica β-galactosidase, uma enzima que pode ser detectada histoquimicamente em tecidos (ver Figura 7-28). Contudo, a expressão de *LacZ* no transgene mostrado aqui é impedida por uma sequência bloqueadora (*vermelho*) que está flanqueda por sítios *LoxP* (*rosa*; ver Figura 5-66). Quando o tamoxifeno é adicionado, a CreERT torna-se ativa – levando a um evento de recombinação que remove a sequência de DNA bloqueadora (e deixa um sítio *LoxP* para trás). Como resultado, o marcador *LacZ* é expresso. Como tal alteração é hereditária, o marcador continua a ser expresso em todas as células descendentes daquelas em que ocorreu um evento de recombinação. Com uma dose baixa da molécula indutora tamoxifeno, é possível ativar o marcador de forma aleatória em apenas algumas células bastante espaçadas, que, com o passar do tempo, dão origem a clones de descendentes bastante separadas e facilmente identificáveis (ver Figura 22-6).

Para resolver o problema e compreender de fato a organização de qualquer sistema de células-tronco, precisamos descobrir como essas células estão relacionadas umas com as outras – quem é descendente de quem, ou, de forma equivalente, qual progênie será produzida a partir de uma dada célula qualquer. Isso pode ser mais bem realizado utilizando-se um marcador hereditário que pode ser ativado em uma célula individual, permitindo assim a identificação do clone da progênie descendente dessa célula. Um método moderno utiliza animais transgênicos para criar uma marca genética visível em apenas algumas poucas células bastante espaçadas, as quais, com o passar do tempo, dão origem a clones de descendentes afastadas umas das outras e facilmente perceptíveis, como explicado na **Figura 22-5**.

Uma pesquisa entre os genes que são fortemente regulados de forma positiva em resposta à sinalização Wnt revelou um, chamado *Lgr5*, que é expresso especificamente em células-tronco intestinais. A técnica descrita na Figura 22-5 pode ser utilizada para criar uma marca genética em um subconjunto aleatório de células que expressem *Lgr5* – uma marca que é herdada pela progênie de cada célula. Essas células *Lgr5* se dividem com um tempo de ciclo de cerca de 24 horas, e, dentro de poucos dias, clones marcados são vistos estendendo-se a partir das bases das criptas para cima ao longo dos lados das vilosidades. Depois de 60 dias ou mais, muitos desses clones ainda persistem, mantendo um ou mais membros na base da cripta e se estendendo para cima por todo o caminho até as extremidades das vilosidades (**Figura 22-6**). Além disso, normalmente cada clone único contém todos os principais tipos de células intestinais – absortivas, caliciformes, de Paneth e enteroendócrinas – em sua proporção normal. Portanto, as células que expressam *Lgr5* são verdadeiras células-tronco que são *multipotentes* – ou seja, capazes de gerar um conjunto diversificado de tipos de células diferenciadas.

Figura 22-6 Células-tronco que expressam *Lgr5* e sua progênie no intestino delgado. O método mostrado na Figura 22-5 foi utilizado aqui para marcar células-tronco intestinais individuais e rastrear o destino de suas descendentes. O gene *Lgr5* codifica um membro da família de receptores transmembrana ligados à proteína G e é expresso especificamente em células-tronco localizadas perto da base da cripta. Como o promotor de *Lgr5* foi usado para controlar a expressão de *CreERT2*, o tratamento com uma dose baixa de tamoxifeno resultou em algumas células-tronco que expressam *LacZ*. Essas células e todas as suas descendentes posteriormente podem ser detectadas com um corante histoquímico *azul*. Todas as células *azuis* nesta imagem derivam de uma única célula-tronco que expressa *Lgr5*. Depois de 60 dias, as descendentes *azuis* desta célula são vistas estendendo-se para cima ao longo da porção lateral da vilosidade. Esta progênie que pode ser mostrada inclui todos os tipos de células diferenciadas, bem como as células que expressam *Lgr5* que permanecem na base da cripta. Isso prova que células que expressam *Lgr5* são células-tronco multipotentes. (De N. Barker et al., *Nature* 449:1003–1007, 2007. Com permissão de Macmillan Publishers Ltd.)

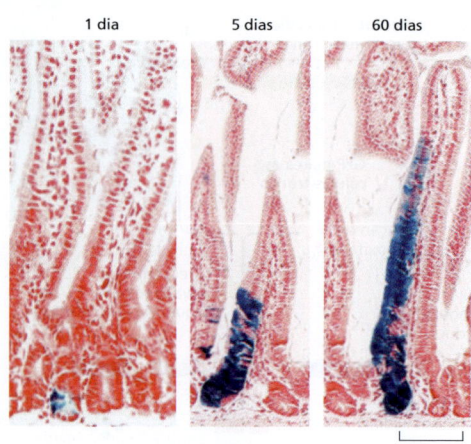

As duas células-filhas de uma célula-tronco não têm sempre que se tornar diferentes

Se o número de células-tronco em uma cripta precisa se manter estável, cada divisão da célula-tronco deve, em média, produzir uma célula-filha que permanece como uma célula-tronco e uma que se torna comprometida com a diferenciação. Em princípio, isso pode ser realizado pelo menos de duas maneiras (**Figura 22-7**).

Um mecanismo – à primeira vista o mais simples – seria pela divisão assimétrica: processos internos às células-tronco em divisão poderiam distribuir fatores reguladores assimetricamente para suas duas filhas, como ocorre em divisões de neuroblastos de *Drosophila* (ver Figura 21-36). Os fatores herdados por uma célula-filha fariam ela continuar sendo uma célula-tronco, enquanto aqueles herdados pela outra iriam dirigi-la para a diferenciação. Essa estratégia garantiria a produção pela célula-tronco original de precisamente uma célula-tronco em cada geração celular subsequente.

Uma estratégia alternativa seria baseada em uma escolha que cada célula-filha faria, independentemente de sua irmã: em circunstâncias normais, cada célula-filha teria 50% de probabilidade de permanecer como uma célula-tronco e 50% de probabilidade de comprometimento com a diferenciação. Assim, algumas vezes, as duas filhas de uma célula-tronco teriam destinos opostos, e outras vezes, o mesmo destino. A escolha que cada célula faz poderia ser tanto ao acaso, como o jogar uma moeda (cara ou coroa), quanto controlada pelo ambiente no qual a própria célula se encontra. Uma estratégia de escolhas independentes é mais flexível do que uma de divisão assimétrica estrita. Em particular, os fatores ambientais podem controlar o equilíbrio das probabilidades, ajustando-o em favor da opção de célula-tronco onde são necessárias mais células-tronco, já que muitas vezes elas o são, tanto para o crescimento quanto para o reparo de lesões.

A análise clonal proporciona uma forma de distinguir entre as duas estratégias, uma vez que elas fornecem previsões bastante diferentes quanto ao número esperado de clones de tamanhos diferentes produzidos por células-tronco individuais (ver Figura 22-7). Para o intestino, os resultados parecem claros: a teoria de escolha independente se encaixa nas observações, e a teoria de divisão assimétrica, não.

As células de Paneth criam o nicho de célula-tronco

Há em torno de 15 células-tronco que expressam *Lgr5* em cada cripta. Elas são finas e colunares e estão assentadas na base da cripta, intercaladas entre as células de Paneth (ver Figura 22-6). Esse é o **nicho de célula-tronco** intestinal: as células de Paneth geram sinais, incluindo um forte sinal Wnt, que atuam sobre uma distância curta para manter o estado de célula-tronco. Proteínas sinalizadoras do tecido conectivo localizado em torno da base da cripta ajudam a reforçar o sinal de localização das células de Paneth; o próprio Lgr5 é um receptor para uma dessas proteínas, denominada espondina-R.

No intestino, parece que o nicho criado pelas células de Paneth tem espaço apenas para um número limitado de células-tronco e, quando estas se dividem, é de maneira

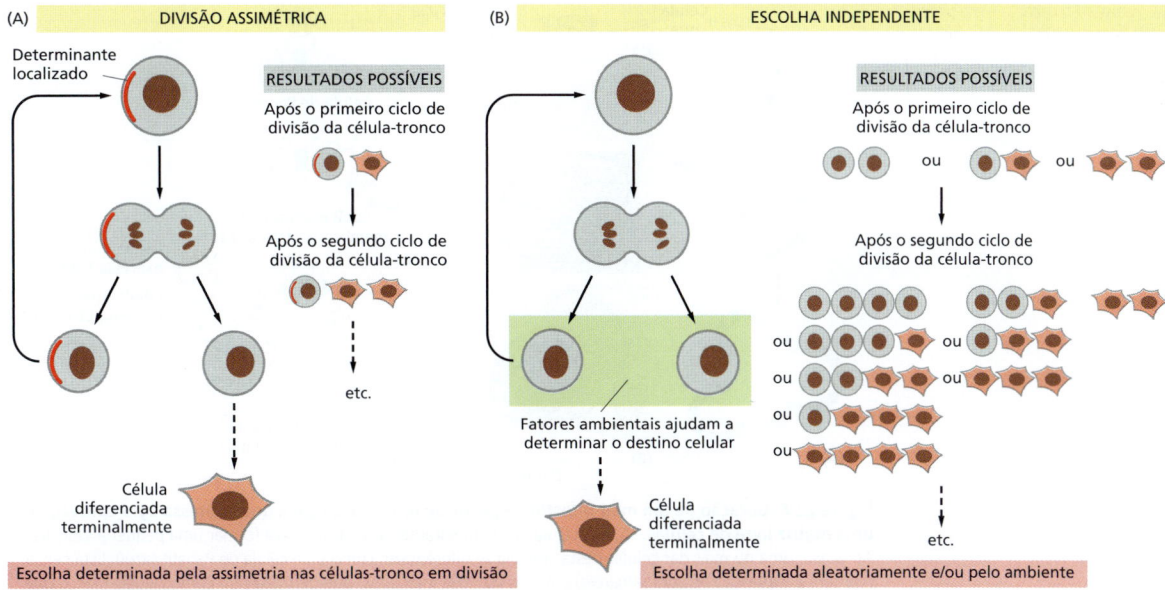

Figura 22-7 Duas maneiras de uma célula-tronco produzir células-filhas com destinos diferentes: divisão assimétrica e escolha independente. (A) A estratégia de divisão assimétrica dá origem a um clone que consiste, precisamente, em uma célula-tronco mais um número crescente de células em diferenciação, em proporção ao número de divisões celulares. (B) A estratégia de escolha independente é mais variável em seus resultados. Com uma escolha feita ao acaso por cada célula-filha e com uma probabilidade de 50% para cada uma de permanecer como uma célula-tronco ou se diferenciar, há, por exemplo, uma chance de 25% de que ambas as células-filhas se diferenciem na primeira divisão, de forma que o clone, por fim, se extinga. Ou, nesta divisão ou mais tarde, um predomínio de células-filhas pode ter a chance de manter sua característica de célula-tronco, criando um clone que persiste e aumenta de tamanho. Com auxílio de um pouco de matemática, a probabilidade da distribuição de tamanhos de clones gerados a partir de uma única célula-tronco em qualquer dado momento pode ser prevista nesta hipótese aleatória. As observações no intestino e em outros lugares se adaptam à estratégia de escolha independente aleatória, mas não à estratégia de divisão assimétrica.

aleatória que se define quais são empurradas para fora do ninho e condenadas à diferenciação e quais permanecem no local como células-tronco para o futuro. Na maioria dos outros sistemas de células-tronco onde a questão foi examinada, parece que os destinos das células-filhas de uma célula-tronco são atribuídos de forma semelhante, de modo independente e sujeito à influência do ambiente das células.

Uma única célula que expressa *Lgr5* em cultura pode produzir todo um sistema cripta-vilosidade organizado

As células de Paneth são, elas próprias, descendentes das células-tronco, sugerindo que o sistema intestinal de células-tronco está de alguma forma em automanutenção e auto-organização. Isso é demonstrado de maneira impressionante tomando-se uma única célula dissociada que expressa *Lgr5* e permitindo que ela prolifere em cultura, incorporada em uma matriz livre de células, enriquecida com o componente laminina da lâmina basal (mimetizando a lâmina basal). As células proliferam, formando, a princípio, pequenas vesículas epiteliais redondas. Contudo, dentro de poucos dias, uma ou outra das células na vesícula, ao acaso, começa a se diferenciar como uma célula de Paneth. Isso induz suas vizinhas a se comportarem como células-tronco e iniciar a transformação da vesícula simples em uma estrutura organizada, ou *organoide* (**Figura 22-8A,B**). Protuberâncias (ou protrusões) que se assemelham a criptas crescem na matriz circundante e contêm células de Paneth, células-tronco que expressam *Lgr5* e células amplificadoras em trânsito derivadas delas; tais tipos celulares estão confinados a estruturas semelhantes a criptas. Células absortivas que não se dividem, diferenciadas definitivamente, revestem as outras partes do epitélio organoide, com suas microvilosidades voltadas para o lúmen. Células caliciformes e enteroendócrinas também estão presentes, espalhadas no epitélio, e toda a estrutura do "mini-intestino", com todos os seus tipos de célula, cresce e renova-se de forma bastante semelhante ao revestimento do intestino normal.

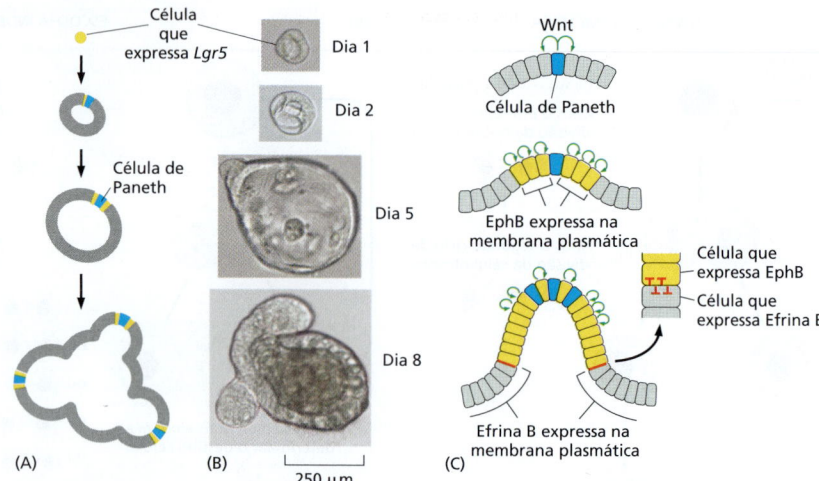

Figura 22-8 Geração de um mini-intestino a partir de uma única célula que expressa Lgr5 cultivada em uma matriz livre de células. (A,B) A célula base primeiramente se divide para formar uma pequena vesícula. Ao acaso, uma ou mais das células nesta vesícula se diferenciam como uma célula de Paneth (*azul*). Esta célula mantém a expressão de *Lgr5* (*amarelo*) em suas vizinhas imediatas, que permanecem como células-tronco que dão origem a uma gama completa de tipos de células intestinais. (C) Ilustração esquemática dos sinais fundamentais de organização. As células de Paneth organizam criptas produzindo um sinal Wnt que atua em células vizinhas e as mantém proliferando em estado de célula-tronco. Uma interação repulsiva baseada na ligação efrina-Eph faz os tipos celulares da cripta (que expressam EphB, induzida por Wnt) se separarem dos tipos de células diferenciadas da vilosidade que não se dividem (que expressam Efrina B). Tanto efrina quanto Eph são proteínas de superfície celular ligadas à membrana plasmática; em muitos tecidos, duas células que contêm um membro diferente desse par repelem uma a outra quando se tocam (ver Figura 21-49). (Adaptada de T. Sato e H. Clevers, *Science* 340:1190–1194, 2013. Com permissão de AAAS.)

A sinalização efrina-Eph dirige a segregação dos diferentes tipos celulares do intestino

O notável comportamento de auto-organização de organoides em cultivo sugere que alguma interação entre as diferentes células epiteliais as leva a separarem-se umas das outras. A via de sinalização efrina-Eph (discutida no Capítulo 15) parece ser a responsável. As células que se localizam nas criptas expressam o receptor de proteínas EphB, enquanto as células absortivas, caliciformes e enteroendócrinas, em função de iniciarem a diferenciação, desativam a expressão desse receptor e ativam a expressão de suas proteínas ligantes, proteínas de superfície celular da família Efrina B (**Figura 22-8C**). Em vários outros tecidos, células que expressam proteínas EphB são repelidas pelo contato com células que expressam efrinas em sua superfície (ver Figuras 21-49 e 21-79). Parece que o mesmo é verdade no revestimento do intestino, e que esse mecanismo serve para manter as células segregadas e nos seus locais adequados. Em mutantes-nocaute para EphB, a população celular torna-se misturada de tal maneira que, por exemplo, células de Paneth desviam-se para fora da cripta em direção à vilosidade.

A sinalização Notch controla a diversificação celular do intestino e ajuda a manter o estado de célula-tronco

Se um único tipo de célula-tronco dá origem a todos os tipos celulares diferenciados no revestimento do intestino, o que faz a progênie dessas células-tronco se diversificar? A sinalização Notch tem esse papel em muitos outros sistemas, onde ela medeia a inibição lateral – uma interação competitiva que guia células vizinhas em direção a destinos diferentes (ver Figuras 15-58 e 21-35). Todos os componentes essenciais da via Notch são expressos nas criptas; parece que a sinalização Wnt os mantém lá. Se a sinalização Notch é bloqueada abruptamente, dentro de poucos dias todas as células nas criptas diferenciam-se como células caliciformes, e as células absortivas deixam de ser produzidas; ao contrário, se a sinalização Notch é artificialmente ativada em todas as células, as células absortivas continuam a ser geradas, mas não são produzidas células caliciformes. Isso retrata o mecanismo de

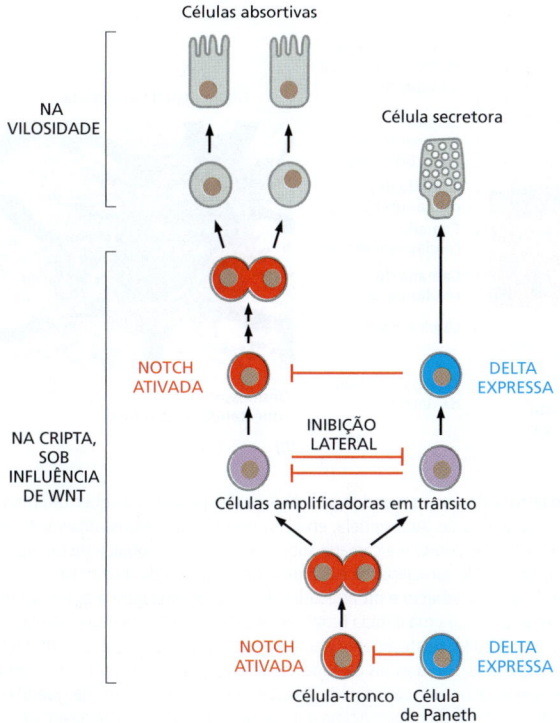

Figura 22-9 Como a sinalização Notch, em combinação com Wnt, mantém as células-tronco e dirige a diversificação celular no intestino. A sinalização Wnt leva à expressão de Notch e Delta nas células da cripta, e a sinalização Delta-Notch na cripta medeia a inibição lateral entre células adjacentes. Células que expressam níveis mais elevados de Delta acabam ativando Notch em suas vizinhas, adotam um destino secretor e param de se dividir; suas vizinhas, com Notch ativada, são impedidas de diferenciação e se mantêm em divisão. Essencialmente o mesmo processo atua na base da cripta, onde células de Paneth expressam níveis mais elevados de Delta para evitar que as células-tronco se diferenciem, e na população de células amplificadoras em trânsito onde as células secretoras recém-produzidas expressam níveis mais elevados de Delta. A divisão continua nas células ativadas por Notch enquanto elas sobem a cripta, até escaparem da influência de Wnt e emergir na vilosidade para tornarem-se células absortivas.

inibição lateral atuando em animais normais: as células caliciformes (e outras células secretoras) expressam a proteína ligante Delta (que se liga a Notch) e, assim, ativam Notch em suas vizinhas, inibindo-as a se diferenciar como células secretoras (**Figura 22-9**).

A sinalização Delta-Notch é fundamental não apenas na população de células amplificadoras em trânsito, mas também na base da cripta: as células de Paneth expressam Delta e isso ativa Notch nas células-tronco, inibindo a diferenciação. Sem essa influência, as células-tronco perdem sua característica especial e se diferenciam como células secretoras. Assim, a manutenção do estado de célula-tronco intestinal exige uma combinação de sinais, com tanto Wnt quanto Notch funcionando como atores centrais.

O sistema de célula-tronco epidérmico mantém uma barreira à prova d'água autorrenovável

Sistemas de células-tronco estão organizados de muitas maneiras diferentes, mas eles compartilham alguns princípios fundamentais. Considere a **epiderme**, por exemplo – a cobertura epitelial externa do corpo. A epiderme sofre renovação contínua, porém, ao contrário do revestimento do intestino, ela é um epitélio de múltiplas camadas ou *estratificado*. Células-tronco estão localizadas na camada basal, e suas descendentes se movem para fora na direção da superfície exposta, se diferenciando à medida que migram. Elas chegam à camada mais externa como escamas achatadas sem vida ou *células escamosas*, que futuramente são descamadas da superfície da pele (**Figura 22-10**). Ainda que a arquitetura desse tecido seja bastante diferente daquela do intestino, muitos dos mesmos princípios básicos se aplicam. Para a sua existência, as células-tronco dependem de sinais de um nicho específico, nesse caso a lâmina basal e o tecido conectivo subjacente. As filhas de células-tronco que estão comprometidas com a diferenciação sofrem várias divisões como células amplificadoras em trânsito (enquanto ainda estão na camada basal) antes da diferenciação. Por fim, um mecanismo aleatório de escolha independente determina os destinos das filhas de uma divisão de célula-tronco, permitindo o aumento no número de células-tronco quando necessário para crescimento ou cicatrização de feridas. A maior parte das mesmas vias de sinalização que organizam o sistema célula-tronco intestinal também está envolvida na regulação do sistema célula-tronco epidérmico, embora com papéis individuais diferentes.

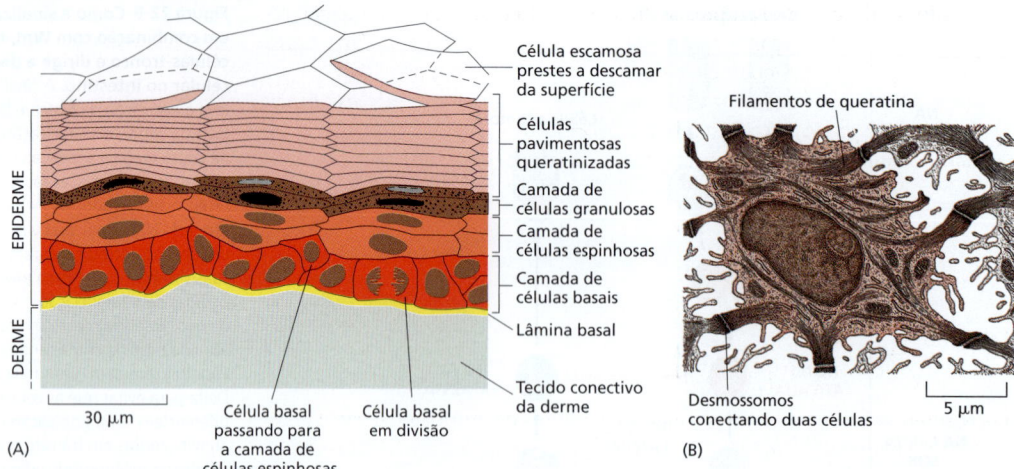

Figura 22-10 A estrutura estratificada da epiderme vista na pele fina de um camundongo. (A) A epiderme forma a cobertura mais externa da pele, criando uma barreira impermeável que é autorreparada e renovada continuamente. Abaixo dela, encontra-se uma camada relativamente grossa de tecido conectivo, a qual inclui a derme resistente e rica em colágeno (da qual é feito o couro) e a camada subcutânea adiposa subjacente ou hipoderme. As células da epiderme são chamadas de queratinócitos, porque sua atividade diferenciada característica é a síntese de proteínas de filamentos intermediários chamadas de queratinas, que dão à epiderme a sua resistência. Tais células modificam seu aspecto e propriedades de uma camada para a outra, progredindo ao longo de um programa regular de diferenciação. Aquelas na camada mais interna, presas a uma lâmina basal subjacente, são denominadas células basais e, em geral, são somente elas que se dividem: a população de células basais inclui um número relativamente pequeno de células-tronco junto com um grande número de células amplificadoras em trânsito, derivadas delas. Acima das células basais, estão várias camadas de células espinhosas grandes, mostradas na parte superior em (B), cujos numerosos desmossomos – cada um deles sendo um local de ancoragem para grossos feixes de filamentos de queratina – são visíveis ao microscópio de luz exatamente como minúsculos espinhos ao redor da superfície da célula. Acima das células espinhosas existe a camada granulosa, fina e de coloração escura, onde as células estão unidas em conjunto para formar uma barreira à prova d'água impermeável; esta caracteriza a fronteira entre o estrato interno, metabolicamente ativo, e a camada mais externa da epiderme, que consiste em células mortas cujas organelas intracelulares desapareceram. Essas células mais externas estão reduzidas a escamas achatadas, ou células escamosas, densamente envolvidas por queratina, que futuramente são descamadas da superfície da pele. O tempo entre a saída de uma célula da camada basal até a sua descamação na superfície é de uma semana ou duas, dependendo da região do corpo e da espécie.

Além das células destinadas à queratinização, as camadas profundas da epiderme incluem um pequeno número de células (não mostradas) que invadem esse tecido e têm origens e funções bastante diferentes. Essas imigrantes incluem células dendríticas, chamadas de células de Langerhans, derivadas da medula óssea e relacionadas ao sistema imune; melanócitos (células pigmentares) derivados da crista neural; e células de Merkel, que estão associadas com terminações nervosas na epiderme. (B, De R.V. Krstić, Ultrastructure of the Mammalian Cell: an Atlas. Berlim: Springer-Verlag, 1979.)

A renovação de tecidos que não depende de células-tronco: células que secretam insulina no pâncreas e hepatócitos no fígado

Alguns tipos de células podem se dividir mesmo que completamente diferenciados, permitindo a renovação e a regeneração sem o uso de células-tronco. As *células secretoras de insulina* (*células* β) do pâncreas são um exemplo. Seu modo de renovação tem uma importância especial, porque é a perda dessas células (a partir de um ataque autoimune) que é responsável pelo diabetes tipo 1 (de início juvenil); elas também são um fator significativo na forma da doença do tipo 2 (de início adulto). As células β em geral estão sequestradas em aglomerados celulares chamados de *ilhotas de Langerhans*. Essas ilhotas não contêm subgrupos evidentes de células especializadas para atuar como células-tronco, ainda que células β novas sejam continuamente produzidas dentro delas. Estudos de rastreamento de linhagens, similares àqueles antes descritos para o intestino, mostram que a renovação dessa população normalmente ocorre por duplicação simples das células secretoras de insulina existentes, e não pelas células-tronco.

Outro tecido que pode se renovar mediante duplicação simples de células completamente diferenciadas é o fígado. O principal tipo celular no fígado é o *hepatócito*, uma célula grande que realiza as funções metabólicas do fígado. Os hepatócitos costumam viver por um ano ou mais e renovam-se por divisão celular em um ritmo muito lento. Poderosos mecanismos homeostáticos atuam para ajustar a taxa de proliferação celular ou a taxa de morte celular, ou ambas, de modo a manter o órgão em seu tamanho normal ou restaurá-lo a esse tamanho em caso de lesão. Um efeito notável é observado se um número grande de hepatócitos é removido cirurgicamente ou é morto por envenenamento com tetracloreto de carbono. Dentro de um dia ou logo após uma das formas de lesão, uma onda de divisão celular ocorre entre os hepatócitos que sobreviveram, substituindo rapidamente o tecido perdido. Por exemplo, se dois terços do fígado de um rato são removidos, um fígado de tamanho aproximadamente normal pode ser regenerado a partir do que restou pela proliferação de hepatócitos em cerca de duas semanas.

Tanto o pâncreas como o fígado contêm populações pequenas de células-tronco que podem ser "colocadas em jogo" como um mecanismo reserva para a produção de tipos celulares diferenciados em circunstâncias mais extremas. Isso confere resistência aos mecanismos de renovação e reparo.

Alguns tecidos carecem de células-tronco e não são renováveis

A variedade entre os tecidos no que se refere à sua capacidade de autorrenovação é ilustrada, de forma impressionante, pela comparação do epitélio olfatório no nariz, do epitélio auditivo do ouvido interno e do epitélio fotorreceptor da retina. Essas três estruturas sensoriais, que, como a epiderme, desenvolvem-se a partir da camada ectodérmica do embrião precoce, diferem radicalmente em suas capacidades de autorrenovação. O epitélio olfatório contém uma população de células-tronco que dá origem a células diferenciadas que têm um tempo de vida limitado e são continuamente substituídas. Mas, ao contrário da epiderme, essas células diferenciadas (as células receptoras olfatórias) são neurônios, com corpos celulares que se encontram no epitélio olfatório e axônios que se estendem para trás em direção aos lobos olfatórios no cérebro. Portanto, a renovação contínua desse epitélio implica a produção contínua de axônios novos, os quais têm de navegar de volta para os locais apropriados no cérebro.

Ao contrário, pelo menos em mamíferos, o epitélio auditivo e o epitélio da retina carecem de células-tronco, e suas células receptoras sensoriais – as células sensoriais pilosas no ouvido, os fotorreceptores na retina – são insubstituíveis. Se eles são destruídos – seja por excesso de exposição a ruído alto, seja olhando para o feixe de um *laser*, seja por processos degenerativos na velhice, – a perda é permanente.

Resumo

Muitos tecidos no corpo de um mamífero adulto são renovados continuamente pelas células-tronco. Por definição, as células-tronco não estão diferenciadas terminalmente e têm a capacidade de se dividir ao longo do tempo de vida do organismo, produzindo algumas células-filhas que se diferenciam e outras que permanecem como células-tronco. O revestimento do intestino se autorrenova mais rapidamente do que qualquer outro no corpo de um mamífero e fornece um paradigma para o funcionamento de sistemas de células-tronco. No intestino delgado, há um fluxo ascendente contínuo a partir das criptas, onde células novas são produzidas por divisão celular, em direção às vilosidades, que são compostas de células diferenciadas que não se dividem. A via de sinalização Wnt mantém a proliferação celular nas criptas, e a ação aumentada da via Wnt dá origem a tumores. Células-tronco encontram-se na base de cada cripta e distinguem-se pela expressão de Lgr5 e outros genes. As células-tronco Lgr5$^+$ são multipotentes, cada uma capaz de produzir vários tipos diferentes de células diferenciadas assim como novas células-tronco. O equilíbrio de opções de destino é ajustado de acordo com a necessidade, permitindo o aumento no número de células-tronco onde são mais necessárias para crescimento e reparo. Em um meio de cultivo adequado livre de células, uma única célula-tronco Lgr5$^+$ pode produzir um "mini-intestino" auto-organizado, contendo todos os tipos celulares padrão do epitélio intestinal.

Outros epitélios com autorrenovação, como a epiderme com sua arquitetura de múltiplas camadas (estratificado), têm células-tronco e sua progênie diferenciada dispostas de maneiras diferentes, mas são controlados por princípios básicos semelhantes. Entretanto, a renovação e reparo de tecido nem sempre tem de depender de células-tronco. Assim, a população de células produtoras de insulina no pâncreas é ampliada e renovada por duplicação simples de células produtoras de insulina já existentes. De forma semelhante, no fígado, hepatócitos diferenciados continuam capazes de se dividir ao longo da vida e podem aumentar drasticamente sua taxa de divisão quando surge a necessidade. No extremo oposto, alguns tecidos, como os epitélios sensoriais do ouvido e do olho, não sofrem nenhuma reposição e não são renováveis: suas células, uma vez perdidas, estão perdidas para sempre.

FIBROBLASTOS E SUAS TRANSFORMAÇÕES: A FAMÍLIA DE CÉLULAS DO TECIDO CONECTIVO

Dos epitélios, com seus padrões variados de renovação e sua enorme variedade de funções (protetora, absortiva, secretora, sensorial e de biossíntese), voltar-nos-emos agora para os **tecidos conectivos**. Em geral, os tecidos conectivos consistem em células dispersas em matriz extracelular que elas próprias secretam, como discutido no Capítulo 19. Elas têm origem na camada mesodérmica (camada intermediária) do embrião precoce, a qual está interposta entre a ectoderme e a endoderme (ver Capítulo 21, Figura 21-3).

No corpo adulto, praticamente todos os epitélios são sustentados por uma base de tecido conectivo, ou *estroma*; e tipos especializados de tecido conectivo, como osso, cartilagem e tendão, formam a estrutura de suporte do corpo como um todo. Não menos importante do que seu papel mecânico, o tecido conectivo também contém os vasos sanguíneos que conduzem o oxigênio e os nutrientes dos quais dependem todas as células. As células do sistema imune vagueiam ao longo do tecido conectivo, passando para dentro e para fora dos vasos sanguíneos e linfáticos, fornecendo defesa contra infecções; e, ao longo das malhas de tecido conectivo, passam os nervos periféricos. Envoltos no tecido conectivo estão também os músculos que permitem nossos movimentos. Dessas muitas maneiras, as células que formam o tecido conectivo e sintetizam os vários tipos de matriz extracelular contribuem para o suporte e o reparo de quase todo tecido e órgão.

As células do tecido conectivo pertencem a uma família de tipos celulares que estão relacionados pela origem, e muitas vezes elas são extraordinariamente interconversíveis. A família inclui os *fibroblastos*, as *células cartilaginosas* e as *células ósseas*, os quais são todos especializados na secreção de matriz extracelular rica em colágeno e são, em conjunto, responsáveis pela arquitetura estrutural do corpo. A família do tecido conectivo inclui também as *células adiposas* (*adipócitos*) e as *células musculares lisas*. Esses tipos celulares e as interconversões que supostamente ocorrem entre eles são ilustrados na **Figura 22-11**. A adaptabilidade do caráter diferenciado de células do tecido conectivo é uma característica importante das respostas para muitos tipos de danos.

Os fibroblastos mudam suas características em resposta aos sinais químicos e físicos

Os fibroblastos parecem ser as células menos especializadas na família do tecido conectivo. Eles estão dispersos no tecido conectivo de todo o corpo, onde secretam uma matriz extracelular não rígida que é rica em colágeno do tipo I ou tipo III, ou ambos, como discutido no Capítulo 19. Quando um tecido é lesado, os fibroblastos próximos proliferam, migram para a ferida (**Animação 22.1**) e produzem grandes quantidades de matriz rica em colágeno, que ajuda a isolar e a reparar o tecido lesado. Sua capacidade de proliferação em caso de lesão, junto com seu estilo de vida solitário, pode explicar por que os fibroblastos são as células mais fáceis de crescer em cultivo – uma característica que tem feito delas o assunto preferido para estudos de biologia celular.

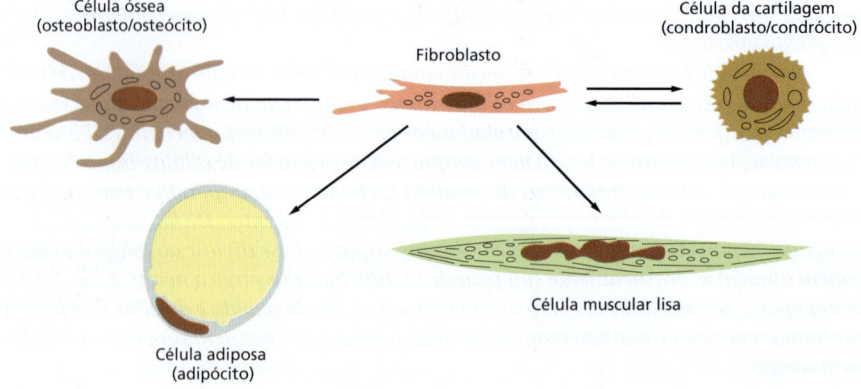

Figura 22-11 A família das células do tecido conectivo. As setas mostram as interconversões que supostamente ocorrem dentro da família. Para simplificar, o fibroblasto é mostrado como um tipo celular único, mas não se sabe ao certo quantos tipos de fibroblasto existem e se o potencial de diferenciação dos diferentes tipos é restrito de modos distintos.

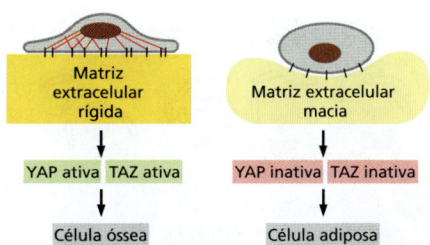

Figura 22-12 **Controle de diferenciação de fibroblasto pelas propriedades físicas da matriz extracelular.** Sobre uma matriz rígida, as células formam adesões fortes, espalham-se e tendem a se transformar em células ósseas. Sobre uma matriz macia, onde as células são incapazes de formar adesões fortes, elas não conseguem se espalhar e tendem a se diferenciar como células adiposas. Esses efeitos dependem de reguladores de transcrição (proteínas YAP e TAZ) que se movem para o núcleo da célula em resposta à tensão desenvolvida em feixes de actina-miosina no citoplasma. (Baseada em S. Dupont et al., *Nature* 474:179–183, 2011.)

Uma classe de células do tecido conectivo, denominadas células do *estroma da medula óssea*, fornece um exemplo da versatilidade radical do tecido conectivo. Essas células, que podem ser consideradas um tipo de fibroblasto, podem ser isoladas da medula óssea e propagadas em cultivo. Grandes clones de descendentes podem ser produzidos dessa maneira, a partir de um único ancestral de células do estroma. Dependendo das condições na cultura, os membros de um determinado clone tanto podem continuar proliferando para produzir mais células do mesmo tipo, como podem se diferenciar como células adiposas, células cartilaginosas ou células ósseas. O destino das células depende tanto de sinais físicos como de sinais químicos: envolvidas em uma matriz rígida e inflexível, elas tendem a se transformar em células ósseas, enquanto em uma matriz mais macia e mais elástica, elas tendem a se transformar em células adiposas. Esse efeito é mediado por uma via intracelular que responde à tensão em feixes de actina-miosina e transmite um sinal para reguladores de transcrição específicos no núcleo (**Figura 22-12**). Em função de sua característica multipotente, autorrenovável, as células do estroma da medula óssea, e outras células com propriedades semelhantes, são denominadas *células-tronco mesenquimais*.

Os osteoblastos produzem matriz óssea

A cartilagem e o osso são tecidos de características muito diferentes; contudo, eles estão estreitamente relacionados na origem, e a formação do esqueleto depende de uma íntima associação entre eles.

A **cartilagem** é um tecido estruturalmente simples, composto de células de um único tipo – os condrócitos – embebidas em uma matriz mais ou menos uniforme altamente hidratada, que consiste em proteoglicanos e colágeno do tipo II (discutido no Capítulo 19). A matriz cartilaginosa pode alterar sua forma, e o tecido cresce por expansão à medida que os condrócitos se dividem e produzem mais matriz (**Figura 22-13**). O **osso**, ao contrário, é denso e rígido; ele cresce por aposição – isto é, por deposição de matriz adicional sobre as superfícies livres. Como o concreto armado, a matriz óssea é predominantemente uma mistura de fibras rígidas (fibrilas de colágeno do tipo I), que resistem às forças de distensão, e de partículas sólidas (fosfato de cálcio na forma de cristais de *hidroxiapatita*), que resistem à compressão. A matriz óssea é secretada por **osteoblastos** que se localizam na superfície da matriz existente e depositam camadas frescas de osso sobre ela. Alguns dos osteoblastos permanecem livres na superfície, enquanto outros se tornam gradativamente envolvidos em sua própria secreção. Esse material fresco recém-formado (composto sobretudo de colágeno do tipo I) é convertido rapidamente em matriz óssea dura pela deposição de cristais de fosfato de cálcio nela.

Uma vez aprisionada na matriz dura, a célula original formadora de osso, agora chamada de **osteócito**, não tem oportunidade de se dividir, embora continue a secre-

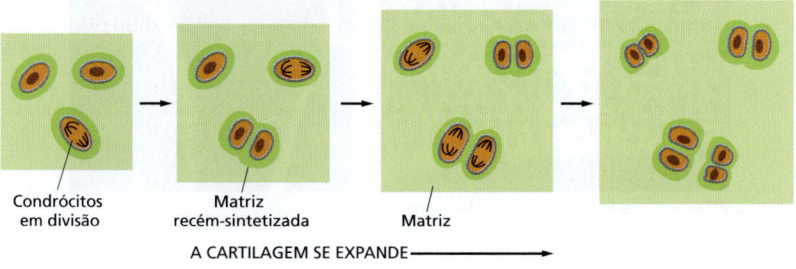

Figura 22-13 **O crescimento da cartilagem.** O tecido se expande enquanto os condrócitos se dividem e produzem mais matriz. A matriz recém-sintetizada com a qual cada célula cerca a si própria é sombreada em *verde-escuro*. A cartilagem também pode crescer pelo recrutamento de fibroblastos do tecido que a envolve e pela conversão destes em condrócitos.

Figura 22-14 Deposição de matriz óssea por osteoblastos. Os osteoblastos que revestem a superfície do osso secretam a matriz orgânica do osso (osteoide) e são convertidos em osteócitos quando eles se tornam embebidos nessa matriz. A matriz calcifica logo após ter sido depositada. Acredita-se que os próprios osteoblastos sejam derivados de células-tronco osteogênicas que estão intimamente relacionadas aos fibroblastos.

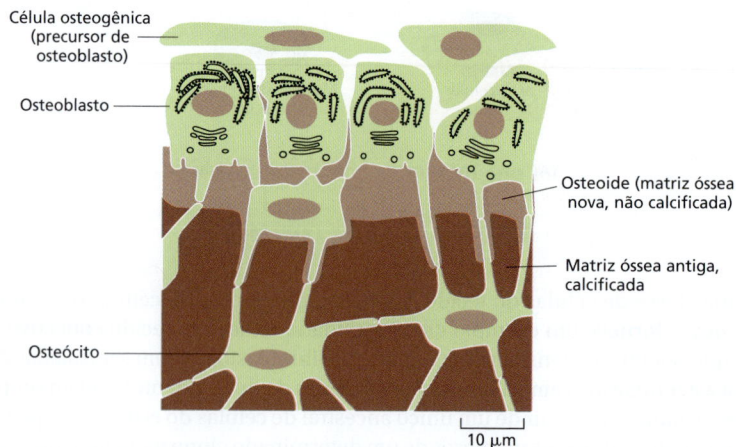

tar mais matriz, em pequenas quantidades, em torno de si mesma. O osteócito, da mesma forma que o condrócito, ocupa uma pequena cavidade, ou *lacuna*, na matriz, mas, ao contrário do condrócito, ele não está isolado de seus companheiros. Canais muito pequenos, ou *canalículos*, irradiam-se de cada lacuna e contêm processos celulares do osteócito que está nessa lacuna, permitindo-lhe formar junções do tipo fenda com osteócitos vizinhos (**Figura 22-14**). Vasos sanguíneos e nervos passam através do tecido, mantendo as células ósseas vivas e reagindo quando o osso é lesado.

Um osso maduro tem uma arquitetura complexa e bela, na qual placas densas de tecido de *osso compacto* circundam espaços atravessados por estruturas leves de *osso trabecular* – uma filigrana de hastes de tecido ósseo entrelaçadas com medula mole nos interstícios (**Figura 22-15**). A produção, manutenção e reparo dessa estrutura não dependem apenas das células da família do tecido conectivo que sintetizam matriz, mas também de uma classe separada de células chamadas de *osteoclastos*, que a degradam, como explicaremos a seguir.

O osso é remodelado continuamente pelas células em seu interior

Apesar de toda a sua rigidez, o osso não é de modo algum um tecido permanente e imutável. Passando pela matriz extracelular rígida, há canais e cavidades ocupados por células vivas, que correspondem a cerca de 15% do peso do osso compacto. Essas células estão envolvidas em um processo incessante de remodelagem: enquanto os osteoblastos depositam matriz óssea nova, os osteoclastos destroem a matriz óssea velha. Esse mecanismo proporciona a contínua renovação e substituição de matriz no interior do osso.

Os **osteoclastos** (**Figura 22-16**) são células multinucleadas grandes que se originam, como os macrófagos, de células-tronco hematopoiéticas na medula óssea (discu-

Figura 22-15 Osso trabecular e compacto. (A) Eletromicrografia de varredura em baixa magnitude de osso trabecular na vértebra de um homem adulto. O tecido mole da medula foi dissolvido e retirado. (B) Um corte sagital da cabeça do fêmur, com a medula óssea e outros tecidos moles igualmente dissolvidos e retirados, revela o osso compacto do tubo ósseo e o osso trabecular no interior. Em função da maneira pela qual o tecido ósseo remodela a si próprio em resposta à carga mecânica, as trabéculas orientam-se ao longo do eixo principal de tensão dentro do osso. (A, cortesia de Alan Boyde; B, de J.B. Kerr, Atlas of Functional Histology. Mosby, 1999.)

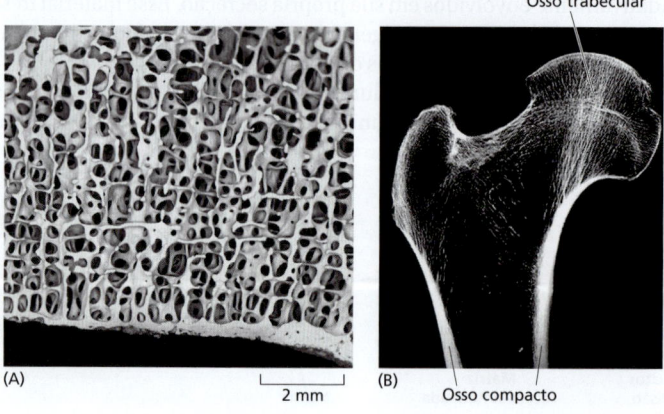

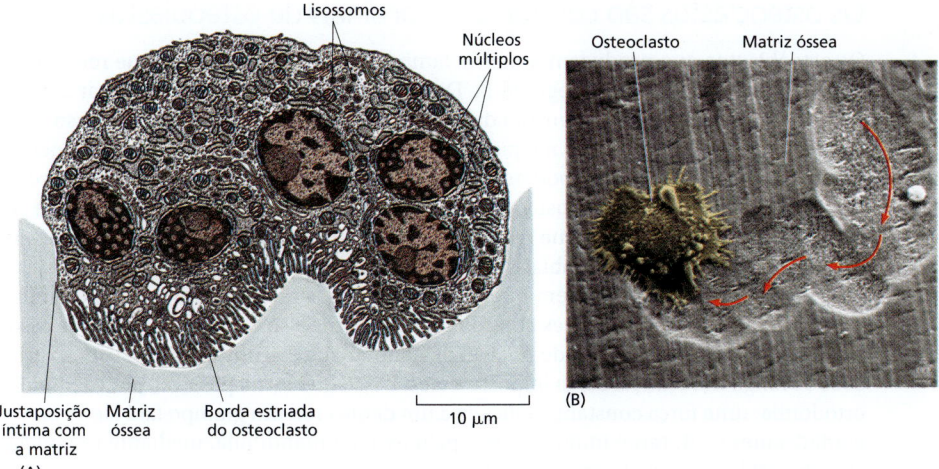

Figura 22-16 Osteoclastos. (A) Esquema de um osteoclasto em corte transversal. Esta célula gigante, multinucleada, promove erosão da matriz óssea. A "borda estriada" é um local de secreção de ácidos (para dissolver os minerais do osso) e de hidrolases (para digerir os componentes orgânicos da matriz). Os osteoclastos variam em forma, são móveis e costumam emitir processos para reabsorver osso em vários locais. Eles se desenvolvem a partir de monócitos e podem ser vistos como macrófagos especializados. (B) Um osteoclasto na matriz óssea, visto por microscopia eletrônica de varredura. O osteoclasto se arrasta lentamente sobre a matriz, corroendo-a, e deixando uma trilha de fossas onde ele causou erosão. (A, de R.V. Krstić, Ultrastructure of the Mammalian Cell: An Atlas. Berlim: Springer-Verlag, 1979; B, cortesia de Alan Boyde.)

tido adiante neste capítulo). As células precursoras são liberadas na corrente sanguínea e juntam-se em locais de reabsorção óssea, onde se fundem para formar os osteoclastos multinucleados, que se aderem às superfícies da matriz óssea e a corroem. Os osteoclastos são capazes de abrir um túnel profundo na substância-matriz do osso compacto, formando cavidades que são invadidas por outras células. Um capilar sanguíneo cresce em direção ao centro de um desses túneis, e as paredes do túnel são revestidas com uma camada de osteoblastos (**Figura 22-17**). Esses osteoblastos depositam camadas concêntricas de matriz nova, que gradualmente preenchem a cavidade, deixando apenas um canal estreito em torno do novo vaso sanguíneo. Ao mesmo tempo em que alguns túneis são preenchidos totalmente com osso, outros estão sendo perfurados por osteoclastos, que cortam sistemas concêntricos mais velhos.

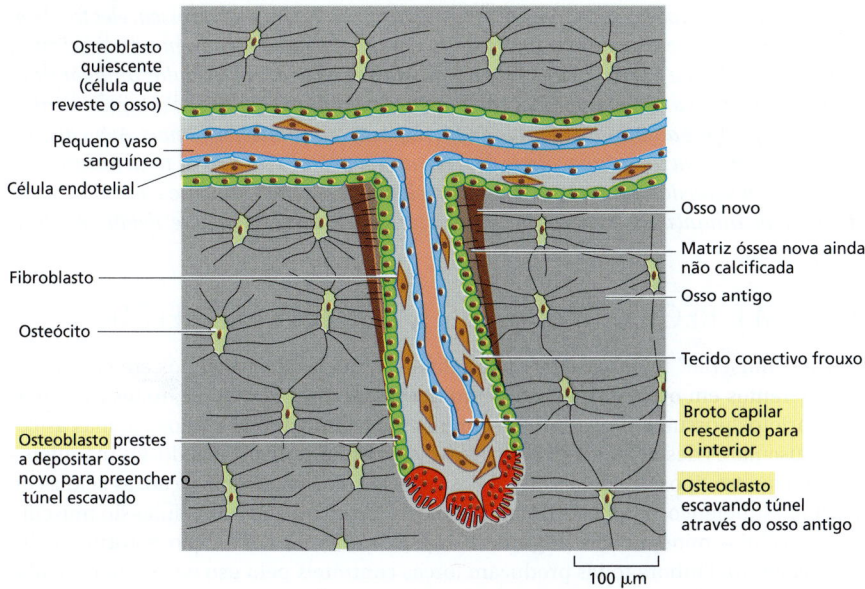

Figura 22-17 A remodelagem do osso compacto. Os osteoclastos atuando juntos em um pequeno grupo escavam um túnel no osso antigo, avançando em uma taxa de cerca de 50 μm por dia. Os osteoblastos entram no túnel atrás deles, revestem suas paredes e começam a formar osso novo, depositando camadas de matriz a uma taxa de 1 a 2 μm por dia. Ao mesmo tempo, um capilar brota em direção ao centro do túnel. O túnel finalmente torna-se preenchido com camadas concêntricas de osso novo, apenas com um canal central estreito remanescente. Cada um desses canais, além de proporcionar um caminho de acesso para os osteoclastos e osteoblastos, contém um ou mais vasos sanguíneos que transportam os nutrientes de que as células ósseas precisam para sobreviver. Caracteristicamente, cerca de 5 a 10% do osso em um mamífero adulto saudável são substituídos dessa maneira a cada ano. (Conforme Z.F.G. Jaworski, B. Duck e G. Sekaly, *J. Anat.* 133:397–405, 1981. Com permissão de Blackwell Publishing.)

Os osteoclastos são controlados por sinais de osteoblastos

Os osteoblastos que produzem a matriz também produzem os sinais que recrutam e ativam os osteoclastos para degradá-la. Distúrbios nesse balanço podem levar à *osteoporose*, na qual há excessiva erosão da matriz óssea e enfraquecimento do osso, ou à condição oposta, *osteopetrose*, na qual o osso se torna excessivamente espesso e denso. Sinais hormonais têm efeitos poderosos nesse equilíbrio. Por exemplo, o uso crônico de corticosteroides pode causar osteoporose como um efeito colateral; mas isso pode ser tratado por outros fármacos que restabelecem o equilíbrio, incluindo agentes que bloqueiam os fatores que os osteoblastos secretam para recrutar osteoclastos.

Controles locais permitem que o osso seja depositado em um local enquanto é reabsorvido em outro. Por esses controles sobre o processo de remodelagem, os ossos são dotados de uma capacidade notável de adaptar sua estrutura em resposta a variações de longa duração na carga imposta a eles. É isso que torna possível, por exemplo, a ortodontia: uma força constante aplicada a um dente com um grampo fará ele se mover gradativamente, durante muitos meses, pelo osso da mandíbula, mediante remodelagem do tecido ósseo na frente e atrás dele.

O osso também pode sofrer uma reconstrução muito mais rápida e dramática quando surge a necessidade. Algumas células capazes de formar cartilagem nova persistem no tecido conectivo que cerca um osso. Se o osso é quebrado, as células na vizinhança da fratura fazem o reparo usando um processo que se assemelha ao modo como os ossos se desenvolvem no embrião: primeiro a cartilagem é depositada para preencher o espaço da fratura e depois é substituída por osso. A capacidade de autorreparo, tão impressionantemente ilustrada pelos tecidos do esqueleto, é uma propriedade das estruturas vivas que não tem paralelo entre os objetos feitos na atualidade pelo homem.

Resumo

A família de células do tecido conectivo inclui fibroblastos, células cartilaginosas, células ósseas, células adiposas e células musculares lisas. Alguns tipos de fibroblastos, como as células-tronco mesenquimais da medula óssea, parecem ser capazes de se transformar em qualquer um dos outros membros dessa família. Tais transformações de tipos celulares de tecido conectivo são reguladas pela composição da matriz extracelular circundante, pela forma celular e por hormônios e fatores de crescimento. Tanto a cartilagem como o osso consistem em células e matriz sólida que as células secretam em torno delas mesmas – condrócitos na cartilagem, osteoblastos no osso (osteócitos são osteoblastos que ficaram aprisionados dentro da matriz óssea). A matriz da cartilagem é capaz de alterar sua forma de modo que o tecido possa crescer por expansão, ao passo que o osso é rígido e pode crescer apenas por aposição. Enquanto os osteoblastos secretam matriz óssea, eles também produzem sinais que recrutam monócitos da circulação para tornarem-se osteoclastos, os quais degradam a matriz óssea. Pela atividade dessas classes de células antagonistas, o osso é submetido a uma remodelagem perpétua pela qual ele pode se adaptar à carga que pode suportar e alterar sua densidade em resposta aos sinais hormonais. Além disso, o osso adulto conserva uma capacidade de reparar a si próprio caso sofra uma fratura, por meio de reativação dos mecanismos que controlam seu desenvolvimento embrionário: as células na vizinhança da fratura convertem o tecido em cartilagem, que, depois, é substituída por osso.

ORIGEM E REGENERAÇÃO DO MÚSCULO ESQUELÉTICO

O termo "músculo" inclui muitos tipos celulares, todos especializados em contração, mas diferentes em outros aspectos. Como observado no Capítulo 16, todas as células de eucariotos possuem um sistema contrátil envolvendo actina e miosina, mas as células musculares desenvolveram esse mecanismo em um nível elevado. Os mamíferos possuem quatro tipos principais de células especializadas para contração: as células do músculo esquelético, as células do músculo cardíaco (coração), as células do músculo liso e as células mioepiteliais (**Figura 22-18**). Elas diferem em função, estrutura e desenvolvimento. Embora todas produzam forças contráteis pelo uso de sistemas de filamentos organizados com base em actina e miosina II, as moléculas de actina e miosina

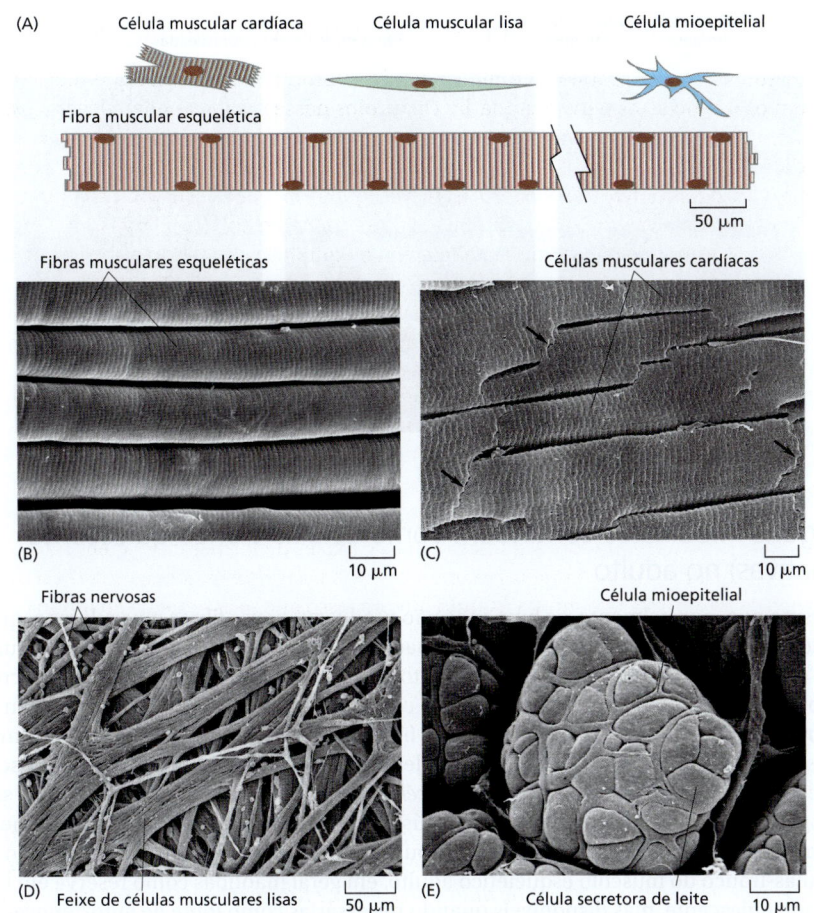

Figura 22-18 Os quatro tipos de células musculares de um mamífero.
(A) Ilustrações esquemáticas (em escala). (B-E) Eletromicrografias de varredura. As fibras musculares esqueléticas (B, de um *hamster*) são células gigantes com muitos núcleos e se formam por fusão celular. Os outros tipos de células musculares são mais convencionais, em geral tendo apenas um núcleo. As células do músculo cardíaco (C, de um rato) se parecem com fibras musculares esqueléticas nas quais seus filamentos de actina e miosina estão alinhados em arranjos muito ordenados para formar uma série de unidades contráteis chamadas de sarcômeros, de maneira que as células têm uma aparência estriada (listrada). As setas em (C) apontam para discos intercalares – junções entre as extremidades de duas células musculares cardíacas; as células musculares esqueléticas em músculos longos são unidas nas extremidades de modo semelhante. As células musculares lisas (D, da bexiga de um cobaio) são assim denominadas porque não parecem estriadas; elas pertencem à família do tecido conectivo e estão intimamente relacionadas com os fibroblastos. Observe que o músculo liso é mostrado aqui em aumento menor do que os outros tipos de músculo. As funções do músculo liso variam muito, desde impulsionar o alimento ao longo do trato digestivo até eriçar os pelos em resposta ao frio ou ao medo. As células mioepiteliais (E, de um alvéolo secretor de uma glândula mamária de rata em lactação) também não têm estriações, mas ao contrário de todas as outras células musculares elas estão situadas em epitélios e derivam da ectoderme. Elas formam o músculo dilatador da íris do olho e servem para expelir a saliva, o suor e o leite das glândulas correspondentes. (B, cortesia de Junzo Desaki; C, de T. Fujiwara, in Cardiac Muscle in Handbook of Microscopic Anatomy [E.D. Canal, ed.]. Berlim: Springer-Verlag, 1986; D, cortesia de Satoshi Nakasiro; E, de T. Nagato et al., *Cell Tissue Res.* 209:1–10, 1980. Com permissão de Springer-Verlag.)

utilizadas são um pouco diferentes na sequência de aminoácidos, estão arranjadas de forma diferente nas células e estão associadas a grupos diferentes de proteínas que controlam a contração.

Nesta seção, destacaremos as células do músculo esquelético, que são responsáveis por quase todos os movimentos sob controle voluntário. Essas células podem ser muito grandes (2 a 3 cm de comprimento e 100 μm de diâmetro em um humano adulto) e muitas vezes são chamadas de *fibras musculares*, por causa de sua forma altamente alongada. Cada uma é um sincício, contendo muitos núcleos dentro de um citoplasma comum. Em um músculo intacto, elas estão unidas de maneira muito firme em feixes, com fibroblastos (e algumas células adiposas) nos interstícios entre elas e vasos sanguíneos e fibras nervosas que passam pelo tecido. Os mecanismos de contração muscular foram discutidos no Capítulo 16. Aqui consideramos a estratégia incomum pela qual as células musculares esqueléticas multinucleadas são produzidas e mantidas.

Os mioblastos fundem-se para formar novas fibras musculares esqueléticas

Durante o desenvolvimento, certas células, originadas dos somitos de um embrião de vertebrado em um estágio muito precoce, são destinadas a se diferenciar como **mioblastos**, os precursores das fibras musculares esqueléticas. Após um período de proliferação, os mioblastos sofrem uma mudança dramática de estado: eles param de se dividir, ativam a expressão de uma bateria inteira de genes músculo-específicos necessária à diferenciação terminal e fundem-se uns com os outros para formar fibras musculares esqueléticas multinucleadas (**Figura 22-19**). Uma vez que a diferenciação e a fusão celular tenham ocorrido, as células não se dividem e os núcleos nunca mais replicam seu DNA.

Figura 22-19 Fusão de mioblastos em cultivo. O cultivo está corado com um anticorpo fluorescente (*verde*) contra a miosina do músculo esquelético, que marca as células musculares diferenciadas, e com um corante específico para DNA (*azul*) para mostrar os núcleos celulares. (A) Pouco tempo após a troca para um meio de cultivo que favorece a diferenciação, apenas dois dos muitos mioblastos no campo visual ativaram a produção de miosina e se fundiram para formar uma célula muscular com dois núcleos (*em cima à direita*). (B) Um pouco mais tarde, quase todas as células se diferenciaram e se fusionaram. (C) Observação em maior magnitude, mostrando as estriações características (listras transversais finas) em duas das células musculares multinucleadas. (Cortesia de Jacqueline Gross e Terence Partridge.)

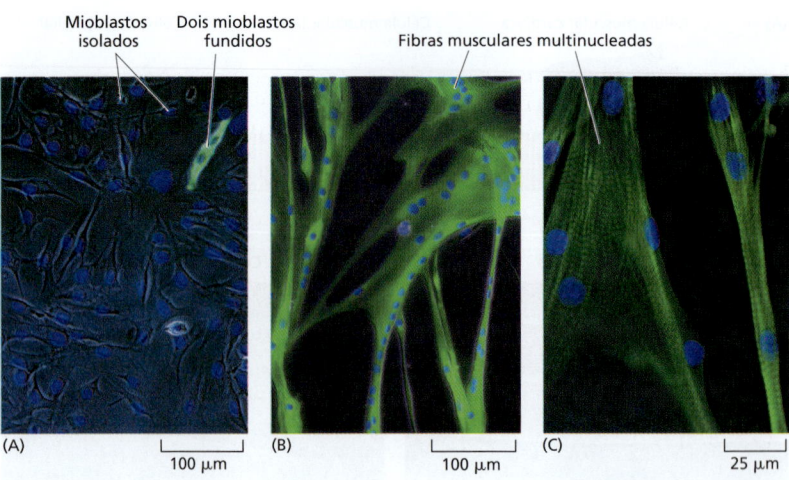

Alguns mioblastos continuam como células-tronco quiescentes (inativas) no adulto

Mesmo que, normalmente, os humanos não produzam novas fibras musculares esqueléticas na vida adulta, eles ainda têm a capacidade de produzi-las, e as fibras musculares existentes podem retomar o crescimento quando surge a necessidade. Células com capacidade de atuar como mioblastos são conservadas na forma de células pequenas, achatadas e inativas, situadas em contato íntimo com as células musculares maduras e estando contidas dentro da sua bainha de lâmina basal (**Figura 22-20**). Se o músculo é lesado ou estimulado a crescer, essas *células-satélite* são ativadas a proliferar, e sua progênie pode se fundir para reparar o músculo lesado ou para permitir o crescimento muscular. Portanto, as células-satélite, ou algum subgrupo de células-satélite, são as células-tronco do músculo esquelético adulto, em geral mantidas como reserva em um estado quiescente, mas disponíveis quando necessárias como fonte de autorrenovação de células diferenciadas terminais.

No entanto, o processo de reparo muscular por meio de células-satélite é limitado no que ele pode obter. Em uma forma de *distrofia muscular,* por exemplo, um defeito genético na proteína de citoesqueleto distrofina causa lesão nas células musculares esqueléticas diferenciadas. Como resultado, as células-satélite proliferam para reparar as fibras musculares lesadas. Contudo, tal resposta regenerativa é incapaz de acompanhar o ritmo da lesão e, por fim, o tecido conectivo substitui as células musculares, impedindo qualquer possibilidade adicional de regeneração. Um declínio da capacidade de regeneração também contribui para o enfraquecimento do músculo nos idosos.

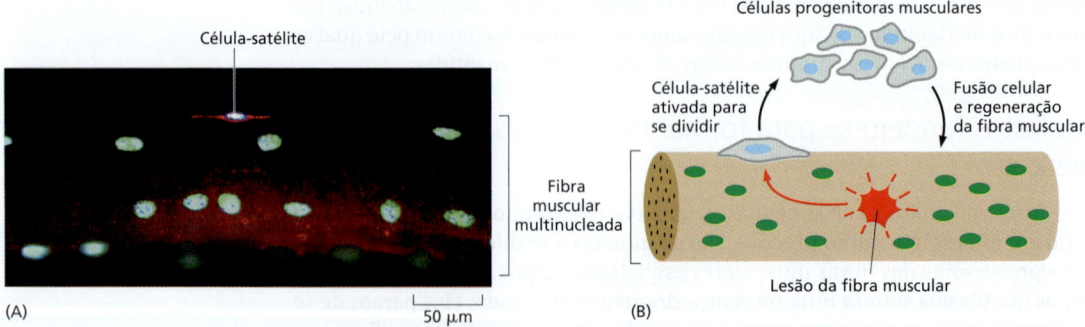

Figura 22-20 Células-satélite reparam fibras musculares esqueléticas. (A) A amostra está corada com um anticorpo (*vermelho*) contra uma caderina muscular, caderina-M, que está presente tanto na célula-satélite como na fibra muscular e está concentrada no local em que suas membranas estão em contato. Os núcleos da fibra muscular estão corados em *verde*, e o núcleo da célula satélite está corado em *azul*. (B) Esquema do reparo de uma fibra muscular lesada por proliferação e fusão de células-satélite. (A, cortesia de Terence Partridge.)

Resumo

As fibras musculares esqueléticas são uma das quatro categorias principais de células especializadas em contração nos vertebrados, sendo responsáveis por todos os movimentos voluntários. Cada fibra muscular esquelética é um sincício e se desenvolve pela fusão de muitos mioblastos. Os mioblastos proliferam muito, mas uma vez que tenham se fundido, não podem mais se dividir. A fusão costuma ocorrer após o início da diferenciação do mioblasto, na qual muitos genes que codificam proteínas musculares específicas são ativados coordenadamente. Alguns mioblastos persistem em um estado quiescente na forma de células-satélite no músculo adulto; quando um músculo é lesado, essas células são reativadas a proliferar e se fundem para substituir as células musculares que foram perdidas. Elas são as células-tronco de músculo esquelético, e o esgotamento de sua capacidade regenerativa é responsável por algumas formas de distrofia muscular assim como pela diminuição da massa muscular na velhice.

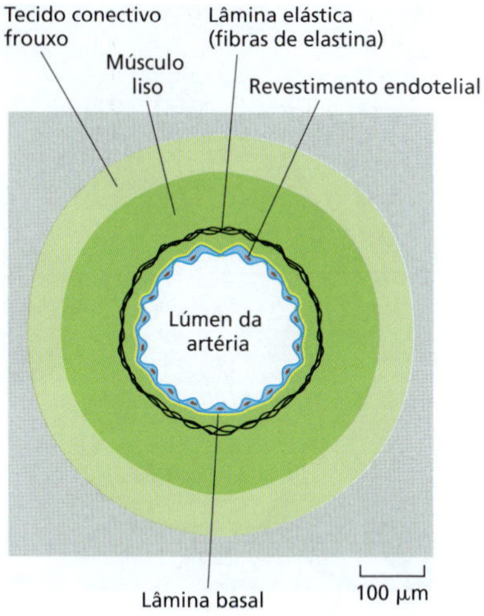

VASOS SANGUÍNEOS, LINFÁTICOS E CÉLULAS ENDOTELIAIS

Quase todos os tecidos dependem de um suprimento de sangue, e o suprimento de sangue depende de **células endoteliais**, que formam o revestimento dos vasos sanguíneos. As células endoteliais têm uma capacidade notável de ajustar seu número e seu arranjo para se adequar às necessidades locais. Elas criam um sistema adaptável de suporte da vida, alcançando por migração celular quase qualquer região do corpo. Se não fossem as células endoteliais que estendem e remodelam a rede de vasos sanguíneos, o crescimento e o reparo dos tecidos seriam impossíveis. O tecido canceroso é tão dependente do suprimento de sangue como o tecido normal, e isso levou a um aumento do interesse pela biologia da célula endotelial, na esperança de que possa ser possível bloquear o crescimento de tumores atacando as células endoteliais que lhes trazem nutrição.

As células endoteliais revestem todos os vasos sanguíneos e linfáticos

Os vasos sanguíneos maiores são artérias e veias, que têm uma parede espessa e resistente de tecido conectivo e muitas camadas de células musculares lisas (**Figura 22-21**). A parede interna é revestida por uma única camada extremamente fina de células endoteliais, o *endotélio*, separada das camadas externas vizinhas por uma lâmina basal. As quantidades de tecido conectivo e músculo liso na parede do vaso variam de acordo com o diâmetro e a função do vaso, porém o revestimento endotelial está sempre presente. Nos ramos mais finos da árvore vascular – os capilares e os sinusoides – as paredes consistem apenas em células endoteliais e em uma lâmina basal (**Figura 22-22**), junto com uns poucos e dispersos *pericitos*. Relacionados às células musculares lisas dos vasos, os pericitos enrolam-se em torno dos pequenos vasos e os reforçam (**Figura 22-23**).

Menos evidentes que os vasos sanguíneos são os vasos linfáticos. Estes não transportam sangue e têm paredes muito mais delgadas e mais permeáveis que os vasos

Figura 22-21 Esquema de uma artéria pequena em corte transversal. As células endoteliais formam o revestimento endotelial, que, embora imperceptível, é o componente fundamental. Compare com o capilar na Figura 22-22.

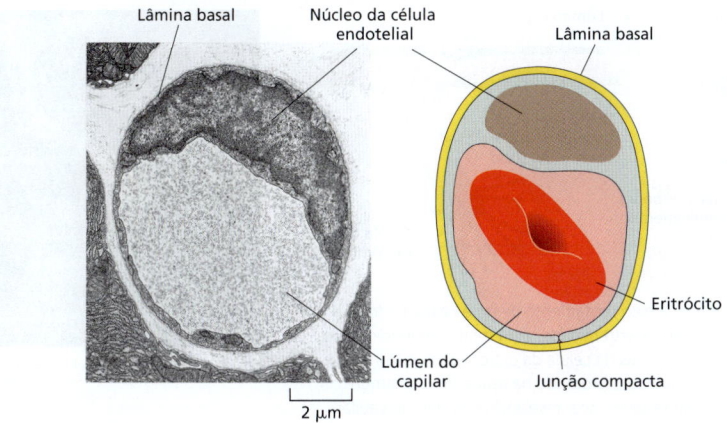

Figura 22-22 Capilares. Eletromicrografia (à *esquerda*) de um corte transversal de um capilar pequeno no pâncreas. A parede é formada por uma única célula endotelial circundada por uma lâmina basal, como é visto mais claramente no esquema à *direita*. (De R.P. Bolender, *J. Cell Biol.* 61:269–287, 1974. Com permissão de The Rockefeller University Press.)

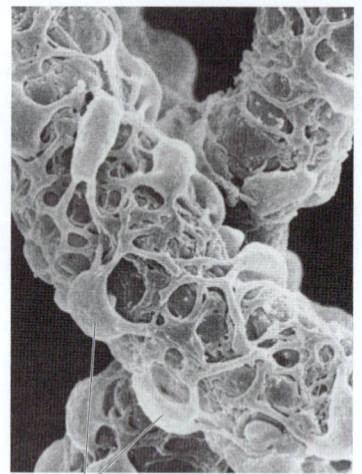

Pericitos aderidos à superfície externa de um vaso sanguíneo pequeno   10 μm

Figura 22-23 Pericitos. A eletromicrografia de varredura mostra pericitos envolvendo com seus processos celulares um vaso sanguíneo pequeno (uma vênula pós-capilar) na glândula mamária de uma gata. Os pericitos estão presentes também em torno de capilares, porém, nesses casos, encontram-se distribuídos de forma muito mais esparsa. (De T. Fujiwara e Y. Uehara, *Am. J. Anat.* 170:39–54, 1984. Com permissão de Wiley-Liss.)

sanguíneos. Eles fornecem um sistema de drenagem para o fluido (linfa) que se infiltra para fora dos vasos sanguíneos, bem como uma via de saída para glóbulos brancos que tenham migrado dos vasos sanguíneos para dentro dos tecidos. Infelizmente, eles também podem fornecer a via pela qual as células cancerosas escapam de um tumor primário para invadir outros tecidos. Os vasos linfáticos formam um sistema ramificado de afluentes, todos drenando, por fim, para dentro de um único grande vaso linfático, o ducto torácico, que se abre em uma grande veia, próxima ao coração. Da mesma forma que os vasos sanguíneos, os vasos linfáticos são revestidos com células endoteliais.

Dessa forma, as células endoteliais revestem o sistema vascular sanguíneo e linfático inteiro, desde o coração até os menores capilares, e elas controlam a passagem de materiais – e o trânsito de glóbulos brancos do sangue – para dentro e para fora da corrente sanguínea. Artérias, veias, capilares e vasos linfáticos desenvolvem-se todos a partir de vasos pequenos constituídos unicamente de células endoteliais e de lâmina basal: o tecido conectivo e o músculo liso são adicionados mais tarde, quando necessário, sob influência de sinais provenientes das células endoteliais.

As células endoteliais das extremidades abrem caminho para a angiogênese

Para compreender como o sistema vascular se forma dentro do indivíduo e como ele se adapta às alterações de necessidades dos tecidos, temos que entender as células endoteliais. Como elas se tornam tão amplamente distribuídas e como elas formam canais que se associam exatamente na forma adequada para o sangue circular pelos tecidos e para a linfa ser drenada de volta para a corrente sanguínea?

As células endoteliais são originadas em locais específicos no embrião inicial a partir de células precursoras que também dão origem a células do sangue. A partir desses locais, as células endoteliais embrionárias iniciais migram, proliferam e se diferenciam para formar os primeiros rudimentos de vasos sanguíneos – um processo chamado de *vasculogênese*. O crescimento e a ramificação subsequente dos vasos por todo o corpo ocorrem, principalmente, por proliferação e movimento das células endoteliais desses primeiros vasos, em um processo chamado de **angiogênese**.

A angiogênese ocorre de maneira muito semelhante no organismo jovem enquanto ele cresce e no adulto durante o reparo e a remodelagem do tecido. Podemos observar o comportamento das células em estruturas naturalmente transparentes, como a córnea do olho ou a barbatana de um girino, ou em tecido em cultivo, ou no embrião. A retina embrionária, a qual os vasos sanguíneos invadem de acordo com um cronograma predeterminado, proporciona um exemplo conveniente para um estudo experimental. Cada vaso novo origina-se como um broto capilar do lado de um capilar existente ou pequena vênula (**Figura 22-24**). Na extremidade do broto, abrindo caminho, está uma célula endotelial com um caráter distinto. Essa *célula da extremidade* tem um padrão de expressão gênica um tanto diferente do padrão das células endoteliais da haste que seguem atrás dela, e, enquanto as

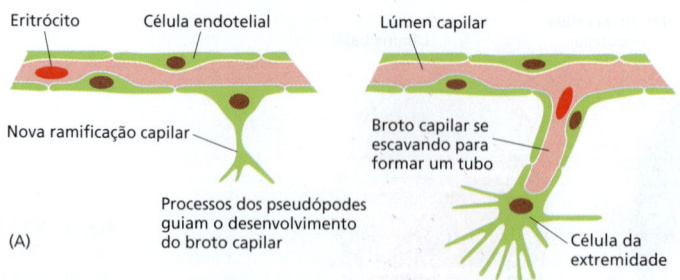

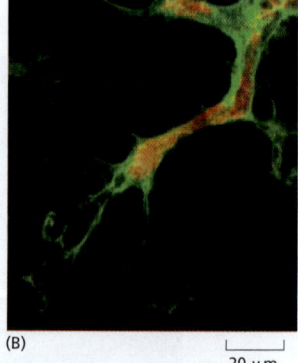

Figura 22-24 Angiogênese. (A) Um novo capilar sanguíneo se forma pelo brotamento de uma célula endotelial a partir da parede de um pequeno vaso existente. Uma célula endotelial da extremidade, com muitos filopódios, guia o avanço de cada broto capilar. As células endoteliais da haste seguem atrás da célula da extremidade e tornam-se escavadas para formar um tubo com lúmen interno. (B) Capilares sanguíneos brotando na retina de um camundongo embrionário que teve um corante vermelho injetado na corrente sanguínea, revelando o lúmen do capilar se abrindo atrás da célula da extremidade (Animação 22.2). (B, de H. Gerhardt et al., *J. Cell Biol.* 161:1163–1177, 2003. Com permissão do autor.)

células da haste se dividem, ela não o faz. A característica mais surpreendente da célula da extremidade é que ela estende muitos processos celulares longos chamados de filopódios, que se assemelham àqueles de um cone de crescimento neuronal. Enquanto isso, a coluna de células da haste atrás dela torna-se escavada para formar um lúmen.

As células endoteliais da extremidade que abrem caminho para o crescimento de capilares normais não apenas se parecem com cones de crescimento neuronal, mas também respondem de forma semelhante aos sinais no ambiente. De fato, muitas das moléculas de orientação envolvidas são as mesmas, incluindo netrinas, slits e efrinas mencionadas em nossa descrição de desenvolvimento neuronal no capítulo anterior. Os receptores correspondentes são expressos nas células da extremidade e guiam o broto vascular ao longo de vias específicas no embrião, frequentemente em paralelo com os nervos. Porém, talvez a mais importante das moléculas de orientação para as células endoteliais seja uma que está dedicada sobremaneira ao controle do desenvolvimento vascular: o *fator de crescimento endotelial vascular*, ou *VEGF* (de *vascular endotelial growth fator*).

Tecidos que necessitam de um suprimento sanguíneo liberam VEGF

Quase todas as células, em praticamente todos os tecidos de um vertebrado, estão localizadas a uma distância de 50 a 100 μm de um capilar sanguíneo. Que mecanismo assegura que o sistema de vasos sanguíneos ramifique para todas as direções? Como está ajustado de forma tão perfeita às necessidades locais dos tecidos, não apenas durante o desenvolvimento normal, mas também em circunstâncias patológicas? Um ferimento, por exemplo, induz um grande e repentino crescimento de capilares nas vizinhanças da lesão para satisfazer as altas exigências metabólicas do processo de reparo (**Figura 22-25**). Os irritantes e as infecções locais também causam uma proliferação de novos capilares, a maioria dos quais regride e desaparece quando a inflamação diminui. De forma menos benigna, uma amostra pequena do tecido de um tumor implantado na córnea, que em geral não apresenta vasos sanguíneos, provoca o crescimento rápido dos vasos sanguíneos na direção do implante a partir da margem vascular da córnea; a taxa de crescimento do tumor aumenta bruscamente assim que os vasos chegam a ele.

Em todos esses casos, as células endoteliais invasoras respondem a sinais produzidos pelo tecido que elas invadem. Os sinais são complexos, mas um papel-chave é desempenhado pelo **fator de crescimento endotelial vascular** (**VEGF**). A regulação do crescimento do vaso sanguíneo, para corresponder às necessidades do tecido, depende do controle de produção de VEGF, por meio de mudanças na estabilidade de seu mRNA e em sua taxa de transcrição. O último controle é relativamente bem compreendido. Uma carência de oxigênio, em quase qualquer tipo de célula, causa um aumento no nível intracelular de um fator de transcrição chamado **fator induzido por hipoxia 1α** (**HIF1α**, de *hypoxia-inducible factor 1α*). O HIF1α estimula a transcrição do gene *Vegf* (e de outros genes cujos produtos são necessários quando o suprimento de oxigênio está baixo). A proteína VEGF é secretada, difunde-se pelo tecido e atua sobre as células endoteliais próximas, estimulando-as a proliferar, a produzirem proteases para ajudá-las a digerir seu caminho ao longo da lâmina basal do capilar, ou da vênula de origem, e a formar brotos. As células da extremidade dos brotos detectam o gradiente de VEGF e movem-se na direção da fonte deste. À medida que vasos novos se formam, trazendo sangue para o

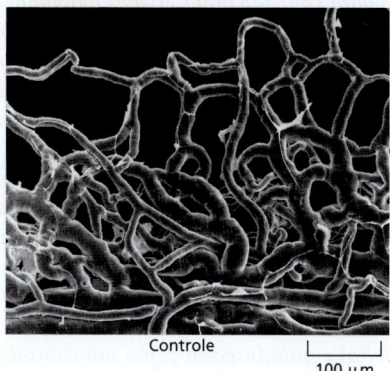
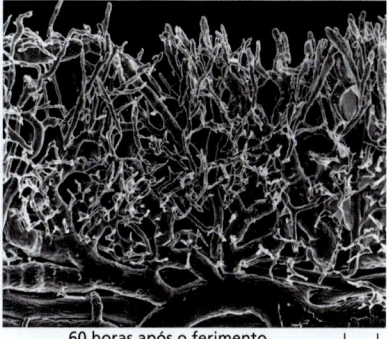

Figura 22-25 **Formação de novos capilares em resposta a um ferimento.** A eletromicrografia de varredura dos moldes do sistema de vasos sanguíneos que circundam a margem da córnea mostra a reação ao ferimento. Os moldes são feitos injetando uma resina dentro dos vasos e deixando-a solidificar; isso revela a forma do lúmen em oposição à forma das células. Sessenta horas após o ferimento, muitos capilares novos haviam começado a brotar em direção ao local da lesão, que está exatamente acima da parte superior da imagem. Seu supercrescimento orientado reflete uma resposta quimiotática das células endoteliais a um fator angiogênico liberado na ferida. (Cortesia de Peter C. Burger.)

Figura 22-26 O mecanismo regulador que controla o crescimento do vaso sanguíneo conforme a necessidade de oxigênio do tecido. A falta de oxigênio desencadeia a secreção de VEGF, que estimula a angiogênese.

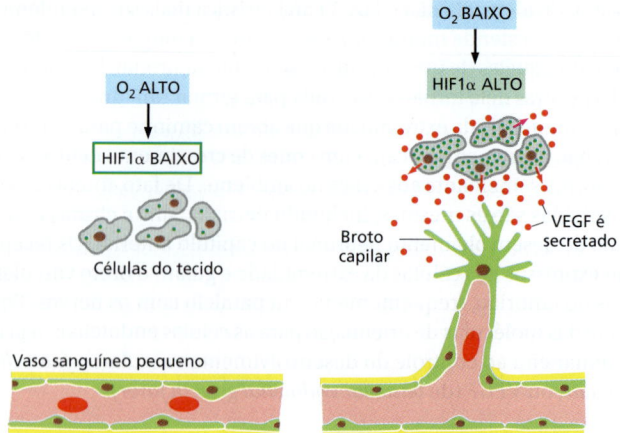

tecido, a concentração de oxigênio se eleva. A atividade de HIF1α então diminui, a produção de VEGF é encerrada, e a angiogênese chega a uma pausa (**Figura 22-26**).

Sinais das células endoteliais controlam o recrutamento de pericitos e células musculares lisas para formar a parede do vaso

A rede vascular é remodelada continuamente enquanto ela cresce e se adapta. Um vaso recém-formado pode ficar mais espesso; ou dele podem brotar ramos laterais; ou pode regredir. As próprias células musculares lisas ou de outros tecidos conectivos que formam uma camada em torno do endotélio (ver Figura 22-23) ajudam a estabilizar os vasos enquanto eles aumentam sua espessura. Esse processo de formação da parede do vaso inicia-se com o recrutamento de pericitos. Um número pequeno destas células migra em companhia das células da haste, pela parte externa de cada broto endotelial. O recrutamento e a proliferação de pericitos e células musculares lisas para formar uma parede de vaso depende do fator B de crescimento derivado de plaqueta (PDGF-B, de *platelet-derived growth factor-B*) secretado pelas células endoteliais e dos receptores de PDGF nos pericitos e nas células musculares lisas. Em mutantes nos quais falta essa proteína sinalizadora ou seu receptor, essas células da parede do vaso estão ausentes em muitas regiões. Como resultado, os vasos sanguíneos embrionários desenvolvem microaneurismas – dilatações patológicas microscópicas – que, por fim, rompem-se, assim como outras anormalidades, que refletem a importância da troca de sinais em ambas as direções entre as células externas da parede do vaso e as células endoteliais.

Resumo

As células endoteliais são os elementos fundamentais do sistema vascular. Elas formam uma camada celular única que reveste todos os vasos sanguíneos e linfáticos e regula as trocas entre a corrente sanguínea e os tecidos vizinhos. Os vasos novos se originam como brotações endoteliais a partir das paredes de pequenos vasos existentes. Uma célula endotelial da extremidade, móvel e especializada, localizada na borda de cada broto, estende filopódios que respondem a gradientes de moléculas de controle presentes no ambiente, levando ao crescimento de brotações que se assemelham muito com o cone de crescimento de um neurônio. As células endoteliais da haste, seguindo atrás, tornam-se escavadas para formar um tubo capilar. Os sinais das células endoteliais organizam o crescimento e o desenvolvimento das células do tecido conectivo que formam as camadas circundantes da parede do vaso.

Um mecanismo homeostático assegura que os vasos sanguíneos penetrem cada região do corpo. As células que são pobres em oxigênio aumentam sua concentração do fator 1α induzido por hipoxia (HIF1α), que estimula a produção do fator de crescimento endotelial vascular (VEGF). O VEGF atua sobre as células endoteliais, fazendo-as proliferar e invadir o tecido pouco oxigenado para supri-lo com vasos sanguíneos novos. À medida que os vasos novos aumentam, eles recrutam um número crescente de pericitos – células que se aderem à parte externa do tubo endotelial e amadurecem como um camada de músculo liso que é necessária para se obter a resistência dos vasos.

UM SISTEMA DE CÉLULAS-TRONCO HIERÁRQUICO: FORMAÇÃO DE CÉLULAS DO SANGUE

A função dos vasos sanguíneos é transportar o sangue, e é para esse sangue que nos voltamos agora. O sangue contém muitos tipos de células com funções que variam desde o transporte de oxigênio à produção de anticorpos. Algumas dessas células permanecem dentro do sistema vascular, enquanto outras usam o sistema vascular apenas como um meio de transporte e desempenham sua função em outro local. Entretanto, todas as células sanguíneas têm certas semelhanças em sua história de vida. Todas elas têm um tempo de vida limitado e são produzidas por toda a vida do animal. Notavelmente, todas são produzidas, em última análise, a partir de uma célula-tronco comum, localizada na medula óssea (em humanos adultos). Assim, essa *célula-tronco hematopoiética* (que faz sangue) é multipotente, dando origem a todos os tipos de células sanguíneas diferenciadas terminalmente, assim como a alguns outros tipos de células, como os osteoclastos no osso, conforme já mencionado. O sistema hematopoiético é o mais complexo dos sistemas de células-tronco dos mamíferos e é excepcionalmente importante na prática médica.

Os eritrócitos são todos iguais; os leucócitos podem ser agrupados em três classes principais

As células sanguíneas podem ser classificadas como vermelhas ou brancas. Os **glóbulos vermelhos do sangue**, ou **eritrócitos** (hemácias), permanecem dentro dos vasos sanguíneos e transportam O_2 e CO_2 ligados à hemoglobina. Os **glóbulos brancos do sangue**, ou **leucócitos**, combatem infecções e, em alguns casos, realizam a fagocitose e a digestão de detritos. Os leucócitos, ao contrário dos eritrócitos, devem abrir seu caminho atravessando as paredes de pequenos vasos sanguíneos e migrar para os tecidos para desempenhar suas tarefas. Além disso, o sangue contém grande número de **plaquetas**, que não são células inteiras, mas pequenos fragmentos celulares soltos, ou "minicélulas", derivados do citoplasma de células grandes chamadas de *megacariócitos*. As plaquetas se aderem especificamente ao revestimento celular endotelial de vasos sanguíneos lesados, onde ajudam no reparo de rupturas e auxiliam no processo de coagulação sanguínea.

Todos os eritrócitos permanecem em uma única classe, seguindo a mesma trajetória de desenvolvimento enquanto amadurecem, e o mesmo é verdade para as plaquetas; contudo, há muitos tipos distintos de leucócitos. Os glóbulos brancos tradicionalmente estão agrupados em três categorias principais – granulócitos, monócitos e linfócitos – com base na sua aparência à microscopia óptica.

Os **granulócitos** contêm numerosos lisossomos e vesículas secretoras (ou grânulos) e estão subdivididos em três classes, de acordo com a morfologia e as propriedades de coloração dessas organelas (**Figura 22-27**). As diferenças na coloração refletem as principais diferenças químicas e de função. Os *neutrófilos* (também chamados de *leucócitos polimorfonucleares* por causa de seu núcleo multilobulado) são o tipo mais comum de granulócitos; eles fagocitam e destroem os microrganismos, em especial as bactérias, e dessa forma têm um papel-chave na imunidade inata à infecção bacteriana, como discutido no Capítulo 24 (ver **Animação 16.1**). Os *basófilos* secretam histamina (e, em algumas espécies, serotonina), que ajuda a mediar as reações inflamatórias; eles estão intimamente relacionados aos *mastócitos*, que se localizam no tecido conectivo, mas também são gerados pelas células-tronco hematopoiéticas. Os *eosinófilos* ajudam a destruir os parasitas e modulam as respostas inflamatórias alérgicas.

Uma vez que tenham deixado a corrente sanguínea, os **monócitos** (ver Figura 22-27D) amadurecem, tornando-se **macrófagos**, que, junto com os neutrófilos, são as principais "células fagocíticas profissionais" no organismo. Como discutido no Capítulo 13, ambos os tipos de células fagocíticas contêm lisossomos especializados que se fundem com vesículas fagocíticas recém-formadas (fagossomos), expondo os microrganismos fagocitados a uma enxurrada, produzida enzimaticamente, de moléculas altamente reativas de superóxido (O_2^-) e de hipoclorito (ClO^-, o ingrediente ativo da água sanitária), assim como ao ataque de uma mistura concentrada de enzimas hidrolases lisossômicas que se tornam ativas no fagossomo. Entretanto, os macrófagos são muito grandes e vivem mais tempo do

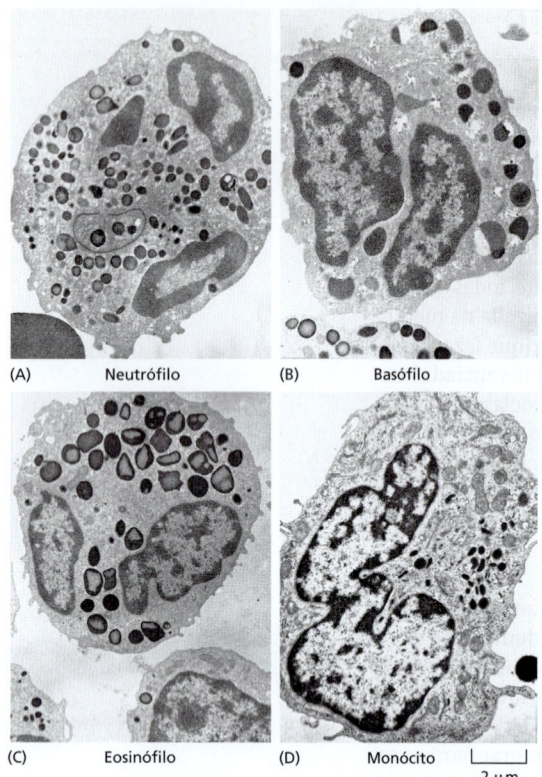
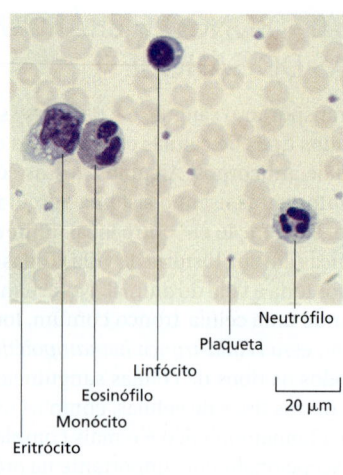

Figura 22-27 Leucócitos (glóbulos brancos do sangue). (A-D) Estas eletromicrografias mostram (A) um neutrófilo, (B) um basófilo, (C) um eosinófilo e (D) um monócito. As eletromicrografias de linfócitos são mostradas na Figura 24-14. Cada um dos tipos celulares mostrados aqui tem uma função diferente, retratada pelos tipos distintos de grânulos secretores e lisossomos que esses tipos contêm. Há apenas um núcleo por célula, porém ele tem uma forma lobulada irregular e, em (A), (B) e (C), as conexões entre os lóbulos estão fora do plano de corte. (E) Uma fotomicrografia de luz de um esfregaço de sangue corado com o corante de Romanowsky, que cora intensamente os glóbulos brancos do sangue. (Cortesia de Dorothy Bainton.)

que os neutrófilos. Eles reconhecem e removem células velhas, mortas e lesadas em muitos tecidos, sendo os únicos aptos a ingerir microrganismos grandes, como protozoários.

Os monócitos também dão origem a *células dendríticas*. Como os macrófagos, as células dendríticas são células migratórias que podem ingerir substâncias e organismos estranhos, porém, quando estão ativas, elas não têm um apetite por fagocitose e, em vez disso, possuem um papel crítico como apresentadoras de antígenos estranhos aos linfócitos, para desencadear uma resposta imune. As células dendríticas da epiderme (denominadas *células de Langerhans*), por exemplo, ingerem antígenos estranhos na epiderme e os transportam a partir da pele de volta, para apresentá-los aos linfócitos, nos linfonodos.

Há duas classes principais de **linfócitos**, ambas envolvidas em respostas imunes: os *linfócitos B* produzem anticorpos, enquanto os *linfócitos T* matam as células infectadas por vírus e regulam as atividades de glóbulos brancos. Além disso, há células semelhantes a linfócitos, chamadas de *células matadoras naturais* (*NK*, de *natural killer*), que matam alguns tipos de células tumorais e células infectadas por vírus. A produção de linfócitos é um tópico especializado discutido em detalhes no Capítulo 24. Aqui nos concentraremos sobretudo no desenvolvimento de outras células sanguíneas, com frequência classificadas coletivamente como **células mieloides**.

Os vários tipos de células do sangue e suas funções estão resumidos na **Tabela 22-1**.

A produção de cada tipo de célula sanguínea na medula óssea é controlada individualmente

A maioria dos leucócitos desempenha suas funções em outros tecidos, e não no sangue; o sangue simplesmente as transporta para onde elas são necessárias. Uma infecção ou uma lesão local em qualquer tecido atrai rapidamente os leucócitos para a região afetada como parte da resposta inflamatória, que ajuda a combater a infecção ou a cicatrizar a ferida (**Animação 22.3**).

A resposta inflamatória é complexa e controlada por muitas moléculas sinalizadoras diferentes, produzidas no local por mastócitos, terminações nervosas, plaquetas e glóbulos brancos, bem como pela ativação do complemento (discutido no Capítulo 24). Algumas dessas moléculas sinalizadoras atuam sobre o revestimento endotelial dos

CAPÍTULO 22 Células-tronco e renovação de tecidos

TABELA 22-1 Células do sangue

Tipo de célula	Funções principais	Concentração típica no sangue humano (células/litro)
Eritrócitos	Transportam O_2 e CO_2	5×10^{12}
Leucócitos		
Granulócitos		
Neutrófilos (leucócitos polimorfonucleares)	Fagocitam e destroem bactérias invasoras	5×10^9
Eosinófilos	Destroem parasitas grandes e modulam respostas inflamatórias alérgicas	2×10^8
Basófilos	Liberam histamina (e, em algumas espécies, serotonina) em certas reações imunes	4×10^7
Monócitos	Nos tecidos, tornam-se macrófagos, que fagocitam e digerem microrganismos e corpos estranhos invasores, assim como células velhas danificadas	4×10^8
Linfócitos		
Células B	Produzem anticorpos	2×10^9
Células T	Matam células infectadas por vírus e regulam atividades de outros leucócitos	1×10^9
Células matadoras naturais (células NK)	Matam células infectadas por vírus e algumas células tumorais	1×10^8
Plaquetas (fragmentos celulares oriundos de megacariócitos na medula óssea)	Iniciam a coagulação sanguínea	3×10^{11}

Os humanos contêm cerca de 5 litros de sangue, que são responsáveis por 7% do peso corporal. Os glóbulos vermelhos do sangue (eritrócitos) constituem cerca de 45% desse volume, e os glóbulos brancos cerca de 1%, sendo o restante o plasma sanguíneo líquido.

capilares vizinhos auxiliando os glóbulos brancos, primeiro, a se fixar no endotélio e, depois, atravessá-lo e sair da corrente sanguínea para dentro do tecido, onde são necessárias, conforme descrito no Capítulo 19 (ver Figura 19-28 e **Animação 19.2**). Tecidos inflamados ou lesados e células endoteliais locais secretam outras moléculas chamadas de *quimiocinas*, que atuam como agentes quimiotáticos para tipos específicos de glóbulos brancos, fazendo-as tornarem-se polarizadas e deslizarem em direção à fonte do agente quimiotático. Como resultado, um grande número de glóbulos brancos penetra o tecido afetado (**Figura 22-28**).

Outras moléculas sinalizadoras produzidas durante uma resposta inflamatória migram pelo sangue e estimulam a medula óssea a produzir mais leucócitos e a liberá-los na corrente sanguínea. A regulação tende a ser específica para cada tipo celular: por exemplo, algumas infecções bacterianas causam um aumento seletivo dos neutrófilos, enquanto as infecções com alguns protozoários e outros parasitas causam um aumento seletivo dos eosinófilos. (Por esse motivo, os médicos rotineiramente utilizam a contagem diferencial de glóbulos brancos para auxiliar no diagnóstico de infecções e outras doenças inflamatórias.)

Em outras circunstâncias, a produção de eritrócitos é aumentada de forma seletiva – por exemplo, em resposta à anemia (falta de hemoglobina) devido à perda de sangue, e nos processos de aclimatação quando alguém vai viver em altas altitudes, onde o oxigênio é escasso. Dessa forma, a formação de células sanguíneas, ou *hematopoiese*, envolve necessariamente controles complexos, os quais regulam a produção de cada tipo de célula sanguínea individualmente para satisfazer as mudanças necessárias.

A medula óssea contém células-tronco hematopoiéticas multipotentes, capazes de originar todas as categorias de células sanguíneas

Na medula óssea, as células sanguíneas em desenvolvimento e seus precursores, incluindo as células-tronco, estão misturadas umas com as outras, assim como com cé-

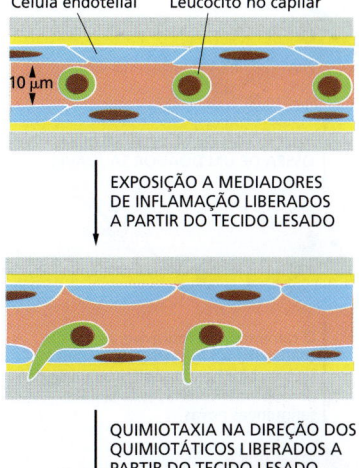

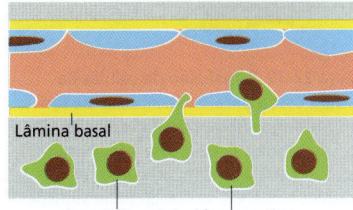

Figura 22-28 Quimiotaxia de leucócitos para o tecido lesado. Um sinal quimiotático liberado a partir de um local de lesão, que está na parte inferior da página, causa a saída dos glóbulos brancos (leucócitos) do interior do capilar por deslizamento entre células endoteliais adjacentes, como é mostrado.

Figura 22-29 Um megacariócito entre outras células sanguíneas em desenvolvimento na medula óssea. O tamanho enorme do megacariócito resulta do fato de ele possuir um núcleo altamente poliploide. Um megacariócito produz cerca de 10 mil plaquetas, que se formam a partir de fragmentos de longas projeções celulares que se estendem pelas aberturas nas paredes de um seio sanguíneo adjacente.

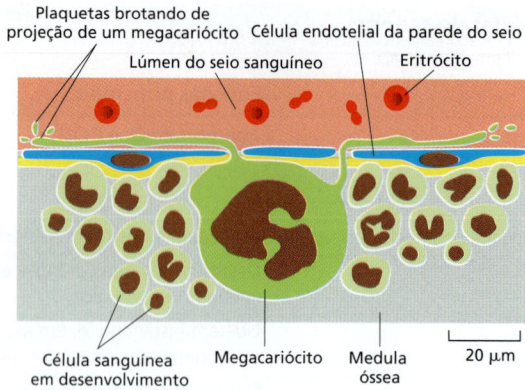

lulas adiposas e outras células do estroma (células do tecido conectivo), que produzem uma malha de sustentação delicada de fibras de colágeno e outros componentes da matriz extracelular. Além disso, o tecido inteiro é ricamente abastecido com vasos sanguíneos de paredes finas, chamados de *seios sanguíneos*, dentro dos quais as novas células sanguíneas são descarregadas. Os **megacariócitos** também estão presentes; estes, quando maduros, ao contrário das outras células sanguíneas, permanecem na medula óssea e são uma de suas características mais impressionantes, sendo extraordinariamente grandes (diâmetro acima de 60 μm), com um núcleo altamente poliploide. Em geral, eles se encontram muito próximo aos seios sanguíneos e estendem projeções celulares através de aberturas no revestimento endotelial desses vasos; as plaquetas brotam desses processos e são levadas pelo sangue (**Figura 22-29** e **Animação 22.4**).

Em função do arranjo complexo das células na medula óssea, em cortes habituais do tecido é difícil identificar quase todas as células, exceto as precursoras imediatas das células sanguíneas maduras. Não há nenhuma característica visível óbvia pela qual possamos reconhecer as células-tronco finais. No caso da hematopoiese, as células-tronco foram identificadas pela primeira vez por um ensaio funcional que explorou o modo de vida nômade das células sanguíneas e suas precursoras.

Quando um animal é exposto a uma dose alta de raios X, a maior parte das células hematopoiéticas é destruída e o animal morre dentro de poucos dias como resultado de sua incapacidade de produzir novas células sanguíneas. No entanto, o animal pode ser salvo por uma transfusão de células coletadas da medula óssea de um doador saudável, imunologicamente compatível. Entre essas células há algumas que podem colonizar o hospedeiro submetido à irradiação e reabastecê-lo permanentemente com tecido hematopoiético (**Figura 22-30**). Experimentos desse tipo demonstram que a medula óssea contém células-tronco hematopoiéticas. Eles também mostram como podemos analisar a presença de células-tronco hematopoiéticas e, a partir daí, descobrir as características moleculares que as distinguem de outras células.

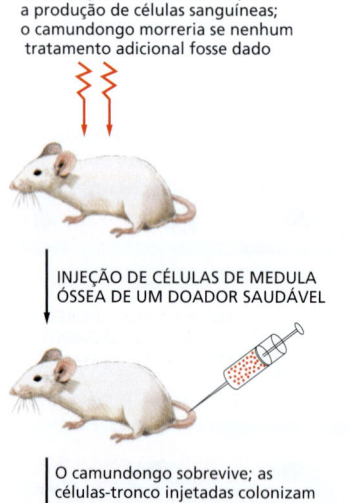

Figura 22-30 Transfusão de células da medula óssea para o salvamento de um camundongo submetido à irradiação. Um procedimento essencialmente semelhante é utilizado no tratamento de leucemia em pacientes humanos, utilizando transplante de medula óssea.

Para esse propósito, as células coletadas da medula óssea são separadas em grupos (utilizando-se um equipamento que separa células ativadas por fluorescência) de acordo com os antígenos de superfície que elas apresentam, e as frações diferentes são transfundidas para os camundongos submetidos à irradiação. Se uma fração salva um camundongo hospedeiro submetido à irradiação, ela deve conter células-tronco hematopoiéticas. Dessa maneira, tem sido possível mostrar que as células-tronco hematopoiéticas são caracterizadas por uma combinação específica de proteínas de superfície celular e, com a separação apropriada, podemos obter preparações praticamente puras de células-tronco. As células-tronco retiradas são uma fração minúscula da população da medula óssea – cerca de 1 célula em 50 mil a 100 mil; mas isso é o suficiente. Uma única célula dessas injetada em um camundongo hospedeiro com hematopoiese defeituosa é suficiente para reconstituir seu sistema hematopoiético inteiro, originando um conjunto inteiro de tipos de células sanguíneas, assim como células-tronco novas. Este e outros experimentos (usando marcadores de linhagem artificiais) mostram que a célula-tronco hematopoiética individual é *multipotente* e pode originar a gama completa de tipos de células sanguíneas, tanto mieloides como linfoides, bem como as novas células-tronco, iguais a ela própria (**Figura 22-31**).

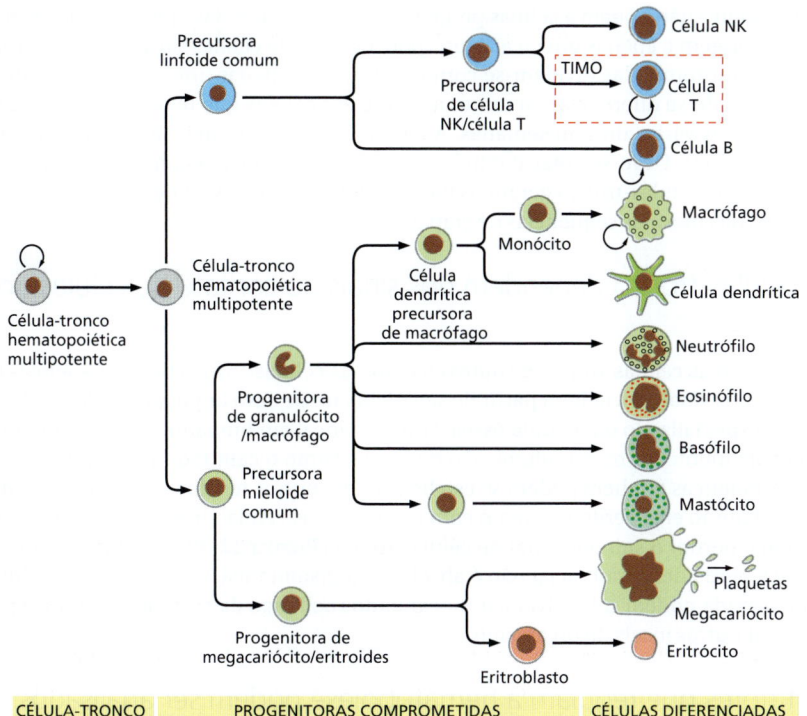

Figura 22-31 Um esquema especulativo da hematopoiese. A célula-tronco multipotente normalmente se divide com pouca frequência para gerar mais células-tronco multipotentes, que estão se autorrenovando, ou células progenitoras comprometidas, que são limitadas no número de vezes que podem se dividir, antes da diferenciação, para formar células sanguíneas maduras. Enquanto passam por suas divisões, as progenitoras tornam-se progressivamente mais especializadas na variedade de tipos celulares a que podem dar origem, como indicado pela ramificação deste diagrama de linhagem celular. Nos mamíferos adultos, todas as células mostradas desenvolvem-se sobretudo na medula óssea – exceto os linfócitos T, que, conforme indicado, se desenvolvem no timo, e os macrófagos e os osteoclastos, que se desenvolvem a partir de monócitos do sangue. Algumas células dendríticas também podem derivar de monócitos.

O comprometimento é um processo de etapas sucessivas

As células-tronco hematopoiéticas não saltam diretamente de um estado multipotente para um comprometimento com apenas uma via de diferenciação; em vez disso, elas passam por uma série de restrições progressivas. Em geral, a primeira etapa é o comprometimento com um destino mieloide ou um linfoide. Acredita-se que isso dê origem a dois grupos de células progenitoras, um capaz de gerar um grande número de todos os tipos diferentes de células mieloides, e o outro produzindo grande número de todos os tipos diferentes de células linfoides. As etapas seguintes originam as progenitoras comprometidas com a produção de apenas um tipo celular. As etapas de comprometimento estão correlacionadas com mudanças na expressão de reguladores de transcrição específicos, necessários à produção de subgrupos diferentes de células sanguíneas.

As divisões das células progenitoras comprometidas amplifica o número de células sanguíneas especializadas

As células progenitoras hematopoiéticas em geral tornam-se comprometidas a uma via específica de diferenciação muito antes de cessarem a proliferação e tornarem-se diferenciadas terminalmente. As progenitoras comprometidas passam por muitas rodadas de divisão celular para amplificar o número definitivo de células de determinado tipo especializado. Dessa maneira, uma única divisão de célula-tronco pode levar à produção de milhares de células-filhas diferenciadas, o que explica por que o número de células-tronco é apenas uma pequena fração da população total de células hematopoiéticas. Pela mesma razão, uma taxa alta de produção de células sanguíneas pode ser mantida, mesmo que a taxa de divisão de células-tronco seja baixa. Quanto menor o número de ciclos de divisão ao qual as próprias células-tronco têm de ser submetidas ao longo do seu tempo de vida, menor o risco de gerar mutações em células-tronco que originariam clones de células mutantes persistentes no organismo – um perigo especial no sistema hematopoiético, onde, como discutido no Capítulo 20, um acúmulo relativamente pequeno de mutações pode ser suficiente para causar câncer. Uma taxa baixa de divisões de células-tronco também desacelera o processo de senescência celular replicativa (discutido no Capítulo 17).

A natureza gradual do comprometimento indica que o sistema hematopoiético pode ser visto como uma árvore genealógica hierárquica de células. As células-tronco

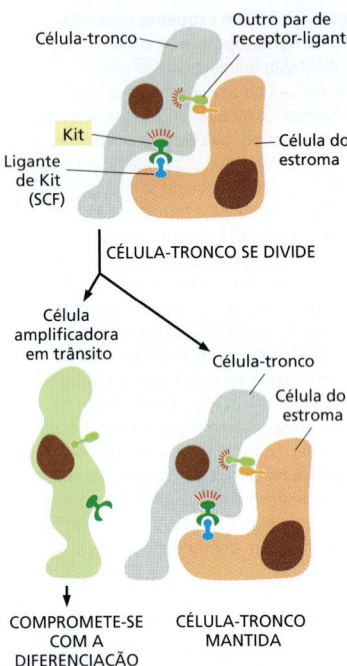

Figura 22-32 A dependência das células-tronco hematopoiéticas do contato com células do estroma. A interação dependente de contato entre o receptor Kit e seu ligante é um dos vários mecanismos de sinalização que presumivelmente estão envolvidos na manutenção das células-tronco hematopoiéticas. O sistema real certamente é mais complexo. Além disso, a dependência das células hematopoiéticas desse contato com as células do estroma pode não ser absoluta, visto que um pequeno número de células-tronco funcionais pode ser encontrado livre na circulação. SCF, fator célula-tronco (de *stem-cell factor*).

multipotentes dão origem a células progenitoras comprometidas, que são especificadas para dar origem a apenas um ou a alguns poucos tipos de células sanguíneas. As progenitoras comprometidas dividem-se com rapidez, mas apenas um número limitado de vezes antes de se diferenciarem terminalmente em células que não se dividem mais e morrem após vários dias ou semanas. A Figura 22-31 representa a árvore genealógica hematopoiética. Deve-se notar, contudo, que se acredita que possam ocorrer variações: nem todas as células-tronco geram os mesmos padrões de descendentes precisamente por meio das mesmas sequências de etapas.

As células-tronco dependem dos sinais de contato de células do estroma

Assim como as células-tronco de outros tecidos, as células-tronco hematopoiéticas dependem dos sinais enviados a partir de seu nicho, nesse caso originados pelo tecido conectivo especializado da medula óssea. (Esse é o local em humanos adultos; durante o desenvolvimento, e em mamíferos não humanos como o camundongo, células-tronco hematopoiéticas também podem se estabelecer em outros tecidos – sobretudo fígado e baço.) Quando elas perdem contato com seu nicho, as células-tronco hematopoiéticas tendem a perder o seu potencial de célula-tronco (**Figura 22-32**). Contudo, evidentemente a perda desse potencial não é absoluta ou instantânea, uma vez que as células-tronco ainda podem sobreviver a deslocamentos ao longo da corrente sanguínea para colonizar outros locais do organismo.

Os fatores que regulam a hematopoiese podem ser analisados em cultivo

Enquanto as células-tronco dependem do contato com as células do estroma da medula óssea para manutenção a longo prazo, sua progênie comprometida não apresenta essa dependência, ou pelo menos não no mesmo grau. Essas células podem ser isoladas e cultivadas em uma matriz semissólida de ágar ou metilcelulose diluída, e fatores retirados de outras células podem ser adicionados artificialmente ao meio. A matriz semissólida inibe a migração, de modo que a progênie de cada célula precursora isolada permanece unida como uma colônia facilmente distinguível. Um único progenitor de neutrófilo comprometido, por exemplo, pode dar origem a um clone de milhares de neutrófilos. Tais sistemas de cultivo têm permitido a análise dos fatores que sustentam a hematopoiese e, por conseguinte, sua purificação e a exploração de suas ações. Essas substâncias são glicoproteínas e costumam ser chamadas de **fatores estimuladores de colônia** (**CSFs**, de *colony-stimulating factors*). Alguns desses fatores circulam no sangue e atuam como hormônios, enquanto outros atuam na medula óssea, secretados como mediadores locais; outros ainda assumem a forma de sinais ligados a membrana que agem mediante contato célula-célula.

Um exemplo importante desse último fator é uma proteína chamada de *Fator Célula-Tronco* (*SCF*, de *Stem Cell Factor*). Ele é expresso tanto no estroma da medula óssea (onde ela ajuda a definir o nicho das células-tronco) como ao longo das vias de migração, e pode ocorrer tanto ligado à membrana como na forma solúvel. Ele se liga ao receptor tirosina-cinase chamado Kit e é necessário durante o desenvolvimento para a orientação e sobrevivência não apenas de células hematopoiéticas, mas também de outros tipos de células migratórias – especificamente, células germinativas e células pigmentares.

A eritropoiese depende do hormônio eritropoietina

O mais bem compreendido dos CSFs que atuam como hormônios é a glicoproteína eritropoietina, que é produzida nos rins e regula a *eritropoiese*, a formação dos eritrócitos, que discutiremos agora.

O eritrócito é de longe o tipo mais comum de célula no sangue (ver Tabela 22-1). Quando maduro, ele está repleto de hemoglobina e não contém praticamente nenhuma das organelas celulares habituais. Em um eritrócito de um mamífero adulto, mesmo o núcleo, o retículo endoplasmático, as mitocôndrias e os ribossomos estão ausentes, tendo sido expelidos da célula durante seu desenvolvimento (**Figura 22-33**). Portanto, o eritrócito não pode crescer ou dividir-se, e tem um tempo de vida limitado – cerca de 120

Figura 22-33 Eritrócito em desenvolvimento (eritroblasto). A célula é mostrada expelindo seu núcleo para tornar-se um eritrócito imaturo (um reticulócito), que, então, deixa a medula óssea e passa para a corrente sanguínea. O reticulócito perderá suas mitocôndrias e ribossomos dentro de um ou dois dias, tornando-se um eritrócito maduro. Os clones de eritrócitos se desenvolvem na medula óssea sobre a superfície de um macrófago, que fagocita e digere os núcleos descartados pelos eritroblastos.

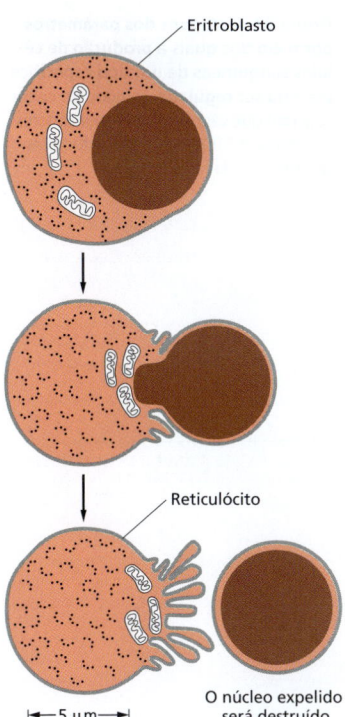

dias em humanos ou 55 dias em camundongos. Os eritrócitos esgotados são fagocitados e digeridos por macrófagos no fígado e no baço, que removem mais de 10^{11} eritrócitos senis em cada um de nós todos os dias. Os eritrócitos jovens protegem-se ativamente desse destino: eles têm uma proteína em sua superfície que se liga a um receptor inibidor em macrófagos e, assim, evita sua fagocitose.

Uma falta de oxigênio ou escassez de eritrócitos estimula células especializadas no rim a sintetizarem e secretarem quantidades aumentadas de **eritropoietina** na corrente sanguínea. A eritropoietina, por sua vez, estimula a produção de eritrócitos. O efeito é rápido: a taxa de liberação de eritrócitos novos na corrente sanguínea sobe de forma abrupta 1 a 2 dias após um aumento nos níveis de eritropoietina na corrente sanguínea. Claramente, o hormônio deve agir sobre células que estão próximas de precursoras dos eritrócitos maduros.

As células que respondem à eritropoietina podem ser identificadas pelo cultivo de células de medula óssea em matriz semissólida na presença de eritropoietina. Em poucos dias, aparecem colônias de cerca de 60 eritrócitos, cada uma estabelecida por uma única célula progenitora eritroide comprometida. Essa progenitora depende de eritropoietina para sua sobrevivência, assim como para sua proliferação. Ela ainda não contém hemoglobina, e é derivada de um tipo precoce de progenitora eritroide comprometida cujas sobrevivência e proliferação são controladas por outros fatores.

Múltiplos CSFs influenciam a produção de neutrófilos e macrófagos

As duas classes de células especializadas em fagocitose, os neutrófilos e os macrófagos, desenvolvem-se a partir de uma célula progenitora comum chamada de **célula progenitora de granulócito/macrófago (GM)**. Como os outros granulócitos (eosinófilos e basófilos), os neutrófilos circulam no sangue apenas por poucas horas antes de migrarem para fora dos capilares nos tecidos conectivos ou outros locais específicos, onde sobrevivem somente por alguns dias. Então, eles morrem por apoptose e são fagocitados por macrófagos. Em contraste, os macrófagos podem permanecer durante meses ou talvez mesmo anos fora da corrente sanguínea, onde podem ser ativados por sinais locais para recomeçar a proliferação.

Pelo menos sete CSFs diferentes que estimulam a formação de colônias de neutrófilos e macrófagos em cultivo foram definidos, e acredita-se que alguns ou todos eles atuem em combinações diferentes para regular a produção seletiva dessas células *in vivo*. Esses CSFs são sintetizados por vários tipos celulares – incluindo as células endoteliais, os fibroblastos, os macrófagos e os linfócitos – e, caracteristicamente, sua concentração no sangue aumenta rapidamente em resposta à infecção bacteriana em um tecido, aumentando, assim, o número de células fagocíticas liberadas da medula óssea para a corrente sanguínea.

Os CSFs não funcionam apenas sobre as células precursoras para promover a produção de progênie diferenciada, eles também ativam as funções especializadas (como a fagocitose e a morte de células-alvo) das células diferenciadas terminalmente. Os CSFs podem ser artificialmente sintetizados e agora são bastante utilizados em pacientes humanos para estimular a regeneração do tecido hematopoiético e aumentar a resistência à infecção.

O comportamento de uma célula hematopoiética depende, em parte, do acaso

Os CSFs são definidos como fatores que promovem a produção de colônias de células sanguíneas diferenciadas. Contudo, que efeito, precisamente, um CSF tem sobre uma célula hematopoiética individual? O fator pode controlar a taxa de divisão celular ou o número de ciclos de divisão que a célula progenitora sofre antes de se diferenciar; pode atuar mais tarde na linhagem hematopoiética para facilitar a diferenciação; pode agir de

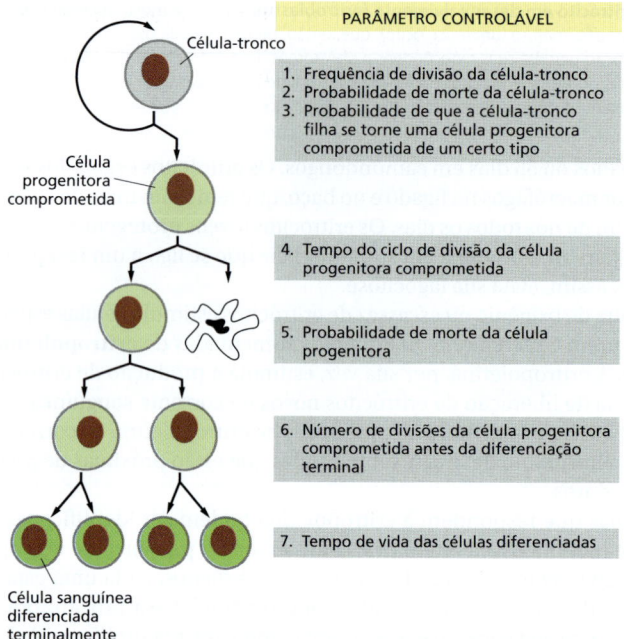

Figura 22-34 Alguns dos parâmetros por meio dos quais a produção de células sanguíneas de um tipo específico poderia ser regulada. Estudos em cultivo sugerem que vários fatores estimuladores de colônia (CSFs) podem afetar todos esses aspectos da hematopoiese.

forma precoce para influenciar o comprometimento; ou pode simplesmente aumentar a probabilidade de sobrevivência celular (**Figura 22-34**). Usando o monitoramento do destino de células hematopoiéticas individuais isoladas em cultivo, é possível demonstrar que um único CSF, como o CSF de granulócitos/macrófagos, pode exercer todos esses efeitos, embora ainda não esteja claro quais são mais importantes *in vivo*.

Além disso, estudos *in vitro* indicam que a maneira como uma célula hematopoiética se comporta se deve, em grande parte, ao acaso – provavelmente, um reflexo do "ruído" no sistema de controle genético, discutido nos Capítulos 7 e 8. Se duas células-irmãs são apanhadas imediatamente após a divisão celular e cultivadas separadamente sob condições idênticas, elas costumam dar origem a colônias que contêm tipos diferentes de células sanguíneas, ou aos mesmos tipos de células sanguíneas em número diferente. Assim, tanto a programação da divisão celular quanto o processo de comprometimento a uma via particular de diferenciação parecem envolver acontecimentos aleatórios no nível de uma célula individual, mesmo que o comportamento do sistema multicelular como um todo seja regulado de maneira segura. A sequência de restrições ao destino celular apresentada na Figura 22-31 transmite a impressão de um programa executado com a mesma lógica e precisão de um computador. Células individuais podem ser mais variadas, peculiares e inconstantes, e, algumas vezes, podem avançar por outras vias de decisão a partir da célula-tronco em direção à diferenciação terminal.

A regulação da sobrevivência celular é tão importante quanto a regulação da proliferação celular

O comportamento-padrão das células hematopoiéticas na ausência de CSFs é a morte por apoptose (discutida no Capítulo 18), e o controle da sobrevivência celular desempenha um papel central na regulação do número de células sanguíneas. A intensidade da apoptose no sistema hematopoiético dos vertebrados é enorme: por exemplo, bilhões de neutrófilos morrem dessa maneira a cada dia em um humano adulto. Na verdade, a maioria dos neutrófilos produzidos na medula óssea morre ali, sem jamais exercer sua função. Esse ciclo inútil de produção e destruição serve, provavelmente, para manter um suprimento-reserva de células que pode ser imediatamente mobilizado para combater uma infecção sempre que ela surgir, ou para ser fagocitado e digerido para reciclagem, quando tudo está em ordem. Comparada à vida do organismo, a vida das células tem pouca importância.

A ocorrência de pouca morte celular pode ser tão perigosa para a saúde de um organismo multicelular quanto a ocorrência de proliferação em excesso. Como observado no Capítulo18, mutações que inibem a morte celular por causarem a produção excessiva do inibidor intracelular de apoptose Bcl2 estimulam o desenvolvimento de câncer em linfócitos B. Na verdade, a capacidade de autorrenovação ilimitada é uma característica perigosa para qualquer célula. Muitos casos de leucemia surgem por mutações que conferem tal capacidade a células precursoras hematopoiéticas comprometidas que normalmente estariam destinadas a se diferenciar e morrer após um número limitado de ciclos de divisão.

Resumo

Os muitos tipos de células sanguíneas, incluindo eritrócitos, linfócitos, granulócitos e macrófagos, derivam todos de uma célula-tronco multipotente comum. No adulto, as células-tronco hematopoiéticas são encontradas sobretudo na medula óssea e dependem de sinais de células do estroma (tecido conectivo) da medula para manter sua característica de célula-tronco. As células-tronco são poucas e distantes entre si, e em geral se dividem com pouca frequência para mais células-tronco (autorrenovação) e várias células progenitoras comprometidas (células amplificadoras em trânsito), cada uma capaz de dar origem a apenas um ou a poucos tipos de células sanguíneas. As células progenitoras comprometidas se dividem consideravelmente sob a influência de várias moléculas de proteínas sinalizadoras (fatores estimuladores de colônia, ou CSFs) e, então, se diferenciam terminalmente em células sanguíneas maduras, que costumam morrer após vários dias ou semanas.

Os estudos de hematopoiese têm sido bastante auxiliados por testes in vitro nos quais as células-tronco ou as células progenitoras comprometidas formam colônias clonais quando cultivadas em uma matriz semissólida. A progênie de células-tronco parece fazer suas escolhas entre vias alternativas de desenvolvimento de maneira parcialmente aleatória. A morte celular por apoptose, controlada pela disponibilidade de CSFs, também desempenha um papel central na regulação do número de células sanguíneas diferenciadas maduras.

REGENERAÇÃO E REPARO

Como temos observado, muitos dos tecidos do corpo não estão apenas se autorrenovando, mas também se autorreparando, e isso ocorre em grande parte graças às células-tronco e aos controles de retroalimentação que regulam seu comportamento e mantêm a homeostase. Porém, há limites para o que esses mecanismos naturais de reparo podem conseguir. Por exemplo, na maior parte do cérebro humano células nervosas que morrem, como na doença de Alzheimer, não são substituídas. Da mesma forma, quando o músculo cardíaco morre por falta de oxigênio, como em um ataque cardíaco, ele é substituído por tecido cicatricial em vez de novo músculo cardíaco.

Alguns animais fazem muito melhor do que os humanos e podem regenerar órgãos integralmente, como membros inteiros, após amputação. Entre os invertebrados, há algumas espécies que podem mesmo regenerar todos os tecidos do corpo a partir de uma única célula somática. Esses fenômenos alimentam a esperança de que as células humanas possam ser persuadidas por medidas artificiais a realizar façanhas semelhantes de reparo e regeneração, de modo a substituir as fibras musculares esqueléticas que degeneraram em vítimas de distrofia muscular, as células nervosas que morreram em pacientes com doença de Parkinson, as células secretoras de insulina que faltam em diabéticos do tipo 1, as células musculares cardíacas que morrem em um ataque cardíaco, e assim por diante. À medida que aprendemos mais sobre a biologia celular básica, esses objetivos, mesmo que apenas um sonho, estão começando a parecer atingíveis.

Nesta seção, vamos começar com alguns exemplos das capacidades regenerativas extraordinárias de algumas espécies animais, como uma indicação do que é possível em teoria. Então, discutiremos como podemos melhorar os processos naturais de reparo do corpo humano e tratar a doença explorando as propriedades de vários tipos de células-tronco encontradas em tecidos humanos. Na seção final do capítulo, veremos como uma compreensão mais profunda da biologia molecular da diferenciação celular e de células-tronco revelou maneiras de converter um tipo de célula em outro, abrindo radicalmente novas possibilidades.

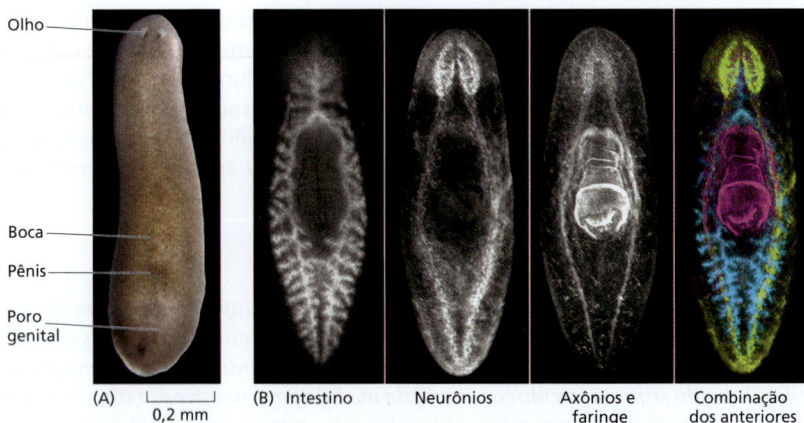

Figura 22-35 Planária, o verme *Schmidtea mediterranea*. (A) Visão externa. (B) Imunomarcação com três anticorpos diferentes, revelando a anatomia interna. (A, cortesia de A. Sánchez Alvarado; B, de A. Sánchez Alvarado, *BMC Biol.* 10:88, 2012.)

Planárias contêm células-tronco que podem regenerar um corpo novo inteiro

Schmidtea mediterranea é um pequeno verme chato de água-doce, ou *planária*, com pouco menos de 1 centímetro de comprimento quando cresce e atinge o tamanho máximo (**Figura 22-35**). Ele tem uma epiderme, um intestino, um cérebro, um par de olhos primitivos, um sistema nervoso periférico, musculatura e órgãos excretores e reprodutivos – a maioria das partes básicas familiares de outros animais, embora todas relativamente simples para os padrões vertebrados e constituídas de cerca de 20 a 25 tipos celulares diferenciados distintos. Por mais de um século, planárias como a *Schmidtea* têm intrigado os biólogos por causa de sua extraordinária capacidade de regeneração: um pequeno fragmento de tecido retirado de praticamente qualquer parte do corpo é capaz de se reorganizar e crescer para formar um novo animal completo. Essa propriedade vem com outra: quando o animal está passando fome, ele torna-se cada vez menor, reduzindo seu número de células, mantendo essencialmente as proporções normais do corpo. Esse comportamento é denominado *decrescimento*, e pode continuar até que o animal esteja tão pequeno quanto um vigésimo ou até mesmo uma fração menor do seu tamanho real. Suprido com alimento, ele irá crescer e retornar ao tamanho máximo novamente. Ciclos de decrescimento e crescimento podem ser repetidos indefinidamente, sem prejudicar a sobrevivência ou a fertilidade.

Por trás desse comportamento existe um processo de renovação celular contínua. Junto com as células diferenciadas, que não se dividem, há uma população de células pequenas, aparentemente indiferenciadas, se dividindo, chamadas neoblastos. Os neoblastos constituem cerca de 20% das células do organismo e são amplamente distribuídos dentro dele; por divisão celular, eles servem como células-tronco para a produção de novas células diferenciadas. Enquanto isso, células diferenciadas estão morrendo continuamente por apoptose, permitindo que seus corpos sejam fagocitados e digeridos por células vizinhas. Por meio desse canibalismo celular, os constituintes das células que morrem podem ser reciclados de forma eficiente. O nascimento celular continua em um equilíbrio dinâmico com a morte celular e o canibalismo celular, não importando se o animal está alimentado ou se passa fome. Em condições de fome, o equilíbrio é evidentemente inclinado em direção ao canibalismo celular, e em condições de abundância, em direção ao nascimento celular.

Uma dose elevada de raios X interrompe toda a divisão celular, determina uma parada na renovação celular e destrói a capacidade de regeneração. O resultado é a morte após um intervalo de várias semanas. Entretanto, o animal pode ser salvo injetando-se nele um único neoblasto isolado de um doador não submetido à irradiação (**Figura 22-36**). Em certa proporção de casos, a célula injetada se divide para formar um clone de descendentes que, por fim, repovoa todo o corpo, criando um indivíduo regenerado saudável, aparentemente com um conjunto completo de tipos celulares diferenciados, bem como neoblastos que se dividem. Marcadores genéticos comprovam que estes são todos derivados do único neoblasto que foi injetado. Resulta que pelo menos alguns neoblastos são células-tronco *totipotentes* (ou ao menos altamente *pluripotentes*); isto é, células capazes de dar origem a todos (ou pelo menos quase todos) os tipos celulares que compõem o organismo de um verme chato, incluindo mais neoblastos como eles.

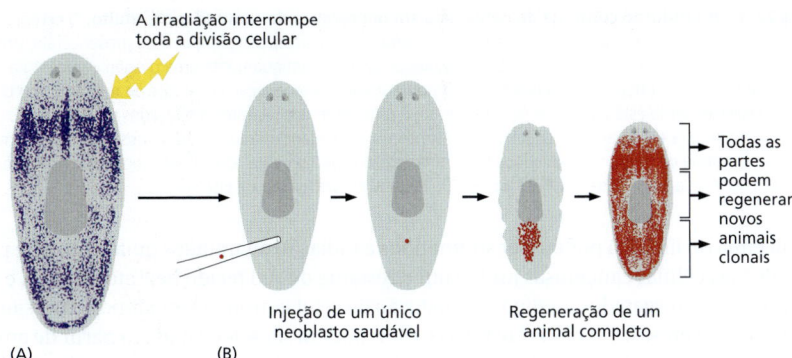

Figura 22-36 Regeneração de uma planária a partir de uma única célula somática. (A) Distribuição das células que se dividem (neoblastos, *azul*) no organismo adulto. A irradiação interrompe toda a divisão celular e evita a regeneração, porém (B) a injeção de um único neoblasto não submetido à irradiação no animal irradiado é capaz de reconstituir todos os tecidos. Por fim, isso produz um animal completo constituído inteiramente da progênie desta célula e que pode se regenerar. (Adaptada de E.M. Tanaka e P.W. Reddien, *Dev. Cell* 21:172–185, 2011.)

Alguns vertebrados podem regenerar órgãos inteiros

Alguém poderia pensar que tais poderes de regeneração seriam uma prerrogativa de animais pequenos, simples e primitivos. Porém, alguns vertebrados também mostram notáveis capacidades regenerativas, sobretudo peixes e anfíbios. Um tritão, por exemplo, pode regenerar um membro amputado inteiro. Nesse processo, células diferenciadas parecem reverter para um caráter embrionário formando no coto de amputação primeiro um *blastema* – um broto pequeno semelhante a um broto do membro embrionário. Então, o blastema cresce e suas células se diferenciam para formar um substituto corretamente modelado para o membro que foi perdido, no que parece ser uma recapitulação do desenvolvimento embrionário do membro (**Figura 22-37**). Uma grande contribuição para o blastema vem das células musculares esqueléticas no coto do membro. Essas células multinucleadas reentram no ciclo celular, desdiferenciam-se e dividem-se em células mononucleadas, que depois proliferam dentro do blastema, antes de finalmente voltarem a se diferenciar. Mas elas voltam a se diferenciar apenas em músculo, ou se comportam como os neoblastos na planária e dão origem a uma gama completa de tipos celulares necessários para reconstruir a parte que falta do membro? O cuidadoso rastreamento de linhagem, utilizando marcadores genéticos, mostrou (ao contrário do que se acreditava anteriormente) que as células são restritas de acordo com as suas origens: células derivadas de músculo dão origem apenas a músculos, células do tecido conectivo, somente a tecidos conectivos, e células epidérmicas, somente a células epidérmicas. As células no organismo vertebrado adulto são, afinal, menos adaptáveis do que as células do verme chato: trabalhando em conjunto, elas podem substituir a estrutura perdida, mas cada tipo celular está longe de ser totipotente.

O motivo pelo qual um tritão pode regenerar todo um membro – assim como muitas outras partes do corpo –, mas um mamífero não, permanece um mistério profundo.

As células-tronco podem ser usadas artificialmente para substituir células doentes ou perdidas: terapia para sangue e epiderme

Anteriormente, neste capítulo, vimos como camundongos podem ser submetidos à radiação para matar suas células hematopoiéticas e, então, serem salvos por uma transfusão de células-tronco novas, as quais repovoam a medula óssea e restabelecem a produção de células sanguíneas (ver Figura 22-30). Do mesmo modo, pacientes com algumas formas

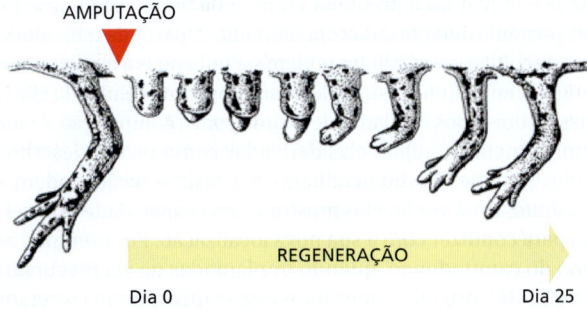

Figura 22-37 Regeneração do membro do tritão. A sequência do intervalo de tempo mostra os estágios de regeneração após a amputação ao nível do úmero. A sequência abrange os eventos de cicatrização de feridas, desdiferenciação de tecidos do coto, formação do blastema e rediferenciação. (Cortesia de Susan Bryant e David Gardiner.)

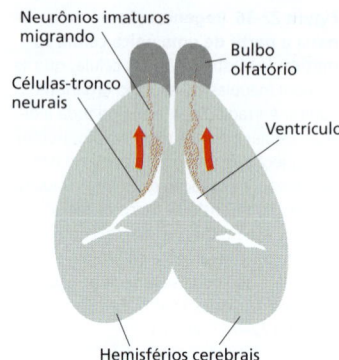

Figura 22-38 A produção contínua de neurônios em um cérebro de camundongo adulto. O cérebro é visto de cima, em um corte transversal, para mostrar a região que reveste os ventrículos do prosencéfalo, onde são encontradas as células-tronco neurais. Essas células produzem continuamente uma progênie que migra para o bulbo olfatório, onde elas se diferenciam como neurônios. A renovação constante de neurônios no bulbo olfatório provavelmente está ligada, de alguma forma, à renovação dos receptores olfatórios dos neurônios que se projetam para ele a partir do epitélio olfatório, como já foi mencionado. Em humanos adultos, há uma renovação contínua de neurônios no hipocampo, uma região especialmente relacionada com aprendizagem e memória. (Adaptada de B. Barres, *Cell* 97:667–670, 1999. Com permissão de Elsevier.)

de leucemia ou linfoma podem ser submetidos à radiação ou tratados quimicamente para destruir suas células cancerosas junto com o restante de seu tecido hematopoiético, e depois podem ser resgatados mediante transfusão de células-tronco hematopoiéticas saudáveis e não cancerosas. Em casos favoráveis, estas podem ser selecionadas a partir de amostras de tecido hematopoiético do próprio paciente, antes de ser submetido à radiação. Elas são, então, transfundidas de volta mais tarde, evitando problemas de rejeição imunológica.

Outro exemplo de uso de células-tronco é no reparo da pele após queimaduras extensas. Por meio do cultivo de células de regiões não lesionadas da pele de um paciente queimado, é possível obter células-tronco epidérmicas rapidamente e em grande número. Elas podem ser utilizadas depois (por meio de procedimentos bastante longos e complicados) para repovoar a superfície corporal lesionada.

As células-tronco neurais podem ser manipuladas em cultivo e utilizadas para repovoar o sistema nervoso central

O sistema nervoso central (SNC) é o tecido mais complexo no organismo, em um extremo oposto da epiderme. Mesmo assim, peixes e anfíbios podem regenerar grandes partes do cérebro, da medula espinal e dos olhos depois de terem sido cortadas. No entanto, em mamíferos adultos, esses tecidos têm muito pouca capacidade de autorreparação, e células-tronco capazes de gerar novos neurônios são difíceis de serem encontradas – na verdade, tão difíceis de encontrar que, por muitos anos, pensou-se que elas não existissem.

Contudo, agora sabemos que as células-tronco neurais que originam tanto neurônios como células da glia persistem em certas partes do cérebro mamífero adulto (**Figura 22-38**). A renovação neuronal ocorre em uma escala dramática em cérebros de certos pássaros canoros, nos quais muitos neurônios morrem a cada ano e são substituídos por neurônios recém-produzidos como parte de um processo pelo qual os pássaros refinam seu canto para cada estação reprodutiva. No cérebro humano adulto, há uma renovação contínua de neurônios no hipocampo, uma região especialmente relacionada com aprendizagem e memória. Aqui, a plasticidade da função no adulto está associada à renovação de um subgrupo específico de neurônios. Em torno de 1.400 neurônios novos nessa classe são gerados a cada dia, resultando em uma renovação de 1,75% da população por ano.

Fragmentos selecionados a partir de regiões de autorrenovação do cérebro adulto ou do cérebro de um feto podem ser dissociados e usados para estabelecer culturas celulares, onde elas dão origem a "neurosferas" flutuantes – grupos que consistem em uma mistura de células-tronco neurais com neurônios e células da glia derivados das células-tronco. Essas neurosferas podem ser propagadas por muitas gerações celulares, ou suas células podem ser coletadas a qualquer tempo e implantadas de volta no cérebro de um animal normal. Aí elas produzirão uma progênie diferenciada, na forma de neurônios e células da glia.

Utilizando condições de cultivo levemente diferentes, com as combinações adequadas de fatores de crescimento no meio, as células-tronco neurais podem ser cultivadas como uma monocamada e induzidas a proliferar como uma população quase pura de células-tronco sem uma progênie diferenciada concomitante. A partir de uma modificação adicional nas condições de cultivo, essas células podem ser induzidas a qualquer momento a se diferenciar para originar tanto uma mistura de neurônios como células da glia (**Figura 22-39**), ou apenas um desses dois tipos celulares, de acordo com a composição do meio de cultivo.

Células-tronco neurais, sejam elas derivadas como recém-descrito ou a partir de células-tronco pluripotentes, como detalhado na próxima seção, podem ser enxertadas em um cérebro adulto. Uma vez lá, elas mostram uma capacidade notável de ajustar seu comportamento para condizer com a sua nova localização. Por exemplo, as células-tronco do hipocampo do camundongo, quando implantadas na via precursora do bulbo olfatório (ver Figura 22-38), originam neurônios que se incorporam corretamente ao bulbo olfatório. Tal capacidade das células-tronco neurais e de sua progênie de se adaptarem

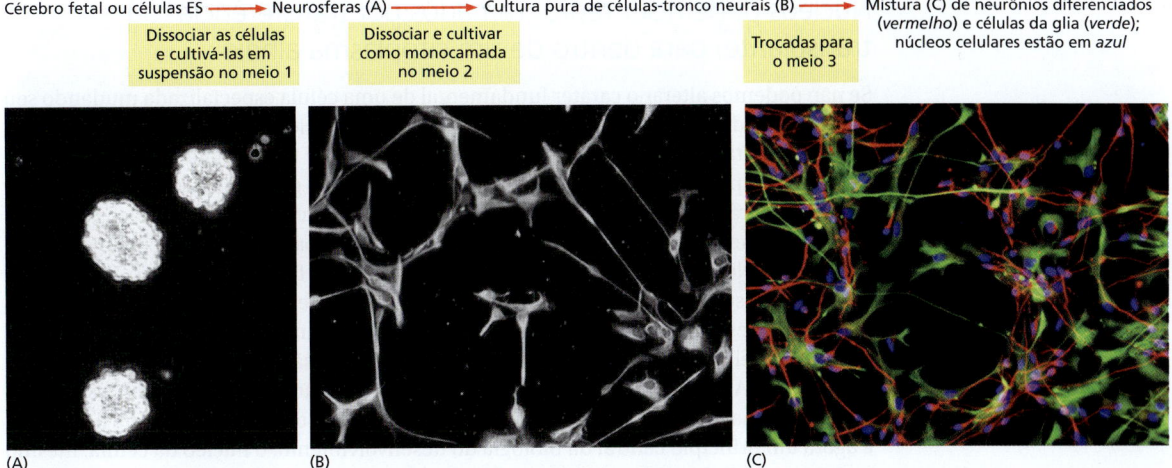

Figura 22-39 Células-tronco neurais. Estão mostradas as etapas que levam do tecido cerebral fetal, via neurosferas (A), até uma cultura pura de células-tronco neurais (B). Tais células-tronco podem ser mantidas em proliferação dessa forma indefinidamente, ou, mediante alteração do meio, podem ser levadas a se diferenciarem (C) em neurônios (*vermelho*) e células da glia (*verde*). Células-tronco neurais com as mesmas propriedades podem ser derivadas também, ao longo de uma série de etapas semelhantes, de células-tronco embrionárias (células ES, de *embryonic stem cells*) ou células-tronco pluripotentes induzidas (células iPS, de *induced pluripotent stem cells*), conforme discutido adiante neste capítulo. (Fotomicrografias de L. Conti et al., *PLoS Biol.* 3:1594–1606, 2005.)

ao novo ambiente em animais sugere aplicações no tratamento para doenças em que os neurônios degeneram e para lesões do sistema nervoso central. Por exemplo, seria possível a utilização de células-tronco neurais injetadas para substituir os neurônios que morrem na doença de Parkinson ou para reparar os acidentes que rompem a medula espinal?

Resumo

Os animais variam quanto à sua capacidade de regeneração. Em um extremo, a planária (um verme) contém células-tronco (neoblastos) que mantêm a renovação contínua de todos os tipos de células, e um verme completo pode ser regenerado de praticamente qualquer pequeno fragmento do corpo ou mesmo de um único neoblasto. Tritões podem regenerar membros e outras partes grandes do corpo após amputação, mas as células permanecem restritas de acordo com as suas origens: células musculares no regenerado derivam de músculos, epiderme da epiderme, e assim por diante. Em mamíferos, a regeneração é mais limitada. No entanto, está se tornando possível ir além dos limites naturais de cicatrização de feridas por meio da exploração da biologia das células-tronco. Assim, certas regiões do sistema nervoso contêm células-tronco que mantêm a produção de neurônios nesses locais ao longo da vida. As células-tronco neurais podem ser obtidas a partir desses locais ou de cérebros fetais, crescidas em cultivo e depois enxertadas em outros locais no cérebro, onde elas são capazes de gerar neurônios apropriados à nova localização.

REPROGRAMAÇÃO CELULAR E CÉLULAS-TRONCO PLURIPOTENTES

Quando células são transplantadas de um lugar do organismo de um mamífero para outro, ou são removidas do corpo e mantidas em cultivo, elas permanecem, em grande parte, fiéis às suas origens. Cada tipo de célula especializada tem uma memória de sua história de desenvolvimento e parece fixada em seu destino especializado. Certamente, algumas transformações limitadas podem ocorrer, como vimos em nossa descrição da família de células do tecido conectivo, e algumas células-tronco podem produzir uma variedade de tipos celulares diferenciados, mas as possibilidades são restritas. Cada tipo de célula-tronco serve para a renovação de um tipo particular de tecido, e o padrão completo de autorrenovação e de células diferenciadas no organismo adulto é surpreendentemente estável. Em um nível molecular fundamental, qual é a natureza dessas diferenças estáveis entre os tipos celulares? Existe algum modo de ultrapassar os mecanismos de memória celular e forçar uma troca de um estado para outro que seja radicalmente diferente?

Já discutimos essas questões fundamentais a partir de um ponto de vista geral no Capítulo 7. Aqui vamos considerá-las mais de perto no contexto da biologia das células-tronco, onde tem havido uma recente revolução em nossa compreensão e capacidade de manipular estados de diferenciação celular. Com mais pesquisas, parece que esses avanços terão consequências práticas importantes.

Núcleos podem ser reprogramados por transferência (ou transplante) para dentro de um citoplasma alheio

Se não podemos alterar o caráter fundamental de uma célula especializada mudando seu ambiente, poderíamos fazê-lo interferindo com o seu funcionamento interno de uma forma mais direta e drástica? Um tratamento extremo desse tipo é tomar o núcleo de uma célula e transplantá-lo para dentro do citoplasma de uma grande célula de um tipo diferente. Se o caráter especializado é definido e mantido por fatores citoplasmáticos, o núcleo transferido deve mudar seu padrão de expressão gênica para se adaptar com o da célula hospedeira. No Capítulo 7, descrevemos um experimento famoso desse tipo, usando a rã *Xenopus*. Nesse experimento, o núcleo de uma célula diferenciada (uma célula do revestimento do intestino do girino) foi usado para substituir o núcleo de um ovócito (uma precursora da célula-ovo detida na prófase da primeira divisão meiótica, preparada para a fertilização). A célula híbrida resultante, em certa proporção dos casos, passou a se desenvolver em uma rã completa normal (ver Figura 7-2A). Essa evidência foi crucial para o que é agora um princípio central da biologia do desenvolvimento: o núcleo da célula, mesmo que de uma célula diferenciada, contém um genoma completo, capaz de dar suporte ao desenvolvimento de todos os tipos celulares normais. Ao mesmo tempo, o experimento mostrou que fatores citoplasmáticos podem de fato reprogramar o núcleo: o citoplasma do ovócito pode conduzir o núcleo da célula do intestino de volta a um estado embrionário precoce, a partir do qual ele pode então passar pelas mudanças nos padrões de expressão de genes que levam inteiramente à formação de um organismo adulto completo.

Contudo, a história completa não é tão simples. Primeiro, a reprogramação em tais experimentos não é perfeita. Por exemplo, quando o núcleo transferido é selecionado a partir de uma célula do intestino, um gene normalmente específico para o intestino passa a ser expresso persistentemente, mesmo nas células musculares do animal definitivo. Segundo, o experimento é bem-sucedido apenas em uma proporção limitada dos casos, e essa taxa de sucesso torna-se cada vez menor quanto mais maduro for o animal do qual o núcleo transferido é coletado: se o núcleo vem de uma célula diferenciada de uma rã adulta, um número muito grande de transferências precisa ser feito para se registrar um único sucesso.

A transferência nuclear também pode ser feita em mamíferos, basicamente com resultados semelhantes. Dessa maneira, um núcleo tomado de uma célula diferenciada na glândula mamária de uma ovelha adulta e transferido para dentro de um ovócito enucleado de ovelha foi capaz de suportar o desenvolvimento de uma ovelha aparentemente normal – a famosa Dolly. Mais uma vez, a taxa de sucesso é baixa: muitas transferências têm de ser feitas para se obter um indivíduo desses.

A reprogramação de um núcleo transferido envolve mudanças epigenéticas drásticas

Em uma típica célula totalmente diferenciada, parece haver mecanismos mantendo o padrão de expressão gênica que os fatores citoplasmáticos não podem ultrapassar facilmente. Uma possibilidade óbvia é que a estabilidade do padrão de expressão de genes na célula adulta pode depender, pelo menos em parte, de modificações na autoperpetuação da cromatina, como discutido no Capítulo 4. Como foi explicado no Capítulo 7, o fenômeno de inativação do cromossomo X em mamíferos fornece um exemplo claro de tal controle epigenético. Existem dois cromossomos X, lado a lado, em cada célula feminina, expostos ao mesmo ambiente químico, mas enquanto um permanece ativo, o outro permanece de uma geração celular para a próxima em um estado inativo condensado; os fatores citoplasmáticos não podem ser responsáveis pela diferença, que, ao contrário, deve refletir mecanismos intrínsecos do próprio cromossomo. Também em outras partes do genoma, controles ao nível da cromatina atuam em combinação com outras formas de regulação para determinar a expressão de cada gene. Os genes podem ser desligados completamente, ou ligados de forma constitutiva, ou mantidos em um estado instável no qual podem ser facilmente ligados ou desligados de acordo com a evolução das circunstâncias.

A reprogramação de um núcleo transferido para dentro de um ovócito envolve mudanças dramáticas na cromatina. O núcleo se dilata, aumentando seu volume em 50 vezes enquanto os cromossomos descondensam; há uma alteração indiscriminada nos padrões de metilação do DNA e histonas; a histona H1 padrão (a histona que liga nucleossomos adjacentes) é substituída por uma forma variante que é característica ao ovócito e ao embrião precoce; e o tipo de histona H3 preexistente também é substituído em muitos locais por uma isoforma diferente. Evidentemente, o ovo contém fatores que redefinem o estado da cromatina no núcleo, acabando com as modificações das histonas velhas sobre a cromatina e impondo novas. Reprogramado dessa forma, o genoma torna-se competente mais uma vez para iniciar o desenvolvimento embrionário e dar origem a uma gama completa de tipos celulares diferenciados.

As células-tronco embrionárias (ES) podem produzir qualquer parte do corpo

Um ovo fertilizado, ou uma célula equivalente produzida por transferência nuclear, é algo notável: ele pode produzir um novo indivíduo multicelular completo, ou seja, pode dar origem a todos os tipos de células especializadas normais, incluindo até mesmo ovócitos ou células espermáticas para produção da próxima geração. Uma célula em tal estado é considerada **totipotente**, e é considerada **pluripotente** se puder dar origem à maioria dos tipos celulares mas não absolutamente a todos. Mesmo assim, tal progenitora não é uma célula-tronco: ela não está se autorrenovando; em vez disso, está dedicada a um programa de diferenciação progressiva. Se ela fosse o único ponto de partida disponível para o estudo e a exploração de células pluripotentes, a iniciativa exigiria um fornecimento contínuo de ovos fertilizados novos ou de procedimentos de transferência nuclear novos – um requisito difícil para estudos em animais de experimentação e inaceitável para aplicações práticas em humanos.

Aqui, no entanto, a natureza tem sido inesperadamente gentil com os cientistas. É possível coletar um embrião precoce de camundongo no estágio de blastocisto e, mediante cultivo celular, originar a partir dele uma classe de células-tronco chamadas de **células-tronco embrionárias**, ou **células ES** (de *embryonic stem cells*). Elas se originam a partir da massa celular interna do embrião precoce (o aglomerado de células que dão origem ao corpo do embrião propriamente dito, em oposição às estruturas extraembrionárias) e têm uma propriedade extraordinária: fornecidas as condições de cultivo adequadas, elas continuarão proliferando indefinidamente e ainda mantêm um potencial de desenvolvimento irrestrito. Sua única limitação é que elas não dão origem a tecidos extraembrionários como aqueles da placenta. Assim, elas são classificadas como pluripotentes, em vez de totipotentes. Mas essa é uma restrição menor. Se as células ES são colocadas de volta em um blastocisto, elas se incorporam ao embrião e podem originar todos os tecidos e tipos celulares do organismo, integrando-se perfeitamente em qualquer lugar que possam vir a ocupar e adotando a característica e o comportamento que as células normais apresentariam nesse local. Elas podem ainda dar origem a células germinativas, a partir das quais uma nova geração de animais pode ser derivada (**Figura 22-40**).

As células ES permitem nos movermos entre o cultivo celular, onde podemos utilizar técnicas poderosas para transformação e seleção genética, e o organismo intacto, onde podemos descobrir como tais manipulações genéticas afetam o desenvolvimento e a fisiologia. Assim, as células ES abriram o caminho para a engenharia genética eficiente em mamíferos, levando a uma revolução em nossa compreensão da biologia molecular dos mamíferos.

Células com propriedades semelhantes àquelas de células ES de camundongos agora podem ser produzidas a partir de embriões humanos precoces e de células germinativas

Figura 22-40 Produção e pluripotência das células ES. As células ES são derivadas da massa celular interna (ICM, de *inner cell mass*) do embrião precoce. As células ICM são transferidas para uma placa de cultivo contendo um meio apropriado, onde elas se convertem em células ES e podem ser mantidas proliferando indefinidamente sem se diferenciar. As células ES podem ser selecionadas a qualquer momento – após a manipulação genética, se desejado – e injetadas de volta na massa celular interna de outro embrião precoce. Aí elas tomam parte na formação de um animal quimérico bem formado que é uma mistura de células normais e derivadas de ES. As células derivadas de células ES podem se diferenciar em qualquer dos tipos celulares do organismo, incluindo células germinativas das quais uma nova geração de camundongos pode ser produzida. Essas descendentes da geração seguinte não são mais quiméricas, mas consistem em células em que todas herdam a metade dos seus genes da linhagem de células ES cultivadas.

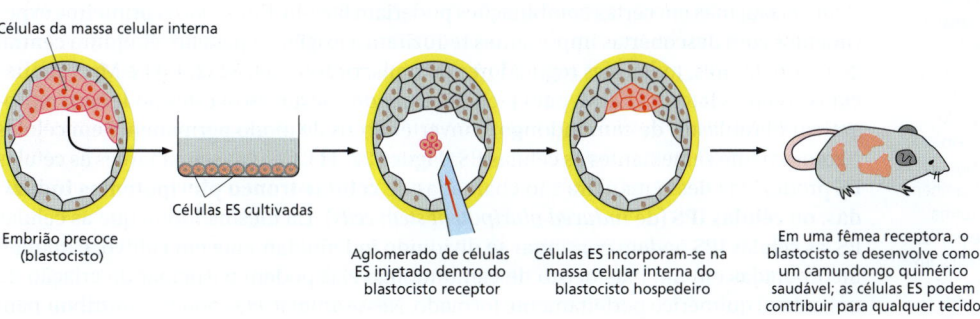

fetais humanas, e até mesmo, como explicaremos adiante, de células diferenciadas obtidas de tecidos mamíferos adultos. Dessa forma, pode-se obter uma fonte potencialmente inesgotável de células pluripotentes. Crescidas em cultura, elas podem ser manipuladas, mediante escolha apropriada de condições de cultivo, para dar origem a grandes quantidades de quase qualquer tipo de célula diferenciada, abrindo o caminho para aplicações práticas importantes. No entanto, antes de discuti-las, consideraremos a biologia básica.

Um conjunto central de reguladores da transcrição define e mantém o estado de célula ES

O que é que dá às células ES e tipos relacionados de células-tronco pluripotentes as suas capacidades extraordinárias? O que elas podem nos dizer sobre os mecanismos fundamentais que sustentam a capacidade de célula-tronco, diferenciação celular e a estabilidade do estado diferenciado?

Para alguns atributos, a resposta é simples. Por exemplo, uma característica básica das células ES é que elas devem evitar senescência. Como discutido no Capítulo 17, esse é o destino de fibroblastos e muitos outros tipos de células somáticas: elas são limitadas no número de vezes que irão dividir, em parte ao menos porque lhes falta a atividade de telomerase, resultando que seus telômeros sejam progressivamente encurtados em cada ciclo de divisão, levando por fim à suspensão do ciclo celular. Em contraste, as células ES expressam níveis elevados de telomerase ativa, permitindo-lhes escapar da senescência e continuar se dividindo indefinidamente. Essa é uma propriedade partilhada com outros tipos mais especializados de células-tronco, como aqueles do intestino adulto, que, de modo semelhante, podem continuar a se dividir por centenas ou milhares de ciclos.

O problema mais profundo é explicar como todo o complexo padrão de expressão gênica em uma célula ES é organizado e mantido. Como um primeiro passo, pode-se olhar para genes expressos especificamente em células ES ou nas células pluripotentes correspondentes do embrião precoce. Essa abordagem identifica um número relativamente pequeno de candidatos a genes críticos para células ES; isto é, genes que parecem ser essenciais de uma forma ou de outra para o caráter peculiar das células ES. Um gene chamado *Oct4* é expresso exclusivamente em células ES e em tipos relacionados de células no organismo intacto – especificamente, na linhagem de células germinativas e na massa celular interna e suas precursoras. *Oct4* codifica um regulador de transcrição. Quando ele é perdido em células ES, elas perdem seu caráter de célula ES; e, quando ele é perdido em um embrião, as células que deveriam se especializar como massa celular interna são desviadas para uma via de diferenciação extraembrionária e seu desenvolvimento é abortado.

Os fibroblastos podem ser reprogramados para criar células-tronco pluripotentes induzidas (células iPS)

No Capítulo 7, vimos que os fibroblastos e alguns outros tipos de célula podem ser conduzidos a mudar seu caráter e se diferenciar como células musculares caso o principal regulador de transcrição específico do músculo MyoD seja expresso nelas artificialmente. A mesma técnica poderia ser utilizada para converter tipos celulares adultos em células ES, mediante expressão forçada de fatores como o Oct4? Essa questão foi abordada pela transfecção de fibroblastos com vetores retrovirais transportando genes que se poderia esperar que tivessem esse efeito. Um total de 24 candidatos a genes críticos para células ES foram testados dessa maneira. Nenhum deles foi capaz por si só de provocar a conversão; mas em certas combinações poderiam fazê-lo. Em 2006, os primeiros experimentos com descobertas importantes reduziram a exigência para um conjunto central de quatro fatores, todos eles reguladores de transcrição: Oct4, Sox2, Klf4 e Myc, conhecidos como os fatores OSKM, para facilitar. Quando coexpressos, estes poderiam reprogramar fibroblastos de camundongo, convertendo-os de modo permanente em células rigorosamente semelhantes às células ES (**Figura 22-41**). Células semelhantes às células ES produzidas dessa maneira são chamadas de **células-tronco pluripotentes induzidas**, ou **células iPS** (de *induced pluripotent stem cells*). Da mesma forma que as células ES, as células iPS podem continuar se dividindo indefinidamente em cultivo, e quando incorporadas em um blastocisto de camundongo elas podem participar da criação de um animal quimérico perfeitamente formado. Nesse animal, elas podem contribuir para

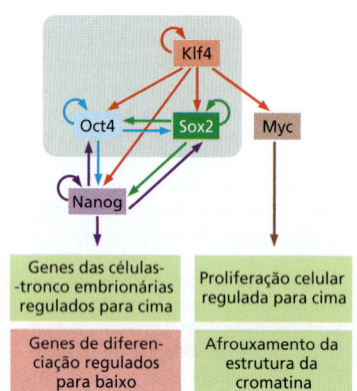

Figura 22-41 Reprogramando fibroblastos com os fatores OSKM para se tornarem células iPS. Conforme indicado, as principais proteínas reguladoras de genes, Oct4, Sox2 e Klf4 (OSK), induzem tanto a sua própria síntese como a síntese de cada uma das outras (*sombreamento cinza*). Isso gera um ciclo de retroalimentação (*feedback*) autossustentável que ajuda a manter as células em um estado semelhante a célula-tronco embrionária, mesmo depois de todos os iniciadores OSKM, adicionados experimentalmente, terem sido removidos. A superexpressão de Myc acelera as fases iniciais do processo de reprogramação por meio dos mecanismos mostrados (ver Figura 17-61). A reprogramação estável também envolve a expressão induzida de forma permanente do gene *Nanog*, que produz um regulador de transcrição adicional importante. (Adaptada de J. Kim et al., *Cell* 132:1049–1061, 2008.)

o desenvolvimento de qualquer tecido e podem se transformar em qualquer tipo celular diferenciado, incluindo células germinativas funcionais a partir das quais uma nova geração de camundongos pode ser originada (ver Figura 22-40).

As células iPS podem agora ser obtidas de células humanas adultas e de vários outros tipos de células diferenciadas além dos fibroblastos. Numerosos métodos podem ser utilizados para direcionar a expressão dos fatores transformantes OSKM, incluindo métodos que não deixam nenhum vestígio do DNA estranho na célula reprogramada. Variações do coquetel original de reguladores de transcrição podem dirigir a conversão, com diferentes tipos celulares especializados tendo exigências um pouco diferentes. Por exemplo, a superexpressão de Myc acaba não sendo absolutamente necessária, embora ela aumente a eficiência do processo. E tipos celulares diferenciados podem expressar alguns dos fatores necessários como parte de seu fenótipo normal. Por exemplo, as células da papila dérmica do folículo piloso já expressam Sox2, Klf4 e Myc; para convertê-las em células iPS, é suficiente forçá-las a expressar Oct4 artificialmente. Na verdade, o Oct4 parece ter um papel central e ser, em geral, indispensável para a criação de células iPS.

A reprogramação envolve uma enorme perturbação do sistema de controle de genes

Converter uma célula diferenciada em uma célula iPS não é como ligar rapidamente o interruptor de alguma parte de uma máquina previsível e precisamente projetada. Apenas algumas das células que recebem os fatores OSKM de fato se tornarão células iPS – 1 em vários milhares nos experimentos originais, e ainda apenas uma pequena minoria com as técnicas aprimoradas mais recentes. Na verdade, o sucesso dos experimentos originais dependia de seleção hábil para escolher aquelas poucas células onde a conversão tinha ocorrido (**Figura 22-42**).

A conversão para um caráter iPS pelos fatores OSKM não é somente ineficiente, mas também lenta: os fibroblastos levam dez dias ou mais a partir da introdução dos fatores de conversão antes de começarem a expressar os marcadores do estado iPS. Isso sugere que a transformação envolve uma longa cascata de alterações. Tais alterações estão sendo bastante estudadas, e elas afetam tanto a expressão de genes individuais quanto o estado da cromatina. Os resultados de um desses estudos estão delineados na **Figura 22-43**. O processo inicia-se com a proliferação celular induzida por Myc e o afrouxamento da estrutura da cromatina, que promove a ligação dos outros três reguladores principais a muitas centenas de locais diferentes no genoma. Em uma grande proporção desses locais, Oct4, Sox2 e Klf4 se ligam todos em combinação. Os locais de ligação incluem os próprios genes endógenos *Oct4*, *Sox2* e *Klf4*, o que, por fim, cria os tipos de ciclos de retroalimentação (*feedback*) positiva que acabamos de descrever e que faz a expressão desses genes autossustentável (ver Figura 22-41). Mas a autoindução de *Oct4*, *Sox2* e *Klf4* é apenas uma pequena parte da transformação que ocorre. Os três fatores centrais ativam alguns genes-alvo e reprimem outros, produzindo uma cascata de efeitos que reorganiza o sistema de controle de genes globalmente e em todos os níveis, alterando os padrões de modificação de histonas, metilação do DNA e compactação da cromatina, bem como a expressão de inúmeras proteínas e RNAs não codificadores. No final desse processo complexo, a célula iPS resultante já não é dependente dos fatores gerados artificialmente que provocaram a mudança: ela se estabeleceu em um estado

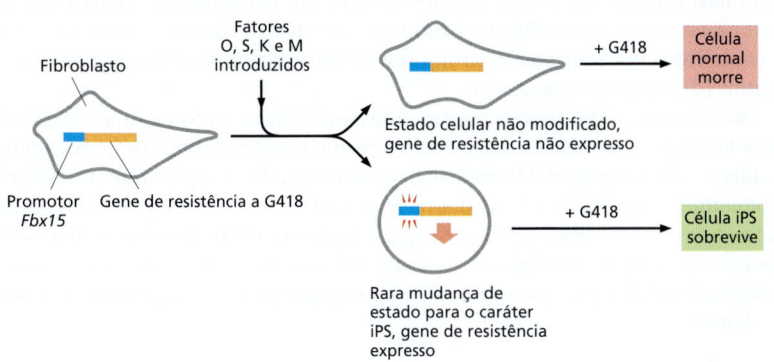

Figura 22-42 Uma estratégia utilizada para selecionar células que tenham se convertido ao caráter iPS. O experimento faz uso de um gene (*Fbx15*) que está presente em todas as células, mas em geral é expresso apenas em células ES e células embrionárias precoces (embora não seja necessário para sua sobrevivência). Uma linhagem celular de fibroblasto é modificada geneticamente para conter um gene que produz uma enzima que degrada G418 sob o controle da sequência reguladora *Fbx15*. O G418 é um antibiótico aminoglicosídeo que bloqueia a síntese proteica tanto em bactérias como em células eucarióticas. Quando os fatores OSKM são expressos artificialmente nessa linhagem celular, uma proporção pequena dessas células sofre uma mudança de estado e ativa a sequência reguladora *Fbx15*, conduzindo a expressão do gene de resistência a G418. Quando o G418 é adicionado ao meio de cultivo, elas são as únicas células que sobrevivem e proliferam. Quando testadas, elas revelam ter um caráter iPS.

Figura 22-43 Um resumo de alguns dos principais eventos que acompanham a reprogramação de fibroblastos de camundongo para células iPS. Ao separar as células em vários momentos após a indução com OSKM mostrada, é possível realizar análises bioquímicas detalhadas sobre as diferentes populações celulares mostradas. Isso levou à descoberta de que são induzidas duas ondas principais de transcrição de genes, sendo que a segunda onda ocorre somente no subgrupo de células que expressam uma proteína marcadora embrionária. Verificou-se que cerca de 1.500 genes são expressos diferencialmente nessas células, em comparação com a grande maioria das células que não conseguem progredir em direção às células iPS. Como indicado, grandes mudanças de metilação do DNA são observadas apenas após a alteração de estruturas da cromatina.

Na primeira onda de transcrição, entre os genes destacadamente induzidos estão aqueles para proliferação celular, metabolismo e organização de citoesqueleto; em contraste, os genes associados com o desenvolvimento de fibroblastos são reprimidos. Na segunda onda de transcrição, genes necessários para o desenvolvimento embrionário e para manutenção de células-tronco são induzidos. (Adaptada de J.M. Polo et al., *Cell* 151:1617–1632, 2012.)

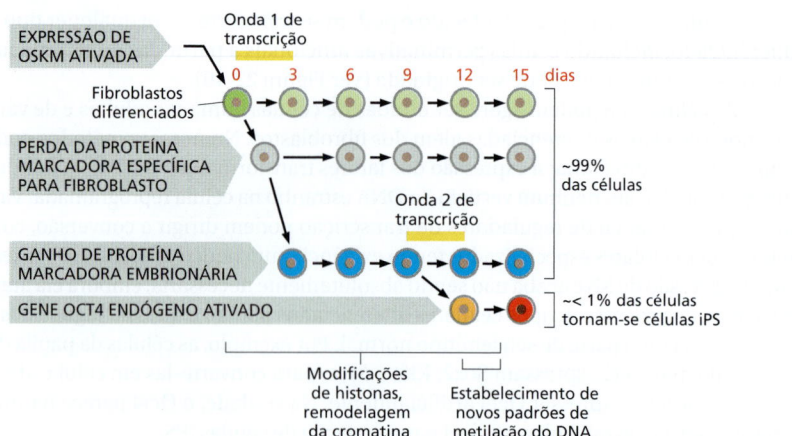

estável e autossustentável de expressão gênica coordenada, produzindo seus próprios fatores Oct4, Sox2, Klf4 e Myc (e todos outros ingredientes essenciais de uma célula-tronco pluripotente) a partir de suas próprias cópias dos genes endógenos.

Uma manipulação experimental de fatores que modificam a cromatina pode aumentar a eficiência da reprogramação

A eficiência baixa e a taxa de conversão lenta sugerem que há alguma barreira bloqueando a mudança do estado diferenciado para o estado iPS nesses experimentos e que a superação dessa barreira é um processo difícil que envolve um grande componente do acaso. Da mesma forma, o resultado é variável, com diferenças significativas entre as linhagens individuais de células transformadas que são geradas, mesmo quando as células diferenciadas iniciais são genética e fenotipicamente idênticas. Apenas algumas das candidatas a linhagens iPS passam em todos os testes de pluripotência. Em nível molecular, existem diferenças mesmo entre as células iPS totalmente validadas: embora elas partilhem muitas características, elas variam em detalhes de seus padrões de expressão de genes e, por exemplo, nos seus padrões de metilação do DNA.

Superar tais dificuldades será fundamental para melhorar nossa compreensão de como a especialização celular é controlada e organizada em organismos multicelulares; isso também deve facilitar muitos avanços médicos. Assim, o processo de reprogramação tem sido intensivamente pesquisado. Uma abordagem visa à obtenção de uma imagem muito mais clara do papel que as estruturas da cromatina desempenham na regulação gênica em eucariotos.

Com base em nossa discussão sobre transferência nuclear, poder-se-ia esperar que qualquer reprogramação de uma célula diferenciada exigisse uma mudança radical e generalizada na estrutura da cromatina dos genes selecionados. Não apenas tais alterações são observadas, mas um grande número de experimentos diferentes revela que a eficiência do processo de reprogramação pode ser substancialmente aumentada pela alteração da atividade de proteínas que afetam a estrutura da cromatina. A **Figura 22-44** categoriza alguns dos fatores que se mostraram capazes de melhorar a transformação de fibroblastos para células iPS; aqueles nas três primeiras linhas – remodeladores de cromatina, enzimas que modificam histonas e variantes de histonas – são especialmente bem conhecidos por seus efeitos profundos sobre a organização dos nucleossomos na cromatina (discutido no Capítulo 4).

Podemos nos deter apenas brevemente aqui sobre as enormes quantidades de dados que foram se acumulando nesta área de pesquisa estimulante. O grande desafio que permanece é obter um modelo em nível de sistemas para o complexo conjunto de alterações bioquímicas que estão envolvidas na reprogramação. Por exemplo, quais mudanças da cromatina vêm em primeiro lugar e quais as sucedem? Como elas podem ser acionadas pelos principais reguladores de transcrição a partir da sua ligação a sequências específicas de DNA, e por que muitas células em uma população parecem resistentes a esses efeitos?

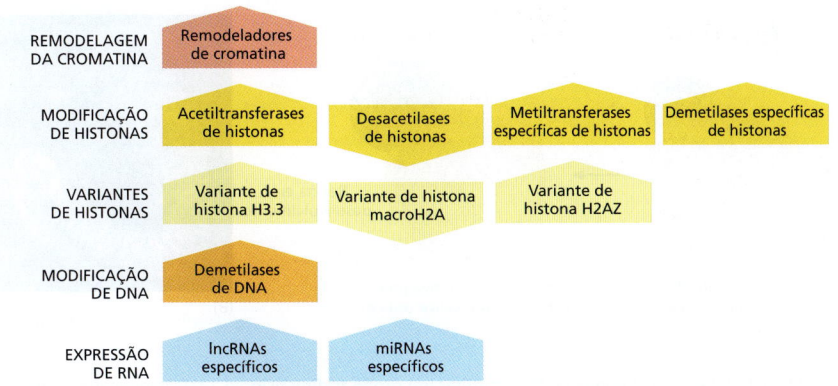

Figura 22-44 Fatores que foram observados por aumentar a eficiência da reprogramação. Aqui são enfatizados aqueles fatores que podem alterar estados da cromatina, com aqueles nas três primeiras linhas tendo os efeitos mais diretos. Uma *seta para cima* sugere que a reprogramação é aumentada quando a atividade do fator indicado é aumentada; uma *seta para baixo* mostra que a reprogramação é aumentada quando a atividade do fator indicado é diminuída. Assim, por exemplo, o aumento da atividade de histona acetiltransferases e o aumento da atividade de histona desacetilases têm efeitos opostos, como esperado a partir das suas atividades bioquímicas (ver p. 196).

Células ES e iPS podem ser orientadas a gerar tipos celulares adultos específicos e até mesmo órgãos inteiros

Podemos pensar no desenvolvimento embrionário em termos de uma série de escolhas apresentadas às células enquanto elas seguem um caminho que leva desde o ovo fertilizado até a diferenciação terminal. Depois de sua longa permanência em cultivo, as células ES ou células iPS e sua progênie ainda podem decifrar os sinais em cada ramificação desse caminho e responder da forma como as células embrionárias normais o fariam. No entanto, se as células ES ou iPS são implantadas diretamente em um embrião em um estágio posterior, ou em um tecido adulto, elas não conseguem receber a sequência apropriada de sinais; sua diferenciação, então, não é controlada adequadamente, e elas, muitas vezes, dão origem a um tumor do tipo conhecido como *teratoma*, que contém uma mistura de tipos celulares inapropriados ao local no corpo.

Em cultivo, expondo as células ES ou iPS a uma sequência adequada de proteínas sinalizadoras e fatores de crescimento, liberados nos momentos certos, é possível guiar a célula ao longo de uma via que se aproxima da via normal de desenvolvimento, de modo a convertê-la em um dos tipos padrão de células adultas especializadas (**Figura 22-45** e **Animação 22.5**). O sucesso depende de tentativa e erro, mas já foi alcançado para muitos estados especializados finais diferentes, incluindo os tipos celulares neuronal, muscular e intestinal. Em alguns casos ainda, mediante manipulação cuidadosa das condições de cultivo, tem sido possível obter células ES ou iPS para interagir umas com as outras de modo a construir um órgão inteiro, embora em pequena escala (**Figura 22-46**).

Figura 22-45 Produção de células diferenciadas a partir de células ES ou iPS em cultivo. Essas células podem ser cultivadas indefinidamente como células pluripotentes quando unidas como uma monocamada em uma placa. De modo alternativo, elas podem ser separadas para permitir que formem agregados chamados de corpos embrioides, o que leva as células a começarem a se especializar. Células dos corpos embrioides, cultivadas em meios adicionados com diferentes fatores, podem depois ser direcionadas a se diferenciar de vários modos. (Baseada em E. Fuchs e J.A. Segre, *Cell* 100:143–155, 2000. Com permissão de Elsevier.)

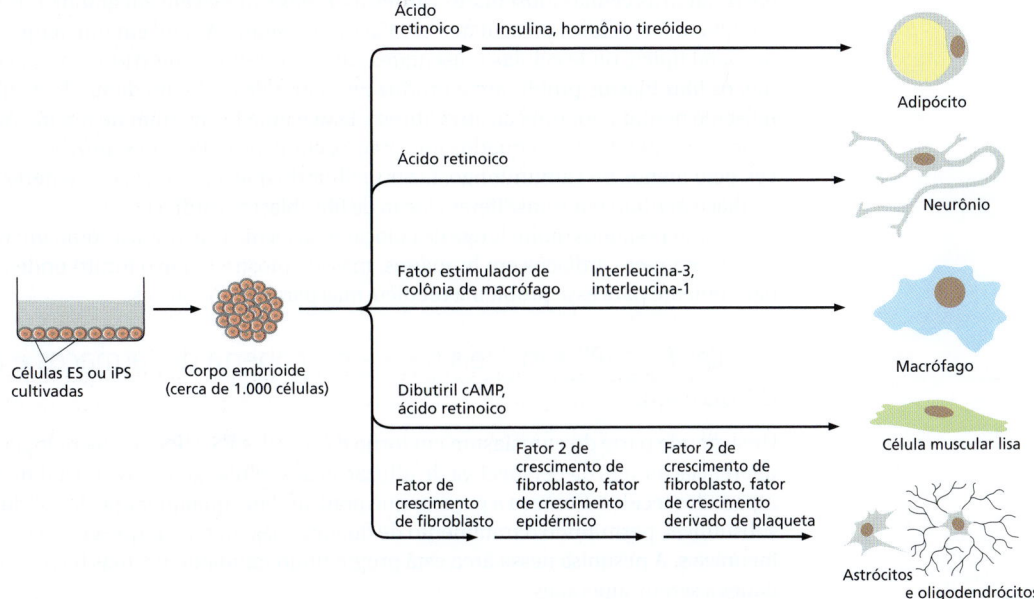

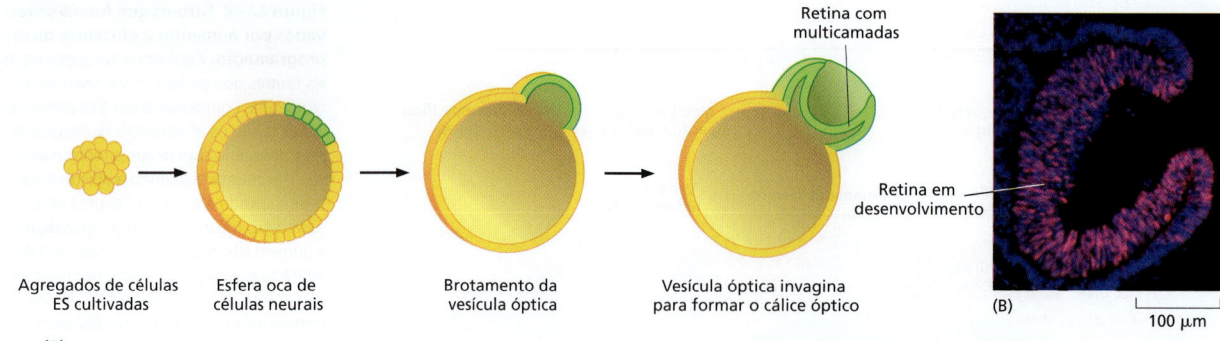

Figura 22-46 Células ES cultivadas podem originar um órgão tridimensional. (A) Extraordinariamente, sob as condições apropriadas, células ES de camundongo em cultivo podem proliferar, diferenciar e interagir para formar uma estrutura semelhante ao olho, tridimensional, que inclui uma retina com multicamadas semelhante em organização àquela que se forma *in vivo*. (B) Fotomicrografia fluorescente de um cálice óptico formado por células ES em cultivo. A estrutura inclui uma retina em desenvolvimento, contendo múltiplas camadas de células neurais, que produzem uma proteína (*rosa*) que serve como um marcador para o tecido da retina. (B, de M. Eiraku, N. Takata, H. Ishibashi et al., *Nature* 472:51–56, 2011. Com permissão de Macmillan Publishers Ltd.)

Células de um tipo especializado podem ser forçadas a se transdiferenciarem diretamente em outro tipo

A rota que acabamos de descrever, de uma forma de diferenciação para outra pela conversão para uma célula iPS, parece desnecessariamente pesada. Não poderíamos converter uma célula tipo A em uma célula tipo B diretamente, sem retroceder ao estado iPS semelhante ao embrionário? Durante muitos anos, soube-se que tal *transdiferenciação* poderia ser obtida em alguns casos especiais, como a conversão de fibroblastos em células do músculo esquelético por expressão forçada de MyoD (ver p. 396). Mas agora, com as ideias que surgiram a partir do estudo de células ES e iPS, estão sendo encontradas maneiras de provocar tais interconversões em uma gama muito maior de casos.

Um exemplo elegante vem de estudos do coração. Ao forçar a expressão de uma combinação apropriada de fatores – não Oct4, Sox2, Klf4 e Myc, mas Gata4, Mef2c e Tbx5 –, é possível converter fibroblastos cardíacos diretamente em células musculares cardíacas. Isso tem sido feito no camundongo vivo, utilizando vetores retrovirais, e a transformação ocorre com eficiência elevada quando os vetores que transportam os transgenes são injetados diretamente no próprio tecido muscular do coração. Embora eles ocupem apenas uma fração pequena do volume do tecido, os fibroblastos no coração excedem em número as células musculares cardíacas, e eles sobrevivem em grande número mesmo quando as células musculares cardíacas morreram. Assim, em um ataque cardíaco não fatal típico, onde células musculares cardíacas tenham morrido por falta de oxigênio, os fibroblastos proliferam e produzem matriz de colágeno de modo a substituir o músculo perdido por uma cicatriz fibrosa. Essa é uma forma ruim de reparo. Ao forçar a expressão dos fatores adequados no coração, como descrito antes, provou-se ser possível, pelo menos no camundongo, fazer melhor do que a natureza e regenerar músculo cardíaco perdido por transdiferenciação de fibroblastos cardíacos.

Ainda estamos muito longe de colocar essa técnica em prática como um tratamento para ataques cardíacos em humanos, mas ela mostra o que o futuro pode reservar – não somente para esse problema médico, mas para muitos outros.

Células ES e iPS são úteis para a descoberta de fármacos e análise de doenças

Uma grande parte do entusiasmo em torno das células ES e iPS e da tecnologia de transdiferenciação vem da perspectiva de utilização das células geradas artificialmente para a reparo dos tecidos. Começa a parecer que praticamente qualquer tipo de tecido pode ser substituível, permitindo o tratamento de doenças degenerativas que eram consideradas incuráveis. A pesquisa nessa área está progredindo rapidamente, mas há muitas dificuldades a serem superadas.

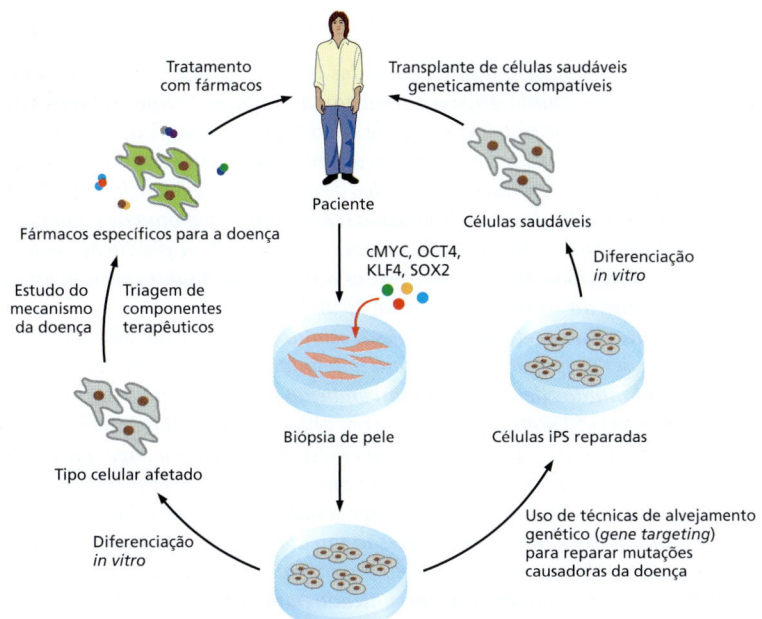

Figura 22-47 Uso de células iPS para descoberta de fármacos e para análise e tratamento de doenças. O lado esquerdo do diagrama mostra como células diferenciadas que são geradas a partir de células iPS derivadas de um paciente com uma doença genética podem ser usadas para análise do mecanismo da doença e para a descoberta de fármacos. O lado direito do diagrama mostra como o defeito genético pode ser reparado nas células iPS, que depois podem ser induzidas a se diferenciar em uma via apropriada e enxertadas de volta no paciente, sem risco de rejeição imunológica. (Baseada em D.A. Robinton e G.Q. Daley, *Nature* 481:295–305, 2012).

Com o advento das células iPS e da transdiferenciação direta, pelo menos um grande obstáculo foi superado, ao menos em princípio: o problema da rejeição imunológica. Pelo fato de elas serem criadas a partir de embriões precoces que costumam ser provenientes de doadoras não aparentadas, as células ES nunca serão geneticamente idênticas às células do paciente que recebe o transplante. Portanto, as células transplantadas e suas descendentes são passíveis de rejeição pelo sistema imunológico. Por outro lado, tanto as células iPS quanto as transdiferenciadas podem ser geradas a partir de uma pequena amostra de tecido do próprio paciente e, assim, devem escapar do ataque do sistema imunológico quando transplantadas de volta para o mesmo indivíduo.

O reparo de tecidos por transplante, no entanto, não é a única aplicação para a qual células ES, iPS e transdiferenciadas podem ser usadas: elas podem mostrar seu valor de forma mais imediata de outras maneiras. Em particular, elas podem ser usadas para gerar grandes populações homogêneas de células especializadas de qualquer tipo escolhido em cultivo, e estes podem servir para a investigação de mecanismos de doença e na busca de novos fármacos que atuam sobre um tipo celular específico (**Figura 22-47**).

Sempre que uma doença tem uma causa genética, podemos derivar células iPS a partir das células que sofrem do problema e usá-las para produzir os tipos celulares defeituosos específicos, para investigar como ocorre o mau funcionamento e para fazer a triagem de fármacos que possam ajudar a corrigi-lo. A *síndrome de Timothy* fornece um exemplo. Nessa condição genética rara, há um distúrbio grave, com risco de vida, no ritmo dos batimentos cardíacos (bem como várias outras anomalias), como resultado de uma mutação em um tipo específico de canal de Ca^{2+}. Para o estudo da patologia básica, os pesquisadores obtiveram fibroblastos da pele de pacientes com a doença, geraram células iPS a partir dos fibroblastos e dirigiram as células iPS a se diferenciar em células musculares cardíacas. Essas células, quando comparadas com as células musculares do coração preparadas de modo semelhante a partir de indivíduos-controle normais, mostraram contrações irregulares e padrões anormais de influxo de Ca^{2+} e da atividade elétrica, que puderam ser caracterizados em detalhe. A partir desse achado, resta apenas um pequeno passo para o desenvolvimento de um ensaio *in vitro* para medicamentos que possam corrigir o mau comportamento das células do músculo cardíaco.

Essa abordagem para a descoberta de fármacos – onde células iPS são preparadas a partir do paciente individual, diferenciadas no tipo celular relevante e usadas para testar fármacos candidatos *in vitro* – parece representar um avanço enorme nos métodos tradicionais dispendiosos e lentos que envolvem a administração de compostos para teste em um grande número de pessoas.

O QUE NÃO SABEMOS

- O que determina o tamanho dos tecidos e órgãos? Como as células em cada tecido sabem quando terminar seu crescimento e divisão, de modo a limitar o tamanho de um órgão ou tecido adequadamente?

- Qual é a diferença molecular fundamental que distingue uma célula-tronco?

- Como é mantido o equilíbrio correto entre células-tronco, células progenitoras e células diferenciadas em um tecido ou órgão?

- Que função a estrutura da cromatina desempenha na memória celular e na reprogramação celular?

- Como as moléculas são herdadas de forma assimétrica durante a divisão celular?

- Como as células germinativas evitam o envelhecimento?

Resumo

No organismo de um mamífero adulto, os vários tipos de células-tronco são altamente especializados, cada um dando origem a uma gama limitada de tipos celulares diferenciados. As células tornam-se restritas a vias de diferenciação específicas durante o desenvolvimento embrionário. Uma maneira de forçar um retorno a um estado pluripotente ou totipotente é pela transferência nuclear: o núcleo de uma célula diferenciada pode ser injetado em um ovócito enucleado, cujo citoplasma reprograma o genoma de volta para uma aproximação de um estado embrionário precoce. Isso permite a produção de um novo indivíduo inteiro. A reversão do genoma a esse estado envolve mudanças radicais de todo o genoma na estrutura da cromatina e metilação do DNA.

Notavelmente, células retiradas da massa celular interna de um embrião de mamífero precoce podem ser propagadas em cultura indefinidamente em um estado pluripotente. Quando transplantadas de volta para um embrião precoce hospedeiro, essas células-tronco embrionárias (ES) podem contribuir com células para qualquer tecido, incluindo a linhagem germinativa. As células ES têm sido inestimáveis para a engenharia genética em camundongos. Células com propriedades semelhantes, chamadas de células-tronco pluripotentes induzidas (células iPS), podem ser geradas a partir de células diferenciadas adultas como fibroblastos, mediante expressão forçada de um coquetel de reguladores-chave de transcrição. Um método similar pode ser usado para reprogramar células adultas diretamente a partir de um estado especializado para outro. Em princípio, células iPS geradas a partir de células obtidas de biópsias de um paciente humano adulto podem ser utilizadas para o reparo de tecido nesse mesmo indivíduo, evitando o problema da rejeição imunológica. De forma mais imediata, elas proporcionam uma fonte de células especializadas que podem ser utilizadas para analisar in vitro os efeitos de mutações que afetam as células humanas e rastrear fármacos para o tratamento de doenças genéticas.

TESTE SEU CONHECIMENTO

Quais afirmativas estão corretas? Justifique.

22-1 No intestino delgado, as células-tronco dividem-se de forma assimétrica nas criptas para manter a população de células que compõem a vilosidade; após cada divisão, uma célula-filha continua sendo uma célula-tronco e a outra começa a dividir-se rapidamente para produzir descendentes diferenciadas.

22-2 As células-tronco, sendo células-tronco, por definição, são as mesmas em todos os tecidos.

22-3 Qualquer tecido que pode ser renovado é renovado a partir de uma população de células-tronco específica do tecido.

22-4 A perturbação do equilíbrio nas atividades de osteoblastos e osteoclastos em favor dos osteoclastos pode dar origem à condição conhecida como osteoporose, a síndrome do osso frágil (quebradiço) dos idosos.

Discuta as questões a seguir.

22-5 Na década de 1950, cientistas alimentaram ratos com timidina tritiada (timidina marcada com trítio, timidina-H^3) para marcar as células que estavam sintetizando DNA e depois seguiram os destinos das células marcadas por períodos de até um ano. Eles encontraram três padrões de marcação celular em diferentes tecidos. As células de alguns tecidos, como os neurônios no sistema nervoso central e na retina, não foram marcadas. Ao contrário, músculos, rim e fígado mostraram, cada um deles, um pequeno número de células marcadas que manteve sua marcação, aparentemente sem qualquer divisão ou perda. Por fim, células como aquelas nos epitélios pavimentosos da língua e do esôfago foram marcadas em número relativamente grande, com pares de núcleos radioativos visíveis em 12 horas; no entanto, as células marcadas desapareceram ao longo do tempo. Qual desses três padrões de marcação você esperaria ver, se as células marcadas tivessem sido geradas por células-tronco? Explique a sua resposta.

22-6 Em um determinado momento, criptas intestinais de camundongos contêm em torno de 15 células-tronco e 10 células de Paneth. Após a divisão celular, que ocorre cerca de uma vez por dia, as células-filhas permanecem como células-tronco apenas se mantiverem o contato com uma célula de Paneth. Essa competição constante pelo contato com células de Paneth levanta a possibilidade de que as criptas podem se tornar monoclonais ao longo do tempo; isto é, as células da cripta em um ponto no tempo podem derivar de apenas 1 das 15 células-tronco que existiam em algum momento anterior. Para testar tal possibilidade, você usa o marcador "confete", assim chamado porque, depois de ativado, expressa qualquer uma de três proteínas fluorescentes nas células-tronco da cripta. Então, você examina as criptas em vários momentos para determinar se elas contêm células com várias cores ou apenas uma cor (**Figura Q22-1**). Será que as criptas se tornam monoclonais ao longo do tempo ou não? Como você pode afirmar isso?

22-7 A origem de células β novas do pâncreas – a partir de células-tronco ou de células β preexistentes – não foi determinada até uma década atrás, quando a técnica de rastreamento de linhagem foi usada para solucionar a questão. Usando camundongos transgênicos que expressam

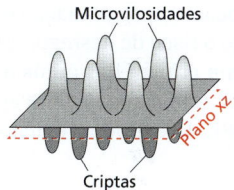

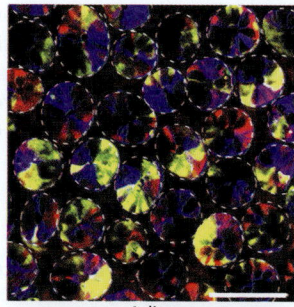
4 dias

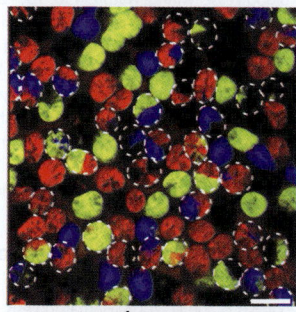
4 semanas

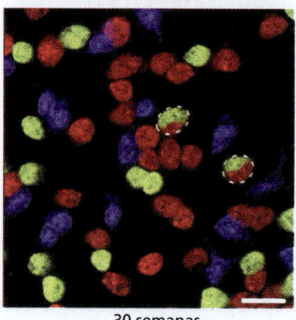
30 semanas

Figura Q22-1 Células fluorescentes em criptas no intestino de camundongos em vários momentos após a ativação da expressão de proteínas fluorescentes. As imagens são tomadas no plano xz, que corta múltiplas criptas, como indicado na ilustração esquemática. Cerca de 50 criptas são visíveis em cada secção. *Círculos brancos* pontilhados identificam algumas criptas. As barras de escala são de 100 μm. (Adaptada de H.J. Snippert et al., *Cell* 143:134–144, 2010. Com permissão de Elsevier.)

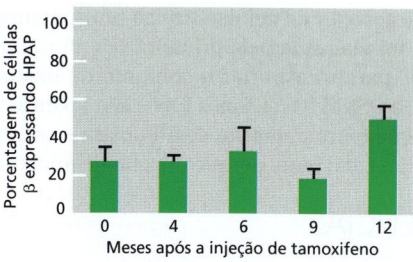

Figura Q22-2 Porcentagem de células β marcadas em ilhotas pancreáticas de camundongos de diferentes idades. Todos os camundongos foram injetados com um pulso de tamoxifeno entre 6 e 8 semanas de idade e, em seguida, corados para fosfatase alcalina placentária humana (HPAP) em vários momentos mais tarde. As barras de erro representam os desvios padrão.

uma forma de recombinase Cre ativada por tamoxifeno sob o controle do promotor de insulina, que está ativo somente em células β, os pesquisadores puderam remover um segmento de DNA inibidor e, desse modo, permitir a expressão de fosfatase alcalina placentária humana (HPAP, de *human placental alkaline phosphatase*), que pode ser detectada por marcação histoquímica. Após um pulso de tamoxifeno que converteu cerca de 30% de células β do camundongo jovem em células que expressam HPAP, os pesquisadores acompanharam a porcentagem de células β marcadas por um ano, tempo durante o qual o número total de células β do pâncreas aumentou 6,5 vezes. Como você supõe que a porcentagem de células β iria mudar ao longo do tempo se as novas células β tiverem sido derivadas das células-tronco? E se as novas células β tiverem sido derivadas das células β preexistentes? Qual hipótese é sustentada pelos resultados na **Figura Q22-2**?

22-8 Um dos primeiros ensaios para células-tronco hematopoiéticas fez uso da sua capacidade para formar colônias no baço de camundongos submetidos à irradiação pesada. Variando as quantidades de células de medula óssea transplantadas, os pesquisadores mostraram que o número de colônias no baço variou linearmente com a dose e que a curva passou pela origem, o que sugere que as células individuais foram capazes de formar colônias individuais. No entanto, como a formação de colônias era rara em relação ao número de células transplantadas, era possível que aglomerados não dispersos de duas ou mais células fossem os iniciadores reais.

Um artigo clássico resolveu essa questão explorando raros rearranjos genômicos, citologicamente visíveis, gerados por irradiação. Camundongos receptores primeiro foram irradiados para destruir as células da medula óssea e, em seguida, foram irradiados uma segunda vez, após o transplante, para gerar rearranjos raros do genoma na população de células transplantadas. Colônias do baço foram então pesquisadas para encontrar aquelas que carregavam rearranjos genômicos. Como você supõe que esse experimento faz a distinção entre a colonização por células individuais e por agregados celulares?

22-9 É possível purificar as células-tronco hematopoiéticas utilizando uma combinação de anticorpos dirigidos contra alvos de superfície celular. A partir da remoção de células que expressavam marcadores de superfície característicos de linhagens específicas, como as células B, granulócitos, células mielomonocíticas e células T, os pesquisadores geraram uma população de células rica em células-tronco. Eles enriqueceram ainda mais essa população de possíveis células-tronco selecionando positivamente para as células que expressavam marcadores de superfície de células-tronco suspeitos. A formação de colônias no baço em camundongos irradiados, a partir dessas células-tronco putativas e das células de medula óssea não fracionadas, é mostrada na **Figura Q22-3**. Dado que apenas cerca de 1 em cada 10 células alojam-se no baço, esses resultados sustentam a ideia de que a população enriquecida consiste principalmente de células-tronco hematopoiéticas? Que informações adicionais você precisaria ter para se sentir seguro de que as células enriquecidas são células-tronco verdadeiras? Qual a proporção de células da medula óssea que são células-tronco hematopoiéticas?

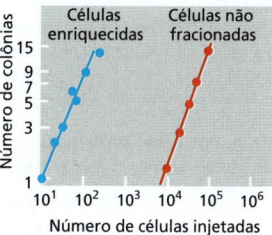

Figura Q22-3 Formação de colônias no baço por células enriquecidas para células-tronco e por células da medula óssea não fracionadas.

22-10 A geração de células-tronco pluripotentes induzidas (iPS) foi realizada pela primeira vez utilizando vetores retrovirais para transportar o conjunto de reguladores de transcrição OSKM (Oct4, Sox2, Klf4 e Myc) para as células. A eficiência da reprogramação de fibroblastos era geralmente baixa (0,01%), em parte porque um grande número de retrovírus deve se integrar para provocar a reprogramação e cada evento de integração traz consigo o risco de desregulação ou ativação inadequada de um gene crítico. Por quais outras vias ou de que outras formas você supõe que poderia aplicar os reguladores de transcrição OSKM de modo a evitar esses problemas?

REFERÊNCIAS

Gerais
Fawcett DW & Jensh R (2002) Bloom and Fawcett's Concise Histology, 2nd ed. New York/London: Arnold.
Gurdon JB & Melton DA (2008) Nuclear reprogramming in cells. *Science* 322, 1811–1815.
Li L & Xie T (2005) Stem cell niche: structure and function. *Annu. Rev. Cell Dev. Biol.* 21, 605–631.
Losick VP, Morris LX, Fox DT & Spradling A (2011) *Drosophila* stem cell niches: a decade of discovery suggests a unified view of stem cell regulation. *Dev. Cell* 21, 159–171.
Young B, Woodford P & O'Dowd G (2014) Wheater's Functional Histology: A Text and Colour Atlas, 6th ed. Edinburgh: Churchill Livingstone/Elsevier.

Células-tronco e renovação nos tecidos epiteliais
Barker N, van Es JH, Kuipers J et al. (2007) Identification of stem cells in small intestine and colon by marker gene *Lgr5*. *Nature* 449, 1003–1007.
Blanpain C & Fuchs E (2014) Plasticity of epithelial stem cells in tissue regeneration. *Science* 344, 1242281.
Crosnier C, Stamataki D & Lewis J (2006) Organizing cell renewal in the intestine: stem cells, signals and combinatorial control. *Nat. Rev. Genet.* 7, 349–359.
Sato T, van Es JH, Snippert HJ et al. (2011) Paneth cells constitute the niche for Lgr5 stem cells in intestinal crypts. *Nature* 469, 415–418.
Sato T & Clevers H (2013) Growing self-organizing mini-guts from a single intestinal stem cell: mechanism and applications. *Science* 340, 1190–1194.
Stanger BZ, Tanaka AJ & Melton DA (2007) Organ size is limited by the number of embryonic progenitor cells in the pancreas but not the liver. *Nature* 445, 886–891.
Taub R (2004) Liver regeneration: from myth to mechanism. *Nat. Rev. Mol. Cell Biol.* 5, 836–847.
Watt FM & Huck WTS (2013) Role of the extracellular matrix in regulating stem cell fate. *Nat. Rev. Mol. Cell Biol.* 14, 467–473.

Fibroblastos e suas transformações: a família de células do tecido conectivo
Cooper KL, Oh S, Sung Y et al. (2013) Multiple phases of chondrocyte enlargement underlie differences in skeletal proportions. *Nature* 495, 375–378.
Karsenty G & Wagner EF (2002) Reaching a genetic and molecular understanding of skeletal development. *Dev. Cell* 2, 389–406.
Rinn JL, Bondre C, Gladstone HB et al. (2006) Anatomic demarcation by positional variation in fibroblast gene expression programs. *PLoS Genet.* 2, e119.
Seeman E & Delmas PD (2006) Bone quality—the material and structural basis of bone strength and fragility. *N. Engl. J. Med.* 354, 2250–2261.
Zelzer E & Olsen BR (2003) The genetic basis for skeletal diseases. *Nature* 423, 343–348.

Origem e regeneração do músculo esquelético
Bassel-Duby R & Olson EN (2006) Signaling pathways in skeletal muscle remodeling. *Annu. Rev. Biochem.* 75, 19–37.
Buckingham M (2006) Myogenic progenitor cells and skeletal myogenesis in vertebrates. *Curr. Opin. Genet. Dev.* 16, 525–532.
Collins CA, Olsen I, Zammit PS et al. (2005) Stem cell function, self-renewal, and behavioral heterogeneity of cells from the adult muscle satellite cell niche. *Cell* 122, 289–301.
Lee SJ (2004) Regulation of muscle mass by myostatin. *Annu. Rev. Cell Dev. Biol.* 20, 61–86.
Weintraub H, Davis R, Tapscott S et al. (1991) The myoD gene family: nodal point during specification of the muscle cell lineage. *Science* 251, 761–766.

Vasos sanguíneos, linfáticos e células endoteliais
Carmeliet P & Tessier-Lavigne M (2005) Common mechanisms of nerve and blood vessel wiring. *Nature* 436, 193–200.
Folkman J & Haudenschild C (1980) Angiogenesis *in vitro*. *Nature* 288, 551–556.
Gerhardt H, Golding M, Fruttiger M et al. (2003) VEGF guides angiogenic sprouting utilizing endothelial tip cell filopodia. *J. Cell Biol.* 161, 1163–1177.
Lawson ND & Weinstein BM (2002) In vivo imaging of embryonic vascular development using transgenic zebrafish. *Dev. Biol.* 248, 307–318.
Pugh CW & Ratcliffe PJ (2003) Regulation of angiogenesis by hypoxia: role of the HIF system. *Nat. Med.* 9, 677–684.
Tammela T & Alitalo K (2010) Lymphangiogenesis: molecular mechanisms and future promise. *Cell* 140, 460–476.

Um sistema de células-tronco hierárquico: formação de células do sangue
Orkin SH & Zon LI (2008) Hematopoiesis: an evolving paradigm for stem cell biology. *Cell* 132, 631–644.
Shizuru JA, Negrin RS & Weissman IL (2005) Hematopoietic stem and progenitor cells: clinical and preclinical regeneration of the hematolymphoid system. *Annu. Rev. Med.* 56, 509–538.

Regeneração e reparo
Brockes JP & Kumar A (2008) Comparative aspects of animal regeneration. *Annu. Rev. Cell Dev. Biol.* 24, 525–549.
Tanaka EM & Reddien PW (2011) The cellular basis for animal regeneration. *Dev. Cell* 21, 172–185.
Wagner DE, Wang IE & Reddien PW (2011) Clonogenic neoblasts are pluripotent adult stem cells that underlie planarian regeneration. *Science* 332, 811–816.

Reprogramação celular e células-tronco pluripotentes
Apostolou E & Hochedlinger K (2013) Chromatin dynamics during cellular reprogramming. *Nature* 502, 462–471.
Egawa N, Kitaoka S, Tsukita K et al. (2012) Drug screening for ALS using patient-specific induced pluripotent stem cells. *Sci. Transl. Med.* 4, 145ra104.
Eggan K, Baldwin K, Tackett M et al. (2004) Mice cloned from olfactory sensory neurons. *Nature* 428, 44–49.
Fox IJ, Daley GQ, Goldman SA et al. (2014) Use of differentiated pluripotent stem cells as replacement therapy for treating disease. *Science* 345, 1247391.
Inoue H, Nagata N, Kurokawa H & Yamanaka S (2014) iPS cells: a game changer for future medicine. *EMBO J.* 33, 409–417.
Kim J, Chu J, Shen X et al. (2008) An extended transcriptional network for pluripotency of embryonic stem cells. *Cell* 132, 1049–1061.
Orkin SH & Hochedlinger K (2011) Chromatin connections to pluripotency and cellular reprogramming. *Cell* 145, 835–850.
Polo JM, Anderssen E, Walsh RM et al. (2012) A molecular roadmap of reprogramming somatic cells into iPS cells. *Cell* 151, 1617–1632.
Radzisheuskaya A & Silver JCR (2014) Do all roads lead to Oct4? The emerging concepts of induced pluripotency. *Trends Cell Biol.* 24, 275–284.
Sasai Y, Eiraku M & Suga H (2012) In vitro organogenesis in three dimensions: self-organising stem cells. *Development* 139, 4111–4121.
Soza-Ried J & Fisher AG (2012) Reprogramming somatic cells towards pluripotency by cellular fusion. *Curr. Opin. Genet. Dev.* 22, 459–465.
Takahashi K & Yamanaka S (2006) Induction of pluripotent stem cells from mouse embryonic and adult fibroblast cultures by defined factors. *Cell* 126, 663–676.
Theunissen TW & Jaenisch R (2014) Molecular control of induced pluripotency. *Cell Stem Cell* 14, 720–734.
Watanabe A, Yamada Y & Yamanaka S (2013) Epigenetic regulation in pluripotent stem cells: a key to breaking the epigenetic barrier. *Philos. Trans. R. Soc. Lond. B Biol. Sci.* 368, 20120292.
Yamanaka S (2013) The winding road to pluripotency (Nobel Lecture). *Angew. Chem. Int. Ed. Engl.* 52, 13900–13909.

CAPÍTULO 23

Patógenos e infecção

As doenças infecciosas causam cerca de um quarto das mortes de seres humanos em todo o mundo, mais do que a soma de todos os tipos de câncer, ficando atrás apenas das doenças cardiovasculares. Além da grande carga permanente de doenças consideradas "antigas", como a tuberculose e a malária, novas doenças infecciosas surgem continuamente. A pandemia (epidemia mundial) atual da *Aids* (*síndrome da imunodeficiência adquirida*) foi clinicamente observada pela primeira vez em 1981 e, desde então, causou mais de 35 milhões de mortes no mundo inteiro. Além disso, descobrimos que outras doenças, que considerávamos devidas a outros fatores, estão, na verdade, associadas a infecções. A maioria das úlceras gástricas, por exemplo, é causada não pelo estresse ou por alimentos apimentados, mas sim por infecções do revestimento estomacal pela bactéria *Helicobacter pylori*.

A carga de doenças infecciosas não se encontra distribuída igualmente no planeta. Os países e comunidades mais pobres sofrem de maneira desproporcional, em geral devido a sistemas públicos de saúde e saneamento deficientes. Entretanto, algumas doenças infecciosas ocorrem principalmente ou exclusivamente em comunidades industrializadas: a doença dos legionários, por exemplo, uma infecção pulmonar causada por bactérias, costuma ser transmitida por sistemas de ar condicionado.

Desde a metade dos anos de 1800, médicos e cientistas têm feito grandes esforços para identificar os agentes – coletivamente chamados de **patógenos** – que são capazes de causar doenças infecciosas. Mais recentemente, o advento da genética microbiana e da biologia molecular da célula tem aumentado nosso entendimento sobre as causas e os mecanismos das doenças infecciosas. Hoje sabemos que os patógenos, com frequência, exploram os atributos das células hospedeiras para poder infectá-las. Essa compreensão tanto pode nos fornecer novas informações sobre a biologia normal da célula quanto pode ser útil ao desenvolvimento de estratégias de prevenção e tratamento das doenças infecciosas.

Embora os patógenos sejam, sem dúvida, um motivo de atenção, apenas uma fração relativamente pequena das espécies microbianas que encontramos é patogênica. Grande parte da biomassa da Terra é constituída de micróbios, que produzem tudo, desde o oxigênio que respiramos até os nutrientes do solo necessários para cultivarmos alimentos. Até mesmo as espécies de micróbios que colonizam o corpo humano não causam, necessariamente, doenças. O grupo de microrganismos que reside dentro ou na superfície de um organismo é denominado microbiota. Muitos desses micróbios têm um efeito benéfico sobre a saúde do organismo, ajudando no seu desenvolvimento normal e fisiológico.

Neste capítulo, apresentamos uma visão geral dos diferentes tipos de patógenos, assim como daqueles microrganismos que colonizam nosso corpo sem causar problemas. Depois, discutimos a biologia celular da infecção – as interações moleculares entre os patógenos e seus hospedeiros. No Capítulo 24, discutiremos como os nossos sistemas imunes inato e adaptativo colaboram para nos defender contra os patógenos.

INTRODUÇÃO AOS PATÓGENOS E À MICROBIOTA HUMANA

Costumamos pensar nos patógenos como invasores hostis, mas um patógeno, como qualquer outro organismo, está simplesmente explorando um ambiente disponível no qual ele possa sobreviver e procriar. Viver dentro ou na superfície de um organismo é uma estratégia muito efetiva, e é possível que qualquer organismo na Terra esteja sujeito a algum tipo de infecção (**Figura 23-1**). Um hospedeiro humano é um ambiente rico em nutrientes, aquecido e úmido, que se mantém a uma temperatura uniforme e que se renova constantemente. Dessa forma, não é surpresa o fato de que muitos microrganismos tenham desenvolvido a capacidade de sobreviver e se reproduzir em um ambiente tão

NESTE CAPÍTULO

INTRODUÇÃO AOS PATÓGENOS E À MICROBIOTA HUMANA

BIOLOGIA CELULAR DA INFECÇÃO

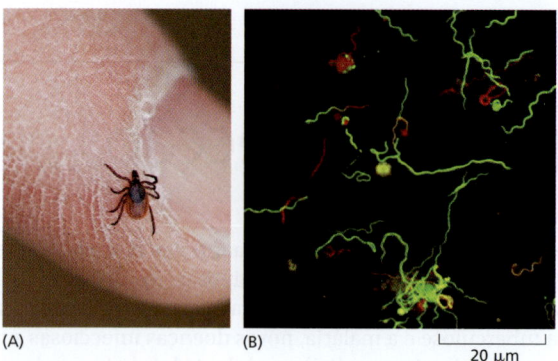

Figura 23-1 **Parasitismo em diversos níveis.** (A) A maioria dos animais abriga parasitas, como o carrapato do cervo (*Ixodes scapularis*), mostrado aqui em um dedo humano. Embora os carrapatos dessa espécie prosperem em cervos de cauda branca e outros mamíferos selvagens, eles também podem sobreviver em humanos. (B) Os carrapatos, por sua vez, abrigam os seus próprios parasitas, incluindo a bactéria *Borrelia burgdorferi*, marcada aqui com um corante que distingue bactérias vivas (em *verde*) de bactérias mortas (em *vermelho*). Essas bactérias em forma de espiral vivem em carrapatos de mamíferos e podem ser transmitidas aos humanos quando os carrapatos se alimentam de sangue humano. *Borrelia burgdorferi* causa a doença de Lyme, caracterizada por erupções cutâneas em forma de olho de boi e febre; se a infecção não for tratada, podem surgir várias complicações, incluindo artrite e anormalidades neurológicas. A ideia de que os parasitas possuem seus próprios parasitas foi observada por Jonathan Swift em 1733:
"Então, os naturalistas observam, uma pulga
Possui pulgas menores que lhe atacam;
E estas têm menores ainda que lhes mordem;
E, assim, acontece infinitamente."
(A, extraída de Acorn, White-Footed Mice and Tick Cycle Augment Risks of Lyme Disease in 2012. March 14, 2012. Reproduzida com permissão de Anita Sil; B, cortesia de M. Embers.)

favorável. Nesta seção, discutimos algumas características comuns que os microrganismos devem ter a fim de colonizar o corpo humano ou causar doença, e exploramos a grande variedade de organismos que, sabidamente, causam doenças.

A microbiota humana é um sistema ecológico complexo importante para o nosso desenvolvimento e saúde

O corpo humano contém cerca de 10^{13} células humanas, assim como uma microbiota que consiste em aproximadamente 10^{14} células de bactérias, fungos e protozoários, que representam milhares de espécies de micróbios – a chamada **flora normal**. Os genomas combinados das várias espécies da microbiota humana, chamados de **microbioma**, contêm mais de 5×10^6 genes – mais de cem vezes maior do que o número de genes do próprio genoma humano. Uma consequência de tal diversidade genômica é que a microbiota aumenta a variedade de atividades bioquímicas e metabólicas disponíveis aos humanos.

A microbiota em geral está limitada à pele, à boca, ao trato digestivo e à vagina. Com exceção dos micróbios que colonizam a pele, ela consiste principalmente em bactérias anaeróbicas, com diferentes comunidades de espécies habitando cada parte do corpo. Essas comunidades variam de forma considerável entre os indivíduos humanos, até mesmo entre familiares próximos e gêmeos idênticos. Embora a microbiota de um indivíduo costume ser constante ao longo do tempo, ela é influenciada por vários fatores, incluindo idade, dieta, estado de saúde e uso de antibióticos.

Existem várias relações ecológicas que esses micróbios têm com seus hospedeiros. No **mutualismo**, tanto o micróbio quanto o hospedeiro se beneficiam. As bactérias anaeróbicas que habitam nossos intestinos, por exemplo, ganham lugar de refúgio e suprimento de nutrientes, mas também contribuem para a digestão dos nossos alimentos, produzem importantes nutrientes e são essenciais para o desenvolvimento normal do nosso trato gastrintestinal e dos sistemas imunes inato e adaptativo. No **comensalismo**, os micróbios se beneficiam, mas não oferecem benefícios nem causam prejuízos: por exemplo, somos infectados por muitos vírus que não apresentam efeitos perceptíveis sobre a nossa saúde. No **parasitismo**, o micróbio se beneficia à custa do hospedeiro, sendo geralmente o caso dos patógenos.

Muitas doenças infecciosas são causadas por um único patógeno. Entretanto, existem evidências crescentes de que um desequilíbrio na comunidade de micróbios que constituem a microbiota pode contribuir para algumas enfermidades, incluindo doenças autoimunes e alérgicas, obesidade, doença inflamatória intestinal e diabetes. Notavelmente, nesses casos de desequilíbrio da microbiota (denominado *disbiose*), a transferência da microbiota de um indivíduo saudável a alguém doente pode ser benéfica e, algumas vezes, curativa, como no caso da colite causada pelo supercrescimento da bactéria *Clostridium difficile*.

Os patógenos interagem com os seus hospedeiros de diferentes maneiras

Se é normal vivermos com uma comunidade de micróbios, por que alguns deles são capazes de causar doença e morte? Embora a capacidade de um determinado microrganismo causar doença dependa de muitos fatores, é necessário que o patógeno possua características patogênicas especializadas que permitam ao micróbio sobreviver nos humanos.

Patógenos primários podem causar doenças manifestas na maioria dos indivíduos saudáveis. Alguns patógenos primários causam infecções agudas e ameaçadoras que se espalham rapidamente de um hospedeiro doente ou morto a outro indivíduo; historicamente, exemplos importantes incluem a bactéria *Vibrio cholerae*, causadora da cólera, e os vírus causadores da varíola e da gripe. Outros podem infectar persistentemente um indivíduo único durante anos sem causar doença evidente; exemplos incluem a bactéria *Mycobacterium tuberculosis* (que pode causar, mais comumente, tuberculose pulmonar) e o verme intestinal *Ascaris*. Embora esses patógenos primários potenciais possam levar algumas pessoas a estados graves, bilhões de indivíduos possuem esses organismos estranhos de forma assintomática, muitas vezes desconhecendo que estão infectados. Às vezes é difícil delimitar entre a presença assintomática de tais patógenos e a microbiota normal. Alguns micróbios da flora normal podem atuar como **patógenos oportunistas**, que causam doenças apenas se o sistema imune estiver debilitado ou se tiverem acesso a uma parte do corpo em geral estéril.

Com o objetivo de sobreviver e se multiplicar, um patógeno bem-sucedido deve ser capaz de: (1) entrar no hospedeiro (em geral rompendo uma barreira epitelial); (2) encontrar um lugar nutricionalmente compatível no corpo do hospedeiro; (3) evitar, destruir ou superar as respostas imunes inata e adaptativa do hospedeiro; (4) multiplicar-se usando os recursos disponíveis no hospedeiro; e (5) sair de um hospedeiro e propagar-se para outro. Os patógenos desenvolveram vários mecanismos para explorar, ao máximo, a biologia dos seus organismos hospedeiros para ajudar na realização dessas tarefas. Para alguns patógenos, esses mecanismos são adaptados a uma espécie única de hospedeiro, enquanto, para outros, os mecanismos são gerais e permitem a invasão, a sobrevivência e a replicação em uma ampla variedade de hospedeiros. Visto que os patógenos desenvolveram a capacidade de interagir diretamente com a maquinaria molecular das células hospedeiras, temos aprendido muito sobre os princípios biológicos da célula ao estudar tais mecanismos.

A nossa exposição constante aos patógenos tem influenciado fortemente a evolução humana. Hoje, nós, humanos, estamos aprendendo a forma de limitar a capacidade dos patógenos infectarem os indivíduos por meio de melhorias na saúde pública, na nutrição infantil, nas vacinas, nos fármacos antimicrobianos e nos testes rotineiros do sangue usado em transfusões. À medida que aprendemos mais acerca dos mecanismos pelos quais os patógenos causam doenças (o que é chamado de *patogênese*), a nossa criatividade e desenvoltura podem continuar a servir como um importante auxílio ao nosso sistema imune na luta contra as doenças infecciosas.

Os patógenos podem contribuir para o câncer, doenças cardiovasculares e outras doenças crônicas

Alguns patógenos virais e bacterianos podem causar ou contribuir para o agravamento de doenças crônicas com risco de vida que, em geral, não são classificadas como doenças infecciosas. Um exemplo importante é o câncer. Conforme discutido no Capítulo 20, o conceito de oncogene – de que alguns genes alterados podem causar a transformação celular e o desenvolvimento tumoral – veio inicialmente de estudos do *vírus do sarcoma de Rous*, que causa um tipo de câncer (sarcomas) em galinhas. Um dos genes virais codifica uma proteína hiperativa homóloga à proteína-cinase Src do hospedeiro (ver Figura 3-63), que tem sido relacionada a muitos tipos de câncer. Muitos cânceres humanos são conhecidos por sua origem viral. O *papilomavírus humano*, por exemplo, que causa as verrugas genitais, também é responsável por mais de 90% dos cânceres da cérvice uterina (ver Figura 20-40). O recente desenvolvimento de uma vacina contra as cepas de papilomavírus associadas a câncer mais abundantes promete prevenir muitos desses cânceres no futuro. Em outros casos, danos teciduais crônicos causados por infecções podem aumentar a probabilidade de câncer. A inflamação causada pela bactéria do estômago *H. pylori* pode ser o principal fator que contribui para o câncer de estômago, assim como para as úlceras gástricas.

Figura 23-2 Patógenos em diferentes formas. (A) A estrutura do revestimento proteico, ou *capsídeo*, do poliovírus. Esse vírus já foi uma causa comum de paralisia, mas a doença (poliomielite) foi reduzida drasticamente pela vacinação em massa da população. (B) A bactéria *Vibrio cholerae*, agente causador da doença diarreica epidêmica cólera. (C) O parasita protozoário *Trypanosoma brucei* (roxo) em um campo de eritrócitos (glóbulos vermelhos; rosa). Esse parasita causa a doença do sono africana, uma enfermidade potencialmente fatal do sistema nervoso central. (D) Esta massa de nematódeos *Ascaris* foi removida do intestino obstruído de um menino de 2 anos de idade. (A, cortesia de Robert Grant, Stephan Crainic e James M. Hogle; B, fotografia cortesia de John Mekalanos; C, CDC, Department of Health and Human Services; D, de J.K. Baird et al., *Am. J. Trop. Med. Hyg.* 35:314–318, 1986. Fotografia de Daniel H. Connor.)

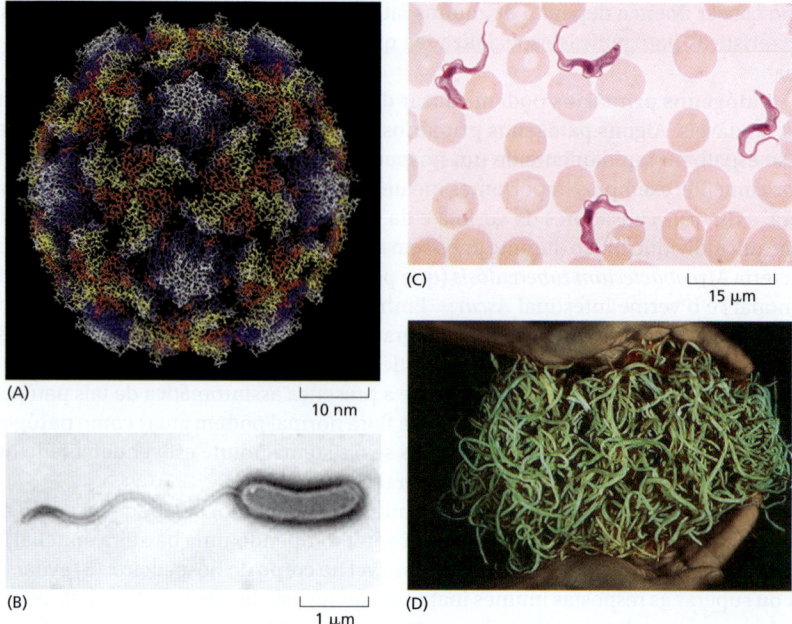

As causas principais de morte nas nações ricas e industrializadas são as doenças cardiovasculares. Estas frequentemente resultam da *aterosclerose*, o acúmulo de depósitos de gordura na parede dos vasos sanguíneos que podem bloquear o fluxo de sangue e causar ataques cardíacos e derrames. Uma característica importante da aterosclerose inicial é o aparecimento, na parede dos vasos sanguíneos, de aglomerados de macrófagos chamados de células espumosas, que recrutam glóbulos brancos sanguíneos, até formar as *placas ateroscleróticas*. As células espumosas nas placas ateroscleróticas em geral contêm o patógeno bacteriano *Chlamydia pneumoniae*, que costuma causar pneumonia em humanos e é um fator de risco significativo para a aterosclerose em modelos animais e humanos. Outras espécies bacterianas estão, também, relacionadas com a aterosclerose, incluindo espécies bacterianas geralmente associadas a dentes e gengivas, como *Porphyromonas gingivalis*. À medida que aprendemos mais sobre a interação entre patógenos e o corpo humano, é bem provável que se encontrem mais doenças crônicas associadas a um agente infeccioso.

Os patógenos podem ser vírus, bactérias ou eucariotos

Muitos tipos de patógenos podem provocar doenças em humanos. Desses, os mais habituais são os vírus e as bactérias. Os vírus provocam doenças que vão da Aids e da varíola ao resfriado comum. Os vírus são essencialmente fragmentos de ácidos nucleicos (DNA ou RNA) que em geral codificam um número relativamente pequeno de produtos gênicos, envoltos em uma estrutura protetora de proteínas (**Figura 23-2A**) e (em alguns casos) um envelope externo de membrana (ver Figura 5-62). Muito maiores e mais complexas do que os vírus, as bactérias são células procarióticas, que podem realizar a maior parte das funções metabólicas básicas por si mesmas, dependendo dos hospedeiros principalmente para a nutrição (**Figura 23-2B**).

Outros agentes infecciosos são os organismos eucariotos. Eles variam desde fungos e protozoários unicelulares (**Figura 23-2C**) até grandes e complexos metazoários, como os vermes. Um dos parasitas humanos mais comuns, presente em cerca de 1 bilhão de pessoas atualmente, é o nematódeo *Ascaris lumbricoides*, que infecta o intestino (**Figura 23-2D**). Ele assemelha-se bastante a seu parente inofensivo, o nematódeo *Caenorhabditis elegans*, que é usado como organismo-modelo para pesquisas biológicas de desenvolvimento e genéticas (ver Figura 1-39). O *C. elegans*, no entanto, tem cerca de 1 mm de comprimento, ao passo que os *Ascaris* podem alcançar 30 cm.

Agora, introduziremos as características básicas dos tipos mais importantes de patógenos, antes de examinar os mecanismos que eles usam para infectar os seus hospedeiros.

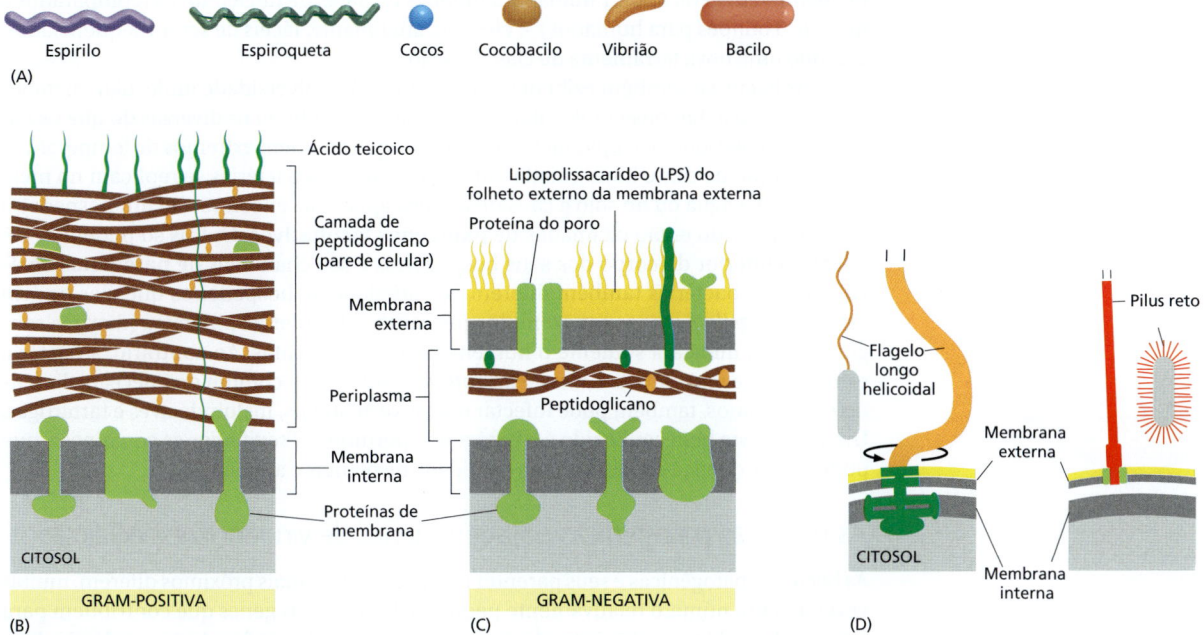

Figura 23-3 Morfologia da célula bacteriana e estruturas de superfície. (A) As bactérias são tradicionalmente classificadas pela forma. (B e C) Elas também são classificadas como *Gram-positivas* ou *Gram-negativas*. (B) As bactérias Gram-positivas como *Streptococcus* e *Staphylococcus* possuem uma única membrana e uma parede celular espessa constituída de *peptidoglicano* com ligações cruzadas. Elas são chamadas de Gram-positivas porque retêm o corante violeta usado no procedimento de coloração de Gram. (C) As bactérias Gram-negativas, como *Escherichia coli* (*E. coli*) e *Salmonella*, possuem duas membranas, separadas pelo *periplasma* (ver Figura 11-17). A parede celular de peptidoglicano desses organismos está localizada no periplasma e é mais fina do que em bactérias Gram-positivas; dessa forma, elas não conseguem reter o corante durante o procedimento de coloração de Gram. A membrana interna tanto das bactérias Gram-positivas quanto das bactérias Gram-negativas é uma bicamada fosfolipídica. O folheto interno da membrana externa de bactérias Gram-negativas é também composto principalmente por fosfolipídeos, enquanto o folheto externo da membrana externa é composto por um único lipídeo glicosilado denominado *lipopolissacarídeo* (*LPS*). (D) Os apêndices da superfície celular são importantes para o comportamento bacteriano. Muitas bactérias nadam pela rotação de um flagelo helicoidal. A bactéria ilustrada possui apenas um único flagelo em uma extremidade; entretanto muitas bactérias possuem múltiplos flagelos. Os *pili* retos (também chamados de *fímbrias*) são usados para aderir em superfícies do hospedeiro e facilitar a troca de material genético entre bactérias. Alguns tipos de *pili* podem retrair e gerar força, ajudando, assim, a bactéria na locomoção sobre superfícies.

As bactérias são diversas e ocupam uma variedade notável de nichos ecológicos

Embora as **bactérias** geralmente não possuam membranas internas, elas são células altamente sofisticadas cuja organização e comportamentos têm atraído a atenção de muitos cientistas. As bactérias são classificadas amplamente pela sua forma – como bastonetes, esferas (cocos) ou espirais (**Figura 23-3A**) – assim como pelas chamadas propriedades de **coloração de Gram**, que refletem diferenças na estrutura da parede celular bacteriana. As bactérias **Gram-positivas** têm uma parede celular com uma camada espessa de peptidoglicanos fora da sua membrana interna (plasmática) (**Figura 23-3B**), enquanto as bactérias **Gram-negativas** possuem uma parede celular de peptidoglicanos mais fina. Em ambos os casos, a parede celular protege contra a lise por inchaço osmótico e é um alvo de proteínas antibacterianas do hospedeiro como a lisozima e antibióticos como a penicilina. As bactérias Gram-negativas também são cobertas no exterior da parede celular por uma membrana externa contendo *lipopolissacarídeo* (*LPS*) (**Figura 23-3C**). Tanto o peptidoglicano quanto o LPS são exclusivos das bactérias e são reconhecidos como *padrões moleculares associados a patógenos* (*PAMPs*; do inglês, *Pathogen-Associated Molecular Patterns*) pelo sistema imune inato do hospedeiro, conforme discutido no Capítulo 24. A superfície das células bacterianas também pode conter uma série de apêndices, incluindo flagelos e *pili*, que permitem a bactéria nadar ou aderir a superfícies desejadas respectivamente (**Figura 23-3D**). Além da estrutura e do formato da célula, diferenças nas sequências do RNA ribossômico e do DNA genômico são também usadas para classificação filogenética. Como os genomas bacterianos têm tamanho pequeno – em geral entre 1 milhão e 5 milhões de pares de nucleotídeos (comparados a mais de 3 bilhões para humanos) –, eles são, atualmente, fáceis de serem sequenciados, gerando uma nova ferramenta de classificação.

As bactérias também exibem uma extraordinária diversidade molecular, metabólica e ecológica. Em nível molecular, as bactérias são muito mais diversas do que os eucariotos, e elas podem ocupar nichos ecológicos que possuem extremos de temperatura, concentração de sais e limitação de nutrientes. Algumas bactérias se replicam no meio ambiente, na água ou no solo e causam doença apenas se encontrarem um hospedeiro suscetível, sendo então chamadas de **patógenos facultativos**. Outras só podem se replicar no interior do corpo dos seus hospedeiros e são chamadas de **patógenos obrigatórios**. As bactérias também diferem na variedade de hospedeiros que elas podem infectar. *Shigella flexneri*, por exemplo, que causa a disenteria epidêmica (diarreia sanguinolenta), infectará somente o homem ou outros primatas. Ao contrário, a bactéria estreitamente relacionada *Salmonella enterica*, uma causa comum de infecção alimentar em humanos, também pode infectar outros vertebrados, incluindo aves e tartarugas. Um generalista bem conhecido é o patógeno oportunista *Pseudomonas aeruginosa*, que pode causar doença em uma ampla variedade de plantas e animais.

As bactérias patogênicas possuem genes de virulência especializados

As bactérias patogênicas e seus parentes não patogênicos mais próximos diferem, muitas vezes, em um número relativamente pequeno de genes. Os genes que contribuem para a capacidade de um organismo de causar doença são chamados de **genes de virulência**, e as proteínas que eles codificam são chamadas de **fatores de virulência**. Tais genes de virulência estão, com frequência, agrupados no cromossomo bacteriano (*clusters*); agrupamentos grandes são chamados de *ilhas de patogenicidade*. Os genes de virulência podem também ser carregados em *bacteriófagos* (vírus bacterianos) ou *transpósons* (ver Tabela 5-4), ambos com capacidade de integrar-se no cromossomo bacteriano ou em *plasmídeos de virulência* extracromossômicos (**Figura 23-4A**).

Acredita-se que as bactérias patogênicas surjam quando grupos de genes de virulência são transferidos juntos para uma bactéria previamente não virulenta por um processo chamado de **transferência horizontal de genes** (para distingui-lo da transferência vertical de genes dos pais à sua prole). A transferência horizontal pode ocorrer por três mecanismos distintos: *transformação* natural por DNA liberado, *transdução* por bacteriófagos ou troca sexual por *conjugação* (**Figura 23-4B** e **Animação 23.1**). O sequenciamento genômico de um grande número de bactérias patogênicas e não patogênicas indicou que a transferência horizontal de genes fez importantes contribuições à evolução bacteriana, possibilitando que espécies habitassem novos nichos ecológicos e nutricionais,

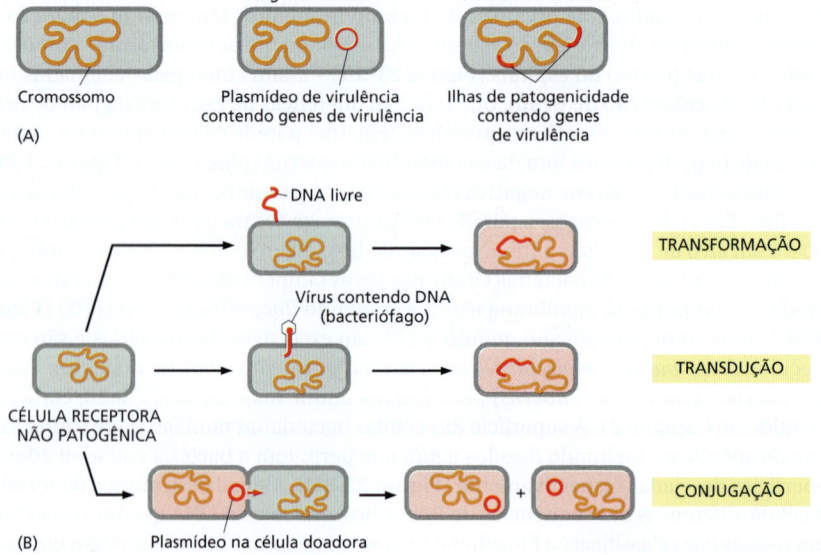

Figura 23-4 Diferenças genéticas entre bactérias patogênicas e não patogênicas. (A) Diferenças genéticas entre *E. coli* não patogênica e dois patógenos de origem alimentar intimamente relacionados – *Shigella flexneri*, que causa disenteria, e *Salmonella enterica*, uma causa comum de intoxicação alimentar. A *E. coli* não patogênica possui um único cromossomo circular. O cromossomo de *S. flexneri* difere daquele de *E. coli* em um número pequeno de posições; a maioria dos genes necessários à patogênese (genes de virulência) são carregados em um plasmídeo de virulência extracromossômica. O cromossomo de *S. enterica* possui dois grandes insertos (ilhas de patogenicidade) que não são encontrados no cromossomo de *E. coli*; cada um desses insertos contém vários genes de virulência. (B) Os patógenos bacterianos evoluem por transferência genética horizontal. Isso pode ocorrer por três mecanismos: *transformação* natural, na qual o DNA é incorporado por uma bactéria competente; *transdução*, na qual os vírus bacterianos (*bacteriófagos*) transferem o DNA de uma bactéria a outra; e *conjugação*, durante a qual o DNA plasmidial, e até o DNA cromossômico, é transferido de uma bactéria doadora a uma receptora.

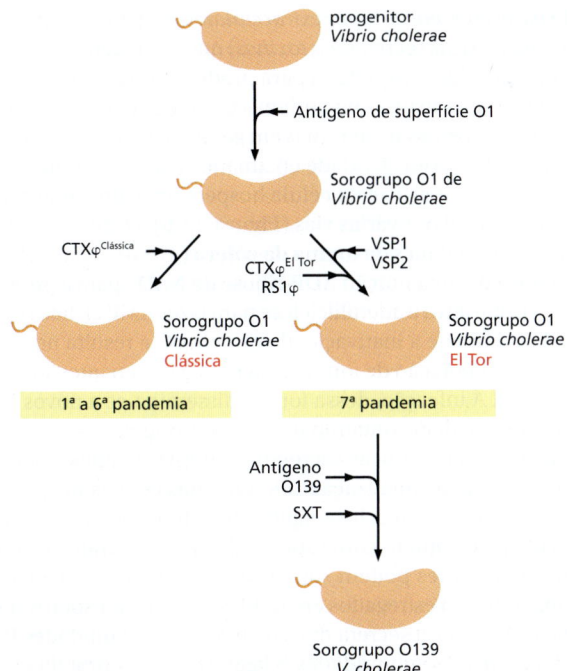

Figura 23-5 Modelo de evolução de cepas patogênicas de *Vibrio cholerae*, baseado em genômica comparativa. Cepas progenitoras selvagens adquiriram, primeiramente, a via biossintética necessária para produzir o antígeno de tipo O1 da cadeia de carboidrato do lipopolissacarídeo da membrana externa (ver Figura 23-3C). A incorporação do bacteriófago CTXφ criou a cepa patogênica clássica responsável pelas seis primeiras epidemias globais de cólera entre 1817 e 1923. Em algum momento do século XX, uma cepa O1 incorporou o CTXφ novamente, juntamente com um bacteriófago associado RS1φ e duas ilhas de patogenicidade (VSP1 e VSP2), criando a amostra El Tor que emergiu como a sétima pandemia global em 1961. Em 1992, foi isolada uma cepa El Tor que havia adquirido um novo fragmento de DNA, possibilitando que ela produzisse o antígeno de tipo O139 de cadeia de carboidrato em vez do tipo O1. Isso alterou a interação da bactéria com o sistema imune humano, sem diminuir a sua virulência; a bactéria também adquiriu uma nova ilha de patogenicidade (SXT). Uma micrografia eletrônica de *V. cholerae* é mostrada na Figura 23-2B.

bem como causassem doenças. Mesmo dentro de uma espécie bacteriana, a quantidade de variações cromossômicas é surpreendente; os genomas de diferentes tipos de *Escherichia coli* podem diferir em até 25%. Essa variação levou ao conceito de que uma espécie bacteriana possui um *genoma "cerne"* comum a todos os isolados dentro da espécie e um *"pangenoma"* que consiste em todos os genes presentes na totalidade dos isolados.

A aquisição de genes ou agrupamentos de genes pode conduzir à rápida evolução dos patógenos e transformar não patógenos em patógenos. Consideremos, por exemplo, a *V. cholerae* – a bactéria Gram-negativa que causa a diarreia epidêmica chamada cólera. Das centenas de cepas de *V. cholerae*, as únicas que causam doença humana pandêmica são aquelas infectadas com um bacteriófago móvel (CTXφ) contendo genes que codificam as duas subunidades da toxina causadora da diarreia. Conforme resumido na **Figura 23-5**, sete pandemias de *V. cholerae* ocorreram desde 1817. As primeiras seis foram causadas pela reemergência periódica das chamadas cepas clássicas. Além do bacteriófago codificador da toxina, essas cepas clássicas compartilham um antígeno de superfície O1 semelhante, parte do LPS na membrana externa (ver Figura 23-3C). Em 1961, teve início a sétima pandemia, causada por uma nova cepa denominada "El Tor", que surgiu quando uma cepa expressando O1 adquiriu dois bacteriófagos e pelo menos duas novas ilhas de patogenicidade. El Tor por fim substituiu as cepas clássicas. Em 1992, surgiu uma nova cepa, na qual O1 foi substituído por outra variação do antígeno O, chamado O139, que não foi reconhecida, por anticorpos presentes no sangue de sobreviventes de epidemias anteriores de cólera. A cepa O139 possui, também, um elemento semelhante a transpóson que codifica resistência a antibióticos. Como esse exemplo deixa claro, a evolução rápida de patógenos bacterianos pode ser comparada a uma corrida armamentista que coloca a sobrevivência de uma bactéria contra nossos sistemas imunes e as ferramentas da medicina moderna. Batalhas semelhantes pela sobrevivência têm lugar entre todos os patógenos e humanos, e a compreensão desses conflitos fornece informações importantes sobre a evolução dos patógenos e nos auxilia grandemente a tratarmos novos surtos de doenças infecciosas.

Genes de virulência bacterianos codificam proteínas efetoras e sistemas de secreção para liberar proteínas efetoras para células hospedeiras

Quais são os produtos gênicos que possibilitam que uma bactéria cause doença em um hospedeiro saudável? Para as bactérias patogênicas que vivem fora das células hospedeiras, chamadas de *patógenos bacterianos extracelulares*, os genes de virulência geralmente codificam proteínas tóxicas secretadas (*toxinas*) que interagem com proteínas estruturas ou sinalizadoras da célula hospedeira para produzir uma resposta que seja benéfica ao patógeno. Muitas dessas toxinas bacterianas estão entre os venenos humanos mais potentes conhecidos. As toxinas bacterianas em geral são compostas de duas partes proteicas – uma subunidade A com atividade enzimática e uma subunidade B que se liga a receptores específicos na superfície da célula hospedeira e direciona a transferência da subunidade A para o citosol por várias vias (**Figura 23-6**). O fago *V. cholerae*, por exemplo, codifica as duas subunidades da **toxina da cólera** (Animação 23.2). A subunidade A catalisa a transferência de uma porção ADP-ribose do NAD^+ para a proteína G trimérica G_s (ver Figura 15-23), que ativa a adenililciclase para fazer AMP cíclico (ver Figura 15-25). A ribosilação do ADP impede a inativação da proteína G e resulta no acúmulo de AMP cíclico intracelular e na liberação de íons e água para o lúmen intestinal, levando à diarreia associada à cólera. A infecção, dessa forma, dissemina-se a novos hospedeiros por bactérias liberadas, que podem contaminar alimentos e água.

Algumas bactérias patogênicas secretam múltiplas toxinas, cada uma das quais interferindo com uma via de sinalização diferente nas células hospedeiras. O antraz, por exemplo, é uma doença infecciosa aguda de ovinos, bovinos e, ocasionalmente, humanos. É causada pelo contato com esporos da bactéria Gram-positiva *Bacillus anthracis*. Os esporos dormentes podem sobreviver no solo durante longos períodos. Se forem inalados, ingeridos ou esfregados em feridas na pele, os esporos podem germinar e a bactéria replicar. A bactéria secreta duas toxinas com subunidades B idênticas, mas subunidades A diferentes. As subunidades B ligam-se a uma proteína receptora da superfície da célula hospedeira para transferir as duas subunidades A diferentes às células hospedeiras (ver Figura 23-6). As subunidades A são chamadas de **fator letal** e **fator de edema**. A subunidade A da toxina do edema é uma adenililciclase que catalisa a produ-

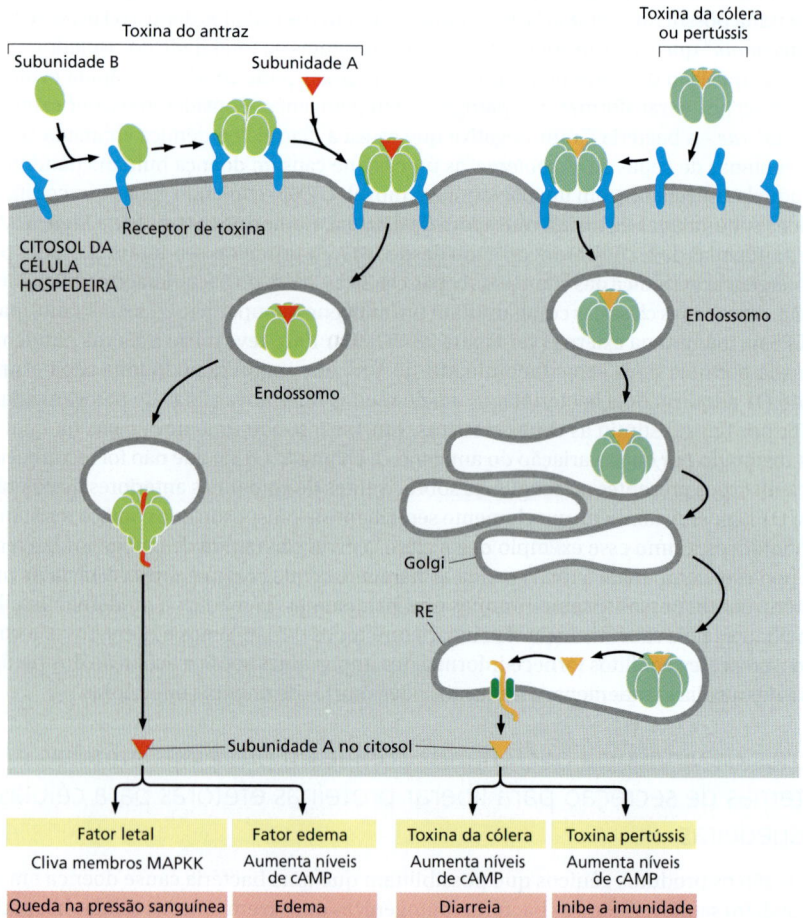

Figura 23-6 Entrada da toxina bacteriana nas células hospedeiras. As toxinas bacterianas em geral são compostas por subunidades proteicas A e B. A subunidade B (ligação) da toxina interage com receptores de toxinas da célula hospedeira, permitindo endocitose e movimentação intracelular da subunidade B, assim como a(s) sua(s) subunidade(s) A associada(s) e enzimaticamente ativa(s). No caso do *Bacillus anthracis*, a subunidade B altera a sua conformação no ambiente de pH baixo do endossomo para formar um poro pelo qual duas subunidades A diferentes, fator letal e fator edema, são transportados através da membrana do endossomo em uma conformação desenovelada. Nos casos das toxinas de *Vibrio cholerae* e *Bordetella pertussis*, as subunidades B e A são transportadas ao aparelho de Golgi e, então, ao retículo endoplasmático (RE), onde as subunidades A são translocadas para o citosol em uma conformação desenovelada através de um canal de translocação proteico.

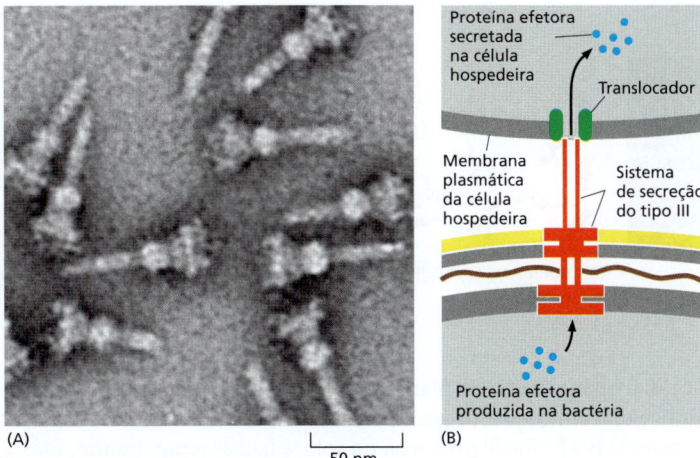

Figura 23-7 Sistemas de secreção do tipo III podem entregar proteínas efetoras no citosol de uma célula hospedeira. (A) Micrografia eletrônica de sistemas de secreção do tipo III, cada um dos quais consistindo em mais de duas dezenas de proteínas. (B) O anel maior inferior está inserido na membrana interna, e o anel menor superior está inserido na membrana externa. Durante a infecção, o encaixe da ponta da agulha oca em uma membrana plasmática de célula hospedeira resulta na secreção de proteínas translocadoras bacterianas (*verde*), que formam um poro na membrana hospedeira, através do qual proteínas efetoras bacterianas são, então, secretadas na célula hospedeira. (A, de O. Schraidt et al., *PLoSPathog.* 6(4):e1000824, 2010.)

ção de AMP cíclico (ver Figura 15-25), levando a um desequilíbrio iônico que pode causar um acúmulo de líquido extracelular (*edema*) na pele ou no pulmão. A subunidade A da toxina letal é uma protease que cliva vários membros ativados da família da cinase de proteína-cinase ativada por mitógeno (MAP-cinase-cinase) (ver Figura 15-49), rompendo a sinalização intracelular e levando a disfunções de células imunes e morte celular. A injeção da toxina letal na corrente sanguínea de um animal causa choque (grande queda da pressão sanguínea) e morte.

Além dessas toxinas, as bactérias utilizam **sistemas de secreção** especializados a fim de secretar muitas outras *proteínas efetoras* que interagem com as células hospedeiras. As bactérias Gram-negativas possuem um *sistema de secreção geral* e muitas classes de *sistemas de secreção acessórios* (tipos I a VI). Um subtipo desses sistemas de secreção acessórios, chamados de *sistemas de secreção dependentes de contato*, está presente em muitas bactérias que estão em contato ou vivem no interior das células hospedeiras. O **sistema de secreção do tipo III** (Figura 23-7), por exemplo, injeta, no citoplasma da célula hospedeira, *proteínas efetoras* que podem gerar várias respostas celulares no hospedeiro que permitem a bactéria invadir ou sobreviver. Existe um elevado grau de similaridade estrutural entre o sistema do tipo III e a base de um flagelo bacteriano. Dado que o flagelo é encontrado em uma grande variedade de bactérias em número maior do que o sistema de secreção do tipo III, parece que o sistema de secreção é uma adaptação específica para a patogênese, sendo bem provável que o sistema de secreção do tipo III tenha evoluído do flagelo. Outros tipos de sistemas de entrega usados pelos patógenos bacterianos parecem ter surgido independentemente. Por exemplo, os *sistemas de secreção do tipo IV* estão intimamente relacionados ao aparato de conjugação que muitas bactérias utilizam para trocar material genético.

Os fungos e os parasitas protozoários têm um ciclo de vida complexo envolvendo múltiplas formas

Os fungos patogênicos e os parasitas protozoários são eucariotos, tal qual os seus hospedeiros. Consequentemente, fármacos antifúngicos e antiparasitários são, com frequência, menos efetivos e mais tóxicos para o hospedeiro do que os antibióticos que têm como alvo bactérias. Uma segunda característica das infecções fúngicas e parasitárias que as torna mais difíceis de tratar é a tendência apresentada pelos patógenos de assumir diferentes formas durante o seu ciclo celular. Um fármaco que é efetivo ao matar uma forma pode ser inefetivo ao matar outra; dessa maneira, a população (de fungos e parasitas) pode sobreviver ao tratamento.

Os **fungos** incluem tanto as *leveduras* unicelulares (como *Saccharomyces cerevisiae* e *Schizosaccharomyces pombe*, usadas para assar pães e fermentar cervejas, e como organismos-modelo em pesquisas de biologia celular) quanto os *mofos* filamentosos, multicelulares (como aqueles encontrados em frutas e pães bolorentos). A maioria dos principais fungos patogênicos apresenta *dimorfismo* – capacidade de crescer tanto na

1272 PARTE V   As células em seu contexto social

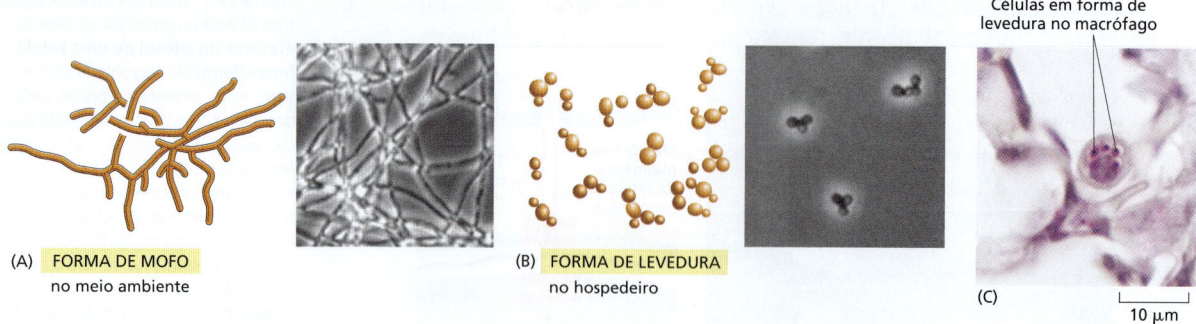

(A) FORMA DE MOFO
no meio ambiente

(B) FORMA DE LEVEDURA
no hospedeiro

(C) Células em forma de levedura no macrófago

10 μm

Figura 23-8 Dimorfismo no fungo patogênico *Histoplasma capsulatum*.
(A) A baixas temperaturas no solo, *H. capsulatum* cresce como mofo filamentoso multicelular consistindo em muitas células individuais conectadas umas às outras. (B) Após a sua inalação para dentro dos pulmões de um mamífero, a temperatura mais elevada causa uma mudança para uma forma de levedura, que consiste em pequenos aglomerados de células arredondadas. (C) Um corte histológico de um pulmão de camundongo infectado com *H. capsulatum*, mostrando um macrófago contendo formas em levedura do patógeno. (A e B, cortesia de Sinem Beyhan e Anita Sil; C, cortesia de Davina Hocking Murray e Anita Sil.)

forma unicelular quanto na forma filamentosa. A transição unicelular-filamentosa e filamentosa-unicelular em geral está associada a infecções. O *Histoplasma capsulatum*, por exemplo, cresce sob a forma filamentosa no solo, a baixas temperaturas, mas assume a forma unicelular quando inalado, alojando-se nos pulmões, onde causa a doença histoplasmose (**Figura 23-8**).

Os **protozoários parasitas** são eucariotos unicelulares com um ciclo de vida mais elaborado do que o dos fungos. Esses ciclos frequentemente necessitam de mais de um hospedeiro. A **malária** é a doença mais devastadora causada por protozoários, infectando mais de 200 milhões de pessoas a cada ano e matando mais de 500 mil. Ela é causada por quatro espécies de *Plasmodium*, que são transmitidas aos humanos pela

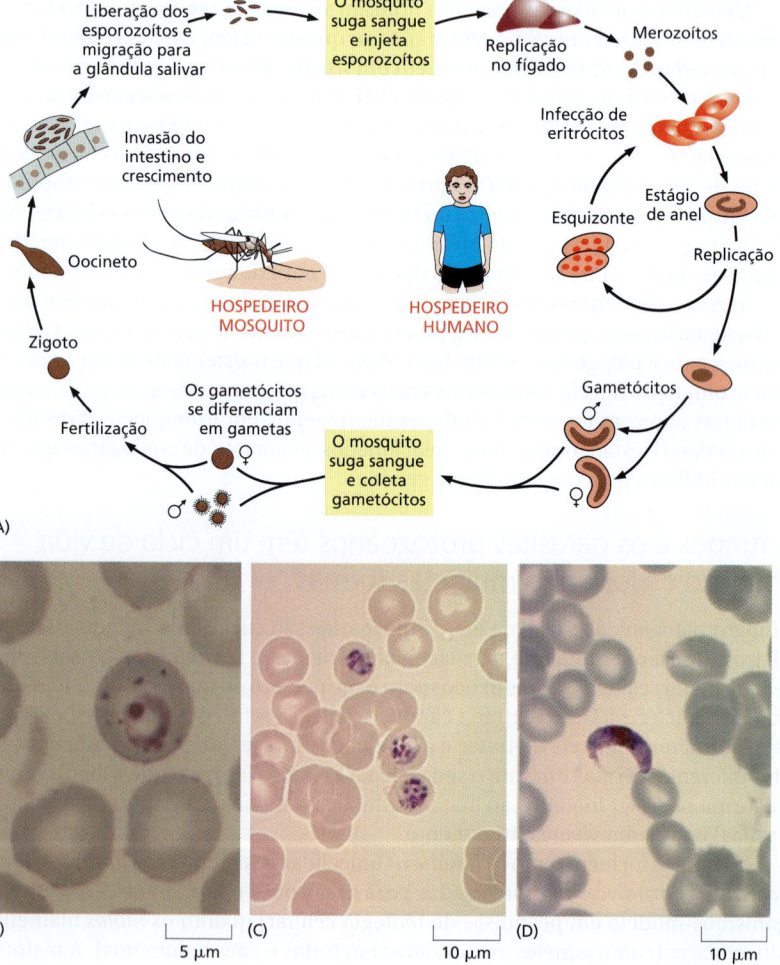

Figura 23-9 O complexo ciclo de vida do parasita da malária. (A) O ciclo sexual do *Plasmodium falciparum* requer a passagem por um hospedeiro humano e por um inseto hospedeiro (Animação 23.3). (B)-(D) Esfregaços de sangue de pessoas infectadas com malária mostrando três diferentes formas do parasita que aparecem nos glóbulos vermelhos: (B) estágio de anel; (C) esquizonte; e (D) gametócito. (B–D, cortesia de the Centers for Disease Control, Division of Parasitic Diseases, DPDx.)

picada da fêmea do mosquito *Anopheles*. *Plasmodium falciparum* causa a forma mais grave da malária e é o mais intensamente estudado dos parasitas causadores da malária. Ele existe em muitas formas diferentes e precisa tanto do hospedeiro humano quanto do hospedeiro mosquito para completar seu ciclo sexual (**Figura 23-9**). Muitas dessas formas são altamente especializadas para invadir e replicar-se em tecidos específicos – o revestimento do intestino do inseto, o fígado humano e os glóbulos vermelhos humanos. Mesmo no interior de um único tipo de célula hospedeira, o eritrócito, o parasita *Plasmodium* passa por uma sequência complexa de eventos ligados à diferenciação, refletidos em mudanças morfológicas notáveis (Figura 23-9B-D).

Todos os aspectos da propagação viral dependem da maquinaria da célula hospedeira

Bactérias, fungos e patógenos protozoários são células vivas, por si só. Eles utilizam sua maquinaria própria para replicação, transcrição e tradução do DNA e, na maior parte das vezes, possuem suas próprias fontes de energia metabólica. Os **vírus**, ao contrário, são os supremos "caroneiros", carregando pouca informação na forma de ácido nucleico. A maioria dos vírus humanos clinicamente importantes possuem genomas pequenos, consistindo em DNA de fita dupla ou RNA de fita simples (**Tabela 23-1**), e hoje temos as sequências genômicas completas de quase todos eles.

Os genomas virais em geral codificam três tipos de proteínas: proteínas para replicar o genoma, proteínas para "empacotar" o genoma e entregá-lo a mais células hospedeiras e proteínas que modificam a estrutura ou função da célula hospedeira para aumentar a replicação do vírus (ver Figura 7-62). Em geral, a replicação viral envolve (1) entrada na célula hospedeira, (2) desmontagem da partícula viral infecciosa, (3) replicação do genoma viral, (4) transcrição dos genes virais e síntese das proteínas virais, (5) montagem desses componentes virais em partículas virais progenitoras e (6) liberação dos vírions progenitores (**Figura 23-10**). Uma única partícula viral (*vírion*) que infecta uma única célula hospedeira pode produzir milhares de partículas novas.

Os vírions apresentam-se de variadas formas e tamanhos (**Figura 23-11**), e, embora a maioria tenha genomas relativamente pequenos, o tamanho do genoma pode variar consideravelmente. Os recém-descobertos vírus gigantes da ameba, chamados de *pan-*

TABELA 23-1 Vírus que causam doenças humanas

Vírus	Tipo de genoma	Doença
Herpes-vírus simples tipo 1	DNA de fita dupla	Herpes labial recorrente
Vírus Epstein-Barr (EBV)	DNA de fita dupla	Mononucleose infecciosa
Vírus varicela-zóster	DNA de fita dupla	Varicela e herpes-zóster
Vírus da varíola	DNA de fita dupla	Varíola
Papilomavírus humano	DNA de fita dupla	Verrugas, câncer
Adenovírus	DNA de fita dupla	Doença respiratória
Vírus da hepatite B	DNA parte fita simples, parte fita dupla	Hepatite B
Vírus da imunodeficiência humana (HIV-1)	RNA de fita simples [+]	Síndrome da imunodeficiência adquirida (Aids)
Poliovírus	RNA de fita simples [+]	Poliomielite
Rinovírus	RNA de fita simples [+]	Resfriado comum
Vírus da hepatite A	RNA de fita simples [+]	Hepatite A
Vírus da hepatite C	RNA de fita simples [+]	Hepatite C
Vírus da febre amarela	RNA de fita simples [+]	Febre amarela
Coronavírus	RNA de fita simples [+]	Resfriado comum, doença respiratória
Vírus da raiva	RNA de fita simples [−]	Raiva
Vírus da caxumba	RNA de fita simples [−]	Caxumba
Vírus do sarampo	RNA de fita simples [−]	Sarampo
Influenzavírus tipo A	RNA de fita simples [−]	Doença respiratória (gripe)

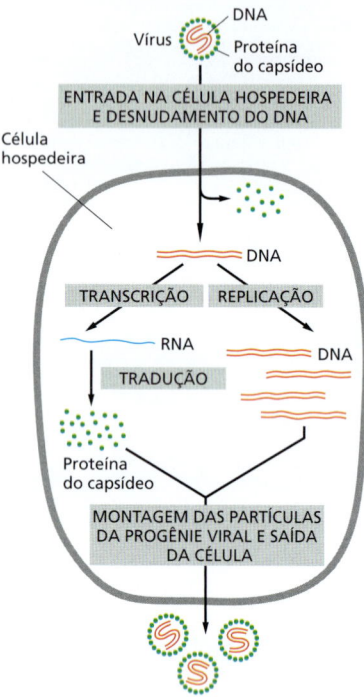

Figura 23-10 Ciclo simples de vida viral. O vírus simples hipotético mostrado aqui consiste em uma molécula de DNA de fita dupla que codifica uma única proteína do capsídeo viral. Para a reprodução, o genoma viral deve, primeiramente, entrar em uma célula hospedeira, onde ele é replicado e produz muitas cópias, que são transcritas e traduzidas para produzir a proteína do envoltório viral. Os genomas virais podem estruturar-se espontaneamente com a proteína do envoltório e formar uma nova partícula viral, que escapa da célula hospedeira. Nenhum vírus conhecido é tão simples.

doravírus, são os maiores vírus conhecidos até então, com partículas de 700 nm e genomas em DNA de fita dupla com mais de 2 milhões de pares de nucleotídeos. Os vírions do *poxvírus* também são grandes: possuem 250 a 350 nm e um genoma em DNA de fita dupla com cerca de 270 mil pares de nucleotídeos. Na outra extremidade da escala de tamanho, temos os vírions do *parvovírus*, que possuem menos de 30 nm de diâmetro e um genoma em DNA de fita simples de menos de 5 mil nucleotídeos.

Os genomas virais são encapsulados em um revestimento proteico denominado **capsídeo**, que, em alguns vírus, é protegido adicionalmente por uma membrana em bicamada lipídica, ou envelope. O capsídeo é composto por uma ou várias proteínas, organizadas em arranjos regulares que costumam resultar em estruturas com simetria helicoidal, resultando em estruturas cilíndricas (p. ex., gripe, sarampo e buniavírus), ou simetria icosaédrica (p. ex., poliovírus e herpes-vírus; ver Figura 23-11). Alguns vírus, ao contrário, produzem capsídeos com estruturas mais complexas (p. ex., poxvírus). Quando o capsídeo é empacotado com o genoma viral, a estrutura é chamada de *nucleocapsídeo*. Os nucleocapsídeos de *vírus não envelopados* costumam deixar uma célula infectada mediante sua lise. Para *vírus envelopados*, por sua vez, o nucleocapsídeo é localizado dentro de uma membrana em bicamada lipídica que o vírus adquire no processo de brotamento da membrana plasmática da célula hospedeira, que ele faz sem romper a membrana e sem matar a célula (**Figura 23-12**). Os vírus envelopados podem causar infecções crônicas que podem durar anos, muitas vezes sem causar nenhum efeito deletério no hospedeiro.

Considerando que a célula hospedeira participa da maior parte dos processos críticos de replicação viral, a identificação de fármacos antivirais efetivos que não afetem o hospedeiro pode ser difícil. É provável que a estratégia mais efetiva para conter as infecções virais seja pela vacinação de hospedeiros potenciais. Programas de vacinação bem-sucedidos eliminaram efetivamente a infecção de varíola do planeta, e a erradicação da poliomielite parece estar próxima (**Figura 23-13**).

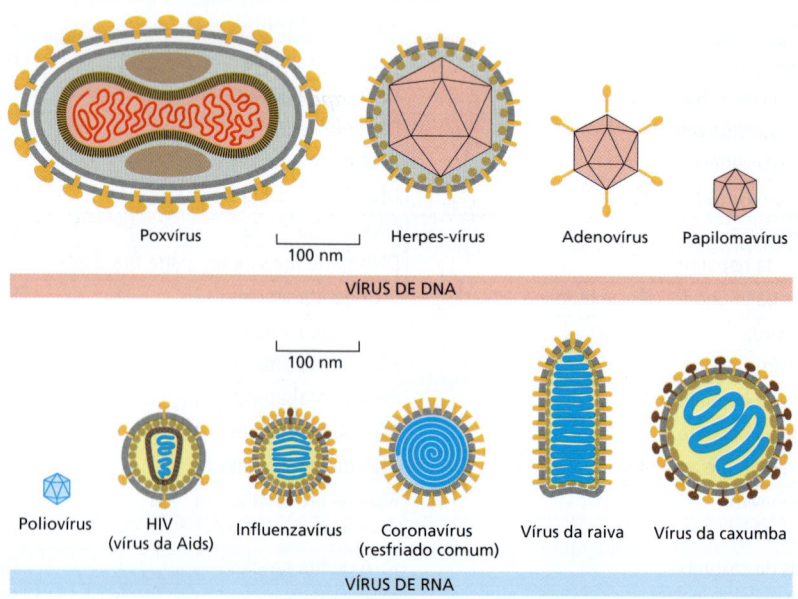

Figura 23-11 Exemplos de morfologia viral. Como pode ser observado, tanto os vírus de DNA quanto os de RNA apresentam grande diversidade de forma e tamanho.

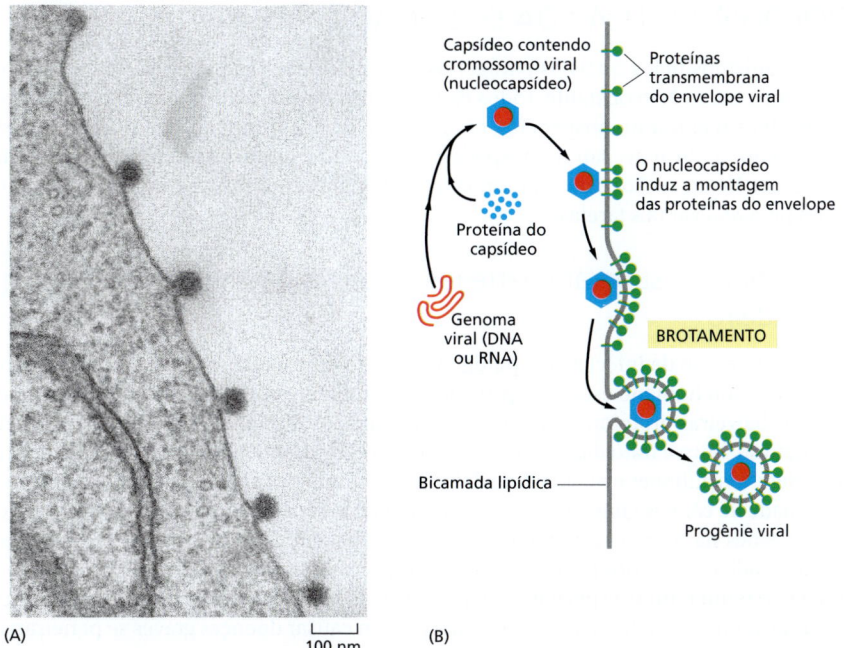

Figura 23-12 A aquisição de um envelope viral. (A) Micrografia eletrônica de uma célula animal a partir da qual estão brotando seis cópias de um vírus envelopado (*vírus da floresta Semliki*). (B) Esquema de montagem de envelope e processo de brotamento. A bicamada lipídica que envolve o capsídeo viral é derivada diretamente da membrana citoplasmática da célula hospedeira. Em contraste, as proteínas nesta bicamada lipídica (em *verde*) são codificadas pelo genoma viral. (A, cortesia de M. Olsen e G. Griffith.)

Resumo

As doenças infecciosas são causadas por patógenos, que incluem vírus, bactérias e fungos, assim como por parasitas protozoários e metazoários. Todos os patógenos devem ter mecanismos para penetrar seus hospedeiros e evitar sua destruição imediata pelo sistema imune do hospedeiro. A grande maioria das bactérias não é patogênica aos humanos. Aquelas que são patogênicas produzem fatores de virulência específicos que mediam as interações da bactéria com o hospedeiro; estas proteínas alteram o comportamento das células hospedeiras de maneira que seja favorecida a replicação e a dispersão da bactéria. Patógenos eucariotos como os fungos e os parasitas protozoários costumam passar por diferentes formas durante o curso da infecção; a capacidade de mudar entre essas formas é em geral necessária para que tais patógenos sobrevivam em um hospedeiro e causem doença. Em alguns casos, como na malária, os parasitas devem passar, sequencialmente, por diversas espécies para completar o seu ciclo de vida. Ao contrário das bactérias e dos parasitas eucariotos, os vírus não possuem metabolismo próprio nem capacidade intrínseca de produzir as proteínas codificadas pelos seus genomas de DNA ou RNA; para isso, eles contam com a subversão da maquinaria da célula hospedeira.

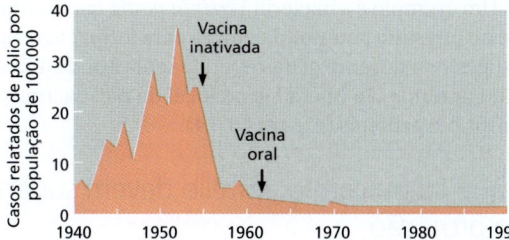

Figura 23-13 Controle efetivo de uma doença viral pela vacinação. O gráfico mostra o número de casos de poliomielite registrado por ano nos Estados Unidos. As *setas* indicam a introdução da vacina Salk (vírus inativado, administrado por injeção) e da vacina Sabin (vírus vivo atenuado, administrado oralmente).

BIOLOGIA CELULAR DA INFECÇÃO

Os mecanismos pelos quais os patógenos causam doença são tão diversos quanto os patógenos em si. Não obstante, todos os patógenos devem realizar algumas tarefas comuns: devem entrar no hospedeiro, chegar a um local apropriado, evitar as defesas do hospedeiro, replicar-se, sair do hospedeiro infectado e dispersar-se invadindo um não infectado. Nesta seção, examinaremos as estratégias comuns que muitos patógenos usam para realizar tais tarefas.

Os patógenos superam barreiras epiteliais para infectar o hospedeiro

O primeiro passo da infecção é o patógeno entrar no hospedeiro. A maior parte das regiões do corpo humano está bem-protegida do ambiente por uma cobertura espessa de pele. As barreiras protetoras em alguns outros tecidos humanos (olhos, narinas e trato respiratório, boca e trato digestivo, trato urinário e trato genital feminino) são menos resistentes. Nos pulmões e no intestino delgado, por exemplo, a barreira é apenas uma monocamada de células epiteliais. Todos esses epitélios servem como barreiras à infecção.

Lesões na barreira do epitélio permitem, aos patógenos, acesso direto a lugares não ocupados dentro dos tecidos, de outro modo, estéreis do hospedeiro. Essa via de entrada não requer muita especialização por parte do patógeno para ser utilizada. Mais do que isso, muitos membros da flora normal podem causar doenças graves se penetrarem em ferimentos. Os estafilococos da pele e do nariz, ou os estreptococos da garganta e da boca, são dois exemplos de patógenos bacterianos oportunistas responsáveis por muitas infecções graves resultantes de lesões nas barreiras epiteliais. O recente surgimento de cepas bacterianas de *Staphylococcus* resistentes aos antibióticos comumente usados no seu tratamento (p. ex., *Staphylococcus aureus* resistente à meticilina, ou MRSA, que infecta até 50 milhões de pessoas em todo o mundo) é particularmente preocupante. O papilomavírus, que causa verrugas e câncer cervical, também leva vantagem em casos de rompimentos nas barreiras epiteliais.

Os patógenos declarados, no entanto, não precisam esperar que ocorra uma lesão no momento adequado para ter acesso ao hospedeiro. Uma forma eficiente de tal patógeno cruzar a pele é "pegar uma carona" na saliva de um artrópode que pica. Um grupo diverso de bactérias, vírus e protozoários desenvolveu a capacidade de sobreviver em insetos e, dessa forma, usá-los como *vetores* para se transferirem de um hospedeiro mamífero para outro. Como já discutido, o protozoário *Plasmodium*, que causa a malária, tem seu ciclo de vida e desenvolvimento em vários estágios, incluindo alguns que são especializados para sobreviver em humanos e outros especializados para sobreviver no mosquito (ver Figura 23-9). Os vírus que são transmitidos por picadas de insetos causam a febre amarela e a dengue, assim como muitos tipos de encefalites virais (inflamação no cérebro). Esses vírus desenvolveram a capacidade de se replicarem tanto em células de insetos quanto em células de mamíferos, conforme necessário para sua transmissão por um inseto vetor.

A propagação eficiente de um patógeno via um inseto vetor exige que um único inseto alimente-se com o sangue de um indivíduo infectado e transfira o patógeno a um hospedeiro não infectado. Em alguns casos marcantes, o patógeno altera o comportamento do inseto a fim de que a sua transmissão a um novo hospedeiro torne-se mais provável de ocorrer. Um exemplo é a bactéria *Yersinia pestis*, causadora da peste bubônica. Ela multiplica-se no intestino anterior de pulgas para formar agregados celulares que bloqueiam o trato digestivo; durante cada repetida tentativa de alimentação, algumas bactérias do intestino anterior são liberadas no local da picada, transmitindo, assim, a peste bubônica a novos hospedeiros (**Figura 23-14**).

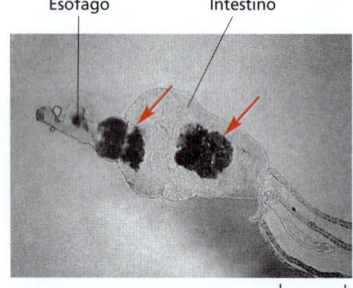

Figura 23-14 A bactéria da peste bubônica no interior de uma pulga. Esta micrografia mostra o trato digestivo dissecado de uma pulga que se alimentou, há cerca de duas semanas, do sangue de um animal infectado pela bactéria da peste, *Yersinia pestis*. A bactéria se multiplicou no intestino da pulga para produzir grandes agregados coesivos, indicados pelas *setas vermelhas*; a massa bacteriana, à esquerda, está impedindo a passagem entre o esôfago e o intestino. Esse tipo de bloqueio evita que a pulga realize a digestão do sangue ingerido, fazendo ela picar mais frequentemente, transmitindo a infecção. (De B.J. Hinnebusch, E.R. Fischer e T.G. Schwan, *J. Infect. Dis.* 178:1406–1415, 1998.)

Os patógenos que colonizam o epitélio devem superar os seus mecanismos de proteção

Apesar de algumas zonas de barreira como a pele e o revestimento da boca e do intestino grosso serem densamente habitadas pela flora normal, outras, incluindo o revestimento dos pulmões e da bexiga, costumam ser mantidas praticamente estéreis. Como o epitélio nessas regiões resiste ativamente à colonização bacteriana? O epitélio respiratório está

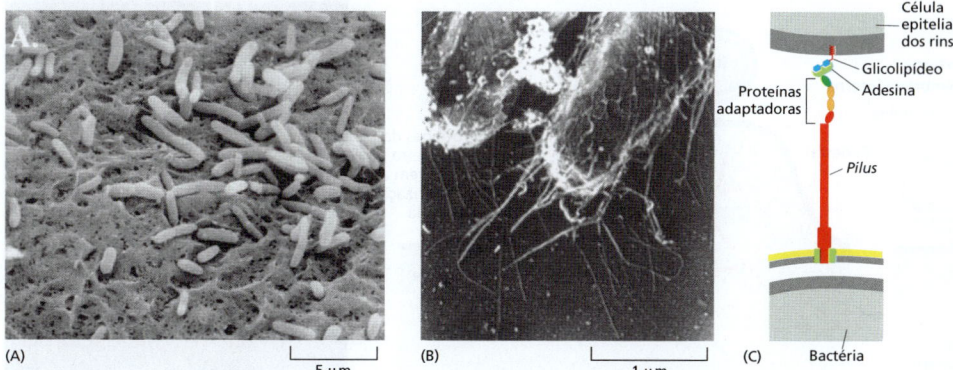

Figura 23-15 *E. coli* patogênica na bexiga infectada de um camundongo. (A) Micrografia eletrônica de varredura de *E. coli* uropatogênica, uma causa comum de infecções na bexiga e nos rins. A bactéria está associada à superfície das células epiteliais na bexiga infectada. (B) Um aumento mostrando os *pili* na superfície. (C) Um *pilus* de *E. coli* possui proteínas adaptadoras na sua ponta que se ligam a glicolipídeos na superfície de células renais. (A, de G.E. Soto e S.J. Hultgren, *J. Bacteriol.* 181:1059–1071, 1999. Com permissão da American Society for Microbiology; B, cortesia de D.G. Thanassi e S.J. Hultgren, *Methods* 20:111–126, 2000. Com permissão de Academic Press.)

coberto por uma camada de muco protetor, e o batimento coordenado dos cílios prende as bactérias e varre o muco, levando-o para fora do pulmão. Os revestimentos epiteliais da bexiga e do trato gastrintestinal superior também possuem uma espessa camada de muco, e esses órgãos são periodicamente "lavados" pela micção e pelos movimentos peristálticos, respectivamente, o que elimina a maioria dos micróbios.

As bactérias patogênicas e os parasitas eucariotos que infectam essas superfícies epiteliais desenvolveram mecanismos específicos para superar tais mecanismos de proteção. Aquelas que infectam o trato urinário, por exemplo, aderem firmemente ao revestimento epitelial via **adesinas** específicas, que são proteínas ou complexos proteicos que reconhecem e se ligam a moléculas de superfície celular no epitélio. Um grupo importante de adesinas em cepas de *E. coli* que infectam os rins são componentes dos *pili* – projeções da superfície que podem ter muitos micrômetros de comprimento e assim permitir a diminuição da espessura da camada protetora de muco; na ponta de cada *pilus* há uma proteína adesina que se liga fortemente ao dissacarídeo D-galactose-D-galactose em glicolipídeos da superfície das células dos rins (**Figura 23-15**). Cepas de *E. coli* que infectam a bexiga e não os rins expressam um segundo tipo de *pilus* com uma proteína adesina diferente, que se liga a células epiteliais da bexiga. É a especificidade das proteínas adesinas nas pontas dos dois tipos de *pili* que é responsável pela colonização bacteriana das diferentes partes do trato urinário.

O estômago é um ambiente especialmente hostil para os patógenos. Além da camada espessa de muco e do esvaziamento peristáltico, ele é composto de ácido (pH em torno de 2), que é letal para quase todas as bactérias ingeridas nas refeições. Além disso, ele serve como moradia para uma microbiota de centenas de espécies residentes, incluindo a bactéria *H. pylori*, que, como já discutido, é a maior causa de úlceras gástricas e de alguns tipos de câncer de estômago. A hipótese de que uma infecção bacteriana persistente poderia causar úlceras gástricas foi inicialmente recebida com ceticismo. O jovem médico australiano que fez a descoberta inicial finalmente provou o seguinte ponto: ele bebeu uma cultura pura de *H. pylori* e desenvolveu inflamação do estômago, que precede, com frequência, o desenvolvimento de úlceras. Um curso breve de antibióticos hoje pode curar efetivamente um paciente com úlceras gástricas recorrentes. Notavelmente, o *H. pylori* é capaz de persistir em vida como comensal na maioria dos humanos. Uma maneira pela qual ele sobrevive no estômago é produzindo a enzima *urease*, que converte ureia em amônia, neutralizando o ácido da sua redondeza. A bactéria também utiliza o seu flagelo para mobilidade quimiotática, permitindo a ela procurar o pH mais perto da neutralidade na superfície das células epiteliais gástricas. As proteínas de virulência de *H. pylori* que atuam contra as células epiteliais e imunes ajudam o *H. pylori* a persistir no estômago, mas elas podem, também, induzir inflamação crônica, alteração na expressão gênica do hospedeiro, mudanças na proliferação celular e apoptose, bem como rompimento das junções célula-célula, todos esses fatores que predispõem ao câncer de estômago.

Os patógenos extracelulares perturbam as células hospedeiras sem entrar nelas

Os **patógenos extracelulares** podem causar doenças graves sem entrar nas células hospedeiras. *Bordetella pertussis*, a bactéria que causa a coqueluche, por exemplo, coloniza o

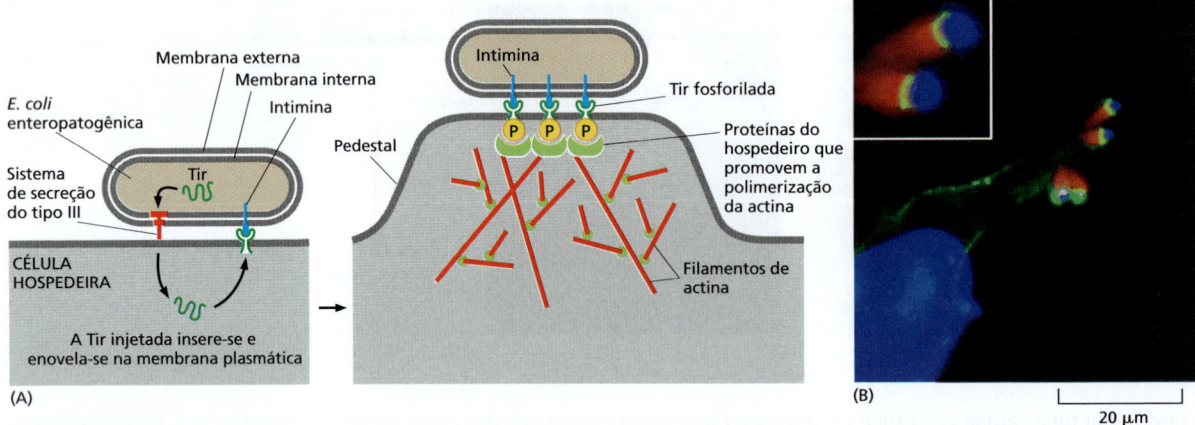

Figura 23-16 Interação de *E. coli* enteropatogênica (EPEC) com células epiteliais intestinais hospedeiras.
(A) Quando a EPEC entra em contato com as células do revestimento epitelial do intestino humano, ela injeta a proteína bacteriana Tir no interior das células hospedeiras, utilizando o sistema de secreção do tipo III. A Tir será, então, inserida na membrana citoplasmática da célula hospedeira, onde funcionará como um receptor para a adesina bacteriana intimina. A seguir, uma proteína tirosina-cinase da célula hospedeira fosforila o domínio intracelular de Tir em tirosinas. A Tir fosforilada recruta proteínas da célula hospedeira (incluindo uma proteína adaptadora, uma proteína WASp e o complexo Arp 2/3), que leva à polimerização da actina (ver Figura 16-16). Consequentemente, uma rede ramificada de filamentos de actina reúne-se embaixo da bactéria, formando um pedestal de actina (Animação 23.4). (B) EPEC em um pedestal. Nesta micrografia de fluorescência, o DNA da EPEC e da célula hospedeira está marcado em *azul*, a proteína Tir em *verde* e os filamentos de actina da célula hospedeira em *vermelho*. O detalhe mostra uma visão ampliada das duas bactérias superiores em pedestais. (B, de D. Goosney et al., *Annu. Rev. Cell Dev. Biol.* 16:173–189, 2000. Com permissão de Anual Reviews.)

epitélio respiratório e contorna o mecanismo normal que limpa o trato respiratório, expressando adesinas que se ligam a células epiteliais ciliadas. A bactéria aderente produz toxinas, que, por fim, provocarão a morte da célula ciliada, comprometendo a capacidade do hospedeiro de eliminar a infecção. A mais conhecida delas é a *toxina pertussis*, que, assim como a toxina da cólera, discutida antes, possui uma subunidade A que ADP-ribosila a subunidade α da proteína G_i, inibindo a proteína G de superexpressar a atividade de adenililciclase da célula hospedeira, aumentando, assim, a produção de AMP cíclico (ver Figura 23-6). A toxina também interfere com a via quimiotática que os neutrófilos usam para caçar e eliminar as bactérias invasoras (ver Figuras 16-3 e 16-86). A colonização do trato respiratório com *B. pertussis* causa tosse grave, que colabora com a disseminação da infecção.

Nem todos os patógenos extracelulares que colonizam um epitélio exercem seus efeitos por meio de toxinas. A *E. coli* enteropatogênica (EPEC), que causa diarreia em crianças pequenas, usa um sistema de secreção do tipo III (ver Figura 23-7) para liberar sua própria proteína receptora especial (chamada *Tir*) na membrana plasmática de uma célula epitelial do intestino do hospedeiro (**Figura 23-16**). O domínio extracelular de Tir liga-se à proteína de superfície bacteriana *intimina*, levando à polimerização da actina na célula hospedeira, que resulta na formação de uma protrusão singular na superfície celular denominada *pedestal*; isso empurra a bactéria fortemente aderida cerca de 10 μm da membrana celular do hospedeiro, promovendo o movimento bacteriano pela superfície celular. Uma estratégia semelhante é usada pelo *vírus vaccínia* (o vírus que foi usado como vacina para erradicar a varíola) para formar pedestais móveis, que auxiliam na disseminação do vírus de célula para célula. O estudo de como a EPEC e o vírus vaccínia promovem a polimerização da actina foi de grande importância para que entendêssemos como as vias de sinalização intracelular regulam o citoesqueleto em células normais e não infectadas (discutido no Capítulo 16). Embora a formação de pedestais promova a disseminação desses patógenos, os sintomas da infecção por EPEC (diarreia grave) são causados pela perda de microvilosidades absorventes e pelo rompimento de vias de sinalização em células epiteliais, que são desencadeadas pela Tir e por outras proteínas efetoras.

Os patógenos intracelulares possuem mecanismos tanto para a penetração quanto para a saída das células hospedeiras

Muitos patógenos precisam entrar nas células hospedeiras para causar doença. Tais **patógenos intracelulares** incluem todos os vírus e muitas bactérias e protozoários. Cada um deles possui um lugar preferido para replicação e sobrevivência dentro das células hospedeiras. As bactérias e os protozoários multiplicam-se ou no citosol ou dentro de um compartimento protegido por membrana. Enquanto a maioria dos vírus de RNA se replica no citosol, a maioria dos vírus de DNA se multiplica no núcleo. A vida no interior de uma célula hospedeira possui várias vantagens. Os patógenos não são acessíveis a *anticorpos* nem são alvos fáceis para células fagocíticas (discutido no Capítulo 24); além disso, as bactérias intracelulares e os protozoários estão inseridos em um ambiente nutricionalmente rico, e os vírus têm acesso à maquinaria biossintética da célula hospedeira para a sua reprodução. Esse estilo de vida, no entanto, exige que o patógeno tenha mecanismos para penetrar na célula hospedeira, para localizar um ambiente subcelular adequado onde ele poderá se replicar, bem como para sair da célula infectada para disseminação da infecção. A seguir, consideraremos algumas das diversas maneiras utilizadas por patógenos intracelulares específicos para modificar a biologia da célula hospedeira e satisfazer suas necessidades.

Os vírus ligam-se a receptores virais na superfície da célula hospedeira

O primeiro passo para qualquer patógeno intracelular é a adesão à superfície da célula hospedeira alvo. Os vírus fazem isso ligando proteínas de superfície virais a **receptores virais** disponíveis na célula hospedeira. O primeiro receptor viral identificado foi uma proteína de superfície de *E. coli* que é reconhecida pelo bacteriófago lambda; a proteína normalmente funciona transportando o açúcar maltose de fora da bactéria para o interior, onde é usado como fonte de energia. Entretanto, os receptores não precisam ser proteínas: uma proteína do envelope do herpes-vírus simples, por exemplo, liga-se a proteoglicanos de sulfato de heparana (discutido no Capítulo 19) na superfície de algumas células de hospedeiros vertebrados, e o vírus símio 40 (SV40) se liga a um glicolipídeo. A especificidade de interações vírus-receptor serve, com frequência, como uma barreira que impede a disseminação de um determinado vírus de uma espécie para outra. Adquirir a capacidade de ligar-se a um novo receptor costuma exigir várias alterações em um vírus, mas ela pode ser fundamental ao permitir a transmissão entre espécies, que pode resultar em novos surtos de doenças.

Os vírus que infectam células animais em geral exploram moléculas receptoras de superfície celular que são ubíquas (como os oligossacarídeos contendo ácido siálico, usados pelo influenzavírus) ou encontradas unicamente naqueles tipos celulares nos quais o vírus se replica (como as proteínas específicas de neurônio usadas pelo vírus da raiva). Embora um vírus costume utilizar um único tipo de receptor de célula hospedeira, alguns vírus usam mais de um tipo. Um exemplo importante é o HIV-1, que requer dois tipos de receptores para invadir uma célula hospedeira. O seu receptor principal é a molécula CD4, uma proteína da superfície celular de células T auxiliares e macrófagos que está envolvida no reconhecimento imune (discutido no Capítulo 24). Esse vírus também requer um correceptor, que é CCR5 (um receptor para β-quimiocinas) ou CXCR4 (um receptor para α-quimiocinas), dependendo da variante do vírus; os macrófagos são suscetíveis apenas a variantes do HIV que utilizam CCR5 para invadir, enquanto as células T auxiliares são infectadas de maneira mais eficiente por variantes que usam CXCR4 (**Figura 23-17**). Os vírus que são encontrados nos primeiros meses após a infecção pelo HIV quase invariavelmente usam CCR5, o que explica por que indivíduos que possuem o gene *CCR5* defeituoso são menos suscetíveis à infecção por HIV. Nos estágios mais tardios da infecção, os vírus em geral passam a usar CXCR4 ou adaptam-se para usar ambos os correceptores pelo acúmulo de mutações; dessa maneira, os vírus podem mudar os tipos celulares que eles infectam à medida que a doença avança. Pode parecer paradoxal que os vírus infectem células imunes, assim como poderíamos esperar que a ligação dos vírus desencadearia uma resposta imune; mas a invasão em uma célula imune pode ser

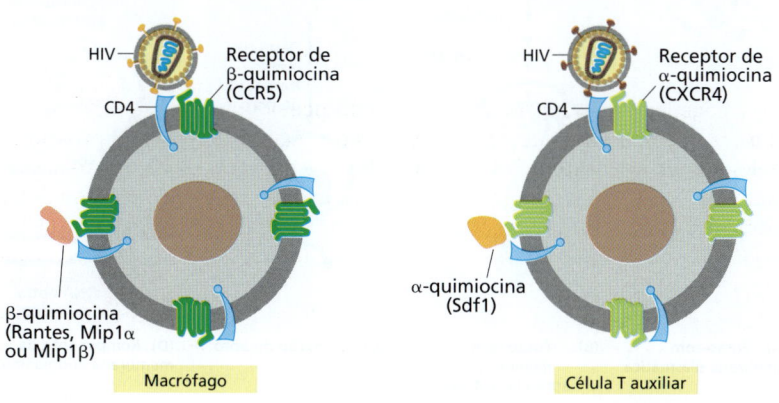

Figura 23-17 Receptor e correceptores para o HIV. Todas as linhagens de HIV necessitam do CD4 como receptor principal. No início de uma infecção, a maioria dos vírus utiliza CCR5 como correceptor, o que lhes permite infectar os macrófagos e seus precursores, os monócitos. À medida que a doença progride, variantes mutantes surgem usando, agora, o CXCR4 como um correceptor, permitindo que os vírus infectem as células T auxiliares de maneira eficiente. O ligante natural de receptores de quimiocinas (Sdf1 para CXCR4; Rantes, Mip1α, ou Mip1β para CCR5) bloqueia a função dos correceptores e impede a invasão viral.

uma forma útil de um vírus enfraquecer a resposta imune e permanecer no interior do hospedeiro, infectando outras células imunes.

Os vírus penetram as células hospedeiras por fusão de membrana, formação de poros ou rompimento da membrana

Após o reconhecimento e ligação à superfície celular do hospedeiro, o vírus deve invadir a célula para multiplicar-se. Alguns **vírus envelopados** invadem a célula hospedeira fundindo o seu envelope com a membrana plasmática. A maioria dos vírus, sejam os envelopados ou os não envelopados, ativa vias de sinalização na célula que induzem endocitose, em geral por meio de fossas revestidas por clatrina (ver Figura 13-7), levando à internalização em endossomos. Vírus grandes que não cabem nas vesículas contendo clatrina, como os poxvírus, costumam entrar nas células por *macropinocitose*, um processo pelo qual a membrana enovela-se e aprisiona fluido nos macropinossomos (ver Figura 13-50). Uma vez no interior dos endossomos, a fusão do envelope viral ocorre a partir do lado luminal da membrana do endossomo. O mecanismo de fusão da membrana mediado por glicoproteínas virais possui semelhanças com a fusão de membrana mediada por SNARE durante o tráfego normal vesicular (discutido no Capítulo 13).

Os vírus envelopados regulam a fusão a fim de assegurar-se de que eles fusionem somente com a membrana celular de um hospedeiro apropriado e para impedir a fusão com outro. Para vírus como o HIV-1 que se funde em pH neutro com a membrana plasmática (**Figura 23-18A**), a ligação a receptores ou correceptores leva, em geral, a uma alteração conformacional em uma proteína do envelope viral que expressa um peptídeo de fusão normalmente "enterrado no interior da proteína" (ver Figura 13-21). Outro vírus envelopado, como o vírus da *influenza* A, somente se fusiona com a membrana da célula hospedeira após a endocitose (**Figura 23-18B**); nesse caso, costuma ser o ambiente ácido do endossomo tardio que desencadeia a mudança conformacional das proteínas virais que

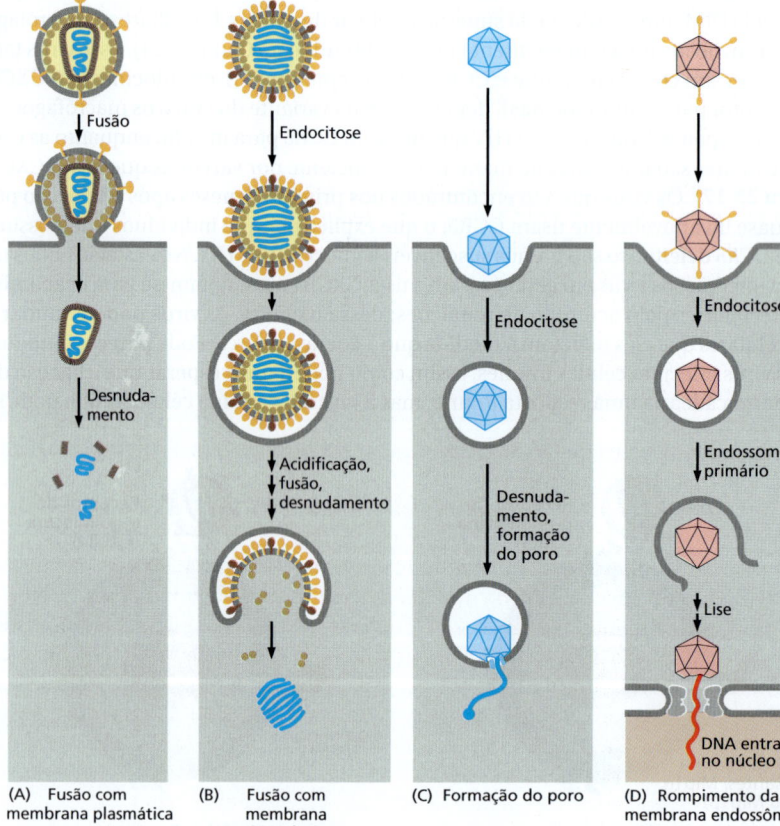

Figura 23-18 Quatro estratégias de entrada viral. (A) Alguns vírus envelopados, como o HIV, fundem-se diretamente com a membrana plasmática da célula hospedeira e liberam o seu genoma de RNA (*azul*) e proteínas do capsídeo (*marrom*) no citosol. (B) Outros vírus envelopados, como o influenzavírus, ligam-se, primeiramente, a receptores de superfície celular, levando a endocitose mediada por receptor; quando o endossomo se acidifica, o envelope viral funde-se com a membrana endossômica, liberando o genoma de RNA viral (*azul*) e proteínas do capsídeo (*marrom*) no citosol. (C) O poliovírus, um vírus não envelopado, induz endocitose mediada por receptor e forma, assim, um poro na membrana do endossomo para expulsar o seu genoma de RNA (*azul*) no citosol. (D) O adenovírus, outro vírus não envelopado, utiliza uma estratégia mais complexa: ele induz endocitose mediada por receptor, rompendo a membrana endossômica, liberando o capsídeo e seu genoma de DNA no citosol; o vírus por fim encontra um poro nuclear e libera o seu DNA (*vermelho*) diretamente no núcleo (Animação 23.5).

irá expor o peptídeo de fusão. O H^+ bombeado para dentro do endossomo primário possui outro efeito; ele entra no vírion *influenza* por um canal iônico no envelope celular e causa alterações no capsídeo viral. Esses passos iniciadores permitem que o capsídeo "se desmonte" uma vez liberado no citosol após fusão viral com a membrana endossômica tardia.

Vírus não envelopados usam diferentes estratégias para invadir células hospedeiras – estratégias que não se baseiam em fusão da membrana. O *poliovírus*, causador da poliomielite, liga-se a um receptor de superfície celular, causando endocitose mediada por receptor (ver Figura 13-52) e uma mudança conformacional na partícula viral. A modificação conformacional expõe uma projeção hidrofóbica em uma das proteínas do capsídeo, a qual se insere na membrana do endossomo para formar um poro. O genoma viral de RNA entra, assim, no citosol através de um poro, deixando o capsídeo no endossomo (**Figura 23-18C**). Outros vírus não envelopados como o *adenovírus* rompem a membrana do endossomo após a sua captação por endocitose mediada por receptor. Uma das proteínas liberadas do capsídeo provoca a lise da membrana do endossomo, liberando os vírus remanescentes no citosol. Durante o tráfego endossômico e o subsequente transporte no citosol, o adenovírus inicia múltiplos passos de "descapamento", que removem, sequencialmente, proteínas estruturais e deixam as partículas virais prontas para liberar o seu DNA no núcleo através de complexos de poros nucleares (**Figura 23-18D**).

As bactérias penetram as células hospedeiras por fagocitose

As bactérias são muito maiores do que os vírus – grandes demais para serem capturadas através de poros ou por endocitose mediada por receptor. Em vez disso, elas entram nas células hospedeiras por fagocitose, que é uma função normal de fagócitos como neutrófilos, macrófagos e células dendríticas (discutido no Capítulo 24). Esses fagócitos vigiam os tecidos do corpo e internalizam e destroem micróbios; entretanto alguns patógenos bacterianos intracelulares como *M. tuberculosis* usam isso em proveito próprio e desenvolveram mecanismos para sobreviver e multiplicar-se no interior de macrófagos.

Alguns patógenos bacterianos podem invadir células hospedeiras que são, normalmente, não fagocíticas. Uma forma pela qual eles fazem isso é expressando uma proteína de invasão que se liga com alta afinidade a um receptor da célula hospedeira, em geral uma proteína de adesão célula-célula ou célula-matriz (discutido no Capítulo 19). Por exemplo, *Yersinia pseudotuberculosis* (uma bactéria que causa diarreia e é um parente próximo da bactéria *Y. pestis*) expressa uma proteína chamada invasina, que possui um motivo RGD semelhante ao da fibronectina e, da mesma forma, é reconhecido por integrinas β_1 da célula hospedeira (ver Figura 19-55). *Listeria monocytogenes*, que causa uma forma de intoxicação alimentar rara porém grave, invade células hospedeiras expressando uma proteína que se liga à proteína de adesão célula-célula caderina-E (ver Figura 19-6). Para ambas as espécies bacterianas, a ligação das proteínas de invasão bacterianas às proteínas de adesão da célula hospedeira estimula a sinalização por membros da família Rho de GTPases pequenas (discutido no Capítulo 16). Isso, por sua vez, ativa proteínas da família WASp e o complexo Arp 2/3, levando à polimerização da actina no sítio da ligação bacteriana. A polimerização da actina, junto com a montagem do revestimento de clatrina (ver Figura 13-6), leva ao avanço da membrana plasmática da célula hospedeira sobre a superfície adesiva do micróbio, resultando na fagocitose da bactéria – um processo conhecido como *mecanismo zíper* de invasão (**Figura 23-19A**).

Uma segunda via por meio da qual as bactérias podem invadir células não fagocíticas é conhecida como *mecanismo de gatilho* (**Figura 23-19B**). Ela é usada por vários patógenos que causam intoxicação alimentar, incluindo *S. enterica*, e é iniciada quando a bactéria injeta uma série de moléculas efetoras no citosol da célula hospedeira por meio de um sistema de secreção do tipo III (ver Figura 23-7). Algumas dessas moléculas efetoras ativam proteínas da família Rho, que, por sua vez, estimulam a polimerização de actina, conforme já discutido. Outras proteínas efetoras bacterianas interagem com elementos do citoesqueleto da célula hospedeira mais diretamente, nucleando e estabilizando os filamentos de actina, e causando rearranjos nas proteínas de ligação cruzada à actina. O efeito geral é a formação de espaços rugosos na superfície da célula hospedeira (**Figura 23-19C e D**), que se enovela e engloba a bactéria por um processo que se assemelha à macropinocitose. A aparência de células sendo invadidas usando o mecanismo

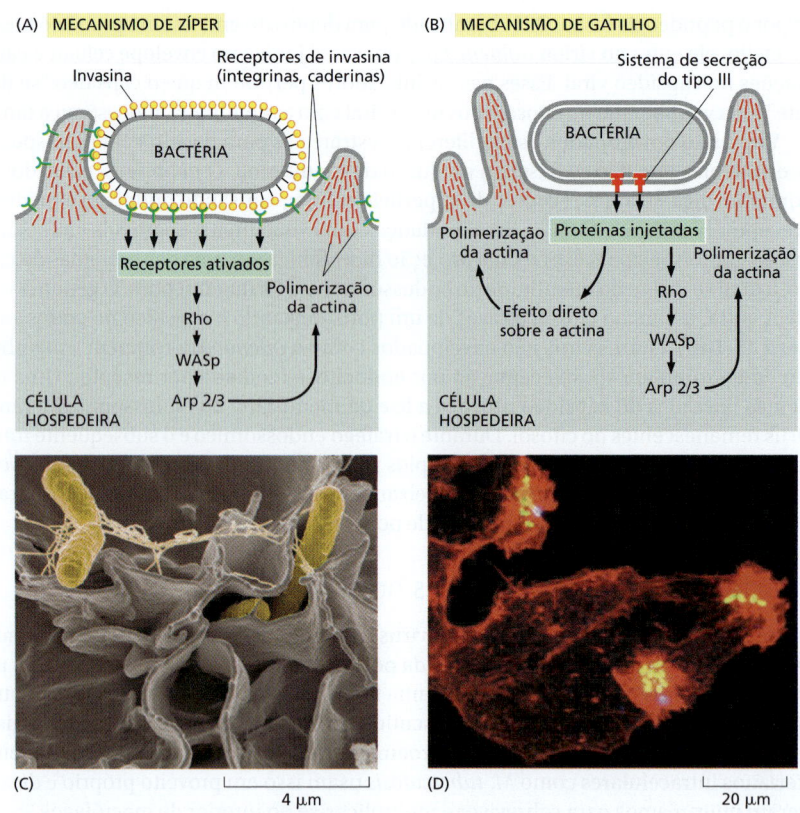

Figura 23-19 Mecanismos usados pelas bactérias para induzir fagocitose pelas células hospedeiras que são normalmente não fagocíticas. (A) No mecanismo de zíper, as bactérias expressam uma proteína de invasão que se liga com alta afinidade a um receptor de célula hospedeira, que em geral é uma proteína de adesão célula-célula ou célula-matriz. (B) No mecanismo de gatilho, as bactérias injetam um grupo de moléculas efetoras no citosol da célula hospedeira por um sistema de secreção do tipo III chamado SPI1 (ilha de patogenicidade 1 em *Salmonella*), induzindo o enrugamento da membrana. Ambos os mecanismos, de zíper e gatilho, levam à polimerização da actina no sítio da fixação bacteriana mediante ativação de GTPases pequenas da família Rho e complexos Arp 2/3. (C) Micrografia eletrônica de varredura mostrando um estágio precoce da invasão de *Salmonella enterica* pelo mecanismo de gatilho. As bactérias (*amarelo*) são mostradas cercadas por uma pequena onda de membrana (*Ruffle*). (D) Micrografia fluorescente mostrando que as grandes ondas que engolfam a *Salmonella* são ricas em actina. A bactéria é marcada em *verde*, e os filamentos de actina, em *vermelho*; por causa da sobreposição das cores, a bactéria aparece em *amarelo*. (C, de Rocky Mountain Laboratories, NIAID, NIH; D, de J.E. Galán, *Annu. Rev. Cell Dev. Biol.* 17:53–86, 2001. Com permissão de Annual Reviews.)

de gatilho é semelhante ao enrugamento induzido por alguns fatores de crescimento extracelular, sugerindo que a célula explora vias de sinalização intracelulares normais.

Os parasitas eucarióticos intracelulares invadem de forma ativa a célula hospedeira

A internalização de vírus e bactérias nas células hospedeiras é realizada, em grande parte, pelo hospedeiro, e o patógeno é um participante relativamente passivo. Ao contrário, os parasitas eucarióticos intracelulares, que costumam ser muito maiores do que outros tipos de patógenos intracelulares, invadem as células hospedeiras usando diversas vias complexas que em geral necessitam de gasto energético pelo parasita.

O *Toxoplasma gondii*, um parasita de gatos que pode causar sérios problemas ao infectar humanos, é um exemplo bastante instrutivo. Quando esse protozoário entra em contato com uma célula hospedeira, sobressai uma estrutura incomum baseada em microtúbulo denominada *conoide*, que facilita a entrada na célula hospedeira (**Figura 23-20**). A energia para a invasão parece vir da polimerização da actina no parasita, e não do citoesqueleto do hospedeiro, e o processo de invasão também requer, pelo menos, uma proteína motora de miosina incomum do parasita (Classe XIV; ver Figura 16-40). No ponto de contato, o parasita descarrega proteínas efetoras de organelas secretoras na célula hospedeira, e tais proteínas atuam sobre várias vias do hospedeiro para permitir a invasão, bloquear respostas imunes inatas e promover a sobrevivência. Assim que o parasita se movimenta na célula hospedeira, uma membrana derivada da membrana plasmática da célula hospedeira o rodeia. Notavelmente, o parasita remove proteínas transmembrana do hospedeiro da membrana ao redor assim que ela se forma, de modo que o parasita esteja protegido em um compartimento fechado por membrana que não se funde com os lisossomos e não participa nos processos de movimentação da membrana da célula hospedeira (ver Figura 23-20). A membrana especializada é seletivamente porosa: ela permite ao parasita captar metabólitos intermediários pequenos e nutrientes do citosol da célula hospedeira, mas exclui macromoléculas. Os parasitas causadores da malária invadem os glóbulos vermelhos humanos usando um mecanismo semelhante.

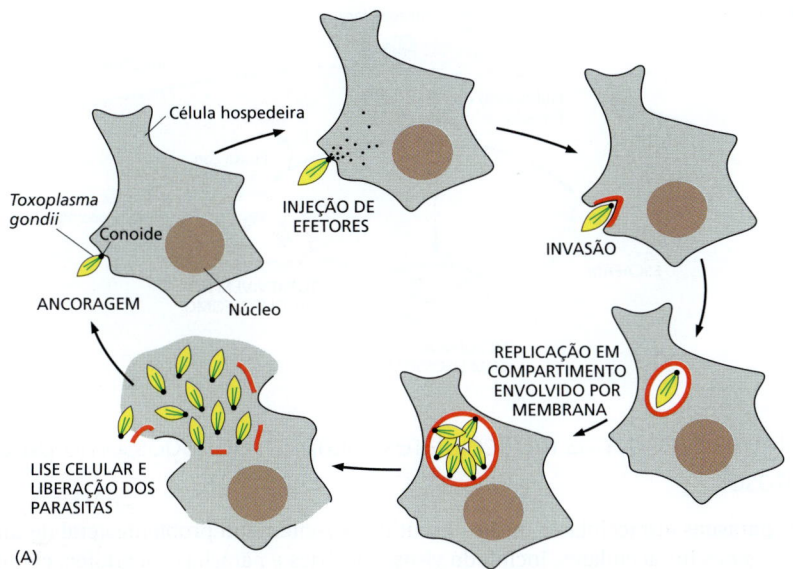

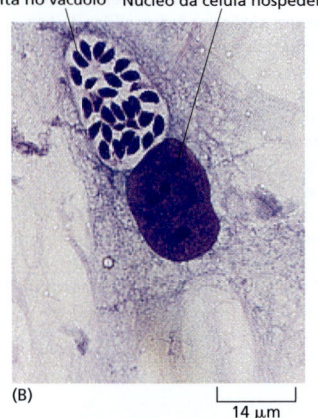

Figura 23-20 O ciclo de vida do parasita intracelular *Toxoplasma gondii*.
(A) Após ligação à célula hospedeira, *T. gondii* usa o seu conoide para injetar proteínas efetoras que facilitam a invasão. À medida que a membrana plasmática da célula hospedeira invagina-se para cercar o parasita, ela, de alguma forma, remove as proteínas normais de membrana da célula hospedeira, a fim de que o compartimento (mostrado em *vermelho*) não se funda com os lisossomos. Após vários ciclos de replicação, o parasita causa o rompimento do compartimento e a lise da célula hospedeira, liberando parasitas progenitores para infectar outras células hospedeiras (Animação 23.6). (B) Micrografia da replicação de *T. gondii* dentro de um compartimento envolvido por membrana (um vacúolo) em células cultivadas. (B, cortesia de Manuel Camps e John Boothroyd.)

O protozoário *Trypanosoma cruzi*, causador da doença de Chagas no México e nas Américas Central e do Sul, utiliza duas estratégias de invasão alternativas. Em uma *via dependente de lisossomo*, o parasita liga-se a receptores da superfície da célula hospedeira, induzindo um aumento local no Ca^{2+} no citosol da célula hospedeira. O sinal de Ca^{2+} recruta lisossomos ao local de ligação do parasita, e os lisossomos fundem-se com a membrana plasmática da célula hospedeira, permitindo o acesso rápido dos parasitas ao compartimento lisossômico (**Figura 23-21**). Em uma *via independente de lisossomo*, o parasita penetra a membrana plasmática da célula hospedeira induzindo a invaginação da membrana, sem o recrutamento de lisossomos.

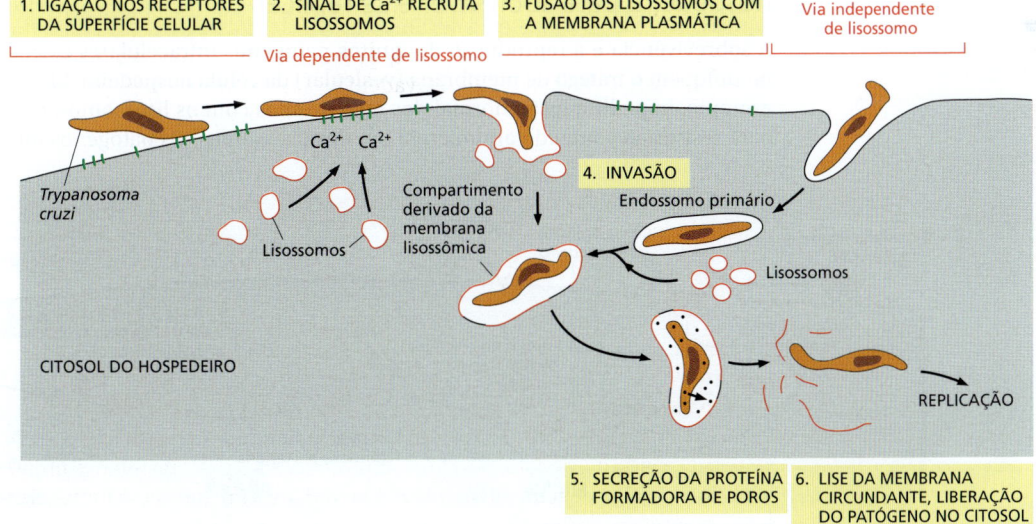

Figura 23-21 As duas estratégias alternativas que *Trypanosoma cruzi* utiliza para invadir células hospedeiras. Na via dependente de lisossomo (*esquerda*), *T. cruzi* recruta lisossomos da célula hospedeira ao seu sítio de fixação na célula hospedeira. Os lisossomos fusionam-se com a membrana citoplasmática invaginada para criar um compartimento intracelular construído quase exclusivamente de membranas lisossômicas. Após um pequeno período no vacúolo, o parasita secreta uma proteína formadora de poros que rompe a membrana circundante, permitindo assim que o parasita escape para o interior do citosol da célula hospedeira e prolifere. Na via independente de lisossomo (*direita*), o parasita induz a invaginação da membrana plasmática sem recrutar lisossomos; assim, os lisossomos fusionam-se com o endossomo antes de o parasita escapar para o citosol.

Figura 23-22 As escolhas enfrentadas por um patógeno intracelular. Após a entrada na célula, em geral por fagocitose no interior de um compartimento delimitado por uma membrana, os patógenos intracelulares podem usar uma de três estratégias para sobreviver e replicar. Incluídos no grupo de patógenos que seguem a estratégia (1) estão todos os vírus, *Trypanosoma cruzi*, *Listeria monocytogenes* e *Shigella flexneri*. Os que seguem a estratégia (2) incluem *Mycobacterium tuberculosis* e *Legionella pneumophila*. Já os que seguem a estratégia (3) incluem *Salmonella enterica*, *Coxiella burnetii* e *Leishmania*.

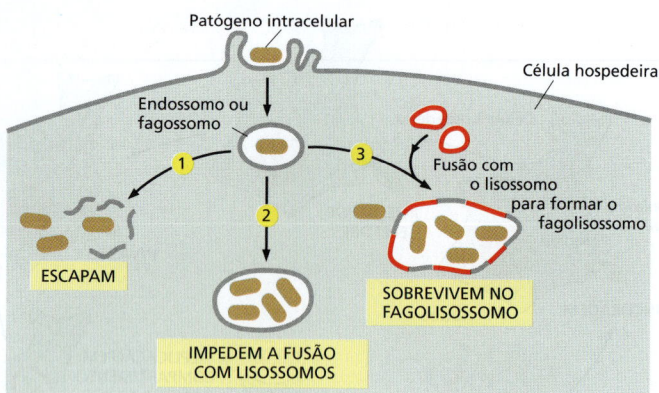

Alguns patógenos intracelulares escapam do fagossomo para o citosol

Os parasitas intracelulares recém-discutidos suscitam um problema geral de todos os patógenos intracelulares, incluindo vírus, bactérias e parasitas eucariotos: eles devem encontrar um compartimento celular no qual possam se replicar. Após sua endocitose por uma célula hospedeira, eles geralmente se encontram em um compartimento endossômico, que, em condições normais, fundiria-se com os lisossomos, formando o *fagolisossomo* – um lugar perigoso para os patógenos. Para sobreviver, os patógenos usam várias estratégias. Alguns escapam do compartimento endossômico antes de tal fusão. Outros permanecem nos compartimentos endossômicos mas os modificam a fim de não mais se fundirem com os lisossomos. Outros ainda evoluíram para enfrentar as duras condições no fagolisossomo (**Figura 23-22**).

O *T. cruzi* utiliza a via de escape secretando uma toxina formadora de poro que lisa a membrana do lisossomo, liberando o parasita no citosol da célula hospedeira (ver Figura 23-21). A bactéria *L. monocytogenes* usa uma estratégia semelhante. Após a fagocitose pelo mecanismo zíper, ela secreta uma proteína chamada *listeriolisina O*, que rompe a membrana fagossômica, liberando a bactéria para o citosol (**Figura 23-23**).

Muitos patógenos alteram o tráfego de membrana da célula hospedeira para sobreviver e se replicar

A sobrevivência e a reprodução de muitos patógenos intracelulares exigem que eles modifiquem o tráfego de membrana (vesicular) da célula hospedeira. Eles podem, por exemplo, impedir a fusão normal dos endossomos com os lisossomos, ou adaptar-se para resistir ao conteúdo antimicrobiano dos lisossomos. Os patógenos intracelulares

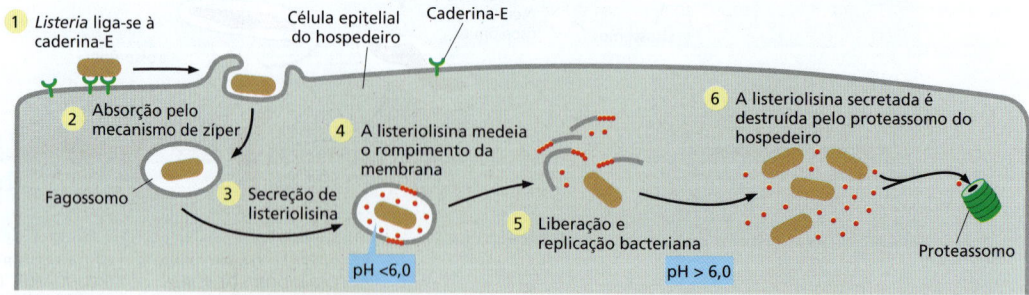

Figura 23-23 O escape de *Listeria monocytogenes* mediante destruição seletiva da membrana fagossômica. A bactéria liga-se à caderina-E na superfície das células epiteliais do hospedeiro e induz sua própria captação usando o mecanismo de zíper (ver Figura 23-19A). Dentro do fagossomo, a bactéria secreta a proteína listeriolisina O, que é ativada em pH < 6 e forma oligômeros na membrana do fagossomo, criando, assim, grandes poros e, por fim, rompendo a membrana. Uma vez no citosol da célula hospedeira, a bactéria começa a se replicar e continua a secretar listeriolisina O; já que o pH no citosol é > 6, a listeriolisina O é inativa e também rapidamente degradada por proteassomos. Desse modo, a membrana plasmática da célula hospedeira permanence intacta.

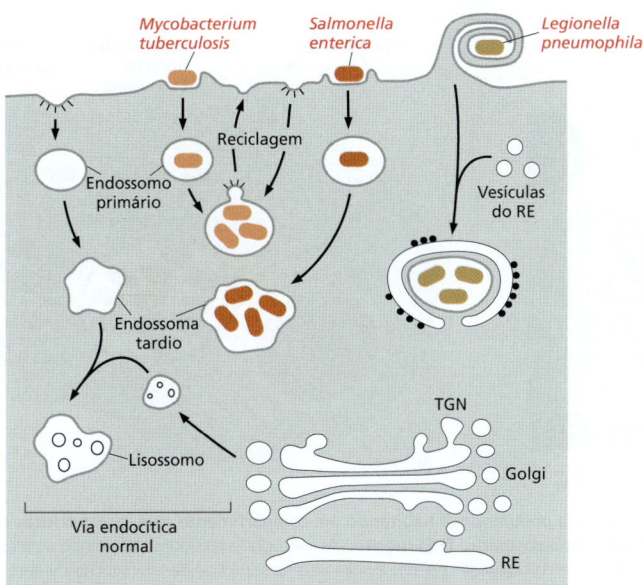

Figura 23-24 Modificações no tráfego de membrana das células hospedeiras pela ação de patógenos bacterianos. Patógenos bacterianos intracelulares, como *Mycobacterium tuberculosis*, *Salmonella enterica* e *Legionella pneumophila*, replicam-se em compartimentos fechados por membranas, mas tais compartimentos são diferentes. *M. tuberculosis* permanece em um compartimento que tem marcadores de endossomos primários e continua a se comunicar com a membrana plasmática via vesículas de transporte. *S. enterica* se replica em um compartimento que possui marcadores de endossomos tardios e não se comunica com a membrana plasmática. *L. pneumophila* se replica em um compartimento incomum envolto pela membrana do retículo endoplasmático (RE) rugoso e comunica-se com o RE por vesículas de transporte. TGN, rede *trans* Golgi.

também devem fornecer uma via para transportar nutrientes do citosol do hospedeiro até seu compartimento de escolha.

Patógenos diferentes possuem estratégias diferentes para alterar o tráfego de membrana da célula hospedeira (**Figura 23-24**). *M. tuberculosis* impede a maturação do endossomo primário que contém a bactéria, de modo que o endossomo nunca acidifica ou adquire as outras características de um endossomo maduro ou lisossomo. Tal estratégia requer a atividade do seu sistema de secreção do tipo VII, assim como produtos lipídicos micobacterianos que mimetizam lipídeos do hospedeiro e influenciam o tráfego vesicular. Os fagossomos contendo *S. enterica*, ao contrário, acidificam e adquirem marcadores de endossomos maduros/tardios e lisossomos, mas as bactérias diminuem o processo de maturação fagossômica. Elas fazem isso injetando proteínas efetoras por meio de um segundo sistema de secreção do tipo III. Esses efetores ativam proteínas motoras cinesinas do hospedeiro a puxar túbulos da membrana para fora do fagossomo ao longo de microtúbulos citoplasmáticos, formando um compartimento especializado chamado de vacúolo contentor de *Salmonella* (**Figura 23-25**).

Outras bactérias parecem encontrar abrigo em compartimentos intracelulares diferentes daqueles do sistema endocítico comum. Um exemplo é a *Legionella pneumophila*, identificada pela primeira vez como patógeno humano em 1976, quando foi constatada como causa de um tipo de pneumonia conhecido por **doença dos legionários**. *L. pneumophila* é normalmente um parasita de amebas de água doce, mas costuma ser disseminada para humanos por meio de sistemas de ar condicionado central, que abrigam amebas infectadas e produzem microgotículas de água facilmente inala-

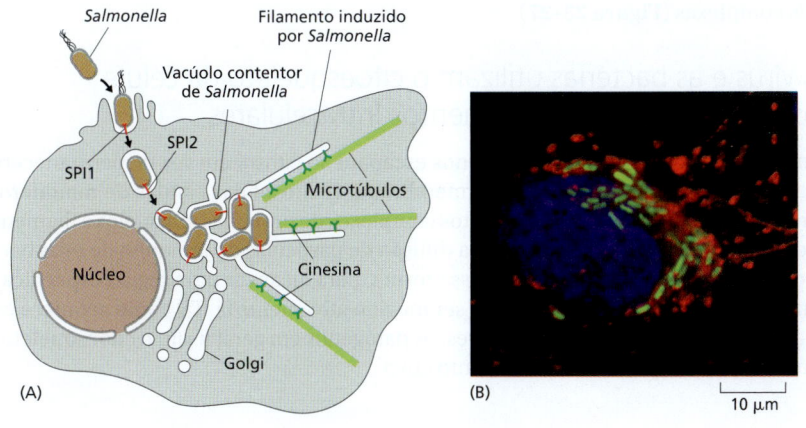

Figura 23-25 *Salmonella enterica* residindo em um compartimento fagossômico modificado chamado vacúolo contentor de *Salmonella*. Essas bactérias invadem as células hospedeiras usando um sistema de secreção do tipo III SPI1 para injetar proteínas efetoras que induzem os mecanismos de gatilho de entrada de micróbios ilustrados na Figura 23-19B. (A) Após a sua entrada em um fagossomo, a bactéria inativa o seu sistema de secreção do tipo III SPI1 e ativa o seu sistema de secreção do tipo III SPI2 para injetar diferentes proteínas efetoras, que remodelam o fagossomo em um vacúolo contentor de *Salmonella*. Uma das proteínas efetoras injetadas ativa proteínas motoras cinesinas do hospedeiro para puxar túbulos de membrana para fora em direção às extremidades, além dos microtúbulos (ver Figura 16-42). (B) Micrografia de fluorescência mostrando *S. enterica* em um vacúolo contentor de *Salmonella*. As bactérias estão em *verde*, os microtúbulos em *vermelho*, e o núcleo em *azul*. (B, cortesia de Stephane Meresse.)

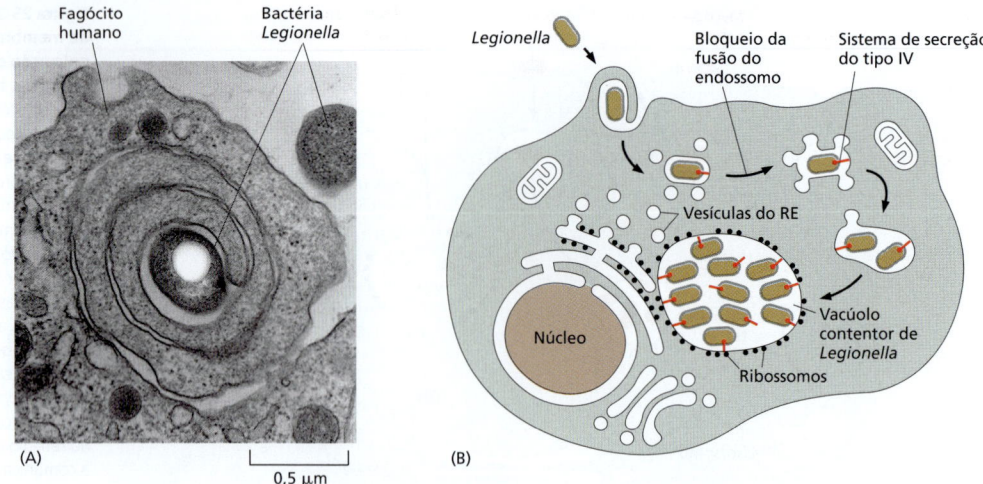

Figura 23-26 *Legionella pneumophila* habitando um compartimento com características semelhantes àquelas do retículo endoplasmático (RE) rugoso. (A) Micrografia eletrônica mostrando uma estrutura enrolada incomum que a bactéria *Legionella pneumophila* induz na superfície de um fagócito durante o processo de invasão. Alguns outros patógenos, incluindo a bactéria *Borrelia burgdorferi*, que causa a doença de Lyme, o patógeno eucarioto *Leishmania* e a levedura *Candida albicans*, também podem invadir células usando esse tipo de fagocitose por enrolamento. (B) Após a invasão, *L. pneumophila* usa o seu sistema de secreção do tipo IV para secretar proteínas efetoras que bloqueiam a fusão do fagossomo-endossomo e a maturação do fagossomo. Ela também secreta proteínas efetoras que promovem a fusão do fagossomo com as vesículas derivadas do RE, criando, assim, um vacúolo contentor de *Legionella*, com características semelhantes ao RE rugoso. (A, de M.A. Horwitz, *Cell* 36:27–33, 1984. Com permissão de Elsevier.)

das. Uma vez nos pulmões, as bactérias são internalizadas por macrófagos por um processo incomum chamado de fagocitose de enrolamento (**Figura 23-26A**). A *L. pneumophila* usa um sistema de secreção do tipo IV para injetar proteínas efetoras dentro do fagócito que modulam a atividade de proteínas que regulam o movimento de vesículas, incluindo proteínas SNARE e GTPases pequenas da família Rab e Arf (discutido no Capítulo 13). As proteínas efetoras, desse modo, impedem a fusão do fagossomo com os endossomos e promovem sua fusão com vesículas derivadas do retículo endoplasmático, convertendo o fagossomo em um compartimento que se assemelha ao retículo endoplasmático rugoso (**Figura 23-26B**).

Os vírus também podem alterar o tráfego de membrana da célula hospedeira. Os vírus envelopados usam a membrana da célula hospedeira para adquirir seu próprio envelope de membrana. Nos casos mais simples, as glicoproteínas codificadas pelo vírus são inseridas na membrana do retículo endoplasmático e seguem a via secretora ao longo do aparelho de Golgi até a membrana plasmática; as proteínas do capsídeo viral e genoma montam-se em nucleocapsídeos, que adquirem seu envelope conforme eles brotam da membrana plasmática (ver Figura 23-12). Esse mecanismo é usado por muitos vírus envelopados, incluindo o HIV-1. Outros vírus envelopados como herpes-vírus e vírus vaccínia adquirem seus envelopes lipídicos de maneiras mais complexas (**Figura 23-27**).

Os vírus e as bactérias utilizam o citoesqueleto da célula hospedeira para seus movimentos intracelulares

Como já mencionado, muitos patógenos escapam ao citosol em vez de permanecerem em um compartimento fechado por membrana. O citosol das células de mamíferos é extremamente viscoso, contendo muitos complexos de proteínas, organelas e filamentos do citoesqueleto, todos eles inibindo a difusão de partículas do tamanho de uma bactéria ou de um nuclecapsídeo viral. Dessa forma, para alcançar uma região específica da célula hospedeira, um patógeno deve ser movido ativamente lá. Tal como acontece com o transporte de organelas intracelulares, os patógenos em geral usam o citoesqueleto da célula hospedeira para o seu movimento ativo.

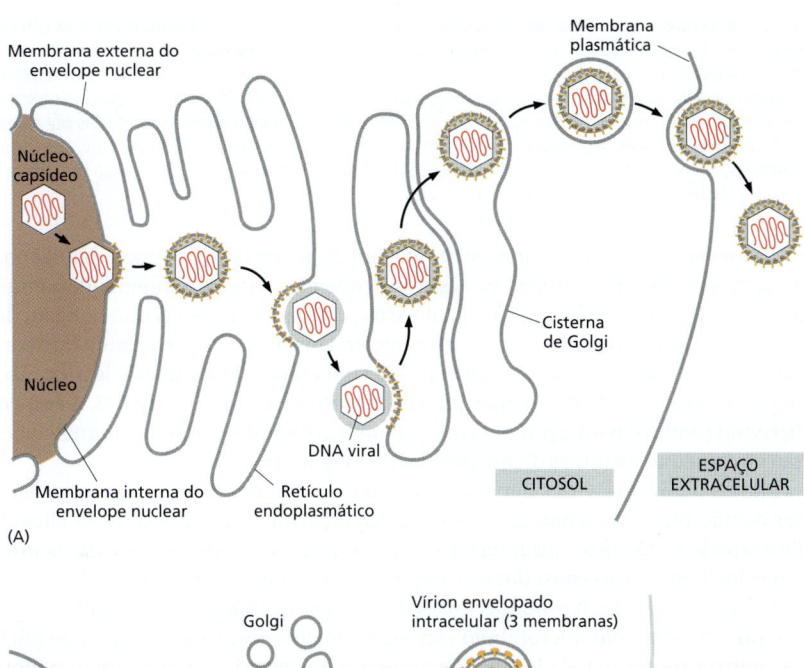
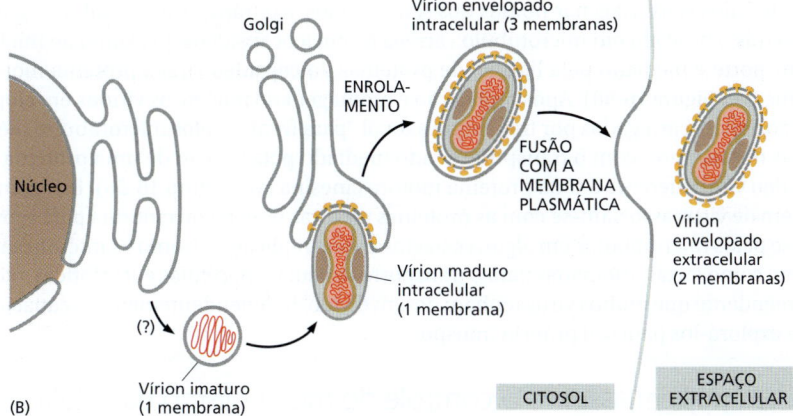

Figura 23-27 Estratégias complexas para a aquisição do envelope viral.
(A) Os nucleocapsídeos do herpes-vírus reúnem-se no núcleo e em seguida brotam através da membrana nuclear interna para o espaço entre as membranas nucleares internas e externas, adquirindo uma capa de bicamada lipídica. As partículas virais então perdem aparentemente essa capa quando se fundem com a membrana do retículo endoplasmático para escapar ao citosol. Na sequência, os nucleocapsídeos brotam até o aparelho de Golgi e brotam novamente para o outro lado, adquirindo assim dois novos revestimentos de membrana nesse processo. O vírus então brota da superfície da célula com uma única membrana, visto que sua membrana externa se fusiona com a membrana celular. (B) O vírus da vaccínia (que é relacionado intimamente com o vírus que causa a varíola, sendo usado como vacina contra essa doença) é montado em "fábricas de replicação" no citosol, longe da membrana plasmática. O vírion imaturo, com uma membrana, é então cercado por duas membranas adicionais, ambas adquiridas do aparelho de Golgi por um mecanismo pouco entendido, de "enrolamento", para formar o envelope intracelular do vírion. Após a fusão da membrana externa com a membrana plasmática da célula hospedeira, o vírion extracelular envelopado é liberado da célula hospedeira.

Várias bactérias que se replicam no citosol da célula hospedeira adotaram um extraordinário mecanismo que depende da polimerização da actina para o movimento. Essas bactérias incluem os patógenos humanos *Listeria monocytogenes*, *Shigella flexneri*, *Rickettsia rickettsii* (que causa a febre das Montanhas Rochosas) e *Burkholderia pseudomallei* (que causa melioidose, uma doença caracterizada por sintomas respiratórios graves). Baculovírus, um vírus de insetos, também usa esse mecanismo para movimentos intracelulares. Todos esses patógenos induzem a nucleação e a montagem de filamentos de actina da célula hospedeira em um polo da bactéria ou vírus. Os filamentos crescentes geram força e empurram os patógenos pelo citosol a velocidades de até 1 μm/s (**Figura 23-28**). Novos filamentos formam-se atrás de cada patógeno e são deixados para trás como um rastro de foguetes à medida que o micróbio avança; os filamentos despolimerizam em um minuto ou quando encontram fatores de despolimerização no citosol. Para *L. monocytogenes* e *S. flexneri*, a bactéria em movimento colide com a membrana plasmática e move-se para fora, induzindo a formação de longas e finas protrusões na célula hospedeira, com a bactéria no topo. Como mostrado na Figura 23-28, uma célula vizinha frequentemente engloba tais projeções, permitindo que a bactéria entre no citoplasma vizinho sem se expor ao ambiente extracelular, evitando, assim, anticorpos produzidos pelo sistema imune adaptativo do hospedeiro. Para *B. pseudomallei*, o movimento e a colisão da bactéria na membrana plasmática promovem a fusão célula-célula, que serve como um propósito semelhante de evitar o sistema imune ao mesmo tempo em que permite a contínua replicação bacteriana.

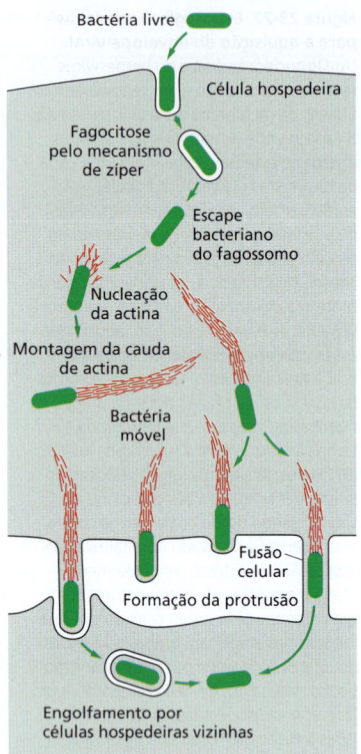

Figura 23-28 O movimento baseado na actina dos patógenos bacterianos dentro e entre as células hospedeiras. (A) Após a invasão, os patógenos bacterianos como *Listeria monocytogenes*, *Shigella flexneri*, *Rickettsia rickettsii* e *Burkholderia pseudomallei* induzem a montagem das caudas ricas em actina no citoplasma da célula hospedeira, que leva ao rápido movimento bacteriano. Para a maioria desses patógenos, as bactérias móveis colidem com a membrana plasmática da célula hospedeira, formando protrusões cobertas por membrana, que são engolidas pelas células vizinhas – disseminando a infecção de célula a célula. Ao contrário, para *B. pseudomallei*, as colisões com a membrana plasmática promovem a fusão célula-célula, criando um conduto pelo qual as bactérias podem invadir as células vizinhas (Animação 23.7).

Os mecanismos moleculares de montagem de actina induzidos pelo patógeno diferem para os diferentes patógenos, sugerindo que eles surgiram independentemente (**Figura 23-29**). *L. monocytogenes* e baculovírus produzem proteínas que se ligam diretamente e ativam o complexo Arp 2/3 para iniciar a formação de uma cauda de actina e movimento (ver Figura 16-16). *S. flexneri* produz uma proteína de superfície não relacionada que se liga e ativa N-WASp, que, por sua vez, ativa o complexo Arp 2/3. As espécies de *Rickettsia* produzem uma proteína que polimeriza diretamente actina mimetizando a função de proteínas forminas do hospedeiro (ver Figura 16-17).

Muitos patógenos virais dependem primariamente de proteínas motoras dependentes de microtúbulos, e não da polimerização da actina, para mover-se no citosol da célula hospedeira. Os vírus que infectam neurônios, como os *herper-vírus alfa neurotróficos*, que incluem o vírus causador da catapora, são exemplos importantes. O vírus entra em neurônios sensoriais nas pontas dos seus axônios, e o transporte axonal retrógrado ("para trás") baseado em microtúbulo carrega os nucleocapsídeos do axônio ao núcleo. O transporte é mediado pela ligação de proteínas do capsídeo viral à proteína motora dineína (ver Figura 16-58). Após replicação e montagem no núcleo, os víriões envelopados são, então, carregados por transporte axonal "para frente" pelos microtúbulos até as pontas dos axônios, com o transporte sendo mediado pela ligação de uma proteína do capsídeo viral diferente a uma proteína motora cinesina (ver Figura 16-56). Um grande número de vírus associam-se com as proteínas motoras dineína ou cinesina para moverem-se pelos microtúbulos em alguns estágios de sua replicação. Como os microtúbulos servem como faixas orientadas para o transporte vesicular em células eucarióticas, não é surpreendente que muitos vírus tenham desenvolvido, independentemente, a capacidade de explorá-los para seu próprio transporte.

Os vírus podem assumir o controle do metabolismo da célula hospedeira

Os vírus usam a maquinaria básica da célula hospedeira para a maior parte dos aspectos de sua reprodução: eles dependem dos ribossomos da célula hospedeira para produzir suas proteínas, e a maioria usa DNA e RNA-polimerases da célula hospedeira para sua própria replicação e transcrição. Muitos vírus codificam proteínas que modificam os mecanismos de transcrição e tradução para favorecer a síntese de RNA e proteínas virais em relação àqueles da célula hospedeira, mudando a capacidade sintética da célula para a produção de novas partículas virais. O poliovírus, por exemplo, codifica uma protease que cliva, especificamente, o componente de ligação à TATA do TFIID (ver Figura 6-17), desligando a transcrição da maiora dos genes codificadores de proteínas da célula hospedeira. O influenzavírus produz uma proteína que bloqueia o *splicing* e a poliadenilação dos transcritos de RNA da célula hospedeira, impedindo sua exportação para o citosol (ver Figura 6-38).

Os vírus também alteram a tradução pelo hospedeiro. O início da tradução para a maioria dos mRNAs da célula hospedeira depende do reconhecimento da sua porção 5' por fatores de iniciação de tradução (ver Figura 6-70). Esse processo de iniciação é inibido, com frequência, durante a infecção viral, quando os ribossomos da célula hospedeira podem ser usados de maneira mais eficiente para a síntese das proteínas virais. Alguns genomas virais codificam endonucleases que clivam a porção 5' do mRNA da célula hospedeira; outros vão além e usam a porção 5' liberada da clivagem como iniciadores (*primers*) para sintetizar mRNAs virais, um processo chamado de *arrebatamento de porção*. Muitos outros genomas virais de RNA codificam proteases que clivam alguns fatores de iniciação de tradução; esses vírus dependem de tradução independente de porção 5' do seu RNA próprio, usando sítios internos de entrada no ribossomo (IRESs) (ver Figura 7-68).

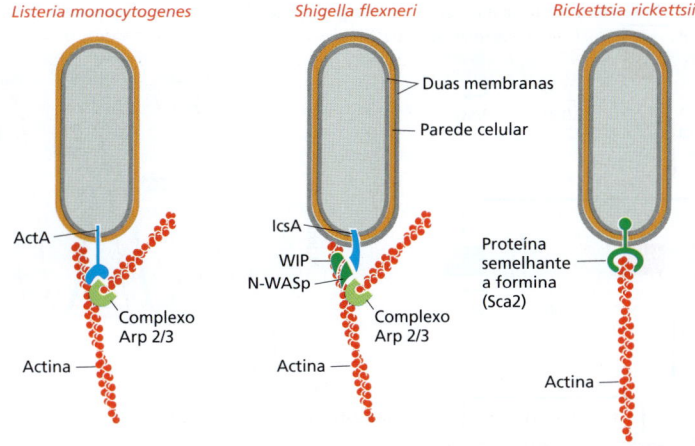

Figura 23-29 Mecanismos moleculares para a nucleação da actina por vários patógenos bacterianos. *Listeria monocytogenes* e *Shigella flexneri* induzem a nucleação recrutando e ativando o complexo Arp 2/3 do hospedeiro (ver Figura 16-16), embora cada uma delas utilize uma estratégia de recrutamento diferente: *L. monocytogenes* expressa uma proteína de superfície, ActA, que se liga diretamente e ativa o complexo Arp 2/3; *S. flexneri* expressa uma proteína de superfície, IcsA (não relacionada a ActA), que recruta a proteína do hospedeiro N-WASp, que, por sua vez, recruta o complexo Arp 2/3, junto com outras proteínas do hospedeiro, incluindo WIP (proteína de interação com WASp). *Rickettsia rickettsii* usa uma estratégia completamente diferente; ela expressa uma proteína de superfície, Sca2, que nucleia diretamente a polimerização de actina mimetizando a atividade de proteínas forminas do hospedeiro.

Alguns poucos vírus de DNA usam a DNA-polimerase da célula hospedeira para replicar seu genoma. Infelizmente para esses vírus, a DNA-polimerase é expressa em altos níveis apenas durante a fase S do ciclo celular, e a maioria das células que esses vírus infectam passa a maior parte do tempo na fase G_1. O adenovírus desenvolveu um mecanismo para levar a célula hospedeira para a fase S, a fim de que a célula produza grandes quantidades de DNA-polimerase ativa, que, então, replica o genoma viral; para conseguir isso, o genoma do adenovírus também codifica proteínas que inativam Rb (ver Figura 17-61) e p53 (ver Figura 17-62), dois supressores-chave da progressão do ciclo celular. Conforme se pode esperar para mecanismos que estimulem a replicação de DNA desregulada, esses vírus podem promover, sob algumas circunstâncias, o desenvolvimento de câncer. Outros vírus de DNA, incluindo o poxvírus e mimivírus, codificam suas próprias polimerases de DNA e RNA, assim como alguns reguladores de transcrição, permitindo que estes passem por cima de vias comuns do hospedeiro e repliquem-se fora do núcleo.

Os vírus de RNA devem sempre codificar suas próprias proteínas de replicação, pois as células hospedeiras não possuem enzimas polimerases que usem RNA como molde. Para os vírus de RNA com genoma de fita única, a estratégia de replicação depende de o RNA ser um complementar positivo [+], que contém informação traduzível como mRNA, ou um complementar negativo [−]. Quando o RNA é positivo [+], o genoma viral de entrada é usado para produzir a RNA-polimerase viral e proteínas virais; a polimerase viral é então usada para replicar o RNA viral e gerar mRNA para a produção de mais proteínas virais. Para os vírus com genoma de RNA negativo [−] (como o influenzavírus e o vírus do sarampo), uma enzima RNA-polimerase é empacotada como uma proteína estrutural dos capsídeos virais recebidos.

Retrovírus como o HIV-1, que possuem genoma de RNA positivo [+], são uma classe especial de vírus de RNA, pois eles carregam consigo uma enzima *transcriptase reversa* viral. Após a entrada na célula hospedeira, a transcriptase reversa usa o genoma de RNA viral como um molde para sintetizar uma cópia de DNA de fita dupla do genoma viral, que entra no núcleo e integra-se nos cromossomos da célula hospedeira (ver Figura 5-62). Em seguida, será descrito como a RNA-polimerase dependente de DNA produz genomas virais e proteínas.

Os patógenos podem evoluir rapidamente por variação antigênica

A complexidade e a especificidade das ações recíprocas entre patógenos e suas células hospedeiras poderiam sugerir que a virulência seria difícil de adquirir por meio de mutações aleatórias. Todavia, novos patógenos estão constantemente surgindo, e velhos patógenos estão constantemente mudando, tornando as infecções mais difíceis de prevenir ou tratar. Os patógenos apresentam duas vantagens que permitem sua rápida evolução. Primeiro, eles se replicam muito rapidamente, proporcionando uma grande quantidade de material sobre a qual a seleção natural pode agir. Se os humanos e os chimpanzés apresentam uma diferença de 2% entre as suas sequências genômicas após cerca de 8

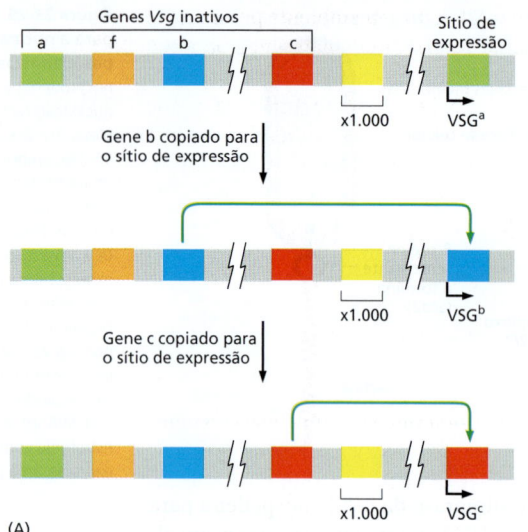
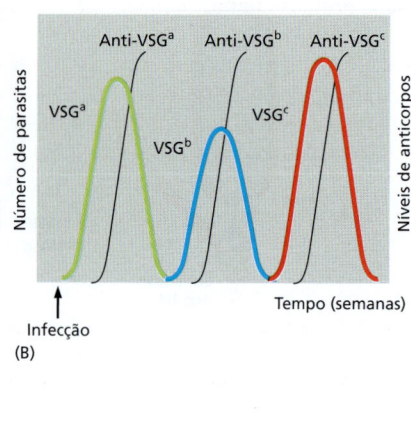

Figura 23-30 **Variação antigênica em tripanossomas.** (A) Existem cerca de 1.000 genes *Vsg* distintos em *Trypanosoma brucei*, e eles são expressos um em cada momento, a partir dos aproximadamente 20 possíveis sítios de expressão no genoma. Para ser expresso, um gene inativo é copiado e a cópia é movida em um sítio de expressão por meio de recombinação de DNA. Cada *gene Vsg* codifica uma proteína (antígeno) de superfície diferente. Esses eventos de comutação permitem repetidamente ao tripanossoma mudar o antígeno de superfície expresso. (B) Uma pessoa infectada com tripanossomas expressando uma VSG^a produz uma resposta protetora de anticorpos, que liquida a maioria dos parasitas expressando o antígeno. Entretanto, alguns dos tripanossomas terão alterado para a expressão VSG^b, podendo, agora, proliferar até que anticorpos anti-VSG^b os eliminem. Até lá, contudo, alguns parasitas terão mudado para VSG^c, e, dessa forma, o ciclo continua.

milhões de anos de divergência evolutiva, o poliovírus atinge a marca de 2% de mudanças no seu genoma em cinco dias, o tempo aproximado necessário para que o vírus passe da abertura bucal humana e chegue ao intestino. Segundo, pressões seletivas atuam rapidamente nessa variação genética. O sistema imune adaptativo do hospedeiro e os fármacos antimicrobianos modernos, ambos destruindo os patógenos que não conseguem mudar, são as principais fontes dessas pressões seletivas.

Um exemplo de adaptação à pressão seletiva imposta pelo sistema imune adaptativo é o fenômeno da **variação antigênica**. Uma importante resposta imune adaptativa contra muitos patógenos é a produção de anticorpos que reconhecem especificamente os *antígenos* de superfície dos patógenos (discutido no Capítulo 24). Muitos patógenos desenvolveram mecanismos que alteram deliberadamente esses antígenos durante o curso da infecção, permitindo que eles evitem os anticorpos. Alguns parasitas eucarióticos, por exemplo, passam por uma sequência programada de rearranjo de genes que codificam os antígenos de sua superfície. Um exemplo surpreendente ocorre com o *Trypanosoma brucei*, um parasita protozoário que causa a doença do sono africana e é transmitido por moscas tsé-tsé. (*T. brucei* é um parente do *T. cruzi* – ver Figura 23-21 – mas ele se replica extracelularmente em vez de intracelularmente.) *T. brucei* é coberto com um único tipo de glicoproteína, denominada *glicoproteína variante de superfície* (VSG), que suscita no hospedeiro uma resposta protetora de anticorpos que rapidamente elimina a maioria dos parasitas. O genoma do tripanossoma, entretanto, contém cerca de 1.000 genes *Vsg* ou pseudogenes, cada um deles codificando uma VSG com uma sequência diferente de aminoácidos. Apenas um desses genes é expresso em um determinado momento, a partir de um dos aproximadamente 20 possíveis sítios de expressão no genoma. Rearranjos gênicos que copiam diferentes genes *Vsg* em sítios de expressão alteram repetidamente a proteína VSG exibida na superfície do patógeno. Dessa forma, alguns poucos tripanossomas que expressam uma VSG alterada escapam da eliminação inicial mediada pelos anticorpos específicos, replicam-se e são a causa da recorrência da doença, levando ao estabelecimento de uma infecção crônica cíclica (**Figura 23-30**).

Os patógenos bacterianos também podem mudar rapidamente seus antígenos de superfície. Conforme discutido no Capítulo 5, a bactéria *Salmonella enterica* muda expressando uma das duas versões da proteína flagelina, o componente estrutural do flagelo bacteriano (ver Figura 23-3D), em um processo chamado de **variação de fase** (ver Figura 5-65). Espécies do gênero *Neisseria* também são campeãs nisso. Esses cocos Gram-negativos podem causar meningite e doenças sexualmente transmitidas. Elas sofrem recombinação genética de modo muito semelhante àquele descrito para os patógenos eucariotos, o que lhes permite variar a proteína pilina que usam para ligar-se às células hospedeiras. Mediante inserção de uma das múltiplas cópias silenciadas de variantes de genes *pilinas* em um lócus de expressão único, elas podem expressar muitas versões levemente diferentes da proteína e alterar repetitivamente a sequência de aminoácidos ao longo do tempo. As bactérias *Neis-*

seria são, também, extremamente hábeis em capturar DNA do seu ambiente por meio de transformação natural e incorporá-lo em seu genoma, contribuindo mais ainda para sua extraordinária variabilidade. O resultado final dessa variação considerável é uma multiplicidade de diferentes composições de superfície com a qual confundem o sistema imune adaptativo do hospedeiro. Portanto, não é surpreendente que tenha sido difícil desenvolver uma vacina efetiva contra as infecções por *Neisseria*, embora existam, agora, várias que protegem contra *Neisseria meningitidis*, uma causa comum de meningite fatal.

A replicação propensa a erros dominou a evolução viral

Ao contrário dos rearranjos de DNA em bactérias e parasitas, os vírus dependem de um mecanismo de replicação propenso a erro para a variação antigênica. Genomas retrovirais, por exemplo, adquirem em média uma mutação pontual em cada ciclo de replicação, porque a transcriptase reversa viral (ver Figura 5-62) necessária para produzir DNA de um genoma viral de RNA não possui a atividade de revisão das DNA-polimerases. Uma infecção típica por HIV não tratada produzirá genomas de HIV com todas as possíveis mutações pontuais. Por meio de um processo de mutação e seleção dentro de cada hospedeiro, a maioria dos vírus muda durante o tempo – de uma forma que é mais eficiente em infectar macrófagos para uma mais eficiente em infectar células T, como já descrito (ver Figura 23-17). De maneira semelhante, uma vez que o paciente é tratado com um antirretroviral, o genoma viral pode rapidamente mutar e ser selecionado para resistência ao fármaco utilizado no tratamento. Notavelmente, apenas cerca de um terço das posições de nucleotídeos na sequência codificadora do genoma viral são invariantes, e as sequências de nucleotídeos em algumas partes do genoma, como o gene *Env* (ver Figura 7-62), podem diferir em até 30% de um isolado de HIV para outro. Essa extraordinária plasticidade genômica complica grandemente as tentativas de desenvolver vacinas contra o HIV. Isso também levou ao rápido surgimento de novas cepas de HIV. Comparações de sequências de nucleotídeos entre várias cepas de HIV e o bastante semelhante vírus da imunodeficiência símia (SIV) isolado de uma variedade de espécies de macacos sugerem que o tipo mais virulento do HIV, o HIV-1, pode ter surgido dos primatas e chegado aos humanos várias vezes independentes, começando já em 1908 (**Figura 23-31**).

Os influenzavírus são uma importante exceção à regra de que as mutações propensas a erros dominaram a evolução viral. Eles são incomuns, pois seus genomas consistem em muitas fitas de RNA (em geral oito). Quando duas cepas de *influenza* infectam o mesmo hospedeiro, as fitas de RNA das duas cepas podem recombinar-se e formar um novo tipo de influenzavírus. Em anos ditos normais, a *influenza* é uma doença leve em adultos saudáveis, porém pode colocar em risco de morte as crianças e os idosos. Diferentes cepas de *influenza* infectam aves, como patos e galinhas, mas apenas um subtipo dessas cepas pode infectar humanos, e a transmissão de aves para humanos é rara. Em 1918, entretanto, uma variante particularmente virulenta da *influenza* aviária cruzou a barreira de espécies e infectou humanos, causando a pandemia catastrófica de 1918, chamada de gripe espanhola, que provocou a morte de 20 a 50 milhões de pessoas em todo o mundo. Pandemias subsequentes de *influenza* foram desencadeadas por recombinações do genoma, nas quais um novo segmento de RNA de uma forma aviária do vírus substituiu um ou mais dos segmentos de RNA viral de uma forma humana (**Figura 23-32**). Em 2009, um novo vírus suíno, H1N1, surgiu derivado de genes de influenzavírus de porcos, aves e humanos. Tais eventos de recombinação permitiram que o novo vírus se replicasse rapidamente e se disseminasse na população humana imunologicamente desprotegida. Em geral, dentro de 2 a 3 anos, a população humana desenvolve imunidade para o novo tipo recombinante do vírus, e a taxa de infecção diminui para um estágio estacionário. Visto que os eventos recombinatórios não são previsíveis, não é possível saber quando a próxima pandemia de *influenza* ocorrerá e quão grave ela será.

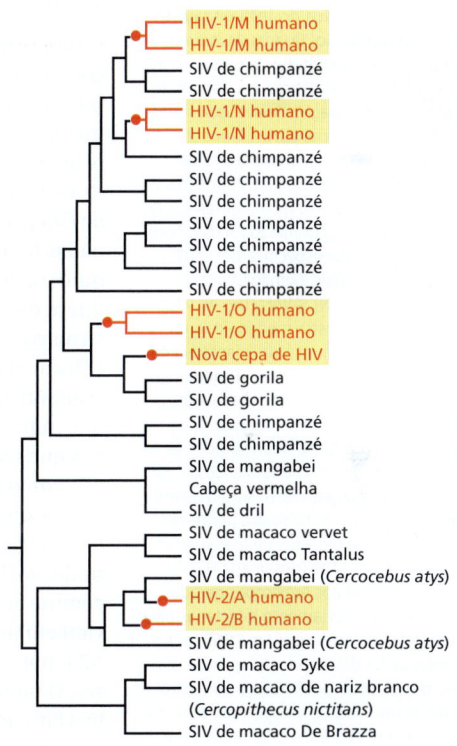

● = saltos de macacos para humanos

Figura 23-31 Diversificação do HIV-1, do HIV-2 e de cepas relacionadas de SIV. O HIV compreende diferentes famílias virais, todas descendentes do SIV (vírus da imunodeficiência símia). Em três ocasiões distintas, o SIV foi transmitido de um chimpanzé a um humano, resultando em três grupos de HIV-1: principal (M), anexo (O) e não M não O (N). O grupo HIV-1 M é o mais comum e responsável primariamente pela epidemia mundial de Aids. Em duas ocasiões separadas, o SIV foi passado de um macaco para um humano, resultando em dois grupos HIV-2. Em 2009, uma nova cepa de HIV foi descoberta, e parece ter resultado da passagem do SIV de um gorila para um humano.

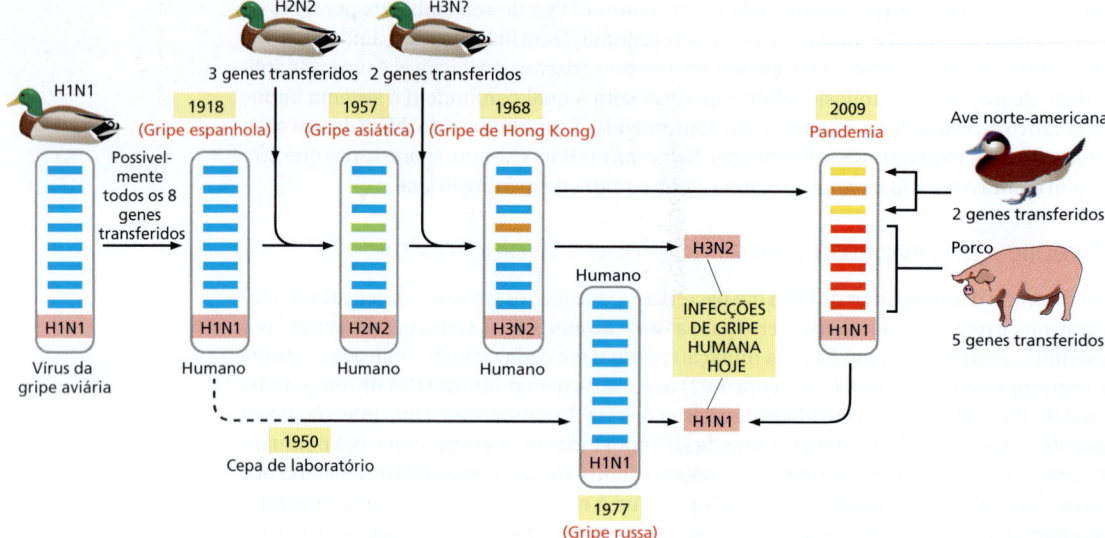

Figura 23-32 Modelo para a evolução da cepa pandêmica do influenzavírus por recombinação. O vírus da *influenza* A é um patógeno natural de pássaros, sobretudo de aves aquáticas, e está sempre presente na população de aves selvagens. Em 1918, uma forma particularmente virulenta do vírus cruzou a barreira de espécies dos pássaros para os humanos e causou uma epidemia global devastadora. Essa amostra foi denominada H1N1, com referência à forma específica dos seus antígenos principais, hemaglutinina (H) e neuraminidase (N). Alterações no vírus geraram uma amostra menos virulenta, e a ascensão da imunidade adaptativa na população humana impediu a pandemia de continuar em estações subsequentes, apesar de a cepa H1N1 continuar causando casos graves da doença todos os anos, sobretudo em crianças e idosos. Em 1957, uma nova pandemia surgiu quando três genes foram substituídos por genes equivalentes de um vírus de aves (*barras verdes*); a nova cepa (designada H2N2) não era sensível aos anticorpos gerados pelas pessoas previamente infectadas pela cepa H1N1 da *influenza*. Em 1968, outra pandemia foi desencadeada quando os dois genes foram substituídos por outro gene de um vírus de aves; o novo vírus foi designado H3N2. Em 1977, houve uma reemergência do vírus H1N1, que tinha sido previamente substituído quase completamente pela cepa N2. A informação das sequências moleculares sugere que essa pandemia menor foi causada por uma liberação acidental de uma amostra de *influenza* conservada em laboratório desde 1950. Em 2009, um novo vírus suíno, H1N1, surgiu, e havia obtido cinco genes dos influenzavírus de porcos, dois dos influenzavírus aviários e um de um influenzavírus humano. Como indicado, a maioria das infecções humanas por influenzavírus, hoje, é causada por cepas H1N1 e H3N2.

Os patógenos resistentes a fármacos são um problema crescente

O desenvolvimento de fármacos curativos, em vez de fármacos que previnem as infecções, teve um grande impacto na saúde humana. Os **antibióticos**, que são bactericidas (i.e., matam a bactéria) ou bacteriostáticos (i.e., inibem o crescimento bacteriano sem matar), são a classe de fármacos mais bem-sucedida desse tipo. A penicilina foi um dos primeiros antibióticos usados para o tratamento de infecções em humanos, em tempo de evitar milhares de mortes de indivíduos infectados nos campos de batalha da Segunda Guerra Mundial. Visto que as bactérias (ver Figura 1-17) não são intimamente relacionadas (em termos de evolução) com os eucariotos que elas infectam, muito da sua maquinaria básica para replicação de DNA e transcrição, tradução do RNA e metabolismo difere daquela dos seus hospedeiros. Tais diferenças permitem o desenvolvimento de fármacos antibacterianos que exibam *toxicidade seletiva*, de modo que eles inibam especificamente esses processos na bactéria sem perturbá-los no hospedeiro. A maioria dos antibióticos usados para tratar infecções bacterianas consiste em pequenas moléculas que inibem a síntese macromolecular em bactérias tendo como alvo enzimas bacterianas que são distintas das enzimas dos eucariotos ou estão envolvidas em vias metabólicas, como biossíntese da parede, ausentes em animais (**Figura 23-33** e ver Tabela 6-4).

Contudo, as bactérias expandem-se continuamente e cepas resistentes aos antibióticos desenvolvem-se rapidamente, com frequência dentro de poucos anos a partir da introdução de um novo fármaco. Do mesmo modo, a resistência a fármacos é um fenômeno comum entre vírus quando as infecções são tratadas com agentes antivirais. A população viral em uma pessoa infectada com HIV tratada com o inibidor da transcriptase reversa AZT, por exemplo, irá desenvolver resistência ao fármaco em um espaço de poucos meses. O protocolo atual de tratamento das infecções por HIV envolve o uso simultâneo de três fármacos, o que minimiza a possibilidade de desenvolvimento de resistência.

Existem três estratégias gerais pelas quais um patógeno desenvolve resistência a fármacos: (1) ele pode modificar o alvo molecular do fármaco de forma que o alvo não seja mais sensível ao fármaco; (2) ele pode produzir uma enzima que modifique ou destrua o fármaco; ou (3) ele pode impedir o acesso do fármaco ao seu alvo, por exemplo, lançando ativamente o fármaco para fora do patógeno (**Figura 23-34**).

Uma vez que um patógeno tenha desenvolvido uma estratégia bem-sucedida de resistência a fármacos, os genes mutados ou adquiridos que conferem a resistência são com frequência disseminados pela população de patógenos via transferência horizontal de genes. Eles podem até se disseminar entre patógenos de diferentes espécies. O altamente efetivo porém caro antibiótico *vancomicina*, por exemplo, é usado como tratamento de última escolha para muitas infecções graves e adquiridas no hospital causadas por bactérias Gram-positivas que são resistentes à maioria dos outros antibióticos conhecidos. A vancomicina impede um passo da síntese de parede celular bacteriana – a

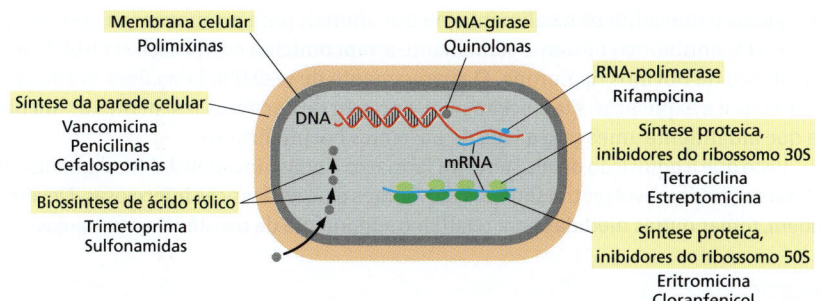

Figura 23-33 Alvos dos antibióticos. Apesar do número de antibióticos em uso clínico, eles possuem alvos limitados, realçados em *amarelo*. Alguns antibióticos representativos de cada classe estão listados. Quase todos os antibióticos usados para tratar infecções se encontram em uma ou outra categoria. A maioria inibe a síntese proteica bacteriana ou a síntese da parede bacteriana.

ligação cruzada de cadeias de peptidoglicanos na parede celular bacteriana (ver Figura 23-3B). Pode ocorrer resistência se a bactéria sintetizar uma parede celular usando subunidades diferentes que não liguem a vancomicina. O tipo mais eficiente de resistência à vancomicina depende da aquisição de um transpóson (ver Figura 5-60) contendo sete genes; os produtos desses genes trabalham em conjunto, identificando a presença da vancomicina, desligando a via normal de síntese da parede bacteriana e, por fim, produzindo uma parede celular diferente.

Genes de resistência a fármacos adquiridos por transferência horizontal frequentemente vêm de reservatórios microbianos do meio ambiente. Quase todos os antibióticos hoje usados para tratar infecções bacterianas são baseados em produtos naturais produzidos por fungos ou bactérias. A penicilina, por exemplo, é produzida pelo mofo *Penicillium*, e mais de 50% dos antibióticos usados na atualidade na clínica são produzidos por bactérias Gram-positivas do gênero *Streptomyces*, que residem no solo. Acredita-se que microrganismos produzam compostos antimicrobianos, muitos dos quais provavelmente existiram na Terra durante centenas de milhões de anos, como armas usadas em competições contra outros microrganismos do ambiente. Testes de bactérias isoladas de amostras do solo que nunca foram expostas aos antibióticos usados na medicina moderna revelam que tais bactérias costumam ser resistentes a sete ou oito antibióticos amplamente usados na prática clínica. Quando microrganismos patogênicos são expostos à pressão seletiva causada pelos tratamentos com antibióticos, eles podem, aparentemente, recorrer a essa imensa fonte de material genético para adquirir resistência.

Assim como muitos outros aspectos das doenças infecciosas, o problema da resistência a fármacos tem sido exacerbado pelo comportamento humano. Muitos pacientes utilizam antibióticos quando sentem sintomas que em geral são causados por vírus (doenças gripais, resfriados, dores de garganta e dores de ouvido) e, nesses casos, tais fármacos não têm efeito algum. O uso persistente e inadequado de antibióticos pode, por fim, levar ao desenvolvimento de resistência ao antibiótico na flora normal; essa resistência pode subsequentemente ser transmitida aos patógenos. Os antibióticos também são usados de forma inadequada na agricultura e na pecuária, onde são comumente

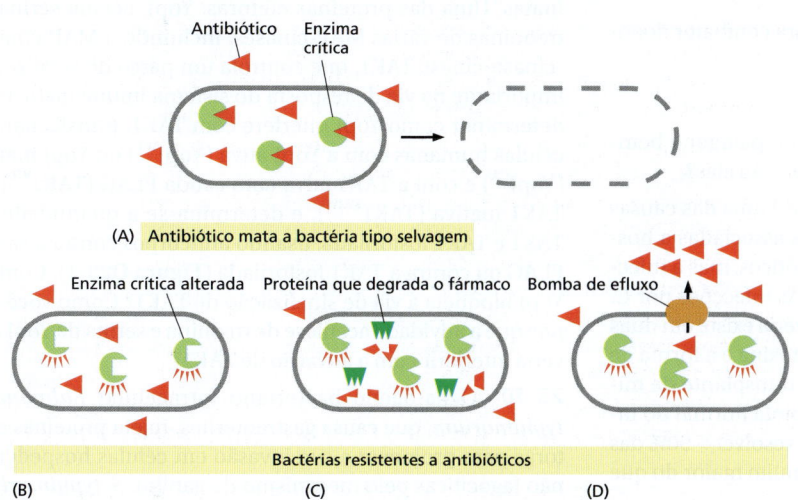

Figura 23-34 Três mecanismos gerais da resistência aos antibióticos. (A) Uma célula bacteriana selvagem não resistente em contato com um fármaco (*triângulos vermelhos*) que se liga a e inibe uma enzima essencial (*verde-claro*) será morta devido à inibição enzimática. (B) Uma bactéria que alterou a enzima-alvo do fármaco a fim de que o fármaco não mais se ligue à enzima irá sobreviver e proliferar. Em muitos casos, ocorre resistência em função de mutações pontuais no gene que codifica a proteína-alvo. (C) Uma bactéria que expressa uma enzima (*verde-escuro*) que degrada ou modifica covalentemente o fármaco irá sobreviver e proliferar. Algumas bactérias resistentes, por exemplo, produzem enzimas β-lactamases, que clivam a penicilina e moléculas semelhantes. (D) Uma bactéria que expressa ou super-regula uma bomba de efluxo que retira o fármaco do citoplasma bacteriano (usando energia derivada da hidrólise de ATP ou do gradiente eletroquímico através da membrana plasmática bacteriana) irá sobreviver e proliferar. Algumas bombas de efluxo, como a bomba de efluxo TetR, são específicas para um único fármaco (neste caso, tetraciclina), enquanto outras, denominadas bombas de efluxo de resistência a múltiplas drogas (MDR), são capazes de retirar uma ampla variedade de fármacos estruturalmente semelhantes. A super-regulação de uma bomba MDR pode tornar uma bactéria resistente a um grande número de antibióticos diferentes em um mesmo momento.

O QUE NÃO SABEMOS

- Quais são as características genéticas e moleculares que diferenciam os patógenos dos membros da microbiota humana normal? Como o nosso sistema imune consegue distinguir entre os dois?

- Até que ponto é comum que moléculas e vias biológicas da célula hospedeira sejam sequestradas por diferentes micróbios?

- Moléculas de defesa da célula hospedeira podem ser mobilizadas pelos fármacos para combater infecções?

empregados como aditivos na alimentação dos animais para promover seu crescimento e saúde. Um antibiótico bastante semelhante à vancomicina costumava ser utilizado na alimentação de bovinos na Europa. O aparecimento de resistência na flora normal desses animais é a explicação mais aceita para a origem de bactérias resistentes à vancomicina que atualmente ameaçam a vida de pacientes hospitalizados.

Visto que a aquisição de resistência a fármacos é quase inevitável, é fundamental que continuemos a desenvolver tratamentos inovadores para as doenças infecciosas. Devemos, também, tomar outras medidas para retardar o surgimento da resistência a fármacos.

Resumo

Todos os patógenos compartilham a capacidade de interagir com as células hospedeiras por meio de mecanismos que promovam sua replicação e disseminação. Os patógenos frequentemente colonizam o hospedeiro pela adesão ou invasão através das superfícies epiteliais que recobrem os pulmões, o intestino, a bexiga e outras superfícies corporais de contato direto com o ambiente. Os patógenos intracelulares, incluindo todos os vírus e muitas bactérias e protozoários, invadem as células hospedeiras usando um de vários mecanismos. Os vírus dependem muito da endocitose mediada por receptores para a invasão da célula hospedeira, ao passo que as bactérias exploram a fagocitose e as vias de adesão celular; em ambos os casos, a célula hospedeira providencia a maquinaria e a energia para a invasão. Os protozoários, ao contrário, empregam estratégias características de invasão, que, normalmente, necessitam de um gasto metabólico significativo por parte do invasor. Uma vez no interior, os patógenos intracelulares procuram um compartimento celular que seja favorável à sua sobrevivência e replicação, em geral alterando o tráfego de membrana do hospedeiro e explorando o citoesqueleto da célula hospedeira para movimentos intracelulares. Os patógenos evoluem com rapidez, normalmente ocorrendo o aparecimento de novas doenças infecciosas e a aquisição, por parte de agentes de doenças infecciosas antigas, de novos mecanismos para escapar das tentativas humanas de tratamento, prevenção e erradicação.

TESTE SEU CONHECIMENTO

Quais afirmativas estão corretas? Justifique.

23-1 O corpo humano de um adulto abriga cerca de 10 vezes mais células de micróbios do que células humanas.

23-2 Os microbiomas de humanos saudáveis são todos muito semelhantes.

23-3 Os patógenos devem entrar nas células hospedeiras para causar doença.

23-4 Os vírus replicam os seus genomas no núcleo da célula hospedeira.

23-5 Não se deve tomar antibióticos para combater doenças causadas por vírus.

Discuta as questões a seguir.

23-6 Para sobreviver e se multiplicar, um patógeno bem-sucedido deve realizar cinco tarefas. Quais são elas?

23-7 A infecção por *Clostridium difficile* é uma das causas mais comuns de doenças gastrintestinais associadas a hospitais. Ela costuma ser tratada com antibióticos, mas a infecção retorna em cerca de 20% dos casos. As infecções por *C. difficile* são difíceis de eliminar pois a bactéria existe em duas formas: a forma replicante produtora de toxina e a forma de esporo que é resistente a antibióticos. O transplante de microbiota fecal – a transferência de microbiota normal do intestino de um indivíduo saudável – pode resolver > 90% das infecções recorrentes, uma taxa de cura muito maior do que o tratamento apenas com antibióticos. Por que você supõe que o transplante de microbiota é tão efetivo?

23-8 Quais são os três mecanismos gerais para a transferência horizontal de genes?

23-9 A bactéria Gram-negativa *Yersinia pestis*, o agente causador da peste, é extremamente virulenta. Em consequência da infecção, *Y. pestis* injeta uma série de proteínas efetoras nos macrófagos, o que suprime a sua capacidade fagocítica e também interfere com suas respostas imunes inatas. Uma das proteínas efetoras, YopJ, acetila serinas e treoninas de várias MAP-cinases, incluindo a MAP-cinase-cinase-cinase TAK1, que controla um passo de sinalização importante na via de resposta do sistema imune inato. Para determinar como YopJ interfere com TAK1, transfectam-se células humanas com a YopJ ativa (YopJ^{WT}) ou YopJ inativa (YopJ^{CA}) e com a TAK1 ativa com cauda FLAG (TAK1^{WT}) ou TAK1 inativa (TAK1^{K63W}), e determina-se a quantidade de TAK1 e TAK1 fosforilada, usando anticorpos contra a cauda FLAG ou contra a TAK1 fosforilada (**Figura Q23-1**). Como a YopJ bloqueia a via de sinalização de TAK1? Como você supõe que a atividade acetilase de treonina e serina da YopJ deveria interferir com a ativação de TAK1?

23-10 O patógeno bacteriano intracelular *Salmonella typhimurium*, que causa gastrenterites, injeta proteínas efetoras para promover a sua invasão em células hospedeiras não fagocíticas pelo mecanismo de gatilho. *S. typhimurium*

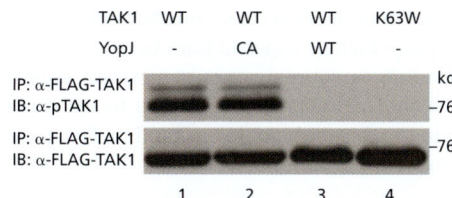

Figura Q23-1 Efeitos da YopJ na fosforilação da TAK1. TAK1 foi imunoprecipitada (IP) usando anticorpos contra a cauda FLAG (α-FLAG-TAK1). TAK1 total na imunoprecipitação foi testada por *immunoblot* (IB) usando o mesmo anticorpo. TAK1 fosforilada foi testada por IB usando anticorpos específicos para fosfo-TAK1 (α-pTAK1). Uma escala de pesos moleculares de proteínas está mostrada à *direita*, em quilodáltons. (De N. Paquette et al., *Proc. Natl Acad. Sci. USA* 109:12710–12715, 2012. Com permissão de National Academy of Sciences.)

estimula, primeiramente, o pregueamento a fim de promover a invasão, e então suprime o pregueamento da membrana quando a invasão estiver completa. Tal comportamento é mediado, em parte, pela injeção de duas proteínas efetoras: SopE, que promove o pregueamento da membrana e a invasão, e SptP, que bloqueia o efeito da SopE. Ambas as proteínas efetoras afetam a GTPase monomérica, Rac, que na sua forma ativa promove o pregueamento de membrana. Como você supõe que SopE e SptP afetam a atividade da Rac? Como você supõe que os efeitos de SopE e SptP sejam separados temporalmente se elas são injetadas simultaneamente?

23-11 John Snow é considerado o pai da epidemiologia moderna. Em sua investigação mais famosa, ele estudou um surto de cólera em Londres, em 1854, que matou mais de 600 pessoas. Snow registrou onde as vítimas moravam e colocou os dados em um mapa, junto com os locais das bombas de água que serviram como fonte de água para o público (**Figura Q23-2**). Ele concluiu que a doença provavelmente foi disseminada pela água, embora não tenha encontrado nada de aparência suspeita nela. Sua conclusão contrariava a crença da época de que a cólera era derivada de "miasmas" de ar

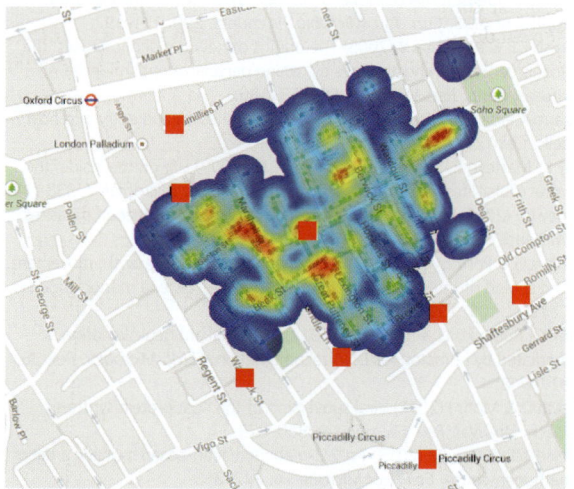

Figura Q23-2 Um mapa de onde as vítimas do surto de cólera de 1854 moravam, sobreposto a um mapa moderno do Google daquela área. A localização das casas das vítimas está mostrada em um gradiente de cores variando de *azul* (indicando poucos casos) ao *laranja* (indicando muitos casos). Bombas de águas estão indicadas como *quadrados vermelhos*.

ruim. Poucos acreditaram na sua teoria durante os 50 anos seguintes, com a teoria do "ar ruim" persistindo até, pelo menos, 1901. O que você supõe que Snow disse quando revelou os dados que o levaram a essa conclusão? Por que você acha que a maioria dos cientistas permaneceram céticos durante tanto tempo?

23-12 As epidemias de *influenza* são responsáveis por 250 mil a 500 mil mortes a cada ano no mundo todo. Tais epidemias são, notavelmente, sazonais, ocorrendo em climas temperados nos hemisférios norte e sul durante os seus respectivos invernos. Ao contrário, nos trópicos, uma atividade significativa de *influenza* ocorre durante todo o ano, com um pico na estação chuvosa (**Figura Q23-3**). Você poderia sugerir algumas explicações possíveis para o comportamento da epidemia de *influenza* nas zonas temperadas e nos trópicos?

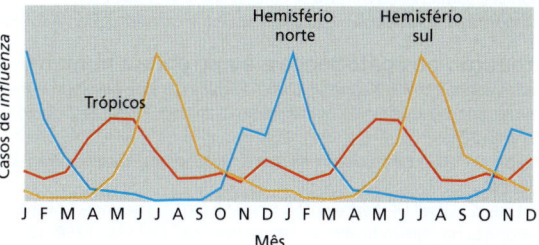

Figura Q23-3 Padrões sazonais da epidemia de *influenza*. Casos de *influenza* em diferentes épocas do ano estão mostrados para o hemisfério norte (*azul*), hemisfério sul (*laranja*) e trópicos (*vermelho*).

23-13 Muitos vírus de cadeia negativa carregam seu genoma como um grupo de segmentos descontínuos de RNA. Exemplos incluem o influenzavírus (oito segmentos), o vírus da febre do vale do Rift (três segmentos), o hantavírus (três segmentos) e o vírus Lassa (dois segmentos), para citar alguns. Por que a segmentação do genoma confere uma vantagem evolutiva grande para esses vírus?

23-14 O influenzavírus aviário infecta facilmente pássaros, mas, muito raramente, é transmitido a humanos. De modo semelhante, o influenzavírus humano dissemina-se facilmente entre humanos, mas nunca foi detectado em pássaros. A chave para tal especificidade está na proteína do capsídeo viral, hemaglutinina, que se liga a resíduos de ácido siálico de glicoproteínas de superfície celular, desencadeando a entrada do vírus na célula (**Animação 23.8**). A hemaglutinina de vírus humanos reconhece o ácido siálico em uma ligação 2-6 com a galactose, enquanto a hemaglutinina aviária reconhece o ácido siálico em uma ligação 2-3 com a galactose. Os humanos possuem cadeias de carboidratos que possuem apenas ligações 2-6 entre o ácido siálico e a galactose; os pássaros, apenas a ligação 2-3; mas os porcos fazem cadeias de carboidratos com ambas as ligações. Como tal situação faz dos porcos hospedeiros ideais para gerarem novas cepas de influenzavírus humanos?

23-15 Muitos dos antibióticos usados na clínica são originados como produtos naturais de bactérias. Por que você supõe que as bactérias produzem os vários agentes que usamos para matá-las?

23-16 No início da descoberta e da pesquisa envolvendo a penicilina, constatou-se que as bactérias do ar poderiam destruí-la, um grande problema para a produção em grande escala desse fármaco. Como você supõe que isso ocorra?

23-17 Quando a equipe de Ernst Chain e Norman Heatley em Oxford coletou laboriosamente seus primeiros dois gramas de penicilina (provavelmente não mais do que 2% de pureza!), Chain injetou dois camundongos normais com 1 g dessa preparação e esperou para ver o que aconteceria. Os camundongos sobreviveram sem sinais aparentes de doença. O chefe, Howard Florey, ficou furioso com o que considerou um desperdício de antibiótico. Por que esse experimento foi importante?

REFERÊNCIAS

Gerais
Cossart P, Boquet P, Normark S & Rappuoli R (eds) (2005) Cellular Microbiology, 2nd ed. Washington, DC: ASM Press.
Engleberg NC, DiRita V & Dermody T (2012) Schaechter's Mechanisms of Microbial Disease, 5th ed. Philadelphia, PA: Lippincott, Williams & Wilkins.Norkin LA (2010) Virology: Molecular Biology and Pathogenesis. Washington, DC: ASM Press.
Wilson BA, Salyers AA, Whitt DD & Winkler ME (2011) Bacterial Pathogenesis: A Molecular Approach, 3rd ed. Washington, DC: ASM Press.

Introdução aos patógenos e à microbiota humana
Aly AS, Vaughan AM & Kappe SH (2009) Malaria parasite development in the mosquito and infection of the mammalian host. Annu. Rev. Microbiol. 63, 195–221.
Baltimore D (1971) Expression of animal virus genomes. Bacteriol. Rev. 35, 235–241.
Clemente JC, Ursell LK, Parfrey LW & Knight R (2012) The impact of the gut microbiota on human health: an integrative view. Cell 148, 1258–1270.
Crick FH & Watson JD (1956) Structure of small viruses. Nature 177, 473–475.
Fauci A & Morens DM (2012) The perpetual challenge of infectious diseases. N. Engl. J. Med. 366, 454–461.
Frost LS, Leplae R, Summers AO & Toussaint A (2005) Mobile genetic elements: the agents of open source evolution. Nat. Rev. Microbiol. 3, 722–732.
Galán JE & Wolf-Watz H (2006) Protein delivery into eukaryotic cells by type III secretion machines. Nature 444, 567–573.
Hacker J & Kaper JB (2000) Pathogenicity islands and the evolution of microbes. Annu. Rev. Microbiol. 54, 641–679.
Nelson EJ, Harris JB, Morris JG Jr et al. (2009) Cholera transmission: the host, pathogen and bacteriophage dynamic. Nat. Rev. Microbiol. 7, 693–702.
Pflugnoeft KJ & Versalovic J (2012) Human microbiome in health and disease. Annu. Rev. Pathol. 7, 99–122.
Polk DB & Peek RM Jr (2010) Helicobacter pylori: gastric cancer and beyond. Nat. Rev. Cancer 10, 403–414.
Poulin R & Morand S (2000) The diversity of parasites. Q. Rev. Biol. 75, 277–293.
Rappleye CA & Goldman WE (2006) Defining virulence genes in the dimorphic fungi. Annu. Rev. Microbiol. 60, 281–303.
Thomas CM & Nielsen KM (2005) Mechanisms of, and barriers to, horizontal gene transfer between bacteria. Nat. Rev. Microbiol. 3, 711–721.
Votteler J & Sundquist WI (2013) Virus budding and the ESCRT pathway. Cell Host Microbe 14, 232–241.
Young JAT & Collier RJ (2007) Anthrax toxin: receptor binding, internalization, pore formation, and translocation. Annu. Rev. Biochem. 76, 243–265.

Biologia celular da infecção
Alix E, Mukherjee S & Roy CR (2011) Subversion of membrane transport pathways by vacuolar pathogens. J. Cell Biol. 195, 943–952.
Beiting DP & Roos DS (2011) A systems biological view of intracellular pathogens. Immunol. Rev. 240, 117–128.
Brandenburg B & Zhuang X (2007) Virus trafficking – learning from single-virus tracking. Nat. Rev. Microbiol. 5, 197–208.
Cossart P & Sansonetti PJ (2004) Bacterial invasion: the paradigms of enteroinvasive pathogens. Science 304, 242–248.
Daugherty MD & Malik HS (2012) Rules of engagement: molecular insights from host-virus arms races. Annu. Rev. Genet. 46, 677–700.
Davies J & Davies D (2010) Origins and evolution of antibiotic resistance. Microbiol. Mol. Biol. Rev. 74, 417–433.
Dimitrov DS (2004) Virus entry: molecular mechanisms and biomedical applications. Nat. Rev. Microbiol. 2, 109–122.
Duffy S, Shackelton LA & Holmes EC (2008) Rates of evolutionary change in viruses: patterns and determinants. Nat. Rev. Genet. 9, 267–276.
Forsberg KJ, Reyes A, Wang B et al. (2012) The shared antibiotic resistome of soil bacteria and human pathogens. Science 337, 1107–1111.
Ghedin E, Sengamalay NA, Shumway M et al. (2005) Large-scale sequencing of human influenza reveals the dynamic nature of viral genome evolution. Nature 437, 1162–1166.
Goldberg DE, Siliciano RF & Jacobs WR Jr (2012) Outwitting evolution: fighting drug-resistant TB, malaria, and HIV. Cell 148, 1271–1283.
Haglund CM & Welch MD (2011) Pathogens and polymers: microbe-host interactions illuminate the cytoskeleton. J. Cell Biol. 195, 7–17.
Ham H, Sreelatha A & Orth K (2011) Manipulation of host membranes by bacterial effectors. Nat. Rev. Microbiol. 9, 635–646.
Hayward RD, Leong JM, Koronakis V & Campellone KG (2006) Exploiting pathogenic Escherichia coli to model transmembrane receptor signalling. Nat. Rev. Microbiol. 4, 358–370.
Kenny B, DeVinney R, Stein M et al. (1997) Enteropathogenic E. coli (EPEC) transfers its receptor for intimate adherence into mammalian cells. Cell 91, 511–520.
Lusso P (2006) HIV and the chemokine system: 10 years later. EMBO J. 25, 447–456.
Medina RA & García-Sastre A (2011) Influenza A viruses: new research developments. Nat. Rev. Microbiol. 9, 590–603.
Mengaud J, Ohayon H, Gounon P et al. (1996) E-cadherin is the receptor for internalin, a surface protein required for entry of L. monocytogenes into epithelial cells. Cell 84, 923–932.
Mercer J, Schelhaas M & Helenius A (2010) Virus entry by endocytosis. Annu. Rev. Biochem. 79, 803–833.
Miller S & Krijnse-Locker J (2008) Modification of intracellular membrane structures for virus replication. Nat. Rev. Microbiol. 6, 363–374.
Mullins JI & Jensen MA (2006) Evolutionary dynamics of HIV-1 and the control of AIDS. Curr. Top. Microbiol. Immunol. 299, 171–192.
Parrish CR & Kawaoka Y (2005) The origins of new pandemic viruses: the acquisition of new host ranges by canine parvovirus and influenza A viruses. Annu. Rev. Microbiol. 59, 553–586.
Pizarro-Cerdá J & Cossart P (2006) Bacterial adhesion and entry into host cells. Cell 124, 715–727.
Ray K, Marteyn B, Sansonetti PJ & Tang CM (2009) Life on the inside: the intracellular lifestyle of cytosolic bacteria. Nat. Rev. Microbiol. 7, 333–340.
Sibley LD (2011) Invasion and intracellular survival by protozoan parasites. Immunol. Rev. 240, 72–91.
Tilney LG & Portnoy DA (1989) Actin filaments and the growth, movement, and spread of the intracellular bacterial parasite, Listeria monocytogenes. J. Cell Biol. 109, 1597–1608.
Vink C, Rudenko G & Seifert HS (2012) Microbial antigenic variation mediated by homologous DNA recombination. FEMS Microbiol. Rev. 36, 917–948.
Walsh D & Mohr I (2011) Viral subversion of the host protein synthesis machinery. Nat. Rev. Microbiol. 9, 860–875.
Welch MD & Way M (2013) Arp2/3-mediated actin-based motility: a tail of pathogen abuse. Cell Host Microbe 14, 242–255.

Os sistemas imunes inato e adaptativo

CAPÍTULO 24

NESTE CAPÍTULO

O SISTEMA IMUNE INATO

VISÃO GERAL DO SISTEMA IMUNE ADAPTATIVO

CÉLULAS B E IMUNOGLOBULINAS

CÉLULAS T E PROTEÍNAS DO MHC

Como vimos no Capítulo 23, todos os organismos vivos servem como hospedeiros para outras espécies, normalmente em uma relação benigna ou mutuamente útil. Entretanto, todos os organismos e todas as células de um organismo multicelular necessitam se defender contra a infecção causada por organismos invasores, coletivamente denominados **patógenos**, os quais podem ser micróbios (bactérias, vírus ou fungos) ou grandes parasitas. Mesmo as bactérias se defendem dos vírus por meio de suas proteínas intracelulares, denominadas *fatores de restrição*, que bloqueiam a propagação viral. Os invertebrados empregam uma grande variedade de estratégias de defesa, incluindo barreiras protetoras, moléculas tóxicas, fatores de restrição e células fagocíticas que ingerem e destroem os organismos invasores. Os vertebrados também dependem dessas *respostas imunes inatas*, mas também podem empregar mecanismos mais sofisticados e específicos, denominados *respostas imunes adaptativas*. As respostas inatas atuam primeiro recrutando as respostas imunes adaptativas se necessário, e, nesse caso, ambas respostas irão atuar em conjunto para eliminar o patógeno (**Figura 24-1**).

As respostas imunes inatas são reações gerais de defesa que podem envolver quase todos os tipos celulares do organismo, ao passo que as respostas imunes adaptativas são altamente específicas para o patógeno que as induziu e dependem de uma classe de glóbulos brancos sanguíneos (leucócitos), denominados *linfócitos*. Há duas principais classes de linfócitos que produzem as respostas adaptativas: os linfócitos B *(células B)*, que secretam *anticorpos* que se ligam especificamente ao patógeno, e os linfócitos T (células T), que podem matar diretamente as células infectadas pelo patógeno ou produzir proteínas de sinalização de superfície celular ou secretadas que estimulam outras células do hospedeiro a eliminar o patógeno (**Figura 24-2**). Ao contrário das respostas imunes inatas, que geralmente são de curta duração, as respostas imunes adaptativas fornecem proteção de longa duração. Por exemplo, uma pessoa que foi vacinada ou se recuperou de sarampo, estará protegida por toda a vida contra o sarampo por seu sistema imune adaptativo, embora não contra outros vírus, como os que causam rubéola ou catapora.

Os sistemas imunes inato e adaptativo desenvolveram mecanismos de detecção que os permitem reconhecer invasores prejudiciais (patógenos) e distingui-los das próprias células e moléculas do hospedeiro ou de organismos estranhos e suas moléculas benignas. O sistema imune inato baseia-se em proteínas que detectam e reconhecem determinado tipo ou padrões de moléculas que são comuns aos patógenos, mas que estão ausentes ou aprisionadas no hospedeiro. O sistema imune adaptativo, por outro lado, emprega mecanismos genéticos únicos para produzir uma diversidade praticamente ilimitada de proteínas relacionadas, receptores nas células T e B e secreção de anticorpos que, entre eles, podem se ligar a quase todo tipo de molécula estranha. Essa notável estratégia permite que o sistema imune reaja especificamente contra qualquer patógeno, mesmo se o animal nunca o tenha encontrado antes. Entretanto, isso também requer que o sistema imune aprenda a não reagir contra as moléculas próprias ou moléculas estranhas inofensivas. Respostas alérgicas e autoimunes prejudiciais irão ocorrer se esse mecanismo falhar.

Neste capítulo, iremos nos deter nas respostas imunes dos vertebrados e as características que as distinguem de outros tipos de respostas celulares. Iniciaremos com as defesas imunes inatas e discutiremos, então, as propriedades altamente especializadas do sistema imune adaptativo.

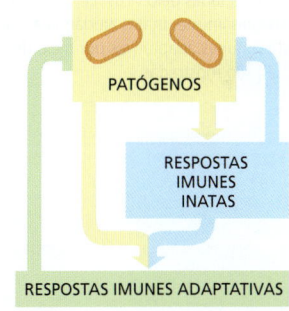

Figura 24-1 Respostas imunes inatas e adaptativas. As respostas imunes inatas são ativadas diretamente pelos patógenos e defendem todos os organismos multicelulares contra as infecções. Nos vertebrados, os patógenos, com as respostas imunes inatas que eles ativam, também estimulam as respostas imunes adaptativas, as quais atuam com as respostas imunes inatas, auxiliando na defesa contra infecções.

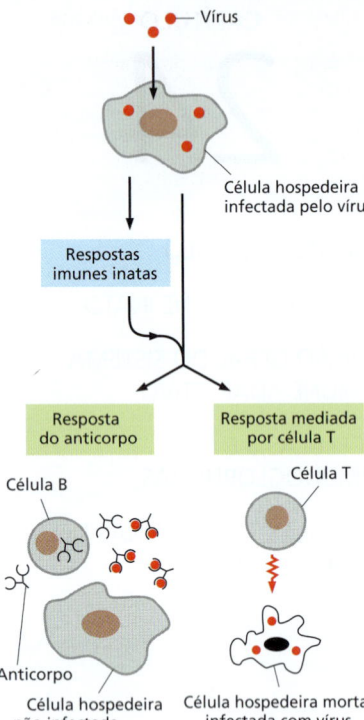

Figura 24-2 As duas principais classes de respostas imunes adaptativas. Os linfócitos executam os dois tipos de resposta adaptativa. Nesta figura, está representada a resposta contra infecção viral. Em uma classe, as células B secretam anticorpos que se ligam e neutralizam especificamente os vírus extracelulares, impedindo que infectem as células do hospedeiro. Na outra classe, as células T medeiam a resposta; neste exemplo, elas matam as células do hospedeiro infectadas pelo vírus. Em ambos os casos, respostas imunes inatas ajudam a ativar as respostas imunes adaptativas por meio de vias que não são mostradas.

O SISTEMA IMUNE INATO

As respostas imunes adaptativas se desenvolvem lentamente quando o vertebrado encontra pela primeira vez um novo patógeno. Isso ocorre porque as células B e T específicas que podem responder a um determinado patógeno são inicialmente poucas e devem ser estimuladas a proliferar e diferenciar antes que possam estabelecer respostas imunes adaptativas eficazes, o que pode levar dias. Por outro lado, uma única bactéria que se divide a cada hora pode produzir quase 20 milhões de descendentes em um único dia, produzindo uma infecção intensa. Portanto, os vertebrados dependem de seu **sistema imune inato** para defendê-lo contra uma infecção durante as primeiras horas e dias críticos de exposição a um novo patógeno. As plantas e invertebrados não possuem sistema adaptativo, portanto dependem inteiramente de seu sistema imune inato para proteção contra os patógenos.

Nesta seção veremos algumas estratégias que o sistema imune inato usa para reconhecer os patógenos e proporcionar a primeira linha de defesa contra eles.

As superfícies epiteliais atuam como barreiras contra a infecção

Nos vertebrados, os primeiros contatos com um organismo infeccioso normalmente ocorrem nas superfícies epiteliais que formam a pele e revestem os tratos respiratório, digestório, urinário e reprodutivo. Esses epitélios fornecem uma barreira física e química contra a invasão por patógenos. As junções compactas entre as células epiteliais impedem a entrada desses patógenos entre as células, e uma variedade de substâncias secretadas pelas células desencoraja a adesão e entrada deles. As células epiteliais queratinizadas da pele, por exemplo, formam uma espessa barreira física, e as glândulas sebáceas da pele secretam ácidos graxos e ácido lático, que inibem o crescimento bacteriano. Adicionalmente, as células epiteliais de todos os tecidos, incluindo aqueles das plantas e invertebrados, secretam moléculas antimicrobianas denominadas **defensinas**. As defensinas são peptídeos anfipáticos positivamente carregados que se ligam e rompem a membrana de muitos patógenos, incluindo os vírus envelopados, bactérias, fungos e parasitas.

As células epiteliais que revestem os órgãos internos como as dos tratos digestório e respiratório também secretam um muco viscoso que se junta à superfície epitelial dificultando a adesão do patógeno. O batimento dos cílios da superfície das células epiteliais que revestem o trato respiratório, e a ação do peristaltismo no intestino desencoraja a adesão dos patógenos. Além disso, como vimos no Capítulo 23, a pele e o intestino saudáveis são povoados por um grande número de micróbios *comensais* inofensivos (e frequentemente úteis), coletivamente chamados de *flora normal*, que competem por nutrientes com os patógenos. Alguns também produzem peptídeos antimicrobianos que inibem ativamente a proliferação dos patógenos.

Os receptores de reconhecimento de padrões (PRRs) reconhecem as características conservadas dos patógenos

Ocasionalmente, os patógenos rompem as barreiras epiteliais e, nesse caso, as células não epiteliais subjacentes do sistema imune inato proporcionam a próxima linha de defesa. Essas células detectam a presença dos patógenos principalmente por meio de proteínas receptoras que reconhecem as moléculas associadas aos micróbios que não estão presentes ou são sequestradas no organismo hospedeiro. Como essas moléculas microbianas frequentemente ocorrem em padrões repetitivos, elas são denominadas **padrões moleculares associados aos patógenos** (**PAMPs**, do inglês: *pathogen associated molecular patterns*), mesmo que eles não sejam específicos para os micróbios que causam a doença. Os PAMPs estão presentes em várias moléculas microbianas, incluindo os ácidos nucleicos, lipídeos, polissacarídeos e proteínas.

As proteínas receptoras especiais, que reconhecem os PAMPS, são chamadas de **receptores de reconhecimento de padrões** (**PRRs**; do inglês, *pattern recognition receptors*). Alguns PRRs são proteínas transmembrana da superfície de muitos tipos de células hospedeiras, que reconhecem os patógenos extracelulares. Em células fagocíticas profissionais (fagócitos), como os *macrófagos* e *neutrófilos* (discutidos no Capítulo 22), PRRs podem mediar a captura dos patógenos em fagossomos, que então se fundem com os lisossomos, onde os patógenos são destruídos. Outros PRRs estão localizados no interior

CAPÍTULO 24 Os sistemas imunes inato e adaptativo

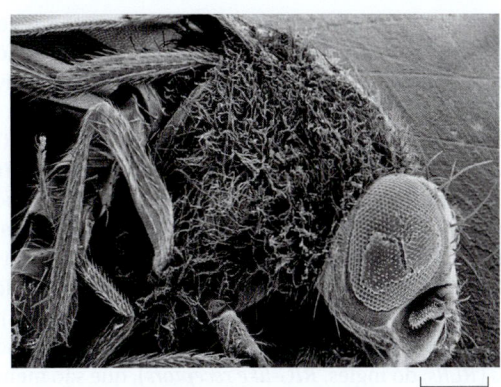

Figura 24-3 Micrografia eletrônica de varredura de uma mosca-das-frutas mutante que morreu por infecção fúngica. A mosca está recoberta por hifas do fungo, pois ela não possui um receptor Toll, que ajuda a proteger a *Drosophila* de infecções fúngicas. (De B. Lemaitre et al., *Cell* 86:973–983, 1996.)

das células, onde eles podem detectar patógenos intracelulares, tais como vírus; esses PRRs estão livres no citosol ou associados à membrana do sistema endolisossômico (discutido no Capítulo 13). Outros PRRs, ainda, são secretados e ligam-se à superfície de patógenos extracelulares, marcando-os para destruição pelos fagócitos ou por proteínas sanguíneas que pertencem ao *sistema do complemento* (discutido mais adiante).

Existem múltiplas classes de PRRs

O primeiro PRR identificado foi o *receptor Toll*, na *Drosophila*, que ficou bem conhecido por sua função no desenvolvimento da mosca (ver Figura 21-17). Mais tarde, também descobriu-se que era necessário para a produção de peptídeos antimicrobianos que protegiam a mosca contra as infecções fúngicas (**Figura 24-3**). O receptor Toll é uma glicoproteína transmembrana com um grande domínio extracelular que contém uma série de repetições ricas em leucina. Logo foi descoberto que ambos, plantas e animais, possuem uma variedade de **receptores semelhantes ao Toll** (TLRs; do inglês, *Toll like receptors*) que atuam como PRRs nas respostas imunes inatas contra vários patógenos. Os mamíferos produzem pelo menos 10 TLRs diferentes, cada um reconhecendo distintos ligantes: o TLR-3, por exemplo, reconhece o RNA viral de fita dupla no lúmen dos endossomos (**Figura 24-4**); o TLR-4 reconhece os lipopolissacarídeos (LPS)

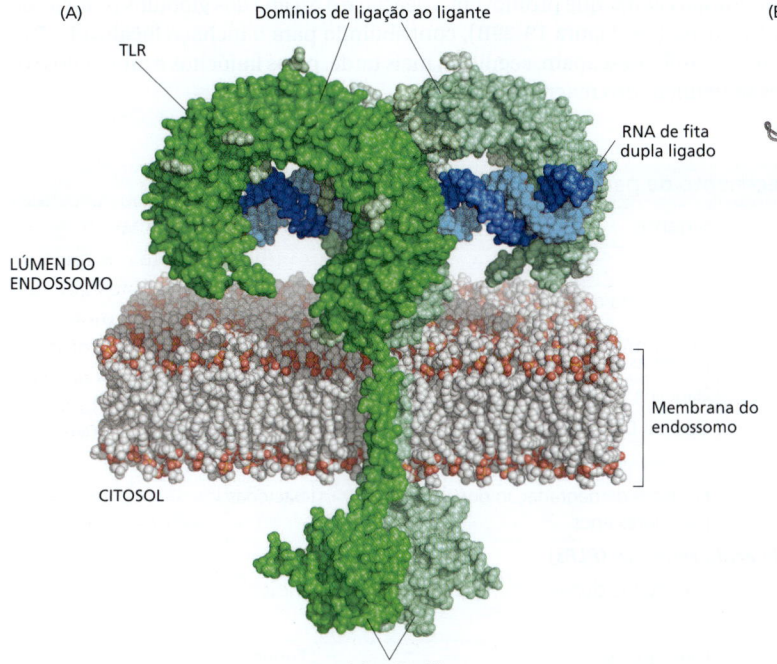

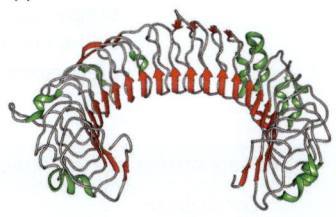

Figura 24-4 Um receptor semelhante ao Toll. (A) A estrutura do TLR-3 humano é apresentada (*verde*), com uma molécula de RNA de fita dupla (dsRNA, *azul*) ligada. O receptor é um homodímero da membrana dos endossomos. A ligação da dsRNA aos dois domínios em forma de ferradura no lado luminal do endossomo aproxima os dois domínios citosólicos, permitindo que as proteínas adaptadoras do citosol se reúnam em um grande complexo de sinalização (não apresentado). (B) Estrutura cristalina do domínio luminal do receptor que contém 23 repetições ricas em leucina convencionais, cada uma contribuindo para uma fita β da folha β (*vermelho*) contínua que reveste a superfície côncava da estrutura. (A, adaptada de L. Liu et al., *Science* 320:379–381, 2008. Com permissão de AAAS; B, adaptada de J. Choe, M.S. Kelker e I.A. Wilson, *Science* 309:581–585, 2006; PDB: 1ZIW.)

da membrana externa das bactérias Gram-negativas; o TLR-5 reconhece a proteína que forma o flagelo bacteriano; e o TLR9 reconhece pequenas sequências não metiladas do DNA viral, bacteriano ou de protozoários, denominados motivos CpGs, os quais não são comuns no DNA dos vertebrados.

Além dos TLRs, os vertebrados usam várias outras famílias de PRRs para detectar os patógenos. Uma delas é a grande família dos **receptores semelhantes ao NOD** (**NLRs**; do inglês, *NOD-like receptors*). Assim como os TLRs, os NLRs possuem motivos repetidos ricos em leucina, mas são exclusivamente citoplasmáticos e reconhecem um grupo distinto de moléculas bacterianas. Os indivíduos que são homozigotos para um determinado alelo mutante do gene NLR, o *NOD-2*, possuem um risco muito aumentado de desenvolver a doença de Crohn, uma doença inflamatória crônica do intestino liso, provavelmente por desencadear uma infecção bacteriana. Outra classe de PRRs é formada pelos *receptores semelhantes ao RIGs* (*RLRs*; do inglês, *RIG-like receptors*), que são membros da família de helicases de RNA. Elas também são exclusivamente citoplasmáticas e detectam patógenos virais. Uma quarta classe de PRRs é constituída pelos *receptores semelhantes à lectina-C* (*CLRs*; do inglês, *C-type lectin receptors*), que são proteínas transmembrana de superfície celular que reconhecem carboidratos (razão pela qual são denominadas lectinas) em vários micróbios. A **Tabela 24-1** apresenta alguns PRRs e seu ligantes com localização celular. Coletivamente, esses e outros PRRs atuam como um sistema de alarme para avisar os sistemas imune inato e adaptativo que uma infecção irá ocorrer (**Animação 24.1**).

Quando um PRR intracelular ou de superfície se liga a um PAMP, estimula a célula a secretar uma variedade de citocinas e outras moléculas de sinalização extracelular. Algumas delas inibem a replicação viral, mas a maioria induz uma resposta inflamatória localizada que auxilia na eliminação do patógeno, como veremos.

Os PRRs ativados desencadeiam uma resposta inflamatória no local da infecção

Quando um patógeno invade um tecido, ele ativa os PRRs em várias células do sistema imune inato, resultando em uma **resposta inflamatória** no local da infecção. A resposta inflamatória depende de alterações dos vasos sanguíneos locais e é caracterizada clinicamente por dor, vermelhidão, calor e inchaço no local. Os vasos sanguíneos se dilatam e se tornam permeáveis aos fluidos e às proteínas, levando a um inchaço localizado e ao acúmulo de proteínas sanguíneas que auxiliam na defesa. Ao mesmo tempo, as células endoteliais, que revestem os vasos sanguíneos da região, são estimuladas a expressar proteínas de adesão celular que promovem a ligação e o escape dos glóbulos brancos do sangue ou *leucócitos* (ver Figura 19-29B), contribuindo para o inchaço localizado. Inicialmente, os neutrófilos escapam, seguidos, mais tarde, pelos linfócitos e monócitos (os precursores sanguíneos dos macrófagos)

TABELA 24-1 Alguns receptores de reconhecimento de padrões (PRRs)

Receptor	Localização	Ligante	Origem do ligante
Receptores semelhantes ao Toll (TLRs)			
TLR-3	Sistema endolisossômico	RNA de fita dupla	Vírus
TLR-4	Membrana plasmática	Lipopolissacarídeos bacterianos (LPS); proteínas de revestimento viral	Bactérias; vírus
TLR-5	Membrana plasmática	Flagelina	Bactérias
TLR-9	Sistema endolisossômico	CpG do DNA não metilado	Bactérias, vírus e protozoários
Receptores semelhantes ao NOD (NLRs)			
NOD-2	Citoplasma	Produtos da degradação dos peptidoglicanos	Bactérias
Receptores semelhantes ao gene 1 induzível pelo ácido retinoico (RLRs)			
RIG-1	Citoplasma	RNA de fita dupla	Vírus
Receptores de lectina tipo C (CLRs)			
Dectina1	Membrana plasmática	Glucagon β	Fungos

A ativação dos PRRs causa a produção de uma grande quantidade de moléculas de sinalização extracelulares que medeiam a resposta inflamatória no local da infecção. Estas incluem as moléculas sinalizadoras lipídicas, como as prostaglandinas e as moléculas sinalizadoras proteicas (ou peptídeos) denominadas **citocinas**. Algumas das **citocinas pró-inflamatórias** mais importantes são o *fator de necrose tumoral-α* (*TNF-α*), o *interferon-γ* (IFN-γ), várias *quimiocinas* (que recrutam leucócitos) e várias *interleucinas* (*ILs*) que veremos mais adiante, incluindo a IL-1, IL-6, IL-12 e IL-17. Além disso, um PRR (lectina ligadora de manose) ativa o sistema do complemento quando o PRR se liga a um patógeno. Os fragmentos de proteínas do complemento liberadas durante a ativação do complemento estimulam uma resposta inflamatória (discutida rapidamente; ver Figura 24-7).

Quando ativados pelos PAMPs, muitos dos PRR intracelulares e de superfície celular estimulam a produção de múltiplas citocinas pró-inflamatórias por meio da ativação das vias de sinalização intracelular que ativam os reguladores de transcrição, incluindo o NF-kB para induzir a transcrição dos genes de citocinas relevantes (ver Figura 15-62). Entretanto, alguns PRRs podem estimular a produção de citocinas pró-inflamatórias por um mecanismo distinto: quando ativados, vários NLRs citoplasmáticos se reúnem com proteínas adaptadoras e precursores de proteases específicas da família das caspases (discutido no Capítulo 18) para formar os **inflamassomas**, nos quais as citocinas pró-inflamatórias como as IL-1 são clivadas a partir de suas proteínas precursoras inativas pelas caspases ativadas. Essas citocinas são, então, liberadas da célula por uma via de secreção não convencional ainda pouco compreendida. Os inflamassomas se assemelham aos apoptossomos no que diz respeito a sua formação e estrutura, mas, nos apoptossomos, as pró-caspases são ativadas para iniciar a cascata proteolítica das caspases que leva à apoptose (ver Figura 18-7).

A formação do inflamassoma dependente de NLR também pode ser disparada na ausência de infecção se as células estiverem danificadas ou estressadas. Tais células produzem "sinais de perigo", como as proteínas próprias alteradas ou produzidas em locais inadequados, as quais podem ativar os NLRs relevantes: a artrite, que é causada por cristais de ácido úrico formados nas articulações dos indivíduos com gota, os quais possuem níveis elevados de ácido úrico no sangue, é um exemplo doloroso.

As células fagocíticas caçam, englobam e destroem os patógenos

Em todos os animais, o reconhecimento de invasores microbianos normalmente é seguido por seu rápido englobamento por uma célula fagocítica. Os macrófagos são fagócitos de vida longa que residem na maioria dos tecidos dos vertebrados. Eles são uma das primeiras células a encontrarem os organismos invasores, cujos PAMPs ativam a secreção de moléculas sinalizadoras pró-inflamatórias pelos macrófagos. Os neutrófilos são fagócitos de vida curta abundantes no sangue, mas não estão presentes nos tecidos sadios. Eles são rapidamente recrutados para o local de infecção por várias moléculas, incluindo os peptídeos contendo a formilmetionina (que são liberados pelos micróbios, mas não são produzidos pelos mamíferos), as quimiocinas secretadas por macrófagos ativados, e fragmentos de peptídeos produzidos pela clivagem das proteínas ativadas pelo complemento. Os neutrófilos recrutados contribuem com suas próprias citocinas pró-inflamatórias.

Além de seus PRRs, os macrófagos e neutrófilos apresentam diversos receptores de superfície celular que reconhecem fragmentos das proteínas do complemento ou anticorpos ligados à superfície de um patógeno. A ligação do patógeno a esses receptores causa sua fagocitose (**Figura 24-5**) e o ataque ao patógeno ingerido, uma vez que esteja dentro do fagolisossomo. Os fagócitos possuem um arsenal impressionante de recursos para matar os invasores, incluindo enzimas tais como as lisozimas e as hidrolases ácidas que podem degradar a parede celular dos patógenos. As células montam *complexos de NADPH-oxidase* na membrana do fagolisossomo, onde o complexo catalisa a produção de compostos derivados de oxigênio extremamente tóxicos, incluindo os superóxidos (O_2^-), peróxido de hidrogênio e radicais hidroxila. Um aumento transitório no consumo de oxigênio pelas células fagocíticas, chamado de *explosão oxidativa*, acompanha a produção dos compostos tóxicos. Enquanto os macrófagos geralmente sobrevivem à matança e vivem para matar de novo, os neutrófilos não sobrevivem. Os neutrófilos mortos ou que estão próximos da morte são os principais componentes do pus que é formado nas feridas infectadas por bactérias. Sua meia-vida na corrente sanguínea humana é de poucas horas.

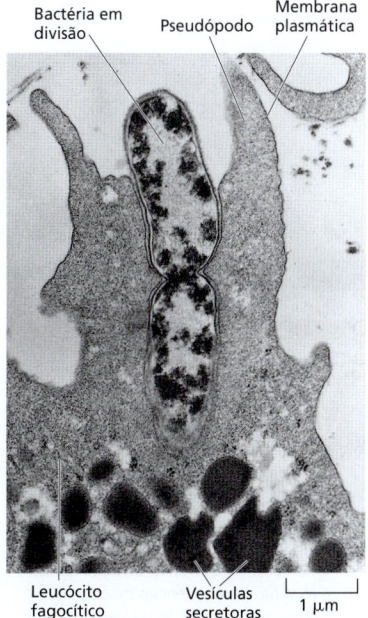

Figura 24-5 Fagocitose ativada por anticorpo. Micrografia eletrônica de um neutrófilo fagocitando uma bactéria recoberta por anticorpo, que se encontra no processo de divisão. O processo no qual o anticorpo (ou o complemento) recobre o patógeno e aumenta a eficiência na qual é fagocitado é denominado *opsonização*. (Cortesia de Dorothy F. Bainton, de R.C. Williams, Jr. e H.H. Fudenberg, Phagocytic Mechanisms in Health and Disease. New York: Intercontinental Medical Book Corporation, 1971.)

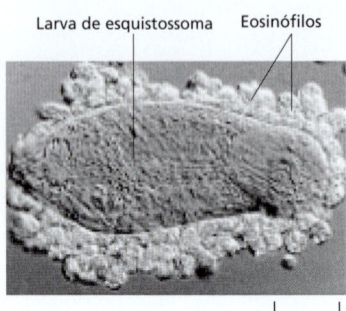

Figura 24-6 Eosinófilos atacando um parasita. Os parasitas grandes, como os vermes, não podem ser ingeridos por fagócitos. Quando a larva é revestida com anticorpos ou componentes do complemento, os eosinófilos (e outros leucócitos) podem reconhecer e matá-la por meio da secreção de diversas moléculas tóxicas. (Cortesia de Anthony Butterworth.)

Se um patógeno for muito grande para ser eficientemente fagocitado (p. ex., um grande parasita, como um verme), um grupo de macrófagos, neutrófilos ou eosinófilos (outro tipo de leucócito) irão se reunir ao redor do invasor. Eles secretam defensinas e outros agentes prejudiciais e liberam os produtos tóxicos da explosão oxidativa. Essa barreira geralmente é suficiente para a destruição do patógeno (**Figura 24-6**).

A ativação do complemento marca os patógenos para fagocitose ou para lise

O sangue e outros fluidos extracelulares contêm numerosas proteínas com atividade antimicrobiana, algumas das quais são produzidas em resposta a uma infecção, ao passo que outras são produzidas constitutivamente. Os componentes mais importantes entre elas são aqueles do **sistema do complemento**, que consiste em cerca de 30 proteínas solúveis que interagem, produzidas continuamente pelo fígado e estão inativas até que sejam ativadas por uma infecção ou outro indutor. Originalmente, foram identificados por sua capacidade de amplificar as ações de "complemento" dos anticorpos produzidos pelas células B, mas alguns também são PRRs secretados, que reconhecem diretamente os PAMPs dos microrganismos.

Os *componentes iniciais do complemento* consistem em um grupo de três proteínas, pertencentes a três vias distintas de ativação do complemento. A *via clássica*, a *via da lectin*a e a *via alternativa*. Os componentes iniciais das três vias atuam localmente para clivar e ativar o **C3**, que é o componente fundamental do complemento (**Figura 24-7**). Os indivíduos com deficiência de C3 estão sujeitos a infecções bacterianas recorrentes. Os componentes iniciais são proenzimas, que são ativadas em sequência por clivagem proteolítica. A clivagem de cada proenzima ativa, em série, o próximo componente que gerará uma serina-protease, que cliva a próxima proenzima da série e assim por diante. Como cada enzima ativada cliva várias moléculas da próxima proenzima da cadeia, a ativação dos componentes iniciais gera uma *cascata proteolítica* amplificadora.

Muitas dessas clivagens de proteínas liberam pequenos fragmentos biologicamente ativos que podem atrair os neutrófilos, juntamente com um grande fragmento de ligação à membrana. A ligação do fragmento maior a uma membrana celular, geralmente a superfície de um patógeno, ajuda a estimular a reação subsequente. Desse modo, a ativação do complemento fica bastante restrita à superfície particular da célula na qual o processo teve início. Em particular, o fragmento grande de C3, denominado C3b, liga-se covalentemente à superfície do patógeno. Ali, ele recruta fragmentos de proteínas produzidas pela clivagem de outros componentes precoces, formando complexos proteolíticos que catalisam as etapas subsequentes da cascata do complemento. Os primeiros eventos na ativação do complemento desempenham diversas funções: os receptores nas células fagocíticas que ligam o C3b intensificam a capacidade de fagocitar os patógenos, receptores similares nas células B intensificam a habilidade dessas células em produzi-

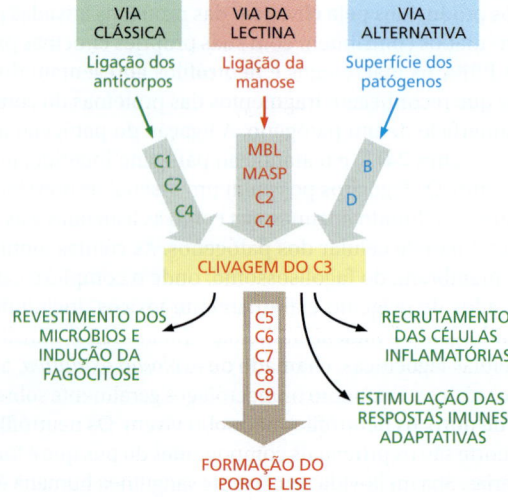

Figura 24-7 Os principais estágios na ativação do complemento pelas vias clássica, da lectina e alternativa. Nas três vias, as reações de ativação do complemento em geral acontecem na superfície de um micróbio invasor, como uma bactéria, e levam à clivagem de C3 e às várias consequências mostradas. Conforme indicado, as proteínas de complemento C1 a C9, a lectina de ligação à manose (MBL), a serina-protease associada à MBL (MASP) e os fatores B e D são os principais componentes do sistema de complemento. Os componentes iniciais são mostrados dentro de *setas cinzas*, enquanto os componentes tardios são vistos dentro da *seta marrom*. As funções dos fragmentos proteicos, produzidos durante a ativação do complemento, estão indicadas por *setas pretas*. As várias proteínas do complemento que regulam o sistema não estão apresentadas.

rem anticorpos contra diversas moléculas microbianas dos patógenos revestidos pelo C3b. O menor fragmento de C3, denominado C3a, bem como os pequenos fragmentos de C4 e C5 atuam de modo independente como sinais difusos para promover uma resposta inflamatória por meio do recrutamento de leucócitos para o local da infecção.

Como apresentado na Figura 24-7, os anticorpos ligados à superfície de um patógeno ativam a *via clássica*. A *lectina de ligação à manose*, mencionada anteriormente, é um PRR secretado que inicia a *via da lectina* de ativação do complemento quando ela reconhece glicolipídeos e glicoproteínas contendo os açúcares terminais manose ou fucose, bacterianos ou fúngicos, em uma determinada conformação espacial. Esses eventos iniciais de ligação nas vias clássica e de lectina provocam o recrutamento e a ativação dos componentes precoces do complemento. Por fim, as moléculas da superfície dos patógenos com frequência irão ativar diretamente a *via alternativa*.

As células do hospedeiro possuem várias moléculas na membrana plasmática que impedem a ocorrência das reações do complemento em sua superfície celular. Dentre elas, a mais importante é o ácido siálico, um carboidrato que é um constituinte comum de glicoproteínas e glicolipídeos da superfície celular (ver Figura 10-16). Como normalmente os patógenos não possuem ácido siálico, eles são selecionados para destruição pelo complemento, poupando as células do hospedeiro. Alguns patógenos, incluindo a bactéria *Neisseria gonorrhoeae*, que causa gonorreia, uma doença sexualmente transmissível, revestem-se com uma camada de ácido siálico para escondê-los do sistema do complemento.

O C3b imobilizado à membrana, produzido por qualquer das três vias, dispara uma cascata de reações ulteriores que leva à montagem dos *componentes tardios do complemento* para formar os *complexos de ataque à membrana*. Esses complexos de proteínas se reúnem na membrana dos patógenos próximo ao local de ativação do C3, formando um poro aquoso através da membrana (**Figura 24-8**). Por essa razão, e também porque eles perturbam a estrutura da bicamada lipídica na sua vizinhança, eles fazem a membrana vazar e podem, em alguns casos, causar a lise da célula microbiana.

As propriedades autoamplificável, inflamatória e destrutiva da cascata do complemento tornam essencial que os componentes-chave sejam rapidamente inativados após serem gerados, garantindo que o ataque não se espalhe pelas células hospedeiras vizinhas. A inativação é alcançada de pelo menos duas maneiras. Primeiro, proteínas inibidoras específicas no sangue ou na superfície das células hospedeiras finalizam a cascata ligando ou clivando determinados componentes do complemento quando estes estiverem ativados pela clivagem proteolítica. Segundo, muitos componentes ativados na cascata são instáveis, a não ser que se liguem imediatamente ao próximo componente na cascata do complemento ou a uma membrana próxima, caso contrário, eles estarão rapidamente inativados.

As células infectadas por vírus desenvolvem medidas drásticas para evitar a replicação viral

Como os ribossomos da célula hospedeira produzem as proteínas virais, e os lipídeos da célula hospedeira formam a membrana dos vírus envelopados, os PAMPs geralmente não estão presentes nas superfícies virais. Portanto, a única maneira que os PRRs da célula hospedeira podem reconhecer a presença de um vírus é a detecção de elementos pouco comuns, como RNA de fita dupla (dsRNA) que é um intermediário no ciclo de vida de muitos vírus e é reconhecido por vários PRRs, incluindo o receptor semelhante

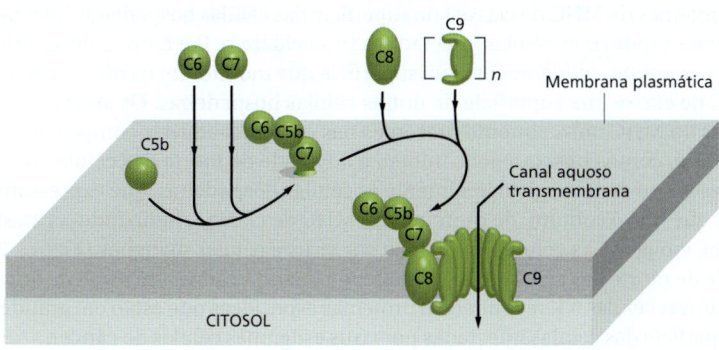

Figura 24-8 Montagem dos componentes tardios do complemento para formar o complexo de ataque à membrana. A clivagem dos componentes iniciais do complemento (apresentado dentro das *setas cinzas* na Figura 24-7) causa a formação do complexos proteolíticos contendo o C3b, denominados C5 convertases (não apresentado). Estas, então, clivam o primeiro dos últimos componentes, o C5, para produzir o C5a e o C5b. Como apresentado na figura, o C5b se associa rapidamente com o C6 e o C7 formando o C567, que, então, liga-se fortemente à membrana por meio do C7. Uma molécula de C8 se liga ao complexo formando o C5678. A ligação de uma molécula de C9 ao C5678 induz uma alteração conformacional no C9 que expõe uma região hidrofílica causando a inserção da molécula C9 na bicamada lipídica da membrana-alvo. Isso inicia uma reação em cadeia na qual o C9 alterado se liga a uma segunda molécula de C9, que então se liga a outra molécula de C9 e assim por diante. Desse modo, um anel de moléculas C9 forma um grande canal transmembrana na membrana do patógeno.

ao Toll-3 (TLR-3). Além disso, o genoma de vírus de DNA frequentemente contém quantidades significativas de motivos CpG discutidos anteriormente, os quais podem ser reconhecidos pelo TLR-9 (ver Tabela 24-1, p. 1300).

As células de mamíferos são particularmente adeptas a reconhecerem a presença de dsRNA, que ativam os PRRs intracelulares das células hospedeiras para produzir e secretar duas citocinas antivirais: o **interferon-α (IFN-α)** e o **interferon-β (IFN-β)**. Esses interferons são denominados *interferons do tipo I* para distingui-los do IFN-γ, que é um interferon do tipo II e possui funções distintas, como veremos mais adiante. Os interferons do tipo I atuam de maneira autócrina nas células infectadas que os produzem, e de modo parácrino nas células vizinhas não infectadas. Eles se ligam a um receptor de superfície celular comum que ativa a via de sinalização intracelular JAK-STAT (ver Figura 15-56) para estimular a transcrição gênica e, portanto, a produção de mais de 300 proteínas, incluindo muitas citocinas, refletindo a complexidade da resposta aguda das células a uma infecção viral.

A produção de interferons do tipo I parece ser uma resposta geral das células de mamíferos contra uma infecção viral, e os componentes virais, além do dsRNA, podem desencadeá-las. Os interferons do tipo I auxiliam no bloqueio da replicação viral de várias maneiras. Eles ativam uma ribonuclease latente que degrada, de modo inespecífico, o RNA de fita simples. Eles também ativam, indiretamente, uma proteína-cinase, que fosforila e inativa o fator de iniciação de síntese proteica eIF-2 (discutido no Capítulo 6), inibindo, dessa maneira, a maior parte da síntese proteica da célula infectada. Aparentemente, pela destruição de grande parte de seu próprio RNA e transitoriamente interrompendo a sua síntese proteica, a célula do hospedeiro inibe a replicação viral sem morrer. Se essas estratégias falharem, a célula usará estratégias mais extremas para impedir a replicação viral. Ela cometerá suicídio por meio de apoptose, frequentemente com o auxílio das células NK (células matadoras naturais), como veremos a seguir.

As células matadoras naturais (NK) induzem as células infectadas por vírus a cometer suicídio

Os interferons do tipo I também têm maneiras menos diretas de bloquear a replicação viral. Uma delas é intensificar a atividade das **células matadoras naturais** (**células NK**), que são leucócitos relacionados às células T e B, mas fazem parte do sistema imune inato e são recrutadas precocemente aos locais de inflamação. Da mesma forma que as *células T citotóxicas* do sistema imune adaptativo (discutido adiante), as células NK destroem as células infectadas pelos vírus por indução ao suicídio apoptótico (discutido no Capítulo 18). Veremos como as células NK induzem apoptose mais adiante quando discutiremos como as células T citotóxicas realizam este suicídio (ver Figura 24-43). Embora elas matem da mesma maneira, o modo pelo qual as células T citotóxicas e as células NK distinguem a superfície das células infectadas por vírus das células não infectadas é diferente (**Animação 24.2**).

As células T citotóxicas e as células NK reconhecem a mesma classe especial de proteínas de superfície celular na célula hospedeira para auxiliar a determinar se a célula está infectada por vírus, entretanto, para isso, elas usam receptores distintos. As proteínas especiais de superfície celular reconhecidas são as denominadas *proteínas do MHC de classe I*, porque elas são codificadas pelos genes do *complexo de histocompatibilidade principal*. Quase todas as células nucleadas nos vertebrados expressam esses genes e veremos seus detalhes mais adiante. As células T citotóxicas usam os *receptores de células T* (*TCRs*) e *correceptores* para reconhecer fragmentos de peptídeos de proteínas virais ligados às proteínas do MHC de classe I na superfície das células hospedeiras infectadas por vírus e, então, induzir as células infectadas a se suicidarem. Por outro lado, as células NK possuem *receptores inibidores* em sua superfície que monitoram os níveis das proteínas do MHC de classe I na superfície de outras células hospedeiras. Os altos níveis dessas proteínas do MHC normalmente presentes nas células saudáveis comprometem esses receptores e, como consequência, inibem a atividade de morte das células NK. Assim, as células NK se dedicam principalmente às células hospedeiras, que expressam baixos níveis, o que não é comum, de proteínas do MHC de classe I, induzindo-as ao suicídio. Essas são, em geral, as células infectadas por vírus e células malignas (**Figura 24-9**). A atividade de morte das células NK é estimulada quando vários *receptores de ativação* da superfície das células NK reconhecem proteínas específicas que estão em grande número na superfície das células infectadas por vírus e algumas células de câncer.

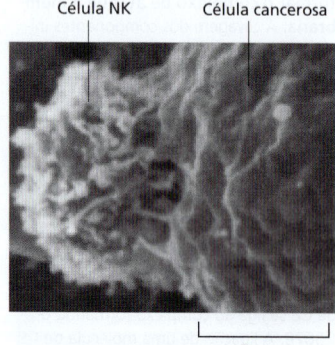

Figura 24-9 Uma célula matadora natural (NK) atacando uma célula cancerosa. Esta micrografia eletrônica de varredura foi obtida logo após o ataque de uma célula NK a uma célula maligna, mas antes da indução da apoptose. (Cortesia de J.C. Hiserodt, em Mechanisms of Cytotoxicity by Natural Killer Cells [R.B. Herberman e D. Callewaert, eds.]. New York: Academic Press, 1995.)

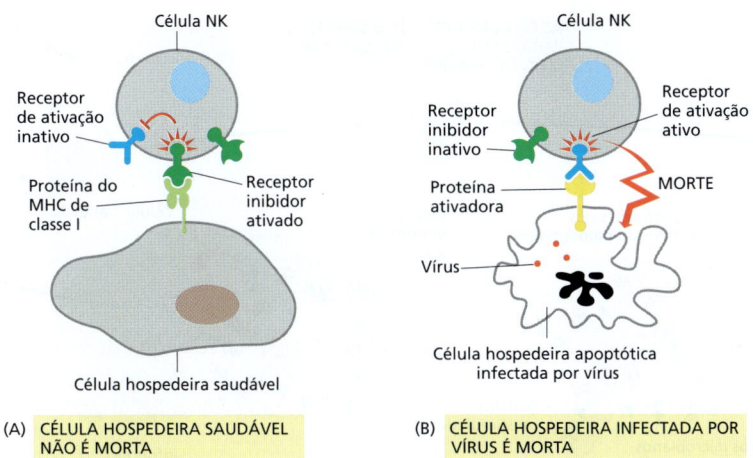

Figura 24-10 Como uma célula NK reconhece seu alvo. Uma célula NK ataca, preferencialmente, células hospedeiras infectadas e células de câncer, porque essas células possuem, em sua superfície, proteínas ativadoras e, em alguns casos, níveis anormalmente baixos de proteínas do MHC de classe I. (A) Os altos níveis das proteínas do MHC de classe I encontrados nas células hospedeiras normais ativam os receptores de inibidores das células NK que inibem sua atividade de morte. (B) Ao contrário, as proteínas ativadoras das células infectadas e das células malignas se ligam aos receptores de ativação das células NK e estimulam a atividade de morte das células.

A razão para os baixos níveis das proteínas do MHC de classe I nas células infectadas por vírus é que muitos vírus desenvolveram mecanismos que inibem a expressão dessas proteínas na superfície das células hospedeiras infectadas por eles para evitar sua detecção pelas células T citotóxicas. Alguns vírus codificam proteínas que bloqueiam a transcrição dos genes do MHC de classe I; outras bloqueiam a reunião intracelular dos complexos do MHC-peptídeo; e outras bloqueiam o transporte desses complexos para a superfície celular. Entretanto, ao escapar do reconhecimento pelas células T citotóxicas, o vírus sofre o ataque das células NK que reconhecem as células infectadas por serem diferentes. As células infectadas expressam poucas proteínas do MHC de classe I e expressam grandes quantidades de outras proteínas de superfície que são reconhecidas pelos receptores de ativação nas células NK (**Figura 24-10**).

As células dendríticas fornecem a conexão entre os sistemas imunes inato e adaptivo

As *células dendríticas* são componentes crucialmente importantes do sistema imune inato. Elas são uma classe heterogênea de células amplamente distribuídas nos tecidos e órgãos dos vertebrados. Elas expressam uma grande variedade de PRRs, que permitem que as células dendríticas reconheçam e fagocitem os patógenos invasores e seus produtos tornando-se ativadas durante esse processo. As células dendríticas ativadas clivam as proteínas dos patógenos em fragmentos peptídicos que se ligam às proteínas do MHC recém-sintetizadas, as quais levarão os fragmentos para a superfície das células dendríticas. As células ativadas então migram para os órgãos linfoides regionais como os linfonodos (também denominados gânglios linfáticos), onde irão apresentar os complexos peptídeo-MHC para as células T do sistema imune adaptativo, ativando as células T a se unirem na batalha contra o patógeno específico (**Figura 24-11**).

Além de apresentar em sua superfície celular os complexos de proteínas do MHC e peptídeos microbianos, as células dendríticas ativadas também apresentam *proteínas coestimuladoras* de superfície celular que auxiliam na ativação das células T (ver Figura 24-11). Como veremos mais adiante, as células dendríticas ativadas também secretam diversas citocinas que influenciam o tipo de resposta que as células T irão produzir, assegurando que ela seja adequada para combater um determinado patógeno. Dessas maneiras, as células dendríticas atuam como conexões cruciais entre o sistema imune inato, que proporciona uma primeira linha rápida de defesa contra patógenos invasores e o sistema imune adaptativo, que produz uma resposta mais lenta, mas extremamente poderosa e específica para atacar o invasor, como veremos a seguir.

Resumo

Todos os organismos multicelulares possuem defesas imunes inatas contra patógenos invasores. Essas defesas incluem barreiras físicas e químicas e diversas respostas celulares de defesa. Nos vertebrados, essas respostas de defesa inatas podem recrutar

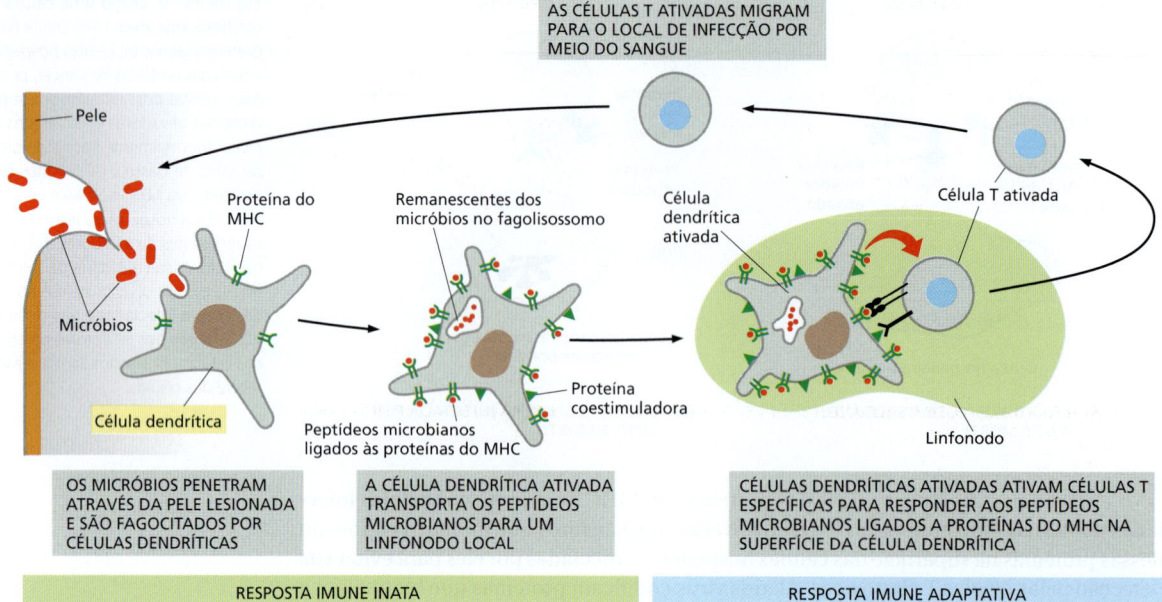

Figura 24-11 As células dendríticas como intermediárias funcionais entre os sistemas imune inato e adaptativo. As células dendríticas capturam os micróbios invasores ou seus produtos nos locais de uma infecção. Os PAMPs microbianos ativam as células a expressar proteínas coestimuladoras e grandes quantidades de proteínas MHC em sua superfície e migrar para os linfonodos vizinhos através dos vasos linfáticos. Nos linfonodos, as células dendríticas ativadas ativam as células T que expressam os receptores adequados para as proteínas coestimuladoras e os peptídeos microbianos ligados às proteínas do MHC na superfície das células dendríticas. As células T ativadas proliferam, e algumas células da sua descendência migram para o local de origem da infecção onde irão auxiliar na eliminação dos micróbios por meio da ativação dos macrófagos locais ou matando as células hospedeiras infectadas (não apresentado).

Uma característica crucial da ativação das células dendríticas é que o patógeno fornece a uma determinada célula dendrítica os peptídeos para apresentação para as células T e os sinais dos PAMPs que ativam as células dendríticas para expressar as moléculas coestimuladoras. Dessa maneira, cada céula dendrítica possui tudo que necessita para ativar células T específicas que reconheçam os complexos peptídeo-MHC em sua superfície (Animação 24.3).

respostas imunes adaptativas mais específicas e poderosas contra a infecção. As respostas imunes inatas baseiam-se na habilidade das células do hospedeiro de reconhecer características das moléculas microbianas denominadas padrões moleculares associados aos patógenos (PAMPs), os quais podem estar associados com as proteínas, lipídeos, açúcares ou ácidos nucleicos dos patógenos. Os PAMPs são principalmente reconhecidos por meio dos receptores de reconhecimento de padrões (PRRs), incluindo os receptores semelhantes ao Toll (TLRs) encontrados nas células animais e vegetais. Nos vertebrados, alguns PRRs são secretados e podem ativar o complemento quando se ligam aos PAMPs microbianos. O sistema do complemento, que também pode ser ativado por anticorpos antimicrobianos ligados aos patógenos, consiste em um grupo de proteínas sanguíneas que são ativadas em sequência para auxiliar no combate à infecção, rompendo a membrana do patógeno, estimulando uma resposta inflamatória ou marcando o micróbio como alvo para a fagocitose, principalmente pelos macrófagos e neutrófilos. Os fagócitos usam uma combinação de enzimas degenerativas, peptídeos antimicrobianos e moléculas tóxicas derivadas do oxigênio para matar os patógenos invasores. Além disso, eles secretam várias moléculas sinalizadoras que auxiliam na ativação da resposta inflamatória.

As células infectadas por vírus produzem e secretam interferons do tipo I (IFN-α e IFN-β) que induz uma série complexa de respostas do hospedeiro que inibem a replicação viral. Os interferons também intensificam a atividade de morte das células matadoras naturais (NK). Uma célula NK mata células hospedeiras infectadas porque elas expressam grandes quantidades de proteínas de superfície que ativam as células NK. A morte é especialmente eficiente quando as células infectadas expressam quantidades reduzidas de proteínas do MHC de classe I, as quais, quando presentes em quantidades normais na superfície de uma célula hospedeira, inibem a atividade de morte das células NK.

As células dendríticas do sistema imune inato conectam funcionalmente as respostas imunes inatas e adaptativas. As células tornam-se ativadas quando seus PRRs capturam micróbios e seus produtos nos locais de infecção e os fagocitam. As células ativadas clivam as proteínas microbianas em fragmentos peptídicos que se ligam às proteínas do MHC recém-produzidas, as quais transportam os fragmentos para a superfície celular. As células dendríticas ativadas levam os complexos peptídeo-MHC para o órgão linfático onde ativam células T para realizar uma resposta imune adaptativa adequada contra os micróbios.

VISÃO GERAL DO SISTEMA IMUNE ADAPTATIVO

Um *big bang* dramático nos mecanismos de defesas imunes ocorreu quando os vertebrados com mandíbulas evoluíram e adquiriram o **sistema imune adaptativo**. Esse sofisticado sistema de defesa depende dos linfócitos T e B (células T e B), os quais, durante seu desenvolvimento, rearranjaram duas sequências de DNA em diversas combinações, de modo que, juntas, as células passaram a poder produzir uma variedade praticamente ilimitada de receptores de células B e T e anticorpos. Coletivamente, essas proteínas podem se ligar a essencialmente qualquer molécula, incluindo pequenos agentes químicos, carboidratos, lipídeos, proteínas. Individualmente, elas podem se distinguir entre moléculas que são muito similares, tais como entre duas proteínas que diferem em somente um único aminoácido, ou entre isômeros óticos de uma mesma molécula pequena. Por meio dessa estratégia, o sistema imune adaptativo pode reconhecer e responder especificamente a qualquer patógeno, incluindo novas formas mutantes. Entretanto, devido ao processo de rearranjo genético que produz receptores que se ligam às moléculas próprias, bem como receptores que se ligam a moléculas estranhas, os vertebrados evoluíram mecanismos especiais para assegurar que as células B e T não reajam contra as próprias células e moléculas do hospedeiro, um processo chamado de *autotolerância imune*.

Além disso, muitas substâncias estranhas que entram no organismo são inofensivas, como alimentos e matéria inalada, e não faria sentido criar-se uma resposta imune adaptativa contra elas. Tais respostas inadequadas são, normalmente, evitadas, porque as repostas imunes inatas são necessárias para recrutar a ação das respostas imunes adaptativas somente quando os PRRs das células inatas reconhecem os PAMPs microbianos, como discutimos anteriormente. É possível enganar o sistema imune adaptativo para responder contra uma molécula estranha inócua, como, por exemplo, uma proteína estranha por meio da coinjeção de uma molécula (frequentemente de origem microbiana) denominada *adjuvante*, que ativa os PRRs. Esse truque é denominado **imunização** e é o fundamento da vacinação. Qualquer substância capaz de estimular as células B ou T a produzir uma resposta imune adaptativa específica contra ela é referida como um **antígeno** (do inglês, *anti*body *gen*erator, "gerador de anticorpo").

Há duas amplas classes de respostas imunes adaptativas: as *respostas de anticorpos* e as *respostas imunes mediadas por células T*, e a maioria dos patógenos induzem as duas classes de respostas. Nas **respostas de anticorpos**, as células B são ativadas para secretarem anticorpos, que são proteínas que circulam na corrente sanguínea e permeiam os outros fluidos corporais, onde podem se ligar especificamente aos antígenos estranhos que estimularam sua produção (ver Figura 24-2). A ligação do anticorpo neutraliza vírus e toxinas microbianas extracelulares (como as toxinas tetânica ou da cólera), bloqueando sua capacidade de se ligar a receptores nas células do hospedeiro. A ligação do anticorpo também marca o patógeno invasor para a destruição, facilitando sua fagocitose pelo sistema imune inato para ingeri-lo e destruí-lo, ativando o sistema do complemento.

Nas **respostas imunes mediadas por células T**, as células T reconhecem os antígenos estranhos que são ligados às proteínas do MHC na superfície das células hospedeiras, como as células dendríticas, que são especializadas na apresentação de antígenos às células T e são, portanto, denominadas *células apresentadoras de antígenos profissionais* (*APCs*; do inglês, *antigen presenting cells*). As células T podem detectar patógenos escondidos dentro das células hospedeiras e matar as células infectadas (ver Figura 24-2) ou estimular sua eliminação pelo auxílio dos fagócitos ou células B, porque as proteínas do MHC levam fragmentos das proteínas dos patógenos de dentro para a superfície da hospedeira.

Nesta seção discutiremos as origens e propriedades gerais das células B e T. Nas seções finais, iremos ver as propriedades e funções específicas dessas células.

Figura 24-12 Órgãos linfoides humanos. Os linfócitos se desenvolvem a partir de células progenitoras linfoides no timo e na medula óssea (*amarelo*) e por isso são chamados de *órgãos linfoides centrais* (ou *primários*). Os linfócitos recém-formados migram dos órgãos linfoides primários para os *órgãos linfoides periféricos* (ou *secundários*), onde podem reagir com os antígenos estranhos. Somente alguns dos órgãos linfoides periféricos (*azul*) e vasos linfáticos (*verde*) estão representados; vários linfócitos, por exemplo, são encontrados na pele e no trato respiratório. Conforme será discutido posteriormente, os vasos linfáticos desembocam na corrente sanguínea (não representado).

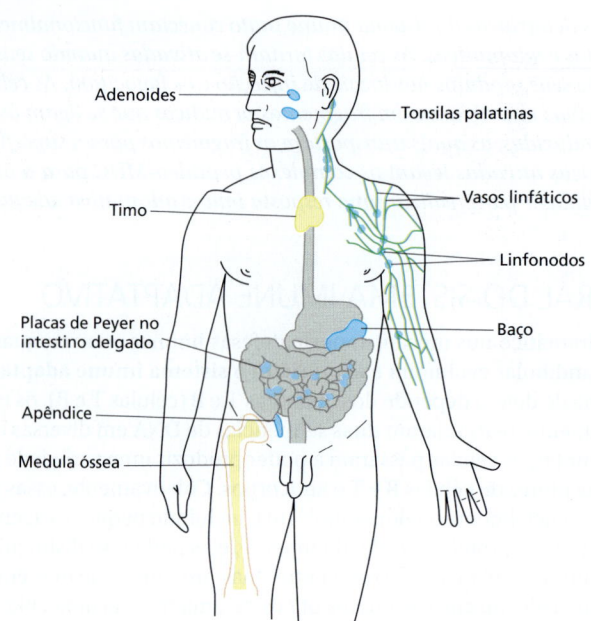

As células B desenvolvem-se na medula óssea e as células T desenvolvem-se no timo

Existem cerca de 2×10^{12} linfócitos no corpo humano, o que torna sua massa celular comparável à do fígado ou à do cérebro. Eles estão presentes em grande número na corrente sanguínea e na linfa (o fluido incolor presente nos vasos linfáticos que conectam os linfonodos do organismo uns com os outros e com a corrente sanguínea). Eles também estão concentrados nos **órgãos linfoides**, como o timo, linfonodos e baço (Figura 24-12), e muitos também são encontrados em outros órgãos, incluindo a pele, pulmões e intestino.

Os nomes das células T e das células B derivam dos órgãos nos quais se desenvolvem: as células T desenvolvem-se no *timo*, e as células B, nos mamíferos adultos, desenvolvem-se na *medula óssea* (*bone marrow*). Os dois tipos celulares se desenvolvem a partir de células progenitoras linfoides produzidas a partir de *células-tronco hematopoiéticas*, as quais são encontradas principalmente na medula óssea (Figura 24-13). As células-tronco hematopoiéticas dão origem a outras células além dos linfócitos: como discutido no Capítulo 22, elas produzem todas as células do sistema hematopoiético, incluindo os eritrócitos, leucócitos e plaquetas (ver Figura 22-32).

Figura 24-13 O desenvolvimento de células B e T. Os órgãos linfoides centrais, nos quais os linfócitos desenvolvem-se a partir das células progenitoras linfoides, estão destacados em *amarelo*. As células progenitoras linfoides se desenvolvem a partir das células-tronco hematopoiéticas multipotentes na medula óssea. Algumas células progenitoras linfoides desenvolvem-se localmente na medula óssea em células B imaturas, enquanto outras migram, através da circulação sanguínea, para o timo, onde se desenvolvem em timócitos (células T em desenvolvimento). Os antígenos estranhos ativam as células B e T principalmente nos órgãos linfoides periféricos, como linfonodos ou baço.

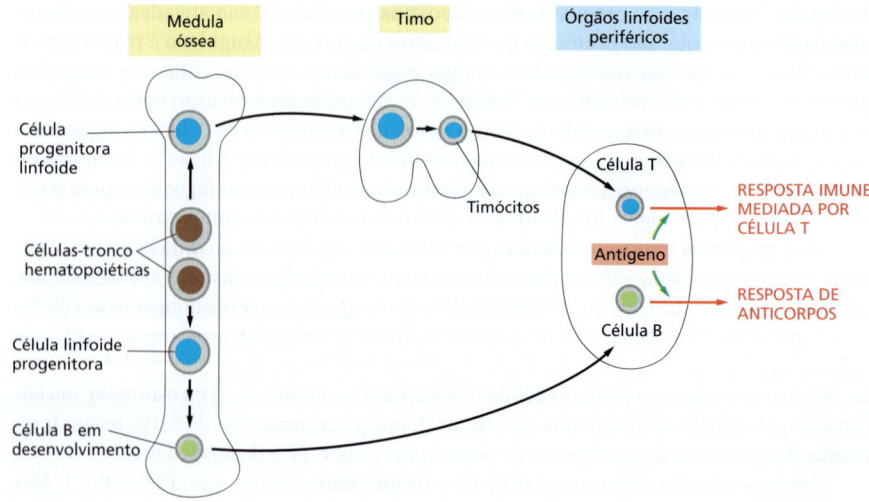

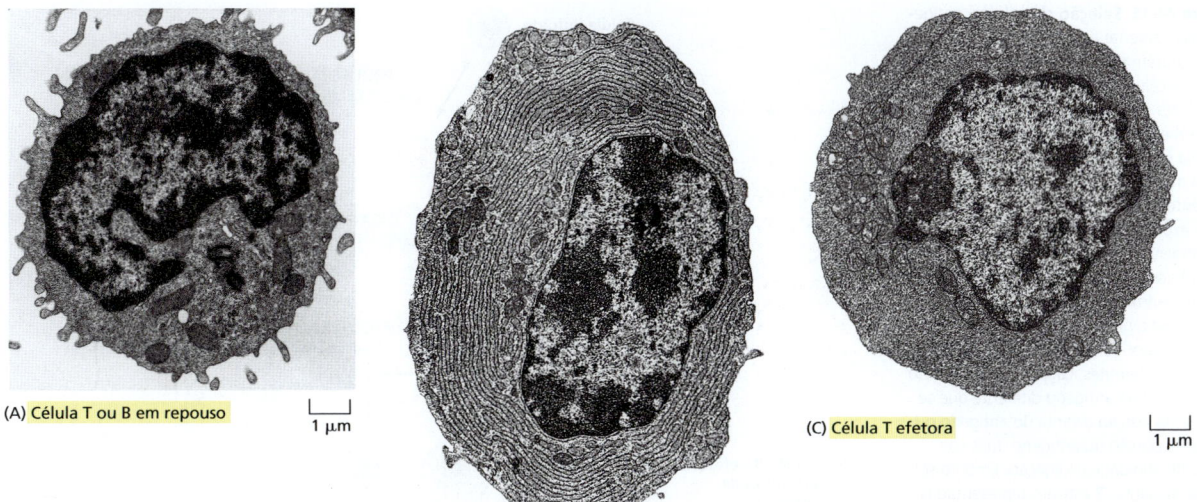

Figura 24-14 Micrografias eletrônicas de linfócitos efetores e em repouso. (A) Um linfócito em repouso pode tanto ser uma célula B como uma célula T, uma vez que a distinção morfológica dessas células é muito difícil de ser realizada, até que sejam ativadas pelo antígeno e tornem-se células efetoras. (B) Uma célula B efetora (um plasmócito). Essa célula apresenta um extenso retículo endoplasmático (RE) rugoso, que se encontra preenchido por moléculas de anticorpo secretadas em grandes quantidades. (C) Uma célula T efetora, que possui relativamente pouco RE rugoso, mas apresenta vários ribossomos livres; ela secreta citocinas, porém em quantidades relativamente pequenas. Repare que as três células são mostradas com o mesmo aumento. (A, cortesia de Dorothy Zucker-Franklin; B, cortesia de Carlo Grossi; A e B, de D. Zucker-Franklin et al., Atlas of Blood Cells: Function and Pathology, 2nd ed. Milan, Italy: Edi. Ermes, 1988; C, cortesia de Stefanello de Petris.)

O timo e a medula óssea são referidos como **órgãos linfoides centrais (primários)**, porque são os locais onde ocorre o desenvolvimento dos linfócitos a partir de células progenitoras linfoides (ver Figura 24-12). Conforme discutiremos mais adiante, as células B e T, em sua maioria, morrem nos órgãos linfoides centrais logo após o seu desenvolvimento, sem nunca terem atuado. Outras, no entanto, maturam e migram através do sangue para os **órgãos linfoides periféricos (secundários)**, principalmente para os linfonodos, o baço e os tecidos linfoides associados ao epitélio do trato gastrintestinal, trato respiratório e pele. É nesses órgãos linfoides periféricos que os antígenos estranhos ativam as células B e T (ver Figura 24-13).

As células B e T tornam-se morfologicamente distintas uma da outra somente após a ativação pelo antígeno. As células B e T em repouso são muito similares, mesmo quando observadas por microscopia eletrônica (**Figura 24-14A**). Após ativação pelo antígeno, ambas proliferam e maturam em *células efetoras*. As células B efetoras secretam anticorpos; na sua forma mais diferenciada, quando são denominadas *células plasmáticas*, ou plasmócitos, elas são preenchidas com um extenso retículo endoplasmático que está ativamente produzindo anticorpos (**Figura 24-14B**). Por outro lado, as células T efetoras (**Figura 24-14C**) contêm pouco retículo endoplasmático e secretam diversas citocinas no lugar de anticorpos. As citocinas das células T atuam localmente nas células vizinhas, embora algumas sejam levadas na circulação sanguínea e atuem em células hospedeiras distantes, ao passo que os anticorpos derivados das células B são amplamente distribuídos pela corrente sanguínea.

A memória imunológica depende tanto da expansão clonal quanto da diferenciação de linfócitos

A característica mais marcante do sistema imune adaptativo é a capacidade de responder a milhões de antígenos estranhos diferentes de uma maneira altamente específica. Coletivamente, as células B humanas, por exemplo, podem produzir mais de 10^{12} anticorpos diferentes que reagem de forma específica ao antígeno que induziu a sua produção. Como as células B e T respondem especificamente a essa enorme diversidade de antígenos estranhos? A resposta para a célula T e para a célula B é a mesma. Como cada linfócito desenvolve-se em um órgão linfoide central, este se torna comprometido a reagir a um determinado antígeno antes mesmo de ser exposto a ele. A expressão desse comprometimento ocorre na forma de receptores de superfície celular que se ligam especificamente ao antígeno. Quando um linfócito encontra seu antígeno no órgão linfoide periférico, a ligação do antígeno aos receptores (com o auxílio de sinais coestimuladores, discutidos mais adiante) ativa os linfócitos. Isso causa a proliferação dos

Figura 24-15 Seleção clonal. Um antígeno ativa somente aqueles linfócitos que já se encontram comprometidos a responder a eles. A célula comprometida expressa receptores de superfície celular que reconhecem especificamente o antígeno. O sistema imune adaptativo humano consiste em milhões de clones de células B e T diferentes, com as células de um mesmo clone expressando o mesmo receptor de antígeno. Antes de encontrar-se com um antígeno pela primeira vez, um clone contém, normalmente, somente um ou um pequeno número de células. Um determinado antígeno pode ativar centenas de clones diferentes, cada um expressando um receptor de antígeno diferente que se liga a uma porção distinta do antígeno ou a mesma porção do antígeno, mas com diferente afinidade de ligação. Embora somente as células B estejam representadas aqui, as células T são selecionadas de forma similar. Observe que os receptores de antígeno das células B, identificados como β neste diagrama, possuem o mesmo sítio de ligação do antígeno que os anticorpos secretados pelas células Bβ efetoras. Como discutiremos mais adiante, as células B necessitam de sinais coestimuladores das células T para se tornarem ativadas pelo antígeno e proliferar e diferenciar em células secretoras de anticorpos (não apresentados).

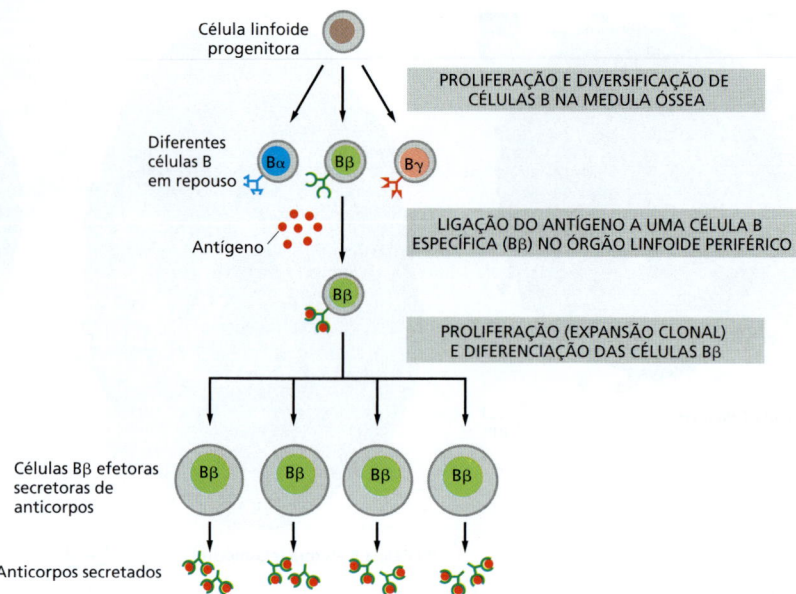

linfócitos, produzindo mais células com o mesmo receptor, um processo denominado *expansão clonal*. O encontro com o antígeno também faz algumas das células se diferenciarem em *células efetoras*. Portanto, um antígeno estimula seletivamente aquelas células que expressam receptores complementares específicos para o antígeno e que estão previamente comprometidas a responder a ele (**Figura 24-15**). Esse arranjo, denominado **seleção clonal**, fornece uma explicação para a **memória imunológica**, que é quando desenvolvemos uma imunidade por toda a vida contra doenças infecciosas comuns após uma exposição inicial ao patógeno, seja por meio de uma infecção natural ou por meio de vacinação.

É fácil demonstrar essa memória imunológica com experimentos com animais. Se um animal for imunizado uma única vez com um antígeno A, após alguns dias pode-se detectar uma resposta imune (mediada por anticorpos, mediada por células T ou por ambos); ela aumenta rápida e exponencialmente e, após, decresce de forma gradual. Esse é o perfil característico da **resposta imune primária**, que ocorre caracteristicamente em um animal que tenha tido o primeiro contato com o antígeno. Se, após algumas semanas, meses ou mesmo anos, o animal for novamente imunizado com o antígeno A, ele irá produzir normalmente uma **resposta imune secundária** que difere da reposta primária; esse intervalo será mais curto porque agora há mais células B ou T (ou ambas) preexistentes com especificidade pelo antígeno A, e a resposta será maior e mais eficiente. Essas diferenças indicam que o animal "lembra-se" do primeiro contato com o antígeno A. Se um animal entra em contato com outro antígeno (p. ex., um antígeno B), mesmo depois da segunda injeção do antígeno A, o perfil da resposta imune decorrente é normalmente de resposta primária, e não secundária. A resposta secundária, portanto, reflete a memória imunológica antígeno-específica para o antígeno A (**Figura 24-16**).

A memória imunológica depende da proliferação e diferenciação dos linfócitos. Em um animal adulto, os órgãos linfoides periféricos contêm uma mistura de linfócitos que se encontram em pelo menos três estágios de maturação: *células virgens*, *células efetoras* e *células de memória*. Quando as **células virgens** encontram seus antígenos estranhos específicos pela primeira vez, o antígeno estimula a proliferação e diferenciação de algumas células em **células efetoras**, as quais irão realizar a resposta imune (as células B efetoras irão secretar anticorpos e as células T efetoras irão matar as células infectadas ou influenciar a resposta de outras células imunes, por exemplo, por meio da secreção de citocinas). Algumas células virgens estimuladas por antígeno multiplicam e diferenciam em **células de memória**, as quais serão mais fácil e rapidamente induzidas a tornarem-se células efetoras mais tarde quando encontrarem com o mesmo antígeno. Assim como as células virgens, quando as células de memória encontram seu antígeno, elas originam células efetoras ou mais células de memória (**Figura 24-17**).

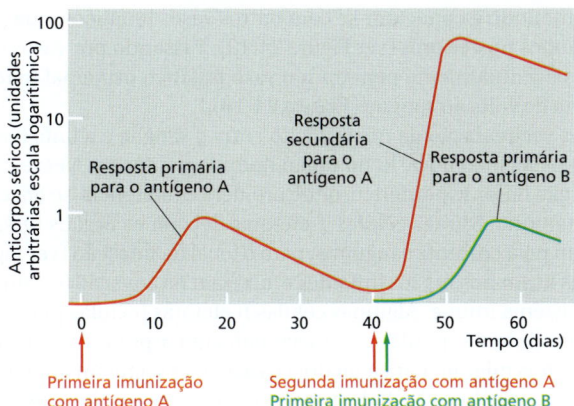

Figura 24-16 Memória imunológica: respostas primária e secundária de anticorpos. A resposta secundária induzida por uma segunda exposição ao antígeno A é mais rápida e mais intensa que a resposta primária ao antígeno A, indicando que o sistema imune adaptativo lembrou especificamente do encontro prévio com o antígeno A. O mesmo tipo de memória imunológica também observado nas respostas mediadas por células T (não apresentado). Como discutiremos mais adiante, os tipos de anticorpos produzidos na resposta secundária são diferentes daqueles produzidos na resposta primária e esses anticorpos ligam-se mais fortemente ao antígeno.

Assim, durante a resposta primária, a expansão clonal e diferenciação das células virgens estimuladas por antígeno dá origem a muitas células de memória que são capazes de responder ao mesmo antígeno com mais sensibilidade, rapidez e eficácia. Além disso, ao contrário da maioria das células efetoras, que morrem dentro de dias ou de semanas, as células de memória podem viver por toda a vida do animal, mesmo na ausência de seus antígenos específicos, fornecendo uma memória imunológica permanente. Embora a maioria das células B e T efetoras morra após o final da resposta imune, algumas células efetoras sobrevivem e auxiliam na proteção duradoura contra o patógeno. Uma pequena proporção de células plasmáticas produzidas na resposta de células B primária, por exemplo, pode sobreviver por muitos meses ou anos na medula óssea, onde continuam a secretar anticorpos específicos para a corrente sanguínea.

Os linfócitos recirculam continuamente através dos órgãos linfoides periféricos

Os patógenos geralmente entram no organismo através das superfícies epiteliais, na maioria das vezes através da pele, do intestino ou do trato respiratório. Para induzir uma resposta imune adaptativa, os micróbios e seus produtos devem migrar dessas regiões até os órgãos linfoides periféricos como os linfonodos ou o baço, onde os linfócitos são ativados (ver Figura 24-11). A via a ser percorrida e o destino dependem do local onde ocorreu a entrada do patógeno. Os vasos linfáticos levam os antígenos que entram através da pele ou do trato respiratório para os linfonodos locais. Os antígenos que entram pelo intestino são destinados aos órgãos linfoides periféricos associados aos intestinos, como as placas de Peyer, e aqueles que penetram a corrente sanguínea são filtrados pelo baço (ver Figura 24-12). Como discutido anteriormente (ver Figura 24-11), na maioria dos casos, as células dendríticas transportam os antígenos do sítio de infecção para os órgãos linfoides periféricos, onde atuam na ativação das células T (como discutiremos adiante).

Entretanto, somente uma pequena fração das células T e B virgens podem reconhecer um determinado antígeno microbiano nos órgãos linfoides periféricos, estimado em 1/10.000 a 1/1.000.000 de cada classe de linfócito dependendo do antígeno. Como essas células raras encontram a célula apresentadora de antígeno portando o seu antígeno específico? A resposta é que os linfócitos recirculam constantemente, alguns entre os órgãos linfoides periféricos e outros através da linfa e do sangue. No linfonodo, por exemplo, eles deixam continuamente a corrente sanguínea, passando entre as células endoteliais especializadas que revestem as pequenas veias denominadas *vênulas pós-capilares*. Após passarem pelo linfonodo, acumulam-se em pequenos vasos linfáticos

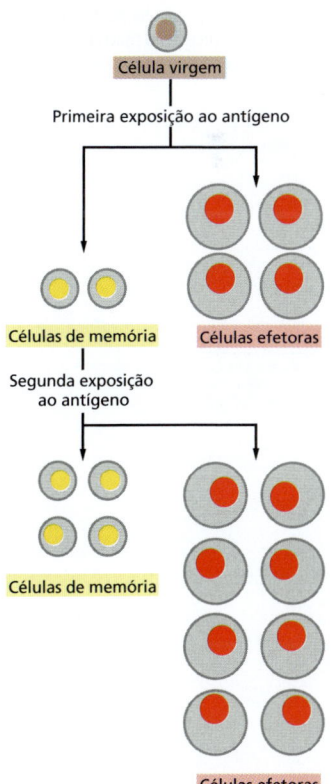

Figura 24-17 Um modelo para as bases celulares da memória imunológica. Quando estimulada por seu antígeno específico e por sinais coestimuladores, os linfócitos virgens proliferam e diferenciam. A maioria transforma-se em células efetoras, que atuam e morrem, enquanto outros se tornam células de memória. Durante as exposições subsequentes ao mesmo antígeno, as células de memória respondem mais pronta e rapidamente do que as células virgens: elas proliferam e geram células efetoras e mais células de memória. Algumas células T de memória também se desenvolvem a partir de algumas células T efetoras (não apresentado). Não se conhece como ocorre a escolha entre se tornar uma célula efetora ou uma célula de memória.

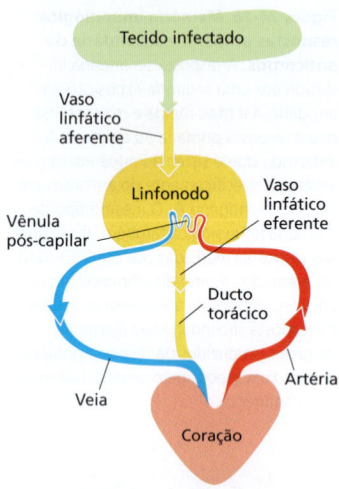

Figura 24-18 A via de circulação dos linfócitos entre a linfa e o sangue. A circulação através de um linfonodo (*amarelo*) é mostrada aqui. Os antígenos microbianos são geralmente transportados para dentro do linfonodo por uma célula dendrítica ativada (não apresentado), que entra nos linfonodos via vasos linfáticos aferentes, drenando um tecido infectado (*verde*). Ao contrário, as células B e T entram nos linfonodos a partir da circulação por meio das vênulas pós-capilares. A não ser que encontrem seus antígenos, as células B e T deixam o linfonodo através dos vasos linfáticos eferentes, que eventualmente conectam-se com o ducto torácico. O ducto torácico esvazia em uma grande veia que leva o sangue ao coração, completando o ciclo de circulação das células T e B. O ciclo de circulação típico para esses linfócitos dura cerca de 12 a 24 horas.

que deixam o linfonodo e conectam-se com outros vasos linfáticos, que passam através de outros linfonodos posteriores (ver Figura 24-12). Passando por vasos cada vez maiores, os linfócitos eventualmente penetram o vaso linfático principal (o *ducto torácico*), que os transporta de volta ao sangue (**Figura 24-18**).

A contínua recirculação de um linfócito entre o sangue e a linfa termina somente se seu antígeno específico ativá-lo no órgão linfoide periférico. Nesse caso, o linfócito fica retido no órgão linfoide periférico, onde prolifera e diferencia-se em células efetoras ou células de memória. Muitas células T efetoras deixam os órgãos linfoides por meio da linfa e migram pela corrente sanguínea para o local da infecção (ver Figura 24-11), ao passo que outras ficam nos órgãos linfoides e auxiliam na ativação (ou supressão) de outras células do sistema imune. Algumas células B efetoras (células plasmáticas) permanecem nos órgãos linfoides periféricos e secretam anticorpos no sangue por vários dias até morrerem, outras migram para a medula óssea onde secretam anticorpos no sangue por meses ou anos. As células T e B de memória juntam-se aos linfócitos recirculantes.

A recirculação dos linfócitos depende de interações específicas entre a superfície celular do linfócito e a superfície das células endoteliais que revestem os vasos sanguíneos dos órgãos linfoides periféricos. Os linfócitos que entram nos linfonodos por meio da circulação sanguínea, por exemplo, aderem fracamente às células endoteliais especializadas que revestem as vênulas pós-capilares por meio dos *receptores de alojamento* (do inglês, *homing receptors*), os quais pertencem à família das *selectinas* de lectinas de superfície celular que se ligam a grupos específicos de açúcares da superfície das células endoteliais (ve Figura 19-28). Os linfócitos rolam lentamente sobre a superfície endotelial, até que entra em ação outro sistema de adesão mais forte, por meio das quimiocinas secretadas pelas células endoteliais, dependente de uma proteína integrina. Nesse momento os linfócitos interrompem o rolamento e saem do vaso sanguíneo para o linfonodo usando outra proteína de adesão denominada CD31 (**Figura 24-19**). Embora as células T e B inicialmente entrem na mesma região de um linfonodo, diferentes quimiocinas as direcionam para regiões separadas dos nodos: as células B para os *folículos linfoides* e as células T para os *paracórtex* (**Figura 24-20**).

Se as células B ou T não encontrarem seus antígenos, deixarão o linfonodo através dos vasos linfáticos eferentes. Porém, se as células encontrarem seu antígeno, serão estimuladas a apresentarem seus receptores de adesão que aprisionam as células nos linfonodos. As células acumulam-se nas junções entre as áreas de células B e células T,

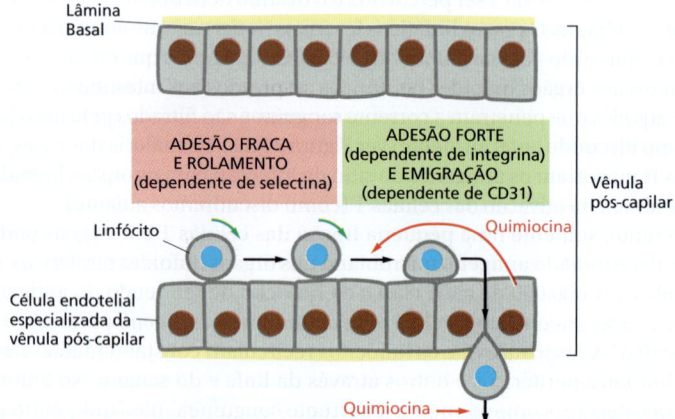

Figura 24-19 A migração dos linfócitos da corrente sanguínea para o linfonodo. Um linfócito circulante adere fracamente à superfície de uma célula endotelial especializada que reveste a vênula pós-capilar em um linfonodo. Esta adesão inicial é mediada por selectina-L (discutida no Capítulo 19) na superfície do linfócito. A adesão é suficientemente fraca para permitir que o linfócito, empurrado pela circulação sanguínea, role sobre a superfície das células endoteliais. Rapidamente, os linfócitos ativam um sistema de adesão ainda mais forte, mediado por integrinas, após o estímulo por quimiocinas secretadas por células endoteliais especializados nos nodo (*seta vermelha curvada*). Esta forte adesão possibilita que a célula pare de rolar. Os linfócitos, então, usam uma proteína de adesão (CD31) semelhante à imunoglobulina para se ligar às junções entre as células endoteliais adjacentes e migrar para fora da vênula. A migração subsequente do linfócito para dentro dos linfonodos depende das quimiocinas produzidas dentro do linfonodo (*seta reta em vermelho*). A migração de outros tipos de leucócitos da corrente sanguínea para os locais de infecção ocorre de maneira similar (ver Figura 19-28 e Animação 19.2).

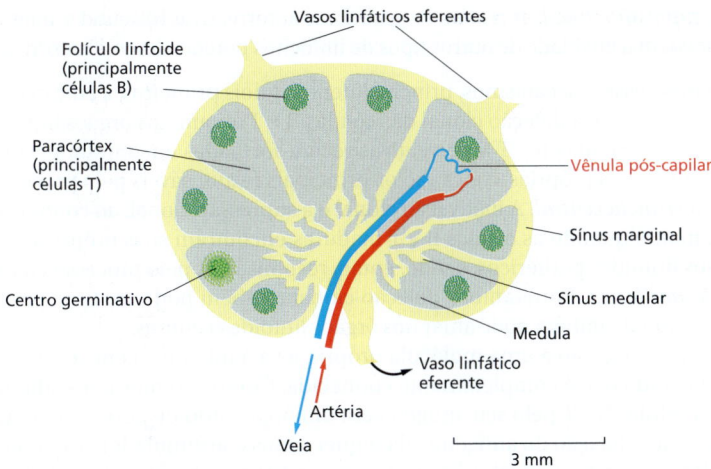

Figura 24-20 Um esquema simplificado do linfonodo humano. As células B são inicialmente agrupadas em estruturas denominadas folículos linfoides, enquanto as células T ficam concentradas principalmente no paracórtex. Ambos os tipos de linfócitos são atraídos por quimiocinas ao entrar no linfonodo, deixando o sangue via vênulas pós-capilares (ver Figura 24-19). Então, as células B e T migram para suas respectivas áreas, atraídas por diferentes quimiocinas. Se elas não encontrarem seus antígenos específicos, tanto as células B como as células T entram no sinusoide medular e deixam o linfonodo via vaso linfático eferente. Esse vaso desemboca na corrente sanguínea, possibilitando que os linfócitos iniciem outro ciclo de circulação através dos órgãos linfoides periféricos (ver Figura 24-18). Durante uma infecção, a proliferação de células B específicas de patógenos produzem um centro germinativo em alguns folículos linfoides.

onde as poucas células B e T com antígenos específicos podem interagir para proliferar e diferenciar-se em células efetoras e em células de memória. Muitas células efetoras deixam os linfonodos expressando diferentes receptores de quimiocinas que auxiliam a guiá-las aos seus novos destinos: as células B efetoras plasmáticas para a medula óssea e as células T efetoras para os locais de infecção

A autotolerância imunológica assegura que as células B e T não ataquem as células e moléculas normais do hospedeiro

Como discutido anteriormente, as células do sistema imune inato usam os PRRs para distinguir as moléculas microbianas das moléculas próprias produzidas pelo hospedeiro. O sistema imune adaptativo possui a missão de reconhecimento mais difícil de responder especificamente a um número praticamente ilimitado de moléculas estranhas e de, ao mesmo tempo, não responder ao grande número de moléculas próprias. Como isso é alcançado? Pode-se dizer que as moléculas próprias normalmente não induzem as reações imunes inatas necessárias para ativar respostas imunes adaptativas. No entanto, mesmo quando uma infecção ou um dano ao tecido estimula uma reação inata, a grande maioria das moléculas próprias normalmente ainda não induz uma resposta imune adaptativa. Por quê?

Um motivo importante é que o sistema imune adaptativo "aprende" a não reagir contra moléculas próprias. Um camundongo normal, por exemplo, não produz resposta imune contra um de seus próprios componentes proteicos do sistema do complemento denominado C5 (ver Figura 24-7). Entretanto, camundongos mutantes que não possuem o gene que codifica o C5, mas são geneticamente idênticos ao camundongo normal da mesma linhagem, podem produzir uma resposta imune forte contra esta proteína quando imunizado com ela. A **autotolerância imunológica** apresentada por camundongos normais persiste somente pelo tempo que a molécula própria permanecer no organismo. Se uma molécula própria como o C5 for experimentalmente removida do camundongo adulto, após poucas semanas ou meses o animal adquire a capacidade de responder a ela, conforme novas células B e T são produzidas na ausência de C5. Assim, o sistema imune adaptativo é geneticamente capaz de responder a moléculas próprias, mas aprende a não fazê-lo.

A autotolerância depende de diversos mecanismos, incluindo os seguintes (**Figura 24-21**):

1. Na *edição dos receptores*, as células B em desenvolvimento que reconhecem as moléculas próprias alteram seus receptores de modo que não as reconheçam mais.

2. Na *deleção clonal*, as células B e T potencialmente autorreativas morrem por apoptose quando encontram uma determinada molécula própria.

3. Na *inativação clonal* (também denominada anergia clonal), as células B e T autorreativas tornam-se funcionalmente inativadas quando encontram suas moléculas próprias.

4. Na *supressão clonal*, as *células T reguladoras* autorreativas (discutidas mais adiante) impedem a atividade de outros tipos de linfócitos potencialmente autorreativos.

Alguns desses mecanismos, principalmente os dois primeiros, a edição dos receptores nas células B e a deleção clonal das células B e T atuam nos órgãos linfoides centrais quando as células B e T autorreativas recém-formadas encontram pela primeira vez suas moléculas próprias, e eles são os principais responsáveis pelo processo denominado *tolerância central*. A inativação clonal e a supressão clonal, ao contrário, atuam principalmente quando as células B e T maduras encontram suas próprias moléculas nos órgãos linfoides periféricos, sendo, então, responsáveis pelo processo chamado de *tolerância periférica*. Entretanto, a deleção clonal também pode atuar na periferia e a inativação clonal também pode atuar nos órgãos linfoides centrais.

Por que a ligação a uma molécula própria leva à tolerância em vez de ativação? A resposta ainda não é completamente conhecida. Como veremos mais adiante, a ativação das células B e T pelo seu antígeno em um órgão linfoide periférico requer mais do que apenas a ligação do antígeno. Ela requer sinais coestimuladores, que são fornecidos pelas *células T auxiliares* (discutidas mais adiantes), no caso das células B, e por células dendríticas ativadas, no caso das células T virgens. A produção de tais sinais normalmente é ativada pela exposição a um patógeno, mas os linfócitos autorreativos normalmente encontram seu autoantígeno na ausência de tais sinais. Sob essas condições, os linfócitos não irão somente falhar na sua ativação, mas irão se tornar tolerantes, sendo mortos ou inativados, ou ativamente suprimidos por uma célula T reguladora (ver Figura 24-21). A ativação ou a tolerância de uma célula T ocorre nos órgãos linfoides periféricos, normalmente na superfície de uma célula dendrítica.

Por razões ainda desconhecidas, os mecanismos de tolerância algumas vezes falham, causando a reação das células B e T (ou ambas) contra as moléculas do próprio organismo. A *miastenia grave* é um exemplo de uma **doença autoimune**. A maioria dos

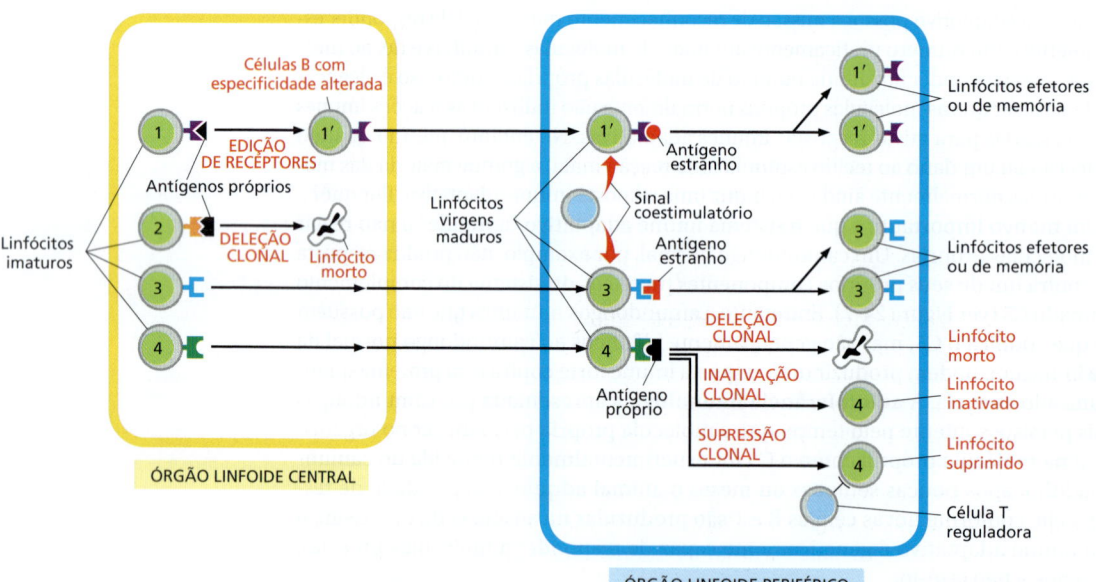

Figura 24-21 Mecanismos de autotolerância imunológica. Quando uma célula B imatura, autorreativa, liga as próprias moléculas nos órgãos linfoides centrais onde ela é produzida, ela pode alterar seu receptor de antígeno de modo que deixe de ser autorreativa (célula 1). Esse processo é denominado edição do receptor. Alternativamente, quando uma célula T ou B imatura se liga às moléculas próprias nos órgãos linfoides centrais, ela pode morrer por apoptose, um processo denominado deleção clonal (célula 2). Como essas duas formas de tolerância (apresentadas à esquerda) ocorrem nos órgãos linfoides centrais, são denominadas *tolerância central*.

Quando uma célula B ou T virgem autorreativa escapa da indução de tolerância nos órgãos linfoides centrais e liga-se às suas moléculas próprias nos órgãos linfoides periféricos (célula 4), ou em outro tecido periférico, ela normalmente não será ativada, porque a sinalização geralmente ocorre sem sinal coestimulador suficiente, e a célula morre por apoptose (frequentemente após um período de proliferação), ou será inativada, ou subsequentemente suprimida por uma célula T reguladora. Estas formas de tolerância, apresentadas à direita, são denominadas *tolerância periférica*. Como discutido anteriormente, as células que fornecem os sinais coestimuladores são os linfócitos T para as células B e normalmente as células dendríticas para as células T (não apresentado). Pelo menos para as células T, a ativação e a tolerância nos órgãos linfoides periféricos normalmente ocorrem na superfície de uma célula dendrítica, embora as células dendríticas sejam diferentes nos dois casos.

indivíduos afetados produzem anticorpos contra os receptores de acetilcolina nas células do próprio músculo esquelético. Esses receptores são necessários para a contração muscular normal em resposta à estimulação nervosa, que libera a acetilcolina (ver Figura 11-39). Os anticorpos interferem no funcionamento normal desses receptores, e, dessa forma, o paciente torna-se fraco e pode morrer por não poder respirar. Igualmente, no *diabetes juvenil (tipo 1)*, reações autoimunes adaptativas contra as células β secretoras de insulina do pâncreas matam essas células, levando a uma deficiência grave de insulina.

Resumo

As respostas imunes inatas ativadas por patógenos nos locais da infecção auxiliam a ativação das respostas imunes adaptativas nos órgãos linfoides periféricos. O sistema imune adaptativo é composto por milhões de clones de células B e T, com as células de cada clone compartilhando um único receptor de superfície celular que permite que elas se liguem a um antígeno patogênico específico. A ligação do antígeno a esses receptores, com o auxílio dos sinais coestimuladores, estimulam a proliferação e diferenciação dos linfócitos em células efetoras que poderão auxiliar na eliminação dos patógenos. As células B efetoras secretam anticorpos que podem atuar em longas distâncias para auxiliar na eliminação dos patógenos extracelulares e suas toxinas. As células T efetoras, por outro lado, produzem moléculas coestimuladoras secretadas e de superfície celular que atuam, principalmente localmente, para auxiliar as outras células do sistema imune na eliminação dos patógenos. Além disso, algumas células T podem induzir o suicídio das células hospedeiras infectadas.

Durante a resposta adaptativa primária a um antígeno, os linfócitos que reconhecem o antígeno proliferam para que, em uma próxima vez, existam mais deles para responder ao antígeno na resposta secundária ao mesmo antígeno. Além disso, durante a resposta primária a um antígeno, os linfócitos diferenciam em célula T de memória que respondem mais rápido e de maneira mais eficiente na próxima vez que o mesmo patógeno invadir o organismo. Esses dois mecanismos são os principais responsáveis pela memória imunológica. As células B e T recirculam continuamente entre os órgãos linfoides periféricos por meio do sangue e da linfa. Somente se encontrarem seus antígenos estranhos específicos em um órgão linfoide periférico é que elas irão parar de migrar, proliferar e diferenciar em células efetoras ou células de memória. Os linfócitos que reagem contra as moléculas próprias alteram seus receptores (no caso das células B) ou são eliminadas ou inativadas. Elas também podem ser suprimidas por células T reguladoras. Esse conjunto de mecanismos são responsáveis pela autotolerância imune, que assegura que o sistema imune adaptativo normalmente evite o ataque às células e moléculas do hospedeiro.

CÉLULAS B E IMUNOGLOBULINAS

Inevitavelmente, os vertebrados morrem de infecção se não forem capazes de produzir anticorpos. Os **anticorpos** são proteínas secretadas que nos defendem contra patógenos extracelulares de várias maneiras. Eles se ligam aos vírus e às toxinas microbianas, impedindo que eles se liguem e danifiquem as células hospedeiras (ver Figura 24-2). Quando ligados a um patógeno ou aos seus produtos, os anticorpos também recrutam alguns componentes do sistema imune inato, incluindo vários tipos de leucócitos e componentes do sistema do complemento, que atuarão em conjunto para inativar e eliminar os invasores.

Sintetizados exclusivamente pelas células B, os anticorpos são produzidos em bilhões de formas, cada uma com uma sequência de aminoácidos diferente. Eles pertencem a uma classe de proteínas denominadas **imunoglobulinas** (abreviadas como **Igs**) e estão entre as proteínas mais abundantes que compõe o sague. Nesta seção, iremos tratar da estrutura e da função das imunoglobulinas e de como elas são feitas de várias formas diferentes.

As células B produzem imunoglobulinas (Igs) que atuam tanto como receptores de antígenos da superfície celular quanto como anticorpos secretados

As primeiras Igs produzidas por um linfócito B recém-formado não são secretadas, mas são inseridas na membrana plasmática, onde atuam como receptores de antígenos. Elas são chamadas de **receptores de células B (BCRs)**, e cada célula B possui aproxima-

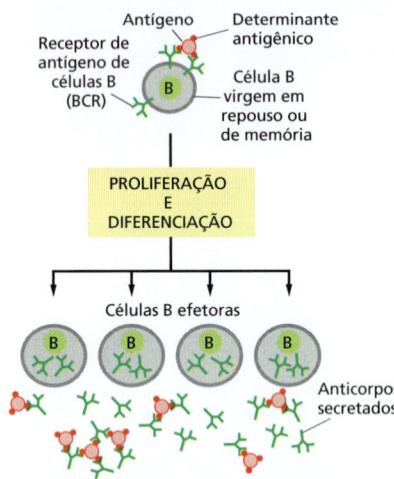

Figura 24-22 Receptores de células B (BCRs) e anticorpos secretados produzidos por um clone de célula B. A ligação de um antígeno aos BCRs ou a uma célula B virgem ou de memória (com os sinais coestimuladores fornecidos pelas células T auxiliares) ativa a proliferação e diferenciação das células em células B efetoras. As células efetoras produzem e secretam anticorpos com um mesmo tipo de sítio de ligação ao antígeno, que é o mesmo dos BCRs da superfície da célula. Como os anticorpos possuem dois sítios idênticos de ligação do antígeno, eles podem fazer uma ligação cruzada com dois antígenos, como o antígeno apresentado na figura que possui múltiplos *determinantes antigênicos* idênticos.

mente 10^5 delas em sua membrana plasmática. Cada BCR é associado de modo estável a proteínas transmembrana invariáveis que ativam as vias de sinalização intracelulares quando o antígeno se liga ao BCR. Mais adiante veremos essas proteínas invariáveis quando estudaremos como as células B são ativadas com o auxílio das *células T auxiliares*.

Cada clone de célula B produz um único tipo de BCR, cada um com um único sítio de ligação ao antígeno. Quando um antígeno e uma célula T auxiliar ativam uma célula B de memória ou uma célula B virgem, a célula B prolifera e se diferencia em célula efetora que, em seguida, irá produzir e secretar grandes quantidades de Ig solúvel (e não ligado à membrana). A Ig secretada é agora chamada de anticorpo, e possui o mesmo sítio de ligação do antígeno específico como o BCR (**Figura 24-22**).

Uma molécula de Ig típica é bivalente com dois sítios idênticos de ligação do antígeno. Ela consiste em quatro cadeias polipeptídicas – duas *cadeias leves* idênticas e duas *cadeias pesadas* idênticas. A porção N-terminal das cadeias leve e pesada normalmente cooperam para formar a superfície de ligação do antígeno, ao passo que a porção mais C-terminal da cadeia pesada forma a cauda da proteína em forma de Y (**Figura 24-23**). A cauda media muitas das atividades dos anticorpos, e os anticorpos com o mesmo sítio de ligação do antígeno podem ter diferentes regiões na causa, sendo que cada uma confere uma propriedade funcional distinta, como a capacidade de ativação do complemento ou de se ligar a proteínas receptoras nas células fagocíticas, as quais se ligam a determinados tipos de cauda de anticorpo.

Os mamíferos produzem cinco classes de Igs

Nos mamíferos, existem cinco *classes* principais de Igs; cada uma medeia uma resposta biológica característica após a ligação do antígeno com um anticorpo: IgA, IgD, IgE, IgG e IgM, cada uma com sua própria classe de cadeia pesada – α, δ, ε, γ e μ respectivamente. As moléculas de IgA possuem cadeias α, as moléculas de IgG possuem cadeias γ, e assim por diante. Além disso, há quatro subclasses de IgG humana (IgG1, IgG2, IgG3 e IgG4), com cadeias pesadas γ_1, γ_2, γ_3 e γ_4 respectivamente. Há também duas subclasses de IgA humana. Além das várias classes e subclasses de cadeias pesadas, os vertebrados superiores apresentam dois tipos de cadeias leves, κ e λ, que parecem ser funcionalmente indistinguíveis. Qualquer tipo de cadeia leve pode estar associada a qualquer tipo de cadeia pesada, mas cada molécula de Ig sempre contém cadeias leves idênticas e cadeias pesadas idênticas. Por exemplo, uma molécula de IgG pode ter cadeia leve κ ou λ, mas não uma de cada. Como resultado, os sítios de ligação ao antígeno de uma Ig são sempre idênticos (ver Figura 24-22).

As várias cadeias pesadas têm uma conformação característica na região da cauda dos anticorpos, e é por isso que cada classe (e subclasse) tem características próprias. A **IgM** é sempre a primeira classe de Ig que uma célula B em desenvolvimento produz na medula óssea. Ela forma os BCRs da superfície das *células B virgens imaturas*. Após deixarem

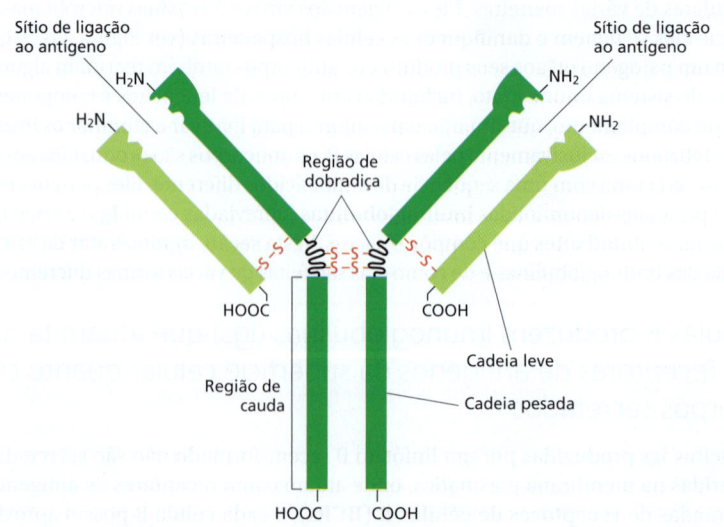

Figura 24-23 Representação esquemática de uma molécula de anticorpo bivalente. Cada uma das cadeias pesadas possui uma região de dobradiça que, devido à sua flexibilidade, aumenta a eficiência com a qual o anticorpo pode estabelecer ligações cruzadas com o antígeno (ver Figura 24-22). As duas cadeias pesadas também formam a cauda do anticorpo, que determina suas propriedades funcionais. As cadeias pesadas e leves são unidas por pontes de S-S covalentes (*vermelho*) e não covalentes (não apresentadas).

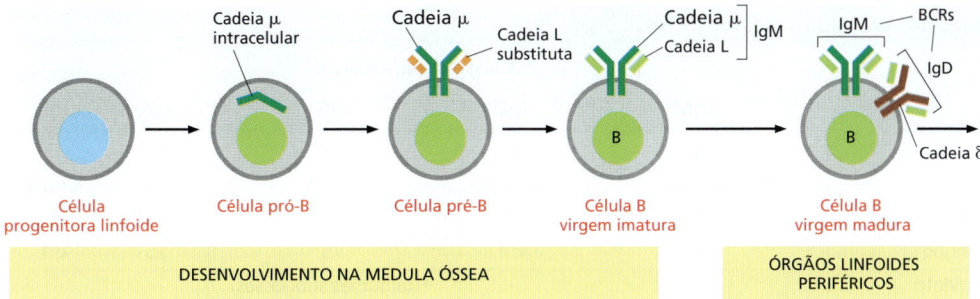

Figura 24-24 Estágios do desenvolvimento das células B. Todos os estágios apresentados ocorrem antes das células ligarem seus antígenos específicos. As primeiras células da linhagem das células B que produzem Ig são denominadas *células pró-B*. Elas produzem cadeias pesadas μ, as quais permanecem no retículo endoplasmático até que um tipo especial de cadeia leve, denominada cadeia leve substituta, seja produzida. As cadeias leves substitutas são trocadas pelas cadeias leves genuínas e reunidas com as cadeias μ para formar uma molécula do receptor que se insere na membrana plasmática. As células agora são denominadas *células pré-B*. A sinalização desse receptor de célula pré-B permite que as células produzam cadeias leves genuínas que combinam com cadeias μ para formar moléculas de IgM com quatro cadeias, as quais atuam como BCRs da superfície celular nas *células B virgens imaturas*. Após essas células deixarem a medula óssea, elas também começam a expressar os BCRs IgD, os quais possuem o mesmo sítio de ligação do antígeno que os BCRs IgM, são estas *células B virgens maduras* que reagem com seus antígenos específicos estranhos nos órgãos linfoides periféricos.

a medula óssea, essas células também começam a produzir os BCRs **IgD**, com o mesmo sítio de ligação do antígeno dos BCRs IgM. Agora essas células são denominadas *células B virgens maduras*, pois podem responder a seus antígenos estranhos específicos nos órgãos linfoides periféricos (**Figura 24-24**). A IgM é também a principal classe de anticorpo secretada na corrente sanguínea nos estágios iniciais da resposta primária de anticorpos, na primeira exposição a um antígeno. Na sua forma secretada, a IgM é um pentâmero semelhante a uma roda composta por cinco unidades de quatro cadeias perfazendo um total de dez sítios de ligação do antígeno, permitindo que ela se ligue fortemente aos patógenos. Na sua forma ligada ao antígeno, a IgM é muito eficiente na ativação do complemento, o que é importante no início das respostas de anticorpos aos patógenos.

A principal classe de anticorpos no sangue é a **IgG**. Esses anticorpos são monômeros de quatro cadeias (ver Figura 24-23) e são produzidos em quantidades especialmente grandes durante as respostas secundárias de anticorpos. A região da cauda de algumas subclasses de anticorpos IgG que se ligam ao antígeno podem ativar o complemento e também se ligar a receptores específicos nos macrófagos e neutrófilos. Fundamentalmente por meio desses **receptores Fc** (assim denominados porque as caudas dos anticorpos são chamadas de regiões Fc), essas células fagocíticas se ligam, ingerem e destroem os microrganismos infecciosos que foram recobertos com anticorpos IgG produzidos em resposta à infecção. Os receptores Fc ativados também sinalizam a secreção de citocinas pró-inflamatórias pelos fagócitos (**Animação 24.4**)

A região da cauda dos anticorpos **IgE** liga-se a outra classe de receptor Fc na superfície dos *mastócitos* nos tecidos e *basófilos* no sangue. Como os anticorpos IgE livres de antígenos se ligam com alta afinidade a tais receptores Fc, os anticorpos atuam como receptores nessas células. A ligação do antígeno aos anticorpos ligados ativa os receptores Fc e estimula as células a secretarem várias citocinas e aminas biologicamente ativas, principalmente *histamina*, que causa a dilatação dos vasos sanguíneos os quais se tornam permeáveis. Isso auxilia a entrada dos leucócitos, anticorpos e componentes do complemento nos locais onde os mastócitos foram ativados. A liberação de aminas pelos mastócitos e basófilos causa os sintomas das *reações alérgicas*, como febre do feno, asma e urticária. Além disso, os mastócitos secretam fatores que atraem e ativam leucócitos denominados *eosinófilos*, que também possuem receptores Fc que ligam moléculas de IgE e podem matar vermes parasitas extracelulares, principalmente se os vermes estão revestidos com anticorpos IgE (ver Figura 24-6).

A **IgA** é a principal classe de anticorpos nas secreções, incluindo a saliva, as lágrimas, o leite e as secreções respiratórias e intestinais. Outra classe de receptores Fc, localizados nas células epiteliais relevantes, direciona a secreção por meio da ligação dos dímeros de IgA livre de antígenos transportando a IgA através do epitélio. As propriedades das várias classes dos anticorpos em humanos estão resumidas na **Tabela 24-2**.

Todas as classes de Ig podem ser expressas na membrana ou na forma solúvel secretada. As duas formas diferem somente na porção C-terminal de sua cadeia pesada. A cadeia pesada das moléculas de Ig ligadas à membrana (BCRs) possuem uma porção C-terminal transmembrana hidrofóbica que a ancora na bicamada lipídica da membrana plasmática da célula B. As cadeias pesadas das moléculas de anticorpos secretadas, por outro lado, possuem uma porção C-terminal hidrofílica, o que permite seu escape da célula. Essa mudança no caráter da molécula de Ig ocorre porque a ativação da célula B pelo antígeno e pelas células T auxiliares induz uma mudança no modo pelo qual os transcritos de RNA de cadeia pesada são produzidos e processados no núcleo (ver Figura 7-59).

TABELA 24-2 Propriedades das principais classes de anticorpos humanos

Propriedades	Classe do anticorpo				
	IgM	IgD	IgG	IgA	IgE
Cadeias pesadas	μ	δ	γ	α	ε
Cadeias leves	κ ou λ	κ ou λ	κ ou λ	κ ou λ	κ ou λ
Número de unidades com quatro cadeias	5	1	1	1 ou 2	1
Porcentagem total de Ig no sangue	10	< 1	75	15	< 1
Ativa a via clássica do complemento	+	–	+ (algumas subclasses)	–	–
Passa da mãe para o feto	–	–	+ (algumas subclasses)	–	–
Capacidade de ligar-se a macrófagos e neutrófilos	+ (somente macrófagos)	–	+ (algumas subclasses)	+	–
Capacidade de ligar-se a mastócitos e basófilos	–	–	+ (algumas subclasses)	–	+

As cadeias leves e pesadas das Igs são compostas por regiões constantes e variáveis

Tanto as cadeias leves como as pesadas apresentam uma sequência de aminoácido variável na região N-terminal, mas uma sequência constante na região C-terminal. As **regiões constantes** e **variáveis** de uma cadeia leve são do mesmo tamanho, mas as regiões constantes de uma cadeia pesada são cerca de 3 a 4 vezes mais longas, dependendo da classe (**Figura 24-25**).

As regiões variáveis das cadeias leves e pesadas se encontram para formar os sítios de ligação ao antígeno, e a variabilidade de suas sequências de aminoácidos confere a base estrutural da diversidade desses sítios de ligação. A maior diversidade ocorre em três pequenas **regiões hipervariáveis** das cadeias leves e pesadas. Somente de 5 a 10 aminoácidos de cada região hipervariável formam o sítio de ligação ao antígeno (**Figura 24-26**). Como resultado, o tamanho do **determinante antigênico** que uma molécula de Ig reconhece é relativamente pequeno. Por exemplo, ele pode conter apenas 10 aminoácidos na superfície de uma proteína globular (ver Figura 24-22).

Tanto as cadeias leves como as pesadas são compostas por segmentos repetitivos – sendo cada um composto por 110 aminoácidos e com uma ligação dissulfeto intracadeia. Esses segmentos repetitivos enovelam-se de forma independente para formar unidades funcionais compactas denominadas **domínios de imunoglobulinas (Igs)**. Como apresentado na **Figura 24-27A**, uma cadeia leve consiste em um domínio variável (V_L) e em um domínio constante (C_L), ao passo que a cadeia pesada possui um domínio variável e três ou quatro domínios constantes. Os domínios variáveis das cadeias leve e pesada pareiam para formar a região de ligação ao antígeno. Cada domínio de Ig possui uma estrutura tridimensional muito semelhante, formada por duas folhas β unidas por uma ponte dissulfeto. Os domínios variáveis são únicos e cada um possui seu conjunto de regiões hipervariáveis, as quais estão organizadas em três *alças hipervariáveis* que

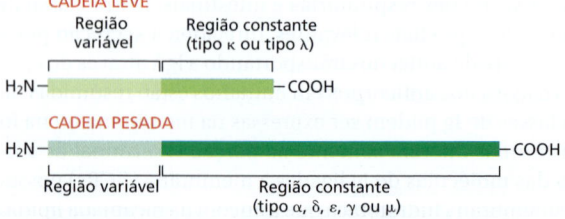

Figura 24-25 Regiões constantes e variáveis das cadeias de imunoglobulinas. As regiões variáveis das cadeias leve e pesada formam o sítio de ligação ao antígeno, enquanto a região constante das cadeias pesadas determinam as outras propriedades biológicas de uma proteína Ig. As diferentes subclasses dos anticorpos IgG possuem distintas regiões constantes de cadeia γ.

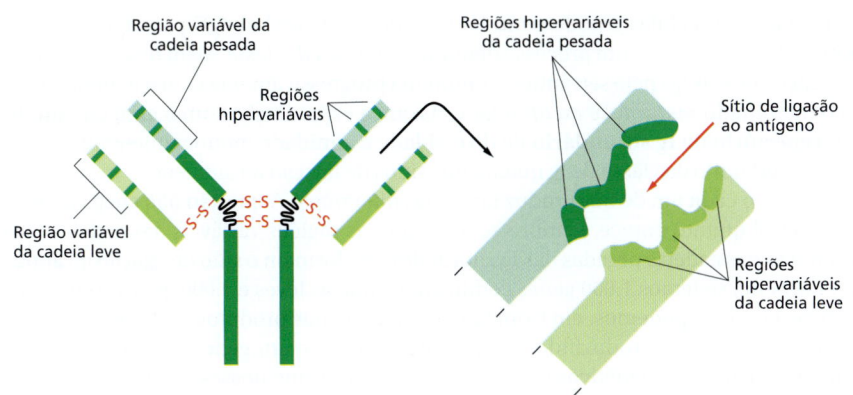

Figura 24-26 Regiões hipervariáveis da Ig. Uma representação altamente esquematizada de como três regiões hipervariáveis em cada cadeia leve e pesada juntas formam cada sítio de ligação ao antígeno de uma proteína Ig.

se agrupam nas extremidades dos domínios variáveis para formar o sítio de ligação ao antígeno (**Figura 24-27B**).

Os genes que codificam Igs são combinados a partir de segmentos de genes separados durante o desenvolvimento da célula B

Mesmo na ausência da estimulação antigênica, é provável que um humano possa produzir mais do que 10^{12} moléculas diferentes de Ig – o seu **repertório de Ig primário**. O repertório primário consiste em proteínas IgM e IgD e é aparentemente grande o suficiente para garantir que existirá um sítio de ligação ao antígeno capaz de combinar-se com praticamente todos os possíveis determinantes antigênicos existentes, mesmo que com baixa afinidade – $K_a \approx 10^5$–10^7 L/mol. Após a estimulação pelo antígeno (e as células

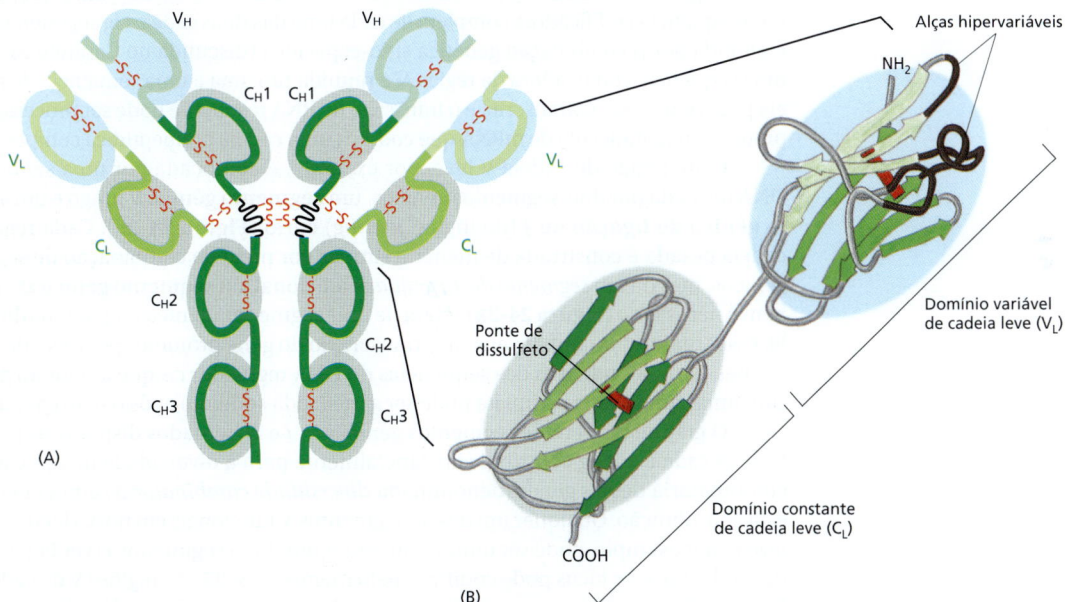

Figura 24-27 Domínios Ig. (A) As cadeias leves e pesadas em uma proteína Ig são, cada uma, enoveladas em domínios repetitivos similares. Os domínios variáveis (marcados em *azul*) das cadeias leves e pesadas (V_L e V_H) formam os sítios de ligação ao antígeno, enquanto os domínios constantes (marcados em *cinza*) da cadeia pesada (principalmente C_H2 e C_H3) determinam as outras propriedades biológicas da proteína. As cadeias pesadas de IgM e IgE não possuem região de dobradiça, mas têm um domínio constante extra (C_H4). As interações hidrofóbicas existentes entre os domínios de cadeias adjacentes desempenham o papel fundamental de manter as cadeias unidas na molécula de Ig: V_L liga-se com V_H, C_L liga-se com C_H1, e assim por diante. (B) Estruturas baseadas nas análises por cristalografia de raios X dos domínios de uma cadeia leve de Ig (Animação 24.5). Os domínios variável e constante possuem estrutura geral similar formada por duas folhas β unidas por uma ponte de dissulfeto (*vermelho*). Observe que todas as regiões hipervariáveis (*preto*) formam alças nas porções mais distais do domínio variável, onde se associam para formar o sítio de ligação ao antígeno. Todas as Igs são glicosiladas nos seus domínios C_H2 (não apresentado). Os oligossacarídeos ligados às cadeias variam de Ig para Ig e podem influenciar grandemente as propriedades biológicas da proteína, principalmente ao afetar sua ligação aos receptores Fc das células imunes.

T auxiliares), as células B podem mudar a produção de IgM ou IgD para a produção de outras classes de Ig, em um processo denominado *troca de classe*. Além disso, a afinidade de ligação dessas Igs pelo seu antígeno aumenta progressivamente com o tempo, processo denominado *maturação da afinidade*. Assim, a estimulação com o antígeno produz um **repertório de Ig secundário** de diversidade e afinidade muito aumentadas (K_a até 10^{11} L/mol) tanto da classe de Ig quanto dos sítios de ligação ao antígeno.

Como cada um de nós produz tantas Igs diferentes? A questão não chega a ser tão formidável quanto parece. Lembre-se que tanto as regiões variáveis das cadeias leves quanto as das cadeias pesadas das Igs normalmente formam o sítio de ligação ao antígeno. Portanto, se temos 1.000 genes codificando cadeias leves e 1.000 genes codificando cadeias pesadas, podemos, em princípio, combinar seus produtos de 1.000 × 1.000 de diferentes maneiras produzindo 10^6 sítios de ligação ao antígeno. Mesmo assim, evoluímos mecanismos genéticos especiais para permitir que nossas células B produzam um número praticamente ilimitado de cadeias leve e pesadas distintas de um modo surpreendentemente econômico. Podemos fazer isso de duas maneiras. Primeiro, antes do estímulo pelo antígeno, as células B em desenvolvimento unem *segmentos gênicos* que estão separados no DNA para formar genes que codificam o repertório primário de proteínas IgM e IgD de baixa afinidade. Segundo, após o estímulo antigênico, a reunião dos genes Ig pode sofrer duas mudanças posteriores: mutações que podem aumentar a afinidade do sítio de ligação ao antígeno e rearranjos no DNA que trocam a classe de Ig produzida. Juntamente, essas mudanças produzem o repertório secundário de proteínas IgG, IgE e IgA de alta afinidade.

Produzimos nosso repertório primário de Ig unindo **segmentos gênicos** Ig que estão separados, durante o desenvolvimento da célula B. Cada tipo de cadeia Ig, cadeias leves κ, cadeias leves λ e cadeias pesadas estão codificadas em lócus gênicos separados e cromossomos distintos. Cada lócus contém um grande número de segmentos gênicos que codificam a região V de uma cadeia Ig, e um ou mais segmentos gênicos que codificam a região C. Durante o desenvolvimento de uma célula B na medula óssea, para que uma sequência codificadora completa de cada uma das duas cadeias Ig seja sintetizada ela é reunida por recombinação genética sítio-específica (discutida no Capítulo 5). Quando uma sequência codificadora da região V é reunida próxima a uma sequência de região C, ela pode, então, ser cotranscrita e o transcrito de RNA resultante pode ser processado para produzir uma molécula de mRNA que codifica uma cadeia polipeptídica completa de Ig.

Cada região de cadeia V leve, por exemplo, é codificada por uma sequência de DNA formada por dois segmentos gênicos, um **segmento gênico V** longo e um **segmento gênico de *ligação* ou *J*** (do inglês, *joining*) curto (**Figura 24-28**). Cada região V de cadeia pesada é construída de maneira similar por meio da combinação de segmentos gênicos, mas há um *segmento de diversidade* adicional, ou **segmento gênico D**, que também é necessário (**Figura 24-29**). Além de unir segmentos gênicos separados do gene de Ig, esses rearranjos também ativam a transcrição do gene promotor por meio de mudanças nas posições relativas das sequências de DNA regulador *cis* que atuam no gene. Assim, uma cadeia de Ig completa pode ser sintetizada somente após o rearranjo do DNA.

O grande número de segmentos gênicos V, J e D herdados disponíveis para codificar as cadeias de Ig contribui substancialmente para a diversidade de Igs, e a ligação combinatória desses genes (denominada *diversidade combinatória*) aumenta bastante esta contribuição. Qualquer um dos 35 segmentos V funcionais em nosso lócus de cadeia leve κ, por exemplo, pode ser unido a qualquer um dos 5 segmentos J (ver Figura 24-28), de modo que este lócus pode codificar, pelo menos, 175 (35 x 5) regiões V de cadeia κ diferentes. Da mesma forma, qualquer um dos 40 segmentos gênicos V do lócus de cadeia pesada pode se unir a qualquer um dos aproximadamente 23 segmentos gênicos D e a qualquer um dos 6 segmentos gênicos J para codificar pelo menos 5.520 (40 × 23 × 6) regiões V de cadeia pesada. Somente por esse mecanismo, denominado **recombinação V(D)J**, um humano pode produzir 295 diferentes regiões V_L (175 κ e 120 λ) e 5.520 diferentes regiões V_H. Em princípio, estas podem, então, ser combinadas para produzir mais de $1,5 \times 10^6$ (295 x 5.520) sítios de ligação ao antígeno diferentes.

A recombinação V(D)J é mediada por uma enzima denominada *recombinase V(D)J*, que reconhece as sequências sinal de recombinação no DNA que flanqueia cada segmento gênico que deve ser unido. Embora esse processo assegure que somente os segmentos gênicos adequados se recombinem, um número variável de nucleotídeos é frequente-

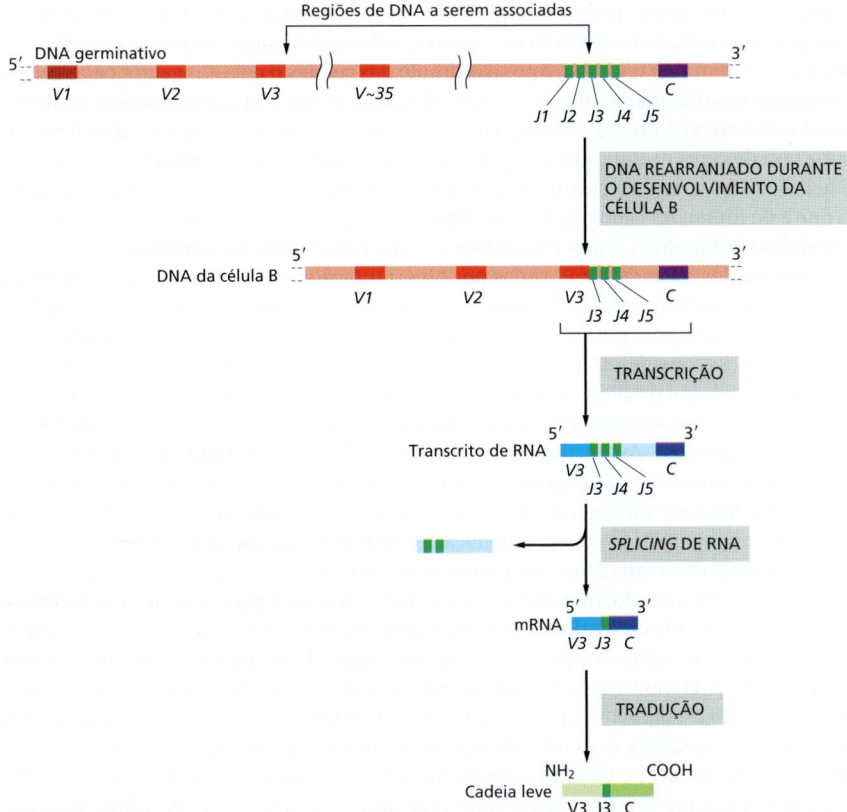

Figura 24-28 Os processos de associação entre V-J envolvidos na construção da cadeia leve humana κ. No DNA germinativo (no qual os segmentos de genes das imunoglobulinas não foram rearranjados e, portanto, não são expressos), o agrupamento dos cinco segmentos gênicos J encontram-se separados das sequências codificadoras da região C por um pequeno íntron, e dos aproximadamente 35 segmentos gênicos V funcionais por milhares de pares de nucleotídeos. Durante o desenvolvimento de uma célula B, um segmento gênico V aleatoriamente escolhido (V3, neste caso) é posicionado precisamente próximo a um dos segmentos gênicos J (J3, neste caso). Os segmentos J "restantes" (J4 e J5) e a sequência do íntron são transcritos (com os segmentos gênicos V3 e J3 associados e a sequência que codifica a região C) e removidos durante o *splicing* do RNA, dando origem à molécula de mRNA, na qual as sequências V3, J3 e C encontram-se contíguas. Esses mRNAs são traduzidos em cadeias κ leves. Um segmento gênico J codifica 15 ou mais aminoácidos da porção C-terminal da região V, e uma pequena sequência contendo o segmento de junção V-J codifica a terceira região hipervariável, que é a porção mais variável de uma região V de cadeia leve.

mente perdido nas extremidades dos segmentos gênicos em recombinação e, um ou mais nucleotídeos escolhidos aleatoriamente também são inseridos. A perda e o ganho de nucleotídeos aleatórios nos locais de união são denominados **diversificação juncional** e aumentam ainda mais a diversidade das sequências codificadoras das regiões V criadas pela recombinação V(D)J (até cerca de 10^8 vezes), especificamente na terceira região hipervariável. No entanto, esse aumento de diversidade tem seu preço. Em muitos casos, isso desloca a fase de leitura produzindo genes não funcionais e, nesse caso, a célula B falha na produção de uma molécula de Ig funcional e, como consequência, morre na medula óssea. Uma vez que a célula B produza uma cadeia leve e cadeia pesada funcional que forma um sítio de ligação do antígeno, ela "desliga" o processo de recombinação V(D)J, assegurando que a célula produza Ig de uma única especificidade antigênica.

As células B que produzem BCRs e que interagem fortemente com os antígenos próprios na medula óssea podem ser perigosas. Essas células B mantém a expressão de uma recombinase V(D)J ativa e são ativadas por autoligação passando por uma segunda etapa de recombinação V(D)J no lócus de cadeia leve e, portanto, alterando a especificidade de seu BCR, processo de **edição do receptor**, mencionado anteriormente. As células B autorreativas que não alteram sua especificidade morrem por apoptose, no processo de deleção clonal (ver Figura 24-21).

As hipermutações somáticas dirigidas por antígenos são responsáveis pelo ajuste fino nas respostas dos anticorpos

Conforme mencionado anteriormente, com o passar do tempo, após uma infecção ou vacinação, de modo geral, ocorre um aumento progressivo da afinidade dos anticorpos produzidos contra o patógeno. Esse fenômeno de **maturação da afinidade** deve-se ao acúmulo

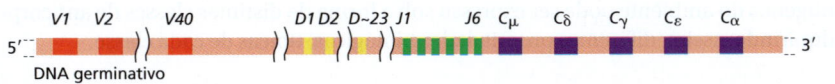

Figura 24-29 O lócus da cadeia pesada humana. Existem 40 segmentos V, cerca de 23 segmentos D, 6 segmentos J e um agrupamento ordenado de sequências que codificam a região C, onde cada agrupamento codifica uma classe diferente de cadeia pesada. Os segmentos D (e parte do segmento J) codificam os aminoácidos da terceira região hipervariável, que é a porção mais variável da região V de cadeia pesada. Os mecanismos genéticos envolvidos na produção da cadeia pesada são os mesmos apresentados para a cadeia leve na Figura 24-28, exceto que duas etapas de rearranjo do DNA são necessárias e não somente uma. Primeiro, um segmento gênico D se liga a um segmento gênico J, e, em seguida, um segmento V se une ao segmento DJ rearranjado. Os rearranjos levam à produção de um mRNA VDJC que codifica uma cadeia pesada de Ig completa. A figura não está representada em escala: o tamanho total do lócus de cadeia pesada é maior que dois megabases. Além disso, vários detalhes estão omitidos. Por exemplo, os éxons que codificam cada domínio de Ig da região C e a região da dobradiça (ver Figura 24-27) e as diferentes subclasses dos segmentos que codificam Cγ não estão apresentados.

de mutações pontuais específicas nas sequências que codificam as regiões V tanto das cadeias pesadas como das cadeias leves. As mutações ocorrem muito depois de as regiões codificadoras terem sido reunidas. Após o estímulo das células B pelo antígeno e pelas células T auxiliares nos órgãos linfoides periféricos, algumas células B proliferam rapidamente nos folículos linfoides e formam *centros germinativos* (ver Figura 24-20). Ali as células B mutam a uma taxa de cerca de uma mutação por sequência codificadora de região V por geração de células. Devido ao fato de essa taxa ser aproximadamente 1 milhão de vezes mais elevada do que a de mutações espontâneas em outros genes e ocorrer em células somáticas e não em células germinativas, o processo é denominado **hipermutação somática**.

Poucas Igs alteradas produzidas por hipermutação terão um aumento da afinidade pelo antígeno. Porém, como tanto os BCRs quanto os anticorpos secretados são produzidos pelos mesmos genes de Ig, o antígeno irá estimular preferencialmente aquelas células B que produzem BCRs com afinidade aumentada pelo antígeno. Os clones dessas células B alteradas irão sobreviver e proliferar, especialmente quando a quantidade de antígeno decrescer a níveis baixíssimos durante a resposta. A maioria das células B dos centros germinativos morrerá por apoptose. Assim, depois de repetidos ciclos de hipermutação somática e após a proliferação ativada pelo antígeno de clones selecionados de células B efetoras e de memória, anticorpos de altíssima afinidade tornam-se abundantes durante a resposta imune adaptativa, melhorando progressivamente a proteção contra o patógeno (**Animação 24.6**).

O principal avanço para a compreensão do mecanismo molecular de hipermutação somática ocorreu quando uma enzima que é necessária para esse processo foi identificada. Ela é denominada **desaminase induzida pela ativação** (**AID**, *activation-induced deaminase*), porque é expressa especificamente em células B ativadas e desamina a citosina (C) para uracila (U) no DNA que codifica a região V durante a transcrição. A desaminação produz um erro de pareamento U:G na fita dupla de DNA, e o reparo desse erro produz vários tipos de mutações, dependendo do mecanismo de reparo utilizado. A hipermutação somática afeta somente o DNA ativamente transcrito porque a AID atua somente em DNA de fita simples (que é exposto temporariamente durante a transcrição) e, porque as proteínas envolvidas na transcrição da sequência codificadora da região V são necessárias para recrutar a enzima AID. A AID também é necessária para que as células B ativadas troquem a produção de IgM e IgD pela produção de outras classes de Ig, como veremos a seguir.

As células B podem trocar a classe das Igs que produzem

Depois que uma célula B em desenvolvimento deixa a medula óssea, e antes de interagir com um antígeno, ela expressa os dois BCRs na sua superfície, IgM e IgD, ambos com o mesmo sítio de ligação ao antígeno (ver Figura 24-24). O estímulo pelo antígeno e pelas células T ativam muitas dessas células B virgens maduras a se tornarem células efetoras secretoras de IgM, de modo que os anticorpos IgM dominam a resposta primária de anticorpos. Entretanto, mais tarde durante a resposta imune, quando as células B ativadas sofrem hipermutação somática, a combinação do antígeno e citocinas derivadas das células T auxiliares (discutidas mais adiante) estimulam muitas células B a não mais produzir IgM e IgD ligado à membrana, mas produzir IgG, IgE ou IgA, no processo de **mudança de classe**. Algumas destas células tornam-se células de memória, que expressam a classe correspondente de BCRs de Ig em sua superfície, enquanto outras se tornam células efetoras secretoras de moléculas de Ig como anticorpos. As moléculas de IgG, IgE e IgA mantém o sítio de ligase do antígeno original e são coletivamente referidas como *classes secundárias* de Igs, porque são produzidas após o estímulo pelo antígeno, dominam as respostas secundárias de anticorpos e constituem o repertório de Ig secundário.

Como discutido anteriormente, a região constante da cadeia pesada de uma Ig determina a classe da Ig. Assim, a habilidade das células B em trocar a classe dos anticorpos que produzem, sem trocar o sítio de ligação ao antígeno, implica que a mesma sequência codificadora da região VH rearranjada (que especifica a porção da cadeia pesada que se liga ao antígeno) possa, a seguir, associar-se a diferentes sequências codificadoras de regiões C_H. Esse fato apresenta implicações funcionais importantes. Isso significa que, em um certo animal, um determinado sítio de ligação ao antígeno que foi selecionado pelos antígenos do ambiente pode ser expresso sob a forma de distintas classes de anticorpos, adquirindo, assim, diferentes propriedades biológicas, típicas de cada classe.

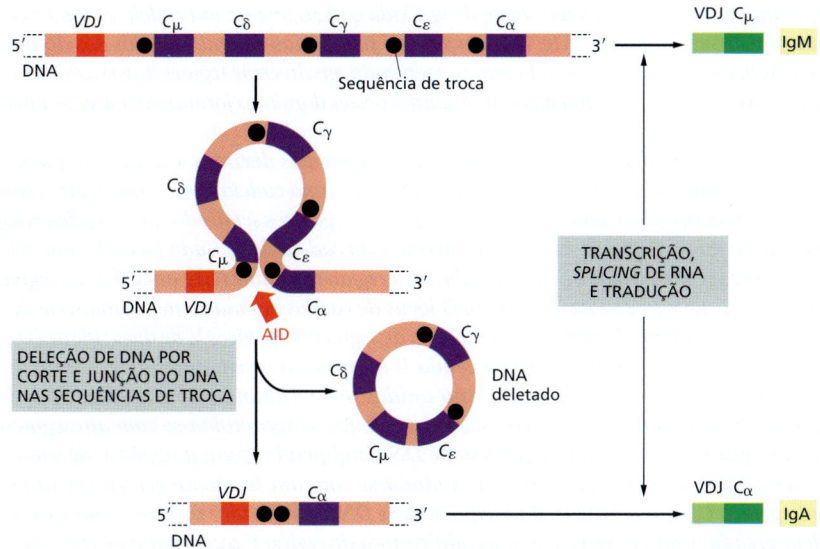

Figura 24-30 **Exemplo de um rearranjo de DNA que ocorre na recombinação de troca de classe.** Uma célula B produzindo moléculas de IgM com uma região V codificada por uma determinada sequência de DNA *VDJ* reunida é estimulada a trocar de classe para produzir moléculas de IgA com a mesma região V. Nesse processo, ela deleta o DNA existente entre a sequência *VDJ* e a sequência codificadora $C\alpha$. As sequências de DNA específicas (*sequências de troca*) localizadas depois de cada sequência codificadora C_H (exceto $C\delta$, pois as células B não trocam de $C\mu$ para $C\delta$) podem recombinar uma com a outra, com a deleção do DNA interveniente, como apresentado na figura. O processo de recombinação para a troca de classes, como discutido no texto, depende da AID, a mesma enzima envolvida na hipermutação somática (ver Figura 25-40). Quando ocorre a troca de IgM para IgG ou IgE, a sequência codificadora da região C antes de $C\gamma$ ou $C\delta$, que permanece após a deleção do DNA, é removida durante o *splicing* do RNA.

Quando uma célula B realiza a troca de classe e deixa de produzir IgM e IgD e passa a produzir uma das classes secundárias de Ig, ocorre uma alteração irreversível no DNA – um processo denominado **recombinação para troca de classe.** Esse processo leva à deleção do DNA que contém todas as sequências codificadoras de C_H existentes entre a sequência codificadora de VDJ rearranjada e uma determinada sequência codificadora de C_H que a célula está destinada a expressar. A recombinação para troca de classe difere da recombinação V(D)J de várias maneiras. (1) Ocorre após o estímulo antigênico, principalmente nos centros germinativos e depende de células T auxiliares. (2) Usa sequências sinais de recombinação diferentes, denominadas *sequências de troca*, que flanqueiam os diferentes segmentos codificadores C_H. (3) Envolve a clivagem e ligação das sequências de troca, que são sequências não codificadoras e não altera a sequência codificadora da região V_H reunida (**Figura 24-30**). (4) E, mais importante, o mecanismo molecular é diferente. Ele depende de uma AID, que também está envolvida na hipermutação somática e não a recombinase V(D)J. As citocinas que ativam a troca de classe induzem a produção dos reguladores de transcrição que ativam a transcrição de sequências de troca relevantes, permitindo o recrutamento da AID para esses locais.

Uma vez ligada, a AID inicia a troca por recombinação pela desaminação de algumas citosinas para uracila nas vizinhanças da sequência de troca. Acredita-se que a excisão dessas uracilas leve a quebras na fita dupla nas regiões de troca, as quais são, então, unidas para formar extremidades de ligação não homólogas (discutidas no Capítulo 5).

Dessa forma, enquanto o repertório primário de Ig em humanos (e em camundongos) é produzido pela união V(D)J mediada pela recombinase V(D)J, o repertório secundário de anticorpos é produzido por hipermutação somática e recombinação com troca de classe, os quais são mediados pela AID. A **Figura 24-31** apresenta os principais mecanismos discutidos neste capítulo a respeito da diversidade das Igs.

Resumo

Cada clone de célula B produz moléculas de imunoglobulina (Ig) com um sítio de ligação ao antígeno exclusivo. Inicialmente, as moléculas são inseridas na membrana plasmática e atuam como receptores de células B (BCRs) para o antígeno. A ligação do antígeno aos BCRs, juntamente com os sinais coestimuladores das células T auxiliares, ativam as células B a proliferar e se diferenciar em células de memória ou em células efetoras secretoras de anticorpos. As células efetoras secretam grandes quantidades de anticorpos com o mesmo tipo de sítio de ligação ao antígeno dos BCRs.

Uma molécula de Ig típica é composta por quatro cadeias polipeptídicas, duas cadeias pesadas idênticas e duas cadeias leves idênticas. Parte da cadeia leve e parte da cadeia pesada formam os dois sítios de ligação do antígeno idênticos. Há várias classes de Ig (IgA, IgD, IgE, IgG e IgM), cada uma com uma sequência de cadeia pesada distinta, a qual determina as

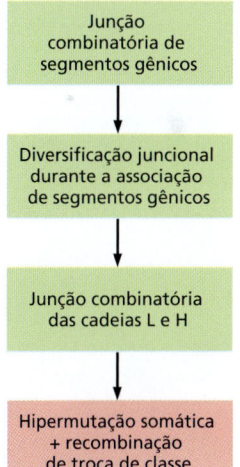

Figura 24-31 **Os principais mecanismos envolvidos na diversidade de Ig em humanos e em camundongos.** Aqueles marcados em *verde* ocorrem durante o desenvolvimento das células B na medula óssea, enquanto os mecanismos marcados em *vermelho* ocorrem quando a célula B é estimulada por um antígeno estranho e pelas células T auxiliares, localizadas nos centros germinativos em órgãos linfoides periféricos, tanto no final da resposta primária quanto na resposta secundária.

propriedades biológicas de cada classe de Ig. Cada cadeia leve e cada cadeia pesada é composta por vários domínios de Ig. A variação das sequências de aminoácidos dos domínios variáveis das cadeias leve e pesada está concentrada em diversas regiões hipervariáveis curtas, que formam alças em uma das extremidades desses domínios formando o sítio de ligação ao antígeno.

As Igs são codificadas por lócus de três cromossomos distintos, cada um responsável pela produção de uma cadeia polipeptídica diferente, uma cadeia leve κ, uma cadeia leve λ ou uma cadeia pesada. Cada lócus contém segmentos gênicos separados que codificam diferentes partes da região variável de uma determinada cadeia de Ig. Cada lócus de cadeia leve contém uma ou mais sequências que codificam a região constante (C) e uma série de segmentos gênicos variáveis (V) e de junção (J). O lócus de cadeia pesada contém uma série de sequências codificadoras da região C e uma séria de segmentos gênicos V, de diversidade (D) e J.

Durante o desenvolvimento da célula B na medula óssea, antes do estímulo antigênico, segmentos gênicos separados são unidos por recombinação sítio-específica que depende da recombinase V(D)J. Um segmento gênico V_L recombina-se com um segmento gênico J_L, para produzir uma sequência de DNA codificador para a região V de uma cadeia leve, e um segmento gênico V_H recombina-se com um segmento gênico D e um segmento gênico J_H para produzir uma sequência de DNA codificador para a região V de uma cadeia pesada. Cada nova sequência codificadora de região V recém-unida é cotranscrita com a sequência de região C apropriada, produzindo uma molécula de RNA que codifica a cadeia polipeptídica de Ig completa.

Ao combinar aleatoriamente os segmentos gênicos herdados que codificam as regiões variáveis que ocorrem durante o desenvolvimento das células B, um humano pode produzir centenas de cadeias leves diferentes e centenas de cadeias pesadas diferentes. Como o sítio de ligação do antígeno é formado no local onde as alças hipervariáveis dos domínios V_L e V_H se aproximam no final da molécula de Ig, as cadeias leve e pesada podem, potencialmente, parear para formar Igs com milhões de sítios de ligação ao antígeno diferentes. A perda ou o ganho de nucleotídeos, no local da união dos segmentos gênicos, aumenta enormemente este número. As Igs produzidas pela recombinação V(D)J antes da estimulação pelo antígeno são IgM e IgD com baixa afinidade pela ligação ao antígeno e constituem o repertório primário de Igs.

As Igs são posteriormente diversificadas, após o estímulo antigênico nos órgãos linfoides periféricos, pelo processo dependente de célula T e de AID de hipermutação somática e recombinação para troca de classe que, em conjunto, produzem Igs de altas afinidade das classes IgG, IgE e IgA que constituem o repertório secundário de Igs. O processo de troca de classe permite que o mesmo sítio de ligação ao antígeno seja incorporado em anticorpos que possuem diferentes caudas e, portanto, propriedades biológicas distintas.

CÉLULAS T E PROTEÍNAS DO MHC

Assim como as respostas mediadas por anticorpos, as respostas imunes mediadas pelas células T são excepcionalmente antígeno-específicas e são tão importantes quanto os anticorpos na defesa dos vertebrados contra as infecções. De fato, a maioria das respostas imunes adaptativas, incluindo as respostas mediadas por anticorpos, necessita das células T auxiliares para sua ativação. Mais importante, diferentemente das células B, as células T podem eliminar os patógenos que entraram no interior das células hospedeiras, onde são invisíveis para as células B e para os anticorpos. A maior parte do restante deste capítulo trata sobre como as células T desempenham essa façanha.

As respostas mediadas pelas células T diferem das respostas mediadas pelas células B em pelo menos dois aspectos cruciais. Primeiro, uma célula T é ativada por antígenos estranhos a proliferar e diferenciar-se em células efetoras somente quando o antígeno se encontra na superfície de uma *célula apresentadora de antígeno* (*APC*), normalmente uma célula dendrítica, em um órgão linfoide periférico. Uma razão pela qual uma célula T requer APCs para ativação é que o modo como a célula T reconhece o antígeno é diferente da forma reconhecida pelas Igs produzidas pelas células B. As Igs reconhecem determinantes antigênicos na superfície dos patógenos e proteínas solúveis, por exemplo, as células T podem reconhecer somente fragmentos de antígenos proteicos que foram produzidos pela proteólise parcial dentro da célula hospedeira. Como mencionado anteriormente, *proteínas do MHC* recém-formadas capturam esses fragmentos de peptídeos e os levam para a superfície da célula hospedeira onde as células T podem reconhecê-los.

A segunda diferença é que, quando ativada, a célula T efetora atua principalmente no local, tanto dentro dos órgãos linfoides secundários, quanto após terem migrado para o local de infecção. As células B, ao contrário, secretam anticorpos que podem agir em regiões distantes. As células T efetoras interagem diretamente com outras células do hospedeiro, as quais serão mortas (se forem células infectadas, por exemplo) ou marcadas de alguma maneira (se for uma célula B ou um macrófago, por exemplo). Iremos nos referir a tais células hospedeiras como *células-alvo*. Como no caso das APCs, as células-alvo devem apresentar um antígeno ligado a uma proteína do MHC em sua superfície para que uma célula T o reconheça.

Existem três principais populações de células T – as células T citotóxicas, as células T auxiliares e as células T reguladoras. Quando ativadas, elas atuam como células efetoras (ver Figura 24-17), cada uma com suas próprias atividades distintas. As células T citotóxicas efetoras matam diretamente as células que estão infectadas por vírus ou por algum outro patógeno intracelular. As células T efetoras auxiliares ajudam a estimular as respostas de outras células imunes, principalmente macrófagos, células dendríticas, células B e células T citotóxicas. Como veremos, há vários subtipos funcionais distintos de células T auxiliares. As *células T reguladoras* efetoras suprimem a atividade de outras células imunes.

Nesta seção, iremos descrever essas classes e subclasses de células T e suas respectivas funções. Discutiremos como elas reconhecem os antígenos estranhos na superfície das APCs ou células-alvo e o papel crucial desempenhado pelas proteínas do MHC no processo de reconhecimento. Iniciaremos considerando os receptores de superfície das células T utilizados para reconhecer o antígeno.

Os receptores de células T (TCRs) são heterodímeros semelhantes a imunoglobulinas

Os **receptores de células T (TCRs)**, diferentemente das Igs produzidas pelas células B, existem somente na forma ligada à membrana. Eles são compostos por duas cadeias polipeptídicas transmembrana ligadas por pontes dissulfeto contendo, cada uma delas, dois domínios semelhantes às Igs, sendo um variável e um constante. Na maioria das células T, os TCRs possuem uma cadeia α e uma cadeia β (**Figura 24-32**).

Os lócus gênicos que codificam as cadeias α e β encontram-se localizados em cromossomos diferentes. Assim como o lócus das cadeias pesadas de Ig (ver Figura 24-29), o lócus do TCR contém segmentos gênicos *V*, *D* e *J* separados (ou apenas os segmentos gênicos *V* e *J*, no caso do lócus da cadeia α) que são unidos por recombinações sítio-es-

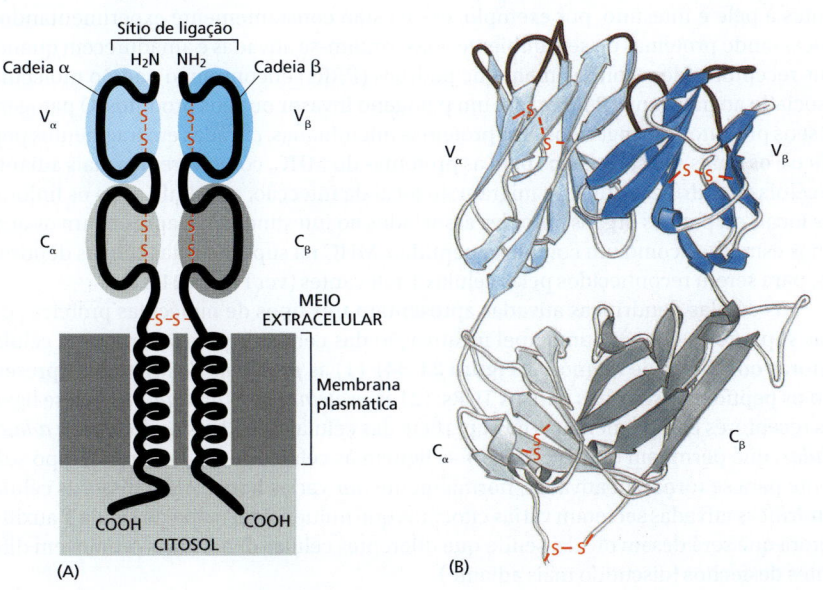

Figura 24-32 Um receptor de célula T (TCR) heterodímero. (A) Representação esquemática demonstrando que o receptor é composto por cadeias polipeptídicas α e β. Cada cadeia apresenta uma grande porção extracelular com dobras semelhantes a dois domínios típicos das Igs – um variável (V) e outro constante (C). Um domínio V_α e um V_β (sombreado em *azul*) formam o sítio de ligação ao antígeno. Diferentemente das Igs que possuem dois sítios de ligação ao antígeno, os TCRs possuem somente um. O heterodímero αβ é associado não covalentemente a um grande número de proteínas invariantes associadas à membrana (não representadas), que auxiliam na ativação da célula T, quando os TCRs ligam aos seus antígenos específicos (ver Figura 24-45B). Uma célula T típica possui em torno de 30 mil TCRs em sua superfície. (B) Estrutura tridimensional da porção extracelular do TCR. O sítio de ligação ao antígeno é formado por alças hipervariáveis tanto nos domínios V_α como nos domínios V_β (*preto*), e sua dimensão e geometria, de modo geral, são similares às do sítio de ligação de uma molécula de Ig. (B, com base em K.C. Garcia et al., *Science* 274:209–219, 1996.)

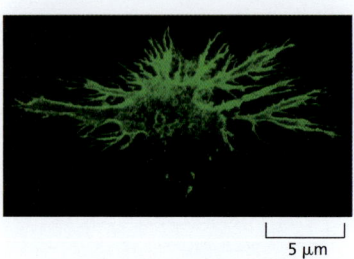

Figura 24-33 Micrografia de imunofluorescência de uma célula dendrítica em cultura. Essas APCs têm esse nome devido aos longos prolongamentos ou "dendritos". Esta célula foi marcada com um anticorpo monoclonal que reconhece antígenos de superfície nessas células. (Cortesia de David Katz.)

pecíficas durante o desenvolvimento da célula T no timo. Com uma exceção, as células T usam os mesmos mecanismos para produzir a diversidade no sítio de ligação do antígeno em seus TCRs que as células B empregam para produzir a diversidade no sítio de ligação do antígeno de suas Igs, e elas usam a mesma recombinase V(D)J. Portanto, homens e camundongos deficientes dessa recombinase não podem produzir células B e células T funcionais. O mecanismo que não está envolvido com a geração da diversidade das células T é a hipermutação somática dependente do antígeno. Assim, as afinidades dos TCRs tendem a ser baixas ($K_a \approx 10^5 - 10^7$ litros/mol). Vários correceptores e proteínas de adesão célula-célula, porém, aumentam fortemente a ligação da célula T à APC ou à célula-alvo.

Uma minoria das células T, em vez de produzirem cadeias α e β, produzem um heterodímero de TCR diferente, composto por cadeias γ e δ. Embora essas *células T γ/δ* correspondam normalmente a apenas 5 a 10% das células T sanguíneas, elas são encontradas principalmente no epitélio (p. ex., na pele e no intestino). Elas possuem algumas propriedades em comum com as células NK e com uma categoria crescente de células semelhantes às células T que possuem características tanto das células da imunidade inata quanto da imunidade adaptativa, às vezes denominadas *células linfoides inatas*. As células de todas essas categorias tendem a estar enriquecidas nos tecidos das mucosas, respondem precocemente a infecções, apresentam pouca memória imune e, quando comparadas com as células B e T, possuem receptores de superfícies com diversidade restrita. Não falaremos mais a respeito dessas células.

Assim como os BCRs, os TCRs estão firmemente associados à membrana plasmática, com várias proteínas invariáveis ligadas à membrana que estão envolvidas com a transmissão de sinais do receptor ativado pelo antígeno para o interior da célula. Essas proteínas serão vistas em detalhes mais adiante, na discussão sobre os eventos moleculares envolvidos na ativação das células B e T. Primeiro, consideraremos o modo especial com que as células T reconhecem antígenos estranhos na superfície de uma célula APC ou célula-alvo.

As células dendríticas ativadas ativam as células T virgens

Geralmente, as células T virgens, incluindo as células T citotóxicas e auxiliares, proliferam e se diferenciam em células T efetoras e células de memória somente quando encontram seu antígeno específico na superfície de uma **célula dendrítica** ativada em um órgão linfoide periférico (**Figura 24-33**). As células dendríticas ativadas apresentam o antígeno em sua superfície em um complexo com proteínas do MHC, juntamente com proteínas coestimuladoras (ver Figura 24-11). Entretanto, as células T de memória que se desenvolvem podem ser ativadas pelo mesmo complexo antígeno-MHC na superfície de outros tipos de APCs (células-alvo), incluindo macrófagos e células B, bem como células dendríticas.

As células dendríticas imaturas estão localizadas na maioria dos tecidos, subjacentes à pele e intestino, por exemplo, onde estão constantemente experimentando e processando proteínas do seu ambiente. Elas tornam-se ativadas e amadurecem quando seus receptores de reconhecimento de padrões (PRRs) encontram o padrão molecular associado ao patógeno (PAMPs) em um patógeno invasor ou seus produtos. O patógeno ou seus produtos são ingeridos, e as proteínas microbianas, clivadas em fragmentos peptídicos, os quais são carregados para as proteínas do MHC, como veremos mais adiante. As células dendríticas ativadas migram do local da infecção, pela linfa, para os linfonodos locais ou para os órgãos linfoides associados ao intestino, onde apresentam os antígenos estranhos como um complexo peptídeo-MHC na superfície das células dendríticas, para serem reconhecidos pelas células T relevantes (ver Figura 24-11).

As células dendríticas ativadas apresentam três tipos de moléculas proteicas em suas superfícies que têm um papel na ativação das células T para se tornarem células efetoras ou células de memória (**Figura 24-34**): (1) as *proteínas do MHC* que apresentam os peptídeos estranhos para os TCRs; (2) as *proteínas coestimuladoras* que se ligam aos receptores complementares da superfície das células T; e (3) as *moléculas de adesão celular*, que permitem que as células T se liguem às células dendríticas por tempo suficiente para se tornarem ativadas, normalmente por várias horas. Além disso, as células dendríticas ativadas secretam várias citocinas que influenciam o tipo de célula T auxiliar efetora que será desenvolvida, sendo que diferentes células dendríticas promovem diferentes desfechos (discutido mais adiante).

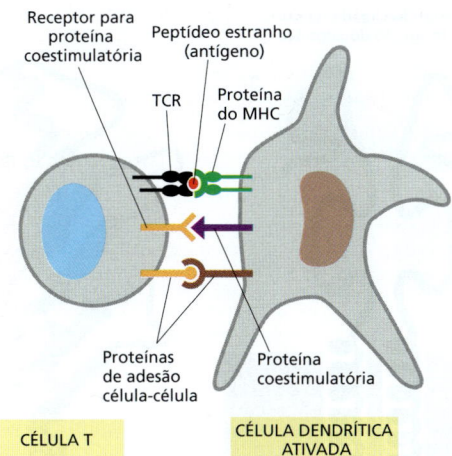

Figura 24-34 **Três tipos gerais de proteínas da superfície de uma célula dendrítica ativada envolvidas na ativação das células T.** Embora somente as moléculas coestimuladoras ligadas à membrana estejam apresentadas, as células dendríticas também secretam moléculas coestimuladoras solúveis. As cadeias polipeptídicas invariáveis que estão sempre associadas de modo estável com o TCR não estão representadas. Elas estão ilustradas na Figura 24-45B e na Animação 24.7.

As células T reconhecem peptídeos estranhos ligados às proteínas do MHC

As **proteínas do MHC** capturam e apresentam os fragmentos peptídicos das proteínas estranhas para as células T. Há duas principais classes de proteínas do MHC, que são estrutural e funcionalmente distintas. As **proteínas do MHC de classe I** apresentam, principalmente, peptídeos estranhos às células T citotóxicas, e as **proteínas do MHC de classe II**, que apresentam, principalmente, peptídeos estranhos às células T reguladoras e auxiliares (**Figura 24-35**). Algumas proteínas do MHC semelhantes à classe I apresentam glicolipídeos e lipídeos microbianos para as células T, mas elas não são codificadas na região do MHC no genoma e não iremos mais mencioná-las.

Tanto as proteínas do MHC de classe I quanto as de classe II são heterodímeros, nos quais dois domínios extracelulares formam um *sulco de ligação do peptídeo*, o qual sempre possui um pequeno peptídeo variável ligado a ele. Nas proteínas do MHC de classe I, os dois domínios que formam o sulco de ligação do peptídeo são formados pela cadeia α transmembrana, que está associada de modo não covalente com uma pequena subunidade denominada β_2-microglobulina. Nas proteínas do MHC de classe II, uma cadeia α diferente e uma grande cadeia β estão associadas de modo não covalente e cada uma contribui com um domínio extracelular para formar o sulco de ligação do peptídeo (**Figura 24-36**). Um TCR liga o peptídeo e as cristas do sulco de ligação. Um humano possui três principais proteínas do MHC de classe I, denominadas: *HLA-A, HLA-B* e *HLA-C* e três proteínas do MHC de classe II, denominadas *HLA-DR, HLA-DP* e *HLA-DQ* (HLA, de antígeno leucocitário humano; do inglês, *human leukocyte antigen*, pois essas proteínas foram identificadas pela primeira vez nos leucócitos). A **Figura 24-37** mostra a organização dos genes que codificam essas proteínas no cromossomo 6 humano.

Há diferenças importantes entre as proteínas do MHC de classe I e de classe II com relação aos tipos celulares que as expressam e a origem dos peptídeos em seu sulco de ligação do peptídeo. Quase todas as nossas células nucleadas expressam as proteínas de classe I. Seu sulco de ligação do peptídeo apresenta 1 entre uma série de peptídeos

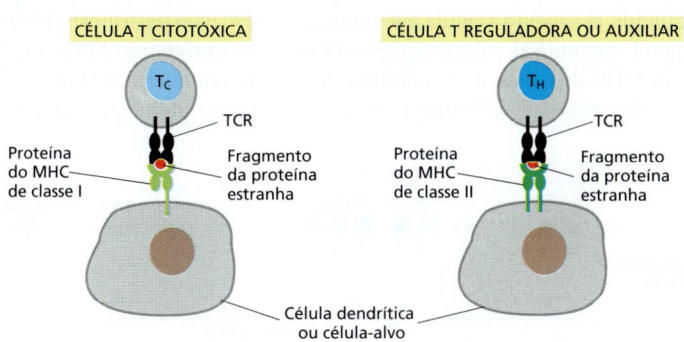

Figura 24-35 **O reconhecimento pelas células T de peptídeos estranhos associados às proteínas do MHC.** As células T citotóxicas reconhecem os peptídeos estranhos em associação com proteínas do MHC de classe I, enquanto as células T auxiliares e as células T reguladoras reconhecem os peptídeos estranhos em associação com proteínas do MHC de classe II. Em ambos os casos, as células T reconhecem os complexos peptídeo-MHC na superfície de uma APC – uma célula dendrítica ou uma célula-alvo. Algumas células T reguladoras reconhecem os peptídeos próprios em associação com as proteínas do MHC de classe II (não apresentado).

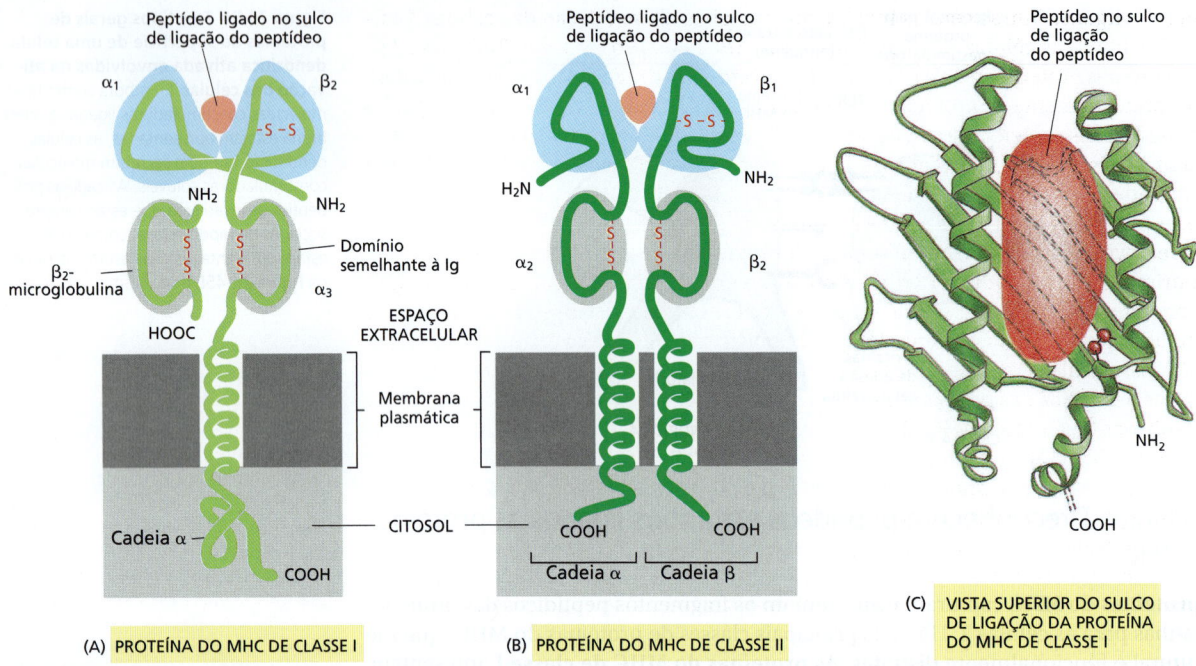

Figura 24-36 Proteínas do MHC de classe I e classe II. (A) As cadeias α de uma molécula de classe I possuem três domínios extracelulares, α_1, α_2 e α_3, que são cada uma codificada por um éxon separado. A cadeia α está associada de modo não covalente a uma cadeia polipeptídica menor, β_2-microglobulina, que não é codificada na região do MHC no genoma. O domínio α_3 e a β_2-microglobulina são semelhantes às Igs. Enquanto a β_2-microglobulina é invariante, a cadeia α é extremamente polimórfica, principalmente os domínios α_1 e α_2. (B) Nas proteínas do MHC de classe II, tanto a cadeia α quanto a cadeia β são codificadas no MHC e são polimórficas, principalmente os domínios α_1 e β_1. Os domínios α_2 e β_2 são semelhantes às Igs. Assim, existem similaridades surpreendentes entre as proteínas do MHC de classe I e as de classe II. Em ambos os casos, os domínios externos (marcados em *azul*) são polimórficos e interagem para formar o sulco de ligação dos fragmentos peptídicos. (C) Vista superior da estrutura tridimensional do sulco de ligação do peptídeo de uma proteína do MHC de classe I humana com o peptídeo ligado apresentado de maneira esquemática. Um peptídeo deve estar ligado ao sulco para que a proteína do MHC seja agregada e transportada para a superfície celular. As paredes do sulco são formadas por duas α-hélices e o assoalho é formado por uma folha β pregueada. As pontes de S-S estão apresentadas em *vermelho* (Animações 24.8 e 24.9). (C, adaptada de P.J. Bjorkman et al., *Nature* 329:506–512, 1987. Com permissão de Macmillan Publishers Ltd.)

Figura 24-37 Os genes do MHC humano. Esta representação esquemática simplificada representa a localização dos genes que codificam as subunidades transmembrana das proteínas do MHC de classe I (*verde-claro*) e de classe II (*verde-escuro*). Os genes apresentados codificam três tipos de proteínas do MHC de classe I (HLA-A, HLA-B e HLA-C) e três tipos de proteínas do MHC de classe II (HLA-DP, HLA-DQ e HLA-DR). Um indivíduo pode, em tal caso, produzir seis tipos de proteínas do MHC de classe I (três codificadas pelos genes maternos e três codificadas pelos genes paternos) e mais de seis tipos de proteínas do MHC de classe II. Devido ao extenso polimorfismo dos genes do MHC, as chances de que os alelos maternos e paternos sejam os mesmos é muito baixa. O número de proteínas do MHC de classe II que podem ser produzidas é maior do que seis, porque há dois genes *DR* β, e as cadeias polipeptídicas codificadas de origem materna e paterna podem, algumas vezes, parear. Toda a região apresentada se estende por cerca de sete milhões de pares de bases e contém outros genes que não estão apresentados.

(normalmente entre 8 e 10 aminoácidos de comprimento). Em uma célula saudável, os peptídeos se originam das próprias proteínas nucleares e citosólicas que sofreram degradação parcial nos proteassomos, processo normal dos mecanismos de reciclagem proteica e controle de qualidade. Alguns fragmentos peptídicos produzidos dessa forma são ativamente transportados para o lúmen do retículo endoplasmático (RE) por meio de transportadores especializados da membrana do RE, onde são carregados para as cadeias α do MHC de classe I recém-sintetizadas. A cadeia α pode se unir à sua cadeia associada após a ligação do peptídeo. O complexo resultante MHC-peptídeo próprio é, então, transportado por meio do aparelho de Golgi até a superfície celular. Entretanto, tais complexos não são perigosos, porque as células T citotóxicas que poderiam reconhecê-los já foram eliminadas ou inativadas, ou suprimidas pelas células T reguladoras no processo de autotolerância. Por outro lado, em uma célula infectada por um patógeno, como um vírus, as proteínas patogênicas serão processadas da mesma maneira, e os peptídeos delas derivados serão apresentados na superfície das células infectadas ligados às proteínas do MHC de classe I. Ali, elas serão reconhecidas pelas células T citotóxicas que expressam os TCRs adequados, marcando a célula infectada como alvo para destruição (**Figura 24-38**).

Em geral, somente as **células apresentadoras de antígenos (APCs)** expressam as proteínas do MHC de classe II. As células dendríticas são referidas como *APCs profissionais*, pois elas são especializadas para essa função e somente elas podem ativar as

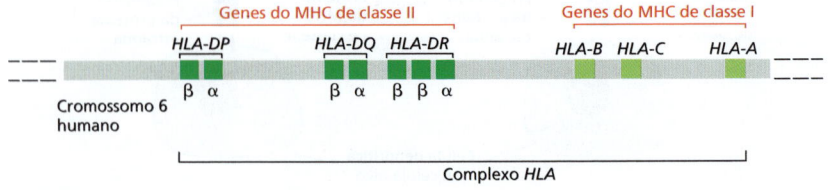

células T virgens. Outras células imunes que são alvos da regulação das células T efetoras, incluindo as células B e macrófagos, são *APCs não profissionais*. Todas as APCs carregam suas proteínas do MHC de classe II recém-sintetizadas com os peptídeos derivados principalmente de proteínas extracelulares que são endocitadas e entregues pelos endossomos. As proteínas do MHC de classe II recém-sintetizadas inicialmente contêm uma *cadeia invariável*, que ocupa o sulco de ligação do peptídeo e impede que ela ligue um peptídeo prematuramente até que a proteína do MHC de classe II chegue nas vesículas especializadas, as quais irão se fusionar com os endossomos. Ali, a cadeia invariável é removida e os fragmentos peptídicos (normalmente entre 12 e 20 aminoácidos de comprimento), produzidos a partir das proteínas endocitadas, podem ser ligar no sulco das proteínas do MHC de classe II, os quais, então, são transportados para a membrana plasmática para serem apresentados na superfície das APCs. Nas células hospedeiras saudáveis, os sulcos das proteínas do MHC de classe II são carregados com peptídeos próprios derivados das proteínas normais e serão ignorados pelas células T devido aos mecanismos de autotolerância. Entretanto, durante uma infecção, as proteínas dos patógenos também são endocitadas e processadas da mesma maneira, permitindo que as APCs apresentem os peptídeos do patógeno ligados às proteínas do MHC de classe II para as células T que expressam o TCR adequado (**Figura 24-39**).

Essa distinção entre as vias de processamento do antígeno para o carregamento do peptídeo nas proteínas do MHC de classe I e de classe II recém-discutidas não é absoluta. As células dendríticas, por exemplo, precisam ser capazes de ativar as células T citotóxicas para matar as células infectadas por vírus, mesmo que o vírus não infecte as próprias células dendríticas. Para isso, uma subpopulação de células dendríticas usam um processo denominado **apresentação cruzada**, que se inicia quando essas células dendríticas não infectadas fagocitam células hospedeiras infectadas com vírus ou seus fragmentos. As proteínas virais ingeridas são, então, liberadas dos fagolisossomos para o citosol por um mecanismo desconhecido, onde serão degradadas nos proteassomos. Os fragmentos resultantes das proteínas são transportados para o lúmen do RE onde serão carregados para as proteínas do MHC de classe I. A apresentação cruzada nas células dendríticas não está restrita aos patógenos endocitados e seus produtos, também ocorre nas células T citotóxicas ativadas contra antígenos tumorais de células malignas e de proteínas do MHC de enxerto de órgãos estranhos.

Figura 24-38 Processamento de uma proteína estranha extracelular para apresentação às células T citotóxicas. Uma célula T citotóxica efetora mata uma célula infectada por vírus quando reconhece fragmentos das proteínas internas virais associadas às proteínas do MHC de classe I na superfície da célula infectada. Nem todos os vírus entram nas células como este vírus de RNA envelopado, mas os fragmentos das proteínas internas do vírus sempre seguem a via representada. Somente uma pequena porção das proteínas virais sintetizadas no citosol é degradada e transportada para a superfície celular, mas isso é suficiente para atrair uma célula T citotóxica e ser atacada por ela. Diversas proteínas chaperonas no lúmen do RE auxiliam o enovelamento e a montagem das proteínas do MHC de classe I (não apresentado). A montagem das proteínas do MHC de classe I e seu transporte para a superfície celular requer a ligação de um peptídeo próprio ou estranho (Animação 24.10).

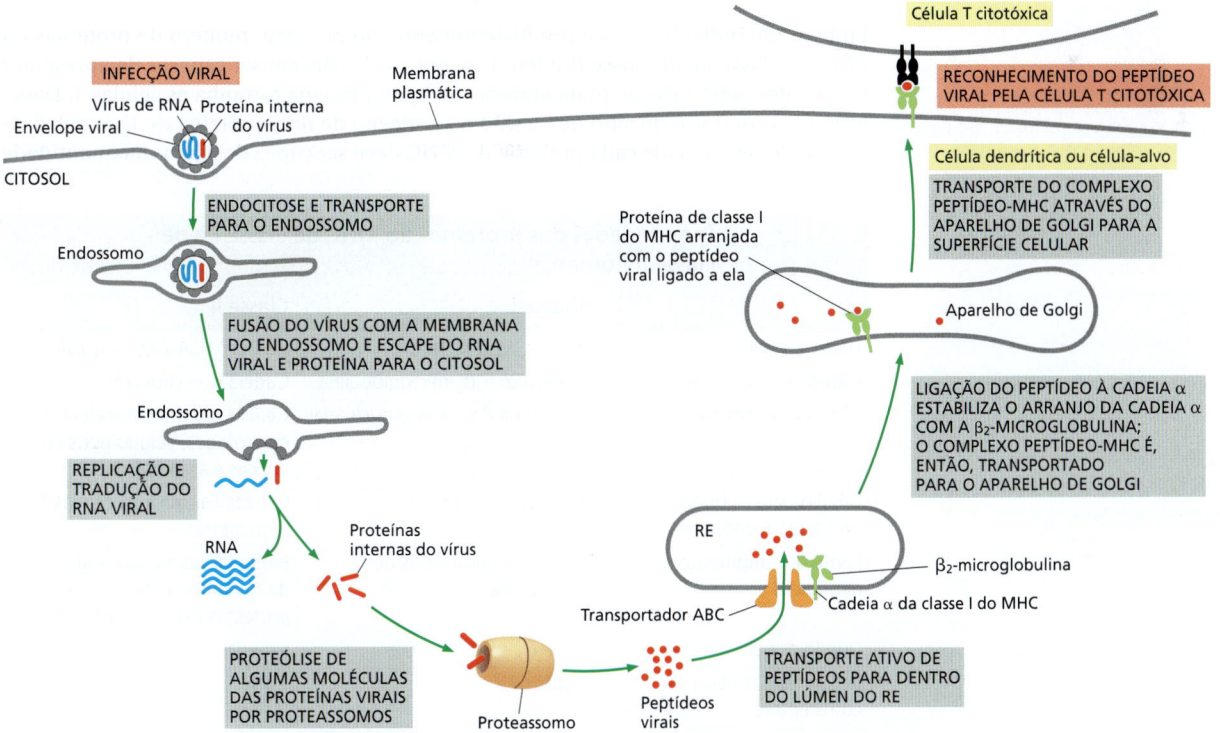

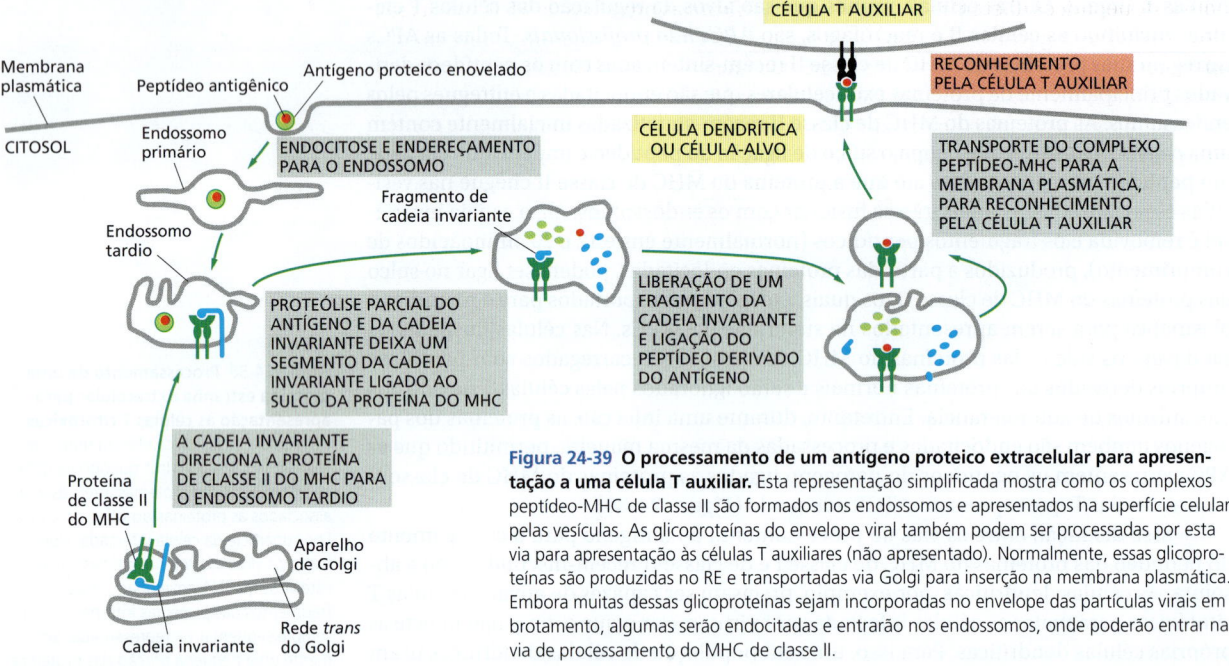

Figura 24-39 O processamento de um antígeno proteico extracelular para apresentação a uma célula T auxiliar. Esta representação simplificada mostra como os complexos peptídeo-MHC de classe II são formados nos endossomos e apresentados na superfície celular pelas vesículas. As glicoproteínas do envelope viral também podem ser processadas por esta via para apresentação às células T auxiliares (não apresentado). Normalmente, essas glicoproteínas são produzidas no RE e transportadas via Golgi para inserção na membrana plasmática. Embora muitas dessas glicoproteínas sejam incorporadas no envelope das partículas virais em brotamento, algumas serão endocitadas e entrarão nos endossomos, onde poderão entrar na via de processamento do MHC de classe II.

Durante uma infecção, somente uma pequena fração das centenas de proteínas do MHC da superfície de uma APC ou célula-alvo terão peptídeos de patógenos ligado a elas. Entretanto, menos de 50 cópias do complexo peptídeo-MHC em uma célula dendrítica é suficiente para ativar uma célula T auxiliar que possui um TCR que liga esse complexo com alta afinidade. As propriedades das proteínas do MHC de classe I e de classe II estão comparadas na **Tabela 24-3**.

As proteínas do MHC são as proteínas humanas mais polimórficas já conhecidas

Embora um indivíduo possa produzir somente um pequeno número de proteínas do MHC de classe I e de classe II diferentes, juntas elas devem ser capazes de apresentar fragmentos peptídicos de praticamente qualquer proteína estranha às células T. Dessa forma, ao contrário do sítio de ligação ao antígeno de uma proteína de Ig, o sulco de ligação do peptídeo de cada proteína do MHC deve ser capaz de ligar uma quantidade

TABELA 24-3 Propriedades das proteínas do MHC de classe I e de classe II humanas		
	Classe I	Classe II
Lócus genético	HLA-A, HLA-B, HLA-C	HLA-DP, HLA-DQ, HLA-DR
Estrutura de cadeias	Cadeia α + β_2-microglobulina	Cadeia α + cadeia β
Distribuição celular	A maioria das células nucleadas	Células dendríticas, células B, macrófagos, células epiteliais tímicas e algumas outras
Células para as quais apresentam antígenos	Células T citotóxicas	Células T auxiliares, células T reguladoras
Fonte dos fragmentos peptídicos	Proteínas produzidas no citoplasma	Proteínas endocitadas através da membrana plasmática e das proteínas extracelulares
Domínios polimórficos	$\alpha_1 + \alpha_2$	$\alpha_1 + \beta_1$
Reconhecidas pelos correceptores	CD8	CD4

enorme de peptídeos diferentes. Os genes que codificam as proteínas do MHC de classe I e de classe II (ver Figura 24-37) são os mais *polimórficos* conhecidos entre os vertebrados superiores. Por exemplo, na população humana, há mais 2 mil variantes alélicas desses genes. As variações correspondentes nas proteínas do MHC estão concentradas no assoalho e nas paredes do sulco de ligação do peptídeo e permitem que moléculas do MHC de diferentes indivíduos liguem diferentes variedades de peptídeos.

Acredita-se que as doenças infecciosas entejam entre as mais importantes causas que levaram àprodução deste extraordinário polimorfismo. Na guerra evolutiva entre os patógenos e o sistema imune adaptativo, os patógenos tendem a alterar suas proteínas por meio de mutações, de modo que os peptídeos deles derivados não irão se encaixar nos sulcos de ligação do peptídeo do MHC. Quando um patógeno tem sucesso, pode se alastrar em uma população, causando uma epidemia. Em tais circunstâncias, os poucos indivíduos que irão produzir uma nova forma alélica da proteína do MHC que possa ligar os peptídeos derivados do patógeno alterado terão grande vantagem seletiva. Esse tipo de seleção tende a promover e manter a alta diversidade das proteínas do MHC na população. No oeste da África, por exemplo, indivíduos com um alelo específico do MHC (HLA-B53) possuem uma suscetibilidade reduzida a uma forma grave da malária endêmica naquela região. Embora esse alelo seja raro em outros lugares, ele é encontrado em 25% da população do oeste da África.

A extensa diversidade das proteínas do MHC humano é a principal razão pela qual os indivíduos que recebem um transplante de órgão devem ser tratados com fármacos imunossupressores potentes para prevenir a rejeição imune do órgão enxertado. Entre todas as proteínas estranhas que o enxerto expressa, as do MHC são, de longe, as mais poderosas estimuladoras das células T do receptor, que rapidamente irão destruir o enxerto se não forem prevenidas por meio do uso de tais fármacos. As proteínas do MHC estranhas são poderosas estimuladoras das células T, porque as células T respondem a elas da mesma forma com que respondem às proteínas do MHC próprias com peptídeos estranhos ligados a elas. Por essa razão, a proporção de células T de um indivíduo que especificamente podem reconhecer qualquer proteína estranha do MHC é relativamente alta.

Os correceptores CD4 e CD8 nas células T ligam-se a porções invariáveis das proteínas do MHC

Em geral, a afinidade dos TCRs com os complexos peptídeo-MHC, em uma APC, ou em uma célula-alvo, não é suficiente para mediar uma interação funcional entre as duas células. As células T normalmente necessitam do auxílio dos *receptores acessórios*, que estabilizam a interação, aumentando a força de adesão célula-célula. Ao contrário dos TCRs e das proteínas do MHC, os receptores acessórios são invariáveis e não ligam peptídeos estranhos. Uma vez ligada à superfície da célula dendrítica, por exemplo, uma célula T aumenta a força de ligação pela ativação da proteína de adesão integrina (discutida no Capítulo 19), a qual tende a ligar-se mais fortemente a uma proteína semelhante à Ig da superfície da célula dendrítica. Esse aumento da adesão permite que a célula T permaneça ligada por tempo suficiente para tornar-se ativada.

Quando um receptor acessório desempenha um papel direto na ativação das células T, por meio da geração de sinais intracelulares para a própria célula, ele é denominado **correceptor**. Os mais importantes e mais conhecidos correceptores das células T são as proteínas *CD4* e *CD8*, ambas proteínas transmembrana de passagem única com domínios extracelulares semelhantes a Igs. Como os TCRs, esses correceptores reconhecem proteínas do MHC, mas, ao contrário dos TCRs, eles ligam-se a porções invariáveis da proteína do MHC, distantes do sulco de ligação ao peptídeo. O **CD4** é expresso nas células T auxiliares e reguladoras e liga-se às proteínas do MHC de classe II, enquanto o **CD8** é expresso nas células T citotóxicas e se liga às proteínas do MHC de classe I (**Figura 24-40**).

O CD4 e o CD8 contribuem para o reconhecimento da célula T ajudando a célula T a focalizar em determinadas proteínas do MHC e, como consequência, em tipos particulares de células-alvo. Assim, o reconhecimento das proteínas do MHC de classe I pelo CD8 permite que as células T citotóxicas focalizem em qualquer tipo de célula hospedeira infectada, ao passo que o reconhecimento das proteínas do MHC de classe II pelo CD4 permite que as células T reguladoras e auxiliares focalizem em células-alvo imunes que elas irão suprimir ou auxiliar, respectivamente. A cauda citoplasmática das proteínas CD4 e CD8 estão asso-

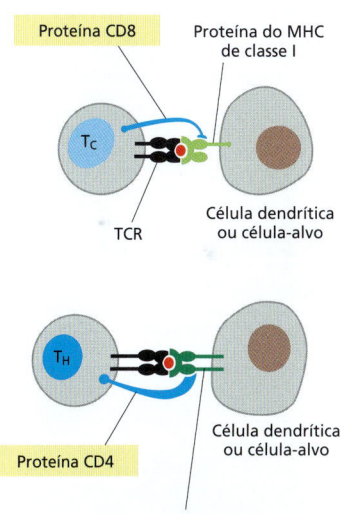

Figura 24-40 Os correceptores CD4 e CD8 na superfície das células T. As células T citotóxicas (T_C) expressam CD8, que reconhece proteínas do MHC de classe I, enquanto as células T auxiliares (T_H) e as células T reguladoras (não apresentadas) expressam CD4, que reconhece proteínas do MHC de classe II. Observe que os correceptores ligam-se à mesma proteína do MHC à qual o TCR se ligou, de forma que eles se associam aos TCRs durante o processo de reconhecimento do antígeno. O TCR se liga às porções variáveis (polimórficas) da proteína do MHC que forma o sulco de ligação ao antígeno, e o correceptor liga-se à porção invariável, em uma região distante do sulco.

ciadas com um membro da família Src das tirosinas-cinase citoplasmáticas (discutidas no Capítulo 15), denominadas *Lck*, as quais fosforilam diversas proteínas intracelulares nas tirosinas e, portanto, participam na ativação das células T (discutida mais adiante).

O vírus da Aids (HIV) utiliza as moléculas de CD4 (assim como os receptores de quimiocinas) para penetrar as células T auxiliares (ver Figura 23-17). É esta eventual depleção de células T auxiliares que torna os pacientes com Aids suscetíveis a infecções causadas por micróbios que normalmente não são perigosos. Consequentemente, a maioria dos pacientes com Aids morre por infecções que surgem após vários anos do estabelecimento dos sintomas da doença, a não ser que sejam tratados com uma combinação de fármacos anti-HIV. O HIV igualmente utiliza o CD4 e os receptores de quimiocinas para penetrar os macrófagos, que também apresentam ambos os tipos de receptores em suas superfícies.

Os timócitos em desenvolvimento sofrem seleção positiva e negativa

O desenvolvimento das células T começa quando as células progenitoras linfoides derivadas da medula óssea entram no timo a partir da corrente sanguínea. Ali, as células recebem vários sinais das células estrômicas do timo, células epiteliais, macrófagos e células dendríticas que promovem seu desenvolvimento passo a passo em **timócitos** maduros. Em uma única etapa, as células progenitoras são induzidas a expressar a recombinase V(D)J e iniciam o rearranjo dos segmentos gênicos dos TCRs. Logo após, as células expressam ambos os correceptores, CD4 e CD8, sendo denominadas *timócitos duplo-positivos*. Essas células migram para o interior e interagem com as células dendríticas do timo ou com as células epiteliais que expressam os peptídeos próprios ligados às proteínas do MHC de classe I e de classe II. Se o TCR dos timócitos se liga com alta afinidade a esses complexos, será transmitido um forte sinal levando a célula a sofrer apoptose. Esse processo, denominado **seleção negativa**, é um exemplo de deleção clonal (ver Figura 24-21) e elimina os timócitos que potencialmente poderão atacar as células hospedeiras normais e os tecidos, causando doenças autoimunes se as células continuarem sua maturação e deixarem o timo.

Se este TCR for incapaz de se ligar ao complexo peptídeo MHC próprio no timo, o timócito não irá receber os sinais necessários para sobrevivência e morrerá por "negligência". Sem a capacidade de reconhecer as proteínas do MHC próprias, geralmente uma célula T não terá utilidade, pois as células T só podem reconhecer peptídeos derivados de patógenos no contexto das proteínas do MHC próprio. Os timócitos que expressam um TCR que se liga com uma afinidade adequada a um peptídeo próprio ligado a uma proteína do MHC de classe I (usando o CD8 como correceptor) ou uma proteína do MHC de classe II (usando o CD4 como correceptor) receberá um sinal ótimo para sobreviver e continuar a maturar, este processo é denominado **seleção positiva** (Figura 24-41). Como parte desse processo de maturação, e dependendo da preferência do TCR pelas proteínas do MHC de classe I ou de classe II, o correceptor CD4 ou CD8, que não é necessário, será silenciado pela metilação do DNA no gene correspondente, resultando no desenvolvimento de *timócitos de positividade única*, CD4 ou CD8, que deixarão o timo como *células T virgens* e entrarão no conjunto de células T recirculantes, as células CD4 como auxiliares ou reguladoras e as células CD8 como células T citotóxicas.

Embora as células T virgens, citotóxicas e auxiliares, constantemente recebam sinais de sobrevivência na forma de peptídeos próprios ligados às proteínas do MHC aos quais as células T se ligam fracamente, uma célula somente é ativada a proliferar e estabelecer uma resposta imune se seu TCR se ligar com alta afinidade ao complexo peptídeo-MHC e receber os sinais coestimuladores ao mesmo tempo. Geralmente, isso ocorre somente quando a célula T encontra uma célula dendrítica ativada (na periferia de um órgão linfoide periférico) que expressa uma proteína do MHC com um peptídeo estranho, derivado de um patógeno, em seu sulco de ligação. Só então é que a célula T virgem irá proliferar e se diferenciar em uma célula T de memória ou efetora.

A seleção negativa no timo é o principal mecanismo que assegura que as células T periféricas não reajam contra as células hospedeiras que expressam as proteínas do MHC com peptídeos derivados das próprias proteínas em seu sulco de ligação do pep-

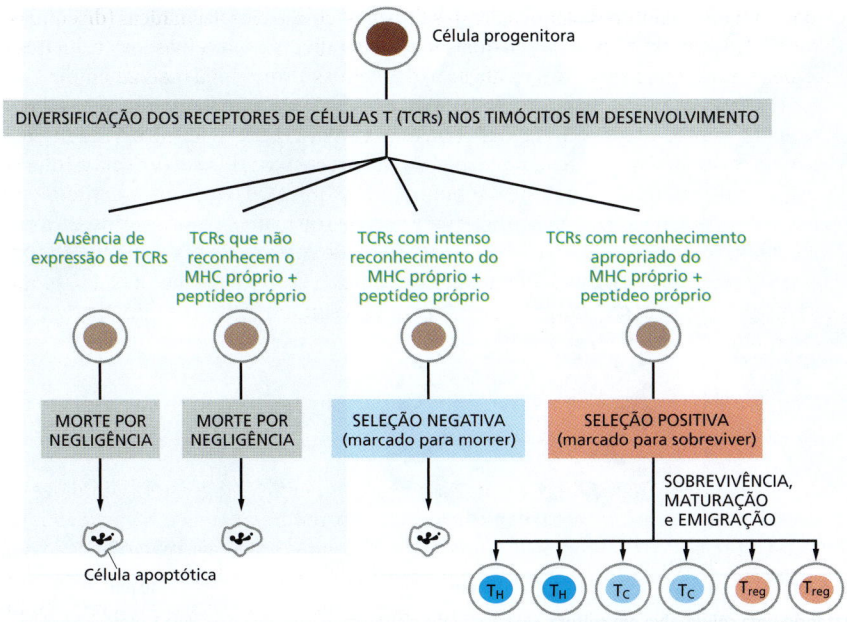

Figura 24-41 Seleção positiva e negativa no timo. Os timócitos em desenvolvimento com TCRs que permitirão a eles responderem aos peptídeos associados com as proteínas do MHC próprio após deixarem o timo serão positivamente selecionados. A ligação dos seus TCRs aos peptídeos próprios ligados às proteínas do MHC próprio no timo sinalizam para que as células sobrevivam, maturem e migrem para os órgãos linfoides periféricos. Todos os outros timócitos sofrem apoptose, por não expressarem o TCR que reconhece a proteína do MHC próprio ligada a um peptídeo próprio ou por reconhecerem tais complexos tão bem que sofrem seleção negativa.

As células T reguladoras (células T_{reg}) que são selecionadas positivamente no timo são denominadas *células T_{reg} naturais* para distingui-las das *células T_{reg} induzidas*, as quais se desenvolvem nos órgãos linfoides periféricos a partir das células T auxiliares virgens (células T_H).

tídeo. Entretanto, esse mecanismo exige que as APCs no timo apresentem uma série de peptídeos em suas moléculas do MHC que irão representar as proteínas próprias nos tecidos periféricos, bem como no timo. No entanto, não é esperado que o timo produza tantas proteínas como aquelas que são especificamente expressas nos outros órgãos. Como exemplo, não é esperado a produção de insulina, mas, mesmo assim, é crucial eliminar os timócitos com TCRs que possam reconhecer os peptídeos derivados da insulina ligados às proteínas do MHC na superfície das células β secretoras de insulina no pâncreas. Qualquer falha nesse mecanismo causará a destruição das células β dependentes de células T e, como consequência, causará o *diabetes tipo 1* (ou *diabetes juvenil*).

O mecanismo que permite a deleção de todas células desse tipo no timo depende de uma subpopulação de células epiteliais do timo que expressam um regulador de transcrição denominado **AIRE** (regulador autoimune; do inglês, *autoimmune regulator*). Por um mecanismo ainda pouco compreendido, a proteína AIRE promove a produção de pequenas quantidades de mRNA de muitos genes que codificam tais proteínas órgão-específicas, incluindo o gene da insulina. Quando os peptídeos derivados das proteínas codificadas por esses genes são ligados pelas proteínas do MHC e apresentados na superfície das células epiteliais da medula do timo, é o suficiente para provocar a eliminação dos timócitos potencialmente autorreativos. As mutações que inativam o gene *AIRE* causam graves doenças autoimunes contra múltiplos órgãos tanto em camundongos quanto em humanos, indicando a importância do AIRE na autotolerância.

As células T citotóxicas induzem as células-alvo infectadas a cometerem suicídio

As **células T citotóxicas** (**células T_C**), assim como as células NK discutidas anteriormente, protegem contra os patógenos intracelulares incluindo os vírus, bactérias e parasitas que se multiplicam no citoplasma da célula hospedeira. As células T_C matam as células hospedeiras infectadas antes que o patógeno possa escapar e infectar as células hospedeiras vizinhas. Antes que ela possa matar, uma célula T_C virgem tem que se tornar uma célula efetora por meio da ativação de uma APC, normalmente uma célula dendrítica ativada que possui os peptídeos derivados do patógeno ligados às proteínas do MHC de classe I, um processo que depende do auxílio das células T. As células T_C efetoras podem, em tal caso, reconhecer qualquer célula-alvo que possuir o mesmo patógeno e que expressarem o mesmo complexo peptídeo-MHC em sua superfície. Seus TCRs, juntamente com os correceptores CD8, moléculas de adesão e proteínas de sinalização intracelular (discutidas mais adiante) se agregam na interface entre as duas células formando uma **si-**

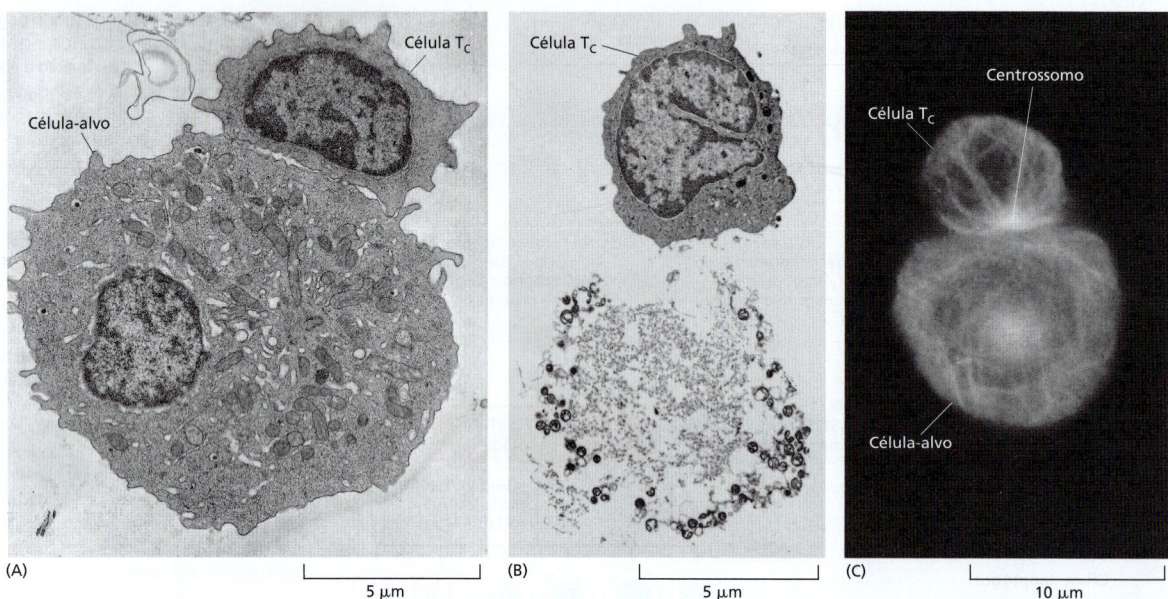

Figura 24-42 Células T citotóxicas efetoras matando uma célula-alvo em cultura. (A) Micrografia eletrônica mostrando uma célula T citotóxica (célula T_C) efetora ligada à célula-alvo. As células T_C foram obtidas de camundongos imunizados com células-alvo, que são células de um tumor estranho. (B) (Micrografia eletrônica mostrando uma célula T_C e uma célula tumoral que a célula T_C matou. Em um animal, ao contrário das placas de cultura de células, a célula-alvo morta será fagocitada pelas células vizinhas (principalmente macrófagos) muito antes de se desintegrar da forma aqui apresentada. (C) Micrografia de imunofluorescência de uma célula T_C e uma célula tumoral após coloração com anticorpos antitubulina fluorescente. Observe que os centrossomos da célula T_C encontram-se orientados em direção ao ponto de contato célula-célula com a célula-alvo, uma sinapse imunológica. Os grânulos secretores (não visíveis) das células T_C são inicialmente transportados junto aos microtúbulos para o centrossomo, o qual, então, move-se para a sinapse imunológica, levando os grânulos para onde eles possam liberar seu conteúdo. (A e B, de D. Zagury et al., *Eur. J. Immunol.* 5:818–822, 1975. Com permissão de John Wiley & Sons, Inc; C, de B. Geiger, D. Rosen e G. Berke, *J. Cell Biol.* 95:137–143, 1982. Com permissão dos autores.)

napse imunológica. Nesse processo, as células T_C efetoras reorganizam seu citoesqueleto focalizando seu aparato de morte na célula-alvo, secretando suas proteínas citotóxicas em um espaço confinado (**Figura 24-42**). Dessa maneira, elas evitam a morte das células vizinhas. Uma sinapse similar se forma quando as células T auxiliares efetoras interagem com as células-alvo, exceto que, nesse caso, o correceptor é o CD4 (**Animação 24.11**).

Uma célula T_C efetora (ou uma célula NK) pode usar uma de duas estratégias para matar a célula-alvo. As duas estratégias irão atuar por meio da indução da ativação das caspases nas células-alvo e de sua própria morte por apoptose. Um mecanismo usa uma proteína denominada *ligante Fas* na superfície da célula matadora, que se liga a um receptor transmembrana na célula-alvo, denominado *Fas*, o qual foi discutido no Capítulo 18 (ver Figura 18-5). O outro é o principal mecanismo usado, tanto pelas células NK quanto pelas células T_C, para matar uma célula-alvo infectada. A célula matadora armazena várias proteínas citotóxicas no interior de vesículas secretoras em seu citoplasma que são liberadas no espaço sináptico por exocitose. As proteínas tóxicas incluem as *perforinas* e as proteases denominadas *granzimas*. As perforinas são homólogas ao componente C9 do complemento e polimerizam na membrana plasmática da célula-alvo (ver Figura 24-8), formando um poro transmembrana que rompe a membrana e permite que as granzimas entrem na célula-alvo. Uma vez no citosol, as granzimas auxiliam na ativação das caspases e, como consequência, induzem a apoptose (**Figura 24-43**).

Figura 24-43 A principal maneira pela qual uma célula TC efetora (ou célula NK) mata uma célula-alvo infectada. Esta representação simplificada mostra como as células matadoras liberam as perforinas e granzimas na superfície de uma célula-alvo infectada por exocitose localizada em uma sinapse imunológica. As altas concentrações de Ca^{2+} no fluido extracelular faz as perforinas se reunirem nos canais transmembrana da membrana plasmática da célula-alvo, permitindo que as granzimas entrem para o citosol da célula-alvo. As granzimas clivam e ativam as pró-caspases iniciando a cascata das caspases causando a apoptose (ver Figura 18-3). Uma única célula citotóxica pode matar múltiplas células-alvo em sequência. Ainda permanece um mistério o porquê da liberação das perforinas não formarem poros na membrana da própria célula matadora (**Animações 24.12** e **24.13**).

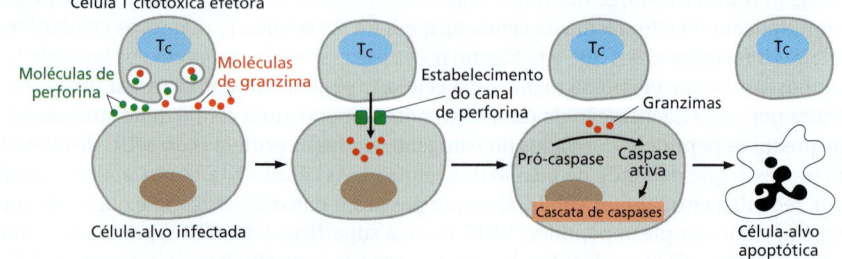

As células T auxiliares efetoras ajudam na ativação de outras células dos sistemas imunes inato e adaptativo

Ao contrário das células T_C, as **células T auxiliares** (**células T_H**; do inglês, *helper T cells*) são cruciais para a defesa contra patógenos intra e extracelulares e expressam o correceptor CD4 no lugar do CD8 e reconhecem os peptídeos estranhos ligados às proteínas do MHC de classe II e não de classe I. Uma vez que as células T_H virgens sejam induzidas pelas células dendríticas ativadas a tornarem-se células efetoras, elas podem auxiliar a ativação de outras células. Elas auxiliam na ativação das células B para tornarem-se células secretoras de anticorpos e mais tarde sofrer hipermutação somática e troca de classe de Ig. Elas auxiliam na ativação dos macrófagos para a destruição de qualquer patógeno intracelular que esteja se multiplicando dentro dos fagossomos dos macrófagos. Elas auxiliam na indução das células T_C virgens para tornarem-se células efetoras que possam matar as células-alvo infectadas e, elas estimulam as células dendríticas ativadas que as ativam para manter as células dendríticas em um estado ativado. Em cada caso, as células T_H efetoras reconhecem o mesmo complexo de peptídeo estranho e proteína do MHC de classe II na superfície da célula-alvo que ele reconheceu inicialmente na célula dendrítica ativada. Como discutido anteriormente, as células T_H estimulam as células-alvo a secretar várias citocinas e apresentar as proteínas coestimuladoras na sua superfície.

As células T auxiliares virgens podem se diferenciar em distintos tipos de células T efetoras

Quando ativada pela ligação a um peptídeo estranho ligado a uma proteína do MHC de classe II em uma célula dendrítica ativada, a célula T_H virgem pode se diferenciar em vários tipos de células T efetoras, dependendo da natureza do patógeno e das citocinas encontradas. Essas células incluem alguns subtipos de células auxiliares, T_H1, T_H2, T_{FH} e T_H17, e células T reguladoras (supressoras). A **Figura 24-44** resume as citocinas que induzem essas células T efetoras e algumas citocinas que as células efetoras secretam, bem como os principais reguladores de transcrição que controlam o desenvolvimento das células efetoras.

As células T_H virgens ativadas pelas células dendríticas secretoras de interleucina-12 (*IL-12*) se desenvolvem em **células T_H1**. Essas células efetoras produzem *interferon-γ*

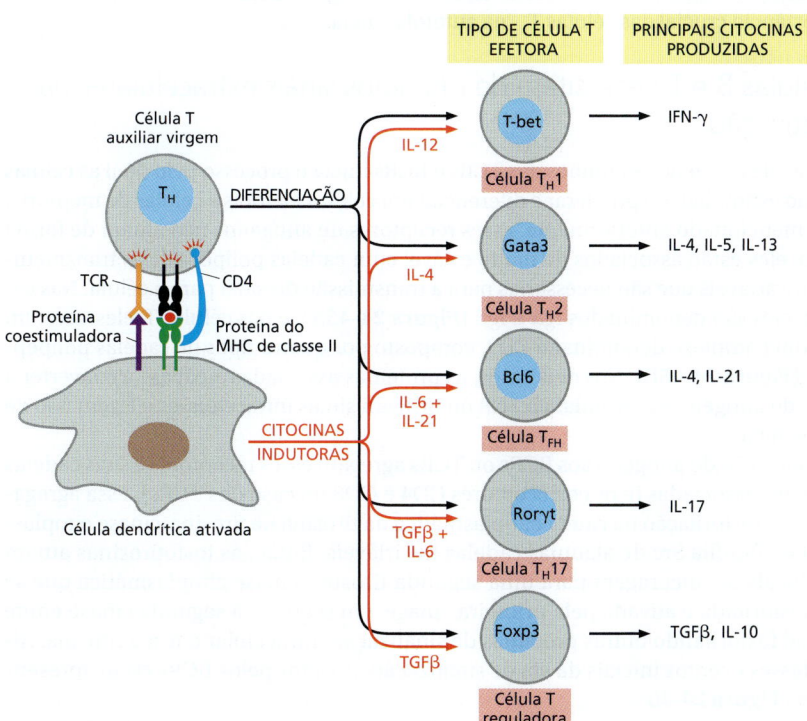

Figura 24-44 Diferenciação das células T auxiliares virgens em diferentes tipos de células auxiliares efetoras ou células T reguladoras nos órgãos linfoides periféricos. As citocinas produzidas pela ativação das células dendríticas (e por outras células do ambiente) determinam principalmente o tipo de célula T efetora que será desenvolvido como indicado na figura. A figura mostra algumas das principais citocinas produzidas por cada tipo de célula efetora e o principal regulador de transcrição para cada subpopulação de células está indicado no núcleo. Há evidências de que algumas células efetoras são plásticas e podem mudar as citocinas que produzem em resposta às alterações ambientais (não apresentado).

(*IFN-γ*), fundamental para ativar os macrófagos a destruírem patógenos que invadiram os macrófagos ou foram ingeridos por eles. O IFN-γ também pode induzir as células B a mudar de classe de Ig que estão produzindo. As células T_H virgens ativadas na presença de *IL-4* se desenvolvem em **células T_H2**. Essas células efetoras são importantes para o controle dos patógenos extracelulares, incluindo os parasitas. Elas estimulam as células B a sofrerem hipermutação somática e mudança de classe de Ig. Por exemplo, as próprias células T_H2 produzem IL-4 que pode induzir a troca de IgD e IgM para a produção de anticorpos IgE, o qual pode se ligar aos mastócitos, como mencionado anteriormente. As células T_H virgens ativadas, na presença de *IL-6* e *IL-21* se desenvolvem em **células T auxiliares foliculares (T_{FH})**, as quais estão localizadas nos folículos linfoides e secretam várias citocinas, incluindo IL-4 e IL-21. Essas células são especialmente importantes para estimular as células B para troca de classe de Ig e hipermutação somática. As células T_H virgens ativadas, na presença de *IL-6* e *TGFβ* se desenvolvem em **células T_H17**. Essas células efetoras secretam *IL-17*, que recruta neutrófilos e estimula as células epiteliais e os fibroblastos da pele e do intestino a produzir citocinas pró-inflamatórias. As células T_H17 são importantes no controle das infecções fúngicas e bacterianas extracelulares, e na cicatrização, mas também possuem uma importante função nas doenças autoimunes e nas alergias.

Em alguns casos, as células T_H virgens que encontram seu antígeno em um órgão linfoide periférico na presença de TGFβ e na ausência de IL6 se desenvolvem em **células T reguladoras induzidas (células T_{reg})**, que suprimem, em vez de auxiliarem, as células imunes. Como mencionado anteriormente, as **células T_{reg} naturais** se desenvolvem no timo durante o desenvolvimento dos timócitos (ver Figura 24-41). Em qualquer uma das situações, as células T_{reg} suprimem o desenvolvimento, ativação ou função da maioria dos outros tipos de células imunes por meio da secreção de citocinas supressoras como *IL-10* e TGFβ e de proteínas inibidoras na superfície das células T_{reg}. Parece que as células T_{reg} induzidas suprimem principalmente a resposta imune aos antígenos estranhos, prevenindo as respostas contra antígenos inócuos inalados ou ingeridos e limitando as respostas contra os patógenos para evitar respostas excessivas que causam patologias indesejáveis. As células T_{reg} naturais são necessárias para prevenir as respostas contra as moléculas próprias (ver Figura 24-21). As células T_{reg} expressam o regulador de transcrição *FoxP3*, que atua tanto como marcador dessas células quanto como principal controlador do seu desenvolvimento. Se o gene que codifica essa proteína for inativado, em camundongos ou humanos, o indivíduo pode não produzir células T_{reg} e desenvolverá uma doença autoimune fatal envolvendo múltiplos órgãos. Essa descoberta estabeleceu a importância crucial das células T_{reg} na autotolerância.

As células B e T necessitam de múltiplos sinais extracelulares para sua ativação

A ligação de antígenos estranhos aos TCRs e BCRs inicia o processo pelo qual as células T e B são estimuladas a proliferar e diferenciar em células efetoras e células de memória. Como mencionado anteriormente, esses receptores de antígenos não atuam de forma isolada, eles estão associados de modo estável com cadeias polipeptídicas transmembrana invariáveis que são necessárias para a transmissão do sinal para a célula. Nas células B, eles são denominados *Igα* e *Igβ* (**Figura 24-45A**), e nas células T, eles ocorrem como um complexo denominado CD3, composto por quatro tipos de cadeias polipeptídicas (**Figura 24-45B**). Nos dois casos, as proteínas associadas auxiliam a converter a ligação do antígeno extracelular ao TCR ou BCR em sinais intracelulares e fazem isso de modo similar.

A ligação do antígeno aos BCRs ou TCRs agregam esses receptores e suas cadeias invariáveis associadas (e os correceptores CD4 e CD8 no caso dos TCRs). Essa agregação ativa a fosforilação na cauda citoplasmática da tirosina na tirosina-cinase citoplasmática da família Src de algumas cadeias invariáveis. Então, as fosfotirosinas atuam como locais de ancoragem para uma segunda tirosina-cinase citoplasmática que se torna fosforilada e ativada pela primeira cinase; em seguida, a segunda cinase emite um sinal fosforilando outras proteínas de sinalização intracelular em sua tirosina. Alguns desses eventos iniciais da via de sinalização ativados pelos BCRs estão apresentados na **Figura 24-46**.

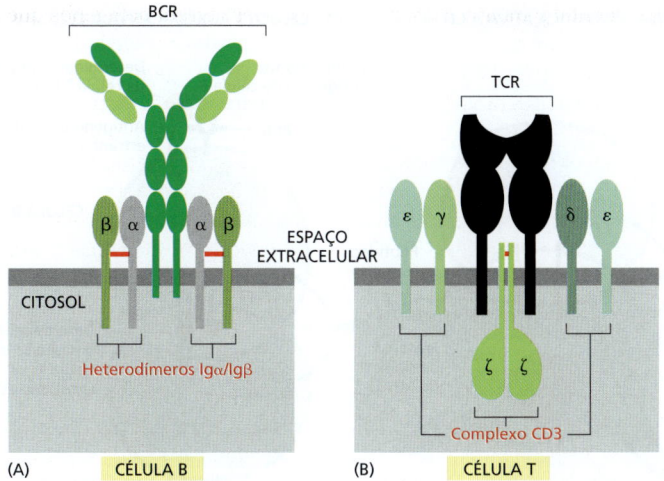

Figura 24-45 As cadeias invariáveis associadas aos BCRs e TCRs. (A) Cada BCR está associado com dois heterodímeros invariáveis, cada um composto por uma cadeia polipeptídica Igα e uma Igβ unidas por uma ponte dissulfeto (*vermelho*). (B) cada TCR está associado com uma cadeia invariável do complexo CD3 composto por duas cadeias ζ ligadas por pontes dissulfeto, duas cadeias ε, uma cadeia δ e uma cadeia γ. Essas cadeias formam homo ou heterodímeros, como apresentado.

A sinalização por meio dos BCRs e TCRs e suas proteínas associadas isoladamente não são suficientes para ativar a proliferação e diferenciação dos linfócitos. **Sinais coestimuladores** extracelulares produzidos por outras células também são necessários e são fornecidos por proteínas ligadas à membrana (ver Figura 24-34) e citocinas secretadas. Na verdade, a sinalização por meio do BCR ou TCR com coestimulação insuficiente pode eliminar o linfócito (deleção clonal) ou ativá-lo, sendo que estes dois mecanismos contribuem para a autotolerância (ver Figura 24-21). Uma célula dendrítica ativada fornece os sinais coestimuladores para as células T virgens. Estes coestimuladores incluem as *proteínas transmembrana B7*, que são reconhecidas pelo correceptor *CD28* na superfície da célula T (**Figura 24-47A**). Uma célula T_H efetora fornece os sinais coestimuladores para uma célula B que inclui o *ligante CD40* transmembrana, que liga o *receptor CD40* da célula B (**Figura 24-47B**). O ligante CD40 na célula T_H efetora atua em outras duas situações: (1) ele age de volta no receptor CD40 na superfície da célula dendrítica para aumentar e manter a ativação da célula dendrítica, criando um ciclo de retroalimentação positiva e (2) atua como sinal coestimulador na superfície da célula $T_H 1$ efetora, permitindo que a célula T auxilie na ativação dos macrófagos infectados para a destruição dos patógenos invasores.

Além dos receptores para as proteínas coestimuladoras, tanto as células B quanto as células T possuem proteínas inibidoras em sua superfície que auxiliam a regular a atividade celular, prevenindo respostas inadequadas ou em excesso. Duas das proteínas expressas pelas células T têm recebido grande atenção devido a sua função na supressão da capacidade das células T em inibir a progressão do câncer. As proteínas CTLA4 e a PD1 inibem a atividade das células T de diferentes maneiras, e os anticorpos monoclonais contra uma delas ou principalmente contra ambas podem atenuar a inibição e permitir que as células T destruam os tumores de alguns pacientes com câncer metastático (ver Figura 20-45).

Figura 24-46 Os primeiros eventos de sinalização em uma célula B ativada pela ligação de um antígeno específico estranho ao seu BCR. Se o antígeno está na superfície de um patógeno ou é uma macromolécula solúvel com dois ou mais determinantes antigênicos (como apresentado), ele faz a ligação cruzada dos BCRs adjacentes, causando a agregação de suas cadeias invariáveis associadas, como mostra a figura. Uma tirosina-cinase citoplasmática semelhante a Src (que pode ser a *Fyn* ou a *Lyn*) está associada com a cauda citoplasmática da Igβ, ela se associa ao agrupamento e fosforila as cadeias invariáveis Igα e Igβ (para simplificar somente a fosforilação da Igβ está apresentada). A proteína transmembrana tirosina-fosfatase denominada *CD45* também é necessária para remover os fosfatos inativadores dessas cinases semelhantes à Src (não apresentado). As fosfotirosinas da Igα e Igβ atuam como locais de ancoragem para outra tirosina-cinase semelhantes à Src, denominada *Syk*, que se torna, desse modo, fosforilada e, portanto, ativa-se para transmitir o sinal adiante.

A via dos TCRs é similar (incluindo a necessidade do CD45), exceto que a primeira cinase semelhante a Src é a *Lck*, e está associada com o correceptor CD4 ou o CD8 e fosforila as tirosinas em todas as cadeias polipeptídicas CD3 apresentadas na Figura 24-45B. A segunda cinase semelhante à Src é a *ZAP70*, que é homóloga à cinase Syk das células B (Animação 24.14).

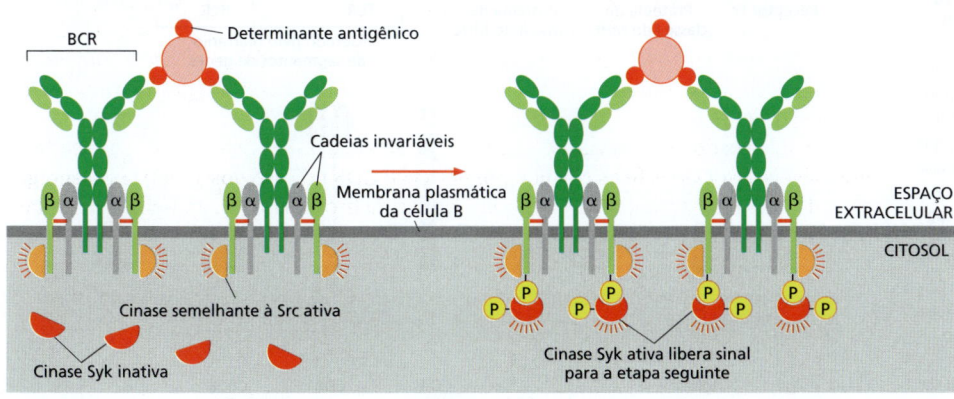

Figura 24-47 Comparação entre as proteínas coestimuladoras necessárias para ativar uma célula T auxiliar e uma célula B em resposta à mesma proteína estranha. (A) Uma célula T auxiliar virgem é ativada por um fragmento peptídico de uma proteína estranha ligado a uma proteína do MHC de classe I na superfície de uma célula dendrítica ativada. A proteína coestimuladora na célula dendrítica (uma proteína B7, CD80 ou CD86) se liga ao correceptor CD28 na célula T, fornecendo o sinal coestimulador necessário para a célula T. Além disso, as citocinas secretadas pelas células dendríticas (ou células vizinhas) influenciam em qual subtipo de célula auxiliar efetora a célula T irá se transformar (ver Figura 24-44). (B) Uma vez ativada para se tornar uma célula efetora, a célula T auxiliar pode ajudar na ativação das células B que possuírem, em sua superfície, o mesmo complexo de proteína do MHC-peptídeo da célula dendrítica que ativou a célula T. Essas células B possuem BCRs que se ligam a um determinante antigênico na superfície de uma proteína estranha enovelada e internalizam a proteína por endocitose (seta vermelha). Então, a proteína é clivada em peptídeos que são levados pelas proteínas do MHC de classe II para a superfície da célula B, onde alguns deles serão reconhecidos pelos TCRs das células T auxiliares (ver Figura 24-39). Observe que os BCRs e os TCRs reconhecem determinantes antigênicos distintos nas proteínas. Como indicado, a proteína coestimuladora usada pelas células T auxiliares efetoras é o ligante CD40, que se liga ao correceptor CD40 da célula B. A célula T também secreta citocinas, como a IL-4, para auxiliar na estimulação da célula B a realizar a hipermutação somática e a troca de classe (não apresentado). O correceptor CD4 da célula T_H foi omitido em (A) e (B) para simplificar.

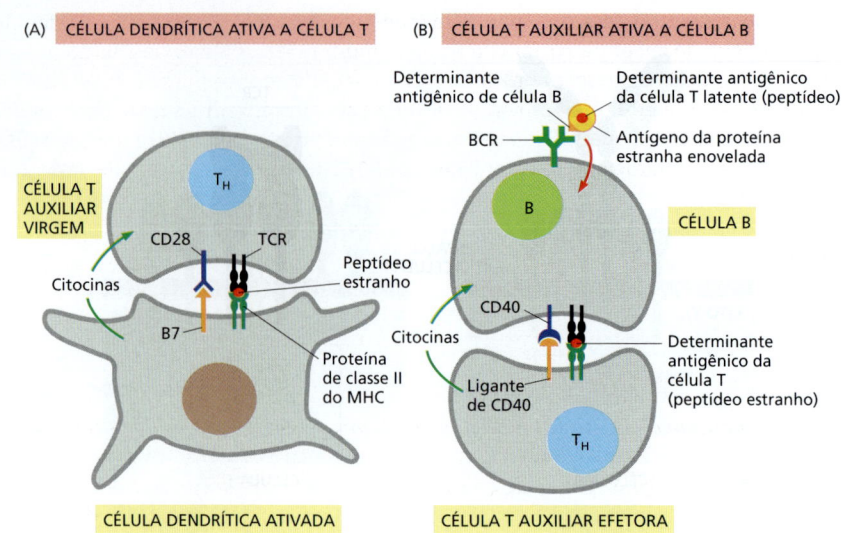

Muitas proteínas de superfíce celular pertencem à superfamília de Igs

A maioria das proteínas do sistema imune que estão envolvidas no reconhecimento do antígeno e no reconhecimento célula-célula contém uma ou mais Igs ou domínios semelhantes a Igs, sugerindo que tiveram uma história evolutiva comum. Incluídos nessa extensa **superfamília de Igs** encontram-se os anticorpos, os TCRs, as proteínas do MHC, o CD4, o CD8, os correceptores CD28, as proteínas coestimuladoras B7 e a maioria das cadeias polipeptídicas invariáveis associadas aos TCRs e BCRs, assim como os vários receptores Fc presentes nos linfócitos e em outros leucócitos. Várias dessas proteínas são dímeros ou oligômeros, em que as Igs ou os domínios semelhantes a Igs de uma das cadeias interagem com os da outra (**Figura 24-48**).

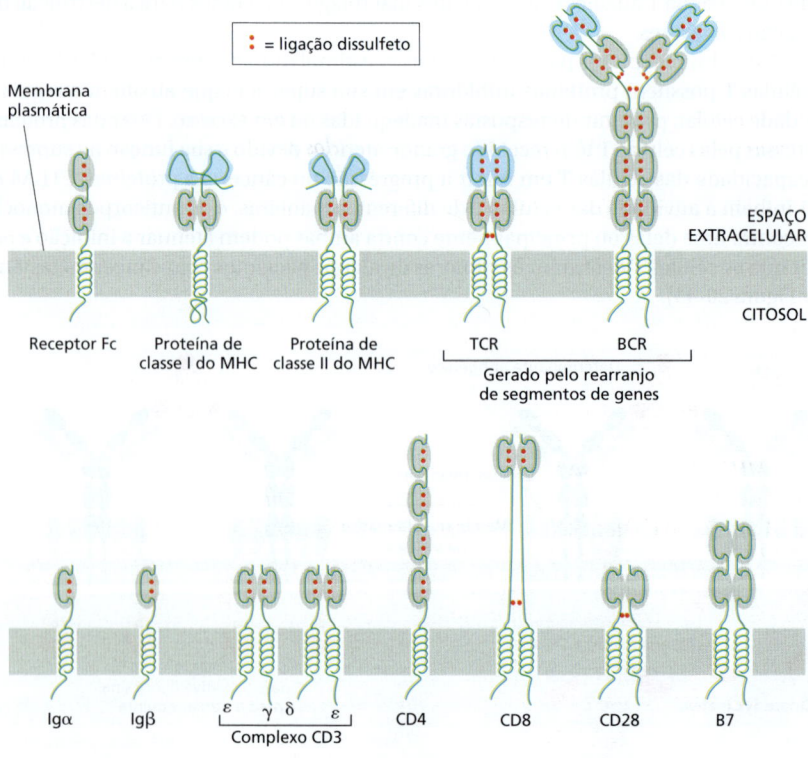

Figura 24-48 Algumas proteínas de superfície celular discutidas neste capítulo que pertencem à **superfamília de Igs**. A Ig e os domínios semelhantes à Ig estão sombreados em cinza, exceto os domínios de ligação ao antígeno (nem todos são domínios Ig, as proteínas do MHC de classe I e de classe II são exceções), que estão sombreados em azul. A superfamília de Igs também inclui várias proteínas de superfície celular envolvidas na interação célula-célula em funções fora do sistema imune, como a molécula de adesão de células neurais (NCAM), discutidas no Capítulo 19, e os receptores de vários fatores de crescimento proteicos discutidos no Capítulo 15 (não apresentado). Existem mais de 750 membros da superfamília de Igs em humanos.

Tanto nos vertebrados quanto nos invertebrados, muitas proteínas da superfamília de Igs também são encontradas fora do sistema imune onde, com frequência, atuam nos processos de adesão e de reconhecimento célula-célula, ambos durante o desenvolvimento e nos tecidos adultos. É provável que toda a superfamília de genes tenha evoluído de um gene primordial que codificava um único domínio semelhante à Ig, similar àquele que codifica a β_2-microglobulina (ver Figura 24-36). Nos membros da família atuais, um éxon separado normalmente codifica os aminoácidos em cada domínio semelhante à Ig, de acordo com a possibilidade de que novos membros da família tenham surgido durante a evolução por duplicações dos genes e dos éxons.

Resumo

Existem três principais classes de células T funcionalmente distintas. As células T citotóxicas (células T_C) matam diretamente as células por meio da secreção de perforinas e granzimas que induzem a apoptose das células infectadas. As células T auxiliares (células T_H) auxiliam na ativação das células T citotóxicas para matar sua célula-alvo, as células B a produzirem anticorpos, os macrófagos a destruírem os microrganismos de seu interior e as células dendríticas a ativar as células T. A células T reguladoras (células T_{reg}) produzem proteínas supressoras (como as citocinas IL-10 e TGFβ) para inibir outras células imunes.

Todos os tipos de células T expressam receptores de antígenos (TCRs) de superfície celular, os quais são codificados por genes que são rearranjados a partir de múltiplos segmentos gênicos durante o desenvolvimento da célula T no timo. Os TCRs reconhecem fragmentos peptídicos das proteínas estranhas que estão apresentados em associação com as proteínas do MHC na superfície das células apresentadoras de antígenos (APCs) e células-alvo. As células T virgens são ativadas nos órgãos linfoides periféricos pelas células dendríticas ativadas que secretam citocinas e expressam em sua superfície os complexos MHC-peptídeo, proteínas coestimuladoras e várias moléculas de adesão célula-célula.

As proteínas do MHC de classe I apresentam os antígenos estranhos às células T_C, ao passo que as proteínas do MCH de classe II apresentam os antígenos estranhos às células T_H e T_{reg}. As proteínas do MHC de classe I são expressas em quase todas as células nucleadas dos vertebrados e as moléculas de classe II são normalmente restritas às APCs, incluindo as células dendríticas, macrófagos e linfócitos B. As duas classes de proteínas do MHC possuem um único sulco de ligação ao peptídeo, que se liga a uma grande variedade de pequenos fragmentos peptídicos produzidos intracelularmente por processos de degradação proteica normais. As proteínas do MHC de classe I ligam, principalmente, fragmentos produzidos no citosol, ao passo que as proteínas do MHC de classe II ligam, em especial, fragmentos produzidos nos compartimentos endocíticos. Os complexos peptídeo-MHC são transportados para a superfície celular, onde os complexos que contêm um peptídeo derivado de uma proteína estranha são reconhecidos pelos TCRs, que interagem com o peptídeo e as paredes do sulco de ligação do peptídeo. As células T também expressam os correceptores CD4 ou CD8, que reconhecem as regiões invariáveis das proteínas do MHC. As células T_H e as células T_{reg} expressam o CD4 e reconhecem as proteínas do MHC de classe II. As células T_C expressam o CD8 e reconhecem as proteínas do MHC de classe I.

Uma combinação de seleção positiva e negativa atua durante o desenvolvimento das células T no timo para assegurar que somente as células T com TCRs potencialmente úteis sobrevivam, amadureçam e migrem, ao passo que todas as outras morrem por apoptose. As células T_C e T_H virgens que deixam o timo constantemente recebem sinais de sobrevivência quando seus TCRs reconhecem os complexos MHC-peptídeos próprios, mas somente podem ser ativadas quando seus TCRs encontram os peptídeos estranhos no sulco das proteínas do MHC em uma célula dendrítica ativada. As células T_{reg} naturais que deixam o timo suprimem os linfócitos autorreativos para auxiliar na manutenção da autotolerância.

A produção de uma célula T efetora a partir de uma célula T virgem requer múltiplos sinais de células dendríticas ativadas. Os complexos peptídeo-MHC na superfície da célula dendrítica fornece um sinal, ao ligar ao TCR e ao correceptor CD4 em uma célula T_H ou célula T_{reg}. As proteínas coestimuladoras da superfície das células dendríticas e as citocinas secretadas são os outros sinais. Quando as células T_H virgens são inicialmente ativadas em uma célula dendrítica, elas se diferenciam em células auxiliares efetoras T_H1, T_H2, T_{FH} ou T_H17, ou em células T_{reg}, dependendo, principalmente, das citocinas em seu ambiente. As células T_H1 secretam interferon-γ (IFN-γ) para ativar os macrófagos e in-

O QUE NÃO SABEMOS:

- O que inicia as doenças autoimunes como a diabetes tipo 1 ou esclerose múltipla?

- Quando uma célula T ou B de memória ou virgem é ativada pelo antígeno e sinais coestimuladores, como ela decide se vai se tornar uma célula de memória ou uma célula efetora? Há células que já estão pré-comprometidas a tornarem-se efetoras ou de memória, por exemplo, ou essa decisão é determinada somente por sinais extracelulares?

- Por que alguns de nós produzimos anticorpos IgE contra antígenos inócuos e consequentemente desenvolvemos febre do feno e asma alérgica, ao passo que a maioria não o faz e por que a proporção de indivíduos alérgicos está crescendo?

- Como uma célula T citotóxica (ou NK) evita a morte pelas perforinas e granzimas que elas mesmas secretam para matar a célula-alvo?

duzir as células B a mudar a classe de Ig produzida. As células T_H2 e T_{FH} secretam outras citocinas que também induzem a troca de classes nas células B e as células T_H17 secretam IL-17 para promover as respostas inflamatórias e cicatrização. As células T_H auxiliares efetoras reconhecem, na superfície da célula-alvo, o mesmo complexo de peptídeo estranho e proteína do MHC de classe II que reconheceu na célula dendrítica que inicialmente a ativou. Elas ativam suas células-alvo, produzindo uma combinação de proteínas sinalizadoras associadas à membrana e coestimuladoras secretadas. As células T_{reg} suprimem as células imunes usando proteínas inibidoras secretadas e de superfície celular.

Ambas as células B e T necessitam de múltiplos sinais para sua ativação. A ligação do antígeno nos BCRs ou TCRs fornece um sinal, ao passo que as proteínas coestimuladoras se ligam aos correceptores e as citocinas se ligam a seus receptores complementares. As células T efetoras fornecem os sinais coestimuladores às células B, ao passo que as APCs fornecem os sinais coestimuladores às células T.

TESTE SEU CONHECIMENTO

Quais afirmativas estão corretas? Justifique.

24-1 As células T cujos receptores se ligam fortemente ao complexo peptídeo MHC próprio são eliminadas nos órgãos linfoides periféricos quando elas encontram os peptídeos próprios nas células dendríticas apresentadoras de antígenos.

24-2 Para garantir que as células apresentadoras de antígenos no timo apresentem um repertório completo de peptídeos próprios para permitir a eliminação das células T autorreativas, o timo recruta células dendríticas de todo o corpo.

24-3 A diversidade dos anticorpos criada pela união combinatória dos segmentos V, D e J pela recombinação V(D)J se torna irrisória em comparação com a enorme diversidade criada ao acaso pela perda ou ganho de nucleotídeos nos sítios de ligação V, D e J.

Discuta as questões a seguir.

24-4 Por que as árvores não apodrecem? Por exemplo, o pau-brasil pode viver por séculos, mas depois de morta ela apodrece rapidamente. O que isso sugere?

24-5 Seria desastroso se um ataque do sistema complemento não fosse confinado à superfície do patógeno alvo do ataque. Ainda assim, a cascata proteolítica envolvida no ataque libera moléculas ativas biologicamente em várias etapas. Uma que se difunde e outra que permanece ligada à superfície do alvo. Como a reação do complemento permanece localizada quando os produtos ativos deixam a superfície?

24-6 Originalmente, foi proposto que a desaminase induzida pela ativação (AID) atuava sobre moléculas de RNA devido à similaridade de sua sequência com a Apobec1, que desamina Cs para Us no RNA. Entretanto, experimentos definitivos em *Escherichia coli* demonstraram que a AID desamina Cs para Us no DNA. Os autores do artigo expressaram a AID em bactérias e acompanharam as mutações em um gene selecionado. Eles observaram que a expressão da AID aumentava em cinco vezes as mutações e, mais importante, 80% das mutações induzidas eram G→A ou C→T. Isso estaria de acordo com o que você espera se as mutações induzidas pela AID resultassem da desaminação de C para U no DNA? [Dica: imagine o que aconteceria se uma troca G:U criada pela AID fosse replicada várias vezes. Como as sequências das mutações estariam relacionadas com o par de base original G-C?]

24-7 Por muitos anos foi um mistério o modo como as células T citotóxicas podiam detectar as proteínas virais que pareciam estar presentes somente no núcleo das células infectadas por vírus. A resposta foi obtida em um artigo clássico onde se tirou proveito de um clone de células T cujo receptor de célula T era direcionado contra um antígeno associado à proteína nuclear do influenzavírus, cepa de 1968. Os autores do estudo observaram que quando eles incubavam altas concentrações de determinados peptídeos derivados de proteínas nucleares virais, as células tornavam-se sensíveis à lise pela incubação subsequente com as células T citotóxicas. Usando vários peptídeos, da cepa de 1968 e da cepa de 1934 (com a qual a célula T citotóxica não havia reagido), os autores definiram um determinado peptídeo como responsável pela resposta das células T (**Figura Q24-1**).

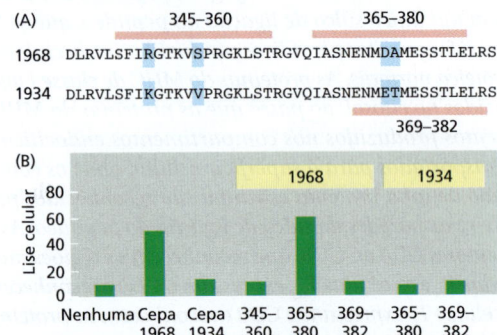

Figura Q24-1 O reconhecimento da proteína nuclear viral pelas células T citotóxicas. (A) Sequências de um segmento da proteína nuclear do influenzavírus das cepas de 1968 e 1934. Os peptídeos usados nos experimentos em (A) estão marcados com as barras *rosas*. As diferenças de aminoácidos entre as proteínas virais estão marcadas em *azul*. (B) Lise da célula-alvo mediada por células T citotóxicas. As células-alvo não tratadas (nenhuma), infectadas com vírus (cepa 1968 ou 1934) ou pré-incubadas com altas concentrações de peptídeo viral indicado.

A. Qual parte da proteína viral originou o peptídeo que era reconhecido pelo clone da célula T citotóxica? Por que nem todos os peptídeos virais sensibilizam as células-alvo para a lise pelas células T citotóxicas?

B. Acredita-se que as moléculas do MHC cheguem a superfície com os peptídeos já ligados. Se for assim, como você imagina que esses experimentos tenham funcionado?

24-8 Definir os padrões pelos quais as células T interagem com suas células-alvo foi complicado. Alguns dados cruciais foram obtidos a partir do estudo do modo como as células T citotóxicas matavam as células infectadas com o vírus da coriomeningite (LCMV). As células T citotóxicas derivadas de camundongos que expressam proteínas do MHC de classe I "tipo-k" lisavam as células infectadas pelo LCMV expressando a mesma proteína do MHC tipo-k, mas não lisavam as células infectadas de camundongos que expressavam proteínas do MHC de classe I do "tipo-d" (**Figura Q24-2**). Igualmente, as células T citotóxicas de camundongos tipo-d lisavam células do tipo-d infectadas, mas não células do tipo-k infectadas. O LCMV pode matar camundongos do tipo-k e do tipo-d.

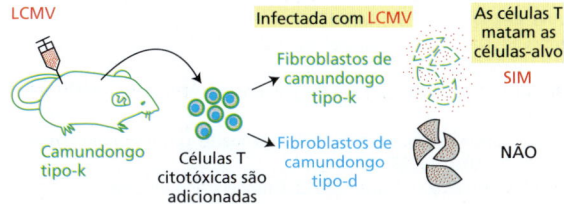

Figura Q24-2 Padrão de eliminação dos fibroblastos infectados com LCMV por células T citotóxicas de camundongos do tipo-k infectados com LCMV.

A. Se camundongos do tipo-d homozigotos cruzassem com camundongos do tipo-k homozigotos para produzir progênie heterozigota do tipo-k/tipo-d você esperaria que as células T citotóxicas desses heterozigotos, quando infectadas com LCMV fossem capazes de lisar as células do tipo-d infectadas? E as células do tipo-k infectadas? Justifique suas respostas.

B. Curiosamente a infecção por LCMV não mata camundongos que não possuam timo, como camundongos "nude", que são assim chamados por não possuírem pelos. Se o timo é transplantado para um camundongo nude, ele irá morrer quando infectado por LCMV. Suponha que um camundongo nude heterozigoto tipo-d/tipo-k receba o timo de um doador tipo-d. Você esperaria que as suas células T citotóxicas sejam capazes de lisar as células infectadas tipo-d? E as células infectadas tipo-k? Explique suas respostas.

24-9 Antes da exposição ao antígeno, células T com receptores específicos para o antígeno representam apenas uma pequena fração das células T, na ordem de 1 em 10^5 ou 1 em 10^6 células T. Após a exposição ao antígeno, somente um pequeno número de células dendríticas apresentam o antígeno em sua superfície. Quanto tempo leva para que essas células dendríticas apresentadoras de antígeno interajam com células T específicas para o antígeno, qual é a etapa fundamental na ativação das células T e expansão clonal? A dinâmica do processo de procura pelo antígeno foi avaliada por meio da marcação de células dendríticas em vermelho e das células T em verde, de modo que o contato em um linfonodo intacto poderia ser avaliado visualmente por meio de microscopia de fluorescência de dois fótons (**Figura Q24-3A**). A frequência dos contatos entre as células dendríticas e as células T de tais experimentos estão apresentados na **Figura 24-3B**. Assumindo que 100 células dendríticas apresentam o antígeno específico, quanto tempo levaria para elas avaliarem 10^5 células T? E quanto tempo levaria para avaliarem 10^6 células T?

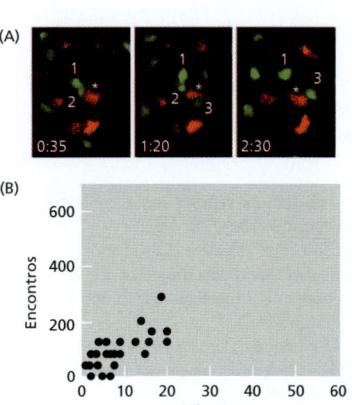

Figura Q24-3 Exploração do repertório de células T pelas células dendríticas. (A) Contato entre diferentes células T e uma célula dendrítica. As células T são *verdes* e as células dendríticas são *vermelhas*. As células dendríticas marcadas com asterisco fazem contato com três células T (numeradas) por um determinado período como mostra esta sequência de imagens. O tempo é apresentado em horas:minutos. (B) Gráfico de pontos dos contatos das células T com cada célula dendrítica individual em um determinado período de tempo. (A, de P Bousso e E. Robey, *Nat. Immunol.* 4:579–581, 2003. Com permissão de Macmillan Publishers Ltd.)

24-10 Em um primeiro momento, parece uma estratégia arriscada para o timo promover a sobrevivência, maturação e emigração das células T em desenvolvimento que se ligam fracamente aos peptídeos próprios ligados às próprias moléculas do MHC. Não seria mais seguro descartar essas células, juntamente com aquelas que se ligam fortemente a esses complexos peptídeo MHC próprio, já que essa estratégia seria uma maneira mais segura de evitar reações autoimunes?

24-11 As proteínas CD4 nas células T auxiliares e células T reguladoras atuam como correceptores que se ligam às porções invariáveis das proteínas do MHC de classe II. Acredita-se que o CD4 aumente a adesão entre as células T e as células apresentadoras de antígenos (APCs) que estão, inicialmente, conectadas somente fracamente pelo receptor de célula T ligado ao seu complexo MHC-peptídeo específico. Para avaliar esta possibilidade, você marca as moléculas do MHC de superfície celular com um peptídeo marcado com um fluoróforo, de modo que possa detectar cada complexo peptídeo-MHC na interface entre as APCs e as células T em uma placa de cultura. Para detectar as respostas de células T, o sinal de um contato produtivo, você coloca um corante indicador de Ca^{2+}, pois o Ca^{2+} citosólico aumenta quando os linfócitos estão ativos. Agora você conta os complexos peptídeo-MHC de várias interfaces (sinapses imunológicas) e quantifica a captura de Ca^{2+} nas células T aderentes (**Figura Q24-4**, *círculos vermelhos*). Quando você repete o experimento na presença de um anticorpo bloqueador contra o CD4, você obtém um resultado diferente (*círculos azuis*). Esses resultados apoiam ou contrariam a noção de que o CD4 aumenta a ligação do receptor de célula T? Explique a sua resposta.

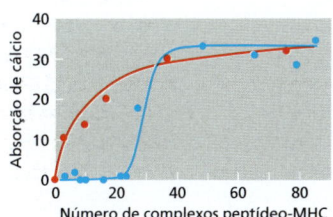

Figura Q24-4 Função do CD4 na resposta de células T. A captura do Ca^{2+} nas células com diferentes quantidades de complexos peptídeo-MHC marcados com fluoróforo na interface entre as células T e as células apresentadoras de antígenos. Os resultados na ausência dos anticorpos bloqueadores do CD4 estão apresentados na *linha vermelha*, os resultados na presença dos anticorpos bloqueadores do CD4 estão apresentados na *linha azul*.

REFERÊNCIAS

Gerais

Murphy K (2011) Janeway's Immunobiology, 8th ed. New York: Garland Science.
Abbas AK, Lichtman AH & Pillai S (2014) Cellular and Molecular Immunology, 8th ed. Philadelphia: WB Saunders.
Parham P (2015) The Immune System, 4th ed. New York: Garland Science.

O sistema imune inato

Beutler B & Rietschel ET (2003) Innate immune sensing and its roots: the story of endotoxin. *Nat. Rev. Immunol.* 3, 169–176.
Davis BK, Wen H & Ting JP (2011) The inflammasome NLRs in immunity, inflammation, and associated diseases. *Annu. Rev. Immunol.* 29, 707–735.
Gallo RL & Hooper LV (2012) Epithelial antimicrobial defence of the skin and intestine. *Nat. Rev. Immunol.* 12, 503–516.
Hoffmann J & Akira S (2013) Innate immunity. *Curr. Opin. Immunol.* 25, 1–3.
Holers VM (2014) Complement and its receptors: new insights into human disease. *Annu. Rev. Immunol.* 32, 433–459.
Ivashkiv LB & Donlin LT (2014) Regulation of type 1 interferon responses. *Nat. Rev. Immunol.* 14, 36–49.
Janeway CA Jr & Medzhitov R (2002) Innate immune recognition. *Annu. Rev. Immunol.* 20, 197–216.
Kumar H, Kawai T & Akira S (2011) Pathogen recognition by the innate immune system. *Int. Rev. Immunol.* 30, 16–34.
Lannier LL (2008) Up on the tightrope: natural killer cell activation and inhibition. *Nat. Immunol.* 9, 495–502.
Murray PJ & Wynn TA (2011) Protective and pathogenic functions of macrophages. *Nat. Rev. Immunol.* 11, 723–737.
Pluddemann A, Mukhopadhyay S & Gordon S (2011) Innate immunity to intracellular pathogens: macrophage receptors and responses to microbial entry. *Immunol. Rev.* 240, 11–24.
Schenten D & Medzhitov R (2011) The control of adaptive immune responses by the innate immune system. *Adv. Immunol.* 109, 87–124.

Visão geral do sistema imune adaptativo

Denucci CC, Mitchell JS & Shimizu Y (2009) Integrin function in T-cell homing to lymphoid and nonlymphoid sites: getting there and staying there. *Crit. Rev. Immunol.* 29, 87–109.
Girard J-P, Moussion C & Förster R (2012) HEVs, lymphatics and homeostatic immune cell trafficking in lymph nodes. *Nat. Rev. Immunol.* 12, 762–773.
Klein L, Yudanin NA & Restifo NP (2013) Human memory T cells: generation, compartmentalization and homeostasis. *Nat. Rev. Immunol.* 14, 24–35.
MacKeod MK, Kappler JW & Marrack P (2010) CD4 memory T cells: generation, reactivation, and reassignment. *Immunol.* 130, 10–15.
McHeyzer-Williams M, Okitsu S, Wang N & McHeyzer-Williams L (2011) Molecular programming of B cell memory. *Nat. Rev. Immunol.* 12, 24–34.
Rothenburg EV (2014) Transcriptional control of early T and B cell developmental choices. *Annu. Rev. Immunol.* 32, 283–321.
Schwartz RH (2012) Historical overview of immunological tolerance. *Cold Spr. Harb. Perspect. Biol.* 4, 1–14.
Sprent J & Surh CD (2011) Normal T cell homeostasis: the conversion of naïve cells into memory-phenotype cells. *Nat. Immunol.* 12, 478–484.

Células B e imunoglobulinas

Eibel H, Kraus H, Sic H et al. (2014) B cell biology: an overview. *Curr. Allergy Asthma Rep.* 14, 434–444.
Ganesh K & Neuberger MS (2011) The relationship between hypothesis and experiment in unveiling the mechanisms of antibody gene diversification. *FASEB J.* 25, 1123–1132.
Kurosaki T, Shinohara H, & Baba Y (2010) B cell signalling and fate decision. *Annu. Rev. Immunol.* 29, 21–55.
Nimmerjahn F & Ravetch JV (2007) Fc-receptors as regulators of immunity. *Adv. Immunol.* 96, 179–204.
Schatz DG & Yanhong J (2010) Recombination centers and the orchestration of V(D)J recombination. *Nat. Rev. Immunol.* 11, 251–263.
Schomchik MJ & Weisel F (2012) Germinal center selection and development of memory B and plasma cells. *Immunol. Rev.* 247, 52–63.
Schroeder HW & Cavacini L (2010) Structure and function of immunoglobulins. *J. Aller. Clin. Immunol.* 125, S41–S52.
Xu Z, Zan H, Pone EJ et al. (2012) Immunoglobulin class-switch DNA recombination: induction, targeting and beyond. *Nat. Rev. Immunol.* 12, 517–531.

Células T e proteínas do MHC

Bjorkman PJ (2006) Finding the groove. *Nat. Immunol.* 7, 787–789.
Blum JS, Wearsch PA & Cresswell P (2013) Pathways of antigen processing. *Annu. Rev. Immunol.* 31, 443–473.
Clambey ET, Davenport B, Kappler JW et al. (2014) Molecules in medicine mini review: the $\alpha\beta$ T cell receptor. *J. Mol. Med.* 92, 735–741.
Dustin ML (2014) What counts in the immunological synapse. *Mol. Cell* 54, 255–262.
Ewen CL, Kane KP & Bleackley RC (2012) A quarter century of granzyme. *Cell Death Differ.* 19, 28–35.
Hniffa M, Collin M & Ginhoux F (2013) Ontogeny and functional specialization of dendritic cells in human and mouse. *Adv. Immunol.* 120, 1–49.
Harwood NE & Batista FD (2010) Early events in B cell activation. *Annu. Rev. Immunol.* 28, 185–210.
Hsieh CS, Lee HM & Lio CW (2012) Selection of regulatory T cells in the thymus. *Nat. Rev. Immunol.* 10, 157–167.
Huppa JB & Davis MM (2013) The interdisciplinary science of T-cell recognition. *Adv. Immunol.* 119, 1–50.
Joffre OP, Segura E, Savina A & Amigorena S (2012) Cross-presentation by dendritic cells. *Nat. Rev. Immunol.* 12, 557–569.
Josefowicz SZ, Lu L-F & Rudensky AY (2012) Regulatory T cells: mechanisms of differentiation and function. *Annu. Rev. Immunol.* 30, 531–564.
Klein L, Kyewski B, Allen PM & Hogquist KA (2014) Positive and negative selection of the T cell repertoire: what the thymocytes see (and don't see). *Nat. Rev. Immunol.* 14, 377–391.
Liu K & Nussenzweig MC (2010) Origin and development of dendritic cells. *Immunol. Rev.* 234, 45–54.
Mathis D & Benoist C (2009) AIRE. *Annu. Rev. Immunol.* 27, 287–312.
McDevitt HO (2000) Discovering the role of the major histocompatibility complex in the immune response. *Annu. Rev. Immunol.* 18, 1–17.
Ohkura N, Kitagawa Y & Sakagucci S (2013) Development and maintenance of regulatory T cells. *Semin. Immunol.* 23, 424–430.
Ramsdell F & Ziegler SF (2014) Fox3P and scurfy: how it all began. *Nat. Rev. Immunol.* 14, 343–349.
Rudolph MG, Stanfield RL & Wilson IA (2006) How TCRs bind MHCs, peptides, and coreceptors. *Annu. Rev. Immunol.* 24, 419–466.
Schuette V & Burgdorf S (2014) The ins-and-outs of endosomal antigens for cross presentation. *Curr. Opin. Immunol.* 26, 63–68.
Shevach EM (2011) Biological functions of regulatory T cells. *Adv. Immunol.* 112, 137–176.
Steinman RM (2012) Decisions about dendritic cells: past, present, and future. *Annu. Rev. Immunol.* 30, 1–22.
Trombetta ES & Mellman I (2005) Cell biology of antigen processing *in vitro* and *in vivo*. *Annu. Rev. Immunol.* 23, 975–1028.
Zhu J, Yamane H & Paul WE (2010) Peripheral $CD4^+$ T-cell differentiation regulated by networks of cytokines and transcription factors. *Annu. Rev. Immunol.* 28, 445–489.

Glossário

acetil-CoA Pequena molécula carreadora ativada solúvel em água. Consiste em um grupo acetila ligado à coenzima A (CoA) por uma ligação tioéster facilmente hidrolisável. (Figura 2-38)

ácido Um doador de prótons. Substância que libera prótons (H^+) quando dissolvida em água, formando íons hidrônio (H_3O^+) e baixando o pH. (Painel 2-2, p. 92-93)

ácido desoxirribonucleico (DNA) Polinucleotídeo formado por unidades de desoxirribonucleotídeos ligadas covalentemente. Serve como armazenador de informações hereditárias dentro de uma célula e como carreador dessas informações de uma geração para a outra. (Figura 4-3 e Painel 2-6, p. 100-101)

acoplamento quimiosmótico (quimiosmose) Mecanismo no qual um gradiente eletroquímico de prótons através da membrana (composto por um gradiente de pH e potencial de membrana) é utilizado para estimular um processo que requer energia, como a produção de ATP ou a rotação dos flagelos de bactérias.

adaptação (1) Adaptação (dessensibilização): ajuste da sensibilidade em consequência de estímulos repetidos. O mecanismo que permite que uma célula reaja a pequenas variações de um estímulo mesmo com um nível elevado de estimulação do ambiente. (2) Adaptação evolutiva: um traço evoluído.

adenililciclase (adenilato ciclase) Enzima ligada à membrana que catalisa a formação de AMP cíclico a partir de ATP. É um componente importante de algumas vias de sinalização intracelulares.

adesinas Proteínas específicas ou complexos proteicos de bactérias patogênicas que reconhecem e se ligam a moléculas da superfície celular das células hospedeiras para possibilitar junções aderentes e a colonização de tecidos.

ADP (adenosina 5'-difosfato) Nucleotídeo produzido pela hidrólise do fosfato terminal do ATP. Ele regenera ATP quando fosforilado por um processo gerador de energia, como a fosforilação oxidativa. (Figura 2-33)

Agrina Proteína de sinalização liberada pelo cone de crescimento do axônio durante a formação de sinapses entre o axônio e uma célula muscular.

AIRE (regulador autoimune) Uma proteína produzida por uma subpopulação de células epiteliais no timo que estimula a produção de pequenas quantidades de proteínas características de outros órgãos, expondo os timócitos em desenvolvimento a essas proteínas para promover autotolerância.

Akt Proteína serina/treonina-cinase que atua na via de sinalização intracelular PI-3-cinase/Akt, envolvida especialmente na sinalização para o crescimento e a sobrevivência celulares. Também chamada de proteína-cinase B (PKB).

alelo Uma das várias formas alternativas de um gene. Em uma célula diploide, cada gene terá dois alelos ocupando a mesma posição (lócus) em cromossomos homólogos.

alfa-hélice (α-hélice) Padrão de enovelamento comum em proteínas, no qual uma sequência linear de aminoácidos se enovela em uma hélice voltada para a direita estabilizada por ligações de hidrogênio internas entre os átomos da cadeia principal da hélice. (Figura 3-7)

alosteria Mudança na conformação de uma proteína causada pela ligação de um ligante regulador (em um sítio diferente do sítio catalítico) ou por modificação covalente. A mudança na conformação altera a atividade da proteína e pode formar as bases do movimento dirigido. (Figuras 3-57 e 16-29)

amido Polissacarídeo composto exclusivamente por unidades de glicose, usado como um estoque de energia nas células vegetais. (Figura 2-51)

aminoácido Molécula orgânica que contém tanto um grupo amino quanto um grupo carboxila. Os aminoácidos que servem como unidades de construção de proteínas são aminoácidos alfa, tendo o grupo amino e o grupo carboxila ligados ao mesmo átomo de carbono. ($NH_2CHRCOOH$, Painel 3-1, p. 112-113)

aminoacil-tRNA-sintase Enzima que liga o aminoácido correto a uma molécula de tRNA para formar um aminoacil-tRNA. (Figura 6-54)

AMP cíclico (cAMP) Nucleotídeo gerado a partir do ATP pela adenililciclase em resposta a vários sinais extracelulares. O cAMP atua como uma pequena molécula de sinalização intracelular, principalmente pela ativação da proteína-cinase dependente de cAMP (PKA). Ele é hidrolisado a AMP por uma fosfodiesterase. (Figura 15-25)

anáfase (1) Estágio da mitose durante o qual as cromátides-irmãs separam-se e distanciam-se uma da outra. (2) Anáfase I e II: estágios da meiose durante os quais os pares de cromossomos homólogos separam-se (I), e, então, as cromátides-irmãs se separam (II). (Painel 17-1, p. 980-981)

anáfase A Etapa da mitose em que a segregação dos cromossomos ocorre e os cromossomos se deslocam em direção aos dois polos do fuso.

anáfase B Etapa da mitose em que a segregação dos cromossomos ocorre mediante separação dos fusos do polo.

análise de epistasia Análise com o intuito de descobrir a ordem de ação dos genes mediante investigação para saber se uma mutação em um gene pode mascarar o efeito de uma mutação em outro gene quando ambas as mutações estão presentes no mesmo organismo ou célula.

âncora de glicosilfosfatidilinositol (âncora GPI) Tipo de ligação lipídica pela qual algumas proteínas de membrana são ligadas à membrana. A proteína é unida, via oligossacarídeo, à âncora de fosfatidilinositol à medida que se move ao longo do retículo endoplasmático. (Figura 12-52)

anel contrátil Anel que contém actina e miosina e que se forma sob a superfície das células animais que estão passando por divisão celular. Contrai-se para separar as duas células-filhas. (Figura 17-42)

anfifílico Que possui tanto regiões hidrofílicas quanto hidrofóbicas, como um fosfolipídeo ou uma molécula de detergente.

angiogênese Crescimento de novos vasos sanguíneos por brotamento a partir de vasos já existentes.

anotação do genoma Processo de identificação de todos os genes (codificadores de proteínas e não codificadores) de um genoma e de atribuição de suas funções.

anti-IAP Produzida em resposta a vários estímulos apoptóticos e, mediante a ligação a IAPs e impedimento de sua ligação a caspases, neutraliza a inibição da apoptose mediada por IAPs.

antibiótico Substância tóxica para os microrganismos, como penicilina ou estreptomicina. Em geral, um produto natural de uma planta ou microrganismo específico.

anticódon Sequência de três nucleotídeos em uma molécula de RNA transportador (tRNA) que é complementar ao códon de três nucleotídeos em uma molécula de RNA mensageiro (mRNA).

anticorpo Proteína secretada pelas células B ativadas em resposta a patógenos ou outras moléculas estranhas ao organismo. Liga-se com alta afinidade ao patógeno ou à molécula estranha, inativando-os ou marcando-os para a degradação por fagocitose ou lise induzida pelo sistema complemento. (Figura 24-23)

anticorpo monoclonal Anticorpo secretado por uma linhagem celular de hibridoma. Como o hibridoma é gerado pela fusão de uma única célula B com uma célula cancerosa, todas as moléculas de anticorpo que ele produz são idênticas. (p. 444)

antígeno Uma molécula que pode induzir uma resposta imune adaptativa ou que pode se ligar a um anticorpo ou receptor de célula T.

antiparalela Descreve a orientação relativa das duas fitas em uma dupla-hélice de DNA ou em duas regiões pareadas de uma cadeia polipeptídica; a polaridade de uma fita é oposta à polaridade da outra.

antiporte Proteína carreadora que transporta dois íons diferentes ou pequenas moléculas através de uma membrana em direções opostas, simultaneamente ou em sequência. (Figura 11-8)

Apaf1 Proteína adaptadora da via intrínseca de apoptose; após a ligação do citocromo c, forma oligômeros que compõem um apoptossomo.

aparelho de Golgi (complexo de Golgi) Organela complexa nas células eucarióticas, organizada em torno de um conjunto de vesículas achatadas delimitadas por membrana e empilhadas umas sobre as outras; local onde proteínas e lipídeos oriundos do retículo endoplasmático são modificados e distribuídos. É o local de síntese de muitos polissacarídeos da parede celular nas plantas e de glicosaminoglicanos da matriz extracelular nas células animais. (Figura 13-26)

apical Referente à extremidade de uma célula, estrutura ou órgão. A superfície apical de uma célula epitelial é a superfície livre exposta, oposta à superfície basal. A superfície basal repousa sobre a lâmina basal, que separa o epitélio dos outros tecidos.

apoptose Forma de morte celular programada, na qual um "suicídio" programado é ativado na célula animal, levando a uma rápida morte celular mediada por enzimas proteolíticas chamadas de caspases.

apoptossomo Heptâmeros de proteínas Apaf1 que se formam após a ativação da via intrínseca de apoptose; recruta e ativa caspases ativadoras que irão ativar caspases subsequentes da via para a indução da apoptose.

apresentação cruzada Processo em que as proteínas extracelulares são absorvidas pelas células dendríticas especializadas e podem dar origem a peptídeos que serão apresentados pelas proteínas MHC de classe I às células T citotóxicas.

aquaporina (canal de água) Proteína de canal embebida na membrana plasmática que aumenta significativamente a permeabilidade da célula à água; permite o transporte de água, mas não de íons, em alta velocidade através da membrana.

arqueia (arqueobactéria) Organismo unicelular sem núcleo, superficialmente similar à bactéria. Em nível molecular, é mais próximo dos eucariotos em sua estrutura genética do que das bactérias. As arqueias e as bactérias juntas compõem o grupo dos procariotos. (Figura 1-17)

arrestina Membro de uma família de proteínas que contribuem para a dessensibilização a GPCR evitando que um receptor ativado interaja com as proteínas G e atuando como um adaptador entre o receptor e a endocitose dependente de clatrina. (Figura 15-42)

ATM (proteína de ataxia-telangiectasia mutada) Proteína-cinase ativada por quebras no DNA de fita dupla. Se as quebras não forem reparadas, a ATM inicia uma cascata de sinais que culmina na interrupção do ciclo celular. Relacionada à ATR.

ATP (adenosina 5'-trifosfato) Nucleosídeo trifosfatado composto por adenina, ribose e três grupos fosfato. O principal transportador de energia química nas células. Os grupos fosfato terminais são altamente reativos, de forma que sua hidrólise ou transferência para outra molécula ocorre com liberação de grande quantidade de energia livre. (Figura 2-33)

ATP sintase (F_1F_o ATPase) Complexo enzimático localizado na membrana interna de mitocôndrias e na membrana tilacoide de cloroplastos. Catalisa a formação de ATP a partir de ADP e fosfato inorgânico durante a fosforilação oxidativa e a fotossíntese respectivamente. Também está presente na membrana plasmática de bactérias.

ATR (ataxia-telangiectasia e proteína relacionada à Rad3) Proteína-cinase ativada por dano ao DNA. Se o dano permanece não reparado, a ATR ajuda a iniciar uma cascata de sinal que culmina na interrupção do ciclo celular. Relacionada à ATM.

atração de van der Waals Tipo de ligação não covalente (individualmente fraca) que se forma muito próxima entre átomos apolares. (Tabela 2-1, p. 45, e Painel 2-3, p. 94-95)

atração eletrostática Ligação iônica não covalente entre duas moléculas com grupos de carga oposta. (Painel 2-3, p. 94-95)

autofagia Digestão de organelas citoplasmáticas mais antigas realizada pelos lisossomos da própria célula.

autofagossomo Organela delimitada por uma membrana dupla e que contém material citoplasmático nos estágios iniciais de autofagia.

auxina Hormônio vegetal, comumente ácido 3-indolacético, com diversos papéis no crescimento e desenvolvimento vegetal.

axonema Feixe de microtúbulos e proteínas associadas que formam o cerne de um cílio ou um flagelo nas células eucarióticas, responsável pelos seus movimentos.

axônio Longa projeção da célula nervosa, capaz de conduzir rapidamente os impulsos nervosos por longas distâncias de modo a transmitir sinais para outras células.

bactéria (eubactéria) Membro do domínio *Bacteria*, um dos três principais ramos da árvore da vida (*Archaea*, *Bacteria* e eucariotos). As bactérias e arqueias não possuem um compartimento nuclear distinto e, juntas, compõem os procariotos. (Figura 1-17)

bacteriorrodopsina Proteína pigmentada encontrada na membrana plasmática de uma bactéria halofílica, *Halobacterium salinarium* (*Halobacterium halobium*). Essa proteína bombeia prótons para fora da célula em resposta à luz.

bainha de mielina Camada isolante de membrana celular especializada enrolada ao redor dos axônios de vertebrados. Produzida pelos oligodendrócitos, no sistema nervoso central, e pelas células de Schwann, no sistema nervoso periférico. (Figura 11-33)

Bak Um dos principais efetores da família de proteínas Bcl2 da via intrínseca de apoptose nas células de mamíferos, ligada à membrana externa das mitocôndrias mesmo na ausência de sinais de apoptose; ativada geralmente por uma proteína BH3-apenas pró-apoptose ativada.

balsa lipídica Pequena região de uma membrana, enriquecida em esfingolipídeos e colesterol. (Figura 10-13)

basal Situado próximo à base. Oposto à superfície apical.

base (1) Uma substância que pode reduzir o número de prótons em solução, tanto por aceitar diretamente íons H^+ quanto por liberar íons OH^-, os quais se combinam a H^+ e formam H_2O. (2) As purinas e as pirimidinas do DNA e do RNA são bases orgânicas nitrogenadas e com frequência referidas simplesmente como bases. (Painel 2-2, p. 92-93)

Bax Um dos principais efetores da família de proteínas Bcl2 da via intrínseca de apoptose nas células de mamíferos; localizada principalmente no citosol e transportada para a mitocôndria apenas após a sua ativação, em geral mediada por proteínas pró-apoptose BH3--apenas ativadas.

Bcl2 Proteína da família Bcl2 antiapoptose presente na membrana mitocondrial externa que se liga e inibe proteínas da família Bcl2 pró-apoptose e impede a ativação errônea da via intrínseca de apoptose.

BclX$_L$ Proteína da família Bcl2 antiapoptose presente na membrana mitocondrial externa que se liga e inibe proteínas da família Bcl2 pró-apoptose e impede a ativação errônea da via intrínseca de apoptose.

benigno Descreve um tumor com crescimento autolimitante e não invasivo.

beta-catenina (β-catenina) Proteína citoplasmática multifuncional envolvida na adesão célula-célula mediada por caderina, ligando caderinas ao citoesqueleto de actina. Também pode atuar independentemente, como uma proteína de regulação de transcrição. Desempenha um importante papel no desenvolvimento animal, como parte de uma via de sinalização Wnt.

biblioteca de cDNA Conjunto de clones de moléculas de DNA que representam as cópias de DNA complementares às moléculas de mRNA produzidas por uma célula.

biblioteca de DNA Coleção de moléculas de DNA clonadas, representando o genoma inteiro (biblioteca genômica) ou cópias de DNA complementar a partir do mRNA produzido por uma célula (biblioteca de cDNA).

biblioteca genômica Conjunto de clones de moléculas de DNA que representam um genoma completo.

bicamada lipídica (bicamada fosfolipídica) Fina camada dupla de moléculas de fosfolipídeos, formando a base estrutural de todas as membranas celulares. As duas camadas de moléculas de lipídeos são empacotadas com suas caudas hidrofóbicas direcionadas para dentro e suas cabeças hidrofílicas para fora, expostas à água. (Figura 10-1 e Painel 2-5, p. 98-99)

biologia química Nome dado a uma estratégia que utiliza a varredura em larga escala de centenas de milhares de pequenas moléculas em ensaios biológicos para identificar compostos que afetam um determinado processo biológico e que então podem ser usados para estudá-lo.

biorientação A ligação das cromátides-irmãs a polos opostos do fuso mitótico, de modo que elas se movem para extremidades opostas da célula quando se separam na anáfase.

BiP Proteína chaperona presente no retículo endoplasmático, membro da família de proteínas chaperonas do tipo hsp70.

bivalente Uma estrutura com quatro cromátides formada durante a meiose, consistindo em um cromossomo duplicado pareado com seu homólogo.

blastômero Uma das muitas células formadas pela clivagem de um óvulo fertilizado.

blástula Estágio inicial de um embrião animal, em geral consistindo em uma esfera oca de células epiteliais envolvendo uma cavidade preenchida por fluidos, antes do início da gastrulação.

bloco haplótipo Combinação de alelos e marcadores de DNA que são herdados em um grande bloco ligado, em um cromossomo de um par de cromossomos homólogos, ao longo de diversas gerações, sem sofrer alterações por recombinação gênica.

bomba de Ca^{2+} (bomba de cálcio, Ca^{2+}-ATPase) Proteína transportadora, presente na membrana do retículo sarcoplasmático das células musculares (e outros tipos celulares). Bombeia Ca^{2+} do citoplasma para dentro do retículo sarcoplasmático, usando a energia de hidrólise de ATP.

bomba de Na$^+$-K$^+$ (ATPase Na$^+$-K$^+$) Proteína carreadora transmembrana, encontrada na membrana plasmática da maioria das células animais, que bombeia Na$^+$ para fora e K$^+$ para dentro da célula, usando energia derivada da hidrólise do ATP. (Figura 11-15)

bombas tipo P Classe de bombas dirigidas por ATP que compreendem proteínas transmembrana de passagem múltipla relacionadas estrutural e funcionalmente, que fosforilam a si próprias durante o ciclo de bombeamento. Essa classe inclui diversas bombas de íons que são responsáveis pelo estabelecimento e pela manutenção de gradientes de Na$^+$, K$^+$, H$^+$ e Ca^{2+} através das membranas celulares. (Figura 11-12)

bombas tipo V Máquinas proteicas semelhantes a turbinas construídas a partir de múltiplas subunidades diferentes que utilizam a energia da hidrólise do ATP para dirigir o transporte através da membrana. A bomba de prótons do tipo V transfere H$^+$ para dentro de organelas como os lisossomos para acidificar seu interior. (Figura 11-12)

brassinosteroides Classe de moléculas esteroides de sinalização em plantas que regulam o crescimento e a diferenciação das plantas ao longo do seu ciclo de vida pela ligação a receptores cinase de superfície celular, iniciando cascatas de sinalização.

C3 Proteína complemento essencial que é ativada por componentes iniciais dos três sistemas complemento (a via clássica, a via da lectina e a via alternativa). (Figura 24-7)

cadeia lateral A parte de um aminoácido que difere quanto aos tipos de aminoácidos. As cadeias laterais conferem a cada tipo de aminoácido suas propriedades químicas e físicas específicas. (Painel 3-1, p. 112-113)

cadeia principal polipeptídica Sequência repetida de átomos ao longo do centro de uma cadeia polipeptídica.

cadeia respiratória (cadeia transportadora de elétrons) Cadeia transportadora de elétrons presente na membrana mitocondrial interna que gera um gradiente eletroquímico através da membrana utilizado para direcionar a síntese de ATP. (Figuras 14-4 e 14-10)

cadeia transportadora de elétrons Série de reações nas quais moléculas carreadoras de elétrons transportam elétrons do nível de maior energia para níveis sucessivos de menor energia. A energia liberada durante o movimento dos elétrons pode ser utilizada para suprir a energia necessária a vários processos. A cadeia transportadora de elétrons presente na membrana mitocondrial interna (chamada de cadeia respiratória) e na membrana do tilacoide de cloroplastos gera um gradiente de prótons através da membrana que é usado para dirigir a síntese de ATP. Ver especialmente Figuras 14-18 e 14-52.

caderina Membro da grande superfamília de proteínas de adesão transmembrana. Medeia a adesão célula-célula dependente de Ca^{2+} em tecidos animais. (Figura 19-3 e Tabela 19-1, p. 1037)

caderinas clássicas Família de proteínas caderina, incluindo caderina E, caderina N e caderina P, que têm sequências similares ao longo de seus domínios extracelulares e intracelulares.

caderinas não clássicas Grande família de caderinas que estão mais distantemente relacionadas na sequência do que as caderinas clássicas e incluem proteínas envolvidas na adesão (incluindo protocaderinas, desmocolinas e desmogleínas) e sinalização.

calmodulina Proteína intracelular ligadora de Ca^{2+} que sofre uma grande mudança conformacional pela ligação de Ca^{2+}, permitindo que regule a atividade de muitas proteínas. Em sua forma ativada (ligada a Ca^{2+}), é chamada de Ca^{2+}/calmodulina. (Figura 15-33)

calnexina Proteína chaperona de ligação a carboidratos na membrana do retículo endoplasmático (RE) que se liga a oligossacarídeos em proteínas de enovelamento incompleto e as mantém no retículo endoplasmático.

calreticulina Proteína chaperona de ligação a carboidratos no lúmen do retículo endoplasmático (RE) que se liga a oligossacarídeos em proteínas de enovelamento incompleto e as mantém no retículo endoplasmático.

CaM-cinase II Proteína-cinase multifuncional, dependente de Ca^{2+}/calmodulina, que fosforila a si mesma e a várias outras proteínas-alvo quando ativada. Encontrada na maioria das células animais, é especialmente abundante nas sinapses no cérebro, estando envolvida em algumas formas de plasticidade sináptica em vertebrados. (Figura 15-34)

camada de carboidrato Zona rica em carboidratos na superfície das células eucarióticas, composta por glicoproteínas, glicolipídeos e proteoglicanos da membrana plasmática.

camada germinativa Uma das três camadas de tecido inicial (endoderme, mesoderme e ectoderme) do embrião animal. (Figura 21-3)

canais mecanossensíveis Canais de íons transmembrana que abrem em resposta ao estresse mecânico sobre a bicamada lipídica na qual eles estão embebidos.

canal (canal de membrana) Complexo de proteínas transmembrana que permite a difusão passiva de íons inorgânicos ou outras moléculas pequenas através da bicamada lipídica. (Figura 11-3)

canal de cátion regulado por voltagem Tipo de canal iônico encontrado nas membranas de células excitáveis eletricamente (como células nervosas, endócrinas, do óvulo e musculares). Abre-se em resposta a uma variação no potencial de membrana que ultrapasse um valor limite.

canal de escape de K^+ Canal iônico que transporta K^+ presente na membrana plasmática de células animais e que permanece aberto mesmo em uma célula "em repouso".

canal de K^+ ativado por Ca^{2+} Canal que se abre em resposta ao aumento da concentração de Ca^{2+} nas células nervosas que ocorre em resposta a um potencial de ação. O aumento da permeabilidade dos íons K^+ dificulta a despolarização da membrana, aumentando o tempo de retardo entre os potenciais de ação e diminuindo a resposta celular a estímulos constantes ou prolongados (adaptação).

canal de K^+ controlado por voltagem Canal iônico na membrana das células nervosas que se abre em resposta à despolarização da membrana, permitindo o efluxo de K^+ e a rápida restauração do potencial negativo da membrana.

canal de K^+ de rápida inativação Canal neuronal de K^+ controlado por voltagem, aberto quando a membrana é despolarizada, com uma sensibilidade específica para voltagem e cinética de inativação que induz uma taxa reduzida de potencial de ação disparando em níveis de estimulação logo acima do limiar necessário, resultando, assim, em uma taxa de disparo proporcional à potência do estímulo despolarizador.

canal de K^+ tardio Canal neuronal de K^+ controlado por voltagem que se abre após a despolarização da membrana durante a fase de recuperação do potencial de ação devido à sua lenta ativação cinética em comparação aos canais de Na^+; a sua abertura permite o efluxo de K^+, induzindo o potencial de membrana de volta ao seu valor negativo original, tornando a célula pronta para a transmissão de um segundo impulso.

canal de liberação de Ca^{2+} controlado por IP_3 (receptor de IP_3) Canais de Ca^{2+} na membrana do RE que se abrem com a ligação de IP_3 na face citosólica, liberando no citosol o Ca^{2+} armazenado. (Figura 15-29)

canal de Na^+ controlado por voltagem Canal iônico na membrana das células nervosas e células musculares esqueléticas que se abre em resposta a um estímulo que causa despolarização suficiente, permitindo que Na^+ entre na célula para baixo do seu gradiente eletroquímico.

canal iônico Complexo proteico transmembrana que forma um canal cheio de água através da bicamada lipídica, pelo qual íons inorgânicos específicos podem se difundir de acordo com seus gradientes eletroquímicos. (Figura 11-22)

canal iônico regulado por transmissor (receptor acoplado a canal iônico, receptor ionotrópico) Canal iônico presente nas sinapses químicas nas membranas plasmáticas pós-sinápticas das células nervosas e musculares. Abre-se apenas em resposta à ligação de um neurotransmissor extracelular específico. O influxo de íons resultante leva à geração de um sinal elétrico local na célula pós-sináptica. (Figuras 11-36 e 15-6)

canal-rodopsina Proteína fotossensível que compõe um canal catiônico através da membrana que se abre em resposta à luz.

câncer colorretal Câncer que se origina no epitélio que reveste o cólon (o maior segmento do intestino) e o reto (o segmento terminal do aparelho digestivo).

capsídeo Envoltório proteico de um vírus, formado pela autoassociação de uma ou mais subunidades proteicas, gerando estruturas geometricamente regulares. (Figura 3-27)

carcinogênese O desenvolvimento do câncer.

carcinógenos químicos Compostos químicos que são carcinogênicos – pela sua capacidade de induzir mutações – quando oferecidos como alimento a animais em experimento ou aplicados repetidamente sobre a pele.

carcinoma Câncer de células epiteliais. A forma de câncer mais comum em humanos.

carga Componentes da membrana e moléculas solúveis que são transportados em vesículas de transporte.

cariótipo Conjunto total de cromossomos de uma célula, organizado de acordo com o tamanho, a forma e o número.

carreador ativado Pequena molécula que se difunde nas células e armazena energia facilmente intercambiável, na forma de uma ou mais ligações covalentes ricas em energia. Exemplos: ATP, acetil-CoA, $FADH_2$, NADH e NADPH. (Figura 2-31)

cartilagem Forma de tecido conectivo composta por células (condrócitos) embebidas em uma matriz rica em colágeno tipo II e em proteoglicano sulfato de condroitina.

cascata de cinases Via de sinalização intracelular na qual uma proteínas-cinase, ativada por fosforilação, fosforila a próxima proteínas-cinase na sequência, e assim por diante, retransmitindo o sinal para a frente.

cascata de Rab Recrutamento ordenado de proteínas Rab atuando de forma sequencial em domínios Rab nas membranas, que altera a identidade de uma organela e reajusta a dinâmica da membrana.

caspase Protease intracelular que está envolvida na mediação dos eventos intracelulares da apoptose.

caspases executoras Caspases apoptóticas que catalisam eventos de clivagem aleatória durante a apoptose, induzindo a morte celular.

caspases iniciadoras Caspases apoptóticas que iniciam o processo de apoptose, ativando as caspases de execução.

catalisador Substância capaz de diminuir a energia de ativação de uma reação (aumentando a sua velocidade), sem ser consumida pela reação.

cavéola Invaginações na superfície celular voltadas para o interior da célula, formando vesículas pinocíticas. Imagina-se que se formem a partir de balsas lipídicas regiões da membrana ricas em lipídeos específicos.

caveolinas Família não habitual de proteínas integrais de membrana que são o principal componente estrutural das cavéolas.

CD4 Proteína correceptora nas células T auxiliares e células T reguladoras que se liga a uma região não variável de proteínas MHC de classe II (nas células apresentadoras de antígenos) na região externa ao sulco de ligação de peptídeos. (Figura 24-40)

CD8 Proteína correceptora nas células T citotóxicas que se liga a uma região não variável de proteínas MHC de classe I (nas células apresentadoras de antígenos e células-alvo infectadas) na região externa ao sulco de ligação de peptídeos. (Figura 24-40)

Cdc20 Subunidade ativadora do complexo promotor da anáfase (APC/C).

Cdc25 Proteína-fosfatase que desfosforila Cdks e aumenta sua atividade.

Cdc42 Membro da família Rho de GTPases monoméricas que regula o citoesqueleto de actina e microtúbulos, a progressão do ciclo celular, a transcrição gênica e o transporte de membrana.

Cdc6 Proteína essencial na preparação do DNA para replicação. Com Cdt1, ela se liga ao complexo de reconhecimento de origem no DNA cromossômico e ajuda a carregar as proteínas Mcm no complexo para formar o complexo pré-replicativo.

Cdh1 Subunidade ativadora do complexo promotor da anáfase (APC/C).

Cdk-M (Cdk de fase M) Complexo ciclina-dependente, formado por uma M-ciclina e a cinase dependente de ciclina correspondente (Cdk), nas células dos vertebrados. (Figura 17-11 e Tabela 17-1, p. 969)

Cdt1 Proteína essencial na preparação do DNA para replicação. Com Cdc6, ela se liga ao complexo de reconhecimento de origem nos cromossomos e ajuda a ligar as proteínas Mcm ao complexo, formando o complexo pré-replicativo.

célula amplificadora em trânsito Célula derivada de uma célula-tronco que se divide um número limitado de ciclos antes de finalmente se diferenciar.

célula apresentadora de antígeno Célula que mostra em sua superfície antígenos estranhos complexados a uma proteína MHC para apresentação a linfócitos T.

célula da glia Célula auxiliar não neuronal do sistema nervoso. Inclui oligodendrócitos e astrócitos no sistema nervoso central de vertebrados e células de Schwann no sistema nervoso periférico.

célula de memória Em imunologia: um linfócito T ou B gerado após estímulo do antígeno que é mais fácil e mais rapidamente induzido para se tornar uma célula efetora ou outra célula de memória em um encontro posterior com o mesmo antígeno. (Figura 24-17)

célula de Schwann Célula da glia responsável pela formação da bainha de mielina no sistema nervoso periférico. *Compare com* **oligodendrócito**. (Figura 11-33)

célula dendrítica O tipo mais potente de célula apresentadora de antígeno, que capta o antígeno e o processa para sua apresentação para as células T. É necessária para a ativação de células T virgens. (Figura 24-11)

célula efetora Célula que desempenha a função ou resposta final de um processo específico. As principais células efetoras do sistema imune, por exemplo, são os linfócitos e os fagócitos ativados que ajudam a eliminar os patógenos.

célula endócrina Célula animal especializada que secreta um hormônio no sangue. Normalmente é parte de uma glândula, como a tireoide ou a hipófise.

célula endotelial Tipo de célula achatada que forma uma camada (o endotélio) que, por sua vez, reveste internamente todos os vasos sanguíneos e linfáticos.

célula germinativa Célula da linhagem germinativa de um organismo, incluindo os gametas haploides e suas respectivas células precursoras diploides. As células germinativas contribuem para a formação de uma nova geração de organismos e são distintas das células somáticas, que formam o corpo e não deixam descendentes.

célula matadora natural (célula NK) Célula citotóxica do sistema imune inato que pode matar células infectadas por vírus e alguns tipos de células cancerosas.

célula mieloide Qualquer glóbulo branco que não seja um linfócito. (Figura 22-31)

célula progenitora de granulócitos e macrófagos (GM) Célula progenitora comprometida da medula óssea que dá origem a neutrófilos e a macrófagos. (Figura 22-31)

célula somática Qualquer célula de uma planta ou animal diferente das células da linhagem germinativa. Do grego, *soma*, "corpo".

célula T auxiliar (T_H) Tipo de célula T que ajuda a ativar células B para que produzam anticorpos, células T citotóxicas para que se tornem células efetoras, e macrófagos para que degradem patógenos internalizados. Também pode ajudar a ativar células dendríticas.

célula T auxiliar folicular (T_{FH}) Tipo de célula T localizada nos folículos linfoides que secreta várias citocinas para estimular as células B a alterarem sua classe de anticorpos e passarem por hipermutação somática.

célula T citotóxica (célula T_C) Tipo de célula T responsável pela destruição de células hospedeiras infectadas com um vírus ou outro tipo de patógeno intracelular. (Figura 24-42)

célula T natural reguladora Uma célula T reguladora (célula T_{reg}) que se desenvolve no timo e ajuda a manter a autotolerância.

célula T reguladora induzida Uma célula T reguladora (célula T_{reg}) que se desenvolve a partir de uma célula T auxiliar virgem quando esta é ativada na presença de TGFβ e na ausência de IL-6.

célula T_{FH} *ver* **célula T auxiliar folicular**

célula T_H1 Tipo de célula T efetora que secreta interferon-γ para auxiliar a ativação de macrófagos e indução de células B para trocar a classe dos anticorpos que elas produzem. (Figura 24-44)

célula T_H17 Tipo de célula T auxiliar efetora que secreta IL-17, que recruta neutrófilos e estimula uma resposta inflamatória. (Figura 24-44)

célula T_H2 Tipo de célula T efetora que ajuda a ativar células B para produzir anticorpos, para sofrer hipermutação somática e trocar a classe das imunoglobulinas produzidas. (Figura 24-44)

célula-tronco Célula não diferenciada que pode continuar a se dividir indefinidamente, gerando células-filhas que podem sofrer diferenciação ou permanecer como células-tronco (no processo de autorrenovação). (Figura 22-3)

célula-tronco embrionária (célula ES) Célula derivada da massa celular interna dos estágios iniciais de embriões de mamíferos. Capaz de originar todas as células do organismo. Ela pode crescer em cultura, ser geneticamente modificada e inserida dentro de um blastocisto para desenvolver um animal transgênico.

célula virgem Na imunologia: linfócito T ou B que prolifera e se diferencia em uma célula efetora ou célula de memória quando encontra seu antígeno estranho específico pela primeira vez. (Figura 24-17)

células T reguladoras (T_{reg}) Tipo de célula T que reprime o desenvolvimento, a ativação ou a função de outras células imunes via citocinas secretadas ou proteínas inibidoras da superfície celular.

células-tronco pluripotentes induzidas (iPS) Células que são induzidas por expressão artificial de reguladores específicos da transcrição para terem aparência e comportamento semelhante a células-tronco embrionárias pluripotentes derivadas de embriões.

células-tronco tumorais Células raras de tumores, capazes de se dividir indefinidamente.

celulose Longas cadeias não ramificadas de glicose; principal componente da parede celular vegetal.

centríolo Disposição cilíndrica e curta de microtúbulos, muito semelhante estruturalmente ao corpo basal. Um par de centríolos em geral é encontrado no centro de um centrossomo em células animais. (Figura 16-48)

centro de inativação do X (XIC) Local em um cromossomo X no qual a inativação é iniciada e se espalha para o exterior.

centro de reação fotoquímica A parte de um fotossistema que converte energia luminosa em energia química na fotossíntese. (Figura 14-44)

centro organizador de microtúbulos (MTOC) Região em uma célula, como um centrossomo ou um corpo basal, da qual os microtúbulos se originam.

centro sinalizador Grupo de células especializadas nos tecidos em desenvolvimento que serve como uma fonte de sinais de desenvolvimento; por exemplo, a geração de um gradiente morfogênico.

centrômero Região constrita do cromossomo durante a mitose que mantém as cromátides-irmãs unidas. Local do DNA onde os cinetocoros serão formados para a ligação dos microtúbulos do fuso mitótico. (Figura 4-43)

centrossomo Organela de células animais, com localização central, que é o centro primário organizador de microtúbulos (MTOC) e atua como polo do fuso durante a mitose. Na maioria das células animais, o centrossomo contém um par de centríolos. (Figuras 16-47 e 17-24)

cerdas sensoriais Órgãos sensoriais minúsculos presentes na maioria das superfícies expostas de *Drosophila*, consistindo em um neurônio sensorial e células de suporte e que respondem a estímulos químicos e mecânicos.

chaperona de histonas (fator de associação de cromatina) Proteína que se liga às histonas livres, liberando-as quando incorporadas à cromatina recém-sintetizada. (Figura 4-27)

chaperona molecular (chaperona) Proteína que auxilia a guiar o enovelamento apropriado de outras proteínas ou ajuda a evitar vias incorretas de enovelamento. Inclui as proteínas de choque térmico (hsp).

ciclina Proteína que tem sua concentração periodicamente elevada ou reduzida de acordo com o ciclo celular em eucariotos. As ciclinas ativam proteínas-cinase essenciais (chamadas proteínas--cinase dependentes de ciclina, ou Cdks) e, portanto, auxiliam no controle da progressão de um estágio do ciclo celular para o próximo.

ciclina G_1 Ciclina presente na fase G_1 do ciclo celular eucariótico. Forma complexos com Cdks e ajuda a controlar a atividade das ciclinas G_1/S, que comandam a progressão da fase S.

ciclina G_1/S Ciclina que ativa Cdks no estágio final da fase G_1 no ciclo celular das células eucarióticas, ajudando a desencadear a progressão da fase inicial, resultando no comprometimento da célula em entrar no ciclo celular. Esse estágio ocorre no início da fase S. (Figura 17-11)

ciclo celular (ciclo de divisão celular) Ciclo reprodutivo de uma célula: a sequência ordenada de eventos pelos quais uma célula duplica seus cromossomos e, normalmente, seu conteúdo, dividindo--se em duas. (Figura 17-4)

ciclo circadiano Processo cíclico interno que produz uma variação específica em uma célula ou um organismo, em um período de aproximadamente 24 horas; por exemplo, o ciclo de sono-vigília dos humanos.

ciclo do ácido cítrico (ciclo do ácido tricarboxílico [TCA], ciclo de Krebs) Via metabólica central encontrada em organismos aeróbicos. Oxida grupos acetil derivados das moléculas de alimento, gerando os carreadores ativados NADH e $FADH_2$, GTP e liberando CO_2. Em células eucarióticas, o ciclo ocorre na mitocôndria. (Painel 2-9, p. 106-107)

ciclossomo *ver* complexo promotor da anáfase

cílio Extensão em forma de fio de cabelo de uma célula eucariótica, contendo um feixe central de microtúbulos. Várias células contêm um único cílio não envolvido na mobilidade, enquanto outras contêm grandes números de cílios que realizam movimentos repetidos, como batimentos. *Compare com* **flagelo**.

cílio primário Cílio curto, único, que não é de movimento, desprovido de dineína, que surge a partir de um centríolo e se projeta a partir da superfície de vários tipos de células. Algumas proteínas de sinalização estão concentradas no cílio primário. (Figura 15-38)

cinase ativadora de Cdk (CAK) Proteína-cinase que fosforila Cdks em complexos ciclina-Cdk, ativando a Cdk.

cinase de adesão focal (FAK) Tirosina-cinase citoplasmática presente nas junções célula-matriz (adesão focal) em associação às caudas citoplasmáticas de integrinas.

cinase dependente de Ca^{2+}/calmodulina (CaM-cinase) Proteína serina/treonina-cinase que é ativada por Ca^{2+}/calmodulina. Indiretamente faz a mediação dos efeitos de um aumento no Ca^{2+} citosólico pela fosforilação de proteínas-alvo específicas. (Figura 15-33)

cinase dependente de ciclina (Cdk) Proteína-cinase que deve ser complexada a uma proteína ciclina para agir. Complexos distintos de Cdk-ciclina ativam diferentes estágios do ciclo de divisão celular pela fosforilação específica de proteínas-alvo. (Figura 17-10)

cinases receptoras com repetições ricas em leucina (LRR) Tipo comum de receptor serina-treonina-cinase de plantas que contém um arranjo de repetições ricas em leucina em sequência na sua porção extracelular.

cinesina Membro de uma das duas principais classes de proteínas motoras que utilizam a energia da hidrólise do ATP para se deslocar ao longo de um microtúbulo. (Figura 16-56)

cinesina-1 Proteína motora associada a microtúbulos que transporta carga dentro das células; também chamada de "cinesina convencional".

cinetocoro Complexo proteico grande que conecta o centrômero de um cromossomo a microtúbulos do fuso mitótico. (Figura 17-30)

cinta deslizante Complexo proteico que segura a DNA-polimerase sobre o DNA durante a replicação do DNA. (Figura 5-17)

cinturões de adesão Junções aderentes no epitélio que formam uma faixa contínua (zona aderente) logo abaixo da superfície apical de um epitélio, circundando cada uma das células que interagem entre si na camada epitelial.

citocina Proteína ou peptídeo de sinalização extracelular que atua como um mediador local na comunicação célula-célula.

citocina pró-inflamatória Qualquer citocina que estimula uma resposta inflamatória.

citocinese Divisão do citoplasma das células animais ou vegetais em dois, diferente da divisão acoplada à divisão de seus núcleos (mitose). Parte da fase M. (Painel 17-1, p. 980-981)

citocromo Proteína colorida, contendo o grupo heme, que transfere elétrons durante a respiração celular e a fotossíntese.

citocromo c Componente solúvel da cadeia transportadora de elétrons mitocondrial. Sua liberação no citosol a partir do espaço intermembrana mitocondrial também inicia a apoptose. (Figura 14-26)

citocromo c redutase A segunda das três bombas de prótons controladas por elétrons na cadeia respiratória. Aceita elétrons da ubiquinona e os transfere ao citocromo c. (Figura 14-18)

citoesqueleto Sistema de filamentos proteicos no citoplasma de uma célula eucariótica que confere a forma celular e a capacidade de movimento direcionado. Seus componentes mais abundantes são filamentos de actina, microtúbulos e filamentos intermediários.

citoplasma Conteúdo de uma célula contido em sua membrana plasmática, mas, no caso das células eucarióticas, o que fica fora do núcleo.

citosol Conteúdo do compartimento principal do citoplasma, excluindo organelas delimitadas por membrana, como o retículo endoplasmático e a mitocôndria.

clatrina Proteína que se associa a uma esfera oca poliédrica na face citoplasmática de uma membrana, de modo a formar uma fossa revestida por clatrina, que é liberada por endocitose, formando uma vesícula intracelular revestida por clatrina. (Figura 13-6)

clivagem (1) Divisão física de uma célula em duas. (2) Tipo especializado de divisão celular observado nos estágios iniciais do desenvolvimento de muitos embriões, no qual uma grande célula é subdividida em várias células menores, sem ocorrer crescimento do embrião.

clonagem de DNA (1) Ato de produzir várias cópias idênticas (geralmente bilhões) de uma molécula de DNA – a amplificação de uma determinada sequência de DNA. (2) Além disso, o isolamento de um segmento específico de DNA (com frequência um gene específico) a partir do restante do genoma de uma célula.

clone de cDNA Clone que contém moléculas de fita dupla de cDNA derivadas de moléculas de mRNA que codificam proteínas presentes em uma célula.

clorofila Pigmento verde que absorve a luz e desempenha uma parte central na fotossíntese em bactérias, plantas e algas.

cloroplasto Organela presente nas algas verdes e plantas que contém clorofila e realiza fotossíntese.

código genético Conjunto de regras que especifica a correspondência entre trincas de nucleotídeos (códons) no DNA ou RNA e os aminoácidos em proteínas. (Figura 6-48)

códon Sequência de três nucleotídeos em uma molécula de DNA ou mRNA que representa a instrução para a incorporação de um aminoácido específico em uma cadeia polipeptídica crescente.

coenzima Pequena molécula, fortemente associada a uma enzima, que participa na reação catalisada por essa enzima, em geral pela formação de uma ligação covalente com o substrato. Exemplos incluem biotina, NAD^+ e coenzima A.

coesina, complexo de coesina Complexo de proteínas que mantém as cromátides-irmãs unidas, ao longo de seu comprimento, antes de sua separação. (Figura 17-19)

colágeno Proteína fibrosa rica em glicina e prolina que é o principal componente da matriz extracelular nos animais, conferindo força tensora. Existe em muitas formas: o tipo I, mais comum, é encontrado na pele, nos tendões e nos ossos; o tipo II é encontrado nas cartilagens; o tipo IV está presente na lâmina basal. (Figuras 3-23 e 19-40)

colágeno associado a fibrilas Faz a mediação das interações das fibrilas de colágeno umas com as outras e com outras macromoléculas da matriz para ajudar na determinação da organização das fibrilas na matriz. Esse tipo de colágeno (incluindo os tipos IX e XII) possui estrutura de tripla hélice flexível e se liga à superfície das fibrilas, e não forma agregados.

colágeno fibrilar Classe de colágeno que forma fibrilas (incluindo o colágeno tipo I, o tipo mais comum e principal molécula de colágeno da pele e dos ossos) e apresenta estruturas em forma de longas cordas com pouca ou nenhuma interrupção e que se organiza em fibras de colágeno.

colágeno tipo IV Componente essencial da lâmina basal madura consistindo em três longas cadeias de proteína torcidas em uma super-hélice semelhante a uma corda com múltiplas curvaturas. Moléculas separadas se montam em uma rede tipo feltro flexível que dá à lâmina basal resistência à tração.

colesterol Molécula lipídica abundante com uma estrutura característica de quatro anéis esteroides. Um componente importante das membranas plasmáticas das células animais. (Figura 10-4)

coloração de Gram Técnica para a classificação de bactérias baseada nas diferenças entre a estrutura da parede celular bacteriana e a sua superfície externa.

coloração negativa Técnica na microscopia eletrônica que permite a visualização dos detalhes finos de macromoléculas isoladas. As amostras são preparadas de modo que um filme muito fino de sais de metais pesados cubra tudo, menos os locais onde é excluído pela presença das macromoléculas, o que permite que os elétrons atravessem, criando uma imagem negativa ou reversa da molécula.

comensalismo Relação ecológica entre micróbios e seus hospedeiros na qual o micróbio se beneficia, mas também oferece benefícios ao hospedeiro e não o prejudica.

complementar (1) Duas sequências de ácidos nucleicos são consideradas complementares se puderem formar uma dupla hélice com as bases perfeitamente pareadas. (Figura 4-4) (2) Outras moléculas que interagem, como uma enzima e seu substrato, são complementares se possuírem características bioquímicas ou estruturais que se combinem, de modo que a ligação não covalente é facilitada. (Figura 2-3)

complexo antena Parte de um fotossistema que captura energia luminosa e a canaliza para um centro de reação fotoquímica. Consiste em um complexo de proteínas que ligam um grande número de moléculas de clorofila e outros pigmentos.

complexo Antennapedia Um dos dois grandes conjuntos de genes de Drosophila que contém os genes Hox; os genes do complexo Antennapedia controlam a diferenciação entre os segmentos torácicos e apicais do corpo.

complexo ARP (proteína relacionada à actina) (complexo Arp 2/3) Complexo de proteínas responsáveis pelo evento de nucleação no crescimento dos filamentos de actina a partir da extremidade menos (−).

complexo Bithorax Um dos dois conjuntos de genes de Drosophila que contém os genes Hox; os genes do complexo Bithorax controlam a diferenciação entre os segmentos abdominais e torácicos do corpo.

complexo ciclina-Cdk Complexos de proteínas formados periodicamente durante o ciclo celular de eucariotos, conforme aumenta do nível de ciclina. Uma cinase dependente de ciclina (Cdk) então se torna parcialmente ativada. (Figuras 17-10 e 17-11, e Tabela 17-1, p. 969)

complexo da citocromo c oxidase A terceira das três bombas de prótons controladas por elétrons na cadeia respiratória. Aceita elétrons do citocromo c e gera água utilizando o oxigênio molecular como um aceptor de elétrons. (Figura 14-18)

complexo da NADH-desidrogenase Primeira das três bombas de prótons dirigidas por elétrons na cadeia respiratória mitocondrial, também conhecida como Complexo I. Aceita elétrons do NADH e os passa para uma quinona. (Figura 14-18)

complexo do poro nuclear (NPC) Grande estrutura multiproteica formando um canal (o poro nuclear) no envelope nuclear, permitindo o movimento de moléculas selecionadas entre o núcleo e o citoplasma. (Figura 12-8)

complexo de reconhecimento de origem (ORC) Grande complexo proteico ligado ao DNA na origem de replicação nos cromossomos eucarióticos durante o ciclo celular. (Figura 5-31)

complexo de sinalização indutor de morte celular (DISC) Complexo de ativação em que caspases ativadoras interagem e são ativadas após a ligação de ligantes extracelulares aos receptores de morte na superfície celular na via de sinalização extrínseca de apoptose.

complexo do anel da tubulina γ (γ-TuRC) Complexo proteico que contém γ-tubulina e outras proteínas que são nucleadores eficazes dos microtúbulos e que protegem suas extremidades menos (−).

complexo *Hox* Conjunto de genes composto por uma série de genes *Hox*.

complexo MHC (complexo de histocompatibilidade principal) Grupo de genes em um cromossomo de vertebrados (cromossomo 6 em humanos) que codificam um conjunto de glicoproteínas da superfície celular bastante polimórficas (proteínas MHC). (Figura 24-37)

complexo OXA Translocador proteico na membrana mitocondrial interna que faz a mediação da inserção de proteínas da membrana interna.

complexo pré-replicativo (pré-RC) Complexo multiproteico montado na origem de replicação durante o final da mitose e o início da fase G_1 do ciclo celular; um pré-requisito para permitir a montagem do complexo de pré-iniciação e o início da replicação subsequente do DNA. (Figuras 17-17 e 17-18)

complexo promotor da anáfase (APC/C; ciclossomo) Ubiquitina-ligase que catalisa a ubiquitinação e destruição de securina e M e S-ciclinas, iniciando a separação das cromátides-irmãs na transição da metáfase para a anáfase durante a mitose.

complexo SAM Translocador proteico que ajuda as proteínas de barril β a dobrar de forma apropriada na membrana mitocondrial externa.

complexo Sec61 Centro de três subunidades do translocador proteico que transfere cadeias polipeptídicas através da membrana do retículo endoplasmático.

complexo sinaptonêmico Estrutura que mantém os cromossomos homólogos emparelhados unidos durante a prófase I da meiose e promove as últimas etapas do entrecruzamento genético. (Figuras 17-55 e 17-56)

complexo TOM Complexo proteico com várias subunidades que transporta proteínas através da membrana mitocondrial externa. (Figura 12-21)

complexos de proteínas ESCRT Quatro complexos proteicos (ESCRT-0, ESCRT-1, ESCRT-2 e ESCRT-3) que atuam em sequência para mediar o transporte de proteínas de membrana monoubiquitinadas de membranas de endossomos para vesículas intraluminais. O complexo ESCRT-3 catalisa a reação de remoção das proteínas das membranas.

complexos TIM Translocadores proteicos presentes na membrana mitocondrial interna. O complexo TIM23 medeia o transporte de proteínas para dentro da matriz e a inserção de algumas proteínas dentro da membrana interna; o complexo TIM22 medeia a inserção de um subgrupo de proteínas dentro da membrana interna. (Figura 12-21)

condensina (complexo de condensina) Complexo de proteínas envolvidas na condensação dos cromossomos antes da mitose. Alvo para a M-Cdk. (Figura 17-22)

condutoras Mutações que são os fatores causais do desenvolvimento do câncer.

cone de crescimento Porção móvel migratória de um axônio ou dendrito em crescimento. (Figura 21-72)

conexina Componente proteico de junções tipo fenda, uma proteína de quatro passagens pela membrana. Seis conexinas se unem na membrana plasmática para formar um conéxon, ou "hemicanal". (Figura 19-25)

conéxon Poro cheio de água, localizado na membrana plasmática, formado por um anel de seis subunidades proteicas. É parte de uma junção do tipo fenda: conéxons de duas células adjacentes unem-se formando um canal contínuo pelo qual íons e pequenas moléculas podem passar. (Figura 19-25)

conformação A estrutura enovelada, tridimensional, de uma cadeia polipeptídica.

constante de equilíbrio (K) Taxa das constantes de reação direta e reversa de uma mesma reação. Igual à constante de associação ou de afinidade (K_a) para uma reação simples de ligação (A + B $\rightleftharpoons$ AB).

controle da atividade proteica Ativação, inativação, degradação ou compartimentalização seletiva de proteínas específicas depois de serem produzidas. Um dos meios pelos quais uma célula controla quais proteínas são ativas em um determinado momento ou local na célula.

controle da degradação do mRNA Regulação da expressão gênica pela célula por meio da preservação ou destruição seletivas de certas moléculas de mRNA no citoplasma.

controle da tradução Regulação da expressão gênica pela célula por meio da seleção de quais mRNAs no citoplasma serão traduzidos pelos ribossomos.

controle do processamento de RNA Regulação da expressão gênica por uma célula, pelo controle do processamento dos transcritos de RNA, que inclui seu *splicing*.

controle pós-transcricional Qualquer controle da expressão gênica exercido após a transcrição do gene ter iniciado. (Figura 7-54)

controle transcricional Regulação da expressão gênica por uma célula controlando quando e quantas vezes determinado gene é transcrito.

conversão gênica Processo pelo qual a informação de uma sequência de DNA pode ser transferida de uma hélice de DNA (que permanece inalterada) para outra hélice de DNA, cuja sequência é alterada. Frequentemente é acompanhada por eventos de recombinação. (Figura 5-59)

corpo mediano Estrutura formada no final da clivagem que pode persistir por algum tempo como uma ponte entre as duas células-filhas em animais. (Figura 17-43)

corpos multivesiculares Intermediários no processo de maturação dos endossomos; endossomos primários que estão a caminho de se tornarem endossomos tardios.

correção cinética Princípio para aumentar a especificidade da catálise. Na síntese de DNA, RNA e proteínas, refere-se a um atraso no tempo que inicia com uma etapa irreversível (como hidrólise de ATP ou GTP) e durante o qual o pareamento de bases incorreto tem mais probabilidade de dissociar do que os pares corretos.

correceptor Em imunologia: um receptor acessório nas células B e T que não se liga ao antígeno, mas a um sinal coestimulante que ajuda a ativar o linfócito pela ativação de vias de sinalização intracelular.

córtex A rede de citoesqueleto na região cortical do citosol, adjacente à membrana plasmática.

córtex celular Camada especializada do citoplasma na face interna da membrana plasmática. Nas células animais, essa é uma camada rica em actina, responsável pelos movimentos da superfície celular.

córtex cerebral Camada mais externa dos hemisférios do cérebro; a estrutura mais complexa do corpo humano.

cotraducional Ocorre à medida que a tradução ocorre. Exemplos incluem a importação de uma proteína para o retículo endoplasmático antes que a cadeia polipeptídica esteja completamente sintetizada (translocação cotraducional, Figura 12-32) e o enovelamento de uma proteína nascente em sua estrutura secundária e terciária à medida que emerge de um ribossomo. (Figura 6-79)

criptocromo Flavoproteína dos vegetais sensível à luz azul. Sua estrutura é semelhante à das enzimas sensíveis à luz azul, chamadas fotoliases (envolvidas no reparo do DNA contra danos induzidos pela radiação ultravioleta), mas não participam do reparo do DNA. Também encontradas nos animais, onde têm importante papel no ritmo circadiano.

CRISPR Um mecanismo de defesa em bactérias que utiliza pequenas moléculas de RNA não codificador (crRNAs) para detectar e destruir genomas virais invasores mediante pareamento de bases complementares e digestão induzida por nucleases de marcação.

crista Invaginação especializada da membrana mitocondrial interna.

crista neural Conjunto de células localizadas ao longo de uma linha de onde o tubo neural se diferencia a partir da epiderme adjacente no embrião dos vertebrados. As células da crista se deslocam para originar uma variedade de tecidos, incluindo neurônios e glia no sistema nervoso periférico, células de pigmento na pele, ossos da face e mandíbula. (Figura 19-8)

cristalografia por raios X Técnica para a determinação do arranjo tridimensional de átomos em uma molécula, com base no padrão de difração de raios X passando através de um cristal dessa molécula. (Figura 8-21)

cromátides-irmãs Par de cromossomos fortemente ligados que surge a partir da duplicação dos cromossomos durante a fase S. Eles se separam durante a fase M e segregam para as células-filhas diferentes. (Figura 17-21)

cromatina Complexo de DNA, histonas e outras proteínas não histonas, encontrado no núcleo de uma célula eucariótica. É o material do qual são feitos os cromossomos.

cromatografia em colunas Técnica de separação de uma mistura de substâncias em solução mediante sua passagem por uma coluna contendo uma matriz porosa sólida. As substâncias são retardadas em diferentes graus pela sua interação com a matriz e podem ser coletadas individualmente. Dependendo da matriz, a separação pode ser feita por carga, hidrofobicidade, tamanho ou capacidade de ligação a outras moléculas.

cromatografia líquida de alto desempenho (HPLC) Tipo de cromatografia que utiliza colunas empacotadas com minúsculas contas de matriz; a solução a ser separada é passada através da coluna sob alta pressão.

cromossomo Estrutura composta por uma molécula de DNA muito longa e proteínas associadas, contendo toda ou parte da informação genética de um organismo. É especialmente visível em células de plantas e animais durante a meiose ou a mitose, quando cada cromossomo é condensado, formando uma estrutura semelhante a um carretel, compacta e visível sob microscópio óptico.

cromossomo artificial bacteriano (BAC) Vetor de clonagem que pode acomodar grandes fragmentos de DNA, em geral de até 1 milhão de pares de base.

cromossomo mitótico Cromossomos duplicados altamente condensados, como observado na mitose, consistindo em duas cromátides-irmãs mantidas unidas no centrômero.

cromossomo plumoso Cromossomo enorme pareado na preparação para meiose, encontrado em ovos de anfíbios imaturos; consiste em grandes alças de cromatina que se estendem para fora a partir de um eixo central linear. (Figura 4-47)

cromossomo politênico Cromossomo gigante no qual o DNA sofreu replicações repetidas e as várias cópias permaneceram unidas em um alinhamento preciso. (Figuras 4-50 e 4-51)

cromossomos homólogos Cópia materna e paterna de um cromossomo específico em uma célula diploide.

crRNAs Pequenos RNAs não codificadores (cerca de 30 nucleotídeos) efetores da imunidade mediada por CRISPR em bactérias.

***Cubitus interruptus* (Ci)** Regulador da transcrição latente que medeia os efeitos da proteína Hedgehog.

decaimento do mRNA mediado por ausência de sentido Mecanismo para a degradação de mRNA aberrante que contenha códons de parada em fase de leitura antes que possa ser traduzido em uma proteína. (Figura 6-76)

defensina Peptídeo antimicrobiano de carga positiva e anfipático – secretado pelas células epiteliais – que se liga e rompe a membrana de diversos patógenos.

Delta Proteína de sinalização transmembrana de passagem única, presente na superfície celular das células e que se liga à proteína receptora Notch de uma célula adjacente, ativando o mecanismo de sinalização dependente de contato.

ΔG Variação na energia livre durante uma reação: a energia livre das moléculas do produto menos a energia livre das moléculas dos reagentes. Um alto valor de ΔG negativo indica que a reação tem uma forte tendência a ocorrer. (Painel 2-7, p. 102-103)

dendrito Extensão de uma célula nervosa, muitas vezes ramificada de forma elaborada, recebendo estímulos vindos de outras células nervosas.

dependência de ancoragem Dependência de crescimento, proliferação e sobrevivência celular na ancoragem a um substrato.

depressão de longo prazo (LTD) Diminuição a longo prazo (horas ou mais) na sensibilidade de certas sinapses no cérebro desencadeadas pela ativação do receptor de NMDA. Ao contrário do processo de potencialização de longo prazo, acredita-se que esteja envolvido na aprendizagem e na memória.

desaminase induzida por ativação (AID) Enzima que catalisa os processos somáticos de hipermutação e alteração de classes de imunoglobulinas nas células B ativadas.

despolarização Variação do potencial elétrico através da membrana plasmática em direção a um valor positivo. Uma célula despolarizada apresenta potencial externo positivo e potencial interno negativo.

desmossomo Tipo de junção de ancoragem entre células, normalmente formada entre duas células epiteliais. Caracterizado por densas placas proteicas nas quais filamentos intermediários das duas células são inseridos. (Figura 19-2)

dessensibilização *ver* **adaptação**

detergente Pequena molécula anfifílica, mais solúvel em água do que em lipídeos, que rompe as associações hidrofóbicas e destrói a bicamada lipídica, solubilizando as proteínas de membrana.

determinação celular Processo por meio do qual uma célula perde progressivamente o seu potencial de se diferenciar em outros tipos celulares à medida que seu desenvolvimento ocorre.

determinante antigênico Região específica de um antígeno que se liga a um anticorpo ou a um receptor complementar na superfície de uma célula B (BCR) ou de uma célula T (TCR).

diacilglicerol (DAG) Lipídeo produzido pela clivagem dos fosfolipídeos do inositol em resposta a sinais extracelulares. É composto por duas cadeias de ácidos graxos ligadas ao glicerol e atua como uma molécula sinalizadora para auxiliar a ativação da proteína-cinase C (PKC). (Figura 15-28)

diferenciação Processo pelo qual uma célula sofre uma alteração tornando-se um tipo celular verdadeiramente especializado.

diferenciação terminal Limite da determinação celular quando uma célula forma um dos tipos celulares altamente especializados do corpo adulto.

diferenciada terminalmente Célula no limite da determinação celular, sendo um dos tipos altamente especializados do corpo adulto.

difusão A dispersão de moléculas no espaço devido à movimentação térmica aleatória.

dinamina GTPase citosólica que se liga à região apical de uma vesícula revestida por clatrina no processo de brotamento a partir da membrana; está envolvida na finalização da formação da vesícula.

dineína Grande proteína motora que executa movimentos dependentes de ATP ao longo dos microtúbulos.

disco imaginal Grupo de células que permanecem aparentemente não diferenciadas no embrião de *Drosophila* e que desenvolverão uma estrutura do adulto, por exemplo, olho, perna, asa. A diferenciação ocorre durante a metamorfose. (Figura 21-60)

Dishevelled Proteína de suporte recrutada pela família Frizzled de receptores de superfície celular após a sua ativação pela ligação de Wnt que auxilia na transmissão de sinais para outras moléculas de sinalização.

diversificação juncional A perda e o ganho aleatórios de nucleotídeos nos sítios de união durante a recombinação V(D)J que ocorre durante o desenvolvimento das células B e T quando as células estão montando os segmentos gênicos que codificam seus receptores de antígenos. Aumenta muito a diversidade das sequências codificadoras da região V.

divisão celular assimétrica Divisão celular em que algumas importantes moléculas são distribuídas de modo não homogêneo entre as duas células-filhas, tornando-as diferentes entre si.

DNA-helicase Enzima envolvida na abertura da hélice do DNA em fitas simples para a replicação do DNA.

DNA-ligase Enzima que une as extremidades de duas fitas de DNA por meio de uma ligação covalente, formando uma fita de DNA contínua.

DNA-polimerase Enzima que sintetiza DNA pela união de nucleotídeos, usando um molde de DNA como guia.

DNA-primase Enzima que sintetiza uma fita curta de RNA a partir de um molde de DNA, produzindo um oligonucleotídeo iniciador (*primer*) para a síntese de DNA. (Figura 5-10)

DNA-topoisomerase Enzima que se liga ao DNA e quebra de forma irreversível uma ligação fosfodiéster em uma ou em ambas as fitas. A topoisomerase I cria quebras transitórias na fita simples, permitindo que a dupla-hélice se distorça e alivie a tensão super-helicoidal. A topoisomerase II cria quebras transitórias na fita dupla, permitindo que uma dupla-hélice passe por outra e assim resolva a torção. (Figuras 5-21 e 5-22)

doença autoimune Estado patológico no qual o corpo monta uma resposta imune neutralizadora adaptativa contra uma ou mais de suas moléculas.

doença dos legionários Tipo de pneumonia resultante da infecção por *Legionella pneumophila*, um parasita da ameba de água doce que é disseminado para os humanos pelos sistemas de ar condicionado que carregam a ameba infectada e produzem microgotículas de água que são facilmente inaladas.

doença priônica Encefalopatia espongiforme transmissível, como Kuru e doença de Creutzfeldt-Jakob (DCJ) em humanos, *scrapie* em ovinos e encefalopatia espongiforme bovina (EEB, ou "doença da vaca louca") em bovinos, que é causada e transmitida por uma proteína infecciosa e enovelada de forma anormal (príon). (Figura 3-33)

doenças de depósito lisossômico Doenças genéticas resultantes de defeitos ou da falta de uma ou mais hidrolases funcionais nos lisossomos de algumas células, levando ao acúmulo de substratos não digeridos nos lisossomos e patologia celular consequente.

dogma celular Hipótese de que todos os organismos vivos são compostos por uma ou mais células e que todas as células se originam a partir da divisão de outra célula viva.

dolicol Molécula lipídica de isoprenoide que ancora um oligossacarídeo precursor à membrana do retículo endoplasmático durante a glicosilação de proteínas.

domínio (domínio proteico) Porção de uma proteína com uma estrutura terciária específica. As proteínas grandes são, em geral, compostas por vários domínios, cada um conectado ao próximo por meio de regiões de cadeia polipeptídica flexíveis e curtas. Domínios homólogos são reconhecidos em várias proteínas diferentes.

domínio de homologia com plecstrina (domínio PH) Domínio proteico encontrado em algumas proteínas de sinalização intracelular. Alguns domínios PH nas proteínas de sinalização intracelular se ligam ao fosfatidilinositol 3,4,5-trifosfato produzido pela PI 3-cinase, levando a proteína de sinalização para a membrana plasmática quando a PI 3-cinase é ativada.

domínio de imunoglobulina (domínio de Ig) Domínio proteico característico de aproximadamente cem aminoácidos que é encontrado nas cadeias leves e nas cadeias pesadas de imunoglobulinas. Domínios similares, conhecidos como domínios do tipo imunoglobulinas estão presentes em diversas outras proteínas e, em conjunto com as Igs, constituem a superfamília Ig. (Figura 24-27)

domínio de interação Módulo proteico compacto encontrado em muitas proteínas de sinalização intracelulares que se ligam a um determinado motivo estrutural (p. ex., uma sequência curta de peptídeos, uma modificação covalente ou outro domínio proteico) em outra proteína ou lipídeo.

domínio PDZ Domínio de ligação a proteínas presente em diversas proteínas de suporte, frequentemente utilizado como local de ancoragem pelas caudas intracelulares das proteínas transmembrana. (Figura 19-22)

domínio proteico *ver* domínio

domínio SH2 Região 2 de homologia src, um domínio proteico presente em muitas proteínas sinalizadoras. Liga-se a uma sequência curta de aminoácidos contendo uma tirosina fosforilada. (Painel 3-2, p. 142-143)

dupla-hélice Estrutura tridimensional do DNA, em que duas cadeias de DNA antiparalelas, unidas por ligações de hidrogênio entre as bases, estão enroladas em uma hélice. (Figura 4-5)

ectoderme Tecido epitelial embrionário que é o precursor da epiderme e do sistema nervoso.

edição do receptor Processo pelo qual uma célula B em desenvolvimento que reconhece uma molécula própria altera seus receptores de antígenos de modo que a célula não o faça mais.

edição do RNA Tipo de processamento de RNA que altera a sequência de nucleotídeos de um transcrito de mRNA depois de ser sintetizado pela inserção, deleção ou alteração de nucleotídeos individuais.

efetoras Rab Moléculas que se ligam a proteínas Rab ativadas ligadas à membrana e atuam como mediadores posteriores ao transporte vesicular, aprisionamento às membranas e fusão.

efrina Representante de uma família de proteínas ligadas à membrana, ligante dos receptores Eph de tirosina-cinase (RTKs) que, entre diversas outras funções, estimulam as respostas de repulsão ou de atração que guiam a migração de células e axônios das células nervosas durante o desenvolvimento animal.

elastina Proteína extracelular que forma as fibras extensíveis (fibras elásticas) nos tecidos conectivos.

elemento transponível (transpóson) Segmento de DNA que se move de uma posição no genoma para outra por transposição. (Tabela 5-4, p. 288)

eletroforese bidimensional em gel Técnica combinando dois procedimentos de separação diferentes – separação por carga (focalização isoelétrica) na primeira dimensão, então separação por tamanho na outra direção, em ângulo reto com a primeira – para resolver até 2 mil proteínas na forma de um mapa proteico bidimensional.

eletroforese em gel de poliacrilamida com dodecilsulfato de sódio (SDS-PAGE) Tipo de eletroforese usada para separar as proteínas por tamanho. A mistura de proteínas a ser separada é primeiramente tratada com um potente detergente carregado negativamente (SDS) e com um agente redutor (β-mercaptoetanol), antes de ser aplicada a um gel de poliacrilamida. O detergente e o agente redutor desenovelam as proteínas liberando-as de associações com outras moléculas e separam as subunidades de polipeptídeos.

eliminação de sinapses Processo pelo qual cada célula muscular inicialmente recebe sinapses a partir de vários neurônios motores, mas no final é inervada por apenas um.

encaixe induzido Fenômeno que aumenta a especificidade de reconhecimento de um substrato por proteínas e moléculas de RNA. Na síntese de proteínas, um ribossomo ou enzima se enovela ao redor da interação códon-anticódon, e apenas quando ocorre o correto pareamento entre ambas a reação subsequente pode ocorrer.

endocitose Incorporação de material para o interior da célula, através de uma invaginação da membrana plasmática, e sua internalização em uma vesícula delimitada por membrana. *Ver também* **pinocitose** e **fagocitose**.

endocitose mediada por receptores Internalização de complexos receptor-ligante da membrana plasmática, por endocitose. (Figura 13-52)

endoderme Tecido embrionário que é o precursor do intestino e dos órgãos associados.

endossomo de reciclagem Organela que fornece um estágio intermediário na passagem de receptores reciclados de volta para a membrana celular. Regula a inserção de algumas proteínas na membrana plasmática. (Figura 13-58)

endossomo primário Compartimento que comumente recebe a maior parte das vesículas endocíticas mediante fusão e local onde o conteúdo dessas vesículas é selecionado para retornar à membrana plasmática ou direcionado para a degradação pela sua inclusão em um endossomo tardio.

endossomo tardio Compartimento formado de uma porção vacuolar e bulbosa de endossomos primários por um processo denominado maturação; endossomos tardios fusionam-se entre si e com lisossomos para formar os endolisossomos que degradam seu conteúdo.

energia de ativação A energia extra que deve ser adquirida pelos átomos ou moléculas, além da sua energia do estado de repouso, para que o estado de transição de uma reação seja atingido e para que a reação química ocorra. (Figura 2-21)

energia livre (*G*) (energia livre de Gibbs) Energia que pode ser retirada de um sistema e empregada em reações. Leva em consideração alterações na energia e entropia. (Painel 2-7, p. 102-103)

entropia (*S*) Quantidade termodinâmica que mede o grau de desordem de um sistema; quanto maior a entropia, maior a desordem. (Painel 2-7, p. 102-103)

envelope nuclear Membrana dupla (duas bicamadas) circundando o núcleo. Composta por uma membrana externa e uma membrana interna, sendo perfurada por poros. A membrana externa é contínua com o retículo endoplasmático. (Figuras 4-9 e 12-7)

enzima Proteína que catalisa uma reação química específica.

epiderme Camada epitelial que recobre a superfície externa do corpo. Apresenta diferentes estruturas em diferentes grupos animais. A camada externa dos tecidos das plantas também é chamada de epiderme.

epitélio Camada de célula que recobre a superfície externa de uma estrutura ou que recobre uma cavidade.

equação de Nernst Equação que calcula o potencial elétrico (voltagem) gerado pelas diferenças nas concentrações de íons através da membrana.

equilíbrio Estado de uma reação química em que não há alteração de energia livre para deslocar a reação em um sentido. A proporção de produtos e substratos atinge um valor constante no equilíbrio químico. (Figura 2-30)

eritrócito Pequena célula sanguínea que contém hemoglobina, nos vertebrados e que é responsável pelo transporte de oxigênio para os tecidos e de dióxido de carbono dos tecidos. Também chamado de glóbulo vermelho.

eritropoietina Um hormônio produzido pelo rim que estimula a produção de eritrócitos na medula óssea.

escala de pH Medida comum da acidez de uma solução: "p" refere-se à potência de 10, "H" refere-se a hidrogênio. Definido como o logaritmo negativo da concentração de íons hidrogênio em mol por litro (M). $pH = -\log[H^+]$. Assim, uma solução com pH 3 contém 10^3 M de íons hidrogênio. Valores de pH abaixo de 7 são ácidos e valores de pH acima de 7 são alcalinos.

espaço da matriz Grande compartimento interno da mitocôndria.

espaço intermembranas Compartimento das mitocôndrias entre as membranas mitocondrial externa e interna.

especificidade neuronal Não equivalência entre neurônios; uma característica intrínseca que guia os axônios para seu sítio-alvo apropriado.

espectrina Proteína abundante associada à face citosólica da membrana plasmática dos glóbulos vermelhos, formando uma rede rígida que suporta a membrana. Também está presente em outras células. (Figura 10-38)

espectroscopia por ressonância magnética nuclear (RMN) RMN é a absorção ressonante de radiação eletromagnética, em uma frequência específica, por um núcleo atômico em um campo magnético, devido à troca de orientação do seu momento dipolar magnético. O espectro de RMN fornece informações sobre o ambiente químico do núcleo. A RMN é amplamente utilizada para determinar a estrutura tridimensional de pequenas moléculas. Os princípios da RMN também são utilizados com finalidades diagnósticas médicas na imagem por ressonância magnética (RM). (Figura 8-22)

estado de transição Estrutura que se forma transitoriamente durante uma reação química e que possui o maior valor de energia livre de qualquer intermediário da reação. Sua formação é o passo limitante da velocidade de uma reação. (Figura 3-47)

estocástico Aleatório. Envolvendo chance, probabilidade e variedades randômicas.

estroma (1) Tecido conectivo no qual o epitélio glandular ou outro epitélio está embebido. Células do estroma fornecem o meio necessário para o desenvolvimento de outras células dentro do tecido. (2) Grande espaço no interior de um cloroplasto, contendo enzimas que incorporam CO_2 em açúcares. (Figura 14-38)

estrutura primária Sequência linear de unidades monoméricas em um polímero, como a sequência de aminoácidos em uma proteína.

estrutura quaternária Relação tridimensional entre as diferentes cadeias polipeptídicas em uma proteína com múltiplas subunidades ou complexo proteico.

estrutura secundária Padrão estrutural (enovelamento) local e regular de uma molécula polimérica; em proteínas, α-hélices e folhas β.

estrutura terciária Forma complexa tridimensional de uma cadeia polimérica enovelada, especialmente uma proteína ou molécula de RNA.

etileno Pequena molécula gasosa que regula o crescimento de plantas influenciando o seu desenvolvimento de diversas maneiras, incluindo o estímulo da maturação, perda de folhas e senescência; atua como um sinalizador de estresse em resposta a lesões, infecções e excesso de água.

eucarioto Organismo composto de uma ou mais células e que apresenta um núcleo distinto. Membro de uma das três principais divisões dos organismos vivos, sendo as outras duas as bactérias e as arqueias. (Figura 1-17)

eucromatina Região de um cromossomo que se cora difusamente durante a interfase; é a cromatina "normal", ao contrário da heterocromatina, que é mais condensada.

exocitose Excreção de material da célula pela fusão de vesículas à membrana plasmática; pode ocorrer de modo constitutivo ou regulado.

éxon Segmento de um gene eucariótico que consiste em uma sequência de nucleotídeos que será representada no mRNA, ou no tRNA final, no rRNA, ou na molécula madura de RNA. Em genes que codificam proteína, os éxons codificam os aminoácidos da proteína. Um éxon geralmente está adjacente a um segmento de DNA não codificador, chamado de íntron. (Figura 4-15)

exossomo Grande complexo proteico cujo interior é rico em exonucleases de RNA 3′ a 5′; promove a degradação de moléculas de RNA em ribonucleotídeos.

expressão gênica monoalélica Expressão de apenas uma ou duas cópias de um gene em um genoma diploide, ocorrendo, por exemplo, como resultado do *imprinting* ou inativação do cromossomo X.

extensão convergente Rearranjo celular dentro de um tecido, causando a extensão em uma dimensão e a diminuição em outra. (Figura 21-50)

face *cis* No mesmo lado, ou próximo.

face *trans* Face do outro lado (longe).

FAD/FADH$_2$ (flavina adenina dinucleotídeo/flavina adenina dinucleotídeo reduzido) Sistema transportador de elétrons que atua no ciclo do ácido cítrico e na oxidação dos ácidos graxos. Uma molécula de FAD recebe dois elétrons e dois prótons, tornando-se a molécula carreadora ativada, FADH$_2$. (Figura 2-39)

fagocitose Processo pelo qual células, debris e outros materiais particulados indesejados são endocitados ("ingeridos") por uma célula. Proeminente em células carnívoras, como a *Amoeba proteus*, e em macrófagos e neutrófilos de vertebrados. Do grego, *phagein*, "comer".

fagossomo Grande vesícula intracelular revestida por membrana formada como resultado da fagocitose. Contém material extracelular ingerido. (Figura 13-61)

faixa da pré-prófase Faixa circunferencial de microtúbulos e filamentos de actina que se forma ao redor de uma célula vegetal, sob a membrana plasmática, antes da mitose e da divisão celular. (Figura 17-49)

família Bcl2 Família de proteínas intracelulares que tanto promovem quanto inibem a apoptose pela regulação da liberação de citocromo c e outras proteínas mitocondriais do espaço intermembrana para o citosol.

família de proteínas antiapoptose Bcl2 Proteínas (p. ex., Bcl2, BclX$_L$) presentes na superfície citosólica da membrana mitocondrial externa que ligam e inibem as proteínas da família pró-apoptose Bcl2 e ajudam a inibir a ativação errônea da via intrínseca da apoptose.

família de proteínas efetoras Bcl2 Proteínas pró-apoptose da via intrínseca de apoptose que se tornam ativadas em resposta a um estímulo apoptótico e se agregam formando oligômeros na membrana mitocondrial externa induzindo a liberação do citocromo c e de outras proteínas intermembrana. Bax e Bak são as principais proteínas efetoras da família Bcl2 nas células de mamíferos.

família gênica Conjunto de genes em um organismo cujas sequências de DNA estão relacionadas pela sua derivação de um mesmo ancestral.

família Rho Família de GTPases monoméricas dentro da superfamília Ras envolvida na sinalização do arranjo do citoesqueleto. Inclui Rho, Rac e Cdc42. (Tabela 15-5, p. 854)

família Smad Reguladores latentes da transcrição que são fosforilados e ativados pelas serinas/treoninas-cinase receptoras e carregam o sinal a partir da superfície celular para o núcleo. (Figura 15-57)

Fas (proteína Fas, receptor de apoptose Fas) Receptor transmembrana de apoptose que inicia o processo de apoptose quando ligado ao seu ligante extracelular (ligante Fas). (Figura 18-5)

fase de leitura Fase na qual os nucleotídeos são lidos em conjuntos de três para codificar uma proteína. Uma molécula de mRNA pode ser lida em qualquer uma das três fases de leitura, mas apenas uma originará a proteína necessária. (Figura 6-49)

fase de leitura aberta (ORF) Uma sequência contínua de nucleotídeos que não apresente códons de parada em pelo menos uma das três fases de leitura possíveis (e, portanto, com potencial para codificar uma proteína).

fase G$_1$ Fase 1 do ciclo de divisão celular das células eucarióticas, entre o final da mitose e o início da síntese de DNA. (Figura 17-4)

fase G$_2$ Fase 2 do ciclo de divisão celular das células eucarióticas, entre o final da síntese de DNA e o início da mitose. (Figura 17-4)

fase S Período do ciclo celular das células eucarióticas em que ocorre a síntese de DNA. (Figura 17-4)

fator 1 α induzido por hipoxia (HIF1α) Regulador da transcrição cujos níveis intracelulares são aumentados em resposta à queda da concentração de oxigênio; estimula a transcrição do gene *VEGF* que promove a angiogênese.

fator de crescimento Proteína de sinalização extracelular que pode estimular o crescimento celular. Esses fatores frequentemente possuem outras funções, incluindo o estímulo à sobrevivência e à proliferação celular. Exemplos incluem o fator de crescimento de epiderme (EGF) e o fator de crescimento derivado de plaquetas (PDGF).

fator de crescimento endotelial vascular (VEGF) Proteína secretada que estimula o crescimento de vasos sanguíneos. (Tabela 15-4, p. 850, e Figura 22-26)

fator de edema Uma das duas subunidades A da toxina antraz; uma adenilato ciclase que catalisa a produção de cAMP, levando ao desequilíbrio de íons e consequente edema na pele ou nos pulmões.

fator de iniciação eucariótico (eIF) Proteína que auxilia a ligação do tRNA ao ribossomo, iniciando, portanto, a tradução.

fator de sobrevivência Sinal extracelular que promove a sobrevivência de uma célula pela inibição da apoptose. (Figura 18-12)

fator de troca de nucleotídeos de guanina (GEF) Proteína que se liga à GTPase e a ativa pelo estímulo da liberação do GDP ligado com alta afinidade, permitindo que uma molécula de GTP se ligue à enzima. (Figura 15-8)

fator de virulência Proteína, codificada por um gene de virulência, que contribui para a capacidade de um organismo causar doença.

fator estimulador de colônia (CSF) Nome geral para numerosas moléculas sinalizadoras que controlam a diferenciação das células do sangue.

fator geral de transcrição Qualquer proteína cuja ligação a um tipo de promotor é necessária para a ligação e ativação da RNA polimerase e para o início da transcrição. (Tabela 6-3, p. 311)

fator letal Uma das duas subunidades A da toxina antraz; protease que cliva alguns membros ativados da MAP-cinase da família das cinases e causa uma grande queda na pressão sanguínea e morte ao entrar na corrente sanguínea de um animal.

fator neurotrófico Fator liberado em quantidades limitadas por um tecido-alvo de que os neurônios que inervam aquele tecido necessitam para sobreviver.

fenótipo Caráter observável em uma célula ou organismo (incluindo aparência física e comportamento). (Painel 8-2, p. 486)

fermentação Via metabólica anaeróbica de geração de energia envolvida na oxidação de moléculas orgânicas. A glicólise anaeróbica corresponde ao processo em que piruvato é convertido em lactato ou etanol, com a conversão de NADH em NAD^+. (Figura 2-47)

fibra elástica Fibras extensoras formadas pela proteína elastina em diversos tecidos conectivos animais, como pele, vasos sanguíneos e pulmões, conferindo a sua propriedade de elasticidade e estiramento.

fibras de estresse Fibras corticais dos feixes contráteis de actina-miosina II que conectam a célula à matriz extracelular ou células adjacentes por meio de adesões focais ou um cinturão circunferencial a junções aderentes.

fibrila de colágeno Polímero de colágeno com alto grau de organização onde o colágeno fibrilar se organiza em estruturas finas (10 a 300 nm de diâmetro) com várias centenas de micrômetros de extensão nos tecidos maduros.

fibrilas amiloides Agregados de folhas β estáveis e capazes de autopropagação, compostos por centenas de cadeias polipeptídicas idênticas que se acumulam em camadas, gerando uma estrutura contínua de folhas β. As fibras não ramificadas contribuem para doenças humanas quando não controladas.

fibroblasto Tipo celular comum encontrado nos tecidos conectivos. Secreta uma matriz extracelular rica em colágeno e outras macromoléculas de matriz extracelular. Migra e prolifera prontamente em tecidos danificados e em cultura de tecidos.

fibronectina Proteína da matriz extracelular que está envolvida na adesão de células à matriz e na orientação das células que estão migrando durante a embriogênese. As integrinas presentes na superfície celular são receptores para a fibronectina.

filopódio (microespículas) Protuberância fina, em forma de espinho, com um núcleo de filamento de actina, gerada na superfície anterior de uma célula animal que está se movimentando. (Figura 16-21)

filtro de seletividade Parte da estrutura de um canal iônico que determina quais íons o canal pode transportar. (Figuras 11-24 e 11-25)

fita-líder Uma das duas fitas de DNA recém-sintetizadas encontradas na forquilha de replicação. A fita-líder é formada por síntese contínua na direção 5' para 3'. (Figura 5-7)

fita retardada Uma das duas fitas de DNA recém-sintetizadas encontradas na forquilha de replicação. A fita retardada é sintetizada em fragmentos descontínuos que são, mais tarde, ligados covalentemente. (Figura 5-7)

fitocromo Fotoproteína vegetal que percebe a luz por meio de um cromóforo ligado covalentemente que absorve luz, o qual modifica seu formato em resposta à luz e então induz uma alteração na conformação da proteína. Os fitocromos vegetais são serinas/treoninas-cinase citoplasmáticas diméricas que respondem de forma diferente e reversível a luz vermelha e vermelho extremo para alterar o comportamento celular.

fixação de nitrogênio Processo bioquímico executado por bactérias específicas que reduz o nitrogênio atmosférico (N_2) a amônia, levando, ao final do processo, a vários metabólitos contendo nitrogênio.

flagelo Protrusão longa, como um chicote, cujas ondulações conduzem uma célula através de um meio líquido. Os flagelos eucariotos são versões longas dos cílios. Os flagelos de bactérias são menores e completamente diferentes quanto à construção e ao mecanismo de ação. *Compare* com **cílio**.

flora normal Microbiota humana consistindo em aproximadamente 10^{14} células de bactérias, fungos e protozoários, representando milhares de espécies microbianas.

fluxo de microtúbulos Movimento de moléculas individuais de tubulina nos microtúbulos do fuso em direção aos polos, com perda de tubulina na extremidade menos (−). Ajuda a gerar o movimento em direção aos polos das cromátides-irmãs, após a sua separação na anáfase. (Figura 17-35)

folha beta (folha β) Motivo estrutural comum em proteínas no qual diferentes secções da cadeia polipeptídica se alinham uma ao lado da outra, unidas por ligações de hidrogênio entre os átomos da cadeia principal polipeptídica. Também conhecida como folha β pregueada. (Figura 3-7)

força hidrofóbica Força exercida por uma rede de água mantida por ligações de hidrogênio que aproxima duas superfícies apolares mediante exclusão da água entre elas. (Painel 2-3, p. 94-95)

força próton-motriz Força exercida por um gradiente de prótons eletroquímico motriz que move prótons através de uma membrana.

formação de bolhas (*blebbing*) Protrusões da membrana formadas quando a membrana plasmática se destaca, em locais específicos, da camada adjacente do córtex de actina, permitindo que o fluxo de citoplasma e a pressão hidrostática da célula empurrem a membrana.

formina Proteína dimérica que atua como fator de nucleação para o crescimento de filamentos lineares e não ramificados de actina que podem dar origem a ligações cruzadas com outras proteínas para formar feixes paralelos.

forquilha de replicação Região em forma de Y de uma molécula de DNA em replicação na qual as duas fitas de DNA estão sendo separadas e as fitas-filhas estão sendo formadas. (Figuras 5-7 e 5-18)

fosfatidilinositol 3-cinase (PI 3-cinase) Enzima ligada à membrana, componente da via de sinalização intracelular da PI 3-cinase/Akt. Ela fosforila fosfatidilinositol 4,5-bifosfato na posição 3 do anel inositol para produzir sítios de ancoragem para o PIP_3 na membrana para outras proteínas de sinalização intracelular. (Figura 15-53)

fosfatidilinositol 4,5-bisfosfato (PI[4,5]P_2, PIP_2) Um fosfolipídeo inositol de membrana (um fosfoinositídeo) que é clivado pela fosfolipase C em IP_3 e diacilglicerol no início da via de sinalização de fosfolipídeo inositol. Também pode ser fosforilado pela PI 3-cinase para originar sítios de ancoragem PIP_3 para proteínas de sinalização na via de sinalização PI 3-cinase/Akt. (Figuras 15-28 e 15-53)

fosfodiesterase de AMP cíclico Espécie de enzima que destrói o AMP cíclico de modo rápido e contínuo, formando 5'-AMP. (Figura 15-25).

fosfodiesterase de GMP cíclico Espécie de enzima que hidrolisa e degrada GMP cíclico rapidamente.

fosfoglicerídeo Fosfolipídeo derivado de um glicerol, abundante nas biomembranas. (Figuras 10-2 e 10-3)

fosfoinositídeo (PIPs; fosfatidilinositol fosfatos) Um lipídeo que contém um derivado do inositol fosforilado. É um componente minoritário da membrana plasmática, mas importante na demarcação de diferentes membranas e na transdução de sinais intracelulares em células eucarióticas. (Figuras 13-10 e 15-52)

fosfolipase C (PLC) Enzima ligada à membrana que cliva fosfolipídeos de inositol para produzir IP_3 e diacilglicerol na via de sinalização do fosfolipídeo de inositol. PLCβ é ativado por GPCRs via proteínas G específicas, enquanto PLCγ é ativado por RTKs. (Figura 15-55)

fosfolipídeo A principal categoria de lipídeos utilizada na construção de membranas biológicas. Normalmente composto de dois ácidos graxos ligados por fosfato de glicerol (ou esfingosina) a um grupo polar, de uma variedade de grupos polares possíveis. (Figura 10-3 e Painel 2-5, p. 98-99)

fosforilação Reação na qual um grupo fosfato é covalentemente acoplado a outra molécula.

fosforilação oxidativa Processo que ocorre em bactérias e em mitocôndrias no qual a formação de ATP é direcionada pela transferência de elétrons através de uma cadeia transportadora de elétrons até uma molécula de oxigênio. Envolve a produção intermediária de um gradiente de prótons (gradiente de pH) através da membrana e o acoplamento quimiosmótico desse gradiente à ATP-sintase. (Figura 14-10)

fossas revestidas por clatrina Regiões especializadas, ocupando geralmente cerca de 2% do total da área da membrana plasmática, onde a via de endocitose costuma ser iniciada.

fotoativação Técnica para estudar processos intracelulares nos quais uma forma inativa de uma molécula de interesse é introduzida na célula, sendo, então, ativada por um feixe de luz focalizado em um ponto preciso na célula. (Figura 9-28)

fotorreceptores dos bastonetes Células fotorreceptoras na retina de vertebrados responsáveis pela visão não colorida com pouca luz.

fotorreceptores dos cones (cone) Células fotorreceptoras na retina de vertebrados responsáveis pela visão em cores em situações bem iluminadas.

fotossistema Complexo multiproteico envolvido na fotossíntese que captura a energia da luz solar e a converte em formas úteis de energia: um centro da reação mais uma antena (Figura 14-45)

fototropina Fotoproteína associada com a membrana plasmática que percebe a luz azul e é parcialmente responsável pelo fototropismo.

fragmoplasto Estrutura composta de microtúbulos e filamentos de actina que se forma no plano equatorial (prospectivo) de divisão de uma célula vegetal e guia a formação da placa celular. (Figura 17-49)

FRAP *ver* recuperação da fluorescência após fotoclareamento

FRET *ver* transferência de energia por ressonância de fluorescência

Frizzled Família de receptores de superfície celular que são proteínas transmembrana que cruzam a membrana sete vezes e se assemelham às GPCRs em sua estrutura, mas não são dependentes da ativação mediada por proteínas G. São ativadas pela ligação de Wnt e recrutam a proteína de suporte Dishevelled que ajuda a transmitir sinais a outras moléculas de sinalização.

fungo Reino de organismos eucariotos que inclui leveduras, mofos e cogumelos. Muitas doenças de plantas e um número relativamente menor de doenças de animais são causadas por fungos.

fuso mitótico Arranjo bipolar de microtúbulos e moléculas associadas que se forma em uma célula eucariótica durante a mitose e serve para separar os cromossomos duplicados. (Figura 17-23 e Painel 17-1, p. 980-981)

G_0 Estado estacionário do ciclo de divisão celular dos eucariotos pela entrada em uma digressão quiescente a partir da fase G_1. Estado comum, em alguns casos permanente, das células diferenciadas.

G_1-Cdk Complexo ciclina-Cdk formado, nas células de vertebrados, por uma ciclina G_1 e a cinase dependente de ciclina (Cdk) correspondente. (Tabela 17-1, p. 969)

G_1/S-Cdk Complexo ciclina-Cdk formado nas células dos vertebrados pela ciclina G_1/S e a cinase dependente de ciclina (Cdk) correspondente. (Figura 17-11 e Tabela 17-1, p. 969)

gangliosídeo Qualquer glicolipídeo contendo um ou mais resíduos de ácido siálico em sua estrutura. Encontrado na membrana plasmática de células eucarióticas; especialmente abundante nas células nervosas. (Figura 10-16)

gastrulação Estágio importante na embriogênese animal durante o qual o embrião se transforma de uma bola de células em uma estrutura com uma cavidade abdominal rudimentar (uma gástrula).

geminina Proteína que impede a formação de novos complexos pré-replicativos durante a fase S e a mitose, garantindo que os cromossomos tenham sido replicados apenas uma vez em cada ciclo celular.

gene Região do DNA transcrita como uma única unidade e que carrega informações sobre uma característica hereditária particular, em geral correspondente a (1) uma única proteína (ou conjunto de proteínas relacionadas, geradas pelo processamento pós-transcricional) ou (2) um único RNA (ou conjunto de RNAs relacionados).

gene da regra dos pares No desenvolvimento de *Drosophila*, gene expresso em uma série de listras transversais ao eixo do corpo do embrião, ajudando a determinar os segmentos corporais. (Figura 21-19)

gene de polaridade de segmento No desenvolvimento da *Drosophila*, um gene envolvido na especificação da organização anteroposterior de cada segmento do corpo. (Figura 21-19)

gene de rRNA Gene que especifica um rRNA.

gene de virulência Gene que contribui para a capacidade de um organismo de causar doença.

gene *gap* No desenvolvimento de *Drosophila*, um gene que é expresso em locais específicos do corpo, ao longo do eixo anteroposterior, no embrião inicial, e que ajuda a determinar as principais divisões do corpo do inseto. (Figura 21-20)

gene *Rb* Gene defeituoso em ambas as cópias em indivíduos com retinoblastoma; seu produto proteico tem um papel central no controle do ciclo celular.

gene seletor homeótico No desenvolvimento de *Drosophila*, o gene que define e preserva as diferenças entre os segmentos do corpo.

gene supressor de tumor Gene que parece ajudar a impedir a formação de um câncer. Mutações com perda de função nesses genes favorecem o desenvolvimento do câncer. (Figura 20-17)

genes críticos para o câncer Genes cuja alteração contribui para o desenvolvimento ou evolução do câncer pelo fato de desencadear a tumorigênese.

genes da polaridade do ovo Genes do embrião de *Drosophila* que definem os eixos anteroposterior e dorsoventral no futuro embrião mediante estabelecimento de marcadores (mRNA ou proteína) no ovo que fornecem sinais de organização para o processo de desenvolvimento.

genes de efeito materno Genes que atuam na mãe, especificando moléculas de mRNA materno e proteínas no óvulo. Mutações de efeito materno afetam o desenvolvimento do embrião, mesmo que o embrião não tenha herdado o gene mutado.

genes de segmentação Genes expressados por subgrupos de células no embrião que refinam o padrão de expressão gênica de modo a definir as ligações e perspectivas dos segmentos individuais do corpo.

genes *Hox* Genes que codificam reguladores da transcrição, cada gene contendo um homeodomínio e especificando regiões diferentes do corpo. As mutações *Hox* geralmente causam transformações homeóticas.

genética O estudo dos genes de um organismo quanto à sua hereditariedade e variação.

genética reversa Abordagem para descobrir a função dos genes que começa no DNA (gene) e seu produto proteico e, então, cria mutantes para analisar a função do gene.

genoma Informação genética total que pertence a uma célula ou a um organismo; em particular, a informação mantida no DNA.

genótipo Constituição genética de uma célula individual ou de um organismo. Combinação particular de alelos observada em um indivíduo específico. (Painel 8-2, p. 486)

glicano de ligação cruzada Um dos membros do grupo heterogêneo de polissacarídeos ramificados que formam as ligações cruzadas das microfibrilas de celulose na forma de uma rede intrincada. Possui longas cadeias principais lineares compostas por um único tipo de açúcar (glicose, xilose ou manose), com curtas cadeias laterais compostas por outros açúcares.

glicogênio Polissacarídeo composto exclusivamente por unidades de glicose. Utilizado no armazenamento de energia nas células animais. Grandes grânulos de glicogênio são encontrados em abundância nas células hepáticas e musculares. (Figura 2-51 e Painel 2-4, p. 96-97)

glicolipídeo Molécula de lipídeo ligada a um resíduo de açúcar ou de oligossacarídeo. (Painel 2-5, p. 98-99)

glicólise Via metabólica universal que ocorre no citosol na qual açúcares são degradados de maneira incompleta, com a produção de ATP. Literalmente, "quebra do açúcar". (Figura 2-46 e Painel 2-8, p. 104-105)

glicoproteína Qualquer proteína com uma ou mais cadeias de sacarídeos ou oligossacarídeos ligadas covalentemente à cadeia lateral dos aminoácidos. A maior parte das proteínas secretadas e a maior parte das proteínas expostas na face externa da membrana plasmática são glicoproteínas.

glicosaminoglicano (GAG) Polissacarídeo longo, linear e altamente carregado, composto pela repetição de um par de açúcares, um dos quais sendo sempre um açúcar amino. Encontrado sobretudo ligado de forma covalente a proteínas centrais na matriz extracelular de proteoglicanos. Exemplos incluem sulfato de condroitina, hialuronana e heparina. (Figura 19-32)

glicosilação ligada ao O Adição de um ou mais açúcares a um grupamento hidroxila em uma proteína.

glicosilação proteica Processo de transferência de um único sacarídeo ou oligonucleotídeo precursor pré-formado em proteínas.

glóbulos brancos ver **leucócito**

glóbulos vermelhos ver **eritrócito**

GMP cíclico (GMPc) Nucleotídeo gerado a partir de GTP pela enzima guanililciclase, em resposta a vários sinais extracelulares.

gordura Lipídeo de armazenamento de energia nas células. Composto por triglicerídeos – ácidos graxos esterificados ao glicerol.

gotas lipídicas Forma de armazenamento nas células para lipídeos em excesso; composta por uma única monocamada de fosfolipídeos e proteínas que envolvem lipídeos neutros que podem ser recuperados das gotículas quando exigido pela célula.

GPCR-cinase (GRK) Membro da família de enzimas que fosforila múltiplos resíduos de serina e treonina em proteínas GPCR, promovendo a dessensibilização do receptor. (Figura 15-42)

G$_q$ Classe de proteína G que acopla GPCRs à fosfolipase C-β, ativando a via de sinalização do fosfolipídeo de inositol.

gradiente eletroquímico A influência combinada de uma diferença na concentração de um íon nos dois lados da membrana e a diferença de carga elétrica através da membrana (potencial de membrana). Íons ou moléculas carregadas podem se mover passivamente a favor do seu gradiente eletroquímico.

Gram-negativa Qualidade de uma bactéria que não é corada com corante de Gram por possuir uma camada externa de peptidoglicanos fina revestindo sua membrana interna (plasmática) como uma membrana externa adicional.

Gram-positiva Qualidade de uma bactéria que é corada com corante de Gram por possuir uma camada externa de peptidoglicanos espessa revestindo a sua membrana interna (plasmática).

granulócito Categoria de glóbulo branco que se distingue pela presença constante de grânulos no seu citoplasma. Inclui neutrófilos, basófilos e eosinófilos. Formado a partir de uma célula precursora de granulócito/macrófago (GM). (Figura 22-27)

grupo ferro-enxofre Grupo transportador de elétrons constituído por dois ou quatro átomos de ferro ligados a um número igual de átomos de enxofre; encontrado em uma classe de proteínas transportadoras de elétrons. (Figura 14-16)

grupo Polycomb Grupo de proteínas críticas para memória celular para alguns genes. Formam complexos como parte da cromatina do complexo *Hox*, onde elas mantêm um estado reprimido nas células em que os genes *Hox* não foram ativados.

grupo químico Combinações específicas de átomos – como metila (—CH$_3$), hidroxila (—OH), carboxila (—COOH), carbonila (—C═O), fosfato (—PO$_3^{2-}$), sulfidrila (—SH) e amino (—NH$_2$) – que apresentam propriedades químicas e físicas distintas e influenciam o comportamento da molécula em que estão presentes.

grupo Trithorax Conjunto de proteínas críticas para memória celular que mantém a transcrição dos genes *Hox* em células onde a transcrição já foi ligada.

GTP (guanosina 5′-trifosfato) Nucleosídeo trifosfato produzido pela fosforilação do GDP (guanosina difosfato). Assim como o ATP, libera grandes quantidades de energia livre pela hidrólise do seu grupo fosfato terminal. Possui papel especial na formação dos microtúbulos, na síntese proteica e na sinalização celular. (Figura 2-58)

GTPase Enzima que converte GTP em GDP. As GTPases são divididas em duas grandes famílias. As grandes *proteínas G triméricas* são compostas por três subunidades distintas e ligam, principalmente, GPCRs a enzimas ou canais iônicos na membrana plasmática. As pequenas *proteínas monoméricas ligadoras de GTP* (também chamadas de *GTPases monoméricas*) são compostas por uma única subunidade e auxiliam na transmissão de sinais a partir de diversos tipos de receptores celulares de superfície, regulando o tráfego de vesículas intracelulares, e na sinalização com o citoesqueleto. Tanto as proteínas G triméricas quanto as GTPases monoméricas sofrem ciclos entre as formas ativa, ligada ao GTP, e inativa, ligada ao GDP, muitas vezes atuando com interruptores moleculares nas vias de sinalização. Ver página 820.

GTPase monomérica Enzima de subunidade única que converte GTP em GDP (também chamadas de pequenas proteínas monoméricas de ligação ao GTP). Cicla entre uma forma ativa ligada a GTP e uma forma inativa ligada a GDP e frequentemente atua como uma troca molecular nas vias de sinalização intracelular.

GTPases de recrutamento de proteínas de revestimento Membros de uma família de GTPases monoméricas com importante papel no transporte de vesículas, sendo responsáveis pela formação da camada de revestimento na membrana.

herança epigenética Herança de alterações fenotípicas em uma célula ou em um organismo que não são resultado de alterações na sequência de nucleotídeos do DNA. Pode ocorrer por meio de retroalimentação positiva de reguladores de transcrição ou pela hereditariedade de modificações na cromatina, como a metilação do DNA ou modificações nas histonas. (Figura 7-53)

herança materna Forma de herança observada quando rastreamos as mitocôndrias em animais e plantas, onde o DNA mitocondrial é herdado apenas por meio da linhagem germinativa da fêmea.

heterocromatina Cromatina em estado altamente condensado mesmo em interfase; em geral sua transcrição é inativa. (*Compare com* **eucromatina**)

heterocrônico Descreve genes envolvidos no controle temporal do desenvolvimento; a mutação desses genes resulta em células com destino específico agindo como se estivessem em um diferente estágio de desenvolvimento.

hialuronana (ácido hialurônico) Tipo de glicosaminoglicano não sulfatado, com uma repetição regular na sua sequência – de até 25 mil unidades idênticas de dissacarídeo, não ligados a uma proteína central. Encontrado nos fluidos lubrificantes de articulações e em diversos outros tecidos. (Figuras 19-33 e 19-34)

hibridização Em biologia molecular, o processo pelo qual duas fitas complementares de ácidos nucleicos formam uma dupla hélice de DNA-DNA, DNA-RNA ou RNA-RNA. É a base de uma técnica eficaz para a detecção de sequências específicas de nucleotídeos. (Figuras 5-47 e 8-33)

hibridoma Linhagem celular híbrida gerada pela fusão de uma célula de tumor e outro tipo celular. Anticorpos monoclonais são produzidos por linhagens de hibridoma obtidas pela fusão de células B secretoras de anticorpos e células de tumores de linfócitos B. (Figura 8-4)

hidrofílico Que se dissolve rapidamente em água. Literalmente, "que ama a água".

hidrofóbico (lipofílico) Que não se dissolve rapidamente em água. Literalmente, "que teme a água".

hidrolases ácidas Enzimas hidrolíticas – incluindo proteases, nucleases, glicosidases, lipases, fosfolipases, fosfatases e sulfatases – que apresentam atividade ótima em pH ácido; tais enzimas estão presentes nos lisossomos.

hipermutação somática Na imunologia: acúmulo de mutações pontuais nas sequências codificadoras montadas de regiões variáveis dos genes de imunoglobulinas que ocorre quando células B são ativadas para formar células de memória. Resulta na produção de anticorpos com sítios de ligação a antígenos alterados, alguns dos quais se ligam a antígenos com alta afinidade; responsável pela maturação da afinidade nas respostas dos anticorpos.

histona Uma de um grupo de pequenas proteínas abundantes ricas em arginina e lisina que se combinam para formar a região central dos nucleossomos ao redor dos quais o DNA se enrola nos cromossomos eucarióticos. (Figura 4-24)

histona H1 Histona de "ligação" (em oposição às histonas "centrais" dos nucleossomos) que se liga ao DNA na região da cadeia que não está ligada ao nucleossomo; auxilia no empacotamento dos nucleossomos sob a forma de fibra de cromatina de 30 nm. (Figura 4-30)

homofílica Ligação entre moléculas do mesmo tipo, principalmente aquelas que envolvem adesão célula-célula. (Figura 19-5)

homologia Genes, proteínas ou estruturas do corpo que são similares, refletindo uma origem evolutiva comum.

homólogo Um de dois ou mais genes que possuem sequências similares, resultado da derivação a partir do mesmo gene ancestral. O termo homólogo inclui tanto ortólogos quanto parálogos. (Figura 1-21) *Ver* **cromossomos homólogos**.

hormônio Molécula de sinalização liberada por uma célula endócrina na circulação sanguínea que pode transportar a molécula sinalizadora para células-alvo distantes.

hormônio de crescimento (GH) Hormônio de mamíferos secretado pela glândula hipofisária na corrente sanguínea; estimula o crescimento em todo o corpo.

hormônios esteroides Hormônios, incluindo cortisol, estrogênio e testosterona, que são moléculas lipídicas hidrofóbicas derivadas do colesterol que ativam os receptores nucleares intracelulares.

HPV Papilomavírus humano; infecta o epitélio cervical e é uma importante causa do carcinoma de colo uterino.

hsp70 mitocondrial Parte de um grupo de uma proteína de multissubunidades ligada à face da matriz do complexo TIM23 que atua como um motor para puxar as proteínas mitocondriais precursoras para dentro do espaço da matriz.

IgA Imunoglobulina A; a principal classe de anticorpos nas secreções, incluindo a saliva, as lágrimas, o leite e as secreções respiratórias e intestinais.

IgD Imunoglobulina D; produzida por células B virgens imaturas após saírem da medula óssea. As proteínas transmembrana IgD e IgM, com o mesmo sítio de ligação de antígenos, formam os receptores de células B (BCRs) nessas células.

IgE Imunoglobulina E; liga-se com alta afinidade, via região terminal, aos receptores de classe Fc na superfície de mastócitos (tecidos) ou basófilos (sangue), onde atua como um receptor de antígenos; a ligação de antígenos estimula a secreção de citocinas e aminas biologicamente ativas que ajudam a atrair glóbulos brancos, anticorpos e proteínas complemento ao sítio de ativação.

IgG Imunoglobulina G; a principal classe de anticorpos do sangue, produzidos em grandes quantidades durante respostas imunes secundárias mediadas por anticorpos. A região terminal de algumas subclasses de IgG se liga a receptores Fc específicos de macrófagos e neutrófilos. Complexos antígeno-IgG podem ativar o sistema complemento.

IgM Imunoglobulina M; a primeira classe de imunoglobulinas produzida por células B em desenvolvimento na medula óssea, formando os receptores de superfície das células B. Os anticorpos IgM são a principal classe de anticorpos secretados no sangue nas etapas iniciais da resposta primária em resposta à exposição a um antígeno, onde sua estrutura pentamérica (com 10 sítios de ligação a antígenos) permite a ligação de alta afinidade ao patógeno. Quando ligada a um antígeno, é altamente eficiente na ativação do sistema complemento.

iHog Proteína com quatro a cinco domínios semelhantes a imunoglobulinas e dois a três domínios semelhantes à fibronectina tipo III; localizada na superfície celular e provável correceptor de proteínas Hedgehog.

IκB Proteína inibidora que liga dímeros NFκB de alta afinidade e os mantém em estado inativo no citoplasma de células não estimuladas.

ilha CG Região do DNA no genoma dos vertebrados com uma grande densidade média de sequências CG; essas regiões geralmente permanecem não metiladas.

impressão genômica Fenômeno no qual um gene é expresso ou não na prole, dependendo de qual dos pais ele foi herdado. (Figura 7-49)

imunização Método de indução de resposta imune adaptativa a patógenos ou moléculas estranhas ao organismo; costuma envolver a injeção simultânea de um adjuvante, molécula (frequentemente de origem microbiana) que ajuda a ativar a resposta imune inata necessária às respostas adaptativas.

imunoblotting ver Western blotting

imunoprecipitação da cromatina Técnica pela qual o DNA cromossômico ligado a uma determinada proteína pode ser isolado e identificado a partir da sua precipitação com um anticorpo contra a proteína. (Figuras 8-66 e 8-67)

inativação do X Inativação de uma cópia do cromossomo X nas células somáticas das fêmeas de mamíferos.

indicadores sensíveis a íons Moléculas cuja emissão de luz reflete a concentração local de determinado íon; algumas são luminescentes (emitindo luz espontaneamente), enquanto outras são fluorescentes (emitem luz quando expostas à luz).

indução sequencial Processo do desenvolvimento que gera um padrão mais complicado progressivamente. Série de induções locais pelas quais um dos dois tipos de células presentes em um tecido em desenvolvimento pode produzir um sinal para induzir as células vizinhas a se especializarem de uma terceira maneira; o terceiro tipo de célula pode, então, sinalizar de volta para os outros dois tipos de células próximas para gerar um quarto e um quinto tipo celular, e assim por diante.

inflamassomo Complexo proteico intracelular formado após a ativação dos receptores semelhantes a NOD citoplasmáticos com proteínas de adaptação. Contém uma enzima caspase que clive citocinas pró-inflamatórias a partir de suas proteínas precursoras.

inibição por retroalimentação Processo pelo qual o produto de uma reação inibe uma reação preliminar de uma mesma via. (Figuras 3-55 e 3-56)

inibidores da apoptose (IAPs) Proteínas intracelulares que inibem a apoptose.

iniciador de RNA Pequeno trecho de RNA sintetizado sobre um molde de DNA. As DNA-polimerases precisam dele para o início da síntese de DNA.

início (ponto de restrição) Transição importante no final de G_1 no ciclo celular de eucariotos. A passagem pelo Início compromete a célula a entrar na fase S. O termo foi originalmente utilizado apenas para esse ponto do ciclo celular de leveduras; o ponto equivalente no ciclo celular de mamíferos foi chamado de ponto de restrição. Neste livro, usaremos Início para ambos. (Figura 17-9)

inositol 1,4,5-trifosfato (IP_3) Pequena molécula de sinalização intracelular produzida durante a ativação da via de sinalização dos fosfolipídeos de inositol. Atua na liberação de Ca^{2+} do retículo endoplasmático. (Figuras 15-28 e 15-29)

instabilidade dinâmica Conversão súbita do crescimento ao encolhimento, e vice-versa, em um filamento proteico como um microtúbulo ou filamento de actina. (Painel 16-2, p. 902-903)

instabilidade genética Taxa de mutação anormalmente aumentada espontaneamente, como ocorre nas células cancerígenas.

integrina Proteína de adesão transmembrana envolvida na adesão de células à matriz extracelular e na adesão de uma célula à outra. (Figura 19-3 e Tabela 19-1, p. 1037)

interfase Período longo do ciclo celular entre uma mitose e outra. Inclui as fases G_1, S e G_2. (Figura 17-4)

interferência de RNA (RNAi) Como descrito originalmente, mecanismo pelo qual um RNA de fita dupla introduzido experimentalmente induz a destruição de uma sequência específica de mRNAs complementares. O termo RNAi é muitas vezes utilizado para incluir a inibição da expressão gênica por micro-RNAs (miRNAs) e RNAs que interagem com piwi (piRNAs), que são codificados no próprio genoma da célula.

interferon-α (IFN-α) e interferon-β (IFN-β) Citocinas (interferons do tipo I) produzidas por células de mamíferos como resposta geral a uma infecção viral.

íntron Região não codificadora de um gene eucarioto que é transcrita em uma molécula de RNA, mas é removida por *splicing* do RNA durante a produção do mRNA ou outro RNA funcional. (Figura 4-15)

invadopódios Protrusões ricas em actina estendendo-se em três dimensões que são importantes para que as células cruzem as barreiras teciduais mediante degradação da matriz extracelular.

íon hidrônio (H_3O^+) Molécula de água associada em um próton adicional. Forma geralmente assumida por prótons em solução aquosa.

Janus-cinases (JAKs) Tirosinas-cinase citoplasmáticas associadas com receptores de citocinas que fosforilam e ativam os reguladores da transcrição chamados STATs.

junção aderente Junção celular em que a face citoplasmática da membrana plasmática está ligada a filamentos de actina. Exemplos incluem os cinturões de adesão que unem células epiteliais adjacentes e os contatos focais na superfície inferior de fibroblastos em cultura.

junção compacta Junção célula-célula que sela células epiteliais adjacentes, evitando a passagem da maioria das moléculas dissolvidas de um lado para outro da camada epitelial. (Figuras 19-2 e 19-21)

junção de ancoragem Tipo de junção celular que une células a células vizinhas ou à matriz extracelular. (Tabela 19-1, p. 1037)

junção de Holliday Estrutura em forma de X observada no DNA que está passando por recombinação, onde as duas moléculas de DNA estão unidas no local de recombinação; também chamada de permuta de fitas cruzadas. (Figura 5-55)

junção do tipo fenda Junção comunicante célula-célula, em forma de um canal, presente na maior parte dos tecidos animais e que permite que íons e pequenas moléculas passem do citoplasma de uma célula para o citoplasma da próxima célula.

junção neuromuscular Sinapse química especializada entre um axônio terminal de um neurônio motor e uma célula muscular esquelética. (Figura 11-37)

lamelipódio Projeção achatada, laminar, sustentada por uma rede de filamentos de actina, que se estende no limite anterior de uma célula animal em movimento. (Figuras 16-77 e 16-79)

lâmina basal Fina camada de matriz extracelular que separa as camadas epiteliais e muitos outros tipos celulares, como células musculares ou células de gordura, do tecido conectivo. Algumas vezes é chamada de membrana basal. (Figura 19-51)

lâmina nuclear Rede fibrosa de proteínas na superfície interna da membrana nuclear interna. Ela é composta por uma rede de filamentos intermediários formados a partir das laminas nucleares.

lamina nuclear Subunidade proteica dos filamentos intermediários que forma a lâmina nuclear.

laminina Proteína fibrosa da matriz extracelular encontrada na lâmina basal, onde forma uma rede laminar. (Figuras 19-52 e 19-53)

lectina Proteína que se liga fortemente a um açúcar específico. Lectinas presentes em grandes quantidades nas sementes das plantas costumam ser utilizadas como reagentes de afinidade para purificação de glicoproteínas, ou para sua detecção na superfície de células.

leucemia Câncer dos glóbulos brancos (leucócitos).

leucócito Nome geral para todas as células sanguíneas nucleadas desprovidas de hemoglobina, também chamados de glóbulos brancos. Inclui linfócitos, granulócitos e monócitos. (Figura 22-27)

ligação Na ligação do ligante, o acoplamento conformacional entre dois sítios separados de ligação do ligante em uma proteína, de forma que uma alteração conformacional na proteína induzida pela ligação de um ligante afeta a ligação de um segundo ligante.

ligação covalente Ligação química estável entre dois átomos, produzida pelo compartilhamento de um ou mais pares de elétrons. (Painel 2-1, p. 90-91)

ligação de extremidades não homólogas Mecanismo de reparo do DNA para quebras da dupla fita no qual as extremidades quebradas são unidas e religadas pela ligação do DNA, em geral com perda de um ou mais nucleotídeos no local da união.

ligação de hidrogênio Ligação não covalente na qual um átomo de hidrogênio eletropositivo é parcialmente compartilhado por dois átomos eletronegativos. (Painel 2-3, p. 94-95)

ligante Qualquer molécula que se liga a um local específico em uma proteína ou outra molécula. Do latim, *ligare*, "ligar".

ligante Fas Ligante que ativa um receptor de morte celular Fas na superfície de células desencadeando a via extrínseca de apoptose.

lignina Rede de compostos fenólicos entrelaçados que forma a rede de apoio das paredes celulares do xilema e dos tecidos lenhosos das plantas.

limite de resolução Em microscopia, a menor distância a partir da qual dois pontos podem ser visualizados como objetos separados. De apenas 0,2 mm para os microscópios ópticos convencionais, um limite determinado pelo comprimento de onda da luz.

linfócito Glóbulo branco responsável pela especificidade da resposta imune adaptativa. Existem dois tipos principais: células B, que produzem anticorpos, e células T, que interagem diretamente com outras células efetoras do sistema imune e com células infectadas. As células T se desenvolvem no timo e são responsáveis pela imunidade mediada por células. As células B se desenvolvem na medula óssea dos mamíferos e são responsáveis pela produção de anticorpos circulantes.

linfoma Câncer dos linfócitos, onde as células cancerígenas são encontradas principalmente nos órgãos linfoides (e não no sangue, como no caso das leucemias).

lipoproteína de baixa densidade (LDL) Grande complexo composto por uma única molécula de proteína e muitas moléculas de colesterol esterificadas, juntamente com outros lipídeos. Essa é a forma na qual o colesterol é transportado na corrente sanguínea e captado pelas células. (Figura 13-51)

lipossomo Vesícula artificial composta por uma camada dupla de fosfolipídeos, formada em uma suspensão aquosa de moléculas de fosfolipídeos. (Figura 10-9)

lisossomo Organela revestida por membrana presente em células eucarióticas, contendo enzimas digestivas, as quais costumam ser mais ativas no pH ácido encontrado no lúmen dos lisossomos. (Figura 13-37)

lisozima Enzima que catalisa a hidrólise de cadeias de polissacarídeos na parede celular de bactérias.

lúmen Espaço dentro de uma estrutura oca. Nas células: a cavidade envolvida por uma membrana de organela. Nos tecidos: a cavidade envolta por uma camada de células.

lúmen do RE Espaço delimitado pela membrana do retículo endoplasmático (RE).

macrófago Célula fagocítica derivada dos monócitos sanguíneos, geralmente residente em muitos tecidos, mas capaz de se deslocar. Tem a função de "lixeiro" (*scavenger*) e de apresentador de antígeno na resposta imune.

macromolécula Polímeros construídos de cadeias longas de pequenas moléculas orgânicas (contendo carbono) ligadas covalentemente. As unidades fundamentais a partir das quais a célula é construída e os componentes que conferem as propriedades mais distintas das coisas vivas.

macropinocitose Via endocítica degradativa dedicada, independente de clatrina, induzida na maioria dos tipos celulares pela ativação do receptor da superfície celular por cargas específicas.

malária Doença causada por quatro espécies do protozoário *Plasmodium*, que são transmitidos para os humanos pela picada da fêmea do mosquito *Anopheles*.

maligno Descreve tumores e células tumorais que são invasivos e/ou capazes de sofrer metástase. Um tumor maligno é um câncer. (Figura 20-3)

mapa de destino Representação que mostra os tipos celulares que podem ser originados a partir de uma região de um tecido; por exemplo, a partir da blástula. (Figura 21-28)

mapa neural Mapeamento regular dos neurônios de um tipo similar, de um território para outro, como aqueles onde há projeções ordenadas de um arranjo de neurônios para o outro.

matriz mitocondrial Grande compartimento interno da mitocôndria. Compartimento correspondente nos cloroplastos, mais comumente conhecido como estroma.

maturação da afinidade Aumento progressivo na afinidade dos anticorpos pelo antígeno imunizante, com o passar do tempo, após a imunização.

maturação de endossomos Processo por meio do qual os endossomos primário amadurecem para a forma de endossomos tardios e endolisossomos; no processo de conversão, a composição de proteínas de membrana do endossomo é alterada, o endossomo se desloca da periferia da célula para regiões próximas ao núcleo, e o endossomo deixa de reciclar material oriundo da membrana plasmática e compromete seu conteúdo de modo irreversível para o processo de degradação.

M-ciclina Tipo de ciclina encontrada em todas as células eucarióticas e que promove os eventos da mitose. (Figura 17-11)

mediador local Molécula sinal extracelular que atua nas células vizinhas.

medula espinal Feixe de neurônios e células de suporte que se estende a partir do cérebro.

megacariócito Grande célula mieloide com o núcleo dividido em vários lobos que permanece na medula óssea, quando madura. Ela origina as plaquetas a partir de longos processos citoplasmáticos. (Figura 22-29)

meiose I O primeiro de dois ciclos de segregação de cromossomos após a duplicação meiótica dos cromossomos; segrega os homólogos, cada um composto de um par de cromátides-irmãs fortemente ligadas.

meiose II O segundo de dois ciclos de segregação de cromossomos após a duplicação meiótica dos cromossomos; segrega as cromátides-irmãs de cada homólogo.

membrana basal Fina camada de matriz extracelular que separa as camadas epiteliais e muitos outros tipos celulares, como células musculares ou células de gordura, do tecido conectivo. Também chamada de lâmina basal. (Figura 19-51)

membrana externa Membrana mitocondrial que está em contato com o citosol.

membrana interna Membrana mitocondrial que delimita o espaço da matriz e forma extensas invaginações chamadas cristas.

membrana mitocondrial externa Membrana que separa a organela do citosol.

membrana mitocondrial interna Membrana mitocondrial que delimita o espaço da matriz e forma extensas invaginações chamadas cristas.

membrana nuclear externa Uma das duas membranas concêntricas que compõe o envelope nuclear; circunda a membrana nuclear interna e é contínua com a membrana nuclear interna e a membrana do retículo endoplasmático.

membrana nuclear interna Uma das duas membranas concêntricas que compreendem o envelope nuclear, contínua com a membrana nuclear externa; contém proteínas específicas como sítios de ancoragem para cromatina e a lamina nuclear.

membrana plasmática Membrana que envolve uma célula viva. (Figura 10-1)

membrana tilacoide Sistema de membranas no cloroplasto que contém os grandes complexos proteicos de membrana para fotossíntese e fotofosforilação.

memória celular Retenção por parte das células e seus descendentes de padrões de expressão gênica alterados de modo permanente sem nenhuma alteração na sequência de DNA. *Ver também* **herança epigenética**.

memória imunológica Propriedade de longa duração do sistema imune adaptativo que se segue a uma resposta imune primária a diversos antígenos, onde um encontro subsequente com aquele antígeno provocará uma resposta imune secundária mais rápida e mais forte. (Figura 24-16)

mesoderme   Tecido embrionário que é o precursor dos tecidos muscular, conectivo e esquelético, e de muitos dos órgãos internos. (Figura 21-3)

metabolismo   A soma total de processos químicos que ocorrem em uma célula viva. O catabolismo e o anabolismo. (Figura 2-14)

metaloprotease de matriz   Enzima proteolítica dependente de Ca^{2+} ou Zn^{2+}, presente na matriz extracelular; degrada as proteínas da matriz. Inclui as colagenases.

metástase   Distribuição de células cancerosas do seu local de origem para outros locais do corpo. (Figuras 20-1 e 20-16)

metástases   Tumores secundários em locais do corpo, além dos tumores primários, resultantes do desprendimento das células cancerosas, da entrada destas nos vasos sanguíneos ou linfáticos e da colonização em locais separados.

metilação do DNA   Adição de grupos metila ao DNA. A metilação extensa da base citosina em sequências CG é usada em plantas e animais para ajudar a manter os genes em seu estado inativo.

método de Förster de transferência de energia de ressonância   ver transferência de energia por ressonância de fluorescência (**FRET**)

microarranjos de DNA   Um grande arranjo de moléculas de DNA curtas (cada uma com sequência conhecida) ligadas a uma lâmina de vidro de microscópio ou outro suporte adequado. Usados para monitorar a expressão simultânea de milhares de genes: o mRNA isolado a partir de células-teste é convertido em cDNA, que, por sua vez, é hibridizado ao microarranjo. (Figura 8-64)

microbioma   Genomas combinados das várias espécies de uma microbiota definida.

microbiota   Coletivo dos microrganismos que residem dentro ou sobre um organismo.

microeletrodo   Pedaço de um tubo fino de vidro, puxado para uma ponta ainda mais fina, usado para injetar uma corrente elétrica nas células ou para estudar as concentrações intracelulares dos íons inorgânicos comuns (como H^+, Na^+, K^+, Cl^- e Ca^{2+}) em uma única célula viva pela inserção da sua ponta diretamente no interior da célula através da membrana plasmática.

microfibrilas de celulose   Agregados cristalinos altamente organizados formados por feixes de cerca de 40 cadeias de celulose organizadas com a mesma polaridade e unidas em arranjos paralelos sobrepostos por ligações de hidrogênio entre moléculas adjacentes de celulose.

micro-RNAs (miRNAs)   Pequenos RNAs (cerca de 21 nucleotídeos) observados em eucariotos, gerados pelo processamento de transcritos especializados de RNA, codificados no genoma, que regulam a expressão gênica mediante pares de bases com o mRNA. (Figura 7-75)

microscopia crioeletrônica   Técnica para o estudo de finas camadas de uma suspensão aquosa de material biológico que foi congelado rapidamente, gerando gelo vítreo. A amostra é mantida congelada e transferida para um microscópio eletrônico. O contraste da imagem é baixo, mas é gerado apenas pelas estruturas macromoleculares presentes na amostra.

microscopia de campo escuro   Tipo de microscopia óptica em que os raios de luz oblíquos focados na amostra não incidem sobre a lente objetiva, mas a luz que é refletida pelos componentes da célula viva pode ser coletada para produzir uma imagem em um fundo escuro. (Figura 9-7)

microscopia eletrônica de imunolocalização com ouro   Método que permite a localização de macromoléculas específicas utilizando um anticorpo primário que se liga à molécula de interesse e sua detecção com um anticorpo secundário ligado a partículas de ouro coloidal. A partícula de ouro é eletrodensa e pode ser vista como um ponto preto ao microscópio eletrônico. (Figura 9-45)

microscopia eletrônica de varredura   Tipo de microscopia eletrônica que produz uma imagem da superfície de um objeto. (Figura 9-50)

microscópio confocal   Tipo de microscópio óptico que produz uma imagem nítida de um determinado plano dentro de um objeto sólido. Utiliza um feixe de *laser* como fonte de iluminação localizada e atravessa o plano para produzir uma "secção óptica" bidimensional. (Figura 9-19)

microscópio de campo claro   Microscópio óptico normal em que a imagem é obtida pela simples transmissão da luz através do objeto que está sendo visualizado.

microscópio de contraste de fase   Tipo de microscópio óptico que explora os efeitos de interferência que ocorrem quando a luz passa através de materiais com diferentes índices de refração. Usado para visualização de células vivas. (Figura 9-7)

microscópio de contraste de interferência diferencial   Tipo de microscópio óptico que explora os efeitos de interferência que ocorrem quando a luz passa através de partes de uma célula com índices diferentes de refração. Usado para visualização de células vivas não coradas.

microscópio de fluorescência   Microscópio destinado à visualização do material marcado com corantes ou proteínas fluorescentes. Similar ao microscópio óptico, mas a luz passa por um conjunto de filtros antes de chegar à amostra para selecionar aqueles comprimentos de onda que excitam o corante, e por outro conjunto de filtros antes de chegar ao olho para selecionar apenas aqueles comprimentos de onda emitidos quando o corante fluoresce. (Figura 9-12)

microscópio eletrônico   Tipo de microscópio que utiliza um feixe de elétrons para gerar a imagem.

microscópio óptico   Microscópio que utiliza luz visível para criar a imagem.

microssomo   Pequena vesícula derivada de fragmentos do retículo endoplasmático produzidos quando as células são homogeneizadas. (Figura 12-34)

microtúbulo astral   No fuso mitótico, qualquer um dos microtúbulos que se irradiam do áster e que não estão ligados a um cinetocoro de um cromossomo.

microtúbulo do cinetocoro   Em um fuso mitótico ou meiótico, um microtúbulo que conecta o polo do fuso ao cinetocoro de um cromossomo.

microtúbulo interpolar   No fuso mitótico ou meiótico, uma intersinalização de microtúbulos na região equatorial, com os microtúbulos se projetando a partir do outro polo. (Figura 17-23)

mioblasto   Célula mononuclear e indiferenciada, precursora da célula muscular. Uma célula muscular esquelética é formada pela fusão de múltiplos mioblastos. (Figura 22-19)

miofibrila   Feixe longo e altamente organizado de actina, miosina e outras proteínas, presente no citoplasma de células musculares, e que se contrai por um mecanismo de deslizamento entre os filamentos.

miosina   Tipo de proteína motora que utiliza energia a partir da hidrólise do ATP para se mover ao longo dos filamentos de actina.

mitocôndria   Organela delimitada por membrana, com o tamanho aproximado de uma bactéria, que realiza a fosforilação oxidativa e produz a maior parte do ATP nas células eucarióticas. (Figura 1-28)

mitógeno   Molécula de sinalização extracelular que estimula a proliferação celular.

modelo de maturação de cisternas Uma hipótese para como o aparelho de Golgi é formado e como sua estrutura polarizada é mantida e como as moléculas se deslocam de uma cisterna para outra. Esse modelo considera as cisternas como estruturas dinâmicas que amadurecem de etapas iniciais a etapas tardias adquirindo e perdendo proteínas específicas residentes no Golgi na medida em que se movem pelas pilhas de Golgi com carga.

modelo de transporte vesicular Uma hipótese para como o aparelho de Golgi alcança e mantém sua estrutura polarizada e como as moléculas se movem de uma cisterna para outra. Este modelo sustenta que as cisternas do Golgi são estruturas de vida longa que conservam seu conjunto característico de proteínas residentes no Golgi firmemente no lugar, e as proteínas-carga são transportadas de uma cisterna para a próxima por vesículas de transporte.

módulo MAP-cinase (módulo de proteína-cinase ativada por mitógenos) Um módulo de sinalização intracelular composto por três proteínas-cinase atuando em sequência, sendo a MAP-cinase a última dessas proteínas. Ativada em geral pela proteína Ras em resposta a sinais extracelulares. (Figura 15-49)

molde Uma fita simples de DNA ou RNA cuja sequência de nucleotídeos atua como um guia para a síntese de uma fita complementar. (Figura 1-3)

molécula de sinalização extracelular Qualquer sinalizador químico secretado ou presente na superfície celular e que se liga a receptores regulando a atividade da célula que expressa esse receptor.

monócito Tipo de glóbulo branco que deixa a corrente sanguínea e matura, originando os macrófagos, nos tecidos. (Figura 22-27)

montador da cinta Complexo proteico que utiliza a hidrólise de ATP para ligar a cinta deslizante a uma junção entre o oligonucleotídeo iniciador e uma molécula-molde no processo de replicação do DNA.

morfogênese Processo do desenvolvimento no qual as células sofrem movimentos e deformações a fim de se agruparem em tecidos e órgãos com formas e tamanhos específicos.

morfógeno Molécula de sinalização difusível que pode impor um padrão em um campo de células por fazer as células em diferentes locais adotarem destinos diferentes. (Figura 21-8)

morte celular programada Uma forma de morte celular na qual a célula comete "suicídio" pela ativação de um programa de morte intracelular.

mTOR Versão dos mamíferos da grande proteína-cinase chamada TOR, envolvida na sinalização celular; mTOR existe em dois complexos multiproteicos distintos funcionalmente.

mundo de RNA Hipótese de que a vida inicial na Terra era baseada principalmente em moléculas de RNA que tanto armazenavam informação genética como catalisavam reações bioquímicas.

mutação Alteração hereditária na sequência de nucleotídeos de um cromossomo. (Painel 8-2, p. 486-487)

mutação condicional Uma mutação que altera uma proteína ou molécula de RNA de modo que sua função é alterada apenas sob certas condições, como temperaturas muito altas ou muito baixas.

mutações somáticas No câncer, uma ou mais anormalidades detectáveis na sequência de DNA das células tumorais que as distinguem das células somáticas normais que envolvem o tumor.

mutualismo Relação ecológica entre micróbios e seu hospedeiro na qual tanto o micróbio como o hospedeiro se beneficiam.

Myc Proteína de regulação de transcrição ativada quando a célula é estimulada, por sinais extracelulares, a crescer e se dividir. Ela ativa a transcrição de diversos genes, incluindo os que estimulam o crescimento celular. (Figura 17-61)

NAD^+/NADH (nicotinamida adenina dinucleotídeo/nicotinamida adenina dinucleotídeo reduzido) Sistema carreador de elétrons que participa de reações de oxidação-redução, como a oxidação de moléculas de comida. NAD^+ aceita o equivalente a um íon hidreto (H^-, um próton e dois elétrons) para se tornar o carreador ativado NADH. O NADH formado doa seus elétrons de alta energia para uma etapa de geração de ATP da fosforilação oxidativa. (Figura 2-36)

$NADP^+$/NADPH (fosfato de nicotinamida adenina dinucleotídeo/fosfato de nicotinamida adenina dinucleotídeo reduzido) Sistema carreador de elétrons, similar ao sistema NAD^+/NADH, mas de uso quase exclusivo nas vias de biossíntese redutiva, e não nas vias catabólicas. (Figura 2-36)

não disjunção Evento de ocorrência ocasional durante a meiose em que um par de cromossomos homólogos não se separa, resultando em uma célula germinativa que possui cromossomos a mais ou a menos.

Netrina Proteína-sinal, secretada por células da placa ventral do tubo neural responsável pela atração dos cones de crescimento dos axônios na direção e através da linha média.

neurofilamento Tipo de filamento intermediário encontrado nas células nervosas. (Figura 16-72)

neurônio (célula nervosa) Célula condutora de impulsos do sistema nervoso, com longos processos especializados em receber, conduzir e transmitir sinais. (Figuras 11-28 e 21-66)

neurotransmissor Pequena molécula de sinalização secretada por uma célula nervosa pré-sináptica em uma sinapse química para passar o sinal a uma célula pós-sináptica. Exemplos incluem acetilcolina, glutamato, GABA, glicina e muitos neuropeptídeos.

neurotransmissor excitatório Neurotransmissor que promove a abertura dos canais de cátion na membrana pós-sináptica induzindo o influxo de Na^+ e, em diversos casos, de Ca^{2+}, que despolarizam a membrana pós-sináptica no sentido do limiar de potencial para disparar outro potencial de ação.

neurotransmissor inibitório Neurotransmissor que abre canais de K^+ ou Cl^- controlados por transmissor na membrana pós-sináptica de uma célula nervosa ou muscular e, dessa forma, tende a inibir a geração de um potencial de ação.

neurotrofina Família de proteínas-sinal que promovem a sobrevivência e o crescimento de classes específicas de neurônios.

neutrófilo Glóbulo branco especializado na captação de material particulado mediante fagocitose. Entra nos tecidos que se tornam infectados ou inflamados. (Figura 24-5)

nicho de células-tronco Microambiente especializado em um tecido no qual as células-tronco em autorrenovação podem ser mantidas.

NO sintase (NOS) Enzima que sintetiza o óxido nítrico (NO) pela desaminação da arginina. (Figura 15-40B)

Notch Receptor proteico transmembrana (e regulador de transcrição latente) envolvido em muitos estágios de escolha do destino celular durante o desenvolvimento animal, como na especificação de células nervosas a partir do epitélio ectodérmico. Seus ligantes são proteínas da superfície celular, como Delta e Serrate. (Figura 15-59)

NSF ATPase hexamérica que desmonta um complexo de uma v-SNARE e uma t-SNARE. (Figura 13-20)

nuclease de restrição Uma dentre um grande número de nucleases que podem clivar uma molécula de DNA em qualquer sítio onde uma pequena sequência de nucleotídeos ocorre. Amplamente utilizada em tecnologia de DNA recombinante. (Figura 8-24)

nucléolo Estrutura no núcleo onde o rRNA é transcrito e ocorre a montagem das subunidades ribossômicas. (Figura 4-9)

nucleoporina Qualquer uma das numerosas proteínas diferentes que compõem os complexos de poro nuclear.

nucleossomo Estrutura em forma de conta na cromatina eucariótica, composta por um pequeno segmento de DNA enrolado em torno de um núcleo de oito proteínas histonas. Unidade estrutural fundamental da cromatina. (Figuras 4-22 e 4-23)

nucleotídeo Nucleosídeo com um ou mais grupos fosfato, unidos por ligações éster à molécula de açúcar. DNA e RNA são polímeros de nucleotídeos. (Painel 2-6, p. 100-101)

oligodendrócito Tipo de célula da glia, no sistema nervoso central de vertebrados, que forma a bainha de mielina ao redor dos axônios. *Compare com* **célula de Schwann**.

oligossacarídeos complexos Grande classe de oligossacarídeos unidos por ligações N, ligados a glicoproteínas de mamíferos no retículo endoplasmático e modificados no aparelho de Golgi, inclui N-acetilglicosamina, galactose, ácido siálico e resíduos de fucose.

oligossacarídeos ricos em manose Ampla classe de oligossacarídeos de ligação N ligados a glicoproteínas de mamíferos no retículo endoplasmático, contendo dois resíduos de N-acetilglicosamina e diversos resíduos de manose.

oncogene Um gene alterado cujo produto pode agir de modo dominante no surgimento de uma célula cancerosa. Em geral, um oncogene é uma forma mutante de um gene normal (proto-oncogene) envolvido no controle do crescimento ou da divisão celular. (Figura 20-17)

optogenética Uso de canais de rodopsina modificados geneticamente e outros canais iônicos que respondem à luz e transportadores para modular a função dos neurônios e ainda analisar os neurônios e circuitos que sustentam funções complexas, incluindo o comportamento em animais. (Figura 11-32)

organela Compartimento subcelular, ou grande complexo macromolecular, geralmente delimitado por membrana, que possui estrutura, composição e função distintas. Exemplos: núcleo, nucléolo, mitocôndria, aparelho de Golgi e centrossomos. (Figura 1-25)

organismo transgênico Planta ou animal que teve incorporado, de maneira estável, um ou mais genes oriundos de outra célula ou organismo (por inserção, deleção e/ou substituição) e que pode passar esses genes para as gerações sucessivas. (Figuras 8-53 e 8-70)

organismo-modelo Uma espécie estudada intensivamente por um longo período e que, portanto, serve como um "modelo" para a derivação de princípios biológicos fundamentais.

Organizador Tecido especializado, na extremidade dorsal do blastóporo em embriões de anfíbio; fonte de sinais que ajudam a coordenar a formação do eixo do corpo embrionário.

órgão linfoide Órgão contendo um grande número de linfócitos. Linfócitos são produzidos em órgãos linfoides primários e respondem aos antígenos em órgãos linfoides secundários. (Figura 24-12)

órgão linfoide central (primário) Órgão no qual os linfócitos T ou B são produzidos a partir de células precursoras. Em mamíferos adultos, esses órgãos são o timo e a medula óssea respectivamente. (Figura 24-12)

órgão linfoide periférico (secundário) Órgão linfoide no qual as células T e as células B interagem e respondem a antígenos estranhos. Exemplos: baço, linfonodos e órgãos linfoides associados à mucosa. (Figura 24-12)

origem de replicação Local em uma molécula de DNA no qual a duplicação do DNA se inicia. (Figuras 4-19 e 5-23)

ortólogos Genes ou proteínas de diferentes espécies e que possuem sequências similares, pois são descendentes de um mesmo gene presente no último ancestral comum a essas espécies. (Figura 1-21)

osso Tecido conectivo denso e rígido composto por uma mistura de fibras de alta resistência (fibrilas de colágeno tipo I) que resistem a forças tensoras e partículas sólidas (fosfato de cálcio na forma de cristais de hidroxiapatita) que resistem a forças de compressão.

osteoblasto Célula que secreta a matriz óssea. (Figura 22-14)

osteócito Célula localizada nos ossos e que não se divide; derivada de um osteoblasto e embebida na matriz óssea. (Figura 22-14)

osteoclasto Célula semelhante a um macrófago que faz a erosão do osso, possibilitando a sua remodelagem durante o crescimento e em resposta ao estresse ao longo da vida. (Figura 22-16)

oxidação Perda de elétrons de um átomo, como a que ocorre na adição de oxigênio a uma molécula, ou quando um átomo de hidrogênio é removido. O oposto de redução. (Figura 2-20)

óxido nítrico (NO) Molécula de sinalização gasosa bastante utilizada na comunicação célula-célula, tanto em animais quanto em plantas. (Figura 15-40)

p53 Gene supressor de tumor que se encontra mutado em aproximadamente metade dos cânceres humanos. Proteína de regulação de transcrição ativada por danos ao DNA e envolvida no bloqueio da progressão do ciclo celular. (Figura 20-27)

p53 Proteína de regulação da transcrição ativada por danos ao DNA e envolvida no bloqueio da progressão do ciclo celular. (Figuras 20-37 e 20-40)

padrões moleculares associados a patógenos (PAMPs) Moléculas associadas a micróbios, ausentes ou sequestradas no organismo hospedeiro, que frequentemente ocorrem em padrões repetidos que são reconhecidos por receptores de reconhecimento de padrões (PRRs) dentro ou sobre células do sistema imune inato. PAMPs estão presentes em várias moléculas microbianas, incluindo ácidos nucleicos, lipídeos polissacarídeos e proteínas.

papilomavírus Classe de vírus responsáveis por verrugas humanas e exemplo perfeito dos vírus de DNA tumorais, sendo causa de câncer de colo do útero.

par de bases Dois nucleotídeos em uma molécula de RNA ou DNA que estão pareados por ligações de hidrogênio; por exemplo, G com C e A com T ou U.

par redox Par de moléculas no qual uma molécula atua como um doador de elétrons e a outra atua como um aceptor de elétrons em uma reação de oxidação-redução: por exemplo, NADH (doador de elétrons) e NAD$^+$ (aceptor de elétrons). (Painel 14-1, p. 765)

parálogos Genes ou proteínas que são semelhantes nas suas sequências, pois são resultado de um evento de duplicação gênica ocorrido em um organismo ancestral. Aqueles em dois organismos diferentes apresentam menos probabilidade de ter a mesma função do que os ortólogos. *Compare com* **ortólogos**. (Figura 1-21)

parasita protozoário Organismo eucariótico móvel, unicelular, não fotossintético, por exemplo *Plasmodium*.

parasitismo Relação ecológica entre micróbios e seu hospedeiro na qual o micróbio se beneficia em prejuízo do hospedeiro, como muitas vezes é o caso dos patógenos.

pareamento Na meiose, o alinhamento de dois cromossomos homólogos ao longo do seu comprimento. (Figura 17-54)

parede celular primária A primeira parede celular produzida por uma célula vegetal em desenvolvimento. Ela é fina e flexível, permitindo espaço para o crescimento celular. (Figura 19-63)

parede celular secundária Parede celular rígida permanente que se encontra abaixo da parede celular primária em certas células vegetais que complementaram o seu crescimento.

partícula de reconhecimento de sinal (SRP) Partícula de ribonucleoproteína que liga uma sequência sinalizadora do RE a uma cadeia polipeptídica parcialmente sintetizada e dirige o polipeptídeo e o seu ribossomo ligado até o retículo endoplasmático. (Figura 12-36)

passageiras Mutações que ocorreram na mesma célula que a mutação condutora, mas que são irrelevantes para o desenvolvimento do câncer.

Patched Proteína transmembrana prevista para cruzar a membrana plasmática 12 vezes; a maioria está nas vesículas intracelulares e algumas estão sobre a superfície celular onde se ligam à proteína Hedgehog.

patógeno Um organismo, célula, vírus ou príon que causa doenças.

patógenos extracelulares Patógenos que perturbam células hospedeiras e podem causar graves doenças sem que ocorra sua replicação no interior da célula hospedeira.

patógenos facultativos Bactérias que se replicam no meio ambiente, na água ou no solo e somente causam doença se encontrarem um hospedeiro suscetível.

patógenos intracelulares Patógenos, incluindo todos os vírus e muitas bactérias e protozoários, que entram e replicam dentro das células hospedeiras para causar doença.

patógenos obrigatórios Bactérias que podem se replicar apenas dentro do hospedeiro.

patógenos oportunistas Micróbios da flora normal que podem causar doença apenas se os sistemas imunes estiverem enfraquecidos ou se ganharem acesso a uma parte do corpo normalmente estéril.

patógenos primários Patógenos que podem causar uma doença evidente na maioria das pessoas saudáveis. Alguns causam infecções epidêmicas ameaçadoras à vida e se disseminam rapidamente entre os hospedeiros; outros patógenos primários potenciais podem infectar de forma persistente um único indivíduo por anos sem causar uma doença clara, com o hospedeiro muitas vezes desconhecendo o fato de estar infectado.

pectina Mistura de polissacarídeos ricos em ácido galacturônico; forma uma matriz altamente hidratada na qual a celulose está embebida nas paredes celulares de plantas. (Figura 19-63)

peptidase-sinal Enzima que remove uma sequência sinalizadora terminal de uma proteína uma vez que o processo de endereçamento esteja completo. (Figura 12-35)

pequeno RNA nuclear (snRNA) Moléculas de RNA pequenas complexadas com proteínas para formar as partículas de ribonucleoproteínas (snRNPs) envolvidas no *splicing* do RNA. (Figuras 6-28 e 6-29)

pequeno RNA nucleolar (snoRNA) Pequenos RNAs encontrados no nucléolo, com várias funções, incluindo guiar modificações de rRNAs precursores. (Tabela 6-1, p. 305, e Figura 6-41)

pequenos RNAs de interferência (siRNAs) RNAs de dupla fita curtos (21 a 26 nucleotídeos) que inibem a expressão gênica pelo direcionamento da destruição dos mRNAs complementares. A produção dos siRNAs normalmente é acionada pelo RNA de fita dupla introduzido de forma exógena. (Figura 7-77)

perda da heterozigosidade O resultado da recombinação homóloga errante que utiliza o homólogo do outro progenitor em vez da cromátide-irmã como molde, convertendo a sequência do DNA reparado para a do outro homólogo.

peroxinas Formam uma proteína translocadora que participa na importação de proteínas para dentro dos peroxissomos.

peroxissomo Pequena organela delimitada por membrana que utiliza oxigênio molecular para oxidar moléculas orgânicas. Contém algumas enzimas que produzem e outras que degradam peróxido de hidrogênio (H_2O_2). (Figura 12-27)

pinocitose Literalmente, "bebido pela célula". Tipo de endocitose em que os materiais solúveis são continuamente captados do meio em pequenas vesículas e movidos para dentro de endossomos junto com as moléculas ligadas à membrana. *Compare com* **fagocitose**. (Figura 13-48)

piRNAs (RNAs que interagem com piwi) Classe de pequenos RNAs não codificadores produzidos na linhagem germinativa, em complexo com as proteínas Piwi, que mantêm sob controle o movimento dos elementos de transposição pelo silenciamento transcricional dos genes de transpóson e pela destruição dos RNAs produzidos por eles.

placa celular Estrutura achatada ligada à membrana que se forma a partir da fusão de vesículas do citoplasma de uma célula vegetal em divisão, sendo o precursor da nova parede celular.

placa metafásica Plano imaginário perpendicular ao fuso mitótico e equidistante dos dois polos do fuso; plano em que os cromossomos estão posicionados na metáfase. (Painel 17-1, p. 980-981)

plaqueta Fragmento celular, sem núcleo, que se desprende de um megacariócito na medula óssea e é encontrado em grande número na corrente sanguínea. As plaquetas auxiliam na iniciação da coagulação do sangue quando os vasos sanguíneos são danificados. (Figura 22-29)

plasmodesmo Nas plantas, equivale à junção tipo fenda. Junção comunicante célula-célula em plantas na qual um canal de citoplasma revestido por membrana plasmática une duas células adjacentes através de um pequeno poro nas suas paredes celulares.

plasticidade sináptica Alterações na força com a qual uma sinapse química transmite um sinal. Acredita-se que seja importante na formação da memória, onde as concentrações do receptor pós-sináptico AMPA são moduladas em resposta a uma atividade de sinapse.

pluripotente Descreve a célula que tem o potencial de dar origem a todos ou quase todos os tipos celulares do corpo adulto.

polaridade celular planar Tipo de simetria celular observada em alguns epitélios, de modo que cada célula tenha um vetor de polaridade orientado no plano do epitélio. (Figura 21-51)

polarizado No epitélio, a parte basal da célula, aderente à lâmina basal abaixo, difere da extremidade apical, exposta ao meio acima; portanto, todos os epitélios e suas células individuais são estruturalmente polarizados.

polimorfismo de um único nucleotídeo (SNP) Variação entre indivíduos em uma população devido a uma diferença relativamente comum em um nucleotídeo específico em determinado ponto na sequência de DNA.

polimorfismos Descreve sequências genômicas que coexistem como duas ou mais variantes de sequências em alta frequência em uma população.

polipeptídeo Polímero linear composto por aminoácidos. As proteínas são grandes polipeptídeos, e os dois termos podem ser usados como sinônimos. (Painel 3-1, p. 112-113)

polirribossomo mRNA comprometido com múltiplos ribossomos no ato da tradução.

ponto de restrição Transição importante no final de G_1 no ciclo celular eucariótico; faz a célula entrar na fase S. O termo foi originalmente utilizado para essa transição no ciclo celular de mamíferos; neste livro, utilizamos o termo *Start* (Início). (Figura 17-9)

ponto de verificação da formação do fuso Sistema regulador que funciona durante a mitose para assegurar que todos os cromossomos estejam ligados apropriadamente ao fuso antes que se inicie a separação das cromátides-irmãs. (Figura 17-9 e Painel 17-1, p. 980-981)

porina Proteínas formadoras de canal das membranas externas de bactérias, mitocôndrias e cloroplastos.

pós-traducional Que ocorre após o término da tradução.

potencial de ação Excitação elétrica rápida, transitória e que se autopropaga na membrana plasmática de uma célula, como um neurônio ou célula muscular. Potenciais de ação, ou impulsos nervosos, tornam possível a sinalização à longa distância no sistema nervoso. (Figura 11-31)

potencial de membrana Diferença de voltagem através de uma membrana devido a um leve excesso de íons positivos em um lado da membrana e de íons negativos no outro lado. Um potencial de membrana típico para uma membrana plasmática de uma célula animal é -60 mV (o interior da célula é negativo em relação ao fluido circundante). (Figura 11-23)

potencial de repouso de membrana Potencial elétrico através da membrana plasmática de uma célula em repouso, isto é, uma célula que não foi estimulada para abrir canais iônicos além daqueles que normalmente estão abertos.

potencial redox Afinidade de um par redox por elétrons, geralmente medida como a diferença de voltagem entre uma mistura equimolar do par e do padrão de referência. NADH/NAD$^+$ possui um baixo potencial redox e O_2/H_2 possui um alto potencial redox (alta afinidade por elétrons). (Painel 14-1, p. 765)

potencialização de longo prazo (LTP) Aumento de longa duração (dias a semanas) na sensibilidade de certas sinapses no cérebro, induzido por descargas curtas e repetidas nos neurônios pré-sinápticos. (Figura 11-44)

precursor comprometido Célula derivada de uma célula-tronco que se divide um número limitado de vezes antes de passar pela diferenciação terminal; também conhecido como célula amplificadora em trânsito.

pressão de turgescência Grande pressão hidrostática desenvolvida dentro da célula vegetal como resultado da captação de água por osmose; é a força que dirige a expansão celular no crescimento da planta e mantém a rigidez dos caules e das folhas das plantas.

procarioto Microrganismo unicelular cujas células não possuem um núcleo bem definido, envolvido por membrana. Tanto bactérias como arqueias. (Figura 1-17)

processamento de imagens Técnica computacional de microscopia que processa imagens digitalmente para extrair informações latentes. Permite a compensação de falhas ópticas em microscópios, o aumento do contraste para melhorar a detecção de pequenas variações de intensidade de luz e a subtração de irregularidades de ruído em sistemas ópticos.

progressão tumoral O processo pelo qual uma anomalia inicial no comportamento celular gradualmente evolui para um câncer bem desenvolvido. (Figuras 20-8 e 20-9)

promotor Sequência de nucleotídeos no DNA à qual a RNA-polimerase se liga para iniciar a transcrição. (Figura 7-17)

proteassomo Grande complexo proteico no citosol com atividade proteolítica responsável pela degradação de proteínas que foram marcadas para destruição por ubiquitinação ou outros meios. (Figuras 6-83 e 6-84)

proteína O principal componente macromolecular das células. Um polímero linear de aminoácidos ligados por ligações peptídicas em uma sequência específica. (Figura 3-1)

proteína adaptadora, adaptador Termo geral para proteínas que funcionam apenas na ligação de duas proteínas diferentes em uma via de sinalização ou em um complexo de proteínas. (Figura 15-11)

proteína alostérica Uma proteína capaz de adotar ao menos duas conformações distintas, para as quais a associação de um ligante em um sítio de ligação induz uma alteração conformacional que altera a atividade da proteína em um segundo sítio de ligação; isso permite que um tipo de molécula em uma célula altere o resultado final de uma molécula distinta, uma característica bastante utilizada na regulação de enzimas.

proteína associada à membrana Proteína de membrana que não se estende para dentro do interior hidrofóbico da bicamada lipídica, mas se liga a uma das faces da membrana por interações não covalentes com outras proteínas de membrana. (Figura 10-17)

proteína associada a microtúbulos (MAP) Qualquer proteína que se liga aos microtúbulos e modifica suas propriedades. Vários tipos diferentes foram identificados, incluindo proteínas estruturais, como a MAP2, e proteínas motoras, como a dineína. (Não confundir com "MAP" de MAP-cinase [proteína-cinase ativada por mitógenos].)

proteína ativadora de GTPase (GAP) Proteína que se liga a uma GTPase causando a sua inativação, por estimular sua atividade GTPásica, levando a enzima a hidrolisar em GDP o GTP que está ligado a ela. (Figura 15-8)

proteína-cinase Enzima que transfere o grupo fosfato terminal do ATP para um ou mais aminoácidos específicos (serina, treonina ou tirosina) de uma proteína-alvo.

proteína-cinase C (PKC) Proteína-cinase dependente de Ca^{2+} que, quando ativada por diacilglicerol e por um aumento na concentração de Ca^{2+} citosólico, fosforila proteínas-alvo em resíduos específicos de serina e treonina. (Figura 15-29)

proteína-cinase dependente de AMP cíclico (proteína-cinase A, PKA) Enzima que fosforila proteínas-alvo em resposta ao aumento de AMP cíclico intracelular. (Figura 15-26)

proteína de ligação a CRE (CREB) Regulador da transcrição que reconhece o elemento de resposta ao AMP cíclico (CRE) na região reguladora dos genes ativados por cAMP. Após ser ativada pela PKA, a CREB fosforilada se liga a um coativador da transcrição (proteína de ligação a CREB, ou CBP) estimulando a transcrição dos genes-alvo.

proteína de ligação ao DNA de fita simples (SSB) Proteína que se liga às fitas simples da dupla-hélice de DNA aberta, impedindo que a estrutura em hélice se forme novamente enquanto o DNA está sendo replicado. (Figura 5-15)

proteína de ligação ao GTP Também chamada de GTPase; enzima que converte GTP em GDP.

proteína de membrana Proteína anfifílica de estrutura e função diversas que se associa com a bicamada lipídica das membranas celulares. (Figura 10-17)

proteína de resistência a múltiplas drogas (MDR) Tipo de proteína transportadora ABC que pode bombear drogas hidrofóbicas (como alguns fármacos antitumorais) para fora do citoplasma das células eucarióticas.

proteína de suporte Proteína que liga grupos de proteínas sinalizadoras intracelulares em complexos de sinalização, muitas vezes ancorando o complexo em um local específico na célula. (Figura 15-10)

proteína de transporte de membrana Proteína de membrana que medeia a passagem de íons ou moléculas através de uma membrana. As duas principais classes são as proteínas transportadoras (também chamadas de carreadoras ou permeases) e os canais. (Figura 11-4)

proteína Dorsal Regulador da transcrição pertencente à família NFκB que regula a expressão gênica e está envolvido no estabelecimento do eixo dorsoventral em embriões.

proteína E2F Proteína reguladora de transcrição que ativa vários genes que codificam proteínas necessárias para entrar na fase S do ciclo celular.

proteína-fosfatase Enzima que catalisa a remoção de fosfato a partir de aminoácidos de uma proteína-alvo.

proteína G (proteína trimérica de ligação ao GTP) Proteína trimérica que liga GTP com atividade GTPase intrínseca; acopla GPCRs a enzimas ou a canais iônicos na membrana plasmática. (Tabela 15-3, p. 846)

proteína G estimuladora (Gs) Proteína G que, quando ativada, ativa a enzima adenililciclase e, assim, estimula a produção de AMP cíclico. *Ver também* **proteína G**. (Tabela 15-3, p. 846)

proteína G inibitória (Gi) Proteína G trimérica que pode regular canais iônicos e inibir a enzima adenilato ciclase na membrana plasmática. *Ver também* **proteína G**. (Tabela 15-3, p. 846)

proteína Hedgehog Molécula de sinalização extracelular secretada que possui diferentes papéis no controle da diferenciação celular e da expressão gênica em embriões de animais e em tecidos adultos. A sinalização excessiva via Hedgehog pode causar câncer.

proteína inibidora de Cdk (CKI) Proteína que se liga e inibe complexos ciclina-Cdk, envolvida principalmente no controle das fases G_1 e S.

proteína MHC de classe I Uma das duas classes de complexo de histocompatibilidade principal. Ocorre na superfície de quase todos os tipos celulares nos vertebrados, onde podem apresentar peptídeos antígenos derivados de patógenos, como os vírus, para as células T citotóxicas. (Figuras 24-35 e 24-36A)

proteína MHC de classe II Uma das duas classes de complexo de histocompatibilidade principal. Ocorre na superfície de diversas células apresentadoras de antígenos, onde apresentam peptídeos às células T auxiliares e T reguladoras. (Figuras 24-35 e 24-36B)

proteína motora Proteína que utiliza energia derivada da hidrólise de nucleosídeos trifosfato para impulsionar-se ao longo de uma reta (um filamento proteico ou outra molécula polimérica).

proteína NFκB Regulador de transcrição latente ativado por uma série de vias de sinalização intracelular quando as células são estimuladas durante as respostas imune, inflamatória ou ao estresse. Também possui papel importante no desenvolvimento animal. (Figura 15-62)

proteína relacionada ao receptor de LDL (LRP) Correceptor ligado por proteínas Wnt na regulação da proteólise da catenina β.

proteína residente no RE Proteína que permanece no retículo endoplasmático (RE) ou na sua membrana, desempenhando a sua função nesse local, em contraste com as proteínas que estão presentes no RE apenas temporariamente.

proteína retinoblastoma (proteína Rb) Proteína supressora de tumor envolvida na regulação da divisão celular. Encontra-se mutada no câncer retinoblastoma, assim como em vários outros tumores. Sua atividade normal é regular o ciclo da célula eucariótica pela ligação e inibição de proteínas E2F, bloqueando assim a progressão para a replicação de DNA e a divisão celular. (Figura 17-61)

proteína Sar1 GTPase monomérica responsável pela regulação da montagem de cobertura COPII na membrana do retículo endoplasmático.

proteína tirosina-fosfatase Enzima que remove grupos fosfato de resíduos de tirosina fosforilados nas proteínas.

proteína transmembrana Proteína de membrana que se estende por toda a bicamada lipídica, com parte de sua massa de um lado e parte do outro da bicamada lipídica. (Figura 10-17)

proteína transmembrana de passagem múltipla Proteína de membrana cuja cadeia polipeptídica cruza a bicamada lipídica mais de uma vez. (Figura 10-17)

proteína transmembrana de passagem única Proteína de membrana cuja cadeia polipeptídica cruza a bicamada lipídica apenas uma vez. (Figura 10-24)

proteína trimérica de ligação a GTP *ver* **proteína G**

proteína verde fluorescente (GFP) Proteína fluorescente isolada de uma água-viva. Amplamente utilizada como marcador em biologia celular. (Figura 9-24)

proteína WASp Alvo-chave de Cdc42 ativada. Existe em uma conformação dobrada inativa e uma conformação aberta ativada; a associação com Cdc42 estabiliza a forma aberta, permitindo a ligação ao complexo Arp 2/3 e estimulando a atividade de nucleação da actina.

proteína Wnt Membro de uma família de proteínas-sinal secretadas que possuem vários papéis diferentes no controle da diferenciação celular, proliferação e expressão gênica em embriões animais e tecidos adultos.

proteína de fusão Proteína modificada que combina dois ou mais polipeptídeos normalmente separados. Produzida a partir de um gene recombinante.

proteínas ancoradas pela cauda ao retículo endoplasmático Proteínas de membrana ancoradas à membrana do retículo endoplasmático através de uma única α-hélice transmembrana na sua região C-terminal.

proteínas ARF GTPase monomérica na superfamília Ras responsável pela regulação tanto da formação da camada de revestimento composta por COPI quanto da formação da camada de revestimento de clatrina. (Tabela 15-5, p. 854)

proteínas BH3-apenas A maior subclasse de proteínas da família Bcl2. Produzidas ou ativadas em resposta a estímulos apoptóticos, promovem a apoptose principalmente pela inibição das proteínas antiapoptose da família Bcl2.

proteínas de adesão transmembrana Moléculas transmembrana ligadas ao citoesqueleto com uma extremidade se ligando ao citoesqueleto dentro da célula e a outra extremidade se ligando a outras estruturas fora dela.

proteínas de curvatura da membrana Ligam-se a regiões específicas da membrana de acordo com a necessidade e atuam para controlar a curvatura local da membrana e assim conferir o formato tridimensional característico das membranas.

proteínas Hox Proteínas reguladoras da transcrição codificadas por genes *Hox*; apresentam um domínio altamente conservado de 60 aminoácidos para a ligação ao DNA da sequência de homeodomínio.

proteínas precursoras mitocondriais Proteínas primeiro totalmente sintetizadas no citosol e então translocadas para os subcompartimentos mitocondriais conforme orientado por uma ou mais sequências-sinal.

proteínas Rab GTPase monomérica na superfamília Ras presente no plasma e nas membranas de organelas no seu estado ligado a GTP, e como uma proteína citosólica solúvel no seu estado ligado a GDP. Envolvida em conferir especificidade à ancoragem de vesículas. (Tabela 15-5, p. 854)

proteínas receptoras de M6P Proteínas receptoras transmembrana presentes na rede *trans* de Golgi que reconhecem os grupos manose 6-fosfato (M6P) adicionados exclusivamente a enzimas lisossômicas, marcando as enzimas para empacotamento e encaminhamento para os endossomos primários.

proteínas SNARE (SNAREs) Membros de uma grande família de proteínas transmembrana presentes na membrana de organelas e vesículas derivadas de organelas. As SNAREs catalisam os vários eventos de fusão de membrana nas células. Elas existem em pares – uma v-SNARE na vesícula da membrana que se liga especificamente a uma t-SNARE complementar na membrana-alvo.

proteoglicano Molécula que consiste em uma ou mais cadeias de glicosaminoglicanos ligadas a um núcleo de proteína. (Figura 19-38)

proteômica Estudo de todas as proteínas, incluindo todas as formas modificadas covalentemente de cada, produzidas por uma célula, tecido ou organismo. A proteômica muitas vezes investiga alterações nesse grupo maior de proteínas no "proteoma" causadas por alterações no meio ou por sinais extracelulares.

proto-oncogene Gene normal, em geral envolvido na regulação da proliferação celular, que pode ser convertido, por mutação, em um oncogene causador de câncer.

protofilamento Cadeia linear de subunidades de microtúbulos ligados ponta com ponta; múltiplos protofilamentos se associam lateralmente para construir e fornecer força e adaptabilidade aos microtúbulos.

próton (H⁺)   Partícula subatômica positivamente carregada que forma parte do núcleo de um átomo. O hidrogênio possui um núcleo composto de um único próton (H⁺).

pseudogene   Sequência nucleotídica de DNA que acumulou múltiplas mutações, tornando um gene ancestral inativo e não funcional.

queratina   Tipo de filamento intermediário, comumente produzido por células epiteliais.

quiasma   Conexão em forma de X visível entre pares de cromossomos homólogos pareados durante a meiose. Representa um local de entrecruzamento cromossômico, uma forma de recombinação genética.

quimiotaxia   Movimento de uma célula na mesma direção, ou em direção oposta, a um composto químico solúvel.

quinona (Q)   Molécula carreadora de elétrons móvel, pequena e solúvel em lipídeos encontrada nas cadeias transportadoras de elétrons respiratória e fotossintética. (Figura 14-17)

Rac   Membro da família Rho de GTPases monoméricas que regulam a actina e citoesqueletos de microtúbulos, progressão do ciclo celular, transcrição gênica e transporte de membrana.

Rad51   Proteína eucariótica que catalisa a sinapse das fitas de DNA durante a recombinação gênica. Chamada RecA em *E. coli*.

Ran (proteína Ran)   GTPase monomérica da superfamília Ras presente tanto no citosol como no núcleo. Necessária para o transporte ativo de macromoléculas para dentro e para fora do núcleo através de complexos de poros nucleares. (Tabela 15-5, p. 854)

Ras   Pequena família de proto-oncogenes que frequentemente estão mutados nos cânceres. Cada uma produz uma GTPase Ras monomérica.

Ras (proteína Ras)   GTPase monomérica da superfamília Ras que auxilia na condução de sinais de receptores RTK da superfície celular para o núcleo, frequentemente em resposta a sinais que estimulam a divisão celular. Denominada em função do gene *ras*, identificado pela primeira vez em vírus que causam sarcomas em ratos. (Figura 3-67)

Ras-GAPs   Proteínas Ras ativadoras de GTPase; aumentam a taxa de hidrólise do GTP ligado por Ras, inativando assim Ras.

Ras-GEFs   Os fatores de troca de nucleotídeos de guanina-Ras promovem a permuta dos nucleotídeos pela estimulação da dissociação do GDP e da ligação do GTP do citosol, ativando, desse modo, a Ras.

rastreamento genético   Procedimento para a descoberta de genes que afetam um fenótipo específico, pelo estudo de um grande número de indivíduos mutantes.

reação acoplada   Par de reações químicas no qual a energia liberada por uma das reações é utilizada para efetuar a outra reação. (Figura 2-29)

reação de fixação do carbono   Processo pelo qual carbono inorgânico (como CO_2 atmosférico) é incorporado em moléculas orgânicas. O segundo estágio da fotossíntese. (Figura 14-40)

reação em cadeia da polimerase (PCR)   Técnica para a amplificação de regiões específicas de DNA, utilizando oligonucleotídeos iniciadores específicos e múltiplos ciclos de síntese de DNA, cada ciclo sendo seguido por um breve aquecimento para separar as fitas complementares. (Figura 8-36)

reação redox   Uma reação na qual um componente se torna oxidado e o outro reduzido; uma reação de oxidação-redução. (Painel 14-1, p. 765)

reações fotossintéticas de transferência de elétrons   Reações dirigidas pela luz na fotossíntese, nas quais os elétrons se movem ao longo da cadeia transportadora de elétrons em uma membrana, gerando ATP e NADPH.

RecA (proteína RecA)   Protótipo para uma classe de proteínas que se ligam ao DNA que catalisam a sinapse das fitas de DNA durante a recombinação genética. (Figura 5-49)

receptor   Qualquer proteína que se liga a uma molécula de sinalização específica (ligante) e inicia uma resposta na célula. Alguns estão localizados na superfície celular, enquanto outros estão no interior da célula. (Figura 15-3)

receptor acoplado a canal iônico (canal iônico controlado por transmissor, receptor ionotrófico)   Canal iônico presente nas sinapses químicas nas membranas plasmáticas pós-sinápticas das células nervosas e musculares. Abre-se apenas em resposta à ligação de um neurotransmissor extracelular específico. O influxo de íons resultante leva à geração de um sinal elétrico local na célula pós-sináptica. (Figuras 15-6 e 11-35)

receptor acoplado a enzima   Principal tipo de receptor de superfície celular, no qual o domínio citoplasmático tem atividade enzimática própria ou está associado a uma enzima intracelular. Em ambos os casos, a atividade enzimática é estimulada pela ligação do ligante ao receptor. (Figura 15-6)

receptor acoplado à proteína G (GPCR)   Receptor de superfície celular que atravessa a membrana sete vezes; quando ativado pelo seu ligante extracelular, ativa a proteína G, que por sua vez ativa uma enzima ou um canal iônico na membrana plasmática. (Figuras 15-6 e 15-21)

receptor AMPA   Canal iônico controlado por glutamato no sistema nervoso central de mamíferos e responsável pela transmissão da maior parte da corrente despolarizante nos potenciais excitatórios pós-sinápticos.

receptor associado à tirosina-cinase   Receptor da superfície celular que funciona de forma similar às RTKs, exceto pelo fato de que o domínio cinase é codificado por um gene separado que está associado não covalentemente com a cadeia polipeptídica receptora.

receptor de acetilcolina (AChR)   Proteína de membrana que responde à ligação da acetilcolina (ACh). O AChR nicotínico é um canal iônico regulado por transmissor que se abre em resposta à ACh. O AChR muscarínico não é um canal iônico, e sim um receptor de superfície celular acoplado à proteína G.

receptor de célula B (BCR)   Proteína imunoglobulina transmembrana na superfície de uma célula B que atua como seu receptor para antígenos.

receptor de célula T (TCR)   Receptor transmembrana para antígeno na superfície dos linfócitos T, consistindo em um heterodímero semelhante a imunoglobulina. (Figura 24-32)

receptor de citocina   Receptor da superfície celular que se liga a citocinas específicas ou hormônios e atua pela via de sinalização JAK-STAT. (Figura 15-56)

receptor de morte   Proteína receptora transmembrana que pode sinalizar à célula para sofrer apoptose quando se liga ao seu ligante extracelular. (Figura 18-5)

receptor de reconhecimento de padrões (PRR)   Receptor presente sobre ou dentro das células do sistema imune inato que reconhece e é ativado por padrões moleculares associados a patógenos (PAMPs).

receptor de transferrina   Receptor de transferrina da superfície celular (uma proteína solúvel que carrega ferro) que encaminha ferro para o interior da célula via endocitose mediada por receptor e reciclagem do complexo do receptor de transferrina.

receptor de transporte nuclear (carioferina)   Proteína que transporta macromoléculas para dentro ou para fora do núcleo: receptor de importação nuclear ou receptor de exportação nuclear. (Figura 12-13)

receptor de vírus Molécula sobre a superfície da célula hospedeira à qual as proteínas da superfície viral se ligam para permitir a ligação do vírus à superfície celular.

receptor Fc Membro de uma família de receptores de superfície celular que se liga à região da cauda (região Fc) de um anticorpo. Receptores Fc diferentes são específicos para diferentes classes de anticorpos, como IgG, IgA ou IgE.

receptor NMDA Subclasse de canais iônicos controlados por glutamato no sistema nervoso central de mamíferos crítica para potencialização de longo prazo e depressão de longo prazo. Os canais receptores de NMDA são duplamente controlados, abrindo apenas quando o glutamato está ligado ao receptor e, simultaneamente, a membrana é fortemente despolarizada.

receptor serina/treonina-cinase Receptor da superfície celular com um domínio extracelular de ligação ao ligante e um domínio intracelular de cinase que fosforila proteínas de sinalização em resíduos de serina e treonina em resposta à ligação do ligante. O receptor para TGFβ é um exemplo. (Figura 15-57)

receptor de rianodina Canal de Ca^{2+} regulado na membrana do RE que se abre em resposta a níveis em elevação de Ca^{2+} e assim amplifica o sinal de Ca^{2+}.

receptor SRP (partícula de reconhecimento de sinal – SRP) Componente na membrana do retículo endoplasmático (RE) que guia a partícula de reconhecimento de sinal para a membrana do RE.

receptor tirosina-cinase (RTK) Receptor da superfície celular com um domínio extracelular de ligação ao ligante e um domínio intracelular de cinase que fosforila proteínas de sinalização em resíduos de tirosina em resposta à ligação do ligante. (Figura 15-43 e Tabela 15-4, p. 850)

receptores de exportação nuclear Ligam-se tanto ao sinal de exportação quanto às proteínas do complexo do poro nuclear para guiar sua carga através do complexo do poro nuclear até o citosol.

receptores de importação nuclear Reconhece os sinais de localização nuclear para iniciar a importação nuclear de proteínas contendo o sinal de localização nuclear apropriado.

receptores metabotrópicos Receptores de neurotransmissores que regulam os canais iônicos indiretamente pela ativação de moléculas que atuam como segundos mensageiros.

receptores olfatórios Receptores acoplados à proteína G nos cílios modificados dos neurônios receptores olfatórios que reconhecem odores. Os receptores ativam a adenililciclase via uma proteína G olfatória específica (Golf), e os aumentos resultantes no cAMP abrem os canais de cátions controlados por AMP cíclico, permitindo o influxo de Na^+ e a despolarização e iniciação de um impulso nervoso.

receptores semelhantes a NOD (NLRs) Grande família de receptores de reconhecimento padrão (PRRs) com motivos de repetições ricas em leucina; são exclusivamente citoplasmáticos e reconhecem um grupo distinto de moléculas microbianas.

receptores semelhantes a Toll (TLRs) Família de receptores de reconhecimento de padrão (PRRs) sobre ou dentro das células do sistema imune inato. Reconhecem os imunoestimuladores associados a patógenos (PAMPs) relacionados a micróbios. (Figura 24-4)

recombinação conservativa sítio-específica Tipo de recombinação de DNA que acontece entre sequências curtas específicas de DNA e ocorre sem a perda ou ganho de nucleotídeo. Não requer extensa homologia entre as moléculas recombinantes de DNA.

recombinação de mudança de classe Uma alteração irreversível no DNA quando uma célula B altera a produção de IgM e IgD para a produção de uma classe secundária de imunoglobulinas.

recombinação homóloga Troca gênica entre pares de sequências idênticas, ou bastante similares, de DNA; principalmente aquelas localizadas nas duas cópias de um mesmo cromossomo. Também é um mecanismo de reparo de DNA para rupturas da dupla-hélice. (Figuras 5-48, 5-50 e 5-54)

recombinação V(D)J Processo de recombinação somática pelo qual os segmentos gênicos são unidos para formar um gene funcional para uma cadeia polipeptídica de uma imunoglobulina ou receptor de células T. (Figura 24-28)

reconstrução de partículas simples Procedimento computacional na microscopia eletrônica no qual imagens de várias moléculas idênticas são obtidas e combinadas digitalmente para produzir uma imagem tridimensional média, revelando assim os detalhes estruturais que estão escondidos pelo ruído nas imagens originais. (Figuras 9-54 e 9-55)

recuperação da fluorescência após fotoclareamento (FRAP) Técnica para o monitoramento de parâmetros cinéticos de uma proteína por meio da análise da intensidade de fluorescência de moléculas proteicas que se movem em uma área clareada por um feixe de *laser*. (Figura 9-29)

rede *cis* de Golgi Rede de agrupamentos tubulares de resíduos fusionados associados à face *cis* do aparelho de Golgi, o compartimento por meio do qual as proteínas e os lipídeos são transportados para dentro do Golgi.

rede *trans* de Golgi (TGN) Rede de estruturas tubulares ou cisternas interconectadas associadas intimamente com a face *trans* do aparelho de Golgi e o compartimento a partir do qual as proteínas e lipídeos deixam o Golgi, ligadas pela superfície celular ou outro compartimento.

redução Adição de elétrons a um átomo, como ocorre durante a adição de hidrogênio a uma molécula biológica ou a remoção de oxigênio desta. Contrário de oxidação. (Figura 2-20)

região constante Em imunologia: região de uma imunoglobulina ou cadeia do receptor de células T que possui uma sequência constante de aminoácidos.

região de controle gênico Conjunto de sequências ligadas de DNA que regula a expressão de um gene em particular. Inclui a região promotora e sequências reguladoras *cis* necessárias para iniciar a transcrição de um gene e para controlar a sua taxa de transcrição. (Figura 7-17)

região de sinalização Sinal de endereçamento de proteínas que consiste em um arranjo tridimensional específico de átomos na superfície das proteínas dobradas. (Figura 13-46)

região hipervariável Em imunologia: qualquer um de três pequenos segmentos da região variável de uma imunoglobulina ou cadeia de um receptor de células T que apresentam alta variabilidade entre moléculas e contribuem para a formação do sítio de ligação de antígenos. (Figura 24-26)

região variável Região de uma imunoglobulina ou cadeia polipeptídica do receptor de célula T que é mais variável e contribui para o sítio de ligação ao antígeno. (Figuras 24-25 e 24-32)

registro de *patch-clamp* Técnica eletrofisiológica na qual uma pequena ponta de um eletrodo é selada em um fragmento de membrana celular, tornando possível registrar o fluxo de corrente através de canais iônicos individuais, presentes no fragmento. (Figura 11-34)

regra de disparo Importante princípio que controla o mecanismo de reforço e eliminação de sinapses durante o desenvolvimento do sistema nervoso: quando dois (ou mais) neurônios que formam sinapses com a mesma célula-alvo disparam ao mesmo tempo, as suas conexões com a célula-alvo serão reforçadas; quando disparam em momentos diferentes, eles competem entre si e todos serão eliminados, exceto um.

regulador da sinalização da proteína G (RGS) Uma proteína GAP que se liga a uma proteína G trimérica e aumenta sua atividade de GTPase, ajudando, assim, a limitar a sinalização mediada pela proteína G. (Figura 15-8)

regulador de crescimento vegetal (hormônio vegetal) Molécula de sinalização que auxilia na coordenação do crescimento e do desenvolvimento. Exemplos são etileno, auxinas, giberelinas, citocinas, ácido abcísico e brassinosteroides.

regulador mestre da transcrição Regulador da transcrição necessário especificamente para a formação de um determinado tipo de célula. A expressão artificial dos reguladores máster da transcrição (sozinhos ou em combinação com outros) muitas vezes converterá um tipo de célula em outro.

reguladores da transcrição Nome geral para qualquer proteína que se liga a uma sequência de DNA específica (conhecida como sequência reguladora *cis*-atuante) para influenciar a transcrição de um gene.

relógio de segmentação Oscilador da expressão gênica que controla a segmentação normal durante o desenvolvimento embrionário em vertebrados.

reparo de pareamento incorreto Sistema de reparo que remove os erros de replicação de DNA perdidos pela exonuclease de reparo da DNA-polimerase. Detecta o potencial de distorção da hélice de DNA a partir de pares de base não complementares, então reconhece e corta o erro na fita recém-sintetizada e sintetiza novamente o segmento recortado usando a fita antiga como molde.

reparo do DNA Conjunto de processos para o reparo de diversas lesões acidentais que ocorrem continuamente na cadeia de DNA.

reparo por excisão de bases Via de reparo do DNA na qual uma única base defeituosa é removida da hélice de DNA e substituída. *Compare com* **reparo por excisão de nucleotídeos**. (Figura 5-41)

reparo por excisão de nucleotídeos Tipo de reparo de DNA que corrige danos causados à dupla-hélice de DNA, como os danos causados por agentes químicos ou radiação UV, mediante clivagem e retirada da região danificada de uma das fitas, com a nova síntese utilizando a fita não danificada como molde. *Compare com* **reparo por excisão de bases**. (Figura 5-41)

repertório primário de Ig Os milhões de moléculas de imunoglobulina IgM e IgD produzidas pelas células B de um sistema imune adaptativo na ausência de estimulação pelo antígeno.

repertório secundário de Ig Imunoglobulinas produzidas por células B após hipermutação somática induzida por células T auxiliares e somáticas e troca de classe. Em comparação com o repertório primário de Ig, essas Igs possuem uma diversidade aumentada tanto das classes de Ig quanto dos sítios de ligação ao antígeno e possuem uma afinidade aumentada pelo antígeno.

repetição de fibronectina tipo III O principal domínio de repetição na fibronectina, com cerca de 90 aminoácidos de comprimento e que ocorre no mínimo 15 vezes em cada subunidade. A repetição está entre os mais comuns de todos os domínios proteicos de vertebrados.

replicação de DNA Processo pelo qual uma cópia de uma molécula de DNA é feita.

resistência a múltiplas drogas Fenômeno observado no qual as células expostas a um fármaco anticâncer desenvolvem uma resistência não apenas a aquele fármaco, mas também a outros fármacos aos quais elas nunca foram expostas.

respiração aeróbica Processo por meio do qual a célula obtém energia a partir de açúcares e outras moléculas orgânicas, permitindo que os átomos de carbono e de hidrogênio se combinem com oxigênio para dar origem a CO_2 e H_2O respectivamente.

resposta à proteína desenovelada Resposta celular engatilhada pelo acúmulo de proteínas desenoveladas no retículo endoplasmático. Envolve a expansão do RE e a transcrição aumentada dos genes que codificam as chaperonas do retículo endoplasmático e enzimas degradativas. (Figura 12-51)

resposta imune inata Resposta imune inicial de todos os organismos a um patógeno, que inclui a produção de moléculas antimicrobianas e a ativação das células fagocíticas. Essa resposta não é específica para o patógeno, ao contrário da resposta imune adaptativa.

resposta imune mediada por células T Qualquer resposta imune adaptativa mediada por células T antígeno-específicas.

resposta imune primária Resposta imune adaptativa a um antígeno gerada no primeiro encontro com o antígeno. (Figura 24-16)

resposta imune secundária A resposta imune adaptativa que ocorre em resposta a uma segunda ou subsequente exposição ao antígeno. A resposta é mais rápida no início e mais forte do que a resposta imune primária. (Figura 24-16)

resposta inflamatória Resposta local de um tecido a uma lesão ou infecção caracterizada clinicamente por vermelhidão, inchaço, calor e dor. Causada pela invasão de glóbulos brancos, atraídos ao local da lesão e que secretam diversas citocinas.

resposta mediada por anticorpos Resposta imune adaptativa na qual as células B são ativadas para secretarem anticorpos que são transportados pela circulação sanguínea ou outros fluidos corporais, onde podem se ligar com alta especificidade a antígenos estranhos ao organismo que estimularam a sua produção.

retículo endoplasmático (RE) Compartimento em forma de labirinto, delimitado por membrana, localizado no citoplasma das células eucarióticas, no qual são sintetizados lipídeos, proteínas ligadas à membrana e proteínas que serão secretadas. (Figura 12-33)

retículo endoplasmático liso Região do retículo endoplasmático não associada a ribossomos. Envolvido nas reações de desintoxicação, armazenamento de Ca^{2+} e síntese de lipídeos. (Figura 12-33)

retículo endoplasmático rugoso Retículo endoplasmático com ribossomos em sua face citosólica. Envolvido na síntese de proteínas ligadas à membrana e proteínas secretadas.

retinoblastoma Tipo raro de câncer em humanos a partir de células na retina do olho que são convertidas em um estado canceroso por um número extraordinariamente pequeno de mutações. Estudos do retinoblastoma levaram à descoberta do primeiro gene supressor de tumor.

retroalimentação positiva Mecanismo de controle pelo qual o produto final de uma reação ou via estimula sua própria produção ou ativação.

retrotranspósons não retrovirais Tipo de elemento transponível que se move por ser inicialmente transcrito em uma cópia de RNA que é convertida a DNA por uma transcriptase reversa e, então, inserida em outro lugar no genoma. O mecanismo de inserção difere daquele dos transpósons semelhantes aos retrovirais. (Tabela 5-4, p. 288)

retrotranspósons semelhantes a retrovírus Ampla família de transpósons que se automovimenta para dentro e fora dos cromossomos por um mecanismo similar ao utilizado pelos retrovírus, sendo primeiro transcrita em uma cópia de RNA que é convertida a DNA pela transcriptase reversa e então inserida em algum lugar no genoma. (Tabela 5-4, p. 288)

retrovírus Vírus contendo RNA que se replica em uma célula, primeiramente fazendo um intermediário RNA-DNA e então uma molécula de fita dupla de DNA que se integrará no DNA das células. (Figura 5-62)

Rheb GTPase monomérica relacionada a Ras que, na sua forma ativa (Rheb-GTP), ativa mTOR, que promove o crescimento celular.

Rho Membro da família Rho de GTPases monoméricas que regulam a actina e os citoesqueletos dos microtúbulos, a progressão do ciclo celular, a transcrição gênica e o transporte de membranas.

ribossomo Partícula composta de rRNAs e proteínas ribossômicas que catalisa a síntese de proteína usando informações fornecidas pelo mRNA. (Figura 6-64)

ribossomo ligado à membrana Ribossomo ligado à face citosólica do retículo endoplasmático. É o local da síntese de proteínas que entram no retículo endoplasmático. (Figura 12-38)

ribossomo livre Ribossomo livre no citosol, não ligado a qualquer membrana.

ribozima Uma molécula de RNA com atividade catalítica.

RNA (ácido ribonucleico) Polímero formado por monômeros de ribonucleotídeos covalentemente ligados. *Ver também* **RNA mensageiro**, **RNA ribossômico**, **RNA transportador**. (Figura 6-4)

RNA mensageiro (mRNA) Molécula de RNA que especifica a sequência de aminoácidos de uma proteína. Produzido em eucariotos a partir do processamento de uma molécula de RNA, sintetizada pela RNA-polimerase como uma cópia complementar do DNA. O mRNA é traduzido em proteína em um processo catalisado pelos ribossomos. (Figura 6-20)

RNA não codificador longo (lncRNA) RNA de um grande grupo (cerca de 8 mil em humanos) de RNAs com mais de 200 nucleotídeos e que não codificam proteínas. As funções da maioria dos lncRNAs, se é que existem, são desconhecidas, mas se sabe que lncRNAs individuais têm um papel importante na célula, por exemplo, na função da telomerase e no *imprinting* genômico. De modo geral, acredita-se que os lncRNAs atuem como suporte, mantendo unidas proteínas e ácidos nucleicos para acelerar uma ampla variedade de reações na célula.

RNA não codificador Molécula de RNA que é o produto final de um gene e não codifica proteína. Estes RNAs servem como componentes enzimáticos, estruturais e reguladores para uma ampla variedade de processos na célula.

RNA ribossômico (rRNA) Qualquer uma entre várias moléculas de RNA específicas que formam parte da estrutura de um ribossomo e participam na síntese de proteínas. Normalmente distinguido por seu coeficiente de sedimentação (p. ex., rRNA 28S ou rRNA 5S).

RNA transportador (tRNA) Conjunto de pequenas moléculas de RNA usadas na síntese de proteínas como uma interface (adaptador) entre o mRNA e os aminoácidos. Cada tipo de molécula de tRNA é covalentemente ligada a um determinado aminoácido. (Figura 6-50)

RNA-polimerase Enzima que catalisa a síntese de uma molécula de RNA a partir de uma fita de DNA-molde e de nucleosídeos trifosfato precursores. (Figura 6-9)

RNA-seq Sequenciamento do repertório inteiro de RNA de uma célula ou tecido; também conhecido como sequenciamento profundo de RNA.

robustez A capacidade dos sistemas reguladores biológicos de funcionar normalmente frente a perturbações como a exposição a variações frequentes e/ou extremas nas condições externas ou nas concentrações ou atividades de componentes-chave.

rodopsina Proteína de membrana de sete passagens da família GPCR que atua como um sensor de luz nas células bastonetes fotorreceptoras da retina de vertebrados. Contém o grupo prostético retinol sensível à luz. (Figura 15-39)

rolamento Processo pelo qual um filamento de proteína polimérico é mantido com um comprimento constante pela adição de subunidades proteicas em uma extremidade e pela perda de subunidades na outra. (Painel 16-2, p. 902-903)

RT-PCR quantitativa (reação em cadeia da polimerase por transcriptase reversa) Técnica na qual uma população de mRNAs é convertida em cDNAs via transcrição reversa, e os cDNAs são então amplificados por PCR. A parte quantitativa tem como base uma relação direta entre a velocidade em que o produto de PCR é gerado e a concentração original das espécies de mRNA de interesse.

S-Cdk Complexo ciclina-Cdk formado em células de vertebrados por uma S-ciclina e a cinase dependente de ciclina (Cdk) correspondente. (Figura 17-11 e Tabela 17-1, p. 969)

sarcoma Câncer do tecido conectivo.

SCF Família de ubiquitinas-ligase formadas como complexos de várias proteínas diferentes. Uma está envolvida na regulação do ciclo celular eucariótico, direcionando a destruição dos inibidores das S-Cdks no final de G_1 e, assim, promovendo a ativação de S-Cdks e a replicação de DNA. (Figuras 3-71 e 17-15)

S-ciclina Membro da classe das ciclinas que se acumula durante o final da fase G_1 e se liga a Cdks logo após a progressão por Start; ajuda a estimular a replicação de DNA e a duplicação cromossômica. Os níveis permanecem altos até o final da mitose, depois do que as ciclinas são destruídas. (Figura 17-11)

securina Proteína que se liga à protease-separase e assim impede sua clivagem das ligações proteicas que mantêm as cromátides-irmãs unidas no início da mitose. A securina é destruída na transição da metáfase para a anáfase. (Figura 17-38)

segmento Divisões de um corpo de inseto ao longo do seu eixo anteroposterior, cada uma formando estruturas altamente especializadas, mas todas construídas de acordo com um plano fundamental similar.

segmento de gene D Curta sequência de DNA que codifica parte da região variável da cadeia pesada da imunoglobulina, ou a cadeia β de um receptor de célula T (TCR).

segmento de gene J Sequências curtas de DNA que codificam parte da região variável das cadeias leve e pesada das imunoglobulinas e das cadeias α e β dos receptores de células T. (Figuras 24-28 e 24-29)

segmento de gene V Sequência de DNA que codifica a maior parte da região variável de uma imunoglobulina ou cadeia polipeptídica do receptor de célula T. Existem muitos segmentos diferentes de gene V, um dos quais se liga a um segmento do gene D ou J por meio de recombinação somática quando uma célula linfoide progenitora individual começa a se diferenciar em linfócito B ou T. (Figura 24-28)

segmento inicial Região especializada de membrana na base do axônio de um neurônio (adjacente ao corpo celular) que é rica em canais de Na^+ controlados por voltagem e outras classes de canais iônicos que contribuem para a conversão da despolarização da membrana e frequência de potenciais de ação.

segmentos gênicos Em imunologia: sequências curtas de DNA que são unidas durante o desenvolvimento de células B e células T para dar origem, respectivamente, a sequências que codificam imunoglobulinas e receptores de células T. (Figura 24-28)

segundo mensageiro (pequeno mediador intracelular) Pequena molécula de sinalização intracelular formada ou liberada para ação em resposta a um sinal extracelular e que ajuda a liberar o sinal dentro da célula. Exemplos incluem AMP cíclico, GMP cíclico, IP_3, Ca^{2+} e diacilglicerol.

seleção clonal A partir de uma população de linfócitos T e B com um vasto repertório de receptores antígeno-específicos gerados de modo aleatório, um determinado antígeno estranho ativa (seleciona) apenas aqueles clones de linfócitos que apresentam um receptor que se liga ao antígeno. Explica como o sistema imune adaptativo pode responder a milhões de antígenos diferentes de forma altamente específica. (Figura 24-15)

seleção de purificação Seleção natural que ocorre em uma população para desacelerar alterações no genoma e reduzir a divergência pela eliminação de indivíduos que carregam mutações deletérias.

seleção negativa Processo pelo qual os timócitos expressando um receptor de células T com alta afinidade por um peptídeo próprio ligado a uma proteína MHC própria são eliminados por apoptose.

seleção positiva Na imunologia: processo de maturação dos timócitos no qual os timócitos expressando um receptor de células T com afinidade apropriada por um peptídeo próprio ligado a uma proteína MHC própria são sinalizados para sobreviver e continuar se desenvolvendo.

selectina Membro de uma família de proteínas de superfície celular que se ligam a carboidratos, fazendo a mediação transitória da adesão entre células dependentes de Ca^{2+} na corrente sanguínea por exemplo, entre os leucócitos e o endotélio da parede dos vasos sanguíneos. (Figura 19-28)

senescência da célula replicativa Fenômeno observado em culturas de células primárias no qual a proliferação celular diminui e, finalmente, para de forma irreversível.

separação de cargas Na fotossíntese, a transferência de elétrons de alta energia, induzida pela luz, entre a clorofila e uma molécula aceptora resultando na formação de uma carga positiva na clorofila e de uma carga negativa na molécula móvel transportadora de elétrons.

separase Protease que cliva as ligações proteicas coesivas que mantêm as cromátides-irmãs unidas. Atua na anáfase, permitindo a separação das cromátides e a segregação. (Figura 17-38)

septo Estrutura formada durante a divisão da célula bacteriana por meio do crescimento para dentro da parede celular e membrana e que divide a célula em duas.

sequência consenso Forma média ou mais característica de uma sequência, que é reproduzida com pequenas alterações em um grupo relacionado de sequências de DNA, RNA ou proteína. Indica o nucleotídeo ou o aminoácido encontrado com maior frequência em cada posição. A preservação de uma sequência implica a importância funcional.

sequência nucleotídica consenso Um resumo ou a "média" de um grande número de sequências individuais de nucleotídeos, obtida pela comparação de diversas sequências com a mesma função básica, correspondendo ao nucleotídeo de ocorrência mais comum observado em cada posição. (Figura 6-12)

sequência reguladora *cis*-atuante Sequências de DNA às quais reguladores da transcrição se ligam para controlar a taxa de transcrição gênica. Em quase todos os casos, essas sequências estão localizadas no mesmo cromossomo (ou seja, em *cis*) que os genes que controlam. (Figura 7-18)

sequência RGD Sequência tripeptídica de arginina-glicina-ácido aspártico que forma um sítio de ligação para integrinas, presente na fibronectina e em algumas outras proteínas extracelulares. (Figura 19-47C)

sequência-sinal Sequência de aminoácidos curta e contínua que determina a localização final de uma proteína na célula. Um exemplo é a sequência N-terminal de aproximadamente 20 aminoácidos que direciona as proteínas de secreção e transmembrana nascentes até o retículo endoplasmático. (Tabela 12-3, p. 648)

sequência-sinal para o RE Sequência-sinal N-terminal que determina o transporte de uma proteína para o retículo endoplasmático (RE). Removida por peptidases de sequência-sinal após a sua entrada no RE.

sequenciamento de Sanger *ver* **sequenciamento didesóxi**

sequenciamento didesóxi O método enzimático padrão de sequenciamento de DNA. (Painel 8-1, p. 478)

sequenciamento profundo de RNA *ver* **RNA-seq**

serina-protease Tipo de protease que possui uma serina reativa no sítio ativo. (Figuras 3-12 e 3-39)

serina/treonina-cinase Enzima que fosforila proteínas específicas em serina ou treonina.

simporte Proteína carreadora que transporta dois tipos de soluto através da membrana na mesma direção. (Figura 11-8)

sinal coestimulante Em imunologia: uma proteína secretada ou ligada à membrana que ajuda a ativar a resposta a antígenos nas células B ou T.

sinal de endereçamento Sequência-sinal ou região de sinalização que direciona o encaminhamento de uma proteína para um local específico, como um determinado compartimento intracelular.

sinal de exportação nuclear Sinal de endereçamento contido na estrutura de moléculas e complexos, como RNPs nucleares e novas subunidades ribossômicas, que são transportadas do núcleo para o citosol, através de complexos de poros nucleares. (Figura 12-13)

sinal de início da transferência Sequência de aminoácidos curta que possibilita a uma cadeia polipeptídica começar a ser transportada através da membrana do retículo endoplasmático por um transportador de proteínas. Às vezes, proteínas de membrana (sequência-sinal) possuem sinais tanto de início da transferência internos como no N-terminal. (Figura 12-42)

sinal de localização nuclear (**NLS**) Sequências ou regiões sinalizadoras encontradas em proteínas destinadas ao núcleo e que possibilitam o transporte seletivo para dentro do núcleo a partir do citosol, através de complexos de poros nucleares. (Figuras 12-9 e 12-13)

sinal de parada da transferência Sequência de aminoácidos hidrofóbicos que interrompe a translocação de uma cadeia polipeptídica através da membrana do retículo endoplasmático, ancorando, assim, a cadeia proteica à membrana. (Figura 12-42)

sinal de retenção no RE Sequência curta de aminoácidos que evita que uma proteína seja transportada para fora do retículo endoplasmático (RE). Encontrada em proteínas que são residentes no RE e que desempenham sua função nesse local.

sinalização dependente de contato Forma de sinalização intracelular em que as moléculas de sinalização permanecem ligadas à superfície da célula sinalizadora e exercem efeito apenas nas células que entram em contato com a molécula de sinalização.

sinalização parácrina Comunicação célula-célula de curto alcance que ocorre via moléculas de sinalização secretadas que atuam sobre as células adjacentes. (Figura 15-2)

sinalização sináptica Sinalização intracelular realizada por neurônios que transmitem sinais elétricos ao longo de seus axônios e liberam neurotransmissores nas sinapses, que frequentemente estão localizadas longe do corpo celular neuronal.

sinapse Junção comunicante célula-célula que permite a passagem de um sinal de uma célula nervosa para outra. Em uma sinapse química, o sinal é transportado por um neurotransmissor difusível. (Figura 19-22) Em uma sinapse elétrica, uma conexão direta é produzida entre o citoplasma de duas células via junções tipo fenda. (Figuras 11-34 e 19-23)

sinapse imunológica A interface altamente organizada que ocorre entre uma célula T e uma célula apresentadora de antígenos (APC) ou célula-alvo com que faz contato; composta pelos receptores de célula T ligados aos complexos antígeno-MHC na APC e pelas proteínas de adesão celular ligadas aos seus equivalentes nas APCs.

sincício Massa de citoplasma contendo vários núcleos envolvidos por uma única membrana plasmática. Em geral, o resultado de uma fusão celular ou de uma série de ciclos de divisão incompletos, no qual ocorre divisão do núcleo, mas não há divisão da célula.

sistema do complemento Sistema de proteínas do sangue que pode ser ativado pelos complexos anticorpo-antígeno ou patógenos para ajudar a eliminar patógenos, seja por induzir a sua lise diretamente, seja pela indução da fagocitose, ou pela ativação da resposta inflamatória. (Figura 24-7)

sistema de controle do ciclo celular Rede de proteínas de regulação que controla a progressão de uma célula eucariótica ao longo do ciclo celular.

sistema de secreção Sistemas especializados de bactérias que secretam proteínas efetoras que interagem com células hospedeiras.

sistema de secreção do tipo III Um dos sistemas de secreção nas bactérias Gram-negativas; encaminha proteínas efetoras para dentro das células hospedeiras de uma forma dependente de contato. (Figura 23-7)

sistema imune adaptativo Sistema de linfócitos que fornece defesas altamente específicas e de longa duração contra patógenos nos vertebrados. É composto por duas classes principais de linfócitos: linfócitos B (células B), que secretam anticorpos que se ligam de modo específico a patógenos ou a seus produtos, e linfócitos T (células T), que podem matar diretamente as células infectadas com um patógeno, ou produzir proteínas de sinalização secretadas ou de superfície celular que estimulam as células hospedeiras e auxiliam no processo de eliminação de patógenos. (Figura 24-2)

sistema purificado livre de células Homogenato fracionado de células que conserva uma função biológica específica da célula intacta, no qual as reações bioquímicas e os processos celulares podem ser estudados mais facilmente.

sítio ativo Região da superfície de uma enzima à qual uma molécula de substrato deve se ligar para que ocorra a catálise da reação. (Figura 1-7)

sítio de ligação Uma região na superfície de uma molécula (geralmente uma proteína ou um ácido nucleico) que pode interagir com outra molécula por meio de uma ligação não covalente.

sítio interno de entrada no ribossomo (IRES) Local específico no mRNA de eucariotos, além da extremidade 5', onde a tradução pode ser iniciada. (Figura 7-68)

sítio regulador Região da superfície de uma enzima na qual uma proteína reguladora se liga e assim influencia os eventos catalíticos nos sítios de ativação separados.

Slit Proteína de sinalização, secretada por células da placa ventral do tubo neural, responsável pelo afastamento dos clones de crescimento dos axônios das comissuras depois de terem atravessado a linha média, assegurando assim que estes neurônios não atravessem novamente a linha média.

Smoothened Proteína de sete passagens pela membrana com uma estrutura muito semelhante a GPCR mas que não parece atuar como um receptor Hedgehog ou como um ativador das proteínas G; é controlada pela proteínas Patched e iHog.

somito Um de vários blocos emparelhados da mesoderme que se formam durante o desenvolvimento inicial e se localizam em cada um dos lados da notocorda de um embrião de vertebrado. Dá origem a segmentos do eixo do corpo, incluindo vértebras, músculos e tecidos conectivos associados. (Figura 21-38)

spliceossomo Grande grupo de RNA e moléculas de proteína que executam o *splicing* do pré-mRNA nas células eucarióticas.

***splicing* alternativo do RNA** A produção de RNAs diferentes a partir de um mesmo gene por *splicing* do mesmo transcrito processado de maneiras diferentes. (Figura 7-57)

***splicing* do RNA** Processo no qual sequências de íntrons são cortadas dos transcritos de RNA. Um importante processo no núcleo de células eucarióticas que leva à formação de RNAs mensageiros (mRNAs).

Src (família da proteína Src) Família de tirosinas-cinase citoplasmáticas (pronuncia-se "sarc") que se associam aos domínios citoplasmáticos de alguns receptores da superfície celular ligados a enzimas (p. ex., o receptor de antígeno de célula T) que não possuem atividade tirosina-cinase intrínseca. Transmite um sinal adiante pela fosforilação do próprio receptor e de proteínas de sinalização intracelulares específicas nas tirosinas. (Figura 3-10)

STAT (transdutor de sinal e ativador da transcrição) Regulador de transcrição latente ativado pela fosforilação por JAK-cinases e que entra no núcleo em resposta à sinalização a partir de receptores da família de receptores de citocinas. (Figura 15-56)

substrato Molécula sobre a qual uma enzima atua.

subunidade proteica Uma cadeia proteica individual em uma proteína composta de mais de uma cadeia.

super-hélice Estrutura proteica em forma de bastão, especialmente estável, formada por duas α-hélices enroladas uma ao redor da outra. (Figura 3-9)

super-resolução Descreve algumas abordagens na microscopia óptica que ultrapassam o limite imposto pela difração da luz e sucessivamente permitem que objetos tão pequenos quanto 20 nm possam ter sua imagem captada e resolvida com clareza.

superfamília de caderina Família clássica e não clássica de proteínas caderinas com mais de 180 membros nos humanos.

superfamília de imunoglobulinas (Ig) Família grande e diversa de proteínas que contêm domínios de imunoglobulinas ou domínios semelhantes a imunoglobulinas. A maior parte dessas proteínas está envolvida em interações célula-célula ou no reconhecimento de antígenos. (Figura 24-48)

superfamília de receptores nucleares Receptores intracelulares para moléculas sinalizadoras hidrofóbicas, como os hormônios esteroides e da tireoide e o ácido retinoico. O complexo receptor-ligante atua como um fator de transcrição no núcleo. (Figura 15-65)

superfamília do fator de crescimento transformador β (superfamília TGFβ) Grande família de proteínas estruturalmente relacionadas, que são secretadas e atuam como hormônios e mediadores locais para o controle de várias funções em animais, inclusive durante o desenvolvimento. Essa família inclui TGFβ/activina e subfamílias de proteínas morfogênicas do osso (BMP). (Figura 15-57)

superfamília Ig Família grande e diversa de proteínas que contêm domínios de imunoglobulinas ou domínios semelhantes a imunoglobulinas. A maior parte dessas proteínas está envolvida em interações célula-célula ou no reconhecimento de antígenos. (Figura 24-48)

superfamília Ras Uma grande superfamília de GTPases monoméricas (também chamadas de pequenas proteínas de ligação ao GTP) das quais Ras é o membro protótipo. (Tabela 15-5, p. 854)

supertorção do DNA Uma conformação com diversas alças ou enrolamentos que o DNA adota em resposta à tensão super-helicoidal; de modo alternativo, a inserção de diversas alças ou enrolamentos no DNA pode gerar tal tensão.

tampão Solução de ácido fraco ou base fraca que resiste às mudanças de pH que ocorreriam com a adição de pequenas quantidades de ácido ou base.

TATA-box Sequência na região promotora de vários genes eucarióticos que se liga a fatores gerais de transcrição e, portanto, especifica a posição do início da transcrição. (Figura 6-14)

taxa de mutação Taxa na qual ocorrem alterações (mutações) nas sequências de DNA.

tecido conectivo Qualquer tecido de suporte que existe entre outros tecidos, composto por células dispersas em uma quantidade relativamente grande de matriz extracelular. Inclui ossos, cartilagens e tecido conectivo frouxo.

tecidos epiteliais Tecidos, como aquele que reveste o intestino ou a epiderme, em que as células são fortemente ligadas em camadas chamadas de epitélio.

tecnologia do DNA recombinante Conjunto de técnicas por meio das quais segmentos de DNA de diferentes origens são combinados para originar um novo DNA, em geral chamado de DNA recombinante. O DNA recombinante é amplamente utilizado na clonagem de genes, na modificação genética de organismos e na produção de grandes quantidades de proteínas raras.

telófase Estágio final da mitose no qual os dois conjuntos de cromossomos separados sofrem descondensação e são envolvidos por envelopes nucleares. (Painel 17-1, p. 980-981)

telomerase Enzima que alonga as sequências teloméricas no DNA e que ocorre nas extremidades dos cromossomos eucarióticos.

telômero Extremidade de um cromossomo, associado à sequência de DNA característica que é replicada de maneira especial. Compensa a tendência de um cromossomo sofrer encurtamento a cada ciclo de replicação. Do grego, *telos*, "final", e *meros*, "porção".

terminador Sinal no DNA bacteriano que interrompe a transcrição; nos eucariotos, a transcrição termina depois da clivagem e poliadenilação do RNA recém-sintetizado.

teste de complementação Teste que determina se duas mutações que produzem fenótipos semelhantes estão no mesmo gene ou em genes diferentes. (Painel 8-2, p. 487)

tilacoide Vesícula de membrana, achatada, em um cloroplasto, que contém clorofila e outros pigmentos e executa as reações de agregação de luz durante a fotossíntese. Pilhas de tilacoides formam o grana dos cloroplastos. (Figuras 14-35 e 14-36)

timócitos Células T em desenvolvimento no timo.

tirosina-cinase Enzima que fosforila proteínas específicas nas tirosinas. *Ver também* **tirosina-cinase citoplasmática**.

tirosina-cinase citoplasmática Enzima ativada por certos receptores de superfície celular (receptores associados a tirosinas-cinase) que transmite o sinal do receptor via fosforilação das cadeias laterais de tirosina de proteínas-alvo citoplasmáticas.

tolerância imunológica própria A ausência de resposta imune adaptativa a um antígeno. A tolerância a moléculas próprias é essencial para evitar doenças autoimunes. (Figura 24-21)

Toll Proteína receptora transmembrana. No lado ventral da membrana do ovo de *Drosophila*, sua ativação controla a distribuição de Dorsal, um regulador da transcrição da família NFκB.

tomografia por microscópio eletrônico (EM) Técnica para a visualização tridimensional de amostras no microscópio eletrônico, onde múltiplas imagens são obtidas em direções distintas a partir da manipulação do suporte da amostra. As imagens são combinadas computacionalmente, originando a imagem tridimensional.

TOR Grande proteína serina/treonina-cinase que é ativada pela via de sinalização PI-3-cinase–Akt e promove o crescimento celular.

totipotente Descreve a célula que é capaz de dar origem a todos os diferentes tipos de células em um organismo.

toxina da cólera Proteína tóxica secretada pelo *Vibrio cholerae* responsável pela diarreia líquida associada à cólera. Composta por uma subunidade A com atividade enzimática e por uma subunidade B que se liga a receptores da célula hospedeira, direcionando a subunidade A ao citosol da célula hospedeira.

tradução (tradução do RNA) Processo no qual a sequência de nucleotídeos em uma molécula de mRNA direciona a incorporação de aminoácidos em uma proteína. Ocorre no ribossomo. (Figuras 6-1 e 6-64)

transcitose Ingestão de material em uma face de uma célula, por endocitose, seu transporte ao longo da célula dentro de vesículas, e seu descarte na outra face, por exocitose. (Figura 13-58)

transcrição (transcrição do DNA) Reprodução de uma fita de DNA em uma sequência de RNA complementar, pela enzima RNA-polimerase. (Figuras 6-1 e 6-8)

transcriptase reversa Enzima, descoberta pela primeira vez em retrovírus, que sintetiza uma cópia de dupla fita de DNA a partir de uma molécula-molde de fita simples de RNA.

transferência de energia por ressonância de fluorescência (FRET) Técnica para o monitoramento da aproximação de duas moléculas marcadas com fluorescência (e, portanto, da sua interação) nas células. Também conhecida como transferência de energia de ressonância de Förster. (Figura 9-26)

transferência gênica horizontal Transferência de genes entre bactérias mediante transformação espontânea por DNA livre liberado, transdução mediada por bacteriófagos, ou troca sexual mediada por conjugação.

transformada Célula com um fenótipo alterado que se comporta de muitas maneiras como uma célula cancerosa (i.e., proliferação desregulada, crescimento independente de ancoragem em cultura).

transgene Gene estranho ou modificado que foi adicionado para criar um organismo transgênico.

transição G_2/M Ponto do ciclo celular eucariótico no qual a célula verifica se a replicação do DNA está completa antes de desencadear os eventos iniciais da mitose, que levam ao alinhamento dos cromossomos no fuso. (Figura 17-9)

transição metáfase-anáfase Transição no ciclo celular eucariótico que precede a separação das cromátides-irmãs na anáfase. Se a célula não estiver pronta para prosseguir para a anáfase, o ciclo celular é mantido nesse ponto. (Figura 17-9 e Painel 17-1, p. 980-981)

transição zigótica materna (MZT) Evento no desenvolvimento animal onde o próprio genoma do embrião toma o controle amplo do desenvolvimento de macromoléculas depositadas pela mãe.

translocação de proteína Processo de mover uma proteína através da membrana.

translocador de proteínas Proteína ligada à membrana que faz a mediação do transporte de outra proteína através da membrana. (Figura 12-21)

translócon Montagem de um translocador associado com outros complexos de membrana, como enzimas que modificam a cadeia polipeptídica crescente.

transportadora (proteína carreadora, permease) Proteína de transporte de membrana que se liga a um soluto e o transporta através da membrana, passando por uma série de alterações conformacionais. Os transportadores podem transportar íons ou moléculas passivamente por um gradiente eletroquímico ou podem ligar as alterações conformacionais a uma fonte de energia metabólica como a hidrólise de ATP para dirigir o transporte ativo. *Compare com* **canal**. *Ver também* **proteína de transporte de membrana**. (Figura 11-3)

transportadores ABC Grande família de proteínas de transporte que usa a energia da hidrólise do ATP para transportar peptídeos e pequenas moléculas através das membranas. (Figura 11-16)

transporte ativo Movimento de uma molécula através de uma membrana ou outra barreira, promovido por uma energia diferente daquela contida no gradiente eletroquímico ou no gradiente de concentração da molécula transportada.

transporte controlado Movimento de proteínas entre o citosol e o núcleo através de complexos do poro nuclear presentes no envelope nuclear e que atuam como transportadores seletivos.

transporte de RNA e controle da localização Regulação da expressão gênica por uma célula mediante seleção de quais mRNAs completos serão exportados do núcleo para o citosol e determinação de onde no citosol eles serão localizados.

transporte nuclear regulado Mecanismos que controlam a exportação dos mRNAs do núcleo para o citosol que podem ser usados para regular a expressão gênica. Também incluem a importação seletiva de proteínas de moléculas de RNA para dentro do núcleo.

transporte passivo (difusão facilitada) Transporte de um soluto através de uma membrana, a favor do seu gradiente de concentração, ou do seu gradiente eletroquímico, utilizando apenas a energia armazenada pelo gradiente. (Figura 11-4)

transporte transcelular Transporte de solutos, como nutrientes, através de um epitélio, por meio de proteínas de transporte de membrana presentes nas faces apical e basal das células epiteliais. (Figura 11-11)

transporte vesicular Transporte de proteínas de um compartimento celular para outro, por meio de intermediários delimitados por membrana, como vesículas ou fragmentos de organelas.

transposição (recombinação transposicional) Movimento da sequência de DNA de um local do genoma para outro. (Tabela 5-4, p. 288)

transpóson *ver* elemento transponível

transpóson exclusivamente de DNA Tipo de elemento transponível que existe como DNA por todo o seu ciclo de vida. Muitos tipos se movem por transposição "corte e colagem". *Ver também* **transpóson**.

tRNA iniciador tRNA especial que inicia a tradução. Ele sempre carrega o aminoácido metionina, formando o complexo Met-tRNAi. (Figura 6-70)

troca de classe A mudança que muitas células B sofrem durante o curso de uma resposta imune adaptativa, fazendo com que uma célula que produz uma classe de imunoglobulina (p. ex., IgM) comece a produzir outra classe (p. ex., IgG). Requer rearranjos de DNA denominados recombinação de mudança de classe. (Figura 24-30)

troca de fitas Reação na qual uma das extremidades 3′ de uma fita simples de uma molécula de DNA duplex penetra em outro duplex e procura por sua sequência homóloga por pareamento de base. Também chamado de invasão de fita.

t-SNAREs Proteína SNARE transmembrana, normalmente composta de três proteínas e encontrada em membranas-alvo onde interage com v-SNAREs nas membranas das vesículas.

tubo neural Tubo de ectoderme que formará o cérebro e a coluna vertebral em um embrião de vertebrado. (Figura 21-56)

tubulina Subunidade proteica dos microtúbulos. (Painel 16-1, p. 891, e Figura 16-42)

tumor primário Tumor no local original em que o câncer surgiu pela primeira vez. Tumores secundários se desenvolvem em qualquer local por metástase.

ubiquitina Pequena proteína, altamente conservada, presente em todas as células eucarióticas que se liga covalentemente a lisinas de outras proteínas. A ligação de uma cadeia curta de ubiquitinas a um resíduo de lisina marca a proteína para destruição proteolítica intracelular por um proteassomo. (Figura 3-69)

ubiquitina-ligase Qualquer uma do grande número de enzimas que ligam ubiquitina a uma proteína, muitas vezes marcando-a para destruição em um proteassomo. O processo catalisado pela ubiquitina-ligase é chamado de ubiquitinação. (Figura 3-71)

uniporte Proteína carreadora que transporta um único soluto de um lado da membrana para o outro. (Figura 11-8)

v-SNAREs Proteína SNARE transmembrana, contendo uma única cadeia polipeptídica, normalmente encontrada nas membranas de vesículas onde ela interage com t-SNAREs nas membranas-alvo.

vacúolo Grande compartimento preenchido com líquido na maioria das células vegetais e dos fungos, ocupando de forma típica mais de um terço do volume da célula. (Figura 13-41)

valor posicional Registro celular interno sobre sua informação posicional em um organismo multicelular; uma característica intrínseca que difere de acordo com a localização da célula.

variação antigênica Capacidade de alterar os antígenos apresentados na superfície de uma célula; uma propriedade de alguns microrganismos patogênicos que lhes permite escapar do ataque pelo sistema imunológico adaptativo.

variação de energia livre (ΔG) *ver* ΔG

variação de fase A troca aleatória do fenótipo e expressão de proteínas envolvidas na infecção a frequências muito mais altas do que as taxas de mutação.

variação no número de cópias (CNV) A diferença entre dois indivíduos em uma mesma população no número de cópias de um determinado bloco de sequências de DNA. Essa variação tem origem em duplicações e deleções ocasionais em tais sequências.

variegação de efeito posicional Alteração na expressão gênica resultante de uma modificação na posição de um gene em relação a outros domínios cromossômicos, especialmente domínios heterocromáticos. Quando um gene ativo é colocado próximo à heterocromatina, a influência de inativação da heterocromatina pode se espalhar e afetar o gene com graus variáveis, dando origem à variegação do efeito posicional. (Figura 4-31)

vesícula de transporte Recipientes de transporte envolvidos por membrana que brotam a partir de regiões especializadas cobertas de membrana doadora e passam de um compartimento celular para outro como parte dos processos de transporte de membrana da célula; as vesículas podem ser esféricas, tubulares ou apresentarem forma irregular.

vesícula endocítica Vesícula formada à medida que materiais ingeridos pela célula durante a endocitose são delimitados por uma pequena porção da membrana plasmática que inicialmente é invaginada e então se destaca da membrana na forma de uma vesícula.

vesícula revestida Pequena organela delimitada por membrana com um revestimento de proteínas em sua face citosólica. É formada pela invaginação de uma região revestida da membrana (fossa revestida). Alguns revestimentos são compostos por clatrina, enquanto outros são compostos por outras proteínas.

vesícula secretora Organela revestida por membrana na qual moléculas destinadas à secreção são armazenadas antes de sua liberação. Algumas vezes é chamada de grânulo secretor, devido ao aspecto escuro de seu conteúdo quando corado, tornando a organela visível como um pequeno objeto sólido. (Figura 13-65)

vesícula sináptica Vesícula secretora pequena, cheia de neurotransmissores, formada nos terminais do axônio de uma célula nervosa. Seu conteúdo é liberado na fenda sináptica por exocitose, quando um potencial de ação chega ao terminal do axônio.

vesículas revestidas por clatrina Vesículas revestidas que transportam material oriundo da membrana plasmática e entre os compartimentos endossômicos e de Golgi.

vesículas revestidas por COPI Vesículas revestidas que transportam materiais nas etapas iniciais da via de secreção. Brotam, a partir dos compartimentos do aparelho de Golgi.

vesículas revestidas por COPII Vesículas revestidas que transportam materiais nas etapas iniciais da via de secreção. Brotam, a partir do retículo endoplasmático.

vetor plasmidial Moléculas pequenas circulares de DNA dupla fita derivadas de plasmídeos que ocorrem naturalmente nas células bacterianas; bastante utilizado para clonagem gênica.

via constitutiva de secreção Via presente em todas as células por meio da qual moléculas como as proteínas da membrana plasmática são continuamente transportadas para a membrana plasmática a partir do aparelho de Golgi em vesículas que se fundem à membrana. É a via padrão para a membrana plasmática caso nenhum outro sinal de destinação esteja presente. (Figura 13-63)

via da catenina Wnt/β   Via de sinalização ativada pela ligação de uma proteína Wnt a receptores na superfície celular. A via possui várias ramificações. Na ramificação maior (canônica), a ativação provoca a entrada no núcleo de quantidades aumentadas de β-catenina, onde regulam a transcrição de genes que controlam a diferenciação celular e a proliferação. A superativação da via Wnt/β-catenina pode levar ao câncer. (Figura 15-60)

via de sinalização dos fosfolipídeos de inositol   Via de sinalização intracelular que inicia com a ativação da fosfolipase C e a geração de IP_3 e diacilglicerol (DAG) a partir de fosfolipídeos de inositol na membrana plasmática. O DAG auxilia na ativação da proteína-cinase C. (Figuras 15-28 e 15-29)

via de sinalização JAK-STAT   Via de sinalização ativada por citocinas e alguns hormônios, fornecendo uma via rápida a partir da membrana plasmática até o núcleo, afetando a transcrição gênica. Envolve Janus-cinases (JAKs) citoplasmáticas, transdutores de sinal e ativadores da transcrição (STATs).

via de sinalização Ras-MAP-cinase   Via de sinalização intracelular que retransmite sinais a partir de tirosina-cinases receptoras ativadas para proteínas efetoras na célula, incluindo os reguladores da transcrição no núcleo.

via extrínseca   Via de apoptose desencadeada por proteínas extracelulares de sinalização que se ligam a receptores de morte celular presentes na superfície da célula.

via intrínseca (via mitocondrial)   Via de apoptose ativada a partir do interior da célula em resposta ao estresse ou sinais de desenvolvimento; depende da liberação de proteínas mitocondriais, normalmente residentes no espaço intermembrana da mitocôndria, para dentro do citosol.

via padrão   Via de transporte de proteínas diretamente para a superfície celular ao longo de vias de secreção constitutivas e não seletivas, entrada esta que não requer sinais específicos.

via PI-3-cinase-Akt   Via de sinalização intracelular que estimula as células animais a sobreviverem e crescerem. (Figura 15-53)

via secretora regulada   Uma segunda via secretora encontrada principalmente em células especializadas na secreção rápida de produtos conforme a necessidade, como hormônios, neurotransmissores ou enzimas digestivas, nas quais as proteínas solúveis e outras substâncias são primeiro armazenadas em vesículas secretoras para posterior liberação. (Figura 13-62)

vírus   Partícula que consiste em ácido nucleico (DNA ou RNA) envolvido por uma capa proteica, com capacidade de replicar-se dentro de uma célula hospedeira e disseminar-se de célula para célula. (Figura 23-11)

vírus envelopado   Vírus cujo capsídeo é revestido por uma membrana de bicamada lipídica (o envelope) que é frequentemente derivada da membrana plasmática da célula hospedeira no processo de brotamento do vírus a partir da célula hospedeira. (Figura 23-12)

vírus não envelopado   Vírus constituído apenas por um cerne de ácido nucleico e capsídeo proteico. (Figura 23-18C,D)

vírus tumorais   Vírus que podem ajudar a tornar cancerosas as células que eles infectam.

vírus tumorais de DNA   Termo geral para uma grande variedade de vírus de DNA diferentes que podem causar tumores.

Wee1   Proteína-cinase que inibe a atividade de Cdk pela fosforilação de aminoácidos no sítio ativo de Cdk. Importante na regulação da entrada na fase M do ciclo celular.

Western blotting   Técnica pela qual as proteínas são separadas por eletroforese e imobilizadas em uma folha de papel (membrana) e, então, analisadas, geralmente por meio de um anticorpo marcado. Também chamada de *immunoblotting*.

zigoto   Célula diploide produzida pela fusão de um gameta masculino e um feminino. Um ovócito fertilizado.

Índice

Nota:
O índice abrange o texto principal, mas não as questões e resumos. F indica cobertura apenas em uma Figura, em uma página separada do texto relevante indexado, e T indica inclusão em uma Tabela. Figuras na mesma página do texto relevante não são indexadas separadamente.
Siglas foram geralmente preferidas às suas expansões. Nomes comuns foram preferidos para órgãos, por isso "câncer de estômago" em vez de "câncer gástrico."

A

abertura e resolução numéricas 532, 533F
abordagem da análise de agrupamento 504
abordagens quantitativas
    ativadores transcricionais 510-514
    importância para a biologia 509
    repressores da transcrição 514
ABT-737 1032F
Acanthamoeba (*A. castellanii*) 801F, 805F, 924
ação autócrina, interferons tipo I 1304
ação parácrina, interferons tipo I 1304
acetilação *ver* histonas; lisina; N-terminal
acetil-CoA (acetilcoenzima A)
    conversão para piruvato 75, 81-82
    da oxidação das gorduras 81-82, 83F
    de β-oxidação 667
    estrutura e papel biossintético 69
    na glicólise 75
    no ciclo do ácido cítrico 106, 758-760
acetilcolina
    como um neurotransmissor excitatório 629
    efeitos na síntese do óxido nítrico 846
    efeitos nas diferentes células-alvo 816-817, 837T, 843
    estrutura 817F
    GPCRs ativados por 832
acetilcolinesterase 143, 630
N-acetilgalactosamina 718, 1058, 1060F
N-acetilglicosamina (GlcNAc)
    defeitos na GlcNAc-fosfotransferase 728-729
    em GAGs 1058
    em glicoproteínas de mamíferos 717F
    no aparelho de Golgi e no RE 716, 717-718F, 720
acidez de lisossomos 722-723
acidificação, em vesículas secretoras 743
ácido 3-indol acético (auxina) 882, 883F
ácido acetilsalicílico 837
ácido araquidônico 837
ácido aspártico
    direcionamento por caspases 1022
    em ATPases tipo P 607, 608F
    estrutura 113
ácido esteárico 98
ácido galacturônico 1083-1084
ácido glicurônico 1058, 1060F
ácido idurônico 1058, 1060F
ácido mirístico 578
ácido *N*-acetil neuramínico, (NANA) 575F
ácido oleico 98
ácido palmítico 98

ácido retinoico 876, 877F, 1257F
ácido úrico 1301
ácidos, definição 46, 93, 763-764
ácidos graxos
    como um combustível mitocondrial 758, 759F
    e outros lipídeos 98-99
    em caudas de fosfolipídeos 566
    não saturados 98
    quebra nos peroxissomos 667
    rendimento do produto da oxidação 775T
ácidos siálicos 575, 717, 1056, 1279, 1303
aciltransferases 689
aconitase 106F, 427
acoplamento
    entre sítios de ligação 151-152
    produção de calor e o aumento na ordem 53
    transcrição ao reparo por excisão 271
ACTH (hormônio adrenocorticotrófico) 744F, 835T
actina
    actina F e actina G 898
    células não musculares 923-925
    disponibilidade de monômeros 906
    e proteínas de ligação à actina 898-914
    homólogos bacterianos 896-897
    inibidores químicos 904T
    miosina como proteína motora associada 890
    miosina e, em contração muscular 916-920
    miosina e, em anéis contráteis 996-997
    polimerização em migração celular 951
    polimerização *in vitro* 899, 900F
    proteínas de interligação 911F
    separação de amostras 440
α-actinina 905, 911- 912, 919, 920F, 1079
açúcares
    armazenamento como amido e gordura 785-786
    em GAGs 1058
    formação do anel e do complexo 96-97
    glicólise 74-78
    numeração do anel 100
    produtos gerados da oxidação 775T
    ver também glicose; monossacarídeos; oligossacarídeos; polissacarídeos
adaptação
    de neurônios a estímulos prolongados 635
    do sistema de resposta a sinais 825, 830-831, 848-849
    no sistema visual 846
ADARs (ação da adenosina desaminase no RNA) 418

adenililciclase 834, 836, 843-844. 846T, 848, 1278
adenina
    1-metil 271
    desaminação para hipoxantina 271, 272F
    estrutura 100
    pareamento de bases de DNA com timina 176, 177F
adenocarcinomas malignos 1092, 1093F
adenomas benignos 1092, 1093F, 1220
S-adenosilmetionina
    a partir de danos de metilação do DNA 267T, 268
    como um transportador ativado 69T
    ligação ao regulador da transcrição 377
adenovírus 1273T, 1274F, 1280F, 1281, 1289
adesão célula-célula
    β-catenina e 870
    controle de 582-583, 870
    desmossomos em 946
    imunoglobulinas na 1055-1056
    ligação de célula T 1325-1326
    na corrente sanguínea 1054-1055
    padrão embrionário de vertebrado 1178
    remodelagem do tecido 1043-1045
    separação de células embrionárias 1187-1188
adesão celular
    adesão substrato-célula 954-955, 956F
    junções na matriz celular 1074
    perda de, em apoptose 1023
    proteína CD31 1312
adesinas 1277-1278
adesões focais
    fibras de estresse e 891, 924, 957
    fibronectina e 1068F, 1079
    integrinas e 863, 952F, 957, 959, 1075, 1079
    rede de actina e 955, 956F
    vimentinas e 959
adipócitos 573
adjuvantes 1307
adrenoleucodistrofia 300F
aducina 592F
Aequorea victoria 543, 547
aequorina 547, 839
Aeropyrum pernix 21T
afinidade ao substrato, K_m como medida 143
aflatoxinas 1128-1129
AFM (microscopia de força atômica) 307F, 481, 548-549, 587F, 895, 913
África, origens humanas 232
agarose, em gel de eletroforese 465-466
agentes redutores, na fotossíntese 796
agrecana 1058F, 1060, 1061F

Agrobacterium 508F
agrupamentos de grânulos de intercromatina 213, 331-333
agrupamentos de integrinas e 1079
agrupamentos de manganês 790, 791F, 793-794F
agrupamentos tubulares de vesículas 712-713
água
    como doador de elétrons 762, 788, 790
    como solvente 93
    comportamento de prótons 45-46, 613, 773
    conteúdo das células 535
    estrutura 92
    excluída dos sítios de ligação 136
    formação de ácidos e bases 45-46
    gelo vítreo 556, 560
    ligação de hidrogênio 44, 92, 94, 136
    moléculas hidrofílicas e hidrofóbicas 569F
    ver também hidrofilicidade; hidrofobicidade
águas-vivas 543, 547
AID (desaminase induzida por ativação) 1322-1323
Aids (síndrome da imunodeficiência adquirida)
    mortalidade 1263
    ver também HIV
AIRE (regulador autoimune) 1333
AKAPs (proteínas de ancoragem à cinase A) 835
Akt proteína-cinase 860, 1030F, 1114-1115
alanina, estrutura 113
albinismo 490F, 729, 1186
álcalis *ver* bases
alças-t 263
aldolase 104
aldoses e cetoses 98
alelos, definição 286, 486, 490
algas, como eucariotos 30
algas verdes 588, 623
alimento
    armazenamento como gorduras, amido e glicogênio 78-81
    autenticação, usando PCR 475
    extração de energia de 73-88
alosteria
    ativação da proteína indutora 828F
    ativação de Ca^{2+}/calmodulina 841
    ativação por integrina 1077
    degradação da proteína indutora 360
    EF-Tu modificação conformacional 160-161
    em bombas de prótons 773-774
    em canais de íons 618, 825
    em proteínas motoras e máquinas proteicas 162, 164
    enzimas alostéricas 151-153
    proteínas de transporte de membrana 163-164
    repressor triptofano 381
    segundo mensageiro 848
alterações epigenéticas
    em células de câncer 1094, 1096-1097, 1109-1111, 1125-1126
    inativação do gene supressor de tumor 1109
    reprogramação nuclear e 1252-1253
alvos de fármacos
    antibióticos 1293F
    canais iônicos controlados por transmissores 631-632

Amanita, fungo 904
    ver também faloidinas
ambiguidades da sequência de íntrons 416
amebas 182, 997F
amido 80-81, 785-786
amígdala 935
amiloide reversível 132-133
aminoácidos
    abreviações 110F, 112
    acoplamento para transferir RNAs 336-338
    adição a cadeias polipeptídicas 339-344
    aminoácidos ativados 338F
    aminoácidos essenciais 86, 87F
    como monômeros proteicos 6
    conversão mitocondrial para acetil-CoA 84
    em sítios ativos proteicos 135-136
    especificando códons 7, 334
    estado de polaridade e ionização 109-110, 112-113
    isômeros óticos 112
    modificações na cadeia lateral 196-197
    modificações pós-traducionais em múltiplos locais 166
    no ciclo do nitrogênio 85-86
    selenocisteína 350
    síntese de glutamina 66
aminoácidos polares 109-110
aminoacil-tRNA sintases 336-338, 339F
AMP cíclico (cAMP)
    como um segundo mensageiro 819-820, 827, 833
    efeitos do músculo cardíaco 835
    estrutura 101, 834
    exemplo de sítio de ligação 135F
    genes *AraC/AraJ* e 521
    melanócitos de peixe e 940
    na cólera 576, 834
    proteína CAP e 382, 522
    quimiotaxia por *Dictyostelium* 958
    regulação da proteína G 833-834
ampliação e aparência de células 529, 530F
amplificação (de DNA) *ver* clonagem de DNA
amplificação (de sinais)
    na cascata da caspase 1023
    na microscopia 539-540
    na sinalização intracelular 824, 848, 857
    nos impulsos nervosos 621
amplificação do gene e câncer 1107, 1111
amplificação enzimática na microscopia 540
Anabaena cylindrica 14F
anabolismo como biossíntese 51-52
anáfase
    na meiose 1005, 1009
    na mitose 981
    separação de cromátides 964, 994
anáfase A e anáfase B 994, 995F
analisadores TOF (*time-of-flight*) 456F, 457
análise clonal 1221F, 1222
análise de epistasia 490
análise do genoma inteiro *ver* sequenciamento do genoma
análise genética, células de tumor 1102
análise genômica, e a árvore da vida 14, 218-219
análise isoclina 518, 519F
análise quantitativa 38
analogia à turbina, ATP sintase 776-778

analogia ao computador, sinalização celular 831
âncoras de GPI (glicofosfatidilinositol) 573F, 577, 582, 688-689, 749, 1039, 1060
âncoras lipídicas 577-578, 593
anéis contráteis
    na citocinese 924, 996-1001
    na divisão celular 890, 892F
    na telófase 981
    septinas e 949
anéis de porfirina 766, 787
anel Z 896
anemia, deficiência de espectrina 591
anfíbios
    metamorfose 1182
    tritão 1248-1249
    ver também rãs
anfifilicidade de moléculas de membrana 9, 566, 576
anfipaticidade
    de defensinas 1298
    α-hélice da NADH desidrogenase 768
angina 847
angiogênese
    células endoteliais de ponta 1236-1237
    e metástase 1120
    e vasculogênese 1236
    envolvimento de VEGF e HIF1a 1237
ângulos de ligação, em polipeptídeos 110, 111F, 112
animais
    diferenças no tamanho 1010
    DNA regulador e morfologia 1149, 1174-1175
    habilidade regenerativa 1247
    inversão do plano corporal 1169
    matriz extracelular em 1057-1074
    organismos-modelo 33
    planos corporais como conservados 1147-1148, 1174
animais quiméricos 1254
ânions fixados 612, 615
anisotropia de fluorescência, interações de proteínas 458, 459F
anormalidades cromossômicas
    células de câncer de mama 1097F, 1111F
    células de câncer de ovário 1116
    cromossomo Filadélfia 1093, 1094F, 1095, 1135
    cromossomos aberrantes humanos 182
    na LMC 1093
    ligação de extremidades não homólogas e 274-275
anotação do genoma 477-483
anquirina 592F
antibiótico G418 1255F
antibióticos
    alvos bacterianos 1293F
    como inibidores da síntese proteica 351, 352T
    lisozima como 144
    mau uso 1293
    penicilina 1267, 1291, 1293
    resposta ribossômica para 800
    toxicologia seletiva 1292
    vancomicina 1292-1293
anticódons, tRNA 7, 335-337, 338F, 339, 341-342, 343F, 344-345

anticorpos
    anti-BrdU 966
    classes principais em humanos 1318T
    como imunoglobulinas 1315-1316
    como desencadeador de fagocitose 739
    entrega de venenos 1137
    marcados, em microscopia eletrônica 539
    marcados, em microscopia por fluorescência 537, 538F, 539-540
    microscopia eletrônica por imunomarcação com ouro 557
    na cromatografia por afinidade 449, 450
    número de anticorpos potenciais 1309
    poliadenilação e liberação 417-418
    secretados por linfócitos B 1297, 1307, 1309
    técnicas de *blotting* 454-455
    transporte em recém-nascidos 737
    ver também imunoglobulinas
anticorpos fluorescentes
    aparelho de Golgi 715F
    contra axônios terminais 634F
    contra cofilina 954F
    contra fosfotirosina e actina 1080F
    contra membranas mitocondriais 800F
    contra microtúbulos 756F
    contra miosina 1234F
    em microscopia de iluminação estruturada 550F
    sondas de DNA e 472F
    visualizando componentes da célula 538-539F
anticorpos ligados à membrana 417
anticorpos monoclonais
    contra proteínas inibitórias de células T 1337
    de hibridomas 444-445
    fracionamento de células tumorais 1122
    ipilimumabe 1138
    para microscopia 539, 591F
    trastuzumabe 1137
antidepressivos 632
antígeno T, vírus SV40 652F
antígenos
    apresentação de células de Langerhans 1240
    no sistema linfático 1311
    processamento de células dendríticas 1305, 1330F
    reconhecimento 138-139
    sistema imune adaptativo 1307
antiportes 602, 604, 607-608, 747F, 769F, 781
antiportes Na⁺-H⁺ 781
Antirrhinum 30F, 488F
antraz 1270
AP2 (proteína adaptadora 2) 699, 700F, 701, 733-734
Apaf1 (fator 1 de ativação da protease apoptótica) 1025, 1026F
aparelho de Golgi
    entre compartimentos intracelulares 642
    faces *cis* e *trans* 715F, 716
    localização 715F
    microscopia e 546F, 556F, 558, 715F
    microtúbulos na organização 939
    modelos de transporte 720-721
    montagem de proteoglicanos 718-719, 1059
    processamento de oligossacarídeos 716-718
    proteínas da matriz 721-722
    transporte de proteínas do RE para 710-722

transporte para lisossomos 722-730
ver também TGN
APC/C (complexo promotor de anáfase/ciclossomo)
    Cdh1-APC/C 1003-1004, 1014
    como uma ubiquitina-ligase 360
    conclusão da mitose 992-993
    inativação de M-Cdk 1002-1003
    transição metáfase-anáfase 970-971, 972F, 973, 975, 978, 1009
APCs (células apresentadoras de antígeno) 1307, 1311, 1328
    ver também células dendríticas
apolipoproteína B 418-419
apoptose
    ativação de vias extrínsecas e intrínsecas 1023-1028
    cascata de caspases e 1022-1023
    células epiteliais 1219
    células T citotóxicas e 1334
    em *C. elegans* 1194
    em desenvolvimento embrionário 1022
    extensão de 1021-1022
    fagócitos e 1030-1031
    fosfatidilserina em 574, 690, 740
    fragmentação de DNA em 1024F
    fragmentação do aparelho de Golgi 722
    macrófagos e 739
    proteína da família Bcl2 e 860F, 1026, 1027-1028F
    proteínas mitocondriais em 802
    redução em células de câncer 1099, 1103
    resposta a danos irreparáveis no DNA 1015
    resposta à infecção viral 1304
    sinais extracelulares e 816
    supressão por fatores de sobrevivência 1011, 1029-1030
    via p53 e 1115-1116
apoptossomo 1025, 1026F
apresentação cruzada, células dendríticas 1329
apresentação de antígenos 1240, 1305, 1330F
aprisionamento
    efetoras de Rab 706
    fábricas de reparo 213-214
    por CTDs da RNA polimerase II 316
    por dinamina 701
    por regiões desordenadas 126
aquaporinas 580F, 599, 612-613
Arabidopsis (*A. thaliana*)
    bibliotecas de mutantes 498
    célula e tamanho do órgão 1195F
    células totipotentes 507
    como organismo-modelo 29T, 32-33
    floração 1183F, 1195F
    genoma 880-881, 1084
    genoma mitocondrial 805F
    gerando mutações na 488
    gravitropismo 884F
    vacúolos 724F
Archaeoglobus fulgidus 21T
arginina
    desaminação para NO 847
    em ATP-sintase 777
    em sinais de localização nuclear 650
    estrutura 112
    no nucleossomo 188
armas de emissão de campo 554, 559, 561F

armazenamento de energia
    através de reações acopladas 76-78
    como amido 80-81
    como gordura 78-79
Arp1 (proteína 1 relacionada com actina) 939
arqueia
    bacteriorrodopsina 586
    citocinese em 737
    como procariotos 14-15
    complexo Sec61 676F
    Methanococcus jannaschii 16F, 676F
    origem de eucariotos e 26, 27F
    sistema CRISPR 434
    termofílico 572
arranjos de proteínas 458
arrestinas 845, 849
"arroz dourado" 508
artrite, como uma condição multigênica 493
árvores filogenéticas (árvore da vida) 218-220, 221F
    análise genômica e 14
    construção 10
    ramos primários 14-15, 220
Ascaris (*A. lumbricoides*) 1265-1266
asparagina
    contato da arginina no homeodomínio 376
    em aquaporinas 613
    estrutura 113
    oligossacarídeos ligados ao *N* 683, 716, 1057
Aspergillus flavus oryzae 1129F
"assinaturas" de transposição 289
ataques cardíacos
    apoptose e 1031-1032
    substituição de músculo por tecido cicatricial 1247
    substituição de músculo por transdiferenciação 1258
ataxia-telangiectasia (AT) 266T, 276, 1015
atenuação da transcrição 414
aterosclerose 733, 1265-1266
ativação, receptores acoplados a enzimas e GPCRs 850-851, 852F
ativação das células T
    células dendríticas 1324-1326, 1331
    controle da importação nuclear 655F
    sinais extracelulares 1336-1337
ativação dupla-negativa 820, 821F
ativador da transcrição Bicoid 393F, 394, 395F, 422, 1158-1160
ativador da transcrição Hunchback 393F, 394, 395F, 1161F, 1179
ativadores de transcrição (proteínas ativadoras)
    alternância com repressores 868, 871
    coativadores 385-386, 388-389, 392, 394, 395F
    controles combinatórios 394-395
    fusão com Cas9 bacteriana 497
    modificação da cromatina 386-388
    ocupação do promotor fracionário 511-512
    repressores 381-383, 394
    retroalimentação positiva 518
    RNA polimerase II 312-313
atividade "microprocessadora" de proteínas 155-156
atividade elétrica do sistema visual 1211-1212
ATM, proteína 266T, 276, 1014-1015
átomos e células, escala de 530F

ATP (adenosina trifosfato)
  alimentando reações de condensação 65-66, 70-73
  como um transportador ativado 64, 65
  como um transportador de energia 8
  ligação no complexo ciclina/Cdk 970F
  produção pelo ciclo do ácido cítrico 84-85
  produção por fermentações 75
  produção por glicólise 74-78, 85
  produção por mitocôndria e cloroplastos 753
  substrato da proteína-cinase Src 74-78, 85
  turnover diário em humanos 774
  turnover e taxa metabólica 148
ATPases H$^+$ vacuolares 723
ATPases Pex1 e Pex6 668
ATPases tipo V 723, 736, 743, 747F, 778
ATPases transportadoras (bombas acionadas por ATP) 601-602, 606-607
ATP-sintases 586, 590, 606
  agregação 590
  alimentada por gradientes eletroquímicos 586, 606, 774
  bacterianas 780-781
  como máquinas de proteína 164, 754, 776-778
  de cloroplastos 787, 793, 794
  dimerização 778, 779F
  dirigida por Na$^+$ 781
  em mitocôndria e cloroplastos 794, 795F
  enzimas relacionadas 778, 781
  reversibilidade como uma bomba de prótons 778
  subunidades c 777-778, 804
atrações de van der Waals
  bicamadas lipídicas 572, 575
  como não covalentes 44, 94
  microscópio de força atômica e 548
atrações eletroestáticas
  como não covalente 44, 95
  exemplo de sítio de ligação 135F
  microscopia de força atômica e 548
atrasos, correção cinética 345
atrofia muscular espinal 324
aumento de contraste 534-535
Aurora, cinases (Aurora-A e B) 978, 985-986, 990
autismo 494
autoamplificação
  cascata de caspase na apoptose 1023
  cascata do complemento 1303
  de assimetria embrionária 1152
  de domínios Rab 707
  de impulsos nervosos 621, 623
autoestimulação 518
autofagia
  como seletivo ou não seletivo 726
  como uma via de entrega de lisossomos 725
  de mitocôndrias derivadas de esperma 807
  função 726-727
autofagossomos 725F, 726-727
autofluorescência 544F
autofosforilação 364F, 688, 841, 842F, 850, 878
  fotoproteínas de plantas 884
  transautofosforilação 851-852F
autofosforilação, bombas do tipo P 607
autoimunidade, receptores inibitórios das células T 1138

auto-organização
  bicamadas lipídicas 566
  em células 9, 128-129
  glicolipídeos 575
auto-organização, desenvolvimento embrionário 1145
auto-organização, filamentos do citoesqueleto 893, 897
autorradiografia 452, 454, 466F, 1212F
autosselantes, bicamadas lipídicas 568, 569F
autossomos, definição 486
autotolerância imunológica 1307, 1336-1337
  complexos de peptídeo MHC na 1328-1329
  gene AIRE na 1333
  gene *FoxP3* em 1336
  mecanismos da 1313-1315
  tolerância central e periférica 1314
auxilina 702
axonema flagelar 756F
axonemas 927F, 931F, 938F, 941-943, 950F
axônios
  alongamento 844, 1202
  atividade elétrica e modificação sináptica 1211-1212
  autoeliminação 1206-1207
  cones de crescimento 858, 943, 951, 1201-1204, 1206, 1208-1211
  em desenvolvimento neuronal 1198, 1199F, 1200-1202, 1203F, 1204-1212
  espectrina em 913
  mecanismos de orientação 1202-1204, 1206
  orientação do microtúbulo 940
  papel nos neurônios 620-621, 940
  segmento inicial 634
  transporte axonal retrógrado e anterógrado 938
azidas 772

B

BAC (cromossomo artificial bacteriano) 469, 471, 479
Bacillus anthracis 1270
Bacillus subtilis
  famílias gênicas 17, 18F, 21T
  homólogos de actina em 897F
baço
  acúmulo de linfócitos 1031, 1055
  ativação de linfócitos 1308-1309, 1311
  células, transplantadas em camundongo 1193
  células-tronco hematopoiéticas 1244
  remoção de antígeno 1311
  remoção de eritrócitos 1244
bactéria aeróbica e mitocôndria 25
bactéria púrpura 794F, 797, 798F
bactérias
  aminoacil-tRNA sintetases 336
  bactéria verde sulfurosa 796
  canais de íon 617-620
  classificação por forma 1267F
  como procariotos 14-15, 1266
  controle da tradução 422-423
  estrutura 13F
  fagocitose por células hospedeiras 1281-1282
  frequência de transpósons em 288
  Gram-positiva e Gram-negativa 610F, 1267F
  maior 13F

  marcadores peptídicos *N*-formilados 958
  replicação do DNA em 253-255
  taxas de mutação 237-238
  termofílicas 473F, 483, 572
  tipos de transpósons, características 292
  transcrição em 306, 307F
  transportadores ABC em 163F
  uso de snRNAs contra viroses 433-434
  uso em clonagem de DNA 467-469
  ver também Escherichia coli
bactérias radiorresistentes 483
bacteriófago lambda
  proteína repressora Cro 123F
  receptores de vírus e 1279
bacteriófagos
  bacteriófago T4 19F, 324
  bacteriófago T7 243
  como viroses 18, 19F
  CTXφ 1269
  genes de virulência 1268
bacteriorrodopsina
  estrutura e função 586-588, 591F
  gráfico de hidropatia 579F
baiacu (*Fugu rubripes*) 29, 223
balsas lipídicas/domínios de balsa 572, 573F, 575, 590, 689, 749-750
  cavéolas 731, 750
bandas de cromossomo 181-182, 209, 210F, 211, 391F
barreira epitelial à infecção 1265, 1276-1277, 1298
barril β
  em porinas 758
  proteínas transmembrana 579-581, 659, 662-663
bases (aceptores de prótons), definição 46, 93, 763-764
bases (nucleotídeos)
  em DNA 175-176, 177F
  em RNA 302
  estruturas de 100
  formas tautoméricas 242
  não natural, a partir da desaminação de DNA 271-273
  pouco comum, em tRNAs 335F, 337F
bases de dados, proteína
  correspondente à espectrometria de massas 456-457
  e predição da estrutura da proteína 462
basófilos 1239, 1240F, 1241T, 1245, 1317
bastonetes fotorreceptores 844-846, 848, 943
BCRs (receptores de célula B) 1315-1317, 1321-1322, 1336-1338
bebês *ver* crianças
Beggiatoa 14F
benzo[*a*]pireno 270, 1128
bibliotecas de DNA 469-471
bibliotecas genômicas 469, 471, 479
bicamadas lipídicas 99, 566-576
  arranjo espontâneo 566
  assimetria 573-574, 590, 681, 690
  associação de proteínas de membrana com 576-577
  autosselantes 568, 569F
  como fluidos/solventes 569-573, 588
  composição e seus efeitos 571T
  deformação por proteínas de curvatura da membrana 573-574

difusão de pequenas moléculas através das 598
difusão lateral nas 570, 588, 589F
domínios 572-573
flip-flops entre monocamadas 570-588
formação espontânea 9, 568-569
fusão 708F
gradientes eletroquímicos 612
ligação de tetróxido de ósmio 555
montagem no RE 689-691
proteínas de transporte de membrana nas 597
sintéticas 569-571, 597-598
visão geral 99, 566-576
biestabilidade
  e ciclos de retroalimentação positiva 518-520, 829
  e robustez 520
biofilmes, e fibrilas amiloides 132
biologia química 459
bioluminescência 547
biópsias de tumores, sequenciamento genômico 1141
biorientação, cromátides 988-990, 993-994, 1006, 1009
biotina
  carboxilada 69T, 70F
  como uma coenzima 147
  marcação de nucleotídeos 467
1,3-bisfosfoglicerato 55-59F, 77-79F, 105, 760, 786F
bivalentes 1006, 1007-1009F
blastemas 1249
blastoderma celular e 1157
blastoderme sincicial 1157-1158, 1157-1161, 1165
blastômeros
  camundongo 1156
  diferenciação 1148F
  transição materno-zigótica 1181
blocos haplótipo 492-494
bolha de replicação 254F, 257-258
bolha de transcrição 306
bolsões de edição 339
bomba dirigida por redox 601
bombas de cálcio (Ca^{2+}) 607-608, 671, 838, 840, 920
bombas de efluxo 883, 884F, 1293
bombas de prótons (bombas de H^+)
  bacteriorrodopsina como 586-588
  cadeia transportadora de elétrons 763-774, 767, 774F
  citocromo *c* oxidase 770-773
  citocromo *c* redutase 768-770
  complexo NADH-desidrogenase 768
  endossomos 736
  lisossomos 723
  membrana tilacoide 783-784
  mitocôndrias 754, 762
  nas primeiras células vivas 795
  reversibilidade das ATP-sintases como 778
bombas de prótons reguladas por luz 586-588, 602F, 606
bombas dirigidas por ATP 601-602, 606-607
bombas iônicas 164
bombas proteicas *ver* proteínas de transporte de membrana
bombas tipo P 606-608, 690

bombas tipo V 606
Bordetella pertussis 1270F, 1277-1278
Borrelia burgdorferi 1264F, 1286F
braço de alavanca, miosina 916, 917F, 925F
brassinosteroides 881
BrdU (bromodesoxiuridina) 966, 967F
brometo de etídio 466, 1024
bromodomínios 388F
Burkholderia pseudomallei 1287, 1288F

C
cadeia respiratória
  biogênese proteica 802F, 804
  doação de elétrons 764
  e fosforilação oxidativa 761
  mal funcionamento 808
cadeia transportadora de elétrons
  bombas de próton 763-774
  em mitocôndrias e cloroplastos 755F
  gradientes de próton e 86F
  importação de proteína mitocondrial 659, 662, 663F, 664
  localização na crista mitocondrial 757-758
  na síntese de ATP 84-85, 658
  nas primeiras células vivas 795-797
  no acoplamento quimiosmótico 754
  no ciclo do ácido cítrico e 83
  nos cloroplastos 789
cadeias de polipeptídeos invariáveis, BCR/TCR 1327F, 1328-1329, 1330F, 1337F, 1338
cadeias de prenil 572, 577F, 578
cadeias laterais de aminoácidos acídicos 113
cadeias laterais de aminoácidos básicos 112
cadeias leves
  de cinesina 936, 939
  de dineínas 937
  de imunoglobulina 1316, 1317F, 1318, 1319F, 1320-1322, 1323F
  de miosina (MLC) 915-916, 922, 957, 958F, 997
cadeias pesadas
  cinese 936
  dineína 938F, 942
  imunoglobulina 118F, 1316-1318, 1320-1322
  miosina (MHC) 915, 923, 958F
cadeias poliubiquitina 157-158
cadeias α, colágeno 1061-1062, 1063T
cadeias α, integrinas 1075, 1078
cadeias α, lamininas 1070F
caderina de Flamingo 1039F, 1190
caderina Fat 1039F
caderina Ret 1039F
caderinas
  caderinas-E 1038, 1041-1042, 1045F, 1281, 1284F
  caderinas-M 1234F
  caderinas-N 1038, 1041, 1056, 1202
  caderinas-P 1038
  como proteínas de adesão transmembrana 1037
  e adesão homofílica 1038-1042
  estrutura e função 1040F
  gene *caderina-E* e câncer de mama 1120, 1122
  junções célula-célula mediadas por 1037F, 1038-1046
  membros da superfamília caderina 1039F

na separação de células 1187-1188
no desenvolvimento embrionário 1040-1041, 1190
caderinas clássicas 1037T, 1038, 1039-1040F, 1042
caderinas não clássicas 1037T, 1038, 1039F, 1046F
Caenorhabditis elegans
  Bcl2 humana e 1025
  bibliotecas de mutantes 498
  cinesinas 936
  como organismo-modelo 29T, 33
  divisão celular assimétrica 1002F
  genes para canais iônicos controlados por voltagem 627
  interferência de RNA 499
  modelo de relaxamento astral 999
  modificações comportamentais 488F
  MTOC 931F
  mutantes heterocrônicos 1180, 1181F
  neurônios 913
  número de células 1194
  perda de genes miRNA 1149
  sarcômeros 920
  verme adulto 1180F
cães
  diferenças no tamanho 1193, 1196
  neurônios do bulbo olfatório 1199F
CAK (cinase ativadora de Cdk) 970, 973T, 979
calcineurina 655F
cálculo 512
cálculos da dinâmica molecular 584F
cálice óptico 1258F
calmodulina 840-841, 842F, 843, 846, 921-922
calnexina 685, 712
calor
  geração pela gordura marrom 780
  liberação por reações biológicas 61, 65, 76, 102
calosidades 442, 507
calreticulina 685
camadas germinativas 1148, 1167-1168, 1187
  ver também ectoderma; endoderma; mesoderma
CaM-cinase II 841, 842F, 843
CaM-cinases (cinases dependentes de Ca^{2+}/calmodulina) 841-843
câmeras digitais em microscopia 555
caminhada aleatória 59, 60F, 231, 652
camundongo (*Mus musculus*)
  cérebro 502F, 542F, 624, 1250F
  como organismo-modelo 29T, 33, 35-36
  comparação genômica com humano 220F, 221-222, 292
  desenvolvimento embrionário da pata 1022
  efeitos de mutações da miosina 923F
  efeitos do gene *Hox* 1171F
  epiderme 1226F
  fígado 1197
  função gênica crítica ao câncer 1118
  impressão em 408F
  inativação do X em 411F
  incorporação da célula iPS 1254
  macrófagos 739F
  taxa de evolução 220F
  tempos de vida das células epiteliais 1219
  transpósons em 292

camundongo, transgênico
"arco-íris" 502F
camundongos nocaute e 495-496, 1117
colaboração com oncogenes 1117-1118
estudos com telômeros 265
interferência de RNA em 500
canais
como canais de água ou canais de íons 611
distinguidos dos transportadores 599
propriedades elétricas da membrana e 611-637
canais controlados mecanicamente 614, 619
canais controlados por íons 614
canais controlados por ligante 614, 629, 636
canais controlados por nucleotídeo 614
canais controlados por voltagem 614, 621-622, 623F, 625F, 626-630, 632-635
canais de Ca^{2+} controlados por voltagem 626, 628, 632-633, 635, 745
canais de cátions controlados por voltagem 621, 626-627, 629-630
canais de K^+ controlados por voltagem 622, 625F, 627, 634
canais de Na^+ controlados por voltagem 621-622, 623F, 626-627, 633-634
canais de água ver aquaporinas
canais de cátion controlados por AMP cíclico 844
canais de cátions regulados por luz 623
canais de escape de K^+ 614-615, 617-618, 619F
canais de K^+ de rápida inativação 635
canais de K^+ tardios 634-635
canais inônicos controlados por glutamato 631
canais iônicos
abertura tipo "tudo ou nada" 626
ativação sequencial na transmissão neuromuscular 632-633
como poros paracelulares 1049
controlados por nucleotídeos cíclicos 843-844
controle de abertura 604, 614, 618-620, 636F
despolarizante e hiperpolarizante 627
fotossensível 623
mecanossensível 619-620
regulação direta por proteína G 843
seletividade iônica 613-614, 617-618
canais iônicos controlados por transmissor 614, 627-632, 636
alosteria 618, 825
edição de A para I 418
receptores acoplados a canal iônico 817F, 818, 843
receptores de acetilcolina 630-631
tipos neuronais 631, 636
canais MscL e MscS 620
canal de rodopsinas 588, 623-624
câncer (em geral)
ambiente e fatores do estilo de vida que contribuem para 1127-1129
apoptose e linfoma da célula B 1031
como um processo microevolutivo 1091-1103
erros no *splicing* de RNA e 324
hiperatividade de Ras e 854-855, 1016, 1106, 1123, 1125
hiperatividade *Hedgehog* e 873

incidência e mortalidade 1091-1092, 1093F, 1095F, 1127, 1128-1129F
inibição de célula T 1337
mutações do gene *Apc* e 871, 1124, 1125
mutações na fosfatase PTEN e 859
mutações no gene *Myc* e 1016
mutações no gene *p53* e 871, 1016, 1031, 1115, 1125-1126
mutações no gene *Rb* e 1108
necessidade de múltiplas mutações 1118, 1125-1126
patógenos contribuindo para 1265-1266, 1289
produção de telomerase 1016
quebra na regulação de RTK e 853
queratinas no diagnóstico 946
taxas de sobrevida de cinco anos 1128
transições epiteliais-mesenquimais 1042
vias comumente interrompidas 1113-1116
câncer colorretal
anormalidades genéticas comuns 1123-1124
evidências sobre células-tronco a partir de 1220
exemplo de progressão tumoral 1122-1125
modificações epigenéticas 1110F
mutações condutoras 1112F, 1117
câncer de células-tronco 1120-1122, 1124
câncer de colo uterino 1093F, 1096F, 1129, 1131, 1265
câncer de cólon hereditário sem polipose (HNPCC) 250, 1124-1125
câncer de estômago 1093, 1110F, 1120, 1129F, 1132, 1265, 1277
câncer de fígado e vírus das hepatites 1132
câncer de mama
anormalidades cromossômicas 1097F, 1111
cinase Her2 e 1137
crescimento do tumor 1094F
diferenciação variável em 1122
gene *caderina-E* e 1122
genomas 1118, 1119F
incidências 1093F
modificações epigenéticas 1110F
proteínas Brca1 e Brca2 e 281-282, 1134
câncer de ovário 1113, 1116
câncer de pâncreas 1117
câncer de próstata 1117, 1128-1129F
câncer de pulmão 1095, 1110F, 1129F, 1136
cânceres (instâncias específicas)
causados por agentes infecciosos 1105-1106, 1129-1132
classificação pela aparência 1097
classificação pela mutação causativa 1092
classificação pelo tipo celular 1092
degradação da matriz 1072
derivado de uma célula anormal 1093-1094
diversidade genética 1096, 1118-1119
evitáveis 1127-1132
hereditários 250, 282, 1107-1108, 1124-1125
mobilidade celular na metástase 951, 952
origens em clones mutantes 1091-1092
período de incubação 1095
provenientes de tecidos de autorrenovação 1120
resistentes a múltiplos fármacos 610, 1139
Candida albicans 349, 1286F
canibalismo celular 1248

capeamento
de extremidades 5´ mRNA 315-317, 422
filamentos de actina 903, 909, 910F, 918
microtúbulos 927
remoção da capa 426-428
capilares 1231, 1235-1237F
capsídeos virais 128, 129F, 290, 562F, 1266F, 1274, 1280F
nucleocapsídeos 1274, 1275F, 1286, 1287F, 1288
caranguejo ferradura 223
carboidratos
aparelho de Golgi como sítio de síntese 711
camada protetora da membrana plasmática 582, 583F
carcinogênese
carcinógenos químicos 270, 1094-1095, 1127-1129
carcinógenos virais 1130-1132
ligada a mutagênese 1094
radiação e 1094, 1128F, 1132-1133
carcinoma basal celular 873, 1092
carcinomas, definição 1092
cardiolipina 760, 772
CARDs (domínios de recrutamento de caspases) 1026F
carga, em fosfatidilserinas 567F, 574
cargas
e vesículas de transporte 695
filamentos do citoesqueleto 896, 924-925
proteínas motoras 896
carioferinas (receptores de transporte nuclear) 326, 653
cariotipagem espectral 181F
cariótipos
anormalidades e câncer 1097, 1108, 1111, 1125F
conjunto de cromossomos humanos 181F, 182
β-caroteno 508
carotenoides 789, 791F
carreadores de elétron
NADH e NADPH como 67-68, 762
plastoquinona, plastocianina e ferredoxina como 793
carreadores *ver* transportadores
carregadores de helicases 255, 256F
cartilagem 1057-1058, 1060, 1061F, 1063T, 1064, 1229
Cas9 497-498
cascatas catalíticas (cascatas de enzimas) 848, 873, 881
cascatas de caspase 1023-1025, 1028-1029, 1301, 1334
cascatas de cinase 820
cascatas de Rab 707, 708F, 721
cascatas enzimáticas 848, 873, 881
cascatas proteolíticas 1022-1023, 1025, 1302
caseína-cinase 1 (CK1) 870
caspases
caspase-8 1024-1025, 1026F, 1028
caspase-9 1025, 1026F
caspases executoras 1022-1025, 1026F
caspases iniciadoras 1022-1025, 1028
células T citotóxicas e 1334
em apoptose 1022-1023, 1334
IAPs e 1029
na resposta inflamatória 1301

Índice 1383

catabolismo
  como quebra de alimento 51, 52F
  de açúcares pela glicólise 74-78
  NADH em 68
catalase, em peroxissomos 666-667
catálise
  ácido e base simultaneamente 144, 145F
  catálise rotatória em ATP-sintases 776-778
  e uso de energia 51-73
  enzimas como catalisadoras 48, 51, 57, 140146
  regulação da atividade da enzima 149-151
  ribossomas como ribozimas 346-347
  ribozimas como catalisadores 51, 69, 363-364c
  velocidade de proteína e ribozima 363
catálise ácida 144, 145F
catálise de base 144, 145F
catálise do RNA
  e a hipótese do mundo de RNA 362-363
  no spliceossomo 321
  ver também ribozimas
catanina 933, 935-936
catástrofe, microtúbulos 927-928, 932-935, 986
cateninas
  como proteínas adaptadoras 1042
  α-catenina 1037T, 1042-1043, 1044F
  β-catenina 868-871, 1037T, 1042, 1045, 1123T, 1124
  γ-catenina (placoglobina) 1037T, 1046F
  catenina p120 1037T, 1042, 1046F
catracas unidirecionais 162
caudas de histona, N-terminais 189F, 190
  herança de modificações específicas 205F
  na compactação da cromatina 193F
  no empilhamento de nucleossomos 192
  significado de modificações específicas 200F
caudas hidrocarbonadas, gorduras 83, 98-99
Caulobacter crescentus 897, 898F
cavéolas
  como vesículas pinocíticas 731-732
  em endocitose 572
  inativação de TGFb 866
CBC (complexo de ligação ao quepe) 317, 323F, 326, 327F
CBP (proteína de ligação a CREB) 836
Cdc42, como membro da família Rho 854T, 858, 956-957
Cdks (cinases dependentes de ciclina)
  e ciclinas em vertebrados e levedura 969T
  inativação 1002, 1116
  papel no sistema de controle do ciclo celular 968
cDNA (DNA complementar)
  clonagem 470-471
  microarranjos de DNA e 503, 504F
  usando sequenciamento de RNA 477, 503-504
CDP-colina (citidina-difosfocolina) 689F
celularização 748, 1002, 1003F, 1160, 1165
células
  aparência em diferentes extensões 529, 530F
  catálise e uso de energia 51-73
  centralização, por microtúbulos 931, 932F
  componentes químicos de 43-51
  composição em peso 48F
  conteúdo de água 535

crescimento em cultura 440-445
  eucariotos e bactérias, tamanhos 644, 645F
  extratos 447-448
  fracionamento subcelular 445-447
  interação mecânica com ECM 1064
  introduzindo genes modificados 495
  isolamento de tecidos 440
  movimentação por arrasto e nado 951
  número de proteínas em eucariotos 641
  número no corpo humano 2
  regeneração e reparo 1247-1251
  similaridade bioquímica 8
  tamanhos comparativos 29F, 529
  universalidade de 1-2
células absortivas, intestinais 1218, 1219F, 1221, 1223-1224, 1225F
células amplificadoras em trânsito 1121-1122, 1219, 1220F, 1223, 1225, 1226F
células apresentadoras de antígeno (APCs) profissionais 1307, 1328
células B (linfócitos B)
  ativação e sinal extracelular 1336-1337
  controle de formas de anticorpos 417-418
  e anticorpos monoclonais 444
  imunoglobulinas e 1315-1324
  inibição da apoptose por Bcl2 1246-1247
  mudança de classe 1320, 1322-1323, 1335-1336, 1338F
  no linfoma de Burkitt 1106
  origem a partir da medula óssea 1308
  retículo endoplasmático rugoso em 1309
  secreção de anticorpos por 1297, 1307
  segmentos gênicos 1319-1320, 1321F, 1325, 1332
células B e T efetoras
  células B efetoras 1309-1310, 1312-1313, 1316, 1322, 1324
  células T efetoras 1309-1310, 1312-1313, 1324, 1328, 1333-1335, 1337
  comparação 1309
  e memória imunológica 1310-1311
  na diferenciação de linfócitos 1309
células B e T virgens
  células B virgens 1316-1317, 1322
  células T virgens 1314, 1326, 1328, 1332-1333, 1335-1337, 1338F
  localização dos APCs 1311
  na diferenciação de linfócitos 1310
  necessidade de sinalização coestimuladora 1314
células bacterianas, tamanhos 644
células caliciformes intestinais 1218, 1219F, 1221, 1223-1225
células ciliadas, auditivas 560F, 619, 890, 924, 1171, 1189
  como não renováveis 1227
células da crista neural 951, 959, 1041-1042, 1076T, 1186
células da glia 625, 1173-1174, 1179, 1186, 1198-1202, 1210F
  células radiais da glia 1200, 1201F
  de células-tronco neurais 1250
células de câncer
  análise genética 1102
  apresentação cruzada de células dendríticas 1329
  apresentação cruzada e 1329
  células NK/células T de ataque 1304F, 1334F

comportamento anormal em cultura 1098
defesas imunológicas 1137-1138
definindo comportamentos 1092
dependência de oncogene 1135
diferenciação variável em 1121, 1122
imunidade e receptores inibitórios de célula T 1138
instabilidade genética 1097, 1103, 1111-1112, 1116, 1125, 1133-1134
linhagens celulares transformadas de 443
metabolismo anormal da glicose 1098
mudanças epigenéticas 1094, 1096-1097, 1109-1111, 1125-1126
mutações somáticas em 1094, 1104, 1112
perda da dependência de ancoragem 1079
proliferação anormal 1092, 1098, 1099-1100
propriedades aberrantes necessárias 1103
proteínas MHC anormais de superfície 1304, 1305F
sequenciamento do genoma 1095, 1109-1111, 1119, 1137, 1141
células de gordura marrom 780
células de memória 1311-1313, 1314F
  células B de memória 1312, 1316, 1322
  células T de memória 1312, 1322, 1326, 1332
  e polipeptídeos transmembrana 1336
células de músculo liso 1232, 1233F, 1235-1236, 1238
células de Paneth 1218-1219, 1221-1225
células de ponta, endoteliais 1236-1237
células de Purkinje 547F, 650
células de Schwann 625
células de tabaco
  organelas marcadas com GFP 544F
  vacúolos 724F
  Western blotting 455F
células dendríticas
  células de Langerhans como 1226F, 1240
  células T citotóxicas e 1333, 1335
  como APCs profissionais 1307, 1328
  derivadas a partir de monócitos 1240, 1243F
  expressão da proteína coestimulatória 1306F, 1314, 1326, 1337, 1338F
  ligação e ativação de célula T 1324-1326, 1331
  ligando o sistema imune adaptativo e inato 1305, 1306F
  papel como apresentadores de antígenos peptídeos 1240, 1305
  processamento do antígeno 1330F
  proteínas de superfície apresentadas 1306F, 1326, 1327F, 1330
  seleção negativa em timócitos 1332
  uso de apresentação cruzada contra vírus e tumores 1329
células diferenciadas no terminal 400, 816, 1012, 1021, 1148
  músculo esquelético 1233
  vilosidades do intestino delgado 1218-1219
células do folículo 1158, 1165
células endócrinas, na sinalização 815
células endoteliais, em vasos sanguíneos 1235-1238, 1311-1312
células enteroendócrinas 1218, 1219F, 1221, 1223-1224
células epiteliais
  aquaporinas 612
  carcinomas como cânceres de 1092

domínios apical e basolateral 749, 893, 1036, 1047
filamentos de queratina em 946
junções compactas 1044
polarização 749, 1047
queratinócitos como 953
renovação, no cólon e reto 1122
transporte de solutos 605
células ES *ver* células-tronco, embrionárias
células espinhosas 1226F
células espumosas 1266
células exócrinas
aquaporinas 612
pancreáticas 671F
células fagocíticas profissionais
macrófagos e neutrófilos como 739, 1298
PRRs sobre 1298
células germinativas
desenvolvimento embrionário 1158
migração no peixa-zebra 1185F
células híbridas murinas-humanas 589F
células hipofisárias secretoras de hormônio 840
células humanas
limite de divisões 1016
tRNA e números de anticódons 336
células iPS (células-tronco pluripotentes induzidas) 398, 401, 1254-1259
células linfoides inatas 1326
células matadoras naturais (NK, *natural killer*) 1240, 1241T, 1304, 1333-1334
células mesenquimais
células-tronco mesenquimais 1229
transição epitelial-mesenquimal 1042, 1101
células mieloides 1240
células mioepiteliais 1232, 1233F
células multinucleadas 1249
ver também sincícios
células musculares
bomba de Ca^{2+} no RS 606-607
junções miotendinosas 1075, 1076T
junções neuromusculares 630
migração de mioblastos 1185-1186
músculo do voo de insetos 919F
tipos musculares 917, 1232, 1233F
células nervosas *ver* neurônios
células NSQ (núcleo supraquiasmático) 877
células plasmáticas, células B efetoras como 1309
células progenitoras comprometidas
destino de 1245-1246
linfoide e mieloide 1243
células progenitoras de GM (granulócitos/macrófagos) 1245
células progenitoras hematopoiéticas 1243, 1245-1246
células radiais da glia 1200, 1201F
células renais 536F, 558F
células satélite, músculo esquelético 1234
células somáticas
autossacrifício 1091
desenvolvimento embrionário 1158
frequência de mutação 238-239
regeneração a partir de 1247-1248, 1249F
células T
apresentação de antígeno por células dendríticas 1305
células T efetoras 1309-1311, 1313, 1324, 1328, 1333-1335, 1337

células T γ/δ 1326
origem do timo 1308
principais classes 1325
proteínas coestimuladoras 1305, 1306F, 1326, 1327F, 1335, 1337-1338
proteínas MHC 1324-1339
reconhecimento de peptídeos estranhos 1327F
timócitos como células T em desenvolvimento 1308F, 1332-1333, 1336
células T auxiliares (células T_H)
apresentação de complexos peptídeo-MHC 1130, 1327F, 1338F
ativação da célula B 1316-1317, 1320, 1322-1323, 1335
ativação de macrófago 1335
células T auxiliares efetoras 1326, 1335, 1338F
células T auxiliares foliculares 1336
células T citotóxicas e 1333
classes de células T 1325
expressão em CD4 1331-1332, 1335
invasão por HIV 1332
possível diferenciação 1335-1336
proteínas/sinais coestimuladores 1314
células T reguladoras 1314, 1325-1326, 1327F, 1328, 1331-1332, 1333F, 1335F
células T reguladoras induzidas 1336
na autotolerância imunológica 1336
células tumorais *ver* células de câncer
células vivas
formação da bicamada e 569
microscopia óptica de 533-534, 538-539, 541F, 542-546
monitoração de concentrações iônicas 546-547
celulase 461
células-mãe ganglionares 1174, 1179
células-mãe sensoriais 1172, 1173F
células-tronco
células-tronco cancerosas 1120-1122, 1124
células-tronco epidérmicas 1225-1226
células-tronco neurais 1201F, 1250, 1251F
definição das propriedades 1219, 1220F
em criptas intestinais 1122, 1124, 1219-1220, 1224
em tecidos epiteliais 1217-1227
formação de células sanguíneas a partir de 1239-1247
geração guiada de células e órgãos 1266-1267
hematopoiéticas 1239, 1242-1243, 1308
ideia da divisão celular assimétrica 1222, 1223F
mesenquimais 1229
mioblastos persistentes 1234
multipotente 1219F, 1220-1221, 1222F, 1229, 1239, 1242-1244
organoides das 1223
possibilidades restritas 1251
risco de mutação 1243
semelhanças a neoblastos 1248-1249
substituição artificial 1249-1250
teoria da escolha independente 1222, 1223F
tipos 1220
uso terapêutico 1249-1251
células-tronco, embrionárias
camundongo transgênico 496
geração guiada de células e órgãos 1266-1267

na descoberta de fármacos 1258-1259
produção e pluripotência 1253
rede de transcrição 399F, 1254
regulador Nanog 378F
células-tronco, pluripotentes
através da reprogramação 398
pluripotencial induzido 398, 401, 1254-1259
celulose 1083-1086
celulose sintase 1085
CENP-A (proteína centromérica -A) variante da histona H3 198F, 203-204
central sinalizadora, Ras e Rho 854
centrifugação de equilíbrio 672
centrifugação e a ultracentrífuga 445-447, 455
centríolos 930, 931F, 943, 982, 985F
centro organizador de sinalização 1167-1168
centrômeros
criação dos centrômeros humanos 204
cromatina centromérica 203-204
manutenção da heterocromatina 432-433
microscopia de fluorescência 538F
papel e tamanho 186
posições nos cromossomos humanos 181F
centros bimetálicos, citocromo *c* oxidase 772
centros de ferro-enxofre
cloroplastos 787, 792-794F
mitocôndrias 760, 766-768, 769-771F, 773F
centros de organização dos microtúbulos (MTOCs) 891, 928-930, 931-932F, 936
centros de reação, fotoquímica 783-784, 788-790, 796
evolução 793, 794F
centros de reação fotoquímica 783-784, 788-790, 793, 796
centros de reação fotossintética 588
centros germinais 1313F, 1322-1323
centros sinalizadores 1153, 1160, 1167-1168, 1178
centrossomos 891, 930-932, 933F, 935-939, 943, 981-982, 983F
duplicação 984-985
ceramida 690
cerdas, mecanossensorial *(Drosophila)* 1172-1173
cérebro humano, número de neurônios 627, 1198
α-cetoglutarato 84, 106-107
cetoses 98
chaperonas de histona 190, 192F, 198, 262, 313
e ativadores da transcrição 386-387
chaperonas moleculares
BiP (proteína de ligação) 677, 678F, 683, 712-713
calnexina e calreticulina 685, 712
e enovelamento de proteína 114, 354-357, 1329F
família hsp70 355-357, 659-662, 683, 702
hsp60 355-357, 662
impedindo o enovelamento no RE e citosol 677, 686, 711F
protegendo o N-terminal da proteína 361
proteínas precursoras mitocondriais e 660-662, 664
reconhecimento de proteínas não enoveladas 683
chaperoninas 356
cheiro (receptores olfatórios) 824, 832, 843-846, 1250F

chimpanzés 17, 217-219, 221, 224, 225F, 226, 228, 231
ChIP (imunoprecipitação da cromatina)
    análise 210
Chlamydia pneumoniae 1266
Chlamydomonas (*C. reinhardtii*) 938F, 941F, 943
"choque cultural" 443
cianetos 772
cianobactérias
    ATP-sintases 778F
    e origens da vida aeróbica 796-797
    e origens dos cloroplastos 28F, 798F
    fotossíntese avançada em 782, 790
    relógio circadiano 878-879
cicatrização de feridas 504, 953, 1011, 1059
    VEGF e 1237
    ver também remodelagem de tecidos/regeneração
ciclina E e inibição do crescimento 1197
ciclinas
    condicionalmente de curta duração 359
    quatro classes 968-969
ciclinas G1 969
ciclinas G_1/S 969, 1013
ciclinas M 969, 971, 978, 993, 1004
ciclinas S 969, 971, 993, 1013-1014
ciclo celular
    Caenorhabditis elegans 33
    comprimento e tipo celular 1012
    estruturas subnucleares e 331
    eucariótico 185, 258F, 964-966
    fase M e S 963
    mitose 978-995
    modificações no nucléolo 330F
    mutações sensíveis à temperatura e 489
    organismo-modelo 966
    papel do tempo sugerido 1180
    parada permanente 1016
    proteínas acessórias e 895
    recombinação homóloga uso 275
    resposta ao dano do DNA 276, 1014-1015
    retirada de neurônios simpáticos 1018
    Saccharomyces cerevisiae 31-32
    transições reguladoras 967
    visão geral 963-967
    ver também divisão celular
ciclo da ureia 760
ciclo de Calvin (ciclo da fixação do carbono) 755F, 785-786, 787F
ciclo do ácido cítrico (ciclo de Krebs)
    em plantas 786
    excesso de citrato do 760
    macromoléculas precursoras do 85F
    mitocôndria e 664, 758-759
    visão geral 106-107
ciclo do carbono 55, 785
ciclo do glioxilato 667
ciclo do nitrogênio 85-86
ciclo endocítico-exocítico 731
ciclo haploide-diploide 4860
ciclo Q 770, 771F, 791, 792F
ciclo-hexamida 351, 352T, 546F
ciclopamina 873
ciclos de fosforilação 156
ciclos de retroalimentação
    e memória da célula 401-402
    em sistemas de sinalização 825, 828, 829F, 830-831, 856-857

necessidade de análise quantitativa 38
transcrição ativada por mitógeno 1012-1013
ciclos de retroalimentação negativa 402
    bastonetes 845
    comum a todas as células 402
ciclos de retroalimentação positiva
    células T auxiliares 1337
    comutadores e biestabilidade 517, 518-520, 827-829
    M-Cdk nas 1004
    memória celular e 401-402, 412, 413F, 432
ciclosporina A 655F
ciclossomo *ver* APC/C
CICR (liberação de cálcio induzida por - Ca^{2+}) 838
ciência forense 233, 473-477
cílios
    construídos a partir de microtúbulos 941-942
    estereocílios 890, 892, 924, 1189
    microtúbulos e 890-891
    polaridade celular planar e 1189
    receptores olfatórios 843, 844F
    ver também axonemas
cílios primários 824F, 845F, 873, 942-943, 949, 950F
cinase A *ver* proteína-cinase dependente de AMP cíclico
cinase DDK 975, 976F
cinase Wee1 970, 973T, 979
cinases dependentes de ciclina (Cdk)
    fosforilação de nucleoporinas e laminas 656
    na árvore evolutiva da proteína-cinase 155F
cinases lipídicas 574
cinesina-1 936, 937F, 939
cinesina-10 983, 991, 992F
cinesina-13 933-934, 936
cinesina-14 983, 985, 987F
cinesina-2 943
cinesina-4 983, 991, 992F
cinesina-5 983, 985, 987F, 994
cinesinas 163, 459, 460F, 936-937, 939, 1288
cinética enzimática 141-144
cinética no estado estacionário 142
cinetocoros
    biorientação 988-989
    como complexos proteicos 186
    diferenças nas espécies 203
    ligação da cromátide-irmã 987
    ligação de microtúbulos 990F
    na meiose 1008
    na mitose 980-981, 988F
    proteína Skp1 em 167-168
cinta deslizante 247, 248-249F, 262, 274F
cintas circunferenciais 924
cinturão de adesão 1036F, 1044, 1045F
circuitos de transcrição, como comutadores 402-403
cisteína
    alvos de tetracisteína 1053F
    estrutura 113
    selenocisteína 350
    ver também ligações dissulfeto
cisternas, aparelho de Golgi 642, 715-716
cisternas, RE rugoso 671F
cistinúria 598-599
citocalasinas 904

citocinas
    destino da célula T auxiliar 1335
    IL1 e TNF-α como 873
    na resposta inflamatória 1301
    resposta de mamíferos a dsRNA 1304
    sinais coestimulatórios de 1337
    troca de classe 1323
    ver também quimiocinas; interferon-γ; interleucinas
citocinese 981
    alargamento da membrana plasmática 748
    anel contrátil e 949
    em plantas 1000-1001
    mecanismo ESCRT 737
    na fase M do ciclo da célula 964, 965F, 966-1004
    organelas envoltas por membrana 1001
citocininas 881-882
citocromo *b* 562 118F, 354F
citocromo *c*
    estrutura do grupo heme 766
    na apoptose intrínseca 1025-1027
citocromo *c* oxidase 767, 768F, 770-773, 774F
citocromo *c* redutase 767-769, 770-771F, 773, 797
citocromo oxidase 659F, 797
citoesqueleto
    acoplamento do receptor pela família Rho 858
    actina e proteínas de ligação à actina 891, 898-914
    associação da mitocôndria com 755
    bacteriano e eucariótico 24, 896-897
    bacteriano e sequestro viral 913-914, 1286-1288
    comportamento dinâmico 890-892, 895F
    conexões da matriz extracelular 1035
    coordenação entre elementos 959-960
    e difusão de proteínas de membrana 591-593
    estabilidade termal 895F
    filamentos intermediários 891, 944-950
    função e origem 889-898
    ligações de integrina 1075
    microtúbulos em 891, 925-944
    migração celular e 951-960
    miosina e actina 914-925
    montagem de filamentos 893
    no crescimento do axônio 1201
    proteínas acessórias 889, 894-896
    proteínas ligantes 948-949
    proteínas motoras 896
    três elementos de 889
    ver também microtúbulos
citoesqueleto cortical 591-593
citometria de fluxo 524, 966, 967F
citoplasma
    definição 642
    macromoléculas em 60F
    reprogramação nuclear 1252
citosina
    3-metil- 271
    5-metil- 404, 406
    desaminação de 5-metil- 405
    desaminação para uracila 267T, 268, 269F, 1322-1323
    estrutura 100
    metilação do DNA na 404
    pareamento de base de DNA com guanina 176, 177F

citosol
    como sítio de síntese de proteínas 641
    regulação do pH 604-605, 608
    replicação do vírus de RNA 1278
    transporte entre núcleos e 649-658
citrato sintase 106
CK1 (caseína-cinase 1) 870
CKIs (proteínas inibidoras de Cdk) 970-971, 972F, 973T, 1003-1004, 1013-1014, 1015F
classificação filogenética de bactérias 1267
claudinas 1048-1051
clivagem do DNA por nucleases de restrição 464-465
clivagem do RNA 417-418
clonagem de DNA
    bibliotecas de DNA de 469-470
    clonagem do cDNA 470-471, 475F
    clonagem do DNA genômico 470-471, 475F
    dois significados 467
    na tecnologia do DNA recombinante 464
    proteína em quantidade da 483-484
    usando PCR 473-474
clonagem livre de células 474
clones
    mutante, e cânceres 1091-1094, 1097F
    o corpo como um clone do ovo 1091
    subclones em câncer 1096, 1097F, 1118-1119, 1123
cloreto de césio 447
clorofila 754-755
    clorofila P_{680} 790, 791F, 794F
    estrutura 787F
    ionização, início da transferência de elétrons fotossintéticos 783
    pares especiais 788-790, 791F-792F, 793, 794F
    transferência de energia/transferência de elétrons 787-788
clorofila A_0 792
clorofila P680 790, 791F, 794F
cloroplastos
    armazenamento de energia no 80-81
    colaboração com mitocôndria 787F
    como plastídios 642
    comparados com mitocôndria 782-783
    conversão da energia no 784F
    entre compartimentos intracelulares 642
    estrutura 658F
    membrana tilacoide 606, 658, 664, 686
    mitocôndria marcada com GFP e 544F
    na citocinese 1001
    na fotossíntese 782-799
    origens e características 26-28, 644, 798F, 806-807
    RNAs de auto-splicing 324
    transporte de elétrons na mitocôndria e 755F
    transporte de proteína no 658, 664-666
cloroquina 610
Clostridium difficile 1264
CLRs (receptores de lectina tipo C) 1300
CMC (concentração micelar crítica) 583, 584F
CNVs (variação no número de cópias) 232, 492
coagulação do sangue 1067-1068, 1077
coativadores 385-386, 388-389, 392, 394, 395F
coatômero 713
cobertura celular 582, 583F
cobre
    íons, na citocromo c oxidase 771F
    nos receptores de etileno 881
"código de histonas" 198

código genético
    aminoácidos equivalentes dos códons 334
    história 7, 178
    possíveis origens 365
    universalidade 2-3
    variantes 349-351, 805
códigos reguladores combinatórios 166
códons (ácidos nucleicos)
    aminoácidos equivalentes 7, 334
    códons de início e parada 347-349
    códons sinônimos 219-220
    uso mitocondrial 804-805
códons AUG (início de tradução/metionina) 334, 347-348, 424-425
códons de parada 348-349, 350
    decaimento de mRNA mediado por 327F, 352-353
    escassez relativa em ORFs 482
    mutações gênicas supressoras de tumor 1110F
    prematuro 418
coeficientes de difusão 570, 589
coeficientes Hill 517-518
coenzima A 68-69
    ver também acetil-CoA
coenzima Q (ubiquinona) 765-766, 767F, 768-770, 771F, 772-773
coenzimas
    e vitaminas 146-148
    nucleotídeos como 101
    ver também transportadores ativados
coesão da cromátide-irmã 964, 977, 992, 994, 1009
coesinas 215, 550, 977-979, 982, 992, 993F, 1004, 1007-1008F, 1009.
cofatores, carreadores de elétrons 764
cofilina (fator de despolimerização de actina) 905, 910, 914, 954, 957, 958F
coimunoprecipitação 457, 505, 506F
colaboração, em organismos multicelulares 1091
colágeno
    colágeno tipo IV 1058F, 1062, 1069-1073
    colágeno tipo XVII 1037T, 1062, 1070, 1076F
    montagem 130
    transporte vesicular do procolágeno 704
    tripla-hélice 124-125, 1061-1062
colágenos fibrilares 1058F, 1062-1064
colágenos não fibrilares 1063T
colchicina 459, 904T, 928, 935, 939, 993
colecistocinina 1219F
cólera 576, 732, 834, 1265, 1266F, 1269-1270
colesterol
    e o hormônio esteroide 875
    em vesículas sinápticas 747F
    endocitose mediada por receptor 733
    estrutura 99, 568F
    na membrana celular 568, 571-572
    NADPH na biossíntese 68F
    regulação latente do gene 655, 656F
colo uterino, cânceres do 1093F, 1096F, 1129, 1131, 1265
coloração por imunofluorescência da superfície da célula 591F
coluna espinal
    dano 1251
    desenvolvimento 1170F, 1186, 1199-1200, 1202, 1203F, 1209F

colunas de dominância ocular 1212
comensalismo 1264, 1277, 1298
compartimentos, manutenção da diversidade 697-710
compartimentos intracelulares ver organelas
complexidade do desenvolvimento e repressão gênica 390
complexinas 745
complexo Arp2/3
    ativação de Rac 957-959
    nucleação de filamentos de actina 905-906, 908F
    recrutamento bacteriano 913-914, 1281, 1288, 1289F
    redes de actina e 911, 953, 954F
complexo BAM 662F
complexo carregador de grampo 247-249
complexo citocromo b6-f 787, 789, 791-794, 797
complexo de degradação 870
complexo de oligossacarídeos 717-718
complexo do fotossistema II 588, 791F
complexo Hox (seletor homeótico)
    em humanos 1169
    expressão gênica seriada 1163-1164, 1169
    memória celular e 1164
Complexo I (complexo NADH desidrogenase) 767-770, 769F
Complexo II (succinato desidrogenase) 767-768F, 772-773, 775
complexo Mre11 282-283F
complexo NADPH-oxidase 1301
complexo Ndc80 987, 988F, 990F, 991
complexo OXA (atividade da citocromo oxidase) 659, 660F, 663F, 664
complexo piruvato desidrogenase 82, 107, 149F
complexo receptor Get1-Get2 682F
complexo RITS (silenciador transcricional induzido por RNA) 432
complexo SAM (maquinaria de montagem e endereçamento) 659, 660F, 662
complexo Sec61 676-678
complexo TIM (translocador da membrana mitocondrial interna) 659, 660F, 661-662
    TIM22 659, 660F, 663F, 664
    TIM23 659, 660F, 661-662, 663F, 664
complexo TOM (translocador da membrana externa) 659-662, 663F, 664
complexos antena 788-789, 794F
complexos Cdk-ciclina 968, 969F
complexos da cadeia respiratória 758, 762, 764, 766, 779
    potencial redox 767, 768F
    supercomplexo 772-773
    três complexos 767
    três constituintes 767
complexos de ataque à membrana 1303
complexos de iniciação da transcrição 311
complexos de poros nucleares (NPCs)
    arranjo 651F
    entrada de vírus 1281
    exportação de complexos mRNA-proteína 326-327
    fosforilação na mitose 985
    ligação com receptor de importação 652
    Ran-GTPase e 653-654
    transporte controlado 646

complexos de remodelagem da cromatina
e reguladores da transcrição 380, 386, 388, 390
e repressores da transcrição 390
modificações no nucleossomo e 190-193
necessários para a RNA polimerase II 312-313
para replicação do DNA 261
complexos de remodelagem da cromatina dependentes de ATP 190-193
complexos de sinalização intracelular 822, 823F, 851F, 859
complexos enzima-substrato
exemplo da lisozima 146F
formação por colisão 59-60
complexos ESCRT (*endosome sorting complex required for transport*)
formação de vesícula intraluminal 736-737
proteínas de ligação a ubiquitinas 735
complexos juncionais
grupos de integrinas 1079
junções compactas 1049-1050
RE com mitocôndrias 691
complexos leitor-escritor
domínios de cromatina e 202
modificações nos nucleossomos 199-201, 406F
complexos multienzimáticos 148-149
complexos pré-replicativos (pré-RCs) 259-260, 974-975, 976F, 1002
complexos promotores 510-512
complexos proteicos
agregação para obter retenção 714
complexos de sinalização intracelular 822, 823F, 851F, 859
proteínas de membrana 588-589
rosetas celulose sintase 1085-1086
ver também complexo Arp2/3
complexos proteína-clorofila 787-788
centros de reação e complexos de antena 788-789
fotossistemas como 788
complexos sinaptonêmicos 1006-1007, 1008-1009F, 1010
complexos SNARE 709, 745
complexos *trans*-SNARE 708
componente do complemento C3 (C3a e C3b) 1302-1303
componente do complemento C9 1303, 1334
componentes químicos das células 12, 43-51
ver também elementos
comprimento de onda
dos elétrons 554
excitação de proteína fluorescente 545
excitação e emissão, de corantes fluorescentes 537F
limites de resolução e 529-530, 533F, 554
microscópios multifotônicos 542
comprometimento de células progenitoras 1243
comutadores
ativação e repressão da transcrição 871, 873, 878
ativação M-Cdk 979
catástrofes e resgates de microtúbulos 934
ciclos de retroalimentação positiva 517, 518-520
cinases e fosfatases 819

controle da transcrição em eucariotos 384-392
GTPases (Ran, Ras, Rho) 653, 854, 956
ligação cooperativa e 517
operação em *Drosophila* 392-395
óperon *Lac* 382-383
proteínas alostéricas 152
proteínas de ligação a GTP 157F, 703, 820, 854
proteínas-cinase 829F, 841, 843F, 846, 852, 857
reguladores da transcrição 384-392, 402-403
repressores da transcrição, para ativadores 868, 871
ribocomutadores 414-415, 423F
sistema de controle do ciclo celular 967, 972-973
Smads 866
concatenação do DNA 977, 979
concentração crítica, Cc 900-903, 904F, 906, 927-928
concentração de proteínas 513-514
concentrações no estado basal 513F, 514
condensação cromossômica 978-979
condensinas 209F, 215, 979-982
condroblastos 1057
condrócitos 1229
condromas benignos 1092
condrossarcomas malignos 1092
"condutores de prótons" 773
cones de crescimento, axônios 858, 943, 951, 1201-1204, 1206, 1208-1211
semelhantes a células endoteliais da ponta 1237
conexinas 1051, 1052F
conéxons (hemicanais) 1051-1052
confluência 1098
conformações
de macromoléculas em geral 49, 50F
de proteínas 110
e energia 114
ver também estrutura proteica
congelamento rápido 556, 561F
conjugação, e transferência horizontal de genes 1268
conoides 1282, 1283F
conservação de energia 52-54
constante de associação 139F, 140
constante de ligação (K_m) 601-602
constantes cinéticas 458, 516F
constantes de equilíbrio
complexos proteína-promotor 511
decorrentes de alterações de energia livre padrão $\Delta G°$ 62-63, 63T, 139F
forças de ligação da proteína e 138-140, 458
polimerização da actina 900, 902
constantes de velocidade
associação e dissociação 510F, 511
constantes da taxa de transcrição 513
polimerização da actina 900, 902
contato célula-célula
células-tronco hematopoiéticas 1244
dependente da sinalização no 1150
desmossomos 946
inibição lateral dependente de 1152, 1173F
Rac e Rho na organização da actina 957, 958F
sinalização dependente de contato 815F
sinapses imunológicas 1344F

contato das células estrômicas, células-tronco 1244
contração muscular
actina e miosina na 916-920
íons cálcio (Ca^{2+}) na 920-923
músculo liso 921-923
velocidade da 919
controle
canais de íons 604, 614, 618-620, 636F
controle lateral de proteínas translocadoras 678-679
junções do tipo fenda 1052
controle da atividade proteica
expressão gênica 372, 373F
hiperatividade no câncer 1106-1107
controle da tradução, expressão gênica 372, 373F
controle de qualidade
aspectos da apoptose 1022
saída da proteína do RE 711-712
splicing do RNA 323-324, 336
tradução 351-353, 357
transporte de RNA do núcleo 419-421
controle do retrocruzamento 285
controle transcricional
da expressão gênica 372, 373F
em eucariotos 384-392, 405
no sistema de controle do ciclo celular 971
controles combinatórios
de reguladores transcricionais 396, 397F, 399, 520-521
expressão do gene e tipo celular 396-398, 399, 1150, 1160
funções lógicas 430
gene *Eve* 394-395
miRNAs 430
controles pós-transcricionais 413-428
conversão gênica
genes supressores de tumor e 1109
recombinação homóloga e 282, 285-286
coordenação
do crescimento e divisão celular 1018
resposta de sinalização celular múltipla 825
corante DAPI 537-538F, 800F
corante vermelho de rutênio 582, 583F
corantes Alexa 537, 538F
corantes Cy3 e Cy5 537
corantes fluorescentes
arranjos de proteína 458
células de câncer marcadas 1120
comprimentos de onda de excitação e emissão 537F
exemplos 537
fotoativação 544
marcação de DNA 466, 467F, 478, 503-504
no rastreamento de uma única partícula 589
RT-PCR quantitativa 502-503
sequenciamento Illumina® 480
técnicas de *blotting* de anticorpo 454
corpo humano
como um ecossistema microbiológico 1263-1264
número de células e tipos celulares 2, 1091, 1217, 1264
número de linfócitos 1308
proteínas únicas aos humanos 122
renovação diária de ATP no 774
taxa de mutação 1091, 1094, 1095F
corpo mediano 997, 998F

corpo polar do fuso 557F, 930
corpos basais 943
corpos de Cajal 213, 331-332, 544F
corpos embriodes, a partir de iPSs 1257F
corpos multivesiculares
    complexos ESCRT e 736-737
    exocitose 729
    fusão 736
corpos-P (corpos de processamento) 427-428, 430
corpúsculos residuais 739
correção
    aminoacil-tRNAs 339, 344-345
    cinética 345
correção de erros
    correção 339, 344-345
    na síntese de DNA 243-245, 250-251
    por tRNA-sintases 338-339
    ver também controle de qualidade
correção, replicação do DNA 242-244, 250-251, 257F
    polimerases de translesão 273
    verificação de pareamentos incorretos 250-251, 257F
correceptores CD4 1330T, 1331-1333, 1335-1338
correceptores CD8 1330T, 1331-1333, 1335-1336, 1337F, 1338
corrente sanguínea
    adesão célula-célula 1054-1055
    uso pelas metástases 1101-1102
correpressor de Groucho 870F, 871
correpressores 385, 386F, 390, 392, 394, 395F
correspondências códon-anticódon 345, 804
córtex celular
    citoesqueleto cortical 591, 593
    em mitose 913
    filamentos de actina inferiores 592, 891, 907
córtex cerebral 1200, 1201F, 1205, 1211
cortisol 400, 835T, 875-876
cotransportadores *ver* simportes
Coxiella burnetii 1284F
CPSF (fator de especificidade de poliadenilação e clivagem) 324-325
CRE (elemento de resposta ao AMP cíclico) 836
CREB (proteína de ligação a CRE) 836, 841
crescentina 897, 898F
crescimento
    de órgãos e animais 1193-1198
    e decrescimento 1248
crescimento celular
    controle da divisão celular e 1010-1018
    controle de, em plantas 1085
    controle e a via de PI-3-cinase-Akt 861
    diferenciando de proliferação celular 1011
    vias reguladoras principais 1113-1114
    ver também fatores de crescimento
crianças
    defeitos de nascimento 1154
    transporte de anticorpos em recém--nascidos 737
crime *ver* ciência forense
criptas intestinais 1122, 1124, 1218-1219
criptocromos 885
cristalografia eletrônica 580, 586
cristalografia por raio X/difração por raio X
    ATP-sintase 777F
    bacteriorrodopsina 587

Bcr-Abl-imatinibe 1136F
Ca^{2+}/calmodulina/CaM-cinase II 841-842F
canal de K^+ bacteriano 617
capsídeos virais 128-129F
comparada à microscopia eletrônica 562
complexo ciclina/Cdk 970F
complexos da cadeia respiratória 768
conexinas 1052F
conformações das proteínas 120F, 121, 144
DNA e RNA-polimerases 304
domínio SH2 853F
domínios Ig 1319F
estrutura proteica 460, 461F
fibrilas amiloides 131F
integrinas 1077
lisozimas 144
nucleossomos 189F, 192
proteína carreadora ADP/ATP 780F
proteínas de membrana 579-581
reguladores transcricionais 375
ribossomos 346F, 460
ribulose bisfosfato carboxilase 461F
RNA de transferência 335F
super-hélices 117
cristas 658, 757-758, 759-761F, 778-779
cromátides-irmãs
    biorientação 988-989
    formação na interfase 185
    formação na prófase 964
    ligação ao cinetocoro 987
    ligação de extremidades não homólogas e 275F, 278
    na metáfase 214-215
    na recombinação homóloga 275
    separação 992, 993F, 994
cromatina
    ativação e repressão 205, 210
    empacotamento de DNA 179-193, 259
    estrutura e função 194-207
    heterocromatina e eucromatina 194, 976
    inserção de variantes de histona 198
    modelo zigue-zague 192
    posição e expressão do gene 212, 213F
    propagação de modificações 199-201
    tipos de proteínas 187
    transplante nuclear seguido de mudanças 1252-1253
cromatografia
    cromatografia de proteínas em colunas 448-449
    cromatografia de troca iônica 448-449, 452
    cromatografia hidrofóbica 448, 452
    cromatografia por afinidade 448-450, 459, 484
    cromatografia por gel-filtração 448-449, 450F, 455
    HPLC (cromatografia líquida de alto desempenho) 449, 457
cromocinesinas 984
cromóforos
    fotoproteínas de plantas 884
    retina, em bacteriorrodopsina da 587
cromossomo 13 humano 1108
cromossomo 22 humano
    compactação na mitose 187
    seção de amostra 183F
    translocação com cromossomo 9 1093, 1094F, 1135F
cromossomo 5 humano 472F

cromossomo 6 humano 132F, 1327
cromossomo 9 humano 472F, 1093, 1094F, 1135F
cromossomo Filadélfia 1093, 1094F, 1095, 1135
cromossomo *puffs* 211
cromossomos
    componentes essenciais de 185-186
    controle da duplicação 974, 975F
    cromossomos *plumosos* 207-209, 211
    cromossomos politênicos 208-211
    eletroforese de cromossomos inteiros 466
    empacotamento do DNA na cromatina 187-193
    empacotamento do DNA na mitose 214
    estruturas globais 207-216
    forças, no fuso mitótico 990-992
    genes rRNA 181F, 330
    lócus da cadeia de Ig 1320
    número de pares de nucleotídeos, humano 257
    primeiras descobertas 173-174
    replicação do DNA dentro dos 254-266
cromossomos em metáfase 214, 486, 988F
cromossomos homólogos
    e impressão 408F
    segregação na meiose I 1008
cromossomos mitóticos 979F
cromossomos na anáfase 988F
cromossomos Polycomb 208-211
cromossomos sexuais
    compensação da dosagem 410
    em diferentes organismos 486
    inativação do X 410-411, 412F, 1252
    não homólogos 180
    sequência de amostras do cromossomo X 300F
cronograma do desenvolvimento embrionário 1176-1184
crRNAs (CRISPR RNAs) 434
CSFs (fatores estimuladores de colônias) 1244-1246, 1257F
CTCs (células tumorais circulantes) 1102
CTD (domínio C-terminal) 310F, 311-312, 311T, 316-317
C-terminal
    cadeias polipetídicas principais 110F, 339
    imunoglobulinas ligadas à membrana e solúveis 1317
    ligação de âncoras de GPI 688
    membrana de ancoragem 682
    sequências-sinal na 647, 667
    sítio de clivagem do transcrito e 417-418
CTLA4 (proteína 4 associada ao linfócito T citotóxico) 1138-1139, 1337
culinas 160, 164
cultura de células
    comportamento anormal de células de câncer 1098, 1099-1100
    fatores de regulação da hematopoiese 1244
    fusão de mioblastos 1234
    homogeneidade da população 440, 442
    limitações da cultura em laboratório 14
    linhagens de célula eucarióticas 442-444
    microscopia ótica 440F, 442F
    necessidade de suporte 441
    organoides das células-tronco 1223
    proliferação de fibroblastos 966F

Índice

culturas primárias 441
curare 632
currais 593
CXCL12 ligante 1185-1186

D

daltonismo 300F
Danio rerio ver peixe-zebra
dano ao DNA
    por carcinógenos químicos 1127-1128
    resposta à apoptose 1022, 1028
    resposta do ciclo celular 276, 1014-1015
    resposta em células do câncer 1099, 1113, 1115-1116, 1132
    sítios suscetíveis e lesões típicas 267
    telômeros e resposta 264
    via regulatória do p53 1113, 1115-1116
    ver também reparo de DNA
ddNTP (didesoxinucleosídeo trifosfato) 478
decapeamento de mRNA 426-428
decorina 1058F, 1060
decrescimento 1248
defensinas 1298, 1302
deficiência de adesão leucocitária 1076T, 1077
definição de éxon 322, 323F
degradação de proteínas
    acetilação do N-terminal e 360-361
    efeito sobre as vidas médias 514
    regulação por fosforilação 360
degradação do mRNA mediada por ausência de sentido 327F, 352-353
degrons 158
Deinococcus radiodurans 483
deleção clonal
    ausência de coestimulação 1337
    autotolerância imunológica 1313-1314, 1321
    seleção negativa 1332
deleções cromossômicas, específicas para humanos 226
demência frontotemporal 324
demetilases do DNA 404, 406
dendritos
    autoeliminação 1206-1207
    no desenvolvimento neural 1198, 1199F, 1200-1201, 1206-1207, 1208F
    papel nos neurônios 621, 940
dependência a oncogene 1135
dependência de ancoragem 1079
depurinação 267T, 268-269, 270F
derivados de nicotinamida *ver* NADH; NADPH
derrame, apoptose e 1031-1032
desaminação
    adenina para inosina 335, 336-337F, 418
    arginina para NO 847
    citosina para uracila 267T, 268, 269F, 272F, 418, 1322-1323
    de 5-metilcitosina 405
    de DNA produzindo bases não naturais 271-273
    edição de RNA 418-419
desaminação de adenosina 335, 336, 337F
descoberta de fármacos
    baseada em computadores 463
    células-tronco e 1258-1259

desdiferenciação 398, 1249
desenvolvimento embrionário
    adesão célula-célula dependente de caderina em 1040-1041
    apoptose no 1022
    assimetrias 1151-1152
    blastômero a diferenciação 1148F
    células germinativas e células somáticas 1158
    controle do "momento" 1176-1184
    desenvolvimento neural 1198-1213
    genes específicos em animais 1149
    memória celular no 1148, 1150, 1162, 1164
    morfogênese 1184-1193
    morfogênese do tecido 1059
    padrão espacial no 1150-1154
    processos fundamentais em animais 1145
    programas de controle intracelular 1179
    retina 1236
    transições epitelial-mesenquimal 1042
    visão geral 1147-1155
desenvolvimento neural 1198-1213
    quatro fases 1199F
    vertebrados 1199-1200
desfosforilação, M-Cdk e 970-971, 978, 993-995, 998
desidrogenação e hidrogenação 56
desidrogenase lática 118F
desintoxicação de álcool 667
deslizamento do nucleossomo 190, 191F
desmina 944T, 948-949, 1046
desmocolinas 1037T, 1038, 1039F, 1046F
desmogleínas 1037T, 1038, 1039F, 1046F
desmoplaquinas 1037T, 1046F
desmossomos 893F, 946, 1036, 1226F
desmotúbulos 1053, 1054F
desnaturação de proteínas 114, 453, 584
desnaturação do DNA 472
desordem (termodinâmica) *ver* entropia
desoxirribose
    estabilidade conferida por 366
    estrutura 100
despolimerização de microtúbulos 990-991, 994
despolimerização extremidade mais (+)
    cinetocoros 991
dessensibilização *ver* adaptação
detectores de coincidência 699, 733, 825
determinação celular 1148
determinantes antigênicos 1316F, 1318, 1337, 1338F
determinantes do destino da célula 1002, 1243F, 1246
detoxificação
    ativação carcinogênica e 1128
    do oxigênio 796
    no RE liso 670
    por peroxissomos 667
diabetes
    como uma condição multigênica 493
    níveis de insulina e risco de câncer 1115
    renovação de célula β e 1226
    tipo I como uma doença autoimune 1315, 1332-1333
diacilglicerol 819, 837, 838F, 859, 862F
diatônia 202, 391, 821-822, 857
Dictyostelium 559F, 958
Didinium 25F

diferenciação
    ativação do regulador da transcrição 1170-1171
    células diferenciadas terminalmente 400, 816, 1012, 1121
    compromisso gradual na hematopoiese 1243-1244
    corpos embrioides de iPSs 1257F
    do blastômero 1148F
    herança epigenética e 205
    mecanismos de manutenção genética 392-404
    quatro afirmações gerais 371
    reprogramação dos tipos de célula 396, 398
    retenção em cultura 441-442
    sem modificações no genoma 369
    variações em células de câncer 1121, 1122
difusão
    de pequenas moléculas através de membranas 598
    dentro de camadas lipídicas 569-570, 601
    difusão passiva para dentro dos núcleos 650
    e gradientes de molécula sinal 1151-1153, 1158F, 1166
    e taxas de reação 59-60
difusão lateral nas bicamadas 570, 588, 589F
digestão enzimática 74
digoxigenina 467
di-hidroxiacetona 96
di-hidroxiacetona fosfato 104
dimerização/dímeros
    α e β-tubulina 925
    ATP-sintases 778, 779F
    caspases 1023-1025, 1026F
    de proteínas MHC 1327
    de RTKs na ligação dos ligantes 851
    fibronectina 1067
    integrinas 1075
    polipeptídeos 123
    proteínas hélice-alça-hélice 377
    proteínas transmembrana de passagem única 580
    receptores associados à tirosina-cinase 862
    receptores de célula T 1325
    reguladores da transcrição 375-378
    superfamília TGFb 865
dímeros de timina 268, 269F
dimorfismo, fungos patogênicos 1271-1272
dinactina 939
dinamina e proteínas relacionadas com dinamina 701-702, 803, 804F, 806
dineínas 936-943, 959
    dineínas axonemais 937-938, 942
    dineínas citoplasmáticas 937-939, 943
    e o fuso mitótico 983-985
    viroses e 1288
diploteno 207F, 1006, 1007F, 1010
disbiose 1264
DISC (complexo de sinalização indutor de morte) 1024-1025
disceratose congênita 265
discinesia ciliar primária 942
discos imaginais (*Drosophila*) 1195
discos Z 918-920, 948
dispositivos de memória molecular 840-841
disrupção da membrana, por vírus 1280F
disrupção no tráfego de membrana 1284-1286

distrofia miotônica 324
distrofia muscular 948-949, 1072, 1077, 1234
distrofina 1234
distroglicano 1070, 1071F
diversidade combinatória 1320
diversidade morfológica, esgana-gatos 1174-1175
diversificação juncional 1321
divisão celular
   assimétrica 1001-1002, 1153, 1173-1174, 1222
   citosqueleto no 890, 892F
   controle do crescimento da célula e 1010-1018
   limites, para a célula humana 1016, 1099-1100
   mitógenos em 1011-1012
   taxa em célula-tronco hematopoiética 1243
   tempos do ciclo da célula Lgr5 1221
   ver também meiose; mitose
Dlg (proteína Disc-large) 165
DNA
   como constituintes de cromossomos 173-174, 179-182
   como transportadores da informação genética 174, 177-178
   distinções do RNA 4-5, 302, 366
   empacotado dentro de cromossomos 179-193
   estrutura e função 3, 175-179
   fragmentação na apoptose 1024F
   localização em eucariotos 178-179
   manipulação 467-485
   medida do conteúdo 966, 967F
   métodos analíticos 463-466
   na mitocôndria e cloroplastos 753
   polaridade 175
   síntese 240-241F
   ver também dupla-hélice; genes; DNA mitocondrial
DNA "purificador" 473
DNA circular
   em procariotos 23F
   na mitocôndria 804
   recombinação conservativa sítio-específica 293F
   replicação 242F, 255F
DNA complementar *ver* cDNA
DNA conservado
   amostra do cromossomo X 300F
   codificação 1149
   não codificador 224-225, 1149
   sequências multiespécies conservadas 225-226
DNA de ligação nos nucleossomos 187-188
"DNA egoísta" *ver* elementos genéticos móveis
DNA heteroduplex 278, 280F, 284-286
DNA mitocondrial
   efeitos de mutações 807-808
   em diferentes tecidos e células 802
   genomas mitocondriais 27, 800-809
   localização 759
   taxa de mutação 220
   variantes do código genético 334, 349-350
DNA não codificador
   conservado 224-225
   DNA regulador como 7, 29

em humanos e em outras espécies 28-29, 182
   no nucléolo 330
   ver também íntrons
DNA regulador
   como conservado 217
   como não codificador 7, 29
   diferenças entre espécies animais 1149, 1174-1175
   no genoma humano 185
DNA satélite alfa 203, 204
DNA-girase 315
DNA-helicase
   camundongo nocaute *Xpd* 497F
   em TFIIH 311
   estrutura 247F
   função de replicação 246, 249, 255
   na fase S 974-975, 976F
   produção 484F
   reparo por excisão de nucleotídeo 270
DNA-ligases
   função da replicação 245, 246F, 250
   função de reparo 269-270, 280, 289F
   na doença 266T
   na tecnologia do DNA recombinante 464
   uso na clonagem do DNA 468, 469F
DNA-polimerase de α-primase 253
DNA-polimerases
   ação sintética 241
   como autocorreção 243
   comparando com RNA-polimerases 304-305
   descoberta 240
   e PCR 473
   ligação 246-247
   Polδ 246, 261
   Polε 246
   translesão 273, 274F
   uso viral do hospedeiro 1289
DNA-primases 245, 249, 253, 255, 256F, 263F
DNAs de fita simples como sondas 472
DNA-transferases
   manutenção de metiltransferases 404
   metiltransferases *de novo* 404-405, 406F
dobra de imunoglobulina 121
dobras de histonas 188, 189F
dodecilsulfato de sódio (SDS) 583, 584F
   ver também SDS-PAGE
doença de Alzheimer 130, 868
doença de Chagas (*Trypanosoma cruzi*) 1283-1284, 1290
doença de Crohn 1300
doença de Glanzmann 1076T, 1077
doença de inclusão celular 728-729
doença de Lou Gehrig 947
doença de Lyme 1264F, 1286F
doença de Parkinson 130, 324, 727, 1251
doença dos legionários 1263, 1285
doença renal 1071
doenças
   análise usando células-tronco 1258-1259
   deficiência na espectrina 591
   desequilíbrio microbiótico e 1264
   doenças de depósito lisossômicas 728-729
   erros no *splicing* de RNA e 323-324
   ligadas a alterações do cromossomo X 300F
   ligadas a mutações 479, 493-494, 627, 668
   ligadas a mutações mitocondriais 807-808

ligadas ao reparo de DNA 266T
   ligadas aos defeitos de integrina 1076-1077
   mutações em proteínas de transporte de membrana 598-599
   potencial de interferência do RNA 433
doenças autoimunes
   diabetes tipo I 1315
   gene *FoxP3* e 1336
   miastenia grave 1315
   penfigoide bolhoso 1076F
   regulador AIRE 1333
   sobrevivência do linfócito e 1031
doenças infecciosas
   imunidade e o sistema imune adaptativo 1297
   mortalidade 1263
   ver também patógenos
doenças lisossômicas de armazenamento 728-729
doenças neurodegenerativas
   células-tronco potenciais 1250-1251
   fibrilas amiloides em 130-131
   mutações no gene da plectina e 949
   neurofilamentos em 947
doenças neurológicas 939
doenças priônicas 130-131, 132F
dogma central 299
dolicol/dolicol fosfato 99, 684
"Dolly, a ovelha" 1252
domínio C-terminal (CTD) 310F, 311-312, 311T, 316-317
domínio de embaralhamento 121-123
domínios (bicamadas lipídicas) 572-573, 590-591, 593, 749
domínios (taxonômicos)
   bactérias, arqueias e eucariotos 15
   famílias de genes comuns 20, 21T
domínios BAR 701, 702F
domínios BH (de homologia Bcl2) 1026, 1027F
domínios BIR (baculovírus IAP de repetição) 1029
domínios da cromatina
   complexos de leitura e escrita 199-201, 205
   e sequências de barreira 202, 210, 391
   variantes de histona e 198
domínios de baixa complexidade 132-133
domínios de caderina extracelulares 1039, 1040F
domínios de imunoglobulinas (Ig) 1318-1319, 1321F, 1338
   domínios semelhantes à Ig 1325, 1338
domínios de interação 822-824, 852-853, 860
domínios EC (caderina extracelular) 1039, 1040F
domínios Kringle 122
domínios PDZ 1050
domínios PH (homologia com plecstrina) 822, 824F, 859F, 860
domínios proteicos
   como estrutura secundária 117-119
   como módulos 117-118, 121-122
   e recombinação genética 318
   em imunoglobulinas 230
   embaralhamento de domínio 121-122
   exemplo do SH2 115
   proteínas transmembrana 579-580

repetições de fibronectina tipo III 1066F, 1067-1068, 1073
transportadores ABC 609F
domínios SH2 (de homologia com Src 2)
    como um domínio de interação 822, 824F
    estrutura 115-116, 118F
    fosforilação e 154, 156
    ligação da fosfotirosina via 852-855, 859, 863, 864F
    multicelularidade e 122
    nas tirosinas-cinase citoplasmáticas 862
    papel do posicionamento 135
    traçado evolutivo 136-137
    versatilidade 121-122
domínios SH3 (de homologia com Src3)
    ação inibidora 118F, 122, 156, 157F
    como um domínio de interação 822, 824F
    ligação a domínios ricos em prolina 853
    nas proteínas de suporte ZO 1050F
    tirosinas-cinase 854-855, 863, 864F
domínios tirosina-cinase 849
doutrina celular 529
doutrina neural 441
doxiciclina 495F
Drosophila (*D. melanogaster*)
    bibliotecas de mutantes 498
    ciclo da célula 966
    como organismo-modelo 29T, 33-34, 417
    comutadores genéticos 392-395
    cromossomos politênicos 208-211, 391F, 540F
    descoberta da proteína Dlg 165
    discos imaginais 1195
    DNA mitocondrial 805
    efeitos de posição em 194, 195F
    elemento P 416, 486
    expressão gênica por hibridização *in situ* 536F
    gene *Branchless* 1191F
    gene *Eve* (*even-skipped*) 393-394, 395F
    infecção por fungos 1299F
    interferência de RNA 499
    localização do mRNA em 422
    motivo homeodomínio 376
    mutante *shibire* 702F
    neurogênese 1173-1174
    neurônios fotossensíveis 1208F
    proteína de ligação do isolador 391F
    proteína Engrailed 120, 536F
    proteínas Hedgehog em 871
    receptor Notch em 867-868
    regulador da transcrição de Eyeless 397-398F
    relógio circadiano 877-878
    segmentação do corpo 1159-1163
    Sev, Sos e Grb2 Ras-GEFs 855
    sistema nervoso, central 1179
    splicing alternativo em 415
    tamanho do cromossomo e do genoma 33-34
    tipos de transpósons característicos 292
    vias aéreas 1191F
ducto torácico, sistema linfático 1236, 1312
dupla-hélice
    como chave do reparo do DNA 268
    DNA 3F, 174, 176
    ligações de hidrogênio 175-176
    tensão super-helicoidal, DNA 314-315

duplicação cromossômica
    estruturas da cromatina e 975-977
    proteínas da matriz 1067
duplicação de genes
    como mecanismo de inovação 16-18, 227-228
    diversificação na sinalização 1150
    duplicações do genoma completo 35, 228
    evolução de globinas 229-230
    frequência em vertebrados 34-35
    na *Drosophila melanogaster* 34
    transportadores e canais de íons 603-604, 622
duplicação de segmentos, quebras da fita dupla 228
duplicação do DNA, colágeno de cadeias a 1062
duplicação em sequência
    domínios de proteína ligadora 122
    variação genética 228
duplicação na renovação do tecido 1226
duplicações do genoma inteiro 35, 228
duração da persistência 898, 926, 945

E

E1 (enzima ativadora de ubiquitina) 158, 159F
E2 (enzima de conjugação de ubiquitina) 158-159, 160F
E3 *ver* ubiquitinas-ligase
ecdisona 875
ectoderma 1147-1148, 1167-1168
    ectoderma neurogênico 1166, 1173-1174, 1179, 1186
eczema 947
edição A para I (adenina para inosina) 418
edição de C para U (citosina para uracila) 418, 419F
edição de receptores 1313-1314, 1321
edição do genoma/engenharia do genoma 494
edição do RNA 418-419, 806
edição hidrolítica 339F
efeito de difração, em microscopia 531, 539F
efeito de Warburg 1098-1099, 1115
efeito dois fótons 542
efeito fundador 231-232
efeitos da temperatura, bicamadas lipídicas 571
efeitos de diluição 513-514
efeitos de interferência, em microscopia 531, 532F, 550
efeitos de posição
    reguladores de transcrição embrionários 393
    silenciamento gênico 194
efeitos eletrogênicos 608, 615
efeitos estocásticos 523-524
efetores de Rab 706-708
EGF (fator de crescimento epidérmico)
    especificidade ampla 1011
    produção de corpos embrioides 1257F
    segmentação do embrião em vertebrados 1178
    semelhanças com proteínas da matriz 1066F
    vias de ação dos receptores de tirosina--cinase 850T
eicosanoides 837

eIFs (fatores de iniciação eucarióticos) 347, 348F, 423-428, 1304
eixo animal-vegetal (A-V) 1155-1156, 1167-1168
eixo anteroposterior (A-P) 1147, 1155, 1157-1160, 1161F, 1162-1164, 1169, 1206
eixo dorsoventral (D-V)
    desenvolvimento do sistema nervoso 1199, 1200F
    equivalente em vertebrados 1169
    mapa retinotópico 1206
    plano do corpo animal 1147
    polarização do embrião 1155-1158
    regulador da transcrição Dorsal e 1164-1165, 1166F
    rotação cortical, *Xenopus* 1167
eixos primários, polarização do embrião 1155-1157
EJCs (complexos de junção de éxons) 320F, 321, 352, 353F
ELA (esclerose lateral amiotrófica) 947
elastase, comparada com quimiotripsina 119F
elastina
    como desordem 125
    na matriz extracelular 1058, 1065-1066
elemento L1 *ver* LINEs
elemento P, *Drosophila* 416, 486
elementos
    necessários para as células vivas 12, 43
    tabela periódica 43F
elementos genéticos móveis
    genoma humano 218F, 287, 292
    recombinação sítio-específica conservativa 292-297
    transposição e 287-292
    vírus como 290
elementos semelhantes a retrovírus 218F
elementos traço 43F
elementos transponíveis (transpósons)
    e alterações no genoma 217-218, 222
    genes de virulência 1268
    genomas eucarióticos 28
    interferência do RNA 429, 432-433
    recombinação sítio-específica conservativa 293
    retrotranspósons não retrovirais 291
    RNA de fita dupla 421
    transpósons exclusivamente de DNA 288-290
    transpósons semelhantes a retroviral 291
    três classes 288T, 292
eletroforese em gel
    bidimensional 452-454
    de moléculas de DNA 465-466
    eletroforese em gel de campo pulsado 466
    fragmentação do DNA na apoptose 1024F
    na clonagem de DNA 469
    SDS-PAGE 452, 453F, 454, 584
eletroforese em gel de poliacrilamida
    fosforilação de proteínas 879F
    para DNA 465, 466F
    SDS-PAGE 452, 453F, 454
elétrons
    comprimento de onda 554
    danos a proteínas 561
    produtividade em termos de ATP 775
eletroporação 495

elongação da transcrição
    e ribocomutadores 415
    processamento do RNA 315-316
    proteínas acessórias 313-314
embaralhamento de segmentos de DNA 16, 17F
embrião de *Drosophila*
    controle do desenvolvimento 1157
    descoberta das vias de sinalização 1154
    desenvolvimento do sincício 1157
    extensão da banda germinativa 1045
    mitose sem citocinese 1002, 1003F
    reguladores da transcrição 392-395
embrião de ouriço-do-mar 403F, 524
embriões
    ativação do genoma 1147
    partenogênese 987
    sistema-controle do ciclo celular 967, 971
embriões de galinha
    fibroblastos e colágeno 1062F, 1064F, 1069F
    formação do somito 1177F
    medula espinal 1200F
    tubo neural 1041F, 1192F
embriões de rã
    componentes do estágio de blástula 1147F
    evidência para diferenciação sem perda de genes 369-370
    herança epigenética e 205-206
    reprogramação pelo doador de núcleos 205-206
embriões de vertebrados
    padronização espacial 1167-1169
    sinalização indutiva 1166, 1167F, 1177, 1184, 1198
    sistemas nervosos 1041F
embriões em estágio de gástrula 36F, 205, 541, 1045, 1147-1148
embriogênese, migração celular na 951
EMT (transições epitélio-mesenquimais) 1042, 1101
encefalinas 744
encéfalo
    abundância de proteína no fígado e 372F
    CaM-cinase II em 841
    canais iônicos controlados por transmissores 636
    cérebro de macaco 1212F
    córtex cerebral 1200, 1201F, 1205, 1211
    humano, número de neurônios 627, 1198
    ver também amígdala; hipocampo
endereçamento de proteínas
    nas células epiteliais polarizadas 749F
    vias no TGN 742
endocitose
    como uma via de entrega lisossômica 725
    de receptores TGFb ativados 865
    definição 695
    e receptor para regulação posterior 830
    fagocitose como 738
    infecção pelo influenzavírus por 709, 1280
    mediada por receptor 709, 727, 732-735, 849, 1281
    vias 730-741
endoderma 1147-1148, 1156, 1158, 1167-1168
endolisossomos 723, 724F, 730, 734F, 736, 1299, 1300T
endonuclease CAD 1024F

endonucleases
    destruição do mRNA 427
    endonuclease AP 269
    splicing tRNA 336F
endorreplicação 1194
endossomos
    entre compartimentos intracelulares 642
    formação de túbulos 705
    formação do domínio Rab5 707
    primários e tardios 696F, 707, 730, 735, 1280-1281, 1285
    receptores semelhantes a Toll 1299F
    reciclando endossomos 696F, 706T, 730, 737-738, 739F
endossomos de reciclagem 696F, 706T, 730, 737-738, 739F
endossomos primários
    e endossomos tardios 696F, 707
    entrega aos 732-733, 738
    maturação 707, 730, 735-736
    recuperação de 734-735
    transcitose e 738
endossomos tardios
    entrega para os lisossomos 696F, 723, 727, 733
    maturação primária do endossomo 730, 735-736
    proteínas Rab 706T, 707
endotelina-3 1186
energia
    catálise e uso da energia 51-73
    da glicólise e fosforilação oxidativa 756
    do transporte ativo 600
    energia geoquímica 12
    enovelamento de proteína 114-115, 549
    extração da energia do alimento 73-88
    forças de ligação 44F
    importação de proteína mitocondrial 661F
    nas reações biológicas 102
    oxidação de moléculas orgânicas 54-55
    proteínas do transporte de membrana 163
    queima do hidrogênio e fosforilação oxidativa 761
energia cinética 54F
energia livre
    de tradução precisa 345-346
    definição 103
    e seres vivos 8, 102-103
    enovelamento de proteína e 114-115, 354
    fontes 11
energias de ativação
    ação da enzima e 57-58, 141-145
    da glicólise 74
energias de ligação
    de ligações de fosfato 78, 79F
    em transportadores ativos 63-64
    no ciclo do ácido cítrico 759
engenharia genética
    células-tronco embrionárias e 1253
    de proteínas fluorescentes 545
    marcação de epítopo 450-451
    organismos transgênicos 495-497
    plantas transgênicas 507-508
    recombinação sítio-específica conservativa 294-295
    usando o sistema CRISPR 497-498
enolase 105
enovelamento do RNA 302, 303F, 335F, 363

enovelamento proteico
    chaperonas moleculares e 114
    conservado 460
    cotraducional 353-354, 355F
    energética do 114-115, 354
    espectroscopia por RMN e 462
    formação de sítios de ligação 6, 135F
    ligações não covalentes no 50, 110-114
    marcação de oligossacarídeos 685
    proteínas transmembrana de passagem múltipla 581F
enovelamento *ver* histona; imunoglobulina; estrutura proteica; RNA
enterócitos *ver* células absortivas
entradas persistentes e motivos de antecipação 522-523
entropia 52-53, 60, 103
envelhecimento prematuro 265
    camundongos nocaute para *Xpd* 497F
    erros de *splicing* do RNA e 324
envelope nuclear
    aprisionamento de fábricas de reparo 213-214
    filamentos intermediários e 890
    localização do DNA e 178-179
    membranas interna e externa 649
    na mitose 656-657, 978, 980-981, 985-986, 995
    padrão para eucariotos 24
    proteínas ligadoras 948-949
envelopes virais 1275F, 1280-1281, 1287F
enxofre
    grupos sulfidrila 91
    via de assimilação de sulfato 86
    ver também ligações dissulfeto
enzima Dicer 430F, 431-433
enzimas
    alosteria 151-153
    atrações eletrostáticas na 95
    classes e nomenclaturas de 140T
    como catalisadores de proteína 6, 51
    como proteínas 48
    compartimentalização celular 148-149
    complexos multienzimáticos 148
    concentrações e taxas metabólicas 148
    efeitos da ativação da energia 57-58
    "enzimas perfeitas" 143
    escolha de vias de reação 58, 59F
    especificidade como catalisadores 140-141
    função no reparo do DNA 266
    regulação positiva e negativa 149-151, 152F
    sequência de ativação para Src-cinases 156
    velocidade de movimentos moleculares e 59-60
    zimógenos como proenzimas 736
enzimas de correção 201
enzimas modificadoras de histonas
    e ativadores de transcrição 386
    na inativação do X 411
    na iniciação da transcrição 313
"enzimas perfeitas" 143
eosinófilos 1239, 1240F, 1241, 1245, 1302F, 1317
EPEC (*E. coli* enteropatogênica) 1278
epidermólise bolhosa 947, 949, 1069
epilepsia 627, 913F
epinefrina, efeitos mediados por GPCR 827, 832, 835T

epitélio
　células-tronco em 1217-1227
　epitélio colunar simples 1036, 1047
　hemidesmossomos em 1076
　interações mesenquimais 1190
　junções célula-célula 1044-1049
　lâmina basal e 1035, 1062, 1068-1069
　ligações célula-matriz 1036F
　polaridade celular planar 1189-1190
　proteção por muco 719-720, 749, 1276-1277, 1298
epitélio auditivo 1227
Epulopiscium fishelsoni 13F
equação de Michaelis-Menten 142-143
equação de Nernst 615-616
equações diferenciais
　concentrações de proteína e 513-514
　e comportamento transitório 512-513
　e modelos determinísticos 524
　equações diferenciais acopladas 515
　para retroalimentação positiva 518
equilíbrio osmótico 1083
eritrócitos
　assimetria da bicamada lipídica 573, 574F
　citoesqueleto 591, 592F, 912
　membrana plasmática 565F
　proteína banda 3 605
　tempo de vida 1244
　ver também eritropoietina
eritropoietina 864T, 1011, 1244-1245
ERk (MAP-cinases) 856-857, 861F
erros nos dados 525
Escherichia coli (*E. coli*) 13F, 16F
　como Gram-negativa 1267F
　enteropatogênica (EPEC) 1278
　famílias de genes universais e 21T
　genes rRNA 327
　genoma 22, 23F, 1269
　importância histórica 22
　metabolismo da arabinose 521-523
　óperon *Lac* 382-383
　plasmídeo F 469
　promotores 308F
　recombinação homóloga 279
　reparo de pareamento incorreto 250
　replicação do DNA 255, 256F
　taxas de mutação 237
　transcrição gênica 380-381
　transferência horizontal de genes em 19
　transportadores ABC 609
esclerose múltipla 625
esfingolipídeos 567-568, 573, 575
esfingomielina 567, 571T, 572F, 574-575, 690
esfingosina 690
esgana-gatos 1174-1175
espaço cisternal 669
espaço da crista 757, 762, 767-770, 772, 777-779, 802
espaço da matriz mitocondrial 658, 660, 661-662, 757-759
espaço intermembrana, mitocôndrias 658, 663-664
espaço perinuclear 649, 650F
espaço tilacoide 783, 784F, 791-792, 793F, 794, 795F
especiação
　sequências de DNA conservadas e 226
　sequências de DNA transpostas 292

especialização tecidual
　adesinas de *E. coli* 1277
　genes duplicados 229
espécies
　comparação da sequência de proteínas 36, 37F
　comparação de genomas mitocondriais 801F, 805F
　cromossomos sexuais diferentes 486
　defesas antivirais 432
　diferenças no tamanho 1010, 1193-1197
　DNA regulador como distintivo 1149, 1174-1175
　exportando o sistema CRISPR para 497-498
　extintos, genomas 479
　habilidades regeneradoras dos tecidos 1247
　intercambialidade e proteínas homólogas 1146
　número de genes e complexidade 415-416
　número de espécies vivas atualmente 2
　tipos de transpósons característicos 292
　transmissão cruzada entre espécies 1279, 1291
　variação no comprimento de éxons e íntrons 322F
especificidade da hexocinase 141
especificidade neural 1205
espectinomicina 351F
espectrina 591, 592F, 905, 911F, 912-913
espectrometria de massa (MS) 455-457
espectroscopia ESR (de ressonância rotacional) 570
espermatozoide
　domínios de membrana 590, 591F
　eliminação das mitocôndrias 807
　fonte do centrossomo 987
　localização das mitocôndrias 755, 756F
　ver também fertilização
esquema Z 789-790, 792-793
esquistossomose 1302F
esquizofrenia 494
estabilidade mecânica
　filamentos intermediários 944, 946-948
　força tênsil 1046, 1057, 1063, 1070, 1082-1083, 1084-1085F
　resistência à compressão 1036F, 1082, 1084F
estados de transição, estabilização de enzimas 141-146
estados estacionários
　biestabilidade 518-520
　complexos proteína-promotor 511
　crescimento dos filamentos de actina 901, 902, 904
　efeitos da retroalimentação negativa 516
　estáveis e instáveis 519
　tempo para obtenção 512, 514, 516
estágio de blastocisto 1253, 1254
estágio de blastoderme 1159F, 1165F
　blastodermes celulares 1157
　blastodermes sinciciais 1157-1158, 1157-1161, 1165
estágio de blástula
　camadas germinativas 1148, 1167
　destino dos mapas 1159F, 1167
　pluripotência 1148
　processo de gastrulação 1147
estágio de carboxilação, ciclo do carbono 785
estatinas 733

estatmina (Op18) 933, 935, 959
esteira, filamentos de actina 901, 903-904, 953-954
estereocílios 890, 892, 924, 1189-1190
esteroides 99, 875-876
　brassinosteroides 881
esterois, colesterol 568
estimuladores 312, 1175
　ver também sequências reguladoras *cis*-atuantes
estimuladores de *splicing* 322
estímulos ambientais
　metamorfose de anfíbios 1182
　migração celular 1185-1186
　tempo de floração de plantas 1182-1184
estradiol 876F
estratégias de infecção 1276-1294
estreptavidina 538F, 549F
estreptogramina 351F
estresse
　nos vegetais 881
　resposta da MAP-cinase 857
　sinalização do NFκB e 873-874
　sobrevivência de células cancerosas 1099, 1103, 1115-1116, 1133
estresse osmótico 857, 1115
estresse oxidativo 1115
estricnina 629
estroma, cloroplastos 658, 665, 782
estroma, lâmina basal 1069, 1100-1101, 1228
estrutura da cromatina
　e duplicação cromossômica 975-977
　e herança epigenética 194, 204-206, 409-411
　e início da replicação 259
　e pluripotência induzida 1255-1256
　e *splicing* do RNA 323
　estruturas em alça 207-208, 211-212, 391
　mudanças no empacotamento 206, 214-215
　múltiplas formas 210-211
estrutura da leucina 113
estrutura do ácido glutâmico 113
estrutura dos ácidos nucleicos 1101
estrutura proteica
　e função proteica 462-463, 483
　enovelamento da imunoglobulina 121
　especificada por sequências de aminoácidos 109-114
　modelos e representações de 115F, 460, 461F
　primária, secundária, terciária e quaternária 117, 841
　super-hélices 116-117
　tamanho limite nas técnicas analíticas 462
　tridimensional 462-463, 579, 586, 587F, 607
　uso de difração por raio x 460, 461F
　uso de espectroscopia RMN 461-462
　ver também α-hélices; folhas β
estruturas em alça
　alças de DNA 383-384, 385F, 386, 391
　canais iônicos 618
　cromatina 207-208, 211-212
　ver também ciclos de retroalimentação
estruturas em folhas de trevo 335-336
estruturas haste-alça, RNA 414, 423F, 427F, 435
estruturas quaternárias 117, 841, 842F

estudos com RMN (ressonância magnética nuclear)
  de reguladores de transcrição 375
  do cérebro humano 913F
  estrutura proteica 461-462
estudos de associação de todo o genoma 493-494
etapas de translocação, ribossômica 342
etileno, regulador de crescimento vegetal 881-882, 1087
eubactérias 15F
eucariotos
  características da célula 24-25
  ciclo celular 185, 258, 964-966
  comparando mRNA com procariotos 316F
  composição da membrana plasmática 568, 572, 575-576
  controle da transcrição 384-392
  diferenças de procariotos 12-15
  estrutura da cromatina e funções cromossômicas 206
  genomas 23-39
  Homo sapiens como 16F
  início da tradução 422-425
  interferência de RNA em 429F
  linhagens celulares 442-444
  localização do DNA e empacotamento 178-182
  número de proteínas-cinase 154-155
  números de ribossomos 340
  organelas comuns a todos 641-643
  prováveis origens 24-26
  regulação da síntese de proteína 361F, 405
  reparo do DNA no 271, 281
  replicação do DNA em 253-254
  RNA-polimerases em 390
  taxas de mutação 234
  transportadores ABC em 163F, 609F, 610
  último ancestral comum 880
  unicelular 24, 25F, 30
eucromatina e heterocromatina 194
eventos recombinantes 1291, 1292F
evolução
  câncer como um processo microevolutivo 1092, 1119
  da célula eucariótica e suas membranas 643-645
  da conversão de energia 753
  de canais de íons 626-627, 630
  de centros de reações fotossintéticas 793, 794F, 796
  de genomas 216-234, 804
  de NPCs e coberturas de vesículas 650
  de processos quimiosmóticos 794-796
  de proteínas-cinase 154-155
  de síntese de proteínas 365-366
  de vertebrados 227
  de vírus 1291, 1292F
  decadência mediada pela ausência de sentido em 352
  e padrões de *splicing* de RNA 323
  em plantas comparadas com animais 880-881
  estágios críticos na evolução humana 226
  evolução convergente 665
  fontes de variação genética 16-17, 217-218, 221, 227-232
  infecção como um condutor 1331
  relógio molecular 220
  ver também seleção natural

exocitose
  de corpos residuais 739
  de lisossomos e corpos multivesiculares 729
  definição 695
  no ciclo endocítico-exocítico 731
  vesículas sinápticas 744-746
exocitose regulada 748
éxons (sequências expressas)
  intervalo de tamanho 322
  no genoma humano 183F, 184, 318F
  recombinação 230
  taxa de evolução 220F
exonucleases
  correção exonucleolítica 243-244, 250
  destruição de mRNA 426
exossomos 326, 729
expansão clonal 808, 1309-1311
experimentos de ligação cinética 458
experimentos de ligação de equilíbrio 458, 459F
explantes 441
exploração frouxa 348, 424
explosão respiratória (*burst* respiratório) 1301-1302
exposição ao raio x *ver* radiação
expressão do gene *Pitx1* 1174-1175
expressão gênica
  alças de cromatina e 211-212
  alterações em todo cromossomo 409-411
  através da regulação enzimática 150
  controle de 369-373, 405
  controles combinatórios 394-398, 400F, 520-521
  controles pós-transcricionais 413-428
  e evolução de vertebrados 227
  e função do gene 485-509
  eficiência da 301F
  herança epigenética da 411-412
  limitação da heterocromatina da 194
  localização com hibridização *in situ* 502, 536
  localização usando genes-repórter 501
  medidas quantitativas 502-503
  monitoração em *Saccharomyces cerevisiae* 32
  monoalélica 411
  organização em série 1163-1164
  oscilações 1177
  padrões no desenvolvimento 1149F
  posição da cromatina e 212, 213F
  proteínas Ras e 854
  recombinação sítio-específica conservativa e 294
  regulação em seis pontos 372, 373F
  regulação por ncRNAs 429-436
  relógio circadiano e 876-878
  representando uma baixa resposta 825, 826F
  resposta aos sinais externos 372, 522, 867-874
  ribocontroladores e 414-415
  sinalização de Ras-MAP-cinases e 856
  tempo necessário para 1176
  transcrição e tradução em 7, 306
  variabilidade entre células 523, 524F
  visualização 536
expressão gênica monoalélica 411
extensão convergente 1188, 1189F
extensão da banda germinativa 1045
extremidade 3', DNA 175, 177F, 480
extremidade 5', DNA 175, 177F
extremófilos 10

F

"fábricas de reparo" 213-214
"fábricas de replicação" 1287
FACS (separador de célula ativado por fluorescência) 440, 441F, 967F
FADD (domínio de morte associado ao Fas) 1025F
FADH2 (flavina adenina dinucleotídeo reduzido)
  como um carreador ativado 69
  na cadeia respiratória 768F, 772, 774, 775T
  no ciclo do ácido cítrico 83
fagocitose
  alargamento da membrana plasmática 748
  como padrão para eucariotos 24, 25F
  como uma via de entrega dos lisossomos 725
  de bactérias por células hospedeiras 1281-1282
  definição 730
  fagócitos profissionais 739
  por enrolamento 1286
  ver também macrófagos; neutrófilos
fagolisossomos 1284, 1301, 1306F, 1329
fagossomos 725, 738-740
  autofagossomos 725F, 726-727
  Listeria monocytogenes e 1284F
  PRRs e 1298
  Salmonella enterica e 1285F
faixa dinâmica, sinalização intracelular 824-825
FAK (cinase de adesão focal) 863, 1037T, 1079-1080
faloidinas 904, 916F, 953-954F, 957F
falta de aminoácido 425
família Achaete/Scute 1171-1172
família Bcl2
  ABT-737 e 1032F
  como proteínas inibidoras da apoptose 860F
  em linfoma de célula B 1031, 1047
  fatores de sobrevivência e 1030
  pró e antiapoptóticos 1026, 1027-1028F
  regulação da via intrínseca 1025-1028
família BMP (proteína morfogenética do osso) 865, 1168-1169, 1191F, 1199, 1200F
família citocromo P450, na detoxificação 670, 1128
família de carreadores mitocondriais 779-780
família de GTPases Rho
  ativação por sinais extracelulares 958
  citoesqueleto e 858, 861
  como membro da superfamília Ras 854T, 858
  cones de crescimento neuronal e 858
  e entrada bacteriana ao hospedeiro 1281
  formação de pseudopódio 739
  montagem da junção aderente 1043F
  na polarização celular 955-959
família de proteína hsp70
  BiP 683
  hsp60 e 355-357
  mitocondrial 659, 660-661F, 662
  remoção de clatrina 702
família de proteína Rb (retinoblastoma) 1012-1014
  inativação do papilomavírus 1132
família de proteínas ERM (ezrina, radixina e moesina) 905, 913

família de proteínas Smad 865-866, 1126F
família de receptores TNF (fator de necrose tumoral) 1024
família homeodomínio 120, 122, 378F
família IGF (fatores de crescimento semelhantes à insulina) 860, 1114
família TGFβ/activina 865
famílias de genes
  comuns a todos os domínios biológicos 20
  evolução de globinas 229-230
  surgindo da duplicação gênica 17-18, 228
famílias de genes universais 20, 21T
famílias de proteínas
  evolução das cinases 154-155
  exemplos 119
  família de carreadores mitocondriais 779-780
  proteínas de ligação ao GTP triméricas 846T
  sítios de ligação ao ligante 136-137
fármacos anticâncer *ver* tratamento do câncer
fármacos anti-inflamatórios 838
fase, ondas leves 531, 532F
fase de elongação, replicação do DNA 974
fase estacionária, crescimento de filamentos de actina 899-900, 902
fase G_0
  como um estado de repouso 965, 1012
  fatores de iniciação e 424
fase G_1
  cromossomos 486
  inatividade de Cdk em 1002-1004
  posição no ciclo da célula 964-965
fase G_2, ciclo celular 964
fase M
  mudanças no cromossomo 215
  posição no ciclo celular 963, 964F
fase S, ciclo celular
  duplicação do centrossomo 984-985
  replicação do DNA na 258-260, 963, 964F, 974-977
  visualização 966
fases de intervalo, ciclo celular 964
fases de leitura
  diversificação e Ig 1321
  e tradução do genoma *in silico* 477, 482
  tradução e 334, 342, 347
fases de leitura abertas (ORFs) 424, 457, 482
  técnica de perfil de ribossomo 505-506
fator de alongamento EF-G 343, 344F
fator de alongamento EF-Tu 160-161, 163, 343-344
fator de crescimento transformador β *ver* TGFβ
fator de despolimerização da actina (cofilina) 905, 910, 914, 954, 957, 958F
fator de transcrição Mef2c 1259
fator de transcriçãoTbx5 1259
fatores ambientais
  destinos das células-tronco 1222
  estudos de gêmeos idênticos 412
fatores de associação 130
fatores de associação da cromatina *ver* chaperonas de histona
fatores de associação do nucleossomo 976
fatores de catástrofe 934-935, 986
fatores de crescimento
  controle do crescimento da célula 1011, 1017, 1114F
  definição 1011
  mTOR e 861
  PI 3-cinase e 1017

fatores de elongação
  carregamento na RNA-polimerase 388
  EF-G 343, 344F
  EF-Tu 160-161, 163, 343-344
  papel 313-314, 343-344
fatores de iniciação
  eIFs (fatores de iniciação eucarióticos) 347, 348F, 423-428
  fosforilação 423-424
  para IRES 425
fatores de início da transcrição eIF4E 347, 425-426, 1017
fatores de liberação 344, 348, 562F
fatores de modificação de histonas 1257F
fatores de restrição 1297
fatores de sobrevivência
  migração celular 1186-1187
  supressão da apoptose por 1011, 1029-1030
fatores de transcrição Gata4 1259
fatores gerais de tradução 425
fatores gerais de transcrição 309-312, 384-387, 388F, 390F
  controle pós-transcricional 405, 425
  numeração TFII 310
  TFIID e poliovírus 1288
fatores induzíveis por hipoxia (HIFs) 1191, 1237
fatores neurotróficos 1208-1209
fatores OSKM (Oct4, Sox2, Klf4 e Myc) 1254-1255, 1256F
fatores sigma (σ) 306, 307-308F, 309-310, 384
fatores transcricionais *ver* reguladores transcricionais
fatores V e VIII, ligação à lectina 712
fatores/receptores/feromônios de acasalamento 813-814, 832, 857
FDG (fluorodesoxiglicose) 1092F
fêmea humana, erros na meiose 1010
fenciclidina 636
fenda sináptica 628, 632-633, 1209
fendas hidrotermais 11-12
fenilalanina
  estrutura 113
  tRNA para 335F
fenobarbital 1022
fenótipos
  definição 485-486
  efeitos estocásticos sobre 523-524
  mudanças comportamentais 488
  sintéticos 491
fenótipos transformados 1098, 1106
feridas e infecção 1276
fermentações 75-76, 780
feromônios 844, 857
ferredoxina 790F, 792-793
ferritina 427
ferro
  e níveis atmosféricos de oxigênio 797
  no citocromo *c* e na hemoglobina 766
fertilização
  centrossomo 987
  fusão de membrana na 709
  modificações no Ca^{2+} 547F, 839F
  rotação do ovo de *Xenopus* 1156, 1167
FGF (fator de crescimento dos fibroblastos)
  ação do receptor da via de tirosinas-cinase 850T
  interação com sulfato de heparana 1073

  na ramificação da morfogênese 1190-1191
  produção de corpos embrionários 1257F
fibras de colágeno 1058, 1062, 1064
fibras de estresse 891, 911, 923, 955-957, 958F, 996
fibras do cinetocoro 989F, 990
fibras elásticas 1065-1066
fibrilas amiloides 130-133
fibrilas de ancoragem 1062, 1063T
fibrilas de colágeno 1057F, 1058, 1060, 1062-1065, 1069F
fibrilas de fibronectina 1068
fibrilina 1065-1066
fibrinogênio 1076T, 1077
fibroblastos
  aparelho de Golgi 715F, 720
  associados a tumor 1101
  célula replicativa na senescência 265
  citoesqueleto na divisão da célula 890, 892F
  danos da irradiação ao DNA 282F
  e suas transformações 1228-1232
  endocitose 731, 732F
  filamentos intermediários 946
  indução da adesão célula-célula 1041
  mitose 966F
  movimento 951, 957F
  na córnea de ratos 1057F
  núcleo de humanos 180F, 329-330F
  organização da matriz extracelular 1057, 1062F, 1064, 1228
  reprogramação 396-397, 398F, 1254-1256, 1258
  vesículas revestidas por clatrina 699F
  vistos em diferentes tipos de microscópios 535F
fibronectina
  domínios de fibronectina tipo 3 122F, 1073
  interação das sindecanas 1061
  ligação à integrina 1067-1068
  na lâmina basal 1070
  organização da matriz 1066-1067
  secreção e montagem 1064, 1068
  sequência RGD na 1067, 1075, 1078
  tamanho e forma 1058F
fibrose cística 324, 611, 712
fígado
  abundância proteica no encéfalo e no 372F
  ativação de carcinógeno pelo 1128
  ciclo da ureia 760
  conversão para células nervosas 396, 397F
  hepatócitos e doença da célula I 728-729
  organelas envoltas por membrana 643T, 644F
  oscilações de Ca^{2+} induzidas por vasopressina 840F
  peroxissomos 667F
  regulação do tamanho 1022
  renovação de hepatócitos 1226-1227
  resposta glicocorticoide 372
filagrina 946-947
filamentos beta-cruzados 130-131
filamentos de actina
  arranjos 911-913
  capeamento 903, 909, 910F
  coloração negativa 559-561
  conformação em "seta" 898, 899F, 911F, 913F
  efetores bacterianos e 1281
  em junções compactas 1036, 1042
  estrutura helicoidal 124, 899F

feixes 912F
formação do tubo e vesícula 1192
formas D e T 901, 904F, 910, 927, 954
ligações de integrina 1075
meias-vidas 896-897, 906, 919
membrana plasmática subjacente 890
membranas neuronais 591
microscopia confocal 541F
no córtex celular 592
nucleação na formação de 899-900, 902, 906-907, 908-909F, 953, 954F, 1289F
parede celular das plantas 1087
rolamento 901, 903-904, 953-954
terminações mais (+) e menos (-) 898, 900, 902, 904F
visualização com TIRF 548
filamentos espessos 915-916, 918-920, 923F, 936F
filamentos finos 916, 918-921, 922F
filamentos intermediários
    arranjo 124, 946
    desmossomos e 1036, 1045-1046
    e as lâminas nucleares 891, 944
    e o envelope nuclear 890
    e septinas 944-950
    flexibilidade e alongamento 895F
    hemidesmossomos e 1076
    na migração celular 959
filamentos semelhantes à vimentina 944T, 946, 948, 959
filamina 905, 911F, 912, 913F, 957, 958F
filopódios
    Cdc42 e 956, 957F
    células endoteliais da ponta 1236
    cones de crescimento axonais 952, 1201, 1202F
    de fibroblastos 892F, 911F
    filamentos de actina em 890, 951
    profilina e 906
filtros de seletividade, canais iônicos 613, 618, 619F, 622F
fimbrina 905, 911-912
FISH (hibridização de fluorescência *in situ*) 472F
fissão mitocondrial 755-756, 802-803
fita iniciadora, DNA 240-241F, 243, 255, 262
fita retardada
    determinação 242
    síntese de RNA iniciador 245
fita selante 1047-1048, 1049F, 1050
fita-líder, definição 242
fitocromos 883-885
fitocromos sensíveis à luz 883-885
fixação do carbono 12
    em cloroplastos 783-786
    por cianobactéria 782
fixação do nitrogênio 12, 14F, 86
fixador de glutaraldeído 535, 555
fixadores
    microscopia eletrônica 555-556, 559
    microscopia óptica 535-536
FK506 655F
flagelinas 294, 1290
flagelos
    bacterianos 942, 1267, 1271
    construídos a partir de microtúbulos 941-942
flavina-adenina dinucleotídeo reduzido *ver* FADH2

flipases (translocadores de fosfolipídeos) 570, 574, 690
flip-flops entre camadas de lipídeos 570, 588, 689-690
flor de espiga, trigo 559F
flora normal 1264-1265, 1276, 1293, 1298
fluoresceína 537, 544, 545F
fluorocromos inorgânicos 538
fluxo de microtúbulos 991, 992F, 994
FNR (ferredoxina-NADP$^+$-redutase) 790F, 792-793
focalização isoelétrica 453-454
folhas β
    como estrutura secundária 117-118
    descoberta e descrição 115-116
    domínios de imunoglobulina (Ig) 1318-1319
    em proteínas de reconhecimento de DNA 377
    fibrila amiloide como 130-131, 133
folículos linfoides 1312, 1313F, 1322, 1336
fonte iônica de *eletrospray* 456-457
fontes de ionização, espectrometria de massa 456-457
força de ejeção polar 991-992
força de tração 1046, 1057, 1063, 1070, 1082-1083, 1084-1085F
força próton-motriz 754, 762F, 767F, 768, 803
    nas mitocôndrias e nos cloroplastos 794, 795F
    quimiosmose antecedendo a 780-781
forças de ligação
    pareamento de base 255
    tipos de ligação 44F, 45T, 92
forças hidrofóbicas
    como atrações não covalentes 44-45, 95
    estrutura proteica 111, 114, 355
    nas bicamadas lipídicas 99
formação "lariat" (laço), *splicing* do RNA 318-319, 320F, 321, 324
formação de alça de DNA 383-384, 385F, 386, 391
formação de bolhas 953-953, 1186
formação de célula do sangue
    células mieloides 1240
    em um sistema de células-tronco hierárquico 1239-1247
formação de memória 836, 841
formação de tubos e vesículas 1192
formação do mapa neural 1204-1206
N-formilmetionina 347, 800, 958, 1031
forminas 905, 906-907, 909F, 911, 957, 996, 997
forquilha de replicação
    assimetria 240-244, 246
    bacteriana 249F
    eucariótica 253-255, 257-259, 261
    falha, resposta do ciclo celular 1014
    montagem do nucleossomo 261-265
    na fase S 974-977
    reparo de paradas ou quebras 277, 280, 281F, 1134
fosfatase Cdc14 995
fosfatase Cdc25 970, 973T, 979, 1014
fosfatases PTEN 859, 1115, 1117
fosfatidilcolina 567, 570F, 571T, 572F, 573
    síntese 689
fosfatidiletanolamina 566-567, 571T, 574, 689-690

fosfatidilinositol (PI) 574, 577F
    interconversão com PIPs 700, 701F, 737, 859
fosfatidilserina 566-567, 571T, 574, 689-690
    e fagocitose 740, 1030-1031
    e PKC 837
fosfato, posição nos nucleotídeos 100
fosfato de cálcio (hidroxiapatita) 1229
fosfodiesterase de AMP cíclico 834
fosfodiesterases de GMP cíclico 844-845, 846T, 847-848
fosfodiesterases *ver* AMP cíclico; GMP cíclico
fosfoenolpiruvato 79F, 85F, 105
fosfofrutocinase 104
3-fosfoglicerato 76, 77-78F, 85F, 105, 785
fosfoglicerato-cinase 77F, 78, 105
fosfoglicerato mutase 105
fosfoglicerídeos, membrana celular 566-567
fosfoglicose isomerase 104
fosfoinositídeos
    curvatura de membrana e 594
    ligação de AP2 a 699
    marcação de organelas e domínios de membrana 700
    na formação do complexo de sinalização 822, 823F
fosfoinositídeos fosfatase 859
fosfolipase C 574
fosfolipase C-ζ (PLCζ) 839F
fosfolipase C-β (PLCβ) 836, 837T, 838F, 840F, 859, 862F
fosfolipase C-γ (PLCγ) 852, 853F, 859, 862F
fosfolipases 574
fosfolipídeos
    estruturas 566-567
    formação espontânea da bicamada 568-569
    mobilidade 569-571
    nas membranas plasmáticas 9, 98
    sinalização de proteína G através de 836-838
    sítios de síntese 760
fosfolipídeos inositol (fosfoinositídeos) 572, 574, 836
    fosfatidilinositol (PI) 377F, 574
    ligação de profilina 906
    ver também PIPs
fosforilação
    autofosforilação 364F, 688, 841, 842F
    autofosforilação de bombas tipo P 607
    da serina nas caudas de RNA-polimerase 312, 316-317
    de serina no nucleossomo 196-197
    fatores de iniciação 423-425
    no sistema de controle do ciclo celular 968, 970F
    regulação da degradação proteica 360
    regulação da função proteica 153-156, 165T
    regulação de respostas a sinais 826
    sinais de localização nuclear 655
fosforilação de proteínas, enzimas 154-156
fosforilação oxidativa 84-85, 86F, 753, 759F, 761-763
    em células cancerosas 1098
    nos vegetais 786
fossas revestidas por clatrina, membrana plasmática 553F, 731, 734, 1280
fotoativação, corantes fluorescentes 544, 546F
fotografia de baixa luminosidade 534
fotoliases 885
fotoproteínas 884

fotorreceptores, bastonetes e cones 844-846, 848
fotorrespiração, peroxissomos na 667, 668F
fotossíntese
　bactérias verdes sulfurosas 796
　como complementar à respiração 55
　e oxigênio atmosférico 796-797
　energética da 54F
　membrana tilacoide como local da 786-787
　papel dos cloroplastos na 782-799
　processo de transferência de elétrons 788
　produção de ATP pela 753
　separação de cargas na 788-789, 792-793
　tipos de reação 783-784
　ver também cloroplastos
fotossistema I 755F, 789, 790F, 792-793, 794F
fotossistema II 755F, 789-791, 792F, 793, 794F
fotossistemas
　da membrana tilacoide 786
　em organismos fotossintetizantes 754-755, 789F
fototropina 885
fragmentos de Okazaki 241-242, 243F, 245-250, 253-254, 255F, 261
fragmoplastos 1000, 1001F
FRAP (recuperação da fluorescência após fotoclareamento) 545-546, 588-589
frequência ver oscilações
FRET (fluorescência/transferência de energia por ressonância de Förster) 459, 543-544, 545F, 855F
frutose
　1, 6-bifosfato em glicólise 75F, 104
　6-fosfato na glicólise 85F, 104
　estrutura 96
Fugu rubripes (baiacu) 29, 223
fumarase como uma "enzima perfeita" 143
fumarato 107
fumo de tabaco 1095, 1127-1128, 1129F
função de espalhamento de um ponto 540, 551-552, 553F
função do gene
　análise de arranjos e 504
　deduzida de mutações 21-22, 496, 498-499
　deduzida de sequências de DNA 20, 216-217
　estudos genéticos clássicos 485-488
　testando com interferência de RNA 499-501
função proteica
　capacidade de ligação e 134-169
　estrutura proteica e 462-463, 483
　fosforilação na regulação 153-156
　inferência por mapas de interação 168
　investigação utilizando recombinação sítio-específica 294-295
　monitoramento da dinâmica por FRET 543-546
　proteínas com função desconhecida 123
função sigmoide 517
funções lógicas
　lógica E 521-522, 523F
　lógica E NÃO 521-522
fungos
　como eucariotos 26-27
　inibidores bacterianos de 351
　Neurospora e definição de gene 416-417
　patogênico 1271-1272, 1299F
　variação do código genético 349
　ver também leveduras

fusão de genes 495
fusão de membrana
　endolisossomos 723
　homotípica e heterotípica 712
　proteínas SNARE na 708-709
fusão de membrana heterotípica 712
fusão de membrana homotípica 712, 721, 748
fusão mitocondrial 802-803, 804F, 808
fusos mitóticos
　anastral 987
　bipolaridade 986-987
　cinesinas e 936
　desmontagem 995
　efeitos do monastrol 460F
　forças nos cromossomos 990-992
　ligação ao cromossomo 988, 989F
　metáfase 983F
　microscopia de fluorescência 538F, 545F
　microtúbulos e 889-890, 940-941, 982-094
　montagem 984-985
　na divisão celular assimétrica 1001-1002
　papel do centrossomo 930
　papel do posicionamento na citocinese 997-999, 1001
　proteína Apc e 1124

G

G_1/S-Cdk 971, 984, 1004, 1012-1014
G_1-Cdk 972, 1012-1014
GABA (ácido γ-aminobutírico)
　com um neurotransmissor inibitório 629
　receptores como alvo de fármacos 632
GAGs (glicosaminoglicanos)
　cadeias de glicosaminoglicanos 711, 719, 728
　como macromoléculas da matriz extracelular 1057-1058
　em proteoglicanos 1059-1060, 1061F, 1070-1071
　pectinas como semelhante 1084
galactocerebrosidase 575F
galactose 96
β-galactosidase (β-gal) 282F, 394F, 501F
galactosiltransferase 546F
gametas
　anormais 286, 1010
　definição 1004
　em plantas 1183
　formação com recombinação genética 231
　mitocôndria em 807
　ver também óvulos; meiose; espermatozoides
gangliosídeo G_{M1} 575F, 576
gangliosídeos 575
GAPs (proteínas de ativação GTPase) 157, 158F
　controle de proteínas de ligação a GTP 820, 821F
　Ran-GAP 653-654, 656
　Ras-GAPs 855
　recrutamento de revestimento 703
　Rho-GAPs 858
gastrulação
　adesão e migração celular 1185, 1187-1188
　peixe-zebra 1189F
　perda de pluripotência 1148
　preservação do padrão de expressão gênico 1161, 1187
　variabilidade 1155

GDI (inibidor de dissociação Rab-GDP) 705, 706F, 707
GDIs (inibidor de dissociação do nucleotídeo guanina) 858
GDP (guanosina difosfato) de ligação a eIF2 424
GEFs (fatores de troca do nucleotídeo guanina) 157, 158F
　controle de proteínas de ligação a GTP 820, 821F
　estabilização de cromossomos dos microtúbulos 986
　Rab-GEFs 706
　Rac-GEFs 960
　Ran-GEF 653, 656
　Ras-GEFs 855, 860, 862F
　recrutamento de revestimento 703
　Rho-GEFs 858, 958, 997
gelo vítreo 556, 560
gelsolina 905, 909-910
gêmeos idênticos 412, 477
gêmeos siameses 1167
geminina 975
gene Abcb1 1139
gene Abl, no híbrido Bcr-Abl 1135
gene Apc supressor de tumor 1123-1124, 1220
gene AraJ (E. coli) 521
gene Bcr, no híbrido Bcr-Abl 1135
gene Bicoid 1158-1159
gene CreERT2 1221-1222F
gene c-Src 1105
gene da actina 371F, 923
gene da tropomiosina a 319F
gene Diap 1197F
gene do fator VIII 301F, 318F
gene Dpp (decapentaplégico) 1165-1166, 1169
gene Dscam 415F, 1208F
gene Engrailed (Drosophila) 1160-1161, 1162F
gene Eve (even-skipped) 392-394, 395F
gene Fbx15 1255F
gene Flc (lócus de floração C) 1183-1184
gene FT (lócus de floração T) 1183
gene Gag, HIV 420F
gene Int1 869
gene Kcnq1 409
gene Krüppel 1159
gene Let7 1180-1181
gene Lgr5 1221-1223, 1224F
gene Lin14 1181F
gene Lin4 1180-1181
gene Mdr1 1139
gene MyoD 206F
gene Nanog 1254F
gene Pax6 (eyeless) 397-398F, 1146F, 1171
gene Sog (gastrulação de Short) 1165-1166, 1169
gene Toll 1158F, 1165
gene v-Src 1105
gene White, Drosophila 195F
gene Wingless 536F, 869, 1161
gene Yap/Yorkie 1197F
gene/cinase Kit
　efeitos de mutações em humanos e camundongos 37F, 1187
　fator de célula-tronco e 1244

gene/complexo *Antennapedia* 1161F, 1162-1163, 1164F, 1169, 1170F
gene/complexo *Bithorax* 1162-1163, 1164F, 1169, 1170F
gene/complexo *Ubx* (*Ultrabithorax*) 1162F, 1164F
gene/proteína CFTR (regulador de condutância transmembrana da fibrose cística) 225F, 611
gene/proteína LacZ 382F, 384F, 1162F, 1221-1222F
gene/proteína pilina 1290
genes
   codificando múltiplas proteínas 318
   definição de 182, 416-417
   deleção específica 294-295
   distribuição no núcleo 211-212
   em rápida evolução e conservados 15-16
   específicos para o desenvolvimento animal 1149
   genes essenciais de função desconhecida 499
   identificação de novos genes por perfil de ribossomo 506, 507F
   isolamento e superexpressão 464
   mecanismos para inovação em 16-17
   mitocondrial, em diferentes espécies 801F
   múltiplas proteínas de 415
   natureza da informação hereditária 173-174
   número de proteínas codificadoras 184T, 185
   número e densidade em diferentes espécies 182F, 415-416
   número em bactérias e arqueias 16
   proteínas codificadas por 7
   transferências horizontal e vertical 16
genes *Brca1* e *Brca2* 267, 1116, 1133-1135
genes *CESA* (celulose sintase) 1085
genes codificadores de proteínas 120, 122-123
genes conservados 15-16, 216-217
   ciclo da célula eucariótica 32
   comum para todos os domínios 20, 21T
   importância bioquímica 21-22
genes críticos para o câncer
   cenários mutacionais 1112F
   descobertas e efeitos 1104-1126
   estudos em camundongos 1117-1118
   modificações no genoma de câncer e 1111, 1141
   proporção do genoma humano 1112-1113
   via da Ras-MAP-cinase 1137F
   ver também oncogenes; genes supressores de tumor
genes da regra dos pares 1159-1160, 1162
genes da segmentação
   corpo dos insetos 1159, 1160F
   em vertebrados 1177
   hierarquia reguladora 1161F
genes de efeito materno 1158-1159
genes de efeito zigótico 1159, 1165, 1181F, 2282
genes de leptina 219-220F
genes de manutenção (*housekeeping*) 406, 407F
genes de manutenção do genoma 1104, 1110F
genes de polaridade do ovo 1157-1159, 1160-1161F, 1163, 1165

genes de polaridade do segmento 1159-1162
genes de respostas retardadas 1013F
genes de RNA
   em *S. cerevisiae* 305
   no genoma humano 185
   para rRNA 327, 330
genes de virulência/fatores de virulência 609, 610F, 1268-1270
genes do anel Balbiani 326
genes *gap* 1159-1160, 1162
genes *Hedgehog* 1160-1161F
genes *Hes* 1178
genes homólogos 216
genes *Hox* 1162-1164
   no refinamento de padrão 1161-1164, 1169
   rombômeros e 1188
genes mutadores 250
genes *MutL* e *MutS* 1124
genes primários imediatos 856, 1013F
genes reguladores
   multicelularidade e 29-30
   na evolução dos vertebrados 227F
"genes saltadores" *ver* elementos genéticos móveis
genes supressores de tumor
   alterações na sequência de DNA 1110F
   descoberta 1107-1109
   exemplos 1110F, 1115
   inativação genética e epigenética 1108-1109, 1110F
   mutações com perda de função 1104
genes *Twist* 1165, 1166F
genes/células pró-neurais 1172
genes-repórter 393, 394F, 501-502, 884F
genética reversa 494-495, 500
genoma do cloroplasto 782, 802F, 806-807
genoma humano
   análise e tratamento médico 506
   blocos haplótipos 492
   como modelo genético 36-37
   densidade gênica e tamanho de genes no 182, 184
   elementos genéticos móveis no 218F, 287, 291-292
   evidência de migrações 232
   genes codificadores de proteínas 120, 122-123
   genoma de camundongo comparado ao 220F, 221-222
   genoma mitocondrial humano 801-802F, 804-805
   número de genes codificadores de canais iônicos 635
   número de genes codificadores de colágenos 1062
   número de genes codificadores de enzimas do Golgi 718
   número de genes codificadores de filamentos intermediários 944, 946
   número de genes codificadores de fosfatases e cinases 819
   número de genes codificadores de proteínas receptoras 814, 832
   número de genes codificadores de receptores-órfãos 875
   número de genes e proporção expressa 371
   número de mcRNAs produzidos 429, 435

   número de nucleotídeos 28, 37, 175, 183F, 184T
   origens de replicação 260-261
   outras estatísticas 184T
   polimorfismos do MHC 1331
   proporção de genes críticos para o câncer 1112-1113
   regiões conservadas como funcionais 217
   seção de amostra do cromossomo 22 183F
   seção de amostra do cromossomo X 300F
   tamanho 178, 179, 184T
   taxas de mutação 238
   variabilidade 38, 232-234
genomas
   agregados, microbioma humano 1264
   antigo 223-224
   de cloroplastos 800-809
   diversidade de 10-23
   eucariotos 23-39
   evolução 216-234
   genes importantes para multicelularidade 1149
   híbrido 27-28
   mitocondrial 27, 800-809
   proporção que codifica transportadores ABC 609
   ver também genoma do cloroplasto; genoma humano; DNA mitocondrial
genômica comparativa 218, 482, 1269F
genótipos definição 485-486
Get3 ATPase 682F
GFP (proteína verde fluorescente) 459F, 501F, 502, 504F, 543, 546F
   estrutura 543F
   proteínas de fusão 501F, 502, 504F, 543, 589, 715F, 802-803
giberelinas 881
gigantismo hipofisário 1196
GK domínios 1050
glândula hipofisária 1196
glândula pineal 877
GlcNAc *ver* N-acetilglicosamina
gliceraldeído 96
gliceraldeído 3-fosfato desidrogenase 105
gliceraldeído-3-fosfato 75F, 76, 77F, 78, 104-105, 760
   na fotossíntese 784-786, 792
glicina
   como um neurotransmissor inibitório 629
   em colágenos 1062
   estrutura 113
   na elastina 1065
glicobiologia 718
glicocálice 582
glicocorticoides, resposta do fígado 372
glicoforina 579F, 592F
glicofosfatidilinositol (GPI) 573, 577F, 582
   âncoras de GPI 573F, 577, 582, 688-689, 749, 1039, 1060
glicogênio
   polissacarídeos 71F, 79-81, 87, 97
   quebra 827-828, 835T, 837T
glicogênio-sintase-cinase-3 (GSK3) 870
glicolipídeos
   como constituintes de membrana 568, 575-576
   estrutura 99

glicólise
  em células de câncer 1098-1099, 1103, 1115
  em plantas 786
  estágios da 104-105
  pela produção de ATP 74-78, 781
  superioridade da fosforilação oxidativa 756
glicoproteína P (MDR) 610, 1293
glicoproteínas, não colagenosas
  como macromoléculas da matriz extracelular 1057, 1073-1074
  distinguindo proteoglicanos 1059
  glicoproteína variante-específica (VSG) 1290
  laminina 1058F, 1069-1073, 1075-1077
  nidogênio 1058F, 1070, 1071F
  organização da matriz por 1066-1067
  ver também fibronectina
glicosaminoglicanos *ver* GAGs
glicose
  estrutura 96
  metabolismo anormal em células de câncer 1098
  produção de ATP da oxidação 775
  transporte transcelular 605F
  ver também glicólise
glicose-6-fosfato, na glicólise 79, 80F, 85F, 87F, 104
glicosfingolipídeos 690, 749
glicosidases 685, 716, 718, 722
glicosilação
  da proteína Notch 868
  no enovelamento da proteína 685
  propósito de 719-720
  proteínas de membrana 582-583, 683-684, 723
glicosilação *O*-ligada 719
glicosilases de DNA 269, 270F, 271, 273
glicosiltransferases 685, 716, 718-720, 868, 1059
glioblastoma
  interrupção da via Rb 1113
  mutação do receptor de EGF em 1107, 1117
glioxissomos 667
glipicanos 1073
β-globina
  sequência de DNA do gene de camundongo 223F
  sequência de DNA do gene humano 179F, 223F, 318F
  sequências da barreira HS4 e 202
  β-talassemia e 324F
globinas, evolução 229-230
glóbulos brancos *ver* leucócitos
glóbulos fractais 212
glóbulos fundidos 354
glóbulos vermelhos *ver* eritrócitos
glomérulos renais 1063T, 1069-1071
glucagon 132F, 835T
glutamato neurotransmissor 629, 636
glutamina
  estrutura 113
  síntese 66, 70
glutationa *S*-transferase (GST) 451
GMCSF (fator estimulador de colônia de granulócito-macrófago) 864T
GMP cíclico (cGMP) 844-848, 880
  cinase dependente de GMP cíclico 155F
golginas 721-722

gonorreia 19, 288, 1303
gorduras
  armazenamento de energia como 78-79, 81, 82F
  armazenamento de energia em plantas 785-786
  oxidação para acetil-CoA 81-82, 83F
gota 1301
gotas lipídicas 573
GPCR-cinases (GRKs) 848, 849F
GPCRs *ver* receptores acoplados à proteína G
gradiente de Na^+ 602, 603F, 604, 605F, 608, 616
gradiente de prótons (gradiente de H^+)
  bacteriorrodopsina e 587
  cadeia transportadora de elétrons e 86F
  membrana mitocondrial 103, 662, 727
  membrana tilacoide 791, 793-794
  transporte ativo em bactérias, leveduras e vegetais 586
  utilização pelas ATP-sintases 586, 606, 779, 793
gradientes de concentração
  dirigindo transporte passivo 599
  migração de células germinativas 1186F
  moléculas de sinalização em desenvolvimento 1151
  morfogênese 1158, 1165-1166F, 1200
gradientes de concentração iônica 601-604
gradientes de K^+ 607, 615, 617
gradientes de pH
  contribuição para os gradientes eletroquímicos 662, 762-763
  focalização isoelétrica 453
gradientes eletroquímicos
  alimentando ATP-sintase 774, 776
  composto por potenciais de membrana e gradientes de concentração 599, 662, 762-763
  membrana tilacoide 784F
  membranas mitocondriais 758
  no acoplamento quimiosmótico 754
  transporte de membrana e 599-600, 602, 612, 662
gradientes osmóticos 612
grafeno 554F
gráfico de Ramachandran 111F
gráficos de hidropatia 579-580, 681F
gráficos duplos-recíprocos 143
grana, membrana tilacoide 783, 789
grandes macacos 218, 219F, 220
granulócitos 864T, 1239, 1241T, 1245
grânulos de estresse 427-428
grânulos P 1002F
grânulos secretores 132
grânulos secretores de núcleo denso *ver* vesículas secretoras
granzimas 1334
gravidade e crescimento de plantas 881F, 883, 884F
GRKs (GPCR-cinases) 848, 849F
grupo de proteínas Polycomb 1164, 1165F, 1183
grupo heme
  biossíntese 760
  e ferro, na hemoglobina 147F, 148
  no citocromo *c* 766
grupos hidroxila, ligações α e β 97

GSK3 (glicogênio-sintase-3-cinase) 870-871, 872F, 881
GST (glutationa *S*-transferase) 451
GTP (guanosina trifosfato)
  estrutura 85F
  no ciclo do ácido cítrico 83, 84F, 106-107
GTPase Rheb 854T, 861
GTPases
  como reguladores de célula 156-157
  EF-Tu 160-161, 163
  família Rho como 997
  famílias Rab e Ras 278, 854
  monomérica 703, 820, 854
  septinas como 949
  subunidade α da proteína G como 820, 832
GTPases da família Rab 278
  como membros da superfamília Ras 854T
  localização subcelular 706T
  no transporte vesicular 705-709
GTPases da família Ras 278, 854T
  oncogenes *Ras* 1106, 1118, 1123, 1125
GTPases monoméricas 820, 821F
  família Rho 843, 956
guanililciclase 844, 846-847
guaniltransferases 316
guanina
  desaminação para xantina 272F, 273
  estrutura 100
  O^6-metil 271
  pareamento de base de DNA com citosina 176, 177F
  síntese e ribocontroladores 414F
guanosina
  7-metil 316-317F
  N,N-dimetil 337F

H
H^+ *ver* próton
Haemanthus 992F
Halobacterium salinarum 587, 588F
HARs (regiões aceleradas humanas) 226
HATs (histonas acetiltransferases) 196
HDACs (complexos de histonas desacetilases) 196, 201, 390, 1257
HDL (lipoproteínas de alta densidade) em nanodiscos 586
hélice comutadora 161
hélices
  alternativa do anel fechado 124
  dupla-hélice de DNA 3F
  filamentos do citoesqueleto 893-894
  hélice S4 622
  microtúbulos 926
  quiralidade 124-125
  razões para a abundância 124
  tripla-hélice de colágeno 124-125, 1061, 1070
  ver também α-hélices; dupla-hélice
"hélices aleatórias" 1065, 1066F
hélices em grampo, DNA 246, 247F
hélices em grampo, RNA 307, 326
α-hélices que atravessam a membrana 677, 679, 680, 777
α-hélices
  ancoragem na membrana 682
  bacteriorrodopsina 586-587
  braço da miosina 916

canais de íons 617-618, 631F
    como elementos estruturais secundários 117-118
    descoberta e descrição 115-116
    em filamentos intermediários 945
    em motivos estruturais de proteína 376-377
    em proteínas nascentes 349, 354
    em transportadores 603
    hélices de comutação 161
    no enovelamento de histonas 188
    passagem pela membrana 579-581, 677, 679, 680
Helicobacter pylori 1129F, 1132, 1263, 1265, 1277
hematopoiese 1241, 1243F
hematoxilina 535, 536F
hemicanais (conéxons) 1051-1052
hemidesmossomos 893F, 946, 947F, 1036, 1076
hemofilia 291, 300F
hemoglobina
    como uma proteína multissubunidade 123
    comparações entre espécies 37F
    expressão nas células sanguíneas 371
    fetal 229
    grupo heme 147F, 148
    ver também globinas
hepatócitos, doença da célula I 728-729
herança
    alterações na expressão gênica de amplitude cromossômica 409-411
    de organelas 648, 807
herança citoplasmática 807
herança de proteína apenas 131
herança epigenética
    da expressão gênica 411-412
    e estrutura da cromatina 194, 204-206, 409-411
    mecanismos de ação em *cis* e *trans* 412, 413F
herança mendeliana 408F, 493
    em contraste com herança citoplasmática 807-808
hereditariedade
    como característica da vida 2
    DNA e o mecanismo de 174, 177-178
    herança epigenética 194
hermafroditismo, *C. elegans* 33, 1180F, 1194
herpes-vírus alfa neurotrópico 1288
herpes-vírus humano HHV-8 1132
herpes-vírus/herpes-vírus simples 1273T, 1279, 1286, 1288
heterocariontes 444F, 588
heterocromatina
    e eucromatina 194
    em torno dos centrômeros 432-433
    heterocromatina pericêntrica 204F
    interferência de RNA 432-433
    localização 211-212
    na inativação do X 410
    nas células cancerosas 1097, 1109
    silenciamento gênico 206-207
    ver também HP1
heterotopia periventricular 912, 913F
heterozigose, perda da 281
HGF (fator de crescimento de hepatócitos) 1073
hialuronana 1057F, 1058-1060, 1061F

hibridização
    na hibridização *in situ* 502, 536
    na tecnologia de DNA recombinante 464, 473
    sequências de nucleotídeos da 472
hibridização (DNA)
    e recombinação homóloga 277-278
    em microarranjos 257, 258F
hibridomas 444
hidrocarbonos
    como hidrofóbicos 44, 92
    estruturas 90
hidrofilicidade
    comparada com hidrofobicidade 44, 92
    imunoglobulinas solúveis 1317
hidrofobicidade
    baixa em regiões desordenadas 126
    comparada com hidrofilicidade 44, 92
    e mecanismos de controle de qualidade 357, 359
    imunoglobulinas ligadas à membrana 1317
    proteínas não ribossômicas 808
    proteínas transmembrana 577, 579F, 593
    reguladores transcricionais modulados por ligante 874
hidrogenação e desidrogenação 56
hidrolases
    atividade nos endossomos 736
    nos lisossomos 722-723, 727
    transporte para endossomos 728-729F
hidrólise
    como o contrário das reações de condensação 49F
    dano ao DNA por 267T
hidrólise de ATP
    aminoacil-tRNA sintetases 337
    catálise da actina 894, 901, 904, 954F
    em lisossomos 723
    em translocadores fosfolipídicos 690
    importação de proteína em peroxissomos 667
    importação de proteína na mitocôndria 661
    importação de proteína no RE 682
    no proteassomo 358, 359F
    no transporte ativo 60, 602, 605-606, 608F, 838
    operação chaperonas 356
    operação DNA-helicase 246F
    operação DNA-ligase 246
    por cabeças de miosina 916
    por cinesinas 936, 937F
    por dineínas 938F
    rearranjos do spliceossomo do RNA 321
    síntese macromolecular 70-73
    translocação NPC 655
    utilidade global 65
hidrólise de GTP
    catálise de tubulina de 894
    em domínios Rab5 707
    microtúbulos 928
    na importação nuclear 654
    na síntese de proteínas 343-344, 345-346
hidrólise do nucleosídeo trifosfato 894, 896, 902-903
hidrólise do pirofosfato na biossíntese 71-72
hidroxilapatita (fosfato de cálcio) 1229
hidroxiprolina 1062F, 1084
HIFs (fatores induzíveis por hipoxia) 1191, 1237

higromicina 351F
hipermutações somáticas 1321-1323, 1325, 1335-1336, 1338F
hiperpolarização 844-845
hipocampo
    LTP (potencialização de longo prazo) 636-637
    proteínas associadas a microtúbulos 932F
    velocidade de renovação de neurônios 1250
hipoclorito 1239
hipotálamo 877
hipótese de endossimbiose 800
hipótese sinalizadora 672, 673F
hipoxantina 271, 272F
hipoxia 1115, 1116F, 1191, 1238F
histamina 742, 1239, 1241T, 1317
histerese, na retroalimentação positiva 518
histidina
    complexo clorofila-proteína 787-788
    estrutura 112
    ligação metal-íon 450
histona H1 (histona de ligação) 192-193, 1252
histonas
    e proteínas não histonas 187
    modificações de cadeia lateral 196-197
    reprogramação nuclear 1252-1253
    separação de amostras 440
    síntese e ciclo celular 261
histonas acetilases 202
histonas desmetilases 196, 201, 1257F
histonas metiltransferases 196, 390, 1257F
Histoplasma capsulatum 1272
HIV (vírus da imunodeficiência humana)
    atenuação da transcrição 414
    detecção em amostras 475F
    diversificação de SIV 1291F
    e o câncer 1130T, 1132
    erros de replicação e evolução 1291
    estrutura do capsídeo 562F
    genoma 420F
    infecção e fusão da membrana 709, 710F
    invasão das células T auxiliares 1332
    terapias de combinação 1140
    transporte nuclear regulado e 419-421
HIV-1 1273T, 1286, 1289, 1291
    receptores necessários 1279-1280
HNPCC (câncer de cólon hereditário sem polipose) 250, 1124-1125
hnRNPs (ribonucleoproteínas nucleares heterogêneas) 323F, 326
Homo sapiens
    como um eucarioto 16F
    como um organismo-modelo 29T, 33, 491-492
homogenatos
    de fracionamento subcelular 445
    sistemas sem células 451
homólogos
    em células humanas 180
    ortólogos e parálogos 17-18
homúnculos 1155, 1205
Hooke, Robert 439, 1081
hormônio do crescimento
    gigantismo e nanismo 1196
    via de sinalização JAK-STAT e 864T
    ver também reguladores do crescimento vegetal
hormônio luteinizante 835T

hormônios
   esteroides 875-876
   melatonina 877
   moderados por AMP cíclico 835T
   na hematopoiese 1244
   na sinalização extracelular 815
   produção através de clonagem de DNA 484
   regulação de transições do desenvolvimento 1182
   resposta de expressão gênica 372, 400
   somatostatina 835-836
hormônios sexuais 99, 875-876
hormônios tireoidianos 835T, 874, 876, 1182
HP1 (proteína específica de heterocromatina) 197, 200F, 202F, 204F, 206, 210-211
HPLC (cromatografia líquida de alta eficiência) 449, 457
HPV (papilomavírus humano) 1131, 1265, 1273T
hsp60 (proteína de choque térmico) 355-357, 662

I

IAPs (inibidores de apoptose) 1029-1030
ICAM1 1055F, 1076T, 1077
ICAMs (moléculas de adesão de células intercelulares) 1055, 1056F
idade
   e erros no reparo do DNA 274
   e incidência de câncer 1094-1095, 1111
   e mutações mitocondriais 808
   ver também envelhecimento prematuro
IFN *ver* interferon
IFT (transporte intraflagelar) 943
Ig *ver* imunoglobulinas
IGF1 (fator de crescimento semelhante à insulina-1) 850T, 852, 1196
Igf2 (fator de crescimento semelhante à insulina-2) 407, 409
IGFBP (proteína de ligação do fator de crescimento semelhante à insulina) 1066F
IL-1, 5, 6, 10, 12, 13, 17 e 21 *ver* interleucinas
ilhas CG 406-407
ilhas de patogenicidade 1268-1269, 1282F
ILK (cinase acoplada à integrina) 1079
imagem, melhora da 534, 561
imagem de superfície, por SEM 558
imagem multifotônica 542
imagem tridimensional
   microscopia eletrônica 557-558, 560F
   microscopia óptica 540, 541F, 542, 550F, 553F
imagens por sequência de intervalo de tempo 1249
   microscopia de fluorescência 757F, 803F, 875F, 935F, 991F, 1178
imatinibe 1135-1136F
importação pós-traducional
   mitocôndrias e cloroplastos 659, 664, 670
   retículo endoplasmático 677, 683, 685
impressão (*imprinting*), genômica 407-409
impressão digital de DNA 475-477
impulsos nervosos *ver* potenciais de ação
imunização
   células tumorais e 1324
   como base de vacinação 1307

moléculas "próprias" 1313
respostas imunes primária e secundária 1310, 1311F
imunocitoquímica indireta 539
imunodeficiência 957
   ver também HIV
imunodetecção (*Western blotting*) 455
imunofluorescência 539F
imunoglobulinas (Ig)
   cinco classes em mamíferos 1316-1317
   classes secundárias 1322-1323
   como moléculas bivalentes 1316
   distinção das células B e T 1308-1309, 1324
   domínios semelhantes à Ig 1325, 1338
   e linfócitos B 1315-1324
   evolução 1338-1339
   mecanismos de diversificação 1323F
   na adesão célula-célula 1055-1056, 1077
   recombinação de éxons em 230
   recombinação V(J)D em 290
   repertório humano primário 1319
   repertório humano secundário 1320
   solúveis e ligadas à membrana 1315-1316, 1317
   versatilidade de sítios de ligação 138, 1320
   ver também anticorpos
imunomarcação 1202F
imunoprecipitação 449-450
   coimunoprecipitação 457, 505, 506F
imunossupressão
   fármacos imunossupressores 655F
   microambientes tumorais 1137, 1138F
in silico, significados 472
in vitro, significados 440-441
in vivo, significados 440-441
inativação, e velocidade da resposta a sinal 825-826, 848
inativação clonal/supressão clonal autotolerância imunológica 1314
inativação de genes por RNAi 433, 499
inativação de receptores 848
inativação do X 410-411, 412F, 1252
incontinência pigmentar 300F
indels 492
indicador fura-2 547, 839
indicadores de fluorescência 546-547
indicadores sensíveis a íons 546-547
índice mitótico 966
índices de refração 532
indução sequencial 1153-1154, 1160
inexinas 1051
inflamossomos 1301
inibição do crescimento por TGFβ 1012
inibição lateral 867, 868F, 1151-1152, 1174F, 1178-1179
   mediada por Notch 1171-1173, 1224-1225
inibição por contato 1098F
inibidor da transcriptase reversa AZT 1292
inibidor de iCAD (de CAD) 1024F
inibidores da função proteica 459-460
inibidores da PARP (Poli-ADP-ribose polimerase) 1133-1135, 1139
iniciação abortiva 306
iniciação da transcrição
   em eucariotos 310-313, 387
   terminação 306-309
   uso da modificação da cromatina 387-388
iniciadores de DNA, na PCR 473

iniciadores de RNA 245, 247, 249, 253
influenzavírus
   como um vírus causador de doença 1265, 1273T
   efeito sobre a transcrição na célula hospedeira 1288
   estruturas 1274
   genoma da fita negativa 1289
   infecção por endocitose 709, 1280-1281
   influenza A 1273T, 1280
   nomenclatura 1292F
   pandemia 1291, 1292F
   rearranjo genômico 1291, 1292F
injeção de DNA por bacteriófagos 19F
inosina, no tRNA 336, 337F
inositol 1,4,5-trisfosfato (IP3) 837, 847
inovação genética 16-17, 217-218, 221, 227-232
instabilidade dinâmica, actina 903
instabilidade dinâmica, microtúbulos 927-929, 935
instabilidade genética, células de câncer 1097, 1103, 1111-1112, 1116, 1125, 1133-1134, 1139
insulina
   ação via receptor tirosina-cinase 850T
   arranjo 130
   deleção de timócitos reconhecedores 1332
   endossomos recicladores e 738
   secreção pelas células β pancreáticas 1226
   via de sinalização PI 3-cinase-Akt e 860, 1114-1115
integração, sistemas de sinalização intracelular 825
integração numérica 512
integrases 291
integrinas
   como proteínas transmembrana de adesão 1037
   como receptores de matriz 1074
   conformações ativa e inativa 1077-1078
   integrina αLβ2 (LFA1) 1055F, 1076T, 1077
   ligação de fibronectina 1067-1068
   mediação de adesão célula-célula 1038, 1054, 1077
   mediação de junções célula-matriz 1037F, 1038
   na adesão celular e na motilidade 955-956, 959
   proteínas de sinalização intracelular e 1079-1080
   sítios de ligação 1075
   subunidades α e β 1075
   tipos de 1076T
   tirosinas-cinase citoplasmáticas e 862-863
interação de tetrassacarídeos 1059
interação e ligação ao ligante 151
interações de ligação
   ligações cooperativas 516-517
   proteínas com promotores 510-512, 515F
interações mesenquimais-epiteliais 1190
interações não covalentes/ligações não covalentes
   em macromoléculas 49-50
   filamentos do citoesqueleto 893
   ligação de ligante 134, 139F, 140
   nas membranas biológicas 565
   no enovelamento proteico 110-111, 114

proteínas associadas à membrana 577
quatro tipos 44-45, 45T, 94-95
interações proteína-proteína
aquaporinas 580F
envolvimento de fatores de transcrição 385
filamentos citoesqueléticos 894
identificação de proteínas interativas 457-458
mapeamento de interação 166-168
mediadas por domínios interativos 852
métodos bioquímicos e ópticos 457-459
proteínas transmembrana 580, 590
regulação por 157
tipos de interface 137
uso de FRET 459
ver também subunidades proteicas
interações repulsivas, junções célula-célula 1188, 1206
intercambialidade de proteínas homólogas entre espécies 1146
interfase
como estágio do ciclo celular 185, 964
componentes 964, 965F
estado do cromossomo na 185-188, 198, 207-208, 209F
interferência de RNA (RNAi)
como um mecanismo de defesa 431-432
como uma ferramenta experimental 433
formação da heterocromatina 432-433
limitações 501
ncRNAs pequenos e 429-431
teste de função gênica 499-501
interferência do retrocruzamento 1010
interferon α (IFN-α)
como uma citocina 1304
via de sinalização JAK-STAT e 864T, 1304
interferon β (IFN-β) 1304
interferon γ (IFN-γ)
como um interferon tipo II 1304
de células T auxiliares efetoras 1335-1336
via de sinalização JAK-STAT e 864T
interleucinas
IL-1 (interleucina 1) 873, 1257F, 1301
IL-3 1257F
IL-4 1336
IL-5 1335F
IL-6 1301, 1335F, 1336
IL-10 1335F, 1336
IL-12 1301, 1335
IL-13 1335F
IL-17 1301, 1335F, 1336
IL-21 1335F, 1336
intermediários nucleotídeo-açúcar, na glicosilação 684
intestino delgado
autorrenovação mais rápida 1217, 1218F
junções compactas 1037, 1049F
localização de células-tronco 1219
íntrons (sequências de intervenção)
auto-*splicing* 324
descoberta 417
faixa de tamanhos 319, 321
no genoma humano 183F, 184, 224F, 318F
remoção única por IRE1 688
sequências de nucleotídeos consenso 319F
taxa de evolução 220F
transcritos, remoção por *splicing* do RNA 315-316, 317-318, 320F, 336
invadopódios 952

invasina 1281
inversão de DNA 294
inversão dorsoventral 1169
(íon de cloreto) canais de Cl⁻ 612-613, 629
íons, inorgânicos, dentro e fora das células 598T
íons cálcio (Ca2⁺)
armazenado pelo RE 669, 670-671
canais de K⁺ ativados por Ca^{2+} 635, 636F
canais de liberação de Ca^{2+} 607, 632F, 633
como um mediador de sinal 838, 920
como um segundo mensageiro 819-820
desencadeando o reparo na membrana 748
em adesão celular 440, 1038-1039, 1054
fertilização e 547F, 839F
liberação a partir do RE 574
ligação à integrina e 1075
ligação cruzada da parede celular 1084
LTP e LTD e 637
monitoramento com indicadores 546-547
na contração do músculo 920-923
na via secretora regulada 744-745
picos de Ca^{2+} 839-840
PKC e 837, 838F, 852
receptores IP₃ e 837
tamponamento 761
íons de metais de transição 764-766
íons hidreto, NADH e NADPH 67-68
íons hidrônio 46, 613, 773
íons hidroxila 46, 93
íons magnésio (Mg²⁺)
ligação com integrinas 1075
receptores NMDA 636
íons Mg²⁺
ligação com integrina 1075
receptores NMDA e 636
IP₃ *ver* inositol 1,4,5-trisfosfato
ipilimumabe 1138
IRES (sítios internos de entrada no ribossomo) 425-426, 1288
IRS1 (substrato do receptor de insulina 1) 824F, 852
isocitrato 106-107
isoformas
da histona H3 1253
de actina 898
de colágeno 1070, 1071F, 1072
de conexinas 1051
de fibronectina 1067
de laminina 1070, 1072F
de proteínas DSCAM 415, 1207
de tubulina 925
e definição do gene 417
isoleucina, estrutura 113
isômeros ópticos, aminoácidos 112
isômeros/isomerizações
aminoácidos 112
ciclo do ácido cítrico 106
monossacarídeos 96
na glicólise 104
Ixodes scapularis 1264F
IκB cinase-cinase (IKK) 875F

J

Janus-cinase (JAKs) 863
junções célula-célula
adesões focais 863
filamentos intermediários 891

formas principais 1038-1056
interações repulsivas 1188, 1206
junções de ancoragem 1036, 1037T
mediação por caderina 1037F, 1188
microtúbulos 931-932
polaridade celular planar 1190
junções célula-matriz
junções de ancoragem 1037T
ligada à actina 1036
mediação por integrina 1037F, 1079
receptores transmembrana 1074-1081
resposta a forças mecânicas 1080-1081
tecido epitelial 1035-1036
junções compactas
caderinas clássicas 1037T
células polarizadas 749
em células epiteliais 1036F, 1037, 1048-1049F
estrutura e função 1047-1049
filamentos de actina 1036, 1042, 1192
montagem 1043F
permeabilidade 1047
prevenção da difusão lipídica 590
remodelagem do tecido 1043-1045
resposta à força 1042-1043
junções da crista 757-758
junções de ancoragem 1036, 1037T
junções de Holliday 283F, 284-285
junções do tipo fenda
diferente de canais 611
em células epiteliais 1036F, 1037
estrutura e função 1050-1053
junções miotendinosas 1075, 1076T
junções neuromusculares
formação da sinapse 1209, 1210F, 1211
receptores de acetilcolina 630-631
regeneração 1071-1072

K

K_m (metade da velocidade máxima de reação) 141, 143

L

β-lactamases 1293
lamelas 1083-1086
lamelipódios 890, 892F, 906, 912, 951-957, 958F, 959
cones de crescimento axonal 1201, 1202F
lâmina basal
como matriz extracelular especializada 1068-1069
e cânceres epiteliais 1093F, 1096-1097F, 1123
e endotélio 1235
e epitélio 749, 1035, 1062, 1068-1069
em sinapses 1209
funções 1070-1072
organização 1069-1070
lâmina nuclear
clivagem com caspase 1023
filamentos intermediários e 179, 180F, 891, 944
heterocromatina e 211-212
laminas tipo A 948
na mitose 656, 986, 995
papel 649, 650F
lamininas 1058F, 1069-1073, 1075-1077
células cultivadas e 1223
estrutura 1070F

laminopatias 948
Langerhans, ilhotas/células 1226, 1240
lasers
    fotoativação de marcadores fluorescentes 544, 546F, 551-552
    imagem multifotônica 542F
    microscopia confocal 541
    na FRAP 545, 546F, 589
    na microscopia TIRF 548
latrunculina 904, 906
LDLs (lipoproteínas de baixa densidade) 733-734
lectinas
    afinidade por camada de carboidrato 582
    chaperonas do RE como 685-686
    exportação do RE 711-712, 720
    lectina ligadora de manose (MBL) 711, 1301, 1302F
    no reconhecimento celular 575-576
    receptores como PRRs 1300
    selectinas como 1054, 1312
Legionella (*L. pneumophila*) 739, 1284F, 1285-1286
Leishmania (*L. tarentolae*) 804, 1284F, 1286F
leptoteno 1006, 1007F
leucemias
    como cânceres de leucócitos 1092
    leucemia linfocítica aguda 1117
    leucemia mieloide crônica (LMC) 1093-1095, 1135-1136
    superprodução de Bcl2 e 1246-1247
leucócitos
    ação da selectina e da integrina 1055, 1077
    atração de quimiocinas 1241
    categorias principais 1239
    degradação da matriz 1072
    leucemias como câncer de 1092
    resposta inflamatória 1240
    uso do sistema linfático 1236
leucócitos polimorfonucleares *ver* neutrófilos
leveduras
    código de barras mutante 499F
    como eucariotos unicelulares 30
    controle do ciclo celular 186, 1018F
    doenças priônicas 131
    imagem por microscopia eletrônica 556F
    MAP-cinases 857
    mapeamento de interação proteica 166-167, 168F
    mitocôndria 451F
    purificação de proteínas 451
    retículo endoplasmático 671F
    tipos de transpósons característicos 292
    transições por moldes 1271
leveduras, brotamento 925, 949, 950F, 966F
    ciclina e Cdks 969T
    proteínas do ciclo celular 969T, 971
    ver também Saccharomyces
leveduras, fissão *ver* Schizosaccharomyces
LFA1 (integrina $\alpha_L\beta_2$) 1055F, 1076T, 1077
LHC (complexos coletores de luz/complexos antena) 788-789, 794F
liberação do íon hidrogênio 481
ligação à superfície (migração celular) 951, 952F, 955
ligação cooperativa
    por repressores e ativadores 516-517, 519
    reguladores da transcrição 378-380

ligacão cruzada
    com glutaraldeído 555
    de celulose por glicanos 1083
ligação de efrina-Eph/efrina B 1224
ligação de extremidades não homólogas (NHEJ) 274-275, 282, 289
    recombinação homóloga e 275F, 278
    sequências trocadoras de células B 1323
ligação heterofílica 1039F, 1055, 1056F
ligação homofílica
    caderinas e 1038-1042, 1202
    comparada com heterofílica 1039F
    crescimento axonal 1202
    fitas selantes 1048
    proteínas DSCAM 1207
    superfamília de imunoglobulinas e 1055, 1056F, 1202
ligações covalentes 43, 45T, 90
    DNA-topoisomerase 252-253
    ligações covalentes polares 56
    ligações duplas 90
    ligações dissulfeto 127
ligações de hidrogênio
    aminoácidos polares 114
    como atrações não covalentes 44, 94
    estrutura das 45, 92
    exemplos de sítios de ligação 135F
    na água 44, 94, 613
    no nucleossomo 188
ligações de hidrogênio
    glicolipídeos 575
    na celulose 1083-1084
    na dupla-hélice de DNA 175, 255
    na hibridização 472
    na α-hélice e na folha β 116, 579-580
    no barril β 582
    no tRNA 335
    nos pares códon-anticódon 345F
    proteínas transmembrana 579-580
    reconhecimento a partir da borda dos pares de bases 374
ligações dissulfeto 127, 452
    domínios de imunoglobulina (Ig) 1319
    em laminina 1070
    em queratinas 946
    importação de proteína mitocondrial 664
    na fibronectina 1067-1068
    proteínas no lúmen e citosol 682
    proteínas transmembrana de passagem única 582
ligações duplas
    ácido graxos não saturados 98
    alternadas 90
    ligações duplas *cis* 566, 571
ligações fosfato
    energia de ligação 78, 79F
    fosfatos e fosfoanidridos 65-66F, 78, 79F, 91, 101
ligações fosfodiéster
    no RNA 302F
    reformação por DNA-ligase 246F, 269-270
    reformação por DNA-topoisomerase 251-252
ligações isopeptídicas 157, 159F
ligações peptídicas
    em peptídeos e proteínas 110-112
    energética 61, 346
    ligações C-N 91

ligações de hidrogênio entre 94, 110-112
    na síntese proteica 339-344
    na α-hélice e na folha β 116F
    ver também polipeptídeos
ligações químicas
    e grupos químicos 47, 90-91
    ligações duplas 90, 98, 566, 571
ligante Fas 1024, 1025F, 1029, 1031, 1334
ligantes
    definição 134
    ligação e alosteria 152-153
    ligação e dimerização RTK 851
    ligação e interação 151
    na sinalização extracelular 815-816
    ver também sítios de ligação
lignina 1082-1083
limiares de concentração, processamento de sinais 827-831
limite de difração para resolução 532, 549, 551, 554
limites de resolução
    comprimento de onda 529, 533F
    microscopia óptica 532, 549
Lincoln, Abraham 1066
LINEs (elementos nucleares intercalados longos) 218F, 291
linfócitos
    diferenciação na memória imune 1309
    doenças autoimunes e 1031
    eliminação por apoptose 1022
    linfócito (citotóxico) *killer* 1024, 1025F
    linfócitos B e T 1240, 1297
    L-selectina e 1055
    maturação 1310
    migração 1185-1186
    número no corpo humano 1308
    receptores associados à tirosina cinase 862
    ver também células B; células T
linfócitos T citotóxicos 611
    apresentação de MHC classe I 1326, 1329F, 1330T
    ativação de células dendríticas 1329, 1333, 1335
    como uma classe de célula T 1325
    expressão de CD8 1331-1332
    matando células-alvo 1333-1334
    reconhecimento da proteína estranha 1327F, 1328
    semelhante a células NK 1304-1305, 1333
linfoma de Burkitt 1107, 1128F, 1130T
linfoma de células B 1031
linfomas 1092
linfonodos (glândulas linfáticas) 1313F
linha germinativa
    introduzindo genes alterados 495-497
    proteção RNAi 433
    taxas de mutação 238
linhagem celular
    eucariótica 442-444
    fibroblasto de camundongo 1106
    interferência de RNA 499
linhagens celulares imortalizadas 442-443
lipídeos
    ácidos graxos e 98
    anfifílicos 566
    densidade nas membranas celulares 566
    dolicol como 684
lipídeos insaturados 571F

lipossomos 569-570, 572F, 585
lisencefalia 939
lisina
  acetilação durante a transcrição 387, 388F
  estrutura 112
  incompatibilidade de metilação e acetilação 207
  ligação cruzada com elastina 1065
  modificações das histonas 196-197, 200F
  na sinalização de localização nuclear 650
  no nucleossomo 188, 196-197
  sequências KKXX 713
  uso regulador da metilação 165T
lisossomos
  entre os compartimentos intracelulares 642
  estrutura e função 722-724
  exocitose 729
  fusão com autofagossomo 726
  heterogeneidade 723-724
  maturação 724F
  transporte do aparelho de Golgi para os 722-730
  vacúolos vegetais e fúngicos 724-725
  vias de distribuição 725, 727-728
lisozima
  ilustração da catálise 6F, 144-146
  ligações dissulfeto na 127
Listeria (*L. monocytogenes*) 423F, 914-915, 953, 1281, 1284, 1287, 1288-1289F
listeriolisina O 1284
listras, embrião de *Drosophila* 393-395
litotróficos aeróbicos 11
lncRNAs *cis*-atuantes 435F, 436
lncRNAs de ação *trans* 435F, 436
lncRNAs *ver* RNAs não codificadores longos
LNH (linfoma não Hodgkin) 1092F
localização
  máquinas proteicas 164
  transportadores de auxinas 883
localização de moléculas por microscopia de fluorescência 536-537
localização do RNA 421-422
lócus, definição 486
lógica E e E NÃO 521-522, 523F, 825
lógica OU 521F
logotipos da sequência 308, 375, 378F
lombrigas *ver Caenorhabditis elegans*
LPSs (lipopolissacarídeos) 1267, 1269
LRP (proteína relacionada a receptor de LDL) 870-871
LTD (depressão de longo prazo) 637
LTP (potencialização de longo prazo) 636-637
lúmens
  definição 644
  intestino delgado 1037
  retículo endoplasmático 669
luz polarizada 458, 459F

M

macrófagos
  como fagócitos profissionais 739, 1301
  CSFs e produção de 1245
  derivados de monócitos 1239
  Legionella pneumophila e 1286
  receptores inibitórios 1245
  seletividade 1031

macromoléculas
  autoarranjo 128-129
  conformações 49
  e monômeros de pequenas moléculas 47
  formação de complexos 50F
  formação por reações de condensação 49
  importância na biologia 43, 47-49
  localização por uso de microscopia eletrônica de imunolocalização com ouro 556-557
  matriz extracelular 1057-1058
  no citoplasma 60F
  polimerização da cabeça e da cauda 72-73
  precursores originados do ciclo do ácido cítrico 85F
  síntese dirigida pela hidrólise de ATP 70-73
  tamanhos relativos 1059-1060F
  visualização utilizando AFM 548-549
  visualização utilizando marcação negativa ou crioeletromicroscopia 559-561
  visualização utilizando TIRF 547-548
macropinocitose 725, 732, 733F, 738
  como uma via de distribuição lisossômica 725
  entrada de vírus 1280
magnésio na clorofila 766, 787
malária 610, 804, 1272-1273, 1276, 1282, 1331
  ver também Plasmodium
malato 107
MALDI 456-457
maltoporina 581
mamíferos
  árvore filogenética 221F
  camundongo como um organismo-modelo 35-36
  células-tronco hematopoiéticas 1244
  concentrações iônicas dentro e fora das células 598T
  habilidades regenerativas limitadas 1249
  impressão restrita a 409
  lipídeos de membrana 567
  LTP no hipocampo 636-637
  plano corporal conservado 227
manose 96
manose-6-fosfato (M6P) 727, 728-729F, 742F
manutenção e reparo dos tecidos 1154
  independente de células-tronco 1226-1227
mapa de distância do genoma 486
mapas de destino 1159F, 1167
mapas retinotópicos 1205, 1206, 1207F, 1211
MAP-cinases (proteínas-cinase ativadas por mitógeno)
  ativação como "tudo ou nada" 830F
  ativação de Ras 855-856, 1012
  cinases Raf, Mek e Erk de mamífero 856
  modulo MAP-cinase 856
  na árvore evolutiva das proteínas-cinase 155F
MAPKK (MAP-cinase-cinase) 856-857, 1271
MAPKKK (MAP-cinase-cinase-cinase) 856-857
MAPs (proteínas associadas a microtúbulos) 932-934, 986
  MAP2 932-934
  ver também centrossomos
máquinas proteicas
  ATP sintase como 754, 776-778
  bombas tipo V como 608

complexos de recombinação 1006
  coordenação em 164
  máquina de replicação 249-250
marca da rotação 569-570
marca de reconhecimento do nucleossomo 199F
marca da rotação com nitróxido 569-570
marcação
  estágios do ciclo celular 966
  Gram-positiva e Gram-negativa 610F, 1267F
  leucócitos 1240F
  microscopia eletrônica 555-556
  microscopia óptica 529, 535, 536F
marcação com 32P 466-467
marcação de DNA 466
marcação de fluorescência e microscopia de resolução 532
marcação do epítopo 450-451
marcação isotópica, sedimentação por equilíbrio 447
  marcação radioisotópica 452, 454, 466-467, 1219
marcação negativa 559-561
marcação posicional 1161, 1206
marcação TAP (marcação para purificação por afinidade em sequência) 451
marcações de tetracisteína 1053F
marcadores de membrana 697
marcadores fluorescentes 1178
Marchantia 801F, 805F
mastócitos 1239, 1240, 1317
matemática na biologia 509-525
  ver também modelos
material pericentriolar 930, 931F, 943F
matriz extracelular
  características gerais 1035-1038
  células migrantes e 955
  crescimento neuronal e 1202
  degradação 1072-1073
  diferenciação de fibroblastos e 1229
  em animais 1057-1074
  interações célula-matriz 1064
  isolamento e cultura de células 440, 441
  junções célula-matriz 1035-1038, 1044F, 1074-1080, 1081F
  modificação pelos cânceres 1101
  na lâmina basal 1068-1069
  paredes celulares vegetais como 1053
  proteínas fibrosas 124
  três classes de macromoléculas 1057-1058
  variedade de formas 1057-1058
matriz nuclear ou de suporte 214
matriz óssea e osteoblastos 1229, 1230F
matriz pericentriolar 982, 983F, 984, 985F
maturação do centrossomo 985
maturação do endossomo 707, 730, 735-736
maturação por afinidade 1320-1321
MBL (lectina de ligação à manose) 1301, 1302F, 1303
M-Cdk 973, 978-979, 982, 985-986, 1003
MCSF (fator estimulador de colônias de macrófagos) 850T
MEC *ver* matriz extracelular
mecânica quântica 532
mecanismo de correção 242, 244
mecanismo de gatilho da invasão 1281, 1282F, 1285F

mecanismo zíper de invasão 1281, 1282F, 1284
mecanismos de correção (*proofreading*) cinética 345
mecanismos de iniciação da tradução 425F, 1288
mecanismos de recombinação 287
   recombinação sítio-específica conservativa 292-295
   transpósons 288-292
mecanismos de sinalização
   comparação 158F
   nas células nervosas 621
   ver também sinalização celular
mecanismos epigenéticos de ação *trans* 412, 413F
mecanismos homeostáticos 1195, 1217, 1226, 1247
mecanotransdução 1043, 1044F, 1074, 1080-1081
mediadores locais, sinalização celular 815
medidas hidrodinâmicas 455
medidas quantitativas
   da expressão gênica 502-503
medula óssea
   células estrômicas 1229
   migração de células B para 1312
   origem de células B em 1308
megacariócitos 180, 1002, 1239, 1241T
   derivação plaquetária de 1239
   núcleo poliploide 1242
megacólon 1186
meia-vida
   conexinas 1052, 1053F
   e tempo para estado estacionário 826, 827F
   extracelular, do óxido nítrico (NO) 847
   filamentos de actina 896-897, 906, 919
meiose
   comparação com mitose 1005F, 1008F
   comportamento cromossômico na 1004-1010
   cromossomos paquitênicos 550F
   em *Saccharomyces cerevisiae* 31
   junções Holliday na 284
   recombinação gênica na 486
   recombinação homóloga e 277, 282-285
meiose I 1004-1006, 1008-1010
meiose II 1005, 1008F, 1009-1010
Mek (MAP-cinase-cinase) 856
melanócitos 729, 939, 940F
melanomas 1092, 1093F, 1136, 1138
melatonina 877
membrana basal *ver* lâmina basal
membrana plasmática
   alargamento potencial por vesículas secretoras 746-748
   camada de carboidratos protetores 582
   composição nos eucariotos 572
   despolarização por neurotransmissores 629, 631, 633
   despolarização por potenciais de ação 607, 621-624, 627-629, 632, 634-636
   endocitose 730-741
   endossomos recicladores 737-738
   eritrócitos 565F
   formação de vesículas pinocíticas 731
   fossas revestidas por clatrina 553F
   fusão por vírus 1280

gradientes/bombas de Ca^{2+} 607, 838
hiperpolarização 844-845
imunoglobulinas solúveis e ligadas à membrana 1317
polarização celular e 748-750
recrutamento de proteínas de sinalização intracelular 700
universalidade da 8-9
vesículas sinápticas da 746
"membrana púrpura" 586, 587F, 590, 591F
membranas, biológicas
   bicamadas lipídicas e proteínas de membrana em 565-566
   fosfolipídeos em 98-99
   membranas duplas das mitocôndrias, cloroplastos e bactérias 753F
   mitocôndrias em biossíntese 760-761
   reciclagem 743
   tipos, no fígado e no pâncreas 643T
membranas da célula
   composição 571T
   proporção de proteína 576
   três classes de lipídeos 566-568
   ver também membrana plasmática
membranas internas
   células eucarióticas 24
   cloroplastos 27F
   mitocôndrias 26F
membranas mitocondriais
   gradiente de prótons através das 103
   membranas interna e externa 658, 663-664, 757-758
   proteínas de transporte da membrana interna 779-780
   transporte de pequenas moléculas através das 664
membranas tilacoides 606, 658, 664-665, 783
   centros de reação 783-784, 788-790, 793, 796
   sítio de fotossíntese e geração de ATP 786-787
   sítio de fotossistemas I e II 789-790
memória da célula
   complexos *Hox* e 1164
   e diferenciação 392, 397F, 401-402
   e estrutura da cromatina 194, 197, 206, 387
   e retroalimentação positiva 520, 829
   mecanismos de reforço 404-413
   no desenvolvimento embrionário 1148, 1150, 1162, 1164
   substituindo com reprogramação da célula 1251
   via da sinalização intracelular 825, 829, 843F
   ver também herança epigenética
memória imunológica 1309-1311, 1326
β-mercaptoetanol 452-453
meristemas 442, 443T, 1082, 1085, 1183
mesoderma 1147-1148, 1156, 1158, 1167-1169, 1187F, 1189
   especificidade *Twist* 1165
   mesoderma pré-somítico 1177-1178
   tecido conectivo derivado do 1228
metabolismo da arabinose 521
metáfase
   alinhamento das cromátides 964
   na mitose 980
metaloproteases de matriz 1072-1073
metamorfose 1182

metástases
   corte transversal 1100F
   definição 1092
   incertezas 1119-1120
   invasividade semelhante a EMT 1101, 1120
   micrometástases 1102-1103, 1120
   monitoramento em camundongos 1117-1118
   progresso 1102F, 1119-1120
   seleção natural 1096
Methanococcus jannaschii 16F, 676F
metilação
   alterações na reprogramação nuclear 1252-1253
   da ribose no mRNA 316F
   da ribose no rRNA 328
   dano no DNA por metilação não enzimática 267T, 271
   de genes de supressão tumoral 1109
   de sequências CG e diferenciação 404
   e pluripotência induzida 1256
   herança de padrões de metilação de DNA 404-413
   impressão genômica 407-409
   resíduos GATC no reparo de pareamentos errados (*mismatch*) 250, 255, 257F
   ver também citosina; lisina
metiltransferases de manutenção 404-405
metiltransferases *de novo* 404-405, 406F
metionina
   como iniciador da síntese proteica 347, 800
   estrutura 113
   N-formil 347, 800, 958, 1031
   proteína SRP 673
método 3C (captura da conformação do cromossomo) 209F, 212
método de localização de molécula única 551-553
método RNA-req 371F
métodos analíticos
   para DNA 463-466
   para proteínas 452-462
métodos de sequenciamento do DNA
   métodos de sequenciamento de segunda geração 479-480
   métodos de sequenciamento de terceira geração 481
   sequenciamento didesoxi 466F, 477-478
   sequenciamento Illumina® 480
   sequenciamento íon torrent® 481
   sequenciamento *shotgun* 479
métodos estatísticos para a biologia 524-525
MHC (complexo de histocompatibilidade principal) 122
   classe I, reconhecimento pelas células NK 1304-1305
   classe I e classe II 1326-1327, 1328F, 1330T
   nas respostas imunes mediadas pelas células T 1307, 1324-1339
   polimorfismos 1328, 1330-1331
miastenia grave 1315
micelas 99
   bicamadas e 568, 569F
   concentração crítica de micelas 583, 584F
microambientes tumorais 1100-1101, 1137, 1138F
microarranjos de DNA
   análise de mRNA 503-504
   estudos de replicação 257, 258F

microbiota 1263-1275, 1277
microeletrodos 546
microfibrilas 1065
microfilamentos *ver* filamentos de actina
β₂-microglobulina 1327, 1328F, 1330T, 1339
microinjeção de genes alterados 495
micrometástases 1102-1103, 1120
microrganismos, preponderância 10
micro-RNAs (miRNAs)
    papel regulador 429-431
    relógio do desenvolvimento embrionário 1180-1182
microscopia confocal 540-542, 544F, 546, 724F, 800F, 875F
microscopia crioeletrônica 559-561, 562F
    cadeia respiratória supercomplexa 772, 773F
    cobertura de clatrina 699F
    hélices de actina 910F
microscopia de campo claro 533-534, 535F, 940F
microscopia de fluorescência 503, 524, 547
    anel contrátil 997F
    axônios mielinizados 625F
    cálice óptico derivado de células ES 1258F
    célula infectada por *Listeria* 914F
    cinetocoros 988F
    divisão assimétrica da célula 1002F
    espaço de tempo 757F, 803F, 875F, 935F, 991F, 1178
    eventos de brotamento de vesículas 705
    fuso mitótico e cromossomos 980-981, 986F, 991F, 994F
    localização de moléculas específicas 536-537
    mapa neural do peixe-zebra 1204F
    microscopia confocal 541
    migração de fibroblastos 1068F
    neurônios 634F
    precelularização do embrião de *Drosophila* 1003F
    retículo endoplasmático 669F, 757F
    retículo mitocondrial 803F
    técnicas de super-resolução 549-551
    uso de múltiplas sondas 538F
microscopia de fluorescência de reflexão interna total (TIRF) 547-548
microscopia de força atômica (AFM) 307F, 481, 548-549, 587F, 895, 913
microscopia de imunofluorescência
    célula dendrítica 1326F
    células epiteliais 946F, 967F
    células T citotóxicas 1334F
    complexos sinaptonêmicos 1009F
    espermatozoides 590
    mitocôndrias 756F
    neurônios 932F
    prófase I de *Sordaria* 1007F
    sinais de localização nuclear 652F
    sistema nervoso embrionário 1041F
microscopia eletrônica
    coloração 555-556
    coloração negativa 559-561
    decaptação profunda 937F, 942F, 948F
    imagem tridimensional 557-558
    microscopia crioeletrônica 559-561, 562F
    microscopia eletrônica de criofatura 1047, 1049F, 1051F

microscopia eletrônica de imunomarcação 556-557
microscopia eletrônica de transmissão (TEM) 305F, 554, 555-556F, 558, 560F
    reconstrução de uma única partícula 561-562
    resolução 554, 559, 560F, 562
    tomografia por EM 558-559, 562, 779, 988F
    ver também SEM
microscopia eletrônica de imunolocalização com ouro 556-557
microscopia eletrônica de varredura *ver* SEM
microscopia óptica
    campos claro e escuro 533-534, 535F
    célula vegetal em telófase 1000F
    de células vivas 533-534
    de mitocôndrias 756, 802
    deconvolução da imagem 540, 542
    divisão celular assimétrica 1002F
    imagem multifotônica 542
    imagem tridimensional 540, 541F, 542, 550F, 553F
    marcações para 529, 535, 536F
    melhora da imagem 534-535
    microscopia de contraste diferencial de interferência 533-535, 560F, 1002F, 1202F
    microscópios confocais 540-542, 544F
    modelagem típica 531F
    preparação de amostras 535-536
    resolução 530-532
    separação das cromátides-irmãs 992F
    técnicas com super-resolução 549-554
    utilidade continuada 529
microscópio de contraste de fase 533-535, 591F
microscopio óptico, 530
microscópios de campo escuro 533-534, 535F
microscópios de contraste de interferência diferencial 533-535, 560F, 1002F
microssomos 445, 448, 671-673
micrótomos 535, 555
microtúbulos
    aparelho de Golgi 713, 715
    arranjos corticais 1086
    construção de cílios e flagelos 941-942
    efeitos de fármacos 928
    extremidades mais (+) e menos (-) 927
    formação do fuso mitótico 889-890, 940-941, 982-984
    inibidores químicos 459, 904T
    instabilidade dinâmica 927-929, 935, 986
    microscopia de fluorescência 538F, 553F
    microtúbulos astrais 982-985, 987, 992, 994, 999, 1000F, 1001-1002
    mitocôndrias e 755, 756F
    na migração celular 959-960
    na orientação da parede celular 1086-1087
    no citoesqueleto 891, 925-944
    nucleação 928, 930F
    proteínas de separação e sequestradoras de tubulina 935-936
    proteínas motoras e 936-938
    subunidades assimétricas 894
    ver também tubulinas
microtúbulos de áster
    dineínas e 984-985, 994
    posicionamento do fuso 982, 983F, 987, 1001-1002

microtúbulos do cinetocoro 982
microtúbulos interpolares 982
microvilosidades 890-892, 893F, 924
mielinização de neurônios 625, 667
migração celular
    células endoteliais 1235
    coordenação do citoesqueleto na 959-960
    estímulos ambientais 1185-1186
    fatores de sobrevivência e 1186-1187
    neurônios 1200, 1201F
    polarização e 951-960
    quimiotaxia e 958-960
    separação celular na 1188
    três componentes 951
migração neural 913F
milho
    cromossomos paquitênicos 550F
    influência de DNA regulador 1175
mioblastos 1185-1186, 1196, 1233-1234
miocardiopatia dilatada 923
miocardiopatia hipertrófica familiar 923
miofibrilas 918-921
miosina
    acesso aos feixes de actina 912
    actina e, na contração muscular 916-920
    como uma proteína motora 162
    em células não musculares 923-925
    fusão com GFP 548F
    hidrólise do ATP por 916
    na migração celular 954-955
    nas extremidades em seta da actina 898
    no anel contrátil 890
miosina I 924
miosina II 911, 915-918, 923-924, 936, 948, 953, 955-957
    cadeias leve e pesada 915, 922-923, 923F, 957, 958F
    junções aderentes ligando 1042, 1044
    na motilidade celular 955-957
miosina XIV 924F, 1282
miostatina 1196-1197
miotonia 627
miRNAs (micro-RNAs), função 305T, 1149
mitocôndrias
    associação com microtúbulos do citoesqueleto 755, 756F
    auto-*splicing* de RNAs 324
    características e origens 25, 26-27F, 644, 663
    ciclo da ureia 760
    cloroplastos em comparação com 782-783, 797
    complexos de junções com RE 691
    contato com o RE 755, 757F
    conversão a piruvato 75, 81-82
    entre compartimentos intracelulares 642
    estrutura 658F, 757F
    fracionamento bioquímico 758
    função do peroxissomo e 666
    genoma mitocondrial humano 801-802F, 804-805
    importação de lipídeos 691
    leveduras 451F
    local do ciclo do ácido cítrico 83
    na citocinese 1001
    papel no metabolismo celular 759-761
    produção de acetil-CoA 81-82
    produção de ATP nas 774-783
    produção de ATP nos vegetais 81

proteínas de choque térmico 355
separação por centrifugação 445
tabaco 544F
transporte de elétrons nos cloroplastos e 755F
transporte de proteína para dentro das 658-664
via de ativação intrínseca, apoptose 1025, 1026F
visão geral 755-763
mitofagia 727
mitógenos
efeitos sobre G_1-Cdk e G_1/S-Cdk 1012-1014
na divisão celular 1011-1012, 1013F
resposta à estimulação excessiva 1017F, 1114F
mitose
cinco estágios da 978
compactação dos cromossomos na 185, 186F, 187, 215-215
comparação com meiose 1005F
córtex celular e 913
em *Saccharomyces cerevisiae* 31
envelope nuclear na 656-657
M-Cdk e 978-979, 982, 985-986
no ciclo celular 978-995
pintura cromossômica na 180-181
sem citocinese 1002, 1003F
MLCK (cinase de cadeia leve da miosina) 922, 923F, 958F
modelo de estimulação astral 998-999
modelo de estimulação do fuso mitótico 999
modelo de fita, introdução 115
modelo de maturação cisternal 720-721
modelo de relaxamento astral 999
modelo de transporte vesicular 720-721
modelo zigue-zague, cromatina 192
modelos (estrutura proteica) 115F, 460, 461F
modelos (simulações) 524, 1178
modelos de encaixe induzido 153, 345
modelos determinísticos 524
modificação da cromatina
momento de floração de plantas 1183-1184
pelos ativadores da transcrição 386-388
por complexos de leitura e escrita 205, 406F
modificação pré-mRNA e *splicing* do RNA 316F, 317-321, 323F
modificações covalentes
cadeias laterais de aminoácidos de histona 196-197
modificação pós-traducional da proteína 165-166
no aparelho de Golgi 716
tRNAs 336
modificações de histonas, imunoprecipitação de cromatina 505
modificações em cadeia lateral da cauda de histona 196-197
modificações pós-traducionais
do GFP 543
mapeamento utilizando espectrometria de massa em sequência 457
modificação covalente 165-166
multissítio 166
molde
fatores de associação 130
na replicação do DNA 177-178, 239-240
na PCR 474
no reparo do DNA 275

RNA 364
sítios ativos 145
moléculas adaptadoras 334, 338F, 341
moléculas aprisionadas 544, 545F
moléculas carreadoras de oxigênio, evolução 229-230
moléculas de RNA de suporte 165, 435
moléculas de sinalização
resposta e renovação 825-826
ver também hormônios
moléculas de sinalização extracelulares
na comunicação intercelular 813
resposta da regulação da transcrição 867-880
respostas e concentração 828
moléculas fluorescentes, imagem usando PALM 553F
moléculas pequenas
coenzimas 146-148
difusão 59, 598
difusão passiva para o núcleo 650
inibidores da função proteica 459-460
liberadas por bactérias estressadas 620
no tratamento de câncer 1135-1137
principais famílias 47, 48F
segundos mensageiros 819
sinalização intracelular por 874-876
transporte pelos transportadores ABC 609F
ver também neurotransmissores
monastrol 460F
monócitos 1231F, 1239-1240, 1241T, 1243F
monossacarídeos, como aldoses e cetonas 98
monoubiquitinação 735
montagem de proteínas
como máquinas moleculares 164
para início de transcrição 313
tetranucleossomos 192
transição alostérica cooperativa 152-153
morfogênese
definição 1146
morfogênese de ramificação 1190, 1191F
no desenvolvimento embrionário 1184-1193
morfogênese do tecido cardíaco 1059
morfogênese dos tecidos 1059
morfógenos
amplitude 1153
Bicoid como 1159-1160
desenvolvimento neuronal 1200
Dorsal como 1165
efeitos graduados 866, 1151
tempo de resposta 824
Wnt e Hedgehog como 868, 871
morte celular programada
apoptose e necrose 1021
contrastada com necrose 1021, 1022F, 1099, 1115-1116
ver também apoptose
mosaicismo 410-411
mosca-das-frutas *ver Drosophila*
motivo hélice-alça-hélice 377, 1171
motivo hélice-volta-hélice 376
motivo homeodomínio 376, 1163
motivos conservados de RNA 363
motivos de rede 402
ver também retroalimentação
motores flagelares 778, 781
movimento e mudanças conformacionais de proteínas 160-163

movimentos moleculares, velocidade dos 59-60
mRNA da actina 422
mRNAs *ver* RNAs mensageiros
mRNPs (ribonucleoproteínas mensageiras) 655
MRSA (*Staphylococcus aureus* resistente à meticilina) 1276
MS/MS (espectrometria de massa em sequência) 457
MTOCs (centros de organização de microtúbulos) 891, 928-930, 931-932F, 936
ver também centrossomos
mTOR (alvo da rapamicina em mamíferos) 860F, 861, 864T, 1114-1115
mucinas 718
muco 719-720, 749, 1276-1277, 1298
mudança de classe, linfócitos B 1320, 1322-1323, 1335-1336, 1338F
mudanças conformacionais
alongamento dos filamentos de actina 902
ativação do ácido retinoico 877F
em canais de íons 618, 630
em cinases 835
em dineínas 938F
em enzimas alostéricas 151
em GPCRs 833
entrada de vírus 1281
gerando movimento 160-163
na ativação da integrina 1077-1078
na ativação de RTK 851
na calmodulina 840
na elongação da transcrição 312
na miosina 916
na proteína adaptadora AP2 700
na SecA ATPase 677
no início da transcrição 307
nos transportadores 599, 601, 607
sistema complemento 1303F
mudanças de pH, sequenciamento por íon torrent™ 481
multicelularidade
definida pelo genoma 29-30
DNA não codificador na 182
domínios SH2 na 122
evolução em vegetais e animais 880-881
multiubiquitinação 735
"mundo de RNA" 69, 362-366, 415
Mus musculus ver camundongo
músculo cardíaco
células do músculo cardíaco 1233F, 1247, 1258-1259
efeitos da acetilcolina 843
efeitos do AMP cíclico 835
isoformas de actina e miosina 923
localização das mitocôndrias 755, 756F
miosina II no 916-918
mutações na actina e na miosina 948
transdiferenciação de fibroblastos 1258
músculo esquelético
a partir de fibroblastos reprogramados 396-397, 398F
células como sincício 1233
gênese e regeneração do 1232-1235
miosina II no 915-916
organização do 917-919
ver também contração muscular
músculo estriado 891, 918
músculo liso 916-918, 921-923, 948

mutações
  abordagens genéticas clássicas 485-488
  bibliotecas de 498-499
  dedução da função gênica a partir de 21-22, 496, 498-499
  e padrões de *splicing* de RNA 323
  efeitos nos genomas mitocondriais 807-808
  elementos genéticos móveis e 287, 292
  em células germinativas e em células somáticas 238-239
  fenótipo mutante de *S. pombe* 21F
  identificação através da análise de DNA 491
  missense, em genes críticos para o câncer 1110F
  mutações intragênicas 16, 17F
  mutações neutras e tamanho populacional 231-232
  mutantes heterocrômicos 1180, 1181F
  ordem característica no câncer colorretal 1125-1126
  risco de doença e 479, 493-494
  somáticas, em células cancerosas 1094, 1104
  taxas em eucariotos 234, 237
  taxas em genomas mitocondriais 803-804
  testes de complementação 487, 490
  tipos de 487, 1104
mutações com ganho de função
  como frequentemente dominante 489
  definição 487
  em câncer 1104, 1105F
  gene *Lin14* 1181F
  gene *Ubx* 1162F
mutações com perda de função
  como tipicamente recessivas 489
  definição 487
  gene *Lin14* 1181F
  genes supressores de tumor e 1104
  gene *Ubx* 1162F
  predisposição a doenças e 494
  seguindo duplicação gênica 228-229
mutações condicionais 487, 489
mutações condutoras 1104, 1112-1113, 1117, 1119F
mutações de deleções 487
mutações de inversão 487
mutações *de novo* 494
mutações do gene *Rb* 1108-1109
mutações dominantes
  ganho de função 489
  genes críticos para o câncer 1005F, 1104
mutações dominantes negativas 487, 1116
mutações letais 487, 488, 491, 496
mutações no gene da miosina 923
mutações passageiras 1104, 1111-1112, 1119F, 1137
mutações pontuais 218, 487
  erros de *splicing* do RNA e 324
  genes supressores de tumor 1109
  genomas de câncer 1111, 1116
  imunoglobulinas 1322
  oncogenes *Ras* 1106
mutações recessivas
  genes críticos para o câncer 1005F, 1104
  perda de função, como normalmente 489
  testes de complementação 490
mutações sensíveis à temperatura 489
mutações silenciosas 238
mutações somáticas
  nas células cancerosas 1094, 1104, 1112

mutações supressoras 487
mutagênese
  relação com a carcinogênese 1094
  teste de Ames para 1128
mutagênese aleatória 485
mutagênese de inserção 488, 491
mutagênese sítio-dirigida 543
mutante lakritz 488
mutante *shibire*, *Drosophila* 702F
mutualismo, micróbios com hospedeiros 1264
Mycobacterium tuberculosis 1265, 1281, 1284F, 1285
Mycoplasma genitalium 9, 10F, 168, 499

N

NAD^+ (nicotinamida adenina dinucleotídeo)
  como um carreador de elétrons 754
  regeneração 760
NADH (nicotinamida adenina dinucleotídeo reduzida)
  como um carreador ativado 64
  como um doador de elétrons 67-68, 764
  complexos da cadeia respiratória e 766-768
  nas reações catabólicas 68, 74
  produção no ciclo do ácido cítrico 82-84, 759
  produção por glicólise 74-78
NADPH (nicotinamida adenina dinucleotídeo fosfato reduzido)
  como um agente redutor 68F
  como um carreador ativado 64
  como um carreador de elétrons 67-68, 760
  em reações anabólicas 68
  na fotossíntese 755, 784
NANA (ácido *N*-acetilneuramínico) 575F, 717F
nanismo, hipofisário e acondroplásico 1196
nanismo acondroplásico 1196
nanodiscos 586
nanomáquinas *ver* máquinas proteicas
nanopartículas
  microscopia eletrônica de imunolocalização com ouro 557
  pontos quânticos como 538
não cruzados 284-286
não disjunção 1010, 1109F
NCAMs (moléculas de adesão de células neurais) 1055-1056, 1338F
Neanderthais 220, 223-224, 232F, 300F, 479
nebulina 919, 920F
necroptose 1021
necrose
  como células cancerosas típicas 1099, 1110F, 1116
  comparada com a morte celular programada 1021, 1022F
Neisseria gonorrhoeae
  proteção contra o sistema complemento 1303
  resistência a antibióticos 19
Neisseria meningitidis 1291
Neisseria spp.
  variação de fase 1290
nematódeos *ver Ascaris*; *Caenorhabditis elegans*
neoblastos 1248-1249
neoplasia intraepitelial 1131

neoplasias, definição 1092
  ver também cânceres; tumores
nesprinas (proteínas KASH) 949, 959
netrinas 1202-1204
neuritos 940, 1202
neuroblastos 1173-1174, 1179-1180, 1200
neurofilamentos axonais 944T, 947
neurogênese, em *Drosophila* 1173-1174
neurônios
  alteração sináptica dependente de atividade 1211-1212
  ausência de armazenamento de energia 87
  bainha de mielina 625
  células em cesta 1198F
  como exemplos de sinalização a longa distância 815
  computação por neurônios únicos 633-636
  cone de crescimento 858, 943, 951
  controle optogenético em camundongos 624
  conversão de células do fígado para 396, 397F
  estrutura e função 620-621, 940
  fatores de sobrevivência 1030F
  fatores neurotróficos e 1208-1209
  filamentos intermediários 947, 948F
  inibição lateral 867, 868F
  localização do RNA 421
  microscopia de fluorescência 543F
  migração 1200, 1201F
  morte neuronal normal 1208
  neurônios comissurais 1202-1204
  papel da estatmina na amígdala 935
  pré-sinápticos e pós-sinápticos 628-629
  produção programada 1201F
  proteínas associadas aos microtúbulos 932, 940F
  receptor olfatório 844F
  regra de disparo 1212
  simpáticos 1018
  taxa de disparo 623, 635
  taxa de renovação 1250
  tipos de canais iônicos 614, 631
  tipos e propriedades de disparo 627
  vesículas secretoras 744-746
  visualização no cérebro de camundongo 502F
  ver também axônios; sistema nervoso central; dendritos; células da glia; sinapses
neurônios motores 630, 633, 634F, 858, 1199, 1208-1209, 1211
neurônios olfatórios 943, 1227
neurônios sensoriais 1172, 1208-1209
neurônios simpáticos
  NGF 1208
  retirada do ciclo celular 1018
"neurosferas" 1250, 1251F
Neurospora 416-417
neurotransmissores
  em vesículas sinápticas 745-746
  excitatórios e inibitórios 629-630
  ligação a canais controlados por transmissor 629
  moléculas sinalizadoras extracelulares 815-818, 825
  ver também canais iônicos controlados por transmissor
neurotransmissores excitatórios 629-631
neurotransmissores inibitórios 629
neutrófilos 1239, 1240F, 1241, 1244-1246

como fagócitos profissionais 739, 740F, 1301
CSFs e produção de 1245
quimiotaxia 958, 959F
rearranjos citoesqueléticos 890, 892
NGF (fator de crescimento neural)
    ação via MAP-cinases 856
    ação via receptor tirosina-cinases 850T, 853-854
    como um fator neurotrófico 1208-1209
    crescimento neural simpático e 1018
NHEJ ver ligação de extremidades não homólogas
nicho de célula-tronco 1222
nidogênio 1058F, 1070, 1071F
nitrogênio nos grupos químicos C-N 91
nitroglicerina 847
NLRs (receptores semelhantes ao NOD) 1300-1301
nocaute de genes 494-496, 1117
nocodazol 904T
nódulos de Ranvier 625
NOS (NO sintase) 847
notocorda 1147F, 1167, 1185F, 1189F, 1200F
NPCs ver complexos de poros nucleares
N-terminal
    acetilação e degradação 360-361
    cadeia principal polipeptídica 110F
    caderina ligadora 1040F
    cinases Src ancoradoras Src 155
    propeptídeos, precursores proteicos 744
    sequências-sinal na 647, 663, 679
nucleação, formação de filamentos de actina 899-900, 902, 906-907, 908-909F, 953, 954F, 1289F
nuclease EcoRI 465-466F, 468F
nuclease HaeIII 465. 468F
nuclease HindIII 465-466F
nucleases de restrição
    estruturas do cromossomo em interfase 209F
    na clonagem do DNA 468-469
    na tecnologia do DNA recombinante 464-466
nucleoides 759, 800F
nucléolo 213, 329-330, 331F, 340
    snoRNAs 305T, 328
nucleoporinas 126, 649-650, 651F, 656
núcleos
    como característicos de eucariotos 13
    como compartimentos intracelulares 642
    exportação de RNA 325-327, 419-421, 649, 655
    importação de proteína 649
    localização do cromossomo humano 211-212, 213F
    perda pelos eritrócitos 1245F
    replicação de DNA viral 1278
    RNAs não codificadores 327-330
    subcompartimentos e estruturas 213-214, 331-333
    transplante para óvulos enucleados 205, 206F, 369-370
    transporte entre citosol e 649-658
núcleos de hidrogênio na RMN 461
nucleossomos
    como estruturas cromossômicas básicas 187-188
    ligação à histona H1 193F

ligação cooperativa e 379-380
montagem atrás das forquilhas de replicação 261-265
remodelagem da cromatina e 190-193, 380
replicação do DNA e 254
reprogramação de fibroblastos como iPS 1256
nucleotídeos
    biossíntese 86
    como monômeros dos ácidos nucleicos 3
    como nucleosídeos fosforilados 101
    complementariedade 3F
    estruturas 3-4, 100-101
    funções 101
    no ciclo do nitrogênio 85-86
    nomenclatura 101
    nos carreadores ativados 69
    número no genoma humano 28
    número no nucleossomo 188
    ver também bases
número atômico e densidade de elétrons 556
número de células
    correlação com o tamanho corporal 1193
    regulação como massa celular 1194-1196

O

O^6-metilguanina 271
obesidade 1115, 1128F, 1129, 1264
ocludina 1049-1050
octâmeros de histona 188, 189F, 261, 976
β-octilglicosídeo 583, 584F
olhos
    córnea 1057, 1063-1064, 1069F
    lentes 1038, 1065-1066
    segregação de insumos 1212
    ver também retina
oligodendrócitos 625
oligonucleotídeos, cromatografia de afinidade 449
oligossacarídeos 97
    aparamento da glicose 683F, 684-685
    aparamento da manose 686
    ligados ao N 683-684, 685-686, 716-720
    processamento no aparelho de Golgi 716-718
    processamento no RE e no aparelho de Golgi 718F
    complexos e ricos em manose 717
oligossacarídeos O-ligados 684, 718, 868
oligossacarídeos precursores 683-684
oligossacarídeos ricos em manose 717, 718F
oligossacariltransferases 677, 683F, 684, 717F
oncogenes
    ação colaborativa 1118
    alterações na sequência de DNA 1110F
    de vírus 1131-1132
    descoberta 1105-1107
    mutações com ganho de função e 1104
    v-Ras 1106
    ver também proto-oncogenes
oncoproteína B-Raf 1136
ondulações, na macropinocitose 732, 733F, 1280-1281, 1282F
óperons 380-385. 385
    óperon Lac 381F, 382-383
opsina 845
opsonização 1301F
optogenética 624-625

ORC (complexo de reconhecimento de iniciação) 259-261, 974-975, 976F
ordem
    desordem como entropia 52-53, 60, 103
    nas estruturas biológicas 51F
    termodinâmica da 52-54
organelas
    conversão de energia 753
    crescimento e proliferação 648, 658, 800, 806
    de fracionamento subcelular 445
    de herança biparental e maternal 807
    envoltas por membranas 565, 641-649, 889, 896, 938-939, 1001
    família de GTPases Rab em 706T
    gotas lipídicas 573
    hipótese endossimbiótica 800
    movimento de proteínas entre 645-647
    não construídas de novo 648, 658
    quatro famílias de 645
    transferência gênica para o núcleo 801-802
    vias secretora e endocítica 646F
    volumes em uma célula viva de fígado 643T
organismos
    diferenças em tamanho 1010
    proteínas compartilhadas 482
    ver também espécies
organismos anaeróbicos
    glicólise em 74-75
    gradientes de próton 781
    litotróficos anaeróbicos 11
    papel da ATP sintase, 778
organismos fototróficos 11, 13, 14F
organismos litotróficos 11, 12F, 13, 14F
organismos mutantes com "código de barras" 498, 499F
organismos organotróficos 11
organismos transgênicos 495-497, 500, 506, 543, 1221F
organismos-modelo
    bibliotecas de mutações 498-499
    ciclo celular 966
    em estudos do desenvolvimento embrionário 1148
    exemplos 29T, 33
    genes codificadores de proteínas 122-123
    tamanhos do genoma 28F, 29T
organoides 1223
órgãos
    crescimento de animais e 1193-1198
    enxertados/transplantados 1329, 1331
    regeneração a partir de células-tronco 1256-1257, 1258F, 1266-1267
    regeneração de 1247-1249
    regulação do tamanho 1226
    reguladores de transcrição e criação de 1170-1171
    tamanhos dos transplantados 1193
órgãos linfoides
    humanos 1308F, 1309
    periféricos, e apresentação de antígeno 1324, 1326, 1332
    periféricos, e autotolerância 1314
    periféricos, ligação de antígenos em 1308-1312, 1313F, 1317, 1322, 1323F
origens bacterianas
    de mitocôndria e cloroplastos 25-28, 644, 798F, 806-807
    de quimiosmose 780-781

origens de replicação
  fase S 974-975, 976F
  metilação 257
  na divisão celular em humanos 257
  nas bactérias 254-255
  nos eucariotos 186, 254-255, 258-260
ortólogos 17-18, 36
oscilações
  ativação do NFκB 874, 875F
  cromossomos em metáfase 991
  e robustez 520
  efeitos de retroalimentação negativa 516, 517F, 829F, 830, 875F, 876-878
  ondas de Ca^{2+} 838-840, 842, 843F
  relógios circadianos 876-878
  segmentação dos vertebrados 1177
osciladores de cálcio
  decodificação de frequência 842-843
  retroalimentação negativa com retardo 516, 839-840
osso
  reabsorção 1231
  remodelagem e reparo 1230-1232
  trabecular e compacto 1230-1231
osteoblastos 1057, 1229-1232
osteócitos 1229-1230
osteoclastos 1230-1232, 1239, 1243F
osteoporose 1232
ouro, coloidal 539, 652F
ovos de estrela-do-mar 839F
ovos de rã 996F, 1156F
óvulos
  crescimento sem divisão da célula 1018
  similaridade das células-ovo 2F
óvulos fertilizados ver zigotos
oxalacetato 70F, 83-84, 85F, 87, 106-107
oxidação
  como um transferidor de elétrons 55-56
  dano ao DNA por 267T
  de moléculas orgânicas 54-55
oxidação e redução de ligações C-H 56, 78F
β-oxidação, ácidos graxos 667
óxido nítrico (NO) 846-847
oxigênio
  átomos carbonil oxigênio 612, 618, 619F
  desintoxicação 796
  grupos químicos C-O 91
  origens do, atmosférico 11, 26, 796-797
  utilização nos peroxissomos 666
oxigênio carbonila, em canais de íons 612, 618, 619F
oxigênio molecular
  final da cadeia transportadora de elétrons 767, 771
  fotossíntese 782, 790, 791F
  na evolução de organismos grandes 771
  no acoplamento quimiosmótico 754, 761-762
  produção por cianobactérias 782
  utilização pelos peroxissomos 666-667

P

paclitaxel 904T, 928, 936F
padrões, biológicos ver ordem
padrões espaciais
  embriões de vertebrados 1167-1169, 1177-1178
  inibição lateral e 1171-1173
  mecanismos 1155-1175
  no desenvolvimento embrionário 1150-1154
  padrões transitórios 1160-1162
  polarização como primeira etapa 1155
padrões moiré 550
PAF (polipose adenomatosa familiar) 1123-1124
PAGE ver eletroforese em gel de poliacrilamida
paisagens mutacionais 1112F
PALM (microscopia de localização fotoativada) 552, 553F
PAMPs (padrões moleculares associados a patógenos)
  ativação de células dendríticas 1306F, 1326
  peptidoglicanos e LPSs como 1267
  reconhecimento por PRRs 1298, 1300
PAMs (motivos adjacentes aos protoespaçadores) 434F, 497
pâncreas
  células acinares 748
  células exócrinas 671F
  renovação de células β 1226-1227
  seleção negativa para proteção 1332-1333
  tipos de membrana no fígado e 643T
pandoravírus 1274
PAP (poli-A polimerase) 325
papilomavírus 1129, 1130T, 1131-1132, 1276
PAPS (3′-fosfoadenosina-5′-fosfossulfato) 719
paquitênico 550F, 1006, 1007F
par redox 764-765
parálogos
  distinção entre homólogos e ortólogos 17-18
  em genomas de vertebrados 34, 120
Paramecium 614, 941
parasitas eucarióticos 1277, 1282-1284, 1290
parasitismo 1264
paratormônio 835T
pareamento, homólogos 1005F, 1006-1007
pareamento de base
  e recombinação homóloga 277-278, 280
  e reconhecimento de extremidade 374
  forças de ligação 255
  limitações do pareamento complementar 345
  papel na interferência de RNA 429
  papel no enovelamento e molde do RNA 363-364
pareamento de base, no DNA
  arranjo antiparalelo das fitas 176
  como RNA complementar 302-303
  na replicação e reparo 239-240, 255
  na síntese de DNA 4
pareamento de bases tipo oscilante 335, 336-337F, 342
  nos genomas mitocondriais 804
pareamento homólogo 1005F, 1006-1007
parede celular
  em bactérias 896, 1292
  em plantas 26, 1000, 1053, 1081-1087
  em procariotos 13
  paredes celulares primárias 1082-1085
  paredes celulares secundárias 1082-1083, 1085-1086
pares especiais, clorofila 788-790, 791-792F, 793, 794F
partenogenética 987
partículas centrais do nucleossomo
  empacotamento do DNA nas 188-190
  proteínas histona nas 187-188, 189F
  sítios suscetíveis a dano de DNA 267F
partículas de ouro
  anticorpos antiplectina 949T
  investigações do complexo do poro nuclear 651
  nanopartículas de ouro 589
partículas de reconhecimento de sinal ver SRPs
parvina 1079
parvovírus 1274
patógenos
  barreira epitelial contra infecção 1265, 1276-1277
  engolfamento por células fagocíticas 1301-1302
  especificidade com hospedeiro 1265
  estratégias de infecção 1276-1294
  evolução por variação antigênica 1289-1291
  extracelulares 1269, 1277-1278
  facultativos e obrigatórios 1268
  fúngicos e protozoários 1271-1273
  insetos vetores 1276
  interações com hospedeiro 1264-1265
  intracelulares 1278-1279, 1282, 1283F, 1284-1285
  patógenos oportunistas 1265, 1268, 1276
  patógenos primários 1265, 1276
  resistência a fármacos 1291-1294
  transmissão entre espécies 1279, 1291
  uso do citoesqueleto do hospedeiro 913-914, 1286-1288
  virais, bacterianos e eucarióticos 1266
  vírus causadores de doenças humanas 1273T
  ver também bactérias; parasitas; vírus
patógenos bacterianos
  extracelulares 1269-1271
  sequestro de citoesqueleto por 913-914
patógenos eucarióticos 1266, 1271-1273, 1282-1283, 1286F, 1290
paxilina 1037T, 1080
PCNA 247, 262
PCR (reação em cadeia da polimerase)
  análise da estrutura cromossômica 209F
  RT-PCR quantitativa 502-503
  sequenciamento por íon torrent™ 481
  utilização na clonagem do DNA 473-477
PDGF (fator de crescimento derivado de plaquetas)
  ação via receptores tirosina-cinase 850T, 853F
  como um mitógeno 1011-1012
  produção de corpos embrionários 1257F
  recrutamento de pericitos e músculo liso 1238
PDI (proteína dissulfeto isomerase) 682, 686
PDK1 (proteína-cinase 1 dependente de fosfoinositídeo) 860
pectinas 1083-1084
peixes
  esgana-gato 1174-1175
  melanócitos em 939, 940F
  peixe-dourado 547F
peixe-zebra (Danio rerio)
  como organismo-modelo 29T, 33, 35, 36F
  duplicações do genoma inteiro 228
  expressão do gene Her 1179F

extensão convergente 1189F
mapa neural 1204F
migração de célula germinativa 1185F
mutante lakritz 488
tamanho do genoma 35
transição materno-zigótica 1181
pelos 1267, 1277
pelos das asas 1189
penfigoide bolhoso 1076F
pênfigos 1046
penicilina 1267, 1291, 1293
pênis, GMP cíclico no 847
peptidases-sinal 647, 664, 673, 677
peptídeo sintase 365
peptídeos N-formilados 958
peptidiltransferases 343, 348, 352T
peptidil-tRNAs 339, 340F, 342F, 348, 351F
peptidoglicanos 1267, 1292
pequenos RNAs não codificadores 429-431
   defesa bacteriana contra vírus 433-434
   e interferência de RNA 429-431
   miRNAs (micro-RNAs) 305T, 429-431, 1149
   papel regulador de três tipos 429
   piRNAs (RNAs que interagem com piwi) 305T, 429, 433
   siRNAs (pequenos RNAs de interferência) 305T, 429, 431
percepção do número de células 813
perda de heterozigose 281
perforina 1334
pericitos 1235, 1236F, 1238
período refratário, canais iônicos 622-623
período sensitivo, sistema visual 1212
periplasma 1267
perlecana 1058F, 1070, 1071F
permeases ver transportadores
permissão, de origens de replicação 974-975
permutadores ver antiportes
permutador Cl^--HCO_3 dirigido por Na^+ 604
permutador de Cl^--HCO_3^- independente de Na^+ 604-605
permutador Na^+-Ca^{2+} 607
peroxidases 735F
peróxido de hidrogênio nos peroxissomos 666-667
peroxinas 667
peroxissomos
   como organelas 666-669
   entre os compartimentos intracelulares 642
   gene *Abcd1* e 301F
persistência das respostas, sinalização intracelular 825
pertússis 834, 1277
pesos moleculares
   junções do tipo fenda 1051F
   plasmodesmos e 1053, 1054F
   separação por SDS-PAGE 452
   ultracentrifugação analítica 455
   ver também macromoléculas
peste 1276, 1281
PET (tomografia por emissão de pósitrons) 1092F
pH
   acidez dos lisossomos 722-723
   afinidade do receptor KDEL e 714
   escala de pH 46, 93
   regulação do citosólico 604-605
   regulação por vacúolos 724

PI 3-cinase (fosfoinositídeo 3-cinase)
   classes 1a e 1b 859
   como um fator de crescimento 1017
   e sobrevivência celular 860-861
   na quimiotaxia 958-959
   recrutamento de proteínas de sinalização 574, 852
pinocitose 730-732
   macropinocitose 725, 732, 733F, 738
pintura cromossômica 180-182
PIPs (fosfatidilinositol fosfatos) 700, 701F, 703
   PI(3)P 701F, 707, 737
   PI(3,4)P$_2$ 701F
   PI(3,4,5)P$_3$ 701F, 739, 740F, 859-860, 958, 1017F, 1115, 1117F
   PI(4)P 701F
   PI(4,5)P$_2$ 701-702, 733, 739, 836-837, 859-860, 959, 1017F, 1078F
   PI(5)P 701F
pirimidinas
   estruturas da timina, citosina e uracila 100
   no pareamento de bases complementares 176, 177F
piRNAs (RNAs que interagem com piwi) 305T, 429, 433
piruvato
   como substrato para diversas enzimas 87
   conversão a acetil-CoA 75, 81-82
   degradação anaeróbica 76F
   oxidação no ciclo do ácido cítrico 82-84, 758, 759F
   produção na glicólise 75, 105
piruvato carboxilase 70F
piruvato-cinase 105
PKA (proteína-cinase A) ver proteína-cinase dependente de AMP cíclico
PKB (proteína-cinase B) ver Akt
PKC ver proteína-cinase C
placas de alimentação direta/motivos 401-402, 403F
   incoerente e coerente 522-523
placas de células 1000-1001, 1082
placas de Peyer 1308F, 1311
placas metafásicas 990-991, 992F
placofilina 1037T, 1046F
placoglobina (γ-catenina) 1037T, 1042, 1046F
planárias 1247-1249
plaquetas 1002, 1011, 1054-1055, 1076T, 1077-1078, 1241T
   derivadas de megacariócitos 1002, 1239
plaquinas 948-949, 959
plasma, diferenciado do soro 1011
plasmalogênios 667
plasmídeos
   origens 18
   plasmídeos de virulência 1268
   segregação 897
   vírus tumorais 1130-1131
plasmídeos vetores 468-469, 508F
plasmodesmos 1053-1054, 1082F
Plasmodium (*P. falciparum*) 610, 801F, 804, 805F, 1272-1273, 1276
   ciclo de vida 1272F
plasticidade genômica, viroses 1291
plasticidade sináptica 636-637, 1212-1213
plastídios ver cloroplastos
plastocianina 789, 792-793, 794F
plastoquinol 791

plastoquinonas 767F, 789, 791-792F, 793
PLCs ver fosfolipase C
plectina 933, 948-949, 1076
Plk (cinase semelhante a Polo) 978-979, 985
ploidia e tamanho celular 1194
pluripotência
   estágio de blástula 1148
   neoblastos 1248
   óvulo fertilizado 1253
   ver também células-tronco
podossomos 952
polaridade
   bipolaridade de fuso 986-987
   filamentos de actina 892F, 894, 896, 898, 899F
polarização celular 748-750
   e migração 951-960
   e proteínas da família Rho 955-959
   microtúbulos 927, 940F
   no epitélio 749, 1047
   papel do citoesqueleto 892-893
   polaridade celular planar 1189-1190
polarização do embrião 1155-1157
poliadenilação
   de extremidades 3´ de mRNA 315-316, 324-326, 327F
   efeitos sobre a proteína resultante 417-418
   encurtamento poli-A 426-427
poliaminas e peptídeos nitrosados 267T
polietilenoglicol 444F
poli-isoprenoides 99
polimerases translesão 273, 274F
polimerização da actina por patógenos 1278, 1281-1282, 1287-1288, 1289F
polimerização da cabeça e da cauda 72-73, 340
polimerização extremidade mais (+)
   cinetocoros 987-988
polimerização por molde 3-4
polímeros ver macromoléculas
polimorfismos
   genes/proteínas MHC 1328, 1330-1331
   SNPs 232-233, 492, 493F
   tipos 492
poliomielite 1266T, 1273T, 1275, 1281
poliovírus 1266F, 1273T, 1274, 1281, 1288-1289
polipeptídeos
   adição de aminoácidos 339-344
   alças como sítios de ligação 118F, 121, 138
   cadeias laterais de 109-110
   cadeias múltiplas em proteínas grandes 123
   desordenados 125
   modo de transporte pela membrana do ER 675-677
   número de variações possíveis 118-119
   proteínas como 6, 109
   síntese fora dos ribossomos 365
poliploidia, núcleo megacariocítico 1242
pólipos adenomatosos 1123
polirribossomos 349, 675
polissacarídeos 97
   ação da lisozima nos 144
   glicogênio como um 79
   pectinas 1083-1084
   síntese pelo aparelho de Golgi 711
   síntese por reações de condensação 71F
   ver também celulose

polissacarídeos formadores de gel 1058
poliubiquitinação
    caspases 1029
    diferenciada de monoubiquitinação 735
Polδ e Polε 246
pontilhados nucleares (grupos de grânulos de intercromatina) 213, 331-333
pontos de verificação
    da formação do fuso 993-994
    do tamanho celular 1174
    terapia do câncer e 1132-1133
pontos quânticos 538
população humana
    como um modelo genético 491-492
    crescimento populacional e variação genética 231
    estudos de associação ampla do genoma 493
porções-sinal 647, 728, 729F
porinas
    aquaporinas 580F, 599, 612-613
    diferenciadas de canais 611
    em bactérias e nas mitocôndrias 662, 758
    formação de barril 580F, 581
poros nucleares 179, 180F, 202F, 213, 327, 559F, 561F
poros paracelulares 1049
Porphyromonas gingivalis 1266
posicionamento do centrossomo 949, 959-960
potenciais de ação
    despolarização da membrana plasmática por 607, 621-624, 627-629, 632, 634-636
    frequência de disparo e distância 634, 636
    frequência de disparo e PPSs 633
    junções do tipo fenda e 1051
    na contração muscular 920
    propagação 624F, 625
potenciais de membrana
    alterações mediando respostas rápidas 825, 826F
    base iônica 617F
    contribuição para os gradientes eletroquímicos 599, 662, 762-763
    importação de proteínas para dentro das mitocôndrias 661-662
    papel dos canais de escape de K^+ 614-615
    potenciais de repouso de membrana 615, 617, 629-630
    ver também canais controlados por voltagem
potenciais redox
    ao longo da cadeia respiratória 767, 768F, 879
    clorofila A_0 792
    como medida da afinidade de elétrons 763-764
    definição 764
    medida e cálculo do $\Delta G°$ 765
    na fotossíntese 790F
potenciais redox padrão 765
potencial de equilíbrio, equação de Nernst 616
potencial de repouso de membrana 615, 617, 629-630
potencial pós-sináptico excitatório 633
potencial pós-sináptico inibitório 633
poxvírus 1274, 1280, 1289
PPARs (receptores ativados por proliferador de peroxissomos) 875

PPS (potencial pós-sináptico) 633-634, 635F, 636
precursores comprometidos *ver* células amplificadoras em trânsito
precursores de poliproteínas 744
preparação de amostras
    microscopia eletrônica 555-556, 559
    microscopia óptica 535-536
pré-prófase 999, 1001F
presenilina 868
pressão de turgescência
    matriz extracelular 1058
    paredes celulares vegetais 1083, 1085
    vacúolos 724-725
pressão osmótica 612, 619-620, 724
prevenção da fusão celular, por lipídeos de membrana 570
primeira lei da termodinâmica 53, 102-103
"princípio similar ao velcro" 1039, 1079
probabilidade
    métodos estatísticos 524-525
    termodinâmica e 52, 60, 102-103
procariotos
    como bactérias e arqueias 14-15
    distinção dos eucariotos 12-13
    diversidade 12-14
    DNA circular em 23F
    mRNA comparado ao eucariótico 316F
    transferência gênica horizontal 18-19
processamento de RNA
    controle da expressão gênica 372, 373F
    em cloroplastos 806
processamento de sinal, intracelular 825
processo autocatalítico, vida, como 7F
processos cotraducionais
    comparado com pós-traducional 670, 678F
    importação de proteína no RE 670, 674
    limites de tamanho 744
processos metabólicos
    ativação de carcinógeno por 1128
    catabolismo e anabolismo 51-52
    taxa de utilização de ATP 148
processos quimiosmóticos
    definição 753-754
    evolução 794-796
    no ciclo do ácido cítrico 759, 761-763
    origens bacterianas 780-781
    uso por cloroplastos 782-783, 786
procolágeno 704, 705F, 720
produção de lactato em células cancerosas 1098
produção de lipoproteína no RE liso 670
produção farmacêutica através da clonagem de DNA 484, 506
    ver também descoberta de fármacos
produtos de gene, análise de epistasia e 490
prófase
    atividade M-Cdk 978, 985-986
    formação das cromátides-irmãs 964
    montagem do fuso 985
    na meiose 1006-1007
    na mitose 978-980
    pré-prófase 999, 1001F
profilinas 905-907, 909F
profundidade de campo 533F, 558-559
programa BLAST 462, 463F
programas de desenvolvimento intracelular 1179, 1200

progressão tumoral
    câncer colorretal 1122-1126
    correlação com sequência de mutação 1125-1126
    genomas metastático e primário 1119
    perda da função p53 como essencial para 1126
    processo 1095-1097, 1109, 1114F, 1115-1116, 1119
    seleção natural 1091-1092, 1096, 1104, 1118, 1119F, 1125
    sistema imune 1137, 1138F
proinsulina 130
projeto atlas do cérebro 502F
projeto genoma humano
    clonagem de DNA genômico 471
    problema de DNA repetitivo 479
prolactina 864T
proliferação celular
    acompanhada pelo crescimento da célula 1016-1017
    dependente de mitógenos 1017
    diferente de crescimento da célula 1011
    em cânceres 1092, 1098, 1099-1100, 1104
    em criptas intestinais 1218-1219
    integrinas no controle de 1079
    por expansão clonal 1310
prolina
    estrutura 113
    hidroxiprolina 1062F, 1084
    na elastina 1065
    no colágeno 1062
prometáfase 978, 980, 986, 990-991, 992F, 994F
promotores
    agrupamentos gênicos a partir de 380
    concentração de proteínas e 513
    em ilhas CG 406-407
    fração ligada a ativadores e repressores 511-512, 517F
    na transcrição 306, 308-309, 388
    no controle de regiões gênicas 384
    orientação e inversão do DNA 294
    repressores e ativadores 381-383, 386
pró-opiomelanocortina 744F
prostaglandinas 837
proteases, serina e metaloproteases de matriz 1072
proteases dependentes de ATP 357, 358F
proteína 4E-BP 1017F
proteína adaptadora BP230 1037T, 1076
proteína adaptadora Grb2 824F, 855, 862F
proteína Apc (polipose adenomatosa do cólon) 870-871, 1112F, 1124
proteína Arf 703, 854T, 1016
Proteína Argonauta 428F, 430-434
proteína associada a microtúbulos de *Xenopus* (XMAP215) 933-935
proteína ATF6 688
proteína ATG9 726
proteína ATR 1014, 1015F
proteína auxina 870
proteína Bak 1027-1028
proteína banda 3 592F, 605
proteína banda 4.1 592F
proteína Bax 1027-1028
proteína BclXL 1026-1027, 1030-1031, 1032F
proteína Bid 1028

proteína BiP (proteína de ligação) 677, 678F, 683, 712-713
proteína Bri1 881
proteína CAP (ativador catabólito) 382-383, 522-523
proteína CapZ de capeamento 909, 914, 919, 920F
proteína Caspr 625F
proteína c-Cbl 853
proteína CD31 1312
proteína Cdc12 950F
proteína Cdc2 (agora Cdk1) 463F, 969T
proteína Cdc20 971, 972F, 973, 993-994, 1003
proteína Cdc28 (agora Cdk1) 969T
proteína Cdc3 950F
proteína Cdc6 975, 976F
proteína Cdh1 971, 973T, 1003-1004, 1013-1014
proteína Cdt1 975, 976F
proteína-cinase A (PKA) ver proteína-cinase dependente de AMP cíclico
proteína-cinase PERK 688
proteína-cinase Pink1 727
proteína Cordina 1168-1169
proteína CstF (fator de estimulação à clivagem) 324-325, 417-418
proteína CTCF 409F
proteína CTR1 881-882
proteína Cyk4 1000F
proteína de sinalização Dpp 1073
proteína de suporte 126
 culina como uma 160, 164
 curvatura da membrana 594
 Dishevelled como uma 870
 em máquinas proteicas e fábricas bioquímicas 164, 332F
 nas junções compactas 1049-1050
 nos complexos de sinalização intracelular 822, 823F, 857
 septina como 949, 999
proteína de suporte Costal2 871-873
proteína Delta 867, 868F, 1172, 1173F, 1178-1179, 1224
proteína desacopladora 780
proteína Dishevelled 870-871
proteína EIN3 882
proteína engrailed (*Drosophila*) 120
proteína FepA 581
proteína FLIP 1025
proteína FUS 133
proteína Gcn4 425
proteína Grim 1029
proteína Hairy (*Drosophila*) 422F
proteína Her2 1137
proteína HId 1029-1030
proteína huntingtina (HTT) 224F
proteína iHog 872
proteína Krüppel 393F, 394, 395F, 1179
proteína Ku 275F
proteína L15 347F
proteína Lefty 1168
proteína LeuT 604F
proteína Mad2 994
proteína Mbl 896-897
proteína Mdm2 1014, 1015F, 1016, 1017F
proteína MDR (resistência a múltiplas drogas) 610, 1293

proteína mediadora
 como uma coativadora 386
 na iniciação da transcrição 312, 313F, 385F
proteína Mia40 663F, 664
proteína MreB 896-897
proteína MutS 251F, 549F
proteína Nanog 378F, 506F
proteína Nanos 1158F
proteína Nodal 1168-1169
proteína Noggin 1168-1169
proteína Notch
 ativação por proteólise 869F
 O-glicosilação 720, 868
proteína Noxa 1028
proteína NSF 709, 712F
proteína NtrC 383F
proteína Omi 1029
proteína OMPLA 581F
proteína p21 1014, 1116
proteína p27 971F, 973T, 1004
proteína p53
 alvos de cinases Chk1 e Chk2 1014
 como regulador transcricional 1116
 função promotora de apoptose 1015, 1028, 1115-1116
 modificação pós-traducional 166
 parada do ciclo celular 1016
 perda da função no câncer 1126, 1132-1133
proteína ParM 897
proteína Per 878
proteína periplasmática ligadora de substrato 610F
proteína Puma 1028
proteína Rac
 membro da família Rho 854T, 858, 956-957
 montagem da junção aderente e 1043F
proteína Rad51 279, 281F, 282
proteína Rad52 281
proteína Ran-GAP 653-654, 656
proteína Ran-GEF 653, 656
proteína Reaper 1029
proteína RecA 279-281
proteína reguladora de Myc
 em cânceres 1107, 1118
 reprogramação de fibroblastos 1254-1255
 resposta p53 1115
 ver também fatores OSKM
proteína repressora Cro 123
proteína repressora GalS 522
proteína R-espondina 1222
proteína Rev 420-421
proteína RIAM 1078F
proteína Rieske 770F
proteína Sar1 703, 704-705F
proteína Sic1 973T, 1003-1004
proteína Skp1 (proteína adaptadora 2) 167-168
proteína Slit 1203
proteína Slug 1042
proteína Smac/Diablo 1029
proteína Smoothened 871-873
proteína Snail 1042
proteína Sonic hedgehog (Shh) 1191, 1199, 1200F, 1202
proteína Sos (*son-of-sevenless*) 824F, 855, 860
proteína Spo11 282-285

proteína Steel/SCF 1187, 1244
proteína TAT 414, 420-421
proteína tau 932-933, 934F
proteína Tim (eterna) 878
proteína titina 549F, 920
proteína transportadora de ADP/ATP 779, 780F
proteína Twist 1042
proteína verde fluorescente (GFP) 459F, 501F, 502, 504F
proteína Wingless 1160
proteína XIAP 1029
proteína α2 120
proteína-cinase B (PKB) ver Akt
proteína-cinase C (PKC)
 dependente de cálcio 837, 852
 ligação à membrana plasmática 574
proteína-cinase Chk1 1014, 1015F
proteína-cinase Chk2 1014, 1015F
proteína-cinase dependente de AMP cíclico (PKA) 827, 834-837, 841, 843, 845T, 848
proteína-cinase fusionada 871-872
proteína-cinase IRE1 687-688
proteína-cinase Lck 862, 1332, 1337F
proteínas
 abundância 785
 atraso por acúmulo 1176
 codificadas por genes 7, 178
 condicionalmente de vida curta 359
 conformação e química 135-136
 cristalização 561
 disponibilidade em quantidade 483-484
 em paredes celulares primárias de vegetais 1084
 funções 5-6
 geração de movimento 160-163
 identificação 455-458
 marcação fluorescente em células vivas 542-546
 métodos analíticos 452-462
 multiplicidade de funções 48-49, 109
 número em células humanas 168
 número em uma célula eucariótica 641
 papel como catalisadoras 5-6
 purificação 445-451
 reguladores de transcrição 373
 ver também enzimas; proteínas de membrana
proteínas AAA 358, 359F, 709
proteínas acessórias
 conjunto de filamentos do citoesqueleto 889, 894-896
 filamentos intermediários 946
 microtúbulos 928-930, 941
 proteínas acessórias da actina 899, 904-906, 908F, 909-911, 913, 921, 958
 proteínas motoras 889
 transporte de membrana 655, 677
proteínas adaptadoras
 como cateninas 1042
 como domínios de interação 823
 domínios SH2 e SH3 854
 Grb2 824F, 855, 862F
 ligação à actina 956F
 modelo de transporte vesicular 721
 para caderinas 1044
 receptores de importação nuclear 652
 talinas 1075, 1080
 vesículas cobertas por clatrina 698-699

proteínas anti-IAP 1029
proteínas associadas à membrana 577
proteínas associadas a microtúbulos (MAPs) 932-934
 ver também centrossomos
proteínas ativadoras *ver* ativadores da transcrição
proteínas B7 1337-1338
proteínas Bad 860F, 1030
proteínas BH3-apenas 1027-1028, 1030-1031, 1032F
proteínas Brca1 e Brca2 281-282, 1134
proteínas carreadoras 816F, 876
proteínas Cas (associadas a CRISPR) 434
proteínas citoplasmáticas na formação de vesículas 701-702
proteínas conservadas
 actina como 898
 ciclo da célula eucariótica 966
 complexo Sec61 676
 estrutura 120
 histonas como 190
 na apoptose 1025
proteínas de curvatura da membrana 573-574, 699, 701-702, 732, 737, 896
proteínas da bomba Na$^+$-K$^+$ 585F, 607-608, 615
proteínas da família do colágeno
 colágenos fibrila-associados 1062-1064
 colágenos fibrilares 1058F, 1062-1064
 colágenos não fibrilares 1063T
 como macromoléculas da matriz extracelular 1057, 1061-1064
 e suas propriedades 1063T
proteínas da superfície da célula
 apresentada por células dendríticas 1306F, 1326, 1327F, 1330
 e fagocitose 740
 oligossacarídeos em 720
 superfamília Ig 1338-1339
proteínas de agregação 911-912
proteínas de choque térmico
 como chaperonas moleculares 355
 hsp60 355-357, 662
 hsp70 355-357, 659-662, 683, 702
proteínas de fusão (produzidas por fusão) 451
 Cas9 com ativadores e repressores 497
 com GFP 501F, 502, 504F, 543, 589, 715F, 802-803, 884F
 com proteína vermelha fluorescente 875F
 em FRET 545
proteínas de fusão (promovem a fusão da membrana) 571, 708
proteínas de ligação
 do citoesqueleto 948-949, 959
 na cartilagem 1061F
proteínas de ligação à actina 904-906, 907-909, 1079
proteínas de ligação a GTP *ver* GTPases
proteínas de membrana 576-594
 assimetria 590, 681
 associação com bicamadas lipídicas 576-577
 ATP-sintases como 776-778
 BCRs e TCRs 1317, 1325-1326, 1337
 celulose sintase 1085
 densidades 758-759
 difusão 588-593

em grandes complexos 588-589
 fosfolipase Cβ 836
 glicosilação 582-583, 723
 ligação com âncoras de GPI 688
 lisossômicas 723
 proporção de todas as proteínas 576, 580
 proteínas de membrana periféricas 577
 reconstituição funcional 585, 586F
 regulação por transcitose 738
 sistema complemento 1302
 solubilização por detergente 583-586, 766
 translocadores fosfolipídicos como 570
proteínas de membrana invariáveis 1316-1317, 1326, 1336
proteínas de neurofilamentos (NF-L, NF-M e NF-H) 944T, 947
proteínas de processamento de sinal
 exemplo da Src-cinase 155-156, 157F
 tipos de resposta às concentrações de sinal 827-831
proteínas de revestimento de vesículas 650
proteínas de sinalização
 degradação de lisossomos 735
 indução de diferenciação em cultura 1169
 localização na membrana 577-579
 padronização de embrião de vertebrados 1168
 ver também proteínas de sinalização intracelular
proteínas de sinalização intracelular 578, 700, 814, 1079-1080
proteínas de transporte de membrana
 energética 163
 papel 9, 597-600
 para organelas ligadas à membrana 641
 proporção das proteínas de membrana 597
 proteínas transmembrana de passagem múltipla 599
 transportadores e canais 597-599
 transporte ativo e passivo 599-600
proteínas de troca/transferência de fosfolipídeo 691
proteínas dedos de zinco 377
proteínas desenoveladas e AFM 549F
proteínas do grupo Polycomb (PcG) 206, 211
proteínas do grupo Trithorax 1164
proteínas Dscam 415, 1207
proteínas E2F 1012-1014
proteínas EB1 935
proteínas efetoras
 na sinalização intracelular 814
 patógenos bacterianos extracelulares 1269-1271, 1278, 1281-1282, 1283F, 1285-1286
proteínas efetoras da família Bcl2 1027, 1028F
proteínas efrinas 850T, 858, 1188, 1206, 1207F
proteínas empacotadoras 704
proteínas escritoras 199-200, 406F
proteínas F-box 159-160, 167, 168F, 971, 972F
proteínas fibrosas 124-125
proteínas fluorescentes
 fusão de genes e 495, 501F, 502, 504F
 na microscopia 537F, 542-546
 ver também GFP
proteínas formadoras de gel 911, 957
proteínas fosfatases e comutadores moleculares 819
proteínas FtsZ 806, 896-897

proteínas G (proteínas de ligação a GTP triméricas) 588, 820, 832-834
 ativação de GPCR de 833F
 forma G_{12} 843, 846T, 959F
 forma G_{13} 846T, 959F
 forma G_i 833F, 834, 836, 843, 846T, 848, 862, 959F, 1278
 forma G_o 846T
 forma G_{olf} 844, 846T
 forma G_q 836, 838F, 846T, 847F, 859
 forma G_s 833F, 834, 836, 843, 846T, 848, 862
 G_t (transducina) 845, 846T, 848
 quatro principais famílias 846T
 regulação de canais de íons 843
 regulação do AMP cíclico 833-834
 sinalização via fosfolipídeos 836-838
 subunidades 832-834
proteínas globulares, filamentos de 123-124
proteínas Hedgehog 871-873, 1160
 ver também proteína Sonic hedgehog
proteínas histonas, no nucleossomo 187-188
proteínas HLA (associadas aos leucócitos humanos) 1327
proteínas iniciadoras 254-255, 256-257F, 259
proteínas interativas, identificação 457-458
proteínas IκB 874
proteínas Kai 878
proteínas KASH 949, 959
proteínas ligadoras de extremidade menos (-) 931, 932, 934
proteínas ligadoras de fita simples (SSB) 246, 247-248F, 253, 256F
proteínas luminescentes 547
proteínas mal enoveladas
 chaperonas BiP e 683, 712
 doenças priônicas 130-131
 exportação do RE e degradação 685-686, 712
 retrotranslocação 358, 686
proteínas marcadoras genéticas 1221
proteínas motoras 161-163
 citoesqueleto 896
 e microtúbulos 936-938, 1288
 efetoras Rab 706
 fuso mitótico 982, 983-984
 Toxoplasma gondii 1282
 vírus e 1288
 visualização com TIRF 548
 ver também miosina
proteínas MutH, MutL e MutS 251F
proteínas não histonas 187, 209-210
proteínas precursoras do cloroplasto 665F
proteínas precursoras mitocondriais 659-662
proteínas que cortam actina 909-910
proteínas quiméricas 1135
proteínas Rab, modificação na *Legionella* 739
proteínas Ras
 como GTPases 157, 158F, 161
 mecanismo de ativação 855F
 três tipos em humanos 854
 via de sinalização MAP-cinase 855-857
proteínas reguladoras Gli1, Gli2 e Gli3 873
proteínas relacionadas à actina *ver* complexo Arp2/3
proteínas relacionadas às cinesinas 983
proteínas repressoras *ver* repressores transcricionais
proteínas Sec23/Sec24 e Sec 13/31 705F

proteínas secretoras
  agregação no TGN 742-743
  precursores ativos 743-744
proteínas SMC (manutenção estrutural dos cromossomos) 977, 982
proteínas SNARE 705, 707
  na autofagia 726
  na fusão de membranas 708-709, 1280
  subunidade ancoradora ao RE 682
  t-SNAREs e v-SNAREs 708-709, 712, 714, 745F, 747F, 751
proteínas solúveis em água, captura pelo RE 672
proteínas SR 322, 323F, 326
proteínas SSB (ligação de fita simples) 246, 247-248F, 253, 256F
proteínas STAT (transdutores de sinal e ativadores de transcrição) 863
proteínas SUN 948-949
proteínas tirosinas-cinase 1080
  ver também proteínas-cinase Src
proteínas tirosina fosfatases 864-865
proteínas translocadoras 1270-1271F
proteínas translocadoras de prótons 773
proteínas transmembrana
  associação com a bicamada lipídica 577F
  ATG9 726
  barril β 579-581, 659, 662-663
  caderinas e integrinas 1037
  captura pelo RE 672
  destinos do endocitado 738F
  hidrofobicidade 577, 579F, 593
  IRE1 como uma proteína-cinase transmembrana 687
  maioria dos receptores 816
  Notch 720
  PERK como uma proteína-cinase transmembrana 688
  processos de integração 678
  proteínas de adesão 1037
  receptor de morte 1024
  receptor SRP 674
  receptores acoplados à enzima 849
proteínas transmembrana de passagem dupla 679, 681F
proteínas transmembrana de passagem múltipla 578, 581-582
  combinações de início e fim de transferência 679-681
  proteínas de passagem transmembrana dupla 679, 681F
  proteínas de transporte transmembrana como 599, 664
  receptores acoplados a canais iônicos como 818
  receptores KDEL como 714
  receptores Patched como 872
  rodopsina/bacteriorrodopsina como 586-588, 681F
proteínas transmenbrana de passagem única
  aparelho de Golgi 716
  correceptores CD4 e CD8 1331
  estrutura 579, 582F, 677, 679F, 716
  Notch e Delta 867-868
  receptores acoplados a enzimas 819
proteínas transmembrana de sete passagens
  Frizzled 870
  Smoothened 872
  ver também receptores acoplados à proteína G

proteínas transportadoras, membrana mitocondrial interna 779-780
proteínas WASp 957, 958F, 1278F, 1281, 1288, 1289F
proteínas Wnt 868-871, 1199, 1200F
  Wnt11 1156-1157
  ver também proteína Wingless
proteínas ZO (zona ocludente) 1049
proteínas/sinais coestimulatórios
  células T auxiliares 1314, 1335
  expressão de células dendríticas 1305, 1306F, 1314, 1326, 1327F, 1337, 1338F
  proteínas B7 1337-1338
  resposta de linfócitos virgens 1310-1311F, 1316F, 1332
proteínas-cinase
  árvore evolutiva em eucariotos 154-155
  dependentes de AMP cíclico (PKA) 827, 834-837, 841, 843, 845T, 848
  e origem de replicação 260
  ilustrando mecanismos retroalimentação 829F
  na iniciação da autofagia 726
  receptores acoplados a enzimas 819
  regulação de comutadores moleculares 819
  serinas/treoninas ou tirosinas-cinase 819
  ver também cinases dependentes de ciclina; MAP-cinases; serinas-cinase; tirosinas-cinase
proteínas-cinase Src 117, 118F, 155-156, 157F, 578
  cânceres virais e 1265
  como tirosinas-cinase citoplasmáticas 862, 1080, 1336
  ligação via domínios SH2 852
  proteína Lck 1331-1332
  regulação 155-156
proteína-sinal agrina 1072, 1210
proteínas-repórter 543
proteínas vaivém 654
proteobactéria α 798F
proteoglicanos 582
  agrecana 1058F, 1060, 1061F
  como receptores de matriz 1074
  decorina 1058F, 1060
  montagem pelo aparelho de Golgi 718-719, 1059
  na matriz extracelular 1057-1061, 1073-1074
  ocorrência como GAGs 1057, 1059-1061
  perlecana 1058F, 1070, 1071F
proteoglicanos Dally e semelhantes a Dally 1073
proteólise
  através da regulação enzimática 150
  cascata da caspase 1022-1023
  isolamento de células dos tecidos 440
  montagem da insulina e do colágeno 130
  no controle do ciclo celular 970, 972F
proteólise regulada 396F, 867, 970
proteômica, definição 167
proteassomos
  função 357-359, 685
  ubiquitinação e 157, 358F
protocaderinas 1038, 1207
protofilamentos
  actina 899F
  citoesqueléticos 894, 895F
  curvatura de protofilamentos 928-929, 934

filamentos intermediários 945
microtúbulos 894, 926, 928-929, 930F, 934-935, 937
prótons
  comportamento na água 45-46, 613, 773
  transporte de membrana 164
proto-oncogene K-Ras 1123, 1125
proto-oncogenes
  conversão para oncogenes 1106-1107
  mutações com ganho de função em 1104
protozoários
  como eucariotos 24, 25F, 30
  patogênicos 1272-1273, 1282
  variedade de 31F
protrusões da superfície da célula
  estereocílios 924
  na migração celular 951-953, 954F, 955, 956-957F, 959, 1185-1186
  papel do citosqueleto 892-893
  pedestais 1278
  replicação bacteriana 1287, 1288F
  vesiculação 953-953, 1186
proximidade induzida 822
PRRs (receptores de reconhecimento de padrões)
  classes 1299-1300
  expressão de células dendríticas 1305
  reconhecimento de PAMPs 1298, 1326
  reconhecimento de vírus 1303-1304
  resposta inflamatória 1300
  ver também receptores semelhantes a Toll
pseudogenes
  e seleção de purificação 221
  família das globinas 230
  mutações com perda de função 229
  no genoma humano 184T
Pseudomonas aeruginosa 1268
pseudopódios 739, 740F
pseudossimetria 603, 604F
pseudouridina 328, 329F, 335F
PTB (ligação à fosfotirosina), domínios 822, 824F, 852-853
pulgas 1276F
pulmões, formação e estrutura 1190
pulsos de ativação gênica 522
purinas
  estruturas da adenina e da guanina 100
  no pareamento de bases complementares 176, 177F
purinas, hidrólise ver depurinação
puromicina 351, 352T
pus 1301

Q

quantidade de renovação 141, 142-143
quebras da fita simples, reparo de erro de pareamento 250
quebras de fita dupla (DNA)
  duplicações de segmentos de 228
  em cânceres 1111, 1116
  mecanismos de reparo 273-275, 497, 1323
  na meiose 282-284, 1009-1010
  recombinação homóloga 278-279, 1116
  topoisomerase II e 252-253
queimaduras, tratamento 1250
quepe GTP, microtúbulos 927-928
queratinas 944T, 946-947, 949, 953, 1046
  α-queratina 115, 117, 124

queratinócitos 951, 953, 954-955F
quiasmas 1006F, 1007, 1008F
química orgânica
	importância biológica 47
	ligações químicas e grupos 47, 90-91
quimiocinas 1241
quimiotaxia 958-960, 1185, 1202, 1237F, 1241F
quimiotripsina, comparada com elastase 119F
quindlina 1037T, 1075F, 1078F
quinonas
	como carreadores de elétrons 764-766, 767F, 768, 788
	plastoquinonas 767F, 789, 791-792F, 793
	ubiquinona 765-766, 767F, 768-770, 771F, 772-773
quiralidade das hélices 124-125

R

radiação
	e carcinogênese 1094, 1128F, 1132-1133
	luz ultravioleta 267-268, 269F, 1094
	raios X e as células-tronco hematopoiéticas 1242
	resposta da *Schmidtea mediterranea* 1248
	tratamento do câncer 1132
radiação ultravioleta 267-268, 269F, 1094
radicais livres 1115
Raf (MAP-cinase-cinase-cinase) 856-857, 882
raio de van der Waals 45F, 94, 110
raiva 1273T, 1274F, 1279
Rana pipiens 36F
Ran-GTPases
	como marcadores posicionais da cromatina 656, 986
	como membros da superfamília Ras 854T
	e complexos de poros nucleares 653-654
Rap1 GTPase 1078F
rãs
	colágeno da pele do girino 1063F
	filamentos espessos de miosina 915, 919
	junções neuromusculares 630-631
	Rana pipiens 36F
	ver também Xenopus
rastreamento genético
	interferência de RNA e 500
	para fenótipo mutante 488-490
	sincronismo do desenvolvimento embrionário 1180
razão núcleo-citoplasma 1182
RE rugoso, glicosilação proteica 683-684
RE *ver* retículo endoplasmático
reações acopladas
	modelo mecânico 64F
	reações energeticamente não favoráveis 60-61, 63, 76-78, 102
	reações favoráveis com transportadores ativados 64-65
reações alérgicas 1317
reações anabólicas, NADPH em 68
reações de condensação
	alimentado por ATP 65-66, 70-73
	energeticamente desfavorável 66
	formação de macromoléculas por 49, 71F
	hidrólise como o oposto 49F
reações de equilíbrio
	energias de 61-63, 103
	enzimas e 58
	síntese e hidrólise de ATP 775-776
	ver também reações reversíveis
reações de migração ramificadas 284-285
reações energeticamente favoráveis e desfavoráveis
	acoplamento 60-61, 63-65, 76-78, 102
	definição 57
	fixação do carbono como desfavorável 784
	reação de condensação como desfavorável 66
	supertorção do DNA como favorável 314
	transferência de elétrons como favorável 764
	transporte de membrana de glicose como favorável 603F
reações luminosas 783-785, 787F, 793
reações reversíveis 61
	ver também reações de equilíbrio
realce de imagem digital 534
receptor CCR5 1279
receptor CD4 1279
receptor Crm1 420
receptor CXCR4 1279
receptor de glicocorticoide 400
receptor de importação Pex5 667-668
receptor de insulina 823, 850T, 851-852
receptor de transferrina 734-735
receptor Fc, e fagocitose 738F, 739, 1317
receptor FGF e acondroplasia 1196
receptor Notch 867-868, 869F, 1117
receptor SRP 673-674, 678F
receptores
	de superfície celular e intracelulares 816F
	na sinalização extracelular 815-816, 831F
	receptores de matriz e correceptores 1074
receptores acoplados a canais iônicos 817F, 818, 843
receptores acoplados a enzimas
	como classe de receptores de superfície celular 818F, 819
	como receptor de insulina 824F
	como receptor de serinas/treoninas-cinase 865
	como RTKs 837F
receptores acoplados à proteína G (GPCRs)
	bacteriorrodopsina e 588
	CXCR4 como 1185
	dessensibilização por fosforilação 848-849
	efeitos 818, 832
	efeitos da epinefrina 827, 832, 835T
	no cheiro e visão 843-846
	sobreposição de sinalização com RTKs 861-862
receptores AMPA (α-amino 3-hidróxi 5-metil ácido 4-isoxazolepropiônico) 636-637
receptores associados à tirosina-cinase 862
receptores ativados por proliferação de peroxissomos (PPARs) 875
receptores ativados Smads (R-Smads) 865-866
receptores CD40 1337
receptores cinase com LRR (repetições ricas em leucina) 881
receptores CXCR4 1185
receptores da superfície da célula
	diferenciação de linfócitos 1309
	imunoglobulinas como 1315-1316
	ligação de fatores de sobrevivência 1030
	moléculas de sinalização intracelular 819-820
	receptores de morte 1024-1025
	receptores de vírus 1279
	receptores inibitórios 1245, 1304, 1305F
	uso por células fagocíticas 1301
	ver também TCRs
receptores de acetilcolina
	como alvos de fármacos 632
	como muscarínicos ou nicotínicos 843
	nas junções neuromusculares 630-631, 633, 1072F, 1210F
receptores de carga 698, 711
receptores de célula B (BCRs) 1315-1317, 1321-1322, 1336-1338
receptores de células T
	mal enovelados 712
	receptores acessórios e correceptores 1304, 1325, 1330T, 1331-1333, 1335-1337
	receptores inibitórios 1138, 1337
receptores de citocina 863-864
receptores de classificação 647-648
receptores de fibronectina 1076T
receptores de morte 1024-1025
receptores de morte Fas 1024, 1025F, 1031
receptores de neurotransmissores
	ionotrópicos e metabotrópicos 630
receptores de quimiocina 1279
receptores de rianodina 838-840
receptores de transporte nuclear 326, 653
receptores de vírus 1279
receptores e correceptores da matriz 1074
receptores EGF
	alvos em câncer de pulmão 1136
	ativação 851
	degradação lisossômica 735
	mutação no glioblastoma 1107
receptores Frizzled 868-871
receptores inibidores de células B 1337
receptores ionotrópicos *ver* receptores acoplados a canais iônicos; canais iônicos controlados por transmissor
receptores IP_3 (canais IP_3 controlados por liberação de Ca^{2+}) 837-840
receptores LRP4 1210
receptores M6P 727, 728F
receptores metabotrópicos 629-630
receptores muscarínicos de acetilcolina 843, 847F
receptores NMDA (N-metil-D-aspartato) 636-637
receptores olfatórios 832, 843-844, 846T, 1250F
receptores órfãos 832, 875
receptores Patched 871-873
receptores PD1 1138F, 1139, 1337
receptores Robo1, Robo2 e Robo3 1203F, 1204
receptores semelhantes a NOD (NLRs) 1300
receptores semelhantes a Toll (TLRs) 873, 1165, 1299, 1300T, 1304
receptores serinas/treoninas-cinase 865-866, 881
receptores tirosinas-cinase MuSK 1210
receptores tirosinas-cinase (RTKs)
	ação do IGF1 850T, 852
	dimerização por ligação ao ligante 851
	receptor de insulina como 824F
	sinalização extracelular 850T
	sobreposição de sinalização com GPCRs 861-862
	subfamílias 851F

Índice 1417

receptores Toll 873, 1158F, 1165, 1299
receptores Torso 1158F
receptores β-adrenérgicos, estrutura 832-833F
receptores/sequências KDEL 713-714
Reclinomonas (*R. americana*) 801F, 805
recodificação traducional 350
recombinação conservativa sítio-específica 292-295
recombinação de mudança de classe 1323
recombinação genética 175, 231, 318, 486, 1005-1006
recombinação homóloga 276-287
   defeitos em BRCA1 e BRCA2 266T, 267
   em organismos transgênicos 495, 497, 498F
   na meiose 282-285
   regulação celular da 280-282
   reparo da quebra de fita dupla 275, 278-279, 1116, 1133-1134
   uso pelas células cancerosas 1100
recombinação mitótica 1109
recombinação sítio-específica
   camundongos transgênicos 496
      montagem do TCR 1325
      recombinação sítio-específica conservativa 292-295
recombinação V(D)J 275F, 290, 1320-1321, 1323, 1325, 1332
recombinase Cre 496-497
reconhecimento celular
   glicolipídeos em 575
   oligossacarídeos de superfície 582, 720
reconstituição funcional, proteínas de membrana 585, 586F
reconstrução/rastreamento de partícula única 559F, 561-562, 586, 589, 593, 773F
recrutamento de revestimento de GTPases 703
recuperação da fluorescência após fotoclareamento (FRAP) 545-546, 588-589
rede *cis*-Golgi (CGN) 716
rede do ciclo celular, retroalimentação 516
rede *trans* de Golgi -(TGN) 716, 727-729, 730F, 731, 736, 741-744, 749-750
redes booleanas 524
redes de actina 908F, 953F, 959
redes regulatórias, matemática e 509-512
redução, como transferência de elétrons 55-56
região constante, Ig leve e cadeias pesadas 1318-1319
região V, cadeias leves de Ig 1320, 1321F, 1323F
regiões de atração 519F, 520
regiões de controle do gene 384-385, 392-394
regiões desordenadas (proteínas) 125-126, 149
regiões não traduzidas, mRNA *ver* UTRs
regiões variáveis, cadeias leves e pesadas da Ig 1318-1319
regiões/alças hipervariáveis de imunoglobulinas 1318-1319, 1321
registro de *patch-clamp* 626, 627F
registro fóssil
   árvore filogenética e 219
   informação de sequência 223

regulação da massa celular 1194-1196
regulação da retroalimentação
   colesterol 655, 656F
   do tamanho da célula 1193
   geração de ondas de Ca^{2+} 838-840
   inibição enzimática 150-151
   na divisão de células-tronco 1121
   na fotossíntese 784
   ver também retroalimentação positiva; negativa
regulação negativa de enzimas 151, 152F
regulação positiva de enzimas 151, 152F
regulação posterior de receptores 830, 848, 853
regulador da transcrição Ci (*Cubitus interruptus*) 871-873
regulador da transcrição de Eyeless (Pax6) 397-398F, 1146F, 1171
regulador da transcrição Dorsal 655F, 873, 1164-1165, 1166F
regulador da transcrição FoxP3 1336
regulador da transcrição Pdm 1179
regulador da transcrição VegT 1156, 1173
regulador de transcrição LEF1/TCF 870F, 871
regulador de transcrição MyoD 396, 399, 1170-1171, 1254, 1258
regulador transcricional Cas 1179
reguladores de transcrição (fatores transcricionais)
   ativação controlada 395, 396F
   ativação da diferenciação 1170-1171
   como comutadores 384-392, 402-403
   como proteínas 30
   controle gênico combinatório 396, 397F, 399, 520-521
   dimerização 375-378
   em bactérias 380-383
   em células especializadas 399-400
   em eucariotos 384-392
   expressão sequencial 1179
   expressos por neurônios 1200F
   habilidade de ler as sequências de DNA 374-375
   imunoprecipitação da cromatina 505
   ligação cooperativa 378-380, 517F
   manutenção de células-tronco embrionárias 1254-1255
   modulados por *Hox* 1163
   modulados por ligante 874-876, 877F
   na blastoderme sincicial 1157
   na modificação da cromatina 196-197, 199-201, 206
   papel e modo de operação 373-380, 389-390
   proteína p53 1116
   reguladores mestres da transcrição 398-399, 1171
   sinalização extracelular 867-880
reguladores de transcrição Klf4 398-399F, 1254-1255
   ver também fatores OSKM
reguladores de transcrição latentes
   família de proteínas Smad como 865
   fotoproteínas vegetais e 884
   Hedgehog como 871
   na proteólise regulada 867
   proteína Notch como 868
   proteínas NFkB como 873
   proteínas STAT como 863, 865

reguladores de transcrição Sox2 398-399F, 506F, 1254-1255
   ver também fatores OSKM
reguladores do crescimento vegetal 881, 1087
reguladores mestres da transcrição 398-399, 1254-1256
reguladores transcricionais modulados por ligante 874-876, 877F
reguladores transcricionais Oct4 398-399F, 506F, 1254-1255
   ver também fatores OSKM
rejeição imune, transdiferenciação e células iPS 1259
relações/equivalentes topológicos 644-647
relógio de segmentação 1178-1179
relógios circadianos 876-879, 1183
relógios moleculares 220-221
remodelagem da cromatina
   escala de tempo de 1177, 1179
   reprogramação de fibroblastos e 1257F
remodelagem/regeneração dos tecidos 1043-1045, 1071
   autorrenovação e câncer 1120-1121
   regeneração de órgãos 1247
   ver também cicatrização de feridas
renaturação *ver* hibridização
reparo da membrana plasmática 748
reparo de DNA 266-276
   contrastado com RNA 271-273
   defeitos no câncer 1097, 1124-1125, 1132-1133
   doenças ligadas a 266T
   em eucariotos e bactérias 271
   excisão de base e excisão de nucleotídeo 269-271
   por recombinação homóloga 1133-1134
   quebras de fitas duplas 273-275, 1133-1134
   ver também dano ao DNA
reparo de feridas
   aumento da membrana plasmática 748
   fibroblastos 1228
reparo de pareamento errado direcionado à fita 244T, 245, 250-251
reparo por excisão de base 269, 270F
reparo por excisão de nucleotídeo 266T, 270-271
repetição modulada 1162
repetições de CA, como marcadores genéticos 233
repetições de fibronectina 1066F, 1067-1068, 1073
repetições de fibronectina tipo III 1066F, 1067-1068, 1073
repetições em sequência
   caudas de RNA polimerase 317F
   STRs (repetições curtas em sequência) 476
   telômeros 262
repetições FG (fenilalanina-glicina) 652, 653F, 654
repetições GGGTTA 262
repetições invertidas 289, 603, 604F, 676F
repetições ricas em leucina 1299-1300
replicação do DNA 4-5
   como semiconservativa 240, 242F, 447
   dois estágios 974, 976F
   e o ciclo da célula 258-260, 974-977
   erros no câncer 1106F, 1107
   iniciação e conclusão 254-266

mecanismos 239-254
mutações sensíveis à temperatura e 489
problemas no fim da replicação 262
revisão 242-244, 250-251, 257F
topoisomerase e problema do enrolamento 251-253
ver também forquilha de replicação; origens de replicação
replicação semiconservativa
  de centrossomos 984
  do DNA 240, 242F, 447
repórteres luminescentes 1117F
repressor de triptofano 376, 380-383, 392
repressor Tet 495F
repressores traducionais 623
repressores transcricionais (proteínas repressoras)
  alternância com ativadores 868, 871
  ativadores e 381-383, 394
  controles combinatórios 394-395
  correpressores 385, 386F, 392, 394, 395F
  fusão com Cas9 bacteriana 497
  inversão do DNA 294F
  metilação do DNA 405
  ocupação do sítio de ligação 514
  repressor triptofano 376, 380-383, 392
  retroalimentação negativa 402, 515
reprodução sexuada
  ciclo haploide-diploide 486
  e transferência horizontal de genes 19-20
  recombinação homóloga e 277, 282
  ver também meiose
reprogramação da célula 1251-1253
reprogramação nuclear 1252-1253
resgate, microtúbulos 927-928, 932-935, 986
resíduos de glicose na celulose 1083
resíduos GATC, metilação 250, 251F, 257F
resistência a antibióticos
  segregação plasmidial e 897
  Staphylococci (MRSA) 1276
  transferência horizontal de genes 19, 1269, 1292-1293
  transpósons exclusivamente de DNA 288
  três mecanismos 1293F
resistência à compressão 1036F, 1082, 1084F
resistência a fármacos
  cânceres resistentes a múltiplos fármacos 610
  malária 610
  patógenos 1291-1294
  tratamento para o câncer 1135-1136, 1139
resolução
  distinguida da detecção 532
  microscopia eletrônica 554, 559, 560F, 562
  microscopia óptica 530-532
  técnicas com super-resolução 549-551
resolução da cromátide-irmã 979, 982
respiração aeróbica 55
resposta à proteína desenovelada 686-687
resposta imune
  uso para o tratamento do câncer 1137-1139
  variação de fase em bactérias 294
  ver também sistema imune inato; adaptativo
resposta inflamatória
  e câncer 1132
  e leucócitos 1240
  e patógenos 1300-1301

respostas "tudo ou nada" 827-829, 830F, 857
respostas descontínuas 827, 829
  ver também comutadores
respostas imunes inatas
  receptores Toll e semelhantes a Toll 1165
  velocidade das 1298
respostas imunes mediadas por células T 1307-1308
respostas sigmoides 827-828, 841
resumo dos desenhos 509-510
retículo endoplasmático (RE)
  área comparada com membrana plasmática 643
  assimetria da membrana 681
  complexos de junção com mitocôndria 691
  conexão com o envelope nuclear 179, 180F
  contatos mitocondriais com 755, 757F
  entre compartimentos intracelulares 642
  fonte de gotas lipídicas 573
  fonte de microssomos 445, 671-673
  fonte de proteínas de passagem única na membrana 577
  funções 669-691
  localização do mRNA e 421
  na organização de microtúbulos 939
  proteínas ancoradas pela cauda no RE 682
  proteínas residentes no RE 647, 682-683, 685F, 711, 714
  RE rugoso e liso 642, 670, 671F
  RE rugoso em células B 1309
  retranslocação de proteína 358, 686
  sinais de recuperação do RE 713
  sinais de retenção do RE 682
  transporte de proteína para o aparelho de Golgi 710-722
retículo mitocondrial 757F, 803, 808
retículo sarcoplasmático (RS)
  bomba de Ca^{2+} 606-607, 608F, 632F, 633, 920
  nas células musculares 671, 920, 921F
retina
  colunas de dominância ocular 1212
  embrionária, células de ponta e 1236
  epitélio fotorreceptivo 1227
  RGCs (células ganglionares da retina) 1204-1206
retinal 147
  como cromóforo da (bacterior)rodopsina 587, 845
  no canal rodopsina 623
retinite pigmentosa 324
retinoblastomas 1013, 1107-1108, 1111
retirada de glicose 683F, 684-685
retirada do quepe, mRNAs 1288
retroalimentação negativa
  Cdc20-APC/C 993
  flutuações constantes da taxa de 516F
  genes *Hes* e *Her* 1178, 1179F
  na regulação celular 515-516
  na sinalização celular 829-830, 853
  relógios circadianos e 876-878
  retroalimentação negativa com retardo 516, 517F, 1179F
  via de sinalização JAK-STAT 863
  via de sinalização Smad 866
  via de sinalização Wnt 871
  via do NFκB 874, 875F
  via Hedgehog 873

retroalimentação positiva
  autoamplificação de diferenças celulares 1152
  autoamplificação de impulsos nervosos 621
  CICR (liberação de cálcio induzida por Ca^{2+}) 838
  conversão de iPS 1255
  formação da heterocromatina 195
  geração de padrões 1152
  ligação cooperativa e 517, 519F
  memória celular e 520
  na ativação de M-Cdk 979
  recrutamento de vesículas para membranas 707
retrocruzamento do cromossomo
  como resultado da recombinação homóloga 282-283, 486
  controle do 285
  frequência em humanos 492
  na meiose 1006, 1007F, 1009-1010
retrômeros 727, 728F
retrotranslocação, proteínas danificadas 358, 686
retrotranspósons não retrovirais 291-292
retrovírus
  como vetores de oncogenes 1105-1106
  como vetores de transdiferenciação 1258
  definição 290
  e câncer 1130T
  edição do RNA e 419
  ver também HIV
revestimento 1207
revestimento do intestino *ver* intestino delgado
RGCs (células ganglionares da retina) 1204-1206
RGSs (reguladores da sinalização da proteína G) 832, 845
RhoA
  ativação na citocinese 997, 998F, 999
  localização na citocinese 1000F
ribocomutadores 414-415, 423F
ribonucleases, perfil de ribossomos 505-506, 507F
ribose
  estrutura 96, 100, 302
  metilação do mRNA 316F
  metilação do rRNA 328
  síntese 86, 366
ribossomos
  automontagem 128, 649
  características do RE rugoso 670
  comparação entre bacteriano e eucariótico 341
  complexos macromoleculares 50F
  efeitos TOR e S6K 1017
  entre os compartimentos intracelulares 642
  estrutura 346F
  fator de liberação 562F
  livres e ligados à membrana 674-675
  marcação negativa 560
  montagem de subunidade 329, 340
  papel na tradução 7, 340-343
  resposta a antibióticos 800
  ribozimas 346-347
  separação por centrifugação 445
  sítios de ligação ao antibiótico 351F
  sítios de ligação ao RNA 341-342, 347

Índice

subunidade maior 331F, 341-343, 346-347F, 349, 423, 673
subunidade menor 331F, 341-344, 345F, 346, 347F, 348, 423
ribozimas
   catalisadores 51, 69
   estrutura 363F
   ribossomos como 346-347
   seleção *in vitro* 363-364
ribozimas sintéticas 363-364
ribulose, estrutura 96
ribulose 1,5-bifosfato 785, 786F
ribulose bifosfato carboxilase (Rubisco)
   como enzima exemplo 48
   cristalografia por raio X 461F
   na fixação do carbono 785
Rickettsia rickettsii 1287, 1288-1289F
Rickettsia spp. 798F, 805F, 1287-1288, 1289F
Riftia pachyptila 12F
RISC (complexo de silenciamento induzido por RNA) 429-431, 432F
ritmos diurnos (relógios circadianos) 876-879, 1183
RK (rodopsina-cinase) 845, 848
RLRs (receptores semelhantes a RIG) 1300
RNA *Coolair* 1183
RNA de fita dupla (dsRNA)
   como característica viral 1304
   interferência de RNA e 431, 499-500
   reconhecimento TLR3 1299, 1304
RNA regulador, miRNAs como 1180
RNA ribossômico (rRNA)
   abundância 327
   comparações interespécies 15-16
   evolução de genes para 220
   montagem 331F, 347
   pareamento códon-anticódon 345F
   processo de transcrição 305F
   quatro tipos 328
   valores "S" 309T, 328
RNA TAR 414
RNA-helicases 1300
RNA-ligases 688
RNA-polimerase holoenzima 306
RNA-polimerase I 327
RNA-polimerase II
   como uma "fábrica de RNA" 317F
   fatores de transcrição geral e 309-312, 384-385
   proteínas modificadoras 312-313
   regiões de controle gênico e 384-386
   semelhança com polimerase bacteriana 309, 310F
   snoRNAs e 328-329
RNA-polimerase III 328
RNA-polimerases 303-305
   comparadas com DNA polimerases 304-305
   em eucariotos 309T
   polimerase pausada 388
   RNA-dependente 431
RNAs
   categorias e proporções de 305T, 306
   conformações 5F
   distinção do DNA 4-5, 302, 366
   em telomerase 263T, 429, 435
   fita dupla, como característica viral 1304
   fita simples 302, 363
   na transcrição e tradução 4-5
   potencial autorreplicativo 364, 365F

rearranjos no spliceossomo 321
regulação do transporte a partir do núcleo 419-421
tamanho da molécula 303
RNAs de transferência (tRNAs)
   bases incomuns 335F, 337F
   e o nucléolo 330
   estrutura 335F
   função 7, 305, 334
   sítios de ligação ribossômica 347
   tRNA iniciador 347-348
RNAs mensageiros (mRNAs)
   análise com microarranjos e RNA-seq 503-504
   atraso por acúmulo 1176
   bacterianos como policistrônicos 348
   capeamento e poliadenilação 315-316
   clonagem 469
   degradação e expressão gênica 372, 373F
   edição de RNA 418-419
   estabilidade e expressão gênica 426-428
   eucariótico e procariótico 316F
   exportação do núcleo 325-327, 655
   "fábricas" 332
   formação do polirribossomo 675
   localização com hibridização *in situ* 502
   localização no citosol 421-422
   localização nos óvulos 1156
   na monitoração da expressão gênica 32
   na tradução 343-344. 351-352
   perfil do ribossomo e 505-506
   processamento do terminal 3′ 324
   quantificação com RT-PCR 503
   regiões não traduzidas (UTRs) 184T, 421-423, 430
   regulação do transporte a partir do núcleo 419-421
   retirada do quepe do terminal 5′ 1288
   tradução iniciada por sinal 506
   ver também UTRs
RNAs não codificadores 305, 327
   localização com hibridização *in situ* 502
   ncRNAs pequenos e interferência de RNA 429-431
   regulação da expressão gênica 429-436
   sequenciamento de RNA e 482
RNAs não codificadores longos (lncRNAs)
   função 305T, 435-436
   na impressão 409
   produção de sequências conservadas 225
   Xist 411
RNAs-guia 328, 329F, 429, 435, 497-498
RNPs (ribonucleoproteínas) *ver* hnRNPs; mRNPs; snRNPs
robustez, nas redes biológicas 520, 822
Rock-cinase 958F, 997, 998F
rodamina 537, 545F, 756F, 936F
rodopsina
   amplificação de sinal 848-849
   como GPCRs 588, 832, 845
   inserção na membrana do ER 681
   retinal 147, 845
rombômeros 1169, 1188
ROS (espécies reativas de oxigênio) 808
   ver também superóxidos
roseta, celulose sintase 1085-1086
rotação cortical 1156, 1167
RRE (elemento de resposta a Rev) 420
RTK Sevenless (Sev) 855

RTKs *ver* receptores tirosinas-cinase
RT-PCR quantitativa 502-503
Rubisco *ver* ribulose bifosfato carboxilase
ruído
   em imagens de microscópio 532-533, 561
   em pontos dos dados 525
   na sinalização intracelular 820-822, 831
   nos sistemas de controle genético 1246

S

S6K (S6 cinase) 1017
sacarose 784, 786
Saccharomyces cerevisiae 21T, 31F
   bibliotecas de mutantes 498
   centrômeros 203
   ciclo celular de 966
   cinesinas 936
   como organismo-modelo 29T, 966
   comunicação intracelular 813
   cromossomos separados 466F
   densidade gênica 182F
   genes codificadores de RNA 305
   genes essenciais ao crescimento 499
   genes para canais iônicos controlados por voltagem 627
   herança mitocondrial 807
   miosina V em 925
   rearranjos de RNA no spliceossomo 321F
   replicação do DNA em 253-254, 259
   ver também leveduras, brotamento
salamandras 1194-1195
Salmonella enterica 1268, 1281, 1282F, 1284F, 1285, 1290
Salmonella ssp.
   como Gram-negativa 1267F
   uso de variação de fase 294
salto (perda) de éxon 321-323, 324F
sarcoma vírus Rous 1105, 1265
sarcomas 1092
sarcômeros 918-920, 948
SCAP (proteína de ativação de clivagem de SREBP, 656F
S-Cdks 974, 979, 1014
SCF (fator de células-tronco)/proteína Steel 1187, 1244
Schizosaccharomyces (*S. pombe*)
   como um organismo-modelo 966, 1271
   fenótipo mutante 21F
   genoma mitocondrial 801F, 805F
   microtúbulos + proteínas TIP 935F
Schmidtea mediterranea 1247-1249
Sciara 987F
"scramblases" 574, 690
SDS (dodecilsulfato de sódio) 583, 584F
SDS-PAGE (eletroforese em gel de poliacrilamida com dodecilsulfato de sódio) 452, 453F, 454F, 584
SecA ATPase 677, 678F
secções ópticas 540
seções invariáveis, proteína MHC 1331
secreção de serotonina 1218, 1219F, 1239, 1241T
securina 971, 973, 978, 992-994, 1009
sedimentação de equilíbrio 447
sedimentação por velocidade 446, 447F
segmentos de gene, células B 1319-1320, 1321F, 1325, 1332
segmentos gênicos *D* 1320

segmentos gênicos *J* 1320, 1321F, 1325
segmentos gênicos *V* 1320-1321
segregação cromossômica
    como universal 963
    erros e câncer 1097, 1109, 1132
    na meiose 1004-1006, 1008, 1010
    na mitose 978, 994, 1097
segregação mitótica na herança mitocondrial 807-808
segregação tecidual e ligação homofílica 1041
segunda lei da termodinâmica 52, 53F, 60, 102-103
segundos mensageiros 819-820, 824, 827, 833
    IP3 e diacilglicerol como 837, 838F
    na amplificação do sinal intracelular 848
seios sanguíneos 1242
seleção de purificação 219-220, 221F, 223, 225, 231
seleção natural
    e patógenos 1289
    estrutura proteica e 119-120
    mutação e 15-16
    progressão tumoral 1091-1092, 1096, 1104, 1118, 1119F, 1125
    seleção purificadora 219-220, 221F, 223, 225, 231
    vantagens seletivas pequenas 226
seleção negativa 1332, 1333F
seleção positiva 1332
selectinas 720
    adesão célula-célula 1054-1055
    estrutura e função 1055F
    receptores de endereçamento (*homing*) 1312
    seletinas E, L e P 1054-1055
seleneto de cádmio 538F
selenocisteína 350
SEM (microscópio eletrônico de varredura)
    células NK atacando uma célula cancerosa 1304F
    cílios neuronais olfativos 844F
    infecção fúngica em *Drosophila* 1299F
    junção neuromuscular de rã 630F
    osteoclastos na matriz óssea 1231F
    pericitos 1236F
    princípios 558-561
    tubo neural de embrião de galinha 1192F
senescência celular replicativa
    células em cultura 442
    células-tronco e 1243
    e DNA mitocondrial 808
    evitada pelas células ES 1254
    função dos telômeros e 264-265, 1016, 1100
    macrófagos e 739
    via p53 e 1116
sensibilidade das células-alvo 824
sensor de tensão 1043, 1044F, 1068F, 1080, 1081F, 1229
sensores de voltagem 622
separação celular 1041, 1122, 1188-1189
separação de carga na fotossíntese 788-789, 792-793
separadores de células ativados por fluorescência (FACS) 440, 441F, 967F, 1242
separases 993, 1009
septinas 949-950, 959, 999
septo, anel Z e 896
sequência amostral do cromossomo X 300F

sequência LDV (Leu-Asp-Val) 1075
sequência RGD (Arg-Gly-Asp) 1067-1068, 1075, 1078, 1281
sequência Shine-Dalgarno 348, 349F, 422, 423F
sequenciamento aleatório 479
sequenciamento do didesóxi 466F, 477-478
sequenciamento do genoma
    bactéria 1268-1269
    biópsias de tumor 1141
    células do câncer 1095, 1109-1111, 1119, 1137
    custo de 481
    e rastreador evolucionário 136-137, 292
    e regiões conservadas 217, 224-225
    progresso em 439, 477
    ressequenciamento 479
    sequenciamento do exoma 1109
    velocidade do 464, 477
    viroses 1273
sequenciamento do RNA (RNA-seq)
    análise de mRNA 503-504
    sequenciamento profundo de RNA 477
    splicing alternativo e 482
sequenciamento por Illumina® 480
sequenciamento por íon torrent™ 481
sequências Alu 212F, 223F, 291-292
sequências atuantes *cis* reguladoras 402, 406-407, 409
    cadeias de imunoglobulina 1320
    como CRE 836
    como estimuladores 386
    como logos de sequência 375, 378F
    e anotação do genoma 477
    gene *Eve* 393, 395
    genes-repórter e 501
    isoladores e 391
    ligação e reconhecimento do regulador da transcrição 373-375, 379-381, 383-384
    nucleossomos e 379-380
    ocupação pelos reguladores da transcrição 505
    regiões de controle no gene 384-385
    reguladores mestres e 399-401
sequências CG (sequências GpG)
    metilação e sua herança 404
    perda de, em vertebrados 406-407
    reconhecimento TLR9 1300, 1304
sequências consenso de nucleotídeos
    íntrons de marcação 319F
    na tradução 348
    na transcrição 308, 311F, 325F
    para *splicing* do RNA 319
sequências consenso de reconhecimento 348
sequências conservadas multiespécies 225-226
sequências de aminoácido
    alinhamentos 463
    especificando a estrutura da proteína 109-114
    implicando na função da proteína 121, 462-463
sequências de barreira HS4 202
sequências de DNA
    alterações nas células de câncer 1094, 1097, 1106, 1109-1110, 1111-1112F
    centroméricas 203
    deduzindo a função do gene 20, 216-217

deduzindo de genomas antigos 223-224
gene da β-globina humana 179F
manutenção de 237-239
mutantes código de barras 498, 499F
sequências Alu 212F, 223F
sequências de DNA barreira 195F, 202
taxa de variação 218
ver também sequenciamento do genoma; genoma humano
sequências de DNA isolador 391, 409
sequências de parada de transferência 663, 679-680, 681F
sequências KKXX 713
sequências proteicas, comparações interespécies 36, 37F
sequências repetidas 289
    ver também repetições em sequência
sequências de barreira de DNA 195F, 202, 210, 391
sequências-sinal
    descoberta 672
    entre os sinais de classificação 647
    internas 659, 663F, 664, 677-679, 680-681F
    para o sucesso da transferência gênica 801
    sequências de aminoácidos 647, 648T
    translocação para as mitocôndrias e 659, 661F, 663
    translocação para o retículo endoplasmático e 672-675, 677
    translocação para os cloroplastos e 664-666
    translocação para os peroxissomos 667-668
sequestro de receptores 848
serina
    estrutura 113
    fosfatidil 566-567, 571T, 574
    fosforilação durante a transcrição 388F
    fosforilação nas caudas de RNA polimerase 312, 316-317
    fosforilação no nucleossomo 196-197
serinas/treoninas-cinase
    AKT 860
    distinguida da tirosinas-cinase 819-820
    fotoproteínas vegetais 884
    PKA 834-835
serinas-cinase na evolução das proteínas-cinase 155F
serinas-protease 1072
    como uma família proteica 119, 121F
    elastase e quimiotripsina comparadas 119F
    embaralhamento de domínio 121F, 123
    sistema complemento 1302
    tríade catalítica Asp-His-Ser 136F
serotonina
    como um neurotransmissor excitatório 629
    GPCRs ativados por 832
    resposta do AMP cíclico 834F
shelterinas 263
Shigella flexneri 1268, 1284F, 1287, 1288-1289F
shugoshina 1009
sildenafila 847
silenciamento de genes
    efeitos de posição 194
    proteínas Polycomb e 206
SIM (microscopia de iluminação estruturada) 550
simbiose
    em eucariotos 25
    hipótese endossimbiótica 800

vegetais e bactérias fixadoras de nitrogênio 12
vermes tubulares 12F
simportes 602-603, 604F, 605, 628, 632
simportes ligados ao Na⁺ 603, 604F, 605, 632
simulações 524, 1178
simulações baseadas em agentes 524
sinais de classificação
   e movimento de proteínas entre os compartimentos 645-647
   proteínas basolaterais 750
   proteínas secretoras 743
   sinais de localização nuclear 651
   via de recuperação para o RE 713-714
   ver também sequências-sinal
sinais de início de transferência 678-680, 681F
sinais de localização nuclear 650-651, 652-653F, 654-655, 657
   fosforilação de aminoácidos 655
   ligação ao receptor de importação 652
sinais extracelulares
   alcance 814-815
   ativação do regulador da transcrição por 395, 399-400
   respostas a mudanças de concentração 830-831
   respostas como programados 816-817
   velocidade de respostas 826F
sinais inibitórios, sequenciais 820, 821F
sinais/receptores de exportação nuclear 652-655
sinais/receptores de importação nuclear 650, 652, 653F, 654-656
sinalização autócrina 815
sinalização celular
   através de receptores acoplados à enzima 850-867
   através de receptores acoplados à proteína G 832-849
   circundando 593
   coordenação do padrão espacial 1150
   em plantas 880-885
   papel da matriz extracelular 1073
   pela camada germinativa 1187
   princípios da 813-831
   regiões desordenadas em 126F
   vias alternativas na regulação gênica 867-880
sinalização contato-dependente 814, 815F, 867
sinalização de auxina em plantas 881-883, 1087
sinalização do receptor de erógeno 1117
sinalização indutível 1150-1151
   em embriões de vertebrados 1167F, 1177, 1184, 1198
   indução sequencial 1153-1154, 1160
   morfógenos em 1151, 1153
sinalização parácrina 815
sinalização sináptica 815
sinapse e dessinapse 1006-1007
sinapses
   ajuste dependente da atividade 1198
   descrição 627
   elétrica e química 628
   eliminação 1211
   fármacos psicoativos nas 631-632
   formação 1209-1212
   número por neurônio 633
   proteínas de suporte 1050F
   sinapses químicas 627-630
sinapses imunológicas 1333, 1334F
sinaptobrevina 745F, 747F
sinaptotagmina 745
sincícios 393F, 655F, 748, 1002, 1003F, 1157
   células musculares esqueléticas 1233
sindecanas 1060-1061
síndrome Bardet-Biedl 943
síndrome de Alport 1071
síndrome de Angelman 407
síndrome de Cockayne 271
síndrome de Down 1010
síndrome de Kartagener 942
síndrome de Marfan 1066
síndrome de Timothy 1258
síndrome de Wiskott-Aldrich 967
síndrome de Zellweger 668
sinergia transcricional 388-389
SINEs (elementos nucleares intercalados curtos) 218F, 291
   ver também sequências Alu
sintaxina 745F
sintenia 221-222, 224-225
síntese de ácidos nucleicos 71-72
síntese de ATP
   cadeia transportadora de elétrons e 84-85
   dirigida por um gradiente eletroquímico 761, 763
   em mitocôndria e cloroplastos 658, 758
   membrana tilacoide como sítio de 786-787
   na glicólise 781
   na mitocôndria 774-782
síntese proteica
   citosol como local para 641
   como transcrição e tradução 299
   controle de qualidade e regulação 351-353, 357, 361F
   evolução possível 365-366
   inibidores 351, 352T
   nos polirribossomos 349
   papel do RNA de transferência 334-340
   por reações de condensação 71F
   regulação global 423-424
   velocidade da 341
siRNAs (pequenos RNAs de interferência) 305T, 429, 431
sistema auditivo 1204
sistema complemento
   ativação de imunoglobulina 1317
   componentes primários do complemento 1302-1303
   componentes tardios do complemento 1303
   e a resposta inflamatória 1241, 1303
   e fagocitose 740, 1302-1303
   inativação 1303
   via alternativa 1302-1303
   via clássica 1302-1303, 1318T
   via da lectina 1302-1303
sistema CRISPR 434, 497-498
sistema de controle do ciclo celular
   proteínas regulatórias 973T, 1108, 1115
   redefinindo 975, 1003
   regulação transcricional em 971
   visão geral 967-974
sistema de reparo de pareamentos incorretos
   câncer colorretal, defeitos no 1116, 1124-1125
   conversão gênica do 286F
   MutS no 549F
   reparo de pareamento incorreto direcionado à fita 244T, 245, 250-251
sistema de transporte, NADH 760
sistema imune adaptativo
   através da seleção do patógeno 1290
   autotolerância imunológica 1313-1315
   duas classes de resposta 1298F
   variação antigênica e 1290-1291
   visão geral 1307-1315
   ver também células B; células T
sistema imune
   decadência mediada pela ausência de sentido 352-353
sistema imune inato
   células matadoras naturais (NK, *natural killer*) 1304
   como primeira linha de defesa 1298-1306
sistema linfático
   apresentação de antígeno 1305, 1306F
   células endoteliais no 1236
   recirculação linfocitária 1311-1313
   utilização de metástases 1101-1102, 1123, 1236
   ver também órgãos linfoides
sistema nervoso central
   Drosophila 1179
   formação da sinapse 1210
   origens 1199
   segregação assimétrica no 1173-1174
   tratamentos da célula-tronco neural 1250
   ver também encéfalo
sistema somatossensorial 1204-1205
sistemas conservados
   citocromo *c* oxidase 771F
   citocromo *c* redutase 769
   expressão gênica da série complexa *Hox* 1164
   glicosilação ligada a *N* 719
   na polarização celular 956
   na sinalização celular 814, 852, 855, 1150, 1154
   no início do desenvolvimento 1166-1167
   partícula de reconhecimento de sinal 673-674, 675F, 677-680
sistemas de reação-difusão 1152, 1153F
sistemas dinâmicos e equações diferenciais 512
sistemas livres de células 451, 673, 1224F
sistemas secretores, bacterianos 1271, 1278, 1281, 1282F, 1285-1286
sítios ativos
   e sítios regulatórios em alosteria 151
   elastase e quimiotripsina 119F
   lisozima 145, 146F
   na atividade enzimática 59, 136, 147
sítios de ancoragem
   especificidade de 821-823
   membrana plasmática 859, 860F
   PI(3,4,5)P3 como 859
   proteína tirosinas-cinase 1080
   proteínas STAT e citocinas 863
   receptor de tirosinas-cinase 849-850, 851F, 852, 853F

sítios de ancoragem/ligação da fosfotirosina
   824F, 850, 852-853, 863
sítios de ligação
   alosteria 151-153
   Ca^{2+}/calmodulina 841F
   complexos multienzimáticos 148
   constantes de equilíbrio e 138-140
   especificidade 134-135
   integrinas 1075
   para aminoácidos fosforilados 154
   para nucleotídeos em proteínas G 833F
   regiões desordenadas como 126
   regiões em alça como 118F, 121, 138
   ribossomos, para antibióticos 351F
   ribossomos, para RNAs 341-342, 347
   sequência RGD 1067-1068, 1075, 1078
   sítios de ligação ocultos 1043, 1068
   subunidades polipeptídicas 123
   traçado evolutivo de 136-137
   transportadores 600
sítios de ligação ocultos 1043, 1068
sítios de *splicing*/sinais ocultos 321, 322F,
   323, 324F
sítios lox 496-497
sítios reguladores, enzimas alostéricas 151
SIV (vírus da imunodeficiência símia) 1291F
SNC *ver* sistema nervoso central
snoRNAs (pequenos RNAs nucleolares) 305T,
   328
SNPs (polimorfismo de um único
   nucleotídeo)
   em estudos populacionais 232-233, 492
   predisposição a doenças e 493F
snRNAs (pequenos RNAs nucleares)
   como componentes do spliceossomo 319-
   320
   função 305T
snRNPs (pequenas ribonucleoproteínas
   nucleares)
   como componentes do spliceossomo 319-
   322, 323F, 325-326, 329F
   e corpos de Cajal 331-332
   e o nucléolo 330
sobrevivência da célula
   integrinas no controle de 1079
   PI 3-cinase e 860
   regulação de 1246-1247
   tempo de vida da célula epitelial de
   camundongo 1219
sobrevivência de células hematopoiéticas
   1246-1247
solubilização por detergente, proteínas de
   membrana 583-586, 766
somatostatina 835-836
sombreamento (microscopia eletrônica)
   560
somitos 1177-1179, 1185, 1187, 1189F, 1233
sonda de pireno fluorescente 900F
sondas de DNA 472-473, 502
sondas fotocomutadoras 551
Sordaria 1007F
soro, diferenciado do plasma 1011
Spirulina platensis 778F
spliceossomos
   ambiguidades da sequência de íntrons 416
   catálise 321, 324
   marcados com GFP 544F
   papel 319-320

splicing alternativo
   canais iônicos controlados por voltagem e
   627
   constitutivo 324, 416
   controle positivo e negativo 416F
   definição de gene 416-417
   gene da tropomiosina 319F, 416
   múltiplas formas proteicas de 415
   sequenciamento de RNA e 482
splicing de RNA
   como uma função dos snRNAs 305T
   coordenação com transcrição 322
   erros e doença 323-325
   estrutura da cromatina 323
   papel dos spliceossomos 319-320
   regulação 416
   remoção da sequência de íntrons por 315-
   316, 317-318, 320F, 336
   sequência nucleotídica consenso para 319
   sítios/sinais de *splicing* oculto 321, 322F,
   323, 324F
SREBP (proteína de ligação ao elemento de
   resposta ao esterol) 656F
SRPs (partículas de reconhecimento de sinal)
   673-674, 675F, 677-680
   e o nucléolo 330
Staphylococcus (*S. aureus*)
   como oportunistas 1276
   resistente à meticilina (MRSA) 1276
Staphylococcus spp. Gram-positivo 1267F
STED (microscopia de depleção por emissão
   estimulada) 551-552
STORM (microscopia de reconstrução óptica
   estocástica) 552, 553F
Streptococcus (*S. pneumoniae*)
   como um oportunista 1276
   Gram-positivo 1267F
   transformação com DNA estranho 174F
Streptomyces spp. 1293
STRs (repetições curtas em sequência) 476
subclones
   em pólipos adenomatosos 1123
   no câncer 1096, 1097F, 1118-1119, 1123
substituição de congelamento 1061F
substrato coberto por fibronectina 1079-
   1080F
substratos
   direção nas vias de reação 58, 59F
   na catálise enzimática 51, 57, 140-141
   ver também complexos enzima-substrato
subunidade c, ATP sintase 777-778, 804
subunidades de actina
   assimétrica 894
   montagem 898-899
subunidades de tubulina 893-894, 904T, 927,
   928-929, 934-935
   α-tubulina 925, 926
   β-tubulina 926F, 927
   γ-tubulina 928, 930F, 982
subunidades proteicas 123, 127-128
   actina e tubulina 893-894
   ativação de subunidades da mitose 971
   montagens assimétricas 152-153
   proteínas ligadoras de GTP trimérico 832-
   834
subunidades α e β, ATP sintase 777
succinato desidrogenase (complexo II) 767-
   768F, 772-773, 775

succinil-CoA 107
sulco maior, dupla-hélice do DNA 177F,
   373-374F
   ligação do regulador de transcrição 373-377,
   405
   localização de citosinas metiladas 405
sulco menor, dupla-hélice do DNA 177F, 190,
   373-374F
sulcos de clivagem 996-1000
sulcos de ligação peptídica, proteínas MHC
   1327
sulfato de condroitina 1058, 1060-1061F,
   1185, 1202
sulfato de dermatana 1058
sulfato de heparana 871, 1058, 1060F, 1073,
   1151, 1279
sulfato de queratana 1058, 1060-1061F
SUMO (*small ubiquitin-related modifier*) 158
superfamília de imunoglobulinas (Ig)
   IgA 1316-1317, 1318T, 1320, 1322, 1323F
   IgE 1316-1317, 1318T, 1319F, 1320, 1322,
   1323F, 1336
   IgG 1316-1317, 1318T, 1320, 1322, 1323F
   IgM 1316-1317, 1318T, 1319-1320, 1322-
   1323
   no reconhecimento de antígeno 1338-
   1339
superfamília de proteínas miosina 924-925
superfamília de receptores nucleares 875-876,
   877F
superfamília TGFβ 865-866, 1168
superfícies basal e basolateral, células
   epiteliais 590, 605
superfícies citosólicas
   proteínas RAB na 705
   vesículas cobertas e 697-698
super-hélice
   derivadas de α-hélices 116-117, 124, 137
   em caudas de cinesina 936
   em filamentos intermediários 894, 945-946,
   950F
   em miosina II 915
   filamentos do citoesqueleto 915F, 931F, 936,
   937-938F, 945, 950F
super-hélices, colágeno 1061, 1070
superóxidos 771, 808, 1239, 1301
supertorção do DNA
   criado por RNA polimerases 314-315
   positiva e negativa 315
   problema de enrolamento na replicação
   251, 253
Synechococcus elongatus 778F, 878

T

tabela periódica dos elementos 43F
β–talassemia 323-324
talina 1037T, 1075, 1078-1081
tamanho da célula
   correlação com o tamanho do corpo 1193
   e ploidia 1194
   regulação como massa celular 1194-1196
   regulação por fatores do crescimento e
   mitógenos 1018F
   regulação por vacúolos 725F
tamanho da população
   e mutações neutras 231
   suavização de resposta 829

tamanho do corpo
    IGF1 e 1196
    número celular ou tamanho celular 1193
tamanho do cromossomo, *Drosophila melanogaster* 33-34
tamanho do genoma
    comparado 28-29, 33, 182, 223-224
    Drosophila melanogaster 34
    em ameba 182
    em bactéria 1267
    em *Danio rerio* 35
    em *E. coli* 22, 23F
    em *Fugu rubripes* 223
    em humanos 178, 179
    em mamíferos 221-222
    em vertebrados 222-223
    mínimo 9
    número de cromossomos e 183
tamanhos de células eucarióticas 644
tamoxifeno 1221-1222F
tampões 46
TAP (transportador associado ao processamento de antígeno) 611
TATA-boxes 310-311, 312F, 385F
taxa de renovação
    conexinas 1052, 1053F
    proteína reguladora do Myc 1107
    velocidades da resposta de sinal 825-826, 827F
taxas de erro
    e evolução viral 1291
    meiose 1010
    replicação do DNA e síntese de RNA 244, 244T
taxas de reação limitadas pela difusão 143, 148
TBP (proteína de ligação ao TATA) 310, 311-312F, 311T
TBSV (vírus *bushy stunt* do tomate) 129F
TC (tomografia de raio X computadorizada) 1092F
TCRs (receptores de célula T) 1304, 1325-1326, 1328, 1331-1333, 1336, 1337F, 1338
tecidos
    abundância de proteínas no cérebro e no fígado 372F
    autorrenovadores, e câncer 1120-1121
    derivados da ectoderme, endoderme e mesoderme 1147, 1167
    isolamento de células 440
    liberação de fator neurotrófico 1208-1209
    não renováveis 1227, 1247
    preparação de amostras para microscopia 535-536
    resistente a RNAi 501
tecidos autorrenováveis 1120, 1217
tecidos conectivos
    colágenos em 1061, 1063-1064
    derivação a partir da matriz extracelular 1035, 1228
    fibroblastos em 1057F, 1228
    padrão de mioblastos 1185
técnica da imunoprecipitação da cromatina 505, 506F
técnica do perfil de ribossomo 505-506, 507F
técnica TUNEL (TdT-*mediated dUTP nick end labeling*) 1024F

técnicas de computador
    em microscopia de iluminação estruturada 550
    exibindo a estrutura da proteína 117
    na proteômica 167
    necessidade da análise quantitativa 38
técnicas de super-resolução (microscopia) 549-553
técnicas ópticas, interações proteicas 458
tecnologia do DNA recombinante
    e genética reversa 494
    elementos da 464, 484F
Tectum óptico 1204-1206, 1207F
telófase 964, 981, 995
    célula vegetal 1000F
telomerases
    células cancerosas 1100
    células humanas não produtoras 1016, 1100
    e o nucléolo 330
    expressão pelas células ES 1254
    semelhantes a transcriptases reversas 262, 263F
telômeros
    como estruturas cromossômicas 186, 263
    comprimento e sua regulação 264-265
    problema de replicação terminal 262
    senescência de células replicativas 442, 1016, 1100
TEM (microscópico eletrônico de transmissão) 305F, 554, 555-556F, 558, 560F
tempo de acumulação 1176, 1178
tempo de vida médio 513F, 514
tempo de resposta, sinalização intracelular 824
tempos de comutação, expressão gênica 1176-1177
tempos de floração, plantas 1182-1184
tendência de códons 482
tensão super-helicoidal, DNA 314-315
teoria da escolha independente (células--tronco) 1222, 1223F
terapias combinadas, para câncer e Aids 1139-1140
teratomas 1257
terminação (da transcrição) 306
terminação "coccus" 1267
"terminais coesivos" 465F
terminais nervosos 1209
terminais pré-sinápticos 747F
termodinâmica
    das células vivas 53-54, 102-103
    leis da 52-54
teste de Ames para mutagenicidade 1128
teste de paternidade 476
testes de complementação 487, 490
testículos
    células de Leydig 671F
    piRNA 433
testosterona, estrutura 99, 876F
Tetrahymena 263T, 324, 805F
tetranucleossomos 192
tetróxido de ósmio 555-556, 716F
TFII *ver* fatores gerais de transcrição
TGFβ (fator de crescimento transformador β)
    BMPs como membros da família 1168
    células T reguladoras induzidas 1336
    gradientes morfogênicos 1166
    inibição do crescimento por 1012
    miostatina como membro da família 1196

TGN (rede *trans* de Golgi) 716, 722, 727-729, 730F, 731, 736, 749-750
    exocitose e 741-744
timidina, radioativa 1219
timina
    desaminação de 5-metilcitosina 405
    estrutura 100
    pareamento de bases de DNA com adenina 176, 177F
timo, origens das células T 1308, 1325, 1336
timócitos 1308F, 1332-1333, 1336
timosina 905-907
tipos de canais de K^+ 634-636
tipos de célula
    características preservadas no câncer 1092
    de células-tronco em cultura 1169
    de células-tronco pluripotentes induzidas 1257
    desenvolvimento embrionário 1047
    diferentes efeitos da acetilcolina 816-817
    e bibliotecas de cDNA 470
    e composição da parede da célula 1082
    e duração do ciclo celular 1012
    e reprogramação da célula 1251
    especializada para contração 1232
    interconvertibilidade em tecidos conectivos 1228
    no sangue 1239
    número no corpo humano 1217
    segregação no intestino 1224
    splicing de RNA e proteínas variantes 416
    transdiferenciação 1258
    ver também diferenciação; tecidos
tipos e linhagens virais
    adenovírus 1273T, 1274F, 1280F, 1281, 1289
    baculovírus 1029, 1287-1288
    hepatite B e C 1129-1130, 1132
    herpes-vírus simples 1273T, 1279
    pandoravírus 1274
    papilomavírus 732, 1129, 1130T, 1131-1132
    parvovírus 1274
    poxvírus 1274, 1280, 1289
    que não utilizam DNA de fita dupla 268
    raiva 1273T, 1274F, 1279
    sarampo 1273T, 1274, 1289
    vírus de DNA 1130, 1273, 1274F, 1278, 1289
    vírus de RNA 1273, 1274F, 1278, 1289
    vírus envelopados 1274, 1275F, 1280, 1286, 1287F, 1288
    vírus não envelopados 1274, 1280-1281
    vírus símio SV40 128F, 732, 1279
    ver também bacteriófagos; HIV; retrovírus; vírus tumorais
+TIPs (proteínas rastreadoras extremidade mais [+]) 933, 935, 958, 960
TIRF (fluorescência de reflexão total interna) 547-548, 553F
tirosina
    estrutura 113
    hormônios tireoidianos de 876
    sulfação 719
tirosina aminotransferase 371-372, 400
tirosina-cinase
    árvore evolutiva da proteína-cinase 155F
    distinção entre serinas/treoninas-cinase 819-820
    regulação da Src-cinase 155-156

tirosina-cinase citoplasmática 852, 853F, 858, 862-863
   Janus-cinases (JAKs) como 863
tiroxina 876F
TLRs (receptores semelhantes ao Toll) 873, 1165, 1299-1300, 1304
TMV (vírus do mosaico do tabaco) 128-129
TNF-α (fator α de necrose tumoral) 873, 1301
tolerância periférica 1314
tomografia crioeletrônica 559F, 705F, 778
tomografia por EM (microscopia eletrônica) 558
tomogramas 558, 559F
topoisomerases
   remoção da tensão super-helicoidal 315
   semelhantes a recombinases 293
   topoisomerase I 251-253
   topoisomerase II 195F, 252-253, 977
TOR (alvo da rapamicina) 861, 1017
   mTOR 860F, 861, 864T, 1114-1115
torque, ATP sintase 777F
totipotência
   células totipotentes 507, 1148, 1248
   óvulo fertilizado 1253
toxina do cólera 1270, 1278
toxinas
   alvos da proteína G 834
   de patógenos bacterianos 1270, 1278
   e neurotransmissores 629
   pontos de entrada 576
   resposta de anticorpos 1307
Toxoplasma gondii 1282, 1283F
traçado evolutivo 136-137
tração, na migração celular 951, 952F, 955, 956F
tradução
   controle com IRES 425-426
   controle com UTRs 3′ e 5′ 422-423
   controle de qualidade 351-353
   conversão de RNA em proteínas 6-7, 315F, 333-362
   enovelamento de proteína cotraducional 353-354, 355F
   família de genes conservadas 20, 21T
   iniciação e terminação 347-349
   passo a passo 343-344F
   precisão e energia livre 345-346
   RNA mensageiro 343-344
   técnica de perfil de ribossomo 505-506
   velocidade 346
tráfego vesicular, disrupção por patógenos 1284-1286
trajetórias dos pontos 519-520
transcitose 732, 737, 738F, 749F
transcrição 301-317
   acetilação de histona 202
   coordenação com o *splicing* 322
   descrição do processo 302-305, 315F, 510F
   direção da 309
   "fábricas" 332
   nas bactérias e nos eucariotos 306
   polimerização por molde 4
   reparo por excisão de nucleotídeos acoplada à 271
   velocidade 304
transcrição de genes
   efeitos do AMP cíclico 836F
   picos de Ca^{2+} e 840

resposta a fitocromos 884
   via de sinalização JAK-STAT e 863
transcriptases reversas
   inibição com AZT 1292
   na clonagem de cDNA 470
   na infecção retroviral 290, 1105, 1289
   RT-PCR quantitativa 502-503
   telomerases como parecidas 262
transcritos policistrônicos 348, 806-807
transdiferenciação 1258-1259
transdução do sinal, receptores de superfície celular 818
transdução e transferência gênica horizontal 1268
transducina (G_t) 845, 846T, 848
transesterificações no *splicing* do RNA 318, 321
transfecção do DNA para identificação de oncogenes 1104
transferases da família Fringe 868
transferência de elétrons
   clorofila 787-788, 792
   complexo NADH-desidrogenase 768
   oxidação e redução como 55-56
   reações fotossintéticas 783-784
transferência de energia por ressonância de fluorescência (FRET) 459, 543-544, 545F, 855F
transferência de energia ressonante 787-788, 789F
   ver também FRET
transferência de genes de organelas 801-802
transferência horizontal de genes
   como fonte de inovação 16, 17F
   em procariotos 18-20
   reprodução sexuada e 19-20
   resistência a antibióticos 19, 289, 1269, 1292-1293
   três mecanismos 1268
transferência vertical de genes 1268
transferrina 427, 553F
transformação, pela transferência gênica 1268
transição cooperativa alostérica 152-153
transição de início 965, 966F, 968-970, 972, 1014
transição G_2/M 968-970, 973, 978, 1014
transição materno-zigótica 1181
transição metáfase-anáfase 965, 968, 969F, 973T, 977
   pontos de verificação da formação do fuso 993-994
   proteólise na 970
   separação das cromátides-irmãs 992-994
transições de fase, bicamadas lipídicas 571, 572F
transições epitelial-mesenquimal 1042, 1101
transições micélio-levedura 1271
translocação cromossômica, recíproca 182F
translocação de proteínas 646
   nas mitocôndrias e nos cloroplastos 658-666
   roteiro 646
   três vias 678F
translocação do cromossomo
   câncer de mama 1111F
   família do gene globina 230
   levando a LMC 1093-1094
translocação pós-traducional 677, 678F
translocações 487

translocadores de fosfolipídeo 570, 574, 690
translocadores de proteínas 580
   canais aquosos em 675-677
   controle lateral 678-679
   nas mitocôndrias 659, 800, 802F
   no retículo endoplasmático 677F
translócon 677
transmissão através das espécies 1279, 1291
transmissão neuromuscular e canais iônicos 632-633
transplante nuclear 1252
transportadores (proteínas) 599
   em vegetais 883
   nas células epiteliais 605
   regulação do pH citosólico 604-605
transportadores ABC 18F, 163-164, 606, 609-611, 1139
transportadores acoplados 601-604
transportadores ativados
   acoplamento com reações favoráveis 64-65
   armazenamento de energia por 63-64
   biotina carboxilada 69T, 70F
   coenzima A 68-69
   e suas funções 69T
   FADH2 como transportador de elétrons 69, 83
   NADH e NADPH como transportadores de elétrons 67-68
   ver também ATP; GTP
transportadores de neurotransmissores 603, 604F, 628
transporte ativo
   gradientes de concentração de íons 601-604
   transportadores 600-611
   transporte ativo primário e secundário 602
   três métodos 601
transporte controlado 646
transporte de glicose, e gradientes de Na^+ 603F
transporte direcionado de extremidade menos (−) 937-938
transporte direcionado extremidade mais (+) 938
transporte e localização do RNA 372, 373F
transporte nuclear regulado 419
transporte paracelular 1047
transporte transcelular 605, 1047, 1048F
transporte vesicular
   bidirecionalidade 730-731
   etapas 696F, 698F
   GTPases da família Rab 705
   sinais de endereçamento 646
   vias de recuperação 695-696, 713-714, 726
   ver também vesículas de transporte
transposição 287-292
transposição de corte e colagem 289-291
transpóson exclusivamente de DNA 218F, 288-290
transpósons semelhantes a retrovírus 291
traqueia e traquéolos 1191
trastuzumabe 1137
tratamento com fármacos, predição de respostas individuais 506
tratamento de doenças degenerativas 1258-1259
tratamento do câncer
   alcançando a divisão rápida 1122
   alvo, tratamentos sintéticos letais 1133

alvos de medicamentos e nomenclatura de fármacos 1137F
atingindo a via Ras-MAP-cinase 1137F
aumento da resposta imunológica 1137-1139
câncer de células-tronco e 1121-1122
cânceres curáveis 1132
combinação de terapias 1139-1140
fármacos citotóxicos 1132-1133, 1140
fármacos que atingem proteínas da família Bcl2 1032F
fármacos que atingem topoisomerases 253F
personalizado 1139, 1140
presente e futuro 1132-1141
proteínas oncogênicas alvo 1135-1137
radiação 1132
resistência a fármacos 1135-1136, 1139
sequenciando genomas de tumor e 506
utilidade do paclitaxel 928
tratamentos "letal sintético" 491, 1133, 1140
treonina, estrutura 113
triacilglicerois 78, 81, 83F, 98-99
tricelulina 1049
tricotiodistrofia 497F
trigo 559F, 783F
tripanossomos 689, 805, 1290
   Trypanosoma brucei 1266, 1290
   Trypanosoma cruzi 1283-1284, 1290
tripsina 119, 132T, 440, 456-457, 942F
triptofano, estrutura 113
tríscele, clatrina 698, 699F
tritões
   células pulmonares 991
   regeneração de membros 1248-1249
Triton X-100 583, 584F
TrkA-cinase 853-854, 1209
troca de fita (invasão de fita), na recombinação homóloga 264F, 278-282, 283F, 284
trocas entre fitas (junções de Holliday) 283F, 284-285
trocas sinápticas dependentes de atividade 1211-1212
trombina 141, 837T, 1078
tropoelastina 1065
tropomiosina 416, 592F, 905, 907-910, 920F, 921, 922F, 923
tropomodulina 905, 909, 919, 920F
troponinas 921-923
TSH (hormônio estimulador da tireoide) 835T
tubo neural 1040F, 1041, 1045F, 1186, 1192, 1199
tubos epiteliais 1045
tubulinas 459
   consequências de mutações 925
   FtsZ como um homólogo 896
   imunofluorescência 539F
   marcação fluorescente 544, 545F
   nos microtúbulos 891, 925
   separação de amostras 440
   sequestro 935
túbulos
   estruturas tubulares ramificadas 1190
   eventos de brotamento de vesículas 705
   ver também microtúbulos
túbulos T (túbulos transversais)
   canais de Ca^{2+} controlados por voltagem 633
   na contração muscular 920, 921F

tumores
   benigno e maligno 1092, 1093F
   definição 1092
   tipos celulares 1093, 1101F
   velocidade de crescimento 1094F
tumores primários
   derivados de uma célula anormal 1093-1094
   genomas de metástases 1119
γ-TuRC (complexo do anel da γ-tubulina) 928, 930-931F, 933
Tyk2 como uma JAK-cinase 863, 864T

U

U1, U2, U4, U5 e U6 *ver* snRNAs
ubiquinona 765-766, 767F, 768-770, 771F, 772-773
ubiquitina
   APC/C ubiquitinação na mitose 992
   estrutura 159F
   função reguladora 157-159, 165T
   marcação de proteínas para a degradação 736, 882, 992
   modificações na cadeia lateral de histonas 197F
   monoubiquitinação, multiubiquitinação e poliubiquitinação 735
   proteassomo 358F, 359
   ver também E1; E2; SUMO
ubiquitinas-ligase (E3) 158, 359-360
   APC/C 360, 970
   Parkin 727
   Smurf 866
   ubiquitina-ligase SCF 159-160, 164, 167-168, 971, 972F, 973, 1004
UIMs (*motivos de interação com ubiquitina*) 853
último ancestral comum
   de humanos e de camundongos 221
   de humanos e de chimpanzés 218, 219F
   divergência de espécies e 16F, 17, 37F, 226
   diversificação do câncer a partir do 1119F
   eucariotos 880
ultracentrífugas
   analíticas 455
   preparação 445-447, 455
unidades Ångström 531
unidades de comprimento 531
unidades transcricionais 306
uniportes 602, 605
uORFs (fases de leitura aberta a montante) 424
uracila
   desaminação da citosina 267T, 268, 269F, 1322-1323
   estrutura 100
   no RNA 302, 303F
urato oxidase nos peroxissomos 666
ureia como agente desnaturante 453
uridina
   di-hidro 335F, 337F
   isomerização a pseudouridina 328
   4-tio 337F
uridina difosfato glicose 69T
UTRs (regiões não traduzidas, mRNA) 184T
   3´ e 5,´ controle da tradução 422-423
   3´-UTRs 421-422, 430

V

vacinação
   contra doenças virais 1131, 1274, 1275F, 1291
   contra *Neisseria* 1291
   e o sistema imune adaptativo 1297
   imunização como base 1307
   produção de vacinas através da clonagem de DNA 484
vacúolos
   contendo parasitas 1283F, 1285, 1286F
   lisossomos 724-725
   produtos dos 725
valina, estrutura 113
valores "S" (coeficientes de sedimentação)
   rRNA 309T, 328
   ultracentrifugação 446, 455
valores posicionais 1163, 1169, 1205
van Leeuwenhoek, Antonie 440
vancomicina 1292-1293
vantagem seletiva *ver* seleção natural
variabilidade de sinal
   entre as populações celulares 829
   ruído 822
variabilidade não genética 524
variação antigênica, e evolução do patógeno 1289-1291
variação de energia livre padrão, $\Delta G°$
   comparação das reações 61-62, 765
   constantes de equilíbrio derivadas 62-63, 63T, 139F
   quebra de ligações com fosfato 78, 79F
   viabilidade das reações 71-72
variação de fase, bactérias 294, 1290
variações de energia livre ΔG
   cadeia transportadora de elétrons 763-764
   concentração de reagentes 61, 775-776
   derivação da equação de Nernst 616, 762
   diferença do potencial redox e 763-765, 767
   elongação de filamentos de actina 901-902
   formação de ATP e hidrólise 65, 71, 775
   fosforilação oxidativa 761
   ligação da RNA polimerase 382
   polimerização de microtúbulo 927
   reações favoráveis e não favoráveis 57, 60-61
   sinergia transcricional 388-389
   ver também variação de energia livre padrão
variantes de histonas
   incompatibilidade de metilação e acetilação 207
   inserção sítio-específica 198
   reprogramação de fibroblastos e 1257F
   variante de histona H3.3 205-206
variegação 807
   efeitos de posição 195-197, 199-202, 205
varíola 1265-1266, 1273T, 1275, 1278, 1287F
vasculogênese e angiogênese 1236
vasopressina 835T, 837T, 840T
vasos sanguíneos
   artérias 1235F
   células endoteliais em 1235-1238
   crescimento capilar no osso 1231
   elastina em 1065
   paredes 1238
   relaxamento do músculo liso 847F
   VEGF e 1237
VCAMs (moléculas de adesão de células vasculares) 1055

vegetais
　armazenamento de energia como amido 80-81
　citocinese em 1000-1001
　crescimento celular e orientação da parede celular 1085-1087
　e bactérias fixadoras de nitrogênio 12
　organismo-modelo 32
　parede celular 26, 1000, 1053, 1081-1087
　períodos de floração 1182-1184
　peroxissomos em 667, 668F
　receptores serinas/treoninas-cinase em 881
　regeneração em cultura 442
　RNAi e vírus 431
　tamanho celular e ploidia 1194
　vegetais transgênicos 507-508
　vias de sinalização intracelular 880-885
VEGF (fator de crescimento do endotélio vascular)
　ação via receptor tirosinas-cinase 850T
　angiogênese e 1120, 1237
　interação com proteínas da matriz 1073
velocidade de sedimentação e equilíbrio 446-447
velocidades de reação
　aceleração enzimática 144
　e velocidade dos movimentos moleculares 59-60, 143
　K_m (metade da velocidade máxima) 141, 143
　velocidades limitadas por difusão 143
veneno de serpente 1068
vênulas pós-capilares 1311-1312
verificação de pareamentos incorretos 250-251, 257F
vermes tubulares 12F
vermes ver Ascaris; Caenorhabditis
vernalização 1183-1184
vertebrados
　ciclinas e Cdks 969T
　desenvolvimento neural 1199-1200
　desmossomos nos 1046
　evolução 227
　frequência de duplicação gênica 34-35
　genomas mitocondriais 803-804
　inversão do plano corporal 1169
　matriz extracelular em 1057-1074
　perda de sequências CG 406-407
　regeneração de órgãos em 1248-1249
　respostas imunes inata e adaptativa 1297
　sistema imune adaptativo 1307-1315
　tempos de divergência 37F
　tipos de filamento intermediário 944T
vesículas 9, 585, 594
　brotamento e fusão 647, 648
　cavéolas como vesículas pinocíticas 731-732
　formação de tubos e 1192
　vesículas intraluminais 724F, 729-730, 735-737, 738F
　vesículas sinápticas 628, 744-746, 747F
vesículas cobertas por COPI
　brotamento a partir do aparelho de Golgi 698, 713F
　controle da GTPase 703
　COPII e 697
　interação com os sinais de recuperação do RE 713-714
　modelo de transporte vesicular 721

vesículas cobertas por COPII
　brotamento a partir do RE 698, 711
　controle da GTPase 703, 705-706
　COPI e 697
　desencapsulamento acoplado à entrega 706-707
　empacotamento de proteínas 711
　empacotamento do procolágeno 704, 705F
　formação 704F
vesículas de transporte 644-648, 650, 656F, 670, 691
　alcance 695
　formação 701
　vesículas revestidas 697
　ver também transporte vesicular
vesículas endocíticas
　entrega do endossomo 696F, 707
　fagossomos como 738
　formação do endossomo e 730-732, 735
　vesículas sinápticas de 746
vesículas intraluminais 724F, 729-730, 735-737, 738F
vesículas revestidas
　três tipos 697
　troca de montagem do revestimento, aparelho de Golgi 713
vesículas revestidas por clatrina
　distribuição da proteína para 736, 853
　estrutura de revestimento 699F
　montagem 697-698, 700F, 703, 727
　proteínas adaptadoras 698-699
vesículas secretoras
　brotamento a partir do TGN 716, 742
　endocitose 744F
　exocitose 741-744
　fosfoinositídeos em 701F
　localização 744
　maturação e acidificação 743
　Rab3a em 706T
　remoção da membrana por endocitose 746-748
　vesículas sinápticas como 745
vesículas sinápticas 628, 744-746, 747F
vetores de expressão 483
　ver também plasmídeos
vetores de insetos 1276
via alternativa, sistema complemento 1302-1303
via da lectina, sistema complemento 1302-1303
via da pentose fosfato 760
via da polaridade planar 869
via de ativação intrínseca, apoptose 1023-1029
　envolvimento mitocondrial 1025
　fármacos anticâncer ligando-se ao Bcl2 1031
　regulação do Bcl2 1025-1028
via de sinalização da Ras-MAP-cinase
　alvo de fármacos anticâncer 1137F
　integrinas e 1079
　Raf, Mek e Erk 856
　transcrição de Myc e 1012
via de sinalização do NFkB 873-874, 1301
via de sinalização do TGFβ
　no câncer 1117, 1123F
　no desenvolvimento 1150
via de sinalização JAK-STAT 863-864, 1304

via de sinalização Notch
　diversidade 1150
　genes Hes 1178
　inibição lateral 1152, 1171-1173, 1224-1225
　manutenção de células-tronco 1224-1225
via de sinalização PI 3-cinase-Akt 860-861, 1030F
　TOR e 861, 1017
via Hedgehog 1150, 1154, 1160
via *Hippo* 1197
via Ras-PI3K 1114
via reguladora p53 no câncer 1113-1116, 1123
via reguladora Rb 1113-1114
via Sec 665F
via secretora e endocítica
　introdução 695, 696F
　vias reguladoras constitutiva e regulada 741, 742F
via semelhante ao SRP 665F
via Smad 1197
via TAT (translocação de duas argininas) 665F
via TK/Ras/PI3K 1113
via Wnt canônica 869-870
vias clássicas, sistema complemento 1302-1303, 1318T
vias de ativação extrínsecas, apoptose 1023-1025, 1028-1029
vias de recuperação 695-696, 713-714, 726, 743
vias de sinalização
　descoberta em embriões de *Drosophila* 1154
　via de sinalização da Wnt 1124, 1157, 1160, 1179, 1190, 1220-1221
　via de sinalização do NFkB 873-874, 1301
　via de sinalização do TGFb 1117
　via de sinalização JAK-STAT 863-864, 1304
　via de sinalização PI 3-cinase-Akt 860-861, 1017, 1030F
　via Hedgehog 1150, 1154, 1160
vias de sinalização fosfolipídeo inositol 836, 848, 852, 853F, 861
vias de sinalização intracelular 814
　combate ao ruído 820-822
　comportamentos de resposta 824-825
　domínios de interação 822-824, 852-853, 860
　nos vegetais 880-885
　velocidades de resposta e taxa de renovação 825-826
vias de sinalização Wnt 1124, 1157, 1160, 1178, 1190
　manutenção de células-tronco 1220-1221, 1224
　via de sinalização da polaridade celular planar 869, 1189F
　via Wnt canônica 869-870
　via Wnt/β-catenina 869-870, 1117
vias dependentes/independentes de lisossomos 1283
vias metabólicas
　análise de epistasia 490
　catálise enzimática em 51, 52F
　glicólise e o ciclo do ácido cítrico 87F
Vibrio cholerae 13F, 1265, 1266F, 1269-1270
vida, origens da 362-366
vimblastina 993
vinculina 1037T, 1042F, 1043, 1044F, 1075F, 1078F, 1079-1081

víriuns 1274, 1281, 1287F, 1288
viroides 363F
vírus (em geral)
    apresentação cruzada 1329
    autoarranjo 128-129
    brotamento 738F, 1274, 1275F, 1286, 1287F
    causadores de doenças humanas 1273T
    defesas bacterianas 433-434
    detecção em amostras 475F
    endocitose mediada por receptor 1281
    erros de replicação e evolução 1291
    fase latente 1131
    infecção e fusão da membrana 709
    interferência de RNA 431
    introdução de genes alterados 495, 1105-1106
    marcação negativa 560
    morfologia 1274F
    pontos e mecanismos de entrada 576, 732, 1280-1281
    respostas celulares do hospedeiro 1303-1305
    supressão do MHC classe I 1304-1305
    transferência de genes 18
    transporte microtubular 939
    uso da maquinaria celular do hospedeiro 1273-1275, 1288-1289
    uso de combinação sítio-específica conservativa 293
    uso de IRES 425F, 426
    uso do citoesqueleto do hospedeiro 1286-1288
    vetores de transdiferenciação 1258
    vistos como elementos genéticos móveis 290

vírus da hepatite B e C 1129-1130, 1132
vírus da varíola 1265, 1273T
vírus delta da hepatite 5F
vírus envelopados 1274, 1275F, 1280, 1286, 1287F, 1288
    envelopes virais 1275F, 1280-1281, 1287F
vírus não envelopados 1274, 1280-1281
vírus *Semliki forest* 1275F
vírus símio SV40 128F, 732, 1279
vírus tumorais 1105-1106, 1129-1132
vírus tumorais de RNA 1105
vírus *Vaccinia* 939, 1278, 1287F
visão 825, 843-846, 1204-1206
vitaminas
    as coenzimas 146-148
    vitamina A 876
    vitamina D 874-876
    vitamina D3 876F
    ver também biotina
VSG (glicoproteína variante de superfície) 1290

W

Western blotting 455

X

Xenopus (*X. laevis*)
    assimetrias do ovócito 1156
    como espécie laboratorial 35
    duplicação gênica entre 35
    experimentos de reprogramação embrionária 205, 1252
    extratos de ovócitos 448, 545
    família do gene globina 230
    genes do rRNA 328
    lâmina nuclear do ovócito 656F
    modelo de ciclo celular 966
    organelas nucleares 213F
    padronização do embrião 1167
    rotação cortical do embrião 1156, 1167
Xenopus ruwenzoriensis 35
Xenopus tropicalis 35
xeroderma pigmentoso (XP) 266T, 267, 1094
XIC (centro de inativação do X) 411, 412F
Xist lncRNA 411, 412F, 435
XMAP215 (proteína associada a microtúbulos de *Xenopus*) 933-935

Y

Yersinia pestis 1276, 1281
Yersinia pseudotuberculosis 1281

Z

zigoteno 1006, 1007F
zigotos
    como início do desenvolvimento 1145, 1147
    como pluripotentes ou totipotentes 1253
zimógenos 736
Zinnia elegans 783F
"zíper estrutural" 131F
zona aderente (cinturão de adesão) 1036F, 1044, 1045F
zona ocludente/proteínas ZO 1049

O código genético

1ª posição (extremidade 5′)	2ª posição				3ª posição (extremidade 3′)
↓	U	C	A	G	↓
U	Phe	Ser	Tyr	Cys	U
U	Phe	Ser	Tyr	Cys	C
U	Leu	Ser	PARADA	PARADA	A
U	Leu	Ser	PARADA	Trp	G
C	Leu	Pro	His	Arg	U
C	Leu	Pro	His	Arg	C
C	Leu	Pro	Gln	Arg	A
C	Leu	Pro	Gln	Arg	G
A	Ile	Thr	Asn	Ser	U
A	Ile	Thr	Asn	Ser	C
A	Ile	Thr	Lys	Arg	A
A	Met	Thr	Lys	Arg	G
G	Val	Ala	Asp	Gly	U
G	Val	Ala	Asp	Gly	C
G	Val	Ala	Glu	Gly	A
G	Val	Ala	Glu	Gly	G

Os aminoácidos e seus símbolos

			Códons
A	Ala	Alanina	GCA GCC GCG GCU
C	Cys	Cisteína	UGC UGU
D	Asp	Ácido aspártico	GAC GAU
E	Glu	Ácido glutâmico	GAA GAG
F	Phe	Fenilalanina	UUC UUU
G	Gly	Glicina	GGA GGC GGG GGU
H	His	Histidina	CAC CAU
I	Ile	Isoleucina	AUA AUC AUU
K	Lys	Lisina	AAA AAG
L	Leu	Leucina	UUA UUG CUA CUC CUG CUU
M	Met	Metionina	AUG
N	Asn	Aspargina	AAC AAU
P	Pro	Prolina	CCA CCC CCG CCU
Q	Gln	Glutamina	CAA CAG
R	Arg	Arginina	AGA AGG CGA CGC CGG CGU
S	Ser	Serina	AGC AGU UCA UCC UCG UCU
T	Thr	Treonina	ACA ACC ACG ACU
V	Val	Valina	GUA GUC GUG GUU
W	Trp	Triptofano	UGG
Y	Tyr	Tirosina	UAC UAU